D1751655

Gerhard Wenske

Dictionary of Chemistry
English/German

Wörterbuch Chemie
Englisch/Deutsch

Distribution:

VCH, P. O. Box 101161, D-6940 Weinheim (Federal Republic of Germany)

Switzerland: VCH, P. O. Box, CH-4020 Basel (Switzerland)

United Kingdom and Ireland: VCH (UK) Ltd., 8 Wellington Court, Cambridge CB1 1HZ (England)

USA and Canada: VCH, Suite 909, 220 East 23rd Street, New York, NY 10010–4606 (USA)

ISBN 3-527-26428-0 (VCH, Weinheim)
ISBN 0-89573-526-1 (VCH, New York)

ISSN 0930-6862

Gerhard Wenske

parat

Dictionary of Chemistry

English/German

Wörterbuch Chemie

Englisch/Deutsch

Weinheim · New York · Basel · Cambridge

Professor Gerhard Wenske
Firlestraße 4
D-8000 München 83

Published jointly by
VCH Verlagsgesellschaft mbH, Weinheim (Federal Republic of Germany)
VCH Publishers, Inc., New York, NY (USA)

Editorial Director: Dr. Hans-Dieter Junge
Production Director: Maximilian Montkowski
Production Manager: Claudia Grössl

Library of Congress Card No. applied for

British Library Cataloguing-in-Publication Data.
A catalogue record for this book is available from the British Library

Die Deutsche Bibliothek – CIP-Einheitsaufnahme
Wenske, Gerhard:
Dictionary of chemistry : English/German = Wörterbuch Chemie /
Gerhard Wenske. – Weinheim ; New York ; Basel ; Cambridge : VCH, 1992
(Parat)
ISBN 3-527-26428-0 (Weinheim...)
ISBN 0-89573-526-1 (New York)
NE: HST

Printed on acid-free and low-clorine paper
Gedruckt auf säurefreiem und chlorarm gebleichtem Papier

Composition and data conversion: U. Hellinger, D-6901 Heiligkreuzsteinach
Printing: Druckhaus Beltz, D-6944 Hemsbach
Bookbinding: Klambt-Druck GmbH, D-6720 Speyer
Printed in the Federal Republic of Germany

Vorwort

Jedes Wörterbuch ist unvollständig, auch dieses Wörterbuch der Chemie und chemischen Technik, weil eine Fachsprache – wie jede lebende Sprache – ständig weitere Benennungen für neue Verfahren, Vorschriften, Geräte, Sachgebiete usw. entwickelt und zur Zeit allein über 8 Millionen chemische Verbindungen bekannt sind. Daher sollen einige Gesichtspunkte angegeben werden, nach denen Schwerpunktbildungen bzw. Einschränkungen vorgenommen wurden.

Der Begriff *chemischer Stoff* wurde weit gefaßt, so daß viele Bezeichnungen der Werkstoffkunde/Werkstoffprüfung, Nahrungsmitteltechnologie, Pharmazie, Mineralogie, Kunststofftechnologie, Erdölgewinnung und -verarbeitung sowie der Leder-, Textil-, Holz- und Papierindustrie mit einbezogen werden.

Da sich die moderne Chemie als umfassende *Stoffkunde* immer weniger von den vielen Nachbargebieten abgrenzen läßt, wurden chemierelevante Begriffe aus der Physik, Mathematik, Biologie, Biochemie, Genetik, Molekularbiologie, Medizin, Ökologie, Metallurgie/Metallographie, Energietechnik usw. ebenfalls erfaßt.

Der zunehmende apparative Aufwand im Labor, die Fortschritte der Meßtechnik, der vielfältige Einsatz von Computern und die Verbesserungen/Verfeinerungen in der chemischen Technik bedingen den relativ hohen Anteil an Eintragungen von physikalischen (optischen, elektrischen, magnetischen und mechanischen) Eigenschaften, Meßgrößen samt Einheiten, Gerätebezeichnungen und Bedienungsanleitungen sowie der Verfahrenstechnik, Prozeßsteuerung und Automation.

Das berufliche, gesellschaftliche, juristische und wirtschaftliche Umfeld der Chemie findet seinen Niederschlag durch Einbeziehen des notwendigen Vokabulars aus den Bereichen Lehrbetrieb an Hochschulen und Universitäten, Verlags- und Publikationswesen, Patentwesen, Handel, Transport, Unfallverhütung, Arbeitsschutz, Sicherheitsvorschriften und Berufsorganisationen.

Restriktiv wurde die kaum zu überschauende und teilweise kurzlebige Flut an Handelsbezeichnungen behandelt; langjährig eingeführte und teilweise zu Gattungsbezeichnungen gewordene Handelsnamen wurden berücksichtigt, aber nicht immer als solche gekennnzeichnet.

Naturstoffe, insbesondere Alkaloide, mit absolut gleicher Schreibweise im Englischen und Deutschen wurden nicht aufgenommen.

Auswahlkriterien für das Einbeziehen von chemischen Verbindungen waren vor allem: Häufigkeit im täglichen Gebrauch, neu geprägte Ausdrücke für Verbindungsklassen und -typen (z.B. Kronenether, Calixarene, Fulleren), mehrdeutige und überholte (also zu vermeidende) Benennungen sowie Quasi-Synonyme.

Beim *Wortmaterial* wurden hinsichtlich Rechtschreibung, Vorzugsbenennungen, Wortformen usw. im wesentlichen folgende Gesichtspunkte zugrunde gelegt (vgl. auch die Einzelheiten bei den Benutzungshinweisen).

Für die *Schreibweise* wurden die gängigen Nachschlagewerke herangezogen (Duden, Wahrig, Brockhaus und Oxford Advanced, Collins Thesaurus and Dictionary, Funk & Wagnell Standard Dictionary) und die amerikanische Rechtschreibung *{US}* als weitverbreitete Form bevorzugt, jedoch finden sich an geeigneten Stellen Hinweise auf die englische Form *{GB}* bzw. den englischen Ausdruck.

Fachsprachliche Schreibweisen und Ausdrükke (neben umgangssprachlichen *{Triv}*) sind meistens durch die terminologieprägenden Institutionen, Körperschaften oder Verbände kenntlich gemacht (z.B. *{DIN}*, *{ISO}*, *{ASTM}*, *{IUB}*); bei den chemischen Namen ist die IUPAC-Form zu bevorzugen.

Konkurrierende Fachtermini bzw. Schreibweisen sind durch Angabe der Quellen (meist technische Regelwerke aus unterschiedlichen Fachgebieten) der zweckdienlichen Auswahl des Benutzers überlassen.

Eine weitere Hilfe zur Verbesserung der sprachlichen Präzision sind die Erläuterungen, Kurzdefinitionen und Beispiele in geschweiften Klammen (z.B. **helical ribbon agitator** Wendelrührer *m* findet sich *nicht* unter der invertierten Form **agitator, helical ribbon** oder **ribbon agitator, helical**).

Abkürzungen sind regulär alphabetisiert und verweisen auf die aufgelöste (volle) Form, wo sich auch der Haupteintrag findet. Ist die Abkürzung bzw. das Akronym wesentlich geläufiger (z.B. **API gravity** ist *nicht* unter American Petroleum Institute gravity zu finden) oder wird es ausschließlich benutzt (z.B. laser), findet sich nur hier der Haupteintrag.

Eine Reihe umgangssprachlicher Wörter ist mit einem eigenen Eintrag vertreten, vor allem wenn sich viele Fachbegriffe daraus herleiten lassen (z.B. **half** 1. halb, Halb-; 2. Hälfte *f*, Halbe *n*, weil sich davon rund 50 Komposita wie **half cell, half cycle, half life, half width** bilden lassen).

Dieses Wörterbuch ist bewußt für eine typische „Übergangsperiode" konzipiert, da sich die teilweise einschneidenden Änderungen der Terminologie zugunsten der systematischen Namen gemäß IUPAC-Nomenklatur erst allmählich durchsetzen wird. Es will durch den reichlich verwendeten Zusatz *{obs}* den Wandel des Sprachgebrauchs in die angestrebte Richtung bestärken. Eine durchgehende Verwendung der systematischen Namen, die konsequente Angabe von Teilstruktur- oder Summenformeln für alle chemischen Verbindungen, die Angabe der Benennungen durch die regelsetzenden Instanzen und ggf. die Identifikation durch die CAS-Registriernummer etc. muß einem späteren „enzyklopädisch" angelegten Wörterbuch der Chemie und verwandter Gebiete vorbehalten bleiben.

Der Anteil beim Gelingen dieses Nachschlagewerkes, den der erwiesene Wörterbuch-Profi Dr. H.-D. Junge hat, geht weit über das hinaus, was im Rahmen der Betreuung als zuständiger Lektor zu leisten wäre, und gehört zu den kostbar gewordenen beruflichen Erfahrungen: echte Kollegialität. Nicht unerwähnt bleiben sollen die unermüdlichen Bemühungen beim Lesen der Korrekturen, für das Frau Dipl.-Chem. Sonja Sisak verantwortlich zeichnet, und die Unterstützung des Lektors durch Herrn Dipl.-Ing. J. Durzok. Schließlich sei Herrn Dipl.-Chem. U. Hellinger und den Mitarbeitern seines Unternehmens für ihre unermüdlichen Bemühungen, trotz des schwierigen Satzes die knappen Termine einzuhalten, gedankt.

Am Zustandekommen eines umfangreichen Buches sind in der Regel viele Personen beteiligt. Für die besondere Sorgfalt und Frustrationsfestigkeit sei an dieser Stelle der verantwortlichen Herstellerin, Frau Claudia Grössl, gedankt.

Als unfreiwilliger Bruder im Geiste des Sisyphos lautete meine Devise beim Arbeiten an diesem Buch: Man muß immer wieder gegen das Axiom „Nobody is perfect" anrennen, denn seit L. Wittgenstein wissen wir: „Die Grenzen meiner Sprache bedeuten die Grenzen meiner Welt" (Tractatus, 5.6.).

München, November 1991 Gerhard Wenske

Preface

Each dictionary is incomplete, even this "comprehensive" one, because specialized and professional languages continue to coin new terms for newly developed methods, devices, notions, topics etc., not to mention the names for more than 8 million known chemical compounds. Hence, a few guidelines for selecting and aspects of omitting, terms are listed below.

The key term *chemical substance* is applied in the broadest sense, therefore many designations and expressions are included from the following branches of knowledge and activities: materials science/materials testing, food processing, plastic engineering, pharmaceutical products, minerals, petrochemicals, agriculture, leather, textile, wood, pulp and paper, etc.

Modern chemistry is considered increasingly to be comprehensive and interpenetrating "body of knowledge concerning matter". It is becoming intertransdisciplinary; and no clear-cut demarcation may be drawn against neighbouring disciplines. This dictionary therefore contains, a substantial number of technical terms from the areas of physics, mathematics, crystallography, metallurgy, metallography, medicine, biology, genetics, molecular biology, environmetal science, energy technology and petrography.

The growing sophistication of laboratory equipment, the progress in measurement technology, the increasing number of computers, and the continuing development in chemical engineering contribute a remarkable of entries. They concern physical (mechanical, optical, magnetic and electric) quantities, data acquistion, data input, data processing, instructions for operation of equipment, unit operations, process control and automation.

The professional, social, legal and economic aspects of chemistry have been taken into account. This leads to the inclusion of relevant terms from the printing and publishing industry, training and education at high school and universities, patent application, trade, transportation, shipment of hazardous materials, accident prevention, industrial hygiene, health and safety regulations.

The tremendous number of trade names (many of them short-lived) have been dealt with restrictively; only a certain number of well-known and long established trademarks which are partly now considered as "class labels" (e.g. nylon) have been selected and sometimes tagged as such.

Natural substances, especially alkaloids have been omitted if their names are spelled absolutely the same way in English and German.

The criteria for the inclusion of chemical substances are:

- familiarity or frequency of occurence in literature and everyday professional acitvities,
- newly coined class names or prototype compounds synthesized recently, like crown ether, calixarenes, cyclophanes, fullerenes,
- ambiguous or obsolete names (especially misnomers) and quasi-synonyms which should be avoided, e.g. by reference or by splitting them up into more precise or complex terms.

From the linguistic point of view (i.e. orthography, preference of terms, semantic laws, variants in spelling, acronyms) the following rules have been adopted (compare also "Using the Dictionary"):

Generally, the spelling of terms follows the well-established reference works (Duden, Wahrig, Brockhaus, Oxford Advanced, Collins Dictionary and Thesaurus, Webster, Funk & Wagnell Standard Dictionary). The American spelling *{US}* is preferred as the more commonly used and widely spread; but in many cases reference is given to the spelling of alternative terms in the United Kingdom indicated by *{GB}*.

Some societies or institutions use their own terminology or spelling. This is indicated after the keyword (e.g. *{ISO}*, *{ASTM}*, *{BSI}*, *{DIN}*). The chemical names are in accordance with the relevant IUPAC rules. Alternative terms are presented with an indication of the source, in many cases the technical rule and/or issuing body to help the user make the final selection.

To enhance the semantic precision a variety of explanations, mini-definitions and examples are added in curled brackets (e.g. **heavy metal**... *{d>4 g/cm³}*, Hektar *m {2,471 acres}*).

The word orders as given is preferred in the case of compound terms (e.g. **helical ribbon agitator** will not be found in the inverted forms **agitator, helical ribbon** or **ribbon agitator, helical**).

Abbreviations/acronyms are normally found within the main listing and refer to the fully developed expression where the entry is located. If the former is frequently or exclusively used, it is placed as the entry itself (e.g. **API gravity** is not expanded to American Petroleum Institute gravity, and **laser** is considered as an original headword like **iron**).

A lot of colloquial terms are included as headwords, especially if they are constituent parts of technical terms (e.g. **half** 1. halb, Halb-; 2. Hälfte, Halb- is part of about 50 composite terms like **half cell**, **half cycle**, half life, **half width**). This dictionary has been conceived as a tool for a "transitional period": The drastic changes in terminology according to IUPAC rules are occuring very slowly. The frequent use of the label *{obs}* will help to discourage the use of outmoded vocabulary and reinforce the changes. Means of establishing contemporary terminology will be allowed for in a later edition (which appropriately may be called "encyclopedic" dictionary of chemistry and related subjects) to consider, the strict application of systematic names and the use of molecular and/or partial-structure formulas for all chemical compounds, the persistent statement of relevant terminology-establishing institutions and if necessary, the identification by CAS registry numbers.

Many people are engaged in the production of "Dictionary of Chemistry". My special thanks are devoted to the publisher's acquisition editor Dr. H.-D. Junge, an experienced dictionary expert and author himself. His assistance and encouragement helped create personal bends beyond business and duty. My further thanks are to Sonja Sisak, an experienced chemist, for her engaged proofreading and to Dipl.-Ing. Joachim Durzok who was a chearful and consistent help to Dr. Junge. It is my aim to express my gratitude to Ms Claudia Grössl from the Production Department of VCH for her carefulness and patience in preparing this book. Last but not least I want to thank Dipl.-Chem. U. Hellinger and his team for their engagement in preparing the complicated text for print.

"Nobody is perfect" – no matter how hard he tries, because, the word of L. Wittgenstein: The limits of my language indicate the limits of my world (Tractatus, 5.6.)

Munich, November 1991 E. Gerry O. Wenske

Benutzungshinweise und Zeichenerklärungen

Alphabetische Anordnung

- Es gilt prinzipiell die Reihenfolge „Buchstabe-für-Buchstabe".
- Das *Leerzeichen* wird wie ein Buchstabe behandelt und steht vor dem Buchstaben „a".
- Der *Bindestrich* bei zusammengesetzten Eintragungen wird wie ein Leerzeichen behandelt.
- Der *Schrägstrich* zwischen dem letzten Buchstaben und der unmittelbar folgenden Partikel „to" bei der Infinitivform von Verben wird noch vor dem Leerzeichen sortiert.
- Eine *eckige Klammer* innerhalb eines Wortes bleibt beim Sortieren unberücksichtigt.
- *Großbuchstaben* werden genauso alphabetisiert wie *Kleinbuchstaben*. Gibt es ein Wort, das völlig gleich ist, so kommt die Großschreibweise vor der kleingeschriebenen Form (z.B. **HEX** *{high-energy explosive}* vor **hex** hexadezimal, hexagonal ...).
- Steht ein „Stammwort" in einem zusammengesetzten Ausdruck an zweiter, dritter ... Stelle, so beginnt eine alphabetische Folge nach dem letzten Kompositum, in welchem das Stammwort an erster Stelle stand (z.B. **coating with graphite** und **white graphite** hinter **graphite tube**).

  Beispiel:
  refilling device
  refine/to
  refine again/to
  refine thoroughly/to
  refined
  refined copper
- *Vorangestellte Kennzeichnungen der Konstitution* werden nicht berücksichtigt (z.B. **n-heptadecane** steht zwischen **heptadecadien** und **heptadecanoic acid** und **1-heptyne** zwischen **heptylic aldehyde** und **heptythite**).

Aufbau und Bedeutung der Symbole im einzelnen Eintrag

- Die Abkürzung *s.* (see/siehe) verweist auf eine bevorzugte Schreibvariante, die Auflösung einer Abkürzung, eines Akronyms oder auf eine Vorzugsbenennung, d.h. führt von einer alten, überholten und zu vermeidenden Benennung weg.
- Der *gleichrangige Verweis s.a.* (see also/siehe auch) will auf konkurrierende, gleichwertige oder anderweitig analoge Eintragungen hinweisen.
- Das *Komma* wird verwendet, um gleichwertige Benennungen zu trennen; die Reihenfolge bedeutet dabei keine Wertung.
- Das *Semikolon* will Bedeutungsnuancen oder Quasi-Synonyme voneinander abheben bzw. bei der Aufzählung nach 1.; 2.; 3. usw. echte Synonyme abgrenzen.
- Die *eckigen Klammern* enthalten Buchstaben, Silben oder Worte, die als entbehrlich fortgelassen werden dürfen (z.B. **mo[u]ld** ist als **mold** und **mould** zulässig, **graphitoid[al]** in der Kurz- und Langform verwendbar und **gravel [packed] filter** ist auch synonym mit **gravel filter**; für **Membran[e]** *f*, **Gujak[harz]säure** *f* gilt Entsprechendes.
- *Spitze Klammern* enthalten Summenformeln oder Formeln, die Teilstrukturen und bestimmte Konstitutionsmerkmale erkennen lassen.
- *Geschweifte Klammern* enthalten vielgestaltige Zusätze, um das Wortfeld näher zu erläutern: Fachgebietszuordnungen (s. S. XIII), grobe Stoffklassifikationen (z.B. *Schnecken-Glucoprotein*), wissenschaftliche Benennungen gemäß der binären Nomenklatur für Pflanzen und Tiere, Zusammensetzungen von Legierungen (z.B. Hartbronze *f {8% Cu, 7% Sn, 3% Zn, 2% Pb}*), Kürzestdefinitionen, zugeordnete Maß-

einheiten (z.B. Gitterstriche *mpl {Striche/mm}*), Enzymklassifikationen (z.B. **renin** *{EC 3.4.99.19}* und **rennin** *{EC 3.4.23.4}*), Fundstellen für Definitionen (z.B. **grindability** 1. Mahlbarkeit *f {DIN 23004}*, Kriterien für Teilsynonym-Unterscheidungen (z.B. **hank**... 3. hank *n {Garnlängenmaß; Baumwolle 768,009 m, Wolle 512,064 m}*) usw.

Using the Dictionary

Indexing

- Basically, the *alphabetical arrangement* is "letter-by-letter".
- The *blank* is considered as a sign and precedes the letter "a".
- The *hyphen* is treated as a blank in the case of compounds.
- The *slash*, if put between the last letter of the infinitive of verbs and the particle "to" without blanks, precedes the blank. Example: **go/to, go backwards/to.**
- *Square brackets* within a keyword are completely disregarded.
- *Upper* case letters are indexed as lower case letters. Abbreviations, acronyms, and symbols are treated as entries in their alphabetical order. If two entries are identical and differ only in upper case and lower case symbol the former precedes; the latter (e.g. **HEX** *{high-energy explosive}* precedes **hex** hexadecimal, hexagonal).
- If the *basic word* occupies the second, third... position (instead of the first position) in a compound, alphabetical order of its own starts after the last entry with the basic word in the first place (e.g. **coating with graphite** or **white graphite** is found after **graphite tube**).
  Therefore the sorting order is as follows:
  refilling device
  refine/to
  refine again/to
  refine thoroughly/to
  refined
  refined copper
- *Prefixes* indicating constitutional, structural or stereochemical information are disregarded (e.g. **n-heptadecane** is placed between **heptadecadiene** and **heptadecanoic acid**; and **1-heptyne** between **heptylic aldehyde** and **heptythite**).

Structure of entries and meaning of symbols

- The abbreviation *s.* (see/siehe) refers to a preferred alternative spelling, to the full form of an abbreviation or acronym or to the preferred term if the entry is one to be avoided.
- The *cross reference* (s.a., see also/siehe auch) interrelates similar, analogous or synonymous terms in use.
- The *comma* separates terms of equal meaning, and the order of terms separated by commas indicates no order of preference.
- The *semicolon* shows a certain shift of meaning and connotation (e.g. between quasi-synonyms); it is used as a saperator between synonyms which are numbered by Arabic numerals (1. ; 2. ; 3.).
- *Square brackets* enclose letters, syllables or words which may be deleted without affecting the meaning of the term (e.g. **mo[u]ld** has the correct alternatives **mold** and **mould**, **gravel [packed] filter** has the same meaning as a two and a three constituent keyword; **graphitoid[al]** may be used in the short or in the long version).
- *Pointed brackets* contain molecular formulas or (partial) structural formulas indicating essential features of the compound.
- *Curled brackets* are used for a variety of labels to characterize the word field: the pertinent disciplines or subdisciplines (see p. XIII), class of substances (e.g. sesquiterpernses), scientific names of plants and animals according to the binomial system of nomenclature, composition of alloys (e.g. **grating pitch – Gitterstriche** *mpl {Striche/mm}*), enzyme classification (e.g. renin *{EC 3.4.9.19}* and rennin *{EC 3.4.23.4}*, sources for definitions (e.g. **grindability** 1. Mahlbarkeit *f {DIN 23004}*, features to discriminate partial synonyms (e.g. **hank** ... 3. Hank *n {Garnlängenmaß; Baumwolle 768,009 m, Wolle 512,064 m}*) and so on.

Abkürzungen der Fachgebietszuordnungen

Agri	Landwirtschaft – agriculture
Anal	analytische Chemie – analytical chemistry
Astron	Astronomie – astronomy
Autom	Automatisierung – automation
Bakt	Bakteriologie – bacteriology
Bau	Baustoffe und Bauingenieurwesen – building materials and civil engineering
Biochem	Biochemie – biochemistry
Biol	Biologie – biology
Biot	Biotechnologie – biotechnology
Bot	Botanik – botany
Brau	Brauerei – brewery
Chem	Chemie als Ganzes – chemistry in general
Chrom[at]	Chromatographie – chromatography
Comp	Rechenanlagen und elektronische Datenverarbeitung – computers and electronic data processing
Dent	Zahntechnik – dentology
Dest	Destillation – distillation
EDV	Datenverarbeitung/Informatik – electronic data processing, computer science
Elek[tr]	Elektrotechnik – electrical engineering
Expl	Sprengstoffe – explosives
Farb	Farbstoffe und Farbgebung – dyes and colo(u)ration
Forstw	Forstwirtschaft – forestry
Galv	Galvanotechnik – electrodeposition
GB	Großbritannien – Great Britain
Geogr	Geographie – geography
Geol	Geologie – geology
Geom	Geometrie – geometry
Gerb	Gerberei – tanning
Gieß	Gießerei – foundry
Glas	Glaswaren und Glastechnologie – glass and glass making
Gum	Gummi – rubber
Histol	Histologie – histology
Instr	Instrumente – instruments
Koll	Kolloidchemie – colloid chemistry
Kosm	Kosmetika und Duftstoffe – cosmetics and aromatic principles
Krist	Kristallographie/Kristallchemie – crystallography/crystal chemistry
Kunst	Kunststoffe – plastics
Lab	Labortechnik und Laborgeräte – laboratory technique and equipment
Lebensm	Lebensmittelchemie und -technologie – food technique and technology
Magn	Magnetismus – magnetism
Math	Mathematik – mathematics
Mech	Mechanik – mechanics
Med	Medizin – medicine
Met	Metallurgie und Metallkunde – metallurgy and metallography
Meteor	Meteorologie – meteorology
Mikrobiol	Mikrobiologie – microbiology
Milit	Wehrtechnik – military technology
Min	Mineralien und Mineralogie – minerals and mineralogy
Nukl	Kernchemie, -physik, -technik/ Elementarteilchenphysik – nuclear science and technology/high-energy physics
Ökol	Ökologie – ecology
Ökon	Ökonomie – economy
Opt	Optik – optics
Pap	Papierherstellung – pulp and papermaking
Pharm	pharmazeutische Chemie – pharmaceutical chemistry
Photo	Photographie – photography
Phys	Physik – physics
Physiol	Physiologie – physiology
Radiol	Radiologie – radiology
Schutz	Schutzeinrichtungen – safeguards
Spek[tr]	Spektroskopie – spectroscopy

Stereochem Stereochemie – stereochemistry
Schweiß Schweißen – welding
Tech allgemeine Technik und Technologie – engineering and technology as opposed to basic research
Text Textilerzeugnisse und Textilchemie – textiles and textile chemistry
Trib Tribologie – tribology
TV Fernsehen – television
Typogr Typographie/Drucktechnik – typography
US USA – United States of America
Vak Vakuumtechnik – vacuum technology
Zool Zoologie – zoology

Regelsetzende Institutionen – standard-issuing bodies

ASM American Society of Metals
ASTM American Society of Testing and Materials
BS British Standard
CAS Chemical Abstracts Service
DIN Deutsches Institut für Normung e.V. – German Institute for Standardization
EC Enzyme Classification (IUPAC/IUB)
IEC International Electrical Commission
ISO International Organisation for Standardization
IUB International Union of Biochemistry
IUPAC International Union of Pure and Applied Chemistry
VDI Verein Deutscher Ingenieure – German Association of Engineers
WHO World Health Organization

A

A stage A-Zustand *m {von Phenoplasten}*
abandon/to aufgeben, preisgeben; verzichten *{z.B. auf ein Patent}*
abate/to sich beruhigen, nachlassen, abnehmen, *{z.B. an Intensität}*
ABC weapons ABC-Waffen *fpl {atomare, biologische und chemische Waffen}*
Abegg's rule Abeggsche Regel *f*
Abel test Abel-Test *m*, Abel-Probe *f {1. Flammpunktbestimmung; 2. Bestimmung der Stabilität eines Explosivstoffes}*
abelmosk Abelmoschus *m*; Bisamkörner *npl*
aberration Aberration *f*, Abweichung *f*
abiding dauerhaft, dauernd, bleibend
abietates abietinsaure Salze *npl*, Abietate *npl*
abietene Abietin *n {obs}*, Coniferin *n*
abietic acid *s.* abietenic acid
abietinic acid <$C_{20}H_{30}O_2$> Abietinsäure *f*, Sylvinsäure *f*
ability Fähigkeit *f*, Vermögen *n*
ability for electrostatic charge derivation Ableitfähigkeit *f* für elektrostatische Ladung *f {DIN 51953}*
ability to flow Fließvermögen *n {DIN 51568}*
ability to function Funktionstüchtigkeit *f*
ability to trickle Rieselfähigkeit *f*
abiuret Abiuret *n*
ablastin Ablastin *n*
ablative abtragend, abschmelzend
ablative compound ablativer Kunststoff *m*, Ablativstoff *m {wärmeabsorbierender und sich dabei teilweise zersetzender Stoff}*
ablaze lichterloh, mit heller Flamme, lodernd
able to trickle rieselfähig
ablution Auswaschen *n*, Abwaschen *n*
abnormal ungewöhnlich, anomal, abnorm
abnormal Beckmann rearrangement anomale Beckmannsche Umlagerung *f*
abnormal glow discharge anomale Glimmentladung *f*
abnormality Regelwidrigkeit *f*, Unregelmäßigkeit *f*
aborticide Abtreibungsmittel *n*, abtreibendes Mittel *n*, Abortiv *n {Pharm}*
abortient abtreibend
abortifacient Abtreibungsmittel *n*, abtreibendes Mittel *n*, Abortiv *n {Pharm}*
above average überdurchschnittlich
above-ground hydrant Überflurhydrant *m*
ABR Acrylat-Butadien-Kautschuk *m*, Acrylkautschuk *m*
abradability Zerbrechlichkeit *f*, Zerreiblichkeit *f {z.B. von Koks}*
abradant Schleifmittel *n*, Strahlmittel *n*
abrade/to abreiben, abschleifen, abschürfen
abraded matter Abrieb *m*
abraded particle Abriebteilchen *n*
abrader Schleifapparat *m*, Abriebmaschine *f*; Scheuerprüfgerät *n*, Scheuerapparat *m*
abrading Abschleifen *n*, Abtragen *n*, Abreiben *n*
abrading device Schleifapparat *m*; Scheuerprüfgerät *n {Text}*
abrasion 1. Abrieb *m {Produkt}*; 2. [abrasiver] Abrieb *m*, Verschleiß *m*, Abnutzung *f*; Scheuern *n {Gewebe}*
abrasion characteristics Abriebverhalten *n*
abrasion coefficient Verschleißkoeffizient *m {DIN 22005}*
abrasion factor Verschleißzahl *f*
abrasion machine Scheuerprüfgerät *n*, Scheuerapparat *m* ; Abnutzungsprüfapparat *m*, Abrieb[prüf]maschine *f*
abrasion resistance Abriebfestigkeit *f*, Abrasionsfestigkeit *f*, Abriebwiderstand *m*, Abrasionswiderstand *m*; Scheuerfestigkeit *f*
abrasion-resistant abrasionsfest, abriebfest, verschleißfest
abrasion-resistant pump verschleißfeste Pumpe *f*
abrasion-resistant surface abriebfeste Oberfläche *f*
abrasion-resisting alloy verschleißbeständige Legierung *f*
abrasion strength Abriebfestigkeit *f*, Abrasionsfestigkeit *f*, Abriebwiderstand *m*, Abrasionswiderstand *m*; Scheuerfestigkeit *f*
abrasion test Abriebprüfung *f*, Verschleißprüfung *f*, Abnutzungsprüfung *f*
abrasion tester Abrieb[prüf]maschine *f*, Abnutzungsprüfapparat *m*
abrasion testing Abriebprüfung *f*, Abnutzungsprüfung *f*, Verschleißprüfung *f*
abrasive 1. Schleif-; schleifend, schmirgelartig; 2. Schleifmittel *n*, Strahlmittel *n*, Scheuermittel *n {Text}*
abrasive belt Schleifband *n*
abrasive belt polisher Bandschleifpoliermaschine *f*
abrasive blasting Strahlen *n*
abrasive cloth Schleifgewebe *n {z.B. Schmirgelleinen, Schmirgeltuch}*
abrasive effect Abrasionswirkung *f*, Abrasivwirkung *f*, Abriebwirkung *f*
abrasive fabric Schleifvlies *n*
abrasive grain Schleifkorn *n*
abrasive hardness Ritzhärte *f*
abrasive paper Polierpapier *n*, Schleifpapier *n {z.B. Sandpapier}*
abrasive paste Schleifpaste *f*
abrasive polish Poliermittel *n*
abrasive powder Schleifpulver *n*, Schmirgelpulver *n*

abrasive solid schmirgelnder Feststoff *m*, Schleif[fest]stoff *m*

abrasive wear Abrasionsverschleiß *m*, [abrasiver] Abrieb *m*

abrasive wheel Schleifscheibe *f*, Schleifkörper *m*, Schmirgelscheibe *f*

abrasiveness Schleiffähigkeit *f*, Schmirgelfähigkeit *f*; Abriebwirkung *f*; Schleifleistung *f*

abrasivity Schleifschärfe *f {DIN 22021}*

abridge/to [ver]kürzen; beschränken, einschränken; zusammenziehen

abridgement Beschränkung *f*, Einschränkung *f*; gekürzte Fassung *f*, Auszug *m*

abridgement of patent Patentschriftauszug *m*

abrotine <$C_{21}H_{22}NO_{2}$> Abrotin *n*

ABS rubber Acrylnitril-Butadien-Styrol-Kautschuk *m*

abscisic acid Dormin *n*, Abscisinsäure *f {ein Phytohormon}*, Abscisin *n {obs}*

absinth[e] 1. Absinth *m {Wermutblätter}*; 2. Trinkbranntwein *m* aus Wermut *m*

absinthe oil Wermutöl *n*

absinthial absinthartig

absinthiated wine Bitterwein *m*, Wermutwein *m*

absinthic acid Absinthsäure *f*

absinthin <$C_{30}H_{40}O_{6}$> Absinthin *n {Glucosid der Wermutpflanze}*

absinthine absinthartig

absinthium Absinth *m*

absinthol Thujol *n*

absolute 1. absolut, unumschränkt, bedingungslos, rein, für sich betrachtet; restlos, endgültig; unvermischt, wasserfrei; 2. Absolutwert *m*

absolute alcohol absoluter Alkohol *m*, wasserfreier Alkohol *m {<1% H_2O}*

absolute atmosphere technische Atmosphäre *f* bei absolutem Druck *{obs; =98066,5 Pa}*

absolute black Absolutschwarz *n*

absolute deviation Absolutwert *m* einer Abweichung *f {Math}*

absolute electrode potential absolutes Elektrodenpotential *n*

absolute error absoluter Fehler *m*

absolute Fahrenheit scale absolute Temperaturskale *f {gemessen in Grad Rankine}*

absolute magnitude Absolutgröße *f*

absolute manometer absolutes Manometer *n*, Gasometer *n*

absolute motion Absolutbewegung *f*

absolute peel strength absoluter Schälwiderstand *m {von Klebverbindungen}*

absolute pressure Absolutdruck *m*, absoluter Druck *m {DIN 1314}*

absolute quantity Absolutgröße *f*

absolute scale absolute Skale *f*, absolute Normierung *f*, absoluter Maßstab *m*; absolute Temperaturskale *f {in K}*

absolute sensitivity Absolutempfindlichkeit *f*

absolute temperature absolute Temperatur *f*, thermodynamische Temperatur *f {DIN 5498}*, Kelvin-Temperatur *f*

absolute temperature scale thermodynamische Temperaturskale *f*, absolute Temperaturskale *f*

absolute unit Absoluteinheit *f*, Grundeinheit *f*; Basiseinheit *f*

absolute vacuum absolutes Vakuum *n*

absolute vacuum ga[u]ge absolutes Vakuummeter *n*

absolute vacuum meter absolutes Vakuummeter *n*

absolute velocity Absolutgeschwindigkeit *f*, absolute Geschwindigkeit *f*

absolute viscosity dynamische Zähigkeit *f*, dynamische Viskosität *f {in Pa·s}*

absolute zero absoluter Nullpunkt *m {der Temperatur; 0 K oder -273,16 °C}*

absorb/to absorbieren, ansaugen, anziehen, [in sich] aufnehmen, aufsaugen; dämpfen

absorbability Absorbierbarkeit *f*, Aufsaugfähigkeit *f*, Aufnahmefähigkeit *f*

absorbable absorbierbar, aufsaugbar, aufnehmbar; aufnahmefähig

absorbable ligatures and sutures resorbierbares Nahtmaterial *n {Med}*

absorbance [spektrales] Absorptionsmaß *n*, Extinktion *f*

absorbance unit Extinktionseinheit *f*

absorbate Absorptionsprodukt *n*, Absorptiv *n*, Absorbat *n*, absorbierter Stoff *m*

absorbed dose Energiedosis *f {in Gy, DIN 6814}*

absorbed dose rate Energiedosisleistung *f {in Gy/s}*, Energiedosisrate *f {DIN 1304}*

absorbed energy verschluckte Energie *f*

absorbency Extinktion *f*, Absorptionsvermögen *n*, Aufnahmevermögen *n {Kolorimetrie}*

absorbency tester Saugfähigkeits-Prüfgerät *n*

absorbent 1. absorbierend, absorptionsfähig, einsaugend, aufsaugend, saugfähig; 2. Absorbens *n {pl. Absorbenzien}*, Absorptionsmittel *n*; 3. Absorber *m {Anlage, Gerät}*

absorbent charcoal Absorptionskohle *f*

absorbent cotton Saugwatte *f*; Verbandwatte *f {Pharm}*

absorbent fabric absorbierendes Gewebe *n*

absorbent paper Saugpapier *n*, Fließpapier *n*, absorbierendes Papier *n*

absorber 1. Absorptionsmittel *n*; 2. Absorber *m {Anlage, Gerät}*

absorber device Absorberelement *n {Nukl}*

absorbing 1. absorbierend, aufnehmend, aufsaugend, einsaugend; 2. Absorbieren *n*, Einsaugen *n*, Aufnahme *f*

absorbing agent 1. Absorbens *n {pl. Absorbenzien}*, Absorptionsmittel *n*

absorbing capacity Aufnahmefähigkeit *f {des Marktes}*
absorbing material Absorbermaterial *n {Nukl}*
absorbing medium Absorptionsmittel *n*
absorbing power Absorptionsvermögen *n*
absorbing power for dyes Färbefähigkeit *f*
absorbing tissue Absorptionsgewebe *n*
absorbing trap Absorptionsfalle *f {Lab}*
absorptance Absorptionsvermögen *n*, Absorptionsgrad *m {DIN 5496}*
absorptiometer Absorptiometer *n*, Absorptionsmeßgerät *n*, Absorptionsmesser *m*
absorptiometric absorptiometrisch
absorptiometry Absorptiometrie *f*, Absorptionsanalyse *f*
absorption Absorption *f*, Absorbieren *n*; Lösen *n {Aufnahme von Gasen}*; Aufsaugen *n*, Aufzehrung *f*
absorption analysis Absorptionsanalyse *f*, Absorptiometrie *f*
absorption apparatus Absorptionsapparat *m*, Absorber *m*, Aufsauger *m*, Absorptionsgerät *n*
absorption axis Absorptionsachse *f*
absorption band Absorptionsband *n*, Absorptionsstreifen *m*
absorption behavior Absorptionsverhalten *n*
absorption bottle Absorptionsflasche *f*, Waschflasche *f*, Aufnahmekolben *m {Lab}*
absorption bulb Absorptionskugel *f*, Absorptionsküvette *f*
absorption capacity Absorptionsvermögen *n*, Extinktion *f*, Absorbierbarkeit *f*, Aufnahmevermögen *n*, Aufsaugevermögen *n*, Schluckvermögen *n*
absorption capacity for water Wasseraufnahmefähigkeit *f*
absorption cell Absorptionsbehälter *m*, Absorptionsküvette *f {Spek}*
absorption chamber Absorptionskammer *f*, Absorptionsraum *m*
absorption coefficient Absorptionskoeffizient *m {Akustik}*
absorption coil Absorptionsschlange *f*
absorption color Absorptionsfarbe *f*
absorption column Absorptionskolonne *f*, Absorptionssäule *f*, Absorptionsturm *m*
absorption-column plate Absorptionskolonnenboden *m*, Passette *f*
absorption compound Absorptionsverbindung *f*
absorption continuum Absorptionskontinuum *n {Spek}*
absorption-cross section Absorptionsquerschnitt *m*, Auffangquerschnitt *m*
absorption current Absorptionsstrom *m*
absorption curve Absorptionskurve *f*, Extinktionskurve *f*
absorption densimeter Absorptions-Dichtemesser *m*
absorption discontinuity Absorptionskante *f {Spek}*, Absorptionssprung *m*
absorption edge Absorptionskante *f {Spek}*
absorption-edge shift Verschiebung *f* der Absorptionskante *f*
absorption equilibrium Absorptionsgleichgewicht *n*
absorption equipment Absorptionsanlage *f*
absorption fabric absorbierendes Gewebe *n*
absorption factor Absorptionsfaktor *m*, Absorptionsgrad *m {nach dem Kirchhoffschen Strahlungsgesetz; DIN 5496}*, Absorptionskoeffizient *m {Licht}*
absorption filter Absorptionsfilter *n*
absorption flame photometer Absorptionsflammenphotometer *n*
absorption flame photometry Absorptionsflammenphotometrie *f*
absorption flask Absorptionsflasche *f*, Aufnahmekolben *m*
absorption glass Filterglas *n*
absorption hygrometer Absorptionshygrometer *n*
absorption index Absorptionsindex *m*
absorption indicator Absorptionsindikator *m {Fällungsanalyse}*
absorption installation Absorptionsanlage *f*
absorption jar Absorptionsglas *n {Lab}*
absorption lagoon Abwasserteich *m*
absorption limit Absorptionsgrenze *f*, Absorptionskante *f {Spek}*
absorption line Absorptionslinie *f {Spek}*
absorption-line spectrum Linienabsorptionsspektrum *n*
absorption liquid Absorptionsflüssigkeit *f*
absorption loss Absorptionsverlust *m*
absorption machine Absorptionsmaschine *f*, Rotationsabsorber *m*
absorption maximum Absorptionsmaximum *n*
absorption measurement Absorptionsmessung *f*
absorption of carbon dioxide Kohlendioxidaufnahme *f*
absorption of gases Lösen *n {Aufnahme von Gasen}*
absorption of light Lichtabsorption *f*
absorption of liquid Flüssigkeitsaufnahme *f*
absorption oil Waschöl *n*
absorption paper Saugpapier *n*, Fließpapier *n*, absorbierendes Papier *n*
absorption pipette Absorptionspipette *f*
absorption plant Absorptionsanlage *f*
absorption power Aufnahmefähigkeit *f*, Aufsaugevermögen *n*, Absorptionsvermögen *n*
absorption process Aufsaugverfahren *n*, Absorptionsverfahren *n*

absorption pump Absorptionspumpe *f*
absorption range Aufnahmebereich *m*
absorption rate Absorptionsgrad *m*, Schluckgrad *m*, Saugfähigkeit *f*; Aufnahmegeschwindigkeit *f*, Aufziehgeschwindigkeit *f* *{Farben}*
absorption ratio Absorptionsgrad *m* *{DIN 5496}*, Absorptionskoeffizient *m* *{Licht}*
absorption-refrigerating machine Absorptionskühlmaschine *f*, Absorptionskältemaschine *f*
absorption refrigerator Absorptionskühlschrank *m*, Absorptionskältemaschine *f*
absorption region Absorptionsbereich *m*
absorption separator Absorptionsscheider *m*, Absorptionsseparator *m*
absorption spectroscopy Absorptionsspektroskopie *f*
absorption spectrum Absorptionsspektrum *n*
absorption-spectrum analysis Absorptionsspektralanalyse *f*
absorption tower Absorptionsturm *m*
absorption-tower plate Absorptionskolonnenboden *m*, Passette *f*
absorption trap Absorptionsaufsatz *m*, Absorptionsfalle *f*
absorption tube Absorptionsröhre *f* *{Anal}*, Absorptionsröhrchen *n*, Eudiometer *n* *{Phys}*, Absorptionsrohr *n*
absorption-type refrigerating system Absorptionskältesatz *m*
absorption-type refrigerator Absorptionskühlschrank *m*, Absorptionskältemaschine *f*
absorption velocity Absorptionsgeschwindigkeit *f*
absorption vessel Absorptionsgefäß *n*
absorption wedge Absorptionskeil *m*
absorptive absorptionsfähig, aufnehmend, aufsaugend, resorbierbar, saugfähig, absorbierend
absorptive capacity Absorptionsfähigkeit *f*, Absorptionsleistung *f*, Aufnahmevermögen *n*
absorptive charcoal Absorptionskohle *f*
absorptive power Absorptionskraft *f*, Absorptionsgrad *m* *{DIN 5496}*, Absorptionsvermögen *n*, Absorptionsfähigkeit *f*
absorptivity Absorptionsvermögen *n*, Absorptionsgrad *m* *{DIN 5496}*, Aufnahmefähigkeit *f*, Aufsaugefähigkeit *f*,
abstract/to absondern, abstrahieren, entziehen [von], ausziehen
abstract 1. abstrakt *{Begriff, Wissenschaft, Zahl}*; 2. Abriß *m*, Kurzreferat *n*; Auszug *m*; Übersicht *f*, Zusammenfassung *f*
abstracting Entziehen *n*, Herausziehen *n*
abstraction Abstrahieren *n*, Abstraktion *f*, Entziehung *f*, Absonderung *f*, Entzug *m*
abundance Ausgiebigkeit *f*, Fülle *f*, Häufigkeit *f*, Überfluß *m*, reichliches Vorhandensein *n*
abundance anomaly Häufigkeitsanomalie *f*
abundance curve Häufigkeitskurve *f*
abundance ratio Häufigkeitsverhältnis *n* *{Stat}*, Abundanz *f*; Isotopen[häufigkeits]verhältnis *n*
abundant ausgiebig, reichlich
abuse Mißbrauch *m*, Fehlgebrauch *m*
abuse of drugs Drogenmißbrauch *m*
abut/to anstoßen
a.c. Wechselstrom *m*
a.c. voltage Wechselspannung *f*
a.c. voltage source Wechselspannungserzeuger *m*, Wechselstromquelle *f*
Ac *{element no. 99}* Actinium *n*, Ac , Aktinium *n* *{obs}*
AC *s.* a.c.
acacatechin Acacatechin *n*, Tannin *n* *{Gerbstoff}*
acacetin[e] Acazetin *n*
acacia gum Akaziengummi *n*, Akazin *n*, Arabin *n*, Gummiarabicum *n*, Sudangummi *m* *{obs}*
acacia oil Akazienöl *n*
acacia pod Akazienschote *f*
acaciine Acaciin *n*
acadialite Acadialith *m* *{Min}*
acajou Akajou *m*, Nierenbaum *m* *{Cedrela brasiliensis}*, weißer Mahagoni *m*
acajou gum Akajougummi *n*, Mahagonigummi *n*
acajou resin Mahagoniharz *n*
acanthite Akanthit *m* *{Min}*
acanthus oil Bärenklauöl *n*
acarbose **<$C_{25}H_{43}NO_{18}$>** Acarbose *f* *{Pseudo-Tetrasaccharid}*
acaricide Akaridengift *m* *{Pharm; Milbenbekämpfungsmittel}*, Akarizid *n*, Mitizid *n*
acaroid resin Akaroidharz *n*, Erdschellack *m*, Grasbaumharz *n*
accelerate/to antreiben, beschleunigen, hochfahren
accelerated aging beschleunigte Alterung *f*, künstliche Alterung *f*, Ausscheidungshärtung *f* *{Met}*
accelerated aging test Schnellalterungsprüfung *f*
accelerated corrosion test Schnellkorrosionsversuch *m*
accelerated cure Schnellhärtung *f*
accelerated filtration beschleunigte Filtrierung *f*
accelerated light aging test beschleunigte Lichtalterungsprüfung *f* *{Alterungsprüfung mittels Lichteinwirkung}*
accelerated resin Harz *n* mit Beschleunigerzusatz, vorbeschleunigtes Harz *n*
accelerated tensile test Kurzzeit-Zugversuch *m*, Zerreißprüfung *f*
accelerated test Kurzprüfung *f*, Kurzzeitprüfung *f*, Kurzzeitversuch *m*, Schnelltest *m*, Zeitraffertest *m*, Zeitrafferversuch *m*

accelerated test results Kurzzeitwerte *mpl*
accelerated weathering Kurzbewitterung *f*, Schnellbewitterung *f*
accelerated weathering resistance Kurzzeitbewitterungsverhalten *n*
accelerated weathering test Kurzzeitbewitterungsversuch *m*, Schnellbewitterung *f*, Schnellbewitterungsversuch *m*
accelerating chamber Beschleunigungskammer *f {Nukl}*
accelerating electrode Beschleunigungselektrode *f*
accelerating field Beschleunigungsfeld *n*
accelerating tube Beschleunigungsröhre *f*
accelerating voltage Beschleunigungsspannung *f*
acceleration Beschleunigung *f*, Akzeleration *f*
acceleration of fall Fallbeschleunigung *f*
acceleration of settling rate Sedimentationsbeschleunigung *f*
acceleration test Kurzversuch *m*, Kurzzeitprüfung *f*, Kurzprüfung *f*, Schnelltest *m*
accelerator 1. Beschleuniger *m*, Aktivator *m*, Initiator *m {Polymerisation}*, Promotor *m {Katalyse}*; 2. Teilchenbeschleuniger *m {Nukl}*; 3. Abbindebeschleuniger *m*, Estarrungsbeschleuniger *m {Zement}*
accelerator bath Beschleunigungsbad *n {Photo}*
accelerator electrode Beschleunigungselektrode *f*
accelerator globulin Akzelerin *n*
accelerin Akzelerin *n*
accelerometer Beschleunigungsmesser *m*
accentuate/to akzentuieren, betonen
accept/to annehmen, abnehmen, akzeptieren *{Qualitätskontrolle}*; übernehmen *{weil geeignet}*
acceptable annehmbar, akzeptabel, akzeptierbar; zulässig
acceptable alternate product Ausweichprodukt *n*
acceptable daily intake [number] zulässige Tagesdosis *f {Schadstoffe bei Nahrungsaufnahme}*, ADI-Wert *m*
acceptable quality level Annahmegrenze *f*, Gutgrenze *f*, annehmbare Qualitätsgrenzlage *f*
acceptance Annahme *f*, Übernahme *f*, Genehmigung *f*, Akzeptanz *f*, Aufnahme *f {durch den Benutzer}*, Abnahme *f {Qualitätskontrolle}*
acceptance of electrons Aufnahme *f* von Elektronen
acceptance of goods Warenabnahme *f*
acceptance test Abnahmeprüfung *f*, Funktionsprüfung *f*, Eignungsprüfung *f {Qualitätskontrolle}*, Abnahmetest *m {durch Kunden}*
accepted stock Feinstoff *m*, Gutstoff *m*
acceptor Akzeptor *m*; Empfängerladung *f {Halbleiter}*
access Zugang *m*, Zutritt *m*; Zugriff *m {EDV}*
access control Zutrittskontrolle *f*, Zugangskontrolle *f {z.B. zu einem Raum}*; Zugriffskontrolle *f {EDV}*
access door Reinigungsöffnung *f*
access time 1. Zugriffszeit *f {EDV}*; 2. Zutrittszeit *f {Sicherheit}*
accessibility Zugänglichkeit *f*, Erreichbarkeit *f*; Zugriffsmöglichkeit *f {EDV}*
accessible zugänglich, erreichbar
accessorial akzessorisch
accessories Zubehör *n*
accessory 1. zusätlich; Zusatz-, Hilfs-, Begleit-; 2. Zubehörteil *n*; Zusatzgerät *n*, Anbaugerät *n*, Hilfsgerät *n*
accessory apparatus Zusatzgerät *n*, Zusatzvorrichtung *f*
accessory mineral Begleitmineral *n*
accident Schadensfall *m*, Störfall *m*, Zwischenfall *m*; Unfall *m*, unvorhergesehenes Ereignis *n*, Panne *f*; Zufall *m*
accident analysis Störfallanalyse *f*, Unfallanalyse *f*
accident control *{US}* Unfallverhütung *f*, Unfallschutz *m*
accident hazard Unfallgefahr *f*
accident investigation Unfallforschung *f*
accident prevention *{GB}* Unfallschutz *m*, Unfallverhütung *f*, Störfallverhütung *f*
accident-prevention measure Unfallverhütungsmaßnahme *f*
accident-prevention regulations Unfallverhütungsvorschriften *fpl*, UVV
accident-preventive störfallunterbindend, unfallverhütend
accident profile Störfallablauf *m*, Unfallablauf *m*, Unfallverlauf *m*
accident progression Störfallablauf *m*, Unfallablauf *m*, Unfallverlauf *m*
accident-prone unfallgefährdet
accident protection Unfallschutz *m*
accident report Unfallbericht *m*
accident-scope analysis Schadenumfangsanalyse *f*
accident sequence Störfallablauf *m*, Unfallablauf *m*, Unfallverlauf *m*
accident-signalling system Unfallmeldeanlage *f*
accidental zufällig [eintretend], beiläufig, versehentlich; unwesentlich
accidental degeneracy zufällige Entartung *f*
accidental error zufälliger Fehler *m {DIN 1319}*, Zufallsfehler *m*, zufallsbedingter Fehler *m*
accidental ground Masseschluß *m {Elek}*
accidentproof unfallverhütet, störfallgeschützt

acclimatization Akklimatisation *f*, Akklimatisierung *f*, Gewöhnung *f*
acclimatize/to akklimatisieren, gewöhnen, angleichen
accommodate/to akkommodieren, sich anpassen; aufnehmen
accommodation Akkommodation *f*, Anpassung *f*, Angleichung *f*, Akkomodierung *f*
accommodation coefficient Akkommodationskoeffizient *m*, Akkommodationszahl *f* *{Thermo}*
accommodation coefficient for condensation Kondensationskoeffizient *m*, Kondensationszahl *f* *{Vak}*
accompany/to begleiten
accompanying effect Begleiterscheinung *f*
accompanying metal Begleitmetall *n*
accompanying substance Begleitstoff *m*
accomplish/to ausführen, bewerkstelligen, zustande bringen; vollenden; erfüllen, erreichen *{Ziel}*
accord with/to übereinstimmen mit
accordance Übereinstimmung *f*, Einklang *m*
according to gemäß, laut
accordingly gemäß, infolgedessen, demnach, folglich
account 1. Rechenschaftsbericht *m*; 2. Konto *n*; 3. Berechnung *f*, Rechnung *f*, Abrechnung *f*
accountable haftbar, verantwortlich
accounting Rechnungswesen *n*, Buchführung *f*, Buchhaltung *f*
accretion 1. Ansetzung *f*, Zuwachs *m*, Vergrößerung *f*; 2. Akkretion *f*, Ansetzen *n*, Anwachsen *n* *{Krist}*
accroides gum Acaroidharz *n*, Grasbaumharz *n*
accrue from/to herkommen von, erwachsen aus; sich ansammeln, auflaufen
accumulate/to anhäufen, akkumulieren, anfallen, anlagern, erwachsen aus; [sich] ansammeln, aufhäufen, [auf]speichern, stapeln, auflaufen
accumulated heat Speicherwärme *f*
accumulated running hours Gesamtbetriebsstunden *fpl*
accumulated value Gesamtwert *m*, Endwert *m*
accumulation Anhäufung *f*, Akkumulation *f*, Anlagerung *f*, Anreicherung *f*, Ansammlung *f*, Aufspeicherung *f*; Aufschüttung *f* *{Geol}*
accumulation conveyor Stauförderer *m*
accumulation method Anreicherungsverfahren *n* *{Lecksuche}*
accumulation of cold Kältespeicherung *f*
accumulation of heat Wärmestau *m*, Hitzestau *m*
accumulation of mud Verschlammung *f*
accumulation point Häufungsstelle *f*, Häufungspunkt *m* *{Mech}*
accumulation technique Anreicherungsverfahren *n* *{Lecksuche}*
accumulative anhäufend, kumulativ
accumulative process Anreicherungsprozeß *m*
accumulator 1. Akkumulator *m*, Akku *m*, Stromsammler *m*, Sekundärelement *n*; 2. Speicher *m*, Sammelgefäß *n*, Sammler *m*; Druckspeicher *m*, 3. Zähler *m*; Rechenregister *n* *{EDV}*, Summenfeld *n*, Saldierwerk *n*
accumulator acid Akkumulatorsäure *f*, Füllsäure *f*, Sammlersäure *f* *{maximal 32%ig}*
accumulator box Akkukasten *m*, Akkumulatorkasten *m*, Batteriekasten *m*
accumulator capacity Speicherfähigkeit *f*
accumulator couple Akkumulatorplattenpaar *n* *{Elek}*
accumulator-head blow mo[u]lding [process] Staukopfverfahren *n*
accumulator heat Speicherwärme *f*
accumulator jar Akkuflasche *f*
accumulator-lead plate Akkumulatorbleiplatte *f*
accumulator paste Akkumulatorstreichmasse *f*, Batteriemasse *f*
accumulator plate Akkumulatorplatte *f* *{Elek}*
accumulator secondary cell Akkumulator *m*, Sammler *m* *{Elek}*
accumulator tank Akkumulatorkasten *m*; Sammelbehälter *m*, Flutbehälter *m*
accumulator tester Akkumulatorprüfer *m*
accumulator with pasted plates Masseakkumulator *m*
accuracy 1. Richtigkeit *f*, Fehlerfreiheit *f* *{z.B. der Daten}*; 2. Genauigkeitsgrad *m*; Genauigkeit *f* *{Differenz zwischen ermitteltem und wahrem Wert}*; Meßunsicherheit *f*
accuracy in reading Ablesegenauigkeit *f*
accuracy of adjustment Einstellgenauigkeit *f*
accuracy of manufacture Herstellungsgenauigkeit *f*
accuracy of measurement Meßgenauigkeit *f*, Genauigkeit *f* der Messung *f*
accuracy of reading Ablesegenauigkeit *f*
accuracy of size Maßhaltigkeit *f*
accuracy of weighing Wägegenauigkeit *f*
accuracy requirements Maßgenauigkeit *f*
accurate genau, exakt
accurate value Genauwert *m* *{Math}*
accurately controllable feinregelbar
aceanthrene Aceanthren *n*
aceanthrenequinone Aceanthrenchinon *n*
acecoline Acetylcholinchlorid *n*
aceconitic acid Aceconitsäure *f*
acenaphthalic acid Acenaphthalsäure *f*
acenaphthalide Acenaphthalid *n*
acenaphthazine Acenaphthazin *n*
acenaphthene Acenaphthen *n*, 1,2-Dihydroacenaphthylen *n*
acenaphthene picrate Acenaphthenpicrat *n*
acenaphthenequinone Acenaphthenchinon *n*
acenaphthenol Acenaphthenol *n*

acenaphthenone Acenaphthenon *n*
acenaphthindene Acenaphthinden *n*
acenaphthoquinoline Acenaphthochinolin *n*
acenaphthoylpropionic acid Acenaphthoylpropionsäure *f*
acenaphthylacetic acid Acenaphthylessigsäure *f*
acenaphtylene <$C_{12}H_8$> Acenaphtylen *n*
acene Acen *n* *{linear kondensierter Aromat}*
acenocoumarol Acenocumarol *n*
acentric azentrisch, nicht zentrisch
aceperimidine Aceperimidin *n*
acepleiadane Acepleiadan *n*
acepleiadiene Acepleiadien *n*
acepromazine Acepromazin *n*
acerbity Herbheit *f*, herber Geschmack *m*; Bitterkeit *f*, Schärfe *f*
aceritannin Acer[i]tannin *n*
aceritol Acerit[ol] *n*
acetal <$CH_3CH(OC_2H_5)_2$> Acetal *n*, 1,1-Diethoxyethan *n* *{IUPAC}*
acetal copolymer Acetalcopolymerisat *n*, Acetalmischpolymerisat *n*, Acetalmischpolymer[es] *n*
acetal resin Acetalharz *n*
acetaldazine Acetaldazin *n*
acetaldehydase Acetaldehydase *f*
acetaldehyde <CH_3CHO> Acetaldehyd *m*, Azetaldehyd *m* *{obs}*, Äthylaldehyd *m* *{obs}*, Ethanal *n* *{IUPAC}*, Ethylaldehyd *m*
acetaldehyde ammonia Acetaldehydammoniak *n* *{obs}*, 1-Aminoethanol *n* *{IUPAC}*
acetaldehyde cyanohydrin Milchsäurenitril *n*
acetaldehyde diethyl acetal Acetaldehyddiethylacetal *n*
acetaldehyde resin Acetaldehydharz *n*
acetaldol <$CH_3CHOHCH_2CHO$> Acetaldol *n*, Aldol *n*
acetaldoxime Acetaldoxim *n*
acetalising Acetalisierung *f*
acetals <$RCH(OR'_1)OR''_2$> Acetale *npl*
acetamide <CH_3CONH_2> Acetamid *n*, Essigsäureamid *n*, Ethanamid *n* *{IUPAC}*
acetamidine Acetamidin *n*
acetamido- Acetamido-
acetaminomalonic acid Acetaminomalonsäure *f*
acetanilid <$C_6H_5NHCOCH_3$> Acetanilid *n*, Antifebrin *n*, *N*-Phenylacetamid *n*
acetanisidine <$CH_3CONHC_6H_4OCH_3$> *p*-Acetanisidin *n*, Methacitin *n*, *p*-Methoxyacetanilid *n*
acetarsol Acetarsol *n*, Stovarsol *n*
acetate 1. essigsauer; 2. Acetat *n*, Essigsäureester *m*, essigsaures Salz *n*; 3. Celluloseacetat *n*
acetate fibre Acetatfaser *f*; Acetatfaserstoff *m*
acetate film Celluloseacetatfilm *m*, Acetatfilm *m*, Acetatfolie *f*
acetate nitrate Acetatnitrat *n*, Essigsalpetersäureester *m*
acetate rayon Acetatkunstseide *f*, Acetatreyon *n*, Acetatseide *f*, Acetatviskose *f*
acetate sheeting Acetatfolie *f*
acetate silk Acetatseide *f*
acetate thiokinase Acetatthiokinase *f* *{Biochem}*
acetate yarn *{obs}* Acetatseide *f*
acetazolamide Acetazolamid *n*
acetbromanilide Antisepsin *n*
acetenyl- Acetenyl-
acethydrazide Acethydrazid *n*
acethydroxamic acid Acethydroxamsäure *f*
acethydroximic acid Acethydroximsäure *f*
acetic essigartig
acetic acid <CH_3COOH> Essigsäure *f*, Ethansäure *f*
acetic [acid] amine Acetamin *n*
acetic [acid] anhydride Acetanhydrid *n*
acetic acid plant Essigsäureanlage *f*
acetic aldehyde <CH_3CHO> Acetaldehyd *m*, Ethanal *n*, Ethylaldehyd *m*
acetic anhydride <$(CH_3CO)_2O$> Essigsäureanhydrid *n*, Acetanhydrid *n*
acetic bacteria Acetobakterien *fpl*
acetic ether Essigsäureethylester *m*, essigsaures Ethyl *n*, Äthylacetat *n* *{obs}*, Ethylacetat *n*, Essigether *m*, Essigäther *m* *{obs}*
acetic fermentation Essig[säure]gärung *f*
acetic oxide <$(CH_3CO)_2O$> Acetanhydrid *n*, Essigsäureanhydrid *n*
acetic peroxide Acetonperoxid *n*
acetidin Acetidin *n*, Essigether *m* *{Triv}*, Ethylacetat *n*
acetification Essigbildung *f*, Essiggärung *f*, Essigsäurebereitung *f*
acetifier Schnellsäurer *m*, Schnellessigbereiter *m*
acetify/to in Essig *m* verwandeln, Essig *m* bilden; sauer machen
acetimeter Acetometer *n*, Essigmesser *m*
acetimidic ester Acetimidoester *m*
acetins Azetine *npl* *{obs}*, Glycerinacetate *npl* *{Glycerinester der Essigsäure}*
acetmethylanilide Acetmethylanilid *n*
acetnaphthylamide Acetnaphthylamid *n*
acetoacetanilide Acetoacetanilid *n*, Essigsäureanilid *n*, Acetessigsäureanilid *n*
acetoacetate Acetacetat *n*
acetoacetic acid <CH_3COCH_2COOH> Acetessigsäure *f*, Acetylessigsäure *f*, 3-Oxobutansäure *f* *{IUPAC}*
acetoacetic ester Acetessigester *m*, Acetessigsäureethylester *m*, Ethylacetoacetat *n*, 3-Oxobutansäureethylester *m* *{IUPAC}*, Äthylazetoazetat *n* *{obs}*
acetoacetic ether Acetessigether *m*
acetoacettoluidide <$H_3CC_6H_4NHCOCH_2OCH_3$> Acetessigtoluidid *n*

acetoacetxylidide <$C_6H_3(CH_3)_2NHCOCH_2CO$-CH_3> Acetessigxylidid *n*
acetoanisol <$CH_3COC_6H_4OCH_3$> Acetyl-Anisol *n*, Methoxyacetophenon *n*
acetobacter aceti Essigsäurebazillus *m*
acetobacteria Essigbakterien *fpl*
acetobromal Diethylbromacetamin *n*
acetobromide Acetobromid *n*
acetobromoglucose Acetobromglucose *f*
acetogenins Acetogenine *npl {Biochem}*
acetoglyceral Acetoglyceral *n*
acetoguanamine Acetoguanamin *n*
acetoin <$CH_3COCH(OH)CH_3$> Acetoin *n*, Dimethylketol *n*, 3-Hydroxybutan-2-on *n*
acetol <CH_3COCH_2OH> Acetol *n*, Acetylcarbinol *n*, 1-Hydropropan-2-on *n*
acetolactate synthase Acetolactatsynthase *f*
acetolysis Acetolyse *f*, Azetolyse *f {obs}*
acetometer Acetometer *n*, Essig[säure]messer *m*
acetometric acetometrisch
acetometry Essigsäuremessung *f*
acetomycin Acetomycin *n*
acetonamine Acetonamin *n*
acetonaphthone Acetonaphthon *n*, 1-(2-Naphtyl)-ethanon *n*, Methylnaphthylketon *m*
acetone <CH_3COCH3> Aceton *n*, Dimethylketon *m*, Propan-2-on *n {IUPAC}*, Ketopropan *n*, Azeton *n {obs}*
acetone acid Acetonsäure *f*, 2-Hydroxyisobuttersäure *f*
acetone alcohol Acetol *n*, Acetonalkohol *m {Triv}*, 1-Hydroxypropan-2-on *n*
acetone bisulfite Acetonbisulfit *n*
acetone body Acetonkörper *m*, Azetonkörper *m {obs}*, Ketonkörper *m {Med}*
acetone bromoform Acetonbromoform *n*
acetone chloroform <$(CH_3)_2C(OH)CCl_3$> Acetonchloroform *n*, Chloreton *n*, Chlorbutanol *n*
acetone collodion Filmogen *n*, Acetoncollodion *n*
acetone cyanhydrin <$(CH_3)_2COHCN$> Acetoncyanhydrin *n {Triv}*, 2-Hydroxy-2-methylpropionitril *n*, 2-Methyllactonitril *n*
acetone extraction Acetonextraktion *f*
acetone iodide Iodaceton *n*
acetone ketal Acetonketal *n*
acetone mannite Acetonmannit *m*
acetone monocarboxylic acid <CH_3COCH_2COOH> Acetessigsäure *f*, Acetylessigsäure *f*, 3-Ketobuttersäure *f*
acetone oils Acetonöle *npl*
acetone oxime Acetoxim *n*, Propan-2-onoxim *n*
acetone powder Acetontrockenpulver *n*
acetone resin Acetonharz *n*
acetone sodium bisulfite Acetonnatriumhydrogensulfit *n*
acetone sulfite Acetonsulfit *n*
acetone-soluble acetonlöslich, azetonlöslich
acetone-soluble matter acetonlöslicher Bestandteil *m*, acetonlösliche Stoffe *mpl*, Acetonlösliches *n*
acetonecarboxylic acid *s.* acetoacetic acid
acetonediacetic acid Acetondiessigsäure *f*, Hydrochelidonsäure *f*, 4-Oxoheptandisäure *f*
acetonedicarboxylic acid Acetondicarbonsäure *f*, 3-Ketoglutarsäure *f*, Oxoglutarsäure *f*, Pentan-3-ondisäure *f*
acetonic acid Acetonsäure *f*, Butylmilchsäure *f {Triv}*, 2-Hydroxyisobuttersäure *f*
acetonine Acetonin *n*
acetonitrile <CH_3CN> Acetonitril *n*, Cyanmethyl *n*, Methylcyanid *n*, Ethannitril *n*
acetonyl- Acetonyl-
acetonyl alcohol Acetol n *{Triv}*, Hydroxypropan-2-on *n*
acetonylacetone <$(CH_3COCH_2)_2$> Acetonylaceton *n*, 1,2-Diacetylethan *n*, Hexan-2,5-dion *n*, 2,5-Diketohexan *n*
acetonylurea Acetonylharnstoff *m*
acetophenetide Acetphenetid *n*, Acetylphenetidin *n*
acetophenone <$C_6H_5COCH_3$> Acetophenon *n*, Hypnon *n*, Azetophenon *n {obs}*, Methylphenylketon *m*, Acetylbenzol *n*
acetopiperone Acetopiperon *n*
acetopropionic acid Acetylpropionsäure *f*
acetopseudocumene Acetopseudocumol *n*
acetoresorcinol Acetoresorcin *n*
acetotartrate 1. essigweinsauer;2. Acetotartrat *n*
acetothienone Acetothienon *n*, Methylthienylketon *n*
acetous essigartig, essigsauer
acetous fermentation Essiggärung *f*, Essigsäurebereitung *f*, Essigbildung *f*
acetoxime Acetoxim *n*, Propan-2-onoxim *n*
acetoxy- Acetoxy-
acetoxyanthracene Acetoxyanthracen *n*
acetoxybenzpyrene Acetoxybenzpyren *n*
acetoxybutyraldehyde Acetoxybutyraldehyd *m*
acetoxymethylcholanthrene Acetoxymethylcholanthren *n*
acetoxynaphthoquinone Acetoxynaphthochinon *n*
acetozone Acetozon *n*
acetum Acetum *n*, Essig *m*
aceturic acid Acetursäure *f*
acetyl- <-$COCH_3$> Acetyl-
acetyl bromide <CH_3COBr> Acetylbromid *n*, Essigsäurebromid *n*
acetyl celluloid Acetylcelluloid *n*
acetyl chloride <CH_3COCl> Acetylchlorid *n*, Essigsäurechlorid *n*, Chloracetyl *n {obs}*
acetyl CoA Acetyl-CoA *n {Biochem}*
acetyl coenzyme A Acetyl-CoA *n {Biochem}*, aktivierte Essigsäure *f {obs}*

acetyl determination Acetylbestimmung *f*
acetyl hydride *{obs}* *s.* acetaldehyde
acetyl iodide Acetyliodid *n*
acetyl methionine Acetylmethionin *n*
acetyl number 1. Acetylzahl *f*, Azetylzahl *f* *{obs}*, AZ *{in mg KOH}*; 2. *{US}* Hydroxylzahl *f*
acetyl oxide <$(CH_3CO)_2O$> Acetanhydrid *n*, Essigsäureanhydrid *n*, Ethansäureanhydrid *n*
acetyl transacylase Acetyltransacylase *f {Biochem}*
acetyl value Acetylzahl *f*, Acetylwert *m*, AZ *{in mg KOH}*
acetylacetic acid Acetessigsäure *f*, Acetylessigsäure *f*, 3-Oxobutansäureethylester *m*
acetylacetic anilide <$C_6H_5NHCOCH_2COCH_3$> Acetessigsäureanilid *n*, Acetylacetanilid *n*
acetylacetonate Acetylacetonat *n*
acetylacetone <$CH_3COCH_2COCH_3$> Acetylaceton *n*, Pentan-2,4-dion *n {IUPAC}*
acetylacetone ethylenediimine Acetylacetonethylendiimin *n*
acetylacetone peroxide Acetylacetonperoxid *n*
acetylamino- Acetylamin-, Acetamido-
***p*-acetylanisol, <$CH_3COC_6H_4OCH_3$>** *p*-Acetylanisol *n*, Methoxyacetophenon *n*
acetylate/to acetylieren
acetylated glucosyl bromide Acetobromglucose *f*
acetylating Acetylieren *n*, Acetylierung *f*
acetylating agent Acetylierungsmittel *n*
acetylating medium Acetylierungsmittel *n*
acetylating method Acetylierungsverfahren *n*
acetylating mixture Acetylierungsgemisch *n*
acetylation Acetylierung *f*
acetylation flask Acetylierkolben *m {Lab}*
acetylation process Acetylierungsverfahren *n {Vorgang}*
acetylator Acetylierungsapparat *m*
acetylbenzene Acetophenon *n*, Acetylbenzol *n*, Methylphenylketon *n*
acetylbenzoyl japaconine Japaconitin *n*
acetylbenzoyl peroxide Acetylbenzoylperoxid *n*, Acetozon *n*
acetylcarbamide <$CONH_2NHOCCH_3$> Acetylharnstoff *m*
acetylcarbinol Acetol *n {Triv}*, 1-Hydroxypropan-2-on *n {IUPAC}*
acetylcholine <$(CH_3)_3NOHCH_2OOCCH_3$> Acetylcholin *n*, Vagusstoff *m*, (2-Acetoxy-ethyl)-trimethylammoniumhydroxid *n {IUPAC}*
acetylcholine chloride Acetylcholinchlorid *n*
acetylene <C_2H_2> Acetylen *n*, Azetylen *n* *{obs}*, *Ethin n {IUPAC}*, Carbidgas *n {Triv}*
acetylene black Acetylenschwarz *n*, Rußschwarz *n*, Azetylenruß *m {Füllstoff}*
acetylene blowpipe Acetylenbrenner *m*
acetylene Bunsen burner Acetylenbunsenbrenner *m*
acetylene burner Acetylenbrenner *m*
acetylene cylinder Acetylenzylinder *m*
acetylene derivative Acetylenderivat *n*
acetylene dichloride Acetylendichlorid *n*, Dichloracetylen *n {IUPAC}*
acetylene dinitrile Kohlenstoffsubnitrid *n*
acetylene generator Acetylenentwickler *m*, Acetylenerzeuger *m*, Acetylengenerator *m*
acetylene hydrocarbon Acetylenkohlenwasserstoff *m*, Alkin *n*, Ethinkohlenwasserstoff *m*
acetylene linkage Acetylenbindung *f*, Dreifachkohlenstoffbindung *f*
acetylene magnesium bromide Acetylenmagnesiumbromid *n*
acetylene purifying mass Acetylenreinigungsmasse *f*
acetylene series Acetylenreihe *f*, Alkine *npl*, Ethinkohlenwasserstoffe *mpl*
acetylene tetrabromide Acetylentetrabromid *n*, *sym*-Tetrabromethan *n*
acetylene tetrachloride Acetylentetrachlorid *n*, *sym*-Tetrachlorethan *n*
acetylene urea Acetylenharnstoff *m*
acetylene welding Acetylenschweißung *f*, Schweißen *n* mit Acetylen *n*
acetylenecarboxylic acid Propiolsäure *f*
acetylenedicarboxylic acid <$HOOCC{\equiv}CCOOH$> Acetylendicarboxylsäure *f*, Acetylendicarbonsäure *f*, Ethindicarbonsäure *f*, Butindisäure *f*
acetylenic chemicals Acetylenderivate *npl {z.B. 1,3-Butandiol}*
acetylenic hydrocarbons Acetylenkohlenwasserstoffe *mpl*, Alkine *npl*, Ethinkohlenwasserstoffe *mpl*
acetylenyl Ethinyl-, Acetylenyl-
acetylesterase Acetylesterase *f {Biochem}*
acetylglucosyl bromide Acetobromglucose *f*
acetylglycine Acetursäure *f*
acetylide Acetylid *n*
acetylmethionine Acetylmethionin *n*
acetylmethylcarbinol <$CH_3COCHOHCH_3$> Acetoin *n*, Dimethylketol *n*
acetylphenylhydrazine Acetylphenylhydrazin *n*, Pyrodin *n*
acetylsalicylic acid <$CH_3CO_2C_6H_4COOH$> Acetylsalicylsäure *f*, Acidum *n*, 2-Acetoxybenzoesäure *f {IUPAC}*
acetylsulfuric acid Acetylschwefelsäure *f*
acetyltannin Acetyltannin *n*, Diacetyltannin *n*, Tannigen *n*, Tannogen *n*
acetyltoluidine <$CH_3C_6H_4NHCOCH_3$> Acetyltoluidin *n*
acetylurea <$CONH_2NHOCCH_3$> Acetylharnstoff *m*

achieve/to ausführen, beendigen, vollbringen; erreichen *{Ziel}*
achievement Errungenschaft *f*, Leistung*f*, Zustandekommen *n*
achillea oil Achillenöl *n*
achilleaic acid Achilleasäure *f*, 1,2,3-Propentricarbonsäure *f*
achilleine Achillein *n*
achiral achiral
achirite Acherit *m {obs}*, Dioptas *m {Min}*
achmatite Achmatit *m {Min, Epidot-Varietät}*
achmite *s.* aegirine
achrematite Achrematit *m*
achrodextrin Achroodextrin *n*
achroite Achroit *m*, farbloser Turmalin *m {Min}*
achromat Achromat *m {Opt; DIN 19040}*
achromatic achromatisch, farblos; unbunt
achromatic lens Achromat *m {Opt}*
achromatism Achromasie *f*, Farblosigkeit *f*
achromia Farblosigkeit *f*
achroodextrin Achroodextrin *n*
aci-form aci-Form *f {Hydoxyimino-Verbindungen, =N-OH}*
acicular nadelförmig, azikulär
acicular lignite Nadelkohle *f*
acicular precipitation nadelförmige Ausfällung *f*, azikuläre Fällung *f*
acid 1.sauer, Säure-; säurehaltig; 2.Säure *f*; Acidum *n {pl. Acida; Pharm}*; Protonendonator *m*
acid acceptor Säureakzeptor *m*
acid-ageing room *{GB}* Säuredämpfungsraum *m {Text}*
acid-aging room *{US}* Säuredämpfungsraum *m {Text}*
acid agitator Säurerührer *m*, Säurerührwerk *n*
acid albumen Acidalbumin *n*
acid albuminate Acidalbuminat *n*
acid amide Säureamid *n*
acid amine Säureamin *n*
acid ammonium fluoride Ammoniumbifluorid *n {obs}*, Ammoniumhydrogendifluorid *n {IUPAC}*
acid ammonium oxalate Ammoniumbioxalat *n {obs}*, Ammoniumhydrogenoxalat *n {IUPAC}*
acid anhydride Säureanhydrid *n*
acid annealing bath Säurebad *n* vor dem Glühen *n {Met}*
acid attack Säureangriff *m*
acid azide **<R-CO-N_3>** Säureazid *n*
acid-base balance Säure-Base-Gleichgewicht *n*
acid-base catalysis Säure-Base-Katalyse *f*
acid-base equilibrium Säure-Base-Gleichgewicht *n*
acid-base indicator Säure-Base-Indikator *m*
acid-base metabolism Säure-Base-Stoffwechsel *m*
acid-base regulation Säure-Base-Regulation *f*
acid bath Säurebad *n*, Einsäuerungsbad *n*
acid brittleness Beizbrüchigkeit *f*, Beizsprödigkeit *f {DIN 50900}*
acid capacity Acidität *f*, Säurekapazität *f*
acid carbonate 1. doppel[t]kohlensauer; 2.Bicarbonat *n {obs}*, Hydrogencarbonat *n {IUPAC}*;
acid carboy Säure[glas]ballon *m*
acid-catalysed säurekatalysiert
acid-catalysed cure Säurehärtung *f {Kunst}*
acid-catalysed degradation säurekatalysierter Abbau *m {Stärkegewinnung}*
acid catalysis Säurekatalyse *f*
acid catalyst Säurehärter *m*, saurer Katalysator *m*
acid centrifuge Säurezentrifuge *f*
acid chimney Säurekamin *m*
acid chloride Säurechlorid *n*, Carbonsäurechlorid *n*
acid cleaning Beizen *n*, Säurebeizung *f*
acid cleavage Säurespaltung *f*
acid column Säurekolonne *f*, Säureturm *m*
acid concentration Säurekonzentration *f*, Säuredichte *f*
acid-concentration plant Säureeindampfanlage *f*
acid container Säurebehälter *m*, Säuregefäß *n*
acid content Säuregehalt *m*
acid cooler Säurekühler *m*
acid-copper plating bath saures Kupferbad *n*
acid corrosion Korrosion *f* durch Säure *f*, Säureangriff *m*
acid curing 1. säurehärtend; 2. Säurehärtung *f {Kunst}*
acid density Säuredichte *f*
acid deposition saurer Niederschlag *m*, saure Ablagerung *f {Atmosphäre)*
acid determination Säurebestimmung *f*
acid dew point Säuretaupunkt *m*
acid-digestion bomb Säureaufschlußbombe *f*
acid dilution table Säureumrechnungstabelle *f*
acid-dipping Eintauchen *n* in Säure *f*, Säuretauchbad *n*; Präparation *f {mit Säure}*
acid-dissociation constant Säuredissoziationskonstante *f*
acid dyes Säurefarbstoffe *mpl*, saure Farbstoffe *mpl*, anionische Farbstoffe *mpl {Text}*
acid egg *{US}* Druckbehälter *m*; Druckbirne *f*, Druckfaß *n*, Säuredruckvorlage *f*, Montejus *m {für Säuren}*
acid elevator *{US}* Druckbirne *f*, Druckfaß *n*, Montejus *m*, Säuredruckvorlage *f*; Druckbehälter *m*
acid-embossing bath Säurebeizbad *n*; Säuremattierung *f*, Mattätzen *n {Glas}*
acid equivalent Säureäquivalent *n*
acid esters Säureester *mpl*
acid etch/to sauer beizen

acid-etching bath Säurebeizbad *n*; Säuremattierung *f*, Mattätzen *n* *{Glas}*
acid ethyl sulfate Ethylschwefelsäure *f*, Ethylhydrogensulfat *n*, Schwefelsäuremonoethylester *m*
acid exchanger Säureaustauscher *m*
acid-extractable mit Säure *f* extrahierbar
acid extractor Entsäuerungsapparat *m*
acid-fast säurefest, säurebeständig
acid fastness Säurebeständigkeit *f*, Säurefestigkeit *f*; Säureechtheit *f*
acid feeder Säurezufuhr *f*
acid fermentation Säuregärung *f*, Säurefermentation *f*, Säurevergärung *f*, Säurefermentierung *f*
acid-fixing bath Säurefixierbad *n*, saures Fixierbad *n* *{Photo}*
acid fluoride Doppelfluorid *n*, Hydrogenfluorid *n*
acid formation Säurebildung *f*
acid-forming säurebildend
acid-free säurefrei
acid frosting plant Säuremattieranlage *f*, Mattätzanlage *f* *{Glas}*
acid fuchsine Säurefuchsin *n*
acid fulling saure Walke *f* *{Text}*
acid fume Säuredampf *m*, Säurenebel *m*
acid-fume scrubber Säurenebelwascher *m*
acid furnace bottom saure Sohle *f*
acid gas <$SO_2/CO_2/H_2S$> Sauergas *n*, saures Gas *n*, säurebildendes Gas *n* *{Korr}*
acid gate valve *{US}* Säureschieber *m*
acid gutter Säurerinne *f*
acid halide <RCOX> Säurehalogenid *n*
acid-hardening lacquer SH-Lack *m*, säurehärtender Lack *m*
acid-heat test Säureerhitzungsprobe *f*, Säureerwärmungstest *m*
acid heater Säureerhitzer *m*
acid hearth saure Sohle *f*
acid hose Säureschlauch *m*
acid hydrate Hydratsäure *f*, Säurehydrat *n*
acid hydrazide Säurehydrazid *n*
acid hydroextractor Säureschleuder *f*
acid hydrolysis Säurehydrolyse *f*, saure Hydrolyse *f*
acid imide Säureimid *n*
acid-insoluble säureunlöslich
acid-insoluble ash säureunlösliche Asche *f*
acid insoluble content Anteil *m* säureunlöslicher Stoffe, Säureunlösliches *n*
acid lining saures Futter *n*, saure Zustellung *f* *{Met}*
acid liquor Säurebrühe *f*
acid lithium carbonate Lithiumbicarbonat *n*, Lithiumhydrogencarbonat *n* *{IUPAC}*
acid-measuring tank Säuremeßgefäß *n*
acid meter Säuremesser *m*
acid method Bessemer-Verfahren *n* *{Met}*
acid milling saure Walke *f* *{Text}*
acid mixture Säuregemisch *n*
acid number *{US}* Säurezahl *f*, SZ, Neutralisationszahl *f* *{mg KOH/g Fett}*
acid outlet Säureabfluß *m*
acid pickling saures Beizen *n*, saures Dekapieren *n*, saures Abbeizen *n*
acid-pickling tank Säurebeizgefäß *n*
acid-pickling plant Beizanlage *f*
acid pitcher Säurekanne *f* *{Lab}*
acid plant Säureanlage *f*
acid poisoning Säurevergiftung *f*
acid polishing Säurepolieren *n*
acid-precipitating bath Säurefällbad *n*
acid-proof säurefest, säurebeständig
acid-proof adhesive säurefester Klebstoff *m*, säurebeständiges Haftmittel *n*, säurefester Haftstoff *m*, säurefestes Klebemittel *n*
acid-proof cement säurebeständiger Klebkitt *m*, säurefester Klebspachtel *m*; säurefester Klebezement *m*; säurefeste Gummilösung *f*; säurefestes Einsatz[härte]pulver *n* *{Metall}*
acid-proof grease Säureschutzfett *n*, Säureschutzschmierfett *n*
acid-proof material säurebeständiges Material *n*, säurefestes Material *n*
acid-proof metal shield säurebeständiger Metallschirm *m*
acid-proof stoneware säurefestes Steingut *n*, säurebeständiges Steingut *n*
acid-proof paint coating Säureschutzanstrich *m*
acid-proof travelling band säurebeständiges Förderband *n*, säurebeständiges Transportband *n*
acid-proof valve Säureventil *n*, säurefestes Ventil *n*, säurebeständiges Ventil *n*
acid protection Säureschutz *m*
acid proton Säureproton *n*
acid pump Säurepumpe *f*
acid radical Säureradikal *n*, Säurerest *m* *{Molekülbaustein}*
acid rain saurer Regen *m*, Säureregen *m*
acid-recovery plant Säurerückgewinnungsanlage *f*
acid-recovery tower Säurerückgewinnungssäule *f*, Vitriolkolonne *f*
acid refining Säureraffination *f* *{von Ölen}*
acid refractory saurer feuerfester Stoff *m*, säurefeste Auskleidung *f*, saures Futter *n*, saure Zustellung *f* *{Met}*
acid removal Entsäuerung *f*
acid residue Säurerest *m* *{Molekülbaustein}*; Säurerückstand *m* *{Anal}*
acid resistance Säurebeständigkeit *f*, Säurefestigkeit *f*, Säurewiderstandsfähigkeit *f*
acid-resistant säurefest, säurebeständig
acid-resistant lacquer säurebeständiger Lack *m*, Säureschutzlack *m*

acid-resistant valve Säureventil *n*, säurefestes Ventil *n*
acid-resisting säurebeständig, säurefest
acid-resisting paint säurebeständiger Anstrich *m*, Säureschutzanstrich *m*
acid-resisting stoneware säurefestes Steingut *n*, säurebeständiges Steingut *n*
acid room Säure[n]raum *m*
acid salts saure Salze *npl*, Hydrogensalze *npl* *{IUPAC}*
acid scavenging 1.Säure wegfangend; 2.Säureabfangen *n {Entfernen}*; Säuredesoxidation *f*
acid separator Säureabscheider *m*
acid-settling drum Säureabsatzbehälter *m*, Säureabsatztrommel *f*
acid silicate Doppelsilicat *n*, Hydrogensilicat *n*
acid siphon Säureheber *m*
acid sludge Abfallsäure *f*, Säureabfall *m*, Säureschlamm *m*, Säureharz *n*, Säureteer *m*, Säuregoudron *m*, Sauerschlamm *m*
acid-sludge pump Säureschlammpumpe *f*
acid-sluice valve *{GB}* Säureschieber *m*
acid-soluble säurelöslich
acid solution Säurelösung *f*, saure Lösung *f*
acid-spinning process Säurespinnverfahren *n*
acid-spotting tester Säurefestigkeitsprüfgerät *n {Text}*
acid spray Säuresprühen *n*
acid-stop bath saures Unterbrechungsbad *n* *{Photo}*
acid-storage tank Säurebehälter *m*, Säurezisterne *f*, Säurekessel *m*
acid store Säure[n]raum *m*,
acid sulfate Bisulfat *n*, Hydrogensulfat *n*
acid sulfite 1. doppel[t]schwefligsauer *{obs}*; 2. Bisulfit *n {obs}*, Hydrogensulfit *n {IUPAC}*
acid sweetening Schwefelsäuresüßung *f*
acid tank Säurekessel *m*, Säurebehälter *m*, Säurezisterne *f*
acid-tank wagon Säurekesselwagen *m*
acid tar Säureteer *m {Benzin}*
acid tartrate 1. doppeltweinsauer *{Triv}*; 2. Bitartrat *n {obs}*, Hydrogentartrat *n {IUPAC}*
acid test Säureprobe *f*, Säuretest *m*
acid tester Säureprüfer *m*
acid-tinning bath saures Zinnbad *n*
acid tower Säureturm *m*, Säurekolonne *f*
acid-treated oil Säureöl *n*
acid treating Schwefelsäureraffination *f {Erdöl}*; Säurebehandlung *f*
acid treatment Säurebehandlung *f*; Schwefelsäureraffination *f {Erdöl}*
acid-treatment plant Beizanlage *f*
acid value *{GB}* 1. Säurezahl *f*, SZ, Neutralisationszahl *f {mg KOH/g Fett}*; 2. Acidität *f {Normalitätsangabe}*
acid valve Säureventil *n*, säurefestes Ventil *n*, säurebeständiges Ventil n
acid vapor Säuredampf *m*
acid vat Säurekufe *f*, Säuretrog *m*
anhydrous acid wasserfreie Säure *f*
aqueous acid wäßrige Säure *f*
aromatic acid aromatische Säure *f*
acidic 1. sauer; Säure-; 2. säurebildend
acidic aerosol saure Schwebstoffe *mpl*, saures Aerosol *n*
acidic cleaning solution saure Reinigungslösung *f*
acidic deposition saure Sedimentation *f*
acidic particulates saure Schwebstoffe *mpl*, saures Aerosol *n*
acidic solvent saures Lösemittel *n*
acidiferous säurehaltig
acidifiable säuerungsfähig, ansäuerbar
acidification Ansäuern *n*, Ansäuerung *f*, Absäuern *n*, Absäuerung *f*, Säuerung *f*, Acidifizierung *f*, Säurebildung *f*
acidified angesäuert, abgesäuert
acidifier Säuerungsmittel *n*, Säurebildner *m*
acidify/to [an]säuern, absäuern, acidifizieren, aufsäuern; [ein]säuern, [ein]stellen; säuerlich machen; versauern *{Boden}*
acidifying 1. säurebildend; 2. Ansäuern *n*, Absäuern *n*; sauer Einstellen *n*; Versauern *n* *{Boden}*
acidifying agent Säuerungsmittel *n*
acidimeter Acidimeter *n*, Säuregehaltsprüfer *m*, Säuremesser *m*, Acidometer *n*
acidimetric acidimetrisch
acidimetry Acidimetrie *f*, Azidimetrie *f*, Säuremessung *f*
acidiphile azidophil
acidity 1. Acidität *f {Fähigkeit Protonen abzuspalten}*; Säure *f {Maß für Säuregehalt als Normalität bzw. Säurestärke}*, Säuregrad *m*; 2. Sauerheit *f {Geschmack}*
acidity coefficient Säurekoeffizient *m*
acidize/to säuern
acidizing Säuerung *f*
acidness Säure *f*, Säuregehalt *m*
acidobutyrometer Acidobutyrometer *n*
acidobutyrometry Acidobutyrometrie *f*
acidolysis Säurehydrolyse *f*, Acidolyse *f*
acidolytic acidolytisch, azidolytisch
acidometer Säuremesser *n*, Säuregehaltsprüfer *n*, Acidimeter *n*, Acidometer *n*
acidomycin Acidomycin *n*
acidophilic acidophil
acidulant Säuerungsmittel *n {z.B. zum Ansäuern von Lebensmitteln}*
acidulate/to ansäuern, [ab]säuern, aufsäuern; säuerlich machen, sauer machen; [ein]säuern
acidulated angesäuert, abgesäuert, versauert; eingesäuert
acidulated bath angesäuertes Bad *n*

acidulated water Sauerwasser *n*, angesäuertes Wasser *n*
acidulating Säuern *n*
acidulation Ansäuern *n*, Ansäuerung *f*, Absäuern *n*, Acidifizierung *f*; Säuerung *f*, Versäuerung *f*
acidulous säuerlich, angesäuert
acierage bath Stählungsbad *n*, Verstählungsbad *n* *{Beschichtung}*
acierate/to verstählen
acierating Verstählen *n*
acieration Verstählung *f*, Verstählen *n* *{Beschichten mit Stahl}*
acknowledge/to quittieren, bestätigen; rückmelden *{EDV}*
acmite Akmit *m*, Achmit *m*, Aegirin *m*, Aegirit *m* *{Min}*
acocantherin Acocantherin *n*
acofriose Acofriose *f*
acolytine Acolytin *n*, Lyacotin *n*
aconic acid Aconsäure *f*
aconitase Aconitase *f* *{EC 4.2.1.3}*
aconitate Aconitat *n*
aconite Akonit *n* *{Aconitum napellus}*, Eisenhut *m*, Eisenhutkraut *n*, Sturmhut *m* *{Bot}*,
aconite root Akonitknolle *f*, Akonitwurzel *f*, Eisenhutknolle *f* *{Bot}*
aconitic acid <$HOOCCH_2CHCOOH=CHCOOH$> Aconitsäure *f*, Akonitsäure *f*, Propen-1,2,3-tricarbonsäure *f* *{IUPAC}*, Achilleasäure *f*, Citridinsäure *f*, Equisetsäure *f*, *ß*-Carboxyglutakonsäure *f*
aconitine <$C_{34}H_{47}NO_{11}$> Aconitin *n*, Akonitin *n* *{Alkaloid im Sturmhut}*
acorn oil Eichenkernöl *n*
acorn sugar Quercit *m*
acoustic 1. schallschluckend; 2. akustisch
acoustic insulator Schallisoliermittel *n*
acoustic irradiation Beschallung *f*
acoustic paint schalldämpfende Anstrichfarbe *f*, Antidröhnlack *m*, Schallschlucklack *m*
acoustic pressure Schalldruck *m*
acoustic pressure level Schalldruckpegel *m*
acoustic signal Hörzeichen *n*
acoustic wave Schallwelle *f*
acquire/to aneignen, erwerben
acquisition Erfassung *f*
acquisition of knowledge Erfassung *f* von Kenntnissen *fpl*, Wissenserwerb *m*, Wissensakquisition *f*
acquisition of measured data Meßwerterfassung *f*
acremite Acremit *n* *{obs}*, Ammonsalpeter-Kohlenwasserstoff-Gemisch *n* *{Expl; 94% NH_4NO_3 /6% Heizöl}*
acrid beißend, stechend, ätzend *{Geruch}*; sauer, herb, streng, scharf *{Geschmack}*
acridic acid Acridinsäure *f*, Akridinsäure *f* *{obs}*
acridine <$C_{13}H_9N$> Acridin *n*, Akridin *n* *{obs}*
acridine color Akridinfarbstoff *m* *{obs}*, Acridinfarbstoff *m*
acridine dye Akridinfarbstoff *m* *{obs}*, Acridinfarbstoff *m*
acridine orange Acridinorange *n*, Tetramethyl-3,6-diaminoacridin-Monohydrochlorid *n*
acridine yellow Acridingelb *n*, Diaminodimethylacridin-Hydrochlorid *n*
acridinium chloride Acriflavin *n*, 2,8-Diamino-10-methylacridinchlorid *n*
acridity Herbe *f*, Schärfe *f*, Herbheit *f*
acridone Acridon *n*, Akridon *n* *{obs}*
acriflavine Acriflavin *n*, Akriflavin *n*, Trypaflavin *n*, 2,8-Diamino-10-methylacridinchlorid *n*
acrifoline Acrifolin *n*
acritol Acrit *m*
acrolactic acid Glucinsäure *f*, 3-Hydroxypropensäure *f*
acrolein <$CHOCH=CH_2$> Acrolein *n*, Akrolein *n* *{obs}*, Acrylaldehyd *m*, Allylaldhyd *m*, Propenal *n* *{IUPAC}*
acrolein resin Acroleinharz *n*
acrometer Öldichtemesser *m*, Ölwaage *f*
acrose Acrose *f*
acryl glass Acrylglas *n*
acrylaldehyde <$CHOCH=CH_2$> Acrylaldehyd *m*, Acrolein *n*, Akrolein *n* *{obs}*, Allylaldehyd *m*, Propenal *n* *{IUPAC}*
acrylamide <$CH_2=CHCONH_2$> Acrylamid *n*, Akrylamid *n* *{obs}*, Propenamid *n*, Acrylsäureamid *n*
acrylamide-gel electrophoresis Acrylamid-Gel-Elektrophorese *f*
acrylate Acrylat *n*, Acrylester *m*
acrylate-acrylonitrile copolymer Acrylat-Acrylnitril-Mischpolymerisat *n*, ANM
acrylate-butadiene rubber Acrylat-Butadien-Kautschuk *m*, Acrylat-Butadien-Gummi *m*, Acrylkautschuk *m*, ABR
acrylate resin Acrylharz *n*
acrylation Einführung *f* eines Säureradikals
acrylhydroxamic acid Acrylhydroxamsäure *f*
acrylic acid <$CH_2=CHCO_2H$> Acrylsäure *f*, Akrylsäure *f* *{obs}*, Propensäure *f* *{IUPAC}*, Vinylcarbonsäure *f*, Ethencarbonsäure *f*
acrylic-acid ester copolymer Acrylsäureester-Mischpolymerisat *n*, Acrylsäureester-Copolymerisat *n*
acrylic-acid styrene acrylonitrile copolymer Acrylsäure-Styrol-Acrylnitril-Mischpolymerisat *n*, ASA
acrylic adhesive Acrylkleber *m*, Acrylklebstoff *m*, Acrylklebemittel *n*
acrylic aldehyde <$CHOCH=CH_2$> Propenal *n* *{IUPAC}*, Acrolein *n*, Acrylaldehyd *m*, Allylaldehyd *m*
acrylic copolymer Acrylmischpolymer *n*

acrylic ester Acrylester *m*, Acrylsäureester *m*
acrylic fibre Acrylfaser *f*, Akrylfaser *f {obs}*, Polyacrylnitrilfaser *f*
acrylic glass Acrylglas *n*, Plexiglas *n*
acrylic plastics Acrylkunststoffe *mpl*
acrylic polymer Acrylpolymer *n*
acrylic resin Acrylharz *n*, Polyacrylat *n*
acrylic resin lacquer Acrylharzlack *m*
acrylic rubber Acrylkautschuk *m*, Acrylat-Butadien-Kautschuk *m*, Acrylat-Butadien-Gummi *m*, ABR
acrylics Akrylharzderivate *npl*
acrylonitrile <CH_2=CHCN> Acrylnitril *n*, Akrylnitril *n {obs}*, Vinylcyanid *n*, Acrylsäurenitril *n*, Propennitril *n*
acrylonitrile-butadiene rubber Acrylnitril-Butadien-Kautschuk *m*, Nitrilkautschuk *m*, Acrylnitrilgummi *m*, Butadien-Acrylnitril-Mischpolymerisat *n*
acrylonitrile-butadiene-styrene copolymer Acrylnitril-Butadien-Styrol-Mischpolymerisat *n*, ABS
acrylonitrile-butadiene-styrene resins Acrylnitril-Butadien-Styrolharze *npl*
acrylonitrile-butadiene-styrene rubber Acrylnitril-Butadien-Styrol-Kautschuk *m*
acrylonitrile copolymer Acrylnitril-Copolymerisat *n*
acrylonitrile-methyl-methacrylate copolymer Acrylnitrilmethylmethacrylat-Mischpolymerisat *n*, Acrylnitril-Methylmethacrylat-Copolymer *n*, AMMA
acrylonitrile rubber Acrylnitrilgummi *m*, Acrylnitrilkautschuk *m*
acrylonitrile-vinyl-carbazole-styrene copolymer Acrylnitril-Vinylcarbazol-Styrol-Mischpolymerisat *n*, AVCS
act/to funktionieren, gehen, in Betrieb *m* sein, in Gang *m* sein, laufen, fungieren; verrichten; handeln, sich verhalten
act upon/to einwirken, wirken auf, eingreifen
Act on Peaceful Uses of Atomic Energy and Protection against its Hazards Gesetz *n* über die friedliche Verwendung *f* der Kernenergie *f* und den Schutz *m* gegen ihre Gefahren *fpl*, Atomgesetz *n {Germany, 1959}*
ACTH Adrenocorticotropin *n*, Corticotropin *n*, corticotropes Hormon *n*, adrenocorticotropes Hormon *n*
actin Actin *n*
actinamine Actinamin *n*
acting tätig; wirkungsfähig, imstande, tüchtig
acting time Regelzeit *f*
actinic aktinisch, photochemisch wirksam
actinic radiation aktinische Strahlung *f*, Ultraviolettstrahlung *f*, photochemisch wirksame Strahlung *f*
actinic screen Leuchtschirm *m*
actinide pnictides *{obs}* Aktinidenpnictide *npl*
actinide series Aktinidenreihe *f {obs}*, Actinoide *npl*, Actinoidenelemente *npl*, Actiniumreihe *f {Elemente 90-103}*
actinides *{obs}* s. actinoids
actinism Aktinismus *m*, Lichtstrahlenwirkung *f*, Photochemismus *m*
actinium *{Ac, element no. 89}* Actinium *n*, Aktinium *n {obs}*
actinium emanation Aktiniumemanation *f {obs}*, Actinon *n {obs}*, Radon-219 *n*
actinium family Actiniumreihe *f*, Uranium-Actinium-Reihe *f*
actinium radioactive series Actinium-Zerfallsreihe *f*, Uranium-Actinium-Reihe *f*
actinium series Actiniumreihe *f*, Uran-Actinium-Reihe *f*
actinochemistry Aktinochemie *f*, Strahlenchemie *f*
actinoelectric aktinoelektrisch, lichtelektrisch, photoelektrisch
actinoid strahlenförmig
actinoids Actinoiden *npl {IUPAC}*, Aktiniden *npl {obs}*, Actinoidenelemente *npl*, Actiniumreihe *f {die Elemente 90-103}*
actinolite Actinolith *m*, Strahleisen *n*, Strahl[en]stein *m {Min}*
actinolitic schist Strahlsteinschiefer *m {Min}*
actinology Aktinologie *f*, Strahlenwirkungslehre *f*
actinometer Aktinometer *n*, Strahlenmesser *m*
actinometric aktinometrisch
actinon Actinon *n {obs}*, Actinium-Emanation *f {obs}*, Radon-219 *{IUPAP}*
actinoslate Aktinolithschiefer *m {Min}*
actinouranium *{obs}* Aktinouran *n {obs}*, Uranium-235 *n {IUPAC}*
actinyl ion <AcO^+> Actinylion *n*
action Wirkung *f*; Wirkungsweise *f*; Verhalten *n*; Tätigkeit *f*, Handlung *f*, Aktion *f*; Vorgang *m*, Hergang *m*; Beeinflussung *f*
action and reaction Druck *m* und Gegendruck *m*; Wirkung *f* und Gegenwirkung *f*
action constant Aktionskonstante *f*, Planck-sches Wirkungsquantum *n*
action current Aktionsstrom *m*
action magnitude Wirkungsgröße *f*
action mechanism Wirkungsmechanismus *m*, Verhaltensmechanismus *m*
action of acid Säurewirkung *f*, Säureeinwirkung *f*
action of light Lichtwirkung *f*, Lichteinwirkung *f*
action on cigarette heat Verhalten *n* gegen Zigarettenglut *{Polymer; DIN 51961}*
action potential Aktionspotential *n*
action principle Wirkungsprinzip *n*

action quantity Wirkungsgröße *f*
action-reaction law Gesetz *n* über Wirkung *f* und Gegenwirkung *f*
duration of action Einwirkungsdauer *f*
internal action innere Einwirkung *f*
kind of action Wirkungsart *f*
activate/to aktivieren, anregen, beleben, einschalten, auslösen, in Betrieb setzen; schwimmfähig machen
activated alumina aktivierte Tonerde *f*, Aktivtonerde *f*, aktiviertes Aluminiumoxid *n*
activated carbon Aktivkohle *f*, A-Kohle *f*, Adsorptionskohle *f*, aktivierte Holzkohle *f*
activated carbonfilter Aktivfilter *n*, Aktivkohlefilter *n*
activated charcoal Aktivkohle *f*, Adsorptionskohle *f*, A-Kohle *f*, aktivierte Holzkohle *f*
activated charcoal adsorber Aktivkohleadsorber *m*
activated charcoal column Aktivkohlekolonne *f*
activated charcoal filter Aktivkohlefilter *n*
activated charcoal trap Aktivkohlefalle *f*
activated earth aktivierte Bleicherde *f*
activated molecule angeregtes Molekül *n*, aktiviertes Molekül *n*
activated sintering oven Ofen *m* für aktiviertes Sintern *n* *{Elek}*
activated sludge aktivierter Schlamm *m*, belebter Schlamm *m*, Belebtschlamm *m* *{Abwasser}*
activated sludge process Belebtschlammverfahren *n*, Belebungsverfahren *n*
activated water aktiviertes Wasser *n*
activating Aktivieren *n*, Aktivierung *f*, Inbetriebsetzung *f*
activating agent Aktivierungsmittel *n*, Aktivator *m*
activation analysis Aktivierungsanalyse *f*
activation energy Aktivierungsenergie *f* *{DIN 41852}*
activation number Aktivierungszahl *f*
activation temperature Aktivierungstemperatur *f*
activation time Aktivierungszeit *f*
activation zone Aktivierungsbereich *m*, Aktivierungszone *f*, Aktivierungsstrecke *f*
activator Aktivator *m*; Aktivierungsmittel *n*, Belebungsmittel *n*; Beschleuniger *m*
active aktiv, wirksam, wirkungsfähig; funktionsbereit, aktiviert, betriebsbereit
active alloy process Aktivmetallverfahren *n* *{Titan- oder Zirkonhydridverfahren}*
active carbon Aktivkohle *f*, A-Kohle *f*, Adsorptionskohle *f*, aktivierte Holzkohle *f*
active carbon trap Sorptionsfalle *f* mit Aktivkohle *f*
active charcoal Aktivkohle *f*, A-Kohle *f*, aktivierte Holzkohle *f*, Adsorptionskohle *f*
active component 1. Wirkungskomponente *f*, Wirkstoff *m* *{Pharm}*; 2. Wirkkomponente *f*, Wirkanteil *m*; Wattkomponente *f* *{Elek}*
active current Wattstrom *m*, Wirkstrom *m*
active deposit radioaktiver Niederschlag *m*
active element 1. aktives [Schalt-]Element *n*; 2. radioaktives Element *n*
active filler aktiver Füllstoff *m*, Verstärkerfüllstoff *m*
active filter aktives Filter *n*
active filter area wirksame Filterfläche *f*
active getter Aktivgetter *m* *{Vak}*
active hydrogen aktiver Wasserstoff *m*
active ingredient Wirkstoff *m*
active laundry Entseuchungswäscherei *f*
active mass aktive Masse *f*
active material aktive Masse *f*; wirksame Masse *f*; radioaktive Substanz *f*
active nitrogen aktiver Stickstoff *m*
active repair time Instandsetzungsdauer *f*
active rolling ingredient walzaktiver Zusatz *m*
active sampling equipment Einrichtung *f* zur aktiven Probennahme
active site Wirkstelle *f*
active substance Aktivsubstanz *f*, Wirkstoff *m*
active substance concentration Wirkstoffkonzentration *f*
active substance content Wirkstoffgehalt *m*
highly active hochaktiv *{Nukl}*; stark wirkend
activist groups *{US}* Bürgerinitiativen *fpl*
activity Aktivität *f*, Wirken *n*, Tätigkeit *f*, Beschäftigung *f*; Aufgabengebiet *n*; Wirksamkeit *f*, Wirkungsfähigkeit *f*,
activity coefficient Aktivitätskoeffizient *m*
activity factor Aktivitätsfaktor *m*
activity gradient Aktivitätsgefälle *n*
actomyosin Actomyosin *n*
actual aktuell, faktisch, real, wirklich, tatsächlich, wirksam, effektiv; Ist-
actual balance Istbestand *m*
actual condition Istzustand *m*
actual costs Selbstkosten *pl*, Gestehungskosten *pl*
actual dimension Istmaß *n*
actual flowing capacity tatsächlicher Ausflußmassenstrom *m* *{in kg/h; DIN 3320}*
actual output Istleistung *f*, Nutzleistung *f*
actual plate number wirkliche Bodenzahl *f*
actual pressure Druck-Istwert *m*, Istdruck *m*, Wirkdruck *m*
actual size Istmaß *n* *{DIN 68 252}*, Istgröße *f*
actual stock tatsächlicher Vorrat *n*
actual throughput Istdurchsatz *m*
actual value Istwert *m*, aktueller Wert *m*, Realwert *m*
actual value transmitter Istwertgeber *m*
actuate/to antreiben, anstellen, in Betrieb

setzen, bedienen *{z.B. eine Maschine}*, betätigen, bewegen, ansteuern
actuated intermittently absatzweise bewegt, abschnittweise betätigt
actuating fluid Kraftübertragungsmedium *n* *{Betriebsmittel einer Saugstrahlpumpe}*
actuating lever Betätigungshebel *m*
actuating mechanism Betätigungsorgane *npl*; Betätigungsmechanismus *m*, Auslösemechanismus *m*, Stellantrieb *m*
actuating member Stellglied *n*
actuating transmission Stellgetriebe *n*
actuation Betätigung *f*, Bedienung *f*, Einschalten *n*, Auslösung *f* *{durch Menschen}*
actuation time Stellzeit *f*, Betätigungszeit *f*
actuator Stellantrieb *m*; Betätigungselement *n*, Betätigungsglied *n*, Betätigungsvorrichtung *f* *{Fernsteuerung}*; Kraftschalter *m*; Sprühkopf *m* *{Aerosoldose}*
actuator cap Sprühkappe *f* *{Aerosoldose }*
acturial value Versicherungswert *m*
acute akut; spürbar, fühlbar *{Mangel}*; spitz
acute angle spitzer Winkel *m*
acute angled spitzwink[e]lig
acute angular spitzwink[e]lig
acute exposure kurzfristige Bestrahlung *f*
acyclic azyklisch, aperiodisch; aliphatisch, acyclisch
acyl group Acylgruppe *f*, Acylrest *m*
acylate/to, acylieren, acidylieren *{obs}*
acylation Acylierung *f*
acyloin condensation Acyloin-Kondensation *f*
acyloins *{IUPAC; RCOCH(OH)R'}* Acyloine *npl*, α-Hydroxyketone *npl*
acyloxy- Acyloxy-
adamantane Adamantan *n*, *sym*-Tricyclodecan *n*
adamantine luster Diamantglanz *m* *{Min}*
adamantine spar Diamantspat *m* *{Min}*
adamine Adamin *m* *{Min}*
Adams catalyst Adams-Katalysator *m*
adamsite 1. *{Mil}* Adamsit *n*, Phenarsazinchlorid *n*, Diphenylaminchlorarsin *n*; 2. *{Min}* Adamsit *m*, grünschwarzer Muscovitglimmer *m*
Adant cube process Adant-Verfahren *n* *{Zucker}*
adapt/to anpassen, anbringen, einpassen, adaptieren, einstellen, herrichten
adaptability Anpassungsfähigkeit *f*, Brauchbarkeit *f*, Verwendbarkeit *f*
adaptability range Verwendungsbereich *m*, Einsatzmöglichkeit *f*
adaptable anwendbar, verwendbar; anpassungsfähig, anpaßbar
adaptation Anpassung *f*, Adaptation *f*
adapted angepaßt
adapter Einsatzstück *n*, [An-]Paßstück *n*, Reduzierstück *n*, Zwischenstück *n*, Übergangsstück *n*, Verlängerungsstück *n*; Destilliervorstoß *m* *{Lab}*; Adapter *m* *{Elek}*, Angußbuchse *f*; Kassette *f* *{Photo}*; Stutzen *m*, Hahnschlüssel *m*; *s.a.* adaptor
adapter flange Übergangsflansch *m*, Anpassungsflansch *m*
adapter glass Zwischenglas *n*
adapter pipe Übergangsrohr *n*, Anpassungsrohr *n*
adapter rim Aufsteckfassung *f*
adapter ring *{US}* Einsatzring *m*, Haltering *m*, Paßring *m*
adapter shaft Übergangskonus *m*
adapter spout Aufstecktülle *f*
adapter with sinter Vorstoß *m* mit Filterplatte *f* *{Chrom}*
adapting flange Anpassungsflansch *m*, Übergangsflansch *m*
adapting piece Paßrohr *n*, Formstück *n*
adaption Adaptierung *f*, Anpassung *f*, Angleichung *f*
adaptive adaptiv, anpassungsfähig
adaptor 1. Einsatzstück *n*, Übergangsstück *n*, Paßstück *n*, Zwischenstück *n*, Verlängerungsstück *n*, Reduzierstück *n*; Destilliervorstoß *m*, Retortenvorstoß *m* *{Lab}*; Adapter *m* *{Elek}*; Angußbuchse *f*, Stutzen *m*; Kassette *f* *{Photo}*; 2. Adaptor *m*, DNA-Linker *m* *{Gen; synthetisches Oligonucleotid}*; 3. *s.a.* adapter
adatom Adatom *n* *{Vak}*, adsorbiertes Atom *n*
add/to addieren *{Math}*; anfügen, beifügen, beilegen; versetzen [mit], beimengen, beimischen; eintragen
addend Summand *m*, Addend *m* *{Math}*
addendum Nachtrag *m*, Zusatz *m*
addicted süchtig *{Pharm}*
addiction Sucht *f* *{Pharm}*
adding 1. Addier-; 2. Hinzufügen *n*
additament Zusatz *m*
addition Addition *f*, Addierung *f*; Anlagerung *f* *{Chem}*; Beigabe *f*, Zusatz *m*, Beimengung *f*, Beimischung *f* *{Chem}*; Beilage *f*; Zuschlag *m*
addition agent Zusatzmittel *n*, Zusatz *m*
addition color Additionsfarbe *f*
addition complex Anlagerungskomplex *m*
addition compound Additionsverbindung *f*, Anlagerungsverbindung *f*, Addukt *n*
addition crosslinkage Additionsvernetzung *f*
addition crosslinking additionsvernetzend
addition energy Anlagerungsenergie *f*
addition of acid Säurezusatz *m*
addition of carbon Anlagerung *f* von Kohlenstoff *m*
addition of liquid Zugießen *n*
addition polymer Additionspolymerisat *n*, Additionspolymer *n*
addition polymerization Additionspolymerisation *f*, Polyaddition *f*
addition power Anlagerungsfähigkeit *f*, Anlagerungsvermögen *n*

addition product Additionsprodukt *n*, Anlagerungserzeugnis *n*; Addukt *n*
addition reaction Additionsreaktion *f*, Anlagerungsreaktion *f*
addition reaction of an olefin Olefin-Additionsreaktion *f*
addition set Zusatzaggregat *n*
additional zusätzlich, ergänzend; Zusatz-
additional accelerator Zweitbeschleuniger *m*
additional application Zusatzanmeldung *f* *{Patent}*
additional charge Preisaufschlag *m*, Mehrpreis *m*
additional costs Mehraufwand *m*
additional load Mehrbelastung *f*
additional metering unit Zusatz-Dosieraggregat *n*
additional patent Zusatzpatent *n*
additional plasticizer Zusatzweichmacher *m*
additional treatment Nachbehandlung *f*
additive 1. addierend, additiv, zusätzlich; 2. Additiv *n {Öl}*, Schmierölzusatz *m*, Wirkstoff *m*, Beimengung *f*, Veredelungsstoff *m*, Verarbeitungshilfstoff *m*, Zusatz *m*, Zusatzmittel *n*
additive compound Anlagerungsverbindung *f*, Additionsverbindung *f*, Addukt *n*
additive power Additionsfähigkeit *f*, Additionsvermögen *n*
additive reaction Additionsreaktion *f*
address Anschrift *f*, Adresse *f*
adduct Addukt *n*, Additionsprodukt *n*
adelite Adelit *m {Min}*
adelpholite Adelpholit *m {Min}*
adenase Adenase *f*, Adenindesaminase *f* *{EC 3.5.4.2}*
adenine Adenin *n*, 6-Aminopurin *n*
adenine arabinoside Adenosinarabinosid *n*, Vidarabin *n*
adenine hexoside Adeninhexosid *n*
adenine riboside Adenosin *n*, Adeninribosid *n*
adenocarpine Adenocarpin *n*
adenochrome Adenochrom *n*
adenose Adenose *f*
adenosine Adenosin *n*, Adeninribosid *n*
adenosine diphosphate Adenosin-5'-diphosphat *n*, ADP, Adenosindiphosphorsäure *f*
adenosine monophosphate Adenosin-5'-monophosphat *n*, Adenylsäure *f*, AMP, Adenosinmonophosphorsäure *f*
adenosine phosphate Adenosinphosphat *n*, Adenosinphosphorsäure *f {AMP, ADP, ATP}*
adenosine triphosphatase Adenosintriphosphatase *f {EC 3.6.1.3}*
adenosine triphosphate Adenosin-5'-triphosphat *n*, ATP *n*, Adenosintriphosporsäure *f*
adenosyl methionine Adenosylmethionin *n*
adenovirus Adenovirus *n*
adenyl[ate]cyclase Adenyl[at]cyclase *f*, Myokinase *f {EC 4.6.1.1}*
adenylic acid Adenylsäure *f*, Adenosinmonophosphat *n*, Adenosin[mono]phosphorsäure *f*
adeps Adeps *m*
adequate angemessen, ausreichend
adermin *{obs}* Adermin *n*, Pyridoxin *n*, Vitamin B_6 *n*
ADH 1. antidiuretisches Hormon *n*; 2. Alkoholdehydrogenase *f {EC 1.1.1.1}*
adhere/to [an]haften, [an]kleben, anbacken, adherieren
adherence Adhäsion *f*, [An-]Haftung *f*, Klebefähigkeit *f*, Haftfestigkeit *f*, Haften *n*, Haftenbleiben *n*, Haftfähigkeit *f*, Haftvermögen *n*
adherence meter Adhäsionsmesser *m*, Adhäsiometer *n*
adherence time Verweilzeit *f*
adherent klebend, fest haftend, haftbeständig
adherent deposit festsitzender Belag *m*
adherent surface Haftgrund *m*, Klebfläche *f*
adhering anhaftend
adherometer Adhäsiometer *n*, Adhäsionsmesser *m*
adhesion 1. Haft-; 2. Adhäsion *f*, Anhaften *n*, Haftvermögen *n*, Ankleben *n*, Anziehung *f*, Haften *n*; Haftfestigkeit *f*; Ansatz *m*, Anbakkung *f*
adhesion by sintering Ansinterung *f*
adhesion capacity Adhäsionsfähigkeit *f*, Haftfähigkeit *f*, Haftvermögen *n*
adhesion power Adhäsionsfähigkeit *f*, Haftfähigkeit *f*, Haftvermögen *n*
adhesion promoter Haftvermittler *m*, Haftverstärker *m {Gummi, Metall}*
adhesion strength Adhäsionsfestigkeit *f*, Adhäsivfestigkeit *f*, Haftfestigkeit *f*, Kleb[e]festigkeit *f*
adhesion tension Adhäsionsspannung *f*
adhesional force Haftkraft *f*
adhesional strength Haftfestigkeit *f* *{DIN 53232}*
adhesive 1. [an]haftend, festhaltend, haftfähig, klebend, klebrig; Kleb[e]-; 2. Adhäsionsmasse *f*, Haftmasse *f*, Haftmittel *n*, Klebemittel *n*, Kleber *m*, Klebstoff *m*
adhesive base Klebgrundstoff *m*
adhesive based synthetic rubber solution Kunstkautschukklebstoff *m {DIN 16860}*
adhesive bond Kleb[e]verbindung *f*
adhesive bonding Klebbondieren *n*, Klebkaschieren *n {Text}*
adhesive capacity Adhäsionsvermögen *n*, Haftvermögen *n*, Klebkraft *f*
adhesive coating haftfeste Bedampfung *f*, Klebschicht *f*, Leimschicht *f {auf der Klebfläche des Fügeteils}*, klebbereite Schicht *f*
adhesive component Klebstoffbestandteil *m*

adhesive dispersion Dispersionskleber *m*, Klebdispersion *f*
adhesive effect Haftwirkung *f*, Klebwirkung *f*
adhesive fabric selbstklebendes Gewebe *n*
adhesive fat Adhäsionsfett *n*
adhesive film Kleb[e]folie *f*, Klebstoffilm *m* *{DIN 53276}*
adhesive force Klebekraft *f*, Haftkraft *f*, Adhäsionskraft *f*
adhesive formula[tion] Klebstoffansatz *m*
adhesive glue Kleb[e]verbindung *f*
adhesive grease Adhäsionsfett *n*
adhesive improver Haftfähigkeitsverbesserer *m* *{Text}*
adhesive interlayer Klebfilm *m*, verfestigte Klebschicht *f*
adhesive joint Kleb[e]verbindung *f*
adhesive label Aufklebeetikett *n*, Haftetikett *n*
adhesive lacquer Kleblack *m*
adhesive laminating Klebbondieren *n*, Klebkaschieren *n*
adhesive layer Klebschicht *f*, Klebstoffschicht *f*, klebbereite Schicht *f*, Leimschicht *f* *{auf der Klebfläche des Fügeteils}*
adhesive material Klebstoff *m*, Kleber *m*
adhesive plaster Heftpflaster *n* *{Med}*, Klebpflaster *n*
adhesive power Adhäsionskraft *f*, Adhäsionsvermögen *n*, Anziehungskraft *f*, Haftvermögen *n*, Klebkraft *f*, Klebvermögen *n*, Klebfähigkeit *f*
adhesive primer Haftgrundierung *f*, Haftprimer *m*
adhesive properties Hafteigenschaften *fpl*, Klebeeigenschaften *fpl*; Haftvermögen *n*
adhesive resin Klebharz *n*
adhesive stick Klebstoffstift *m*, Klebstift *m*, stangenförmiger Schmelzklebstoff *m*
adhesive strength Adhäsionsfestigkeit *f*, Adhäsivfestigkeit *f*, Haftfestigkeit *f*, Kleb[e]festigkeit *f*
adhesive stress Haftspannung *f*
adhesive substance Klebemasse *f*, Klebstoff *m*
adhesive tape Heftpflaster *n*, Leukoplast *n* *{Med}*; Klebeband *n*, Klebfalz *m*, Klebstreifen *m*, Abklebeband *n* *{Elektronik}*
adhesive test Trennversuch *m* *{Kunst; DIN 53357}*
adhesive wax Kleb[e]wachs *m* *{Dent}*
adhesiveness Adhäsionsvermögen *n*, Haftfähigkeit *f*, Haftvermögen *n*, Klebefähigkeit *f*; Haftfestigkeit *f*, Klebrigkeit *f*
ADI [number] ADI-Wert *m* *{zulässige Tagesdosis für Schadstoffe bei der Nahrungsaufnahme}*, annehmbare tägliche Aufnahme *f*, duldbare täglich Aufnahme *f* *{Tox}*
adiabatic 1. adiabatisch *{ohne Wärmeaustausch mit der Umgebung verlaufend}*, isentropisch; Adiabaten-; 2. Adiabate *f*, Isentrope *f*
adiabatic calorimeter adiabatisches Kalorimeter *n*
adiabatic calorimetry adiabatische Kalorimetrie *f*
adiabatic change [of condition or state] adiabatische Zustandsänderung *f*
adiabatic compression adiabatische Verdichtung *f* *{z.B. im Carnot-Prozeß}*
adiabatic cooling adiabatische Abkühlung *f*
adiabatic curve Adiabate *f*, Isentrope *f*
adiabatic demagnetization adiabatische Entmagnetisierung *f* *{zur Erzeugung tiefer Temperaturen}*, magnetische Kühlung *f*
adiabatic expansion adiabatische Entspannung *f*, adiabatische Ausdehnung *f*
adiabatic exponent Adiabatenexponent *m*
adiabatic flow adiabatische Strömung *f*
adiabatic heat drop adiabatische Wärmeabgabe *f*
adiabatic line Adiabate *f*, Isentrope *f*
adiabatic process adiabatischer Vorgang *m*
adiabatical *s.* adiabatic
adiactinic adiaktinisch, photochemisch inaktiv
adiathermal adiatherm
adion Adion *n*, adsorbiertes Ion *n*
adipamide Adipinsäureamid *n*, Hexandiamid *n*
adipate Adipat *n*, Adipinsäureester *m*, Adipinat *n*
adipic acid <$CO_2H(CH_2)_4CO_2H$> Adipinsäure *f*, Hexandisäure *f*, Butan-1,4-carbonsäure *f*
adipic aldehyde Adipinaldehyd *m*
adipic dinitrile Adipinsäuredinitril *n*
adipic ester Adipinsäureester *m*, Adipat *n*, Adipinat *n*
adipic hexamethylenediamine Adipinsäurehexamethylendiamin *n*, AH-Salz *n*
adipinic acid *s.* adipic acid
adipocellulose Adipocellulose *f*
adipocere Fettwachs *n*, Leichenwachs *n*
adipoceriform fettwachsartig
adipocerite Adipocerit *m*, Bergtalg *m*, Hattchetin *m* *{Min}*
adipocerous fettwachsartig
adipogenesis Fettbildung *f*
adipoid Lipid *n*; Fettkörper *m*
adipoin Adipoin *n*
adipomalic acid Adipomalsäure *f*
adiponitrile <$NC(CH_2)_4CN$> Adiponitril *n*, Adipinsäuredinitril *n*, ADN
adipotartaric acid Adipoweinsäure *f*
adjacency Nachbarschaft *f* *{z.B. der Spektrallinien}*
adjacent aneinandergrenzend, angrenzend, anliegend, anstoßend, nebeneinanderliegend, benachbart, naheliegend *{räumlich}*; Nachbar-
adjective adjektiv *{Farbgebung}*

adjective dye adjektiver Farbstoff *m*, Beizenfarbstoff *m*
adjoining nebeneinanderliegend, angrenzend, anstoßend, eine gemeinsame Grenze *f* habend, benachbart
adjunct Zusatz-
adjust/to justieren, einstellen, nachstellen, regulieren, abgleichen; akkommodieren, angleichen, anpassen, ausgleichen,
adjust to zero/to auf Null *f* einstellen
adjustability Regelbarkeit *f*, Regulierbarkeit *f*, Einstellbarkeit *f*, Justierbarkeit *f*
adjustable einstellbar, verstellbar, justierbar, regulierbar, nachstellbar
adjustable capacitor regelbarer Kondensator *m*
adjustable limit switch einstellbarer Endschalter *m*
adjustable pitch propeller Propeller *m* mit einstellbarer Ganghöhe *f* *{Mischen}*
adjustable-range thermometer Einstellthermometer *n*
adjustable resistance Regelwiderstand *m*, Regulierwiderstand *m*
adjustable roller Stellwalze *f*
adjustable spanner verstellbarer Schraubenschlüssel *m*, Rollgabelschlüssel *m*, verstellbarer Einmaulschlüssel *m*
adjustable stop Einstellanschlag *m*, verstellbarer Anschlag *m*
adjustable variable Stellgröße *f*, Stellwert *m*
adjustable wrench verstellbarer Schraubenschlüssel *m*, Rollgabelschlüssel *m*, verstellbarer Einmaulschlüssel *m*
adjuster Stellglied *n*; Abgleichelement *n*, Justiervorrichtung *f*
adjusting Adjustieren *n*, Einstellen *n*, Regulierung *f*; Einpassen *n*
adjusting balance Adjustierwaage *f*, Justierwaage *f*
adjusting collar Stellring *m*
adjusting device Regelvorrichtung *f*, Stellvorrichtung *f*, Justiervorrichtung *f*
adjusting drive Stellantrieb *m*
adjusting error Abgleichfehler *m*
adjusting key Stellkeil *m*
adjusting knob Einstellknopf *m*
adjusting lever Einstellhebel *m*, Stellhebel *m*, Verstellhebel *m*
adjusting nut Einstellschraube *f*, Stellmutter *f*
adjusting piece Paßstück *n*, Stellstück *n*
adjusting pin Paßstift *m*, Stellstift *m*
adjusting ring Justierring *m*, Stopring *m*, Stellring *m*
adjusting screw Adjustierschraube *f*, Regulierschraube *f*, Stellschraube *f*, Einstellschraube *f*
adjusting sleeve Einstellmuffe *f*, Stellbuchse *f*
adjusting stud Justierstift *m*
adjusting wedge Stellkeil *m*
adjustment 1. Justierung *f*, Adjustage *f*, Abgleich *m*, Regulierung *f*, Anpassung *f*, Berichtigung *f*, Einstellung *f*; 2. Einstellelement *n*; 3. Ausgleich *m*; 4. Berichtigung *f*, Korrektur *f*
adjustment range Einstellbereich *m*, Verstellbereich *m*
adjustment scale Einstellskale *f*
adjustment time Einstellzeit *f*
adjutage Ansatzrohr *n*, Düse *f*, Auslaufrohr *n*
adjuvant Adjuvans *n*, Hilfsstoff *m*, Zusatzstoff *m*, Zuschlagstoff *m*, Hilfsmittel *n*
admeasure/to abmessen, eichen; zuteilen
administer/to applizieren, verabreichen, verabfolgen *{Pharm}*
administration Applikation *f*, Verabreichung *f*, Verabfolgung *f* *{Pharm}*
administrative safeguard organisatorische Sicherungsmaßnahmen *fpl*
admirality brass Kondensationsrohrmessing *n*, Admiralitätsmetall *n* *{71% Cu, 28% Zn, 1% Sn}*
admirality bronze Admiralitätsbronze *f*
admissibility Zulässigkeit *f*
admission Einlaß *m*, Zutritt *m*; Füllung *f*
admission of air Luftzutritt *m*
admission of light Lichtzutritt *m*
admission pipe Einlaßrohr *n*, Zulaufrohr *n*, Eintrittsrohr *n*
admission pressure Admissionsdruck *m*, Eintrittsdruck *m*
admission temperature Zulauftemperatur *f*
admission valve Einströmventil *n*
degree of admission Füllungsgrad *m*
admit/to einlassen; anerkennen, annehmen; zulassen, gestatten; zugestehen
admit air/to belüften, lüften, ventilieren
admittance 1. Admittanz *f*, Richtleitwert *m*, Scheinleitwert *m* *{in S}*; 2. Zulassung *f*; Eintritt *m*, Zutritt *m*
admittance area Diffusionsspaltfläche *f*
admittance of light Lichtzutritt *m*
admix/to beimengen, beimischen, zufügen
admixed zugemischt, beigemischt
admixed air Beiluft *f*, Nebenluft *f*
admixing Beimengen *n*, Zumischen *n*
admixture Beimengung *f*, Beimischung *f*, Beisatz *m*, Zusatz *m*, Zuschlag *m* *{Met}*
adobe Adobe *m* *{Lehmart}*
adonite Adonit *m*, Ribit *m*
adonitol *s.* adonite
adonitoxigenin Adonitoxigenin *n*
adopt/to adoptieren
adopter Einsatzstück *n*, Übergangsstück *n*, Zwischenstück *n*, Paßstück *n*; Destilliervorstoß *m*, Retortenvorstoß *m* *{Lab}*; Adapter *m* *{Elek}*; Angußbuchse *f*, Stutzen *m*
ADP Adenosin-5'-diphosphat *n*, ADP

adrenal cortex hormone Nebennierenrindenhormon *n*
adrenal medulla hormone Nebennierenhormon *n*
adrenaline *{BP}* Adrenalin *n*, Sprarenin *n*, Epinephrin *n* *{Hormon des Nebennieremarks}*
adrenalone Adrenalon *n*
adrenergic adrenergisch
adrenocortical adrenocortical
adrenocortical extract Nebennierenrindenextrakt *m*
adrenocortical hormone Corticosteroid *n*, Nebennierenrindenhormon *n*, Corticoid *n*, Kortikoid *n* *{obs}*
adrenocorticotropic hormone adrenocorticotropes Hormon *n*, Adrenocorticotropin *n*, Corticotropin *n*, corticotropes Hormon *n*, ACTH
adrenotropic hormone *s.* adrenocorticotropic hormone
adsorb/to adsorbieren, aufnehmen
adsorbability Adsorbierbarkeit *f*, Adsorptionsfähigkeit *f*
adsorbable adsorbierbar
adsorbate Adsorbat *n*, Adsorptiv *n*, adsorbierter Stoff *m*, adsorbierte Substanz *f*
adsorbed film Adsorptionshaut *f*
adsorbed layer Adsorptionsschicht *f*
adsorbed material aufgenommener (adsorbierter) Stoff *m*, Adsorbat *n*, Adsorptiv *n*
adsorbed state adsorbierter Zustand *m*
adsorbed substance Adsorbat *n*, Adsorptiv *n*, aufgenommener Stoff *m*, adsorbierte Substanz *f*, adsorbierter Stoff *m*
adsorbent Adsorbens *n*, Adsorptionsmittel *n*, aufnehmender Stoff *m*, adsorbierender Stoff *m*
adsorbent layer Adsorptionsschicht *f*
adsorber Adsorber *m*
adsorber column Adsorbersäule *f*, Adsorberkolonne *f*
adsorbing Adsorbieren *n*
adsorbing agent Adsorbens *n*, Adsorptionsmittel *n*, aufnehmender Stoff *m*, absorbierender Stoff *m*
adsorbing capacity Adsorptionsvermögen *n*
adsorbing substance Adsorbens *n*, Adsorptionsmittel *n*, aufnehmender Stoff *m*, adsorbierender Stoff *m*
adsorption Adsorbieren *n*, Adsorption *f*
adsorption analysis Adsorptionsanalyse *f*
adsorption apparatus Adsorptionsgerät *n*
adsorption capacity Beladefähigkeit *f*
adsorption catalysis Adsorptionskatalyse *f*
adsorption center Adsorptionszentrum *n*
adsorption chromatography Adsorptionschromatographie *f*
adsorption column Adsorptionskolonne *f*, Adsorptionssäule *f*, Adsorptionsturm *m*
adsorption compound Adsorptionsverbindung *f*
adsorption-desorption technique Adsorptions-Desorptions-Technik *f* *{Vak}*
adsorption displacement Adsorptionsverdrängung *f*
adsorption equilibrium Adsorptionsgleichgewicht *n*
adsorption exponent Adsorptionsexponent *m*
adsorption gas chromatography Adsorptionsgaschromatographie *f*
adsorption indicator Adsorptionsindikator *m* *{Anal}*
adsorption isotherm Adsorptionsisotherme *f*
adsorption layer Adsorptionsschicht *f*
adsorption phenomenon Adsorptionserscheinung *f*
adsorption plant Adsorptionsanlage *f*
adsorption potential Adsorptionspotential *n*
adsorption power Adsorptionsvermögen *n*
adsorption process Adsorptionsvorgang *m*
adsorption pump Adsorptionspumpe *f*
adsorption shell Adsorptionshülle *f*
adsorption spectrometer Adsorptionsspektrometer *n*
adsorption stage Adsorptionsstufe *f*
adsorption time Adsorptionszeit *f*
adsorption tower Adsorptionssäule *f*, Adsorptionskolonne *f*, Adsorptionsturm *m*
adsorption trap Adsorptionsfalle *f*
adsorption-vacuum gauge Adsorptionsvakuummeter *n*, Adsorptionsvakuumprüfgerät *n*
adsorptive capacity Adsorptionsfähigkeit *f*, Adsorbierbarkeit *f*
adsorptive power Adsorptionskraft *f*, Adsorptionsvermögen *n*
adsorptive property Adsorptionseigenschaft *f*
adsorptive purification adsorptive Reinigung *f* *{Altöl}*
adsorptivity Adsorptionsvermögen *n*
adularia Adular *m*, Edelspat *m*, Valencianit *m* *{Min}*
adulterant Verschnittmittel *n*, Fälschungsmittel *n*, Fälschungsstoff *m*, Streckungsmittel *n*
adulterate/to vergällen, denaturieren, verfälschen, verschneiden
adulterating Verschneiden *n*
adulterating agent Verschnittmittel *n*
adulteration Fälschung *f*, Verfälschung *f*, Vergällung *f*, Denaturierung *f*, Verunreinigung *f* *{chemische}*
adulteration of food Nahrungsmittelfälschung *f*
advance/to voreilen, vorrücken, fortschreiten; aufstellen, entwickeln *{z.B. eine Theorie}*; fördern; hervortreten *{Farbe}*
advance Fortgang *m*, Vorschub *m*, Fortschritt *m*
advanced courses Weiterbildung *f*

advanced froth flotation Feinschaum-Flotation *f {Kohlenwäsche}*
advanced plastics herkömmliche Konstruktionsplastwerkstoffe *mpl*, moderne Massenplastwerkstoffe *mpl*
advancement Weiterentwicklung *f*
advancing contact angle Kontaktwinkel *m {beim Ausbreiten einer Flüssigkeit}*
advantage Nutzen *m*, Vorteil *m*
advantageous vorteilhaft
adventitious zufällig, adventiv; zusätzlich
adverse widrig, ungünstig, abträglich, normwidrig
adverse change nachteilige Veränderung *f*, abträgliche Veränderung *f*
adverse effect abträgliche Wirkung *f {Pharm}*
adverse effect on the environment Umweltbelastung *f*
adversity Widerwärtigkeit *f*
advertise/to Reklame *f* machen, werben
advertisement Anzeige *f*, Inserat *n*, Werbung *f*
advertisement circular Werbebrief *m*
advertising Werbung *f*, Reklame *f*
advertising agency Werbefirma *f*
advertising article Werbeartikel *m*
advertising folder Prospekt *m*
advice/to [an]raten; belehren; beraten; in Kenntnis *f* setzen
advice Belehrung *f*; Beratung *f*; Rat *m*
adviser Berater *m*
advisory board Beirat *m*
advisory council of experts Sachverständigenbeirat *m*
advisory panel Beratungsausschuß *m*
advocate/to befürworten
aegirine Ägirin *m*, Akmit *m {Min}*
aegirite *s.* aegirine
aerate/to lüften, belüften, ventilieren; auflokkern *{Formsand}*; lockern, säuern *{z.B. Teig}*; carbonisieren *{z.B. Getränke}*
aerated kohlensauer, lufthaltig, luftversetzt
aerated concrete Gasbeton *m*
aerated plastic Kunstschwamm *m*, Schaum[kunst]stoff *m*
aerating agent Treibmittel *n {Schaumstoff}*
aeration Belüftung *f*, Lüftung *f*, Durchlüftung *f*; Carbonisieren *n*; Anreicherung *f* mit Sauerstoff *m*
aeration apparatus Belüftungsapparat *m*
aeration device Belüftungsapparat *m*
aeration plant Belüftungsanlage *f*
aeration room Belüftungsraum *m*
aeration tank Belüftungstank *m*, Belebungsbecken *n {Abwasser}*
aeration test Belüftungsprobe *f*
aeration tube Belüftungsrohr *n*
aeration valve Belüftungsklappe *f*
aerator Belüftungsanlage *f*, Lüfter *m {z.B. zur Wasseraufbereitung}*; Belebungsbecken *n*, Lüftungsbecken *n {Abwasser}*; Sandschleuder *f {Gießerei}*
aerator pipe Belüftungsrohr *n {Abwasser}*
aerial 1. atmosphärisch; 2. Aerial *n {die Luft als Lebensraum}*; 3. Antenne *f {Elek}*
aerial nitrogen Luftstickstoff *m*
aerial oxidation Luftoxidation *f*
aerial oxygen Luftsauerstoff *m*
aerial railway grease Drahtseilbahnfett *n*
aerial sulfur Luftschwefel *m {Ökol}*
aeriferous lufthaltig
aeriform luftartig, luftförmig
aerobe Aerobe *f*, Arobier *m*, Aerobiont *m {pl. Aerobionten}*
aerobian Aerobe *f*, Aerobiont *m*, Aerobier *m*
aerobic aerob, aerobiontisch, aerobisch
aerobic fermentation aerobe Gärung *f*
aerobic organism Aerobiont *m*, Aerobier *m*, Aerobe *f {Biol}*
aeroconcrete Schaumbeton *m*
aerodisperse aerodispers
aerodynamics Aerodynamik *f*, Mechanik *f* gasförmiger Körper *mpl*, Strömungslehre *f*
aerofall mill Aerofallmühle *f {für autogenes Mahlen}*
aerogel Aerogel *n*
aerogene gas Aerogengas *n*
aerogenic aerogen, gasbildend
aerogenous aerogen, gasbildend
aerograph 1. Spritzapparat *m*, Spritzpistole *f*, Aerograph *m*, Luftschreiber *m {Reproduktionstechnik}*; 2. Färbpistole *f {Keramik, Textilien}*
aerolite Aerolith *m*, Meteorstein *m {Min}*
aerometer Aerometer *n*, Luftdichtemesser *m*, Tauchwaage *f*, Luftmesser *m*
aeronautics Aeronautik *f*, Flugwesen *n*, Luftfahrt *f*
aerosil Aerosil *n {hochdisperse Kieselsäure}*
aerosite dunkles Rotgilderz *n {obs}*, Pyrargyrit *m {Min}*
aerosol Aerosol *n {1-10000 nm}*
aerosol can Aerosoldruckdose *f*, Sprühdose *f*
aerosol container Aerosolbehälter *m*
aerosol packing Aerosolpackung *f*, Druckpackung *f {Chrom}*
aerosol propellant Spraytreibmittel *n*, Treibgas *n {in der Aerosolpackung}*, Aerosoltreibstoff *m*
aerosol-propellant gas Aerosol-Treibgas *n*
aerosol-removal filter Schwebstoffilter *n*
aerosol tin Aerosoldose *f {Pharm}*
aerosol valve Aerosolventil *n*
aerospace industry Raumfahrtindustrie *f*
Aerospace Standards *{US}* Fliegwerkstoffnormen *fpl {D.T.D.}*
aerothermochemistry Luftthermochemie *f*
aerothermodynamics Aerothermodynamik *f*

aerozin Aerozin *n {Hydrazin/asym-Dimethylhydrazin-Gemisch}*
aeruginous grünspanähnlich, grünrostig, kupfergrün, grünspanfarben; Grünspan-
AES Auger-Elektronen-Spektroskopie *f*
aethrioscope Differentialthermometer *n*
aetites Adlerstein *m*, Erdstein *m {Min}*
affair Angelegenheit *f*, Sache *f*
affect/to beeinflussen, einwirken; affizieren *{Med}*; angreifen, befallen; beeinträchtigen
affected behaftet [mit], befallen [von], angegriffen [durch]
affected by air luftempfindlich
affected by solvents lösemittelempfindlich
affected by water wasserempfindlich
affiliate/to angliedern, zuordnen; angehören; vereinigen
affiliated society Konzerngesellschaft *f*, Tochtergesellschaft *f*
affiliation Angliederung *f*, Aufnahme *f*; Zugehörigkeit *f*, Bindung *f*
affinated sugar Affinade *f {Zucker}*
affination Affination *f {Zucker}*
affination centrifuge Affinationszentrifuge *f {Keramik}*
affinity Affinität *f {Triebkraft einer chemischen Reaktion}*, Verbindungsfähigkeit *f*, chemische Verwandtschaft *f*; Aufziehvermögen *n {Text}*, Affinität *f {Text, Immun}*
affinity chromatography Affinitätschromatographie *f*
affinity constant Affinitätskonstante *f*
affinity curve Aufziehkurve *f*
affinity force Affinitätskraft *f*
affinity purification Affinitätsreinigung *f {Immun}*
affinity residue Affinitätsrest *m*
affirmation Behauptung *f*; Wahrheitsbekräftigung *f*, Bestätigung *f*
affix/to anhängen, anheften; beifügen
afflicted behaftet, befallen [von] *{Med}*
affluence Zufluß *m*, Zuströmen *n*; Überfluß *m*
afflux Zufluß *m*, Zustrom *m*
AFL Antifibrinolysin *n*
aflatoxin Aflatoxin *n*
afterannealing Tempern *n*, Nachtempern *n*, Wärmebehandlung *f {nach der Entformung von Gußeisen}*
afterbake Nachhärtung *f {Kunstharz}*
afterblow Nachblasen *n {Windfrischen}*
afterburning Nachbrennen *n*, Nachverbrennung *f*
aftercharge Nachbeschickung *f*
aftercharging Nachbeschicken *n*, Nachsetzung *f*
afterchrome/to nachverchromen
afterchrome-dyeing bath Nachchromierungsbad *n {Text}*
afterchrome dyestuff Nachchromierfarbstoff *m {Text}*
afterchroming Nachchromieren *n*, Nachchromierung *f*
aftercondenser Nachkondensator *m*
aftercooler Rückkühler *m*, Nachkühler *m*
aftercopper/to nachkupfern
aftercoppering bath Nachbehandlungsbad *n* mit Kupfersalz *n {Text}*
aftercrystallization Nachkristallisation *f*
afterdrying Nachtrocknung *f*, Endtrocknung *f*
aftereffect Nachwirkung *f*
magnetic aftereffect magnetische Nachwirkung *f*
show an aftereffect/to nachwirken
afterfermentation Nachgärung *f*
afterfix/to nachfixieren *{Photo}*
afterfractionating column Nachfraktionierungskolonne *f*, Nachfraktionierungsturm *m*
afterfractionating tower Nachfraktionierungskolonne *f*, Nachfraktionierungsturm *m*
afterglow/to nachleuchten, nachglimmen
afterglow Nachglimmen *n*, Nachglühen *n*, Nachleuchten *n*, Phosphoreszenz *f*
afterglow time Nachleuchtdauer *f*, Abklingdauer *f {Lumineszenz}*
aftermash Nachwürze *f*, Nachguß *m*
afteroxidation Nachoxidation *f*
afterproduct Nachprodukt *n*
afterpurification Nachreinigung *f*
afterripening bath chemisches Reifungsbad *n*, Nachreifungsbad *n {Photo}*
afterrun Nachlauf *m*
aftertack [bleibendes] Klebevermögen *n*, Nachkleben *n*
aftertaste Beigeschmack *m*, Nachgeschmack *m {Lebensmittel}*
aftertreat/to nachbehandeln
aftertreatment Nachbehandlung *f*
afterworking Nachwirkung *f*
agalite Agalit *m*, Faserkalk *m {Min}*
agalmatolite Agalmatolith *m*, Bildstein *m {Min}*
agaphite Agaphit *m {Min}*
agar-agar Agar-Agar *m n*, vegetabiler Fischleim *m*, japanische Gelatine *f*, Gelose *f*
agar plate Agarplatte *f*
agar slant Agarschrägfläche *f*
agar solution Agarlösung *f*
agaric acid Agaricinsäure *f*, Laricinsäure *f*, Cetylcitronensäure *f*, 2-Hydroxynonadecan-1,2,3-tricarbonsäure *f*
agaric mineral Bergmilch *f*, Berggur *f {obs}*, Mehlkreide *f {Min}*
agaricic acid *s.* agaric acid
agarobiose Agarobiose *f*
agaropectin Agaropectin *n*
agate Achat *m {Min}*
agate dish Achatschale *f*

agate edge Achatschneide *f*
agate flint Achatfeuerstein *m*
agate-knife edge Achatschneide *f*
agate mortar Achatmörser *m*, Achatschale *f* *{Lab}*
agate onyx Achatonyx *m {Min}*
agate paper Achatpapier *n*
agate shellac Achatschellack *m*
agate stone Schwalbenstein *m {Min}*
agate-tissue paper Achatseidenpapier *n*
agateware Achatporzellan *n*
agathene dicarboxylic acid <$C_{27}H_{26}(COOH)_2$> Agathendisäure *f*, Agathsäure *f*
agathic acid *s.* agathene dicarboxylic acid
agatiferous achathaltig
agatiform achatförmig
agatine achatähnlich, achatartig
agave fiber Agavenfaser *f*, Sisalfaser *f*
agave hemp Agavenhanf *m*
agave sap Agavensaft *m*
agavose Agavose *f*
AGE Allylglycidether *m {reaktiver Verdünner für Epoxidharze}*
age/to altern, zur Reife *f* bringen *{Lebensmittel}*, ablagern; auslagern *{Met}*
age artifically/to tempern, wärmeaushärten, vergüten, anlassen
age determination Altersbestimmung *f*
age-hardenable aushärtbar
age hardening Aushärten *n*, Ausscheidungshärtung *f*, Auslagern *n {Met}*;Veredeln *n*, Vergüten *n*, Zeithärtung *f*, Alterung *f*, Wärmeaushärtung *f*
age-hardening curve Auslagerungskurve *f*, Aushärtungskurve *f {Met}*
age-hardening time Auslagerungszeit *f*, Aushärtungszeit *f*, Nachhärtezeitraum *m*, Nachverfestigungszeitraum *m {Met}*
age-protecting agent Alterungsschutzmittel *n*
age protector Alterungsschutzmittel *n*
age resister Alterungsschutzmittel *n*
aged gealtert
ageing *{GB}* Alterung *f*, [natürliches] Altern *n*; Faulen *n*, Rotten *n*; Ablagerung *f*, Auslagern *n* *{von Lebensmitteln}*; Dämpfung *f {Text}*, Vergüten *n {Met}*; *s.a.* aging
ageing behaviour Alterungsverhalten *n*
ageing oven *{GB}* Alterungsschrank *m*, Auslagerungsofen *m {Met}*
ageing period Alterungszeit *f*, Lagerungszeit *f*, Lager[ungs]dauer *f*
ageing phenomena Alterungserscheinungen *fpl*
ageing process Alterungsverfahren *n*, Alterungsvorgang *m*
ageing properties Alterungskennwerte *mpl*, Alterungseigenschaften *fpl*
ageing protecting agent Alterungsschutzstoff *m*
ageing resistance Alterungsbeständigkeit *f*
ageing room *{GB}* Dampfungsraum *m {Text}*
ageing stability Alterungsbeständigkeit *f*
ageing susceptibility Alterungsanfälligkeit *f*
ageing tank *{GB}* Homogenisiergefäß *n* *{Keramik}*
ageing temperature Alterungstemperatur *f*, Lagerungstemperatur *f*
ageing test Alterungsprüfung *f*, Alterungsuntersuchung *f*, Lagerungsversuch *m*, Alterungsversuch *m*, Alterungstest *m*
ageing testing Alterungsprüfung *f*
ageing time Nachhärtungsfrist *f*
agency Agentur *f*
agenda Tagesordnung *f*, Verhandlungspunkte *mpl*
agent Agens *n {pl. Agenzien}*, Wirkstoff *m*, Medium *n*, [wirksames] Reaktionsmittel *n*, Mittel *n*; wirkende Kraft *f*
agent orange Agent Orange *n {Defoliant}*
agent-response relation Wirkstoff-Antwort-Beziehung *f {Pharm}*
agentiferous silberhaltig
aggerlit Aggerlit *m {Edelstahlformguß}*
agglomerate/to agglomerieren, zusammenballen
agglomerate Agglomerat *n*, Ballung *f {Kohle; DIN 22005}*
agglomerated cork Preßkork *m*
agglomerating Agglomerieren *n*
agglomeration Agglomeratbildung *f*, Anhäufung *f*, Anlagerung *f {Geol}*, Schwarmbildung *f* *{von Molekülen}*; Klumpen *n*, Zusammenballung *f {Formmassen}*, Agglomeration *f*, Agglomerieren *n*
agglutinant Bindemittel *n*, Klebemittel *n*, Leim *m {auf vegetabiler Basis}*
agglutinate/to zusammenkleben, zusammenklumpen, zusammenleimen
agglutination Agglutination *f*, Zusammenkleben *n*, Verklebung *f*
agglutinative klebend, backend
agglutinin Agglutinin *n*, Lectin *n {Immun}*
agglutinogen Agglutinogen *n*
agglutinoid Agglutinoid *n*
agglutinoscope Ausflockungsmeßgerät *n*, Trübungsmeßgerät *n {Pharm}*, Agglutinoskop *n*
aggravate/to erschweren, verschlimmern
aggravation Erschwerung *f*
aggregate/to zusammenballen, aggregieren, anhäufen, klumpen, verkitten
aggregate Aggregat *n*, Anhäufung *f*
aggregate fluidization Sprudelbett *n*
aggregate of molecules Molekülaggregat *n*, Molekülanhäufung *f*
aggregate recoil Molekülrückstoß *m*
aggregation Aggregat *n*, Anhäufung *f*, Aggregation *f*, Verklumpung *f*
aggressin Aggressin *n*, Angriffsstoff *m*

aggressinogen Aggressinbildner *m*
aggressive angreifend, aggressiv
aggressive agent Schadstoff *m*
aggressive fluid pump korrosionsbeständige Pumpe *f*
aggressive tack Trockenklebrigkeit *f*
aggressiveness Aggressivität *f*, Angriffslust *f*
aging *{US}* [natürliches] Altern *n*, Vergüten *n* *{Met}*, Alterung *f*; Auslagern *n*; Reifen *n*
agitate/to aufrühren; bewegen, schütteln; quirlen, [um]rühren
agitated arm Rührarm *m*
agitated autoclave Schüttelautoklav *m*, Autoklav *m* mit Rührwerk *n*, Rührautoklav *m*
agitated batch crystallizer Chargenkristallisator *m* mit Rührwerk *n*, diskontinuierlicher Rührwerkkristallisator *m*
agitated pan dryer Drehtrockner *m*, Trockenpfanne *f* mit Rührwerk *n*
agitating Rühren *n*, Schütteln *n*
agitating arm Rührarm *m*
agitating brush Rührbürste *f*
agitating machine Rührmaschine *f*
agitating pan Rührkessel *m*, Rührpfanne *f*
agitating time Rührzeit *f*
agitating vane Rührflügel *m*
agitation Bewegung *f*, Rühren *n*, Schütteln *n*, Umrühren *n*, Aufrühren *n*; Erregung *f*, Erschütterung *f*; Umwälzung *f*
agitation of material Materialbewegung *f*
agitation pan Rührpfanne *f*
agitation vat Rührgefäß *n*
thermal agitation thermische Bewegung *f*, Wärmebewegung *f*
agitator Rührapparat *m*, Rührer *m*, Mischwerk *n*, Rührvorrichtung *f*, Rührwerk *n*; Agiteur *m* *{Treibstoff}*
agitator arm Rührflügel *m*
agitator autoclave Rührautoklav *m*, Rührwerksautoklav *m*
agitator-ball mill Rührwerkskugelmühle *f*
agitator blade Rührflügel *m*, Rührschaufel *f*, Knetschaufel *f*
agitator churner Rührwerk *n*
agitator mixer Mischrührwerk *n*
agitator paddle Rührarm *m*
agitator shaft Rührwerkswelle *f*
agitator tank Rührtank *m*, Rührbehälter *m*
agitator vessel Rührwerksbehälter *m*, Rührwerkskessel *m*, Rührkessel *m*
agitator with scrapers schabendes Rührwerk *n*
aglucone Aglucon *n*
aglycosuric zuckerfrei; glucosefrei
agmatinase *{EC 3.5.3.11}* Agmatinase *f*
agmatine Agmatin *n*
agnolite Agnolith *m* *{obs}*, Inesit *m* *{Min}*
agnosterol Agnosterin *n*, Agnosterol *n*
agree/to übereinstimmen, beipflichten, beistimmen, kongruieren
agreement Abkommen *n*, Abmachung *f*, Einverständnis *n*, Genehmigung *f*, Übereinstimmung *f*, Zustimmung *f*
agricolite Agricolit *m*, Kieselwismut *n* *{Triv}*, Eulytin *m* *{Min}*
agricultural landwirtschaftlich; landwirtschaftlich genutzt *{Fläche}*
agricultural chemical Agrochemikalie *f*
agricultural chemistry Ackerbauchemie *f*, Agrikulturchemie *f*, Agrochemie *f*
agricultural insecticide Landbauinsektizid *n*
agricultural lime[stone] Kalkdünger *m* *{gemahlener Kalkstein}*
agriculture Ackerbau *m*, Agrikultur *f*, Landwirtschaft *f* *{inklusive Tierhaltung}*, Agrarwirtschaft *f*
agriculture chemical *s.* agricultural chemical
agrochemical *s.* agricultural chemical
agronomy Ackerbaukunde *f*, Agronomie *f*, Landwirtschaftswissenschaft *f*
agropyrene Agropyren *n*, Capillin *n*, 1-Phenylhexa-2,4-diin *n*
ague bark Rinde *f* des Fieberbaums *m*
ague powder Fieberpulver *n* *{Pharm}*
aguilarite Aguilarit *m* *{Min}*
AHG antihämatophiles Globulin *n*
aid Hilfsmittel *n*, Hilfsstoff *m*
aikinite Aikinit *m* *{Min}*
aim at/to anvisieren, zielen [auf]; richten, werfen [auf]
aim Ziel *n*; Zweck *m*; Zielen *n*
air/to lüften, auslüften, auswittern *{Chem}*, belüften, ventilieren, durchlüften
air Luft *f*, Preßluft *f* *{obs}*, Druckluft *f*
air-activated gravity conveying Fließrinnenförderung *f*
air admission Luftzufuhr *f*
air-admittance valve Belüftungsventil *n*, Flutventil *n*, Lufteinlaßventil *n*, Lufteinströmklappe *f*, Windklappe *f*
air agitator Mischluftrührwerk *n*, Mischluftrührer *m*, Druckluftrührwerk *n*, Luftrührer *m*
air ballasting Gasballastbetrieb *m*
air bath Luftbad *n*
air blast Druckluftstrom *m*; Druckwelle *f* *{Explosion}*, Luftstoß *m*, Luftstrahl *m*
air-bleed hole Entlüftungsöffnung *f*
air bleeding Einblasen *n* von Luft *f*; Entlüften *n*
air-bleeding valve Entlüftungsventil *n*
air blowing Windfrischen *n*; Blasen *n* *{Öl}*
air bottle Druckluftflasche *f*, Druckluftbehälter *m*
air brush *{GB}* Spritzpistole *f*, Farbzerstäubungsbürste *f*, Spritzapparat *m*, Aerograph *m*, Luftbürste *f*, Luftpinsel *m*

air bubble Luftblase *f*, Gußblase *f {Met}*
air-bubble viscometer Luftblasenviskosimeter *n*
air cargo Luftfracht *f*
air cavity eingeschlossene Luftblase *f*
air cell *{US}* Luftsauerstoffelement *n* *{DIN 40853; Elek}*
air-circulation autoclave Umlaufautoklav *m*
air-circulation system Umluftverfahren *n*
air-circulation unit Luftumwälzvorrichtung *f*
air classification Windsichten *n*, Windsichtung *f*, Sichten *n*
air classifier Luftsetzmaschine *f*, Windsichter *m*, Luftsieb *n {Staub}*
air cleaner Luftfilter *n*, Luftreiniger *m*
air cock Abblasehahn *m*, Entlüftungshahn *m*
air compression Luftverdichtung *f*
air compressor Druckluftkompressor *m*, Luftkompressor *m*, Luftverdichter *m*, Drucklufterzeuger *m*
air-compressor oil Luftverdichteröl *n* *{DIN 51 506}*
air condenser Luftkondensator *m*, Luftkühler *m*, Luftverdichter *m*
air conditioner Klimatisierungsgerät *n*, Klimaanlage *f*, Airkonditioner *m*
air conditioning Klimatisierung *f*, Bewetterung *f*, Raumbewetterung *f*; Klimatechnik *f*
air-conditioning cabinet Klimaschrank *m*
air-conditioning unit Klimagerät *n*
air conduit Luftleitung *f*
air consumption Luftverbrauch *m*
air contamination Luftverseuchung *f*, Luftverunreinigung *f*
air content Luftgehalt *m*, Luftporengehalt *m*, Porenvolumen *n {Text}*
air conveyer Druckluftförderer *m*, pneumatischer Förderer *m*
air-conveying line Luftleitung *f*
air-conveying passage Luftförderrinne *f*
air coolant Kühlluft *f*
air-cooled oil vapor diffusion pump luftgekühlte Öldiffusionspumpe *f*
air cooler Luftkühler *m*
air cooling Luftkühlung *f*
air-cooling plant Luftkühlanlage *f*
air-cooling unit Luftkühlaggregat *n*, Luftkühlgerät *n*, Luftkühlung *f*
air cure Luftvulkanisation *f*
air current Luftstrom *m*, Wetterstrom *m*
air-cushion transport system Luftkissentransportsystem *n*
air damping Luftdämpfung *f {z.B. bei Feinwaagen}*
air-damping machine Luftdurchfeuchter *m*
air dedusting Luftentstaubung *f*
air densimeter Luftdichtigkeitsmesser *m*
air-depolarized cell *{GB}* Luftsauerstoffelement *n {DIN 40853; Elek}*
air depression Luftunterdruck *m*
air diffuser Luftaustritt *m {Chrom}*; Belüfterplatte *f*, Filterplatte *f*, Luftverteiler *m*, Verteilerplatte *f*
air discharge Luftentladung *f*
air disinfection Luftreinigung *f*
air-drain valve Entlüftungshahn *m*
air-dried luftgetrocknet; lufttrocken
air-dried malt Luftmalz *n {Brau}*
air-dried moisture Analysenfeuchtigkeit *f* *{Kohle; DIN 51718}*
air-dry/to lufttrocknen, an der Luft trocknen
air-dry finish lufttrocknende Anstriche *mpl*
air dryer Lufttrockner *m*, Luftdarre *f*
air drying Lufttrocknen *n*, Lufttrocknung *f*, Trocknen *n* an der Luft
air duct Fuchs *m {Tech}*, Luftkanal *m*, Luftleitung *f*, Luftzuführungskanal *m*, Windkanal *m*
air electrometer Luftelektrometer *n*
air elutriator Eluieranlage *f*, Luftwäsche *f*, Gegenstromwindsichter *m*
air-entrained concrete Luftporenbeton *m*, LP-Beton *m*
air-escape valve Luftablaßventil *n*
air evaporator Luftverdampfer *f*
air exhaust Luftauslaß *m*, Luftabzug *m*
air-exhaust fan Luftabzugsventilator *m*
air exhauster Entlüftungsgebläse *n*, Luftabzugsventilator *m*
air exhaustion Luftleere *f*
air extraction Entlüftung *f*
air fan Luftgebläse *n*
air film Luftschicht *f*, Luftfilm *m*
air filter Absolut-Filter *n*, Luftfilter *n*, Schwebstoff-Filter *n*, Schwebstoff-Luftfilter *n*, Luftreiniger *m*
air-filter oil Luftfilteröl *n*
air-flotation classifier Windsichtapparatur *f*
air flow Luftströmung *f*; Luftmenge *f*, Luftstrom *m {in m^3}*
air-flow dryer Luftstromtrockner *m*
air-flow meter Luftstrommesser *m*
air-flow permeability Luftdurchlässigkeit *f* *{in m^2}*
air-flow resistance Strömungswiderstand *m* *{DIN 52 213}*
air foam Luftschaum *m*, mechanischer Schaum *m {Löschmittel}*
air-free luftfrei
air freight Luftfracht *f*
air freshener Luftreiniger *m*, Luftverbesserer *m*
air furnace *{US}* Flammofen *m*, Zugofen *m*, Windofen *m*, Herdschmelzofen *m*, Heißluftofen *m*
air-furnace slag Flammofenschlacke *f*

air gas Aerogengas *n*, Luftgas *n*
air-gas mixture Gasluftgemisch *n*
air gun Luftstrahl *m {Druckluft}*; Luftkanone *f*, Luftpulser *m*
air-harden/to an der Luft härten, lufthärten
air hardening Lufthärtung *f*, Luftstählung *f* *{Met}*
air-hardening lacquer Luftlack *m*, lufthärtender Lack *m*
air-hardening plant Lufthärtungsanlage *f* *{Met}*
air-hardening steel Lufthärtestahl *m*, lufthärtender Stahl *m*
air heater Lufterhitzer *m*, Lufttrockner *m*, Winderhitzer *m*, Luftvorwärmer *m*, Luvo *m*
air heating Luftheizung *f*
air humidifier Luftanfeuchter *m*, Luftanfeuchtungsgerät *n*
air humidity Luftfeuchtigkeit *f*, Luftfeuchte *f*
air-humidity indicator Hygrometer *n*, Luftfeuchtigkeitsmesser *m*
air impact Lufteinbruch *m*
air impact mill Luftfeinprallmühle *f*, Luftstrahl-Prallmühle *f*
air impermeability Luftundurchlässigkeit *f*
air improver Luftverbesserungsmittel *n*
air infiltration Einbruchluft *f*, Falschluft *f*
air injection Lufteinblasung *f {Wasser}*
air inlet Lufteinlaß *m*, Belüftung *f*, Lufteintritt *m*, Luftzufuhr *f*, Luftzuführung *f*; Luftzuführungsöffnung *f*
air-inlet valve Lufteinlaßventil *n*, Lufteinströmklappe *f*, Windklappe *f*, Belüftungsventil *n*, Flutventil *n*
air input Luftzuführung *f*
air inside the bubble Blaseninnenluft *f*
air inside the film Blaseninnenluft *f*
air insulation Luftisolation *f*, Luftisolierung *f*
air intake Lufteinlaß *m*, Luftzutritt *m*; Lufteinlaßkanal *m*, Zuluftanlage *f*
air-intake valve Schnarchventil *n*, Schnüffelventil *n*
air jacket Luftkühlmantel *m*, Luftmantel *m*
air jet *{US}* Luftdüse *f*, Luftstrahl *m*; Luftbürste *f*, Luftpinsel *m*, Farbzerstäubungsbürste *f*, Spritzapparat *m*
air-jet lift Drucklufttheber *m*
air-jet mill Luftstrahlmühle *f*, Gebläsemühle *f*, Prallmühle *f*
air leakage Austrittstelle *f* der Luft *f*
air lift Druckluftheber *m*, Airlift *m*, Luftbrükke *f*, pneumatische Förderung *f*
air-lift agitator Druckluftrührwerk *n*, Mischluftrührwerk *n*, Mischluftrührer *m*, Luftrührer *m*
air-lift pump Druckluftheber *m*, Mammutpumpe *f*, Luftheber *m*, Luftmischer *m*
air liquefaction Luftverflüssigung *f*
air liquefier Luftverflüssigungsmaschine *f*, Luftverflüssiger *m*
air lock Gasschleuse *f*, pneumatische Schleuse *f*, Eintrittsschleuse *f*, Luftschleuse *f*; luftdichter Verschluß *m*, Luftblase *f*, Lufteinschluß *m*; Wetterschleuse *f*
air manometer Luftmanometer *n*
air meter Luftmengenmesser *m*
air mixture Luftgemisch *n*
air moistener Luftanfeuchter *m*, Luftbefeuchter *m*
air moisture Luftfeuchtigkeit *f*, Luftfeuchte *f*
air monitor Luftmonitor *m*, Luftwarngerät *n*, Luftmeßstation *f*, Luftüberwachungsanlage *f*
air monitoring Luftüberwachung *f*
air mortar Luftmörtel *m*
air nozzle Luftdüse *f*
air-operated pneumatisch, druckluftbetätigt
air-outlet pipe Abluftrohr *n*
air oven Heißluftofen *m*, Flammofen *m*, Zugofen *m*, Windofen *m*
air oxidation Luftoxidation *f*
air permeability Luftdurchlässigkeit *f* *{DIN ISO 2965}*
air-permeable luftdurchlässig
air permeameter Luftdurchlässigkeitsmeßgerät *n*, Luftpermeameter *n*
air permeance Luftdurchlässigkeit *f*
air pipe Luftleitung *f {Druckluft}*, Windleitung *f*, Luftrohr *n*, Druckluftrohr *n {der Mammutpumpe}*; Gebläse *n {Hochofen}*
air pocket Luftblase *f*, Lufteinschluß *m*, Lufttasche *f {in der Saugleitung}*; Luftloch *n*
air pollutant Luftschadstoff *m*
air pollution Luftverpestung *f*, Luftverschmutzung *f*, Luftverseuchung *f*, Luftverunreinigung *f*
air-pollution index Luftverschmutzungskennzahl *f*
air porosity Luftdurchlässigkeit *f*
air-powered pump Druckluftpumpe *f*
air preheater Luftvorwärmer *m*, Luvo *m*
air pressure *{GB}* Luftdruck *m {z.B. in Druckluftleitungen}*
air-pressure reducer Luftdruckminderer *m*, Luftdruckreduzierventil *n*
air-pressure regulator Luftdruckregler *m*
air purge Luftspülung *f*
air purification Luftreinigung *f*
air purifier Luftreiniger *m*
air-purifying luftreinigend
air quality Luftreinheit *f*
Air Quality Act *{US}* Luftreinhaltungsgesetz *n {amerikanische "TA Luft"}*
air quenching Luftstählung *f {Met}*, Luftabschreckung *f*
air ratio Luftverhältnis *n*
air-release plug Entlüftungsschraube *f*

air-release value *{BS 2000}* Luftabscheidevermögen *n* *{Öl}*
air-release valve Entlüftungsventil *n*, Belüftungsventil *n*, Flutventil *n*, Lufteinlaßventil *n*
air-releasing capacity Lufabscheidevermögen *n* *{Öl}*
air-relief cock Entlüftungshahn *m*
air-relief valve Entlüftungsventil *n*
air requirement Luftbedarf *m*, Sauerstoffbedarf *m* *{Verbrennung}*
air resistance 1. Luftbeständigkeit *f*; 2. Luftwiderstand *m*, Luftundurchlässigkeit *f*
air-resistant luftbeständig
air screen Luftsieb *n*
air scrubber Abluftwäscher *m*, Luftwäscher *m*
air-sensitive luftempfindlich
air-sensitive compound luftempfindliche Verbindung *f*
air separation 1. Windsichtung *f*, Sichten *n*; 2. Luftzerlegen *n*, Luftabscheidung *f*
air-separation ability Luftabscheidevermögen *n*
air-separation plant Luftzerlegungsanlage *f*, Luftspaltsäule *f*
air-separation unit Luftrektifikationsanlage *f*, Lufttrennungsanlage *f*, Luftzerlegungsanlage *f*
air separator Windsichter *m*, Windsortierer *m*
air shaft Lüftungsschacht *m*, Luftschacht *m*
air shock Lufteinbruch *m*
air sniffler Schnarchventil *n*, Schnüffelventil *n*
air-sterilization plant Luftentkeimungsanlage *f*
air stream Luftstrom *m*, Luftströmung *f*
air supply Frischluftzufuhr *f*, Luftzufuhr *f*, Luftanschluß *m*
air-swept luftbestrichen, luftdurchströmt
air-swept ball mill Kugelmühle *f* mit Luftsichtung, Stromsichtermühle *f*
air-swept grinding machine Luftstrommahlanlage *f*
air-swept mill luftdurchströmte Mühle *f*
air temperature Lufttemperatur *f*
air-test apparatus Luftdichtheitsprüfgerät *n*
air thermometer Gasthermometer *n*, Luftthermometer *n*
air throughput Luftdurchsatz *m*
air-tight luftdicht, luftundurchlässig, hermetisch, druckfest gekapselt, wetterdicht
air transportation Lufttransport *m*
air valve Luftklappe *f*, Luftventil *n*
air vent Entlüftungsnut *f*, Entlüftungsrille *f* *{Gieß}*, Auslaßventil *n* *{Brau}*, Luftablaßventil *n*, Luftabzug *m*, Luftkanal *m*, Luftauslaß *m*
air void 1. luftleer, luftfrei; 2. Luftpore *f*
air volume Luftmenge *f*
air washer Abluftwäscher *m*
air wetting Luftbefeuchtung *f*
compressed air Druckluft *f*, Preßluft *f*
condition of the air Luftbeschaffenheit *f*
airborne luftgetragen, in der Luft *f* schwebend, durch die Luft *f* übertragen, luftgestützt, freischwebend
airborne activity concentrations Radioaktivitätsansammlungen *fpl* in der Luft *f* *{Nukl}*
airborne contamination Luftverseuchung *f*
airborne dryer Schwebegastrockner *m*
airborne dust Flugstaub *m*
airborne radioactivity Luftaktivität *f*, Radioaktivität *f* der Luft *f*
airborne release Freisetzung *f* mit der Abluft *f*
airborne substances *{ILO}* Luftschwebestoffe *mpl*
airborne tritium *{IEC 710}* atmosphärisches Tritium *n*
aircraft fuel Flugkraftstoff *m*, Flugbrennstoff *m*, Flugzeugkraftstoff *m*, Fliegerbenzin *n*
aired gelüftet
airing Lüftung *f*, Belüftung *f*, Durchlüftung *f*; Carbonisierung *f*; Anreicherung *f* mit Sauerstoff *m*
airing plant Be- und Entlüftungsanlage *f*
airing valve Belüftungsventil *n*, Flutventil *n*, Lufteinlaßventil *n*
airless electrostatic spraying apparatus elektrostatischer luftfreier Spritzapparat *m*
airless spray gun Airless-Gerät *n*
airless spraying Airless-Spritzen *n*, hydraulisches Spritzen *n*, druckluftloses Spritzen *n*, Höchstdruckspritzen *n*, luftloses Sprühverfahren *n*
airoform <$C_7H_6IO_6Bi$> Airoform *n*, Airogen *n*, Airol *n*
airogen *s.* airoform
airol *s.* airoform
airproof/to luftdicht machen
airproof hermetisch, luftdicht, wetterdich; druckfest gekapselt
airstat Airstat *m*, Warmluftthermostat *m*
ajava oil Adiowanöl *n*
ajmalicine Ajmalicin *n*, Raubasin *n*, Tetrahydroserpentin *n*
ajmalicinic acid Ajmalicinsäure *f*
ajour fabric Ajourware *f*
ajowan Ajowan *n*, Adiowansamen *m*
ajowan oil Adiowanöl *n*, Ajowanöl *n*, Ajoranöl *n*, Ptichotisöl *n*
ajugose Ajugose *f*
ajutage Ansatzrohr *n*, Düse *f*
akardite I <$C_{13}H_{12}N_2O$> Akardit I *n*, *asym*-Diphenylharnstoff *m* *{Expl}*
akardite II <$C_{14}H_{14}N_2O$> Akardit II *n*, Methyldiphenylharnstoff *m* *{Expl}*
akardite III <$C_{15}H_{16}N_2$> Akardit III *n*, Ethyldiphenylharnstoff *m* *{Expl}*
akermanite Aktermanit *m* *{Min}*

akundaric acid Akundarsäure *f*
alabamine *{obs; At, element no. 85}* Astat *n*, Alabamin *n {obs}*, Astatin *n{obs}*
alabandine *s.* alabandite
alabandite Manganblende *f*, Alabandit *m*, Schwefelmangan *n*, Manganschwefel *m {Triv}*, Manganglanz *m*, Blumenbachit *m {Min}*
alabaster Alabaster *m {Min}*
alabaster glass Achatglas *n*, Alabasterglas *n*, Opalglas *n*
alabaster white Alabasterweiß *n*
alabastrine process Alabasterverfahren *n*
alabastrite Alabastrit *m {Min}*
alacreatine Alakreatin *n*, Lactoylguanidin *n*
alacreatinine Alakreatinin *n*
alahopcin $<C_9H_{15}N_3O_6>$ Alahopcin *n {Dipeptid-Antibiotikum}*
alaite Alait *m {Min}*
alalite Alalit *m {Min}*
alamosite Alamosit *m {Min}*
alanate Alanat *n*, Hydridoaluminat *n*
alane Aluminiumhydrid *n*, Aluminiumwasserstoff *m*, Alan *n*; Aluminiumwasserstoff-Derivat *n*
alangine Alangin *n*
alanine $<CH_3CH(NH_2)COOH>$ Alanin *n*, Aminopropionsäure *f*, Ala
alanine amide Alaninamid *n*
D-alanine aminotransferase *{EC 2.6.1.21}* D-Alaninaminotransferase *f*, D-Aspartataminotransferase *f*
alanine dehydrogenase *{EC 1.4.1.1}* Alanindehydrogenase *f*
alanine transaminase *s.* D-alanine aminotransferase
alaninol Alaninol *n {obs}*, 2-Aminopropan-1-ol *n {IUPAC}*
alant root Inula *f {Bot}*
alant starch Alantstärkemehl *n*, Inulin *n*, Alantin *n*, Alantcampher *m*
alantic acid Alantsäure *f*, Inulinsäure *f*
alantic anhydride Alantanhydrid *n*, Helenin *n*
alantin Alantin *n*, Alantcampher *m*, Alantstärkemehl *n*, Inulin *n*
alantolactone Alantolacton *n*, Helenin *n*, Inulacampher *m*
alantolic acid Alantolsäure *f*
alanyl- Alanyl-
alanylalanine Alanylalanin *n*
alanylglycine Alanylglycin *n*
alarm Melder *m*, Warnapparat *m*, Warnanlage *f*, Warnsignal *n*
alarm apparatus Warnvorrichtung *f*
alarm bell Warnschelle *f*, Wecker *m*, Alarmglocke *f*
alarm condition Alarmzustand *m*
alarm-control unit Alarmzentrale *f*
alarm device Signalisiereinrichtung *f*, Warnmelder *m*, Alarmgerät *n*, Alarmanlage *f*
alarm float Alarmschwimmer *m {Schutz}*
alarm indicator Alarmanzeige *f*
alarm pheromone Alarmpheromon *n {Biol}*
alarm-pressure switch Alarmdruckschalter *m*
alarm signal Alarmgeber *m*, Alarmanzeige *f*, Störungsmeldung *f*, Alarmmeldung *f*
alarm switch Alarmschalter *m*
alarm system Alarmanalge *f*, Warnmelder *m*, Alarmgerät *n*, Signalisiereinrichtung *f*
alarm thermometer Signalthermometer *n*
alarm threshold Alarmschwelle *f*
alarm transmitter Alarmgeber *m*
alarm valve Alarmklappe *f*, Warnventil *n*
alarming valve Alarmventil *n*, Warnventil *n*
alaskaite Alaskait *m {Min}*
albafix Albafix *n {Füllstoff}*
albamine Albamin *n*
albedo Albedo *f {DIN 25401}*, Rückstreuvermögen *n*, Reflexionsfaktor *m {in %}*; 2. Albedo *f {ungfärbte Schicht der Zitrusfrüchteschalen}*
alberene stone Alberenstein *m*, Feil-Talk *m {Min}*
Alberger salt process Alberger Salzverfahren *n*
albertite Albertit *m*, Albartit *m*, Libollit *m*, Melanasphalt *m {feste Naturbitumensorte; Min}*
albification Metallbleiche *f*
albigenic acid Albigensäure *f*
albite Albit *m*, Kieselspat *m*, Natronfeldspat *m*, weißer Schörl *m {Min}*
albizziine Albizziin *n*, 2-Amino-3-ureidopropionsäure *f*
albocarbon *{obs} s.* naphthalene
albolite Albolith *m {Min}*
albumen Eiweiß *n*, Eiklar *n*, Eipulver *n*; Reserveeiweiß *n {z.B. in Getreidekörnern}*; Albumin *n*
albumiform eiweißartig
albumin Albumin *n {Biochem}*
albumin content Albumingehalt *m*
albumin glue Albuminleim *m*, Eiweißleim *m*
albumin paper Albuminpapier *n*, Eiweißpapier *n {Photo}*
albumin process Albuminprozeß *m*, Albuminverfahren *n {Photo}*
albuminate Albuminat *n*
albuminiferous albuminhaltig
albuminine Albuminin *n*
albuminization Albuminisierung *f*
albuminized paper Albuminpapier *n*, Eiweißpapier *n {Photo}*
albuminizing Albuminisieren *n*
albuminoid 1. albuminartig, eiweißartig; 2. Albuminoid *n*, Skleroprotein *n*, Strukturprotein *n*, Gerüsteiweißstoff *m*
albuminometer Albuminometer *n {Med}*
albuminone Albuminon *n*
albuminose Albuminose *f*
albuminous albuminartig, albuminoid, eiweißartig; eiweißhaltig

albuminous compound Eiweißverbindung *f*
albuminous food Eiweißnahrung *f*
albuminous substance Eiweißstoff *m*, Eiweißkörper *m*
albumose Albumose *f {Eiweißspaltprodukt}*, Proteose-Aminosäure-Mischung *f*
alcali *s.* alkali
alcaloids *{obs} s.* alkaloids
alchemist Alchimist *m*
alchemistic alchimistisch
alchemy Alchimie *f*
alcogel Alkogel *n {Alkohol-Gel}*
alcohol 1. <CH_3CH_2OH> Alkohol *m*, Ethanol *n*, Ethylalkohol *m*; Weingeist *m*, Spiritus *m*; Sprit *m {Triv}*; 2. <R-OH> Alkohol *m*, Alkoxid *n*
alcohol acetyltransferase *{EC 2.3.1.84}* Alkoholacetyltransferase *f*
alcohol acid Alkoholsäure *f*
alcohol burner Spiritusbrenner *m*
alcohol concentration Alkoholgehalt *m*, Alkoholkonzentration *f*
alcohol content Alkoholgehalt *m*, Alkoholspiegel *m*
alcohol dehydrogenase *{EC 1.1.1.1}* Alkoholdehydrogenase *f*
alcohol derivative Alkoholderivat *n*
alcohol deterrent Antialkoholikum *n*, Alkoholentwöhnungsmittel *n {Pharm}*
alcohol-diluted lacquer Spritlack *m*
alcohol distillery Spiritusbrennerei *f*
alcohol ferment Branntweinhefe *f*
alcohol for engine operation Kraftsprit *m*
alcohol fractionation Alkoholfraktionierung *f*
alcohol-free alkoholfrei
alcohol fuel Alkoholkraftstoff *m*
alcohol group <-OH> Alkoholgruppe *f*, Hydroxylgruppe *f*
alcohol hydrometer Alkoholometer *n*, Alkoholmesser *m*
alcohol lamp Spirituslampe *f*
alcohol-like alkoholartig
alcohol-proof alkoholfest
alcohol-soluble alkohollöslich
alcohol sulfonate Alkoholsulfonat *n*
alcohol test Alkoholprobe *f*
alcohol thermometer Alkohol-Thermometer *n*
alcohol wet alkoholfeucht
primary alcohol <R-CH_2OH> primärer Alkohol *m*
secondary alcohol <RR'CHOH> sekundärer Alkohol *m*
tertiary alcohol <RR'R"C-OH> tertiärer Alkohol *m*
alcoholate/to alkoholisieren
alcoholate Alkoholat *n*, Alkoxid *n*, Metall-Alkoxid *n*, Ethylat *n*
alcoholature Alkoholatur *f {Pharm}*
alcoholic alkoholisch, alkoholartig, spiritusartig, alkoholhaltig,
alcoholic beverage alkoholisches Getränk *n*, alkoholhaltiges Getränk *n*, geistiges Getränk *n {Triv}*
alcoholic beverage tax Getränkesteuer *f*
alcoholic content Alkoholgehalt *m*, Alkoholspiegel *m*
alcoholic ether Alkoholether *m*
alcoholic extract Alkoholauszug *m*, alkoholischer Auszug *m*
alcoholic fermentation Alkoholgärung *f*, alkoholische Gärung *f*
alcoholic liquors Spirituosen *pl*, Branntweine *mpl*, destillierte geistige Getränke *npl*
alcoholic poisoning Alkoholvergiftung *f*
alcoholic potash Alkoholpottasche *f*
alcoholic sodium hydroxide solution alkoholische Natronlauge *f*
alcoholic strength Alkoholgehalt *m*, Alkoholspiegel *m*
alcoholic varnish alkoholischer Firnis *m*
alcoholizable alkoholisierbar
alcoholization Alkoholbildung *f*, Alkoholisierung *f*
alcoholization press Verdrängerpresse *f*
alcoholize/to alkoholisieren
alcoholizing Alkoholisieren *n*
alcoholometer Alkoholmesser *m*, Alkoholometer *n*, Branntweinprüfer *m*, Branntweinwaage *f*
alcoholometric alkoholometrisch
alcoholometric scale Alkoholometerskale *f*
alcoholometry Alkoholbestimmung *f*, Alkoholometrie *f*
alcoholysis Alkoholyse *f {eine der Hydrolyse analoge Reaktion}*
alcosol Alkohollösung *f*, Alkosol *n*
aldazine <RCH=N-N=CHR> Aldazin *n*
aldebaranium *{obs} s.* ytterbium
aldehydase *s.* aldehyde oxidase
aldehyde 1.<R-CHO> Aldehyd *m*; 2. <CH_3CHO> Acetaldehyd *m*, Ethylaldehyd *m*, Ethanal *n*
aldehyde acid Aldehyd[o]säure *f*, Aldehydcarbonsäure *f*
aldehyde ammonia 1. <$CH_3CHOHNH_2$> Acetaldehydammoniak *n*, 1-Aminoethanol *n {IUPAC}*; 2. <$RCH(OH)NH_2$> Aldehydammoniak *n*
aldehyde compound Aldehydverbindung *f*
aldehyde condensation Aldehydkondensation *f*, Aldolkondensation *f*
aldehyde oxidase *{EC 1.2.3.1}* Aldehydoxidase *f*, Aldehydase *f {obs}*
aldehyde resin Aldehydharz *n*
aldehydic aldehydhaltig, aldehydisch
aldehydic acid Aldehydsäure *f*
aldehydine Aldehydin *n*, Aldehydcarbonsäure *f*
alder charcoal Erlenkohle *f*

aldimine Aldimin *n*
alditol Alditol *n*, Aldit *m*, Zuckeralkohol *m*
aldohexose <$C_6H_{12}O_6$> Aldohexose *f*, Aldose *f*
aldoketene Aldoketen *n*
aldol Aldol *n*, Acetaldol *n*
aldol alpha-naphthylamine Aldolalphanaphthylamin *n*
aldol condensation Aldolkondensation *f*
aldolase Aldolase *f {Biochem}*
aldolization *s.* aldol condensation
aldomedone Aldomedon *n*
aldonic acid Aldonsäure *f*
aldopentose <$C_5H_{10}O_5$> Aldopentose *f*
aldose Aldose *f*
aldosterone Aldosteron *n {ein hochwirksames Nebennierenrindenhormon}*
aldotripiperideine Aldotripiperidein *n*
aldoxime Aldoxim *n*, Acetaldoxim *n {Oxim der Aldehyde}*
aldrin Aldrin *n {Insektizid}*
ale Ale *n*, Malzbier *n*
aleatory zufallsbedingt, aleatorisch
alectoronic acid Alectoronsäure *f*
alembic Destillationsblase *f*, Destillierkolben *m*, Retorte *f*, Abziehblase *f*, Abziehkolben *m*, Blase *f*, Branntweinblase *f*, Destillationsgefäß *n*,
alepite Alepit *n*
alepopinic acid Alepopinsäure *f*
Aleppo combings Aleppo-Kammwolle *f*
aleuritic acid Aleuritinsäure *f*, Trihydroxylpalmitinsäure *f*, 9,10,16-Trihydroxyhexadecansäure *f {IUPAC}*
aleurometer Aleurometer *n*, Mehlprüfer *m*
aleurone Aleuron *n*, Klebermehl *n*
aleuronic aleuronhaltig
alexandrite Alexandrit *m {Min}*
alexin*{obs} s.* complement
alfa [grass] Alfa *f*, Alfagras *n*, Halfgras *n*, Espartogras *n*, Fadengras *n*
alfalfa Luzerne *f {Bot}*
alfalfa saponin Alfalfasaponin *n*
alfin catalyst Alfin-Katalysator *m*
alga *{pl. algae}* Alge *f*
algaecidal substance Algenbekämpfungsmittel *n*, Algizid *n*
algal biomass Algenbiomasse *f*
algaroth Antimonoxidchlorid *n {Min}*
algaroth powder Algarotpulver *n*
algar[r]obilla Algarobilla *n {gerbstoffreiche Schoten von Caesalpinia-Arten}*
algerite Algerit *m {obs}*, Scapolit *m {Min}*
algesiogenic schmerzauslösend
algicide Algenbekämpfungsmittel *n*, Algizid *n*
algin Algin *n {Inhaltsstoff der Braunalgen}*, Alginsäure *f*, Algensäure *f*
algin fiber Alginatfaser *f*
alginate Alginat *n {Salz oder Ester der Alginsäure}*
alginate-dental impression material *{ISO 1563}* Zahnabdruckmasse *f* auf Alginatbasis *f*
alginate fibre Alginatfaser *f*
alginic acid Alginsäure *f*, Algin *n*
alginic fibre Alginatfaser *f*
algodonite Algodonit *m {Min}*
alible assimilierbar, nahrhaft
alicant soda Alikantesoda *f*
alicyclic alicyclisch , alizyklisch *{obs}*, cycloaliphatisch; nichtaromatisch
alicyclic compounds alicyclische Verbindungen *fpl*, Alicyclen *mpl*, cycloaliphatische Verbindungen *fpl {z.B. Cycloalkane}*
alicyclic hydrogenation alicyclische Hydrierung *f*
alien [art]fremd, andersartig, fremdartig
aliesterase *{EC 3.1.1.1}* Aliesterase *f*, B-Esterase *f*, Monobutyrase *f*, Cocainesterase *f*, Procainesterase *f*, Methylbutyrase *f*, Carboxylesterase *f {unspezifische Esterasen oder Lipasen}*
align/to abgleichen, ausfluchten, [ab]fluchten, ausrichten, gerade richten, orientieren, richten, regelmäßig anordnen
aligned orientiert, justiert, ausgerichtet, fluchtend
aligned fibre composite Plastverbundstoff *m* mit gerichteten Fasern *fpl*
aligner Rüttler *m*, Schüttelmaschine *f*
aligning Ausrichtung *f*
aligning procedures Ausrichtung *f {Laser}*
aligning tray Arbeitsschablone *f {Chrom}*
alignment Ausrichtung f *{z.B. Lager}*, Einstellung *f*, Gleichrichtung *f*, Richtung *f*, Zentrierung *f*, [regelmäßige] Anordnung *f*, Fluchten *n*, Ausrichten *n*, Aufreihung *f*; Orientierung *f*
alimentary alimentär; Nahrungs-, Speise-
alimentary research Ernährungsforschung *f*
alimentary substance Ernährungsstoff *m*, Nährstoff *m*
aliphatic aliphatisch, offenkettig, acyclisch
aliphatic acid Fettsäure *f*
aliphatic compounds Aliphaten *pl*, aliphatische Verbindungen *fpl*, Fettverbindungen *fpl*
aliphatic hydrocarbon aliphatischer Kohlenwasserstoff *m*, kettenförmiger Kohlenwasserstoff *m*, offenkettiger Kohlenwasserstoff *m*
aliphatic polyamine aliphatisches Polyamin *n*
aliphatic polyester aliphatischer Polyester *m*
aliphatic series Fettreihe *f*, Aliphaten *pl*, aliphatische Reihe *f*
aliphatics Paraffinkohlenwasserstoffe *mpl*, Aliphaten *pl*, aliphatische Verbindungen *fpl*, acyclische Verbindungen *fpl*
aliquant aliquant, nichtaufgehend *{Math}*
aliquot 1. ohne Rest aufgehend, aliquot; glattter

Bruch *m {Math}*; 2.Teilmenge *f*, Aliquote *f* *{Anal}*
aliquot pipette Pipette *f* mit Aliquot-Unterteilung *f {Lab}*
alisonite Alisonit *m {Min}*
alite/to alitieren;
alite Alit *m {eine Klinkerphase}*
aliting process Alitierverfahren *n*
alitizing Alitieren *n*, Beschichten *n {mit Al}*
alitizing agent Alitiermittel *n*
alival Alival *n*, Iodopropylenglykol *n*
alizarin <$C_{14}H_8O_3$> Alizarin *n*, 1,2-Dihydroxyanthrachinon *n*, Krappfärbestoff *m*, Krapprot *n* *{Triv}*, Erythrodan *n*, Färberrot *n {Triv}*
alizarin black Alizarinschwarz *n*, Naphthazarin *n*
alizarin blue Alizarinblau *n*, Anthracenblau *n*
alizarin bordeaux Alizarinbordeaux *n*, Quinalizarin *n* 1,2,2,5-Tetrahydroxyanthrachinon *n*
alizarin brown Alizarinbraun *n*, Alizarinmarron *n*, Anthragallol *n*, Trihydroxyanthrachinon *n*
alizarin cardinal Alizarincardinal *n*, 4-Aminoalizarin *n*
alizarin cyanine green R Alizarincyanin R *n*, 1,2,4,5,8-Pentahydroxyanthrachinon *n*
alizarin dyes Alizarinfarbstoffe *mpl*
alizarin lake Alizarinfarblack *m*, Alizarinlack *m*
alizarin madder lake Alizarinkrapplack *m*
alizarin marron Alizarinmarron *n*, 3-Aminoalizarin *n*
alizarin orange A Alizarinorange A *n*, 3-Nitroalizarin *n*, 1,2-Dihydroxy-3-nitro-anthrachinon *n*
alizarin orange G Alizarinorange G *n*, 1,2,6-Trihydroxy-3-nitro-anthrachinon *n*, 3-Nitroflavopurpurin *n*
alizarin red 1. krapprot; 2. Alizarinrot *n*, Krapprot *n*, Färberrot *n*, Natriumalizarinmonosulfonat *n*, 1,2-Dihydroxyanthrachinon-3-natriumsulfat *n*
alizarin sky blue Alizarinreinblau *n*
alizarin yellow Alizaringelb *n*, Anthracengelb *n*
alizarin yellow RW Alizaringelb RW *n*, Beizengelb PN *n {p-Nitrobenzolazosalicylsäure, Na-Salz}*
alizarincyanine R Alizarincyanin R *n*, 1,2,4,5,8-Pentahydroxyanthrachinon *n*
alizarinic acid *{obs}* *s.* phthalic acid
alizarinmonosulfonic acid Alizarinmonosulfonsäure *f*, 1,2-Dihydroxyanthrachinon-7-sulfonsäure *f*
alkalescence Alkaleszenz *f*, Alkalität *f*, Alkalinität *f*, Basizität *f*, augensalzige Eigenschaft *f* *{obs}*
alkali *{pl. alkalies [US], alkalis [GB]}* Alkali *n*, Lauge *f*, Laugensalz *n*
Alkali Acts *{GB;1863}* Gesetze *npl* gegen schädliche Industriegase
alkali albuminate Alkalialbuminat *n*
alkali-binding agent Alkalibindemittel *n*
alkali carbonate Alkalicarbonat *n*
alkali cell Alkalizelle *f{Photo}*
alkali cellulose Alkalizellstoff *m*, Alkalicellulose *f*
alkali chloride Alkalichlorid *n*, Chloralkali *n* *{obs}*
alkali-chloride electrolyser Alkalichloridelektrolyseur *m*
alkali circulation Laugenumlauf *m*
alkali cleaner [flüssiges] alkalisches Reinigungsmittel *n*
alkali compartment Laugenkammer *f*, Laugenzelle *f*
alkali conduit Laugenleitung *f*
alkali content Alkaligehalt *m*
alkali corrosion Korrosion *f* in Alkalien (alkalischen Lösungen), Laugenkorrosion *f*
alkali cyanide Alkalicyanid *n*, Cyanalkali *n* *{Triv}*
alkali extraction Laugenextraktion *f*
alkali-fast color Alkaliechtfarbe *f*
alkali fastness Alkaliechtheit *f {DIN 54030}*
alkali feed Laugenzulauf *m*
alkali feldspar Alkalifeldspat *m {Min}*
alkali-free alkalifrei
alkali fusion Alkalischmelze *f*
alkali glass Alkaliglas *n*, A-Glas *n*, alkalihaltiges Glas *n {für Verstärkungsmaterialien}*
alkali halide Alkalihalogenid *n*, Alkalimetallhalogenid *n*
alkali humate Alkalihumat *n*
alkali hydrometer Alkalimeter *n*, Kaliapparat *m*, Laugenmesser *m*
alkali hydroxide Alkalihydroxid *n*
alkali-insoluble alkaliunlöslich
alkali lye Alkalilauge *f*
alkali metal Alkalimetall *n {Li, Na, K, Rb, Cs, Fr}*
alkali metal graphites Graphit-Alkali-Intercalationsverbindungen *fpl*
alkali phenate Alkaliphenolat *n*
alkali phosphate Alkaliphosphat *n*
alkali-proof alkalibeständig, alkalifest, lauge[n]beständig, laugenecht
alkali pump Laugenpumpe *f*
alkali-refined alkaliraffiniert
alkali-refined linseed oil alkalisiertes Leinölraffinat *n*
alkali reserve Alkalireserve *f {Blut}*
alkali residue Alkalirückstand *m*
alkali resistance Laugenfestigkeit *f*, Alkalibeständigkeit *f*; Alkaliresistenz *f {Med}*
alkali-resistant alkalibeständig, alkalifest, laugenfest

alkali-resistant material alkalibeständiger Werkstoff *m*
alkali-resisting alkalifest, laugenfest, alkalibeständig
alkali rock Alkaligestein *n*
alkali silicate Alkalisilicat *n*
alkali solution Alkalilösung *f*, Lauge *f*, alkalische Lösung *f*
alkali spotting tester Alkalibeständigkeitsprüfgerät *n {Text}*
alkali stannate Alkalistannat *n*
alkali sulfide Alkalisulfid *n*, Schwefelalkali *n {obs}*
alkali sulfite Alkalisulfit *n*
alkali treatment Laugebehandlung *f*, Laugewäsche *f*
alkali-treatment plant Alkalisieranlage *f*
alkaligenous alkalibildend
alkalimeter Alkalimesser *m*, Alkalimeter *n*, Laugenmesser *m*; Carbonat-Bestimmungsgerät *n*
alkalimetric alkalimetrisch
alkalimetry Alkalimetrie *f*, Laugenmessung *f*, Alkalimessung *f*
alkaline alkalihaltig, alkalisch, laugenartig, basisch
alkaline air *{US}* Ammoniak *n*
alkaline bath alkalisches Bad *n*, basisches Bad *n*
alkaline battery Alkalibatterie *f {Elek}*
alkaline cell Alkalielement *n {Elek}*
alkaline cleaner *{ASTM}* alkalisches Reinigungsmittel *n*, alkalisches Lösemittel *n*
alkaline cleaning alkalisches Reinigen *n*, Reinigung *f* mit alkalischen Lösemitteln
alkaline cleaning bath alkalisches Reinigungsbad *n {Entfettung}*
alkaline cleaning plant Reinigungsanlage *f* mit alkalischen Lösemitteln *npl*
alkaline cleaning tank Behälter *m* für Reinigung *npl* mit alkalischen Lösemitteln *npl*
alkaline condition *{ISO 2869}* alkalisches Milieu *n*
alkaline degreasing Entfetten *n* in alkalischen Reinigungsbädern *npl*
alkaline degreasing plant Reinigungsanlage *f* mit alkalischen Lösemitteln *npl*
alkaline delignification alkalische Ligninentfernung *f*
alkaline descaling alkalisches Entzundern *n*, alkalische Abbeizung *f {Met}*
alkaline detergent alkalisches Reinigungsmittel *n*, alkalisches Waschmittel *n*
alkaline earth Erdalkali *n*, Erdalkalimetall *n*
alkaline earth carbonate Erdalkalicarbonat *n*
alkaline earth halide Erdalkalihalogenid *n*
alkaline earth metal Erdalkalimetall *n*
alkaline earth oxide Erdalkalioxid *n*
alkaline earth salt Erdalkalisalz *n*
alkaline earth sulfate Erdalkalisulfat *n*
alkaline filter material alkalische Filtermasse *f*
alkaline granites Alkaligranite *mpl {Min}*
alkaline hydrolysis Alkalihydrolyse *f*, alkalische Hydrolyse *f*
alkaline immersion cleaning plant alkalische Tauchreinigungsanlage *f*
alkaline lamprophyres Alkalilamprophyre *mpl {Min}*
alkaline medium alkalisches Milieu *n*
alkaline paint stripping bath alkalisches Entlackungsbad *n*
alkaline phosphatase *{EC 3.1.3.1}* alkalische Phosphatase *f*, Phosphomonoesterase *f*, Glycerophosphatase *f*
alkaline pump Lauge[n]pumpe *f*
alkaline reserve Alkalireserve *f {Blut}*
alkaline salt Laugensalz *n*
alkaline scale conditioning alkalische Zunderbehandlung *f {Met}*
alkaline-soak cleaning Reinigung *f* mit alkalischen Lösemitteln *npl*
alkaline solution Laugenflüssigkeit *f*, alkalische Lösung *f*
alkaline steeping agent alkalisches Tränkmittel *n*
alkaline storage battery Alkalibatterie *f*, alkalische Batterie *f*, alkalischer Akkumulator *m*
alkaline strenght Alkaligehalt *m*
alkalinisation 1. Alkalisierung *f*; 2. Natriumanreicherung *f {im Boden durch Berieselung}*
alkalinity Alkaligehalt *m*, Alkalinität *f*, Alkalität *f*, Alkalizität *f*, Basizität *f*, laugensalzige Eigenschaft *f*, Basengehalt *m {Boden}*
alkalinity meter Alkalinitätsmesser *m*
alkalinize/to alkalisieren, alkalisch machen
alkalizable alkalisierbar
alkalization Alkalisierung *f*
alkalize/to alkalisch machen, alkalisieren
alkalizer Alkalisator *m*, alkalisierendes Mittel *n {Pharm}*
alkalizing Alkalisieren *n*
alkaloid Alkaloid *n*
alkaloid-like alkaloidartig
alkaloid salt Alkaloidsalz *n*
alkaloidal alkaloidisch; Alkaloid-
alkaloidal solution Alkaloidlösung *f*
alkalosis Alkalose *f {Med}*
alkamine 1. Alkamin *n {Detergens}*; 2. Alkanolamid *n {Triv}*, dialkylsubstituierter Aminoalkohol *m*
alkanal <$C_2H_{2n+1}CHO$> Alkanal *n*, aliphatischer Aldehyd *m*, Carbaldehyd *m*
alkane <C_nH_{2n+2}> Alkan *n*, Grenzkohlenwasserstoff *m*, Paraffinkohlenwasserstoff *m*, gesättigter Kohlenwasserstoff *m*, Paraffinreihe *f {IUPAC}*, Alkanfamilie *f*

alkanesulfonic acid Alkansulfonsäure *f*
alkanet Alkannawurzel *f*, Färberalkanna *f*
alkanization Alkanisierung *f {Isooctan}*
alkanna red Alkannarot *n*, Alkannin *n*
alkannin Alkannin *n*, Alkannarot *n*, Anchusin *n {obs}*
alkanol 1. Alkanol *n {Detergens}*; 2. Alkanol *n*, einwertiger Alkohol *m*, Fettalkohol *m*
alkanolamide <$HO-R-CO-NH_2$> Alkanolamid *n*
alkanolamine Alkanolamin *n*, Aminoalkohol *m*, Alkanolamid *n*
alkanolamine soap Fettsäurealkanolamid *n*
alkanone <$R-CO-R'$> Alkanon *n*, aliphatisches Keton *n*
alkargen *{obs}* Alkargen *n*, Kakodylsäure *f*
alkarsine Kakodyloxid *n*, Cadetsche rauchende Flüssigkeit *f*
alkazid process Alkazidverfahren *n*, Sulfosolvan-Verfahren *n {SO_2-Entfernung}*
alkazid solution Alkazidlauge *f {Aminopropionsäure}*
alkene <C_nH_{2n}> Alken *n*, Alkylen *n*, Ethylenkohlenwasserstoff *m*, Olefin *n*, Monoolefin *n*
alkine <C_nH_{2n-2}> Alkin *n*, Acetylenverbindung *f*
alkoxide Alkoholat *n*, Alkoxid *n*, Metall-Alkoxid *n*
alkoxilate/to verethern
alkoxy group <$C_nH_{2n+1}O-$> Alkoxyl *n*, Alkoxy[l]gruppe *f*, Alkoxyradikal *n*
alkoxyl radical *s.* alkoxy group
alkoxyalkane *{IUPAC; R-O-R}* Ether *m*
alkoxyarene *{IUPAC; R-O-Ar}* Phenylether *m*
alkoxysilane Alkoxysilan *n*
alkyd melamine resin Alkyd-Melamin-Harz *n*
alkyd paint Alkydharzlack *m*
alkyd resin Alkydharz *n {DIN 55945}*
alkyd-resin lacquer Alkydharzlack *m*
alkyd-resin varnish Alkydharzlack *m {DIN 55945}*
alkyl <$-C_nH_{2n+1}$> Alkyl *n*, Akylgruppe *f*
alkyl aryl silicone Alkylarylsilicon *n*
alkyl aryl phosphate Alkylarylphosphat *n*
alkyl aryl sulfonate Alkylarylsulfonat *n*
alkyl bromide Alkylbromid *n*
alkyl chloride Alkylchlorid *n*
alkyl compound Alkylverbindung *f*
alkyl cyanate Alkylcyanat *n*
alkyl cyanide Cyanalkyl *n {obs}*, Alkylcyanid *n*, Nitril *n*
alkyl cyanoacrylate adhesive Alkylcyanoacrylat-Klebstoff *m*
alkyl derivative Alkylabkömmling *m*, Alkylderivat *n*
alkyl enamel Alkylharzfarbe *f*
alkyl ester Alkylester *m*
alkyl fluoride Alkylfluorid *n*
alkyl group <$-C_nH_{2n+1}$> Alkylgruppe *f*, Alkylrest *m*, Alkylradikal *n*
alkyl halide Alkylhalogenid *n*, Halogenalkyl *n*
alkyl hydrogen sulfide Alkylsulfhydrat *n {obs}*, Alkylmercaptan *n {obs}*, Alkylsulfhydryl *n*, Alkanthiol *n {IUPAC}*
alkyl hydroxide Alkylhydroxid *n {obs}*, Alkylalkohol *m*, Alkanal *n {IUPAC}*
alkyl iodide Alkyliodid *n*, Jodalkyl *n {obs}*
alkyl isocyanate <$R-NCO$> Alkylisocyanat *n*
alkyl isocanide <$R-NC$> Alkylisocyanid *n*, Alkylisonitril *n*
alkyl magnesium halide Alkylmagnesiumhalogenid *n*, Alkyl-Grignard-Verbindung *f*
alkyl nitrate Alkylnitrat *n*
alkyl nitrene <$R-N$> Alkylnitren *n*, Alkylimen *n*, Alkylazen *n*, Alkylimidogen *n*
alkyl nitrite Alkylnitrit *n*
alkyl per-ester Alkylperester *m*
alkyl phenol resins Alkylphenolharze *npl*
alkyl phenyl keton <$R-CO-C_6H_5$> Alkylphenylketon *n*
alkyl phosphite Alkylphosphit *n*
alkyl radical <$-C_nH_{2n+1}$> Alkylradikal *n*, Alkylrest *m*, Alkylgruppe *f*, Alkyl *n*
alkyl residue <$-C_nH_{2n+1}$> Alkylrest *m*, Alkylradikal *n*
alkyl resins Alkylharze *npl*
alkyl silicon Siliciumalkylverbindung *f*, Alkylsilan *n {$RSiH_3$, R_2SiH_2 usw.}*
alkyl silicone resin Alkylsiliconharz *n*
alkyl sulfhydrate Alkylsulfhydrat *n {obs}*, Alkylhydrogensulfid *n*, Alkylmercaptan *n {obs}*, Alkanthiol *n {IUPAC}*, Alkylsulfhydryl *n*
alkyl sulfide Alkylsulfid *n*
alkyl sulfonate Alkylsulfonat *n*, Alkylsulfonsäureester *m*
alkyl sulfonic acid ester Alkylsulfonsäureester *m*
alkyl telluride Telluralkyl *n*, Alkyltellurid *n*
alkylalkoxysilane Alkylalkoxysilan *n*
alkylamine Alkylamin *n*
alkylaromatic alkylaromatisch
alkylarsine Alkylarsin *n {$RAsH_2$, $RR'AsH$, $RR'R'''As$}*
alkylarsinic acid <$R_2As(O)-OH$> Alkylarsinsäure *f*
alkylarsinous acid <R_2As-OH> alkylarsinige Säure *f*
alkylarsonic acid <$R-AsO(OH)_2$> Alkylarsonsäure f
alkylarsonous acid <$R-As(OH)_2$> alkylarsonige Säure *f*
alkylate/to alkylieren
alkylate Alkylat *n*
alkylated alkyliert
alkylation Alkylierung *f*, Alkylation *f*
alkylator Alkylieranlage *f*

alkylene 1. *{obs}* *s.* alkene; 2. <$-C_nH_{2n-1}$> Alkenradikal *n*
alkylene oxide 1. Alkoholether *m*, 2. Epihydrin *n*
alkylene polysulfide Alkylenpolysulfid *n*
alkylic ether Alkylether *m*
alkylidene <$=C_nH_{2n}$> Alkyliden *n*, Alkylidenradikal *n*, Alkylidenrest *m*
alkylidene phosphorane Alkylidenphosphoran *n*, Phosphinalkylen *n*, Phosphorylen *n*
alkylidyne <$-C_nH_{2n-1}$> Alkylidin *n*
alkylmercaptocarboxylic acid Alkylmercaptocarbonsäure *f*
alkyloamine *{obs}* *s.* alkanolamin
alkylperoxy radical Alkylperoxidradikal *n*
alkylphenol resin Alkylphenolharz *n*
alkylphenolic resin Alkylphenolharz *n*
alkylphosphine <RPH_2> Alkylphosphin *n* *{IUPAC}*, Alkylphosphan *n*, Monoalkylphosphin *n*
alkylphosphonic acid <$RP(O)(OH)_2$> Alkanphosphonsäure *f*
alkylphosphonous acid <$RP(OH)_2$> Alkanphosphensäure *f*
alkylsilane Alkylsilan *n*, Siliciumalkylverbindung *f* *{z.B. $RSiH_3$}*
alkylsulfenic acid <$RS-OH$> Alkansulfensäure *f*
alkylsulfinic acid <$R-SO_2H$> Alkansulfinsäure *f*
alkylsulfonic acid <$R-SO_3H$> Alkansulfonsäure *f*
alkylsulfonyl chloride <$R-SO_2-Cl$> Alkylsulfonylchlorid *n*
alkylsulfuric acid Alkylschwefelsäure *f*
alkylthiophen Alkylthiophen *n* *{C_4H_3S-R usw.}*
alkyltrichlorosilane Alkyltrichlorsilan *n*
alkyltriethoxysilane Alkyltriethoxysilan *n*
alkyltrihalosilane Alkyltrihalogensilan *n*
alkyne <C_nH_{2n-2}> Alkin *n*, Acetylenverbindung *f*
alkynyllithium compound <R-CC-Li> Alkinyllithiumverbindung *f*
all-glass connection Glasverbindung *f*
all-glass construction Allglasausführung *f*, Ganzglasausführung *f*
all-glass-ion gauge head Allglas-Ionisationsmeßzelle *f*
all-metal construction Ganzmetallausführung *f*
all-metal container Ganzmetallgehäuse *n*
all-metal valve Ganzmetallventil *n*
all-purpose Allzweck-, Universal-
all-purpose adhesive Alleskleber *m*, Universalklebstoff *m*, Allesklebstoff *m*
all-purpose cleaner All[zweck]reiniger *m*
all-purpose foaming liquid Allzwecklöschschaum *m*
all-purpose tool Universalwerkzeug *n*
all-silk Reinseide *f*
allactite Allaktit *m* *{Min}*
Allan cell Allan-Zelle *f*, Wasserstoffzelle *f*
allanic acid Allansäure *f*
allanite Allanit *m*, Orthit *m*, Bodeait *m*, Cer-epidot *m*, Cerin *m*, Muromontit *m*, Tautolith *m* *{Min}*
allantoic acid Allantoinsäure *f*
allantoin <$C_4H_5N_4O_3$> Allantoin *n*, Glyoxyldiureid *n*, 5-Ureidohydantoin *n*
allantoinase *{EC 3.5.2.5}* Allantoinase *f*
allantoxanic acid Allantoxansäure *f*
allanturic acid Allantursäure *f*
allelochemicals Allelochemikalien *fpl* *{interspezifische Botenstoffe; Allomone und Kairomone}*
allelomorphic 1. allelomorph *{Gen}*; 2. Allel *n*, Allelomorph *n*; 3. ersthervortretendes Isomer *n*; 4. allomorpher Kristall *m*
allelomorphism Allelomorphismus *m*, dynamische Allotropie *f*, Desmotropie *f*
allelopathic 1. allelopathisch; 2. Allelopathikum *n*
allelopathic substance Allelopathikum *n* *{Pharm}*
allelotropic allelotrop
allelotropy Allelotropie *f*
allemontite Allemontit *m*, Antimonarsen *n*, Arsenantimon *n* *{Min}*
allene Allen *n*, Propa-1,2-dien *n*
allene enantiomerism Allen-Enantiomerie *f* *{Stereochem}*
allenolic acid Allenolsäure *f*
allergy Allergie *f*, Überempfindlichkeit *f*
alleviate/to erleichtern, lindern, mildern; vereinfachen
alleviation Erleichterung *f*, Linderung *f* *{Med}*
alliaceous lauchartig
allicin Allicin *n*, Allizin *n* *{obs; Wirkstoff im Zwiebelöl}*
allied verwandt
alligation 1. Alligation *f* *{Math}*, 2. Vermischung *f* *{z.B. von Erzen}*; Legierung *f*, metallische Verbindung *f*
Allihn filter tube Allihnsches Rohr *n*
alliin Alliin *n* *{Wirkstoff im Knoblauch}*
allithiamine Allithiamin *n*
allitol Allit *m*, Allodulcit *m*
allituric acid Allitursäure *f*
alliuminoside Alliuminosid *n*
allobar Allobar *m* *{chemisches Element mit abweichender Isotopenzusammensetzung}*
allocate/to zuteilen, zuweisen, zuordnen; unterstellen
allocation Zweckbestimmung *f*; Zuteilung *f*, Zuweisung *f*
allochlorophyll Allochlorophyll *n*
allocholanic acid Allocholansäure *f*
allocholesterol Allocholesterin *n*
allocholic acid Allocholsäure *f*
allochroism Farbenwechsel *m*, Schillern *n*

allochroite Allochroit *m*, Eisenkalkgranat *m*; Kalkeisengranat *m*, Bredbergit *m*, Andradit *m*, Polydelphit *m*, brauner Eisengranat *m* *{Min}*
allochromasy Farbenvertauschung *f*
allochromatic allochromatisch, fremdfarbig
allocinnamic acid Allozimtsäure *f* *{Z-Form}*
allocyanine Allocyanin *n*, Neocyanin *n*
allodulcitol Allodulcit *m*, Allit *m*
allogamy Allogamie *f*, Xenogamie *f*, Fremdbestäubung *f*
allogene Allogen *n*, rezessives Allel *n*
allogeneic allogenisch *{Immun}*
allogenic *s.* allogeneic
allogonite Allogonit *m* *{obs}*, Glucinit *m*, Herderit *m* *{Min}*
allogyric birefringence allogyrische Doppelbrechung *f* *{Opt}*
alloheptulose Alloheptulose *f*
alloinosital Alloinosit *m*
alloisoleucine Alloisoleucin *n*
alloisomerism Alloisomerie *f* *{obs}*, *cis-trans*-Stereoisomerie *f*
alloite Alloit *m* *{Vulkantuff}*
allolactose Allolactose *f*
allomaltol Allomaltol *n*
allomatridine Allomatridin *n*, 6-*ß*-Matridin *n*
allomeric allomer[isch]
allomerism Allomerie *f*, Allomerismus *m* *{gleiche Kristallform bei verschiedener chemischer Zusammensetzung}*
allomorphic allomorph, allotrop *{bei Elementen}*
allomorphism Allomorphismus *m* *{unterschiedliche Kristallform bei gleicher chemischer Zusammensetzung}*
allomorphite Allomorphit *m* *{Min}*
allomorphous allomorph, allotrop *{bei Elementen}*
allomucic acid Alloschleimsäure *f*
allomuscarine Allomuscarin *n*
allonic acid Allonsäure *f*
allopalladium Allopalladium *n* *{hexagonales oder kubischs Pd}*, Eugenesit *m* *{obs, Min}*
allophanate 1. allophansauer; 2. Allophanat *n*, Carbamoylcarbamat *n*, Allophansäureester *m*
  allophanate linkage Allophanatbindung *f*
  allophanate linkage content Allophanatbindungsanteil *m*
  allophanate structure Allophanatstruktur *f*
allophane Allophan *m*, Kollyrit *m* *{Min}*
allophanic acid **<$NH_2CONHCOOH$>** Allophansäure *f*, Carbamoylcarbamidsäure *f*, Ureidoameisensäure *f*
allophite Allophit *m* *{Min}*
allopregnane Allopregnan *n*, 5-α-Pregnan *n*
allosamine Allosamin *n*
allose Allose *f*
allosome Allosom *n*, Geschlechtschromosom *n*, Heterochromosom *n* *{Biol}*
allosteric allosterisch *{Biochem}*
allosteric effect allosterischer Effekt *m* *{Biochem}*
allot/to zuteilen, zuweisen; aufteilen
allothreo-oxazoline Allothreooxazolin *n*
allothreonine Allothreonin *n*
allotment Zuteilung *f*
allotriomorphic allotriomorph *{Krist}*
allotrope 1. allotrop[isch]; 2. allotrope Form *f*, allotrope Modifikation *f*
allotropic allotrop[isch]
  allotropic form allotrope Modifikation *f*, allotrope Form *f*
  allotropic transformation allotrope Umwandlung *f*
allotropism Allotropie *f*, Allotropismus *m*, Allomorphie *f* *{Polymorphie von chemischen Elementen}*
allotropy *s.* allotropism
allow/to erlauben, gestatten; einräumen; anerkennen; zubilligen
  allow to settle/to absetzen lassen, abstehen lassen
allowable error zulässiger Fehler *m*
  allowable tolerance zulässige Abweichung *f*
  allowable working pressure zulässiger Betriebsdruck *m*
alloxan **<$CO(NHCO)_2CO$>** Alloxan *n*, Mesoxylharnstoff *m* *{Triv}*, Hexahydro-pyrimidintetron *n*
alloxanate 1. alloxansauer; 2. alloxansaures Salz *n*, Alloxansäureester *m*
alloxanic acid Alloxansäure *f*
alloxantin Alloxantin *n*, Uroxin *n*
alloxanylurea Alloxanylharnstoff *m*
alloxazin[e] Alloxazin *n*
alloxuric base Alloxurbase *f*
  alloxuric body Alloxurkörper *m*
alloy/to legieren, verschmelzen, mischen *{von Metall}*; beschicken, anfrischen
alloy Legierung *f*, Mischmetall *n*, Verschmelzung *f*, Metallegierung *f*; feste Lösung *f*, Metallverbindung *f* *{intermetallische Verbindung}*
  alloy constituent Legierungskörper *m*
  alloy element Legierungselement *n*
  alloy ingredient Legierungsbestandteil *m*
  alloy-phase diagram Legierungsphasendiagramm *n*, Legierungszustandsdiagramm *n*
  alloy steel Legierstahl *m*, Legierungsstahl *m*, Sonderstahl *m*, legierter Stahl *m*
  main alloy ingredient Hauptlegierungsbestandteil *m*
alloyability Legierbarkeit *f*
alloyable legierbar
  alloyable metal legierbares Metall *n*

alloyage Legieren *n*, Metallbeschickung *f*, Münzbeschickung *f*; metallische Verbindung *f*
alloyed gold Karatgold *n*
alloyed state Legierungszustand *m*
alloying Legierungstechnik *f*, Legierungstechnologie *f*; Legieren *n*, Zulegieren *n*, Metallverschmelzung *f*; metallische Verbindung *f*
alloying addition Legierungszusatz *m*
alloying agent *{ISO 3110}* Legierungsbestandteil *m*, Legierungselement *n*
alloying component Legierungsbestandteil *m*, Legierungselement *n*
alloying constituent Legierungsbestandteil *m*, Legierungselement *n*
alloying content Legierungsgehalt *m*
alloying contribution Legierungsanteil *m*
alloying element Legierungselement *n*, Legierungsträger *m*, Zusatzelement *n*
alloying metal Zusatzmetall *n*, Legierungsmetall *n {z.B. W, Mo, Ta, und Cr}*
alloying method Legierungsverfahren *n*
alloying of gold Karatieren *n*, Karatierung *f*
alloying of silver Karatieren *n*, Karatierung *f*
alloying property Legierbarkeit *f*
main alloying component Hauptlegierungsbestandteil *m*
allspice Allerleigewürz *n*, Jamaikapfeffer *m*, Nelkenpfeffer *m*, Neugewürz *n {Bot}*,
alluaudite Alluaudit *m {Min}*
allulose Allulose *f*, Psicose *f*
alluranic acid Alluransäure *f*
alluvial alluvial, angeschwemmt *{Geol}*
alluvial gold Alluvialgold *n*, Schwemmgold *n*, Seifengold *n*
alluvial ore Seifenerz *n*, Wascherz *n*
alluvial shell deposit Muschelgrus *m*
alluvial soil Alluvium *n*, Alluvialboden *m {junger Schwemmlandboden}*
alluvium Alluvium *n*, Alluvialboden *m*
ally/to vereinigen, alliieren
allyl Allyl *n*
allyl alcohol <CH_2=$CHCH_2OH$> Allylalkohol *m*, Propenol(3) *n*, Prop-2-en-1-ol *n*, Propenylalkohol *m {obs}*
allyl aldehyde *s.* acrylaldehyde
allyl bromide Allylbromid *n*, 3-Bromprophylen *n {IUPAC}*, 3-Bromprop-1-en *n*
allyl caproate Allylcaproat *n*, Allylhexansäureester *m*
allyl chloride <CH_2=CH-CH_2Cl> Allylchlorid *n*, 3-Chloroprop-1-en *n*, 3-Chlorpropylen *n*
allyl compound Allylverbindung *f*
allyl cyanide Allylcyanid *n*, 3-Butennitril *n*
allyl derivative Allylderivat *n*
allyl disulfide Allyldisulfid *n*
allyl ester Allylester *m*
allyl glycidyl ether Allylglycidether *m {reaktiver Verdünner für Epoxidharze}*
allyl group Allylgruppe *f*, Allylrest *m*, Allylradikal *n*
allyl iodide <CH_2=CH-CH_2I> Allyliodid *n*, Iodallyl *n {obs}*, Iodopren *n {Triv}*, 3-Iodoprop-1-en *n*
allyl isothiocyanate Allylsenföl *n*, Allylisothiocyanat *n*, Acrinylisothiocyanat *n*; etherisches Senföl *n*, künstliches Senföl *n {Triv}*
allyl mustard oil Allylsenföl *n*, Allylisothiocyanat *n*; etherisches Senföl *n*, künstliches Senföl *n*
allyl plastics Allylharzkunststoffe *mpl*
allyl pyridine Allylpyridin *n*
allyl resin Allylharz *n*
allyl sulfide Allylsulfid *n*, Schwefelallyl *n*, Bis(2-propenyl)sulfid *n {IUPAC}*, Diallylsulfid *n*
allyl thiocarbamide Allylsulfocarbamid *n*
allyl thiocyanate Allylrhodanid *n {obs}*, Allylthiocyanat *n*
allyl thiourea Allylthioharnstoff *m*, Allylsulfocarbamid *n*, Thiosinamin *n*
allylacetic acid Allylessigsäure *f*
allylacetone Allylaceton *n*, 5-Hexen-2-on *n {IUPAC}*
allylamine Allylamin *n*, 2-Propenylamin *n*
allylbenzene Allylbenzol *n*
allylcyanamide Sinamin *n*
allyldichlorosilane Allyldichlorsilan *n*
allylene Allylen *n*, Methylacetylen *n*, Methylethin *n*, Propin *n*
allylic rearrangement Allylumlagerung *f*
allylic resin Allylharz *n*
allylidene diacetate Allylidendiacetat *n*
allylsulfocarbamide Thiosinamin *n*, Allylsulfocarbamid *n*, Allylthioharnstoff *m*
allyltrichlorosilane Allyltrichlorsilan *n*
allyltriethoxysilane Allyltriethoxysilan *n*
almagrerite Almagrerit *m*, Zinkosit *m {Min}*
almandine Almandin *m*, roter Eisengranat *m*, Eisentongranat *m*, Karfunkel[stein] *m*, roter Granat *m*, gemeiner Granat *m {Min}*
almandite *s.* almandine
Almen-Nylander test Almen-Nylander-Probe *f*, Nylanders Reaktion *f*
almeriite Almerit *m {obs}*, Natroalunit *m*, Alumian *m*, Natrium-Alunit *m {Min}*
almond butter Mandelbutter *f*
almond milk Mandelmilch *f*
almond oil Mandelöl *n*
almond ointment Mandelsalbe *f*
almond soap Mandelseife *f*
almost trouble-free störungsarm
alocemodin Rhabarberon *n*
aloe Aloe *f {Bot}*
aloe emodin Aloeemodin *n*
aloe extract Aloeauszug *m*, Aloeextrakt *m*
aloe fiber Aloefaser *f*, Aloehanf *m*, Pitahanf *m*
aloe hemp Aloehanf *m*, Aloefaser *f*, Pitahanf *m*

aloe juice Aloesaft *m*
aloe red Aloerot *n*
aloe sol Aloesol *n*
aloe-wood Aloeholz *n*
aloetic aloehaltig, aloetisch; Aloe-
aloetic acid Aloesäure *f*, Aloetinsäure *f*
aloetic gum Aloeauszug *m*, Aloebitter *n*, Aloebitterstoff *m*
aloetic preparation Aloemittel *n*, Aloepräparat *n*
aloetic resin Aloeharz *n*
aloic acid Aloinsäure *f*
aloid aloeartig
aloin Aloin *n*, Aloealkaloid *n*, Barbaloin *n*, Aloebitter *n*, Aloebitterstoff *m*
alpaca Alpaka *n {eine Reißwollqualität}*, Alpakka *f*, Extraktwolle *f*; Alpacam *m {Text}*
alpha Alpha *n*
alpha-active alpha-radioaktiv, alpha-aktiv *{Nukl}*
alpha activity Alpha-Aktivität *f {Nukl}*
alpha-addition *{IUPAC}* Alpha-Addition *f {zwei Bindungen an einem Atom}*
alpha bombardment Alphateilchenbeschuß *m*
alpha brass Alphamessing *n {<36 % Zn}*
alpha cellulose Alphacellulose *f*, langkettige Cellulose *f*
alpha decay Alphazerfall *m {Nukl}*
alpha disintegration Alphazerfall *m*
alpha-disintegration energy Alphazerfallsenergie *f*
alpha effect *{IUPAC}* Alpha-Effekt *m {Erhöhung der Nukleophilität}*
alpha elimination Alpha-Eliminierung *f {Austritt von zwei Atomen/Gruppen am gleichen C-Atom}*
alpha-emitter Alphastrahler *m*
alpha-emitting alphastrahlend
alpha endorphin Alpha-Endorphin *n {27 Aminosäuren-Peptid}*
alpha fetoprotein Alpha-Fetoprotein *n {Serumglykoprotein}*
alpha globulin Alpha-Globulin *n*
alpha-helicin Alpha-Helicin *n*, Salicylaldehyd *m*
alpha-helix Alpha-Helix *f*, Alpha-Spiralstruktur *f*
alpha-olefin sulfonate Alpha-Olefinsulfonat *n {Detergens}*
alpha particle Alphateilchen *n*, Heliumkern *m*
alpha-particle counter Alphateilchenzähler *m*
alpha-particle mass Alphateilchenmasse *f*
alpha-particle source Alphateilchenquelle *f*
alpha-particle spectrum Alphaspektrum *n*
alpha-phase Alphaphase *f {Met}*
alpha position Alphastellung *f*
alpha projectile Alphageschoß *n {Atom}*
alpha-radiation Alphastrahlung *f*
alpha-radiation source Alphastrahler *m*
alpha-radiation spectrometer Alphaspektrometer *n*, Alphastrahlspektrometer *n*
alpha radiator Alphastrahler *m*
alpha-radioactive alpha-[radio]aktiv *{Nukl}*
alpha radioactivity Alpha-[Radio-]Aktivität *f {Nukl}*
alpha ray Alphastrahl *m*
alpha-ray emitter Alphastrahler *m*
alpha-ray source Alphastrahlenquelle *f*
alpha-ray spectrometer Alphastrahlenspektrometer *n {Nukl}*
alpha state Alphazustand *m*
alphatopic alphatopisch
alphenic Alphenicum *n*, weißer Gerstenzucker *m*
alphyl Alkylphenyl *n*, Alphyl *n*
alpos Aluminiumphosphate *npl*
alquifou Glasurerz *n*, Töpfgerglasur *f*, reiner Bleiglanz *m*
alstonine Alstonin *n*, Chlorogenin *n*
alstonite Alstonit *m*, Barium-Aragonit *m*, Bromlit *m {Min}*
altaite Tellurblei *n {Triv}*, Altait *m {Min}*
alter/to ändern, verändern; umwandeln, wechseln; variieren
alterability Veränderlichkeit *f*; Änderung *f*, Neuerung *f*
alterable veränderlich, abänderlich; verderblich
alterant Alterans *n {pl. Alteranzien oder Alternantia}*; stoffwechselumstellendes Mittel *n*, alterierendes Mittel *n {Pharm}*
alteration Umbau *m* ; Wechsel *m*; Abänderung *f*, Änderung *f*, Veränderung *f*
alternaric acid Alternarsäure *f*
alternate/to abwechseln; alternieren, wechseln *{Elek}*, wechselweise aufeinander folgen
alternate abwechselnd, alternierend, wechselnd *{periodisch}*
alternate emersion test *s.* alternate immersion testing
alternate feeding Wechselbeschickung *f*
alternate immersion testing *{ASM}* Wechseltauchversuch *m*, Wechseltauchtest *m*, Wechseltauchprüfung *f {Korr}*
alternate measurement Gegenmessung *f*, Nachmessung *f*
alternate solution Ausweichlösung *f*
alternate stress test Wechselfestigkeitsprüfung *f*
alternating 1. alternierend, [ab]wechselnd; 2. Alternieren *n*
alternating bending strength Wechselbiegefestigkeit *f*
alternating bending test Wechselbiegeprüfung *f*, Rückbiegeversuch *m*
alternating climate Wechselklima *n*
alternating component [of voltage] Wechsel-

spannungskomponente *f*, Wechselspannungsanteil *m*, Wechselstromanteil *m*
alternating copolymer *{IUPAC}* alternierendes Copolymer[es] *n*
alternating copolymerization alternierende Copolymerisation *f*, Mischpolymerisation *f*
alternating creep test Wechselkriechversuch *m*
alternating current Wechselstrom *m*
alternating current ammeter Wechselstromamperemeter *n*
alternating current arc *{IUPAC}* Wechselstrombogen *m*, Wechselstromlichtbogen *m*
alternating current bridge Wechselstrom[meß]brücke *f*
alternating current furnace Drehstromofen *m* *{Met}*
alternating current meter Wechselstromzähler *m*
alternating current output Wechselstromleistung *f*, Scheinleistung *f* *{DIN 40110}*
alternating current period Wechselstromperiode *f*, Periodendauer *f* *{DIN 40110}*
alternating current polarography Wechselstrompolarographie *f* *{Anal}*
alternating current power Wechselstromleistung *f*, Scheinleistung *f* *{DIN 40110}*
alternating current resistance Wechselstromwiderstand *m*, Scheinwiderstand *m* *{DIN IEC 50}*, Betrag *m* der Impedanz *f* *{DIN IEC 50}*
alternating current source Wechselstromquelle *f*
alternating current value Wechselstromgröße *f* *{DIN 40110}*
alternating current voltage Wechselstromspannung *f*, Wechselspannung *f* *{Elek, DIN 5483}*
alternating effect Wechselwirkung *f*
alternating impact bending test Wechselschlagbiegeversuch *m*
alternating impact test Wechselschlagversuch *m*
alternating load wechselnde Last *f*, Wechsellast *f*, Wechselbelastung *f*
alternating potential Wechselpotential *n*
alternating stress Wechselbeanspruchung *f*, Wechselspannung *f* *{Mech}*
alternating temperature test Temperaturwechselprüfung *f*
alternating tension and compression test Zug-Druck-Wechselbeanspruchungsversuch *m*
alternating voltage Wechseispannung *f* *{Elek}*
alternation Abwechslung *f*; Halbperiode *f*, Halbwelle *f*, Stromwechsel *m*, Polwechsel *m* *{Elek}*
alternative 1. abwechselnd; Alternativ-, Wechsel-; 2. Alternative *f*, Wahl *f*
alternative stress Wechselbeanspruchung *f*, Wechselspannung *f*, Dauerschwingbeanspruchung *f* *{Mech}*
alternator Drehstromgenerator *m*, Wechselstromgenerator *m*, Wechselstromdynamo *m*
alth[a]ea Althee[wurzel] *f*, Eibischwurzel *f*
alth[a]ea syrup Altheesirup *m*, Eibischsirup *m*
altheine Althein *n* *{obs}*, Asparagin *n*
altitude [absolute] Höhe *f* *{z.B. eines Dreiecks; über dem Meeresspiegel}*
altritol Altrit *m* *{ein Hexit}*
altroheptite Altroheptit *m*
altroheptulose Altroheptulose *f*
altronic acid Altronsäure *f*
altrose Altrose *f*
aluchi balsam Aluchibalsam *m*
aluchi resin Aluchiharz *n*
aludel Aludel *m*, Läuterungsgefäß *n*, Sublimiertopf *m* *{Dest}*
aludel furnace Aludelofen *m*, Doppelofen *m* *{Hg-Reduktion}*
aludrine Aludrin *n*, Isoprenalin *n*, Isopropylnoradrenalin-sulfat *n*
alum/to alaunen, alaunisieren
alum 1. Alaun *m* *{Triv}*, Kaliumaluminiumsulfat *n*; 2. <$M^IM^{III}(SO_4)_2 \cdot 12H_2O$> Alaun *m*
alum bath Alaunbad *n*, Alaunbeize *f*, Alaunbrühe *f*
alum boiling Alaunsieden *n*
alum cake Alaunkuchen *m* *{$SiO_2/Al_2(SO_4)_3$-Gemisch}*
alum clay Alaunton *m*, Alaunerde *f*, Tonerde *f*
alum earth Alaunerde *f*, Alaunton *m*, Tonerde *f*
alum flour Alaunmehl *n*, Alaunläuter *m*, Alaunpulver *n*
alum liquor Alaunlauge *f*
alum-making Alaunsieden *n*
alum pickle Alaunbrühe *f*
alum powder Alaunmehl *n*
alum root Alaunwurzel *f* *{Bot}*
alum schist Alaunschiefer *m* *{Min}*
alum shale Alaunschiefer *m* *{Min}*
alum slate Alaunschiefer *m* *{Min}*
alum steep Alaunbrühe *f*, Alaunbeize *f*
alum stone Alaunerz *n*, Alaunit *m*, Alaunspat *m*, Alaunstein *m*, Alunit *m* *{Min}*, Bergalaun *m* *{Triv}*
alum sugar Alaunzucker *m*, Zuckeralaun *m*
alum tanning Gerbung *f*, Weißgerbung *f*, Glacègerbung *f*, Weißgerberei *f*
alum water Alaunwasser *n*
alumed alaungar *{Gerb}*
Alumel Alumel *n* *{Thermoelement-Legierung mit 94% Ni, 2% Al, 2% Mn und 1% Si}*
alumen ustum gebrannter Alaun *m* *{Pharm}*
alumina <Al_2O_3> Tonerde *f*, Aluminiumoxid *n*, Alaunerde *f*, Korund *m*, Felsalaun *m* *{Min}*
alumina gel Alumogel *n*, Tonerdegel *n*, Aluminiumoxid-Gel *n*, Alugel *n*
alumina mortar Tonerdemörser *m*
alumina trihydrate Aluminiumoxidhydrat *n*

aluminate/to alaunen
aluminate Aluminat *n*
aluminide Aluminid *n {intermetallische Verbindung zwischen Al und anderen Metallen}*
aluminiferous alaunhaltig, alaunig, aluminiumhaltig, tonerdehaltig
aluminite Aluminit *m*, Steinalaun *m {Min}*
aluminium *{GB, ISO; Al, element no. 13}* Aluminium *n*
aluminium acetate Aluminiumacetat *n*, essigsaure Tonerde *f {Pharm}*
aluminium ammonium sulphate <$Al_2(SO_4)_3$-$(NH4)_2SO_4 \cdot 24H_2O$> Aluminiumammoniumsulfat *n*, Ammonalaun *m {Triv}*, Ammoniakalaun *m {Triv}*, Ammoniumalaun *m*
aluminium amylate <$Al[CH_3(CH_2)_4O]_3$> Aluminiumamylalkoholat *n*
aluminium-base grease Aluminiumfett *n*
aluminium borohydride Aluminiumborhydrid *n*
aluminium bromide Aluminiumbromid *n*
aluminium capping foil *{BS 3313}* Aluminiumverschlußfolie *f*
aluminium carbide Aluminiumcarbid *n*
aluminium chloride <Al_2Cl_6; $Al_2Cl_6 \cdot 12H_2O$> Aluminiumchlorid *n*
aluminium-complex soap grease Aluminiumkomplexseifen-Schmierfett *n*
aluminium distearate Aluminiumdistearat *n*
aluminium factory *{GB}* Aluminiumwerk *n*
aluminium flocculation Aluminiumflockung *f {Wasser}*
aluminium fluoride Aluminiumfluorid *n*, Fluoraluminium *n {obs}*
aluminium foil Aluminiumfolie *f*
aluminium hydroxide <$Al(OH)_3$> Aluminiumhydroxid *n*, Tonerdehydrat *n {obs}*, Aluminium-orthohydroxid *n*, Aluminiumtrihydroxid *n*
aluminium hydroxystearate Aluminiumhydroxystearat *n*
aluminium isopropylate <$[(CH_3)_2CHO]_3Al$> Aluminiumisopropylat *n*
aluminium metaphosphate Aluminiummetaphosphat *n*
aluminium mill *{US}* Aluminiumwerk *n*
aluminium monostearate Aluminiummonostearat *n*
aluminium mordant Aluminiumbeize *f*, Tonerdebeize *f*
aluminium nitrate Aluminiumnitrat *n*
aluminium nitride <AlN> Aluminiumnitrid *n*
aluminium oleate <$Al(C_{17}H_{33}COO)_3$> Aluminiumoleat *n*
aluminium orthophosphate *s.* aluminium phosphate
aluminium oxide <Al_2O_3> Aluminiumoxid *n*, Tonerde *f*
aluminium palmitate <$Al(C_{15}H_{31}COO)_3$> Aluminiumpalmitat *n*
aluminium phosphate <$AlPO_4$> Aluminiumphosphat *n*
aluminium potassium sulfate Kalialaun *m*, Aluminiumkaliumsulfat *n*
aluminium resinate Aluminiumresinat *n*
aluminium ricinoleate <$Al[OOC(CH_2)_7$-$CH=CHCH_2CHOH(CH_2)_5CH_3]_3$> Aluminiumricinoleat *n*
aluminium sheet Aluminiumblech *n*
aluminium shot Aluminiumgrieß *m*
aluminium silicate <$Al_2(SiO_3)_3$> Alumosilikat *n {obs}*, Aluminiumsilicat *n*
aluminium silicofluoride <$Al_2(SiF_6)_3$> Aluminiumsilicofluorid *n*
aluminium soap grease Aluminiumseifen-Schmierfett *n {Trib}*
aluminium sodium sulfate Aluminiumnatriumsulfat *n*, Natriumalaun *m*
aluminium stearate <$Al(C_{18}H_{35}O_2)_3$> Aluminiumstearat *n*
aluminium sulfate <$Al_2(SiO_3)_3$> Aluminiumsulfat *n*
aluminium sulfide <Al_2S_3> Aluminiumsulfid *n*
aluminium thiocyanate <$Al(SCN)_3$> Aluminiumthiocyanat *n*, Aluminiumrhodanid *n {obs}*
aluminium trihydrate *s.* aluminium hydroxide
aluminium triformate Aluminiumtriformiat *n*
aluminium trihydroxide <$Al(OH)_3$> Aluminiumtrihydroxid *n*, Aluminiumhydroxid *n*, Aluminiumorthohydroxid *n*, Tonerdehydrat *n {obs}*
aluminize/to mit Alaun *m* behandeln, aluminisieren, aluminieren, veraluminieren
aluminizing Aluminiumbedampfung *f*, Aluminieren *n*, Aluminisieren *n*, Alitieren *n*
aluminon Aluminon *n*, Aurintricarbonsäureammoniumsalz *n {Anal}*
aluminophosphate-based sieve Aluminophosphat-Molekularsieb *n*
aluminothermic aluminothermisch
aluminothermic process Aluminothermie *f*, aluminothermisches Verfahren *n*, Thermitverfahren *n*
aluminous alaunartig, alaunhaltig, alaunig, alaunsauer, aluminiumhaltig
aluminous cement Schmelzzement *m*, Tonerdezement *m*, Tonerdeschmelzzement *m*
aluminous flux Tonerdezuschlag *m*
aluminous limestone Alaunspat *m*, Alaunstein *m {Min}*
aluminous mordant Alaunbeize *f*
aluminous pyrites Alaunkies *m {Min}*
aluminous soap Alaunseife *f*, Tonseife *f*
aluminous water Alaunwasser *n*
aluminum *{US}* *s.* aluminium
alumosilicate *s.* aluminium silicate

alumosulfate Alumosulfat *n*
alundum Alundum *n*
alunite Alunit *m*, Alaunerz *n*, Alaunschiefer *m*, Alaunspat *m*, Alaunstein *m*, Calafatit *m {obs}*, Kalioalunit *m {Min}*
alunitization Alaunbildung *f*, Alunitisierung *f*
alunogen Alunogen *m {Aluminiumsulfat-18-Wasser}*, Katharit *m*, Davit *m {obs}*, Soldanit *n*, Keramohalit *m {Min}*
alveolar röhrenförmig, zellig, alveolar, wabenförmig
Amadori rearrangement Amadori-Umlagerung *f*
amalgam Amalgam *n*, Quecksilberlegierung *f*, Quickbrei *m {obs}*
amalgam cell Quecksilberzelle *f {Elek}*
amalgam electrode Amalgamelektrode *f*
amalgam for silvering Brennsilber *n*
amalgam gilding Feuervergoldung *f*, Blattvergoldung *f*
amalgam of lead Bleiamalgam *n*
amalgam of tin Zinnamalgam *n*
amalgam polarography Amalgampolarographie *f*
amalgamable amalgamierbar
amalgamate/to amalgamieren, mit Quecksilber legieren, quicken *{obs}*
amalgamated amalgamiert, mit Quecksilber *n* legiert
amalgamated metal Amalgam *n*, Quickmetall *n {obs}*
amalgamating Amalgamieren *n*, Anquicken *n*
amalgamating barrel Amalgamierfaß *n*, Anquickfaß *n*, Quickfaß *n*, Amalgamiergefäß *n {Met}*
amalgamating bath Amalgambad *n*, Quickbeize *f*, Amalgamierbad *n {Met}*
amalgamating fluid Quickbeize *f*
amalgamating liquid Amalgamierungsflüssigkeit *f*
amalgamating pan Amalgamierpfanne *f*
amalgamation 1. Amalgamierung *f*, Amalgamation *f*, Anquickung *f*, Legieren *n* mit Quecksilber *n*, Quickarbeit *f {Met}*; 2. Fusion *f*, Vereinigung *f*, Zusammenschluß *m*
amalgamation process Amalgamverfahren *n*, Amalgamieren *n*, Amalgamation *f {Anreicherung bei der Gewinnung von Metallen}*
amalgamize/to amalgamieren, quicken *{obs}*
amalic acid Amalinsäure *f*
amalinic acid Amalinsäure *f*
amandin Amandin *n {Globulin}*
amanitin[e] Amanitin *n {Giftstoff des Knollenblätterpilzes}*
amanozine Amanozin *n*
amaranth 1. Amarant[h] *n*, Naphtholrot *n {Azofarbstoff für Lebensmittel}*; 2. Bischhofsholz *n*, Violettholz *n*, Amarantholz *n*, Purpurholz *n*
amarantite Amarantit *m {Min}*
amargoso bark Bitterrinde *f*
amaric acid Amarsäure *f*
amarine Amarin *n*
amaron Amaron *n*
amaryllidine Amaryllidin *n*
amasatine Isamid *n*
amatol Amatol *n {Expl; 80% NH_4NO_3/20% TNT}*
amazon stone Amazonenstein *m*, Amazonit *m*, Smaragdspat *m*, grüner Mikroklin *m {Min}*
amazonite Amazonenstein *m*, Amazonit *m*, Mikroklin *m*, Smaragdspat *m {Min}*
amber 1. bernsteinfarben, bernsteingelb; 2. Bernstein *m*, Amber *m*, Sukzinit *m {obs}*, Succinit *m {gelbes Erdharz}*, Agatstein *m*
amber[-colored] bernsteinfarben
amber-colored flask bernsteinfarbener Kolben *m {Lab}*
amber glass Braunglas *n*, Amberglas *n*
amber-like bernsteinartig
amber mica Amberglimmer *m {Min}*
amber oil 1. Amberöl *n*, Bernsteinöl *n {Bernstein-Trockendestillat}*; 2. Rosinöl *n {Kolophonium-Trockendestillat}*
amber resin Bernsteinharz *n*
amber seed Abelmoschuskörner *npl*, Bisamkörner *npl*, Ambrettekörner *npl {Bot}*
amber varnish Bernsteinfirnis *m*, Bernsteinlack *m*
ambergris Amber *m*, [natürliche, graue] Ambra *f*, Graue Ambra *f {aus dem Pottwal}*
ambergris fat Amberfett *n*
ambergris oil Ambraöl *n*, Bernsteinöl *n*
ambergris salt Ambrasalz *n*
amberite Amberit *n {Expl}*
amberlite-cation exchange resin Amberlitkationenaustauschharz *n*
ambident ion ambidentes Ion *n {z.B. bei Keto-End-Tautomerie}*
ambident reactivity zweizähniges Reaktionsvermögen *n {Polymer}*
ambience Umgebung *f*
ambient umgebend, einschließend; Umgebungs-
ambient pressure Umgebungsdruck *m*
ambient air Außenluft *f*, Umgebungsluft *f*
ambient conditions Umgebungsbedingungen *fpl*
ambient-dried luftgetrocknet
ambient pressure Umgebungsdruck *m*
ambient temperature Raumtemperatur *f*, umgebende Temperatur *f*, Umgebungstemperatur *f*, gewöhnliche Temperatur *f {20-25 °C}*
ambiguity Doppeldeutigkeit *f*, Zweideutigkeit *f*, Mehrdeutigkeit *f*, Unklarheit *f*
ambiguous zweideutig, doppeldeutig, uneindeutig, mehrdeutig, unklar, mißverständlich, auslegungsbedürftig

ambipolar diffusion ambipolare Diffusion *f*
amblygonite Amblygonit *m {Min}*
amblystegite Amblystegit *m*, Eisen-Enstatit *m {Min}*
ambrane Ambran *n {8,14:13,18-Diseco-Gammaceron}*
ambreic acid Ambrafettsäure *f*, Ambrainsäure *f*
ambrein Ambrein *n*, Amberfett *n*, Amberharz *n*, Amberstoff *m*
ambrette Abelmoschuskörner *npl*, Ambrettekörner *npl*, Bisamkörner *npl*
ambrette musk Ambrettemoschus *m*
ambrette oil Ambretteöl *n*, Moschuskörneröl *n*
ambrettolic acid Ambrettolsäure *f*
ambrettolide Ambrettolid *n*
ambrite Ambrit *m {Min}*
ambroin Ambroin *n*, Preßbernstein *m*
ambrosan Ambrosan *n*
ambrosine Ambrosin *n {Min}*
ambulance station Unfallstation *f*, Sanitätswache *f*, Sanitätsraum *m*
ambulant ambulant, beweglich, ortsunabhängig
amebicide Amöbizid *n*
American candle Candela *f {SI-Basiseinheit der Lichtstärke}*
American Society of Biological Chemists Amerikanische Gesellschaft *f* der Biochemiker *mpl*
americium *{Am, element no. 95}* Americium *n*
amesite Amesit *m {Min}*
amethyst Amethyst *m {violetter Quarz, Min}*
amianthine asbestartig, amiantartig, amiantförmig, faserig *{Min}*
amiant[h]us Amiant *m*, Chrysotilasbest *m*, Bergflachs *m*, Serpentinasbest *m*, Strahl[en]stein *m*, Aktinolitasbest *m {Min}*
amidase *{EC 3.5.1.4}* Amidase *f*, Amylamidase *f*, Acyclase *f*
amidate/to amidieren
amidated amidiert
amidating Amidieren *n*
amidation Amidierung *f*, Amidbildung *f*, Amidsynthese *f*
amide 1. Amid *n {z.B. $NaNH_2$}*; 2. Säureamid *n {$R\text{-}CO\text{-}NH_2$}*
amide acid Amidsäure *f*
amide linkage Amidbindung *f*
amidinomycin Amidinomycin *n*
amido Amido-, Amino-
amido group Amidogruppe *f*
amidocarbonic acid Carbamidsäure *f*, Amidokohlensäure *f*, Aminokohlensäure *f*
amidogen Amidogen *n*, Aminogruppe *f*
amidol Amidol *n*, 2,4-Diaminophenoldihydrochlorid *n*
amidomercuric chloride weißes unschmelzbares Präzipitat *n {Triv}*, Quecksilber-amidochlorid *n*
amidon Amidon *n*, Methadonhydrochlorid *n*
amidophosphoric acid Phosphoramidsäure *f*, Amidophosphorsäure *f {obs}*
amidopyrine Amidopyrin *n*, Aminopyrin *n*, Aminophenazon *n*
amidosulfonic acid *s.* amidosulfuric acid
amidosulfuric acid Amidoschwefelsäure *f*, Amidosulfo[n]säure *f*, Sulfamidsäure *f {obs}*, Sulfaminsäure *f {obs}*
aminase Aminase *f {Biochem}*
aminate/to aminieren
aminating Aminieren *n*
amination Aminierung *f*
amine Amin *n*
amine base Aminbase *f*
amine dehydrogenase *{EC 1.4.99.3}* Amindehydrogenase *f*
amine-like aminartig
amine oxides <R_2NOH> Aminoxide *npl*
amine value Aminzahl *f*
primary amine <$R\text{-}NH_2$> primäres Amin *n*
quarternary amine <$[NR_4]^+$> quartäres Amin *n*
secondary amine <R-NHR'> sekundäres Amin *n*
tertiary amine <NRR'R''> tertiäres Amin *n*
amino Amino-; Amido- *{bei Carbonsäuren}*
amino acid Aminosäure *f*, Aminocarbonsäure *f*
amino-acid amide Aminosäureamid *n*
amino-acid composition Aminosäurezusammensetzung *f*
amino-acid decarboxylase Aminosäuredecarboxylase *f*
amino-acid oxidase Aminosäureoxidase *f*
amino-acid radical Aminosäurerest *m*, Aminosäureradikal *n*
amino-acid replacement Aminosäureaustausch *m {Molekularbiologie}*
amino-acid residue Aminosäurerest *m*
amino-acid sequence Aminosäuresequenz *f*
amino-acid uptake Aminosäureaufnahme *f*
amino alcohol Alkamin *n*, Aminoalkohol *m*, Alkanolamin *n*
amino-aldehyde Aminoaldehyd *m*
amino alkene Aminoalken *n*
amino-base primäres Amin *n*
amino compound Aminoverbindung *f*
amino group Aminogruppe *f*, Amidogen *n*
amino ketone Aminoketon *n*
amino mo[u]lding compound Aminoplast-Preßmasse *f*
amino naphthol disulfonic acid <$NH_2C_{10}H_4\text{-}(OH)(SO_3H)_2$> Aminonaphtholdisulfosäure *f*
amino plastic Aminoharz *n*
amino radical Aminorest *m*, Aminoradikal *n*, Aminogruppe *f*
amino resin Aminoharz *n*
amino sugar Aminozucker *m*

amino terminal *N*-terminale Aminosäure *f*
aminoacetaldehyde Glycinaldehyd *m*
aminoacetanilide 4-Aminoacetanilid *n*
aminoacetic acid Aminoessigsäure *f*, Glycin *n*, Glykokoll *n* *{obs}*
aminoacetophenetidide Phenokoll *n*
aminoacetophenone Aminoacetophenon *n*
aminoacridine Aminoacridin *n*
aminoalkylation Aminoalkylierung *f*
aminoanthracene Anthramin *n*
aminoanthraquinone Aminoanthrachinon *n*
aminoazobenzene Aminoazobenzol *n*
***p*-aminoazobenzene** <$C_6H_5N{=}NC_6H_4NH_2$> *p*-Aminoazobenzol *n*
aminoazobenzene monosulfonic acid <$(NH_2)C_6H_4N{=}NC_6H_4SO_3H$> Aminoazobenzolsulfosäure *f*
aminoazotoluene <$CH_3C_6H_4N{=}NC_6H_3NH_2CH_3$> Aminoazotoluol *n*
aminobarbituric acid Aminobarbitursäure *f*, Murexan *n*, Uramil *n*
aminobenzene <$C_6H_5NH_2$> Aminobenzol *n*, Anilin *n*, Phenylamin *n*
***p*-aminobenzenesulfamidopyridine** <$NH_2C_6H_4SO_2NHC_5H_4N$> *p*-Amino-benzol-sulfonamid-pyridin *n*, Sulfapyridin *n*
***p*-aminobenzenesulfonacetamide** *n*-Acetylsulfanilamid *n*, Sulfacetamid *n*
***p*-aminobenzenesulfonic acid** *p*-Aminobenzolsulfonsäure *f*, Sulfanilsäure *f*, Anilin-*p*-sulfonsäure *f*
***p*-aminobenzenesulfonylguanidine** Aminobenzolsulfonamidoguanidin *n*, Sulfaguanidin *n*
aminobenzoic acid Aminobenzoesäure *f*
***m*-aminobenzoic acid** <$H_2NC_6H_4COOH$> *m*-Aminobenzoesäure *f*, Benzaminsäure *f*
***o*-aminobenzoic acid** <$H_2NC_6H_4COOH$> *o*-Aminobenzoesäure *f*, Anthranilsäure *f*
***p*-aminobenzoic acid** <$H_2NC_6H_4COOH$> *p*-Aminobenzoesäure *f*, PABA, Vitamin H' *n* *{Triv}*
aminobenzyl dimethylamine <$NH_2C_6H_4CH_2N(CH_3)_2$> Aminobenzyldimethylamin *n*
1-aminobutane <$CH_3(CH_2)_2CH_2NH_2$> *n*-Butylamin *n*, 1-Aminobutan *n*
2-aminobutane <$CH_3CH_2CH(CH_3)NH_2$> *sec*-Butylamin *n*, 2-Aminobutan *n*
aminobutyric acid Aminobuttersäure *f*
aminocaprolactam Aminocaprolactam *n*
aminocresol Cresidin *n*
aminocymene Cymidin *n*
aminodimethyl benzene Aminodimethylbenzol *n*, Dimethylanilin *n*, Aminoxylol *n*, Xylidin *n*
***p*-aminodiphenylamine** <$H_2NC_6H_4NHC_6H_5$> *p*-Aminodiphenylamin *n*
aminodracilic acid *p*-Aminobenzoesäure *f*
aminodurene Duridin *n*, Aminotetramethylbenzol *n*
aminoethanesulfonic acid Taurin *n*, 2-Aminoethylsulfonsäure *f*, 2-Aminoethansulfonsäure *f*
aminoethanoic acid Glykokoll *n* *{obs}*, Glycin *n*, Aminoessigsäure *f*, Leimsüß *n* *{Triv}*
aminoethanol Aminoethanol *n*
aminoethyl nitrate Aminoethylnitrat *n*
aminoethylbenzoic acid Aminoethylbenzoesäure *f*
***p*-aminoethylphenol** *p*-Oxyphenyl-ethylamin *n*, Tyramin *n*
aminoethylsulfonic acid 2-Aminoethylsulfonsäure *f*, Taurin *n*, 2-Aminoethansulfonsäure *f*
aminoform Aminoform *n*
aminoformic acid Carbamidsäure *f*, Carbaminsäure *f*, Aminoameisensäure *f*, Kohlensäuremonoamid *n*
aminoformyl Aminoformyl *n*
aminoglutaric acid Aminoglutarsäure *f*, Glutominsäure *f*
aminoglycoside 1. Aminoglykosid *n*; 2. Oligosaccharid-Antibiotikum *n*
aminohydroxytoluene Cresidin *n*
1-aminoisobutane <$(CH_3)_2CHCH_2NH_2$> Isobutylamin *n*
2-aminoisobutane <$(CH_3)_3CNH_2$> *tert*-Butylamin *n*
aminoisovaleric acid Aminoisovaleriansäure *n*, Valin *n*
aminomethanamidine Guanidin *n*
aminomethane Methylamin *n*
aminomethylphosphonic acid Aminomethylphosphonsäure *f*
aminometradine Aminometradin *n*
aminonaphthalene Aminonaphthalin *n*, Naphthylamin *n*
aminonaphthol Aminonaphthol *n*, Hydroxynaphthylamin *n*
aminonaphtholdisulfonic acid Aminonaphtholdisulfonsäure *f*
aminonaphtholsulfonic acid Aminonaphtholsulfonsäure *f*, Aminonaphtholmonosulfonsäure *f*
aminonaphthoquinone Aminonaphthochinon *n*
aminooxine Aminooxin *n*
aminopeptidase *{EC 3.4.11}* Aminopeptidase *f*
aminophen *{US}* <$C_6H_5NH_2$> Anilin *n*, Phenylamin *n*, Aminobenzol *n*
aminophenetole Phenetidin *n*
aminophenol Aminophenol *n*
***o*-aminophenolmethylether** <$H_3COC_6H_4NH_2$> *o*-Aminophenolmethylether *m*, *o*-Anisidin *n*
***o*-aminophenylglyoxalic acid** <$HOOCCOC_6H_4NH_2$> *o*-Aminophenylglyoxylsäure *f*, Isatinsäure *f*
***o*-aminophenyllactic acid** <$HOOCCHOHC_6H_4NH_2$> *o*-Aminophenylmilchsäure *f*

aminophylline Aminophyllin *n*, Theophyllinethylendiamin *n*
aminoplast Aminoplast *m*, Aminokunststoff *m*, Aminoharz *n*
aminoplast mo[u]lding compound Harnstoffpreßmasse *f*
aminoplast resin Harnstoffharz *n*, Aminoplastharz *n*
aminoplastic 1. aminoplastisch; 2. Aminoplast *m*, Aminokunststoff *m*, Aminoharz *n*
aminoplastic resin Aminoplastharz *n*, Harnstoffharz *n*
aminopolycarboxylic acid Aminopolycarbonsäure *f*
aminopromazine Aminopromazin *n*
aminopropane Propylamin *n*, Aminopropan *n*
aminopropanol Aminopropanol *n*
aminopropionic acid Aminopropionsäure *f*, Alanin *n*
aminopropylbenzene <$CH_3CH(NH_2)CH_2$-C_6H_5> Amphetamin *n*, Phenylisopropylamin *n*
aminopterin Aminopterin *n*, 4-Aminopteroylglutaminsäure *f*, 4-Aminofolsäure *f*
6-aminopurine 6-Aminopurin *n*, Adenin *n*
aminopyrazoline Aminopyrazolin *n*
aminopyridine Aminopyridin *n*
aminopyrine Pyramidon *n* *{HN}*, Aminophenazon *n*, Aminopyrin *n*, Amidopyrin *n*
5-aminosalicylic acid <$HOC_6H_3(NH_2)COOH$> Aminohydroxybenzoesäure *f*, Aminosalicylsäure *f*
aminosuccinic acid <$HOOCCH_2CH(NH_2)CO$-OH> Asparaginsäure *f*, Aminobernsteinsäure *f*
aminothiazole 2-Aminothiazol *n*, Thiazolylamin *n*
aminothiophene Thiophenin *n*
aminotoluene Aminotoluol *n*, Toluidin *n*
aminotriazol <$C_2H_4N_4$> Aminotriazol *n*, Amitrol *n*
aminourazole Urazin *n*, *p*-Aminourazol *n*
aminourea Semicarbazid *n*, Aminoharnstoff *m*
2-aminoureidovaleric acid Citrullin *n*, 2-Amino-5-ureidovaleriansäure *f*, δ-Ureidonorvalin *n*
amitosis Amitose *f*, direkte Zellteilung *f*
AMMA Acrylnitril-Methylmetacrylat-Mischpolymer[es] *n* *{DIN 7728}*, AMMA
ammelide Ammelid *n*, Melanurensäure *f*, Aminocyanursäure *f*, Cyanuramid *n* *{6-Amino-1,3,5-triazindi-2,4-on}*
ammeline Ammelin *n*, Diaminocyanursäure *f*, 4,4-Diamino-1,3,5-triazin-2-ol *n*
ammeter Amperemesser *m*, Amperemeter *n*, Strommesser *m*
ammine Ammin *n*, Ammoniakat *n*, Amminsalz *n*, Aminokomplex *m*, Metallammin *n*
ammiolite Ammiolith *m* *{Min}*
ammoline Ammolin *n*
ammonal Ammonal *n* *{Expl}*
ammonation Ammoniumhydrogenfluorid *n*
ammongelit Ammongelit *n* *{HN; Expl}*
ammonia <NH_3> Ammoniak *n*, Azan *n* *{IUPAC}*
ammonia absorption refrigerator Ammoniakkältemaschine *f*
ammonia alum <$Al_2(SO_4)_3(NH_4)_2SO_4$ $\cdot 24H_2O$> Ammonalaun *m*, Ammoniumalaun *m*, Ammoniakalaun *m*, Aluminiumammoniumsulfat *n*
ammonia burner Ammoniakbrenner *m*
ammonia carboy Ammoniakflasche *f*
ammonia compound Ammoniakverbindung *f*
ammonia compressor Ammoniakkompressor *m*, Ammoniakverdichter *m*
ammonia condenser Ammoniakverflüssiger *m*
ammonia dynamite Ammonit *n* *{obs}*, PA-Sprengstoff *m*
ammonia excretion Ammoniakausscheidung *f* *{Med}*
ammonia fumes Ammoniakdämpfe *mpl*
ammonia-generating plant Ammoniakentwicklungsanlage *f*
ammonia leaching Ammoniaklaugung *f*
ammonia-leak detection Lecksuche *f* mit Ammoniak *n*, Ammoniaklecksuche *f* *{Vak}*
ammonia liquor <NH_4OH> Ammoniaklösung *f*, Ammoniakwasser *n*, wäßrige Ammoniaklösung *f*, Salmiakgeist *m*, Gaswasser *n*, Ätzammoniak *n* *{Triv}*
ammonia manuring Ammoniakdüngung *f*
ammonia meter Ammoniakmesser *m*, Ammoniak-Hydrometer *n*
ammonia nitrogen Ammoniakstickstoff *m*
ammonia plant Ammoniakanlage *f*, Stickstoffanlage *f*
ammonia process Ammoniakverfahren *n*, Solvay-Verfahren *n*
ammonia recovery plant Ammoniakrückgewinnungsanlage *f*
ammonia-refrigerating machine Ammoniakkältemaschine *f*
ammonia residue Ammoniakrest *m*
ammonia scrubber Ammoniakwascher *m*
ammonia scrubbing Ammoniakwäsche *f*
ammonia separation Ammoniakabscheidung *f*
ammonia separator Ammoniakabscheider *m*
ammonia soap Ammoniakseife *f*
ammonia soda Ammoniaksoda *f*, Solvay-Soda *f*
ammonia-soda process Ammoniaksodaprozeß *m*, Solvay-Verfahren *n*
ammonia solution Salmiakgeist *m*, Ätzammoniak *n*, Ammoniakwasser *n*, Ammoniaklösung *f*, Gaswasser *n*
ammonia still Ammoniakabtreibeapparat *m*, Ammoniakdestillieranlage *f*
ammonia synthesis Ammoniaksynthese *f*

ammonia tank Ammoniakbehälter *m*
ammonia tester Ammoniakprüfer *m*
ammonia vapors Ammoniakdämpfe *mpl*
ammonia vat ammoniakalische Küpe *f*
ammonia washer Ammoniakwascher *m*
ammonia water *{US}* Salmiakgeist *m*, Ätzammoniak *n*, Ammoniakwasser *n*, Gaswasser *n*, Ammoniaklösung *f*
ammoniac gum Ammoniak-Gummi *n m*
ammoniac salt *{obs}* *s.* ammonium chloride
ammoniacal ammoniakalisch, ammoniakartig, ammoniakhaltig
ammoniacal copper oxide solution Kupferoxid-Ammoniaklösung *f*, Blauwasser *n*
ammoniacal iron alum <$NH_4Fe(SO_4)_2\cdot 12H_2O$> Ammoniumeisen (III)-sulfat *n* *{IUPAC}*, Ferriammonsulfat *n* *{obs}*, Eisenammonalaun *m* *{Triv}*, Eisen(III)-ammoniumsulfat *n*
ammoniacal latex ammoniakaler Latex *m*
ammoniacal liquor Ammoniakwasser *n*, Salmiakgeist *m*, Ätzammoniak *n*, Ammoniaklösung *f*, Gaswasser *n*
ammoniacal nitrogen content *{ISO}* Ammoniak-Stickstoffgehalt *m* *{NH_3^+, NH_4^+}*
ammoniacal nickelic oxide solution Nickeloxid-Ammoniaklösung *f*, Hexamminnickel(II)-Hydroxidlösung *f*, Nickel(II)-hexamminhydroxid-Lösung *f*
ammoniacal nitrogen *{BS 3031}* Ammoniak-Stickstoff *m* *{NH_3^+, NH_4^+}*
ammoniate Ammoniakat *n*, Ammin *n*, Ammin-Salz *n*
ammoniated iron Eisensalmiak *m*
ammoniated mercury ointment Quecksilberpräzipitatsalbe *f*, weiße Präzipitatsalbe *f* *{Pharm}*
ammoniated superphosphate Ammonsuperphosphat *n*
ammonification Ammonifizierung *f*, Ammonifikation *f* *{bakteriologische Zersetzung organischer Stoffe im Boden}*
ammoniometer Ammoniometer *n*
ammonite Ammonit *m* *{Expl}*
ammonium <NH_4O^+> Ammonium *n*, Ammoniumgruppe *f*, Ammoniumkation *n*
ammonium acetate <NH_4CH_3COO> Ammoniumacetat *n*, essigsaures Ammonium *n* *{obs}*
ammonium acid phosphate <$NH_4[H_2PO_4]$> Ammoniumphosphat *n*, Monoammoniumphosphat *n*, Ammoniumdihydrogenphosphat *n*
ammonium acid tartrate <$NH_4OOC\text{-}CHOH\text{-}CHOH\text{-}CO_2H$> saures Ammoniumtartrat *n*, Ammoniumbitartrat *n* *{obs}*, Ammoniumhydrogentartrat *n*
ammonium alginate Ammoniumalginat *n*
ammonium alum Ammoniakalaun *m*, Ammoniumalaun *m*, Ammoniumaluminiumsulfat-[-12-Wasser] *n*, Aluminiumammoniumsulfat-Dodecahydrat *n* *{IUPAC}*
ammonium aluminum sulfate Ammoniumaluminiumsulfat *n*, Aluminiumammoniumsulfat *n*
ammonium arsenate Ammoniumarsenat *n*
ammonium base Ammoniumbase *f*
ammonium benzoate Ammoniumbenzoat *n*
ammonium bicarbonate <NH_4HCO_3> Ammoniumbicarbonat *n* *{obs}*, Ammoniumhydrogencarbonat *n*
ammonium bichromate <$(NH_4)_2Cr_2O_7$> Ammoniumbichromat *n*, Ammoniumdichromat *n*, doppeltchromsaures Ammonium *n* *{obs}*
ammonium bifluoride Ammoniumbifluorid *n* *{obs}*, Ammoniumhydrogendifluorid *n*
ammonium bi[n]oxalate Ammoniumbioxalat *n* *{obs}*, Ammoniumhydrogenoxalat *n*
ammonium biphosphate <$NH_4[H_2PO_4]$> Ammoniumbiphosphat *n*, Ammoniumphosphat *n*, Ammoniumdihydrogenphosphat *n*
ammonium bismuth citrate Ammoniumbismutcitrat *n*
ammonium bisulfite Ammoniumbisulfit *n* *{obs}*, Ammoniumhydrogensulfit *n*
ammonium bitartrate Ammoniumbitartrat *n* *{obs}*, Ammoniumhydrogentartrat *n*, saures Ammoniumtartrat *n* *{Triv}*
ammonium borate Ammoniumborat *n*
ammonium bromide <NH_4Br> Ammoniumbromid *n*, Bromammonium *n* *{obs}*
ammonium bromocamphor sulfonate Ammoniumbromcamphersulfonat *n*
ammonium carbamate Ammoniumcarbamat *n*, Ammoniumcarbaminat *n*, Ammoniumamidocarbonat *n*
ammonium carbonate <$(NH_4)_2CO_3$> Ammoniumcarbonat *n*, kohlensaures Ammonium *n* *{obs}*; Hirschhornsalz *n*, Geistersalz *n*, Ammoniumcarbonat *n*
ammonium caseinate Caseinammoniak *n*, Eukasin *n*
ammonium chlorate Ammoniumchlorat *n*
ammonium chloride <NH_4Cl> Ammoniumchlorid *n*, Chlorammonium *n* *{obs}*, Salmiak *m* *{Triv}*
ammonium chloroplatinate *{obs}* *s.* ammonium tetrachloroplatinate(II)
ammonium chromate Ammoniumchromat *n*
ammonium-chromium sulfate <$NH_4Cr(SO_4)_2\text{-}12H_2O$> Ammoniumchrom(III)-sulfat[-12-Wasser] *n*, Ammonimchromalaun *m* *{Triv}*
ammonium citrate Ammoniumcitrat *n*
ammonium compound Ammoniakverbindung *f*
ammonium cyanide Cyanammonium *n* *{obs}*, Ammoniumcyanid *n*
ammonium cyanoferrate (III) *{obs}* *s.* ammonium hexacyanoferrat(III)

ammonium dichromate <$(NH_4)_2Cr_2O_7$> doppeltchromsaures Ammonium *n {obs}*, Ammoniumbichromat *n {obs}*, Ammoniumdichromat *n*
ammonium dihydrogen phosphate Ammoniumdihydrogenphosphat *n*
ammonium disulfide Ammoniumdisulfid *n*
ammonium diuranate Ammoniumdiuranat *n*
ammonium ferric alum Eisen(III)-ammoniumsulfat *n*, Ammoniumalaun *m {Triv}*
ammonium ferric sulfate *{obs}* *s.* ammonium iron(III) sulfate
ammonium ferricyanide *{obs}* *s.* ammonium hexacyanoferrate(III)
ammonium ferrosulfate *{obs}* *s.* ammonium iron(II) sulfate
ammonium fluoantimonate Antimonammoniumfluorid *n*, Ammoniumantimon(V)-fluorid *n*
ammonium fluoride <NH_4F> Ammoniumfluorid *n*, Fluorammonium *n {obs}*
ammonium fluosilicate Ammoniumsilicofluorid *n {obs}*, Ammoniumhexafluorosilicat(IV) *n*
ammonium formate <$HCOONH_4$> ameisensaures Ammonium *n {obs}*, Ammoniumformiat *n*
ammonium hexachloroplatinate(IV) <$(NH_4)_2$-$PtCl_6$> Hexachloroplatinat(IV) *n*
ammonium hexachlorostannate(IV) Pinksalz *n {Triv}*, Ammoniumhexachlorostannat(IV) *n {IUPAC}*, Ammoniumzinnchlorid *n {Triv}*, Zinnammoniumchlorid *n {Triv}*
ammonium hexachlorouranate(IV) Ammoniumhexachlorouranat(IV) *n*
ammonium hexacyanoferrate(II) Ammoniumhexacyanoferrat(II)[-Trihydrat] *n*
ammonium hexacyanoferrate(III) Ammoniumhexacyanoferrat(III)[-Hemihydrat] *n*
ammonium hydrochloride Ammoniumhydrochlorid *n*, Salmiak *m {Triv}*
ammonium hydrogen fluoride Ammoniumbifluorid *n {Tech}*, Ammoniumhydrogenfluorid *n*
ammonium-hydrogen sulfate Ammoniumhydrogensulfat *n*
ammonium hydrogen sulfite Ammoniumbisulfit *n {Tech}*, Ammoniumhydrogensulfit *n*
ammonium hydrosulfide Ammoniumhydrosulfid *n*, Ammonsulfhydrat *n {obs}*
ammonium hydroxide Ammoniaklösung *f*, Salmiakgeist *m*, Ammoniumhydroxid *n*, Ätzammoniak *n {Triv}*, Ammoniakwasser *n {Tech}*
ammonium hypochlorite <NH_4ClO> Ammoniumhypochlorit *n*, unterchlorigsaures Ammonium *n {obs}*
ammonium hypophosphite Ammoniumhypophosphit *n*
ammonium hyposulfite *{obs}* *s.* ammonium thiosulfate
ammonium ichthyolsulfonate Ammoniumsulfoichthyolat *n*, Bitumol *n*, Ichthyol *n*, Anysin *n*
ammonium iodide <NH_4I> Ammoniumiodid *n*, Jodammonium *n {obs}*
ammonium iron alum Ammoniumeisenalaun *m*, Ammoniumeisen(III)-sulfat[-12-Wasser] *n*
ammonium iron(III) citrate Eisen(III)-ammoncitrat, Ferriammoniumcitrat *n {obs}*
ammonium iron(II) sulfate Ferroammonsulfat *n {obs}*, Ammoniumeisen(II)-sulfat[-Hexahydrat] *n*
ammonium iron(III) sulfate Ammoniumeisen(III)-sulfat[-12-Wasser] *n*, Ammoneisenalaun *m {Triv}*
ammonium lactate Ammoniumlactat *n*, milchsaures Ammonium *n {obs}*
ammonium laurate Ammmoniumlaurat *n*
ammonium linoleate <$NH_4(C_{17}H_{31}COO)$> linolsaures Ammonium *n {obs}*, leinölsaures Ammonium *n {obs}*, Ammoniumlinoleat *n*
ammonium magnesium arsenate Ammoniummagnesiumarsenat(V)[-Hexahydrat] *n*
ammonium magnesium phosphate Ammoniummagnesiumphosphat(V)[-Hexahydrat] *n*
ammonium metaborate <$NH_4BO_2{\cdot}2H_2O$> Ammoniummetaborat *n*
ammonium metavanadate Ammoniummetavanadat *n*, Ammoniumtetravanadat *n*
ammonium molybdate <$(NH_4)_2MoO_{40}$> Ammoniummolybdat *n*, molybdänsaures Ammonium *n {obs}*, Diammoniumtetroxymolybdat(VI) *n {IUPAC}*
ammonium monosulfide Ammoniummonosulfid *n*
ammonium monovanadate Ammoniummonovanadat(V) *n*
ammonium muriate *{obs}* *s.* ammonium chloride
ammonium nickel sulfate Nickelammoniumsulfat *n*, Diammoniumnickel(II)-sulfat[-Hexahydrat] *n*
ammonium nitrate <NH_4NO_3> Ammoniumnitrat *n*, Ammonsalpeter *m {Triv}*, Ammoniaksalpeter *m {Triv}*, Gefriersalz *n {Tech}*, Knallsalpeter *m {Triv}*
ammonium nitrate explosive Ammonit *n*, Ammonsalpeter-Sprengstoff *m*
ammonium nitrate fuel oil Ammonsalpeter-Kohlenwasserstoff-Gemisch *n*, ANC-Sprengmittel *n {Expl}*
ammonium nitrite Ammoniumnitrit *n*
ammonium oleate <$NH_4C_{17}H_{33}COO$> ölsaures Ammonium *n {obs}*, Ammoniumoleat *n*
ammonium oxalate <$(COONH_4)_2{\cdot}H_2O$> Ammoniumoxalat *n*
ammonium perchlorate Ammoniumperchlorat *n*
ammonium permanganate Ammoniumpermanganat *n {Triv}*, Ammoniummanganat(VII) *n*

ammonium persulfate Ammoniumperoxodisulfat *n*, Ammoniumpersulfat *n*
ammonium phosphate Ammoniumphosphat *n*, Ammoniakphosphat *n {obs}*
ammonium phosphomolybdate **<$(NH_4)_3PO_4$-$(Mo_{12}O_{36})\cdot H_2O$>** Ammoniumphosphormolybdat *n*
ammonium phosphotungstate Ammoniumphosphorwolframat *n*
ammonium picrate Ammon[ium]pikrat *n {Expl}*
ammonium platinic chloride *s.* ammonium hexachloroplatinate(IV)
ammonium polysulfide Ammoniumpolysulfid *n*
ammonium potassium tartrate Kaliumammoniumtartrat *n*, Ammoniakweinstein *m*
ammonium purpurate Ammonpurpurat *n*, Murexid *n*, Purpurcarmin *n*
ammonium radical Ammoniumradikal *n*, Ammoniumrest *m*, Ammoniumgruppe *f*
ammonium residue Ammoniumrest *m*, Ammoniumgruppe *f*, Ammoniumradikal *n*
ammonium rhodanate **<NH_4NCS>** Ammoniumrhodanid *n {obs}*, Ammoniumthiocyanat *n*, thiocyansaures Ammonium *n {obs}*
ammonium salicylate **<$HOC_6H_4COONH_4$>** Ammoniumsalicylat *n*, salicylsaures Ammonium *n {obs}*
ammonium salt Ammoniumsalz *n*, Ammoniaksalz *n {obs}*
ammonium sesquicarbonate Ammoniumsesquicarbonat *n*, Hirschhornsalz *n {Triv}*
ammonium silicofluoride Ammoniumsilicofluorid *n*
ammonium soap Ammoniakseife *f*, Ammoniumseife *f*
ammonium sodium phosphate Ammoniumnatriumphosphat *n*
ammonium stearate Ammoniumstearat *n*
ammonium succinate Ammoniumsuccinat *n*
ammonium sulfate **<$(NH_4)_2SO_4$>** Ammoniumsulfat *n*, Ammonsulfat *n {Triv}*
ammonium sulfhydrate Ammoniumhydrosulfid *n*, Ammonsulfhydrat *n {obs}*, Ammoniumsulfid *n*
ammonium sulfide Ammoniumsulfid *n {Triv}*, Ammonsulfid *n*, Einfachschwefelammonium *n {obs}*
ammonium sulfite **<$(NH_4)_2SO_3\cdot H_2O$>** Ammoniumsulfit *n*
ammonium sulfocyanide *{obs}* *s.* ammonium thiocyanate
ammonium sulfoichthyolate Ammoniumsulfoichthyolat *n {Pharm}*
ammonium tetrachloroplatinate(II) Ammoniumtetrachloroplatinat(II) *n*, Ammoniumplatinchlorid *n {Triv}*, Platinammoniumchlorid *n {Triv}*
ammonium thallium alum Aluminiumthalliumalaun *m*, Ammoniumthalliumsulfat *n*,
ammonium thallium sulfate Ammoniumthalliumsulfat *n*, Ammoniumthalliumalaun *m*,
ammonium thiocyanate **<NH_4NCS>** Ammoniumthiocyanat *n*, Ammoniumrhodanid *n {obs}*, thiocyansaures Ammonium *n {obs}*
ammonium thiosulfate **<$(NH_4)_2S_2O_3$>** Ammoniumthiosulfat *n*, Ammoniumhyposulfit *n {obs}*
ammonium-2,4,6-trinitrophenolate **<HOC_6H_2-$(NO_3)_3$>** Ammon[ium]pikrat *n {Expl}*
ammonium tungstate Ammoniumwolframat *n*
ammonium uranate Ammoniumuranat *n*, Diammoniumdiuranat(VI) *n*
ammonium urate Ammonurat *n*
ammonium vanadate **<NH_4O_{30}>** Ammoniumvanadat(V) *n*, Ammoniummetavanadat *n*
ammonium wolframate Ammoniumwolframat(VI) *n*
ammonolysis Ammonolyse *f*
amniotic acid Amnionsäure *f*
amoeba *{pl. amoebae}* Amöbe *f*
amorphism Amorphismus *m*, Gestaltlosigkeit *f*, Formlosigkeit *f {Krist}*, Amorphität *f*
amorphous amorph, formlos, gestaltlos, strukturlos, nicht kristallin[isch]
amorphous region amorpher Bereich *m*
amorphous state amorpher Zustand *m*
amorphous structure amorphes Gefüge *n*
amorphousness Formlosigkeit *f*, Gestaltlosigkeit *f*, Amorphismus *m*, Amorphität *f*
amount/to anwachsen; sich belaufen auf, betragen; ergeben
amount Gehalt *m*, Menge *f*, Qalität *f*, Ausmaß *n*; Grad *m*, Summe *f*, Gesamtsumme *f*, Betrag *m*, Ergebnis *n*; Anteil *m*; Wert *m*; Größe *f*
amount formed Anfall *m*, gebildeter Anteil *m*
amount of energy Energiebetrag *m*, Energiemenge *f*
amount of heat Wärmemenge *f*, Wärmebetrag *m*
amount of oxygen available Sauerstoffangebot *n*
amount of ozone Ozongehalt *m {Luft}*
amount of peroxide Peroxiddosierung *f*, Peroxidmenge *f*
amount of substance Stoffmenge *f*, Teilchenmenge *f*, Substanzmenge *f {in mol}*
amount of substance concentration *{IUPAC}* molare Konzentration *f {in mol/m^3}*
amount of wear Verschleißgrad *m*
amount to invention/to Erfindungshöhe *f* erreichen *{Patent}*
amount used Einsatzmenge *f*

amount weighed out Einwaage *f {z.B. von Material oder Proben}*

AMP 1. Adenosinmonophosphat *n*, Muskeladenylsäure *f*, Adenosinmonophosphorsäure *f*, AMP; 2. 2-Amino-2-methyl-propan-1-ol *n*

ampelite Ampelit *m*, Bergtorf *m {Min}*

amperage [elektrische] Stromstärke *f {in A}*, Amperezahl *f*, Stromintensität *f*

ampere Ampere *n*, A *{SI-Basiseinheit der elektrischen Stromstärke}*

ampere hour Amperestunde *f {Einheit der elektrischen Ladung}*

ampere-hour capacity Amperestundenleistung *f*, Kapazität *f* in Ah *{z.B. einer Batterie}*

ampere-hour meter Amperestundenzähler *m*

amperemeter Amperemesser *m*, Amperemeter *n*, Strommesser *m*, Stromanzeiger *m*

amperometer *s.* amperemeter

amperometric amperometrisch

amperometry Amperometrie *f*

amphetamine <$H_2NCH_3CHCH_2C_6H_5$> Amphetamin *n*, *ß*-Phenylisopropylamin *n*, 1-Phenyl-2-aminopropan *n*

amphi-position Amphi-Stellung *f {z.B. 2,6-Wasserstoff im Naphthalin}*

amphibole Amphibol *m*, Hornblende *f {Min}*

amphibolic pathway amphiboler Stoffwechsel *m*

amphibolic series Amphibolreihe *f {Min}*

amphiboliferous amphibolhaltig

amphibolite Amphibienstein *m*, Amphibolgestein *n*, Hornblendegestein *n*, Amphibolit *m*, Hornblendefels *m {Min}*,

amphichroic amphichroitisch, amphichromatisch

amphichromatic amphichromatisch, amphichroitisch

amphide salt Amphidsalz *n*, amphoter Stoff *m*

amphifluoroquinone Amphifluorochinon *n*

amphigenite Amphigenit *m {Min}*

amphihexahedral doppelwürfelig

amphilogite Amphilogit *m {obs}*, Moskovit *m {Min}*

amphipathic *{IUPAC}* amphipatisch, amphiphil *{hydrophil/hydrophobe Grenzfläche }*

amphiphilic amphiphil, amphipatisch

amphiphilic polymer amphiphiles Polymer[es] *n*

amphiprotic amphiprotisch, amphoter

ampholyte Ampholyt *m*, amphoterer Stoff *m*, oberflächenaktiver Stoff *m {Elektrolyt}*

ampholyte ion Zwitterion *n*, Ampho-Ion *n*

ampholyte substance amphoterer Stoff *m*, amphoterer Elektrolyt *m*

ampholytoid Ampholytoid *n*

amphoteric amphoter, amphoterisch

amphoteric compound amphotere Verbindung *f*

amphoteric ion Zwitterion *n*, Ampho-Ion *n*

amphoteric substance amphoterer Stoff *m*, amphoterer Elektrolyt *m*

amphotropine Amphotropin *n {Hexamethylenamincampher}*

ample reichlich, umfangreich, umfassend

amplifiable verstärkbar *{Elek}*

amplification 1. Verstärkung *f*, Leistungsverstärkung *f {Elek}*; 2. Amplifikation *f {Erhöhung der Gendosis}*, Genamplifikation *f*, springende Replikation *f {Gen}*

amplification factor Verstärkungsfaktor *m*, Verstärkungsgrad *m*

amplification range Verstellbereich *m*

amplified verstärkt *{Elek}*; vergrößert *{Opt}*

amplifier Meßverstärker *m*, Verstärker *m*

amplifier effect Verstärkerwirkung *f*

amplifier gain Verstärkerfaktor *m*

amplifier voltmeter Verstärker-Voltmeter *n*

amplify/to verstärken *{Elek}*

amplitude Amplitude *f*, Amplitudenweite *f*, Ausschlag *m*, Ausschlag[s]weite *f*, Schwing[ungs]weite *f*,

amplitude distortion Amplitudenverzerrung *f*, Klirrverzerrung *f*, nichtlineare Verzerrung *f*

ampoule *{US}* Ampulle *f*, Ampullenflasche *f*

ampul[e] Ampulle *f*, Ampullenflasche *f*

ampul[e] saw Ampullensäge *f*

ampulla *{GB}* Ampulle *f*, Ampullenflasche *f*

ampullate ampullenartig

ampulliform ampullenförmig

amu Atommasseneinheit *f*, Atommassenkonstante *f {$1,6605655 \cdot 10^{-27}$ kg}*

amygdalate 1. amygdalinsauer; 2. Amygdalat *n*, amygdalinsaures Salz *n*

amygdalic acid 1. Mandelsäure *f*, Amygdalinsäure *f*, α-Hydroxylphenylessigsäure *f*, Phenylglykolsäure *f*; 2. Gentiobiosid *n {Mandelglucosid}*

amygdalin Amygdalin *n*, Mandelstoff *m*, Amygdalosid *n*

amygdaloid 1. mandelförmig, amygdaloid; 2. Amygdaloid *m*, Mandelstein *m {Min}*

amygdaloidal greenstone Diabasmandelstein *m {Min}*

amygdalose Amygdalose *f*

amyl *{IUPAC}* 1. Amyl-, Pentyl-; 2. Amylradikal *n*, Amylrest *m*, Pentylgruppe *f*, Pentylradikal *n*, Pentylrest *m*

amyl acetate <$CH_3COOC_5H_{11}$> Amylacetat *n*, Essigsäureamylester *m*, Essigsäurepentylester *m;* Birnenether *m*, Bananenöl *n {Triv}*

amyl alcohol <$C_5H_{11}OH$> Amylalkohol *m*, Pentanol *n*

primary *n*-amyl alcohol <$CH_3(CH_2)_4OH$> primärer Amylalkohol *m*, Pentan-1-ol *n*, *n*-Pentylalkohol *m*

secondary *n*-amyl alcohol Pentan-2-ol *n*, *sec*-Pentylalkohol *m*

tertiary *n*-amyl alcohol <$(CH_3)_2C(OH)$-CH_2CH_3> Dimethylethylcarbinol *n*, 2-Methylbutan-2-ol *n*, Amylenhydrat *n {obs}*, *tert*-Pentylalkohol *m*
amyl aldehyde Amylaldehyd *m*, Pentanal *n*, Valeraldehyd *m*
amyl benzoate Amylbenzoat *n*
amyl benzyl ether Amylbenzylether *m*
amyl bromide Amylbromid *n*, Pentylbromid *n*
amyl butyrate <$C_3H_7CO_2C_5H_{11}$> Amylbutyrat *n*, Pentylbutyrat *n*
amyl chloride Amylchlorid *n*, Chloramyl *n {Triv}*, 1-Chlorpentan *n {IUPAC}*
amyl chloride mixture Amylchloridmischung *f*, technisches Amylchlorid *n*
amyl cinnamate <$C_6H_5CH{=}CHCO_2C_5H_{11}$> Amylcinnamat *n*, zimtsaurer Amylester *m {Triv}*, Amylzimtsäureester *m*, Pentylzimtsäureester *m*
amyl citrate Amylcitrat *n*, Pentylcitrat *n*
amyl compound Amylverbindung *f*
amyl cyanide Capronitril *n*, Pentylcyanid *n*, Amylnitril *n*
amyl ester Amylester *m*, Pentylester *m*
amyl ether<$(C_5H_{11})_2O$> Amylether *m*, Amyloxid *n {obs}*, Diamylether *m*
amyl ethyl ketone Amylethylketon *n*, Pentylethylketon *n*, Octan-3-on *n*
amyl formate <$HCOOC_5H_{11}$> Ameisensäureamylester *m*
amyl group Amylgruppe *f*, Amylrest *m*, Amylradikal *n*, Pentylgruppe *f*, Pentylradikal *n*, Pentylrest *m*
amyl iodide Amyliodid *n*, Pentyliodid *n*
amyl lactate <$CH_3CHOHCOOC_5H_{11}$> Amyllactat *n*, Pentyllacetat *n*
amyl laurate <$CH_3(CH_2)_{10}COOC_5H_{11}$> Laurinsäureamylester *m*, Amyllaurat *n*, Pentyllaurat *n*
amyl mercaptan Amylmercaptan *n*, Pentanthiol *n*
amyl methyl ketone <C_5H_{11}-CO-CH_3> Amylmethylketon *n*, Pentylmethylketon *n*, Nonan-2-on *n {IUPAC}*
amyl naphthalene Amylnaphthalin *n*, Amylnaphthalen *n*, Pentylnaphthalin *n*
amyl nitrate <$C_5H_{11}NO_3$> Amylnitrat *n*, Pentylnitrat *n*
amyl nitrile Amylnitril *n {obs}*, Pentylnitril *n*, Capronitril *n*
amyl nitrite 1. Amylnitrit *n*, Isoamylnitrit *n*; 2. Pentylnitrit *n {IUPAC}*, Amylnitrit *n*
amyl oxalate Amyloxalat *n*
amyl oxide <$[(CH_3)_2CHCH_2CH_2]_2O$> Amylether *m*, Amyloxid *n {obs}*
amyl propionate Amylpropionat *n*, Pentylpropansäureester *m*, Pentylpropionsäureester *m*
amyl rhodanate Amylrhodanid *n {obs}*, Pentylthiocyanat *n*
amyl salicylate <$HOC_6H_4COOC_5H_{11}$> Amylsalicylat *n*, Salicylsäureamylester *m*, Salicylamylester *m*, Pentylsalicylat *n*
amyl silicone Amylsilicon *n*
amyl stearate Amylstearat *n*, Pentylstearat *n*, Pentyloctadecansäureester *m*
amyl sulfide Amylsulfid *n*, Dipentylsulfid *n*, Diamylsulfid *n*
amyl tartrate Amyltartrat *n*, Pentyltartrat *n*
amyl thiocyanate Amylrhodanid *n {obs}*, Amylthiocyanat *n*, Pentylthiocyanat *n*
amyl valerate Amylvaler[ian]at *n*, Apfelether *m*, Pentylvaleriansäureester *m*
amyl valerianate *s.* amyl valerate and/or isoamyl valerate
amylaceous stärke[mehl]artig, stärke[mehl]haltig
amylaceous substance Amyloid *n*
amylan Amylan *n*
amylanilin Amylanilin *n*
α-amylase *{EC 3.2.1.1}* α -Amylase *f*, Glykogenase *f*, Diastase *f {obs}*, α -1,4-Glucanase *f*
***β*-amylase** *{EC 3.2.1.2}* *β*-Amylase *f*, Saccharogenamylase *f*
γ-amylase Glucan-1,4-α-glucosidase *f*
amylate Amylat *n*, Stärkeverbindung *f*
amylene Amylen *n*, Valeren *n*, Penten *n*
amylene chloral Amylenchloral *n*, Dormiol *n*, *{Pharm}*
amylene hydrate <$(CH_3)_2C(OH)CH_2CH_3$> Amylenhydrat *n {obs}*, Dimethylethylcarbinol *n*, 2-Methylbutan-2-ol *n*; 2. Pentanol *n*
amylene hydride Amylenhydrid *n {obs}*, Pentan *n*
amylin Amylin *n*, Dextrin *n*
amylo fermentation Amylalkoholgärung *f*, Stärkefermentation *f*
amylo process Amyloverfahren *n*, Pilzmaischverfahren *n*
amylobiose Amylbiose *f*
amylocaine hydrochloride Amylocainhydrochlorid *n*
amyloclastic amyloklastisch, amylolytisch
amylodextrin Amylobiosedextrin *n*, Amylodextrin *n*
amyloform Amylobioseform *n*
amylogen Amylogen *n*
amyloid 1. amyloid, stärkeartig, stärkeähnlich; 2. Amyloid *n {mit konzentrierter Schwefelsäure behandelte Cellulose}*; 3.Amyloid *n {Med}*; 4. Amyloidsprengstoff *m*; 5. Amyloid *n {Verholzungs-Zwischenstufe}*
amyloin Amyloin *n*, Maltodextrin *n*
amylolysis Amylolyse *f*, Stärkespaltung *f*
amylolytic stärkespaltend, amylolytisch, amyloklastisch

amylometer Amylometer *n*, Stärkemesser *m*
amylopectin Amylopektin *n*, Stärkegranulose *f*
amylopsin Pankreasamylase *f*, Amylopsin *n*
amylose Amylose *f {Stärkekleistersol}*
amylotriose Amylotriose *f*
amylum Stärkemehl *n*; *{US}* Maisstärke *f*
anabasine Anabasin *n*, Neonicotin *n*
anabiosis Anabiose *f*, Kryptobiose *f*
anabiotic anabiotisch
anabolic anabol[isch], aufbauend
anabolic steroid Anabolikum *n*
anabolism Anabolismus *m*, Aufbaustoffwechsel *m {Physiol}*, Assimilation *f*
anacardic acid Anacardinsäure *f*, Anacardsäure *f*
anacardium oil Ancardinöl *n*, Cashewöl *n*
anachromasis Anachromasis *f*
anacidity Anaciditát *f*, Subacidität *f*, Säuremangel *m {Physiol}*
anaclastic anaklastisch, refraktiv, brechend *{Opt}*
anaerobe Anaerobe *f*, Anaerobier *m*, Anaerobiont *m*
anaerobic anaerob, anaerobisch
anaerobic breakdown of organic matter anaerober Abbau *m* organischer Stoffe *mpl*
anaerobic culture dish Anaerobenschale *f*
anaerobiont Anaerobier *m*, Anaerobiont *m*, Anaerobe *f*
anaerobiosis Anaerobiose *f*, Anoxybiose *f*
anaerobism Anaerobiose *f*, Anoxybiose *f*
anaerobium Anaerobier *m*, Anaerobiont *m*, Anaerobe *f*
an[a]esthesia Narkose *f*, Anästhesie *f {Med}*
anaesthesiology Anästhesiologie *f*
anaesthetic ether Schwefelether *m*, Narkoseether *m*, Ethylether *m*, Diethylether *m {IUPAC}*
an[a]esthetize/to narkotisieren *{Med}*
analcime Analzim *m*, Analcim *m*, Analcit *m*, Cubeit *m*, Eudnophit *m*, Schaumspat *m*, Würfelzeolith *m {Min}*
analcite *s.* analcime
analeptic Analeptikum *n*, Weckmittel *n*, Anregungsmittel *n {Pharm}*
analeptic amine Weckamin *n*
analgesia Schmerzbetäubung *f*, Schmerzlosigkeit, *f* Analgesie *f {Med}*
analgesic 1. schmerzstillend, schmerzlindernd, betäubend, analgetisch; 2. Analgetikum *n*, Schmerzbetäubungsmittel *n*
analgetic *s.* analgesic
analogous ähnlich, vergleichbar, analog, entsprechend
analogues series analoge Reihe *f {z.B. Isostere und Isologe}*
analyse/to analysieren, bestimmen *{Chem}*
analyser *{GB}* Analysator *m*, Analysiergerät *n*
analysis *{pl. analyses}* Analyse *f*, Laborprüfung *f*, Nachweis *m*, Untersuchung *f*, Zerlegung *f*, Zergliederung *f*, Auflösung *f*; Gehaltsbestimmung *f*; Auswertung *f*
analysis by boiling Siedeanalyse *f*
analysis by spectral absorption Absorptionsspektralanalyse *f*
analysis by titration Titrieranalyse *f*, Titrimetrie *f*, Maßanalyse *f*, Volumetrie *f*
analysis by weight Gravimetrie *f*, gravimetrische Analyse *f*, Gewichtsanalyse *f*
analysis error *s.* analytical error
analysis in dry state Trockenanalyse *f*
analysis line Nachweislinie *f*, Analysenlinie *f*
analysis of a residue Rückstandsanalyse *f*, Analyse *f* des Rückstandes *m*, Analyse *f* des Filterrückstandes *m*
analysis sample Analysenprobe *f {DIN 66160}*
analysis using standard samples leitprobengebundene Auswertung *f*, gebundene Auswertung *f*, Auswertung *f* mit Leitproben *fpl*
analysis without standard samples leitprobenfreie Auswertung *f*, freie Auswertung *f*, Auswertung *f* ohne Leitproben *fpl*
analyst Analytiker *m*
analyte Analyt *m*, zu bestimmender Stoff *m*, zu analysierendes Element *n*
analytical analytisch
analytical balance *{IUPAC}* Analysenwaage *f {50-200g; Präzision 0,01-0,05 mg}*, [analytische] Waage *f*, chemische Waage *f*, Laboratoriumswaage *f*
analytical chemistry analytische Chemie *f*
analytical error Analysenfehler *m*
analytical filter Analysenfilter *n*
analytical finding Analysenbefund *m*
analytical funnel Analysentrichter *m*
analytical instruction Analysenvorschrift *f*
analytical method Analysenmethode *f*, Analysenverfahren *n*
analytical procedure Analysenvorschrift *f*, Analysenbedingung *f*, analytischer Trennungsgang *m*
analytical rapid-weighing balance Analysenschnellwaage *f*
analytical reaction Analysenreaktion *f*, Nachweisreaktion *f*
analytical result Analysenbefund *m*, Analysenergebnis *n*
analytical technique Analysenmethode *f*, Analysenverfahren *n*
analytical test Analysenprobe *f*
analytical weight Analysengewicht *n*
analytical workstation Analytik-Arbeitsplatz *m {EDV}*
analytically pure analysenrein, p.a.
analytics Analytik *f*
analyzable analysierbar
analyzation Analysieren *n*

analyze/to *{US; GB: analyse/to}* analysieren, auswerten, scheiden, zerlegen, zergliedern, untersuchen
analyzer *{US;GB: analyser}* 1. Analysator *m*, Meßzelle *f*, Prüfgerät *n*, Untersuchungsapparat *m*, Analysengerät *n*; 2. Analytiker *m*; 3. Nicol-Prisma *n {Okularseite}*
analyzing Analysieren *n*
anamesite Anamesit *m {Min}*
anamorphous anamorph, verzerrt
anaphoresis Anaphorese *f {Anal}*
anaplerotic reaction anaplerotische Reaktion *f*, Auffüllungsreaktion *f {Physiol}*
anastigmatic anastigmatisch *{Opt}*
anatase <TiO_2> Anatas *m*, kristallines Titanoxid *n {Min}*
anatto *s. annato*
anauxite Anauxit *m {Min}*
ANC explosive ANC-Sprengstoff *m*, PAC-Sprengstoff *m*
anchimeric assistance anchimere Beschleunigung *f*, Nachbargruppeneffekt *m*, anchimere Hilfe *f*
anchor/to verankern
anchor Anker *m*, Querriegel *m*, Halterung *f*
anchor agitator Ankerrührwerk *n*, U-Rührwerk *n*, Ankermischer *m*, U-Mischer *m*, Ankerrührer *m*
anchor coating paste Grundierungspaste *f*
anchor paddle impeller ankerförmige Paddelrührstange *f*
anchor screw Ankerrührer *m*, Ankerrührwerk *n*, Ankermischer *m*
anchor steel Ankerstahl *m*
anchor stirrer Ankerrührer *m*
anchoring agent Haftmittel *n*, Haftvermittler *m*
anchoring compound hafterzeugende Verbindung *f {Biochem}*
anchovy oil Anchovisöl *n*
anchusid acid Anchusasäure *f*
anchusin Anchusin *n*, Alkannarot *n*, Alkannin *n*
ancient uralt, [sehr] alt
ancillary zusätzlich, ergänzend; untergeordnet; Hilfs-, Zusatz-, Ergänzungs-
ancillary cooler Nebenkühler *m*
ancillary heat exchanger Nebenkühler *m*
ancillary industries Zulieferindustrie *f*, Zulieferbetriebe *mpl*
ancillary processing Konfektionierung *f*
ancillary screw Nebenschnecke *f*, Seitenschnecke *f*, Zusatzschnecke *f*
ancillary unit Nebenaggregat *n*, Zusatzgerät *n*
ancylite Ancylit *m*, Ankylit *m {Min}*
anda oil Andaöl *n*
andalusite Andalusit *m*, Hartspat *m {Min}*
Anderson bridge Anderson-Meßbrücke *f {Induktivitätsmessung}*
andesine Andesin *m*, Natronkalkfeldspat *m {Min}*
andesite Andesit *m {Min}*
andorite Andorit *m*, Sundit m *{Min}*
andradite Andradit *m*, Kalkeisengranat *m*, Eisenkalkgranat *m {Min}*
andreolite Andreolith *m*, Harmotom *m {Min}*
andrewsite Andrewsit *m {Min}*
androgen Androgen *n*, androgener Stoff *m {männliches Keimdrüsenhormon}*
andrographolide Andrographolid *n*
androkin <$C_{19}H_{30}O_2$> Androsteron *n*, Androstanolon *n*
andromedotoxin Andromedotoxin *n*, Asebotoxin *n*, Rhodotoxin *n*
androstane Androstan *n*, Testan *n*
androstanolone <$C_{19}H_{30}O_2$> Androstanolon *n*, Androsteron *n*
androstenediol Androstendiol *n*
androsterone <$C_{19}H_{30}O_2$> Androsteron *n*, Androstan-3-α-ol-17-on *n {männliches Geschlechtshormon}*
anelastic anelastisch, inelastisch
anelasticity Anelastizität *f*
anelectric anelektrisch
anellate/to anellieren; kondensieren *{Aromaten}*
anellated ring kondensierter Ring *m*, anellierter Ring *m*
anellation Anellierung *f*, Ringkondensation *f*, Ringverschmelzung *f*
anemometer Windgeschwindigkeitsmesser *m*, Windmesser *m*, Windstärkemesser *m*, Anemometer *n*; Gasdurchflußmesser *m*
anemone camphor Anemoncampher *m*, Anemonin *n*
anemonic acid Anemonsäure *f*
anemonin Anemonin *n*, Anemoncampher *m*
anemoninic acid Anemoninsäure *f*
anemonolic acid Anemonolsäure *f*
anemosite Anemosit *m {Min}*
aneroid [barometer] Aneroidbarometer *n*, Dosenaneroid *n*, Dosenbarometer *n*, Federbarometer *n*, Metallbarometer *n*, Aneroid *n*
aneroid manometer Aneroidmanometer *n*; Dosenmanometer *n*, Deformationsdruckmesser *m*
anergy 1. Anergie *f {Immun}*; 2. Energiemangel *m*, Energiedefizit *n {Physiol}*
anesthesia ether *s.* anaesthetic ether
anesthetic 1. anästhetisch; 2. Anästhetikum *n*, Betäubungsmittel *n*, Narkosemittel *n*
anethole <$CH_3CH=CHC_6H_4OCH_3$> *p*-Propenylanisol *n*, Anisöl *n*, Aniscampfer *m*, *p*-Methoxypropenylbenzol *n*, *p*-Allylphenylmethylether *m*, Anethol *n*
anethum oil Dillöl *n*
aneurin[e] Aneurin *n*, Thiamin *n*, Vitamin B_1 *n {Triv}*
aneurin[e] diphosphate Aneurindiphosphat *n*,

Aneurinpyrophosphat *n*, APP, Thiaminpyrophosphat *n*, TPP, Thiamindiphosphat *n*
aneurin[e] disulfide Aneurindisulfid *n*, Thiamindisulfid *n*
aneurin[e] hydrochloride Aneurinhydrochlorid *n*, Thiaminhydrochlorid *n*
aneurin[e] mononitrate Aneurinmononitrat *n*, Thiaminmononitrat *n*
aneurinethiol Aneurinthiol *n*
ANFO Ammonsalpeter-Kohlenwasserstoff-Gemische *npl*, Ammoniumnitrat-Heizöl-Gemische *npl*, ANC-Sprengmittel *npl {Expl}*
angelactic acid Angelactinsäure *f*
angelardite Angelardit *m {Min}*
angelic acid <$H_3CHC=CCH_3COOH$> Angelikasäure *f*, 2-Methylisocrotonsäure *f {obs}*, 2-Methylbut-2-encarbonsäure *f*
angelic aldehyde Angelikaaldehyd *m*
angelica lactone Angelikalacton *n*
angelica oil Engelwurzelöl *n*, Angelikaöl *n*
angelicic acid *s.* angelic acid
angiotensin Angiotensin *n*
angiotensinase *{EC 3.4.99.3}* Angiotensinase *f*, Angiotonase *f*
angiotonin *s.* angiotensin
angle 1. Winkel-, Eck-; 2. Winkel *m*, Kniestück *n*, Neigung *f*; Winkelprofil *n*; Rohrkniestück *n*, Rohrkrümmer *m*, Winkelrohrstück *n*
angle cock Eckhahn *m*, Winkelhahn *m*
angle-iron support Winkeleisengestell *n*, Eckeisengestell *n {Lab}*
angle of contact Randwinkel *m*, Kontaktwinkel *m*, Umschlingungswinkel *m*, Steuerwinkel *m*
angle of deflection Ablenkwinkel *m*
angle of divergence Divergenzwinkel *m*, Erweiterungswinkel *m*
angle of emission Austrittswinkel *m*, Emissionswinkel *m*
angle of incidence Einfall[s]winkel *m*
angle of inclination Neigungswinkel *m*
angle of powder Rutschwinkel *m*, Gleitwinkel *m*, Schüttwinkel *m*, Böschungswinkel *m*
angle of radiation Austrittswinkel *m*, Emissionswinkel *m*
angle of refraction Refraktionswinkel *m*, Brechungswinkel *m*, Beugungswinkel *m*
angle of repose Schüttwinkel *m*, Gleitwinkel *m*, Rutschwinkel *m*, Böschungswinkel *m*
angle of rotation Drehungswinkel *m*, Drehwinkel *m {Opt}*; Drehwert *m*
angle of scatter Streuwinkel *m*, Streuungswinkel *m*
angle of slide *s.* angle of sliding
angle of sliding Gleitwinkel *m*, Böschungswinkel *m*, Schiebungswinkel *m*, Rutschwinkel *m*
angle of slip *s.* angle of sliding
angle of slope Neigungswinkel *m*, Steigungswinkel *m*
angle of tilt Neigungswinkel *m*
angle of twist Verdrehungswinkel *m*, Torsionswinkel, Drehwinkel *m*
angle of valence Valenzwinkel *m*
angle-resolved photoelectric spectroscopy winkelauflösende Photoelektronen-Spektroskopie *f*, ARPES
angle tee Rohrabzweigung *f* in T-Form *f*, T-förmige Rohrabzweigung *f*, T-Rohrstück *n*, T-Rohrabzweigung *f*; Abzweigung *f*
angle thermometer Winkelthermometer *n*
angle valve Eck[en]ventil *n*, Winkelventil *n*
angled eckig, gewinkelt; kantig
anglesite Anglesit *m*, Bleisulfat *n*, Vitriolbleierz *n*, Vitriolbleispat *m {Min}*
angora wool Angorawolle *f*
angostura alkaloid Angosturaalkaloid *n*
angostura bark oil Angosturarindenöl *n*
angosturine Angosturin *n*
Angström unit Angström-Einheit *f*, Angström *n*, *{obs; =0,1 nm}*
angular eckig, gewinkelt, scharfkantig, spitz, angular, winkelförmig, wink[e]lig, kantig; Winkel-
angular acceleration Winkelbeschleunigung *f*
angular adjustment Winkeleinstellung *f*
angular aperture Öffnungswinkel *m*
angular brackets Winkelklammern *fpl*, gewinkelte Klammern *fpl {Math}*
angular deflection Winkelverdrehung *f*, Winkelauslenkung *f*
angular dispersion Winkeldispersion *f*
angular displacement Winkelabweichung *f*, Winkelverschiebung *f*
angular distribution Winkelverteilung *f*
angular frequency Kreisfrequenz *f*
angular momentum Drall *m*, Drehimpuls *m*, Drehmoment *n {in kg/m·s}*; Spin *m*, Orbitaldrehimpuls *m*
angular momentum operator Drehimpulsoperator *m*
angular particle eckiges Teilchen *n*, kantiges Teilchen *n*
angular position Winkellage *f*
angular speed Winkelgeschwindigkeit *f*, Kreisfrequenz *f*, Pulsatanz *f*
angular spread Divergenz *f*, Winkelbereich *m*
angular strain Winkelspannung *f*
angular velocity Kreisfrequenz *f*, Winkelfrequenz *f*, Pulsatanz *f*, Winkelgeschwindigkeit *f {Elek}*
angularity Winkeligkeit *f*, Winkelgenauigkeit *f*, Neigung *f*
anhaline Anhalin *n*, Hordenin *n*
anhalonium alkaloids Anhalonium-Alkaloide *npl*
anharmonic nicht harmonisch, unharmonisch, anharmonisch

anhydric wasserfrei, nicht wäßrig, entwässert, nichtwässerig, kristallwasserfrei
anhydride Anhydrid *n*
anhydrite Anhydrit *m*, Muriacit *m*, Würfelgips *m*, Würfelspat *m*, wasserfreier Gips *m*, Karstenit *m* *{Min}*
anhydrite process Anhydrit-Verfahren *n*
anhydro- Anhydro-
anhydroacid Anhydrosäure *f*
anhydrobase Anhydrobase *f*
anhydrocarminic acid Anhydrocarminsäure *f*
anhydroformaldehyde aniline Anhydroformaldehydanilin *n*
anhydroformaldehyde paratoluidine Anhydroformaldehydparatoluidin *n*
anhydroglucose Anhydroglucose *f*
anhydrous wasserfrei, nicht wäßrig, entwässert, kristallwasserfrei, absolut trocken, anhydrisch
anhydrous ammonia $<NH_3>$ wasserfreies Ammoniak *n*, Ammoniakgas *n*
anhydrous borax $<Na_2B_4O_7>$ wasserfreier Borax *m*, Pyroborax *m*
anhydrous boric acid Bortrioxid *n*
anhydrous butterfat *{IDF 68}* wasserfreies Milchfett *n*, reines Butteröl *n* *{99,8 %}*
anhydrous butteroil *{IDF 68}* wasserfreies Milchfett *n*, reines Butteröl *n* *{99,8 %}*
anhydrous crystal wasserfreier Kristall *m*
anhydrous gypsum Anhydrit *m*, wasserfreier Gips *m*, totgebrannter Gips *m*
anhydrous milkfat wasserfreies Milchfett *n*, reines Butteröl *n*
anhydrous salt wasserfreies Salz *n*
anhydrous sodium carbonate $<Na_2CO_3>$ Natriumcarbonat *n*, Sodaasche *f*, calcinierte Soda *f*, kristallwasserfreie Soda *f*
anil Anil *n*, Azomethin *n*
anilide 1. $<C_6H_5NHCOR>$ Anilid *n*; 2. $<H_2N\text{-}C_6H_4\text{-}M^I>$ Anilinat *n*
aniline $<C_6H_5NH_2>$ Anilin *n*, Phenylamin *n*, Aminobenzol *n*, Cyanol *n* *{obs}*
aniline black Anilinschwarz *n*, Nigranilin *n*, Nigrosin *n*
aniline blue Anilinblau *n*, Spritblau *n*, Baseblau *n*, Opalblau *n*, Feinblau *n*
aniline brown Anilinbraun *n*, Vesuvin *n*, Bismarck-Braun *n*
aniline chlorate Anilinchlorat *n*
aniline chloride *{obs}* *s.* aniline hydrochloride
aniline color Anilinfarbe *f*, Anilinfarbstoff *m*
aniline dye Anilinfarbe *f*, Anilinfarbstoff *m*
aniline hydrochloride $<C_6H_5NH_2HCl>$ Anilinhydrochlorid *n*, Anilinsalz *n*, Anilinchlorhydrat *n* *{obs}*
aniline ink Anilintinte *f*, Anilingummidruckfarbe *f*
aniline nitrate Anilinnitrat *n*
aniline oil Rohanilin *n*, Phenylamin *n*, Aminobenzol *n*, Anilinöl *n*, technisches Anilin *n*
aniline oxalate Anilinoxalat *n*
aniline pink Anilinrosa *n*
aniline point Anilinpunkt *m* *{DIN EN 56}*, Trübungspunkt *m* *{in °C}*
aniline-point apparatus Anilinpunktgerät *n*
aniline-point thermometer Anilinpunktthermometer *n*
aniline poisoning Anilinvergiftung *f*, Anilismus *m*
aniline-printing ink Anilindruckfarbe *f*
aniline purple Mauvein *n*, Mauve *n*, Anilinpurpur *m*, Perkin-Violett *n*
aniline red Anilinrot *n*, Fuchsin *n*, Säurefuchsin *n*, Rosanilinchlorhydrat *n* *{obs}*
aniline resin Anilinharz *n*
aniline salt $<C_6H_5NH_2HCl>$ Anilinsalz *n*, Anilinhydrochlorid *n*
aniline sulfate Anilinsulfat *n*
aniline violet Anilinviolett *n*
aniline yellow $<C_6H_5N{=}NC_6H_4NH_2>$ Anilingelb *n*, *p*-Aminoazobenzol *n*, Echtgelb *n*
anilinesulfonic acid Anilinsulfonsäure *f*
anilinism Anilinvergiftung *f*, Anilismus *m*
anilino- Anilino-
animal 1. animalisch, tierisch; Tier-; 2. Tier *n*
animal adhesive tierischer Leim *m*, Tierleim *m*
animal ashes Tierkörperasche *f*
animal black Knochenschwarz *n*, tierische Kohle *f*, Beinschwarz *n*, Knochenkohle *f*, Spodium *n*, Kölner Schwarz *n*
animal charcoal Knochenkohle *f*, Beinschwarz *n*, Tierkohle *f*, Spodium *n*, Elfenbeinschwarz *n*, Kölner Schwarz *n*
animal chemistry Tierchemie *f*, Zoochemie *f*
animal experiment Tierversuch *m*
animal fat Tierfett *n*, tierisches Fett *n*, Adeps *m*
animal feed Futtermittel *n*
animal fiber *{US;GB: fibre}* Tierfaser *f*, tierische Faser *f*
animal gelatine Leim *m* auf Basis *f* tierischer Gelatine *f*, Hautleim *m*, tierischer Leim *m*, Tierleim *m*
animal glue Tierleim *m*, tierischer Leim *m*, Hautleim *m*, Leim *m* auf Basis *f* tierischer Gelatine *f*
animal grease Adeps *m*, Tierfett *n*, tierisches Fett *n*
animal oil tierisches Öl *n*, Tieröl *n*; Knochenöl *n*
animal size tierischer Leim *m*, Tierleim *m*, Hautleim *m*, Leim *m* auf der Basis *f* tierischer Gelatine
animate/to beleben
animé gum Animegummi *m*, Anime *n*, Animeharz *n*, Gummianime *n*

animikite Animikit *m {Min}*
aninsulin Aninsulin *n*
anion Anion *n*, negatives Ion *n*
anion-active anionaktiv, anionenaktiv, anionisch; Anion[en]-
anion-active emulsifier anionenaktiver Emulgator *m*
anion complex Anionenkomplex *m*
anion conductivity Anionenleitfähigkeit *f*
anion deficiency Anionenlücke *f*, Anionenleerstelle *f*, Anionenfehlstelle *f {Krist}*
anion exchange Anionenaustausch *m*
anion-exchange column Anionenaustauschsäule *f*
anion exchanger Anionenaustauscher *m*
anion scission Anionenabspaltung *f*, Anionenabtrennung *f*
anion vacancy *s.* anion deficiency
anionic anionisch, anionaktiv
anionic acid Anionsäure *f*
anionic active matter *{BS 3762}* anionisches Tensid *n*, Anionentensid *n*
anionic detergents anionische Netzmittel *npl*, anion[en]aktive Stoffe *mpl*, anionische Tenside *npl*, Aniontenside *npl*
anionic dye Anionfarbstoff *m*
anionic exchanger Anionenaustauscher *m*
anionic ligand Acidoligand *m*
anionic polymerization anionische Polymerisation *f*
anionic surface active agent *{ISO 6839}* anionischer oberflächenaktiver Stoff *m*, Anionentensid *n*
anionic surfactant *{ISO 7875}* anionischer oberflächenaktiver Stoff *m*, Anionentensid *n*
anionotropy Anionotropie *f*
anisal Anisal *n*, Anisyliden *n*; Anisaldehydradikal *n*
anisalcohol <$H_3COC_6H_4CH_2OH$> Anisalkohol *m*
anisaldehyde <$C_6H_4(OCH_3)CHO$> Anisaldehyd *m*, 4-Methoxybenzaldehyd *m*, Aubépine *n*
anisate 1. anisartig; 2. anissauer
anise camphor <$CH_3CH=CHC_6H_4OCH_3$> Aniscampher *m*, Allylphenylmethylether *m*, Anethol *n*
anise oil Anisöl *n*, Sternanisöl *n*, Badianöl *n*
aniseed oil Anisöl *n*, Sternanisöl *n*, Badianöl *n*
anisette Anisbranntwein *m*, Anisett *m*, Anisgeist *m*, Anislikör *m*, Aniswasser *n*
anishydramide Anishydramid *n*
anisic acid <CH_3O-C_6H_4-$COOH$> Anissäure *f*, 4-Methoxybenzoesäure
anisic alcohol <$H_3COC_6H_4CH_2OH$> Anisalkohol *m*
anisic aldehyde <$H_3COC_6H_4CHO$> Anisaldehyd *m*, 4-Methoxybenzaldehyd *m*, Aubépine *n*
anisidin[e] <$CH_3OC_6H_4NH_2$> Anisidin *n*, Aminophenylmethylether *m*, Aminoanisol *n*, Methyloxyanilin *n*
anisidino- Anisidino-, 2-Methoxyanilino-
anisil Anisil *n*, Bianisaldehyd *m*
anisilic acid Anisilsäure *f*
anisoelastic anisoelastisch
anisoin Anisoin *n*, Dimethoxybenzoin *n*
anisol[e] <$C_6H_5OCH_3$> Anisol *n*, Methylphenylether *m*, Methoxybenzol *n {IUPAC}*
anisomeric anisomer
anisometric anisometrisch
anisotonic anisotonisch *{Physiol}*
anisotopic element anisotopes Element *n*, Reinelement *n*
anisotrope anisotrop[isch]
anisotropic anisotrop[isch]
anisotropy Anisotropie *f*, Richtungsabhängigkeit *f {Krist}*
anisoyl- Anisoyl-, 4-Methoxybenzol-
anisoyl chloride <$CH_3OC_6H_4COCl$> Anisoylchlorid *n*
anisum Anis *m*, Anissamen *m*, Anissaat *f*
anisyl- Anisyl-, 4-Methoxyphenyl-
anisyl acetate <$H_3COC_6H_4CH_2OCOCH_3$> Anisylacetat *n*
anisyl alcohol <$H_3COC_6H_4CH_2OH$> Anisalkohol *m*
anisylidene Anisal *n*, Anisyliden *n*
ankerite Ankerit *m*, Braunspat *m {Min}*
annabergite Annabergit *n*, grünes Erdkobalt *n*, Nickelblüte *f*, Nickelocker *m*, Nickelgrün *n {Min}*
annatto Annatto[-Farbstoff] *n*, Buttergelb *n*, Orlean *n*
annatto orange Orleanorange *n {Farbstoff}*
anneal/to kühlen, abkühlen *{Glas}*; adoucieren, ausglühen, weichglühen, glühen, anlassen *{Met}*, ausbrennen, ausheizen, einbrennen; tempern, spannungsfrei machen
anneal treatment spannungsfreies Glühen *n*
annealed angelassen, ausgeglüht
annealer Ausglüher *m*
annealing Härten *n*, Verglühen *n*, Abglühen *n*, Anlassen *n*, Weichglühen *n*, Ausglühen *n*, Einbrennen *n*, Glühbehandlung *f*, Glühen *n {Met}*; Kühlen *n*, Kühlung *f {Glas}*; Tempern *n*, Spannungsfreimachen *n*
annealing atmosphere Glühatmosphäre *f*
annealing box Einsatzkasten *m*, Glühgefäß *n*, Glühkasten *m*, Glühkiste *f*, Glühtopf *m*, Tempertopf *m {Met}*
annealing can *s.* annealing box
annealing color Anlaßfarbe *f*, Anlauffarbe *f*, Einbrennfarbe *f {Met}*
annealing condition Temperbedingung *f {Met}*
annealing effect Anlaßwirkung *f*
annealing for segregation Ausscheidungsglühen *n {Met}*

annealing furnace Glühofen *m*, Adoucierofen *m*, Ausglühflammofen *m*, Auswärmeofen *m*, Temperofen *m*, Vorglühofen *m* *{Met}*; Kühlofen *m* *{Glas}*
annealing hearth Glühherd *m*
annealing installation Glühanlage *f*
annealing lacquer Anlauflack *m*, Einbrennlack *m*
annealing method Glühverfahren *n*
annealing oil Härteöl *n*, Anlaßöl *n*, Vergüteöl *n*
annealing oven *s.* annealing furnace
annealing period Temperzeit *f*
annealing point Kühlpunkt *m*, 15-Minuten-Entspannungstemperatur *f*, obere Entspannungstemperatur *f*
annealing process Temperverfahren *n*, Glühfrischverfahren *n*, Glühverfahren *n*
annealing temperature Anlauftemperatur *f*, Glühtemperatur *f*, Anlaßtemperatur *f*, Temper-Temperatur *f*; oberer Kühlpunkt *m*, Entspannungstemperatur *f* *{Glas}*
annealing tests Aufheizprüfungen *fpl*, Ausheizprüfungen *fpl*
annealing time Temperzeit *f*, Glühdauer *f*
annero[e]dite Annerödit *m* *{Min}*
annex/to anfügen, beifügen; annektieren
annex 1. Anhang *m*, Beilage *f*; Nachtrag *m*; 2. Anbau *m*
annidalin Annidalin *n*, Thymoliodid *n*
annihilate/to vernichten, vertilgen, zerstrahlen *{Nukl}*
annihilation Annihilation *f*, Paarvernichtung *f*, Paarzerstrahlung *f*, Vernichtung *f* *{Nukl}*
annite Annit *m* *{Min}*
anniversary Jahrestag *m*
anniversary publication Jubiläumsschrift *f*
annivite Annivit *m* *{Min}*
announce/to ankündigen, anmelden, anzeigen, bekanntgeben
announcement Bekanntmachung *f*
annual general meeting Jahreshauptversammlung *f*
annual meeting Jahresversammlung *f*
annual throughput Jahresdurchsatz *m*
annul/to annullieren, vernichten; aufheben
annular ringförmig, kreisförmig
annular burner Ringbrenner *m*
annular electrode Ringelektrode *f*, ringförmige Elektrode *f*
annular flow Ringströmung *f*
annular furnace Ringofen *m*
annular gap Diffusionsspaltfläche *f*
annular jet pump Ringdüsendampfstrahlpumpe *f* *{Vak}*
annular kiln Ringofen *m*
annular magnet Ringmagnet *m*
annular oven Ringofen *m*
annular piston pump Kreiskolbenpumpe *f*
annular piston valve Ringkolbenventil *n*
annular specimen Ringprobe *f*
annular tensile strength Ringzugfestigkeit *f*
annular valve Ringventil *n*
annulene <$(CH)_{2m}$> Annulen *n*, Cycloalkapolyen *n*
annulment Nichtigerklärung *f* *{Patent}*
annulus Ring *m*, Kreisring *m*; Ringrohr *n*, Mantelrohr *n*
annunciation Gefahrenmeldung *f*
anode Anode *f*, positive Elektrode *f*, positiver Pol *m*; Sauerstoffpol *m* *{Tech}*
anode bag Anodenbeutel *m*
anode bar Anodenstange *f*
anode basket Anodenkorb *m*
anode battery Anodenbatterie *f*
anode-brighten/to elektrolytisch polieren
anode butt Anodenstumpf *m*
anode cage Anodenkorb *m*
anode clamp Anodenklemme *f*
anode compartment Anodengehäuse *n*
anode copper Anodenkupfer *n*
anode-dark space Anodendunkelraum *m*, anodischer Dunkelraum *m*
anode discharge Anodenentladung *f*
anode dissipation Anodenverlustleistung *f*
anode distance Anodenabstand *m*
anode drop Anodenfall *m*
anode effect Anodeneffekt *m*
anode efficiency anodische Stromausbeute *f*, Stromausbeute *f* an der Anode
anode grid Anodengitter *n*
anode holder Anodenhalter *m*
anode layer anodische Schicht *f*
anode loading Anodenbelastung *f*
anode mud Anodenschlamm *m*
anode nickel Anodennickel *n*
anode-plate current Anodenstrom *m*
anode potential Anodenspannung *f*
anode ray Anodenstrahl *m*
anode rectification Anodengleichrichtung *f*
anode region Anodenraum *m*
anode slime Anodenschlamm *m*
anode sludge Anodenschlamm *m*
anode sponge Anodenschwamm *m*
anode spot Anodenfleck *m*
anode terminal Anodenklemme *f*
anode volatilization Anodenzerstäubung *f*
anodic anodisch; Anoden-
anodic cleaning anodische Reinigung *f*
anodic coating 1. Anodisieren *n*; 2. anodischer Überzug *m*, Anodisierschicht *f*
anodic corrosion protection anodischer Korrosionsschutz *m* *{DIN 50900}*
anodic current *{IUPAC}* Anodenstrom *m*
anodic dissolution anodische Auflösung *f*
anodic etching elektrolytisches Anätzen *n*, anodisches Ätzen *n*

anodic glow Anodenglimmhaut *f*, anodische Glimmhaut *f*
anodic inhibitor anodischer Inhibitor *m*
anodic metal coating Anodenüberzug *m*
anodic oxidation anodische Oxidation *f*, Anodisieren *n*
anodic oxidation bath Eloxierbad *n*
anodic passivation anodische Passivierung *f*, elektrochemische Passivierung *f*
anodic reaction Anodenreaktion *f*
anodic treatment Eloxieren *n*, Eloxierung *f*
anodically oxidized electrode eloxierte Elektrode *f*
anodization anodische Oxidation *f*, anodische Behandlung *f*, Eloxieren *n*
anodize/to eloxieren, anodisch behandeln, elektrochemisch oxidieren, elektrolytisch oxidieren *{Met}*
anodizing Eloxalverfahren *n*, Eloxierung *f*, Eloxieren *n*, anodische Oxidation *f*, Anodisieren *n* *{DIN 50902}*, anodische Behandlung *f*
anodizing bath Eloxierbad *n*
anodizing plant Eloxieranlage *f*
anoint/to einsalben, einölen
anol Anol *n*, Hexahydrophenol *n*, Cyclohexanol *n*
anolyte Anodenflüssigkeit *f*, Anolyt *m*, Anodenlösung *f*
anomalous abweichend, anomal, anormal, abnormal, regelwidrig; ungewöhnlich, außerordentlich, normwidrig
anomalous dispersion anormale Dispersion *f* *{Spek}*
anomalous term anormaler Term *m* *{Spek}*
anomalous valence anomale Valenz *f*
anomaly Anomalie *f*, Abnormität *f*, Abweichung *f*, Unregelmäßigkeit *f*, Regelwidrigkeit *f*
anomer Anomer *n*
anomeric anomer
anomeric center Anomeriezentrum *n* *{chirales C-Atom im Zuckermolekül}*
anomeric configuration anomere Konfiguration *f*
anomeric effect anomerer Effekt *m*
anomite Anomit *m* *{Min}*
anophorite Anophorit *m* *{Min}*
anorectic Appetitzügler *m*, Anorektikum *n*, Abmagerungsmittel *n*
anorexigenic Appetitzügler *m*, Anorektikum *n*, Abmagerungsmittel *n*
anorthic triklin *{Krist}*
anorthite Anorthit *m*, Christianit *m*, Kalkfeldspat *m* *{Min}*
anorthoclase Anorthoklas *m*, Soda-Mikrolin *m*, Paraorthoklas *m* *{Min}*
anorthosite Anorthosit *m*, Labradorfels *m*
anoxybiosis Anaerobiose *f*, Anoxybiose *f*
ansa compound Ansa-Verbindung *f*, Cyclophan *n* *{Stereochem}*
anserine Anserin *n* *{Dipeptid}*
answer Antwort *f*, Bescheid *m*; Facit *n* *{Math}*
ant oil *s*. furaldehyde
antacid 1. säurewidrig, Säure neutralisierend; 2. Antazidum *n* *{Pharm}*
antagonism Antagonismus *m*, Gegenwirkung *f*
antagonist Antagonist *m*, Gegenmittel *n*
antagonistic antagonistisch, entgegenwirkend, gegenwirkend
antarthritic Arthritismittel *n* *{Pharm}*
antecede/to vorausgehen
antennal protein Antennenprotein *n* *{z.B. der Motte}*
anthathrone Anthathron *n*
anthelmintic 1. wurmvertilgend, anthelmintisch, wurmvertreibend, wurmwidrig; 2. Anthelminthikum *n*, Wurmmittel *n*, wurmwidriges Mittel *n* *{Pharm}*
anthemane Antheman *n*, *n*-Octadecan *n* *{IUPAC}*
anthemol Anthemol *n*, Anthemolcampher *m*
anthochroite Anthochroit *m* *{Min}*
anthocyan Anthocyan *n*
anthocyanidin Anthocyanidin *n*
anthocyanin Anthocyanin *n*
anthophyllite Anthophyllit *m* *{Min}*
anthosiderite Anthosiderit *m* *{Min}*
anthoxanthin Anthoxanthin *n*, Blumengelb *n*
anthracene <$C_{14}H_{10}$> Anthracen *n*
anthracene blue Alizarinblau *n*, Anthracenblau *n*
anthracene brown Alizarinbraun *n*
anthracene dye Anthracenfarbstoff *m*
anthracene oil Anthracenöl *n*
anthracene pitch Anthracenpech *n*
anthracene red Anthracenrot *n*
anthracene tetrone Anthradichinon *n*
anthracene yellow C Anthracengelb C *n*
anthracenecarboxylic acid Anthroesäure *f*, Anthracenmonocarbonsäure *f*
anthrachrysone Anthrachryson *n*
anthracine 1. *s*. anthracene; 2. Anthracin *n* *{Ptomain des Anthrax-Bazillus}*
anthracite Anthrazit *m*, Anthrazitkohle *f*, Fettkohle *f*, Glanzkohle *f*, Kohlenblende *f*, Steinkohle *f* *{2-8% flüchtige Stoffe}*
anthracite diamond Carbonado *m* *{Min}*
anthracite-pig iron Anthrazitroheisen *n*
anthracitic anthrazitartig, anthrazithaltig, anthrazitisch
anthracitization Anthrazitbildung *f*; abschließende Inkohlung *f*
anthracitoid anthrazitartig
anthracometer Kohlensäuremesser *m*
anthraconite Anthrakonit *m*, Kohlenkalkspat *m*, Kohlenspat *m*, Stinkkalk *m*, Stinkstein *m* *{Min}*

anthracyl- Anthracyl-, Anthrazyl-

anthradiol <$C_{14}H_{10}O_2$> Anthradiol *n* *{IUPAC}*, Dihydroxyanthracen *n*

anthradiquinone Anthradichinon *n*, Anthracentetron *n*

anthraflavic acid Anthraflavinsäure *f*, 2,6-Dihydroxyanthrachinon *n*

anthraflavine Anthraflavin *n*

anthraflavone Anthraflavon *n*

anthrafuchsone Anthrafuchson *n*

anthragallol Anthragallol *n*, Alizarinbraun *n*, 1,2,3-Trihydroxyanthrachinon *n*

anthrahydroquinone <$C_{14}H_{10}O_2$> Anthrahydrochinon *n*, Oxanthranol *n*, Anthracendiol *n*

anthraldehyde Anthraldehyd *m*

anthralin <$C_{14}H_{10}O_3$> *{USP, BP}* Anthralin *n*, Anthracen-1,8,9-triol *n*

anthramine Anthramin *n*, Aminoanthracen *n*

anthranil Anthranil *n*, Anthroxan *n*, *o*-Aminobenzoesäurelactam *n*

anthranil aldehyde Anthranilaldehyd *m*, 2-Aminobenzaldehyd *m*

anthranilic acid <$H_2NC_6H_4COOH$> Anthranilsäure *f*, *o*-Aminobenzoesäure *f*

anthranilic acid lactam *s.* anthranil

anthranol <$C_{14}H_{10}O$> Anthranol *n*, 9-Hydroxyanthracen *n* *{IUPAC}*

anthranone Anthranon *n*, Anthron *n*

anthranyl- Anthranyl-

anthraphenone Anthraphenon *n*

anthrapurpurin <$C_{14}H_8O_2$> Anthrapurpurin *n*, 1,2,7-Trihydroxy-9,10-anthrachinon *n*, Purpurin *n*

anthrapyridine Anthrapyridin *n*, Benz[γ]isochinidin *n*

anthraquinoketene Anthrachinoketen *n*

anthraquinoline Anthrachinolin *n*, Naphthochinolin *n*

anthraquinone <$C_{14}H_8O_2$> Anthrachinon *n*, Diphenylendiketon *n* *{obs}*, 9,10-Dioxodihydroanthracen *n*, Anthracen-9,10-dion *n*

anthraquinone acridine Anthrachinonacridin *n*, Naphthacridindion *n*

anthraquinone derivative Anthrachinonabkömmling *m*, Anthrachinonderivat *n*

anthraquinone dye Anthrachinonfarbstoff *m*

anthraquinone fluoresceine Anthrachinonfluorescein *n*

anthraquinonedisulfonic acid Anthrachinondisulfonsäure *f*

anthraquinonesulfonic acid Anthrachinonsulfonsäure *f*, Alizarinsulfonsäure *f*, Betasäure *f*

anthrarobin Anthrarobin *n*, Cignolin *n* *{HN}*, Desoxyalizarin *n*, Leukoalizarin *n*, Dioxyanthranol *n*, 1,2,10-Anthracentriol *n*

anthrarufin Anthrarufin *n*, 1,5-Dihydroxyanthrachinon *n* *{IUPAC}*

anthratetrol Tetrahydroxyanthracen *n*

anthrazine Anthrazin *n*, Anthracendiazin *n*, Dinaphthophenazin *n*

anthroic acid Anthroesäure *f*, Anthracencarbonsäure *f*

anthrol Anthrol *n*, 9-Hydroxyanthracen *n*, Anthran-9-ol *n*

anthrone <$C_{14}H_{10}O$> Anthron *n*, Anthranon *n*

anthropogenic anthropogen, menschenbedingt, durch Menschen *mpl* ausgelöst

anthroxan Anthroxan *n*, Anthranil *n*

anthroxan aldehyde Anthroxanaldehyd *m*

anthroxanic acid Anthroxansäure *f*

anthryl- Anthranyl-, Anthryl-

anthrylamine Anthrylamin *n*

anti-abrasive coating Verschleißschutzbelag *m*

anti-ager *{US}* Alterungsschutzmittel *n*

anti-agglutinin Antiagglutinin *n*

anti-aggressin Antiaggressin *n*

anti-ageing agent Alterungsschutzmittel *n*

anti-aging dope Alterungsschutzstoff *m*

anti-allergic agent Antiallergikum *n*

anti-emetic Antiemetikum *n* *{Pharm}*

anti-enzyme Antienzym *n*, Antiferment *n*, Enzyminhibitor *m*, Enzymgift *n*

anti-icing agent *s.* anti-icing additive

anti-icing additive Gefrierinhibitor *m* *{DIN 51436}*, Gefrierschutzmittel *n*, Frostschutzmittel *n*, Vereisungsinhibitor *m*, Deicer *m*, Anti-icing-Mittel *n*

anti-icing fluid Vereisungsschutzflüssigkeit *f*

anti-idiotypic vaccine anti-idiotypischer Impfstoff *m*

anti-immune immunitätshemmend

anti-incrustant Kesselstein[gegen]mittel *n*

anti-osmosis Antiosmose *f*

anti-oxidant 1. oxidationsverzögernd; 2. Antioxidationsmittel *n*, Alterungsschutzmittel *n*, Antioxidans *n* *{pl. Antioxidantien; DIN 53501}*, Antioxygen *n*, Oxidationsinhibitor *m*, Oxidationsschutzmittel *n*, Oxidationsverhinderer *m*

anti-oxidant additive Antioxidationsadditiv *n*, Wirkstoff *m* zur Steigerung der Oxidationsbeständigkeit *{von Kraftstoffen}*

anti-oxidant substances antioxidierend wirkende Stoffe *mpl*, Alterungsschutzmittel *npl* *{DIN 53501}*

anti-oxidizing agent *s.* anti-oxidant

anti-oxygen *s.* anti-oxidant

anti-ozonant Antiozonisator *m*, Ozonschutzmittel *n*, Antiozonans *n* *{DIN 53501}*

anti-stokes lines Antistokes'sche Linien *fpl* *{Spek}*

antialbumose Antialbumose *f*

antiarin <$C_{29}H_{42}O_{11}$> Antiarin *n*

antiarose Antiarose *f*

antibacterial antibakteriell, bakterienfeindlich,

bakterienwachstumshemmend, bakterienhemmend
antibacterial agent Bakterienschutzmittel *n*, bakterienhemmendes Mittel *n*
antibaryon Antibaryon *n*
antibase Antibase *f*
antibiotic 1. antibiotisch; 2. Antibiotikum *n* {*pl. Antibiotika*}, antibiotisches Heilmittel *n*
antiblocking das Zusammenbacken *n* verhindernd
antiblocking agent Antihaftmittel *n*, Antiblockiermittel *n* {*Stoff zur Vermeidung unerwünschten Zusammenklebens von Kunststoffen*}, Fließhilfsmittel *n* {*Puder*}
antiblocking effect Antiblockeffekt *m*, Antiblockwirkung *f*
antibody Abwehrstoff *m*, Antikörper *m*, Immunkörper *m*, Abwehrferment *n*
antibody formation Antikörperbildung *f*
antibonding 1. antibindend, bindungslockernd; 2. Lockerung *f*
antibonding electron antibindendes Elektron *n*, lockerndes Elektron *n*
antibonding molecular orbital antibindender Zustand *m*, antibindendes Molekularorbital *n*
antibonding state Antibindungszustand *m*, bindungslockernder Zustand *m*
antibubble [agent] Entlüftungszusatzstoff *m* {*für Lösemittel*}
antibumping spiral Siedeverzugsspirale *f*
anticatalyst Antikatalysator *m*, negativer Katalysator *m*, Hemmstoff *m*, Verzögerer *m*, Passivator *m*, Katalysatorgift *n*
anticatalytic antikatalytisch, die Katalyse *f* verhindernd
anticatalyzer Antikatalysator *m*, negativer Katalysator *m*, Hemmstoff *m*, Verzögerer *m*, Passivator *m*, Katalysatorgift *n*
anticathode Antikathode *f*, Gegenkathode *f*
antichlor Antichlor *n*
anticipate/to erwarten
anticipated value Erwartungswert *m*
anticlinical conformation {*IUPAC*} antiklinale Konformation *f*, teilweise verdeckte Konformation *f* {*±120°*}
anticlockwise entgegen dem Uhrzeigersinn, linksdrehend
anticoagulant 1. gerinnungshemmend; 2. Antikoagulier[ungs]mittel *n*, Antikoagulans *n*, gerinnungshemmendes Mittel *n*
anticoagulation agent Koagulierschutzmittel *n*
anticodon Antikodon *m* {*Gen*}
anticoincidence Antikoinzidenz *f*, Antivalenz *f*
anticondensation paint Antikondensationsfarbe *f*, kondensationsmindernder Anstrichstoff *m*
anticonfiguration Antistellung *f*
anticonformation *s.* fully staggered conformation
anticonvulsant Krampflösemittel *n*, krampflinderndes Mittel *n*
anticorrosion additive Korrosionsschutzmittel *n*, Antikorrosionsadditiv *n*
anticorrosion oil Korrosionsschutzöl *n*, Rostschutzöl *n* {*DIN 51357*}
anticorrosion paint Rostschutzfarbe *f*, Korrosionsschutzanstrich *m*
anticorrosive 1. korrosionsverhindernd, rostverhütend, korrosionshemmend; Korrosionsschutz-; 2. Antikorrosionsmittel *n*, Korrosionsschutz *m*, Rostschutz *m*
anticorrosive agent Korrosionsschutzmittel *n*, Rostschutzmittel *n*
anticorrosive coating Korrosionsschutzanstrich *m*, Rostschutzanstrich *m*
anticorrosive effect Korrosionsschutz *m*, Rostschutzwirkung *f*
anticorrosive foil Korrosionsschutzfolie *f*
anticorrosive paint Korrosionsschutzfarbe *f*, Eisenschutzfarbe *f*, Korrosionsschutzlack *m*, Korrosionsschutzanstrich *m*
anticorrosive pigment Korrosionsschutzpigment *n*, Rostschutzpigment *n*
anticorrosive primer Korrosionsschutzgrundierung *f*, Rostschutzgrundierung *f*
anticorrosive priming system Grundiersystem *n* für Korrosionsschutzbeschichtungen *fpl*, Vorstreichsystem *n* für Korrosionsschutzschichten, Korrosionsschutzgrundiersystem *n*
anticorrosive properties Korrosionsschutzeigenschaften *fpl*
anticorrosive varnish Eisenschutzlack *m*
anticracking varnish Kriechspur-Schutzanstrich *m*
anticrackle agent Stoff *m* zur Verhinderung *f* von Eisblumenstrukturen *fpl* {*in Anstrichschichten*}
anticreaming agent Hautverhinderungsmittel *n*, Antihautbildungsmittel *n* {*Farbe*}
anticreep barrier Kriechsperre *f*, Ölkriechsperre *f* {*Vak*}
antidepressant Aufmunterer *m*, Antidepressivum *n* {*Pharm*}
antidetonant Klopffestigkeitsmittel *n*, Gegenklopfmittel *n*, Klopfbremse *f*
antideuteron Antideuteron *n*
antidiabetic Antidiabetikum *n* {*Pharm*}
antidiazo compounds <RN=NOM'> Antidiazotate *npl*, (E)-Diazotate *npl*
antidiffusion screen Buckyblende *f*, Streustrahlenblende *f*
antidisintegrating abbauverhindernd
antidiuretic 1. antidiuretisch; 2. Antidiuretikum *n* {*Pharm*}

antidiuretic hormon antidiuretisches Hormon *n*, ADH, Vasopressin *n*
antidotal giftabtreibend
antidote Antidot *n*, Gegengift *n*, Gegenmittel *n*, Giftmittel *n* *{Pharm}*
antidrumming lacquer Antidröhnlack *m*
antifeedant fraßverhinderndes Mittel *n* *{gegen Schadinsekten}*
antiferment Antiferment *n*, Antienzym *n*, Enzyminhibitor *m*, Enzymgift *n*
antifermentative gärungshemmend, gärungsverhindernd, gärungswidrig
antiferroelectric antiferroelektrisch
antiferroelectricity Antiferroelektrizität *f*
antiferroelectrics Antiferroelektrika *npl*
antiferromagnetic Antiferromagetnikum *n*
antiferromagnetic exchange integral Heisenbergsches Austauschintegral *n*
antiferromagnetism Antiferromagnetismus *m* *{Krist}*
antifertility agent Antifertilitätspräparat *n*, Ovulationshemmer *m* *{Pharm}*
antifibrinolysin Antifibrinolysin *n*, AFL
antifibrinolysin test Antifibrinolysintest *m* *{Med}*
antiflex cracking agent Ermüdungsschutzmittel *n*
antiflex cracking properties Ermüdungsschutz *m*
antiflooding agent Stoff *m* zur Verhinderung *f* des Ausschwimmens *n* *{von Anstrichmittelbestandteilen}*, Anti-Ausschwimmittel *n*
antiflotation agent Ausschwimmverhütungsmittel *n*, Anti-Ausschwimmittel *n*
antifluorite lattice Antiflußspatgitter *n*
antifoam additive *s.* antifoaming agent
antifoam medium (reagent) *s.* antifoaming agent
antifoamant Antischaummittel *n*, Schaumverhütungsmitel *n*, Antischaummittel *n*, Schaumverhinderungsmittel *n*
antifoam[er] *s.* antifoaming agent
antifoaming agent Schaumverhütungsmittel *n*, Antischaummittel *n*, Schaumverhinderungsmittel *n*, Entschäumungsmittel *n*, Schaumdämpfungsmittel *n*, Antischäumer *m*, Entschäumer *m*, Demulgator *m*, Antischaum-Additiv *n*
antifoaming emulsion Schaumverhütungsemulsion *f*, Antischaumemulsion *f*
antifogging agent Beschlagverhinderungsmittel *n*, Klarsichtmittel *n* *{Glas}*, Antischleiermittel *n* *{Photo}*; Entnebelungsmittel *n*, schleierverhinderndes Mittel *n*
antifouling fäulnisverhindernd, fäulnisverhütend, fäulniswidrig
antifouling coat Holzschutzanstrich *m*
antifouling composition *s.* antifouling paint
antifouling paint Antifäulnisfarbe *f*, Bodenanstrich *m* *{Schiff}*, Unterwasseranstrich *m*, Antifouling-Komposition *f*, Antifoulingfarbe *f*, Antifouling-Anstrichmittel *n* *{anwuchsverhindernde Unterwasseranstrichfarbe}*
antifreeze Frostschutz *m*; Frostschutzmittel *n*, Gefrierschutzmittel *n*, Kälteschutzmittel *n* *{obs}*
antifreezing kältebeständig
antifreezing agent *s.* antifreeze
antifreezing property Kältebeständigkeit *f*, Frostbeständigkeit *f*
antifriction reibungsmindernd; reibungslos
antifriction alloy Lagerlegierung *f*
antifriction bearing grease Wälzlagerschmierfett *n*
antifriction lacquer Gleitlack *m*
antifriction metal Antifriktionsmetall *n*, Lagermetall *n*, Weißmetall *n*, Zapfenlagermetall *n*, Gleitlagermetall *n*
antifriction varnish coating Gleitlackbeschichten *n*
antifrostbite Frostsalbe *f* *{Pharm}*
antifroth *s.* antifoaming agent
antifroth oil Schaumdämpfungsöl *n*, Schaumdämpfungsmittel *n*, Antischaumöl *n*
antifrothing agent *s.* antifoaming agent
antifungal pilzwidrig, fungizid [wirksam], pilztötend, antimykotisch
antifungal agent Fungizid *n*, Antimykotikum *n*
antigelling agent Gelverhütungsmittel *n*
antigen Antigen *n*, Antigenkörper *m*
antigen-antibody reaction Antigen-Antikörper-Reaktion *f*
antigenic antigen
antigenicity Antigenität *f*, Antigenizität *f*
antigorite Antigorit *m*, Blätterserpentin *m*, Marmolit *m* *{Min}*
antigrowth substance Antiwuchsstoff *m*
antihalation coating Lichthofschutzschicht *f*, Schutzschicht *f* gegen Lichthofbildung *f* *{Photo}*
antihemophilic globulin antihämophiler Faktor *m*, Faktor VIII *m*, antihämophiles Globulin *n*, AHG, AHF
antihemorrhagic antihämorrhagisch, blutstillend
antihistamin[e] Antihistamin *n*, Antihistaminprärparat *n*, Antihistaminikum *n* *{Pharm}*
antihormone Antihormon *n*, Gegenhormon *n*
antiknock klopffest, klopffrei
antiknock additive Antiklopfmittel *n*, Gegenklopfmittel *n*, Klopfbremse *f*, Oktanzahlverbesserer *m*
antiknock agent *s.* antiknock additive
antiknock compound *s.* antiknock additive
antiknock fuel Antiklopfbrennstoff *m*, klopffester Brennstoff *m*
antiknock property Antiklopfeigenschaft *f*, Klopffestigkeit *f*

antiknock value Oktanwert *m*, Klopfwert *m*
antilaser goggles Laserschutzbrille *f*
antilivering agent Eindickungsverhinderungsstoff *m*, Eindick[ungs]verhinderungsmittel *n*
antilogs optische Antipoden *mpl*
antilysin Antilysin *n*
antimagnetic antimagnetisch
antimalarial drug Malariabekämpfungsmittel *n*, Malariaheilmittel *n*
antimatter Antimaterie *f*
antimer 1. antilog, antimer, enantiomer; 2. Spiegelbildisomer *n*, Enantiomer *n*, optisches Isomer *n*, optischer Antipode *m*, Antimer *n*
antimetabolite Antimetabolit *m*
antimicrobial antimikrobiell, antimikrobisch; keimtötend *{Triv}*
antimicrobial agent Konservierungsmittel *n*
antimicrobial finish antimikrobielle Ausrüstung *f* *{Text}*
antimicrobic bakterienwachstumshemmend
antimigration Kriechsperre *f*, Ölkriechsperre *f* *{Vak}*
antimigration agent Versteifungsmittel *n* *{Nahrung}*
antimildew agent Antischimmelmittel *n*, Verrottungsschutzmittel *n*
antimist agent Antibeschlagstoff *m*
antimonate 1. antimonsauer; 2. Antimonat *n*, Antimoniat *n*, Stibiat *n*
antimonial antimonartig, antimonhaltig, antimonig, spießglanzartig *{Min}*
antimonial cinnabar Antimonzinnober *m*, Antimonkarmin *n* *{Min}*
antimonial copper glance Antimonkupferglanz *m* *{Min}*
antimonial gray copper Antimonfahlerz *n*, Tetraedrit *m* *{Min}*
antimonial lead Antimon[al]blei *n*, Hartblei *n* *{85% Pb/15%Sb}*
antimonial lead ore Rädelerz *n* , Bournonit *m*, Antimonbleiglanz *m*, Bleifahlerz *n*, Schwarzspießglanzerz n *{Min}*
antimonial nickel Antimonnickel *n*, Breithauptit *m*, Hartmannit *m*, Ullmannit *m*, Antimonnikkelglanz *m*, Antimonnickelkies *m* *{Min}*
antimonial silver Antimonsilber *n*, Dyskrasit *m*, Spießglanzsilber *n* *{Min}*
antimonial wine Brechwein *m*
antimoniate *s.* antimonate
antimonic 1. Antimon-; 2. Antimon(V)-; antimonsauer; antimonisch
antimonic acid <$HSb(OH)_6$> Antimon(V)-säure *f*
antimonic anhydride Antimonsäureanhydrid *n*
antimonic chloride Antimon(V)-chlorid *n* *{IUPAC}*, Antimonpentachlorid *n* *{IUPAC}*, Chlorspießglanz *m* *{Min}*
antimonic oxide Antimonpentoxid *n*, Diantimonpentoxid *n*, Antimon(V)-oxid *n* *{IUPAC}*
antimonic sulfide Antimonpentasulfid *n*, Antimon(V)-sulfid *n* *{IUPAC}*, Diantimonpentasulfid *n* *{IUPAC}*; Antimonsafran *m* *{Triv}*, Goldschwefel *m* *{Triv}*
antimoniferous antimonhaltig
antimonine <$(CH_3CH(OH)COO)_3Sb$> Antimonin *n*, Antimonlactat *n*
antimonious *s.* antimonous
antimonite 1. antimonigsauer; 2. Antimonat(III) *n*; Antimonglanz *m*, Antimonit *m*, Grauspießglanz *m*, Stibnit *m* *{Min}*
antimonous antimonig; Antimon(III)-
antimonous acid antimonige Säure *f*
antimonous anhydride Antimonigsäureanhydrid *n*
antimonous chloride <$SbCl_3$> Antimontrichlorid *n*, Antimon(III)-chlorid *n*, Antimonbutter *f* *{Triv}*
antimonous hydride <SbH_3> Stibin *n* *{IUPAC}*, Antimonhydrid *n*
antimonous iodide Antimontriiodid *n*
antimonous oxalate Antimonyloxalat *n*
antimonous oxide <Sb_2O_3> Antimontrioxid *n*, Diantimontrioxid *n* *{IUPAC}*, Antimon(III)-oxid *n* *{IUPAC}*; Antimonblüte *f* *{Triv}*, Weißspießglanz *m* *{Min}*
antimonous oxysulfide Antimonsafran *m*
antimonous sulfide <Sb_2S_3> Antimon(III)-sulfid *n*, Antimonsulfür *n* *{obs}*, Antimontrisulfid *n*; Grauspießglanz *m*, Stibnit *m* *{Min}*
antimony *{Sb; element no. 51}* Antimon *n*, Stibium *n* *{Lat}*
antimony alloy Antimonlegierung *f*
antimony amalgam Antimonamalgam *n*
antimony arsenide Arsen[ik]antimon *n*; Allemontit *m* *{Min}*
antimony ash Spießglanzasche *f*, Antimonoxid *n*
antimony bath Antimonbad *n*
antimony blende Antimonblende *f*, Rotspießglanzerz *n*, Spießblende *f* *{Min}*
antimony bloom Antimonblüte *f*, Valentinit *n* *{Min}*
antimony bromide *s.* antimony tribromide
antimony chloride *s.* antimony trichloride and/or antimony pentachloride
antimony fluoride *s.* antimony trifluorid and/or antimony pentafluoride
antimony glance Antimonglanz *m*, Grauspießglanzerz *n*, Stibnit *m*, Antimonit *m* *{Min}*
antimony hydride <SbH_3> Stibin *n* *{IUPAC}* Antimonhydrid *n*, Stiban *n*, Antimonwasserstoff *m*
antimony iodide *s.* antimony triiodide and/or antimony pentaiodide

antimony lactate <$(CH_3CHOHCOO)_3Sb$> Antimonlactat *n*, Antimonin *n*, milchsaures Antimon *n {obs}*
antimony lead sulfide Schwefelantimonblei *n {obs}*, Boulangerit *m*, Antimonbleiblende *f*, Spießglanzfedererz *n {Min}*
antimony mirror Antimonspiegel *m {Anal}*
antimony nitrate Antimonnitrat *n*
antimony ocher Antimonocker *m*, Spießocker *m*, Stibiconit *m {Min}*
antimony orange Antimonorange *n*
antimony oxalate Antimonoxalat *n*
antimony oxide *s.* antimony trioxide and/or antimony pentoxide
antimony oxychloride Antiomonoxychlorid *n*, Algarotpulver *n*
antimony pentachloride <$SbCl_5$> Antimonpentachlorid *n {IUPAC}*, Antimon(V)-chlorid *n {IUPAC}*, Antimonperchlorid *n {Triv}*, Fünffachchlorantimon *n {obs}*
antimony pentafluoride <SbF_5> Antimonpentafluorid *n {IUPAC}*, Antimon(V)-fluorid *n {IUPAC}*
antimony pentaiodide <SbI_5> Antimonpentaiodid *n {IUPAC}*, Antimon(V)-iodid *n {IUPAC}*
antimony pentasulfide <Sb_2S_5> Antimonpentasulfid *n*, Diantimonpentasulfid *n {IUPAC}*, Antimon(V)-sulfid *n {IUPAC}*, Antimonsupersulfid *n {Triv}*, Fünffachschwefelantimon *n {obs}*
antimony pentoxide <Sb_2O_5> Antimonpentoxid *n*, Antimonsäureanhydrid *n {Triv}*, Diantimonpentoxid *n {IUPAC}*, Antimon(V)-oxid *n {IUPAC}*
antimony potassium tartrate <$K[C_4H_2O_6\text{-}Sb(OH_2)]\cdot 0{,}5H_2O$> Antimonkaliumtartrat *n*, Brechweinsten *m {Triv}*, Antimonylkaliumtartrat *n*, Kaliumantimon(III)-oxidtartrat *n*
antimony sesquioxide Antimonsesquioxid *n {obs}*, Animon(III)-oxid *n {IUPAC}*
antimony sodium tartrate Natriumbrechweinstein *m {Triv}*, Plimmer-Salz *n {Triv}*
antimony sulfide 1. <Sb_2S_3> Antimon(III)-sulfid *n*, Antimontrisulfid *n*; 2. <Sb_2S_5> Antimonpentasulfid *n*, Antimon(V)-sulfid *n*, Schwefelantimon *n {Triv}*
antimony sulphuret *{obs}* *s.* antimonous sulfide
antimony tetroxide <Sb_2O_4> Antimontetroxid *n*, Antimon(III,V)-oxid *n {IUPAC}*
antimony tribromide <$SbBr_3$> Antimontribromid *n*, Antimon(III)-bromid *n {IUPAC}*; Bronzespießglanz *m {Min}*
antimony trichloride <$SbCl_3$> Antimontrichlorid *n*, Antimon(III)-chlorid *n {IUPAC}*, Antimonchlorür *n {obs}*, Dreifachchlorantimon *n {obs}*, Antimonbutter *f {Triv}*
antimony trifluoride <SbF_3> Antimontrifluorid *n*, Antimon(III)-fluorid *n {IUPAC}*
antimony triiodide <SbI_3> Antimontriiodid *n*, Antimonjodür *n {obs}*, Antimon(III)-iodid *n {IUPAC}*
antimony trimethyl Trimethylstibin *n*
antimony trioxide <Sb_2O_3> Antimontrioxid *n*; Antimonigsäureanhydrid *n*, Spießoxid *n {obs}*, Diantimontrioxid *n {IUPAC}*, Antimon(III)-oxid *n {IUPAC}* Senarmontit *m {Min}*
antimony triphenyl Triphenylstibin *n*
antimony trisulfide <Sb_2S_3> Antimontrisulfid *n*, Antimonsulfür *n {obs}*, Schwefelantimon *n {obs}*, Antimon(III)-sulfid *n {IUPAC}*
antimony vermillion Kermes *m*, Antimonkarmin *n*, Antimonzinnober *m*
antimony white <Sb_2O_3> Antimonweiß *n*, Spießweiß *n*, Antimontrioxid *n*, Antimon(III)-oxid *n {IUPAC}*
antimony yellow Antimongelb *n*, Neapelgelb *n*; Bleiantimonat(V) *n*
antimony(III) chloride <$SbCl_3$> Antimonbutter *f {Triv}*, Antimonchlorür *n {obs}*, Antimontrichlorid *n {IUPAC}*, Antimon(III)-chlorid *n {IUPAC}*
antimony(III) iodide <SbI_3> Antimon(III)-iodid *n {IUPAC}*, Antimontriiodid *n {IUPAC}*
antimony(III) oxide <Sb_2O_3> Antimontrioxid *n*, Antimonigsäureanhydrid *n*, Antimon(III)-oxid *n {IUPAC}*
antimony(III) sulfide <Sb_2S_3> Antimontrisulfid *n*, Antimonsulfür *n {obs}*, Diantimontrisulfid *n {IUPAC}*, Antimon(III)-sulfid *n {IUPAC}*
antimony(V) chloride <$SbCl_5$> Antimonpentachlorid *n*, Antimonperchlorid *n {Triv}*, Antimon(V)-chlorid *n*, Fünffachchlorantimon *n {obs}*
antimony(V) oxide <Sb_2O_5> Antimonpentoxid *n*, Antimon(V)-oxid *n {IUPAC}*, Diantimonpentoxid *n {IUPAC}*
antimony(V) sulfide <Sb_2S_5> Antimonpentasulfid *n*, Antimonpersulfid *n {Triv}*, Diantimonpentasulfid *n {IUPAC}*, Antimon(V)-sulfid *n {IUPAC}*

antimonyl- <SbO-> Antimonyl-, Antimonoxid-
antimonyl chloride <SbOCl> Antimonylchlorid *n*, Antimon(III)-oxidchlorid *n {IUPAC}*, basisches Antimonchlorid *n {Triv}*
antimonyl oxalate Antimonyloxalat *n*
antimonyl potassium tartrate Antimonylkaliumtartrat *n*, Brechweinstein *m {Triv}*, Kaliumantimon(III)-oxidtartrat *n*
antimonyl salt Antimon(III)-oxidsalz *n*

antimutagen Antimutagen *n*
antimycin Antimycin *n {Antibiotikum}*
antimycotic Antimykotikum *n {Pharm}*
antinarcotic antinarkotisch
antinausea drug Antibrechmittel *n*
antineoplastic agent Antikrebsmittel *n*
antineuralgic Antineuralgikum *n*, Analgetikum *n {Pharm}*

antineutrino Antineutrino *n {Nukl}*
antineutron Antineutron *n {Nukl}*
antinode Schwingungsbauch *m*
antinoise paint Antidröhnlack *m*, schalldämpfende Anstrichfarbe *f*, Schallschlucklack *m*, geräuschdämpfende Anstrichfarbe *f*
antinonnin Antinonnin *n*, Viktoriagelb *n*
antinosin Antinosin *n*, Nosophennatrium *n*
antinucleon Antinukleon *n*
antiparallel antiparallel
antiparasitic Antiparasitikum *n*, Parasitenmittel *n*
antiparticle Antiteilchen *n*, Gegenteilchen *n*, Antipartikel *n {Nukl}*
antipellagra factor Antipellagrafaktor *m*, Niacin *n*, Nicotinsäure *f*
antiperiplanar conformation *{IUPAC}* antiperiplanare Konformation *f*, gestaffelte Konformation *f*, anti-Konstellation *f*, *trans*-Konformation *f*, *trans*-Konstellation *f {C-C-Torsionswinkel 180°}*
antiperspirant 1. transpirationshemmend, schweißlindernd, schweißhemmend; 2. Antitranspirationsmittel *n*, Antischweißmittel *n*, Antihydrotikum *n*, schweißhemmendes Mittel *n*
antiperthite Antiperthit *m {Min}*
antiphase Gegenphase *f {Krist}*
antiphlogistic 1. antiphlogistisch, entzündungshemmend; 2. Antiphlogistikum *n*, entzündungshemmendes Mittel *n*
antipiping compound Lunkcrpulver *n*, Lunkerverhütungsmittel *n {Met}*
antipit agent Porenverhütungsmittel *n*
antiplaque gegen Belagbildung *f*
antiplasticizer Antiweichmacher *m*
antipodal antipodisch, völlig entgegengesetzt
antipodal point Antipodenpunkt *m*
antipode [optischer] Antipode *m*, enantiomorphe Form *f*, Enantiomer[es] *n*, Spiegelbildisomer[es] *n*
antipollution legislation Umweltschutzgesetz *n*
antipollution regulations Emissionsvorschriften *fpl*
antiprism Antiprisma *n {Krist}*
antiproton Antiproton *n {Nukl}*
antiputrefactive fäulnisverhindernd, fäulnishemmend
antipyretic 1. antipyretisch, fiebersenkend, fiebermildernd; 2. Antipyretikum *n*, Fieberarznei *f*, Fiebermittel *n*, fiebersenkendes Mittel *n*, antifebriles Mittel *n {Pharm}*
antirad Strahlungsschutzstoff *m {Nukl}*
antirad additives Strahlenschutzzusatz *m {Gummi}*
antiradiation helmet Strahlenschutzhelm *m*
antireflection coating Antireflexschicht *f*, Antireflexbelag *m*, reflexmindernde Schicht *f*, Entspiegelungsschicht *f*, T-Belag *m*
antireflex coating *s.* antireflection coating
antirot fäulnisverhütend, fäulnishemmend, fäulniswidrig
antirust rostschützend, rostfrei, rostbeständig
antirust agent Rost[schutz]mittel *n*, Rostverhütungsmittel *n*
antirust coating Rostschutzschicht *f*, Rostschutzanstrich *m*
antirust lacquer Rostschutzlack *m*
antirust paint Rostschutzfarbe *f*, Rostschutzanstrich *m*
antirusting coat *s.* antrust coating
antirusting compound Rostschutzmittel *n*
antisag agent Lackläuferverhinderungsmittel *n*
antiscale-forming agent Kesselsteingegenmittel *n*
antiscaling compound Kesselsteingegenmittel *n*
antiscorbutic antiskorbutisch
antiscuffing compounds Antifreßmittel *npl {Verschiebungen, Gleitbewegungen}*
antiseize agent Mittel *n* gegen Festfressen *n*, Antifreßmittel *n {z.B. Kunststoffe in Preßwerkzeugen}*
antiseize compounds Antifreßmittel *npl {statische Schrauben oder Muttern}*
antiseize paste Antifreßpaste *f*
antiseizing property Antihafteigenschaft *f*, Trenneigenschaft *f*
antiseptic 1. antiseptisch, fäulnishemmend, fäulnisverhindernd, fäulnisverhütend, fäulniswidrig, gärungshemmend; 2. Antiseptikum *n {Pharm}*, antiseptisches Mittel *n*, Fäulnismittel *n*, keimtötendes Mittel *n*, antiseptischer Stoff *m*
antiseptol Antiseptol *n*, Cinchoniniodosulfat *n*
antiserum *{pl. antisera}* Antiserum *n*, Heilserum *n*, Immunserum *n*
antisettling agent Absetzverhinderungsmittel *n*, Absetzverhütungsmittel *n*, Antiabsetzmittel *n*, Schwebemittel *n*, Absetzverhinderer *m*, absetzverhinderndes Mittel *n*
antishatter composition splitterfreies Glas *n*, Sigla-Glas *n*
antishrink process Antischrumpfbehandlung *f {Text}*
antiskid rutschfest, gleitsicher, mit Gleitschutz; Gleitschutz-
antiskid property Rutschfestigkeit *f*
antiskimming agent Antiemulgierungsmittel *n*
antiskinning agent Hautverhütungsmittel *n*, Hautverhinderungsmittel *n*, Hautverhinderer *m*, Antihautbildungsmittel *n*, Lackhautverhinderer *m {Farben}*
antislip gleitsicher, rutschfest, rutschhemmend; Gleitschutz-
antislip coating rutschfester Belag *m*, rutschfester Überzug *m*
antislip paint rutschfeste Farbe *f*
antisoftener Versteifungsmittel *n*

antisoil schmutzabweisend, schmutzabstoßend *{Teppiche und Dekorationsstoffe}*
antisoiling agent Schmutzverhinderungsmittel *n*, schmutzabweisendes Mittel *n {Text}*
antispasmodic 1. krampfstillend; 2. Antispasmodikum *n*, Spasmolytikum *n {Pharm}*, Krampfmittel *n {Triv}*
antistatic 1. antistatisch; 2. Antistatikum *n*, Aufladungsverhinderer *m*
antistatic agent Antistatikum *n*, antistatisches Mittel *n*, Antistatikmittel *n*
antistatic finishing antistatische Appretur *f*, antistatische Ausrüstung *f {Polymer}*
antistatic floor covering antistatischer Fußboden[belag] *m*
antistatic footwear antistatische Fußbekleidung *f*
antistatic rubber *{BS 3353}* antistatischer Gummi *m*
antistatic rubber footwear *{ISO 2251}* antistatische Gummi-Fußbekleidung *f*
antistatic solution Antistatiklösung *f*
antistreptolysin Antistreptolysin *n*, Antistreptohemolysin *n*
antistripping agent Haftmittel *n*
antisymmetric antisymmetrisch, identitiv *{Relation}*
antisymmetry Antisymmetrie *f*
antitarnish 1. anlaufbeständig *{Met}*; 2. Anlaufschutz *m {Putzmittel}*
antitarnishing bath Anlaufschutzbad *n*
antitartar zahnsteinverhindernd
antitetanic serum Antitetanusserum *n*, Tetanusantitoxin *n*
antithesis Gegensatz *m*, Widerspruch *m*
antithetic gegensätzlich, antithetisch, gegensinnig, widersinnig
antithixotropy Antithixotropie *f*
antitoxic giftabtreibend, als Gegengift *n* wirkend, antitoxisch
antitoxic unit Immunitätseinheit *f*, Antitoxineinheit *f*
antitoxin Antitoxin *n*, Gegengift *n*
antitoxin unit Immunitätseinheit *f*, Antitoxineinheit *f*
antitumor agent Cytostatikum *n {Pharm}*
antivacuum Gegenvakuum *n*
antiwear additive Antiverschleißzusatz *m*, verschleißhemmender Zusatz *m*, freßvermindernder Zusatz *m {bei Schmierölen}*, Antiverschleißwirkstoff *m*, Verschleißschutzadditiv *n {Trib}*
antiwear agent *s.* antiwear additive
antiweathering agent Verwitterungsschutzmittel *n*
antizymotic gärungshemmend, gärungsverhindernd, gärungswidrig
antlerite Antlerit *m*, Kupfer(II)-tetrahydroxidsulfat *n {Min}*
antrimolite Antrimolith *m {Min}*
Antwerp blue Antwerpenerblau *n*
anysin Ichthyolsulfonsäure *f*
anzic acid Anziasäure *f*
apatelite Apatelit *m {Min}*
apatite Apatit *m {Min}*
aperiodic aperiodisch, nicht periodisch, unperiodisch
aperiodicity Aperiodizität *f*
aperture Apertur *f*, Öffnung *f*, Schlitz *m*, Mundloch *n*, Spalt *m {Opt}*; Maschenweite *f*, Siebmaschenweite *f*
aperture angle Öffnungswinkel *m*
aperture diaphragm Aperturblende *f*, Kondensorblende *f*
aperture disk Blendenrevolver *m*
aperture for filling Eingußloch *n*
aperture gap Diffusionsspaltfläche *f*
aperture impedance Strömungswiderstand *m* einer Öffnung *f*
aperture of a lens Linsenöffnung *f*, Öffnung *f* der Linse *f*
aperture ratio Öffnungsverhältnis *n*, relative Öffnung *f*, Öffnungszahl *f*
aperture restrictor Meßblende *f*
apertured disk anode Lochscheibenanode *f*
apertured electrode disk Lochelektrode *f {Elektronenmikroskop}*
apex Spitze *f*, Apex *m*, Scheitelpunkt *m*
apex current *{IUPAC}* Spitzenstrom *m*
aphanesite Strahlerz *n*, Aphanesit *m {obs}*, Strahlenkupfer *n*, Kinoklar *m {Min}*
aphanin Aphanin *n {Algenfarbstoff}*
aphanite Aphanit *m*, basaltischer Grünstein *m {Min}*
aphrite Aphrit *m*, Schaumkalk *m*, Schaumspat *m {Min}*
aphrizite Graupenschörl *m {Min}*
aphrodisiac Aphrodisiakum *n {Pharm}*
aphrosiderite Aphrosiderit *m {Min}*
aphthalose Aphthalose *f*
aphthitalite Glaserit *m*, Aphthitalit *m*, Kaliumnatriumsulfat *n {Min}*
aphthonite Aphthonit *m*, Freibergit *m*, Graugültigerz *n*, Silberfahlerz *n {Min}*
API American Petroleum Institute *{1991; Washington/DC}* Amerikanisches Petroleum-Institut *n*
API classification API-Klassifikation *f {Motorenöl}*
API degree API-Grad *n*, API-Dichte *f*, °API *{Rohöl}*
apical position apicale Stellung *f*, apicale Position *f*
apiezon grease Apiezonfett *n*

apigenidin Apigenidin *n*, Anthocyanidin *n*, 5,7,4'-Trihydroxyflavylium *n*
apiol[e] <$C_{12}H_{14}O_4$> Apiol *n*, Petersiliencampher *m {Pharm}*
apiolic acid Apiolsäure *f*
apionol Apionol *n*, 1,2,3,4-Tetrahydroxybenzol *n*
apiose Apiose *f*
aplome Aplom *n*, Andradit *m*
aplotaxene Aplotaxen *n*, Heptadeca-1,8,11,14-tetraen *n*
APME Association of Plastics Manufactures in Europe *{1976; Brussels}* Verband *m* der europäischen Kunststoffhersteller *mpl*
apoatropine Apoatropin *n*, Atropamin *n*
apobornylene Apobornylen *n*, Apocamphan *n*
apocaffeine Apokaffein *n {1,7-Dimethylcaffolid}*
apocamphane *s.* apobornylene
apocampholenic acid Apocampho-lensäure *f*
apocamphor Apocampher *m*
apocholic acid Apocholsäure *f*
apochromat [lens] Apochromat *m {DIN 19040, Opt}*
apochromatic apochromatisch *{Opt}*
apocitronellol Apocitronellol *n*
apocodeine Apocodein *n*, Apokodein *n*
apocrenic acid Apokrensäure *f*, Krensäure *f*, Quellsäure *f {Bodenchemie}*
apocrine apokrin, absondernd *{Med}*
apocynin Apocynin *n*, Acetovanillon *n*
apoenzyme Zwischenferment *n*, Apoenzym *n*, Apoferment *n {obs}*
apoferment Apoferment *n {obs}*, Zwischenferment *n*, Apoenzym *n*
apogelsemine Apogelsemin *n*
apogossypolic acid Apogossypolsäure *f*
apoharmine Apoharmin *n*
apoholarrhenine Apoholarrhenin *n*
apohydroquinine Apohydrochinin *n*
apohyoscine Apohyoscin *n*
apoisoborneol Apoisoborneol *n*
apolar apolar
apomorphimethine Apomorphimethin *n*
apomorphine Apomorphin *n {Pharm}*
apomorphine hydrochloride Apomorphinhydrochlorid *n*
aponarceine Aponarcein *n*
apophyllite Apophyllit *m*, Fischaugenstein *m*, Ichthyophthalmit *m {Min}*
apopinane Apopinan *n*, Nopinan *n*
apopseudoionone Apopseudoionon *n*
apoquinine Apochinin *n*
aporphine Aporphin *n*
aposafranine Aposafranin *n*
aposafranone Aposafranon *n*, 3-Aminophenylphenazin *n*
aposorbic acid Aposorbinsäure *f*
apostilb Apostilb *n*, asb *{obs; = π^{-1}cd/m^2}*
apoterramycin Apoterramycin n *{Antibiotikum}*
apothecaries' weight Apothekergewicht *n*, Medizinalgewicht *n {Masseneinheit für trockene Substanzen; 1 troy pound = 0,37242 kg}*
apothecary balance Apothekerwaage *f*
apotheobromine Apotheobromin *n*
apotricyclol Apotricyclol *n*
apoyohimbic acid Apoyohimbinsäure *f*, Apoyohimboasäure *f*
apparatus Apparat *m*, Apparatur *f*, Gerät *n*, Vorrichtung *f*, Einrichtung *f*
apparatus glass Geräteglas *n*
apparatus parts Apparateteile *npl*
apparent anscheinend, offensichtlich, scheinbar, augenscheinlich, ersichtlich; Schein-
apparent absorption scheinbare Absorption *f*
apparent concentration *{IUPAC}* scheinbare Konzentration *f {Anal; ohne Berücksichtigung von Störionen}*
apparent conductivity Scheinleitwert *m*, Betrag *m* der Admittanz *f {in S}*
apparent density Aufschüttdichte *f*, Fülldichte *f*, Schüttdichte *f {DIN 1306}*, Rohdichte *f {DIN 53468}*, scheinbare Dichte *f*; Schüttmasse *f*, Rüttelgewicht *n*, Schüttgewicht *n {in kg/m^3}*
apparent diffusion coefficient Scheindiffusionskoeffizient *m*, Koeffizient *m* der Scheindiffusion *f {DIN 1358; in m^2/s}*
apparent halfwidth scheinbare Halbwertsbreite *f {Spek}*
apparent modulus Kriechmodul *m*
apparent modulus of rigidity Torsionssteifheit *f*, scheinbarer Schubmodul *m*
apparent order of reaction scheinbare Reaktionsordnung *f*, Pseudo-Reaktionsordnung *f*, Quasi-Ordnung *f* der Reaktion *f*
apparent output Scheinleistung *f*; offene Porosität *f {Met}*
apparent porosity scheinbare Porosität *f*, Scheinporosität *f*
apparent power output Scheinleistung *f*
apparent resistance Impedanz *f*, Scheinwiderstand *m {Elek}*
apparent thermal conductivity äquivalente Wärmeleitfähigkeit *f*
apparent viscosity *{IUPAC}* scheinbare Viskosität *f*, Scheinviskosität *f {DIN 1342}*
apparent volume Schütt[gut]volumen *n*, scheinbares Volumen *n*; Scheinvolumen *n*
apparent watts Scheinleistung *f {Elek}*
APPE Association of Petrochemical Producers in Europe Verband *m* der petrochemischen Hersteller *mpl* in Europa
appear/to vorkommen, in Sicht *f* kommen, erscheinen; scheinen; auftreten
appearance Anschein *m*, Auftreten *n*, Aussehen *n*, Erscheinen *n*, Sichtbarwerden *n*
appearance energy *{IUPAC}* Erscheinungs-

energie *f {in J oder eV}*, Appearance-Energie *f*, Erscheinungspotential *n {obs}*
appearance potential *{obs}* Erscheinungspotential *n*, Appearance-Potential *n*
appendix Anhang *m*, Beilage *f*, Zusatz *m*
apple acid <HOOCCH(OH)CH$_2$COOH> Apfelsäure *f*, Hydroxybutandisäure *f*, Hydroxybernsteinsäure *f*
apple brandy Apfelbranntwein *m*
apple essence <(CH$_3$)$_2$CHCH$_2$COOC$_5$H$_{11}$> Apfelether *m*, Isoamylvalerianat *n*, Apfelöl *n*, Valeriansäureisoamylester *m*
apple jack *{US}* Apfelbranntwein *m*
apple juice Apfelsaft *m*, Apfelmost *m*
apple oil *s.* apple essence
apple sauce *{CAC STAN 17}* Apfelmus *n*, Apfeltunke *f*, Apfelkonfitüre *f*
appliance Gerät *n*, Vorrichtung *f*, Apparat *m*; Instrument *n*, Werkzeug *n*; Zubehör *n*; Hilfsmittel *n*
applicability Anwendbarkeit *f*, Anwendungsmöglichkeit *f*, Verwendungsfähigkeit *f*
applicable angebracht; anwendbar, benutzbar, verwendbar
applicant Antragsteller *f*, Bewerber *m*, Anmelder *m {z.B. eines Patents}*
applicate Applikate *f {Math; dritte Raumkoordinate}*
application 1. Antrag *m*, Anmeldung *f {z.B. ein Patent}*, Bewerbung *f*; 2. Anwendung *f*, Applikation *f*, Verwendung *f*, Gebrauch *m*, Einsatz *m*, Nutzanwendung *f*; Auftragen *n*, Aufbringen *n*, Beschichten *n*; 3. Betätigung *f {z.B. einer Bremse}*; 4. Verabreichung *f*, Applikation *f {von Medizin}*
application device Auftraggerät *n {Chrom}*
application of adhesive Klebstoffverarbeitung *f*, Klebstoffauftrag *m*
application of primer Primerlackierung *f*, Grundlackierung *f*
application possibilities Einsatzmöglichkeiten *fpl*, Anwendungsmöglichkeiten *fpl*
application rate Einsatzmenge *f {Agri}*
application software Anwendersoftware *f*
applicationable anwendungsfreundlich
applicational property Gebrauchswerteigenschaft *f*
applications laboratory Laboratorium *n* für Anwendungsmöglichkeiten *fpl*, Applikationslabor *n*
applicator 1. Applikator *m*, Auftragegerät *n*, Dünnschichtstreicher *m {Chrom}*; 2. Heizinduktor *m*, Heizschleife *f*; 3. Zuführungsgerät *n*; 4. Applikator *m {Verabreichung von Arzneimitteln}*; 5. Ausbringungsgerät *n {Agri}*
applied angewandt
applied chemistry angewandte Chemie *f*
applied load Prüfkraft *f*
applied pressure Betriebsdruck *m*, Druckbeaufschlagung *f*
applied research angewandte Forschung *f*
applied voltage zugeführte Spannung *f*, angelegte Spannung *f*
apply/to anwenden, verwenden; applizieren; auftragen *{Anstrichstoffe}*; zuführen; ausbringen *{Agri}*
apply for/to beantragen
appoint/to ernennen, bestimmen, festsetzen; ausstatten
apportion/to aufteilen, verteilen, umlegen, anteilig festlegen, zuteilen, zumessen
appraisable berechenbar, abschätzbar
appraise/to [ab]schätzen; bewerten, beurteilen, begutachten
appreciable bemerkenswert, nennenswert; berechenbar
appreciate/to anerkennen; wertschätzen, schätzen, beurteilen
appreciation Einschätzung *f*, Wertschätzung *f*; Würdigung *f*
apprehend/to erfassen, ergreifen; begreifen
apprentice Lehrling *m*, Volontär *m*; Anfänger *m*
approach/to annähern; anfahren; herangehen, nahekommen
approach Annäherung *f*; Anfahrbereich *m*; Zugang *m*; Herangehen *n*
approach flow Anströmung *f*
approachability Zugänglichkeit *f*
approachable zugänglich
approbation Billigung *f*, Genehmigung *f*
appropriate passend, geeignet, angepaßt, einschlägig, sachgemäß, zutreffend, zweckentsprechend, zweckmäßig
appropriate/to aneignen; bewilligen
approval Begutachtung *f*, Billigung *f*, Genehmigung *f*, Zustimmung *f*, Zulassung *f*
approve/to billigen, beipflichten, gutheißen; bestätigen, genehmigen
approved bewährt, genehmigt, zugestimmt
approved name verbindliche Benennung *f*, anerkannte Bezeichnung *f*, offizieller Name *m {durch kompetente Stellen/Organisationen wie ISO, IUPAC, CAS usw. bestätigte Terminologie}*
approximate/to annähern, nahebringen; ähnlich machen
approximate angenähert, approximativ, nahe; fast
approximate calculation Annäherungsrechnung *f*, Näherungsrechnung *f {Math}*; Kostenüberschlag *m*
approximate equation Näherungsgleichung *f {Math}*
approximate formula Näherungsformel *f*
approximate method Näherungsverfahren *n*, Näherungsmethode *f*
approximate quantity Näherungsgröße *f*

approximate result Näherungslösung *f*
approximate temperature Temperaturrichtwert *m*
approximate value Näherungswert *m*, Annäherungswert *m*, Anhaltswert *m*, Richtwert *m*
approximate weight Circa-Gewicht *n*
approximation Annäherung *f*, Annäherungswert *m*, Fehlergrenze *f*, Näherung *f*, Näherungslösung *f* *{Math}*
approximation formula Näherungsformel *f*
approximation method Näherungsverfahren *n*, Näherungsmethode *f*
apricot essence künstliches Aprikosenöl *n*, Aprikosenessenz *f*
apricot kernel oil Aprikosenkernöl *n*, Aprikosenether *m*
apron 1. Förderband *n*, Transportband *n*; 2. Düsenschirm *m* *{Vak}*; 3. Schürze *f* *{Schutz}*
apron conveyer Plattenband *n*, Plattenbandförderer *m*, Trogbandförderer *m*
apron-conveyer feeder Bandaufgeber *m*
apron feeder Schuppenförderer *m*, Plattenbandspeiser *m*
apron-plate conveyor Plattenförderer *m*, Gliederbandförderer *m*
aprotic aprotisch *{weder Protonen aufnehmend noch abgebend}*
aprotic solvent aprotisches Lösemittel *n*, indifferentes Lösemittel *n*
APT Ethylen-Propylen-Termonomer-Polymer[es] *n*
apyrite Apyrit *m*, Lithiumturmalin *m* *{Min}*
apyrous feuerfest, unschmelzbar, apyrisch
aqua destillata destilliertes Wasser *n*
aqua fortis konzentrierte Salpetersäure *f*, Ätzwasser *n*, Scheidewasser *n*, Silberwasser *n* *{obs}*, Gelbbrennsäure *f*, Ätze *f*
aqua regia Königswasser *n*, Salpetersalzsäure *f*, Goldscheidewasser *n*, Aqua regia *f*
aquadag coating Aquadag-Belag *m*, Graphitschicht *f*
aquamarine Aquamarin *m* *{Min}*
aquastat Aquastat *m*, Tauchthermostat *m*
aquatic chemistry Wasserchemie *f*, Chemie *f* des Wassers *n* *{Ökol}*
aquatic herbicide Unkrautmittel *n* gegen Wasserpflanzen *fpl*
aqueous wäßrig, wasserhaltig; Wasser-
aqueous alcoholic alkoholisch-wässerig
aqueous alkali wäßrige Alkalilösung *f*
aqueous ammonia Ammoniakwasser *n*, [wäßrige] Ammoniaklösung *f*, wäßriges Ammoniak *n*, Salmiakgeist *m*
aqueous condensate Niederschlagswasser *n*
aqueous desizing Wasserwäsche *f* *{Papier}*
aqueous dispersion wäßrige Dispersion *f*
aqueous extract wäßriger Auszug *m*
aqueous foam for fire control Feuerlösch-Schaum *m*
aqueous glass Wasserglas *n*
aqueous hydrofluoric acid *{ISO 3139}* Flußsäure *f* *{Triv}*, Fluorwasserstoffsäure *f*, wäßriges Hydrogenfluorid *n*
aqueous medium wäßriges Medium *n*
aqueous phase wäßrige Phase *f*
aqueous solubility Wasserlöslichkeit *f*, Löslichkeit *f* in Wasser *n*
aqueous solution wäßrige Lösung *f*
aqueous waste Abwasser *n*, wäßriger Abfall *m*
aquinite Chlorpikrin *n*, Trichlornitromethan *n* *{Expl}*
aquo complex <$Z(H_2O)n$> Aquokomplex *m*
aquo compound Aquoverbindung *f*
aquo ion hydratisiertes Ion *n*, Aquoion *n*
arabic acid Arabinsäure *f*, Gummisäure *f*
arabic gum Gummi *n* arabicum *{Lat}*, Senegalgummi *n*, arabisches Gummi *n*, Kordofangummi *n*, Akaziengummi *n*, Mimosengummi *n*
arabin Arabin *n*
arabinofuranose <$C_5H_{10}O_5$> Arabinofuranose *f*
arabinonucleoside Arabinonucleosid *n*, Arabinosid *n* *{z.B. Vidarabin}*
arabinopyranose Arabinopyranose *f*
arabinose <$CH_2OH(CHOH)_3CHO$> Arabinose *f*, Pektinzucker *m*, Gummizucker *m*, Pektinose *f*
arabinosone Arabinoson *n*
arabite *s.* arabitol
arabitic acid *s.* arabic acid
arabitol <$CH_2OH(CHOH)_3CH_2OH$> Arabit *m*, Arabitol *n*, Lyxitol *n* *{obs}*, Pentanpent-1,2,3,4,5-ol *n*
arable land Ackerland *n*, Ackerboden *m*, Kulturboden *m*, landwirtschaftlich bebaubarer Boden *m*
arable soil *s.* arable land
araboflavine Araboflavin *n*
arabonic acid Arabonsäure *f*, 1,2,3,4-Tetrahydroxyvaleriansäure *f*
arabulose Arabulose *f*
araburonic acid Araburonsäure *f*
arachic acid <$CH_3(CH_2)_{18}COOH$> Arachinsäure *f*, Erdnußsäure *f* *{Triv}*, *n*-Eicosansäure *f* *{IUPAC}*
arachic alcohol Arachinalkohol *m* *{Triv}*, Eicosan-1-ol *n*, *n*-Eicosylalkohol *m*
arachic oil Erdnußöl *n*, Arachisöl *n*
arachidic acid *s.* arachic acid
arachidic alcohol *s.* arachic alcohol
arachidonic acid <$C_{19}H_{31}COOH$> Arachidonsäure *f* *{Triv}*, *n*-Eicosantetraencarbonsäure *f*
arachidonic acid cascade Arachidonsäurekaskade *f* *{Prostaglandinsynthese}*
arachin Arachin *n*
arachis oil Arachisöl *n*, Erdnußöl *n*
araeometer Aräometer *n*

araeoxen Aräoxen *m {Min}*
aragonite Aragonit *m*, Eisenblüte *f*, Erbsenstein *m*, Schalenkalk *m*, Faserkalk *m* , Kalksinter *m*, Rogenstein *m*, Sprudelstein *m {Min}*,
aramide Aramid *n*, aromatisches Polyamid *n*
araroba Araroba *n*, Goapulver *n {Pharm}*
arasan Arasan *n*, Thiosan *n {Fungizid}*
arbitrary willkürlich, frei gewählt *{z.B. Maßstab}*, beliebig, arbiträr
arbitrary zero Nullwert *m {Potential}*
arbitration Begutachtung *f*
arbitration[al] analysis Schiedsanalyse *f*, Schiedsprobe *f*, Schiedsuntersuchung *f*
arborescent verzweigt, baumartig, baumförmig, dendritisch
arborescent agate Baumachat *m {Min}*
arboriform baumförmig
arbusterol Arbusterin *n*
arbutin Arbutin *n*, Arbutosid *n*, Ursin *n*
arc column Bogensäule *f*, Säule *f* des Lichtbogens *m*
arc discharge Bogenentladung *f*
arc excitation Bogenanregung *f*, Lichtbogenanregung *f {Spek}*
arc furnace Lichtbogenofen *m {Met}*
arc gap *{IUPAC}* Lichtbogenstrecke *f {Spek}*
arc-ion source Bogenionenquelle *f*, Bogenentladungsionenquelle *f*
arc-lamp carbon Lichtbogenkohle *f*
arc-like excitation bogenähnliche Anregung *f {Spek}*
arc line Bogenlinie *f*, Atomlinie *f {Spek}*
arc melting Lichtbogenschmelzen *n*
arc-oxygen cutting Lichtbogen-Sauerstoffschneiden *n {DIN 2310}*, Oxyarc-Brennschneiden *n*
arc plasma Bogenplasma *n*
arc process Lichtbogenverfahren *n {N_2-Bindung für Düngemittel}*
arc spectrum Bogenspektrum *n {Spek}*
arc stand Bogenstativ *n*
arc suppression Funkenlöscher *m {Schutz}*
arc suppressor Funkenlöschkreis *m*, Lichtbogenlöscher *m*, Erdschlußlöschspule *f*, Löschdrossel *f*, Kompensationsdrossel *f*
arc voltage Lichtbogenspannung *f*
arc welding elektrische Schweißung *f*, Abbrennschweißung *f*, Bogenschweißen *n*, Lichtbogenschweißung *f*
arc zone Lichtbogenbereich *m {Spek}*
arcanite Arkanit *m {Min}*
arcatom welding Arcatom-Schweißverfahren *n*, Arcatom-Schweißung *f*, Arcatom-Schweißen *n*, Langmuir-Schweißen *n*
arch/to einen Bogen bilden, eine Brücke *f* bilden, wölben, bogenförmig machen
arch-type drier bogenförmiger Trockner *m*
archaeological chemistry Archäochemie *f*, archäologische Chemie *f*, Chemie *f* der Artefakten *npl*
archaeology Altertumskunde *f*, Archäologie *f*
arched gewölbt, bogenförmig, gekrümmt, gebogen
archil 1. Färberflechte *f {Bot}*; 2. Orseille *f*, Archil *n*, Orchil *n*
archil carmine Orseillekarmin *n*
Archimedes' principle Archimedisches Prinzip *n*, hydrostatisches Grundprinzip *n*
arching 1. Brückenbildung *f*, Bogenausbau *m*; Verbrückung *f {bei Schüttgut}*; 2. Vorbrennen *n {Glas}*
architectural coating Gebäudeaußenanstrich *m*
architectural filler paint Fassadenfüllfarbe *f*
architecture Bau *m*, Aufbau *m*, Struktur *f*, Bauweise *f*, Konstruktionsart *f*
arcose Arkose *f*, Kaolinsandstein *m*
arcsutite Arksutit *m {Min}*
arctiin Arctiin *n*
arctisite Arktisit *m {obs}*, Skapolith *m {Min}*
arctuvine Arctuvin *n*
arcus Arcus *m*, arc *{Bogenmaß eines Winkels}*
ardassine Ardassinestoff *m*, Perlseide *f*
ardennite Ardennit *m {Min}*
ardent brennend
ardometer Gesamtstrahlungspyrometer *n*, Ardometer *n*
area Bereich *m*, Gebiet *n*, Zone *f*, Region *f*, Areal *n* Fläche *f*; Querschnitt *m*, Querschnittsfläche *f*; Grundfläche *f*; Flächeninhalt *m {in m^2}*
area density Oberflächendichte *f {obs}*, Massenbedeckung *f*, flächenbezogene Masse *f {DIN 1358}*, Flächenbelegung *f*, Flächenmasse *f*
area flowmeter Mengenstrommesser *m*, Durchflußmengenmesser *m*
area function Areafunktion *f*, inverse Hyperbelfunktion *f {Math}*
area monitoring Raumüberwachung *f*
area of contact Berührungsfläche *f*
area of interface spezifische Grenzfläche *f*
areal thermal resistance Wärmedurchlaßwiderstand *m*, Wärmedämmwert *m*, Wärmedurchgangswiderstand *m {in m^2K/W}*
areca nut Arekanuß *f*, Betelnuß *f*
arecaidine Arecaidin *n*
arecaine Arecain *n*
arecin Arecin *n*, Arekarot *n*
arecolidine Arecolidin *n {Alkaloid der Betelnuß}*
arecoline **<$CH_3C_5H_7NCOOCH_3$>** Arecolin *f*, Arecaidinmethylester *m*
arecoline hydrobromide Arecolinhydrobromid *n*, Arecin *n*
arecoline hydrochloride Arecolinhydrochlorid *n*

arenaceous sandig, sandhaltig, sandführend; sandartig, psammitisch *{Geol}*

arenaceous limestone Kalksandstein *m {Min}*

arenaceous quartz Quarzsand *m {Min}*

arenaceous rocks Sandgestein *n*, Sandstein *m*, Psammite *mpl {Geol}*

arendalite Arendalit *m {obs}*, grüner Epidot *m {Min}*

arene Aren *n {mono- und polycyclische Kohlenwasserstoffe sowie kondensierte Ringsysteme}*

arene-olefine cyclo addition reaction Aren-Olefin-Cycloaddition *f*

areolatin Areolatin *n*, Copareolatin *n*

areometer Aräometer *n*, Dichtemesser *m {für Flüssigkeiten}*, Flüssigkeitswaage *f*, Senkwaage *f*, Gradierwaage *f*, Tauchwaage *f*, Spindel *f*, Spindelwaage *f*, Hydrometer *n*

areometric aräometrisch

areometry Aräometrie *f*

areopyknometer Aräopyknometer *n*

areosaccharimeter Aräosaccharimeter *n*

areoxene *s.* araeoxene

arfvedsonite Arfvedsonit *m {Min}*

Argand diagram Argand-Diagramm *n*, Vektordiagramm *n*, Zeigerdiagramm *n {DIN 5475}*

argentamine Argentamin *n*

argentic nitrate Höllenstein *m*

argentiferous silberhaltig, silberführend

argentiferous gold Goldsilber *n*

argentiferous lead 1. silberhaltiges Blei *n*, Werkblei *n*; 2. Blei-Silber-Sulfid *n {Min}*

argentiferous sand Silbersand *m*

argentiferous tetrahedrite Silberfahlerz *n*, Weißgültigerz *n {Min}*

argentine 1. silberartig, silberig; 2. Argentin *m*, Neusilber *n*, versilbertes Weißmetall *n*, unechtes Silber *n*; 3. versilbertes Porzellan *n*; 4. Zinnpulver *n*; 5. Argentin *m {Min; lamellarer Calcit}*

argentite Silberglanz *m*, Argentit *m*, Argyrit *m*, Glanzerz *n*, Glanzsilber *n {Min}*,

argentobismuthite Argentobismutit *m {obs}*, Silberwismutglanz *m {obs}*, Schapbachit *m {Min}*

argentometer Argentometer *n*, Aräometer *n* für Silbernitrat *n {Photo}*, Silbermesser *m*

argentometric argentometrisch

argentometry Argentometrie *f*

argentopyrite Argentopyrit *m {Min}*

argentous *{obs}* *s.* silver (I)

argentum album Münzsilber *n*

argentum cornu Chlorargyrit *m*, Hornsilber *n {Min}*

argentum fulminans Knallsilber *n*

argillaceous lehmhaltig, lehmig, tonig; tonartig, argillitisch *{Korn <0,063 mm}*, pelitisch *{Korn <0,02 mm}*

argillaceous earth Tonerde *f*, Tonboden *m*

argillaceous gypsum Tongips *m*

argillaceous marl Mergelton *m*

argillite Kieselton *m*, Tonschiefer *m {Min}*

argilloarenaceous lehm- und sandhaltig

argillocalcareous ton- und kalkhaltig

argillocalcite Tonkalk *m {Min}*

argilloferruginous ton- und eisenhaltig

argillogypseous tongipshaltig

argillosiliceous tonkieselhaltig

arginase *{EC 3.5.3.1}* Arginase *f*, Canavanase *f*

arginine **<$H_2NC)=NHNHCH_2CH_2CH_2$-$CHNH_2COOH$>** Arginin *n*, 2-Amino-5-guanidinovaleriansäure *f*

arginine hydrochloride Argininhydrochlorid *n*

arginosuccinic acid Arginobernsteinsäure *f*

arginylarginine Arginylarginin *n*

argol [roher] Weinstein *m*, Rohweinstein *m*

argon *{Ar, element no. 19}* Argon *n*

argon atmosphere Argonschutzatmosphäre *f*

argon chamber Argonionisationskammer *f*

argon-clathrate Argon-Clathrat *n*, Argon-Käfigverbindung *f*

argon hydrate Argon-Wasserclathrat *n* *{$Ar_8(H_2O)_{46}$}*

argon-oxygen decarburization process Argon-Sauerstoff-Verfahren *n {Met}*

argon treatment Argonbehandlung *f {Vak}*

argument 1. Beweis *m*, Überlegung *f*, Beweisgrund *m*; 2. unabhängige Variable *f*, Vektorargument *n*, Argument *n {Math}*

argumentation Argumentation *f*, Beweisführung *f*, Begründung *f*, Schlußfolgerung *f*

argyrite Argentit *m*, Argyrit *m {kubischer Silberglanz, Min}*

argyrodite Argyrodit *m {Min}*

argyrometric argyrometrisch

argyropyrite Argyropyrit *m {Min}*

aribine Aribin *n*, Harman *n*, Loturin *n*, Passiflorin *n*

arid trocken, dürr, wüstenklimatisch

arise/to entstehen, hervorkommen; erfolgen, sich ergeben, sich einstellen; hervorgehen aus, herrühren von

aristolochic acid Aristolochiasäure *f*, Aristolochiagelb *n*, Aristolochin *n*

aristolochine Aristolochin *n*, Aristolochiasäure *f*, Aristolochiagelb *n*

aristoquin Aristochin *n*, Chinincarbonat *n*

arithmetic 1. arithmetisch; 2. Arithmetik *f*

arithmetic mean arithmetisches Mittel *n*

arithmetic mean particle size arithmetische mittlere Teilchengröße *f*

arithmetic mean velocity mittlere Geschwindigkeit *f {Thermo}*

arithmetical *s.* arithmetic

arizonite 1. Arizonit *m*, Eisen(II)-metatitanat *n {Min}*; 2. Arizonitganggestein *n*

arkansite Arkansit *m*, Titandioxid *n*, Brookit *m {Min}*

arm/to betriebsbereit machen *{z.B. eine Maschine}*

arm 1. Arm *m {eines Hebels}*; 2. Abgriffarm *m*, Arm *m*, Schleifkontakt *m {Potentiometer}*; 3. Schenkel *m {Thermometerelement}*; 4. Speiche *f {Schwungrad}*; 5. Zeiger *m*; 6. Ausleger *m*; 7. Querträger *m {Gestänge}*; 8. Zweig *m*, Abzweigung *f*; 9. Schaufel *f*, Flügel *m*, Paddel *n*

arm agitator Balkenrührwerk *n*, Paddelrührwerk *n*, Stabrührwerk *n*

arm mixer Balkenrührwerk *n*, Paddelrührwerk *n*, Stabrührwerk *n*, Schaufelmischer *m*, Flügelmischer *m*, Schaufelrührer *m*

Armco-iron Armco-Eisen *n {technisch reiner reduzierter Eisenschwamm}*

armour/to abschirmen, panzern, schützen

armour plate Panzerplatte *f {DIN 40729}*; Hartglas *n*, wärmebehandeltes Sicherheitsglas *n*

armour plating Panzerung *f*

armoured door Panzertür *f*

armoured glass Panzerglas *n*

armoured hose Panzerschlauch *m*, armierter Schlauch *m*

arms lubricant Waffenöl *n*

arnatto Annatto *n m*, Anatto *n m*, Annattofarbstoff *m*

arnica oil Arnikaöl *n*

arnica tincture Arnikatinktur *f*

arnicine Bitterharz *n*, Arnicin *n*

arnimite Arnimit *m {Min}*

Arnold's test Arnoldsche Probe *f*, Arnoldsche Farbreaktion *f*, Arnold-Probe *f {Acetessigsäurenachweis}*

arnotta s. arnatto

aromatic 1. aromatisch *{den Benzolring enthaltend}*; 2. aromatisch, würzig; wohlriechend, duftig; 3. aromatische Substanz *f*, Gewürzstoff *m*

aromatic acid <Ar-COOH, Ar(COOH)$_2$...> aromatische Säure *f*

aromatic alcohol <Ar-ROH, A-R(OH)$_2$...> aromatischer Alkohol *m*

aromatic aldehydes aromatische Aldehyde *mpl*

aromatic alkane compounds Alkylbenzole *npl*, Alkylarene *npl*

aromatic amine aromatisches Amin *n*

aromatic compounds aromatische Verbindungen *fpl*

aromatic extract Gewürzextrakt *m*

aromatic hydrocarbons Aromaten *mpl*, aromatische Kohlenwasserstoffe *mpl*, Benzolkohlenwasserstoffe *mpl*

aromatic ketones <Ar-CO-Ar; Ar-CO-R> aromatische Ketone *npl*

aromatic ladder polymer aromatisches Leiterpolymer[es] *n*

aromatic polyamide aromatisches Polyamid *n*, Aramid *n*

aromatic polyamine aromatisches Polyamin *n*

aromatic polyheterocyclics aromatische Polyheterozyklen *mpl*

aromatic principle Duftstoff *m*

aromatic side chain aromatische Seitenkette *f*

aromatic solvent aromatisches Lösemittel *n*

aromatization 1. Ringschluß *m*, Ringbildung *f*, Cyclisierung *f*, Aromatisierung *f {Überführung z.B. von Alkanen und Alkenen in aromatische Kohlenwasserstoffe}*; 2. Aromatisieren *n*, Aromatisierung *f*

aromatize/to aromatisieren, würzen

arouse/to wecken, erregen, aufregen

aroyl- Aroyl-; aromatischer Acylrest *m*, Aroylgruppe *f*

arquerite Arquerit *m*, Kongsbergit *m {Min}*

arrack Arrak *m*, Reisbranntwein *m*

arrange/to 1. abmachen; 2. anordnen, aufstellen, einrichten, herrichten, ordnen, reihen, richten; zusammenstellen; ansetzen *{Math}*

arranged in parallel parallelgeschaltet

arranged in series hintereinandergeschaltet, in Reihenanordnung *f*

arranged side by side nebeneinander angeordnet

arrangement 1. Abkommen *n*, Abmachung *f*; 2. Anordnung *f*, *{räumliche}* Konfiguration *f*; 3. Aufstellung *f*, Zusammenstellung *f*, Disposition *f*; 4. Einordnung *f*, Einrichtung *f*, Ordnung *f*,

arrangement in parallel Parallelschaltung *f*

arrangement in series Hintereinanderschaltung *f*, Reihenschaltung *f*

arrangement in the lattice Gitteranordnung *f {Krist}*

arrangement of particles Packungsart *f {Krist}*

arrastre Arrastra *f*, Pochmühle *f {Min}*

array Reihe *f*, regelmäßige Gruppierung *f*, Gruppe *f*, Anordnung *f*

arrest/to zurückhalten, hindern, arretieren, festhalten, hemmen; abbrechen, zum Stehen bringen *{z.B. eine Reaktion}*

arrest 1. Sperreinrichtung *f*, Sperre *f*, Feststelleinrichtung *f*, Feststellvorrichtung *f*; Arretierung *f*, Verriegelung *f*, Verrastung *f*, Stockung *f*, Hemmung *f*, Sperrung *f*; 2. Haltezeit *f {Met}*

arrest point Haltepunkt *m {Met}*

arresting Arretierung *f*, Blockung *f*, Sperrung *f*, Hemmung *f*

arresting device Arretiervorrichtung *f*,-Sperre *f*, Feststelleinrichtung *f*, Festhaltevorrichtung *f*

arrestment Anhalten *n*, Arretierung *f*, Verrastung *f*, Verriegelung *f*, Sperrung *f*

arrhenal Arrhenal *n*

Arrhenius equation Arrhenius-Gleichung *f*

arrive/to ankommen, einlaufen

arrow poison Pfeilgift *n*

arsacetin Arsacetin *n*, Natriumacetylarsanilat *n*

arsane Arsan *n*, Arsin *n*, Arsenwasserstoff *m*
arsanilate arsanilsauer; Salz *n* der Arsanilsäure *f*
arsanilic acid <$NH_2C_6H_4AsO(OH)_2$> Arsanilsäure *f*, Atoxylsäure *f*, 4-Aminophenylarsonsäure *f*
arsanthracene Arsanthracen *n*
arsanthrene Arsanthren *n*
arsanthrenic acid Arsanthrensäure *f*
arsanthridine Arsanthridin *n*
arsedine Arsedin *n*
arsen-fast arsenfest
arsenate 1. arsensauer, arseniksauer *{obs}*; 2. Arsenat *n*, Salz *n* der Arsensäure *f*, Ester *m* der Arsensäure *f*
arsenate of lime Pharmakolith *m {Min}*
arsenic 1. Arsen *n {As; element no. 33}* 2. Arsen(V)-, Arsenik-
arsenic acid Arsensäure *f {Ortho-, Meta- oder Pyroarsensäure}*
arsenic acid anhydride <As_2O_5> Arsensäureanhydrid *n*, Arsenpentoxid *n*, Arsen(V)-oxid *n*
arsenic alloy Arsenlegierung *f*
arsenic antidote Arsen[ik]gegengift *n*
arsenic apparatus Arsenanzeigegerät *n {Marsh-Testapparat}*
arsenic bath Arsenbad *n*
arsenic bisulphide *{obs}* *s.* arsenic disulfide
arsenic black Arsenikschwarz *n*
arsenic blende Arsenblende *f {Min}*
arsenic bloom Arsen[ik]blüte *f*, Arsenolith *m*, Arsenit *m {Min}*
arsenic bromide Arsentribromid *n*, Bromarsen *n {obs}*, Arsen(III)-bromid *n*
arsenic butter Arsenikbutter *f {Triv}*, Arsentrichlorid *n*, Arsen(III)-chlorid *n*
arsenic chloride Arsentrichlorid *n*, Arsen(III)-chlorid *n*, Chlorarsen *n {obs}*
arsenic compound Arsenikverbindung *f*
arsenic-containing arsenhaltig
arsenic detection apparatus Arsenbestimmungsgerät *n {Med}*
arsenic determination apparatus Arsenbestimmungsgerät *n {Med}*
arsenic diiodide Arsendiiodid *n*, Diarsentetraiodid *n*, Arsenjodür *n {obs}*
arsenic dimethyl Arsendimethyl *n*, Dimethylarsen *n*
arsenic distillation apparatus Arsendestillierapparat *m {Med, Anal}*
arsenic disulfide <Sb_4S_4> Arsendisulfid *n*, Tetraarsentetrasulfid *n*; rote Arsenblende *f*, Rubinschwefel *m*, Rauschrot *n*, Realgar *m {Min}*
arsenic fluoride Arsenpentafluorid *n*, Arsen(V)-fluorid *n*, Fluorarsen *n {obs}*
arsenic-free arsenfrei
arsenic glass 1. Arsen[ik]glas *n {As_2O_3}*; 2. glasiges Arsensulfid *n*
arsenic halide Arsenhalogenid *n*
arsenic hydride <AsH_3> Monoarsan *n*, Arsenwasserstoff *m*, Arsin *n*, Arsen(III)-hydrid *n*
arsenic iodide 1. <AsI_3> Arsentriiodid *n*, Arsen(III)-iodid *n*; 2. <As_2I_4> Diarsentetraiodid *n*, Arsendiiodid *n {Triv}*
arsenic mirror Arsen[ik]spiegel *m {Anal}*
arsenic oxide 1.<As_2O_5> Arsen(V)-oxid *n*, Diarsenpentaoxid *n*; 2. <As_2O_3> Arsentrioxid *n*, Arsen(III)-oxid *n*, Arsenik *n*
arsenic pentachloride <$AsCl_5$> Arsenpentachlorid *n*, Arsen(V)-chlorid *n*
arsenic pentafluoride <AsF_5> Arsenpentafluorid *n*, Arsen(V)-fluorid *n*
arsenic pentasulfide <As_2S_5> Arsenpentasulfid *n*, Arsen(V)-sulfid *n*
arsenic pentoxide <As_2O_5> Arsenpentoxid *n*, Arsen(V)-oxid *n*, Arsensäureanhydrid *n*
arsenic ruby Arsendisulfid *n {Min}*
arsenic silver blende Arsensilberblende *f {Min}*
arsenic skimmings Arsenabstrich *m*
arsenic stain Arsenfleck *m*, Arsenspiegel *m {Anal}*
arsenic sulfide Arsensulfid *n {As_4S_3, As_4S_4, As_4S_6, As_4S_{10}}*, Schwefelarsen *n {Triv}*
arsenic tetrasulfide <As_4S_4> Tetraarsentetrasulfid *n {IUPAC}*, Arsentetrasulfid *n*; Rubinschwefel *m*, Realgar *m*, Rauschrot *n {Min}*
arsenic tribromide <$AsBr_3$> Arsentribromid *n*, Arsen(III)-bromid *n*
arsenic trichloride <$AsCl_3$> Arsentrichlorid *n*, Arsen(III)-chlorid *n*, Chlorarsenik *n {obs}*
arsenic trifluoride <AsF_3> Arsentrifluorid *n*, Arsen(III)-fluorid *n*
arsenic triiodide <AsI_3> Arsentriiodid *n*, Arsen(III)-iodid *n*
arsenic trioxide <As_2O_3> Arsen(III)-oxid *n*, Arsenigsäureanhydrid *n*, Arsenik *n*, Arsenikblüte *f*, Arsentrioxid *n*, Giftstein *m*, Hüttenrauch *m {Triv}*; Arsenolith *m*, Claudetit *m {Min}*
arsenic trisulfide <$(As_2S_3)_2$> Arsentrisulfid *n*, Arsen(III)-sulfid *n*, Auripigment *n*, Rauschgelb *n*, gelbe Arsenblende *f*, Orpigment *n {Min}*
arsenic tube Arsenrohr *n {Anal}*
arsenic(III) bromide <$AsBr_3$> Arsentribromid *n*, Arsen(III)-bromid *n*, Arsenikbromid *n {obs}*
arsenic(III) chloride <$AsCl_3$> Arsen(III)-chlorid *n*, Arsentrichlorid *n*; Arsenbutter *f {Triv}*
arsenic(III) iodide <AsI_3> Arsen(III)-iodid *n*, Arsentriiodid *n*
arsenic(III) oxide <As_2O_3> Arsentrioxid *n*, Arsenigsäureanhydrid *n*, Arsen(III)-oxid *n*, Arsenik *n*, Arsenikblüte *f {Triv}*, Giftstein *m*, Hüttenrauch *m {Triv}*; Arsenolith *m*, Claudetit *m {Min}*
arsenic(III) sulfide <$(As_2S_3)_2$> Tetraarsenhexasulfid *n {IUPAC}*, Arsentrisulfid *n*,

Arsen(III)-sulfid *n*, Auripigment *n*, Rauschgelb *n*, Königsgelb *n*; gelbe Arsenblende *f* *{Min}*
arsenic(V) chloride Arsen(V)-chlorid *n*, Arsenpentachlorid *n*
arsenic(V) fluoride **<AsF_5>** Arsenpentafluorid *n*, Arsen(V)-fluorid *n*
arsenic(V) oxide **<As_2O_5>** Arsenpentoxid *n*, Arsensäureanhydrid *n*, Arsen(V)-oxid *n*,
arsenical 1. arsenhaltig, arsenikalisch *{obs}*, arsenikhaltig *{obs}*; Arsen-; 2. Arsenmittel *n*, Arsenpräparat *n* *{Pharm}*
arsenical aluminium brass Arsen-Aluminiumbronze *f* *{Korr}*
arsenical cadmia Giftstein *m*
arsenical cobalt ore 1. Smaltin *m*, Speiscobalt *m* *{Min}*; 2. Glanzcobalt *m*; 3. Skutterodit *m*, Arsencobaltkies *m* *{Min}*
arsenical copper 1. Arsenkupfer *n* *{0,6% As}*; weißer Tobak *m*; 2. Arsenkupfer *n* *{Min; Cu_3As}*
arsenical iron Arseneisen *n*, Glanzarsenkies *m*, Glaukopyrit *m* *{Min}*
arsenical nickel 1. **<NiAs>** Arsennickel *n*, Nickelin *n*, Rotarsennickel *n*, Rotnickelkies *m*, Kupfernickel *n*, Niccolit *m* *{Min}*; 2. **<$NiAs_{2-3}$>** Chloanthit *m*, Weißnickelkies *m*, Arsennickelkies *m*; 3. **<$NiAs_2$>** Arsennickeleisen *n* *{obs}*, Rommelsbergit *m* *{Min}*; 4. **<NiAsS>** Arsennickelkies *m*, Gersdorffit *m* *{Min}*
arsenical pesticides arsenhaltige Pesticide *npl*
arsenical preparation Arsenpräparat *n*, Arsenikpräparat *n* *{obs}*
arsenical pyrite Arsen[ik]kies *m*, Giftkies *m*, Mißpickel *m*, Weißerz *n*, Weißkies *m*, Dalarnit *m*, Arsenopyrit *m* *{Min}*
arsenical silver 1. Arseniksilber *n* *{obs}*, Pyritolamprit *m*; 2. Huntilith *m* *{Min; Ag_3As}*
arsenical silver glance Arsensilberblende *f*, lichtes Rotültigerz *n*, Proustit *m* *{Min}*
arsenide Arsenid *n*, Arsenür *n* *{obs}*
arseniferous arsen[ik]haltig
arseniopleite Arseniopleit *m* *{Min}*
arseniosiderite Arseniosiderit *m* *{Min}*
arsenious arsenig, arsenigsauer; Arsen(III)-
arsenious acid 1. <H_3AsO_3> Arsenigsäure *f*, arsenige Säure *f*, Trioxoarsen(III)-säure *f* *{IUPAC}*; 2. <$HAsO_2$> Meta-arsenigsäure *f*, Dioxoarsen(III)-säure *f*
arsenious anhydride **<As_2O_3>** Arsensäureanhydrid *n*, Arsentrioxid *n*, Arsenik *n*, Arsenikblüte *f*, Giftstein *m* , Hüttenrauch *m* *{Triv}*; Claudetit *m* *{Min}*
arsenious bromide **<$AsBr_3$>** Arsentribromid *n*, Arsen(III)-bromid *n*
arsenious chloride **<$AsCl_3$>** Arsentrichlorid *n*, Arsenikbutter *f* *{Triv}*, Arsen(III)-chlorid *n*, Chlorarsenik *n* *{obs}*
arsenious hydride **<AsH_3>** Arsenwasserstoff *m*, Arsin *n*, Arsen(III)-hydrid *n*
arsenious iodide **<AsI_3>** Arsen(III)-iodid *n*, Arsentriiodid *n*
arsenious oxide *s.* arsenious trioxide
arsenious sulfide **<$(As_2S_3)_2$>** Arsentrisulfid *n*, Arsen(III)-sulfid *n*, Tetraarsenhexasulfid *n* *{IUPAC}*; Auripigment *n*, Rauschgelb *n*
arsenious trioxide **<As_2O_3>** Arsentrioxid *n*, Arsensäureanhydrid *n*, Arsen(III)-oxid *n*, Arsenik *n*, Arsenikblüte *f*, Giftmehl *n*, Hüttenrausch *m*; Claudetit *m* *{Min}*
arsenite 1. arsenigsauer; 2. arsenigsaures Salz *n*, Arsenit *n* *{obs}*, Arsenat(III) *n*
arsenobenzene **<$C_6H_5As{=}AsC_6H_5$>** Arsenobenzol *n*
arsenobenzoic acid Arsenobenzoesäure *f*
arsenoferrite Arsenoferrit *m* *{Min}*
arsenolamprite Arsenolamprit *m* *{Min}*
arsenolite Arsenolith *m*, Arsenblüte *f*, Arsenit *m*, Arsenikkalk *m* *{Min}*
arsenophenol Arsenophenol *n*, Dihydroxyarsenobenzol *n*
arsenopyrite *s.* arsenical pyrite
arsenostibinobenzene Arsenostibinobenzol *n*
arsenous *s.* arsenious
arsine **<AsH_3>** Arsin *n*, Arsen(III)-hydrid *n*, Arsenwasserstoff *m*, Monoarsin *n*, Arsan *n*
arsine generator Arsenwasserstofferzeuger *m*, Arsinerzeuger *m* *{Lab}*
arsthinol Arsthinol *n*
art bronze Kunstbronze *f*
art-dyeing Kunstfärben *n*
art paper Kreidepapier *n*, Kunstdruckpapier *n* *{DIN 6730}*
art silk Glanzstoff *m*
artebufogenin Artebufogenin *n*
artefact Artefakt *n*; unerwünschtes Pseudoergebnis *n*
artemisia ketone Artemisiaketon *n*
artemisia oil Alpenbeifußöl *n*
artemisic acid Artemissäure *f*
artemisin Artemisin *n*, Artemissäureanhydrid *n*, α-Hydroxysantonin *n*
arterenol Arterenol *n*, Norepinephrin *n*, Noradrenalin *n*
arterenone Arterenon *n*, Noradrenalon *n*
arthranitin Arthranitin *n*, Cyclamin *n*
article 1. Abhandlung *f*, Artikel *m* *{z.B. in der Zeitung}*; 2. Artikel *m*, Farbrikat *n* *{Ware}*; Gegenstand *m*; 3. Satzung *f*, Vertrag *m*, Schriftsatz *m*
article of daily use Gebrauchsartikel *m*, Gebrauchsware *f*
articles of association Verbandssatzung *f*
articles of merchandise Handelsware *f*, Handelsgut *n*
articles of perishable nature verderbliche Ware *f*

articulated gelenkig, gegliedert; knickbar, einziehbar
articulated conveyor belt Scharnierband *n*
articulated pipe Gelenkrohr *n*
artifact *s.* artefact
artificial künstlich, synthetisch, unecht, nachgemacht; Kunst-, Synthese-, Ersatz-
artificial ageing Ausscheidungshärtung *f*, beschleunigte Alterung *f*, künstliches Altern *n*, Wärmevergütung *f {Met}*
artificial asphalt technischer Asphalt *m {DIN 55946}*
artificial atmosphere 1. Prozeßatmosphäre *f*, aktive Atmosphäre *f*; 2. Schutzgas *n*, Schutzatmosphäre *f*, inaktive Gasmischung *f*
artificial cell-wool Zellwolle *f*, Kunstwolle *f*
artificial element künstliches Element *n*
artificial fertilizer Kunstdünger *m*
artificial fiber Kunstfaser *f*, Chemiefaser *f*, synthetische Faser *f*
artificial gum Dextrin *n*, Dampfgummi *n*, Kristallgummi *n*, Stärkegummi *n*
artificial horn Kunsthorn *n*, Caseinkunststoff *m*
artificial leather Kunstleder *n*, Vlieskunstleder *n {DIN 53329}*
artificial marble Marmorzement *m*, Alaungips *m*
artificial rayon synthetisches Filamentgarn *n*, cellulosisches Endlosgarn *n*, Kunstseide *f*
artificial resin Kunstharz *n*, synthetisches Harz *n*
artificial rubber Kunstkautschuk *m*, Synthesekautschuk *m*, synthetischer Kautschuk *m*
artificial seasoning künstliches Altern *n*, künstliches Reifen *n {Holz}*
artificial silk Kunstseide *f*, Chemieseide *f*, synthetisches Filamentgarn *n*, cellulosisches Endlosgarn *n*, Chemiefaser *f*
artificial transmutation of elements künstliche Elementumwandlung *f*
artificial weathering künstliche Bewitterung *f*
artificial wool Zellwolle *f*, Kunstwolle *f*
artist's color Künstlerfarbe *f {Malfarbe für die Kunstmalerei}*
artosine Artosin *n*, Merasin *n*
arum starch Aronstärke *f*
aryl- Aryl-; Arylrest *m*, Arylgruppe *f*
aryl acid aromatische Carbonsäure *f*, Arencarbonsäure *f*
aryl alkyl phosphate Arylalkylphosphat *n*
aryl alkyl phthalate Arylalkylphthalat *n*
aryl alkyl sulfonate Arylalkylsulfonat *n*
aryl compounds Arylverbindungen *fpl*
aryl halide Arylhalogenid *n*, Halogenaryl *n*
aryl phosphite Arylphosphit *n*
aryl silicone Arylsilicon *n*
aryl sulfonate Arylsulfonat *n*
arylamine Arylamin *n*
arylate/to arylieren
arylation Arylierung *f*
arylbutyric acid Arylbuttersäure *f*
arylmethylbenzoic acid Arylmethylbenzoesäure *f*
arylnitrenium ion <Ar-N$^+$> Arylnitreniumion *n*
arylpropionic acid Arylpropionsäure *f*
aryne Arin *n {z.B. Dehydrobenzol}*
arzrunite Arzrunit *m {Min}*
ASA 1. Acrylsäure-Styrol-Acrylnitril-Mischpolymerisat *n*; 2. ASA-Empfindlichkeit *f {Photo}*
asafetida Asa Foetida *f*, Stinkasant *m*, Teufelsdreck *m*
asafetida oil Asafötidaöl *n*, Asantöl *n*
asaprol Asaprol *n*, Abrastol *n*, Caleinnaphthol *n*
asarabacca oil Haselwurzöl *n*
asarin *s.* asaron
asarinin Asarinin *n*, Episesamin *n*
asarone Asarin *n*, Asaron *n*, Asarumcampher *m*, Asarubacoa-Campher *m*
asaronic acid Asaronsäure *f*, Asarylsäure *f*, 2,4,5-Trimethoxybenzoesäure *f*
asarum camphor s. asarone
asarum oil Asarumöl *n*
asaryl- Asaryl-; Asarylradikal *n*, Asarylrest *m*, Asarylgruppe *f*
asarylic acid *s.* asaronic acid
asbestiform asbestartig
asbestin Asbestin *n {Papier}*
asbestoid asbestartig
asbestos Asbest *m*, Bergflachs *m*, Flachsstein *m*, Byssolit *m*, Bergleder *n*, Berghaar *n*, Bergkork *m*, Bergwolle *f*, Bergzunder *m*, Serpentinasbest *m*, Chrysotilasbest *m {Min}*
asbestos board Asbestplatte *f*, Asbestpappe *f {DIN 6730}*
asbestos cement Asbestzement *m*
asbestos-cement sheet Asbestzementplatte *f {DIN 274}*
asbestos cloth Asbestgewebe *n*, Asbestnetz *n*
asbestos-coated wire gauze Asbestdrahtnetz *n*
asbestos cord Asbestschnur *f*
asbestos covering Asbestbekleidung *f*
asbestos fabric Asbestgewebe *n*, Asbestnetz *n*
asbestos fiber Asbestfaser *f*
asbestos-fiber sheet Asbestfaserplatte *f*
asbestos filter Asbestfilter *n*
asbestos glove Asbesthandschuh *m*
asbestos goods Asbestwaren *fpl*
asbestos insulating board *{BS 3536}* Asbestisolierplatte *f*
asbestos joint Asbestdichtung *f*
asbestos milk Asbestaufschlämmung *f*
asbestos packing Asbestdichtung *f*, Asbestpackung *f*
asbestos paper Asbestpapier *n*
asbestos plate Asbestplatte *f*

asbestos products Asbestwaren *fpl*
asbestos-reinforced cement products *{ISO 7337}* asbestverstärkte Betonteile *npl*
asbestos-reinforced thermoplastic asbestverstärkter Thermoplast *m*
asbestos rope Asbestschnur *f*
asbestos sheet Asbestplatte *f*
asbestos slate Asbestschiefer *m {Min}*
asbestos sponge Asbestschwamm *m*
asbestos suit Asbestanzug *m*
asbestos suspension Asbestaufschlämmung *f*
asbestos twine Asbestschnur *f*
asbestos wallboard *{BS 3536}* Asbestwand *f*
asbestos washer Asbestscheibe *f*
asbestos-wire gauze *{GB; US: gaze}* Asbestdrahtnetz *n*, Drahtasbestgewebe *n*, Drahtnetz *n* mit Asbesteinlage *f*
asbestos-wire net Asbestdrahtnetz *n*
asbestos wool Asbestwolle *f*, Asbestflocken *fpl*
asbestos wrapping Asbestumwicklung *f*
asbolane Asbolan *m*, cobalthaltiger Braunstein *m*, Cobaltmanganerz *n*, Asbolit *m*, Cobaltmalm *m*, Cobaltocker *m*, Cobaltschwärze *f*, Erdcobalt *n {Min}*
ascaridic acid *s.* ascaridolic acid
ascaridol[e] Ascaridol *n*
ascaridolic acid Ascaridinsäure *f*, Cinedsäure *f*
ascaroside Ascarosid *n*
ascarylitol Ascarylit *m*
ascarylose Ascarylose *f*
ascend/to steigen, ansteigen, aufsteigen
ascending ansteigend, aufsteigend, steigend
ascending force Auftrieb *m*, Auftriebskraft *f*
ascending power Auftrieb *m*, Auftriebskraft *f*
ascent 1. Aufstieg *m*, Auffahrt *f*, Steigung *f*; 2. Rampe *f*
ascertain/to bestimmen, ermitteln, feststellen, konstatieren
ascertainable feststellbar, bestimmbar
ascertainment Bestimmung *f*, Ermittlung *f*, Feststellung *f*
Aschan's dichloride Aschan-Dichlorid *n*
ascharite Ascharit *m*, Camsellit *m {Min}*
asclepiol Asclepiol *n*
ascorbic acid <$C_6H_8O_6$> Ascorbinsäure *f*, Askorbinsäure *f*, Vitamin C *n*, Antiskorbutvitamin *n*
ascorbic acid dehydrogenase Ascorbinsäure-dehydrogenase *f*
ascorbic acid oxidase *{EC 1.10.3.3}* Ascorbinsäureoxidase *f*
ascorbylpalmitate Ascorbylpalmitat *n*
ascosterol Ascosterin *n*
ascribe/to bewilligen, zuordnen; beimessen, zumessen
asellic acid Asellinsäure *f*
asepsis Asepsis *f*, Keimfreiheit *f*, Sterilität *f*, Aseptik *f {Med}*
aseptic aseptisch, fäulnishemmend, keimfrei, steril
aseptic filling aseptische Abfüllung *f*
asepticism *s.* asepsis
aseptol Aseptol *n*, Sozolsäure *f {Phenol-2-sulfonsäure}*
ash/to veraschen, einäschern
ash 1. Asche *f*, Verbrennungsrückstand *m {auch Aschengehalt bei Mineralölprodukten}*; 2. kristallwasserfreie Soda *f {Na_2CO_3}*; 3. Esche *f {Bot}*; Eschenholz *n*
ash analysis Aschenanalyse *f*
ash-colo[u]red aschfarben
ash components Aschebestandteile *mpl*
ash constituent Aschenbestandteil *m*
ash content Asche[n]gehalt *m {Verbrennung bei 815°C; DIN 22005}*
ash determination Asche[n]gehaltsbestimmung *f*, Aschenbestimmung *f*
ash-fluid point Aschefließpunkt *m*
ash-forming material aschebildender Stoff *m*
ash furnace Aschenofen *m*, Frittofen *m*, Glasschmelzofen *m*
ash fusibility Asche-Schmelzverhalten *n {Kohle; DIN 51730}*
ash fusion Ascheschmelzen *n*
ash-fusion point Aschenschmelzpunkt *m*
ash sintering Aschensinterung *f*
ash slurry Aschebrei *m*
ash-tap furnace Aschenschmelzofen *m*
ash-tree oil Eschenholzöl *n*
ashing 1. Verbrennung *f*, Veraschung *f*; 2. Naßpolieren *n {Plastikoberflächen}*
ashing crucible Gekrätzprobentiegel *m*
ashing method *{ISO 5516}* Veraschungsmethode *f*, Verglühungsverfahren *n*
ashing sample Veraschungsprobe *f*
ashless asche[n]frei; aschearm, nahezu asche[n]frei
ashless filter asche[n]armes Filter *n*; asche[n]freies Filter *n {Anal}*
ashless filter paper aschfreies Filterpapier *n*; aschenarmes Filtrierpapier *n*
ashy aschfarben, aschig
aside seitwärts, abseits, daneben
asiderite Asiderit *m {Min}*
askant schief
askarel Askarel *n*, Ascarel *n {polychlorierte Biphenyle}*
aslant schräg, quer über
asmanite Asmanit *m {Min}*
asparacemic acid Asparacemsäure *f {DL-Asparaginsäure}*
asparaginase *{EC 3.5.1.1}* Asparaginase *f*
asparagine <$H_2NCOCH_2CH(NH_2)COOH$> Asparagin *n {Halbamid der Asparaginsäure}*, Althein *n {obs}*, Asparamid *n {obs}*, 2-Aminobernsteinsäure-4-amid *n*

asparaginic acid <$HO_2CCH_2CH(NH_2)CO_2H$> Asparaginsäure *f*, 2-Aminobernsteinsäure *f*
asparagus stone Spargelstein *m*, Apatit *m*, Asparagusstein *m* *{Min}*
asparamide Asparagin *n*, Asparamid *n* *{obs}*
aspartame Aspartam *n* *{Süßstoff}*
aspartamic acid Asparagin *n* *{Halbamid der Asparaginsäure}*
aspartase Aspartase *f*, Aspartatammoniaklyase *f*
aspartate 1. asparaginsauer; 2. asparaginsaures Salz *n*, Aspartat *n*
aspartic acid *s.* asparaginic acid
aspasiolite Aspasiolith *m* *{Min}*
aspect Aspekt *m*, Seite *f*; Aussehen *n*
aspect ratio Seitenverhältnis *n* *{z.B. eines Bildes}*, Höhe-Breite-Verhältnis *n*, Bildformat *n*; Verhältniszahl *f*, Blendzahl *f* *{Opt}*
aspergillic acid Aspergillsäure *f*
asperity Rauhigkeitsspitze *f*, Rauheitsspitze *f*, Unebenheit *f*, Oberflächenunebenheit *f*, wirkliche Berührungsfläche *f*, Erhebungen *fpl* *{Trib}*
asperolite Asperolith *m* *{Min}*
asphalin Asphalin *n* *{Expl}*
asphalite Asphalit *m* *{Min}*
asphalt/to asphaltieren, mit Asphalt *m* bestreichen
asphalt 1. Asphalt *m*, Bergpech *n*, Bitumen *n* *{mit Mineralstoffen}*, Erdpech *n*, Erdharz *n* *{Naturasphalt}*; 2. Petroleumasphalt *m*, Erdölasphalt *m*, Petrolasphalt *m* *{künstlicher Asphalt}*
asphalt-base crude oil *{US}* asphaltbasisches Erdöl *n*, Asphaltbasisöl *n*
asphalt-bearing asphalthaltig
asphalt cement Bitumenkitt *m*, Asphaltkitt *m*
asphalt concrete Asphaltbeton *m*
asphalt-impregnated felt Asphaltfilz *m*
asphalt-laminated kraft paper Asphaltpapier *n*, Bitumenpapier *n*, Teerpapier *n*
asphalt lining Asphaltfutter *n*, Asphaltauskleidung *f*
asphalt mastic Asphaltmastix *m*, Asphaltkitt *m*, Gußasphalt *m*
asphalt paper Bitumenpapier *n*, Asphaltpapier *n*, Teerpapier *n*, Doppelpechpapier *n*
asphalt putty Asphaltkitt *m*
asphalt rock Pechgang *m*, Asphaltgestein *n*, Kerogengestein *n* *{Min}*
asphalt-treated fibreboard Bitumen-Holzfaserplatte *f* *{DIN 68753}*
asphalt varnish Asphaltfirnis *m*, Asphaltlack *m*
asphalted cardboard Dachpappe *f*
asphalted paper Asphaltpappe *f*
asphaltenes *{BS 2000}* Asphaltene *npl* *{CS_2-lösliche Anteile}*
asphaltic asphaltartig, asphalthaltig, asphaltisch, erdharzartig, erdpechhaltig; Asphalt-
asphaltic cement Asphaltzement *m*, Asphaltmastix *m*, Asphaltkitt *m*, Asphaltbinder *m*
asphaltic concrete Asphaltbeton *m*
asphaltite Asphaltit *m* *{Naturasphalt aus Humusanteilen mit wenig Mineralanteilen; DIN 55946}*
asphaltotype Asphaltnegativ *n* *{Photo}*
aspherical asphärisch, nicht kugelförmig
asphyxia Asphyxie *f*, Erstickung *f* *{Med}*
asphyxiant Erstickungsgas *n* *{z.B. CO, CS_2}*
asphyxiate/to ersticken *{durch O_2-Mangel}*
asphyxiation Erstickung *f*, Atemlähmung *f*
aspidelite Aspidelith *m* *{Min}*
aspirate/to ansaugen, absaugen *{z.B. Gas}*, saugen, abziehen
aspirated dust Sichterstaub *m* *{Kohle; DIN 22005}*
aspirated hygrometer *{BS 5248}* Aspirationspsychrometer *n*, Belüftungshygrometer *n*
aspiration Ansaugen *n*, Aufsaugen *n*, Einsaugen *n*, Saugen *n*; Atmen *n*
aspirator Abklärflasche *f*, Aspirator *m* *{Med}*, Luftsaugepumpe *f*, Luftsauger *m*, Saugapparat *m*, Sauger *m*, Wasserstrahlpumpe *f*, Absauggerät *n*, Abzug *m*, Absaugvorrichtung *f*
aspirator bottle Saugflasche *f* *{Lab}*
aspirator pump Wasserstrahlpumpe *f*
aspiratory Absauge-
aspiratory hood Absaugehaube *f*
aspire/to streben, aspirieren
aspirin Acetylsalicylsäure *f*, Aspirin *n* *{HN}*
assay/to erproben, untersuchen, probieren, kapellieren *{Met}*, prüfen
assay Analyse *f*, Gehaltsbestimmung *f*, Probe *f*, Prüfung *f*, Untersuchung *f*, Versuch *m*; entnommene Probenmenge *f*; Ansatz *m* *{Biochem}*
assay balance *{IUPAC}* Justierwaage *f*, Versuchswaage *f*, Probewaage *f*, Goldwaage *f*, Probierwaage *f*, Prüfwaage *f*, Analysenwaage *f* *{1-5g; Präzision 500-2000 ng}*
assay crucible Probiertiegel *m* *{Lab}*
assay flask Probierkolben *m* *{Lab}*
assay furnace Versuchsofen *m*, Kapellenofen *m*, Muffelofen *m*, Kupellierofen *m* *{Met, Anal}*
assay lead Kornblei *n*, Probierblei *n*
assay sensitivity Nachweisempfindlichkeit *f* *{Anal}*
assay techniques Analysetechniken *fpl*
assay weight Probiergewicht *n* *{Met}*
assayer's tongs Probierzange *f*
assaying 1. Auswerten *n*; 2. Erzprobe *f*
assemblage 1. Montage *f*, Montierung *f*; 2. Vergesellschaftung *f* *{Geol}*
assemble/to montieren, aufstellen, zusammenfügen, zusammensetzen; sammeln, ansammeln
assembling Zusammenbauen *n*, Montage *f*, Fügen *n*, Zusammenlegen *n*, Zusammenstellen *n*; Verbindungstechnik *f*
assembly 1. Montage *f*, Fügen *n*, Zusammen-

legen *n*, Zusammenbau *m*, Zusammenstellung *f*; Konfektionierung *f*; 2. Baugruppe *f {DIN 19226}*, Montagegruppe *f*, Baueinheit *f*, Montagesatz *m*; 3. System *n*, Aggregat *n*; 4.Versammlung *f*

assembly adhesive Montagekleber *m*, Montageklebstoff *m*

assembly group Baugruppe *f*

assembly line Fließband *n*, Montageband *n*, Montagestraße *f*

assert/to behaupten; bekräftigen, bestätigen; geltend machen; beipflichten, beistimmen, zustimmen

assertion Behauptung *f*, Erklärung *f*; Geltendmachung *f*; Durchsetzung *f*

assess/to bewerten; veranschlagen, schätzen; veranlagen

assessment Bewertung *f*, Beurteilung *f*, Schätzung *f*; Festlegung *f*, Auswertung *f*

assessment of accident risk Risikobeurteilung *f*, Risikobewertung *f*

assessment of flammability Prüfung *f* des Brennverhaltens *n {Kunststoff, DIN 51960}*

assessment of odour Geruchsprüfung *f*

assessment of performance Leistungsbewertung *f*

assign/to zuordnen, zuweisen; bewilligen

assigned zugeordnet

assignment Abtretung *f {Jur}*; Anweisung *f*, Bestimmung *f*; Zuweisung *f*, Zuordnung *f {Math, EDV}*

assimilability Assimilierbarkeit *f {Physiol}*

assimilable assimilierbar

assimilate/to angleichen, assimilieren

assimilation Angleichung *f*, Assimilation *{Biol, Geol}*, Aufnahme *f*, Metabolismus *m*; Einschmelzung *f*, Anzehrung *f*

assimilatory assimilatorisch, assimilierbar

assist/to beisteuern, beitragen, helfen, unterstützen, assistieren, beistehen

assistance Beistand *m*, Mithilfe *f*, Zuhilfenahme *f*

assistant Assistent *m*, Beistand *m*, Gehilfe *m*

assistant chemist Laborant *m*

associate/to assoziieren, vereinigen, [sich] verbinden; hinzufügen; vergesellschaften *{Geol}*

associate Verbindungsprodukt *n*, Assoziat *n*

associate degree Zusatzstudienabschluß *m*

associate professor Extraordinarius *m*

associated equipment Zusatzausrüstung *f*

association Assoziation *f*, Verbindung *f*, Vereinigung *f*; Paragenese *f*, Vergesellschaftung *f {Geol}*

association complex Assoziationskomplex *m*, Molekülkomplex *m*

Association for Utilization of Nuclear Energy in Ship-Building and Navigation Gesellschaft *f* für Kernenergieverwertung *f* in Schiffbau und Schiffahrt *{Geesthacht, Germany}*

Association of Plastics Manufacturer in Europe Verband *m* der europäischen Kunststoffhersteller *mpl*

degree of association Assoziationsgrad *m*

associative ionization Assoziationsionisation *f {ultrakalte Atome}*

assort/to [as]sortieren, aussuchen, sondern

assortment Auswahl *f*; Sortieren *n*; Sortiment *n*, Assortiment *n*

assuasive ointment Linderungssalbe *f {Pharm}*

assume/to annehmen; übernehmen, ergreifen; annehmen, vermuten

assumption Annahme *f*, Voraussetzung *f*

assurance Gewährleistung *f*, Versicherung *f*; Vertrauen *n*

assure/to gewährleisten, sicherstellen; vertrauen

astatic astatisch *{Magnet}*, unstet, unstabil

astatin *{At; element no. 85}* Astat *n*, Astatin *n*

asterane Asteran *n {Käfigverbindung aus kondensierten Cyclohexanringen}*

asterine Asterin *n*, Chrysanthemin *n*

asterism Asterismus *m {Krist}*; Lichtfigur *f*

astigmatic astigmatisch

astigmatism Astigmatismus *m*, Zweischalenfehler *m {Opt}*; Astigmatismus *m {Med}*

ASTM American Society for Testing and Materials Amerikanische Gesellschaft *f* für Prüfung *f* und Werkstoffe *mpl*

ASTM color number ASTM-Farbzahl *f {Öl}*

ASTM precipitation naphtha Normalbenzin *n {Anal, DIN 51635}*

Aston dark space Astonscher Dunkelraum *m*

astragalin Astragalin *n*, Kämpferol-3-glycosid *n*

astrakanite Astrakanit *m*, Blödit *m {Min}*

astringency Adstringens *n {Pharm}*

astringent 1. adstringierend, zusammenziehend; 2. Adstringens *n {pl. Adstringentien n}*, blutstillendes Mittel *n*

astrochemistry Astrochemie *f*, Kosmochemie *f*, Chemie *f* des Weltraums *m*

astronautics Astronautik *f*, Kosmonautik *f*, Raumfahrt *f*, Weltraumschiffahrt *f*

astronomic[al] astronomisch

astronomy Astronomie *f*, Sternkunde *f*

astrophyllite Astrophyllit *m {Min}*

astrophysics Astrophysik *f*

astrospectroscope Sternspektroskop *n*

astrotorus baffle Astrotorusbaffle *n {Vak}*

asymmetric atom asymmetrisches Atom *n {RR'R''R'''Z}*

asymmetric synthesis asymmetrische Synthese *f*

asymmetric system triklinisches System *n*

asymmetric[al] asymmetrisch, nicht symmetrisch, ungleichförmig, ungleichmäßig, unsymmetrisch; chiral; triklin *{Krist}*

asymmetry Asymmetrie *f*, Unsymmetrie *f*

asymptote Asymptote *f {Math}*

asymptotic asymptotisch
asynchronous asynchron
AT-cut crystal AT-Kristallschnitt *m*
at constant pressure isobar
at random stichprobenweise, zufällig
at stages absatzweise
atacamite Atakamit *m*, Salzkupfererz *n*, Kupferhornerz *n*, Kupfersand *m* *{Min}*
atactic ataktisch
atactic polymer ataktisches Polymer[es] *n*, ataktisches Makromolekül *n*
ate/to durchfressen, zerfressen; zerstören
atelestite Atelestit *m*, Rhagit *m* *{Min}*
atelite Atelit *m* *{obs}*, Paratacamit *m* *{Min}*
atheriastite Atheriastit *m* *{Min}*
athermal athermisch, anisotherm
athermanous adiatherman, wärmeundurchlässig, atherman
atlasite Atlasit *m* *{Min}*
atmidometer Atmometer *n*, Evaporometer *n*, Evaporimeter *n*, Dunstmesser *m*, Verdampfungsmesser *m*, Verdunstungsmesser *m*
atmolysis Atmolyse *f* *{Gastrennung durch Porendiffusion}*
atmometer *s.* atmidometer
atmosphere 1. Atmosphäre *f*, Außenluft *f*, Luft *f*, Lufthülle *f*; 2. [physikalische] Atmosphäre *f* *{bis 1977 Druckeinheit; 1 atm=101325 Pa}*; 3. [technische] Atmosphäre *f* *{bis 1977 Druckeinheit; 1 at=980665 Pa}*; 4. Atmosphäre *f*, Medium *n*, Mittel *n*
atmosphere-ga[u]ge pressure Atmosphärenüberdruck *m*
atmospheric atmosphärisch
atmospheric action Lufteinwirkung *f*
atmospheric chemistry Luftchemie *f*, Chemie *f* der Atmosphäre *f*
atmospheric corrosion atmosphärische Korrosion *f*
atmospheric distillation atmosphärische Destillation *f*, Destillation *f* unter Normaldruck *m*
atmospheric exposure Witterungseinwirkung *f*
atmospheric express pressure Atmosphärenüberdruck *m*
atmospheric gas burner Gasbrenner *m* mit natürlichem Zug *m*, Mischrohrbrenner *m*
atmospheric gases atmosphärische Gase *npl* *{z.B. N_2, O_2, CO_2, Ar, NH_3, CH_4}*
atmospheric humidity Luftfeuchte *f*, Luftfeuchtigkeit *f*
atmospheric influences atmosphärische Einflüsse *mpl*, Atmosphärilien *fpl*, Witterungseinflüsse *mpl*
atmospheric moisture Luftfeuchtigkeit *f*, Luftfeuchte *f*
atmospheric nitrogen Luftstickstoff *m*
atmospheric oxygen Luftsauerstoff *m*, atmosphärischer Sauerstoff *m*, Sauerstoff *m* der Luft
atmospheric pollution Luftverunreinigung *f*, Luftverschmutzung *f*
atmospheric pressure Atmosphärendruck *m*, Außendruck *m*, Luftdruck *m* *{DIN 1358}*, Barometerdruck *m*
atmospheric residuum Rest *m* bei atmosphärischer Destillation *f*
atmospheric substances Atmosphärilien *npl*
atom 1. Atom *n*, unzerlegbares Element *n*; 2. unzerlegbarer Wert *m* *{Math, EDV}*
atom arrangement Atomanordnung *f*
atom conversion Atomumwandlung *f*
atom excitation Atomerregung *f*, Atomanregung *f*
atom fission Atomspaltung *f*, Atomzertrümmerung *f*
atom-gram Atomgramm *n*
atom lattice Atomgitter *n* *{Krist}*
atom model Atommodel *n*, Atomkalotte *f*
atom nucleus Atomkern *m*
atom number Atomzahl *f*
atom smashing Atomzertrümmerung *f*, Atom[auf]spaltung *f*
atom splitting Atomaufspaltung *f*, Atomkernspaltung *f*, Atomzertrümmerung *f*
atom theory Atomtheorie *f*
atomic atomar, einatomig, aus einem Atom bestehend; atomistisch; atomar *{in der Größenordnung eines Atoms}*; Atom-
atomic absorption analysis Atomabsorptionsanalyse *f*, Atomabsorptionsspektrometrie *f*
atomic absorption coefficient atomarer Absorptionskoeffizient *m*
atomic absorption flame spectroscopy Atomabsorptions-Flammenspektroskopie *f*, Atomabsorptions-Spektroskopie *f* *{DIN 51401}*
atomic absorption spectrometry Atomabsorptionsspektrometrie *f* *{DIN 51401}*
atomic affinity Atomaffinität *f*
atomic age Atomzeitalter *n*
atomic arc welding plant Arcatom-Schweißanlage *f*
atomic arrangement Atomanordnung *f*, Atomkonfiguration *f*, räumliche Anordnung *f* der Atome *npl*, Gitteraufbau *m*
atomic beam resonance method Atomstrahl-Resonanzmethode *f* *{Spek}*
atomic bombardment Atombeschießung *f*, Atombeschuß *m*
atomic bombardment particle Atomgeschoßteilchen *n*
atomic bond Atombindung *f*, kovalente Bindung *f*, unpolare Bindung *f*, homöopolare Bindung *f*, Elektronenpaarbindung *f*, kovalente Bindung *f*, unitarische Bindung *f*
atomic charge Atomladung *f*

atomic chart Atomgewichtstabelle *f*, Atomgewichtstafel *f*, Tabelle *f* der relativen Atommassen *fpl*
atomic chemistry Atomchemie *f*
atomic collision Atomstoß *m*, atomarer Stoß *m*
atomic combining power Atombindungskraft *f*, Atombindungsvermögen *n*
atomic concentration Atomkonzentration *f*
atomic conductance Atomleitfähigkeit *f*
atomic configuration Atomanordnung *f*, Atomkonfiguration *f*, [räumliche] Anordnung *f* der Atome *npl*
atomic core Atomkern *n*, Atomrumpf *m*, Atomrest *m*
atomic decay Atomzerfall *m*, Kernzerfall *m*
atomic density Atomdichte *f*
atomic diameter Atomdurchmesser *m*
atomic disintegration Atomzerfall *m*, Kernzerfall *m*
atomic dispersion Atomdispersion *f*
atomic displacement Atomverschiebung *f*, Verschiebung *fpl* von Atomen *npl*, Atomwanderung *f*, Atomumlagerung *f*
atomic distance Atomabstand *m*, Kernabstand *m*
atomic destillation atomare Destillation *f*
atomic energy 1. Atom[kern]energie *f*, Kernenergie *f*; 2. Bindungsenergie *f*
atomic energy level atomares Energieniveau *n*, Atomniveau *n* *{Spek}*
atomic envelope Atomhülle *f*
atomic explosion Atomexplosion *f*, Kernexplosion *f*
atomic fluorescence Atomfluoreszenz *f*
atomic fraction Atombruch *m*, atomarer Anteil *m*
atomic fuel Atombrennstoff *m*, Kernbrennstoff *m*, Spaltstoff *m*
atomic fusion Atomverschmelzung *f*
atomic heat Atomwärme *f*
atomic heat of fusion Atomschmelzwärme *f*
atomic hydrogen [arc] welding Arcatomschweißen *n*, Arcatom-Verfahren *n*, atomares Lichtbogenschweißen *n*, Arcatomschweißung *f*, Wolfram-Wasserstoffschweißen *n*
atomic hypothesis Atomhypothese *f*
atomic index Atomzahl *f*, Atomnummer *f*, Kernladungszahl *f*
Atomic Law Atomwirtschaftsrecht *n*
atomic level Atomhüllenniveau *n*, Energieniveau *n*, Energiezustand *m*, Elektronenniveau *n*, Term *m*
atomic linkage Atombindung *f*, Atomverkettung *f* *{als Zustand}*, Elektronenpaarbindung *f*, kovalente Bindung *f*, homöopolare Bindung *f*
atomic magnetism Atommagnetismus *m*
atomic mass Atommasse *f*, Massenwert *m*, Nuklidmasse *f*, Isotopengewicht *n*, atomare Masse *f*
atomic mass constant Atommassenkonstante *f* *{1/12 von m(^{12}C)}*
atomic mass number Massenzahl *f*
atomic mass unit Atommasseneinheit *f*, atomare Masseeinheit *f*, amu *{=1,6605402•10^{-27} kg}*
atomic migration Atomwanderung *f*
atomic model Atommodell *n*
atomic nucleus Atomkern *m*
atomic number *{IUPAC}* Protonenzahl *f*, Kernladungszahl *f*, Ordnungszahl *f*, OZ, Atomnummer *f* *{im Periodensystem der Elemente}*
atomic orbital Atomorbital *n*, atomares Orbital *n*, Atombahn *f*, AO *{ein Elektronenzustand}*
atomic oscillation Atomschwingung *f*
atomic plane Netzebene *f* *{Krist}*
atomic polarization Atompolarisation *f*, Atomverschiebungspolarisation *f*
atomic position Atomlage *f* *{Krist}*
atomic power Atomkraft *f*, Kernkraft *f*, Kernenergie *f*
atomic power plant Atomkraftanlage *f*, Atomkraftwerk *n*, Kernkraftwerk *n*, KKW
atomic power station *s*. atomic power plant
atomic-powered atombetrieben, mit Atomkraft *f* betrieben
atomic projectile Atomgeschoß *n*
atomic radiation atomare Strahlung *f*, Atomstrahlung *f*
atomic radius Atomhalbmesser *m*, Atomradius *m*
atomic ratio Atomverhältnis *n*, Atomverhältniszahl *f*
atomic refraction Atomrefraktion *f*, atomare Refraktion *f*
atomic relation Atomverhältnis *n*
atomic research Atomforschung *f*
atomic residue Atomrest *m*, Atomrumpf *m*
atomic resistivity Atomwiderstand *m*
atomic resolution atomare Auflösung *f* *{Oberfläche}*
atomic rotatory power atomares Drehvermögen *n*
atomic shell Atomhülle *f*, Atomschale *f*
atomic sign Atomzeichen *n* *{Symbol}*
atomic space lattice Atomgitter *n*
atomic spectrum Atomspektrum *n*
atomic state Atomzustand *m*, atomarer Zustand *m*, Energiezustand *m* des Atoms *n*
atomic stopping power atomares Bremsvermögen *n*
atomic structure 1. Atom[auf]bau *m*, Atomismus *m*, Atomstruktur *f*; 2. Raumgitter *n* *{Krist}*
atomic symbol Atomzeichen *n* *{Symbol}*
atomic theory Atomtheorie *f*, Atomistik *f*, Atomlehre *f*

atomic transformation Atomumwandlung *f*
atomic union Atomverband *m*, Atomverbindung *f*
atomic valence Atomwertigkeit *f*, Atomaffinität *f*, Atomvalenz *f*
atomic vapor laser isotope separation Isotopentrennung *f* durch Laser *m* im atomaren Dampf *m*
atomic volume Atomvolumen *n*
atomic waste radioaktiver Abfall *m*, Atommüll *m*, Atomabfall *m*
atomic weapon Atomwaffe *f*, Kernwaffe *f*
atomic weight Atomgewicht *n*, *{obs}* relative Atommasse *f*
atomic weight unit Einheit *f* des Atomgewichts *n {obs}*, Einheit *f* der relativen Atommasse *f*
atomically clean atomar sauber
atomicity 1. Atomigkeit *f*, Atomizität *f {Anzahl der Atome im Molekül}*, Valenz *f {obs}*, Wertigkeit *f {obs}; 2. Basizität f*
atomization *{ASM; IUPAC}* Atomisieren *n {DIN 51401}*, Druckverdüsung *f*, Zerstäubung *f {Flüssigkeiten}*
atomize/to pulverisieren, zerreiben; atomisieren; zerstäuben *{von Flüssigkeiten}*
atomized aluminium powder Aluminiumstaub *m {Raketenbrennstoff}*
atomized metal Metallnebel *m*
atomizer *{IUPAC}* Feinstzerstäuber *m*, Flüssigkeitszerstäuber *m*, Sprühapparat *m*, Sprühpistole *f*, Verstäuber *m*, Verstäubungsapparat *m*, Zerstäuber *m {flüssiger Brennstoffe}*
atomizing Zerstäuben *n*, Atomisieren *n*, Druckverdüsung *f {von Flüssigkeiten}*
atomizing agent Zerstäubungsmittel *n*
atomizing crystallizer Zerstäubungs-Kristallisator *m*
atomizing medium Zerstäubungsmittel *n*
atomizing nozzle Sprühdüse *f*, Streudüse *f*, [Fein-]Zerstäuberdüse *f*
atomizing purifier Zerstäubungsreiniger *m*
atomizing scrubber Wäsche *f* mit Zerstäuber *m*
atomizing valve Zerstäuberventil *n*
atophan Atophan *n*, Cinchophen *n*
atopite Atopit *m {obs}*, Roméit *m {Min}*
atoxic atoxisch, ungiftig
atoxyl Atoxyl *n {Na-Arsanilat}*
atoxylic acid <$NH_2C_6H_4AsO(OH)_2$> Arsanilsäure *f*, Atoxylsäure *f*, *p*-Aminophenylarsinsäure *f*
ATP Adenosintriphosphat *n*, ATP
ATPase 1. *{EC 3.6.1.3}* Adenosintriphosphatase *f*, Adenylpyrophosphatase *f*, Triphosphatase *f*; 2. *{EC 3.6.1.8}* ATP-Pyrophosphatase *f*
atractylene Atractylen *n*, Machilen *n*
atractylol Atractylol *n*, Machilol *n*, *ß*-Eudesmol *n*

atrament process Atramentverfahren *n*
atranoric acid Atranorsäure *f*, Atranorin *n*
atranorin Atranorin *n*, Atranorsäure *f*
atrial natriuretic polypeptide atrio-natriuretisches Polypeptid *n*
atrolactic acid <$CH_3C(C_6H_5)(OH)COOH$> Atrolactinsäure *f*, 2-Phenylmilchsäure *f*
atromentic acid Atromentinsäure *f*
atropamine Atropamin *n*, Apoatropin *n*
atropic acid <$C_6H_5C{=}CH_2COOH$> Atropasäure *f*, 2-Phenylacrylsäure *f*
atropine <$C_{17}H_{23}NO_3$> Atropin *n*, D,L-Hyoscyamin *n*, D,L-Daturin *n*, Tropintropat *n*
atropine hydrobromide Atropinhydrobromid *n*
atropine methylbromide Atropinmethylbromid *n*, Atropinbrommethylat *n*
atropine methylnitrite Atropinmethylnitrit *n*, Eumydrin *n*
atropine salicylate Atropinsalicylat *n*
atropine sulfate Atropinsulfat *n*
atropisomerism Atropisomerie *f*
atropo-isomer Atropoisomer[es] *n*, Behinderungsisomer *n*, axiales Enantiomer[es] *n {ein Spiegelbildisomer}*
atroscine Atroscin *n*, Scopolamin *n*, Hyoscin *n*
attach/to befestigen, anfügen, angliedern, anlagern, anbringen, anheften, ankuppeln, ankleben; verbinden; aufziehen *{Farben}*
attachable ansetzbar, aufsetzbar, aufsteckbar
attached gebunden sein an, anliegend, sitzen an, hängen an, anhaften
attached piece Ansatzstück *n*
attached tube Ansatzrohr *n*
attachment 1. Anhaftung *f*, Anlagerung *f*,- Befestigung *f*, Anbringung *f*; 2. Anhang *m*, Aufsatz *m*, Beiwerk *n*; Zusatzgerät *n*, Anbaugerät *n*
attachment coefficient Anlagerungskoeffizient *m*
attachment plug Zwischenstecker *m*, Adapter *m*, Anpaßstecker *m*, Übergangsstecker *m*, Kopplungsstecker *m*
attack/to anfressen, ätzen, angreifen, anfallen, befallen; anfechten; in Angriff *m* nehmen
attack 1. Angriff *m*, Angreifen *n*, Ätzen *n*; 2. Anfall *m {Med}*; 3. Befall *m*; 4. Inangriffnahme *f*
attackable angreifbar
attacking agent Angriffsmittel *n*, angreifendes Agens *n*
attain/to erreichen, erzielen, erlangen
attainable erreichbar
attapulgite Attapulgit *m*, Palygorskit *m {Min}*
attemperator Gärbottichkühler *m*, Temperaturregulator *m*, Dampfkühler *m*, Kühlschlange *f*
attempt Versuch *m*
attend/to bedienen, warten *{Geräte usw.}*

attendance Wartung *f*, Bedienung *f*
attendant Bedienungsperson *f {Maschine}*
attention! Achtung!, Gefahr!
attention-free wartungsfrei
attenuate/to [ab]dämpfen, [ab]schwächen *{Oszillation}*; verdünnen
attenuation Abdämpfung *f {Akustik}*, Abschwächung *f*, Dämpfung *f {Vibration}*, Schwächung *f*; Verdünnung *f*, Verdünnen *n*; Verzug *m {Glas}*, Streckung *f*, Ausziehen *n*; Schwächung *f {Immun}*
attenuation coefficient Schwächungskoeffizient *m*, Abschwächungskoeffizient *m {Atom}*, Dämpfungskonstante *f*; Verlustfaktor *m*
attenuation degree Vergärungsgrad *m {Brau}*
attenuation factor Abschwächungsfaktor *m*, Abschwächungskoeffizient *m {Atom}*
attenuator Dämpfungsglied *n*, Empfindlichkeitsregler *m {Chrom}*; Attenuator *m {Biochem}*
attest/to beglaubigen, bescheinigen, beurkunden; beweisen; verteidigen
attract/to anziehen, auf sich lenken, [an]locken; aufnehmen *{Elektronen}*
attractant Lockstoff *m*, Lockmittel *n*, Anlockstoff *m*, Attraktivstoff *m*
attraction 1. Anziehung *f*, Anziehungskraft *f*, Anziehungsvermögen *n*, Ziehkraft *f*; 2. Attraktion *f*, Reiz *m*
attraction of gravity Gravitationskraft *f*
attraction potential Anziehungspotential *n*
attractive capacity Anziehungskraft *f*
attractive force Anziehung *f*, Anziehungskraft *f*, Attraktionskraft *f*
attributable anrechenbar, zurechenbar, zuschreibbar
attribute/to beilegen, beimessen, zumessen, zuschreiben
attribute Eigenschaft *f*, Attribut *n*, Merkmal *n*; qualitatives Merkmal *n*
attrition 1. Abreibung *f*, Abrieb *m*, Schleifwirkung *f {Abnutzung durch Reibung oder Verschleiß}*; Zerreibung *f*; 2. Abrasion *f*, Abtragung *f {Geol}*
attrition grinding Reibzerkleinerung *f*
attrition mill Reibkollergang *m*, Reibungsmühle *f*, Mahlscheibenmühle *f*, Reibmühle *f*
attrition product Ausmahlprodukt *n*
attrition pulverizer *{ASTM}* *s.* attrition mill
attritus Mattkohle *f*, Attritus *m*, Pflanzenzerreibsel *npl*
aubépine <$H_3COC_6H_4CHO$> Aubépin *n*, Anisaldehyd *m*, Methoxybenzaldehyd *m*
auburn 1. kastanienbraun, goldbraun, nußbraun; 2. Kastanienbraun *n*
aucubin Aucubin *n*, Rhinatin *n*, Aucubosid *n*
Audibert-Arnu dilatometer test Dilatometertest *m* nach Audibert-Arnu *{Steinkohle}*
Audibert tube Audibert-Rohr *n {Deflagrations-Testgerät}*
audible akustisch, hörbar, hörfrequent, vernehmbar
audible alarm [device] akustisches Alarmgerät *n*
audible leak indicator akustischer Leckanzeiger *m*
audible signal akustisches Signal *n*
audible warning device akustische Warneinrichtung *f*
audible warning signal akustische Störanzeige *f*
audio-alarm akustisches Signal *n*
audio amplifier Niederfrequenzverstärker *m*, Tonfrequenzverstärker *m*, Hörfrequenzverstärker *m*
audio frequency Niederfrequenz *f*, Schallfrequenz *f*, Tonfrquenz *f*, Hörfrequenz *f*
audio leak indicator akustischer Leckanzeiger *m*
audio-visual warning audiovisuelle Gefahrenmeldung *f*, AV-Warnung *f*
auditing Rechnungsprüfung *f {Ökon}*
auditorium Hörsaal *m*, Zuschauerraum *m*
Auer metal Auermetall *n {pyrophore Ce/Fe-Legierung mit 65% Mischmetall}*
auerbachite Auerbachit *m {Min}*
auerlite Auerlith *m {Min}*
auger [großer] Bohrer *m*, Hohlbohrer *m*, Holzbohrer *m {DIN 6444}*; Schlangenbohrer *m {Geol}*
Auger effect Auger-Effekt *m*, Präionisation *f*, Selbstionisation *f*, Autoionisation *f {Nukl}*
Auger electron *{IUPAC}* energiearmes Konversionselektron *n*, Auger-Elektron *n {Atom}*
Auger electron spectroscopy *{IUPAC}* Auger-Elektronen-Spektroskopie *f*, AES
Auger transition Auger-Übergang *m*
augite Augit *m*, Malakolith *m*, Omphazit *m {Min}*
augite porphyry Augitporphyr *m*, Melaphyr *m {Min}*
augment/to zunehmen, wachsen, steigen, erhöhen, vergrößern, vermehren, verstärken
augmentation Vermehrung *f*, Zunahme *f*; Oxidation *f*
aural akustisch, aural; Ohr-, Hör-
auramine Auramin *n*, Apyonin *n*, Auraminbase-Hydrochlorid *n*
auramine base Auraminbase *f*
auramine hydrochloride Auraminhydrochlorid *n*, Auraminfarbstoff *m*
aurate Aurat *n*, Goldoxidsalz *n {obs}*
aureate goldgelb
aureolin Aureolin *n*, Trikaliumhexanitritocobalt(III)-monohydrat *n*

aureomycin Aureomycin *n*, Bromycin *n*, 7-Chlortetracyclin *n*,
aureomycinic acid Aureomycinsäure *f*
auri-argentiferous gold- und silberhaltig
auric Gold-, Gold(III)-
auric acid <$Au(OH)_3$> Goldsäure *f {obs}*, Gold(III)-hydroxid *n*
auric bromide <$AuBr_3$> Gold(III)-bromid *n*, Goldtribromid *n*
auric chloride <$AuCl_3$> Aurichlorid *n {obs}*, Gold(III)-chlorid *n*, Goldtrichlorid *n*
auric compound Auriverbindung *f {obs}*, Gold(III)-Verbindung *f*, Goldoxidverbindung *f {obs}*
auric cyanide <$Au(CN)_3$> Auricyanid *n {obs}*, Gold(III)-cyanid *n*, Goldtricyanid *n*
auric hydroxide <$Au(OH)_3$> Aurihydroxid *n {obs}*, Gold(III)-hydroxid *n*, Goldsäure *f {Triv}*
auric iodide <AuI_3> Gold(III)-iodid *n*, Goldtriiodid *n*, Aurijodid *n {obs}*
auric oxide <Au_2O_3> Aurioxid *n {obs}*, Gold(III)-oxid *n*, Digoldtrioxid *n*
auric salt Gold(III)-Salz *n*, Goldoxidsalz *n {obs}*
auric sulfide <Au_2S_3> Aurisulfid *n {obs}*, Gold(III)-sulfid *n*, Digoldtrisulfid *n*
aurichalcite Aurichalcit *m*, Messingblüte *f*, Kupferzinkblüte *f {Min}*
aurichlorohydric acid Tetrachlorgoldsäure *f*, Aurichlorwasserstoffsäure *f {obs}*, Gold(III)-chlorwasserstoffsäure *f*
auricyanic acid Gold(III)-cyanwasserstoffsäure *f*, Hydrogentetracyanoaurat(III) *n*
auriferous goldführend, goldhaltig, goldreich; Gold-
auriferous earth Golderde *f*
auriferous iron pyrites goldhaltiger Pyrit *m*, Goldschwefelkies *m {Min}*
auriferous pyrites Goldkies *m*
auriferous sinter Goldsinter *m*
auriferous stone Goldstein *m*
aurin Aurin *n*, *p*-Rosolsäure *f*, Corallin *n*
auripigment Auripigment *n*, Rauschgelb *n*, Reißgelb *n {Arsen(III)-sulfid, Min}*
aurithiocyanic acid Aurirhodanwasserstoffsäure *f {obs}*, Gold(III)-rhodanwasserstoffsäure *f {obs}*, Hydrogentetrathiocyanoaurat(III) *n*
aurocyanic acid Aurocyanwasserstoffsäure *f {obs}*, Gold(I)-cyanwasserstoffsäure *f {obs}*, Hydrogendicyanoaurat(I) *n*
auroral line Aurora-Linie *f {Spek}*
aurothiocyanic acid Aurorhodanwasserstoffsäure *f {obs}*, Gold(I)-rhodanwasserstoffsäure *f {obs}*, Hydrogendithiocyanoaurat(I) *n*
aurothiosulfuric acid Goldthioschwefelsäure *f {Triv}*, Hydrogendithiosulfatoaurat(I) *n*
aurous Gold-, Gold(I)-
aurous bromide <$AuBr$> Aurobromid *n {obs}*, Gold(I)-bromid *n*, Goldmonobromid *n*
aurous chloride <$AuCl$> Aurochlorid *n {obs}*, Gold(I)-chlorid *n*, Goldchlorür *n {obs}*, Goldmonochlorid *n*
aurous compound Auroverbindung *f {obs}*, Gold(I)-Verbindung *f*, Goldoxydulverbindung *f {obs}*
aurous cyanide <$AuCN$> Aurocyanid *n {obs}*, Gold(I)-cyanid *n*, Goldcyanür *n {obs}*, Goldmonocyanid *n*
aurous iodide <AuI> Gold(I)-iodid *n*, Goldjodür *n {obs}*, Goldmonoiodid *n*
aurous oxide <Au_2O> Aurooxid *n*, Gold(I)-oxid *n*, Digoldoxid *n*, Goldoxydul *n {obs}*
aurous salt Gold(I)-Salz *n*
aurous sulfide <Au_2S> Gold(I)-sulfid *n*, Digoldsulfid *n*
austenite Austenit *m {Met}*
austenite former Austenitbildner *m {z.B. Ni oder Mn}*
austenitic austenitisch; Austenit-
austenitic cast iron austenitisches Gußeisen *n {DIN 1694}*
austenitic [stainless] steel austenitischer Stahl *m*, Austenitstahl *m*
australene Australen *n*, D-Pinen *n*, Lauren *n*
Australian tannage Australgerbung *f*
australite Australit *m {Min}*
australol Australol *n*, Pinienöl *n*, 4-Isopropylphenol *n*
authenticate/to beurkunden; berechtigen
author Autor *m*, Schriftsteller *m*, Urheber *m*, Verfasser *m*
authority 1. Behörde *f*, Instanz *f*; 2. Sachverständiger *m*, Fachmann *m*; 3. Quelle *f*
authorization Bevollmächtigung *f*, Befugnis *f*, Berechtigung *f*
authorize/to bevollmächtigen, beauftragen, befugen, berechtigen
authorized agent Bevollmächtigter *m*
auto-agglutination Autoagglutination *f*
auto-ignition Selbstentzündung *f*, Spontanantzündung *f*, Selbstzündung *f {von Luft-Kraftstoff-Gemischen}*
auto-ignition temperature *{ASTM D 2155}* Selbstentzündungstemperatur *f*
auto-inhibition Autoinhibition *f*, allylischer Kettenabbruch *m {Polymer}*
auto-intoxication Autointoxikation *f*, Selbstvergiftung *f*
auto-ionization Autoionisation *f*, Selbstionisation *f*, Präionisation *f*
autobarotropic autobarotrop
autocatalysis Autokatalyse *f*
autocatalyst Autokatalysator *m*
autocatalytic autokatalytisch

autoclave/to 1. sterilisieren *{Med}*; 2. im Autoklaven *m* behandeln, unter Druck *m* kochen
autoclave Autoklav *m*, Dampfkochkessel *m*, Druckkessel *m*; Drucktopf *m*, Schnellkochtopf *m*; Tränkkessel *m* *{Holz}*; Vulkanisierkessel *m* *{Gummi}*
autoclave method Autoklavenverfahren *n*
autoclave mo[u]lding Vakuumdruckverfahren *n* *{Laminatherstellung}*
autoclave press Autoklavenpresse *f*, Kesselpresse *f*, Autoklavheizpresse *f*
autoclave shell Autoklavenmantel *m*
autoclaved aerated concrete Gasbeton *m*
autocollimator Autokollimator *m* *{Opt}*
autocondensation Selbstkondensation *f*
autocorrelation Autokorrelation *f*
autocorrelation function Autokorrelationsfunktion *f*
autodiffusion Selbstdiffusion *f*
autodigestion Autodigestion *f*, Autolyse *f*
autoelectric effect Schottky-Effekt *m*, Feldelektronenemission *f*, Kaltemission *f*, autoelektronischer Effekt *m*
autofining process Autofining-Verfahren *n* *{katalytisch-hydrierende Entschwefelung}*
autogenous autogen, selbst erzeugt
autogenous welding Autogenschweißung *f*, Gas[schmelz]schweißen *n*, Acetylen-Sauerstoff-Schweißung *f*
autogenous welding process Autogenschweißverfahren *n*
autogenous grinding autogene Zerkleinerung *f*
autograft autogene Transplantation *f*
autographic autographisch, selbstschreibend, registrierend; Registrier-
autography Autographie *f*, Autolithographie *f*
autoh[a]emolysin Autohämolysin *n*
autoh[a]emolysis Autohämolyse *f*
autohesion Adhäsion *f* *{Haftung zwischen gleichartigen Werkstoffen}*
autolysis Autolyse *f* *{Biochem}*
automate/to automatisieren
automated [voll]automatisiert
automated fire detection system *{BS 5445}* automatische Feuermeldeanlage *f*
automatic 1. automatisch, selbsttätig, selbstwirkend; 2. Automat *m*, automatische Werkzeugmaschine *f*, Zuführungsautomat *m*, Beschickungsautomat *m*
automatic air filter Drehfilter *n*, Rollband-Luftfilter *n* *{Metallfilter mit selbsttätigem Austrag}*
automatic back titration automatisches Rücktitrieren *n* *{Anal}*
automatic blow mo[u]lding machine Blas[form]automat *m*, Hohlkörperblasautomat *m* *{Kunst}*
automatic bottle blowing machine Flaschenblasautomat *m* *{Kunst}*
automatic buret Selbstreglerbürette *f*, automatische Bürette *f* *{Lab}*
automatic capillary pipette automatische Stechpipette *f* *{Bakt}*
automatic charging equipment automatische Beschickungsvorrichtung *f*
automatic control Selbststeuerung *f*, [selbsttätige] Steuerung *f*, automatische Steuerung *f*; selbsttätige Regelung *f*, automatische Regelung *f*, Selbstregulation *f*
automatic control technology Regelungstechnik *f*; Steurungstechnik *f*; Meß- und Regeltechnik *f*
automatic cut-out Sicherungsautomat *m*, Leitungsschutzschalter *m*, Selbstschalter *m*, [selbsttätiger] Ausschalter *m*, Unterbrecher *m*
automatic discharge Selbstentladung *f*, Selbstentleerung *f*
automatic doser Dosiereinrichtung *f*, Zuteiler *m*
automatic exhaust valve Selbstschlußauslaßventil *n*
automatic exposure timer Belichtungsautomat *m*
automatic extinguishing system automatische Löschanlage *f*
automatic feed automatische Beschickung *f*
automatic feeding equipment Beschickungsautomat *m*
automatic filling machine Abfüllautomat *m*, Füllautomat *m*
automatic filter unit Filterautomatik *f*
automatic fire alarm system automatisches Feuermeldesystem *n*
automatic fire detector automatischer Brandmelder *m*
automatic fire-fighting installation selbsttätige Feuerlöschanlage *f*
automatic fire sprinkler automatische Wasserspritze *f*, automatischer Sprinkler *m*
automatic foam mo[u]lding unit Formteilschäumautomat *m*
automatic gas analyser automatischer Rauchgasprüfer *m* *{Ökol}*
automatic gas detection system automatische Gasmeldeanlage *f*
automatic gel time tester Gelierzeitautomat *m*
automatic injection blow mo[u]lder Spritzblasautomat *m*
automatic injection mo[u]lding machine Spritz[gieß]automat *m*
automatic lubrication Selbstschmierung *f*
automatic metering unit Dosierautomat *m*
automatic operation Automatikbetrieb *m*, automatischer Arbeitsablauf *m*

automatic pipette *{BS 1132}* automatische Pipette *f*, selbsttätige Pipette *f {Lab}*
automatic press Preßautomat *m*, Formteilautomat *m {für Duroplastverarbeitung}*
automatic pressure apparatus Druckautomat *m*
automatic processing equipment Verarbeitungsautomat *m*
automatic pump Pumpautomat *m*, automatische Pumpe *f*
automatic regulation Selbstregulierung *f*, Selbststeuerung *f*
automatic respirator selbsttätiger Sauerstoffapparat *m*
automatic safety shut down automatische Sicherheitsabschaltung *f*
automatic sample changer selbsttätiger Probenwechsler *m*
automatic sampling automatische Probenentnahme *f*
automatic softening installation selbsttätige Enthärtungsanlage *f {Wasser}*
automatic sprinkler automatischer Sprinkler *m*, selbstauslösende Feuerlöschbrause *f*
automatic stainer Färbeautomat *m {Lab}*
automatic switch grease Wählerfett *n {Elek}*
automatic switch-off mechanism Abschaltautomatik *f*
automatic temperature compensation automatischer Temperaturausgleich *m*
automatic titrator Titrierautomat *m*, selbsttätig arbeitendes Titriergerät *n*
automatic titrimeter Titrierautomat *m*
automatic transmission fluid Automatikgetriebeöl *n*
automatic weight feeder selbsttätige Massedosiervorrichtung *f*, automatisierte Massedosiervorrichtung *f*
automatic zero buret Bürette *f* mit Nullpunkteinstellung *f*
automatically controlled automatisch betätigt, selbstregelnd
automation *{IUPAC}* Automation *f*, Automatisierung *f {DIN 19233}*
automatism Selbsttätigkeit *f*
automobile exhaust gas Autoabgas *n*, Auspuffgas *n*
automolite Automolith *m*, Zinkspinell *m*, Gahnospinell *m {Min}*
automorphic automorph, idiomorph
automotive selbstfahrend, mit Eigenantrieb; kraftfahrzeugtechnisch; Auto-, Kraftfahrzeug-
automotive engine oil *{US}* Automotorenöl *n*
automotive engineering Kraftfahrzeugbau *m*
automotive finish Auto[deck]lack *m*, Fahrzeuglack *m*
automotive gas oil Kraftfahrzeug-Dieselöl *n*
automotive fuel Kraftfahrzeug-Treibstoff *m*, Motorenkraftstoff *m*
automotive gear oil Kraftfahrzeuggetriebeöl *n {DIN 51512}*
automotive paint Fahrzeuglack *m*, Auto[deck]lack *m*
autonomic autonom, selbststeuernd; Selbst-
autooxidation *s.* autoxidation
autophoresis Autophorese *f*, Chemiphorese *f {Schichtbildung durch Tauchen}*
autoploidy Autoploidie *f {Gen}*
autopolymerization Autopolymerisation *f*, Selbstpolymerisierung *f*
autoprotolysis Autoprotolyse *f {z.B. $2H_2O=H_3O^++OH^-$}*
autoracemization Autoracemisation *f*, Autoracemisierung *f*
autoradiogram Autoradiogramm *n*
autoradiographic technique Autoradiographie *f*
autoradiolysis Autoradiolyse *f*, strahlungsinduzierte Selbstzersetzung *f*
autostereo-regulation Autostereoregulierung *f*
autotrophy Autotrophie *f {Biol}*
autotype Autotypie *f*, Rasterätzung *f*, Netzätzung *f {Drucktechnik}*
autoxidation Autoxidation *f*, Selbstoxidation *f*, selbsttätige Oxidation *f*, unerwünschte Oxidation *f*
autoxidizability Aut[o]oxidationsfähigkeit *f*
autoxidizable aut[o]oxidationsfähig, autoxidabel
autoxidizer Autoxidator *m*
autunite Autunit *m*, Kalkuranglimmer *m*, Kalkuranit *m {Min}*
auxiliaries Betriebshilfsmittel *npl*, Zusatzausrüstung *f*
auxiliary 1. provisorisch, zusätzlich, helfend; Behelfs-, Hilfs-, Aushilfs-; 2. Hilfsmittel *n*, Zubehör *n*
auxiliary agent Hilfsmittel *n*, Hilfsstoff *m*, Zusatzmittel *n*
auxiliary aid Hilfsstoff *m*
auxiliary anode Hilfsanode *f*, Zusatzanode *f*, Nebenanode *f*
auxiliary apparatus Hilfsapparat *m*, Hilfsgerät *n*, Zusatzgerät *n*
auxiliary appliances Nebenapparate *mpl*, Zusatzapparate *mpl*
auxiliary attachment Hilfsvorrichtung *f*
auxiliary cathode Hilfskathode *f*
auxiliary controlled variable Hilfsstellgröße *f*
auxiliary current Hilfsstrom *m*
auxiliary electrode Hilfselektrode *f*
auxiliary equation Hilfsgleichung *f {Math}*
auxiliary equipment Hilfseinrichtung *f*, Zusatzeinrichtung *f*
auxiliary fuel Zusatzbrennstoff *m*
auxiliary material Hilfsmittel *n*, Hilfsstoff *m*

auxiliary mordant Hilfsbeize *f*
auxiliary operation Nebenarbeitsgang *m*, Hilfsarbeitsgang *m*
auxiliary pole Hilfspol *m*
auxiliary product Hilfsmittel *n*, Hilfsprodukt *n*
auxiliary quantum number sekundäre Quantenzahl *f*, azimutale Quantenzahl *f*, Orbitaldrehimpuls-Quantenzahl *f*, Nebenquantenzahl *f*
auxiliary series Nebenreihe *f*, Nebengruppe *f* {*Periodensystem*}; Nebenserie *f* {*Spek*}
auxiliary solvent Hilfslösemittel *n*
auxiliary valency Nebenvalenz *f*, Partialvalenz *f*, Partialwertigkeit *f*, Hilfsvalenz *f* {*obs*}
auxiliary voltage Hilfsspannung *f*, Vorspannung *f*
auxin Auxin *n* {*Phytohormon*}
auxochrome Auxochrom *n*, farbverstärkende Gruppe *f*, auxochrome Gruppe *f*
auxochromic auxochrom, farbverstärkend, farbvermehrend, farbintensivierend
auxochromous *s.* auxochromic
availability Zugänglichkeit *f*, Aufnehmbarkeit *f* {*z.B. von Nährstoffen*}; Verfügbarkeit *f* {*der Anlage*}, Betriebsbereitschaft *f*
available benutzbar, verfügbar; zugänglich, aufnehmbar {*Nährstoffe*}; vorhanden, erhältlich, lieferbar
available chlorine content {*BS 4426*} verfügbares Chlor *n*, Aktivchlor *n*
available energy verfügbare Energie *f*, nutzbare Energie *f* {*Thermo*}
available load Nutzlast *f*
avalanche Lawine *f* {*Elek, Nukl, Geol*}
avalent nullwertig
avalite Avalit *m*
AVCS Acrylnitril-Vinylcarbazol-Styrol-Copolymerisat *n*, AVCS
avenin Avenin *n*, Legumin *n*
avens root Nelkenwurzel *f*, Garaffelwurzel *f* {*Bot*}
aventurine 1. Aventurin *m*, Glimmerquarz *m* {*Min*}; 2. Aventuringlas *n*; 3. Goldsiegellack *m*, Aventurium-Goldsiegellack *m* {*Min*}
aventurine feldspar Aventurinfeldspat *m*, Aventurinstein *m*, Sonnenstein *m* {*Min*}
aventurine glass Aventuringlas *n*, Goldfluß *m* {*aus Murano*}
aventurine quartz Aventurinquarz *m*, Goldstein *m* {*Min*}
average/to mitteln, Mittelwert *m* bilden, Durchschnitt *m* nehmen; durchschnittlich erzielen
average 1. durchschnittlich, gemittelt; 2. Durchschnitt *m*, Mittelwert *m*, Mittel *n*, arithmetischer Mittelwert *m*
average boiling point Siedekennziffer *f* {*Öl*}
average burning rate mittlere Abbrandgeschwindigkeit *f* {*in m/s oder kg/s*}
average capacity Durchschnittsleistung *f*
average excitation energy mittlere Anregungsenergie *f*
average free path mittlere freie Weglänge *f* {*Thermo*}
average linear expansion coefficient mittlerer linearer Ausdehnungskoeffizient *m*
average molecular velocity mittlere Teilchengeschwindigkeit *f*, mittlere Molekulargeschwindigkeit *f*
average molecular weight mittlere [relative] Molekülmasse *f*, Molekülmasse-Mittelwert *m*, mittleres Molekulargewicht *n* {*obs*}, Molekulargewicht-Mittelwert *m* {*obs*}
average output Durchschnittsausbringung *f*, Durchschnittsleistung *f*
average particle diameter mittlerer Teilchendurchmesser *m*, durchschnittlicher Teilchendurchmesser *m*
average particle size mittlere Teilchengröße *f*, durchschnittliche Teilchengröße *f*, mittlere Korngröße *f*, Mittelfeinheit *f*, Kornmittel *n*
average quality Durchschnittsqualität *f*, mittlere Qualität *f*
average rate of flow {*IUPAC*} durchschnittlicher Massenstrom *m* {*Polarographie*}
average sample Durchschnittsprobe *f*
average size Durchschnittsgröße *f*
average temperature Durchschnittstemperatur *f*, mittlere Temperatur *f*
average tension Mittelspannung *f*
average value Durchschnittswert *m*, Mittelwert *m*
average viscosity Viskositätsmittel *n*
average voltage Mittelspannung *f* {*Elek*}, mittlere Spannung *f* {*Elek*}
average yield Durchschnittsertrag *m*, Durchschnittsausbeute *f*
averaged gemittelt
averaging Mittelung *f*, Durchschnittsbildung *f*; Erzprobenahme *f* {*Anal*}; Vergleichmäßigung *f* {*Met*}
avert/to abwenden, verhüten
avertin Avertin *n*, Tribromoethanol *n*
AVGAS Flugbenzin *n*, Flugkraftstoff *m*, Fliegerbenzin *n*
aviation [engine] lubricant Flugmotorenöl *n*
aviation fuel *s.* aviation gasoline
aviation gasoline Flugbenzin *n*, Flugkraftstoff *m*, Fliegerbenzin *n*, Flugmotorenbenzin *n*
aviation kerosine Flugbenzin *n*, Turbinenkerosin *n*, Flugturbinenkraftstoff *m*
aviation mix Flugbenzin-Antiklopfmischung *f* {$Pb(C_2H_5)_4$, C_2H_4Br, *Farbstoff*}
aviation turbine fuel Flugturbinenkraftstoff *m*, Turbinenkerosin *n*
avicide Avizid *n*, vogeltoxisches Mittel *n*, Vogelbekämpfungsmittel *n* {*Agri*}
avid gierig, begierig

avidin Avidin *n*, Antivitamin H *n {tetrameres Glykoprotein; 68000 Dalton}*
avidity Avidität *f {Reaktionsintensität gegen Antigene; Pharm}*; Avidität *f*, starke Affinität *f*, Reaktionsfreudigkeit *f*, Reaktionsfähigkeit *f*
avirulent strain nichtvirulenter Stamm *m*
avitaminosis Avitaminose *f*, Vitaminmangelkrankheit *f {Med}*
AVLIS Isotopentrennung *f* durch Laser *m* im atomaren Dampf *m*
Avogadro's constant Avogadro-Konstante *f*, Loschmidt-Zahl *f*, Loschmidtsche Zahl *f*, Loschmidtsche Konstante *f {Molekülanzahl in 1 Mol; 6,022 1367•10^{23} mol^{-1}}*
Avogadro's hypothesis Avogadrosche Hypothese *f*, Satz *m* von Avogadro, Avogadrosche Regel *f*
Avogadro's number Avogadrosche Zahl *f*, Avogadro-Zahl *f {Molekülanzahl in 1 cm^3 eines idealen Gases unter Normalbedingungen; $n=2{,}687\cdot 10^{19}$ cm^{-3}}*
avoid/to vermeiden, verhindern, verhüten; entgehen
avoidability Vermeidbarkeit *f*
avoidable vermeidbar
avoidance Vermeidung *f*; Anfechtung *f*; Vakanz *f*
avoirdupois [weight] Handelsgewicht *n*, Avoirdupois-System *n {anglo-amerikanisches System der Einheiten der Masse; 1 pound = 453,593 g}*,
await/to abwarten, warten auf; erwarten
award/to zuerkennen, verleihen; auszeichnen *{z.B. Nobelpreis}*
awaruite Awaruit *m {Min}*
awl Ahle *f*, Handbohrer *m*, Pfrieme *f*, Vorstekker *m*
awning Markisenstoff *m*, Zeltplanenstoff *m*, Zeltstoff *m*
axane sesquiterpenes Axansesquiterpene *npl*
axerophthene Axerophthen *n*, Deoxyretinol *n {cyclisiertes Vitamin}*
axerophthol Axerophthol *n*, Epithelschutzvitamin *n*, Retinol *n*, Vitamin A_1 *n*
axial achsenförmig, axial, in der Achsenrichtung; Axial-, Achsen-
axial bond axiale Bindung *f*
axial conformation axiale Konformation *f*
axial direction Achs[en]richtung *f*
axial flow Axialströmung *f*
axial-flow agitator Rührwerk *n* mit Axialströmung *f*
axial-flow blower Axialgebläse *n*
axial-flow compressor Axialverdichter *m*
axial-flow fan Axialgebläse *n*, Querstromlüfter *m*, Axialschraubengebläse *n*
axial-flow pump Axialpumpe *f*, Propellerpumpe *f*, axiale Kreiselpumpe *f*
axial mixing Axialvermischung *f*
axial-piston motor Axialkolbenmotor *m*
axial plane Achs[en]ebene *f {Krist}*
axial porosity Fadenlunker *m*
axial pressure Achsdruck *m*
axial pump Schraubenpumpe *f*, Axialpumpe *f*, Propellerpumpe *f*
axial ratio Achsenverhältnis *n {Längenverhältnis der Achsen, Krist}*
axial sponginess sekundärer Lunker *m*
axial stream Axialstrom *m*, Axialströmung *f*
axial stress Axialbeanspruchung *f*, Axialspannung *f*, Längsspannung *f*
axial symmetry Achsensymmetrie *f*, Spiegelsymmetrie *f*, axiale Symmetrie *f*, Axialsymmetrie *f*, Achsenspiegelung *f {Math, Krist}*
axial vector Achsenvektor *m {Krist}*
boat axial axial in der Wannenform *f {Stereochem}*
axially movable verschiebbar
axially parallel achsparallel
axially symmetrical achsensymmetrisch, rotationssymmetrisch
axinite Afterschörl *m*, Axinit *m*, Thumit *m*, Glasschörl *m {Min}*
axiom Axiom *n*, Grundregel *f*, Grundsatz *m*, unbeweisbare Annahme *f*, selbstevidentes Postulat *n*
axiometer Axiometer *n*
axis Achse *f*, Mittellinie *f*
axis intercept Achsenabschnitt *m*
axis of oscillation Schwing[ungs]achse *f*
axis of rotation Drehachse *f*, Rotationsachse *f*, Bewegungsachse *f*, Impulsachse *f*, Drehungsachse *f*, Umdrehungsachse *f*
axis of symmetry Symmetrieachse *f*, Spiegelungsachse *f*
axis of vibration Schwing[ungs]achse *f*
axisymmetric[al] axialsymmetrisch, achsensymmetrisch
axle fluid Hypoidöl *n*
axle grease Achsenschmiere *f*, Achsfett *n*, Wagenschmiere *f*
axle oil Achsenöl *n*, Eisenbahnachsenöl *n*
axotomous achsenfremde Spaltung *f {Krist}*
axstone Beilstein *m {obs}*, Nephrit *m {Min}*
azaleine 1. <$C_{20}H_{19}N_3HCl$> Azalein *n*, Fuchsin *n*, Rosein *n*, Anilinrot *n*; 2. <$C_{22}H_{22}O_{11}$> Azalein *n {Glykosid im Rhododendron}*
azarsine Azarsin *n*
azaserine Azaserin *n*, Diazoacetylserin *n*, Serindiazoacetat *n*
azedarach oil Margosöl *n*, Nimöl *n*
azelaic acid <$COOH(CH_2)_7COOH$> Azelainsäure *f*, Lepargylsäure *f*, Nonandisäure *f*, Heptan-1,7-dicarbonsäure *f*
azelaic acid ester Azelat *n*, Azelainsäureester *m*
azelaic semialdehyde Azelainhalbaldehyd *m*, Azelainaldehydsäure *f*

azelaoin Azelaoin *n*, Azeloin *n*, 2-Hydroxycyclononanon *n*
azelaone Azelaon *n*, Cyclooctanon *n*
azelate 1. anchoinsauer; 2. Azelat *n*, Salz *n* der Azelainsäure *f*, Azelainsäureester *m*
azen <R-N> Azen *n*, Nitren *n*
azeotrope azeotropes Gemisch *n*, Azeotrop *n*, azeotrope Mischung *f*, konstant siedendes Gemisch *n*
azeotropic azeotrop, azeotropisch
azeotropic distillation azeotrope Destillation *f*, Azeotropdestillation *f*
azeotropic distillation method *{ISO 4318}* Azeotrop-Destillationsverfahren *n {H_2O-Bestimmung}*
azeotropic graft polymerisation azeotrope Pfropfpolymerisation *f*
azeotropic mixture azeotropes Gemisch *n*, Azeotrop *n*, azeotrope Mischung *f*
azeotropic point Azeotroppunkt *m*
azeotropic system azeotropes System *n*
azeotropy Azeotropie *f*
2-azepanone Azepan-2-on *n*, ε-Caprolactam *n*
azepine Azepin *n*, Azacycloheptatrien *n*
azetidine Azetidin *n*
azibenzil Azibenzil *n*
azide 1. Triazo- 2. $<M^IN_3>$; Azid *n*
azidinblue Azidinblau *n*, Congoblau *n*, Benzaminblau *n*, Naphthylaminblau *n*
azidine color Azidinfarbe *f*
azido- Azido-
azidoacetic acid Azidoessigsäure *f*
aziethane Aziethan *n*, Azoethylen *n*, Diazoethan *n*
azimethane $<CH_2N_2>$ Diazomethan *n*, Azimethan *n*, Azimethylen *n*
azimethylene *s.* azimethane
azimino- <-NH-N=NH-> Azimino-
azimino compounds Aziminoverbindungen *fpl*
aziminobenzene $<C_6H_5N_3>$ Aziminobenzol *n*, 1,2,3-Benzotriazol *n*, 1,2,3-Triazobenzol *n*
azimuth Azimut *m n*, Scheitelbogen *m*, Scheitelwinkel *m*, Höhenwinkel *m*
azimuthal azimutal
azimuthal quantum number *s.* auxiliary quantum number
azine Azin *n {Triv}*, Chinoxalin *n*, Benzopyrazin *n*, 1,4-Benzodiazin *n*
azine color Azinfarbstoff *m*, Phenazinfarbstoff *m {obs}*, Indulinfarbstoff *m*, Safroninfarbstoff *m*
azine dyestuff *s.* azine color
azipyrazole Azipyrazol *n*
aziridine Aziridin *n*, Ethylenimin *n*, Aminoethylen *n*, Dimethylimin *n*, Aziran *n*
azirine *{IUPAC}* Azirin *n*
azlactone Azlacton *n*, 5-Oxazolon *n*
azlon fiber Azlonfaser *f*

azo <-N=N-> Azo-
azo body Azokörper *m*
azo color Azofarbe *f*
azo compound <RN=NR'> Azoverbindung *f*, Azokörper *m {obs}*, Diazen *n {IUPAC}*
azo derivative <RN=NR'> Azoverbindung *f*, Azokörper *m {obs}*, Diazen *n {IUPAC}*
azo dyestuff Azofarbe *f*
azo group <-N=N-> Azogruppe *f*
azo initiator Azoinitiator *m*, Azofarbenstarter *m*
azo pigment Azopigment *n*, Azofarbstoff *m*
azoanisole Azoanisol *n*, Dimethoxyazobenzol *n*
azobenzene $<C_6H_5N=NC_6H_5>$ Azobenzol *n*, Diphenyldiimid *n*, Diphenyldiazen *n*
azobenzol *s.* azobenzene
azocyclic azocyclisch
azodicarbonamide Azodicarbonamid *n*, Azoformamid *n*, Diazendicarbonamid *n*
azodicarbonic acid *s.* azodicarboxylic acid
azodicarboxylic acid <HOOC-N=N-COOH> Azodicarbonsäure *f*, Azoameisensäure *f*
azodimethylaniline Azodimethylanilin *n*
azoethane $<C_2H_5-N=N-C_2H_5>$ Diethyldiazen *n*
azoflavin Azoflavin *n*, Azogelb *n*, Azosäuregelb *n*, Citronin *n*
azoformamide Azodicarbonamid *n*, Azoformamid *n*, Dicarbamoyldiimid *n*
azoformic acid *s.* azodicarboxylic acid
azoic unlöslicher *{auf der Faser erzeugter}* Azofarbstoff *m*, Azopigment *n*, Eisfarbe *f {Triv}*
azoic print Azodruck *m*
azoimide Azoimid *n*, Stickstoffwasserstoffsäure *f*
azole Azol *n {ungesättigter fünfgliedriger Ring mit 1 bis 5 N-Atomen}*
azolitmin paper Azolitminpapier *n {Anal}*
azometer Azometer *n*
azomethane Azomethan *n*, Dimethyldiazen *n*
azomethine Methylenimin *n*
azomycin Azomycin *n*, 2-Nitroimidazol *n*
azonaphthalene Azonaphthalin *n*
azophenetole Azophenetol *n*, Diethoxyazobenzol *n*
azophenol Azophenol *n*, Dihydroxyazobenzol *n*
azophthalic acid Azophthalsäure *f*, 3,4,3',4'-Azobenztetracarbonsäure *f*
azopiperonal Azopiperonal *n*
azorite Azorit *m {obs}*, Zirkon *m {Min}*
azotine Azotin *n {Expl}*
azotoluene Azotoluol *n*, Dimethylazobenzol *n*
azotometer Azotometer *n*, Nitrometer *n*
azoxazole Furazan *n {IUPAC}*, 1,2,5-Oxdiazol *n*
azoxy compound Azoxyverbindung *f*
azoxyanisole Azoxyanisol *n*
azoxybenzene $<C_6H_5(NON)C_6H_5>$ Azoxybenzol *n*
azoxybenzoic acid Azoxybenzoesäure *f*

azoxycinnamic acid Azoxyzimtsäure *f*, Azoxy-3,3'-dipropansäure *f*
azoxynaphthalene Azoxynaphthalin *n*
azoxyphenol Azoxyphenol *n*, Dihydroxyazoxybenzol *n*
azulene <$C_{10}H_8$> Azulen *n {Bicyclo[0,3,5]decapenten}*
azure spar Blauspat *m*, Mollit *m*, Tetragophosphit *m*, Lazulith *m {Min}*
azure stone Lapislazuli *m*, Lasurstein *m*, Lasurspat *m*, Ultramarin *n {Min}*
azurite <$2CuCO_3Cu(OH)_2$> Azurit *m*, Azurstein *m*, Bergasche *f {Triv}*, Kupferlasur *f {Triv}*, Chessylit[h] *m {Min}*

B

b Bar *n*, absolute Atmosphäre *f {Sinkohärente Einheit des Druckes = 10^5 Pa}*; 2. Barn *n {Nukl; = $10^{-28}m^2$}*
B group transition elements Übergangselemente *npl* der B-Gruppe *f*
B stage B-Zustand *m*, Zwischenzustand *m {Polymer}*
Baader copper test Baader-Test *m*, Baader-Alterungstest *m {Öl}*
babadudanite Babadudanit *m {Min}*
babassu oil Babassuöl *n*, Babassufett *n*, Cohuneöl *n*
babbitt metal Babbit-Metall *n*, Lagermetall *n*, Weißmetall *n*, Antifriktionsmetall *n {8-12% Sb, 1% Cu, Pb, Rest Sn}*
babel-quartz Babelquarz *m*, Babylonquarz *m {Min}*
babingtonite Babingtonit *m {Ca-Fe-haltiger Rhodonit}*
bacillary bacillär; stäbchenförmig *{Biol}*
bacillary strain Bazillenstamm *m*
bacillicidal bazillentötend, bazillenvernichtend
bacilliculture Bazillenkultur *f*, Bakterienkultur *f*, Bazillenzüchtung *f*
bacillus *{pl. bacilli}* Stäbchenbakterie *f*, Bacillus *m*, Bazillus *m {pl. Bazillen}*, Bazille *f*
bacitracin Bacitracin *n {antibiotisch wirkende Cyclopeptide, Pharm}*
back/to zurückfahren, zurückstoßen; stauen, aufstauen; rückseitig verstärken, kaschieren
back 1. zurück, hinter; Rück-, Zurück-; 2. Abseite *f*, Kehrseite *f*, Rückseite *f {Text, Pap}*; Hinterkante *f*, Rücken *m*; unteres Deckfurnier *n*, Gegenfurnier *n {Sperrholz}*
back blending Zurückmischen *n {Kraftstoff}*
back cloth 1. Mitläuferband *n*, Mitläuferfolie *f*; 2. Unterware *f*, Stützgewebe *n*
back cover Rückseitenbelag *m*, Unterschicht *f {Gummi}*
back diffusion Rückdiffusion *f*
back discharge Rückentladung *f*
back-end Nachlauf *m {Dest}*
back extraction Nachgewinnung *f*
back filler Kaschiermaschine *f {Text}*
back-fill[ing] 1. Hinterfüllen *n*, Verfüllen *n*, Rückfüllung *f*, Auffüllung *f*; Versatz *m*; Hinterfüttern *n*, Bettungsmasse *f {Korr; DIN 30676}*; 2. Rekultivierung *f*
back finish Rückseitenappretur *f {Text}*
back flow 1. Rückfluß *m*, Rücklauf *m*, Rückstrom *m {Flüssigkeit}*; Rückströmung *f {Polymer}*; 2. Rückschlag *m*
back flow barrier Rückflußsperre *f*
back flow condenser Rückflußkühler *m*, Rückflußkondensator *m*
back flow stop *s.* back flow valve
back flow valve Rückstromsperre *f*, Rückschlagventil *n*, Absperrventil *n*, Rückstromventil *n*
back flushing Rückspülung *f*
back ignition Rückzündung *f*
back migration Rückkriechen *n*, Rückverdampfung *f* infolge Kriechens
back mixing Rückvermischen *n*, Rückvermischung *f {Reaktionsprodukte mit Reaktanten}*
back motion Rückführung *f*, Rückbewegung *f*
back of fabric Rückseite *f* des Gewebes , Stoffrückseite *f {bei Doppelgeweben, Text}*
back plate Rückplatte *f*, Stützplatte *f*, Spannplatte *f*, Stützschale *f {beim Druckguß}*; Aschenzacken *m*, Hinterzacken *m*; Gegenelektrode *f {Kondensator}*
back potential Gegenspannung *f*
back pressure Gegendruck *m {DIN 3320}*, Staudruck *m*, Extrusionsstaudruck *m*, Rückstau[druck] *m*, Rückdruck *m*, Rücklaufdruck *m*; Vorlagedruck *m {Turbine}*; hydrostatische Förderhöhe *f {Pumpe}*
back pressure [non-return] valve Rückschlagventil *n*, Rückschlagklappe *f*
back-purge system Rückspülsystem *n {Chrom}*
back radiation *s.* back scattering
back reaction Gegenreaktion, Rückreaktion *f {bei einer umkehrbaren Reaktion}*
back-scatter/to rückstreuen, zurückstreuen
back-scatter Rückstreuung *f*, Backscatter *n {Ausbreitung durch Rückstreuung}*
back-scattered rückwärts gestreut
back scattering Rückstreuung *f*, Rückstreuen *n*
back-siphonage preventer Rohrunterbrecher *m*, Rückflußverhinderer *m*
back-streaming rate Rückströmrate *f {Vak}*
back-tanning Gerbsäurenachbehandlung *f*, Tannin-Nachbehandlung *f {Text}*
back-titrate/to zurücktitrieren *{Anal}*
back-titrating Zurücktitrieren *n {Anal}*

back titration Rücktitration *f*, [Zu-]Rücktitrieren *n* *{Anal}*
back wash Rückwäsche *f*, Rückspülung *f*, Rückspülen *n*
backbone chain Hauptkette *f* *{bei verzweigten Molekülen}*, Grundgerüst *n*
backed fabric kaschiertes Gewebe *n*
backed plate lichthoffreie Platte *f* *{Photo}*
backer Unterlage *f*, Verstärkung *f*
backfiring Flammenrückschlag *m*, Rückschlagen *n*
backfitting Nachrüsten *n*, nachträgliche Umrüstung *f*
backflash Rückschlag *m* *{der Flamme}*
background 1. Hintergrund *m*, Untergrund *m*, Fond *m* *{Text}*; 2. Nulleffekt *m*, Leerwert *m*, Nullrate *f*, Untergrundzählrate *f*; 3. Störpegel *m*, Hintergrundrauschen *n*; 4. Werdegang *m*
background blackening Untergrundschwärzung *f* *{Photo}*
background correction Untergrundkorrektur *f*
background count Nulleffektimpuls *m*, Nulleffekt *m*, Nullrate *f*, Untergrundzählrate *f* *{Nukl, Radiol}*
background current Grundstrom *m*, Untergrundstrom *m*
background data Ausgangsdaten *pl*
background density Untergrundschwärzung *f* *{Photo}*
background material Substrat *n*, zu beschichtender Werkstoff *m*, Trägermaterial *n*
background noise Störhintergrund *m*, Nebengeräusch *n*, Hintergrundrauschen *n*, Dunkelstromrauschen *n*, Systemeigengeräusch *n*, Grundgeräusch *n*
background radiation Untergrundstrahlung *f* *{Zählrohr}*, Nulleffekt *m*, Hintergrundstrahlung *f*; Sekundärstrahlung *f* *{Radioaktivität}*
background scattering Untergrundstreuung *f*
backing 1. Unterstützung *f*, Verstärkung *f*, Unterlage *f*; 2. Kaschieren *n* *{Text}*; Steifleinen *n*; 3. Schutzfolie *f*; Trägerschicht *f*, Träger *m* *{Kunststoff, DIN 16860}*; 4. Rückseite *f*; Lichthofschutzschicht *f*
backing electrode *{GB}* Gegenelektrode *f*
backing fabric Trägergewebe *n*, Grundgewebe *n* *{z.B. bei Frottierwaren}*
backing line Vorvakuumleitung *f*, Vorvakuumfalle *f*
backing-line condenser vorvakuumseitiger Abscheider *m*
backing-line connection Vorvakuumanschluß *m*
backing-line valve Vorpumpenventil *n*, Vorvakuumventil *n*
backing material Grundgewebe *n*, Trägergewebe *n*
backing metal Hintergießmetall *n*
backing mix Hinterfütterungsmasse *f*
backing paper Trägerpapier *n*, Unterklebepapier *n*, Auslegepapier *n*
backing pressure Vorvakuumdruck *m*
backing pump Vorvakuumpumpe *f*, Vorpumpe *f*, Hilfspumpe *f* *{Spek}*
backing space Vorvakuumraum *m*
backing-space technique Vorvakuumtechnik *f* *{Anschluß des Lecksuchers zwischen Diffusionspumpe und Vorpumpe}*
backing volume Vorvakuumraum *m*
backlash Spiel *n*, Totgang *m*, Lose *f*, Spielraum *m*; Getriebespiel *n*; Einbauflankenspiel *n*, Zahnflankenspiel *n*; Rücksog *m*
backstromite Backströmit *m* *{Min}*
backward rückwärts, rückläufig
backward reaction Rückreaktion *f*
backward scattering Rückstreuung *f*
backwater Rückwasser *n*, Sieb[ab]wasser *n* *{Pap}*; Rückstau *m*; Absperrwasser *n*, Stauwasser *n*, totes Wasser *n*, stehendes Wasser *n*
bacteria *{singular bacterium}* Bakterien *npl*
bacteria bed biologischer Körper *m*, Tropfkörperanlage *f*, biologischer Rasen *m* *{Abwasser}*
bacteria filter *s.* bacteria bed
bacteria-filter apparatus Bakterienfiltriergerät *n* *{Lab}*
bacteria propagation tank Bakteriengärungsgefäß *n*, Bakterienzuchtbehälter *m*
bacteria resistance Bakterienresistenz *f*
bacteria-resistant bakterienfest
bacteria staining Bakterienfärbung *f*
bacterial bakteriell, bakterienartig
bacterial bate Bakterienbeize *f*
bacterial cell Bakterienzelle *f*
bacterial coagulation bakterielle Koagulation *f*
bacterial corrosion Bakterienkorrosion *f*
bacterial count Bakterienzählung *f*, Keimgehalt *m*, Keimzahl *f*
bacterial counting Keimzählung *f*
bacterial culture Bakterienkultur *f*
bacterial decomposition product bakterielles Zersetzungsprodukt *n* *{z.B. NH_3}*
bacterial degradation bakterieller Abbau *m*
bacterial growth medium Bakteriennährmedium *n*
bacterial plaque Zahnbelag *m*
bacterial resistance Bakterienfestigkeit *f*
bacterial strain Bakterienstamm *m*
bacterial suspension Bakterienaufschwemmung *f*
bacterial toxin Bakteriengift *n*, Bakterientoxin *n*
bactericidal bakterizid, antibakteriell, bakterienfeindlich, bakterientötend, bakterienvernichtend
bactericide Bakterizid *n*, Bakteriengift *n*
bacteriform bakterienförmig

bacteriochlorophyll <$C_{52}H_{70}N_4O_6Mg$> Bakteriochlorin *n*, Bakteriochlorophyll *n*
bacteriocin Bacteriocin *n*, Bakteriozin *n*
bacteriogenic bacteriogen, bakteriogen
bacteriogenous bacteriogen, bakteriogen
bacteriohemolysin Bakteriohämolysin *n*
bacterioid bakterienartig
bacteriological bakteriologisch
bacteriological fermentation tube bakteriologisches Gärrohr *n*
bacteriological pipette Bakteriologiepipette *f*
bacteriological test tube bakteriologisches Reagenzglas *n* *{Lab}*
bacteriologist Bakteriologe *m*
bacteriology Bakteriologie *f*, Bakterienkunde *f*, Bakterienlehre *f*
bacteriolysin Bakteriolysin *n* *{Immun}*
bacteriolysis Bakteriolyse *f*
bacteriolytic bakteriolytisch
bacteriophage Bakteriophage *m*, Phage *m*
bacteriopheophytin Bakteriophäophytin *n*
bacteriopurpurin <$C_{41}H_{58}O_2$> Bakteriopurpurin *n*
bacteriorhodopsin Bakteriorhodopsin *n*
bacteriostasis Bakterienwachstumshemmung *f*, Bakteriostase *f*
bacteriostat Bakteriostat *n*
bacteriostatic 1. bakterienwachstumshemmend, bakteriostatisch, bakterienwachstumshindernd; 2. Bakteriostatikum *n*, bakteriostatisches Mittel *n*, bakteriostatisches Agens *n* *{wachstumshemmend, nicht abtötend}*
bacteriotoxin Bakteriengift *n*
bacterium *{pl. bacteria}* Bakterie *f*, Bakterium *n* *{pl. Bakterien}*
bacteroid[al] bakterienartig, bakteroid
bad liquor Fusel *m*
baddeleyite Baddeleyit *m*, Reitingerit *m*, Zirkonerde *f*, Brazilit *m* *{Min}*
baden acid Badische Säure *f* *{2-Napthylamin-8-sulfonsäure}*
badger fat Dachsfett *n*
baeckeol Baeckeol *n*
Baeyer strain theory Baeyersche Spannungstheorie *f* *{Valenz}*
Baeyer test Baeyersche Probe *f*, Baeyer-Test *m*
baffle/to abschirmen; drosseln
baffle Baffle *n*, Prallfläche *f*, Prallblech *n*, Prallplatte *f*, Prallwanne *f*, Prallschirm *m*, Prallhaube *f*, Kondensationsfläche *f*, Dampfsperre *f*, Scheidewand *f*, Trennblech *n*, Fangblech *n*, Staublech *n*; Leiteinrichtung *f* *{der Gasturbine}*; Schikane *f* *{im Tosbecken}*; Stauelement *n*, Umlenkblech *n*, Resonanzwand *f*, Schallschluckplatte *f* *{Akustik}*; Strombrecher *m*, Ablenkplatte *f*; Vorformboden *m* *{Glas}*
baffle bead Prallkugel *f*
baffle column Traufenkolonne *f* *{Dest}*
baffle-plate Ablenkplatte *f*, Umlenkplatte *f*, Stauplatte *f*, Trennblech *n*, Staublech *n*, Prallblech *n*, Leitblech *n*, Prallwand *f*, Scheidewand *f*, Baffle *n*, Prallplatte *f*, Fangblech *n*, Gichtzacken *m*, Prallschirm *m*, Schutzplatte *f*, Staublech *n*, Stauscheibe *f*, Umlenkblech *n*, Schikanenblech *n*
baffle-plate separator Umlenkabscheider *m*
baffle-ring centrifuge Prallringzentrifuge *f*
baffle sheet Auffangblech *n*
baffle stone Wallstein *m*
baffle tower Traufenkolonne *f* *{Dest}*
baffle valve Baffleventil *n*
baffle wall Prallwand *f*
bag/to einsacken, sacken, absacken, abfüllen *{in Beutel oder Säcke}*; bombieren
bag 1. Beutel *m*, Tüte *f*, Tasche *f*; Behälter *m*, Sack *m* *{Transport}*; 2. Schlauch *m* *{z.B. im Schlauchfilter}*; Heizschlauch *m*
bag conveyor Sackförderer *m*
bag filter *{GB}* Beutelfilter *n* *{Zucker}*, Reihenfilter *n*, Sackfilter *n*, Schlauchfilter *n*
bag filtration Taschenfilterung *f*, Staubfang *m* mit Sackfilter *n*
bag for siccative Trockenmittelbeutel *m*
bag mo[u]ld Preßform *f* mit Gummisack *m*
bag mo[u]lding Pressen *n* mit Gummisack, Gummisack[form]verfahren *n*
bag-type construction 1. Wickelbauweise *f*; 2. gewickelter Beutel *m*
bag welder Beutelschweißmaschine *f*, Beutelschließmaschine *f*
bagasse Bagasse *f*, ausgepreßtes Zuckerrohr *n*, Zuckerrohrrückstände *mpl*
bagged anode Anode *f* im Beutel *m*
bagging 1. Einsacken *n*, Rupfen *m*; Heizschlaucheinziehen *n*; 2. Sackleinwand *f*, Sackleinen *m*, Baggings *pl*
bagrationite Bagrationit *m* *{Min}*
bahia rubber Bahiagummi *n*
baicalein Baicalein *n* *{5,6,7-Trihydroxyflavon}*
baicalin Baicalin *n* *{Glukosid}*
baikalite Baikalit *m* *{Min}*
baikiaine Baikiain *n*
bainite Bainit *m*, Zwischenstufengefüge *n*
bainitic ferrite Zwischenstufenferrit *m*
bake/to 1. backen, verbacken *{von Aminen zwecks Sulfonierung}*; 2. brennen *{Keramik}*; 3. backen, trocknen, dörren *{Lebensmittel}*; 4. einbrennen *{Lack}*; sich festbrennen *{Schmutz}*; [au]shärten *{Kunststoff}*; 5. sintern, zusammenbacken *{z.B. Kohle}*; 6. ausheizen *{z.B. Röhren}*
bake cycle Ausheizzyklus *m*
bake-out Ausheizen *n* *{Vak}*
bake-out furnace Ausheizofen *m*
bake-out jacket Ausheizmantel *m*
bake-out oven Ausheizofen *m*

bake-out table Ausheiztisch *m {Glas}*
bake-out temperature Ausheiztemperatur *f*, Einbrenntemperatur *f*
bakeable ausheizbar
baked eingebrannt
baked goods Backwaren *fpl*
baked varnish coat Einbrennfarbe *f*
bakelite Bakelit *n {Formaldehyd-Phenolharz}*
bakelite copolymer Phenolharzcopolymer[es] *n*, Phenolharz-Styrol-Acrylnitril-Copolymer[es] *n*
bakelite varnish Bakelitlack *m*
baker's yeast Backhefe *f*, Bäckerhefe *f*
bakerite Bakerit *m {Min}*
bakery goods Backwaren *fpl*
baking 1. Wärmebehandlung *f*, Hitzebehandlung *f*, thermische Behandlung *f*; Trocknen *n {mittels Wärme}*; 2. Verbacken *n {von Aminen zwecks Sulfonierung}*; 3. Backen *n*, Dörren *n*, Trocknung *f {Lebensmittel}*; 4. Brand *m {Keramik}*; 5. Sintern *n*, Sinterung *f*; Zusammenbacken *n {z.B. der Kohle}*; 6. Glühen *n*, Einbrennen *n {Lacke}*; Härtung *f*, Verfestigung *f {Kunststoff}*; 7. Ausheizen *n*, Gasaustreiben *n {Vak}*
baking capacity Backfähigkeit *f*
baking characteristics Backfähigkeit *f*, Backeigenschaft *f*
baking coating ofentrocknender Anstrich *m*
baking cycle Ausheizzyklus *m*
baking enamel *{US}* Einbrennemail *n*, Einbrennlack *m*, ofentrocknender Lack *m*
baking finish Einbrennfarbe *f*, Einbrennfarbstoff *m*, Einbrennlack *m*
baking furnace Gasaustreibeofen *m*
baking index Backvermögen *n {DIN 23003}*, Backzahl *f {DIN 23003}*
baking jacket Ausheizmantel *m*
baking lacquer Einbrennlack *m*
baking of deposits Festbacken *n* von Ablagerungen *fpl*
baking oven Härteofen *m*; Trockenofen *m*, Trockenkammer *f*; Brennofen *m*, Einbrennofen *m*
baking powder Backpulver *n*
baking press *{US}* Blockpresse *f*, Kofferpresse *f*, Kochpresse *f*
baking soda <$NaHCO_3$> Natriumhydrogencarbonat *n*, Natriumbicarbonat *n {obs}*, Backpulver *n*
baking stove Polymerisierofen *m {Text}*
baking temperature Einbrenntemperatur *f*, Ausheiztemperatur *f*
baking varnish Einbrennlack *m*, Einbrennfarbe *f*, Einbrennfarbstoff *m*, ofentrocknender Lack *m*
baking varnishing Einbrennlackierung *f*
bakuin Bakuin *n {Schmieröl}*
BAL *{British anti-Lewesite}* 2,3-Dimercaptopropanol *n*
balance/to abgleichen, abstimmen; wiegen, abwägen, aufwiegen; ausbalancieren, ausgleichen, auswichten, auswuchten, balancieren, im Gleichgewicht *n* halten, kompensieren
balance 1. Waage *f*, Wiegevorrichtung *f*; 2. Gleichgewicht *n*, Balance *f {elektrischer oder mechanischer Ausgleich}*; 3. Bilanz *f {Gegenüberstellung von Größen}*; Haushalt *m*, Rechnungsabschluß *m*
balance arm Waag[e]balken *m*
balance beam Waag[e]balken *m*
balance blade Waageschneide *f*
balance case Waagekasten *m*, Waagengehäuse *n*
balance desiccator Waagentrockenmittelbehälter *m {Lab}*, Lufttrockner *m*, Trockenpatrone *f {Feinwaagen}*
balance dough Auswuchtpaste *f*, Unwuchtpaste *f*
balance error Abgleichfehler *m*, Unwucht *f*
balance for analysis Analysenwaage *f*
balance galvanometer Vertikalgalvanometer *n*
balance indicator Ausgleichsanzeiger *m*
balance iron Resteisen *n {Legierung}*
balance mechanism Ausgleichsvorgang *m*
balance method Abgleichverfahren *n*, Kompensationsmethode *f*, Brückenmethode *f*, Nullmethode *f*, Nullabgleichmethode *f*
balance pan Waagschale *f*
balance point Gleichgewichtspunkt *m*
balance pressure Ausgleichsdruck *m*
balance range Abgleichsbereich *m*
balance rider Reiter *m {Analysenwaage}*
balance room Wägezimmer *n*, Wägeraum *m*
balance sensitiveness Empfindlichkeit *f* der Waage *f*
balance sheet of materials Stoffbilanz *f*
balance stock Unwuchtpaste *f*, Auswuchtpaste *f*
balanced abgeglichen, ausgeglichen; ausgewogen *{im Gleichgewicht befindlich}*, umkehrbar, reversibel; halbberuhigt *{Met}*; ausgewuchtet
balanced method Nullabgleichverfahren *n*
balancer Ausgleichsregler *m*, Auswuchtmaschine *f*, Stabilisator *m*; Wippe *f*; Federzug *m*
balancing Auswuchtung *f*, Ausgleich *m*, Massenausgleich *m*; Abgleich *m {Abstimmvorgang}*; Farbausgleich *m {Photo}*
balancing current Ausgleichsstrom *m*
balancing device Auswuchtvorrichtung *f*
balancing diaphragm Abgleichblende *f*
balancing frequency Abgleichfrequenz *f*
balancing reservoir Ausgleichbehälter *m*
balancing resistance Kompensationswiderstand *m*
balancing tank Ausgleichsbehälter *m*
balancing tester Abgleichprüfer *m*

balancing voltage Kompensationsspannung *f* *{Elek}*
balanophorin Balanophorin *n*
balas ruby Balasrubin *m* *{Min}*
balata 1. Balata *f* *{Saft aus Mimusops globosa}*; 2. Balata-Hartholz *n* *{Bumelia retusa}*
bale/to ballen, emballieren, pressen *{zu Ballen}*, paketieren *{z.B. Schrott}*
bale 1. Ballen *m* *{z.B. Baumwolle}*; 2. Emballage *f*, Paket *n*; 3. Bale *n* *{Baumwoll-Gewicht, 500 lb=227 kg}*
baleen Fischbein *n*
ball/to knäueln, aufknäueln, zu einem Knäuel *m* aufwickeln
ball Kugel *f*, Ball *m*, Knäuel *m n*, rundlicher Körper *m*, Knolle *f*, Erzkern *m*; Luppe *f* *{Met}*
ball-and-cup joint Kugelschliffverbindung *f*
ball-and-lever safety valve gewichtsbelastetes Sicherheitsventil *n*
ball-and-roller bearing steel *{ISO 683}* Wälzlagerstahl *m* *{DIN 17230}*
ball-and-stick model Kugel-Stab-Modell *n* *{Stereochem}*
ball anode Kugelanode *f*
ball bearing Kugellager *n*
ball-bearing grease Kugellagerfett *n*
ball-bearing luboil Kugellageröl *n*
ball-bearing pulverizer *{US}* Kugelringmühle *f*
ball-bearing test Kugeldruckprobe *f*
ball burnishing Kugelpolierung *f* *{Met}*
ball charge Kugelfüllung *f* *{Kugelmühle}*
ball-check nozzle Kugelverschlußdüse *f*
ball-check valve Kugelrückschlagventil *n*
ball clay Bindeton *m*
ball cock Kugelhahn *m*, Schwimmerhahn *m*
ball condenser Kugelkühler *m*
ball-cup valve *{GB}* Ballventil *n*, Kugelventil *n*
ball-float valve Schwimmerventil *n*
ball-ga[u]ge Kugellehre *f*
ball grinder Kugelmühle *f*
ball-hardness test Kugeldruckprobe *f*, Kugelhärteprobe *f*
ball-impact text Kugelschlagprüfung *f*
ball-indentation hardness Kugeleindruckhärte *f*
ball-indentation test Kugel[ein]druckprüfung *f*, Kugeleindruckverfahren *n*, Kugeldruckprobe *f*, Kugeldruckhärteprüfung *f*
ball iron Luppeneisen *n*
ball-joint manipulator Kugelgelenkmanipulator *m* *{Nukl}*
ball mill Kugelmühle *f*
ball mill with air dryer Luftstrommühle *f*
ball molecule Kugelmolekül *n*
ball-point pen ink Kugelschreiberpaste *f* *{DIN 16554}*
ball powder Kugelpulver *n* *{Treibladung}*, Globularpulver *n* *{Expl}*
ball-pressure hardness Kugeldruckhärte *f*
ball-pressure test Kugeldruckprobe *f*, Kugeldruckhärteprüfung *f*, Kugeleindruckprüfung *f*
ball pulverizer *{ASTM}* Kugelmühle *f*
ball-shaped kugelförmig, ballförmig
ball stop-cock Kugelhahn *m*
ball swivel joint Kugeldurchführung *f* *{Nukl}*
ball-thrust bearing Kugeldrucklager *n*, Druckkugellager *n*, Kugelspurlager *n*, Längskugellager *n*
ball-thrust test Kugeldruckprobe *f*
ball together/to zusammenballen
ball up/to sich knäueln
ball valve Kugelventil *n*, Kugelhahn *m*, Ballventil *n*, Schwimmerhahn *m*, Schwimmerventil *n*
ball viscosimeter Kugelfallviskosimeter *n*
ballas Ballas *m* *{Industriediamant mit Radial-Kristallstruktur}*, Bortkugel *f*, Bort *m*
ballast 1. Ballast *m*; Zuschlagstoff *m*; 2. Vorschaltgerät *n*; Vorschaltwiderstand *m*, Ballastwiderstand *m* *{Elek}*; 3. Grobkies *m*, Steinschotter *m*, Schotter *m*
ballast material Ballaststoff *m*
ballast resistance Ballastwiderstand *m*, Vorschaltwiderstand *m* *{Elek}*
ballast tank Vorvakuumkessel *m*, Vorvakuumbehälter *m*, Ballastbehälter *m*
balling Kugelbildung *f*, Zusammenballen *n*, Bildung *f* von kugelförmigen Agglomeraten, Ballung *f*
balling device *{US}* Pillenmaschine *f* *{Pharm}*
balling disc Granulierteller *m*
balling furnace Sodaofen *m*
balling pan Pelletierteller *m*
balling property Ballungsfähigkeit *f*
Balling scale Balling-Skale *f* *{Hydrometer}*
ballistic ballistisch
ballistic galvanometer Stoßgalvanometer *n*, ballistisches Galvanometer *n*
ballistite Ballistit *n* *{Expl}*
balloon 1. Ballon *m*, Glaskolben *m* *{Chem}*; 2. Ballon *m*, Fadenballon *m*, Fadenschleier *m*
balloon flask Kurzhals-Rundkolben *m*, Kugelflasche *f*, Ballon *m* *{Chem}*
ballotini kleine [Glas-]Kugel *f*, [Glas-]Kügelchen *n* *{Trockenmittel}*
balm 1. Balsam *m*, Linderungsbalsam *m* *{Pharm}*; 2. Melisse *f* *{Bot}*; 3. Propolis *f*, Bienenharz *n*, Bienenwachs *n*
balm apple Balsamapfel *m*
balm leaves Melissenblätter *npl*
balm mint oil Melissenöl *n*
balm of Gilead 1. Mekkabalsam *m* *{eingetrockneter Milchsaft von Commiphera opobalsamum}*; 2. Pappelblüten *fpl* *{Pharm}*
balm of roses Rosenbalsam *m*

balm wood Balsaholz *n*, Balsa *f*, Leichtholz *n*
Balmer series Balmer-Serie *f {Spek}*
balmy balsamisch
balsa Balsa *f*, Balsaholz *n*, Leichtholz *n*
balsam Balsam *m*, Oleoresinat *n*
balsam apple Balsamapfel *m*
balsam fir Balsamtanne *f*
balsam-like balsamartig
balsam of fir Kanadabalsam *m*
balsam of sulfur Schwefelleinöl *n*
balsam turpentine Balsam-Terpentinöl *n*
balsamic balsamisch
balsamic resin Balsamharz *n*
balsamiferous balsamerzeugend
baltimorite Baltimorit *m*, Chrysotil *m*, Chysotilasbest *m*, Faserserpentin *m {Min}*
Baly cell Baly-Küvette *f*, Baly-Gefäß *n*, Balysche Zelle *f {Absorptionsmessung}*
Baly tube *s.* Baly cell
bamboo oil Bambusöl *n*
bamboo sugar Bambuszucker *m*
banana oil 1. <$CH_3COOC_5H_{11}$> **Amylacetat** *n*, Essigsäureamylester *m*, Birnenether *m*; 2. Bananenöl *n*, Amylacetat-Nitrocellulose-Lösung *f*; Alkohol-Pentylacetat-Lösung *f*
banana plug Bananenstecker *m {Elek}*
Banbury [internal] mixer Banbury-Innenmischer *m*, Banbury-Mischer *m*, Banbury-Kneter *m*, Innenmischer *m* mit Stempel
banca tin Bancazinn *n*, Bankazinn *n*, Bangkazinn *n {99,95% rein}*
band Band *n*, Bande *f*, Binde *f*, Streifen *m*; Zeile *f {Krist}*
band analysis Bandenanalyse *f {Spek}*
band background Bandenuntergrund *m*, Untergrund *m* der Bande *{Spek}*
band center Nullinie *f {Spek}*
band conveyer Bandförderer *m*, Gurtförderer *m*, Bandtransporteur *m*, Förderband *n*, Transportband *n*
band dryer Bandtrockner *m*
band edge Bandenkante *f*, Bandenkopf *m {Spek}*
band feed Bandzuführer *m*
band filter Bandfilter *n*, Wandernutsche *f*
band gap Bandabstand *m {Halbleiter}*
band head Bandenkopf *m*, Bandenkante *f {Spek}*
band intensity Bandenintensität *f*, Intensität *f* der Banden *fpl {Spek}*
band iron Bandeisen *n*
band line Bandenlinie *f {Spek}*
band magnet Bandmagnet *m*
band oven Förderbandofen *m*
band-pass filter Siebkette *f*, Bandfilter *n*
band spectrum Bandenspektrum *n*
band spectrum due to electrons Elektronenbandenspektrum *n*
band steel Bandstahl *m*
band width Bandbreite *f*
bandage/to einbinden *{Med}*; bandagieren
bandage 1. Binde *f*, Verband *m {Med}*; 2. Bandage *f {z.B. Kabel}*
bandage sterilizer Verbandstoffsterilisator *m*
bandaging material Verbandstoff *m*, Verbandzeug *n*, Verbandsmaterial *n {Med}*
banded zeilenförmig *{z.B. Feingefüge}*, gestreift, streifig, streifenartig [ausgebildet]; Streifen-
banded agate Bandachat *m {Min}*
banded coal Streifen *m*, Streifenkohle *f*, Schieferkohle *f*, durchwachsene Kohle *f {DIN 22005}*
banded inclusion zeilenförmiger Einschluß *m {Met}*
banded structure Zeilenstruktur *f*, Zeilengefüge *n*, Streifengefüge *n*; Lagentextur *f*, Bänderung *f {Geol}*
bandoline Bandolin *n*
Bang reagent Bang-Reagenz *n*, Bangsche Lösung *f*
banisterine Banisterin *n*, Harmin *n*
bank Reihe *f*, Gruppe *f*, Serie *f*, Satz *m*, Anordnung *f {Tech}*; 2. Bank *f {Geol}*; 3. Wulst *m {Walzenspalt}*; 4. Satz *m*, Bank *f*, Feld *n {z.B. von Kontakten}*; 5. Vorwärmer *m {des SM-Ofens}*
banking 1. Dämpfen *n {Hochofen}*; 2. Querneigung *f*, Kurvenlage *f*, Überhöhung *f {Transport}*; 3. linksbündiger Ausdruck *m*, linksbündiger Satz *m*, linksbündige Anordnung *f {Druckerei}*
baobab oil Affenbrotöl *n*, Baobaöl *n*
baphiin Baphiin *n*
baphinitone Baphiniton *n*
baptifoline Baptifolin *n*
baptisin Baptisin *n*
bar/to abriegeln, absperren, versperren
bar 1. Bar *n*, absolute Atmosphäre *f {inkohärente Druckeinheit, =100 kPa}*; 2. Strich *m*, Balken *m {EDP}*; 3. Stromwenderlamelle *f*, Kommutatorlamelle *f*; 4. Barren *m {Met}*; 5. Stab *m*, Stange *f*; Schiene *f*, Strang *m*
bar agitator Stangenrührwerk *n*, Stangenrührer *m*
bar anode Stabanode *f*, Stangenanode *f*
bar chart Säulendiagramm *n*, Treppenpolygon *n*
bar code Strichkode *m*, Strichcode *m*, Balkencode *m*, Barcode *m {EDV, DIN 66236}*
bar electrode Stegelektrode *f*, Stabelektrode *f {Schweißen}*
bar iron Stabeisen *n*, Stangeneisen *n*
bar magnet Magnetstab *m*, Stabmagnet *m*
bar mill Stabmühle *f*, Desintegrator *m*, Schleudermühle *f*, Schlagkorbmühle *f*
bar mo[u]ld Backenwerkzeug *n*, Schieberwerkzeug *n*, Mehrfachform *f*

bar screen Stab[sieb]rost *m*, Stangen[sieb]-rost *m*, Rostsieb *n*, Siebrost *m*, Feinspaltrost *m*, Spaltsieb *n*
bar-shaped stabförmig
bar soap Kernseife *f*, feste Seife *f*
Baras camphor <$C_{10}H_{18}O$> Borneol *n*, Borneocampher *m*, Bornylalkohol *m*, Malayischer Campher *m*, Sumatracampher *m*
baratoles Baratole *npl {TNT/Ba(NO₃)₃; Expl}*
barbaloin Barbaloin *n {Aloeglycosid}*
barbatic acid Rhizonsäure *f*
barbatolic acid Barbatolsäure *f*
barbierite Barbierit *m {Min; Mikroklin-Mikroperthit}*
barbital Barbital *n*, Veronal *n {HN}*, 5,5-Diethylbarbitursäure *f*, Diethylmalonylharnstoff *m*, Malonal *n {HN}*
barbiturate Barbiturpräparat *n*, Barbiturat *n*
barbituric acid Barbitursäure *f*, Malonylharnstoff *m*, Pyrimidintri-2,4,6-on *n*, 2,4,6-Trioxopyrimidin *n*, Hexahydropyrimidin-2,4,6-trion *n {IUPAC}*
barcenite Barcenit *m {Min}*
bare/to abisolieren, abmanteln *{Kabel}*
bare blank *{Leiter; Bad; Schmelze}*
baregin Baregin *n*
Bari-Sol process Barisol-Prozeß *m*, Barisol-Verfahren *n*, Dichlorethan-Benzol-Verfahren *n {Entparaffinierung von Erdöl}*
barilla [soda] Barilla *n {Asche aus Salsolasoda}*
barite Bariumsulfat *n*, Baryt *m*, Schwerspat *m*, Barytstein *m {Min}*
barite white Barytweiß *n*, Bariumsulfat *n*, Blanc fixe *n*
barium *{Ba; element no. 56}* Barium *n*
barium acetate <$Ba(CH_3COO)_2$> Bariumacetat *n*, Baryumazetat *n {obs}*, essigsaures Barium *n {Triv}*, essigsaurer Baryt *m {Triv}*
barium acetylide Bariumcarbid *n*, Bariumactylenid *n*
barium aluminate Bariumaluminat *n*
barium azide <$Ba(N_3)_2$> Bariumazid *n*
barium-base grease Barium-Fett *n*
barium binoxide *{obs}* *s.* barium peroxide
barium borate Bariumborat *n*
barium borate glass Bariumboratglas *n*
barium bromate <$Ba(BrO_3)_2$> Bariumbromat *n*
barium bromide <$BaBr_2$> Brombarium *n {obs}*, Bariumbromid *n {IUPAC}*
barium carbide <BaC_2> Bariumcarbid *n*, Bariumacetylenid *n*
barium carbonate <$BaCO_3$> Bariumcarbonat *n*, kohlensaures Barium *n {obs}*
barium chlorate <$Ba(ClO_3)_2 \cdot H_2O$> Bariumchlorat *n*
barium chloride <$BaCl_2 \cdot 2H_2O$> Bariumchlorid *n*, Chlorbarium *n {obs}*
barium chromate <$BaCrO_4$> Bariumchromat *n*, Barytgelb *n*, Steinbühlergelb *n {Triv}*, gelber Ultramarin *m {Triv}*
barium chromate pigment *{ISO 2068}* Bariumchromat-Pigmentfarbe *f*
barium citrate Bariumcitrat *n*
barium complex soap grease Bariumkomplexseifen-Schmierfett *n {Trib}*
barium concrete Bariumbeton *m*, Schwerstbeton *m {Nukl}*
barium cyanide <$Ba(CN)_2$> Bariumcyanid *n*, Cyanbarium *n {obs}*
barium diazide <$Ba(N_3)_2$> Bariumdiazid *n*, Bariumazid *n*
barium dioxide *s.* barium peroxide
barium dithionate <BaS_2O_6> Bariumdithionat *n*
barium feldspar Bariumfeldspat *m*, Hyalophan *m {Min}*
barium fluoride <BaF_2> Bariumfluorid *n {IUPAC}*, Fluorbarium *n {obs}*
barium hexafluorosilicate <$Ba[SiF_6]$> Bariumsilicofluorid *n {Triv}*, Bariumhexafluorosilicat(IV) *n*
barium hydrate *s.* barium hydroxide
barium hydride <BaH_2> Bariumhydrid *n*
barium hydroxide <$Ba(OH)_2 \cdot 8H_2O$> Bariumhydroxid *n*, Bariumhydrat *n {obs}*, Ätzbaryt *m {Triv}*, Barythydrat *n {Triv}*, Bariumoxidhydrat *n {obs}*
barium hydroxide solution Barytlauge *f*, Barytlösung *f*, Barytwasser *n*
barium hypophosphate <$Ba_2P_2O_6$> Bariumhypophosphat *n*
barium hypophosphite <$Ba(H_2PO_2)_2$> Bariumhypophosphit *n*
barium hyposulfate *s.* barium dithionate
barium hyposulfite Bariumhyposulfit *n {obs}*, Bariumthiosulfat *n*
barium iodide <BaI_2> Bariumiodid *n {IUPAC}*, Jodbarium *n {obs}*
barium lake Bariumlack *m*
barium manganate <$BaMnO_4$> Bariummanganat(VI) *n*, Kasseler Grün *n {Triv}*
barium meal Bariumbrei *m*, Bariumsulfat, reinst *n {Röntgenkontrastmittel}*
barium monosulfide <BaS> Bariummonosulfid *n*, Bariumsulfid *n*
barium monophosphate <$BaH_4(PO_4)_2$> Bariummonophosphat *n*
barium monoxide <BaO> Bariumoxid *n*, Baryt *m*; Baryterde *f*, Schwererde *f {Min}*
barium nitrate <$Ba(NO_3)_2$> Bariumnitrat *n*, Barytsalpeter *m {Triv}*
barium nitride <Ba_3N_2> Bariumnitrid *n*, Bariumdinitrid *n*
barium nitrite <$Ba(NO_2)_2$> Bariumnitrit *n*
barium octoate Bariumoctoat *n*

barium oleate <$Ba(C_{18}H_{33}O_2)_2$> Bariumoleat *n*
barium oxide <BaO> Bariumoxid *n*, Baryt *m*, Baryterde *f*, Schwererde *f {Min}*
barium perchlorate <$Ba(ClO_4)_2 \cdot 4H_2O$> Bariumperchlorat[-Tetrahydrat] *n {Expl}*
barium permanganate <$Ba(MnO_4)_2$> Bariumpermanganat *n*, Bariummanganat(VII) *n*
barium peroxide <BaO_2> Bariumperoxid *n*, Bariumsuperoxid *n {obs}*, Bariumhyperoxid *n {obs}*, Bariumdioxid *n {obs}*
barium peroxodisulfate <$BaS_2O_8 \cdot 8H_2O$> Bariumperoxodisulfat *n*, Bariumoxodisulfat *n*, Bariumperoxodisulfat[-8-Wasser] *n*
barium phosphate <$Ba_3(PO_4)_2$> Bariumphosphat *n*, phosphorsaures Barium *n {obs}*
barium plaster Bariumweißkalk *m*, Bariummörtel *m*
barium platinocyanide *s.* barium tetracyanoplatinate(II)
barium protoxide *s.* barium monoxide
barium pyrophosphate <$Ba_2P_2O_7$> Bariumpyrophosphat *n*, Bariumdiphosphat *n*
barium selenate <$BaSeO_4$> Bariumselenat *n*
barium selenite <$BaSeO_3$> Bariumselenit *n*
barium silicate <$BaSiO_3$> Bariumsilicat *n*
barium silicofluoride *s.* barium hexafluorosilicate
barium soap Bariumseife *f*
barium soap grease Bariumseifen-Schmierfett *n {Trib}*
barium stearate Bariumstearat *n*
barium sulfate <$BaSO_4$> Bariumsulfat *n*, schwefelsaures Barium *n {Triv}*, Blanc fixe *n*, Schwerspat *m {Min}*, Permanentweiß *n {Triv}*
barium sulfide <BaS> Bariumsulfid *n*, Bariummonosulfid *n*, Schwefelbarium *n {obs}*
barium sulfite <$BaSO_3$> Bariumsulfit *n*
barium superoxide *s.* barium peroxide
barium tetracyanoplatinate(II) <$Ba[Pt(CN)_4]$> Platincyanbarium *n {obs}*, Bariumplatincyanür *n {obs}*, Bariumtetracyanoplatinat(II) *n*
barium thiocyanate <$Ba(SCN)_2 \cdot 2H_2O$> Bariumrhodanid *n {obs}*, Rhodanbarium *n {obs}*, Bariumthiocyanat *n*
barium thiosulfate <BaS_2O_3> Bariumthiosulfat *n*
barium tungstate <$BaWO_4$> Bariumwolframat *n*, Wolframweiß *n {Triv}*
barium uranite Bariumuranit *n*
barium yellow Barytgelb *n*, Steinbühlergelb *n {$BaCrO_4$}*
bark/to ablohen, abrinden, abschwarten, entrinden, schälen
bark 1. Borke *f*, [Baum-]Rinde *f*; 2. Küpe *f {Text}*; Rinde *f*, Lohe *f {Gerb}*; 3. entkohlte Randschicht *f {Met}*
bark liquor Lohbrühe *f*
bark-tanned lohgar
bark tanning Lohgerben *n*, Rotgerben *n*
barkometer Barkometer *n*, Brühmesser *m*, Gerbsäuremesser *m*, Lohmesser *m*
barley Gerste *f {Samen von Hordeum-Arten}*
barley malt Gerstenmalz *n*
barley-seed oil Gerstensamenöl *n*
barley meal Gerstenmehl *n*
barley sugar Gerstenzucker *m*, Benitzucker *m*
barm Hefe *f*, Bärme *f {Bot}*; Bierhefe *f*, Branntweinhefe *f*, Faßbärme *f*, Faßhefe *f*, Zeug *n*, Stellhefe *f {Brau}*
barmy hefig
barn Barn *n*, barn, b *{Nukl; obs, = $10^{-28} m^2$}*
barnhardtite Barnhardtit *m {Min}*
barodiffusion Barodiffusion *f*
barograph Barograph *m*, Luftdruckschreiber *m*
barolite Barokalzit *m {Min}*
barometer Luftdruckmesser *m*, Barometer *n*
barometer reading Barometerablesung *f*, Barometerstand *m*
barometric barometrisch, baroskopisch
barometric column Barometersäule *f*, Quecksilbersäule *f*
barometric compensation Barometerkompensation *f*
barometric condenser barometrischer Kondensator *m*, Fallrohrkondensator *m*
barometric equation barometrische Höhenformel *f*
barometric pressure Barometerdruck *m*, Barometerstand *m*, Luftdruck *m {DIN 1358}*, atmosphärischer Druck *m*, barometrischer Druck *m*
barometric reading Luftdruckstand *m*, Luftdruckablesung *f*, Barometerstand *m*
baroscope Baroskop *n*, Auftriebswaage *f*
baroscopic baroskopisch
baroselenite Baroselenit *m {Min}*
barostat Barostat *m {Druckregler}*
barrandite Barrandit *m {Min}*
barras Barras *m*, Fichtenharz *n*, Schellharz *n*
barrel/to 1. auf Fässer *npl* füllen, auf Fässer *npl* abziehen; 2. rommeln *{Zunder entfernen, Gieß}*, trommeln
barrel 1. Tonne *f*; 2. Barrel *n {Erdöl: 42 US-Gallonen = 158,9 L; Brauerei: 31,50 Gallonen = 119,5 L; Trockenhohlmaß: 158,9 L}*, Faß *n {Brau, Öl}*; 3. Brenn[er]rohr *n {des Bunsenbrenners}*; 4. Hahnhülse *f {Gashahn}*; Spritzgehäuse *n {Spritzmaschine}*; 5. Galvanisiertrommel *f*; 6. Halm *m*, Schaft *m {des Schlüssels}*; 7. Zylinder *m {Kolbenpumpe}*; 8. Gebinde *n*
barrel attemperator Faßkühler *m*
barrel basket Trommelmantel *m*, Tonnenschale *f*
barrel cart Faßkarren *m*
barrel converter Trommelkonverter *m*

barrel copper gediegenes Kupfer *n*, Stückkupfer *n* *{Met}*

barrel liner Gehäuseinnenwandung *f*, Zylinderauskleidung *f*, Zylinderinnenwand *f*, Zylinderinnenfläche *f*

barrel mill Trommelmühle *f*, Walzenmühle *f*

barrel mixer Trommelmischer *m*, Faßmischer *m*, Mischtrommel *f*

barrel of a pump Pumpenstiefel *m*

barrel plating Trommelgalvanisierung *f*

barrel pump Fässerpumpe *f*, Faßpumpe *f*

barrel soap Schmierseife *f*, Kaliseife *f*, grüne Seife *f*

barrel syrup Raffineriemelasse *f*

barrel-type furnace Trommelofen *m*

barrel vented through longitudinal slits Längsschlitz-Entgasungsgehäuse *n*

barrelene Barrelen *n* *{Triv}*, Bicyclo[2.2.2]octa-2,5,7-trien *n* *{IUPAC}*

barrels Fustage *f*

barren 1. dürr, wüst, unfruchtbar, steril *{Biol; Bodenkunde}*; taub, erzfrei, metallfrei; ausgelaugt, unhaltig *{Geol}*; 2. Lösemittel *n* *{beim Laugen}*

barricade/to abriegeln, versperren

barrier 1. Barriere *f*, Schutzwand *f*, Schranke *f*, Schwelle *f*, Umwehrung *f*; 2. Sperrschicht *f* *{DIN 41852, Elek}*; Potentialbarriere *f*, Potentialschwelle *f*, Potentialwall *m*, Potentialberg *m*

barrier coat Sperrschicht *f*, Zwischenschicht *f*, Abschirmschicht *f*, Laminatzwischenschicht *f*

barrier cream Hautschutzcreme *f*, Schutzcreme *f*, Gewebeschutzsalbe *f*

barrier height Höhe *f* des Potentialwalls *m*, Schwellenhöhe *f*

barrier layer Sperrschicht *f*

barrier-layer foil Sperrschichtfolie *f*

barrier-layer photoelectric cell Sperrschichtphotozelle *f*, Sperrschichtzelle *f*, Sperrschichtelement *n*

barrier-layer photovoltaic cell *s.* barrier-layer photoelectric cell

barrier-layer rectifier Sperrschichtgleichrichter *m*, Halbleitergleichrichter *m*

barrier material Sperrschichtmaterial *n*

barrier sheet Sperrschicht *f*, Zwischenschicht *f*, Abschirmschicht *f*, Laminatzwischenschicht *f*, Schichtstoffzwischenschicht *f*

barrier-type cell Sperrschichtzelle *f*, Sperrzelle *f*

barrier wrap *{US}* Verbundwachsfolie *f*

barringtogenic acid Barringtogensäure *f*

barthite Barthit *m* *{Min}*

bartholomite Bartholomit *m* *{Min}*

barwood afrikanisches Rotholz *n* *{Sammelname für Pterocarpus- und Baphia-Arten}*

barycentric coordinates Schwerpunktkoordinaten *fpl* *{Math}*

barylite Barylit[h] *m* *{Bariumberylliumpyrosilicat, Min}*

baryon Baryon *n* *{Nukl}*

barysilite Barysilit *m* *{Min}*

barystrontianite Barystrontianit *m* *{Min}*

baryta <BaO> Bariumoxid *n*; Baryterde *f*, Schwererde *f* *{Min}*

baryta calcined <BaO> Bariumoxid *n*; Baryterde *f*, Schwererde *f* *{Min}*

baryta caustic <$Ba(OH)_2 \cdot 8H_2O$> Bariumhydroxid *n*, Bariumhydrat *n* *{obs}*, Ätzbaryt *m*

baryta feldspar Barytfeldspat *m*, Hyalophan *m* *{Min}*

baryta paper Barytpapier *n*, Chromoaristopapier *n*, Kreidepapier *n*

baryta solution Barytlauge *f*, Barytlösung *f*, Barytwasser *n*

baryta water Barytwasser *n*, Barytlauge *f*, Barytlösung *f*

baryta white Barytweiß *n*, Permanentweiß *n*, Blanc fix *n* *{$BaSO_4$}*

baryta yellow Barytgelb *n*, Steinbühlergelb *n* *{$BaCrO_4$}*

barytharmotome Barytharmotom *m* *{Min}*

barytic barytartig, barytführend, schwerspathaltig; Barium-

barytic fluorspar Bariumflußspat *m* *{Min}*

barytiferous barytführend

barytine *s.* barite

barytocalcite Barytocalcit *m* *{Min, $BaCa(CO_3)_2$}*

barytofluorite Bariumflußspat *m* *{Min}*

barytophyllite Barytophyllit *m* *{obs}*, Chloritoid *m* *{Min}*

barytron *{obs}* schweres Elektron *n*, Meson *n*, Mesotron *n* *{Nukl}*

basal area Basisfläche *f*, Grundfläche *f*

basal fertilizer Grunddünger *m* *{Agri}*

basal metabolic rate Basalstoffwechsel *m*, Grundumsatz *m* *{Med}*

basal metabolism Grundstoffwechsel *m*

basal plane Basisfläche *f* *{Krist}*

basal surface Basisfläche *f*, Grundfläche *f*

basalt 1. Basalt *m* *{Min}*; 2. Basaltsteingut *n*, Basaltgut *n*, Basaltware *f*, [schwarzes] Wedgwood-Geschirr *n* *{Keramik}*

basalt glass Basaltglas *n* *{Min}*

basalt sand Basaltsand *m*

basalt ware Basaltsteingut *n*, Basaltware *f*, Basaltgut *n* *{Keramik}*

basalt wool Basaltwolle *f*

basaltic basaltähnlich, basalthaltig, basaltisch; Basalt-

basaltic granulate Basaltgranulat *n*

basaltic iron ore Basalteisenerz *n*, Limonit *m* *{Min}*

basaltic jasper Basaltjaspis *m* *{Min}*

basaltic rock Basaltfelsen *m*, Basaltgestein *n*

basaltiform basaltförmig, stengelig, säulig *{Krist}*
basaltine Basaltin *m*, Augit *m {Min}*
basaltlike basaltartig
basaltoid basaltähnlich
basanite 1. Basanit *m {Geol}*; 2. Lydit *m*
base/to basieren, beruhen auf, gründen auf
base 1. unedel *{Met}*; Grund-; 2. Base *f*; 3. Basis *f*, Grundlage *f*, Ausgangspunkt *m*; 4. Grundbestandteil *m*, Hauptbestandteil *m*; 5. Grund *m*, Boden *m {z.B. eines Gefäßes}*; 6. Grundfläche *f*, Fundament *n*; 7. Sockel *m*, Untersatz *m*, Fuß *m*; Basis *f*, Basiszone *f {Elek}*; 8. Schichtträger *m {z.B. Polyester}*, Filmunterlage *f {DIN 19040, T4}*; 9. Basis *f {Math}*; 10. Liegendes *n {Geol}*
base adjustment Basiseinstellung *f*
base alloy Grundlegierung *f*, Ausgangslegierung *f {Met}*
base analog[ue] Basenanalogon *n {Biol}*
base anhydride Basenanhydrid *n*
base asphalt Grundbitumen *n*, Ausgangsbitumen *n*
base-binding capacity Basenbindungsvermögen *n*
base bullion Rohblei *n*, Werkblei *n*; unreines Metall *n {in Barrenform}*
base catalysis Basenkatalyse *f*, Reaktionsbeschleunigung *f* durch Basen *fpl*
base-centered basisflächenzentriert, grundflächenzentriert *{Krist}*
base charge Grundladung *f*
base circuit Grundschaltung *f*
base coat erster Anstrich *m*, Grundstrich *m*; Grundschicht *f {eines mehrlagigen Putzes}*, Unterputz *m {Schicht}*
base coat of lacquer Grundlackschicht *f*
base coating Grundlackierung *f*
base connections Sockelanschlüsse *mpl*
base cupboard Unterschrank *m {Lab}*
base exchange Basenaustausch *m*
base-exchange capacity Basenaustauschkapazität *f*
base exchanging compound Basenaustauscher *m*
base former Basenbildner *m*
base-forming basenbildend
base iron Ausgangseisen *n*
base lacquer Grundlack *m*
base line Grundlinie *f*, Basislinie *f*; Bezugslinie *f*, Ausgangslinie *f {Spek}*
base material Ausgangsmaterial *n*, Ausgangsstoff *m*, Grundwerkstoff *m*, Grundstoff *m {Rohstoff}*, Grundmaterial *n*
base metal 1. Grundwerkstoff *m*, Grundmetall *n*, Hauptlegierungsmetall *n*; 2. metallische Unterlage *f {beim Emaillieren}*; 3. unedles Metall *n*, Nicht-Edelmetall *n*, Unedelmetall *n*, Grundmetall *n*
base mix Grundmischung *f {Gummi}*
base number Grundzahl *f*
base of tube *{US}* Röhrensockel *m*
base of valve Röhrensockel *m*
base oil Grundöl *n*, unverändertes Destillat *n*
base-oil fraction Grundölschnitt *m*
base pair Basenpaar *n {Gen}*
base paper Rohpapier *n*
base-part material Fügeteilwerkstoff *m*
base period Ausgangsfrist *f*, Basisperiode *f*, Bezugsperiode *f*, Vergleichsperiode *f*
base plane Basisfläche *f*, Auflageebene *f*
base plate Fundamentplatte *f*, Unterlagsplatte *f*, Bodenplatte *f*, Fußgestell *n*, Grundplatte *f*, Säulenfuß *m*, Sohlplatte *f*, Unterlage *f*; Montageplatte *f*
base product Ausgangsprodukt *n*
base sequence Basensequenz *f {Gen}*
base triplet Basentriplett *n {Gen}*
base unit 1. Grundeinheit *f*, Basiseinheit *f {SI: m, kg, A, s, mol, cd}*; 2. Struktureinheit *f*, Mer *n*, Staudinger-Einheit *f*, Grundmolekül *n {Polymer}*
base value Basenwert *m*
base year Vergleichsjahr *n {Ökon}*
BASF process BASF-Verfahren *n*
basic basisch, alkalisch, Alkali- *{Chem}*; grundsätzlich, Grund-; basisch zugestellt, basisch ausgekleidet *{Met}*; kieselsäurearm *{Min}*
basic amount Grundbetrag *m*
basic antimony chloride Algarotpulver *n*
basic application Hauptanmeldung *f {Patent}*
basic Bessemer steel Thomas-Stahl *m*, Thomas-Konverterstahl *m*
basic bismuth nitrate **<$BiO(NO_3)\cdot H_2O$>** basisches Wismutnitrat *n {obs}*, Wismutylnitrat *n {obs}*, Bismutsubnitrat *n*, Spanischweiß *n {Triv}*, Bismutylnitrat[-Monohydrat] *n*
basic building block molecules *s.* base unit
basic capacity 1. Basizität *f*; 2. Grundleistung *f*
basic catalysis Basekatalyse *f*, Reaktionsbeschleunigung *f* durch Basen *fpl*
basic chemicals chemische Grundstoffe *mpl*, Grundchemikalien *fpl*, Chemierohstoffe *mpl*
basic cinder Thomas-Schlacke *f*, basische Schlacke *f {Met}*
basic circuit Prinzipschaltung *f*, Grundschaltung *f*
basic concept 1. Grundbegriff *m*; 2. Grundprinzip *n*
basic converter steel Thomas-Flußstahl *m*, Thomas-Konverterstahl *m*
basic course Grundkurs *m*
basic covered basisch umhüllt *{Schweißen}*; basischer Überzug *m*
basic density Prüfdichte *f {Schwimm- und Sinkanalyse; DIN 22018}*

basic diagram Übersichtschema *n*, Prinzipschema *n*
basic electrode kalkbasisches Elektrodenmaterial *n*
basic equation Grundgleichung *f*
basic feasibility study Grundsatzstudie *f*
basic form Grundform *f*
basic idea 1. Grundbegriff *m*; 2. Grundgedanke *m*, Grundidee *f*, Leitidee *f*
basic industry Grund[stoff]industrie *f*, Schlüsselindustrie *f* *{Ökon}*
basic instrument range Nennmeßbereich *m*
basic invention Grunderfindung *f* *{Patent}*
basic law Grundgesetz *n*
basic lead carbonate basisches Bleicarbonat *n*, Bleihydroxidcarbonat *n*, Bleiweiß *n*, Deckweiß *n*, Cerussa *n*
basic lead sulfate <$PbSO_4 \cdot PbO$> basisches Bleisulfat *n*, Bleioxidsulfat *n*
basic lead sulfide *{BS 637; PbS·PbO}* basisches Bleisulfid *n*, Bleioxidsulfid *n*
basic lining basisches Futter *n*, basische Auskleidung *f*, basische Ausmauerung *f*, basische Zustellung *f* *{Met}*
basic material Ausgangsstoff *m*, Grundstoff *m* *{Rohstoff}*, Ausgangsmaterial *n*; Hauptlegierungsmetall *n*, Grundwerkstoff *m*
basic materials industry Grundstoffindustrie *f*
basic metals 1. unedles Metall *n*, Unedelmetall *n*, Nichtmetall *n*; 2. Grundmetall *n* *{Met}*; Legierungsbasis *f*
basic model Grundausführung *f*
basic movements Grundbewegungen *fpl*
basic operating requirements grundsätzliche Betriebsanforderungen *fpl*
basic output Grundleistung *f*
basic oxide basisches Oxyd *n* *{obs}*, basisches Oxid *n*
basic oxygen steel Sauerstoffblasstahl *m*, Konverterstahl *m*
basic particle Grundpartikel *n*
basic pattern Grundprinzip *n*, Grundmuster *n*, Grundform *f*, Grundgestalt *f*
basic phase Bodenkörper *m*
basic price Grundpreis *m*
basic principle Grundprinzip *n*
basic process 1. Elementarvorgang *m*, grundsätzlicher Ablauf *m*; 2. basisches Verfahren *n* *{Met}*
basic properties Grundeigenschaften *fpl*
basic range 1. Anfangsskale *f*; 2. Grundreihe *f* *{z.B. von Maschinen}*
basic reaction Hauptreaktion *f*
basic refractory materials basisches Futter *n*, basische Hochtemperaturmaterialien *npl*
basic requirements Grundvoraussetzungen *fpl*, Grundbedingungen *fpl*
basic research Grundlagenforschung *f*
basic salt basisches Salz *n*
basic scheme Prinzipschema *n*
basic slag Thomas-Mehl *m*, basische Schlakke *f*, Thomas-Schlacke *f* *{Met}*
basic state Grundzustand *m*
basic substance Ausgangsstoff *m*; Grundsubstanz *f*
basic test Grundlagenuntersuchung *f*, orientierende Prüfung *f*
basic tube layout Grundschaltbild *n* des Rohrplanes *m*
basic unit 1. Grundbaustein *m*; 2. Grundgerät *n*
basic values Richtwerte *mpl*
basic work-hardening Grundverfestigung *f*
basicity Basizität *f*, Alkalität *f*, Basenstärke *f*, Basengehalt *m* *{einer Lösung}*
basicity number Basizitätszahl *f*
basicity value Basitätszahl *f*
basification Basischmachen *n* *{Agri}*; Basischwerden *n* *{Geol}*; Basischstellen *n* *{Med}*
basifier Basenbildner *m*, Alkalisierungsmittel *n*
basify/to basisch machen, basisch einstellen
basifying basenbildend
basigenous basenbildend
basil 1. Basilie *f*, Basilikumkraut *n* *{Bot}*; 2. Basil *n*, Basan *n* *{halbgares Schafsleder}*
basil oil Basilienöl *n*, Basilikumöl *n*
basilicon [ointment] Königssalbe *f*, Basilikumsalbe *f* *{Pharm}*
basin 1. Becken *n*, Bassin *n* *{z.B. Abwasserbekken}*; 2. Behälter *m*, Kessel *m*; 3. Mulde *f*
basis 1. Basis *f*, Grundlinie *f*, Grundfläche *f* *{Math}*; 2. Grundbestandteil *m*, Hauptbestandteil *m*; 3. Basis *f*, Grundlage *f*, Grund *m*
basis metal corrosion Grundmetallkorrosion *f*
basis weight Flächengewicht *n* *{obs}*, flächenbezogene Masse *f* *{Pap; g/m²}*
basket Korb *m* *{z.B. einer Zentrifuge}*, gelochte Trommel *f*, Siebtrommel *f*
basket bottle Korbflasche *f*
basket centrifuge Trommelschleuder *f*, Trommelzentrifuge *f*, Korbzentrifuge *f*
basket evaporator Trommelverdampfer *m*, Rohrkorbverdampfer *m*
basket extractor Korbbandextraktionsanlage *f*, Korbbandextraktiosapparat *m*
basket strainer Korbfilter *n*, Siebkorb *m*
basket-type centrifuge *{BS 767}* Trommelschleuder *f*, Korbzentrifuge *f*, Trommelzentrifuge *f*
Basle blue Baseler Blau *n*
Basle green Baseler Grün *n*
basophile 1. basophil; 2. basophil *{durch basische Farbstoffe leicht färbbar}*
bassanite Bassanit *m*, Hemihydrit *m*, Vibertit *m*, Polyhydrit *m*, Miltonit *m* *{Min}*
bassetite Bassetit *m* *{Min}*
bassia oil Bassiafett *n*, Bassiaöl *n*

bassic acid Bassiasäure *f {Trihydroxytriterpensäure}*
bassora gum Bassoragummi *n {geringwertige Tragantsorten}*
bassora rubber Torgummi *n*
bassoric acid Bassorinsäure *f*
bassorin Bassorin *n*, Tragantstoff *m*, Tragacanthose *f*
basswood amerikanische Linde *f {Tilia americana}*
basswood oil Lindenöl *n*, Basswoodöl *n*
bast Bast *m*, sekundäre Rinde *f*
bast black Bastschwarz *n*
bast fiber Bastfaser *f*
bast paper Bastpapier *n*
bastard saffron Färberdistel *f*, Färbersaflor *m {Bot}*
bastard scarlet Halbscharlachfarbe *f*
bastard sugar Basternzucker *m*, Rohzucker *m*, Ablaufsirup *m*
bastite Bastit *m*, Schillerspat *m*, Schillerstein *m*, Diaklasit *m {Min}*
bastnaesite Bastnäsit *m*, Hamartit *m {Min}*
bat 1. Brocken *m*, Klumpen *m*; 2. Platte *f*, Brennunterlage *f {Keramik}*; 3. Tragziegel *m*, Eckziegel *m*
batatic acid Batat[in]säure *f*
batch 1. chargenweise, absatzweise, diskontinuierlich, periodisch arbeitend; 2. Charge *f*, Partie *f*, Posten *m*, Beschickung *f*, Füllung *f*, Ladung *f*, Einsatz *m*, Eintrag *m*, Satz *m*; 3. Ansatz *m {Chem}*; Gemenge *n*, Glassatz *m*; Versatz *m*, Masseversatz *m {Keramik}*; Vormischung *f {Vulkanisation}*, Batch *m*; Docke *f {Text}*; Flotte *f {Farb}*
batch analysis Chargenanalyse *f*, Analyse *f* der Charge *f*
batch-annealed haubengeglüht
batch blending Mischen *n*, Vermischen *n*, Blenden *n {Mineralöl}*
batch centrifuge diskontinuierliche Schleuder *f*, Satzzentrifuge *f*
batch charger Gemengespeiser *m*, Dosiereinrichtung *f*; Einlegevorrichtung *f*
batch crystallizer Chargenkristallisator *m*, diskontinuierlicher Kristallisator *m*, Satzkristallisator *m*
batch distillation Blasendestillation *f*, diskontinuierliche Destillation *f*, Postendestillation *f*, Chargendestillation *f*, intermittierende Destillation *f*
batch feeder Dosiereinrichtung *f*
batch furnace Chargenofen *m*, Einsatzofen *m*, periodisch arbeitender Industrieofen *m*
batch gravity filter diskontinuierliches offenes Filter *n*
batch grinding Chargemahlung *f*, absatzweise Mahlung *f*
batch kneader Chargenkneter *m*, Doppelmuldenkneter *m*
batch leaf filter nichtkontinuierliches Blattfilter *n*
batch mill Chargenmühle *f*, diskontinuierlich arbeitende Mühle *f*, diskontinuierlicher Kollergang *m*
batch mixer diskontinuierlicher Mischer *m*, Satzmischer *m*, Chargenmischer *m*, Mischtrommel *f*, Stoßmischer *m*
batch mixing chargenweise Mischen *n*, diskontinuierliche Aufgabe *f*, partieweises Mischen *n*
batch oil Batschöl *n*, Batschingöl *n*
batch operation Satzbetrieb *m*, Chargenbetrieb *m*, Postenverfahren *n*, diskontinuierlicher Prozeß *m*
batch origin Chargenzugehörigkeit *f*
batch pan *{US}* Mischwanne *f*
batch process Chargenprozeß *m*, Postenverfahren *n*, diskontinuierlicher Prozeß *m*, Chargenverfahren *n*, intermittierendes Verfahren *n*
batch processing Postenverfahren *n*, diskontinuierliche Arbeitsweise *f*, Chargenbetrieb *m*, Satzbetrieb *m*; schubweise Verarbeitung *f*, Stapelverarbeitung *f {EDV}*
batch production Chargenbetrieb *m*, partieweise Herstellung *f*, diskontinuierliches Herstellen *n*
batch retort Chargenautoklav *m*
batch sampling Musternahme *f*
batch size Ansatzgröße *f*, Chargenmenge *f*, Stückgröße *f*, Losgröße *f*
batch test Chargenprüfung *f*
batch-through circulation dryer diskontinuierlicher Durchlauftrockner *m*
batch-type furnace Stapelofen *m*, Kammerofen *m*
batch-type plant Batchanlage *f*
batch variations Chargenunterschiede *mpl*
batchelorite Batchelorit *m {Min}*
batcher Dosiermaschine *f*, Dosiervorrichtung *f*
batching Bestimmung *f* des Mischverhältnisses *{z.B. bei Betonmischungen}*, Dosierung *f*, Zumessung *f*; Batchen *n {Text}*, Legen *n*, Aufwikkeln *n*, Docken *n*
batching agent Batchmittel *n {Text}*
batching unit Füllvorrichtung *f*
batchweighing scale Dosierwaage *f*
batchwise absatzweise, chargenweise, diskontinuierlich, satzweise, schubweise, intermittierend
batchwise operation Satzbetrieb *m*
bate Beizbrühe *f*, Beizflüssigkeit *f*, Gerberbeize *f {Gerb}*
bate stone Beizstein *m {Gerb}*
bath 1. Bad *n*; Schmelze *f*; 2. Wanne *f*; 3. Flotte *f {Text}*
bath-addition agent Badzusatz *m*
bath additive Badezusatz *m*

bath carburizing Badaufkohlen *n*, Badzementieren *n {Stahl}*
bath lubrication Badschmierung *f*, Sumpfschmierung *f*
bath metal Badmetall *n {Weißmessing, 55% Cu/ 45% Zn}*
bath oil Badeöl *n {Kosmetik}*
bath regenerating Wiederaufbereiten *n* von elektrophoretischen Beschichtungsbädern *npl*
bath resistance Badwiderstand *m {Galv}*
bath salt Badesalz *n*, Mutterlaugensalz *n*
bath solution Badflüssigkeit *f*
bath-tube lacquer Badewannenlack *m*
bathochrome Bathochrom *n {Opt}*
bathochromic bathochrom, farbvertiefend
bating Beizen *n*, Beizung *f {Gerb}*
bating bath Beizbad *n {Gerb}*
bating process Beizprozeß *m {Gerb}*
bating vat Beizbrühegefäß *n*, Schwödbottich *m {Leder}*
batonet Pseudochromosom *n*
batrachite Batrachit *m*, Froschstein *m {Min}*
battery 1. Batterie *f*, Gruppe *f*, Serie *f*, Satz *m*; 2. Batterie *f*, Sammler *m*, Akku[mulator] *m*, Zelle *f*, [Primär-]Element *n {Elek}*
battery acid Akku[mulator]säure *f*, Batteriesäure *f {20-32% H_2SO_4}*
battery capacity Batteriekapazität *f {in Ah}*
battery cell Batterieelement *n*, Batteriezelle *f*
battery charge Akkumulatorladung *f*
battery charging Akkumulatorladung *f*, Batterieaufladung *f*, Laden *n* eines Akkumulators *m*
battery discharge Akkumulatorentladung *f*, Batterieentladung *f*
battery element Akkumulatorzelle *f*
battery ga[u]ge Batteriegalvanometer *n*
battery jar Batterieglas *n*
battery limits Anlagengrenzen *fpl*
battery-operated batteriebetrieben, batteriegespeist, mit Batteriestromversorgung *f*
battery plate Akkumulatorplatte *f*
battery-powered *s.* battery-operated
battery resistance Batteriewiderstand *m*
battery terminal Batterieanschlußklemme *f*, Batterieklemme *f*
battery tester Akkumulatorenprüfer *m*, Batterieprüfer *m*
battery voltage Batteriespannung *f*
galvanic battery galvanische Batterie *f*
batwing burner Schlitzbrenner *m*, Fächerbrenner *m*, Schmetterlingsbrenner *m*, Schnittbrenner *m*
batyl alcohol Batylalkohol *m {α-Octadecylglycerylether}*
baudelot cooler Berieselungskühler *m*, Rieselkühler *m*
baudisserite Baudisserit *m {Min}*
Baudouin reaction Baudouin-Reaktion *f*, Baudouinsche Probe *f {Sesamöl-Nachweis}*
baulite Baulit *m {Min}*
Baumann method Baumann-Verfahren *n {Nachweis der Schwefelseigerung, Stahl}*
Baumann print Baumann-Abdruck *m*, Schwefelabdruck *m*, Baumannsche Schwefelprobe *f {Nachweis der Schwefelseigerung}*
baumhauerite Baumhauerit *m {Min}*
baumlerite Bäumlerit *m*, Chlorocalcit *m {Min}*
Baumé degree Baumé-Grad *n {obs}*
Baumé scale Baumé-Skale *f*, Baumé-Aräometerskale *f*
Baumé spindle Baumé-Spindel *f*
bauxite <$Al_2O_3{\cdot}2H_2O$> Bauxit *m {Min}*
bauxite brick Bauxitziegel *m*
bauxite lixiviation Bauxitlaugerei *f*
Bavarian blue Bayrischblau *n*
bay Lorbeerbaum *m {Bot}*
bay leaf Lorbeerblatt *n*
bay oil Bayöl *n*, Lorbeeröl *n*
bay rum Bayrum *m*, Lorbeerspiritus *m*, Pimentrum *m*
bay salt Meersalz *n*, Seesalz *n*
Bayard-Alpert [ionization] ga[u]ge Glühkathodenionisationsvakuummeter *n* nach Bayard und Alpert, Ionistionsvakuummeter nach dem Bayard-Alpert-System *n*, Bayard-Alpert-Röhre *f {Vak}*
bayberry Lorbeere *f {Bot}*
bayberry wax Myrtenwachs *n*
Bayer process Bayer-Verfahren *m*, Bayer-Prozeß *m*, nasser Bauxit-Aufschluß *m*
Bayer's acid Bayer-Säure *f*, Bayersche Säure *f*, 2-Naphthol-8-sulfonsäure *f*
bayonet cap Bajonettsockel *m*, Swan-Sockel *m {Elek}*
bayonet catch Bajonettverschluß *m*
bayonet-catch lid Verschlußdeckel *m* mit Bajonettverschluß *m*
bayonet coupling ***{IEC 50}*** Bajonettstecker *m*, Bajonettkupplung *f*; Bajonettverschluß *m*
bayonet cover Verschlußdeckel *m* mit Bajonettverschluß *m*
bayonet fitting Bajonettanschluß *m {Elek}*
bayonet holder Bajonettfassung *f*, Renkfassung *f*
bayonet joint Bajonettverschluß *m*
bayonet lock Bajonettverschluß *m*
bayonet socket Bajonetthülse *f*, Renkfasung *f*, Bajonettfassung *f {Elek}*
bayonet-tube exchanger Nadelwärmetauscher *m*, Nadelwärmeüberträger *m*
bays Hallenbauten *mpl*
bazzite Bazzit *m {Min}*
BBP Butylbenzylphthalat *n*
BCM Phenolharzcopolymer[es] *n*, Phenolharz-Acrylnitril-Copolymer[es] *n*

bdellium Bdellium *n {ein Balsamharz, Pharm}*
be left in the open/to offen stehen lassen
bead 1. Perle *f*, Kügelchen *n*; Harzkorn *n {Ionenausschlußverfahren}*; 2. Wulst *m f*, Rand *m*, Bördelrand *m*, Umbördelung *f*
bead-and-spring model Kugel-Feder-Modell *n {Molekularstruktur}*
bead mill Perlenreibmühle *f*, Perlmühle *f*
bead polymerization Perlpolymerisation *f*, Suspensionspolymerisation *f*, Kornpolymerisation *f*
bead polymers Perlpolymerisate *npl*
bead test 1. Bördelversuch *m {Tech}*; 2. Perlenprobe *f {Anal}*
beaded rim bottle Rollrandflasche *f*
beading Bördeln *n*, Walzsicken *n*, Rollsicken *n*, Sicken *n*; Perlstickerei *f {Text}*
beading electrode Umbügelelektrode *f*
beaker Becher *m*, Becherglas *n*, Kochbecher *m {Lab}*
beaker-cover glass Uhrgläschen *n*, Uhrglasschale *f {Lab}*
beam 1. Waagebalken *m*, Balken *m {Waage}*; 2. Strahl *m*, Lichtstrahl *m*; Strahlenbündel *n*; 3. Gerberbaum *m {zur mechanischen Bearbeitung der Blößen}*; 4. Träger *m*, Balken *m*, Tragbalken *m*, Schiene *f*
beam agitator Balkenrührwerk *n*
beam aperture Bündelöffnung *f*, Strahlapertur *f*
beam attenuator Strahlschwächungszusatz *m {Anal, Spek}*
beam balance Balkenwaage *f*, Hebelwaage *f*
beam chopper Strahlenzerhacker *m*, Strahlunterbrecher *m*
beam current Strahlstrom *m*
beam deflection Strahlablenkung *f*
beam density Strahldichte *f*
beam expanding Strahlaufweitung *f*
beam-foil spectroscopy Folienanregungs-Spektroskopie *f*, Beam-foil-Spektroskopie *f*
beam hole Strahlenöffnung *f*, Strahlenkanal *m*, Bestrahlungskanal *m*
beam microbalance Balkenmikrowaage *f*
beam of light 1. Lichtstrahl *m*; 2. Lichtbündel *n*, Lichtstrahlenbündel *n*, Lichtbüschel *n*, Lichtstrahlenbüschel *n*
beam of positive ions Bündel *n* positiver Ionen *npl*
beam of radiation Strahlenbündel *n*
beam penetration Strahleindringtiefe *f*
beam power Strahlleistung *f*
beam scale Balkenwaage *f*, Hebelwaage *f*
beam splitter Strahl[en]teiler *m*
beam-splitting rhomb Albrechtscher Rhombus *m*
beam spot Strahlfleck *m*
beam trap Strahlenauffänger *m*, Strahlenfänger *m*
beam width Bündelbreite *f {in degree}*
beamed gestrahlt, gerichtet, gebündelt
beaming 1. Bündelung *f {Phys}*; 2. Strecken *n* auf dem Baum *m {Gerb}*
bean curd Bohnengallerte *f*
bean flour Bohnenmehl *n*
bean ore Bohnenerz *n {Min}*
bean shot Kupferkörner *npl*, Kupfergranalien *fpl*
bear Eisensau *f*, Ofenbär *m*, Ofensau *f*, Eisenklumpen *m*, Schlackenbär *m {Verstopfung in Hochöfen}*
bear's breech oil Bärenklauöl *n*
bear's grease Bärenfett *n*
bear's wort oil Bärwurzöl *n*
bearing 1. Lager *n*, Lagerung *f*, Lagerstelle *f*; 2. Stütze *f*, Auflager *n*, Halterung *f*; 3. Einfluß *m*
bearing alloy Lagerlegierung *f*, Lagermetall *n*
bearing brass Lagermessing *n*
bearing bronze Lagerbronze *f {<20% Pb, <20% Sn}*
bearing coating Gleitschicht *f {DIN 32530}*
bearing grease Lagerschmierfett *n*, Lagerfett *n*
bearing lubricating oil Lagerschmieröl *n*
bearing material Lagermaterial *n*, Lagerwerkstoff *m*
bearing metal Babbitmetall *n*, Büchsenmetall *n*, Lagermetall *n*
bearing steel Lagerstahl *m*, Wälzlagerstahl *m*
beat/to schlagen, abklopfen; klopfen, stampfen; schweben; überlagern; mahlen *{Pap}*
beat Schlag *m*, Anschlag *m*, Takt *m*; Schwebung *f*, Überlagerung *f*
beaten aluminum Blattaluminium *n*
beaten lead Bleifolie *f*
beaten silver Blattsilber *n*
beater 1. Schläger *m*, Stampfer *m*, Hammer *m {Mühle}*, Flügel *m {z.B. eines Rührwerks}*; 2. Walkhammer *m*, Walkmaschine *f {Text}*; 3. Mahlmaschine *f*, Ganzzeugholländer *m {Stoffaufbereitung}*, Holländer *m*, Mahlgeschirr *n*, Messerholländer *m {Pap}*
beater additive Mahlhilfsmittel *n {Pap}*
beater mill Prallmühle *f*, Schlagmühle *f*, Schlägermühle *f*, Hammermühle *f*
beater mixer Schlagmischer *m*
beater-wheel mill Schlagradmühle *f*
beating Stampfen *n*, Mahlen *n {z.B. Stoff oder Papier}*, Schlagen *n*, Klopfen *n*
beating engine Holländer *m*, Ganzzeugholländer *m*, Stoffmühle *f*, Stoffgeschirr *n*
beating machine Ausklopfmaschine *f*; Feinzeugholländer *m {Pap}*; Schaumschlagmaschine *f*, Schlagmaschine *f {Gummi}*
beating mill Stoßkalander *m {Pap}*
beaumontite Beaumontit *m {Min}*

beauty lotion Schönheitslotion *f*

beaverite Beaverit *m {Min}*

bebeerine Bebeerin *n*, Bebirin *n*

bebeeru bark Bebeerurinde *f*

bechilite Bechilit *m {Min}*

beck flacher Bottich *m*, Kufe *f*, Küpe *f*, Trog *m*, Wanne *f {Text}*

beckelite Beckelith *m {Min}*

Beckmann rearrangement Beckmannsche Umlagerung *f {Ketoxim in substituiertes Amid}*

Beckmann thermometer Beckmann-Thermometer *n {Einstellthermometer}*

beclamide Beclamid *n*

becquerel Becquerel *n {SI-Einheit der Radioaktivität}*

becquerelite Becquerelit *m {Min}*

bed 1. Bett *n {Chem}*; 2. Bett *n {einer Werkzeugmaschine}*; Grundplatte *f*; Lagerfläche *f*; Formbett *n*, Formherd *m {Gießen}*; 3. Flöz *n*, Lagerstätte *f*, Lager *n {Bergbau}*; Schicht *f {Geol}*; Schüttung *f*, Schüttschicht *f*

bed filter Schüttgutfilter *n*, Haufwerkfilter *n*

bed filtration [Gut-]Bettfiltration *f*,

bed of particles Gutbett *n*, Teilchenbett *n*

bed setting Retortengruppe *f {Keramik}*

bedding putty Glaserkitt *m*, Fensterkitt *m*

bedrock Grundgestein *n*, Muttergestein *n*, Untergrund *m*, anstehendes Gestein *n {Geol}*

bee glue Bienenharz *n*, Kittwachs *n*, Klebwachs *n*, Pichwachs *n*, Stopfwachs *n*, Propolis *f*, Bienenwachs *n*

bee venom Bienengift *n*

beech Buche *f {Bot}*

beech oil Bucheckernöl *n*, Buchnußöl *n*

beech pitch Buchenholzpech *n*

beech tar Buchenholzteer *m {Holzteer}*

beech-tar oil Buchenholzteeröl *n*

beechnut Buchecker *f {Bot}*

beechnut oil Bucheckernöl *n*

beechwood ash Buchenasche *f*

beef marrow fat Rindermarkfett *n*

beef suet Rinderfett *n*

beef tallow Rindertalg *m*

beegerite Beegerit *m {Min}*

beer 1. Bier *n*, bierartiges Getränk *n*; 2. Fadenschar *f* von 40 Fäden *mpl {Text}*

beer brewing Bierbrauen *n*

beer haze Biertrübung *f*

beer hydrometer Bierwürzearäometer *n*

beer most Bierwürze *f*

beer-scale destroying agent Biersteinentferner *m*

beer still Würzedestillierkolonne *f*, Maischeentgeistungssäule *f*, Bierdestillierapparat *m*

beer vinegar Bieressig *m*

beer wort Bierwürze *f*

bottom fermentation beer untergäriges Bier *n*

dark beer dunkles Bier *n*

light beer helles Bier *n*

beeswax Bienenwachs *n*

beet Rübe *f*, Bete *f*; Zuckerrübe *f*

beet juice Rübensaft *m*

beet slice Rübenschnitzel *n m {Zucker}*

beet sugar <$C_{12}H_{22}O_{11}$> Rübenzucker *m*, Sa[c]charose *f*

beet syrup Rübensirup *m*, Zuckersirup *m*

beet vinasse Rübenschlempe *f*

beetroot *{US}* Runkelrübe *f*; Zuckerrrübe *f*

beetroot molasses Rübenmelasse *f*

beetroot sugar *{US}* Rübenzucker *m*, Runkelrübenzucker *m*

begin/to aufnehmen, einsetzen, beginnen

begin to boil/to ankochen, zu kochen beginnen

begin to burn/to anbrennen

begin to corrode/to anätzen

begin to dry/to antrocknen

begin to heat/to anwärmen

beginning Beginn *m*, Anfang *m*, Ursprung *m*

behave/to sich verhalten, fungieren

behavio[u]r Verhalten *n {des Materials}*, Reaktion *f {eines chemischen Stoffes}*

behavio[u]r at permanent folding Dauerfaltverhalten *n {Leder, DIN 53351}*

behavio[u]r of material Stoffverhalten *n*

behavio[u]r on impact Schlagverhalten *n*

behavio[u]r towards dyes Anfärbbarkeit *f*

behen nut Behennuß *f*

behen oil Behenöl *n*, Moringaöl *n*, Beneöl *n*

behenic acid <$CH_3(CH_2)_{20}COOH$> *n*-Dokosansäure *f*, Behensäure *f*

behenolic acid Behenolsäure *f*, Dokosin-1,3-säure *f*

behenone Behenon *n*

behenyl alcohol Behenylalkohol *m*,*n*-Dokosylalkohol *m*, 1-Dokosanol *n*

beige beige[farben]

Beilby layer Beilby-Schicht *f {Met}*

Beilstein's test Beilsteinprobe *f*, Beilsteinsche Probe *f {Anal; unspezifischer Halogennachweis in organischen Verbindungen}*

Beken duplex kneader *s.* Beken mixer

Beken mixer Beken-Kneter *m* mit ineinandergreifenden Knetschaufeln *fpl*, Beken-Duplexkneter *m*

bel Bel *n*, B *{Dämpfungs- bzw. Verstärkungsmaß, DIN 5493}*

belemnite Belemnit *m*, Donnerstein *m*, Pfeilstein *m*, Storchstein *m*, Fingerstein *m*, Teufelsstein *m*, Wetterstein *m {Min}*

belite Belit *m*, Larnit *m {Min}*

bell 1. Glocke *f*, Verschlußglocke *f*, Gichtglokke *f {Hochofen}*; 2. Blase *f {Papierfehler}*; 3. Ziehtrichter *m {Rohrherstellung}*; 4. Klingel *f*, Klingelanlage *f*; 5. *{US}* Tauchglocke *f {Gieß}*; 6. *{US}* Muffelkelch *m*

bell-and-spigot joint Muffenverbindung *f*

bell cap Fraktionierbodenglocke *f*; Rundglocke *f*
bell counter Glockenzählrohr *n*
bell crusher Glockenmühle *f*
bell furnace Glockenofen *m*, Haubenofen *m*
bell jar Glasglocke *f*; Rezipient *m*, Rezipientenglocke *f*, Vakuumkammer *f*, Vakuumglocke *f*
bell-jar plant Glockenanlage *f {Vak}*
bell-jar plate Rezipiententeller *m {Vak}*
bell metal Glockenmetall *n*, Glockenbronze *f*, Glockengut *n*, Glockenspeise *f*
bell metal ore Zinnkies *m*, Stannin *m*,Stannit *m*
bell shape Glockenform *f*
bell-shaped glockenförmig
bell-shaped funnel Glockentrichter *m {Lab}*
bell-shaped valve Glockenventil *n*
bell-type annealing furnace Haubenglühofen *m*
bell-type differential pressure manometer Tauchglocken-Differenzdruckmesser *m*
bell valve Glockenventil *n*
belladine Belladin *n*
belladonna Belladonna *f*, Tollkirsche *f*, Atropa belladonna L *{Bot}*
belladonna alkaloid Belladonnaalkaloid *n*
belladonnine Belladonnin *n*
bellamarine Bellamarin *n*
bellcrank lever Kniehebel *m*
bellite 1. Bellit *m {Min}*; 2. Bellit *m {Expl; 80% NH_4NO_3/15% m-$C_6H_5(NO_2)_2$/5%NO_3}*
bellow 1. Federbalg *m*, Faltenbalg *m*, Faltenrohr *n*; 2. Aneroiddose *f*, Aneroidkapsel *f*
bellow-safety valve Faltenbalg-Sicherheitsventil *n {DIN 3320}*
bellow-type ga[u]ge Aneroidmanometer *n*, Deformationsdruckmesser *m*
bellows-sealed high vacuum valve Federbalghochvakuumventil *n*
bellows-seal[ed] valve Federbalgventil *n*, Ventil *n* mit Federbalgdichtung *f*
bellows-type null reading differential manometer Federbalgdifferentialmanometer *n* mit Nullablesung *f*
bellows-vacuum ga[u]ge Federmanometer *n* für Vakuumtechnik *f*
belly 1. Ausbauchung *f*; 2. Bauch *m*, Seite *f {Leder}*; 3. Kohlensack *m {des Hochofens}*
belmontit Belmontit *m {Min}*
belonging [to] zugehörig, angehörig
belonite Belonit *m {Min}*
belt Gürtel *m*, Gurt *m*, Band *n*, Fördergurt *m*; Riemen *m*, Treibriemen *m*, Antriebsriemen *m*
belt carrier Bandförderer *m*
belt conveyance Bandförderung *f*
belt conveyor Bandtransporteur *m*, Förderband *n*, Fördergurt *m*, Gurtförderer *m*, Gurttransporteur *m*, Bandförderer *m*, Transportbandanlage *f*
belt-conveyor dryer Bandtrockner *m*, Förderbandtrockner *m*
belt crystallizer Kristallisierband *n*
belt dressing Riemenappretur *f*, Riemenwachs *n*, Riemenpflegemittel *n*
belt drier *s.* belt-conveyor dryer
belt-driven riemengetrieben
belt dryer *s.* belt-conveyor dryer
belt extractor Bandextrakteur *m*
belt feed Gurtzuführer *m*, Bandzuführer *m*
belt feeder Banddosierer *m*
belt filter Bandfilter *n*, Umlauffilter *n*
belt furnace Förderbandofen *m {Met}*
belt grease Treibriemenadhäsionsfett *n*, Riemenfett *n*
belt pulley Riemenscheibe *f*
belt screen Bandsieb *n*
belt separator Bandscheider *m*, Bandseparator *m*
belt-trough elevator Trogförderband *n*
belt-type dryer *s.* belt-conveyor dryer
belt weigher Bandwaage *f*, Dosierbandwaage *f*, Förderbandwaage *f*
belting 1. Riemenleder *n*, Riemenwerkstoff *m*, Gurtwerkstoff *m*, Bandwerkstoff *m*; 2. Bänder *npl*, Riemen *mpl*
bemegride Bemegrid *n*, Ethylmethylglutarimid *n {Pharm}*
Bemelman's reclaiming process Bemelman-Regenerierverfahren *n*
bementite Bementit *m* (Min)
bemidone Bemidon *n*, Hydroxypethidin *n {WHO}*
Bence-Jones protein Bence-Jonesscher Eiweißkörper *m {Med}*
bench 1. Bank *f*, Arbeitstisch *m*, Werkbank *f*; 2. Batterie *f {z.B. Verkokungsbatterien}*; 3. Bühne *f*, Bedienungsbühne *f*; Rampe *f*; 4. Bank *f {Gieß}*; 5. Ofengesäß *n*, Ofensohle *f*, Hafenbank *f*, Ofenherd *m*, Ofenbank *f {Glas}*
bench clamp Tischklemme *f*
bench instrument Tischgerät *n*
bench scale Labormaßstab *m*
bench-scale unit Laborfermentor *m*
bench test Laborversuch *m*, Prüfstandversuch *m*
bencyclane <$C_{19}H_{31}NO$> Bencyclan *n {Pharm}*
bend/to biegen, runden *{z.B. Blech}*, beugen, krümmen, neigen, biegeumformen; anspannen; knicken, falzen, falten *{Pap}*
bend 1. Biegung *f*; 2. Bogen *m {gekrümmtes Rohr}*, Bogenstück *n*, Rohrknie *n*, Krümmer *m*, Krümmling *m*; 3. Krümmung *f*, Windung *f*, Schleife *f*; 4. Knick *m {Pap}*; 5. Kernstückhälfte *f*, Crouponhälfte *f {Leder}*
bend-brittle point Kältebiegeschlagwert *m*
bend test Faltversuch *m*, Biegeversuch *m*, Dornbiegeversuch *m {Lack}*

bend test apparatus Biegeprüfer *m*
bend with multiple connection Destillierspinne *f*
bend with vent Bogen *m* mit Rohransatz *m* *{Dest}*
bending Biegung *f*, Krümmung *f* *{von Röhren und Flachglas}*; Wölben *n* *{Glas}*
bending angle at rupture Bruchbiegewinkel *m*
bending coefficient Biegegröße *f*
bending endurance Dauerbiegefestigkeit *f*
bending fatigue Biegungsermüdung *f*
bending-fatigue strength Biegewechselfestigkeit *f*
bending-force constant Kraftkonstante *f*
bending-impact test Biegeschlagversuch *m*
bending moment Biegemoment *n*, Biegungsmoment *n*
bending peel test Biegeschälversuch *m*
bending property Biegefähigkeit *f*, Biegbarkeit *f*
bending resistance Biegesteifigkeit *f*
bending rigidity Biegungsstarre *f*, Biegungssteife *f*
bending-shear test Biegescherversuch *m*, Biegescherprüfung *f*
bending strain Beanspruchung *f* auf Biegung *f*, Biegebelastung *f*, Biegedruck *m*, Biegungsbeanspruchung *f*, Biegedehnung *f*
bending strength *{ISO 768}* Biegefestigkeit *f*, Biegungsfestigkeit *f*, Biegebruchfestigkeit
bending stress Biegebeanspruchung *f*, Biegebelastung *f*, Biegespannung *f*, Biegungsspannung *f*
bending stress at break Bruchbiegespannung *f*
bending-stress fatigue limit Dauerbiegefestigkeit *f*
bending test Biegeversuch *m* *{DIN 52371}*, Biegeprobe *f*, Biegeprüfung *f*, Biegefaltversuch *m*
bending test in tempered state Abschreckbiegeprobe *f*, Härtungsbiegeprobe *f*
bending value Biegezahl *f*
bending vibration Deformationsschwingung *f*, Biegeschwingung *f*, Biegungsschwingung *f* *{Valenz}*
Benedict solution Benedict-Lösung *f*, Benedicts-Reagens *n* *{Zuckernachweis}*
beneficial förderlich, vorteilhaft, zuträglich
beneficial effect erwünschte Wirkung *f*, verbessernde Wirkung *f*
beneficiation Anreicherung *f* *{von Erzen}*, [bergbauliche] Aufbereitung *f*, Mineralaufbereitung *f*
beneficiation plant *{US}* Erzaufbereitungsanlage *f* *{Min}*
benefit Nutzen *m*, Vorteil *m*
Bengal fire[works] pyrotechnische Stoffgemische *npl*, bengalisches Feuer *n*
bengal gelatin Agar-Agar *n*
bengal rose Bengalrose *n*
benihiol Benihiol *n*, Dihydromyrthenol *n*
benincopal acid Benincopalsäure *f*
benincopalinic acid Benincopalinsäure *f*
benitoite Benitoit *m*, Himmelstein *m* *{Min}*
bent 1. gekrümmt, gebogen, krumm; 2. Abkantung *f*, Biegeholzteil *n*, Tragwerk *n*
bent adapter gebogener Destilliervorstoß *m*
bent bar anode gebogene Stabanode *f*, gebogene Stangenanode *f*
bent bond gebogene Bindung *f*, gewölbte Doppelbindung *f*, Bananenbindung *f*
bent lever Winkelhebel *m*, Kniehebel *m*
bent pipe Knierohr *n*, Winkelrohr *n*, Schenkelrohr *n*
bent syphone tube Winkelheber *m*
bent thermometer Winkelthermometer *n*
bent tube gebogenes Rohr *n*, Winkelrohr *n*, Knierohr *n*
benthal decomposition benthonische Zersetzung *f*
bentonite Bentonit *m*
bentonite binder Betonitbinder *m*
bentonitic earth *s.* bentonite
benz[a]anthracene Benzanthracen *n*, 1,2-Benzanthracen *n*
benzaconine Napellin *n*, 1,4-Benzoylaconin *n*
benzacridine Benzacridin *n*, Phenonaphthacridin *n*
benzal Benzal-, Benzyliden-
benzal chloride **<$C_6H_5CHCl_2$>** Benzalchlorid *n*, Chlorbenzal *n*, Benzylidendichlorid *n*, Ölchlorid *n* *{obs}*
benzal green Benzalgrün *n*, Malachitgrün *n*, Benzoylgrün *n*
benzalacetaldehyde Cinnamylaldehyd *m*
benzalacetic acid Cinnamylsäure *f*
benzalaceton **<$C_6H_5CH{=}CHCOCH_3$>** Benzalaceton *n*, Benzylidenaceton *n*
benzalacetophenone **<$C_6H_5CH{=}CHC(O)C_6H_5$>** Benzalacetophenon *n*, Chalkon *n* *{IUPAC}*, Phenylstyrylketon *n*, Benzylidenacetophenon *n*
benzalaniline Benzalanilin *n*, Benzylidenanilin *n*
benzalazine Benzalazin *n*, Benzaldazin *n*
benzalcamphor Benzalcampher *m*
benzalcyanohydrin Mandelsäurenitril *n*, Benzaldehydcyanhydrin *n*
benzaldazine Benzaldazin *n*, Benzalazin *n*
benzaldehyde **<C_6H_5CHO>** Benzaldehyd *m*, Benzoylwasserstoff *m* *{obs}*, künstliches Bittermandelöl *n*, Formylbenzol *n*, Benzolcarboxaldehyd *m*, α-Oxotoluol *n*
benzaldehyde cyanohydrin Benzaldehydcyanhydrin *n*, Mandelsäurenitril *n*
benzaldehyde oxime Benzaldoxim *n*, Benzaldehydoxim *n*

benzaldoxime Benzaldoxim *n*, Benzaldehydoxim *n*
benzalizarin Benzalizarin *n*
benzalkonium Benzalkonium *n*
benzalphenylhydrazone Benzalphenylhydrazon *n*, Benzaldehydphenylhydrazon *n*, Benzylidenphenylhydrazin *n*
benzamarone Benzamaron *n*
benzamide <$C_6H_5CONH_2$> Benzamid *n*, Benzoesäureamid *n*
benzamidine Benzamidin *n*
benzamidoacetic acid Hippursäure *f*, Benzoylaminoessigsäure *f*, Benzoylglykokoll *n*, Benzoylglyzin *n*
benzamine Benzamin *n*
benzamine blue Benzaminblau *n*, Trypanblau *n*
benzaminic acid <$H_2NC_6H_4COOH$> Benzaminsäure *f*, Aminobenzoesäure *f*
benzanilide Benzanilid *n*
benzaniside Benzanisid *n*
benzanthraquinone Benzanthrachinon *n*
benzanthrene Benzanthren *n*, Naphtanthracen *n*
benzanthrone Benzanthron *n* *{Ausgangsmaterial für Farbstoffe}*
benzatropine Benzatropin *n*
benzaurine Benzaurin *n*
benzazimide Benzazimid *n*, 1,2,3-Benzotriazin-4-on *n*
benzazol Indol *n*
benzedrine Benzedrin *n*, Aktedon *n*, Amphetaminsulfat *n* *{Pharm}*
benzene <C_6H_6> Benzol *n*, Benzen *n*, Cyclohexatrien *n*, Phenylwasserstoff *m*
benzene chloride <C_6H_5Cl> Monochlorbenzol *n*
benzene derivative Benzolabkömmling *m*, Benzolderivat *n*
benzene hexabromide <$C_6H_6Br_6$> Benzolhexabromid *n*
benzene hexachloride <$C_6H_6Cl_6$> Benzolhexachlorid *n*, HCH, Hexachlorcyclohexan *n*
benzene insolubles Benzolunlösliches *n* *{Mineralöl}*
benzene linkage Benzolbindung *f*
benzene nucleus Benzolkern *m*, Benzolring *m*, aromatischer Kern *m*
benzene poisoning Benzolvergiftung *f*
benzene-pressure extraction Benzoldruckextraktion *f*, Benzolextraktion *f* unter Druck *m*
benzene recovery plant Benzolrückgewinnungsanlage *f*
benzene residue Benzolrest *m*
benzene ring Benzolring *m*, Benzolkern *m*; aromatischer Kern *m*
benzene scrubber Benzolgaswäsche *f*
benzene series Benzolreihe *f*, Benzolhomologe *npl*
benzene washer Benzolgaswäsche *f*
benzenearsonic acid Benzolarsonsäure *f*
benzeneazonaphthol Benzolazonaphthol *n*
benzeneazophenol Benzolazophenol *n*
benzenecarbonyl chloride Benzoesäurechlorid *n*
benzenediamine Phenylendiamin *n*
benzenediazoic acid Benzoldiazosäure *f*
benzenediazonium chloride Benzoldiazoniumchlorid *n*, Diazobenzolchlorid *n*
benzenediazonium hydroxide Benzoldiazoniumhydroxid *n*
benzenediazotate Benzoldiazotat *n*
1,2-benzenedicarboxylic acid <$C_6H_4(COOH)_2$> 1,2-Benzoldicarbonsäure *f*, Benzol-*o*-dicarbonsäure *f*, *o*-Phthalsäure *f*
1,3-benzenedicarboxylic acid <$C_6H_4(COOH)_2$> 1,3-Benzoldicarbonsäure *f*, Benzol-*m*-dicarbonsäure *f*, Isophthalsäure *f*, *m*-Phthalsäure *f*
1,4-benzenedicarboxylic acid <$C_6H_4(COOH)_2$> 1,4-Benzoldicarbonsäure *f*, Benzol-*p*-dicarbonsäure *f*, Terephthalsäure *f*, *p*-Phthalsäure *f*
1,2-benzenediol, <$C_6H_4(OH)_2$> Pyrocatechin *n*, Brenzcatechin *n*, *o*-Dihydroxybenzol *n*
1,3-benzenediol *m*-Dihydroxybenzol *n*, Resorcin *n*
benzenedisulphonic acid <$C_6H_4(SO_3H)_2$> Benzoldisulfonsäure *f*
benzenehexacarboxylic acid <$C_6(COOH)_6$> Mellit[h]säure *f*, Honigsteinsäure *f*, Benzolhexacarbonsäure *f*
benzenepentacarboxylic acid Benzolpentacarbonsäure *f*
benzenephosphinic acid <$C_6H_5P(H)(O)OH$> Benzolphosphinsäure *f*, Phenylphosphinsäure *f*
benzenephosphonic acid <$C_6H_5H_2PO_3$> Benzolphosphonsäure *f*, Phenylphosphonsäure *f*
benzenephosphorus dichloride Benzolphosphordichlorid *n*
benzenephosphorus oxydichloride Benzolphosphoroxydichlorid *n*
benzenestibonic acid Phenylantimonsäure *f*
benzenesulfinic acid <$C_6H_5SO_2H$> Benzolsulfinsäure *f*
benzenesulfinylchloride <C_6H_5SOCl> Benzolsufinsäurechlorid *n*
benzenesulfonamide <$C_6H_5SO_2NH_2$> Benzolsulfonamid *n*, Benzolsulfonsäureamid *n*
benzenesulfonbutylamide Benzolsulfonbutylamid *n*
benzenesulfonic acid <$C_6H_5SO_3H$> Benzolsulfonsäure *f*, Benzolmonosulfonsäure *f*
benzenesulfonyl chloride <$C_6H_5SO_2Cl$> Benzolsulfonylchlorid *n*
1,2,4,5-benzenetetracarboxylic acid <$C_6H_2(COOH)_4$> 1,2,4,5-Benzoltetracarbonsäure *f*, Pyromellit[h]säure *f*

benzenethiol <C_6H_5SH> Thiophenol *n*
1,2,3-benzenetricarboxylic acid <$C_6H_3(COOH)_3$> 1,2,3-Benzoltricarbonsäure *f*, Hemimellit[h]säure *f*
benzenetriol Trihydroxybenzol *n*
1,2,3-benzenetriol <$C_6H_3(OH)_3$> Pyrogallol *n*, Pyrogallussäure *f*, 1,2,3-Trihydroxybenzol *n*
benzenyl Benzenyl-, Benzylidin-
benzenyltrichloride <$C_6H_5CCl_3$> Benzotrichlorid *n*, Phenylchloroform *n*, α,α,α-Trichlortoluol *n*
benzhydrazide Benzhydrazid *n*
benzhydrol <$(C_6H_5)_2CHOH$> Benzhydrol *n*
benzhydroxyanthrone Benzhydroxyanthron *n*
benzhydryl Benzhydryl-
benzhydryl chloride <$(C_6H_5)_2CHCl$> Benzhydrylchlorid *n*, Diphenylmethylchlorid *n*
benzhydryl ether Benzhydrylether *m*
benzhydrylamine Benzhydrylamin *n*
benzidine <$(H_2NC_6H_5\text{-})_2$> Benzidin *n*, 4,4'-*p*-Diaminobiphenyl *n*, *p*-Bianilin *n*
benzidine conversion Benzidinumlagerung *f*
benzidine hydrochloride Benzidinhydrochlorid *n*
benzidine rearrangement Benzidinumlagerung *f*
benzidine transformation Benzidinumlagerung *f*
benzidine yellow Benzidingelb *n*
benzidinedisulfonic acid Benzidindisulfonsäure *f*
benzidinesulfonic acid Benzidinsulfonsäure *f*
benzil <$C_6H_5COCOC_6H_5$> Benzil *n*, Diphenylglyoxal *n*, Diphenyldiketon *n*, Dibenzoyl *n*, 1,2-Diphenylethandion *n*
benzildianil Benzildianil *n*
benzildioxime Benzildioxim *n*
benzilic acid <$(C_6H_5)_2COHCOOH$> Benzilsäure *f*, Diphenylglykolsäure *f*, α-Hydroxydiphenylessigsäure *f*
benzilic acid rearrangement Benzilsäureumlagerung *f*
benzilide Benzilid *n*
benzilimine oxime Benziliminoxim *n*
benzilmethylimine oxime Benzilmethyliminoxim *n*
benzimidazole Benzimidazol *n*
benzimidoyl Benzimido-
benzin[e] *{obs}* Ligroin *n*, Benzin *n*; Leichtbenzin *n*, leichtes Benzin *n* *{Siedebereich 20-135 °C}*; Petroleumether *m*, Petrolether *m* *{Siedebereich 40-70 °C, DIN 51630}*
benzine blowtorch Benzinlötlampe *f*
benzine burner Benzinbrenner *m*
benzo-blackish blue Benzoschwarzblau *n*
benzo copper dye Benzokupferfarbstoff *m*
benzo fast color Benzoechtfarbe *f*
benzo pure yellow Benzoreingelb *n*
benzo[a]pyrene Benzo[a]pyren *n*, 1,2-Benzpyren *n*, Benzo[*def*]chrysen *n*
benzoate 1. benzoesauer; 2. Benzoat *n*, Benzoesäureester *m*, Benzoesäuresalz *n*
benzoated verbunden mit Benzoesäure *f*
benzoated lard Benzoeschmalz *n*
benzoazurine Benzoazurin *n*
benzocaine <$NH_2C_6H_4CO_2C_2H_5$> Ethyl-*p*-aminobenzoat *n*, Benzocain *n*, Anaesthesin *n*
benzocoumarane Naphthofuran *n*
benzodiazine Benzodiazin *n*
benzodioxan Benzodioxan *n*
benzodioxole Benzodioxol *n*
benzoflavine Benzoflavin *n*
benzofuran Benzo[*b*]uran *n*, Cumaron *n*
benzofurazan Benzfurazan *n*, Benzofurazan *n*, 2,1,3-Benzoxadiazol *n*
benzofuroxan Benzofuroxan *n*, Benzofurazan-1-oxid *n*
benzoguanamine Benzoguanamin *n*
benzoguanimine Benzoguanimin *n*
benzohydroxamic acid Benzhydroxamsäure *f*
benzoic benzoehaltig; Benzoesäure-
benzoic acid <C_6H_5COOH> Benzoesäure *f*, Benzolcarbonsäure *f*, Benzencarbonsäure *f*
benzoic aldehyde <C_6H_5CHO> Benzaldehyd *m*, Benzoylwasserstoff *m* *{obs}*, künstliches Bittermandelöl *n* *{Triv}*
benzoic anhydride <$(C_6H_5CO)_2O$> Benzoesäureanhydrid *n*
benzoic ester Benzoesäureester *m*
benzoic ether <$C_6H_5COOC_2H_5$> Benzoesäureethylester *m*, benzoesaurer Äthylester *m* *{obs}*, Ethylbenzoat *n*
benzoic trichloride <$C_6H_5CCl_3$> Benzotrichlorid *n*, Phenylchloroform *n*, α,α,α-Trichlortoluol *n*
benzoin <$C_6H_5COCHOHC_6H_5$> 1. Benzoin *n*, Benzoylphenylcarbinol *n*, Bittermandelölcampher *m* *{Triv}*, 2-Hydroxy-2-phenylacetophenon *n*; 2. *s.* benzoin gum
benzoin condensation Benzoinkondensation *f* *{obs}*, Benzoinaddition *f*
benzoin gum Benzoeharz *n*, Benzoe *f*, Benzoegummi *n*
benzoin imide Amaron *n*, Tetraphenylpyrazin *n*, Ditolanazotid *n*
benzoin oxime Benzoinoxim *n*
benzoin resin Benzoeharz *n*, Benzoe *f*, Benzoegummi *n*
benzol 1. Handelsbenzol *n*; 2. *s.* benzene
benzol black Benzolschwarz *n*
benzol mixture Motorenbenzol *n*, Handelsbenzol *n*
benzol scrubber Benzolskrubber *m*, Benzolwäscher *m*
benzol still Benzolabtreiber *m*
benzol tincture Benzoltinktur *f*

benzol varnish Benzollack *m*
benzol wash oil Benzolwaschöl *n*
benzol washer Benzolwäscher *m*
commercial benzol Handelsbenzol *n*, Motorenbenzol *n*
crude benzol Benzolvorprodukt *n*
benzonaphthol Benzonaphthol *n*, Benzoyl-*ß*-naphthol *n*, 2-Naptholbenzoesäureester *m*, Naphthylbenzoylester *m*
benzonatate Benzonatat *n*, Tessalon *n*, Vetussin *n* *{Pharm}*
benzonitrile <C_6H_5CN> Benzonitril *n*, Benzocarbonitril *n*, Phenylcyanid *n*, Cyanbenzol *n* *{obs}*
benzooxine Benzooxin *n*
benzo[2,2]paracyclophane Benzo[2,2]paracyclophan *n*
benzophenanthrene Benzophenanthren *n*
benzophenazine Phenonaphthazin *n*
benzophenol <C_6H_5OH> Benzophenol *n*, Hydroxybenzol *n*, Phenol *n*
benzophenone <$C_6H_5COC_6H_5$> Benzophenon *n*, Diphenylketon *n*, Benzoylbenzol *n*, Diphenylmethanon *n* *{obs}*
benzophenone sulfide Thioxanthon *n*, 9-Oxothioxanthen *n*
benzophenone sulfone Benzophenonsulfon *n*
benzopinacol Benzpinakol *n*, Benzpinakon *n*, Tetraphenylethylenglykol *n*
benzopurpurin Benzopurpurin *n*, Baumwollrot *n*
benzopyran Benzopyran *n*
benzopyrazole *1H*-Indazol *n*, Isoindazol *n* *{obs}*
benzopyrone Benzopyron *n*
1,2-benzopyrone 1,2-Benzopyron *n*, Cumarin *n*
1,4-benzopyrone 1,4-Benzopyron *n*, Chromon *n*
benzopyrrole Indol *n* *{IUPAC}*, Benzo[*b*]-pyrrol *n*
benzoquinhydrone Benzochinhydron *n*
benzoquinol Benzochinol *n*
benzoquinoline Benzochinolin *n*
benzoquinone <$C_6H_4O_2$> Benzochinon *n*
benzoquinoxaline Naphthopyrazin *n*, Benzo-[*f*]chinoxalin *n*, 1,4-Diazaphenantren *n*
benzoresorcinol 4-Benzoresorcin *n*, 4-Benzoylresorcin *n*, 2,4-Dihydroxybenzophenon *n*
benzosalin Benzosalin *n*, Methylbenzoylsalicylat *n*
benzoselenazole Benzselenazol *n*
benzoselenodiazole Benzselendiazol *n*, Piaselenol *n*, 2,1,3-Benzoselenodiazol *n*
benzosol Benzosol *n*, Guajacolbenzoat *n*
benzosulfimide Benzoesäuresulfimid *n*, Saccharin *n*
benzotetronic acid Benzotetronsäure *f*, 4-Hydroxycumarin *n*
benzothialene Benzothialen *n*
benzothiazine Benzothiazin *n*
benzothiazole Benzothiazol *n*
benzothiazone Benzothiazon *n*
benzothiophene Benzothiophen *n*, Thionaphthen *n*
benzothiopyran Thiochromen *n*
benzotriazine Benzotriazin *n*
benzotriazole Benzotriazol *n*, Aziminobenzol *n* *{Triv}*, Benzolazimid *n* *{Triv}*
benzotrichloride <$C_6H_5CCl_3$> Benzotrichlorid *n*, Phenylchloroform *n*,α,α,α-Trichlortoluol *n*, Trichlormethylbenzol *n*
benzotrifluoride <$C_6H_5CF_3$> Benzotrifluorid *n*, α,α,α-Trifluortoluol *n*, Trifluormethylbenzol *n*
benzoxazine Benzoxazin *n*
benzoxdiazine Benzoxdiazin *n*
benzoxdiazole Benzoxdiazol *n*, Benzofurazan *n*
benzoxthiole Benzoxthiol *n*
benzoyl- Benzoyl-
benzoyl chloride <C_6H_5COCl> Benzoylchlorid *n*, Benzoesäurechlorid *n*, Chlorbenzoyl *n* *{obs}*
benzoyl hydride Benzoylwasserstoff *m* *{obs}*, Benzaldehyd *m*
benzoyl peroxide <$C_6H_5OCOOCOC_6H_5$> Benzoylperoxid *n*, Benzoylsuperoxid *n* *{obs}*, Dibenzoylperoxid *n*
benzoyl peroxide paste Benzoylperoxidpaste *f*
benzoyl superoxide *s.* bezoyl peroxide
benzoylacetone <$C_6H_5COCH_2COCH_3$> Benzoylaceton *n*
benzoylate/to benzoylieren
benzoylation Benzoylierung *f*
benzoylbenzamide Dibenzamid *n*
benzoylbenzoic acid Benzoylbenzoesäure *f*, Benzophenoncarbonsäure *f*
benzoylcamphor Benzoylcampher *m*
benzoylecgonine Benzoylecgonin *n*
benzoylene Benzoylen-
benzoyleneurea Benzoylenharnstoff *m*, Tetrahydrodioxochinazolin *n*
benzoylglycine Benzoylglykokoll *n* *{obs}*, Benzoylglycin *n*, Hippursäure *f*
benzoylglycocoll Benzoylglykokoll *n*, Benzoylglycin *n*, Hippursäure *f*
benzoylleucine Benzoylleucin *n*
benzoylmethide Acetophenon *n*, Hypnon *n*
benzoylnaphthol Naphthylbenzoat *n*
benzoylpseudotropeine Benzoylpseudotropein *n*, Tropacocain *n*
benzoylpyruvic acid Benzoylbrenztraubensäure *f*
benzoylsalicin Benzoylsalicin *n*
benzoylsulfonic imide Saccharin *n*, Benzoesäuresulfimid *n*
benzoyltrifluoroacetone Benzoyltrifluoraceton *n*
benzozone Acetozon *n*, Acetylbenzoylperoxid *n*

benzpyrene Benzpyren *n*, Benzo[*def*]chrysen *n*

benzthiophene Thionaphthen *n*, Benzo[*b*]thiophen *n*

benzvalene Benzvalen *n* {*Tricyclo[3.1.0.0*^{2,6}*]-hex-3-en*}

benzyl Benzyl-, Phenylmethyl- {*obs*}

benzyl acetate <$CH_3CO_2CH_2C_6H_5$> Benzylacetat *n*, essigsaures Benzyl *n* {*obs*}, Essigsäurebenzylester *m*

benzyl alcohol <$C_6H_5CH_2OH$> Benzylalkohol *m*, Phenylcarbinol *n*, α-Hydroxytoluol *n*, Phenylmethanol *m*

benzyl benzoate <$C_6H_5CO_2CH_2C_6H_5$> Benzylbenzoat *n*, Benzoesäurebenzylester *m*

benzyl bichloride *s.* benzyl dichloride

benzyl bromide Benzylbromid *n*, α-Bromtoluol *n*

benzyl butyl adipate Benzylbutyladipat *n*

benzyl butyl phthalate Benzylbutylphthalat *n*, Butylbenzylphthalat *n*, BBP

benzyl butyrate <$CH_3(CH_2)_2COOCH_2C_6H_5$> Benzylbutyrat *n*, Buttersäurebenzylester *m*

benzyl chloride <$C_6H_5CH_2Cl$> Benzylchlorid *n*, Chlorbenzyl *n* {*obs*}, α-Chlortoluol *n*

benzyl cinnamate <$C_6H_5CH{=}CHCO_2CH_2C_6H_5$> Benzylcinnamat *n*, Zimtsäurebenzylester *m*, Cinnamein *n*

benzyl cyanide <$C_6H_5CH_2CN$> Benzylcyanid *n*, Phenylacetonitril *n*, Phenylessigsäurenitril *n*

benzyl dichloride <$C_6H_5CHCl_2$> Benzylidenchlorid *n*, Benzalchlorid *n*, Bittermandelölchlorid *n* {*Triv*}

benzyl ester Benzylester *m*

benzyl ether <$(C_6H_5CH_2)_2O$> Benzylether *m*, Dibenzylether *m*

benzyl ethylaniline Benzylethylanilin *n*

benzyl formate Benzylformiat *n*

benzyl isoeugenol Benzylisoeugenol *n*

benzyl isothiocyanate Benzylsenföl *n*, Benzylisothiocyanat *n*

benzyl mercaptan Benzylmercaptan *n*, α-Toluolthiol *n*

benzyl octyl adipate Benzyloctyladipat *n*, Adipinsäure-benzyl(2-ethylhexyl)ester *m*

benzyl orange Benzylorange *n*

benzyl propionate <$CH_3CH_2COOCH_2C_6H_5$> propionsaurer Benzylester *m* {*obs*}, Propionsäurebenzylester *m*, Benzylpropionat *n*

benzyl salicylate <$HOC_6H_4COOCH_2C_6H_5$> Salicylsäurebenzylester *m*, Benzylsalicylat *n*

benzyl silicon trichloride Benzylsiliciumtrichlorid *n*

benzyl silicone Benzylsilicon *n*

benzyl succinate <$(CH_2COOCH_2C_6H_5)_2$> Dibenzylsuccinat *n*, Bernsteinsäuredibenzylester *m*

benzyl sulfide Benzylsulfid *n*

benzyl thiocyanate Benzylthiocyanat *n*

benzyl trichlorosilane Benzylsiliciumtrichlorid *n*, Benzyltrichlorsilan *n*

benzylamine Benzylamin *n*

***mono*-benzylamine** <$C_6H_5CH_2NH_2$> *m*-Benzylamin *n*, *n*-Aminotoluol *n*

benzylaniline Benzylanilin *n*, *N*-Phenylbenzylamin

benzylation Benzylierung *f*

benzylbenzene <$CH_2(C_6H_5)_2$> Benzylbenzol *n*, Diphenylmethan *n* {*IUPAC*}

benzylcarbinol Benzylcarbinol *n*, Phenethylalkohol *m*, Phenylethanol *n*

benzylcellulose Benzylcellulose *f*, Benzylzellulose *f* {*obs*}

benzyldimethylamine Benzyldimethylamin *n*, BDMA

benzylene Benzylen-, Phenylenmethyl-

benzylene chloride <$C_6H_5CHCl_2$> Benzyldichlorid *n*, Benzalchlorid *n*, Benzylidenchlorid *n*, Bittermandelölchlorid *n* {*Triv*}

benzyleugenol Benzyleugenol *n*

benzylidene Benzal-, Benzyliden-

benzylidene acetone Benzylidenaceton *n*, Benzalaceton *n*

benzylidene aniline Benzalanilin *n*

benzylidene azine Benzalazin *n*, Benzalhydrazin *n*

benzylidene chloride <$C_6H_5CHCl_2$> Benzylidenchlorid *n*, Benzalchlorid *n*, Bittermandelölchlorid *n*, Benzyldichlorid *n*, α,α,α-Dichlortoluol *n*

benzylidenemalonic acid Benzylidenmalonsäure *f*

benzylidyne chloride Benzotrichlorid *n*, α,α,α-Trichlortoluol *n*

benzylidyne fluoride Benzotrifluorid *n*, α,α,α-Trifluortoluol *n*

benzylmalonic acid Benzylmalonsäure *f*

benzylmethylaniline Benzylmethylanilin *n*

benzylmethylglyoxime Benzylmethylglyoxim *n*

benzylmorphine hydrochloride Peronin *n*

benzyloxyacetophenone Benzyloxyacetophenon *n*

benzylphenol Benzylphenol *n*, Hydroxydiphenylmethan *n*

benzylresorcinol Benzylresorcin *n*

benzylsilicochloroform Benzylsiliciumtrichlorid *n*

benzyltrimethylammonium chloride Benzyltrimethylammoniumchlorid *n*

benzyne <C_6H_4> Benzyn *n*, Benz-in *n*, Arin *n* , Aryn *n*, Dehydrobenzol *n*

beraunite Beraunit *m*, Eleonorit *m* {*Min*}

berberamine Berberamin *n*

berberidene Berberiden *n*

berberidic acid Berberidinsäure *f*

berberilic acid Berberilsäure *f*

berberinal Berberinal *n*

berberine Berberin *n*, Sauerdornbitter *m*, Umbellatin *n*, Berberinium-hydroxid *n*
berberine yellow Berberingelb *n*
berberinium hydroxide Berberiniumhydroxid *n*, Berberin *n*, Umbellatin *n*
berberonic acid <$C_5H_2N(COOH)_3$> Berberonsäure *f*, Pyridin-2,4,5-tricarbonsäure *f*
berengelite Berengelith *m {Min}*
beresovite Beresowit *m {Min}*
bergamot camphor Heraclin *n*
bergamot oil Bergamottöl *n {von Citrus aurantium L.ssp. bergamia}*
bergamottin Bergamottin *n*, Bergaptin *n*
bergaptenquinone Bergaptenchinon *n*
bergaptin Bergaptin *n*, Bergamottin *n*
Bergius process Bergius-Verfahren *n*, Bergius-Hydrierverfahren *n*
bergmannite Bergmannit *m {Min}*
berilic acid Berilsäure *f*
berkelium *{Bk, element no. 97}* Berkelium *n*
Berl saddle Berlsattel *m {Dest}*
Berlin blau Berliner Blau *n*, Preußischblau *n*, Eisenblau *n*, Pariserblau *n* Eisencyanblau *n {Eisen(III)-hexacyanoferrat(II)}*
Berlin red Berliner Rot *n {Fe-Oxide}*
berlinite Berlinit *m {Min}*
Bernoulli distribution Binomialverteilung *f*, Bernoullische Verteilung *f*
Bernoulli's equation Bernoullische Gleichung *f*, Druckgleichung *f* nach Bernoulli
berry pigment Beerenfarbstoff *m*
berthierite Berthierit *m*, Eisenantimonglanz *m*, Eisenspießglanzerz *n*, Chazellit *m {Min}*
bertrandite Bertrandit *m*, Gelbertrandit *m*, Hessenbergit *m*, Sideroxen *m {Min}*
beryl <$Al_2Be_3[Si_6O_{18}]$> Beryll *m*, Davidsonit *m {Min}*
beryllate Beryllat *n*
beryllia <BeO> Beryllerde *f*, Berylliumoxid *n*, Glucinerde *f*, Süßerde *f {Triv}*
beryllide Beryllid *n*
berylline beryllartig
beryllium *{Be, element no. 4}* Beryllium *n*
beryllium acetate <$Be(C_2H_3O_2)_2$> Berylliumacetat *n*
beryllium bromide <$BeBr_2$> Berylliumbromid *n*
beryllium carbide <Be_2C> Berylliumcarbid *n*
beryllium carbonate <$BeCO_3{\cdot}4H_2O$> Berylliumcarbonat *n*
beryllium chloride <$BeCl_2$> Berylliumchlorid *n*
beryllium fluoride <BeF_2> Berylliumfluorid *n*
beryllium hydroxide <$Be(OH)_2$> Berylliumhydroxid *n*
beryllium iodide <BeI_2> Berylliumiodid *n*
beryllium metaphosphate <$B(PO_3)_2$> Berylliummetaphosphat *n*
beryllium methylsalicylate Berylliummethylsalicylat *n*
beryllium nitrate <$Be(NO_3)_2{\cdot}3H_2O$> Berylliumnitrat *n*
beryllium orthosilicate <$Be_2[SiO_4]$> Berylliumorthosilicat *n*
beryllium oxide <BeO> Berylliumoxid *n*, Beryllerde *f*, Glucinerde *f*, Glycinerde *f*
beryllium salt Berylliumsalz *n*
beryllium sulfate <$BeSO_4{\cdot}4H_2O$> Berylliumsulfat *n*
beryllium window Berylliumfenster *n {Vak}*
beryllonite Beryllonit *m {Min}*
berzelianite Berzelianit *m*, Selenkupfer *n*, Selencuprid *n {Min}*
berzeliite Berzeliit *m*, Kühnit *m {Min}*
Bessel function Bessel-Funktion *f*, Zylinderfunktion *f {Lösung der Besselschen Differentialgleichung}*
Bessemer converter Bessemer-Birne *f*, Bessemer-Konverter *m*
Bessemer ingot iron Bessemer-Flußeisen *n*
Bessemer pig iron Bessemer-Roheisen *n*
Bessemer process Bessemer-Prozeß *m*, Bessemer-Verfahren *n*, Windfrischverfahren *n {Met}*
Bessemer slag Bessemer-Schlacke *f*
Bessemer steel Bessemer-Stahl *m*, Bessemer-Eisen *n*, saures Eisen *n*
bessemerization Bessemer-Verfahren *n*, Bessemern *n*, Windfrischen *n*, Verblasen *n* im Konverter *m*
bessemerize/to bessemern
bessemerizing *s.* bessemerization
BET isotherm BET-Isotherme *f*, Burnauer-Emmet-Teller-Isotherme *f*
BET method BET-Verfahren *n {Bestimmung der wirklichen Oberfläche mittels Adsorption inerter Gase}*
beta acid Betasäure *f*, Anthrachinon-2-sulfonsäure *f*
beta-active beta-aktiv, beta-radioaktiv, betastrahlend *{Atom}*
beta blocker Betablocker *m {Pharm}*, Betarezeptorenblocker *m*
beta decay Beta-Zerfall *m {Nukl}*
beta disintegration Beta-Umwandlung *f*, Beta-Zerfall *m {Nukl}*
beta disintegration energy Beta-Zerfallsenergie *f {Atom}*
beta emitter Beta-Strahler *m*
beta-emitting betastrahlend
beta-emitting nuclide betastrahlendes Nuklid *n*
beta ga[u]ge Beta-Dickenmesser *m {Nukl}*
beta globulin Beta-Globulin *n*
beta instability Beta-Instabilität *f {Atom}*
beta iron Beta-Eisen *n*
beta-oxydation Beta-Oxidation *f {Fettsäuren}*

beta particle Beta-Teilchen *n*, Elektron *n*
beta-particle spectrum Beta-Spektrum *n*
beta-phase Beta-Phase *f {Met}*
beta-radioactive beta-radioaktiv, beta-aktiv
beta-ray source Beta-Strahlenquelle *f*
beta-ray spectrometer Betastrahlenspektrometer *n*, Betaspektrometer *n*
beta-ray spectroscopy Beta-Spektroskopie *f*
beta-ray spectrum Beta-Spektrum *n {Atom}*
beta-sensitive beta-empfindlich *{Atom}*
beta-thickness ga[u]ge Beta-Dickenmeßgerät *n*
beta transformation Beta-Umwandlung *f*, Beta-Zerfall *m*
beta transition Beta-Übergang *m {Atom}*
beta uranium Beta-Uran *n*
betafite Betafit *m*, Uran-Titanpyrochlor *m {Min}*
betaine 1. <$(CH_3)_3NCH_2COO$> **Betain** *n*, Trimethylammonioacetat *n*, Trimethylglykokoll *n*, Trimethylglycin *n*, Lyzin *n*, Oxyneurin *n*; 2. <$R_3N^+CH_2COO^-$> Betain *n*
betaine hydrochloride Betainhydrochlorid *n*, Acidol *n*, Betainchlorhydrat *n {obs}*, Betainchlorid *n {Triv}*
betatopic betatopisch, betatop
betatron Betatron *n*, Elektronenbeschleuniger *m {bis 300 MeV}*
betazole Betazol *n {Pharm}*
betel nut Arekanuß *f*, Betelnuß *f {Gerb}*
betelphenol Isochavibetal *n*
betol Salicyl-ß-naphtholester *m*, Naphthalol *n*
Bettendorf's reagent Bettendorfsche Lösung *f {As-Nachweis}*
betula oil Birkenöl *n*, Birkenrindenöl *n*, Birkenknospenöl *n*
betulin Birkencampher *m*, Betulinol *n*
betulinic acid <$C_{30}H_{48}O_3$> Betulinsäure *f*
betweenanene Betweenanen *n {chirale Bicycloverbindung}*
beudantite Beudantit *m {Min}*
bevatron Bevatron *n {6-Gev-Protonensynchrotron}*
bevel 1. schrägwinklig, kegelig, schief, schräg; 2. Schrägkante *f*, Schrägfläche *f*, Schräge *f*, schräger Ausschnitt *m*, Abschrägung *f*, Fase *f*; Gehre *f*, Gehrung *f {Eckfuge einer 45 °-Holzverbindung}*; Kegel *m {abgeschrägter Teil}*; Schrägmaß *n*, Schmiege *f*, Stellwinkel *m*, Schrägwinkel *m*, Gehrungswinkel *m*, Gehrmaß *n*
bevel-fit valve Schrägsitzventil *n*
bevel-seat valve Schrägsitzventil *n*
bevel[l]ed abgeflacht, abgeschrägt
beverage Getränk *n*, Gebräu *n*
beverage carbonation Getränkecarbonisierung *f*, Versetzen *n* mit CO_2
beverage alcohol Trinkbranntwein *m*
bewel Tiegelschere *f*, Tragschere *f {Glas}*
Bewoid size Bewoid-Leim *m*, teilverseifter Harzleim *m {Pap}*

beyrichite Beyrichit *m {Min}*
bezel 1. scharfe Kante *f*, Schneide *f {Ultraschall-Trennsonotrode}*, Fase *f*, Zuschärfungsfläche *f*, Abschrägungsfläche *f*; 2. Halterahmen *m {z.B. für Gläser in Meßgeräten}*
bezoar Bezoar *m*, Ziegenstein *m*
bi-annual zweimal jährlich, halbjährlich
biacene <$(C_{10}H_6CH_2C=)_2$> Biacen *n*
biacenone Biacenon *n*
biacetyl <$CH_3COCOCH_3$> Diacetyl *n*, 2,3-Butandion *n*, Dimethylglyoxal *n*
biacetylene <$HCC-CCH$> Diacetylen *n*, Diethin *n*, Butadiin *n*,
biallyl <$CH_2=CHCH_2CH_2CH=CH_2$> Diallyl *n {obs}*, Biallyl *n*, 1,5-Hexadien *n*
biallylene Diallylen *n {obs}*, Biallylen *n*
bianisoyl Anisil *n*
bianthracyl Dianthracyl *n*
bianthrone Bianthron *n*
bianthryl <$C_{28}H_{18}$> Dianthryl *n {obs}*, Bianthryl *n*
bias 1. diagonal, geneigt; 2. Einseitigkeit *f*, Verzerrung *f*; Vormagnetisierung *f*, Vorspannung *f*, Gittervorspannung *f {Elek}*; systematischer Fehler *m {DIN 1319}*, regelmäßiger Fehler *m*; Schrägschluß *m*, Schrägverzug *m {als Webfehler}*
bias sputtering Gegenfeldzerstäubung *f*
bias voltage Gittervorspannung *f {Elek}*
biased einseitig, schief, vorgespannt *{Elek}*
biased sample fehlerhafte Probe *f*, einseitige Probe *f*
biasing resistor Gitterwiderstand *m {Elek}*
biatomic doppelatomig, zweiatomig
biaxial biaxial, zweiachsig
biaxial stress zweiachsiger Spannungszustand *m*, ebener Spannungszustand *m*
biaxial stretching biaxiales Recken *n*
biaxiality Zweiachsigkeit *f {Krist}*
bibasic zweibasisch, doppelbasisch
bibc Ausflußhahn *m*
bibenzal Stilben *n*
bibenzaldehyde Diphenaldehyd *m*
bibenzenone Diphenonchinon *n*, Biphenyl-4,4'-chinon *n*
bibenzoic acid Diphensäure *f*, Biphenyl-2,2'-dicarbonsäure *f*
bibenzoyl <$C_6H_5COCOC_6H_5$> Benzil *n*,Diphenylglyoxal *n*, Diphenyldiketon *n*
bibenzyl <$C_6H_5CH_2CH_2C_6H_5$> Dibenzyl *n*,-Diphenylethan *n*, Bibenzyl *n*
bibirine Bebeerin *n*, Bibirin *n*
bibliographic data *{WIPO ST. 30}* bibiliographische Angaben *fpl*, bibliographische Daten *pl*
bibliographic description bibliographische Beschreibung *f*, bibliographische Titelaufnahme *f {EDV}*

bibliography Bibliographie *f*, Literaturangabe *f*, Literaturzusammenstellung *f*
bibliolite Bibliolit *m*, Blätterschiefer *m* *{Min}*
bibornyl Dibornyl *n*
bibrocathol Bibrocathol *n*, Tetrabrombrenzcatechin-bismut *n* *{Pharm}*
bibulous schwammig, saugfähig *{Pap}*
bicamphene Dicamphen *n*
bicapillary pycnometer *{ISO 3838}* Zweikapillaren-Pyknometer *n*
bicarbonate <$M'HCO_3$> Bicarbonat *n* *{obs}*, Hydrogencarbonat *n*
bicentric orbital Zweizentrenorbital *n*
Bicheroux process Bicheroux-Verfahren *n* *{Herstellung von Flachglas}*
bichloride Dichlorid *n*, Bichlorid *n* *{obs}*, Doppelchlorid *n*
bichromate <$M'_2Cr_2O_7$> Dichromat *n*, Bichromat *n*, saures Chromat *n* *{obs}*
  bichromate bath Bichromatbad *n* *{Met}*
bichromated gelatine Chromgelatine *f*
bicinnamic acid Dizimtsäure *f*
bicolo[u]red zweifarbig; Zweifarben-
bicomponent film Bikomponentenfolie *f*, Zweischichtfolie *f*
biconcave bikonkav, doppeltkonkav
biconical doppeltkonisch
biconvex bikonvex, runderhaben *{Opt}*
bicuculline <$C_{22}H_{17}NO_6$> Bicucullin *n*
bicuminal <$(C_9H_{11}CO-)_2$> Cuminil *n*, Dicuminoketon *n*
bicyclic bicyclisch, zweikernig *{Aromat}*
bicyclobutane Bicyclobutan *n*
bicyclodecane *{IUPAC}* Bicyclodecan *n*, Dekalin *n*, Dekahydronaphthalin *n*
bicycloheptanol Bicycloheptanol *n*
bicycloheptanone Bicycloheptanon *n*
bicyclohexane Bicyclohexan *n*
bicyclohexanone Bicyclohexanon *n*
bicyclononatriene Bicyclononatrien *n*
bicyclooctadiene Bicyclooctadien *n*
bid Angebot *n*, Kaufangebot *n*
  bid evaluation Angebotsvergleich *m*
bidding period Ausschreibungsfrist *f*
bidentate ligand zweizähniger Ligand *m*
bidesyl <$(C_6H_5COCHC_6H_4-)_2$ Bidesyl *n*, Didesyl *n*, Debenzoyldibenzyl *n*
bidistillate Bidestillat *n*
bidistiller Bidestillator *m*
bieberite Bieberit *m*, Kobaltvitriol *n*, Rotes-Vitriol *n*, Rhodhalose *m* *{Min}*
Biebrich scarlet Biebricher Scharlach *m*, Doppelscharlach *m*, Neurot *n*
bienanthic acid Diönthsäure *f*
bietamiverine Bietamiverin *n* *{Spasmolytikum}*
bifenox <$C_{14}H_9Cl_2NO_5$> Bifenox *{Herbizid}*
bifilar bifilar, zweifädig, doppelgängig, doppeldrahtig
  bifilar galvanometer Bifilargalvanometer *n*
bifluoren <$(C_6H_4)_2C{=}C(C_6H_4)_2$> Bidiphenylenthylen *n*
bifluoride Doppelfluorid *n*, Difluorid *n*, Bifluorid *n* *{obs}*
bifocal bifokal, mit zwei Brennpunkten *mpl*
biformyl <OHC-CHO> Diformyl *n*, Glyoxal *n*, Oxalaldehyd *n*, Ethandial *n*
bifunctional bifunktionell, difunktionell
  bifunctional structural unit bifunktionelle Struktureinheit *f* *{Polymer}*
bifurcate/to abzweigen, [sich] gabeln
bifurcate gabelförmig, doppelgängig
bifurcated pipe Gabelrohr *n*, Hosenrohr *n*, Zweiwegestück *n*
bifurcation distributor Zweiwegestück *n*, Hosenrohr *n*, Gabelrohr *n*
big industry Großindustrie *f*
bigrid Doppelgitter *n*
biguanide <$H_2NC(=NH)NHC(=NH)NH_2$> Biguanid *n*, Guanylguanidin *n*
bihydrazine <$(H_2N-NH-)_2$> Tetrazan *n* *{IUPAC}*
bikhaconitine <$C_{36}H_{51}O_{11}N$> Bikhaconitin *n*
bilateral beidseitig, bilateral, doppelseitig, zweiseitig
bilayer molekulare Doppelschicht *f*
bilberry Schwarzbeere *f*, Blaubeere *f*, Heidelbeere *f*, Vaccinium myrtillus L. *{Bot}*
bile Galle *f* *{Med}*
  bile acid Gallensäure *f*
  bile pigment Gallenfarbstoff *m*
  bile substance Gallenstoff *m*
bilianic acid Biliansäure *f*
biliary gallig; Gallen-
  biliary calculus Gallenstein *m* *{Med}*
  biliary pigment Gallenfarbstoff *m*
bilicyanin <$C_{33}H_{36}N_4O_9$> Bilicyanin *n*
biliflavin Biliflavin *n*
bilifulvin Bilirubin *n*
bilihumin Bilihumin *n*
bilin Bilin *n*, Gallenstoff *m*
bilineurine Bilineurin *n*, Chiolin *n*
bilinigrin Bilinigrin *n*
biliphain Bilirubin *n*
bilious gallig
biliprasin Biliprasin *n*
bilipurpurin Bilipurpurin *n*, Cholohämatin *n*
bilirubin <$C_{33}H_{36}N_4O_6$> Bilirubin *n*, Gallenfarbstoff *m*, Hämatoidin *n*
bilirubinic acid <$C_{17}H_{24}N_2O_3$> Bilirubinsäure *f*
bilisoidanic acid <$C_{24}H_{32}O_9$> Bilisoidansäure *f*
biliverdic acid <$C_8H_9NO_4$> Biliverdinsäure *f*
biliverdin <$C_{33}H_{34}N_4O_6$> Biliverdin *n*
bilixanthine <$C_{33}H_{36}N_4O_{12}$> Bilixanthin *n*
bill 1. Rechnung *f*, Faktura *f*, Aufstellung *f*; 2. Gesetzesvorlage *f*
  bill of entry Zolldeklaration *f*
  bill of loading Frachtbrief *m*

bill of parcels Lieferschein *m* mit Rechnung *f*, spezifizierte Warenrechnung *f*
billet 1. Bolzen *m*; 2. Knüppel *m*; 3. Barren *m*, Block *m {zum Walzen}*; vorgewalzter Block *m*, Vorblock *m {Met}*; 4. Puppe *f {Gummi}*
billi- Giga- *{Vorsatz für 10^9*, Kurzzeichen G}
billion Milliarde *f {10^9;US}*; Billion *f {10^{12};GB}*
billitonite Billitonit *m {Min}*
billon silver Scheidmünzsilber *n*
biloidanic acid Biloidansäure *f*, Norsolanellsäure *f*
bimenthene <$C_{20}H_{54}$> Dimenthen *n*
bimesityl <$((CH_3)_3C_6H_2-)_2$> Bimesityl *n*
bimetal 1. bimetallisch, zweimetallisch; 2. Bimetall *n*
bimetal pressure switch Bimetalldruckschalter *m*
bimetal thermometer *s.* bimetallic thermometer
bimetallic bimetallisch, zweimetallisch; Bimetall-
bimetallic catalysis Zweimetall-Katalyse *f*
bimetallic contact Bimetallkontakt *m {Korr}*
bimetallic corrosion Kontaktkorrosion *f*, Berührungskorrosion *f*
bimetallic instrument Bimetallinstrument *n*
bimetallic organometallics gemischte metallorganische Verbindungen *fpl*
bimetallic strip Bimetallstreifen *m*, Zweimetallstreifen *m*
bimetallic strip thermometer Bimetallthermometer *n*
bimetallic strip [vacuum] ga[u]ge Bimetallvakuummeter *n*
bimetallic switch Bimetallschalter *m*
bimetallic thermometer Bimetallthermometer *n*, Federthermometer *n*
bimodal distribution zweigipfelige Verteilung *f*, bimodale Verteilung *f {Math}*
bimolecular bimolekular, dimolekular, zweimolekular
bimorph cell bimorpher Piezokristall *m*
bin 1. [großer] Behälter *m*, Kübel *m*, Kasten *m*; Bunker *m*, Silo *n*, Verschlag *m {Behälter für Schüttgüter oder Flüssigkeiten}*; 2. Fülltrichter *m*; 3. Bin *m {Schiff}*
bin filter Bunkeraufsatzfilter *n {pneumatisches Fördersystem}*
bin for product Sinterbunker *m*
bin for return fines Rückgutbunker *m*
bin scale Bunkerwaage *f*
binaphthoquinone Binaphthochinon *n*
binaphthyl Dinaphthyl *n {obs}*, Binaphthalin *n*
binarite Markasit *m {Min}*
binary binär, zweigliedrig, zweizählig, aus zwei Einheiten *fpl*; Zweistoff-
binary blend Zweistoffmischung *f*
binary burner Zweistoffbrenner *m*
binary chemical arms binäre chemische Waffen *fpl*
binary code Binärcode *m {DIN 44300}*
binary compound binäre Verbindung *f*, Zweifachverbindung *f*
binary mixture Zweistoffgemisch *n*
binary nerve gas weapon Binär-Nervengas *n*
binary number Dualzahl *f*, Binärzahl *f*
binary scaler Zweifachuntersetzer *m*
binary system 1. Zweistoffgemisch *n*, Zweistoffsystem *n*; 2. Dualsystem *n {Math}*
binary thermodiffusion factor binärer Thermodiffusionsfaktor *m*
binary weapon Binär-Kampfstoff *m*
bind/to binden; anbinden, anlagern *{Chem}*; einbinden, verknüpfen; [fest]fressen, festgehen
binder 1. Bindemittel *n*, Binder *m {Chem}*; 2. Lackkörper *m {Farb}*; Harzträger *m*; 3. Schmälze *f {Glas}*; 4. Zement *m*
binder containing bitumen bitumenhaltiges Bindemittel *n {DIN 55946}*
binder resin Binderharz, Harzbinder *m*
bindheimite Bindheimit *m*, Antimonbleispat *m*, Bleiniere *f*, Moffrasit *m*, Monimolit *m*, Stibiogalenit *m {Min}*
binding 1. bindend; 2. Verbinden *n*, Binden *n*, Bindung *f {Chem}*; Einband *m*, Binden *n {Buchbinderei}*; Umschnüren *n {Draht}*; Einfassen *n {Text}*; Klemme *f*; Abbinden *n {Vak}*; Fressen *n {z.B. Schrauben}*
binding agent Bindemittel *n*, Binder *m*, Klebgrundstoff *m*
binding energy Bindungsenergie *f*; Dissoziationsenergie *f {Atom}*
binding energy per particle Bindungsenergie *f* pro Teilchen *n {Nukl}*
binding force Bindungskraft *f*, Bindekraft *f*, bindende Kraft *f*
binding material Bindematerial *n*, Bindemittel *n*, Binder *m*
binding medium for pellets Einbettungsmittel *n* für Pillen, Einschlußmittel *n* für Tabletten *fpl {Pharm}*
binding of water Wasserbindung *f*
binding post Klemme *f*
binding power Bindekraft *f*, Bindevermögen *n*, Bindefähigkeit *f*; *{Valenz}* Bindungsvermögen *n*, bindende Kraft *f*, Bindungskraft *f*
binding property Bindefähigkeit *f*, Bindevermögen *n*, Klebfähigkeit *f*
binding screw Klemmschraube *f*, Verblockungsschraube *f*, Anschlußschraube *f*
binding strength Bindefestigkeit *f*; Bindungsstärke *f*, Bindungsfestigkeit *f {Valenz}*
binding wire Bindedraht *m*
Bingham body Binghamsches Medium *n*, Bingham-Körper *m*, Bingham-Modell *n {Koll}*

Bingham flow Binghamsche Strömung *f*, Binghamsches Fließen *n* *{Strukturviskosität}*
Bingham viscosity Bingham-Viskosität *f* *{DIN 13342}*
biniodide *{obs}* Dijodid *n* *{obs}*, Diiodid *n*
binitrotoluene *{obs}* Dinitrotoluol *n*
binnite Binnit *m* *{Min}*
binocular beidäugig, zweiäugig, binokular
binocular magnifier binokulare Lupe *f*
binocular microscope Binokularmikroskop *n*, Doppelmikroskop *n*
binodal curve Binodalkurve *f*
binodal surface Binodalfläche *f*
binomial 1. binomial, binomisch, zweigliedrig *{Math}*; 2. Binom *n* *{Math}*
binomial coefficient Binomialkoeffizient *m*
binoxide Doppeloxid *n*, Dioxid *n*, Peroxid *n*
binuclear zweikernig
binucleate zweikernig
bio-aeration Schlammbelebung *f* *{Wasser}*
bio-aeration plant biologische Aerationsanlage *f*, Schlammbelebungsanlage *f*
bioaccumulation Bioakkumulation *f* *{Physiol}*
bioassay Bio-Analyse *f*, biochemische Analyse *f*, biologische Auswertung *f*, Bioassay *m* *{Anal}*
bioavailability biologische Verfügbarkeit *f*
biocatalyst 1. Enzym *n*, Biokatalysator *m*; 2. Ergon *n*, Ergin *n* *{Biochem}*
biochanin A <$C_{16}H_{12}O_5$> Biochanin *n*
biochemical biochemisch
biochemical oxygen demand biochemischer Sauerstoffbedarf *m*, BSB, biochemischer Sauerstoffverbrauch *m*
biochemical oxygen requirement biochemischer Sauerstoffbedarf *m*
biochemicals Biochemikalien *fpl*
biochemist Biochemiker *m*
biochemistry Biochemie *f*, biologische Chemie *f*
biocide Biozid *n*, Pestizid *n* *{Chemikalie zur Bekämpfung schädlicher Mikroben}*
biocolloid Biokolloid *n*
biocompatibility Körperverträglichkeit *f*, Biokompatibilität *f* *{z.B. eines chirurgischen Implantats}*
bioconversion *{IUPAC}* Biokonversion *f*, Biotransformation *f*
biocycle Biozyklus *m*, Großbiotop *m* *{Ökol}*
biocyclic thermoplastic biocyclischer Thermoplast *m*
biocytin <$C_{16}H_{20}N_4O_4S$> Biocytin *n*, Biotin-Komplex *m* *{Hefe}*, ε-Biotinyllysin *n*
biodegradability biologische Abbaubarkeit *f*
biodegradation biologischer Abbau *m*, biotischer Abbau *m*, biologische Zersetzung *f* *{z.B. von Polymeren}*
biodynamic biodynamisch, biologisch-dynamisch
bioenergetics Bioenergetik *f*
bioengineering Biotechnik *f*
biofilter Biofilter *n* *{Gerät zur Geruchsbeseitigung von Abluft}*
biofouling Biobewuchs *m*
biogas Biogas *n* *{meist CH_4}*
biogenesis Biogenese *f*, Entwicklungsgeschichte *f* *{Biol}*, Biogenie *f*
biogenetic[al] biogenetisch
biogeochemical cycle biogeochemischer Zyklus *m*, biologisch-geochemische Wechselwirkung *f*
biogeochemistry Biogeochemie *f*, Geobiochemie *f*
biohazard bench Biohazard-Arbeitsplatz *m* *{Lab}*
bioinorganic chemistry bioanorganische Chemie *f* *{ein Teilgebiet der Biochemie}*
bioinorganic compounds bioanorganische Verbindungen *fpl*
biological biologisch
biological activity biologische Wirksamkeit *f*
biological agent 1. mikroorganismenbeständig machender Stoff *m* *{Polymer-Hilfsstoff}*; 2. biologischer Kampfstoff *m*
biological apparatus biologischer Apparat *m*
biological cleaning plant biologische Reinigungsanlage *f*
biological degradation biologischer Abbau *m*
biological detoxification biologische Entgiftung *f*
biological effectiveness biologische Wirksamkeit *f*
biological filter biologischer Körper *m*, Tropfkörperanlage *f* *{Abwässer}*, biologischer Rasen *m*; Biofilter *n* *{Gerät zur Geruchsbeseitigung von Abluft}*
biological half-life biologische Halbwertzeit *f*
biological hole Hohlraum *m* für biologisches Material *n* , Strahlenkanal *m* für biologische Zwecke *mpl* *{Nukl}*
biological percolating filters *{BS 1438}* *s.* biological filter
biological shield biologischer Schirm *m*, biologischer Schild *m* *{Nukl}*
biological sludge Belebtschlamm *m*, biologischer Schlamm *m*, aktivierter Schlamm *m*
Biological Standards Act Gesetz *n* über Normen *fpl* bei biologischen Substanzen *fpl* *{z.B. bei Impfstoffen}*
biological tolerance value BAT-Wert *m*, biologischer Arbeitsplatztoleranzwert *m*
biological treatment of waste water biologische Wasseraufbereitung *f*, bakterielle Abwasserreinigung *f*
biological value for occupational tolerability biologischer Arbeitsplatztoleranzwert *m*, BAT-Wert *m*

biology Biologie *f*
bioluminescence Biolumineszenz *f*
biolysis Biolyse *f*
biomagnification Biomagnifikation *f*, biologische Anreicherung *f* *{Nahrungskette}*
biomarker Biomarker *m* *{Erdöl}*
biomass Biomasse *f*
biometric biometrisch
biometrics Biometrik *f*, Biostatistik *f*, Biometrie *f*
biometry *s.* biometrics
biomicroscope Mikroskop *n* zur Untersuchung lebender Organismen *mpl*
biomimetic formation biologisch nachgeahmte Bildung *f*
biomimics biologische Nachbildung *f* *{Physiol}*
biomineralization Biomineralisation *f*
bionics Bionik *f*
bionomics *{US}* Ökologie *f*
biopesticide Biopestizid *n*
biophene Biophen *n*
biophysical biophysikalisch
biophysics Biophysik *f*
biopolymer Biopolymer *n*
biopterin <$C_9H_{11}N_5O_3$> Biopterin *n*
bioreactor Bioreaktor *m*, Fermenter *m*
biose <$HO\text{-}CH_2\text{-}CHO$> Biose *f*
biosphere Biosphäre *f*
biostabilizer Gärtrommel *f* *{Bakt}*
biosurfactants biologische Waschmittel *npl*
biosynthesis Biogenese *f*, Biosynthese *f*, biologische Synthese *f*
biotechnology *{US}* 1. Ergonomie *f*; 2. Biotechnik *f*, technische Biochemie *f*, angewandte Mikrobiologie *f*, Biotechnologie *f*
biotic[al] biotisch; Lebens-
biotin <$C_{10}H_{16}N_2O_3S$> Biotin *n*, Vitamin H *n* *{obs}*, Vitamin B_7 *n* *{Triv}*, Bios IIb *m* *{obs}*
biotite Biotit *m*, schwarzer Glimmer *m*, Magnesia-Eisenglimmer *m*, Rhombenglimmer *m* *{Min}*
biotope Biotop *n*
biotransformation *{IUPAC}* biologische Umwandlung *f*, Biotransformation *f*
bipartite zweigeteilt, zweiteilig
biphenanthryl <$(C_{14}H_9\text{-})_2$> Diphenanthryl *n*
biphenyl Biphenyl *n*, Diphenyl *n*, Phenylbenzol *n* *{Triv}*
biphenylyl <$C_6H_5C_6H_4\text{-}$> Diphenylyl *n*, *p*-Xenyl *n*, Biphenylyl *n*
biphosphate <$M'H_2PO_4$> Dihydrogen[*ortho*]-phosphat *n*
biphthalic acid Diphthalsäure *f*, Biphthalsäure *f*
biphthalyl Diphthalyl *n* *{obs}*, Diphthaloyl *n*
bipiperidine Dipiperidin *n*
bipolar bipolar, doppelpolig, zweipolig
  bipolar electrode Bipolarelektrode *f*, bipolare Elektrode *f*
bipolarity Bipolarität *f*
bipolaron Bipolaron *n*
bipolymer Bipolymer *n*
biprism Doppelprisma *n*, Zwillingsprisma *n*
bipropargyl Dipropargyl *n*, 1,5-Hexadiin *n*
bipyramid Bipyramide *f*, Doppelpyramide *f*
bipyridine *{obs}* *s.* bipyridyl
bipyridyl Bipyridyl *n*, Dipyridyl *n* *{obs}*
biquinoline *{IUPAC}* Dichinolin *n* *{obs}*, Bichinolin *n*
biquinolyl *{IUPAC}* Bichinolyl *n*, Dichinolyl *n* *{obs}*
biradical Biradikal *n*, Diradikal *n*
birch Birke *f*, Betula L. *{Bot}*
  birch camphor Birkencampher *m*, Betulin *n*
  birch charcoal Birkenkohle *f*
  birch oil Birkenöl *n*, Birkenrindenöl *n*; Birkenteeröl *n*
  birch tar Birkenteer *m*
  birch water Birkenwasser *n*; Birkenwein *m*
birchwood carbon Birkenholzkohle *f*
bird manure Guano *m*
  bird shot Tarierschrot *m*
birdlime Vogelleim *m* *{aus Borke der Ilex-Arten}*
birefraction Doppelbrechnung *f* *{Opt, Min}*
birefractive doppelbrechend, zweifach brechend *{Opt, Min}*
birefringence Doppelbrechung *f* *{Opt, Min}*
birefringent doppelbrechend *{Opt, Min}*
biresorcinol Diresorcin *n*
Birkeland-Eyde process Birkeland-Eyde-Verfahren *n* *{NO_x-Herstellung}*
birotation Birotation *f*, Mutarotation *f*
bisabolene <$C_{15}H_{24}$> Bisabolen *n* *{monocyclisches Sesquiterpen}*
bisazo dyes Bisazofarbstoffe *mpl* *{Text}*
bisazobenzene Bisazobenzol *n*
bisbeeite Bisbeeit *m* *{Min}*
Bischof process Bischof-Verfahren *n*
bischofite Bischofit *m* *{Min}*
biscuit 1. Biskuit-Keramik *f*, Biskuit-Porzellan *n*; Unterlegeplatte *f* *{Brennhilfsmittel}*; 2. Gießrest *m* *{beim Druckguß}*; Rohling *m* *{beim Gesenkschmieden}*; 3. Metallschwamm *m* *{Atom}*; 4. Thermoplastkloß *m*, Tablette *f*, Preßkuchen *m*, extrudierter kloßförmiger Vorformling *m* *{für Schallplattenpressen}*
  biscuit porcelain Biskuit-Keramik *f*, Biskuit-Porzellan *n* *{unglasiertes Weichporzellan mit matter Oberfläche}*
bisdiazoacetic acid Bisdiazoessigsäure *f*
bisect/to halbieren, zweiteilen
bisecting line Halbierende *f*, Halbierungslinie *f*
  bisecting line of an angle Winkelhalbierende *f*
bisection Halbierung *f*, Zweiteilung *f* *{Geom}*
bisector Halbierungslinie *f*, Halbierende *f* *{Math}*
  bisector of an angle Winkelhalbierende *f*

bisectrix *{pl. bisectrices}* Halbierende *f*, Halbierungslinie *f {Math}*; Bisektrix *f {Krist}*
bisethylxanthogen <$(C_2H_5OC(S)S\text{-})_2$> Bisethylxanthogen *n*
bisilicate <M'_2SiO_3> Doppelsilicat *n*, Metasilicat *n*, Trioxosilicat *n*
Bismarck brown Bismarckbraun *n*, Vesuvin *n*
bismite Bismit *m*, Wismutblüte *f*, Wismutokker *m {Min}*
bismuth *{Bi; element no. 83}* Wismut *n {obs}*, Bismut *n*
bismuth ammonium citrate Bismutammoniumcitrat *n*
bismuth blende Wismutblende *f {obs}*, Kieselwismut *n {obs}*, Eulytin *m {Min}*; Bismut(III)-orthosilicat *n*
bismuth bromide Bromwismut *n {obs}*, Bismuttribromid *n*, Bismut(III)-bromid *n*
bismuth chromate <$Bi_2O_3 \cdot 2Cr_2O_2$> Bismutchromat *n*
bismuth citrate Bismutcitrat *n*
bismuth ethyl camphorate Bismutethylcamphorat *n*
bismuth gallate Bismutgallat *n*
bismuth glance Wismutglanz *m*, Bismuthinit *m*, Bismuthin *m {Min}*
bismuth hydroxide Bismuthydroxid *n*
bismuth lead ore Wismutbleierz *n {obs}*, Schapbachit *m {Min}*
bismuth litharge Wismutglätte *f*
bismuth naphtholate <$Bi_2O_2(OH) \cdot C_{10}H_7O$> Naphtholbismut *n*, Bismut-*ß*-naphthol *n*
bismuth nickel Bismutnickel[kobalt]kies *m {obs}*, Grünauit *m {Min}*
bismuth nitrate <$Bi(NO_3)_3 \cdot 5H_2O$> Bismut(III)-nitrat *n*, Wismutnitrat *n {obs}*, Bismuttrinitrat[-Penthahydrat] *n*
bismuth ocher Wismutocker *m*, Bismit *m*, Wismutblüte *f {Min}*
bismuth oxychloride <$BiOCl$> Bismutoxidchlorid *n*, Perlweiß *n*, Schminkweiß *n*
bismuth oxyiodide <$BiOI$> Wismutoxyjodid *n {obs}*, Bismutoxidiodid *n*
bismuth pentafluoride <BiF_5> Bismutpentafluorid *n*, Bismut(V)-fluorid *n*
bismuth pentoxide <Bi_2O_5> Bismutpentoxid *n*, Bismutsäureanhydrid *n {obs}*, Bismut(V)-oxid *n*
bismuth phenoxide Phenolbismut *n*
bismuth pyrogallate Pyrogallolbismut *n*, Bismutpyrogallat *n*
bismuth salicylate <$Bi(C_7H_5O_3)_3 \cdot Bi_2O_3$> Bismutsalicylat *n*, Bismutsubsalicylat *m*
bismuth selenide <Bi_2Se_3> Bismutselenid *n*, Dibismuttriselenid *n*, Bismut(III)-selenid *n*
bismuth silicate Bismutsilicat *n*, Kieselbismut *n {obs}*
bismuth sodium tartrate Bismutnatriumtartrat *n*
bismuth subcarbonate <$Bi_2O_2CO_3$> Wismutsubcarbonat *n {obs}*, basisches Bismutcarbonat *n*
bismuth subgallate Bismutsubgallat *n*, Dermatol *n*, Wismutsubgallat *n {obs}*
bismuth subnitrate Wismutsubnitrat *n {obs}*, basisches Wismutnitrat *n {obs}*, Spanischweiß *n*, Bismutylnitrat *n {obs}*, basisches Bismutnitrat *n*, Bismutsubnitrat *n*
bismuth sulfide <Bi_2S_3> Bismut(III)-sulfid *n*, Schwefelbismut *n {obs}*, Bismutin *m {Min}*
bismuth sulfate <$Bi_2(SO_4)_3$> Bismut(III)-sulfat *n*
bismuth tannate Wismuttannat *n {obs}*, Bismuttannat *n*, Bismutditannat *n*
bismuth telluride <Bi_2Te_3> Bismut(III)-tellurid *n*
bismuth tetroxide <Bi_2O_4> Bismuttetroxid *n*, Bismutperoxid *n {IUPAC}*
bismuth trichloride <$BiCl_3$> Bismut(III)-chlorid *n*, Wismutbutter *f {Triv}*, Bismuttrichlorid *n*
bismuth trifluoride <BiF_3> Bismuttrifluorid *n*, Bismut(III)-fluorid *n*
bismuth trinitrate <$Bi(NO_3)_3$> Bismut(III)-nitrat *n*, Bismuttrinitrat *n*
bismuth trioxide <Bi_2O_3> Bismuttrioxid *n*, Bismut(III)-oxid *n*
bismuth white 1. *{aus Bismutoxidchlorid}* Wismutweiß *n*, Perlweiß *n*, Schminkweiß *n*; 2. *{aus Bismutoxidnitrat}* Spanischweiß *n*, Perlweiß *n*
bismuth(III) chloride <$BiCl_3$> Bismuttrichlorid *n*, Bismut(III)-chlorid *n*, Wismuttrichlorid *n*
bismuth(III) hydride <BiH_3> Bismutwasserstoff *m*, Bismutan *n*
bismuth(III) iodide <BiI_3> Wismutjodid *n {obs}*, Bismut(III)-iodid *n*, Jodwismut *n {obs}*
bismuth(III) oxide Bismut(III)-oxid *n*, Bismutglätte *f {Min}*
bismuth(V) oxide Bismutpentoxid *n*, Bismutsäureanhydrid *n*, Bismut(V)-oxid *n*
basic bismuth carbonate <$(Bi_2O_2CO_3)_2$> basisches Bismut(III)-carbonat *n*
bismuthate 1. wismutsauer, bismutsauer; 2.Wismutat(V) *n {obs}*, Bismutat(V) *n*
bismuthic Bismut-, Bismut(V)-
bismuthic anhydride <Bi_2O_5> Bismut(V)-oxid *n*, Bismutpentoxid *n*, Bismutsäureanhydrid *n*
bismuthic oxide <Bi_2O_5> Bismut(V)-oxid *n*, Bismutpentoxid *n*, Bismutsäureanhydrid *n*
bismuthiferous bismuthaltig
bismuthine 1. <BiH_3> Bismutan *m*, Bismutwasserstoff *m*; 2. Bismuthin *m*, Bismuthinit *m*, Wismutglanz *n {Min}*
bismuthinite Bismuthin *m*, Wismutglanz *m {obs}*, Bismuthinit *m*, Bismut(III)-sulfid *n {Min}*

bismuthite <$(BiO_2CO_3 \cdot H_2O)$> Bismutsubcarbonat *n*, basisches Bismut(III)-carbonat *n*

bismuthous benzoate Bismutbenzoat *n*

bismuthous chloride <$BiCl_3$> Bismut(III)-chlorid *n*, Wismutbutter *f {Triv}*

bismuthous hydroxide <$Bi(OH)_3$> Bismut(III)-hydroxid *n*, Bismittrihydroxid *n*

bismuthous nitrate <$Bi(NO_3)_3$> Bismut(III)-nitrat *n*, Bismuttrinitrat *n*

bismuthyl chloride <$BiOCl$> Bismutoxidchlorid *n*, Bismutylchlorid *n {obs}*

bismuthyl iodide <$BiOI$> Bismutyljodid *n {obs}*, Bismutoxidiodid *n*

bismutite *s.* bismuthite

bismutoferrite Bismutoferrit *m {Min}*

bisphenol A <$HOC_6H_4C(CH_3)_2C_6H_4OH$> 4,4'-Methylethyliden-bisphenol *n*, 2,2-Bis(4-hydroxphenyl)propan *n*, Bisphenol A *n*, Dian *n*

bister 1. bisterfarbig ; 2. Mineralbister *m n*, Bisterbraun *n*, Manganbraun *n*, Manganbister *n {Malerfarbe}*

bistre 1. schwarzbraun, nußbraun, bisterbraun, rußbraun; 2. Bister *m n*, Rußbraun *n {Pigment aus Buchenholzruß}*

bis(trichlorosilyl)ethane <$(Cl_3SiCH_2\text{-})_2$> Bis(trichlorsilyl)ethan *n*

bistyrene Distyrol *n*

bisulfate 1. doppel[t]schwefelsauer; 2. Bisulfat *n*, Disulfat *n*, Doppelsulfat *n*, Hydrogensulfat *n {$M'HSO_4$}*

bisulfite 1. doppel[t]schwefligsauer *{obs}*; 2. Bisulfit *n {obs}*, Doppelsulfit *n*, Hydrogensulfit *n*

bit 1. Stück *n*, Stückchen *n*; 2. Bit *n {EDV}*; 3. Bohrer *m {der Bohrwinde}*, Einsteckmeißel *m*, Bohrkrone *f*; Bohrwerkzeug *n*, Meißelschneide *f*, Bohrmeißel *m*; 4. Spitze *f*

bit ga[u]ge Meißelschablone *f*

bitartrate 1. doppeltweinsauer; 2. Bitartrat *n*, Hydrogentartrat *n {$HOOC(CHOH)_2COOM'$}*

bite/to ätzen, kaustizieren

bithionol Bithionol *n*, 2,2'-Thiobis(4,6-dichlorphenol) *n*

bithiophene Thiophthen *n {obs}*, Dithienyl *n*

bithymol Dithymol *n*

biting beißend, scharf

bitolyl Ditolyl *n*, Dimethylbiphenyl *n*

bits Lackteilchen *npl*

bitter bitter, herb, gallig

bitter almond oil Bittermandelöl *n*

bitter almond oil campher Benzoin *n*, Benzoylphenylcarbinol *n*, Bittermandelölcampher *m*

bitter almond soap Bittermandelseife *f*

bitter ash Bitteresche *f*; Quassiaholz *n*, Bitterholz *n*, Fliegenholz *n*

bitter bark 1. Bitterrinde *f*, Alstoniarinde *f*, Fieberrinde *f {Pharm}*; 2. Fieberbaum *m {Alstonia constricta F. v. Muell}*

bitter earth Bittererde *f {Triv}*, Magnesia *f*, Magnesiumoxid *n {Min}*

bitter mineral water Bitterling *m*, Bitterwasser *n*, Bitterquelle *f*

bitter principle Bitterstoff *m {Pharm}*

bitter resin Bitterharz *n*

bitter salt Bittersalz *n*, Epsomsalz *n*, Epsomit *m*

bitter salt water Bittersalzwasser *n*

bitter spar Bitterspat *m*, Dolomit *m {Min}*

bitter water Bitterwasser *n*

bitter wood Bitterholz *n {Quassiaarten, Pharm}*

bitterdock root Grindwurzel *f {Bot}*

bittering Bitterstoff *m {Brau}*

bittering power Bitterwert *m*

bittern 1. Salzmutterlauge *f*, restliche Mutterlauge *f {bei der Speisesalzgewinnung aus Meerwasser}*; 2. Bitterstoff *m*; Bitterling *m {Brau}*

bitterness Herbheit *f*

bittersweet Bittersüß *n {Bot}*, Dulcamara *n*

bitumen *{US}* 1. Asphalt *m*, Bergharz *n*, Bitumen *n*, Erdharz *n*, Erdpech *n {Naturasphalt}*; 2. Bitumen *n*, Petroleumasphalt *m*, Erdölasphalt *m {künstlicher Asphalt}*, Normbitumen *n {DIN 1995}*

bitumen blowing process Blasprozeß *m {Öl}*

bitumen coating solution Bitumenanstrich *m*

bitumen emulsion Bitumenemulsion *f {in Wasser; DIN 55946}*

bitumen-laminated bitumenkaschiert

bitumen paint Bitumenanstrichstoff *m {DIN 55946}*, Bitumenlack *m {DIN 55946}*

bitumen process Asphaltverfahren *n*

bitumen putty Bitumenkitt *m*

bitumen solution Bitumenlösung *f {DIN 55946}*

bituminiferous asphalthaltig, erdharzhaltig

bituminization Bituminisierung *f*, Imprägnierung *f* mit Erdpech *n*, Asphaltierung *f*, Bituminierung *f*

bituminize/to in Erdharz *n* verwandeln

bituminous bituminös, bergharzig, erdharzartig, erdharzhaltig, erdpechartig, erdpechhaltig, pechartig; Bitumen-

bituminous adhesive Bitumenklebstoff *m*, Klebstoff *m* auf Bitumenbasis *f*

bituminous clay Brauseton *m*, Kohlenblume *f*

bituminous coal bituminöse Kohle *f*, Fettkohle *f*, Steinkohle *f*, Harzkohle *f*, Pech[stein]-kohle *f*, Weichkohle *f*

bituminous coal deposit Steinkohlenvorkommen *n*

bituminous coal tar Steinkohlenteer *m*

bituminous earth Pecherde *f*

bituminous emulsion Kaltasphalt *m*, Bitumenemulsion *f*

bituminous lignite ölreiche Braunkohle *f*, Glanz[braun]kohle *f*, subbituminöse Kohle *f*
bituminous marl Stinkmergel *m*
bituminous mastic Asphaltmastix *m*
bituminous materials bituminöse Stoffe *mpl*
bituminous paint Bitumenanstrichfarbe *f*, Bitumenanstrichmittel *n*, Bitumenlack *m*
bituminous paper Bitumenpapier *n*
bituminous peat Specktorf *m*
bituminous pitch Asphaltpech *n*, Pechkohle *f*
bituminous protective coating bituminöser Schutzanstrich *m*
bituminous roofing paper Bitumenisolierpappe *f*
bituminous shale bituminöser Schiefer *m*, Ölschiefer *m*, Brandschiefer *m*, Kohlenbrandschiefer *m*, Kohlenschiefer *m*
bituminous varnish Asphaltlack *m*, Bitumenlack *m*
bityite Bityit *m*, Bowleyit *m* *{Min}*
biurate <$M'HC_5H_2N_4O_3$> Biurat *n* *{obs}*, Hydrogenurat *n*
biurea <H_2NCONH-$)_2$> Diharnstoff *m*, Hydrazodicarbonamid *n*, Hydrazoformamid *n*, Bishydrazicarbonyl *n*
biuret <$NH_2CONHCONH_2$> Biuret *n*, Allophansäureamid *n*, Carbamoylharnstoff *m*
biuretamidine sulfate Dicyanodiamidinsulfat *n*
bivalency Zweiwertigkeit *f*, Bivalenz *f* *{Chem}*
bivalent bivalent, doppelwertig, zweiwertig
bivinyl <CH_2=$CHCH$=CH_2> 1,3-Butadien *n*, Divinyl *n*, Erythren *n*, Vinylethylen *n*, Diethylen *n*
bixbyite Bixbyit *m*, Sitaparit *m* *{Min}*
bixin Bixin *n*, Orleanrot *n*
bixylenol Dixylenol *n*
bixylyl Dixylyl *n*
bjelkite Bjelkit *m* *{obs}*, Cosalit *m* *{Min}*
black 1. schwarz, dunkel; 2. Schwarz *n* *{Farbempfindung}*; Schwarz *n*, schwarzer Farbstoff *m*; Schwärze *f*, Ruß *m*
black aldertree bark Faulbaumrinde *f*
black ash Rohschwefelbarium *n*
black ash furnace Sodaofen *m*
black-band iron Kohleneisenstein *m* *{DIN 22005}*, Blackband *n*, Black Band *n*
black body Schwarzer Körper *m*, Schwarzer Strahler *m* *{DIN 5031}*, Planckscher Strahler *m*
black-body radiation Hohlraumstrahlung *f*, schwarze Strahlung *f*
black-body temperature Schwarztemperatur *f*, schwarze Temperatur *f*, spektrale Strahlungstemperatur *f* *{DIN 5496}*
black-boy gum Acaroidharz *n*, Grasbaumharz *n*
black brown schwarzbraun
black-chromium plating Schwarzverchromen *n*
black cobalt ocher Kobaltmulm *m* *{obs}*, Asbolan *m* *{Min}*
black-colored schwarzfarbig
black-colored cerussite Bleimulm *m*
black copper 1. Kupferschwärze *f*, Cupro-Asbolan *m* *{Min}*; 2. Schwarzkupfer *n* *{94-97% Cu}*, *Blisterkupfer n*, Rohkupfer *n*, Blasenkupfer *n*, Konvertkupfer *n*
black copper ore Schwarzkupfererz *n* *{obs}*, Tenorit *m* *{Min}*
black copper oxide <CuO> schwarzes Kupferoxid *n*, Kupfer(II)-oxid *n*
black cyanide schwarzes Cyanid *n*, Rohcalciumcyanid *n*
black damp Nachschwaden *mpl* *{CO_2/N_2-Gemisch}*
black diamond Karbonado *m* *{grauschwarzer Diamant}*
black enamel Schwarzschmelz *m*
black finishing agent Brüniermittel *n*
black glass filter Schwarzglasfilter *n*
black haw bark Viburnumrinde *f* *{Bot}*
black hornblende Kohlenhornblende *f*
black iron [plate] Schwarzblech *n*
Black Japan Asphaltlack *m*, [feiner] Schwarzlack *m*
black lake Lackschwarz *n*
black lead Aschblei *n*, Bleischwärze *f*, Graphit *m*, Graphitschwärze *f*, Reißblei *n* *{Min}*
black lead ore Bleimulm *m*
black lead powder Eisenschwärze *f*
black light unsichtbare Strahlung *f* *{Ultraviolett oder Infrarot}*
black line paper Heliographiepapier *n*
black liquor 1. Schwarzlauge *f* *{Pap}*; 2. Schwarzbeize *f*, Eisenbeize *f*
black malt Röstmalz *n*, Farbmalz *n*
black manganese ore Hartmanganerz *n* *{Min}*, Psilomelan *m*
black mordant Eisenbeize *f*, holzessigsaures Eisen *n*, Ferroacetat *n*, Eisenpyrolignit *m*, Schwarzbeize *f*
black oak Färbereiche *f*
black oil Schwarzöl *n*, Dunkelöl *n*, dunkles Öl *n* *{untergeordnete Schmierzwecke, DIN 51505}*
black opal schwarzer Opal *m*
black out/to verdunkeln
black pitch Schwarzpech *n*
black powder Schwarzpulver *n*, Sprengpulver *n*
black precipitate schwarzes Präzipitat *n* *{Modifikation des Quecksilber(II)-sulfids}*
black rolled steel Walzschwarzstahl *m*
black roofing Dachpappe *f*
black rust Zunder *m*
black sheet Schwarzblech *n*
black-short schwarzbrüchig *{Met}*

black silver Stepanit *m*
black sludge Schwarzschlamm *m {Mineralöl}*
black soaps dunkle Sulfonsäuren *fpl*
black spinel Eisenspinell *m*, Kandit *m {Min}*
black tellurium Tellurglanz *m {obs}*, Nagyagit *m*, Blättertellurerz *n {Min}*
black uranium oxide <UO_2> schwarzes Uranoxid *n*
blackcurrant juice *{CAC STAN 121}* schwarzer Johannisbeersaft *m*
blackcurrant nectar *{CAC STAN 101}* schwarzer Johannisbeernektar *m*
blacken/to schwärzen, abschwärzen, anblaken, anschwärzen, einschwärzen, schwarz färben
blackening Schwärzung *f {Photo}*, Schwärzen *n*, Schwarzfärben *n*, Schwarzfärbung *f*
blackening bath Schwärzungsbad *n {Photo}*
blackening density curve Schwärzungskurve *f {Photo}*
blackening limit Schwärzungsgrenze *f {Photo}*
blackening matching method Isomelanenverfahren *n {Spek}*
blacking Schuhwichse *f*, Schwärze *f*
blackjack *{US}* Sphalerit *m*, Zinkblende *f*, Blende *f {Min}*
blacklead/to graphitieren
blackness Schwärze *f*
blackout 1. Verdunk[e]lung *f*, Abdunkelung *f*; 2. Blackout *n {Stromausfall}*
blackout curtain Verdunkelungsvorhang *m*
blackout paint Verdunkelungsanstrich *m*
blackplate Feinstblech *n {DIN 1616}*, Schwarzblech *n {Met}*
blackstrap molasses Restmelasse *f*
blackwash/to schwärzen, schlichten *{Giea}*
bladder 1. Blase *f*, Harnblase *f*; 2. Bladder *m*, Balg *m*, Heizbalg *m {Reifenherstellung}*
bladder wrack Blasentang *m*
blade 1. Blatt *n {Messer}*; Flügel *m*, Flügelblatt *n {Rührwerk}*; 2. Knetarm *m*, Arm *m*; 3. Messer *n*, Holländermesser *n {Pap}*; 4. Schaufel *f {Turbine}*; 5. [flacher] Stengel *m {Krist}*
blade agitator Balkenrührwerk *n*, Paddelrührwerk *n*, Stabrührwerk *n*
blade disintegrator Schlagkreuzmühle *f*
blade dryer Schaufeltrockner *m*
blade mixer Blattrührer *m*, Flügelmischer *m*, Schaufelmischer *m*, Schaufelrührwerk *n*, Paddelrührer *m*, Balkenrührwerk *n*, Stabrührwerk *n*
blade of agitator Rührwerkflügel *m*
blade rotor Knetkörper *m*, Rotor *m*
blade stirrer Blattrührer *m*, Flügelmischer *m*, Schaufelmischer *m*, Paddelrührer *m*, Schaufelrührwerk *n*
Blagden's law Blagdensches Gesetz *n*
Blake jaw crusher Blake-Backenbrecher *m*, Kniehebelbackenbrecher *m*
blanc de Chine Zinkweiß *n*
blanc fixe <$BaSO_4$> Blanc fixe *n*, Barytweiß *n*, Bariumsulfat *n*, Permanentweiß *n*, Schwerspat *m*
blanch/to blanchieren, bleichen, weißsieden *{Silber}*; verzinnen
blanched weißfarbig, gebleicht
blanchimeter Blanchimeter *n*
blanching 1. Beizen *n*, Beizung *f*; 2. Blanchieren *n*, Brühen *n*, Überbrühen *n*
blanching bath Beizbad *n*
blanching liquor Weißsiedlauge *f*
blanching solution Weißsud *m*
bland bland, mild
blank 1. Blindwert *m*, Leerwert *m*; 2. Rohling *m*, Rohteil *n*, Rohstück *n*, Formling *m*, Formteil *n*; 3. Külbel *m {Glas}*; Vorform *f*; 4. Hubel *m*, Batzen *m {Keramik}*; 5. Blindflansch *m*; 6. Vordruck *m*, Formular *n*, Formblatt *n*
blank carburizing oven Pseudozementierofen *m {Met}*
blank experiment Leerversuch *m*, Blindversuch *m*, Nullversuch *m*, Blindprobe *f*
blank flange Blindflansch *m*, Blindscheibe *f*
blank hardening Blindhärten *n*
blank mo[u]ld Külbelform *f*, Vorform *f {Glas}*
blank mo[u]lding part Schaumstoff-Formteilrohling *m*, Formteilrohling *m* aus Schaumstoff
blank nitriting oven Pseudonitrierofen *m*
blank-off flange Blindflansch *m*, Blindscheibe *f*
blank-off pressure Enddruck *m*
blank-off plate Blindflansch *m*, Blindscheibe *f*
blank sample Blindprobe *f*
blank solution Blindlösung *f*
blank test Blindprobe *f*, Blindversuch *m*, Leerversuch *m*, Vergleichsversuch *m*
blank titration Blindtitration *f*
blank trial Blindversuch *m*, Leerversuch *m*, Blindprobe *f*, Vergleichsversuch *m*
blanket/to abdecken, zudecken, abschirmen; ersticken *{z.B. Feuer}*
blanket 1. Aufzug *m {Druck}*; 2. Brutmantel *m {Nukl}*; Decke *f*, Mantel *m {Atom}*; 3. Druckdecke *f*, Drucktuch *n {Text}*; 4. Staubdecke *f*, Staubschicht *f*
blanketing Abdecken *n*; Abschirmen *n*
blanketing atmosphere Schutzgas *n*
blanketing gas Schutzgas *n*
blanking Ausschneiden *n*, Ausstanzen *n*, Stanzen *n {z.B. Rohlinge, Fassonteile}*
blast/to sprengen, aussprengen; abstrahlen; schießen
blast 1. Wind *m*, Gebläsewind *m*, Gebläseluft *f*; 2. Blasen *n*; 3. Luftstoß *m*, Druckwelle *f*; Sprengung *f*; Explosion *f*
blast air Gebläseluft *f*, Gebläsewind *m*

blast apparatus Blasapparat *m*, Gebläse *n*,- Gebläsevorrichtung *f*, Gebläsewerk *n*
blast burner Hochdruckbrenner *m*, Lötrohr *n*, Gebläsebrenner *m*
blast cleaning Putzstrahlen *n*, Strahlverfahren *n*, Strahlspritzen *n*, Abstrahlen *n* *{DIN 50902}*, Strahlreinigung *f* *{Gieß}*
blast drawing Düsenblasverfahren *n*
blast drying Windtrocknung *f*
blast effect Druckstoßwirkung *f* *{Expl}*
blast engine Gebläsemaschine *f*, Gebläse *n*
blast forge Glutesse *f*
blast furnace Blashochofen *m*, Hochofen *m*, Schachtofen *m*, Gebläseschachtofen *m*
blast-furnace bricks Hochofensteine *mpl*
blast-furnace cement Hochofenzement *m* *{DIN 1164}*
blast-furnace coke Hochofenkoks *m*
blast-furnace [flue] dust Gichtstaub *m*
blast-furnace gas Gichtgas *n*, Hochofengas *n*, Schwachgas *n*
blast-furnace lime Hüttenkalk *m*
blast-furnace lining Hochofenfutter *n*
blast-furnace slag Hochofenschlacke *f*
blast lamp Gebläselampe *f*, Lötlampe *f*
blast nozzle Blasdüse *f*
blast pipe Blasrohr *n*, Rohr *n* *{im Düsenhals}*, Windleitung *f* *{Met}*
blast pressure Detonationsdruck *m*; Windspannung *f*
blast process Windfrischverfahren *n*
blast roasting Verblaserösten *n*
blast-roasting oven Sinterröstofen *m* *{Met}*
blast superheater Luftüberhitzer *m*
blasting 1. Sprengen *n*, Sprengung *f*; Schießen *n* *{Bergbau}*; 2. Kalkschatten *mpl*, Kalkflecken *mpl*, Schatten *mpl*
blasting agent Sprengmittel *n*, Strahlmittel *n*, Sprengstoff *m*
blasting cap Zündhütchen *n*, Sprengkapsel *f* *{Expl}*
blasting gelatin Nitrogelatine *f*, Sprenggelatine *f* *{Expl}*
blasting oil Glycerinnitrat *n*, Sprengöl *n*, Nitroglycerin *n* *{Tech}*
blasting powder Sprengpulver *n*, nichtdetonierendes Schwarzpulver *n*
blasting soluble nitrocotton Dynamit-Collodiumwolle *f* *{Expl}*
blastmeter Blastmeter *n* *{Maximalstoßdruckermittler; Expl}*
blaze/to flammen, aufglühen, fackeln
blaze 1. Brand *m*, Schadenfeuer *n*; 2. Blaze-Bereich *m*, Blaze *m* *{Opt}*
blazed off abgebrannt *{Chem}*
blazing flammend; Flamm-
blazing fire Flammfeuer *n*
blazing glow Feuerglut *f*
blazing off Abbrennen *n*
bleach/to bleichen, entfärben, weißen
bleach 1. Bleichen *n*, Bleichung *f*, Bleiche *f*; 2. Bleichmittel *n*, Bleichflüssigkeit *f*, Bleichlauge *f*, Bleichflotte *f*, Bleichlösung *f*
bleach chamber Chlorkalkbad *n*
bleach performance Bleichkraft *f*, Bleichvermögen *n*
bleachability Bleichfähigkeit *f*
bleached lac [weiß]gebleichter Schellack *m*, weißer Schellack *m*
bleached pulp-based product gebleichte Papiermassenprodukte *npl*
bleacher 1. Bleicher *m*, Klärkübel *m*, Bleichapparat *m*, Bleichturm *m*; Bleichholländer *m* *{Pap}*; 2. Bleichmittel *n*, Bleicher *m*
bleachery Bleichanlage *f*, Bleichanstalt *f*, Bleiche *f*, Bleicherei *f*
bleaching 1. entfärbend; 2. Ausbleichen *n*, Bleiche *f*, Bleichen *n*, Entfärbung *f*
bleaching acid Bleichsäure *f*
bleaching action Bleichwirkung *f*
bleaching agent Bleichmittel *n*, Weißtöner *m* *{Text}*
bleaching assistant Bleichhilfsmittel *n*, Hilfsmittel *n* zum Bleichen
bleaching auxiliary Bleichhilfsmittel *n*
bleaching capacity Bleichvermögen *n*
bleaching clay Bleicherde *f*, Bleichton *m* *{Mineralölraffination}*, Entfärbungserde *f*
bleaching earth Bleicherde *f*, Bleichton *m* *{Mineralölraffination}*, Entfärbungserde *f*
bleaching effect Bleichwirkung *f*
bleaching-fixing bath Bleichfixierbad *n* *{Photo}*
bleaching liquor Bleichbad *n*, Bleichflotte *f*, Bleichflüssigkeit *f*, Bleichlauge *f*
bleaching lye Bleichlauge *f*
bleaching mordant Bleichbeize *f*
bleaching of cellulose Bleichen *n* des Zellstoffes
bleaching of colour Verbleichen *n* der Farbe
bleaching-out process Ausbleichverfahren *n*
bleaching powder Bleichkalk *m*, Bleichpulver *n*, Chlorkalk *m*, Entfärbungspulver *n* *{z.B. Calciumhypochlorid}*
bleaching powder solution Bleichkalklösung *f*, Chlorkalklösung *f*
bleaching power Bleichkraft *f*, Bleichvermögen *n*, Entfärbungskraft *f*
bleaching process Bleichprozeß *m*, Bleichverfahren *n*
bleaching product Bleichprodukt *n*
bleaching salt Bleichsalz *n*
bleaching soap Bleichseife *f*
bleaching soda Bleichsoda *f*
bleaching solution Bleichlauge *f*, Bleichflotte *f*, Bleichlösung *f*, Bleichflüssigkeit *f*

bleaching vat Bleichfaß *n*, Bleichkasten *m*, Bleichbottich *m*, Bleichkessel *m*, Bleichkufe *f*
Blears effect Blears-Effekt *m {Vak}*
bleed/to 1. entleeren; 2. entgasen, entlüften, Luft ablassen; abblasen *{Dampf}*; entwässern; 3. anzapfen; 3. [aus]bluten, durchbluten, [farb]durchschlagen, abschmutzen; auslaufen, verlaufen, verwaschen *{z.B. Farb- oder Gerbstoff}*
bleed gas Spülgas *n*
bleed screw Entlüftungsschraube *f*, Ablaßschraube *f*
bleed through Durchschlagen *n {Text}*
bleed valve Belüftungsventil *n*, Flutventil *n*, Lufteinlaßventil *n*, Entlüftungsventil *n*
bleeder Ablaßhahn *m*
bleeder connection Entnahmestutzen *m*
bleeder current Anzapfstrom *m*
bleeder electrode Ableitelektrode *f {Elek}*
bleeder screw Ablaßschraube *f*, Entlüftungsschraube *f*
bleeder valve Anzapfventil *n*
bleeding 1. Durchschlagen *n*, Migration *f {von Farben}*, Auslaufen *n*, Abschmutzen *n*, Ausbluten *n*, Bluten *n {Farb- und Gerbstoffe}*; 2. Entnahme *f*, Anzapfung *f*; Abdampfen *n*; 3. Trüblauf *m*, Durchlaufen *n* der Feststoffpartikel *{Filtration}*; 4. Schwitzen *n {z.B. Zement}*; 5. Ausbluten *n {Ölabgabe von Schmierfett}*
bleeding point Entnahmestelle *f*, Anzapfstelle *f*
bleeding the column Abdampfen *n* der Trennflüssigkeit *{Gaschromatographie}*
bleeding through Durchschlagen *n*
blend/to mischen, vermischen *{mechanisch}*, vermengen; verschneiden *{Gummi}*; verschneiden, kupieren *{Lebensmittel}*; blenden *{Basisprodukte der Erdölchemie}*; verschmelzen, durchmischen, melieren
blend Mischung *f*, Gemisch *n {mechanisch hergestellt}*, Vermischung *f*; Verschnitt *m {Gummi, Lebensmittel}*; Verschmelzen *n*, Durchmischen *n*, Melieren *n*
blend feeder Mischbeschicker *m*; Kompoundiergerät *n*
blend of gasoline, benzene and alcohol Dreiergemisch *{Mineralöl}*
blend tank Mischbehälter *m*, Mischtank *m*, Mischer *m*
blende Zinkblende *f*, Blende *f*, Sphalerit *m {Min}*
blended coal Kohlenartenmischung *f {DIN 22005}*
blended mixture Verschnitt *m*
blended tar präparierter Teer *m {Straßenteer}*
blender Mischer *m*, Mixer *m*, Menger *m*, Mischmaschine *f*
blending Mischen *n*, Vermischen *n*, Mischung *f*, Mengen *n*, Vermengen *n*; Verschneiden *n {Gummi, Lebensmittel}*; Blenden *n*, Blending *n {Erdölchemie}*; Aufmischen *n*, Melieren *n {Farb}*
blending agent Zusatzmittel *n*, Verschnittmittel *n*
blending chart Viskogramm *n*, Mischdiagramm *n*
blending compound Mischkomponente *f*
blending machine Egalisiermaschine *f*, Mischmaschine *f*
blending plant Mischstation *f*
blending tank Mischbehälter *m*
blending value Mischwert *m*, Mischoctanzahl *f {Kraftstoff}*
BLEVE *{boiling liquid expanding vapour explosion}* Glaswolkenexplosion *f*
bliabergite Bliabergit *m {obs}*, Chloritoid *m {Min}*
blind/to blenden *{Licht}*; verstopfen, zusetzen *{Filter}*, abblinden *{z.B. ein Rohr}*
blind Steckscheibe *f*, Blindflansch *m*, Verschlußscheibe *f*, Blindscheibe *f*
blind coal Taubkohle *f*, Naturkoks *m*
blind current Blindstrom *m {Elek}*
blind flange Blindflansch *m*, Blindscheibe *f*, Steckscheibe *f*, Verschlußscheibe *f*
blind-off cap Blinddeckel *m*
blind pore Blindpore *f*, geschlossene Pore *f*
blind sample Blindprobe *f*
blinding 1. Verschließen *n*, Verstopfen *n*, Zusetzen *n {z.B. ein Rohr, Kanal, Filter}*; 2. Glanzloswerden *n*, Mattwerden *n*
blister/to Blasen *fpl* bilden *{Polymer, Gußmetall}*
blister Bläschen *n*, Blase *f*, Gaseinschluß *m*, Luftblase *f*, Gasblase *f*, Gußblase *f*, Blatter *f {Glas}*, Preßfehler *m {Materialfehler, Formteile, Überzüge}*
blister copper Blasenkupfer *n*, Rohkupfer *n*, Schwarzkupfer *n*, Konvertkupfer *n*
blister formation Blasenbildung *f*
blister-like bläschenartig
blister pack[aging] Blisterpackung *f*, Glockenverpackung *f*, Blisterpack *m*, Blisterverpackung *f {Pharm; tiefgezogene Klarsichtverpackung}*
blister plaster Blasenpflaster *n*
blister resistance Beulsteifigkeit *f*
blister steel Blasenstahl *m*, Brennstahl *m*, blasiger Stahl *m*, Zementstahl *m*
blister wrapper *s.* blister pack[aging]
blistered blasig
blistering 1. bläschenziehend, blasenziehend; 2. Blasenbildung *f*, Blasenziehen *n*; Selbstspalten *n {Gerb}*; Ausblühung *f {Schweißen}*; [Glüh-]Pockenbildung *f {Keramik}*; 3. Pocken *pl*, Glühpocken *pl {Keramik}*
blistery blasig

blob Klecks *m*; Glastropfen *m*; Blob *m*, Traube *f*, Klumpen *m {Nukl}*
Bloch boundary Bloch-Wand *f*, Blochsche Wand *f {Krist}*
Bloch wall Bloch-Wand *f*, Blochsche Wand *f {Krist}*
block/to hindern, absperren, blocken, verstopfen, blockiern, abriegeln, verriegeln, sperren; neutralisieren, inaktivieren, desaktivieren *{Chem}*
block 1. Block *m*, Orbitalgruppe *f {im Periodensystem}*; 2. Klumpen *m*; 3. Kloben *m*, Klotz *m*, Block *m*; 4. Hindernis *n*
block copolymer Segmentpolymer[isat] *n*, Blockcopolymer[isat] *n*, Blockcopolymer[es] *n*, Blockmischpolymerisat *n*
block copolymerization Block-Copolymerisation *f*
block diagram Blockschaltbild *n*, Blockschema *n*, Blockdiagramm *n*, Übersichtsplan *m {Elek, Tech}*; Blockdiagramm *n {EDV}*; Blockbild *n {Geol}*
block grease Blockfett *n*, Brikettfett *n*
block letter Druckbuchstabe *m*
block mill Blockmühle *f*, Stoßblockmühle *f*
block mo[u]ld Preßform *f*, einteilige Form *f*, Blockform *f*, Stockform *f {Glas}*
block pattern effect Sperrmustereffekt *m*
block pig Gans *f {Met}*
block polymer Blockpolymer[es] *n*, Blockpolymerisat *n*
block polymerization Blockpolymerisation *f*, Polymerisation *f* in Masse *f*, Blockpolymerisation *f*
block press *{GB}* Blockpresse *f*, Kochpresse *f*, Kofferpresse *f*
block-shear test Blockscherversuch *m*
block talc Naturspeckstein *m*, Talk *m*
block tin Blockzinn *n*, Reinzinn *m*
block valve Abteilventil *n*
blockage Verstopfung *f*, Blockierung *f*, Versperrung *f*, Absperrung *f*
blocking 1. absperrend, blockierend; 2. Blokken *n*, Blocking *n*, Aneinanderhaften *n*; Blasenlassen *n*, Bülvern *n {Glas}*; Verblockung *f*, Sperre *f*, Sperrung *f*, Blockierung *f*, Verriegeln *n {Elek}*; Hemmen *n*, Klemmen *n*, Einklemmen *n*, Verklemmen *n*, Blockieren *n {Tech}*; Zusetzen *n*, Verstopfen *n*; Verfilzen *n {Text}*
blocking capacitor Sperrkondensator *m*
blocking device Sperrvorrichtung *f*, Hemmvorrichtung *f*, Arretierung *f*
blocking efficiency Sperrwirkung *f*
blocking medium Sperrmedium *n*
blocking of paint leichtes Kleben *n*
blocking point Blockpunkt *m*, Blocktemperatur *f {Polymer}*
blocking resistance Gleitfähigkeit *f*
blocking screw Feststellschraube *f*, Arretierschraube *f*
blocking strength Blockkraft *f {Kunststoff, DIN 53366}*
blocking temperature Blockpunkt *m*, Blocktemperatur *f {Polymer}*
blocking valve Trennschieber *m*, Absperrventil *n*
blocky großstückig, blockig, grobstückig, stükkig, derbstückig
bloedite Blödit *m*, Astrakanit *m*
blomstrandite Blomstrandit *m {obs}*, Uran-Pyrochlor *m {Min}*
blood Blut *n*
blood albumin Blutserumalbumin *n*, Serumalbumin *n*, Blutwasseralbumin *n*, Plasmaalbumin *n {Biochem}*
blood alcohol Blutalkohol *m*
blood-alcohol determination Blutalkoholbestimmung *f*
blood analysis Blutanalyse *f*
blood black Blutschwarz *n*
blood-brain barrier Blut-Hirn-Schranke *f*
blood buffer Blutpuffer *m*
blood-calcium level Blutcalciumspiegel *m*
blood charcoal Blutkohle *f*
blood clotting Blutgerinnung *f*
blood coagulation Blutgerinnung *f*
blood composition Blutzusammensetzung *f*
blood constituent Blutbestandteil *m*
blood crystal Blutkristall *m*
blood fibrin Blutfibrin *n*
blood-forming blutbildend
blood group Blutgruppe *f*
blood grouping Blutgruppenbestimmung *f*, Blutgruppenfeststellung *f*
blood level Blutspiegelwert *m*
blood meal Blutmehl *n*
blood pigment Blutfarbstoff *m*, Hämoglobin *n*
blood poisoning Blutvergiftung *f*, Sepsis *f*, Toxämie *f {Med}*
blood powder Blutmehl *n*
blood sedimentation Blutsenkung *f*
blood serum Blutserum *n*, Serum *n*
blood specimen Blutprobe *f*
blood stain Blutfleck *m*, Blutspur *f*
blood-stanching blutstillend
blood substitute Blutersatz *m*, Plasmaersatzstoff *m*
blood sugar Blutzucker *m*
blood-sugar determination Blutzuckerbestimmung *f*
blood-sugar level Blutzuckergehalt *m*, Blutzuckerspiegel *m*
blood toxin Blutgift *n*
blood typing Blutgruppeneinteilung *f*; Blutgruppenbestimmung *f*, Blutgruppenfeststellung *f*

bloodstone 1. Blutjaspis *m*, Blutstein *m*, Heliotrop *m*; 2. Brünierstein *m*, Eisennuß *f*, Hämatit *m {Min}*

bloom/to 1. vorblocken, vorwalzen *{Met}*; 2. ausblühen *{Salze an Oberflächen}*; 3. [blau]anlaufen, Hauchbildung zeigen *{z.B. Öllacken}*, effloreszieren *{Min}*; 3. blühen *{Bot}*

bloom 1. Vorblock *m*, Walzblock *m*, vorgewalzter Block *m*, Barren *m {zum Walzen}*; 2. Ausblühen *n {von Salzen}*; 3. Fluoreszenz *f {der Mineralöle}*; Kühlbeschlag *m*, Feuerschweiß *m*, Hüttenrauch *m {Glas}*; Effloreszenz *f {Min}*; Reif *m*, Belag *m*, Hauch *m*; 4. Glanzverlust *m*, Mattwerden *n {Farben}*; 5. Blume *f {Leder}*

bloom iron Luppeneisen *n*, Frischeisen *n*

bloom oil Harzöl *n*

bloom roll Vorwalze *f*

bloom steel Luppenstahl *m*

bloomed coating Antireflexschicht *f*, Antireflexbelag *m*, reflexmindernde Schicht *f*, Entspiegelungsschicht *f*, T-Belag *m*

bloomery iron Herdfrischeisen *n*

blooming 1. Anlaufen *n*, Hauchbildung *f*, Nebeligwerden *n*, Trübung *f*, Schleierbildung *f*, Blauanlaufen *n {z.B. Öllacken}*, Beschlagen *n*; 2. Ausblühen *n*, Ausschwefeln *n*; 3. Blühen *n {Bot}*

blooms Grobeisen *n*

blossom oil Blütenöl *n*

blot/to beflecken, bekleckern *{z.B. mit Tinte}*; abtupfen *{mit Fließpapier}*

blotch 1. Fleck *m {Rost- oder Schmutzfleck}*; 2. Fleck *m {glasurfreie Stelle, Keramik}*; 3. Stoffgrund *m*, Fond *m*, Boden *m {Text}*

blotter Löschblatt *n*

blotting paper Fließpapier *n*, Löschpapier *n*

blotting-paper test Fließpapierprobe *f*

blow/to blasen; drücken *{z.B. eine Flüssigkeit in einen Behälter}*; heißablasen, warmblasen *{Gaserzeugung}*; ausblasen, leerblasen, abblasen; schmelzen, durchbrennen *{z.B. eine Sicherung}*; zünden, abtun *{z.B. eine Sprengladung}*

blow in/to einblasen, anblasen

blow off/to abblasen; leerblasen; ausblasen; auslösen, öffnen *{z.B. ein Ventil}*

blow out/to verpuffen; zerbrechen *{nach einer Explosion}*, zerplatzen, bersten; ausblasen, niederblasen *{Hochofen}*

blow 1. Schlag *m*, Stoß *m*; 2. Blasen *n*, Heißblasen *n*, Warmblasen *n {Gaserzeugung}*; 3. Ausblasen *n*, Leerblasen *n*, Abblasen *n*; Kocherleerung *f {Pap}*

blow bending test Schlagbiegeprobe *f*

blow case *{GB}* 1. Druckbirne *f*, Druckfaß *n*, Montejus *m*, Säuredruckvorlage *f*, Druckbehälter *m*; 2. Pulsometer *n*

blow extrusion Blasspritzen *n* von Filmen *mpl*

blow forming Blasen *n*, Blasformung *f*, Blasverformung *f*

blow gun Druckluft-Pistole *f*, Preßluftpistole *f*

blow head Blaskopf *m {Glas}*, Folienblaskopf *m {Kunst}*

blow indentor Schlageindruckprüfer *m*

blow lamp Abbrennlampe *f*, Lötlampe *f*

blow mo[u]ld Fertigform *f*, Blasform *f {Glas}*; Blas[form]werkzeug *n {Kunst}*

blow-mo[u]lded geblasen, blasgeformt

blow-mo[u]lded glas Hüttenglas *n {DIN 58 366}*

blow-mo[u]lded part Blaskörper *m*, Blas[form]teil *n*, blasgeformter Hohlkörper *m*, geblasener Hohlkörper *m*

blow mo[u]lding 1. Blasformen *n*, Blasformung *f*, Blasverarbeitung *f*, Blasvorgang *m*, [Hohlkörper-]Blasen *n*; 2. Blas[form]teil *n*, Blaskörper *m*

blow-mo[u]lding compound Blas[form]masse *f*

blow mo[u]lding of oriented polypropylene OPP-Verfahren *n*

blow nozzle Blasdüse *f*

blow-off 1. Abblasprodukt *n {Zellstoffkocher}*, Ausblasgas *n*, Ablauge *f {Pap}*; 2. Abgas *n*, Übertriebgas *n*, Übertrieb *m*, Rücklauge *f*; 3. Abblasen *n*, Leerblasen *n*, Ausblasen *n*; Auslösen *n*

blow-off cock Abblashahn *m*, Abblasehahn *m*, Abblaseventil *n*

blow-off device Ausblasevorrichung *f*

blow-off pressure Abblasedruck *m*, Ablaßdruck *m*

blow-off valve Abblasventil *n*, Ausblasventil *n*, Ausblasschieber *m*, Ablaßventil *n*, Entlastungsventil *n*, Überdruckventil *n*

blow out 1. Abblasdruck *m {beim Verdichter}*; 2. Platzen *n*, Zerplatzen *n*, Zerbersten *n*; Durchtrennen *n*, Durchschmelzen *n {z.B. Sicherungen}*; 3. Blow-out *n*; Ausbruch *m {Erdöl}*; 4. Funkenlöschung *f*

blow-out pipette Ausblaspipette *f*, Saugpipette *f {Lab}*

blow stress Beanspruchung *f* auf Schlagfestigkeit *f*, Schlagbeanspruchung *f*

blow-through rotary feeder Durchblaszellenradschleuse *f*

blow-through valve Schnarchventil *n*, Schnarrventil *n*, Schnüffelventil *n*

blow up 1. Grubengasexplosion *f*, Methangasexplosion *f*, Schlagwetterexplosion *f*; 2. Vergrößerung *f*; Blow-up *n*

blow valve Ausblaseventil *n*, Schnarrventil *n*, Durchblaseventil *n*

blower 1. Lüfter *m*, Ventilator *m*, Gebläse *n*, Gebläsewerk *n*, Lader *m*, Luftgebläse *n*; 2. Glasbläser *m*, Glasmacher *m*

blower agitator Rührgebläse *n*

blower wheel Gebläserad *n*
blowhole Blase *f*, Blasenraum *m*, Gasblase *f*, Gußblase *f*, Hohlraum *m*, Innenlunker *m*, Gaseinschluß *m*
blowhole formation Lunkerung *f*
blowing 1. Blasen *n*, Verblasen *n {Met}*; 2. Blasen *n*, Heißblasen *n*, Warmblasen *n {Gaserzeugung}*; 3. Ausblasen *n*, Leerblasen *n*, Abblasen *n {z.B. den Zellstoffkocher}*; 4. Durchschmelzen *n {z.B. Sicherung}*; 5. Aufblähen *n*
blowing agent 1. Blähmittel *n*, Treibmittel *n {Kunst}*; 2. Backtriebmittel *n {Lebensmittel}*
blowing down Abblasen *n*, Entleeren *n* durch Ausblasen *n*, Ausblasen *n*
blowing furnace Blasofen *m*
blowing iron 1. Pfeife *f*, Glasmacherpfeife *f {Glas}*; 2. Lötrohr *n*; 3. Entlüftungsrohr *n*, Ausblasrohr *n*, Abblasleitung *f*
blowing mill Gebläsemühle *f*
blowing mo[u]ld Blas[form]werkzeug *n*; Blasform *f*, Fertigform *f*
blowing of an extruded tube Schlauchfolienblasen *n*, Schlauchfolienblasverfahren *n*
blowing off Ausströmung *f*
blowing pipe Anblasschacht *m*, Blasschacht *m*, Blasrohr *n*, Abblasleitung *f*, Ausblasrohr *n*
blowing process Blasverfahren *n*, Blasvorgang *m*, Blasprozeß *m*
blowing through Durchblasen *n*
blowing up Explosion *f*
blowlamp Hochdruckbrenner *m*, Gebläselampe *f*, Gebläsebrenner *m*; Lötlampe *f*
blown lunkrig *{Gieß}*, blasig, porös, geblasen
blown asphalt geblasener Asphalt *m*
blown bitumen Oxidationsbitumen *n {DIN 55946}*, geblasenes Bitumen *n {obs}*
blown-extrusion method kombiniertes Extrusions-Blasformverfahren *n*, kombiniertes Strangpreß-Blasformverfahren *n*
blown film Blasfolie *f*, Schlauchfolie *f*
blown linseed oil gesprühtes Leinöl *n*
blown oil geblasenes Öl *n*, oxidiertes Fett *n*, Blasöl *n*
blown polyethylene film Polyethylenschlauchfolie *f*
blown tubing Blasfolie *f*, Schlauchfolie *f*
blowpipe 1. Lötrohr *n*; 2. Schweißbrenner *m*; 3. Entlüftungsrohr *n*, Ausblasrohr *n*, Abblasleitung *f {Tech}*; 4. Pfeife *f*, Glasbläserpfeife *f*
blowpipe analysis Lötanalyse *f*, Lötrohranalyse *f*, Lötrohrprobe *f*, Lötrohruntersuchung *f*, Lötrohrversuch *m*
blowpipe burner Gebläsebrenner *m*
blowpipe flame Lötflamme *f*, Lötrohrflamme *f*, Stichflamme *f*
blowpipe flux Lötrohrfluß *m*
blowpipe for glass Glasblaseröhre *f*
blowpipe lamp Gebläselampe *f*, Lötrohrlampe *f*
blowpipe nipple Lötrohrspitze *f*
blowpipe proof Lötrohrprobe *f*, Lötrohranalyse *f*
blowpipe reagent Lötrohrreagens *n*
blowpipe test *s.* blowpipe analysis
blowpipe testing outfit Lötrohrprüfgerätschaft *f*
blowpipe welding Gasschmelzschweißung *f*
blowtorch Gebläselampe *f*, Lötlampe *f*, Gebläsebrenner *m*
blowtorch burner Knallgasgebläse *n*
blowtorch flame Gebläseflamme *f*
blubber 1. Walöl *n*, Waltran *m*; 2.Walspeck *m*, Blubber *m*
blue/to bläuen, blau färben; blau anlaufen
blue 1. blau, blauschwarz; 2. Blau *n {als Farbempfindung}*; Blau *n*, blaufärbender Farbstoff *m*, Waschblau *n*
blue annealing Blauglühen *n*, Bläuen *n {Met}*
blue asbestos blauer Asbest *m*, Blaueisenstein *m {obs}*, Krokydolith *m {Min}*
blue ashes Kalkblau *n*
blue black schwarzblau, tiefschwarz
blue book Blaubuch *n*, amtliche Denkschrift *f*, Dokumenten-Sammlung *f*
blue brittleness Blaubruch *m*, Blaubrüchigkeit *f*, Blausprödigkeit *f {Stahl; 200-320 °C}*
blue carbon paper Blaupapier *n*
blue carbonate of copper **<$2CuCO_3Cu(OH)_2$>** Kupfer(II)-hydroxiddicarbonat *m*, Azurit *m*, Chessylit *m*, Kupferlasur *m {Min}*
blue copper Kupferindig *m*, Covellin *m {Min; CuS}*
blue copperas Kupfervitriol *n*, Kupfer(II)-sulfat[-Pentahydrat] *n*
blue dip Blaubrenne *f*
blue disease Blaufäule *f {Holz}*
blue earth Bernsteinerde *f*
blue gas Blauwassergas *n*, blaues Wassergas *n*, Blaugas *n*, Kokswassergas *n {obs}*
blue gel Blaugel *n*, Silicagel *n*
blue hot blauglühend
blue iron earth Blaueisenerde *f*, Blaueisenerz *n {Min}*
blue iron ore Blaueisenerz *n*, Blaueisenerde *f*, Vivianit *m {Min}*
blue lead 1. metallisches Blei *n*; 2. Blue Lead *n {Farb}*, Galenit *m {PbS}*
blue lead ore Blaubleierz *n*, Plumbein *m*, Galenit *m {Min}*
blue line burette Schellbachbürette *f {Lab}*
blue ointment Quecksilbersalbe *f {Med}*, Mercurialsalbe *f {obs}*
blue ore Blauerz *n {obs}*, Siderit *m {Min}*
blue-short blaubrüchig *{Met}*
blue shortness Blaubruch *m {Met}*
blue spar Blauspat *m*, Lazulith *m {Min}*

blue stain Bläue *f*, Verblauung *f* des Holzes *n*, Blaufäule *f {Holz, DIN 68 256}*
blue-toning iron bath Eisenblautonbad *n {Photo}*
blue turquoise Agaphit *m {Min}*
blue vat Blauküpe *f*, Vitriolküpe *f*, Weichküpe *f {Text}*
blue verdigris Grünspan *m {blaue Varietät}*; basisches Kupfer(II)-acetat *n*
blue verditer Kalkblau *n*, Neuwiederblau *n*, Bremerblau *n*, Braunschweiger Blau *n {basisches Kupfercarbonat}*
blue violet blauviolett
blue vitriol <$CuSO_4 \cdot 5H_2O$> Blaustein *m*, Blauvitriol *n*, Kupfersulfat *n*, Kupfervitriol *n {Min}*
blue water gas Blauwassergas *n*, Blaugas *n*, blaues Wassergas *n*
blueing 1. bläuen; 2. Blauanlaufen *n*; Bläuen *n*, Bläuung *f*; 3. Bläuungsmittel *n*, blauer Farbstoff *m*
blueness Bläue *f*, blaue Färbung *f*
blueprint 1. Lichtpause *f*, Blaudruck *m*, Blaupause *f*, Cyanotypie *f*; 2. Plan *m*, Entwurf *m*
blueprint paper Pauspapier *n*, Blaupauspapier *n*
blueprint process Blaudruck *m*
blueprint tracing Blaupause *f*
blueprinting Eisenblaudruck *m*, Cyanotypie *f*, Cyanotypverfahren *n*, Blaupause *f*, Blaudruck *m {Text}*
blueprinting paper Lichtpauspapier *n*
blueprinting process Lichtpausverfahren *n*
bluestone Blaustein *m*, Chalkanthit *m*, Kupfervitriol *n {Min}*
bluish bläulich
bluish black blauschwarz
bluish cast Blaustich *m*
bluish gray blaugrau
bluish green blaugrün
bluish red blaurot
bluish tint Blaustich *m*
bluish violet blauviolett
blunder Fehlgriff *m*; grober Schnitzer *m*
blunge/to mit Wasser *n* vermischen, anfeuchten *{z.B. Ton}*
blunger Tonmischer *m*, Rührwerk *n*, Quirl *m*
blunt/to abstumpfen, stumpf machen
blunt unscharf, stumpf
bluntness Abstumpfung *f*
blur/to beflecken, bekleckern; verwackeln *{Photo}*; verwaschen, verschwimmen *{Linien, Umrisse}*; trüben
blur 1. Bewegungsunschärfe *f {Photo}*; 2. Schmitz *m {Druck}*; 3: Unschärfe *f*, Verschwommenheit *f {Opt}*
blurred unscharf, trüb[e], verwischt, verschwommen, undeutlich
blurring 1. Verschmierung *f {Strahlung}*; 2. Verwaschung *f {Umrisse}*; 3. Unschärfe *f*, Verschwommenheit *f {Opt}*; Verwackelung *f*
blush/to [weiß] anlaufen *{Beschichtung}*
blushing Anlaufen *n*, weiße Schleierbildung *f*, Weißanlaufen *n {bei Beschichtungen}*, Mattierung *f*, Trübung *f*
board/to verschalen, täfeln, verkleiden, verschlagen *{z.B. mit Brettern}*; krispeln, levantieren *{Leder}*
board 1. Auflagebrett *n*; 2. Karton *m*, Pappe *f*, Vollpappe *f*; 3. Brett *n*, Bohle *f*; 4. Behörde *f*, Gremium *n*, Rat *m*, Ausschuß *m*, Vorstand *m*, Verwaltungsbehörde *f*
board glazing Decksatinage *f {Pap}*
board of administration Verwaltungsrat *m*, Kuratorium *n*
board of control Aufsichtsbehörde *f*, Aufsichtsamt *n*
board of directors Vorstand *m*, Aufsichtsrat *m*, Direktorium *n*
board of examiners Prüfungsausschuß *m*
board of governors Direktorium *n*, Verwaltungsrat *m*
Board of Inland Revenue *{GB}* oberste Finanzbehörde *f*
board of managers Direktorium *n*
Board of Patents Appeal Beschwerdesenat *m* in Patentsachen *fpl*
Board of Trade *{US}* Handelskammer *f {GB, früher Handelsministerium}*
boarding 1. Verschalung *f {Bretterbelag}*; 2. Krispeln *n*, Levantieren *n {Leder}*
boart Bort *m*, Poort *m*, Ballas *m {Diamantenabfälle für Industriezwecke}*
boat 1. Schiffchen *n {Lab}*, Substanzschiffchen *n*, Boot *n*, Kahn *m*, Glühschiffchen *n*; 2. Verdampfungstiegel *m {Vakuumbedampfen}*; 3. Boot *n*, Schiff *n*; 4. Bootform *f*, Wannenform *f*, flexible Form *f {Stereochem}*; 5. Wirbelbett *n {UO_2 Sintern}*
boat form Wannenform *f {Stereochem}*
boat lacquer Bootslack *m*
boat paint Bootsanstrichmittel *n*
boat varnish Bootslack *m*
bob 1. Viskosimeterdruckelement *n*; 2. Schwabbel *f {Polieren}*; 3. Blindspeiser *m*, Speisemassel *m {Gieß}*
bobbierite Bobbierit *m {Min}*
bobbin 1. Kohlestift *m {im Depolarisator}*, Puppe *f*, Beutel *m {Elektrochem}*; 2. Spulenkörper *m*, Spulenkasten *m {Elek}*; 3. Bobine *f*, Spule *f*, Garnträger *m {Text}*; Hülse *f*, Wickelkörper *m*
B.O.D. *{biochemical oxygen demand}* biochemischer Sauerstoffbedarf *m*, biochemischer Sauerstoffverbrauch *m*
bodenite Bodenit *m {obs}*, Allanit *m {Min}*

bodied eingedickt; Dick- *{mit künstlich erhöhter Viskosität}*
bodied oil Lackkörper *m*, Standöl *n*
body/to eindicken, verdicken
body 1. Stoff *m*, Substanz *f*, Körper *m*; 2. Körper *m*, Konsistenz *f*, Festigkeit *f*; 3. Masse *f*; Scherben *m {Keramik}*; 4. Konvertermittelstück *n*; Brüdenraum *m {Verdampfer}*, Verdampfereinheit *f*; 5. Körper *m*, Gehäuse n *{z.B. eines Ventils}*
body apron Bleigummischürze *f*
body burden Körperbelastung *f*
body-care product Körperpflegemittel *n*
body-centered raumzentriert, innenzentriert, körperzentriert *{Krist}*
body colo[u]r Deckfarbe *f*, deckende Farbe *f*, deckender Anstrichstoff *m*
body deodorant Körperdesodorant *n*
body fluid Körperflüssigkeit *f {Med}*
body force Massenkraft *f {Physik}*
body lotion Körperlotion *f*
body of laws Gesetzgebungswerk *n*, Codifizierung *f*
body of valve Ventilkörper *m*
body of water Vorfluter *m*; Gewässer *n*, Wasserkörper *m*
body oil Körperöl *n*
body powder Körperpuder *n*
body responsible verantwortliche Stelle *f*
body surface Körperoberfläche *f*
bodying speed Geschwindigkeit *f* des Anwachsens *n* der Viskosität
bodying up Verdicken *n*
Boettger test Böttgersche Probe *f*
bog Sumpf *m*, Morast *m*, Bruch *m*; Torfmoor *n {organischer Naßboden}*, Fenn *n*; Filz *m*, Moos *n*, Ried *n*
bog earth Moorerde *f*
bog-iron ore Eisensumpferz *n*, Modererz *n*, Rasen[eisen]erz *n*, Sumpfeisenstein *m*, Sumpferz *n*, Torfeisenerz *n*, Wiesenerz *n {Min, Limonit-Varietät}*
bog-iron schorl Eisenschörl *m {Min}*
bog manganese Manganschaum *m*, Manganschwärze *f*, Mangan-Wiesenerz *n*, Brauneisenrahm *m*, Braunsteinschaum *m*, Schaumerz *n*, Wad *m {Min, Psilomelan-Varität}*
boghead coal Bogheadkohle *f*, Boghead *m*
boghead naphtha Braunkohlenbenzin *n*
Bohemian brown topas Aftertopas *m {Min}*
Bohr atomic model Bohrsches Atommodell *n*, Atommodell *n* nach Bohr, Bohr-Rutherfordsches Atommodell *n*
Bohr magneton Bohrsches Magneton *n*
Bohr orbit Bohrsche Schale *f*, Bohrsche Bahn *f {Atom}*
Bohr theory Bohrsche Theorie *f {Atom}*
Bohr radius Bohrscher Wasserstoffradius *m*
boil/to kochen, abbrühen, aufkochen; brodeln, sieden, wallen
boil down/to einkochen; verkochen , zerkochen
boil off/to auskochen, abkochen; entbasten, entschälen, degummieren *{Text}*
boil out/to auskochen, abkochen; entbasten, entschälen, degummieren *{Text}*
boil over/to überkochen, überlaufen, überschäumen
boil Sieden *n*, Aufwallen *n*, Kochen *n*
boil-proof kochfest
boil strength Kochfestigkeit *f*
bring to boil/to zum Sieden bringen
boiled linseed oil Leinölfirnis *m {DIN 55932}*, Leinsaatöl *n*
boiled-off silk Cuiteseide *f {entbastete, glänzende Naturseide}*
boiler 1. Dampferzeuger *m*, Dampfkessel *m*; 2. Siedegefäß *n {Vak}*; 3. Blase *f*, Destillationsblase *f*, Destillierblase *f*; 4. Warmwasserspeicher *m*; 5. Küpe *f {Text}*; 6. Kochtopf *m*, Kochkessel *m*, Aufkochgefäß *n*; 7. Kocher *m*
boiler anti-scaling composition Kesselsteinverhütungsmittel *n*
boiler compound Kesselsteinverhütungsmittel *n*, Kesselsteinpulver *n*, Speisewasserzusatz *m*
boiler disincrustants Kesselsteinverhütungsmittel *npl*
boiler-feed pump Kesselspeisepumpe *f*
boiler-feed water treatment Kesselspeisewasseraufbereitung *f*
boiler plate Kesselblech *n*, Grobblech *n*, Kesselplatte *f*
boiler pressure Treibmitteldampfdruck *m* im Siedegefäß *n*, Kesseldruck *m*
boiler scale Kesselstein *m*, Kesselniederschlag *m*, Pfannenstein *m*, Kesselsteinablagerung *f*, Kesselsteinbelag *m*
boiler water Kesselwasser *n*
boiling 1. kochend, siedend, heiß; 2. Aufwallen *n*, Sieden *n*, Aufkochen *n*, Wallen *n*, Kochen *n*; 3. Verkochen *n {z.B. Zucker}*; Abkochen *n*; Sud *m*
boiling agent Kocherlauge *f*, Aufschlußmittel *n {Pap}*
boiling capillary Siedekapillare *f {Lab}*
boiling chip Ansiedescheibe *f*, Porzellanscheibe *f*, Siedestein *m*
boiling curve Siedekurve *f*
boiling delay Siedeverzug *m*
boiling down Abkochen *n*, Einkochen *n*
boiling end point Siedeendpunkt *m*
boiling fermentation kochende Gärung *f*
boiling flask Kochkolben *m*, Kochflasche *f*, Siedekolben *m {Lab}*
boiling graph Siedekurve *f*
boiling heat Siedehitze *f*

boiling liquid expanding vapour explosion *s.* BLEVE
boiling lye Siedelauge *f*
boiling pan Siedepfanne *f {Brau}*
boiling period Kochzeit *f*
boiling plant Abkochanlage *f*, Reinkochapparat *m {Beschichten}*
boiling plate Kochplatte *f*, Siedeblech *n*
boiling point Siedepunkt *m*, Kochpunkt *m*, Siedetemperatur *f*, Verdampfungstemperatur *f*
boiling-point apparatus Siedepunktbestimmungsapparat *m*
boiling-point curve Siedekurve *f*
boiling-point elevation Kochpunkterhöhung *f*, Siedepunktanstieg *m*, Siedepunkterhöhung *f*
boiling product Siedeprodukt *n*
boiling range Siedebereich *m*, Siedegrenzen *fpl*, Siedeintervall *n*, Siedelage *f*, Siedeverlauf *m {Dest}*
boiling resistance Kochbeständigkeit *f*, Kochfestigkeit *f*
boiling sediment Siedeabfall *m*
boiling sheet Siedeblech *n*
boiling spring heiße Quelle *f*
boiling stone Siedestein *m*, Porzellanscherbe *f*, Ansiedescheibe *f*
boiling strength Kochbeständigkeit *f*, Kochfestigkeit *f*
boiling tail Siedeschwanz *m {Mineralöl}*
boiling temperature Siedetemperatur *f*
boiling test Kochversuch *m*, Kochprobe *f {Härtegradermittlung}*
boiling tube Brühfaß *n*, Siederohr *n*; [chemisches] Reagenzglas *n*, Proberöhre *f {Lab}*
boiling vessel Aufkocher *m*, Aufkochgefäß *n*, Kochkessel *m*, Siedegefäß *n*
boiling water Kochwasser *n*
bold grobkörnig
bold[-type] face halbfett *{Druck}*
bole 1. große Pille *f*, Bolus *m*, Bissen *m {hauptsächlich für Tiere, Pharm}*; 2. Bol[us] *m*, Siegelerde *f {Min}*; 3. Grundierung *f*; 4. Stamm *m*, Baumstamm *m*
boleite Boleit *m {Min}*
boletic acid <HOOCCH=HCCOOH> Boletsäure *f*, *trans*-Butendisäure *f*, Fumarsäure *f*
Bologna flask Bologneser Flasche *f*, Bologneser Träne *f {Glas}*
Bologna phosphorus Bologneser Leuchtstein *m {BaS}*
Bologna spar Bologneser Spat *m {obs}*, Strahlbaryt *m {Min}*
bolometer Bolometer *n*
bolster 1. Kissen *n*, Polster *n*; 2. Auflager *n*, Auflagerbank *f*, Grundplatte *f*, Schabotte-Einsatz *m*, Gesenkhalter *m*; 3. Stammform *f*, Mutterform *f*, Wechselrahmen *m {Gieß}*
bolt/to 1. sichten, sieben; beuteln; 2. verbolzen, befestigen, verschrauben; abriegeln, verriegeln
bolt 1. Durchsteckschraube *f*, Schraube *f {mit Mutter}*, Schraubenbolzen *m*, Bolzen *m*; 2. Riegel *m*, Schieber *m*
bolt-hole Bohrung *f*
bolt-hole circle Schraubenlochkreis *m*
bolt steel Schraubenstahl *m*
bolted blank toter Stutzen *m*
bolted joint Schraub[en]verbindung *f*, [Rohr-]Überschieber *m*, geschraubte Verbindung *f*
bolter 1. Beutelsieb *n*, Siebtuch *n*, Siebzeug *n*, Sieb *n*; 2. Siebmaschine *f*
bolting 1. Sieben *n*; Beuteln *n*; 2. Anschrauben *n*, Verschrauben *n {mit Durchsteckschrauben}*
bolting apparatus Beutelzeug *n*
bolting cloth Beuteltuch *n*, Siebtuch *n*, Müllergaze *f*; Beutelzeug *n*
bolting sieve Beutelsieb *n*
boltonite Boltonit *m {Min, Fosterit-Varietät}*
Boltzmann constant Boltzmannsche Konstante *f*, Boltzmann-Konstante *f {k = 1,3806598·10^{-23} J/K}*, Boltzmannsche Entropiekonstante *f {DIN 5031}*
Boltzmann transport equation Boltzmann-Gleichung f*{N_2/N_1 = exp (E/kT)}*, Transportgleichung *f*
bolus 1. Arzneikugel *f*, große Pille *f*, Bolus *m*, Bissen *m {hauptsächlich für Tiere, Pharm}*; 2. Bol[us] *m {Min}*
bolus alba Kaolin *n*, Porezellanerde *f*, weißer Ton *m*, Bolus alba *m {Min}*
bomb 1. Bombe *f*, Druckbombe *f*; 2. Lavabombe *f*, [vulkanische] Bombe *f*
bomb calorimeter Bombenkalorimeter *n*, kalorimetrische Bombe *f*, Explosionskalorimeter *n {Lab}*
bomb furnace Schießofen *m*
bomb fusion process Bombenaufschluß *m*
bomb gas Flaschengas *n*
bomb oven Schießofen *m*
bomb tube Bombenrohr *n*
bombard/to beschießen, bombardieren *{Atom}*
bombarding Beschießen *n {Elektrodenentgasung durch Elektronen- oder Ionenbeschuß}*
bombarding particle Beschußteilchen *n*, Geschoßteilchen *n {Atom}*
bombardment Beschießung *f*, Bombardierung *f*, Bombardement *n*, Beschuß *m*
bombycol Bombykol *n {Pheromon; 10,12-Hexadecadien-1-ol}*
bond/to 1. binden, sich verbinden, eine Bindung *f* eingehen *{Chem}*; 2. elektrisch leitend verbinden, fest elektrisch verbinden; bondieren, bonden, kontaktieren *{Elektronik}*; 3. durchtränken *{Met}*; 4. [ver]kleben, haften, kaschieren *{Text, Pap}*

bond 1. Bindemittel *n*, Binder *m*; 2. Zusammenschluß *m*, Bindung *f {Chem}*; 3. Klebung *f*, Verklebung *f {Text}*; 4. Bond *m {Supraleiter}*; Bindung *f*, Verbund *m {z.B. zwischen Beton und Stahl}*; 5. Schuldverschreibung *f*; Kaution *f*, Sicherheitsleistung *f {Ökon}*
bond angle Bindungswinkel *m {Chem}*
bond area Klebfläche *f*
bond breaking Bindungsbruch *m*, Spaltung *f* der Bindung *f*
bond-coat weight Auftragsmenge *f*
bond direction Valenzrichtung *f*
bond energy Bindungsenergie *f*
bond improvement Haftverbesserung *f*
bond length Bindungsabstand *m*, Bindungslänge *f*, Atomabstand *m {Atom}*
bond line Klebfilm *m*, verfestigte Klebschicht *f*
bond material Verbundmaterial *n*
bond moment Bindungsmoment *n*
bond orbital Bindungsbahn *f*
bond order Bindungsgrad *m {Atom}*
bond refraction Bindungsrefraktion *f*
bond strength 1. Bindefestigkeit *f*, Klebfestigkeit *f*, Trennfestigkeit *f*, Haftfestigkeit *f {DIN 53357 und 55945}*; 2. Bindungsstärke *f*, Bindekraft *f*, Klebwert *m {Bindungstheorie}*
bond structure Bindungsstruktur *f*
bond type Bindungsart *f*, Bindungstyp *m {Chem}*
bond value Haftwert *m*
bondability Bindevermögen *n*, Bindefähigkeit *f*, Bindekraft *f*
bondable bindungsfähig
bonded area Klebfläche *f*
bonded fabric Textil-Plastschaum-Verbundstoff *m*, gebondeter Textilstoff *m*, Faserverbundstoff *m*, Textilverbundstoff *m*, Bonding *m*
bonded fiber fabrics Fließware *f {Text}*
bonded glass joint Glas[ver]klebung *f*
bonded joint Klebeverbindung *f*
bonded plastics joint Kunststoff[ver]klebung *f*
bonded steel joint Stahl[ver]klebung *f*
bonding 1. Bindung *f {chemischer Vorgang}*; 2. Binden *n*, Verbinden *n*, Verkleben *n*, Verleimung *f*, Kleben *n*; 3. Bindemittel *n*, bindender Zusatz *m*
bonding agent 1. Bindemittel *n*, Haftmittel *n*; 2. Klebstoff *m*, Kleber *m*
bonding area Klebfläche *f*
bonding autoclave Autoklav *m* für die Klebstoffhärtung *f*
bonding capacity Haftvermögen *n*, Bindevermögen *n*, Bindefähigkeit *f*; Bindekraft *f*, bindende Kraft *f*, Bindungsvermögen *n {Bindungstheorie}*
bonding coat Haftbrücke *f*
bonding electron Valenzelektron *n*
bonding emulsion Bitumen-Haftkleber *m {DIN 55946}*
bonding explosive forming kombiniertes Kleben-Explosionsumformen *n {Metallverbindungen}*
bonding material Imprägnierungsmittel *n*
bonding means Bindemittel *n*
bonding medium Bindemittel *n*, Klebstoff *m*, Kleber *m*
bonding method Klebverfahren *n*
bonding of plastics Kunststoffverklebung *f*
bonding of steel Stahl[ver]klebung *f*
bonding orbital gemeinsame Elektronenbahn *f*, bindendes Orbital *n*
bonding permanency Beständigkeit *f* einer Klebverbindung *f*
bonding power Bindevermögen *n*, Bindefähigkeit *f*, Haftvermögen *n*; Bindekraft *f*, bindende Kraft *f*, Bindevermögen *n {Bindungstheorie}*
bonding properties Verklebbarkeit *f*, Klebverhalten *n*
bonding resin Klebharz *n*
bonding strength 1. Haftfestigkeit *f {DIN 53357 und 55945}*, Klebfestigkeit *f*, Leimfestigkeit *f*; 2. Bindungsstärke *f*, Bindekraft *f*, Bindungsfestigkeit *f {Bindungstheorie}*
bone 1. Knochen *m {z.B. Bein, Gräte, Fischbein, Elfenbein}*; 2. Verwachsenes *n {Geol}*
bone ash Klärstaub *m*, Knochenasche *f*, Knochenerde *f*
bone binder *{US}* Knochenleim *m*
bone black Beinschwarz *n*, Elfenbeinschwarz *n*, Knochenschwarz *n*, Spodium *n*, Kölner-Schwarz *n {Gemisch von Knochenkohle mit Zucker in konzentrierter Schwefelsäure}*
bone-black furnace Knochenkohleglühofen *m*
bone-carbonizing oven Knochenverkohlungsofen *m*
bone char[coal] *s.* bone black
bone china Knochenporzellan *n {feines Steingut}*
bone dust Knochenmehl *n*
bone earth Knochenerde *f*, Knochenasche *f*
bone fat Knochenfett *n*, Knochenöl *n*
bone formation Knochenbildung *f {Med}*
bone gelatin Knochengallerte *f*
bone glass Milchglas *n*, Opalglas *n*, Beinglas *n*, Knochenglas *n {mit Knochenasche getrübtes Glas}*
bone glue Knochenleim *m*
bone manure Knochendünger *m*
bone [manure] meal Knochendüngermehl *n*
bone meal Knochenmehl *n*, Beinmehl *n*
bone-meal ammonium nitrate Knochenmehlammonsalpeter *m {Agri}*
bone oil Knochenöl *n*, Dippelsches Öl *n*
bone seeker Knochensucher *m {Physiol}*
bone spavin Hufspat *m*

bone tallow Knochentalg *m*
bone tolerance dose Toleranzdosis *f* für Knochen, zulässige Knochendosis *f*
bone turquoise Beintürkis *m {obs}*, Odontholit *m {Min}*
bonedry staubtrocken
boninic acid Boninsäure *f*
bonnet 1. Haube *f*, Kappe *f*, Deckel *m {Schutz}*; 2. Kuppel *f*
bonnet-body seal Ventildeckel-Ventilkörper-Dichtung *f*
bonnet gasket Ventildeckeldichtung *f*
book stone Bibliolit *m*, Blätterschiefer *m {Min}*
bookkeeping Buchhaltung *f*, Buchführung *f*
booklet Broschüre *f*, Heft *n*
boost/to 1. aufladen; verstärken *{Elek}*; 2. aktivieren *{Gummi}*
boost 1. Verstärkung *f*; 2. Ladedruck *m*, Aufladung *f*; 3. Synergist *m*
booster 1. Verstärker *m*, Booster *m {Chem}*; 2. Booster-Generator *m*, Zusatzgenerator *m*, Zusatzmaschine *f {Elek}*; 3. Vorschaltverdichter *m*, Boosterverdichter *m*; Kraftverstärker *m*, Booster *m*; Multiplikator *m*, Druckwandler *m*; Lader *m*, Aufladegebläse *n*; 4. Treibdampfpumpe *f {Vak}*
booster aggregate Zusatzaggregat *n*
booster amplifier Zusatzverstärker *m {Elek}*
booster battery Pufferbatterie *f*, Zusatzbatterie *f*, Verstärkerbatterie *f {Elek}*
booster compressor Nachschaltverdichter *m*
booster-diffusion pump Diffusionspumpe *f {zwischen Haupt- und Vorpumpe}*
booster expander Expansionsmaschine *f* mit Kompressor *m*
booster fan Zusatzventilator *m*
booster motor Hilfsmotor *m*
booster nozzle Treibdüse *f*
booster pump Förderpumpe *f*, Hilfspumpe *f*, Verstärkerpumpe *f*, Zusatzpumpe *f*, Zwischenpumpe *f*, Booster-Pumpe *f*
booster-type diffusion pump Treibdampfpumpe *f*
boot 1. Stiefel *m {Tech}*; 2. Abdeckstein *m {US; Glas}*; 3. Kofferraum *m {GB}*, 4. Stiefel *m {Schuh}*
booth 1. Meßstand *m*, 2. Kabine *f*
boothite Boothit *m {Min, $CuSO_4 \cdot 7H_2O$}*
booze Schnaps *m*
boracic acid *s.* boric acid
boracite Boracit *m*, Boraxspat *m*, Borazit *m {Min}*
borane $<B_nH_m>$ Boran *n*, Borwasserstoff *m*, Borhydrid *n*
borate 1. borsauer *{Salz}*; 2. Borat *n*, Ester *m* der Borsäure *f*, borsaures Salz *n*
borax $<Na_2B_4O_7 \cdot 10H_2O>$ Borax *m*, Dinatriumtetraboratdekahydrat *n*, Tinkal *m {Min}*
borax bead Boraxperle *f {Anal}*
borax glass Boraxglas *n*
borax pentahydrate $<Na_2B_4O_7 \cdot 5H_2O>$ Boraxpentahydrat *n*, Dinatriumtetraborat-5-Wasser *n*, oktaedrischer Borax *m*, Juwelierborax *m*
native borax Tinkal *m {Min}*
borazarene Borazaren *n*
borazine $<B_3N_3H_6>$ Borazin *n*, Borazol *n*, Pseudobenzol *n*, Triborintriamin *n*, anorganisches Benzol *n*
Bordeaux mixture Bordeaux-Brühe *f*, Bordelaiser Brühe *f*, Kupferkalkbrühe *f {Fungizid}*
Bordeaux red Bordeauxrot *n*
Bordeaux turpentine Bordeaux-Terpentin *n m*
border 1. Kante *f*, Rand *m*, Krempe *f*, Saum *m*; 2. Borte *f {Text}*; 3. Grenze *f*, Rand *m*; 4. Rahmen *m*, Begrenzungslinie *f {EDV}*; 5. Einfassung *f*
bore/to bohren, aufbohren, anbohren, ausbohren; aufreiben, ausreiben; schürfen *{Bergbau}*
bore 1. Bohren *n*, Ausbohren *n*; 2. Bohrung *f*, Bohrloch *n*; 3. Aufreiben *n*, Ausreiben *n*; 4. Kaliber *n {Rohr-Innendurchmesser}*; 5. Bohrdurchmesser *m*
bore oil Bohröl *n*
borehole Bohrloch *n*
borehole logging Bohrlochuntersuchung *f*, Bohrlochmessungen *fpl*
borer 1. Bohrer *m*, Bohrvorrichtung *f*; 2. Holzbrüter *m*, Holzbohrer *m {Bohrwurm, Zool}*
borethane $<B_6H_6>$ Borethan *n*, Diboran(6) *n {obs}*
borethyl $<B(CH_2CH_3)_3>$ Bortriethyl *n*, Triethylboran *n*
boric borartig; Bor-
boric acid $<H_3BO_3>$ Borsäure *f*, Trioxoborsäure *f*, Acidum boricum *n {Pharm}*, Boraxsäure *f {obs}*, Orthoborsäure *f*
boric acid chelate Borsäurechelat *n*
boric acid ester Borsäureester *m*
boric acid ointment Borsalbe *f*
boric acid soap Borsäureseife *f*
boric acid solution Borsäurelösung *f*, Borwasser *n {Pharm}*
boric anhydride $<B_2O_3>$ Borsäureanhydrid *n*, Bortrioxid *n*, Boroxid *n*
boric oxide $<B_2O_3>$ Boroxid *n*, Bortrioxid *n*, Borsäureanhydrid *n*
borickite Borickyit *m {Min}*
boride Borid *n*
boriding Borieren *n*
borine $<R_3B>$ Borin *n*, Boranderivat *n*
boring 1. Bohren *n*; Aufbohren *n*, Ausbohren *n*; 2. Ausdrehen *n*; Aufsenken *n*; 3. Bohrloch *n*, Bohrung *f*; 4. Bohrspan *m*
boring grease Bohrfett *n*
boring oil Bohröl *n*
boring tool Bohrstahl *m*

borings Bohrspäne *mpl*, Feilspäne *mpl*, Bohrklein *n*, Bohrmehl *n*
borinic acid <**RR'BOH** Borinsäure *f*, Hydroxyorganylboran *n {IUPAC}*
bormethyl Bortrimethyl *n*, Trimethylboran *n*
bornane Bornan *n {1,7,7-Trimethylbicyclo[2.2.1]heptan}*, Camphan *n {obs}*
Borneo camphor *s.* borneol
Borneo tallow Illipebutter *f*
borneol <$C_{10}H_{18}O$> Borneol *n*, Borneocampher *m*, Bornylalkohol *m*, Malayischer Campher *m*, Sumatracampher *m*
borneol salicylate *s.* bornyl salicylate
bornesitol <$C_7H_{14}O_6$> Bornesit *m*, Inositmethylester *m*, Quebrachit *n*
Born-Haber cycle Born-Haber-Kreisprozeß *m*
bornite <Cu_5FeS_4> Buntkupferkies *m*, Bornit *m*, Buntkupfererz *n {Min}*
bornyl <-$C_{10}H_{17}$> Bornyl-
bornyl acetate Bornylacetat *n*, essigsaures Bornyl *n {obs}*, Borneolessigester *m*
bornyl alcohol <$C_{10}H_{18}O$> Borneol *n*, Borneolcampher *m*, Bornylalkohol *m*, Malayischer Campher *m*, Sumatracampher *m*
bornyl chloride Bornylchlorid *n*, 2-Chlorbornan *n*
bornyl isovaleriate Bornylisovalerianat *n*
bornyl salicylate Salit *n*, Borneolsalicylat *n*, Salicylsäureborneolester *m*
bornyl valerate Bornylvalerianat *n*
bornylamine Bornylamin *n*, 2-Aminobornan *n*
borobutane <B_4H_{10}> Bor[o]butan *n*, Tetraboran(10) *n*
borocalcite Borocalcit *m*, Bechilith *m {Min}*
boroethane <B_6H_6> Borethan *n*, Diboran(6) *n*
borofluo[hyd]ric acid <HBF_4> Borfluorwasserstoffsäure *f*, Borflußsäure *f {Triv}*, Tetrafluorborsäure *f*, Fluor[o]borsäure *f*
boroformic acid Borameisensäure *f*
boroglyceride Boroglycerid *n {Pharm}*
borohydride <$M_n[BH_4]_n$> Metallborhydrid *n*, Boranat *n*, Metallborwasserstoff *m {Triv}*,Tetrahydroborat(-1) *n {IUPAC}*, Tetrahydridoborat *n*
borol <C_4H_5B> Borol *n*
boron *{B; element no. 5}* Bor *n*
boron bromide Borbromid *n*
boron carbide <$B_{13}C_2$> Borcarbid *n {IUPAC}*, Borkarbid *n {obs}*
boron chamber Borionisationskammer *f {Nukl}*
boron chloride Borchlorid *n*
boron-containing borhaltig
boron crystals Borkristalle *mpl*
boron equivalent Boräquivalent *n {Nukl}*
boron fiber Borfaser *f*
boron-filled borgefüllt
boron fluoride Borfluorid *n*
boron hydride <B_nH_m> Borwasserstoff *m*, Boran *n*, Borhydrid *n*
boron nitride <**BN**> Bor[mono]nitrid *n*, anorganischer Diamant *m {Triv}*
boron oxide <B_2O_3> Boroxid *n*
boron silicide Borsilicid *n*
boron steel Borstahl *m*
boron superphosphate Borsuperphosphat *n*
boron target Borschirm *m*
boron treating agent Boriermittel *n {Beschichten}*
boron tribromide <BBr_3> Bortribromid *n*
boron trichloride <BCl_3> Bortrichlorid *n*
boron triethyl Bortriethyl *n*, Triethylboran *n*
boron trifluoride <BF_3> Bortrifluorid *n*
boron triiodide <BI_3> Bortriiodid *n*
boron trimethyl Bortrimethyl *n*, Trimethylboran *n*
boron trioxide <B_2O_3> Bortrioxid *n*, Borsäureanhydrid *n*
boronatrocalcite Boronatrocalcit *m*, Ulexit *m {Min}*
boronic acid <$RB(OH)_2$> Boronsäure *f*, Dihydroxyorganylboran *n {IUPAC}*
borosalicylic acid Borsalicylsäure *f*
borosilicate Borosilicat *n*
borosilicate glass Borosilicatglas *n*
borotannate Borotannat *n*
borotartrate <$M'C_4H_4BO_7$> Borotartrat *n*
borotungstic aicd Borwolframsäure *f*, Wolframatoborsäure *f*
borrow/to leihen, ausleihen
bort Bort *n {Diamantenschleifpulver}*, Ballas *m*, Poort *m {technische Diamanten und Diamantenabfälle für die Industrie}*
boryl <-BH_2> Boryl-, Boranyl-
boryltartaric acid Borylweinsäure *f*
bosh 1. Kühlbottich *m {Glas}*; 2. Rast *f {Hochofen}*
boson Boson *n*, Bose-Teilchen *n*
boss 1. Muffe *f*; 2. Buckel *m*, Wulst *m*, Vorsprung *m*, Bosse *f*; 3. Knauf *m*, Knopf *m*; 4. Stock *m*, Eruptivstock *m {Geol}*
boss flange Nebenflansch *m*
bosshead Muffe *f*, Doppelmuffe *f {Lab}*
botanic[al] botanisch
botanist Botaniker *m*
botany 1. Botanik *f*, Pflanzenkunde *f*; 2. Botanywolle *f*, Merinowolle *f {Text}*
botryolite Botryolith *m {obs}*, Datolith *m*, Traubenstein *m {Min}*
bottle/to abfüllen *{in Flaschen}*, abziehen *{auf Flaschen}*
bottle 1. Flasche *f*, Fläschchen *n {Lab}*; 2. Gasflasche *f*
bottle brush Flaschenbürste *f*
bottle cap Flaschenkappe *f*, Flaschenkapsel *f*, Flaschenverschluß *m*

bottle-capsule lacquer Flaschenkapsellack *m*
bottle conveyor Flaschenförderer *m*
bottle-filling apparatus Flaschen[ab]füllapparat *m*
bottle glass Flaschenglas *n*
bottle in a wicker case Korbflasche *f*
bottle seal Flaschenverschluß *m*
bottle-washing compounds Flaschenreinigungsmittel *npl*, Flaschenspülmittel *npl*
bottle with cap Kappenflasche *f*
bottle with rolled flange Rollrandflasche *f*
small bottle Flakon *m n*
stoppered bottle Stöpselflasche *f*
wide-mouth bottle Weithalsflasche *f {Chem}*
bottled gas Flüssiggas *n* in Flaschen *fpl*
bottled oxygen Sauerstoff *m* in Stahlflaschen *fpl*
bottlegreen Glasgrün *n*
bottleneck 1. Flaschenhals *m*; 2. Engpaß *m*, Engstelle *f*
bottlestone Tektit *m {Min}*
bottling Abfüllung *f* auf Flaschen *fpl*, Flaschenabzug *m*, Flaschen[ab]füllung *f*
date of bottling Abfülldatum *n*
bottom 1. Boden *m*, Grund *m*, Unterseite *f*; 2. Sohle *f*, Liegendes *n {Geol}*; 3. Sumpf *m {z.B. einer Destillationskolonne}*; 4. Herd *m {des Schachtofens}*; 5. tiefster Punkt *m*, Tiefpunkt *m*, Tiefstand *m*, niedrigster Stand *m*; Tal *n*
bottom backing Unterschicht *f {Kunst; DIN 16851}*
bottom-blow valve Bodenventil *n*
bottom casting steigender Guß *m*, Bodenguß *m {Met}*
bottom colo[u]r Grundfarbe *f*
bottom disc Bodenscheibe *f*
bottom discharge Bodenaustrag *m*, Bodenentleerung *f*, Untenentleerung *f*
bottom electrode Bodenelektrode *f*
bottom fermentation Untergärung *f {Brau}*
bottom-fermented untergärig *{Brau}*
bottom layer Grundierung *f*, Unterschicht *f*
bottom load Bodenbelastung *f*
bottom mo[u]ld Matrize *f*
bottom of melting pan Düsenboden *m*
bottom part Unterstück *n*, Unterteil *n*
bottom plate Grundplatte *f*, Bodenplatte *f {beim Gespanngießen}*, Unterplatte *f*, Basisplatte *f*, Aufspannplatte *f {an Plastverarbeitungswerkzeugen}*, Sohlplatte *f*, [Fertig-]Formboden *m {Glas}*
bottom pouring steigender Guß *m*, Bodenguß *m*, steigende Gießweise *f {Met}*
bottom pressure Sohldruck *m*
bottom-pressure level ga[u]ge Bodendruck-Füllstandsmesser *m*
bottom product 1. Bodenprodukt *n*, Sumpfprodukt *n*, [Vakuum-]Destillationsrückstand *m*; 2. Bodenprodukt *n {Met}*; 3. Bodenrückstand *m {in einem Öltank}*, Ablauf *m*, Schlempe *f*; 4. Faßgeläger *n {Lebensmittel}*
bottom sediment Bodensatz *m*
bottom tapping Bodenabstich *m*
bottom view Ansicht *f* von unten
bottom yeast untergärige Hefe *f*, Unterhefe *f {Brau}*
bottoming bath Vorfärbebad *n {Text}*
bottoms 1. Rückstand *m*, Niederschlag *m*, Sediment *n*, Ausscheidung *f*, Ablagerung *f*, Bodensatz *m*; 2. Bodenkörper *m*, Bodenprodukt *n*, Sumpfprodukt *n*, [Vakuum-]Destillationsrückstand *m*; 3. Faßgeläger *n {Lebensmittel}*
Bottone's scale of hardness Bottone's Härteskale *f*
botulism Botulismus *m {Lebensmittel}*
Boudouard equilibrium Boudouard-Gleichgewicht *n* $\{C+CO_2 = 2CO\}$
boulangerite Antimonbleiblende *f*, Boulangerit *m*, Schwefelantimonblei *n {Min}*
boulder Flußstein *m*, Uferkiesel *m {>256 mm}*; Felsblock *m*
boulder clay Blocklehm *m*, Geschiebelehm *m*, Geschiebemergel *m*
bound/to begrenzen, abgrenzen; aufprallen
bound 1. angebunden, gebunden; blockiert; verbunden; 2. Schranke *f {Math}*
bound rubber gebundener Kautschuk *m*, Bound Rubber *m*
bound sulfur gebundener Schwefel *m*
boundary 1. Ende *n*; 2. Grenze *f*, Abgrenzung *f*, Begrenzung *f*; Begrenzungsfläche *f*, Umgrenzung *f*, Zone *f*
boundary angle Randwinkel *m {Oberflächenspannung}*
boundary condition Grenz[flächen]bedingung *f*, Randbedingung *f*
boundary density Randdichte *f*
boundary diffusion Grenzflächendiffusion *f*
boundary energy Grenzenergie *f*
boundary flow Grenzströmung *f*
boundary friction Grenzflächenreibung *f*, Grenzreibung *f*
boundary layer Grenzschicht *f*, Grenzfläche *f*
boundary-layer flow Grenzschichtströmung *f*
boundary line Grenzlinie *f*, Begrenzungslinie *f*, Scheidelinie *f*
boundary lubrication Grenzflächenschmierung *f*, Grenzschmierung *f*, Teilschmierung *f*
boundary potential Grenzflächenpotential *n*
boundary surface Begrenzungs[ober]fläche *f*, Grenzfläche *f*
boundary value Randwert *m*
boundary value problem Randwertaufgabe *f*, Randwertproblem *n*
boundary wall Grenzwand *f*, Grenzfläche *f*

boundary wave Grenzflächenwelle *f*, Grenzwelle *f*
boundary zone Grenzzone *f*
bounding angrenzend; Grenz-
boundless unbegrenzt, unbeschränkt, grenzenlos; unmäßig
boundlessness Unbegrenztheit *f*
Bourdon [pressure] ga[u]ge *{GB}* Bourdonfedermanometer *n*, Röhrenfedermanometer *n*, Bourdon-Manometer *n*, Bourdon-Vakuummeter *n*, Bourdon-Rohr *n*, Federrohrvakuummeter *n*
Bourdon tube *s.* Bourdon pressure ga[u]ge
bournonite <$CuPbSbS_3$> Bournonit *m*, Rädelerz *n*, Bleifahlerz *n*, Antimonkupferblende *f* *{Min}*
bow/to beugen, biegen, krümmen, neigen
bow 1. Tiegelschere *f*, Tragschere *f* *{Met, Glas}*; 2. Stromabnehmerbügel *m* *{Elek}*; Wölbung *f* *{bei gedruckten Schaltungen}*; 3. Bogen *m*, Bügel *m* *{z.B. einer Handsäge}*; 4. Biegung *f*, gebogenes Verziehen *n* *{z.B. Trocknungsfehler}*; 5. Kurve *f*, Schleife *f*; Knoten *m*
bowenite Bowenit *m* *{obs}*, Blätterserpentin *m*, Antigorit *m* *{Min}*
bowl 1. Schale *f*, Schüssel *f*, Napf *m*, Becher *m*; 2. Schöpfteil *n* *{Löffel}*; 3. Mahl-Schüssel *f*; Kessel *m*, Schleuderraum *m* *{einer Zentrifuge}*; Speiserbecken *n*, Speiserkopf *m*; Kalander-Walze *f*; 4. Trommel *f*; Becken *n*, Wanne *f*
bowl centrifugal decanter Dekantierkorbzentrifuge *f*
bowl mill Pendelmühle *f*, Schüsselmühle *f*
bowl-shaped schalenförmig
bowl-type centrifuge *{BS 767}* Korbzentrifuge *f*
bowl-type electroplating plant Glockengalvanisieranlage *f*
bowmanite Bowmanit *m* *{Min, Hamlinit-Varietät}*
box/to in Schachteln *fpl* packen, emballieren, einpacken
box 1. Dose *f*, Büchse *f*, Etui *n*, Gehäuse *n*, Pakkung *f*, Emballage *f*; 2. Kasten *m*, Kiste *f*; Kammer *f* *{z.B. zur Wärmebehandlung}*; Trog *m* *{Met}*; 3. Buchsbaum *m* *{Bot}*
box annealing Kastenglühung *f*, Kastenglühen *n*, Kistenglühen *n*
box-carburizing oven Kastenzementierofen *m* *{Met}*
box casting Kastenguß *m*, Ladenguß *m*
box compression test Stapelstauchwiderstandsprüfung *f*
box-filling machine Dosenfüllmaschine *f*
box furnace Kammerofen *m*, Muffelofen *m*
box manufacturing and paperworking industry Kartonagenindustrie *f*
box of weights Gewichtsatz *m*
box potential Kastenpotential *n* *{Atom}*
box pump Kapselpumpe *f*
box strapping Stahlband *n* um Verpackungskisten
box thread Innengewinde *n*
boxboard Hartpappe *f*, Karton *m*, Faltschachtelkarton *m*, Kartonagenpappe *f*
boxwood Buchsbaumholz *n* *{von Buxus sempervirens}*
Boyle's law Boyle-Mariottesches Gesetz *n*
brace/to abspreizen, verstreben; abstützen, aussteifen, versteifen; verklammern, verspannen
brace 1. Strebe *f*, Spreize *f*, Druckstrebe *f*; Aussteifungselement *n*, Verstrebungselement *n*, Absteifungselement *n*; Kreuzstrebe *f*, Diagonale *f*, Schräge *f*, Spreize *f*; Klammer *f*, Band *n*, Brasse *f*, Bügel *m*, Stützbalken *m*, Verstrebung *f*; 2. geschweifte Klammer *f* *{Math}*
brace block Brassenblock *m*
brachyaxis Brachyachse *f* *{Krist}*
brachyprism Brachyprisma *n*
brackebuschite Brackebuschit *m* *{Min}*
bracket 1. Auslegerbalken *m*, Ausleger *m*, Auslegerarm *m*; 2. Schelle *f* mit Justierung *{für Rohre}*, Krücke *f* *{Rohrstütze}*; Gestell *n*, Stehlager *n*, Träger *m*; 3. Auflage *f*, Konsole *f*; 4. Parenthese *f*; 5. Klammer *f* *{Math}*
Brackett series Brackett-Linien *fpl*, Brackett-Serie *f* *{Spek}*
brackish brackig, leicht salzig, schwach salzig *{< 2%}*; ekelerregend; Brack-
brackish water Brackwasser *n*
bradykinin Bradykinin *n* *{ein Nonapeptid}*
Bragg angle Glanzwinkel *m*, Braggscher Winkel *m* *{Opt}*
Bragg method Bragg-Methode *f*, Braggsche Drehkristallmethode *f*, Bragg-Verfahren *n*
Bragg plane Bragg-Ebene *f* *{Krist}*
Bragg spectrometer Kristallspektrometer *n*
Bragg's equation Braggsche Gleichung *f*, Bragg-Reflexionsbedingung *f*, Bragg-Formel *f* *{n= 2dsin}*
Bragg's law *s.* Bragg's equation
braggite Braggit *m* *{Min}*
braid/to flechten, [um]flechten
braid Borte *f*, Litze *f*, Flechte *f*, Passepoil *m*, Vorstoß *m*
braid lacquer Litzenlack *m*
braided metal packing Gewebepackung *f* *{Dest}*
braided wire Litzendraht *m*
braiding 1. Umklöppelung *f*; 2. Besatz *m*; 3. Flechten *n*, Flechterei *f* *{Kabel, Text}*
brain Gehirn *n*; Verstand *m*, Intelligenz *f*
brain trust Beraterstab *m*, Gehirntrust *m*,"Denkfabrik" *f*
brake/to [ab]bremsen
brake 1. Bremse *f*, Hemmschuh *m*; 2. Flachs-

breche *f {Text}*; 3. Teigknetmaschine *f*; 4. Abkantpresse *f {Met}*

brake fluid Bremsflüssigkeit *f*

brake lining Bremsbelag *m*, Bremsfutter *n*

brake-lining resin Bremsbelagharz *n*

braking radiation Bremsstrahlung *f*

bran Kleie *f*

bran dye bath Kleienbad *n*

bran liquid Kleienbeize *f*

bran molasses Kleiemelasse *f*

bran of almonds Mandelkleie *f*

bran vinegar Kleienessig *m*

bran water Kleienwasser *n*

branch/to verzweigen

branch off/to abbiegen, ableiten, abzweigen

branch out/to sich verzweigen

branch 1. Zweig *m*, Ableitung *f*; Abzweigstelle *f*, Abzweigung *f*; 2. Bein *n {Gestell}*; 3. Fach *n {Fachgebiet}*; 4. Filiale *f*, Zweigniederlassung *f*; 5. Schenkel *m {Zirkel}*

branch box Abzweigdose *f*, Abzweigkasten *m*

branch cock Verteilungshahn *m*

branch connection Abzweiganschluß *m*

branch current Teilstrom *m*, Zweigstrom *m*

branch establishment Filialanstalt *f*

branch [line] Abzweigleitung *f*, Verzweigungslinie *f*, Zweigleitung *f*

branch of industry Industriesparte *f*, Industriezweig *m*

branch of manufacture Betriebszweig *m*

branch piece Abzweigstück *n*

branch pipe Abzweigrohr *n*, Nebenrohr *n*, Zweigrohr *n*

branch point Verzweigungsstelle *f*

branch sleeve Abzweigmuffe *f*

branch stub *{GB}* Rohrstutzen *m*, Stutzen *m*

branch terminal Abzweigklemme *f*

branched angeschlossen; verzweigt, vernetzt

branched-chain molecule verzweigtes Kettenmolekül *n*

branched chromosome verzweigtes Chromosom *n*

branched molecule verzweigtes Molekül *n*

branched polyethylene verzweigtes Polyethylen *n*

branching 1. abzweigend, doppelgängig; 2. Verzweigung *f*, Abzweigung *f*, Schaltung *f*, Aufzweigung *f*; 3. Dualzerfall *m*, Mehrfachzerfall *m {Nukl}*

branching coefficient Verzweigungsverhältnis *n {Polymer}*

branching decay verzweigter Zerfall *n*

branching degree Verzweigungsgrad *m*

branching factor Verzweigungsfaktor *m*

branching point Verzweigungspunkt *m*

branching probability Verzweigungswahrscheinlichkeit *f*

branching ratio Abzweigungsverhältnis *n*, Verzweigungsverhältnis *n*

branchless unverzweigt

brand 1. [Schutz-]Marke *f*, Fabrikmarke *f*, Markenname *m*, Warenzeichen *n*; 2. Klasse *f*, Sorte *f*; 3. Getreidebrand *{Agri}*

brand name Markenbezeichnung *f*

brand-new fabrikneu, nagelneu

brand of merchandise Markensorte *f*, Markenfabrikat *n*

brandisite Brandisit *m*, Clintonit *m {Min}*

brandtite Brandtit *m {Min}*

brandy Branntwein *m*, Brandy *m {Destillat aus vergorenem Fruchtsaft}*

brandy made from wine Weinbrand *m*, Cognac *m {Frankreich}*

brandy vinegar Branntweinessig *m*, Weingeistessig *m*

brannerite Brannerit *m*, Cordobait *m {Min}*

branny kleienartig, kleiig, kleiehaltig

brasilic acid <$C_{12}H_{12}O_6$> Brasilsäure *f*

brass 1. Messing *n {Kupfer-Zink-Legierung nach DIN 1760}*; 2. Gelbkupfer *n*; 3. *{GB}* Pyrit *m*, Eisenkies *m*, Schwefelkies *m {Min}*; Pyriteinlagerung *f {in der Kohle}*

brass anode Messinganode *f*

brass bath Messingbad *n*

brass clippings Krätzmessing *n*

brass-colored messingfarben

brass-dipping plant Gelbbrennanlage *f*

brass foil Messingblatt *n*

brass-gauze cathode Messingdrahtnetzkathode *f*

brass sheet Messingblech *n*

brass solder Messingschlaglot *n*

brass wire Messingdraht *m*

brass-wire brush Messingkratzbürste *f*, Messingdrahtbürste *f*

brassicasterol Brassicasterin *n*

brassidic acid <$CH_3(CH_2)_7HC{=}CH(CH_2)_{11}COOH$> Brassidinsäure *f*, Brassinsäure *f*, Isoerucasäure *f*

brassiness messingartige Beschaffenheit *f*, Messingartigkeit *f*

brassy messingartig, messingfarben

brassylic acid Brassylsäure *f*, Tridecandisäure *f*

braunite Braunit *m*, Hartbraunstein *m*, Heteroklas *m {obs}*, Mangansesquioxid *n {Min}*

braunite cast Hartmanganstahlguß *m*

Bravais lattice Bravais-Gitter *n*

Bravais-Miller indices Bravaissche Indizes *mpl*, Bravaissche Symbole *npl*

bravaisite Bravaisit *m*, Hydromuskovit *m {Min}*

brayera powder Kussopulver *n {Pharm}*

brazability Hartlötbarkeit *f*

brazan Brasan *n*, Phenylennaphthylenoxid *n*

brazanquinone Brasanchinon *n*

braze/to hartlöten, löten mit Hartlot *n*, löten

braze welding Hartlöten *n* {> 427 °C}
brazed hartgelötet
brazed-plate heat exchanger Plattenwärmeaustauscher *m*
brazen aus Messing *n*; Messing-
Brazil brilliant Brasildiamant *m*
Brazil-nut oil Paranußöl *n*, Brasilnußöl *n*
Brazil tea Matéblätter *npl*
Brazil wax Karnaubawachs *n*, Carnaubawachs *n*
Brazil wood Brasilholz *n*, Fernambukholz *n*
Brazil wood lacquer Fernambuklack *m*
brazilcopalic acid Brasilkopalsäure *f*
brazilcopalinic acid Brasilkopalinsäure *f*
brazilein Brasilein *n* {*oxidiertes Brasilin*}
brazilin Brasilin *n*, Brazilin *n* {*Farbstoff*}
brazilinic acid *s*. brasilic acid
brazilite Brazilit *m* {*obs*}, Baddeleyit *m* {*Min*}
brazing 1. Hartlöten *n*, Hartlötung *f* {*450-600 °C*}, Hartlötverfahren *n*; 2. Lötstelle *f*
brazing solder Hartlot *n* {*DIN 8513*}, Schlaglot *n*
breach 1. Einbruchstelle *f*, Bruchstelle *f*; 2. Sicherheitsverletzung *f*, Sicherheitsbruch *m*; 3. Binge *f*, Pinge *f* {*Bergbau*}
breach of contract Vertragsbruch *n*, Vertragsverletzung *f*
breach of professional etiquette standeswidriges Verhalten *n*
breach of professional secrecy Bruch *m* des Berufsgeheimnisses *n*
bread stuffs Brotgetreide *n*
breadth Breite *f*, Weite *f*, Ausdehnung *f*, Ausmaß *n*
break/to [zer]brechen, zerkleinern; zerreißen; unterbrechen; brechen {*z.B. Licht; bei der Reinölherstellung*}; abbrechen {*eine Kette*}, beenden; lösen, aufspalten, sprengen {*eine Verbindung*}; entmischen, aufbereiten {*Hadern*}; auflösen {*z.B. Altpapier*}; springen, bersten, zerschlagen {*z.B. Glas*}; zerquetschen
break a bond/to eine chemische Bindung *f* spalten
break down/to zusammenbrechen, zerfallen; brechen, aufschließen {*Min*}; aufspalten; abbauen; durchschlagen {*Elek*}
break through/to durchbrechen
break up/to aufbrechen, aufschließen, ausmahlen
break up into small pieces/to zerkleinern
break up roughly/to halbmahlen
break vacuum/to belüften
break 1. Bruch *m*, Bruchbildung *f*; 2. Umschlag *m* {*z.B. bei der Titration*}; 3. Knickpunkt *m* {*z.B. einer Kurve*}; 4. Abriß *m* {*der Papierbahn*}; 5. Riß *m* ; 6. Kontaktabstand *m* {*Elek*}; 7. Bruch *m* {*durch Überbeanspruchung*}; 8. Oberflächenspiel *n* {*Tiegelofenschmelze*}; 9. Unterbrechnung *f*
break at low temperature Kältebruchtemperatur *f* {*Kunststoff; DIN 53372*}
break[-off] seal Trümmerventil *n*
break point Durchbruchpunkt *m*, Durchbruch *m*
break resistance Bruchfestigkeit *f*
break resistance at low temperature Kältebruchfestigkeit *f*
break-resistant bruchfest, bruchsicher
break roll Brechwalze *f*
break switch Selbstausschalter *m* {*Elek*}
break-up Aufbrechen *n* {*von Polymerketten*}
break-up value Schrottwert *m*, Liquidationswert *m*
elongation at break Bruchdehnung *f*
extension at break Bruchdehnung *f*
breakability Brechbarkeit *f*
breakable spröde, zerbrechlich, brüchig, fragil, bruchempfindlich
breakable container zerbrechlicher Behälter *m*
breakable glass seal Aufschlagventil *n*
breakage 1. Zerbrechen *n*; 2. Brechen *n*
breakage-proof bruchfest
breakdown 1. Spaltung *f*, Aufspaltung *f*, Abbau *m*, Aufgliederung *f*, Aufschlüsselung *f*; 2. Zerfall *m*; 3. Abbau *m*, Plastizierung *f*; 4. Durchschlag *m* {*eines Dielektrikums*}; 5. Störung *f*, Panne *f*, Ausfall *m*, Unterbrechnung *f*, Maschinenschaden *m*; 6. Bruch *m*; Zusammenbruch *m*
breakdown channel Entladungskanal *m*
breakdown field [strength] Durchschlagfeldstärke *f*, Durchbruchsfeldstärke *f*
breakdown filament Durchschlagskanal *m*
breakdown mill Brecher *m*, Brecherwalzwerk *n*, Reißwalzwerk *n*, Mastizierwalzwerk *n*
breakdown of power supply Stromausfall *m*
breakdown potential Durchschlagspotential *n*, Durchbruchspannung *f*, Überschlagspannung *f*
breakdown products Abbauprodukte *npl*
breakdown puncture Durchschlag *m*
breakdown resistance Durchschlagsfestigkeit *f*
breakdown service Notdienst *m*
breakdown strength Durchschlagsfestigkeit *f*
breakdown voltage Durchschlagsspannung *f*, Zündspannung *f* {*Elek*}
breaker 1. Ausschalter *m* {*Elek*}, Unterbrecher *m*; 2. Halbstoffholländer *m*, Halbzeugholländer *m* {*Pap*}; Mahlholländer *m*; 3. Brecher *m*, Brechtopf *m*, Brechkapsel *f*; Brechwalzwerk *n*; Brechtopf *m* {*Met*}; Kohlenaufbereitungsanlage *f*; 4. Formenöffner *m*, Formenbrecher *m*, Brecheisen *n* {*zum Öffnen von Vulkanisierformen*}
breaker baffle Prallblech *n*
breaker jaw Brechbacke *f*, Quetschbacke *f*

breaker plate Siebträgerscheibe *f*, Brech[er]platte *f*, Extruderlochplatte *f*, Lochring *m*, Lochscheibe *f*, Sieblochplatte *f*, Siebstützplatte *f*, Stützlochplatte *f*, Stützplatte *f*, Stauscheibe *f*, Armkreuz *n* *{Gummi}*
breakeven point Gewinnschwelle *f*, Kostendekkung *f*, Rentabilitätsgrenze *f* *{Ökon}*
breaking 1. Brechen *n*, Zerbrechen *n*, Zerkleinern *n*; Zerreißen *n*; 2. Brechen *n*, Knicken *n* *{Text}*; 3. Abbrechen *n*, Abbruch *m* *{z.B. einer Kette}*; Aufspalten *n*, Aufspaltung *f* *{einer Verbindung}*; Entmischen *n*, Brechen *n* *{einer Emulsion}*, Demulgierung *f*, Emulsionsaufspaltung *f*; 4. Aufbereitung *f* *{Hadern}*; Auflösung *f* *{Pap}*; Strecken *n* *{Gerb}*; Abreißen *n*, Abriß *m* *{Pap}*
breaking behaviour Bruchverhalten *n*
breaking by acids Säurespaltung *f*
breaking-down effect Zerteileffekt *m* *{feste Stoffe}*
breaking-down point Bruchfestigkeitsgrenze *f*
breaking down temperature Abbautemperatur *f*
breaking elongation Bruchdehnung *f*
breaking force Reißkraft *f*
breaking forepressure "Durchbruchs"-Vorvakuumdruck *m* *{zehnfacher Ansaugdruck einer Diffusionspumpe bei normalem Vorvakuum}*
breaking into small pieces Zerstückelung *f*
breaking length Reißlänge *f*
breaking limit Bruchgrenze *f*, Zerreißgrenze *f*
breaking load Bruchbelastung *f*, Bruchgrenze *f*, Bruchlast *f*, Reißkraft *f*, Knickbeanspruchung *f*, Zerreißbelastung *f*
breaking modulus Festigkeitsmodul *m*
breaking moment Bruchmoment *n*
breaking off Abbruch *m*
breaking out Durchbruch *m*
breaking point Brechpunkt *m* *{nach Fraß}*, Bruchpunkt *m*, Zerreißpunkt *m*, Zerreißgrenze *f*, Knickpunkt *m*
breaking resistance Knickfestigkeit *f*
breaking ring ampoule Brechringampulle *f*
breaking strain Zugfestigkeit *f*
breaking strength Bruchfestigkeit *f*, Berstfestigkeit *f*, Bruchwiderstand *m*, Zugfestigkeit *f*, Reißfestigkeit *f*; Festigkeitsgrenze *f*
breaking stress Bruchbeanspruchung *f*, Bruchspannung *f*, Zerreißbelastung *f*, Reißkraft *f*, Bruchlast *f*
breaking tenacity feinheitsbezogene Reißkraft *f*, feinheitsbezogene Reißfestigkeit *f* *{Faden}*
breaking tension Bruchdehnung *f*
breaking test Zerreißprobe *f*, Brechprobe *f*, Bruchprobe *f*, Reißprobe *f*
breaking through Durchbruch *m*
breaking up Aufbrechen *n*, Auflockerung *f*, Aufschließung *f*, Aufschluß *m*, Spaltung *f*
breakthrough Durchbruch *m*, Durchschlag *m* *{Chrom, Filter}*
breakthrough curve Durchbruchkurve *f* *{Adsorption}*
breathalyzer Pusteröhrchen *n* *{Alkoholtest}*
breathanalyzer Atemanalysator *m*
breathe/to atmen; arbeiten *{sich ausdehnen oder zusammenziehen}*
breather Entlüfter *m*, Entlüftungsstutzen *m*; Atemventil *n*; Druckausgleichsöffnung *f*
breathing 1. Atmungs-; atmungsaktiv *{Text}*, atmungsfähig, selbstatmend *{physiologische Eigenschaft}*; 2. Atmen *n*, Atmung *f*; Arbeiten *n* *{Ausdehnen oder Zusammenziehen}*; Lüften *n* *{Kunst}*; Entlüften *n*, Entgasen *n*, Entgasung *f* *{z.B. der Form}*
breathing apparatur Atemgerät *n*, Atemschutzgerät *n* *{DIN 3175}*, Atmungsgerät *n*
breathing film atmende Folie *f*, atmungsaktive Plastikfolie *f*
breathing tube Atemschlauch *m* *{Gasmaske}*
breccia Breccie *f*, Brekzie *f*, Brockengestein *n* *{Geol}*
calcareous breccia Kalkkonglomerat *n*
brecciated agate Breccienachat *m* *{Min}*
brecciated marble Breccienmarmor *m*
Bredt rule Bredtsche Regel *f* *{Stereochem}*
breeches pipe Hosenrohr *n*, Gabelrohr *n*, Zweiwegestück *n*
breed/to züchten; ausbrüten *{Zool}*; erbrüten, brüten *{Nukl}*; erzeugen
breed 1. Brutstoff *m* *{Nukl}*; 2. Rasse *f* *{Zool}*, Zucht *f*, Art *f*
breeder 1. Brüter *m*; Brutreaktor *m* *{Nukl}*; 2. Züchter *m* *{Zool, Bot}*
breeder material Brutstoff *m* *{Nukl}*
breeder reactor Brüter *m*, Brutreaktor *m*, Breeder *m* *{Nukl}*
breeding 1. Brüten *n* *{Nukl}*; 2. Brutvorgang *m*, Haltung *f*; Züchtung *f*
breeze 1. [Koks-]Grus *m*, Kohlenschlacke *f*, Kohlenklein *n*, [Koks-]Lösche *f*; 2. Wind *m*, Brise *f*
breeze concrete Leichtbeton *m*
brein Brein *n*
breislakite Breislakit *m*, Vonsenit *m* *{Min}*
breithauptite Breithauptit *m* *{Min}*, Antimonnickel *n* *{obs}*
Bremen blue Bremerblau *n*, Braunschweiger Blau *n*, Kalkblau *n*, Neuwieder Blau *n* *{Kupfer(II)-hydroxidcarbonat}*
Bremen green Bremergrün *n*, Verditer Grün *n* *{Cu-Hydroxid}*
bremsstrahlung Bremsstrahlung *f*, kontinuierliche Röntgenstrahlung *f* *{Atom}*
brenzcatechin Brenzcin *n*, Benzol-1,2-diol *n*
brescian steel Münzstahl *m*

breunnerite Breunnerit *m {obs}*, Mesitin *m*, Mesitinspat *m {Min}*
brevifolin Brevifolin *n {Ellagengerbstoff}*
brevium Brevium *n {veraltete Bezeichnung für Element 91}*, Protactinium *n*
brew/to brauen
brew Gebräu *n*, Sud *m*, Brühe *f*
brewer's grains Malztreber *pl*, Biertreber *pl*, Treber *pl*
brewer's mash flask Maischekolben *m*
brewer's pitch Brauerpech *n {Brau}*
brewer's yeast Bierhefe *f {Brau}*
brewing industry Brauwesen *n*, Brauindustrie *f*, Brauereiindustrie *f*
brewing liquor Brauwasser *n*, Brauereiwasser *n*
brewing malt Brau[erei]malz *n*
Brewster's angle Brewsterscher Winkel *m*, Polarisationswinkel *m {Opt}*
Brewster's fringes Brewstersche Streifen *mpl {Opt}*
brewsterite Brewsterit *m*, Diagonit *m {Min}*
brick/to vermauern, mauern, ausmauern, einmauern
brick Backstein *m*, Ziegel[stein] *m*, Mauerwerkziegel *m*, Mauerziegel *m {DIN 105}*, Mauerstein *m*, Tonstein *m*
brick clay Ziegelerde *f*, Ziegelton *m*
brick-colo[u]red ziegelfarbig
brick dryer Ziegeltrockenofen *m*
brick dust Ziegelmehl *n*
brick earth Ziegelerde *f*
brick lining Ausmauerung *f*
brick red 1. ziegelrot, terrakotta, terakottafarben; 2. Ziegelrot *n*
refractory brick feuerfester Stein *m*
sundried brick Lehmstein *m*
brickwork Mauerwerk *n*, Ziegelwerk *n*, Ziegelmauerwerk *n*, Backsteinbau *m*
bridge/to brückenbilden, eine Brücke *f* bauen; in Brücke schalten *{Elek}*; überbrücken
bridge 1. Brücke *f*, Überführung *f*; 2. Polbrücke *f*; Meßbrücke *f {Elek}*; 3. Brücke *f*, Isthmus *m {bei Graphen}*
bridge arm Brückenglied *n {Elek}*
bridge assembly Brückenschaltung *f*, Wheatstone-Brücke *f*
bridge atom Brückenatom *n {Stereochem}*
bridge bond Brückenbindung *f {Molekularstruktur}*
bridge circuit Brückenschaltung *f {Elek}*
bridge method Brückenverfahren *n*, Brückenmethode *f*
bridge-ring structure Brückenringstruktur *f {Stereochem}*
bridge-ring system Brückenringsystem *n {Stereochem}*
bridge-shaped stillhead Destillierbrücke *f*
bridgehead Brückenkopf *m {Stereochem}*
bridgehead atom Brückenkopfatom *n {Stereochem}*
bridgehead carbanion Brückenkopf-Carbanion *n {Stereochem}*
bridgehead radical Brückenkopf-Radikal *n {Stereochem}*
bridged verbrückt; Brücken-
bridging 1. Überbrückung *f {Elek}*; 2. Brückenbildung *f {Chem}*; 3. Zusammenbacken *n* beim Einfüllen *n {Kunst}*, Brückenbildung *f*, Verbrückung *f {bei Schüttgut}*
bridging atom Brückenatom *n {Stereochem}*
bridging oxygen Brückensauerstoff *m*
bridging plug Brückenstecker *m*
brief kurz, knapp, bündig, gedrängt
brier [wood] Bruyèreholz *n {der Baumheide Erica arborea L.}*
Brigg's logarithm Briggscher Logarithmus *m*, Zehnerlogarithmus *m*, dekadischer Logarithmus *m*
Brigg's screw thread *{US}* Briggs-Gewinde *n*
bright glänzend, leuchtend, lebhaft *{Farben}*; hell; klar, blank; Glanz-
bright acid dip saure Glanzbrenne *f {Elektrochem}*
bright annealing Blankglühen *n {Stahl}*
bright chromium-plating Glanzverchromen *n*
bright colo[u]r Intensivfarbe *f*
bright dip Glanzbrennbad *n*, Glanzbrenne *f*
bright-drawn blankgezogen *{Stahl}*
bright field illumination Hellfeldabbildung *f*
bright field image Hellfeldbild *n*
bright gilding Glanzvergoldung *f*
bright ground illumination Hellfeldbeleuchtung *f*
bright luster Hochglanz *m*
bright nickel bath Glanznickelbad *n*
bright pickling bath Glanzbeizbad *n*
bright plating bath Glanzbad *n {Elektrolyse}*
bright plating plant Glanzplattieranlage *f*
bright process oil helles Prozeßöl *n*
bright quenching oil Blankhärteöl *n*
bright-red hochrot, leuchtendrot, hellrot
bright section Blankprofil *n*
bright stock Brightstock *m*, Brightstock-Öl *n {Rückstandszylinderöl}*, raffinierte Rückstandsfraktion *f {Motoröl}*
brighten/to aufhellen, avivieren, beleben *{Text}*
brightener 1. optischer Aufheller *m*, Weißtöner *m {Text}*; 2. Glanzzusatz *m*, Glanzbildner *m {im galvanischen Bad}*
brightening Aufhellung *f*, Bleichen *n*, Entfärben; Avivage *f {Text}*
brightening agent 1. Aufheller *m*, optisches Aufhellungsmittel *n*, optisches Bleichmittel *n*, Weißtöner *m*, Aviviermittel *n*; 2. Glanzbildner *m {Galvanotechnik}*

brightening dyestuff Schönungsfarbstoff *m*
brightening fastness Avivierechtheit *f {Text}*
brightening fluid Schönungsflüssigkeit *f*
brightness 1. Glanz *m*, Lichtglanz *m*, Schein *m*; Helle *f*, Helligkeit *f*; Klarheit *f*; Weiße *f*, Weißgehalt *m*, Weißgrad *m*; 2. Leuchtstärke *f*, Leuchtkraft *f*
brightness reference value Hellbezugswert *m*
brightness temperature Leuchttemperatur *f*, schwarze Temperatur *f*, Schwarztemperatur *f*, spektrale Strahlungstemperatur *f {DIN 5496}*
brightness value Helligkeitswert *m*
degree of brightness Beleuchtungsstärke *f*
brights Vitrit *m*, Glanzkohle *f {DIN 22005}*
brilliance 1. Helligkeit *f*, Brillianz *f*, Farbenschönheit *f*, Leuchtkraft *f {von Farben}*; 2. Glanz *m*, Glanzeffekt *m*; 3. heller Klang *m*, helle Klangfarbe *f*; 4. Feuer *n {Edelsteine}*
brilliancy Helligkeit *f*
brilliancy of colo[u]rs Farbenschiller *m*
brilliant 1. farbenprächtig, glanzvoll, brillant, leuchtend, farbenstark; 2. Brillant *m*
brilliant acid blue Brillantsäureblau *n*
brilliant acid green Brillantsäuregrün *n*
brilliant alizarin blue Brillantalizarinblau *n*
brilliant carmine Brillantkarmin *n*
brilliant carmoisine Brillantcarmoisin *n*
brilliant colo[u]r Glanzfarbe *f*
brilliant cresyl blue Brillantcresylblau *n*
brilliant crocein Brillantcrocein *n*
brilliant dye Brillantfarbstoff *m*
brilliant green Ethylgrün *n*, Malachitgrün G *n*, Brillantgrün *n*
brilliant luster Lichtglanz *m*, Diamantenglanz *m*
brilliant oil Glanzöl *n*
brilliant pink Brillantrosa *n*
brilliant varnish Glanzlack *m*
brilliant yellow Brillantgelb *n {Anal}*
Brillouin zone Brillouin-Zone *f {Krist}*
brim Kante *f*, Rand *m*
brimful bis zum Rand *m* voll
brimstone Schwefel *m {in elementarer Form}*
brimstone impression Schwefelabdruck *m*
brine/to einpökeln, einsalzen, mit Salzlake *f* behandeln, naßpökeln, naßsalzen
brine 1. Sole *f*, Lauge *f*, Kochsalzlösung *f*, Lake *f*, Salzbrühe *f*, Salzlauge *f*, Salzlösung *f*, Salzwasser *n*; 2. Kältesole *f*, Kühlsole *f {als Kälteträger}*; 3. Sole *f*, Salzsole *f*
brine bath Salzbad *n*
brine concentrator Soleeindämpfer *m*
brine curing vat Solbad *n {Leder}*
brine evaporator Salzverdampfer *m*
brine leaching Salzlaugung *f*
brine mixer Solebereiter *m*
brine salt Solsalz *n*, Brunnensalz *n*
brine tank Eisgenerator *m {Brau}*
Brinell ball-hardness test Brinell-Kugeldruckprobe *f*
Brinell hardness Brinell-Härte *f*, HB *{als Eigenschaft}*, Kugeldruckhärte *f*
Brinell hardness number Brinellsche Härtezahl *f*, Brinell-Zahl *f*, HB *{als Härtewert}*
Brinell hardness test Brinell-Härteprüfung *f*, Kugeldruckprobe *f*, Härteprüfung *f* nach Brinell *{DIN 503513}*
briny salzig, salinisch
briquet[te]/to brikettieren, pressen *{Kohle}*; paketieren *{z.B. Schrott}*
briquet[te] 1. Brikett *n*, Preßkohle *f*, Preßstein *m*, Brennstoffziegel *m*, Patentkohle *f*; 2. Preßteil *n*, Preßling *m*, Preßkörper *m {Met}*
briquet[te] cement Brikettbindemittel *n*
briquet[te] press 1. Brikettierpresse *f*, Brikettpresse *f*; 2. Tablettenpresse *f*, Pastillenpresse *f {Pharm}*
briquetting Brikettieren *n*, Brikettierung *f*, Verpressen *n*, Formung *f {z.B. von Kohle}*, Ziegelung *f*
briquetting coal Brikettierkohle *f {DIN 22005}*
brisance Brisanz *f*, Sprengkraft *f*
brisance value Brisanzwert *m {Ladungsdichte x spezifische Energie x Detonationsgeschwindigkeit}*
brisk heftig, munter, lebhaft; prickelnd, perlend, schäumend
bristle Borste *f*, Haar *n {z.B. für Pinsel}*
Britannia metal Metallsilber *n*, Britanniametall *n {88% Sn, 8-1% Sb und 2% Cu}*
British antilewisite British Anti-Lewisit *n*, 2,3-Dimercaptopropanol *n*
British gum Britischgummi *n*, Dextrin *n*, Stärkegummi *n*
British thermal unit Britische Wärmeeinheit *f {obs}*, Btu *{1. 60-F-Btu = 1054,5 J; 2. mittlere Btu = 1055,79 J; 3. internationale Tabellen-Btu = 1055,05585262 J}*
brittle brüchig, beizbrüchig, bröckelig, faulbrüchig, glashart, kurzbrüchig, spröde, zerbrechlich
brittle at elevated temperature warmbrüchig
brittle failure Trennbruch *m*, Sprödbruch *m*
brittle fracture Sprödbruch *m*, Trennbruch *m*
brittle lacquer Reißlack *m*, Dehnungslinienlack *m*
brittle point Kaltbrüchigkeitstemperatur *f*, [Kälte-]Sprödigkeitspunkt *m*
brittle silver ore Sprödglanzerz *n*, Schwarzgültigerz *n*, Schwarzsilberglanz *m*, Antimonsilberglanz *m*, Stephanit *m {Min}*
brittle-tough transition Spröd-Zäh-Übergang *m*
brittle varnish Reißlack *m*, Dehnungslinienlack *m*
brittleness Brüchigkeit *f*, Faulbruch *m*, Sprödigkeit *f*, Zerbrechlichkeit *f*

brittleness at low temperature Kaltsprödigkeit *f*

brittleness due to ag[e]ing Alterungssprödigkeit *f*

brittleness on tempering Anlaßsprödigkeit *f*

brittleness temperature Kältesprödigkeitspunkt *m*, Sprödbruchtemperatur *f*, Versprödungstemperatur *f*, Kältebruchtemperatur *f*, Kältebiegeschlagwerttemperatur *f*

cold brittleness Kaltsprödigkeit *f*

Brix degree Brix-Grad *n {Zucker}*

broach/to anstechen, anzapfen *{z.B. ein Faß}*; räumen

broach 1. Glättahle *f*, Reibahle *f*; 2. Räumwerkzeug *n*, Räumnadel *f*; 3. Ausdornwerkzeug *n*; 4. Durchziehnadel *f {Text}*

broaching 1. Anstich *m {Brau}*; 2. Räumen *n {DIN 8589, T5}*

broad breit, weit, ausgedehnt, groß; stark; umfassend, voll

broad-beam absorption Großfeldabsorption *f*, Beitbündelabsorption *f {Atom}*

broad-beam attenuation Breitbündelschwächung *f*

broad-jet burner Breitstrahlbrenner *m*

broad-leaved timber Laubholz *n {DIN 68367}*

broad-line nuclear magnetic resonance spectroscopy Breitlinien-NMR *f*, magnetische Breitlinien-Kernresonanzspektroskopie *f*

broad-spectrum antibiotic Breitband-Antibiotikum *n*

broaden/to weiten, verbreitern, erweitern

broadening Verbreiterung *f {Spektrallinien}*

broadness of cut Schnittbreite *f {Mineralöl}*

broadside Querformat *n {Druck}*

brocade Brokat *m*, Brokatgewebe *n {Text}*

brocade colo[u]r Brokatfarbe *f*

brocade dye Brokatfarbe *f*

brocade finish Runzellack *m*

brocade leather Brokatleder *n*

brochantite Brochantit *m*, Blanchardit *m {Min}*

bröggerite Bröggerit *m {Min}*

broken 1. Bruch-; gebrochen, zerbrochen, kaputt; gestrichelt *{Linie}*, lückenhaft; unvollkommen; 2. Ausschuß *m*; Papierausschuß *m*; Kollerstoff *m*

broken brass Bruchmessing *n*

broken coke Bruchkoks *m*, Brechkoks *m*

broken copper Bruchkupfer *n*

broken glass Bruchglas *n*

broken gold Bruchgold *n*

broken iron Brucheisen *n*

broken lead Bruchblei *n*

broken line unterbrochene Linie *f*, gestrichelte Linie *f*; gerissene Linie *f*

broken silver Bruchsilber *n*

broken white gebrochenes weiß, weißlich

bromacetic acid *s.* bromoacetic acid

bromacetol <$CH_3CBr_2CH_3$> Bromacetol *n*, 2,2-Dibrompropan *n {IUPAC}*

bromal <CBr_3CHO> Bromal *n*, 2,2,2-Tribromacetaldehyd *m*, Tribromethanal *n*

bromal hydrate <$CBr_3CH(OH)_2$> Bromalhydrat *n {Triv}*, Tribromacetaldehyd-hydrat *n*

bromalin <$C_6H_{12}N_4C_2H_5Br$> Bromalin *n*, Bromethylformin *n*

bromamide 1. Bromamid *n {Triv}*, Anilin-2,4,6-tribromid *n*; 2. *N*-Bromamid *n {RCONHBr}*

bromanil <$O{=}C_6Br_4{=}O$> Bromanil *n*, Tetrabrom-1,4-cyclohexadiendion *n*

bromanilic acid Bromanilsäure *f*

bromaniline <$H_2NC_6H_4Br$> Bromanilin *n*, Aminobrombenzol *n*

bromargyrite Bromargyrit *m*, Bromyrit *m {Min}*

bromate/to bromieren, mit Brom *n* behandeln

bromate 1. bromsauer; 2. bromsaures Salz *n*, Bromat *n {M'BrO$_3$}*

bromation Bromieren *n*, Bromierung *f*

bromatography Bromatographie *f*

bromatometric bromatometrisch *{Anal}*

bromcarmine Bromcarmin *n*

bromeine Bromein *n*

bromelin Bromelin *n*, Bromelain *n*, Ananase *f*, Inflamen *n*, Extranase *f*, Traumanase *f {Enzym aus Ananasfrüchten}*

bromethylformin *s.* bromalin

brometone <$(CH_3)_2C(OH)CBr_3$> Brometon *n*, 1,1,1-Tribromo-2-methylpropan-2-ol *n*, Acetonbromoform *n*

bromic acid <$HBrO_3$> Bromsäure *f*

bromide <$M'Br$> Bromid *n*, Bromsalz *n*, Bromür *n {obs}*

bromide paper Bromidpapier *n*, Bromsilberpapier *n {Photo}*

brom[in]ate/to bromieren

brom[in]ation Bromierung *f*, Bromieren *n*

bromine *{Br, element no. 35}* Brom *n*

bromine azide Bromazid *n*

bromine chloride <$BrCl$> Chlorbrom *n {obs}*, Bromchlorid *n*

bromine compound Bromverbindung *f*

bromine fluoride <BrF> Bromfluorid *n*, Fluorbrom *n {obs}*, Brommonofluorid *n*

bromine number Bromzahl *f*

bromine pentachloride <$BrCl_5$> Brompentachlorid *n*

bromine pentafluoride <BrF_5> Brompentafluorid *n*

bromine preparation Brompräparat *n*

bromine solution Bromlösung *f*

bromine trifluoride <BrF_3> Bromtrifluorid *n*, Brom(III)-fluorid *n*

bromine trioxide <Br_2O_3> Bromtrioxid *n*

bromine value Bromzahl *f*

bromine vapor Bromdampf *m*

bromine washing bottle Bromwaschflasche *f*

bromine water Bromwasser *n*
brominize/to bromieren
brominizing Bromieren *n*
bromisoval Bromisoval *n*, Bromisovalterylharnstoff *m*
bromite Bromit *m {obs}*, Bromargyrit *m {Min}*
bromlite Bromlit *m {obs}*, Alstonit *m {Min}*
bromlost Dibromdiethylsulfid *n*
bromoacetylene Bromacetylen *n*
bromoacetic acid **<$CH_2BrCOOH$>** Bromessigsäure *f*, Bromethansäure *f*
bromoacetone **<CH_3COCH_2Br>** Bromaceton *n*, 1-Brom-2-propanon *n*
bromoacetophenone **<$C_6H_5COCH_2Br$>** Phenacylbromid *n*
bromoaziridine Bromaziridin *n*
bromobenzene **<C_6H_5Br>** Brombenzol *n*, Monobrombenzol *n*, Phenylbromid *n*
bromobenzoic acid **<BrC_6H_4COOH>** Brombenzoesäure *f*
bromobutyl rubber Brombutylkautschuk *m*
bromobutyric acid **<$CH_3CH_2CHBrCOOH$>** Brombuttersäure *f*, Brombutansäure *f*
bromocamphor Bromcampher *m*, Monobromcampher *m*
bromochlorodimethylhydantoin 3-Brom-1-chlor-5,5-dimethylhydantoin *n*
bromochloroethane Bromchlorethan *n*
bromochloromethane Methylenchloridbromid *n*, Bromchlormethan *n*, Chlorbrommethan *n*
bromocoll Bromocoll *n {Pharm}*
bromocresol green Bromkresolgrün *n*
bromocresol purple Bromkresolpurpur *m*
bromocyanogen Bromcyan *n*, Cyanbromid *n*
bromodiethylacetylurea Bromdiethylacetylharnstoff *m*
bromodifluoromethane Bromdifluormethan *n*
bromodimethylarsine Kakodylbromid *n*
bromoethane **<CH_3CH_2Br>** Ethylbromid *n*, Bromethyl *n*, Bromethan *n*
bromoethene **<$CH_2=CHBr$>** Bromethylen *n*
bromoethoxybenzene Bromphenetol *n*
bromoethylene **<$CH_2=CHBr$>** Bromethylen *n*, Bromoethen *n*, Vinylbromid *n*
bromoethyne Bromacetylen *n*
bromofluorobenzene **<BrC_6H_4F>** Bromofluorobenzol *n*
bromoform **<$CHBr_3$>** Bromoform *n*, Tribrommethan *n*
bromoguanide Bromguanid *n*
bromohydrin **<BrROH>** Bromhydrin *n*
bromohydroquinol Bromhydrochinon *n*
bromoiodonaphthalene Bromiodnaphthalin *n*
bromoisocaproic acid Bromisocapronsäure *f*
bromoisocaproyl chloride Bromisocaproylchlorid *n*
bromol Bromol *n*, 2,4,6-Tribromphenol *n*
bromomethane **<CH_3Br>** Brommethan *n*, Monobrommethan *n*, Methylbromid *n {Anal}*
bromomethyl ethyl ketone Brommethylethylketon *n*
bromometric bromometrisch
bromometry Bromometrie *f*, bromometrische Titration *f {Anal}*
bromonaphthalene **<$C_{10}H_7Br$>** Bromnaphthalin *n*
bromonaphthoquinone Bromnaphthochinon *n*
bromonitrobenzene Bromnitrobenzol *n*
bromonium ion **<$RRC\text{-}CBRR^+$>** Bromoniumion *n*
bromophenanthroline Bromphenanthrolin *n*
bromophenetol Bromphenetol *n*
bromophenol **<BrC_6H_4OH>** Bromphenol *n*
bromophenol blue Bromphenolblau *n {Anal}*
bromophenol red Bromphenolrot *n {Anal}*
bromophenylenediamine Bromphenylendiamin *n*
bromophenylhydrazine Bromphenylhydrazin *n*
bromophosgene **<$COBr_2$>** Bromphosgen *n*, Kohlenoxidbromid *n*, Carbonylbromid *n*
bromopicrin **<CBr_3NO_2>** Brompikrin *n*, Nitrobromoform *n {Triv}*
bromoplatinate(II) **<$M'_2[PtBr_4]$>** Bromoplatinat(II) *n*, Tetrabromoplatinat(II) *n*
bromopropionic acid **<$CH_3CHBrCOOH$>** Brompropionsäure *f*, Brompropansäure *f*
bromopyrine Brompyrin *n*
bromostannic acid Zinnbromwasserstoffsäure *f*
***β*-bromostyrene** Bromstyrol *n*, 1-Brom-2-phenylethylen *n*
bromostyrol *s.* bromostyrene
bromosuccinic acid Brombernsteinsäure *f*
***N*-bromosuccinimide** *N*-Bromsuccinimid *n*, Brombernsteinsäureimid *n*, NBS
bromotannin Bromtannin *n*
bromothymol Bromthymol *n*
bromothymol blue Bromthymolblau *n*, 3,3'-Dibromthymolsulfonphthalein *n*
α-bromotoluene α-Bromtoluol *n*, Benzylbromid *n*
***p*-bromotoluene** *p*-Tolylbromid *n*
bromotrifluoromethane Bromtrifluormethan *n*, Halon *n {Feuerlöschmittel}*
bromoxylenol blue Bromxylenolblau *n*
bromyrite Bromyrit *m*, Bromit *m*, Bromargyrit *m*, Bromspat *m {Min}*
broncholytic preparation Broncholytikum *n {Pharm}*
brongniardite Brongniardit *m {Min}*
Brönsted-Lowry theory Brönsted-Säuren-Basen-Theorie *f*
bronze/to bronzieren, brünieren
bronze 1. bronzefarben; 2. Bronze *f {DIN 1718}*, Bronzemetall *n*, Gießerz *n*, Glockenmetall *n*
bronze coating Bronzebezug *m*

bronze colo[u]r Bronzefarbe *f*, Brokatfarbe *f*, Erzfarbe *f*
bronze-colo[u]red bronzefarbig
bronze lacquer Bronzelack *m*
bronze-like bronzeartig
bronze luster Bronzeglanz *m*
bronze metal Bronzemetall *n*, Glockenmetall *n*, Gießerz *n*
bronze paper Bronzepapier *n {DIN 6730}*
bronze plating Bronzebezug *m*
bronze powder Bronzepulver *n*, Bronzierpulver *n*, Pudermetall *n*, Bronzefarbe *f*
bronze printing Bronzedruck *m*
bronze varnish Bronzelack *m*
bronze wire Bronzedraht *m*
bronzing Bronzeglanz *m*; Bronzieren *n*, Bronzierung *f*
bronzing bath Bronzierbad *n*
bronzing lacquer Bronzelack *m*
bronzing liquid Bronzelack *m*, Bronzetinktur *f*, Bronzierflüssigkeit *f*
bronzing pickle Brünierbeize *f*
bronzing powder Bronzierpulver *n*
bronzing salt Bronziersalz *n*
bronzite Bronzit *m {Min}*
bronzy bronzeartig
Brookfield viscometer Brookfield-Viskosimeter *n {DIN 51358}*, Flüssigkeitsbadmethode *f*
brookite Brookit *m*, Jurinit *m*, Titankiesel *m {Min, Arkansit-Varietät}*
broth [culture] Bouillon *f*, Fleischbrühe *f*,- Nährbouillon *f*, Nährlösung *f*, Kulturlösung *f {Pharm}*
brown/to bräunen, anbräunen, brünieren *{Färben}*
brown 1. braun, brünett; 2. Braun *n {Farbempfindung}*; Braun *n {Farbstoff}*
brown black braunschwarz
brown bread Weizenschrotbrot *n*
brown coal Braunkohle *f {subbituminöse}*, Erdkohle *f*, Lignit *m*, Weichbraunkohle *f*
brown coal bitumen Braunkohlenbitumen *n*
brown coal coke Braunkohlenkoks *m*
brown coal gas Braunkohlengas *n*
brown coal grit Braunkohlensandstein *m*
brown coal tar Braunkohlenteer *m*
brown coal wax Braunkohlenwachs *n*
brown colo[u]ring Bräunung *f*, Braunfärbung *f*
brown discolo[u]ration Braunfärbung *f*
brown-green Braungrün *n*
brown hematite Brauneisenstein *m*, Braunerz *n*, Brauneisen *n*, Limonit *m {Min}*
brown iron ocher *s.* brown iron ocher
brown iron ore Brauneisen *n*, Brauneisenstein *m*, Limonit *m*, Braunerz *n {Min}*
brown iron oxide Eisenoxidbraun *n*
brown lack Braunlack *m*
brown lead oxide Bleiperoxid *n {obs}*, Bleioxid *n*, Blei(IV)-oxid *n*, Bleihyperoxid *n {obs}*, Bleisuperoxid *n {obs}*
brown ore *s.* brown iron ore
brown paper Packpapier *n*
brown pearlspar Braunspat *m {Min}*
brown spar Braunspat *m*
brown sugar Sandzucker *m*
brown toning bath Brauntonbad *n {Photo}*
brown ware Steingutwaren *fpl*
Brownian motion Brownsche [Molekular-]-Bewegung *f {Phys}*
Brownian movement Brownsche [Molekular-]Bewegung *f {Phys}*
browning 1. Bräunen *n*, Anbräunen *n*, Bräunung *f {Lebensmittel}*; 2. Brünieren *n {von Metalloberflächen}*; 3. Braunwerden *n*
browning oil Brünieröl *n*
brownish bräunlich
brownish red braunrot, bräunlichrot
brownish yellow braungelb
brownstone eisenhaltiger Sandstein *m*, Buntsandstein *m*
brucine <$C_{23}H_{26}N_2O_4$> Brucin *n*, Bruzin *n*, Dimethoxystrychnin *n*
brucite Brucit *m {Min}*
brugnatellite Brugnatellit *m {Min}*
bruise/to zermalmen, zerquetschen; schroten *{Lebensmittel}*
brunsvigite Brunsvigit *m {Min}*
Brunswick black Braunschweigerschwarz *n*; Asphaltlack *m {Abdeckmittel in der Ätzerei und in der Galvanotechnik; Rostschutzmittel}*
Brunswick blue Braunschweigerblau *n*, Mineralblau *n {Farbstoff}*
brush/to überstreichen
brush 1. Abtastbürste *f*, Kontaktbürste *f*, Stromabnehmer *m*, Schleifbürste *f*, Bürste *f {Elek}*; 2. Pinsel *m*; Bürste *f {zum Anstreichen}*; 3. Gebüsch *n*; Gehölz *n*
brush application Pinselauftrag *m*
brush binder Bürstenklebemittel *n*
brush coppering Pinselverkupferung *f*
brush development Pinselentwicklung *f {Spek}*
brush discharge Büschelentladung *f {Gasentladung}*, Glimmentladung *f*, Sprühentladung *f*, dunkle Entladung *f {Elek}*
brush gilding Pinselvergoldung *f*
brush plating Bürstenplattierung *f*
brush rod Kontaktschlitten *m {Elek}*
brush sifter Bürstensieb *n*
brush still Bürstendestillieranlage *f*
brush-type electroplating plant Bürstengalvanisieranlage *f*
brush viscosity Streichviskosität *f*
brushability Streichbarkeit *f*, Streichfähigkeit *f*, Verstreichbarkeit *f*
brushable streichfähig
brushable plaster for outdoors Füllfarbe *f*

brushing Streichen *n*, Anstreichen *n*; Bürsten *n*
brushing lacquer Streichlack *m*
brushing paint Streichfarbe *f*
brushing property Streichfähigkeit *f*, Verstreichbarkeit *f*, Streichbarkeit *f*
brushite Brushit *m*, Stöffertit *m* *{Min}*
bryonane <$C_{20}H_{42}$> Bryonan *n*
BT-cut crystal BT-Kristallschnitt *m*
BTM Bromtrifluormethan *n*, Halon *n* *{Feuerlöschmittel}*
BTNENA <$C_4H_5N_8O_{14}$> Di(2,2,2-trinitroethyl)-nitramin *n* *{Expl}*
BTNEU <$C_5H_6N_8O_{13}$> Di(2,2,2-trinitroethyl)-harnstoff *m* *{Expl}*
B.T.U. *s.* British thermal unit
BTX Benzol-Toluol-Xylol-Gemisch *n* *{Tech}*
bubble/to wallen, aufwallen, brodeln; schäumen; sprudeln, in Blasen *fpl* aufsteigen, Blasen *fpl* bilden; hindurchperlen lassen, in Blasen *fpl* aufsteigen lassen *{Chem}*
bubble over/to übersprudeln, aufgischen
bubble through/to durchperlen
bubble up/to aufbrodeln, aufsprudeln, aufsteigen *{von Gasblasen}*
bubble 1. Blase *f*, Bläschen *n*; 2. Luftsack *m*, Luftblase *f* *{im Külbel}*; Luftblase *f* *{Papierfehler}*; Lunker *m* *{Met, Kunst}*, Folienblase *f*, Preßfehler *m*; 3. Glocke *f* *{einer Glockenbodenkolonne}*
bubble by bubble blasenweise
bubble cap Fraktionierbodenglocke *f*, Haube *f*, Glocke *f* *{Dest}*
bubble-cap column Glockenbodenkolonne *f*
bubble-cap plate Glockenboden *m*
bubble-cap tray Glockenboden *m*
bubble chamber Blasenkammer *f* *{Nukl}*
bubble column Blasensäule *f*, Blasensäulenreaktor *m* *{Chem}*
bubble counter Blasenzähler *m*, Gasblasenzähler *m* *{Lab}*
bubble flow [laminare] Blasenströmung *f*
bubble formation Blasenbildung *f*
bubble ga[u]ge Blasenzähler *m*, Gasblasenströmungsmesser *m*
bubble-injection method Einperlmethode *f*
bubble pack Blasenverpackung *f*, Glockenverpackung *f*, Blisterverpackung *f*, Blister *m*
bubble plate Glockenboden *m* *{Dest}*
bubble-plate column Glockenbodenkolonne *f*
bubble point Blasenbildungspunkt *m*, "bubble-point" *m*
bubble rising Blasenaufstieg *m*
bubble stability Blasenstabilität *f*
bubble test Blasprobe *f* *{Zucker}*
bubble tower Fraktionierturm *m* *{Dest}*
bubble tray Glockenboden *m* *{Dest}*
bubble-tray column Glockenbodenkolonne *f*
bubble vaporization Blasenverdampfung *f*
bubble visco[si]meter Luftblasen-Viskosimeter *n*
bubbler 1. Waschflasche *f*, Gluckertopf *m*, Gasspüler *m*; 2. Barboteur *m*, Druckmischer *m*, pneumatisches Rührwerk *n*; 3. Glocke[nkappe] *f* *{Dest}*
bubbling 1. Bläschenbildung *f*, Blasenbildung *f*; 2. Brodeln *n*, Aufwallen *n*, Wallen *n*; Sprudeln *n*, Perlen *n*; 3. Durchblasen *n*; Aufkochen *n*; 4. Gärung *f*
bubbling column Gasblasenwäscher *m*
bubbling promoter Schaumverstärker *m* *{einer Siebbodenkolonne}*
bubbling throttle Einperldrossel *f*
bubbling-type electrode Durchperlungselektrode *f*
bubbly blasig
buccocamphor *s.* buchu camphor
Büchner funnel Büchner-Trichter *m*, Filterkolben *m* *{starkwandige Porzellannutsche}*
buchu camphor Buccocampher *m*, Diosphenol *n*, 2-Hydroxypiperiton *n*
buck/to beuchen, laugen, laugieren, in Lauge *f* kochen *{Text}*; brechen, zerkleinern; entgegenwirken
buck 1. Beuche *f*, Beuchwasser *n*, Lauge *f* *{Bleichlauge, Text}*; 2. Absetzplatte *f*, Abstellplatte *f* *{Glas}*
buck ashes Laugenasche *f*
buck horn Hirschhorn *n*
buck tallow Bockstalg *m*
bucket 1. Behälter *m* *{z.B. Eimer, Kasten, Kübel, Becher}*; 2. Fördergfäß *n*; 3. Schöpfzelle *f* *{z.B. Kelle, Löffel, Schaufel}*
bucket chain Becherwerk *n*, Schöpfwerk *n*
bucket conveyor *s.* bucket elevator
bucket-conveyor extractor Becherwerksextrakteur *m*
bucket elevator Becherbandförderer *m*, Becheraufzug *m*, Becherwerk *n*, Eimerwerk *n*, Kübelaufzug *m*, Becherelevator *m*, Eimerelevator *m*
bucket trough Schaufelmulde *f*
bucket wheel Becherrad *n*, Schöpfrad *n*, Zellenrad *n*, Schaufelrad *n* *{Bagger}*
bucket-wheel excavator Schaufelradbagger *m*
bucket-wheel extractor Zellenradextrakteur *m*
bucking Auslaugen *n*, Beuchen *n*
bucking iron Erzpocheisen *n*
bucking kier Beuchgefäß *n*, Beuchkessel *m* *{DIN 64990}*, Auskocher *m* *{Text}*
bucking lye Beuche *f*, Beuchlauge *f*
bucklandite Bucklandit *m* *{Min}*
buckle/to krümmen, sich verziehen, sich werfen, sich biegen, sich wölben, beulen, ausbeulen; knicken, ausknicken; kippen
buckling 1. Knickerscheinung *f*, Knickung *f*; Verbiegung *f*; 2. Beulung *f*; 3. Stauchen *n*,

Stauchung *f*; 4. Verziehen *n*; 5. Bückling *m*, Pökling *m* {*Lebensmittel*}
buckling load Knicklast *f*, Knickbeanspruchung *f*, Beullast *f*, Beulbeanspruchung *f*
buckling pressure Beuldruck *m*
buckling resistance Knickfestigkeit *f*, Beulfestigkeit *f*
buckling strength Beulfestigkeit *f*, Knickfestigkeit *f*
buckling stress Knickbeanspruchung *f*, Knickspannung *f*
buckram Glanzleinwand *f*, Buchbinderleinen *n*, Buckram *m* {*Text, Buchbinderei*}
buckskin Wildleder *n*, Hirschleder *n*, Elchleder *n*, Elenleder *n*
buckthorn oil Kreuzdornöl *n*
buckwheat Buchweizen *m*, Heidekorn *n*, Fagopyrum esculentum {*Bot*}
buclizine <$C_{28}H_{33}ClN_2$> Buclizin *n* {*INN*}
bud/to keimen, knospen, ausschlagen {*Bot*}
bud Keim *m*, Knospe *f* {*Bot*}
buddle/to schlämmen {*Bergbau*}
buddle Erzbütte *f*, Schlämmgraten *m*, Schlämmtrog *m*, Schlemmherd *m*, Kerherd *m*
buddling Schlämmung *f* {*Bergbau*}
budget Haushalt[splan] *m*, Etat *m*; Voranschlag *m*
budget[ary] year Haushaltsjahr *n* {*Ökon*}
bufagin Bufagin *n*
bufalin <$C_{24}H_{32}O_5$> Bufalin *n* {*Tox*}
buff/to mit Leder *n* polieren, schwabbeln; aufrauhen; abbuffen, buffieren, abschleifen {*Leder*}
buff 1. ledergelb, lederfarbig, gelbbraun, braungelb; 2. Polierscheibe *f*, Schwabbelscheibe *f*; 3. Ledergelb *n*, Isabellfarbe *f*; 4. Büffelleder *n*
buff-colo[u]red gelbbraun, lederfarben
buff liquor Gelbbeize *f*
buffalo yellow Tartrazin *n*, Hydrazingelb *n*, Echtwollgelb *n*, Säuregelb *n*, Echtlichtgelb *n*
buffer/to puffern, abpuffern, abstumpfen
buffer 1. Puffer *m*, Pufferlösung *f* {*Chem*}; 2. Puffersubstanz *f*; 3. Dämpfungsglied *n* {*Kunst*}, Dämpfer *m*; 4. Füllmaterial *n* {*in einer Packung*}; 5. Puffer *m*, Entkoppler *m* {*Elek*}; 6. Werkstückspeicher *m* {*Fertigungsstraße*}; 7. Glättmaschine *f*
buffer acid Puffersäure *f*
buffer action Pufferwirkung *f*
buffer capacity Puffer[ungs]kapazität *f*, Puffer[ungs]vermögen *n*
buffer coating Zwischenanstrich *m*, Schutzanstrich *m*
buffer effect Pufferwirkung *f*
buffer gas Schutzgas *n*; Sperrgas *n* {*bei Dichtungen*}
buffer layer Pufferschicht *f*
buffer reagent Puffergemisch *n*
buffer salt Puffersubstanz *f*
buffer solution Pufferlösung *f*
buffer storage Pufferbehälter *m*, Zwischenbehälter *m*
buffer tank Zwischenbehälter *m*
buffered gepuffert
buffering Pufferung *f*, Puffern *n*, Abpuffern *n*
buffering action Pufferwirkung *f*
buffing Polieren *n*, Schwabbeln *n*; Aufrauhen *n*, Rauhen *n*
buffing agent Schwabbelmittel *n*
bufogenin B <$C_{24}H_{34}O_5$> Bufogenin B *n*
bufotalic acid Bufotalsäure *f*
bufotalin <$C_{24}H_{30}O_3$> Bufotalin *n*
bufotenidine Bufotenidin *n*
bufotenine <$C_{12}H_{16}N_2O$> Bufotenin *n*, *N,N*-Dimethylserotonin *n*
bufothionine Bufothionin *n*
bufotoxine <$C_{34}H_{46}O_{10}$> Bufotoxin *n*
bug 1. Käfer *m*, Wanze *f*; {*US*} Insekt *n*; 2. Wanze *f* {*Mini-Abhörgerät*}; 3. Fangglocke *f*, Overshut *m n*{*Fanggerät für abgebrochene Bohrköpfe, Öl*}; 4. Mündungsbär *m* {*Met*}
bug[s] Ungeziefer *n*
build/to bauen, mauern
build up/to aufbauen
build-up Ausbilden *n*, Aufbau *m* {*z.B. von Druck*}; Aufbau *m*, Aufbauen *n* {*einer chemischen Verbindung*}; Zusammenbau *m*, Konfektion[ierung] *f*
build-up method Anreicherungsmethode *f*
build-up time Einstellzeit *f*
builder Aufbaustoff *m*, Gerüstsubstanz *f*, Gerüststoff *m*, Builder *m* {*zum Aufbau synthetischer Waschmittel*}
building 1. Konfektion[ierung] *f*, Zusammenbau *m*; 2. Bauwerk *n*, Bau *m*, Gebäude *n*
building block principle Baukastenprinzip *n*
building board Baupappe *f*, Bauplatte *f*
building brick Mauerziegel *m*
building lime Baukalk *m* {*DIN 1060*}
building material Baumaterial *n*, Baustoff *m*
building materials testing Baustoffprüfung *f*
building preservative agent Bautenschutzmittel *n*
building proofing material Bautenschutzmittel *n*
building protective agents Bautenschutzmittel *npl*
building sealant Dichtungsmasse *f*
building-up bath Verstärkungsbad *n* {*Galv*}
built-in eingebaut {*Teile*}; Einbau-
built-in cupboard Einbauschrank *m* {*Lab*}
built-in foam slab geschichteter Schaumstoff *m*
built-in meter with digital read-out digitales Einbaumeßgerät *n*
built-in stirrer Einbaurührer *m*
built-in unit Einbauaggregat *n*

built-on Aufbau *m*
built-up back pressure Eigengegendruck *m* *{DIN 3320}*
bulb/to bombieren
bulb 1. Birne *f*, Kolben *m* *{z.B. der Glühlampe}*, Ballon *m*, Kugel *f* *{des Thermometers}*; 2. Zwiebel *f*, Spinnzwiebel *f*; 3. Knolle *f*, Zwiebel *f*; Zwiebelgewächs *n* *{Bot}*; 4. Wulst *m* *{Met}*; 5. Küvette *f*
bulb barometer Gefäßbarometer *n*
bulb burette Kugelbürette *f* *{Anal}*
bulb column Kugelsäule *f*
bulb condenser Kugelkühler *m*
bulb-form distilling column Destillationsaufsatz *m* mit zwei Kugeln *fpl*
bulb-like zwiebelartig
bulb pipet[te] Kugelpipette *f*, Vollpipette *f* *{Anal}*
bulb stopper Kugelstopfen *m*
bulb tube Kugelröhre *f*, Kugelrohr *n*
bulbocapnine <$C_{19}H_{19}NO_4$> Bulbocapnin *n*
bulbous bauchig, zwiebelartig
bulge/to ausbauchen, aufweiten, ausbeulen
bulge 1. Ausbeulung *f*, Bauchung *f*, Auftreibung *f*, Ausbuchtung *f*; 2. Beule *f*, Bauch *m*, Wulst *m*
bulge inward/to einbeulen
bulged ausgebaucht, angeschwollen, ballig, bauchig
bulging Wölbung *f*, Ausbauchung *f*, Ausbuchtung *f*; Aufweiten *n*
bulging test Anschwellprobe *f*, Aufweitversuch *m* *{an Rohren}*, Stauchprobe *f*, Stauchversuch *m*
bulk 1. Masse *f*, Volumen *n*, Menge *f*, Umfang *m*; Hauptmasse *f*, Hauptmenge *f*, Großteil *m*, Hauptteil *m* *{z.B. einer Lieferung}*; 2. Rohdichte *f*, Raumgewicht *n* *{obs}*, [Papier-]-Volumen *n*; 3. Ballaststoff *m* *{Lebensmittel}*; 4. Fülligkeit *f* *{z.B. des Garns}*
bulk absorption Volumenabsorption *f*
bulk article Massenartikel *m*, Massengut *n*; Schüttgut *n*
bulk boiling Volumensieden *n*
bulk conductivity Volumenleitfähigkeit *f*, Masseleitfähigkeit *f*
bulk delivery Massen[gut]anlieferung *f*, Massenversand *m* *{z.B. durch Tankfahrzeuge}*
bulk density 1. Schüttdichte *f* *{DIN 51705}*, Aufschüttdichte *f*, Rohdichte *f*, scheinbare Dichte *f*; 2. Schütmasse *f*, Rüttelgewicht *n*, Schüttelgewicht *n*
bulk diffusion Volumendiffusion *f*
bulk distillate Sammeldestillat *n*
bulk extraktion Herauslesen *n* aus der Masse *{Met}*
bulk factor Füllfaktor *m*, Füllkonstante *f*, Verdichtungsgrad *m*
bulk good Schüttgut *n*, Massengut *n*, Massenartikel *m*
bulk material massiver Stoff *m*, Schüttgut *n*, Rohmaterial *n*
bulk-material conveyor Schüttgutförderer *m*
bulk-material yard Schüttgutlager *n*
bulk mo[u]lding compound Feuchtpreßmasse *f*, fasrige Premix-Masse *f*
bulk modulus Volumenelastizitätsmodul *m*, Kompressionsmodul *m* *{Phys}*
bulk packing lose Verpackung *f*
bulk plastics Konsumkunststoffe *mpl*, Massenkunststoffe *mpl*
bulk polymer Blockpolymerisat *n*, Massepolymerisat *n*, Schmelzpolymerisat *n*
bulk polymerization Blockpolymerisation *f*, Polymerisation *f* in Masse *f*, Trockenpolymerisation *f*; Massepolymerisation *f*, Substanzpolymerisation *f*, Massepolymerisationsverfahren *n*
bulk product Massengut *n*, Schüttgut *n*
bulk-quantity control Mengensteuerung *f*
bulk resilience Bauschelastizität *f*
bulk sample Haufwerksprobe *f*, Mengenprobe *f*, Massenprobe *f*
bulk sampling Stichprobenentnahme *f*
bulk storage Schüttgutlagerung *f*
bulk storage silo Schüttgutlagersilo *n*, Lagersilo *n*
bulk temperature Formmassetemperatur *f*
bulk viscosity Volumenviskosität *f* *{DIN 13342}*
bulk volume Schütt[gut]volumen *n*, scheinbares Volumen *n*
bulk water separator Grobabscheider *m*
bulk weight Schüttgewicht *n*, Rüttelgewicht *n*, Schüttmasse *f*, Schüttdichte *f*
bulkhead Schott *n*, Schottwand *f*, Zwischenwand *f*, Trennwand *f*
bulkiness 1. Sperrigkeit *f*; 2. Bauschigkeit *f*, Voluminosität *f* *{Text}*; 3. Feinheitsgrad *m*
bulking value Stampfvolumen *n*
bulky sperrig, unhandlich; raumeinnehmend, voluminös, groß, dick
bulldog metal Puddelschlacke *f*
bullet 1. Kugel *f*, Gewehrkugel *f*; 2. Druckgasflasche *f*, Gasflasche *f*, Flasche *f*, Bombe *f*
bullet-proof glass Panzerglas *n*
bulletin Bulletin *n*, kurzer Bericht *m*, Heft *n*
bullion 1. Gold *n* und Silber *n* für Münzzwecke *mpl*, Goldbarren *m*, Silberbarren *m*, Billon *m n*; 2. Kalkkonkretion *f* *{Geol}*
bullion furnace Goldschmelzofen *m*
bump 1. Schlag *m*, Stoß *m*, Prellschlag *m*; 2. dumpfer Knall *m*, Bums *m*; 3. Vorsprung *m*, Höcker *m*
bumper 1. Stoßdämpfer *m*, Dämpfer *m*,

Dämpfungsglied *n*; 2. Puffer *m*; 3. Rüttelformmaschine *f {Gieß}*
bumping stoßweises Sieden *n*, Siedeverzug *m*
buna Buna *n {HN}*
bunch 1. Büschel *n*, Bündel *n {Licht}*; 2. Gebinde *n*, Bündel *n*; 3. Glasfaserverdickung *f*; Garnverdickung *f*, Fadenverdickung *f*; Riste *f {Lein, Jute}*; 4. Fadenreserve *f*
bunch discharge Büschelentladung *f*
bundle/to bündeln
bundle 1. Bündel *n*, Packen *m*, Gebund *m*, Bund *m*, Ballen *m*, Pack *m*; 2. Mehrstückpakkung *f*, Multipack *n*; 3. Paket *n {z.B. Schrott}*; 4. handelsübliche Einheit *f* für Garn *n* oder Tuch *n*
bundle dyeing vat Strähnenfärbepüpe *f {Text}*
bundled gebündelt
bung 1. Spund *m*, Zapfen *m*, Pfropfen *m*, Stöpsel *m*, Stopfen *m*; Spundloch *n*, Zapfloch *n*; 2. Stapel *m {z.B. von Ziegeln}*
bunker/to bunkern
bunker Bunker *m*, Sammelbehälter *m*
bunker C oil Bunkeröl C *n*, Bunker-C-Öl *n*
bunker coal Bunkerkohle *f*
bunker oil Bunkeröl *n {schweres Rückstandsheizöl}*
Bunsen burner Bunsenbrenner *m*
Bunsen cell Bunsenelement *n {Elek; 1,9 V}*
Bunsen flame Bunsenflamme *f*
Bunsen funnel Bunsen-Trichter *m {DIN 12446}*
Bunsen screen Bunsenschirm *m*
Bunsen valve Bunsenventil *n*
bunsenine Bunsenin *n {obs}*, Krennerit *m {Min}*
bunsenite Bunsenit *m {Min}*
Bunte gas burette Bunte-Bürette *f*, Buntesche Bürette *f {Anal}*
Bunte salt $<R\text{-}S\text{-}SO_3\text{-}M^I>$ Bunte-Salz *n*, Buntesches Salz *n*, Thioschwefelsäure-S-ester *m*
buoyancy [statischer] Auftrieb *m {in einer Flüssigkeit oder einem Gas}*, Strömungsauftrieb *m*, Schwimmfähigkeit *f*, Schwimmkraft *f*, Schwimmvermögen *n*
buoyancy coefficient Auftriebkoeffizient *m*
buoyancy gas Auftriebgas *n*
buoyant schwimmfähig; Schwimm-, Auftrieb-
buoyant density Schwebedichte *f*
buoyant force Auftriebskraft *f*
buphanitine $<C_{23}H_{24}N_2O_6>$ Buphanitin *n*
burden/to begichten *{Met}*, beladen, belasten, bepacken, beschicken
burden Last *f*, Beschickung *f*, Beschwerung *f*, Belastung *f*, Ladung *f*, Gicht *f {Einsatz}*, Möller *m {Hochofen}*; Gewicht *n*, Auflage *f*, Bürde *f*
buret[te] Bürette *f*, Maßröhre *f*, Meßröhre *f*, Meßrohr *n*
buret[te] clamp Bürettenklemme *f*, Bürettenhalter *m*, Dreifingerklemme *f {Lab}*
buret[te] clip Bürettenquetschhahn *m {Lab}*
buret[te] cock Bürettenhahn *m {Lab}*
buret[te] float Bürettenschwimmer *m {Lab}*
buret[te] head Bürettenkappe *f*
buret[te] holder Bürettenhalter *m*, Bürettenklemme *f*, Dreifingerklemme *f*
buret[te] stand Bürettengestell *n*, Bürettenständer *m {Lab}*
buret[te] tip Bürettenausflußspitze *f {Lab}*
buret[te] valve Bürettenhahn *m*
Burgundy pitch Burgunderpech *n*, Burgunderharz *n*
burial 1. Atommüllager *n*, Atommülldeponie *f*; 2. Vergraben *n*, Eingraben *n*
buried pipeline erdverlegte Rohrleitung *f*
burlap *{US}* Hessian *n*, Rupfen *m*, Sackleinwand *f*, Sackgewebe *n*, Rupfleinwand *f {Text}*
burn/to brennen; verbrennen, verfeuern; brennen *{Kalk}*; anbrennen, anvulkanisieren, anspringen *{Gummi}*; brennen, calcinieren; anbrennen *{Lebensmittel}*; versengen *{Text}*; verschmoren *{Elek}*
burn in/to einbrennen
burn off/to abbrennen, wegbrennen, ausbrennen; abschwenden, abbrennen, absengen *{Agri}*; abfackeln *{Chem}*
burn out/to durchglühen, durchbrennen *{z.B. eine Lampe}*
burn slowly/to schwelen
burn through/to durchbrennen
burn to ashes/to einäschern
burn together/to zusammenbrennen
burn up/to verbrennen, hell brennen
burn 1. Brandwunde *f {Med}*, Verbrennung *f {Verletzung durch Feuer oder große Hitze}*; Verätzung *f*; 2. Brandstelle *f*
burn off Abbrand *m*; Absprengen *n {Glas}*
burn-off curve Abbrandkurve *f*, Abbrennkurve *f {Lichtbogen}*
burn-off flare Abbrandfackel *f*
burn-off time Abbrennzeit *f*, Abbrenndauer *f {Anregung von Spektralproben}*
burn out Abbrand *m*, Ausbrand *m*; Durchbrennen *n*
burn up Abbrand *m {Nukl}*, Spaltstoffausnutzung *f*
burn up ampoule Aufbrennampulle *f*
burnable [ver]brennbar
Burnauer-Emmet-Teller isotherm BET-Isotherme *f*, Burnauer-Emmet-Teller-Isotherme *f*
burned fireclay Schamotte *f*
burned-off vollständig gar *{Met}*
burner 1. Brenner *m {Einrichtung}*; Ofen *m*, Verbrennungsofen *m*; 2. Brennschneider *m {Facharbeiter}*
burner-firing block feuerfester Brennerstein *m*
burner for oil residues Rückstandsbrenner *m {Öl}*

burner nozzle Brennerdüse *f*, Brennrohrmundstück *n*
burner tip Brennerkopf *m*, Brennerspitze *f*
burner tube Brennerrohr *n*
burnettize/to burnettisieren *{Holzimprägnieren}*
burning 1. brennend, scharf *{beißend}*; 2. Brand *m*; 3. Brennarbeit *f*, Brennen *n*, Verbrennen *n*; Brennen *n*, Calcinieren *n*; Rösten *n*; Abrösten *n*; 4. Anbrennen *n*, Anvulkanisieren *n*, Anspringen *n {Gummi}*; 5. Schwarzkochung *f {Pap}*; 6. Überhitzung *f {metallisches Schmelzen}*; 7. Abzundern *n*, Verzundern *n*
burning behavio[u]r Brennverhalten *n*
burning glass Brennglas *n*, Brennlinse *f*
burning-in kiln Einbrennofen *m*, Emaillierofen *m*
burning in suspension Verbrennung *f* in der Schwebe
burning off plötzliche Verbrennung *f*, Wegbrennen *n*, Abbrennen *n*, Ausbrennen *n*; Abschmelzen *n*, Abbrennen *n {Glas}*
burning oil Brennöl *n*, Leuchtpetroleum *n*, Laternenöl *n*; Heizöl *n {DIN 51603}*
burning-on alloy Aufbrennlegierung *f {Dent}*
burning oven Brennofen *m*
burning period Brennzeit *f*
burning rate Brenngeschwindigkeit *f*, Verbrennungsgeschwindigkeit *f*
burning surface Brennebene *f*, Brennfläche *f*
burning temperature Brenntemperatur *f*
burning test Brennbarkeitsprüfung *f*, Brennbarkeitsprobe *f*, Brennversuch *m*
burning the filter Einäschern *n* des Filters *n*
burning through Durchbrennen *n*
burning up Verbrennung *f*
burning wood Brennholz *n*
slow burning Schwelung *f*
burnish/to hochglanzpolieren, preßpolieren, polieren, bräunen *{Gieß}*, brünieren, glätten, glanzschleifen, blankrollen
burnisher Brüniereisen *n*, Brünierer *m*, Gerbstahl *m*, Glänzer *m*, Glätter *m*, Glattschleifer *m*, Poliereisen *n*, Polierer *m*, Polierstahl *m*, Glättzahn *m*
burnishing Brünieren *n {Met}*, Hochglanzerzeugung *f*, Polieren *n {Kugel-, Trommel-, Prägepolieren}*, Glätten *n*
burnishing bath Glanzbrenne *f*
burnishing gold Poliergold *n*
burnishing iron Brüniereisen *n*
burnishing oil Brünieröl *n*
burnishing platinum Polierplatin *n*
burnishing silver Poliersilber *n*
burnishing stone Brünierstein *m*, Polierstein *m*
burns ointment Brandsalbe *f {Pharm}*
burnt verbrannt, brenzlig; gebrannt
burnt-clay roofing tile Dachziegel *m {DIN 456}*
burnt gas Abzugsgas *n*, Auspuffgas *n*, Feuergas *n*, Rauchgas *n*
burnt-in colo[u]r Muffelfarbe *f*
burnt iron Brandeisen *n*
burnt island red Aluminiummennige *f*
burnt lime gebrannter Kalk *m*, Branntkalk *m*, Ätzkalk *m {CaO}*
burnt sienna gebrannte Sienna *f*, gebrannte Tera di Siena *f {gebrannter Bolus}*
burnt umber gebrannte Umbra *f {gebrannter Bolus}*
burr 1. Grat *m*, Bart *m {Tech}*; Schnittgrat, Rauheitsspitze *f {Oberfläche}*; Walzenbart *m*; Preßbart *m*, Preßnaht *f*; 2. Schärfevorrichtung *f {Pap}*; 3. Klette *f {Rohwolle}*
burst/to bersten, aufbrechen, aufplatzen, aufspalten, explodieren, zerplatzen, zerreißen
burst into flame/to entflammen
burst of/to absprengen
burst open/to aufplatzen, sprengen, aufsprengen
burst 1. Bruch *m*; 2. Platzen *n*, Zerknall *m {durch Überdruck}*; Burst *m {ein Impulsbündel}*; 3. Burst *m*, Eruption *f*, Strahlungsausbruch *m {Geophys}*; Gesteinsausbruch *m*, Kohleausbruch *m*
burst pressure *{US}* Berstdruck *m*, Explosionsdruck *m*
burst protection Berstschutz *m*
burst-strength tester Berstdruckprüfer *m*
bursting 1. Bruch *m*; 2. Bersten *n*, Platzen *n {z.B. Reifen}*, Springen *n*, Zerspringen *n*, Zerknallen *n*; 3. Explosion *f*, Sprengung *f*; Bursting *n {Zersetzungsvorgang bei einem feuerfesten Stein}*
bursting charge Sprengladung *f*, Sprengsatz *m*
bursting control Berstsicherung *f*
bursting diaphragm Reißscheibe *f*, Berstscheibe *f*, Brechscheibe *f*, Zerreißplättchen *n*
bursting disc Berstscheibe *f*, Brechscheibe *f*, Reißscheibe *f*, Zerreißplättchen *n*
bursting pressure Berstdruck *m*, Explosionsdruck *m*
bursting resistance Berstsicherheit *f*
bursting strength Berst[druck]festigkeit *f*, Berstwiderstand *m*, Bruchfestigkeit *f*; Zerreißfestigkeit *f*, Zerreißgrenze *f*; Knickfestigkeit *f*, Knickbeständigkeit *f*; Schlitzdruckfestigkeit *f*
bursting stress Berstspannung *f*
bursting test Berstprüfung *f*, Berstversuch *m*
bursting tester Berstdruckprüfer *m*
bus bar Sammelschiene *f*, Stromschiene *f {einer Schaltanlage}*
bush 1. Busch *m*, Strauch *m*, Gebüsch *n {Bot}*; 2. Leitungseinführung *f {Elek}*; 3. Buchse *f*, Büchse *f*, Hülse *f {Tech}*
bush metal Büchsenmetall *n*, Hartguß *m*

bushed bearing Gleitlager *n*, Augenlager *n*, ungeteiltes Stehlager *n* *{für Hebelmaschinen}*

bushel 1. *{GB}* britischer Bushel *m* *{=36,36768 L}*; 2. *{US}* amerikanischer Bushel *m* *{=35,23907 L}*

bushing 1. Buchsring *m*, Hülse *f* *{Tech}*; Lagerbüchse *f*, Radbüchse *f*, Muffe *f*; 2. Durchführung *f* *{Isolator}*; 3. Übergangsstück *n*, Übergangsrohr *n*, Reduzierstück *n*, Reduzierhülse *f*, Taper *m*, Überstück *n* *{ein Formstück}*; 4. Düse *f*, Ziehdüse *f* *{Glas}*

business 1. Handel *m*; 2. Geschäft *n*, Handel *m* *{als Beruf}*, Gewerbe *n* *{als Tätigkeit und Beruf}*; 3. Handelsbetrieb *m*; Firma *f*, Betrieb *m*; 4. Tagesordnung *f*; 5. Sache *f*, Angelegenheit *f*

business administration Betriebswirtschaftslehre *f*, Betriebswissenschaft *f*

business association Wirtschaftsverband *m*

business consultant Unternehmensberater *m*, Betriebsberater *m*

business knowledge Fachkenntnis *f*

business reply card Werbeantwortkarte *f*

bustamite Bustamit *m* *{Min}*

busulfan Busulfan *n* *{INN}*, Butandiol-(1,4)-bismethylsulfat *n* *{Pharm}*

busy 1. arbeitsam, fleißig, tätig, geschäftig; 2. besetzt *{z.B. Telefonlinie}*, belegt

butabarbital sodium <$C_{10}H_{15}N_2O_3Na$> Butabarbitalnatrium *n*

butacaine <$NH_2C_6H_4CO_2(CH_2)_3N(C_4H_9)_2$> Butacain *n* *{INN}*, 3-(Dibutylamino)propyl-4-aminobenzoat *n*

butacaine sulfate <$(C_{18}H_{30}N_2O_2)_2H_2SO_4$> Butacainsulfat *n*

butadiene-1,3 <$CH_2=CH-CH=CH_2$> 1,3-Butadien *n*, Divinyl *n*, Diethen *n*, Vinylethen *n*, Vinylethylen *n*

butadiene-acrylonitrile copolymer Butadien-Acrylnitril-Copolymer[es] *n*

butadiene-acrylonitrile rubber Butadien-Acrylnitril-Kautschuk *m*

butadiene rubber Butadienkautschuk *m*

butadiene-styrene rubber Butadien-Styrol-Kautschuk *m*

butadiene sulfone Butadiensulfon *n*, 3-Sulfolen *n*

butadiine Diacetylen *n*, Diethin *n*, Butadiin *n*

buta-1,3-diyne <$HCC-CCH$> 1,3-Butadiin *n*, Diacetylen *n*, Diethin *n*

Buta-1-ene-3-yne Vinylethin *n*, Vinylacetylen *n*, Monovinylacetylen *n*, But-1-en-3-in *n*

butalbital *{INN}* Butalbital *n* *{5-Allyl-5-isobutylbarbitursäure}*

butaldehyde <$CH_3(CH_2)_2CHO$> Butyraldehyd *m*, *n*-Butanal *n*

butamin Tutocain *n*

2,3-butan dione <$CH_3COCOCH_3$> Diacetyl *n*, 2.3-Butandion *n*, Dimethylglyoxal *n*

***n*-butanal** <$CH_3CH_2CH_2CHO$> *n*-Butyraldehyd *m*, *n*-Butanal *n*

butanamide Butyramid *n*, Butanamid *n*

butane <$CH_3CH_2CH_2CH_3$> Butan *n*, Normalbutan *n*, *n*-Butan *n*

butane-butene fraction BB-Fraktion *f*, Butan-Buten-Fraktion *f*

butane cylinder Butanflasche *f*

butane vapour-phase isomerization Butanisomerisation *f* *{Mineralöl}*

butanedial Succindialdehyd *m*

1,4-butanediamine Putrescin *n*, 1,4-Diaminobutan *n*, 1,4-Butandiamin *n*, Tetramethylendiamin *n*

1,4-butanedicarboxylic acid <$CO-OH(CH_2)_4COOH$> Adipinsäure *f*, Hexandisäure *f*, 1,4-Butandicarbonsäure *f*

butanedioic acid <$(HOOC-CH_2-)_2$> Bernsteinsäure *f*, Butandisäure *f*, Succinsäure *f*, Ethandicarbonsäure(1,2) *f*

butanediol Butandiol *n*, Butylenglykol *n*, Dihydroxybutan *n*

butanedioyl Succinyl-

butanetriol trinitrate <$C_4H_7N_3O_9$> 1,2,4-Butantrioltrinitrat *n* *{Expl}*

1-butanol <$CH_3(CH_2)_2CH_2OH$> 1-Butanol *n*, *n*-Butylalkohol *m*

2-butanol <$CH_3CH_2CHOHCH_3$> 2-Butanol *n*, *sec*-Butylalkohol *m*, *sec*-Butanol *n*

butanol acetone fermentation Butanolacetonvergärung *f*

2-butanone <$CH_3COC_2H_5$> 2-Butanon *n*, Methylethylketon *m*, MEK

buta-1-yne <$CH=CH_2CH_3$> Ethylacetylen *n*, Butin *n*

buta-2-ynedinitrile <$NC-CC-CN$> Dicyanoacetylen *n*

Butenandt acid Butenandt-Säure *f*

Butenandt ketone Butenandt-Keton *n*

1-butene <$CH_2=CHCH_2CH_3$> 1-Buten *n*, 1-Butylen *n*, Ethylethylen *n*

butenol <C_4H_8O> Butenol *n*

butenolide Butenolid *n*, Dihydrofuran-2-on *n* *{Butensäure-Lacton}*

butenyl Butenyl-

1-butine <$HCCCH_2CH_3$> 1-Butin *n*, Ethylacetylen *n*

2-butine-1,4-diol 2-Butin-1,4-diol *n*

butobarbitone <$C_{10}H_{16}N_2O_3$> Butobarbital *n* *{HN}*

butopyronoxyl <$C_{12}H_{18}O_4$> Butopyronoxyl *n* *{Insektizid}*

butoxyethyl laurate Butoxyethyllaurat *n*

butoxyethyl oleate Butoxyethyloleat *n*

butoxyethyl stearate Butoxyethylstearat *n*

butt/to 1. stumpf aneinanderfügen; stumpf aneinanderstoßen; 2. kruponieren, crouponieren *{Leder}*

butt-joint tensile test Zugversuch *m* an Klebstumpfverbindungen *fpl*
butter fat Butterfett *n*, Butterschmalz *n*, Schmelzbutter *f {Milchfett}*
butter of antimony <$SbCl_3$> Antimonbutter *f*, Antimon(III)-chlorid *n*, Antimontrichlorid *n*
butter of tin <$SnCl_4 \cdot 5H_2O$> Zinnbutter *f*, Zinntetrachlorid-5-Wasser *n*
butter of zinc <$ZnCl_2$> Zinkbutter *f*, Zinkchlorid *n*
butter-scotch Sahnebonbon *n*
butterfly gate Drosselklappe *f*
butterfly nut Flügelmutter *f*
butterfly twin Schwalbenschwanzzwilling *m {Krist}*
butterfly valve Drehklappe *f*, Drosselventil *n*, Flügelventil *n*, Wechselklappe *f*, Regelklappe *f*, Drosselklappe *f*, Klappe *f {DIN 3354}*
buttermilk Buttermilch *f*
buttery butterähnlich, butterartig; Butter-
buttmuff coupling Muffenkupplung *f*
button 1. Knopf *m {DIN 61575, Text}*; 2. Schweißlinse *f*; 3. Knauf *m*; 4. Knopftaste *f*; 5. Knospe *f {Bot}*
button crucible Knopfschmelztiegel *m*
button melt Knopfschmelze *f*, Knopfprobe *f*
butyl 1. Butyl-; 2. Butylkautschuk *m*
butyl acetate <$CH_3CO_2C_4H_9$> Butylacetat *n*, essigsaures Butyl *n {obs}*, Essigsäurebutylester *m*, Butylethanoat *n*, Ethylbutyrat *n*
butyl acetoacetate Butylacetoacetat *n*
butyl acetyl acetone Butylacetylaceton *n*
butyl acetyl ricinoleate Acetat *n* des Ricinolsäurebutylesters, Butylacetylricinoleat *n*
butyl acrylate <$CH_2{=}CHCOOC_4H_9$> Butylacrylat *n*
butyl alcohol Butanol *n*, Butylalkohol *m*
***n*-butyl alcohol** <$CH_3(CH_2)_2CH_2OH$> *n*-Butylalkohol *m*, *n*-Butanol *n*, 1-Butanol *n*
***sec*-butyl alcohol** <$CH_3CH_2CHOHCH_3$> *sec*-Butylalkohol *m*, 2-Butanol *n*, Methylethylcarbinol *n*
***tert*-butyl alcohol** <$(CH_3)_3COH$> *tert*-Butylalkohol *m*, *tert*-Butanol *n*, 2-Methyl-2-propanol *n*
butyl aldehyde *s.* butyraldehyde
***n*-butyl benzoate** <$C_6H_5CO_2C_4H_9$> *n*-Butylbenzoat *n*, benzoesaures *n*-Butyl *n {obs}*
butyl benzyl phthalate Butylbenzylphthalat *n*, BBP
butyl benzyl sebacate Butylbenzylsebacat *n*
butyl butyrate <$C_3H_7COOC_4H_9$> Butylbutyrat *n*
***n*-butyl carbinol** <$CH_3(CH_2)_4OH$> *n*-Butylcarbinol *n*, n-Amylalkohol *m*, *prim*-Amylalkohol *m*, 1-Pentanol *m*
***sec*-butyl carbinol** <$CH_3CH(CH_2OH)CH_2CH_3$> *sec*-Butylcarbinol *n*, 2-Methyl-1-butanol *n*
***tert*-butyl carbinol** <$(CH_3)_3CCH_2OH$> *tert*-Butylcarbinol *n*
butyl chloral <$CH_3CHClCCl_2CHO$> Butylchloral *n*, Trichlorbutaldehyd *m*
butyl chloral hydrate Butylchloralhydrat *n*
***n*-butyl chloride** <$CH_3(CH_2)_2CH_2Cl$> *prim*-Butylchlorid *n*, 1-Chlorbutan *n*, *n*-Butylchlorid *n*, 1-Butylchlorid *n*
***tert*-butyl chloride** <$(CH_3)_3CCl$> Pseudobutylchlorid *n*, *tert*-Butylchlorid *n*, 2-Chlor-2-methylpropan *n*
butyl cyanide Butylcyanid *n*, Valeronitril *n*
butyl cyclohexyl phthalate Butylcyclohexylphthalat *n*
butyl decyl phthalate Butyldecylphthalat *n*
butyl diglycol carbonate Butyldiglycolcarbonat *n*
butyl epoxy stearate Butylepoxystearat *n*
butyl ethanoate Essigsäurebutylester *m*, Butylacetat *n*, Butyl-ethanoat *n*, Ethylbutyrat *n*
***n*-butyl ether** <$CH_3(CH_2)_3OCH_2)_3CH_3$> *n*-Butylether *n*
butyl formate Butylformiat *f*, Ameisensäurebutylester *m*, Tetrylformiat *n*
butyl glycol acetate <$C_4H_9OCH_2CH_2CO_2CH_3$> Butylglycolacetat *n*
butyl group Butylgruppe *f*, Butylrest *m*; Butylradikal *n*
butyl halide Butylhalogenid *n*
butyl iodide Butyliodid *n*
butyl isodecyl phthalate Butylisodecylphthalat *n*
butyl isohexyl phthalate Butylisohexylphthalat *n*
butyl lactate Butyllactat *n*
butyl laurate Butyllaurat *n*
butyl malonate Butylmalonat *n*
butyl methacrylate Butylmethacrylat *n*
***tert*-butyl methyl ketone** <$CH_3COC(CH_3)_3$> Methyl-*tert*-butylketon *n*, 3,3-Dimethyl-2-butanon *n*, Trimethylaceton *n*, Pinakolon *n*
butyl myristate Butylmyristat *n*
butyl octyl phthalate Butyloctylphthalat *n*
butyl oleate Butyloleat *n*, Ölsäurebutylester *m*
butyl perbenzoate Butylperoxybenzoat *n*
butyl permaleic acid Butylperoxymaleinsäure *f*
butyl perphthalic acid Butylperoxyphthalsäure *f*
butyl phthalate Butylphthalat *n*
butyl phthalyl butyl glycolate Butylphthalylbutylglycolat *n*
butyl resorcinol Butylresorcin *n*
butyl rubber Butylkautschuk *m*, Butylgummi *m*
butyl salicylate Butylsalicylat *n*, Salicylsäurebutylester *m*
butyl silicone Butylsilicon *n*

butyl stearamide <$C_{17}H_{35}CONC_4H_9$> Butylstearamid *n*
butyl stearate <$C_{17}H_{35}COOC_4H_9$> Butylstearat *n*, Stearinsäurebutylester *m*
butyl tartrate Butyltartrat *n*
butyl titanate Butyltitanat *n*, Tetrabutyltitanat *n*
***n*-butylamine** <$CH_3(CH_2)_2CH_2NH_2$> *n*-Butylamin *n*, 1-Aminobutan *n*
***sec*-butylamine** <$CH_3CH_2CH(CH_3)NH_2$> *sec*-Butylamin *n*, 2-Aminobutan *n*
***tert*-butylamine** <$(CH_3)_3CNH_2$> *tert*-Butylamin *n*, 2-Aminoisobutan *n*
butylene <C_4H_8> Butylen *n*, Buten *n*
1-butylene <$CH_2{=}CHCH_2CH_3$> 1-Buten *n*, 1-Butylen *n*, Ethylethylen *n*
2-butylene <$CH_3CH{=}CHCH_3$> 2-Buten *n*, 2-Butylen *n*, *sym*-Dimethyleth[yl]en *n*
butylene diamine Putrescin *n*, 1,4-Butandiamin *n*
butylene glycol Butylenglykol *n*, Butandiol *n*, Dihydroxybutan *n*
1,3-butylene glycol <$CH_3CHOHCH_2CH_2OH$> 1,3-Butanidol *n*
2,3-butylene glycol <$CH_3CHOHCHOHCH_3$> 2,3-Butandiol *n*,
butylene oxide 1. Epoxybutylenoxid *n*; 2. Tetrahydrofuran *n*
butylene oxide mixture Butylenoxidmischung *f*
butylene sulfide Butylensulfid *n*
butylethyl hexyl phthalate Butylethylhexylphthalat *n*
butyllithium <C_4H_9Li> Butyllithium *n*
butyltin stabilizator Butylzinnstabilisator *m*
butyltrichlorosilane Butyltrichlorsilan *n*
1 butyne <$HC{=}CCH_2CH_3$> 1-Butin *n*, Ethylacethylen *n*
2-butyne <$CH_3C{\equiv}CCH_3$> 2-Butin *n*, Dimethylacetylen *n*, Crotonylen *n*
butynedioic acid <$HOOCC{\equiv}CCOOH$> Butindisäure *f*, Ethindicarbonsäure *f*, Acetylendicarbonsäure *f*
butynediol <$HO\text{-}CH_2C{\equiv}CCH_2\text{-}OH$> Butindiol *n*, 2-Butin-1,4-diol *n*
butynoic acid Tetrolsäure *f*, Butinsäure *f*
butynol Butinol *n*
butyraceous butterähnlich, butterartig, butterhaltig
butyral Butyral *n*, Butyraldehydacetal *n*
***n*-butyraldehyde** <$CH_3CH_2CH_2CHO$> *n*-Butyraldehyd *m*, Butanal *n*
butyraldol Butyraldol *n*
butyramide Butyramid *n*, Butanamid *n*
butyramidine Butyramidin *n*
butyrate 1. buttersauer *{z.B. Salz}*; 2. Butyrat *n*
***n*-butyric acid** <$CH_3CH_2CH_2COOH$> *n*-Buttersäure *f*, Butansäure *f*, Normalbuttersäure *f {Triv}*
butyric alcohol <$CH_3CH_2CH_2CH_2OH$> *n*-Butylalkohol *m*, *n*-Butanol *n*
butyric aldehyde <$CH_3(CH_2)_2CHO$> *n*-Butyraldehyd *m*, Butanal *n*
butyric anhydride <$(CH_3CH_2CH_2CO)_2O$> Buttersäureanhydrid *n*
butyric fermentation Buttersäuregärung *f*, Buttersäure-Butanol-Gärung *f*
butyric oil Butteröl *n {obs}*
butyrin Butyrin *n*, Tributyrin *n*, Glycerintributansäureester *m*
butyrobetaine <$(CH_3)N^+(CH_2)_3CO(=O)^-$> Butyrobetain *n*
butyroin Butyroin *n*
butyrolactone Butyrolacton *n*
γ-butyrolactone <$C_4H_6O_2$> γ-Butyrolacton *n*, 4-Butanolid *n*, 4-Hydroxybuttersäurelacton *n*, Tetrahydro-2-furanon *n*
butyrometer Buttermesser *m*, Butyrometer *n*, Milchprober *m*
butyrone <$(CH_3CH_2CH_2)_2CO$> Butyron *n*, Dipropylketon *n*, 4-Heptanon *n*
butyronitrile Butyronitril *n*, Propylcyanid *n*, Butannitril *n*
butyrophenone Butyrophenon *n*, 1-Phenyl-1-butanon *n*, Phenylpropylketon *n {obs}*
butyroyl chloride Butyroylchlorid *n*, Butyrylchlorid *n*
butyryl <$CH_3CH_2CH_2CO$-> Butyryl-; Buttersäurerest *m*
butyrylnitrate Butyrylnitrat *n*
buxine <$C_{19}H_{21}NO_3$> Buxin *n*
buyer's guide Bezugsquellenverzeichnis *n*
buyer's inspection Abnahmeprüfung *f*
buyer's specification Gütevorschrift *f*
buzzer Summer *m*, Unterbrecher *m*, Magnetsummer *m {Elek}*; Schnarrer *m*, Schnarrsummer *m*
by batch operation absatzweise
by-effect Nebeneffekt *m*, Nebenwirkung *f*
by force zwangsweise
by-laws Statuten *npl*, Ortsvorschriften *fpl*; Satzungsbestimmungen *fpl {US Handelsgesellschaft}*
by-mordant Hilfsbeize *f*
by-pass/to umgehen, vorbeiführen, herumführen, umführem, umleiten
by-pass 1. Neben-, Umleitungs- Umgehungs-; 2. Beipaß *m*, Umführung *f*, Umgehungsleitung *f*, Umleitung *f {z.B. einer Strömung}*; Nebenauslaß *m*, Nebenrohr *n*, Nebenleitung *f*; Ableitung *f*, Kurzschlußleitung *f*, Bypass *m*; 3. Übergangsbohrung *f {im Vergaser}*; 4. Umfahrungsstrekke *f {Bergbau}*; Umbruch *m {um einen Schacht}*
by-pass control valve Umleitstellventil *n*
by-pass filter Nebenstromfilter *n*
by-pass flow Bypass-Strom *m*, Nebenstrom *m*
by-pass line Umgehungsleitung *f*, Umwegleitung *f*

by-pass tube Nebenleitung *f*, Umgehungsleitung *f*; Kurzschlußrohr *n*
by-pass valve Umgehungsventil *n*, Umlaufventil *n*, Umleitventil *n*, Umführungsventil *n*, Ventil *n* in der Umgehungsleitung *f*; Grobpumpventil *n*
by-product Nebenerzeugnis *n*, Abfallerzeugnis *n*, Abfallprodukt *n*, Ausscheidungsprodukt *n*, Nebenprodukt *n*, Abfall *m*
by-product coke Zechenkoks *m*, Gaskoks *m*
byssolite Byssolith *m*, Muschelseidenstein *m* *{Min}*
bytownite Bytownit *m* *{Min}*

C

C-acid C-Säure *f*, 2-Naphthylamin-4,8-disulfonsäure *f*
C-meter Kapazitätsmesser *m*
C_1-oxygenate Methanol *n*
CA 1. Celluloseacetat *m*, Acetylcellulose *f*; 2. kontrollierte Atmosphäre *f* *{Gasatmosphäre, Schutzgas}*, geregelte Atmosphäre *f*
CAB Celluloseacetatbutyrat *n*, CAB, Acetylbutyrylcellulose *f*
cabinet Kammer *f*, Raum *m*
cabinet desiccator Trockenschrank *m* *{Lab}*
cabinet dryer Trockenschrank *m*, Schranktrockner *m*, Kammertrockner *m*
cable 1. Kabel *n*, Leitungskabel *n*; 2. Seil *n*, Kabelleitung *f*, Tau *n*, Kabeltrosse *f*, Kabelschlagseil *n*; 3. Telegramm *n*
cable bracket Kabelschuh *m*
cable compound Kabelvergußmasse *f*, Kabelmasse *f*
cable covering Kabelmantel *m*
cable grease Drahtseilfett *n*, Drahtseilöl *n*, Haftschmieröl *n*; Kabelgleitfett *n* *{Elek}*
cable-insulating oil Kabelisolieröl *n*
cable joint 1. Kabelverbindung *f*, Kabelverbindungsstelle *f*, Kabellötstelle *f*; 2. Kabelmuffe *f* *{eine Verbindungsgarnitur}*
cable junction Kabelanschluß *m*, Kabelverbindung *f*
cable lubricator Kabelgleitfett *n* *{Elek}*
cable oil Kabelöl *n* *{Isolierflüssigkeit}*
cable railway grease Drahtseilbahnfett *n*
cable-sealing compound Kabelvergußmasse *f* *{Elek}*
cable shielding Kabelabschirmung *f*
cable wax Kabelwachs *n*
cableway Seilbahn *f*, Seilförderanlage *f*, Lastenluftseilbahn *f*
cabrerite Cabrerit *m* *{Min, Annabergit-Varietät}*
cabreuva oil Cabreuvaöl *n*
cacao 1. Kakaobaum *m*, Theobroma cacao L.; 2. Kakaobohne *f*; Kakaopulver *n*; 3. Kakao *m* *{Getränk}*
cacao butter Kakaobutter *f*, Kakaofett *n*, Theobromöl *n*
caceres phosphate Caceresphosphat *n*
cacholong [opal] Kascholong *m*, Cacholong *m*, Kalmückenopal *m*, Kalmückenspat *m* *{Min}*
cachou Cachou *n*, Katechu *n* *{Gerberei-Extrakt}*
cacodyl **<$(CH_3)_2AsAs(CH_3)_2$>** Kakodyl *n*, Tetramethyl[di]arsin *n*, *bis*-Dimethylarsin *n*
cacodyl bromide **<$(CH_3)_2AsBr$>** Kakodylbromid *n*, Bromdimethylarsin *n*, Dimethylbromarsin *n*, Dimethylarsinbromid *n*
cacodyl cyanide Kakodylcyanid *n*, Dimethylarsincyanid *n*
cacodyl chloride **<$(CH_3)_2AsCl$>** Kakodylchlorid *n*, Chlordimethylarsin *n*, Dimethylchlorarsin *n*, Dimethylarsinchlorid *n*
cacodyl hydride Kakodylwasserstoff *m*
cacodyl oxide **<$[As(CH_3)_2]_2O$>** Kakodyloxid *n*, Alkarsin *n*, Cadetsche Flüssigkeit *f* *{Triv}*, Bis(dimethylarsanyl)-oxid *n*
cacodyl preparation Kakodylpräparat *n*
cacodylate 1. kakodylsauer *{z.B. Salz}*; 2. Kakodylat *n*
cacodylic acid **<$(CH_3)_2AsOOH$>** Kakodylsäure *f*, Dimethylarsinsäure *f*, Alkargen *n*
cacotheline **<$C_{20}H_{22}N_5O_5(NO_2)_2$>** Cakothelin *n* *{Anal}*
cacothelinium hydroxide Cakotheliniumhydroxid *n*
cacoxen[it]e Kakoxen *m* *{Min}*
cadalene **<$C_{15}H_{18}$>** Cadalin *n*
cadaverine **<$H_2N(CH_2)_5NH_2$>** Kadaverin *n*, Cadaverin *n*, Pentamethylendiamin *n*, 1,5-Pentandiamin *n* *{IUPAC}*
cade oil Cadeöl *n*, Kadeöl *n*, Kaddigöl *n*, Wacholderteer *m*, Spanisch-Zedernteer *m*
Cadet's fuming liquid Cadetsche Flüssigkeit *f* *{Kakodylverbindung}*
cadinane Cadinan *n*
cadinene **<$C_{15}H_{24}$>** Cadinen *n* *{optisch aktives bicyclisches Sesquiterpen}*
cadinol Cadinol *n* *{Sesquiterpenalkohol}*
cadmia Zinkofenbruch *m*, Zinkschwamm *m*; Gichtschwamm *m*; Galmei *m* *{obs}*, Kalamin *n*
cadmiated cadmiert
cadmic Cadmium-, Kadmium- *{obs}*
cadmiferous cadmiumhaltig
cadmium *{Cd, element no. 48}* Kadmium *n* *{obs}*, Cadmium *n*
cadmium acetate **<$Cd(CH_3CO_2)_2 \cdot 3H_2O$>** Cadmiumacetat *n*, essigsaures Cadmium *n* *{obs}*
cadmium alloy Cadmiumlegierung *f* *{z.B. als präparatives Reduktionsmittel}*
cadmium amalgam Cadmiumamalgam *n*
cadmium arsenide **<Cd_3As_2>** Cadmiumarsenid *n*

cadmium bromide <$CdBr_2$> Cadmiumbromid *n*, Bromcadmium *n {obs}*
cadmium cell Cadmium-Normalelement *n*, Weston-Standardelement *n {Elek; 1,0186 V}*
cadmium cement Cadmiumzement *m*
cadmium chlorate <$Cd(ClO_3)_2$> Cadmiumchlorat *n*
cadmium chloride <$CdCl_2$> Cadmiumchlorid *n*, Chlorcadmium *n {obs}*
cadmium content Cadmiumgehalt *m*
cadmium control rod Cadmiumkontrollstab *m {Nukl}*
cadmium cyanide <$Cd(CN)_2$> Cadmium(II)-cyanid *n*
cadmium diazide <$Cd(N_3)_2$> Cadmium(II)-azid *n*
cadmium electrode Cadmiumelektrode *f*
cadmium emission Cadmiumabgabe *f {Tox}*
cadmium ethylenediamine chelate Cadmiumethylendiaminchelat *n*
cadmium fluoride <CdF_2> Cadmiumfluorid *n*
cadmium green Cadmiumgrün *n*
cadmium hydroxide <$Cd(OH)_2$> Cadmiumhydroxid *n*, Cadmiumoxidhydrat *n {obs}*
cadmium iodide <CdI_2> Cadmiumiodid *n*, Jodcadmium *n {obs}*
cadmium iodate <$Cd(IO_3)_2$> Cadmiumiodat *n*
cadmium metasilicate <$CdSiO_3$> Cadmiummetasilicat *n*, Cadmiumsilikat *n {obs}*
cadmium-nickel storage battery Nickel-Cadmium-Akkumulator *m {Elek; 1,40-1,45 V}*
cadmium nitrate <$Cd(NO_3)_2$> Cadmiumnitrat *n*
cadmium ochre Cadmiumocker *m*, Cadmiumblende *f*, Greenockit *m {Min; CdS}*
cadmium orange Cadmiumorange *n {CdSe}*
cadmium orthophosphate <$Cd_3(PO_4)_2$> Cadmiumorthophosphat(V) *n*
cadmium oxide <CdO> Cadmium(II)-oxid *n*
cadmium permanganat <$Cd(MnO_4)_2$> Cadmiumpermanganat(VII) *n*
cadmium pigment Cadmiumpigment *n*
cadmium-plate/to kadmieren, mit Cadmium *n* überziehen
cadmium plating Cadmieren *n*, Kadmieren *n*, Kadmierung *f*, Verkadmen *n*
cadmium ratio Cadmiumverhältnis *n {Nukl}*
cadmium red Cadmiumrot *n {Cd(S,Se)}*
cadmium ricinoleate <$Cd[OOC(CH_2)_7CH=CHCH_2CHOHC_6H_{13}]_2$> Cadmiumricinoleat *n*
cadmium salicylate Cadmiumsalicylat *n*
cadmium selenate <$CdSeO_4$> Cadmiumselenat *n*
cadmium selenide <$CdSe$> Cadmiumselenid *n*
cadmium silver oxide cell Cadmium-Silber-Zelle *f*
cadmium suboxide Cadmiumsuboxid *n {Cd_2O oder Cd_4O}*
cadmium sulfate <$CdSO_4$> Cadmiumsulfat *n*
cadmium sulfide <CdS> Cadmiumsulfid *n*, Cadmiumgelb *n*, Schwefelcadmium *n {obs}*; Greenockit *m {Min}*
cadmium telluride <$CdTe$> Cadmiumtellurid *n*
cadmium test Cadmiumprobe *f*
cadmium tungstate <$CdWO_4$> Cadmiumwolframat *n*
cadmium yellow Cadmiumgelb *n*, Schwefelcadmium *n {Triv}*, Cadmiumsulfid *n*
cadmous *{obs}* Cadmium(I)-
caesium *{GB}* *s.* cesium *{US}*
caffalic acid <$C_{34}H_{54}O_{15}$> Kaffalsäure *f*
caffeic acid <$(HO)_2C_6H_3CH=CHCOOH$> Kaffeesäure *f*, Kaffeinsäure *f*, 3,4-Dihydroxyzimtsäure *f*
caffeine Coffein *n*, Koffein *n*, Caffein *n*, Kaffein *n*, 1,3,7-Trimethylxanthin *n*; Thein *n*, Methyltheobromin *n*
caffeine benzoate Coffeinbenzoat *n*
caffeine citrate Coffeincitrat *n*
caffeine hydrobromide Coffeinbromhydrat *n*
caffeine hydrochloride Coffeinchlorhydrat *n*
caffeine oxalate Coffeinoxalat *n*
caffeine poisoning Coffeinvergiftung *f*
caffeine sodium benzoate Coffeinnatriumbenzoat *n*
caffeine sodium salicylate Coffeinnatriumsalicylat *n*
caffeine valerate Coffeinvalerianat *n*
caffetannic acid <$C_{16}H_{18}O_9$> Kaffeegerbsäure *f*
caffolide Caffolid *n*
caffoline Caffolin *n*
caffuric acid Caffursäure *f*
cage 1. Käfig *m {Krist}*; 2. Käfig *m*, Korb *m*, Seiher *m {Presse}*, Gehäuse *n {Tech}*; Fördergestell *n*, Förderschale *f*, Hebebühne *f*
cage classifier Korbsichter *m*
cage complex Käfigkomplex *m*
cage compound Käfig[einschluß]verbindung *f*, Clathrat *n*, Klathratverbindung *f*, Klathrat *n {Chem}*
cage effect Käfigeffekt *m*, Cage-Effekt *m*, Käfig-Wirkung *f {Stereochem}*; Einfangwirkung *f {Zeolith}*
cage mill Käfigmühle *f {Brau}*; Desintegrator *m*, Schleudermühle *f*, Schlagkorbmühle *f*, Korbschleudermühle *f*
cage-occupancy ratio Käfig-Auffüllungsanteil *m*
cage pallet Gitterboxpalette *f*
cage press Korbpresse *f*, Filterpresse *f*, Seiherpresse *f*
cage zeolite Gerüstsilicat *n*
cairngorm Cairngorm *n {Min, Rauchquarz}*

cajeput oil Cajeputöl *n*, Kajeputöl *n*, Niauliöl *n* *{aus Melaleuca leucadendra L.}*
cajeputene Cajeputen *n*, Dipenten *n*, Limonen *n*
cajeputole $<C_{10}H_{18}O>$ Eucalyptol *n*, 1,8-Cineol *n*
cajuput oil *s.* cajeput oil
cake/to zusammenbacken *{z.B. Koks}*, festbakken, verbacken, sintern, sich klumpen
cake 1. Filterkuchen *m* *{meistens von der Filterpresse}*, Filterbelag *m*, Filterrückstand *m*; 2. Walzplatte *f* *{Met}*; 3. verfestigter Bohrschlamm *m*, Spülungsfilterkuchen *m*; 4. Pulverkuchen *m*, Pulverkörper *m* *{Metallpulver}*, Preßkuchen *m*; 5. Spinnkuchen *m* *{DIN 61800}*; 6. Stück *n* *{z.B. Seife}*; 7. Ölkuchen *m*
cake capacity Filterkuchenleistung *f*
cake discharge Kuchenabwurf *m*, Kuchenabnahme *f*, Kuchenaustrag *m*
cake filtration Kuchenfiltration *f*, Schlammfiltration *f*, Scheidefiltration *f*
caking 1. backend *{z.B. Kohle}*; 2. Anbacken *n*, Backen *n*, Festbacken *n*, Zusammenbacken *n*, [Ver-]Sintern *n*, Verbacken *n* *{Kohle}*; Balligwerden *n* *{Text}*, Zusammenbacken *n*, Zusammenballen *n*; 3. Blockfestigkeit *f* *{DIN 55990}*
caking coal Backkohle *f*, backende Kohle *f*, Kokskohle *f*, Kokerkohle *f*
caking power Backvermögen *n*, Backfähigkeit *f*
caking properties Backeigenschaften *fpl*, Backverhalten *n*
calafatite *s.* alunite
calaic acid Calainsäure *f*
calamene $<C_{15}H_{24}>$ Calamen *n*
calamine 1. $<Zn(OH)_2Zn_3Si_2O_7{\cdot}H_2O>$ Calamin *m*, [edler] Galmei *m*, Kalamin *m*, Kieselzinkerz *n*, Kohlengalmei *m*, Zinkspat *m* *{Min}*; 2. Calamina *f* *{gemahlenes Galmeierz, Pharm}*; 3. Galmei *m* *{technischer Sammelname für carbonatische und silicatische Zinkerze}*
calamine blende Galmeiblende *f* *{Min}*
calamine of copper Kupfergalmei *m* *{Min}*
calamite Calamit *m* *{obs}*, Tremolit *m*, Grammait *m* *{Min}*
calamus camphor Kalmuscampher *m*
calamus oil Kalmusöl *n*, Calmusöl *n*
calandria 1. Erhitzer *m*; Heizkammer *f* *{des Rohrverdampfers}*; Kalandriagefäß *n* *{ein geschlossener Reaktorbehälter}*, Calandria *f* *{druckloses Stahlgefäß bei Schwerwasserreaktoren}*; 2. Trennrohr *n*
calaverite $<(Au,Ag)Te_2>$ Calaverit *m*, Tellurgold *n* *{Min}*
calcar Ofen *m* *{Glas}*
calcareous kalkig, kalkhaltig, kalkartig, kalkreich; Kalk-
calcareous barite Kalkbaryt *m* *{Min}*
calcareous cement Kalkkitt *m*
calcareous clay Kalkmergel *m*, Kreidemergel *m*, kalkhaltiger Ton *m* *{Min}*
calcareous earth Kalkerde *f*
calcareous flux Kalk[stein]zuschlag *m*, Zuschlagkalkstein *m* *{Met}*
calcareous gravel Kalkkies *m*
calcareous niter Mauersalpeter *m*
calcareous phyllite Kalkphyllit *m* *{Min}*
calcareous sand Kalksand *m*
calcareous sandstone Kalksandstein *m* *{Min}*
calcareous silex Kalkkiesel *m*
calcareous sinter Kalksinter *m*, Kalktropfstein *m* *{Geol}*
calcareous slate clay Kalkschieferton *m* *{Min}*
calcareous soil Kalkboden *m*
calcareous spar Calcit *m*, Islandspat *m*, Doppelspat *m*, Doppelstein *m* *{Min}*
calcareous talc Kalktalk *m* *{Min}*
calcareous tartar Kalkweinstein *m*
calcareous tufa Kalksinter *m*, Kalktuff *m*
calcareous uranite Kalkuranglimmer *m* *{obs}*, Autunit *m* *{Min}*
calcareous water kalkhaltiges Wasser *n*
calcareous whiteware Kalksteingut *n*
calcareousness Kalkartigkeit *f*
calciferol Calciferol *n*, Vitamin D_2 *n* *{Triv}*, Ergocalciferol *n* *{IUPAC}*, antirachitisches Vitamin *n* *{obs}*
calcification Kalkablagerung *f*, Kalkbildung *f*, Verkalkung *f* *{Physiol}*
calciform kalkförmig
calcify/to verkalken, kalzifizieren, calcifizieren
calcimeter Calcimeter *n*, Kalzimeter *n* *{obs}*, Kalkmesser *m* *{Lab}*
calcimine *{GB}* Leimfarbe *f*, Wasserfarbe *f*, Temperfarbe *f* *{wäßriges Anstrichmittel}*
calcinable calcinierbar
calcinating furnace Calciniertrommel *f*
calcination Kalzination *f*, Kalzinierung *f*, Verkalkung *f*, Abbrand *m*, Calcinieren *n*, Einäscherung *f*, Brennen *n*; Glühen *n*, Röstung *f*; Glühaufschluß *m* *{Chem}*; Austreiben *n* des Kristallwassers *n*
calcination assay Röstprobe *f*
calcination gas Röstgas *n*
calcination test Röstprobe *f*
calcine/to calcinieren, kalzinieren, verkalken, abschwefeln, abschwelen, ansintern, brennen, abbrennen, einäschern; ausglühen, glühen; rösten
calcined calciniert, kalziniert, abgeschwelt, abgebrannt; geglüht, ausgeglüht; geröstet
calcined alum gebrannter Alaun *m*, Alumen ustum *n*
calcined gas Röstgas *n*
calcined magnesia $<MgO>$ gebrannte Magnesia *f*, calcinierte Magnesia *f*, Magnesiumoxid *n*
calcined phosphate Glühphosphat *n* *{Agri}*

calcined product Röstprodukt *n*, Röstgut *n*, abgeröstetes Gut *n*, kalziniertes Produkt *n*, Rösterzeugnis *n*

calcined soda calcinierte Soda *f*, kristallwasserfreie Soda *f*, wasserfreies Natriumcarbonat *n*

calciner Kalzinierofen *m*; Röster *m*, Röstofen *m* *{Met}*

calcining Kalzinierung *f*, Kalzination *f*, Kalzinieren *n*, Abbrennen *n*, Brennen *n*, Einäschern *n*; Rösten *n*, Röstung *f*; Glühaufschluß *m*

calcining apparatus Röstapparat *m*

calcining at white heat Weißbrennen *n*

calcining furnace Brennofen *m*, Kalzinierofen *m*; Röstofen *m*

calcining hearth Kalzinierherd *m*

calcining heat Brennwärme *f*

calcining kiln Brennofen *m*, Kalzinierofen *m*; Röstofen *m*

calcining oven Veraschungsofen *m*, Äscherofen *m* *{Keramik}*

calcining plant Röstanlage *f*; Brennanlage *f*

calcining process Brennprozeß *m*; Röstprozeß *m*

calcining temperature Rösttemperatur *f*

calcining test Brennprobe *f*; Röstprobe *f*

calcioferrite Calcioferrit *m* *{Min}*

calciostrontianite Calciostrontianit *m*, Calciumstrontianit *m* *{Min}*

calcite <$CaCO_3$> Calcit *m*, Kalzit *m*, Kalkspat *m*, Atlasspat *m*, Doppelspat *m*, Calciumcarbonat *n* *{Min}*

calcite interferometer Kalkspatinterferometer *n*

calcitonin Calcitonin *n*, Thyreocalcitonin *n* *{Thyroid-Polypeptidhormon}*

calcium *{Ca, element no. 20}* Calcium *n*, Kalzium *n* *{obs}*

calcium acetate <$Ca(CH_3CO_2)_2 \cdot H_2O$> Calciumacetat *n*, essigsaurer Kalk *m* *{obs}*, Holzkalk *m* *{Triv}*, Graukalk *m* *{Triv}*

calcium acetylide <CaC_2> Calciumcarbid *n*, Carbid *n* *{Tech}*, Karbid *n* *{Triv}*

calcium acetylsalicylate <$Ca(CH_3CO_2C_6H_4CO_2)_2 \cdot 2H_2O$> acetylsalicylsaures Calcium *n* *{obs}*, Calciumacetylsalicylat *n*, lösliches Aspirin *n* *{Pharm}*

calcium acrylate Calciumacrylat *n*

calcium alginate Calciumalginat *n*

calcium alginate fiber Calciumalginatfaser *f*; Calciumalginatfaserstoff *m*

calcium aluminate <$3CaO \cdot Al_2O_3$> Calciumaluminat *n*, Tricalciumaluminat *n*

calcium aluminum silicate <$CaO \cdot Al_2O_3 \cdot 2SiO_2$> Calciumdialumodisilicat *n*

calcium aminoethylphosphonic acid Calciumaminoethylphosphonsäure *f*

calcium aminoethylsulfonic acid Calciumaminoethylsulfonsäure *f*

calcium ammonium nitrate Calciumammoniumnitrat *n*, Kalkammonsalpeter *m* *{Agri}*

calcium arsenate <$Ca_3(AsO_4)_2$> Calciumorthoarsenat(V) *n*, Calciumarsenat(V) *n*, Tricalciumorthoarsenat(V) *n* *{IUPAC}*; Arsenikkalk *m* *{Min}*

calcium arsenide <Ca_3As_2> Calciumarsenid *n*

calcium arsenite <$Ca_3(AsO_3)_2$> Calciumarsenit *n*, Tricalciumarsenat(III) *n*

calcium ascorbate Calciumascorbat *n*

calcium balance Kalkhaushalt *m* *{Physiol}*

calcium-base grease Kalkfett *n*

calcium benzoate Calciumbenzoat *n*

calcium bicarbonate <$Ca(HCO_3)_2$> Calciumhydrogencarbonat *n*

calcium bichromate <$CaCr_2O_7$> Calciumbichromat *n*, Calciumdichromat(VI) *n*

calcium bisulfite <$Ca(HSO_3)_2$> Calciumbisulfit *n* *{obs}*, Calciumhydrogensulfit *n*, doppeltschwefligsaures Kalzium *n* *{Triv}*, schwefligsaurer Kalk *m* *{Triv}*

calcium borate <CaB_4O_7> Calciumborat *n*, Borkalk *m* *{Triv}*, Boraxkalk *m* *{Tech}*; Meyerhofferit *m* *{Min}*

calcium bromide <$CaBr_2$> Calciumbromid *n*, Bromcalcium *n* *{obs}*

calcium carbide <CaC_2> Calciumcarbid *n*, Calciumacetylid *n*, Carbid *n* *{Tech}*, Karbid *n* *{Triv}*

calcium carbonate <$CaCO_3$> Calciumcarbonat *n*; Kalkstein *m* *{Min}*, Kalkspat *m* *{Min}*, Kreide *f*, kohlensaures Kalzium *n* *{obs}*, kohlensaurer Kalk *m*, gewöhnlicher Kalk *m* *{Triv}*

calcium-chelating capacity Kalkbindevermögen *n* *{Tech}*

calcium chelating power Calciumchelatbildungsvermögen *n* *{Physiol}*

calcium chlorate <$Ca(ClO_3)_2 \cdot 2H_2O$> Calciumchlorat *n*

calcium chloride <$CaCl_2 \cdot 6H_2O$> Calciumchlorid *n*, Chlorcalcium *n* *{obs}*

calcium chloride cylinder Calciumchlorid-Trockenturm *m*, Calciumchlorid-Zylinder *m*

calcium chloride tube Calciumchloridrohr *n*, Chlorcalciumröhrchen *n* *{Absorptionsgefäß}*

calcium chromate <$CaCrO_4 \cdot 2H_2O$> Calciumchromat *n*

calcium-chromium garnet Chromgranat *m*, Uwarowit *m* *{Min}*

calcium citrate <$Ca_3(C_6H_5O_7)_2 \cdot 4H_2O$> Calciumcitrat *n*

calcium complex grease Kalkkomplexfett *n*

calcium complex soap grease Calciumkomplexseifen-Schmierfett *n* *{Trib}*

calcium cyanamide <$CaNCN$> Calciumcyanamid *n*, Kalkstickstoff *m* *{Agri}*

calcium cyanamide fertilizer Kalkstickstoffdünger *m*

calcium cyanide <$Ca(CN)_2$> Calciumcyanid *n*
calcium cyclamate Calciumcyclamat *n*, Calciumhexylsulfamat *n*, Calciumcyclohexansulfamat *n*
calcium decarbonisation Kalkentcarbonisierung *f*
calcium deficiency Kalkmangel *m*
calcium dehydroacetate Calciumdehydroacetat *n*
calcium diazide <$Ca(N_3)_2$> Calciumazid *n*
calcium dibromobehenate Sabromin *n {HN}*
calcium dichromate <$CaCr_2O_7$> Calciumbichromat *n {obs}*, Calciumdichromat(VI) *n*
calcium dioxide *s.* calcium peroxide
calcium ferricyanide <$Ca_3[Fe(CN)_6]_2$> Calciumferricyanid *n {obs}*, Calciumhexacyanoferrat(III) *n*
calcium ferrocyanide <$Ca_2[Fe(CN)_6]\cdot 12H_2O$> Calciumferrocyanid *n {obs}*, Calciumhexacyanoferrat(II) *n*
calcium fluoride <CaF_2> Calciumfluorid *n*, Fluorcalcium *n {obs}*; Fluorit *m {Min}*
calcium fluosilicate <$Ca[SiF_6]$> Calciumsilicofluorid *n {obs}*, Kieselfluorcalcium *n {obs}*, Calciumhexafluorosilicat *n*
calcium formate <$Ca(COOH)_2$> Calciumformiat *n*, ameisensaures Calcium *n {obs}*
calcium gluconate <$Ca(C_6H_{11}O_7)_2\cdot H_2O$> Calciumgluconat *n*
calcium glycer[in]ophosphate <$C_3H_7O_3PO_3$-Ca> glycerinphosphorsaures Calcium *n*, Calciumglycerophosphat *n*, Calciumglycerinphosphat *n*
calcium grease Kalkfett *n*
calcium hardness Kalkhärte *f*, Calciumhärte *f {Wasser}*
calcium hexafluorosilicate <$CsSiF_6\cdot 2H_2O$> Calciumhexafluorosilicat[-Dihydrat] *n*
calcium hippurate Calciumhippurat *n*
calcium hydride <CaH_2> Calciumhydrid *n*; Hydrolith *m {HN}*
calcium hydrogen carbonate <$Ca(HCO_3)_2$> Calciumhydrogencarbonat *n*, Calciumbicarbonat *n {obs}*
calcium hydrogen orthophosphate <$CaHPO_4\cdot 2H_2O$> Calciumhydrogenorthophosphat(V) *n*
calcium hydrogen sulfide <$Ca(SH)_2$> Calciumhydrogensulfid *n*, Calciumsulfhydrat *n {Gerb}*
calcium hydrogen sulfite <$Ca(HSO_3)_2$> Calciumbisulfit *n {obs}*, Calciumhydrogensulfit *n*
calcium hydrosulfide <$Ca(SH)_2$> Calciumhydrogensulfid *n*, Calciumsulfhydrat *n {Gerb}*
calcium hydrosulfite <$Ca(HSO_3)_2$> Calciumhydrogensulfit *n*, Calciumbisulfit *n {obs}*
calcium hydroxide <$Ca(OH)_2$> Calciumhydroxid *n*, gelöschter Kalk *m*, Kalkhydrat *n*, Löschkalk *m*, Äscher *f*, Äscherkalk *m {Gerb}*
calcium hydroxide solution Kalklauge *f*, Kalklösung *f*
calcium hypobromite <$Ca(BrO)_2$> Calciumhypobromit *n*
calcium hypochlorite <$Ca(ClO)_2$> Calciumhypochlorit *n*, Bleichkalk *m*, unterchlorsaurer Kalk *m {obs}*
calcium hypophosphate <$Ca_2P_2O_6$> Calciumhypophosphat *n*
calcium hypophosphite <$Ca(H_2PO_2)_2$> Calciumhypophosphit *n*, unterphosphorigsaures Calcium *n {obs}*
calcium hyposulfite <$CaS_2O_3\cdot 6H_2O$> Calciumthiosulfat *n*, Calciumhyposulfit *n*
calcium iodide <CaI_2> Calciumiodid *n*, Jodkalzium *n {obs}*
calcium iodobehenate Sajodin *n {HN}*
calcium lactate Calciumlactat *n*, milchsaurer Kalk *m {obs}*
calcium laevulinate Calciumlävulinat *n*, lävulinsaurer Kalk *m {obs}*
calcium level Calciumspiegel *m {Physiol}*
calcium light Kalklicht *n*, Drummondsches [Kalk-]Licht *n*, Drummondscher Brenner *m*
calcium lignosulfate Calciumlignosulfat *n*, Calciumligninsulfonat *n*
calcium linoleate <$(C_{17}H_{31}COO_2)Ca$> Calciumlinoleat *n*, leinölsaures Kalzium *n {obs}*
calcium magnesium chloride <$CaMg_2Cl_6\cdot 12H_2O$> Calciummagnesiumchlorid *n*, Tachyhydrit *m {Min}*
calcium malonate <$CaCH_2(CO_2)_2$> Calciummalonat *n*, malonsaures Kalzium *n {obs}*
calcium metaphosphate <$Ca(PO_3)_2$> Calciummetaphosphat *n*
calcium metasilicate <$CaSiO_3$> Calciummetasilicat *n*, Calciumtrioxosilicat *n*
calcium molybdate <$CaMoO_4$> Calciummolybdat(VI) *n*, molybdänsaurer Kalk *m {obs}*
calcium monosulfide Calciummonosulfid *n*, Einfachschwefelcalcium *n {obs}*
calcium naphthenate Calciumnaphthenat *n*
calcium naphtholsulfonate Calciumnaphtholsulfonat *n*
calcium nitrate <$Ca(NO_3)_2\cdot 4H_2O;Ca(NO_3)_2$> Calciumnitrat *n*, salpetersaures Kalzium *n {obs}*; Kalksalpeter *m*, Norgesalpeter *m {Agri}*
calcium nitrate efflorescence Salpeterschaum *m*
calcium nitride <Ca_3N_2> Calciumnitrid *n*, Stickstoffcalcium *n {obs}*
calcium nitrite <$Ca(NO_2)_2$> Calciumnitrit *n*
calcium orthoarsenate <$Ca_3(AsO_4)_2$> Calciumarsenat(V) *n*, Tricalciumorthoarsenat *n {IUPAC}*, arsensaures Kalzium *n {obs}*; Arsenikkalk *m {Min}*

calcium orthoplumbate <Ca_2PbO_4> Calciumorthoplumbat *n*, Calciumtetroxoplumbat(IV) *n*
calcium orthosilicate <Ca_2SiO_4> Calciumorthosilicat *n*, Calciumtetroxosilicat *n*
calcium oxalate <$CaC_2O_4{\cdot}H_2O$> Calciumoxalat *n*, oxalsaurer Kalk *m {obs}*
calcium oxide <CaO> Calciumoxid *n*; gebrannter Kalk *m*, Ätzkalk *m*, Calx *m*, gebrannter Ätzkalk *m*, Kalkerde *f*
calcium palmitate Calciumpalmitat *n*
calcium pantothenate <$(C_5H_{16}NO_5)_2Ca$> Calciumpantothenat *n*
calcium perborate <$Ca(Bo_3)_2{\cdot}7H_2O$> Calciumperborat *n*
calcium perchlorate <$Ca(ClO_4)_2$> Calciumperchlorat(VII) *n*
calcium permanganate <$Ca(MnO_4)_2{\cdot}4H_2O$> Calciumpermanganat *n*
calcium peroxide <$CaO_2{\cdot}8H_2O$> Calciumsuperoxyd *n {obs}*, Calciumperoxid *n*, Calciumsuperoxid *n*
calcium peroxodisulfate <CaS_2O_8> Calciumperoxodisulfat *n*
calcium phenate Carbolkalk *m {Triv}*, Calciumphenolat *n*
calcium phenolsulfonate Calciumphenolsulfonat *n*, Calciumsulfophenolat *n*
calcium phenoxide Phenolcalcium *n {obs}*, Calciumphenolat *n*
calcium phosphate Calciumphosphat *n*
dibasic calcium phosphate <$CaHPO_4$> Dicalciumorthophosphat(V) *n*
monobasic calcium phosphate <$CaH_4(PO_4)_2{\cdot}H_2O$> Monocalciumphosphat *n*
neutral calcium phosphate Tricalciumorthophosphat(V) *n*
primary calcium phosphate <$CaH_4(PO_4)_2$-$2H_2O$> primäres Calciumphosphat *n*, Monocalciumphosphat *n*, Tetrahydrogencalciumphosphat *n*
secundary calcium phosphate <$CaHPO_4{\cdot}2H_2O$> sekundäres Calciumphosphat *n*, Calciumhydrogenphosphat *n*
tertiary calcium phosphate <$Ca_3(PO_4)_2$> tertiäres Calciumphosphat *n*, Tricalciumphosphat(V) *n*, Tricalciumorthophosphat(V) *n*
tribasic calcium phosphate <$Ca_3(PO_4)_2$> tertiäres Calciumphosphat *n*, Tricalciumorthophosphat(V) *n*
calcium phosphide 1. <Ca_2P_2> Dicalciumdiphosphid *n*, Phosphorkalk *m {obs}*, Phosphorcalcium *n {obs}*; 2. <Ca_3P_2> Tricalciumdiphosphid *n*
calcium phospholactate Calciumphospholactat *n*
calcium plumbate <Ca_2PbO_4> Calciumplumbat(IV) *n*
calcium plumbite <$CaPbO_2$> Calciumplumbit *n*, Calciumplumbat(II) n, Calciumpräparat *n*
calcium propionate <$(CH_3CH_2COO)_2Ca$> Calciumpropionat *n*
calcium pyrophosphate <$Ca_2P_2O_7$> Calciumpyrophosphat *n*, Dicalciumdiphosphat(V) *n*
calcium resinate Calciumresinat *n*
calcium rhodanide <$Ca(SCN)_2$> Calciumrhodanid *n {obs}*, Calciumthiocyanat *n*
calcium ricinoleate <$Ca[OOC(CH_2)_7CH{=}CHCH_2CHOHC_6H_{13}]_2$> Calciumricinoleat *n*
calcium saccharate Calciumsaccharat *n*
calcium saccharose phosphate Hesperonalcalcium *n*
calcium salicylate <$(HOC_6H_4COO)_2Ca{\cdot}2H_2O$> Calciumsalicylat *n*
calcium selenate <$CaSeO_4$> Calciumselenat *n*
calcium silicate <$CaSiO_3$> Calciumsilicat *n*, Kalziumsilikat *n {obs}*
calcium silicide 1. <$CaSi_2$> Calciumdisilicid *n*; 2. <Ca_3Si_2> Tricalciumdisicilid *n*
calcium silicofluoride <$CaSiF_6$> Calciumsilicofluorid *n {obs}*, Calciumhexafluorosilicat *n*, Kieselfluorcalcium *n {Triv}*
calcium soap Calciumseife *f*, Kalkseife *f*
calcium soap grease Calciumseifen-Schmierfett *n {Trib}*
calcium sodium sulfate <$CaNa_2(SO_4)_2$> Calciumdinatriumdisulfat(VI) *n*; Glauberit *m {Min}*
calcium stannate Calciumstannat *n*
calcium stearate <$(C_{18}H_{35}O_2)_2Ca$> Calciumstearat *n*
calcium succinate Calciumsuccinat *n*
calcium sulfate <$CaSO_4$> Calciumsulfat *n*; Anhydrit *m*, Würfelspat *m*, Würfelgips *m {Min}*
calcium sulfate dihydrate Calciumsulfat-Dihydrat *n*; Gips *m*
calcium sulfate solution Gipslösung *f*
calcium sulfhydrate <$Ca(SH)_2$> Calciumsulfhydrat *n {Gerb}*, Calciumhydrogensulfid *n {IUPAC}*
calcium sulfide <CaS> Calciumsulfid *n*, Einfachschwefelcalcium *n {obs}*, Kalkschwefelleber *f {obs}*, Schwefelcalcium *n {Triv}*
calcium sulfite <$CaSO_3$> Calciumsulfit *n*
calcium sulfamate <$Ca(SO_3NH_2)_2{\cdot}4H_2O$> Calciumsulfamat *n*
calcium superoxide <$CaO_2{\cdot}8H_2O$> Calciumperoxid *n*, Calciumsuperoxid *n {obs}*
calcium superphosphate Calciumsuperphosphat *n*
calcium thiocyanate <$Ca(SCN)_2{\cdot}3H_2O$> Calciumthiocyanat *n*, Calciumrhodanid *n {obs}*, Rhodancalcium *n {obs}*
calcium thiosulfate <$CaS_2O_3{\cdot}6H_2O$> Calciumthiosulfat *n*, Calciumhyposulfit *n {obs}*

calcium titanate <$CaTiO_3$> Calciumtitanat *n*
calcium tungstate <$CaWO_4$> Calciumorthowolframat *n*, wolframsaures Calcium *n {obs}*
calcium uranyl phosphate <$(UO_2)_2Ca(PO_4)_2$> Calciumuranylphosphat *n*
calcium-zinc stabilizer Calcium-Zink-Stabilisator *m*, Calcium-Zink-Stabilisierer *m*
calcium-zinc stearate Calcium-Zink-Stearat *n*
calcoferrite Calcoferrit *m {Min}*
calcouranite Autunit *m {Min}*
calcspar Kalkspat *m*, Calcit *m*, Calciumcarbonat *n*, Doppelspat *m {Min}*
calculability Berechenbarkeit *f*
calculable berechenbar, rechnerisch lösbar; verläßlich
calculate/to kalkulieren, ausrechnen, [be]rechnen; einschätzen
calculate again/to nachrechnen
calculate in advance/to vorausberechnen
calculated berechnet, errechnet, rechnerisch
calculated shot volume rechnerisches Spritzvolumen *n*
calculated value Rechenwert *m*
calculation Berechnung *f*, Kalkulation *f*, Rechnung *f*, Ausrechnung *f*; Schätzung *f*
error in calculation Rechenfehler *m*
calculator Rechenmaschine *f*, Rechner *m*, Kalkulationsmaschine *f*; Taschenrechner *m {DIN 9757}*
calculus Kalkül *n*, Infinitesimalrechnung *f*
calculus of probability Wahrscheinlichkeitsrechnung *f*
calculus of variations Variationsrechnung *f*
Caldwell crucible Porzellantiegel *m* mit herausnehmbarem Siebboden *m {Lab}*
Caledonian brown Caledonischbraun *n*
caledonite Caledonit *m {Min}*
calefaction Erhitzung *f*, Erwärmung *f*
calefactory erwärmend
calender/to glätten, kalandern, kalandrieren, satinieren *{Pap}*
calender 1. Kalander *m*, Glätt[walzen]werk *n*, Walzenglättwerk *n*, Glättmaschine *f*, Maschinenkalander *m*; Satinierkalander *m*, Papierkalander *m*, Trockenglättwerk *n {Pap}*; Mangel *f {Text}*
calender coating Aufkalandrieren *n*, Kalanderauftragsverfahren *n*
calender dyeing Kalanderfärbung *f*
calender paper Kalanderpapier *n*
calender staining Kalanderfärbung *f*, Oberflächenfärbung *f* im Kalander
calendered coating Kalanderauftrag *m*
calendered film Kalanderfolie *f*
calendered sheeting Kalanderfolie *f*
calendering Folienziehen *n*, Auswalzen *n*, Kalandrierprozeß *m*, Kalanderverfahren *n*, Kalandrieren *n*, Glätten *n*, Glättung *f {Pap}*, Satinieren *n*, Satinage *f*
calendulin Calendulin *n*
calescence Kaleszenz *f*, Warmwerden *n*
point of calescence Kaleszenzpunkt *m*
caliatour wood Kaliaturholz *n*
calibrate/to kalibrieren, austarieren, auswägen, eichen, normen, normieren, graduieren, lehren
calibrated geeicht, graduiert, geteilt
calibrated cylinder Meßzylinder *m*, Mensur *f*
calibrated capillary method Kapillarmethode *f {Vak}*
calibrated conductance method Leitwertmethode *f*
calibrated delivery pipette Auslaufpipette *f*, Einlaufpipette *f {Lab}*
calibrated diaphragm Meßblende *f {Photo}*
calibrated drum Meßtrommel *f*
calibrated flask geeichter Kolben *m*
calibrated inductance source Induktivitätsnormal *n*
calibrated instrument Präzisionsmeßinstrument *n*, Präzisionsmeßgerät *n*
calibrated leak Eichleck *n*, Testleck *n*, Vergleichsleck *n*, Leck *n* bekannter Größe, Bezugsleck *n*
calibrated leak rating Eichleckdimensionierung *f {Vak}*
calibrated pipet[te] Meßpipette *f*, Vollpipette *f {Lab}*
calibrated potentiometer Meßpotentiometer *n*
calibrated resistance Präzisionswiderstand *m*
calibrated source Normalelement *n*
calibrated test piece Eichprobe *f*
calibrating Kalibrieren *n*, Kalibrierung *f*, Lehren *n*
calibrating air Kalibrierluft *f*
calibrating burette Kalibrierbürette *f {Lab}*
calibrating current Kalibrierstrom *m*
calibrating device Kalibriereinheit *f*, Kalibriervorrichtung *f*, Kalibrator *m*
calibrating die Kalibrierdüse *f*, Kalibrierwerkzeug *n*
calibrating gas Normgas *n*
calibrating-gas generator Einstellgas-Generator *m*
calibrating jet Meßdüse *f*
calibrating pipette Kalibrierpipette *f {Lab}*
calibrating plate Kalibrierplatte *f*, Kalibratorscheibe *f*, Kalibrierscheibe *f*
calibrating plot Kalibrierkurve *f*; Eichkurve *f {Lab}*
calibrating pressure Kalibrierdruck *m*
calibrating solution Eichlösung *f*
calibrating system Kalibriersystem *n*
calibrating table Kalibriertisch *m*
calibrating tube Kalibrierrohr *n*; Eichrohr *n {obs}*

calibrating unit Kalibriereinrichtung *f*, Kalibrator *m*, Kalibriervorrichtung *f*
calibration Kalibrieren *n*, Einmessen *n* *{DIN 1319}*; Eichung *f {obs}*, Kalibrierung *f*, Teilung *f*, Normung *f*
calibration constant Eichfaktor *m*
calibration curve Eichkurve *f {obs}*; Kalibrierungskurve *f*
calibration error Kalibrierfehler *m*
calibration gas Normgas *n*
calibration-gas mixture Einstell-Gasmischung *f*
calibration mark Eichstrich *m*
calibration office Eichamt *n*
calibration signal Eichsignal *n {obs}*, Standardsignal *n*
calibration solution Eichlösung *f {obs}*, Standardlösung *f*
calibration spectrum Einstellspektrum *n*
calibration value Eichwert *m*
calibrator Kalibrator *m*, Eichgerät *n*, Kalibriervorrichtung *f*
caliche Caliche *m*, [roher] Chilesalpeter *m*; Carbonatzement *m*, Kalkkruste *f {Geol}*
calico Kaliko *m*, Baumwolle *f*, Baumwollstoff *m*, Kattun *m*, Kotton *m*, Kalikon *m {Text}*
californite Californit *m {Min, Vesuvianart}*
californium *{Cf, element no. 98}* Californium *n*, Kalifornium *n*
calin alloy Calinlegierung *f*
caliper *{US}* 1. Taster *m*, Mikrometerschraube *f*; Greifzirkel *m*, Tastzirkel *m*; Kaliber *n*; 2. Dicke *f {Pap}*
caliper ga[u]ge Rachenlehre *f*, Tasterlehre *f*
caliper [thickness] ga[u]ge Dickenmesser *m*, Dickenmeßgerät *n*
caliper square Schublehre *f*
calisaya bark Calisaya-Chinarinde *f*, Königschinarinde *f {von Cinchona L. calisaya Wedd.}*
calk/to kalfatern, abdichten; durchzeichnen
calking 1. Kalfatern *n*; 2. *{GB}* Verstemmen *n*, Nahtdichtung *f* durch Verstemmen *n*
calking compound Dichtungsmasse *f*
calking lead Weichblei *n*
call/to 1. rufen; anrufen; 2. abrufen, aufrufen *{EDV}*; 3. benennen
callaite Kallait *m*, Türkis *m {Min}*
callicrein Kallikrein *n {Biochem}*
callilite Kallilith *m*, Wismut-Antimon-Nickelglanz *m {Min}*
callipers *{GB}* *s.* caliper *{US}*
callistephin <$C_{15}H_{10}O_5$> Callistephin *n*
callitrol Callitrol *n*, australisches Zypressenholzöl *n*
callus Knochensubstanz *f*
calm 1. still, ruhig; 2. Windstille *f*, Flaute *f*, Kalme *f {Meteor}*
calm down/to sich beruhigen *{Reaktion}*
calming agent Beruhigungsmittel *n {Pharm}*
calnitro Kalkammonsalpeter *m {Agri}*
calomel <Hg_2Cl_2> Calomel *n*, Kalomel *n*, Quecksilber(I)-chlorid *n*, Merkurochlorid *n* *{obs}*; Hornquecksilber *n*, Quecksilberhornerz *n* *{Min}*
calomel electrode Kalomelelektrode *f*
calomel half-cell Kalomelelektrode *f*, Kalomelhalbzelle *f*
fiber type calomel electrode Kalomelfaserelektrode *f*
normal calomel electrode Standardkalomelelektrode *f*
calometry Kalorimetrierung *f*
calorescence Kaloreszenz *f*
caloric thermisch, kalorisch; Wärme-, Thermo-, Kalorien-
caloric capacity Wärmeinhalt *m*
caloric content Kaloriengehalt *m {obs, Lebensmittel}*, Energiegehalt *m*; Heizwert *m*
caloric receptivity Wärmeaufnahmefähigkeit *f*
caloric unit *s.* calorie
calorie 1. Calorie *f*, IT-Kalorie *f*, cal *{4,1868 J}*; 2. 15-Kalorie *f {4,1855 J}*; 3. thermochemische Kalorie *f {4,184 J}*
gram calorie kleine Kalorie *f*
kilogram calorie große Kalorie *f*, Kilogrammkalorie *f*
large calorie *s.* kilogram calorie
rich in calories kalorienreich
calorific calorisch, wärmeerzeugend; Wärme-, Thermo-
calorific balance Wärmebilanz *f*
calorific effect Heizwert *m*, Heizeffekt *m*
calorific efficiency Wärmewirkungsgrad *m*
calorific intensity Verbrennungstemperaturen *fpl*
calorific power Heizwert *m*, Brennwert *m*, Heizkraft *f*
calorific value 1. Kalorienwert *m {obs}*, Brennwert *m*, Heizkraft *f*, Heizwert *m*, Wärmewert *m*; 2. kalorischer Wert *m*, Kalorie[n]wert *m* *{obs, Lebensmittel}*; Energiegehalt *m*
calorification Wärmeerzeugung *f {Biol}*
calorifier Labyrinthkühler *m*; Heizschlange *f*
calorimeter Kalorimeter *n*, Heizwertmesser *m*, Wärmemesser *m*
calorimeter bomb Kalorimeterbombe *f*, kalorimetrische Bombe *f*, Bombenkalorimeter *n*, Verbrennungsbombe *f*
calorimeter tube Kalorimeterrohr *n*
calorimeter vessel Kalorimetergefäß *n*
calorimetric kalorimetrisch
calorimetric bomb Wärmemeßbombe *f*, Verbrennungsbombe *f*, Kalorimeterbombe *f*, Bombenkalorimeter *n*
calorimetric test Heizwertuntersuchung *f*, kalorimetrische Bestimmung *f*

calorimetric titration thermometrische Titration *f* *{Anal}*
calorimetry Kalorimetrie *f*, Brennwertbestimmung *f*, Wärmemengenmessung *f*
calorizator Kalorisator *m*, Saftwärmer *m* *{Lebensmittel}*
calorize/to kalorisieren, alitieren *{Met}*; durch Hitze *f* eindicken *{z.B. Leinöl}*
calorizing Kalorisieren *n*, Kalorisierung *f* *{Met}*; Aluminisieren *n* *{Stahl}*
calory *s.* calorie
calotypy Kalotypie *f*, Talbotypie *f* *{Photo}*
calsequestrin Calsequestrin *n* *{Ca-bindendes Protein}*
caluszite Kaluszit *m*, Syngenit *m* *{Min}*
calutron Calutron *n*, Isotopentrennungs-Massenspektrograph *m*
calx *{US}* Calciumoxid *n*, gebrannter Kalk *m*, Ätzkalk *m*, Calx *m*, Kalkerde *f*
calycanine Calycanin *n*, Kalykanin *n* *{obs; Alkaloid}*
calycanthine <$C_{22}H_{26}N_4$> Calycanthin *n* *{Alkaloid}*
cam Daumen *m*, Nocke *f*, Nocken *m*; Hubkurve *f*, Kurventräger *m* *{Kurvengetriebe}*; Molette *f*; Schloßdreieck *n*, Schloßteil *n*; Griffnocke *f* *{des Reißverschlusses}*; Exzenter *m* *{Text}*; Hebedaumen *m*, Hebekopf *m*
cam drive Nockenantrieb *m*
cam press Nockenpresse *f*
cam wheel Nockenrad *n*, Daumenrad *n*
CAM 1. rechnerunterstützte Fertigung *f*; rechnergestütztes Gesamtsystem *n* der Planung *f* und Steuerung *f*; 2. Assoziativspeicher *m* *{EDV}*
camber Wölbung *f*, Ausbauchung *f*, Bauch *m*, Abrundung *f*, Krümmung *f*; Bombierung *f*, Bombage *f* *{bei Walzen und Profilen}*; Sturz *m* *{Rad}*; Überhöhung *f*
cambopininic acid <$C_{11}H_{18}O_2$> Cambopinsäure *f*
cameline oil Leindotteröl *n* *{aus Samen von Camelina sativa Crantz}*, Deutsches Sesamöl *n*, Rüllöl *n*, Saatdotteröl *n*, Rapsdotteröl *n*
camellin <$C_{53}H_{84}O_{19}$> Camellin *n*
camera Kamera *f*, Aufnahmeapparat *m*; Photoapparat *m*
camomile 1. Kamille *f*, Matricaria L.; 2. Kamillenblüten *fpl*; 3. Hundskamille *f*, Anthemis L. *{Bot}*,
camomile oil Kamillenöl *n*, Oleum Chamomillae *n*
camouflage/to tarnen
camouflage Tarnanstrich *m*, Tarnung *f*
camouflage paint Tarnfarbe *f*
camouflaged verschleiert
cAMP cyclisches Adenosin-3',5'-monophosphat *n*
Campbell method Campbell-Verfahren *n* *{Met}*
Campbell-Pressmann drying apparatus Campbell-Pressmann-Gefriertrockenapparat *m*, Gefriertrocknungsanlage *f* *{Lab}*
Campeachy tree Blauholzbaum *m* *{Haematoxylum campechianum L.}*
Campeachy wood Bauholz *n*, Blankholz *n*, Blutholz *n*, Campecheholz *n*, Kampescheholz *n*
camphane <$C_{10}H_{18}$> Camphan *n*, Bornan *n* *{IUPAC}*, 1,7,7-Trimethylbicyclo[1,2,2]heptan *n*
camphanic acid <$C_{10}H_{14}O_4$> Camphansäure *f*
2-camphanol Camphanol *n* *{obs}*, Borneol *n* *{IUPAC}*
2-camphanone *s.* camphor
camphene <$C_{10}H_{16}$> Camphen *n*, 2,2-Dimethyl-3-methylen-8,9,10-trinorboran *n*
camphene chlorohydrin Camphenchlorhydrin *n*
camphene glycol <$C_{10}H_{18}O_2$> Camphenglycol *n*
camphenic acid Camphensäure *f*
camphenilone Camphenilon *n*, Dimethylbicyclo[2.2.1]heptan-2-on *n*
camphenol Camphenol *n*
camphenone <$C_{10}H_{16}O$> 1-Methylcamphenilon *n*
campherol Campherol *n*
camphine Camphen *n*
camphocarboxylic acid <$C_{11}H_{16}O_3$> Camphocarbonsäure *f*, 2-Oxo-3-bornancarbonsäure *f*
camphogen <$C_{10}H_{14}$> Camphogen *n*, Cymen *n* *{IUPAC}*, *p*-Isopropyltoluol *n*
camphoglycuronic acid Camphoglykuronsäure *f*
camphoindole Camphoindol *n*
campholactone <$C_9H_{14}O_2$> Campholacton *n*
campholene Campholen *n*
campholene aldehyde Campholenaldehyd *m*, Camphon *n*
campholenic acid Campholensäure *f*, 2,2,3-Trimethyl-*n*-cyclopenten-Essigsäure *f*
campholic acid Camphol[an]säure *f*, 1,2,2,3-Tetramethylcyclopentan-Carbonsäure *f*
campholide <$C_{10}H_{16}O_2$> Campholid *n*
camphonanic acid Camphonansäure *f*, 1,2,2-Trimethylcyclopentan-Carbonsäure *f*
camphone Camphon *n*
camphonene Camphonen *n*
camphonenic acid Camphonensäure *f*
camphonitrile Camphonitril *n*
camphonolic acid Camphonolsäure *f*
camphononic acid Camphononsäure *f*
camphor <$C_{10}H_{16}O$> Campher *m*, Kampfer *m* *{Triv}*, Japancampher *m* *{(+)-Form}*, Matricariacampher *m* *{(-)-Form}*; 2-Camphanon *n*
camphor bromate <$C_{10}H_{15}BrO$> Bromkampfer *m* *{Pharm}*, Monobromcampher *m* *{Pharm}*, Camphermonobromid *n*, α-Brom-1-campher *m*

camphor dibromide Campherdibromid *n*
camphor dichloride Campherdichlorid *n*
camphor-like kampferartig
camphor liniment Campherliniment *n*, Campheröl *n*
camphor oil Kampferöl *n*, Campheröl *n*
camphor ointment Kampfersalbe *f* *{Pharm}*
camphor soap Kampferseife *f*
camphor wood oil Campherholzöl *n*
camphoraceous kampferartig, campherartig
camphoraldehydic acid Campheraldehydsäure *f*
camphoram[id]ic acid $<C_5H_4(CH_3)_3CONH_2CO\text{-}OH>$ Campheramidsäure *f*
camphorate/to mit Campher *m* behandeln
camphorate Camphorat *n*, kampfersaures Salz *n* *{Triv}*
camphorated kampferhaltig
camphorated spirit Camphergeist *m*
camphorene Camphoren *n*
camphoric acid $<C_{10}H_{16}O_4>$ Camphersäure *f*, Kampfersäure *f* *{obs}*, *cis*-1,2,2-Trimethyl-1,3-cyclopentandicarbonsäure *f*
camphoric anhydride Camphersäureanhydrid *n*
camphornitrilo-acid $<C_{10}H_{15}NO_2>$ Camphernitrilsäure *f*
camphorone Camphoron *n*
camphoronic acid $<(CH_3)_2C(COOH)C(CH_3)\text{-}(COOH)CH_2COOH>$ Camphoronsäure *f*, 2,3-Dimethyl-1,2,3-butantricarbonsäure *f*
camphorsulfonic acid Camphersulfonsäure *f*
camphrene Camphren *n*
camphrenic acid Camphrensäure *f*
camphyl Camphyl- *{obs}*, Bornyl- *{IUPAC}*
camphylamine Camphylamin *n*
camphylglycol Camphylglykol *n*
camphylic acid Camphylsäure *f*
camptonite Camptonit *m*
campylite Kampylit *m*, Phosphor-Mimetisit *m* *{Min}*
camshaft Nockenwelle *f*, Daumenwelle *f*, Exzenterwelle *f*, Steuerwelle *f*
camwood Camholz *n*, Camwood *n*, Gabanholz *n*, Camba[l]holz *n*, afrikanisches Sandelholz *n*, Angolaholz *n*
can/to eindosen, konservieren *{in Dosen}*, in Dosen *fpl* abfüllen; in Dosen *fpl* einpacken; einsetzen *{in ein Gehäuse}*
can 1. Büchse *f*, Dose *f*; Topf *m*, Kanne *f*, Kanister *m*; 2. Konservendose *f*, Konservenbüchse *f*; 3. Zellengefäß *n*, Becher *m* *{Elektrochem}*; 4. Walze *f*, Zylinder *m* *{des Walzenbandtrockners}*; 5. Kanne *f*, Spinnkanne *f*, Topf *m* *{Text}*; 6. Hülle *f*, Hülse *f* *{Nukl}*
can dryer Zylindertrockner *m*, Trockenwalze *f*, Trockenzylinder *m*, Walzenbandtrockner *m*, Trommeltrockner *m* *{Pap, Text}*
can lacquer Konservendosenlack *m*
can stability Lagerbeständigkeit *f*, Standzeit *f* *{konservierte Lebensmittel}*
Canada balsam kanadischer Balsam *m*, Kanadabalsam *m*
Canada turpentine Kanadaterpentin *n(m)*, kanadisches (kanadischer) Terpentin *n(m)*
canadic acid Canadinsäure *f*
canadine Canadin *n*, Tetrahydroberberin *n*
canadinium hydroxide Canadiniumhydroxid *n*
canadol Canadol *n*, Kanadol *n* *{leichte Benzinfraktion}*; Roh-Hexan *n*
canal 1. Speisekanal *m* *{Glas}*; 2. Kanal *m* *{Nukl, Tech}*; 3. Graben *m*, [künstlicher] Kanal *m*
canal ray Kanalstrahl *m*, positiver Strahl *m*
canalize/to kanalisieren
canalizing Kanalisieren *n*
cananga oil Canangaöl *n*, Orchideenöl *n*, Maccarblütenöl *n*, Ylang-Ylang-Öl *n*, Anonaöl *n* *{Öl der Cananga odorata}*
canary litharge Kanariengelb *n*
canary yellow Kanariengelb *n*
canavaline Canavalin *n* *{Leguminosenglobulin}*
canavanine $<H_2NCNHNHOCH_2CH_2CH(NH_2)\text{-}COOH>$ Canavanin *n*
cancel/to annullieren, aufheben, für ungültig erklären, streichen, löschen *{z.B. ein Patent}*, stornieren, rückgängig machen; kürzen, reduzieren, wegheben *{Math}*; nachdrucken *{wegen eines Fehlers}*; unterdrücken, streichen, löschen *{EDV}*
cancellation Annullierung *f*; Herauskürzung *f*, Kürzung *f* *{Math}*
cancelling Streichung *f*, Tilgung *f*
cancelling-out Eliminierung *f* *{Math}*
cancer chemopreventive agent krebsverhütendes Mittel *n*
cancerfighting drug Antikrebsmedikament *n*
cancerigenous krebserzeugend, cancerogen
cancerogenic karzinogen, krebsbildend, krebserregend
cancrinite Canoxinit *m*, Cancrinit *m* *{Min}*
candela Candela *f* *{SI-Basiseinheit der Lichtstärke}*
candelilla wax Candelillawachs *m* *{aus Pedilanthus pavonis Boiss.}*
candicidine Candicidin *n* *{Antibiotikum}*
candidate Bewerber *m*, Kandidat *m*
candidate for a doctor's degree Doktorand *m*
candies Süßigkeiten *fpl*, Süßwaren *fpl*
candite Candit *m* *{obs}*, Pleonast *m* *{Min}*
candle Kerze *f*
candle filter Filterkerze *f*; Kerzenfilter *n* *{mit auswechselbaren Filterkerzen}*
candle filter assembly Filterkerzenpaket *n*
candle-type filter Kerzenfilter *n*
candlenut oil Bankuöl *n*, Lumbangöl *n*, Lichtnußöl *n*, Kerzennußöl *n*, Iguapeöl *n* *{aus Samen des Aleurites moluccanus}*

candlepower Lichtstärke *f {in cd; DIN 5031}*, Kerzenstärke *f {obs}*
candoluminescence Candolumineszenz *f*
candy/to kandieren, glacieren *{Lebensmittel}*
candying Kandieren *n*, Glacieren *n {Früchte}*
cane 1. Rohr *n*, Zuckerrohr *n {Bot}*; 2. Rohrstock *m*, Glasstab *m*
cane bagasse Zuckerrohr-Bagasse *f*
cane juice Zuckerrohrsaft *m*
cane mill Rohrmühle *f*
cane molasses Rohrmelasse *f*, Zuckerrohrmelasse *f*
cane sugar <$C_{12}H_{22}O_{11}$> Rohrzucker *m*, Saccharose *f*
cane trash Bagasse *f*, Zuckerrohrrückstände *mpl*
cane wax Zuckerrohrwachs *n*
canella bark Canellarinde *f*, Kaneelrinde *f*
canella oil Canellenöl *n {etherisches Öl der Kaneelrinde von Canella alba Murr.}*
canescic acid Canescinsäure *f*
canescine Canescin *n*, Kanescin *n*, Deserpidin *n*, 11-Desmethoxyreserpin *n*
canfieldite Canfieldit *m {Min}*
canister Kanister *m*, Patrone *f*; Filterbüchse *f*, Filtereinsatz *m {z.B. in Atemschutzgeräten}*
canister filter Büchsenfilter *n*
canister respirator Atemschutzkanister *m*
canna starch Cannastärke *f*
cannabane <$C_{18}H_{22}$> Cannaban *n*
cannabidiol <$C_{21}H_{30}O_2$> Cannabidiol *n*
cannabin 1. Cannabin *n {Glycosid}*; 2. Cannabis-Harz *n*
cannabinol <$C_{21}H_{26}O_2$> Cannabinol *n {Pharm}*
cannabis Haschisch *n*, Indischer Hanf *m*
cannabiscetin Cannabiscetin *n*, Myricetin *n*
canned *{US}* eingedost, in Büchsen *fpl* konserviert; Dosen-, Büchsen-
canned beer Dosenbier *n*
canned food Dosenkonserve *f*, Nahrungsmittel *npl* in Dosen *fpl*
canned fruit Obstkonserven *fpl*
canned fuel Hartspiritus *m*
canned meat Büchsenfleisch *n*, Fleischkonserve *f*
canned milk Dosenmilch *f*, Büchsenmilch *f*
canned motor Spaltrohrmotor *m {Nukl}*
canned motor centrifugal pump Spaltrohr-Motorpumpe *f*
canned pump Pumpe *f* mit eingekapseltem Läufer *m*, Kapselpumpe *f*, Zweiwellenpumpe *f*
canned rotor pump Kapselpumpe *f {eine Drehkolbenpumpe}*, Zweiwellenpumpe *f*
canned vegetables Dosengemüse *n*
cannel coal Kännelkohle *f*, Cannelkohle *f*, Fettkohle *f*, Flammkohle *f*, Fackelkohle *f*, Blätterkohle *f*, Gasschiefer *m*, Kandelit *m*, Kandelkohle *f*, Kennelkohle *f*, Mattkohle *f*
cannery Konservenfabrik *f*
canning 1. Eindosen *n*, Einhülsen *n*, Konservierung *f* in Dosen *fpl {Nukl}*; Umhüllen *n {von Kernbrennstoff}*; 2. Konservieren *n*, Haltbarmachen *n*; 3. Eindosen *n*; Konservenherstellung *f*, Konservenfabrikation *f*
canning machine *{US}* Dosenfüllmaschine *f {Brau}*
canning material *{US}* Hüllmaterialien *npl {Nukl}*
Cannizzaro reaction Cannizzarosche Reaktion *f*, Canizzaro-Reaktion *f {Aldehyd-Dismutation}*
cannon pot kleiner Glashafen *m*, Sätzel *m*, Satzel *m {Glas}*
canola oil Canolaöl *n {aus Rapsöl}*
canons of professional ethics standesrechtliche Grundsätze *mpl*
cantharene Cantharen *n*, Dihydro-*o*-xylol *n*
cantharenol Cantharenol *n*
cantharides tincture Cantharidentinktur *f*
cantharidin[e] <$C_{10}H_{12}O_4$> Cantharidin *n*, Kantharidin *n*, Cantharidincampher *m {Gift der Spanischen Fliege}*
cantharolic acid Cantharolsäure *f*
canthaxanthin <$C_{40}H_{52}O_2$> Canthaxanthin *n*
canvas 1. Zeltleinwand *f*, Blachenstoff *m*, Segelleinwand *f*, Segeltuch *n*, Persenning *f*, Markisenstoff *m*; 2. Kanevas *m*, Stramin *m {für Stickereien}*
coarse canvas Sackleinwand *f*
caoutchene Kautschin *n*
caoutchouc Kautschuk *m n*, Gummi *n {das rohe Produkt}*, Rohgummi *n*, Naturgummi *n*
caoutchouc cement Kautschukkitt *m*
caoutchouc milk Kautschukmilch *f*, Latex *m*
caoutchouc paste Kautschukmasse *f*
caoutchouc solution Kautschuklösung *f*
caoutchouc substitute Kautschukersatzstoff *m*
caoutchouc tetrabromide Kautschuktetrabromid *n*
caoutchouc tree Kautschukbaum *m*
hardened caoutchouc Hartkautschuk *m*
caoutchoucin Kautschucin *n*, Kautschuköl *n*
cap 1. Deckel *m*, Haube *f*, Kappe *f*, Verschluß *m*; 2. Glocke *f {Dest}*; 3. Kalotte *f*, Kugelhaube *f*, Kugelkappe *f*; 4. Zünder *m*, Zündhütchen *m*, Zündplättchen *n*, Sprengkapsel *f*; 5. Haube *f*, Abdeckhaube *f*, Deckel *m*; Schutzkappe *f*, Abdeckkappe *f*; Klappe *f*, Klappdeckel *m*
cap jet Manteldüse *f*
cap nut Hutmutter *f*, Überwurfmutter *f*
cap screw Kopfschraube *f*, Überwurfschraube *f*
cap stopper Flaschenkappe *f*
capability Fähigkeit *f*, Leistungsfähigkeit *f*, Vermögen *n*, Leistungsstärke *f*; Tauglichkeit *f*, Einsetzbarkeit *f*, Brauchbarkeit *f*

capability of reaction Reaktionsvermögen *n*, Reaktionsfähigkeit *f*, Reaktivität *f*
capable fähig, imstande, tüchtig, geeignet für
capable of absorbing absorptionsfähig, aufnahmefähig
capable of being hardened härtbar *{z.B. Zement}*
capable of being polished polierfähig *{z.B. Kunststoffe}*
capable of being processed verarbeitungsfähig
capable of being swivelled upwards hochklappbar
capable of being taken apart zerlegbar
capable of being tilted upwards hochklappbar
capable of opening aufklappbar
capacitance kapazitive Impedanz *f*, Kapazität *f* *{in Farad}*, Kapazitätsreaktanz *f {Elek}*, Kapazitanz *f*, kapazitive Reaktanz *f {Elek}*, kapazitiver Blindwiderstand *m*
capacitance bridge Kapazitätsmeßbrücke *f*
capacitance ga[u]ge Kondensatormeßgerät *n*
capacitance-measuring instrument Kapazitätsmeßgerät *n*
capacitance meter Kapazitätsmesser *m*, Kapazitätsmeßgerät *n*
capacitive kapazitiv *{Elek}*
capacitive reactance Kapazitanz *f*, kapazitiver Widerstand *m*, Kondensanz *f {Elek}*
capacitor Kondensator *m {Elek}*
capacitor bank Kondensatorbatterie *f {Gruppe von Kondensatoren, die elektrisch miteinander verbunden sind}*; Kondensatorensatz *m*, Kondensatorenblock *m*, Kondensatorbank *f*
capacitor film Kondensatorfolie *f*
capacitor film thickness monitor Kondensatorschichtdickenmeßgerät *n*
capacitor oil Kondensatoröl *n {Isolierflüssigkeit}*
capacitor paper Kondensatorpapier *n*, Kondensatorseidenpapier *n*
capacitor rating Kondensatorleistung *f*
capacity 1. Kapazität *f {Elek; obs}*, Leistungsfähigkeit *f {in W}*; 2. Rauminhalt *m*, Fassungsraum *m*, Fassungsvermögen *n*, Aufnahmevermögen *n*, Kapazität *f*; 3. Inhalt *m*, Volumen *n*, Rauminhalt *m*, Raumgröße *f*; 4. Leistungsfähigkeit *f*, Leistung *f*, Leistungsvermögen *n*, Belastbarkeit *f*; Fähigkeit *f*; 5. Produktionsvermögen *n*; Durchsatzleistung *f*, Förderstrom *m* *{DIN 1952}*, Förderleistung *f*, Saugleistung *f*, Fördermenge *f*, Durchsatz *m*
capacity factor Ausnutzungsfaktor *m {Ökon}*
capacity for resistance Widerstandsfähigkeit *f*
capacity index Kapazitätsreaktanz *f*, kapazitive Reaktanz *f {Elek}*
capacity value Kapazitätsgröße *f*
capacity volume Rauminhalt *m*
cape weed Färberflechte *f {Bot}*
caperatic acid Caperatsäure *f*
capillaceous kapillarförmig
capillarimeter Kapillarimeter *n*
capillarity Kapillarwirkung *f*, Kapillarität *f*, Kapillarattraktion *f*, Haarröhrchenwirkung *f*
capillary 1. kapillar, haarförmig, kapillarförmig; 2. Saugröhrchen *n*, Kapillarröhre *f*, Kapillare *f*, Kapillarrohr *n*, Haarröhrchen *n*
capillary action Kapillarwirkung *f {z.B.von Oberflächen auf Klebstoffe}*, Kapillarität *f*, Kapillarattraktion *f*, Haarröhrchenwirkung *f*
capillary active kapillaraktiv, oberflächenaktiv, grenzflächenaktiv
capillary activity Kapillaraktivität *f*, Kapillarwirkung *f*
capillary affinity Kapillaraffinität *f*
capillary alum Haaralaun *m*
capillary analysis Kapillaranalyse *f*
capillary attraction Kapillaranziehung *f*, Kapillarität *f {Phys}*; Zugspannung *f {bei einer benetzenden Flüssigkeit}*, Druckspannung *f {bei einer nicht benetzenden Flüssigkeit}*
capillary bottle Kapillarfläschchen *n*
capillary burette Kapillarbürette *f*
capillary column Kapillarsäule *f {Anal}*
capillary combustion tube Verbrennungskapillare *f*
capillary condensation Kapillarkondensation *f*, kapillare Kondensation *f*
capillary constant Kapillaritätskonstante *f*, Kapillarkonstante *f*
capillary depression Kapillardepression *f*
capillary drag Klebevakuum *n*
capillary duct Haarkanal *m*
capillary effect Kapillarwirkung *f*
capillary electrode Kapillarelektrode *f*
capillary electrometer Kapillarelektrometer *n*
capillary fall Kapillarsenkung *f*
capillary filament 1. Haarfaser *f {Biol}*; 2. Filament *n {ersponnenes Garn}*
capillary filter Kapillarfilter *n*
capillary flow Kapillarströmung *f*, Kapillarbewegung *f*
capillary fluid Kapillarflüssigkeit *f*
capillary force Kapillarkraft *f*
capillary gap cell Kapillarspaltzelle *f {Elektrolyse}*
capillary gas chromatography Kapillar-Gaschromatographie *f*
capillary gold Haargold *n {Min}*
capillary kinematic viscometer *{ISO 3105}* kinetisches Kapillarviskosimeter *n*
capillary method Kapillarmethode *f {Vak}*
capillary microburette Kapillarbürette *f*
capillary nickel Haarnickel *n*
capillary nozzle Kapillardüse *f*
capillary ore Haarerz *n {Min}*

capillary pipe Kapillare *f*, Kapillarröhrchen *n*, Haarröhrchen *n*, Kapillarrohr *n*
capillary pipette Kapillarpipette *f {Lab}*
capillary potential Kapillarpotential *n*
capillary pressure Kapillardruck *m*
capillary pyrite Haarkies *m*, Millerit *m {Min}*
capillary rheometer Kapillarrheometer *n*
capillary rise kapillare Steighöhe *f*, kapillarer Aufstieg *m*, Kapillaraszension *f*; Saughöhe *f {beim Eintauchen eines Probestreifens nach DIN 6730 und DIN 53107}*
capillary-rise method Steighöhenverfahren *n {Oberflächenspannung}*
capillary stoppered pycnometer *{ISO 3838}* Pyknometer *n* mit Kapillarstopfen *m*
capillary stress Kapillarspannung *f*
capillary supercritical fluid chromatography Kapillar-Superkritische Chromatographie *f*
capillary surface area Kapillaroberfläche *f*
capillary technique at constant pressure Kapillarmethode *f {Vak}*
capillary tension Kapillarkraft *f*, Kapillarspannung *f*
capillary tube Kapillare *f*, Haarröhrchen *n*, Kapillarrohr *n*, Kapillarröhrchen *n*
capillary tube melting-point apparatus Schmelzpunktbestimmungsapparat *m* mit Kapillarröhrchen *n*
capillary tubing kapillares Rohrglas *n*, Kapillarrohr *n*
capillary visco[si]meter Kapillarviskosimeter *n*
capillary zone electrophoresis Kapillar-Zonenelektrophorese *f*
capillometer Kapillaritätsmesser *m {Instr}*
capnometer CO_2-Meßgerät *n*, Capnometer *n {Med}*; Rauchdichtemesser *m*
caporcianite Caporcianit *m {obs}*, Laumontit *m {Min}*
cappelenite Cappelinit *m {Min}*
capping 1. Abdeckung *f {Schutz}*; 2. Abraum *m*; Deckgebirge *n {Bergbau}*
capping cement Sockelklebstoff *m*
capraldehyde **<$CH_3(CH_2)_8CHO$>** Caprinaldehyd *m*, *n*-Decanal *n*
caprate 1. caprinsauer; 2. Caprinat *n {Salz oder Ester der n-Caprinsäure}*
capreomycin Capreomycin *n {Pharm}*
Capri blue Capriblau *n*
capric acid **<$CH_3(CH_2)_8CO_2H$>** *n*-Caprinsäure *f*, *n*-Decylsäure *f*, *n*-Decansäure *f*
caproaldehyde **<$CH_3(CH_2)_4CHO$** *n*-Capronaldehyd *m*, *n*-Hexanal *n*, *n*-Hexylaldehyd *m*
caproate capronsauer; Capronat *n {Salz oder Ester der n-Capronsäure f bzw. Hexansäure}*
caproic acid **<$CH_3(CH_2)_4CO_2H$>** *n*-Capronsäure *f*, Hexylsäure *f*, *n*-Butylessigsäure *f*, *n*-Hexansäure *f {IUPAC}*, Penten-1-carbonsäure *f*
caproin Caproin *n*, Capronfett *n {Glycerin-Hexansäure-Verbindung}*
caprolactam **<$C_6H_{11}NO$>** Caprolactam *n*, 2-Oxohexamethylenimin *n*
caprolactam ring Caprolactamring *m*
ε-caprolactone **<$CH_2(CH_2)_4NHCO$>** Caprolacton *n*
capronamide Capronamid *n*
caprone Capron *n*, 6-Undecanon *n*
capronic acid *s.* caproic acid
capronitrile **<$CH_3(CH_2)_4CN$>** Capronitril *n*, Hexannitril *n*
caproyl Caproyl-, Octanoyl- *{IUPAC}*
capryl Capryl-, Hexyl- *{IUPAC}*
capryl alcohol **<$CH_3(CH_2)_6CH_2OH$>** *n*-Caprylalkohol *m*, *n*-Octylalkohol *m*, Octanol(1) *n*
caprylaldehyde **<$CH_3(CH_2)_6CHO$>** *n*-Caprylaldehyd *m*, *n*-Octanal *n*, *n*-Octylaldehyd *m*
caprylamine Caprylamin *n*, Octylamin *n*
caprylate Caprylat *n {Salz oder Ester der n-*Caprylsäure bzw. Octansäure}
caprylene **<C_8H_{16}>** Caprylen *n*, Octen *n*
caprylic acid **<$CH_3(CH_2)_6CO_2H$>** *n*-Caprylsäure *f*, *n*-Octylsäure *f*, *n*-Octansäure *f*, Heptan-1-carbonsäure *f*, Hexylessigsäure *f*
caprylic alcohol **<$CH_3(CH_2)_6CH_2OH$>** Octylalkohol *m*, Octan-1-ol *n*, *n*-Caprylalkohol *m*
caprylic aldehyde **<$CH_3(CH_2)_6CHO$>** *n*-Caprylaldehyd *m*, *n*-Octylaldehyd *m*, Aldehyd C_8 *m*, *n*-Octanal *n*
caprylidene **<$HCC(CH_2)_5CH_3$>** Capryliden *n*, *n*-Hexylacetylen *n*, Oct-1-in *n*
caprylone Caprylon *n*
caprylyl Caprylyl-, Octanoyl- *{IUPAC}*
capsaicin **<$C_{18}H_{27}NO_3$>** Capsaicin *n*
capsanthin **<$C_{40}H_{56}O_3$>** Capsanthin *n {ein Xanthophyll des Paprikas}*
capsicine Capsicin *n*
capsicol Capsicol *n*
capsicum Cayennepfeffer *m*, Schottenpfeffer *m*, Capsicum *n*, Spanischer Pfeffer *m*
capsomere Capsomer *n {Proteinbaustein in Viren}*
capsorubin Capsorubin *n*
capsorubone Capsorubon *n*
capsula[-type vacuum] ga[u]ge Kapselfedervakuummeter *n*, Kapselmeßgerät *n*
capsular kapselartig, kapselförmig
capsularin Capsularin *n*
capsule 1. Kapsel *f {Hülle für die Arzneizubereitung}*; 2. Kapsel *f*, Hütchen *n*; Kabine *f {Tech}*; 3. Abdampfschale *f*, Abdampftiegel *m*; 4. Druckmeßdose *f*
capsule lacquer Kapsellack *m*, Kapselflaschenlack *m {Pharm}*
captan Captan, *N*-Trichloromethylthiotetrahydrophthalimide *n {Fungizid}*

caption 1. Titel *m*, Überschrift *f*, Untertitel *m*; 2. Legende *f*, Bildunterschrift *f*, Bildinschrift *f*
capture/to abfangen; [ein]fangen, festhalten
capture 1. Einfang *m*, Einfangen *n*, Einfangprozeß *m* *{Nukl}*; 2. Abfangen *n* *{z.B. eines Spurenelementes}*; 3. Einfangreaktion *f*
capture coefficient Einfangkoeffizient *m*, Haftwahrscheinlichkeit *f*, Einfangwahrscheinlichkeit *f*
capture cross section Einfangquerschnitt *m*, Absorptionsquerschnitt *m*
capture gamma rays Einfanggammastrahlen *mpl*
capture probability Einfangwahrscheinlichkeit *f*
capturing process Einfangprozeß *m*
caput mortuum Eisenoxidrot *n*, Englischrot *n*, Eisenrot *n*, Colothar *n* *{feinpulvriges Produkt}*
car [lubricating] grease Autofett *n*, Abschmierfett *n*
car paint Autolack *m*
car polish Autopolitur *f*, Wagenpflegemittel *n*
car tunnel kiln *{US}* Herdwagenofen *m*, Wagentrockenofen *m* *{Keramik, Glas}*
carajurin **<$C_{17}H_{14}O_5$>** Carajurin *n*
caramel Karamel *m*, Karamelle *f*, gebrannter Zucker *m*, Zuckercouleur *f* *{als Lösung}*, Kulör *f*
caramelan Caramelan *n*
caramelene Caramelen *n*
caramelin Caramelin *n*
caramelization Karamelisierung *f*
caramelize/to 1. karamelisieren; 2. thermisch entschlichten *{Textilglas}*
carane **<$C_{10}H_{18}$>** Caran *n*, 3,7,7-Trimethylbicyclo[4,1,0]heptan *n*
caran[n]a balsam Carannabalsam *m*
caran[n]a resin Carannagummi *n*, Carannaharz *n*
carap[a] oil Carapafett *n*, Carapaöl *n*
carat Karat *n* *{1. 0,2 g bei Edelsteinen; 2. 4,125%* bei Goldlegierungen}
caraway [seed] oil Kümmelöl *n* *{von Carum carvi L.}*
carbachol **<$NH_2COOCH_2CH_2N(CH_3)_3Cl$>** Carbachol[in] *n*, Carbamylcholinchlorid *n*
carbamate 1. carbaminsauer; 2. Carbamat *n*, Carbaminat *n* *{H_2NCOOM'}*
carbamic acid **<H_2NCOOH>** Carbaminsäure *f*, Carbamidsäure *f*, Kohlensäuremonamid *n*, Amidokohlensäure *f*, Aminoameisensäure *f*
carbamide **<NH_2CONH_2>** Carbamid *n*, Harnstoff *m*, Kohlensäurediamid *n*
carbamide chloride Harnstoffchlorid *n*, Carbamoylchlorid *n*
carbamide peroxide Carbamidperoxid *n*, Harnstoffwasserstoffperoxid *n* *{Pharm}*
carbamide phosphoric acid **<$OC(NH_2)_2H_3PO_4$>** Carbamidphosphorsäure *f*, Harnstoffphosphorsäure *f*
carbamide resin Carbamidharz *n*
carbamidine **<$HN=C=(NH_2)_2$>** Guanidin *n* *{IUPAC}*, Imidoharnstoff *m*, Iminoharnstoff *m*, Aminomethanamidin *n*
carbamidoacetic acid Glykolursäure *f*, Hydantoinsäure *f*, Ureidoessigsäure *f*
5-carbamidobarbituric acid Pseudoharnsäure *f*
carbaminate 1. carbaminsauer; 2. Carbamat *n*, Carbaminat *n*
carbamite **<$C_{17}H_{20}N_2O$>** Centralit I *n*, *sym*-Diethyldiphenylharnstoff *m* *{Expl}*
carbamonitril **<$CNNH_2$>** Cyanamid *n*, Carbodiimid *n*
carbamyl 1. Carbamoyl-; 2. Aminoformyl *n*
carbamyl chloride **<H_2NOCl>** Carbamoylchlorid *n*, Harnstoffchlorid *n*
carbamylcarbamic acid Allophansäure *f* *{IUPAC}*
carbamylglycine Glycolursäure *f*, Hydantoinsäure *f*, Ureidoessigsäure *f*
carbamylguanidine Guanylharnstoff *m*
carbamyloxamic acid Oxalursäure *f*
carbamyltoluene **<$CH_3C_6H_4CONH_2$>** Toluamid *n*, Carbamoyltoluol *n*
carbamylurea **<$H_2NCONHCONH_2$>** Biuret *n* *{IUPAC}*, Allophansäureamid *n*, Carbamoylharnstoff *m*, Dicarbamoylamin *n*
carbanil Carbanil *n*, Phenylisocyanat *n*
carbanilic acid **<$C_6H_5NHCOOH$>** Carbanilsäure *f*, Phenylcarbaminsäure *f*, Phenylcarbamidsäure *f*
carbanilide Carbanilid *n*, Diphenylharnstoff *m*
carbanion Carbanion *n*, Carbeniat-Ion *n*, Carbeniat-Anion *n*
intermediary carbanion intermediäres Carbanion *n*
carbankerite Carbankerit *m* *{Verwachsungen mit 20-60% Carbonaten; DIN 22005}*
carbaryl 1-Naphthyl-*N*-methylcarbamat *n*
carbargilite Carbargilit *m* *{Verwachsungen mit 20-60% Tonmineralien; DIN 22005}*
carbarsone **<$NH_2CONHC_6H_4AsO(OH)_2$>** Carbarson *n*, 4-Carbamidophenylarsonsäure *f*
carbazide 1. <RNH-NH-CO-NH-NHR'> Carbazid *n*; 2. <$(H_2N\text{-}NH\text{-})_2CO$> Carbonohydrazid *n*, Carbohydrazid *n*
carbazole **<$C_{12}H_9N$>** Carbazol *n*, Dibenzopyrrol *n*, Diphenylenimid *n*, Diphenylenimin *n*, Diphenylimid *n*, 9-Azafluoren *n*
carbazotate Pikrat *n*
carbazylic acid **<$RC(=NH)NH_2$>** Carbazylsäure *f*, Amidin *n*
carbene 1. **<R-HC:>** Carben *n*; 2. **<:CH_2>** Methylen *n*; 3. **<$(C_{11\text{-}15}H_{10})_n$>** Cupren *n* *{Expl; Polyacetylen}*; 4. Asphalten *n* *{Bitumen}*
carbeniate ion Carbeniat-Ion *n*, Carbanion *n*

carbenium ion <R_3C^+> Carbenium-Ion *n*

carbethoxy <C_2H_5OOC-> Carbethoxyl-, Ethoxycarbonyl- *{IUPAC}*

carbethoxycyclopentanone Carbethoxycyclopentanon *n*

carbide 1. Carbid *n*, Karbid *n*; 2. <CaC_2> Calciumcarbid *n*, Calciumacetylid *n*

carbide carbon Karbidkohle *f*, Carbidkohle *f*

carbide etching bath Carbidätzbad *n*

carbide-forming agent Carbidbildner *m*, carbidbildendes Element *n {Met}*

carbide of iron <Fe_3C> Zementit *m {Met}*

carbide precipitation Carbidausscheidung *f*

carbide process Karbidverfahren *n*, Carbidverfahren *n*

carbide producer Carbidbildner *m*

carbide slag Karbidschlacke *f*, Carbidschlacke *f*

carbiding Karburierung *f*

carbimazole Carbimazol *n {Pharm}*

carbimide Carbimid *n*, Isocyanat *n*

carbinol 1. Carbinol *n {obs; primäre Alkohole}*; 2. <CH_3OH> Holzgeist *m*, Holzspiritus *m*, Methanol *n*, Methylalkohol *m*

carbinoxamine Carbinoxamin *n*

carbo-hydrogen generator Fettgasgenerator *m*, Ölgasgenerator *m*

carboanhydrase Carboanhydrase *f*

carbobenzoxy chloride Carbobenzoxychlorid *n {obs}*, Benzyloxycarbonylchlorid *n*

carbobenzoxy glutamic acid Carbobenzoxyglutaminsäure *f*

carbocation Carbokation *n {Carbenium- und Carboniumion}*

carbocyanine Carbocyanin *n {Farb}*

carbocyclic carbocyclisch, carbozyklisch, isozyklisch

carbocyclic compounds carbocyclische Verbindungen *fpl*

carbodiimide Carbodiimid *n*, Cyanamid *n*

carbodiphenylimide Carbodiphenylimid *n*

carbodynamite Carbodynamit *n*

carboferrite Carboferrit *m {Min}*

carbohydrase Carbohydrase *f*, Glycosidase *f {Biochem}*

carbohydrate Kohlenhydrat *n*, Kohlehydrat *n*, Sa[c]charid *n*

carbohydrate catabolism Kohlenhydratabbau *m*

carbohydrate intolerant unverträglich gegenüber Kohlenhydraten *npl {Pharm}*

carbohydrate metabolism Kohlenhydratstoffwechsel *m*

carbohydrate tosylate Kohlenhydrat-*p*-toluolsulfonyl-Verbindung *f*

carbohydrazide Carbohydrazid *n*, Carbodihydrazid *n*, Carbonohydrazid *n*

carboids Carboide *npl*, Kerotene *npl {in CS_2 unlösliches Bitum}*

carbolate/to mit Carbolsäure *f* tränken, phenolisieren

carbolate 1. carbolsauer; 2. Phenolat *n*

carbolfuchsin Carbolfuchsin *n*

carbolic acid <C_6H_5OH> Carbolsäure *f*, Phenol *n*, Hydroxybenzol *n*, Acidum carbolicum *n {Lat}*, Carbol *n*

carbolic acid soap Carbolsäureseife *f*, Carbolseife *f*, Karbolseife *f*

carbolic acid solution Phenollösung *f*

carbolic glycerol soap Carbolglycerinseife *f*

carbolic oil Carbolöl *n*

carbolic powder Carbolpulver *n*

carboline Carbolin *n {ein Alkaloid}*

carbolineum Carbolineum *n*, Karbolineum *n*, Teeröl *n {Holzschutzmittel}*

carbolize/to mit Carbolsäure tränken, phenolisieren

carbolxylene Carbolxylol *n {75% Xylol, 25% Phenol}*

carbomethoxy Carbomethoxy- *{obs}*, Methoxycarbonyl- *{IUPAC}*

carbominerite Carbominerit *m {Verwachsungen mit 5-20% Pyrit und 20-60% anderen Mineralien; DIN 22005}*

carbomycin Carbomycin *n {Antibiotikum}*

carbon 1. *{C; element no. 6}* Kohlenstoff *m*; 2. Kohle[elektrode] *f*

carbon anode Kohleanode *f*

carbon arc Kohlebogen *m*, Kohlelichtbogen *m*

carbon-arc lamp Kohlebogenlampe *f*

carbon-arc evaporation Kohlebogenverdampfung *f*

carbon atom Kohlenstoffatom *n*

carbon-bag electrode Kohlebeutelelektrode *f*

carbon bisulphide *{obs}* *s.* carbon disulfide

carbon black Ruß *m*, Kohleschwarz *n*, Rußschwarz *n*, Carbon-Black *n*, Lampenruß *m*, Gasruß *m*, Lampenschwarz *n*

carbon black content Rußgehalt *m*

carbon black dispersancy test Rußaufnahmefähigkeitsversuch *m {Öl}*

carbon boat Kohleschiffchen *n {Lab, Anal}*

carbon bond Kohlenstoffbindung *f*

carbon-carbon linkage Kohlenstoff-Kohlenstoff-Bindung *f*

carbon cell Kohleelement *n*

carbon chain Kohlenstoffkette *f {bei Kohlenstoffverbindungen}*

carbon-combustion cell Kohlenstoff-Brennstoffzelle *f {Elek}*

carbon compound Kohlenstoffverbindung *f*

carbon content Kohlenstoffgehalt *m*

carbon copy Kopie *f*, Durchschlag *m {EDV}*

carbon crucible Kohletiegel *m*

carbon cycle Kohlenstoffzyklus *m*, Kohlenstoffkreislauf *m*
carbon deposits Schmierölrückstände *mpl*, Ölkohle *f*, Kohlerückstände *mpl*
carbon dioxide <CO_2> Kohlendioxid *n*, Kohlensäureanhydrid *n*
carbon-dioxide cooled reactor kohlendioxidgekühlter Reaktor *m* *{Nukl}*
carbon-dioxide determination apparatus Kohlensäure-Bestimmungsapparat *m* *{obs}*, Kohlendioxid-Bestimmungsgerät *n*
carbon-dioxide extinguishing plant Kohlensäurelöschanlage *f* *{Tech}*
carbon-dioxide fire extinguisher Kohlensäurelöscher *m*, Kohlendioxidlöscher *m*, CO_2-Löscher *m*
carbon-dioxide generator Kohlensäureentwickler *m* *{obs}*, Kohlendioxid-Entwickler *m*
carbon-dioxide laser Kohlendioxidlaser *m*, CO_2-Laser *m*
carbon-dioxide separator Kohlensäureabscheider *m* *{Tech}*
carbon-dioxide snow Kohlendioxidschnee *m*, Kohlensäureschnee *m*, Trockeneis *n*, festes Kohlendioxid *n*
assimilation of carbon dioxide Kohlensäureassimilation *f* *{Physiol}*
containing carbon dioxide kohlensäurehaltig
solid carbon dioxide *s.* carbon dioxide snow
carbon disulfide <CS_2> Schwefelkohlenstoff *m*, Kohlenstoffdisulfid *n*, Kohlendisulfid *n*
carbon double bond Kohlenstoffdoppelbindung *f*
carbon electrode Kohleelektrode *f*, Kohlestab *m*, Kohlestabelektrode *f*
carbon fiber Kohlenstoffaser *f*, Kohlefaser *f*
carbon-fiber impregnated thermoset resin kohlefaserverstärkter Duroplast *m*
carbon-fiber prepreg material Kohlenstofffaser-Prepreg *m*, vorimprägnierte Kohlenstofffaser *f*
carbon filament Kohlefaden *m*; Kohlenstoffilament *n* *{Text}*
carbon-filament lamp Kohlefadenlampe *f*, Kohlenfadenlampe *f*
carbon-free kohlenstofffrei, kohlefrei
carbon halide Halogenkohlenstoff *m*
carbon hexachloride <CCl_3CCl_3> Hexachlorethan *n*, Perchlorethan *n*
carbon holder Kohle[n]halter *m*
carbon-like kohleartig; kohlenstoffartig
carbon-lined furnace Ofen *m* mit Kohlenfutter
carbon linkage Kohlenstoffbindung *f*
carbon metabolism Kohlenstoffkreislauf *m*
carbon microsphere Kohlenstoffmikrokugel *f* *{Füllstoff}*
carbon monoxide <CO> Kohlenoxyd *n* *{obs}*, Kohlenmonoxid *m*, Kohlenoxid *m*, Kohlengas *n* *{Triv}*
carbon-monoxide detector Kohlenmonoxidanzeiger *m*
carbon nitride Kohlenstoffnitrid *n* *{Polycyan}*
carbon-nitrogen cycle Stickstoff-Kohlenstoff-Zyklus *m*, Bethe-Weizsäcker-Zyklus *m*
carbon oxide Kohlenoxid *n*
carbon-oxide detector Kohlenoxidanzeiger *m* *{CO und CO_2}*
carbon oxybromide <$COBr_2$> Kohlenstoffoxybromid *n*, Kohlenoxidbromid *n*, Carbonylbromid *n*, Bromphosgen *n* *{Triv}*
carbon oxychloride <$COCl_2$> Phosgen *n*, Kohlenstoffoxychlorid *n*, Kohlenoxidchlorid *n*, Carbonylchlorid *n* *{IUPAC}*
carbon oxysulfide <COS> Kohlenoxysulfid *n*, Kohlenoxidsulfid *n*, Carbonylsulfid *n*
carbon paper Kohlepapier *n*, Carbonpapier *n*; Pigmentpapier *n*, Durchschreibepapier *n*
carbon pencil Kohlestift *m*
carbon pickup Kohlenstoffaufnahme *f* *{Met}*
carbon powder Kohlepulver *n*
carbon powder for spectroscopy Spektralkohlepulver *n*
carbon removal Kohlenstoffentziehung *f*
carbon replica Kohlehüllen *fpl*, Kohleabdruck *m* *{Elektronenmikroskopie}*
carbon residue Ölkohle *f* *{fester, kohleartiger, verschleißfördernder Schmieröl-Rückstand im Verbrennungsraum}*; Kohlenrückstand *m*, Verkokungsrückstand *m*, Koksrückstand *m* *{beim Verkokungstest nach Conradson}*
carbon-resistor furnace Kohlewiderstandsofen *m*
carbon-restoration plant Aufkohlungsanlage *f*, Rückkohlungsanlage *f* *{Met}*
carbon rod Kohleanode *f*, Kohlestab *m*, Kohlestabelektrode *f*, Kohleelektrode *f*
carbon rod for spectroscopy Spektralkohlestab *m*
carbon selenide <CSe_2> Carbonselenid *n*, Kohlenstoffdiselenid *n*
carbon silicide <CSi_2> Kohlenstoffsilicium *n*, Carbonsilicid *n*
carbon skeleton Kohlenstoffskelett *n*, Kohlenstoffgerüst *n*
carbon steel Flußstahl *m*, Kohlenstoffstahl *m*, unlegierter Stahl *m*, C-Stahl *m* *{mit bis 0,4% C}*
carbon subnitride Kohlenstoffsubnitrid *n*, Acetylendinitril *n*
carbon suboxide <C_3O_2> Kohlen[stoff]suboxid, Carbodicarbonyl *n*, Tricarbondioxid *n* *{IUPAC}*, Malonsäureanhydrid *n*
carbon sulfoselenide <CSSe> Carbonsulfoselenid *n*, Kohlenstoffselenidsulfid *n*, Thiocarbonylselenid *n*

carbon telluride Tellurkohlenstoff *m*, Carbonditellurid *n*
carbon test Verkokungstest *m*
carbon tet *{US}* Tetrachlorkohlenstoff *m*, Tetrachlormethan *n*, Kohlenstofftetrachlorid *n*
carbon tetrabromide <CBr_4> Tetrabromkohlenstoff *m*, Tetrabrommethan *n*, Kohlenstofftetrabromid *n*, Bromkohlenstoff *m*
carbon tetrachloride <CCl_4> Tetrachlorkohlenstoff *m*, Tetrachlormethan *n*, Kohlenstofftetrachlorid *n*
carbon tetrachloride extinguisher Tetralöscher *m*
carbon tetrachloride generator Tetrachlorkohlenstoffgenerator *m*, Tetragenerator *m*
carbon tetrafluoride <CF_4> Tetrafluorkohlenstoff *m*, Kohlenstofftetrafluorid *n*, Tetrafluormethan *n*
carbon tetraiodide <CI_4> Tetraiodkohlenstoff *m*, Tetraiodmethan *n*, Jodkohlenstoff *m* *{obs}*, Kohlenstofftetraiodid *n*
carbon-tool steel Kohlenstoffwerkzeugstahl *m*
carbon trichloride Hexachlorethan *n*, Hexoran *n*, Perchlorethan *n*, Carboneum sesquichloratum *n* *{Pharm}*, Mottenhexe *f* *{Triv}*
carbon-type composition Kohlenstoffverteilung *f* *{paraffinisch-aromatisch-naphthenisch gebundene Anteile nach DIN 51378}*
carbon-zinc cell Kohlezinkelement *n* *{Elek}*
amorphous carbon amorphe Kohle *f*
amphoteric carbon amphoterer Kohlenstoff *m*
artificial carbon Kunstkohle *f*
asymmetric carbon asymmetrisches Kohlenstoffatom *n*
skeleton of carbon atoms Kohlenstoffskelett *n*
terminal carbon endständiges Kohlenstoffatom *n*
carbonaceous kohlenstoffhaltig, kohlenstoffreich; kohlig, kohleartig, kohlenhaltig
carbonaceous chondrite kohliger Chondrit *m*
carbonaceous lining Kohlenfutter *n*
carbonado Carbonado *m*, Karbonado *m*, schwarzer Diamant *m*
carbonatation Karbonatation *f*, Kohlensäuresättigung *f*
carbonatation pan Entkalkungsgefäß *n*, Scheidepfanne *f*
carbonatation tower Entkalkungskolonne *f*, Sättigungskolonne *f*, Saturationssäule *f* *{Zucker}*
carbonate/to 1. carbonisieren, karbonisieren, mit Kohlendioxid *n* imprägnieren *{Getränke}*, mit Kohlendioxid *n* sättigen; 2. saturieren *{Zukkerrübensaft}*; 3. carboxylieren; 4. in ein Carbonat *n* umwandeln
carbonate 1. kohlensauer; 2. Carbonat *n*, Karbonat *n*, kohlensaures Salz *n*; Kohlensäureester *m*
carbonate hardness Carbonathärte *f*, temporäre Härte *f*, vorübergehende Härte *f* *{Wasser}*
carbonate ion Carbonat-Ion *n*
carbonate of lime 1. Calciumcarbonat *n*, Kreide *f*; 2. tonerdiger Fluß *m*, Tonerdezuschlag *m* *{Met}*
carbonate water Carbonatwasser *n*
containing carbonate carbonathaltig
carbonated kohlensäurehaltig
carbonated water Kohlensäurewasser *n*, kohlensäurehaltiges Wasser *n*, Sodawasser *n*; Selterswasser *n*
carbonation 1. Carbonisieren *n*, Imprägnieren *n* mit Kohlendioxid *n* *{Getränke}*; 2. Carbonatation *f*, Saturieren *n*, Saturation *f* *{Entkalkung des Zuckerrübensaftes mittels CO_2}*; 3. Überführung *f* in Carbonat *n*, Umwandlung *f* in Carbonat *n*; 4. Carboxylation *f*
carbonator Saturationsapparat *m* für Kohlendioxid *n*
carbonic 1. Kohlenstoff-; 2. Kohlensäure-; Kohlendioxid-
carbonic acid 1. <H_2CO_3> Kohlensäure *f* *{hypothetisch}*; 2. <CO_2> Kohlendioxid *n*, Kohlensäureanhydrid *n*
carbonic acid gas <CO_2> Kohlensäuregas *n*, Kohlensäuredampf *m*, Kohlendioxid[gas] *n*, Kohlenstoffdioxid *n*
carbonic acid hardening Kohlensäurehärtung *f*
carbonic anhydrase Carboanhydrase *f* *{obs}*, Carbonatdehydrase *f*
carbonic anhydride Kohlendioxid *n*, Kohlensäureanhydrid *n*
carbonic ester Carbonsäureester *m*, Kohlensäureester *m*
carbonide Carbid *n*
carboniferous kohlehaltig, kohlenstoffhaltig; carbonisch *{z.B. Kohle}*
carboniferous limestone Kohlenkalk *m*, Kohlenkalkstein *m*
carboniferous sandstone Kohlensandstein *m* *{Bergbau}*
carbonitride segregation Carbonitridausscheidung *f* *{Met}*
carbonitriding Carbonitrieren *n*, Carbonitrierung *f*, Gascyanieren *n*, Trockencyanieren *n*
carbonitriding agent Carbonitriermittel *n* *{Beschichtung}*
carbonium ion Carbonium-Ion *n*
carbonization 1. Verkohlung *f*, Verkohlen *n*, Entgasung *f*, Entgasen *n* *{z.B. von Holz}*; 2. Karbonisation *f*, Karbonisierung *f*, Entkohlen *n* *{z.B. von Wolle}*; 3. Verkoken *n*, Verkokung *f*, Hochtemperaturentgasung *f*, HT-Verkokung *f*, Normalverkokung *f*, Vollverkokung *f*; Schwelung *f*, Schwelen *n*, Verschwelen *n*, Tieftemperaturverkokung *f*, Tieftemperaturvergasung *f*; 4. Umwandlung *f* in Kohlenstoff; Kohlenstoffanreicherung *f*, C-Anreicherung *f*; 5. Inkoh-

lung *f*, Kohlenreifung *f*, Carbonification *f* *{Geol}*; 6. Inkohlung *f* *{von Stahl}*
carbonization gas Schwelgas *n*, Entgasungsgas *n*, Verkokungsgas *n*
carbonization of bituminous coal Steinkohlendestillation *f*
carbonization of wood Holzverkohlung *f*
carbonization plant Koksofenanlage *f*, Verkokungsanlage *f*, Kokerei[anlage] *f*; Schwelanlage *f*, Schwelwerk *n*, Schwelerei *f*
carbonization process Schwelvorgang *m*, Schwelverfahren *n*; Entgasungsverfahren *n*, Verkokungsverfahren *n*, Kokungsprozeß *m*, Koksprozeß *m*
carbonization zone Schwelzone *f* *{eines Schwelgenerators}*
carbonization tar Schwelteer *m*
carbonizing coal Schwelkoks *m*
carbonize/to 1. in Kohlenstoff *m* umwandeln; mit Kohlenstoff *m* anreichern; 2. inkohlen *{Pflanzenreste in Kohle umwandeln}*; 3. verkoken, entgasen; [ver]schwelen; 4. verkohlen *{z.B. Holz}*; carbonisieren *{von Wolle}*, auskohlen, entkletten
carbonize at low temperature/to schwelen, abschwelen
carbonized ausgekohlt, gar *{Koks}*
carbonized filament Glühdraht *m* mit Wolframcarbidbekleidung *f*
carbonized material Verkohlungsprodukte *npl*
carbonized oil verkohltes Öl *n*
carbonizer 1. Karbonisieranstalt *f* *{Text}*; 2. Schweler *m*, Schwelerofen *m*
carbonizing 1.Umwandlung *f* in Kohlenstoff *m*; Kohlenstoffanreicherung *f*, C-Anreicherung *f*; 2. Inkohlung *f*, Kohlenreifung *f*, Carbonifikation *f*; 3. Verkoken *n*, Verkokung *f*, Hochtemperaturentgasung *f*, HT-Verkokung *f*, Normalverkokung *f*, Vollverkokung *f*; Schwelung *f*, Schwelen *n*, Tieftemperaturverkokung *f*, Tieftemperaturvergasung *f*; 4. Verkohlung *f*, Verkohlen *n*, Entgasen *n* *{z.B. von Holz}*; 5. Karbonisieren *n*, Karbonisation *f*, Auskohlen *n*, Entkohlen *n* *{von Wolle}*
carbonizing apparatus Auskohlvorrichtung *f*, Karbonisierapparat *m*
carbonization of coal Steinkohlendestillation *f*
carbonizing liquor Karbonisierflüssigkeit *f*
carbonizing oven Karbonisierofen *m* *{Text}*
carbonizing period Garungsdauer *f*, Garungszeit *f* *{Met}*
carbonizing plant Auskohlungsanlage *f*, Karbonisieranlage *f*; Koksofenanlage *f*, Kokerei[anlage] *f*, Verkokungsanalge *f*; Schwelanlage *f*, Schwelwerk *n*, Schwelerei *f*
carbonizing stove Auskohlungsofen *m*, Karbonisationsofen *m*, Karbonisierofen *m*
carbonizing temperature Karbonisiertemperatur *f*
carbonizing zone Kohlungszone *f*
carbonohydrazide **<(H$_2$N-NH-)$_2$CO>** Carbonohydrazid *n*, Carbodihydrazid *n*
carbonometer Kohlensäuremesser *m* *{Med}*
carbonyl **1. <-CO->** Karbonyl- *{obs}*, Carbonyl-; 2. **<CO>** Karbonyl *n*, Carbonyl *n*, Metallcarbonyl *n*
carbonyl bromide **<COBr$_2$>** Bromphosgen *n*, Kohlenstoffoxybromid *n*, Carbonylbromid *n* Kohlenoxidbromid *n*
carbonyl chloride **<COCl$_2$>** Carbonylchlorid *n*, Kohlenoxidchlorid *n*, Phosgen *n*, Kohlensäurechlorid *n*, Kohlenstoffoxychlorid *n*
carbonyl compound Carbonylverbindung *f*
carbonyl cyanide Carbonylcyanid *n*
carbonyl diazide **<OC(NH$_3$)$_2$>** Carbonyldiazid *n*
carbonyl group Carbonylgruppe *f*, CO-Gruppe *f*, Keto[n]gruppe *f*
carbonyl hemoglobin Kohlenmonoxidhämoglobin *n*
carbonyl iodide **<COJ$_2$>** Jodphosgen *n* *{Triv}*, Kohlenoxidiodid *n*, Carbonyliodid *n*
carbonyl iron Carbonyleisen *n*
carbonyl nickel Carbonylnickel *n*
carbonyl oxygen Carbonylsauerstoff *m*
carbonyl potassium **<K$_6$C$_6$O$_6$>** Kaliumcarbonyl *n* *{K-Salz des Hexahydroxybenzols}*
carbonyl sodium **<Na$_2$C$_2$O$_2$>** Natriumcarbonyl *n* *{Na-Salz des Dihydroxyacetylens}*
carbonyl sulfide <COS> Carbonylsulfid *n*, Kohlenoxidsulfid *n*
carbonylation Carbonylierung *f*
carbonyldiurea Triuret *n* *{IUPAC}*
carbonylsulfide sulfur Kohlenoxidsulfidschwefel *m* *{DIN 51855}*
carbopolyminerite Carbopolyminerit *m* *{Verwachsungen mit 5-20% Sulfiden und 20% anderen Mineralen}*
carbopyrite Carbopyrit *m* *{Mineralverwachsungen mit 5-20% Sulfiden; DIN 22005}*
carborane 1. Carboran *n*; 2. **<D$_{10}$C$_2$H$_{12}$>** Dicarbadecarboran(12) *n*
Carborundum Carborundum *n* *{Siliciumcarbid als Schleifmittel; HN}*
carborundum paper Schmirgelpapier *n*
carbosilane Carbosilan *n*
carbosilicite Carbosilicit *m* *{Verwachsungen mit 20-60% SiO$_2$}*
carbostyril Carbostyril *n*, 2*(1H)*-Oxychinolin *n*, 2-Hydroxychinolin *n*
carboxonium salt Carboxoniumsalz *n*
carboxy Carboxy[l]-
carboxy-terminal amino acid C-terminale Aminosäure *f*
carboxyacetylene Propiolsäure *f*, Propinsäure *f*

carboxyl Carboxy[l]-
carboxyl group <-COOH> Carboxylgruppe *f*
carboxylase Carboxylase *f*, Pyruvatdecarboxylase *f {Biochem}*
carboxylate Carboxylat *n {Salz oder Ester einer Carbonsäure}*
carboxylated styrene-butadiene carboxylgruppenhaltiges Styren-Butadien *n*, Carboxyl-Styrol-Butadien-Kautschuk *m*
carboxylation Carboxylierung *f*
carboxylbenzoylacetic acid Carboxybenzoylessigsäure *f*
carboxylic 1. carbonsauer; 2. Carboxyl-
carboxylic acid Carbonsäure *f*, Karbonsäure *f {obs}*
carboxylic acid anhydride Karbonsäureanhydrid *n*, Carbonsäureanhydrid *n*
carboxyllignin Carboxyllignin *n*
carboxymethylcellulose Carboxymethylcellulose *f*, Zelluloseglykolsäure *f {Tech}*, CMC
carboxymethylchloride Chloressigsäure *f*
carboxypeptidase Carboxypeptidase *f {Biochem}*
carboxyphenylacetonitrile Carboxyphenylacetonitril *n*
carboy Ballon *m {besonders für Säuren; 10-13 gal}*, Korbflasche *f*, Glasballon *m*
carbuncle Karfunkel *m {Min}*
carburate/to carburieren, karburieren
carburating Carburieren *n*
carburet/to carburieren, karburieren; aufkohlen *{Met}*
carburetion Karburierung *f {von Brenn- und Leuchtgasen}*; Vergasung *f {des Kraftstoffes}*; Stahlzementierung *f*
carburetted hydrogen Kohlenwasserstoff *m*
carburetted water gas karburiertes Wassergas *n*
carburetter *{GB}* *s.* carburator
carburetting Vergasung *f*, Karburierung *f*; Aufkohlung *n*, Kohlen *n*, Kohlung *f*, Zementieren *n*, Zementation *f*, Einsetzen *n {Met}*
carburet[t]or *{US}* Karburator *m {Chem}*; Vergaser *m {eines Motors}*, Vergasungsapparat *m*
carburet[t]or fuel Ottokraftstoff *m*, Vergaserkraftstoff *m*, Vergasertreibstoff *m*
carburization Einsatzhärtung *f* durch Aufkohlung *f*, Karburierung *f*, Kohlung *f*, Kohlen *n*, Aufkohlen *n*, Zementieren *n {DIN 17014}*, Zementation *f*, Einsetzen *n {Met}*
carburization furnace Carburierofen *m*, Karburierofen *m*
carburization material Kohlungsstoff *m*
carburization zone Kohlungszone *f {Met}*
carburize/to kohlen, aufkohlen *{Met}*; karbonisieren, carbonisieren, karburieren *{Chem}*
carburizer Aufkohlungsmittel *n*, Aufkohlmittel *n*, Kohlungsmittel *n*, Zementationsmittel *n*, Einsatzmittel *n*, [auf]kohlendes Mittel *n {Met}*
carburizing Einsatzhärten *n*, Karburierung *f*, Aufkohlen *n*, Aufkohlung *f*, Kohlung *f*, Zementieren *n*, Zementation *f*, Einsetzen *n {Met}*
carburizing agent Einsatzpulver *n*, Einsatzmittel *n*, Aufkohlungsmittel *n*, Aufkohlmittel *n*, Zementationsmittel *n {Met}*
carburizing bath Zementierbad *n*, Aufkohlungsbad *n*, Kohlungsbad *n*, Einsatzbad *n*, aufkohlendes Salzbad *n {Met}*
carburizing furnace Zementierofen *m*, Aufkohlungsofen *m*, Kohlungsofen *m {Met}*
carburizing material Aufkohlungsmittel *n*, Aufkohlmittel *n*, Zementationsmittel *n*, Einsatzmittel *n*, [auf]kohlendes Mittel *n*
carburizing salt Härtesalz *n*, Kohlungssalz *n*, Aufkohlungssalz *n*
carburometer Carburometer *n*
carbyl oxime <CN-OH> Knallsäure *f {Triv}*, Fulminsäure *f*, Formonitriloxid *n*, Blausäureoxid *n*
carbylamine <RNC> Carbylamin *n*, Isocyanid *n*, Isonitril *n*
carbyne 1. <-CC-> Carbin *n*; 2.<HC> Methylidin-Radikal *n*
carcinogen Carcinogen *n*, Karzinogen *n*, Kanzerogen *n*, krebserregender Stoff *m*, krebserzeugender Stoff *m*, karzinogene Substanz *f*
carcinogenic karzinogen, krebsauslösend, krebsbildend, krebserregend, krebserzeugend, kanzerogen
carcinogenic agent Krebserreger *m*, Krebserzeuger *m*
carcinogenicity Carcinogenität *f*
carcinolytic karzinolytisch, krebszellenzerstörend
carcinoma Karzinom *n*, Krebs *m*, Krebsgeschwür *n*, Krebsgeschwulst *n {Med}*
carcinostatic 1. krebshemmend; 2. krebshemmendes Mittel *n*, antineoplastische Substanz *f*
card/to kardieren, krempeln, rauhen *{Wolle}*
card 1. Karte *f*; 2. Kratze *f {Wolle}*; Karde *f*, Krempel *f {Spinnerei}*; Karte *f {Web}*; 3. Schaltplatte *f*, Schaltungsplatte *f*, Schaltkarte *f {Elektronik}*
card cabinet Karteischrank *m*
card file Kartei *f*, Kartothek *f*
card index Kartei *f*, Kartothek *f*
card waste Kardierabfall *m*
cardamom *{GB}* *s.* cardamon *{US}*
cardamon *{US}* Kardamom *m {von Elettaria- und Amomum-Arten}*
cardamon oil Kardamomöl *n*
cardan suspension kardanische Aufhängung *f*
cardboard Karton *m {bis 600 g/m^2}*, Pappe *f {bis 225 g/m^2}*, Vollpappe *f*, Hartpappe *f*
cardboard articles Kartonagen *fpl*

cardboard box Pappschachtel *f*, Faltschachtel *f*, Pappkarton *m*
cardboard case Papphülse *f*
carded yarn Streichgarn *n*, Krempelgarn *n*, kardiertes Garn *n* *{Text}*
cardiac glycoside Herzglycosid *n*, herzaktives Glycosid *n*
cardiac poison Herzgift *n*
cardiac stimulant Herzanregungsmittel *n*, Kardiotonikum *n* *{Pharm}*
cardinal 1. kardinalrot; 2. Kardinalzahl *f*, Grundzahl *f* *{Math}*
cardinal number Grundzahl *f*, Kardinalzahl *f*
cardinal point Grundpunkt *m*, Kardinalpunkt *m* *{Opt}*
carding Karden *n*, Kardieren *n*, Krempeln *n*, Kratzen *n*, Streichen *n* *{Spinnerei}*
cardioid Herzkurve *f*, Kardioide *f* *{Math}*
cardiolipin Cardiolipin *n*, Diphosphatidylglycerin *n*
cardiotonic 1. herzwirksam, herzaktiv; 2. Kardiotonikum *n*
cardol **<$C_{21}H_{32}O_2$>** Cardol *n* *{HN}*
care Pflege *f*, Schonung *f*; Sorgfalt *f*, Vorsicht *f*, Achtsamkeit *f*
careful vorsichtig, achtsam, behutsam, mäßig, schonend
careless achtlos, fahrlässig, unsorgfältig
carelessness Fahrlässigkeit *f*
carene **<$C_{10}H_{16}$>** Pinonen *n*; 3-Caren *n*, Isodipren *n* *{3,7,7-Trimethylbicyclo[4,1,0]hept-2-en}*
cargo Ladung *f*, Frachtgut *n*, Fracht *f*, Ladegut *n*
cariostatic karieshemmendes Mittel *n*
Carius furnace Schießofen *m*, Bombenofen *m* *{Anal}*
Carius tube Bombenrohr *n*, Einschmelzrohr *n*, Schießrohr *n*, Carius-Rohr *n* *{Anal}*
carking Farbstoffsedimentierung *f*, Farbstoffabsetzen *n* *{in Anstrichstoffansätzen}*
carlic acid Carlinsäure *f*, Carlsäure *f*
carline oil Eberwurzelöl *n*
carline oxide Carlinaoxid *n*
carlosic acid Carlossäure *f*
Carlsbad salt Karlsbader Salz *n*, Sprudelsalz *n*
Carlsbad twin Karlsbadzwilling *m* *{Krist}*
carmelite water Karmeliterwasser *n*, Melissengeist *m* *{Pharm}*
carminative Karminativum *n*, Blähungsmittel *n* *{Pharm}*
carmine 1. karminrot, karmesinrot; 2. Karmin *n*, Carmin *n*, Carminfarbe *f*, Karmesin *n*, Koschenille *f*, Cochenille *f*
carmine azarine Carminazarin *n*
carmine azarine quinone Carminazarinchinon *n*
carmine lake Karminlack *m*, Carminlack *m*, Florentiner Lack *m*, Pariser Lack *m*
carmine naphtha Carminnaphtha *n*
carmine paper Carminpapier *n*
carmine red 1. carminrot, karminrot, karmesinrot, feurigrot, karmoisinrot; 2. <$C_{11}H_{12}O_7$> Karminrot *n*
carmine spar Karminspat *m* *{obs}*, Carminit *m* *{Min}*
carminic acid Carminsäure *f*, Karminsäure *f*
carminite Karminspat *m* *{obs}*, Carminit *m* *{Min}*
carminone Carminon *n*
carminoquinone Carminochinon *n*
carmoisine Carmoisin *n*
carnallite **<$KMgCl_3 \cdot 6H_2O$>** Carnallit *m*, Karnallit *m* *{Min}*
carnauba wax Carnaubawachs *n*, Karnaubawachs *n* *{Copernicia prunifera (Muell.)H.E. Moore}*
carnaubic acid Carnaubasäure *f*, Karnaubasäure *f*
carnaubyl alcohol Carnaubylalkohol *m*
carnegieite Carnegieit *m* *{Min}*
carnelian Carneol *m*, Karneol *m* *{Min}*
carnine Carnin *n*
carnitine **<$(CH_3)_3NCH_2CH_2CHOHCOO$>** Carnitin *n*, Novain *n*, γ-Trimethyl-*ß*-hydroxybutyrolacton *n*
carnitine ethyl ester Oblitin *n*
carnitine-fatty acyl transferase Carnitin-Fettsäure-Acyltransferase *f* *{Biochem}*
carnivorous fleischfressend
carnomuscarine Carnomuscarin *n*
carnosidase Carnosidase *f*
carnosinase Carnosinase *f*
carnosine Carnosin *n*, Ignotin *n*, *ß*-Alanylhistidin *n*
Carnot cycle Carnotscher Kreisprozeß *m*, Carnot-Prozeß *m* *{Thermo}*
Carnot efficiency Carnotscher Wirkungsgrad *m* *{im Carnotschen Kreisprozeß}*
Carnot's reagent Carnotsches Reagenz *n* *{Kalium-Nachweis}*
carnotite **<$K_2(UO_2)_2V_2O_8 \cdot 3H_2O$>** Carnotit *m*, Karnotit *m* *{Min}*
Caro's acid **<H_2SO_5>** Carosche Säure *f*, Peroxomonoschwefelsäure *f*
carob gum Johannisbrotgummi *n*
carolic acid Carolsäure *f*
carolinic acid Carolinsäure *f*
carone **<$C_{10}H_{16}O$>** Caron *n*, 5-Oxocaran *n*
caronic acid Caronsäure *f*
carotene **<$C_{40}H_{56}$>** Carotin *n*, Karotin *n* *{obs}*, Provitamin A *n* *{Triv}*
carotenoid Carotinoid *n*, Lipochrom *n*
carotin *s.* carotene
carotinoid *s.* carotenoid
carousel 1. Rundlauf-; 2. Karussell *n*, Rundlauf *m*
carousel unit Revolvereinheit *f*

carpaine Carpain *n* *{Alkaloid von Carica papaya L.}*
carpamic acid <$HNC_4H_7C(CH_3)(OH)(CH_2)_7CO$-$OH$> Carpamsäure *f*, Karpamsäure *f* *{obs}*
carpholite Strohstein *m* *{obs}*, Karpholith *m* *{Min}*
carphosiderite Karphosiderit *m* *{Min}*
carpilic acid Carpilinsäure *f*
carpiline Carpilin *n*
carpogenin Carpogenin *n*
carpyrinic acid Carpyrinsäure *f*
carrabiose Carrabiose *f*
carrag[h]een[an] Karrag[h]een *n*, Carrag[h]een *n*, Irisches Moos *n*, Gallertmoos *n*, Knorpeltang *m*, Irländisches Moos *n*, Perlmoos *n*
Carrara marble Carraramarmor *m*, carrarischer Marmor *m*
carrene <CH_2Cl_2> Methylendichlorid *n*
carriage 1. Beförderung *f*, Transport *m* *{von Waren}*, Förderung *f*; 2. Frachtkosten *pl*, Transportkosten *pl*, Beförderungskosten *pl*, Rollgeld *n*; 3. Fuhrwerk *n*, Wagen *m*; 4. Werkzeugschlitten *m*; Wagen *m*, Ausschubwagen *m*, Schlitten *m* *{einer Maschine}* 5. Formbett *n* *{Druck}*; 6. Selfaktorwagen *m*, Wagen *m* *{Text}*
carriage grease Wagenschmiere *f*, Wagenfett *n*
carrier 1. Keimträger *m*, Bazillenausscheider *m* *{Bakt}*; 2. Träger *m*, Trägergas *n*, Trägerelement *n*, Carrier *m*, Trägersubstanz *f* *{Chem, Nukl}*; 3. Schlitten *m*, Mitnehmer *m* *{einer Maschine}*; 4. Greiferschützen *m* *{z.B. bei Sulzer-Webmaschinen}*; 5. Spediteur *m*, Transporteur *m*, Frachtführer *m*, Reeder *m*; 6. Färbebeschleuniger *m* *{Text}*
carrier additive Trägerzusatz *m*, Zusatz *m* von Trägersubstanz *f*, Zugabe *f* von Trägersubstanz *f*
carrier air Trägerluft *f* *{Staubförderung}*
carrier density Trägerdichte *f*
carrier diffusion Trägerdiffusion *f*
carrier distillation Träger[dampf]destillation *f*
carrier electrode Trägerelektrode *f*
carrier foil Trägerfolie *f*
carrier gas Fördergas *n*, Trägergas *n*, Schleppgas *n* *{Chrom}*
carrier injection Trägerinjektion *f*
carrier lifetime Lebensdauer *f* des Trägers *m*
carrier liquid Trägerflüssigkeit *f*
carrier medium Trägermittel *n*, Träger *m*
carrier mobility Trägerbeweglichkeit *f*, Beweglichkeit *f* der Ladungsträger *mpl* *{Phys}*
carrier of reaction Reaktionsträger *m*
carrier of woven fabric Gewebeeinlage *f* *{Kunststoff; DIN 16737}*
carrier plate Trägerplatte *f* *{Chrom}*
carrier precipitation Trägerfällung *f*
carrier protein Trägerprotein *n* *{Biochem}*
carrier solution Trägerlösung *f*
carrier substance Trägersubstanz *f*, Träger *m*
carron oil Leinöl-Kalkwasser-Einreibung *f* *{Pharm}*
carrot oil Möhrensaatöl *n*, Karottenöl *n*
carroting Beizen *n*, Beizung *{Pelz}*
carroting bath Beizbad *n* *{$Hg(NO_3)_2/HNO_3$-Lösung}*
carry/to 1. befördern, transportieren, fördern; 2. übertragen, tragen *{Mech}*; 3. tragen, verschleppen *{z.B. eine Krankheit}*
carry along/to übertragen; mitführen, mitreißen
carry away/to ausführen; abschleppen; abtragen
carry down/to mitreißen
carry off/to abführen
carry on/to betreiben, fortsetzen
carry out/to durchführen, ausführen *{z.B. ein Experiment}*
carry over/to verschleppen *{eine Substanz in eine andere}*; überleiten, übertreiben *{z.B. Dämpfe}*
carry through/to ausführen, durchführen
carry with/to mitführen
carry Übertrag *m* *{Math, EDV}*
carry-over 1. Mitreißen *n*, Mitführen *n*, Mitschleppen *n*, Eintragen *n* *{von Stoffen}*; 2. Endübertrag *m* *{Math}*
carrying Transport *m*, Beförderung *f*
carrying capacity Belastungsfähigkeit, Fassungsvermögen *n*, Tragfähigkeit *f*; Ladegewicht *n*; Durchsatzleistung *f*
carrying case Trageform *f* *{für Geräte}*
carrying charges Transportkosten *pl*
carrying gas Trägergas *n*, Schleppgas *n* *{Chrom}*
carted goods Rollgut *n*
Carter process Cartersches Verfahren *n*
carthamic acid *s.* carthamin
carthamin <$C_{14}H_{16}O_7$> Carthamin *n*, Carthaminsäure *f*, Safflorrot *n*, Safflor-Karmin *n*
carthamus paint Safranlack *m*
cartilagin Knorpelprotein *n*, Chondrogen *n*
cartilaginification Verknorpelung *f*
carton 1. Karton *m* *{Schachtel}*, Faltschachtel *f*, Pappschachtel *f*, Pappkarton *m*; Faltschachtelkarton *m*, Schachtelkarton *m*; 2. *{US}* Kartonagenpappe *f*, Kartonpapier *n* *{159-500 g/cm^2}*
cartridge 1. Absorptionspatrone *f*; 2. Packung *f*, Packungsgröße *f* *{einer Chemikalie}*; 3. Hülse *f*, Kapsel *f*, Patrone *f*, Kartusche *f* *{Tech}*; 4. Spaltstoffhülse *f*, Spaltstoffstab *m* *{Nukl}*
cartridge brass Messing *n* *{70% Cu, 30% Zn}*
cartridge case Hülse *f*
cartridge filter Kerzenfilter *n*, Filterpatrone *f*, Patronenfilter *n*
cartridge heater Heizpatrone *f*, Patronenheizkörper *m*, Einsatzheizkörper *m*, Einschubheizkörper *m*

cartridge paper Kartuschenpapier *n*, Patronenpapier *n*, Patronenhülsenpapier *n*; Linienpapier *n* *{Text}*
cartridge wire Zünddraht *m* *{Expl}*
carubinose D-Mannose *f*
carvacrol <$(CH_3)_2CHC_6H_3(CH_3)OH$> Carvacrol *n*, Oxycymol *n*, Isopropylorthocresol *n*, Zymophenol *n* *{obs}*, 2-Hydroxy-4-isopropyl-1-methylbenzol *n*, 5-Isopropyl-2-methylphenol *n*
carvacrolphthalein Carvacrolphthalein *n*
carvacrolquinone Carvacrolchinon *n*
carvacrolsulfophthalein Carvacrolsulfophthalein *n*
carvacryl <$(CH_3)_2CH$-$C_6H_3(CH_3)_2$-> Carvacryl-
carvacrylamine Carvacrylamin *n*
carvacrylarabinoside Carvacrylarabinosid *n*
carvacrylxyloside Carvacrylxylosid *n*
carvene Carven *n*, Hesperiden *n*, *d*-Limonen *n*, Zitren *n*
carvenene Carvenen *n*
carvenol Carvenol *n*
carvenolic acid Carvenolsäure *f*
carvenolide Carvenolid *n*
carvenone Carvenon *n*
carveol Carveol *n*
carvestrene Carvestren *n*
carvine Carvin *n*
carving knife Schnitzmesser *n*, Tranchiermesser *n*
carviolin Carviolin *n*
carvol <$C_{10}H_{14}O$> Carvol *n*, *d*-Carvon *n* *{monocyclisches Terpenketon}*
carvomenthene Carvomenthen *n*, 1-Methyl-4-isopropylcyclohexen *n*
carvomenthol Carvomenthol *n*, 2-*p*-Menthanol *n*
carvomenthone Carvomenthon *n*
carvone <$C_{10}H_{14}O$> Carvon *n*, Carvol *n*; Mentha-1,8-dien-6-on *n* *{monocyclisches Terpenketon}*
carvone borneol Carvonborneol *n*
carvone camphor Carvoncampher *m*
carvyl Carvyl-
carvylamine Carvylamin *n*, Carvomethylamin *n*
caryin Caryin *n*
caryinite Caryinit *m* *{Min}*
caryl 1. <$C_{15}H_{17}$-> Caryl- *{IUPAC}*; 2. Caran-Radikal *n*
caryolane Caryolan *n*
caryolysine Caryolysin *n*
caryophyllane Caryophyllan *n*
caryophyllene <$C_{15}H_{24}$> Caryophyllen *n* *{Sesquiterpen aus Nelkenöl}*
caryophyllin <$C_{30}H_{48}O_3$> Caryophyllin *n*, Oleanolsäure *f*, Eugenol *n* *{2-Hydroxy-3-methoxy-1-allylbenzol}*
caryophyllinic acid *s.* caryophyllin
caryophyllol Caryophyllol *n*

CAS Chemical Abstracts Service *m* *{Columbus, Ohio; 1907}*
CAS registry number CAS-Registriernummer *f*
Casale [ammonia] process Casale-Verfahren *n* *{Ammoniaksynthese}*
cascade Kaskade *f*
cascade aerator Kaskadenlüfter *m* *{Wasser}*
cascade agitator Kaskadenrührwerk *n*, stufenförmig hintereinandergeschaltetes Rührwerk *n*
cascade condenser Kaskadenkühler *m*
cascade connection Kaskede[n]schaltung *f* *{Elek}*, Hintereinanderschaltung *f*, Reihenschaltung *f*, Stufenschaltung *f*
cascade cooler Kaskadenkühler *m*, Rieselkühler *m*
cascade decay Kaskadenzerfall *m* *{Nukl}*
cascade dryer Rieseltrockner *m*, Kaskadentrockner *m*; Brüdenschlottrockner *m*
cascade evaporator Kaskadenverdampfer *m*, Mehrstufenverdampfer *m*, Mehrkörperverdampfer *m*
cascade grinding mill Kaskadenmühle *f*
cascade impactor Kaskadenimpaktor *m*
cascade isotope separation plant Kaskaden-Isotopentrennungsanlage *f*
cascade method of isotope separation Kaskadenmethode *f* der Isotopentrennung *f*
cascade mill Kaskadenmühle *f*
cascade process Kaskadenverfahren *n*, Stufenverfahren *n*, Mehrstufenverfahren *n*
cascade pulveriziser *{US}* Kaskadenmühle *f*
cascade scrubber Kaskadenwäscher *m*
cascade strainer Kaskadensieb *n*
cascade system Kaskadenanordnung *f*, Kaskadenschaltung *f*
cascade tray Kaskadenboden *m* *{Dest}*
cascade-type classifier Kaskadensichter *m*
cascade washer Kaskadenwässerungsanlage *f* *{Photo}*
cascading abrollende Kugelbewegung *f*, Abrollen *n* *{in einer Kugelmühle}*; fortgepflanztes Zurücksetzen *n*, kaskadierendes Zurücksetzen *n* *{EDV}*
cascara sagrada [bark] Cascarasagrada-Rinde *f*, Kaskararinde *f*, Sagradarinde *f*, Amerikanische Faulbaumrinde *f*
cascarilla bark Cascarillarinde *f* *{von Croton eluteria Benn.}*
cascarilla extract Cascarillaextrakt *m*
cascarilla oil Cascarillaöl *n*, Kaskarillaöl *n* Cascarillöl *n*
cascarilline <$C_{22}H_{32}O_7$> Cascarillin *n*
cascarol Cascarol *n*
case/to einschließen *{z.B. in ein Gehäuse}*, mit einem Gehäuse *n* versehen, ummanteln, verkleiden, umkleiden, auskleiden, füttern; einschalen; verrohren

case harden/to anstählen, einsatzhärten, zementieren, einsetzen *{Met}*
case 1. Kasten *m*, Kiste *f*; Gehäuse *n*, Mantel *m*, Hülse *f*, Kapsel *f*; Behälter *m*; 2. Randschicht *f*, Randzone *f*, Oberflächenzone *f*, Oberflächenschicht *f {Met}*; aufgekohlte Randschicht *f*, zementierte Schicht *f*, eingesetzte Zone *f*, Einsatz *m*; gehärtete Einsatzschicht *f*, Härteschicht *f {Met}*; 3. Unterbau *m*, Karkasse *f {eines Reifens}*; 4. Boms *m*, Einlagekörper *m*, Brennhilfsmittel *n {Keramik}*; 5. Schriftkasten *m*, Setzkasten *m {Typographie}*; 6. Verkleidung *f*, Ummantelung *f*, Umkleidung *f*; 7. Fall *m*, Umstand *m*; Grund *m*, Ursache *f*
case-casting Hartguß *m*, Kapselguß *m*
case-hardened im Einsatz gehärtet, einsatzgehärtet *{Met}*
case-hardened ferrous material einsatzgehärteter Eisenwerkstoff *m*
case-hardened steel Einsatzstahl *m*, einsatzgehärteter Stahl *m*, Schalengußstahl *m*
case hardening 1. Zementation *f*, Zementierung *f*, Einsatzhärtung *f*, Einsatzhärten *n*, Zementationshärten *n*, Oberflächenzementierung *f*, Oberhärtung *f {Met}*; 2. Verschalung *f {ein Trocknungsfehler}*; 3. Totgerben *n*, Totgerbung *f {Leder}*
case-hardening agent Einsatzhärtemittel *n*
case-hardening compound Einsatzhärtungsverbindung *f*, einsatzgehärtetes Material *n*, Einsatzmittel *n*
case-hardening powder Einsatzaufstreupulver *n*, Einsatz[härte]pulver *n {Met}*
case-hardening steel Einsatzstahl *m*
case history Fallstudie *f*
case-shaped kapselförmig
caseation Käsebildung *f*
casein Casein *n*, Kasein *n*; Käsestoff *m*
casein adhesive Klebstoff *m* auf Kaseinbasis, Kaseinleim *m*
casein-coating colo[u]r Caseindeckfarbe *f*
casein fiber Kaseinfaser *f*; Kaseinfaserstoff *m*, KA
casein-formaldehyde resin Casein-Kunsthorn *n*, Galalith *n*
casein glue Caseinleim *m*, Kaseinleim *m*
casein paint Kaseinfarbe *f*
casein plastic Caseinkunststoff *m*, Kunsthorn *n*
casein rayon Kaseinseide *f {Text}*
casein silk Kaseinseide *{Text}*
casein wool Kaseinfaser *f {Text}*
caseinase Rennin *n*
caseinate Kaseinat *n*, Caseinat *n*
caseinogen Caseinogen *n*
caseous käsig, käseartig
cases and casks Rollgut *n {=Kisten und Fässer}*
cash value Barwert *m*, Verkehrswert *m*, Rückkaufwert *m*
cashew nut Acajounuß *f*, Kaschunuß *f*, Cashew-Nuß *f {von Anacardium occidentale L.}*
cashew nutshell oil Acajoubalsam *m*; Acajouöl *n*, Kaschunußöl *n*, Cashew-Nußöl *n*
cashew oil Acajoubalsam *m*
cashew resin Acajouharz *n*
casing 1. Gehäuse *n*; Behälter *m*, Behältnis *n*; 2. Verrohren *n*, Verrohrung *f*, Futterrohreinbau *m*; Bohrrohr *n*, Futterrohr *n*, Casing *n {z.B. Erdöl}*; 3. Unterbau *m*, Karkasse *f {eines Reifens}*; 4. Umhüllung *f*, Ummantelung *f*, Umkleidung *f*, Verkleidung *f*, Mantel *m*; Einschalung *f*, Verschalung *f*; Futter *n*; 5. Hülle *f*, Hülse *f*, Kapsel *f*; Muffe *f*; 6. *{US}* Blechmantel *m*
casing hardening Tempern *n {von Gießharzformteilen}*
casing pipe Bohrrohr *n*, Futterrohr *n*
casing tube Hüllrohr *n*
casinghead gas Erdgas *n*, Naturgas *n*, Rohrkopfgas *n*, Bohrlochkopfgas *n*, Casinghead-Gas *n*
casinghead gasoline Natur[gas]benzin *n*, Rohrkopfbenzin *n*, Gasbenzin *n*, Rohrkopfgasolin *n*, Casinghead-Benzin *n*
cask Faß *n*, Tonne *f*, Bottich *m*; *{US}* Transport- oder Lagerbehälter *m {Nukl}*
cask fermentation Faßgärung *f*
casks Fustage *f*
CASS test *{copper-accelerated acetic acid salt spray test}* CASS-Test *m {Korr}*
cassava Kassawe *f*, Cassawe *f*, Kassawestrauch *m*, Maniok *m*, *{Manihot esculenta Crantz}*
cassava starch Maniokstärke *f*, Kassawamehl *n*
Cassel blue Kasseler Blau *n*
Cassel brown Kasseler Braun *n*, Kaßler Braun *n*, Kasseler Erde *f {ein Verwesungsprodukt des Holzes}*
Cassel yellow Kasseler Gelb *n*, Chemischgelb *n*, Veroneser Gelb *n*
Cassel[er] green Kasseler Grün *n*, Mangangrün *n*, Rosenstiehls Grün *n {Bariummanganat(VI)}*
casserole Kasserolle *f {Lab}*
cassette Kassette *f*; Plattenkassette *f {Photo}*
cassia bark Cassiarinde *f*, Holzzimt *m*
cassia bud Zimtblüte *f {Bot}*
cassia flask Kassiakolben *m*
cassia leaves Sennesblätter *npl*, Sennablätter *npl {Pharm}*
cassia oil Kassiaöl *n*, Kassienblütenöl *n*, Zimtblütenöl *n*, Cassiaöl *n*, Cassienblütenöl *n*, chinesisches Zimtöl *n {von Cinnamomum aromaticum Nees}*
cassic acid Cassinsäure *f*
cassinite Cassinit *m {obs}*, Bariumspat *m {Triv}*, Celsian *m {Min}*
cassiopeium *{obs}* *s.* lutetium
cassiterite **<SnO_2>** Kassiterit *m*, Zinnoxid *n*,

Zinnstein *m*, Zinnerz *n*, Bergzinn[erz] *n*, Stanniolith *m*, Stannolit *m* *{Min}*
acicular cassiterite Nadelzinnerz *n* *{Min}*
fibrous cassiterite Holzzinnerz *n* *{Min}*
Casson viscosity Casson-Viskosität *f* *{DIN 13342}*
cast/to 1. gießen; 2. nuancieren, ausmustern *{Text}*
cast cold/to kaltgießen
cast in brass/to gelbgießen
cast solid/to massiv gießen
cast 1. Abguß *m*, Guß *m*; Gußstück *n*, Gußwerk *n*, Wurf *m*; Gußform *f*; 2. Nuance *f*, Farbschattierung *f*, Farbton *m* *{Text}*
cast aluminum Aluminiumguß *m*, Gußaluminium *n*
cast aluminium alloy *{ISO 3522}* Alluminium-Gußlegierung *f*
cast basalt Schmelzbasalt *m*
cast brass Gußmessing *n*, Messingguß *m*
cast bronze Gußbronze *f*
cast coating Gußplattierung *f*, Gießstreichen *n*, Gußstreichen *n*, Kromekote-Verfahren *n*, Kontaktverfahren *n* *{Pap}*
cast concrete Gußbeton *m*
cast copper alloy *{ISO 1338}* Kupfer-Gußlegierung *f*
cast epoxide resin *{BS 3816}* Epoxidgießharz *n*
cast film Gießfolie *f*, gegossene Folie *f*, Gießfilm *m*, Gußfilm *m*
cast iron 1. gußeisern; 2. Gußeisen *n*, Gießereiroheisen *n*, Roheisen *n*
cast iron brazing Graugußlöten *n*
cast-iron turnings Guß[eisen]späne *mpl*
cast-iron ware Eisengußware *f*
acidproof cast iron säurebeständiger Guß *m*
charcoal-hearth cast iron Frischfeuerroheisen *n*
heatproof-cast iron feuerbeständiger Guß *m*
cast lead Gußblei *n*
cast metal Gußmetall *n*, Metallguß *m*
cast mo[u]lding Gießform *f*; gegossenes Formteil *n*
cast polyamide Gußpolyamid *n*
cast resin Gießharz *n*, Vergußharz *n*, Edelkunstharz *n*, Schmelzharz *n*
cast-resin embedment Gießharzeinbettung *f*
cast-resin mo[u]lded material Gießharzformstoff *m*
cast sheet gegossene Folie *f*, Gießplatte *f*, Gießfilm *m*, Gießfolie *f*
cast steel Gußstahl *m*, Stahlguß *m* *{in Gießformen gegossener Stahl; DIN 1681}*
cast steel plate Gußstahlblech *n*
cast steel wire Gußdraht *m*
soft cast steel schweißbarer Gußstahl *m*
cast stone Betonwerkstein *m* *{Beton mit Natursteinzusätzen nach DIN 18500}*
cast structure Gußgefüge *n*
cast zinc Gußzink *n*
castability Gießbarkeit *f*, Gießfähigkeit *f*, Vergießbarkeit *f* *{Met}*
castable gußfähig, gießbar, vergießbar
castable insulation material Kabelverschlußmasse *f*
castable plastics gießfähiges Harz *n*, gießbares Harz *n*
castable refractory *{BS 1902}* Feuerfestbetonerzeugnis *n*, Stampfmasse *f*
castanite Castanit *m* *{Min}*
Castile soap Marseiller Seife *f*, Ölsodaseife *f*, Olivenölseife *f*, kastilianische Seife *f*
castillite Castillit *m*
casting 1. Gießen *n*, Gießverfahren *n*, Guß *m*, Vergießen *n*, Abguß *m*; 2. Gußstück *n*, Gußteil *n*, Gießling *m*, Formgußstück *n*; 3. Formen *n*, Formgebung *f*; 4. Bewurf *m*, Kalkverputz *m*
casting alloy Gußlegierung *f*
casting cement Gußmörtel *m*
casting composition Ausgußmasse *f*, Gießmischung *f*
casting compound Abgußmasse *f*, Gießmischung *f*
casting concrete Gußmörtel *m*
casting in chills Kapselguß *m* *{Met}*
casting in crucibles Tiegelguß *m* *{Met}*
casting in flasks Ladenguß *m*
casting machine 1. Gießmaschine *f*; Emulsionsauftragmaschine *f*; 2. Walzmaschine *f* *{Glas}*
casting metal Gießmetall *n*
casting of film Filmgießen *n*
casting of resin Harzgießen *n*
casting paste Gießpaste *f*
casting resin Gießharz *n*, Schmelzharz *n*, Vergußharz *n*
casting scrap Gußschrott *m*
casting wax Gußwachs *n*
castings Gußwaren *fpl*
Castner cell Castner-Zelle *f* *{Chloralkalielektrolyse mit Hg-Elektroden}*
Castner's process 1. Castner-Prozeß *m* *{Chloralkalielektrolyse}*; 2. Castner-Kellner-Verfahren *n* *{Gewinnung von Natriumcyanid}*
castor 1. Bibergeil *n*, Castoreum *n* *{Pharm}*; 2. Kastor[it] *m* *{obs}*, Petalit *m* *{Min}*; 3. Lenkrolle *f*, Transportrolle *f*, Möbelrolle *f* *{Tech}*
castor oil Rizinusöl *n*, Castoröl *n*, Christpalmöl *n*
castor-oil acid Ricinoleinsäure *f*, Rizinusölsäure *f*, Hydroxyölsäure *f*
castor-oil soap Rizinusölseife *f*
dehydrated castor oil Ricinenöl *n*
sulfonated castor oil geschwefeltes Rizinusöl *n*

castoreum *s.* castor oil
castoric acid Castorinsäure *f*
castorin Castorin *n*, Bibergeilcampher *m*
casual zufällig
cat 1. Katze *f {Kran}*; Caterpillar *m {Gleiskettenfahrzeug}*; 2. feuerfester Ton *m {in Kohleschichten}*; 3. Katalysator *m*
cat cracker Schwebekrackanlage *f {Mineralöl}*
cat-cracking katalytisches Kracken *n*, Spalten *n*
cat gold Katzenglas *n*, Katzenglimmer *m*, Katzengold *n {Min}*
cat-life time Katalysatorwirkzeit *f*
Cat-Ox-process Cat-Ox-Verfahren *n*
cat silver Katzensilber *n {Min}*
cat's eye 1. Augenachat *m*, Katzenauge *n*, Schillerquarz *m {Min}*; 2. Katzenauge *n {eine Blase bzw. ein Fehler im Glas}*
catabolic product Abbauprodukt *n {Physiol}*
catabolism Abbau *m*, abbauender Stoffwechsel *m*, Katabolismus *m*, Katabolie *f*
catabolite Katabolit *m*, Stoffwechselendprodukt *n*
catagenesis Katagenese *f*
catalase Katalase *f {Biochem}*
catalog *{US}* Katalog *m*
catalog number Verkaufsnummer *f*
catalogue *{GB}* Katalog *m*
catalysis Katalyse *f*, Reaktionsbeschleunigung *f*
contact catalysis Kontaktkatalyse *f*
heterogeneous catalysis heterogene Katalyse *f*
homogeneous catalysis homogene Katalyse *f*
negative catalysis Reaktionsverzögerung *f*, Inhibitor *m*, Antikatalyse *f*
surface catalysis Kontaktkatalyse *f*
catalyst Katalysator *m*, Kontaktmittel *n*, Reaktionsbeschleuniger *m*, Kontaktsubstanz *f {heterogene Katalyse}*
catalyst carrier Trägersubstanz *f* für Katalysatoren *mpl*, Katalysatorträger *m*, Kontaktträger *m*
catalyst coupon Metallkatalysator-Probestreifen *m {im Test}*
catalyst deactivation Katalysatordeaktivierung *f*
catalyst gauze Netzkatalysator *m*
catalyst-life time Katalysatorwirkzeit *f*
catalyst paste Härterpaste *f*
catalyst poison Katalysatorgift *n*, Kontaktgift *n*
catalyst poisoning Katalysatorvergiftung *f*, Kontaktvergiftung *f*
catalyst promotor Promotor *m*
catalyst regeneration Katalysatorregeneration *f*
catalyst severity Kontaktbelastung *f*
catalyst space Kontaktraum *m*
catalyst surface [area] Katalysatoroberfläche *f*
fixed catalyst Feststoffkatalysator *m*
fluid catalyst Fließkatalysator *m*
stereospecific catalyst stereospezifischer Katalysator *m*
catalytic katalytisch, kontaktwirksam
catalytic agent Katalysator *m*
catalytic acceleration katalytische Beschleunigung *f*
catalytic bomb Kontaktbombe *f*
catalytic converter Katalysator *m {Automobil}*
catalytic cracking katalytisches Kracken *n*, Spalten *n*
catalytic cracking plant katalytische Krackanlage *f*
catalytic cracking unit katalytische Krackanlage *f*
catalytic furnace Kontaktofen *m*
catalytic poison Katalytgift *n*, Kontaktgift *n*, katalytischer Inhibitor *m*, Katalysatorgift *n*
catalytic process Kontaktverfahren *n*
catalytic reactor katalytischer Reaktor *m*
catalytic recombiner katalytische Rekombinationsanlage *f*
catalytic reforming katalytisches "Reforming" *n*
catalytic reforming plant katalytische Reformieranlage *f {Mineralöl}*
catalytic sulfur removing plant *{US}* katalytische Entschwefelungsanalge *f {Mineralöl}*
catalytically hardening paint system katalytisch härtendes Anstrichsystem *n*
catalyze/to katalysieren, katalytisch beeinflussen
catalyzed anionic polymerization aktivierte anionische Polymerisation *f*
catalyzed lacquer säuregehärteter Lack *m*, Reaktionslack *m {Kunstharzlack}*
catalyzed polyester resin Urethanpolyester-Reaktionsharzmasse *f*
catalyzed resin Kunstharzansatz *m*, Kunstharz *n* mit Härterzusatz *m*
catalyzed surface coating system Reaktionslacksystem *n*
catalyzer Katalysator *m*, Kontaktstoff *m {heterogene Katalyse}*
cataphoresis Kataphorese *f*
cataplasm[a] of herbs Kräuterpflaster *n*
cataracting Kugelfall[bewegung] *m [f] {in einer Kugelmühle}*, Kataraktbewegung *f*
catastrophic failure katastrophaler Bruch *m*, katastrophales Versagen *n*, verhängnisvoller Ausfall *m {z.B. eines Systems}*
catch/to abfangen, auffangen; einspringen
catch fire/to sich entzünden
catch 1. Haken *m*, Öse *f*; Klinke *f*; 2. Knagge *f*, Knaggen *m*, Kerbe *f*, Anschlag *m*; 3. Verriegelung *f*
catch-all Faserstoffänger *m*, Stoffänger *m {Pap}*

catch basin Absetzgrube *f*, Absetzkammer *f*, Schlammfänger *m {Wasser}*
catch pan *s.* catch-pot
catch-pot Auffanggefäß *n*, Auffangtopf *m*, Auffangtasse *f*; Schlammfänger *m*; Filtereinsatz *m*, Siebeinsatz *m*
catcher 1. Greifvorrichtung *f*; 2. Auffänger *m*, Fänger *m*, Fang *m*, Abscheider *m*; 3. Ausgangsresonator *m {z.B. eines Zweikammerklystrons}*, Auskoppelraum *m*
catechinic acid Catechin *n*, Katechin *n*, 3,5,7,3',4'-Flavanpentol *n*, 3,5,7,3',4'-Pentahydroxyflavan *n*, Catechinsäure *f*, Catechusäure *f*
catechol 1. Catechin *n*, Katechin *n*; 2. Brenzcatechin *n*, Pyrocatechol *n*, 1,2-Dihydroxybenzol *n*
catecholamine Catecholamin *n*, Katecholamin *n {hydroxyliertes Phenetylamin}*
catecholtannin Brenzkatechingerbstoff *m*, kondensierter Gerbstoff *m*, Pyrokatechingerbstoff *m {Leder}*
catechu [gum] 1. [braunes] Catechu *n*, Catechin *n*, Katechin *n {Gerbstoffextrakt aus Acacia catechu Willd.}*; 2. Gambir *n*, gelbes Catechu *n {aus Kucaria gambir Roxb.}*
catechu brown Cachoubraun *n*
catechudiamine Catechudiamin *n*
catechutannic acid Catechugerbsäure *f*
catechutannin Catechugerbsäure *f*
catechuic acid *s.* catechinic acid
category Kategorie *f*, Art *f*, Begriffsfach *n*, Gattung *f*
catena-polysulfur catena-Polyschwefel *m*
catenane Kettenverbindung *f*; Catenan *n*
catenary Kettenlinie *f*, Seilkurve *f*, Seillinie *f*
catenated atoms verkettete Atome *npl*
catenation Kettenbildung *f*, Verkettung *f*
caterpillar 1. Raupe *f*, Raupenkette *f*, Gleiskette *f*; Caterpillar *m {Gleiskettenfahrzeug}*; 2. Raupe *f {Zool}*
catforming Catforming *n*, katalytisches Reformieren *n*, katalytische Reformierung *f {Erdöl}*
catgut Katgut *n {Med}*
cathartic Abführmittel *n*, Kathartikum *n*, Laxativ *n {Pharm}*
cathartomannitol <$C_{21}H_{44}O_{19}$> Cathartomannit *m*
cathepsin Kathepsin *n {Enzym}*
cathetometer Kathetometer *n*
cathetus Kathete *f {Math}*
cathine Cathin *n*
cathodal kathodisch, negativ elektrisch; Kathoden-
cathode Kathode *f*, negative Elektrode *f*, negativer Pol *m*; Zinkpol *m {obs}*
cathode beam Elektronenbündel *n*, Elektronenstrahl *m*
cathode coating Kathodenbelag *m*, Kathodenüberzug *m*
cathode compartment Kathodengehäuse *n*, Kathodenraum *m*
cathode copper Kathodenkupfer *n*, Electrolytkupfer *n*
cathode-core sheet Mutterblech *n*
cathode current Emissionsstrom *m*, Kathodenstrom *m*
cathode-dark space Kathodendunkelraum *m*, Hittorfscher Dunkelraum *m*, Crookesscher Dunkelraum *m*
cathode deposit Kathodenniederschlag *m*
cathode disintegration Kathodenabnutzung *f*, Kathodenzersetzung *f*
cathode drop Kathodenfall *m*, Kathodenspannungsabfall *m*
cathode emission Kathodenemission *f*
cathode evaporation Kathodenzerstäubung *f*, Kathodenverdampfung *f*
cathode fall Kathodenfall *m*, Kathodenspannungsabfall *m*
cathode filament Kathodenfaden *m*
cathode fluorescence Kathodenfluoreszenz *f*
cathode glow Kathodenglimmlicht *n*, Kathodenleuchten *n*, Kathodenlicht *n*, Kathodenglimmern *n*
cathode-glow layer Kathodenglimmschicht *f*, negative Glimmschicht *f*
cathode layer kathodische Schicht *f*
cathode luminescence Kathodenleuchten *n*
cathode mechanism Kathodenmechanismus *m*
cathode protection Kathodenschutz *m*, kathodischer Schutz *m {Korr}*
cathode ray Kathodenstrahl *m*
cathode-ray oscillograph Elektronenstrahloszillograph *m*, Kathoden[strahl]oszillograph *m*
cathode-ray oscilloscope Kathodenstrahl-Oszilloskop *n*
cathode-ray pencil Kathodenstrahlbündel *n*
cathode-ray target Katodenstrahlauffänger *m*
cathode-ray tube Bildröhre *f {Fernseher}*, Braunsche Röhre *f*, Kathodenstrahlröhre *f*, Elektronenstrahlröhre *f*
cathode region Kathodenraum *m*
cathode resistance Kathodenwiderstand *m*
cathode space Kathodenraum *m*
cathode spot Brennfleck *m* des Kathodenstrahls *m*, Kathodenstrahlbrennfleck *m*, Kathodenfleck *m*
cathode sputtering Kathodenzerstäubung *f {zum Beschichten von Metallen}*
cathode surface Kathoden[ober]fläche *f*
concave cathode Hohlkathode *f*
directly heated cathode direkt geheizte Kathode *f*
cathodic kathodisch; Kathoden-
cathodic cleaning kathodische Reinigung *f*
cathodic electrocleaning kathodisches Reinigen *n*

cathodic etching kathodisches Ätzen *n*, Glimmen *n*, Abglimmen *n*, Beglimmen *n*
cathodic evaporation Kathodenzerstäuben *n*
cathodic pickling kathodisches Beizen *n*
cathodic polarization Kathodenpolarisation *f*
cathodic protection Kathodenschutz *m*, kathodischer Schutz *m*, kathodischer Korrosionsschutz *m {DIN 50900}*, galvanischer Korrosionsschutz *m*
cathodic reaction Kathodenreaktion *f*
cathodic sputtering Kathodenzerstäubung *f*
cathodic stripping voltammetry kathodische Stripping-Voltammetrie *f*
cathodic voltage drop Kathodenfall *m*, Kathodenspannungsabfall *m*
cathodoluminescence Kathodolumineszenz *f*, Kathodenlumineszenz *f*
catholyte Katholyt *m*, Kathodenflüssigkeit *f*
cation Kation *n*, positives Ion *n*, positiv geladenes Ion *n*
cation-absorbing filter kationenabsorbierendes Filter *n*
cation acid Kationsäure *f*
cation-active kation[en]aktiv
cation-active emulsifier kationenaktiver Emulgator *m*
cation base Kationbase *f*
cation exchange Kationenaustausch *m*, Kationenumtausch *m*
cation-exchange column Kationenaustausch[er]säule *f*
cation-exchange resin Kationenaustausch[er]harz *m*, Kationenaustauscher *m* auf Kunstharzbasis *f*
cation-exchange separation Kationenaustauschtrennung *f*
cation exchanger Kationenaustauscher *m*
cation hole Kationenlücke *f*, Kationenleerstelle *f*
cation migration Kationenwanderung *f*
cation-permeable membrane für Kationen durchlässige Membrane *f*
cationic kationisch, kationenaktiv; Kation-, Kationen-
cationic collector kationischer Sammler *m*
cationic detergent kation[en]aktives Tensid *n*, Kationtensid *n*, kationaktiver Stoff *m*
cationic exchanger Kationenaustauscher *m*
cationic polymerization kationische Polymerisation *f*
cationic reagent kationisches Reagens *n*
cationic soap kationische Seife *f*, Invertseife *f*
cationic surface-active agent kation[en]aktives Tensid *n*, Kationentensid *n*, kationenaktiver Stoff *m*
cationogen kationischer Starter *m {Polymer}*
cationotropy Kationotropie *f*, Kationenwanderung *f*
catlinite Pfeifenstein *m {Min}*
catophorite Katophorit *m {Min}*
Cauchy number Cauchy-Zahl *f {Hydro}*
cauliflower appearance Blumenkohlstruktur *f*, blumenkohlähnliches Aussehen *n {z.B. des Kokskuchens}*
cauliflower head aufgeblähter Speiser *m {Gieß}*
caulk/to abdichten, dichten, kalfatern, stemmen, verstemmen
caulking 1. Abdichtung *f*; Abdichten *n*, Dichten *n*, Kalfatern *n*, Verstemmen *n*, Nahtdichten *n* durch Verstämmen *n*; 2. Verkämmung *f*, Verzapfung *f {z.B. von Balken}*
caulking compound Kalfaterverbindung *f*
caulking material Dichtungsmaterial *n*, Dichtungsmittel *n*
caulophylline Caulophyllin *n*
caulophyllosapogenin Caulophyllosapogenin *n*
caulophyllosaponin Caulophyllosaponin *n*
caulosapogenin Caulosapogenin *n*
caulosaponin Caulosaponin *n*, Leontin *n*
causality Kausalität *f*
causality principle Kausalitätsprinzip *n*
causality requirement Kausalitätsforderung *f*
cause/to anrichten, hervorrufen, bewirken, verursachen
cause Anlaß *m*, Anstoß *m*, Grund *m*, Ursache *f*
causeless grundlos
caustic 1. kaustisch, ätzend, beizend, laugenartig; 2. Beize *f*, Beizmittel *n*; 3. Alkali *n*, *{meistens}* Natriumhydroxid *n*, Ätznatron *n*; Ätzmittel *n {Med}*; 5. Kaustik *f {Opt}*
caustic alkali Ätzalkali *n*, kaustisches Alkali *n*
caustic alkaline ätzalkalisch
caustic alkaline solution Ätzalkalilösung *f*
caustic ammonia Ätzammoniak *n*, Ammoniaklösung *f*
caustic baryta <**$Ba(OH)_2 \cdot 8H_2O$**> Bariumhydroxid *n*, Bariumhydrat *n {obs}*, Ätzbaryt *n {Triv}*
caustic brittleness Laugensprödigkeit *f*
caustic cleaning solution Reinigungslauge *f*
caustic dip Ätznatronbad *n*
caustic embrittlement Laugenbrüchigkeit *f*, Laugensprödigkeit *f*
caustic ink Ätztinte *f*
caustic lime Ätzkalk *m*, gebrannter Kalk *m*, Branntkalk *m*, Calciumoxid *n*
caustic liquid Ätzflüssigkeit *f*
caustic liquor ätzende Lauge *f*, alkalische Brühe *f*, Ätzlauge *f*, Beizbrühe *f*, Beizflüssigkeit *f*, Beizwasser *n*
caustic lye Ätzlauge *f*, Seifensiederlauge *f*
caustic lye of soda Natronlauge *f*
caustic magnesia Ätzmagnesia *f*, kaustische Magnesia *f {DIN 273}*
caustic neutralizing Laugen *n {Mineralöl}*

caustic poison Ätzgift *n*
caustic potash <KOH> Ätzkali *n*, Kaliumhydroxid *n*, Ätzstein *m*
caustic potash lye Kalilauge *f*, Ätzkalilauge *f*
caustic potash solution Ätzkalilauge *f*, Kalilauge *f*
caustic powder Ätzpulver *n*
caustic process Ätzverfahren *n*
caustic salt Ätzsalz *n*, Beizsalz *n*
caustic scrubber Gaswäsche *f* mit Alkalilauge *f*, Laugenwäscher *m*
caustic silver Höllenstein *m*, Silbernitrat *n* *{Pharm}*
caustic soda <NaOH> Ätznatron *n*, Natron *n*, Natriumhydroxid *n {IUPAC}*, Laugenstein *m*, kaustisches Natron *n*, *{als Produkt des Kalk-Soda-Verfahrens auch}* kaustische Soda *f*
caustic soda cell Alkalielement *n*, Alkalizelle *f {Elek}*
caustic soda dust Natronstaub *m*
caustic soda lye Ätznatronlösung *f*
caustic soda melt Ätznatronschmelze *f*
caustic soda solution Ätznatronlösung *f*, Natronlauge *f*, Natriumhydroxidlösung *f*
caustic solution Ätzlauge *f*, Ätzlösung *f*
caustic stick Ätzstift *m*
caustic stone Ätzstein *m*
caustic surface Brennfläche *f*, Kaustikfläche *f* *{Opt}*
caustic wash[ing] Laugen *n*, Lauge[n]wäsche *f*, Laugenbehandlung *f*, Alkaliwäsche *f*, Laugung *f {Erdöl}*
caustic water Ätzwasser *n*, Ätze *f*
resisting caustic ätzbeständig
causticity Ätzkraft *f*, Beizkraft *f*, Kaustizität *f*
causticization Kaustifizierung *f*
causticize/to kaustifizieren; aussüßen *{Pap}*; merzerisieren *{Text}*
causticizing Kaustifizieren *n*
caustics Laugen *fpl*
causticum Kaustikum *n*, Ätzmittel *n {Pharm}*
caustification Kausti[fi]zierung *f*
caustify/to kaustizieren, kaustifizieren
caustobiolith Kaustobiolith *m {Geol}*
cauterization Abbeizen *n {mit Lauge}*, Ätzen *n*, Anätzen *n*, Ausätzen *n*, Kaustizierung *f*, Kauterisation *f*; Verätzen *f {einer Wunde}*
cauterize/to abätzen, verätzen *{einer Wunde}*; ätzen, anätzen, ausätzen, [ein]brennen, kauterisieren, zerfressen
cauterizing medium Ablaugmittel *n*
caution Vorsicht *f*; Warnung *f*; Verwarnung *f*
cautious vorsichtig, behutsam, schonend
cavitation 1. Kavitation *f {DIN 50900}*, Hohlraumbildung *f*, Hohlsog *m {in Metallen}*; Lunkerung *f*, Lunkerbildung *f*, Lunkern *n {Gieß}*; 2. Kavitation *f {Abplatzen von Gesteinsteilen durch Sog}*
cavity 1. Hohlraum *m*, Höhlung *f*, Loch *n*; Lunker *m {Met}*; 2. Kaverne *f*; Mulde *f {Bergbau}*; 3. Vertiefung *f*, Aushöhlung *f*, Aussparung *f {als Ergebnis}*; Gravur *f {im Gesenk}*
cavity growth Hohlraumwachstum *n*
cavity in a carbon electrode Bohrung *f* in der Spektralkohle *f*, Bohrloch *n* in der Spektralkohle *f*
cavity radiation Hohlraumstrahlung *f*
cavity resonator Hohlraumresonator *m*
Cayenne pepper Cayenne-Pfeffer *m*, Spanischer Pfeffer *m*, Gewürzpaprika *m*, Schottenpfeffer *m*
CBDT Rußaufnahmefähigkeitsversuch *m*
CCR Council of Chemical Research *{US}*
cDNA komplementäre DNA *f*, komplementäre Desoxyribonukleinsäure *f*
CDP Cytidin-5'-diphosphat *n*
ceara rubber Cearakautschuk *m*, Mnicoba-Kautschuk *m {von Manihot glaziovi Muell. Arg.}*
cease/to aufhören, einstellen, nachlassen
cease dripping/to auströpfeln
cease operation/to Betrieb *m* einstellen
CEC/DKA sludge test CEC/DKA-Schlammtest *m {Mineralöl}*
cedar-camphor Zedercampher *m*, Cedrol *n*; Cypressencampher *m*
cedar oil Zedernöl *n {Juniperus virginiania}*
cedar leaf oil *s.* cedar oil
cedar resin Zedernharz *n {cedrela toona}*
cedarwood oil Zedernholzöl *n {cedrela odorata}*
cedrene <$C_{15}H_{24}$> Cedren *n {tricyclisches Sesquiterpen}*
cedrene camphor Cedrol *n*, Zederncampher *m*, Cypressencampher *m*
cedrene guriunene Cedrengurjunen *n*
cedrenic acid Cedrensäure *f*
cedrenol *s.* cedrol *n*
cedric acid Cedrinsäure *f*
cedrin Cedrin *n*
cedrium Cedrium *n*, Zedernharz *n*
cedrol <$C_{15}H_{25}O$> Cedrol *n*, Zederncampher *m*, Cypressencampher *m {Sesquiterpenalkohol}*
cedrolic acid Cedrolsäure *f*
CEFIC *{European Council of Chemical Manufacturers' Federation}* Europäischer Verband *m* der chemischen Industrie *f {Brüssel}*
cefoperazone Cefoperazon *n {INN}*
cefotaxime Cefotaxim *n {INN}*
ceiling covering Deckenbelag *m {DIN 16860}*
ceiling temperature Ceiling-Temperatur *f* *{obere Temperatur für Polymerisation}*
celadonite Seladonit *m {Min}*
celandine oil Schöllkrautöl *n*
celastin <$C_{33}H_{55}O_{14}$> Menyanthin *n*
celaxanthin Celaxanthin *n*
celery seed oil Selleriesamenöl *n*
celestine *s.* celestite

celestine blue Coelestinblau *n*, Himmelblau *n*, Reinblau *n*
fibrous celestine Fasercoelestin *m {Min}*
celestite Zölestin *m {obs}*, Coelestin *m*, Strontiumsulfat *n {Min}*
cell 1. Zelle *f*; Batterie *f*; Element *n {Elek}*; 2. Zelle *f*, Kammer *f*, Raum *m*; kleine Wanne *f*; 3. Küvette *f*; 4. Zelle *f {Biol}*; 5. elektrolytische Zelle *f*, Elektrolyse[n]zelle *f*, Elektrolyseraum *m*; 6. galvanische Zelle *f*, elektrochemische Zelle *f*, galvanisches Element *n*, elektrochemisches Element *n*; 7. Pore *f*, Zelle *f {Gummi}*
cell activity Zellenaktivität *f*
cell body Zellkörper *m*
cell cavity 1. Herd *m {Elektrochem}*; 2. Porenraum *m*
cell connector Polbrücke *f*, Steg *m*
cell constant Elektrolysezellenkonstante *f*, Zellenkonstante *f {Elektrochem}*
cell cover Küvettenverschluß *m*
cell culture Zellkultur *f*
cell density Zellendichte *f {Züchtungsmedium}*
cell division Zellteilung *f {Biol}*
cell dust reversing precipitator Umkehrzellenzerstäuber *m*
cell enzyme Zellenzym *n*
cell filter Zellenfilter *n*
cell formation Zell[en]bildung *f {Schaumstoff}*
cell-forming zellenbildend
cell fractionation Zellfraktionierung *f*
cell-free interleukin-2 zellfreies Interleukin-2 *n*
cell gas Treibgas *n*, gasförmiges Treibmittel *n {Gummi, Kunststoff}*
cell holder Küvettenhalter *m*
cell-like zellenartig
cell membrane Plasmahaut *f*
cell pigment Zellpigment *n*
cell plasm Zellplasma *n*, Zytoplasma *n*
cell reaction Zellreaktion *f*
cell sap Zellsaft *m {in der Vakuole}*
cell-size distribution Porengrößenverteilung *f*, Zellgrößenverteilung *f*
cell-socket Küvettenschacht *m {Kolorimeter}*
cell space Porenraum *m {Schaumstoff}*
cell structure Porenbild *n*, Porenstruktur *f*, Zellengefüge *n*, Zell[en]struktur *f*, Zellenaufbau *m {Schaumstoff}*
cell voltage Akkumulatorspannung *f*, Badspannung *f {Galv}*
cell-wall material Zellwandsubstanz *f*
Cellarius vessel Cellarius-Kühler *m*
cellase *s.* cellulase
cellobiitol Cellobiit *m*
cellobionic acid Cellobionsäure *f*
cellobiose **<$C_{12}H_{22}O_{11}$>** Cellobiose *f*, Cellose *f {Disccharid}*
cellobiuronic acid Cellobiuronsäure *f*
celloidin Celloidin *n*, Zelloidin *n*, Kollodiumwolle *f {Med}*
celloidin paper Zelloidinpapier *n {Photo}*
cellon Cellon *n*, Tetrachlorethan *n*, Ethylentetrachlorid *n*
cellon varnish Cellonlack *m*
cellophane Cellophan *n {HN}*, Cellophane *f*, Cellulosefolie *f*, Zellglas *n*
cellose Cellobiose *f {Disaccharid}*
Cellosolve Cellosolve *n {HN für Ethylenglykolethylether}*; 2-Ethoxyethanol *n {IUPAC}*
cellotetrose **<$C_{24}H_{42}O_{21}$>** Cellotetrose *f*
cellotriose **<$C_{18}H_{32}O_{16}$>** Cellotriose *f*, Procellose *f*, Procellulose *f*
cellotropin Cellotropin *n*
cellucotton Papierwatte *f*, Zellstoffwatte *f*
cellular 1. zellenartig, zell[en]förmig, zellig, zellulär, Zell[en]-; blasig, porig, Schaum-; 2. poröser Stoff *m*, porige Ware *f {mit geschlossenen Poren}*; Netzstoff *m {Text}*
cellular chalk Zellenkalk *m*
cellular concrete Porenbeton *m*, Zellenbeton *m*
cellular cooler Zellenkühler *m*
cellular core zelliger Kern *m {Polymer}*
cellular core layer zelliger Kern *m* von Integralschaumstoffen *mpl*, zelliger Kern *m* von Strukturschaumstoffen *mpl*
cellular debris Zellbruchstücke *npl {Biol}*
cellular glass Schaumglas *n {DIN 18174}*
cellular grit arrestor Zellenentstauber *m*
cellular membrane Zellmembran *f*, Plasmamembran *f*; *{bei Pflanzen}* Plasmalemma *n*
cellular plastic Schaum[kunst]stoff *m*
cellular plastic with open and closed cells gemischtzelliger Schaumstoff *m*
cellular polyethylene Zellpolyethylen *n*
cellular polymer Schaumstoff *m*
cellular precipitation zellenartige Ausscheidung *f {Met}*
cellular PVC PVC-Schaumstoff *m {DIN 16952}*
cellular rubber material *{ISO 3582}* Kautschukschaumstoff *m*, Schaumgummi *m*
cellular structure zell[art]ige Struktur *f*, Zell[en]struktur *f*, Zell[en]gefüge *n {Schaumstoff}*
cellular wheel Zellenrad *n*
cellularity Zellenförmigkeit *f*
cellulase *{EC 3.2.1.4}* Cellulase *f*, Zellulase *f*
cellule kleine Zelle *f*, Zelle *f {Schaumstoff}*
cellulith Cellulith *m*
celluloid Celluloid *n*, Zelluloid *n*, Zellhorn *n*
celluloid dish Celluloidschale *f*
celluloid lacquer Zaponlack *m*
celluloid paper Celluloidpapier *n*
celluloid varnish Celluloidlack *m*, Kristalline *f*
celluloidine Celluloidin *n*

cellulose <$(C_6H_{10}O_5)_n$> Cellulose *f*; Zellstoff *m*, Holzfaserstoff *m {Tech}*
cellulose acetate Celluloseacetat *n*, CA, Acetylcellulose *f {DIN 7728}*
cellulose-acetate butyrate Celluloseacetatobutyrat *n*, CAB, Celluloseacetatbutyrat *n*, Acetylbutyrylcellulose *f*
cellulose-acetate lacquer Cellonlack *m*, Celluloseacetatlack *m*, Acetatlack *m*, Acetylcelluloselack *m*
cellulose-acetate mo[u]lding composition Celluloseacetatpreßmasse *f*
cellulose-acetate mo[u]lding compound Celluloseacetatpreßmasse *f*
cellulose-acetate mo[u]lding material Celluloseacetatpreßmasse *f*
cellulose-acetate propionate Celluloseacetopropionat *n*, Celluloseacetatpropionat *n*, CAP
cellulose-acetate rayon Acetatseide *f*
cellulose-acetate sheet *{BS3186}* Celluloseacetatfolie *f*
cellulose acetobutyrate Celluloseacetatobutyrat *n*, Celluloseacetatbutyrat *n*, Acetylbutyrylcellulose *f*, CAB *{DIN 7728}*
cellulose adhesive Klebstoff *m* auf Cellulosebasis
cellulose derivative Celluloseabkömmling *m*, Cellulosederivat *n*; Celluloseerzeugnis *n*
cellulose diacetate Diacetylcellulose *f*, Cellulosediacetat *n*
cellulose digester Zellstoffkocher *m*
cellulose dinitrate Cellulosedinitrat *n*
cellulose drying Zellstofftrocknung *f*
cellulose ester Celluloseester *m*
cellulose ether Celluloseether *m*, Zelluloseäther *m {obs}*
cellulose filler Cellulosefüllstoff *m*
cellulose finish Celluloselack *m*
cellulose formate Formylcellulose *f*, Celluloseformiat *n*
cellulose graft copolymer Cellulose-Pfropfcopolymer *n*
cellulose hexanitrate Cellulosehexanitrat *n*
cellulose hydrate Cellulosehydrat *n*, Hydratcellulose *f*, regenerierte Cellulose *f*
cellulose kier Zellstoffkocher *m*
cellulose lacquer Celluloselack *m*, Zelluloselack *m {obs}*
cellulose nitrate Cellulosenitrat *n*, Nitrocellulose *f {obs}*, Cellulosesalpetersäureester *m*, CN *{DIN 7728}*
cellulose nitrate filament Pyroxylinfaden *m*
cellulose nitrate rayon Nitroseide *f*, Silikin *n*
cellulose nitrate sheeting Cellulosenitratfolie *f*
cellulose paper Zellstoffpapier *n*
cellulose pentanitrate Cellulosepentanitrat *n*
cellulose plastics Cellulosekunststoffe *mpl*
cellulose powder Cellulosepulver *n*
cellulose propionate Cellulosepropionat *n*, CP *{DIN 7728}*
cellulose pulp Cellulosebrei *m*
cellulose sheet Zellglasfolie *f*
cellulose silk Zellstoffseide *f*
cellulose solution Zellstofflösung *f*
cellulose tetraacetate Cellulosetetraacetat *n*, Tetraacetylcellulose *f*
cellulose thiocarbonate Cellulosethiocarbonat *n*
cellulose triacetate Cellulosetriacetat *n*, Triacetylcellulose *f*
cellulose trinitrate Cellulosetrinitrat, Schießbaumwolle *f*
cellulose wadding Zellstoffwatte *f*
cellulose xanth[ogen]ate Cellulosexanthogenat *n*
cellulose yarn Zellstoffgarn *n*
hydrated cellulose Hydratcellulose *f*
nitrated cellulose Nitrocellulose *f {obs}*, Cellulosenitrat *n*, Cellulosesalpetersäureester *m*, CN *{DIN 7728}*
regenerated cellulose Regeneratcellulose *f*
cellulosic Celluloseabkömmling *m*, Cellulosederivat *n*
cellulosic ion exchanger Cellulose-Ionenaustauscher *m*
cellulosic paper *{IEC 454}* Zellstoffpapier *n*, Cellulosepapier *n*
cellulosic polymer Cellulosepolymer[es] *n*
cellulosics Celluloseerzeugnisse *npl*, Cellulosederivate *npl*; Cellulose-Fasern *fpl*
celsian Celsian *m {Min}*
Celsius degree Grad Celsius *m*
Celsius temperature scale Celsius-Skale *f*, Celsius-Thermometerskale *f*, Celsius-Temperaturskale *f*
celtium *{obs}* *s.* hafnium
celtrobiose Celtrobiose *f*
cement/to 1. [ver]kitten, festkitten, [ver]kleben; 2. zementieren *{Bau}*; 3. zementieren *{durch Diffusion}*, oberflächenhärten, aufkohlen *{Stahl}*, backen *{Met}*; 4. auszementieren, ausfällen; 5. einstreichen *{mit Gummilösung}*
cement-temper/to zementhärten
cement 1. Zement *m*, Gummilösung *f*, Klebzement *m*, Kleb[e]stoff *m*, Kleber *m* Konfektionierlösung *f*; 2. Zement *m {Bau}*; 3. Zahnzement *m*; 4. Bindemittel *n*, Zement *m {Geol}*; 5. Einsatzpulver *n*, Einsatzhärtepulver *n {Met}*; 6. Kitt *m*, Feinkitt *m*, Optikkitt *m*
cement clay Kitterde *f*, Zementton *m*
cement clinker Zementklinker *m*
cement concrete Zementbeton *m*
cement copper Kupferzement *m*, Zementationskupfer *n*, Niederschlagskupfer *n*
cement dust Zementstaub *m*
cement for stone Steinkitt *m*, Steinleim *m*

cement grout dünnflüssiger Zement *m*, Zementmilch *f*, Zementbrühe *f*
cement kiln Kalk[brenn]ofen *m*, Zement-[brenn]ofen *m*, Zementbackofen *m*, Zement-[schacht]ofen *m*
cement-like zementartig, kittartig
cement-lime mortar Zementkalkmörtel *m*, verlängerter Zementmörtel *m*
cement mixer Gummilöser *m*, Lösungskneter *m*, Lösungsmastikator *m* *{Gum}*
cement mortar Zementmörtel *m*
cement of plaster Gipsmörtel *m*, Stuck *m*
cement paint Zementfarbe *f*
cement silver Zementsilber *n*
cement slurry Zementbrei *m*, Zementbrühe *f*
cement steel Zementstahl *m*
cement stone Zementmergel *m*, Zementstein *m*
cement surfacer Zementspachtelmasse *f*
acid-proof cement Säurekitt *m*
fireproof cement Feuerkitt *m*

cementation 1. Kitten *n*, Verkitten *n*, Kleben *n*, Verkleben; 2. Zementieren *n* *{Bau}*; 3. Zementation *f*, Zementierung *f*, Einsatzhärtung *f*, Oberhärtung *f*, Brennstahlbereitung *f*, Aufkohlen *n*, Oberflächenkohlung *f* *{Met}*; 4. Zementation *f*; Verkittung *f* *{Geol}*; 5. Bohrlochzementierung *f*, Zementeinspritzung *f*
cementation furnace Härteofen *m*, Zementierofen *m*
cementation powder Härtepulver *n*, Zementierpulver *n*
cementation process Zementieren *n*, Einsatzhärten *n*, Glühfrischen *n*
cementation steel Zementstahl *m*

cemented zusammengekittet
cemented carbide Aufschweiß-Hartlegierung *f*, Sinterhartmetall *n*
cemented hard metal Carbidhartmetall *n*
cemented steel Brennstahl *m*, Zementationsstahl *m*

cementing 1. Kleben *n*, Kitten *n*, Verkitten *n*, Verkleben *n*; 2. Zementieren *n* *{Bau}*; 3. Zementation *f*, Zementierung *f*, Einsatzhärtung *f*, Oberflächenhärtung *f*, Brennstahlbereitung *f*, Aufkohlen *n* *{Met}*; 4. Zementation *f*; Verkittung *f* *{Geol}*
cementing agent Bindemittel *n*, Zementiermittel *n*
cementing powder Einsatzpulver *n*, Härtepulver *n*, Zementierpulver *n*
cementing power Bindevermögen *n*
cementing property Backfähigkeit *f*
cementing technique Klebtechnik *f*
cementing water Zementwasser *n*

cementite Zementit *m*, Eisencarbid *n* *{Met}*
cementite disintegration Zementitzerfall *m*
granular cementit körniger Zementit *m*
nodular cementit kugeliger Zementit *m*
spheroidal cementit kugeliger Zementit *m*

centaureidin <$C_{18}H_{18}O_8$> Centaureidin *n*
centaureine Centaurein *n*
centaurin Centaurin *n*
centennial hundertjährig
center/to *{US}* zentrieren, anbohren *{zum Zentrieren}*, auswichten, einmitten
center *{US; GB: centre}* Mittelpunkt *m*, Knotenpunkt *m*, Zentrum *n*, Mitte *f*
center axis Mittelachse *f*
Center for Chronic Disease Prevention and Health Promotion *{US}* Zentrum *n* für Verhütung *f* von chronischen Erkrankungen *fpl* und Gesundheitsförderung *f*
center lathe Spitzendrehbank *f*
center line Mittelachse *f*, Fluchtlinie *f*, Mittellinie *f*, Zentrallinie *f*
center of a band Bandenzentrum *n*, Zentrum *n* der Bande *f*
center of curvature Krümmungsmittelpunkt *m*
center of diffraction Beugungszentrum *n*
center of gravity Schwerpunkt *m*
center-of-gravity system Schwerpunktsystem *n*
center of gyration Drehpunkt *m*
center of mass Trägheitszentrum *n*
center-of-mass coordinate Schwerpunktskoordinate *f*
center-of-mass motion Schwerpunktsbewegung *f*
center of percussion Perkussionszentrum *n*, Stoßmittelpunkt *m*
center of rotation Drehpunkt *m*
center of symmetry Symmetriezentrum *n*, Inversionszentrum *n*
center point Mittelpunkt *m*
center position Mittelstellung *f*
center-zero instrument Instrument *n* mit Nullpunkt *m* in der Skalenmitte *f*
active center aktives Zentrum *n* *{Biochem}*
dead center toter Punkt *m*
off center ausmittig, außenmittig

centered mittenrichtig, zentriert
centered lattice zentriertes Gitter *n* *{Krist}*

centering Zentrierung *f*, Einmitten *n*, Zentrieren *n*
centering microscope Zentriermikroskop *n*

centesimal hundertteilig, zentesimal *{auf der Zahl 100 beruhend}*; Celsius-Grad *m*
centesimal degree Dezimalgrad *m*, Neugrad *m* *{Math}*

centi- Zenti-, zenti- *{SI-Vorsatz für 10^{-2}*, Kurzzeichen c*}*

centigrade 1. hundertgradig, hundertteilig; 2. Celsius-Grad *m*, Celsius-Skale *f*, Grad *m* *{Celsius}*

centigrade heat unit mittlere CHU-Einheit *f* *{1990, 44 J}*
centigrade scale Celsius-Skale *f*, Celsius-Thermometerskale *f*, Celsius-Temperaturskale *f*
centigrade temperature scale Temperaturskale *f* nach Celsius
centiliter *{US}* Zentiliter *n* *{0,01 L}*
centilitre *{GB}* Zentiliter *n* *{0,01 L}*
centimeter 1. Zentimeter *n m* *{0,01 m}*; 2. absolutes Henry *n* *{obs; Elek}*; 3. absolutes Farad *n* *{obs; Elek}*
centimeter-gram-second system Zentimeter-Gramm-Sekunde-System *n*, CGS-System *n* *{physikalisches Maßsystem; obs}*
centipoise *{obs}* Centipoise *n*, Zentipoise *n* *{=1 mPa·s}*
centistoke *{obs}* Centistoke *n*, Zentistoke *n* *{=1* mm^2s^{-1}*}*
centner Zentner *m* *{obs; 50 kg}*
central 1. zentral, zentrisch, mittelständig, mittig; Zentral-; 2. Zentrale *f*
central axis Mittelachse *f*, Zentralachse *f*
central field approximation Zentralfeldnäherung *f*
central force Zentralkraft *f*
central impact zentraler Aufprall *m*, zentraler Stoß *m*
central intensity Zentralintensität *f*
central lubrication Zentralschmierung *f*
central nervous system Zentralnervensystem *n*
central piece Mittelstück *n*
central point Mittelpunkt *m*, Zentralpunkt *m*
central position Mittellage *f*
central processing unit Zentraleinheit *f*, CPU *{EDV}*
central safety department Sicherheitszentrale *f*
central-symmetric zentralsymmetrisch
central symmetry Zentralsymmetrie *f*
centralite I <$C_{17}H_{20}N_2O$> Centralit I *n*, *sym*-Diethyldiphenylharnstoff *m* *{Expl}*
centralite II <$C_{15}H_{18}N_2O$> Centralit II *n*, *sym*-Dimethyldiphenylharnstoff *m* *{Expl}*
centralite III <$C_{16}H_{18}N_2O$> Centralit III *n*, Methylethyldiphenylharnstoff *m* *{Expl}*
centre/to *{GB}* einmitten, zentrieren; zentrierbohren, zentrieren *{Tech}*
centric zentral, zentrisch, mittig
centricity zentrale Lage *f*, Zentralität *f*
centrifiner Zentrifugalsortierer *m*
centrifugal 1. zentrifugal; Fliehkraft-, Zentrifugal-; 2. Zentrifuge *f*, Schleuder *f*
centrifugal acceleration Fliehbeschleunigung *f*, Zentrifugalbeschleunigung *f*, Fliehkraftbeschleunigung *f*
centrifugal acid pump Säurekreiselpumpe *f*
centrifugal action Fliehkraftwirkung *f*
centrifugal air classification Fliehkraftwindsichtung *f*
centrifugal air classifier Fliehkraftklassiergerät *n*, Fliehkraftwindsichter *m*
centrifugal air elutriator Gegenstromfliehkraftsichter *m*
centrifugal air pump Kreiselgebläse *n*, Fliehkraftgebläse *n*, Zentrifugalgebläse *n*
centrifugal air separator Schleudersichter *m*
centrifugal atomizer Zentrifugalzerstäuber *m*
centrifugal ball mill Fliehkraft-Kugelmühle *f*
centrifugal belt conveyor Schleuderbandförderer *m*
centrifugal blender Zentrifugalmischer *m*
centrifugal blower Schleudergebläse *n*, Zentrifugalgebläse *n*
centrifugal casting 1. Schleudergußteil *n*, Zentrifugalguß *m*, Schleuderguß *m*; 2. Schleudern *n*, Schleudergießverfahren *n*, Zentrifugalgießen *n*
centrifugal clarifier Klärschleuder *f*, Klärzentrifuge *f*
centrifugal classifier Schleuderklassierer *m*, Zentrifugalklassierer *m*, Kreiselsichter *m*, Fliehkraftsichter *m*, Zentrifugal[kraft]sichter *m*
centrifugal compressor Kreisel[rad]kompressor *m*, Schleuderverdichter *m*, Kreisel[rad]verdichter *m*, Kreiselkompressor *m*, Rotationskompressor *m*
centrifugal counter-current contactor chemischer Zentrifugalkontaktapparat *m* mit Gegenstrom *m*
centrifugal counterflow classification Fliehkraft-Gegenstrom-Windsichtung *f*
centrifugal counterflow classifier Fliehkraft-Gegenstrom-Windsichter *m*, Gegenstrom-Zentrifugal-Klassierer *m*
centrifugal crushing-mill Schleudermühle *f*
centrifugal decanter Dekantierzentrifuge *f*
centrifugal disc atomizer Rotationszerstäuber *m*, Fliehkraftzerstäuber *m*, Zerstäuberscheibe *f*
centrifugal discharge Zentrifugalaustrag *m*
centrifugal drier Trockenschleuder *f*, Zentrifugaltrockner *m*, Trockenzentrifuge *f*
centrifugal drum Schleudertrommel *f*
centrifugal dryer Trockenschleuder *f*, Zentrifugaltrockner *m*, Trockenzentrifuge *f*
centrifugal drying Zentrifugaltrocknung *f*
centrifugal drying machine Schleudertrockner *m*, Trockenschleuder *f*
centrifugal dust collector Zentrifugalstaubsammler *m*
centrifugal effect Zentrifugaleffekt *m*
centrifugal extractor Zentrifugalextraktor *m*
centrifugal fan Zentrifugalventilator *m*; Radialventilator *m*, Radiallüfter *m*, Kreisradlüfter *m*, Ventilator *m*

centrifugal filter Siebschleuder *f*, Zentrifugalfilter *n*, Schleuderfilter *n*; Filterzentrifuge *f*
centrifugal flour mill Schleudermühle *f*
centrifugal flow agitator Rührwerk *n* mit Zentrifugalströmung *f*
centrifugal force Fliehkraft *f*, Zentrifugalkraft *f*, Schwungkraft *f*, Schleuderkraft *f*
centrifugal freeze dryer Schleudergefriertrockner *m*
centrifugal freeze drying Schleudergefriertrocknung *f*
centrifugal hydroextractor Schleudertrockner *m*
centrifugal lubrication Zentrifugalschmierung *f*
centrifugal mill Schleudermühle *f*, Schlagmühle *f*, Zentrifugalmühle *f*
centrifugal mixer Schleudermischer *m*
centrifugal mixing Zentrifugalmischen *n*
centrifugal molecular distillation plant Zentrifugal-Molekulardestillationsanlage *f*
centrifugal molecular still Zentrifugal-Molekulardestillationsanlage *f*
centrifugal motion Zentrifugalbewegung *f*
centrifugal mo[u]lding Rotoformverfahren *n*, Schleuderverfahren *n*, Schleudergießverfahren *n*
centrifugal oil extractor Ölschleudermaschine *f*
centrifugal polymerization Schleuderpolymerisation *f*
centrifugal pressure casting Druckschleudergießen *n*, Druckschleudergießverfahren *n*
centrifugal pump Kreiselpumpe *f* *{DIN 24250}*, Turbopumpe *f*, Schleuderpumpe *f*, Zentrifugalpumpe *f*
centrifugal roll mill Pendelmühle *f*, Rollenmühle *f*, Walzringmühle *f*
centrifugal rotary Kreiselgebläse *n*, Schleudergebläse *n*, Fliehkraftgebläse *n*, Zentrifugalgebläse *n*
centrifugal screen Schleudersieb *n*, Zentrifugalsichter *m*
centrifugal sedimentation Zentrifugenabsetzvorgang *m*
centrifugal separator Separatorzentrifuge *f*, Zentrifugalabscheider *m*, Zentrifugalsichter *m*, Fliehkraftabscheider *m*, Zentrifugalseparator *m*
centrifugal sieve Schwingsiebschleuder *f*, Zentrifugalsichter *m*, Schleudersieb *n*
centrifugal sifting machine Schleudersichter *m*
centrifugal spray[er] Zentrifugalzerstäuber *m*
centrifugal still Zentrifugaldestillierapparat *m*, Rotationskolonne *f*
centrifugal sugar Rohzucker *m* aus Zentrifugen *fpl*, Zentrifugalzucker *m*
centrifugal supercharger Kreiselgebläse *n*, Kreiselvorverdichter *m*
centrifugal-type humidifier Zentrifugalanfeuchtapparat *m*, Zentrifugalbefeuchter *m*
centrifugally cast laminate Schleudergußlaminat *n*
centrifugally cast pipe Schleuderrohr *n*
centrifugation Zentrifugation *f*, Zentrifugierung *f*, Schleudern *n*, Abschleudern *n*
centrifuge/to zentrifugieren, abschleudern, [aus]schleudern; abscheiden
centrifuge Schleuder *f*, Zentrifuge *f*, Trennschleuder *f*, Ausschleudermaschine *f*
centrifuge basket Siebtrommel *f* einer Zentrifuge *f*, Zentrifugentrommel *f*
centrifuge bowl Zentrifugenschüssel *f*, Zentrifugentrommel *f*
centrifuge cup Zentrifugenbecher *m*, Schleuderbecher *m*
centrifuge decanter Klassierdekanter *m*
centrifuge dryer Schleudertrockner *m*
centrifuge drum Schleuderkessel *m*, Zentrifugentrommel *f*
centrifuge effluent Zentrat *n*
centrifuge separator Trennschleuder *f*
centrifuge sieve Schleudersieb *n*, Zentrifugensieb *n*
centrifuge tray Zentrifugalboden *m {Dest}*
centrifuge tube Zentrifugenglas *n {Biol}*
centrifuge with bottom discharge Untenentleerungszentrifuge *f*
centrifuging Schleudern *n*, Zentrifugieren *n*, Abschleudern *n*
centring Zentrierung *f*, Zentrieren *n*, Einmitten *n*, Mitten *n*
centripetal zentripetal; Zentripetal-
centripetal classifier Kanalradsichter *m*, Kanalsichtrad *n*
centripetal force Zentripetalkraft *f*, Anstrebekraft *f*
centro-dissymmetry Zentroasymmetrie *f*
centrochromatin Centrochromatin *n*
centroid 1. Flächenschwerpunkt *m*, Flächenmittelpunkt *m*, Schwerpunkt *m*, Zentrum *n {einer ebenen Figur}*; Durchbruchsflächenschwerpunkt *m*; 2. Massenmittelpunkt *m*
centrosome Centrosom *n*, Zentralkörper *m*, Centriole *f*, Zentralkörperchen *n {Biol}*
centrosymmetric zentralsymmetrisch, zentrosymmetrisch
centurium*{obs}* *s.* fermium
cephaeline Cephaelin *n {Alkaloid}*
cephalanthin Cephalanthin *n {Glucosid}*
cephalic acid Caphalinsäure *f*
cephalin Cephalin *n*, Kephalin *n {ein Phosphatid}*
cephalosporin Cephalosporin *n*
cera alba weißes Wachs *n*, gebleichtes Bienenwachs *n*
cera flava gelbes Bienenwachs *n*

ceraic acid Cerainsäure *f*
ceraine Cerain *n*
ceramet Metallkeramik *f*, Cermet *n*
ceramic keramisch; Keramik-
ceramic adhesive Klebstoff *m* auf keramischer Basis *f*
ceramic colo[u]rs keramische Farben *fpl*
ceramic cooling coil Tonkühlschlange *f*
ceramic cover Keramiküberzug *m*
ceramic crucible Keramiktiegel *m*
ceramic dielectric keramisches Dielektrikum *n*, keramischer Isolierstoff *m*
ceramic filter keramisches Filter *n*, Tonfilter *n*, Keramikfilter *n*
ceramic furnace Brennofen *m*
ceramic goods Keramikwaren *fpl*
ceramic high Tc superconductor keramischer Hochtemperatur-Supraleiter *m*
ceramic plastic Keramikplast *m*, plastgebundener Keramikwerkstoff *m*
ceramic seal Keramikabschmelzung *f*
ceramic skin Keramiküberzug *m*
ceramic tile Kachel *f*
ceramic-to-metal seal Keramik-Metall-Verbindung *f*, Metall-Keramik-Verbindung *f*
ceramic varnish Einbrennlack *m*
ceramics Keramik *f*, Keramikgegenstände *mpl*, Töpferkunst *f*
ceramide Ceramid *n*
ceramoplastics Keramikkunststoffe *mpl*
cerane <$C_{26}H_{54}$> Ceran *n*, Hexacosan *n* *{IUPAC}*
cerargyrite Cerargyrit *m*, Hornsilber *n*, Kerargyrit *m*, Silberhornerz *n* *{obs}*, Chlorargyrit *m*, Silberspat *m* *{Min}*
cerasein Cerasein *n*
cerasin 1. Kerasin *n*; 2. Cerasein *n* *{Harz der Wildkirsche}*; 3. Cerasinose *f* *{Kohlehydrat aus Kirschgummi}*
cerasinose Cerasinose *f*
cerasite Cerasit *m*
cerberin Cerberin *n* *{Glucosid}*
cereal Getreide *n*; Korn *n*
cereal pest Getreideschädling *m*
cereal products Getreideprodukte *npl*
cereal seed oil Getreidekeimöl *n*, Getreideöl *n*, Keimöl *n*
cerebric acid Cerebrinsäure *f*
cerebrin Cerebrin *n*
cerebron Cerebron *n* *{Aminolipoid}*
cerebronic acid Cerebronsäure *f*
cerebrose Cerebrose *f*, Galactose *f*, Gehirnzucker *m*
cerebroside Cerebrosid *n*, Galactosid *n*
cerebrosterol Cerebrosterin *n*
Cerenkov effect Cerenkov-Effekt *m*, Tscherenkow-Effekt *m*
cerenox Cerenox *n*
cereous wachsartig, wächsern
ceresin Ceresin *n*, Erdwachs *n*, Ozokerit *n*, Bergwachs *n*, Bergtalg *m* *{Min}*
ceresin wax Ceresinwachs *n*
ceria <CeO_2> Ceroxid *n*, Zererde *f* *{obs}*, Cer(IV)-oxid *n*, Cerdioxid *n*
ceric Cer-, Cer(IV)-
ceric acid <$C_{26}H_{53}COOH$> Heptacosansäure *f*
ceric ammonium nitrate Cerammoniumnitrat *n*, Ammoniumhexanitratocerat(IV) *n*
ceric ammonium sulfate Cerammoniumsulfat *n*
ceric chloride <$CeCl_4$> Cer(IV)-chlorid *n*, Certetrachlorid *n*
ceric hydroxide <$Ce(OH)_4$> Cerihydroxyd *n* *{obs}*, Cerium(IV)-hydroxid *n*
ceric nitrate <$Ce(NO_3)_4$> Cer(IV)-nitrat *n*
ceric oxalate Cer(IV)-oxalat *n*
ceric oxide <CeO_2> Cerdioxid *n*, Cerioxid *n* *{obs}*, Ceroxid *n*
ceric sulfate <$Ce(SO_4)_2$> Cerisulfat *n* *{obs}*, Cer(IV)-sulfat *n*
cerimetric cerimetrisch *{Anal}*
cerimerty Cerimetrie *f* *{Anal}*
cerin 1. Cerin *n*, Ceresin *n*, [gereinigtes] Erdwachs *n*, Bergwachs *n* *{Min}*; 2. Heptacosansäure *f*
cerise kirschrot
cerite <$H_3(CaFe)Ce_3Si_3O_{13}$> Cerinstein *m*, Cerit *m*, Ochroit *m*, Kieselcerit *m* *{Min}*
cerium *{Ce, element no. 58}* Cer *n*, Cerium *n*, Zer *n* *{Triv}*
cerium acetylide Cercarbid *n*
cerium carbide <CeC_2> Cercarbid *n*
cerium chloride <$Ce_2Cl_6{\cdot}14H_2O$> Cerchlorid *n*
cerium dioxide <CeO_2> Cerdioxid *n*, Cerioxid *n* *{obs}*, Ceroxid *n*
cerium fluoride Cer(III)-fluorid *n*
cerium-iron Cereisen *n*
cerium naphthenate Cernaphthenat *n*
cerium nitride Cernitrid *n*
cerium ore Cererz *n* *{Min}*
cerium oxalate Ceroxalat *n*
cerium silicide Cersilicid *n*
cerium sulfate Cersulfat *n*
cerium sulfide Cersulfid *n*
cerium trihydride Cerhydrid *n*
cerium(III) compound Cer(III)-Verbindung *f*, Ceroverbindung *f* *{obs}*
cerium(IV) compound Ceriverbindung *f* *{obs}*, Cer(IV)-Verbindung *f*
cerium(IV) oxide Cerdioxid *n*, Cerioxid *n* *{obs}*, Ceroxid *n*, Cer(IV)-oxid *n*
cerium(IV) sulfate Cerisulfat *n* *{obs}*, Cer(IV)-sulfat *n*
cermet Cermet *n*, Keramik-Metallgemisch *n*, Kerametall *n*, mischkeramischer Werkstoff *m*,

metallkeramischer Werkstoff *m*, keramometallischer Werkstoff *m*, Mischkeramik *f*
cerolein Cerolein *n*
cerolite Kerolith *m {Min}*
ceroptene Ceropten *n*
cerosin Cerosin *n*, Tetracosanyltetracosanat *n*
cerosinyl cerosate Cerosin *n*, Tetracosanyltetracosanat *n*
cerotate Cerotat *n*, Hexacosansäureester *m*
cerotene <$C_{27}H_{54}$> Ceroten *n*
cerothian Coerthian *n*
cerothiene Coerthien *n*
cerothione Coerthion *n*
cerotin Cerotin *n*, Hexacosylhexacosanat *n*
ceroti[ni]c acid <$C_{25}H_{51}COOH$> Cerotinsäure *f*, Zerotinsäure *f*, *n*-Hexacosansäure *f*
cerotol Cerylalkohol *m*, Hexacosylalkohol *m*
cerous Cer(III)-
cerous compound Cer(III)-Verbindung *f*, Ceroverbindung *f*
cerous hydroxide <$Ce(OH)_3$> Cerohydroxyd *n {obs}*, Cer(III)-hydroxid *n*
cerous sulfate <$Ce_2(SO_4)_3$> Cer(III)-sulfat *n*
ceroxylin <$C_{20}H_{32}O$> Palmwachs *n*, Ceroxylin *n*, Cerosilin *n*
certainty Gewißheit *f*, Sicherheit *f*, Evidenz *f*
certifiable anzeigepflichtig *{Med}*
certificate Attest *n*, Bescheinigung *f*, Zeugnis *n*
certificate of approval Zulassungsbescheid *m*
certificate of inspection Prüfungszeugnis *n*, Beschaffenheitszeugnis *n*
certificate of quality Qualitätszertifikat *n*
certificate of warranty Garantieschein *m*
certificated staatlich zugelassen; Diplom-
certification Beurkundung *f*, Zertifizierung *f*; Zulassung *f*
certification mark Überwachungszeichen *n*, Typisierungszeichen *n {auf Plastformteilen}*; eingetragenes Schutzzeichen *n*
certified chemist Diplomchemiker *m*
certified coefficient of discharge zuerkannte Ausflußziffer *f {DIN 3320}*
certified flowing capacity zuerkannter Ausflußmassenstrom *m {DIN 3320, in kg/h}*
certified milk Vorzugsmilch *f*
certified reference material beglaubigte Bezugssubstanz *f*
certify/to beglaubigen, bescheinigen, bestätigen
cerulean [blue] Himmelblau *n*, Kobaltblau *n*, Coelestinblau *n*
cerulein Coerulein *n*
ceruleolactine Coeruleolactin *n*
ceruleum Coeruleum *n {Pigment}*
cerulignol Coerulignol *n*
cerulignone <$C_{16}H_{16}O_6$> Coerulignon *n*
cerulenin <$C_{12}H_{17}NO_3$> Cerulenin *n*, Heliocerin *n*
ceruloplasmin Caeruloplasmin *n*
cerumen Ohrschmalz *n*
ceruse <$2PbCO_3{\cdot}Pb(OH)_2$> Cerussa *n*, Bleiweiß *n*, basisches Bleicarbonat *n*
cerussite Cerussit *m*, Bleispat *m*, Weißbleierz *n {Min; Pb CO_3}*
cervantite Cervantit *m*, Spießglanzocker *m*, Gelbantimonerz *n {Min}*
ceryl <$C_{26}H_{53}$-> Ceryl- *{obs}*, Hexacosyl- *{IUPAC}*
ceryl alcohol <$CH_3(CH_2)_{24}CH_2OH$> Cerylalkohol *m*, 1-Hexacosanol *n*
ceryl cerotate <$C_{25}H_{51}COOC_{26}H_{53}$> Cerotin *n*, Hexacosylhexacosanat *n*, Cerylcerotinat *n*
cesium *{Cs, element no. 55}* Cäsium *n*, Zäsium *n {obs}*
cesium alum Cäsiumalaun *m*, Cäsiumaluminiumsulfat-12-Wasser *n*
cesium aluminum sulfate Cäsiumalaun *m*
cesium arc Cäsiumlichtbogen *m*
cesium azide Cäsiumazid *n*
cesium carbonate <Cs_2CO_3> Cäsiumcarbonat *n*
cesium cell Cäsiumphotozelle *f*, Cäsiumelement *n {Elek, Photo}*
cesium chloride <CsCl> Cäsiumchlorid *n*
cesium chloride lattice Cäsiumchloridgitter *n {Krist}*
cesium fluosilicate <$Cs_2[SiF_6]$> Cäsiumsilicofluorid *n*, Cäsiumhexafluosilicat *n*
cesium hydride <CsH> Cäsiumhydrid *n*
cesium iodate Cäsiumiodat *n*
cesium iodide <CsI> Cäsiumiodid *n*
cesium nitrate <$CsNO_3$> Cäsiumnitrat *n*
cesium oxygen cell Cäsium-Sauerstoff-Zelle *f {Elek}*
cesium peroxide <Cs_2O_4> Cäsiumperoxid *n*, Cäsiumtetroxid *n*
cesium salicylaldehyde Cäsiumsalicylaldehyd *m*
cesium silicofluoride Cäsiumsilicofluorid *n*, Cäsiumhexafluorosilicat(IV) *n {IUPAC}*
cesium-silver oxide cell Cäsium-Silberoxid-Photozelle *f*
cesium sulfate <Cs_2SO_4> Cäsiumsulfat *n*
cesium sulfide <Cs_2S> Cäsiumsulfid *n*
cetaceum Cetaceum *n*, Walrat *m*
cetalkonium chloride Cetalkoniumchlorid *n*, Cetyldimethylbenzylammoniumchlorid *n*
cetane <$C_{16}H_{34}$> Cetan *n*, Hexadecan *n {DIN 51422}*
cetane index CFR-Cetanindex *m*
cetane method Cetan-Methode *f {Dieselzündung}*
cetane number Cetanwert *m*, Cetanzahl *f*, CaZ, CZ, Zündwilligkeit *f {DIN 51773}*
cetane number improver Zündbeschleuniger *m*, Klopfpeitsche *f*

cetene <$C_{16}H_{32}$> Ceten *n*, Cetylen *n*, Hexadecylen *n*, 1-Hexadecen *n* *{IUPAC}*

cetene number Cetenzahl *f* *{obs}*

cetin <$C_{15}H_{31}COOC_{16}H_{33}$> Cetin *n*, Zetin *n*, Walratfett *n*, Cetylpalmitat *n*, Palmitinsäureacetylester *m*, Hexadecylpalmitat *n*

cetoleic acid <$C_{21}H_{41}COOH$> Cetoleinsäure *f*, Cetylessigsäure *f*, 11-Docosensäure *f*

cetraria Moosgallerte *f*

cetraric acid Cetrarsäure *f*

cetrarin Cetrarin *n*, Flechtenbitter *n*

cetrarinic acid Cetrarin *n*, Flechtenbitter *n*

cetrimide <$[C_{16}H_{33}N(CH_3)_3]Br$> Cetrimid *n*, Cetyltrimethylammoniumbromid *n*

cetyl <$C_{16}H_{33}$-> Cetyl- *{obs}*, Hexadecyl- *{IUPAC}*

cetyl alcohol <$CH_3(CH_2)_{15}OH$> Cetylalkohol *m*, Ethal *n*, 1-Hexadecanol *n*, *n*-Hexadecylalkohol *m*, Cetanol *n*

cetyl cyanide Heptadecannitril *n*

cetyl laurate <$CH_3(CH_2)_{10}COOC_{16}H_{33}$> Laurinsäurecetylester *m*

cetyl palmitate Palmitinsäurecetylester *m*, Cetin *n*

cetylate Palmitat *n*, Palmitinsäuresalz *n*

cetylcetylate Cetin *n*

cetylene Ceten *n*, Cetylen *n*, 1-Hexadecen *n*

cetylic acid Cetylsäure *f*, Palmitinsäure *f*

cetylic alcohol <$(CH_3CH_2)_{14}CH_2OH$> Cetylalkohol *m*, Hexadecanol-1 *n*, *n*-Hexadecylalkohol *m*, Ethal *n*,

cetyltrimethylammonium bromide Cetrimid *n*, Cetyltriemethylammoniumbromid *n*, CTAB

cevadic acid Sabadillsäure *f*, 2-Methyl-2-butensäure *f*

cevadine Cevadin *n*, Sabadillalkaloid *n*, Veratrin *n*, Veracevin *n*, Cevin *n*

cevagenine Cevagenin *n*

cevane Cevan *n*

cevanthridine Cevanthridin *n*

cevine *s.* cavadine

cevinilic acid Cevinilsäure *f*

cevitam[in]ic acid <$C_6H_8O_6$> Ascorbinsäure *f*, Vitamin C *n*

ceylanite Ceylanit *m*, Ceylonit *m* *{Min}*

Ceylon gelatin Agar-Agar *n*

Ceylon isinglass Agar-Agar *n*, Japanische Gelatine *f*, vegetabiler Fischleim *m*

Ceylon moss Ceylonmoos *n*

Ceylon oil Ceylonöl *n*

Ceylon ruby Ceylonrubin *m* *{Min}*

ceylonite Ceylonit *m*, Ceylanit *m* *{Min}*

CFC Chlorfluorkohlenstoffe *mpl*, Fluorchlorkohlenwasserstoffe *mpl*

CFC-11 Trichlorfluormethan *n*

CFC-12 Dichlordifluormethan *n*

CFC-112 1,1,2,2-Tetrachlordifluorethan *n*

CFC-113 1,1,2-Trichlortrifluorethan *n*

CFC-114 1,2-Dichlortetrafluorethan *n*, Cryofluoran *n*

CFC-13a 2-Chlor-1,1,1-trifluorethan *n*

CFC-142b 1-Chlor-1,1-difluorethan *n*

CFR-engine CFR-Motor *m*, CFR-Prüfmotor *m*, Cooperative-Fuel-Research-Motor *m* *{Klopfprüfmotor}*

CFR-motor method CFR-Motormethode *f* *{zur Bestimmung der Oktanzahl}*

cGMP cyclisches Guanosinmonophosphat *n*

cgs system CGS-System *n*, Zentimeter-Gramm-Sekunde-System *n*

chabazite Chabasit *m*, Glottalith *m* *{Min}*

chaconine Chaconin *n*

chacotriose Chacotriose *f*

chafe/to scheuern, reiben, schaben; abscheuern, durchscheuern *{Text}*

chafing Schaben *n*, Reiben *n*, Scheuern *n*

chain/to anketten, mit einer Kette *f* befestigen; verketten; messen, vermessen *{mit einer Kette}*

chain 1. Atomkette *f*, Kette *f*; Reaktionskette *f*; [radioaktive] Zerfallsreihe *f* *{Chem}*; 2. Zahnkette *f* *{des Reißverschlusses}*; 3. Kette *f*, Ordnung *f*, linear geordnete Menge *f* *{Math}*; 4. Kette *f*, Befehlskette *f* *{EDV}*

chain agitator Kettenrührwerk *n*

chain balance Kettenwaage *f* *{Lab}*

chain branching Kettenverzweigung *f*, Verzweigung *f* von Ketten *fpl*

chain breaking Kettenabbruch *m*

chain bucket elevator Kettenbecherwerk *n*

chain cleavage Kettenspaltung *f*

chain-cleavage additive Kettenabbrecher *m* *{Polymer}*

chain conveyor Kettenförderer *m*

chain decay Kettenumwandlung *f*, Kettenzerfall *m*

chain disintegration Kettenumwandlung *f*, Kettenzerfall *m*

chain-dotted line strichpunktierte Linie *f*

chain entanglement Kettenverhakung *f* *{Polymer}*

chain extender Kettenverlängerer *m* *{für Polyurethane; Hilfsstoff zur Verlängerung der Polyadditions-Molekülketten}*

chain-fission yield Isobarenausbeute *f*

chain-folding structure Kettenfaltungsstruktur *f* *{Thermoplast}*

chain formation Verkettung *f*

chain-forming kettenbildend *{Bakt}*

chain grease Kettenschmiere *f*

chain growth Kettenwachstum *n*

chain-growth period Kettenwachstumszeit *f*, Wachstumsperiode *f* *{Polymerisation}*

chain isomerism Kettenisomerie *f*

chain lattice Fadengitter *n* *{Krist}*

chain length Kettenlänge *f*

chain-like kettenförmig

chain mechanism Radikal-Kettenreaktion *f*
chain molecule Kettenmolekül *n*
chain of carbon atoms Kohlenstoffkette *f*
chain pump Kettenpumpe *f*
chain-reacting plant Kettenreaktionsanlage *f*
chain reaction Kettenreaktion *f*
chain regularity Kettenstrukturgleichmäßigkeit *f {bei Thermoplast}*
chain reorientation Kettenausrichtung *f {Polymer}*
chain rule Kettenregel *f {Math}*
chain stiffness Kettensteifigkeit *f*, Kettensteife *f {Polymer}*
chain stirrer Kettenrührwerk *n*
chain structure Kettenstruktur *f*
chain termination Kettenabbruch *m*
chain transfer Kettenübertragung *f*
chain-transfer agent Kettenübertragungsreagens *n*
chain-transfer constant Übertragungskonstante *f {Polymer}*
chain unit Molekülkettenbaustein *m*
branched chain verzweigte Kette *f {Chem}*
length of chain Kettenlänge f
open chain 1. geradkettig; 2. offene Kette *f*
side chain Seitenkette *f*
chair-chair conformation Doppelsessel-Konformation *f {Stereochem}*
chair-form Sesselform *f*, Sessel *m*, starre Form *f {Stereochem}*
chairman of the board of directors Verwaltungsratsvorsitzender *m*
chaksine <$C_{11}H_{19}N_3O_2$> Chaksin *n*
chaksinic acid Chaksinsäure *f*
chalcanthite <$CuSO_4 \cdot 5H_2O$> Kupfervitriol *n*, Blauvitriol *n {Triv}*, Chalkanthit *m {Min}*
chalcedonic chalcedonartig
chalcedoniferous chalcedonhaltig
chalcedony Chalcedon *m*, Chalzedon *m {Min, mikrokristalline Quarzarten}*
chalcedony quartz Onyx *m {Min}*
chalcocite <Cu_2S> Chalkosin *m*, Chalkozit *m {obs}*, Kupferrein *n*, Graufahlerz *n*, Kupferglanz *m {Min}*
chalcodite Ferri-Stilpnomelan *m {Min}*
chalcogen Chalkogen *n {O, S, Se, Te, Po}*, Erzbildner *m*
chalcogenide Chalcogenid *n {binäre Chalkogenverbindung}*
chalcographic chalkographisch
chalcography Chalkographie *f*, Kupferstecherei *f*
chalcolamprite Chalkolamprit *m*, Pyrochlor *m {Min}*
chalcolite Chalkolith *m*, Kupferuranglimmer *m*, Autunit *m*, Tobernit *m {Min}*
chalcomenite Chalkomenit *m {Min}*
chalcone Chalkon *n*, Benzalacetophenon *n*, Benzylidenacetophenon *n {obs}*, 1,3-Diphenyl-2-propen-1-on *n {IUPAC}*, Phenylstyrylketon *n {IUPAC}*
chalcophanite Chalkophanit *m*, Hydrofranklinit *m {Min}*
chalcophyllite Chalkophyllit *m*, Kupferphyllit *m*, Kupferglimmer *m {Min}*
chalcopyrite <$CuFeS_2$> Chalkopyrit *m*, Kupferkies *m*, Gelbkupfererz *n*, Halbkupfererz *n {Min}*
chalcose Chalcose *f*
chalcosiderite Chalkosiderit *m {Min}*
chalcosine Chalkosin *m*, Kupferglanz *m*, Kuprein *m*, Graufahlerz *n {Min}*
chalcosphere Chalkosphäre *f*, Zwischenschicht *f {Geol, Sulfid-Oxidschale}*
chalcostibite Chalkostibit *m*, Antimonkupferglanz *m*, Kupferantimonglanz *m {Min}*
chalcotrichite Chalkotrichit *m*, Kupferblüte *f*, Rotkupfererz *n {haarförmiger Cuprit, Min}*
chalilite Chalilith *m {Min, unreiner Thomsonit}*
chalk/to ankreiden, [ab]kreiden, auskreiden *{von Anstrichen}*; pudern *{Gummi}*
chalk 1. Kalk *m*, Kalkstein *m*, Kreide *f {Min}*; Seekreide *f*, Schreibkreide *f*, Schulkreide *f*; Schlämmkreide *f {Pharm}*; 2. Pudermittel *n {Gummi}*
chalk lime Äscher *m*, Äscherkalk *m {Gerb}*, Löschkalk *m*, Calciumhydroxid *n*, Weißkalk *m*, Gerberkalk *m*
chalk liming Äschern *n*, Äscherung *f*
chalk marl Kreidemergel *m*
chalk-overlay paper Kreidepapier *n*, Kreidezurichtpapier *n {Druck}*
chalk powder Kreidepulver *n*
chalk slate Kreideschiefer *m*
chalk-test apparatus Kreideprobeapparat *m*
chalk whiting Marmorweiß *n*
black chalk Rußkreide *f*
common chalk Schreibkreide *f*
containing chalk kreidehaltig
chalkiness Kalkartigkeit *f*, Kreidigkeit *f*
chalking Ausschwitzen *n {eines kreideähnlichen Belages}*, Kreiden *n*, Abkreiden *n*, kalkiger Beschlag *m*, Abkreiden *n {Abfärben von Anstrichen}*; Schreibeffekt *m {Text}*
chalking resistance Abkreidefestigkeit *f*
chalkone *s.*chalcone
chalky 1. kalkig, kreideartig, kreidig, kreidehaltig; Kreide-; 2. matt *{Keramik}*
chalky soil Kreideboden *m {Geol}*
chalky white kreideweiß
challenge/to anfechten; herausfordern, auffordern; in Frage stellen, bestreiten; erregen anregen
chalmersite Chalmersit *m {Min}*
chalybeate eisenhaltig *{z.B. Mineralwasser}*; eisensalzhaltig
chalybeate tartar Stahlstein *m {Min}*

chalybeate water Eisensäuerling *m*, Eisenwasser *n*, Stahlwasser *n*, eisenhaltiges Wasser *n*
chalybite Chalybit *m {obs}*, Eisenspat *m*, Spateisenstein *m*, Siderit *m {Min}*
chamazulene Chamazulen *n*, 1,4-Dimethyl-7-ethylazulen *n {Pharm}*
chamber 1. Kammer *f*, Zelle *f*, Raum *m*; 2. Fach *n*; Abteilung *f*; 3. Weitung *f {Bergbau}*
chamber acid Kammersäure *f {Bleikammerverfahren, 60%ige Schwefelsäure}*
chamber burette Ballonbürette *f {Lab}*
chamber crystals Bleikammerkristalle *mpl {Nitrosylhydrogensulfat}*
chamber dryer Kammertrockner *m*
chamber filter press Kammerfilterpresse *f*
chamber for evaporation Eindampfgefäß *n*
chamber furnace Kammerofen *m {Met}*
chamber kiln Kammerofen *m {Keramik}*
chamber of a reservoir Behälterkammer *f*
chamber of commerce Handelskammer *f*
chamber press Kammer[filter]presse *f*
chamber process Bleikammerverfahren *n*; Kammerverfahren *n {Bleiweißherstellung}*
chameleon mineral Chamäleon *n*, mineralisches Chamäleon *n {Kaliummanganat, Min}*
chamfer/to abfasen, fasen, anfasen, brechen, abkanten, abschrägen, auskehlen, kannelieren, verjüngen
chamfer Abkantung *f*, Abschrägung *f*, Fase *f*, abgeschrägte Kante *f*, abgebrochene Kante *f*
chamfered abgeschrägt, ausgekehlt
chamfering Abschrägung *f*, Auskehlung *f*, Kannelierung *f*
chamic acid Chamsäure *f {Monoterpenderivat}*
chaminic acid Chaminsäure *f {Monoterpenderivat}*
chamois/to sämisch gerben
chamois 1. sämischgar, fettgar; 2. Chamois *n*, Sämischleder *n*
chamois leather Chamoisleder *n*, Sämischleder *n*, Fensterleder *n*, Ölleder *n*; Putzleder *n*, Waschleder *n*
chamois dressing Sämischgerbung *f*, Sämischgerben *n*
chamoising Sämischgerben *n*
chamoisit Chamosit *m {Min}*
chamomile *{US}* *s.* camomile
chamosite <$(Fe,Mg)_3(Al_2Si_2O_{10})\cdot 3H_2O$> Chamosit *m {Min, Chlorit-Varietät}*
chamotte Schamotte *f*, Chamotte *f*, feuerfester Ton *m*
chamotte crucible Schamottetiegel *m*
champacol Champacol *n*
champagne Champagner *m*, Schaumwein *m*, Sekt *m*
chance Zufall *m*, zufälliges Ereignis *n*, Möglichkeit *f*, Chance *f*, Risiko *n*
law of chance Zufallsgesetz *n*
chancellor Kanzler *m*, Präsident *m {z.B. einer Universität}*
change/to 1. verändern, wechseln *{Farbe, Gestalt, Ladung}*; verwandeln, umwandeln, umformen *{Struktur}*; 2. sich [ver]ändern, wechseln *{z.B. eine Farbe}*; sich verwandeln, umwandeln, umformen, umlagern *{Struktur}*; übergehen; umschlagen *{Farbe, Reaktion}*
change colo[u]r/to umschlagen, sich färben
change colo[u]rs/to schillern
change Änderung *f*, Veränderung *f {wesentliche}*, Wechsel *m*, Übergang *m*, Umschlag *m*; Umwandlung *f*, Umformung *f*, Umlagerung *f*
change can Wechselgefäß *n*, auswechselbares Gefäß *n*, Wechselbehälter *m*
change from solid to liquid state Übergang *m* vom festen in den flüssigen Aggregatzustand *m*, Schmelzen *n*
change in area Querschnittsänderung *f*
change in heat content Enthalpieänderung *f*
change in length Längenänderung *f*
change in linear dimension Längenänderung *f*
change in molecular weight Molekulargewichtsänderung *f*
change in position Positionsänderung *f*
change in properties Eigenschaftsänderung *f*
change in state Zustandsänderung *f*, Umwandlung *f*
change in temperature Temperaturwechsel *m*, Temperaturverlauf *m*
change in viscosity Viskositätsänderung *f*
change in volume Volumen[ver]änderung *f*
change in weight Gewichts[ver]änderung *f*
change of air Luftwechsel *m*
change of colo[u]r Verfärbung *f*, Umschlag *m*, Farbwechsel *m*, Farbänderung *f*
change of concentration Konzentrationsänderung *f*
change of matter Aggregatzustandsänderung *f*, Phasenänderung *f {Thermo}*
change of polarity Polwechsel *m*
change of pressure Druckänderung *f*
change of state Umwandlung *f*, Zustandsänderung *f*, Aggregatzustandsänderung *f*, Phasenänderung *f {Thermo}*
change of voltage Spannungsänderung *f*
change-over point Umschaltpunkt *m*, Umschaltschwelle *f*, Umschaltniveau *n*, Umschaltzeitpunkt *m*
change-over switch Wender *m*, Umschalter *m*
change-over valve Umsteuerventil *n {DIN 24271}*
change point Umschlag[s]punkt *m*
change rate Umwandlungsgeschwindigkeit *f {von Gefügestrukturen}*
changeability Veränderlichkeit *f*
changeable auswechselbar, wandelbar, veränderbar; unbeständig

changeable colo[u]r Schillerfarbe *f*
changeable luster Schillerglanz *m*
changing 1. instationär, veränderlich, wechselnd; 2. Veränderung *f*, Verwandeln *n*, Wechsel *m*
changing of temperature Temperaturwechsel *m*
changing of the measuring range Umschalten *n* des Meßbereiches *m*
channel/to auskehlen, kannelieren, nuten
channel 1. [künstlicher] Kanal *m*, Rinne *f*, Graben *m*, Furche *f*; Schacht *m*; 2. Speiserkanal *m*, Speiserinne *f* *{Glas}*; 3. Riß *m*, Lippenriß *m* *{Leder}*; 4. U-Stahl *m* *{DIN 1026}*; 5. Auskehlung *f*; 6. *{US}* Zugangskanal *m*
channel black Kanalruß *m*, Kanalschwarz *n*, Lampenruß *m*, Channel-Black *n* *{im Channel-Verfahren hergestellter Gasruß}*
channel iron U-Eisen *n*, U-Stahl *m* *{DIN 1026}*
channel section U-Profil *n*
channel steel U-Stahl *m* *{DIN 1026}*
channel-type agitator Kanälenrührwerk *n*
channel-type induction oven Rinneninduktionsofen *m* *{Met}*
channeled gerieft, geriffelt, rinnenförmig
channel[l]ing Bachbildung *f*, Gassenbildung *f* *{z.B. in einer Füllkörperkolonne}*, Kanalbildung *f*, Kannelierung *f*, Strähnenbildung *f* *{Dest}*
channelling fluidized bed durchbrochene Wirbelschicht *f* *{Wirbelsintern}*
chanoclavine Chanoclavin *n*
chapter Abschnitt *m* eines Gesetzes
char/to carbonisieren, verkohlen, verschwelen, ankohlen; verschmoren, versengen
char partially/to ankohlen
char through/to durchschmoren *{z.B. ein Kabel}*
char 1. Künstliche Kohle *f* *{z.B. Holz-, Blut-, Knochen- oder Tierkohle}*; Halbkoks *m*, Braunkohlenschwelkoks *m*; 2. verkohltes Material *n*; 3. Zeichen *n* *{EDV}*
character 1. Charakter *m*, Eigenschaft *f*, Unterscheidungsmerkmal *n*; 2. Anschlag *m* *{Druck}*; Schriftzeichen *n* *{EDV}*
character keyboard Klarschrifttastatur *f*, Klartext-Tastatur *f*
characterisation factor UOP-Faktor *m* *{Mineralöl}*
characteristic 1. ausgeprägt, charakteristisch, bezeichnend, arteigen; 2. Charakteristik *f*, Eigenart *f*, Eigenfunktion *f*, Kennlinie *f*, Kennzeichen *n*, Eigenheit *f*
characteristic atom radiation Atomeigenstrahlung *f*
characteristic colo[u]ration at various temperatures Temperaturfarbe *f*
characteristic curve 1. Kennlinie *f*, Charakteristik *f*; 2. Schwärzungskurve *f*, photographische Schwärzungskurve *f*, charakteristische Kurve *f*, sensitometrische Kurve *f*, Dichtekurve *f*, *{fälschlich}* Gradationskurve *f* *{Photo}*
characteristic curve of emulsion photographische Kennlinie *f* *{Photo}*
characteristic curves for grain size Körnungskennlinien *fpl* für Stäube *mpl*
characteristic data or values Kenndaten *pl*
characteristic equation Kenngrößengleichung *f*, Kennliniengleichung *f*
characteristic feature Charakteristikum *n*, Unterscheidungsmerkmal *n*, Hauptmerkmal *n*
characteristic film curve Schwärzungskurve *f* *{Photo}*
characteristic fossils Leitfossilien *npl*
characteristic frequency Eigenfrequenz *f*
characteristic graph Kennlinie *f*, Charakteristik *f*
characteristic impedance Kennwiderstand *m*, Wellenwiderstand *m*
characteristic number Kenngröße *f*, Kennzahl *f*, Kennziffer *f*; Eigenwert *m*
characteristic peak throughput Saugleistungsmaximum *n* *{Vak}*
characteristic period Eigenperiode *f*
characteristic radiation charakteristische Strahlung *f*
characteristic state Eigenzustand *m*
characteristic strength value Festigkeitskennwert *m*
characteristic value Kenngröße *f*, Kennwert *m*, Parameter *m*; Eigenwert *m*
characteristically bezeichnenderweise, typischerweise
characteristics Verhalten *n*, Charakteristik *f*; Kennzahlen *fpl*, Kennziffern *fpl*
characteristics curves Kennfeld *n*, Kennlinie *f*
characteristics method Charakteristikenverfahren *n*
characteristics of a discharge Entladungscharakteristik *f*
family of characteristics Kennlinienfeld *n*
characterization Kenntlichmachung *f*, Kennzeichnung *f*
characterization factor Charakterisierungsfaktor *m* *{Thermo}*
characterize/to charakterisieren, kennzeichnen
charcoal 1. künstliche Kohle *f* *{z.B. Holz-, Blut-, Knochen- oder Tierkohle}*, Meilerkohle *f*; 2. Zeichenkohle *f* *{Kohlestift}*
charcoal ash Holzkohlenasche *f*
charcoal black Holzkohlenschwärze *f*, Kohlenschwarz *n*
charcoal breeze Holzkohlenlösche *f*
charcoal burning Holzverkohlung *f*, Grubenverkohlung *f*, Kohlenbrennen *n*
charcoal crayon Reißkohle *f*

charcoal dust Holzkohlenstaub *m*, Holzkohlenlösche *f*, Lösche *f {obs}*, Holzkohlenpulver *n*
charcoal filter Holzkohlenfilter *n*, Kohlefilter *n*
charcoal fining process Löscharbeit *f {Met}*
charcoal gas Gasogen *n*
charcoal-hearth cast iron Herdfrischroheisen *n*, Holzkohlenroheisen *n*
charcoal-hearth steel Herdfrischstahl *m*, Holzkohlenfrischstahl *m*
charcoal iron Frischfeuereisen *n*, Holzkohleneisen *n*
charcoal pencil Kohlestift *m*
charcoal-pig iron Holzkohlenroheisen *n*
charcoal powder Holzkohlenmehl *n*, Holzkohlenpulver *n*, Holzkohlenstaub *m*, Kohlenpulver *n*
charcoal stick Kohlenstift *m*
charcoal tablets Kohletabletten *fpl {Pharm}*
charcoal trap Kohlefalle *f*, Sorptionsfalle *f*
charcoal wood Meilerholz *n*
Chardonnet silk Chardonnet-Seide *f*, Collodiumseide *f*, Nitrocellulose-Seide *f {obs}*, Nitro-Seide *f*
charge/to 1. beladen, bepacken, belasten; beschicken, besetzen, speisen, füllen, chargieren, begichten *{Hochofen}*, eintragen, einschütten, aufgeben; chargenweise zugeben, portionsweise zugeben, zuteilen, dosieren; 2. [auf]laden
charge 1. Einsatzmaterial *n*, Charge *f*, Partie *f*, Posten *m*, Ladung *f*, Beschickungsmaterial *n*, Beschickung *f*, Füllung *f*, Füllmasse *f*, Schüttung *f*, Einsatz *m*, Einsatzgut *n*, Ensatzstoff *m*, Einsatzprodukt *n*, Eintrag *m*, Ansatz *m {Glasansatz}*, Satz *m*, Aufgabegut *n*, Speisung *f*, Einspeisung *f*, Gicht *f {Hochofen}*; Versatz *m*, Masseversatz *m {Keramik}*; Vormischung *f*, Batch *m {Vulkanisierung}*; Docke *f {Text}*; 2. Ladung *f*, Aufladung *f*
charge accumulation Aufladung *f*, Ladungsanhäufung *f*, statische Aufladung *f*
charge analysis Chargenanalyse *f*, Analyse *f* der Charge *f*
charge and discharge valve Füll- und Entleerungsschieber *m*
charge capacity Ladekapazität *f*, Ladungsvermögen *n*
charge carrier Ladungsträger *m*, Träger *m* der [elektrischen] Ladung *f*
charge-carrier density Ladungsträgerdichte *f*
charge cloud Ladungswolke *f*
charge coke Satzkoks *m {im Kupolofen}*
charge density Ladungsdichte *f {Phys, Elek, Chem}*; Ladedichte *f {von kolloiddispersen Systemen in* C/cm^2*}*
charge distortion Ladungsverformung *f*
charge distribution Ladungs[dichte]verteilung *f*
charge door Beschickungstür *f*, Beschickungsklappe *f*
charge equalization Ladungsausgleich *m*
charge exchange Umladung *f*; Ladungsaustausch *m*
charge-exchange cross section Umladungsquerschnitt *m*
charge independence Ladungsunabhängigkeit *f*, Ladungsinvarianz *f*
charge-independent ladungsunabhängig
charge level Beschickungshöhe *f*, Setzboden *m*
charge material Ausgangsmaterial *n*
charge-metering device Speisemeßvorrichtung *f*
charge monitor Ladungsmonitor *m*
charge multiplet Ladungsmultiplett *n*, Isospinmultiplett *n*, Isobarenmultiplett *n*
charge number 1. Kernladungszahl *f*, Protonenzahl *f {Nukl}*; 2. Ladungszahl *f {z.B. eines Ions}*
charge-pig iron Einsatzroheisen *n {Met}*
charge quantity Chargengröße *f*
charge resistance furnace *{US}* direkter Widerstandsofen *m*
charge separation Ladungstrennung *f {Phys}*
charge separation of the interface Grenzflächenaufladung *f {Phys}*
charge spin Ladungsspin *m*
charge stock Einsatzprodukt *n*
charge symmetry Ladungssymmetrie *f*
charge-to-mass ratio Ladung-Masse-Verhältnis *n*
charge-to-radius ratio Ladung-Radius-Verhältnis *n*
charge-to-tap time Schmelzzeit *f*
charge transfer Ladungsaustausch *m*, Ladungsübergang *m*, Ladungsübertragung *f*, Ladungstransport *m*, Ladungsverschiebung *f*, Ladungsträgertransfer *m*
charge-transfer absorption band Elektronenüberführungsbande *f*, Charge-Transfer-Absorptionsbande *f*, CT-Absorptionsbande *f*
charge-transfer band Charge-Transfer-Bande *f*
charge-transfer complex Charge-Transfer-Komplex *m*, Donator-Akzeptor-Komplex *m*
charge-transfer spectrum Ladungsaustauschspektrum *n {Spek}*
charge transport Ladungstransport *m*, Ladungsverschiebung *f*, Ladungsträgertransport *m*, Ladungsträgertransfer *m*
charge tube Beschickungsrohr *n*, Beladerohr *n*, Laderohr *n*, Zugaberohr *n*, Förderrohr *n*
charge wagon Beschick[ungs]wagen *m*
chargeable 1. belastbar; 2. gebührenpflichtig
charged geladen, stromführend *{Elek}*
charged particle detector *{IEC 333}* Teilchennachweisgerät *n*
charger 1. Batterieladegerät *n*, Ladevorrich-

tung *f {Elek}*; 2. Füller *m*, Ladeeinrichtung *f*, Einrichtung *f* zum Aufladen *n {z.B. eines Ofens}*
charging 1. Einwurf *m*, Ladung *f*, Fracht *f*; Beschicken *n*, Besetzen *n*, Belasten *n*, Beschweren *n*, Speisen *n*, Füllen *n*, Chargieren *n {z.B. eines Hochofens}*, Eintragen *n*, Einsetzen *n*, Einsatz *m*, Eintrag *m*, Einlage *f*, Einlegen *n*, Einspeisen *n*, Einfüllen *n*, Einschütten *n*, Aufgeben *n {des Beschickungsmaterials}*; chargenweises Zugeben *n*, portionsweises Zugeben *n*, Zuteilen *n*, Dosieren *n*; 2. Aufladen *n*, Laden *n*
charging capacitor 1. Ladekondensator *m*; 2. Tragkraft *f*
charging cone Abrutschkegel *m*
charging connection Ladeanschluß *m*
charging current Aufladestrom *m*, Ladestrom *m*
charging density Ladedichte *f*
charging device Aufgabevorrichtung *f*, Begichtungsvorrichtung *f*, Beschickmaschine *f*, Beschickungsvorrichtung *f*, Chargiervorrichtung *f*
charging door Beschickungstür *f*, Einsatztür *f*, Füllklappe *f*, Beschickungsöffnung *f*, Chargiertür *f*
charging equipment 1. Beschickungsanlage *f*; 2. Ladevorrichtung *f {Elek}*
charging funnel Einfülltrichter *m*
charging funnel chute Füllvorrichtung *f*, Beschickungsvorrichtung *f*
charging hole Einschüttöffnung *f*, Füllöffnung *f*, Beschickungsöffnung *f*, Begichtungsöffnung *f*, Gicht *f {des Hochofens}*,
charging hopper Aufgabetrichter *m*, [Ein-]Fülltrichter *m*, Füllvorrichtung *f*, Füllzylinder *m*, Füllbunker *m*
charging machine Beschickungsmaschine *f*, Chargiermaschine *f*, Chargiervorrichtung *f*
charging mechanism Aufgabevorrichtung *f*
charging opening Einsatzöffnung *f*, Füllöffnung *f*
charging period 1. Beschickungsdauer *f*, Beschickungszeit *f {z.B. eines Ofens}*; Chargierzeit *f*, 2. Ladedauer *f {z.B. einer Batterie}*
charging potential Ladepotential *n {Elek}*
charging rate Chargiergeschwindigkeit *f*, Chargierleistung *f*
charging rectifier Ladegleichrichter *m {Elek}*
charging resistance Aufladewiderstand *m {z.B. eines Kondensators)*
charging resistor Ladewiderstand *m {Elek}*
charging sample Beschickungsprobe *f*
charging set Ladeaggregat *n*, Ladegerät *n*
charging the anode with oxygen Sauerstoffbeladung *f* der Anode *f*
charging tray Fülltablett *n*, Füllvorrichtung *f {Preßwerkzeug}*, Siebplatte *f*
charging tray for sublimation Sublimationshorde *f*
charging valve Chargierventil *n*
charging voltage Ladespannung *f {Elek}*
Charles-Gay-Lussac law Amontonssches Gesetz *n*, Charles'sches Gesetz *n*, Gay-Lussac-Humboldtsches Gesetz *n {Phys}*
Charles' law Amontonssches Gesetz *n*, Charles'sches Gesetz *n*, Gay-Lussac-Humboldtsches Gesetz *n {Phys}*
Charlton white Charltonweiß *n*, Lithopone *f*, Litophon *n*, Schwefelzinkweiß *n*
Charpy impact strength *{ISO 179}* Charpy-Kerbschlagzähigkeit *f*
Charpy impact test Schlagzähigkeitsprüfung *f* nach Charpy, Charpy-Schlagversuch *m*, Kerbschlagbiegeversuch *m* nach Charpy *{DIN EN 10045}*
charred verkohlt; angebrannt; verschmort *{Elek}*
charred barley geröstete Gerste *f*
charred horn Hornkohle *f*
charring Verschwelung *f*, Verkohlen *n {organischer Stoffe bei Sauerstoffmangel}*; Verkohlung *f {Plastbrennprobe}*; Carbonisierung *f {Brennverhalten der Textilien}*; Verschmoren *n {Elek}*
charring of wood Holzverkohlung *f*
chart 1. Diagramm *n*, Schaubild *n*, Graph *m*; schematische Zeichnung *f*, graphische Darstellung *f*; Übersichtstabelle *f*; 2. Plan *m*; 3. Karte *f*
chart paper Registrierpapier *n*; [Land-]Kartenpapier *n*
chart recorder Bandschreiber *m*, Schreiber *m*
charter of incorporation Gründungsurkunde *f*, Satzung *f*
chase 1. Chassis *n*, Gehäuse *n*, Rahmen *m*, Formrahmen *m {Kunst}*, Mantel *m*, Werkzeugrahmen *m*, Matrizenrahmen *m*, Matrize *f*; Schließrahmen *m*; 2. Rohrgraben *m*, Rohrverlegungsgraben *m*
chaser 1. Gewindestrehler *m*, Strehler *m*; 2. Kollergangläufer *m*
chaser mill Farbmühle *f*, Mischmühle *f*, Kollergang *m*
chassis lubricant Abschmierfett *n*
chaulmoogra butter Chaulmoograbutter *f*, Chaulmugrabutter *f*
chaulmoogra oil Chaulmoograöl *n*, Chaulmugraöl *n*, Gynokardiaöl *n*, Hydnocarpusol *n {Pharm}*
chaulmoogric acid <$C_{18}H_{32}O$> Chaulmoograsäure *f*, Cyclopenten-1-tridecansäure *f*, Hydnocarpylessigsäure *f*
chavibetol Chavibetol *n*, 5-Allyl-1-hydroxy-2-methoxybenzol *n*
chavicine Chavicin *n {Pfeffer-Alkaloid}*
chavic[in]ic acid Chavicinsäure *f*
chavicol Chavicol *n*, 4-Allylphenol *n*, 1-Allyl-4-hydroxybenzol *n*, 4-(2-Propenyl)phenol *n*

check/to kontrollieren, prüfen, überprüfen, nachprüfen; nachrechnen; nacheichen

check 1. Kontrolle *f*, [Kontroll-]Probe *f*, Inspektion *f*, Überprüfung *f*, Nachprüfung *f*, Prüfung *f*; 2. Scheck *m* *{z.B. ein Gutschein}*; 3. Riß *m*, Spalt *m*, Spalte *f*, Oberflächenriß *m* *{Glas}*; 4. Rückschlagventil *n*; 5. Backe *f* einer Mischmaschine *f*

check crack Schrumpfriß *m*

check analysis Kontrollanalyse *f*

check determination Kontrollbestimmung *f*

check flask Kontrollkolben *m*

check ga[u]ge Prüfmaß *n*

check nut Gegenmutter *f*, Kontermutter *f*

check-off-list Prüfliste *f*

check sample Vergleichsprobe *f*, Vergleichsmuster *n*

check screw Begrenzungsschraube *f*, Halteschraube *f*, Stellschraube *f*

check test Gegenprobe *f*, Gegenprüfung *f*, Gegenversuch *m*, Kontrolltest *m*, Kontrollversuch *m*

check valve Absperrventil *n*, Rückschlagventil *n* *{DIN 24271}*, Sperrventil *n*, Steuerventil *n*, Kontrollventil *n*, Prüfventil *n*

check weigher Ausfallwaage *f*, Kontrollwaage *f*

check-weighing scale Prüfwaage *f*

check weight Kontrollgewicht *n*

checked 1. kariert *{Text}*; 2. geprüft, kontrolliert, überprüft

checker valve Umsteuerventil *n*

checkerberry oil Bergteeröl *n*, Gaultheriaöl *n*, Wintergrünöl *n* *{aus Blättern der Gaultheria procumbens}*

checkered kariert, scheckig, schachbrettartig, gewürfelt

checkered sheet Riffelblech *n* *{z.B. für Bodenbelag}*

checking 1. Kontrolle *f*, Prüfung *f*, Revision *f*, Nachprüfung *f*; 2. oberflächliche Rißbildung *f*, Haarrißbildung *f*, Netzaderbildung *f*, Netzrisse *mpl*

checking device Prüfungsvorrichtung *f*

checking equipment Kontrollanlage *f*

cheddar *{CAC STAN C-1}* Cheddarkäse *m* *{gelber Hartkäse}*

cheddite Cheddit *m* *{Expl; $KClO_3$/Paraffin/aromatische Nitroverbindungen}*

cheek 1. Wange *f*, Backe *f* *{z.B. Einspannbacke}*, Seitenwand *f*, Backen *m*; 2. Zwischenkasten *m*, Mittelkasten *m* *{Gieß}*

cheese 1. Käse *m*; 2. [zylindrische] Kreuzspule *f* *{DIN 61800}*, Kreuzwickel *m* *{Text}*; 3. Kabelwachs *n*

cheese curd Käsebruch *m*

cheese dyeing Färben *n* von Kreuzspulen *fpl* *{Text}*

cheese glue Käseleim *m*

cheese spread Streichkäse *m*

cheese wax Käsewachs *m*

cheesiness Klebrigkeit *f*, Kleben *n* *{Farb}*

cheesy 1. käseartig, käsig; 2. klebrig

cheiranthic acid Cheiranthussäure *f*

cheirantin Cheiranthin *n* *{Glucosid}*

chelate Chelat *n*, Chelatverbindung *f*, Chelatkomplex *m*

chelate complex Chelatkomplex *m*, Chelatverbindung *f*

chelate ring Chelatring *m*

chelate stability Chelatstabilität *f*

chelate stability constant Chelatstabilitätskonstante *f*

chelate-stabilizing chelatstabilisierend

chelating chelatbildend

chelating agent Chelatbildner *m*, Chelator *m*, Komplexbildner *m*

chelation Chelatbildung *f*, Chelation *f*

chelatometry Chelatometrie *f*, chelatometrische Titration *f* *{Anal}*

chelen Monochlorethan *n*, Ethylchlorid *n*, Chlorethan *n*

chelerythrine Chelerythrin *n*

cheletropic addition cheletrope Addition *f* *{z.B. Cycloaddition}*

cheletropic elimination cheletrope Eliminierung *f*

cheleutite Cheleutit *m*, Wismutkobaltkies *m* *{Min}*

chelidonic acid Chelidonsäure *f*, Jervasäure *f*, Pyron-2,6-dicarbonsäure *f*, 4-Oxo-4*H*-pyran-2,6-dicarbonsäure *f*

chelidonine Chelidonin *n*, Stylophorin *n*

chelidonium oil Schöllkrautöl *n*

chellolglucosid Chellolglucosid *n*

chemic/to chloren, chlorieren *{Text}*

chemic blue Chemischblau *n*

chemic green Chemischgrün *n*

chemic vat Chlorkalkbad *n*

chemical 1. chemisch; Chemie-; 2. Chemikalie *f*, Chemikal *n*

chemical accident Chemieunfall *m*

chemical activity chemische Aktivität *f*, Reaktivität *f*

chemical add tank Chemikaliendosierbehälter *m*

chemical addition Chemikalienzuspeisung *f*

chemical additive Chemikalienzusatz *m*

chemical affinity chemische Affinität *f*, Triebkraft *f* *{maximale Nutzarbeit einer Reaktion, Reaktionsarbeit}*

chemical agent chemischer Kampfstoff *m*

chemical alteration chemische Abänderung *f* *{z.B. Viren}*

chemical ammunition chemische Munition *f*, chemisches Kampfgerät *n* *{Giftgas, Nebelkerzen, Blendbomben usw.}*

chemical analysis chemische Analyse *f*
chemical and process engineering Verfahrenstechnik *f*, chemische Technik *f*
chemical antidote Gegengift *n*
chemical arms chemische Waffen *fpl*, Chemiewaffen *fpl*
chemical assay chemische Prüfung *f*
chemical attack chemischer Angriff *m*, chemische Einwirkung *f {negative, z.B. Korrosion}*
chemical attractant Lockstoff *m*, Lockmittel *n*, Pheromon *n*
chemical balance [analytische] Waage *f*, chemische Waage *f*, Präzisionswaage *f*, Analysenwaage *f*
chemical binding effect Einfluß *m* der chemischen Bindung *f*
chemical black process Brünieren *n {Elektrochem}*
chemical bleaching chemische Bleiche *f*, Chlorbleiche *f*
chemical bomb chemische Bombe *f*
chemical bond chemische Bindung *f {als Zustand}*
chemical bonding chemische Bindung *f {als Vorgang}*
chemical breakdown chemischer Abbau *m*, chemische Zerstörung *f {z.B. Oxidation}*
chemical burial site Chemikalienverbrennungsstelle *f*; Chemieabfalldepot *n*
chemical burn Verätzung *f {Haut}*
chemical carcinogenesis chemische Karzinogenese *f*
chemical cellulose Alpha-Cellulose *f*
chemical change chemische Umwandlung *f*, chemische Reaktion *f*, chemische Umsetzung *f*
chemical cleaning chemische Reinigung *f*, chemisches Putzen *n*
chemical cleaning basin Beizwanne *f*
chemical closet chemisches Klosett *n*, Trockenklosett *n*, Trockenabort *m*
chemical colo[u]ring chemisches Färben *n {galvanisch}*
chemical combustion chemische Verbrennung *f*
chemical communication chemische Kommunikation *f {Biol, z.B. durch Pheromone}*
chemical composition chemische Zusammensetzung *f*
chemical compound chemische Verbindung *f*
chemical constitution chemischer Aufbau *m*, chemische Konstitution *f*
chemical conversion pulp Chemiezellstoff *m*
chemical deburring plant chemische Entgratanlage *f*
chemical decay chemische Verwitterung *f {Geol}*
chemical decladding Enthüllung *f*, Trennung *f {des Brennstoffes von seiner Hülle durch chemischen Angriff; Nukl}*
chemical decomposition chemische Zersetzung *f*
chemical degradation chemischer Abbau *m*, chemische Zerlegung *f*
chemical demonstration chemischer Versuch *m*, Chemieversuch *m*
chemical denudation Auslaugung *f {Geol, Agri}*
chemical deposition chemisches Abscheiden *n*, chemisches Ausfällen *n {Elektrochem}*
chemical desizing chemisches Entschlichten *n {Text}*
chemical development Entwickeln *n*, Entwicklung *f {Photo}*
chemical diffusion chemische Diffusion *f*
chemical discharge Ätzmittel *n*, Ätzbeize *f*
chemical displacement chemische Verschiebung *f {Spek}*
chemical documentation Erfassung *f* chemischer Literatur *f*, Chemiedokumentation *f*
chemical dosemeter chemischer Dosismesser *m*, chemisches Dosimeter *n {Nukl}*
chemical dressing agent Appreturzusatzmittel *n {Text}*
chemical element chemisches Element *n*, chemischer Grundstoff *m*
chemical energy chemische Energie *f {Zustandsenergie}*; Reaktionsenergie *f*
chemical engineer Chemieingenieur *m*; Verfahrenstechniker *m*, Verfahrenschemiker *m*, Verfahrensingenieur *m*
chemical engineering Chemieingenieurtechnik *f*, chemische Ingenieurtechnik *f*, Chemieingenieurwesen *n*; chemischer Apparatebau *m*; chemische Verfahrenstechnik *f*, chemische Technologie *f*, technische Chemie *f*
chemical entity chemisches Teilchen *n {z.B. Ion, Atom, Cluster}*, chemisch einheitlicher Baustein *m*, chemischer Bestandteil *m*, chemisch einheitlicher Stoff *m*
chemical environment chemische Umgebung *f {NMR-Spek}*
chemical equation chemische Gleichung *f {z.B. Reaktionsgleichung, Umsatzgleichung}*, Verbindungsgleichung *f*, Reaktionsgleichung *f*
chemical equilibrium chemisches Gleichgewicht *n*
chemical equivalent chemisches Äquivalent *n*, Äquivalentmasse *f*
chemical etching chemisches Ätzen *n*
chemical evolution chemische Entwicklung *f {Biol, Geol}*, chemische Evolution *f*
chemical exchange chemischer Austausch *m {von Isotopen}*
chemical exchange reaction chemische Austauschreaktion *f*
chemical exposure meter chemischer Belichtungsmesser *m {Photo}*

chemical factory Chemiefabrik *f*
chemical feed pump Chemikalienspeisepumpe *f*
chemical fiber *{US}* Chemiefaser *f* *{DIN 60001}*, synthetische Faser *f*
chemical foaming chemische Schaumstoffherstellung *f*
chemical formula chemische Formel *f*
chemical fragmentation reaction chemische Zersetzungsreaktion *f* *{Spek}*
chemical fumigant Vergasungsmittel *n*, Räuchermittel *n*, Begasungsmittel *n*
chemical glassware Laborglas *n*, chemisches Geräteglas *n* *{Lab}*
chemical group Gruppe *f*, Atomgruppe *f*, Molekülrest *m*, Rest *m*
chemical hygrometer Absorptionshygrometer *n*
chemical import and export Chemikalienein- und -ausfuhr *f*
chemical impurity Begleitelementmenge *f*
chemical incident Chemieunfall *m*
chemical indicator chemischer Indikator *m*
Chemical Industries Association Ltd. Verband *n* der Chemieindustrie *{GB}*
Chemical Industry Association Verband *m* der chemischen Industrie, VCI *{Deutschland}*
chemical inertness chemische Trägheit *f*, Reaktionsträgheit *f*
chemical injection Chemikalienzuspeisung *f*
chemical integrity chemische Handelsreinheit *f*
chemical irritancy chemische Reizung *f* *{Med}*
chemical kinetics Reaktionskinetik *f*, chemische Kinetik *f*
chemical lead Feinblei *n*, Kupferfeinblei *n* *{DIN 1719}*, Weichblei *n* *{Blei für chemische Zwecke}*
chemical mace chemische Keule *f* *{Tränengaswaffe}*
chemical machining chemisches Bearbeiten *n* *{z.B. chemisches Fräsen, Formätzen, Konturätzen, chemisches Abtragen}*
chemical maker Chemikalienhersteller *m*
Chemical Manufacturers Association Verband *m* der Chemieproduzenten *mpl* *{Washington,1863}*
chemical material moisture meter chemischer Materialfeuchtemesser *m*
chemical mechanism Chemismus *m*
chemical milling *{US}* Formätzen *n*, Konturätzen *n*, partielles Oberflächenätzen *n* *{mittels Plast- oder Gummiabdeckung}*
chemical mixing tank Ansatzbehälter *m*, Chemikalienlösebehälter *m*, Chemikalienzusatzbehälter *m*
chemical name chemische Bezeichnung *f*, chemischer Name *m*
chemical nomenclature chemische Nomenklatur *f*, Bezeichnungsweise *f* chemischer Stoffe *mpl*
chemical notation chemische Notation *f*, Notation *f* chemischer Strukturen *fpl*, chemische Zeichensprache *f*, chemische Symbolik *f*
chemical oscillations chemische Oszillationen *fpl*
chemical oxygen demand chemischer Sauerstoffbedarf *m*
chemical paper Vortrag *m* über Chemie *f*, chemischer Fachbeitrag *m*
chemical passivation chemische Passivierung *f*
chemical peeling Laugenschälen *n*
chemical pickling chemisches Beizen *n*
chemical plant Chemieanlage *f*, chemische Anlage *f*; Chemiewerk *n*, Chemiebetrieb *m*, chemische Fabrik *f*
chemical plant construction Chemieanlagenbau *m*
chemical plating chemische Plattierung *f*
chemical polishing Säurepolieren *n* *{Glas}*
chemical potential chemisches Potential *n*
chemical precipitation chemische Fällung *f* *{Wasser}*
chemical pretreatment chemische Oberflächenvorbehandlung *f* *{von Klebfügeteilen}*
chemical prices Chemikalienpreise *mpl*
chemical process chemischer Prozeß *m*
chemical process engineering chemische Verfahrenstechnik *f*
chemical processing chemische Bearbeitung *f*
chemical producer Chemiekalienhersteller *m*, Chemieproduzent *m*, Chemiekalienerzeuger *m*
chemical production Chemieproduktion *f*
chemical property chemische Eigenschaft *f*
chemical proportioning feed pump Chemikaliendosierpumpe *f*
chemical proportioning dosing pump Chemikaliendosierpumpe *f*
chemical proportioning tank Chemikaliendosierbehälter *m*
chemical protection Schutzstoffzugabe *f*
chemical protective clothing chemische Schutzbekleidung *f*
chemical protector chemischer Schutzstoff *m*
chemical pulp chemischer Holzstoff *m*, Chemiepulpe *f*, Zellstoff *m*, Vollzellstoff *m*, klassischer Zellstoff *m*
chemical pump Chemiepumpe *f*
chemical purity chemische Reinheit *f*
chemical reaction chemische Reaktion *f*, chemische Umsetzung *f*, chemischer Vorgang *m*
chemical reaction engineering technische Reaktionsführung *f*
chemical reaction vessel chemischer Reaktionsbehälter *m*; Chemiereaktor *m*

chemical reactor [Chemie-]Reaktor *m*, Reaktionsapparat *m*, chemischer Reaktionsbehälter *m*
chemical reference substance chemischer Bezugsstoff *m*, Vergleichssubstanz *f*
chemical removal chemisches Entfernen *n* *{Met}*
chemical reprocessing chemische Aufarbeitung *f*
chemical resistance chemische Beständigkeit *f*, Chemikalienfestigkeit *f*, chemische Widerstandsfähigkeit *f*; Beständigkeit *f* gegen chemische Einflüsse *mpl*
chemical-resistant beständig gegen chemische Einflüsse, chemisch widerstansfähig; chemikalienfest, chemisch beständig, chemikalienbeständig
chemical-resistant clothing chemikalienbeständige Schutzkleidung *f*
chemical-resistant lacquer chemikalienbeständiger Lack *m*
chemical sale Umsatz *m* bei Chemieprodukten *npl*
chemical screw blocking Schraubensicherung *f* durch chemisch blockierte Einkomponentenklebstoffe *mpl*, Schraubensicherung *f* durch anaerob härtende Klebstoffe *mpl*
chemical sense chemische Sinneswahrnehmung *f {Geruch, Geschmack}*
chemical sensor chemischer Sensor *m*
chemical separation chemische Trennung *f*
chemical shift chemische Verschiebung *f* *{NMR-Spek}*
chemical shim[ming] chemisches Trimmen *n*, chemische Kompensation *f {Nukl}*
chemical shorthand chemische Zeichensprache *f*
chemical sign Elementsymbol *n*, chemisches Zeichen *n*
chemical smoothening chemisches Glätten *n* *{Galvanik}*
chemical societies chemische Gesellschaften *fpl*, Chemiefachverbände *mpl*, chemische Standesorganisationen *fpl {z.B. ACS, RSC, GDCh}*
chemical solution tank Ansatzbehälter *m* für Chemikalien *fpl*
chemical solvent chemisch aktives Lösemittel *n*
chemical spills verschüttete Chemikalien *fpl*, Chemikalienverschüttung *f*, Auslaufen *n* von Chemikalien *fpl*
chemical spot testing chemische Tüpfelanalyse *f*
chemical stability chemische Beständigkeit *f* *{Festigkeit, Stabilität, Resistenz, Widerstandsfähigkeit}*, Beständigkeit *f* gegen chemische Einwirkungen *fpl*; Chemikalienbeständigkeit *f*, Chemikalienfestigkeit *f*
chemical stitch process Textilverbinden *n* *{mit Polyurethanschaum oder Klebstoff}*
chemical stockroom Chemikalienvorratsraum *m*
chemical stoneware gegen chemischen Angriff *m* widerstandsfähiges Steingut *n*, Laborsteingut *n*, chemisches Steingut *n*, Steinzeug *n* für die chemische Industrie *f*
chemical storage capacity chemische Lagerbeständigkeit *f {DIN 55990}*
chemical storeroom Chemikalienraum *m*
chemical stress Spannung *f* durch chemische Einflüsse *mpl*
chemical stripping chemische Entplattierung *f*
chemical supply pump Chemikalienspeisepumpe *f*, Chemikalienförderpumpe *f*
chemical symbol chemisches Zeichen *n*, Elementsymbol *n*, [chemisches] Symbol *n*
chemical synthesis chemische Synthese *f*
chemical tank Chemikalienbehälter *m*
chemical taxonomy Chemotaxonomie *f*
chemical technician Chemotechniker *m*
chemical test tube chemisches Reagenzglas *n*
chemical testing Prüfung *f* der chemischen Eigenschaften *fpl*
chemical technology chemische Technik *f*, Chemietechnik *f*; chemische Technologie *f*
chemical thermodynamics chemische Thermodynamik *f*
chemical treatment Raffination *f {Mineralöl}*; chemische Aufbereitung *f {Wasser}*
chemical vapo[u]r deposition chemisches Aufdampfen *n*, CVD
chemical warefare chemische Kriegsführung *f*
chemical waste chemischer Abfall *m*, Chemieabfall *m*
chemical wastes Chemieabwässer *npl*
chemical wear reaktiver Verschleiß *m*
chemical wood [pulp] chemische Cellulose *f*, Holzzellstoff *m*, Zellstoff *m*, Chemiepulpe *f*
chemical worker's goggles Chemiearbeiter-Schutzbrille *f*
chemical works chemische Fabrik *f*, Chemiewerk *n*, Chemiebetrieb *m*

chemically combined chemisch gebunden
chemically deposited coating *{ISO 2819}* chemisch abgeschiedene Schutzschicht *f*
chemically instable chemisch instabil
chemically modified chemisch modifiziert, chemisch verändert
chemically modified carbohydrates chemisch abgewandelte Kohlenhydrate *npl*
chemically pure chemisch rein
chemically resistant chemisch widerstandsfähig, chemisch beständig

chemicals distribution Chemikalienvertrieb *m*
Chemicals Act Chemikaliengesetz *n {Deutschland, 1980}*

chemicide chemisches Vertilgungsmittel *n*
chemick/to bleichen, chloren *{Text}*
chemicking Bleichen *n*, Chloren *n*
chemico-ceramic keramchemisch
chemico-enzymatic synthesis chemisch-enzymatische Synthese *f*
chemico-physical chemisch-physikalisch, physikochemisch
chemico-technical chemisch-technisch
chemigraphy Chemigraphie *f {Ätzverfahren zur Herstellung von Druckstöcken}*
chemiluminescence Chemilumineszenz *f*, Chemolumineszenz *f*, Reaktionsleuchten *n*, chemisches Leuchten *n*
chemiluminescent immunoassey lumineszierender Immuntest *m*
chemism Chemismus *m*
chemisorb/to chemisch adsorbieren, chemosorbieren
chemisorbed chemisch adsorbiert
chemisorption Chemisorption *f*, Chemosorption *f*, chemische Adsorption *f*, aktivierte Adsorption *f*
chemisorption bond Chemisorptionsbindung *f*
chemist Chemiker *m*, Chemikerin *f*
dispensing chemist Apotheker *m*, Apothekerin *f*
non-dispensing chemist Drogist *m*, Drogistin *f*
chemist's mortar Pulvermörser *m*
chemist's shop 1. Apotheke *f*, 2. Drogerie *f*
chemistry Chemie *f*
chemistry of colloids Kolloidchemie *f*
chemistry of explosives Explosivstoffchemie *f*
chemistry of salts Halochemie *f*, Salzchemie *f*
chemistry of sugars Zuckerchemie *f*
chemistry of surfaces Oberflächenchemie *f*
chemistry of the tissues Histochemie *f*
chemistry of wood Holzchemie *f*
analytical chemistry analytische Chemie *f*
applied chemistry angewandte Chemie *f*, technische Chemie *f*, chemische Technologie *f*
biological chemistry biologische Chemie *f*, Biochemie *f*
experimental chemistry experimentelle Chemie *f*, Experimentalchemie *f*
inorganic chemistry anorganische Chemie *f*
organic chemistry organische Chemie *f*, Chemie *f* der Kohlenstoffverbindungen *fpl*
pharmaceutical chemistry pharmazeutische Chemie *f*
physical chemistry physikalische Chemie *f*
physiological chemistry physiologische Chemie *f*
synthetic chemistry präparative Chemie *f*
chemitype 1. Chemotypie *f {Ätzverfahren ohne Anwendung der Photographie}*; 2. Ätzung *f*
chemoautotroph Chemoautotroph *n {Physiol}*
chemoceptor Chemozeptor *m*, Chemorezeptor *m*
chemocoagulation Chemokoagulation *f*
chemolithotrophy Chemilithotrophie *f*
chemolysis Chemolyse *f*
chemometrics Chemometrie *f*
chemonuclear kernchemisch, chemonuklear
chemophysical action chemisch-physikalische Einwirkung *f {DIN 51958}*
chemoprophylaxis Chemoprophylaxe *f {Med}*
chemoreception Chemorezeption *f {Med}*
chemoreceptor Chemorezeptor *m {Physiol}*; chemisches Sinnesorgan *n*
chemoreflex Chemoreflex *m*
chemoresistance Chemoresistenz *f*
chemoresistant chemoresistent
chemosensitive chemosensibel
chemosensitivity Chemosensibilität *f*
chemosmosis Chemosmose *f*
chemosorption Chemisorption *f*, Chemosorption *f*, chemische Adsorption *f*, aktivierte Adsorption *f*
chemosphere Chemosphäre *f {photochemisch aktive Atmosphäre von 40-110 km}*
chemostasis Chemostasie *f {Physiol}*
chemosterilant chemisches Sterilisationsmittel *n {Biol}*
chemosterilization Chemosterilisation *f {Herabsetzung oder totale Unterbindung der Fortpflanzungsfähigkeit bestimmter Schadinsekten}*
chemosynthesis Chemosynthese *f {Bakt}*
chemotaxis Chemotaxis *f {chemikalienbedingte Ortsbewegung von Lebewesen}*
chemotaxonomy Chemotaxonomie *f {Einordnen anhand der Inhaltsstoffe}*
chemotherapy Chemotherapie *f {Pharm}*
chemotropism Chemotropismus *m {durch Chemikalien hervorgerufene gerichtete Wachstumsbewegung von Pflanzen}*
chemotype Chemotyp *m*
chemurgy Chemurgie *f {Gewinnung chemischer Produkte aus pflanzlichen oder tierischen Rohstoffen}*, Industrie-Fruchtanbau *m*
chenevixite Chenevixit *m {Min}*
chenocholenic acid Chenocholensäure *f*
chenocholic acid Chenocholsäure *f*
chenodeoxycholic acid Chenodesoxycholsäure *f*, Gallodesoxycholsäure *f*, Anthropodesoxycholsäure *f*
chenopodium oil Chenopodiumöl *n*, Wurmsamenöl *n {aus Chenopodium ambrosioides var. anthelminticum}*
chequered *{GB}* kariert, gewürfelt, schachbrettartig
chequered plate Riffelblech *n*
Cherenkov effect *s.* Cerenkov effect
cherry 1. kirschrot; 2. Kirsche *f*
cherry bomb Zündkirsche *f {Expl}*

cherry brandy Kirschbranntwein *m*, Kirschlikör *m*
cherry coal Sinterkohle *f*, weiche Kohle *f {40-45% flüchtige Anteile}*
cherry-colo[u]red kirschfarben
cherry gum Kirschgummi *n*
cherry juice Kirschsaft *m*
cherry laurel oil Kirschlorbeeröl *n*
cherry red 1. kirschrot; dunkelrot *{Anlauffarbe}*; 2. Kirschrot *n*
cherry spirit Kirschbranntwein *m*
cherry syrup Kirschensirup *m*
chert Chert *m*, Kieselsäuregestein *n {z.B. Bergkiesel, Hornstein, Radiolarit, Feuerstein, Kieselschiefer usw.}*
chert gravel Hornsteinkies *m*
cherty hornsteinhaltig
chervil oil Kerbelöl *n*
Chesney process Chesney-Verfahren *n*
chessy copper <$CuCO_3 \cdot Cu(OH)_2$> Azurit *m*, Bergblau *n*, Kupferlasur *f*, Chessylith *m {Min}*
chessylite Chessylith *m*, Azurit *m*, Kupferlasur *f*, Bergblau *n*, *{Min}*
chest 1. Wasserkübel *m*, Sumpfkübel *m {Bergbau}*; 2. Stoffbütte *f*, Bütte *f {Text}*
chestnut 1. kastanienbraun; 2. Echte Kastanie *f*, Edelkastanie *f*, Castanea sativa Miller; 3. Marone *f {Frucht der Edelkastanie}*; 4. Kastanienholz *n {meistens von der Eßkastanie}*; 5. im Abstichloch *n* erstarrtes Eisen *n {Met}*
chevilling Chevillieren *n {Glanzsteigerung von Garn durch mechanisches Glätten}*
chevron baffle Chevron-Baffle *n*, Rasterdampfsperre *f*
chewing gum Kaugummi *m*
chewing tobacco Kautabak *m*
chiastolite, Chiastolith *m*, Hohlstein *m*, Hohlspat *m {Min}*
Chicago acid <$C_{10}H_4(NH_2)(OH)(SO_3H)_2$> Chicagosäure *f*, 1-Amino-8-naphthol-2,4-disulfonsäure *f*
chicken-wire glass Zelldrahtglas *n*
chicle Chicle *m*, Chiclegummi *m*, Balatgummi *m {aus Latex von Achras- und Mimusops-Arten}*
chicoric acid Chicorsäure *f*
chicory brown Zichorienbraun *n*
chicory coffee Zichorienkaffee *m*
chicory root Wegwartwurzel *f*, Zichorienwurzel *f {Bot}*
chief characteristic Hauptmerkmal *n*
chief constituent Hauptbestandteil *m*, Hauptkomponente *f*, Grundkomponente *f*
chief laboratory Hauptlaboratorium *n*
chief portion Hauptanteil *m*
chief product Hauptprodukt *n*
chief reaction Hauptreaktion *f*
child-proof closure kindergesicherter Verschluß *m {Pharm}*
childrenite Childrenit *m {Min}*
chile copper Chilekupfer *n*
chile copper bars Chilekupfer *n* in Barren *mpl*
chile niter Chilesalpeter *m*, Caliche *m*, Natronsalpeter *m {Natriumnitrat}*
chile saltpeter Chilesalpeter *m*, Caliche *m*, Natronsalpeter *m {Natriumnitrat}*
Chile[an] mill Kollergang *m*, chilenische Mühle *f*, Kollermühle *f*, Läufermühle *f*
chileite Chileit *m*, Vanadium-Kupferbleierz *n {Min}*
chilenite Chilenit *m*, Wismutsilber *n {Min}*
chill/to 1. [ab]kühlen, erkalten lassen; 2. abschrecken, abgeschreckt werden; in Kokillen *fpl* gießen *{Gieß}*
chill-cast/to hart gießen
chill 1. Abschrecken *n*, Abschreckung *f*; 2. Abschreckschale *f*, Schreckplatte *f*, Schreckschale *f*, Gießpfanne *f*, Kühleisen *n {beim Schalenhartguß}*; 3. Kokille *f*, Kühlkokille *f {Gieß}*; 4. Schreckschicht *f {am Schalengußstück}*
chill-back Kühlmittel *n*
chill casting Hartguß *m*, Kapselguß *m*, Kokillenguß *m*, Schalenguß *m {Met}*
chill casting mo[u]ld Hartgußform *f*
chill-check Warmriß *m {Met}*
chill crack Warmriß *m*
chill-foundry pig iron Hartgußroheisen *n*
chill haze Kältetrübung *f*, Kühltrübung *f {z.B. des Bieres}*
chill roll Auflaufwalze *f*, Kühlwalze *f*, Kühltrommel *f*, Walze *f* mit Innenkühlung *f*
chill time Abkühlzeit *f*
chillagite Chillagit *m {Min}*
chilled slag granulierte Schlacke *f*
chilled cargo Kühlgut *n*
chilled water Kaltwasser *n*, gekühltes Wasser *n*, Tiefkühlwasser *n*
chilled work Kapselguß *m {Gieß}*
chiller Kratzkühler *m*, Chiller *m*, Kühlapparat *m {für Bereiche, die mit Wasser nicht erreichbar sind}*
chilliness Kälte *f*
chilling 1. Abkühlen *n*, Abkühlung *f*, Kühlung *f*; Abschrecken *n*, Abschreckung *f*; Erkalten *n*, Kaltwerden *n*, Erstarren *n*; 2. Frostschaden *m {z.B. Hauchbildung, Farbentmischung}*
chilling point Kristallisationsbeginn *m*
chilling roll Kühlwalze *f*
chilling time Abschreckzeit *f*; Kühlzeit *f*
chilly kalt; frostig
chimeric desoxyribonucleic acid heterozygote Desoxyribonucleinsäure *f*
chimney Schornstein *m*, Qualmabzugsrohr *n*, Esse *f*, Schlot *m*, Kamin *m*; Dampfkamin *m*, Kamin *m {Dest}*, Steigrohr *n {Glocke}*

chimney cooler Kaminkühler *m*
chimney discharge Schornsteinauswurf *m*
chimney draft Schornsteinzug *m*
chimney draught Schornsteinzug *m*
chimney emission Schornsteinauswurf *m*
chimney flue Essenkanal *m*, Rauchkanal *m*, Zugkanal *m*
chimney gas Abzugsgas *n*
chimney hole Rauchabzugsöffnung *f*
chimney hood Funkenesse *f*, Rauchfang *m*
chimney soot Kaminruß *m*, Büttenruß *m*
chimney-type instrument Schachtgerät *n* *{Brandverhalten von Plastwerkstoffen}*
chimney ventilator Schornsteinventilator *m*

chimyl alcohol <$CH_3(CH_2)_{15}OCH_2CHOHCH_2OH$> Chimylalkohol *m*, Testriol *n*

china 1. Kunstporzellan *n*, [nichttechnisches] Porzellan *n*; 2. Chinarinde *f {Pharm}*
china clay Kaolin *m*, Porzellanerde *f*, weißer Ton *m*, reiner Ton *m*, China Clay *m n {Min}*; Kaolin *m*, Schlämmkaolin *m*, geschlämmte Porzellanerde *f {Tech}*
china-evaporating basin Porzellanabdampfschale *f*
china grass Ramie *f*, Ramiefaser *f {Bot}*
china ink Zeichentusche *f*, Tusche *f*
China silver Chinasilber *n*, Neusilber *n*, *{galvanisch versilbert}*, Argentan *n*
China wood oil China-Holzöl *n*, Tungöl *n*, Abrasinöl *n*, Ölfirnisbaumöl *n*, Eläokokkaöl *n*

chinaware Porzellanwaren *fpl*, Porzellan[geschirr] *n*

Chinese blue 1. Chinablau *n {für Bakterien-Nährböden}*; 2. Chinesischblau *n*, Preußischblau *n*, Eisenblau *n*, Pariserblau *n*, Eisencyanblau *n*
Chinese cinnamon Chinesisches Zimtöl *n*, Kassiaöl *n*, Cassiaöl *n*
Chinese green Chinesischgrün *n*, Chinagrün *n*, Lokao *n*, grüner Indigo *m {Farblack aus Rhamnus-Arten}*
Chinese red 1. Chinesischrot *n*, Chromrot *n* *{grobkristallines $PbOPbCrO_4$}*; 2. Zinnoberrot *n* *{Hg_2S}*; 3. Saflorrot *n*, chinesisches Rot *n*
Chinese silk Chinesische Seide *f*, Chinaseide *f* *{alle Naturseidegewebe aus Wildseiden, z.B. Honan, Shantung usw.}*
Chinese [tree] wax Chinawachs *n*, Chinesisches Wachs *n*, Insektenwachs *n*, Pelawachs *n*, Cera chinenis *{Hexacosylheptacosanat, Sekretion von Coccus ceriferus}*
Chinese white Zinkweiß *n*, Chinesischweiß *n*, Chinaweiß *n {Zinkoxid}*
Chinese wood oil *s.* China wood oil
Chinese yellow Königsgelb *n*, Auripigment *n*, Orpiment *n {$(As_2S_3)_2$}*

chinic acid Chinasäure *f*, Chininsäure *f*, 1,3,4,5-Tetrahydroxycyclohexancarbonsäure *f* *{Pharm}*

chinidine <$C_{19}H_{22}N_2$> Cinchonidin *n*, Chinidin *n*

chiniofon Chiniofon *n {Pharm}*

chink Riß *m*, Ritze *f*, Sprung *m*, Spalt *m*

chinona Calisayarinde *f*

chinosol Chinosol *n*

chinotoxine Chinotoxin *n*

chinovin Chinovin *n*

chintz Chintz *m*, Druckkattun *m {Text}*
chintz paper Kattunpapier *n*

chiolite Chiolith *m {Min}*

chip/to abraspeln, abspänen; [durch]hacken, zerhacken, zerspanen

chip 1. Splitter *m*, Span *m*; Hackspan *m*, Hackschnitzel *n*, Holzschnitzel *n*, Kochschnitzel *n*, Schnitzel *n*; Stanzabfall *m*, Schuppe *f*; ausgebrochene Kante *f*, abgesplitterte Oberfläche *f {z.B. eines Chips}*; Kernbuchstück *n*, Kernfragment *n* *{Nukl}*; 2. Chip *m {Elek}*
chip board 1. Holzspanplatte *f*, Preßspanplatte *f*, Span[holz]platte *f*; 2. Maschinengraupappe *f {Pap}*
chip off/to abblättern, abbröckeln, abspringen
chip-oil extraction Späneentölung *f*
chip paper Schrenzpapier *n*
chip-proof nicht abblätternd
chip-resistant coating abplatzbeständiger Überzug *m*
chip wood Spanholz *n*

chippability Zerspanbarkeit *f*

chippable zerspanbar

chipper Hackmaschine *f*, Hacker *m*, Hacke *f*; Zerspaner *m {Holz, Pap}*

chipping 1. Hacken *n*, Durchhacken *n*, Zerhakken *n*; Zerspanen; 2. Abbröckeln *n*, Abspringen *n*, Absplittern *n*, Abschuppen *n {z.B. der Keramikglasur}*
chipping by impact Prallzerspanen *n*
chipping off Abschälen *n*

chippings Abfall *m {z.B. Hackspäne, Holzschnitzel, Kochschnitzel, Hackschnitzel}*, Späne *mpl*, Abschlag *m*, Granulat *n*, Schnitzel *npl*, Flocken *fpl*

chiral chiral *{Chem, Nukl}*, dissymmetrisch *{obs}*
chiral atom chirales Atom *n*
chiral auxiliary chirales Medium *n*, chiraler Hilfsstoff *m*, chirales Lösemittel *n*
chiral center Chiralitätszentrum *n {Stereochem}*
chiral molecule chirales Molekül *n {Stereochem}*
chiral recognition ability chirales Erkennungsvermögen *n {Gen}*
chiral stationary phase Selektor *m*, chirale Stationärphase *f*

chiral template chirale Schablone *f*
chiral twinning optische Zwillingsbildung *f* *{Krist}*
chirality Chiralität *f*, Händigkeit *f* *{Stereochem}*
chiralkol Chiralkol *n*
chiron Chiron *n*, chiraler Baustein *m* *{Stereochem}*, chirales Synthon *n*
chisel Drehstahl *m*, Gradiereisen *n*, Stemmeisen *n*, Stechbeitel *m*, Haumeißel *m*, Meißel *m*
chisel steel Diamantstahl *m*, Meißelstahl *m*
chitaric acid Chitarsäure *f*
chitenine <$C_{19}H_{22}N_2O_4$> Chitenin *n*
chitin <$(C_8H_{13}NO_5)_n$ Chitin *n* *{aminozuckerhaltiges Polysaccharid}*
chitinase *{EC 3.2.1.14}* Chitinase *f*
chitinous chitinös, chitinig; Chitin-
chitobiose Chitobiose *f*
chitonic acid Chitonsäure *f*
chitopyrrol Chitopyrrol *n*
chitosamine Chitosamin *n*, *D*-Glucosamin *n*
chitosan Chitosan *n*
chitosazone Chitosazon *n*
chitose Chitose *f*
chiviatite Chiviatit *m* *{Min}*
chladnite Chladnit *m* *{Magnesiumdimetasilicat, Min}*
chlinochlorite Klinochlor *m* *{Min}*
chloanthite Chloanthit *m*, Weißnickelkies *m*, Nickelskutterudit *m*, Arseniknickel *n* *{Min}*
chloral <CCl_3CHO> Chloral *n*, Trichloracetaldehyd *m*, Trichlorethanal *n*
chloral caffeine Chloralcoffein *n*
chloral formamide Chloralformamid *n*, Chloramid *n*
chloral hydrate <$Cl_3CCH(OH)_2$> Chloralhydrat *n*, Trichloracetaldehydhydrat *n* *{Pharm}*
chloral poisoning Chloralvergiftung *f*
chloral urethane Chloralurethan *n*, Urethanchloral *n*
chloralamide Chloralformamid *n*
chloralide <$C_5H_2O_3Cl_6$> Chloralid *n*
chloralimide Chloralimid *n*
chloralism Vergiftung *f* durch Chloral *n*; Chloralabhängigkeit *f* *{Med}*
chlorallyl Chlorallyl-
chloralose Chloralose *f* *{Narkotikum}*
chloralum Chloralaun *m*
chloraluminite Chloraluminit *m* *{Min}*
chlorambucil *{INN}* Chlorambucil *n*
chloramine <$ClNH_2$> Chloramin *n*
chloramine T <$H_3CC_6H_4SO_2NNaCl$> Chloramin T *n*, Chlorazon *n*, Aktivin *n*, 4-Toluolsulfonsäurechloramid-Natrium *n*, *N*-Chlor-4-toluolsulfonamid-Natrium *n*
chloramine brown Chloraminbraun *n*
chloramine dye Chloraminfarbstoff *m*
chloramine yellow Chloramingelb *n*
chloramphenicol *{INN}* Chloramphenicol *n* *{Pharm}*
chloranil <$C_6Cl_4O_2$> Chloranil *n*, Tetrachlor-1,4-benzochinon *n*
chloranilic acid Chloranilsäure *f* *{2,5-Dichlor-3,6-dihydroxy-1,4-benzochinon}*
chloranol Chloranol *n*, Tetrachlorhydrochinon *n*
chlorapatite Chlorapatit *m* *{Min}*
chlorargyrite Chlorargyrit *m* , Chlorsilber *n*, Hornsilber *n*, Kerargyrit *m*, Silberhornerz *n* *{Min}*
chlorastrolite Chlorastrolith *m* *{Min}*
chlorate 1. chlorsauer; 2. Chlorat(V) *n* *{M'ClO₃}*
chlorate candle Chloratkerze *f* *{setzt nach Zündung O₂ frei}*
chlorate explosive Chloratsprengstoff *m*
chlorazanil *{INN}* Chlorazanil *n*
chlorazide <$Cl\text{-}N_3$> Chlorazid *n*
chlorazodin Chlorazodin *n*
chlorazol *{TM}* Chlorazol *n*
chlorbenside *{Miticid}* Chlorbensid *n*
chlordane <$C_{10}H_6Cl_8$> Chlordan *n* *{Cyclodien-Insektizid}*
chlorendic acid Het-Säure *f* *{HN}*
chlorethane Ethylchlorid *n*, Chlorethan *n*
chlorethene Chlorethylen *n*, Vinylchlorid *n*
chloretone Chloreton *n*, Chlorbutanol *n*, Acetonchloroform *n*, 1,1,1-Trichlor-2-methyl-2-propanol *n*
chlorhemine Chlorhämin *n*
chlorhexidine Chlorhexidin *n* *{PNN}*
chlorhydrate Hydrochlorid *n*, Chlorhydrat *n* *{obs}*
chlorhydrin Chlorhydrin *n*, Chlorwasserstoffsäureglycerinester *m*, vicinaler Chloralkohol *m*
chloric chlorsauer
chloric acid <$HClO_3$> Chlorsäure *f*
chloride <$M'Cl$> Chlorid *n*, Muriat *n* *{obs}*
chloride of lime Chlorkalk *m*, Bleichkalk *m*, Bleichpulver *n*
chloride of potash Chlorkali *n*, Kalidüngesalz *n* *{50% K₂O-Gehalt}*
chloride titrating apparatus Chlorid-Titrator *m* *{Lab}*
chloridizable chlorierungsfähig
chloridization Chlorierung *f*
chloridize/to chlorieren, mit Chlor *n* behandeln, mit Chlorid *n* behandeln
chloridized chloriert
chloridizing Chloren *n*, Chlorieren *n*
chloridizing roasting chlorierende Röstung *f*
chloridometer Chloridometer *n*, Chlormesser *m* *{Instr}*
chlorimeter Chlorgehaltmeßgerät *n*, Chlorgehaltmesser *m*
chlorimetry Chlorbestimmung *f*
chlorinate/to chlorieren, chloren

chlorinated butyl rubber Chlorbutylkautschuk *m*
chlorinated in the nucleus kernchloriert
chlorinated hydrocarbon Chlorkohlenwasserstoff *m*
chlorinated lime Chlorkalk *m*, Bleichkalk *m*, Bleichpulver *n*
chlorinated paraffin Chlorparaffin *n*
chlorinated polyether chlorierter Polyether *m*
chlorinated polyethylene chloriertes Polyethylen *n* *{DIN 16736}*, Chlorpolyethylen *n*, PE-C, CPE
chlorinated polypropylene Chlorpolypropylen *n*, chloriertes Polypropylen *n*, PP-C *{DIN 7728}*
chlorinated polyvinyl chloride chloriertes Polyvinylchlorid *n*, PVC-C *{DIN 7728}*
chlorinated rubber Chlorkautschuk *m*, chlorierter Kautschuk *m*
chlorinated rubber coating Chlorkautschukanstrich *m*
chlorinated rubber lacquer Chlorkautschuklack *m*
chlorinated rubber paint Chlorkautschukfarbe *f*, Chlorkautschuklack *m*
chlorinated solvent chlorhaltiges Lösemittel *n*
chlorinated trisodium phosphate <$4(Na_3PO_4 \cdot 12H_2O)NaCl$> chloriertes Trinatriumorthophosphat(V) *n* *{Bakterizid}*
chlorinated wax chloriertes Wachs *n*
chlorinating Chlorieren *n*, Chlorierung *f*; Chloren *n*, Chlorung *f*
chlorinating agent Chloriermittel *n*; Chlorierungsmittel *n*
chlorinating plant Chlorungsanlage *f*
chlorinating pyrolysis Chlorolyse *f*
chlorinating tower Chlorierturm *m*
vapor-phase chlorinating Gasphasechlorierung *f*
chlorinator Chlorapparat *m*, Chlorgerät *n*, Chlorierer *m*
chlorine *{Cl, element no. 17}* Chlor *n*
chlorine-alkali electrolysis Chloralkalielektrolyse *f*
chlorine azide <ClN_3> Chlorazid *n*
chlorine bleaching Chlorbleiche *f*
chlorine carrier Chlorüberträger *m*
chlorine cell Chlorzelle *f*
chlorine content Chlorgehalt *m*
chlorine cyanide <$ClCN$> Chlorcyan *n*, Cyanchlorid *n*
chlorine detonating gas Chlorknallgas *n*
chlorine dioxide <ClO_2> Chlordioxid *n*, Chlor(IV)-oxid *n*
chlorine dosing apparatus Chlordosierungsgerät *n*
chlorine fluoride <ClF> Chlorfluorid *n*
chlorine fumigation Chlorräucherung *f*
chlorine gas Chlorgas *n*
chlorine gas cell Chlorgaselement *n* *{Elek}*
chlorine generating flask Chlorentwicklungsflasche *f*, Chlorentwicklungskolben *m*
chlorine generator Chlorentwickler *m*, Chlorentwicklungsapparat *m*
chlorine heptoxide <Cl_2O_7> Chlorheptoxid *n*, Perchlorsäureanhydrid *n*, Dichlorheptoxid *n*, Chlor(VII)-oxid *n*
chlorine hydrate <$Cl_2 \cdot 8H_2O$> Chlorhydrat *n*, Chloroclathrathydrat *n*, Chlor-8-Wasser *n*
chlorine-hydrogen explosion Chlorknallgasexplosion *f*
chlorine-hydrogen reaction Chlorknallgasreaktion *f*
chlorine monoxide <Cl_2O> Chlormonoxid *n*, Chloroxydul *n* *{obs}*, Unterchlorigsäureanhydrid *n*, Chlor(I)-oxid *n*, Dichloroxid *n*
chlorine nitrate <$ClONO_2$> Chlornitrat *n*
chlorine odor Chlorgeruch *m*
chlorine oxide 1. Chlor(I)-oxid *n*, Dichloroxid *n*; 2. Chlordioxid *n*, Chlor(IV)-oxid *n*, 3. Dichlorheptoxid *n*, Chlor(VII)-oxid *n*; 4. Dichlorhexoxid *n*
chlorine pentafluoride <ClF_5> Chlorpentafluorid *n*
chlorine perchlorate <$ClOClO_3$> Chlorperchlorat(VII) *n*
chlorine peroxide Chlordioxid *n*, Chlor(IV)-oxid *n*
chlorine peroxide bleach Chlorperoxidbleiche *f*
chlorine plant Chloranlage *f*
chlorine soap Chlorseife *f*
chlorine trifluoride <ClF_3> Chlortrifluorid *n*
chlorine water Chlorwasser *n*, Bleichwasser *n*
active chlorine Bleichchlor *n*, aktives Chlor *n*
containing chlorine chlorhaltig
chlorinity Chlorgehalt *m* *{Meerwasser}*
chlorinolysis Chlorolyse *f*
chlorinous chlorähnlich, chlorartig
chlorisatic acid Chlorisatinsäure *f*
chlorisatin Chlorisatin *n*
chlorisondamine chloride <$C_{14}H_{20}N_2Cl_6$> Chlorisondaminchlorid *n* *{Pharm}*
chlorite 1. chlorigsauer; 2. Chlorit *n*, Chlorat(III) *n* *{M'ClO₂}*; 3. Chlorit *m* *{ein Schichtsilicat, Min}*
chlorite bleaching Chloritbleiche *f*, Natriumchloritbleiche *f*
chlorite slate Chloritschiefer *m*, Glimmerschiefer *m* *{Min}*
chloritoid Chloritoid *m* *{Min}*
chloritous chloritartig, chloritführend, chlorithaltig
chlormerodrin *{INN}* Chlormerodrin *n*
chlormethine Chlormethin *n* *{Pharm}*; Stickstofflost *n*

chlormezanone *{INN}* Chlormezanon *n*
chloroacetaldehyde Chloracetaldehyd *m*, 2-Chloroethanal *n*
chloroacetamide Chloracetamid *n*
chloroacetate 1. chloressigsauer; 2. Chloracetat *n*
chloroacetic acid <$CH_2ClCOOH$> Chloressigsäure *f*, Chlorethansäure *f*, Monochloressigsäure *f*
chloroacetic ethyl ester Chloressigsäureethylester *m*
chloroacetone <CH_3COCH_2Cl> Chloraceton *n*, 1-Chlor-2-propanon *n*, Monochloraceton *n*, Acetonylchlorid *n*
chloroacetophenone <$C_6H_4ClCOCH_3$> Chloracetophenon *n*, Phenacylchlorid *n*, 2-Chlor-1-phenylethanon *n*
chloroacetyl Chloracetyl-
chloroacetyl chloride <$ClCH_2COCl$> Chloracetylchlorid *n*, Chloressigsäurechlorid *n*
chloroacetyl-1,2-benzenediol Chloracetobrenzcatechin *n*
chloroacetylene Chloracetylen *n*
chloroacetylglycylglycine Chloracetylglycylglycin *n*
chloroacetylpyrocatechol Chloracetobrenzcatechin *n*
chloroaminobenzene Chloranilin *n*
chloroaminotoluene Chloraminotoluol *n*
chloroaniline Chloranilin *n*, Chloraminobenzen *n*
chloroaniline hydrochloride Chloranilinhydrochlorid *n*
chloroanthraquinone Chloranthrachinon *n*
chloroauric(I) acid Aurochlorwasserstoffsäure *f* *{obs}*, Dichlorogold(I)-säure *f*, Gold(I)-chlorwasserstoffsäure *f*
chloroauric(III) acid Gold(III)-chlorwasserstoffsäure *f*, Tetrachlorogold(III)-säure *f*
chloroaurous acid Aurochlorwasserstoffsäure *f* *{obs}*, Dichlorogold(I)-säure *f*, Gold(I)-chlorwasserstoffsäure *f*
chloroazotic acid Königswasser *n*, Salpetersalzsäure *f*
chlorobenzal Chlorobenzal *n* *{Triv}*. Benzylidenchlorid *n*, Benzaldichlorid *n*, α,α-Dichlortoluol *n*
chlorobenzanthrone Chlorbenzanthron *n*
chlorobenzene <C_6H_5Cl> Chlorbenzol *n*, Monochlorbenzol *n*, Phenylchlorid *n*, Chlorbenzen *n*
chlorobenzoic acid <ClC_6H_4COOH> Chlorbenzoesäure *f*, Chlorbenzolcarbonsäure *f*
chlorobenzoyl 1. <C_7H_5OCl> Chlorbenzoyl *n*; 2. <$ClC_6H_4CO\cdot$> Chlorbenzoylradikal *n*
chlorobenzyl 1. Chlorbenzyl-; 2. <$ClC_6H_4CH_2\cdot$> Chlorbenzylradikal *n*,
chlorobenzylidene Chlorbenzal *n*
chlorobromacetic acid Chlorbromessigsäure *f*
chlorobromobenzene Chlorbrombenzol *n*
2-chlorobuta-1,3-diene, <$CH_2=CClCH=CH_2$> Chloropren *n*, 2-Chlor-1,3-butadien *n*
chlorobutanol <$CCl_3C(CH_3)_2OH$> Chlorobutanol *n*, Acetonchloroform *n*, Chloreton *n*
chlorobutyl rubber Chlorbutylkautschuk *m*
chlorocalcite Chlorocalcit *m*, Bäumlerit *m* *{Min}*
chlorocarbonate 1. chlorkohlensauer; 2. Chlorkohlensäureester *m*
chlorocarbonic acid <$ClCOOH$> Chlorkohlensäure *f*, Chlorameisensäure *f*
chlorocarbonic ester Chlorkohlensäureester *m*, Chlor[o]formiat *n*, Chlorameisensäureester *m*
chlorochromate 1. chlorchromsauer; 2. Chlorochromat *n* *{M'CrO₃Cl}*
chlorochromic acid <$HCrO_3Cl$> Chlorchromsäure *f*
chlorocodide Chlor[o]codid *n*
chloro-*m*-cresol Chlorkresol *n* *{Triv}*, 4-Chlor-3-methylphenol *n*, 4-Chlor-3-cresol *n*
chlorocrotonic acid Chlorcrotonsäure *f*
chlorocruorin Chlorocruorin *n* *{Pigment im Blut von Borstenwürmern}*
chlorocyanoacetylene <$ClC\equiv CN$> 3-Chlorpropiolnitril *n*
chlorocyclizine Chlorcyclizin *n*
chlorodifluoroacetic acid <$CClF_2COOH$> Chlordifluoressigsäure *f*
chlorodifluoromethane <$CHClF_2$> Chlordifluormethan *n*, R22
chlorodimethylarsine Kakodylchlorid *n*
chloroethanamide Chloracetamid *n*
chloroethane <CH_3CH_2Cl> Ethylchlorid *n*, Chlorethan *n*, Monochlorethan *n*, Chlorethyl *n*
2-chloroethyl alcohol, <$ClCH_2CH_2OH$> 2-Chlorethanol *n*, 2-Chlorethylalkohol *m*, Ethylenchlorhydrin *n*, Glykolchlorhydrin *n*
chloroethyl chloride Chloroethylchlorid *n*, 1,2-Dichlorethan *n*
chloroethyl group <$ClCH_2CH_2$-> Chlorethylgruppe *f*, Chlorethylrest *m*
chloroethylene <$CH_2=CHCl$> Chlorethylen *n*, Vinylchlorid *n*, Chlorethen *n*
chloroethylene chloride Chlorethylenchlorid *n*
chloroethylidene Chlorethyliden *n*, Ethylendichlorid *n*, 1,1-Dichloroethan *n*
chlorofluoroalkane Fluorchloralkan *n*, Fluorchlorparaffin *n*, Fluorchlorgrenzkohlenwasserstoff *m*, Chlorfluoralkan *n*
chlorofluorocarbon Fluorchlorkohlenstoff *m*, Chlorfluorkohlenwasserstoff *m*, CFC
chloroform <$CHCl_3$> Chloroform *n*, Trichlormethan *n*
chloroformate 1. chlorkohlensauer; 2. Chlor-

kohlensäureester *m*, Chlorameisensäureester *m*, Chlor[o]formiat *n*
chloroformic acid Chlorkohlensäure *f*, Chlorameisensäure *f*
chloroformic acid ester Chlorkohlensäureester *m*, Chlorameisensäureester *m*
chloroformic ester Ethylchlorformiat *n*, Chlorkohlensäureethylester *m*
chloroforming Chloroformieren *n*
chlorogenic acid <$C_{16}H_{13}O_9$> Chlorogensäure *f*, 3,4-Dihydroxyzinnamoylchinasäure *f* *{ein Depsid aus China- und Kaffeesäure}*
chlorogenine Chlorogenin *n*, Alstonin *n*
chloroguanide Chloroguanid *n*, Proguanil *n*
chloroguanidine hydrochloride Chlorguanidinhydrochlorid *n*
chlorohydrin Chlorhydrin *n*, Chlorwasserstoffsäureglycerinester *m* *{Chloralkohol}*
chlorohydrocarbon Chlorkohlenwasserstoff *m*, chlorierter Kohlenwasserstoff *m*, CKW
chlorohydroquinol Chlorhydrochinon *n*
chlorohydroquinone <$C_6H_3(OH)_2Cl$> Chlorhydrochinon *n*, Chlor-1,4-dihydroxybenzol *n*, Chlorbenzol-1,4-diol *n*
chloroisocyanuric acid <$C_3N_3O_3Cl_3$> Chlorisocyanursäure *f*
chloroisopropyl alcohol Propylenchlorhydrin *n*
chloromaleic anhydride Chloromaleinsäureanhydrid *n*
chloromalic acid Chloräpfelsäure *f*
chloromelanite Chlor[o]melanit *m* *{Min}*
chloromercuriphenol <HOC_6H_4ClHg> Chlormercuriphenol *n*
chlorometer Chlormesser *m*, Chlorometer *n*
chloromethane <CH_3Cl> Methylchlorid *n*, Chlormethan *n*
chloromethyl <$-CHCl_2$> Chlormethyl-
chloromethyl methyl ether Chlormethylmethylether *m*, Chlordimethylether *m*
chloromethylation Chlormethylierung *f*
chloromethylphosphonic acid <$ClCH_2PO(OH)_2$> Chlormethylphosphonsäure *f*
chloromethylphosphonic dichloride <$ClCH_2POCl_2$> Chlormethylphosphonsäuredichlorid *n*
chlorometric chlorometrisch
chlorometry Chlorometrie *f*
chloromorphide Chloromorphid *n*
chloronaphthalene <$C_{10}H_7Cl$> Chlornaphthalin *n*
chloronitroacetophenone Chlornitroacetophenon *n*
chloronitroaniline Chlornitroanilin *n*
chloronitrobenzene <$C_6H_4Cl(NO_2)$> Chlornitrobenzol *n*, Nitrochlorbenzol *n*
chloronitrobenzenesulfonic acid Chlornitrobenzolsulfonsäure *f*
chloronitromethane <$ClCH_2NO_2$> Chlornitromethan *n*
chloronitroparaffin Chlornitroparaffin *n*
chloronitrous acid Salpetersalzsäure *f*, Königswasser *n*, Nitrosylchlorid *n*
chloronium ion <H_2Cl^+> Chloronium-Ion *n*
chloropal Chloropal *m* *{Min}*
chloropalladic acid Palladium(IV)-chlorwasserstoff *m*
chloroparaffin Chlorparaffin *n*
chlorophaite Chlorphaeit *m*
chlorophane Chlorophan *m*, Pyrosmaragd *m* *{Min}*
chlorophenol Chlorphenol *n*, Chloroxybenzol *n*
chlorophenol red Chlorphenolrot *n* *{Indikator}*, Dichlorphenolsulfonphthalein
chlorophenyl isocyanate <$ClC_6H_4N=C=O$> Chlorphenylisocyanat *n*
chlorophenyl salicylate Chlorsalol *n*
chlorophenylamine Chloranilin *n*
chlorophenyldiazirine Phenylchlordiazirin *n*
chlorophenylenediamine Chlorphenylendiamin *n*
chlorophorin <$C_{24}H_{28}O_4$> Chlorophorin *n*
chlorophthalic acid <$ClC_6H_3(COOH)_2$ > 4-Chlorphthalsäure *f*
chlorophyll Chlorophyll *n*, Blattgrün *n*
chlorophyll a <$C_{55}H_{72}MgN_4O_5$> Chlorophyll a *n*, Blattgrün a *n*
chlorophyll b <$C_{55}H_{70}MgN_4O_6$> Chlorophyll b *n*, Blattgrün b *n*
chlorophyll C$_1$ <$C_{35}H_{28}MgN_4O_5$> Chlorophyll c$_1$ *n*, Blattgrün c$_1$ *n*
chlorophyll d <$C_{54}H_{70}MgN_4O_6$> Chlorophyll d *n*, Blattgrün d *n*
chlorophyll-bearing chlorophyllhaltig
chlorophyllaceous chlorophyllhaltig
chlorophyllane Chlorophyllan *n*
chlorophyllide Chlorophyllid *n*
chlorophyllin Chlorophyllin *n*
chlorophyllin ester Chlorophyllid *n*
chlorophyllin paste Chlorophyllinpaste *f*
chlorophyllite Chlorophyllit *m* *{Min}*
chloropicrin <CCl_3NO_2> Chloropikrin *n*, Nitrochloroform *n*, Trichlornitromethan *n*
chloroplast Chlorophyllkorn *n*, Chloroplast *m* *{Biol}*
chloroplatinate Chloroplatinat *n* *{Tetrachloroplatinat(II) oder Hexachloroplatinat(IV)}*
chloroplatinic(IV) acid <$H_2PtCl_6 \cdot 6H_2O$> Chlorplatin(IV)-säure *f*, Hexachloroplatin(IV)-säure *f*, Platin(IV)-chlorwasserstoffsäure *f*
chloroplatinous acid Platinochlorwasserstoffsäure *f* *{obs}*, Tetrachloroplatin(II)-säure *f*, Chlorplatin(II)-säure *f*, Platin(II)-chlorwasserstoffsäure *f*
chloropolypropylene Chlorpolypropylen *n*
chloroporphyrin Chloroporphyrin *n*

chloroprene <$CH_2=CClCH=CH_2$> Chloropren *n*, 2-Chlor-1,3-butadien *n*
chloroprene rubber Chloroprengummi *m*, Chloroprenkautschuk *m*, Poly-2-chlorbutadien *n*, Neopren *n*
chloroprocaine hydrochloride Chlorprocainhydrochlorid *n*
1-chloropropane <$CH_3CH_2CH_2Cl$> 1-Chlorpropan *n*, Propylchlorid *n*, Chlorpropyl *n*
2-chloropropane <$CH_3CHClCH_3$> 2-Chlorpropan *n*, Isopropylchlorid *n*
chloropropanolone Chloracetol *n*
3-chloropropionic acid <CH_2ClCH_2COOH> Chlorpropionsäure *f*
chloropyramine *{INN}* Chlorpyramin *n*
chloropyrene Chlorpyren *n*
chloropyridine Chlor[o]pyridin *n*
chloropyrilene Chlorpyrilen *n*
chloroquine Chloroquin *n {7-Chlor-4-(4'-diethylamino-1'-methylbutylamino)chinolin}*
chlororicinic acid Chlorricin[in]säure *f*
chlorosalicylaldehyde Chlorsalicylaldehyd *m*
chlorosalol Chlorsalol *n*
chlorosilane <SiH_3Cl> [Mono-]Chlorsilan *n*
chlorospinel Chlorospinell *m {Min}*
chlorostannic acid <$H_2[SnCl_6]$> Hexachlorozinn(IV)-säure *f*, Zinn(IV)-chlorwasserstoffsäure *f*, Stannichlorwasserstoffsäure *f {obs}*
chlorostannous acid <H_2SnCl_4> Stannochlorwasserstoffsäure *f {obs}*, Tetrachlorozinn(II)-säure *f*, Zinn(II)-chlorwasserstoffsäure *f*
chlorosuccinic acid Chlorbernsteinsäure *f*
chlorosulfonation Chlorsulfonierung *f*, Sulfochlorierung *f*
chlorosulfuric acid <$SO_2(OH)Cl$> Chlorsulfonsäure *f*
chlorosulfonic acid <$ClSO_2OH$> Chlorschwefelsäure *f*, Sulfurylhydroxylchlorid *n {obs}*, Chloroschwefelsäure *f*
chlorothen citrate Chlorothencitrat *n*
chlorothiazide <$C_7H_6ClN_3O_4S_2$> Chlorthiazid *n {Pharm}*
chlorothiophenol Chlorthiophenol *n*, Chlorbenzolthiol *n*
chlorothymol Chlorthymol *n*
chlorotoluene <$ClC_6H_4CH_3$> Chlortoluol *n*, Chlormethylbenzol *n*
chlorotrianisene Chlorotrianisen *n {Pharm}*
chlorotrifluoroethylene <$ClFC=CF_2$> Chlortrifluorethylen *n*, Chlorotrifluorethen *n*, Trifluorvinylchlorid *n*, R-1113
chlorotrifluoromethane <$ClCF_3$> Chlortrifluormethan *n*, R-13
chlorotriphenylsilane Triphenylsiliciumchlorid *n*, Chlortriphenylsilan *n*
chlorourethane Chlorurethan *n*
chlorous chlorig
chlorous acid <$HClO_2$> chlorige Säure *f*
chloroxalethyline Chloroxalethylin *n*, Chloroxalsäure *f*
chloroxalic acid Chloroxalsäure *f*, Chloroxalethylin *n*
chlorozone Chlorozon *n*
chlorphenamine Chlorphenamin *n*
chlorpheniramine maleate Chlorpheniraminmaleat *n {Pharm}*
chlorpromazine Chlorpromazin *n {Pharm}*
chlorpropamide *{INN}* Chlorpropamid *n*
chlorspar Mendipit *m {Min}*
chlortetracycline *{INN}* Chlortetracyclin *n {Antibiotikum}*
chlorthion Chlorthion *n {Insektizid}*
chloruret/to mit Chlor *n* sättigen
chloryl <$-ClO_2$> Chloryl-
chloryl fluoride <ClO_2F> Chlorylfluorid *n*
chlorylene Chlorylen *n*, Trichlorethylen *n*
chocolate Schokolade *f*
chocolate laxative Abführschokolade *f*
choice 1. vorzüglich; 2. Auswahl *f*, Wahl *f*; 3. drittbeste Wollqualität *f*
choice brand vorzügliche Sorte *f*, Qualitätsware *f*
choice of site Standortwahl *f*
choice of supplier Lieferantenwahl *f*
choke/to 1. verstopfen, versperren, verschmutzen, verschmieren; drosseln, erdrosseln, ersticken, überbelasten; hemmen, ersticken *{z.B. ein Feuer}*; 2. sich verstopfen
choke 1. Drosselung *f*, Verengung *f*; 2. Drosselspule *f {DIN 40714}*, Drossel *f {Elek}*; 3. Drosselscheibe *f*; Regulierkegel *m*; 4. verengter Hals *m*, enger Hals *m {Fehler eines Glasbehälters}*; 5. Luftklappe *f*
choke coil Induktionsspule *f*, Drosselspule *f {DIN 40714,}*, Drossel *f*
choke crushing Verreiben *n*, Verreibung *f*; Brechen *n* im Gutbett *n* bei Überbelastung *f*
choke damp Grubengas *n*, Nachdampf *m*, Nachschwaden *m*, schlagendes Wetter *n*, Schwaden *m {Kohlendioxidanreicherungen nach Grubenexplosionen}*
choke feeding Drosselspeisung *f*, Einspeisung *f* bei Überbelastung *f*
choke tube Luftdüse *f*
choking 1. erstickend; 2. Abdrosseln *n*, Abdrosselung *f*, Drosselung *f*, Ersticken *n*, Verstopfen *n*, Verstopfung *f*, Stockung *f*; 3. nichtaufgeschmolzenes Granulat *n {im Spritzgußteil}*
choking calorimeter Drosselkalorimeter *n*
choladiene Choladien *n*
choladienic acid Choladiensäure *f*
cholagogue Cholekinetikum *n*, Cholagogum *n {Pharm}*
cholalic acid Cholsäure *f*
cholanamide Cholanamid *n*
cholane <$C_{24}H_{42}$> Cholan *n*

cholanic acid Cholansäure *f {Grundkörper der Gallensäuren}*
cholanthrene <$C_{20}H_{14}$> Cholanthren *n*
cholate 1. cholalsauer, cholsauer; 2. Salz *n* der Cholsäure *f*, Cholsäureester *m*; 3. Taurocholsäureester *m*
cholatriene Cholatrien *n*
cholatrienic acid Cholatriensäure *f*
cholecyanin Bilicyanin *n*
choleh[a]ematin[e] Bilipurpurin *n*
choleine Cholein *n*
cholestane <$C_{27}H_{48}$> Cholestan *n*
cholestanediol Cholestandiol *n*
cholestanol Cholestanol *n*
cholestanone Cholestanon *n*
cholestanonol Cholestanonol *n*
cholestene Cholesten *n*
cholestenone Cholestenon *n*
cholesterase Cholesterase *f*
cholesterate 1. cholesterinsauer; 2. Cholesterat *n*
cholesterin *s.* cholesterol
cholesterinate cholesterinsauer
cholesterol <$C_{27}H_{45}OH$> Cholesterin *n*, Cholesterol *n*, Gallenfett *n*, 5-Cholesten-3*ß*-ol *n {IUPAC}*
cholesterol level Cholesterinspiegel *m*
cholesterol-like cholesterinähnlich
cholesterol metabolism Cholesterinstoffwechsel *m*
cholesterol wax Cholesterinwachs *n*
cholesteryl ester Cholesterinester *m*
cholesterylene Cholesterylen *n*
cholestrophan Cholestrophan *n*, Dimethylparabansäure *f*
cholic acid <$C_{23}H_{36}(OH)_3COOH$> Cholsäure *f {Physiol}*
choline <$(CH_3)_3N^+(OH^-)C_2H_5OH$> Cholin *n {Trimethylethanolammoniumhydroxid}*
choline base Cholinbase *f*
choline bitartrate Cholinhydrogentartrat *n*
choline chloride Cholinchlorid *n*
choline dehydrogenase Cholindehydrase *f {Biochem}*
choline esterase Cholinesterase *f {Biochem}*
choline ether Cholinether *m*
choline nitrate Nitratocholin *n*
choloidanic acid Choloidansäure *f*
chondrification Knorpelbildung *f*, Verknorpelung *f {Biol}*
chondrin Chondrin *n*, Knorpelleim *m*
chondrite Chondrit *m {ein Steinmeteorit}*
chondroarsenite Chondroarsenit *m {obs}*, Sarkinit *m*
chondrodite Chondrodit *m*, Langstaffit *m {Min}*
chondroitin Chondroitin *n*
chondroitin sulfate Chondroitinsulfat *n*
chondronic acid Chondronsäure *f*
chondroninic acid Chondroninsäure *f*
chondrosamic acid Chondrosaminsäure *f*
chondrosamine Chondrosamin *n*, 2-Amino-3-deoxygalactose *f*
chondrosin Chondrosin *n*
chondrosinic acid Chondrosinsäure *f*
choose/to [aus]wählen, aussuchen
chop/to hacken, zerhacken, zerkleinern; schneiden, schnitzeln; brechen *{z.B. Rinde}*; häckseln *{Stroh}*; stoßen *{z.B. Eis}*
chop 1. bewegliche Backe *f*, bewegliche Spannbacke *f {des Schraubstockes}*; 2. *{US}* Qualität *f*, Wahl *f*, Güte *f*, Güteklasse *f*
chopped beam gepulster Strahl *m*
chopped cotton cloth Baumwollschnitzel *mpl {Füllstoff}*
chopped cotton cloth filled plastic Textilschnitzelpreßmasse *f*, Baumwollschnitzelpreßmasse *f*
chopped cotton fabric Baumwollschnitzel *mpl {Füllstoff}*
chopped filled plastic Plastschnitzelformmasse *f*
chopped [glass] strands geschnittenes Textilglas *n*, geschnittene Glasseide *f*, Stapelglasseide *f*, gehackte Glasseidenstränge *mpl {Verstärkungsmaterial}*
chopped meat Hackfleisch *n*
chopped strand mat Kurzfaservlies *n*, Glasfaservlies[stoff] *n[m]*, Faserschnittmatte *f*, Glasseiden-Schnittmatte *f*
chopped strand prepreg Kurzfaser-Prepreg *n*
chopped strand reinforced kurzglas[faser]verstärkt
chopped strands geschnittene Glasfasern *fpl*, geschnittenes Textilglas *n*, Glaskurzfasern *fpl*, Kurzglasfasern *fpl*, Schnittglasfasern *fpl*
chopper Chopper *m*, Zerhacker *m*, Hacker *m*
chopper bar controller Fallbügelregler *m*
chopping Schneiden *n {Faser}*
chopping roving Schneidroving *n*
chord 1. Akkord *m {Akustik}*; 2. Saite *f*; 3. Sehne *f*, Profiltiefe *f*, Profilsehne *f*; Sehne *f {Math}*
chovismic acid Chovisminsäure *f*
christianite Christianit *m {Min}*
chroma 1. Sättigung *f*, Chromatizität *f {eine Farbmaßzahl im Munsell-System}*; 2. Farbenskale *f*
chromaffin system Chromaffin-System *n {Physiol}*
chroman Chroman *n*, Dihydrobenzopyran *n {Grundgerüst einiger Naturstoffe}*
chromanol Chromanol *n*
chromanone Chromanon *n*
chromate 1. chromsauer; 2. Chromat(III) *n*; Chromat(IV) *n*, Monochromat *n {M'_2CrO_4}*
chromate coating Chromatieren *n*
chromate black Chromatschwarz *n*

chromate dip Chromatbeize *f*
chromate treating Chromatieren *n*
chromatic chromatisch, farbig
chromatic aberration chromatische Aberration *f*, Farb[en]fehler *m*, Farbenabweichung *f*, Farbenzerstreueung *f*
chromatic defect Farbenfehler *m*
chromatic phenomenon Farbenerscheinung *f*
chromatic printing Chromatdruck *m*, Farbendruck *m {Druck}*
chromatic treatment Chromatieren *n*, Chromatisieren *n*
chromaticity Chromatizität *f*, Sättigung *f*, Farbmeßzahl *f {im Munsell-System}*
chromaticity coordinate Normfarbwertanteil *m*, Farbartkoordinate *f*, Dreieckskoordinate *f {x, y, z - der Farbtafel}*
chromaticity diagram Farbdreieck *n*, Farbtafel *f*, Farbtondiagramm *n {zur Pigmentauswahl}*
chromaticity index Farbkennziffer *f*
chromaticness Chromatizität *f {Opt}*
chromatics Farbenlehre *f*, Chromatik *f*, Farblehre *f {als Oberbegriff}*
chromatid Halbchromosom *n*, Chromatide *m {Biol}*
chromatin Chromatin *n {besonders stark anfärbbares Material aus Zellkernen}*
chromating Chromatieren *n {DIN 50902}*
chromating bath Bichromatbeizbad *n {Met}*
chromatizing Chromatieren *n {DIN 50902}*
chromatizing agent Chromatiermittel *n*
chromatocoil Spiralenchromatograph *m*
chromatogenic farbenerzeugend
chromatogram Chromatogramm *n*
chromatograph/to chromatographieren
chromatograph Chromatograph *m*
chromatographic chromatographisch
chromatographic analysis Chromatographie *f*
chromatographic column Chromatographiesäule *f*, chromatographische Säule *f*
chromatographic jar Trennkammer *f*
chromatographic separation chromatographische Trennung *f*
chromatography Chromatographie *f*
chromatography tank Trennkammer *f*, Chromatographiekammer *f*, Chromatographietrog *m*
ascending chromatography aufsteigende Chromatographie *f*
descending chromatography absteigende Chromatographie *f*
high-pressure liquid chromatography Hochdruck-Flüssigkeitschromatographie *f*
liquid chromatography Flüssigkeits-Chromatographie f
chromatology Farbenlehre *f*
chromatometer Farbenkreisel *m*, Farbenmesser *m*
chromatophore Chromatophor *n*, Farb[stoff]-träger *m*, Farbenzelle *f*, Pigmentzelle *f*
chromatoptometer Farbempfindlichkeitsmesser *m*
chromatoscope Chromatoskop *n*
chromatrope Chromatrop *n*, Farbenschiller *m*
chromazurol S Chromazurol S *n {Anal}*
chrome/to 1. chromieren *{Farb}*; 2. mit Chromsalzen *npl* gerben, chromgerben; 3. verchromen *{Metalle}*
chrome-mordant/to chrombeizen
chrome-plate/to verchromen
chrome 1. *s.* chromium; 2. Chromerz *n*; 3. Chromoxid *n*; 4. Bleichromat *n*
chrome alum 1. Chromalaun *m*, Gerbsalz *n* {$M^{I}Cr(SO_4)_2 \cdot 12H_2O$}; 2. Kaliumchromalaun *m*, Chromikaliumsulfat *n*, Kaliumchrom(III)-sulfat-12-Wasser *n*
chrome ammine Chromiak *n {Ammin-chrom(III)-Komplex}*
chrome black Chromschwarz *n*
chrome blue Chromblau *n*
chrome brown Chrombraun *n*
chrome colo[u]r Chromfarbe *f*, Chromfarbstoff *m*, Chromier[ungs]farbstoff *m*
chrome diffusion Inchromieren *n*, Chromatieren *n*
chrome diffusion agent Inchromiermittel *n*
chrome dyestuff Chromier[ungs]farbstoff *m*, Chromfarbe *f*, Chromfarbstoff *m*
chrome green 1. <Cr_2O_3> Chromoxidgrün *n*, Laubgrün *n*, grüner Zinnober *m*; 2. <$Cr_2O_3 \cdot H_2O$> Chromoxidhydratgrün *n*, Guignets Grün *n*, Mittlers Grün *n*, Veronese-Grün *n*, Smaragdgrün *n*, Brillantgrün *n*, Viridian *n*; 3. <$PbCrO_4$ mit Berliner Blau> Chromgrün *n*, Deckgrün *n*, Druckgrün *n*, Englischgrün *n*, Milorigrün *n*, Moosgrün *n*, Neapelgrün *n*, Russischgrün *n*, Seidengrün *n*, Zinnobergrün *n*
chrome iron ore Chromeisenerz *n*, Chromeisenstein *m {obs}*, Chromit *m {Min}*
chrome leather Chromleder *n {mit Chromsulfat gegerbtes Leder}*
chrome leather black Chromlederschwarz *n*
chrome magnesia brick Chrommagnesitstein *m*, Chrommagnesiastein *m*
chrome mica Chromglimmer *m*, Chrombiotit *m {Min}*
chrome-molybdenum steel Chrommolybdänstahl *m*
chrome mordant Chrombeize *f {z.B. Chromalaun, Chromacetat, Kaliumdichromat}*
chrome-nickel steel Chromnickelstahl *m*
chrome ocher Chromocker *m*, Anagenit *m {Min}*
chrome orange **<$PbO \cdot PbCrO_4$>** Chromorange *n*

chrome ore Chromeisenstein *m*, Chromit *m*

chrome oxide green <Cr_2O_3> Chromoxidgrün *n*, grüner Zinnober *m*, Laubgrün *n*

chrome pigment Chrompigment *n*

chrome-plated verchromt

chrome-plating Verchromen *n*

chrome red Chromrot *n*, Chromzinnober *m*, Derbyrot *n*, Wiener Rot *n*, Persischrot *n {basisches Bleichromat}*

chrome refractory feuerfester Chromziegel *m*, Chromitstein *m*

chrome resinate Chromresinat *n*

chrome scarlet Chromscharlachrot *n*, Scharlachrot *n*

chrome spinel Picotit *m*, Chromspinell *m*, Chromitspinell *m {Min}*

chrome steel Chromstahl *m*

chrome tannage Chromgerbung *f*

chrome-tanned chromgar, chromgegerbt

chrome-tanned leather Chromleder *n*

chrome tanning Chromgerbung *f*

chrome tanning extract Chromgerbeextrakt *m*

chrome-tungsten steel Chromwolframstahl *m*

chrome-vanadium steel Chromvanadiumstahl *m*

chrome violet Chromviolett *n*

chrome yellow <$PbCrO_4$> Chromgelb *n*, neutrales Bleichromat *n*, Königsgelb *n*, Leipzigergelb *n*

Chromel *{TM}* Chromel *n {Ni-Cr-Fe-Legierung}*

chromel-alumel thermocouple Chromel-Alumel-Thermoelement *n*

chromene <C_9H_8O> Chromen *n*, Benzopyran *n*

chromic Chrom-; Chrom(III)-

chromic acetate <$(CH_3CO_2)_3Cr \cdot H_2O$> Chrom-(III)-acetat *n*, essigsaures Chrom *n {obs}*, Chromtriacetat *n*

chromic acid 1. <H_2CrO_4> Chromsäure *f*, Monochromsäure *f*; 2. <CrO_3> Chromtrioxid *n*, Chromsäureanhydrid *n*

chromic acid anodizing Chromsäureeloxierung *f*

chromic acid cell Chrom[säure]element *n*, Flaschenelement *n*

chromic acid dip Chromatbeize *f*

chromic acid process Chromsäureverfahren *n*, Bengough-Stuart-Verfahren *n {anodische Oxidation}*

chromic anhydride <CrO_3> Chromsäureanhydrid *n*, Chromtrioxid *n*, Chrom(VI)-oxid *n*

chromic bromide <$CrBr_3$ or $CrBr_3 \cdot 6H_2O$> Chrom(III)-bromid *n*, Chromtribromid *n*

chromic chloride <$CrCl_3$ or $CrCl_3 \cdot 6H_2O$> Chrom(III)-chlorid *n*, Chromtrichlorid *n*, Chromichlorid *n {obs}*

chromic compound Chrom(III)-Verbindung *f*, Chromiverbindung *f {obs}*

chromic fluoride <$CrF_3 \cdot 4H_2O$> Chromtrifluorid *n*, Chrom(III)-fluorid *n*

chromic hydroxide <$Cr(OH)_3 \cdot 2H_2O$> Chrom(III)-hydroxid *n*, Chromihydroxid *n {obs}*

chromic iron [ore] <$FeCr_2O_3$> Chromeisenstein *n*, Chromit *m {Min}*

chromic nitrate <$Cr(NO_3)_3 \cdot 9H_2O$> Chrom(III)-nitrat *n*, Chromnitrat *n*, Chromtrinitrat *n*

chromic orthophosphate <$CrPO_4$> Chrom(III)-orthophosphat *n*

chromic oxide <Cr_2O_3> Chromsesquioxid *n {obs}*, Dichromiumtrioxid *n {IUPAC}*, Chromsäureanhydrid *n*, Chrom(III)-oxid *n*

chromic oxide pigment *{BS 318}* Chromoxidpigment *n*

chromic potassium alum Kaliumchromalaun *m*, Chromkaliumsulfat *n*

chromic salt Chrom(III)-Salz *n*, Chromisalz *n {obs}*

chromic sulfate <$Cr_2(SO_4)_3$> Chromisulfat *n {obs}*, Chrom(III)-sulfat *n*

chromicyanic acid <$H_3Cr(CN)_6$> Chromicyanwasserstoffsäure *f {obs}*, Hexacyanochromium(II)-wasserstoffsäure *f*

chromiferous chromhaltig

chrominance Chrominanz *f {Opt}*

chromising Chromatieren *n {Oberflächenbeschichtung}*

chromite 1. <M^ICrO_2> Chromat(III) *n*, Chromit *m {obs}*; 2. <$FeCr_2O_4$> Chromeisenstein *m*, Chromit *m {Min}*; 3. <$CuCr_2O_4$> Chrom(III)-Kupfer(II)-oxid *n*, Kupferchromat(III) *n*

chromite brick Chromitstein *m*

chromithiocyanic acid <$H_3Cr(CNS)_6$> Chromirhodanwasserstoffsäure *f {obs}*, Hexathiocyanatochromium(II)-wasserstoffsäure *f*

chromium *{Cr, element no. 24}* Chrom *n*, Chromium *n {IUPAC}*

chromium acetate Chromacetat *n {$Cr(C_2H_3O_2)_2$; $Cr(C_2H_3O_2)_3$}*

chromium ammonium sulfate <$NH_4Cr(SO_2)_2 \cdot 12H_2O$> Ammoniumchrom(III)-sulfat-12-Wasser *n*, Ammoniumchromalaun *m*

chromium carbide Chromcarbid *n {Tetrachromcarbid, Heptachromtricarbid, Trichromdicarbid}*

chromium chlorate <$Cr(ClO_3)_3$> Chromtrichlorat *n*, Chrom(III)-chlorat *n*

chromium chloride Chromchlorid *n {$CrCl_2$, $CrCl_3$, CrO_2Cl_2}*

chromium diacetate Chromdiacetat *n*, Chromium(II)-acetat *n*

chromium dichloride <$CrCl_2$> Chromdichlorid *n*, Chrom(II)-chlorid *n*

chromium difluoride <CrF_2> Chromdifluorid *n*, Chrom(II)-fluorid *n*

chromium dioxide <CrO_2> Chromdioxid *n*, Chrom(IV)-oxid *n*
chromium fluoride Chromfluorid *n* *{CrF_2, CrF_3, CrF_4}*, Fluorchrom *n* *{obs}*
chromium fluosilicate Chromsilicofluorid *n*, Chromiumhexafluorosilicat(IV) *n*
chromium glass Chromglas *n*
chromium hexacarbonyl <$Cr(CO)_6$> Hexacarbonylchrom(o) *n*
chromium hydroxide <$Cr(OH)_2$> Chromium(II)-hydroxid *n*, Chromoxidhydrat *n*
chromium-iron alloy Chromeisenlegierung *f* *{Korr}*
chromium metaphosphate Chrommetaphosphat *n*
chromium naphthenate Chromnaphthenat *n*
chromium-nickel-alloys Chromnickellegierungen *fpl*
chromium-nickel steel Chromnickelstahl *m*
chromium nitrate Chromnitrat *n*
chromium oxide Chromoxid *n* *{CrO, Cr_2O_3, CrO_2, CrO_3}*
chromium oxychloride <CrO_2Cl_2> Chromoxychlorid *n*, Chromylchlorid *n*, Chrom(VI)-oxidchlorid *n*, Chromsubchlorid *n*
chromium oxyfluoride <CrO_2F_2> Chromoxyfluorid *n*, Chromylfluorid *n*, Chromsubfluorid *n*
chromium oxysulfate Chromsubsulfat *n* *{obs}*, Chromylsulfat(VI) *n*
chromium pentafluoride <CrF_5> Chrompentafluorid *n*, Chromium(V)-fluorid *n*
chromium peroxide Chromperoxid *n* *{1. <CrO_5> Chromium(VI)-peroxid; 2. <CR-$(O_2)_2$>Chromium(IV)-peroxid}*
chromium phosphide <CrP> Chromphosphid *n*
chromium-plate/to verchromen
chromium-plated verchromt
chromium plating Verchromen *n*, Verchromung *f*
chromium potassium sulfate <$KCr(SO_4)_2$-$12H_2O$> Chromkaliumalaun *m*, Kaliumchromalaun *m*, Chrom(III)-kaliumsulfat-12-Wasser *n*
chromium resinate Chromresinat *n*
chromium salt Chromsalz *n* *{Gerb}*
chromium sesquioxide <Cr_2O_3> Chrom(III)-oxid *n*, Chromsesquioxid *n* *{obs}*, Chromsäureanhydrid *n*,
hydrated chromium sesquioxide Afrikagrün *n*
chromium silicide <Cr_3Si_2> Chromsilicid *n*
chromium silicofluoride Chromsilicofluorid *n*, Chromium(III)-hexafluorosilicat(IV) *n*
chromium steel Chromstahl *m*
chromium subchloride Chromsubchlorid *n* *{obs}*, Chromylchlorid *n*
chromium sulfate Chromium(III)-sulfat *n*
basic chromium sulfate Chromsubsulfat *n* *{obs}*, Chromylsulfat *n*
chromium sulfide <Cr_3S_4> Chromsulfid *n*
chromium sulfite Chromium(III)-sulfit *n*
chromium trichloride <$CrCl_3$> Chromtrichlorid *n*, Chrom(III)-chlorid *n*
chromium trifluoride <CrF_3> Chromtrifluorid *n*, Chrom(III)-fluorid *n*
chromium trioxide <CrO_3> Chromtrioxid *n*, Chromsäureanhydrid *n*, Chrom(VI)-oxid *n*
chromium-tungsten steel Chromwolframstahl *m*
chromium(II) acetate Chrom(II)-acetat *n*, Chromoacetat *n* *{obs}*
chromium(II) chloride Chromdichlord *n*, Chrom(II)-chlorid *n*, Chromochlorid *n* *{obs}*, Chromchlorür *n* *{obs}*
chromium(II) compound Chrom(II)-Verbindung *f*, Chromoverbindung *f*, Chromoxydulverbindung *f* *{obs}*
chromium(II) fluoride Chromdifluorid *n*, Chrom(II)-fluorid *n*
chromium(II) hydroxide Chromhydroxydul *n* *{obs}*, Chrom(II)-hydroxid *n*, Chromohydroxid *n* *{obs}*
chromium(II) oxide Chrom(II)-oxid *n*, Chromoxydul *n* *{obs}*
chromium(II) salt Chrom(II)-Salz *n*
chromium(II) sulfide Chrom(II)-sulfid *n*, Chromsulfür *n* *{obs}*
chromium(III) acetate Chromiacetat *n* *{obs}*, Chrom(III)-acetat *n*, Chromtriacetat *n*
chromium(III) chloride Chrom(III)-chlorid *n*, Chromtrichlorid *n*, Chromichlorid *n* *{obs}*
chromium(III) compound Chrom(III)-Verbindung *f*, Chromiverbindung *f* *{obs}*
chromium(III) fluoride Chrom(III)-fluorid *n*, Chromtrifluorid *n*
chromium(III) hydroxide Chrom(III)-hydroxid *n*, Chromoxidhydrat *n*, Chromihydroxid *n* *{obs}*
chromium(III) oxide Chrom(III)-oxid *n*, Chromsesquioxid *n*
chromium(III) salt Chrom(III)-Salz *n*, Chromisalz *n* *{obs}*
chromium(III) sulfate Chromisulfat *n* *{obs}*, Chrom(III)-sulfat *n*
chromium(VI) oxide Chromsäureanhydrid *n*, Chromtrioxid *n*, Chrom(VI)-oxid *n*
chromizing Inchromieren *n*, Inchromierung *f*, Inkromieren *n*, Inkrom-Verfahren *n*, Chromdiffundieren *n*, Diffusionsverchromung *f*, Einsatzverchromung *f* *{Met}*
chromoacetic acid Chromoessigsäure *f*
chromocyclite Chromocyclit *m* *{Min}*
chromocyte Chromocyte *f*, Pigmentzelle *f*
chromodiacetic acid Chromodiessigsäure *f*
chromoform Chromoform *n*
chromogen Chromogen *n*, Farbenerzeuger *m* *{Verbindung mit chromophorer Gruppe}*

chromogenic farbstofferzeugend, farbenerzeugend, farbbildend, chromogen, farbstoffbildend, pigmentbildend
chromograph Chromograph *m {Farbdrucker mit Chromgelatine}*
chromoisomer Chromoisomer[es] *n*
chromoisomerism Chromoisomerie *f*, Chromotropie *f*
chromolithography Chromolithographie *f*, Farbenlithographie *f*, Farbensteindruck *m*
chromolysis Chromolyse *f*
chromomere Chromomer *n {Gen}*
chromometer Colorimeter *n*, Chromometer *n*, Farbmesser *m*
chromomonoacetic acid Chromomonoessigsäure *f*
chromone Chromon *n*, 1,4-Benzopyron *n*, Chromen-4-on *n*, 4*H*-1-Benzopyran-4-on *n*
chromonitric acid Chromsalpetersäure *f*
chromopaper Chromopapier *n {Kunstdruckpapier}*
chromophil[ic] leicht färbbar, chromatophil
chromophob[ic] farbfeindlich, chromophob, schlecht färbbar
chromophore Chromophor *m*, Farbträger *m*, chromophore Gruppe *f*, farbtragende Gruppe *f*, farbgebende Gruppe *f*
chromophoric chromophor, farbtragend, farbgebend
chromophorous chromophor, farbtragend, farbgebend
chromophotography Chromophotographie *f*, Farbphotographie *f*
chromophotolithography Chromophotolithographie *f*
chromophototypy Chromophototypie *f*
chromophotoxylography Chromophotoxylographie *f*
chromopicotite Chrompicotit *m {Min}*
chromoplast Chromoplast *m {außer Chloroplast}*
chromoprotein Chromoproteid *n {obs}*, Chromoprotein *n {Biochem}*
chromopyrometer Chromopyrometer *n*
chromosantonin Chromosantonin *n*
chromosomal chromosomal *{Gen}*
chromosome Chromosom *n {Gen}*
chromosome banding technique Bandenfärbung *f* von Chromosomen *npl*
chromosome map Chromosomenkarte *f*
chromosome mottling Chromosomenmottling *m {Gen}*
chromosomin Chromosomin *n {Hauptprotein in Chromosomen}*
chromosphere Chromosphäre *f {Sonne}*
chromospheric chromosphärisch
chromosulfuric acid Chromschwefelsäure *f*, Schwefelchromsäure *f {H_2SO_4-Chromat-Mischung}*
chromotropic acid Chromotropsäure *f*, 1,8-Dihydroxynaphthalin-3,6-disulfonsäure *f*
chromotropy Chromoisomerie *f*, Chromotropie *f*
chromotypography Chromotypographie *f*, Farbenbuchdruck *m*
chromotypy Chromotypie *f*, Farbendruck *m*
chromous Chrom-; Chrom(II)-
chromous acetate <$Cr(CH_3COO)_2$> Chrom-(II)-acetat *n*, Chromoacetat *n {obs}*
chromous chloride <$CrCl_2$> Chromdichlorid *n*, Chromchlorür *n {obs}*, Chromochlorid *n {obs}*, Chrom(II)-chlorid *n*
chromous compound Chrom(II)-Verbindung *f*, Chromoverbindung *f {obs}*, Chromoxydulverbindung *f {obs}*
chromous fluoride <CrF_2> Chromdifluorid *n*, Chrom(II)-fluorid *n*
chromous hydroxide <$Cr(OH)_2$> Chrom(II)-hydroxid *n*, Chromhydroxydul *n {obs}*, Chromohydroxid *n {obs}*
chromous ion Chromo-Ion *n {obs}*, Chrom(II)-ion *n*
chromous oxide <CrO> Chrom(II)-oxid *n*, Chromoxydul *n {obs}*
chromous salt Chrom(II)-Salz *n*
chromous sulfide <CrS> Chrom(II)-sulfid *n*, Chromsulfür *n {obs}*
chromoxylograph Chromoxylograph *m*
chromoxylography Chromoxylographie *f*, Farbenholzschnitt *m*
chromozincotypy Färben *n* von Zinkographien *fpl*
chromyl <$=CrO_2$> Chromyl *n*
chromyl acetate Chromylacetat *n {Mono-, Diacetochromsäure}*
chromyl amide <$CrO_2(NH_2)_2$> Chromylamid *n*
chromyl azide chloride <CrO_2ClN_3> Chromylazidchlorid *n*
chromyl chloride <CrO_2Cl_2> Chromylchlorid *n*, Chromoxychlorid *n*, Chrom(VI)-oxidchlorid *n*, Dichlorochromsäure *f {Triv}*
chromyl fluoride <CrO_2F_2> Chromoxyfluorid *n*, Chrom(VI)-oxidfluorid *n*, Chromylfluorid *n*, Difluorochromsäure *f*
chromyl nitrate Chromylnitrat *n*, Chrom(VI)-oxidnitrat *n*
chromyl perchlorate Chromylperchlorat *n*
chromyl sulfate Chromsubsulfat *n {obs}*, Chromylsufat *n*, Chromium(VI)-oxidsulfat *n*
chronoamperometry Chronoamperometrie *f*
chronocoulometry Chronocoulometrie *f*
chronograph Zeitschreiber *m*, Chronograph *m*, registrierender Zeitmesser *m*
chronological chronologisch, zeitlich aufeinanderfolgend

chronological sequence zeitliche Reihenfolge *f*
chronometer Chronometer *n*, Zeitmeßgerät *n*, Stoppuhr *f*, Zeitnehmer *m*, Zeitmesser *m* *{transportable Uhr mit höchster Genauigkeit}*
chronometry Zeitmessung *f*
chronopotentiometry Chronopotentiometrie *f* *{Anal}*
chronoscope Chronoskop *n* *{elektronisches Kurzzeit-Meßgerät}*
chronothermometer Chronothermometer *n* *{temperaturgesteuerte Gangart}*
chronotron Chronotron *n* *{Nanosekunden-Meßgerät}*
chrysalis oil Chrysalidenöl *n*
chrysamine Chrysamin *n*, Azidingelb *n*, Flavophenin *n*
chrysamm[in]ic acid Chrysamminsäure *f*, Tetranitrochrysazin *n*, 1,8-Dihydroxy-2,4,5,7-tetranitroanthrachinon *n*
chrysanilic acid Chrysanilsäure *f*
chrysaniline <$C_{16}H_{15}N_3 \cdot 2H_2O$> Chrysanilin *n*, Ledergelb *n*, 3-Amino-9-(4-aminophenyl)-acridin *n*
chrysanisic acid Chrysanissäure *f*, Chrysanisylsäure *f*, 4-Amino-3,5-dinitrobenzoesäure *f*
chrysanthemine Chrysanthemin *n*, Asterin *n*, Cyanidin-3-monoglucosid *n*
chrysanthem[um monocarboxyl]ic acid Chrysanthem[um]säure *f*
chrysanthenone Chrysanthenon *n*
chrysarine Chrysarin *n*
chrysarobin <$C_{15}H_{12}O_{13}$> Chrysarobin *n*, Chrysarobinum *n* *{Andira araroba Aguiar, Pharm}*
  chrysarobin soap Chrysarobinseife *f*
chrysarone Chrysaron *n*
chrysatropic acid Chrysatropasäure *f*, Gelseminsäure *f*, Scopoletin *n*, *ß*-Methyläskuletin *n*, 6-Methoxy-7-hydroxycumarin *n*
chrysazin <$C_{14}H_8O_2$> 1,8-Dioxyanthrachinon *n*, Chrysazin *n*
chrysazol Anthracen-1,8-diol *n*
chryseam Chryseam *n* *{Anal}*
chrysene <$C_{18}H_{12}$> Chrysen *n*, 1,2-Benzphenanthren *n*, Benzophenanthren *n*
  chrysene quinone Chrysenchinon *n*
chrysenic acid Chrysensäure *f*
chryseoline Chryseolin *n*
chrysidan Chrysidan *n*
chrysidine Chrysidin *n*
chrysin Chrysin *n*, 5,7-Dihydroxyflavon *n*
chrysoberyl Chrysoberyll *m*, Goldberyll *m* *{Min}*
chrysocetraric acid Chrysocetrarsäure *f*
chrysocolla <$CuSiO_3 \cdot 2H_2O$> Chrysokoll *m*, Kupfergrün *n*, Hepatinerz *n*, Kieselkupfer *n* *{obs}*, Kieselmalachit *m* *{obs}*, Pechkupfer *n* *{Min}*
chrysofluorene Chrysofluoren *n*, Naphthylenphenylenmethan *n*
chrysogen Chrysogen *n*, Tetrazen *n*, Naphthazen *n*, 2,3-Benzanthrazen *n*
chrysography Chrysographie *f*, Goldschrift *f*
chrysoid Chrysoid *n*
chrysoidin <$C_7H_{12}O_4$> Chrysoidin *n* *{gelber Farbstoff der Spargelbeere}*
chrysoidine <$(NH_2)_2C_6H_3N=NC_6H_5$> Chrysoidin *n*, 2,4-Diaminoazobenzol *n*, Akmegelb *n* *{bräunlichgelber Farbstoff}*
chrysoine Chrysoin *n*, Tropäolin O *n* *{Resorcinolazobenzolsulfonsäure}*
  chrysoine brown Chrysoinbraun *n*
chrysoketone <$C_{17}H_{10}O$> Chrysoketon *n*
chrysolepic acid Pikrinsäure *f*
chrysoline Chrysolin *n*
chrysolite 1. Chrysolith *m* *{Abart des Olivins}*; 2. Goldstein *m* *{Min; Topas, Beryll, Spinell u.ä.}*
chrysone Chryson *n*
chrysophane Clintonit *m* *{Min}*
chrysophanic acid Chrysophanol *n*, Chrysophansäure *f*, 1,8-Dihydroxy-3-methylanthrachinon *n*
chrysophanol *s.* chrysophanic acid
chrysophenic acid Chrysopheninsäure *f*
chrysophenine Chrysophenin *n*
  chrysophenine G Chrysophenin G *n*, Pyramingelb G *n*, Aurophenin O *n*
chrysophyll Chrysophyll *n*
chrysophyscin Chrysophyscin *n*, Physciasäure *f*, Physcion *n*
chrysopicrin Chrysopikrin *n*, Vulpinsäure *f*
chrysopontine Chrysopontin *n*
chrysoprase Chrysopras *m* *{apfelgrüner Chalzedon}*
  chrysoprase earth grüne Chrysopraserde *f* *{obs}*, Schuchardit *m* *{Min}*
chrysoquinone <$C_{18}H_{10}O_2$> Chrysochinon *n*
chrysorhaminine Chrysorhaminin *n*
chrysotile Chrysotil[asbest] *m*, Faserserpentin *m*, Serpentinasbest *m* *{Min}*
chrysotoxin Chrysotoxin *n*
chuck ga[u]ge *{US}* Bourdonfedermanometer *n*, Bourdon-Röhre *f*, Bourdon-Manometer *n*
Churchill calibration method Vorkurven-Verfahren *n*, Churchill-Verfahren *n* *{Spek}*
churchite Churchit *m* *{Min}*
churn/to strudeln, durcheinanderrühren, wirbeln, Schaum *m* schlagen; buttern, kneten; kirnen, verkirnen *{Margarine}*
churn 1. Rollfaß *n*, Butterfaß *n*; Kirne *f*, Kirnapparat *m*, Kirnmaschine *f* *{Maschine zur Herstellung von Margarine}*; 2. Baratte *f*, Sulfidiertrommel *f*, Xanthakneter *m* *{Text}*
churner Buttermaschine *f*; Kirne *f* *{Maschine zur Herstellung von Margarine}*
churning 1. Buttern *n*, Butterung *f*, Verbut-

tern *n*, Verbutterung *f*, Butterbereitung *f*, Butterherstellung *f*; Kirnen *n*, Verkirnen *n*, Kirnung *f* *{Margarineherstellung}*; 2. Sulfidieren *n*, Sulfidierung *f*, Xanthogenieren *n*, Xanthogenierung *f*
churning test Umwälztest *m {Trib}*
chute 1. Rinne *f*, Schurre *f*, Rutsche *f*, Schütte *f*, Gleitzuführung *f*, schräge Förderrinne *f*, Gleitbahn *f*, Gleitfläche *f*; Fallschacht *m*; 2. Schußrinne *f {als Überlauf}*; Stromschnelle *f*; 3. Rollloch *n*, Rolle *f {Bergbau}*
chute discharge Rinnenaustrag *m*
chute grate Schüttrost *m*
chute riffler Riffelteiler *m*
chute splitter Riffelteiler *m*
chydenanthine Chydenanthin *n*
chyle Chylus *m {Med}*; Milchsaft *m {Bot}*
chylification Chylusbildung *f*
chylomicrons Chylomikronen *npl*, Lipomikronen *npl {Lipid-Feinsttröpfchen im Blut}*
chymase Labferment *n*, Rennin *n*, Chymosin *n*, Labenzym *n {Biochem}*
chyme Chymus *m*, Speisebrei *m {Med}*
chymosin Chymosin *n*, Rennin *n*, Labferment *n*, Labenzym *n*, Chymase *f*
chymotrypsin *{EC 3.4.21.1-2}* Chymotrypsin *n*
chymotrypsinogen Chymotrypsinogen *n*, Prochymotrypsin *n {Physiol}*
chyraline Chyralin *n*
C.I. 1. Kompressionszündung *f {compression ignition}*; 2. Färbeindex *m*, CI *{colour index}*; 3. Gußeisen *n {cast iron, Fe-C-Legierung mit 2-4,5% C}*
cibetone **<$C_{17}H_{30}O$>** Zibeton *n*
cicutine Cicutin *n*, Coniin *n*
cicutol Cicutol *n*
cicutoxine **<$C_{17}H_{22}O_2$>** Cicutoxin *n*
cider Apfelmost *m*; Apfelwein *m*
cigaret[te] paper Zigarettenpapier *n*
cigaret[te]-proof sheet zigarettenfeste Schichtstofftafel *f*, zigarettenfeste Schichtstoffplatte *f*
cigaret[te] smoke Zigarettenrauch *m*
cigaret[te] tar Rauchkondensat *n*, Zigarettenteer *m*
cignolin *{TM}* Cignolin *n {HN}*, Anthrarobin *n*
CIL-viscosimeter Kapillarviskosimeter *n {Auspressen der Schmelze durch Gasdruck}*
cimicic acid **<$C_{15}H_{28}O_2$>** Cimicinsäure *f*
cimicifugin Cimicifugin *n*, Macrotin *n {Harz}*
cimolite Cimolit *m {Min}*
cinchene **<$C_{19}H_{24}O_2$>** Cinchen *n {Alkaloid}*
cinchocaine *{INN}* Cinchocain *n*, Dibucain *n*
cinchomeronic acid Cinchomeronsäure *f*, Pyridin-3,4-carbonsäure *f*
cinchona Chinarindenbaum *m*, Cinchona L., Fieberrindenbaum *m*; Chinarinde *f*, Fieberrinde *f* *{von etwa 40 Cinchona-Arten}*
cinchona alkaloid China-Alkaloid *n*, Chinarindenalkaloid *n*, Cinchona-Alkaloid *n*
cinchona bark Chinarinde *f*, Jesuitenrinde *f*, Fieberrinde *f*
cinchona base Chinabase *f*, Cinchonabase *f*
cinchona pale graues China *n*, Kronchina *n*
cinchona red rotes China *n*, China[rinden]rot *n*
cinchona toxin Chinatoxin *n*
cinchonamine **<$C_{19}H_{24}N_2O$>** Cinchonamin *n*
cinchonhydrin Cinchonhydrin *n*
cinchonic acid Cinchonsäure *f*
cinchonicine Cinchonicin *n*, Cinchotoxin *n*, China-Toxin *n*
cinchonidine **<$C_{19}H_{22}N_2O$>** Cinchonidin *n*, α-Chinidin *n*
cinchonidine bisulfate Cinchonidinbisulfat *n* *{obs}*, Cinchonidinhydrogensulfat *n*
cinchonidine hydrochloride Cinchonidinhydrochlorid *n*
cinchonidine hydrogen sulfate Cinchonidinbisulfat *n {obs}*, Cinchonidinhydrogensulfat *n*
cinchonidine sulfate Cinchonidinsulfat *n*
cinchonine **<$C_{19}H_{22}NO$>** Cinchonin *n*, 9*S*-Cinchonan-9-ol *n {ein Chinarindenalkaloid}*
cinchonine bisulfate Cinchoninbisulfat *n* *{obs}*, Cinchoninhydrogensulfat *n*
cinchonine hydrochloride Cinchoninhydrochlorid *n*
cinchonine hydrogen sulfate Cinchoninbisulfat *n {obs}*, Cinchoninhydrogensulfat *n*
cinchonine nitrate Cinchoninnitrat *n*
cinchonine sulfate Cinchoninsulfat *n*
cinchoninic acid Chinchoninsäure *f*
cinchoninone Cinchoninon *n*
cinchophen **<$C_{16}H_{10}NO_2$>** *{INN}* 2-Phenylcinchoninsäure *f*, 2-Phenyl-chinolin-4-carbonsäure *f*
cinchotenine Cinchotenin *n*
cinchotoxine Cinchotoxin *n*, Cinchonicin *n*
cinchotoxol Cinchotoxol *n*
cinder Abbrand *m*, Kohlenschlacke *f*, Lösche *f*, Zinder *m*, Zunder *m*, Schlacke *f {Met}*
cinder cement Schlackenzement *m*
cinder charging Schlackenzusatz *m*
cinder hair Schlackenwolle *f*
cinder iron Schlackeneisen *n*
cinder stone Schlackenstein *m*
cinder wool Schlackenwolle *f*
cinders Asche *f*
cindery schlackig
cinene Cinen *n*, 4-Isoprenyl-1-methylcyclohexan *n*
cinenic acid Cinensäure *f*
cineole Cineol *n*, Eukalyptol *n*, Cajeputöl *n*, 1,8-Epoxy-*p*-methan *n*
cineolic acid Cineolsäure *f*, Ascaridolsäure *f*
cineraceous aschig, aschenartig
cinerin Cinerin *n {I:$C_{20}H_{28}O_3$; II: $C_{21}H_{28}O_5$}*
cinnabar **<HgS>** Zinnober *m*, Cinnabarit *m*, Merkurblende *f {Min}*
cinnabar green grüner Zinnober *m*

cinnabar scarlet Zinnoberscharlach *m*
hepatic cinnabar Quecksilberlebererz *n*
inflammable cinnabar Quecksilberbranderz *n*
native cinnabar Bergzinnober *m*
cinnabarite Cinnabarit *m*, Zinnober *m*, Merkurblende *f {Min}*
cinnamaldehyde <$C_6H_5CH{=}CHCHO$> Zimtaldehyd *m*, Cinnamaldehyd *m*, 3-Phenylpropenal *n {obs}*
cinnamate 1. zimtsauer; 2. Cinnamat *n*, Zinnamat *n {Salz oder Ester der Zimtsäure}*
cinnamein <$C_6H_5CH{=}CHCOOCH_2C_6H_5$> Cinnamein *n*, Benzylcinnamat *n*, Zimtsäurebenzylester *m*
cinnamene <$C_6H_5CH{=}CH_2$> Cinnamen *n*, Styrol *n*, Phenylethylen *n*, Vinylbenzol *n*
cinnamenyl Cinnamenyl-, Styryl- *{IUPAC}*
cinnamic zimtsauer
cinnamic acid <$C_6H_5CH{=}CHCO_2H$> Cinnamonsäure *f*, [gewöhnliche] Zimtsäure *f*, *trans*-Zimtsäure *f*, *trans*-3-Phenylacrylsäure *f*, *trans*-3-Phenylpropensäure *f*
cinnamic alcohol <$C_6H_5CH{=}CHCH_2OH$> Zimtalkohol *m {Triv}*, Styron *n*, Cinnamylalkohol *m*, Styrol-3-phenylpropen-2-ol *n*, Peruvin *n*
cinnamic aldehyde <$C_6H_5CH{=}CHCHO$> Zimtaldehyd *m*, Zinnamal *n*, Cinnamylaldehyd *m*, 3-Phenylpropenal *n*
cinnamic benzyl ester Zimtsäurebenzyl ester *m*, Benzylcinnamat *n*
cinnamic ether <$C_6H_5CH{=}CHCOOC_2H_5$> Zimtsäureethylester *m*, Ethylzinnamat *n*
cinnamic ethyl ester Zimtsäureethylester *m*, Ethylzinnamat *n*
cinnamon Zimtstrauch *m*, Zimtbaum *m*, Cinnamonum Schaeffer; Zimtrinde *f*, Zimt *m*; [gemahlener] Zimt *m*
cinnamon bark Kaneel *m*, Zimtrinde *f*, Zimt *m*
cinnamon brown Zimtbraun *n*
cinnamon-colo[u]red zimtfarben
cinnamon flower Zimtblüte *f*
cinnamon oil Zimtöl *n*
cinnamon stone Hessonit *m*, Hyacinthoid *m {obs}*, Zimtstein *m {Min}*
cinnamon water Zimtwasser *n*
cinnamon wax Kaneelwachs *n*
cinnamoyl <$C_6H_5CH{=}CHCO$-> Cinnamoyl-, 3-Phenylacryloyl-
cinnamyl <$C_6H_5CH{=}CHCH_2$> Cinnamyl-, 3-Phenylallyl-, 3-Phenyl-2-propenyl- *{obs}*
cinnamyl acetate Cinnamylacetat *n*, Zimtsäureessigester *m*
cinnamyl alcohol <$C_6H_5CH{=}CHCH_2OH$> Zimtalkohol *m*, Cinnamylalkohol *m*, Styron *n*
cinnamyl chloride Cinnamylchlorid *n*
cinnamyl cinnamate <$C_6H_5CH{=}CHCO_2CH_2$-$CH{=}CHC_6H_5$> Zimtsäurecinnamylester *m*, Styracin *n*
cinnamyl cocaine Cinnamylcocain *n*
cinnamyl ecgonine Cinnamylecgonin *n*
cinnamylidene <$C_6H_5CH{=}CH{=}$> Cinnamyliden-, 3-Phenylallyliden-
cinnamylidene acetone Cinnamylidenaceton *n*
cinnolic acid Cinnolinsäure *f*
cinnoline Cinnolin *n*, α-Phenol-1,2-benzodiazin *n*
cinobufagin Cinobufagin *n {Tox}*
cipher 1. Chiffre *f*, Code *m*, Kennzahl *f*; Chiffreschrift *f*; 2. Schlüssel *m*, Dechiffrierschlüssel *m*, Code *m*; 3. Null *f*; Zahlzeichen *n*, Zahlsymbol *n*, Ziffer *f {Math}*
cipolin Cipollin *m*, Kalkglimmerschiefer *m*, Cipollinmarmor *m*, Zwiebelmarmor *m {Min}*
circle/to kreisen, rotieren, sich drehen, umlaufen, eine Umlaufbewegung *f* ausführen; einkreisen
circle around/to umkreisen
circle Kreis *m*, Kreisscheibe *f*, Kreisfläche *f*
circling kreisend
circuit 1. Kreis *m*, Stromkreis *m*, Schaltung *f {Elek}*; 2. Kreislauf *m*; 3. Wicklung *f {Text}*; 4. Zyklus *m*, geschlossene Kette *f {Graphentheorie}*; Schleife *f*; 5. Umkreis *m*, Umlauf *m*
circuit breaker Trennschalter *m*, Ausschalter *m*, [Strom-]Unterbrecher *m*, Schutzschalter *m*, Abschalter *m*, Ausschalter *m*
circuit closer Einschalter *m*
circuit-closing connection Arbeitsstromschaltung *f*
circuit cut-out switch Stromunterbrecher *m*
circuit diagram Schaltanordnung *f*, Schaltbild *n*, Schaltskizze *f*, Schaltplan *m*, Kreislaufschema *n*, Stromlaufschema *n*
circuit noise Widerstandsrauschen *n*, Leitungsrauschen *n*, Kreisrauschen *n*
circuit path Leiterbahn *f*
circular 1. kreisförmig, [kreis]rund, ringförmig; Kreis-; 2. regelmäßig
circular accelerator Zirkularbeschleuniger *m*, Kreisbeschleuniger *m*, Ringbeschleuniger *m*
circular aperture Kreisellochblende *f*, Kreisblende *f*
circular area Kreisfläche *f*, Kreisinhalt *m*, offene Kreisscheibe *f*, Kreisinneres *n*, Kreisquerschnitt *m*
circular birefringence Polarisationsdoppelbrechung *f*, zirkuläre Doppelbrechung *f {Opt}*
circular burner Mischbrenner *m*, Ringbrenner *m*
circular chart Diagrammscheibe *f*, Kreisblatt *n*
circular Couette flow nichtebene Couette-Strömung *f*
circular crack Rundriß *m*
circular cross section Kreisquerschnitt *m*, kreisförmiger Querschnitt *m*

circular deoxyribonucleic acid ringförmige Desoxyribonucleinsäure *f*
circular dichroism Circulardichroismus *m*, Zirkulardichroismus *m*, zirkularer Dichroismus *m*, Rotationsdichroismus *m*, CD
circular disc with a hole Kreislochplatte *f*
circular feeder Rundbeschicker *m*
circular form Ringform *f*
circular function Kreisfunktion *f*, trigonometrische Funktion *f*, goniometrische Funktion *f*, Winkelfunktion *f {Math}*
circular furnace Rundofen *m*
circular galvanometer Dosengalvanometer *n*
circular graduation Kreis[ein]teilung *f*
circular knife Kreismesser *n*, Rundmesser *n*, Teilmesser *n*
circular line Kreislinie *f*
circular lubricant Umlaufschmierung *f*
circular magnet Rundmagnet *m {z.B. als Lastaufnahmemittel}*
circular-magnet belt separator Ringbandscheider *m*
circular magnet separator Magnetringscheider *m*
circular motion Kreisbewegung *f*, Achsendrehung *f*, Zirkularbewegung *f*, kreisförmige Bewegung *f*
circular path Kreisbahn *f*
circular paper chromatography Ring-Papierchromatographie *f*
circular polariscope Zirkularpolariskop *n*
circular polarization Zirkularpolarisation *f*, zirkulare Polarisation *f {Opt}*
circular runner Ringkanal *m*
circular saw Kreissäge *f*, Kreissägemaschine *f*
circular scale Kreisteilung *f*, Tellerskale *f*, Kreisskale *f*
circular scale thermometer Kreisthermometer *n*
circular shape Kreisform *f*
circular slide rule Rechenscheibe *f*, Rechenuhr *f*
circular slide valve Rundschieber *m*
circular slot burner Rundlochbrenner *m*
circular stem Kreuzquetschfuß *m*
circular stop Lochblende *f*
circular surface Kreisfläche *f*
circular tank kreisförmiger Behälter *m*, Ringkessel *m*
circular thickener Rundeindicker *m*
circular trough Kreisrinne *f*
circular vibratory screen Kreisschwingsieb *n*
circulate/to kreisen, zirkulieren, umlaufen [lassen]; umwälzen
circulating air Umluft *f*, umlaufende Luft *f*, zirkulierende Luft *f*, umgewälzte Luft *f*
circulating air classifier Umluftsichter *m*
circulating air conveyor Umluftförderanlage *f*
circulating air dryer Umlufttrockner *m*
circulating air oven Umluftwärmeschrank *m*, Umluftofen *m*, Ofen *m* mit Luftumwälzung *f*
circulating amount Umlaufmenge *f*
circulating cyclone evaporator Umlaufverdampfer *m*
circulating dryer Umlufttrockner *m*
circulating evaporator Umlaufverdampfer *m*
circulating lubrication system Umlaufschmieranlage *f {DIN 24271}*
circulating machine Färbmaschine *f* mit Farbstoffumlauf *m {Text}*
circulating oil lubrication Ölumlaufschmierung *f*, Umlaufölung f, Umlaufschmierung *f*
circulating pump Umlaufpumpe *f*, Umwälzpumpe *f*, Kreislaufpumpe *f*, Zirkulationspumpe *f*
circulating seal gas Gebläsesperrgas *n*
circulating system lubrication Umlaufschmierung *f*
circulating water Umlaufwasser *n*
circulation 1. Umlauf-; 2. Zirkulation *f*, Kreislauf *m*, Kreisströmung *f*, Umlauf *m*, Umwälzung *f*; 3. Auflage *f*, Druckauflage *f {Druck}*; 4. Blutkeislauf *m {Med}*
circulation apparatus Zirkulationsapparat *m*; Zirkulationsfärbeapparat *m {Text}*
circulation boiler Umlaufkessel *m*
circulation cooling system Umwälzkühlung *f*
circulation degassing Umlaufentgasung *f*
circulation evaporator Umlaufverdampfer *m*
circulation fan Umlüfter *m*
circulation flow Zirkulationsströmung *f*
circulation heating Umlaufheizung *f*
circulation lubrication Umlaufschmierung *f*
circulation of air Luftumlauf *m*, Luftzirkulation *f*, Luftumwälzung *f*
circulation of lye Laugenkreislauf *m*
circulation of oil Ölumlauf *m*, Ölzirkulation *f*, Ölumwälzung *f*
circulation oil Umlauföl *n*
circulation pump Zirkulationspumpe *f*, Umwälzpumpe *f*
circulation rate Umwälzgeschwindigkeit *f*; Umwälz[förder]strom *m*
circulation regulator Umlaufregler *m*
circulation system Zirkulationssystem *n*, Kreislaufsystem *n*, Umlaufsystem *n*; Spülungskreislauf *m {bei Rotary-Bohranalgen}*
circulator*{US}* Vorlaufpumpe *f*; Umwälzpumpe *f*, Umlaufpumpe *f*, Kreislaufpumpe *f*, Zirkulationspumpe *f*
circulatory cyclone evaporator Umlaufverdampfer *m*
circulatory lubrication Umlaufschmierung *f*
circulatory preparation Kreislaufmittel *n {Pharm}*
circumanthracene Circumanthracen *n*

circumference Kreislinie *f {als Umfang des Kreises}*, Kreisumfang *m*, Kreisperipherie *f*
circumferential crack Umfangsriß *m*
circumferential joint Rundverbindung *f*
circumferential prestressing Ringvorspannung *f*
circumferential speed Umfangsgeschwindigkeit *f*
circumferential stress Umfangsspannung *f*
circumnuclear kernumgebend
circumpolar zirkumpolar
circumscribe/to begrenzen, umgrenzen, umschreiben
circumscription Umschreibung *f*
circumstance Umstand *m*, Sachlage *f*, Sachverhalt *m*, Verhältnisse *npl*; Umständlichkeit *f*
circumstantial durch die Umstände *mpl* bedingt, umständlich; Indizien-; sekundär; zufällig
circumvention of a patent Patentumgehung *f*
cis *cis*-, *cis*-ständig, in *cis*-Stellung *f* befindlich
cis-addition *cis*-Addition *f*
cis-effect *cis*-Effekt *m {Stereochem}*
cis-form *cis*-Form *f*, Cisform *f*
cis isomer *cis*-Form *f*, *cis*-Isomer[es] *n*
cis-position 1. synperiplanar; 2. *cis*-Stellung *f*, *cis*-Lage *f*
cis-trans isomerism *cis-trans*-Isomerie *f*, geometrische Isomerie *f*, *E,Z*-Isomerie *f {Stereochem}*; Diastereomerie *f {bei Verbindungen mit Doppelbindungen}*
cis-trans isomerization *cis-trans*-Isomerisierung *f*, *cis-trans*-Isomerisation *f {Stereochem}*
cis-trans test *cis-trans*-Test *m {Gen}*
cis-rule *cis*-Regel *f*
cisoid *cisoid*, synperiplanar, *syn*
cisplatin[um] <$PtCl_2(NH_3)_2$> *{INN}* Cisplatin *n {Pharm}*, *cis*-Diammindichloroplatin(II) *n*
cissoid Zissoide *f {Math}*
cistern Sammelbehälter *m*, Wasserbehälter *m*, Auffangbehälter *m*, Zisterne *f*
cistern barometer Gefäßbarometer *n*
cistern of thermometer Thermometerkugel *f*
cistron Cistron *n {ein DNS- oder RNS-Abschnitt für bestimmte Polypeptide}*
citation Belegstelle *f {entgegengehaltene Druckschrift; Patent}*
cite/to anführen, zitieren
citracone anil Citraconanil *n*
citraconic acid <$HOOCC(CH_3)=CHCOOH$> Citraconsäure *f*, Methylmaleinsäure *f*, Methylbutendisäure *f*
citraconic anhydride <$C_5H_4O_3$> Citraconsäureanhydrid *n*, Methylmaleinsäureanhydrid *n*
citraconic ester Citraconsäureester *m*, Methylmaleinsäureester *m*
citraconyl <$C_5H_4O_4$-> Citraconyl-
citral <$OHCHC=(CH_3)CCH_2CH_2CH=C(CH_3)_2$> Citral *n {Neral-, Geranial-Gemisch}*, Lemonal *n {HN}*, Geraniumaldehyd *m*, 3,7-Dimethyl-2,6-octadienal *n*
citramalic acid Citramalsäure *f*, Hydroxy-2-methylbutandisäure *f*
citrate 1. zitronensauer; 2. Citrat *n*, Zitronensäureester *m*, zitronensaures Salz *n*
citrate cycle Citratzyklus *m*, Citronensäurezyklus *m*, Tricarbonsäure-Zyklus *m*, Krebs-Zyklus *m {Physiol}*
citraurin Citraurin *n*
citrazinic acid Zitrazinsäure *f*, 2,6-Dihydroxyisonicotinsäure *f*, 2,6-Dihydroxy-4-pyridincarbonsäure *f*
citrene Citren *n*, Hesperiden *n*, Carven *n*, α-Limonen *n*
citreoviridin Citreovirdin *n {A bis F, Mykotoxine}*
citric acid <$C_3H_4(OH)(CO_2H)_3H_2O$> Citronensäure *f*, Zitronensäure *f*, Oxytricarballylsäure *f*, 3-Hydroxytricarballylsäure *f*, 2-Hydroxy-1,2,3-propantricarbonsäure *f*
citric acid cycle Tricarbonsäure-Zyklus *m*, Zitronensäurezyklus *m*, Krebs-Zyklus *m*, Citratzyklus *m*
citric acid fermentation Citronensäuregärung *f*
citric ester Zitronensäureester *m*
citric ether Zitronenether *m*
citridic acid Aconitsäure *f*, Citridinsäure *f*, 1,2,3-Propentricarbonsäure *f*
citrin Citrin *n*, Zitrin *n*, Madeirastein *m {eine Quarzvarietät}*
citrine zitronenfarben, zitronengelb
citrinin Citrinin *n*, Notalin *n {Antibiotikum}*
citromycetin Citromycetin *n*
citronella oil Citronell[a]öl *n*, Citronyl *n*, Zitronell[a]öl *n*, Bartgrasöl *n*
citronellal <$(CH_3)_2C=CHCH_2CH_2C(CH_3)H-CH_2CHO$> Citronellal *n*, Citronellaldehyd *m*, 3,7-Dimethyl-6-octenal *n*
citronellal hydrate Oxycitronellal *n*, Hydroxycitronellal *n*
citronellic acid Citronell[a]säure *f*, 3,7-Dimethyl-6-octensäure *f*
citronellol <$(CH_3)_2C=CHCH_2CH_2C-(CH_3)HCH_2CH_2OH$> Citronellol *n*, 3,7-Dimethyl-6-octen-1-ol *n*, Cephrol *n*
citronellyl acetate <$CH_3CO_2C_{10}H_{19}$> essigsaures Citronellyl *n*, Citronellylacetat *n*
citronellyl butyrate <$C_3H_7CO_2C_{10}H_{19}$> Citronellylbutyrat *n*
citronine Azoflavin RS *n*, Naphtholgelb 5 *n*
citronyl Citronyl *n*, Citronell[a]öl *n*
citrophen Citrophen *n*
citroptene Citropten *n*, Limettin *n*
citrostadienol Citrostadienol *n*
citrostanol Citrostanol *n*

citrovorum factor Citrovorumfaktor *m*, Leukovorin *n*, Folinsäure *f*, Formyltetrahydrofolsäure *f*
citroxanthin Citroxanthin *n*
citrulline <$H_2NCONH(CH_2)_3C(NH_2)HCOOH$> Citrullin *n*, 2-Amino-5-ureidovaleriansäure *f*, δ-Ureidonorvalin *n*
citrullol Citrullol *n*
citrus Zitrusfrucht *f*; Pflanze *f* der Gattung *f* Citrus L., Agrumenfrucht *f*
 citrus oil Citrusöl *n {Citrusschalen- und -kernöl}*, Zitronenöl *n*
citryl 1. Citryl-; 2. Citrusöl *n*
city gas Leuchtgas *n*, Stadtgas *n*
civet Zibet *m {ein Duft-Rohstoff}*
civetan Zibetan *n*, Cycloheptadecen *n {IUPAC}*
civetone <$C_{16}H_{30}O$> Zibeton *n*, 9-Cycloheptadecen-1-on *n*
CKW Chlorkohlenwasserstoff *m*, chlorierter Kohlenwasserstoff *m*
clack Klappe *f*, Ventil *n*; Rückschlagventil *n*
 clack valve Pumpenventil *n*, Rückschlagventil *n*, Klappenventil *n {bei Pumpen}*, Scharnierventil *n*
clad/to auskleiden; einhüllen, beschichten, verkleiden; plattieren *{Met}*
clad layer Plattierschicht *f*
 clad material Hüllrohrmaterial *n*, Hüllrohrwerkstoff *m {Nukl}*
cladded plate plattiertes Blech *n*
cladding 1. Auskleidung *f*, Panzerung *f*; 2. Verkleidung *f*, Umhüllung *f*, Mantel *m*, Überzug *m*; 3. Dopplung *f*, Plattieren *n*, Plattierung *f*, Walzplattierung *f*; 4. Brennstoffhülle *f {DIN 25401}*, Hüllschicht *f {Nukl}*
 cladding by extrusion Plattieren *n*, Plattierstrangpressen *n*
 cladding material Plattierungswerkstoff *m*; Verkleidungswerkstoff *m*, Umhüllungswerkstoff *m*, Überzugwerkstoff *m*; Auskleidungswerkstoff *m*
 cladding materials by welding Schweißplattieren *n*
 cladding metal Auflagewerkstoff *m {DIN 50162}*
 cladding tube Umhüllungsrohr *n*
claddings produced by explosion Sprengplattierung *f {DIN 54123}*
cladestic acid Cladestinsäure *f*
cladestine Cladestin *n*
cladinose Cladinose *f {ein Zucker}*
cladonine Cladonin *n*
claim/to anfordern, verlangen, fordern; beanspruchen *{z.B. ein Patent}*; behaupten
claim 1. Patentanspruch *m*, Anrecht *n*, Anspruch *m {aus einem Patent, aus Schaden}*; 2. Reklamation *f*, Beschwerde *f*, Beanstandung *f*; 3. Claim *n {Schürfrechtparzelle}*; Muten *n*
claimant Patentanmelder *m*
Claisen condensation Claisen-Kondensation *n*
 Claisen [destilling] flask Claisensche Flasche *f*, Claisenscher Kolben *m*, Claisen-Kolben *m {Dest}*
 Claisen rearrangement Claisen-Umlagerung *f*, Claisensche Umlagerung *f {O-Allyl-C-Allyl-Orthoumlagerung}*
 Claisen-Schmidt condensation Claisen-Schmidt-Kondensation *f {Chalkon-Kondensation}*
 Claisen stillhead Claisen-Aufsatz *m*, Destillationsaufsatz *m* nach Claisen
clamminess Klebrigsein *n*
clammy viskos, klebrig
clamp/to einklemmen, einspannen, festklammern, festspannen, spannen, aufspannen; verspannen
 clamp firmly/to festklemmen
 clamp tightly/to festspannen
clamp 1. Klammer *f*, Einspannbacke *f*, Haltevorrichtung *f*, Halter *m*, Klemmvorrichtung *f*, Klemme *f {ein Stativzubehör}*, Klemmuffe *f*, Zwinge *f {eine Spannvorrichtung}*, Schelle *f*, Feststellvorrichtung *f*; 2. Quetschhahn *m*; 3. Feld[brenn]ofen *m*, Feldbrandofen *m {Keramik}*
 clamp bolt Spannschraube *f*
 clamp connection Klammerverbindung *f*, Klemmverbindung *f*
 clamp coupling Klemmkupplung *f*
 clamp flange Klammerflansch *m*
 clamp for stand Ständerklemme *f {Lab}*
 clamp iron Schraubzwinge *f*, Zwingeisen *n*
 clamp-on stirrer Anklemmrührer *m*
 clamp plate Klemmplatte *f*
 clamp ram Schließkolben *m*
 clamp screw Spannschraube *f*, Bündelschraube *f*
 jaw of clamp Einspannklaue *f*, Einspannklemme *f*
clamped joint Klemmverbindung *f*
clamping 1. Werkzeughaltung *f {z.B. Einspannung}*; 2. Formzuschließen *n*, Formzuhalten *n*
 clamping arrangement Spannvorrichtung *f*
clamshell crack Muschelbruch *m*
clandestinine Clandestinin *n*
clank/to klirren, tönen [lassen]
Clapeyron[-Clausius] equation Clausius-Clapeyronsche Gleichung *f*, Clausius-Clapeyronsche Formel *f*
 Clapeyron formula *s.* Clapeyron-Clausius equation
clarain Halbglanzkohle *f {DIN 22005}*, Clarain *m*
claret red Bordeauxrot *n {Farbempfindung}*; Rotweinfarbe *f*, weinroter Farbstoff *m*, Weinrot *n*

clarification 1. Klärung *f*, Abklärung *f*, Klarifikation *f*; 2. Abschlämmen *n*, Abschlämmung *f*; 3. Läuterung *f*, Läutern *n*, Reinigung *f* *{von Flüssigkeiten}*; 4. Schönen *n*, Schönung *f*; 5. Raffinieren *n*, Raffination *f*; 6. Klärfiltration *f*, Reinigung *f*, Defäkation *f*; 7. Verdeutlichung *f*, Klarstellung *f*

clarification basin Klärbecken *n* *{Wasser}*

clarification plant Kläranlage *f*, Abwasserreinigungsanlage *f*, Abwasserbeseitigungsanlage *f*, Klärwerk *n*

clarification tank Klärgrube *f*, Absetzbehälter *m*, Klärbehälter *m*

clarified geklärt; abgeschleimt; geläutert

clarified liquid Kläre *f*, geklärte Flüssigkeit *f*, Klarflüssigkeit *f*

clarifier 1. Klär[hilfs]mittel *n*; 2. Klärvorrichtung *f*, Klarifikator *m*, Klärseparator *m*, Klärapparat *m*; 3. Klärbecken *n*, Klärgefäß *n* *{z.B. Klärkessel, Klärtopf, Läuterpfanne, Scheidepfanne}*

clariflocculation Klärflockung *f* *{Wasser}*

clarify/to 1. [ab]klären; abschlämmen; läutern; schönen; reinigen; raffinieren; 2. sich klären (abklären), klar werden; sich läutern; sich reinigen

clarifying 1. klärend; Klär- 2. Klären *n*, Abklären *n*; Scheiden *n*

clarifying agent Abklärungsmittel *n*, Klär[hilfs]mittel *n*, Klärer *m*

clarifying apparatus Klärapparat *m*, Klärgefäß *n*

clarifying basin Klärbecken *n*, Klärbehälter *m*; Kläranlage *f*

clarifying bath Klärbad *n*

clarifying centrifuge Klärzentrifuge *f*

clarifying filter Klärfilter *n*

clarifying sump Klärsumpf *m*

clarifying tank Klärbehälter *m*, Klärtank *m*, Klärbecken *n*

clarifying tub Läuterbottich *m*, Klärbottich *m*

clarithickener Kläreindicker *m*

Clark cell Clark-Element *n*, Clark-Zelle *f* *{Standardzelle, 1,433 V}*

clash/to klirren; zusammenstoßen, kollidieren; [aufeinander] treffen, aufeinanderstoßen; schlecht passen zu

clasp Klammer *f*, Bandklammer *f*, Haken *m*, Krampe *f*, Schnalle *f*

class/to 1. klassieren, sortieren, sichten, scheiden, sieben, separieren *{Tech}*; 2. klassifizieren, einteilen, unterteilen, eingruppieren, einstufen, einordnen

class 1. Qualität *f*, Handelsklasse *f*, Güteklasse *f*, Gütestufe *f*, Sorte *f*; 2. Art *f*, Gattung *f*; 3. Kurs *m*

class A metal A-Gruppen-Element *n* *{Periodensystem}*

class B metal B-Gruppen-Element *n* *{Periodensystem}*

classifiability Trennbarkeit *f*, Klassierbarkeit *f*

classifiable trennbar, klassierbar

classification 1. Trenn-; 2. Klassifikation *f*, Klassifizierung *f*, Einteilung *f*, Unterteilung *f*, Eingruppierung *f*, Einstufung *f*, Einordnung *f*; 3. Klassieren *n*, Klassierung *f*, Sortierung *f*, Sichtung *f*, Siebung *f*, Separierung *f*, Separation *f* *{Tech}*

classification area Trennfläche *f*, Sichtfläche *f*

classification zone Trennzone *f*, Sichtzone *f*

classified beater mill Sichterschlägermühle *f*

classifier Klassierapparat *m*, Klassierer *m*, Klassifikator *m*, Sichter *m*, Trenngerät *n*

classifier volume Sichtervolumen *n*

classifier with circumferential screen Korbsichter *m*

classifier with conical troughs Spitzkasten *m*

fluted classifier Faltenschlämmer *m*

hindered-settling classifier Horizontalschlämmer *m*

classify/to 1. klassifizieren, einteilen, unterteilen, eingruppieren, einstufen, einordnen; 2. klassieren, sortieren, sichten, scheiden, sieben, separieren *{Tech}*

classifying crystallizer Klassierkristallisator *m*

classifying screen Klassiersieb *n*

clastic klastisch *{Geol}*

clathrate [compound] Clathrat *n*, Käfigeinschlußverbindung *f*, Inklusionsverbindung *f*, Klathratverbindung *f* *{Stereochem}*

clathrate hydrate Clathrathydrat *n*, Gashydrat *n*, Eishydrat *n*

clathrine Clathrin *n* *{Zellmembranprotein}*

clathrine assembly protein Clathrin-Sammelprotein *n*

clatter/to klappern, klirren

Claude [ammonia] process Claude-Verfahren *n* *{NH_3-Gewinnung aus Luft}*

claudetite Rhombarsenit *m* *{obs}*, Claudetit *m* *{Min}*

Clausius-Clapeyron equation Clausius-Clapeyronsche Gleichung *f*, Clausius-Clapeyronsche Formel *f* *{Therm}*

clausthalite Selenblei *n* *{obs}*, Clausthalit *m* *{Min}*

clavatin Clavatin *n*, Patulin *n*, Clavicin *n*

clavatol Clavatol *n*

clavicepsin **<$C_{18}H_{34}O_{16}$>** Clavicepsin *n* *{Glucosid}*

claviformin Claviformin *n*, Patulin *n*

clavulanic acid **<$C_8H_9O_5$>** Clavulansäure *f* *{Lactam-Antibiotikum}*

clay/to 1. mit Ton *m* behandeln, mit Lehm *m* behandeln; durch Ton filtrieren; 2. verstopfen *{Bohrloch}*

clay 1. irden; 2. Ton *m*; Lehm *m*; Tonerde *f*, Mergel *m*, Bleicherde *f* *{zum Raffinieren}*;

3. Kaolin *m*, Schlämmkaolin *m*, geschlämmte Porzellanerde *f {Pap}*

clay brick Mauerziegel *m {DIN 105}*, Lehmziegel *m*

clay cement Tonbindemittel *n*

clay-colo[u]red tonfarbig

clay crucible Tontiegel *m*

clay dish Tonteller *m*

clay disk Tonplatte *f*, Tonscheibe *f*

clay filter Tonfilter *n*

clay for refining sugar Zuckererde *f*

clay furnace Tonofen *m*

clay ironstone Toneisenstein *m*, Eisenton *m*, Sphärosiderit *m {Min}*

clay-like lehmig, tonig, tonartig, tönern, lehmhaltig

clay-lined crucible tongefütterter Tiegel *m*

clay marl Lehmmergel *m*, Tonmergel *m*

clay mill Tonmühle *f*, Tonknetmaschine *f*, Tonschneider *m*, Tonkneter *m*

clay mixed with water Schlamm *m*

clay mortar Lehmmörtel *m*, Tonspeise *f*

clay pipe *{GB}* Tonrohr *n*, Tonröhre *f*

clay plate Tonteller *m*, Lehmplatte *f*

clay pot Tonerdehafen *m {Glas}*

clay regeneration Erderegeneration *f {Mineralöl}*

clay retort Tonretorte *f*, Tonmuffel *f*

clay shale Schieferton *m {DIN 22005}*

clay slate Tonschiefer *m*, Kieselton *m*, Klebschiefer *m {Min}*

clay slip Tonbrei *m*, Tonspeise *f {Keramik}*

clay stone Tonstein *m*, Tongestein *n {Geol}*

clay treatment Erden *n*, Erdung *f*, Erdebehandlung *f*, Bleicherdebehandlung *f {Mineralöl}*

clay vessel Tongefäß *n*

clay wash Tonschlämme *f*

ball clay Bindeton *m*

bonding clay Bindeton *m*

calcareous clay kalkhaltiger Ton *m*

colo[u]red clay Färberde *f*, Farberde *f*

foliated clay Blätterton *m*

yellow clay ironstone Gelbeisenerz *n {Min}*

clayey lehmhaltig, lehmig; lehmartig; tönern, tonartig; tonig, tonhaltig; Ton-

clayey sandstone toniger Sandstein *m*

clayish lettehaltig, lehmhaltig, lehmig; lehmig; tönern, tonartig; tonig, tonhaltig; Ton-

clayware Tonwaren *fpl*, Steingut *n*

clean/to reinigen, [ab]putzen, abwischen, säubern, spülen, waschen

clean rein, sauber; blank; klar; fehlerfrei; einwandfrei; vorbehaltlos; glatt; astrein, astfrei *{Forstwirtschaft}*

Clean Air Act 1. Luftreinhaltungsgesetz *n {US, 1977}*; 2. Gesetz *n* über Luftreinhaltung *f {GB}*

clean area aktivitätsfreier Raum *m {Nukl}*

clean coal aufbereitete Kohle *f {DIN 22005}*, Waschkohle *f*, Reinkohle *f*, reine Kohle *{aschenärmste Kohle}*

clean conditions Operationssaal-Bedingungen *fpl*

clean-cut sauber, klar

clean-cut spectrum scharfbegrenztes Spektrum *n*

clean gas Reingas *n {hinter Filter}*

clean-out Reinigungsöffnung *f*

clean-room clothing Reinraumkleidung *f*

clean-room environment Reinraumbedingungen *fpl*

clean-room installation Sauberraumanlage *f*

clean-room shoes Reinraumschuhe *mpl*

clean-room technique Reinraumtechnik *f {Pharm}*

clean rupture verformungsloser Bruch *m*, Trennbruch *m*

clean-up Gasaufzehrung *f*, Getterung *f {Vak}*

clean-up mixed bed filter Reinigungsmischbettfilter *n*

clean-up pump Gasaufzehrungspumpe *f*

clean-up time 1. Waschzeit *f*; 2. Aufzehrungszeit *f {Vak}*; 3. Erholungszeit *f*, Wiederansprechzeit *f*

Clean Water Act *{USA}* Wasserreinhaltungsgesetz *n*

cleanability Reinigungsfähigkeit *f {DIN 53778}*, gute Reinigungsmöglichkeit *f*, Reinigungsfreundlichkeit *f*, Reinigungsfähigkeit *f*

cleaner 1. Reiniger *m*, Reinigungsmittel *n*; 2. Reiniger *m*, Reinigungseinrichtung *f*, Reinigungsanlage *f*; 3. Sandhaken *m*, Sandheber *m*, Aushebeband *n*, Winkelstift *m {ein Formwerkzeug, Gieß}*

cleaning 1. Reinigen *n*, Reinigung *f*, Säubern *n*, Säuberung *f*, Putzen *n*, Abreinigung *f*; 2. Aufbereitung *f {von Kohle}*; 3. Cleaning *n {Pap}*

cleaning agent Reinigungsmittel *n*

cleaning and degreasing compounds Reinigungs- und Entfettungsmittel *npl*

cleaning basin Reinigungsbassin *n*, Reinigungsbecken *n*

cleaning bath Reinigungsbad *n*

cleaning doctor *{GB}* Streichmesser *n {Text}*

cleaning door Reinigungstür *f*, Reinigungsklappe *f*

cleaning effect Waschwirkung *f*, Reinigungseffekt *m*, Reinigungswirkung *f*, Wascheffekt *m {Text}*

cleaning efficiency Reinigungsvermögen *n*, Waschvermögen *n*, Reinigungskraft *f*, Reinigungsleistung *f*, Waschleistung *f*, Waschkraft *f*

cleaning equipment Reinigungsgeräte *npl*

cleaning fluids Reinigungsflüssigkeiten *fpl*

cleaning hole Putzöffnung *f*, Reinigungsöffnung *f*

cleaning liquid Fleckenwasser *n*
cleaning oil Putzöl *n*, Putzpetroleum *n*
cleaning paste Reinigungspaste *f*
cleaning plant Reinigungsanlage *f*
cleaning powder Reinigungspulver *n*, pulverförmiges Reinigungsmittel *n*
cleaning process Waschvorgang *m*
cleaning products *{US}* Reinigungsmittel *npl*
cleaning rag Putzlappen *m*
cleaning tank Reinigungsbehälter *m*
cleaning wool Putzwolle *f*
cleanliness Reinlichkeit *f*, Sauberkeit *f*
cleanse/to reinigen, [ab]putzen, abspritzen, abspülen, abwaschen, säubern
cleanse by scrubbing/to abscheuern
cleanse from soap/to entseifen
cleanser 1. Reiniger *m {im allgemeinen}*, Reinigungsmittel *n*, Reinigungsmasse *f*; 2. Latexbecherwischer *m {Gummi}*
cleansing Reinigen *n*, Reinigung *f*, Abreinigung *f*, Säuberung *f*, Putzen *n*
cleansing agent Abwaschmittel *n*, Reinigungsmittel *n*, Reiniger *m*
cleansing apparatus Schlämmapparat *m*
cleansing cream Reinigungscreme *f*, Hautreinigungscreme *f*
cleansing device Schlämmvorrichtung *f*
cleansing from soap Entseifen *n*
cleansing gas Spülgas *n*
cleansing material Putzmittel *n*
cleansing tool Putzwerkzeug *n*
cleansing vat Nachgärungsbottich *m*, Nachgärungsfaß *n*
clear/to 1. klären, filtern; ausschlämmen, reinigen; schönen; 2. aufhellen, bleichen; 3. aufschlagen; mahlen; feinmahlen, fertigmahlen *{Pap}*; 4. [ab]räumen, leeren; 5. roden *{Wald}*; 6. fortschalten; 7. ausräumen
clear away/to aufräumen, wegräumen
clear from mud/to entschlammen
clear of fumes/to entnebeln
clear up/to aufhellen, aufklären, aufräumen
clear klar, durchsichtig; hell; kenntlich; rein, sauber, blank
clear-cut sauber, klar
clear face varnish Silberlack *m*
clear gas Klargas *n*
clear gasoline unverbleites Benzin *n*
clear lacquer Klarlack *m*, farbloser Lack *m*, Transparentlack *m*, Lasur *f*
clear liquor sugar Klärsel *n*
clear rinsing agent Klarspülmittel *n*
clear water tank Reinwasserbehälter *m*, Trinkwasserbehälter *m*
clearance Abstand *m*, Aussparung *f*, Spielraum *m*, Toleranz *f*, Zwischenraum *m*, Spiel *n*, freier Raum *m*, lichtes Abmaß *n*; Intervall *n*
clearance certificate Freigabeerklärung *f*, Unbedenklichkeitsbescheinigung *f*
clearance of mud Abschlämmung *f*
clearance seal Spaltdichtung *f*
cleared from dross abgeschlackt
clearer Klärbecken *n {Wasser}*
clearing 1. Klären *n*, Klärung *f*, Abklären *n*, Filtern *n*, Reinigen *n*, Reinigung *f*, Läuterung *f*; Schönung *f*, Schönen *n*; Scheidung *f*, Scheiden *n*; 2. Aufhellen *n*, Bleichen *n*; 3. Aufschlagen *n*; Mahlen *n*; Feinmahlen, Fertigmahlen *n {Pap}*; 4. Leerung *f*; Freimachen *n*, Wegräumen *n*; Räumung *f*; 5. Löschen *n {DIN 9757}*, Annullieren *n {EDV}*; 6. Lichtung *f*, Waldlichtung *f*; Rodung *f*; 7. Wegfüllen *n {z.B. der Kohle, Bergbau}*
clearing agent Abschwächer *m {Photo}*; Klär[ungs]mittel *n*
clearing bath Klärbad *n*, Klarwaschbad *n*, Nachspülbad *n*; Klärungsbad *n {Photo}*
clearing liquor Kläre *f*; Kochkläre *f*, Raffinadekochkläre *f {Zucker}*
clearing pan Klärpfanne *f*, Läuterpfanne *f*
clearing vat Klärbottich *m*
clearness Klarheit *f*, Helligkeit *f*, Reinheit *f*, Schärfe *f {Photo}*
clearness depth Schärfentiefe *f*
cleat insulator Klemmisolator *m*, Isolierklemme *f*
cleavability Spaltbarkeit *f*
cleavable [ab]spaltbar
cleavage 1. Spalten *n*, Spaltung *f*, Aufspalten *n*, Aufspaltung *f*, Abspaltung *f*; Aufblättern *n {von Schichtstoffen}*; 2. Bruch *m*; Spaltbarkeit *f {blättriger Bruch}*; Richtung *f* der Spaltebene *f*; 3. Schieferung *f {Geol}*; Schlechtenbildung *f {bei Kohle}*
cleavage brittleness Spaltbrüchigkeit *f*
cleavage crystal Spaltungskristall *m*
cleavage face Spaltfläche *f*, Spaltebene *f*, Ablösungsfläche *f*
cleavage failure Spaltbruch *m*
cleavage fracture Trennbruch *m*
cleavage plane Ablösungsrichtung *f {Krist}*, Spaltfläche *f*, Spalt[ungs]ebene *f*; Spaltebene *f {des Schiefers}*, Schieferfläche *f*; Schieferungsebene *f*
cleavage product Spaltstück *n*, Spalt[ungs]-produkt *n*
cleavage surface Spaltfläche *f*, Ablösungsfläche *f*, Spaltebene *f*
cleavage test Spaltversuch *m {an Klebverbindungen}*
cleave/to anspalten, abspalten, schlitzen, spleißen, spalten *{ein Mineral}*
cleavelandite Cleavelandit *m {Min, blättriger Albit}*

cleaving 1. [ab]spaltend; 2. Abtrennung *f*, Spaltung *f*
cleft Kluft *f*, Spalt *m*, Spalte *f*
clemizole *{INN}* Clemizol *n*
clenching Einhaken *n*
Cleve's acids Cleve-Säuren *fpl*, Clevesche Säuren *fpl*, Naphthylaminsulfonsäuren *fpl*
cleveite Cleveit *m {Min}*
clevis plate Festhalteplatte *f*
click-and-ratchet wheel Sperrad *n*, Schaltrad *n*, Klinkenrad *n*
clidinium *{INN}* Clidinium *n*
client Kunde *m*, Besteller *m*, Klient *m*, Auftraggeber *m*
cliftonite Cliftonit *m {Min}*
climate investigation Klimaversuch *m*, Klimaprüfung *f*
climatic klimatisch
climatic chamber Klimaprüfschrank *m*, Klimaprüfkammer *f {zur Werkstoffprüfung}*; Klimakammer *f {Med}*
climbing film evaporator Aufsteigschichtverdampfer *m*, Kletter[film]verdampfer *m*
clinch/to vernieten, klinchen, clinchen *{z.B. Konservendosen}*; umklammern; befestigen
clincher Haspe *f*, Klammer *f*, Klampe *f*, Niet *m*
cling/to [an]haften, anhängen; kleben, hängenbleiben
clingmannite Clingmannit *m {obs}*, Margarit *m {Min}*
clinic 1. Klinik *f {Med}*, Klinikum *n*, Universitätskrankenhaus *n*; 2. *{US}* Seminar *n*; Symposium *n*
clinical klinisch
clinical [maximum] thermometer Fieberthermometer *n*
clink 1. Pflastermeißel *m*; 2. Warmriß *m* ; 3. Klappern *n*
clink-stone Klingstein *m*, Phonolith *m {Min}*
clinker/to sintern, [ver]schlacken
clinker 1. Kesselschlacke *f*, Schmiedeschlakke *f*, Sinterschlacke *f*, Schlacke *f* von Brennstoffen *mpl*, Kohlenschlacke *f*; Zementklinker *m*, Portlandzementklinker *m*; Schlacke *f*; 2. hartgebrannter Ziegel *m*; Hartziegel *m*, Klinker *m*
clinker crusher Schlackenbrecher *m*
clinker cake Schlackenkuchen *m*
clinker concrete Klinkerbeton *m*, Schlackenbeton *m*
clinkering 1. Schlackenbildung *f*, Verschlakkung *f*; 2. Backen *n*, Sintern *n*, Sinterung *f*; 2. Klinkerbildung *f*, Klinkerung *f {Zementherstellung}*
clinkering coal Backkohle *f*; Backen *n* der Kohle *f*
clinkering zone Sinterzone *f*; Klinkerbildungszone *f {in einem Zementofen}*
clinkery schlackig
clino axis Klinoachse *f*, Klinodiagonale *f {Krist}*
clinochlor[it]e Klinochlor *m {Min}*
clinoclas[it]e Strahlenkupfer *n {obs}*, Strahlerz *n {obs}*, Klinoklas *m*
clinodiagonal Klinodiagonale *f*, Klinoachse *f {Krist}*
clinoedrite Klinoedrit *m {Min}*
clinoenstatite Klinoenstatit *m {Min}*
clinohedrite Klinohedrit *m {Min}*
clinohumite Klinohumit *m {Min}*
clinopyramid Klinopyramide *f {Krist}*
clinozoisite Klinozoisit *m* , Aluminium-Epidot *m {Min}*
clinquant Flittergold *n*
clintonite Clintonit *m {Min}*
clip/to 1. [ab]schneiden; ausschneiden, stutzen; beschneiden; 2. scheren; 3. befestigen, anstecken
clip 1. Klemmvorrichtung *f*, Klemme *f*, Klammer *f*, Querhahn *m*, Quetschhahn *m*, Haltevorrichtung *f*, Halter *m*, Zwinge *f*, Feststellvorrichtung *f*; 2. Schur *f {Text}*; 3. Kabelschelle *f*, Kabelklemme *f*
clip bolt Hakenschraube *f {DIN 6378}*
clip-on cap Kapselverschluß *m*
clip-on ga[u]ge an die Meßstelle *f* anklemmbares Meßgerät *n*
clip-on stirrer Anklemmrührer *m*
clip-spring switch Federschalter *m*
clipper stage Impulsbegrenzerstufe *f {Elek}*
clippers Schneidezange *f*
clipping circuit Begrenzerkreis *m {Elek}*
clippings 1. Blechschere *f*; 2. Blechschnitzel *npl*, Schneideabfall *m*, Schnitzel *npl*
clock generator Taktgeber *m {EDV}*
clock glass Uhrglas *n*, Uhrglasschale *f*
clock meter Uhrwerkzähler *m*
clock oil Uhrenöl *n*
clock signal generator Taktgenerator *m*
clockwise im Uhrzeigersinn *m*, rechtsdrehend
clockwise direction Uhrzeigersinn *m*
clockwise rotation Rechtsdrehung *f*, Drehung *f* im Uhrzeigersinn *m*, Drehrichtung *f* im Uhrzeigersinn *m*
clockwork Zeigerwerk *n*, Uhrwerk *n*
clod breaker Schollenbrecher *m {Agri}*
clog/to 1. verstopfen, blocken, zusetzen, verlegen; 2. Klumpen *mpl* bilden, [ver]klumpen, klumpig werden, sich zusammenballen; sich verstopfen, sich zusetzen
clog Gestein *n {als Gangfüller, Bergbau}*
clogging 1. Blockieren *n*, Verstopfen *n*; 2. Klumpen *n*, Klumpenbildung *f*; 3. Gerinnung *f*
cloisonné Cloisonné *n*, Zellenschmelz *m {Emailmalerei}*
clone 1. Klon *m {ein Stamm, Biol}*; 2. Clon *m*, Klon *m*, klonierter Rechner *m*, nachgebauter Rechner *m*
clonicotonic klonisch, tonisch

close/to 1. schließen, absperren, verschließen, zumachen, zudrehen; 2. einfahren; 3. schließen, stillegen *{z.B. einen Betrieb}*; 4. schließen *{Stromkreis}*
close by melting/to zuschmelzen
close down/to 1. verriegeln, blockieren; 2. schließen, stillegen *{z.B. einen Betrieb}*; 3. abfahren *{eine Anlage}*
close 1. nah, dicht, nahe bei; 2. eng, knapp; 3. genau, gründlich
close contact glue Kontaktklebstoff *m*
close down Betriebsstillegung *f*
close fit Edelpassung *f*, Edelsitz *m*
close-fitting knapp
close-grained feinkörnig, kleinluckig
close-meshed engmaschig *{Text}*
close-packed structure dichteste Kugelpakkung *f*, dichteste Packung *f {Krist}*; dichtgepackte Struktur *f*, dichte Struktur *f {Plastwerkstoffe}*
close-packing dichte Packung *f {in Plastgefügen}*
close-pig feinkörniges Roheisen *n*
close-range action Nahwirkung *f*
closed assembly time geschlossene Wartezeit *f {Klebstoffe}*
closed cell geschlossene Zelle *f {Schaumstoff}*
closed-cell foam geschlossenzelliger Schaumstoff *m*
closed cellular material geschlossenzelliger Schaumstoff *m*
closed circuit geschlossener Kreislauf *m*
closed-circuit conveyor Kreisförderer *m*
closed-circuit cooling Kreislaufkühlung *f*, Umlaufkühlung *f*
closed-circuit cooling system geschlossener Kühlkreislauf *m*
closed-circuit cooling unit Rückkühlaggregat *n*, Rückkühlwerk *n*, Rückkühlung *f*
closed-circuit grinding Kreislaufmahlung *f*
closed circuit principle Ruheprinzip *n {DIN 3320}*
closed circuit television Industriefernsehen *n*, Fernsehüberwachungsanlage *f*
closed conduit geschlossene Leitung *f*
closed cup geschlossener Tiegel *m {eines Flammpunktprüfers}*
closed-cup flash-point tester Flammpunktprüfer *m* in geschlossenem Behälter *m*
closed cycle geschlossener Kreislauf *m*
closed-cycle cooling system geschlossenes Kühlsystem *n*
closed-end mercury manometer geschlossenes Quecksilbermanometer *n*
closed filter geschlossenes Filter *n*
closed grading enge Klassierung *f*, enge Körnung *f*
closed loop 1. geschlossene Schleife *f*, endlose Schleife *f*, Regelkreis *m*, geschlossene Steuerkette *f*; 2. geschlossener Kreislauf *m*
closed-loop water circuit Wasserkreislauf *m*
closed pore geschlossene Pore *f {Keramik}*
closed reservoir überdeckter Behälter *m*
closed shell ausgebaute Schale *f*, abgeschlossene Schale *f*, vollbesetzte Schale *f*
closed system geschlossener Kreislauf *m*, [ab]geschlossenes System *n*
closed trickling filter geschlossenes Filter *n*
closed vessel ballistische Bombe *f {Expl}*
closely crosslinked engmaschig vernetzt, engvernetzt
closely graded engklassiert
closely intermeshing dichtkämmend, einkämmend, voll eingreifend
closely packed eng gepackt
closest packed hexagonal lattice hexagonal dichteste Kugelpackung *f {Krist}*
closet Schrank *m*, Wandschrank *m*
closing Schließen *n*, Schließung *f*; Schluß *m*, Abschluß *m*, Verschluß *m*, Ringschluß *m*
closing cover Verschlußdeckel *m*
closing device Abschlußvorrichtung *f*, Absperrvorrichtung *f*, Verschluß *m*
closing disk Abschlußscheibe *f*
closing machine Verschließmaschine *f*
closing slide Verschlußschieber *m*
closing valve Abschlußventil *n*
closure Schließen *n*, Verschließen *n*, Schluß *m*, Verschluß *m*, Abschließen *n*, Abschluß *m*; Verschlußvorrichtung *f*, Verschluß *m*
closure ball Kugel *f {Ventil}*
closure chain Verschlußkette *f*
closure member Verschlußkörper *m*
closure nut Stiftschraubenmutter *f*, Kapselmutter *f*
closure stud Verschlußschraube *f*, Stiftschraube *f*
pull-off closure Abreißverschluß m
tear-off closure Abreißverschluß *m*
clot/to stocken, gerinnen, koagulieren, [aus]flokken, [ver]klumpen, klumpig werden, Klumpen *mpl* bilden; gerinnen lassen, zum Gerinnen bringen
clot 1. Koagulat *n*, Gerinnsel *n*, Flocke *f*; Brokken *m*, Klunker *m*, Klumpen *m*, Klümpchen *n*; 2. Batzen *m*, Hubel *m {Keramik}*; 3. geronnenes Blut *n {Med}*
clot dissolving Schorfauflösung *f*
clot-dissolving agent Blutgerinnsel-Auflösungsmittel *n*
cloth Gewebe *n*, Stoff *m*, Tuch *n*, Zeug *n*, textile Fläche *f*, Ware *f*; Stofflänge *f*, Stoffabschnitt *m*, Warenlänge *f*, Warenbahn *f*
cloth filter Stoffilter *n*, Tuchfilter *n*, Gewebefilter *n*
cloth red G Tuchrot G *n*, Acidoltuchrot G *n*

cloth scarlet Tuchscharlach *m*
cloth-tube filter Schlauchfilter *n*
clothe/to [be]kleiden, umhüllen, bedecken
clotted geronnen, klumpig
clotting Klumpen *n*, Klumpenbildung *f*, Gerinnung *f*, Gerinnen *n*, Koagulieren *n*, Koagulation *f*, Flockung *f*, Ausflockung *f*, Flockenbildung *f*
clotting delay Gerinnungsverzögerung *f*
clotting factor Gerinnungsfaktor *m {Biochem}*
clotting process Gerinnungsvorgang *m*
clotty klumpig
cloud 1. Wolke *f*; 2. Nebel *m*; Beschlag *m {feuchter Niederschlag}*; 3. Trübung *f*, Trub *m*, Satz *m*, Bodensatz *m*; Geläger *n*, Gärniederschlag *m*, Drusen *fpl*; 4. wolkenförmige Trübung *f {z.B. an Plastformteilen}*; 5. Flammgarn *n*, Flammengarn *n*
cloud and pour point indicator Trübungs- und Stockpunktgeber *m {Instr}*
cloud chamber Nebelkammer *f*, Wilson-Kammer *f*
cloud of electrons Elektronenwolke *f*
cloud of gas Gaswolke *f*
cloud point Trübungspunkt *m*, Kristallisationsbeginn *m*, Kristallisationspunkt *m*; Paraffinausscheidung *f*, Paraffintrübungspunkt *m {Mineralöl}*
cloud point indicator Trübungspunktgeber *m*
cloud temperature Trübungspunkt *m*, Kristallisationsbeginn *m*, Kristallisationspunkt *m*; Cloudpoint *m {DIN 51597}*, Paraffinausscheidung *f*, Paraffintrübungspunkt *m*
cloud track Nebelspur[bahn] *f*
cloudbursting plant *{US}* Kugelstrahlanlage *f*
clouded trüb
cloudiness Schleierbildung *f*, Trübe *f*, Trübung *f*, Trübheit *f*, Trübsein *n*; Unreinheit *f {Krist}*; Mattheit *f*, Glanzlosigkeit *f*
clouding of glas Glastrübung *f*
cloudy wolkig *{Pap}*; getrübt, trüb[e], unrein, verunreinigt, undurchsichtig; matt, glanzlos; moiriert *{Text}*
clovane Clovan *n*
clovanediol Clovandiol *n*
clove oil Nelkenöl *n*, Gewürznelkenöl *n {von Syzygium aromaticum (L.) Merr. et L.M. Perry}*
clovene <$C_{15}H_{24}$> Cloven *n {Terpen}*
clovenic acid Clovensäure *f*
clump 1. [Baum-]Gruppe *f*; Büschel *n*; 2. Klumpen *m*; Klotz *m*; Masse *f*
clumsy ungeschickt, unhandlich
clupanodonic acid Clupanodonsäure *f*, 4,8,12,15,19-Docosapentaensäure *f*
clupein Clupein *n {ein Protamin}*
Clusius column Clusius'sches Trennrohr *n*, Clusius-Trennrohr *n {zur Trennung gasförmiger Isotope}*
cluster 1. Brennstabbündel *n*, Gruppe *f*, Cluster *m {Nukl}*; 2. Cluster *m {im Mischkristall}*; 3. Gießtraube *f*, Modelltraube *f*, Gießbaum *m {für Feinguß}*; Königsstein *m*, Verteilerstein *m*; 4. Block *m {von Instrumenten}*; 5. partielle Molekülzusammenballung *f* in der Schmelze *f*, partielles Molekülknäuel *n* in der Schmelze *f*; 6. Anhäufung *f {von Partikeln}*, Gruppe *f*, Schwarm *m {gleichartiger Dinge}*; 7. Cluster-Verbindung *f*, Metall-Metall-Bindungscluster *m*
cluster crystal Kristalldruse *f*
cluster gear Stufenzahnrad *n*
cluster ion Cluster-Ion *n*
cluster of small inclusions Einschlußnest *n*
clustered particle Ballkorn *n {Kohle; DIN 22005}*
clustering 1. Zusammenlagerung *f*, Schwarmbildung *f {von Molekülen}*, Traubenbildung *f {z.B. von Fettkügelchen}*; 2. Clustering *n*, gruppenweise Anordnung *f {EDV}*
clustering of water vapour Wasserdampfeinschluß *m {in Plastformteilen}*
clutch/to einkuppeln, einrücken
cluthalite Cluthalit *m {Min}*
CMP Cytidinmonophosphat *n*
CN Cellulosenitrat *n*, Nitrocellulose *f {obs}*, Cellulosesalpetersäureester *m*
cnicin <$C_{20}H_{26}O_7$> Cnicin *n {Antibiotikum aus Cnicus benedictus L.}*
cnidionic acid Cnidiumsäure *f*
cnidium lactone Cnidiumlacton *n*
Co I Codehydrase I *f*, Coenzym I *n*, Cozymase I *f*, Diphosphopyridinnucleotid *n*, Nicotinsäureamid-adenin-dinucleotid *n*, NAD *{Biochem}*
Co II Coenzym II n, Triphosphopyridin-[di]nucleotid *n*, Codehydrase II *f*, TPN
co-reactant Reaktionspartner *m {Chem}*
co-rotating twin screw Gleichdrall-Doppelschnecke *f*, Gleichdrallschnecke *{Kunst}*
CoA Koenzym A *n {obs}*, Coenzym A *n*, CoA, CoA-SH *{Biochem}*
coacervate Koazervat *n {Koll}*
coacervation Koazervation *f*, Koazervierung *f*
coadsorption Koadsorption *f*
coagulability Gerinnbarkeit *f*, Gerinnungsfähigkeit *f*, Koagulierbarkeit *f*
coagulable gerinnbar, gerinnungsfähig, koagulierbar
coagulant Gerinnungsmittel *n*, Koagulans *n*, Koagulationsmittel *n*, Koagulierungsmittel *n*
coagulase Koagulase *f {Blutgerinnungsenzym}*
coagulate/to 1. koagulieren, gerinnen lassen, zur Ausflockung *f* bringen; fällen *{Text}*; 2. koagulieren, [aus]flocken, gerinnen, festwerden, stocken, gelieren
coagulate Koagulat *n*
coagulated geronnen, koaguliert
coagulated mass Gerinnsel *n*

coagulating 1. erstarrend; 2. Koagulieren *n*, Gerinnen *n*, Ausflocken *n*, Gerinnung *f*, Ausflockung *f*, Festwerden *n*, Flockenbildung *f*, Koagulation *f*; Zusammenballung *f* ; 3. Käsen *n*

coagulating agent Gerinnungsmittel *n*, Koagulierungsmittel *n*, Koagulationsmittel *n*, Ausflokkungsmittel *n*, Koalugans *n*, Koalugator *m*

coagulating bath Erstarrungsbad *n*, Fällbad *n*, Koagulationsbad *n*

coagulating chemical *s.* coagulating agent

coagulating liquid Erstarrungsflüssigkeit *f*, Koagulierungsflüssigkeit *f*

coagulating property Koagulierungsfähigkeit *f*, Erhärtungsfähigkeit *f*

coagulation factor Gerinnungsfaktor *m*

coagulation meter Gerinnungszeit-Meßgerät *n {Pharm}*

coagulation-preventing drying koagulationsverhütende Trocknung *f*

coagulator Gerinnstoff *m*, Gerinnungsmittel *n*, Ausflockungsmittel *n*, Koagulator *m*, Koagulationsmittel *n*, Koagulans *n*, Koaguliermittel *n*

coagulum *{pl. coagula}* 1. Koagulat *n*, Gerinnsel *n*, Gerinnungsmasse *f*; 2. Gerinnungsmittel *n*; 3. Blutklumpen *m*, Blutkuchen *m {Med}*

coal Kohle *f {im allgemeinen}*, Mineralkohle *f*; [bituminöse] Steinkohle *f*

coal analysis Kohlenanalyse *f*

coal and steel industry Montanindustrie *f*

coal ash Kohlenasche *f*, Bockasche *f*

coal-ash furnace Aschengehaltbestimmungsofen *m {Lab}*

coal-based products Kohleverarbeitungsprodukte *npl*

coal-bearing kohle[n]führend

coal-bearing shale Steinkohlenschiefer *m*

coal black Kohlenschwarz *n*

coal brass Markasit *m*, Pyriteinlagerung *f {in der Kohle, Min}*

coal breeze Kohlengestübe *n*, Kohlenmulm *m*, Kohlengrus *m*

coal briquet[te] Preßkohle *f*, Kohlenpreßling *m*, Kohlenbrikett *n*

coal burning with flame Flammkohle *f*

coal cake Patentkohle *f*

coal carbonization Kohlenentgasung *f*, Kohlenverkokung *f*; Kohlen[ver]schwelung *f*; Steinkohlen[ver]schwelung *f*

coal carbonizing plant Kokerei *f*

coal conversion Kohlenveredelung *f {z.B. Verflüssigung}*

coal creosote Steinkohlencreosot *n*

coal-derived fels Kohlenwertstoff *m*, Brennstoff *m* aus Kohle *f*

coal devolatilization Kohleverflüchtigung *f*, Kohlenentgasung *f*

coal distillation Kohlenvergasung *f*

coal dressing Kohlenaufbereitung *f*

coal dust Kohlenstaub *m*, Staubkohle *f*

coal gas Kohlengas *n*, Leuchtgas *n*, Steinkohlengas *n*

coal gas generator Leuchtgasgenerator *m*

coal gasification Kohlevergasung *f*, Vergasung *f* von Kohle *f*; Steinkohlengaserzeugung *f*

coal gasoline Steinkohlenbenzin *n*

coal hydrogenation Kohlehydrierung *f*, Kohleverflüssigung *f {direkte, indirekte}*

coal-hydrogenizing plant Kohlehydrieranlage *f*

coal igniter Kohlenanzünder *m*

coal leaching Kohleabbau *m* durch Laugung *f*

coal-like kohlenartig

coal liquefaction Kohleverflüssigung *f {direkte, indirekte}*, Kohlehydrierung *f*

coal-mineral matter Mineralgehalt *m* der Kohle

coal mud Kohlenschlamm *m*, Schlammkohle *f*

coal oil Fließkohle *f*, Kohleöl *n*, Kohlenteeröl *n*; Steinkohlenöl *n*

coal preparation Kohleaufbereitung *f*; Steinkohleaufbereitung *f*

coal pulverizer Kohlemahlanlage *f*, Kohlenstaubmühle *f*, Kohle[n]mühle *f*; Steinkohlenmühle *f*

coal pump Kohlenpumpe *f*

coal pyrolysis Kohlenpyrolyse *f*

coal slate Kohlenschiefer *m*, Brandschiefer *m*

coal slime Kohlenschlamm *m*

coal slurry Schlammkohle *f*, Kohle[n]schlamm *m*, Kohle[n]brei *m*

coal tar Kohlenteer *m*; Steinkohlenteer *m*

coal-tar asphalt Teerpech *n*

coal-tar binder pitch Steinkohlenteer-Bindepech *n {DIN 55946}*

coal-tar dye Teerfarbe *f*, Teerfarbstoff *m*, Anilinfarbstoff *m*

coal-tar naphtha Kohlenteer-Solventnaphtha *n f*

coal-tar oil Steinkohlen[teer]öl *n {Bestandteil des Straßenpechs}*; Kohlenteeröl *n*

coal-tar pitch Teerasphalt *m*, Steinkohlen[teer]pech *n {DIN 55946}*; Kohlenteerpech *n*

coal-tar resin Cumaron-Indenharz *n*

coal washings Kohlenschlamm *m*

coal-water gas Kohlenwassergas *n*, Doppelgas *n*

bituminous coal Fettkohle *f*, backende Kohle *f*

containing coal kohlenhaltig

brown coal Lignit *m*

dry burning coal magere Kohle *f*, Magerkohle *f*

hard coal Steinkohle *f*

Standard Coal Unit Kohlengleichwert *m*, Stienkohleneinheit *f*, SKE

coalesce/to ineinanderfließen; verschmelzen, zusammenlaufen; koalisieren, koaleszieren, sich vereinigen, sich verbinden; zusammenwachsen
coalescence Koaleszenz *f*, Vereinigung *f*, Verbindung *f*; Verschmelzung *f*; Zusammenfließen *n*; Zusammenwachsen *n*
coalescing agent Koaleszenzmittel *n*
coalification Inkohlung *f {DIN 22005}*, Carbonifikation *f*, Kohlenreifung *f*
Coalite *{TM}* Coalit *m*, Halbkoks *m {HN, rauchloser Brennstoff}*
coarse grob; Grob-
coarse adjustment Grobabstimmung *f*, Grobeinstellung *f*
coarse bar screen Grobrechen *m*
coarse comminution Grobzerkleinern *n*, Grobzerkleinerung *f*
coarse control Grobregelung *f*
coarse cotton fabric Baumwollgrobgewebe *n*
coarse crusher Grobbrecher *m*, Vorbrecher *m*, Grobzerkleinerungsmaschine *f*
coarse crushing Grobbrechen *n*
coarse-crystalline grobkristallin
coarse-disperse[d] grobdispers
coarse dust [particles] grober Staub *m*
coarse fabric Grobgewebe *n*
coarse-fibered grobfaserig
coarse filter Grobfilter *n*
coarse flour Aftermehl *n*, Schrotmehl *n*
coarse grain formation Grobkornbildung *f {Met}*
coarse grain recrystallization Grobkornrekristallisation *f*
coarse-grained grobkörnig
coarse-granular grobkörnig
coarse granulation Grobbruch *m*
coarse grinding Grobmahlen *n*, Grob[aus]mahlung *f*, grobe [Aus-]Mahlung *f*
coarse lump [großer] Klumpen *m*
coarse material Grobgut *n*; Grobstoff *m*, Spuckstoff *m*, "Sauerkraut" *n {Pap}*
coarse-meshed weitmaschig
coarse particle Grobkorn *n*, grobe Partikel *f*
coarse particles Grobbestandteile *mpl*
coarse pumping Grobevakuieren *n*, Vorpumpen *n {Vak}*
coarse rack Grobrechen *m*
coarse screen Grobrechen *m*
coarse screening Grobsiebung *f*, Grobsortierung *f*
coarse setting Grobeinstellung *f*
coarse sieve Grobsieb *n*
coarse-sized grobkörnig
coarse spiegeleisen Grobspiegeleisen *n*
coarse structure Makrostruktur *f*, Makrogefüge *n*, Grobstruktur *f*, Grobgefüge *n*
coarse-threaded grobfädig, grobdrahtig
coarseness Derbheit *f*, Grobheit *f*, Rauhigkeit *f*; Grobkörnigkeit *f*
coarsening Vergröberung *f {z.B. des Korns}*; Kornvergröberung *f {Met}*
coasting 1. Vorwärmen *n*, Anwärmen *n {z.B. einer Treibmittelpumpe}*; 2. Auslauf *m*, Ausrollen *n*
coat/to 1. belegen, beschichten, überziehen, kaschieren; 2. gummieren; 3. anstreichen; 4. umhüllen, einhüllen, ummanteln; 5. auftragen *{z.B. Düngemittel}*; 6. streichen, beschichten *{Pap}*; 7. abdecken *{mit Deckfarb}*; 8. aufgießen
coat with aluminum/to alitieren
coat 1. Belag *m*, Schicht *f*, Beschichtung *f*, Schutzschicht *f*, Überzug *m*, Auftrag *m*; 2. Anstrich *m {DIN 55945}*, Anstrichschicht *f*; 3. Aufstrich *m*, Strich *m*, Beschichtung *f {Pap}*; 4. Mantelform *f {Gieß}*; Schlichteschicht *f*
coat formation Schichtbildung *f*
coat of anticorrosive paint Korrosionsschutzanstrich *m*
coat of paint Anstrich *m*
coat of protective paint Schutzanstrich *m*
coat protein Hüllprotein *n*
coat weight Auftragsgewicht *n*, Streichgewicht *n*
first coat Grundanstrich *m*
first coat of oil Ölgrund *m*
coated gestrichen; Streich-; umhüllt; überzogen, beschichtet; imprägniert; angelaufen
coated drug überzogene Arzneiform *f*
coated electrode umhüllte Elektrode *f*
coated fabric beschichtetes Gewebe *n*, gestrichenes Gewebe *n*, kaschiertes Gewebe *n*, Streichstoff *m*; gummiertes Gewebe *n*, gummierter Stoff *m*; Gewebekunstleder *n*
coated paper beschichtetes Papier *n*, gestrichenes Papier *n*, Streichpapier *n*; Lackpapier *n*
coated particle Schalenkern *m*, beschichtetes Brennstoffteilchen *n*, beschichtetes Partikel *n {mit pyrolytisch abgeschiedenem Kohlenstoff}*, Coated Particle *n {Nukl}*
coated tablet Manteltablette *f*
coated with primer grundiert, primerlackiert
coater Auftragmaschine *f*, Beschichtungsmaschine *f*, Lackierungsmaschine *f*, Streichanlage *f*
coating 1. Überzug *m*, Häutchen *n*, Belag *m*, Schicht *f*, Überzugschicht *f*, Auftrag *m*, Schutzschicht *f*, Beschichtung *f*; 2. Ummantelung *f*, Umkleidung *f*, Umhüllung *f* , Verkleidung *f*, Einlage *f*; 3. Futter *n*; 4. Liderung *f*; 5. Garnitur *f*; 6. Streichen *n*, Strich *m*; Streichmasse *f*; Aufstrich *m*, Beschichtung *f {Pap}*; 7. Belegen *n*, Beschichten *n*, Überziehen *n*, Kaschieren *n*; Gummieren *n*; Anstreichen *n*; Umhüllen *n*, Einhüllen *n*, Ummanteln *n*; Auftragen *n*; Pudern *n*, Puderung *f {von Düngemitteln}*; Abdecken *n*

{mit Deckfarben}; Aufgießen *n {Keramik}*; Aufdampfen *n*, Bedampfung *f*
coating by chemical displacement Kontaktüberzug *m*
coating by metal vapor Metallbedampfungsschicht *f*
coating by vapor decomposition pyrolytische Beschichtung *f*
coating centrifuge Beschichtungszentrifuge *f*
coating composition *s.* coating compound
coating compound Anstrichfarbe *f*, Anstrichmittel *n*, Beschichtungsmasse *f*, Beschichtungsmaterial *n*, Streichlack *m*, Überzugsmasse *f*
coating conductivity Überzugsleitfähigkeit *f*
coating drum Kandiertrommel *f {Pharm}*
coating extruder Beschichtungsextruder *m*
coating formation Deckschichtenbildung *f*
coating getter Deckgetter *m*, Schichtgetter *m*
coating layer Aufdampfschicht *f*, Deckschicht *f*, Hüllschicht *f*
coating machine Auftragmaschine *f*, Streichmaschine *f*, Beschichtungsmaschine *f*; Emulsionsauftragmaschine *f {Photo}*; Lackiermaschine *f*, Lackauftragmaschine *f*
coating mass Streichmasse *f*
coating material Anstrichmittel *n*, Beschichtungsstoff *m {DIN 53 159}*
coating mixture Streichmischung *f*, Streichmasse *f*, Streichfarbe *f {Pap}*
coating of oxide Oxidüberzug *m*
coating pan Lackiertrommel *f*; Streich[massen]trog *m*, Dragierkessel *m {Pap}*
coating pistol Spritzpistole *f*
coating powder Pulverlack *m {DIN 55 690}*, Lackpulver *n {zur Pulverbeschichtung}*; Beschichtungspulver *n*
coating process Überzugsverfahren *n*; Metallisierungsverfahren *n*
coating removal Entschichtung *f*
coating resin Überzugsharz *n*, Lackharz *n*
coating substance Streichmasse *f*, Streichfarbe *f {Pap}*; Pudermittel *n*, Puderstoff *m {zum Konditionieren von Düngemitteln}*
coating technique Beschichtungstechnik *f*
coating thickness Auftragsdicke *f {z.B. von Lack}*, Schichtdicke *f*, Überzugsdicke *f*
coating varnish Imprägnierlack *m*, Überzugslack *m*
coating weight Auflagegewicht *n*, Trockenauftragsmenge *f*, Auftragsmasse *f*, Beschichtungsgewicht *n*
coating with primer Grundierung *f*, Primerlackierung *f*
coaxial koaxial, konaxial, konzentrisch, achsengleich, gleichachsig
cob 1. ungebrannter Ziegel *m*; Luftziegel *m {ungebrannter Ziegel mit Strohzusatz}*; 2. kleiner Kohlenpfeiler *m*, Kohlenbein *n*
cob coal Würfelkohle *f*
cob mill Schlagmühle *f {Keramik}*
cobalamine Cobalamin *n {Sammelbezeichnung für Stoffe mit Vitamin-B_{12}-Wirkung}*
cobalt *{Co, element no. 27}* Cobalt *n*, Kobalt *n {obs}*
cobalt acetate Cobalt(II)-acetat *n*
cobalt aluminate **<$Co(AlO_2)_2$>** Cobaltaluminat *n*, Thenard's Blau *n*
cobalt ammonium sulfate **<$(NH_4)_2SO_4CoSO_4·6H2O$>** Kobaltammonsulfat *n {obs}*, Cobalt(II)-ammoniumsulfat *n*
cobalt arsenate **<$Co_3(AsO_4)_2$>** Cobalt(II)-arsenat *n*, arsensaures Kobalt *n {obs}*
cobalt arsenide **<$CoAs_2$>** Speiskobalt *n*, Smaltin *m*, Skutterudit *m {Min}*
cobalt-base superalloy Cobaltbasis-Superlegierung *f*
cobalt black Kobaltschwärze *f*, Asbolan *m {Min}*
cobalt bloom Kobaltblüte *f*, Kobaltschlag *m*, Erythrin *m {$Co_3(AsO_4)_2·8H_2O$, Min}*
cobalt blue Kobaltblau *n*, Kobaltultramarin *n*, Thénards Blau *n*, Dumonts Blau *n*, Königsblau *n*, Leydenerblau *n*, Schmaltblau *n {Cobaltaluminat}*
cobalt bomb 1. Kobaltbombe *f {eine Wasserstoffbombe mit Cobaltmantel}*; 2. Co-60-Bestrahlungsgerät *n {Med}*, Kobaltkanone *f {Triv}*
cobalt boride **<CoB>** Cobaltborid *n*
cobalt bronze Kobaltbronze *f*
cobalt carbide Cobaltcarbid *n*
cobalt carbonate Cobalt(II)-carbonat *n*
cobalt chloride Cobaltdichlorid *n*; Cobalttrichlorid *n*
cobalt-chromium steel Cobaltchromstahl *m*
cobalt-coloring matter Cobaltfarbstoff *m*
cobalt cyanide Cyancobalt *n {obs}*, Cobalt(II)-cyanid *n*; Cobalt(III)-cyanid *n*
cobalt dibromide Cobalt(II)-bromid *n*, Cobaltdibromid *n*, Kobaltbromür *n {obs}*
cobalt dichloride Cobalt(II)-chlorid *n*, Cobaltdichlorid *n*, Kobaltchlorür *n {obs}*
cobalt diiodide Cobalt(II)-iodid *n*, Cobaltdiiodid *n*, Kobaltjodür *n {obs}*
cobalt fluoride Cobalt(III)-fluorid *n*, Cobalttrifluorid *n*
cobalt glance Kobaltglanz *m {obs}*, Cobaltin *m*, Kobaltin *m*, Kobaltit *m {Min}*
cobalt glass Kobaltglas *n*
cobalt green Kobaltgrün *n*, Cobaltzinkat *n*, Kobaltoxydulzinkoxid *n {obs}*, Rinmanns Grün *n*, Zinkgrün *n*
cobalt high speed steel Cobaltschnellstahl *m*
cobalt hydrate *{obs}* Cobalthydroxid *n*
cobalt hydrogen carbonyl Cobaltcarbonylwasserstoff *m*
cobalt hydroxide Cobalthydroxid *n*

cobalt monoxide <CoO> Cobalt(II)-oxid *n*, Kobaltoxydul *n {obs}*, Cobalt[mon]oxid *n*
cobalt mordant Kobaltbeize *f*
cobalt naphthenate Kobaltnaphthenat *n*
cobalt nickel pyrite Nickelkobaltkies *m*, Linneit *m {Min}*
cobalt nitrate Cobalt(II)-nitrat *n*
cobalt nitrite Cobalt(III)-nitrit *n*
cobalt octoate Kobaltoctoat *n*, Cobalt-2-ethylhexanat *n*
cobalt oxalate Cobaltoxalat *n*
cobalt oxides <CoO, Co_2O_3, Co_3O_4, CoO_2> Cobaltoxide *npl {Cobaltmonoxid, Cobalttrioxid, Cobalttetroxid}*
cobalt phosphide <Co_2P> Cobaltphosphid *n*
cobalt pigment Kobaltfarbe *f*, Kobaltfarbstoff *m*
cobalt plating Kobaltplattierung *f*
cobalt potassium nitrite <$CoK_3(NO_2)_6 \cdot H_2O$> Cobaltkaliumnitrit *n*, Kalium-Cobaltnitrit *n*, Cobaltgelb *n*, Indischgelb *n*, Fishers Salz *n*
cobalt protoxide Cobalt(II)-oxid *n*, Kobaltoxid *n {obs}*, Kobaltoxydul *n {obs}*
cobalt pyrites Graupenkobalt *n*, Kobaltpyrit *m {Cobalt(II,III)-sulfid, Min}*
cobalt resinate Cobaltresinat *n*
cobalt sesquioxide <Co_2O_3> Kobaltrioxid *n {obs}*, Kobaltsesquioxid *n {obs}*, Dicobalttrioxid *n*, Cobalttrioxid *n*, Cobalt(III)-oxid *n*
cobalt siccative Kobaltsikkativ *n*
cobalt silicate <Co_2SiO_4> Cobaltsilicat *n*
cobalt silicide Cobaltsilicid *n*
cobalt soap Kobaltseife *f*
cobalt sodium nitrite <$CoNa_3(NO_2)_6 \cdot H_2O$> Cobaltinatriumnitrit *n*, Trinatriumhexanitrocobaltat(III) *n*
cobalt speiss Kobaltspeise *f {Min}*
cobalt stearate <$(C_{17}H_{35}CO_2)_2Co$> Cobalt(II)-stearat *n*
cobalt sulfate <$CoSO_4$ or $CoSO_4 \cdot 7H_2O$> Cobaltsulfat *n*
cobalt sulfide <CoS> Cobaltsulfid *n*; Schwefelkobalt *m {Min}*
cobalt tetracarbonyl Cobalttetracarbonyl *n*, Dicobaltoctacarbonyl *n*
cobalt trichloride <$CoCl_3$> Cobalt(III)-chlorid *n*, Cobalttrichlorid *n*
cobalt trifluoride <CoF_3> Cobalttrifluorid *n*, Cobalt(III)-fluorid *n*
cobalt ultramarine Cölestinblau *n*, Thénards Blau *n*, Kobaltblau *n*, Kobaltaluminat *n*, Leithnersblau *n*
cobalt violet Kobaltviolett *n {NH_4-Co-Phosphat}*
cobalt vitriol Kobaltvitriol *n*, Bieberit *m {Cobalt(II)-sulfat-7-Wasser}*
cobalt yellow Kobaltgelb *n*, Indischgelb *n*, Aureolin *n {Kaliumhexanitrocobaltat(III)}*
cobalt zincate Kobaltgrün *n*, Cobalt(II)-zinkat *n*, Rinmanns Grün *n*

cobalt(II) bromide Cobalt(II)-bromid *n*, Kobaltbromür *n {obs}*
cobalt(II) chloride Cobalt(II)-chlorid *n*, Kobaltchlorür *n {obs}*, Kobaltochlorid *n {obs}*
cobalt(II) compound Cobalt(II)-Verbindung *f*, Kobaltoverbindung *f {obs}*, Kobaltoxydulverbindung *f {obs}*
cobalt(II) iodide Cobalt(II)-iodid *n*, Kobaltjodür *n {obs}*
cobalt(II) nitrate Cobalt(II)-nitrat *n*, Kobaltonitrat *n {obs}*
cobalt(II) oxide Cobalt(II)-oxid *n*, Kobaltooxid *n {obs}*, Kobaltoxydul *n {obs}*
cobalt(II) salt Cobalt(II)-Salz *n*, Kobaltosalz *n {obs}*, Kobaltoxydulsalz *n {obs}*
cobalt(II) sulfate Cobalt(II)-sulfat *n*, Kobaltosulfat *n {obs}*

cobalt(III) chloride Kobaltichlorid *n {obs}*, Cobalt(III)-chlorid *n*
cobalt(III) compound Cobalt(III)-Verbindung *f*, Kobaltiverbindung *f {obs}*
cobalt(III) cyanide Kobaltcyanid *n {obs}*, Cobalt(III)-cyanid *n*
cobalt(III) fluoride Cobalt(III)-fluorid *n*, Cobalttrifluorid *n*
cobalt(III) oxide Cobalt(III)-oxid *n*, Kobaltioxid *n {obs}*
cobalt(III) salt Cobalt(III)-Salz *n*
amorphous gray cobalt Kobaltgraupen *fpl*
earthy cobalt Horncobalt *m {Min}*
native cobalt diarsenide Graupenkobalt *n {Min}*
red cobalt Kobaltblüte *f {Min}*

cobaltammine Cobaltammin *n*, Cobaltiak *n*

cobalteous s. cobalt(II)-

cobaltic Cobalt-, Cobalt(III)-
cobaltic chloride <$CoCl_3$> Cobalt(III)-chlorid *n*, Kobaltichlorid *n {obs}*, Cobalttrichlorid *n*
cobaltic compound Cobalt(III)-Verbindung *f*, Kobaltiverbindung *f {obs}*
cobaltic cyanide Kobalticyanid *n {obs}*, Cobalt(III)-cyanid *n*
cobaltic fluoride <CoF_3> Cobalt(III)-fluorid *n*, Cobalttrifluorid *n*
cobaltic hydroxide <$Co(OH)_3$> Kobalthydroxid *n {obs}*, Cobalt(III)-hydroxid *n*
cobaltic oxide <Co_2O_3> Cobalt(III)-oxid *n*, Dicobalttrioxid *n*, Cobalttrioxid *n*, Kobaltioxid *n {obs}*, Kobaltsesquioxid *n {obs}*, Kobaltgrün *n {Triv}*
cobaltic potassium nitrite <$K_3[Co(NO_2)_6]$ Kaliumcobaltnitrit *n*, Kobaltikaliumnitrit *n {obs}*, Kaliumhexanitrocobaltat(III) *n*
cobaltic salt Cobalt(III)-Salz *n*

cobaltichloride <$CoCl_3$> Kobaltichlorid *n {obs}*, Cobalt(III)-chlorid *n*

cobalticyanic acid <$H_3[Co(CN)_6]$> Cobalticyanwasserstoffsäure *f*, Hydrogenhexacyanocobaltat(III) *n*
cobalticyanide Kobalticyanid *n {obs}*, Cobalt(III)-cyanid *n*
cobaltiferous cobalthaltig
cobaltine <CoAsS> Cobaltin *m*, Kobaltin *m*, Kobaltit *m*, Kobaltglanz *m {Min}*
cobaltite <CoAsS> Cobaltit *m*, Kobaltin *m*, Kobaltglanz *m*, Kobaltit *m {Min}*
cobaltocalcite Cobaltocalcit *m*, Sphärokobaltit *m*, Kobaltspat *m {Min}*
cobaltocobaltic oxide <Co_3O_4> Cobalt(II,III)-oxid *n*, Kobaltoxyduloxid *n {obs}*, Tricobalttetroxid *n*, Cobalttetroxid *n*
cobaltocyanic acid Cobaltocyanwasserstoffsäure *f*, Hydrogenhexacyanocobaltat(II) *n*
cobaltomenite Kobaltomenit *m*, Cobaltomenit *m {Min}*
cobaltothiocyanic acid Cobaltorhodanwasserstoffsäure *f {obs}*, Hydrogenhexathiocyanatocobaltat(II) *n*
cobaltous Cobalt-, Cobalt(II)-
cobaltous acetate <$Co(CH_3CO_2)_2 \cdot 4H_2O$> essigsaures Kobalt *n {obs}*, Cobalt(II)-acetat *n*
cobaltous bromide <$CoBr_2 \cdot 6H_2O$> Cobalt(II)-bromid *n*, Kobaltbromür *n {obs}*
cobaltous carbonate <$CoCO_3$> Kobaltocarbonat *n {obs}*, Cobalt(II)-carbonat *n*
cobaltous chloride <$CoCl_2$, $CoCl_2 \cdot 6H_2O$> Cobalt(II)-chlorid *n {IUPAC}*, Kobaltchlorür *n {obs}*, Kobaltochlorid *n {obs}*
cobaltous chromate <$CoCrO_4$> Kobaltochromat *n {obs}*, Cobalt(II)-chromat *n*
cobaltous compound Cobalt(II)-Verbindung *f*, Kobaltoverbindung *f {obs}*, Kobaltoxydulverbindung *f {obs}*
cobaltous hydroxide <$Co(OH)_2$> Kobaltohydroxyd *n {obs}*, Cobalt(II)-hydroxid *n*
cobaltous iodide <$CoI_2 \cdot 6H2O$> Cobalt(II)-iodid *n*, Kobaltjodür *n {obs}*
cobaltous linoleate <$(C_{17}H_{31}COO)_2Co$> Kobaltolineoleat *n {obs}*, leinölsaures Kobalt *n {obs}*, Cobalt(II)-linoleat *n*
cobaltous naphthenate Cobalt(II)-naphthenat *n*
cobaltous nitrate <$Co(NO_3)_2 \cdot 6H_2O$> Cobalt(II)-nitrat *n*, Kobaltonitrat *n {obs}*
cobaltous oleate Cobalt(II)-oleat *n*, Kobaltooleat *n {obs}*
cobaltous oxalate <$Co(COO)_2 \cdot 2H_2O$> Kobaltooxalat *n {obs}*, Cobalt(II)-oxalat
cobaltous oxide <CoO> Cobalt(II)-oxid *n*, Cobaltmonoxid *n*, Kobaltooxid *n {obs}*, Kobaltoxydul *n {obs}*
cobaltous phosphate <$Co_3(PO_4)_2 \cdot 2H_2O$> Kobaltophosphat *n {obs}*, Cobalt(II)-phosphat *n*, Kobaltoxydulphosphat *n {obs}*
cobaltous resinate Cobaltresinat *n*
cobaltous salt Cobalt(II)-Salz *n*, Kobaltosalz *n {obs}*, Kobaltoxydulsalz *n {obs}*
cobaltous sulfate <$CoSO_4 \cdot 7H_2O$> Cobalt(II)-sulfat *n*, Kobaltosulfat *n {obs}*
cobaltous tungstate <$CoWO_4$> Kobaltowolframat *n {obs}*, Cobalt(II)-wolframat *n*
cobamic acid Cobamsäure *f*
cobamide Cobamid *n*
cobamide coenzyme Cobamid-Coenzym *n*
cobbing 1. Handzerkleinerung *f {des Erzes}*; Scheiden *n {von Erz}*, Klauben *n*, Klaubenarbeit *f*; 2. Voranreicherung *f*
cobbler's wax Schuhpech *n*, Schusterpech *n*
cobbles 1. Knabbeln *pl {Kohle, 50...150 mm; DIN 22005}*; 2. Rollkiesel *m {10...30 mm}*
cobinic acid Cobinsäure *f*
cobwebbing Fadenziehen *n*, Fadenbildung *f {bei Beschichtungen}*; Kokonverfahren *n {Korrosionsschutz für Lagerung und Transport}*, Einspinnverfahren *n*, Kokonverpackung *f*, Cocoon-Verfahren *n*
coca 1. Coca *f*, Koka *f*, Cocastrauch *m*, Erythroxylum coca Lam.; 2. Cocablätter *npl*
coca alcaloids Coca-Alkaloide *npl*
cocaic acid Cocasäure *f*
cocaine <$C_{17}H_{21}NO_4$> Kokain *n*, Cocain *n*, Benzoylmethylecgonin *n*, Benzoylecgoninmethylester *m*
cocaine hydrochloride Cocainhydrochlorid *n*
cocaine poisoning Cocainvergiftung *f*
cocaine substitute Cocainersatz *m*
cocainism Cocainvergiftung *f*
cocamine Cocamin *n*
cocarboxylase Cocarboxylase *f*, Thiamindiphosphat *n*, TPP, Aneurinpyrophosphat *n*, APP, Cocarboxylase *f {Biochem}*
coccelic acid Coccelsäure *f*
cocceryl alcohol Cocceryalkohol *m*
coccic acid Coccinsäure *f*
coccine Coccin *n*, Retuschierrot *n {Photo}*
coccinine Coccinin *n*
coccinite Coccinit *m {Min}*
coccinone Coccinon *n*
coccolith Kokkolith *m {Min}*
cocculin <$C_{19}H_{26}O_{10}$> Cocculin *n*
cocculus Kokkelskorn *n*
cochalic acid Cochalsäure *f*
cochenillic acid Cochenillesäure *f*, *m*-Kresol-4,5,6-tricarbonsäure *f*, 6-Hydroxy-4-methyl-1,2,3-bezoltricarbonsäure *f*
cochenilline Cochenillin *n*
cochin oil Cochinöl *n*
cochineal Cochenille *f*, Cochenillenfarbstoff *m*, Koschenille *f*, Scharlachrot *n*, Karmesin *n {roter Farbstoff}*; Cochenille *f {getrocknete weibliche Nopal-Schilddrüse}*
cochineal red A Cochenillerot A *n*

cochineal scarlet Cochenillenscharlach *m*
cochinilin Carminsäure *f*
cocinine Cocinin *n*
cock Hahn *m*, Hahnventil *n*, Sperrhahn *m*
cock manifold Hahnbrücke *f*
two-way cock Zweiwegehahn *m*
cocks and valves Armaturen *fpl*
coclaurine Coclaurin *n {Alkaloid}*
cocoa s. cacao
cocondensation Mischkondensation *f*, Kokondensation *f*
coconut Kokosnuß *f*
coconut acid Kokossäure *f*
coconut butter Koprafett *n*, Kokosnußöl *n*
coconut carbon Kokosnußkohle *f*
coconut fat Kokosfett *n*
coconut meal Kokosschrot *n*, Kokoskuchenmehl *n*
coconut milk Kokosmilch *f*
coconut oil Cocos[nuß]öl *n*, Palmnußöl *n*, Kokos[nuß]fett *n*, Kokos[nuß]öl *n*, Oleum Cocos
coconut oil fatty acid Kokosölfettsäure *f*
coconut tallow Cocostalg *m*
cocoon 1. Kokon *m*, Seidenkokon *m*; 2. entfernbare Schutzschicht *f {aus Plast}*
cocoon packing Kokonisieren *n*, Kokonverfahren *n*; Kokonverpacken *n*, Einspinnen *n {technischer Güter}*
cocoonase Cocoonase *f {Enzym der Seidenraupe}*
cocooning Kokonisieren *n*, Kokonverfahren *n*; Kokonverpacken *n*, Einspinnen *n {technischer Güter}*
cocoonization Kokonisieren *n*, Kokonverfahren *n*; Kokonverpacken *n*, Einspinnen *n {technischer Güter}*
cocrystallization Mischkristallisation *f*, Kokristallisation *f*
cocurrent im Gleichstrom, im Parallelstrom, nach dem Gleichstromprinzip, nach dem Parallelstromprinzip, im Gleichstrom geführt, im Parallelstrom geführt
cocurrent flow Gleichstrom *m*, Parallelstrom *m {Hydrodynamik}*
cod-liver oil Lebertran *m*; Dorschlebertran *m*, Dorschleberöl *n*
cod oil Codöl *n {geringwertige Sorte von Lebertran, Gerb}*
thick cod oil Brauntran *m*
codamine Codamin *n {Alkaloid}*
code Kennziffer *f*, Kodex *m*, Schlüssel *m*; Code *m {EDV}*
code of conduct Verhaltensregel *f*; ethischer Code *m {beruflicher Verhaltenskodex}*
code of ethics Ehrenkodex *m*, standesrechtliche Grundsätze *mpl*
code of practice Richtlinien *fpl*
code pin Lesestift *m*
code scanning device Code-Tastgerät *n*
codecarboxylase Codecarboxylase *f {Biochem}*
codehydrase I Codehydrogenase I *f*, Cozymase I *f*, Diphosphopyridinnucleotid *n*, Nicotinsäure-Adenosinnucleotid *n*, NAD *{Biochem}*
codehydrase II Codehydrogenase II *f*, Cozymase II *f*, Triphosphopyridinnucleotid *n*, TPP
codeine Codein *n*, Methylmorphin *n*, Morphinmethylether *m*
codeine bromomethylate Codeinbrommethylat *n*
codeine hydrobromide Codeinhydrobromid *n*
codeine hydrochloride Codeinchlorhydrat *n {obs}*, Codeinhydrochlorid *n*
codeine phosphate Codeinphosphat *n*
codetermination Mitbestimmung *f*
codeveloper Mitentwickler *m*
codimer Codimer *n {Mineralöl}*
codimerisation Codimerisation *f*
codistillation Kodestillation *f*, Destillation *f* mit Zusatzstoffen
codling moth Apfelwickler *m {Zool}*
codol Retinol *n*
codon Codon *m*, Kodon *m*, Codetriplett *n*, m-RNA-Nucleotidtriplett *n {Biochem}*
coefficient Koeffizient *m {DIN 5485}*, Beiwert *m*, Vorzahl *f*, Faktor *m*, Beizahl *f*; Kennzahl *f*, Kennziffer *f*
coefficient equation Kennziffergleichung *f {Math}*
coefficient of conduction of temperature Temperaturleitzahl *f*
coefficient of cubical expansion kubischer Wärmeausdehnungskoeffizient *m*, Raumausdehnungszahl *f*, thermischer Volumenausdehnungskoeffizient *m*, kubischer Ausdehnungskoeffizient *m*
coefficient of discharge Ausflußziffer *f {= tatsächlicher/theoretischer Ausflußmassenstrom; DIN 3320}*, Ausflußkoeffizient *m*; Geschwindigkeitsziffer *f {= tatsächlich auftredende/theoretisch mögliche Geschwindigkeit beim Ausströmen}*
coefficient of dispersion Dispersionskoeffizient *m*
coefficient of distribution Verteilungskoeffizient *m*
coefficient of electrolytic dissociation Dissoziationskonstante *f*, Dissoziationsgrad *m*
coefficient of elongation Dehnungskoeffizient *m*, Dehnungszahl *f*
coefficient of expansion Ausdehnungskoeffizient *m*, Ausdehnungszahl *f*
coefficient of friction Reibungskoeffizient *m*, Reib[ungs]zahl *f*, Reibwert *m*, Reib[ungs]faktor *m*

coefficient of hardness Brinellsche Härtezahl *f*, Brinell-Zahl *f*
coefficient of heat transmission Wärmedurchgangszahl *f*, Wärmedurchgangskoeffizient *m*
coefficient of linear expansion linearer Ausdehnungskoeffizient *m*, thermischer Längenausdehnungskoeffizient *m*, Wärmeausdehnungskoeffizient *m*
coefficient of performance Nutzeffekt *m*, Leistungsziffer *f*, Leistungszahl *f*, Gütegrad *m*, Gütezahl *f*
coefficient of reduction Abnahmezahl *f*
coefficient of reflection Reflexionskoeffizient *m*, Reflexionszahl *f*; Reflexionsgrad *m* *{= reflektierter Lichtstrom/auffallender Lichtstrom}*; Reflexionsfaktor *m*
coefficient of resistance Festigkeitskoeffizient *m*
coefficient of roughness Rauhigkeitsbeiwert *m*, Rauhigkeitsgrad *m*, Rauhigkeitszahl *f*
coefficient of self-inductance Selbstinduktionskoeffizient *m*
coefficient of sliding friction Gleitreibungszahl *f*, Gleitreibungskoeffizient *m*
coefficient of static friction Haftreibungszahl *f*, Haftreibungskoeffizient *m*, Startreibung *f*, Reibungskoeffizient *m* der Ruhe
coefficient of superficial thermal expansion Flächenausdehnungszahl *f*
coefficient of tension Spannungskoeffizient *m*
coefficient of thermal conductivity Wärmeleitzahl *f*, [spezifisches] Wärmeleit[ungs]vermögen *n*, Wärmeleitfähigkeit *f*
coefficient of thermal expansion Wärmeausdehnungskoeffizient *m*, Wärmeausdehnungszahl *f*, thermischer Ausdehnungskoeffizient *m*
coefficient of viscosity Viskositätskoeffizient *m*, Konstante *f* der inneren Reibung, Koeffizient *m* der inneren Reibung, dynamische Zähigkeit *f*, dynamische Viskosität *f*
coefficient of water permeability Wasserdurchlässigkeitsbeiwert *m* *{DIN 18130}*
coenzyme Coenzym *n*, Coferment *n*, Koferment *n*, Agon *n*, Wirk[ungs]gruppe *f*, prosthetische Gruppe *f*, aktive Gruppe *f*
coenzyme I Coenzym I *n*, Codehydrogenase I *f*, Cozymase I *f*, Diphosphopyridinnucleotid *n*, Nicotinsäure-Adenosinnucleotid *n*, NAD
coenzyme II Codehydrogenase II *f*, Coenzym II *n*, Triphosphopyridinnucleotid *n*, TPP
coenzyme A Coenzym A *n*, Coferment A, CoA
coenzyme F Coenzym F *n*, Citrovorumfaktor *m*
coenzyme Q Coenzym Q *n*, Coferment Q *n*, Ubichinon *n*
coercimeter Koerzitivkraftmesser *m*, Koerzimeter *n* *{Magnetismus}*
coerci[ti]ve Koerzitiv-, Zwangs-
coerci[ti]ve field Koerzitivfeld *n*
coerci[ti]ve force Retentionsfähigkeit *f*, Koerzitivkraft *f*
intrinsic coerci[ti]ve force Eigenkoerzitivkraft *f* *{Magnet}*
coercivity Koerzitivkraft *f*
coerulein Coerulein *n* *{Farb}*
coerulinsulfuric acid Indigocarmin *n*
coexist/to koexistieren, nebeneinander bestehen *{z.B. zwei Phasen}*
coexistence Koexistenz *f*
coextract/to gemeinsam extrahieren
coextrusion Koextrusion *f*, Coextrusion *f*, Mehrschichtenextrusion *f*; koextrudiertes Produkt *n* *{Kunst}*
cofacial cofacial *{Stereochem}*
cofactor 1. Cofaktor *m*, Ergin *n*, Biokatalysator *m*; nichtproteinogene Wirkgruppe *f* *{eines Enzyms}*; 2. Adjunkte *f*, algebraisches Komplement *n* *{Math}*
coferment s. coenzyme
coffamine Coffamin *n*
coffearine Coffearin *n*
coffee Kaffee *m*
coffee bean Kaffeebohne *f*
coffee-colo[u]red kaffeebraun
coffee flavor Kaffeearoma *n*
coffeine Koffein *n*, Coffein *n*, Kaffeebitter *n*, Kaffein *n*, 1,3,7-Trimethylxanthin *n*
coffeinism Koffeinvergiftung *f*
coffer dam Fangdamm *m*
coffin Transportbehälter *m* *{Nukl}*
coffinite Coffinit *m* *{Min, ein Uranerz}*
cog 1. Daumen *m*, Zahn *m* *{z.B. eines Rades}*; 2. Erhebung *f*, Höcker *m* *{z.B. des Nockens}*; 3. Vorblock *m*, vorgewalzter Block *m*, Walzblock *m*, Block *m* *{zum Walzen}*; 4. Holzkasten *m*, Holzpfeiler *m* *{Bergbau}*
cogent zwingend, überzeugend, triftig
cogent argument zwingendes Argument *n*
cogent reason wichtiger Grund *m*
cogged gezahnt, mit Zähnen versehen
cogged belt Zahnriemen *m*, Keilriemen *m*
cogged cylinder Kammwalze *f*
cogging mill Vorstraße *f*, Blockstraße *f*, Blockwalzwerk *n*, Vorwalzwerk *n* *{Met}*
cognac Kognak *m*
cognate inclusion endogener Einschluß *m*, homöogener Einschluß *m*, Autolith *m*
cognate inventions verwandte Erfindungen *fpl* *{Patent}*
cogwheel Zahnrad *n*
cogwheel ore Bournonit *m*, Rädelerz *n* *{Min}*
cohenite Cohenit *m*, Cementit *m* *{Min}*
cohere/to zusammenkleben, zusammenhängen, kohärieren
coherence Kohärenz *f*; Kohäsion *f*, Zusammenhalt *m* *{z.B. des Kokses}*
coherence length Kohärenzlänge *f* *{Phys}*

coherent kohärent, zusammenhängend
coherent radiation Kohärenzstrahlung *f*
cohesion Kohäsion *f*, Bindekraft *f*, Zusammenhalt *m*
cohesion energy Kohäsionskraft *f*
cohesion failure Klebfilmbruch *m*, Kohäsionsbruch *m {einer Klebverbindung}*
cohesion pressure Kohäsionsdruck *m*, Binnendruck *m*, innerer Druck *m*
cohesion strength Kohäsionsfestigkeit *f*
cohesional force Kohäsionskraft *f*
cohesionless kohäsionslos, nicht kohäsiv; nicht bindig, leicht, krümelig *{Boden}*
cohesive kohäsiv, zusammenhängend, zusammenhaltend, bindig; zäh; schwer *{z.B. Boden}*; Kohäsions-
cohesive-adhesive failure Mischbruch *m*, Klebfilm-Grenzschichtbruch *m*, Kohäsion-Adhäsions-Buch *m {einer Klebverbindung}*
cohesive energy Bindungsenergie *f*, Kohäsionskraft *f*, Kohäsionsernergie *f*
cohesive [energy] density Kohäsionsdruck *m*, Kohäsionsenergiedichte *f*, kohäsive Energiedichte *f*, CED
cohesive failure Klebfilmbruch *m*, Kohäsionsbruch *m {einer Klebverbindung}*
cohesive force Kohäsionskraft *f*
cohesive friction Haftreibung *f*
cohesive power Bindekraft *f*, Kohäsionskraft *f*
cohesive pressure Kohäsionsdruck *m*, Kohäsionsenergiedichte *f*, kohäsive Energiedichte *f*, CED
cohesive resistance Trennwiderstand *m*
cohesive strength Kohäsionsfestigkeit *f*, Kohäsivfestigkeit *f*, Klebfilmfestigkeit *f {bei Klebverbindungen}*
cohesiveness Kohäsionsvermögen *n*, Klebfähigkeit *f*, Kohäsionskraft *f*, Kohäsionsfähigkeit *f*
cohobate/to kohobieren *{Dest}*
coil/to aufspulen, wickeln; wendeln
coil 1. Rohrschlange *f*, Schlangenrohr *n*, Schlange *f*, Rohrspirale *f*, Spirale *f*; 2. Knäuel *n {z.B. ein Molekülknäuel}*; 3. Spule *f*, Wicklungselement *n {Elek, Tech}*; Wendel *f*, Windung *f*, Wicklung *f {Draht}*, 4. Spule *f*, Rolle *f {Bandstahl}*; Bandring *m*, Coil *n*; Bund *m {Met}*; 5. Knäuel *n*, Rolle *f {Garn}*; Spule *f*
coil carrier Spulenhalter *m*
coil-coating paint Coil-Coating-Decklack *m*, Walzlack *m*
coil condenser Kühlschlange *f*, Schlangenkühler *m*, Spiralkühler *m*, Röhrenkühler *m*
coil conveyor Drahtringförderer *m*, Bundförderer *m*
coil evaporator Wendelrohrverdampfer *m*
coil galvanometer Spulengalvanometer *n*
coil-like molecule gewendetes Molekül *n*, geknäultes Molekül *n {Polymer}*
coil of piping Röhrenstrang *m*, Rohrstrang *m*
coil spring Spiralfeder *f*
coil-type absorber Schlangenabsorber *m*
coil volume Knäuelvolumen *n {Polymer}*
coiled aufgerollt, aufgewickelt, gewunden, gewickelt, spiralförmig
coiled-coil Superhelix *f {Feinstruktur von Polypeptidketten}*
coiled-coil [filament] Doppelwendel *f*, Doppelwendelglühdraht *m*
coiled-coil heater Doppelwendelheizer *m*
coiled column Ringsäule *f {Chrom}*
coiled-cooling pipe Kühlschlange *f*, Röhrenkühler *m*
coiled molecule Molekülknäuel *n*, Knäuelmolekül *n*, geknäueltes Molekül *n*
coiled pipe Rohrschlange *f*, Schlangenrohr *n*, Schlange *f*
coiled-tube condenser Kondensator *m* mit Kühlschlange, Schlangenkühler *m*
coiler 1. Haspel *f*, Wickelmaschine *f {Met}*; 2. Kannendreheinrichtung *f*, Drehtopfvorrichtung *f {Text}*
coin/to prägen *{massivprägen}*
coin 1. scharfe Kante *f*; 2. Metallgeld *n*, Geldstück *n*, Münze *f*
coinage metal Münzmetall *n*
coincide/to zusammenfallen, zusammentreffen, übereinstimmen, entsprechen, koinzidieren, sich decken, einander decken; kongruieren *{Geom}*
coincide with/to sich decken mit *{Geom}*
coincidence Koinzidenz *f*, Zusammentreffen *n*, [zeitliche] Übereinstimmung *f*, Gleichzeitigkeit *f*; Deckung *f*; 2. Decklage *f {bei Getrieben}*; 3. Spuranpassung *f {DIN 1311}*
coincidence analyzer Koinzidenzanalysator *m*
coincidence circuit Koinzidenzschaltung *f*
coincident gleichzeitig, [zeitlich] zusammenfallend, koinzident
coining Nachschlagen *n*, Kalibrieren *n {z.B. von PTFE-Halbzeugen}*; Prägen *n*, Pressen *n {z.B. von PTFE-Halbzeugen}*
coir Kokosfaser *f*, Kokosbast *m*, Coir *n f*, Ko *{DIN 60001}*
coke/to verkoken, zu Koks werden lassen, entgasen, backen, carbonisieren; abdecken *{ein Schmelzbad mit Kohle oder Koks}*
coke up/to verkohlen
coke Koks *m*, Hochtemperaturkoks *m*, Destillationskoks *m*
coke breeze Gruskoks *m*, Koksgrus *m*, Abrieb *m*, Kokslösche *f*, Feinkoks *m*
coke button Blähprobe *f {Ascheanalyse}*
coke cake Kokskuchen *m*
coke dross Koksklein *n*
coke dust Koksstaub *m*
coke filter Koksfilter *n*
coke furnace Koks[brenn]ofen *m*

coke gas s. coke oven gas
coke oven Koksofen *m*, Kokereiofen *m*, Verkokungsofen *m*
coke oven by-products Kohlenwertstoffe *mpl*
coke oven gas Kokereigas *n*, Koksofengas *n*, Koksgas *n*, Rohgas *n {in der Kokerei}*
coke percolator Koksrieseler *m*
coke-pig iron Koksroheisen *n*
coke powder Kokspulver *n*
coke residue Verkokungsrückstand *m*, Koksrückstand *m*, Kohlenstoffrückstand *m {Test nach Conradson}*
coke scrubber Kokswäscher *m*
coke sizing plant Koksklassieranlage *f*
coke test Verkokungstest *m*
coke-tray aerator Koksrieseler *m*
crushed coke Brechkoks *m*
hard lumpy coke stückiger Koks *m*
lean coke Magerkoks *m*
sifted coke Siebkoks *m*

coked resin binder verkokter Harzbinder *m*
cokey resin nicht durchgehärtetes Reaktionsharz *n*
coking 1. Verkokung *f*, Verkoken *n*, Entgasung *f*, Entgasen *n*, verkokendes Verfahren *n*; Hochtemperaturverkokung *f*, HT-Verkokung *f*, Normalverkokung *f*, Vollverkokung *f*, Hochtemperaturentgasung *f*; 2. Kracken *n* auf Koks *{beim thermischen Kracken}*; 3. Abdecken *n* eines Schmelzbades mit Kohle oder Koks
coking arch Feuergewölbe *n*
coking capability Verkokungsfähigkeit *f*
coking capacity Verkokungsfähigkeit *f*
coking chamber Schwelraum *m*, Verkokungskammer *f*, Koks[ofen]kammer *f*
coking coal Kokskohle *f {DIN 22005}*, Verkokungskohle *f*; backende Kohle *f*, Backkohle *f*
coking cylinder Schwelzylinder *m*
coking duff Koksgrus *m*
coking factor Verkokungsziffer *f*
coking kiln Koksbrennofen *m*
coking period Garungszeit *f {Met}*
coking plant Kokerei *f*, Verkokungsanlage *f*, Koksofenanlage *f*
coking process Verkokungsvorgang *m*; Verkokungsverfahren *n*, Verkokungsprozeß *m*, Kok[ung]sprozeß *m*
coking test Verkokungsprobe *f*, Verkokungstest *m*; Blähprobe *f {Aschenanalyse}*

cola nut Colanuß *f*, Kolanuß *f {der Cola Schott et Endl.}*
colamine Colamin *n*, Ethanolamin *n*, 2-Aminoethylalkohol *m*, 2-Aminoethanol *n*
colander Durchschlag *m*, Filtriertrichter *m*, Seiher *m*, Sieb *n*, Koliertuch *n*
colat[ann]in <$C_{16}H_{20}O_8$> Colatin *n*
colation Durchseihen *n*, Abseihen *n*, Kolieren *n*
colature Kolatur *f*, Seihflüssigkeit *f*
Colburn [sheet] process Colburn-Verfahren *n*, Libbey-Owens-Verfahren *n {Glas}*
colchicine <$C_{22}H_{25}NO_6$> Colchizin *n*
colchicinic acid Colchicinsäure *f*
colchicoside Colchicosid *n*
colcothar Colcothar *m*, Eisenrot *n*, Englischrot *n*, Glanzrot *n*, Kaiserrot *n*, Totenkopf *m*, Eisenoxid *n {Min}*
cold 1. kalt, kühl; kalt, nicht [radio]aktiv, aktivitätsfrei; Kalt-; 2. Kälte *f*
cold accumulator Kältesammler *m*, Kältespeicher *m*
cold adhesive Kaltklebstoff *m*, kalt sich verfestigender Klebstoff *m*, Kaltkleber *m*
cold age-hardening Kaltaushärtung *f*
cold aging Kaltaushärtung *f*
cold area aktivitätsfreier Raum *m {Nukl}*
cold bath Kaltbad *n*, Kältebad *n {eines Gefriertrocknungsapparates}*
cold bend strength Kältebiegefestigkeit *f*
cold bend test Kältebiegefestigkeitsprüfung *f*, Kältebiegeversuch *m*, Biegeprüfung *f* in der Kälte
cold bending Kaltbiegen *n*, Kaltverformen *n*
cold bending properties Kaltbiegeeigenschaften *fpl*
cold bending test s. cold bend test
cold boiler Vakuumkocher *m*, Vakuumkochapparat *m*
cold-brittleness Kaltbruch *m*, Kaltbrüchigkeit *f*
cold carrier Kälteträger *m*
cold cathode Glimmkathode *f {PVD-Beschichten}*; Kaltkathode *f*, kalte Kathode *f*
cold-cathode gas discharge Kaltkathodengasentladung *f*
cold-cathode inverted magnetron ga[u]ge umgekehrtes Magnetronvakuummeter *n*
cold-cathode ion pump Ionenzerstäuberpumpe *f*
cold-cathode ion source Kaltkathodenionenquelle *f*
cold-cathode ionization ga[u]ge Kaltkathoden-Ionisationsvakuummeter *n {z.B. nach Penning}*, Philips-Vakuummeter *n*, Penning-Vakuummeter *n*
cold-cathode magnetron ga[u]ge Magnetronvakuummeter *n*
cold crack Kaltriß *m*
cold crack temperature Kältebruchtemperatur *f*
cold cream Coldcreme *f*, Kühlcreme *f*, Frostsalbe *f {Pharm}*
cold cure Kaltvulkanisation *f*
cold cured resin Kaltpolymerisat *n {Dent}*
cold curing 1. kalthärtend, kaltverfestigend *{Klebstoffe oder Kunstharzlacke}*; 2. Kaltvulkanisation *f*; Kalthärtung *f*
cold-cut varnish Kaltansatzlack *m*, Kaltlack *m*

cold degreasing agent Kaltentfettungsmittel *n*
cold draw/to kaltziehen
cold drawability Kaltverstreckbarkeit *f*, Kaltziehbarkeit *f*
cold drawing 1. Blankziehen *n*, Kaltziehen *n* *{Met}*; 2. Kaltrecken *n*, Kaltverstreckung *f*, Kalt[ver]strecken *n* *{Kunst, Text}*; 3. Kaltpressen *n*, Kaltschlagen *n* *{Öl}*
cold drawing capability Kaltziehbarkeit *f*, Kaltverstreckbarkeit *f*
cold drawn kaltgezogen, kaltverstreckt; kaltgepreßt, kaltgeschlagen
cold-drawn steel kaltgezogener Stahl *m*
cold dyeing 1. kaltfärbend; 2. Kaltfärben *n*
cold dyeing process Kältefärbeverfahren *n*
cold enamelling plant Kaltemaillierungsanlage *f*, Tauchemaillierungsanlage *f*
cold end Kaltlötstelle *f*, kalte Lötstelle *f*
cold extraction Kaltextraktion *f* *{Chem}*
cold extractor Kaltextraktor *m*
cold extrusion Kaltfließpressen *n*
cold extrusion lubricant Kaltfließpreß-Schmierstoff *m*
cold finger [condenser] Einhängekühler *m*, Kühlfinger *m*, kalter Finger *m*, Tauchkondensator *m*
cold flex Biegsamkeit *f* bei niedriger Temperatur
cold flow Kaltfließen *n* *{unter Druck bei Zimmertemperatur}*; kalter Fluß *m*, kaltes Fließen *n* *{Kunst}*; Kriechen *n* bei Normaltemperatur
cold-flow properties Kältefließfähigkeit *f* *{DIN 51568}*
cold-form/to kaltverformen, kaltprofilieren
cold forming Kaltverformen *n*, Kaltverformung *f*, Kaltformen *n*, Kaltformgebung *f*, Kaltbearbeitung *f*, Kaltumformung *f*, Kaltformen *n* *{Kunst}*
cold galvanizing bath Kaltverzinkungsbad *n*, galvanisches Verzinken *n*
cold gilding Kaltvergoldung *f*
cold glaze Kaltglasur *f*
cold-harden/to kalthärten
cold hardening Kaltaushärten *n*, Kalthärten *n*
cold insulation Kälteisolierung *f*
cold insulator Kälteisoliermittel *n*, Kälteschutzmittel *n*
cold junction Kaltlötstelle *f*; Vergleichslötstelle *f*, Vergleichsstelle *f* *{Thermoelement}*
cold liquid chiller Kühlflüssigkeitsgerät *n*
cold mo[u]ld furnace Vakuum-Lichtbogenofen *m* *{mit selbstverzehrender Elektrode}*
cold mo[u]lding Kaltpreßverfahren *n*, Kaltpressen *n* *{Kunst}*
cold mo[u]lding compound Kaltpreßmasse *f* *{DIN 7708}*
cold mo[u]lding material Kaltpreßmasse *f* *{DIN 7708}*
cold orientation Kalt[ver]strecken *n*, Kaltrekken *n*, Kaltverstreckung *f*
cold [plastic] paint Kaltanstrich *m*
cold polymerization Kaltpolymerisation *f*, Tieftemperaturpolymerisation *f*
cold-press/to kalt pressen *{verpressen}*, kaltpressen; kaltschlagen, kaltpressen *{z.B. Öl}*
cold press Klebstoffpresse *f*, Laminatpresse *f* *{für kalt sich verfestigende Harze}*
cold press mo[u]lding Kaltpressen *n*, Kaltpreßverfahren *n* *{Kunst}*
cold-pressing kalthärtend, kaltverfestigend *{Klebstoffe oder Kunstharzlacke}*
cold pressure welding Kaltpreßschweißen *n*
cold properties Kälteverhalten *n* *{Trib}*
cold quenching Kalthärten *n*
cold refinement Kaltveredeln *n*, Kaltveredlung *f*
cold refining Kaltveredeln *n*, Kaltveredlung *f*
cold resistance Kältebeständigkeit *f*, Kältefestigkeit *f*, Kaltwiderstandsfähigkeit *f*, Tieftemperaturbeständigkeit *f*, Kaltzähigkeit *f* *{Kunst}*
cold-resistant kältebeständig
cold resisting property Frostbeständigkeit *f*
cold-roll/to kalt walzen
cold-rolled kaltgewalzt, kaltverformt *{Met}*
cold rolling Kaltwalzen *n*
cold room Kühlraum *m*
cold rubber Tieftemperaturkautschuk *m* *{z.B. Cold Rubber oder AC-Kautschuk}*; Kaltkautschuk *m* *{kaltes Butadien-Styrol-Mischpolymer bei 5°C}*, kalt polymerisierter Kautschuk *m*, Cold-Rubber *m* *{Styrol-Butadien-Copolymere, die in Gegenwart von Katalysatoren bei 5°C polymerisiert werden}*
cold-seal adhesive Kaltsiegelklebstoff *m*
cold sealable kaltsiegelfähig
cold sealing Kaltsiegelung *f*, Selbstklebung *f*, Haftkleben *n*
cold-setting kaltabbindend, kaltverfestigend, kalthärtend *{z.B. Binder}*
cold-setting adhesive kalthärtender Klebstoff *m*, kaltabbindender Klebstoff *m*, Kaltklebstoff *m*, Kaltkleber *m*; kalthärtender Leim *m*
cold-setting asphalt selbsterstarrender Asphalt *m*
cold-setting binder kaltabbindender Klebstoff *m*, kalthärtender Klebstoff *m*, Kaltklebstoff *m*, Kaltkleber *m*
cold-setting glue kalthärtender Leim *m*; Kaltkleber *m*, kalthärtender Klebstoff *m*, Kaltklebstoff *m*
cold-setting lacquer kalthärtender Lack *m*
cold-setting temperature Stocktemperatur *f* von Weichmachern
cold shaping Kaltverformung *f*
cold shock Kaltschock *m*
cold-short kaltbrüchig

cold-shortness Kaltbruch *m*, Kaltbrüchigkeit *f*, Kaltrissigkeit *f*
cold-soluble kaltlöslich
cold solution of pitch Kaltpechlösung *f* *{DIN 55946}*, Kaltteer *m* *{obs}*
cold soxhlet Kaltextraktionsapparat *m*
cold-spray/to kaltspritzen
cold spraying Kaltspritzen *n*
cold starting Kaltstart *m* *{eines Systems}*
cold starting performance Kaltstartvermögen *n*
cold storage Kühl[raum]lagerung *f*, Kaltlagerung *f*, Kühlhausaufbewahrung *f*, Kühlraumaufbewahrung *f*; Kühlhaus *n*, Kühlhalle *f*
cold storage house Kühlhaus *n*, Kühlhalle *f*
cold storage room Kühlraum *m*
cold store Kühlhalle *f*, Kühlhaus *n*
cold-strained wire kaltgereckter Draht *m*
cold straining Kaltbeanspruchung *f*
cold-stretch/to kaltstrecken
cold stretch[ing] Kalt[ver]strecken *n*, Kaltrecken *n*, Kaltverstreckung *f*
cold tempering Kaltaushärtung *f*
cold test Fließverhalten *n* in der Kälte, Kälteprüfung *f*, Kälteprobe *f*
cold-test jar Stockpunktglas *n* *{Lab}*
cold test pressure Kaltdruckfestigkeit *f*
cold-testing equipment Kälte-Prüfanlage *f*
cold trap Kühlfalle *f*, Kaltfalle *f*, Ausfriertasche *f* *{Vak}*
cold vulcanization Kaltvulkanisation *f*, Kaltvulkanisieren *n*
cold vulcanizing Kaltvulkanisation *f*, Kaltvulkanisieren *n*
cold-water paint Kaltwasserfarbe *f*
cold work/to kaltverarbeiten
cold-work hardening Kaltverfestigung *f*
cold worked kaltverfestigt
cold working Kaltbearbeitung *f*, Kaltformen *n*, Kaltformgebung *f*, Kaltverarbeitung *f*, Kaltverfestigung *f*, Kaltverformung *f*, Kaltumformen *n*; Rohgang *m* *{des Hochofens}*
cold working property Kaltverformbarkeit *f*
susceptible to cold kälteempfindlich
coldness Kälte *f*
colemanite Colemanit *m* *{Min}*
coli-bacillus Kolibazillus *m*, Escherichia coli, Kolibakterie *f*
colic acid Gallensäure *f*
colicin Colicin *n* *{Bakt}*
coliform bateria *{IDF 73}* coliforme Bakterien *fpl*
colititol Colitit *m*
colitose Colitose *f*
collaborate/to zusammenwirken
collaborator Mitarbeiter *m*
collagen Collagen *n*, Kollagen *n*, Leimgewebe *n* *{Bindegewebssubstanz}*, Ossein *n* *{Skleroprotein}*
collagenase Kollagenase *f* *{Enzym}*
collapse/to durchbrechen; zusammenbrechen, zusammenfallen
collapse 1. Einknicken *n*, Zusammenbruch *m* *{Tech}*; 2. Erweichen *n*, Zusammenbruch *m* *{Druckfeuerbeständigkeitsprüfung, Keramik}*; 3. Einsturz *m*, Sturz *m*, Einstürzung *f*, Zusammenbruch *m*; 4. Zellkollaps *m* *{Holz}*; 5. Zerfall *m* *{des Gießkerns}*; 6. Abbau *m* *{des elektrischen Feldes}*; 7. Durchbruch *m*; 8. Schrumpfanfälligkeit *f*, Zusammenbruch *m*, Zusammensinken *n* *{der Zellstruktur}*, Kollaps *m* *{Schaumstoff}*
collapse load Knicklast *f*
collapsible zusammenklappbar, zusammenlegbar
collapsible core Faltkern *m*
collapsible tube Quetschtube *f*
collar 1. Ringrohr *n*; 2. Hals *m*; Ring *m*, Reif *m*, Reifen *m* ; Manschette *f*, Zwinge *f*, Hülse *f*; 3. Muffe *f*, Rohrmuffe *f*; Überschiebmuffe *f*, U-Stück *n* *{DIN 25824}*; 4. Bund *m* *{Bundmutter}*; Bund *m*, Wellenbund *m*; 5. Leimzwinge *f*; 6. Schachtmündung *f*, Schachtmundloch *n*, Tagkranz *m*; Hubbegrenzer *m* *{Bergbau}*; 7. Kragen *m*, Manschette *f* *{Text}*; 8. Wulst *m* *{beim Thermitschweißen}*; 9. Retortenhals *m*
collar-head screw Vierkantschraube *f*
collargol Kollargol *n*, Collargol *n*, Credesches Silber *n* *{Pharm}*
colleague Mitarbeiter *m*, Kollege *m*
collect/to [an]sammeln, auffangen *{z.B. Gase}*, einfangen *{z.B. Elektronen}*, aufsammeln; vereinigen; sich ansammeln, sich anhäufen, sich sammeln
collecting Sammel-, Auffang-
collecting anode Sammelanode *f*, Niederschlagsanode *f*
collecting bar Sammelschiene *f*
collecting basin Auffangschale *f*
collecting bin Sammelbehälter *m*
collecting chamber Sammelraum *m*
collecting cylinder Sammelzylinder *m*; Aufspulvorrichtung *f* *{Text}*
collecting dish Auffangschale *f*
collecting drum Sammelfaß *n*
collecting electrode Niederschlagselektrode *f*, Abscheiderelektrode *f* *{Elektrofilter}*; Sammelelektrode *f*, Auffangelektrode *f*, passive Elektrode *f*
collecting electrode rapper Niederschlagselektrodenrüttler *m*
collecting flask Auffangkolben *m*, Sammelflasche *f*
collecting flue Sammelfuchs *m* *{Met}*
collecting funnel Auffangtrichter *m*
collecting hopper Auffangtrichter *m*

collecting jar Sammelflasche *f*
collecting line Sammelleitung *f*
collecting pipe Sammelleitung *f*, Sammelrohr *n*
collecting point Auffangstelle *f*, Saugspitze *f*
collecting rap Fraktionensammler *m* *{Dest, Lab}*
collecting ring Sammelring *m*, Sammelrinne *f*, Saugring *m*
collecting screw conveyor Sammelschnecke *f*
collecting side Saugseite *f*, Vakuumseite *f*
collecting tank Auffangbehälter *m*, Sammelbehälter *m*, Wasserbehälter *m*, Zisterne *f*
collecting tray Tropfschale *f*
collecting trough Sammelrinne *f*, Sammeltrog *m*
collecting vat Sammelbehälter *m*, Sammelbekken *n*
collecting vessel Auffangbehälter *m*, Auffanggefäß *n*, Sammelbecken *n*, Sammelgefäß *n*

collection 1. Sammlung *f*, Sammeln *n*; Ansammlung *f*; 2. Kollektion *f*
collection tank Sammelbehälter *m*, Auffangbehälter *m*, Zisterne *f*

collective gesammelt, vereint, zusammengefaßt, gemeinsam, kollektiv
collective package Sammelpackung *f*

collector 1. Auffanggefäß *n*, Sammelbehälter *m*, Sammler *m*, Auffänger *m*, Fänger *m*, Falle *f*, Kollektor *m*; Abscheider *m*, Entstauber *m*; 2. Kollektor *m*, Kollektorelektrode *f*, Sammelelektrode *f*, [Auf-]Fangelektrode *f*; Stromabnehmer *m*; 3. Strahlungssammler *m*, Kollektor *m* *{Heliotechnik}*
collector anode Sammelanode *f*
collector electrode Abnahmeelektrode *f*, Auffangelektrode *f*, Sammelelektrode *f*, Fangelektrode *f*
collector plates Kontaktplatten *fpl*
collector tank Leckbehälter *m*
collector vessel Sammelvorlage *f*

college 1. wissenschaftliche Gesellschaft *f*, Akademie *f*; 2. höhere Bildungsanstalt *f*, Hochschule *f*; Fachschule *f*; 3. Kollegium *n*
College of Advanced Technology Technische Hochschule *f*; Universität *f*

collet 1. Fassung *f*, Metallring *m*, Zwinge *f*, Hülse *f*; 2. Spannzange *f*, Zangenspannfutter *n*; 3. Glasbruch *m*, Glasscherben *fpl*, Bruchglas *n*, Scherben *fpl*

collide/to kollidieren, zusammenprallen, zusammenstoßen, zusammentreffen; im Widerspruch stehen
collide with one another/to auf[einander]stoßen, aufprallen, zusammenstoßen, auftreffen

α-collidine α-Collidin *n*, 4-Ethyl-2-methylpyridin *n* *{IUPAC}*
***β*-Bcollidine** *β*-Collidid *n*, 4-Ethyl-3-methylpyridin *n* *{IUPAC}*
***sym*-collidine** *sym*-Collidin *n*, 2,4,6-Trimethylpyridin *n* *{IUPAC}*

colliding Zusammenstoßen *n*; Stoß *m*

colligative property kolligative Eigenschaft *f*, teilchenabhängige Eigenschaft *f* *{Thermo}*

collimate/to kollimieren, ausblenden, zusammenfallen lassen *{Opt, Nukl}*

collimating kollimierend
collimating cone Kegelblende *f*
collimating lens Kollimatorlinse *f*
collimating mirror Kollimatorspiegel *m*
collimating objective Kollimatorobjektiv *n*
collimating slit kollimierender Schlitz *m*, Kollimatorspalt *m*, Spaltblende *f* *{Opt, Nukl}*

collimation Kollimation *f* *{Opt, Nukl}*

collimator Kollimator *m*, Visiervorrichtung *f* *{Opt, Nukl}*
collimator axis Kollimatorachse *f*
collimator diaphragm Kollimatorblende *f*
collimator extension Kollimatorauszug *m*
collimator tube Kollimatorrohr *n*, Kollimatorröhre *f*

collinear kollinear *{Math}*

collineation Kollineation *f*, kollineare Abbildung *f* *{Math}*

collinic acid Gelatinesäure *f*

colliquation Kolliquation *f* *{Verflüssigung fester organischer Substanz}*

colliquative kolliquativ, verflüssigend

collision 1. Stoß-; 2. Zusammenstoß *m*, Stoß *m*, Zusammentreffen *n*, Zusammenprall *m*, Kollision *f*, Aufeinanderprall *m*, Aufprall *m*
collision broadening Stoßverbreiterung *f* *{Spek}*
collision complex Stoßkomplex *m*
collision-cross section Stoßquerschnitt *m*
collision damping Stoßdämpfung *f*
collision deactivation Stoßentaktivierung *f*
collision density Kollisionsdichte *f*, Stoß[zahl]dichte *f* *{Atom}*
collision energy Stoßenergie *f*
collision excitation Stoßanregung *f*, Anregung *f* durch Stoß
collision factor Stoßfaktor *m* *{Thermo}*
collision frequency Stoßhäufigkeit *f*, Volumenstoßhäufigkeit *f*, mittlere Gesamtstoßzahl *f* *{pro Zeit- und Volumenelement}*, Stoßfrequenz, Stoßzahl *f*, Zusammenstoßhäufigkeit *f* *{Thermo}*
collision frequency per molecule Stoßzahl *f* *{pro Zeitelement}*, Stoßwahrscheinlichkeit *f*
collision frequency per unit Kollisionszahl *f* *{Atom}*
collision impulse Stoßanregung *f*
collision ionisation Stoßionisation *f*, Stoßionisierung *f*
collision mechanism Stoßvorgang *m*
collision momentum Stoßmoment *n*
collision multiplication Stoßvervielfachung *f*

collision particle Stoßteilchen *n*
collision partner Stoßpartner *m*
collision period Stoßdauer *f*
collision probability Stoßwahrscheinlichkeit *f*, Zusammenstoßwahrscheinlichkeit *f*
collision rate Stoßzahl *f {pro Zeitelement}*, Stoßwahrscheinlichkeit *f*
collision-rate density Stoßratendichte *f*
collision shock Stoßanregung *f*, Anregung *f* durch Stoß
collision strength Stoßstärke *f*
collision transition Stoßübergang *m*
duration of collision Stoßdauer *f*
number of collisions Stoßzahl *f {Thermo}*
collochemistry Kolloidchemie *f*, Kolloidik *f*, Kolloidlehre *f*
collodion Collodium *n*, Kollodium *n*, Colloxylin *n*, Kollodion *n*
collodion containing silver bromide Bromsilberkollodium *n {Photo}*
collodion cotton Collodiumwolle *f*, Kolloxylin *n*, Nitrozellulose *f {obs}*, Pyroxylin *n*, Schießbaumwolle *f*
collodion film Kollodiumschicht *f*, Kollodiumüberzug *m*
collodion-like kollodiumähnlich
collodion paper Kollodiumpapier *n*
collodion plate Kollodiumplatte *f {Photo}*
collodion process Kollodiumverfahren *n*
collodion silk Kollodionseide *f*
collodion sleeve Kollodiumhülse *f {Elektrophorese}*
collodion solution Kollodiumlösung *f*
collodion wool Kollodiumwolle *f*, Celloidin *f*, Collodiumwolle *f*, Kolloxylin *n*, Nitrozellulose *f {obs}*
flexible collodion Kollodiumlösung *f*
collodium *s.* collodion
colloid 1. kolloidal, kolloid; 2. Kolloid *n*
colloid chemistry Kolloidchemie *f*, Kolloidik *f*, Kolloidlehre *f*
colloid filter Gallertfilter *n*
colloid mill Kolloidmühle *f*, Kolloidwalze *f*
colloid stability Kolloidbeständigkeit *f*
colloid suspension Kolloidsuspension *f*, kolloides System *n*, kolloiddisperses System *n*, Kolloidsystem *n*
hydrophilic colloid hydrophiles Kolloid *n*
hydrophobic colloid hydrophobes Kolloid *n*
lyophilic colloid lyophiles Kolloid *n*
protective colloid Schützkolloid *n*
colloidal kolloidal, kolloid, fein verteilt, kolloiddispers, gallertähnlich, gallertartig; Kolloid-
colloidal clay Bentonit[ton] *m*
colloidal coal Kolloidkohle *f*
colloidal colo[u]r Kolloidfarbe *f*
colloidal electrolyte Kolloidelektrolyt *m*, kolloider Elektrolyt *m*
colloidal emulsion Emulsionskolloid *n*, Emulsoid *n*
colloidal fuel kolloidaler Brennstoff *m*, Kolloidbrennstoff *m {Kohle-in-Öl-Supsension}*
colloidal gel Kolloidgel *n*
colloidal particle Kolloidteilchen *n*, Kolloidpartikel *n*
colloidal silicates kolloidale Silicate *npl*
colloidal silver Kolloidsilber *n*, Kollargol *n*, kolloidales Silber *n*
colloidal solution kolloidale Lösung *f {keine echte Lösung}*
colloidal state Kolloidalzustand *m*, Kolloidzustand *m*
colloidal substance Kolloid *n*
colloidal sulfur Kolloidschwefel *m*, Sulfidal *n*, Netzschwefel *m*, kolloider Schwefel *m*
colloidality Kolloidcharakter *m*
colloidochemical kolloidchemisch
colloturine Colloturin *n*
collotype Kollotypie *f*, Leimdruck *m*, Collotype-Verfahren *n {Lichtdruckverfahren mittels $K_2Cr_2O_7$-Gel}*
collotypy *s.* collotype
colloxylin Colloxylin *n*, Collodin-Lösung *f {10-12%}*
collutory Mundwasser *n*
collyrite Kollyrit *m {Min}*
collyrium Augenwasser *n*
Cologne brown *s.* Cologne earth
Cologne earth Braunkohlenpulver *n*, Kölnisch Braun *n*, Kölner Erde *f*, Kölnischbraun *n*, Van-Dyck-Braun *n {Farb}*
Cologne water Kölnisches Wasser *n*, Kölnischwasser *n*, Eau de Cologne *n*
Cologne yellow Bleichromatgelb *n*
colominic acid Sialsäure *f*
colonize/to ausbreiten *{Bakterien}*
colony Kolonie *f {Ansammlung von Tieren oder Pflanzen}*
colony counter Kolonienzähler *m {Bakt, Lab}*
colophene **<$C_{20}H_{32}$>** Colophen *n*, Kolophen *n*
colopholic acid Kolopholsäure *f*, Kolophonsäure *f*, Harzsäure *f*, Abietinsäure *f*
colophonic harzsauer
colophonic acid Harzsäure *f*, Kolopholsäure *f*, Kolophonsäure *f*, Abietinsäure *f*
colophonite 1. Kolophonit *m*, *{Andradit-Varietät}*; 2. Pechgranat *m {Min}*
colophonium Colophonium *n*, Rosin *n*, Kolophonium *n*, Geigenharz *n*, Terpentinharz *n*, Balsam *m {von Pinus-Arten}*
colophonone Kolophonon *n*
colophony *{GB; BP}* *s.* colophonium
color/to *s.* colour/to
color *s.* colour
coloradoite Coloradoit *m*, Tellurquecksilber *n {Min}*

colorant *s.* colourant
colored *s.* coloured
colorimeter Colorimeter *n*, Farb[en]messer *m*, Tintometer *n*, Farbenmeßapparat *m*, Farbmeßgerät *n*, Kolorimeter *n*
colorimeter tube Kolorimeterzylinder *m*, Kolorimeterrohr *n {Instr, Lab}*
colorimetric kolorimetrisch
colorimetric analysis Kolorimetrie *f*, kolorimetrische Analyse *f*, kolorimetrische Bestimmung *f*
colorimetric method kolorimetrisches Verfahren *n*
colorimetry Kolorimetrie *f*, Farbenmessung *f*; Farbmetrik *f*
coloring *s.* colouring
colour/to 1. färben, buntfärben; anstreichen; kolorieren *{z.B. ein Photo}*; 2. sich [ver]färben, Farbe annehmen; 3. angerben, anfärben, abfärben *{Gerb}*
colour 1. Farbe *f {Sinneseindruck, DIN 5033}*; Färbung *f {Zusammenspiel der Farbtöne}*; 2. färbender Stoff *m*, farbgebender Stoff *m*, färbende Substanz *f*, Farbstoff *m*, Farbe *f*, Pigment *n*; 3. Farbe *f {Nukl}*, Farbladung *f {ein Freiheitsgrad des Quarks}*, Colo[u]r *f*, Farbquantenzahl *f*
colour and dye industry Farbenindustrie *f*
colour anodizing process Farbanodisierverfahren *n*
colour batch Farbcharge *f*
colour binder Farbenbindemittel *n*
colour black Farbruß *m*
colour-blind 1. farbenblind *{Med}*; 2. empfindlich für blau-violettes Licht *n*
colour blindness Farbenblindheit *f {Med}*
colour boiler Farbkochapparat *m*
colour boiling apparatus Farbkochapparat *m*
colour box Farbstofftrog *m {Text}*
colour brilliancy Farbenglanz *m*
colour carrier Farbträger *m*, Chromophor *m*
colour cast Farbstich *m*, Farbschleier *m {Photo}*
colour center Farbzentrum *n {Krist}*
colour change Farbänderung *f*, Farbveränderung *f*, Farbwechsel *m*; Farb[en]umschlag *m {Chem}*
colour chart Farbtafel *f*, Farbenskale *f*, Farbentafel *f*, Farbenkarte *f {DIN 6164}*, Farbenatlas *m*; Farbstoffkarte *f*
colour chemistry Farbenchemie *f*
colour coat Farbenschicht *f*
colour code [marking] Farbkennzeichnung *f {z.B. bei Rohrleitungen nach DIN 2403}*
colour coding Farbcodierung *f*
colour combination Farbzusammensetzung *f*
colour comparator Farbkomparator *m*, Farbvergleicher *m*
colour constituent Farbenbestandteil *m*
colour correction Farbkorrektion *f*, Farbkorretur *f*
colour cycle system Farbringsystem *n*
colour defect Farb[en]fehler *m {z.B. im Glas}*
colour depth Farbenstärke *f*, Farbtiefe *f*
colour development Farbentwicklung *f {Photo}*
colour deviation Farbabweichung *f*
colour difference Farbunterschied *m*, Farbdifferenz *f*, Farbtonunterschied *m*, Farbabstand *m*
colour-difference magnitude Farbdifferenzgröße *f*
colour disc Farbenscheibe *f {Opt}*
colour dispersion Farbenzerlegung *f*, Farbverteilung *f*
colour drift Farbabweichung *f*, Farbtonabweichung *f*
colour effect Farbeffekt *m*
colour fading Verblassen *n {von Farbe}*, Ausbleichen *n*
colour-fast farbtonbeständig, farbecht
colour fastness Farbechtheit *f*, Farbtonbeständigkeit *f*
colour fastness test Farbechtheitsprüfung *f*
colour fastness to hydrogen sulfide Farbbeständigkeit *f* gegen Schwefelwasserstoff *{DIN 53378}*
colour film Farbfilm *m*, Colorfilm *m*
colour filter Farbfilter *n {Opt}*
colour for porcelain painting [Porzellan-]Einbrennfarbe *f*
colour former Farbbildner *m*
colour grad[u]ation Farbabstufung *f*
colour grating Farbgitter *n*
colour grid Farbgitter *n*
colour grinding stone Farbenreibstein *m*
Colour Index Colour Index *m*, CI *{von der Society of Dyers and Colourists und der American Association of Textile Chemists and Colorists herausgegebenes Nachschlagewerk für Handelsfarbstoffe}*
colour index Färbeindex *m*; Farb[en]index *m {Photo}*
colour intensity Farbintensität *f*, Farbstärke *f*
colour internegative Farbzwischennegativ *n {Photo}*
colour lake Farblack *m*, Verschnittfarbe *f*
colour-layoff paper Farbfreilegungspapier *n*
colour marking Kennfarbe *f*
colour matching Abmustern *n {visuelles Prüfen und visuelle Beurteilung der Farbgleichheit bzw. des Farbabstandes; Licht, Text}*; Farbmusterung *f {DIN 16605, Druck}*
colour measuring instrument Farbmeßgerät *n*
colour migration Farbwanderung *f*, Farblässigkeit *f {Text}*

colour mill Farbenmühle *f*
colour mixture curve Farbmischungskurve *f* *{Opt}*
colour of a flame Flammenfärbung *f*
colour paste Farbpaste *f*
colour pencil Farbstift *m*
colour perception Farbwahrnehmung *f*, Farbunterscheidung *f*, Farbempfinden *n*, Farbempfindung *f*, Farbensehen *n*
colour photography Farbphotographie *f*, Colorphotographie *f*
colour phototypy Lichtfarbendruck *m*
colour picture Farbbild *n* *{Photo}*
colour pigment Farbpigment *n*
colour pit Farbengang *m* *{Gerb}*
colour print Buntdruck *m*, Farbabzug *m*, Farbenphotographie *f* *{Photo}*
colour printing 1. Mehrfarbendruck *m*; 2. farbiger Druck *m*, Buntdruck *m*, Farbendruck *m*; 3. Farbfilmkopieren *n*
colour-react paper Reaktionsdurchschreibepapier *n*
colour reaction Farbreaktion *f* *{Chem}*
colour refraction Farbenbrechung *f* *{Opt}*
colour remover Farbenabbeizmittel *n*
colour rendering Farbwiedergabe *f*
colour reproduction Farbwiedergabe *f*
colour retention Farbechtheit *f*
colour reversal film Farbumkehrfilm *m* *{Photo}*
colour saturation Vollfarbigkeit *f*, Farbsättigung *f*
colour scale Farbskale *f*
colour scale of temperature Thermofarbenskale *f*
colour schlieren method Farbschlierenverfahren *n*
colour screen 1. Farbfilter *n*, Farbraster *m*, Lichtfilter *n* *{Opt}*; 2. Farbbildschirm *m*, farbiger Bildschirm *m*
colour sensation Farbenempfindung *f*
colour-sensitive farbempfindlich, farbenempfindlich
colour sensitivity Farbempfindlichkeit *f*
colour separation 1. Farbtrennung *f*, Entmischung *f* der Körperfarben; 2. Farbauszugsverfahren *n* *{Druck}*; Farbauszug *m* *{Mehrfarbendruck}*
colour shade Farbschattierung *f*, Farbstufe *f*
colour-shade card Farbtonkarte *f*
colour slide Farbendiapositiv *n* *{Photo}*
colour solution Farblösung *f*
colour space Farbraum *m* *{Farbvergleich}*
colour stability Farb[en]beständigkeit *f*, Farb[ton]echtheit *f*, Farb[ton]beständigkeit *f*
colour-stabilizing agent farbstabilisierender Stoff *m*
colour standard Farbstandard *m*
colour strength Farbstärke *f*
colour television Farbfernsehen *n*
colour temperature Farbtemperatur *f*
colour threshold Farbschwelle *f* *{Opt}*; Farbreizschwelle *f*, Farbenschwelle *f* *{Physiol, Opt}*
colour treatment Farb[en]behandlung *f*
colour triangle Farb[en]dreieck *n*
colour value Farbzahl *f*, Farbwert *m*
colour variations Farbschwankungen *fpl*
colour varnish Farbenlack *m*
colour-visual display unit Farbsichtgerät *n*, farbiger Bildschirm *m* *{EDV}*
absence of colour Farblosigkeit *f*
addition of colour Farbzusatz *m*
adjective colour adjektive Farbe *f*
alteration of colour Farbenänderung *f*
analysis of colour Farbenzerlegung *f*
change of colours Farbenwechsel *m*
gradation of colours Farbenabstufung *f*
mixture of colours Farb[en]mischung *f*
colourability Anfärbevermögen *n*, Färbbarkeit *f*, Anfärbbarkeit *f*
colourable [an]färbbar
colourant färbender Stoff *m*, farbgebender Stoff *m*, färbende Substanz *f*, Farbmittel *n*, Farbstoff *m*, Farbe *f*, Pigment *n*
colouration Färbung *f*, Anfärben *n*, Anfärbung *f*, Färberei *f*, Ausfärbung *f*, Tönung *f*, Farbengebung *f*, Kolorieren *n*
coloured gefärbt, farbig, bunt, mehrfarbig
coloured chalk Farbkreide *f*
coloured clay Angußfarbe *f* *{Keramik}*
coloured earth Farbenerde *f*
coloured glass Farbglas *n*, Buntglas *n*; Farbglas *n*, Kathedralglas *n*, bemaltes Glas *n*
coloured lake Farblack *m*
coloured oxides Farboxide *npl*
coloured paper Buntpapier *n*
coloured pencil Farbstift *m*
coloured-pencil lead Farbstiftmine *f*
coloured pigment Farbpigment *n*, Buntpigment *n* *{Farb}*
coloured smoke generator Farbbrauchzeichen *n* *{Expl}*
coloured streaks Farbschlieren *fpl*
colourimetric *s.* colorimetric
colouring 1. färbend; 2. färbende Substanz *f*, farbgebender Stoff *m*, färbender Stoff *m*; Farbmittel *n* *{DIN 55945}*; Farbstoff *m*, Farbe *f*, Pigment *n*; 3. Färben *n*, Färbung *f*, Abtönen *n*, Anfärben *n*, Färberei *f*, Ausfärbung *f*, Farbgebung *f*, Kolorit *n*
colouring agent Färbehilfsmittel *n*, Farbmittel *n* *{DIN 55945}*
colouring barrel *{US}* Einfärbtrommel *f*
colouring drum *{GB}* Einfärbtrommel *f*
colouring liquor Farbenbrühe *f*; Flotte *f*, Färberflotte *f* *{Text}*

colouring material färbender Stoff *m*, farbgebender Stoff *m*, färbende Substanz *f*; Farbmittel *n {DIN 55945}*; Farbstoff *m*, Farbe *f*, Pigment *n*
colouring matter *s.* colouring material
colouring solution Farblösung *f*
colouring strength Farbstärke *f*, Farbintensität *f*
colouring substance Farbkörper *m*
colouring paste Farbpaste *f*
colouring power Färbekraft *f*, Farbkraft *f*, Anfärbevermögen *n*, Färbevermögen *n*
colourizing glaze Farbglasur *f*
colourless ungefärbt, farblos, nichtfarbig; achromatisch *{Opt, Physiol}*
colourless glass Weißglas *n*, weißes Hohlglas *n {z.B. für den Behälterbau}*; farbloses Glas *n*, ungefärbtes Glas *n*
colourless oil coating Firnis *m*
colourlessness Farblosigkeit *f*
colourproof farbecht
columbate *{US}* Niobat *n*
Columbia fast black G Columbiaechtschwarz G *n {Polyazofarbstoff}*
columbic acid Niobsäure *f*, Columbosäure *f {obs}*
columbic anhydride *{Tech}* Niobpentoxid *n*
columbic compound *{Tech}* Niob(V)-Verbindung *f*
columbic fluoride Niobpentafluorid *n*
columbic oxide Niobpentoxid *n*
columbin <$C_{20}H_{22}O_6$> Columbin *n*, Columbobitter *n {Glucosid}*
columbite Columbit *m*, Kolumbit *m*, Columbeisen *n {Mischkristalle von Tantalit und Niobit}*
columbium *{Cb: US, Tech; Nb: Chem}* Columbium *n {obs}*, Niob *n {Triv}*, Niobium *n {IUPAC}*
columbous *{Us, obs}* Niobium-, Niobium(III)-
columbous compound Niobium(III)-Verbindung *f*
columboxy- *{obs}* Nioboxy-
columbyl- *{obs}* Nioboxy-
column 1. Kolonne *f*, Turm *m*, Pressenstrebe *f*, Pressenholm *m*, Reihe *f*, Säule *f*, Pressensäule *f*, Führungssäule *f {Chem}*; 2. Säule *f*, Pfeiler *m*, Ständer *m*, Stützenprofil *n*; 3. Gestell *n*, Ständer *m {z.B. der Werkzeugmaschine}*; 4. Kolumne *f*, Spalte *f*, Vertikalreihe *f {Math, Druck}*; 5. Stiel *m {des Atompilzes}*; 6. Stengel *m {Krist}*; 7. Schichtenfolge *f {Geol}*; 8. Stelle *f {EDV}*
column apparatus Kolonnenapparat *m*
column balance Säulenwaage *f*
column bleed Trägerverlust *m {Chrom}*
column chromatography Säulenchromatographie *f*, Kolonnenchromatographie *f*
column efficiency Trennleistung *f*, Kolonnenwirkungsgrad *m*
column-head Säulenkopf *m*
column of a balance Waagsäule *f*
column of a press Preßsäule *f*
column of air Luftsäule *f*
column of fluid Flüssigkeitssäule *f*
column of liquid Flüssigkeitssäule *f*
column of water Wassersäule *f {in mm WS; obs, = 9806,65 Pa}*
column oven Säulenheizung *f {Chrom}*
column packing Kolonnenpackung *f*, Säulenfüllung *f {Dest}*
column-packing device Säulenpackgerät *n*
column unit Kolonnenschuß *m {Dest, Lab}*
column volume Kolonnenvolumen *n*
chromatographic column chromatographische Säule *f*
head of column Kolonnenkopf *m*
columnar säulenförmig, säulenartig, säulig
columnar coal Stangenkohle *f*
columnar crystallization Stengelkristallisation *f*
columnar-grain structure säulenartige Kornausscheidung *f*
columnar recombination Säulenrekombination *f*
columnar resistance Säulenwiderstand *m*
colupulone Colupulon *n*
colza Raps *m*
colza oil Colzaöl *n*, Kolzaöl *n*, Rüböl *n*, Rübsenöl *n*, Kohlsaatöl *n*, Rapsöl *n*,
comanic acid Komensäure *f*, Comensäue *f*, 5-Hydroxy-4-pyron-2-carbonsäure *f*
comb 1. Webekamm *m*, Riet *n*, Blatt *n*, Scherblatt *n*, Webeblatt *n {Weben}*; 2. Hacker *m {der Kammwollkrempel, Spinnen}*; 3. First *m*, Dachfirst *m*, Firstlinie *f*; 4. Maserungskamm *m*, Kamm *m {oft mit Schächterleinen bespannt}*; 5. Kratzer *m*
comb diaphragm Kammblende *f*
comb rack Einhängestell *n*
combat/to bekämpfen
combat measure Bekämpfungsmaßnahme *f*
combinal Combinal *n*
combination 1. Kombination *f*, Assoziation *f*, Verbindung *f*, Vereinigung *f*, Verknüpfung *f*, Zusammenschluß *m {z.B. Unternehmenszusammenschluß, Interessengemeinschaft}*; 2. Zusammenstellung *f*; Vereinigung *f {Herstellen eines Stoffgemisches aus einzelnen Komponenten dieses Stoffes oder aus verschiedenen Phasen}*; Verbindung *f*, Kombination *f*, Vereinigung *f {als Prozeß}*
combination bevel Doppelschmiege *f*
combination cell Element *n* mit Metall- und Nichtmetallelektrode *f*
combination colo[u]r Mischfarbe *f*
combination dryer Verbundtrockner *m*, Kombinationstrockner *m {Farben}*

combination mill Verbundmühle *f*
combination of filters Filterkombination *f*
combination of properties Eigenschaftskombination *f*
combination principle Kombinationsprinzip *n* *{Spek}*
combination seed disinfecting agent Kombibeizmittel *n*
combination stage Verbindungsstufe *f*
heat of combination Bindungswärme *f*
mode of combination Bindungsweise *f*
combinatorial kombinatorisch *{Math}*
combinatorial analysis Kombinatorik *f*, kombinatorische Mathematik *f*
combinded vacuum pump/compressor Vakuumpumpe-Verdichter-Zusammenbau *m*
combine/to 1. sich verbinden, sich vereinigen; 2. kombinieren, verbinden, vereinigen, zusammensetzen; 3. eine Verbindung *f* eingehen, sich verbinden; verbinden *{Elemente}*, kombinieren
combined gemischt; gemeinsam; verbunden, vereinigt, zusammengesetzt
combined action Zusammenwirkung *f*
combined bath Tonfixierbad *n* *{Photo}*
combined carbon gebundener Kohlenstoff *m* *{Met}*
combined drying and pulverizing Mahltrocknung *f*
combined effect Zusammenwirkung *f*
combined heat transfer Wärmedurchgangszahl *f*, k-Wert *m*
combined jar Kombidose *f* *{Pharm}*
combined material Verbundstoff *m*
combined plastic Verbundpreßstoff *m*
combined stress zusammengesetzte Spannung *f*
combined stress state kombinierter Spannungszustand *m*, überlagerter Spannungszustand *m*
combined water [chemisch] gebundenes Wasser *n*
combing 1. Kammzugtechnik *f* *{Farb}*; 2. Kämmen *n*, Paignieren *n* *{Text}*
combining 1. Verbinden *n*, Zusammenfügen *n*; 2. Verbindung *f* *{Valenz}*
combining ability Kombinationseignung *f*; Verbindungsfähigkeit *f*, Verbindungskraft *f*, Bindungsvermögen *n*, Bindungsfähigkeit *f*, Bindungskraft *f*, Bindekraft *f*, bindende Kraft *f*
combining capacity Verbindungsfähigkeit *f*, Verbindungskraft, Bindungsvermögen *n*, Bindungsfähigkeit *f*, Bindungskraft *f*, Bindekraft *f*, bindende Kraft *f*
combining nozzle Mischdüse *f*
combining power Bindekraft *f*, Bindevermögen *n*, Bindungsvermögen *n*, bindende Kraft *f*, Verbindungskraft *f*, Verbindungsfähigkeit *f*
combining proportion Verbindungsverhältnis *n* *{Chem}*
combining tube Einlaufstück *n*
combining volume Verbindungsvolumen *n*
combining weight Äquivalentmasse *f*, Äquivalentgewicht *n*, Verbindungsgewicht *n* *{obs}*
combustibility Brennbarkeit *f*, Verbrennbarkeit *f*, Verbrennlichkeit *f*
combustibility testing Brennbarkeitsprüfung *f*
combustible 1. verbrennlich, [ver]brennbar, entzündbar, abbrennbar; feuergefährlich; 2. Brennstoff *m*, Heizstoff *m*, Brennmaterial *n*; Brennbares *n* *{Anal}*; feuergefährliches Gut *n*
combustible gas Brenngas *n*, brennbares Gas *n*
combustible material Brennmaterial *n*, brennbares Material *n*, Brennstoff *m*
combustible matter in residue Brennbares *n* im Rückstand
combustible mixture Brenngemisch *n*
combustible shale Tasmanit *m*
combustion 1. Verbrennen *n*, Verbrennung *f*, Entzündung *f*; Brand *m*; 2. Abbrand *m* *{Metallverlust}*
combustion air Verbrennungsluft *f*
combustion analysis Verbrennungsanalyse *f*, quantitative Elementaranalyse *f* *{zur bestimmung organischer Substanzen}*
combustion boat Einsetzer *m*, Glühschiffchen *n*, Verbrennungsschiffchen *n*, Schiffchen *n*, Verbrennungsschälchen *n* *{Lab}*
combustion-boat shield Glühschiffchenhülle *f*, Muffel *m* für Verbrennungsschiffchen *{Lab}*
combustion bomb Explosionskalorimeter *n*, Verbrennungsbombe *f*
combustion calculation Verbrennungsrechnung *f*
combustion chamber 1. Brennkammer *f*, Verbrennungskammer *f*, Verbrennungsraum *m*, Brennraum *m*, Feuerraum *m*; 2. Brennschacht *m*, Brennkanal *m* *{z.B. eines Winderhitzers}*; 3. Nachverbrennungskammer *f* *{Pap}*; 4. Rauchkammer *m*
combustion chart Verbrennungsdreieck *n*, Bunte-Diagramm *n*, Abgasdreieck *n*
combustion chemistry Verbrennungschemie *f*, Chemie *f* der Verbrennungsvorgänge *mpl*
combustion crucible Verbrennungstiegel *m*
combustion deposits Verbrennungsrückstände *mpl*
combustion energy Verbrennungsenergie *f*
combustion engine 1. Brennkraftmaschine *f*, Verbrennungsmotor *m*, Explosionsmotor *m*, Verbrennungs[kraft]maschine *f*; 2. Wärmekraftmaschine *f*
combustion enthalpy Verbrennungsenthalpie *f*
combustion furnace 1. Verbrennungsofen *m* *{mit Brennstoff beheizter Industrieofen}*; 2. Verbrennungsvorrichtung *f* *{für die quantitative Elementaranalyse}*

combustion gas Feuergas *n*, Heizgas *n*, Verbrennungsgas *n*, Rauchgas *n*, Abgas *n*
combustion glass Einschmelzglas *n*
combustion heat Verbrennungswärme *f*
combustion index Verbrennungsindex *m*, Verbrennungszahl *f*
combustion method Verbrennungsmethode *f*; quantitative Elementaranalyse *f {zur Bestimmung organischer Substanzen}*, Verbrennungsanalyse *f*
combustion-modifying additive abbrand-moderierender Zusatz *m*
combustion-modifying agent abbrand-moderierender Zusatz *m*
combustion motor Verbrennungsmotor *m*
combustion nozzle Verbrennungsdüse *f*
combustion pipet[te] Verbrennungspipette *f*
combustion plant Verbrennungsanlage *f*
combustion pressure Verbrennungsdruck *m*
combustion process Verbrennungsprozeß *m*
combustion product Verbrennungsprodukt *n*
combustion rate Verbrennungsgeschwindigkeit *f*, Abbrandgeschwindigkeit *f*
combustion residue Verbrennungsrückstand *m*
combustion residue loss Glühverlust *m*
combustion shaft Verbrennungsschacht *m*
combustion space Verbrennungsraum *m*
combustion temperature Verbrennungstemperatur *f*
combustion train Elementaranalysen-Batterie *f*
combustion tube Verbrennungsröhre *f*, Verbrennungsrohr *n*; Glühröhrchen *n {in dem man bei der qualitativen Vorprobenanalyse feste Substanzen trocken erhitzen kann}*
combustion tube furnace Verbrennungsrohrofen *m*
combustion tubing Einschmelzröhre *f*
combustion velocity Verbrennungsgeschwindigkeit *f*
combustion zone Verbrennungszone *f*
accelerated combustion beschleunigte Verbrennung *f*
analysis by combustion Verbrennungsanalyse *f*
complete combustion vollständige Verbrennung *f*
incomplete combustion unvollständige Verbrennung *f*
spontaneous combustion spontane Verbrennung *f*

come down/to ausfallen *{als Niederschlag}*
come into operation/to wirksam werden
come off/to abgehen *{z.B. Farbe}*, ablösen; ablaufen *{z.B. ein Patent}*
come off in splinters/to absplittern
come out/to sich entwickeln
come over/to überfließen, übergehen, [über]destillieren

comenamic acid Komenaminsäure *f*

comenic acid Komensäure *f*, Comensäure *f*, 5-Hydro-4-pyron-2-carbonsäure *f*

cometary ions Kometenionen *npl {bis 70 keV}*

command/to 1. befehl[ig]en, anweisen; kommandieren; zügeln; 2. zur Verfügung haben; 3. verdienen *{z.B. Respekt}*; 4. höher liegen als, beherrschen

command 1. Anweisung *f*, Bedienungsanweisung *f*; Befehl *m {EDV}*; Kommando *n {Anweisung nach DIN 44300, EDV}*; 2. Steuersignal *n*
command reference input Führungsgröße *f*
command voltage Steuerspannung *f*

comment 1. Stellungnahme *f*, Bemerkung *f*, Kommentar *m*

commerce Handel *m*, Geschäft *n {als Beruf}*, Gewerbe *n {als Tätigkeit und Beruf}*; Handelsbeziehungen *fpl*, Handel *m*; Wirtschaft *f*

commercial 1. käuflich, kommerziell, gewerblich, geschäftlich, handelsüblich; Handels-, Wirtschafts-, Geschäfts-; 2. technisch, industriell *{z.B. Reinheitsgrad der Chemikalien}*
commercial ad Geschäftsanzeige *f*
commercial advertising Wirtschaftswerbung *f*
commercial article Handelsartikel *m*
commercial association Wirtschaftsvereinigung *f*
commercial calcium nitrate <$5Ca(NO_3)_2NH_4$-$NO_3 \cdot 10H_2O$> technisches Calciumnitrat *n {Expl}*
commercial chemist Handelschemiker *m*
commercial code Handelsgesetzbuch *n*
commercial cyclohexanol Hydralin *n*
commercial directory Branchenadreßbuch *n*
commercial grade 1. in Handelsqualität *f*; 2. Handelssorte *f*
commercial iron Handelseisen *n*
commercial mark Warenbezeichnung *f*
commercial nitrogen Industriestickstoff *m* *{CO_2<0,5%}*
commercial plant Großanlage *f*
commercial plastic handelsüblicher Plast *m*
commercial product Handelsware *f*, technisches Produkt *n*
commercial quality 1. handelsüblich; 2. Handelsqualität *f*
commercial rubber Handelskautschuk *m*
commercial-scale demonstration plant Versuchsanlage *f* für Vollbetrieb
commercial-sized installation Großanlage *f*
commercial standard Handelsnorm *f*, Handelsqualität *f*, Industrienorm *f*
commercial standardization Warennormung *f*
pertaining to commercial customs handelsüblich

commercially available käuflich, im Handel *m* erhältlich
commercially pure technisch rein

comminute/to [besonders fein] zerkleinern, zerstückeln; zerstäuben
comminution Zerkleinerung *f*, Zerkleinern *n*, [besonders] Feinzerkleinern *n*, Feinzerkleinerung *f*, Ausmahlung *f*; Zerstäubung *f*
comminutor Brecher *m*, Zerkleinerungsmaschine *f*; Rechengutzerkleinerer *m*, Rechenwolf *m* *{Pap}*
commission/to 1. in Betrieb *m* setzen *{z.B. eine Maschine}*, in Betrieb *m* nehmen; 2. in Auftrag geben, bestellen; beauftragen bevollmächtigen; 3. kommissionieren *{eine Bestellung komplettieren}*
commission of public safety Amt *n* für öffentliche Ordnung *f*
commitment dose Erwartungsdosis *f* *{Schutz}*
committee Ausschuß *m*, Komitee *n*
committee of experts Fachausschuß *m*, Expertenausschuß *m*, Sachverständigenbeirat *m*
committee of inquiry Untersuchungsausschuß *m*
commodity Bedarfsartikel *m*, Gebrauchsgegenstand *m*, Gebrauchsgut *n*, Handelsartikel *m*, Ware *f*, Verbrauchsgut *n*, Konsumgut *n*; Rohstoff *m*, Grundstoff *m*
commodity agreement Rohstoffabkommen *n*
commodity chemicals Gebrauchschemikalien *fpl*
commodity exchange Warenbörse *f*
commodity plastic Standardkunststoff *m*, Massenkunststoff *m*
commodity quantity geläufige Produktionsmenge *f*, gängige Abfüllmenge *f*
commodity resin Massenplast *m*, Massenkunststoff *m*
common 1. gemein, gemeinsam; 2. gewöhnlich; 3. allgemein [verbreitet], häufig
common average einfacher Durchschnitt *m* *{Math}*
common denominator Hauptnenner *m*; [gemeinsamer] Hauptnenner *m*, Generalnenner *m* *{Math}*
common feldspar Orthoklas *m* *{Min}*
common fraction echter Bruch *m* *{Math}*
common lime Kalk *m*
common logarithm Dezimallogarithmus *m*
common main Sammelleitung *f*
common market country EWG-Land *n*
common mica Muskovit *m* *{Min}*
common mode failures Störfälle *mpl* allgemeiner Art; Ausfälle *mpl* aus gemeinsamer Ursache, Ausfallkombinationen *fpl* *{Nukl}*
common name 1. Trivialname *m* *{Gegensatz: systematischer Name}*; 2. freier Warenname *f*, nichtgeschützte Bezeichnung *f*, freie Bezeichnung *f*, Freiname *m*, Common name *n*
common noun Gattungsbezeichnung *f*
common pitch Pichpech *n*
common salt Kochsalz *n*, Natriumchlorid *n*, Siedesalz *n*, Salz *n*
common-salt solution Kochsalzlösung *f*, Natriumchloridlösung *f*
containing common salt kochsalzhaltig
common tin Probezinn *n*
communicable übertragbar *{Med}*
communicable disease übertragbare Krankheit *f*, ansteckende Krankheit *f*
communicating kommunizierend
communicating tubes kommunizierende Röhren *fpl*
communicating vessels kommunizierende Gefäße *npl*
communication 1. Übertragung *f*, Übermittlung *f*; 2. Mitteilung *f*, Nachricht *f*, Benachrichtigung *f*; 3. Verbindung *f*, Verkehr *m*, Verständigung *f*, Kommunikation *f*
communication cable Schwachstromkabel *n*
community Gesellschaft *f*, Gemeinschaft *f*
community disposal ordinances kommunale Abfallverordnung *f*
commutable vertauschbar, austauschbar, permutabel
commutable matrix vertauschbare Matrize *f*
commutating kommutierend
commutation 1. Kommutation *f* *{Math}*; 2. Kommutierung *f*, Stromumkehr *f*, Stromwendung *f*, Umschaltung *f* *{Elek}*; Vertauschung *f*; 3. Abwandlung *f*
commutation relation Vertauschrelation *f*
commutation rule Vertauschungsregel *f*
commutative 1. auswechselbar, kommutativ; Ersatz-, Tausch-; 2. gegenseitig, wechselseitig
commutative law Kommutativität *f* *{Math}*
commutator 1. Kollektor *m*, Stromwender *m* *{Elek}*; 2. Kommutator *m* *{Math}*; 3. Umschalter *m*, Zündverteiler *m* *{Motor}*; 4. Meßstellenumschalter *m*
commutator lubricant Kollektorschmiere *f*
commutator motor Kommutatormotor *m*, Kollektormotor *m*, Stromwendermotor *m*
commutator polishing paper Kollektorschleifpapier *n*
commutator rectifier Kommutatorgleichrichter *m*
commutator switch Kreuzschalter *m*
commute/to kommutieren *{Elek}*, vertauschen; auswechseln; umwandeln
comonomer Comonomer[es] *n*, Komonomer[es] *n*, Mischmonomer[es] *n* *{Polymer}*
compact/to 1. komprimieren, verdichten, kompaktieren, [zusammen]pressen; 2. kompaktieren, preßverdichten
compact 1. kompakt, [preß]dicht; fest; gedrungen, kompakt, gedrängt, raumsparend; mit kleinen Abmessungen; festgelagert; dicht, massiv *{Geol}*; Kompakt-; 2. Kompakt *n*, Pastille *f* *{ta-*

bletten- oder pastillenähnliches Präparat}; 3. Preßteil *n*, Preßling *m*, Preßkuchen *m*, Preßkörper *m*, Preßstück *n*; [Metall-]Pulverpreßling *m*, Pulverpreßkörper *m {Met}*

compact dolomite Zechsteindolomit *m*

compact-grained feinkristallin[isch]

compact pumping set betriebsfertiger Pumpstand *m*

compact reactor Kompaktreaktor *m*

compact unit Kompaktgerät *n*

compacted verdichtet, kompaktiert

compacted bulk density *{ISO 6770}* Stampfdichte *f*

compacted bulk volume Stampfvolumen *n*

compacter Müllverdichter *m*

compactibility Kompressibilität *f*, Zusammendrückbarkeit *f {Volumenelastizität}*; Verpreßbarkeit *f*

compacting 1. Kompaktieren *n*, Kompaktierung *f*, Preßverdichten *n*, Preßverdichtung *f*; 2. Verdichten *n*, Verdichtung *f*, Komprimieren *n*, Pressen *n*, Zusammenpressen *n*; 3. Verfestigen *n*, Verfestigung *f*

compaction 1. Verdichtung *f*, Verdichten *n {von festen Stoffen}*, Preßverdichten *n*, Komprimieren *n*, Kompaktieren *n*; 2. Kompaktion *f {Volumenverringerung}*; 3. Kompaktifizieren *n*, Speicherbereinigung *f {EDV}*

compactness Festigkeit *f*, Kompaktheit *f*, Dichte *f*

compactor Verdichtungsgerät *n*, Compactor *m*; Müllpreßanlage *f*, Deponieverdichter *m*; Stampfer *m*

companion Begleiter *m*; Begleitstoff *m*, Begleitsubstanz *f*

companion flange Gegenflansch *m*

company Kapitalgesellschaft *f*, Unternehmen *n*, Firma *f*, Gesellschaft *f*, Handelsgesellschaft *f*

company literature Firmenliteratur *f*

company specification Werkstandard *m*, Betriebsstandard *m*

company standard Werkstandard *m*, Betriebsstandard *m*

comparability Vergleichbarkeit *f*

comparable vergleichbar, ähnlich

comparative 1. vergleichend, komparativ; Vergleichs-; 2. relativ, verhältnismäßig

comparative dyeing Vergleichsfärbung *f*

comparative experiment Vergleichsversuch *m*

comparative figure Vergleichszahl *f*

comparative method Vergleichsverfahren *n*

comparative reading Vergleichsablesung *f*

comparative table Vergleichstabelle *f*

comparative test Vergleichstest *m*, Vergleichsversuch *m*, Verleichsprobe *f*

comparative value Vergleichswert *m*

comparatively verhältnismäßig

comparator 1. Komparator *m*, Komparatorschaltung *f*, Vergleichsschaltung *f {Elek, EDV}*; 2. Vergleicher *m*, Vergleichsglied *n {Automation}*; 3. Komparator *m {Phys}*

compare/to vergleichen, gegenüberstellen

comparison Vergleich *m*

comparison cell Vergleichsküvette *f*

comparison dyeing Vergleichsfärbung *f*

comparison electrode Vergleichselektrode *f*

comparison function Vergleichsfunktion *f*

comparison lamp Vergleichslichtquelle *f*, Vergleichslampe *f {Opt}*

comparison line Vergleichslinie *f*

comparison measuring Vergleichsmessung *f*

comparison method Vergleichsmethode *f*

comparison of properties Eigenschaftsvergleich *m*

comparison powder Vergleichspulver *n*

comparison sample Vergleichsprobe *f*

comparison solution Vergleichslösung *f*

comparison spectroscope vergleichendes Spektroskop *n*, Vergleichsspektroskop *n*

comparison spectrum Vergleichsspektrum *n*

comparison-spectrum method Verfahren *n* der Vergleichsspektren *npl*, Methode *f* der Vergleichsspektren *npl*

comparison-standard mixture Leitmischung *f*

comparison-standard powder Leitpulver *n*

comparison-standard sample Leitprobe *f*

comparison-standard solution Leitlösung *f*

comparison test Vergleichsversuch *m*, Vergleichstest *m*, Vergleichsprobe *f*; Vergleichskriterium *n {Math}*

comparison tube Vergleichsröhre *f*; Vergleichskapillare *f {McLeod}*

basis of comparison Vergleichsunterlage *f*

numerical comparison zahlenmäßiger Vergleich *m*

standard of comparison Vergleichsmaßstab *m*

compartment 1. Fach *n {z.B. Schrankfach}*; 2. Abteilung *f*; 3. Kammer *f*, Teilraum *m {z.B. einer Anlage}*; Zelle *f*; 4. Kompartiment *n {durch Membranen abgeteilter Reaktionsraum}*; 5. Kompartiment *n {ein Teil der Umwelt}*; 6. Trum *m n {pl. Trume oder Trümmer}*, Trumm *m n {Aufteilung des Schachtquerschnittes, Bergbau}*

compartment dryer Mehrkammertrockenschrank *m*, Kammertrockner *m*

compartment mill Kugelmühle *f* mit Abteilungen, Mehrkammer[rohr]mühle *f*, Verbund[rohr]mühle *f*

compatibility Kompatibilität *f*, Vereinbarkeit *f*, Verträglichkeit *f*

compatibility condition Kompatibilitätsbedingung *f*

compatibility limit Verträglichkeitsgrenze *f*

compatibility test Verträglichkeitsprüfung *f*, Verträglichkeitsuntersuchung *f*

compatible verträglich, vereinbar, kompatibel; widerspruchsfrei *{Math}*
compendium 1. Handbuch *n*; 2. Zusammenfassung *f*
compensate/to 1. kompensieren, angleichen, aufwiegen, ausgleichen, ausbalancieren; 2. auswuchten; 3. vergüten
compensating colorimeter Kompensationskolorimeter *n*
compensating current Ausgleichsstrom *m*
compensating curve Ausgleichskurve *f*
compensating earth Ausgleichserde *f* *{Elek}*
compensating heat Ausgleichswärme *f*
compensating method Kompensationsmethode *f*
compensating photometer Kompensationsphotometer *n*
compensating pipe Ausgleichrohr *n*
compensating pole Kompensationspol *m*
compensating reservoir Ausgleichbehälter *m*
compensating resistance Kompensationswiderstand *m*, Regulierwiderstand *m*, Vorwiderstand *m* *{Elek}*
compensating voltage Ausgleichsspannung *f*
compensation Ausgleich *m*, Entschädigung *f*, Ersatz *m*, Kompensation *f*; Trimmen *n* *{Nukl}*
compensation developer Ausgleichentwickler *m* *{Photo}*
compensation line Ausgleichsleitung *f*
compensation measurement Ausgleichsmessung *f*
compensation method Kompensationsmethode *f*, Kompensationsverfahren *n* *{Elek}*
compensator 1. Ausgleicher *m*, Ausgleichsvorrichtung *f*, Kompensator *m* *{Elek}*; 2. Gleichlaufregulator *m*
compete/to konkurrieren, im Wettbewerb stehen; mitbewerben; mitmachen
competent einschlägig, fachkundig, fähig, fachlich hochstehend; ausreichend *{z.B. Wissen}*; kompetent, zuständig; geschäftsfähig
competent donor bacterium cell kompetentes Donor-Bakterium *n*
competing konkurrierend
competition Wettbewerb *m*, Konkurrenz *f*
competitive konkurrenzfähig, konkurrierend, wettbewerbsfähig
competitive inhibitor kompetitiver Inhibitor *m*
competitor Konkurrent *m*, Wettbewerber *m*; Wettkampfteilnehmer *m*
compilation Sammlung *f*, Zusammenstellung *f*, Aufstellung *f*, Kompilation *f*
compile/to zusammenstellen
complementarity Komplementarität *f*
complementary komplementär *{DIN 4898}*, ergänzend
complementary chromaticity Komplementärfarbigkeit *f* *{Opt}*
complementary colo[u]r Komplementärfarbe *f*
complementary DNA komplementäre DNA *f*, cDNA *{Gen}*
complementary RNA komplementäre RNA *f*, cRNA
complementary surface Ergänzungsfläche *f*
complete/to 1. vervollständigen, ergänzen, komplettieren; endbearbeiten, fertigbearbeiten; 2. abschließen, fertigstellen, vollenden, beenden, schließen *{z.B. einen Stromkreis}*
complete vollständig, komplett, vollkommen; restlos, total
complete blowpipe Lötbesteck *n*
complete combustion vollständige Verbrennung *f*
complete cross-section Gesamtquerschnitt *m*
complete demineralization Vollentsalzung *f*
complete fusion Schmelzfluß *m*
complete miscibility vollständige Mischbarkeit *f*, unbeschränkte Mischbarkeit *f*, unbegrenzte Mischbarkeit *f*
complete solid solubility vollständige Festkörperlöslichkeit *f*
complete vulcanization Ausvulkanisieren *n*, Durchvulkanisation *f*
completed vollendet; abgeschlossen; vollständig
completed shell abgeschlossene Schale *f*
completely soluble klarlöslich
completeness Vollständigkeit *f*, Vollkommenheit *f*
completeness relation Vollständigkeitsrelation *f*
completion 1. Vollendung *f*, Abschluß *m*; 2. Fertigbearbeitung *f*, Endbearbeitung *f*, Fertigstellung *f*; 3. Vervollständigung *f*; 4. Komplettierung *f*; 5. Sättigung *f*
complex/to komplexieren, in einen Komplex *m* überführen; in einem Komplex *m* binden, einen Komplex *m* bilden
complex 1. komplex, mehrteilig, zusammengesetzt; schwierig, kompliziert; 2. Komplex *m*, komplexe Gruppe *f*, komplexe Verbindung *f*, Komplexverbindung *f*
complex acid Komplexsäure *f* *{z.B.* H_2SiF_6*}*
complex bimetallic salt Bimetallkomplex *m* *{z.B.* $[Cr(NH_3)_6][FeCl_6]$*}*
complex chemistry Komplexchemie *f*
complex compound Komplexverbindung *f*, Koordinationsverbindung *f*
complex formation Komplexbildung *f*
complex former Komplexbildner *m*
complex grease Komplexfett *n* *{Trib}*
complex ion komplexes Ion *n*, Komplex-Ion *n*, Molekelion *n*
complex metal salt Metallkomplexsalz *n*
complex number Komplexzahl *f* *{Math}*
complex reaction Mehrkomponentenreaktion *f*, komplexe Reaktion *f* *{Thermo}*

complex salt Komplexsalz *n*
complex soap Komplexseife *f {Trib}*
activated complex aktivierter Komplex *m*
inert complex inerter Komplex *m*
ionogenic complex ionogener Komplex *m*
normal complex normaler Komplex *m*
penetration complex Durchdringungskomplex *m*
stable complex beständiger Komplex *m*
unstable complex unbeständiger Komplex *m*, instabiler Komplex *m*
complexing 1. komplexbildend; 2. Komplexbildung *f*, Komplexieren *n*
complexing agent Komplexbildner *m*, komplexbildender Stoff *m*, Maskierungsmittel *n*, Abscheidemittel *n*
complexometric komplexometrisch
complexometric determination komplexometrische Bestimmung *f*
complexometric method komplexometrisches Verfahren *n*
complexon 1. Komplexon *n {Dinatriummethylendiamintetraacetat}*; 2. Polyaminopolycarbonsäure *f*
compliance Komplianz *f*, Nachgiebigkeit *f {= elastische Verformung/zugehörige Spannung nach DIN 1342}*
complicate/to erschweren, komplizieren
complicated kompliziert
complication Erschwerung *f*, Komplizierung *f*, Verwick[e]lung *f*; Komplikation *f*
comply [with]/to befolgen
component 1. Komponente *f*, Bestandteil *m*, Anteil *m {eines Mehrstoffsystems}*; 2. Komponente *f {Elek}*; 3. Maschinenteil *n*, Einzelteil *n*; 4. Kraftkomponente *f*, Teilkraft *f {Mech}*; 5. Inhaltsstoff *m {Pharm}*; 6. Glied *n {z.B. des Regelkreises}*; 7. Bauteil *n*, Bauelement *n*
component of an alloy Legierungsbestandteil *m*, Legierungselement *n*, Legierungskomponente *f*, Legierungszusatz *m*
component of adhesive Klebstoffbestandteil *m*
component of structure Gefügebestandteil *m*, Gefügekomponente *f*
component safety Komponentensicherheit *f*
basic component Grundbestandteil *m*
primary component Grundbestandteil *m*
volatile component flüchtige Komponente *f*
components subject to wear Verschleißteile *npl*
compose/to 1. zusammensetzen; 2. komponieren *{Math}*; 3. setzen, absetzen *{Druck}*
composed zusammengesetzt
composed state of stress zusammengesetzter Spannungszustand *m*
composite 1. gemischt; 2. Verbundwerkstoff *m*, Verbundstoff *m*, Composite *n*, Kompositwerkstoff *m*
composite adhesive film Klebfolie *f* mit beschichtetem Trägerwerkstoff *{mit beidseitig unterschiedlichen Klebstoffen}*
composite board Verbundplatte *f {DIN 68 753}*, Sandwichboard *n {Sperrholz}*
composite film Verbundfolie *f*, Mehrschichtfolie *f*
composite foam Verbundschaumstoff *m*
composite fuel Gemischkraftstoff *m*, Kompositttreibstoff *m*, Composite-Raketentreibstoff *m*, heterogener Raketentreibstoff *m*
composite material Verbund[werk]stoff *m*, Composite *n*, Kompositwerkstoff *m*
composite metal Verbundmetall *n*
composite mo[u]ld Mehrfachform *f*, Mehrfachwerkzeug *n*, zusammengesetztes Preßwerkzeug *n*, Backwerkzeug *n*, Schieberwerkzeug *n {Kunst}*
composite plastic Verbundwerkstoff *m*, Verbundstoff *m*
composite plate Mehrschichtenüberzug *m*, Verbundüberzug *m*
composite propellant Komposittreibstoff *m*, Composite-Raketentreibstoff *m*, heterogener Raketentreibstoff *m*
composite sample Durchschnittsprobe *f*, Sammelprobe *f {DIN 51750}*
composite sheet Verbundplatte *f*
composite structure Verbundbauteil *n*, Sandwichbauelement *n*, Sandwichbauteil *n*, Bauteil *n* in Stützstoffbauweise, Stützstoffbauelement *n*; Verbundkonstruktion *f*
composite wood panel Holzverbundplatte *f*
composition 1. Verbindung *f*, Zusammensetzung *f {Chem}*; Gemisch *n*, Mischung *f {Gummi}*; 2. Verkettungsrelation *f*, Relationsprodukt *n*; Verknüpfung *f*, Komposition *f {Math}*; 3. Aufbau *m*, Gestaltung *f*, Komposition *f {z.B. des Bildes}*; 4. Satz *m*, Schriftsatz *m {Erzeugnis}*; Satz *m {Vorgang}*, Satzherstellung *f*, Setzen *n {Druck}*; 5. Stuckmasse *f {Wasser, Tierleim, Leinöl, Harz}*
composition board Holzfaserplatte *f*, Faserdämmstoffplatte *f*
composition metal Legierung *f*, Kompositionsmetall *n*, Rotguß *m*, Guß-Mehrstoff-Zinnbronze *f {DIN 1718}*
composition of material Stoffzusammensetzung *f*
composition of matter chemische Zusammensetzung *f*, Stoffverbindung *f*, Mischung *f*
composition plane Verwachsungsebene *f*, Kontaktebene *f*, Berührungsebene *f*, Zwillingsebene *f {Krist}*
composition surface Verwachsungsfläche *f*, Kontaktfläche *f*, Berührungsfläche *f {Krist}*
chemical composition chemische Zusammensetzung *f*

critical composition kritische Zusammensetzung *f*
percentage composition prozentuale Zusammensetzung *f*
variable composition variable Zusammensetzung *f*
compositional amino acid analysis Analyse *f* der Aminosäurezusammensetzung *f*
compost Kompost *m*, Düngeerde *f*, Mischdünger *m {Agri}*
composting 1. Düngung *f*; 2. Kompostierung *f*, Kompostgewinnung *f*
compound/to [ver]mischen, eine Mischung *f* herstellen, zusammensetzen, kombinieren, vereinigen *{z.B. chemische Stoffe}*; legieren; compoundieren, fetten *{Öle}*; eine Mischung *f* aufbauen, eine Mischung *f* aufstellen
compound 1. Verbindung *f {von chemischen Stoffen}*; Zusammenstellung *f*, Mischung *f {künstliche, synthetische}*, Gemisch *n {nach einer Rezeptur}*; 2. Vergußmasse *f*; 3 Mehrfachkrümmung *f {nach DIN 68256}*; 4. Verbund *m*
compound colo[u]r zusammengesetzte Farbe *f*
compound curvature dreidimensionale Krümmung *f*
compound fertilizer Mischdünger *m {mechanisch gemischt}*; Volldünger *m*, Mehrnährstoffdünger *m*, Kombinationsdünger *m*
compound flooring Verbundbelag *m {DIN 18173}*
compound fraction Doppelbruch *m*, zusammengesetzter Bruch *m {Math}*
compound glass Verbundglas *n*
compound impregnated paper Compoundpapier *n*
compound lens 1. Verbundlinse *f*, [mehrgliedriges] Objektiv *n*; 2. mehrgliedriges optisches System *n*, Linsensystem *n*, Optik *f {eines Gerätes}*
compound-lens condenser Linsenraster-Kondensor *m {Spek}*
compound magnet Blättermagnet *m*, Lamellenmagnet *m*, Magnetbündel *n*
compound material Verbundwerkstoff *m*, Verbundwerkstoffe *mpl*
compound mechanical pump mehrstufige mechanische Pumpe *f*, Duplexpumpe *f*
compound metal Verbundmetall *n*
compound microscope zusammengesetztes Mikroskop *n*
compound nucleus Compoundkern *m*, Zwischenkern *m*, Verbundkern *m {Nukl}*
compound pipe Verbundrohr *n*, Stahlrohr *n* mit Plastauskleidung *f*
compound self-heating Eigenerwärmung *f* einer verarbeitungsfähigen Formmasse *f*, Compoundeigenenerwärmung *f*
compound steam pump Verbunddampfpumpe *f*
compound steel Compoundstahl *m*
compound sugar Oligosaccharid *n*
compound system Gesamtsystem *n*
compound tanning bath gemischtes Gerbbad *n*
acylic compound acyclische Verbindung *f*, offenkettige Verbindung *f*
addition compound Additionsverbindung *f*, Addukt *n*
alicyclic compound alicyclische Verbindung *f*
aliphatic compound aliphatische Verbindung *f*
asymmetric compound asymmetrische Verbindung *f*
binary compound binäre Verbindung *f*
carbon compound Kohlenstoffverbindung *f*; organische Verbindung *f*
conjugated compound konjugierte Verbindung *f*
cyclic compound cyclische Verbindung *f*
heterocyclic compound heterocyclische Verbindung *f*, Heterocyclus *m*
open-chain compound aliphatische Verbindung *f*, offenkettige Verbindung *f*
compounded cylinder oil compoundiertes Zylinderöl *n*
compounded oil Compoundöl *n*, gefettetes Öl *n*, compoundiertes Öl *n*
compounder-extruder Mischungsstrangpresse *f*
compounding 1. Mischen *n*, Vermischen *n*, Mischungsherstellung *f*, Rezeptaufstellung *f*; 2. Compoundieren *n {von Ölen}*; Formmasseaufbereiten *n*, Aufbereiten *n* von thermoplastischen Formmassen, Compoundieren *n*; 3. mehrstufige Expansion *f*, Verbundbetrieb *m*
compounding equipment Mischmaschine *f*
compounding ingredient Mischungsbestandteil *m*
compounding line Aufbereitungsstraße *f*, Aufbereitungsanlage *f*, Compoundierstraße *f*
compounding plant Compoundieranlage *f*
compounding procedure Mischungsherstellung *f*
compounding room Mischkammer *f*, Mischraum *m*
compounding section Aufbereitungsteil *m*
compounding unit Aufbereitungsmaschine *f*, Aufbereitungsaggregat *n*, Plastifizierteil *n*, Compoundiermaschine *f*
compreg Plast-Preßlagenholz *n*, Preßschichtholz *n*, Compreg *n*
compregnate/to komprimieren *{Holz}*
compregnated laminated wood Preßschichtholz *n*, Compreg *n*, Plast-Preßlagenholz *n*
comprehend/to begreifen, erfassen, umfassen
comprehensible verständlich, begreiflich
comprehension 1. Verstehen *n*; Fassungsvermögen *n*, Fassungskraft *f*, Begriffsvermögen *n*; 2. Komprehension *f {Math}*
comprehensive umfassend, reichhaltig

compress/to komprimieren, stauchen, verdichten, zusammendrücken, zusammenpressen
compressable zusammenpreßbar
compressed air Druckluft *f*, Preßluft *f* *{obs}*, komprimierte Luft *f*
compressed-air bottle Preßluftflasche *f* *{obs}*, Druckluftflasche *f*
compressed-air conveyor Druckluftförderer *m*
compressed-air cylinder Druckluftzylinder *m*, Druckluftbehälter *m*, Preßluftflasche *f* *{obs}*
compressed-air deoiling Druckluftentölung *f*
compressed-air hose Druckluftschlauch *m*, Preßluftschlauch *m* *{obs}*
compressed-air inspirator Preßluftansauger *m*
compressed-air jet Preßluftstrahl *m*, Preßluftstrom *m*
compressed-air line Preßluftleitung *f* *{obs}*, Druckluftleitung *f*
compressed-air motor Druckluftmotor *m*, Preßluftmotor *m* *{obs}*, Druckluftmaschine *f*
compressed-air mounting Preßluftarmatur *f*
compressed-air pipe Preßluftleitung *f* *{obs}*, Druckluftleitung *f*, Hochdruckrohr *n*
compressed-air receiver Druckluftbehälter *m*
compressed-air spraying Spritzen *n* mit Druckluft *f*
compressed-air stirrer Preßluftrührwerk *n*
compressed-air tubing Druckluftschlauch *m*
compressed-air valve Druckluftstutzen *m*
compressed-air vessel Druckluftkessel *m*
compressed asphalt Stampfasphalt *m*
compressed carbon mass Kohlenstampfmasse *f*
compressed cone connection Klemmkegelverbindung *f*
compressed gas Druckgas *n*, komprimiertes Gas *n*
compressed gas cylinder Druckgasbehälter *m*, Druckgasflasche *f*, Preßgasflasche *f* *{obs}*
compressed [laminated] wood Preßschichtholz *n*, Compreg *n*, Plast-Preßlagenholz *n*
compressed oxygen Hochdrucksauerstoff *m*
compressed [pipe]line Druckluftleitung *f*
compressed sizing unit Druckluftkalibrierung *f*
compressed steel Preßstahl *m*
compressed vapor refrigerator Dampfkompressionskältemaschine *f*
compressed wood Preß[voll]holz *n*, Druckholz *n*
compressibility Kompressibilität *f*, Zusammendrückbarkeit *f*, Komprimierbarkeit *f*, Verdichtbarkeit *f*, Verdichtungsfähigkeit *f*, Preßbarkeit *f*; Verpreßbarkeit *f* *{Puder}*
compressibility effect Kompressibilitätseinfluß *m*
compressibility factor Kompressibilitätsfaktor *m*, Realgasfaktor *m* *{DIN 3320}*, Verdichtungsfaktor *m*
compressibility module Kompressionsmdul *m*
compressible zusammendrückbar, kompressibel, komprimierbar, verdichtbar; preßbar
compressible flow kompressible Strömung *f*
compressing 1. komprimierend; 2. Komprimieren *n*, Verdichten *n*, Zusammenpressen *n*, Zusammendrücken *n*
compression 1. Druck-; 2. Kompression *f*, Verdichtung *f*, Komprimierung *f*, Zusammendrükken *n*, Zusammenpressen *n*, Verdichten *n*, Preßverdichten *n*, Kompaktieren *n*, Komprimieren *n*; 3. Druckbeanspruchung *f*, Druck *m* *{Mech}*; Stauchen *n*, Stauchung *f*; 4. Verdichtungshub *m*, Verdichtungstakt *m*, Kompressionshub *m*
compression blow mo[u]lding [process] Kompressionsblasen *n*, Kompressionsblas[form]verfahren *n*, Druckblasformen *n*, Druckblasformverfahren *n* *{Kunst}*
compression elasticity Druckfestigkeit *f*
compression factor Kompressionsfaktor *m* *{McLeod}*
compression factor of mo[u]lding materials Verdichtungsfaktor *m* von Formmassen *fpl*
compression flow Kompressionsfließen *n*
compression ga[u]ge Kompressionsmanometer *n*
compression heat Kompressionswärme *f*
compression ignition Verdichtungszündung *f*
compression ignition engine 1. Dieselmotor *m*; 2. Verbrennungsmotor *m* mit Selbstzündung *f*
compression injection mo[u]lding Spritzprägen *n* *{Kunst}*
compression joint Klemmverbindung *f*
compression limit Verdichtungsenddruck *m*
compression load Druckbelastung *f*
compression melting Höchstdruckplastizierung *f*
compression mo[u]ld Preßwerkzeug *n*, Preßform[maschine] *f* *{Kunst}*
compression-mo[u]lded [form]gepreßt
compression-mo[u]lded specimen Prüfformteil *n*, urgeformte Probe *f*, urgeformtes Prüfstück *n*
compression mo[u]lding Formpressen *n*, Kompressionsformen *n*, Preßformen *n*, Pressen *n*, Preßverfahren *n*; Preßguß *m*
compression mo[u]lding material Formpreßstoff *m*, Preßmasse *f*
compression mo[u]lding resin Preßharz *n*
compression of bulk material Schüttgutverdichtung *f*
compression pressure Verdichtungsdruck *m*
maximum compression pressure Verdichtungsenddruck *m*
compression ratio Druckverhältnis *n* *{= Gesamtenddruck/Gesamtansaugdruck}*; Kompres-

sionsverhältnis *n*, Verdichtungsverhältnis *n*, Verdichtungsgrad *m*, Verdichtungszahl *f*
compression refrigerating machine Kompressionskältemaschine *f*
compression resistance Kompressionswiderstand *m*
compression-resistant druckfest
compression screw Kompressionsschnecke *f*, Verdichtungsschnecke *f*
compression seal Preßdichtung *f*
compression section Kompressionsbereich *m*, Komprimierzone *f*, Druckzone *f*, Umwandlungszone *f*, Verdichtungszone *f {Extruder}*
compression set Druckverformungsrest *m*, Zusammendrückungsrest *m*, [bleibende] Druckverformung *f*, Verformungsrest *m*, Formänderungsrest *m* bei Druckbeanspruchung *f*, bleibende Verformung *f* nach Druckeinwirkung *f*
compression space Verdichtungsraum *m*, Kompressionsraum *m*
compression strain Beanspruchung *f* auf Druck *m*, Druckspannung *f*
compression strength Druckfestigkeit *f*
compression stress Druckbeanspruchung *f*, Druckspannung *f*
compression stroke Verdichtungshub *m*, Verdichtungstakt *m*, Kompressionshub *m*
compression test Druckprüfung *f*, Druckversuch *m {an Baustoffen}*; Kompressionsversuch *m {bei Bodenproben}*; Stauchprüfung *f {Hartmetalle}*; Druckversuch *m {DIN 50106}*
compression test at elevated temperatures Warmdruckprüfung *f*, Druckfestigkeitsprüfung *f* in der Wärme *f*, Warmdruckversuch *m*
compression testing Druckversuch *m*
compression tube Kompressionskapillare *f {McLeod}*
compression-type glass-to-metal seal Druckglaseinschmelzung *f*
compression-type refrigerating unit Verdichterkältemaschine *f*
compression-type vacuum ga[u]ge Kompressionsvakuummeter *n*
compression vacuum ga[u]ge Kompressionsvakuummeter *n*
compression wave Verdichtungswelle *f*, Druckwelle *f*
compression work Verdichtungsarbeit *f*
compression yield point Quetschgrenze *f*
compression zone Verdichtungszone *f*, Umwandlungszone *f {Extruder}*
adiabatic compression adiabatische Kompression *f*, adiabatische Verdichtung *f*
degree of compression Kompressionsgrad *m*
resistance to compression Druckfestigkeit *f*
compressive cleavage Druckspaltung *f {von Schichtstoffen oder Klebverbindungen}*
compressive cleaving Druckspaltung *f*
compressive creep test Zeitstanddruckversuch *m*
compressive force Druckkraft *f*
compressive impact stress Schlagdruckbeanspruchung *f*
compressive load Druckbelastung *f*
compressive strength Druckfestigkeit *f*; Stauchfestigkeit *f*, Stauchhärte *f*
compressive stress Druckspannung f *{bei der Druckbeanspruchung}*
compressive testing Druckprüfung *f*
compressive twin formation Druckzwillingsbildung *f {Krist}*
compressor Kompressor *m*, Verdichter *m*; Quetschkolben *m {z.B. des Membranventils}*
compressor casing Verdichtergehäuse *n*, Kompressorgehäuse *n*
compressor for extreme pressure Höchstdruckverdichter *m {> 100 bar}*
compressor luboil Gebläsemaschinenöl *n*, Kompressorenöl *n*
compressor oil Kompressorenöl *n*
comprise/to bestehen aus, umfassen, enthalten; einbeziehen
Compton effect Compton-Effekt *m*
Compton electron Compton-Elektron *n*, Rückstoßelektron *n {ein durch den Compton-Effekt freigesetztes Elektron}*
Compton radiation Compton-Strahlung *f*
Compton rule Compton-Regel *f {Thermo}*
Compton scattering Compton-Streuung *f*
Compton shift Compton-Verschiebung *f*
Compton wave-length Compton-Wellenlänge *f {eine Atomkonstante}*
comptonite Comptonit *m {obs}*, Thomsonit *m {Min}*
compulsion Zwang *m*
compulsory obligatorisch, zwingend
compulsory permit requirement Genehmigungspflicht *f*
computability Berechenbarkeit *f {Math}*
computable berechenbar, rechnerisch lösbar
computation Berechnung *f*, Ausrechnung *f*, Kalkulation *f*, Rechnen *n*
formula of computation Berechnungsformel *f*
computational rechnerisch
computational specification Berechnungsnorm *f*
compute/to berechnen, [aus]rechnen, kalkulieren
computer Rechner *m*, Computer *m*, Rechenanlage *f*, Rechenautomat *m*, Großrechner *m*
computer-aided rechnergestützt, DV-gestützt, rechnerunterstützt, computergestützt
computer-aided manufacture rechnergestützte Fertigung[stechnologie] *f*, rechnergestütztes

Gesamtsystem *n* der Planung und Steuerung *{CAM}*
computer-aided measurement and control CAMAC *{modular aufgebautes Peripheriesystem der Prozeßrechentechnik}*
computer-controlled rechnergesteuert
computer print-out Computer-Ausdruck *m*
computer science Informatik *f*
computer-tomography paper Computertomographie-Papier *n*, CTG-Papier *n {Med}*
concave 1. gewölbt, schalenförmig; 2. verkehrt bombiert *{z.B. die Walze, Met}*; 3. hohl, hohlrund, konkav, hohlgeschliffen *{Opt}*
concave glass Hohlglas *n*
concave grating Hohlgitter *n {ein Beugungsgitter}*, Konkavgitter *n*, Rowland-Gitter *n {Spek}*
concave-grating spectrograph Konkavgitterspektrograph *m*
concave-ground hohlgeschliffen
concave lens Hohllinse *f*, Konkavlinse *f*, Zerstreuungslinse *f {Opt}*
concave mirror Hohlspiegel *m*, Konkavspiegel *m*, Vergrößerungsspiegel *m*, Brennspiegel *m {Opt}*
concave mirror cathode Hohlspiegelkathode *f*
concavity Konkavität *f*, Rundhöhlung *f*, Einbuchtung *f*, Hohlrundung *f*
concavo-concave bikonkav
concavo-convex hohlerhaben, konkav-konvex *{Opt}*
concavo-convex lens konkav-konvexe Linse *f*
conceal/to verbergen, verstecken; verhehlen; abschließen
concealed verdeckt
conceivable accident anzunehmender Unfall *m*, vorstellbarer Unfall *m*
conceive/to einen Plan *n* fassen; konzipieren; eine Idee *f* haben; begreifen, auffassen; sich vorstellen; abfassen
concentrate/to konzentrieren, einengen *{eine Lösung}*, eindicken *{eine Flüssigkeit}*, verdikken, verdichten, eindampfen, entwässern; anreichern, aufbereiten *{z.B. Erz}*; bündeln *{z.B. Strahlen}*
concentrate by evaporation/to eindampfen
concentrate 1. Konzentrat *n*, Aufbereitungskonzentrat *n*; 2. Kraftfutter *n {Agri}*; 3. Schlich *m*, Feingut *n*; Aufbereitungsgut *n*, Konzentrat *n*, angereichertes Gut *n*, aufbereitetes Gut *n {Mineralaufbereitung}*
concentrate processing Konzentrataufbereitung *f*
concentrate treatment Konzentrataufbereitung *f*
concentrated konzentriert, angereichert, eingedickt, verstärkt
concentrated apple juice Apfelsaftkonzentrat *n*
concentrated compound Stammschmelze *f*
concentrated juice Saftkonzentrat *n*; Dicksaft *m {Zucker}*
concentrated liquid waste Abwasserkonzentrat *n*
concentrated magnetic field separator Starkfeld-Magnetscheider *m*
concentrated metal Dublierstein *m*
concentrates Schlamm *m*
concentrates of ore Erzschlick *m*
concentrating Anreicherung *f {Erz}*; Konzentrierung *f*, Einengung *f {durch teilweises Eindampfen}*, Eindampfen *n*, Gradieren *n*, Eindikken *n {aus einer Suspension}*, Verdichten *n*; Bündelung *f {von Strahlen}*
concentrating column Verstärkersäule *f {Dest}*
concentrating plant Eindickanlage *f*, Konzentrationsanlage *f*
concentration 1. Konzentrieren *n*, Konzentration *f*, Einengen *n {einer Lösung}*, Verdichten *n*, Eindicken *n {einer Flüssigkeit}*; Anreichern n, Anreicherung *f {von Erz}*; Bündelung *f {von Strahlen}*; 2. Konzentration *f*, Lösungsstärke *f*; Gehalt *m*, Beladung *f*
concentration at the index point Fixpunktkonzentration *f*, Konzentration *f* am Fixpunkt
concentration cell 1. Konzentrationselement *n*, Konzentrationszelle *f*, Konzentrationskette *f {elektrolytische Polarisation}*; 2. Konzentrationselement *n {Korr}*
concentration-cell corrosion *{ASM}* konzentrationsbedingte Korrosion *f*, Korrosion *f* durch Konzentrationsketten *fpl*
concentration change Konzentrations[ver]änderung *f*
concentration control Konzentrationskontrolle *f*
concentration current Konzentrationsstrom *m*
concentration-dependent konzentrationsabhängig
concentration distribution Konzentrationsverteilung *f*
concentration effect Konzentrationseinfluß *m*
concentration excess Konzentrationsüberschuß *m*
concentration gradient Dichtegradient *m*, Konzentrationsgefälle *n*, Konzentrationsgradient *m*
concentration index Fixpunktkonzentration *f*, Konzentration *f* am Fixpunkt *m*
concentration melting Konzentrationsschmelzen *n*
concentration of a saturated solution Sättigungskonzentration *f*
concentration of a solution Lösungskonzentration *f*, Konzentration *f* der Lösung *f*
concentration of ions Ionenkonzentration *f*, Ionenverdichtung *f*

concentration overvoltage konzentrationsbedingte Überspannung *f*
concentration plant Konzentrationsanlage *f*, Eindampfungsanlage *f*; Aufbereitungsanlage *f*, Anreicherungsanlage *f*
concentration polarization Konzentrationspolarisation *f*, Verdichtungspolarisation *f*
concentration profile Konzentrationsprofil *n*
concentration rate Konzentrationsverhältnis *n* *{= Partial-/Totaldruck}*
concentration ratio Anreicherungsverhältnis *n*
concentration sensitivity Konzentrationsempfindlichkeit *f*
concentration slag Spurschlacke *f*
concentration unit Konzentrationseinheit *f*; Aufbereitungseinheit *f*
alteration of concentration Konzentrationsänderung *f*
degree of concentration Sättigungsgrad *m*
ionic concentration Ionenkonzentration *f*
molar[ity] concentration Stoffmengenkonzentration *f*, Molarität *f*, molare Konzentration *f*
normal[ility] concentration Äquivalenzkonzentration *f*
concentrative effect Packungseffekt *m*
concentrator 1. Eindicker *m*, Eindickapparat *m*, Eindickzylinder *m*, Konzentrationsapparat *m* *{Chem}*; 2. Aufbereitungsanlage *f*, Anreicherungsanlage *f {Min}*; 3. konzentrierendes optisches System *n*, Fokussierungseinrichtung *f* *{Opt}*; 4. Konzentrator *m {EDV}*
concentric konzentrisch, rundlaufend, koaxial
concentric cylinder-type rheometer Rotationsrheometer *n* mit konzentrischem Zylinder *m*
concentric gasket Manschettendichtung *f*
concept 1. Begriff *m*; 2. Auffassung *f*; 3. Erfindung *f*
basic concept Grundbegriff *m*
conception 1. Begriff *m*; 2. Anschauung *f {Vorstellung}*; Auffassung *f*; 3. Plan *m*; Idee *f*
conceptual begrifflich
concern/to betreffen, anbelangen
concern Angelegenheit *f*
concerning betreffend, hinsichtlich
concerted aufeinander abgestimmt, gemeinsam, wohlausgewogen
concession Genehmigung *f*, Bewilligung *f*, Konzession *f*, Zugeständnis *n*
conchairamidine Conchairamidin *n*
conche/to konchieren *{Schokolade}*
conche Konche *f*, Längsreibe[maschine] *f* *{Lebensmittel}*
conchinine Chinidin *n*, Conchinin *n*
conchite Conchit *m {Min}*
conchoidal muschelig, schneckenlinienförmig
conchoidal fracture muschelartiger Bruch *m*, muscheliger Bruch *m*, schiefriger Bruch *m*, Muschelbruch *m*
conchoidal iron ore Muschelerz *n {Min}*
concise knapp; kurz gefaßt; gedrängt
conclude/to ableiten, folgern; beenden, beschließen, schließen; erledigen, abschließen; folgern
conclusion Abschluß *m*; Folgerung *f*, Rückschluß *m*, Schlußfolgerung *f*, Schluß *m*, Konklusion *f*
conclusive abschließend, endgültig; überzeugend, schlüssig, beweiskräftig
concordance Übereinstimmung *f*; Konkordanz *f*
concrete/to betonieren, Beton einbringen; kompakt werden, gerinnen *{Met}*
concrete into crystals/to verbinden zu Kristallen, kristallisieren, in Kristalle anschließen
concrete 1. aus Beton *m*; 2. Beton *m*, Steinzement *m {Fügeteilwerkstoff für Kleben}*; 3. "konkretes" Öl *n*, Konkret *n*, Concret *n*, Essence *f* concréte *{Kosmetik}*
concrete accelerator Betonabbinde-Beschleuniger *m*
concrete aggregate Betonzuschlag[stoff] *m*
concrete biological shield biologische Betonabschirmung *f {Nukl}*
concrete bonding Betonkleben *n*
concrete building brick Betonstein *m*
concrete evidence Beweisstück *n*, Sachbeweis *m*
concrete hardening material Betonhartstoff *m*
concrete hardener Betonhärtungsmittel *n*
concrete mo[u]ld oil Betonformenöl *n*
concrete paint Betonfarbe *f*, Anstrichfarbe *f* für Betonflächen *fpl*, Betonanstrichmittel *n*
concrete sealing agent Betondichtungsmittel *n*
concrete shield Betonabschirmung *f*, Betonpanzer *m {Nukl}*
concrete steel Stahlbeton *m*, Betonstahl *m* *{DIN 488}*, Bewehrungsstahl *m*, Armierungsstahl *m*
concrete stone Betonstein *m*
concrete thinner Betonverflüssiger *m*
aerated concrete Porenbeton *m*
dense concrete Schwerbeton *m {Nukl}*
fine asphaltic concrete Asphaltfeinbeton *m*
light-weight concrete Porenbeton *m*
concreting 1. Betonieren *n*; 2. Ablagerung *f* *{Med}*
concur/to zusammenwirken; zusammentreffen; beistimmen, übereinstimmen
concurrent gleichlaufend, nebenläufig *{Ereignisse}*; durch denselben Punkt *m* gehend, mit einem gemeinsamen Punkt *m*; gleichzeitig, übereinstimmend
concurrent centrifuge Durchlaufzentrifuge *f*
concurrent esterification parallel ablaufende Veresterung *f*

concurrent flow gleichgerichtete Strömung *f*, Parallelstrom *m*, Parallellauf *m*, Gleichstrom *m*
concurrent flow heat exchanger Gleichstromwärmetauscher *m*
concurrent process Gleichstromprinzip *n*
concurrent processing verzahnt ablaufende Verarbeitung *f {EDV}*
concurrent reaction Konkurrenzreaktion *f*, Parallelreaktion *f*; Nebenreaktion *f*, Begleitreaktion *f*
concussion Erschütterung *f {DIN 4150}*, Stoß *m*
concussion burst Stoßbruch *m*
concussion fracture Stoßbruch *m*
concussion-free erschütterungsfrei
concussion spring Federdämpfer *m*, Stoßdämpfer *m*
condensability Kondensierbarkeit *f*, Verdichtbarkeit *f*, Niederschlagbarkeit *f*
condensable kondensierbar, eindickbar; verdichtbar, niederschlagbar
condensable gas kondensierbares Gas *n*
condensable vapor kondensierbarer Dampf *m*
condensate out/to auskondensieren
condensate Kondensat *n*, Kondensationsprodukt *n*, Niederschlag *m*; Dampfwasser *n*, Kondenswasser *n*, Niederschlagwasser *n*, Schwitzwasser *n*
condensate clean-up Kondensataufbereitung *f*
condensate collector Kondensatsammelbehälter *m*
condensate deoiling plant Kondenswasserentöler *m*
condensate pump Kondensatpumpe *f*, Kondenswasserpumpe *f*
condensate tank Vorlage *f {Tech}*
condensate treatment Kondensatbehandlung *f*
condensate water Kondenswasser *n*, Niederschlagwasser *n*, Schwitzwasser *n*
condensation 1. Kondensation *f*, Kondensieren *n*, Kondensierung *f*, Niederschlagen *n*, Niederschlagung *f*, Niederschlag *m {als Kondensat}*, Verdichten *n*, Verdichtung *f*; 2. Verdicken *n {einer Flüssigkeit}*; 3. Verflüssigen *n {eines Gases/Dampfes}*
condensation agent Kondensationsmittel *n*
condensation catalyst Kondensationsmittel *n*
condensation chamber Abscheidekammer *f*, Kondensationskammer *f*
condensation coefficient Kondensationskoeffizient *m*, Kondensationszahl *f*
condensation column Kondensationssäule *f*
condensation core Kondensationskern *m*, Kondensationskeim *m*, Kondensationszentrum *n*
condensation nucleus Kondensationskern *m*, Kondensationskeim *m*, Kondensationszentrum *n*
condensation plastic Kondensationsplast *m*, Kondensationspolymer[es] *n*, Kondensationsprodukt *n*, Polykondensat *n*
condensation point Kondensationspunkt *m*
condensation polymer Kondensationspolymer[es] *n*, Kondensationsprodukt *n*, Polykondensat *n*
condensation polymerization Kondensationspolymerisation *f*, Polykondensation *f*
condensation product Kondensat *n*, Kondensationsprodukt *n*, Polykondensat *n*
condensation pump Kondensationspumpe *f*, Diffusionspumpe *f {von Gaede}*
condensation resin Kondensationsharz *n*
condensation trap Kondensatsammelgefäß *n*, Kühlfalle *f {Vak}*
condensation tube Kondensationsrohr *f*
condensation water Kondenswasser *n*, Niederschlagwasser *n*, Schwitzwasser *n*, Schweißwasser *n*, Tauwasser *n*, Kondensat *n*
heat of condensation Kondensationswärme *f*, Niederschlagswärme *f*
intermolecular condensation zwischenmolekulare Kondensation *f*
retrograde condensation Dekompressions-Kondensation *f*
condense/to 1. kondensieren, niederschlagen, verdichten; 2. kondensieren *{Lebensmittel}*, eindicken; 3.[sich] kondensieren, sich niederschlagen, sich verdichten
condensed kondensiert; komprimiert; zusammengelagert, verschmolzen
condensed discharge Kondensatorentladung *f*, kondensierte Entladung *f*
condensed magnetism gebundener Magnetismus *m*
condensed milk Kondensmilch *f {gezuckert}*, kondensierte Milch *f*
condensed moisture Kondenswasser *n*, Schwitzwasser *n*, Schweißwasser *n*, Tauwasser *n*, Kondensat *n*
condensed nucleus kondensierter Kern *m*, kondensiertes Ringsystem *n*
condensed phosphate *{ISO}* kondensiertes Phosphat *n*
condensed water Kondenswasser *n*, Schwitzwasser *n*, Schweißwasser *n*, Kondensat *n*, Tauwasser *n*, Niederschlagwasser *n*
condenser 1. Kondensator *m*, Kondensatabscheider *m*, Kondensatorkühler *m*, Kühlapparat *m*, Kühler *m*, Kühlrohr *n*, Kühlzylinder *m*, Retortenvorstoß *m {Chem}*; Verflüssiger *m*, Kondensator *m {von Kältemitteldampf}*; 2. Kondensator *m {Tech}*; 3. Kondensor *m {sammelndes optisches System}*; 4. Kondenser *m*, Abscheider *m {Text, DIN 64100}*; 5. Sublimiervorlage *f*, Sublimationsvorlage *f*
condenser coil Kühlschlange *f*
condenser disk Kondensatorplatte *f*
condenser electrometer Kondensatorelektrometer *n*

condenser ga[u]ge Dampfdichtemesser *m*, Unterdruckmesser *m*
condenser jacket Kühlermantel *m*, Schweinchen *n*, Kühlerschweinchen *n*
condenser lens Kondensorlinse *f {Opt}*
condenser load kapazitive Belastung *f {Elek}*
condenser oil Kondensator[en]öl *n {Elek}*
condenser paper Kondensator[seiden]papier *n*
condenser pipe Kondensatorröhre *f*
condenser plate Kondensatorplatte *f*
condenser retort Kühlerretorte *f*
condenser temperature Kondensatortemperatur *f*
condenser tube Kondensatorrohr *n*, Kondensatorröhre *f*
condenser water Brüdenwasser *n*, Kondenswasser *n*; Kondensatorkühlwasser *n*
Liebig condenser Liebig-Kühler *m*, Liebigscher Kühler *m*
reflux condenser Rückflußkühler *m*
condensible kondensierbar
condensing 1. kondensierend; 2. Kondensieren *n*, Verdichten *n*
condensing air-pump Luftverdichtungspumpe *f*
condensing apparatus Kondensationsapparat *m*
condensing chamber Kondensationskammer *f*, Flugstaubkammer *f {Met}*
condensing coil Kühlschlange *f*, Kühlschlauch *m*
condensing funnel Ablauftrichter *m*
condensing kettle Kondensationsblase *f*
condensing lens Sammellinse *f*, Kondensorlinse *f {Opt}*
condensing plant Kondensationsanlage *f*
condensing tower Kondensationsturm *m*
condensing tube Kondensationsrohr *n*
condensing vessel Kondensationstopf *m*, Kondenstopf *m*, Kondensationsgefäß *n*
condensing water Kondensationswasser *n*, Kondenswasser *n*
condidal konusförmig, konusähnlich
condiment Würzmittel *n*, Gewürzmischung *f*, Gewürzzubereitung *f*
condition/to bedingen; den Feuchtegrad *m* bestimmen; klimatisieren; konditionieren
condition 1. Bedingung *f*, Voraussetzung *f*; 2. Verhältnis *n*; 3. Zustand *m*, Lage *f*, Stand *m {als qualitätsmäßige Angabe}*, Beschaffenheit *f*, Verfassung *f*; 4. Trieb *m*, Lebhaftwerden *n {Brau}*; 5. Stand *m {Text}*
condition equation Zustandsgleichung *f*
condition of equilibrium Gleichgewichtszustand *m*
condition of matter Aggregatzustand *m*
condition of preparation Darstellungsbedingung *f*; Herstellungsbedingung *f*
condition of surface Oberflächenzustand *m*
condition of tension Spannungszustand *m*
anti-bonding condition nichtbindender Zustand *m {Valenz}*
bonding condition bindender Zustand *m*
conditional bedingt, abhängig von
conditionally correct bedingt richtig *{Math}*
conditioned klimatisiert, normalfeucht *{Text}*
conditioned room Klimaraum *m*, klimatisierter Raum *m*
conditioned tenacity Normalfettigkeit *f {Text}*
conditioner 1. Ätzlösung *f {Galvanotechnik}*; 2. Konditioniervorrichtung *f*, Konditionierapparat *m*; Klimagerät *n*; 3. Vorgranulator *m {z.B. für Düngemittel}*; 4. Abstehzone *f*, Abstehwanne *f {für Flachglas}*; 5. Zusatzstoff *m {zur besseren Handhabung einer Chemikalie}*, Umhüllungsmittel *n*, Füllstoff *m*, Trägerstoff *m*, Lockerungsmittel *n*
conditioning 1. Vorbehandlung *f {z.B. beim Galvanisieren; Polymere nach DIN 16906}*; 2. Aufbereitung *f {des Formsandes}*; 3. Konditionierung *f {Anpassung an besondere Bedingungen}*; 4. Feuchtigkeitsregelung *f*, Konditionieren *n*; 5. Klimaregelung *f*, Klimatisierung *f*
conditioning balance Konditionierwaage *f*
conditioning cabinet Klimaschrank *m*, Klimaprüfschrank *m*
conditioning period Nachhärtungsfrist *f*, Temperzeit *f*
conditioning protection test Klimaschutzprüfung *f*
conditioning room Klimaraum *m*, klimatisierter Raum *m*
conditioning section Temperstrecke *f*, Aufbereitungsteil *m {Glas}*, Vorbereitungsabschnitt *m {des Speiserkanals}*
conditioning temperature Temper-Temperatur *f*
conditioning time Beizzeit *f*
conditioning zone *s.* conditioning section
conditions Bestimmungen *fpl*, Bedingungen *fpl*
conditions of delivery Liefer[ungs]bedingungen *fpl*
conditions of inspection Abnahmebedingungen *fpl*
conditions of operation Betriebsbedingungen *fpl*
conditions of sale Liefer[ungs]bedingungen *fpl*
conditions of use Beanspruchungsbedingungen *fpl*, Beanspruchungsverhältnisse *npl*, Einsatzbedingungen *fpl*
conducive förderlich, zweckdienlich
conduct/to 1. leiten *{Elektrizität, Wärme}*; abführen, fortleiten, ableiten *{z.B. Wärme}*; durchleiten; 2. betreiben *{z.B. ein Geschäft}*
conduct heat away/to Wärme ableiten

conduct 1. Steuerung *f*, Führung *f*, Leitung *f*; 2. Verhalten *n*
conductance 1. Konduktanz *f {DIN 40110}*, Wirkleitwert *m*; elektrischer Leitwert *m {in Siemens}*; 2. Leitfähigkeit *f*, Leitvermögen *n*, Stromleitvermögen *n*
conductance cell Leitfähigkeitszelle *f*, Leitfähigkeitsgefäß *n*
conductance meter Leitfähigkeitsmesser *m*, Leitfähigkeitsmeßgerät *n*
conductance of heat Wärmeleitung *f*
conductance parameter Leitwertsparameter *m*
conductance ratio Leitwertsverhältnis *n*, Leitfähigkeitskoeffizient *m {Elek}*
electric conductance Konduktanz *f*, Wirkleitwert *m*
molar conductance molarer Wirkleitwert *m {in* $S \cdot m^2/mol$*}*
specific conductance spezifischer Wirkleitwert *m*
thermal conductance Wärmeleitwert *m*
conductibility Leitfähigkeit *f*, Leit[ungs]vermögen *n*
conductible finish leitfähiger Anstrichstoff *m*, leitfähige Beschichtung *f*, leitfähiger Lack *m*, Leitlack *m*
conductimeter Konduktometer *n*, Leitfähigkeitsmesser *m*, Leitfähigkeitsmeßgerät *n*
conductimetric konduktometrisch
conductimetric analysis konduktometrische Maßanalyse *f*, Konduktometrie *f*
conductimetric measurement Leitfähigkeitsmessung *f*
conducting leitend, stromführend; leitfähig; durchlässig *{Halbleiter}*
conducting capacity Leitfähigkeit *f*
conducting coat leitender Belag *m*, leitende Schicht *f*
conducting coil Induktionsspule *f*
conducting lead Ableiter *m*
conducting paint Leitlack *m*, leitender Anstrich *m*, leitfähiger Lack *m*
conducting polymer leitfähiges Polymer *n*
conducting power Leit[ungs]vermögen *n*, Leitfähigkeit *f*
conducting salt leitendes Salz *n*, Leitsalz *n {im galvanischen Bad}*
conducting surface Leitfläche *f*
conducting wire Leitungsdraht *m*
conduction Leitung *f*, Fortleitung *f {von Elektrizität oder Wärme}*
conduction band Leitungsband *n*, Leitfähigkeitsband *n {Halbleiter}*
conduction current Leitungsstrom *m*, Leitfähigkeitsstrom *m*
conduction current density Leitungsstromdichte *f*
conduction electron Leitfähigkeitselektron *n*, Leitungselektron *n*
conduction of heat Wärmeableitung *f*, Wärmeleitung *f {DIN 1341}*
conduction process Leitungsprozeß *m*
metallic conduction metallische Leitung *f*
conductive leitend, leitfähig
conductive adhesive stromleitender Klebstoff *m*, elektrisch leitender Klebstoff *m*
conductive footwear elektrisch leitende Fußbekleidung *f*
conductive glue Leitkleber *m {Elek}*
conductive high-polymeric resin elektrisch leitendes Kunstharz *n*
conductive lacquer Leitlack *m*, leitfähiger Lack *m*
conductive plastics leitfähige Kunststoffe *mpl*
conductive polymer elektrisch leitendes Polymer[es] *n*, leitfähiges Polymer[es] *n*
conductive resin elektrisch leitendes Harz *n*
conductive rubber elektrisch leitender Gummi *m*
conductivity 1. spezifische elektrische Leitfähigkeit *f*, Leitungsfähigkeit *f*, spezifisches Leit[ung]svermögen *n*; 2. Leitwert *m*; 3. Wärmeleitfähigkeit *f*
conductivity band Leitfähigkeitsband *n*, Leitungsband *n {Halbleiter}*
conductivity cell Leitfähigkeitsmeßzelle *f*, Leitfähigkeitszelle *f*, Leitfähigkeitsgefäß *n*
conductivity counter Leitfähigkeitsmesser *m*, Leitfähigkeitsmeßgerät *n*, Konduktometer *n*
conductivity decay Leitfähigkeitsabfall *m*
conductivity indicator Leitfähigkeitsmeßbrükke *f*
conductivity measurement Leitfähigkeitsmessung *f*, Konduktometrie *f*, Leitfähigkeitsbestimmung *f {Anal}*
conductivity measuring instrument Leitfähigkeitsmeßgerät *n*, Leitfähigkeitsmesser *m*, Konduktometer *n*
conductivity meter Leitfähigkeitsmeßgerät *n*, Leitfähigkeitsmesser *m*, Konduktometer *n*
conductivity moisture meter Leitfähigkeits-Feuchtemesser *m*
conductivity of transfer Übergangsleitfähigkeit *f*
conductivity-temperature-density probe CTD-Sonde *{chemische Ozeanographie}*, Glaskugelschöpfer *m*
conductivity water Leitfähigkeitswasser *n*
acoustic conductivity akustisches Leitvermögen *n*
asymmetrical conductivity richtungsabhängige Leitfähigkeit *f*
coefficient of conductivity Leitungskoeffizient *m*

conductometer Konduktometer *n*, Leitfähigkeitsmesser *m*, Leitfähigkeitsmeßgerät *n*
conductometric konduktometrisch
conductometric analysis konduktometrische Maßanalyse *f*, Konduktometrie *f*
conductometric method konduktometrische Methode *f*, konduktometrisches Verfahren *n*, Leitfähigkeitsmethode *f*
conductometric titration konduktometrische Titration *f*, Titration *f* mittels Leitfähigkeitsmessung *f*, konduktometrische quantitative chemische Bestimmung *f*, Leitfähigkeitstitration *f*
conductor 1. stromführende Verbindung *f*, Leitungsdraht *m*; elektrischer Leiter *m*, Stromleiter *m*; Blitzableiter *m {Elek}*; 2. Wärmeleiter *m*; 3. Standrohr *n {Öl}*
conductor circuit Leiterkreis *m*
conductor of heat Wärmeleiter *m*
conductor rail Leitschiene *f*, Stromschiene *f*, Kontaktschiene *f*
conductor resistance Leiterwiderstand *m*
conducting path Strompfad *m*
conduit 1. Wasserrohr *n*; Wasserleitung *f*; 2. Röhre *f*, Rohrleitung *f*, Kabelrohr *n*, Kabelkanal *m*, Leitungsrohr *n*; 3. Kanal *m*, Graben *m*, großer Rohrgraben *m*; 4. Leitungsbauteil *n*, Leitungsführung *f*, Kanalführung *f*, Rohrführung *f {für Elektroinstallationssysteme}*; 5. Schlot *m*, Vulkanschlot *m*, Förderkanal *m {Geol}*; 6. künstliches Gerinne *n*, künstlicher Wasserlauf *m*, Kanal *m*
conduit clip Rohrschelle *f*
conduit pipe Ableitungsröhre *f*
condurangin Condurangin *n {Bitterstoffglycosid aus Kondurango}*
condurango bark Kondurangorinde *f*, Condurangorinde *f*
condurango liquid extract Kondurangofluidextrakt *m*
condurite Condurit *m*
conduritol Condurit *m*
cone 1. Kegel *m*, Konus *m*; 2. Kern *m {Glas}*; 3. Sehzapfen *m*, Zapfen *m {Netzhaut}*; 4. Gichtglocke *f {obere}*, Glocke *f*, Kegel *m*, Eisenkegel *m*, Parry-Kegel *m*, Parry-Glocke *f {Hochofen}*; 5. Kegelrotor *m*, Rotor *m {Kegelstoffmühle}*; 6. keglige Spule *f*, keglige Hülse *f*, konische Kreuzspule *f*, Cone *n {Text}*; 7. Vulkankegel *m*; 8. Zapfen *m {bei Nadelhölzern}*; 9. Kegelscheibe *f*, Stufenscheibe *f*
cone-and-plate viscometer Kegel-Platte-Rotationsviskosimeter *n*
cone angle Kegelwinkel *m*
cone apex Konusspitze *f {bei Platte-Konus-Rotationsviskosimetern}*
cone clamp Klemmkegel *m*
cone classifier Klassierkegel *m*, Klassierspitze *f*, Spitzkasten *m*, Spitztrichter *m*, konische Klärspitze *f*
cone crusher Drehkegelbrecher *m*, Kegelbrecher *m*
cone drum konische Tablettiertrommel *f {Pharm}*
cone fusion test Kegelfallpunkt-Prüfung *f {Email}*
cone impeller Kegelkreismischer *m*, Kegelschnellrührwerk *n*, Kegelschnellrührer *m*, konische Rührstange *f*
cone-like kegelähnlich
cone membrane Konusmembran *f*
cone mill Glockenmühle *f*, Trichtermühle *f*, Kegelmühle *f*; Konusmühle *f*, konische (zylindrisch-konische) Kugelmühle *f*, Doppelkegelmühle *f*
cone mixer Kegelmischer *m*; Doppelkonusmischer *m*
cone of light Lichtkegel *m*
cone of radiation Strahlenkegel *m*
cone pelletizer Pelletisierkonus *m*
cone penetration Konuspenetration *f {in mm, Schmierfett nach DIN 51804}*, Kegeleindringung *f {bei Prüfung von Paraffinen}*
cone-plate viscosimeter Kegel-Platte-Rotationsviskosimeter *n*
cone pulley Kegelscheibe *f*, Stufenscheibe *f*
cone seal Kegeldichtung *f*, Schliffdichtung *f*
cone separator Konusscheider *m*
cone shadowing 1. Kegelbedampfung *f*, 2. Kegelbeschattung *f*
cone-shaped kegelförmig, keg[e]lig, konusartig, konisch, kegelig auslaufend
cone-spray nozzle Kegelstrahldüse *f*
cone wheel Kegelrad *n*, Stufenscheibe *f*, Kegelscheibe *f {Polieren}*
axis of cone Kegelachse *f*
blunt cone stumpfer Kegel *m*
filtering cone Filtertrichter *m*
pyrometer cone Seger-Kegel *m*
tapered cone Klemmkonus *m*
truncated cone abgestumpfter Kegel *m*, Kegelstumpf *m*
conephrin Conephrin *n*
conessidine Conessidin *n*
conessine <$C_{24}H_{40}N_2$> Conessin *n*
confection 1. Konfekt *n*; 2. Mischung *f*
confectioner's sugar Puderzucker *m*, Staubzucker *m*, Farinzucker *m*, Sandzucker *m*
confectionery 1. Konfekt *n*, Konditorwaren *fpl*; 2. Konditorei *f*, Süßwarengeschäft *n*
confer/to übertragen, verleihen; konferieren
conference Beratung *f*, Besprechung *f*; Konferenz *f*, Tagung *f*
confidence Konfidenz *f*, Vertrauen *n*; Zuversicht *f*

confidence interval Vertrauensbereich *m*, Vertrauensintervall *n*, Konfidenzintervall *n {Statistik}*
confidence level Vertrauensniveau *n*, Konfidenzniveau *n*, Konfidenzzahl *f*, statistische Sicherheit *f {Statistik}*
confidence limit Vertrauensgrenze *f {Statistik, DIN 1319}*, Konfidenzintervall *n*
configurate/to in eine Form *m* bringen
configuration 1. Anordnung *f* im Raum *m*, Struktur *f*, Konfiguration *f*, Strukturschema *n*; Atomkonfiguration *f*, Atomanordnung *f*, Konformation *f*; 2. Zustandsform *f*, Zustand *m*; 3. Ausführung *f*, Konstruktion *f*, Modell *n*, Bauform *f*, Gestaltung *f*
configuration in space räumliche Konfiguration *f*, räumliche Anordnung *f*
configuration in the plane ebene Konfiguration *f*
configuration interaction Konfigurationswechselwirkung *f*
configuration of saddle point Sattelpunktkonfiguration *f*
configuration space Konfigurationsraum *m*
absolute configuration absolute Konfiguration *f {Stereochem}*
electronic configuration Elektronenkonfiguration *f*
relative configuration relative Konfiguration *f {Stereochem}*
configurational Konfigurations-
configurational base unit Konfigurationsbaustein *m*
configurational entropy Konfigurationsentropie *f*
configurational relationship Konfigurationsverwandtschaft *f*
confine/to begrenzen, einengen, einschränken; einschließen; sperren
confining liquid Absperrflüssigkeit *f*, Sperrflüssigkeit *f*
confirm/to bestätigen; beglaubigen; begründen; bekräftigen, bestärken
confirmation Bekräftigung *f*, Bestätigung *f*
confirmatory test Nachweis *m*
conflagration Feuersbrunst *f*, Brand *m*, Flächenbrand *m*, Großbrand *m*; Aufglühen *n*
confluence 1. Konfluenz *f {Math}*; 2. Zusammenfließen *n*, Zusammenfluß *m*
conform to/to entsprechen, in Einklang bringen, in Übereinstimmung *f* bringen
conformability Schmiegsamkeit *f {Trib, DIN 50 282}*, Anpassungsfähigkeit *f*
conformable angemessen; ähnlich; angepaßt; gefügig
conformation 1. Gestaltung *f*; Struktur *f*; Zusammensetzung *f*; 2. Konformation *f*, Konstellation *f* *{z.B. bei kettenförmigen Makromolekülen}*, Konfiguration *f*
doubly skewed conformation doppelt windschiefe Konformation *f*
eclipsed conformation Stellung *f* auf Dekkung *f*
conformational Konformations-
conformational analysis Konformationsanalyse *f*
conformational change Konformationsänderung *f {Biochem}*
conformational interconversion Konformationswechsel *m*
conformers Konformeres *n*, Konformationsisomer[es] *n {Stereochem}*
conforming anode umschließende Anode *f*
conformity Formgleichheit *f*, Übereinstimmung *f*; Maßgenauigkeit *f*; Angepaßtsein *n*
confront/to gegenüberstellen; vorlegen; gegenüberliegen; entgegentreten
confuse/to verwechseln; verwirren
confusion Durcheinander *n*, Verwirrung *f*
confusion of adhesive components Bestandteilmischung *f {von Klebstoffen}*, Mischung *f* von Klebstoff[bestandteil]en, Klebstoffansatz *m*
congeal/to erstarren, gefrieren, fest werden, kongelieren; gerinnen *{durch Kälte}*
congealability Gefrierbarkeit *f*, Gerinnbarkeit *f*
congealable gefrierbar, gerinnbar, gerinnungsfähig
congealation Erstarren *n*, Gefrieren *n*, Kongelieren *n*; Gerinnen *n {durch Kälte}*
congealed gefroren, erstarrt, fest geworden, kongeliert; geronnen
congealer Gefrierer *m*, Gefriervorrichtung *f*
congealing 1. erstarrend; 2. Erstarren *n*, Festwerden *n*, Gefrieren *n*, Kongelieren *n*; Gerinnen *n {durch Kälte}*
congealing point Erstarrungspunkt *m*, Galizische Probe *f {Mineralöl; Paraffin, DIN 51596}*; Eispunkt *m*, Stockpunkt *m*
congealing test Erstarrungspunkt *m*, Galizische Probe *f {Mineralöl}*
congealment Erstarren *n*, Gefrieren *n*, Festwerden *n*, Kongelieren *n*; Gerinnen *n*
conglobate/to sich zusammenklumpen
conglobate zusammengeballt
conglomerate/to konglomerieren, sich zusammenballen, sich zusammenklumpen
conglomerate 1. Konglomerat *n*, Gemenge *n*, Menggestein *n*, Trümmergestein *n {Geol}*; 2. Mischkonzern *m {Ökon}*
conglomerate intergration kombinierte Integration *f*
conglomerate structure Konglomeratgefüge *n*
conglomeration Anhäufung *f*, Zusammenballung *f*
conglutinate/ to zusammenkleben

conglutinin Konglutinin *n*
Congo blue Kongoblau *n*, Trypanblau *n*
Congo fast blue Kongoechtblau *n*
Congo paper Kongopapier *n {mit Kongorot getränktes Filterpapier zum Säurenachweis}*
Congo red Congorot *n*, Kongorot *n {Benzidinfarbstoff}*
Congo red paper *s.* Congo paper
Congo rubber Kongogummi *n*
Congo yellow Kongogelb *n*
congocidine Congocidin *n*
congressan <$C_{14}H_{20}$> Congressan *n*, Diamantan *n*
congruence 1. Kongruenz *f*, Übereinstimmung *f {Math}*; 2. Kongruenzabbildung *f*, starre Abbildung *f*, Isometrie *f*
congruent deckungsgleich, kongruent *{Math}*
congruent melting point Kongruenzschmelzpunkt *m*
congruent transformation Kongruenztransformation *f {Math}*
conhydrine <$C_8H_{17}NO$> Conhydrin *n*, Conydrin *n*, α-Hydroxyconiin *n*, 2-(1-Hydroxypropyl)-piperidin *n*
conhydrinone Conhydrinon *n*
conic 1. konisch, kegelig, zapfenförmig; 2. Kegelschnitt *m {Math}*
conic acid Coniumsäure *f*, Schierlingsäure *f*
conic form Kegelgestalt *f*
conic section Kegelschnitt *m*
conical kegelig, konisch, kegelförmig, kegelähnlich, zapfenförmig
conical breaker Kegelbrecher *m*; Phillips-Brecher *m {Chem}*
conical crusher Kegelbrecher *m*; Phillips-Brecher *m*
conical dense-medium vessel Konus[sink]-scheider *m {Schwertrübetrennung}*
conical flask Erlenmeyerkolben *m*
conical funnel Hüttentrichter *m*
conical gate Keileinguß *m*
conical grinder Kegelmühle *f*, Glockenmühle *f*, Kegelbrecher *m*
conical mill Konusmühle *f*, Kugelmühle *f* mit kegelförmiger Trommel *f*, zylindrisch-konische Kugelmühle *f*, Doppelkegelmühle *f*
conical mixer kegelförmiger Mischer *m*, Kegeltrommelmischer *m*
conical pelleting drum konische Tablettiertrommel *f {Pharm}*
conical point Kegelpunkt *m {einer Ebene}*
conical roller bearing Kegelrollenlager *n*
conical slide valve Kegelschieber *m*
conical screen centrifuge Zentrifuge *f* mit konischem Schirm *m*, Siebzentrifuge *f* mit Konussiebtrommel *f*, Siebzentrifuge *f* mit konischer Trommel *f*
conical screen centrifuge with differential conveyor Dünnschichtzentrifuge *f*
conical screw mixer Kegel-Schneckenmischer *m*
conical seal Kegeldichtung *f*, Schliffdichtung *f*
conical separator Konusscheider *m*
conical sleeve konische Buchse *f*
conical spring Kegelfeder *f*
conicalness Konizität *f*
coniceine <$C_8H_{15}N$> Conicein *n*
conichalcite Konichalcit *m*, Higginsit *m {Min}*
conic[ic] acid Coniumsäure *f*, Schierlingsäure *f*
conicine Conicin *n*, Koniin *n*, 2-Propylpiperidin *n {Schierlingalkaloid}*
conicity Kegelform *f*, Konizität *f*
conidendrin Conidendrin *n {ein Lignan}*
conidine Conidin *n*, Konidin *n*, 1,2-Ethylenpiperidin *n*
conifer Konifere *f*, Nadelbaum *m*
coniferaldehyde Coniferylaldehyd *m*
coniferin <$C_{16}H_{22}O_8 \cdot 2H_2O$> Coniferin *n*, Abietin *n*, Larizin *n*, Koniferosid *n*
coniferol Coniferylalkohol *m*, Lubanol *n*, Coniferol *n*
coniferoside Coniferosid *n*
coniferyl <$CH_3(OH)C_6H_3CH{=}CHCH_2$-> Coniferyl-
coniferyl alcohol <$H_3CO(OH)C_6H_4CH{=}CH$-CH_2OH> Coniferylalkohol *n*, Coniferol *n*, Lubanol *n*
coniform kegelförmig, kegelig, konisch
coniic acid Coniumsäure *f*, Schierlingsäure *f*
coniine Coniin *n*, Koniin *n*, 2-Propylpiperidin *n {Alkaloid des Schierlings}*
coniine hydrobromide Coniinhydrobromid *n*
coniine hydrochloride Coniinhydrochlorid *n*
coniine ointment Coniinsalbe *f*
conimeter Konimeter *n*
conine *s.* coniine
coning 1. Kegeln *n*, zu einem kegelförmigen Haufen Aufschütten *n*; 2. Conen *n*, Spulen *n* auf konische Hülsen *{Text}*; 3. Verjüngung *f {einer Probe}*; 4. konische Rauchfahne *f*
coning and quartering Kegeln *n* und Vierteilen *n*
conium Schierlingsgift *n*
conjectural mutmaßlich; unsicher
conjecture/to mutmaßen, vermuten, erraten
conjecture Vermutung *f*, Annahme *f*, Mutmaßung *f*
conjugate/to konjugieren, paaren
conjugate konjugiert, korrespondierend
conjugate complex konjugiert komplex
conjugate layers konjugierte Schichten *fpl*
conjugated konjugiert
conjugated acids and bases konjugierte Säuren *fpl* und Basen *fpl*

conjugated double bond konjugierte Doppelbindung *f*
conjugated double-linkage Zwillingsdoppelverbindung *f*
conjugated protein konjugiertes Protein *n*, zusammengesetztes Protein *n*
conjugation Konjugation *f* *{Valenz}*, Paarung *f*
conjugative effect Konjugationseffekt *m*
conjugative name Konjugationsname *m*, Verbundname *m*, zusammengesetzter Name *m*, konjugativer Name *m*
connate salt fossiles Salz *n*
connate water 1. fossiles Grundwasser *n*, konnates Wasser *n*; 2. Porenzwickelwasser *n*, Porensaugwasser *n*, Porenwasser *n* *{eine Art Haftwasser}*
connect/to verbinden *{auch mechanisch}*, anschließen, aneinanderschließen, anknüpfen, ankuppeln, koppeln, verknüpfen, zusammenfügen; im Zusammenhang *m* stehen
connect in parallel/to parallelschalten
connect in series/to hintereinanderschalten
connected verbunden, angeschlossen, zusammenhängend; gebunden *{Chem}*; konnex *{Math}*
connected load Anschlußleistung *f*, elektrischer Anschlußwert *m*
connected voltage Anschlußspannung *f*
be connected/to zusammenhängen
connecting 1. Verbinden *n*, Koppeln *n*, Zusammenfügen *n*; 2. Verbindung *f*; Anschluß *m*; 3. Verbindungsstück *n*; 4. Schaltung *f*
connecting box Anschlußdose *f*, Klemmdose *f*
connecting bridge Verbindungsbrücke *f*
connecting cable Anschlußkabel *n*, Verbindungskabel *n*, Anschlußleitung *f*
connecting cock Verbindungshahn *m* *{Lab}*
connecting conduit Verbindungsleitung *f*
connecting cord Verbindungsschnur *f* *{Elek}*
connecting flange Anschlußflansch *m*, Verbindungsflansch *m*
connecting glass Verbindungsglas *n*
connecting lead Experimentierschnur *f*, Anschlußkabel *n*, Anschlußleitung *f*
connecting line 1. Verbindungsgerade *f*, Verbindungslinie *f*; 2. Anschlußstrecke *f*
connecting link Bindeglied *n*, Zwischenglied *n*
connecting main Verbindungsleitung *f* *{Elek}*
connecting member Zwischenglied *n*, Bindeglied *n*
connecting nipple Anschlußnippel *m*
connecting oxygen Brückensauerstoff *m*
connecting piece Verbindungsstück *n*, Ansatzstück *n*, Anschlußstutzen *m*, Zwischenstück *n*
connecting pipe Anschlußrohr *n*, Verbindungsrohr *n*, Verbindungsleitung *f*, Zuführer *m*
connecting plug Anschlußstecker *m*, Stecker *m* *{Elek}*
connecting rack Verbindungsgestell *n*
connecting screw Anschlußschraube *f*
connecting sleeve Rohrmuffe *f*, Verbindungsmuffe *f* *{Elek}*
connecting strip Verbindungsblech *n*
connecting tap Verbindungshahn *m*
connecting terminal Anschlußklemme *f*, Verbindungsklemme *f*
connecting tube Ansatzrohr *n*, Verbindungsröhre *f*, Winkelstück *n*, Zwischenstück *n*
connection 1. Verbindung *f*, Zusammenfügung *f*, Verknüpfung *f*, Kopplung *f*; Anschluß *m* *{Elek}*; 2. Kupplung *f*, Schaltung *f*; 3. Verbindungsstück *n*, Bindeglied *n*; Anschlußstutzen *m*; 4. Zusammenhang *m*, Beziehung *f*, Verbindung *f*
connection branch Anschlußstutzen *m*
connection cable Kabelschnur *f*, Verbindungskabel *n*
connection contact Verbindungskontakt *m*
connection cord Anschlußschnur *f*
connection diagram Verbindungsschema *n*, Schaltbild n; Stromlaufplan *m*
connection element Verbindungselement *n*
connection flange Anschlußflansch *m*, Verbindungsflansch *m*
connection for exhaust Absaug[e]stutzen *m*
connection in parallel Nebeneinanderschaltung *f*, Parallelschaltung *f*
connection in series Reihenschaltung *f*
connection line Verbindungsleitung *f*
connection link Verbindungselement *n*
connection screw Anschlußverschraubung *f*
connector 1. Verbindungsstück *n*, Verbindungsglied *n*, Verbindungselement *n*; 2. Connector *m* *{Kabel}*; 3. Übergangsstelle *f* *{EDV}*; 4. Gerätestecker *m*, Gerätesteckdose *f*, Steckvorrichtung *f*, Stecker *m*, Anschlußstecker *m*; Steckverbindung *f*; 5. Verbindungsmuffe *f*, Überschiebmuffe *f*, Muffe *f*, Verbindungsrohr *n*, Verbindungsklemme *f*
connellite Tallingit *m* *{obs}*, Connellit *m* *{Min}*
conoid[al] kegelähnlich, kegelig
conormal Konormale *f* *{Math}*
conquinamine Conchinamin *n*
Conradson [carbon] test Conradson-Test *m*, Conradson-Carbon-Test *m*, CCT, Conradsonsche Verkokungsprobe *f*, Verkokungstest *m* nach Conradson
consecutive aufeinanderfolgend, hintereinander, konsekutiv, nacheinanderfolgend; zusammenhängend; benachbart, konsekutiv *{Math}*
consecutive numbers [fort]laufende Zahlen *fpl*, fortlaufende Nummern *fpl*
consecutive position Nachbarstellung *f*, Nachbarposition *f* *{Sterochem}*
consecutive reaction Folgereaktion *f*, Konsekutivreaktion *f*

consequence 1. Folge[rung] *f*, Folgeerscheinung *f*, Konsequenz *f*; Resultat *n*; 2. Kausalzusammenhang *m*; 3. Bedeutung *f*
consequent 1. folgerichtig, folgend, kausalbedingt, konsequent; 2. Untersatz *m*, Minor *m*; 3. Hinterglied *n* *{Math}*
consequent reaction Folgereaktion *f*, Konsekutivreaktion *f*
consequential condition Folgebedingung *f*
conservation 1. Aufbewahrung *f*; 2. Erhaltung *f*, Aufrechterhaltung *f*; 3. Haltbarmachung *f*, Konservierung *f*
conservation law Erhaltungssatz *m*
conservation metabolism Erhaltungsstoffwechsel *m*
conservation of charge Ladungserhaltung *f*
conservation of energy Erhaltung *f* der Energie *f*
conservation of environment Umweltschonung *f*
conservation of food Lebensmittelkonservierung *f*
conservation of mass Masseerhaltung *f*
conservation of matter Erhaltung *f* der Materie *f*, Erhaltung *f* der Masse *f*
conservation of momentum Impulserhaltung *f*
conservation of orbital symmetry Woodward-Hoffmann-Regel *f*
conservative vorsichtig *{z.B. Schätzung}*; konservativ
conservative estimate vorsichtige Schätzung *f*
conservative estimations auf der sicheren Seite *f* liegende Abschätzungen *fpl*
conservative property Erhaltungseigenschaft *f*, Erhaltungsgröße *f* *{Thermo}*
conservative quantity Erhaltungsgröße *f*
conserve/to haltbar machen, konservieren; erhalten, bewahren; aufrechterhalten
conserving Haltbarmachen *n*, Konservieren *n*
consider/to überlegen, in Erwägung ziehen, in Betracht *f* ziehen, abwägen, bedenken; berücksichtigen, beachten, Rücksicht *f* nehmen [auf]
considerable ansehnlich, beachtlich, beträchtlich, einschneidend, erheblich, bedeutend
considerate rücksichtsvoll, schonend
consideration 1. Überlegung *f*, Erwägung *f*, Betrachtung *f*; Bedenken *n*; 2. Berücksichtigung *f*, Rücksicht *f*; 3. Gegenleistung *f*, Entgelt *n*
consign/to befördern, verfrachten, versenden, in Kommission *n* geben *{Güter}*
consignee Adressat *m*, Empfänger *m*
consignment [Waren-]Sendung *f*, Versand *m*, Versendung *f*, Verfrachtung *f*; Übersendung *f*, Übertragung *f*
consignment of replacement Ersatzlieferung *f*
consist in/to bestehen in
consist of/to bestehen aus
consistence 1. Konsistenz *f*, Dickflüssigkeit *f*, Stoffdichte *f* *{Pap}*; 2. Konsistenz *f* *{Math: Widerspruchsfreiheit; Statistik: Schätzfunktion}*; 3. Beständigkeit *f*, Bestand *m*; 4. Festigkeit *f*; 5. Zusammenhalt *m*; 6. Folgerichtigkeit *f*; 7. Übereinstimmung *f*, Vereinbarkeit *f*; 8. Kontinuität *f*
consistency *s.* consistence
consistency factor Festigkeitszahl *f*
consistency of grease Fettkonsistenz *f*
consistency variable Konsistenzparameter *m*
consistent 1. dickflüssig, konsistent; 2. wichtig; 3. vereinbar, im Einklang *m* stehend; 4. folgerichtig, konsequent
consisting of separate units in offener Bauweise *f*, in offener Elementbauweise *f*
consistometer Konsistenzmesser *m*, Konsistenzmeßgerät *n*, Konsistometer *n*
console 1. Konsole *f*, Stütze *f*; 2. Steuerpult *n*, Steuerungspult *n*, Bedienungspult *n*; Konsole *f* *{Tech}*
console typewriter Bedienungsblattschreiber *m*
consolidate/to befestigen; fest werden, konsolidieren, sich verfestigen; vereinigen
consolidated verfestigt *{z.B. Braunkohle}*; erstarrt *{z.B. Lava}*
consolidated group Konzern *m* *{Ökon}*
consolidating stress Verfestigungsbeanspruchung *f*
consolidation 1. Befestigung *f*; 2. Konsolidierung *f*, Konsolidation *f*, Festwerden *n*, Verdichtung *f*, Verfestigung *f*; 3. Vereinigung *f*, Zusammenlegung *f*, Fusion *f*, Verschmelzung *f* *{durch Neubildung}*
degree of consolidation Verfestigungsgrad *m*
consolute mischbar
consolute temperature obere kritische Lösungstemperatur *f*, obere Entmischungstemperatur *f* *{Thermo}*
consonance Einklang *m*, Harmonie *f*, Konsonanz *f* *{Akustik}*
conspicuous auffallend, kenntlich
constancy Konstanz *f*, Beständigkeit *f*, Gleichmäßigkeit *f*, Unveränderlichkeit *f*, Stetigkeit *f*
constancy of volume Volumenbeständigkeit *f*, Raumbeständigkeit *f*
constant 1. konstant, unveränderlich, beständig, gleichbleibend, stetig; 2. Konstante *f* *{DIN 5485}*, konstante Größe *f*, Festwert *m*, Kennzahl *f*
constant boiling konstant siedend, konstantsiedend, azeotrop[isch]
constant boiling mixture Mischung *f* mit konstantem Siedepunkt *m*, Azeotrop *n*
constant boiling point Fixpunkt *m*
constant-current titration Potentiometrie *f* *{Anal}*
constant excitation Konstanterregung *f*

constant in time zeitlich konstant
constant of electrolytic dissociation Dissoziationskonstante *f*
constant of wedge Keilkonstante *f {Spek}*
constant-path-length cell Küvette *f* konstanter Schichtdicke *f*
constant-pressure change Volumenarbeit *f*
constant-pressure line Linie *f* gleichen Druckes *m*
constant-pressure method Methode *f* des konstanten Druckes *m*
constant-rate feeder Dosierer *m* mit konstantem Durchsatz
constant-rate-volume feeder Dosierer *m* mit konstantem Volumenstrom *m*
constant-rate-weight feeder Dosierer *m* mit konstantem Massenstrom *m*
constant temperature konstante Temperatur *f*, Temperaturkonstanz *f*
constant-temperature chamber Temperierkammer *f*
constant-temperature medium Temperierflüssigkeit *f*, Temperiermittel *n*, Temperiermedium *n*
constant-test atmosphere Konstantklima *n*
constant volume mit konstantem Volumen *n*, mit gleichbleibendem Volumen *n*
constant-volume method Methode *f* des konstanten Volumens *n*
constant-voltage supply unit Gleichspannungsnetzgerät *n*
constant weight Massekonstanz *f*, Gewichtskonstanz *f {obs}*
constant white <$BaSO_3$> Permanentweiß *n*, Barytweiß *n*, Blanc *n* fixe, Schwerspat *m*, Bariumsulfat *n*
keep constant/to konstant halten
maintain constant/to konstant halten
remain constant/to gleich bleiben
constantan Konstantan *n {60% Cu, 40% Ni}*
constellation Gestaltung *f*; Anordnung *f*
constituent 1. einen Teil *n* bildend, konstituierend; 2. Konstituent *m*, Bestandteil *m*, Komponente *f*, Aufbaustoff *m*, Grundstoff *m*; 3. Element *n {einer Matrix, Math}*
incombustible constituent unverbrennbarer Bestandteil *m*
minor constituent Nebenbestandteil *m*
volatile constituent flüchtiger Bestandteil *m*
constitute/to 1. benennen, ernennen zu; 2. ermächtigen; einsetzen; 3. konstituieren; 4. bilden, ausmachen; darstellen; 5. beinhalten, bestehen aus
constitution 1. Bau *m*, Aufbau *m*, Beschaffenheit *f*, Konstitution *f*, Anordnung *f*, Struktur *f*, Gefüge *n*; Zusammensetzung *f*; 2. Errichtung *f*; Bildung *f*, Gründung *f*; 3. Satzung *f*
constitution diagram Zustandsdiagramm *n*
water of constitution Konstitutionswasser *n*, konstitutiv gebundenes Wasser *n*
constitutional Konstitution[s]-
constitutional diagram Zustandsdiagramm *n*, Phasendiagramm *n*
constitutional formula Konstitutionsformel *f*, Strukturformel *f*, Valenzstrichformel *f*, Formelbild *n*
constitutional influence Konstitutionseinfluß *m*
constitutional isomerism Konstitutionsisomerie *f*
constitutional unit Baueinheit *f*, Baustein *m {Polymer}*
constitutive konstitutiv
constitutive property konstitutive Eigenschaft *f*
constrained zwangsläufig, gezwungen
constrained motion eingeschränkte Bewegung *f*, erzwungene Bewegung *f*
constraint 1. Beanspruchung *f*; 2. Einschränkung *f*, Beschränkung *f*, Behinderung *f*, Hemmung *f*, Zwang *m*, Zwangsbedingung *f*; 3. Zwangsläufigkeit *f {Tech}*; 4. Nebenbedingung *f*, Restriktion *f {z.B. bei der Optimierung}*
principle of least constraint Prinzip *n* des geringsten Zwanges *m*
constrict/to zusammenziehen, einschnüren, verengen
constricting head Staukopf *m*
constriction Einschnürung *f*, Zusammenziehung *f*, Drossel[ung] *f*, Verengung *f*, Drosselstelle *f {z.B. Querschnittsverengung}*
constriction of cross-section Verengung *f* des Querschnittes *m*, Querschnittverengung *f*
constringe/to einengen, zusammenziehen, konstringieren
constringent einengend, konstringierend
construct/to bauen; herstellen; konstruieren
constructable konstruierbar
constructed from units in Segmentbauweise *f*
construction 1. Konstruktion *f {das Gebaute}*, Bau *m*, Bauwerk *n*; 2. Bau *m {als Tätigkeit}*, Bauen *n*; 3. Aufbau *m*; 4. Machart *f*, Bauausführung *f*, Bauart *f*, Bauweise *f*; 5. Konstruktion *f {Math}*
construction material Werkstoff *m*, Baustoff *m*
construction principle Aufbauprinzip *n*, Konstruktionsprinzip *n*
construction regulations Bauvorschriften *fpl*
constructional baulich; Bau-
constructional element Bauteil *n*, Bauelement *n*
constructional material Konstruktionswerkstoff *m*; Baustoff *m*
constructional plastic Konstruktionsplast *m*, technischer Plast *m*

constructional unit Baueinheit *f*, Bauelement *n*, Baugruppe *f*, Bauteil *n*

constructive baulich; aufbauend, zusammenfügend, konstruktiv; hypothetisch; gefolgert; indirekt

constructive metabolism Aufbaustoffwechsel *m*, Anabolismus *m {Physiol}*

consult/to beraten, beratschlagen, Rücksprache *f* nehmen, um Rat *m* fragen

consultant Berater *m {z.B. beratender Ingenieur}*

consultation Beratung *f*, Konsultation *f*

consumable electrode Abschmelzelektrode *f*, selbstverzehrende Elektrode *f*, abschmelzende Elektrode *f*, abschmelzbare Elektrode *f*

consumable-electrode-vacuum-arc evaporating Vakuumbogenverdampfung *f* mit selbstverzehrender Kathode *f*

consumable-electrode-vacuum arc furnace Vakuum-Lichtbogenofen *m* mit selbstverzehrender Elektrode *f*

consumable goods Verbrauchsgüter *npl*

consumables Betriebshilfsmittel *npl*, Hilfsstoffe *mpl*

consume/to 1. verbrauchen, aufbrauchen, konsumieren; 2. vernichten; 3. verzehren; 4. aufnehmen *{z.B. Strom, Leistung}*

consumer 1. Abnehmer *m*; 2. Konsument *m*, Verbraucher *m*

Consumer's Association *{US}* Verbraucherschutzverband *m*

consuming heat endotherm, wärmeaufnehmend, wärmeverzehrend

consumption 1.Verbrauch *m*, Konsum *m*, Aufzehrung *f*, Aufwand *m*; 2. Ausnutzung *f*; 3. Bedarf *m*

consutrode *s.* consumable electrode

consutrode melting Badschmelzen *n*, Schmelzen *n* mit flüssiger Kathode *f*

contact 1. Kontakt *m*, Berührung *f*; 2. Kontaktstück *n {z.B. eines Schalters}*, Kontaktelement *n*, Schaltstück *n*, Kontakt *m*; 3. [elektrischer] Kontakt *m {ein Zustand}*, Anschluß *m*; 4. Eingriff *m*, Ineinandergreifen *n {DIN 3960}*; Umschlingung *f {der Riemenscheibe}*; 5. Kontaktfläche *f*, Trennfläche *f*, Schichtfläche *f {Geol}*; 6. Berührung *f {Math}*

contact acid Kontakt[schwefel]säure *f {im Kontakverfahren gewonnene H_2SO_4}*

contact action Kontaktwirkung *f*

contact adhesive Kontaktklebstoff *m*, Haftklebstoff *m*, Haftkleber *m*, Kontaktkleber *m*

contact adsorption Kontaktadsorption *f*

contact aerator Emscherfilter *n*, Tauchkörper *m*

contact angle 1. Randwinkel *m {z.B. bei Benetzung der Fügeteiloberfläche durch einen Klebstoff}*, Benetzungswinkel *m*, Kontaktwinkel *m*, Berührungswinkel *m {bei der Prüfung grenzflächenaktiver Stoffe}*; 2. umschlungener Winkel *m*, Umschlingungswinkel *m*, Umspannungswinkel *m*

contact area Berührungsfläche *f*, Kontaktfläche *f*, Fügefläche *f*, Verbindungsfläche *f*; 2. Kontaktstelle *f {Ort der Berührung zwischen den Kontaktelementen}*; 3. Traganteil *m {der Oberfläche}*

contact bed Tropfkörperanlage *f {Wasser}*, biologischer Rasen *m*; Füllkörper *m*

contact box Übergangsdose *f*

contact breaker Unterbrecherkontakt *m*

contact carriage Kontaktschlitten *m*

contact catalysis Kontaktkatalyse *f*, heterogene Katalyse *f*, Oberflächenkatalyse *f*

contact cathode Berührungskathode *f*

contact conductor Kontaktelektrode *f*

contact cooling Kontaktkühlung *f*

contact copper-plating Kontaktverkupferung *f*

contact corrosion Kontaktkorrosion *f*, Korrosion *f* durch Oberflächenkontakt *m*, Berührungskorrosion *f*

contact curing pressure Kontakthärtedruck *m {Reaktionsklebstoffe}*

contact current Kontaktstrom *m*

contact dryer Kontakttrockner *m*

contact drying Kontakttrocknung *f*, Kontakttrocknen *n*, Berührungstrocknen *n*, Berührungstrocknung *f*

contact effect Kontaktwirkung *f*, Nah[e]wirkung *f*

contact electricity Berührungselektrizität *f*, Kontaktelektrizität *f*

contact electrode Kontaktelektrode *f*

contact filter Füllkörper *m*; Tropfkörperanlage *f {Wasser}*, biologischer Rasen *m*

contact-free berührungsfrei

contact freezer Kontaktgefrieranlage *f*

contact freezing Kontaktgefrieren *n*

contact gettering Kontaktgetterung *f*

contact goniometer Anlegegoniometer *n*

contact heating Berührungsheizung *f*

contact-heating unit Kontaktheizung *f*

contact insecticide Berührungsinsektizid *n*, Berührungsgift *n {für Pflanzen- und Vorratsschutz}*, Kontaktgift *n {z.B. DDT, E 605}*

contact interface Kontaktfläche *f*

contact laminate Kontaktschichtstoff *m*

contact-making pressure switch Kontaktmanometer *n {DIN 24271}*

contact mass Kontaktmasse *f*

contact microradiography Kontaktmikroradiographie *f*, CMR

contact mo[u]lding [process] Kontaktverfahren *n {bei der Verarbeitung von Duroplasten}*, Hand[auflege]verfahren *n*, Kontaktpressen *n*, Kontaktpreßverfahren *n*

contact phenomenon Kontakterscheinung *f*
contact pin Kontaktstift *m*
contact plating Kontaktgalvanisierung *f*, Kontaktplattierung *f*
contact plug Kontaktstöpsel *m*
contact point Berührungspunkt *m*, Kontaktstelle *f*
contact poison Kontaktgift *n {Schädlingsbekämpfung}*
contact potential Berührungsspannung *f*, Berührungspotential *n*, Kontaktpotential *n*; Kontaktspannung *f {Potentialdifferenz zwischen verschiedenen Metallen}*
contact powder Kontaktpulver *n*
contact pressure Anpreßdruck *m*, Anpreßkraft *f*, Berührungsdruck *m*, Kontaktdruck *m*, Preßdruck *m {beim Verfestigen von Klebverbindungen}*
contact-pressure mo[u]lding Kontaktpressen *n*, Kontaktpreßverfahren *n*, Kontaktverfahren *n {bei der Verarbeitung von Duroplasten}*, Hand[auflege]verfahren *n*
contact-pressure resin Harz *n* für Niederdruckpreßverfahren *n*
contact print Kontaktabzug *m*, Kontaktkopie *f*, Abzug *m {Photo}*
contact process Kontaktverfahren *n*, Kontaktprozeß *m*; Kontaktschwefelsäureverfahren *n*, Schwefelsäurekontaktverfahren *n*
contact reactor Kontaktofen *m*
contact rectifier Sperrschichtgleichrichter *m*
contact resin Kontaktharz *n {Kunstharz, Bindemittel für Schichtstoffe ohne Druckanlegen}*
contact resistance Kontaktwiderstand *m*, Übergangswiderstand *m*
contact-resistance measuring instrument Kontaktwiderstands-Meßgerät *n*
contact roller Führungsrolle *f*, Kontaktrolle *f*
contact space Kontaktraum *m*
contact spacing Kontaktabstand *m*
contact spraying Niederdruckspritzen *n*, Niederdruckspritzverfahren *n*
contact spring Kontaktfeder *f*
contact stress Berührungsspannung *f*
contact substance Kontaktmittel *n*
contact surface Auflagefläche *f*, Kontaktfläche *f*, Benetzungsfläche *f*, Berührungsoberfläche *f*, Grenzfläche *f*
contact thermometer Kontaktthermometer *n*, Berührungsthermometer *n*
contact time Kontaktzeit *f*, kurzfristige Andrückzeit *f {bei Kontaktklebstoffen}*; Kontaktdauer *f {Katalysator}*; Berührungszeit *f*
contact twin Berührungszwilling *m*, Kontaktzwilling *m*, Juxtapositionszwilling *m {Krist}*
contact-type regulator Kontaktregler *m*
contact value Anschlußwert *m*
contact voltage Berührungsspannung *f*; Kontaktspannung *f {Potentialdifferenz zwischen verschiedenen Metallen}*
contact zone Berührungszone *f*; Kontakthof *m*, Kontaktaureole *f {Geol}*
area of contact Kontaktfläche *f*
defective contact Wackelkontakt *m*
flexible contact federnder Kontakt *m*
place of contact Berührungsstelle *f*
contacting durch Berührung *f* wirkend
contacting seal Berührungsdichtung *f*
contactless berührungsfrei, berührungslos
contactor 1. Kontaktgeber *m*, Schaltschütz *n*, Schütz *n {Elek}*; 2. Kontaktor *m*, Extrakteur *m*, Extraktionskolonne *f*, Extraktionsapparat *m*, Extraktionsmaschine *f {Solventextraktion}*; Kontaktautoklav *m*
contagious ansteckend, kontagiös, übertragbar *{Med}*
contain/to enthalten, fassen; begrenzen *{Math}*; zurückhalten
container 1. Behälter *m*, Großbehälter *m*, Container *m*, Frachtbehälter *m*; Kanister *m*, Tank *m*; 2. Bottich *m*, Gefäß *n*; 3. Becher *m {der Zelle}*, Zellengefäß *n*, Zellenkasten *m {Elek}*; 4. Blockaufnehmer *m*, Aufnehmer *m {Kammer für Umformungswerkstücke}*; 5. Gebinde *n {verschließbarer Flüssigkeitsbehälter, Farb}*
container dispenser Behälter *m* mit Dosiereinrichtung *f*
container glass Flaschenglas *n*, Behälterglas *n*, Hohlglas *n*
container material Rezipientenwerkstoff *m {Met}*
container pump Behälterpumpe *f*
container transport Beförderung *f* in Spezialbehältern *mpl*
container wall Gefäßwand *f*
non-returnable container Einwegverpackung *f*
safety container Sicherheitsbehälter *m*
containing alcohol alkoholhaltig
containing alkali alkalihaltig
containing ammonia ammoniakhaltig
containing iron eisenhaltig
containing lead bleihaltig
containing oxygen sauerstoffhaltig
containing phosphorus phosphorhaltig
containing stabilizer stabilisatorhaltig
containing sulfur schwefelhaltig
containing water wasserhaltig
containment 1. Einschließung *f*, Einschluß *m*, Halterung *f {des Plasmas}*; 2. Containment *n*, Sicherheitsbehälter *m*, Sicherheitseinschluß *m*, Druckschale *f*, Umschließungsgehäuse *n {Nukl}*; 3. Eindämmung *f {z.B. eines Schadens}*
containment sump Reaktorsumpf *m {Nukl}*
contaminant 1. kontaminierende Substanz *f*, Verseuchungsstoff *m*, Verunreinigungsstoff *m {giftiger}*, Verunreinigungssubstanz *f*; 2. Konta-

minante *f*, Schadstoff *m*, Schmutzstoff *m*, Verunreiniger *m*, Verschmutzer *m*, Verunreinigung *f* *{Nukl}*; Verunreinigungsstoff *m*
contaminant separator Fremdkörperabscheider *m*
contaminate/to verunreinigen, kontaminieren, vergiften, verseuchen
contaminated verunreinigt, unrein *{Chem}*, verschmutzt, verseucht, kontaminiert
contamination 1. Kontamination *f*, Vergiftung *f*, Verseuchung *f*; 2. [Umwelt-]Verschmutzung *f*, Pollution *f*, Verunreinigung *f*; 3. Kontamination *f*, radioaktive Verseuchung *f*
radioactive contamination radioaktive Verseuchung *f*
contemplate/to betrachten; erwägen; beabsichtigen; überlegen; erwarten
contemporary 1. zeitgenössisch; 2. Zeitgenosse *m*
content 1. Fassungsvermögen *n*, Inhalt *m*; 2. Anteil *m*, Gehalt *m* *{an bestimmten Stoffen}*; Beladung *f*; 3. Zusammensetzung *f*; 4. Raumgröße *f*
content of a solution Gehalt *m* einer Flüssigkeit *f*
context Zusammenhang *m*, Kontext *m*
contiguous benachbart, angrenzend, daranliegend
continental solid point Erstarrungspunkt *m* am rotierenden Thermometer *n*
contingency 1. Kontingenz *f*; 2. Zufall *m*, Zufälligkeit *f*; 3. Möglichkeit *f*, Aussicht *f*, eventueller Umstand *m*, zukünftiges Ereignis *n* *{ungewisses}*; 4. Folge *f*
contingent 1. bedingt, zufallsbedingt, eventuell, zufällig; Eventual-; 2. Kontingent *n*, Quote *f*, Anteil *m*, Beitrag *m*
continual sehr häufig, [oft] wiederholt; unaufhörlich, immerwährend, fortwährend, andauernd, kontinuierlich
continuance Bestand *m*, Fortbestehen *n*, Fortdauer *f*, Fortführung *f*; [Ver-]Bleiben *n*
continuation Fortbestand *m*, Fortsetzung *f*, Fortdauer *f*, Weiterführung *f*
continue/to fortsetzen, weiterführen; fortdauern, andauern, beharren, verbleiben, weiterbestehen
continued anhaltend, nachhaltig
continued fraction Kettenbruch *m* *{Math}*
continuity 1. Kontinuität *f*, Stetigkeit *f* *{Math}*; 2. Stabilität *f* *{von eingespannten Elementen}*; 3. unterbrechungsloser Stromverlauf *m*; 4. Geschlossenheit *f* *{von Schutzschichten}*; 5. Stetigkeit *f*, Anhalten *n*
continuity equation Kontinuitätsgleichung *f* *{Phys}*
continuity limit Stetigkeitsgrenze *f*
continuous 1. kontinuierlich, stetig, ununterbrochen, arbeitend, betrieben *{z.B. ein Gerät}*; 2. kontinuierlich, stetig, ununterbrochen, fortschreitend, durchlaufend, durchgehend *{in Betrieb}*; 3. anhaltend, ständig *{z.B. Schütteln}*; 4. endlos; 5. geschlossen, zusammenhängend *{z.B. eine Schutzschicht}*; 6. ungedämpft *{Schwingung}*; 7. stufenlos
continuous adjustment stufenlose Regelung *f*
continuous annealing furnace Durchlaufglühofen *m*
continuous arc Dauerbogen *m*
continuous belt mixer kontinuierlicher Bandmischer *m*
continuous bend test Dauerbiegeversuch *m*
continuous blow down Absalzung *f* *{Kessel}*
continuous casting Strangguß *m*, Stranggießen *n*
continuous casting lubricant Stranggieß-Schmiermittel *n* *{Trib}*
continuous centrifugal filter kontinuierliches Zentrifugalfilter *n* , Zentrifuge *f* mit Laufbandentladung
continuous coil evaporator Einspritzverdampfer *m*
continuous compounder kontinuierlich arbeitender Mischer *m*, Stetigmischer *m*
continuous conveyor Stetigförderer *m*
continuous cooling Dauerkühlung *f*
continuous counter-current decanter kontinuierlicher Gegenstromdekantierapparat *m*
continuous counter-current liquid-liquid extraction plant kontinuierliche Flüssigkeit-Extraktionsanlage *f* im Gegenstrombetrieb *m*
continuous current arc Gleichstromlichtbogen *m*
continuous degassing Umlaufentgasung *f* *{bei der Siphon-Methode}*
continuous diffusion kontinuierliche Entzukkerung *f*; kontinuierliche Diffusion *f*
continuous distillation kontinuierliche Destillation *f*
continuous distillation plant kontinuierliche Destillieranlage *f*
continuous dosing installation kontinuierliche Dosieranlage *f*
continuous dryer Durchlauftrockner *m*, kontinuierlich arbeitender Trockner *m*
continuous duty Dauerbetrieb *m* *{mit gleichbleibender Belastung}*
continuous electrode Dauerelektrode *f*, kontinuierliche Elektrode *f*
continuous evaporator Durchlaufverdampfer *m*
continuous filament process Düsenziehverfahren *n*
continuous filter Seiher *m*, Sickerfilter *n*; Tropfkörperanlage *f* *{Wasser}*, biologischer Rasen *m*

continuous flash evaporator Rotationsvakuumverdampfer *m*
continuous flow Strömungskontinuum *n*
continuous flow calorimeter Durchflußkalorimeter *n*
continuous flow centrifuge Durchlaufzentrifuge *f*
continuous flow conveyor Stetigförderer *m*
continuous flow cooling [system] Durchflußkühlung *f*
continuous flow heater Durchflußerhitzer *m*, Durchlauferhitzer *m*
continuous function stetige Funktion *f {Math}*
continuous furnace Durchlaufofen *m*, kontinuierlich arbeitender Ofen *m*, Ofen *m* für durchlaufenden Betrieb, Fließofen *m*, kontinuierlich beschickter Ofen *m*
continuous glass strands Endlosglasfasern *fpl*
continuous kiln Durchlauftrockenofen *m*
continuous kneader mixer Stetigmischer *m*, kontinuierlicher Mischkneter *m*
continuous-line recorder Linienschreiber *m*
continuous load Dauerbeanspruchung *f*, Dauerlast *f*, stetige Belastung *f*, Dauerbelastung *f*
continuous loop construction Schlangenrohr *n*
continuous lubrication kontinuierliche Schmierung *f*
continuous mercury still Apparat *m* zur kontinuierlichen Quecksilberdestillation *f*
continuous mixer kontinuierlich arbeitender Mischer *m*, Stetigmischer *m*, Fließmischer *m*, Durchlaufmischer *m*
continuous operation Dauerbetrieb *m*, kontinuierlicher Betrieb *m*, stetiger Betrieb *m*, ununterbrochener Betrieb *m*, Fließbetrieb *m*, *{Farb auch}* Kontinuebetrieb *m*
continuous output Dauerleistung *f*
continuous oven Durchlaufofen *m*
continuous painting line Durchlauflackieranlage *f*
continuous paper Rollenpapier *n*
continuous pasteurization tower kontinuierlicher Pasteurisierturm *m*
continuous phase zusammenhängende Phase *f*, geschlossene Phase *f*, kontinuierliche Phase *f*, Dispersionsphase *f*
continuous pickling plant kontinuierliche Beizanlage *f*
continuous polymerization kontinuierliche Polymerisation *f*
continuous power consumption Dauerleistungsbedarf *m*
continuous process kontinuierliches Verfahren *n*; Fließprozeß *m*, dynamischer Prozeß *m*, Kreisprozeß *m*
continuous production of foam slabstock Blockschäumen *n*, Blockschäumverfahren *n*
continuous pusher-type furnace Durchstoßofen *m*, Tunnelofen *m*, Durchsatzofen *m*
continuous radiation kontinuierliche Strahlung *f*, kontinuierliche Lichtaussendung *f*, kontinuierliche Emission *f*; Bremsstrahlung *f*, weiße Röntgenstrahlung *f*
continuous rare gas spectra Edelgaskontinua *npl*
continuous rating 1. Dauerleistung *f*, Leistung *f* im Dauerbetrieb *m*, Nenndauerleistung *f*; 2. Dauerzustand *m*
continuous recording laufende Aufschreibung *f*
continuous rectification stetige Rektifikation *f*
continuous reheating furnace Durchstoßofen *m*, Stoßofen *m*, Durchsatzofen *m*
continuous ribbon mixer kontinuierlicher Bandmischer *m*
continuous running Dauerbetrieb *m*
continuous scale for dosing Dosierbandwaage *f*
continuous scattered radiation kontinuierliche Streustrahlung *f*
continuous service temperature Dauerbetriebstemperatur *f*
continuous sheeting endlose Folie *f {Bahn}*, Endlosfolie *f*
continuous sintering furnace Durchlaufsinterofen *m*
continuous spectrum kontinuierliches Spektrum *n*, Kontinuum *n*, Kontinuitätsspektrum *n*
continuous stove Durchlauftrockenofen *m*
continuous strand composite Endlosfaserverbund *m*
continuous strand mat Endlos[faser]matte *f*, Glasseiden-Endlosmatte *f*
continuous strand-reinforced langfaserverstärkt
continuous-strip recorder Linienschreiber *m*
continuous strip weigher Wägevorrichtung *f* für Stetigförderer *m*
continuous tank kontinuierliche Wanne *f*, Dauerwanne *f {Glas}*
continuous temperature Dauertemperatur *f*
continuous test Dauerprüfung *f*
continuous textile glass filament endloser Textilglasfaden *m*, Glasseidenfaden *m*
continuous-through circulation dryer kontinuierlicher Durchlauftrockner *m*
continuous transit weigher Durchlaufwaage *f*
continuous treating kontinuierliche Raffination *f*
continuous tube construction Schlangenrohr *n*
continuous vacuum metallizer Vakuumdurchlauf-Metallbedampfer *m*
continuous vertical retort Vertikalretorte *f* mit fortlaufender Beschickung *f {Met}*

continuous vulcanizing plant Durchlaufvernetzungsanlage *f*, CV-Anlage *f {für Polyethylenrohre}*
continuous water still kontinuierlicher Wasserdestillierapparat *m*
continuous wave magnetron Dauerstrichmagnetron *n*
continuous working kontinuierlicher Betrieb *m*, stetiger Betrieb *m*, ununterbrochener Betrieb *m*, Fließbetrieb *m*, Dauerbetrieb *m*, Kontinuebetrieb *m {Farb}*
continuous working temperature Dauergebrauchstemperatur *f*
continuous yield locus stationärer Fließort *m*
continuously durchgehend, fortlaufend, ununterbrochen, zusammenhängend
continuum Kontinuum *n {pl. Kontinua}*, kontinuierliches Spektrum *n*
continuum flow Strömungskontinuum *n*
continuum rheology Kontinuumrheologie *f {DIN 1342}*, Makrorheologie *f {DIN 1342}*
contorted verzerrt; verdreht, geknäuelt *{z.B. Molekül}*
contortion 1. Krümmung *f*; 2. Verzerrung *f*; 3. Verdrehung *f*
contour/to fassonieren
contour 1. Kontur *f*, Umrißlinie *f*, Umriß *m*; 2. Profil *n*; 3. Höhenlinie *f*, Isohypse *f*, Höhenschichtlinie *f*; Isobathe *f {Linie gleicher Wassertiefe}*
contour diagram Umrißdiagramm *n*
contraceptive Antikonzeptionsmittel *n*, Empfängnisverhütungsmittel *n*, Verhütungsmittel *n*, Antikonzipiens *n {Pharm}*
contract/to 1. zusammenziehen, kontrahieren; 2. sich zusammenziehen, [ein]schrumpfen, zusammenschrumpfen, schwinden, sich verkleinern, kleiner werden; verkürzen; 3. verengen; 4. einlaufen, eingehen *{Text}*; 5. einziehen *{z.B. ein Rohr}*; 6. einen Vertrag *m* schließen, durch Vertrag *m* begründen, durch Vertrag *m* erlangen; sich vertraglich verpflichten
contract 1. Vertrag *m*, Abkommen *n*, Abmachung *f*; Akkord *m*; 2. Gedinge *n {Bergbau}*
contract for the supply of labor (work) and material Werkliefer[ungs]vertrag *m*
contract letter Auftragsschreiben *n*
contract of apprenticeship Lehrvertrag *m*
contract of sale Kaufvertrag *m*
contract packager Abpackbetrieb *m*
contract research Auftragsforschung *f*
contract terms Vertragsbedingungen *fpl*
contracted verkürzt; beschränkt
contractible zusammenziehbar
contractile zusammenziehbar, zusammenziehend; zusammenlegbar; einziehbar
contracting vertragschließend
contraction 1. Kontraktion *f*, Volumenminderung *f*, Zusammenziehung *f*, [Ein-]Schrumpfung *f*, Schwindung *f*, Schwund *m*;Verkürzung *f* 2. Einschnürung *f*; 3. Einziehung *f {Rohre}*; 4. Einlaufen *n*, Eingehen *n {Text}*; 5. Lunkerbildung *f*, Lunkern *n*, Lunkerung *f {Gieß}*; 6. Verjüngung *f {Math}*
contraction coefficient Kontraktionszahl *f*
contraction crack Schwundriß *m*, Schwindriß *m*, Schwindungsriß *m*, Schrumpfriß *m*, Schrumpfungsriß *m*
contraction in area Zusammenziehung *f*, Einschnürung *f*
contraction strain Schrumpfspannung *f*
contractor 1. der Vertragschließende *m*, Kontrahent *m*, Vertragspartner *m*, Vertragspartei *f*; 2. Lieferant *m*; Auftragnehmer *m*, Unternehmer *m*
contractual vertraglich, vertragsmäßig; Vertrags-
contradict/to widersprechen, widerlegen
contradiction Widerspruch *m*, Widerlegung *f*; Ableugnung *f*
contradiction in terms innerer Widerspruch *m*, logische Unmöglichkeit *f*
contradictory widersprüchlich, widerspruchsvoll
contradistinction Gegensatz *m*
contraindication Gegenanzeige *f*, Kontraindikation *f {Med}*
contraries Fremdstoffe *mpl*, Verunreinigungen *fpl*
contrariety Gegensätzlichkeit *f*, Unverträglichkeit *f*, Widerspruch *m*, Widersprüchlichkeit *f*
contrariwise im Gegenteil *n*, umgekehrt
contrarotating gegenläufig, gegeneinanderlaufend, mit gegenläufigem Drehsinn *m*
contrarotation-ball-race-type pulverizing mill Federkraft-Kugelmühle *f*
contrary 1. entgegengesetzt, gegen, entgegen, im Gegenteil *n*; gegensätzlich; zuwider; widrig; 2. Gegenteil *n*; Gegensatz *m*
contrary to rule regelwidrig
contrast/to 1. vergleichen; 2. abstechen, kontrastieren; 3. im Gegensatz *m* stehen, entgegensetzen, Kontrast *m* geben
contrast 1. Gegensatz *m*, Kontrast *m*; 2. Dynamikbereich *m*, Dynamik *f {DIN 40146}*
contrast agent Kontrastmittel *n {Röntgenstrahlung}*
contrast colo[u]ring Gegenfärbung *f*
contrast factor Kontrastfaktor *m*, Gamma-Wert *m*
contrast filter Kontrastfilter *n {Photo}*
contrast medium Kontrastmittel *n*, Röntgenkontrastmittel *n*
contrast photometer Kontrastphotometer *n*
contrast ratio Kontrastverhältnis *n {Opt}*

contrast sensibility Kontrastempfindlichkeit *f*
contrast solution Kontrastlösung *f* *{Radiologie}*
contrast staining Kontrastfärbung *f*
contrasting abstechend, kontrastierend, abhebend
contrasty kontrastreich
contrasty developer kontrastreich arbeitender Entwickler *m* *{Photo}*
contravariant kontravariant *{Math}*
contribute/to mitwirken, beitragen, beteiligt sein, teilhaben; beisteuern, liefern; einbringen
contributing [mesomeric] form mesomere Grenzform *f* *{Stereochem}*
contribution Beitrag *m*; Beisteuern *n*; Kontribution *f*
contributor Mitarbeiter *m*; Beitragender *m*
contributory mitwirkend, beitragend; beitragspflichtig
contrivance 1. Erfindung *f*; 2. Vorrichtung *f*; 3. Plan *m*, Kunstgriff *m*
contrive/to 1. erfinden, ersinnen; 2. fertigbringen; 3. anstiften
control/to 1. kontrollieren, lenken, steuern, leiten, zügeln; 2. beaufsichtigen, beherrschen; nachprüfen; 3. bekämpfen; 4. betätigen *{mechanisch}*; 5. regeln; 6. steuern
control a measurement/to nachmessen
control 1. Steuerung *f*, Betätigung *f*, Bedienung *f*; 2. Regelung *f*, Steuerung *f*, Führung *f*, Beherrschung *f*; 3. Kontrolle *f*, Aufsicht *f*, Überwachung *f*; 4. Betätigungseinrichtung *f* *{DIN 70012}*; Bedienungselement *n*, Bedienelement *n*, Bedienorgan *n*; 5. Einriff *m* *{Beeinflussung des Ablaufes}*; 6. Maßkanal *m*; 7. Bekämpfung *f* *{z.B. von Lärm}*
control accuracy Regelgenauigkeit *f*
control agent [Schädlings-]Bekämpfungsmittel *n*; Pflanzenschutzmittel *n*
control amplifier Regelverstärker *m*
control analysis Kontrollanalyse *f*
control and monitoring system Steuer- und Überwachungsausrüstung *f*
control animal Kontrolltier *n*
control board Steuerpult *n*, Steuerungspult *n*, Bedienungspult *n*
control button Steuerdruckknopf *m*, Bedienungsknopf *m*
control cabinet Schaltschrank *m*
control-cable lacquer Schaltdrahtlack *m*
control circuit Regelschaltung *f*, Steuerstromkreis *m* *{Elek}*
control console Führerstand *m*; Steuerpult *n*, Bedienungspult *n*, Steuerungspult *n*
control cycle Regelkreis *m*
control cylinder Steuerzylinder *m*
control damper Stellklappe *f*
control desk Kommandopult *n*, Kontrollpult *n*, Regiepult *n*, Schaltpult *n*, Steuerpult *n*
control determination Kontrollbestimmung *f*
control device Regelvorrichtung *f*, Stellgerät *n*; Steuergerät *n*
control drive Steuerantrieb *m*
control element Regelglied *n*, Regelvorrichtung *f*, Steller *m*, Stellglied *n*, Stellorgan *n*, Stelleinrichtung *f* *{Teil einer Steuer- oder Regelstrecke}*
control engineering Regelungstechnik *f*, Leittechnik *f*
control equipment Regelvorrichtung *f*, Regler *m*
control experiment Gegenversuch *m*, Kontrollversuch *m*
control for focussing Brennpunkteinstellung *f*
control form Regelweise *f*
control gas Steuergas *n*
control-gate valve Stellschieber *m*
control gear Kontrollvorrichtung *f*; Regelgetriebe *n*; Schaltanlagen *fpl* und/oder Schaltgeräte *npl* für Energieverbrauch
control-impulse transmitter Regelsignalgeber *m*
control input Steuer[ungs]eingang *m*
control instruction Steuerkommando *n*, Steuerbefehl *m*
control instrument Kontrollgerät *n*, Regelgerät *n*, Steuergerät *n*, Überwachungsgerät *n*, Überwachungsinstrument *n*, Monitor *m*
control key 1. Bedienungstaste *f*, Funktionstaste *f*; 2. CONTROL-Taste *f* *{EDV}*; Control-Taste *f*, CRTL-Taste *f* *{EDV}*
control keyboard Bedienungstastatur *f*
control knob Bedienungsknopf *m*, Regelknopf *m*, Schaltknopf *m*, Bedienungsgriff *m*, Einstellknopf *m*, Drehknopf *m*
control lever Bedienungshebel *m*, Einrückhebel *m*, Steuerhebel *m*
control light Meldeleuchte *f*
control limit Toleranzgrenze *f*
control line Kontrollinie *f*, Steuerleitung *f* *{DIN 3320}*
control loop Regelkreis *m*, geschlossene Steuerkette *f*, endlose Schleife *f*, geschlossene Schleife *f* *{Automation}*; Steuermedium *n* *{Automation}*
control loop elements Regelkreisglieder *npl*
control magnet Steuermagnet *m*
control measure Bekämpfungsmaßnahme *f* *{Agri}*
control mechanism Steuergerät *n*
Control of Pollution Act *{GG, 1874}* Luftreinhaltungsgesetz *n*, Englisches Immissionsschutzgesetz *n*
control operation Steuerungsvorgang *m*
control panel Bedienungsfeld *n*,

Bedin[ungs]tableau *n*, Bedientafel *f*, Frontplatte *f*, Fronttafel *f*, Schalttableau *n*, Instrumentenbrett *n*, Schalttafel *f*, Überwachungstafel *f*, Schaltschrank *m {Elek}*; Leitstand *m*, Meßwarte *f*; Bedienungspult *n*, Steuerpult *n*, Steuerungspult *n {Automation}*
control plant Überwachungsanlage *f*
control-plug valve Stellhahn *m*
control point 1. Istwert *m {einer Regelgröße}*; 2. Regelpunkt *m*, Sollwert *m {der Führungsgröße}*; 3. Paßpunkt *m*, Festpunkt *m*; 4. Meßstelle *f*
control process Regelvorgang *m*
control pulse Steuerimpuls *m*
control pyrometer Kontrollpyrometer *n*
control range Regelbereich *m*, Steuerbereich *m*
control rate Regelungsgeschwindigkeit *f*
control rod Kontrollstab *m*, [Leitungs-]Regelstab *m*, Steuerstange *f*, Stellstab *m {Nukl}*
control room 1. Steuerstand *m*, Leitstand *m*; 2. Steuerwarte *f {als Raum}*, Meßwarte *f*, Meßzentrale *f*, Regelraum *m*
control sample Vergleichsprobe *f*
control screws gegenläufige Schnecken *fpl*, ungleichsinnig sich drehende Schnecken *fpl*
control sensor Reguliersonde *f*
control series Kontrollreihe *f*
control signal Kontrollsignal *n*, Steuersignal *n*
control solenoid Regelmagnet *m*
control solution Kontrollösung *f*
control spark gap Steuerfunkenstrecke *f*
control station 1. Leitstand *m*; 2. Leitstation *f {DIN 44302, EDV}*
control status Schaltzustand *m*
control switch Bedienungsschalter *m*, Betätigungsschalter *m*, Steuerschalter *m*
control system Regelungssystem *n*, Regelsystem *n*, Regelkreis *m*, Steuersystem *n*; Überwachungsanlage *f {US}*
control system of a process *{US}* Regelstrecke *f*
control task Steuerungsaufgabe *f*
control test Gegenversuch *m*, Kontrollversuch *m*, Kontrollprüfung *f*, Überwachungsprüfung *f*
control three-way cock Kontroll-Dreiwegehahn *m*
control unit 1. Regeleinrichung *f*, Regelinstrument *n*, Regler *m*, Regelgerät *n {Automation}*; 2. Steueraggregat *n*, Steueranlage *f*, Steuerwerk *n*, Leitwerk *n {DIN 44300}*, Steuerblock *m*; Steuerungseinheit *f {EDV, obs}*; 3. Zentrale *f {Schutz}*
control unit for danger detection Gefahrenmelde-Zentrale *f*
control unit for gas detecting system Gasmeldezentrale *f*
control valve Regelventil *n*, Regulierventil *n*; Steuerventil *n*, Stellventil *n*, Schaltventil *n*; Dosierventil *n*
control voltage Regelspannung *f*, Steuerspannung *f*
controllability Regelbarkeit *f*, Regulierbarkeit *f*
controllable einstellbar, kontrollierbar, lenkbar *{Chem}*, regelbar, regulierbar
controllable hub Verstellnabe *f*
controlled angeregelt, gesteuert
controlled area Kontrollbereich *m {Schutz}*
controlled atmosphere kontrollierte Atmosphäre *f {Gasatmosphäre, Schutzgas}*, geregelte Atmosphäre *f*
controlled-atmosphere furnace Schutzgasofen *m*
controlled-atmosphere storage CA-Lagerung *f*
controlled comminution of single particles Einzelkornzerkleinerung *f*
controlled condition Regelgröße *f*
controlled crushing of single particles Einzelkornzerkleinerung *f*
controlled disperal gezielte Verbreitung *f*, Verteilung *f*
controlled gas-ballast valve steuerbares Gasballastventil *n*
controlled process Regelstrecke *f {DIN 19226}*; Steuerstrecke *f {Automation}*
controlled safety valve gesteuertes Sicherheitsventil *n {DIN 3320}*
controlled system Regelstrecke *f {DIN 19226}*; Steuerstrecke *f {Automation}*
controlled tipping [ground] *{GB}* geordnete Deponie *f*, kontrollierte Müllablagerung *f*, Grundstück *n* für geordnete Ablage *f {Ökol}*
controlled variable Regelgröße *f*
controlled volume pump Pumpe *f* mit regelbarer Kapazität *f*, Dosier[ungs]pumpe *f*, Zumeßpumpe *f*
separately controlled fremdgesteuert
controller 1. Steuergerät *n*, Steuereinrichtung *f*, Steuerung *f*; Regeleinrichtung *f*, Regelanlage *f*, Regler *m*; 2. Stellglied *n*; 3. Kontrolleur *m*; 4. Fahrschalter *m*, Schalter *m*; 5. Überwachungsgerät *n*
controller characteristic Reglerkennwert *m*
controller output Stellgröße *f*
integral-action controller integral wirkender Regler *m*
floating-action controller integral wirkender Regler *m*
controlling body Aufsichtsbehörde *f*
controlling device Kontrollvorrichtung *f*; Steuergerät *n*
controlling means 1. Steuereinrichtun *f*; 2. Regeleinrichtung *f*
controlling mechanism Steuerapparat *m*, Schaltwerk *n*

controlling pressure ga[u]ge Kontrollmanometer *n*
controls Regeleinrichtungen *fpl*, Regelvorrichtung *f*; Steuereinrichtungen *fpl*, Steuerwerk *n*, Steuerung *f*, Steuerorgane *npl*
convallamarin <$C_{23}H_{44}O_{12}$> Convallamarin *n* *{ein Glycosid}*
convallamarogenin Convallamarogenin *n*
convallaretin <$C_{14}H_{26}O_3$> Convallaretin *n*
convallarin <$C_{34}H_{62}O_{11}$> Convallarin *n* *{Glycosid}*
convallatoxin <$C_{29}H_{42}O_{10}$> Convallatoxin *n*
convalloside Convallosid *n*
convect/to mitbewegen, mitströmen, fortführen
convection Konvektion *f*, Mitbewegung *f*
convection cooler Konvektionskühler *m*
convection current Konvektionsstrom *m*
convection banks umströmte Rohrbündel *npl*
convection dryer Heißluftstromtrockner *m*, Konvektionstrockner *m*; Umwälztrockner *m*
convection heat Konvektionswärme *f*
convection heater Strahlungsofen *m*
convection heating Konvektionsheizung *f*, Strahlungsheizung *f*
convective konvektiv
convenience 1. Zweckmäßigkeit *f*; 2. Bequemlichkeit *f*, Angemessenheit *f*; 3. [nützliche] Einrichtung *f*
convenient angenehm, bequem, passend, geeignet, genehm; günstig, gelegen, nah
convention 1. Übereinkunft *f*, Vereinbarung *f*, Konvention *f*, Vertrag *m*; 2. Kongreß *m*, Tagung *f*, Zusammenkunft *f*,Versammlung *f*; 3. [gute] Sitte *f*, Konvention *f*
conventional 1. vereinbart, vertraglich, konventionell; 2. herkömmlich, üblich; 3. höflich, konventionell
conventional design Standardausführung *f*
conventional injection mo[u]lding Kompaktspritzen *n*, Normalspritzguß *m*
converge/to zusammenlaufen *{z.B. Linien}*, zusammentreffen, konvergieren; bündeln
convergence 1. Annäherung *f*, Konvergenz *f*, Zusammenlaufen *n*; Konzentration *f*; 2. Mächtigkeitsverringerung *f* *{Tech, Geol}*
convergence angle Konvergenzwinkel *m*
convergence of a series Konvergenz *f* einer Reihe *{Math}*
convergence pressure Konvergenzdruck *m*
convergency *s.* convergence
convergent zusammenlaufend, konvergierend, konvergent; konvergent, unterkritisch *{Nukl}*
convergent beam konvergentes Strahlenbündel *n*, konvergentes Lichtbündel *n*
converging lens Konvexlinse *f*, Sammellinse *f* *{Opt}*
converse 1. umgekehrt; gegenteilig; 2. Gegenteil *n*; Umkehrung *f*
conversion 1. Umwandeln *n*, Umwandlung *f*, Überführen *n*, Überführung *f*, Konvertierung *f*, Konversion *f*; 2. Umrechnung *f* *{in andere Einheiten}*, Umschlüsselung *f*; 3. Umsetzung *f*, Umstellung *f* *{z.B. eines Gerätes}*; 4. Umkehrung *f* *{z.B. einer Relation}*; 5. Veredelung *f*; 6. Umrüstung *f* *{Werkzeugwechsel}*; 7. Umbau *m* *{zu einem anderen Zweck}*; 8. Einschnitt *m*, Holzeinschnitt *m*; 9. innere Konversion *f* *{ein Kernprozeß}*; 10. Umsetzung *f* *{z.B. von Monomeren zum Polymer}*, Überführung *f*, Zustandsumwandlung *f*; Stoffumwandlung *f* *{Chem}*
conversion chart Umrechnungstabelle *f*
conversion coating 1. Passivierung *f*; 2. Vorbehandlungsschicht *f* *{bei Klebfügeteilen}*; 3. Separatstreichen *n*, Separatstrich *m*, Streichen *n* außerhalb der Papiermaschine *{Pap}*
conversion constant Umrechnungskonstante *f*
conversion factor Konversionsfaktor *m*, Konversionsverhältnis *n*, Konversionsrate *f* *{Nukl}*; Umrechnungsfaktor *m*, Umrechnungswert *m*, Umwandlungsfaktor *m* *{Math, Phys}*
conversion graph Umrechnungskurve *f*
conversion process Umwandlungsvorgang *m*, Umwandlungsverfahren *n*, Konvertierungsverfahren *n*
conversion rate Umsatzrate *f*, Umsetzungsgeschwindigkeit *f*; Umwandlungsgeschwindigkeit *f*
conversion ratio Umwandlungsverhältnis *n*, Konversionskoeffizient *m*, Umsetzungszahl *f*, Umwandlungsgrad *m*, Konversionsrate *f*, Konversionsfaktor *m* *{Nukl}*
conversion saltpeter Konversionssalpeter *m*, Konvertsalpeter *m* *{KNO_3/KCl}*
conversion spectrum Umwandlungsspektrum *n*
conversion table Umrechnungstabelle *f*, Umrechnungstafel *f*
conversion unit Umbausatz *m*
conversion variable Umsatzvariable *f*
convert/to 1. umstellen; 2. umwandeln, überführen, konvertieren; 3. umrechnen *{Math}*; 4. verwandeln; weiterverarbeiten; umformen; 5. windfrischen, im Konverter *m* verblasen, bessemern *{Met}*; 6. sich umwandeln; 7. umtauschen
convert into an amide/to amidieren *{Chem}*
convert into an amine/to aminieren
converted umgesetzt *{Chem}*; konvertiert
converted gas Konvertgas *n*
converted steel Blasenstahl *m*, Brennstahl *m*, Kohlungsstahl *m*, Zementstahl *m*
converter 1. Reaktor *m*, Reaktionsofen *m*, Kontaktofen *m*, Hydrier[ungs]ofen *m*; Reaktionsgefäß *n*; 2. Konverter *m*, Birne *f* *{Met}*, Drehofen *m*, Windfrischapparat *m* *{Met}*; 3. Konverterreaktor *m*, Flußumwandler *m* *{Nukl}*; 4. Konverter *m*, Spinnbandschneidemaschine *f* *{Text}*; 5. Konverterreaktor *m*, Konversionsreaktor *m*, Konverter *m* *{Keramik}*; 6. Energiewandler *m*,

Konverter *m*; 7. Umformer *m*; Konverter *m*, Impedanzkonverter *m*, Immittanzkonverter *m* *{Elek}*; 8. Umrichterschaltung *f*

converter copper Konverterkupfer *n*

converter film Konverterfilm *m*

converter iron Flußeisen *n*

converter lining Konverterauskleidung *f*, Konverterfutter *n*, Konverterzustellung *f*

converter plant Konverteranlage *f*

converter practice Konverterbetrieb *m {Met}*

converter process Thomas-Verfahren *n*, Birnenverfahren *n*, Windfrischverfahren *n*, Bessemer-Verfahren *n*, Konverter[frisch]verfahren *n*, Konverter[frisch]prozeß *m {Met}*

converter steel Konverterstahl *m*, Windfrischstahl *m*, windgefrischter Stahl *m {Bessemer- oder Thomasstahl}*

converter waste Birnenauswurf *m*, Konverterauswurf *m*

convertible konvertierbar, umwandelbar, umsetzbar; gleichbedeutend

converting 1. Umwandeln, Umwandlung *f*, Überführen *n*, Überführung *f*, Konvertierung *f*, Konversion *f*; 2. Windfrischen *n*, Verblasen *n {im Konverter}*, Bessemern *n {Met}*; 3. Umsetzen *n*

converting furnace Brennstahlofen *m*

converting process Windfrischverfahren *n*, Windfrischprozeß *m*, Konverter[frisch]verfahren *n*, Konverter[frisch]prozeß *m*, Bessemer-Verfahren *n*, Frischungsprozeß *m {Met}*

convertor *s.*converter

convex konvex, erhaben, gewölbt *{nach oben}*, runderhaben, ballig

convex lens Konvexlinse *f*, Sammellinse *f* *{Opt}*

convex mirror Konvexspiegel *m*, Vollspiegel *m*, Wölbspiegel *m*, Zerstreuungsspiegel *m* *{Opt}*

convex reflector Konvexspiegel *m {Opt}*

convexity konvexe Form *f*, Wölbung *f*, Konvexität *f*, Ausbauchung *f*

convexo-concave konvex-konkav *{Opt}*

convey/to fördern, weiterleiten, transportieren, befördern

conveyance 1. Förderung *f*, Transport *m {von Waren}*, Beförderung *f*; 2. Fahrzeug *n*, Beförderungsmittel *n*; Fördermittel *n*; 3. Durchlässigkeit *f {des Bodens}*

conveyer Fördergerät *n*, Förderanlage *f*, Fördereinrichtung *f*, Förderer *m*, Conveyer *m {Stetigförderer}*, Beförderer *m*, Überbringer *m*; Förderwerk *n*, Fördersystem *n*

conveyer belt Fließband *n*, Förderband *n*, Fördergurt *m*, Transportband *n*

conveyer bucket Fördergefäß *n*, Förderkübel *m*

conveyer chain Förderkette *f*, Transportkette *f*

conveyer chute Förderrinne *f*, Förderrutsche *f*

conveyer felt Transportfilz *m*, Überführfilz *m* *{Pap}*

conveyer pelletizer Pelletierband *n*

conveyer pipe Förderrohr *n*

conveyer pipeline Förderleitung *f*

conveyer plant Förderanlage *f*

conveyer system Förderanlage *f*, Fördersystem *n*, Förderwerk *n*

conveyer trough Förderrinne *f*

conveying Fördern *n*, Förderung *f*, Verfrachtung *f*

conveying agent Förderorgan *n*

conveying belt Förderriemen *m*, Fördergurt *m*, Förderband *n*, Transportband *n*

conveying capacity Förderleistung *f*, Fördermenge *f*

conveying capacity rate Förderleistung *f*

conveying chute Förderrinne *f*, Förderrutsche *f*

conveying device Fördergerät *n*, Förderer *m*, Förderanalge *f*

conveying effect Förderwirkung *f*

conveying gas blower Fördergasgebläse *n*

conveying line Förderleitung *f*; Fließband *n*

conveying means Fördermittel *npl*

conveying of charge Gichtbeförderung *f*

conveying pipe Förderrohr *n*, Förderleitung *f*

conveying plant Förderanlage *f*

conveying pressure Förderdruck *m*

conveying pump Förderpumpe *f*

conveying rate Fördergeschwindigkeit *f*, Förderleistung *f*

conveying screw kompressionslose Förderschnecke *f*, Transportschnecke *f*, Schneckenförderer *m*

conveying spiral Förderschnecke *f*, Transportschnecke *f*, Förderspirale *f*

conveying stock Fördergut *n*

conveying table Fließarbeitstisch *m*

conveying trough Förderrine *f*, Trogförderband *n*, Förderrutsche *f*

conveying unit Förderaggregat *n*, Transportanlage *f*

conveying weigher Bandwaage *f*

conveying worm Förderschnecke *f*, Transportschnecke *f*, Förderspirale *f*

conveyor Zubringer *m*, Fördergerät *n*, Fördereinrichtung *f*, Förderer *m*, Conveyer *m*; Förderwerk *n*, Fördersystem *n*

conveyor band Bandtrockner *m*

conveyor belt Förderband *n*, Transportband *n*, Förderriemen *m*, Fördergurt *m*, Bandtransporter *m*, Bandförderer *m*

conveyor car Schleuswagen *m*

conveyor chain Förderkette *f*, Transportkette *f*

conveyor chute Förderrinne *f*, Förderrutsche *f*

conveyor dryer Bandtrockner *m*, Förderbandtrockner *m*

conveyor furnace Förderbandofen *m {Met}*

conveyor pipe Förderrohr *n*
conveyor plant Förderanlage *f*
conveyor system Förderanlage *f*, Fördersystem *n*, Förderwerk *n*
articulated conveyor Faltenband-Förderer *m*
fixed screw conveyor Schneckenrohrförderer *m*
screw conveyor Schneckenförderer *m*
worm conveyor Schneckenförderer *m*
convicin Convicin *n*
convincing überzeugend; beweiskräftig
convolution 1. Schraubengang *m*, Windung *f*; 2. Faltung *f {Math}*; 3. Verwindung *f {der Baumwollfasern}*
convolution integral Faltungsintegral *n {Math}*
convolvulic acid Convolvulinsäure *f*, 11-Hydroxytetradecansäure *f*
convolvulin <$C_{31}H_{50}O_{16}$> Convolvulin *n*, Rhodeorhetin *n*
convulsant Krampfgift *n*, Konvulsionen *fpl* auslösendes Mittel *n*, Schüttelkrämpfe erregendes Mittel *n*
Conway micro diffusion dish Conway-Schale *f*
conydrine Conhydrin *n*, Conydrin *n*
cook/to 1. kochen, Speisen *fpl* zubereiten; 2. kochen *{in Gegenwart von Chemikalien}*, aufschließen; 3. erkochen *{Zellstoff}*
cookeite Cookeit *m {Min}*
cooking 1. Kochen *n*, Speisenzubereitung *f* 2. Aufschluß *m {Isolierung der Cellulose aus pflanzlichem Material}*; Aufschließen *n*, chemischer Aufschluß *m {Holz}*, Schleifen *n*, Holzschliffherstellung *f*, Zellstoffauflösung *f {zu Halbstoff}*
cooking apparatus Kochapparat *m*
cooking fat Backfett *n*, Kochfett *n*, Speisefett *n*
cooking lye Kochlauge *f*
cool/to [ab]kühlen; sich abkühlen, kaltwerden, erkalten
cool down/to abkühlen, herunterkühlen; sich abkühlen, kaltwerden, erkalten
cool off/to abkühlen, herunterkühlen; sich abkühlen, kaltwerden, erkalten
cool suddenly/to abschrecken
cool thoroughly/to auskalten, auskühlen
cool 1. kalt; kühl; 2. dünn; 3. gelassen, besonnen, ruhig; 4. unverfroren; nüchtern
cool-down Abkühlung *f*, Herunterkühlung *f*
cool-down process Abkühlvorgang *m*
cool-down rate Abkühlrate *f*
cool-down time Abkühlzeit *f*
coolant Temperiermittel *n*, Kühlmittel *n*, Kältemittel *n*, Kühlmedium *n*; Kühlschmiermittel *n {ein Metallbearbeitungsöl}*; Kühlflüssigkeit *f {Tech}*
coolant and working fluids Kühl- und Arbeitsmedien *npl*
coolant circuit Kühlkreislauf *m*
coolant circulating pump Kühlmittelumlaufpumpe *f*
coolant cycle Kühlkreis *m*, Kühl[mittel]kreislauf *m*
coolant flowrate Kühlmitteldurchsatz *m*
coolant gas stripper Kühlmittelentgaser *m*
coolant impurity Kühlmittelverunreinigung *f*
coolant jacket Kühlmantel *m*
coolant loop Kühlkreis *m*, Kühl[mittel]kreislauf *m*
coolant pipe Kühlmittelleitung *f*
coolant pump Temperiermittelpumpe *f*, Kühl[mittel]pumpe *f*
coolant recirculation Kühlmittelumlauf *m*
coolant recirculation loop Kühlmittelumwälzschleife *f*
cooled absortption tower Kühlabsorptionsturm *m*
cooled cover Kühlkappe *f*, Düsenhut *m*
cooled medium wärmeabgebendes Medium *n*
cooled surface Kühlfläche *f*
cooler 1. Kühlvorrichtung *f*, Kühler *m*, Enthitzer *m*; Kondensator *m*; 2. Kühltasche *f*; 3. Kühlschiff *n {Gärung}*
cooler absorber Kühlabsorptionsturm *m*
cooler area Kühlerfläche *f*
cooler keg coil Faßkühler *m {Brau}*
cooler surface Kühlerfläche *f*
coolgardite Coolgardit *m*
cooling 1. [ab]kühlend, erkaltend; 2. Kühlen *n*, Kühlung *f*, Abkühlen *n*, Abkühlung *f*, Kaltwerden *n*, Erkalten *n*, Wärmeentzug *m*; Kälteerzeugung *f*; 3. Abschreckung *f*; 4. Abkühlung *f*, Herunterkühlung *f {Phys}*; 5. Abkühlung *f*, Abklingenlassen *n {Nukl}*
cooling action Kühlwirkung *f*, Kühleffekt *m*
cooling agent Kühlmittel *n*, Kühlmedium *n*, Kältemittel *n*, Kälteträger *m*, Kühlsubstanz *f {z.B. Kühlflüssigkeit}*; Abschreckmittel *n*
cooling air Kühlluft *f*
cooling annulus Kühlring *m {Folienblasen}*, ringförmiger Kühlspalt *m*
cooling apparatus Kühlapparat *m*
cooling arrangement Kühlvorrichtung *f*
cooling bath Kältebad *n*, Kühlbad *n*
cooling bed Warmlager *n*, Kühlbett *n {Met}*
cooling brine Kühlsole *f*
cooling by evaporation Verdampfungskühlung *f*, Verdunstungskühlung *f*
cooling by expansion Entspannungsabkühlung *f*
cooling by means of circulating water Wasserumlaufkühlung *f*
cooling by sublimation Sublimationskühlung *f*
cooling capacity Kühlleistung *f*, Kühlkapazität *f*
cooling centrifuge Kühlzentrifuge *f*
cooling chamber Kühlkammer *f*, Kühlraum *m*

cooling channel Kühlkanal *m*
cooling chute Kühlrinne *f*, Kühlwanne *f*, Kühltrog *m*
cooling circuit Kühlkreislauf *m*, Kühlkreis *m*
cooling circulation Kühlkreislauf *m*
cooling coefficient Kühlungskoeffizient *m*
cooling coil Kühlschlange *f*, Kühlschlauch *m*, Kühlspirale *f*, Kühlwendel *f*
cooling conveyer Kühlband *n*
cooling copper Kühlschiff *n*
cooling curve *{BS 684}* Abkühlungskurve *f*
cooling cycle Kühlkreislauf *m*
cooling device Kühlvorrichtung *f*
cooling-down Abkühlen *n*, Abkühlung *f*
cooling-down period Abstehen *n {der Schmelze, Glas}*
cooling-down time Rückkühlzeit *f*
cooling drum Kühltrommel *f*
cooling effect Kühleffekt *m*, Kühlwirkung *f*, Abkühlungsgröße *f*, Kühlstärke *f*, Katawert *m*
cooling efficiency Abkühlvermögen *n*, Kühlleistung *f*
cooling fin Kühlrippe *f*
cooling finger Kühlfinger *m*, Einhängekühler *m*
cooling flange Kühlrippe *f*
cooling fluid Kühlmedium *n*
cooling furnace Kühlofen *m {Glas}*
cooling gradient Abkühlungsgradient *m {dT/dt}*
cooling intensity Kühlintensität *f*
cooling jacket Kühlkranz *m {Folienblasdüse}*, Kühl[wasser]mantel *m*
cooling liquid Kühlflüssigkeit *f*
cooling load Kältebedarf *m*, Kühllast *f {abzuführende Wärmemenge}*
cooling lubricant Kühlschmierstoff *m {DIN 51417}*
cooling medium Kälteträger *m*, Kühlmittel *n*, Kühlmedium *n*; Kältemittel *n {Arbeitsstoff der Kältemaschine, DIN 8962}*
cooling method Abkühlungsverfahren *n*, Kühlverfahren *n*
cooling mixer Kühlmischer *m*
cooling-off Abkühlung *f*
cooling oil Kühlöl *n*
cooling pan Kühlpfanne *f*, Kühlschiff *n*
cooling performance Kühlleistung *f*
cooling period Abkühlungszeit *f*
cooling phase Abkühlphase *f*
cooling pin Kühlstift *m*
cooling pit Aktivitätsverminderungsbecken *n*, Abklingbecken *n*, Brennelementlagerbecken *n {Nukl}*; Kühlteich *m*, Kühlbecken *n*
cooling plant Kühlvorrichtung *f*, Kälte[maschinen]anlage *f*, Kälteerzeugungsanlage *f*, Kühlanlage *f*, Kühlwerk *n*
cooling plate Kühlrippe *f*
cooling pond Abkühlbecken *n*, Kühlteich *m*; Abklingbecken *n*, Brennelementlagerbecken *n*, Lagerbecken *n {für Brennelemente, Nukl}*
cooling press Kühlpresse *f*
cooling rate Abkühlungsgeschwindigkeit *f*, Kühlgeschwindigkeit *f*
cooling rib Kühlungsrippe *f*, Kühlrippe *f*
cooling roll[er] Kühlwalze *f*, Kühlzylinder *m*
cooling rolls Temperierwalzen *fpl {Kühlung}*
cooling section Abkühlstrecke *f*, Kühlabschnitt *m*, Kühlpartie *f*, Kühlstrecke *f*, Kühlzone *f*, Kühlkanal *m*
cooling speed Abkühlgeschwindigkeit *f*
cooling spiral Kühlschlange *f*, Kühlschlauch *m*, Kühlspirale *f*
cooling station Kühlstation *f*
cooling strain Abkühlungsspannung *f*
cooling stress Abkühlungsspannung *f*
cooling stretch Kühlstrecke f *{Text, DIN 64990}*
cooling surface Kühl[ober]fläche *f*, Abkühlungs[ober]fläche *f*
cooling system Kühlsystem *n*, Kühlaggregat *n*
cooling tank Kühlbehälter *m*, Kühltank *m*
cooling test Abkühlungsversuch *m*
cooling time Abkühlungszeit *f*, Kühlzeit *f*, Kühldauer *f*
cooling tower Kondensationsturm *m*, Kühlturm *m*, Rieselwerk *n*, Gradierwerk *n*, Turmkühler *m*
cooling trap Kühlfalle *f*, Ausfrierfalle *f*
cooling tray Kühlschiff *n*; Kühlblech *n*
cooling trough Kühlwanne *f*, Kühltrog *m*, Kühlrinne *f*
cooling tube Kühlrohr *n*
cooling tunnel Kühltunnel *m*
cooling unit Kühlgerät *n*
cooling vat Abkühlfaß *n*, Abkühlkessel *m*
cooling water Kühlwasser *n*
cooling-water circuit Kühlwasserkreislauf *m*
cooling-water conditioning Kühlwasserkonditionierung *f*
cooling-water flow rate Kühlwasserdurchflußmenge *f*
cooling-water flow safety switch Kühlwasserkontrollschalter *m*
cooling-water inlet Kühlwasserzufluß *m*, Kühlwasserzufuhr *f*, Kühlwasserzulauf *m*
cooling-water inlet temperature Kühlwasserzulauftemperatur *f*
cooling-water jacket Kühlwassermantel *m*
cooling-water manifold Kühlwasserverteiler *m*
cooling-water outlet Kühlwasserablauf *m*, Kühlwasseraustritt *m*
cooling-water outlet temperature Kühlwasserablauftemperatur *f*
cooling-water pump Kühlwasserpumpe *f*
cooling-water return Kühlwasserrücklauf *m*

cooling-water supply Kühlwasserzulauf *m*, Kühlwasserzufuhr *f*
cooling-water throughput Kühlwasserdurchflußmenge *f*
cooling worm Kühlschnecke *f*
cooling zone Abkühlungszone *f*, Kühlzone *f*; Kühlfeld *n {Text}*; Temperierzone *f {Met}*
slow cooling Tempern *n*
coolship Kühlschiff *n {Brau}*
Coomassie blue black Agalmaschwarz 10B *n*
cooper's pitch Faßpech *n*
cooperate/to kooperieren, zusammenarbeiten, zusammenwirken
cooperating zusammenwirkend
cooperation 1. Zuammen-; 2. Mitwirkung *f*, Mithilfe *f*; Zusammenarbeit *f*, Zusammenwirkung *f*, Zusammenarbeiten *n*
cooperative mitwirkend; kooperativ, zusammenwirkend, Gemeinschafts-; entgegenkommend; hilfsbereit
cooperative effort Gemeinschaftsarbeit *f*
cooperative research Gemeinschaftsforschung *f*
cooperative test Ringversuch *m*
coordinate/to koordinieren, [aufeinander] abstimmen; koordinativ anlagern *{z.B. Moleküle}*, zuordnen; gleichschalten; gleichstellen
coordinate 1. gleichgestellt, gleichrangig, gleichgeordnet, beigeordnet; 2. Achse *f*, Koordinate *f {Math}*
coordinate axis Koordinatenachse *f*
coordinate bond koordinative Bindung *f*, halbpolare Doppelbindung *f*, semipolare Doppelbindung *f*, dative Bindung *f*, Donator-Akzeptor-Bindung *f*
coordinate direction Koordinationsrichtung *f*
coordinate link Koordinationsbindung *f*, Donator-Akzeptor-Bindung *f*
coordinate paper Koordinatenpapier *n*
coordinate plane Koordinatenebene *f*
coordinate recorder Koordinatenschreiber *m*
coordinate system Koordinatensystem *n*
coordinates Koordinaten *fpl*
origin of coordinates Koordinatennullpunkt *m*
system of coordinates Koordinatensystem *n*, Achsenkreuz *n*, Achsensystem *n*
transformation of coordinates Koordinatentransformation *f*
coordination Koordination *f*, Koordinierung *f*; Gleichschaltung *f*; Gleichordnung *f*
coordination chemistry Koordinationschemie *f*, Komplexchemie *f*, Koordinationslehre *f*
coordination compound Koordinationsverbindung *f*, koordinative Verbindung *f*, Donator-Akzeptor-Verbindung *f*
coordination formula Koordinationsformel *f*
coordination isomerism Koordinationsisomerie *f*
coordination lattice Koordinationsgitter *n {Krist}*
coordination number Koordinationszahl *f {Zahl der Liganden in einer Komplexverbindung}*, KZ, Kz, Zähligkeit *f*, koordinative Wertigkeit *f*
coordination polyhedron Koordinationspolyeder *n {Krist}*
coordination theory Koordinationslehre *f*, Koordinationstheorie *f*, Wernersche Theorie *f*
index of coordination Koordinationszahl *f {Krist}*
coordinative koordinativ, nebenbindungsartig; Koordinations-
coorongit Coorongit *m {Min}*
copahene **<$C_{20}H_{27}Cl$>** Copahen *n*
copahuvic acid Copaivasäure *f*
copaiva Copaiva *f*, Kopaivabalsam *m*, Kopaivaterpentin *n*
copaiva oil Kopaivaöl *n {von Copaifera-Arten}*
copaivic acid **<$C_{20}H_{30}O_2$>** Copaivasäure *f*
copal lacquer Kopallack *m*
copal oil Kopalöl *n*
copal resin Kopalharz *n*, Copalharz *n*, Flußharz *n*, Lackharz *n*, Kopal *m {Sammelname für rezent-fossile Harze}*
copal varnish Kopalfirnis *m*, Kopallack *m*
copalic acid Kopalsäure *f*
copalin Kopalin *n {bernsteinähnliches fossiles Harz, Min}*
copalin balsam Kopalinbalsam *m*
copalite Kopalin *m {bernsteinähnliches fossiles Harz, Min}*
cophasal gleichphasig, in Phase *f* [mit]
copiapite Copiapit *m {Min}*
copolycondensation Copolykondensation *f*
copolyester Copolyester *m*
copolymer Copolymer[es] *n*, Kopolymer[es] *n*, Mischpolymer[es] *n*, Mischpolymerisat *n*, Copolymerisat *n*; Multipolymerisat *n*
copolymer-based film Copolymerfolie *f*
copolymer latex Copolymerdispersion *f*, Kopolymerlatex *m*, Mischpolymerisatdispersion *f*, Mischpolymerisatlatex *m*
alternative copolymer alternierendes Copolymer[es] *n*
copolymeric copolymer
copolymerization Mischpolymerisation *f*, Copolymerisation *f*, Heteropolymerisation *f*
copolymerize/to copolymerisieren
copper/to verkupfern
copper 1. kupfern, kupferfarben; 2. *{Cu, element no. 29}* Kupfer *n*; 3. Siedekessel *m*, Braukessel *m*, Braupfanne *f*, Würze[koch]kessel *m*, Würzepfanne *f*, Bouiller *m {Brau}*
copper abietinate **<$(C_{20}H_{29}O_2)_2Cu$>** Kupferabietat *n*, Kupferresinat *n*, harzsaures Kupfer *n {obs}*

copper accumulator Kupferakkumulator *m*
copper acetate <$Cu(CH_3CO_2)_2 \cdot H_2O$> Kupfer(II)-acetat *n*, essigsaures Kupfer *n {obs}*
copper acetoarsenite <$Cu(CH_3COO)_2 \cdot 3Cu(AsO_2)_2$> Kupfer(II)-arsenitacetat *n*, Kupfer(II)-acetatarsenat(III) *n*, Kupferarsenacetat *n*, Pariser Grün *n*, Schweinfurter Grün *n*, Schöngrün *n*, Kupferacetoarsenit *n {obs}*
copper acetylide Acetylenkupfer *n {obs}*, Kupferacetylen *n {obs}*, Kupferacetylenid *n {Cu-C≡C-R}*
copper albuminate Albuminkupfer *n*, Kupferalbuminat *n*
copper alloy Kupferlegierung *f*
copper amalgam Kupferamalgam *n*
copper aminoacetate <$H_2N(CH_2COO)_2Cu$> Kupferglykokoll *n*, Kupfer(II)-glycinat *n*
copper aminosulfate <$[Cu(NH_3)_4]SO_4 \cdot H_2O$> Kupfersulfatammoniak *n {obs}*, Tetraminkupfer(II)-sulfat[monohydat] *n {IUPAC}*, Kupferammoniumsulfat *n*
copper ammonium sulfate <$[Cu(NH_3)_4]SO_4 \cdot H_2O$> Kupferammoniumsulfat *n*, Tetraminkupfer(II)-sulfat[monohydrat] *n {IUPAC}*, Kupfersulfatammoniak *n {obs}*
copper antimony carbonate, Rivotit *m {Min}*
copper arsenate <$Cu_3(AsO_4)_2$> Kupfer(II)-arsenat *n*, arsensaures Kupfer *n {obs}*
hydrated copper arsenate Chlorotil *m*, Agardit *m {Min}*
native copper arsenate Olivenit *m*, Holzkupfererz *n*, Olivenkupfer *n {Min}*
copper arsenide Kupferarsenid *n*
copper arsenite <$HCuAsO_3$> Kupfer(II)-arsenit *n*, Scheeles Grün *n*, Mineralgrün *n*, Schwedischgrün *n*, arsenigsaures Kupfer *n {obs}*
copper-asbestos gasket Kupferasbestdichtung *f*
copper ashes Kupferhammerschlag *m*, Kupfersinter *m*
copper-autotype process Kupferautotypie *f*
copper bath Kupferbad *n*, Verkupferungsbad *n*; kupfernes Wasserbad *n*
copper-bearing kupferführend, kupferhaltig
copper-beryllium alloys Kupfer-Beryllium-Legierungen *fpl*
copper bismuth sulfide <$Cu_6Bi_4S_9$> Klaprothit *m {Min}*
copper blast furnace Kupferschachtofen *m*, Kupferschmelzofen *m*
copper bloom Kupferblüte *f*, Kupferfedererz *n {Min}*
copper blue Kupferblau *n*, Kupferlasur *f*, Bremer Blau *n*, Braunschweiger Blau *n*, Kalkblau *n*, Neuwieder Blau *n*, Azurit *m {Kupfer(II)-hydroxid}*
copper borate <$Cu(BO_2)_2$> Kupferborat *n*, Kupfer(II)-metaborat *n {IUPAC}*
copper boride <Cu_3B_2> Kupfer(II)-borid *n*
copper bottom Bodenkupfer *n*, reicher Kupferstein *m {Met}*
copper braid Kupfergeflecht *n*, Kupferlitze *f*
copper bromides <CuBr or $CuBr_2$> Kupferbromide *npl*
copper bronze Kupferbronze *f*
copper brown Kupferbraun *n*, Kupferocker *m {Min}*
copper calciner Kupferröstofen *m*
copper cap Zündhütchen *n*, Zündkapsel *f*
copper carbide <Cu_2C_2> Kupfer(I)-carbid *n*, Kupfer(I)-acetylid *n*
copper carbonate <$CuCO_3 \cdot Cu(OH)_2$> Kupfer(II)-carbonat *n*, [künstlicher] Malachit *m*, Berggrün *n*, kohlensaures Kupferoxyd *n {obs}*, basisches Kupfercarbonat *n {obs}*
azurite copper carbonate *s.* blue copper carbonate
blue copper carbonate Kupferlasur *f*, Bremerblau *n*, Azurit *m {Min}*
hydrated basic copper carbonate Bergasche *f {Triv}*, Kupferlasur *f*, Azurit *m*, Chessylit[h] *m {Min}*
copper cellulose Kupfercellulose *f*
copper chelate Kupferchelat *n*
copper chlorate <$Cu(ClO_3)_2 \cdot 6H_2O$> Kupfer(II)-chlorat *n*, chlorsaures Kupfer *n {obs}*
copper chlorides <CuCl or $CuCl_2$> Kupferchloride *npl*
copper chromate Kupfer(II)-chromat *n*
copper citrate Kupfercitrat *n*
copper-clad kupferkaschiert, kupferplattiert
copper cladding Kupferbelag *m*, Kupferkaschierung *f*
copper coating Kupferüberzug *m*
copper coil Kupferschlange *f*
copper-colo[u]red kupferfarben, kupfern, kupferrot
copper-constantan couple Kupfer-Konstantan-Thermoelement *n*
copper crucible Kupfertiegel *m*
copper cyanides <CuCN or $Cu(CN)_2$> Kupfercyanide *npl*
copper cyanoferrate(II) Kupfer(II)-hexacyanoferrat(II) *n*
copper deposit Kupferniederschlag *m*, Kupferüberzug *m*
copper dichloride <$CuCl_2$> Kupferchlorid *n*, Kupfer(II)-chlorid *n*
copper dish test Kupferschalentest *m {Öl}*
copper disk Kupferscheibe *f*
copper dross Schmelzkupfer *n*
copper electrode Kupferelektrode *f*
copper enzyme Kupferenzym *n {Biochem}*
copper etching Kupferradierung *f*
copper-faced mit Kupfer *n* überzogen
copper ferrocyanide Ferrokupfercyanid *n*,

{obs}, Kupferferrocyanid *n {obs}*, Kupfereisencyanid *n {obs}*, Kupfer(II)-hexacyanoferrat(II) *n*
copper filings Kupferfeilspäne *mpl*
copper finery Kupferfrischofen *m*
copper fluosilicate Kupfersilicofluorid *n*, Kupfer(II)-hexafluorosilicat *n*
copper flux Kupferzuschlag *m {Gieß}*
copper foil Blattkupfer *n*, Kupferblech *n*, Kupferfolie *f*
copper-foil gasket Kupferfoliendichtung *f*
copper-foil trap Kupferfolienfalle *f*
copper foundry Kupfergießerei *f*
copper froth Tyrolit *m {Min}*
copper fulminate Kupferfulminat *n*
copper fumes Kupferrauch *m*
copper furnace Kupfergarherd *m*, Kupfersteinröstofen *m*
copper ga[u]ze filter Kupfergazefilter *n*
copper glance Kupferglanz *m*, Graukupfererz *n*, Graufahlerz *n*, Chalkosin *m {Mineralgruppe}*
copper glycerol Kupferglycerin *n*
copper glycinate Kupferglycinat *n*, Kupfer(II)-aminoacetat *n*
copper glycine Kupferglykokoll *n*
copper glycocoll Kupferglykokoll *n*
copper granules Kupfergranalien *fpl*
copper green Kupfergrün *n*
copper hydrate <**$Cu(OH)_2$**> Kupferoxydhydrat *n {obs}*, Kupfer(II)-hydroxid *n {IUPAC}*, Cuprihydroxyd *n {obs}*
copper hydride <**Cu_2H_2**> Kupferwasserstoff *m*, Kupferhydrid *n*
copper hydroxide <**$Cu(OH)_2$**> Kupfer(II)-hydroxid *n*, Kupferhydroxid *n {IUPAC}*
copper iodide Kupfer(I)-iodid *n*
copper jacket Kupfermantel *m*
copper lactate Kupferlactat *n*
copper lead Bleibronze *f {Lagermetall > 60% Cu, PB DIN 1718}*
copper lead selenide Selenkupferblei *n {Min}*
copper-like kupferartig, kupferig
copper lining Kupferverkleidung *f*, Kupferauskleidung *f*
copper matrix armer Kupferstein *m {Met}*
copper matte armer Kupferstein *m {Met}*
copper metaborate <**$Cu(BO_2)_2$**> Kupfer(II)-metaborat *n*
copper monoxide <**CuO**> Cuprioxyd *n {obs}*, Kupfer(II)-oxid *n*, Kupfermonoxid *n*
copper mordant Kupferbeize *f {Text}*
copper naphthenate Kupfernaphthenat *n {Antifouling-Anstrichstoff, Wildverbißmittel}*
copper nickel Kupfernickel *n*, Arsennickel *n*, Nickelin *m*, Niccolit *m*, Rotnickelkies *m {Nickelarsenid, Min}*
copper nickel alloy Kupfer-Nickel-Legierung *f*
copper nitrate Kupfer(II)-nitrat *n*, salpetersaures Kupferoxid *n {obs}*
native basic copper nitrate Gerhardtit *m {Min}*
copper nitride <**Cu_3N**> Kupfernitrid *n*
copper nucleinate nucleinsaures Kupfer *n*
copper number Kupferzahl *f*, CuZ *{Anal}*
copper oleate <**$Cu(C_{17}H_{33}COO)_2$**> Kupfer(II)-oleat *n*, ölsaures Kupfer *n {obs}*
copper oxalate Kupfer(II)-oxalat *n*
copper oxide cell Kupronelement *n {Elek}*
copper oxide scale Kupferoxidhaut *f {Met}*
native [black] copper oxide Melakonit *m {obs}*, Tenorit *m {Min}*
red copper oxide Kupfer(I)-oxid *n*, Kupferoxydul *n {obs}*
copper oxides Kupferoxide *npl {Cu_2O und CuO}*
copper oxychloride <**$3Cu(OH)_2 \cdot CuCl_2$**> Kupferoxychlorid *n {obs}*, Kupfer(II)-oxidchlorid *n*, Atakamit *m {Min}*
copper packing Kupferdichtung *f*
copper phenolsulfonate Kupferphenolsulfonat *n*, Kupfer(II)-sulfocarbolat *n*
copper phosphate Kupfer(II)-orthophosphat(V) *n*
copper phosphide <**Cu_3P_2**> Kupferphosphid *n*, Phosphorkupfer *n {obs}*
copper pigment Kupferfarbe *f*
copper pipe Kupferrohr *n*
copper plating Verkupfern *n*, Verkupferung *f*
copper-plating bath Kupferbad *n*
copper-plating by immersion Tauchverkupferung *f*
copper poisoning Kupfervergiftung *f*
copper pole Kupferpol *m*
copper powder rote Bronze *f*, Kupferpulver *n*
copper precipitate Kupferniederschlag *m*
copper protoxide <**Cu_2O**> Kupferoxydul *n {obs}, Kupfer(I)-oxid n {IUPAC}*, Cupro-oxyd *n {obs}*; Cuprit *m {Min}*
copper pyrites Gelbkupfererz *n {obs}*, Kupferkies *m*, Kupferpyrit *m*, Chalkopyrit *m*, Halbkupfererz *n {Eisen(II)-kupfer(II)-sulfid, Min}*
copper radiation Kupferstrahlung *f {Spek}*
copper rain Kupferregen *m*, Spratzkupfer *n*, Streukupfer *n*, Sprühkupfer *n {Met}*
copper red 1. kupferrot; 2. Kupferrot *n*, Cuprit *m*, Rotkupfererz *n*
copper refinery Kupferraffinerie *f*
copper refining Kupferreinigung *f*, Garmachen *n* des Kupfers *n*, Kupferraffination *f*
copper refining hearth Rosettenherd *m*
copper resinate <**$(C_{20}H_{29}O_2)_2Cu$**> Kupferabietat *n*, Kupferresinat *n*, harzsaures Kupfer *n {obs}*
copper ricinoleate <**$Cu[OOC(CH_2)_7CH{=}CH{-}CH_2CHOHC_6H_{13}]_2$**> Kupfer(II)-ricinoleat *n*

copper rust Grünspan *m*
copper saccharate Kupfersaccharat *n*
copper sand Kupfersand *m*
copper scale Kupferhammerschlag *m*, Kupferasche *f*, Kupfersinter *m*
copper schist Kupferschiefer *m {Min}*
copper scrap Kupferabfälle *mpl*
copper scum Kupferschaum *m*
copper selenide <Cu_2Se> Kupfer(I)-selenid *n*, Selenkupfer *n {Min}*
copper sheet Kupferblech *n*
copper sheeting Kupferbeschlag *m*
copper silicide Kupfersilicid *n*; Siliciumkupfer *n {Met, 10-30% Si}*
copper silicofluoride Kupfersilicofluorid *n*, Kupfer(II)-hexafluorosilicat(IV) *n*
copper silver alloy Kupfersilber *n*
copper slag Kupferschlacke *f*, Garkupferschlacke *f*
copper slick Kupferschlich *m*
copper soap Kupferseife *f*
copper sodium cellulose Kupfernatroncellulose *f*
copper solder Kupferlot *n*
copper sponge Kupferschwamm *m*, Schwammkupfer *n*
copper spray Kupferspritzmittel *n*, Kupferbrühe *f {Agri}*
copper stannate Kupferstannat *n*
copper stearate <$(C_{18}H_{35}O_2)_2Cu$> Kupfer(II)-stearat *n*
copper storage battery Kupferakkumulator *m*
copper strand Kupferlitze *f*
copper strip Kupferblech *n*
copper strip test Kupferstreifenprobe *f*, Kupferstreifentest *m*, Kupferstreifenmethode *f*, Kupferstreifenprüfung *f {Mineralöl, DIN 51759}*
copper subacetate basisches Kupfer(II)-acetat *n*, basisch-essigsaures Kupfer *n*, Kugelgrünspan *m {Triv}*
copper sulfantimonide <$CuSbS_2$> Kupferantimonglanz *m {obs}*, Chalkostibit *m {Min}*
copper sulfate <$CuSO_4 \cdot 5H_2O$> blauer Galitzenstein *m {obs}*, Kupfervitriol *n {Triv}*, Kupfer(II)-sulfat-Pentahydrat *n*, blauer Vitriol *n*, Chalkanthit *m {Min}*; Tetraaquokupfer(II)-sulfatmonohydrat *n {IUPAC}*
copper sulfate-sulfuric acid method Kupfersulfat-Schwefelsäure-Verfahren *n {Korr, DIN 50914}*
copper sulfide 1. <CuS> Kupfer(II)-sulfid *n*, Schwefelkupfer *n {Triv}*, Kupferindig[o] *n*, Covellin *m {Min}*; 2. <Cu_2S> Kupfer(I)-sulfid *n*
copper sulfocarbolate Kupfersulfophenylat *n*, Kupfer(II)-phenolsulfonat *n*
copper sulfophenate Kupfersulfophenylat *n*, Kupfer(II)-phenolsulfonat *n*
copper sweetening Kupfersüßung *f*, Kupfersüßen *n {Mineralöl}*
copper thiocyanate <$Cu_2(SCN)_2$> Kupfer(I)-thiocyanat *n*, Cuprothiocyanat *n {obs}*, Kupfer(I)-rhodanid *n {obs}*, Rhodankupfer *n {obs}*
copper tube Kupferrohr *n*
copper tubing seal Abquetschdichtung *f {durch Kaltpreßschweißen}*
copper turnings Kupferdrehspäne *mpl*
copper uranite Chalkolith *m {Min}*
copper value *s.* copper number
copper vitriol Kupfervitriol *n*, Blauvitriol *n*, Chalkanthit *m {Min}*; Kupfer(II)-sulfat-5-Wasser *n*
copper voltameter Kupfervoltameter *n*
copper waste Kupferabfall *m*
copper wire Kupferdraht *m*
copper-wire gauze Kupferdrahtnetz *n*
copper-wire mesh Kupfergeflecht *n*
copper-zinc accumulator Kupfer-Zink-Akkumulator *m*
copper-zinc storage battery Kupfer-Zink-Akkumulator *m*
copper(I) acetylide <Cu_2C_2> Kupfer(I)-acetylenid *n*
copper(I) bromide Kupfer(I)-bromid *n*, Kupferbromür *n {obs}*
copper(I) chloride Cuprochlorid *n {obs}*, Kupfer(I)-chlorid *n*, Kupferchlorür *n {obs}*
copper(I) compound Kupfer(I)-Verbindung *f*, Cuproverbindung *f {obs}*, Kupferoxydulverbindung *f {obs}*
copper(I) cyanide Kupfer(I)-cyanid *n*, Kupfercyanür *n {obs}*
copper(I) hexafluorosilicate Dikupfer(I)-hexafluorosilicat(IV) *n {IUPAC}*
copper(I) hydride Kupfer(I)-hydrid *n*, Kupferwasserstoff *m*
copper(I) hydroxide Kupfer(I)-hydroxid *n*, Kupferhydroxydul *n {obs}*, Kupferoxydulhydrat *n {obs}*
copper(I) iodide Kupfer(I)-iodid *n*, Kupferjodür *n {obs}*
copper(I) nitride Kupfer(I)-nitrid *n*
copper(I) oxide Cuprooxid *n {obs}*, Kupfer(I)-oxid *n*, Kupferoxydul *n {obs}*
copper(I) salt Kupfer(I)-Salz *n*, Cuprosalz *n {obs}*
copper(I) sulfide Kupfer(I)-sulfid *n*, Halbschwefelkupfer *n {obs}*, Kupfersulfür *n {obs}*
copper(I) sulfite Cuprosulfit *n {obs}*, Kupfer(I)-sulfit *n*
copper(I) thiocyanate Kupfer(I)-rhodanid *n {obs}*, Kupferrhodanür *n {obs}*, Kupfer(I)-thiocyanat *n*
copper(II) bromide Kupfer(II)-bromid *n*, Kupferdibromid *n*

copper(II) carbonate Cupricarbonat *n {obs}*, Kupfer(II)-carbonat *n*
copper(II) chloride Cuprichlorid *n {obs}*, Kupferdichlorid *n*, Kupfer(II)-chlorid *n*
copper(II) chromate Cuprichromat *n {obs}*, Kupfer(II)-chromat *n*
copper(II) compound Kupfer(II)-Verbindung *f*, Cupriverbindung *f {obs}*, Kupferoxidverbindung *f {obs}*
copper(II) cyanide <$Cu(CN)_2$> Kupfer(II)-cyanid *n*
copper(II) hydroxide <$Cu(OH)_2$> Kupfer(II)-hydroxid *n*
copper(II) iodide Kupfer(II)-iodid *n*, Kupferdiiodid *n*
copper(II) nitrate Kupfer(II)-nitrat *n*
copper(II) oxide Kupfer(II)-oxid *n*
copper(II) phosphate Kupfer(II)-phosphat(V) *n*
copper(II) salt Kupfer(II)-Salz *n*, Kupferoxidsalz *n {obs}*
copper(II) sulfate Kupfer(II)-sulfat *n*, Kupfervitriol *n {Triv}*
black copper Schwarzkupfer *n*
capillary copper Haarkupfer *n*
containing copper kupferhaltig
crude copper Rohkupfer *n*, Gelbkupfer *n*, Kupferstein *m*
dry copper übergares Kupfer *n*
free from copper/to entkupfern
plate with copper/to verkupfern
treat with copper/to verkupfern
underpoled copper übergares Kupfer *n*
copperas Eisenvitriol *n*, Eisen(II)-sulfat *n*, Heptahydrat *n*, Melanterit *m*, grüner Vitriol *m {Min}*
copperas vat Vitriolküpe *f*, Weichküpe *f*
blue copperas Kupfer(II)-sulfat-Penthydrat *n*
white copperas Augenstein *m*, Zinksulfat *n*, Zinkvitriol *n {Min}*
coppering Verkupfern *n*, Verkupferung *f*
copperon Cupferron *n*, Kupferron *n {Ammoniumnitroso-ß-phenylhydroxylamin}*
copperplate/to verkupfern
copperplate Kupferblech *n*
copperplate black Kupferdruckerschwärze *f*
coppersmith's cement Kupferkitt *m*
coppery kupferartig, kupferig, kupfern, kupferrot
coppery luster Kupferglanz *m*
coppite Koppit *m {Min}*
copra Kopra *f {getrocknetes Nährgewebe der Kokosnuß}*
coprecipitate/to mitfällen
coprecipitation Kopräzipitation *f*, induzierte Mitfällung *f*
coprecipitation method Mitfällungsmethode *f*
coprocessing gemeinsame Verarbeitung *f*, gemeinsame Bearbeitung *f*
coproduct Nebenprodukt *n*, Beiprodukt *n*
coprolite Koprolith *m {fossiler Kotballen}*, Kotstein *m*
coprophilic koprophil *{Bakterien}*
coprophilous koprophil *{Bakterien}*
coproporphyrin <$C_{36}H_{38}N_4O_8$> Koproporphyrin *n*
coprostane Koprostan *n*
coprostanic acid Koprostansäure *f*
coprostanol *s.* copresterol
coprosterol <$C_{27}H_{48}O$> Koprostanol *n*, Dihydrocholesterol *n*
coptine Coptin *n {Alkaloid}*
copy/to vervielfältigen, kopieren; abbilden, abdrucken, abklatschen *{Druck}*; abzeichnen; nachahmen; nacharbeiten, nachbilden, nachformen; umkopieren [auf]
copy 1. Kopie *f*, Nachbildung *f*, Abbild *n*; 2. Abdruck *m {Met}*; 3. Kopie *f*, Abzug *m*, Ablichtung *f {Druck}*; 4. Durchschlag *m {Durchschrift}*; Abschrift *f*; Manuskript *n {Druck}*; 5. Imitation *f*; 6. Photokopie *f*; 7. Modell *n*, Musterstück *n*, Bezugsstück *n*; 8. Übertragung *f*, Umspeicherung *f {EDV}*
copy paper Durchschlagpapier *n*, Durchschreibpapier *n*
copying apparatus Kopierapparat *m*, Kopiergerät *n*, Vervielfältigungsapparat *m*
copying ink Kopiertinte *f*, Kopierdruckfarbe *f*
copying machine Kopiermaschine *f*, Nachformmaschine *f*, Vervielfältigungsmaschine *f*
copying paper Kopierpapier *n*, Durchschlagpapier *n*
copying process Kopierverfahren *n*
copyright Urheberrecht *n*, Musterschutz *m*, Copyright *n*
copyright act Urheberschutzgesetz *n*
copyright in designs Gebrauchsmusterschutz *m*, eingetragenes Geschmacksmuster *n*
copyrighted gesetzlich geschützt
copyrine <$C_8H_6N_2$> Copyrin *n*, 2,7-Pyridopyridin *n*, 2,7-Benzodiazin *n*
coquimbite Coquimbit *m {Eisen(III)-sulfat-9-Wasser, Min}*
coracite Coracit *m {obs}*, Gummit *m {Min}*
coral agate Korallenachat *m {Min}*
coral-colo[u]red korallenfarben
coral lac Korallenlack *m*
coral ore Korallenerz *n {Min}*
coral red Korallenrot *n*
coralline 1. Corallin *n*, Peonin *n {Rosolsäure-Reagens}*; 2. Corallin *n {Streptothrix-Pigment}*
corallite Korallenversteinerung *f*
cord/to schnüren, verschnüren; zuschnüren
cord 1. Schnur *f*, Bindfaden *m*, Kordel *f*, Strick *m*, Spagat *m*; [dünnes] Seil *n*; 2. Klafter *n*

{US, Holz-Raumeinheit = 3,6246 m^3}; 3. Schliere *f*, Inhomogenität *f {Glas}*; 4. Kordel *f*, Leitungsschnur *f*, Schnur *f*; Litze *f {Elek}*; 5. Kord *m {technischer Zwirn}*; Cord *m*, Struck *n m*, Kordgewebe *n {Text}*
cord fabric Cordgewebe *n*, Kordgewebe *n {Gummi}*
cord rayon Kordseide *f*
cordage 1. Kordgewebe *n {Gummi}*; 2. Tauwerk *n*, Seilware *f*; 3. Fadenzahl *f*
cordage thread Seilgarn *n {aus Plastfäden}*
cordierite Cordierit *m*, [zweifarbiger] Dichroit *m {Min}*
cordite Cordit *m*, Kordit *m {ein rauchschwaches Schießpulver}*
cordylite Kordylit *m {Min}*
core/to durchbohren; entkernen
core 1. Kern *m {Met}*, Dorn *m*, Gußkern *m {Guß}*, Kernzone *f*, Innere[s] *n*, Mark *n*, Zentralstück *n* ; 2. Kernhaus *n {Obst}*; Kernholz *n {Bot}*; 3. Atomrumpf *m*, Rumpf *m*; Spaltzone *f {Nukl}*; 4. Stützstoffkern *m {von Verbundbauteilen}*; 5. Seele *f*, Kabelseele *f {Gesamtheit der Leitungen}*; Kern *m*, Pulverseele *f {der Zündschnur}*; 6. Rotor *m*, Kegelrotor *m*; Spulenkern *m*, Bobby *m*, Wickelkern *m*; 7. Mittenfurnier *n*, Innenblatt *n*, Mittenblatt *n {Sperrholz}*; 8. Bohrkern m; 9. Hülse *f*; Ferritkern *m*
core binder Kern[sand]bindemittel *n*, Bindemittel *n* für Gießkerne *mpl*, Kern[sand]binder *m*
core cement Trommelklebgummi *m {Räder}*
core compound Kernmasse *f*
core diameter 1. Kerndurchmesser *m {Nukl}*; 2. Flankendurchmesser *m*, Kerndurchmesser *m {Gewinde; DIN 13}*
core drill Kernbohrer *m*
core drilling Kernbohren *n {DIN 20301}*, Abbau *m* im Bohrverfahren *n*
core flow Kernfluß *m {beim Entladen aus Behältern}*
core iron Eiseneinlage *f*, Kerneisen *n {Verstärkung in Gießkernen}*
core isomerism Rumpfisomerie *f*
core layer Innenlage *f {Schichtpreßstoff}*
core maker Kernmacher *m {Gieß}*
core material Kernwerkstoff *m*, Kernmaterial *n*, Spaltstoff *m*, Spaltmaterial *n {Nukl}*
core memory Kernspeicher *m*, Magnetkernspeicher *m {EDV}*
core model Rumpfmodell *n*
core mo[u]lding Kernformerei *f*, Kernherstellung *f*, Kernformen *n {Gieß}*
core of the arc Mittelstück *n* des Bogens *m*, Kern *m* des Bogens *m*, Kernstück *n* des Bogens *m*
core oil Kernbinderöl *n*, Kernöl *n*, Kernbinder *m* auf Ölbasis *f {Gieß}*
core part Kernstück *n {Gieß}*
core pattern Kernmodell *n*
core pigments modifizierte Farbpigmente *npl*
core plate 1. Transformator[en]blech *n*; 2. Patrize *f*, schließseitige Formplatte *f*, Stempelplatte *f*, Kernträger *m*, Kernträgerplatte *f*, Kernplatte *f {Kunst}*; 3. Kernschale *f*, Kernbrennschale *f {Gieß}*
core radius Kernhalbmesser *m {Nukl}*
core sample Kernprobe *f {DIN 22005}*, Bohrkernprobe *f*
core sand Kernsand *m {Met}*
core sheet Schichtstoffmittellage *f*; Kernblech *n {als ungestanztes Material}*; Innenblatt *n {Sperrholz}*
cored hohl
cored carbon Dochtkohle *f*, Effektkohle *f*
cored casting Kernguß *m*
cored work Kernguß *m*
coreless induction oven Induktionstiegelofen *m*
corepressor Corepressor *m {Molekularbiologie}*
coriaceous lederähnlich, lederartig
coriamyrtin <$C_{15}H_{18}O_5$> Coriamyrtin *n*
coriander oil Corianderöl *n*, Korianderöl *n*, Oleum *n* Coriandri
coriandrol Coriandrol *n*, Koriandrol *n*, D-Linalool *n*
coridine <$C_{10}H_{15}N$> Coridin *n*
coring Entmischung *f {Krist}*
Coriolis force Coriolis-Kraft *f {ablenkende Kraft der Erdrotation}*
cork/to verkorken, zukorken, mit einem Korken *m* verschließen, korken
cork 1. Kork *m*, Korkrinde *f {von Quercus suber L.}*; Kork *m*, Korkgewebe *n*, Phellem *n*; 2. Kork[en] *m*, Korkstopfen *m*, Stopfen *m*, Pfropfen *m*, Stöpsel *m*; Korkment *n {DIN 16952}*
cork-black Korkschwarz *n*, Korkkohle *f*
cork borer Korkbohrer *m*
cork charcoal Korkkohle *f*
cork disc Korkscheibe *f*
cork fat Suberin *n*
cork flour Korkmehl *n*
cork insulation Korkisolation *f*
cork knife Korkmesser *n*
cork-like korkähnlich, korkartig, korkig
cork plate Korkplatte *f*
cork pliers Korkzange *f*
cork powder Korkmehl *n*
cork press Korkpresse *f*
cork processing Korkverarbeitung *f*
cork slab Korkplatte *f*
cork stopper *{ISO 2569}* Korkstopfen *m*, Korkpfropfen *m*
agglomerated cork gepreßter Kork *m*
burnt cork Korkkohle *f*
corkboard 1. Korkstein *m*, Korkplatte *f {Natur- oder Preßkork}*; 2. Krispelholz *n {mit Korkbelag}*

corkite Corkit *m {Min}*
corkscrew 1. Corkscrew *m {Text}*; 2. Korkenzieher *m*
corkwood 1. agglomerierter Kork *m*, Preßkork *m*; 2. Korkholz *n*
corky korkähnlich, korkartig, korkig
corn/to einpökeln; körnen
corn 1. Samenkorn *n*, Getreidekorn *n*; 2. Körnerfrüchte *fpl*, Getreide *n*, *{GB}* Weizen *m*, Triticum aestivum L., *{Schottland und Irland}* Hafer *m*, Aventa sativa L., *{US}* Mais *m*, Zea mays L.
corn brandy Kornbranntwein *m*, Kornschnaps *m*, Whisky *m*
corn cob Maiskolben *m*
corn distillery Getreidebrennerei *f*
corn flour *{US}* Maisstärke *f*, Maismehl *n*
corn oil *{US}* Maiskeimöl *n*, Maisöl *n*
corn starch Maisstärke *f*, Amylum *n*
corn sugar Maisdextrose *f*, Maiszucker *m* *{D-Glucose}*
corn syrup Stärkezuckersirup *m* aus Mais *m* *{Dextrin-Glucose-Maltose-Mischung}*
corned körnig
corned beef *{CAC STAN 88}* Büchsenfleisch *n*, Corned Beef *n*
cornelian Karneol *m*, Carneol *m* *{blutroter bis gelblicher Chalzedon, Min}*
corneous hornig
corneous silver Horn[chlor]silber *n*, Chlorargyrit *m {Min}*
corner 1. Ecke *f*, Bezugsecke *f*; 2. Ecke *f {Vorsprung}*, Kante *f*, Winkel *m*
corner discharge Eckenaustrag *m {z.B. von Pulvern}*
corner valve Winkelventil *n*, Eckventil *n*
cornered eckig, winkelig
cornflower blue Kornblumenblau *n*
cornic acid Cornin *n*
cornin Cornin *n*
Cornish stone Cornishstone *m {Feldspatpegmatit aus Cornwall}*
cornite Kornit *n*, Hornstein *m {Min}*
Cornu [double] prism Cornu-Prisma *n*, Cornusches Quarzprisma *n {Spek}*
cornubianite Cornubianit *m*, Cornubit *m {Min}*
cornwallite Cornwallit *m*, Erinit *m {Kupfer(II)-tetrahydroxiddiorthoarsenat, Min}*
corollary Folgesatz *m*, Korollar *n {Satz, der sich aus bewiesenen Theoremen ergibt}*; logische Folge *f*, natürliche Folge *f*, sekundäre Folge *f*, selbstverständliche Folge *f*
corona 1. Corona *f {pl. coronas, coronae}*, Korona *f*, Kranz *m*, Hof *m {in einer atmosphärischen Optik}*; 2. Corona *f*, Coronaentladung *f* *{Elek}*; 3. Korona *f*, Kelyphit *m {Geol}*
corona arc Koronabogen *m*
corona current Koronastrom *m*
corona discharge Coronaentladung *f*, Corona *f*, Glimmentladung *f*, Sprühentladung *f*, Koronaentladung *f*, stille Entladung *f {Elek}*
corona discharge electrode Sprühelektrode *f*
corona effect Koronaeffekt *m*
corona pretreatment Corona-Vorbehandlung *f*, Korona-Vorbehandlung *f*, Oberflächenvorbehandlung *f* mittels Koronaentladung *f* *{zwecks Polarisation unpolarer Kunststoffe}*
corona resistance Coronabeständigkeit *f*, Koronafestigkeit *f*, Beständigkeit *f* gegen den Koronaeffekt *m*
corona spectrum inverses Sonnenspektrum *n*
corona treatment Coronabehandlung *f*, Koronabehandlung *f*, Oberflächenbehandlung *f* mittels Koronaentladung *{zwecks Polarisation unpolarer Plastwerkstoffe}*
coronadite Coronadit *m {ein Manganomelan, Min}*
coronal line Koronalinie *f {Spek}*
coronand Coronand *m*, Kryptand *m {Kronenether}*
coronene <$C_{24}H_{12}$> Coronen *n*
coronillin <$C_{15}H_{21}N_3O_{15}$> Coronillin *n {Trinitroglucosid}*
coronium 1. Coronium *n {Beschichtung}*; 2. Coronium *n*, Protofluor *n {hypothetisches Element im Sonnenspektrum}*
coronium line Coroniumlinie *f {Spek}*
corotoxigenin Corotoxigenin *n*
corphin Corphin *n*
corporate körperschaftlich, zu einer juristischen Person *f* gehörend, korporativ; Gesellschafts-
corporate articles Satzung *f*
corporate capital Gesellschaftskapital *n*
corporate letterhead Firmenbriefkopf *m*
corporate management Mangement *n* auf höchster Unternehmensebene *f*
corporate training innerbetriebliche Ausbildung *f*
corporation Körperschaft *f*, Korporation *f*; *{US}* Handelsgesellschaft *f*; Zunft *f*, Gilde *f*, Innung *f*
corporation counsel Syndikus *m*, Gesellschaftsjustitiar *m*
corporation patent department Firmenpatentabteilung *f*
corporative körperschaftlich, korporativ, genossenschaftlich; gesellschaftlich, ständisch
corpus luteum Gelbkörper *m {Physiol}*
corpus luteum hormone Corpus-Luteum-Hormon *n*, Luteohormon *n*
corpuscle 1. Teilchen *n*, Partikel *n f*, Körperchen *n*, Korpuskel *f n*; 2. Blutkörperchen *n* *{Med}*
corpuscular korpuskular, teilchenartig; Teilchen-

corpuscular radiation Korpuskularstrahlung *f*, Teilchenstrahlung *f*, Materiestrahlen *mpl*
corpuscular rays *s.* corpuscular radiation
corpuscule Körperchen *n*, Teilchen *n*, Partikel *n f*, Korpuskel *f n*
correct/to berichtigen, richtigstellen, Fehler *m* beseitigen, korrigieren, verbessern; bereinigen; mildern *{Chem}* umändern; entzerren *{z.B. ein Meßgerät}*; zurechtweisen
correct korrekt; genau, richtig, einwandfrei; vorschriftsmäßig; fehlerfrei *{Math}*; wahr
correct product Normalkorn *n {Koll}*
correct screening Normalkorn *n {Koll}*
correct temperature Solltemperatur *f*
correct viscosity Verarbeitungsviskosität *f*
be correct/to stimmen, richtig sein, fehlerfrei sein
corrected verbessert, korrigiert, berichtigt; umgeändert
correcting factor *s.* correction factor
correction Berichtigung *f*, Korrektur *f*, Richtigstellung *f*, Fehlerbeseitigung *f*, Verbesserung *f*
correction factor Korrekturwert *m*, Korrekturfaktor *m*, Korrekturkoeffizient *m*, Korrektionsfaktor *m*, Berichtigungsfaktor *m*
correction filter Korrektionsfilter *n*
correction method Berichtigungsverfahren *n*, Korrekturverfahren *n*, Korrekturmethode *f*
correction of mistakes Fehlerberichtigung *f*
correction of proof sheets Korrekturlesen *n*
correction term Korrekturglied *n*, Korrektionsgröße *f*
corrective 1. Korrigens *n*, Corrigens *n {pl. Corrigentia}*, Besserungsmittel *n {geschmacksverbessernder Zusatz}*, Korrektivmittel *n {Med}*; 2. Hilfsstoff *m*, Beistoff *m {Konfektionierung von Wirkstoffgemischen}*; 3. Bodenverbesserungsmittel *n {Agri}*
corrective error Ausgleichsfehler *m*
corrective factor *s.* correction factor
corrective procedure Abhilfemaßnahme *f*
correctly placed material Normalgut *n {DIN 22005}*
correctly timed zeitoptimal
correctness Genauigkeit *f*; Richtigkeit *f*
correlate/to korrelieren, in Wechselbeziehungen *fpl* stehen, in Wechselbeziehungen *fpl* bringen
correlation Korrelation *f*, Wechselbeziehung *f*, wechselseitige Beziehung *f*, Wechselwirkung *f*
correlation coefficient Korrelationskoeffizient *m*
correlation conductance Korrelationsleitwert *m*
correlation effect Korrelationseinfluß *m*
correlation energy Korrelationsenergie *f*
correlation factor Korrelationskoeffizient *m*
correspond/to korrespondieren; entsprechen, übereinstimmen
correspondence Korrespondenz *f*; Übereinstimmung *f*; Zuordnung *f {Math}*
correspondence principle [Bohrsches] Korrespondenzprinzip *n*
corresponding korrespondierend; entsprechend, übereinstimmend, vergleichbar
corresponding states übereinstimmende Zustände *mpl*, reduzierte Zustände *mpl {Thermo}*
corridor Flur *m*, Kammer *f {z.B. eines Kammertrockners}*, Korridor *m*, Gang *m*
corridor dryer Kammertrockner *m*
corrin <$C_{19}H_{22}N_4$> Corrin *n*
corrin nucleus Corrinring *m {Biochem}*
corroborate/to bestärken, bestätigen; untermauern; stärken
corrode/to 1. korrodieren *{der Korrosion unterliegen}*, verrosten, rosten *{Eisen}*; 2. korrodieren, [ab]ätzen, [an]fressen, angreifen, [an]rosten, zerfressen, [oberflächlich] zerstören; 3. beizen
corrode away/to abtragen; wegfressen
corrodent 1. korrosiv, korrodierend, zerfressend, aggressiv; 2. Korrosionsmedium *n*, Korrosionsmittel *n*, angreifendes Medium *n*, aggressives Medium *n*, korrodierendes Agens *n*
corrodibility Korrodierbarkeit *f*, Ätzbarkeit *f*, Korrosionsempfindlichkeit *f*, Rostempfindlichkeit *f*, Angreifbarkeit *f*
corrodible ätzbar, angreifbar, korrodierbar, rostempfindlich, korrosionsempfindlich; korrosionsfähig, korrosionsanfällig
corroding korrosiv, korrodierend [wirkend], zerfressend, angreifend, ätzend; Korrosions-, Ätz-
corroding agent Rostbildner *m*, Korrosionsmittel *n*, Korrosionsmedium *n*
corroding bath Beizbad *n*
corroding brittleness Beizsprödigkeit *f*
corroding lead Korrosionsblei *n*, Feinblei *n {DIN 1719}*
corroding pot Gärtopf *m*, Tontopf *m {Met}*
corroding proof Ätzprobe *f*
Corrodkote process Corrodkote-Verfahren *n {Korrosionstest}*
Corrodkote test Corrodkote-Verfahren *n {Korrosionstest}*
corrosion 1. Korrosion *f {DIN 50900}*, Korrodieren *n*, Ätzung *f*, Anfressen *n*, Zerfressen *n*, Fressen *n*, Fraß *m*, oberflächliche Zerstörung *f*; 2. Rosten *n*, Rostung *f {Met}*; 3. Korrosion *f {chemischer Angriff auf Gestein, Geol}*
corrosion attack Rostangriff *m*, Korrosionsangriff *m*
corrosion brittleness Beizbrüchigkeit *f*
corrosion by chlorine Chlorkorrosion *f*
corrosion by hydrochloric acid Salzsäurekorrosion *f*

corrosion cell Korrosionselement *n*
corrosion cracking Rißbildung *f* infolge Korrosion *f*, Reißen *n* infolge Korrosion *f*
corrosion creep Korrosionsunterwanderung *f*, Unterrostung *f*
corrosion damage Korrosionsschaden *m* *{DIN 50900}*
corrosion due to stress-cracking Spannungsrißkorrosion *f*
corrosion fatigue Korrosionsermüdung *f* *{DIN 50900}*, Schwingungsrißkorrosion *f*, Dauerschwingkorrosion *f*, Ermüdungskorrosion *f*
corrosion figure Ätzfigur *f*, Lösungsfigur *f* *{Krist}*
corrosion index Maß *n* der Korrosion *f*
corrosion-inhibiting korrosionsverhindernd, korrosionshemmend
corrosion-inhibiting adhesive primer Grundiermittel *n* für Metallklebstoffe *mpl*
corrosion-inhibiting paint Korrosionsschutzanstrich *m*
corrosion inhibition Korrosionsverhinderung *f*, Korrosionshemmung *f*, Korrosionsinhibition *f*
corrosion inhibitor Korrosionshemmstoff *m*, Korrosionsverzögerer *m*, Korrosionshemmer *m*, Korrosionsinhibitor *m*, Korrosionsschutzmittel *n*
corrosion near the edges Kantenkorrosion *f*
corrosion phenomenon Korrosionserscheinung *f*
corrosion pit[ting] Korrosionsnarbe *f*, Korrosionsgrübchen *n*, korrosive Anfressung *f*
corrosion prevention Korrosionsschutz *m* *{DIN 50900}*
corrosion preventive Korrosionsschutzmittel *n*, Korrosionsschutzmaterial *n*
corrosion-preventive ability Korrosionsschutzvermögen *n*, korrosionsvorbeugende Eigenschaft *f*
corrosion-preventive oil Korrosionsschutzöl *n*, Rostschutzöl *n* *{Eisen}*
corrosion-preventive wax Korrosionsschutzwachs *n*, Konservierungswachs *n*
corrosion product Korrosionsprodukt *n*
corrosion-product layer Korrosionsschicht *f*, Korrosionsproduktschicht *f*
corrosion-prone korrosionsempfindlich, korrosionsanfällig, korrosionsfähig
corrosion-proof korrosionsbeständig, rostbeständig, korrosionsresistent, korrosionsfest, nicht korrodierbar, rostsicher, korrosionsschutzgerecht
corrosion protection Korrosionsschutz *m* *{DIN 50900}*, Korrosionsverhinderung *f*, Korrosionsverhütung *f*
corrosion-protection agent Korrosionsschutzmittel *n*
corrosion-protection oil Korrosionsschutzöl *n*
corrosion-protective finish korrosionshindernde Schicht *f*
corrosion rate Korrosionsgeschwindigkeit *f*, Korrosionsrate *f*
corrosion resistance Korrosionsbelastbarkeit *f*, Korrosionsbeständigkeit *f*, Korrosionswiderstand *m*, Korrosionsfestigkeit *f*; Rostbeständigkeit *f* *{Eisen}*
corrosion-resistant korrosionsfest, korrosionsbeständig, nicht korrodierbar; rostsicher *{Eisen}*
corrosion resisting korrosionsbeständig, korrosionsfest, korrosionsresistent, nicht korrodierbar, korrosionssicher; rostsicher *{Eisen}*
corrosion-resisting quality Korrosionsbeständigkeit *f*
corrosion strength Korrosionswiderstand *m*, Korrosionsbeständigkeit *f*, Korrosionsfestigkeit *f*
corrosion test Korrosionsversuch *m*, Korrosionsprüfung *f* *{DIN 50021}*, Korrosionstest *m*
accelerated corrosion test Schnellkorrosionsversuch *m*
corrosion testing Korrosionsprüfung *f*
corrosion tunneling Tunnelkorrosion *f*, Korrosionstunnel *m*
corrosion value Korrosionswert *m*

corrosive 1. korrodierend [wirkend], zerfressend, aggressiv, angreifend, ätzend; beizend; Korrosions-, Ätz-; 2. Korrosionsmedium *n*, Korrosionsmittel *n*, angreifendes Medium *n*, korrrodierendes Agens *n*, Ätzmittel *n*, Angriffsmittel *n*; Beize *f*, Beizmittel *n*
corrosive action Korrosionsvorgang *m*, korrosive Einwirkung *f*, Rostangriff *m*
corrosive agent Korrosionsmittel *n*, Korrosionsmedium *n*, korrodierendes Mittel *n*, angreifendes Medium *n*
corrosive atmosphere korrodierende Atmosphäre *f*
corrosive attack Anfressung *f*, Rostangriff *m*, Korrosionsangriff *m*
corrosive condition *{ISO 2746}* Korrosionsmilieu *n*, Korrosionsumgebung *f*, korrosive Bedingungen *fpl*
corrosive effect Korrosionseinfluß *m*, Korrosivwirkung *f*
corrosive fume korrosiver Dampf *m*
corrosive liquid Beizflüssigkeit *f*, Beizwasser *n*
corrosive matter aggressiver Stoff *m*
corrosive mercuric chloride <Hg_2Cl_2> Ätzsublimat *n*, Sublimat *n*, Quecksilber(II)-chlorid *n*, Mercurichlorid *n* *{obs}*
corrosive paste Ätzpaste *f*
corrosive power Beizkraft *f*
corrosive salt Ätzsalz *n*
corrosive sublimate *s.* corrosive mercuric chloride
corrosive sulfur aktiver Schwefel *m*

corrosive substance Kaustikum *n {Chem}*
corrosive wear Abnutzung *f* durch Korrosion *f*, Abtragung *f* durch Korrosion *f*; abrasiver Verschleiß *m*
remove with corrosive/to ausbeizen
corrosiveness Ätzkraft *f*, Schärfe *f {Chem}*, Korrosivität *f*, korrodierende Wirkung *f*, Korrosionsvermögen *n*, Aggressivität *f*
corrugate/to riffeln, riefen, wellen, rippen, riefeln
corrugated gewellt, wellig, geriffelt, gerippt; Well-
corrugated board Falzbaupappe *f*, Wellpappe *f*
corrugated board adhesive Wellpappenklebstoff *m*
corrugated box Faltkiste *f* aus Wellpappe *f*
corrugated cardboard Wellpappe *f*, Wellkarton *m*
corrugated diaphragm gewellte Membran *f*
corrugated fibreboard Wellpappe *f*
corrugated glass Riffelglas *n*
corrugated iron [sheet] Wellblech *n*
corrugated rubber tubing Faltenschlauch *m*
corrugated sheet metal Wellblech *n*
corrugation 1. Riffelung *f*, Wellenbildung *f*;-Rillung *f*; 2. Welligkeit *f {Tech}*
corsite Corsit *m*, Napoleonit *m {Min}*
cortex 1. primäre Rinde *f*, Cortex *m {Bot}*; 2. Fruchtschale *f {Pharm}*; 3. Rinde *f {Pharm, Med}*
cortical hormone Rindenhormon *n*, Nebennierenrindenhormon *n*, Corticoid *n*, Kortikoid *n {obs}*, Corticosteroid *n*
corticin Corticin *n*, Rindenstoff *m*
corticinic acid **<$C_{12}H_{10}O_6$>** Corticinsäure *f*
corticoid Nebennierenrindenhormon *n*, Corticoid *n*, Kortikoid *n {obs}*, Corticosteroid *n*, Rindenhormon *n*
corticosteroid *s.* corticoid
corticosterone Corticosteron *n*, Kortikosteron *n {obs}*, 11,21-Dihydroxyprogesteron *n*
corticotropin Corticotropin *n*, α-Corticotropin *n*, Adrenocorticotropin *n*, adrenocorticotropes Hormon *n*, ACTH
corticrocin **<$C_{14}H_{14}O_4$>** Corticrocin *n*, *{2,4,6, 8,10,12-Tetradecahexaen-1,14-dicarbonsäure}*
cortisalin Cortisalin *n*
cortisol **<$C_{21}H_{30}O_5$>** Cortisol *n*, Hydrocortison *n*
cortisone **<$C_{21}H_{28}O_5$>** Cortison *n*, Kortison *n {obs}*, Reichsteins Substanz *f {ein Nebennierenrindenhormon}*
corundellite Korundellit *m {obs}*, Margarit *m {Min}*
corundophilite Corundophilit *m {Min}*
corundum Korund *m {Füllstoff}*, Diamantspat *m {α-Al_2O_3, Min}*
corundum abrasive paper Korund-Schleifpapier *n*
corundum disc Korundscheibe *f*
corundum slurry Korundschlämme *f*
coruscate/to koruszieren, funkeln, glänzen, glitzern
coruscating koruszierend
coruscation of silver Silberblick *m {Met}*
corybulbine **<$C_{21}H_{25}NO_4$>** Corybulbin *n*
corycavine **<$C_{23}H_{23}NO_6$>** Corycavin *n*
corycavinemethine Corycavinmethin *n*
corydaline **<$C_{22}H_{27}NO_4$>** Corydalin *n*
corydalis alkaloid Corydalisalkaloid *n*
coryline Corylin *n {Haselnuß-Globulin}*
corynin Yohimbin *n*, Quebrachin *n*, Corynin *n {Alkaloid}*
corynite Arsenantimonnickelkies *m*, Korynit *m {Min}*
cosalite Cosalit[h] *m {Min}*
cosecant Kosekans *m*, Cosecans *m*, cosec, csec *{Math}*
coseparation Mitabtrennung *f*
cosine Kosinus *m*, Cosinus *m*, cos *{Math}*
cosine [emission] law Kosinusgesetz *n*, Lambertsches Kosinusgesetz *n*, cos-Gesetz *n {Opt}*
hyperbolical cosine hyperbolischer Kosinus *m*
cosmene Cosmen *n*
cosmetic 1. kosmetisch; 2. Kosmetikum *n {pl. Kosmetika}*, kosmetisches Präparat *n*, Körperpflegemittel *n*, Kosmetikprodukt *n*, Kosmetikartikel *m*; Schönheitsmittel *n*
cosmic kosmisch
cosmic abundance kosmische Häufigkeit *f*
cosmic chemistry Kosmochemie *f*
cosmic radiation kosmische Strahlung *f*, Höhenstrahlung *f*, Heßsche Strahlung *f*, Weltraumstrahlung *f*, Ultrastrahlung *f*
cosmic dust kosmischer Staub *m*, kosmische Staubpartikel *npl*
cosmic rays *s.* cosmic radiation
cosmic shower kosmischer Schauer *m*, Kaskadenschauer *m*
cosmic space Weltraum *m*
cosmos Kosmos *m*, Universum *n*, Weltall *n*, All *n*
cosolvent Verschnittmittel *n {z.B. für Lösemittel}*
cossa salt Cossasalz *n*
cossaite Cossait *m*
cossettes Zuckerrübenschnitzel *npl {frisch, unausgelaugt}*
cossyrite Cossyrit *m {Aenigmatit-Einsprengsel im titanhaltigen Silicat, Min}*
cost Kosten *pl*, Preis *m*; Unkosten *pl*, Kostenaufwand *m*, Auslagen *fpl*; Spesen *pl*
cost advantage Kostenvorteil *m*, Preisvorteil *m*
cost analysis Kostenanalyse *f*
cost-benefit analysis Kosten-Nutzen-Analyse *f*

cost-benefit calculation Kosten-Nutzen-Rechnung *f*
cost-benefit factor Kosten-Nutzen-Verhältnis *n*
cost-benefit ratio Preis-Wirkungs-Relation *f*, Kosten-Nutzen-Verhältnis *n*
cost-efficiency Rationalität *f*, Wirtschaftlichkeit *f*
cost estimate Kostenvoranschlag *m*
cost-intensive kostenintensiv
cost of carriage Transportkosten *pl*
cost of delivery Lieferkosten *pl*
cost of distribution Vertriebskosten *pl*
cost of materials Materialpreis *m*, Materialkosten *pl*
cost of production Gestehungspreis *m*, Herstellungskosten *pl*, Fertigungskosten *pl*
cost of replacement Wiederbeschaffungskosten *pl*
cost-performance factor Preis-Leistungs-Index *m*
cost-performance ratio Preis-Leistungs-Verhältnis *n*, Aufwand-Nutzen-Relation *f*, Preis-Durchsatz-Verhältnis *n*
cost price Einkaufspreis *m*, Fabrikpreis *m*, Gestehungspreis *m*, Selbstkosten *pl*
cost-service life factor Kosten-Standzeit-Relation *f*, Preis-Lebensdauer-Relation *f*
costly kostenaufwendig, kostspielig, kostenträchtig
costunolide <$C_{15}H_{20}O_2$> Costunolid *n*
costus oil Costusöl *n*
cotangent Kotangens *m*, Cotangens *m*, cot, cotan, cotg, ctg; Kotangente *f* *{Math}*
cotarnic acid <$C_{11}H_{12}O_5$> Cotarnsäure *f*
cotarnine <$C_{12}H_{15}NO_4$> Cotarnin *n*
cotarnine hydrochloride Cotarninhydrochlorid *n*, Stypticin *n*
cotarnine phthalate Styptol *n*
cotectic crystallization kotektische Kristallisation *f* *{zwei Kristallarten gleichzeitig aus einer Lösung}*
coto bark Cotorinde *f*
cotoin <$C_6H_2(OH)_2(OCH_3)COC_6H_5$> Cotoin *n*, 2,6-Dihydroxy-4-methoxybenzophenon *n*
cottage cheese Quark *m*, Hüttenkäse *m*
cotton 1. baumwollen; 2. Baumwolle *f*, Koton *m*, Cotton *m n*; Baumwollgarn *n*; 3. Watte *f*
cotton asbestos Asbestwolle *f*, Asbestflocken *fpl*
cotton azodye Baumwollazofarbstoff *m*
cotton ball Ulexit *m*, Boronatroncalcit *m* *{Min}*
cotton beaver Baumwollflanell *m* *{Text}*
cotton black E Baumwollschwarz E *n*
cotton cellulose Gossypin *n*
cotton cloth Baumwollgewebe *n*
cotton dust Baumwollstaub *m*
cotton dye Baumwollfarbstoff *m*
cotton dyeing Baumwollfärberei *f*, Kattunfärberei *f*
cotton fabric Baumwollgewebe *n*, baumwollenes Gewebe *n*, Baumwollstoff *m*
cotton-fiber paper Baumwollfaserpapier *n*
cotton filter Wattefilter *n*
cotton flocks Baumwollflocken *fpl*
cotton linters Baumwollfaserreste *mpl*, Baumwollinters *pl*, Linters *pl* *{kurze Baumwollfasern}*
cotton mordant Baumwollbeize *f*
cotton oil 1. Baumwoll-Spinnöl *n*; 2. *s.* cottonseed oil
cotton padding Baumwollwatte *f*
cotton plug Wattepfropfen *m*
cotton printing Kattundruckerei *f*
cotton thread Baumwollfaden *m*; Zündfaden *m* aus Baumwolle *f* *{Kalorimeter}*
cotton twill Baumwollköper *m* *{Text}*
cotton wadding Baumwollwatte *f*
cotton waste Baumwollabfall *m*, Baumwollputzwolle *f*, Putzbaumwolle *f*
cotton wool *{GB}* Watte *f*, Verbandwatte *f* *{Med}*; *{US}* Rohbaumwolle *f*
artificial cotton Zellstoffwatte *f*
Cotton-Mouton effect Cotton-Mouton-Effekt *m*, magnetische Doppelbrechung *f*
cottonize/to cotonisieren, kotonisieren *{Text}*
cottonizing Kotonisieren *n*, Cottonisieren *n*
cottonlike baumwollartig
cottonseed oil Baumwoll[kern]öl *n*, Baumwollsamenöl *n*, Baumwollsaatöl *n*, Cottonöl *n*, Oleum gossypii
Cottrell dust removal Cottrell-Verfahren *n*
Cottrell hardening Verfestigung *f* durch Cottrell-Effekt *m* *{Krist}*
Cottrell locking Cottrell-Blockierung *f* *{Krist}*
Cottrell [electric] precipitation process Cottrell-Entstaubungsverfahren *n*
Cottrell precipitator Cottrell-Elektroabscheider *m*, Cottrell-Abscheider *m*, Cottrell-Staubfilter *n*, Cottrell-Elektrofilter *n*
cotunnite Cotunnit *m* *{Blei(II)-chlorid, Min}*
couch/to 1. gautschen, abgautschen *{Pap}*; 2. Malz *n* ausbreiten *{Brau}*
couching Gautschen *n* *{Pap}*
Couette flow Couette-Strömung *f*
Couette viscosimeter Couette-Viskosimeter *n*, Zylinder-Rotationsviskosimeter *n*
cough Husten *m* *{Med}*
cough drop Hustenbonbon *m*
cough lozenge Hustenbonbon *m*, Malzbonbon *m*
cough remedy Hustenmittel *n* *{Pharm}*
coulomb Coulomb *n*, C *{abgeleitete SI-Einheit der Elektrizitätsmenge oder der elektrischen Ladung}*, Amperesekunde *f*, As

coulomb yield Stromausbeute *f {beim elektrostatischen Pulverbeschichten}*
Coulomb electrochemical determination Coulometrische Bestimmung *f*
Coulomb energy Coulombsche Energie *f*
Coulomb forces Coulombsche Kräfte *fpl {elektrostatische Kräfte}*
Coulomb's balance Coulombsche Waage *f*
Coulomb's law Coulombsches Gesetz *n*
coulombmeter Coulombmeter *n*, Coulombmeßgerät *n*, Coulometer *n*, Voltameter *n {Elek}*
coulometer Coulometer *n*, Coulombmeßgerät *n*, Voltameter *n*, Coulombmeter *n {Elek}*
coulometric coulometrisch
coulometric microhygrometer coulometrischer Spurenfeuchtemesser *m*
coulometric analysis Coulometrie *f*, coulometrische Titration *f {Anal}*
coumalic acid Cumalinsäure *f*, 2-Oxo-2*H*-Pyran-5-carbonsäure *f*
coumalin Cumalin *n*, 2-Pyron *n*
coumaraldehyde Cumaraldehyd *m*, Hydroxyzimtaldehyd *m*
coumaran Cumaran *n*, 2,3-Dihydrobenzofuran *n*
coumaranone Cumaranon *n*, Benzofuranon *n*
coumaric acid <$HOC_6H_4CH{=}CHCOOH$> Cumarinsäure *f*, Cumarsäure *f*, *trans-o*-Hydroxyzimtsäure *f*
coumarilic acid Cumarilsäure *f*, Cumaron-2-carbonsäure *f*
coumarin <$C_9H_6O_2$> Cumarin *n*, Benzo-1,2-pyron *n*, Cumarinsäureanhydrid *n*, Tonkabohnencampher *m*, Cumarinsäurelacton *n*, 5,6-Benzocumalin *n*, 2-Oxo-1,2-chromen *n*
coumarin quinone Cumarinchinon *n*
coumarinic acid *s.* coumaric acid
coumarinoline Cumarinolin *n*
coumarone <C_8H_6O> Cumaron *n*, Kumaron *n {obs}*, Benzo[*b*]furan *n*
coumarone picrate Cumaronpikrat *n*
coumarone-indene resin Cumaronharz *n*, Kumaronharz *n*, Kumaron-Indenharz *n*
council Rat *m*, Versammlung *f*
counsel 1. Rat[schlag] *m*; 2. Berater *m*, Anwalt *m*, Rechtsberater *m*, Rechtsbeistand *m*
count/to 1. auszählen, [zusammen]zählen; 2. rechnen; 3. schätzen, halten für; 4. Wert *m* haben, zählen
count 1. Zählung *f*, Zählen *n*; 2. Zählerstand *m*, Zähleranzeige *f*, Zahl *f*; 3. Rechnung *f*; 4. Zählimpuls *m*, Einzelimpuls *m {im Zähler}*; 5. Dichte *f*, Feinheit *f*, Nummer *f*, Titer *m {Text}*; 6. Anklagepunkt *m*
counter 1. gegenläufig; Gegen-, 2. Zählwerk *n*, Zähler *m {nicht integrierender}*, Zählvorrichtung *f*, Zählmaschine *f*, Zählgerät *n*; 3. Zählrohr *n*, Zähler *m*; 4. Punzen *m {Drucktypen-Raum, DIN 16507}*, Punze *f*
counter cast Gegenguß *m {Gieß}*
counter-cell gegengeschaltete Akkumulatorzelle *f*, Gegenzelle *f*
counter efficiency Ansprechvermögen *n*, Zählerausbeute *f*, Zählrohrausbeute *f {Nukl}*
counter e.m.f. Gegenelektromotivkraft *f*, Gegen-EMK *f*
counter goniometer Zählrohr-Goniometer *n {Nukl}*
counter range Anlaufgebiet *n*, Anfahrbereich *m*, Zählrohrbereich *m {Nukl}*; Zählbereich *m*
counter tube 1. Zählrohr *n*, Zähler *m*, Strahlenzähler *m {Nukl}*; 2. Zählröhre *f {z.B. Dekadenzählröhre}*
counter-tube characteristic Zählrohrcharakteristik *f*
counter weight Gegengewicht *n*, Ausgleichsgewicht *n*, Balanciergewicht *n*, Gegenmasse *f*
counteract/to bekämpfen, entgegenwirken, gegenwirken, rückwirken
counteracting force Gegenkraft *f*
counteraction Gegenmaßnahme *f*, Gegenwirkung *f*; Widerklage *f*
counteractive entgegenwirkend, rückwirkend
counterbalance/to aufwiegen; austarieren, ausbalancieren, auswuchten; kompensieren, ausgleichen
counterbalance Gegenmasse *f*, Ausgleichsmasse *f*, Balanciergewicht *n*, Gegengewicht *n*
counterbalancing Ausbalancierung *f*; Auswuchten *n*, Massenausgleich *m*, Wuchten *n*; Kompensieren *n*
countercheck Gegenprobe *f*, Gegenprüfung *f*, Gegenversuch *m*, Kontrollversuch *m*, Kontrolltest *m*
counterclockwise entgegen dem Uhrzeigersinn *m*, linksdrehend, linksgängig, gegen den Uhrzeigerlauf *m*, im Gegenzeigersinn
counterclockwise motion Linksdrehung *f*
counterclockwise rotation Drehung *f* entgegen dem Uhrzeigersinn *m*
countercurrent 1. gegenläufig, gegenströmend; 2. Gegenstrom *m*, Gegenfluß *m*, Gegenlauf *m*
countercurrent apparatus Gegenstromapparat *m*
countercurrent-centrifugal force separator Gegenstrom-Fliehkraftsichter *m*
countercurrent centrifuge Gegenstromzentrifuge *f*
countercurrent chromatography Gegenstromchromatographie *f*
countercurrent column Gegenstromkolonne *f*
countercurrent condenser Gegenstromkondensator *m*, Gegenstromverdichter *m*; Gegenstromkühler *m*
countercurrent-contact condenser Gegenstromröhrenkondensator *m*

countercurrent cooler Gegenstromkühler *m*
countercurrent decanter Gegenstromdekantierapparat *m*
countercurrent distillation Gegenstromdestillation *f*
countercurrent distribution Gegenstromverteilung *f*
countercurrent electrode Gegenstrom-Elektrode *f*
countercurrent electrolysis Gegenstromelektrolyse *f*
countercurrent elutriation Gegenstromschlämmung *f*
countercurrent exchanger Gegenstromaustauscher *m*
countercurrent extraction Gegenstromextraktion *f*
countercurrent-extraction process Gegenstromverfahren *n*
countercurrent flow Gegenstrom *m*, Gegenlauf *m*, Gegenfluß *m*
countercurrent [flow] classifier Gegenstromwindsichter *m*
countercurrent ionophoresis Gegenstromionophorese *f*
countercurrent mixer Gegenstromrührmischer *m*
countercurrent packed column Gegenstromfüllkörperkolonne *f*
countercurrent pan mixer Gegenstromtellermischer *m*
countercurrent principle Gegenstromprinzip *n*
countercurrent process Gegenstromverfahren *n*, Gegenstromprinzip *n*
countercurrent-pulsed column pulsierte Gegenstromkolonne *f*
countercurrent washing Gegenstromwäsche *f*, Gegenstrom[aus]waschung *f*
counterelectrode Gegenelektrode *f*
counterelectromotive force Gegenelektromotivkraft *f*, Gegen-EMK *f*, gegenelektromotorische Kraft *f*
counterenamel Gegenemail *n*, Gegenschmelz *m*
counterfeit/to fälschen; nachahmen; heucheln
counterfeit 1. gefälscht, falsch, unecht; 2. Fälschung *f*; 3. Schwindler *m*
counterfeit reprint unberechtigter Nachdruck *m*, Raubdruck *m*
counterfeiting trade marks Warenzeichennachahmung *f*
counterflange Gegenflansch *m*, Widerlager *n*
counterflow Gegenstrom *m*, Gegenfluß *m*, Gegenlauf *m*
counterflow-centrifugal classifier Gegenstrom-Fliehkraftsichter *m*
counterflow-cooling tower Gegenstromkühlturm *m*
counterflow filter Gegenstromfilter *n*
counterflow heat exchanger Gegenstromwärmetauscher *m*
counterflow principle Gegenstromprinzip *n*
counterflow process Gegenstromverfahren *n*
counterforce Gegenkraft *f*
counterion Gegenion *n*
countermeasure Gegenmaßnahme *f*
countermovement Gegenbewegung *f*
counterpart Gegenstück *n*
counterpoise/to abgleichen *{Gewichte}*, ausbalancieren, ausgleichen, ins Gleichgewicht *n* bringen, im Gleichgewicht *n* halten, das Gegengewicht *n* bilden zu
counterpoise Gegengewicht *n*, Ausgleichsgewicht *n*, Balanciergewicht *n*, Gegenmasse *f*
counterpoison Gegengift *n*
counterpressure Gegendruck *m*
counterrotate/to sich in entgegengesetzter Richtung *f* drehen, entgegengesetzt rotieren
counterrotating entgegengesetzt rotierend, gegenläufig, gegeneinanderlaufend
counterrotation Gegendrehung *f*, Gegenlauf *m*
counterscales Tafelwaage *f*
counterstaining Kontrastfärbung *f*, Gegenfärbung *f {Biochem, Mikroskopie}*
counterstress Gegenkraft *f*
countervoltage Gegenspannung *f*
counterweight Gegengewicht *n*, Ausgleichsgewicht *n*, Balanciergewicht *n*, Gegenmasse *f*
counting 1. Zähl-; 2. Zählung *f*, Zählen *n*
counting and weighing procedure Zähl-Wäge-Verfahren *n*
counting device Zählwerk *n*
counting efficiency Zählrohrausbeute *f*, Zählausbeute *f {Nukl}*
counting ionization chamber Zählkammer *f {Nukl}*
counting machine Rechenmaschine *f*
counting procedure Zählverfahren *n*
counting rate Zählgeschwindigkeit *f*
counting response Zählrohrcharakteristik *f*
counting scale Zählwaage *f*
counting technique Meßtechnik *f {Nukl}*
counting tube Zählrohr *n*, Zähler *m {Instr}*
counting weigher Zählwaage *f*, Stückzählwaage *f*
country Land *n*; Gebiet *n*
country rock Nebengestein *n*
country of origin Ursprungsland *n*
couple/to verbinden; anflanschen; [an]kuppeln, kombinieren; koppeln, paaren, zusammenfügen; sich kombinieren, kuppeln *{Farb}*, sich verbinden
couple 1. Paar *n*; 2. Kräftepaar *n {Phys}*; 3. Koppel *f*, Riemen *m*; 4. Sparrengebinde *n*, Sparrenpaar *n {Zimmerhandwerk}*
coupled angekoppelt; gekoppelt, gepaart

coupled heat and power generation Wärme-Kraft-Koppelprozeß *f*

coupling 1. haftvermittelnd; 2. Kopplung *f*, Kupplung *f*, Ankopplung *f*, Haftvermittlung *f*, Verknüpfung *f*, Verkopplung *f*; 3. Kuppeln *n*, Kupp[e]lung *f*, Kopp[e]lung *f*, Kombinieren *n* *{Farb}*; 4. Kupplungsstück *n*, Verbindungsstück *n*; nicht schaltbare Kupplung *f* *{für Wellenverbindung}*; 5. Rohrmuffe *f*, Hülse *f*; 6. Paarung *f*, Verbindung *f*

coupling agent Haftverbesserer *m*, Haftvermittler *m*, Haftmittel *n*

coupling box Kupplungsmuffe *f*, Muffenhülse *f*

coupling cap Überwurfmutter *f*

coupling component Kupplungskomponente *f*, passive Komponente *f*, Entwickler *m* *{Farb}*

coupling constant Kopplungskonstante *f* *{Phys}*

coupling mechanism Kopplungsmechanismus *m*

coupling nut Überwurfmutter *f*

coupling of heat production and power production Wärme-Kraft-Kopplung *f*

coupling reaction Kupplungsreaktion *f*

coupling sleeve Verbindungsmuffe *f*, Überschiebmuffe *f*, Muffe *f*

coupling system Kopplungssystem *n*

coupole [furnace] Kupolofen *m*, Kuppelofen *m*

coupon 1. Abschnitt *m*, Kupon *m*; 2. Gutschein *m*; 3. Rabattmarke *f*; 4. Abonnementskarte *f*; 5. Probe *f*, Probestück *n* *{Met}*

course 1. Verlauf *m*, Lauf *m*, Ablauf *m*, Gang *m*; 2. Steinschicht *f*, Schicht *f*, Reihe *f*; 3. Mantelschuß *m*, Ring *m* *{Kernreaktorbehälter}*, Schuß *m* *{Nukl}*; 4. Maschenreihe *f*, Reihe *f* *{von Maschen}*; Reihe *f* *{der Kettenwirkmaschine}*; Rapport *m* *{Text}*; 5. Lehrgang *m*, Kurs *m*; 6. Weg *m*; Steuerkurs *m*, Richtung *f*

course of accident Störfallablauf *m*

course of analysis Analysengang *m*, Analysenablauf *m*

course of crack Rißverlauf *m*

course of flow Strömungsverlauf *m*

course of fracture Bruchablauf *m*

course of fractured area Bruchflächenverlauf *m*

course of manufacture Fabrikationsgang *m*, Verlauf *m* der Herstellung *f*

course of process Prozeßablauf *m*

course of reaction Reaktionsverlauf *m*, Reaktionsablauf *m*

course of state Zustandsverlauf *m*

Court of Customs and Patent Appeals *{US}* Beschwerdegericht *n* in Zoll- und Patentsachen *fpl*

covalence *{US}* Kovalenz *f*, kovalente Wertigkeit *f*, Bindungswertigkeit *f*, Atombindigkeit *f*, Atombindungszahl *f*, Bindungszahl *f*; homöopolare Bindung *f*

covalency *{GB}* *s.* covalence *{US}*

covalent kovalent, homöopolar, unpolar, einpolar, unitarisch

covalent bond kovalente Bindung *f*, unpolare Bindung *f*, homöopolare Bindung *f*, einpolare Bindung *f*, unitarische Bindung *f*, Elektronenpaarbindung *f*, Atombindung *f* *{als Zustand}*

covalent compound kovalente Verbindung *f*

covariance Kovarianz *f* *{DIN 55350}*

covariant 1. kovariant *{Math}*; 2. Kovariante *f* *{Math}*

covelline Covellin *m*, Covellit *m*, Kupferindig[o] *m* *{Kupfer(II)-sulfid, Min}*

covellite Covellin *m*, Covellit *m*, Kupferindig[o] *m* *{Kupfer(II)-sulfid, Min}*

cover/to abschirmen; abdecken, belegen, überziehen, bekleiden, einhüllen, überdecken, ummanteln, umhüllen, verhüllen, verschalen, kaschieren, verkleiden; bedecken, einnehmen, umfassen, sich erstrecken auf

cover with a layer/to überschichten

cover 1. Abdeckung *f*, Decke *f*, Belag *m*, Schicht *f*, Überzug *m*, Bezug *m*, Hülle *f*, Umhüllung *f*, Mantel *m*, Ummantelung *f*; 2. Deckel *m*, Deckplatte *f*, Abdeckplatte *f*, Verschluß *m*; 3. Mantel *m*, Decke *f* *{Gummi}*; 4. Bewachsung *f*, Bewuchs *m* *{Agri}*; 5. Buchdeckel *m*, Einband *m*; 6. Verkleidung *f*, Umkleidung *f*, Ummantelung *f*; 7. Abraum *m*, Deckschichten *fpl*, Deckgebirge *n* *{Bergbau}*; 8. Briefumschlag *m*, Umschlag *m*, Briefhülle *f*; 9. Rand *m*

cover bolt Deckelschraube *f*, Deckschraube *f*

cover disc Abdeckscheibe *f*

cover foil Abdeckfolie *f*

cover glass Deckglas *n*, Deckgläschen *n* *{Lab}*

cover nut Hutmutter *f*

cover paper Abdeckpapier *n*; Umschlagpapier *n*

cover plate Abdeckplatte *f*, Auflageplatte *f*; Lasche *f* *{ein Verbindungsstück}*

cover-plate blank[-off] flange Blindflansch *m*, Blindscheibe *f*

cover stone Abdeckstein *m* *{Glas}*

cover tube Verkleidungsrohr *n*

cover valve Deckelschieber *m*

coverage 1. Deckvermögen *n*, Deckfähigkeit *f*, Deckkraft *f*; 2. Decken *n*, Egalfärben *n*; 3. behandelte Fläche *f*, behandelbare Fläche *f* *{pro Chemikalienmenge}*; 4. deckender Belag *m* *{z.B. von Insektiziden}*

coverage density Belegungsdichte *f*

coverage rate Bedeckungsgrad *m*; Ergiebigkeit *f*, Ausgiebigkeit *f*

covered bedeckt, abgedeckt, umhüllt; gedeckt

covered electrode Mantelelektrode *f*, umhüllte Stabelektrode *f* *{DIN 32 523}*, Hüllelektrode *f*

covered pot geschlossener Hafen *m*, überdeckter Hafen *m* *{Glas}*
covered trickling filter geschlossenes Filter *n* *{Wasser}*
covered with a layer überschichtet
coverglass Deckglas *n*
covering 1. Abdeckung *f*, Belag *m*, Bezug *m*, Schicht *f*, Überzug *m*, Hülle *f*, Umhüllung *f*, Mantel *m*, Ummantelung *f*, Decke *f*, Verkleidung *f*; 2. Deckel *m*, Deckplatte *f*, Abdeckplatte *f*, Verschluß *m*; 3. Auskleidung *f*, Futteral *n*; 4. Verschalung *f*; 5. Verpackung *f*, Hülle *f*; 6. Glasur *f*
covering colo[u]r Deckfarbe *f*
covering device Abdeckvorrichtung *f*
covering flange Deckflansch *m*
covering layer Deckschicht *f* *{von Verbundplatten, Verbundtafeln}*
covering liquor Deckkläre *f*
covering material Bespannstoff *m* *{Text}*; Werkstoff *m*
covering medium Deckmittel *n*
covering of cables Kabelummantelung *f*
covering panel Verkleidungsblech *n*
covering plate Abdeckplatte *f*, Auflageplatte *f*
covering power Deckfähigkeit *f*, Deckvermögen *n*, Deckkraft *f*
covering varnish Deckfirnis *m*, Decklack *m*
covolume Kovolumen *n* *{Thermo}*
cow vaccine Bovovaccin *n*
Cowper stove Cowper *m*, steinerner Winderhitzer *m*
cozymase Cozymase *f* *{Biochem}*
cozymase I Codehydrogenase I *f*, Coenzym I *n*, Cozymase I *f*, Diphosphopyridinnucleotid *n*, DPN, Nicotinamidadenindinucleotid *n*, NAD *{Biochem}*
cozymase II Cocarboxylase *f*, Cozymase II *f*, Codehydrogenase II *f*, Thiaminpyrophosphat *n*, TPP *{Biochem}*
cp (c.p., CP, C.P.) *{chemically pure}* chemisch rein
CP Cellulosepropionat *n*
cps Centipoise *f*, Zentipoise *f*, cP *{obs; 1cP = 0,001 Pa·s}*
CPVC *{chlorinated polyvinyl chloride}* Chloropolyvinylchlorid *n*, chloriertes Polyvinylchlorid *n*, PVCC
crab/to einbrennen, brennen, krappen, krabben, brühen, kochen *{Text}*
crab cider Holzapfelwein *m*
crabbing Einbrennen *n*, Brennen *n*, Krappen *n*, Krabben *n*, Brühen *n*, Kochen *n* *{Text}*
crack/to 1. [ab]spalten, einen Sprung bekommen, [zer]springen, [zer]platzen, bersten, [auf]springen, [auf]reißen, rissig werden, zerreißen; 2. sich [auf]spalten *{von Verbindungen}*; 3. sprengen, [auf]spalten, lösen *{eine chemische Verbindung}*; spalten *{in einfachere Verbindungen}*; kracken, spalten *{Erdöl}*; brechen, spalten, entmischen *{Emulsionen}*
crack 1. Riß *m*, Sprung *m*, Spalt *m*, Bruch *m*; 2. Detonation *f*, Knall *m*; 3. Kluft *f* *{Geol, Bergbau}*; 4. Schnatte *f*, Schnate *f* *{Leder}*; 5. Bodenreißer *m* *{Fehler beim Tiefziehen}*; Härteriß *m*; 6. Streifen *m* *{Textilfehler}*; 7. Fehlstelle *f* *{Schweißen}*
crack arrest temperature Rißauffangtemperatur *f* *{Met}*
crack branching Rißverzweigung *f*, Bruchverzweigung *f* *{Met}*
crack-detecting agent Rißprüfmittel *n*
crack detector Anrißsucher *m*, Rißsucher *m*, Rißdetektor *m*, Rißprüfgerät *n* *{Galvanik}*
crack dip Rißgrund *m*
crack direction Rißrichtung *f*
crack due to shrinkage Schwindriß *m*
crack due to thermal shock Thermoschockriß *m*
crack extension *s.* crack growth
crack face Rißfront *f*
crack formation Rißbildung *f*
crack-forming rißbildend
crack-free rißfrei
crack front Rißfront *f*
crack growth Rißausdehnung *f*, Rißwachstum *n*, Rißvergrößerung *f*, Rißverlängerung *f*, Rißfortschritt *m*, Rißausbreitung *f*, Rißfortpflanzung *f*, Bruchausbreitung *f*, Bruchfortschritt *m*
crack-growth rate Rißausbreitungsgeschwindigkeit *f*, Rißerweiterungsgeschwindigkeit *f*, Rißwachstumsrate *f*, Rißwachstumsgeschwindigkeit *f*, Rißfortpflanzungsgeschwindigkeit *f*
crack in pipes Rohrbruch *m*
crack-initiating rißauslösend
crack-initiation Brucheinleitung *f*, Rißinitiierung *f*, Rißauslösung *f*, beginnende Rißbildung *f*
crack initiation cycle Rißeinleitungslastspiel *n*
crack length Rißlänge *f*
crack opening Rißöffnung *f*
crack-opening displacement Rißöffnungsverschiebung *f* *{Werkstoffprüfung}*
crack path Rißverlauf *f*
crack-proof bruchfest
crack propagation Bruchausbreitung *f*, Bruchfortschritt *m*, Rißfortpflanzung *f*, Rißvergrößerung *f*, Rißverlängerung *f*
crack propagation rate *s.* crack-growth rate
crack-propagation resistance Rißausbreitungswiderstand *m*
crack resistance Rißbildungsresistenz *f*, Rißwiderstand *m*, Rißbeständigkeit *f*
crack root Rißgrund *m*
crack sealer Rißversiegler *m*, Stoff *m* zur Rißabdichtung *f*, Dichtungsmittel *n* zur Rißausfüllung

crack speed *s.* crack-growth rate
crack strength Rißfestigkeit *f*
crack tip Rißspitze *f*
crack tube Spaltrohr *n*, Crackrohr *n*
cracked gespalten, gesprungen, rissig; zerbrökkelt
cracked bitumen Krackbitumen *n*
cracked gas Krackgas *n*, Spaltgas *n {Mineralöl}*
cracked gasoline Krackbenzin *n*, Spaltbenzin *n*
cracker 1. Krackapparatur *f*, Krackanlage *f*, Cracker *m {Mineralöl}*; 2. Brecher *m*, Brechwalze *f*, Brecherwalzwerk *n*, Reißwalzwerk *n*; 3. Knacker *m*, Cracker *m {EDV-Raubkopie-Hersteller}*; 4. Knallbonbon *m {Expl}*
cracker mill Brecher *m*, Brecherwalzwerk *n*, Reißwalzwerk *n*
cracker roll Brechwalze *f*
cracking 1. Sprengen *n {einer Bindung}*, Spalten *n {in einfachere Bindungen}*; Kracken *n*, Krackung *f*, Spaltung *f*, Spaltdestillation *f*, Spalten *n {Mineralöl}*; Spalten *n*, Entmischen *n*, Brechen *n {Emulsionen}*, Entemulsionieren *n*, Demulgieren *n*, Demulgierung *f*, Dismulgieren *n*; 2.[Zer-]Platzen *n*, [Zer-]Springen *n*, Bersten *n*, Aufspringen *n*, Reißen *n*, Aufreißen *n*, Rissigwerden n, Rißbildung *f*, Zerreißen *n*, Einreißen *n*; 3. Haarißbildung *f*, Rissigkeit *f*, Reißen *n*, Rißbildung *f*
cracking coal Sprengkohle *f*
cracking distillation Krackdestillation *f*
cracking mill Brecher *m*, Brecherwalzwerk *n*, Reißwalzwerk *n*
cracking plant Krackanlage *f*, Spaltanlage *f*, Cracker *m {Mineralöl}*
cracking process Krackprozeß *m*, Krackvorgang *m*, Spaltvorgang *m*; Krackverfahren *n*, Crackverfahren *n*, Spaltverfahren *n*
cracking sensitivity Rißanfälligkeit *f*
cracking severity Krackintensität *f*
cracking temperature Abbautemperatur *f*, Spalttemperatur *f*
cracking tower Fraktionierkolonne *f {Dest}*
catalytic cracking katalytisches Kracken *n*
crackle/to 1. knarren; prasseln; knistern *{Akustik}*; 2. krakelieren *{mit Craquelée versehen, Keramik}*; 3. warnen *{Bergbau}*; 4. verpuffen
crackle Klang *m {bei mechanisch-technologischen Prüfungen}*
crackle finish Reißlack *m {Effektlack}*
crackle glaze Krackglasur *f*, Craqueléeglasur *f*, Haarrißglasur *f {Keramik}*
crackle test Spratzprobe *f {qualitativer Nachweis geringer Wassermengen in Öl}*
crackle varnish Krakelierlack *m*
crackle[d] lacquer Reißlack *m*, Dehnungslinienlack *m*
crackling 1. Knattern *n*; Knistern *n*; Prasseln *n {Akustik}*; 2. Krakelieren *n {Keramik}*
crackling of tin Zinngeschrei *n {Met}*
cracky brüchig
cradle 1. Wiege *f*, Gestell *n*, Sattel *m*; 2. Glühgestell *n {Met}*; 3. geerdetes Schutznetz *n {Elek}*; 4. Bohrstütze *f {Bergbau}*; 5. Laufbügel *m {Jacquardwebstuhl}*; 6. Schlitten *m*
craft 1. handwerkliches Können *n*, handwerkliche Fertigkeit *f*; 2. Handwerk *n*, Beruf *m*, Gewerbe *n*, Gewerk *n*
craft fraternity Handwerkerinnung *f*
craft guild Innung *f*, Gilde *f*
craftsman Handwerker *m*, Facharbeiter *m*
crag formation Cragformation *f {Geol}*
cram/to 1. stopfen, vollstopfen; 2. mästen
cramp/to anklammern, ankrampen, befestigen *{mit Klammern}*, verklammern, verbinden *{mit Klammern}*
cramp 1. Klammer *f*, Krampe *f*; 2. Zwinge *f*; 3. Krampf *m {Med}*
cranberry Preiselbeere *f*, Moosbeere *f*, Kronbeere *f*
crandallite Crandallit *m {Min}*
crane Kran *m*, Aufzug *m*, Hebelade *f*
crane grease Kranschmiere *f*
crane ladle Kranpfanne *f*
crane magnet Kranmagnet *m*
crane manipulator Koordinatenmanipulator *m*
crane scale Kranwaage *f*
crank/to 1. ankurbeln, kurbeln; 2. durchdrehen *{z.B. Motor}*, durchziehen *{z.B. Anlasser}*; anlassen, anwerfen *{Motor}*; 3. kröpfen, verkröpfen
crank drive Kurbelantrieb *m*, Kurbeltrieb *m*
crank gear Kurbelgetriebe *n*, Kurbelwerk *n*
crank handle Kurbelgriff *m*, Kurbel *f {als Griff}*
crank mechanism Kurbelmechanismus *m*, Kurbelgetriebe *n*, Hebelgetriebe *n*, Kurbeltrieb *m {ein Gelenkgetriebe}*
crank of lever Hebelarm *m*
crankcase dilution Kraftstoffgehalt *m* in gebrauchten Motorölen *npl*
crankcase ventilation Kurbelgehäuseentlüftung *f*, Kurbelwannenentlüftung *f*
cranked gekröpft; gebogen
crankshaft Kurbelwelle *f*
cranny Riß *m*, Ritze *f*, Spalt *m*
crash/to 1. krachen; 2. zerschellen, zertrümmern, zermalmen; Bruch *m* machen
crash 1. Krach *m*, Bruch *m*; 2. schwerer Unfall *m*, Zusammenstoß *m*; Absturz *m*; 3. engmaschige Heftgaze *f {Buchbinderei}*; 4. Absturz *m*, Crash *m*, Zusammenbruch *m*; totaler Ausfall *m {EDV}*; 5. Grobleinen *m*, gobe Leinenware *f {Text}*
crash program Sofortprogramm *n*, Notprogramm *n*

crate Lattenkiste *f*, Lattenverschlag *m*, Kiste *f*, Steige *f*

crater 1. Krater *m {Kunst}*; 2. Mulde *f*, Kolk *m*, Auskolkung *f {Tech}*

crater graphite electrode Lochkohlenelektrode *f*

crater-like attack kraterförmiger Angriff *m {Korr}*

cratering Kraterbildung *f*, Auskohlung *f*

cratometer Kratometer *m*

crawl/to kriechen; sich langsam bewegen, schleichen; wimmeln [vor]

crawler 1. Gleisketten-, Raupen-; 2. Gleiskettenfahrzeug *n*, Raupenfahrzeug *n*, Kettenfahrzeug *n*; 3. Kriechtier *n*, Kriecher *m*

crawler belt Raupenband *n*

crawling 1. Kriechen *n*, Abrollen *n*, Aufrollen *n {Glas}*; 2. Runzelbildung *f*, Zusammenziehung *f*, Faltenbildung *f*, Schrumpfen *n {ein Anstrichschaden}*; 3. Kraterbildung *f*; 4. Schleichen *n {mit Schleichdrehzahl laufen}*

crayon 1. Zeichenstift *m*, Buntstift *m*, Kreidestift *m*, Pastellstift *m*; 2. Pastellkreide *f*, Zeichenkreide *f*

craze/to reißen *{Glasur}*, rissig werden, Haarrisse *mpl* bekommen

craze 1. Riß *m {Steingut}*, Craze *f*; 2. Brandriß *m {Gieß}*

craze formation Craze-Bildung *f*, Trübungszonenbildung *f*

craze resistance Haarrißbildungsbeständigkeit *f*

craze zone Craze-Zone *f*, Crazefeld *n*, Fließzone *f*, Trübungszone *f*

craze zone structure Fließzonenstruktur *f*

crazed haarrissig

crazed material Fließzonenmaterial *n*

crazing 1. Haarrißbildung *f*, Rissebildung *f*, Craze-Bildung *f {Keramik}*; Haarrisse *mpl {Glasurfehler}*; 2. Cracquelée *n*, Krakelée *n {Glas}*; 3. Reißen *n*, Rissigkeit *f*, netzförmige Rißbildung *f {in Anstrichschichten}*; 4. Trübungszonenbildung *f*, Fließzonenbildung *f*; 5. Crazing-Effekt *m*, Elefantenhautbildung *f {Gummi}*

creak/to knirschen; knarren; quietschen

cream/to 1. aufrahmen, Sahne *f* ansetzen lassen; 2. abrahmen, entrahmen, Rahm *m* abschöpfen; 3. zu Schaum *m* schlagen *{z.B. Eiweiß}*; 4. aufrahmen *{Gummi, Kunst}*

cream up/to aufrahmen *{Gummi, Kunst}*

cream 1. Creme *f*, Krem *f*, dicker Brei *m*; 2. Sahne *f*, Rahm *m {Lebensmittel}*; 3. Startreaktion *f {beim Reaktionsspritzen von Polyurethanschaumstoff}*

cream colo[u]r Cremefarbe *f*, Isabellfarbe *f*

cream-colo[u]red cremefarben, gelbweiß, zart gelblich, cremefarbig

cream of tartar <$KOOC(CHOH)_2COOH$> weinsaures Kalium *n*, [gereinigter] Weinstein *m*, Weinsteinrahm *m*, Kaliumhydrogentartrat *n*

cream powder Sahnepulver *n*

cream-separator Entrahmungszentrifuge *f*, Entrahmungsschleuder *f*, Milchschleuder *f*, Milchzentrifuge *f*, Milchseparator *m*, Rahmseparator *m*

cream time Startzeit *f {beim Reaktionsspritzgießen von Polyurethanschaumstoff}*

creamed latex aufgerahmter Latex *m {Gummi}*

creamery Butterei *f*, Molkerei *f*, Meierei *f*

creaming Aufrahmen *n*, Aufrahmung *f*, Rahmen *n {von Emulsionen}*, Emulsionsverdichtung *f {Gummi, Kunst, Lebensmittel}*

creaming time Startzeit *f {beim Reaktionsspritzgießen von Polyurethanschaumstoff}*

creaming up Aufrahmung *f*

creamy sämig; sahnig, sahneartig; sahnehaltig

creasability Rillbarkeit *f*; Falzfähigkeit *f {riß- oder bruchfrei falzbar}*

crease/to knittern, zerknittern *{Text}*; rillen; abkanten *{Kante umlegen}*

crease Falte *f*, Kniff *m*, Knitter *m*; Rillung *f*

crease-free faltenfrei, faltenlos

crease-proof knitterfest, knitterfrei, knitterbeständig

crease-proofing Knitterfestmachen *n*

crease-proofing finish Knitterfestausrüstung *f*

crease-resistant knitterfest, knitterfrei, knitterecht, knitterarm

crease resistance Knitterfestigkeit *f*, Knitterresistenz *f*

creased faltenreich, knitterig

creasing 1. Faltenwerfen *n*; 2. Abkanten *n {Umlegen der Kante, Kunst}*

creasing resistance Knitterfestigkeit *f*

create/to erstellen, erschaffen, hervorbringen; verursachen

creatine <$H_2NC(=NH)N(CH_3)CH_2COOH$> Kreatin *n*, *N*-Methylguanidino-Essigsäure *f {Biochem}*

creatine phosphate Kreatinphosphat *n*

creatine phosphate kinase Kreatinphosphokinase *f {Biochem}*

creatininase Kreatinase *f*

creatinine <$C_4H_7N_3O$> Kreatinin *n*, Glycolmethylguanidin *n {Biochem}*

creation Erschaffung *f*, Erzeugung *f*, Einrichtung *f {z.B. einer Datei}*, Erstellung *f*

creation of vacuum Vakuumerzeugung *f*

creative schöpferisch

creator Urheber *m*, Schöpfer *m*

credit 1. Guthaben *n*, Kredit *m*, Haben *n*; 2. Kredit *m {zur Verfügung gestellter Betrag}*; 3. Ziel *n {Zahlungfrist}*; 4. Prüfungspunkte *mpl*

crednerite Crednerit *m*, Mangankupfererz *n {Min}*

creel fabric Fadenstoff *m*, Gattergewebe *n*

creep/to kriechen, schleichen; quellen, heben *{Bergbau}*

creep 1. Kriechdehnung *f*, Kriechen *n*; 2. Auskristallisation *f* an der Gefäßwand *f* bei Verdunstung *f*; 3. Dehnschlupf *m {beim Riemen}*; 4. Kriechgang *m*, Schleichgang *m {Werkzeugmaschine}*; 5. Gekriech *n {Geol}*; 6. Sohlenhebung *f*, Sohlenauftrieb *m*, Aufblähen *n* der Sohle *{Bergbau}*

creep and corrosion tests Zeitstands- und Korrosionsversuche *mpl*

creep barrier Kriechbarriere *f*

creep behavio[u]r Zeitstandverhalten *n*, Kriechverhalten *n*, Fließverhalten *n*, Zeitdehnverhalten *n*

creep curve Dehngrenzlinie *f*, Dehnverlauf *m*, Kriechkurve *f*, Zeitdehnlinie *f*, Zeitspannungslinie *f*, Zeitstandkurve *f*, Retardationskurve *f*

creep damage Kriechschaden *m*

creep deformation Kriechverformung *f*

creep diagram Zeitstanddiagramm *n*, Zeitstandschaubild *n*

creep distance Kriechstrecke *f*

creep elongation Kriechdehnung *f*, Zeitbruchdehnung *f*

creep factor Kriechfaktor *m*

creep failure Kriechbruch *m*

creep limit Fließgrenze *f*, Kriechgrenze *f*, Kriechfestigkeit *f*, Zeitdehngrenze *f*, Zeitstauchgrenze *f*

creep modulus Kriechmodul *m*, Retardationsmodul *m*

creep rate Kriechgeschwindigkeit *f*, Kriechrate *f*

creep resistance Dauerstandfestigkeit *f*, Kriechfestigkeit *f*, Kriechwiderstand *m*

creep-resistant steel warmfester Stahl *m* *{DIN 17155}*

creep rupture Zeitstandbruch *m*, Kriechbruch *m*

creep-rupture strength Zeitstandfestigkeit *f*, Kriechfestigkeit *f*

creep-rupture test Zeitstandversuch *m*

creep speed Kriechgeschwindigkeit *f*

creep strain Kriechdehnung *f*, Kriechen *n*, Dehnung *f* bei Langzeitbelastung *f*

creep strength Dauerstandfestigkeit *f*, Kriechwiderstand *m*, Kriechfestigkeit *f*, Kriechgrenze *f*, Zeitstandfestigkeit *f*, Zeitdehngrenze *f*

creep strength curve Zeitstandfestigkeitskurve *f*, Zeitstandfestigkeitslinie *f*

creep stress Kriechbeanspruchung *f*, Kriechspannung *f*, Zeit[dehn]spannung *f*, Zeitstandbeanspruchung *f*

creep stressing Zeitstandbeanspruchung *f*

creep test 1. Dauerstandprüfung *f*, Dauerstandversuch *m*, Standversuch *m*, Zeitstandfestigkeitsuntersuchung *f*, Zeitstandversuch *m*, Langzeitprüfung *f*, Langzeittest *m*, Langzeituntersuchung *f*, Langzeitversuch *m {zur Ermittlung von Festigkeitseigenschaften}*; Kriechprobe *f {Met}* 2. Klebfilmzähigkeitsprüfung *f*, Creep-Test *m {Gummi}*; 3. Kriechprobe *f {Nachweis von Fluoriden}*; 4. Kriechstromprüfung *f {Elek}*

elongation at break in creep Zeitbruchdehnung *f*, Zeitstandbruchdehnung *f*

creeping 1. Kriechdehnung *f*, Kriechen *n*, Zusammenziehen *n {von Materialien}*; 2. Kriechgang *m*, Schleichgang *m*

creeping current Kriechstrom *m {Elek}*

creeping flow schleichende Strömung *f* *{DIN 1342}*

creeping intensity Dehnungsgeschwindigkeit *f*

creeping property Kriechverhalten *n*

creeping strength Kriechfestigkeit *f*, Dauerstandfestigkeit *f*, Zeitstand[zug]festigkeit *f*, Zeitstandkriechgrenze *f*

creeping wave Kriechwelle *f*

crenic acid <$C_{24}H_{12}O_{16}$> Krensäure *f*, Quellsäure *f {Bodenchemie}*

creosol Kreosol *n*, Methylbrenzkatechin *n*, 2-Methoxy-4-methylphenol *n*

creosotal Kreosotal *n*, Kreosotcarbonat *n*

creosote Kreosot *n*, Holzteerkreosot *n*; Steinkohlenteerkreosot *n*, Kreosotöl *n*

creosote carbonate Kreosotal *n*, Kreosotcarbonat *n*

creosote oleate Oleokreosot *n*

creosote water Kreosotwasser *n*

creosotic kreosothaltig

creosoting Kreosottränkung *f {Holzschutz}*

crêpe 1. Krepp *m*, Crêpe *m*, Kreppstoff *m*, gekrepptes Gewebe *n {Text}*; 2. Kreppkautschuk *m*, Crêpekautschuk *m*, Kreppgummi *m*, Crêpe *m {Gummi}*

crêpe de Chine Chinakrepp *m*, Crêpe de Chine *m*, Kreppseide *f {Text}*

crêpe paper Kreppapier *n*, gekrepptes Papier *n {DIN 6730}*

crêpe rubber Kreppgummi *m*, Kreppkautschuk *m*, Crêpekautschuk *m*, Crêpe *m*, Krepp *m*

bark-like crépe Borkenkrepp *m*

crêpeing Kreppen *n {Ausrüstungsvorgang bei Kreppgeweben}*, Krepponieren *n*, Kreponieren *n*; Aufbereitung *f* zu Krepp, Aufarbeitung *f* zu Krepp *{Gummi}*

crepitant knisternd

crepitate/to knistern *{Chem}*; prasseln

crepitating Knistern *n*

crepitation Knistern *n*

cresalol Kresalol *n*

cresatin Kresatin *n {HN}*, 1,3-Tolylacetat *n*

cresaurin Kresaurin *n*

crescent 1. sichelförmig, halbmondförmig; 2. sichelförmiger Defekt *m* der Epitaxieschicht *f*

crescent-shaped sichelförmig, halbmondförmig

cresidine Kresidin n, Aminokresol n

cresol $<CH_3C_6H_4OH>$ Hydroxytoluol n, Kresol n, Methylphenol n {obs}

m-cresol m-Kresol n, m-Oxytoluen n, m-Kresylalkohol m, m-Methylphenol n {obs}

o-cresol o-Kresol n, o-Methylphenol n, Oresylalkohol m, o-Oxytoluen n

p-cresol p-Kresol n, p-Methylphenol n, p-Oxytoluen n

cresol-formaldehyde condensate Kresol-Formaldehyd-Kondensat n

cresol indophenol Kresolindophenol n

cresol mo[u]lding compound Kresolharzformmasse f

cresol novolak Kresolnovolak m

cresol powder Kresolpuder m

cresol purple m-Kresolpurpur m, m-Kresolsulfonphthalein n

cresol red Kresolrot n, o-Kresolsulfonphthalein n

cresol resin Kresolharz n {ein Phenolharz}, CF-Harz n

cresol resol Kresolresol n

cresol soap Kresolseife f, Lysol n

cresol-sulfuric acid mixture Kresolschwefelsäure f

cresoline Kreolin n, 2,4-Dihydroxytoluol n

cresosteril Kresosteril n

cresotate kresotinsauer

cresotic acid $<CH_3C_6H_3(OH)COOH>$ Kresotinsäure f

cresotine yellow Kresotingelb n

cresotinic acid Kresotinsäure f

cress oil Kressenöl n

crest 1. First m, Dachfirst m, Firstlinie f {Dach}; 2. Krone f {Tech}; Spitze f {z.B. eine Gewindespitze}; 3. First m, Sattelfirst m, Sattelscheitel m {Geol}; 4. Gipfel m, Kopf m, Höhepunkt m, Spitzenwert m, Maximalwert m, Höchstwert m; Kamm m, Spitze f

crest angle Scheitelwinkel m

crest value Scheitelwert m, Schwellenwert m {bei impulsartigen Funktionen}, Gipfelwert m, Größtwert m {Phys}

crest voltage Spitzenspannung f {Elek}

cresyl 1. $<HO(CH_3)C_6H_3->$ Kresylrest m, Kresylgruppe f; Kresylradikal n; 2. Tolyl-, Cresyl-, Kresyl-; $<CH_3C_6H_4->$ Tolylrest m, Tolylgruppe f; Tolylradikal n

cresyl acetate $<CH_3COOC_6H_4CH_3>$ Kresylacetat n, Tolylacetat n; Kresatin n

cresyl alcohol s. cresol

cresyl carbonate Kresylcarbonat n

cresyl diphenyl phosphate $<(CH_3C_6H_4)(C_6H_5)_2PO_4>$ Kresyldiphenylphosphat n

cresyl glycidyl ether Kresylglycidylether m

cresyl methylether $<CH_3C_6H_4OCH_3>$ Kresylmethylether m

cresyl phosphate Kresylphosphat n

cresyl toluenesulfonate Kresyltoluolsulfonat n

cresyl violet Kresylviolett n

cresylic acid 1. rohe Carbolsäure f; 2. Kresolsäure f, Cresylsäure f {ein Gemisch von Cresolen, Xylenolen und Phenolen}

cresylic alcohol Kresylalkohol m

cresylic resin Kresolharz n

cresylite Cresylit n {Expl, Pikrinsäure/Trinitrokresol}

cresylol Kresylol n, Rohkresol n

cresylsulfuric acid Kresylschwefelsäure f

cretaceous kreideartig, kreidehaltig, kreidig, Kreide- {Bot}; kretazisch, kretazeisch {Geol}

cretaceous structure Kreidegebilde n

crevasse 1. Gletscherspalte f; Riß m, Spalte f {Geol}; 2. {US} Dammbruch m, Deichbruch m

crevassed rissig

crevice 1. Anriß m, Riß m, Spalt m, Sprung m; 2. Kluft f, Riß m, Spalte f {Geol}

crevice corrosion Spaltkorrosion f

crew 1. Belegschaft f, Mannschaft f; 2. Besatzung f, Crew f {Schiff, Flugzeug}

crichtonite Crichtonit m {Min}

crimp/to kräuseln; zusammenpressen; behindern

crimp 1. Kräuseln n, Kräuselung f {Text}; 2. Sicke f {Met}

crimp seal Kräuselverschluß m

crimped glass fibre Kräuselglasfaser f

crimping 1. Kräuseln n, Kräuselung f; 2. Anpressen n {von Kronkorken in der Flaschenverschließmaschine}; 3. Einfalzen n {Glas}; 4. Faltenbildung f {beim Rohrbiegen}; 5. Herstellung f von Quetschverbindungen; Eindrücken n von Versteifungsgliedern; Sicken n {Tech}; 6. Crimpen n {lötfreies Verbindungsverfahren}

crimson 1. karm[es]inrot, karmoisinrot, feurigrot, purpurrot, karmesin; 2. Karmesin n, Karmin n

crimson antimony Antimonrot n

crimson-colo[u]red karmesinfarbig

crimson lake Karmesinlack m, Karminlack m

crinkle/to faltigmachen, runzeln; kräuseln {Text}; sich winden; sich falten

crinkle leather Knautschlack m, Knautschlackleder n

crinkling Kräuseln n, Kräuselung f; örtliche Beulung f

cripple/to lähmen; beschädigen; verkrüppeln

crippling Knickung f, Ausknicken n, Knicken n, Krümmen n

crisp 1. braun rösten, knusprig braten {Lebensmittel}; 2. rösch, knusp[e]rig, bröck[e]lig, mürbe {Lebensmittel}; 3. saftig, frisch, fest, krachig, knackig, knackfest; 4. gestochen [scharf] {Photo}; 5. kernig, hart, nervig {Text}

crispatic acid Crispatsäure *f*
crispy spröde
criss-cross sheeting Netzfolie *f*, Folie *f* mit netzförmiger Verstärkung
cristobalite Cristobalit *m* *{Min, SiO_2}*
criterion *{pl. -ria, -rions}* Kriterium *n*, Maßstab *m*, Prüfstein *m*, Kennzeichen *n*, Anhaltspunkt *m*, Merkmal *n*
crithmene <$C_{10}H_{16}$> Crithmen *n*
crithminic acid Crithminsäure *f*
critical kritisch, bedenklich, gefährlich
critical angle Grenzwinkel *m* *{der Totalreflexion}*, kritischer Winkel *m* *{Opt}*
critical backing pressure Vorvakuumgrenzdruck *m*, Grenzdruck *m* der Vorvakuumbeständigkeit *f*
critical condensation temperature kritische Kondensationstemperatur *f*, wahrer Kondensationspunkt *m* *{Thermo}*
critical condition kritischer Zustand *m*
critical constants kritische Konstanten *fpl*, kritische Größen *fpl* *{Thermo}*
critical curent density kritische Stromdichte *f* *{Elektrolyse}*
critical data kritische Daten *pl*, kritische Größen *fpl*, kritische Konstanten *fpl* *{Thermo}*
critical density kritische Dichte *f*
critical diameter 1. Grenzdurchmesser *m* *{Stahlhülsentest}*; 2. Trennkorngröße *f*, Kornscheide *f*
critical exponent kritischer Exponent *m* *{Thermo}*
critical forepressure Vorvakuumgrenzdruck *m*, Grenzdruck *m* der Vorvakuumbeständigkeit
critical heat Umwandlungswärme *f*
critical heat flux kritische Wärmestromdichte *f*
critical heat flux ratio Siedeabstand *m*
critical limit Abfallgrenze *f*
critical loading condition kritischer Belastungszustand *m*
critical mass kritische Masse *f* *{Nukl}*
critical micellization concentration (CMC) *{ISO 6840}* kritische Micellenkonzentration *f* *{Biochem}*
critical oxygen concentration Sauerstoff-Grenzkonzentration *f* *{Expl}*
critical path analysis Netzplantechnik *f*, Netzwerkplanung *f*, NPT
critical point kritischer Punkt, Gefahrpunkt *m*, Haltepunkt *m*, Umwandlungspunkt *m* *{auf der Erhitzungs- oder Abkühlungskurve}*
critical pressure kritischer Druck *m*
critical pressure ratio kritisches Druckverhältnis *n*
critical resistance kritischer Widerstand *m*
critical properties kritische Eigenschaften *fpl*
critical solution temperature kritische Lösungstemperatur *f*, kritische Mischungstemperatur *f*, kritischer Lösungspunkt *m*, kritischer Mischungspunkt *m*
critical state kritischer Zustand *m*
critical stress kritische Spannung *f*
critical surface tension kritische Oberflächenspannung *f* *{von Klebstoffen}*
critical temperature kritische Temperatur *f*
critical temperature and pressure kritische Daten *pl*
critical valve signalling device Grenzwertmeldevorrichtung *f*
critical velocity kritische Geschwindigkeit *f*
critical volume kritisches Volumen *n* *{Thermo}*
critical wavelength Grenzwellenlänge *f*
criticality kritischer Zustand *m* *{Nukl}*
criticism Kritik *f*; Rezension *f*, Beurteilung *f*
criticize/to kritisieren, bekritteln; rezensieren, beurteilen; nörgeln
crizzling Haarrißbildung *f* *{örtliche Unterkühlungsfehler im Glas}*; Wasserfleck *m*
crocalite Krokalith *m* *{obs}*, Natrolith *m* *{Min}*
croceic acid Croceinsäure *f*, 2-Naphthol-8-sulfonsäure *f*, Bayer'sche Säure *f*
crocein acid Croceinsäure *f*, 2-Naphthol-8-sulfonsäure *f*, Bayer'sche Säure *f*
crocein scarlet Croceinscharlach *m*
crocetin <$C_{20}H_{24}O_4$> Crocetin *n*, Gardenin *n*
crocetin dialdehyde Crocetindialdehyd *m*
crocic acid <$C_5H_2O_5$> Krokonsäure *f*
crocidolite Krokydolith *m*, Blaueisenstein *m*, faseriger Eisenblauspat *m* *{Min}*
crocin Crocin *n* *{Saffran-Farbstoff}*
crockery Steingut *n*, Tonware *f*, Töpferware *f*
crockery ware Halbporzellan *n*
crocodile Megavolt *n*, MV *{Laborslang}*
crocodile clip Schnabelklemme *f*, Abgreifklemme *f*, Krokodilklemme *f* *{Elek}*
crocoite Krokoit *m*, Rotbleierz *n* *{Min}*
crocoisite s. crocoite
croconic acid <$C_5H_2O_5$> Krokonsäure *f*
crocose Crocose *f* *{Crocin-Zucker}*
crocus 1. [purpurfarbenes] Polierrot *n*, Pariserrot *n*, Englischrot *n*; 2. Safran *m* *{Bot}*
crocus of antinomy Antinomzinnober *m*
crocus of iron Eisensafran *m*
cromfordite Hornblei *n* *{obs}*, Phosgenit *m*, Bleihornerz *n* *{Min}*
crooked krumm, ungerade, verbogen
crookesite Crookesit *m* *{Min}*
Crookes' dark space Crookesscher Dunkelraum *m*, Hittorfscher Dunkelraum *m*, Kathodendunkelraum *m*, innerer Dunkelraum *m*
Crookes' tube Crookessche Röhre *f*
crop/to 1. abernten, ernten; Ernte *f* tragen; 2. abfressen, abweiden; 3. bepflanzen, besäen; 4. verbeißen *{junge Bäume und Triebe}*; 5. scheren; abschneiden; 6. schopfen, abschopfen *{Met}*

crop 1. Feldfrüchte *fpl*; [eingebrachte] Ernte *f*, Bodenertrag *m*, Ernteertrag *m {Agri}*; 2. Ausstrich *m*, Ausgehendes *n*, Ausbiß *m*, Schichtkopf *m*; Anstehen *n*, Ausstreichen *n*, Ausgehen *n {Geol}*; 3. abgeschopftes [Block-]Ende *n*, [unteres] Blockende *n {Met}*
crop of crystals Kristallanschuß *m*
crop of tin Zinnerzsand *m*
crop-protection agent Pflanzenschutzmittel *n*
crop-protection product Pflanzenschutzmittel *n*
cross/to 1. [durch]kreuzen, durchschneiden, sich schneiden; 2. kreuzen, überqueren; 3.[durch]streichen; 4. übereinanderschlagen, verschränken; 5. sich kreuzen, begegnen; 6. durchkreuzen *{z.B. Plan}*; 7. kreuzen *{Tiere}*
cross 1. Kreuz *n*; Kreuzung *f*, Kreuzungsstelle *f*, Kreuzungspunkt *m*; 2. Kreuz *n {Fitting nach DIN 2950}*, Kreuz[rohr]stück *n {ein Formstück}*
cross bar Querschiene *f*, Querstange *f*, Querträger *m*, Querstab *m*, Querriegel *m*, Traverse *f*
cross-bar distributor Kreuzschienenverteiler *m*
cross-beater mill Kreuzschlagmühle *f*, Schlagkreuzmühle *f*
cross-belt Querförderband *n*
cross-belt separator Kreuzband[magnet]scheider *m*
cross-blade agitator Kreuzbalkenrührwerk *n*, Kreuzbalkenmischer *m*, Kreuzbalkenrührer *m*
cross-blade mixer s. cross-blade agitator
cross-blade stirrer s. cross-blade agitator
cross blending Verschneiden *n {Gummi}*
cross-breaking strength Knickfestigkeit *f*, Biegefestigkeit *f*
cross-breaking test Querbiegeversuch *m*
cross-breeding Artkreuzung *f {Biol}*
cross brush Querbürste *f {Text}*
cross-checking Vergleichsprüfung *f* zweier oder mehrerer verschiedenartiger Analysenverfahren *npl*
cross circulation Kreuzumlauf *m*, Überlüftung *f {beim Trocknen}*
cross coil Kreuzspule *f*
cross-counterflow Kreuzgegenstrom *m*
cross crack Querriß *m*, Kantenriß *m*
cross current Querströmung *f*, Gegenstrom *m*, Querstrom *m*, Kreuzstrom *m*
cross-current classification Querstromsichtung *f*
cross-current classifier Querstromsichter *m*
cross-current classifying Querstromsichtung *f*
cross cut Ablängschnitt *m*; Hirnschnitt *m*, Querschnitt *m {Holz}*; Querschlag *m {Bergbau}*
cross-cut test Gitterschnittprüfung *f*
cross-cutter Querschneider *m*
cross-dyeing Überfärben *n*, Überfärbung *f*, Nachfärben *n*, Nachfärbung *f*
cross-extruder head Querspritzkopf *m*
cross field Querfeld *n {Elek}*
cross fire Kreuzfeuerbrenner *m*
cross-fired furnace Kreuzfeuerofen *m {Glas}*
cross flow Kreuzstrom *m*, Querstrom *m*, Querströmung *f {Hydrodynamik}*
cross-flow blower Querstromgebläse *n*
cross-flow classification Querstromsichtung *f*
cross-flow classifier Querstromsichter *m*
cross-flow classifying Querstromsichtung *f*
cross-flow filtration Querstromfiltration *f*
cross-flow heat exchanger Kreuzstromwärmetauscher *m*
cross-flow microfiltration Querstrom-Mikrofiltration *f*
cross-flow tray Kreuzstromboden *m {Dest}*
cross flue Querzug *m*
cross flux Streufluß *m {Elek}*
cross-force Querkraft *f*
cross grain quer zur Laufrichtung *f*, quer zur Faserrichtung *{Werkstoff}*; Querzug *m*
cross hairs Fadenkreuz *n*, Strichkreuz *n*, Strichplatte *f*
cross-hatch adhesion mittels Gitterschnittes bestimmte Haftfestigkeit *f {von Überzügen}*
cross-hatch adhesion test Gitterschnittest *m*
cross-hatched kreuzgerippt *{z.B. Stahlstufe}*
cross-head Kopfplatte *f*, Kreuzkopf *m*, Querhaupt *n*; Querspritzkopf *m*
cross-laminated kreuzweise geschichtet, kreuzweise laminiert
cross-lap tensile test Zugversuch *m* an gekreuzt geklebten Prüfkörpern *mpl*
cross-line Querlinie *f*, Querstrich *m*, Fadenkreuz *n*
cross-link/to [quer]vernetzen, querverbinden
cross link Querverbindung *f*, Brücke *f*, Vernetzungsstelle *f*
cross-link concentration Vernetzungsdichte *f*
cross-link density Vernetzungsdichte *f*
cross-link point Vernetzungsstelle *f*
cross-link structure Vernetzungsstruktur *f*
cross-link universal coupling Kreuzgelenkkupplung *f*
cross-linkability Vernetzbarkeit *f*
cross linkage 1. Quervernetzung *f*, Querverbindung *f*, Vernetzung *f {als Vorgang}*; 2. Vernetzungsstelle *f*, Brücke *f*, Querverbindung *f*
cross-linkage agent Vernetzungsmittel *n*, Vernetzer *m*
cross-linkage density Vernetzungsdichte *f*
cross linkage position Vernetzungsstelle *f*
cross-linked vernetzt
cross-linker Vernetzer *m*, Vernetzungsmittel *n {Polymer}*
cross-linking 1. Vernetzung *f*, Quervernetzung *f*, Querverbindung *f {als Vorgang}*; 2. Kreuzbindung *f*, Querverbindung *f*, Brücke *f*

Vernetzungsstelle *f*; Crosslinking *n {kunstharzfreie Pflegeleichtausrüstung bei Baumwolle}*
cross-linking agent Vernetzungsmittel *n*, Vernetzer *m*
cross-linking density Vernetzungsdichte *f*
cross-linking efficiency Vernetzungseffizienz *n*, Vernetzungswirksamkeit *f*
cross-linking mechanism Vernetzungsmechanismus *m*
cross-linking process Vernetzungsprozeß *m*
cross-linking reaction Verknüpfungsreaktion *f*, Vernetzungsreaktion *f*
cross-linking site Vernetzungsstelle *f*
cross-linking time Vernetzungszeit *f*
cross magnetization Quermagnetisierung *f*
cross-magnetize/to quermagnetisieren
cross-magnetizing effect Quermagnetisierungseffekt *m*
cross over 1. Kreuzungspunkt *m*; 2. Rohrformstück *n {Rohrüberführung}*; 3. engster Strahlquerschnitt *m*; 4. Gleisverbindung *f {Bahn}*; Crossover *n {Gen}*
cross-over experiment Kreuzungsversuch *m*
cross-over forepressure Vorvakuumdruck *m {Ansaugdruck = Vorvakuumdruck}*
cross point Kreuzungspunkt *m*, Schnittpunkt *m*; Koppelpunkt *m {das Schaltmittel in einer Koppelanordnung, Elek}*
cross polarization Kreuzpolarisation *f*
cross ratio Doppelverhältnis *n {Math}*
cross-reference Querverweis *m*, [Quer-]Verweisung *f*
cross relation Wechselbeziehung *f*
cross resistance 1. Querwiderstand *m {Elek}*; 2. Kreuzresisitenz *f {durch Gifte indirekt erworbene Widerstandskraft gegen andere Gifte}*
cross section 1. Querschnitt *m {Tech}*; 2. Querprofil *n*; Qerschnittzeichnung *f {Tech}*; 3. Durchschnitt *m*, Mittelwert *m*, Mitte *f*; Querschnitt *m*, Schnitt *m {Math}*; 4. Wirkungsquerschnitt *m {Nukl}*; 5. Hirnschnitt *m*, Querschnitt *m {Holz}*;
cross-section of the specimen Probenquerschnitt *m*
differential cross section differentieller Wirkungsquerschnitt *m*
effective cross section Wirkungsquerschnitt *m*
reduction of cross section Querschnittverringerung *f*
cross sectional area Querschnitt[s]fläche *f*, Durchgangsquerschnitt *m*
cross slip Quergleiten *n*, Quergleitung *f*
cross-staple glass mat Kreuzfadenglasmatte *f {für Laminatherstellung}*
cross stone Kreuzstein *m*
cross stream Kreuzstrom *m*, Querstrom *m*, Querströmung *f*
cross-table Kreuztisch *m*
cross twill Kreuzköper *m {Text}*
cross weave Schußfaden *m {Weben}*
cross-wires Fadenkreuz *n*, Strichplatte *f*, Strichkreuz *n*
cross-wise überkreuz, quer, in Querrichtung *f*
cross-wound kreuzgewickelt
cross-wound bobbin Kreuzwickel *m*, zylindrische Kreuzspule *f {DIN 61800}*
cross-wound spool Kreuzspule *f*
cross zone alarm Zweigruppenalarm *m*
cross zoning Zweigruppenabhängigkeit *f*
crossed gekreuzt, verschränkt
crossed Nicols gekreuzte Nicolsche Prismen *npl*, gekreuzte Nicols *npl {Opt}*
crossed position gekreuzte Anordnung *f {Opt}*
crossing 1. schneidend; 2. Kreuzung *f*, Kreuzungsstelle *f*, Kreuzungspunkt *m*; 3. Schnittpunkt *m {von Kurven, Math}*; 4. Verschlichten *n*; Kreuzgang *m* des Pinsels *m*; 5. Herzstück *n*, Kreuzung *f*, Weiche *f*, Kreuzungsweiche *f*; Straßenkreuzung *f*; Übergang *m*; 6. kreuzweise Schichtung *f {Schichtstoffe, Laminate}*; 7. kreuzweise Versperrung *f*, Schrägverstellung *f {z.B. bei Sperrholz}*
crossing over Genaustausch *m*, Crossover *n*
crossing sleeve Kreuzmuffe *f*
crossing valve Kreuzventil *n*
crossite Crossit *m {Min}*
crotal *s.* crottle
crotalotoxin <$C_{34}H_{54}O_{21}$> Crotalotoxin *n {Klapperschlangengift}*
crotamiton<$C_{13}H_{17}NO$> Crotamiton *n*
croton lactone Crotonlacton *n*
croton oil Crotonöl *n*, Oleum Crotonis *{von Croton tiglium L.}*
croton resin Crotonharz *n*
crotonaldehyde <$CH_3CH{=}CHCHO$> Crotonaldehyd *m*, 3-Methylacrolein *n*, 2-Butenal *n {IUPAC}*
crotonase Crotonase *f {Biochem}*
crotonate 1. crotonsauer; 2. Crotonat *n*
croton betaine Crotonbetain *n*
crotonic acid <$H_3CCH{=}CHCOOH$> Crotonsäure *f*, *trans*-3-Methylacrylsäure *f*, *trans*-Buten-(2)-säure(1) *f*
crotonic ester Crotonsäureester *m*
crotonin Crotonin *n*
crotonolic acid <$CH_3CH{=}C(CH_3)COOH$> Crotonolsäure *f*, Tiglinsäure *f*, *trans*-2-Methyl-2-butensäure *f*
crotonyl 1. <$CH_3CH{=}CHCO$> Crotonyl-, Crotonoyl-; 2. <$CH_3CH{=}CH\text{-}CH_2$> 2-Butenyl-
crotonylene <$CH_3C{\equiv}CCH_3$> Crotonylen *n*, Dimethylacetylen *n*, 2-Butin *n*
crottle Farbstoff-Flechten *fpl*
crotyl alcohol <$CH_3CH{=}CHCH_2OH$> Crotylalkohol *m*, 2-Buten-1-ol *n {IUPAC}*
crotyl chloride Crotylchlorid *n*

crow foot Kreuzköper *m {Text}*
Crow receiver Meßzylinder *m* nach Crow *{mit konisch verjüngter Basis}*
crowbar 1. Brecheisen *n*, Brechstange *f*, Hebeeisen *n*, Hebestange *f*, Schürstange *f*, Stemmeisen *n*; 2. Überspannungs-Crowbar-Schutz *m {Elek}*
crowded spectrum linienreiches Spektrum *n*, überhäuftes Spektrum *n*
croweacic acid Croweacinsäure *f*
croweacin Croweacin *n*
crown 1. Bombage *f*, Bombierung *f*, Balligkeit *f {z.B. von Walzen, Profilen}*; 2. Gewölbe *n*, Haube *f*, Glocke *f {von Schmelzöfen}*, Kuppel *f {des Glasofens}*; 3. Krone *f {Trivialname für makrocyclische Polyether}*, Corona *f*; 4. Oberhaupt *n*; Wölbung *f {Tech}*; 5. [Baum-]Krone *f*; 6. Gewölbe *n {Glas}*
crown burner Kronenbrenner *m*
crown ether Krone *f {Trivialname für makrocyclische Polyether}*, Kronenether *m*, Corona *f*
crown glass 1. runde Scheibe *f {für Mondglas}*; 2. Kronglas *n {mit schwacher Brechung und geringer Dispersion}*, Crownglas *n*, Solinglas *n {Opt}*
crown glass prism Kronglasprisma *n*
crowsfeet Waschfalten *fpl*, Waschknitter *mpl {Text}*
crowsfooting Krähenfußbildung *f*, krähenfußartige Risse *mpl {in Anstrichschichten}*
croze Kröse *f*
crucible 1. Tiegel *m*, Schmelztiegel *m*; 2. Tiegel *m {Unterteil eines Schmelzofens für Nichteisenmetalle}*; Gestell *n {Hochofen}*
crucible belly Tiegelbauch *m*
crucible carrier Tiegelträger *m*
crucible-cast steel Tiegel[guß]stahl *m*, Tiegelflußstahl *m*
crucible chamber Tiegelkammer *f*
crucible charge Tiegelinhalt *m*
crucible-coking test Tiegelverkokung *f*
crucible contents Tiegelinhalt *m*
crucible cover Tiegeldeckel *m {Lab}*
crucible drying apparatus Tiegeltrockner *m*
crucible evaporation Tiegelverdampfung *f*
crucible for distillation Destillationstiegel *m*
crucible furnace Tiegelofen *m*, Blockofen *m*, Stichtiegelofen *m*, Tiegelschmelzofen *m*
crucible graphite schmiedbarer Graphit *m*
crucible heater Tiegelheizer *m*
crucible holder Tiegelhalter *m*
crucible induction furnace *{IEC 646}* Induktionstiegelschmelzofen *m*
crucible lid Tiegeldeckel *m*
crucible lining Tiegelfutter *n*
crucible material Tiegelmasse *f*
crucible melting furnace Tiegelschmelzofen *m*, Tiegelofen *m*, Stichtiegelofen *m*
crucible melting process Tiegelschmelzverfahren *n*, Tieglstahlverfahren *n*, Tiegel[ofen]-verfahren *n*
crucible mo[u]ld Tiegelhohlform *f*
crucible oven Tiegelbrennofen *m*
crucible reaction Tiegelreaktion *f*
crucible ring Tiegelring *m*
crucible steel Tiegelstahl *m*
crucible swelling number Blähzahl *f {Steinkohle; DIN 51742}*
crucible test Tiegelprobe *f*
crucible tongs Schmelz[tiegel]zange *f*, Tiegelzange *f*
crucible triangle Tiegeldreieck *n*, Glühring *m*
cruciform kreuzförmig
cruciform twin group Durchkreuzungszwilling *m {Krist}*
crucilite Crucilith *m*, Crucit *m {Min}*
crud 1. Fremdstoff *m*, Verunreinigung *f*; 2. Korrosionsproduktablagerung *f*
crude 1. roh, unbearbeitet, Roh-; crudus; 2. roh, ungekocht, unzubereitet; 3. Rohgut *n*, Rohprodukt *n*; Rohöl *n*, rohes Öl *n*; Roh[erd]öl *n*, rohes Erdöl *n*, Crude[oil] *n*
crude acid Rohsäure *f*
crude asphalt Asphaltgestein *n*
crude assay Rohöluntersuchung *f*
crude benzene Rohbenzol *n*
crude borate Rohborat *n*
crude bottom Bodensatz *m {Dest}*
crude carbide mixture Rohkarbidmischung *f*
crude cresol Rohkresol *n*
crude evaluation Rohöluntersuchung *f*
crude fiber Rohfaser *f*
crude gas Rohgas *n*
crude homogenate Rohhomogenat *n {Biochem}*
crude litharge Abstrichblei *n {Met}*
crude matte Rohstein *m*
crude metal Rohmetall *n*
crude naphthalene Rohnaphthalin *n {DIN 51862}*
crude oil 1. Rohöl *n*, rohes Öl *n*; 2. Roh[erd]öl *n*, Crude[oil] *n*, rohes Erdöl *n*
crude oil dehydration plant Rohölentwässerungsanlage *f*
crude oil emulsion Rohölemulsion *f*
crude oil refining Erdölverarbeitung *f*
crude oil reserves Erdölreserven *fpl*
crude ore Bergerz *n*, Roherz *n*, Fördererz *n*
crude petroleum *{GB}* Rohöl *n*
crude potash Pottaschefluß *m*, schwarze Pottasche *f*
crude protein Rohprotein *n*
crude rubber Rohkautschuk *m*
crude state Rohzustand *m*
crude tar Urteer *m*
crude water Rohwasser *n*

cruet Meßgefäß *n*, Röhrchen *n*
crumb Krümel *m*, Krume *f*; Brocken *m*
crumb form Krümelform *f* *{z.B. Gummi}*
crumb stage bröckliger Massezustand *m*, krümeliger Massezustand *m*
crumb structure Krümelgefüge *n*, Krümelstruktur *f*
crumble/to zerkrümeln, zermalmen, zerbröseln, zerbröckeln, grießeln, krümeln, zerdrücken; zerfallen, zerbröckeln
crumble off/to abbröckeln
crumbling 1. mürbe, sandend *{z.B. Putz}*; 2. Zerbröckeln *n*; Zerfallen *n*
crumbling of ore Zerfallen *n* des Erzes
crumbly abbrüchig, bröck[e]lig, krüm[e]lig, leicht bröckelnd
crumbs 1. Schnitzel *npl*, Krümel *mpl npl*; 2. zerfaserte Alkalicellulose *f*, Celluloseschnitzel *npl*
crumple/to 1. knittern, verknittern *{Text}*; 2. zusammenschrumpfen; zerknüllen, zusammenknüllen; 3. zermalmen; zusammenbrechen
crumpled knitterig, verknittert; zusammengeschrumpft
crunch/to knirschen, knarren, krachen, knacken *{Akustik}*; zerknacken, [knirschend] zertreten
crunchy knackig, krachig, knackfest
crush/to 1. vorbrechen, grob mahlen, [grob]zerkleinern, pochen *{Erz}*; 2. zerquetschen, zerdrükken, zermalmen, zerreiben, zerschlagen, zerstoßen; 3. schroten *{Brau}*; 4. verdrücken *{z.B. feuchte Papierbahn}*; 5. zerdrücken, knittern *{Text}*
crush-proof kniterfest, knitterbeständig, knitterfrei *{Text}*
crush-proofing 1. überrollbar; 2. Knitterfestmachen *n* *{Text}*
crush-resistant knitterfest, knitterbeständig, knitterfrei *{Text}*
crush roller Egalisierrolle *f* *{Text}*
crush seal Preßdichtung *f*
crushability Brechbarkeit *f*
crushable brechbar
crushed bones Knochenschrot *m*
crushed coal vorgebrochene Kohle *f*, Brechkohle *f*
crushed coke Knabbelkoks *m*, Brechkoks *m*
crushed material gebrochenes Gut *n*
crushed rocks Schotter *m*; Gesteinsmehl *n*
crushed sand Brechsand *m*
crushed stone Schotter *m* *{25-65 mm}*
crushed stone fines Kiesbrechsand *m*
coarsely crushed grobgepulvert
crusher Brecher *m*, Brechwerk *n*, Grobzerkleinerungsmaschine *f*, Vorbrecher *m*, Quetschmühle *f*, Stauchzylinder *m*, Schlagmühle *f*
crusher arm Brecharm *m*
crusher cone Brech[er]kegel *m*
crusher index Stauchwert *m*
crusher jaw Brechbacke *f*
crusher mouth Brechmaul *n*, obere Brecheröffnung *f*
crusher plate Brechplatte *f*, Brecherplatte *f*
crusher wheels Brecherräder *npl*
gyratory crusher Walzenbrecher *m*
jaw crusher Backenbrecher *m*
crushing 1. Brech-; 2. Brechen *n*, Grobzerkleinerung *f*, Mahlen *n*; Pochen *n* *{Erz}*; 3. Zerquetschen *n*, Quetschung *f*; Stauchung *f*; 4. Zerdrükken *n*, Knittern *n* *{Text}*; 5. Zerstoßen *n*, Stoßen *n* *{z.B. von Eis}*; 6. Schroten *n* *{von Malz, Brau}*
crushing coefficient Brechbarkeitskoeffizient *m*
crushing cone Brechkegel *m*
crushing cylinder Mahltrommel *f*
crushing effect Stauchwirkung *f*
crushing force Brechkraft *m*
crushing hard materials Hartzerkleinerung *f*
crushing load Druckspannung *f*, Bruchlast *f* *{Mech}*
crushing machine Quetschmaschine *f*, Zerkleinerungsmaschine *f*, Brecher *m*
crushing mill Grobmühle *f*, Brecher *m*, Quetschmühle *f*, Zerkleinerungsmühle *f*, Brechwalzwerk *n*
crushing of hard materials Hartzerkleinerung *f*
crushing plant Zerkleinerungsanlage *f*, Brechanlage *f*, Mahlanlage *f*
crushing plate Zerkleinerungsplatte *f*, Brechplatte *f*
crushing point kritische Belastung *f*, Quetschgrenze *f*, Quetschstelle *f* *{DIN 31001}*
crushing ring Brechring *m*
crushing roll Brechwalze *f*
crushing rolls Walzenbrecher *m*, Brechwalzwerk *n*; Brechwalzen *fpl*, Zerkleinerungswalzen *fpl*
crushing strength Bruchfestigkeit *f*; axiale Festigkeit *f* *{von Rohren}*
crushing stress Druckkraft *f*, Brechkraft *f*
crushing test 1. Stauchversuch *m* *{z.B. mit Rohren}*; 2. Druckversuch *m*, Druckprüfung *f* *{mit Baustoffen}*
crushing test apparatus Kompressionsprüfapparat *m* in Längsrichtung *{Text}*
crushing unit Zerkleinerungsanlage *f*
crushing zone Brechzone *f*
crusocreatinine Crusocreatinin *n*
crust/to verkrusten, Kruste *f* bilden, verharschen
crust 1. Kruste *f*, Ansatz *m*; 2. Überzug *m*, Haut *f*; 3. Rinde *f*; Schale *f*
cover with a crust/to bekrusten
crustaceous überkrustet, krustig
crustal rocks Krustengestein *n*
crusted verkrustet, krustig

crusty krustig; hart; mit dicker Kruste *f*
crutcher Seifenmischer *m*
crylene Crylene *n {Acetylen-Ethen-Propen-Mischung}*
cryobiology Kryobiologie *f*
cryochemistry Kältechemie *f*, Kryochemie *f {Reaktionen < 170 K}*
cryodrying Gefriertrocknung *f*, Lyophilisation *f*
cryofluorane Cryofluoran *n*
cryogen Kryogen *n*, Tiefkühlmittel *n*, Kryoflüssigkeit *f*, Kryomittel *n*
cryogenerator Gaskältemaschine *f*
cryogenetic pump Kryopumpe *f*
cryogenetic pumping Kryopumpen *n*
cryogenetic trapping Kryotrapping *n*, Kryopumpen *n*
cryogenic kryogenisch; Tieftemperatur-
cryogenic engineering Tieftemperatur-Technik *f*
cryogenic expander Entspannungsmaschine *f* für Tieftemperaturtechnik
cryogenic grinding kryogenes Feinmahlen *n*, Feinmahlen *n* unter Absenken der Guttemperatur durch flüssigen Stickstoff
cryogenic heat exchanger Tieftemperatur-Wärmetauscher *m*
cryogenic liquid Tieftemperaturfluid *n*
cryogenic nitrogen aus Luftverflüssigung gewonnener Stickstoff *m*
cryogenics 1. Kryogenik *f*, Tieftemperaturforschung *f*; 2. Tieftemperaturtechnik *f*, Kryotechnik *f*
cryogenin Kryogenin *n*
cryogetter pump Kryogetterpumpe *f*
cryogrinding Tieftemperaturmahlen *n*
cryohydrate Kryohydrat *n*
cryohydric point kryohydratische Temperatur *f*
cryolite <Na_3AlF_6> Kryolith *m*, Eisstein *m*, Grönlandspat *m*, Aluminiumnatriumfluorid *n*, Natriumfluoroaluminat *n {Min}*
cryolite soda Kryolithsoda *f {Min}*
cryomagnetic kryomagnetisch
cryometer Kryometer *n {Thermometer für tiefe Temperaturen}*
cryophorus Kryophor *m*
cryophyllite Kryophyllit *m {Min}*
cryopump Kryopumpe *f*
cryopumping Kryopumpen *n*
cryopumping surface Kryofläche *f*
cryoscope Gefrierpunktsmesser *m*, Kryoskop *n*
cryoscopic kryoskopisch
cryoscopic method Gefrierpunktmeßmethode *f*, Kryoskopie *f {Meßverfahren bei der Gefrierpunktserniedrigung}*
cryoscopy Kryoskopie *f*
cryosel Kryohydrat *n {eutektische Salzlösung, deren Schmelz- oder Gefriertemperatur konstant bleibt}*, eutektische Sole *f*
cryosorption pump Kryosorptionspumpe *f*
cryostat Kryostat *m*, Kälteregler *m {Thermostat für tiefe Temperaturen}*
cryosublimation trap Kryosublimationsfalle *f*
cryosurface Kryofläche *f*
cryotrapping Kryopumpen *n*, Kryotrapping *n*
cryotrimming Tieftemperatur-Entgraten *n*
cryotumbling Tieftemperatur-Schleudern *n*
cryptand Kryptand *m*, Coronand *m*
cryptate Kryptat *n*, Kronenether-Komplex *m*
cryptic verborgen; dunkel
cryptic contamination latente Verunreinigung *f*
cryptocrystalline kryptokristallin, mikrokristallin *{Mineral}*
cryptogenin Kryptogenin *n*
cryptograndoside Kryptograndosid *n*
cryptolepine Kryptolepin *n*
cryptolite Kryptolith *m {ein in fast mikroskopischen Nädelchen in Apatit von Arendal eingewachsener Monazit}*
cryptomere Kryptomer *n*, Cryptomer *n*
cryptomerene Cryptomeren *n {Diterpenderivat}*
cryptomeriol Cryptomeriol *n*, Kryptomeriol *n*
cryptomerism Kryptomerie *f*
cryptometer Deckfähigkeitsmesser *m*, Kryptometer *n*, Deckkraftmesser *m*
cryptomorphite Kryptomorphit *m*
cryptopidene Kryptopiden *n*
cryptopidic acid Kryptopidinsäure *f*
cryptopidiol Kryptopidiol *n*
cryptopimaric acid Kryptopimarsäure *f*
cryptopine <$C_{21}H_{23}NO_5$> Kryptopin *n*
cryptopinone Kryptopinon *n*
cryptopleurine Kryptopleurin *n*
cryptopyrrole Kryptopyrrol *n*, 3-Ethyl-2,4-dimethylpyrrol *n*
cryptoscope Kryptoskop *n*, Fluoskop *n*
cryptostrobin Kryptostrobin *n*
cryptoxanthine <$C_{40}H_{50}OH$> Cryptoxanthin *n*
crysanthemaxanthin Chrysanthemaxanthin *n*
crysoidine orange Chrysoidinorange *n*
crystal 1. Kristall-; 2. Kristall *m*; 3. Quarz *m {Elek}*; 4. Kristall *n*, Kristallglas *n*
crystal alcohol Kristallalkohol *m*
crystal ammonia Kristallammoniak *m*
crystal analysis Kristallstrukturanalyse *f*, Feinstrukturanalyse *f*, Röntgenstrukturanalyse *f*
crystal angle Kristallwinkel *m*
crystal axis Kristallachse *f*, kristallographische Achse *f*
crystal boundary Korngrenze *f*, Kristallgrenzlinie *f*
crystal center Kristallisationskern *m*
crystal changer Kristallwechsler *m*, Kristallwechseleinrichtung *f*
crystal changing device Kristallwechseleinrichtung *f*, Kristallwechsler *m*

crystal chemistry Kristallchemie *f*, Kristallstrukturkunde *f*, chemische Kristallographie *f*, Festkörperchemie *f*
crystal clarity Glasklarheit *f*
crystal-clear glasklar
crystal-clear film Glasklarfolie *f*
crystal collimator Kristallkollimator *m*
crystal complexes Viellinge *mpl {Krist}*
crystal core Kristallkern *m*
crystal counter Kristallzähler *m {eine Ionisationskammer}*
crystal defect Kristallfehler *m*, Fehlstelle *f*, Störstelle *f*, Kristallbaufehler *m {struktureller oder mechanischer}*
crystal detector Kristalldetektor *m*
crystal druse Kristalldruse *f*
crystal edges Kristallkanten *fpl*
crystal face Kristallfläche *f*, Kristallebene *f*
crystal field Kristallfeld *n {elektrisches Feld in der Umgebung eines Kristallgitterplatzes}*
crystal-field theory Kristallfeldtheorie *f*
crystal finish Eisblumenlack *m*
crystal flexural vibration Kristallbiegungsschwingung *f*
crystal form Kristallform *f*
crystal germ Kristallkeim *m*
crystal glass Kristallglas *n*, Kristall *n {Glas}*
crystal glaze Kristallglasur *f {Keramik}*
crystal goniometry Kristallwinkelmessung *f*
crystal grain Kristallkorn *n*
crystal grating Kristallgitter *n {Krist}*
crystal growing Kristallzüchtung *f*
crystal-growing furnace Kristallziehofen *m*, Kristallziehanlage *f*
crystal growth Kristallwachstum *n*
crystal-growth inhibition Kristallisationsverzögerung *f*
crystal habit Kristalltracht *f*
crystal hyperfine structure Kristallhyperfeinstruktur *f*
crystal imperfection Kristallstörstelle *f*, Kristallstörung *f*, Kristallfehler *m*
crystal lacquer Eisblumenlack *m*
crystal lattice Kristallgitter *n*, Raumgitter *n {Krist}*
crystal-lattice model Kristallgittermodell *n*
crystal-lattice scale Kristallgitterskale *f*
crystal-lattice spacing Kristallgitterabstand *m*
crystal lens Kristallinse *f*
crystal-like kristallartig
crystal monochromator Kristallmonochromator *m*
crystal morphology Kristallmorphologie *f*
crystal nucleus Kristall[isations]keim *m*, Kristall[isations]kern *m*, Kristallisationszentrum *n*, Impfling *m*
crystal offsetting Kristallversetzung *f*
crystal optics Kristalloptik *f*
crystal orientation Kristallrichtung *f*, Kristallorientierung *f*
crystal oscillation Kristallschwingung *f*
crystal oscillator Schwingkristall *m*, Quarzschwinger *m*, Quarzoszillator *m {DIN 45174}*
crystal pattern Kristallbild *n*
crystal pebble Kristallkiesel *m*
crystal periodicity Kristallperiodizität *f*
crystal physics Kristallphysik *f*
crystal plane Kristallebene *f*; Netzebene *f*, Gitterebene *f {Krist}*
crystal plate Kristallplatte *f*
crystal pulling Kristallziehen *n*; Kristallzieh-Verfahren *n*
crystal-pulling machine Kristallziehofen *m*, Kristallziehanlage *f*
crystal-pulling method Kristallzieh-Verfahren *n*, Czochralski-Verfahren *n*, Kyropoulos-Verfahren *n*
crystal rectifier Kristallgleichrichter *m*, Quarzgleichrichter *m*
crystal scintillator Kristallszintillator *m*
crystal spectrometer Kristallspektrometer *n*
crystal spectrum Kristallspektrum *n*
crystal spots Schwefelflecken *mpl*, Einschlüsse *mpl*
crystal structure Kristallstruktur *f*, Kristallbau *m*, Kristallgefüge *n*
crystal-structure analysis Kristallstrukturuntersuchung *f*
crystal-structure determination Kristallstrukturanalyse *f*
crystal surface Kristalloberfläche *f*
crystal symmetry Kristallsymmetrie *f*
crystal system Kristallsystem *n*, kristallographisches System *n*
crystal transducer Schwingquarz *m*
crystal triode Kristalltriode *f*
crystal type Kristallform *f*
crystal varnish Kristallack *m*
crystal vibration Kristallschwingung *f*
crystal violet <$[(CH_3)_2NC_6H_4]_2C{=}C_6H_4{=}N(CH_3)_2Cl\cdot 9H_2O$> Kristallviolett *n*, Hexamethylpararosanilinchloridhydrat *n*
crystal water Kristallwasser *n*; Kristallisationswasser *n*
crystal whisker Haarkristall *m*
double crystal Kristallzwilling *m*
edge of a crystal Kristallkante *f*
hemihedral crystal hemiedrischer Kristall *m*
idiochromatic crystal idiochromatischer Kristall *m*
liquid crystal Flüssigkristall *m*

crystalline kristallin[isch], kristallen, kristallisch, kristallartig, kristallförmig; kristallklar; Kristall-
crystalline acid Eisessig *m*
crystalline crust Kristallhaut *f*

crystalline deposit Kristallansatz *m*
crystalline feldspar Eisspat *m {Min}*
crystalline field interaction Kristallfeldwechselwirkung *f*
crystalline field splitting Kristallfeldaufspaltung *f*
crystalline film Kristallhäutchen *n*
crystalline glaze Kristallglasur *f {mit einer Komponente übersättigter Glasfluß}*
crystalline grain Kristallkorn *n*
crystalline growth Kristallwachstum *n*, Kornwachstum *n*, Kristall[aus]bildung *f*
rate of crystalline growth Kristallisationsgeschwindigkeit *f*
crystalline humidity Kristallfeuchtigkeit *f*
crystalline index Kristallinitätsindex *m*
crystalline layer Kristallschicht *f*
crystalline lens Kristallinse *f*
crystalline matter kristalliner Stoff *m*
crystalline refinement Kornverfeinerung *f*
crystalline region kristalliner Bereich *m*
crystalline state Kristallform *f*, kristalliner Zustand *m*, Kristallisationszustand *m*
crystalline varnish Kristallisierlack *m*
crystallinity Kristallinität *f*, Kristallform *f*
crystalliser Kristallisationsgefäß *n*
crystallite 1. Kristallit *m*; Mosaikblöckchen *n*, Mosaikblock *m {Krist}*; 2. Micelle *f*, Mizell *n {Biochem}*
crystallite melting point Kristallitschmelztemperatur *f*
crystallite orientation Kristallitorientierung *f*
crystallizability Kristallisationsfähigkeit *f*, Kristallisationsvermögen *n*, Kristallisierbarkeit *f*
crystallizable kristallisationsfähig, kristallisierbar
crystallization Kristallisation *f*, Kristallisierung *f*, Kristallisieren *n*, Auskristallisierung *f*, Kristallanschuß *m*, Kristall[kern]bildung *f*,
crystallization column Kristallisationskolonne *f*
crystallization heat Kristallisationswärme *f*
crystallization interval Erstarrungsintervall *n*, Kristallisationsbereich *m*, Kristallisationsintervall *n*, Erstarrungsbereich *m*
crystallization plant Kristallisieranlage *f*
crystallization point Kristallisationsbeginn *m*, Kristallisationspunkt *m {in °C; DIN 51798}*
crystallization temperature Kristallisationstemperatur *f*
crystallization trough Kristallisationsgefäß *n*
fractional crystallization fraktionierte Kristallisation *f*, fraktioniertes Kristallisieren *n*
heat of crystallization Kristallisationswärme *f*
crystallize/to kristallisieren
crystallize out/to auskristallisieren, Kristalle *mpl* bilden; [etwas] auskristallisieren, zur Kristallisation *f* bringen
crystallized kristallisiert
crystallizer Krisatllisator *m {in dem Kristalle wachsen}*, Kristaller *m*, Kristallierer *m*, Kristallisationsapparat *m*, Kristallisationsgefäß *n*
crystallizing 1. kristallisierend; 2. Kristallisieren *n*
crystallizing conditions Kristallisationsbedingungen *fpl*
crystallizing dish Kristallisierschale *f*
crystallizing evaporator Verdampfungskristallisator *m*
crystallizing finish kristalliner Anstrich *m*
crystallizing fuming sulfuric acid Kristallsäure *f*
crystallizing pan Kristallisationspfanne *f*, Kristallisierschale *f*, Soggenpfanne *f*
crystallizing plant Kristallisationsanlage *f*
crystallizing point *{ISO 753}* Kristallisationstemperatur *f*
crystallizing pond Kristallisierbecken *n {z.B. in Salzgärten}*
crystallizing process Kristallisationsvorgang *m*
crystallizing rolls Kristallisierwalze *f*
crystallizing vessel Anschießgefäß *n*, Kristallisiergefäß *n*, Kristallisationsgefäß *n*
crystallogeny Kristallbildungslehre *f*
crystallogram Kristallbild *n*, Kristallogramm *n*, Röntgenbeugungsbild *n*
crystallographic kristallographisch
crystallographic axial ratio kristallographisches Achsenverhältnis *n*
crystallographic axis Kristallachse *f*, kristallographische Achse *f*
crystallographic axis orientation Kristallachsenrichtung *f*
crystallographic class Kristallklasse *f*, Symmetrieklasse *f*
crystallographic plane Kristallebene *f*
crystallographic system Kristallsystem *n*
crystallographically ordered polymer kristallin geordnetes Polymer *n*
crystallography Kristallographie *f*, Kristallehre *f*, Kristallkunde *f*
crystalloid 1. kristallähnlich, kristallartig, kristalloid; 2. Kristalloid *n*
crystalloidal kristalloid
crystalloluminescence Kristallolumineszenz *f*
crystallometric kristallometrisch
crystallometry Kristallgeometrie *f*, Kristallometrie *f {Messung der Winkel zwischen den Kristallflächen mit Hilfe von Goniometern}*
crystallose Kristallose *f {lösliches Na-Saccharinat}*
crystals of Venus basisches Kupferacetat *n*, basisch-essigsaures Kupfer *n*, Kugelgrünspan *m*
CTP Cytidintriphosphat *n*
cub *s.* cubic

cub electrode Napfelektrode *f*, Schalenelektrode *f*, Näpfchenelektrode *f*, Becherelektrode *f*
Cuba wood Kuba[gelb]holz *n*, kubanisches Gelbholz *n*
cubane <C_8H_8> Cuban *n*
cubanite Cubanit *m*, Chalmerisit *m*, Weißkupfererz *n* *{Min}*
cubature Kubikinhalt *m*, Rauminhalt *m* *{Math}*
cube/to 1. kubieren, zur dritten Potenz erheben *{Math}*; 2. in Würfel schneiden, formen, pressen; 3. den Rauminhalt ermitteln, den Inhalt berechnen
cube 1. Würfel *m*, Kubus *m*; 2. Elementarwürfel *m* *{Krist}*; 3. dritte Potenz *f*, Kubus *m*, Kubikzahl *f* *{Math}*
cube edge Würfelkante *f*
cube face Würfelfläche *f*
cube making machine Würfelgranulator *m*
cube mixer Kubusmischer *m*, Würfelmischer *m*
cube ore Würfelerz *n* *{obs}*, Pharmakosiderit *m* *{Min}*
cube root dritte Wurzel *f*, Kubikwurzel *f* *{Math}*
cube shape Würfelform *f*
cube spar Würfelgips *m* *{obs}*, Würfelspat *m* *{obs}*, [würfelähnlicher] Anhydrit *m* *{Min}*
cube strength Würfelfestigkeit *f* *{RILEM/LC3; Beton}*
cube sugar Würfelzucker *m*, Stückzucker *m*
cubeb Cubebe *f*
cubeb oil Cubebenöl *n*, Oleum Cubebae, Kubebenpfefferöl *n*, Cubebenpfefferöl *n*
cubebene <$C_{15}H_{24}$> Cubeben *n*
cubebic acid <$C_{13}H_{14}O_7$> Cubebinsäure *f*
cubebin <$C_{20}H_{20}O_6$> Cubebin *n*
cubebin ether Cubebinether *m*
cubebinol Cubebinol *n*
cubebinolide Cubebinolid *n*
cubebs Cubebenpfeffer *m*, Cubeben *fpl*, Fructus cubebae *{von Piper cubeba L.f.}*
cubed hoch drei; dritte Potenz *f* *{Math}*
cubes Würfelgranulat *n*, würfelförmiges Granulat *n*
cubic kubisch, würfelförmig; Würfel-, Kubik-
cubic alum Würfelalaun *m*
cubic body-centered kubisch raumzentriert *{Krist}*
cubic capacity Kubikinhalt *m*, Rauminhalt *m* *{Math}*
cubic centimeter Kubikzentimeter *m*
cubic closest packed kubisch dichtest gepackt *{Krist}*
cubic decimeter Kubikdezimeter *m*, Liter *n m*
cubic dilatation Volumdilatation *f*
cubic equation kubische Gleichung *f*, Gleichung *f* dritten Grades *{Math}*
cubic face-centered kubisch flächenzentriert *{Krist}*
cubic foot Kubikfuß *m* *{= 28 316,85 cm³}*
cubic inch Kubikzoll *m* *{= 16,387 cm³}*
cubic lattice kubisches Gitter *n*, Würfelgitter *n*
cubic measure Raummaß *n*, Körpermaß *n*
cubic meter Kubikmeter *n*, Raummeter *n*
cubic meter at NTP conditions Normalkubikmeter *m*
cubic millimeter Kubikmillimeter *m*
cubic nitre Natronsalpeter *m*, Chilesapeter *m*
cubic root Kubikwurzel *f*, dritte Wurzel *f* *{Math}*
cubic system reguläres System *n*, kubisches System *n* *{Kristallsystem}*
cubic yard Kubikyard *n* *{= 0,765 m³}*
cubical kubisch, würfelförmig; Kubik-, Würfel-
cubical atom kubisches Atom *n* *{Valenz}*
cubical contents 1. Rauminhalt *m*, Kubikinhalt *m* *{Math}*; 2. umbauter Raum *m*, Kubatur *f*
cubical expansion räumliche Ausdehnung *f*
cubicite Cubicit *m* *{obs}*, Cuboit *m* *{obs}*, Analcim *m*, Würfelzeolith *m* *{Min}*
cubiform granulate Würfelgranulat *n*, würfelförmiges Granulat *n*
cubing 1. Kubatur *f*, Kubikinhaltsberechnung *f*, Rauminhaltsberechnung *f*; 2. Erhebung *f* in die dritte Potenz *f*, Kubierung *f*, Kubatur *f* *{Math}*
cubit Elle *f* *{= 18 Zoll}*
cubo octahedron Kubooktaeder *n*
cuboid 1. würfelförmig; 2. Quader *m*
cuboite Cuboit *m* *{obs}*, Analcim *m* *{Min}*
cubosilicite Cubosilicit *m* *{Min}*
cucoline <$C_{19}H_{23}NO_4$> Cucolin *n*
cucurbit Destillierkolben *m*, Kolben *m* *{einer alten Destillierblase}*
cucurbitaceac oil Cucurbitaceenöl *n*
cucurbitin Cucurbitin *n*
cucurbitol <$C_{24}H_{40}O_4$> Cucurbitol *n*
cudbear Cudbear *m*, Persio *m*, Orseillefarbe *f* *{Flechtenfarbstoff}*; *{Sammelname für Cudbear liefernde Flechten}*
cuff 1. Umschlag *m*; 2. Dichtmanschette *f*, Dichtungsmanschette *f*
cuff heater band Erhitzungsband *n*
cuit Cuite *f* *{voll entbastete Seide}*
cuite-silk Cuiteseide *f* *{entbastete glänzende Naturseide}*
culicide Mückenmittel *n*
culilaban oil Culilawanöl *n*
cull Abfall *m*, Ausschuß *m* *{Kunst, Glas}*
cullet Bruchglas *n*, Glasabfall *m*, Glasbrokken *mpl*, Glasscherben *fpl*, Glasbruch *m*
culm 1. Kulm *m* *{Geol}*; 2. Grus *m*, Steinkohlenklein *n*, Kohlengrus *m*, Kohlenstaub *m*, Lösche *f*, Staubkohle *f* *{Bergbau}*; 3. Anthrazitfeinkohle *f*, Feinkohle *f* *{Anthrazit}*
culminate/to gipfeln, kulminieren
culminating edge Scheitelkante *f*
culminating point Kulminationspunkt *m*

culmination Kulmination *f*
culmination point Gipfelpunkt *m*, Kulminationspunkt *m*
culsageeite Culsageeit *m {obs}*, Jefferisit *m {Min}*
cultivate/to kultivieren; bebauen, bewirtschaften, anbauen, bestellen; züchten; pflegen *{Agri}*
cultivation 1. Züchtung *f*, Kultivierung *f*, Zucht *n*, Züchten *n*; Pflege ; 2. Bestellung *f*, Bearbeitung *f*, Bebauung *f*; Anbau *m*, Bau *m {Agri}*; 3. Urbarmachung *f {Agri}*
cultivation experiment Kulturversuch *m*, Züchtungsversuch *m*
cultivation of plants Pflanzenzüchtung *f*
culture 1. Anbau *m*, Bau *m {Agri}*; 2. Züchtung *f*, Zucht *f*, Aufzucht *f {Agri}*; 3. Kultur *f {Bakt}*; Züchtung *f*, Kultivierung *f*, Zucht *f*, Züchten *n*
culture apparatus Kulturgerät *n {Bakt}*
culture bottle Kulturflasche *f*, Kulturkolben *m {Bakt, Lab}*
culture broth Nährboden *m*
culture dish Kulturplatte *f*, Kulturschale *f*, Petri-Schale *f {Bakt}*
culture extract Kulturextrakt *m*
culture filtrate Kulturfiltrat *n*
culture flask Kulturflasche *f*, Kulturkolben *m*, Pasteurkolben *m {Biochem}*
culture medium Kulturboden *m*, Nährboden *m {z.B. Nährbouillon, Nähragar, Bierwürze}*, Nährmedium *n {zur Kultivierung von Mikroorganismen}*
culture plate Kulturschale *f*, Petri-Schale *f {Bakt}*
culture tube Kulturröhrchen *n*
culture yeast Kulturhefe *f {gezüchtete}*
culvert 1. überwölbter Abzugskanal *m*; 2. Durchlaß *m*, Dole *f*
cumaldehyde Cuminaldehyd *m*, *p*-Isopropylbenzaldehyd *m*
cumalin Cumalin *n*, 2-Pyron *n*
cumalinic acid <$C_6H_4O_4$> Kumalinsäure *f*
cumaric acid s. cumarinic acid
cumarin Cumarin *n*, Kumarin *n*, Benzo-1,2-pyron *n*
cumarinic acid <$C_9H_8O_3$> Cumarinsäure *f*
cumbersome umständlich, beschwerlich; unhandlich; schwerfällig
cumene <$C_6H_5CH(CH_3)_2$> Cumol *n*, Kumol *n*, Isopropylbenzol *n*, 2-Phenylpropan *n*
cumene hydroperoxide <$C_6H_5C(CH_3)_2OOH$> Cumolhydroperoxid *n*, Cumenhydroperoxid *n*
cumengeite Cumengeit *m {Min}*
cumenol <C_3H_7-$C_6H_4CH_2OH$> Cumenol *n*
cumenyl <$(CH_3)_2C_6H_4$-> Cumenyl-
cumic acid Cuminsäure *f*, Kuminsäure *f*, *p*-Isopropylbenzoesäure *f*
cumic alcohol Cuminalkohol *m*, Cumenol *n*
cumic aldehyde Cuminaldehyd *m*
cumidic acid Cumidinsäure *f*
cumidine Cumidin *n*, Kumidin *n*, Isopropylanilin *n*
cumin Cumin *n*, Kümmel *m*, Kronkümmel *m*, Kreuzkümmel *m*, Römerkümmel *m {Cuminum cyminum L.}*
cumin oil Cuminöl *n*, Kümmelöl *n {aus Cuminum cyminum L.}*
cuminalcohol Cuminol *n*, Cuminalkohol *m*
cuminaldehyde <$OHCC_6H_4CH(CH_3)_2$> Cuminaldehyd *m*, *p*-Isopropylbenzaldehyd *m*
cuminic acid Cuminsäure *f*, Kuminsäure *f*
cuminic aldehyde <$OHCC_6H_4CH(CH_3)_2$> Cuminaldehyd *m*, *p*-Isopropylbenzaldehyd *m*
cuminil <$(C_9H_{11}CO$-$)_2$> Cuminil *n*, Dicuminoketon *n*
cuminol Cuminol *n*, Cumenol *n*
cuminone Cuminon *n*
cumm Kubikmillimeter *m*
cummin s. cumin
cummingtonite Cummingtonit *m {Min}*
cumol <$C_6H_5CH(CH_3)_2$> Cumol *n*, Isopropylbenzol *n*, 2-Phenylpropan *n*
cumol hydroperoxide Cumolhydroperoxid *n*, Cumenhydroperoxid *n*
cumolene Cumolen *n*
cumoquinol Cumochinol *n*
cumoquinone Cumochinon *n*
cumulating kumulierend, summierend
cumulation Anhäufung *f*, Kumulation *f*
cumulative kumulativ, kumulierend, anhäufend, zunehmend; steigernd; verstärkend; Gesamt-, Summe-
cumulative distribution Summenverteilung *f*
cumulative distribution by area Flächensummenverteilung *f*
cumulative distribution by length Längensummenverteilung *f*
cumulative distribution by mass Massensummenverteilung *f*
cumulative distribution by number Anzahlsummenverteilung *f*
cumulative distribution by volume Volumensummenverteilung *f*
cumulative distribution by weight Gewichtssummenverteilung *f*
cumulative distribution curve Verteilungssummenkurve *f*
cumulative double bonds kumilierte Doppelbindungen *fpl {Valenz}*
cumulative frequency Summenhäufigkeit *f*
cumulative frequency curve Verteilungssummenkurve *f*, Summenkurve *f*
cumulative frequency distribution Häufigkeitssummenverteilung *f*
cumulative [weight] oversize Rückstand *m {beim Sieben}*

cumulative [weight] undersize Durchgang *m* *{beim Sieben}*
cumulenes <C=C=C=C=> Kumulene *npl*
cumuliform kumulusartig
cumylhydroperoxide $\langle C_6H_5C(CH_3)_2OOH \rangle$ Cumolhydroperoxid *n*
cumylic acid Cumylsäure *f*, Durylsäure *f*
cuneate keilähnlich, keilförmig
cuneiform keilähnlich, keilförmig
cup 1. Schale *f*, Gefäß *n*; 2. Tiegel *m*, Petroleumgefäß *n* *{Flammpunktprüfer}*; 3. Formmulde *f* *{einer Brikettpresse}*; Napf *m* *{Hohlkörper mit tiefgezogenem Boden, Met}*; 4. Trichter *m*, Zuführungstrichter *m*, Fülltrichter *m*, Schütttrichter *m* *{Hochofen}*; 5. Topfmanschette *f*, Napfmanschette *f*, Dichtungsmanschette *f*; Stulpe *f*, Stulpdichtung *f*; 6. Pfanne *f* *{beim Kugelschliff, Chem}*; 7. Becher *m* *{Elektrolysezelle}*; 8. Becher *m*, Kelch *m* *{Bot}*; 9. Becher *m*, Tasse *f*; Verpackungsbecher *m*; Becher *m* *{als Maßeinheit = 240 mL}* 10. Näpfchen *n*, Schiffchen *n*, Schale *f*
cup anemometer Schalenanemometer *n*, Schalenkreuzanemometer *n*, Schalenkreuzwindmesser *m*
cup board Becherkarton *m* *{Pap}*
cup filling and closing machine Becher-Füll- und -Verschließmaschine *f* *{Pharm}*
cup flow Prüfbecherfluß *m*
cup flow figure Becherfließzahl *f*, Becherausfließzeit *f*, Becherschließzeit *f* *{Viskositätsäquivalent}*
cup grease Kalkfett *n*, Staufferfett *n*, Gleitlagerfett *n*, Starrschmiere *f*
cup leather Ledermanschette *f*, Topfmanschette *f* *{Lederdichtung}*
cup leather packing Manschettendichtung *f*
cup-type flow meter Schalenkreuz-Durchflußmesser *m*
cuparene $\langle C_{15}H_{22} \rangle$ Cuparen *n*,
cuparenic acid $\langle C_{15}H_{20}O_2 \rangle$ Cuparensäure *f*
cupboard 1. Schrank *m*, Wandschrank *m*; 2. Abzug *m*, Digestorium *n*, Abzugsschrank *m*
cupboard for narcotics Betäubungsmittelschrank *m*
cupboard for poisons Giftschrank *m*
cupel/to kupellieren, abtreiben, läutern
cupel Kapelle *f*, Kupelle *f*, Glühschale *f*, Scheidekapelle *f* *{Met}*; Näpfchen *n*
cupel furnace Kapelle *f*, Kupellierofen *m*, Kupelofen *m*, Kupellenofen *m*, Muffelofen *m* *{Met, Anal}*
cupel mo[u]ld Kapellenform *f*
cupel pyrometer Legierungspyrometer *n*
cupel stand Kapellenstativ *n*
cupel test Kapellenprobe *f* *{Met}*
small cupel Abtreibescherbe *f*
cupellation Kupellieren *n*, Treib[e]verfahren *n*, Treib[e]prozeß *m*, Abtreiben *n*, Kupellation *f*, Kapellation *f* *{Met}*
refining by cupellation Abtreibearbeit *f* *{Met}*
cupelling furnace Kapellenofen *m*, Treibofen *m*, Kupellenofen *m*
cupferron $\langle [C_6H_5N(NO)O]NH_4 \rangle$ Cupferron *n*, *N*-Nitroso-phenylhydroxylamin-Ammonium *n*
cupola 1. Kuppel *f*, Haube *f*; Kuppelgewölbe *n*; 2. Kupolofen *m*, Kuppelofen *m*, Gießereischachtofen *m* 3. Dom *m* *{Geol}*
cupola blast furnace Kupolhochofen *m*
cupola brick Kupolstein *m*
cupola casting Kupolofenguß *m*
cupola furnace Kupolofen *m*, Kuppelofen *m*, Schachtofen *m*
cupola kiln Kupolofen *m*, Kuppelofen *m*
cupola lining Kupolofenauskleidung *f*
cupola mixture Kupolofengattierung *f*
basic-lined cupola basischer Kupolofen *m*
cupping 1. Stanzbördeln *n* *{des Blechrandes}*; 2. Flanschen *n*, Anflanschen *n*; 3. Erstzug *m*, Erstziehen *n* *{beim Tiefziehen}*, Ziehen *n* im Anschlag *m*; 4. Verziehen *n* quer zur Faser *f*, Muldenverwerfung *f*, Muldung *f* *{Holz}*
cupping apparatus Tiefungsprüfgerät *n*
cupping test Tiefungsprüfung *f*, Tiefungsversuch *m*, Tiefziehprobe *f*
cupral Cupral *n* *{Alkali-Kupfersalz}*
cuprammine base *s.* cuprammonia
cuprammonia $\langle [Cu(NH_3)_4](OH)_2 \rangle$ Kupfertetramminhydroxidlösung *f*, Cuoxamlösung *f*, ammoniakalische Kupferhydroxidlösung *f*, Schweizers Reagens *n*, Cupramminbase *f*, Kupferammoniaklösung *f*
cuprammonium chloride $\langle [Cu(NH_3)_4]Cl_2 \rangle$ Kupferchloridammoniak *n* *{Triv}*, Tetramminkupfer(II)-chlorid *n*
cuprammonium compound Kupferammoniumverbindung *f*
cuprammonium hydroxide solution $\langle [Cu(NH_3)_4](OH)_2 \rangle$ Kupfertetramminhydroxidlösung *f*, Blauwasser *n*, Cuoxamlösung *f*, Schweizers Reagens *n*, ammoniakalische Kupferhydroxidlösung *f*, Cupramminbase *f*, Kupferammoniaklösung *f*
cuprammonium ion $\langle [Cu(NH_3)_4]^{2+} \rangle$ Cuprammonium *n*, Kupferammonium *n*
cuprammonium rayon Chemie-Kupferseide *f*, Kupferfaserstoff *m*, Kupferfilamentgarn *n*, Cupro *f*, Cuoxamfaserstoff *m*, KUS, CC *{DIN 60001}*, KU, Kupfer[ammonium]kunstseide *f*, Glanzstoff *m*
cuprammonium rayon process Cuprammoniumverfahren *n*
cuprammonium silk *s.* cuprammonium rayon
cuprammonium staple Kupferspinnfaser *f*
cuprammonium sulfate $\langle [Cu(NH_3)_4]SO_4 \rangle$

Tetramminkupfer(II)-sulfat *n*, Kupferammoniumsulfat *n {Triv}*
cuprate Kuprat *n {obs}*, Cuprat *n {Chem}*
cuprate superconductor Cuprat-Supraleiter *m*
cuprated silk *s.* cuprammonium rayon
cupreane *s.* cupreidine
cupreidine Cuprean *n*, Deoxycuprein *n*, Deoxycupreidin *n*
cupreine Cuprein *n*, Ultrachinin *n*
cupren[e] <$(C_7H_6)_2$> Cupren *n*, Kupren *n*, Carben *n*, Karben *n*, Methylen *n*, Cuprenteer *m*
cupreous kupfern, kupferartig, kupferig; kupferhaltig
cupreous calcium polysulfide Kupferschwefelkalk *m*
cupreous manganese ore Lampadit *m*, Kupfermanganerz *n {Min}*
cupric Cupri- *{obs}*, Kupfer-, Kupfer(II)- *{IUPAC}*
cupric acetate <$Cu(CH_3CO_2)_2 \cdot H_2O$> neutrales Kupferacetat *n*, Kupfer(II)-acetat *n*, neutrales essigsaures Kupfer *n {obs}*, Cupriacetat *n {obs}*; kristalliner Grünspan *m {Triv}*, Verdigris *m*
cupric acetate arsenite <$(CuO)_3As_2O_3 \cdot Cu(C_2H_3O_2)_2$> Kupfer(II)-acetatarsenat(III) *n*, Kupfer(II)-arsenitacetat *n*, Baseler Grün *n*, Schweinfurter Grün *n*, Pariser Grün *n*
cupric acetoarsenite *s.* cupric acetate arsenite
cupric acetylacetonate Kupferacetylacetonat *n*, Kupfer(II)-2,4-pentadion *n*
cupric ammonium chloride <$CuCl_2 \cdot 2NH_4Cl$> Kupfer(II)-ammoniumchlorid *n*, Ammoniumkupfer(II)-chlorid *n*
cupric ammonium sulfate <$(NH_4)_2SO_4CuSO_4$> Kupfer(II)-ammoniumsulfat *n*, Ammoniumkupfer(II)-sulfat *n*
cupric arsenite <$Cu(AsO_3)_2$ or $CuHAsO_3$> Kupfer(II)-[ortho]arsenat(III) *n*
cupric bromate <$Cu(BrO_3)_2$> Kupfer(II)-bromat *n*
cupric bromide <$CuBr_2$> Kupfer(II)-bromid *n*, Cupribromid *n {obs}*
cupric carbonate 1. <$CuCO_3 \cdot Cu(OH)_2$> Kupfer(II)-dihydroxidcarbonat *n* 2. <$2CuCO_3 \cdot Cu(OH)_2$> Kupfer(II)-dihydroxiddicarbonat *n*
basic cupric carbonate Kupferlasur *f*
cupric chelate Kupfer(II)-chelat *n*
cupric chlorate Kupfer(II)-chlorat *n*
cupric chloride <$CuCl_2$> Cuprichlorid *n {obs}*, Kupferbichlorid *n {obs}*, Kupfer(II)-chlorid *n {IUPAC}*, Kupferdichlorid *n*
basic cupric chloride <$CuO \cdot CuCl_2$> Kupferoxychlorid *n {obs}*, Kupferdichloridoxid *n*
crystalline cupric chloride <$CuCl_2 \cdot 2H_2O$> Kupfer(II)-chlorid-Dihydrat *n*
cupric chromate <$CuCrO_4$> Kupfer(II)-chromat *n*, Cuprichromat *n {obs}*
cupric citrate <$Cu_2C_6H_4O_7$> Kupfer(II)-citrat *n*
cupric compound Kupfer(II)-Verbindung *f*, Cupriverbindung *f {obs}*
cupric cyanide <$Cu(CN)_2$> Kupfer(II)-cyanid *n*, Kupferdicyanid *n*
cupric cyanoferrate(II) Kupfer(II)-hexacyanoferrat(II) *n*, Ferrokupfercyanid *n {obs}*
cupric ferrocyanide *s.* cupric cyanoferrate(II)
cupric hydroxide <$Cu(OH)_2$> Kupfer(II)-hydroxid *n*, Kupferdihydroxid *n*
cupric iodide <CuI_2> Kupfer(II)-iodid *n*
cupric nitrate <$Cu(NO_3)_2 \cdot 3H_2O$ or $Cu(NO_3)_2 \cdot 6H_2O$> Kupfer(II)-nitrat *n*, salpetersaures Kupfer *n {obs}*
cupric oxalate <$Cu(COO)_2$> Cuprioxalat *n {obs}*, Kupfer(II)-oxalat *n*
cupric oxide <CuO> Kupfer(II)-oxid *n*, Cuprioxid *n {obs}*, Kupfermonoxid *n*
cupric oxide plate Kupferoxidplatte *f*
cupric oxychloride Kupferdichloridoxid *n*
cupric phosphate <$Cu_3(PO_4)_2 \cdot 3H_2O$> Kupfer(II)-[ortho]phosphat *n*
cupric salt Kupfer(II)-Salz *n*, Cuprisalz *n {obs}*
cupric stearate <$Cu(C_{18}H_{35}O_2)_2$> Kupfer(II)-stearat *n*
cupric sulfate <$CuSO_4 \cdot 5H_2O$> Kupfer(II)-sulfat-Pentahydrat *n*, Kupfervitriol *n*, Tetraquokupfer(II)-sulfatmonohydrat *n {IUPAC}*
cupric sulfide <CuS> Kupfer(II)-sulfid *n*, Cuprisulfid *n {obs}*; Covellin *m {Min}*
cupric sulfite <$CuSO_3 \cdot H_2O$> Kupfer(II)-sulfit *n*
cupric thiocyanate <$Cu(SCN)_2$> Kupfer(II)-thiocyanat *n*, Kupfer(II)-rhodanid *n {obs}*, Rhodankupfer *n {obs}*
cupricyanic acid Cupricyanwasserstoffsäure *f {obs}*, Tetracyanokupfer(II)-wasserstoffsäure *f*
cupriethylenediamin <$Cu[(CH_2NH_2)_2](OH)_2$> Kupferethylendiamin *n*
cupriferous kupferführend, kupferhaltig
cupriferous slate Kupferschiefer *m {Min}*
cuprite <Cu_2O> Cuprit *m*, Kupferrot *n*, Rotkupfererz *n {Kupfer(I)-oxid, Min}*
capillary cuprite Kupferblüte *f*, Kupferfedererz *n {Min}*
earthy ferruginous cuprite Kupferbraun *n*, Kupferocker *m {Min}*
cupro Chemie-Kupferseide *f*, Kupferfilamentgarn *n*, Cupro *f*, KUS, CC *{DIN 60001}*, KU
cuproadamite Cuproadamin *m {Min}*
cuprocupric cyanide <$Cu_3(CN)_4 \cdot 5H_2O$> Dikupfer(I)-tetracyanocuprat(II) *n {IUPAC}*
cuprocyanic acid Cuprocyanwasserstoffsäure *f*, Tetracyanokupfer(I)-wasserstoffsäure *f*

cuprocyanide <$[Cu(CN)_4]^{3-}$> Tetracyanocuprat(I) *n {IUPAC}*
cuprodescloizite Cuprodescloizit *m {Min}*
cupromagnesite Cupromagnesit *m {Min}*
cupromanganese Mangankupfer *n*, Cupromangan *n*, Kupfermangan *n*
cupron Cupron *n*, α-Benzoinoxim *n*
cupron cell Cupronelement *n*
cupronickel Kupfer-Nickel-Legierung *f*, Kupfernickel *n { < 40%* Ni}
cupronine <$C_{20}H_{18}N_2O_3$> Cupronin *n*
cuproplumbite Cuproplumbit *m {obs}*, Kupferbleiglanz *m*, Bayldonit *{Min}*
cupropyrite Cupropyrit *m {Min}*
cuproscheelite Cuproscheelit *m {Min}*
cuprotungstite Cuprotungstit *m {Min}*
cuprotypy Cuprotypie *f*
cuprous Kupfer-, Cupro- *{obs}*, Kupfer(I)- *{IUPAC}*
cuprous acetylide <Cu_2C_2> Kupfer(I)-carbid *n*, Kupfer(I)-acetylenid *n*, Acetylenkupfer *n {Triv}*, Kupferacetylen *n {Triv}*
cuprous bromide <$(CuBr)_2$> Cuprobromid *n {obs}*, Kupfer(I)-bromid *n {IUPAC}*, Kupferbromür *n {obs}*, Kupfermonobromid *n {obs}*
cuprous carbide <Cu_2C_2> Kupfer(I)-carbid *n*, Kupfer(I)-acetylenid *n*, Acetylenkupfer *n {Triv}*, Kupferacetylen *n {Triv}*
cuprous chloride <$(CuCl)_2$> Cuprochlorid *n {obs}*, Kupferchlorür *n {obs}*, Kupfer(I)-chlorid *n {IUPAC}*, Kupfermonochlorid *n*
cuprous coal Kupferbranderz *n*
cuprous compound Kupfer(I)-Verbindung *f*, Cuproverbindung *f {obs}*, Kupferoxydulverbindung *f {obs}*
cuprous cyanide <$Cu_2(CN)_2$> Kupfer(I)-cyanid *n*, Kupfercyanür *n {obs}*
cuprous hydride <CuH> Kupfer(I)-hydrid *n*
cuprous hydroxide <CuOH> Kupfer(I)-hydroxid *n*, Kupferhydroxydul *n {obs}*
cuprous iodide <Cu_2I_2> Kupfer(I)-iodid *n*, Kupferjodür *n {obs}*
cuprous iodomercurate(II) Cupromercurijodid *n {obs}*, Kupfer(I)-tetraiodomercurat(II) *n*
cuprous ion Cuproion *n*, Kupfer(I)-ion *n*
cuprous mercuric iodide <Cu_2HgI_4> Kupfer(I)-tetraiodomercurat(II) *n*, Cupromercurijodid *n {obs}*
cuprous oxide <Cu_2O> Kupferoxydul *n {obs}*, Kuprooxyd *n {obs}*, Cuprooxid *n {obs}*, Dikupfermonoxid *n {IUPAC}*, Kupfer(I)-oxid *n*; Cuprit *m {Min}*
cuprous phosphide <Cu_3P> Kupfer(I)-phosphid *n*
cuprous salt Kupfer(I)-Salz *n*, Cuprosalz *n {obs}*
cuprous sulfate <Cu_2SO_4> Kupfer(I)-sulfat *n*
cuprous sulfide <Cu_2S> Kupfer(I)-sulfid *n*, Halbschwefelkupfer *n {obs}*, Cuprosulfid *n {obs}*, Kupfersulfür *n {obs}*
cuprous sulfite <Cu_2SO_3> Cuprosulfit *n*, Kupfer(I)-sulfit *n*
cuprous thiocyanate <$Cu_2(SCN)_2$> Kupfer(I)-thiocyanat *n*, Kupfer(I)-rhodanid *n {obs}*, Kupferrhodanür *n {obs}*
curable 1. heilbar *{Med}*; 2. vulkanisierbar, vernetzungsfähig, vernetzbar *{Gummi}*
curacose <$C_7H_{14}O_5$> Curacose *f*
curara *s.* curare
curare Curare *n*, Kurare *n*, Pfeilgift *n {von südamerikanischen Menispermaceen und Loganiceen}*
curari s. curare
curarine <$C_{40}H_{46}NO_4$> Curarin *n {Curare-Alkaloid}*
curaroid Curaroid *n*
curative 1. heilkräftig, heilend, Heil-; heilbar; 2. Heilstoff *m*
curative effect Heilwirkung *f*, heilende Wirkung *f*
curative power Heilkraft *f*
curative water Heilwasser *n*
curb/to dämmen; beschränken; zügeln
curb 1. Seiher[körper] *m*; Preßkorb *m*, Peßmantel *m*; 2. Senkschneidenring *m*, Tragring *m* mit Schneide *{Tech}*; 3. Ausbaukranz *m {Bergbau}*; 4. *{US}* Bordstein *m {DIN 482}*, Bordeinfassung *f*
curb press Kelterpresse *f*, Korbpresse *f*
curbed blade gekrümmte Mischschaufel *f*, gekrümmter Rührflügel *m*
curcas oil Curcasöl *n*, Höllenöl *n {Öl von Jatropha curcas L.}*
curcuma Gelbwurz[el] *f*, Kurkume *f*, Gelber Ingwer *m*, Curcuma longa L.
curcuma paper Curcumapapier *n {Reagenzpapier für Laugen}*
curcumene Curcumen *n {Sesquiterpen}*
curcumic acid Curcumasäure *f*
curcumin Curcumin *n*, Kurkumin *n*, Curcumagelb *n*, Diferuloylmethan *n*
curd/to 1. gerinnen, dick werden, koagulieren, [aus]flocken, [ver]klumpen; 2. gerinnen lassen; 3. zur Ausflockung *f* bringen, koagulieren; 4. käsen
curd 1. Gerinnsel *n*, Klumpen *m*; 2. geronnene Milch *f*, Quark *m*; Käsebruch *m*, käsiger Niederschlag *m*
curd soap Talgkernseife *f*
curdle/to 1. gerinnen, dick werden, koagulieren, [aus]flocken, [ver]klumpen; 2. erstarren, fest werden, gelieren; 3. gerinnen lassen; 4. zur Ausflockung *f* bringen; 5. sauer werden, stocken
curdler Gerinnungsmittel *n*
curdling 1. Gerinnen *n*, Gerinnung *f*, Koagulieren *n*, Koagulation *f*, Flockung *f*, Ausflockung *f*,

Flockenbildung *f*, Klumpen *n*, Verklumpen *n*; 2. Festwerden *n*; 3. Käsen *n*, Dicklegung *f* *{der Milch in der Käserei}*

curdling cylinder Gerinnezylinder *m*, Koagulierzylinder *m* *{Molkereiprodukte}*

curds geronnene Milch *f*, Quark *m*; käsiger Niederschlag *m* *{Chem}*

curdy käsig; klümperig, quarkartig

cure/to 1. heilen; 2. abbinden *{Zement}*, härten, [aus]härten; 3. konservieren, haltbar machen *{durch Trocknen, Salzen, Pökeln, Räuchern oder Säuern}*, einpökeln; 4. nachbehandeln, warmbehandeln; 5. vulkanisieren, heizen, vernetzen *{Gummi}*; 6. nachreifen *{z.B. Superphosphat}*

cure 1. Härtung *f*, Härten *n*, Aushärtung *f*, Durchhärtung *f*; 2. Vulkanisation *f*, Vulkanisierung *f*, Vernetzung *f*, Heizung *f* *{Gummi}*; 3. Nachreifen *n* *{z.B. von Superphosphat}*; 4. Konservieren *n*, Haltbarmachen *n*, Haltbarmachung *f* *{Räuchern, Pökeln und Salzen}*; Nachbehandlung *f*, Warmbehadlung *f*; 5. Konservierungssalz *n* *{Leder}*; Entwässerungsmittel *n*, Trockenmittel *n*

cure-all Allheilmittel *n* *{Pharm}*; Universalarznei *f*, Universalmittel *n* *{Pharm}*

cure rate 1. Anvulkanisationsgeschwindigkeit *f* *{Gummi}*; Vulkanisationsgeschwindigkeit *f*, Heizgeschwindigkeit *f* *{Gummi}*; 2. Härtungsgeschwindigkeit *f*, Aushärtungsgeschwindigkeit *f* *{Klebstoffe, Gießharze, Lacke}*

cure schedule Härtebedingung *f*

cure shrinkage Härtungsschwindung *f*, Härtungsschrumpfung *f*

cure temperature Aushärtungstemperatur *f*, Härtetemperatur *f*; Vernetzungstemperatur *f*, Heiztemperatur *f*, Vulkanisationstemperatur *f* *{Gummi}*

cure time 1. Härtungszeit *f*, Aushärtungszeit *f*, Härtezeit *f*; 2. Heizzeit *f*, Vulkanisationszeit *f*, Gesamtheizzeit *f* *{Gummi}*; Anvulkanisationsgeschwindigkeit *f*

continuance of cure Nachvulkanisation *f*

degree of cure Aushärtungsgrad *m* *{Kunst}*

level of cure Vulkanisationsniveau *n*

cured ausgehärtet, gehärtet, vernetzt, vulkanisiert

cured casting resin Gießharzformstoff *m*

cured epoxy resin Epoxidharz-Formstoff *m*

cured good Vulkanisat *n*

cured malt Darrmalz *n* *{Brau}*

cured meat Pökelfleisch *n*, [ein]gepökeltes Fleisch *n*

cured polyester resin Polyesterharzformstoff *m*, UP-Harzformstoff *m*

cured resin gehärtetes Harz *n*, Harzformstoff *m*, Preßstoff *m*

curemeter Curometer *n* *{Apparat zur Bestimmung der Vulkanisationskurve}*

curemetry Vulkametrie *f* *{Kautschuk, DIN 53529}*

curie Curie *n* *{SI-fremde Einheit der Aktivität = 37 GBq}*, Ci

Curie constant Curie-Konstante *f*

Curie point Curie-Punkt *m*, Curie-Temperatur *f*

Curie-point pyrolysis Curie-Punktpyrolyse *f*

Curie temperature Curie-Temperatur *f*, Curie-Punkt *m*

Curie's law Curiesches Gesetz *n*

Curie-Weiss law Curie-Weiss'sches Gesetz *n*

curine <$C_{36}H_{38}N_2O_6$> Curin *n*, Beeberin *n*, Bebirin *n*, Chondrodendrin *n* *{Curare-Alkaloid}*

curing 1. Härten *n*, Härtung *f*, Aushärten *n*, Aushärtung *f*; 2. Vulkanisation *f*, Vulkanisierung *f*, Vernetzung *f*, Heizung *f* *{Gummi}*; 3. Nachreifen *n* *{z.B. von Superphosphat}*; 4. Konservieren *n*, Konservierung *f*, Haltbarmachen *n* *{durch Trocknen, Salzen, Pökeln, Räuchern oder Säuern}*, Fleischpökeln *n*; 5. Nachbehandlung *f* *{z.B. von Beton}*, Warmbehandlung *f*; 6. Curing *n* *{Bildung von Stoffen durch Polymerisation, Addition oder Kondensation}*

curing agent Aushärtungskatalysator *m*, Härter *m*, Härtungsmittel *n*; Vulkanisiermittel *n*, Vernetzungsmittel *n*, Vernetzungshilfe *f*, Vernetzungskomponente *f*, Vernetzer *m*

curing-agent concentration Vernetzerkonzentration *f*

curing-agent-decomposition products Vernetzerspaltprodukte *npl*

curing-agent paste Vernetzerpaste *f*

curing band Heizband *n*

curing behavio[u]r Härtungsverhalten *n*, Aushärteverhalten *n*; Vernetzungsverhalten *n*, Vulkanisationsverhalten *n*, Vulkanisationseigenschaften *fpl* *{Gummi}*

curing blister Härteblase *f*, bei der Härtung *f* entstandene Blase *f* *{Reaktionsharze}*

curing catalyst Härtekatalysator *m*

curing characteristics Härtungsverhalten *n*, Aushärteverhalten *n*; Vernetzungsverhalten *n*, Vulkanisationsverhalten *n*, Vulkanisationseigenschaften *fpl* *{Gummi}*

curing conditions Aushärtungsbedingungen *fpl*, Härtungsbedingungen *fpl* *{Farb, Kunst}*; Vernetzungsbedingungen *fpl*, Vulkanisationsbedingungen *fpl* *{Gummi}*

curing cycle Härtezyklus *m*, Härtungsperiode *f*, Preßdauer *f* *{Kunst}*

curing furnace Härtungsofen *m*, Aushärteofen *m* *{Kunst}*; Vulkanisierofen *m* *{Gummi}*

curing mechanism Härtungsmechanismus *m*, Härtemechanismus *m*, Härtungsverlauf *m* *{bei Gießharzen und Klebstoffen}*; Vulkanisierungsverlauf *m* *{Gummi}*

curing oven Aushärteofen *m*, Härteofen *m* *{Kunst}*; Vulkanisierofen *m* *{Gummi}*

curing pan Vulkanisierkessel *m*, Vulkanisationskessel *m {Gummi}*
curing pattern Härtungsverlauf *m*, Aushärtungsverlauf *m {Kunst}*; Vulkanisierungsverlauf *m {Gummi}*
curing period Abbindezeit *f*
curing press Vulkanisierpresse *f {Gummi}*
curing property Härteeigenschaft *f*, Vulkanisiereigenschaft *f*
curing rate Aushärtungsgeschwindigkeit *f*, Härtungsgeschwindigkeit *f {Klebstoffe, Gießharze, Lacke}*; Vernetzungsrate *f {Gummi}*
curing reaction Aushärtungsreaktion *f*, Härtungsreaktion *f*, Härtungsablauf *m*
curing room Haltbarmachungsraum *m*, Reifungsraum *m {Lebensmittel}*
curing schedule Härtungsprogramm *n*
curing shrinkage Härtungsschrumpf *m*, Härtungsschwund *m*
curing speed Härtungsgeschwindigkeit *f*
curing stage Härtungsstufe *f*
curing step Härtestufe *f*
curing system Härtungssystem *n*; Vernetzungssystem *n*, Vernetzerkombination *f*, Vulkanisationssystem *n {Gummi}*
curing temperature Aushärtungstemperatur *f*, Härtetemperatur *f*; Vernetzungstemperatur *f*, Vulkanisierungstemepratur *f {Gummi}*
curing time 1. Härtezeit *f*, Härtungszeit *f*, Aushärtezeit *f*, Aushärtungszeit *f*; 2. Pökeldauer *f {Lebensmittel}*; 3. Heizzeit *f*, Vulkanisationszeit *f*, Gesamtheizzeit *f {Gummi}*
curite <**$3PbO\cdot 8UO_3\cdot 4H_2O$**> Curit *m {Min}*
curium *{Cm, element no. 96}* Curium *n*
curl/to kräuseln; sich kräuseln, sich locken; rollen *{z.B. Papier}*; zusammenbrechen
curl up/to wallend kochen, aufwallen
currant 1. Johannisbeere *f {Bot}*; 2. Korinthe *f*; Rosine *f*
currant juice Johannisbeersaft *m*
currant wine Johannisbeerwein *m*
currency 1. Verbreitung *f*, Verwendung[szeit] *f*; 2. Umlauf *m*; 3. Laufzeit *f*; 4. Währung *f*; 5. Devisen *pl*; 6. Geltung *f*
currency of contract Vertragslaufzeit *f*
current 1. kursierend, umlaufend, gültig *{z.B. Geld}*; gängig, geläufig; aktuell, gegenwärtig; derzeit; laufend; Tages-; 2. [elektrischer] Strom *m*; Stromstärke *f*; 3. Strom *m*, Strömung *f*, Fluß *m*; 4. Gefälle *n*, Neigung *f {z.B. einer Dachfläche}*
current amplification Stromverstärkung *f*; Stromverstärkungsfaktor *m*
current attenuation Stromdämpfung *f*, Stromabschwächung *f {Elek}*
current capacity Stromkapazität *f*
current-carrying stromdurchflossen, stromführend, unter Strom
current-carrying capacity *{IEC 364-5}* Strombelastbarkeit *f*, Kontaktdauerstrom *m*
current circuit Stromkreis *m*; Strompfad *m*, Stromweg *m {z.B. in einem Meßgerät}*
current collector Stromabnehmer *m*
current component Stromkomponente *f*
current concentration Stromkonzentration *f*
current-conducting clamp Stromzuführungsschelle *f*
current conduction Stromleitung *f {als physikalische Eigenschaft}*
current consumption Stromverbrauch *m*, Stromaufnahme *f*, Strombedarf *m*
current density Stromdichte *f*, elektrische Stromdichte *f*
current density at the electrode Elektrodenstromdichte *f*
cathodic current density kathodische Stromdichte *f*
distribution of current density Stromdichteverteilung *f*
current diagram Stromdiagramm *n*
current-discharge capacity Stromabgabefähigkeit *f*
current distribution Stromverteilung *f*
current dryer Stromtrockner *m*
current efficiency Stromausbeute *f*
current electricity fließender Strom *m*, dynamische Elektrizität *f*, Galvanismus *m*
current feed-through Stromdurchführung *f*
current generating set Stromerzeugungsaggregat *n*
current impulse Stromstoß *m*, Stromimpuls *m*
current indicator Stromanzeiger *m*
current input Stromaufnahme *f*
current intensity Stromintensität *f*, [elektrische] Stromstärke *f {in Ampere}*, Amperezahl *f*
current lead-in Stromdurchführung *f*
current lead-through Stromdurchführung *f*
current level Strompegel *m*
current limiter Strombegrenzer *m*
current-limiting strombegrenzend
current-limiting fuse strombegrenzte Sicherung *f*, Strombegrenzungssicherung *f*
current-limiting resistance Strombegrenzungswiderstand *m*
current loop Stromschleife *f*
current meter 1. Stromzähler *m*, Stromuhr *f*; 2. Flügelradzähler *m*, Turbinenzähler *m {Mengenstrommessung}*
current network Stromnetz *n*
current of air Luftstrom *m*, Luftströmung *f*, Luftmenge *f*
current of gas Gasstrom *m*, Gasmenge *f*
current output Stromabgabe *f*
current passage Stromdurchgang *m*
current path Strombahn *f*
current phase Stromphase *f {Elek}*

current pulsation Stromstoß *m*
current pulse Stromstoß *m*
current regulator Stromregler *m*
current reverser Stromwender *m*
current rise Stromanstieg *m*
current sensitivity Stromempfindlichkeit *f*
current source Stromquelle *f*
current stabilization Stromstabilisierung *f*
current strength Stromintensität *f*, Stromstärke *f {in A}*
current supply Stromzufuhr *f*, Stromversorgung *f*, Stromabgabe *f*
current transformer Stromtransformator *m*, Stromwandler *m*, Leistungstransformator *m*
current triangle Stromdreieck *n*
current unit Stromeinheit *f*
current vector Stromvektor *m*
current velocity Stromgeschwindigkeit *f*
current-voltage characteristic Strom-Spannungs-Kurve *f*, Strom-Spannungs-Kennlinie *f*, U-I-Linie *f*
current yield Stromausbeute *f*
active current Wirkstrom *m*
alternating current Wechselstrom *m*
direct current Gleichstrom *m*
eddy current Wirbelstrom *m*

currentless stromlos
currentless gold plating stromloses Hauchvergolden *n*

curriculum 1. Lehrgang *m*; 2. Studiengang *m*, Studium *n*; 3. Studienplan *m*

currier's ink Eisenschwärze *f*

curry/to gerben; zurichten *{Leder}*
curry again/to nachgerben

curry powder Currypulver *n*

currying 1. Gerben *n*, Gerbung *f*, Lohgare *f*; 2. Zurichtung *f*, Zurichten *n {Leder}*; 3. Fetten *n {des Leders}*, Abölen *n {der gegerbten, nur schwach zu fettenden Unterleder}*, Einbrennen *n*, Schmieren *n*

cursor 1. Bildschirmmarke *f*, Cursor *m*, Schreibmarke *f*, Lichtzeiger *m*; Positionsanzeigesymbol *n {EDV}*; 2. Läufer *m {des Rechenschiebers}*; 3. Läufer *m {Tech}*

cursory oberflächlich, flüchtig; kursorisch
cursory examination äußere Prüfung *f*

curtail/to abkürzen; verkürzen; beschneiden; einschränken, beschränken

curtain 1. Vorhang *m {unruhige Lackoberfläche}*; Vorhang *m*, Gardine *f*, Lackläufer *m {fehlerhafter Anstrich}*; Lackvorhang *m {bei der Gießlackierung}*; 2. Wettergardine *f {Bergbau}*; 3. Neutronen-Abschirmfolie *f {Nukl}*
curtain coater Lackgießanlage *f*
curtain coater die Schmelzdüse *f*
curtain coating Gießlackieren *n*, Lackgießen *n*, Gießen *n {Farb}*; Florstreichverfahren *n {Pap}*

curtaining Vorhangbildung *f*, Läuferbildung *f*, Gardinenbildung *f*, Ablaufen *n {von Anstrichschichten}*

Curtius reaction Curtiusscher Abbau *m*, Curtius-Abbau *m*
Curtius rearrangement Curtius-Umlagerung *f {Acylazide in Isocyanate}*

curvation Krümmung *f*

curvature 1. Rundung *f*, Wölbung *f*, Kurvatur *f*; 2. Biegung *f*, Krümmung *f*
curvature of field Bildfeldwölbung *f {Opt, Abbildungsfehler}*
curvature radius Krümmungsradius *m*

curve/to krümmen, biegen *{in Form einer Kurve}*; abrunden

curve 1. Schaulinie *f*, Kennlinie *f {nicht lineare}*, Kurve *f*, Kurvenlinie *f {in einem Diagramm}*; 2. Biegung *f*, Kurve *f*; Bogen *m {Tech}*; 3. Krümmung *f*, Windung *f*, Schleife *f {z.B. des Flusses}*; 4. Kurvenlineal *n*, Kurvenzeichner *m*; 5. geometrischer Ort *m {Math}*
curve analyzer Kurvenanalysator *m*
curve describing loss by volatilization Abdampfkurve *f*
curve-drawing apparatus Schreibgerät *n*
curve fitting Kurvenanpassung *f {Math}*
curve follower Kurvenleser *m*, Kurvenabtaster *m*
curve of intensity Intensitätskurve *f*
curve of intersection Schnittkurve *f*
curve of solubility Löslichkeitskurve *f*
curve of the boiling point diagram Siedelinie *f*
curve plotter Kurvenschreiber *m*
branch of a curve Kurvenast *m {Math}*

curved gebogen, gekrümmt, krumm; abgerundet
curved bar anode gebogene Stabanode *f*, gebogene Stangenanode *f*
curved crystal analyser gekrümmter Analysatorkristall *m*

curvilinear krummlinig
curvilinear integral Kurvenintegral *n*

cuscamidine Cuscamidin *n*

cusco bark Cuscorinde *f*

cuscohygrine <$C_{13}H_{24}NO_2$> Cuscohygrin *n*, Cuskhygrin *n*, Cuschygrin *n*, Bellaradin *n*

cushion/to 1. dämpfen, puffern; 2. polstern, auspolstern

cushion 1. Polster *n*, Kissen *n*; 2. Kissengummi *n*, Polstergummi *n*, Gummipolster *n*; 3. [federndes] Auflager *n*

cushioning Dämpfung *f*, Abschirmung *f*; Prellvorrichtung *f*; Polsterung *f*
cushioning effect Polsterwirkung *f {von elastischen Plastwerkstoffen}*, dämpfende Wirkung *f*, Pufferwirkung *f*
cushioning material Polstermaterial *n*, Polstermittel *n {Text}*

cusp Rückkehrpunkt *m*, Gipfel *m*, Spitze *f*, Kurvengipfelpunkt *m {Math}*
cusparine <$C_{19}H_{17}NO_3$> Cusparin *n*
cuspidine Custerit *m {obs}*, Cuspidin *m {Min}*
cusso extract Kussoextrakt *m {Pharm}*
custerite Custerit *m {obs}*, Cuspidin *m {Min}*
custom individuell angefertigt, nach Maß *n* angefertigt, kundenspezifisch, maßgeschneidert, zugeschnitten *{für etwas konkret vorgesehen}*, in Sonderform *f* ausgeführt; Maß-
custom-manufacture/to kundenspezifisch herstellen
customary üblich, gebräuchlich; gewöhnlich; Gewohnheits-
customer Kunde *m*, Abnehmer *m*, Käufer *m*
customer pick-up Selbstabholung *f*
customer's requirements Kundenbedürfnisse *npl*
customer's sample Kundenvorlage *f*
customs certificate Zollbescheinigung *f*
customs duties Zollgebühren *fpl*
customs clearance Zollabfertigung *f*
cut/to 1. abscheren; 2. schneiden; 3. senken, herabsetzen *{z.B. Kosten}*; 4. schleifen *{Edelsteine, Glas}*; 5. abschalten, ausschalten, unterbrechen *{Elek}*; 6. hauen, aufhauen *{Feilen}*; 7. zuschneiden *{Text}*; 8. köpfen *{von Proben}*; lösen *{Kohle}*, hereingewinnen; schrämen *{einen Schram herstellen}*
cut into length[s]/to ablängen, querschneiden
cut off/to 1. abschalten, von der Stromquelle *f* trennen; abschalten, ausschalten, unterbrechen; 2. abscheren; 3. abschneiden, wegschneiden; 4. absperren; 5. schopfen *{Met}*
cut 1. Schnitt *m {im allgemeinen}*; 2. Anteil *m {z.B. am Gewinn}*; 3. Kürzung *f*, Streichung *f {z.B. von Mitteln}*; 4. Mahd *f*, Schur *f {Agri}*; 5. Fraktion *f {Dest}*, Destillationsanteil *m*; Schnitt *m {Öle}*, Trennschnitt *m*; 6. Einschnitt *m*; Durchstich *m*; 7. Schlag *m {Waldrodungsfläche}*; Hieb *m*, Fällen *n*; Exploitation *f*; 8. Schliff *m {Glas}*; 9. Zuschnitt *m {Text, Leder}*; Stücklänge *f*, Stofflänge *f*; Schnitt *m*, Fasson *f*; 10. Druckstock *m*, Klischee *n {Druck}*; 11. Kornfraktion *f*, Größenklasse *f {Puder}*; 12. Trennfaktor *m {Kurzzeichen}*; Schnitt *m*, Aufteilungsverhältnis *n*, Teilungskoeffizient *m*; Teilstrom *m {Nukl}*
cut-back 1. Verschnittbitumen *n*, Cutback *n*, Fluxbitumen *n*, VB; 2. Abbau *m {z.B. von Personalbeständen}*
cut off 1. Abschalten *n*, Abschaltung *f*, Ausschalten *n*, Ausschaltung *f*; 2. Rückhaltevermögen *n {eines Filters}*; 3. Durchstich *m*; 4. Abschroten *n {eines Schmiedestückes}*; 5. Abquetschfläche *f*, Abquetschrand *m {Kunst}*; 6. Schneidewerk *n* der Druckmaschine *{im Rollendruck}*
cut-off device 1. Absperrvorrichtung *f*; Abstellvorrichtung *f*; 2. Schneid[e]maschine *f*, Schneider *m*, Schneidevorrichtung *f*
cut-off disk Trennscheibe *f*
cut-off filter Sperrfilter *n {Elek}*
cut-off frequency Grenzfrequenz *f*, Abschneidefrequenz *f*, Eckfrequenz *f*, Knickfrequenz *f*
cut-off relay Abschaltrelais *n*, Überstromrelais *n*
cut-off valve Absperrventil *n*, Verschlußventil *n*
cut-off voltage Unterdrückungsspannung *f*; Abschnürspannung *f*; Lade-Endspannung *f*; kritische Anodenspannung *f*
cut-off wavelength Grenzwellenlänge *f*
cut-off wheel Trennscheibe *f*
cut out 1. Selbstschalter *m*, Ausschalter *m*, Unterbrecher *m*, Sicherungsautomat *m*, Trennschalter *m*, Leitungsschutzschalter *m {Elek}*; 2. Ausschnitt *m*
cut-out valve Absperrventil *n*
cut peat Stechtorf *m*
cut point Trenngrenze *f {Separation}*, Trennkorngröße *f*, Kornscheide *f {beim Klassieren}*
cut reinforcing fiber kurze Verstärkungsfaser *f*
cut roving geschnittener Roving *m*, geschnittener Glasfaserstrang *m*, Schneidroving *m*
cut size Teilungsdichte *f*, Kornscheide *f*, Trenngrenze *f*, Trenn[korn]größe *f*
cut surface 1. Schnittfläche *f {DIN 6580}*; 2. Schnittflanke *f {beim Brennschneiden}*; 3. Schnittfläche *f {technisches Zeichnen}*
cut timber Schnittholz *n {DIN 21 329}*
cut to size auf Format *n* zugeschnitten, zugeschnitten *{Plasthalbzeuge}*
cut width Schnittbreite *f*
cutaneous kutan *{die Haut betreffend}*
cutaneous tissue Hautgewebe *n*
cutaway Schnittperspektive *f*, Schnittdarstellung *f*, Phantombild *n {eines Gegenstandes}*
cutaway view Schnittansicht *f*
cutch Cachou *n*, Catechu *n*, [braunes] Katechu *n {Gerbstoffextrakt aus Acacia catechu Willd.}*
cutic acid Cutinsäure *f*
cutin Cutin *n {Wachsüberzug auf Pflanzen}*
cutinase Cutinase *f {Biochem}*
cutinic acid Cutininsäure *f*
cutlery Schneidewaren *fpl {Messer, Scheren, Rasiergeräte, Tafelbesteck usw.}*, Besteck *n*
cutose Cutose *f*
cutter 1. Schneideapparat *m*, Schneid[e]maschine *f*, Schneider *m*; Brennschneider *m*; 2. Häckselmaschine *f {Strohaufschluß}*; 3. Querschneider *m {Pap}*; 4. Abschneider *m*, Abschneidetisch *m*; 5. Glasschleifer *m*, Glaskugler *m*; 6. Schneidrad *n {zum Wälzstoßen}*; 7. Schneidwerkzeug *n*, Schnittwerkzeug *n {für Zerspa-*

nung}; 8. Cutter *m*, Schnitzelwerk *n {Lebensmittel}*; 9. Brandgranulator *m*, Würfelschneider *m {Kunst}*

cutting 1. schneidend; spanabhebend; 2. Schneiden *n {z.B. Glas, Papier, Hadern}*; Abtrennung *f*; 3. Schleifen *n*, Schliff *m {Glas}*; 4. Häckseln *n*; 5. Einschneiden *n {einer Kautschukmischung}*; Schneiden *n*, Spalten *n {von Kautschukballen}*; 6. Aussalzen *n {der Seife}*; 7. Aushub *m*, Erdaushub *m {Tätigkeit}*; Baggern *n*, Ausbaggern *n*, Abtrag *m*, Graben *n*; 8. Abschroten *n {eines Schmiedestückes}*, spanabhebende Bearbeitung *f {Met}*; 9. Ausschnitt *m*

cutting alloy Hartmetall *n*, Schneidemetall *n*

cutting apparatus Schneidewerkzeug *n*

cutting blade Klinge *f*, Messerklinge *f*, Schneidemesser *n*, Walzenmesser *n*

cutting charge Schneidladung *f*

cutting device 1. Schneid[e]vorrichtung *f*, Schneider *m*, 2. Absperrvorrichtung *f*, Abstellvorrichtung *f*

cutting die Stanzwerkzeug *n*, Stanzmesser *n*

cutting down Grobschleifen *n*

cutting edge Schneide *f*, Schneidkante *f*

cutting efficiency Schnittleistung *f*

cutting face Anschnitt *m {Fläche}*

cutting flame Schneidflamme *f*

cutting fluid Schneid[werkzeug]flüssigkeit *f*, Schneidmedium *n*

cutting force 1. Schnittkraft *f*; 2. Zerspankraft *f {Summe aller Kräfte am Schneidkeil eines Zerspanwerkzeuges}*

cutting hardness Schneidhärte *f {des Werkzeuges}*

cutting instrument Schneidwerkzeug *n*, Schnittwerkzeug *n {für Zerspanung}*

cutting knife Schneidmesser *n*, Spaltmesser *n*; Trennmesser *n {zum Ablängen und Beschneiden von Plasthalbzeugen}*

cutting machine Fräsmaschine *f*; Planschneider *m*, Schneid[e]maschine *f*, Schneider *m*, Schneidevorrichtung *f*; Aufhackmaschine *f {in der Mälzerei}*

cutting method Trennverfahren *n*

cutting mill Schneidmühle *f*

cutting oil Bohröl *n*, Schneidöl *n*, Kühlöl *n*, Metallbearbeitungsöl *n*

cutting operation Zerspanen *n*, Zerspanungsarbeit *f*, Zerspanung *f*

cutting out Ausschneiden *n*

cutting pliers Schneidezange *f*

cutting point Schneidstelle *f {DIN 31001}*, Schnittstelle *f*

cutting process Schneidvorgang *m*

cutting property Zerspanungseigenschaft *f*

cutting rule Schneidlineal *n*

cutting through Durchschneiden *n*; Durchhieb *m {Bergbau}*

cutting tool Schneidwerkzeug *n*, Schnittwerkzeug *n {für Zerspanung}*, Drehstahl *m*

cutting torch Schneidbrenner *m*

cutting wheel Trennscheibe *f*

cuttings 1. Späne *mpl*, Schnitzel *npl mpl*, Abfall *m {Metall, Holz usw.}*; 2. Verschnitt *m {Text}*; 3. Gesteinsabrieb *m*, Gesteinsstückchen *npl*

cuvette Küvette *f {Chem}*

CV-line Durchlaufvernetzungsanlage *f*, CV-Anlage *f {für Polyethylenrohre}*

CVD coating CVD-Beschichten *n*, chemisches Dampfphasen-Beschichten *n*

cyamelide 1. <$(HNCO)_n$> Cyamelid *n*; 2. <$(HNCO)_3$> 1,2,3-Trioxan-2,4,6-triimin *n*

cyan blue Cyanblau *n*

cyanacetamide Cyanacetamid *n*

cyanacrylate Cyanacrylat *n*

cyanacrylate adhesive Cyanacrylatklebstoff *m*

cyanalcohol Cyanhydrin *n*

cyanamide 1. <H_2NCN> Cyanamid *n {Amid der Cyansäure}*; 2. <CaNCN> Calciumcyanamid *n*, Kalkstickstoff *m {Agri}*

cyanamide process Kalkstickstoffverfahren *n*, Cyanamidverfahren *n {Ammoniakgewinnung aus der Luft}*

cyananilide Cyananilid *n*, *N*-Cyanoanilid *n*

cyananthrene Cyananthren *n*

cyanate 1. cyansauer; 2. Cyanat *n {M'CN}*; Cyansäureester *m*

cyanation Cyanierung *f*

cyanatobenzene Phenylcyanat *n*

cyanchloride Cyanchlorid *n*

cyanhydrate Hydrocyanid *n*

cyanic 1. cyanblau, grünstichig blau; 2. cyansauer; Cyan-

cyanic acid <NCOH> Cyansäure *f*, Knallsäure *f*

cyanidation Cyanierung *f*, Cyanidlaugung *f*, Cyanidlaugerei *f {Gold-/ Silbergewinnung}*

cyanide/to cyanieren, cyanbadhärten, cyanhärten *{Met}*; cyanidlaugen *{Gold-/ Silbergewinnung}*

cyanide 1. blausauer, cyanwasserstoffsauer; 2. Cyanid *n {Salz der Blausäure}*; Nitril *n {R-CN}*

cyanide bath Cyanidbad *n*, Cyansalzbad *n*, Cyanidschmelze *f*, Cyansalzschmelze *f {Met}*

cyanide copper plating cyanidische Verkupferung *f*, alkalische Verkupferung *f*

cyanide hardening Cyanbadhärtung *f*, Cyanbadhärten *n*, Cyanieren *n {Met}*

cyanide hardening plant Cyansalzhärtungsbad *n {Met}*

cyanide hematoporphyrin Cyanidhämatoporphyrin *n*

cyanide liquor Cyanidlauge *f*

cyanide lixiviation process Cyanidlaugerei *f*

cyanide mesoporphyrin Cyanidmesoporphyrin *n*
cyanide preparation Cyanidpräparat *n*, Cyansalzpräparat *n* {*Pharm*}
cyanide process Cyanidlaugung *f*, Cyanidverfahren *n*, Cyanidlaugerei *f* {*Gold-/ Silbergewinnung*}
cyanide pulp Cyanidzermahlgut *n* {*NaCN-Schlamm von Au-/Ag-Erzen*}
cyanidin <$C_{15}H_{10}O_6 \cdot HCl$> Cyanidin *n*
cyaniding Cyanierung *f*, Cyanbadhärtung *f*, Cyanhärtung *f* {*Met*}; Cyanidlaugung *f* {*Gold- und Silbergewinnung*}, Cyanidlaugerei *f*
cyanidylin Cyanidylin *n*
cyanine 1. <$C_{27}H_{30}O_{16}$> Cyanin *n*, Cyaninfarbstoff *m*; 2. <$C_{29}H_{35}N_2I$> Cyaninblau *n*, Chinolinblau *n*
cyanine dye Cyaninfarbstoff *m*, Polymethinfarbstoff *m*
cyanit[e] Cyanit *m*, Talkschörl *m* {*obs*}, Blauschörl *m*, blauer Disthen *m*, Kyanit *m* {*Aluminiumoxidorthosilicat, Min*}
cyanization Cyanisierung *f*
cyanize/to cyanisieren
cyano group <-CN> Cyangruppe *f*, Cyanorest *m*; Cyanradikal *n*
cyanoacetamide <$C_3H_4N_2O$> Cyanoacetamid *n*, Malonamidnitril *n*
cyanoacetate cyanessigsauer
cyanoacetic acid <$NCCHH_2COOH$> Cyanessigsäure *f*, Malonsäuremononitril *n*
cyanoacetic ester Cyanessigester *m*
cyanoacetyl chloride Cyanessigsäurechlorid *n*
cyanoacrylate adhesive Cyanoacrylatklebstoff *m*, anionisch härtender Cyanoacrylatklebstoff *m*, chemisch blockierter Einkomponentenklebstoff *m* auf Cyanoacrylatbasis *f*, Sekundenkleber *m*, Blitzkleber *m* {*Einkomponenten-Reaktionsklebelack*}
cyanoalkyl Cyanalkyl *n*, Nitril *n*, Carbonitril *n*
cyanoanilide <C_6H_5NHCN> Cyananilid *n*
cyanoanthrene Cyananthren *n*
***o*-cyanobenzamide** <$NCC_6H_4CONH_2$> *o*-Cyanobenzamid *n*
cyanobenzene Cyanbenzol *n*, Benzonitril *n*
cyanocadmic acid Cadmiumcyanwasserstoff *m*
cyanocarbamic acid Cyanamidokohlensäure *f*
cyanocarbon Cyankohlenwasserstoff *m*
cyanocarbonic acid Cyankohlensäure *f*, Cyanameisensäure *f*
cyanocobalamin Cyanocobalamin *n*, Vitamin B_{12} {*Triv*}
cyanocyanide Cyanogen *n*
2-cyanoethyl acrylate Cyanethylacrylat *n*
cyanoethylated cotton cyanethylierte Baumwolle *f*
cyanoethylation Cyanethylierung *f* {*Einführung der NCC_2H_2O-Gruppe*}
cyanoferrate(II) <$M'_4[Fe(CN)_6]$> Ferrocyanid *n* {*obs*}, Cyanoferrat(II) *n*, Hexacyanoferrat(II) *n*
cyanoferrate(III) <$M'_3[Fe(CN)_6]$> Ferricyanid *n* {*obs*}, Cyanoferrat(III) *n*, Hexacyanoferrat(III) *n*
cyanoferric cyaneisenhaltig
cyanoform <$HC(CN)_3$> Cyanoform *n*, Tricyanmethan *n*
cyanoformic acid Cyankohlensäure *f*
cyanogen 1. <CN·> Cyanradikal *n*, Nitrilradikal *n*; 2. <$(CN)_2$> Dicyan *n*, Cyan *n*, Oxalsäurenitril *n*, Ethandinitril *n*
cyanogen azide <$NC-N_3$> Cyanazid *n*
cyanogen background Cyanuntergrund *m* {*Spek*}
cyanogen band Cyanbande *f* {*Spek*}
cyanogen bromide <BrCN> Bromcyan *n*, Cyanbromid *n*
cyanogen chloride <ClCN> Chlorcyan *n*, Cyanchlorid *n*, Chlorincyanid *n* {*obs*}
cyanogen compound Cyanverbindung *f*
cyanogen discrepancy Cyandiskrepanz *f*
cyanogen fluopride <FCN> Fluorcyan *n*, Cyanfluoriod *n*
cyanogen gas <$(CN)_2$> Cyangas *n*, Dicyan *n*, Oxalsäuredinitril *n*, Ethandinitril *n*
cyanogen hardening Cyanbadhärtung *f*, Cyanhärtung *f* {*Met*}
cyanogen iodide <ICN> Cyanoiodid *n*, Iodcyan *n*, Iodcyanid *n*, Cyanogenjodid *n* {*obs*}
cyanogen soap Cyanseife *f*
cyanogen sulfide <$(CN)_2S$> Schwefelcyan *n*
cyanoguanidine Cyanoguanidin *n*, Dicyandiamid *n* {*das Dimere des Cyanamids*}
cyanohydrin <R'C(OH)(CN)R''> Cyanhydrin *n*, α-Hydroxynitril *n*
cyanohydrin synthesis Cyanhydrinsynthese *f*
cyanol Anilin *n*, Cyanol *n* {*Triv*}
cyanol green Cyanolgrün *n*
cyanomaclurin 1. <$C_{15}H_{12}O_6$> Cyanomaclurin *n*; 2. synthetisches Anthocyanidin *n*
cyanomethane Methylcyanid *n*
cyanomustard oil Cyansenföl *n*
cyanonitride Cyanstickstoff *m*
cyanonitroacetamide Fulminursäure *f*
2-cyano-2-nitroethanamide Fulminursäure *f*
cyanophylline Cyanophyllin *n*
cyanoplatinic acid Platincyanwasserstoff *m*
cyanoporphyrine Cyanoporphyrin *n*
cyanopropionic acid Cyanpropionsäure *f*
cyanosilane Cyanosilan *n*
cyanothiamine Cyanthiamin *n*
cyanotoluene Cyantoluol *n*, Tolunitril *n*
cyanotrichite Samterz *n*, Lettsomit *m*, Kupfersamterz *n*, Cyanotrichit *m* {*Min*}
cyanotype Blaupause *f*, Cyanotypie *f*, Blaudruck *m*, Eisenblaudruck *m*

cyanotype paper Cyanotyppapier *n*
cyanotype process Cyanotypie *f {Herstellung von Blaupausen}*
cyanur <(-CN)$_3$> Cyanur-
cyanurate Cyanurat *n*, Tricyansäureverbindung *f*
cyanuric acid <(NCOH)$_3$> Cyanursäure *f*, Tricyansäure *f*
cyanuric chloride <$C_3N_3Cl_3$> Cyanurchlorid *n*, Canursäurechlorid *n*, Cyanurtrichlorid *n*, Trichlor-*sym*-tricyan *n*, Tricyanchlorid *n*
cyanuric cyanide Cyanurtricyanid *n*
cyanuric hydrazide Cyanurtrihydrazid *n*
cyanuric triazide <C_3N_{12}> Cyanurtriazid *n*, 2,4,6-Triazido-*s*-triazin *n {Expl}*
cyanurotriamide Cyanurtriamid *n*, Melamin *n*, Tricyansäuretriamid *n*
cyanurotricarboxylic acid Cyanurtricarbonsäure *f*
cyanurotrichloride Cyanurtrichlorid *n*
cyanurotricyanide Cyanurtricyanid *n*
cyanurotrihydrazide Cyanurtrihydrazid *n*
cybernetics Kybernetik *f*
cyclamate Cyclamat *n {Cyclohexylsulfamat des Na oder Ca}*
cyclamen aldehyde Cyclamenaldehyd *m {Methyl-p-isopropylphenylpropylaldehyd}*
cyclamic acid Cyclaminsäure *f*, Cyclohexylsulfamsäure *f*
cyclamin Arthranitin *n*, Cyclamin *n*
cyclamose Cyclamose *f*
cyclane Cycloparaffin *n*, Naphthen *n*, Cycloalkan *n*
cycle 1. Kreis *m*; 2. Kreislauf *m*, Zyklus *m*, Kreisprozeß *m*; 3. cyclische Verbindung *f {z.B. Kohlenwasserstoffe}*, Ring *m*; 4. Passage *f {z.B. beim Färben, Text}*; 5. Periode *f {Elek}*; 6. Turnus *m*, Umlauf *m*
cycle counter Zykluszähler *m*
cycle oil Rückführöl *n*
cycle per second Hertz *n {Elek}*
cycle stock Rückführöl *n*
cycle time Taktzeit *f*, Zyklusdauer *f*, Zykluszeit *f*
cyclene Cyclen *n*
cyclethrin Cyclethrin *n*
cyclic zyklisch; cyclisch, ringförmig; Zyklo-, Cyclo-, Ring-
cyclic adenosine monophosphate cyclisches Adenosinmonophosphat *n*, Adenosin-3',5'-monophosphat *n*, cyclo-AMP *n*, cAMP *{Biochem}*
cyclic adenylic acid *s.* cyclic adenosine monophosphate
cyclic AMP *s.* cyclic adenosine monophosphate
cyclic batch still Durchlauf-Chargendestillationsanlage *f*
cyclic compound Ringverbindung *f {Chem}*, Ring *m*, zyklische Verbindung *f {obs}*, cyclische Verbindung *f*, Cycloverbindung *f*
cyclic guanosine monophosphate cyclisches Guanosinmonophosphat *n*, Guanosin-3',5'-monophosphat *n*, cGMP
cyclic homolog[ue] Ringhomologe[s] *n*
cyclic hydrocarbons cyclische Kohlenwasserstoffe *npl*, ringförmige Kohlenwasserstoffe *mpl*, Cyclokohlenwasserstoffe *mpl*
cyclic ketone Ringketon *n*
cyclic load zyklische Last *f*, wiederkehrende Beanspruchung *f*
cyclic loading Wechselbiegebeanspruchung *f*; Dauerschwingbeanspruchung *f*; wiederkehrende Beanspruchung *f*
cyclic process Kreisprozeß *m*, Kreislauf *m*, Kreisvorgang *m*
cyclic stress zyklische Beanspruchung *f*; Schwingspannung *f {Mech}*
cyclic structure Ringstruktur *f*
cyclic sulfur Cycloschwefel *m*
cyclic system Ringsystem *n*
cyclic timer Programmschalter *m*
cycling 1. Kreisprozeß *m*, Kreislaufführung *f*, Durchlaufen *n* von periodischen Arbeitsgängen; 2. Dauerversuch *m*; 3. Taktablauf *m*, Ablauf *m* des Arbeitszyklus
cycling time 1. Laufzeit *f {der Anlage, Maschine}*; 2. Taktzeit *f*, Zykluszeit *f*
cyclitol Cyclit *m {isocyclischer Polyalkohol}*
cyclization Ringschluß *m*, Cyclisieren *n*, Cyclisierung *f {z.B. von Gummi zur Verbesserung der Klebbarkeit}*, Ringbildung *f*
cyclize/to cyclisieren, zyklisieren, einem Ringschluß *m* unterwerfen, ringschließen; sich zum Ring *m* schließen
cyclized rubber Cyclokautschuk *m*, Zyklokautschuk *m*, cyclisierter Kautschuk *m*, RUI *{DIN 55950}*
cyclizine Cyclizin *n*
cyclizine hydrochloride Cyclizinhydrochlorid *n*, Marezin *n*
cyclo Cyclo-
cycloaddition Cycloaddition *f*
cycloadduct Cycloaddukt *n*
cycloaliphatic cycloaliphatisch, alicyclisch *{Chem}*
cycloalkane Cycloalkan *n*, Cycloparaffin *n*, Naphthen *n*, Cyclan *n {isocyclischer Kohlenwasserstoff}*
cycloalkene Cycloalken *n*
cyclobarbital <$C_{12}H_{16}N_2O_3$> Cyclobarbital *n*, Phanodorm *n*
cyclobutadiene <C_4H_4> Cyclobutadien *n*
cyclobutane <C_4H_8> Cyclobutan *n*, Tetramethylen *n*
cyclobutanone <C_4H_6O> Cyclobutanon *n*
cyclobutene <C_4H_6> Cyclobuten *n*
cyclobutyl Cyclobutyl-
cyclocamphor Cyclocampher *m*

cyclocoumarol <$C_{20}H_{18}O_4$> Cyclocumarol *n*
cyclodecandione Cyclodecandion *n*
cyclodecane Cyclodecan *n*
cyclodextrins Cyclodextrine *npl*
cyclodiastereomerism Cyclodiastereomerie *f* *{Stereochem}*
cyclodimerization Cyclodimerisation *f*
cycloenantiomer Cycloenantiomer *n {Stereochem}*
cycloenantiomerism Cycloenantiomerie *f* *{Stereochem}*
cyclofenchene <$C_{10}H_{16}$> Cyclofenchen *n*
cyclogallipharaol Cyclogallipharaol *n*
cyclogeranic acid <$C_{10}H_{16}O_2$> Cyclogeraniumsäure *f*
cyclogeraniol Cyclogeraniol *n*
cycloheptadecanone Cycloheptadecanon *n*
cycloheptadiene Cycloheptadien *n*
cycloheptane Cycloheptan *n*, Heptamethylen *n*, Suberan *n*
cycloheptanol Cycloheptanol *n*, Suberol *n*
cycloheptanone Cycloheptanon *n*, Suberon *n*
cycloheptatriene Cycloheptatrien *n*, Tropiliden *n*
cycloheptene <C_7H_{12}> Cyclohepten *n*, Suberen *n*
cycloheptine Cycloheptin *n*
cyclohexadiene <C_6H_8> Cyclohexadien *n*, Cyclohexa-1,3-dien *n*, Dihydrobenzol *n*
cyclohexane <C_6H_{12}> Cyclohexan *n*, Naphthen *n {obs}*, Hexamethylen *n {obs}*, Hexahydrobenzol *n*
1,4-cyclohexanedimethanol <$C_6H_{10}(CH_2OH)_2$> Cyclohexandimethanol *n*
cyclohexanediol Cyclohexandiol *n*
cyclohexanedionedioxime Cyclohexandiondioxim *n*
cyclohexanehexol Inosit *n*
cyclohexanepentol Quercit *m*
cyclohexanol <$(CH_2)_5CHOH$> Cyclohexanol *n*, Zyklohexanol *n {obs}*, Hexalin *n*, Hexahydrophenol *n*, Adronal *n*
  cyclohexanol acetate <$CH_3CO_2C_6H_{11}$> Cyclohexanolacetat *n*, Zyklohexanolazetat *n {obs}*, Adrenolacetat *n {obs}*
cyclohexanone <$(CH_2)_5CO$> Cyclohexanon *n*, Pimelinketon *n*, Anon *n*, Ketohexamethylen *n*
  cyclohexanone oxime Cyclohexanonoxim *n*
  cyclohexanone peroxide Cyclohexanonperoxid *n*
  cyclohexanone resin Cyclohexanonharz *n*
cyclohexatriene Cyclohexatrien *n*, Benzol *n*
cyclohexene Cyclohexen *n*, 1,2,3,4-Tetrahydrobenzol *n*
cyclohexenol <$C_6H_{10}O$> Cyclohexenol *n*
cyclohexenyl <C_6H_9-> Cyclohexenyl-
cyclohexenone Cyclohexenon *n*
cycloheximide <$C_{15}H_{23}NO_4$> Cycloheximid *n*
cyclohexine Cyclohexin *n*
cyclohexyl <C_6H_{11}-> Cyclohexyl-; Cyclohexylgruppe *f*, Cyclohexylradikal *n*, Cyclohexylrest *m*
  cyclohexyl acetate Cyclohexylacetat *n*
  cyclohexyl methacrylate Cyclohexylmethacrylsäureester *m*, Cyclohexylmethacrylat *n*
  cyclohexyl phenol Cyclohexylphenol *n*
  cyclohexyl silicone Cyclohexylsilicon *n*
  cyclohexyl stearate Cyclohexylstearat *n*
  cyclohexyl trichlorosilane Cyclohexyltrichlorsilan *n*
cyclohexylamine <$C_6H_{11}NH_2$> Cyclohexylamin *n*, Hexahydroanilin *n*, Aminocyclohexan *n*
  cyclohexylamine acetate <$C_6H_{11}NH_2CH_3COOH$> Cyclohexylaminacetat *n*
cyclohexylethylamine Cyclohexylethylamin *n*
cyclohexylidene Cyclohexyliden *n*
***N*-cyclohexylsulfamic acid** <$C_6H_{11}NHSO_3H$> *N*-Cyclohexansulfaminsäure *f*
cycloid Radlinie *f*, Zykloide *f {Math}*
cycloidal spectrometer Zykloiden-Massenspektrometer *n*
cycloidally focused mass spectrometer Zykloiden-Massenspektrometer *n*
cyclone 1. Zyklon *m {Fliehkraftabscheider}*, Staubabschneider *m*; 2. Zyklone *f {ein Tiefdruckgebiet}*; Zyklon *m {Wirbelsturm}*
  cyclone burner Zyklonbrenner *m*
  cyclone centrifugal separator Zyklonfliehkraftsichter *m*
  cyclone classifier Klassierzyklon *m*
  cyclone classifying Windsichtung *f*
  cyclone dust collector Zyklon[ab]scheider *m*, Wirbel[ab]scheider *m*, Abscheidezyklon *m*, Zyklon *m*, Fliehkraftstaubabscheider *m*, Staub[abscheide]zyklon *m*, Zyklonentstauber *m*
  cyclone firing Zyklonfeuerung *f*
  cyclone heat exchanger Zyklonwärmetauscher *m*
  cyclone impeller Zyklonrührer *m*, Trommelkreiselrührer *m*, Ekato-Korbkreiselrührer *m*
  cyclone scrubber Zyklonwäscher *m*
  cyclone separator Zyklon[ab]scheider *m*, Wirbel[ab]scheider *m*, Abscheidezyklon *m*, Zyklon *m*
  cyclone thickener Hydrozyklon *m*, Zykloneindicker *m*
cyclonite <$C_3H_6N_6O_6$> Hexogen *n*, Cyclotrimethylentrinitramin *n*, Cyclonit *n*, SH-Salz *n* *{Expl}*, RDX
cyclonium O *{obs}* *s.* promethium
cyclononane <C_9H_{18}> Cyclononan *n*
cyclonovobiocic acid Cyclonovobiocinsäure *f*
cyclooctadiene <C_8H_{16}> Cyclooctadien *n*
cyclooctane <C_8H_{12}> Cyclooctan *n*
cyclooctanone Cyclooctanon *n*
cyclooctatetraene <C_8H_8> Cyclooctatetraen *n*, COT

cyclooctene <C_8H_{14}> Cycloocten *n*
cycloolefin Cycloolefin *n*, Cycloalken *n*
cyclooligomerisation Cyclooligomerisation *f*
cycloparaffin Cycloparaffin *n*, Cycloalkan *n*, Naphthen *n*, Cyclan *n {isocyclischer Kohlenwasserstoff}*
cyclopentadecanone <$C_{15}H_{28}O_2$> Cyclopentadecanon *n*, Exalton *n*
cyclopentadiene <C_5H_6> Cyclopentadien *n*
cyclopentadienylsodium <NaC_5H_5> Natriumcyclopentadienid *n*
cyclopentamethylene <C_5H_{10}> Cyclopentamethylen *n*, Cyclopentan *n*, Pentamethylen *n*
cyclopentamine Cyclopentamin *n*
cyclopentane <C_5H_{10}> Cyclopentan *n*, Pentamethylen *n*, Cyclopentamethylen *n*
cyclopentanecarboxylic acid Cyclopentancarbonsäure *f*
cyclopentanol <$C_5H_{10}O$> Cyclopentanol *n*
cyclopentanone <C_4H_8O> Cyclopentanon *n*, Ketopentamethylen *n*, Adipinketon *n*
cyclopentene <C_5H_8> Cyclopenten *n*, Pentamethylen *n*
cyclopentenone Cyclopentenon *n*
cyclopentolate hydrochloride Cyclopentolathydrochlorid *n*
cyclopentyl <$-C_5H_9$> Cyclopentyl-
cyclopentyl bromide Cyclopentylbromid *n*, Bromcyclopentan *n*
cyclophane Cyclophan *n*
cyclophorase Cyclophorase *f*
cyclophosphamide Cyclophosphamid *n*
cyclopin <$C_{25}H_{28}O_{13}$> Cyclopin *n*
cyclopite Cyclopit *m {obs}*, Anorthit *m {Min}*
cyclopolymerization Cyclopolymerisation *f*, Zyklopolymerisation *f*
cyclopropane <C_3H_6> Cyclopropan *n*, Trimethylen *n*
cyclopropene <C_3H_4> Cyclopropen *n*
cyclopropenone Cyclopropenon *n*
cyclopropyl <$-C_3H_5$> Cyclopropyl-
cyclopterin Cyclopterin *n {Protein}*
cycloreversion reaction Cycloreversion *f*
cycloserine Cycloserin *n*
cyclosilane Cyclosilan *n*
cyclosiloxane Cyclosiloxan *n*, cyclisches Siloxan *n*, ringförmiges Siloxan *n*
cyclostereoisomerism Cyclostereoisomerie *f {Stereochem}*
cyclosteroid Cyclosteroid *n*
cyclotetramerization Cyclotetramerisation *f {z.B. von C_2H_2}*
cyclotetramethylenetetramine Oktogen *n*, Cyclotetramethylentetramin *n*
cyclothreonine Cyclothreonin *n*
cyclotrimethylenetrinitrosamine <$C_3H_6N_6O_3$> Cyclotrimethylentrinitrosamin *n {Expl}*, Cyclonit *n*
cyclotron Zyklotron *n*, Teilchenbeschleuniger *m {Nukl}*
cyclotron frequency Zyklotronumlauffrequenz *f*, Zyklotronfrequenz *f {Elektronen-Umlauffrequenz im homogenen Magnetfeld}*, Zyklotronresonanzfrequenz *f*
cycloundecane <$C_{11}H_{22}$> Cycloundecan *n*
cylinder 1. Zylinder *m*, Walze *f*, Trommel *f*; 2. Druckgasflasche *f*, Stahlflasche *f*, Bombe *f {mit oder für Gas}*; 3. Holländerwalze *f*, Messerwalze *f*, Mahlwalze *f {Pap}*; 4. Spritzgehäuse *n {Spritzmaschine}*; 5. Vulkanisiertrommel *f {Vulkanisiermaschine, Gummi}*; 6. Tambour *m {der Karde, Text}*; 7. Haspel *f*, Weife *f*, Haspeltrommel *f {Weben}*
cylinder ampoule Zylinderampulle *f*
cylinder clothing Zylinderummantelung *f*
cylinder coking Retorten-Verkokung *f*
cylinder dryer Zylindertrockner *m*, Walzentrockner *m*, Trommeltrockner *m*, Röhrentrockner *m*, Trockenzylinder *m*, Trockenwalze *f*, Schachttrockner *m*
cylinder drying machine Zylinder-Trocknungsmaschine *f*, Zylindertrockner *m*, Walzentrockner *m*, Trommeltrockner *m*, Trockenzylinder *m*
cylinder function Zylinderfunktion *f {Math}*
cylinder furnace Zylinderofen *m*
cylinder gas Flaschengas *n*
cylinder glass Walzenglas *n {Glas}*
cylinder lubrication Zylinderschmierung *f*
cylinder mixer Trommelmischer *m*, Zylindermischer *m*
cylinder oil Zylinderöl *n*
cylinder press Zylinder[schnell]presse *f*, Schnellpresse *f*, Zylinderflachformpresse *f {Druck}*; Zuckermühle *f*
cylinder steamer Zylinderdämpfer *m {Text}*
cylinder valve Flaschenventil *n*
cylinder volume Zylinderinhalt *m*, Zylindervolumen *n*
cubic capacity of the cylinder Zylindervolumen *n*
drying cylinder Trockenwalze *f*
filter cylinder Filterröhre *f*
graduated cylinder graduierter Zylinder *m*, Meßzylinder *m {Chem}*
cylindrical zylindrisch, zylinderförmig, rollenförmig, walzenförmig; Zylinder-
cylindrical bin Rundsilo *n*
cylindrical blower Zylindergebläse *n*
cylindrical cathode Hohlkathode *f*
cylindrical dryer Trommeltrockner *m*, Zylindertrockner *m {Pap}*
cylindrical gasket Lippendichtung *f*
cylindrical grader Sortierzylinder *m*
cylindrical graduated measure Meßzylinder *m*

cylindrical lens Zylinderlinse *f {Opt}*
cylindrical magnet Zylindermagnet *m*
cylindrical pellets Stranggranulat *n*, Zylindergranulat *n*
cylindrical screen Filterzentrifuge *f* mit Zylindersieb
cylindrical screen feeder Rollschirmspeiser *m*
cylindrical shape Walzenform *f*
cylindrical sieve Trommelsieb *n*
cylindrical tube *{US}* Zylinderröhre *f*
cylindrical worm gear Zylinderschneckentrieb *m*
cylindrite Kylindrit *m {Min}*
cymaric acid Cymarinsäure *f*
cymarigenin Cymarigenin *n*, Apocynamarin *n*
cymarin **<$C_{30}H_{48}O_{14}$>** Cymarin *n*
cymarose **<$C_7H_{14}O_4$>** Cymarose *f*
Cymbopogon citratus Lemongras *n*
Cymbopogon flexuosus Lemongras *n*
cymene **<($C_{10}H_{14}$>** *p*-Cymol *n*, Cymen *n*, *p*-Isopropyltoluol *n*, Thymylwasserstoff *m*, Methylisopropylbenzol *n*, *p*-Methylpropylbenzen *n*, Camphogen *n*
cymidine Cymidin *n*, Carvacrylamin *n*
cymol *s.* cymene
cymophane Cymophan *m {Chrysoberyll-Katzenauge, Min}*
cymopyrocatechol Cymobrenzcatechin *n*
cymylamine Cymylamin *n*
cynanchotoxine Cynanchotoxin *n*
cynapine Cynapin *n {Alkaloid}*
cynocannoside Cynocannosid *n*
cynoctonine **<$C_{36}H_{34}N_2O_{13}$>** Cynoctonin *n*
cynoglossine Cynoglossin *n {Alkaloid}*
cyperen Cyperen *n*
cyperone **<$C_{15}H_{22}O$>** Cyperon *n*
cypress oil Cypressenöl *n*, Zypressenöl *n {etherisches Öl von Cypressus sempervirens}*
Cyprus blue Cypernblau *n*
cyrtolite Cyrtolith *m {durch Kernzerfall isotropisierter Zirkon; Min}*
cystamine Cystamin *n*, Cystinamin *n*, Hexamethylentetramin *n*, Urotropin *n*
cystathionase Cystathionase *f {Biochem}*
cystathione Cystathion *n*
cystathionine Cystathionin *n {Aminosäure im Gehirn}*
cystazol Cystazol *n*
cysteamine Cysteamin *n*, 2-Aminoethanthiol *n*
cysteic acid **<$HSO_3CH_2CH(NH_2)COOH$>** Cysteinsäure *f*
cysteine **<$HSCH_2CH(NH_2)COOH$>** Zystein *n {Triv}*, Cystein *n*, Thioserin *n*, *ß*-Sulfhydrylaminopropionsäure *f*, α-Amino-*ß*-mercaptopropionsäure *f*, Cys *{Baustein der Eiweißkörper}*
cysteine desulfhydrase Cysteindesulfhydrase *f*
cysteine hydrochloride Cysteinhydrochlorid *n*
cysteine reductase Cystein-Reduktase *f*
cystine Cystin *n*, Zystin *n*, Dithiobialanin *n {Disulfid des Cysteins}*
cystine amine Cystinamin *n*
cystine bridge Cystinbrücke *f*, Cystin-Bindeglied *n*, Disulfidbrücke *f {Chem}*
cystine hydantoin Cystinhydantoin *n*
cystine link Cystin-Brücke *f*, Cystin-Bindeglied *n*, Disulfidbrücke *f {Chem}*
cystolite Cystolith *m {Bot}*
cytase Zytase *f*, Cytase *f*, Alexin *n*, Hemicellulase *f {Hemicellulose spaltendes Enzym}*
cyte Zelle *f*
cytidine Cytidin *n*, Zytidin *n*, Cytosinribosid *n*, Cyd *{Biochem}*
cytidine diphosphate Cytidindiphosphat *n*, CDP
cytidine monophosphate Cytidinmonophosphat *n*, CMP
cytidine triphosphate Cytidintriphosphat *n*
cytidylic acid **<$C_9H_{14}N_3O_8P$>** Cytidylsäure *f*
cytisine **<$C_{11}H_{14}N_2O$>** Cytisin *n*, Zytisin *n {Alkaloide aus Laburnum anagyroides Medik., Sophora tomentosa, Baptisia tinctoria und Ulex europaeus}*, Sophorin *n*, Babtitoxin *n*, Ulexin *n*, Laburnin *n*
cytisolidine Cytisolidin *n*
cytisoline Cytisolin *n*
cytobiology Cytobiologie *f*, Zellbiologie *f*
cytoblast Cytoblast *m*, Zellkern *m*
cytochemistry Cytochemie *f*, Zytochemie *f*, Zellchemie *f*
cytochrome Cytochrom *n*, Zellfarbstoff *m {Porphyrinkomplexe mit Fe-Zentralion}*
cytochrome c peroxidase Cytochrom-*c*-Peroxidase *f*
cytochrome oxidase Cytochromoxidase *f*, Warburgsches [gelbes] Atmungsferment *n*, Eisenoxygenase *f {Biochem}*
cytochrome reductase Cytochrom-c-Reduktase *f {Biochem}*
cytocidal zell[en]tötend, zellvernichtend
cytoclastic zellvernichtend
cytodeuteroporphyrin Cytodeuteroporphyrin *n*
cytogenesis Cytogenese *f*, Zellenbildung *f*, Zellproduktion *f*
cytogenic zellenbildend
cytoglobin Cytoglobin *n*
cytohormone Cytohormon *n*
cytokinase Cytokinase *f {Biochem}*
cytokinin Cytokinin *n {Biochem}*
cytology Cytologie *f*, Zellforschung *f*
cytolysin Cytolysin *n*
cytolysis Zellverfall *m*, Zellauflösung *f*, Zelltod *m*, Zytolyse *f*, Cytolyse *f*
cytolytic zytolytisch, cytolytisch
cytomorphology Zellmorphologie *f*
cytomorphosis Zellveränderung *f*
cytophysiological zellphysiologisch

cytophysiology Zellphysiologie *f*
cytoplasm Cytoplasma *n*, Zellplasma *n {Biol}*
cytopyrrolic acid Cytopyrrolsäure *f*
cytosamine Cytosamin *n*
cytosine <$C_4H_5N_3O$> Cytosin *n*, Zytosin *n*, 2-Oxy-4-amidopyrimidin *n {Biochem}*
cytosylic acid Cytosylsäure *f*
cytotoxic cytotoxisch, zellschädigend, zellgiftartig
cytotoxin Cytotoxin *n*, Zellgift *n*
Czochralski process Czochralski-Verfahren *n*, Kristallzieh-Verfahren *n*, Kyropoulus-Verfahren *n*, Kristallziehen *n*

D

D_2O upgrading plant D_2O-Anreicherungsanlage *f*
D_2O waste water treatment D_2O-Abwasseraufbereitung *f*
d developments Auffüllen *n* der d-Schale *f*, d-Schalenaufbau *m {in Gruppen von 9 - 18}*
d form d-Form *f*,(+)-Form *f*, rechtsdrehende Form *f {Stereochem}*
D-line D-Linie *f {des Na; Spek}*
DAB Diaminobutan *n*
dab/to abtupfen, betupfen; anschlagen, beklopfen
dacite Dacit *m {ein Ergußgestein}*
dacron *{TM}* Dacron *n*, Terrylen *n {HN}*
dactylin Dactylin *n {Pollen-Glucosid}*
dagingolic acid Dagingolsäure *f*
Dahl's acid Dahlsche Säure *f*, 2-Naphthylamin-5-sulfonsäure *f*
Dahl's acid II 1-Naphthylamin-4,6-disulfonsäure *f*
Dahl's acid III 1-Naphthylamin-4,7-disulfonsäure *f*
dahlia Dahlie *f {Bot}*
dahlia violet Dahliaviolett *n*, Pyoktanin *n*
dahlin 1. Dahlin *n {Anilinfarbstoff}*; 2. Inulin *n*, Alantin *n*, Sinistrin *n*
dahllite Dahllit *m {Min}*
dahmenite Dahmenit *n {Expl; 91% NH_4NO_3/ 6,5% Naphtolin/ 2,5% $K_2Cr_2O_7$}*
daidzein Daidzein *n*
daidzin Daidzin *n {Sojabohnen-Pigment}*
daily consumption Tagesbedarf *m*
daily dose Tagesdosis *f {Tox}*
daily intake Tagesdosis *f {Tox}*
daily output Tagesleistung *f*, Tagesproduktion *f*; Tagesförderung *f {Bergbau}*
daily service tank Tagesbehälter *m {Öl}*
daily use Handgebrauch *m*
dairy 1. milchwirtschaftlich, 2. Molkerei *f*, Sennerei *f*, Molkereibetrieb *m*
dairy industry Molkereibetrieb *m*; Milchindustrie *f*, Milchwirtschaft *f*, Molkereiwesen *n*, [industrielle] Milchverwertung *f*
dairy products Molkereiprodukte *npl*, Milchprodukte *npl*, Milcherzeugnisse *npl*
dairy sterilizer Milchsterilisator *m*
daisywheel Typenscheibe *f*, Typenrad *n {EDV}*
daisywheel printer Typenscheibendrucker *m*, Typenraddrucker *m*
Dakin oxidation Dakin-Oxidation *f {Phenolaldehydoxidation zu Polyphenolen}*
Dakin's solution Dakinsche Lösung *f {Antiseptikum, 0,5% NaOCl}*
dalapon Dalapon *n {Na-2,2-dichlorpropionat}*
dalbergin Dalbergin *n*
dalton Dalton *n {atomare Masseneinheit der Biochemie = $1{,}66018\cdot10^{-24}$g}*
Dalton's law Daltonsches Gesetz *n*
Dalton's law of partial pressures Partialdruckgesetz *n* von Dalton, Daltons Gesetz *n* der Partialdrücke *{in Gasgemischen}*, Charles'sches Gesetz *n*
daltonide Daltonid *n*, stöchiometrische Verbindung *f*, Proustid *n*
dam/to eindämmen, eindeichen, abdämmen, dämmen, absperren, zudämmen, stauen
dam 1. Damm *m*, Staudamm *m*, Staumauer *f*; 2. Staubrett *n {Holzschliffherstellung}*; 3. Schlackenstein *m*, Überlauf *m* im Gießtümpel *m {Gieß}*; 4. Talsperre *f*, Stauanlage *f*; 5. Branddamm *m*; Damm *m {zur Trennung der Grubenbaue, Bergbau}*
dam stone Wallstein *m*, Dammplatte *f*, Dammstein *m {Met}*
damage 1. Beschädigung *f*, Schädigung *f*, Verletzung *f*; 2. Schaden *m*; 3. Störung *f*; 4. Fehler *m*; 5. Einbuße *f*
damage beyond repair Totalschaden *m*
damage due to wear Verschleißschaden *m*
damage-limiting schadenmindernd
damaged beschädigt; verletzt
damaged area [örtliche] Schadstelle *f*
damaged by air luftverdorben
damascene/to damaszieren *{Met}*
damascened steel Damaststahl *m*, Damszener Stahl *m*
damascening Damaszierung *f {Met}*
damasceninic acid Damasceninsäure *f*
damascenone Damascenon *n*
damask/to damaszieren *{Met}*
damask 1. damasten, damastähnlich, Damast-; 2. rosenrot, graurosa; 3. Damaststahl *m*, Damaszener Stahl *m*; 4. Damast *m {ein Bettbezugsstoff}*; Damastleinen *n*, Damastleinwand *f {Text}*
damask steel Damaststahl *m*, Damaszener Stahl *m*
dambonite <$(OH)_4C_6(OCH_3)_2$> Dambonit *m*, *p*-Dimethoxytetrahydroxylbenzol *n*

dambose Dambose *f*, *m*-Inosit *n*
damiana oil Damianaöl *n* *{Pharm}*
dammar 1. Dammar *n*, Dammarharz *n* *{aus verschiedenen Bäumen der Familie der Dipterocarpacae}*; 2. Kopal *m* aus dem Dammarabaum *m* *{Agathis dammara}*
dammar gum Dammar[harz] *n*, Katzenaugenharz *n*
dammar resin Dammar[harz] *n*, Katzenaugenharz *n*
dammar varnish Dammarfirnis *m*
dammarane Dammaran *n*
dammaranol Dammaranol *n*
dammaric acid Dammarsäure *f*
dammaroresene Dammaroresen *n*
dammaryl Dammaryl *n*
damming Stauung *f*, Abdämmung *f*
damourite Damourit *m* *{Min}*
damp/to anfeuchten, befeuchten, feucht machen, naß machen, bedampfen, benetzen; dämpfen *{z.B. Licht}*, schwächen
damp 1. feucht, naß, dumpfig, muffig, naßkalt; 2. Feuchte *f*, Feuchtigkeit *f*, Dunst *m*; Schwaden *m*
damp air blower Feuchtluftgebläse *n*
damp atmosphere feuchte Atmosphäre *f* *{Luftfeuchte >90%}*
damp heat testing Schwitzwasserprüfung *f*
damp-proof feuchtigkeitsbeständig; wasserdicht
damp-proof sheeting Dichtungsbahn *f*
damp-resistant coating feuchtigkeitsbeständiger Überzug *m*
damped discharge aperiodische Entladung *f*
damped oscillation gedämpfte Schwingung *f* *{Phys}*
damped vibration gedämpfte Schwingung *f* *{Phys}*
dampen/to anfeuchten, befeuchten, benetzen, feucht machen, naß machen, nässen, netzen, benetzen; dämpfen, schwächen
dampening 1. Anfeuchten *n*, Befeuchtung *f*, Feuchtung *f*, Benetzen *n*, Netzen *n*; 2. Dämpfen *n*, Schwächen *n*
dampening agent Befeuchtungsmittel *n*
dampening air Befeuchtungsluft *f*
damper 1. Anfeuchtapparat *m*, Feuchter *m*, Feuchtwalze *f* *{Pap}*; 2. Schieber *m* *{im Brennofen}*; 3. Dämpfer *m* *{Tech}*; 4. Dämpfungsvorrichtung *f*, Drossel *f*, Drosselventil *n*, Drosselklappe *f* *{in Trockengeräten}*; 5. Rauchschieber *m*, Regelschieber *m*, Schieberplatte *f*, Rauchklappe *f*
damper casing Klappengehäuse *n*
damper wing Dämpferflügel *m*
damping 1. Anfeuchten *n*, Befeuchten *n*, Feuchten *n*, Bedämpfung *m*, Benetzen *n*, Netzen *n*; 2. Dämpfung *f*, Schwächung *f*, Verminderung *f*
damping behavio[u]r Dämpfungsverhalten *n*
damping capacity Dämpfungsfähigkeit *f* *{Mech}*
damping capillary Dämpfungskapillare *f* *{Vak}*
damping characteristics Dämpfungseigenschaften *fpl*
damping constant Abklingkonstante *f*, Dämpfungskoeffizient *f*, Dämpfung *f* je Längeneinheit *f* *{Elek}*
damping cylinder Feuchtwalze *f* *{Pap}*
damping device Dämpfer *m*; Dämpfungsvorrichtung *f*, Dämpfungseinrichtung *f* *{z.B. an Feinwaagen}*
damping down of coke Löschen *n* des Kokses *m*
damping-down tower Löschturm *m*
damping element Dämpfungselement *n*
damping factor 1. [mechanischer] Dämpfungsfaktor *m*, [mechanisches] Dämpfungsverhältnis *n*, [logarithmisches] Dämpfungsdekrement *n*; 2. Dämpfungsfaktor *m*, Abklingfaktor *m*, Abklingkonstante *f*, Abklingkoeffizient *m* *{Phys}*
damping fluid Dämpfungsflüssigkeit *f*, Dämpfungsmedium *n*
damping magnet Dämpfungsmagnet *m*
damping mechanism Dämpfungseinrichtung *f*, Dämpfungsvorrichtung *f* *{z.B. an Feinwaagen}*; Dämpfer *m*
damping medium Dämpfungsflüssigkeit *f*, Dämpfungsmedium *n*, Dämpfungsmittel *n*, Dämpfungsmaterial *n*
damping modulus Dämpfungsmodul *m*
damping parameter Dämpfungsparameter *m*
damping period Beruhigungszeit *f*
damping power Dämpfungsvermögen *n*
damping resistance Dämpfungswiderstand *m*
damping roller Anfeuchtwalze *f*, Feuchtwalze *f*, Wischwalze *f* *{Pap, Druck}*
damping spring Entlastungsfeder *f*
damping time Dämpfungszeit *f*
damping value Dämpfungswert *m*
dampness Feuchtheit *f*, Feuchtigkeit *f*, Nässe *f*
dampness of the atmosphere Luftfeuchtigkeit *f*
damsin Damsin *n*
danain <$C_{14}H_{14}O_5$> Danain *n* *{Glucosid}*
danaite Danait *m*, Kobaltarsenkies *m*, Kobalt-Arsenopyrit *m* *{Min}*
danalite Danalith *m* *{Min}*
danburite <$CaB_2Si_2O_8$> Danburit *m* *{Min}*
dandelion rubber Dandelionkautschuk *m*, Löwenzahnlatex *m*
dandy *{US}* Frischereiofen *m* *{Met}*
dandy roll Wasserzeichenwalze *f*, Egoutteur *m*, Dandyroller *m*, Vordruckroller *m*, Vorpreßwalze *f* *{Pap}*
danger Gefahr *f*, Gefährdung *f*; Achtung!, Gefahr!

danger classification Gefahrenklassen-Einteilung *f*
danger coefficient Gefährdungskoeffizient *m*, Gefährdungsfaktor *m*, Massenkoeffizient *m {der Reaktivität}*, Reaktivitätskoeffizient *m {Nukl}*
danger detector Gefahrenmelder *m*
danger of explosion Explosionsgefahr *f*
danger of ignition Entzündungsgefahr *f*
danger point Gefahrpunkt *m*, Gefahrstelle *f {DIN 31001}*
danger signal Warnungssignal *n*, Gefahrsignal *n*, Notsignal *n*
danger to health Gesundheitsgefährdung *f*
danger to life Personengefährdung *f*
danger zone Gefahrenbereich *m*, Gefahrenzone *f*
dangerous gefährlich, gefährdend, gefahrbringend; schädlich
dangerous chemicals Gefahrstoffe *mpl*, gefährliche Chemikalien *fpl*, Gefahrgüter *npl*
dangerous goods Gefahrgüter *npl*
dangerous liquid chemicals gefährliche Flüssigkeiten *fpl*
dangerous substance Gefahrgut *n*; Schadstoff *m*, gesundheitsschädlicher Stoff *m*
Daniell cell Daniell-Element *n {Zn/H_2SO_4/Cu}*, Daniell-Kette *f*
Danish white Dänisch Weiß *n {feinste Schlämmkreide}*
dannemorite Dannemorit *m {Min}*
dansyl chloride Dansylchlorid *n*, 5-Dimethylaminonaphthalin-1-sulfonylchlorid *n {Anal}*
dansylamino acid Dansyl-Aminosäure *f*
danthron Danthron *n*, 1,8-Dihydroxyanthranchinon *n*
Danzig blue Danziger Blau *n*
Danzig brandy Danziger Goldwasser *n*, Danziger Lachs *m*
Danzig water Danziger Goldwasser *n*, Danziger Lachs *m*
DAP 1. Diallylphthalat[harz] *n {DIN 7728}*; 2. Diammoniumphosphat *n*; 3. Diaminopimelat *n*
daphnandrine <$C_{36}H_{38}N_2O_6$> Daphnandrin *n*
daphnetin Daphnetin *n*, 7,8-Dihydroxycumarin *n*
daphnin <$C_{15}H_{17}O_9 2H_2O$> Daphnin *n*
daphnite Daphnit *m {Min}*
dappled gefleckt, scheckig
darapskite Darapskit *m {Min}*
dark 1. dunkel, tief *{Farbe}*, Dunkel-; finster; trüb; blind *{Met}*; 2. Dunkelheit *f*
dark adaptation Dunkeladaption *f*, Dunkelanpassung *f {Opt}*
dark-adapted dunkeladaptiert
dark blue dunkelblau, schwarzblau
dark body radiator Dunkelstrahler *m*
dark brown dunkelbraun, braunschwarz
dark-colo[u]red dunkelfarbig, dunkelpigmentiert, dunkel gefärbt
dark conduction Dunkelleitung *f*, Dunkelleitfähigkeit *f {Halbleiter}*
dark conductivity Dunkelleitfähigkeit *f*
dark contrast method Dunkelfeldverfahren *n {Opt}*
dark current Dunkelstrom *m {photoelektronische Bauelemente DIN 44020}*, Ruhestrom *m*, Untergrundstrom *m*
dark discharge Dunkelentladung *f*, Entladung *f* ohne Funkenbildung *f*, Townsend-Entladung *f*
dark field Dunkelfeld *n*
dark-field illumination Dunkelfeldabbildung *f {Opt}*, Dunkelfeldbeleuchtung *f*
dark-field microscope Dunkelfeld-Mikroskop *n*
dark-glowing red Rotglut *f {≈700 °C}*
dark-glowing oven Blauglühofen *m {Met}*
dark green dunkelgrün
dark-ground illumination Dunkelfeldbeleuchtung *f*
dark-line spectrum Spektrum *n* mit dunklen Linien *fpl*
dark luboil Schmieröl D *n*
dark nickeling Dunkelvernicklung *f*
dark oil Dunkelöl *n*
dark process oil dunkles Verfahrensöl *n*
dark reaction Dunkelreaktion *f {Photosynthese}*
dark red dunkelrot
dark resistance Dunkelwiderstand *m*
dark-room Dunkelkammer *f {Photo}*
dark-room equipment Dunkelkammergerät *n*
dark shade dunkle Farbtönung *f {Beschichtungen}*
dark yellow dunkelgelb
darken/to dunkel färben; sich dunkel färben, sich dunkler färben, dunkel werden, dunkler werden, nachdunkeln; verdunkeln, [ab]dunkeln; schwärzen *{Photo}*
darkening Dunkelfärbung *f*, Bräunen *n*, Braunwerden *n*, Dunkelwerden *n*, Nachdunkeln *n*; Schwärzen *n {Photo}*
darkening dye Abtrübungsfarbe *f*
darkness Dunkelheit *f*; Lichtausschluß *m*
darkness adaptability Dunkelanpassungsfähigkeit *f*
dart 1. Sprung *m*; 2. Wurfpfeil *m*; 3. Ankerstift *m*; 4. Abnäher *m*, Cisson *m {Text}*
darting flame Stichflamme *f*
darwinite Darwinit *m {obs}*, Whitneyit *m {Min}*
dash/to 1. schlagen; 2. schleudern, schmettern; 3. prallen; 4. spritzen, sprengen; 5. vermischen
dash 1. Bindungsstrich *m*, Strich *m {z.B. in der Valenzstrichformel}*; Strich *m*, Gedankenstrich *m*; 2. Spritzer *m*, Schuß *m {Flüssigkei-*

ten}; Prise *f {z.B. Salz}*; 3. Armaturenbrett *n*, Instrumententafel *f*; 4. Schlag *m*
dash-lined strichliert, gestrichelt
dashboard 1. Bedienungstafel *f*, Instrumententafel *f*, Armaturenbrett *n*, Armaturentafel *f*; 2. Spritzleder *n {Auto}*
dashed gestrichelt
dashed and dotted line Strichpunktlinie *f*, strichpunktierte Linie *f*
dashed curve gestrichelt Linie *f*, Strichlinie *f {DIN 15}*
dashed line gestrichelte Linie *f*, Strichlinie *f {DIN 15}*
dasymeter Dasymeter *n*, Gaswaage *f*, Rauchgasanalysator *m*
data 1. Daten *pl*, Angaben *fpl*, Informationen *fpl*; 2. Unterlagen *fpl*; 3. Meßergebnisse *npl*, Meßdaten *pl*, Meßwerte *mpl*, Werte *mpl*
data acquisition Datenerfassung *f*, Datengewinnung *f*, Datenaufnahme *f*, Datenerhebung *f*, Meßdatenerfassung *f*, Meßwerterfassung *f {EDV}*
data acquisition device Datenerfassungsgerät *n*, Datenerfassungsstation *f*, Datenerfassungsanlage *f*, Meßdatenerfassungsanlage *f {EDV}*
data acquisition unit Datenerfassungseinrichtung *f*, Datenerfassungsstation *f {EDV}*
data analyzer Datenanalysator *m {EDV}*
data bank Datenbank *f*, Datei *f {EDV}*
data bus Datenbus *m*, Informationssammelschiene *f {EDV}*
data carrier Datenträger *m*
data collecting system Datensammelsystem *n*, Datenabnahme *f*, Datensammlung *f*
data communication Datenübermittlung *f {DIN 44302}*, Datenübertragung *f*
data compaction Datenverdichtung *f*, Kompaktifizierung *f* von Daten *{EDV}*
data compression Datenverdichtung *f*, Datenkomprimierung *f {EDV}*
data display unit Datenanzeige *f*, Datensichtgerät *n {EDV}*
data exchange Datenaustausch *m {EDV}*
data file Datei *f*, Datenlistendatei *f {EDV}*
data filing Datenarchivierung *f {EDV}*
data flow Datenfluß *m {DIN 44300}*
data form EDV-Vordruck *m*
data format Datenformat *n*
data gathering Datengewinnung *f*, Meßdatengewinnung *f*, Datensammlung *f*
data gathering device Datenerfassungsgerät *n*, Datenerfassungsstation *f*, Datenerfassungsanlage *f*
data input Dateneingabe *f*, Meßdateneingabe *f*
data input equipment Datenerfassungsgerät *n*
data interchange Datenaustausch *m*
data interface Datenschnittstelle *f {EDV}*
data link 1. Datenverbund *m*, Datenverbindung *f*, Schnittstelle *f*; 2. Datenübermittlungsabschnitt *m*, Übermittlungsabschnitt *m {EDV}*
data logger Datenspeicher *m*, Datenlogger *m*, Meßwertsammler *m*, Meßwertspeicher *m*, Meßdatenerfassungsanlage *f*
data loss Datenverlust *m*
data medium Datenträger *m*
data output Meßwertausgabe *f*, Datenausgabe *f*, Meßdatenausgabe *f*
data preparation Datenaufbereitung *f {Vorstufe der Datenerfassung}*, Datenbearbeitung *f {EDV}*
data presentation Datendarstellung *f*, Meßwertdarstellung *f*
data processing 1. datenverarbeitend; 2. Datenverarbeitung *f*, Informationsverarbeitung *f*, Meßwertverarbeitung *f*
data-processing plant Datenverarbeitungsanlage *f*, DVA
data-processing unit Datenverarbeitungsanlage *f*, DVA
data recording Meßwerterfassung *f*, Datenaufzeichnung *f*, Datenregistrierung *f*, Meßwertregistrierung *f*
data retrieval Datenabfrage *f*, Datenrückgewinnung *f*
data sheet Liste *f* technischer Angaben, Merkblatt *n*, Datenblatt *n*, Datenbogen *m*
data station Datenstation *f {DIN 44302}*; Terminal *n m*, Daten[end]station *f*
data storage Daten[ab]speicherung *f*, Speicherung *f* von Daten, Meßwertspeicherung *f*
data terminal Terminal *n m*, Daten[end]station *f {DIN 44302}*
data terminal equipment Datenendeinrichtung *f*, DEE *{DIN 44302}*
data transfer Datentransfer *m*, Datenübertragung *f*, Meßwertübertragung *f*
data transfer rate Datenübertragungsrate *f*, effektive Übertragungsgeschwindigkeit *f*, Transfergeschwindigkeit *f {DIN 44302}*
data transmission Datenübertragung *f*, Datenfernübertragung *f*, DÜ *{DIN 44300}*
initial data Anfangsdaten *pl*, Eingangsdaten *pl*
numerical data Zahlenwerte *mpl*; numerische Daten *pl*
observational data Beobachtungsdaten *npl*
operational data Betriebsdaten *pl*, Betriebswerte *mpl*
raw data Originaldaten *pl*, Ursprungsdaten *pl*, Rohdaten *pl*, unbearbeitete Daten *pl*
date 1. Dattel[palme] *f {Bot}*; 2. Datum *n*; 3. Zeit *f*, Datumsangabe *f*, Zeitangabe *f*
date mark Datumsaufdruck *m*
date sugar Dattelzucker *m*
date wine Dattelwein *m*
datestone Datolith *m {Min}*

dating Altersbestimmung *f*, Datierung *f*
datiscetin Datiscetin *n*
datiscin Datiscin *n*, Datiscagelb *n*
dative bond 1. semipolare Doppelbindung *f*, halbpolare Doppelbindung *f*, dative Bindung *f*, koordiantive Bindung *f*, Donator-Akzeptor-Bindung *f*; 2. koordinative Wertigkeit *f*, Koordinationszahl *f*, Zähligkeit *f*
datolite Datolith *m {Min}*
datum 1. Datum *n*, Angabe *f*; 2. Normalnull *n*, N.N., NN *{Kartographie}*; 3. Datenelement *n {EDV}*; 4. Bezug *m {in technischen Zeichnungen}*, Bezugsgröße *f {DIN 7184}*; Bezugspunkt *m*, Bezugslinie *f*, Bezugsebene *f*
datum level Bezugshöhe *f*
daturic acid Daturinsäure *f*, Margarinesäure *f*, *n*-Heptadecansäure *f {IUPAC}*
daturine Daturin *n*, Atropin *n*, Hyoscyamin *n*
daub/to beschmieren, bestreichen; beschmieren, besudeln
daub with ashes and lime/to einschwöden
daubreeite Daubreeit *m {Min, BiO(OH,Cl)}*
daubreelite Daubreelith *m {Min,* $FeCr_2S_4$*}*
daughter 1. Tochter *f {Nachkomme im binären Baum}*; 2. Tochterprodukt *n {DIN 25401}*, Tochtersubstanz *f*, Folgeprodukt *n {Nukl}*
daughter activity Tochteraktivität *f {Nukl}*
daughter atom Folgeelement *n {Nukl}*
daughter cell Tochterzelle *f {Biol}*
daughter chromatid Tochterchromatide *f*
daughter colony Tochterkolonie *f {Bakt}*
daughter element Tochterelement *n*, Folgeelement *n {Nukl}*
daughter nucleus Folgekern *m*, Tochterkern *m {Nukl}*
daughter product Tochterprodukt *n {DIN 25401}*, Tochtersubstanz *f*, Folgeprodukt *n {Nukl}*; Zerfallsprodukt *n*, Folgeprodukt *n {in einer Zerfallsreihe, Nukl}*, direktes radioaktives Produkt *n*
daunomycin <$C_{27}H_{29}NO_{10}$> Daunomycin *n*, Daunorubicin *n {ein Anthracyclin}*
dauphinite Dauphinit *m {obst}*, Anatas *m {Min}*
Davy lamp [Davysche] Sicherheitslampe *f*, Wetterlampe *f*, Grubenlampe *f*, Geleucht *n {Bergbau}*
davyn Davyn *m {Min}*
davynum *{obs}* *s.* technetium
dawsonite Dawsonit *m {Min}*
day tank Tageswanne *f {Glas}*
daylight 1. Etagenhöhe *f {Pressen}*, [lichte] Einbauhöhe *f*, Durchgang *m*, lichte Höhe *f*; Pressenhub *m*, möglicher Arbeitsweg *m*; 2. Tageslicht *n*
daylight fluorescent colo[u]r Tags[licht]-leuchtfarbe *f*
daylight luminous paint Tageslichtfarbe *f*
daylight press *{GB}* Etagenpresse *f*, Plattenpresse *f*; Etagenvulkanisierpresse *f {Gummi}*

dazzle/to blenden, verwirren; blenden, glänzen
dazzle Blendung *f*, Verwirrung *f*; Blendung *f*, Glanz *m*, Lichtfülle *f*
dazzle paint Tarnanstrich *m*
dazzling blendend, grell, strahlend
DBCP 1,2-Dibrom-3-chlorpropan *n*
DBP 1. Dibutylphthalat *n {DIN 7723}*; 2. Di-*t*-butyl-4-methylphenol *n*
DBS Dibutylsebacat *n {DIN 7723}*
d.c. (d-c, DC) Gleichstrom *m {Elek}*
d.c. voltage Gleichspannung *f*
DCHP Dicyclohexylphthalat *n {DIN 7723}*
DCP Dicaprylphthalat *n {DIN 7723}*, Dihexylphthalat *n*
DDP Dodecylphthalat *n {DIN 7723}*
DDT (D.D.T.) Dichlordiphenyltrichlorethan *n*, DDT *{Kontaktinsektizid}*
DDTC Diethyldithiocarbaminsäure *f*
de Broglie wave De-Broglie-Welle *f*, Materiewelle *f {Phys}*
de-emulsification Demulgierung *f*, Dismulgierung *f*, Emulsionsspaltung *f*, Entmischen *n*, Brechen *n {einer Emulsion}*
de-enamelling Entemaillieren *n*
de-energize/to 1. entmagnetisieren; 2. unterbrechen *{den Betätigungskreis eines Relais}*; aberregen; abschalten, stromlos machen, von der Stromquelle *f* trennen, ausschalten *{aus einem Stromkreis}*; 3. thermalisieren *{z.B. von Neutronen}*, abkühlen *{Nukl}*
de-ethanizer Entethaner *m*, Deethanisator *m*, Deethanisierungskolonne *f*, Entethanisierungskolonne *f {Mineralöl}*
de-excitation Abregung *f*
de-excitation photon Abregungsphoton *n*
de-ice/to enteisen, Eisansatz *m* entfernen
de-icer Entfroster *m*, Enteisungsanlage *f*
de-icing Enteisung *f {Befreiung vom Eisansatz}*; vorbeugende Maßnahme *f* gegen Vereisung *f*
de-icing agent Enteisungsmittel *n*
de-inking Deinken *n*, Deinking *n*, Entfärben *n {Druckfarbe aus Altpapier entfernen}*
de-inking solution Entfärbelösung *f*, Entfärber *m*, Chemikalienlösung *f* für den Deinking-Prozeß *m*
de-ionization Deionisation *f*, Deionisierung *f*, Entionisierung *f*; Entsalzung *f*, Vollentsalzung *f*, Demineralisierung *f {Entfernung von Ionen aus dem Wasser}*
de-ionization vessel Entionisierungsgefäß *n {Elektrochem}*
de-ionize/to entionisieren, deionisieren, demineralisieren *{Wasser}*
de-ionizing property Deionisiervermögen *n*, Entionisiervermögen *n*
de-ironing Enteisenung *f {z.B. von Wasser}*

de-isobutanizer Entisobutaner *m*, Deisobutanisator *m*, Entisobutanisierkolonne *f* *{Mineralöl}*
de-tin/to entzinnen, Zinn *n* entfernen
de-tinning Entzinnung *f*, Entzinnen *n*; Zinnrückgewinnung *f*
de-tinning bath Zinnrückgewinnungsbad *n*, Entzinnungsbad *n*
deacidification Entsäuerung *f*, Entsäuern *n*; Neutralisation *f* einer Säure *f*
deacidification tank Entsäuerungsgefäß *n*
deacidified entsäuert
deacidify/to entsäuern; eine Säure *f* neutralisieren
deacidifying Entsäuern *n*, Entsäuerung *f*; Neutralisation *f* einer Säure *f*
deacidifying plant Entsäuerungsanlage *f*; Entcarbonisierungsanlage *f* *{Wasser}*
deacidifying tower Entsäuerungssäule *f*
Deacon process Deacon-Prozeß *m*, Deacon-Verfahren *n*, Deaconsches Verfahren *n*
deactivate/to abklingen, deaktivieren, desaktivieren, entaktivieren, inaktivieren
deactivation De[s]aktivierung *f*, Entaktivierung *f*, Inaktivierung *f*, Inertisierung *f*
deactivation of catalysts Katalysatordeaktivierung *f*, Katalysatorvergiftung *f*
deacylation Deacylierung *f*, Entacylierung *f*
dead 1. abgestanden, schal, fad[e] *{z.B. Getränke}*; 2. matt, glanzlos, stumpf *{z.B. Farben}*; 3. stromlos, spannungslos, tot, abgetrennt von der Stromquelle *f*; erschöpft, leer, entladen *{Batterie}*; 4. taub *{Mineral}*; 5. dürr, abständig *{Forstw}*; 6. tot
dead angle toter Winkel *m*
dead band *{US}* Regelunempfindlichkeit *f*, Ansprechempfindlichkeit *f*
dead-beat aperiodisch; aperiodisch gedämpft, überschwingungsfrei *{z.B. ein Meßinstrument}*
dead-burn/to totbrennen *{Kalk oder Gips}*; totrösten *{Met}*
dead-burning Totbrennen *n* *{Kalk oder Gips}*; Totrösten *n* *{Met}*
dead corner toter Winkel *m* *{Strömung}*
dead cycle time Totzeit *f*, Nebenzeit *f*
dead dip Mattbrenne *f*
dead-end pathway Dead-end pathway *m* *{Stoffwechselweg zu nicht/schwer abbaubaren Substanzen}*
dead gilding Mattvergoldung *f*
dead-gilt mattvergoldet
dead gold Mattergold *n*
dead green 1. mattgrün; 2. Mattgrün *n*
dead line 1. Stichtag *m*, Fälligkeitstermin *m*; 2. Indifferenzlinie *f*; 3. Terminplan *m*
dead load 1. Eigenbelastung *f*, Eigenlast *f*; 2. Leerlast *f*, Ruhebelastung *f*; 3. konstante Belastung *f*, bleibende Belastung *f*, Dauerbelastung *f*
dead melt/to abstehen lassen *{Met}*
dead metal totes Metall *n*
dead-milled rubber tot mastizierter Kautschuk *m*, übermastizierter Kautschuk *m*, totgewalzter Kautschuk *m*
dead milling Totwalzen *n*, Übermastizieren *n*, Totmastizieren *n* *{Gummi}*
dead roasting Totbrennen *n* *{mit Kalk}*; Totrösten *n* *{Met}*
dead-smooth spiegelglatt
dead space toter Raum *m*, schädlicher Raum *m*, Totraum *m*, Totvolumen *n*
dead spot 1. tote Ecke *f*, fließtoter Raum *m*, tote Stelle *f*, Totraum *m*, tote Zone *f*; 2. Unempfindlichkeitspunkt *m*, Unempfindlichkeitszone *f* *{Automation}*
dead stop Festanschlag *m*
dead stop method Nullpunktmethode *f*, Dead-Stop-Methode *f* *{Amperometrie}*
dead stop titration Dead-Stop-Methode *f*, Dead-Stop-Titration *f* *{Amperometrie}*
dead time Totzeit *f*, Sperrzeit *f* *{Nukl}*
dead weight 1. Eigengewicht *n*, Leergewicht *n*, Tara *f*; 2. Totlast *f*, tote Masse *f*, totes Gewicht *n*; 3. Tragfähigkeit *f*, Bruttotragfähigkeit *f*, Deadgewicht *n* *{z.B. eines Schiffes}*
dead-weight pressure ga[u]ge Kolbendruckmesser *m*, Kolbenmanometer *n*, manometrische Waage *f*
dead weight safety valve gewichtsbelastetes Sicherheitsventil *n*, Schwergewichtsventil *n*
dead zone 1. Totwinkel *m*; 2. *{GB}* Regelunempfindlichkeit *f*
deaden/to [ab]dämpfen, [ab]schwächen; abstumpfen, mattieren *{Met}*
deadening 1. schalldämpfend; 2. Schalldämpfung *f*, Schalldämmung *f*, Geräuschdämpfung *f*; 3. Auffüllung *f* *{Wärme- und Schalldämmung}*; 4. Abstumpfen *n* *{Farben}*
deadening colo[u]r Mattfarbe *f*
deadly tödlich, lebensgefährlich, letal
deads Totliegendes *n* *{Bergbau}*
deaerate/to entlüften, entgasen *{bei Harzansätzen, Formmasseverarbeitung}*
deaerating Entlüften *n*, Entlüftung *f*; Entgasen *n*, Entgasung *f*
deaerating plant Entlüftungsvorrichtung *f*
deaeration Entlüften *n*, Entlüftung *f*; Entgasen *n*, Entgasung *f* *{bei Harzansätzen, Formmasseverarbeitung}*
deaeration under pressure Druckentgasung *f*
deaerator Entgaser *m*, Luftabscheider *m*, Entlüfter *m* *{für Harzansätze}*
deaf taub *{Mineral}*
deafening 1. betäubend; 2. Schalldämmung *f*, Schalldämpfung *f*, Geräuschdämpfung *f*; Auffüllung *f* *{zur Wärme- und Schalldämmung}*
deagglomerate/to desagglomerieren

deagglomeration Desagglomeration *f*, Desagglomerieren *n*
deairing Entlüften *n*, Entlüftung *f*; Entgasen *n*, Entgasung *f*
deairing machine Entlüfter *m*, Entlüftungsmaschine *f*; Vakuumstrangpresse *f*, Vakuumtonschneider *m*, Vakuumpresse *f* zur Masseentlüftung *{Keramik}*
deal/to handeln, sich befassen, zu tun haben mit
deal 1. Bohle *f*, Planke *f*, Doppeldiele *f {Holz}*; 2. Geschäft *n*, Deal *m n*, Handel *m {einmalige Transaktion}*
dealcoholize/to entalkoholisieren, entgeisten
dealcoholization Entziehung *f* von Alkohol *m*
dealer Händler *m*, Lieferant *m*, Kaufmann *m*
dealkylate/to entalkylieren, dealkylieren, desalkylieren
dealuminizing tank Aluminiumabscheidungsgefäß *n*
deamidate/to desamidieren, entamidieren, desaminieren *{Eliminieren der NH_2-Gruppe}*
deamidize/to *s.* deamidate/to
deaminase Desaminase *f {hydrolytische Desaminierung bewirkendes Enzym}*
deaminate/to desaminieren, entaminieren *{Eliminieren der NH_2-Gruppe}*
deamination Desaminierung *f*, Entaminierung *f*
deaminize/to *s.* deaminate/to
Dean and Stark apparatur Dean-und-Stark-Apparat *m {Wassergehaltsprüfung im Öl}*
Dean and Stark test method Dean-und-Stark-Verfahren *n*, Wassergehaltsprüfung *f* für Öl *n {nach Dean und Stark}*
deanol 2-Dimethylaminoethanol *n*, Deanol *n {WHO}*
dearomatization Desaromatisierung *f*, Entaromatisierung *f*
dearsenicator Arsenextraktor *m*
dearsenification Entarsenierung *f*, Desarsenisierung *f*
deasphaltation Entasphaltierung *f {Mineralöl}*
deasphalted bitumen Fällungsbitumen *n {DIN 55946}*
deasphalting Entasphaltieren *n*, Entasphaltierung *f*, Ausfällen *n* asphaltartiger Anteile
deasphalting apparatus Entasphaltierungsvorrichtung *f {Mineralöl}*
deasphaltization *s.* deasphalting
debark/to abrinden, abschälen, entrinden, abborken
debenzolization Entbenzolung *f*
debenzolization plant Entbenzolungsanlage *f {Mineralöl}*
debenzolize/to Benzol *n* abtreiben, Benzol *n* abscheiden, entbenzol[ier]en
debismuthizing plant Wismutbeseitigungsanlage *f {Met}*
debittering Entbittern *n {Lebensmittel}*
deblooming Entscheinen *n {des Mineralöls mit gelben öllöslichen Farbstoffen}*
deblooming agent Entscheiner *m {Mineralöl}*
debris 1. Brandschutt *m*; 2. Abriebteilchen *npl*, Verschleißteilchen *npl {Tech}*; 3. Abbruch *m*, Aufschüttung *f*, Trümmer *pl*, Schutt *m*, akkumulierte Gesteinsbruchstücke *npl*, aufgeschüttete Gesteinsbruchstücke *npl*, Trümmerschutt *m {Geol}*; 4. Bergeklein *n*, Schrämklein *n {Bergbau}*; Haufwerk *n {herausgelöstes Mineral oder Gestein nach DIN 22005}*; 5. Abfall *m*
debrominate/to entbromen, Brom *n* abspalten
debugging Störbeseitigung *f*, Fehlerbeseitigung *f {EDV}*
deburr/to abgraten, entgraten *{Kunst, Gußstükke}*
deburring Entgraten *n*, Abgraten *n {Kunst, Gußstücke}*
debutanizer Debutaner *n*, Entbutaner *m*, Entbutanisierkolonne *f*, Debutanisator *m*, Debutanisierungskolonne *f {Rohöl}*
debye Debye *n {Maß für elektrisches Dipolmoment, 1D=3,33564 10^{-30} Cm}*
Debye crystallogram Debye-Scherrer-Diagramm *n*
Debye-Hückel theory Debye-Hückel-Theorie *f*
Debye-Scherrer method Debye-Scherrer-Verfahren *n*, Debye-Scherrer-Methode *f {eine Pulvermethode}*, Pulverbeugungsverfahren *n*
Debye-Scherrer ring Debye-Scherrer-Ring *m*
decaborane <$B_{10}H_{14}$> Decaboran(14) *n*
decachlorobenzophenone Perchlorbenzophenon *n*
decacyclene Decacyclen *n*
decade 1. Dekade *f {Zeitabschnitt von 10 Tagen}*; 2. Dekade *f {Elek}*
decade counter Dekadenzähler *m*
decade counter tube *{US}* Dekadenzählröhre *f*, dekadische Zählröhre *f*
decade counting circuit Dekadenuntersetzer *m*, dekadischer Untersetzer *m*
decade counting valve Dekadenzählröhre *f*, dekadische Zählröhre *f*
decade resistance Dekadenwiderstand *m*
decade scaler Dekadenuntersetzer *m*, dekadischer Untersetzer *m*
decadic dekadisch, in Zehnerstufen *fpl*
decagon Zehneck *n {Math}*
decagram Dekagramm *n {= 0,01 kg}*
decahedral dekaedrisch, zehnflächig
decahedron Dekaeder *n*
decahydrate Dekahydrat *n*, 10-Hydrat *n*
decahydronaphthalene <$C_{10}H_{18}$> Decahydronaphthalin *n*, Decalin *n*, Dekalin *n*
decalcification Entkalken *n*, Entkalkung *f*; Kalkentziehung *f*, Calciumentzug *m {Med}*
decalcified entkalkt
decalcify/to entkalken; Calcium *n* entziehen

decalene Decalen *n*
decalescence Dekaleszenz *f*, Wärmeaufnahme *f* von Stahl in kritischen Punkten, sprunghafte Temperaturabnahme *f*
decalin Decalin *n*, Naphthan *n*, Decahydronaphthalin *n*
decalol Decalol *n*
decameter Dekameter *n* {= *10 m*}
decamethonium <$[(H_3C)_2N(CH_2)_{10}N(CH_3)_2]^{2+}$> Decamethonium *n*
decamethylenediguanidine <$H_2NC(=NH)NH(CH_2)_{10}NH(HN=)CNH_2$> Synthalin *n*, Dekamethylendiguanidin *n*
decamethyleneglycol Decamethylenglykol *n*
decanal <$C_{10}H_{19}CHO$> Decylaldehyd *m*, Caprinaldehyd *m*, Decanal *n*
decanaphthene Decanaphthen *n*
decanaphthenic acid Decanaphthensäure *f*
decane <$C_{10}H_{22}$> *n*-Decan *n* {*ein Alkan*}
decane diol <$HO(CH_2)_{10}OH$> Decandiol *n*
decanning Enthülsen *n*, Entmantelung *f*, Entfernung *f* der Brennelementhülle *f* {*Nukl*}
deacanoic acid <$CH_3(CH_2)_8CO_2H$> *n*-Caprinsäure *f*, *n*-Decansäure *f*, *n*-Decylsäure *f*
decanol Decanol *n*, Decylalkohol *m*, Caprinalkohol *m*
decant/to [ab]dekantieren, abgießen, abklären, abschlämmen; umfüllen, umgießen
decantation Dekantieren *n*, Dekantation *f*, [vorsichtiges] Abgießen *n* {*Abfließenlassen*}, Abklärung *f*, Schlämmung *f*; Abfüllen *n*, Umfüllen *n*
decantation apparatus Dekantierapparat *m*
decantation glass Abklärgefäß *n*, Dekantierglas *n*, Dekantiergefäß *n*
decanted abgeschlämmt, dekantiert
decanter Abklärgefäß *n*, Dekantiergefäß *n*, Dekantierglas *n*, Dekantiertopf *m*, Dekantierapparat *m*, Dekante[u]r *m*
decanter centrifuge Dekantierzentrifuge *f*, Absetzzentrifuge *f*
decanting 1. Dekantier-; 2. Dekantieren *n*, Dekantierung *f*, Abklärung *f*, Dekantation *f*, [vorsichtiges] Abgießen *n* {*Abfließenlassen*}, Abschlämmen *n*, Abseihen *n*; Umfüllen *n*, Abfüllen *n*
decanting basin Klärbassin *n*, Klärteich *m*, Schlammweiher *m*
decanting bottle Klärflasche *f*
decanting centrifuge Dekantierzentrifuge *f*, Klärzentrifuge *f*, Dekanter *m*
decanting flask Klärflasche *f*
decanting machine Schlämmaschine *f*
decanting vessel Dekantiergefäß *n*, Abklärgefäß *n*
decapeptide Dekapeptid *n*
decapitate/to enthaupten, abkappen {*z.B. eine Ampulle*}
decarbonization 1. Decarbonisierung *f*, Entkohlung *f*, Entkohlen *n*, Kohlenstoffentziehung *f* {*Met*}; 2. Entcarbonisieren *n* {*Entfernung der Carbonhärte des Wassers*}
decarbonization plant Entcarbonisierungsanlage *f* {*Wasser*}
decarbonize/to decarbonisieren, entkohlen, von Kohlenstoff *m* befreien
decarbonizer Entcarbonisierungsanlage *f* {*Wasser*}
decarbonizing 1. Decarbonisieren *n*, Decarbonisierung *f* {*Entferung der Ölkohle*}, Entkohlen *n*; 2. Entcarbonisieren *n* {*Wasser*}
decarbonylation Decarbonylierung *f*
decarboxylase Decarboxylase *f*, Carbolyase *f* {*zu den Lyasen gehörendes Enzym*}
decarboxylate/to decarboxylieren, entcarboxylieren, Carboxyl *n* entfernen
decarboxylation Decarboxylierung *f*, Decarboxylieren *n*
decarburate/to entkohlen, decarbonisieren
decarburating plant Entsäuerungsanalge *f*, Entcarbonisierungsanalge *f* {*Wasser*}
decarburization Entkohlung *f*, Entkohlen *n* {*Stahl, DIN 1623*}, Kohlenstoffentziehung *f*, Decarbonisierung *f*, Frischen *n*, Garen *n* {*Met*}
decarburize/to decarbonisieren, entkohlen, frischen {*Met*}, garen {*Met*}
decarburizing Decarbonisieren *n*, Entkohlen *n*
decascaler Dekadenuntersetzer *m*
decatize/to dekatieren {*Text*}
decatizer Dekatiermaschine *f*
decatizing Dekatieren *n*, Dekatur *f* {*Text*}
decatizing cloth Dekatiertuch *n*
decatoic acid <$CH_3(CH_2)_8CO_2H$> *n*-Decylsäure *f*, *n*-Decansäure, *n*-Caprinsäure *f*
decatylene Decatylen *n*
decausticize/to dekaustizieren
decay/to 1. abnehmen, geringer werden, schwinden; abklingen, ausschwingen; 2. absterben {*Pflanzen*}; faul werden, sich zersetzen, [ver]faulen, [ver]modern, verwesen; verwittern {*Geol*}; 3. zerfallen {*Nukl*}
decay 1. Abnahme *f*, Abfall *m* {*Strom*}; 2. Abklingen *n* {*Nukl*}; 3. Verfall *m*; Anbrüchigkeit *f*, Verwittern *n*, Verwitterung *f* {*Geol*}; 4. Fäulnis *f*, Verfaulung *f*, Verrottung *f*, Moder *m*, Verderb *m*, Verwesung *f*, Zersetzung *f*; 5. Zerfall *m* {*Atom*}; Zerfallsreihe *f* {*Nukl*}
decay chain Zerfallskette *f*, Zerfallsreihe *f* {*Nukl*}
decay characteristic Abklingcharakteristik *f*
decay constant 1. Abklingkonstante *f*, Abklingkoeffizient *m*, Abklingfaktor *m*, Dämpfungsfaktor *m* {*Phys*}; 2. Zerfallskonstante *f* {*Nukl*}
decay curve Abklingkurve *f*, Zerfallskurve *f* {*Nukl*}
decay electron Zerfallselektron *n* {*Nukl*}
decay family radioaktive Zerfallsreihe *f*

decay heat Nachwärme *f*, Abschaltwärme *f* *{Nukl}*
decay law Zerfallsgesetz *n*, Abklinggesetz *n* *{Nukl}*
decay mode Zerfallsmodus *m*, Zerfallsart *f* *{Nukl}*
decay path Zerfallsweg *m {Nukl}*
decay period 1. Abklingzeit *f*, Zerfallszeit *f* *{Nukl}*; 2. Abkühlungsperiode *f*, Abkühlungszeit *f*; 3. Abfallzeit *f {z.B. eines Stromstoßes}*
decay probalitity Zerfallswahrscheinlichkeit *f*
decay product Folgeprodukt *n {in einer Zerfallsreihe}*, Zerfallsprodukt *n {Nukl}*
decay scheme Zerfallsschema *n {Nukl}*
decay sequence Zerfallsfolge *f {Nukl}*
decay series Zerfallsreihe *f {Nukl}*
decay tank Abklingbehälter *m {Nukl}*
decay time 1. Relaxationszeit *f {DIN 1342}*, Abklingzeit *f*, Zerfallszeit *f {Nukl}*; 2. Abfallzeit *f {z.B. eines Stromsprunges}*
decay trap Abklingfalle *f {Nukl}*
liable to decay verweslich
radioactive decay radioaktiver Zerfall *m*
decayed abbrüchig, moderig, morsch, schwammig *{Holz}*, verfault, zersetzt, verwest, verrottet
decaying 1. morsch; zerfallend, instabil, radioaktiv; 2. Verwittern *n {Geol}*; Verwesen *n*, Zersetzen *n*, Verfaulen *n*, Verderben *n*; Abnehmen *n* *{der Radioaktivität}*; Abklingen *n {z.B. Schwingungen}*; Abfall *m {eines Stromstoßes}*
decelerate/to abbremsen, abflauen, verlangsamen, verzögern
deceleration Verzögerung *f*, Verlangsamung *f*, Abbremsung *f*, negative Beschleunigung *f*, Bremsung *f*, Geschwindigkeitsabnahme *f*, Moderierung *f {Nukl}*
deceleration of electrons Elektronenbremsung *f*
1-decene **<CH_2=$CH(CH_2)_7CH_3$>** *n*-Decylen *n*, 1-Decen *n*
1-decene-1,10-dicarboxylic acid **<$HOOC$-CH=$CH(CH_2)_8COOH$>** 1-Decen-1,10-dicarbonsäure *f*, 2-Dodecendisäure *f*, Traumatinsäure *f*
deception Täuschung *f*; Betrug *m*
deceptive alarm Täuschungsalarm *m*
deceptive phenomena Störgrößen *fpl*
decet Dezett *n {10-Elektronenkonfiguration, Valenz}*
decevinic acid Decevinsäure *f*
dechenite Dechenit *m {Min}*
dechlorinate/to entchloren, Chlor *n* entfernen
dechlorinating plant Entchlorungsanlage *f* *{Wasser}*
dechlorination Entchloren *n*, Entchlorung *f*, Entfernung *f* von Chlor *n {Wasser}*
deci- Dezi-, deci- *{*$=10^{-1}$*}*
decibel Dezibel *n*, dB *{Verstärkungs- oder Dämpfungsmaß nach DIN 5493}*
decide/to beschließen; zu dem Schluß *m* kommen; entscheiden, sich entscheiden; bestimmen
decidecameter Dezidekameter *n*
deciduous hinfällig; vergänglich
deciduous tree Laubbaum *m*
deciduous wood Laubwald *m*, Laubholz *n*
decigram[me] Dezigramm *n {= 0,0001 kg}*
deciliter Zehntelliter n *m {*$= 100\ cm^3$*}*
decimal 1. dezimal; Dezimal-; 2. Dezimalbruch *m*, Zehnerbruch *m*; Dezimalzahl *f {Math}*
decimal balance Dezimalwaage *f*
decimal classifiction Dezimalklassifikation *f*
decimal fraction Dezimalbruch *m*, Zehnerbruch *m*
decimal number Dezimalzahl *f*
decimal place Dezimalstelle *f {Math}*
decimal point Dezimalstrich *m*, [Dezimal-]Komma *n*, Dezimalpunkt *m {EDV}*
decimal power Zehnerpotenz *f*
decimal resistance Dekadenwiderstand *m* *{Elek}*
decimal rheostat Dekadenrheostat *m {Elek}*
decimal system Dezimalsystem *n*, Zehnersystem *n*, dekadisches System *n {Math}*
decimetre Dezimeter *m n {= 0,1 m}*
1-decin **<$HC{\equiv}C(CH_2)_7CH_3$>** 1-Decin *n*, *n*-Octylacetylen *n*
decinormal zehntelnormal *{Chem}*
decinormal calomel electrode Zehntelnormal-Kalomelhalbzelle *f {Elektrochem}*
decipher/to entziffern, entschlüsseln, dechiffrieren
decision Entscheidung *f*; Beschluß *m*; Urteil *n*; Entschlußkraft *f*
decision table Entscheidungstabelle *f*
decisive ausschlaggebend, entscheidend; entschieden
deck 1. Deck *n*, Herdplatte *f*, Herdtafel *f {eines Sortierherdes}*; 2. Siebboden *m*, Boden *m*, Rost *m {eines Siebes}*; 3. Deck *n {z.B. Schalterdeck}*; 4. Kartenstapel *m*, Kartenstoß *m*, Kartensatz *m*, Kartenspiel *n {EDV}*; 5. Polter *n m*, Polteranlage *f {Holz}*; 6. Etage *f {Bergbau}*
deck of screen Siebboden *m*
deckle 1. Schöpfrahmen *m*, Auflaufrahmen *m*; 2. Deckelriemen *m*; 3. Deckelrahmen *m*; 4. [echter] Büttenrand *m*, Schöpfrand *m*; künstlicher Büttenrand *m*, initierter Büttenrand *m*; 5. Maschinenbreite *f*, Arbeitsbreite *f*; nutzbare Siebbreite *f {Pap}*
decladding plant Enthülsungsanlage *f {Nukl}*
declaration 1. Behauptung *f*; 2. [Zoll-]Erklärung *f*, Deklaration *f*
declare/to deklarieren, erklären, angeben, darlegen; verzollen
declination Abweichung *f*, Ablenkung *f*, Deklination *f {z.B. im Äquatorialsystem}*; Neigung *f*
decline/to 1. ablehnen, zurückweisen;

2. abnehmen, abfallen, zurückgehen; fallen *{z.B. Preise}*; 3. verfallen
decline 1. Verminderung *f*, Abnahme *f*, Abschwächung *f*; 2. Verfall *m*; 3. Rückgang *m {z.B. einer statistischen Größe}*; Fallen *n*, Sinken *n*, Nachlassen *n {z.B. Preise}*
decline in performance Leistungsabfall *m*
decoating Entfernen *n* einer Aufdampfschicht *f*
decobalter Kobaltextraktor *m*, Entcobaltierungsgerät *n {Met}*
decoct/to abkochen, absieden, auskochen; digerieren, ausziehen *{mit heißem Lösemittel}*
decoctible abkochbar, auskochbar; digerierbar
decoction Abkochen *n*, Absieden *n*, Auskochen *n*; Dekoktion *f*, Abkochung *f*, Absud *m {Brau}*, Auskochung *f*, Dekokt *n*; Aufguß *m*
decoction apparatus Abkochapparat *m*, Absudapparat *m {Pharm}*, Auskochapparat *m*
decoction medium Abkochmittel *n*
decoction press Dekoktpresse *f*
decode/to entziffern, decodieren, entschlüsseln, dechiffrieren
decoic acid *s.* decanoic acid
decoiler Ablaufhaspel *f m*
decoking Abkohlung *f*, Entkohlen *n*, Decarbonisieren *n*, Decarbonisierung *f*
decolor/to *s.* decolo[u]rize/to
decolorimeter Entfärbungsmesser *m*, Decolorimeter *n*
decolo[u]rant Bleichmittel *n*, Entfärber *m*, Entfärbungsmittel *n*
decolo[u]ration Entfärben *n*, Entfärbung *f*, Bleichen *n*
decolo[u]ring Entfärben *n*, Entfärbung *f*, Bleichen *n*; Abziehen *n* der Farbe, Ablösen *n* der Farbe
decolo[u]rise/to *s.* decolo[u]rize/to
decolo[u]rization Entfärbung *f*, Entfärben *n*, Bleichen *n*
decolo[u]rization vessel Entfärbungsgefäß *n*
decolo[u]rize/to entfärben, bleichen; verfärben; Farbe *f* abziehen, Farbe *f* ablösen; sich entfärben
decolo[u]rizing 1. entfärbend, bleichend; 2. Bleichen *n*, Entfärben *n*, Entfärbung *f*; Abziehen *n* der Farbe, Ablösen *n* der Farbe
decolo[u]rizing agent Entfärber *m*, Entfärbungsmittel *n*, Bleichmittel *n*; Abzieh[hilfs]mittel *n {Farb}*
decolo[u]rizing carbon Entfärbungskohle *f*, Bleichkohle *f*, E-Aktivkohle *f*
decolo[u]rizing charcoal Entfärbungskohle *f*, Bleichkohle *f*, E-Aktivkohle *f*
decolo[u]rizing filter Entfärbungsfilter *n*
decommissioning Stillegung *f*, Außerdienststellung *f {Reaktor}*; Endbeseitigung *f*, totaler Abriß *m*, Abbruch *m {Nukl}*
decomposability Zerlegbarkeit *f*, Zersetzbarkeit *f*
decomposable zerlegbar, zersetzbar, zersetzlich
easily composable leicht zersetzlich
decompose/to 1. zerfallen, sich zersetzen; 2. zerlegen, zersetzen, dissoziieren *{Chem}*; abbauen, aufschließen *{Anal}*, splaten, aufspalten *{Chem}*; 3. verwittern, zerfallen
decompose slowly/to verwesen
decomposer 1. Zersetzungsmittel *n*, Abbaumittel *n*, Aufschlußmittel *n*; 2. Reduzent *m*, Zerleger *m*, Zersetzer *m*, Destruent *m {Ökol}*; 3. Zersetzerzelle *f*, Zersetzungszelle *f*, Zersetzer *m*, Pile *f*
decomposing *s.* decomposition
decomposing agent Zersetzungsmittel *n*, Abbaumittel *n*, Aufschlußmittel *n*
decomposition 1. Abbau *m*, Zersetzung *f*, Zerlegung *f {Chem}*; 2. Spaltung *f*, Aufspaltung *f*, Aufschließen *n*, Aufschluß *m {Anal}*; 3. Zerfall *m*, Auflösung *f {z.B. von Gesteinen durch chemische Verwitterung}*; 4. Verwesung *f*, Verrottung *f*, Verfaulung *f*, Vermoderung *f*, Fäulnis *f*; 5. Dekomposition *f {Math}*
decomposition catalyst Zersetzungskatalysator *m*
decomposition curve Zerfallskurve *f*, Zersetzungskurve *f*
decomposition flask Zersetzungskolben *m*
decomposition hazard Zersetzungsanfälligkeit *f*
decomposition limit Zerfallsgrenze *f*
decomposition of alloys Entlegieren *n*, Entlegierung *f*
decomposition potential Zersetzungspotential *n {in V}*
decomposition process Aufschlußverfahren *n {Chem}*, Zerfallsprozeß *m*
decomposition product Zerfallsprodukt *n*; Abbauprodukt *n {Biol}*, Fäulnisprodukt *n*, Verwitterungsprodukt *n*, Zersetzungsprodukt *n*
decomposition properties Zerfallsfähigkeit *f*, Zerfallseigenschaften *fpl*
decomposition range Zersetzungsbereich *m*
decomposition reaction Zerfallsreaktion *f*; Zersetzungsreaktion *f*, Abbaureaktion *f*
decomposition residue Zersetzungsrückstand *m*
decomposition stage Zerfallsstufe *f*
decomposition tank Zersetzungsbottich *m*
decomposition temperature Zersetzungstemperatur *f*, Zersetzungspunkt *m*, Abbautemperatur *f*
decomposition voltage Zersetzungsspannung *f*
decompress/to dekomprimieren, den Druck *m* wegnehmen
decompression [stufenweise] Druckentlastung *f*, Druckverminderung *f*, Kompressionsentspannung *f*, Dekompression *f {Druckabfall, Drucksturz}*

decompression chamber Dekompressionskammer *f {Schutz}*
decompression time Kompressionsentlastungszeit *f*
decompressor Expansionsmaschine *f*
decontaminable coat of paint Dekontaminationsanstrich *m*
decontaminable painting Dekontaminationsanstrich *m*
decontaminant Dekontaminierungsmittel *n*, Entgiftungsmittel *n*, Entseuchungsmittel *n*
decontaminate/to 1. dekontaminieren, entaktivieren, entgiften, entseuchen, entgasen, entstrahlen *{Nukl}*; 2. reinigen, säubern, entfernen von Verunreinigungen *fpl*
decontaminating *s.* decontamination
decontaminating agent Entgiftungsmittel *n*, Entseuchungsmittel *n*, Dekontaminierungsmittel *n*
decontamination 1. Dekontamination *f*, Dekontaminierung *f*, Entaktivierung *f*, Entgiftung *f*, Entgasung *f*, Entseuchung *f*, Entstrahlung *f* *{Nukl}*; 2. Reinigung *f*, Säuberung *f*, Entfernung *f* von Verunreinigungen *fpl*
decontamination drains Dekontaminationsabwässer *npl*, Dekontaminierungsabwässer *npl*
decontamination factor Entseuchungsfaktor *m*, Entseuchungsgrad *m*, Dekontfaktor *m* *{Maßstab der Dekontamination, Nukl}*; logarithmischer Entstaubungsgrad *m*
decontamination index Entseuchungsindex *m*, Dekontaminationsindex *m*
decontamination plant Dekontaminierungsanlage *f*, Entgiftungsanlage *f {Nukl}*
decontamination room Dekontaminierungsraum *m*, Entgiftungsraum *m {Nukl}*
decopper/to entkupfern
decopperization Entkupferung *f*
decopperize/to entkupfern
decorate/to 1. zieren, verzieren, schmücken; dekorieren; 2. streichen; tapezieren [lassen]
decoration 1. Schmücken *n*, Dekorieren *n*; 2. Schmuck *m*; Dekor *n m*, Dekoration *f {Keramik}*; 3. Auszeichnung *f*
decoration film Dekorfilm *m*, Dekor[ations]-folie *f {Pap}*
decorative dekorativ, schmückend; Zier-, Schmuck-, Dekor-, Dekorativ-
decorative laminate Dekorationsplatte *f*, Dekor[ations]schichtstoff *m*, Dekorlaminat *n*
decorative paper Dekor[ations]papier *n*
decorative sheet Dekorationsplatte *f*; Dekorationsfolie *f*
decorticate/to 1. abrinden, entrinden; abschwarten; 2. enthülsen *{z.B. Getreide}*, schälen, putzen; 3. entbasten, entholzen *{Text}*
decorticated abgeschält *{ohne Rinde oder Hülse}*
decorticating 1. Abschälen *n*, Entrinden *n* *{Holz}*; 2. Enthülsen *n*, Schälen *n*, Putzen *n*; 3. Entbasten *n*, Entholzen *n {Text}*
decorticating mill (machine) Entholzer *m*, Enthölzer *m*, Entrindemaschine *f {Pap, Forstw}*, Schälmaschine *f*, Stengelbrechmaschine *f {für die Flachs- und Hanfaufbereitung}*
decortication 1. Entrindung *f*, Entrinden *n*; 2. Enthülsen *n*, Schälen *n*, Putzen *n {z.B. von Getreide}*; 3. Entbasten *n*, Entholzen *n {Text}*
decose Decose *f {Zucker mit 10 C-Atomen}*
decoside Decosid *n*
decrapitating Dekrepitieren *n*
decrease/to 1. abnehmen, sich vermindern, sich verringern, kleiner werden, kürzer werden, schwächer werden, geringer werden; 2. [ab]fallen, [ab]sinken; 3. vermindern, verringern, verkleinern, verkürzen, abnehmen, erniedrigen, herabsetzen, schwinden; 4. herabsetzen, reduzieren
decrease 1. Abnahme *f*, Rückgang *m*, Schwinden *n*, Verkleinerung *f*, Verminderung *f*, Verringerung *f*, Erniedrigung *f*, Verkürzung *f*; Fallen *n*, Abfallen *n*, Sinken *n*, Absinken *n*; 2. Herabsetzung *f*, Reduzierung *f*
decrease in pressure Druckabfall *m*
decrease in strength Festigkeitsabfall *m*, Festigkeitsminderung *f*
decrease in temperature Temperaturabsenkung *f*
decrease in the number of ions Ionenverarmung *f*
decrease in volume Volumenabnahme *f*
decree/to verordnen, verfügen, dekretieren; beschließen
Decree on Flammable Liquids Verordnung *f* über brennbare Flüssigkeiten *fpl*, VbF *{BRD}*
decrement Abnahme *f*, Dekrement *n*, Verringerung *f*
decrement [viscosity] ga[u]ge Reibungsvakuummeter *n*
decremeter Dämpfungsmesser *m {Elek}*
decrepitate/to verknistern *{Chem}*, prasseln, abknistern, dekrepitieren *{Krist}*
decrepitating salt Knistersalz *n*
decrepitation Dekrepitieren *n*, Dekrepitation *f*, Verknisterung *f {Chem,Krist}*
decrepitation water Verknisterungswasser *n* *{Chem}*
decrescence allmähliche Abnahme *f*, Dekreszenz *f*
decrolin Dekrolin *n*
decyclization Decyclisierung *f*, Ringöffnung *f*
decyl alcohol $\langle CH_3(CH_2)_8CH_2OH \rangle$ *n*-Decylalkohol *m*, 1-Decanol *n*
decyl aldehyde Decylaldehyd *m*, Caprinaldehyd *m*, 1-Decanal *n*
decyl mercaptan Decylmercaptan *n*

decyl-octyl methacrylate Decyloctylmethacrylat *n*

decylamine Decylamin *n*, Aminodecan *n*

***n*-decylene** <$CH_2=CH(CH_2)_7CH_3$> *n*-Decylen *n*, 1-Decen *n*

decylenic acid <$C_{10}H_{18}O_2$> Decylensäure *f*

***n*-decylic acid** <$CH_3(CH_2)_8COOH$> *n*-Decylsäure *f*, Decansäure(1) *f*, *n*-Caprinsäure *f*

decyne <$CH_3(CH_2)_7C{\equiv}CH$> Decin *n*

dedeuterization Dedeuterierung *f*

dedeuterize/to dedeuterieren, entdeuterieren *{Nukl}*

dedicate/to widmen, weihen; dedizieren *{für spezielle Zwecke bestimmen}*

dedicated zweckorientiert, zweckbestimmt; dediziert *{EDV}*

deduce/to ableiten, folgern, deduzieren, herleiten

deduct/to abziehen, abrechnen

deduction 1. Abschlag *m*, Abzug *m*, Rabatt *m*; 2. Deduktion *f*, logisches Schließen *n*, logischer Schluß *m*; Ableitung *f {Math}*

dedulcify/to entzuckern

dedust/to entstauben, abstauben, abblasen *{den Staub}*, Staub *m* wischen

deduster Entstauber *m*, Entstaubungsanlage *f*

dedusting Enstauben *n*, Entstaubung *f*, Staubabscheidung *f*

dedusting agent Entstäubungsmittel *n*

deeckeite Deeckeit *m {Min}*

deem/to erachten, halten für, denken [über]

deep 1. tief, tiefliegend; 2. tief, dunkel, kräftig, satt *{Farbton}*

deep bed filter Bettfilter *n*, Tiefenfilter *n*

deep bed filtration Tiefenfiltration *f*

deep cherry glow Dunkelrotglut *f {≈800 °C}*

deep cooling Tiefkühlung *f*

deep-draw/to tiefziehen

deep-draw press Tiefziehpresse *f*

deep drawing 1. Tiefziehen *n*, Tiefziehverfahren *n*, Tiefung *f {Met}*; 2. Tiefziehteil *n*, tiefgezogenes Formteil *n {Plastteil}*, Umformteil *n*

deep-drawing lubricant Tiefziehschmierstoff *m*

deep-drawing property Tiefziehfähigkeit *f*

deep-drawing quality steel Qualitätsfeinstblech *n*

deep-drawing test Tiefungsversuch *m*

deep-drawing sheet steel Tiefziehblech *n*, Karosserieblech *n {Met}*

deep-drawn vacuum forming Tiefziehansaugen *n*

deep drilling Tiefbohrverfahren *n*

deep-etch Tiefätzung *f*

deep-etch test Tiefätzprobe *f*

deep-etch testing apparatus Tiefätzprüfgerät *n*, Tiefbeizprüfgerät *n*

deep flow langer Fließweg *m {Schmelze}*

deep-freeze adsorption trap tiefgekühlte Adsorptionsfalle *f*

deep-freeze cabinet Tiefkühltruhe *f*; Gefrierabteil *n* , Tiefkühlfach *n*, Tiefkühlabteil *n*, Gefriergutfach *n {in Kühlschränken}*

deep-freeze grinding Gefriermahlung *f*

deep-freeze package Gefrierpackung *f*

deep-freeze plant Tiefkühlanlage *f*

deep freezer Tiefgefrierschrank *m*, Tiefkühlanlage *f*, Tiefkühlapparat *m*, Tiefkühltruhe *f*

deep freezing Gefrieren *n*, Einfrieren *n*, Tiefkühlen *n*, Frosten *n*, Tiefgefrieren *n*, Konservieren *n* durch Kälte *f*

deep-freezing apparatus Tiefkühlanlage *f*, Tiefkühlapparat *m*

deep-freezing chest Tiefkühltruhe *f*

deep-freezing method Tiefkühlverfahren *n*

deep-frozen food Tiefkühlkost *f*

deep-frozen liquefied gas tiefkalt verflüssigtes Gas *n*

deep mine workings Tiefbau *m {Bergbau}*

deep-seated 1. tiefsitzend *{Materialfehler}*; 2. plutonisch *{Geol}*

deep-shaft loop reactor Deep-Shaft-Schlaufenreaktor *m {Bioreaktor}*

deep storage Tieflagerung *f {Nukl, Abfall}*

deep-well cement Tiefbohrzement *m {Erdöl}*

deepen/to 1. vertiefen, ausschachten, abteufen, weiterteufen *{Bergbau}*; 2. dunkeln, nachdunkeln *{Farben}*

deepening Vertiefung *f*

deepening in colo[u]r Dunkelfärbung *f*

deerskin polishing disk Wildlederpolierscheibe *f*

defat/to entfetten

defatting Fettentziehung *f*, Entfetten *n {z.B. der Haut}*, Entfettung *f*

default 1. Ermangelung *f*; 2. Versäumnis *n*, Nichterscheinung *f*; 3. Unterlassung *f*; 4. Nichtzahlung *f*; fehlender Wert *m*, fehlende Angabe *f {EDV}*; 5. Standardwert *m*, Standardangabe *f {EDV}*

defecating pan Scheidepfanne *f*

defecating plant Scheidesaturationsanlage *f*, Schlammsaftsaturationsanlage *f {Zucker}*

defecation 1. Läuterung *f*, Kalkung *f {zur Gewinnung des Scheidesaftes in der Zuckerherstellung}*, Defäkation *f*, Reinigung *f*, Scheidung *f {Lebensmittel}*; 2. Klären *n*; 3. Defäkation *f*, Egation *f*, Entleerung *f*, Ausscheiden *n {Physiol}*

defecation scum Scheideschlamm *m {Zucker}*

defecation slime Scheideschlamm *m {Zucker}*

defecation tank Scheidepfanne *f*, Scheidegefäß *n*, Carbonationspfanne *f {Zucker}*

defecator Dekanteur *m*, Läuterkessel *m*, Läuterpfanne *f*, Reiniger *m*, Scheidepfanne *f*, Scheidungsfilter *n*, Carbonationspfanne *f {Zucker}*

defect 1. Fehler *m {Mangel}*, Defekt *m*; Makel *m*; Fehler *m {unzulässige Abweichung eines Merkmals nach DIN 40042}*; 2. Kristallfehler *m*, Störstelle *f*, Fehlstelle *f*, Kristallbaufehler *m*
defect conductor Defektleiter *m*, Mangelleiter *m*
defect electron Defektelektron *n*, Loch *n {DIN 41852}*, Elektronenlücke *f*, Elektronendefektstelle *f*
defect generation Fehlstellenerzeugung *f*
defect in grating Störstelle *f* im Gitter *m*, Gitterfehlstelle *f*, Gitterfehler *m {Krist}*
defect in the material Fehler *m* im Werkstoff *m*, Materialfehler *m*
defect level Störgrad *m*
defect mobility Störstellenbeweglichkeit *f*
defect site Störstellenplatz *m {Krist}*
defective 1. baufällig; 2. beschädigt; 3. fehlerhaft, lückenhaft, mangelhaft, unvollkommen, defekt; Fehl-, Mangel-
defective casting Fehlguß *m*, Gußschaden *m*
defective portion Fehlerstelle *f*
defectiveness Fehlerhaftigkeit *f*
defence *{GB; US: defense}* Verteidigung *f*, Schutz *m*
defence power Abwehrkraft *f*
defence reaction Abwehrreaktion *f {Biol}*
defend/to verteidigen, beschützen, abwehren; eintreten für
defense *{US; GB: defence}* Verteidigung *f*, Schutz *m*
defense power Abwehrkraft *f*
defense reaction Abwehrreaktion *f {Biol}*
defensive patent Abwehrpatent *n*
defer/to verschieben, aufschieben; zurückstellen
deferred zeitversetzt
deferrification tank Enteisenungsgefäß *n*
deferrization Enteisenung *f*, Enteisenen *n {z.B. des Wassers}*
deferrization tank Enteisenungsgefäß *n*
defiberizer Zerfaserer *m {Pap}*
defibrate/to zerfasern *{mechanisch}*, defibrieren, in Einzelfasern zerlegen *{Pap}*
defibrator Defibrator *m*, Zerfaserungsmaschine *f {Pap}*
defibre/to zerfasern *{mechanisch}*, defibrieren *{Pap}*
defibrillation Defibrillation *f*
defibrinated defibriniert *{Blut}*
deficiency 1. Mangel *m*, Fehlen *n*; 2. Fehler *m*, Defekt *m*; Fehler *m*, Lücke *f*; 3. Unzulänglichkeit *f*; 4. Fehlbetrag *m*
deficiency disease Mangelkrankheit *f*, Mangelerkrankung *f {Med}*
deficiency in weight Mindergewicht *n*, Untergewicht *n*, Fehlgewicht *n*
deficiency of air Luftmangel *m*
deficiency symptom Ausfallerscheinung *f*
deficient 1. Arm-; 2. mangelhaft, unzureichend, unzulänglich; 3. labil, unstabil *{mechanisch}*
deficient lubrication Mangelschmierung *f*, Teilschmierung *f*
deficit 1. Ausfall *m*; 2. Defizit *n*, Fehlbetrag *m*; 3. Mangel *m*
definable definierbar, abgrenzbar
define/to definieren; abgrenzen, begrenzen, umgrenzen; präzisieren
defined ausgeprägt, erkennbar, definiert
as defined definitionsgemäß
defining equation Bestimmungsgleichung *f {Math}*
definite bestimmt, definit *{Math}*; endgültig, definitiv; begrenzt; eindeutig, präzis, genau
definite composition law Gesetz *n* der konstanten Proportionen *fpl*
definite proportions konstante Proportionen *fpl*
definition 1. Begriff *m*; 2. Begriffsbestimmung *f*, Definition *f*; 3. Klarheit *f*, Tonschärfe *f {Akustik}*; 4. Konturentreue *f {Elektronik}*; 5. Auflösungsvermögen *n*; Bildschärfe *f*, Bildgüte *f*
definition of an image Bildschärfe *f*, Abbildungsschärfe *f*
definition range Definitionsbereich *m*
according to definition definitionsgemäß
deflagrability Abbrennbarkeit *f*, Brennbarkeit *f*, Deflagrierbarkeit *f*,
deflagrate/to deflagrieren *{explosionsfrei}*, aufflackern, abbrennen, niederbrennen, verpuffen, explosionsartig verbrennen
deflagrated abgebrannt *{Chem}*
deflagrating 1. Abbrenn-; 2. s. deflagration
deflagrating jar Abbrennglocke *f*
deflagrating spoon Abbrennlöffel *m*, Deflagrierlöffel *m*, Phosphorlöffel *m*, Verbrennungslöffel *m {Lab}*
deflagration Deflagration *f {Wärmeexplosion fester Explosivstoffe}*, Verpuffen *n*, Verpuffung *f*, Abbrennen *n*, Abbrennung *f*, Niederbrennen *n*, Aufflackern *n*
deflagration plant Deflagrieranlage *f*
deflagration point Verpuffungspunkt *m*, Verpuffungstemperatur *f*, Entzündungstemperatur *f {in °C}*
deflagration tube Verpuffungsröhrchen *n*
deflash/to entgraten, abgraten, entbutzen *{Kunst}*
deflasher Entgrater *m*, Entgratmaschine *f*, Abgratmaschine *f*
deflashing Entgraten *n*, Abgraten *n {Kunst}*
deflashing machine Entgratmaschine *f*, Abgratmaschine *f*
deflatable [vacuum] bag mo[u]lding Vakuumgummisackverfahren *n*

deflate/to Luft *f* entweichen lassen; durch Deflation *f* beeinflussen, senken, abschwellen, abblasen; entleeren *{Gas}*
deflated luftleer
deflect/to 1. ablenken, auslenken, ableiten; 2. abweichen; 3. ausschlagen; 4. durchbiegen
deflectability Ablenkbarkeit *f*
deflectable durchbiegungsfähig
deflected abgelenkt *{Opt}*, ausgelenkt
deflecting 1. Ablenken *n*, Auslenken *n*; 2. Abweichen *n*; 3. Ausschlagen *n {z.B. eines Zeigers}*; 4. Durchbiegen *n*
deflecting blade Ableitblech *n {in Turbomischern}*
deflecting electrode Ablenkelektrode *f*, Ablenkplatte *f {der Elektronenstrahlröhre}*
deflecting force Ablenkungskraft *f*; Richtkraft *f*; Coriolis-Kraft *f*
deflecting magnet Ablenk[ungs]magnet *m*
deflecting magnetic field Ablenk[ungs]magnetfeld *n*
deflecting mirror Ablenkspiegel *m*
deflecting plate Ablenkplatte *f*, Ablenkelektrode *f*; Prallwand *f*
deflecting prism Ablenkprisma *n*
deflecting roller Umlenkwalze *f*
deflecting system Ablenksystem *n*
deflecting voltage Ablenkspannung *f*
deflection *{US}* 1. Durchbiegung *f*, Biegung *f {unter Last}*; 2. Ausschlag *m*, Ausschlagen *n {bei Zeigern}*; 3. Abgang *m {der Leitung, Elek}*; 4. Abweichung *f {Lichtstrahlen}*, Auslenkung *f*, Ablenkung *f*, Beugung *f {Opt}*; 5. Abweichung *f*, Abbiegung *f*
deflection aberration Ablenkfehler *m*
deflection astigmatism Ablenkastigmatismus *m*
deflection at break Bruchdurchbiegung *f*
deflection at rupture Bruchdurchbiegung *f*
deflection indicator Biegungsmesser *m*
deflection of scale Ausschlag *m*, Skalenausschlag *m*
deflection temperature Formbeständigkeitstemperatur *f*
deflection test Biegeversuch *m*, Durchbiegeversuch *m*, Biegeprüfung *f*
deflectometer Biegepfeilmeßgerät *n*, Krümmungsmeßgerät *n*, Durchbiegemesser *m*, Biegungsmesser *m*
deflector 1. Ablenkplatte *f*, Ablenkwand *f*, Ablenkblech *n*, Ablenker *m*, Prallschirm *m*, Prallplatte *f*, Prallwand *f*, Prallblech *n*, Leitblech *n* , Verteilerplatte *f*, Verteiler *m {Tech}*; Deflektor *m*, Ablenkvorrichtung *f {Nukl}*; 2. Ablenk[ungs]rinne *f*, Umlenkrinne *f {Glas}*
deflector cone konischer Deflektor *m*
deflector field Ablenkfeld *n*
deflector plate Ablenkplatte *f*, Umlenkplatte *f*, Abweiseplatte *f*, Ablenkelektrode *f*
deflexion *{GB}* *s.* deflection *{US}*
deflocculant Entflocker *m*, Dispergens *n*, Dispersionsmittel *n*, Dispergiermittel *n*, Peptisator *m*, Peptisationsmittel *n*; Verflüssigungsmittel *n {Keramik}*
deflocculate/to entflocken *{geflockte Kolloide}*, zerteilen, dispergieren, peptisieren; verflüssigen *{die Konstistenz eines Glasurschlickers}*, verdünnen; sich entflocken
deflocculating agent Entflocker *m*, Dispergiermittel *n*, Dispergator *m*, Dispergens *n*, Peptisator *m*, Dispersionsmittel *n*; Verflüssigungsmittel *n {Keramik}*
deflocculation Entflockung *f*, Entflocken *n*, Zerteilung *f*, Dispergierung *f*, Peptisation *f {von geflockten Kolloiden}*; Verflüssigen *n*, Verdünnen *n {der Konsistenz eines Glasurschlickers}*
deflocculation tank Entflockungsanlage *f {Zucker}*
DeFlorez process DeFlorez-Krackprozeß *m*, De-Florez-Spaltverfahren *n*
Defo hardness Defo[meter]härte *f*, DH *{Maß für die Plastizität von Elastomeren und Mischungen nach DIN 53 514}*
defoamant *s.* defoaming agent
defoamer Antischaummittel *n*, Entschäumungsmittel *n*, Schaumverhinderungsmittel *n*, Schaumverhütungsmittel *n*, Schaumdämpfungsmittel *n*, Schaumzerstörungsmittel *n*, Entschäumungsmittel *n*, Entschäumer *m*, Schaumunterbinder *m*
defoaming Schaumbrechen *n*, Entschäumen *n*, Schaumzerstörung *f*
defoaming agent Entschäumungsmittel *n*, Demulgator *m*, Entschäumer *m*, Antischaummittel *n*, Schaumverhinderungsmittel *n*, Schaumverhütungsmittel *n*, Schaumzerstörungsmittel *n*, Entschäumungsmittel *n*, Schaumunterbinder *m*
defocus/to defokussieren, entbündeln
defocusing Defokussierung *f*
defoliant Entlaubungsmittel *n*, Entblätterungsmittel *n*, Defoliator *m*, Defoliationsmittel *n*
defoliate/to abblättern, entlauben *{Bot}*
deforest/to abforsten, abholzen; entwalden
deform/to deformieren, umformen, verformen, Form *f* ändern; verstümmeln, verzerren, verziehen
deformability Deformierbarkeit *f*, Formbarkeit *f*, Formveränderungsvermögen *n*, Verformungsvermögen *n*, Verformbarkeit *f*
deformable [ver]formbar, deformierbar, verbiegbar
deformation Verformung *f {DIN 1342}*, Deformation *f*, Form[ver]änderung *f*, Umformung f *{Formänderung}*, Gestaltsveränderung *f*; Verzerrung *f*

deformation behavio[u]r Verformungsverhalten *n*, Deformationsverhalten *n*
deformation energy Formänderungsarbeit *f*, Deformationsenergie *f*, Verformungsenergie *f*
deformation limit Deformationsgrenze *f*, Verformungsgrenze *f*
deformation mechanism Deformationsmechanismus *m*
deformation point Deformationstemperatur *f*
deformation process Umformverfahren *n*
deformation rate Verformungsgeschwindigkeit *f*, Deformationsgeschwindigkeit *f*
deformation resistance Formänderungswiderstand *m*, Verformungswiderstand *m*
deformation tensor Verzerrungstensor *m*, Deformationstensor *m {Mech}*
deformation to fracture Bruchformänderung *f*, Bruchverformung *f*
deformation value Defowert *m*; Rückformvermögen *n {des Teppichs}*
deformation zone Verformungsbereich *m*, Deformationsbereich *m*
capacity for deformation Formänderungsvermögen *n*
deformed condition Verformungszustand *m*
deformylase Deformylase *f {Enzym}*
deformylation Decarbonylierung *f*, Deformylierung *f*
defrost/to abtauen, auftauben, enteisen, entfrosten
defroster Enteisungsanlage *f*, Entfroster *m*, Defroster *m*
defrosting Entfrosten *n*, Auftauen *n*; Abtauen *n*, Enteisen *n {des Kühlschrankes}*
defrother *s.* defoamer
degas/to entgasen
degasification Entgasung *f*, Entgasen *n*
degasification agent Entgasungsmittel *n*
degasification of coal Kohlenentgasung *f*
degasify/to entgasen
degasifying Entgasen *n*, Entgasung *f*; Ausgasung *f {Bergbau}*
degasifying apparatus Entgaser *m*, Entgasungsgerät *n*
degasser Entgaser *m*, Entgasungsgerät *n*
degassing Entgasen *n*, Entgasung *f*; Ausgasung *f {Bergbau}*
degassing bell Entgasungsglocke *f*
degassing by bombarding Entgasung *f* durch Bombardement *n*
degassing column Entgasungskolonne *f*
degassing extruder Extruder *m* mit Vakuumentgasung *f*, Entgasungsschneckenpresse *f {Kunst}*
degassing furnace Entgasungsofen *m*
degassing gun Heißluftdusche *f*
degassing of furnace Entgasung *f* des Ofens *m*
degassing of liquids Entgasung *f* von Flüssigkeiten *fpl*
degassing plant Entgasungsanlage *f*
degassing rate Entgasungsrate *f*
degassing silo Entgasungsilo *m*
degassing stages Entgasungsstufen *fpl*
degassing time Entgasungszeit *f*, Ausgasungszeit *f*
degassing tower Entgasungsturm *m*
degassing unit Entgasungsanlage *f*
degate/to Anguß entfernen *{Kunst}*; enttrichtern *{Gieß}*
degating Angußentfernen *n*, Entfernen *n* des Angusses *m {Kunst}*; Enttrichtern *n {Gieß}*
degauss/to entmagnetisieren
degaussing Entmagnetisierung *f*, Abmagnetisierung *f*
degeneracy Degeneration *f*, Entartung *f*
degeneracy of ground state Entartung *f* des Grundzustandes *m*
degeneracy of spin states Entartung *f* von Spinzuständen *mpl*
degenerate/to ausarten, degenerieren; entarten; verkümmern
degenerate ausgeartet, degeneriert; entartet
degenerate code degenerierter Code *m {Gen}*
degenerate electron gas entartetes Elektronengas *n*
degenerate electron state entarteter Elektronenzustand *m*
degenerate isomerization Topomerisierung *f*, degenerierte Isomerisierung *f*
degenerate species Abart *f {Biol}*
degeneration 1. Degeneration *f*, Entartung *f*, Verkümmerung *f*; 2. negative Rückführung *f*, Gegenkopplung *f {Automation}*
phenomenon of degeneration Degenerationserscheinung *f*
degerminate/to entkeimen, Keime *mpl* entfernen *{z.B. Wurzelkeime beim Malz}*
degermination Entkeimung *f {Getreide}*
degeroite Degeroit *m {obs}*, Hirsingerit *m {Min}*
degradation 1. Abbau *m*, Zerlegung *f*, Zersetzung *f {Chem}*; 2. Verwitterung *f*, Degradation *f*, Degradierung *f {des Bodens}*; Degradation *f {der Energie des Bodenprofils}*; 3. Zerfall *m*, Degradation *f {eines Teilchens}*; Kollisionsbremsung *f*, Energieverlust *m* durch Stoß *m {Nukl}*; 4. Degeneration *f {Biol}*, Herabsetzung *f*
degradation constant Zerfallskonstante *f*, Umwandlungskonstante *f {Nukl}*
degradation energy Dissipationsenergie *f {Mech}*
degradation kinetics Abbaukinetik *f {Polymer}*
degradation of catalyst Unwirksamwerden *n* des Katalysators, Deaktivierung *f* des Katalysators

degradation of energy Energieverminderung *f*, Degradation *f* der Energie, Entwertung *f* der Energie, Zerstreuung *f* der Energie, Energieabbau *m*, Energieverlust *m*
law of degradation of energy Entropiesatz *m* *{Thermo}*, Zweiter Hauptsatz *m* der Thermodynamik, Satz *m* der Degradation der Energie
degradation product Abbauprodukt *n*
degradation with acid Säureabbau *m*
photodegredation photolytischer Abbau *m*, Zersetzung *f* durch Lichteinwirkung *f*
degradative ability Abbaufähigkeit *f*
degradative chemical reaction abbauende chemische Reaktion *f*, Abbaureaktion *f*
degradative enzyme abbauendes Enzym *n*
degradative process Zerfallsvorgang *m*
degradate/to *s.*degrade/to
degrade/to 1. abbauen, zerlegen, zersetzen; sich abbauen, sich zersetzen *{Chem}*; 2. degradieren, den Wert *m* des Bodens mindern *{Agri}*; 3. degradieren, Energie zerstreuen *{Phys}*; abreichern; 4. ausarten; 5. verfallen
degraded abgebaut, zerlegt, zersetzt; degradiert; abgereichert
degraded heavy water abgereichertes Schwerwasser *n*
degraded oil verbrauchtes Öl *n*, abgebautes Öl *n*
degrading effect of atmospheric oxygen abbauende Wirkung *f* des Luftsauerstoffs *m*
degras Dégras *n*, Wollfett *n*, Lederschmiere *f*, Gerberfett *n*, Lederfett *n*, Weißbrühe *f*, Moellon *n* *{Lederfettungsmittel}*
degras acid Wollfettsäure *f*
degreasant Entfettungsmittel *n*
degrease/to entfetten, abfetten
degreased entfettet
degreaser *{US}* *s.* degreasing agent
degreasing 1. entfettend; 2. Entfetten *n*, Fettentziehen *n*; Entschweißen *n* *{Rohwolle, Text}*
degreasing agent Entfettungsmittel *n*, Entfetter *m*; Entschweißungsmittel *n* *{Text}*
degreasing apparatus Entfettungsapparat *m*; Entschweißungsapparat *m*
degreasing bath Entfettungsbad *n*
degreasing of wool Wollentfettung *f*
degreasing process Entfettungsprozeß *m*, Entfettungsvorgang *m*; Entschweißungsvorgang *m*, Entschweißungsprozeß *m* *{Text}*
degreasing solvent Entfettungs-Lösemittel *n*
degreasing tank Entfettungstank *m*
degree 1. Grad *m*; 2. formaler Grad *m* *{des Polynoms, Math}*; 3. Valenz *f* *{eines Knotenpunktes, Math}*; 4. Abstufung *f*; Grad *m*, Rang *m*, Stufe *f*, Ausprägungsintensität *f*
degree API API-Grad *m*, Grad API *m*
degree Balling Balling-Grad *m*
degree Baumé Baumé-Grad *m*, Grad *m* Baumé
degree below zero Kältegrad *m*
degree Celsius Grad Celsius *m*, Celsius-Temperatur *f*
degree centigrade Grad Celsius *m*, Celsius-Temperatur *f*
degree Engler Engler-Grad *m* *{Einheit der kinematischen Viskosität}*
degree Fahrenheit Grad Fahrenheit *m*
degree Kelvin *{obs}* Kelvin *m*
degree Oechsle Oechsle-Grad *m* *{Einheit, Wein}*
degree of absorption Absorptionsfähigkeit *f*
degree of accuracy Genauigkeitsgrad *m*
degree of acidity Säuregrad *m*, Aziditätsgrad *m*, Säuregehalt *m*
degree of adsorption Adsorptionsfähigkeit *f*
degree of agglomeration Agglomerationsgrad *m*, Agglomerationszustand *m*
degree of alternation Alternierungsgrad *m*
degree of amplification Verstärkungsfaktor *m*, Verstärkungsgrad *m*
degree of association Assoziationsgrad *m*
degree of blackness Schwärzegrad *m* *{Strahlung}*
degree of branching Verzweigungsgrad *m*
degree of coalification Inkohlungsgrad *m* *{DIN 22005}*
degree of compactibility Sintergrad *m*
degree of compaction Lagerungsdichte *f*
degree of conversion Umsetzungsgrad *m*, Umsatzgrad *m*, Umwandlungsgrad *m*
degree of coverage Bedeckungsgrad *m*
degree of crosslinking Vernetzungsgrad *m*
degree of crystallinity Kristallinitätsgrad *m*, Kristallisationsgrad *m*
degree of cure Aushärtungsgrad *m*, Härtungsgrad *m*, Grad *m* der Härtung *f*, Vulkanisationsgrad *m*, Vulkanisationskoeffizient *m*, VK
degree of deformation Verformungsgrad *m*, Grad *m* der Verformung *f*, bezogene Formänderung *f*
degree of degeneracy Entartungsgrad *m*
degree of difficulty Schwierigkeitsgrad *m*
degree of dilution Verdünnungsgrad *m*
degree of dispersion Dispersionsgrad *m*, Dispersitätsgrad *m*, Zerteilungsgrad *m*
degree of dissociation 1. Dissoziationsgrad *m* *{Chem}*; 2. Aufschlußgrad *m*; Verwachsungsgrad *m* *{Bergbau}*; 3. Zerfallsgrad *m*
degree of enrichment Anreicherungsgrad *m* *{Isotope}*
degree of esterification Veresterungsgrad *m*
degree of filling 1. Füllungsgrad *m*; 2. Besetzungsgrad *m* *{von Energieniveaus}*
degree of fineness Feinheitsgrad *m*, Feinheit *f*; Mahl[feinheits]grad *m*, Ausmahlungsgrad *m*, Mahlfeinheit *f*
degree of fineness by sieving Sichtfeinheit *f*

degree of fluidity Weichheitsgrad *m*
degree of foaming Schäumgrad *m*
degree of formation Bildungsgrad *m*
degree of freedom Freiheitsgrad *m*, Freiheit *f*, Anzahl *f* der Freiheitsgrade, Anzahl *f* der Freiheiten
degree of grafting Propfungsgrad *m*
degree of grinding Mahlgrad *m*
degree of grit arresting Entstaubungsgrad *m*
degree of hardness Härtegrad *m*, Härtestufe *f*
degree of hazard Gefahrenklasse *f*, Gefahrstufe *f*
degree of hazard involved Gefährlichkeit *f*
degree of heat Hitzegrad *m*
degree of influence Einflußhöhe *f*
degree of integration Integrationsgrad *m*
degree of ionization Ionisationsgrad *m*
degree of [long-range] order Ordnungsgrad *m*, Ordnungsparameter *m*
degree of mixing Mischgüte *f*, Mischungsgrad *m*
degree of oxidation Oxidationsgrad *m*; Oxidationsstufe *f {Valenz}*
degree of packing Verdichtungsgrad *m*
degree of partial grit arresting Teilentstaubungsgrad *m*
degree of penetration Eindringgrad *m*
degree of plasticity Plastizitätsgrad *m*
degree of plasticization Weichmachungsgrad *m*, Plastifiziergrad *m*
degree of polymerization Polymerisationsgrad *m*
degree of porosity Hohlraumgrad *m*, Lückenraumgrad *m*
degree of priority Dringlichkeitsstufe *f*
degree of purity Reinheitsgrad *m*
degree of reduction 1. Abbaugrad *m*; 2. Zerkleinerungsgrad *m*
degree of resistance to glow heat Gütegrad *m* der Glutfestigkeit *f*
degree of saturation Sättigungsgrad *m*
degree of separation Abscheidegrad *m*; Trenn[ungs]grad *m*, Trennschärfe *f*
degree of shrinkage Schwindmaß *n*, Schrumpfungsgrad *m {Pap}*
degree of softness Weichheitsgrad *m*
degree of solvation Geliergrad *m*, Solvationsgrad *m*
degree of stability Stabilitätsgrad *m*
degree of stretching Reck[ungs]grad *m*, Verstreckungsgrad *m*
degree of supersaturation Übersättigungsgrad *m*
degree of thermal dissociation thermischer Dissoziationsgrad *m*
degree of turbidity Trübungsgrad *m*
degree of unsaturation Ungesättigtheitsgrad *m*
degree of vulcanization *s.* degree of cure
degree Rankine Grad *m* Rankine
degree scale Einstellskale *f*
tenth of a degree Zehntelgrad *m {0,1 °; Winkeleinheit}*
by degrees stufenweise
degrit/to entgriesen *{Entfernung von groben Teilchen}*
degritting Entgriesen *n*, Entgriesung *f*
deguelin <$C_{23}H_{22}O_6$> Deguelin *n {Insektizid}*
degum/to degummieren, entbasten, entgummieren, entleimen, entschälen, abkochen *{Rohseide}*; raffinieren, entschleimen *{Mineralöl}*
degumming Entbasten *n*, Kotonisieren *n*, Abkochen *n*, Entgummieren *n*, Degummieren *n {des Seidenleims am Kokon}*, Entschälen *n*, Entleimen *n {Rohseide}*; Raffinieren *n*, Entschleimen *n {Mineralöl}*
degumming bath Degummierungsbad *n*, Entbastungsbad *n*, Entbastungsflotte *f {Text}*
degumming yield Entbastungsausbeute *f {Text}*
dehalogenate/to enthalogenieren
dehalogenation Dehalogenierung *f*, Dehalogenation *f*
dehumidification Entfeuchtung *f*, Feuchtigkeitsentzug *m*, Trocknen *n*, Entfeuchten *{von Gasen}*
dehumidifier 1. Entfeuchter *m*, Entfeuchtungsgerät *n*; 2. Trockenmmittel *n*, Feuchtigkeitsentziehungsmittel *n {Gase}*
dehumidifying Trocknung *f*, Entfeuchtung *f*, Feuchtigkeitsentzug *m*
dehumidifying apparatus Entfeuchter *m*, Entfeuchtungsgerät *n*, Entfeuchtungsapparat *m*
dehumidifying machine Entfeuchtungsmaschine *f {Text}*
dehydracetic acid <$C_8H_8O_4$> Dehydracetsäure *f*
dehydrase Dehydrase *f*, Dehydrogenase *f*
dehydratase Dehydratase *f*
dehydrate 1. dehydratisieren, entwässern, entfeuchten, Wasser *n* entziehen; dörren, trocknen *{Lebensmittel}*; 2. dehydrieren, Wasserstoff *m* abspalten, Wasserstoff *m* entziehen *{einer Verbindung}*
dehydrated 1. entwässert, wasserfrei, trocken, dehydratisiert; getrocknet, gedörrt *{Lebensmittel}*; 2. dehydriert *{Wasserstoff entzogen}*
dehydrated alcohol wasserfreier Alkohol *m*, reines Ethanol *n*, absoluter Alkohol *m*
dehydrated alum entwässerter Alaun *m*
dehydrated fruit Dörrobst *n*
dehydrated food Trockennahrung *f*
dehydrated vegetables Trockengemüse *n*
dehydrating 1. wasserentziehend; 2. *s.* dehydration
dehydrating agent Dehydratisierungsmittel *n*, Trockenmittel *n*, Trocknungsmittel *n*, Wasserentziehungsmittel *n*, Wasser entziehendes Mittel *n*
dehydration 1. Dehydratation *f*, Dehydratisierung *f*, Entwässerung *f*, Wasserentziehung *f*,

Wasserabspaltung *f*; Trocknung *f*, Dörrung *f* *{Lebensmittel}*; 2. Dehydrierung *f*, Absolutierung *f* *{Entwässerung von organischen Flüssigkeiten}*

dehydration of gas Gastrocknung *f*

dehydration of oil Öltrocknung *f*

dehydration unit Trockenpatrone *f*

dehydrator 1. Trockenapparat *m*, Trockner *m*; Entwässerer *m*, Entwässerungsgerät *n*; 2. wasserentziehendes Mittel *n*, wasserabspaltendes Mittel *n*, Entwässerungsmittel *n*, Dehydratisierungsmittel *n*, Dehydratationsmittel *n*, Trockenmittel *n*

dehydro base Dehydrobase *f*

dehydroabietic acid Dehydroabietinsäure *f*

dehydroacetic acid <$C_8H_8O_4$> Dehydroessigsäure *f*, Dehydr[o]acetsäure *f*, 6-Methylacetopyranon *n*, 3-Ethanol-6-methyl-2,4-pyrandion *n*

dehydroaromatics Dehydroaromaten *pl* *{Arine, Dehydrobenzol, Hetarine}*

dehydroascorbic acid Dehydroascorbinsäure *f*

dehydrobenzene Dehydrobenzol *n*, Dehydrobenzen *n*, Benzyn *n*, 1,2-Didehydrobenzol *n*, Cyclohexa-1,3-dien-5-in *n*

dehydroberberine Dehydroberberin *n*

dehydrobilic acid Dehydrobilinsäure *f*

dehydrobromination Dehydrobromierung *f*

dehydrocamphenic acid Dehydrocamphensäure *f*

dehydrocamphenilanic acid Dehydrocamphenilansäure *f*

dehydrocamphenylic acid Dehydrocamphenylsäure *f*

dehydrocamphoric acid Dehydrocamphersäure *f*

dehydrochlorination Dehydrochlorierung *f*

dehydrocholeic acid Dehydrocholeinsäure *f*

dehydrocholesterol Dehydrocholesterin *n*, Provitamin D_3 *n* *{Triv}*

dehydrocholic acid <$C_{24}H_{34}O_5$> Dehydrocholsäure *f*

dehydrocyclization Dehydrocyclisierung *f*, Dehydrocyclisation *f*

dehydrodesoxycholic acid Dehydrodesoxycholsäure *f*

dehydrodimerization Dehydrodimerisation *f*

dehydroemetine Dehydroemetin *n*

dehydroepiandrosterone <$C_{19}H_{28}O_2$> Dehydroepiandrosteron *n*, Dehydroisoandrosteron *n*

dehydrofenchocamphoric acid Dehydrofenchocamphersäure *f*

dehydrofenchoic acid Dehydrofenchosäure *f*

dehydrofluorindine Dehydrofluorindin *n*

dehydrofreezing Gefriertrocknung *f*, Lyophilisation *f*, Sublimationstrocknung *f*, Gefrieren *n* nach Vertrocknen *n*, Dehydro-Gefrieren *n*

dehydrogenase Dehydrogenase *f*, Dehydrase *f* *{obs}*

dehydrogenate/to dehydrieren, Wasserstoff *m* entziehen, Wasserstoff *m* abspalten

dehydrogenating dehydrogenierend, wasserstoffentziehend

dehydrogenation Dehydrierung *f*, Dehydrogenierung *f*, Dehydration *f*, Wasserstoffabspaltung *f*, Wasserstoffentzug *m*

dehydrogenation plant Dehydrierungsanlage *f*, Wasserstoffextrahieranlage *f*, DHD-Anlage *f*

dehydrogenization Dehydrierung *f*, Entzug *m* von Wasserstoff *f*, Dehydrogenierung *f*, Dehydration *f*

dehydrogenize/to dehydrieren, Wasserstoff *m* entziehen, Wasserstoff *m* abspalten

dehydrohalogenate/to dehydrohalogenieren, Halogenwasserstoff *m* abspalten, Wasserstoffhalogenid *n* entziehen

dehydrohalogenation Dehydrohalogenierung *f*, Halogenwasserstoffabspaltung *f*, Halogenwasserstoffentzug *m*, Wasserstoffhalogenidaustritt *m*

dehydrohalogenation plant Wasserstoffhalogenextraktionsanlage *f* *{Mineralöl}*

dehydrohydantoic acid Dehydrohydantoinsäure *f*

dehydroisodypnopinacol Dehydroisodypnopinakol *n*

dehydrolaurolenic acid Dehydrolaurolensäure *f*

dehydrolithocholic acid Dehydrolithocholsäure *f*

dehydromucic acid Dehydroschleimsäure *f*, Furan-2,5-dicarbonsäure *f*

dehydronaphthol Dehydronaphthol *n*

dehydronerolidol Dehydronerolidol *n*

dehydroprogesterone Dehydroprogesteron *n*

dehydroquinine Dehydrochinin *n*

dehydrothio-*p*-toluidine <$C_{14}H_{12}NS$> Dehydrothio-*p*-toluidin *n*

dehydrothio-*p*-toluidine sulfonic acid <$CH_3C_6H_3NSCC_6H_3NH_2SO_3H$> Dehydrothio-*p*-toluidinsulfonsäure *f*

dehydrothymol Dehydrothymol *n*

dehydroxycodeine Dehydroxykodein *n*

dejacketing plant Enthülsungsanlage *f* *{Nukl}*

dekalin *{TM}* Decalin *n*, Decahydronaphthalin *n*

delafossite Delafossit *m* *{Min}*

delaminate/to aufspalten, aufblättern, abschichten, in Schichten *fpl* abfallen; in Schichten *fpl* zerlegen *{trennen, spalten}*, delaminieren

delaminating pressure Spaltlast *f*

delamination Aufspaltung *f*, Aufblättern *n*, Abblätterung *f*, Abschichtung *f* *{von Schichtstoffen}*; Entleimung *f*, Schichtentrennung *f*, Schichtenspaltung *f* *{bei Laminaten}*

delamination test Spaltversuch *m*

delatynite Delatynit *m* *{Min}*

delay/to aufschieben, vertagen, verzögern, zeitlich verlegen; verzögern, verlangsamen

delay 1. Verzögerung *f*, Verzug *m*; Aufschub *m* 2. Verlustzeit *f*; Laufzeit *f*; Verspätung *f*

delay circuit Verzögerungsleitung *f*
delay coil Verzögerungsrohrschlange *f*
delay composition Verzögerungssatz *m {Expl}*
delay fuse Verzögerungszünder *m {Expl}*
delay in boiling Siedeverzug *m*
delay line Verzögerungsleitung *f*
delay period Verzögerungszeit *f*
delay relay Verzögerungsrelais *n*
delay tank Abklingbehälter *m {Nukl}*
delay time Verzögerungszeit *f*, Verzugszeit *f*
delayed action Verlangsamung *f*, Verzögerung *f*; verzögernde Wirkung *f*, Einsatzverzögerung *f*, verzögertes Ansprechen *n*, verzögertes Arbeiten *n*
delayed-action fuse Verzögerungszünder *m*; träge Sicherung *f {Elek}*
delayed-action relay Relais *n* mit verzögerter Auslösung *f*
delayed condensation verzögerte Kondensation *f*
delayed neutrons verzögerte Neutronen *npl*
delead entbleien
delessite Delessit *m*, Mangan-Chamosit *m {Min}*
deleterious schädlich
delf[t] Delfter Fayence *f {Tonwaren mit Zinnglasur}*
deliberate/to beratschlagen; erwägen, überlegen, durchdenken
delicacy 1. Feinheit *f*, Zartheit *f*; Genauigkeit *f*, Feinigkeit *f*; 2. Zartheit *f*, Empfindlichkeit *f*, Anfälligkeit *f*
delicate 1. zart, weich; 2. delikat, schmackhaft *{Lebensmittel}*; 3. fein, empfindlich; delikat, heikel, schwierig *{Tech}*
delignification Delignifizierung *f*, Ligninentfernung *f*, Lignin[her]auslösung *f {Pap}*
degree of delignification Delignifizierungsgrad *m {g Cl pro 100g Trockenzellstoff nach DIN 54 353}*
delignifying Entholzen *n {Faserbrei}*, Ligninentfernen *n*, Lignin[her]auslösen *n*
delime/to abkalken, entkalken *{Chem}*; entkälken *{mit Säuren oder Salzen}*, entkalken *{Leder}*
deliming Entkalken *n*, Entkalkung *f*; Entkälkung *f {Gerb}*
deliming agent Entkalkungsmittel *n*; Entkälkungsmittel *n {Gerb}*
deliming tank Entkalkungsgefäß *n*, Entkälkungsgefäß *n {Gerb}*
delimit/to abgrenzen
delimitation Abgrenzung *f*
delineate/to 1. zeichnen, skizzieren; aufzeichnen *{organische Strukturen}*, in linearer Form *f* wiedergeben; 2. entwerfen
deliquate/to zerfließen
deliquation Zerfließen *n*
deliquesce/to zerfließen, zergehen; wegschmelzen, zerschmelzen
deliquescence 1. Zerfließbarkeit *f*; Zerfließen *n*, Zergehen *n*; Zerschmelzen *n*; 2. Schmelzflüssigkeit *f*, Schmelzprodukt *n*
deliquescent zerfließend, zergehend; zerfließlich; zerschmelzend
deliquescent property Zerfließbarkeit *f*; Zerschmelzeigenschaft *f*
deliquor/to entwässern
deliver/to abgeben *{Phys}*; entbinden *{Med}*; liefern
delivery 1. Fördermenge *f*, Förderleistung *f*, Förderstrom *m*, Lieferstrom *m*, Förderhöhe *f*; Fördern *n*, Förderung *f*; 2. Lieferung *f*, Auslieferung *f*, Zustellung *f*; Abgabe *f*; 3. Entnahme *f*, Herausnahme *f {des Modells, Gieß}*; 4. Auslegevorrichtung *f {Druck}*; 5. Entbindung *f {Med}*; 6. Ausfluß *m*; Ableitung *f*
delivery batch Liefercharge *f*
delivery bill Lieferschein *m*
delivery cock Ablaßhahn *m*
delivery control Fördermengenregelung *f {einer Pumpe}*
delivery flask Schenkkolben *m*, Meßkolben *m*, Meßflasche *f {Lab}*
delivery head Förderhöhe *f*; Zuführ[ungs]kopf *m*
delivery hose Entnahmeschlauch *m*, Abfüllschlauch *m {Tankfahrzeug}*
delivery line Druckleitung *f {Hydraulik}*
delivery note Lieferschein *m*
delivery pipe 1. Ableitungsröhre *f*, Ausgußrohr *n*, Ausströmungsrohr *n*; 2. Druckleitung *f*, Druckrohr *n*, Steigrohr *n*, Förderrohr *n*; 3. Fallrohr *n {Dest}*
delivery pipet[te] Abfüllpipette *f*
delivery pressure Förderdruck *m*, Lieferdruck *m*
delivery pump Förderpumpe *f*
delivery rate 1. Födergeschwindigkeit *f*, Fördermenge *f {einer Pumpe pro Zeiteinheit}*, Förderleistung *f*; 2. Liefergeschwindigkeit *f {Text}*; 3. Förderstrom *m*, Lieferstrom *m*
delivery screw Auspreßschnecke *f*, Ablaßschraube *f*, Ablaßstopfen *m*
delivery socket-pipe Muffendruckrohr *n*
delivery system Zuführeinrichtung *f {an Plastverarbeitungsmaschinen}*
delivery temperature Abgabetemperatur *f*
delivery time Lieferzeit *f*, Lieferfrist *f*
delivery tube 1. Abgaberohr *n*, Abzugsrohr *n*, Ableitungsrohr *n*; 2. Einleitungsrohr *n*, Zuleitungsrohr *n*; 3. Vorstoß *m {Dest}*; Strahldüse *f*
delivery valve Ablaßventil *n*, Druckventil *n {Kompressor, Pumpe}*, Steuerventil *n*, Einfüllstutzen *m*
scope of delivery Lieferumfang *m*
time of delivery Lieferfrist *f*

delocalization Delokalisierung *f*, Delokalisation *f*, Nichtlokalisierung *f* *{Valenz}*
delocalization energy Mesomerieenergie *f*,- Delokalisationsenergie *f*, Resonanzenergie *f*, Konjugationsenergie *f* *{Valenz}*
delocalize/to delokalisieren, räumlich umverteilen
delocanic acid Delokansäure *f*
delorenzite Delorenzit *m*, Tanteuxerit *m* *{Min}*
delphin blue **<$C_{20}H_{17}N_3O_6S$>** Delphinblau *n*
delphinate 1. delphinsauer; 2. Delphinsäureester *m*, Delphinat *n*; Delphinsalz *n*
delphinic acid **<$(CH_3)_2CHCH_2COOH$>** Delphinsäure *f*, Isovaleriansäure *f*, 3-Methylbutansäure *f*
delphinidine Delphinidin *n*, Hexahydroxyflavylium *n*
delphinin **<$C_{41}H_{38}O_{21}Cl$>** Delphinin *n* *{Anthocyanglycosid des Ackerrittersporns, Delphinium consloida}*
delphinine **<$C_{33}H_{45}NO_9$>** Staphisagrin *n*, Delphinin *n* *{Alkaloid des Stephankrautes, Delphinium staphisagria}*
delphinite Delphinit *m*, Epidot *m* *{Min}*
delphinoidine **<$C_{22}H_{35}NO_6$>** Delphinoidin *n*
delphisine **<$C_{54}H_{46}N_2O_8$>** Delphisin *n*
delrin *{TM}* Delrin *n* *{Polyoxymethylen-Acetalharz}*
delta 1. Delta *n*, Flußdelta *n*, Mündungstrichter *m*; 2. Ablagerungen *fpl* in Deltamündungen *fpl*, Deltasedimente *npl* *{Geol}*; 3. Delta *n* *{Formelzeichen, griechischer Buchstabe}*; 4. Dreieck *n* *{Elek}*
delta acid 1-Naphthylamin-4,8-disulfonsäure *f*, Casella-Säure F *f* *{Triv}*
delta circuit Deltaschaltung *f*, Deieckschaltung *f* *{Elek}*
delta connection *s.* delta circuit
delta current Dreieckstrom *m*
delta function Deltafunktion *f*, Impulsfunktion *f* *{eine Distribution, Math}*; Diracsches Maß *n*, Delta-Funktional *n*, Diracsche Deltafunktion *f*
delta iron Delta-Eisen *n*, Delta-Ferrit *m* *{Met}*
delta high-tension insulator Deltaisolator *m* *{Elek}*
delta metal Deltametall *n* *{eine messingartige Legierung}*
delta-polar-delta-hydrogen bonding map Polaritäts-Wasserstoff-Bindungs-Diagramm *m* *{Löslichkeit}*
delta purpurine Deltapurpurin *n*
delta rays Deltastrahlen *mpl*
delta voltage Dreiecksspannung *f*
deltaline **<$C_{21}H_{33}NO_6$>** Deltalin *n* *{Alkaloid}*
deltamine Deltamin *n*
deltic acid **<$C_3H_2O_3$>** Dreiecksäure *f* *{Triv}*, Dihydroxycyclopropanon *n*
deltohedron *s.* deltoid dodecahedron
deltoid dodecahedron Deltoiddodekaeder *n*, Deltoeder *n*, tetragonales Tristetraeder *n* *{Krist}*
deltruxic acid Deltruxinsäure *f*
deluge degreasing Flutentfettung *f* *{Beschichtung}*
deluge system Sprühflutanlage *f*
deluster/to *{US}* mattieren, entglänzen, abstumpfen, den Glanz *m* abziehen *{Text}*
delust[e]rant Mattierungsmittel *n* *{Text}*
delust[e]red matt[iert]
delust[e]ring Mattieren *n*, Mattierung *f*, Entglänzung *f* *{Text}*
delust[e]ring agent Mattierungsmittel *n*
delustre/to *{GB}* *s.* deluster/to
delvauxite Delvauxit *m* *{Min}*
demagnetization Entmagnetisieren *n*; Entmagnetisierung *f* *{als Zustand oder Vorgang}*
demagnetize/to entmagnetisieren
demagnetizing factor Demagnetisierungsfaktor *m*, Entmagnetisierungsfaktor *m*
demal *{US}* Grammäquivalent *n* pro Liter *{Konzentrationsmaß, 1 g-Äquivalent Stoff in 1 L Lösemittel}*
demand/to anfordern, beantragen; verlangen, fordern; erfordern
demand 1. Forderung *f*; 2. Anspruch *m*; 3. Nachfrage *f*, Bedarf *m*; 4. kurzzeitig gemittelte Belastung *f*
demand for energy Energiebedarf *m*
demand setter Leistungsvorwahlschalter *m*
demanganization Entmangan[ier]ung *f* *{Wasser}*
demanganizing of water Wasserentmangan[ier]ung *f*
demantoid Demantoid *m* *{Min}*
demarcate/to abgrenzen
demarcation Abgrenzung *f*
demarcation line Demarkationslinie *f*, Trennlinie *f*
demargarination Demargarinieren *n*, Demargarinisation *f*, Entstearin[is]ierung *f*, Ausfrieren *n*, Winterung *f*, Winterisation *f*
demargarinating process Demargarinierungsprozeß *m*
dematerialization Entmaterialisierung *f* *{Atom}*
demecarium bromide **<$C_{32}H_{52}N_4O_4Br_2$>** Demecariumbromid *n*
demethylate/to demethylieren, entmethylieren
demethylation Demethylierung *f*, Entmethylierung *f*, Demethylation *f*
demidowite Demidowit *m*, Demidoffit *m* *{Min}*
demigranite Halbgranit *m* *{Min}*
demijan *s.*demijohn
demijohn Glasballon *m*, große Korbflasche *f*, Demijon *m* *{Chem}*
demilune bodies Halbmondkörper *mpl*
demineralization Demineralisation *f*, Entmineralisierung *f*, Entfernen *n* mineralischer Substan-

zen *fpl {Chem}*; Entsalzung *f {Entfernen von Ionen aus dem Wasser}*; Vollentsalzung *f*
demineralization of water Wasserentsalzung *f*
demineralize/to entmineralisieren, demineralisieren, mineralische Substanzen *fpl* entfernen; entsalzen *{Wasser}*
demineralized water Deionat *n*, enthärtetes Wasser *n*, vollentsalztes Wasser *n*, demineralisiertes Wasser *n*
demineralizer Entsalzungsvorrichtung *f*, Wasserentsalzungsapparat *m*
demineralizing *s.*demineralization
demineralizing plant Entmineralisierungsanlage *f*, Entsalzungsanlage *f*
demissidine Demissidin *n*, Solanin *n*, Dihydrosolanidin T *n*
demissine **<$C_{50}H_{83}NO_{20}$>** Demissin *n*
demister 1. Entnebler *m*, Demister *m*; 2. Tropfenabscheider *m*; 3. Entfroster *m*, Defroster *m*
demisting *{ISO 3470}* Entnebeln *n*, Entnebelung *f*, Tropfenabscheidung *f*
demisting plant Entnebelungsanlage *f*
demixing Entmischen *n*, Entmischung *f*
demixing temperature Entmischungstemperatur *f*
demodulator Demodulator *m*, Detektor *m*, Hochfrequenzgleichrichter *m*
demolding *s.*demoulding
demolish/to [ab]sprengen, einreißen, niederreißen, zerstören, zertrümmern, abtragen, abbrechen, demolieren; schleifen
demolition Demolition *f*, Demolierung *f*, Abbruch *m*, Zerstörung *f*, Zertrümmerung *f*, Abtragung *f*, Abriß *m*, Niederreißung *f*
demolition work Abbrucharbeit *f*
demonomerization behavio[u]r Entmonomerisierungsverhalten *n*
demonstrate/to 1. beweisen; 2. demonstrieren, vorführen, zeigen; vorweisen
demonstration 1. Beweis *m*; Beweisführung *f {Math}*; 2. Demonstration *f*, Vorführung *f {z.B. eines Versuches}*; 3. Darstellung *f*; 4. Äußerung *f*
demonstration equipment Demonstrationsgerät *n*
demonstration model Lehrmodell *n*
demo[u]lding Herausnehmen *n {der Vulkanisate aus der Form}*
demo[u]lding pressure Entformungsdruck *m*
demo[u]lding temperature Entformungstemperatur *f*
demo[u]lding time Formstandzeit *f {Polyurethanschaumstoff}*
demountable abnehmbar, auswechselbar, demontierbar, ausbaubar; auseinandernehmbar, zerlegbar
demountable joint lösbare Verbindung *f*
demulcent Milderungsmittel *n {Med}*
demulgation *s.* demulsification
demulgation characteristics Demulgiervermögen *n {DIN 51599}*
demulgator Dismulgator *m*, Emulsionsspalter *m*, Demulgator *m*
demulsification Demulgierung *f*, Demulgieren *n*, Dismulgieren *n*, Brechen *n* einer Emulsion *n*, Spalten *n* einer Emulsion, Entmischen *n* einer Emulsion, Emulsionsspaltung *f*, Entemulsionieren *n*, Emulsionsentmischung *f*
demulsification number Entemulgierungszahl *f*
demulsification number indicator Entemulgierungszahlgeber *m {Lab, Instr}*
demulsifier Demulgator *m*, Dismulgator *m*, Entemulgiermittel *n*, Emulsionsspalter *m*, Mittel *n* zum Brechen *n* von Emulsionen *fpl*
demulsify/to demulgieren, entemulsionieren, eine Emulsion *f* brechen, eine Emulsion *f* spalten, eine Emulsion *f* entmischen
demulsifying Entmischen *n* einer Emulsion, Spalten *n* einer Emulsion, Brechen *n* einer Emulsion, Demulgieren *n*, Entemulsionieren *n*
demulsifying apparatus Demulgator *m*, Entemulgierungsgerät *n*, Vorrichtung *f* zum Brechen von Emulsionen, Vorrichtung *f* zum Spalten von Emulsionen, Vorrichtung *f* zum Entmischen von Emulsionen *{Gummi}*
denaturant Denaturant *m*, Denaturierungsmittel *n*, Vergällungsmittel *n {z.B. Methanol für Ethanol}*; Denaturierungssubstanz *f {nichtspaltbare Isotope für den Kernbrennstoff}*
denaturate/to denaturieren, vergällen *{z.B. Ethanol, Kochsalz usw.}*; denaturieren *{bei nativen Proteinen}*
denaturated alcohol denaturierter Alkohol *m*, denaturierter Spiritus *m*, vergällter Alkohol *m*, vergällter Spiritus, vergällter Branntwein *m*
denaturation Denaturierung *f*, Denaturation *f*, Vergällung *f*, Vergällen *n {von Kochsalz, Ethanol usw.}*; Denaturation *f*, Denaturieren *n {Strukturänderung nativer Proteine}*
denature/to denaturieren, vergällen *{z.B. Ethanol}*; denaturieren, gerinnen *{bei nativen Proteinen}*
denatured denaturiert
denatured alcohol *s.* denaturated alcohol
denatured protein denaturiertes Protein *n*
denatured state denaturierter Zustand *m*
denaturing Denaturieren *n*, Vergällen *n*
denaturing agent Denaturierungsmittel *n*, Vergällungsmittel *n*
denaturing of alcohol Alkoholvergällung *f*
denaturization *s.* denaturation
denaturize/to *s.* denature/to
denaturizing *s.* denaturing
dendrite 1. Dendrit *m*, Baumkristall *m {Kristallskelett von zweig- oder moosartigem Aussehen}*; 2. Dendrit m *{Nervenzellenfortsatz}*

dendritic baumähnlich, verzweigt, dendritisch, verästelt
dendritic agate Baumachat *m*, Mokkostein *m*, Baumstein *m*, Dendrachat *m*, Dendritenachat *m* *{Min}*
dendritic formation Dendritenbildung *f*
dendritic solidification [mode] dendritische Erstarrung *f* *{Met}*
dendritic structure baumförmige Struktur *f*, verästelte Struktur *f*, Dendritenstruktur *f*
dendroketose Dendroketose *f*
denial Verweigerung *f*, Ablehnung *f*
denickelfication Entnickelung *f*
denicotinize/to entnikotinisieren
denier Denier *n* *{obsoletes Textilfeinheitsmaß, 1 den = 1,1 tex}*
denitrate/to denitrieren
denitrating Denitrieren *n*, Entsticken *n*
denitrating agent Denitriermittel *n*
denitrating bath Denitrierbad *n*
denitrating tower Denitrier[ungs]turm *m*, Denitrator *m*
denitrating plant Denitrierapparat *m*, Denitrieranlage *f*
denitration Denitrierung *f*, Denitrieren *n*, Denitratation *f*, Entstickung *f*
denitrification Denitrifikation *f*, Denitrifizierung *f* *{Reduktion von Nitraten durch Bodenbakterien}*, Nitratatmung *f*
denitrificator Gloverturm *m*
denitrify/to denitrifizieren
denitrifying bacteria denitrifizierende Bakterien *fpl*, Denitrifikanten *mpl*, Denitrifikatoren *mpl*, Denitrifikationsbakterien *mpl*
denomination 1. Benennung *f*; 2. Klasse *f*
denominator Nenner *m* *{Math}*
DeNora cell DeNora-Element *n*
denote/to bedeuten, darstellen, andeuten; bezeichnen, benennen
dense dicht, kompakt, undurchdringlich
dense gel matrix dichtes Plastgefüge *n*
dense media *s.* dense medium
dense medium schwere Flüssigkeit *f*, Schwerflüssigkeit *f* *{d > 1,0; DIN 22018}*, Trennflüssigkeit *f*, Trennmedium *n*, schwere Trübe *f*, Schwertrübe *f* *{unechte Schwerflüssigkeit}*
dense-medium cyclone Schwertrübe-Waschzyklon *m*
dense-medium separation Schwerflüssigkeitstrennung *f*, Schwerflüssigkeitsaufbereitung *f*, Schwerflüssigkeitssortieren *n*, Schwimm-und-Sink-Aufbereitung *f*, Sinkscheideverfahren *n*, Schwertrübeaufbereitung *f*, Schwertrübescheidung *f*
dense-phase conveying Dichtstromförderung *f*
densely crosslinked stark vernetzt
densener Kokille *f*, profilierte Schreckplatte *f*, Kühlkokille *f* *{Gieß}*
denseness Dichte *f*
densest sphere packing dichteste Kugelpackung *f*, kompakteste Kugelpackung *f* *{Krist}*
densification Verdichtung *f*, Verdichten *n*
densification testing Verdichtungsprüfung *f* *{Beschichtung}*
densified verdichtet
densified laminated wood Preßschichtholz *n*
densified wood Preßholz *n* *{meist Preßvollholz}*
densifier Schlammeindickbehälter *m*, Schlammeindicker *m*, Eindicker *m* *{zur Regeneration der Schwerflüssigkeit}*
densimeter Densimeter *n*, Dichtemesser *m* *{für Flüssigkeiten, Gase und feste Stoffe}*, Hydrometer *n*, Aräometer *n*, Senkwaage *f*, Senkspindel *f*; Luftdurchlässigkeitsprüfer *m*
densimetric densimetrisch
densitometer 1. Dens[it]ometer *n*, Schwärzungsmesser *m*, Densograph *m*, Mikrophotometer *n* *{Photo}*; 2. s. densimeter
densitometric method densitometrische Methode *f* *{Photo}*; Densitometrie *f*
density 1. Dichte *f* *{DIN 1306}*, Raumdichte *f* *{Masse je Volumeneinheit}*; 2. Wichte *f*, Artgewicht *n*, spezifisches Gewicht *n* *{Gewicht je Volumeneinheit}*; 3.Schwärzungsdichte f, [optische] Dichte *f*, Schwärzung *f*, Extinkton *f*; 4. Warendichte *f*, Gewebedichte *f*, Fadendichte *f* *{DIN 53853}*, Einstellung *f* *{Text}*
density after tamping Stampfdichte *f*
density anisotropy Dichteanisotropie *f*
density balance Dichtewaage *f*
density bottle Flasche *f* zur Dichtebestimmung *f*, Wägefläschchen *n*, Pyknometer *n* *{Lab}*
density by surface Flächendichte *f*
density by volume Raumdichte *f*
density-composition tables Dichte-Zusammensetzungstabellen *fpl* *{für Lösungen}*
density-convection current Dichtekonvektionsströmung *f*
density current Dichteströmung *f*, Suspensionsstrom *m*, Trübestrom *m*, Trübungsstrom *m*
density curve Schwärzungskurve *f* *{Photo}*
density determination Dichtebestimmung *f*
density difference Dichteunterschied *m*; Schwärzungsunterschied *m*, Schwärzungsdifferenz *f* *{Photo}*
density distribution Dichteverteilung *f* *{z.B. über den Querschnitt von Integralschaumstoffen, Strukturschaumstoffen}*
density fluid *s.* dense medium
density fraction Dichtefraktion *f* *{DIN 22018}*
density gradient Dichtegradient *m*
density-gradient centrifugation Dichtegradient-Zentrifugieren *n*
density graduation Schwärzungsabstufung *f* *{Opt}*

density hydrometer *{ISO 649}* Dichte-Aräometer *n*
density in raw state Rohdichte *f*
density measurement Dichtemessung *f*, Dichtebestimmung *f*; Schwärzungsmessung *f {Photo}*
density meter Dichtemeßgerät *m*
density number Dichtezahl *f*
density of a film Schwärzung *f* eines Films *m {Photo}*
density of brine Grädigkeit *f* der Sole *f*
density of [electric] charge Ladungsdichte *f {Elek}*
density of gas Gasdichte *f*
density of states Zustandsdichte *f*
density pump Pumpe *f* mit verschiedenen Kolbendichten *fpl*
density range Schwärzungsbereich *m*
density segregation Dichte-Entmischung *f*
density value Dichtewert *m*
denso band Densobinde *f*, Densoschutzbinde *f*
densograph Densograph *m {Photo}*
dent/to einbeulen
dent 1. Eindruck *m*, Einbeulung *f*, Beule *f*, Delle *f*; 2. Kerbe *f*, Schlitz *m*, Kerb *m {Tech}*; 3. Rietstab *m {Weben}*
dental zahnärztlich, dental; Zahn-
dental alloy Dentallegierung *f*
dental amalgam Zahnamalgam *n*
dental calculus Zahnstein *m*
dental casting gold alloy *{BS 4425}* Zahngußgoldlegierung *f*
dental cement Zahnkitt *m*, Zahnzement *m*
dental ceramic Dentalkeramik *f*
dental elastic impression material *{BS 4269}* Zahnabdruckmasse *f*
dental filling material Zahnfüllungsmaterial *n*
dental floss Zahnseide *f*
dental gas Lachgas *n {Triv}*
dental gold Dentalgold *n {Met}*
dental gold solder *{BS 3384}* Zahngoldlot *n*
dental gypsum product *{ISO 6873}* Zahngips *m*
dental impression compound *{BS 3886}* Zahnabdruckmasse *f*
dental impression material *{ISO 1563}* Zahnabdruckmaterial *n*
dental impression paste *{BS 4284}* Zahnabdruckpaste *f*, Zahnabdruckgips *m*
dental inlay casting wax *{ISO 1561}* Zahnfüllungs-Gießwachs *n*
dental material zahntechnisches Material *n*, Dentalmaterial *n*
dental mo[u]ld Zahngipsabdruck *m*
dental plaster Dentalgips *m*
dental silicate cement *{ISO 1565}* Zahnsilicatzement *m*
dentalite Dentalith *m*
dentate gezahnt, zähnig, gezackt
dented ausgekerbt
dentifrice Zahnputzmittel *n*, Zahnpflegemittel *n*, Zahnreinigungsmittel *n*
dentin[e] Dentin *n*, Zahnsubstanz *f*, Zahnbein *n*
denting stress Beulspannung *f*
dentinification Dentinbildung *f*
dentinogenic dentinbildend
dentinogenous dentinbildend
denudation Abtragung *f {Geol}*
denuder Amalgamzersetzer *m*, Zersetzungszelle *f {Elektrochem}*
denumerable aufzählbar, abzählbar
deny/to bestreiten, leugnen; verweigern, versagen, ablehnen, zurückweisen; verleugnen
deodorant 1. desodor[is]ierend, geruchsbeseitigend, geruchszerstörend; 2. Desodorisationsmittel *n*, Desodoriermittel *n*, Desodorans *n {pl. Desodoranzien}*, Deodorant *m*
deodorant soap desodor[is]ierende Seife *f*
deodorization Desodor[is]ierung *f*, Geruchfreimachen *n*, Geruchlosmachung *f*, Geruchsbekämpfung *f*, Geruchsverbesserung *f*, Geruchszerstörung *f*, Geruchsentfernung *f*
deodorize/to desodori[si]eren, geruchlos machen, geruchfrei machen, den Geruch *m* beseitigen, den Geruch *m* entfernen, den Geruch *m* zerstören
deodorizer 1. Desodor[is]ierungsmittel *n*, Desodorans *n*, Deodorant *m*, desodori[si]erendes Mittel *n*, geruchsbeseitigendes Mittel *n* , geruchszerstörendes Mittel *n*; Geruchsverbesserer *m*; 2. Desodorierer *m*, Desodoreur *m*, Dämpfer *m* *{Gerät zur Desodorierung von Fetten und Ölen}*
deodorizing 1. geruchsbeseitigend; 2. Desodorieren *n*
deoil/to entölen, degrassieren
deoiler Fettabscheider *m*, Fettausscheider *m*
deoiling Entölen *n*, Entölung *f*
deoiling of slack wax Entölen *n* von Paraffingatsch *m*
deoiling plant Entölungsanlage *f*, Ölextraktionsanlage *f*
deoxidant Desoxidationsmittel *n*, Reduktionsmittel *n*
deoxidate/to desoxidieren, desoxydieren *{obs}*, reduzieren, Sauerstoff *m* entfernen, Sauerstoff *m* abspalten, entsäuern; dekapieren, beruhigen *{Stahl}*
deoxidating Desoxidation *f*, Desoxidieren *n*, Sauerstoffentzug *m*, Reduktion *f*
deoxid[at]ing agent Desoxidationsmittel *n*, Reduktionsmittel *n*
deoxidation Desoxidation *f*, Sauerstoffentziehung *f*, Desoxidieren *n*, Reduktion *f*
deoxidize/to desoxidieren, reduzieren, Sauerstoff *m* enfernen, Sauerstoff *m* abspalten, entsäuern; dekapieren, beruhigen *{Stahl}*

deoxidizer Desoxidationsmittel *n*, Reduktionsmittel *n*
deoxidizing Desoxidieren *n*, Sauerszoffentzug *m*, Reduktion *f*
deoxidizing agent Desoxidationsmittel *n*, Reduktionsmittel *n*
deoxidizing plant Entoxidierungsanlage *f*, Reduktionsanlage *f* *{Met}*
deoxidizing slag Reduktionsschlacke *f*
deoxy- Desoxy-
deoxyadenosine 2'-Desoxyadenosin
deoxybenzoin <$C_6H_5CH_2COC_6H_5$> Benzylphenylketon *n*
deoxycholic acid Desoxycholsäure *f*
deoxycorticosterone Desoxycorticosteron *n*, Desoxycorton *n*, Cortexon *n*
deoxycytidine <$C_{10}H_{13}N_2O_4$> 2'-Desoxycytidin *n*
deoxyflavopurpurine Desoxyflavopurpurin *n*
deoxyfulminuric acid Desoxyfulminursäure *f*
6-deoxygalactose Fucose *f*, Galactomethylose *f*, 6-Desoxygalactose *f*
deoxygenate/to Sauerstoff *m* entziehen, desoxidieren, reduzieren, Sauerstoff *m* abspalten
deoxygenation Entziehung *f* von Sauerstoff *m*, Entfernung *f* von Sauerstoff *m*, Sauerstoffentzug *m*, Desoxidieren *n*, Desoxidierung *f*, Desoxidation *f*; Reduktion *f*
deoxygenation plant Sauerstoffbeseitigungsanlage *f*, Sauerstoffentzuganlage *f*
deoxyguanosine 2'-Desoxyguanosin *n*
deoxyhematoporphyrin Desoxyhämatoporphyrin *n*
deoxyhemoglobin Desoxyhämoglobin *n*
deoxyinosine triphosphate Desoxyinosintriphosphat *n*
deoxymyoglobin Desoxymyoglobin *n*
deoxynucleoside Desoxynucleosid *n*
deoxynucleotide Desoxynucleotid *n*
deoxyquinine <$C_{20}H_{24}N_2$> Chinan *n*, Desoxychinin *n*
deoxyribonuclease Desoxyribonuclease *f*
deoxyribonucleic acid Desoxyribonucleinsäure *f*, DNA
deoxyribose Desoxyribose *f*, 2-Desoxy-D-ribose *f*, 2-Ribodesose *f*, Thyminose *f*, 2-Desoxy-D-erythro-pentose *f* *{ein Desoxyzucker}*
deoxysugar Desoxyzucker *m*
deoxythymidine 2'-Desoxythymidin *n*
deoxyxanthine Desoxyxanthin *n*
deparaffinization Entparaffinieren *n*, Entparaffinierung *f*
department 1. Abteilung *f*, Ressort *n*; Branche *f*; 2. *{US}* Ministerium *n*
Department of Agriculture *{US}* Landwirtschaftsministerium *n*
Department of Commerce *{US}* Handelsministerium *n*
department of development Entwicklungsabteilung *f*
department-of-health regulations gesundheitspolizeiliche Vorschriften *fpl*
Department of Transportation *{US}* Verkehrsministerium *n*
departmental manager Abteilungsleiter *m*
departure 1. Abweichen *n*, Abweichung *f*; 2. Abweichung *f* *{Zustand}*; Abfahrt *f*, Abgang *m*
departure from nucleate boiling Sicherheit *f* gegen Filmsieden *n*, kritische Überhitzung *f*, beginnende kritische Wärmestromdichte *f*
depassive anode depolarisierte Anode *f*, entpassivierte Anode *f*
depassivation Entpassivierung *f*
depend/to abhängen, angewiesen sein, sich verlassen [auf]
dependability Verläßlichkeit *f*
dependable sicher, genau; verläßlich
dependence Abhängigkeit *f*
dependent abhängig [von]
dependent variable Zielgröße *f*, abhängige Variable *f*
depending on molecular weight molekulargewichtsabhängig
depending on pressure druckabhängig
depending on temperature temperaturabhängig
dephanthanic acid Dephanthansäure *f*
dephanthic acid Dephanthsäure *f*
dephased außer Phase *f*, verschiedenphasig
dephased condition Phasenverschiebung *f*
dephenolating Entphenol[ier]ung *f*, Phenolentzug *m*
dephenol[iz]ation Entphenol[ier]ung *f*, Phenolentzug *m*
dephlegmate/to rektifizieren, dephlegmieren *{obs}*, mit dem Dephlegmator *m* behandeln, wiederholt destillieren
dephlegmation Dephlegmation *f*, Dephlegmierung *f*, Teilkondensation *f*, teilweise Kondensation *f*, teilweise Verflüssigung *f*, Aufstärkung *f*
dephlegmator Dephlegmator *m* *{Rücklaufkondensator mit nur teilweiser Kondensation}*, Dephlegmiersäule *f*, Dephlegmierturm *m* *{Dest}*
dephosphorate/to entphosphoren, von Phosphor *m* befreien
dephosphor[iz]ation Entphosphorung *f*
dephosphorize/to entphosphoren, von Phosphor *m* befreien
dephosphor[iz]ing period Entphosphorungsperiode *f*
depickling Entpickeln *n* *{Leder}*
depickling plant Weichmachungsanlage *f* *{Gerb}*
depict/to schildern; anschaulich machen, veranschaulichen

depigmentation Pigmentverlust *m*, Dipigmentierung *f*
depilate/to enthaaren, das Haar *n* entfernen, depilieren, abhaaren, abpälen
depilating Enthaaren *n*, Depilieren *n*
depilation Depilation *f*, Enthaarung *f*, Haarentfernung *f*
depilation tank Enthaarungsgefäß *n {Leder}*
enzymatic depilation Enzymenthaarung *f {Gerb}*
depilatory *{pl. depilatories}* 1. enthaarend; 2. Depilatorium *n*, Enthaarungsmittel *n*, Haarbeize *f*, Haarentfernungsmittel *n*, Depilatorium *n*, Depiliermittel *n*
depitching tank Entpechungsküpe *f {Text}*
deplete/to entleeren; erschöpfen *{Lagerstätte}*; verarmen, abreichern *{Nukl}*; entquellen, verfallen machen *{Gerb}*
depleted abgereichert, verarmt *{Nukl}*; erschöpft *{Lagerstätte}*
depleted material verarmtes Material *n {Nukl}*
depleted water abgereichertes Wasser *n*
depletion Abreicherung *f*, Verarmung *f {Nukl}*; Erschöpfung *f {Lagerstätte}*
depletion barrier Sperrschicht *f {Elek}*
depletion layer Sperrschicht *f {DIN 41852}*; Verarmungsrandschicht *f*, träger verarmte Schicht *f {Elektronik}*
depletion of ions Ionenverarmung *f*
depletion of raw material sources Erschöpfung *f* der Rohstoffquellen *fpl*
depolarization Depolarisation *f*, Entpolarisierung *f*
depolarization factor Depolarisationsgrad *m*
depolarize/to depolarisieren, entpolarisieren
depolarizer Depolarisator *m*, Depolarisierer *m*
depolarizing ability Depolarisationsfähigkeit *f*
depolarizing mix Depolarisationsgemisch *n*
depolymerization Depolymerisation *f*, Depolymerisierung *f*, Entpolymerisierung *f*
depolymerize/to depolymerisieren
depopulation Abnahme *f* der Besetzungsdichte *f {Energieniveau}*
deposit/to 1. abscheiden *{Galv}*, ausscheiden, absetzen, ablagern, sedimentieren, niederschlagen, anlegen, ansetzen *{Schmutz}*; 2. sich abscheiden *{Galv}*, sich ausscheiden, sich absetzen, sich setzen, sich ablagern, sich niederschlagen, sedimentieren, zur Ausscheidung gelangen
deposit 1. Abscheidung *f*, Niederschlag *m*, Sediment *n*, Satz *m*, Bodenkörper *m*, Bodenniederschlag *m*, Ablagerung *f*; Ansatz *m {Kruste}*; 2. Lager *n*, Lagerstätte *f*, Vorkommen *n*, Depot *n {Geol}*; 3. Pestizidkonzentration *f* pro Fläche; 4. [galvanische] Abscheidung *f*, Überzug *m {Schutzschicht}*; aufgetragene Schicht *f {Met}*; 5. Schlamm *m*, Abschlämmung *f {bei Sekundärzellen}*; 6. Schweißgut *n*
deposit attack Belagkorrosion *f*
deposit coating Belag *m {Rohr}*
deposit exploration Lagerstättenerkundung *f*
deposit formation Ansatzbildung *f*, Rückstandsbildung *f*
deposit mud Anschlämmung *f*
deposit of oxide films Ablagerung *f* von Oxidkrusten
deposit of scale Wassersteinansatz *m*
deposit reconnaissance Lagerstättenerkundung *f*
deposited abgelagert, ausgeschieden, sedimentiert; aufgetragen
deposited coating aufgetragene Beschichtung *f*, aufgetragene Schicht *f*
depositing Ablagern *n*, Absetzen *n*, Niederschlagen *n*, Sedimentieren *n*; Abscheiden *n*
depositing of mud Anschlämmen *n*
depositing-out tank Entmetallisierungsbad *n*
depositing tank Reinigungsbassin *n*
deposition Ablagerung *f*, Absetzung *f*, Ausfällung *f*, Sedimentbildung *f*, Abscheidung *f*
deposition chamber Bedampfungskammer *f*
deposition intensity Niederschlagsintensität *f {Meteorologie}*
deposition mask Bedampfungsmaske *f*
deposition point Ablagerungsort *m*
deposition potential Abscheidungspotential *n*
deposition rate Aufdampfrate *f*
deposition technology Beschichtungstechnik *f*, Aufdampftechnik *f*
deposition temperature Abscheidetemperatur *f*
deposition velocity Ablagerungsgeschwindigkeit *f*
deposits Korrosionsproduktablagerung *f*
depot 1. Ablage *f*; 2. Depot *n*, Lagerplatz *m {Aufbewahrungsort}*; 3. Lagerhaus *n*
depot drug Depotpräparat *n {Pharm}*
depot fat Depotfett *n*, Fettreservemittel *n*
depot insulin Depotinsulin *n*
depot iron Depoteisen *n*
depot method Depotverfahren *n*, Bayer-Verfahren *n*, Depotverfahren *n* nach Bayer *{Schaumstoffverarbeitung}*
depot protein Depoteiweiß *n*
deprecated name abgelehnte Benennung *f*, abgelehnter Name *m*, zurückgewiesene Bezeichnung *f*
depreciate/to entwerten
depreciation Herabsetzung *f* des Wertes *m*, Entwertung *f*, Wertminderung *f*
depress/to herunterdrücken, senken
depressant 1. Bremsmittel *n*, Sinkmittel *n {Flotation}*; 2. Beruhigungsmittel *n {Pharm}*; 3. drückender Zusatz *m*, Drücker *m {regelndes Schwimmittel, Mineralaufbereitung}*

depressor drückender Zusatz *m*, Drücker *m* *{regelndes Schwimmittel}*
depressurize/to drucklos machen; Druck *m* abbauen, Druck *m* ablassen
deprivation 1. Entziehung *f*; Beraubung *f*; 2. Verlust *m*
deprive/to berauben; entziehen, entblößen
deprive of tar/to entteeren
deprived [of] entblößt
depriving Entziehen *n*
depropanizer Entpropaner *n*, Entropanisierungskolonne *f*, Depropanisator *m*, Depropanisierungskolonne *f*, Entpropanisierungsvorrichtung *f* *{Mineralöl}*
depside Depsid *n* *{Ester einer Phenolcarbonsäure}*
depsipeptide Depsipeptid *n*
depth 1. Tiefe *f*; 2. Teufe *f*, Tiefe *f* *{Bergbau}*; 3. Tiefe *f*, Tiefenstufe *f* *{Kartographie}*
depth adjustment Tiefeneinstellung *f* *{Opt}*
depth of decarburization Entkohlungstiefe *f* *{DIN 50192}*
depth of embedment Einbettungstiefe *f*
depth of focus Tiefenschärfe *f*, Abbildungstiefe *f*, Schärfentiefe *f*, Tiefenschärfenbereich *m* *{Opt, Photo}*
depth of immersion Eintauchtiefe *f*
depth of indentation Eindringtiefe *f*, Eindrucktiefe *f*
depth of penetration Eindringtiefe *f*, Einwirktiefe *f*, HF
depth of roughness Rauhtiefe *f*
depth of the colo[u]r Tiefe *f* der Färbung, Farbtiefe *f*
depulp/to entpulpen
depurate/to reinigen, läutern
depurative blutreinigend
depurination Guanidinabspaltung *f* *{DNA}*
dequalinium chloride <$C_{30}H_{40}N_4Cl_2$> Dequaliniumchlorid *n*
derailing Entgleisen *n*
derating 1. Unterbelastung *f*; 2. Lastminderung *f*, Lastdrosselung *f*
derby red Chromrot *n* *{grobkristallines basisches Blei(II)-chromat}*
derbylite Derbylit[h] *m* *{Min}*
Derbyshire spar Flußspat *m*, Fluorit *m* *{Min}*
blue Derbyshire spar Sapphirfluß *m* *{Min}*
deresinate/to entharzen
deresination Entharzung *f*
deresinify/to entharzen
dericin oil Dericinöl *n*, Derizinöl *n* *{mineralöllösliches Rizinusöl}*
derivable ableitbar
derivate 1. Derivierte *f*; Ableitung *f*, Differenzialquotient *m*, abgeleitete Funktion *f* *{Math}*; 2. Derivat *n*, Abkömmling *m* *{Chem}*
derivated circuit Zweigkreis *m*
derivation 1. Ableitung *f*, Herleitung *f* *{Math}*; 2. Abstammung *f*; 3. Abzweigung *f*
derivation law Ableitungsgesetz *n*
derivative 1. Derivierte *f*; Ableitung *f*, Differenzialquotient *m*, abgeleitete Funktion *f* *{Math}*; 2. Abkömmling *m*, Derivat *n* *{Chem}*
derivative fluorescence spectroscopy Derivat-Fluoreszenzspektroskopie *f*
derivative spectroscopy Derivatspektroskopie *f* *{Plastanalytik}*
higher derivative höhere Ableitung *f*
logarithmic derivative logarithmische Ableitung *f*
partial derivative partielle Ableitung *f*
derivatization method Derivatisierungsverfahren *n*
derivatizer Derivatizer *m* *{Chrom}*
derive/to herleiten; abstammen; ableiten
derived circuit Abzweigstromkreis *m*
derived current Abzweigstrom *m*
derived timber product Holzwerkstoff *m* *{DIN 68602}*
derived units abgeleitete Einheiten *fpl*, abgeleitete Maßeinheiten *fpl*
dermal exposure Hautbelastung *f*
dermatin Dermatin *n*
dermatol Dermatol *n*, Wismutsubgallat *n*
dermatology Dermatologie, Hautlehre *f* *{Med}*
dermatolysis Dermatolyse *f* *{Med}*
dermatomyces Dermatophyt *m*, Hautpilz *m* *{Bakt}*
dermatopathia Hautkrankheit *f* *{Med}*
dermatophyte Dermatophyt *m*, Hautpilz *m* *{Bakt}*
dermatozoon Hautparasit *m*
dermis Corium *n*, Lederhaut *f*, Dermis *f*, Cutis *f*, Korium *n* *{Leder}*
derric acid <$C_{12}H_{14}O_7$> Derrsäure *f*
derrick 1. Förderturm *m*, Bohrturm *m*, Bohrgerüst *n* *{zur Erdölförderung}*; Ladebaum *m* *{Schiff}*; 2. Derrick *m*, Derrikkran *m*, Mastenkran *m*
derrid Derrid *n* *{Pflanzenharz}*
derust/to entrosten
derusting Entrosten *n*, Rostentfernung *f*
desaccharification Entzuckerung *f*
desacidification Entsäuerung *f*
desactivator Desaktivator *m*, negativer Katalysator *m*
desalination Entsalzen *n*, Entsalzung *f*, Teilentsalzung *f* *{Wasser von Trinkwassergüte aus salzreichem Meerwasser herstellen}*
desalination installation Entsalzungsanlage *f*
desalination membrane Entsalzungsmembrane *f*
desalination of seawater Meerwasserentsalzung *f*
desalination plant Entsalzungsanlage *f*

desalt/to entsalzen
desalter Wasserentsalzungsapparat *m*, Entsalzungsgerät *n*, Entsalzer *m*
desalting 1. Entsalzen *n*, Entsalzung *f*, Teilentsalzung *f* {*Wasser von Trinkwassergüte aus dem salzreichen Meerwasser herstellen*}; 2. Absalzung *f* {*Regeln der Kesselwasserdichte auf einen bestimmten Sollwert hin*}
desalting apparatus Entsalzungsgerät *n*, Wasserentsalzungsanlage *f*
desalting of water Wasserentsalzung *f*
desalting unit Entsalzer *m*, Wasserentsalzungsapparat *m*
crude oil desalting Entsalzen *n* von Rohöl *m*
desamidization *s*. deamination
desaminase {*EC 3.5.4*} Desaminase *f*
desaminochondrosamine Desaminochondrosamin *n*, 2-Deoxy-D-galactose *f*
desaponify/to entseifen
desasphalting Entasphaltierung *f* {*Mineralöl*}
descale/to dekapieren, entkrusten, entzundern; Kesselstein *m* entfernen, ensteinen; entkalken {*Triv*}
descaler Entzunderungsanlage *f* {*Met*}
descaling 1. Entzundern *n*, Abbeizung *f* {*Met*}; 2. Kesselsteinentfernung *f*, Entsteinung *f*, Entfernen *n* von Kessselstein *m*; Entkalken *n* {*Triv*}
descaling compound Kesselsteinlösemittel *n*
descaling plant Entzunderungsanlage *f* {*Met*}
descend/to 1. abstammen; 2. abwärts bewegen, abwärts gleiten; [her]absteigen, heruntersteigen, hinuntersteigen, heruntergehen; 3. einfahren, anfahren, befahren {*Grube*}
descendant 1. deszendent {*Geol*}; 2. Reaktionsprodukt *n*, Folgeprodukt *n* {*einer Reaktion*}; 3. Nachfolger *m* {*in einem logischen Baum*}; 4. Abkömmling *m*
descent 1. Abkunft *f*; 2. Abstieg *m*, Gefälle *n* {*z.B. einer Straße*}; Gefällestrecke *f*; 3. Herabsteigen *n*; Verfall *m*
descloizite Descloizit *m* {*Min*}
description 1. Beschreibung *f*; 2. Bezeichnung *f*; 3. Erläuterung *f*
descriptive anschaulich, deskriptiv
descriptive chemistry bechreibende Chemie *f*, phänomenologische Chemie *f*
desemulsification Entemulgierung *f*, Demulgierung *f*, Entmischung *f*
desensitization 1. Reduzierung *f* der Ansprechempfindlichkeit {*Instr*}; 2. Desensibilisierung *f*, Hellicht-Entwicklung *f*, Desensibilisieren *n* {*Photo*}; 3. Phlegmatisierung *f* {*Herabsetzung der Empfindlichkeit eines Explosivstoffes*}; 4. Densensibilisierung *f* {*Immun*}, Hyposensibilisierung *f* {*Med*}
desensitization bath Desensibilisatorbad *n* {*Photo*}
desensitize/to 1. desensibilisieren {*Photo*}; 2. phlegmatisieren {*Explosivstoffe*}; 3. Ansprechempfindlichkeit *f* reduzieren, Ansprechempfindlichkeit *f* herabsetzen, unempfindlich machen
desensitized phlegmatisiert {*Sprengstoff*}
desensitizer 1. Desensibilisator *m* {*Photo*}; 2. Phlegmatisierungsmittel *n* {*Explosivstoff*}
deserpidine Deserpidin *n*, Canescin *n*, Recanescin *n*, 11-Desmethoxyreserpin *n* {*Rauwolfia-Alkaloid*}
deserpidinol Deserpidinol *n*
desiccant Trockenmittel *n*, Trockenstoff *m*, Sikkativ *n*, Trocknungsmittel *n*, Trockenmedium *n*, Trockner *m*; Abbrandmittel *n* {*Agri*}
desiccant cartridge Trockenpatrone *f*, Trokkenmittelpatrone *f*
desiccant cell Trockenzelle *f*, Entfeuchtungszelle *f*
desiccant material Trockenmittel *n*, Trocknungsmittel *n*, Sikkativ *n*; Abbrandmittel *n*
desiccate/to trocknen, entfeuchten, entwässern, dehydratisieren, Wasser *n* entziehen; abdarren, darren, rösten {*Malz*}; ausdörren, austrocknen, eintrocknen, dörren {*z.B. Obst*}
desiccated getrocknet, eingedörrt {*Obst*}; gedarrt, geröstet {*Malz*}; wasserfrei, dehydratisiert, trocken {*Chem*}
desiccated egg Trockenei *n*, Eipulver *n*
desiccated medium Trockenmittel *n*, Trockennährboden *m*
desiccating 1. wasserentziehend; 2. Trocknen *n*, Entfeuchten *n*, Entwässern *n*, Dehydratisieren *n*; Abdarren *n*, Rösten *n* {*Malz*}; Abdörren *n*, Ausdörren *n* {*Obst*}
desiccation 1. Trocknen *n*, Trocknung *f*, Austrocknung *f*; 2. Labortrocknung *f* {*Chem*}; 3. künstliche [Holz-]Trocknung *f*; Ablagerung *f* {*Holz*}
desiccative Sikkativ *n*, Trockenmittel *n*, Trocknungsmittel *n*
desiccator 1. Exsikkator *m*, Exiccator *m*, Trokkengefäß *n*, Entfeuchter *m*, Lufttrockner *m*, Trockner *m* {*Lab*}; 2. Trockenmittel *n*, Trockenstoff *m*, Sikkativ *n*
desiccator cabinet Trockenschrank *m*
desiccator cover Exsikkatoraufsatz *m*, Exsikkatordeckel *m*
desiccator plate Exsikkatoreinsatz *m*, Exsikkatorplatte *f* {*Lab*}
design/to 1. designieren, entwerfen, planen; konstruieren; 2. ersinnen; 3. beabsichtigen; 4. bestimmen {*jemanden zu*}; 5. bemessen; 6. gestalten; auslegen; 7. zeichnen {*einen Plan*}, skizzieren
design 1. Muster *n*, Entwurf *m*, Desin *n*, Design *n*; Plan *m*, Skizze *f*, Zeichnung *f*; 2. Anlage *f*, Gestaltung *f*; 3. Formgebung *f*, Gestaltung *f* {*konstruktive*}, Formgebung *f*; Bauform *f*, Bauweise *f*; Ausführung *f*; 4. Plan *m*, Absicht *f*;

5. Konstruktion *f {als geistiges Konzept}*; 6. Auslegung *f {z.B. nach DIN}*
design and construction Realisierung *f*
design basis accident Auslegungsstörfall *m*
design calculation Auslegungsrechnung *f*
design criteria Auslegungskriterien *npl*, Auslegekriterien *npl*
design data Auslegungsdaten *pl*
design department Konstruktionsabteilung *f*
design fault Konstruktionsfehler *m*
design guidelines Gestaltungsrichtlinien *fpl*
design hazard review Gefahrenuntersuchung *f* in der Planungsphase
design inprovements konstruktive Verbesserungen *fpl*
design of experiments Versuchsplanung *f*
design pressure Auslegungsdruck *m*, Entwurfsdruck *m*, Berechnungsdruck *m*; Genehmigungsdruck *m {z.B. eines Druckbehälters}*
design principles Auslegungsgrundlagen *fpl*, Konstruktionsprinzipien *npl*
design stage Konstruktionsphase *f*, Konzeptphase *f*
design strength Gestaltfestigkeit *f {Kunst}*
design study Projektstudie *f*
design temperature Auslegungstemperatur *f*, Entwurfstemperatur *f*
design-transition temperature Rißhaltetemperatur *f*
designate/to bezeichnen, benennen; beschriften; bestimmen
designation 1. Beschriftung *f*; 2. Bezeichnung *f*, Benennung *f*, Name *m {z.B. eines Produkts}*
designation of colo[u]rs *{IEC 757}* Farbkennzeichnung *f*
designer drugs maßgeschneiderte Medikamente *npl*
designing engineer Konstrukteur *m*
desilicate/to entkieseln, desilificieren *{Geol}*
desilication Desilizificierung *f {Geol}*
desilicification Entkieselung *f*, Desilificierung *f*
desilicification process Entkieselungsverfahren *n*
desilicify/to entkieseln, desilificieren
desiliconization Entsilicierung *f*, Desilicierung *f {Met}*
desiliconization tank Entkieselungsgefäß *n*, Sandfänger *m*
desiliconize/to entsilicieren, desilicieren *{Met}*
desilter Schlammabscheider *m*
desilver/to entsilbern
desilvering Entsilbern *n*, Entsilberung *f*
desilvering bath Entsilberungsbad *n {Photo}*
desinter/to entsintern
desirable wünschenswert, erwünscht
desired value Sollwert *m {Automation}*
desirous begierig
desize/to entschlichten *{Text}*
desizers *s.* desizing agent
desizing Entschlichten *n*, Entschlichtung *f*
desizing agent Entschlichtungsmittel *n*
desizing machine Entschlichtmaschine *f {Text}*
desizing tank Entschlichtungsgefäß *n {Text}*
desk 1. Pult *n*; 2. Schreibtisch *m*, Tisch *m*; 3. Schalter *m*; 4. Schaltpult *n*; 5. Arbeitsfläche *f {Lab}*
desk-top computer Tischrechner *m*, Tischcomputer *m*
deslag/to entschlacken, abschlacken *{Met}*
deslagging Entschlacken *n*, Abschlackung *f {Met}*
deslime/to entschleimen; entschlämmen, abschlämmen
desliming Abschlämmen *n*, Entschlämmen *n*, Abschlämmung *f*, Entschlämmung *f*; Entschleimen *n*, Entschleimung *f*
desludge/to entschlammen
desludger 1. Entschlammer *m*, Schlammseparator *m {Mineralöl}*; 2. Schlammräumer *m*, Räumer *m {Schlammsammelraum der Kläranlage}*
desludging Schlammabscheidung *f*, Entschlammung *f*
desludging plant Entschlammungsanlage *f*
desmin 1. Strahlzeolith *m {obs}*, Bündelzeolith *m {obs}*, Garbenzeolith *m {obs}*, Desmin *m*, Stilbit *m {Min}*; 2. Desmin *n {Cytoskelett-Protein}*
desmo-enzyme Desmoenzym *n*, Desmoferment *n*, extrazelluläres Ferment *n {Biochem}*
desmolase Desmolase *f {obs, C-C-spaltendes Enzym}*
desmosine Desmosin *n {Elastin-Polypeptid-Vernetzer}*
desmosome Desmosom *n*, Haftplatte *f {Biol}*
desmotrope Tautomerie-Paar *n*
desmotropic desmotrop[isch]
desmotropism Desmotropie *f*, dynamische Allotropie *f*, Allelomorphie *f {Valenz, Stereochem}*
desmotropy *s.* desmotropism
desodorising Geruchsbeseitigung *f*, Desodorierung *f*
desodorising agent Desodorans *n {pl. Desodoranzien}*, Deodorant *n {pl. Deodorante oder Deodorants}*, Desodori[si]ierungsmittel *n*
desomorphine Desomorphin *n*
desooting Entrußen *n*
desorb/to desorbieren
desorber Desorptionsanlage *f*
desorption 1. Desorption *f {Entweichen oder Entfernen sorbierter Gase von Sorptionsmitteln}*; 2. Austreiben *n {Desorption gelöster Gase aus Flüssigkeiten oder von festen Grenzflächen}*
desorption column Abblasekolonne *f*
desorption mass spectroscopy *{SIMS and FAB}* Desorptions-Massenspektroskopie *f*

desorption spectrometry Desorptionsspektrometrie *f*
desorption spectroscopy thermische Desorptionsspektroskopie *f*
desosamine Desosamin *n*
desoxindigo Desoxindigo *n*
desoxyalizarin Desoxyalizarin *n*, Anthrarubin *n*
desoxycholic acid *s.* deoxycholic acid
desoxycorticosterone *s.* deoxycorticosterone
desoxyquinine *s.* deoxyquinine *n*
desoxyribonucleic acid *s.* deoxyribonucleic acid
desoxyribose **<$C_5H_{10}O_4$>** 2-Desoxy-D-ribose *f*, 2-Ribodesose *f*, Thyminose, 2'-Desoxy-D-erythro-pentose *f {ein Desoxyzucker}*
despatch/to [ab]schicken, [ab]senden, versenden; [schnell] erledigen, beenden
despatch 1. Versand *m*; Versenden *n*, Absendung *f*; 2. Abfertigung *f*; Entnahme *f {aus einem Lager}*; 3. Nachricht[sendung] *f*; Meldung *f*; 4. Erledigung *f*
despumate/to entschäumen, abschäumen, Schaum *m* abrahmen
despumation Schaumentfernung *f*, Abschäumung *f*
dessertspoon Dessertlöffel *m*, großer Teelöffel *m {Volumenmaß = 8 mL}*
destabilize/to destabilisieren, unstabil machen, entstabilisieren
destain/to abfärben
destaticization Entfernen *n* der elektrischen Ladung *f*, Entfernung *f* der elektrostatischen Ladung *f*
destaticize/to elektrostatische Aufladung beseitigen, elektrisch entladen *{von Kunststoff}*
destaticizer Antistatikum *n*, Aufladungsverhinderer *m*, antistatisches Mittel *n*, Statik-Entlader *m*
destearinate/to entstearinisieren, wintern, ausfrieren *{Öl}*
destimulator Destimulator *m*, Inhibitor *m {Korr}*
destination Bestimmungsort *m*, Zielort *m*, Ziel *n*
destraction Destraktion *f*, Fluidextration *f*
destrictinic acid Destrictinsäure *f*
destroy/to zertrümmern, zerstören, destruieren; vernichten; abtöten; verderben
destructibility Zersetzbarkeit *f*, Zerstörbarkeit *f*
destructible zerstörbar, zersetzlich
destruction Zerfall *m*, Destruktion *f*, Zerstören *n*, Abbau *m*, Zerstörung *f*, Zertrümmerung *f*; Vernichtung *f*
destruction due to faulty annealing Totglühen *n {Met}*
destruction limit Zerreißgrenze *f*
destructive zerstörend, vernichtend; zersetzend, abbauend, destruktiv; schädlich
destructive distillation destruktive Destillation *f*, zersetzende Destillation *f*, abbauende Destillation *f*, Zersetzungsdestillation *f {z.B. Trockendestillation}*
destructive distillation plant Trockendestillationsanlage *f*, Zersetzungsdestillationsanlage *f*
destructive effect Zerstörungseffekt *m*
destructive hydrogenation abbauende Hydrierung *f*, spaltende Hydrierung *f*, destruktive Hydrierung *f*
destructive test Zerrüttungsprüfung *f*, Zerrüttungsuntersuchung *f*; zerstörende Prüfung *f*, zerstörender Test *m*
destructive testing zerstörendes Prüfverfahren *n*, zerstörende Prüfung *f*
destructor Abfallverbrennungsanlage *f*, Abfallverbrennungsofen *m*, Müllverbrennungsofen *m*, Incinerator *m*
destructor plant 1. Müllverbrennungsanlage *f*, Abfallverbrennungsanlage *f*; 2. Kadaververwertungsanlage *f*, Tierkörperbeseitigungsanlage *f*
destruxines Destruxine *npl {cyclische Depsipeptide}*
desugarization Entzuckern *n*, Entzuckerung *f*, Zuckerenfernen *n*
desulfinase Desulfinase *f {Biochem}*
desulfonation Desulfonierung *f*
desulfurating Abschwefeln *n*, Entschwefeln *n*, Desulfurieren *n*, Desulfurierung *f*
desulfuration Abschwefelung *f*, Entschwefeln *n*, Desulfurieren *n*, Desulfurierung *f*
desulfurization Entschwefelung *f*, Abschwefelung *f*, Desulfurierung *f*, Entfernung *f* des Schwefels *m*
desulfurize/to entschwefeln, abschwefeln
desulfurizing Entschwefelung *f*, Abschwefeln *n*, Schwefelentfernung *f*, Desulfurieren *n*, Desulfurierung *f*
desulfurizing agent Entschwefelungsmittel *n*
desulfurizing furnace Entschwefelungsofen *m*
desulfurizing slag Entschwefelungsschlacke *f*
desyl **<$C_6H_5COC(C_6H_5)H$->** Desyl-
desyl chloride **<$C_6H_5COCHClC_6H_5$>** Desylchlorid *n*
detach/to 1. ablösen, abnehmen, abmachen, abreißen, absondern, abtrennen, loslösen; 2. entnehmen *{z.B. eine Probe}*; 3. abbauen
detachable 1. abnehmbar, demontierbar, auswechselbar, ausbaubar; 2. abziehbar, ablösbar, abstreifbar *{obere Schicht}*; 3. lösbar *{z.B. eine Verbindung}*; 4. abspaltbar, abtrennbar
detachable joint lösbare Rohrverbindung *f*
detachment 1. Ablösung *f*, Absonderung *f*; 2. Lösung *f*
detachment method Abreißmethode *f*, Lamellenmethode *f*, Bügelmethode *f {Oberflächenspannung}*
detachment of electrons Elektronenablösung *f*
detackifier Antiklebemittel *n*
detail Detail *n*, Einzelheit *f*; Feinheit *f*

detain/to abhalten, hindern, zurückhalten, aufhalten; vorenthalten
detar/to entteeren
detarring Entteeren *n*, Entteerung *f*, Teerabscheidung *f*, Teerentfernung *f*
detect/to auffinden, nachweisen, feststellen *{Anal}*; suchen, orten, aufspüren; entdecken, feststellen *{z.B. einen Fehler}*
detectability Nachweisbarkeit *f*, Erkennbarkeit *f*; Erfassungsgrenze *f {Anal}*
detectable nachweisbar, feststellbar, wahrnehmbar
detectable residues nachweisbare Rückstände *mpl {Chem, Ökol}*
detecting element *{GB}* Meßfühler *m*
detection 1. Beobachtung *f*; 2. Feststellung *f*, Erkennung *f*, Nachweis *m {eines Elementes oder einer Verbindung}*; Ermittlung *f {Nachweis}*; Erfassung *f {in der Analyse}*; 3. Erfassung *f {eines Zieles}*, Ortung *f*, Entdeckung *f {Radar}*
detection limit Nachweisgrenze *f {Anal}*
detection limit for analyte Nachweisgrenze *f* für den Analyten *m*
detection method Nachweismethode *f {Anal}*
detection of leakages Lecksuche *f*
detection sensitivity Nachweisempfindlichkeit *f*
detection sensitivity limit Nachweisempfindlichkeitsgrenze *f*
detection threshold Nachweisschwelle *f*
detection unit Detektionsgerät *n {Chrom}*; Nachweisgerät *n*
detector 1. Meßfühler *m*, Fühler *m*, Fühlgerät *n*; Meßeinrichtung *f*, Nachweisinstrument *n*, Spürgerät *n*, Suchgerät *n*; 2. Detektor *m {Gerät oder Einrichtung der Strahlenmeßtechnik}*, [Strahlen-]Nachweisgerät *n*; 4. Detektor *m*, Hochfrequenzgleichrichter *m*, Demodulator *m*; 5. Galvanoskop *n*; 6. Melder *m*, Meldegerät *n {z.B. Flammenmelder}*; 7. Empfänger *m*
detector arrangement Melderanordnung *f*
detector box Störungskontrollgerät *n*
detector substance Erkennungsmittel *n*
detector zone aktive Meldergruppe *f*
detent Arretierung *f*, Verrastung *f*, Verriegelung *f*, Sperrung *f*; Rastpunkt *m*
detent gear of an indicator Indikatoranhaltevorrichtung *f*
detent pin Anschlagstift *m*
detention 1. Zurückhalten *n*; Abhaltung *f*; 2. Einbehaltung *f*, Vorenthaltung *f*
detention period Aufenthaltszeit *f*, Stehzeit *f*, Verweilzeit *f*, Haltezeit *f*
detention time *s.* detention period
deter/to abschrecken; abhalten [von]
detergency 1. Waschwirkung *f*, Detergency *f {eine HD-Eigenschaft des Motorenöls}*, Detergiereigenschaften *fpl*; 2. Waschkraft *f {waschaktive Eigenschaften}*, Waschvermögen *n*, Wascheigenschaften *fpl*; Reinigungsvermögen *n*, Reinigungskraft *f*, reinigende Eigenschaften *fpl*
detergency function entspannende Wirkung *f*
detergent 1. reinigend, Reinigungs-; Wasch-; 2. Reinigungsmittel *n {oberflächenaktives}*, Reinigermasse *f*; Waschmittel *n*, Waschpulver *n*; Detergens *n*, Detergent *m*, Syndet *n*, synthetisches Reinigungsmittel *n*, synthetisches Waschmittel *n*; Detergent *m*, Schlamminhibitor *m*, absetzverhinderndes Mittel *n*
detergent additive Detergentzusatz *m {bei Schmierölen}*, Detergieradditiv *n*, Detergent-Additiv[e] *n*, Reinigungszusatz *m*, reinigender Zusatz *m*
detergent base material Waschrohstoff *m*
detergent bath Waschflotte *f {Text}*
detergent builder Aufbaustoff *m*, Gerüststoff *m*, Gerüstsubstanz *f*, Builder *m {Waschmittel}*
detergent chemistry Waschmittelchemie *f*
detergent industry Waschmittelindustrie *f*
detergent solution Detergentienlösung *f*, Waschmittellauge *f*; Waschflotte *f*, Waschlauge *f {Text}*
detergent surfactant waschaktive Substanz *f*, waschaktiver Stoff *m*
deteriorate/to 1. schlechter werden, unbrauchbarwerden, sich verschlechtern, an Wert *m* verlieren, *{im erweiterten Sinne}* verderben; altern; entarten; sich zersetzen; sich entmischen *{Emulsionen}*; 2. verschlechtern, im Wert *m* herabsetzen
deterioration 1. Verschlechterung *f*, Herabminderung *f*, Verminderung *f*, Minderung *f*, Verringerung *f*; Wertminderung *f*; 2. Verderben *n*, Verderb *m*, Schlechtwerden *n*; 3. Entartung *f*; 4. Zersetzung *f*; 5. Entmischung *f {von Emulsionen}*
deterioration of properties Werteabfall *m*
determinable bestimmbar, feststellbar
determinant Betimmungsgröße *f*; Einflußfaktor *m*; Determinante *f {Math}*; Determinante *f {Immun; Genabschnitt}*
expansion of determinants Entwicklung *f* von Determinanten *{Math}*
determination 1. Bestimmung *f*, Ermittlung *f*, Feststellung *f*; 2. Bestimmtheit *f*, Festlegung *f*
determination by separate operation Einzelbestimmung *f*
determination of atomic weight Atomgewichtsbestimmung *f {obs}*, Bestimmung *f* der relativen Atommassen
determination of calibration curve Aufstellen *n* einer Eichkurve *f {obs}*, Aufnahme *f* einer Eichkurve *f {obs}*, Aufnehmen *n* einer Kalibrierkurve *f*
determination of concentration Gehaltsbestimmung *f*, Konzentrationsbestimmung *f*

determination of constitution Konstitutionsbestimmung *f*, Konstitutionsaufklärung *f*
determination of content[s] Gehaltsbestimmung *f*, Bestimmung *f* der Bestandteile *mpl {einer unbekannten Substanz}*
determination of dew point Taupunktbestimmung *f*
determination of grain size Korngrößenbestimmung *f*
determination of hardness Härtebestimmung *f*
determination of limit of detection Bestimmung *f* der Nachweisgrenze
determination of molecular weight Molekulargewichtsbestimmung *f {obs}*, Bestimmung *f* der relativen Molekülmasse *f*
determination of paraffin wax Paraffinbestimmung *f {in Mineralölen}*
determination of precision Genauigkeitsbestimmung *f*, Bestimmung *f* der Genauigkeit *f*, Festlegung *f* der Genauigkeit *f*
determination of sulfur Schwefelbestimmung *f {Mineralöl}*
determination of vapo[u]r density Dampfdichtebestimmung *f*, Damfpdichtemessung *f*
determination of water content Wasserbestimmung *f {Mineralöl}*
determination tube Bestimmungsrohr *n*
determinative ausschlaggebend, entscheidend
determine/to 1. beschließen, festlegen; 2. bestimmen *{Chem}*, ermitteln, feststellen; 3. dosieren
determinental equation Bestimmungsgleichung *f {Math}*
deterrent Hemmungskörper *m*, Deterrens *n*; Abschreck[ungs]mittel *n*, Abschreck[ungs]stoff *m*, Repellent *n {gegen tierische Schädlinge}*
detersion Detersion *f {Abschleifung des Felsuntergrundes durch Eis, mitgeführtes Gesteinsmehl und eingefrorene Gesteinstrümmer}*
detersive Reinigungsmittel *n*
detoluate/to 1. enttoluolen; 2. mit Mononitrotoluol *n* anrühren
detonate/to detonieren, zerknallen; explodieren; verpuffen; zur Detonation *f* bringen, initiieren
detonating ball Knallerbse *f*
detonating cap Zündhütchen *n*, Sprengkapsel *f*
detonating charge Zündladung *f*
detonating composition Kompositionssatz *m*
detonating cord Knallzündschnur *f*, Sprengschnur *f*, detonierende Zündschnur *f*
detonating fuse Sprengschnur *f*, Knallzündschnur *f*, detonierende Zündschnur *f*
detonating gas Knallgas *n*
detonating powder Knallpulver *n*
detonating priming Knallzündmittel *n*
detonation 1. Detonation *f*, heftige Explosion *f*, Sprengung *f*; 2. Knall *m*; Verpuffung *f*; 3. Klopfen *n {im Vergasermotor}*
detonation-flame spraying Flammschockspritzen *n {DIN 8522}*, Detonationsspritzen *n*
detonation rate Detonationsgeschwindigkeit *f*
detonation velocity Detonationsgeschwindigkeit *f*
detonation wave Detonationswelle *f*, Stoßwelle *f*
detonator 1. Sprengkapsel *f*; 2. Detonator *m*, Sprengzünder *m*, Knallkörper *m*, Knallzünder *m {Eisenbahn}*, Zünder *m*, Zündhütchen *n*, Zündkapsel *f*, Initialzünder *m*, Zündplättchen *n*, Sprengkapsel *f {Zündmittel}*
detoxicant Entgiftungsmittel *n*, Detoxikationsmittel *n*
detoxicate/to entgiften, Gift *n* entfernen
detoxicating agent Entgiftungsmittel *n*, Detoxikationsmittel *n*
detoxication Entgiftung *f*, Entgiften *n*, Detoxikation *f*, Detoxifikation *f*
detoxication plant Entgiftungsanlage *f*
detoxification Entgiftung *f*, Entgiften *n*, Detoxikation *f*, Detoxifikation *f*
detreader Schälmaschine *f {Folie}*
detreading chips Gummischälabfälle *mpl*
detreading machine Schälmaschine *f {Folie}*
detriment 1. Benachteiligung *f*; Nachteil *m*; 2. Schaden *m*
detrimental schädlich; nachteilig
detritus 1. Detritus *m {Gesteinsschutt und Zerreibsel von Organismenresten}*, Verwitterungsschutt *m {Geol}*; Geröll *n*, Schutt *m*, aufgeschüttete Gesteinsbruchstücke *npl*, Trümmerschutt *m {Geol}*; 2. Detritus *m {unbelebte, frei im Wasser schwebende Sinkstoffe}*, Tripton *n*
detritus tank Sandfänger *m*
detumescent paint aufblähende Farbe *f*, detumeszierender Anstrich *m*
deuterate/to deuterieren, Deuterium *n* einbauen
deuterated deuteriert, Deuterium *n* enthaltend
deuterated compounds deuterierte Verbindungen *fpl*
deuteration Deuterieren *n*, Deuterierung *f*
deuteric acid <**R-COOD**> Deuteriosäure *f*
deuteride Deutrid *m*
deuterio- *{IUPAC}* Deuterio-
deuteriochloroform <$\mathbf{CDCl_3}$> Deuteriochloroform *n*, Chloroform-d *n*
deuterium <$\mathbf{D, {}_1^2H}$> Deuterium *n*, schwerer Wasserstoff *m*
deuterium-discharge tube Deuterium-Entladungslampe *f {UV-Quelle, Spek}*
deuterium exchange Deuterium-Austausch *m*
deuterium lamp Deuteriumlampe *f*, Deuteriumleuchte *f {Spek}*
deuterium-moderated reactor deuteriummoderierter Reaktor *m* Schwerwasserreaktor *m {Nukl}*

deuterium oxide <D_2O> Deuteriumoxid *n*, schweres Wasser *n*
deuterium trideuteromethoxide <CD_3OD> Perdeuteriomethanol *n*, Deuteriumtrideuteriomethoxid *n*
deuterization Deuterierung *f*, Deuterieren *n*
deuterizing Deuterierung *f*, Deuterieren *n*
deuterohemin Deuterohämin *n*
deuterolysis Deuterolyse *f*
deuteron Deuteron *n*, Deuton *n {obs}*, Deuteriumkern *m {Nukl}*
deuteron beam Deuteronenstrahl *m {Nukl}*
deuteron-induced activation Aktivierung *f* durch Deuteronen *npl*
deuteron photodisintegration Deuteronphotoeffekt *m*
deuteronium *{obs}* *s.* deuterium
deuteroporphyrin Deuteroporphyrin *n*
deuteroxyl <DO-> Deuteroxyl *n*
deuton *{obs}* *s.* deuteron
deutoplasma Deutoplasma *n*
devaluate/to abwerten, entwerten
devaluation Abwertung *f*, Entwertung *f*
devaporation Entnebelung *f*, Entdunstung *f*
devaporize/to entnebeln, entdunsten
devaporizing Entnebeln *n*, Entdunsten *n*
devaporizing plant Entdunstungsanlage *f*, Entnebelungsanlage *f*
Devarda's alloy Devardasche Legierung *f*, Devarda-Legierung *f {50% Cu, 45% Al, 5% Zn; Reduktionsmittel}*
develop/to 1. entwickeln, fördern, ausbauen, ausbilden, hervorbringen; 2. entwickeln *{von Funktionen, Math}*; 3. aufschließen, erschließen, ausrichten, vorrichten *{Bergbau}*; 4. kuppeln *{Text}*
developable entwicklungsfähig; entwickelbar *{z.B. eine Funktion, Math}*; abwickelbar *{Flächen}*
developed dye Entwicklungsfarbstoff *m*
developer 1. Entwickler *m*, Entwicklungsbad *n {Photo}*; lösungsfest abgepackte Entwicklungssubstanz *f {Photo}* 2. Entwicklungsingenieur *m*; Bauherr *m*, Bauunternehmer *m {Neulanderschließer}*; 3. Entwickler *m {z.B. Kalkmilch oder Kreideaufschlämmung, Eindringverfahren}*
developing Entwickeln *n*, Entwicklung *f*
developing bath Entwicklungsbad *n*, Entwicklerbad *n {Photo}*
developing dish Entwicklungsschale *f*, Entwicklerschale *f*, Photoschale *f {Photo}*
developing dyestuff Entwicklungsfarbstoff *m*
developing equipment Entwicklungseinrichtung *f {Photo}*
developing tank 1. Entwicklerdose *f*; 2. Entwicklungstrog *m*, Entwicklungstank *m {Photo}*
developing temperature Entwicklertemperatur *f {Photo}*
development 1. Entwicklung *f {Evolution}*; 2. Entwickeln *n*, Entwicklung *f {Photo, Chrom}*; 3. Erschließung *f {eines Gebietes}*; Bauvorhaben *n*; 4. Netz *n {eines Polyeders oder Körpers, Math}*; Entwicklung *f {von Funktionen, Math}*; 5. Aufschluß *m*, Ausrichtung *f*, Vorrichtung *f {Bergbau}*
development conditions Entwicklungsbedingungen *fpl*
development costs Entwicklungsaufwand *m*
development of compressive strength Druckfestigkeitsentwicklung *f*
development of heat Wärmeerzeugung *f*
development of piping Lunkerbildung *f*
development phase Entwicklungsphase *f*
development stage Entwicklungsstufe *f*, Entwicklungsstadium *n*
development time Entwicklungszeit *f*, Entwicklungsdauer *f {Photo}*
development trend Entwicklungstendenz *f*
development work Entwicklungsarbeiten *fpl*
continuous development Entwicklung *f* im Durchlauf *m {Photo}*
line of development Entwicklungslinie *f*
rate of development Entwicklungstempo *n*
deviate/to abweichen, ablenken; abwandern; abarten; abbiegen,
deviating abweichend
deviating mirror Umlenkspiegel *m*
deviating prism Umlenkprisma *n*
deviation 1. Abweichung *f {z.B. von einer Regel, von vorgegebenen Maßen}*, Deviation *f*; 2. Ablenkung *f*; Umleitung *f*, Ausweichen *n*, Abweichung *f*; 3. Abtrift *f*; 4. Streuung *f*; Umlenkung *f {Opt}*; 5. Ungenauigkeit *f*, Fehler *m*
deviation of form Formabweichung *f*
angle of deviation Ausschlagwinkel *m*
device 1. Vorrichtung *f*, Apparat *m*, Gerät *n*; Apparatur *f*, Einrichtung *f {Ausrüstung}*; Hilfseinrichtung *f*, Hilfsgerät *n*; 2. Bauteil *n*, Bauelement *n*; 3. Signet *n*, Druckerzeichen *n*, Verlagssignet *n*, Verlegerzeichen *n*; 4. Trick *m*
device for measuring pipe wall thickness Rohrwanddicken-Meßanlage *f*
device with digitized output digital anzeigendes Meßgerät *n*
devil 1. Putzkratzer *m {ein Werkzeug}*; 2. Feuertopf *m*; Asphaltkochmaschine *f*, Asphaltkocher *m*, Asphaltbrenner *m*; 3. tragbarer Lötofen *m*; 4. Haderndrescher *m {Text}*
devitalisation agent Devitalisierungspräparat *n {Dent}*
devitrification Entglasen *n*, Entglasung *f {Glaskeramik}*
devitrify/to entglasen
devolatilization Abnahme *f* der flüchtigen Bestandteile *mpl*; Entfernen *n* der flüchtigen Bestandteile *mpl*

devolatilizing effect Entgasungseffekt *m*
devolatilizing section Dekompressionszone *f*, Entgasungszone *f*, Entgasungsbereich *m*, Entgasungsschuß *m*, Entspannungszone *f*, Zylinderentgasungszone *f*
devote/to widmen
devotion Hingabe *f*, Widmung *f*
devulcanization Entvulkanisieren *n*, Devulkanisation *f*, Regeneration *f* *{Gummi}*
devulcanize/to devulkanisieren, entvulkanisieren, regenerieren *{Gummi}*
devulcanized rubber Regeneratkautschuk *m*
devulcanizer Digestor *m*, Entvulkanisierungsgefäß *n*, Regenerierkessel *m* *{Gummi}*
dew Tau *m*
dew point Taupunkt *m*, Taupunkttemperatur *f*
dew-point corrosion Taupunktkorrosion *f*
dew-point curve Taukurve *f*, Taulinie *f*, Kondensationslinie *f* *{Dest}*
dew-point hygrometer Taupunkthygrometer *n*
dew-point pressure Taupunktsdruck *m*
Dewar benzene Dewar-Benzol *n* *{Triv}*, Bicyclo-[2.2.0]hexa-2,5-dien *n*
Dewar flask Weinhold-Dewarsches Gefäß *n*, Dewar-Gefäß *n*, Weinhold-Gefäß *n*
Dewar vessel Dewar-Gefäß *n*, Metall-Dewar-Gefäß *n* *{zum Transport flüssiger Gase}*
dewater/to entwässern
dewatered latex wasserfreier Latex *m*
dewatering Entwässern *n*, Entwässerung *f*
dewatering centrifuge Entwässerungszentrifuge *f*
dewatering channel Entleerungskanal *m*, Abflußrinne *f*
dewatering cone Spitzkasten *m*, konischer Entwässerungsbehälter *m*
dewax/to entwachsen, entparaffinieren, Wachs *n* abtrennen, Paraffin *n* abtrennen, Wachs *n* entfernen, Paraffin *n* entfernen
dewaxed oil entwachstes Öl *n*
dewaxer Entparaffinierungsvorrichtung *f*
dewaxing Entwachsung *f*, Entparaffinierung *f* *{Mineralöl}*; Wachsentfernen *n* *{Gußform}*
dewaxing device Entwachsungseinrichtung *f*
deweylite Deweylit *m* *{Min}*
dewing Anfeuchten *n*, Befeuchten *n*, Netzen *n*, Benetzen *n*, Berieseln *n*, Besprühen *n*, Einsprengen *n*
dewy tauig, taunaß, taufeucht, betaut
dexamethasone **<$C_{22}H_{20}FO_5$>** Dexamethason *n*
dexamphetamine sulfate Dexamphetaminsulfat *n*
dextran[e] Dextran *n*, Macrose *f* *{ein Polysaccharid}*
dextran sulfate Dextransulfat *n*, Dextran-Schwefelsäurehalbester *m* *{meist Na-Salz}*
dextrantriose Dextrantriose *f*
dextrin Dextrin *n*, Britischgummi *n*, Stärkegummi *n*
dextrin adhesive Klebstoff *m* auf Dextrinbasis, Leim *m* auf Dextrinbasis, Dextrinleim *m*
dextrin syrup Dextrinsirup *m*
dextrinase Dextrinase *f* *{Grenz-und Cyclodextrine}*
dextrinized starch Dextrinstärke *f*
dextrinose Isomaltose *f*
dextro rechtsdrehend, d-drehend, d-
dextro-acid Rechtssäure *f*, rechtsdrehende Säure *f*, d-Säure *f*
dextro-compound rechtsdrehende Verbindung *f*, d-Verbindung *f*
dextroamphetamine sulfate **<$(C_9H_{13}N)_2$-H_2SO_4>** Methylphenetylaminsulfat *n*, Dexedrin, Dextroamphetaminsulfat *n*
dextrocamphor Rechtscampher *m*, rechtsdrehender Campher *m*, d-Campher *m*
dextrogyrate[d] *s.* dextrorotatory
dextrogyrous *s.* dextrorotatory
dextrolactic acid Rechtsmilchsäure *f*, d-Milchsäure *f*, Fleischmilchsäure *f*, Paramilchsäure *f*
dextromethorphan **<$C_{18}H_{25}NO$>** Dextromethorphan *n* *{WHO}*
dextromoramide **<$C_{25}H_{32}N_2O_2$>** Dextromoramid *n* *{WHO}*
dextronic acid **<$CH_2OH(CHOH)_4COOH$>** Dextronsäure *f*, D-Gluconsäure *f*
dextropimarene Dextropimaren *n*
dextropimaric acid Dextropimarsäure *f*, d-Pimarsäure *f*
dextropimarine Dextropimarin *n*
dextropimarol Dextropimarol *n*
dextropropoxyphene **<$C_{22}H_{29}NO_2$>** Dextropropoxyphen *n* *{WHO}*
dextrorotation Rechtsdrehung *f*
dextrorotatory rechtsdrehend, d-drehend, d-
dextrorphan Dextrorphan *n*
dextrose **<$C_6H_{12}O_6$>** Dextrose *f*, D-Glucose *f*, Glukose *f*, Stärkezucker *m*, Traubenzucker *m*, Blutzucker *m*
dextrose equivalent *{ISO 5377}* Dextrose-Äquivalent *n*, Reduktionsvermögen *n* *{Zucker im Stärkesirup}*
dextrose monohydrate *{CAC RS 8}* **<$C_6H_{12}O_6H_2O$>** medizinische Glucose *f*, Dextrosemonohydrat *n* *{Physiol}*
dextrotartaric acid **<$((-CHOH)COOH)_2$>** Rechtsweinsäure *f*, rechtsdrehende Weinsäure *f*, d-Weinsäure *f*, Wein[stein]säure *f*, d-2,3-Dihydroxybutandisäure *f*
dezincification Entzinkung *f* *{auch Korrosion des Messings}*
dezincification bath Entzinkungsbad *n*
dezincification resistance *{ISO 6509}* Entzinkungsbeständigkeit *f* *{Korr}*
dezinking *s.* dezincifikation

dezinking bath Entzinkungsbad *n {Met}*
DFP <$[(CH_3)_2CHO]_2P(O)F$> Diisopropylfluorphosphinat *n*
dhurrin <$C_{14}H_{17}NO_4$> Dhurrin *n*
Di Didymium *n {Nd-Pr-Mischung}*
di-unsaturated zweifach ungesättigt, doppelt ungesättigt
di-me solvent dewaxing Di-Me-Solvent-Entparaffinierung *f*, Dichlorethan-Methylenchlorid-Solvent-Entparaffinierung *f {Mineralöl}*
diabantite Diabantit *m {Min}*
diabase 1. *{US}* Diabas *m*, Grünstein[schiefer] *m {Min}*; 2. Dolerit *m {grobkörnige Abart des Basalts}*
diabatic wärmeaustauschend *{Thermo}*, wärmedurchlässig
diabetes Diabetes *m*, Zuckerkrankheit *f {Med}*
diabetic 1. zuckerkrank; 2. Diabetiker *m*
diabetic coma Diabeteskoma *n*
diabetic diet Diabetesdiät *f*, Diabetikerdiät *f*
diabetin Diabetin *n*, Fructose *f*
diabetogenic factor Diabetesfaktor *m*
diacetamide <$HN(COCH_3)_2$> Diacetamid *n*, *N*-Acetylacetamid *n*
diacetate Diacetat *n {Salz der Diessigsäure oder 2 Acetoxyreste enthaltend}*
diacetic acid 1. <CH_3COCH_2COOH> Acetylessigsäure *f*, Diessigsäure *f*; 2. <$(CH_3CO)_2CHCOOH$> Diacetylessigsäure *f*; 3. <$-CH_2COOH)_2$> Butandisäure *f*, Ethandicarbonsäure *f*, Bernsteinsäure *f*
diacetic ether <$CH_3COCH_2COOC_2H_5$> Acetessigsäureethylester *m*, Acetessigester *m*
diacetimide Diacetimid *n*
diacetin <$CH_2OOC_2H_3CHOHCH_2OOC_2H_3$> Diacetin *n*, Glycerindiacetat *n*
diaceton Acetylaceton *n*
diacetone alcohol <$(H_3C)_2C(OH)CH_2COCH_3$> Diacetonalkohol *m*, 4-Hydroxy-4-methylpentan-2-on *n*, 4-Hydroxy-2-keto-4-methylpentan *n*
diacetone sorbose Diacetonsorbose *f*
diaceton[e]amine <$H_3CCOC(NH_2)(CH_3)_2$> Diacetonamin *n*, Aminoisopropylaceton *n*
diacetonide Diacetonid *n*
diacetonyl alcohol *s.* diacetone alcohol
diacetyl <$CH_3COCOCH_3$> Biacetyl *n {IUPAC}*, Diacetyl *n*, Diketobutan *n*, Butan-2,3-dion *n*, Dimethylglyoxal *n*, Dimethyldiketon *n*
diacetyl peroxide <$(-OOCCH_3)_2$> Acetoperoxid *n*
diacetyldioxime Dimethylglyoxim *n*, Diacetyldioxim *n*, 2,3-Butandiondioxim *n*
diacetyldiphenolisatin <$C_{24}H_{19}NO_5$> Diacetyldiphenolisatin *n*, Diphesatin *n {WHO}*
diacetylene 1. <$HC{\equiv}C-C{\equiv}CH$> Diacetylen *n*, 1,3-Butadiin *n*; 2. <C_nH_{2n-6}> Diacetylen *n*
diacetylmorphine <$C_{17}H_{17}NO(C_2H_3O_2)_2$> Diacetylmorphin *n*, Heroin *n*
diacetylmutase Diacetylmutase *f {Biochem}*
diacetylphenylenediamine Diacetylphenylendiamin *n*
diacetylresorcin <$C_6H_4(OCOCH_3)_2$> Diacetylresorcin *n*
4,6-diacetylresorcinol Resodiacetophenon *n*
diacetyltannin Diacetyltannin *n*
diachylon Diachylonpflaster *n {Med}*
diachylon ointment Diachylonsalbe *f*, Bleipflastersalbe *f {Med}*
diacid 1. zweisäurig *{Base}*; zweifachsauer, primär, Dihydrogen-; 2. zweibasige Säure *f*, zweibasische Säure *f*, zweiwertige Säure *f*
diaclasite Diaklasit *m {obs}*, Basit *m {Min}*
diactinic die aktinischen Strahlen *mpl* durchlassend, diaktinisch *{Phys}*
diacyl peroxide <RCOOOCOR'> Diacylperoxid *n*
diad zweizählig *{Krist}*; zweiwertig
diadelphite Diadelphit *m {obs}*, Hämatolith *m {Min}*
diadoch diadoch *{Krist}*
diadochite Diadochit *m {Min}*
diagnose/to erkennen, diagnostizieren *{Med}*
diagnosis Diagnose *f*; Fehlerdiagnose *f*
diagnostic diagnostisch
diagnostic[s] Diagnostik *f {Med}*
diagonal 1. diagonal, quer, schräg, schräglaufend; Diagonal-; 2. Diagonale *f {im Vieleck, der Matrix; Math}*; 3. Diagonal *m {Text}*; 4. Kreuzstrebe *f*, Diagonale *f*, Schräge *f*, Spreize *f*, Diagonalstab *m*
diagonal matrix Diagonalmatrize *f {Math}*
diagonal relationship Schräganalogie *f*, Diagonalbeziehung *f*, Schrägbeziehung *f {z.B. im Periodensystem der Elemente}*
diagonalizing Diagonalisierung *f {von Matrizen, Math}*
diagram 1. Diagramm *n*, Schaubild *n*, Kurve *f*, Kurvenbild *n*, Graph *m*, schematische Zeichnung *f*, Schema *n*, Abbildung *f*, Aufzeichnung *f*, graphische Darstellung *f*; Figur *f*, Entwurf *m*; 2. Ablaufdiagramm *n*
diagram of connections Stromlaufschema *n {Elek}*
diagram of forces Kräftediagramm *n*
diagram of solidification Erstarrungsdiagramm *n*
diagrammatic als Diagramm *n*, zeichnerisch, schematisch; Diagramm-
diagrammatic section Prinzipschnitt *m*, Schemabild *n*
diagrammatic sketch Prinzipskizze *f*
dial/to 1. wählen *{mit der Wählscheibe}*; 2. anzeigen *{auf einer Skale}*
dial 1. Rundskale *f*, Zifferblatt *n*, Skale *f*, Skalenscheibe *f*; 2. Markscheiderkompaß *m*, Grubenkompaß *m*, Bergkompaß *m*, Stativkompaß *m*

{Bergbau}; 3. Rippscheibe *f {bei Strickmaschinen}*

dial barometer Zeigerbarometer *n*

dial face Zifferblatt *n*

dial-feed press Karussellpresse *f*, Revolverpresse *f {Kunst, Gummi}*

dial ga[u]ge Meßuhr *f*; Zeigervakuummeter *n*

dial-ga[u]ge indicator Skalenmeßgerät *n*

dial plate Zifferblatt *n*

dial thermometer Zeigerthermometer *n*, Thermometer *n* mit runder Skale

dialdehyde <HOC-R-CHO> Dialdehyd *m*, Dial *n*

dialin Dialin *n*, Dihydronaphthalin *n*

dialkyl Dialkyl *n*

dialkyl peroxide <R-O-O-R'> Dialkylperoxid *n*

dialkyl sulfide <R-S-R'> Dialkylsulfid *n*, Thioether *m*

dialkyl telluride Tellurdialkyl *n*

dialkylamine <R-NH-R'> sekundäres Amin *n*, Dialkylamin *n*

dialkylene Dialkylen *n*

dialkylmagnesium <R-Mg-R'> Magnesiumdialkyl *n*

dialkyltin laurate Dialkylzinnlaurat *n*

dialkyltin stabilizer Dialkylzinnstabilisator *m*

dialkylzincs <R-Sn-R'> Zinkdialkyl *n*

diallage Diallag *m {Min, Abart des Diopsids}*

diallage rock Gabbro *m*

diallydene Diallyden *n*

diallyl <CH_2=$CHCH_2CH_2CH$=CH_2> Diallyl *n*, Biallyl *n*, Hexa-1,5-dien *n*

diallyl ether Diallylether *m*

diallyl isophthalate Diallylisophthalat *n*

diallyl maleate Diallylmaleat *n*

diallyl phosphite <(CH_2=$CHCH_2O$)P(O)H> Diallylphosphit *n*

diallyl phthalate <$C_6H_4(COOCH_2CH$=$CH_2)_2$> Diallylphthalat *n*, Phthalsäurediallylester *m*

diallyl phthalate mo[u]lding compound Diallylphthalat-Preßmasse *f*

diallyl sulfate Diallylsulfat *n*

diallyl sulfide Allylsulfid *n*, Schwefelallyl *n*

5,5-diallylbarbituric acid 5,5-Diallylbarbitursäure *f*, Allobarbital *n*

diallyldichlorosilane Diallyldichlorsilan *n*

diallylene Diallylen *n*

diallylmorphimethine Diallylmorphimethin *n*

diallylurea Sinapolin *n*, Diallylharnstoff *m*

dialogite Dialogit *m*, Himbeerspat *m {obs}*, Rhodochrosit *m*, Manganspat *m {Min}*

dialurate 1. dialursauer; 2. Dialurat *n*

dialuric acid <$C_4H_4N_2O_4$> Dialursäure *f*, Tartronylharnstoff *m {Triv}*, Pyrimidin-2,4,5,6-tetraol *n*, 5- Hydroxybarbitursäure *f*

dialysable *{GB}* dialysierbar

dialyse/to *{GB}* durch Dialyse *f* trennen, dialysieren

dialyser *{GB}* Dialysator *m*, Dialysierzelle *f*

dialysis Dialyse *f*

dialytic[al] dialytisch

dialyzable *{US}* dialysierbar

dialyzation *{US}* Dialyse *f*

dialyzator *{US}* Dialysator *m*, Dialysierzelle *f*

dialyze/to *{US}* dialysieren, durch Dialyse trennen

dialyzer *{US}* Dialysator *m*, Dialysierzelle *f*

dialyzing *{US}* Dialysieren *n*

diamagnetic diamagnetisch

diamagnetism Diamagnetismus *m*

diamalt *{US}* Diastase *f {obs}*, Amylase *f {stärkespaltendes Enzym}*

diamantane <$C_{14}H_{20}$> Diamantan *n*, Congressan *n {Pentacyclo[7.3.1.1.0.0]tetradecan}*

diamantiferous diamantführend, diamanthaltig

diameter Dicke *f*, Stärke *f*; Durchmesser *m*

diameter of bore Kaliber *n*

diameter of nucleus Kerndurchmesser *m {Nukl}*

inside diameter Innendurchmesser *m*, lichter Durchmesser *m*, lichte Weite *f*

internal diameter *s.* inside diameter

nominal diameter Solldurchmesser *m*

diametrical diametral, diametrisch, genau entgegengesetzt

diametrically opposed grundsätzlich verschieden

diamide <H_2N-NH_2> Diamid *n*, Hydrazin *n*

diamidogen sulfate Hydrazinsulfat *n*

diamine Diamin *n {eine organische Base}*

diamine blue Diaminblau *n*, Trypanblau *n*

diamine dye Diaminfarbstoff *m*

diamine fast red Diaminechtrot *n*

diamine fast red F Diaminechtrot F *n*, Oxaminechtrot F *n*

3,6-diaminoacridine Diaminoacridin *n*, Acriflavin *n*

1,4-diaminobenzene <$C_6H_4(NH_2)_2$> 1,4-Diaminobenzol *n*, *p*-Phenylendiamin *n*

4,4' -diaminobiphenyl <$NH_2C_6H_4C_6H_4NH_2$> Benzidin *n*, 4,4'-Diaminodiphenyl *n*

1,4-diaminobutane Butandiamin *n*

diaminocyclopentane Diaminocyclopentan *n*

diaminodecane Diaminodecan *n*, Decandiamin *n*

diaminodiethylamine <$HN(C_2H_4NH_2)_2$> Diaminodiethylamin *n*

diaminodiethylsulfide <$S(C_2H_4NH_2)_2$> Diaminodiethylsulfid *n*

diaminodiphenylmethane Diaminodiphenylmethan *n*, 4,4'-Methylendianilin *n*

diaminodiphenylsulfone 4,4'-Diaminodiphenylsulfon *n*, Sulfonyldianilin *n*

diaminodiphenylthiourea <SC(HNC_6H_4-

$NH_2)_2$> Diaminodiphenylthioharnstoff *m*, Diaminothiocarbanild *n*
diaminodiphenylurea <$OC(HNC_6H_4NH_2)_2$> Diaminodiphenylharnstoff *m*, Diaminocarbanilid *n*
1,2-diaminoethane Ethylendiamin *n*
3,6-diaminofluoran Rhodamin *n*
diaminofluorene Diaminofluoren *n*
diaminogene blue Diaminogenblau *n*
1,6-diaminohexane Hexandiamin *n*
diaminomesitylene <$C_6H(CH_3)_3(NH_2)_2$> Mesityldiamin *n*
diaminomethoxybenzene Diaminomethoxybenzol *n*
diaminonaphthalene Naphthylendiamin *n*
1,5-diaminopentane Cadaverin *n*, Pentandiamin *n*
2,3-diaminophenol <$HOC_6H_3(NH_2)_2$> 2,3-Diaminophenol *n*
2,5-diaminophenol <$HOC_6H_3(NH_2)_2$> 2,5-Diaminophenol *n*
2,4-diaminophenoldihydrochloride <$C_6H_3(OH)(NH_2)_2 2HCl$> 2,4-Diaminophenol-Dihydrochlorid *n*, Amidol *n*
3,6-diaminophenylphenazine chloride Phenosafranin *n*
diaminopropane Propandiamin *n*
diaminoresorcinol Diaminoresorcin *n*
diaminostilbene <$(=CHC_6HH_3(SO_3H)NH_2)_2)$> 4,4'-Diaminostilbendisulfonsäure *f*
diaminothiodiphenylamine Leukothionin *n*
diaminotoluene <$CH_3C_6H_3(NH_2)_2$> Diaminotoluol *n*, Toluylendiamin *n*, Methylphenyldiamin *n*
2,5-diaminovaleric acid <$NH_2(CH_2)_3CH(NH_2)COOH$> Ornithin *n*, 2,5-Diaminovaleriansäure *f*, 2,5-Diaminopentansäure *f*
diaminoxidase *{EC 1.4.3.6}* Diaminoxidase *f*, Histaminase *f*
diammine mercuric chloride <$[Hg(NH_3)_2]\ Cl_2$> Diamminquecksilber(II)-chlorid *n*, weißes schmelzbares Präzipitat *n*
diammonium phosphate <$(NH_4)_2HPO_4$> Diammoniumphosphat *n*, sekundäres Ammoniumphosphat *n*, Ammoniumorthophosphat *n*
diamol Diamol *n*
diamond 1. Diamant *m {Min}*; 2. Raute *f {ein Kreuzungsbauwerk}*; 3. Rhombus *m {Math}*; 4. Glaserdiamant *m*, Diamantglasschneider *m*, Schneidediamant *m {Glas}*; 5. Diamant *m {des Reißverschlußes, Text}*; Kreuzeffektgarn *n*; Diamantenmuster *n*, Rautenmuster *n*, Rhombenmuster *n {Text}*; 6. Diamant *f {Schriftgrad}*
diamond black Diamantschwarz *n*
diamond black F Diamantschwarz F *n*, Acidolchromschwarz FF *n*
diamond blue Diamantblau *n*
diamond cement Diamantzement *m*
diamond circuit Brückenschaltung *f*, Wheatstone-Brücke *f {Elek}*
diamond cutter Diamantschleifer *m*, Diamantschneider *m*
diamond disk Diamantscheibe *f {Glas}*
diamond drill Diamantbohrer *m*, Diamantbohrgerät *n*
diamond dust Diamantpulver *n*, Diamantstaub *m*
diamond fuchsine Diamantfuchsin *n*
diamond head drill Diamantkronenbohrer *m*
diamond ink Diamanttinte *f {zum Ätzen von Glas}*
diamond lattice Diamantgitter *n {Krist}*
diamond mortar Diamantmörser *m*
diamond scale Diamantwaage *f*
diamond-shaped rautenförmig
diamond structure Diamantstruktur *f*, Diamanttyp *m {Krist}*
diamond wheel Diamantschleifscheibe *f*
diamond yellow Diamantgelb *n*
imitation diamond Glasdiamant *m*
rough diamond Rohdiamant *m*, Käsestein *m*
diamondiferous diamantführend, diamanthaltig
diamyl ether <$[(CH_3)_2CHCH_2CH_2]_2O$> Diamylether *m*, Amylether *m*, Amyloxid *n {obs}*
diamyl ketone Diamylketon *n*
diamyl phenol Diamylphenol *n*, 1-Hydroxy-2,4-diamylbenzol *n*
diamyl phthalate <$C_6H_4(CO_2C_5H_{11})_2$> Diamylphthalat *n*, Phthalsäurediallylester *m*
diamyl sulfide <$(C_5H_{11})_2S$> Amylsulfid *n*, Diamylsulfid *n*
diamylamine <$(C_5H_{11})_2NH$> Diamylamin *n*, Di-*n*-pentylamin *n*
diamylose Diamylose *f*
dianil blue Dianilblau *n*, Trypanblau *n*
dianil orange Pyramin-orange 2G *n*, Alkaliorange GT *n*, Dianilorange *n*
dianilinium dichromate Dianilindichromat *n*
dianion Dianion *n {z.B. chinoide Mesomerieformen}*
dianisidine Dianisidin *n*, Bianisidin *n*, 3,3'-Dimethoxybenzidin *n*, 3,3'-Dimethoxy-4,4'-biphenyldiamin *n*
dianisidine blue Dianisidinblau *n*
dianole Dianol *n {Farbstoff}*
dianthracyl Dianthracyl *n*, Bianthracyl *n*
dianthranilide Dianthranilid *n*
dianthranyl Dianthranyl *n*, Bianthranyl *n*
dianthraquinone Dianthrachinon *n*
dianthrene blue Dianthrenblau *n*
dianthrimide Dianthrimid *n*, Dianthrachinonylamin *n*
dianthryl Dianthryl *n*, Dianthranyl *n*, Bianthryl *n*
diaper 1. Diaper *m*, Gänseaugenstoff *m {Jacquardgewebe}*; 2. Windel *f {Text}*

diaphanometer Diaphanometer *n*, Lichtdurchlässigkeitsmesser *m*, Transparenzmesser *m*
diaphanous diaphan, durchscheinend, durchsichtig, transparent
diaphenylsulfone Diaphenylsulfon *n*, 4,4'-Diaminodiphenylsulfon *n*
diaphorase Diaphorase *f* *{Flavoprotein-Enzym}*
diaphoretic 1. schweißerregend, schweißtreibend, diaphoretisch; 2. Diaphoretikum *n*, schweißtreibendes Mittel *n* *{Pharm}*
diaphoretic powder Schweißpulver *n* *{Pharm}*
diaphorite Diaphorit *m* *{Min}*
diaphragm 1. Membran[e] *f*, Diaphragma *n* *{Tech}*; 2. Scheidewand *f* *{z.B. bei der Dialyse}*, Diaphragma *n*, Membran *f*; Trenn[ungs]wand *f*, Scheidewand *f*, Zwischenwand *f*, Membran *f*; poröse Scheidewand *f* *{Elektrochemie, Filtrieren}*; Zwischenboden *m* *{Chem}*; 3. Balg *m*, Heizbalg *m* *{Gummi}*; 4. Scheider *m*, Plattenscheider *m*, Separartor *m*, Trennelement *n* *{z.B. des Akkumulators}*; 5. Versteifungswand *f*, Bindeblech *n*, Versteifungsblech *n* *{Stahlträger}*; Aussteifungsträger *m* *{wandartiger}*; 6. Blende *f*, Diaphragma *n*, Abblendvorrichtung *f*, Aperturblende *f* *{Opt, Photo}*; 7. Zwerchfell *n* *{Med}*
diaphragm aperture Blendenöffnung *f*
diaphragm box Membrandose *f*
diaphragm cell Diaphragmaelement *n*, Diaphragmenzelle *f*, Diaphragmazelle *f* *{Elektrolyse}*
diaphragm compressor Membrankompressor *m*, Membranverdichter *m* *{Hubkolbenverdichter}*
diaphragm current Diaphragmenstrom *m*
diaphragm-filter press Membrankammer-Filterpresse *f*
diaphragm manometer Membranmanometer *n*
diaphragm metering pump Membrandosierpumpe *f*
diaphragm plane Blendenebene *f* *{Opt}*
diaphragm plate Stauscheibe *f*
diaphragm position Blendenstellung *f* *{Opt}*
diaphragm-pressure controller Membranschalter *m*
diaphragm process Diaphragmaverfahren *n*, Diaphragmenverfahren *n*
diaphragm pump Diaphragmapumpe *f*, Membranpumpe *f*, Balgpumpe *f*
diaphragm-safety valve Membran-Sicherheitsventil *n* *{DIN 3320}*
diaphragm scale Blendenskale *f*
diaphragm seal Folienabdeckung *f*, Membrandichtung *f*
diaphragm setting Blenden[ein]stellung *f*
diaphragm switch Membranschalter *m*
diaphragm-type pressure ga[u]ge Membranmanometer *n*
diaphragm vacuum ga[u]ge Membranmanometer *n* für Vakuumtechnik, Membranvakuummeßgerät *n*, Membranvakuummeter *n*
diaphragm valve Membranschleuse *f*, Membranventil *n*
semi-permeable diaphragm halbdurchlässige Membran *f*
diapositive Diapositiv *n*, Dia *n* *{Photo}*
diapryl adipate Diapryladipat *n*
diarabinose **<$C_{10}H_{18}O_9$>** Diarabinose *f*
diarsane **<H_2As-AsH_2>** Diarsan *n* *{IUPAC}*, Diarsin *n*
diarsenobenzene Diarsenobenzol *n*
diarsine 1. <As_2H_4> Diarsin *n*, Diarsan *n* *{IUPAC}*; 2. <R_2As-AsR_2> Diarsin *n*
diarylamine **<Ar-NH-Ar>** Diarylamin *n*, sekundäres aromatisches Amin *n*
diaspartic acid Asparacemsäure *f*
diaspirin Diaspirin *n*
diaspore Diaspor *m* *{Min}*
diastase Diastase *f* *{obs}*, Amylase *f* *{stärkespaltendes Enzym}*
diastasic diastasisch
diastatic *s.* diastasic
diastereo[iso]mer Diastereoisomer *n*, Diastereomer *n* *{Stereochem}*
diastereo[iso]meric diastereomer, diastereoisomer
diastereo[iso]merism Diastereomerie *f*, Diastereoisomerie *f* *{Stereochem}*
diastereoselectivity Diastereoselektivität *f*
diastereotopic ligand diastereotoper Ligand *m*
diastofor *{US}* Diastase *f* *{obs}*, Amylase *f* *{stärkespaltendes Enzym}*
diastrophism Diastrophismus *m* *{Geol}*
diaterebinic acid Diaterebinsäure *f*
diathermal diatherm[an], wärmedurchlässig, durchläsig für Wärmestrahlen *mpl*
diathermancy Durchlässigkeit *f* für infrarote Strahlen *mpl*, Wärmedurchlässigkeit *f*, Diathermansie *f*
diathermanous diatherm[an], wärmedurchlässig, infrarotdurchlässig, durchlässig für Wärmestrahlen *mpl*
diathermic diatherm[an], infrarotdurchlässig, wärmedurchlässig *{Wärmestrahlen hindurchlassend}*
diatom *{pl. diatomacae}* Kieselalge *f*, Diatomee *f*
diatomaceous diatomeenartig
diatomaceous earth Diatomeenerde *f*, Diatomit *m*, Kieselgur *f*, Infusorienerde *f* *{Min}*
diatomic doppelatomig, zweitatomig
diatomite *s.* diatomaceous earth
diatomite filter Diatomitfilter *n*, Kieselgur-Anschwemmfilter *n*
diatomite layer Diatomitschicht *f*, Infusorienerdeschicht *f*
diatophane Diatophan *n*

diatretyne Diatretyn *n {Polyin aus Ritterlingen}*
diatropic compound diatrope Verbindung *f {Stereochem}*
diazene *s.* diazete
diazepam Diazepam *n {Pharm}*
diazete <C_2H_4N> Diazen *n*
diazide Diazid *n*
diazine Diazin *n {sechsgliedriger Heterocyclus mit 2 Stickstoffatomen im Ring}*
  1,2-diazine Pyridazin *n*
  1,3-diazine Pyrimidin *n*, Miazin *n*
  1,4-diazine Pyrazin *n*
  diazine blue Diazinblau *n*
diaziridine <$R_2C(NH)_2$> Diaziridin *n*
diazirine <$R_2C(=N=N)$> Diazirin *n*
diazo 1. Diazotypie-Verfahren *n*, Lichtpausverfahren *n*, Ammoniak-Kopierverfahren *n*; 2. Diazofarbstoff *m {Text}*
  diazo acetone Diazoaceton *n*
  diazo black Diazoschwarz *n*
  diazo compound <R-N=N-X> Diazokörper *n*, Diazoverbindung *f*
  diazo coupling Diazokupplung *f*
  diazo dye Diazofarbstoff *m*
  diazo metal compound Diazometallverbindung *f*
  diazo paper Diazopapier *n*
  diazo salt Diazoniumsalz *n*
  diazo test Diazoreaktion *f {Med}*
diazoacetic acid Diazoessigsäure *f*
  diazoacetic ester <$N_2CHCOOCH_2CH_3$> Diazoessigsäureethylester *m*, Diazoethylacetat *n {IUPAC}*
diazoamino compound <RN=NNHR> Diazoaminoverbindung *f*
diazoaminobenzene <$C_6H_5N=NNHC_6H_5$> Diazoaminobenzol *n*, 1,3-Diphenyltriazen *n*, Diazobenzenanilidin *n*, Benzenazoanilid *n*
diazobenzene Diazobenzol *n*
  diazobenzene chloride <$C_6H_5N_2Cl$> Diazobenzolchlorid *n*, Benzoldiazoniumchlorid *n*
***p*-diazobenzenesulfonic acid** Diazobenzolsulfonsäure *f {obs}*, 4-Diazoniobenzolsulfonat *n*, diazotierte Sulfonilsäure *f*
diazobenzoic acid Diazobenzoesäure *f*
diazocamphor Diazocampher *m*
diazocarbonyl Diazocarbonyl *n*
diazocyclopentadiene <$C_5H_4N_2$> Diazocyclopentadien *n*
diazocystine Diazocystin *n*
diazodinitrophenol <$C_6H_2N_4O_5$> Diazodinitrophenol *n*, 4,6-Dinitrobenzol-2-diazo-1-oxid *n*, 5,7-Dinitro-1,2,3-benzoxadiazol *n {Expl}*
diazoethane <$C_2H_2N_2$> Diazoethan *n*, Aziethan *n*, Aziethylen *n*
diazoformic acid Diazoameisensäure *f*
diazoimide Diazoimid *n*, Azoimid *n*, Hydrogenazid *n*
diazoindene Diazoinden *n*
diazoisatin Diazoisatin *n*
diazole Diazol *n {5-gliedrige Heterocyclen mit 2 N-Atomen}*
  1,2-diazole Pyrazol *n*
  1,3-diazole Glyoxalin *n*, Imidazol *n*
  diazole green B Oxamingrün B *n*, Azidingrün 2B *n*
diazomalonic acid Diazomalonsäure *f*
diazomalononitrite Dicyano-diazomethan *n*, Diazomalonitrit *n*
diazomethane <CH_2N_2> Diazomethan *n*, Azimethan *n*, Azymethylen *n*
diazonaphtholsulfonic acid <$C_{10}H_5NOSO_3H$> Diazonaphtholsulfo[n]säure *f*
diazonium compound Diazoniumverbindung *f*, Diazoniumsalz *n*
  diazonium hydroxide Diazoniumhydroxid *n*
  diazonium salt Diazoniumsalz *n*, Diazoniumverbindung *f*
diazooxalacetic acid Diazooxalessigsäure *f*
diazoparaffin Diazoparaffin *n*, Diazoalkan *n*
diazophenol <$C_6H_4N_2O$> Diazophenol *n*
diazosuccinic acid Diazobernsteinsäure *f*
diazotate <RN=NOM> Diazotat *n*
diazotation Diazotierung *f*, Diazotieren *n*
diazotetrazole <CN_6> Diazotetrazol *n*
diazotizable diazotierbar
diazotization Diazotierung *f*, Diazotieren *n*
diazotize/to diazotieren
diazotized metal compound Diazometallverbindung *f*
diazotizing Diazotieren *n*, Diazotierung *f*
  diazotizing bath Diazobad *n {Photo}*
diazotype Diazotypie *f*
  diazotype paper Diazo[typie]papier *n*
  diazotype printing Diazodruck *m*
diazoxide <$C_8H_7ClN_2O_2S$> Diazooxid *n {WHO}*
diazthine Thiodiazin *n*
dibasic zweibasig, zweibasisch, doppelbasisch
  dibasic acid zweibasische Säure *f*, zweibasige Säure *f*, zweiwertige Säure *f*
  dibasic ammonium phosphate <$(NH_4)_2HPO_4$> Ammoniumhydrogen[ortho]phosphat *n*, Diammoniumhydrogenphosphat *n*
  dibasic calcium phosphate <$CaHPO_4$> Calciumhydrogen[ortho]phosphat *n*, Dicalciumhydrogenphosphat *n*
  dibasic lead phosphate sekundäres Bleiphosphat *n {obs}*, Blei(II)-hydrogenphosphat *n*
  dibasic magnesium phosphate <$MgHPO_4$> Magnesiumhydrogen[ortho]phosphat *n*, Dimagnesiumphosphat *n*
  dibasic potassium phosphate <K_2HPO_4> Dikaliumphosphat *n*, Kaliumdihydrogen[ortho]-phosphat *n*

dibasicsodium phosphate <Na_2HPO_4> Natriumdihydrogen[ortho]phosphat *n*, Dinatriumphosphat *n*
dibemethine Dibemethin *n*
dibenzacridine <$C_{21}H_{13}N$> Dibenzacridin *n*, Naphthacridin *n*
dibenzalhydrazine Benzalazin *n*
dibenzamide <$(C_6H_5CO)_2NH$> Dibenzamid *n*
dibenzanthracene <$C_{22}H_{14}$> Dibenzanthracen *n*, Naphthophenantren *n*
dibenzanthraquinone Dibenzanthrachinon *n*
dibenzanthrone Dibenzanthron *n*, Indanthrendunkelblau BOA *n*, Volanthron *n*
3,3'-dibenzanthronyl <$C_{34}H_{18}O_2$> Dibenzanthronyl *n {13,13'-Verbindung}*
dibenzcarbazole Dibenzcarbazol *n*
dibenzcoronene Dibenzcoronen *n*
dibenzfluorene Dibenzfluoren *n*
dibenzhydryl ether Benzhydrylether *m*
dibenzo thiazyl disulfide Dibenzothiazyldisulfid *n*
dibenzobarrelene Dibenzobarrelen *n*
dibenzodioxin Diphenylendioxid *n*, Phendioxin *n*, Dioxin *n*
dibenzo-1,4-dithiin Thianthren *n*
dibenzofuran <$C_{12}H_8O$> Diphenylenoxid *n*, Dibenzofuran *n*
dibenzofurfuran Diphenylenoxid *n*, Dibenzofuran *n*
dibenzophenazine Phenophenanthrazin *n*
dibenzo-1,4-pyran Xanthen *n*
dibenzopyrone Dibenzo-γ-pyron *n*, 9-Oxoxanthen *n*, Xanthon *n*
dibenzoyl <$C_6H_5COCOC_6H_5$> Dibenzoyl *n*, Benzil *n*, Diphenylglyoxal *n*, Diphenyldiketon *n*
dibenzoyl peroxide <$C_6H_5OCOOCOC_6H_5$> Dibenzoylperoxid *n*, Benzoylperoxid *n*, Lucidol *n*
dibenzoylate/to dibenzoylieren
dibenzoylbibenzyl Didesyl *n*
dibenzoyldinaphthyl Dibenzoyldinaphthyl *n*
dibenzoylethane <$(-CH_2COC_6H_5)_2$> Diphenazyl *n*
dibenzoylheptane Dibenzoylheptan *n*
dibenzoylperylene Dibenzoylperylen *n*
dibenzphenanthrene Dibenzphenanthren *n*
dibenzpyrenequinone Dibenzpyrenchinon *n*
dibenzyl <$C_6H_5CH_2CH_2C_6H_5$> Dibenzyl *n*, Bibenzyl *n*, 1,2-Diphenylethan *n*
dibenzyl dichlorosilane Dibenzyldichlorsilan *n*
dibenzyl ether <$(C_6H_5CH_2)_2O$> Dibenzylether *m*, Benzylether *m*
dibenzyl group <$C_6H_5CH_2CH_2$-> Dibenzyl-; Dibenzylgruppe *f*
dibenzyl ketone Dibenzylketon *n*
dibenzyl sebacate Dibenzylsebacat *n*
dibenzyl silanediol Dibenzylsilandiol *n*
dibenzylamine <$(C_6H_5CH_2)_2NH$> Dibenzylamin *n*
dibenzylidene acetone <$(C_6H_5CH{=}CH\text{-})_2CO$> Dibenzalaceton *n*, Distyrylketon *n*
diborane <B_2H_6> Diboran(6) *n*, Borethan *n {obs}*
dibornyl Dibornyl *n*
diboron tetrabromide <B_2Br_4> Dibortetrabromid *n*
diboron tetrachloride <B_2Cl_4> Dibortetrachlorid *n*
diboron tetrafluoride <B_2F_4> Dibortetrafluorid *n*
diboron trioxide <B_2O_3> Dibortrioxid *n*
DIBP Diisobutylphthalat *n {DIN 7723}*
2,4-dibrom-1-aminoanthraquinone 2,4-Dibrom-1-aminoanthrachinon *n*
dibrom[o] Dibrom-
dibromoacetophenone Dibromacetophenon *n*
dibromoacetylene <$BrC{\equiv}CBr$> Dibromacetylen *n*, Dibrommethin *n*
dibromoanthracene 9,10-Dibromanthracen *n*
dibromoanthraquinone Dibromanthrachinon *n*
dibromobenzene <$C_6H_4Br_2$> Dibrombenzol *n*
dibromobenzoic acid Dibrombenzoesäure *f*
dibromobutene Dibrombuten *n*
dibromocamphor Campherdibromid *n*
1,2-dibromo-3-chlorpropane <$C_3H_5Br_2Cl$> Dibromchlorpropan *n {Agri}*
dibromodiethyl sulfide <$(BrC_2H_4)_2S$> Dibromdiethylsulfid *n {Bromsenföl}*
dibromodifluoromethane <CBr_2F_2> Dibromdifluormethan *n*, R12 B2
dibromodihydroxyanthracene Dibromdihydroxyanthracen *n*
dibromodiphenyl Dibromdiphenyl *n*
1,2-dibromoethane <$BrCH_2CH_2Br$> 1,2-Dibromethan *n*, Ethylendibromid *n*
dibromofumaric acid Dibromfumarsäure *f*
dibromohydrin Dibromhydrin *n*
dibromohydroxyquinoline Dibromhydroxychinolin *n*
dibromoindigo <$C_{16}H_8N_2O_2Br_2$> Dibromindigo *n*
dibromoketodihydronaphthalene Dibromketodihydronaphthalin *n*
dibromomaleic acid Dibrommaleinsäure *f*
dibromomalonic acid Dibrommalonsäure *f*
dibromomenthone Dibrommenthon *n*
dibromomethane <CH_2Br_2> Dibrommethan *n*, Methylenbromid *n*
dibromonaphthalene Dibromnaphthalin *n*
dibromonaphthol Dibromnaphthol *n*
dibromonaphthylamine Dibromnaphthylamin *n*
1,5-dibromopentane Pentamethylendibromid *n*
1,3-dibromopropane <$CH_2BrCH_2CH_2Br$> 1,3-Dibrompropan *n*, Trimethylendibromid *n*
dibromopropanol Dibrompropanol *n*

dibromoquinone chlorimide <$C_6H_2Br_2ClNO$> Dibromchinonchlorimid *n*
dibromosalicylic acid Dibromsalicylsäure *f*
dibromosuccinic acid Dibrombernsteinsäure *f*
1,2-dibromotetrafluoroethane <$C_2Br_2F_4$> 1,2-Dibromtetrafluorethan *n*, R114B2
dibromotoluidine Dibromtoluidin *n*
dibromotyrosine Dibromtyrosin *n*
dibucaine Dibucain *n*
dibutoline sulfate Dibutolinsulfat *n*
dibutoxyethyl adipate Dibutoxyethyladipat *n*
dibutoxyethyl phthalate Dibutoxyethylphthalat *n*
dibutoxytetraglycol Dibutoxytetraglykol *n*, Tetraethylenglykol-Dibutylether *m*
dibutyl Octan *n* *{IUPAC}*
dibutyl adipate Dibutyladipinat *n*
di-*t*-butyl chromate Di-*t*-butylchromat *n*, Di-*tert*-butylchromat *n*
dibutyl ether <$(C_4H_9)_2O$> Dibutylether *m*, Butylether *m*
dibutyl fumarate Dibutylfumarat *n*
dibutyl glycol phthalate <$C_6H_4(CO_2CH_2CH_2OC_4H_9)_2$> Dibutylglycolphthalat *n*
dibutyl ketone Dibutylketon *n*
dibutyl maleate Dibutylmaleat *n*
dibutyl oxalate <$-COOC_4H_9)_2$> Dibutyloxalat *n*
di-*t*-butyl peroxide Di-*t*-butylperoxid *n*, Di-*tert*-butylperoxid *n*
dibutyl phthalate <$C_6H_4(CO_2C_4H_9)_2$> Dibutylphthalat *n*, Phthalsäuredibutylester *m*
dibutyl sebacate <$C_4H_9OCO(CH_2)_8OCOC_4H_9$> Dibutylsebacat *n*, DBS
dibutyl tartrate Dibutyltartrat *n*, Weinsäuredibutylester *m*
di-*n*-butylamine Di-*n*-butylamin *n*
di-*sec*-butylamine <$(CH_3CHC_2H_5)_2NH$> Di-*sec*-butylamin *n*
dibutylberyllium <$Be(C_4H_9)_2$> Berylliumdibutyl *n*
dibutylbutyl phosphonate <$C_4H_9P(O)(OC_4H_9)_2$> Dibutylbutylphosphonat *n*
dibutylcadmium <$Cd(C_4H_9)_2$> Cadmiumdibutyl *n*
di-*t*-butylmetacresol Di-*t*-butylmetacresol *n*, Di-*tert*-butylmetacresol *n*
dibutylthiourea Dibutylthiourea *n*, Dibutylthioharnstoff *m*
dibutyltin diacetate Dibutylzinndiacetat *n*
dibutyltin dilaureate Dibutylzinndilaurat *n*
dibutyltin maleate Dibutylzinnmaleat *n*
dibutyltin oxide <$[(C_4H_9)_2SnO^-]_x$> Dibutylzinnoxid *n*
dibutyltin stabilizer Dibutylzinnstabilisator *m*
dibutyltin sulfide <$[(C_4H_9)_2SnS]_3$> Dibutylzinnsulfid *n*
dibutyrin Dibutyrin *n*, Glycerindibutyrat *n*
dibutyroolein Oleodibutyrin *n*
dicacodyl oxide Kakodyloxid *n*, Tetramethyldiarsanoxid *n*
dicadic acid Dicadisäure *f*
dicamphene Dicamphen *n*
dicamphoketone Dicamphoketon *n*
dicapryl sebacate Dicaprylsebacat *n*
dicarbide Dicarbid *n*
dicarbonate 1. <R-O-CO-O-CO-O-R'> Dicarbonat *n*, Dikohlensäureester *m*, Oxydiameisensäureester *m*, Pyrokohlensäureester *m* *{obs}*; 2. Hydrogencarbonat *n*
dicarboxylate Dicarboxylat *n*
dicarboxylic acid Dicarbonsäure *f*
dice 1. Würfel *m*; 2. würfelförmiger Bruch *m*, Würfelbruch *m*, würfelartiger Glassplitter *m*, würfelartig zersplittertes Glas *n* *{Glas}*
dice-shaped würfelförmig
dicentrin[e] Dicentrin *n*
dicer 1. Schnitzelmaschine *f* *{Wachs, Ozokerit, Paraffin}*; 2. Bandgranulator *m*, Würfelschneider *m*, Würfelgranulator *m* *{Kunst}*; 3. Plättchenschneidemaschine *f* *{Halbleitertechnik}*
dicer with circular blades Bandgranulator *m*, Condux-Granulator *m*, Condux-Mühle *f*
dicetyl <$CH_3(CH_2)_{30}CH_3$> Dicetyl *n*, Bicetyl *n* *{IUPAC}*, Dotriacontan *n* *{IUPAC}*
dicetyl ether Dicetylether *m*, Dihexadecylether *m*
dicetyl sulfone Dicetylsulfon *n*
dichlone Dichlon *n*, 2,3-Dichlor-1,4-naphthochinon *n* *{Herbizid}*
dichloramidobenzosulfonic acid Sulfondichloramidobenzoesäure *f*
dichloramine-T Dichloramin *n*, *p*-Toluolsulfondichloramid *n*
dichloride Dichlorid *n*, Doppelchlorid *n*
dichloroacetic acid <$Cl_2CHCOOH$> Dichloressigsäure *f*, Dichlorethansäure *f*
dichloroacetone Dichloraceton *n*
dichloroacetyl chloride <$Cl_2CHCOCl$> Dichloracetylchlorid *n*
dichloroacetylene <$ClC\equiv CCl$> Dichloracetylen *n*
dichloroaniline <$H_2NC_6H_3Cl_2$> Dichloranilin *n*
dichlorobenzal chloride Dichlorbenzalchlorid *n*
dichlorobenzaldehyde <$OHCC_6H_3Cl_2$> Dichlorbenzaldehyd *m*
dichlorobenzene <$C_6H_4Cl_2$> Dichlorbenzol *n*
dichlorobenzenesulfonic acid Dichlorbenzolsulfonsäure *f*
dichlorobenzidine 3,3'-Dichlorbenzidin *n*
dichlorobenzoic acid <$C_6H_2Cl_2COOH$> Dichlorbenzoesäure *f*

1,4-dichlorobutane <ClC_4H_8Cl> 1,4-Dichlorbutan *n*, Tetramethylenchlorid *n*
dichlorocamphor Campherdichlorid *n*
dichlorocarbene <CCl_2> Dichlorcarben *n*
dichlorodiethyl ether <$ClCH_2CH_2OCH_2CH_2Cl$> Dichlordiethylether *m*, Bis(2-chlorethyl)-ether *m*
2,2'-dichlorodiethyl sulfide <$S(CH_2CH_2Cl)_2$> Senfgas *n*, Dichlordiethylsulfid *n*, Yperit *n*, Bis(2-chlorethyl)-sulfid *n*
dichlorodifluoromethane <CCl_2F_2> Dichlordifluormethan *n*, Freon 12 *n*, F12
dichlorodiphenylacetic acid Dichlordiphenylessigsäure *f*
dichlorodiphenyltrichloroethane Dichlordiphenyldi(tri)chlorethan *n*, DDT, 1,1,1-Trichlor-2,2-*bis*(*p*-chlorphenyl)ethan *n* *{Kontaktinsektizid}*
dichloroethane <$ClCH_2CH_2Cl$> 1,2-Dichlorethan *n*, Ethylen[di]chlorid *n*
1,1-dichloroethane <CH_3CHCl_2> 1,1-Dichlorethan *n*, Ethylidenchlorid *n*
dichloroethanoic acid Dichloressigsäure *f*
dichloroether <$ClCH_2CH(Cl)OC_2H_5$> Dichlorether *m*, 1-Ethoxy-1,2-dichlorethan *n*, 1,2-Dichlorethylether *m*
dichloroethyl formal <$CH_2(OCH_2CH_2Cl)_2$> Dichlordiethylformal *n*
dichloroethyl sulfide *s.* dichlorodiethyl sulfide
1,1-dichloroethylene <$CH_2{=}CCl_2$> 1,1-Dichlorethylen *n*, *asym*-Dichlorethylen *n*
1,2-dichloroethylene <$ClHC{=}CHCl$> 1,2-Dichlorethylen *n*, Acetylendichlorid *n* *{obs}*
***sym*-dichloroethylether** <$(ClCH_2CH_2)_2O$> *sym*-Dichlorethylether *m*, 2,2'-Dichlordiethylether *m*, 1-Chlor-2-(2-chlorethyl)-ethan *n*
dichlorofluoromethane <$CHCl_2F$> Dichlorfluormethan *n*, R 21, Freon 21
dichlorohydrin palmitate Palmitodichlorhydrin *n*, Dichlorpropanolpalmitat *n*
dichloroisopropyl ether Dichlorisoproylether *m*
dichloromalealdehydic acid Mucochlorsäure *f*
dichloromethane <CH_2Cl_2> Dichlormethan *n*, Methylenchlorid *n*
dichloromonofluoromethane *s.* dichlorofluoromethane
dichloronaphthalene <$C_{10}H_6Cl_2$> Dichlornaphthalin *n*
dichloropentane <$C_5H_{10}Cl_2$> Dichlorpentan *n*, Pentamethylendichlorid *n*
dichlorophenarsine Dichlorphenarsin *n*
dichlorophene Dichlorophen *n* *{2,2'-Methylenbis(4-chlorphenol)}*
2,4-dichlorophenoxyacetic acid <$Cl_2C_6H_3OCH_2COOH$> 2,4-Dichlorphenoxyessigsäure *f*, 2,4-D *{Herbizid}*
2,4-dichlorophenoxybutyric acid <$Cl_2C_6H_3OCH_2CH_2CH_2COOH$> 2,4-Dichlorphenoxybuttersäure *f*, 2,4-DB
3,4-dichlorophenyl isocyanate <$Cl_2C_6H_3NCO$> Dichlorphenylisocyanat *n*
dichlorophenylmercaptan Dichlorphenylmercaptan *n*, Dichlorthiophenol *n*
dichlorophenyltrichlorosilane <$Cl_2C_6H_3SiCl_3$> Dichlorphenyltrichlorsilan *n*
3,6-dichlorophthalic acid 3,6-Dichlorphthalsäure *f*
1,2-dichloropropane <$CH_3CHClCH_2Cl$> 1,2-Dichlorpropan *n*, Propylendichlorid *n*
dichlorosilane <H_2SiCl_2> Dichlorsilan *n*
dichlorosuccinic acid Dichlorbernsteinsäure *f*
dichlorotetrafluoroethane <$C_2Cl_2F_4$> Dichlortetrafluorethan *n*, Freon 114 *n*, Cryofluran *n*, R 114
dichlorothiophenol Dichlorthiophenol *n*, Dichlorphenylmercaptan *n*
dichlorotoluene <$C_7H_6Cl_2$> Dichlortoluol *n*
dichlorvos <$C_4H_7Cl_2O_4P$> Dichlorvos *n*, DDVP *{Kontakt-, Fraß- und Atemgift}*
dichroic dichroitisch, doppelfarbig *{Krist}*; zweifarbig, dichromatisch
dichroism Dichroismus *m*, Doppelfarbigkeit *f*, Zweifarbigkeit *f* *{Krist, Opt}*
dichroite Dichroit *m*, Cordierit *m*, Lolith *m*
dichromate 1. dichromsauer; 2. Dichromat *n* *{$M'_2Cr_2O_7$}* Bichromat *n* *{obs}*
dichromate bath Bichromatbad *n*, Dichromatbad *n* *{Met}*
dichromate cell Bichromatelement *m*, Dichromatelement *n*, Chromsäureelement *n* *{Elek}*
dichromatic dichromatisch, doppelfarbig, zweifarbig; Zweifarben-
dichromic acid <$H_2Cr_2O_7$> Dichromsäure *f*
dichroscope Dichroskop *n*, Heidingersche Lupe *f* *{Krist, Opt}*
dicing Würfeln *n* *{in Würfel schneiden}*
dicing cutter 1. Würfelschneider *m*, Würfelgranulator *m*, Bandgranulator *m* *{Kunst}*; 2. Schnitzelmaschine *f* *{Wachs, Ozokerit, Paraffin}*
dicing machine *s.* dicing cutter
dick Dick *n*, Ethylarsindichlorid *n*
dicobalt trioxide <Co_2O_3> Kobaltsesquioxid *n*
dicodeine <$C_{72}H_{84}N_4O_{12}$> Dicodein *n*
dicoumarol <$C_{19}H_{12}O_6$> Dicumarol *n*, 3,3'-Methylenbis(4-hydroxycumarin) *n*, Melitoxin *n*, Dufalon *n*, Dicoumarin *n*
dicresol Dikresol *n*
dicresyl glyceryl ether <$CH_3C_6H_4OCH_2CHOHCH_2OC_6H_4CH_3$> Dikresolglycerinether *m*, Glycerinditolylether *m*
dicresyl phenyl phosphate Dikresylphenylphosphat *n*
dicumyl peroxide $[-O-OC(CH_3)_2C_6H_5]_2$ Dicumylperoxid *n*
dicyan <$(CN)_2$> Dicyan *n*, Oxalonitril *n*, Ethandinitril *n*

dicyandiamide <$H_2NC(=NH)NHCN$> Dicyandiamid *n*, Cyanoguanidin *n*, DICY
dicyandiamide-formaldehyde resin Dicyandiamid-Formaldehydharz *n*, DF
dicyandiamidine <$H_2NC(=NH)NHCONH_2$> Dicyandiamidin *n*, Guanylharnstoff *m*
dicyanimide Dicyanimid *n*
dicyanine A Dicyanin A *n*
dicyanoacetylene Dicyanoacetylen *n*, But-2-indinitril *n*
dicyanodiamidine sulfate <$(NH_2C(NH)_2CONH_2)_2H_2SO_4 2H_2O$> Dicyandiamidinsulfat *n*, Biuretamidinsulfat *n*
dicyanodiazomethane Diazomalononitril *n*, Dicyano-diazomethan *n*
dicyanogen <$(CN)_2$> Dicyan *n*, Cyan *n*, Oxalsäurenitril *n*, Ethandinitril *n*
dicyanogen N,N-dioxide <ONC-CNO> Dicyan-*N,N*-dioxid *n*
dicyanomethane Malononitril *n*
dicyclic bizyklisch, bicyclisch *{z.B. Terpen}*
dicyclohexyl phthalate Dicyclohexylphthalat *n*
dicyclohexylamine Dicyclohexylamin *n*
dicyclohexylbenzene Dicyclohexylbenzol *n*
dicyclomine hydrochloride <$C_{19}H_{35}NO_2HCl$> Dicyclominhydrochlorid *n*
dicyclopentadiene <$C_{10}H_{12}$> Dicyclopentadien *n*
dicyclopentadiene dioxide <$C_{10}H_{12}O_2$> Dicyclopentadiendioxid *n*
dicyclopentadienylcobalt Cobaltocen *n*, Bis-(cyclopentadienyl)cobalt *n*
dicyclopentadienyliron Ferrocen *n*, Bis(cyclopentdienyl)eisen *n*
dicyclopentadienylnickel Nickelocen *n*, Bis(cyclopentadienyl)nickel *n*
dicyclopentadienylosmium Osmocene *n*, Bis(cyclopentadienyl)osmium *n*
dicycloverine Dicycloverin *n*
dicymylamine Dicymylamin *n*
didactic panel Lehrtafel *f*
didecyl adipate Didecyladipat *n*
didecyl ether <$(C_{10}H_{21})_2O$> Didecylether *m*
didecyl phthalate <$C_6H_4(COOC_{10}H_{21})_2$> Didecylphthalat *n*, DDP
didesyl Didesyl *n*
didodecahedral didodekaedrisch *{Krist}*
didodecyl ether Dilaurylether *m*, Didodecylether *m*
didymium Didymium *n {ungetrennte Pr-Nd-Mischung mit La und Sm}*
didymolite Didymolith *m {Min}*
die 1. Matritze *f*, *{meist}* Unterwerkzeug *n*, Form *f*, Preßform *f*, Stanzform *f*, Schnittplatte *f*, Schneideplatte *f {Gegenstück zum Stempel}*; Stanzwerkzeug *n*, Schnittwerkzeug *n*, Schneidwerkzeug *n {bestehend aus Stempel und Schneidplatte}*; Gewindeschneidbacke; 2. Hohlform *f*, Form *f*; Gesenk *n*, Schmiedegesenk *n {Met}*; [metallische] Dauergießform *f*, Druckgießform *f*, Metallform *f*, Kokille *f {Gieß}*; Gegenstempel *m {zum Prägen}*; 3. Mundstück *n {Strangpresse}*; Spritzmundstück *n {Gummi}*; Düse *f {Kunst}*; Ziehdüse *f*, Zieheisen *n*, Ziehstein *m {beim Drahtziehen, Met}*; 4. Fangglocke *f {Bergbau}*; 5. Plättchen *n*, Mikroplättchen *n*, Rohchip *m {aus Halbleitermaterial}*
die adapter Düsenanschlußstück *n*, Düsenanpaßstück *n*, Düsenhalter *m*
die-cast aluminum Aluminiumspritzguß *m*
die-cast steel Schalengußstahl *m*
die casting 1. Formguß *m*, Formgußteil *n*, Gesenkgußstück *n*, Schalenguß *m*; Spritzguß *m*, Spritzgußteil *n*; Druckgußteil *n {Met}*; 2. Spritzgießen *n*
die-casting alloy Spritzgußlegierung *f*; Druckgußlegierung *f {DIN 1725/1741}*
die-casting mo[u]ld Druckgußform *f*, Druckgußwerkzeug *n*
die coater Schmelzbeschichter *m*, Plastschmelze auftragende Beschichtungsmaschine *f*
die-cut/to ausstanzen
die-cutter Stanze *f*
die cutting Stanzen *n*, Ausstanzen *n {von Plasthalbzeugen}*
die-face pelletization Heißgranulierung *f*, Kopfgranulierung *f*, Heißabschlaggranulierung *f*
die-face pelletizer Heißabschlaggranuliereinrichtung *f*, Heißabschlaggranulator *m*, Direktabschlaggranulator *m*
die forging Gesenkschmieden *n*
die gap Austrittsspalt *m*, Austrittsöffnung *f*, Düsenbohrung *f*, Düsen[lippen]spalt *m*, Düsenaustrittsspalt *m*, Düsen[austritts]öffnung *f*, Mundstück[ring]spalt *m*, Düsenmund *m*
die-gap thickness Düsenspaltbreite *f*, Düsenspaltweite *f*, Spaltbreite *f*, Austrittsspaltweite *f*
die-gap width *s.* die-gap thickness
die grid Isolierrost *m*
die head Schneidkopf *m*, Spritzkopf *m*, Strangpressenkopf *m {Met}*, Extruderkopf *m*
die insert Düseneinsatz *m*; Matritzenauskleidung *f*
die material Matrizenwerkstoff *m {Met}*
die orifice Düsenaustritt *m*, Düsenmund *m*, Düsenöffnung *f*, Mundstück *n*, Düsenaustrittsöffnung *f*
die plate Düsenteller *m*, Werkzeughalteplatte *f*, Siebträger *m*, Düsenplatte *f*, Stempelplatte *f*, Formhalteflansch *m*
die pressing Formstanzen *n*
die restriction Stauscheibe *f*
die ring Düsenmundstück *n*, Düsenring *m*, Extrudermundstück *n*, Zentrierring *m*, Düsenprofil *n*
die-spinning nozzle Spinndüse *f {Text}*

Dieckmann condensation Dieckmann-Esterkondensation *f {cyclische β-Ketoesterbildung}*
dieldrin <$C_{12}H_8Cl_6O$> Dieldrin *n {Insektizid, HEOD}*
dielectric 1. dielektrisch; nichtleitend; 2. Dielektrikum *n*, Nichtleiter *m*; Isolierzwischenlage *f {Hochfrequenzschweißen}*; dielektrische Flüssigkeit *f*, Arbeitsflüssigkeit *f {z.B. für EDV-Maschinen}*
dielectric absorption dielektrische Absorption *f*, Nachwirkungsverlust *m*, dielektrischer Verlust *m*
dielectric breakdown dielektrischer Durchschlag *m*
dielectric breakdown strength Durchschlagfestigkeit *f {in V/cm}*
dielectric coefficient *s.* dielectric constant
dielectric constant Dielektrizitätskonstante *f*, relative Permittivität *f*, Kapazitivität *f*
dielectric dissipation factor Verlustfaktor *m {Elek}*
dielectric drier dielektrischer Trockner *m*, Hochfrequenztrockner *m*, HF-Trockner *m*
dielectric drying dielektrische Trocknung *f*, Hochfrequenztrocknung *f*
dielectric fatigue dielektrische Nachwirkung *f*, dielektrische Ermüdung *f*
dielectric heating dielektrische Erwärmung *f*, Hochfrequenzerwärmung *f*, kapazitives Erwärmen *n*
dielectric loss dielektrischer Verlust *m*, Dielektrizitätsverlust *m*
dielectric loss angle dielektrischer Verlustwinkel *m*
dielectric loss factor dielektrischer Verlustfaktor *m*
dielectric material Isolierstoff *m*, Dielektrikum *n*, Nichtleiter *m*
dielectric moisture meter dielektrischer Feuchtemesser *m*
dielectric phase angle dielektrischer Phasenverschiebungswinkel *m*
dielectric polarization dielektrische Polarisation *f*
dielectric porcelain dielektrisches Porzellan *n*
dielectric properties dielektrische Eigenschaften *fpl*
dielectric remanence dielektrische Nachwirkung *f*
dielectric strength Durchschlagfestigkeit *f*, dielektrische Festigkeit *f*, dielektrische Widerstandsfähigkeit *f {in V/cm}*
Diels-Alder reaction Diels-Alder-Reaktion *f {eine Diensynthese}*, Diels-Adler-Synthese *f*
Diels' acid Diels-Säure *f*
Diels' hydrocarbon <$C_{18}H_{16}$> Diels-Kohlenwasserstoff *m {Skelett des Sterols}*
dien *{IUPAC}* Diethylentriamin *n {$(H_2NC_2H_4)_2NH$}*
dienanthic acid Dienanthsäure *f*
diene Dien *n*, Diolefin *n*
diene synthesis Diensynthese *f*, Diels-Alder-Synthese *f*
diene value Dienzahl *f*
dienestrol Dienöstrol *n*
dienol Dienol *n {katalytisch dehydriertes Rizinusöl}*
dienol fatty acid Dienolfettsäure *f*
diesel engine oil Dieselmotorenöl *n*, Dieselschmieröl *n*
diesel fuel Dieselkraftstoff *m {DIN 51601}*, Treiböl *n*, Dieseltreibstoff *m*, Dieselöl *n*, Schweröl *n {obs}*, DK *{230-340 °C; C_{15} bis C_{25}}*
diesel fuel blended with coal tar oils Mischdieselkraftstoff *m*
diesel generating set Dieselstromaggregat *n*
diesel index Diesel-Index *m*, D.I.
diesel oil *s.* diesel fuel
dieseling Nachlaufen *n*, Nachdieseln *n*, Dieseln *n {bei Ottomotoren}*
diester Diester *m*
diet 1. Nahrung *f*, Speise *f*, Kost *f*, Ernährung *f*; 2. Diät *f*, Schonkost *f*, Krankenkost *f*
high-calorie diet kalorienreiche Kost *f*
vegetarian diet vegetarische Kost *f*
dietary diätetisch; Diät-
dietary food *{CAC STAN 51}* diätetische Lebensmittel *npl*
dietetics Diätetik *f*, Diätkunde *f*, Diätlehre *f*, Ernährungskunde *f*
diethanolamine <$NH(CH_2CH_2OH)_2$> Diethanolamin *n*, Di(2-hydroxyethyl)amin *n*
diethazine Diethazin *n*
dietherate Dietherat *n*
diethyl adipate Diethyladipat *n*
diethyl carbinol <$C_2H_5CH(OH)C_2H_5$> Diethylcarbinol *n*, Pentanol-3 *n*, *sec*-Amylalkhol *m*
diethyl carbonate <$CO_3(C_2H_5)_2$> Diethylcarbonat *n*, Kohlensäurediethylester *m*
diethyl dithiocarbamic acid Diethyldithiocarbamidsäure *f*
diethyl ether <$(C_2H_5)_2O$> Diethylether *m*, Ethylether *m*, Ether *m*, Äther *m {obs}*, Äthyloxid *n {obs}*, Ethoxyethan *n*
diethyl ethylphosphonate <$C_2H_5P(O)(OC_2H_5)_2$> Diethylethylphosphonat *n*
diethyl glutarate Glutarsäurediethylester *m*
diethyl itaconate Itaconsäurediethylester *m*
diethyl malate Apfelsäurediethylester *m*
diethyl maleate Maleinsäurediethylester *m*, Diethylmaleinat *n*
diethyl malonate <$CH_2(COOC_2H_5)_2$> Diethylmalonat *n*, Malonester *m*, Malonsäurediethylester *m*, Ethylmalonat *n*
diethyl malonic acid Diethylmalonsäure *f*

diethyl malonylurea <$C_8H_{12}N_2O_3$> Diethylmalonylharnstoff *m*, Veronal *n {HN}*, Barbital *n {HN}*
diethyl mesotartrate Diethylmesotartrat *n*
diethyl metanilic acid Diethylmetanilsäure *f*
diethyl-*p*-nitrophenylphosphorothionate Parathion *n {O,O-Diethyl-O-p-nitrophenylester der Thiophosphorsäure, Insektizid}*
diethyl oxalacetate <$C_2H_5OOC(OH)=CHCO-OC_2H_5$ Oxalessig[säure]ester *m*, Oxalessigsäurediethylester *m*
diethyl oxalate <$(-COOC_2H_5)_2$> Oxalsäurediethylester *m*, Diethyloxalat *n*
diethyl oxide Diethylether *m*, Ethoxyethan *n*
diethyl peroxide Ethylperoxid *n*
diethyl phosphite <$(C_2H_5O)_2HPO$> Diethylphosphit *n*
diethyl phthalate <$C_6H_4(CO_2C_2H_5)_2$> Diethylphthalat *n*, Phthalsäurediethylester *m*, Ethylphthalat *n*, DEP
diethyl sebacate <$C_2H_5COO(CH_2)_8CO-OC_2H_5$> Diethylsebacat *n*, Sebacinsäurediethylester *m*, DES
diethyl succinate <$C_2H_5OCO(CH_2)_2CO-OC_2H_5$> Bernsteinsäurediethylester *m*, Diethylsuccinat *n*, Ethylsuccinat *n*
diethyl sulfate <$O_2S(OC_2H_5)_2$> Schwefelsäurediethylester *m*, Diethylsulfat *n*, Ethylsulfat *n*
diethyl sulfide <$(C_2H_5)_2S$> Diethylsulfid *n*, Ethylsulfid *n*, Ethylthioethan *n*
diethyl sulfone <$(C_2H_5)_2SO_2$> Diethylsulfon *n*
diethyl tartrate Diethyltartrat *n*, Ethyltartrat *n*
diethyl toluidine Diethyltoluidin *n*
diethylacetal Diethylacetal *n*
diethylacetic acid <$(C_2H_5)_2CHCOOH$> Diethylessigsäure *f*, 2-Ethylbuttersäure *f*
diethylaluminium chloride <$(C_2H_5)_2AlCl$> Diethylaluminiumchlorid *n*, Aluminiumdiethyl-Monochlorid *n*, DEAC
diethylamine <$(C_2H_5)_2NH$> Diethylamin *n*
diethylamine hydrochloride Diethylaminchlorhydrat *n {Pharm}*
diethylaminoethanol Diethylaminoethanol *m*, *N,N*-Diethylethanolamin *n*
3-diethylaminopropylamine 3-Diethylaminpropylamin *n {Epoxidharzhärter}*
diethylaniline <$(C_2H_5)_2NC_6H_5$> Diethylanilin *n*
diethylarsine 1. <$(C_2H_5)_2AsH$> Diethylarsan *n*; 2. <$(-As(C_2H_5)_2)_2$> Ethylkakodyl *n*
diethylbarbituric acid <$C_8H_{12}N_2O_3$> Barbital *n {HN}*, Diethylbarbitursäure *f*, Veronal *n {HN}*, Diethylmalonylharnstoff *m*
diethylbenzene Diethylbenzol *n*
diethylberyllium <$(C_2H_5)_2Be$> Berylliumdiethyl *n*, Diethylberyllium *n*
diethylbromacetamide Diethylbromacetamid *n*, Neuronal *n {HN}*
diethylcadmium <$(C_2H_5)_2Cd$> Cadmiumdiethyl *n*, Diethylcadmium *n*
diethylcarbamazine <$C_{10}H_{16}N_3O$> Diethylcarbamazin *n*
diethylcarbamazine citrate Diethylcarbamazincitrat *n*
diethylcarbocyanine iodide Diäthylcarbocyaninjodid *n {obs}*, Diethylcarbocyaniniodid *n*
diethyldichlorosilane <$(C_2H_5)_2SiCl_2$> Diethyldichlorsilan *n*
diethyldiethoxysilane <$(C_2H_5)_2Si(OC_2H_5)_2$> Diethyldiethoxysilan *n*
diethyldiphenylurea <$(C_6H_5)_2NCON(C_2H_5)_2$> *asym*-Diethyldiphenylharnstoff *m*, Centralit I *n*
diethyldithio zinc carbamate <$[(C_2H_5)_2-CNS_2]_2Zn$> Diethyldithiozinkcarbaminat *n*
diethyldithiocarbamic acid <$(CH_3CH_2)_2NC-(SH)S$> Diethyldithiocarbaminsäure *f*
diethylenediamine Piperazin *n*, Diethylendiamin *n*, Hexahydropyrazin *n*
diethylene dioxide 1,4-Dioxan *n*, Diethylendioxid *n*, Dioxyethylenether *m*
diethylene disulfide Diethylendisulfid *n*, 1,4-Dithian *n*
diethylene glycol <$CH_2OHCH_2OCH_2CH_2OH$> Diethylenglycol *n*, 2-(2-Hydroxyethoxy)ethanol *n*
diethylene glycol dibutyl ether Diethylenglycoldibutylether *m*, Dibutylcarbitol *n {HN}*
diethylene glycol diethyl ether Diethylenglycoldiethylether *m*, Diethylcarbitol *n {HN}*, Ethyldiglym *n*
diethylene glycol dimethyl ether Diethylenglycoldimethylether *m*, Diglycolmethylether *m*, Diglym *n*
diethylene glycol dinitrate <$(O_2NOC_2H_4-)_2O$> Diethylenglycoldinitrat *n*, DEGN, Dinitroglycol *n {Triv}*
diethylene glycol monobutyl ether <$C_4H_9OCH_2CH_2OCH_2CH_2OH$> Diethylenglycolmonobutylether *m*, Butyldiglycol *n*, Butylcarbitol *n {HN}*
diethylene glycol monobutyl ether acetate Diethylenglycolmonobutyletheracetat *n*, Butylcarbitolacetat *n {Triv}*
diethylene glycol monoethyl ether acetate Diethylenglycolmonoethyletheracetat *n*, Carbitolacetat *n {Triv}*
diethylene glycol monomethyl ethyl ether Diethylenglycolmonomethylethylether *m*, *n*-Hexylcarbitol *n {Triv}*
diethylene oximide Morpholin *n*, Tetrahydro-1,4-oxazin *n*
diethylenetriamine <$(H_2NC_2H_4)_2NH$> Diäthylentriamin *n {obs}* Diethylentriamin *n*, DTA *n*
di(2-ethylhexyl) azelate Di(2-ethylhexyl)azelat *n*, Dioctylacelat *n*, DOZ

di(2-ethylhexyl) phthalate Di(2-ethylhexyl)phthalat *n*, Phthalsäurediethylhexylester *m*, Di-*sec*-octylphthalat *n*
di(2-ethylhexyl) sebacate Di(2-ethylhexyl)sebacat *n*, Dioctylsebacat *n*
di(2-ethylhexyl) terephthalate Di(2-ethylhexyl)terephthalat *n*
diethylic acetic acid <$(C_2H_5)_2CHCOOH$> Diethylessigsäure *f*, 2-Ethylbuttersäure *f*
diethylketone Metaketon *n*, Pentan-3-on *n*, Diethylketon *n*
diethylmagnesium <$(C_2H_5)_2Mg$> Magnesiumdiethyl *n*, Diethylmagnesium *n*
diethylmercury <$(C_2H_5)_2Hg$> Quecksilberdiethyl *n*
diethylmethylphosphine <$(C_2H_5)_2PCH_3$> Diethylmethylphosphin *n*
diethylphenylurea <$C_6H_5NHCON(C_2H_5)_2$> Diethylphenylharnstoff *m*
diethylphosphine <$C_2H_5)_2PH$> Diethylphosphin *n*
diethylstilbestrol Diethylstilböstrol *n*
diethylstilbestrol dipropionate Diethylstilböstroldipropionat *n*
diethyltin <$(C_2H_5)_2Sn$> Zinndiethyl *n*, Diethylzinn *n*
diethylvaleramide Valyl *n*
diethylzinc <$C_2H_5)_2Zn$> Zinkdiethyl *n*, Diethylzink *n*
dietrichite Dietrichit *m {Min}*
dietry component Nahrungsbestandteil *m*
dietry fibers Faserstoffe *mpl {in der Nahrung}*
differ/to verschieden sein, sich unterscheiden, sich nicht decken
difference Unterschied *m*, Verschiedenheit *f*, Abweichung *f*, Differenz *f*
difference in length Längenunterschied *m*
difference in pressure Druckdifferenz *f*, Druckunterschied *m*
difference in solubility Löslichkeitsunterschied *m*
difference method Differenzverfahren *n*, Differenzmethode *f*
difference of phase Phasenverschiebung *f*, Phasenunterschied *m*, Phasendifferenz *f*
difference of temperature Temperaturdifferenz *f*, Temperaturunterschied *m*
difference spectrophotometer Absorptions-Spektrophotometer *n*
different verschieden, andersartig, unterschiedlich, verschiedenartig
differentiability Differenzierbarkeit *f {Math}*
differentiable differenzierbar *{Math}*
differential 1. differential, differentiell, Differential-, Differenz-; selektiv *{z.B. Verwitterung, Erosion}*; 2. Differenzial *n {Math}*, 3. Ausgleichsgetriebe *n*, Differenzialgetriebe *n {Tech}*; Differentialglied *n {Elek}*; 5. Differentialwickler *m {Spinnerei}*
differential absorption differentielle Absorption *f*
differential aeration unterschiedliche Belüftung *f*
differential aeration cell Belüftungselement *n {Korr}*, Evans-Element *n {Konzentrationselement infolge unterschiedlicher Belüftung des Elektrolyten}*
differential amplifier Differenzverstärker *m*, Differentialverstärker *m*
differential barometer Differentialbarometer *n*
differential calculus Differentialrechnung *f {Math}*
differential calorimeter Differentialkalorimeter *n*, Zwillingskalorimeter *n*
differential calorimetry Differentialkalorimetrie *f*
differential capacitor Differentialkondensator *m*, Differenzkondensator *m*
differential capacity differentielle Kapazität *f {Elektrochem}*
differential centrifugation Differentialzentrifugation *f*, differentielle Zentrifugation *f*
differential chemical reactor Konstantkonzentrationsreaktor *m*
differential coefficient Differentialquotient *m*, Ableitung *f*, abgeleitete Funktion *f {Math}*
differential coil Differentialspule *f*, Kompensationsspule *f*, Ausgleichsspule *f*
differential collision cross-section differentieller Stoßquerschnitt *m*
differential condenser Differential[dreh]kondensator *m*
differential current Differenzstrom *m*
differential distillation Differentialdestillation *f*, offene Destillation *f*, differentielle Destillation *f*
differential draft ga[u]ge Differenzzugmesser *m*
differential equation [gewöhnliche] Differentialgleichung *f {Math}*
differential extraction differentielle Kreuzstromextraktion *f*
differential flotation differentielle Flotation *f*, selektive Flotation *f*, sortenweise Flotation *f*, Differentialflotation *f*, Selektivflotation *f*
differential flowmeter Differentialströmungsmesser *m*
differential ga[u]ge Differenzmanometer *n*
differential getter pump Differentialgetterpumpe *f*
differential gravimetric analysis differentielle thermogravimetrische Analyse *f*
differential heat of dilution differentielle Verdünnungswärme *f*, differentielle Verdünnungsenthalpie *f*

differential heat of solution differentielle Lösungswärme *f*, differentielle Lösungsenthalpie *f*
differential interference manometer Differentialvakuummeter *n*, Interferenzvakuummeter *n*
differential ionization differentielle Ionisierung *f*, differentielle Ionisation *f*
differential ionization coefficient spezifische Ionisierung *f*
differential leak detection Druckdifferenzlecksuchmethode *f*
differential leak detector Differentiallecksuchgerät *n*, Druckdifferenzlecksucher *m*
differential manometer Differenzdruckmesser *m*, Differenz[druck]manometer *n*, Differentialmanometer *n*
differential measurement Differenzmessung *f* *{Elek}*
differential micromanometer Differentialmikromanometer *n*
differential Pirani leak detector Differential-Pirani-Lecksuchgerät *n*
differential piston Differentialkolben *m {z.B. einer Kolbenpumpe}*, Stufenkolben *m*
differential pressure Druckdifferenz *f*, Differenzdruck *m {wenn die Differenz zweier Drücke selbst die Meßgröße ist, DIN 1314}*, Wirkdruck *m*
differential-pressure flow meter Druckdifferenz-Durchflußmesser *m*
differential pressure ga[u]ge Differenz-[druck]manometer *n*, Differenzdruckmesser *m*
differential pressure transducer Differenzdruckumformer *m*
differential pump Stufenkolbenpumpe *f*
differential pumped lock Druckstufenschleuse *f*
differential quotient Differentialquotient *m*, Ableitung *f*, abgeleitete Funktion *f {Math}*
differential reaction rate differentielle Reaktionsgeschwindigkeit *f*, Reaktionsordnungsdifferenz *f*
differential reduction differentielle Reduktion *f*
differential refraction Differentialbrechung *f*
differential relay Differentialrelais *n {ein Schutzrelais}*
differential scales Differentialwaage *f*
differential scanning calorimetry Kalorimetrie *f* mit Differentialabtastung *f*, Differentialscanningkalorimetrie *f*, DSK, DSC-Methode *f*, Wärmestromverfahren *n*
differential screw Differentialschraube *f*
differential separation differentielle Trennung *f*
differential steam calorimeter Differential-Dampfkalorimeter *n*
differential thermal analysis Differentialthermoanalyse *f*, DTA
differential thermo-analyzer Differentialthermoanalysegerät *n*
differential thermometer Differentialthermometer *n*; Bimetall-Thermometer *n*
differential thermostat Differenzthermostat *m*
differential thermometric titration differentielle Thermotitration *f*
differentially coated tinplate differenzverzinntes Weißblech *n {DIN 1616}*
differentiate/to differenzieren, unterscheiden; verschieden[artig] werden
differentiating circuit Differenzierschaltung *f*, Differenzierkreis *m {Elek}*
differentiation 1. Differentiation *f*, Differenzierung *f {Math}*; 2. Differentiation *f {Geol}*
differentiation measurement Unterscheidungsmessung *f*
difficult schwer, schwierig
difficult-to-degrade compounds schwerabbaubare Stoffe *mpl*
difficult-to-disperse dispergierhart
difficult-to-excite schwer anregbar
difficult-to-extrude schwer preßbar
difficult-to-process plastic schwierig verarbeitbarer Kunststoff *m*
difficult-to-saponify ester schwer verseifbarer Ester *m*
difficult-to-volatilize schwerflüchtig
difficult-to-wet surface schwer benetzbare Oberfläche *f*
difficulty Erschwerung *f*, Schwierigkeit *f*
diffluence 1. Richtungsänderung *f {der Strömung}*; 2. Diffluenz *f {Meteorologie}*
diffluent auseinanderfließend
diffract/to beugen *{Opt}*, ablenken, auslenken
diffraction 1. Ablenkung *f*, Beugung *f* des Lichts *n*, Lichtbeugung *f*; 2. Beugung *f*, Diffraktion *f {von Wellen und Teilchen}*
diffraction analysis diffraktometrische Aufnahme *f*, Diffraktometrie *f {meist mit Röntgenstrahlen}*, Beugungsanalyse *f*, Beugungsuntersuchung *f*
diffraction angle Diffraktionswinkel *m*, Beugungswinkel *m {Opt}*
diffraction by a crystal Beugung *f* am Kristall *m*, Kristalldiffraktion *f*
diffraction camera Interferenzapparatur *f*
diffraction formula Beugungsformel *f*, Braggsche Formel *f {Krist}*
diffraction fringe Beugungsstreifen *m*, Beugungsring *m {Opt}*
diffraction grating Beugungsgitter *n*, optisches Gitter *m*, Gitter *n*, Diffraktionsgitter *m*
diffraction-grating spectroscope Gitterspektroskop *n*
diffraction of light Lichtzerlegung *f*

diffraction of low-energy electrons Beugung *f* langsamer Elektronen *npl*, LEED *{low-energy electrons diffraction}*
diffraction of rays Strahlenbrechung *f*
diffraction pattern Beugungsbild *n*, Beugungsdiagramm *n*, Beugungsfigur *f*, Beugungsmuster *n {Opt}*
diffraction pattern sampling Beugungsfigur-Analyse *f*
diffraction plane Beugungsebene *f*
diffraction ring Beugungsring *m*
diffraction spectroscope Beugungsspektroskop *n*
diffraction spectrum Gitterspektrum *n*, Beugungsspektrum *n*, Normalspektrum *n*
diffraction theory Beugungstheorie *f*
diffraction zone Beugungszone *f*
diffractometer Beugungsmesser *m*, Diffraktometer *n*, Röntgendiffraktometer *n*, Zählrohrdiffraktometer *n*
diffusable hydrogen diffusibler Wasserstoff *m {DIN 8572}*
diffusate Diffusat *n {durch Diffusion entstandene Mischung}*
diffuse/to wandern, verbreiten, ausbreiten, ausgießen *{z.B. Flüßigkeiten}*, diffundieren; eindringen lassen; eindringen *{in feiner Verteilung}*, sich vermischen; zerstreuen
diffuse back/to rückdiffundieren
diffuse into/to hineindiffundieren
diffuse out/to herausdiffundieren
diffuse verbreitet, zerstreut; diffus; weitschweifig; unscharf
diffuse bands diffuse Banden *fpl {Spek}*
diffuse double layer diffuse Doppelschicht *f*
diffuse scattering diffuse Streuung *f*
diffuse series diffuse Serie *f {Spek}*
diffuse spectral line diffuse Spektrallinie *f*, unscharfe Spektrallinie *f*
diffused light Streulicht *n*
diffuser 1. Diffuseur *m {Pap}*; 2. Streukörper *m*, Diffusor *m {schallstreuender Einbau, Akustik}*; 3. Diffusor *m {strömungstechnisches Bauteil}*; 4. Verzögerungsteil *n {bei Turboverdichtern}*; 5. Diffusor *m*, Lichtdiffusor *m*; Streulichtschirm *m*; 6. Extraktionsanlage *f*, Diffusionsapparat *m {Lebensmittel}*; 7. Diffusor *m*, Zerstäuber *m*, Zerstäuberdüse *f*; Staudüse *f*; 8. Druckluftbelüfter *m*, Belüfter *m {Druckbelüftung}*; 9. Aufladekammer *f {an elektrostatischen Pulverbeschichtungsgeräten}*, Aufladedüse *f*
diffuser plate Belüfterplatte *f*, Filterplatte *f*, Luftverteiler *m*, Verteilerplatte *f*
diffuser stone Filterstein *m*, Fritte *f {zum Gaseinperlen}*
diffusibility Diffusionsfähigkeit *f*, Diffusionsvermögen *n*, Zerstreuungsvermögen *n*
diffusible diffusionsfähig
diffusible hydrogen diffusibler Wasserstoff *m {DIN 8572}*
diffusing Diffundieren *n*, Verteilen *n*, Ausbreiten *n*
diffusion 1. Diffusion *f*, Ausbreitung *f*; 2. Diffusion *f*, Zerstreuung *f {Opt, Elek}*; 3. Transfusion *f {Diffusion mit poröser Trennwand}*; 4. Diffusionsverfahren *n {Holzschutz}*
diffusion accompanied by reaction Diffusion *f* bei gleichzeitiger Reaktion
diffusion activity Diffusionsaktivität *f*
diffusion alloy Diffusionslegierung *f*
diffusion analysis Diffusionsanalyse *f*
diffusion annealing Diffusionsglühen *n {Met}*
diffusion apparatus Diffusionsapparat *m*, Diffuseur *m*
diffusion area Diffusionsfläche *f*
diffusion battery Diffusionsbatterie *f {Zucker}*
diffusion cell Diffusionszelle *f*, Difusionsapparat *m*, Diffuseur *m*
diffusion cloud chamber Diffusionsnebelkammer *f*, kontinuierliche Nebelkammer *f {Nukl}*
diffusion coating 1. Diffusionsbeschichtung *f*, Diffusionsschicht *f {eine Schutzschicht, Met}*; 2. Diffusionsmetallisierung *f*, Diffusionsbeschichten *n*, Diffusionslegieren *n*, Diffusionsmetallisieren *n {Oberflächenbehandlung}*
diffusion coefficient Diffusionskoeffizient *m {DIN 41852}*, Diffusionskonstante *f*
diffusion constant Diffusionskonstante *f*, Diffusionskoeffizient *m {DIN 41852}*
diffusion column 1. Diffusionsquerschnitt *m*; 2. Diffusionssäule *f {Zucker}*
diffusion-condensation pump Diffusionspumpe *f {Vak}*
diffusion current Diffusionsstrom *m*, Diffusionsgrenzstrom *m*, Grenzstrom *m {Elektrochem}*
diffusion-ejector pump Diffusionsejektorpumpe *f {mit Strahl- und Diffusionsstufen}*
diffusion electrophorese Diffusionselektrophorese *f*
diffusion equation Diffusionsgleichung *f*
diffusion evaporation Diffusionsverdampfung *f*
diffusion flame Leuchtflamme *f*, Diffusionsflamme *f*
diffusion-flame reactor Diffusionsflammenreaktor *m*
diffusion heat Diffusionswärme *f*
diffusion-inhibiting diffusionshemmend
diffusion layer Diffusionsschicht *f*
diffusion membrane Diffusionsfenster *n*, Diffusionsmembran *f*
diffusion nozzle Diffusionsdüse *f*
diffusion of gas Gasdiffusion *f*
diffusion of light Lichtstreuung *f*, Lichtdiffusion *f*
diffusion parameter Ausbreitungsparameter *m*

diffusion path Diffusionsweg *m*
diffusion potential Diffusionspotential *n*, Flüssigkeitspotential *n*
diffusion process 1. Diffusionsverfahren *n* *{Halbleitertechnik}*; 2. Diffusionsverfahren *n* *{Holzschutz}*; 3. Diffusionstrennverfahren *n* *{Isotope}*
diffusion pump Diffusionspumpe *f* *{Vak}*
diffusion-pump oil Diffusionspumpenöl *n*
high-vacuum diffusion pump Hochvakuum-Diffusionspumpe *f*
diffusion rate Diffusionsgeschwindigkeit *f*; Transfusionsgeschwindigkeit *f* *{bei Diffusion mit poröser Trennwand}*
diffusion resistance Ausbreitungswiderstand *m*
diffusion seal Diffusionsverbindung *f*
diffusion-separation method Diffusionstrennverfahren *n*
diffusion-sintering oven Diffusionssinterofen *m* *{Met}*
diffusion stage Diffusionsstufe *f*
diffusion tensor Diffusionstensor *m*
diffusion transport Diffusionstransport *m*
diffusion velocity Ausbreitungsgeschwindigkeit *f*, Diffusionsgeschwindigkeit *f*; Transfusionsgeschwindigkeit *f* *{bei Diffusion mit poröser Trennwand}*
diffusion welding Kaltschweißen *n*, Diffusionsschweißen *n* *{in einem Vakuum- oder Schutzgasofen}*
diffusion zone Diffusionsgebiet *n* *{Met}*
diffusional diffusorisch; Diffusions-
diffusional jog Diffusionssprung *m*
diffusional mass transfer Diffusionsstoffübergang *m*, diffusorischer Stoffübergang *m*
diffusional separation Diffusionsabscheidung *f*
diffusiveness Diffusionsvermögen *n*, Ausbreitungsvermögen *n*, Ausbreitungsfähigkeit *f*
diffusivity 1. Diffusionsfähigkeit *f*, Diffusionsvermögen *n*; 2. Temperaturleitfähigkeit *f*, Temperaturleitzahl *f*; 3. Diffusionskoeffizient *m* *{DIN 41852}*
diffusor 1. Auslaugeturm *m*, Diffuseur *m* *{Pap}*; 2. Diffusor *m*, Lichtdiffusor *m*; 3. Streukörper *m*, Diffusor *m* *{schallstreuender Einbau}*; 4. Diffusor *m* *{Tech}*; 4. Anemostat *n*, Diffusor *m* *{Deckenluftauslaß mit mehrfach gerichtetem Luftstrom}*
difluan Difluan *n*
difluorenyl <$(=C_{13}H_9)_2$> Difluorenyl *n*
difluorenylidene <$(=C_{13}H_8)_2$> Difluorenyliden *n*
difluoride Doppelfluorid *n*; Difluorid *n*
difluoro dichloromethane <CCl_2F_2> Dichlordifluormethan *n*, Difluordichlormethan *n*, Freon 12 *n*, R12
difluoroamine <F_2NR> Difluoramin *n*
difluorobiphenyl Difluorbiphenyl *n*
difluorodiazene Difluorodiazen *n*
difluorodiazine <*FN=NF*> Difluorodiazin *n*
difluorodiphenyl Difluorbiphenyl *n*
difluorophosphoric acid <HPO_2F_2> Difluorphosphorsäure *f*
difluoroxenene Difluorbiphenyl *n*
diformamide Diformamid *n*
diformyl Diformyl *n*, Glyoxal *n*, Oxalsäuredialdehyd *m*
difurylglyoxal <$C_4H_3OCO\text{-})_2$> Furil *n*, Bipyromucil *n*, Difurylglyoxal *n*
dig/to 1. graben *{z.B. nach Kohle, Wasser}*; umgraben *{Erde}*; ausgraben; 2. lösen *{Kohle}*, hereingewinnen *{Bergbau}*; 3. ausschachten, ausbaggern, baggern; 4. stechen *{Torf}*
dig out/to abstechen *{z.B. Filterkuchen}*
digalene Digalen *n*
***m*-digallic acid** *m*-Digallussäure *f*, 3-Digallussäure *f*, Gallussäure-3-monogallat *n*, Galloylgallussäure *f* *{Gerb}*
digenite Digenit *m* *{blauer isotroper Kupferglanz, Min}*
digentisic acid Digentisinsäure *f*
digermane <Ge_2H_6> Digerman *n*, Germaniumhexahydrid *n*
digest/to 1. verdauen *{Bio}*; 2. aufschließen, digerieren *{durch Hitze oder/und Lösemittel}*; 3. ausziehen, auslaugen
digest Übersicht *f*, Zusammenfassung *f*
digester 1. Digestor *m*, Digestierkolben *m*, Digestionskolben *m*; 2. Zellstoffkocher *m*, Kocher *m* *{Pap}*; 3. Eiweißverdauer *m*, Eiweißspalter *m*, Enzymdetachiermittel *n* *{zur Vordetachur bei eiweißhaltigen Flecken}*; 4. Digestivum *n*, verdauungsförderndes Mittel *n* *{Pharm}*; 5. Faulbehälter *m*, Schlammfaulbehälter *m*, Schlammfaulraum *m* *{Wasseraufbereitung}*; 6. Aufgußgefäß *n*; 7. Autoklav *m*, Dampfkochtopf *m*, Druckflasche *f*; 8. Regeneratkessel *m* *{Gummi}*; 9. Dampffaß *n*, Digestor *m* *{Brau}*
digester for reclaiming Digestor *m*, Entvulkanisierungsgefäß *n*, Regenerierkessel *m* *{Gummi}*
digester gas Faulgas *n*, Klärgas *n*; Biogas *n*
digestibility Verdaulichheit *f*, Bekömmlichkeit *f*
digestible verdaulich, bekömmlich
digesting *s.* digestion
digesting flask Digestionskolben *m*
digestion 1. Aufschließen *n*, Aufschluß *m* *{durch Hitze und/oder Lösemittel}*; Digerieren *n*; 2. Aufschluß *m* *{Isolierung der Cellulose aus Pflanzen}*, Kochen *n*, Kochung *f* *{Pap}*; 3. Ausziehen *n*, Auslaugen *n*, Digerieren *n* *{Pharm}*; 4. Verdauung *f*, Digestion *f* *{Biol}*; 5. Reifen *n*, Reifung *f* *{der Emulsion, Photo}*; 6. Ausfaulen *n* *{von Schlamm}*
digestion apparatus Aufschlußapparat *m* *{Pharm}*

digestion bottle Digerierflasche *f*, Digerierkolben *m*
digestion chamber Faulraum *m*, Schlammfaulraum *m*, Schlammfaulbehälter *m*
digestion flask Digerierflasche *f*, Digestionskolben *m*, Digestor *m*, Digerierkolben *m {Kosmetik}*
digestive verdauungsförderndes Mittel *n*, Digestivum *n {Lebensmittel}*
digestive apparatus Digerierofen *m*
digestive process Verdauungsprozeß *m*
digestive salt verdauungsförderndes Salz *n*
digestive system Verdauungssystem *n*
digestor *s.* digester
digit 1. einstellige Zahl *f*, Ziffer *f*, Digit *n*; numerisches Zeichen *n*; 2. arabische Ziffer *f {Math}*; 3. Hand *f {ein Verweiszeichen, Druck}*; 4. Stelle *f {in einem Zahlensystem}*
digit value Stellenwert *m {im System}*
digital in Ziffern *fpl*, ziffernmäßig, digital; Digital-
digital computer Digitalrechenmaschine *f*, Digitalrechner *m*, digitaler Rechner *m*, digitale Rechenanlage *f*, Ziffernrechner *m*, Digitalcomputer *m*
digital control 1. Digitalsteuerung *f*, digitale Steuerung *f*; 2. digitale Regelung *f*, Digitalregelung *f*
digital display Digitalanzeige *f*, Ziffernanzeige *f*, digitale Anzeige *f*, numerische Anzeige *f*
digital indicator Digitalanzeigegerät *n*, Ziffernanzeigegerät *n*
digital input 1. Digitaleingang *m*; 2. Digitaleingabe *f*, digitale Eingabe *f*
digital measuring device digital anzeigendes Meßgerät *n*, Digitalmeßgerät *n*, digitales Meßinstrument *n*
digital output 1. Digitalausgabe *f*, digitale Ausgabe *f*; 2. Digitalausgang *m*
digital output unit Digitalausgabeeinheit *f*
digital printer Digitaldrucker *m*
digital recorder Digitalschreiber *m*, Ziffernschreiber *m*, digitaler Schreiber *m*
digital setting Digitaleinstellung *f*
digital signal Digitalsignal *n*, digitales Signal *n {DIN 44300}*
digital thermometer Digitalthermometer *n*
digital time switch Digital-Zeitschaltuhr *f*
digital titrating digitales Titrieren *n {Anal}*
digital valve Digitalventil *n*
digitalein <$C_{22}H_{33}O_9$> Digitalein *n*
digitalic salt Digitalsalz *n*
digitaligenine <$C_{24}H_{32}O_3$> Digitaligenin *n*
digitalin <$C_{36}H_{56}O_{14}$> Digitalin *n*
digitalis extract Fingerhutextrakt *m {Bot}*
digitalis glucoside Digitalisglucosid *n*, Digitalisglykosid *n {Pharm}*
digitalis tincture Fingerhuttinktur *f*
digitalonic acid Digitalonsäure *f*
digitalose Digitalose *f {Methylpentose}*
digitane Digitan *n*
digitic acid Digitsäure *f*
digitizer Digitalisierer *m*, Digitizer *m*, Digitalisiergerät *n*, Digitalisiertablett *n*
digitogenic acid Digitogensäure *f*
digitogenin <$C_{27}H_{44}O_5$> Digitogenin *n*
digitoic acid Digitosäure *f*
digitoleine Digitolein *n*
digitolutein Digitolutein *n*
digitonide Digitonid *n*
digitonin <$C_{55}H_{90}O_{29}$> Digitonin *n*, Digitin *n*, *{ein Digitalis-Saponin}*
digitophylline Digitophyllin *n*, Digitoxin *n*
digitoxigenin <$C_{23}H_{34}O_4$> Digitoxigenin *n*
digitoxin <$C_{41}H_{64}O_{13}$> Digitoxin *n*, 3,14-Dihydroxycardenolid-tridigitoxosid *n*, Digitophyllin *n {Digitalisglycosid}*
digitoxose Digitoxose *f*, 2,4-Didesoxyribohexose *f*
diglycerin[e] Diglycerin *n*
diglycerol <$CH_2(OH)CH(OH)CH_2)_2$> Diglycerin *n*
diglycerol tetranitrate <$C_6H_{10}N_4O_{13}$> Tetranitroglycerin *n*, Diglycerintetranitrat *n {Expl}*
diglycerophosphoric acid Diglycerinphosphorsäure *f*
diglycidyl ether <$C_6H_{10}O_3$> Diglyzidether *m*, Diglycidylether *m*, Di(2,3-epoxypropyl)ether *m*, DGE *{reaktiver Verdünner}*
diglycidyl phthalate Phthalsäurediglycidylester *m*
diglycol Diglycol *n*, Diethylenglycol *n*, Dihydroxydiethylether *m*
diglycol carbamate Diglycolcarbamat *n*
diglycol chloroformate <$O(C_2H_4OCOCl)_2$> Diglycolchloroformiat *n*
diglycol laurate Diglycollaurat *n*, Diethylenglycolmonolaurat *n*
diglycol monostearate Diglycolmonostearat *n*, Diethylenglycolmonostearat *n*
diglycol oleate Diglycololeat *n*, Diethylenglycolmonooleat *n*
diglycol ricinoleate Diglycolricinoleat *n*, Diethylenglycolmonoricinoleat *n*
diglycol stearate Diglycolstearat *n*, Diethylenglycoldistearat *n*
diglycolic acid <$O(CH_2COOH)_2$> Diglycolsäure *f*, Oxydiethansäure *f*, 2,2'-Oxydiessigsäure *f*
diglycylcystine Diglycylcystin *n*
diglycylglycine Diglycylglycin *n*
digoxigenin <$C_{23}H_{34}O_5$> Digoxigenin *n*
digoxin <$C_{41}H_{64}O_{14}$> Digoxin *n*
diguanylamine <$(H_2N(HN=)C-)_2NH$> Diguanylamin *n*

diguanyldisulfide <$(H_2N(HN=)CS-)_2$> Diguanyldisulfid *n*
dihalide Dihalogenid *n*
dihedral Dieder *n*, Zweiflächner *m*
diheptylamin <$(C_7H_{15})_2NH$> Diheptylamin *n*
diheteroatomic diheteroatomig
dihexadecyl ether Margaron *n*, Dicetylether *m*
dihexagonal dihexagonal *{Krist}*
dihexagonalpyramidal dihexagonalpyramidal *{Krist}*
dihexahedral dihexaedrisch, doppelsechsflächig *{Krist}*
dihexahedron Dihexaeder *n*, Doppelsechsflächner *m {Krist}*
dihexyl <$CH_3(CH_2)_{10}CH_3$> Dihexyl *n*, Bihexyl *n*, *n*-Dodecan *n*
dihexyl ether <$(C_6H_{13})_2O$> Dihexylether *m*
dihexyl ketone <$(C_6H_{13})_2CO$> Önanthon *n*
dihexyl phthalate <$C_6H_4(COOC_6H_{13})_2$> Dihexylphthalat *n*, DHP
dihexyl sebacate Dihexylsebacat *n*
dihydracrylic acid <$C_6H_{10}O_5$> Dihydracrylsäure *f*
dihydrate Dihydrat *n*
dihydric zweiwertig, mit zwei Hydroxylgruppen *fpl {OH-Gruppen, z.B. Alkohol, Phenol}*; zweifachsauer, primär, Dihydrogen-
dihydric alcohol<$C_nH_{2n}(OH)_2$> zweiwertiger Alkohol *m*, Diol *n*
dihydric phenol zweiwertiges Phenol *n*
dihydrite Dihydrit *m*, Pseudomalachit *m {Min}*
dihydroabietyl alcohol <$C_{19}H_{31}CH_2OH$> Dihydroabietylalkohol *m*
dihydroanthracene Dihydroanthracen *n*
dihydrobenzacridine carboxylic acid Tetrophan *n {HN}*
dihydrobenzene Dihydrobenzol *n*, Cyclohexadien *n*
dihydrobenzothiopyran Thiochroman *n*
dihydrocholesterol Dihydrocholesterol *n*, Koprostanol *n*, Koprosterin *n*
dihydrocodeinone Dicodid *n*
3,4-dihydrocoumarin <$C_6H_8O_2$> Melilotol *n*, Benzodihydropyron *n*
dihydrodianthrone Dianthranol *n*, Dianthron *n*
dihydrodiethyl phthalate Dihydrodiethylphthalat *n*
dihydrodiketonaphthalene <$C_{10}H_6O_2$> Naphthochinon *n*, Dihydrodioxonaphthalin *n*
dihydrodimerization Dihydrodimerisation *f*
dihydroemetine Rubremetin *n*
dihydroergotamine Dihydroergotamin *n*
dihydroergotoxine Dihydroergotoxin *n*
dihydrofolate reductase Dihydrofolatreduktase *f*, Dihydrofolsäurereduktase *f*
dihydrofolic acid Dihydrofolsäure *f*
dihydrofolic acid reductase Dihydrofolsäurereduktase *f*, Dihydrofolatreduktase *f*
dihydrofuran Dihydrofuran *n*
dihydrogen <H_2> Diwasserstoff *m*, Wasserstoffmolekül *n*, molekularer Wasserstoff *m*
dihydrogen phosphate <$M'H_2PO_4$> primäres Phosphat *n*, Dihydrogen[ortho]phosphat *n*, Dihydrogenmonophosphat *n*
3,4-dihydroharmine <$C_{13}H_{14}N_2O$> Harmalin *n*
dihydrohydroxy codeinone Eukodal *n*
dihydroketoanthracene Anthranon *n*, 9,10-Dihydro-9-oxoanthracen *n*
dihydrolipoic acid Dihydroliponsäure *f*
dihydromorphinone hydrochloride Dihydromorphinonhydrochlorid *n*
dihydronaphthalene <$C_{10}H_{10}$> Dialin *n*, Dihydronaphthalin *n*
dihydroorotase Dihydroorotase *f {Biochem}*
dihydroorotate dehydrogenase Dihydroorotsäurereduktase *f {Biochem}*
dihydroorotic acid Dihydroorotsäure *f*
dihydrophenanthrene Dihydrophenanthren *n*
dihydrophytyl bromide <$C_{20}H_{41}Br$> Dihydrophytylbromid *n*
dihydropyrazole Pyrazolin *n*
dihydropyrrol[e] <C_4H_7N> Pyrrolin *n*
dihydroquinine Dihydrochinin *n*
dihydrostreptitol Dihydrostreptit *m*
dihydrostreptomycin Dihydrostreptomycin *n {Antibiotikum}*
dihydrostreptomycin sulphate Dihydrostreptomycinsulfat *n*
dihydrotachysterol <$C_{28}H_{46}O$> Dihydrotachysterin *n*, Dihydrotachysterol *n*
dihydrothiamine Dihydrothiamin *n*
dihydrotoxiferine Dihydrotoxiferin *n*
1,2-dihydrourete Uretin *n*
dihydrouridine Dihydrouridin *n {Gen}*
dihydrouridylic acid Dihydrouridylsäure *f {Gen}*
dihydroxy Dihydroxy-
dihydroxyacetone <$CH_2OHCOCH_2OH$> Dihydroxyaceton *n*, DHA, Dioxyaceton *n {obs}*, Dihydroxypropan-2-on *n*
dihydroxyacetone phosphate Dihydroxyacetonphosphat *n*
2,4-dihydroxyacetophenone Resacetophenon *n*, 4-Acetylresorcin *n*
dihydroxyadipic acid Adipoweinsäure *f*
dihydroxyaluminium aminoacetate Dihydroxyaluminiumaminoacetat *n*
2,4-dihydroxy-6-amino-1,3,5-triazine Melanurensäure *f*
dihydroxyanthracene <$C_{14}H_{10}O_2$> 1,5-Dihydroxyanthracen *n*, Rufol *n*
dihydroxyanthraquinone <$C_{14}H_6O_2(OH)_2$> Dihydroxyanthrachinon *n*
1,2-dihydroxyanthraquinone Alizarin *n*, Krappfärbestoff *m*, 1,2-Dihydroxyanthrachinon *n*

1,3-dihydroxyanthraquinone Xanthopurpurin *n*, 1,3-Dihydroxyanthrachinon *n*
1,4-dihydroxyanthraquinone Chinizarin *n*, 1,4-Dihydroxyanthrachinon *n*
1,5-dihydroxyanthraquinone Anthrarufin *n*, 1,5-Dihydroxyanthrachinon *n*
1,8-dihydroxyanthraquinone Chrysazin *n*, Danthron *n*, 1,8-Dihydroxyanthrachinon *n*
2,3-dihydroxyanthraquinone Hystazarin *n*, 2,3-Dihydroxanthrachinon
2,6-dihydroxyanthraquinone Anthraflavinsäure *f*, 2,6-Dihydroxyanthrachinon *n*
2,7-dihydroxyanthraquinone Isoanthraflavinsäure *f*, 2,7-Dihydroxyanthrachinon *n*
3,4-dihydroxybenzaldehyde Protocatechualdehyd *m*
1,2-dihydroxybenzene Pyrocatechol *n*, *o*-Dihydroxybenzol *n*, 1,2-Dihydroxybenzol *n*
1,3-dihydroxybenzene <$C_6H_4(OH)_2$> *m*-Dihydroxybenzol *n*, 1,3-Dihydroxybenzol *n*, Resorcin *n*
1,4-dihydroxybenzene Hydrochinon *n*, 1,4-Dihydroxybenzol *n*, *p*-Dihydroxybenzol *n*
dihydroxybenzoic acid Dihydroxybenzoesäure *f*, Dioxybenzoesäure *f*
3,4-dihydroxybenzoic acid <$(HO)_2C_6H_3COOH$> 3,4-Dihydrobenzoesäure *f*, Protokatechusäure *f*
7,8-dihydroxycoumarin <$C_9H_6O_4$> Daphnetin *n*, 7,8-Dihydrocumarin *n*
dihydroxydibenzanthracene Dihydroxydibenzanthracen *n*
dihydroxydiethylether<$CH_2OHCH_2OCH_2CH_2OH$> Diethylenglycol *n*
dihydroxydiethylstilbene Dihydroxydiethylstilben *n*
dihydroxydinaphthyl Dihydroxydinaphthyl *n*
dihydroxydiphenyl sulfone <$(C_6H_4OH)_2SO_2$> Dihydroxydiphenylsulfon *n*, Sulfonylbisphenol *n*
dihydroxydiphenylmethane Dihydroxydiphenylmethan *n*
dihydroxydiquinoyl Rhodizonsäure *f*; Dihydroxytetron *n*
1,2-dihydroxyethane Ethylenglycol *n*, Et-Glycol *n*, Ethan-1,2-diol *n*
dihydroxyethylene sulfide Thiodiglycol *n*
3,6-dihydroxyfluoran Resorcinphthalein *n*, Fluorescein *n*
dihydro-*o*-xylene <C_8H_{12}> Cantharen *n*
dihydroxymalonic acid <$OC(COOH)_2$> Mesoxalsäure *f*, Oxomalonsäure *f*, Oxopropandisäure *f*
dihydroxymenthane Terpin *n*
2,4-dihydroxy-1-methylanthraquinone Rubiadin *n*
dihydroxynaphthalene <$C_{10}H_6(OH)_2$> Dihydroxynaphthalin *n*, Naphthalindiol *n*
1,2-dihydroxynaphthalene Naphthobrenzcatechin *n*, 1,2-Dihydroxynaphthalin *n*
1,3-dihydroxynaphthalene Naphthoresorcin *n*, 1,3-Dihydroxynaphthalin *n*
dihydroxyphenylacetic acid Dihydroxyphenylessigsäure *f*
3,4-dihydroxyphenylalanine Dopa *n*, 3-(3,4-Dihydroxyphenyl)-alanin *n*
dihydroxypolydimethyl siloxane Dihydroxypolydimethylsiloxan *n*
dihydroxypropane 1,2-Propandiol *n*, Propylenglycol *n*
2,6-dihydroxypurine Xanthin *n*
dihydroxypyrene Dihydroxypyren *n*
2,6-dihydroxypyrimidine Uracil *n*, 2,6-Dihydroxypyrimidin *n*
dihydroxyquinoline Dioxychinolin *n* *{obs}*, Dihydroxychinolin *n*
dihydroxyquinone Dioxychinon *n* *{obs}*, Dihydroxychinon *n*
dihydroxystearic acid Dihydroxystearinsäure *f*
dihydroxysuccinic acid <$HOOC(CHOH)_2COOH$> Dioxybernsteinsäure *f*, Dihydroxybernsteinsäure *f*, 2,3-Dihydroxybutandisäure *f*, Wein[stein]säure *f*
2,4-dihydroxytoluene Kresorcin *n*, 2,4-Dihydroxytoluen *n*
3,5-dihydroxytoluene Orcin *n*, 3,5-Dihydroxytoluen *n*
2,4-dihydroxy-1,2,5-trinitrobenzene <$C_6H(OH)_2(NO_2)_3$> Styphinsäure *f*, 2,4,6-Trinitroresorcin *n*
dihydroxyviolanthrone Dihydroxyviolanthron *n*
dihydroxyxanthone <$(HOC_6H_3)_2CO$-O> Euxanthon *n*, Purron *n*, Porphyrsäure *f*
diimide Diimid *n*, Diimin *n*, Diazen *n*
diimine *s.* diimide
diindene Diinden *n*
diindole Diindol *n*
diindole indigo Diindolindigo *n*
diindolyl Diindolyl *n*
diindone Diindon *n*
diindyl Diindyl *n*
diiodide Dijodid *n* *{obs}*, Diiodid *n*
diiodoacetylene <$IC{\equiv}CI$> Dijodacetylen *n* *{obs}*, Diiodacetylen *n*, Diiodethin *n*
diiodoamine <I_2NH> Diiodamin *n*
diiodocarbazole Dijodcarbazol *n* *{obs}*, Diiodcarbazol *n*
diiododithymol Dijododithymol *n* *{obs}*, Diiododithymol *n*
4',5'-diiodofluoresceine 4',5'-Diiodofluoreszein *n*
diiodoform <$I_2C{=}CI_2$> Tetraiodoethylen *n*, Dijodoform *n* *{obs}*, Diiodoform *n*
diiodohexamethylenetetramine Diiodurotropin *n*

diiodohydrin Dijodhydrin *n {obs}*, Diiodoisopropanol *n*, Diiodhydrin *n*
diiodohydroxypropane Jothion *n*
diiodohydroxyquinoline Diiodhydroxychinolin *n*
diiodomethane Methylenjodid *n {obs}*, Methyleniodid *n*, Diiodmethan *n*
diiodo-*p*-phenolsulfonic acid Sozojodol *n {Triv}*, 3,5-Diiod-4-hydroxylbenzolsulfonsäure *f*, Sozoiodolsäure *f*
diiodopropyl alcohol Jothion *n*
3,5-diiodosalicylic acid Dijodsalicylsäure *f {obs}*, Diiodsalicylsäure *f*
diiodothymol Annidalin *n*
diiodothyronine <$C_{15}H_{13}I_2NO_4$> Dijodthyronin *n {obs}*, 3,5-Diiodthyronin *n*
3,5-diiodotyrosin <$I_2(HO)C_6H_2CH_2CH(NH_2CO\text{-}OH)$> Diiodtyrosin *n*, Jodgorgosäure *f {obs}*, Iodgorgosäure *f*
diiodourotropine Dijodurotropin *n {obs}*, Diiodurotropin *n*
diisatogen <$C_{16}H_8N_2O_4$> Diisatogen *n*
diisoamyl ether <$(CH_3)_2CHC_2H_4\text{-})_2O$> Diisoamylether *m*, Diisopentylether *m*
diisobutyl adipate Diisobutyladipat *n*, DIBA
diisobutyl aluminium chloride Diisobutylaluminiumchlorid *n*, DIBAC
diisobutyl azelate Diisobutylazelat *n*
diisobutyl ketone 1. <$[(CH_3)_2CHCH_2\text{-}]_2CO$> Diisobutylketon *n*, 2,6-Dimethylheptan-4-on *n*; 2. <$[(CH_3)_3C]_2CO$> Valeron *n*
diisobutyl phthalate Diisobutylphthalat *n*
diisobutylamine Diisobutylamin *n*
diisobutylene <$(CH_3)_2C{=}CHC(CH_3)_3$> *β*-Diisobutylen *n*, Isoocten *n*, Diisobuten *n*, 2,4,4-Trimethylpent-2-en *n*
diisochavibetol Diisochavibetol *n*
diisocyanate Diisocyanat *n {Verbindung mit zwei O=C=N-Gruppen}*
diisodecyl adipate Diisodecyladipat *n*, DIDA, Adipinsäurediisodecylester *m*
diisodecyl phthalate Diisodecylphthalat *n*, DIDP
diisoeugenol Diisoeugenol *n*
diisononyl phthalate Diisononylphthalat *n*, DINP
diisooctyl adipate Diisooctyladipat *n*, DIOA
diisooctyl azelate Diisooctylazelat *n*, DIOZ
diisooctyl phthalate Diisooctylphthalat *n*, DIOP
diisooctyl sebacate Diisooctylsebacat *n*, DIOS
diisopropanolamine <$(CH_3CH(OH)CH_2)_2NH$> Diisopropanolamine *n*, DIPA, 2,2'-Iminodi-(1-propanol) *n*
diisopropyl benzoin Cuminoin *n*
diisopropyl carbinol Diisopropylcarbinol *n*, 2,4-Dimethylpentan-3-ol *n*
diisopropyl cresol Diisopropylcresol *n*
diisopropyl dixanthogen <$(C_3H_7OCS_2)_2$> Diisopropyldixanthogen *n*
diisopropyl ether <$(CH_3)_2CHOCH(CH_3)_2$> Diisopropyläther *m {obs}*, Diisopropylether *m*, *Isopropylether* m, 2-Isopropoxypropan *n*
diisopropyl fluorophosphate Diisopropylfluorophosphat *n*, DFP, Fluostigmin *n*, Isofluorphat *n*
diisopropyl ketone Diisopropylketon *n*, 2,4-Dimethylpentan-3-on *n*
diisopropyl peroxydicarbonate <$[(CH_3)_2CHOC(O)O\text{-}]_2$> Isopropylperoxydicarbonat *n*, IPP
diisopropylamine Diisopropylamin *n*
diisopropylbarbituric acid Proponal *n*
diisopropylbenzene Diisopropylbenzol *n*
diisopropyleneglycol salicylate Diisopropylenglycolsalicylat *n*
diisopropylidene acetone <$(CH_3)_2C{=}CHCO\text{-}CH{=}C(CH_3)_2$> Phoron *n*
diisopropylthiourea *N,N'*-Diisopropylthioharnstoff *m*
diisotridecyl phthalate Diisotridecylphthalat *n*
dika fat Dikafett *n*, Dikabutter *f {von Irvingia gabonensis Baill.}*
Dikabutter *s.* dika fat
dike rocks Ganggestein *n*
diketen[e] <$C_4H_4O_2$> Diketen *n*, 4-Methylen-2-oxethanon *n*
diketoapocamphoric acid Diketoapocamphersäure *f*
diketocamphoric acid Diketocamphersäure *f*
diketocholanic acid Diketocholansäure *f*
diketone Diketon *n*, Dion *n*
diketopiperazine Diketopiperazin *n {cyclisches Amid}*
diketotetrahydroquinazoline Benzoylenharnstoff *m*
diketotriazolidine Urazol *n*
dilactamic acid <$C_6H_{11}NO_4$> Dilactamidsäure *f*
dilactic acid <$C_6H_{10}O_5$> Dilactylsäure *f*, Dimilchsäure *f*, Lactoyllactat *n*
dilatability Dehnbarkeit *f*, Ausdehnungsfähigkeit *f*, Ausdehnungsvermögen *n*
dilatable [aus]dehnbar, ausweitbar
dilatancy Dilatanz *f {inverse Thixotropie}*, Volumenvergrößerung *f*, Dilatation *f*, Ausdehnung *f*
dilatant dilatant; Ausdehnungs-
dilatant liquid dilatante Flüssigkeit *f*
dilatation 1. Dehnung *f*, Erweiterung *f {z.B. Pupille, Magen}*; 2. Ausdehnung *f*, Expansion *f*, Dilatation *f {mit Temperaturerhöhung verbundene Volumenvergrößerung}*, Expansion *f*
dilatation coefficient Ausdehnungskoeffizient *m*
dilate/to [sich] ausdehnen, [sich] erweitern *{z.B. die Pupille}*, weiten; expandieren
dilation *s.* dilatation

dilatometer Dilatometer *n*, [Aus-]Dehnungsmesser *m*, Dehnbarkeitsmesser *m*
dilatometer test Dilatometertest *m {z.B. Dilatometertest nach Audibert-Arnu}*, Dilatometerversuch *m*, Dilatometerprobe *f*
dilatometry Dilatometrie *f {ein Verfahren der Thermoanalyse}*, Wäremausdehnungsmessung *f*, Dehnungsmessung *f*, dilatometrische Untersuchung *f*
dilaurin Dilaurin *n*
dilauroyl peroxide Dilauroylperoxid *n*
dilauryl ether <$(C_{12}H_{25})_2O$> Dilaurylether *m*, Didodecylether *m*
dilauryl sulfide <$(C_{12}H_{25})_2S$> Didodecylthioether *m*, Dilaurylsulfid *n*
dilauryl thiodipropionate <$(C_{12}H_{25}OOC_3H_5)_2S$> Didodecyl-3,3'-thiodipropionat *n*, Dilaurylthiodipropionat *n*, Thiodipropionsäuredilaurylester *m*
dilaurylamine <$(C_{12}H_{25})_2NH$> Dilaurylamin *n*, Didodecylamin *n*
dilimonene Dilimonen *n*
dilinoleic acid <$C_{34}H_{62}(COOH)_2$> Dilinoleinsäure *f*
dilithium acetylide <LiC≡CLi> Dilithiumacetylenid *n*
dilituric acid Dilitursäure *f*, 5-Nitrobarbitursäure *f*
dill oil Dillöl *n*
dillnite Dillnit *m {Min}*
dilobeline Lobelidin *n*
diluent 1. verdünnend; 2. Verdünnungsmittel *n*, Abschwächungsmittel *n*; Streckmittel *n*, Streckstoff *m*, Verschnittmittel *n*; 3. Ballaststoff *m*, Ballast *m {z.B. des Brennstoffes}*
dilutability Verdünnbarkeit *f*
dilutable verdünnbar
dilute/to verdünnen, strecken; wässern, verwässern; abstumpfen *{Farben}*
dilute verdünnt; abgestumpft *{Farbe}*; verwässert
dilute solution verdünnte Lösung *f*
diluteness Verdünnungsgrad *m*
diluting Verdünnen *n*, Strecken *n*; Verwässern *n*; Abstumpfen *n {Farbe}*
diluting agent Verdünnungsmittel *n*; Verschnittmittel *n*, Streckmittel *n*, Streckstoff *m*
diluting medium Verdünnungsmittel *n*; Verschnittmittel *n*, Streckmittel *n*, Streckstoff *m*
dilution 1. [verdünnte] Lösung *f*; 2. Verdünnen *n*, Verdünnung *f {einer Flüssigkeit}*; Strekken *n*, Streckung *f*; 3. Auswaschung *f {von Nahrstoffen, Agri}*
dilution analysis Verdünnungsanalyse *f*
dilution capacity Verschnittverhalten *n*
dilution clause Verwässerungsschutzklausel *f*
dilution formula Verdünnungsgesetz *n*, Ostwaldsches Verdünnungsgesetz *n*
dilution heat Verdünnungswärme *f*
dilution law Verdünnungsgesetz *n*, Ostwaldsches Verdünnungsgesetz *n*
dilution ratio Verdünnungsverhältnis *n*, Verdünnungsgrad *m*, Verdünnungsfaktor *m*; Verschnittgrenze *f {Kohlenwasserstofftoleranz von Nitrolack}*
dilution rule Verdünnungsregel *f*
dilution solvent Verdünnungsmittel *n*; Verschnittmittel *n*, Streckmittel *n*
degree of dilution Verdünnungsgrad *m*
heat of dilution Verdünnungswärme *f*
dilutor Dilutor *m {Lab}*
diluvial ore Wascherz *n*
dim/to dämpfen *{Illumination}*; trüben; abschwächen
dim glanzlos, matt; trüb[e]; undeutlich, verschwommen; blaß
dim red mattrot
dimagnesium phosphate Magnesiumhydrogen[ortho]phosphat(V) *n*
dimedone <$(CH_3)_2C_6H_6O_2$> Dimedon *n*, Methon *n*
dimenhydrin[ate] Dimenhydrinat *n*
dimenoxadole Dimenoxadol *n*
dimension/to dimensionieren, die Größe *f* bestimmen; bemessen; Maße *npl* festlegen
dimension 1. Dimension *f*, Abmessung *f {in einem Einheiten- oder Maßsystem}*; 2. Maß *n*, Ausmaß *n*, Größe *f*, Größenmaß *n*, Maßangabe *f*; 3. Maßzahl *f {z.B. Fertigungszeichen}*; 4. Rang *m {Vektorraum, Math}*
dimension analysis Dimensionsanalyse *f*
dimension number Dimensionszahl *f*
proportion of dimensions Größenverhältnis *n*
dimensional dimensional; Dimensions-, Maß-
dimensional accuracy Maßgenauigkeit *f*
dimensional analysis Ähnlichkeitskennzahlmethode *f*, Dimensionsanalyse *f*
dimensional change Größenänderung *f {z.B. Verformung}*, Maßänderung *f*
dimensional equation Dimensionsgleichung *f*, Größenartgleichung *f*
dimensional factor Maßgröße *f*
dimensional stability 1. Dimensionsbeständigkeit *f*, Dimensionsstabilität *f*, Maßhaltigkeit *f*, Maßbeständigkeit *f*; 2. Formstabilität *f*, Formbeständigkeit *f*, Formänderungsfestigkeit *f {Kunst}*
dimensional strength Formbeständigkeit *f*, Gestaltfestigkeit *f*
dimensionally stable formbeständig, formstabil, dimensionsstabil
dimensioned accuracy Maßhaltigkeit *f*
dimensioned drawing Maßzeichnung *f*
dimensioning 1. Dimensionierung *f*, Größenbestimmung *f*, Größenbemessung *f {DIN 3320}*;

2. Bemaßung *f*, Maßeintragung *f {DIN 406}*, Anordnen *n* der Maße *npl*
dimensionless dimensionslos *{Math}*, unbenannt; entdimensionalisiert *{z.B. Grundgleichung der Physik}*
dimensionless characteristic dimensionslose Kennzahl *f*
dimenthene <$C_{20}H_{34}$> Dimenthen *n*
dimenthyl Dimenthyl *n*
dimepheptanol Dimepheptanol *n*
dimer Dimer *n*, Dimeres *n*
dimer acid Dimersäure *f*
dimercaprol *{USP}* Dimercaprol *n*, 2,3-Dimercaptopropanol *n*
dimercaptopropanol 2,3-Dimercaptopropanol *n*, Dimercaprol *n*, British Anti-Lewisite *n*, BAL
dimercaptothiadiazol Dimercaptothiadiazol *n*, Bismuthiol I *n*
dimercaptotoluene Dimercaptotoluol *n*
dimeric dimer, zweiteilig
dimeric circle ringförmiges Dimer *n {Gen}*
dimerization Dimerisation *f*, Dimerisierung *f {Vereinigung von zwei gleichartigen Molekülen}*
dimerize/to dimerisieren
dimesityl Dimesityl *n*
dimetan Dimetan *n {Insektizid}*
dimethacrylic acid Dimethacrylsäure *f*
dimethicone <$(CH_3)_2Si[OSi(CH_3)_2]CH_3$> Dimethicon *n*
dimethoxyacetophenone Dimethoxyacetophenon *n*
dimethoxyanthraquinone Dimethoxyanthrachinon *n*
2,5-dimethoxybenzaldehyde 2,5-Dimethoxybenzaldehyd *m*
3,4-dimethoxybenzaladehyd <$(CH_3O)_2C_6H_3CHO$> Veratraldehyd *m*, 3,4-Dimethoxybenzaldehyd *m*
1,2-dimethoxybenzene <$CH_3O)_2C_6H_4$> Veratrol *n*, 1,2-Dimethoxybenzol *n*, Pyrocatecholdimethylether *m*
1,3-dimethoxybenzene Resorcindimethylether *m*, 1,3-Dimethoxybenzol *n*
3,4-dimethoxybenzoic acid Veratrinsäure *f*
dimethoxybenzoin Anisoin *n*
dimethoxybenzoquinone Dimethoxybenzochinon *n*
di(methoxyethyl)adipate Dimethoxyethyladipat *n*
di(2-methoxyethyl)phthalate Dimethoxyethylphthalat *n*, DMEP
dimethoxylepidine Dimethoxylepidin *n*
dimethoxymethane <$CH_2(OCH_3)_2$> Dimethoxymethan *n*, Methylal *n*, Formal *n*, Formaldehyddimethylacetal *n*, Dimethylformal *n*, DME *{Lösemittel}*
3,4-dimethoxyphthalic acid <$(CH_3O)_2C_6H_2(COOH)_2$> Hemipinsäure *f*, 3,4-Dimethoxy-1,2-benzolsäure *f*
dimethoxysuccinic acid Dimethoxybernsteinsäure *f*
dimethoxytetraglycol <$CH_3(OC_2H_4)_2OCH_3$> Dimethoxytetraglycol *n*, Tetraethylenglycol-Dimethylether *m*, Tetraglym *n {Triv}*
dimethyl *s.* ethane
dimethyl acetamide *N,N*-Dimethylacetamid *n*
2,4-dimethyl acetophenone <$(CH_3)_2C_6H_3OCCH_3$> 2,4-Dimethylacetophenon *n*
2-dimethyl acrylic acid Dimethylacrylsäure *f*, Butensäure *f*, Crotonsäure *f*
dimethyl carbate <$C_{11}H_{14}O_4$> Dimethylcarbat *n*
dimethyl carbonate <$CO(OCH_3)_2$> Kohlensäuredimethylester *m*
dimethyl chloroacetal <$ClCH_2CH(OCH_3)_2$> Dimethylchloroacetal *n*
dimethyl disulfide <$(CH_3S-)_2$> Dimethyldisulfid *n*, DMDS
dimethyl ether <CH_3OCH_3> Dimethyläther *m {obs}*, Dimethylether *m*, Methoxymethan *n*, Methylether *m {Triv}*
dimethyl glycol phthalate Dimethylglycolphthalat *n*
dimethyl hexynediol <$(CH_3)_2C(HO)C{\equiv}CC(OH)(CH_3)_2$> Dimethylhexindiol *n*
dimethyl isophthalate Dimethylisophthalat *n*
dimethyl itaconate Dimethylitaconat *n*
dimethyl oxalate Dimethyloxalat *n*
dimethyl phosphite <$(CH_3O)_2P(O)H$> Dimethylphosphit *n*
dimethyl phthalate <$C_6H_4(COOCH_3)_2$> Dimethylphthalat *n*, Phthalsäuredimethylester *m*, DMP
dimethyl sebacate Dimethylsebacat *n*
dimethyl selenide <$(CH_3)_2Se$> Selendimethyl *n*
dimethyl succinate Bernsteinsäuredimethylester *m*
dimethyl sulfate <$(CH_3)_2SO_4$> Dimethylsulfat *n*, Methylsulfat *n*, Schwefelsäuredimethylester *m*, DMS *n*
dimethyl sulfide <$(CH_3)_2S$> Dimethylsulfid *n*, Methylsulfid *n*
dimethyl sulfoxide <$(CH_3)_2SO$> Dimethylsulfoxid *n*, Methylsulfoxid *n*, Methylsulfinylmethan *n*, DMSO
dimethyl telluride <$CH_3)_2Te$> Tellurdimethyl *n*, Dimethyltellur *n*
dimethyl terephthalate Dimethylterephthalat *n*, Phthalsäuredimethylester *m*, DMT
dimethyl yellow Dimethylgelb *n*
dimethylacetal <$CH_3CH(OCH_3)_2$> Dimethylacetal *n*, Ethylidendimethylether *m*

dimethylacetic acid <$(CH_3)_2CHCOOH$> Dimethylessigsäure *f*, Isobuttersäure *f*, Buttersäure *f*, 2-Methylpropansäure *f*, 2-Methylpropionsäure *f*
dimethylacetylene Crotonylen *n*, Dimethylacetylen *n*, 2-Butin *n*
dimethylamine <$(CH_3)_2NH$> Dimethylamin *n*
dimethylamine hydrochloride Dimethylaminhydrochlorid *n*
dimethylaminoantipyrine Pyramidon *n*
***p*-dimethylaminoazobenzene**<$(CH_3)_2N$-$C_6H_4N=NC_6H_5$> *p*-Dimethylaminoazobenzol *n*, Dimethylgelb *n*, Ölgelb *n*, Benzolazodimethylanilin *n*, Buttergelb *n*
***p*-dimethylaminobenzaldehyde** Dimethylaminobenzaldehyd *m*, Ehrlichs Aldehydreagens *n*
dimethylaminobenzene 1-Amino-2,3-dimethylbenzol *n*, Dimethylaminobenzol *n*, Xylidin *n*
dimethylaminobenzophenone Dimethylaminobenzophenon *n*
dimethylaminophenol Dimethylaminophenol *n*
dimethyl-*p*-aminophenol sulfate <$(HOC_6H_4NHCH_3)_2H_2SO_4$> Dimethyl-*p*-aminophenolsulfat *n*, Genol *n*
3-dimethylaminopropylamine 3-Dimethylaminopropylamin *n*
dimethylaniline <$C_6H_5N(CH_3)_2$> *N,N*-Dimethylanilin *n*, Aminoxylol *n*
dimethylanthracene <$C_{14}H_{16}$> Dimethylanthracen *n*
dimethylanthraquinone Dimethylanthrachinon *n*
dimethylantimony chloride <$(CH_3)_2SbCl$> Dimethylantimonchlorid *n*
dimethylarsine <$(CH_3)_2AsH$> Kakodylwasserstoff *m*, Dimethylarsin *n*, Dimethylarsan *n*
dimethylarsinic acid <$(CH_3)_2AsOOH$> Kakodylsäure *f*, Dimethylarsinsäure *f*
dimethylarsinic monobromide <$(CH_3)_2AsBr$> Kakodylbromid *n*, Dimethylarsanylbromid *n*
dimethylarsinic monochloride <$(CH_3)_2AsCl$> Kakodylchlorid *n*, Dimethylarsanylchlorid *n*
dimethylated dimethyliert
dimethylbenzene <$C_6H_4(CH_3)_2$> Dimethylbenzol *n*, Dimethylbenzen *n*, Xylen *n*, Xylol *n*
dimethylbenzil Tolil *n*
dimethylbenzimidazole Dimethylbenzimidazol *n*
dimethylbenzthiophanthrene Dimethylbenzthiophanthren *n*
dimethylberyllium <$(CH_3)_2Be$> Berylliumdimethyl *n*, Dimethylberyllium *n*
dimethylbutadiene caoutchouc Dimethylbutadienkautschuk *m*
2,2-dimethylbutane <$(CH_3)_3C(C_2H_5)$> 2,2-Dimethylbutan *n*, Neohexan *n*
2,3-dimethylbutane <$[(CH_3)_2CH-]_2$> 2,3-Dimethylbutan *n*, Diisopropyl *n*
dimethylbutylquinoline Dimethylbutylchinolin *n*
dimethylbutyne Dimethylbutin *n*
dimethylcadmium <$(CH_3)_2Cd$> Cadmiumdimethyl *n*, Dimethylcadmium *n*
dimethylcarbinol <CH_3 $CHOHCH_3$> Dimethylcarbinol *n*, Isopropylalkohl *m*, *sec*-Propylalkohol *m*, 2-Propanol *n*
dimethylchrysene Dimethylchrysen *n*
dimethylcyclohexane <$C_6H_{10}(CH_3)_2$> Dimethylcyclohexan *n*, Hexahydroxylen *n*
dimethylcyclohexanedione Dimedon *n*, Dimethylcyclohexandion *n*
dimethylcyclohexyl adipate <$(CH_2)_4(CO$-$OC_6H_{10}CH_3)_2$> Methylcyclohexanoladipinsäureester *m*
dimethylcyclohexyl phthalate Dimethylcyclohexylphthalat *n*
dimethylcyclopentane <$C_5H_8(CH_3)_2$> Dimethylcyclopentan *n*
dimethyldichlorosilane <$(CH_3)_2SiCl_2$> Dimethyldichlorsilan *n*, Dichlordimethylsilan *n*
dimethyldiethoxysilane <$(CH_3)_2Si(OCH_3)_2$> Dimethyldiethoxysilan *n*
dimethyldihydroresorcinol <$C_8H_9O_2$> Dimethyldihydroresorcin *n*
dimethyldihydroxyanthracene Dimethyldihydroxyanthracen *n*
1,3-dimethyl-2,6-dihydroxypurine <$C_7H_8N_4O_2$> Theophyllin *n*, 1,3-Dimethylxanthin *n*
dimethyldiphenyl Dimethyldiphenyl *n*
dimethyldiphenylurea <$(H_5C_6N(CH_3))_2CO$> *sym*-Dimethyldiphenylharnstoff *m*, Centralit II *n* *{Expl}*
dimethyldipyrrylmethene Dimethyldipyrrylmethen *n*
dimethyldisilane Dimethyldisilan *n*
dimethyldithiozinc carbamate <$[(CH_3)_2CNS_2]_2Zn$> Dimethyldithiozinkcarbaminat *n*
dimethylene oxide Ethylenoxid *n*
dimethylenediamine Dimethylendiamin *n*, Ethylendiamin *n*
dimethylethylcarbinol <$CH_3CH_2C(CH_3)$-$(OH)CH_3$> Dimethylethylcarbinol *n*, 2-Methyl-2-butanol *n*, *tert*-Amylalkohol *m*
1,1-dimethylethylene <$CH_2=C(CH_3)_2$> 1,1-Dimethyleth[yl]en *n*, Isobut[yl]en *n*, 2-Methylpropen *n*
1,2-dimethylethylene <$CH_3CH=CHCH_3$> 1,2-Dimethyleth[yl]en *n*, Isobut[yl]en *n*, 2-Buten *n*, Butyl-2-en *n*
dimethylethylenediamine Dimethylethylendiamin *n*
dimethylethylmethane <$CH_3CH(CH_3)$-

CH$_2$CH$_3$> Dimethylethylmethan *n*, Ethyldimethylmethan *n*, 2-Methylbutan *n*, Isopentan *n*

dimethylethylpyrrole Dimethylethylpyrrol *n*

***N,N*-dimethylformamide <$HCON(CH_3)_2$>** *N,N*-Dimethylformamid *n*, DMF

dimethylfuranecarboxylic acid Uvinsäure *f*, Pyrotriweinsäure *f {Triv}*, 2,5-Dimethyl-3-furancarbonsäure *f*

dimethylglucose Dimethylglucose *f*

dimethylglyoxal Dimethylglyoxal *n*, Diacetyl *n*

dimethylglyoxime <$(HON=C(CH_3)-)_2$> Dimethylglyoxim *n*, Diacetyldioxim *n*, Tschugajeffs Reagens *n*

dimethylhexanediol 2,5-Dimethylhexan-2,5-diol *n*

5,5-dimethylhydantoin 5,5-Dimethylhydantoin *n*, DMH

dimethylhydantoin formaldehyde polymer Dimethylhydantoinformaldehydharz *n*

dimethylhydantoin resins Dimethylhydantoinharze *npl*

1,1-dimethylhydrazine <$H_2NN(CH_3)_2$> 1,1-Dimethylhydrazin *n*, *asym*-Dimethylhydrazin *n {Expl}*, UDMH *{Raketenbrennstoff}*

dimethylhydroquinone Dimethylhydrochinon *n*, Xylohydrochinon *n*

dimethylisobutenylcyclopropane Dimethylisobutenylcyclopropan *n*

dimethylisobutylcarbinyl phthalate Dimethylisobutylcarbinylphthalat *n*

dimethylisopropanolamine <$(CH_3)_2NCH_2CH(OH)CH_3$> Dimethylisopropanolamin *n*

dimethylketen <$OCC(CH_3)_2$> Dimethylketen *n*

dimethylketone <CH_3COCH_3> Aceton *n*, Dimethylketon *n*, 2-Propanon *n*

2,2-dimethyllevulinic acid Mesitonsäure *f*

dimethylmagnesium <$(CH_3)_2Mg$> Dimethylmagnesium *n*, Magnesiumdimethyl *n*

dimethylmaleic anhydride Dimethylmaleinsäureanhydrid *n*

dimethylmalonate <$CH_2(COOCH_3)_2$> Dimethylmalonat *n*

dimethylmalonic acid Dimethylmalonsäure *f*

dimethylmandelic acid Dimethylmandelsäure *f*

dimethylmercury <$(CH_3)_2Hg$> Quecksilberdimethyl *n*, Dimethylquecksilber *n*

dimethylmorphine Thebain *n*

2,3-dimethylnaphthalene <$C_{10}H_6(CH_3)_2$> 2,3-Dimethylnaphthalin *n*, Guajen *n*

dimethylnaphthalene picrate Dimethylnaphthalinpicrat *n*

dimethylnaphthidine Dimethylnaphthidin *n*

dimethylnaphthoquinone Dimethylnaphthochinon *n*

dimethyloctanediol Dimethyloctandiol *n*

dimethyloctanol Dimethyloctanol *n*

dimethyloctynediol Dimethyloctyndiol *n*

dimethylol ethylene urea Dimethylolethylenharnstoff *m {Text}*

dimethylolurea <$(CH_2OH)NHCONH(CH_2OH)$> Dimethylolharnstoff *m*

dimethyloxaloacetic acid Dimethyloxalessigsäure *f*

dimethyloxamide Dimethyloxamid *n*

dimethyloxazole Dimethyloxazol *n*

dimethylparabanic acid Cholestrophan *n*

2,2-dimethylparaconic acid Terpentinsäure *f*

2,2-dimethylpentane <$(CH_3)_2CHCH_2CH(CH_3)_2$> 2,4-Dimethylpentan *n*, Diisopropylmethan *n*

dimethylphenol <$(CH_3)_2C_6H_3OH$> Dimethylphenol *n*, Xylenol *n*, Dimethylhydroxybenzol *n*, Hydroxyxylol *n*

dimethylphenylenediamine Dimethyl-*p*-phenylendiamin *n*, *p*-Aminodimethylanilin *n*

dimethylphenylpyrazolone Dimethylphenylpyrazolon *n*

dimethylphosphine <$(CH_3)_2PH$> Dimethylphosphin *n*

1,4-dimethylpiperazine 1,4-Dimethylpiperazin *n*, Lupetazin *n*

2,5-dimethylpiperazine tartrate Lycetol *n*

2,6-dimethylpiperidine Lupetidin *n*

dimethylpolysiloxane Dimethylpolysiloxan *n*

2,2-dimethylpropanal Pivalinaldehyd *m*

2,2-dimethylpropane <$C(CH_3)_4$> Neopentan *n*, Tetramethylmethan *n*, 2,2-Dimethylpropan *n*

2,2-dimethylpropanoic acid Pivalinsäure *f*

dimethylpyridine Dimethylpyridin *n*, Lutidin *n*

2,4-dimethyl-6-pyridone Lutidon *n*

dimethylpyrone Dimethylpyron *n*

dimethylpyrrole Dimethylpyrrol *n*

dimethylquinoline Dimethylchinolin *n*

dimethylresorcinol Dimethylresorcin *n*, Xylorcin *n*, Resorcindimethylether *m*

dimethylsalicylaldehyde Dimethylsalicylaldehyd *m*

dimethylsilane <$(CH_3)_2SiH_2$> Dimethylsilan *n*

dimethylsilanediol <$(CH_3)_2Si(OH)_2$> Dimethylsilandiol *n*

dimethylsilicone Dimethylsilicon *n*

dimethylsiloxane Dimethylsiloxan *n*

dimethylsulfone <$(CH_3)_2SO_2$> Dimethylsulfon *n*, Methylsulfon *n*, Methylsulfonylmethan *n*

dimethyltetrahydrobenzaldehyde Dimethyltetrahydrobenzaldehyd *m*

dimethylthallium <$(CH_3)_2Tl$> Dimethylthallium *n*

dimethylthetin <$C_4H_8O_2S$> Dimethylthetin *n*

dimethylthiambutene Dimethylthiambuten *n*

dimethylthiophene <C_6H_8S> Thioxen *n*

dimethylthreonamide Dimethylthreonamid *n*

dimethyltoluidine Dimethyltoluidin *n*

dimethyl-2,4,5-trichlorophenyl phosphorothionate <$C_8H_8Cl_3O_3PS$> Dimethyl-2,4,5-trichlorophenyl-phosphorothionat *n*

dimethyltubocurarine chloride Dimethyltubocurarinchlorid *n {Pharm}*

dimethylurea 1,3-Dimethylharnstoff *m*

dimethylxanthine Dimethlxanthin *n*

1,3-dimethylxanthine Theophyllin *n*

1,7-dimethylxanthine Paraxanthin *n*

3,7-dimethylxanthine Theobromin *n*

dimethylzinc <$(CH_3)_2Zn$> Zinkdimethyl *n*, Dimethylzink *n*

dimetric tetragonal *{Krist}*

diminish/to 1. [ab]schwächen *{Farbe}*; 2. abflauen; 3. abnehmen, geringer werden, verringern, vermindern, reduzieren; verkleinern, verkürzen

diminished verkürzt; vermindert; abgeschwächt

diminishing Abnehmen *n*; Verkleinern *n*; Verkürzen *n*; Abschwächen *n {Farbe}*

diminishing glass Verkleinerungsglas *n*

diminution 1. Abnahme *f*, Minderung *f*, Erniedrigung *f*, Verringerung *f*, Verminderung *f*, Kleinerwerden *n*, Verkleinerung *f*; 2. Dämpfung *f*; 3. Schwächung *f*

dimmer Abblendvorrichtung *f*, Dimmer *m*, Helligkeitsregler *m {stufenloser}*

dimming 1. Abdunkelung *f*; 2. Verdunkelung *f*, Trübung *f*; 3. Blindwerden *n*, Anlaufen *n {Glas}*; 4. *{US}* Abblenden *n*, Abblendung *f {Auto}*

dimness Mattheit *f*; Beschlag *m {Glas}*

dimorphic dimorph, zweigestalig *{Krist}*

dimorphism Dimorphie *f*, Dimorphismus *m {Krist}*

dimorphous dimorph, zweigestaltig *{Krist}*

dimoxyline Dimoxylin *n*

dimpled aluminium foil Aluminiumknitterfolie *f*

dimyristin Dimyristin *n*

dimyristyl ether <$(C_{14}H_{29})O$> Dimyristylether *m*, Ditetradecylether *m*

dimyristyl thioether <$(C_{14}H_{29})S$> Dimyristylthioether *m*, Ditetradecylsulfid *n*

dinaphthacridine Dinaphthacridin *n*

dinaphthanthradiquinone Dinaphthanthradichinon *n*

dinaphthanthrone Dinaphthanthron *n*

dinaphthazine Dinaphthazin *n*, Phenophenanthrazin *n*

dinaphthazinium hydroxide Dinaphthaziniumhydroxid *n*

dinaphthofluorindine Dinaphthofluorindin *n*

dinaphthol <$(-C_{10}H_6OH)_2$> Dinaphthol *n*, Binaphthol *n*

dinaphthoquinone Dinaphthochinon *n*

dinaphthoxanthene <$C_{21}H_{14}O$> Dinaphthoxanthen *n*

dinaphthyl Dinaphthyl *n*, Binaphthalin *n*

dinaphthyl ether <$(C_{10}H_7)_2O$> Dinaphthylether *m*

dinaphthylene Dinaphthylen *n*

dinaphthyline Dinaphthylin *n*

dinaphthylphenylenediamine Dinaphthylphenylendiamin *n*, DNPD

Dinas brick Dinasstein *m*, Dinasziegel *m {ein Quarz-Schamotte-Stein}*

dineric dinerisch *{zwei flüssige Phasen}*

dineric interface Flüssig-Flüssig-Grenzfläche *f*

dineutron Doppelneutron *n*, Dineutron *n*, Bineutron *n*

dingu Dinitroglycoluril *n*, Dingu *{Expl}*

dinicotinic acid <$C_7H_5NO_4$> Dinicotinsäure *f*

dinite Dinit *m {Min, Kohlenwasserstoffbasis}*

dinitrile 1. <NC-R-CN> Dinitril *n*; 2. <$(CN)_2$> Oxalsäuredinitril *n*, Dicyan *n*

dinitro 1. <O_2N-R-NO_2> Dinitroverbindung *f*; 2. Dinitrophenolderivat *n {Herbizid}*

dinitroacetin <$C_5H_8N_2O_8$> Acetyldinitroglycerin *n*, Glycerinacetatdinitrat *n {Expl}*

dinitroaminophenol <$NH_2C_6H_2(NO_2)_2OH$> Pikraminsäure *f*, Dinitroaminophenol *n*, 4,6-Dinitro-2-aminophenol *n*, 2-Amino-4,6-dinitrophenol *n {IUPAC}*

2,4-dinitroanisol 2,4-Dinitroanisol *n*, 1-Methoxy-2,4-dinitrobenzol *n {IUPAC}*

dinitroanthraquinone Dinitroanthrachinon *n*

dinitrobenzene <$C_6H_4(NO_2)_2$> Dinitrobenzol *n*

dinitrochlorhydrin <$C_3H_5N_2O_6Cl$> Dinitrochlorhydrin *n {Expl}*

dinitrochlorobenzene <$C_6H_3(NO_2)_2Cl$> Dinitrochlorbenzol *n*, 2,4-Dinitrochlorbenzol *n*, 1-Chlor-2,4-dinitrobenzol *n {IUPAC}*

dinitrodihydroxybenzoquinone Nitranilsäure *f*, 2,5-Dihydroxy-3,6-dinitro-1,4-benzochinon *n*

dinitrodimethyloxamide <$(CH_3(NO_2)NCO-)_2$> Dinitrodimethyloxamid *n {Expl}*

dinitrodioxyethyloxamide dinitrate <$C_6H_8N_6O_{12}$> Dinitrodioxyethyloxamiddinitrat *n*, Neno *n*, Dinitrodiethanoloxamiddinitrat *n {Expl}*

dinitrodiphenic acid Dinitrodiphensäure *f*, Dinitrobiphenyldicarbonsäure *f*

dinitrodiphenyl <$C_{12}H_8O_4N_2$> Dinitrodiphenyl *n*, Dinitrobiphenyl *n*

dinitrodiphenylamine Dinitrodiphenylamin *n*, Citronin *n {HN}*

dinitrofluorobenzene Dinitrofluorbenzol *n*

dinitrogen monoxide <N_2O> Distickstoff[mon]oxid *n*, Stickstoff(I)-oxid *n*, Stickstoffoxydul *n {obs}*

dinitrogen tetroxide <N_2O_4> Distickstofftetroxid *n*, Stickstofftetroxid *n*

dinitrogen trioxide <N_2O_3> Distickstofftrioxid *n*, Salpetrigsäureanhydrid *n*, Stickstoffsesquioxid *n*, Stickstofftrioxid *n*

dinitroglycerol <$C_3H_6(NO_2)_2$> Dinitroglycerin *n*
dinitroglycerol blasting charge Dinitroglycerinsprengstoff *m*
dinitroglycolurile <$C_4H_4N_6O_6$> Dingu *n {Expl}*
dinitromethylaniline Dinitromethylanilin *n*
dinitronaphthalene <$C_{10}H_6N_2O_4$> Dinitronaphthalin *n*, Dinal *n {Expl}*
dinitronaphthol <$C_6H_3OH(NO_2)_2$> Dinitronaphthol *n*
2,6-dinitro-*p*-cresol Dinitro-*p*-kresol *n*, 2,6-Dinitro-*p*-kresol *n*, Dinitroparakresol *n {Expl}*
4,6-dinitro-*o*-cresol <$CH_3C_6H_2OH(NO_2)_2$> Dinitro-*o*-kresol *n*, Dinitroorthokresol *n*, 4,6-Dinitro-*o*-kresol *n*, DNOK, DNOC *{Expl}*
2,4-dinitro-1-naphthol-7-sulfonic acid Flaviansäure *f*
dinitrophenol <$C_6H_4O_5N_2$> Dinitrophenol *n*, Hydroxydinitrobenzol *n*
dinitrophenoxyethylnitrate <$C_8H_7N_3O_8$> Dinitrophenylglycolethernitrat *n {Expl}*
dinitrophenyl amino acid Dinitrophenylaminosäure *f*
dinitrophenyl osazone Dinitrophenylosazon *n*
dinitrophenylacridine Dinitrophenylacridin *n*
dinitro-2,4-phenylhydrazine <$H_2NNHC_6H_3(NO_2)_2$> Dinitro-2,4-phenylhydrazin *n {Expl}*
1,4-dinitrosobenzene <$C_6H_4(NO)_2$> 1,4-Dinitrosobenzol *n {Expl}*
dinitrotoluene <$H_3CC_6H_3(NO_2)_2$ Dinitrotoluol *n*, DNT *n {Expl}*
dinonyl adipate Dinonyladipat *n*
dinonyl phenol <$(C_9H_{19})_2C_6H_3OH$> Dinonylphenol *n*
dinonyl phthalate Dinonylphthalat *n*, DNP
dioctahedral dioktaedrisch, doppelachtflächig *{Krist}*
dioctahedron Dioktaeder *n*, Doppelachtflächner *m {Krist}*
dioctyl <$C_{16}H_{34}$> Hexadecan *n*
dioctyl azelate Dioctylazelat *n {meist Di(2-ethylhexyl)azelate}*
dioctyl ether <$(C_8H_{17})_2O$> Dioctylether *m*
dioctyl fumarate Dioctylfumarat *n {meist Di(2-ethylhexyl)fumarat}*
dioctyl isophthalate Dioctylisophthalat *n*
dioctyl phosphite <$(C_8H_{17}O)_2P(O)H$> Dioctylphosphit *n*, Dioctylphosphonat *n*
dioctyl phthalate 1. <$C_6H_4[CO_2(CH_2)_7CH_3]_2$> Dioctylphthalat *n*, Phthalsäure-di-*n*-octylester *m*; 2. Di(2-ethylhexyl)phthalat *n*, DOP
dioctyl sebacate 1. Dioctylsebacat *n*, Dioktylsebazinat *n {obs}*; 2. Di(2-ethylhexyl)sebacat *n*, DOS
dioctyl terephthalate Di(2-ethylhexyl)terephthalat *n*, Dioctyltherphthalat *n*, DOTP
diode Diode *f*, Diodenröhre *f*, Doppelelektrode *f*, Zweipolröhre *f*, Zweielektrodenröhre *f*
diode-array detector Diodenarray-Nachweisgerät *n*
diode rectifier Diodengleichrichter *m*
diode-sputter-ion pump Ionenzerstäuberpumpe *f* vom Diodentyp *m*
diode sputtering Diodenzerstäubung *f*
diode-type pump Ionenzerstäuberpumpe *f* vom Diodentyp *m*
diodone Diodon *n {Röntgenkontrastmittel}*
diol <$C_nH_{2n}(OH)_2$> Diol *n*, zweiwertiger Alkohol *m*, Di-Alkohol *m*
diolefin[e] Diolefin *n*, Dien *n*, Alkadien *n*, Dialken *n {IUPAC}*
diolein <$C_{39}H_{72}O_5$> Diolein *n*
dioleopalmitine Dioleopalmitin *n*
dioleostearin Dioleostearin *n*
dionine <$C_{19}H_{23}NO_3{\cdot}HCl{\cdot}2H_2O$> Dionin *n {HN}*, Ethylmorphinhydrochlorid *n*
DIOP Diisooctylphthalat *n {DIN 7723}*
diopside Diopsid *m*, Mussit *m {Min}*
diopside variety Grünspat *m {Min}*
dioptase <$Cu3SiO_3{\cdot}3H_2O$> Dioptas *m*, Kirgist *m*, Kupfersmaragd *m*, Kupfer(II)-trisilicat *n {Min}*
dioptasite *s.* dioptase
diopter *{US}* Dioptrie *f {reziproke Brennlänge, DIN 1301}*, dpt
dioptrics Dioptrik *f {Lehre von der Lichtbrechung}*
diorite Diorit *m*, Grünstein *m*, Aphanit *m {ein Tiefengestein}*
diorsellinic acid <$C_{16}H_{14}O_7$> Diorsellinsäure *f*, Lecanorsäure *f*, Glabratsäure *f*
dioscin Dioscin *n {Steroidsaponin}*
dioscorine Dioscorin *n {Alkaloid}*
dioscorinol Dioscorinol *n*
diosgenin <$C_{27}H_{42}O_3$> Diosgenin *n*, Nitogenin *n {ein Sapogenin}*
diosmin Diosmin *n {ein Glycosid}*
diosmine Buccobitter *n*
Diosna mixer Diosna-Mischer *m*, Kühlmischer *m* mit kombinierter Wasser-Luft-Kühlung *f*
diosphenol <$C_{10}H_{16}O_2$> Diosphenol *n*, Buccocampher *m*, Bukkokampher *m {aus Barosma-Arten}*, 2-Hydroxypiperiton *n {Pharm}*
1,4-dioxan[e] <$CH_2OCH_2CH_2OCH_2$> 1,4-Diethylen[di]oxid *n*, Dioxan *n*, Dioxyethylenether *m*, Dihydroxy-*p*-dioxin *n*, Tetrahydro-1,4-dioxin *n {Diether des Glycols}*
dioxazine Dioxazin *n*
dioxazole Dioxazol *n*
dioxene Dioxen *n*
dioxetane Dioxetan *n*
dioxide Dioxid *n*, Doppeloxid *n*
dioxime Dioxim *n*

dioxin Dioxin *n*, 2,3,7,8-TCDD *{Tetrachlordibenzo-p-dioxin}*
dioxindole Dioxindol *n*
dioxinelike PCB cogeners dioxinartige PCB-Begleiter *mpl*
1,3-dioxolane <$C_3H_6O_2$> 1,3-Dioxolan *n*, Dihydro-1,3-dioxol *n*
dioxole Dioxol *n*
dioxopiperazine Dioxopiperazin *n*
dioxopurine Xanthin *n*
dioxybenzene Dioxybenzol *n {obs}*, Dihydroxybenzol *n*
dioxydiphenyl Dioxydiphenyl *n*
dioxydiphenyl urethane Dioxydiphenylurethan *n*
dioxyethylene ether *s.* 1,4-dioxan[e]
dioxyethylnitramine dinitrate <$C_4H_8N_4O_8$> Dioxyethylnitramindinitrat *n*, DINA *n {Expl}*
dioxygen <O_2> Dioxygen *m*, molekularer Sauerstoff *m*, Disauerstoff *m*
dioxygen difluoride <O_2F_2> Dioxygendifluorid *n*
dioxynaphthalene <$C_{10}H_6(OH)_2$> Dioxynaphthalin *n {obs}*, Dihydroxynaphthalin *n*
dip/to 1. [ein]tauchen, abtauchen, eintunken, einbringen; 2. abbeizen, abbrennen *{Met}*; 3. einsenken, versenken; 4. glasieren
dip coat/to durch Tauchen *n* beschichten
dip dead/to matt brennen
dip 1. Tauchen *n*, Eintauchen *n*, Abtauchen *n*, Eintunken *n*, Einbringen *n*; 2. Tauchbad *n*, Bad *n {Färben}*; 3. Brenne *f*, Beize *f {Met}*; 4. Peilen *n {Messung des Ölstandes in einem Behälter}*; 5. Bademittel *n {Agri}*; 6. Senkung *f*, Einsenkung *f {Tech}*; 7. Fallen *n*, Einfallen *n*, Einschießen *n {gegenüber dem Horizont}*, Fallwinkel *m {Geol}*; 8. Blattnahme *f {Glas}*
dip and drain equipment Tauchlackierapparat *m*
dip blow mo[u]lder Tauchblasmaschine *f*
dip blow mo[u]lding Tauchblasen *n*, Tauchblasformen *n {Kunst}*
dip brazing Tauch[hart]löten *n*, Badlöten *n*, Hartlöten *n* im Tauchbad *n*
dip brazing plant Immersionshartlötungsanlage *f*
dip coat getauchter Überzug *m*
dip coater Tauchbeschichtungseinrichtung *f*, Tauchüberzugseinrichtung *f*, Tauchimprägniermaschine *f*; Tauchstreichmaschine *f {Pap}*
dip coating Beschichten *n* durch Eintauchen, Tauchbeschichtung *f*, Tauchbeschichten *n*, Tauchauftrag *m*, Heißtauchen *n {von Überzügen}*, Tauchlackieren *n*; getauchter Überzug *m*
dip-coating wax Tauchwachs *n*
dip enamelling Tauchemaillieren *n*
dip-enamelling apparatus Naßemaillierungsgerät *n*
dip feed Tauchauftrag *m*
dip-feed lubrication Tauchschmierung *f {im allgemeinen}*
dip gettering Tauchgettern *n*
dip gilding Eintauchvergoldung *f*
dip hardening Tauchhärtung *f*, Tauchhärten *n*
dip impregnation Tauchimprägnierung *f*
dip mo[u]lding 1. Tauchen *n*; Pastentauchen *n*; Heißtauchen *n {Kunst}*; 2. Tauchverfahren *n*
dip pipe 1. Tauchrohr *n*, Verschlußrohr *n*; Dükker *m*, Düker *m {Wasser}*; 2. Steigrohr *n*, Standrohr *n {z.B. einer Sprühdose}*
dip plating Eintauchplattierung *f*
dip soldering Eintauchlöten *n*, Tauchlöten *n*, Badlöten *n {ein Weichlöten}*
dip stick Ölmeßstab *m*, Pegelstab *m*, Ölpeilstab *m*; Ölstandszeiger *m*
dip tank Eintauchtrog *m*, Tauchbehälter *m*, Tauchtank *m*, Tauchgefäß *n*, Tauchwanne *f*, Tauchbottich *m*; Lösungsbehälter *m*, Lösungstrog *m*, Lösungskasten *m {Gummi}*
dip-tinning Tauchverzinnung *f*
dip tray Tauchtablett *n*
dip tube Standrohr *n*, Steigrohr *n {z.B. einer Aerosoldose}*
dipalmitin <$C_{35}H_{68}O_5$> Dipalmitin *n*
dipalmitoolein Oleodipalmitin *n*
dipalmitostearin Dipalmitostearin *n*
dipentaerythritol Dipentaerythritol *n*
dipentaerythritol hexanitrate <$C_{10}H_{16}N_6O_{19}$> Dipentaerythritolhexanitrat *n*, DPEHN *n*, DIPEHN *{Expl}*
dipentene <$C_{10}H_{16}$> Dipenten *n {DIN 53249}*, dl-Limonen *n*, Cinen *n*, dl-*p*-Mentha-1,8-dien *n*
dipeptidase Dipeptidase *f {Biochem}*
dipeptide Dipeptid *n {Biochem}*
diphase zweiphasig
diphasic zweiphasig
diphemanil Diphemanil *n {Pharm}*
diphemanil methylsulfate Diphemanilmethylsulfat *n {Pharm}*
diphenaldehyde <$[-C_6H_4(CHO)_2]_2$> Diphenaldehyd *m*
diphenanthryl <$(-C_{14}H_9)_2$> Diphenanthryl *n*
diphenazyl Diphenazyl *n*
diphenetidine Diphenetidin *n*
diphenhydramine *{WHO}* Diphenhydramin *n*
diphenhydramine hydrochloride Diphenhydraminhydrochlorid *n {Pharm}*
diphenic acid <$HOOCC_6H_4C_6H_4COOH$> Diphensäure *f*, 2,2'-Biphenyldicarbonsäure *f*
diphenine Diphenin *n*
diphenol Diphenol *n*
diphenolic acid Diphenolsäure *f {4,4-Bis(4-hydroxyphenyl)pentansäure}*
diphenoquinone Diphenonchinon *n*, Biphenyl-4,4'-chinon *n*

diphenyl 1. <$(C_6H_5)_2$> Diphenyl *n*, Biphenyl *n* *{IUPAC}*; 2. <$C_6H_5\text{-}C_6H_4\cdot$> Biphenylradikal *n*
diphenyl carbonate Diphenylcarbonat *n*, Kohlensäurediphenylester *m*
diphenyl diketone <$C_6H_5COCOC_6H_5$> Benzil *n*, Diphenyldiketon *n*, Diphenylglyoxal *n*, Bibenzoyl *n*, Dibenzoyl *n* *{obs}*
diphenyl ether <$C_6H_5OC_6H_5$> Diphenylether *m*, Phenylether *m*, Diphenyloxid *n*
diphenyl isomerism Diphenylisomerie *f*
diphenyl ketone <$C_6H_5COC_6H_5$> Benzophenon *n*, Diphenylketon *n*, Diphenylmethanon *n*, Benzoylbenzol *n* *{obs}*
diphenyl oxalate Phenostal *n*
diphenyl oxide <$C_6H_5\text{-}O\text{-}C_6H_5$> Diphenyloxid *n*, Diphenylether *m*
diphenyl phthalate Diphenylphthalat *n*
diphenyl sulfone <$(C_6H_5)_2SO_2$> Diphenylsulfon *n*, Sulfobenzid *n*
diphenylacetonitrile <$(C_6H_5)_2CHCN$> Diphenylacetonitril *n*
diphenylacetylene <$C_6H_5C{\equiv}CC_6H_5$> Diphenylethin *n*, Diphenylacetylen *n*, Tolan *n*
diphenylamine <$(C_6H_5)_2NH$> Diphenylamin *n*, *N*-Phenylanilin *n*, DPA
diphenylamine blue <$(C_6H_5NHC_6H_4)_3COH$> Diphenylaminblau *n*, Tris-(4-anilinophenyl)-methanol *n*
diphenylamine chloroarsine <$C_6H_4(AsCl)(NH)C_6H_4$> Phenarsazinchlorid *n*, Adamsit *m* *{Kampfstoff}*, DM
diphenylarsenous chloride <$(C_6H_5)_2AsCl$> Diphenylarsenchlorid *n*, Diphenylchlorasin *n*, Blaukreuz *n* *{Triv}*
diphenylbenzidine <$C_{24}H_{20}N_2$> Diphenylbenzidin *n*
diphenylbenzoquinone Diphenylbenzochinon *n*
diphenylboron chloride Diphenylborchlorid *n*
diphenylbutadiene Diphenylbutadien *n*
diphenylcarbamide Diphenylcarbamid *n*
diphenylcarbazide Diphenylcarbazid *n*, Phenylhydrazinharnstoff *m*
diphenylcarbinol <$(H_5C_6)_2CHOH$> Diphenylcarbinol *n*, Benzhydrol *n*
diphenylcarbodiimide Carbodiphenylimid *n*
diphenylcresyl phosphate Diphenylkresylphosphat *n*
diphenyldecapentaene Diphenyldecapentaen *n*
diphenyldecatetraene Diphenyldecatetraen *n*
diphenyldecyl phosphite Diphenyldecylphosphit *n*
diphenyldiazomethane <$(C_6H_5)_2CN_2$> Diphenyldiazomethan *n*
diphenyldichlorosilane <$(C_6H_5)_2SiCl_2$> Diphenyldichlorsilan *n*
diphenylene Diphenylen *n*
diphenylene dioxide Diphenylendioxid *n*, Phendioxin *n*
diphenylene disulfide Thianthren *n*, Diphenylendisulfid *n*
diphenylene ketone Fluorenon *n* *{IUPAC}*, Diphenylenketon *n*
diphenylene oxide <$C_{12}H_8O$> Diphenylenoxid *n*, Dibenzofuran *n*
diphenylene sulfide Diphenylensulfid *n*, Dibenzothiophen *n*
diphenylene sulfone Diphenylensulfon *n*
diphenyleneimine <$C_6H_4NHC_6H_4$> Diphenylenimin *n*, Diphenylenimid *n*, Carbazol *n*, Dibenzopyrrol *n*
1,2-diphenylethane <$C_6H_5CH_2CH_2C_6H_5$> 1,2-Diphenylethan *n*, Dibenzyl *n*, Bibenzyl *n* *{IUPAC}*
diphenylethylamine Diphenylethylamin *n*
diphenylethylhexyl phosphate Diphenyl(2-ethylhexyl)phosphat *n*
diphenylglyoxal <$C_6H_5COCOC_6H_5$> Diphenylglyoxal *n*, Benzil *n*, Bibenzoyl *n* *{IUPAC}*, Dibenzoyl *n*, Diphenyldiketon *n*
diphenylglyoxime Diphenylglyoxim *n*
diphenylguanidine <$HN{=}C(NHC_6H_5)_2$> Diphenylguanidin *n*, Melanilin *n*, DPG
diphenylguanidine phthalate Diphenylguanidinphthalat *n*
diphenylhexadiene Diphenylhexadien *n*
diphenylhexatriene Diphenylhexatrien *n*, DPH
5,5-diphenylhydantoin <$C_{15}H_{12}N_2O_2$> Diphenylhydantoin *n*, Phenytoin *n*
diphenylhydrazine Diphenylhydrazin *n*, Hydrazobenzol *n*
diphenylimide <$C_{12}H_9N$> Diphenylimid *n*, Carbazol *n*, Dibenzopyrrol *n*, Diphenylenimin *n*
diphenyline <$H_2NC_6H_4C_6H_4NH_2$> Diphenylin *n*, 2,4'-Diaminobiphenyl *n*
diphenyliodonium hydroxide Diphenyliodoniumhydroxid *n*
diphenyliodonium iodide Diphenyliodoniumiodid *n*
diphenylmagnesium <$(C_6H_5)_2Mg$> Diphenylmagnesium *n*, Magnesiumdiphenyl *n*
diphenylmercury <$(C_6H_5)_2Hg$> Diphenylquecksilber *n*, Quecksilberdiphenyl *n*
diphenylmethane <$C_6H_5CH_2C_6H_5$> Diphenylmethan *n*, Benzylbenzol *n*
diphenylmethane-4,4'-diisocyanate Diphenylmethan-4,4'-diisocyanat *n*, MDI, Methylenbis(phenylisocyanat) *n*
diphenylmethane dyestuff Diphenylmethanfarbstoff *m*
diphenylnaphthylenediamine <$C_{10}H_6(NHC_6H_5)_2$> *N,N'*-Diphenylnaphthylendiamin-2,6 *n*
diphenylnaphthylmethyl Diphenylnaphthylmethyl *n*
diphenyloctatetraene Diphenyloctatetraen *n*
diphenyloctyl phosphate Diphenyloctylphosphat *n*, Diphenyl(2-ethylhexyl)phosphat *n*

diphenylolpropane Diphenylolpropan *n*

diphenyl-*p*-phenylenediamine Diphenylphenylendiamin *n*, DPPD

***N,N'*-diphenyl-*m*-phenylenediamine** *N,N'*-Diphenyl-*m*-phenylendiamin *n*

diphenylpolyene Diphenylpolyen *n*

1,3-diphenylpropane-1,3-dione 1,3-Diphenylpropan-1,3-dion *n*, Dibenzoylmethan *n*, PPD

diphenylpyraline hydrochloride *{WHO}* Diphenylpyralinhydrochlorid *n*

diphenylquinaldine blue Diphenylchinaldinblau *n*

diphenylquinoxaline Diphenylchinoxalin *n*

diphenylsilanediol <$(C_6H_5)_2Si(OH)_2$> Diphenylsilandiol *n*

diphenylstannic chloride Zinn(IV)-diphenylchlorid *n*

diphenylthiocarbazone Diphenylthiocarbazon *n*, Dithizon *n*

diphenylthiourea <$SC(NHC_6H_5)_2$> *N,N'*-Diphenylthioharnstoff *m*, Sulfocarbanilid *n*, Diphenylsulfoharnstoff *m*, Thiocarbanilid *n*

diphenyltin <$(C_6H_5)_2Sn$> Diphenylzinn *n*, Zinndiphenyl *n*

diphenyltin chloride Zinndiphenylchlorid *n*

diphenylurea <$CO(NHC_6H_5)_2$> Diphenylharnstoff *m*, Carbanilid *n*

diphenyl-*o*-xenyl phosphate Diphenyl-*o*-xenylphosphat *n*

diphenylyl Diphenylyl *n*

diphosgene <$ClCOOCCl_3$> Diphosgen *n*, Surpalit *n*, Trichlormethylchlormethanoat *n*, Chlorameisensäuretrichlormethylester *m*

diphosphane <$H_2P\text{-}PH_2$> Diphosphan *n* *{IUPAC}*, Diphosphin *n*

diphosphate(V) Pyrophosphat *n*, Diphosphat(V) *n*

diphosphine <P_2H_4> Diphosphin *n*, Diphosphan *n* *{IUPAC}*

diphosphoglyceraldehyde Diphosphoglycerinaldehyd *m*

diphosphoglyceric acid Diphosphoglycerinsäure *f* *{Physiol}*

diphosphoinositide Diphosphoinositid *n*

diphosphopyridine nucleotide Diphosphopyridinnucleotid *n*, DPN, Nicotinamid-Adenin-Dinucleotid *n*, NAD

reduced diphosphopyridine nucleotide reduziertes Diphosphopyridinnucleotid *n*, reduziertes Nicotinamid-Adenin-Dinucleotid *n*, NADH

diphosphoric acid <$H_4P_2O_7$> Diphosphorsäure *f*, Pyrophosphorsäure *f*

diphosphothiamine Diphosphothiamin *n*

diphthalic acid Diphthalsäure *f*

diphthalyl Diphthalyl *n*, Biphthaliden *n*

dipicolinate Dipicolinat *n*

dipicolinic acid Dipicolinsäure *f*, 2,6-Pyridindicarbonsäure *f*

dipicric acid Dipikrinsäure *f*

dipicrylamin Hexanitrodiphenylamin *n*, Dipikrylamin *n*, Hexamin *n* *{Expl}*

dipicrylurea <$C_{13}H_6N_8O_{13}$> Hexanitrocarbanilid *n*, Dipikrylharnstoff *m*

dipipanone Dipipanon *n*

dipipecolinic acid Dipipecolinsäure *f*

diplogen *{obs}* Deuterium *n*, schwerer Wasserstoff *m*

diploid 1. diploid, zweifach, doppelt, paarweise *{z.B. Chromosomen}*; 2. Diploid *n*, Disdodekaeder *n*, Dyakisdodekaeder *n*, Diploeder *n* *{Krist}*

diplomethan <CD_2> Deuteriomethan *n*

diplosal Diplosal *n*, Disalicylsäure *f*, Salicylosalicylsäure *f*

dipolar dipolar; Dipol-

dipolar cycloaddition 1,3-dipolare Cycloaddition *f*

dipolar ion Dipolion *n*, Zwitterion *n*, Ampho-Ion *n*

dipole 1. zweipolig; 2. Dipol *m* *{elektrischer, magnetischer, zentraler}*; 3. Dipolmolekül *n*, Dipolmolekel *n*, polares Molekül *n*

dipole approximation Dipolnäherung *f*

dipole array Dipolanordnung *f*

dipole axis Dipolachse *f*

dipole-dipole broadening Dipol-Dipol-Verbreiterung *f*

dipole-dipole force Dipolkraft *f*, Orientierungskraft *f*, Keesom-Kraft *f*

dipole-dipole interaction Dipol-Dipol-Wechselwirkung *f*

dipole force Dipolkraft *f*

dipole linkage Dipolbindung *f*

dipole molecule Dipolmolekül *n*, polares Molekül *n*, Dipolmolekel *n*

dipole moment Dipolmoment *n*

dipole oscillation Dipolschwingung *f*

dipole radiation Dipolstrahlung *f*

dipole rule Dipolregel *f* *{Stereochem}*

dipole-surface density Dipolflächendichte *f*

dipole transition Dipolübergang *m*

dipole vibration Dipolschwingung *f*

dipolic moment Dipolmoment *n*

dipotassium hydrogen phosphate <K_2HPO_4> Dikaliumhydrogenphosphat *n*, Kaliumhydrogen[ortho]phosphat *n*

dipotassium acetylide <$KC{\equiv}CK$> Dikaliumacetylenid *n*, Kaliumcarbit *n*

Dippel's oil Knochenöl *n*, Dippelsches Öl *n*, Dippels Öl *n*, etherisches Hirschhornöl *n*

dipper 1. Schöpfgefäß *n*, Schöpfer *m*; 2. Eintaucher *m* *{Person}*; Schöpfer *m*, Büttgeselle *m* *{Pap}*

dipping 1. Tauchen *n*, Eintauchen *n*, Abtauchen *n*, Eintunken *n*, Einbringen *n*; 2. Tauchen *n*, Tauchlackieren *n*, Tauchlackierung *f* *{in der Anstrichtechnik}*; 3. Oberflächenfärbung *f*,

Tauchfärbung *f {Pap}*; 4. Präparation *f {Tex}*; 5. Abbeizen *n*, Dekapieren *n*, Gelbbrennen *n {Met}*; 6. Peilen *n*; 7. Tauchverfahren *n*

dipping basket acetylene generator Acetylen-Berührungsentwickler *m*, Acetylen-Tauchgenerator *m*

dipping bath Tauchbad *n*; Tunkbad *n {Gerb}*

dipping battery Tauchbatterie *f {Elek}*

dipping compound Tauchmischung *f*

dipping electrode Tauchelektrode *f*

dipping in water Untertauchversuch *m {z.B. für Wasseraufnahme von Schaumstoffen}*

dipping lacquer Tauchlack *m*

dipping machine Tauchanalage *f*, Tauchapparat *m*, Tauchmaschine *f*

dipping mandrel blow mo[u]lding Tauchblasformen *n*

dipping method Tauchverfahren *n*

dipping microscope Eintauchmikroskop *n*

dipping mo[u]ld Spritzprägewerkzeug *n*, Tauchwerkzeug *n* für Spritzprägen

dipping paint Tauchfarbe *f*, Tauchlack *m*

dipping pan Abbrennkessel *m*

dipping paste Tauchpaste *f*

dipping pot Gelbbrenntopf *m {Met}*

dipping process Tauchverfahren *n*, Tauchprozeß *m*, Tauchvorgang *m*

dipping pyrometer Eintauchpyrometer *n*

dipping refractometer Eintauchrefraktometer *n*

dipping sieve Gelbbrennsieb *n {Met}*

dipping tank Tauchbehälter *m*, Tauchtank *m*, Tauchgefäß *n*, Tauchwanne *f*, Tauchbottich *m*; Einlegegefäß *n*, Tauchgefäß *n {Text}*; Lösungsbehälter *m*, Lösungstrog *m*, Lösungskasten *m {Gummi}*

dipping test Untertauchversuch *m {z.B. für Wasseraufnahme von Schaumstoffen}*

dipping varnish Tauchlack *m*

dipping vessel Tauchgefäß *n*

diprismatic doppeltprismatisch

dipropargyl Dipropargyl *n*, Hexa-1,5-diin *n*

dipropyl ether 1. Dipropylether *m*; 2. Diisopropylether *m*

dipropyl ketone <$CH_3(CH_2)_2CO(CH_2)_2CH_3$> Dipropylketon *n*, Butyron *n*, 4-Heptanon *n*

dipropyl phthalate Dipropylphthalat *n*

dipropylamine <$[CH_3(CH_2)_2]NH$> Dipropylamin *n*

dipropylbarbituric acid Dipropylbarbitursäure *f*, Proponal *n {HN}*

dipropylene glycol Dipropylenglycol *n*, 1,1'-Oxydi-(2-propanol) *n*

dipropylene glycol monomethyl ether Dipropylenglycolmonomethylether *m*

dipropylene glycol monosalicylate Dipropylenglycolmonosalicylat *n*

dipropylenetriamine Dipropylentriamin *n*, 3,3'-Iminodi-(1-propylamin) *n*

dipropylmalonylurea Dipropylmalonylharnstoff *m*

dipropylmethane Heptan *n*

dipterine Dipterin *n*, *N*-Methyltryptamin *n*

dipyrazolanthronyl Dipyrazolanthronyl *n*

dipyre Schmelzstein *m {obs}*, Dipyr *m {Min}*

dipyridinecoproporphyrin Dipyridinkoproporphyrin *n*

dipyridinehematoporphyrin Dipyridinhämatoporphyrin *n*

dipyridinemesoporphyrin Dipyridinmesoporphyrin *n*

dipyridineprotoporphyrin Dipyridinprotoporphyrin *n*

dipyridinesodium Natriumdipyridin *n*

dipyridyl Dipyridyl *n*, 2,2'-Bipyridin *n*

dipyridylethyl sulfide Dipyridylethylsulfid *n*

diquinidine Dichinidin *n*, Diconchinin *n*

diquinoline <$C_{18}H_{12}N_2$> Bichinolin *n*, Dichinolyl *n*

diquinolyl <$(C_9H_6N)_2$> Dichinolyl *n*, Bichinolin *n*

Dirac constant Diracsche Konstante *f {h/2π}*

direct/to 1. richten, lenken, orientieren; dirigieren, lenken *{z.B. einen Substituenten}* 2. bestimmen, vorschreiben; 3. [an]leiten, anweisen; hinweisen

direct 1. direkt *{z.B. Ablesung, Antrieb, Wahl, Steuerung}*, unmittelbar; Direkt-; 2. direktziehend, substantiv; Direkt- *{Farbstoff}*

direct-acid treatment method direkte Säurebehandlung *f*

direct-acting hydraulic machine direkthydraulischer Antrieb *m*

direct analysis Direktanalyse *f*, direktanzeigendes Analyseverfahren *n*

direct-arc furnace direkter Lichtbogen-Widerstandsofen *m*, Lichtbogenofen *m* mit direkter Beheizung *f*

direct coating Direktbeschichten *n*

direct connection 1. Direktschaltung *f*; 2. direkter Anschluß *m*, direkte Verbindung *f*; 3. direkter Zuammenhang *m*

direct current Gleichstrom *m*

direct-current amplifier Gleichstromverstärker *m*

direct-current meter Gleichstromzähler *m*

direct-current motor Gleichstrommotor *m*

direct-current permanent arc Gleichstromdauerbogen *m*

direct-current potentiometer Gleichstromkompensator *m {Elek}*

direct-current signal Gleichspannungssignal *n*

direct-current source Gleichstromquelle *f*

direct-current terminal Gleichstromklemme *f*

direct-current transformer Gleichstromwandler *m*
direct-current value Gleichstromgröße *f*
capacity of direct current Gleichstrombelastbarkeit *f*
direct digital temperature control DDC-Temperaturregelung *f*
direct dye Direktfarbstoff *m*, direktziehender Farbstoff *m*, substantiver Farbstoff *m*, Substantivfarbstoff *m*
direct evaluation direkte Auswertung *f*
direct-fired direktbefeuert, direktbeheizt, mit direkter Beheizung *f* *{Ofen}*
direct-fired dryer Rauchgastrockner *m*
direct-fired furnace direkt geheizter Ofen *m* *{Glas}*
direct-firing system Einblasfeuerung *f*
direct gassing Direktbegasung *f*
direct-gravure coater Tiefdruckstreichmaschine *f*
direct in-line switch Hauptstromschalter *m*
direct indication Direktanzeige *f*, Direktablesung *f*
direct injection Direkteinblasung *f*; Direkteinspritzung *f*, Hochdruckeinspritzung *f*
direct-injection mo[u]lding angußloses Spritzen *n* *{Kunst}*
direct insert ga[u]ge Eintauchmeßröhre *f*
direct-loaded safety valve direktbelastetes Sicherheitsventil *n* *{DIN 3320}*
direct-melt spinning Direktschmelzspinnverfahren *n*, Direktschmelzspinnen *n*
direct motion unabhängige Bewegung *f*
direct printing Direktdruck *m*, Direktkopieren *n*
direct process 1. Erzfrischverfahren *n* *{Met}*, Verfahren *n* zur direkten Eisengewinnung *f*; 2. direktes Verfahren *n* *{NH_3-Gewinnungsverfahren}*; 3. direktes Verfahren *n*, Direktverfahren *n*, direkte Methode *f*, Rochow-Verfahren *n*, Müller-Rochow-Verfahren *n* *{Chlorsilane}*
direct-process malleable iron Brenneisen *n*, direkt erzeugter Brennstahl *m*
directreading Direktanzeige *f*, Direktablesung *f*
direct-reading analysis Direktanalyse *f*, direktanzeigendes Analysenverfahren *n*
direct-reading hygrometer *{BS 3292}* direktanzeigendes Hygrometer *n*
direct-reading instrument Ablesegerät *n*, Instrument *n* mit unmittelbarer Ablesung *f*
direct recording Direktanzeige *f*, Direktablesung *f*
direct-resistance furnace direkter Widerstandsofen *m*
direct-resistance heating direkte Widerstandsheizung *f*
direct-resistance oven *{GB}* direkter Widerstandsofen *m*
direct-rotary dryer unmittelbar arbeitender Drehtrockner *m*
direct-vision prism Geradsichtprisma *n*, geradsichtiges Prisma *n*
direct-vision spectroscope Geradesichtspektroskop *n*, geradsichtiges Spektroskop *n*
direct voltage Gleichspannung *f* *{Elek}*
direct yellow RT Stilbengelb G *n*
directed gerichtet, orientiert
directed-fiber preform process Freiformen *n* mittels Vorformsieb *n*, Freiformverfahren *n* mit Vorformsieb *n* *{Laminatherstellung}*
directing magnet Richtmagnet *m*
direction 1. Richtung *f* *{orientierte}*, Sinn *m*; 2. Anleitung *f*, Anweisung *f*; Richtlinie *f*, Vorschrift *f*; 3. Steuerung *f*, Führung *f*, Leitung *f*, Lenkung *f*
direction focusing 1. richtungsfokussierend; 2. Richtungsfokussierung *f*
direction in space Raumrichtung *f*
direction of arrival Einfallsrichtung *f*
direction of flame spread Flammenausbreitungsrichtung *f*
direction of flow 1. Arbeitsrichtung *f*; 2. Fließrichtung *f*, Strömungsrichtung *f*; 3. Stromrichtung *f*
direction of greatest stress Hauptspannungsrichtung *f*
direction of impact Schlagrichtung *f*
direction of incidence Einfallsrichtung *f*
direction of loading Belastungsrichtung *f*
direction of movement Bewegungsrichtung *f*
direction of oscillation Schwingungsrichtung *f*
direction of propagation Ausbreitungsrichtung *f*, Fortpflanzungsrichtung *f*
direction of rotation Drehrichtung *f*, Drehsinn *m*, Drehungssinn *m*
direction of sliding Gleitrichtung *f*
direction of stress Beanspruchungsrichtung *f*
direction of tensile stress Zugbeanspruchungsrichtung *f*
direction of throughput Durchsatzrichtung *f*
axial direction achsiale Richtung *f*
change of direction Richtungsänderung *f*, Richtungswechsel *m*
effective direction Wirkungsrichtung *f*
independent of direction richtungsunabhängig
directional gerichtet; Richt-, Richtungs-
directional breakdown Richtungsdurchschlag *m*
directional control valve Wegeventil *n* *{DIN 24271}*
directional dependence Richtungsabhängigkeit *f*
directional distribution Richtungsverteilung *f*

directional effect Richtungseffekt *m*, Richtwirkung *f*
directional focusing Richtungsfokussierung *f*
directional movement Bewegungsrichtung *f*
directional quantity Richtgröße *f*, gerichtete Größe *f*
directional quantization Richtungsquantelung *f*
directional recrystallization gerichtetes Umkristallisieren *n {Met}*
directional servo-valve Wege-Servoventil *n*
directional solidification gerichtete Erstarrung *f*
directions for testing Prüfungsvorschriften *fpl*
directions for use Gebrauchsanweisung *f*, Gebrauchsanleitung *f*, Gebrauchsvorschriften *fpl*
directive 1. dirigierend; gerichtet, Richt-; 2. Weisung *f*, Anweisung *f*, Richtlinie *f*; Übersetzungsanweisung *f {DIN 44300, EDV}*
directive bonding gerichtete Bindung *f*
directives for construction Baurichtlinien *fpl*
directly unmittelbar; gerade[heraus]; sofort, sogleich
directly heated direkt geheizt
directly heated cathode direktgeheizte Kathode *f {DIN 44400}*, Glühkathode *f*
directory 1. Verzeichnis *n*; 2. Adreßbuch *n {EDV, DIN 7498}*; 3. Inhaltsverzeichnis *n*
directrix Direktrix *f*, Leitkurve *f*, Leitlinie *f*, Leitgerade *f {Math}*
diresorcinol Diresorcin *n {obs}*, Biresorcin *n {3,5,3',5'-Tetrahydroxybiphenyl}*
diresorcylic acid <**$(OH)_2C_6H_3COO$-$C_6H_3(OH)_2COOH$**> Diresorcylsäure *f*
dirhein <**$C_{30}H_{14}O_{11}$**> Dirhein *n*
dirhodan Dirhodan *n*, Dithiocyan *n*, Thiocyanogen *n*
diricinolein Diricinolein *n*
diricinolic acid Diricinolsäure *f*
dirigible 1. steuerbar, lenkbar; 2. lenkbares Luftschiff *n*
dirt 1. taubes Gestein *n*, Berge *mpl {Bergbau, DIN 22005}*; Abfallerz *n {Bergbau}*; 2. Schmutz *m*, Schmutzablagerung *f*; Fleck *m*, Schmutzfleck *m {Text}*; 3. *{GB}* Grubengas *n*, Schlagwetter *npl*, schlagende Wetter *npl {Bergbau}*
dirt adherence Schmutzanhaftvermögen *n*
dirt-dissolving schmutzlösend
dirt pick-up Verschmutzung *f* von Beschichtungen *fpl*
dirt-repellent schmutzabweisend, schmutzabstoßend
dirt-solving agent Schmutzlösungsmittel *n*
dirty schmutzig, verschmutzt, unsauber; unsauber *{z.B. aerodynamische Form}*
dirty water Schmutzwasser *n*
dirtying Verschmutzen *n*, Verschmutzung *f*
dirubidium acetylide <**RbC≡CRb**> Dirubidiumacetylenid *n*, Rubidiumcarbid *n*
disable/to 1. unwirksam machen, außerstande setzen; 2. deaktivieren, inaktivieren *{EDV}*; 3. abschalten *{Elek}*; sperren *{z.B. ein Gatter}*; 4. verstümmeln
disaccharide <**$C_{12}H_{22}O_{11}$**> Biose *f*, Disa[c]charid *n*
disaccharose *s.* disaccharide
disacidify/to entsäuern
disadvantage/to benachteiligen
disadvantage Nachteil *m*, benachteiligender Umstand *m*
disadvantageous nachteilig, ungünstig
disaggregate/to aufschließen
disaggregation 1. Aufschluß *m*, Aufschließung *f*, Desaggregation *f*; Zerlegung *f* in Bestandteile *mpl*; 2. Verwittern *n*
disalicylic acid Disalicylsäure *f*, Diplosal *n*
disalicylide Disalicylid *n*, Salosalicylid *n*
disappear/to verschwinden, ausbleiben
disappearance Verschwinden *n*, Ausbleiben *n*
disappearing filament [optical] pyrometer optisches Pyrometer *n*, Glühfadenpyrometer *n*, Helligkeitspyrometer *n*, Leuchtdichtepyrometer *n {ein Teilstrahlungspyrometer}*
disarm 1. Unscharfschalten *n {Schutz}*; 2. Entwaffnen *n*, Abrüsten *n*
disarranged ungeordnet, durcheinander, gestört
disarrangement Fehlordnung *f*, Störung *f*, Unordnung *f*, Verwirrung *f*
disassemble/to auseinandernehmen, auseinanderbauen, abmontieren, ausbauen, demontieren, zerlegen, abbauen
disassembly Auseinandernehmen *n*, Demontage *f*, Zerlegung *f*
disc *s.* disk
discard/to abwerfen, ablegen, abstoßen; verwerfen *{als unbrauchbar}*, zu Ausschuß erklären, ausscheiden, ausmustern *{als Ausschuß}*; austragen, aussondern, aussortieren, abscheiden, ausscheiden *{Bergbau}*
discard 1. Abfall *m*, Abgänge *mpl {Kohle, DIN 22005}*, Preßrest *m*; 2. Ausscheiden *n*, Abscheiden *n*, Aussortieren *n*, Aussondern *n*, Austrag *m {der Berge bei der Aufbereitung}*. 3. abgeschopftes Ende *n {des Blocks}, abgeschopftes Blockende n {Met}*
discernible unterscheidbar
discharge/to 1. austragen, ausbringen, entnehmen; ablassen, ausströmen lassen; abwerfen *{bei Förderern}*; entladen, abladen, entleeren; austragen, [aus]drücken, [her]ausstoßen *{Koks beim Koksofenbetrieb}*; ablaufen, auslaufen, abfließen, ausströmen; 2. fördern *{z.B. Pumpen, Kompressoren}*; 3. entladen *{Elek}*; 4. beseitigen, entfernen, zerstören *{die Färbung}*; ätzen

{Text}; 5. entbasten *{Raupenseide}*; 6. ausscheiden *{Med}*

discharge 1. *{als Vorgang}* *s.* discharging; 2. *{als Einrichtung oder Stelle}* [Gut-]Austrag *m*, [Gut-]Auslaß *m*, Abzug *m*, Abzugskanal *m*, [Gut-]Entnahme *f*, [Gut-]Austritt *m*; Abwurf *m* *{eines Förderers}*; Ablauf *m*, Auslauf *m*, Ausflußöffnung *f*, Abfluß *m*, Abgang *m*; 3. Spalt *m* *{z.B. am Backenbrecher}*; 4. Fördermenge *f*, Föderleistung *f* *{von Pumpen und Kompressoren}*

discharge action Ätzwirkung *f*

discharge afterglow Entladungsnachglimmen *n* *{Elek}*

discharge aperture Austragöffnung *f*, Ausfallöffnung *f*, Entnahmeöffnung *f*; Ablaßöffnung *f*, Abflußöffnung *f*, Ausflußöffnung *f*, Austrittsöffnung *f*, Ausströmöffnung *f*; Abwurföffnung *f* *{eines Förderers}*; Abstichloch *n* *{Met}*

discharge apparatus Austragung[s]vorrichtung *f*, Austrag[s]apparat *m*; Ablaßvorrichtung *f*, Abzugsvorrichtung *f*; Entladevorrichtung *f*, Entleerungsvorrichtung *f*

discharge belt Abzugband *n*, Bandabsetzer *m*, Austragband *n*

discharge capacity 1. Entladekapazität *f* *{Elek}*; 2. Förderleistung *f* *{Pumpe}*

discharge cell Ausschleuszelle *f*

discharge channel Entladungskanal *m*, Entlastungskanal *m*, Entleerungskanal *m*, Abflußrinne *f*

discharge cleaning Abglimmen *n*, Glimmreinigung *f*

discharge cock Ablaßhahn *m*, Ausflußhahn *m*, Entweichungshahn *m*, Entleerungshahn *m*

discharge coefficient 1. Ausflußziffer *f*, Ausflußzahl *f* *{=tatsächlicher/theoretisch möglicher Massenstrom}*, Durchflußzahl *f*, Durchflußkoeffizient *m*, Austrittszahl *f* *{Vak}*; 2. Geschwindigkeitsziffer *f* *{=tatsächlich/theoretisch mögliche Austrittsgeschwindigkeit}*

discharge colo[u]r Ätzfarbe *f*

discharge conditions Entladungsbedingungen *fpl*

discharge current Entladestrom *m*, Entladungsstrom *m* *{Elek}*

discharge curve Entladungskurve *f*, Abwurfbahn *f* *{eines Wurfförderers}*

discharge delay Entladeverzug *m*, Entladungsverzögerung *f*

discharge device 1. Entladungsapparat *m*, Entleerungsvorrichtung *f*; 2. Austrag[s]vorrichtung *f*, Austrag[s]apparat *m*, Ablaßvorrichtung *f*, Ausschleusvorrichtung *f*

discharge door 1. Entleerungstür *f*, Falltür *f*, Entladeklappe *f*, Entladetür *f*, Austragsklappe *f*; 2. Austragöffnung *f*, Ausfallöffnung *f*, Entnahmeöffnung *f*; Abwurföffnung *f* *{eines Förderers}*

discharge duct Abflußrinne *f*, Auslaßrinne *f*, Austragsrinne *f*

discharge duration Entladungsdauer *f*, Dauer *f* der Entladung *f*, Zeit *f* der Entladung *f*

discharge electrode Sprühelektrode *f* *{des Elektrofilters}*

discharge end 1. Ablaufende *n*, Auslaufende *n*, Austrittsende *n*; 2. Abwurfende *n* *{eines Förderers}*; 3. Austrag[s]ende *n*, Austrag[s]-seite *f*, Ausfallseite *f*, Abzugsende *n*, Abgangseite *f*, Entnahmeende *n*

discharge energy Entladungsenergie *f*

discharge flow Ausflußströmung *f*

discharge gap Entladungsstrecke *f*

discharge gas Abgas *n*

discharge gate *s.* discharge opening

discharge head 1. Förderhöhe *f* *{z.B. einer Pumpe}*; Druckhöhe *f*; 2. Spritzkopf *m* *{Kunst}*

discharge hole *s.* discharge opening

discharge hopper Ablauftrichter *m*, Abwurftrichter *m*, Schütttrichter *m*

discharge jet Ausflußstrahl *m*

discharge lake Ätzlack *m*

discharge line Entsorgungsleitung *f*, Abflußleitung *f*; Druckleitung *f*

discharge lip Austragsrand *m*

discharge liquid Ablaufflüssigkeit *f*

discharge [mist] filter Auspuffilter *n* *{Ölfilter einer Vakuumpumpe}*

discharge mordant Ätzbeize *f* *{Färben}*

discharge mouth *s.* discharge opening

discharge nozzle Ausflußdüse *f*, Strahldüse *f*, Austragdüse *f*, Auslaßstutzen *m*, Blasdüse *f*, Zapfhahn *m*

discharge opening Austragsöffnung *f*, Austragsspalt *m*, Ausfallöffnung *f*, Entnahmeöffnung *f*; Ablaßöffnung *f*, Abflußöffnung *f*, Ausflußöffnung *f*, Austrittsöffnung *f*, Ausströmöffnung *f*; Abwurföffnung *f* *{eines Förderers}*; Entleerungsöffnung *f*

discharge path Entladungsstrecke *f*

discharge permit Ablaßgenehmigung *f* *{Abwasser}*

discharge pipe Abflußrohr *n*, Abfallrohr *n*, Abflußleitung *f*, Ablaufrohr *n*, Ableitungsrohr *n*, Absaug[e]schlot *m*, Abzugskanal *m*, Abzugsrohr *n*, Ausströmungsrohr *n*, Druckrohr *n*, Auslaufrohr *n*, Austragsrohr *n*, Austragsleitung *f*, Ablaufstutzen *m*, Auspuffleitung *f* *{Rotatiospumpe}*

discharge piping Ableitung *f*, Druckleitung *f*

discharge port 1. Austragsöffnung *f*, Ausfallöffnung *f*, Entnahmeöffnung *f*; 2. Ablaßöffnung *f*, Abflußöffnung *f*, Ausflußöffnung *f*, Austrittsöffnung *f*, Ausströmöffnung *f*; 3. Abwurföffnung *f* *{eines Förderers}*; 4. Auspuff *m*, Auspufföffnung *f*

discharge potential Entladungspotential *n*, Entladungsspannung *f {Elek}*
discharge pressure 1. Enddruck *m {bei Verdichtern}*, Verdichtungsdruck *m*; 2. Förderdruck *m*, Lieferdruck *m*, Abspritzdruck *m*, Auspuffdruck *m*, Ausstoßdruck *m*
discharge printing Ätz[beiz]druck *m*
discharge process Entladungsvorgang *m*
discharge pulse Entladestoß *m*, Entladungsstoß *m {Elek}*
discharge pump Entleerungspumpe *f*
discharge quantity Abflußmenge *f*, Ausflußmenge *f*
discharge rate Entladegeschwindigkeit *f*, Entladungsgeschwindigkeit *f*, Fördergeschwindigkeit *f {beim Rühren}*, Abgaberate *f*
discharge side Druckstutzen *m {Ventilator, Pumpe}*
discharge spark Entladungsfunken *m*
discharge tank Ablaßbehälter *m*
discharge tap Ablaßhahn *m*
discharge temperature Ausstoßtemperatur *f*
discharge test Entladeprobe *f*
discharge tip Auslaufspitze *f*
discharge trough Sammelmulde *f*
discharge tube 1. *s.* discharge pipe; 2. Entladungsröhre *f*, Gasentladungsröhre *f*
discharge tube method of leak detection Undichtigkeitsnachweis *m* mittels Entladungsrohres *n {Geißler-Rohr}*
discharge valve Abblaseventil *n*, Abflußventil *n*, Ablaufventil *n*, Ausflußventil *n*, Austragventil *n*, Ablaßventil *n*, Entleerungsventil *n*, Auslaßventil *n*, Entladeschieber *m*, Druckventil *n*, Auspuffventil *n*
discharge velocity Abflußgeschwindigkeit *f*, Ausflußgeschwindigkeit *f*, Austrittgeschwindigkeit *f*, Ausströmungsgeschwindigkeit *f*, Auslaufgeschwindigkeit *f*; Filtergeschwindigkeit *f {auf den Querschnitt einer Bodenprobe bezogen}*
discharge voltage Abgabespannung *f*, Entladespannung *f {Elek}*
discharge water Abflußwasser *n*
discharge yellow Enlevagegelb *n*
dischargeability Ätzbarkeit *f*
dischargeable ätzbar; entladbar; ausladbar
discharged erschöpft, leer, entladen
discharged water Ablaufwasser *n*
discharger 1. Austrag[s]vorrichtung *f*, Austragsapparat *m*; Ablaßvorrichtung *f*; Entladevorrichtung *f*, Entlader *m*, Entleerungsvorichtung *f*; Ablader; 2. elektrischer Zünder *m*; Elektrizitätsentlader *m*, Entlader *m*
discharging 1. Austragen *n*, Austrag *m*, Ausbringen *n*, Ausfallen *n*, Entnahme *f*; Ablassen *n {von Dampf}*; Abwerfen *n*, Abwurf *m {bei Förderern}*; Entladen *n*, Entleeren *n*; Ablaufen *n*, Auslaufen *n*, Abfließen *n*, Ausströmen *n*; Ausdrücken *n*, Austragen *n*, Ausstoßen *n*, Ausstoß *m*, Drücken *n {beim Koksofenbetrieb}*; 2. Förderung *f {z.B. Pumpen, Kompressoren}*; 3. Entladung *f {Elek}*; 4. Beseitigung *f*, Entfernung *f*, Zerstörung *f {der Färbung}*; Ätzen *n {Text}*; 5. Entbasten *n {von Raupenseiden}*
discharging agent Ätzmittel *n {Text}*
discharging apparatus Entladevorrichtung *f*, Entleerungsvorrichtung *f*; Austrag[s]vorrichtung *f*, Austrag[s]apparat *m*; Ablaßvorrichtung *f*
discharging auxiliary Ätzhilfsmittel *n {Text}*
discharging chamber Entleerungskammer *f*
discharging conveyor Austragsförderer *m*
discharging current Entladestrom *m*
discharging hole Entladeloch *n*, Auslaufloch *n*, Auslauföffnung *f*, Ausflußöffnung *f*
discharging rate 1. Austragsgeschwindigkeit *f*, Fördergeschwindigkeit *f*; 2. Entladungsgeschwindigkeit *f {Elek}*
discharging screw Ablaßschraube *f*, Ablaßstopfen *m*
disciplines Stoffgebiete *npl*, Fachgebiete *npl*
disclose/to 1. zutage fördern, aufdecken, enthüllen; 2. offenbaren *{Patent}*; 3. bekanntgeben; 4. nachweisen
disclosure 1. Offenbarung *f {Patent}*; 2. Enthüllung *f*, Aufdeckung *f*; Offenlegung *f*, Weitergabe *f {von Daten, EDV}*
discolor/to 1. verfärben; entfärben; sich verfärben; 2. vergilben *{Pap}*; 3. sich entfärben, die Farbe *f* verlieren, verbleichen, verblassen, ausbleichen *{von Farbtönen}*, verschießen *{von Farben}*;
discoloration 1. Verfärben *n*, Verfärbung *f*, Farb[ver]änderung *f {unerwünschte}*; 2. Mißfärbung *f {Glas}*; 3. Vergilben *n*, Vergilbung *f*, Gelbwerden *n {Pap}*; 4. Entfärben *n*, Farbverlust *m*, Verbleichen *n*, Verblassen *n*, Bleichung *f*, Verschießen *n {von Farben}*
discoloration factor Entfärbungszahl *f {von Öl}*
discoloration from iron Verfärbung *f* durch Eisen *n*, Einfärbung *f* durch Eisen *n*
degree of discoloration Verschießungsgrad *m {Text}*
discolored entfärbt, verblichen, verschossen; ausgebleicht; fehlfarbig, mißfarbig, schlechtfarbig *{z.B. Textilien}*; verfärbt; vergilbt *{Pap}*
discoloring 1. verfärbend; 2. Abziehen *n {Text}*; Entfärben *n*
discolour/to *s.* discolor/to
discolouration *s.* discoloration
disconnect/to unterbrechen *{z.B. einen Stromkreis}*; abhängen, aushängen, [ab]lösen; abschalten, abstellen, ausschalten, trennen *{von der Stromquelle}*; auskuppeln
disconnected unterbrochen, abgetrennt; zusammenhangslos; abgeschaltet, ausgeschaltet

disconnecting Auskuppeln *n*; Entkoppeln *n*, Trennen *n*, Abschalten *n*, Ausschalten *n*, Unterbrechen *n*, Isolieren *n {Elek}*; Auslösen *n*, Ausrücken *n {Tech}*; Unterbrechen *n {z.B. des Stromkreises}*
disconnecting contact Ausschaltkontakt *m*
disconnecting lever Ausschalthebel *m*
disconnecting magnet Abschaltmagnet *m*
disconnecting switch Ausschalter *m*
discontinous diskontinuierlich, aussetzend, unterbrochen, unstetig, chargenweise, stoßweise
discontinuance Trennung *f*; Aussetzung *f {z.B. von Testversuchen}*
discontinue/to abbrechen, unterbrechen; aufhören, einstellen
discontinuity 1. Diskontinuität *f*, Sprung *m*, Unstetigkeit *f {Math}*; 2. Unterbrechnung *f {des Stromkreises}*; 3. Diskontinuität *f {Geol}*
discontinuity condition Unstetigkeitsbedingung *f*
discontinuity interaction Unstetigkeitswechselwirkung *f*
discontinuity line Unstetigkeitslinie *f*
discontinuity surface Unstetigkeitsfläche *f*, Diskontinuitätsfläche *f*
point of discontinuity Unstetigkeitsstelle *f {Math}*
surface of discontinuity Unstetigkeitsfläche *f*, Diskontinuitätsfläche *f*
discontinuous aussetzend, intermittierend, diskontinuierlich, mit Unterbrechnungen, ruckweise, sprunghaft, ungleichmäßig; diskontinuierlich, unstetig, sprunghaft *{Math}*; Stufen-
discontinuous adsorption isotherm unstetige Adsorptionsisotherme *f*
discontinuous bleaching plant Diskontinue-Bleiche *f {Text}*
discontinuous dyeing range Diskontinue-Färbeanlage *f {Text}*
discontinuous mixing diskontinuierliches Mischen *n*, chargenweises Mischen *n*, partieweises Mischen *n*
discontinuous operation intermittierender Betrieb *m*, Batchbetrieb *m*
discontinuous plant intermittierender Betrieb *m*, Batchanlage *f*
discontinuous process Stückprozeß *m*
discover/to nachweisen, feststellen; entdecken, auffinden, erforschen; erschließen
discoverer Entdecker *m*, Erforscher *m*
discovery 1. Entdeckung *f*; Feststellung *f*; 2. Nachweis *m {z.B. einer Verbindung}*
discrasite Silberspießglanz *m*, Dyskrasit *m*, Diskrasit *m {Silberantimonid, Min}*
discrepancy Abweichung *f*, Diskrepanz *f*, Widerspruch *m*; Gegensatz *m*; Unterschied *m*
discrete abgesondert, getrennt; diskret
discrete energy step diskrete Energiestufe *f*
discretization Diskretisierung *f*, Diskretisation *f {Math}*
discriminant Diskriminante *f {Math}*
discriminate/to unterscheiden, absondern
discrimination 1. Diskriminierung *f*, Unterscheidung *f {z.B. von Signalformen}*; 2. Auflösung *f*, Auflösungsvermögen *n {Radar}*; 3. Trennschärfe *f*
discuss/to 1. diskutieren, besprechen, erörtern; abhandeln, absprechen; 2. genießen *{Nahrung}*
discussion Diskussion *f*, Gespräch *n*, Erörterung *f*
model for further discussion Denkmodell *n*
disease Erkrankung *f*, Krankheit *f {Med}*; Sucht *f {Med}*
communicable disease übertragbare Krankheit *f*, ansteckende Krankheit *f*
diselane <HSe-SeH> Diselan *n*, Hydrogendiselenid *n*
diselenide <RSe-SeR> Diselenid *n*
disembitter/to entbittern
disembittered entbittert
disemulsify/to entemulgieren, entemulsionieren
disengage/to 1. entweichen; [ab]lösen, ausklinken, ausrücken, ausschalten, befreien, entbinden, in Freiheit setzen, loskuppeln *{Tech}*; 2. schalten *{z.B. Relais beim Rückfallvorgang}*
disengaged frei, entbunden, losgelöst
disengagement Entweichung *f*, Losgelöstsein *n*; Trennung *f*, Lösung *f {z.B. einer Kupplung}*; Freisetzung *f*
disengagement of heat Wärmeentbindung *f*
disengaging Entbinden *n*, Trennen *n*, Ausschalten *n*, Ausklinken *n*, Ausrücken *n*, Lösen *n*, Auslösen *n*
disengaging gear Auslösevorrichtung *f*, Ausrückvorrichtung *f*
disentangled entknäuelt, entwirrt
disequilibrium Ungleichgewicht *n*, Labilität *f*, Unausgeglichenheit *f*, gestörtes Gleichgewicht *n*
disfavor/to benachteiligen; mißbilligen
disgusting ekelerregend, ekelhaft, abscheulich *{z.B. Geruch}*
dish/to kümpeln *{Blechumformen}*
dish 1. Schale *f*, Schüssel *f*, Teller *m*; Haube *f*; Platte *f {Tech}*; 2. Parabolspiegel *m {einer Antenne}*, Parabolreflektor *m*; 3. Gericht *n* ; 4. Schüssel *f*, Platte *f*, Teller *m {Geschirr}*
dish anode Telleranode *f {Korr}*
dish drainer Abtropfgestell *n*
dish-washing agent *s.* dishwasher formulation
disharmonious unharmonisch
dished 1. einwärts gekrümmt, gewölbt, schalenförmig; 2. konkav *{Verformung}*, schüsselförmig, kugelförmig angesenkt, gekümpelt, gewölbt *{Tech}*
dished head Tellerboden *m*
dished electrode Schalenelektrode *f*

dishing 1. tellerförmige Vertiefung *f*; 2. Kümpeln *n {Blechumformen}*
dishwasher Geschirrspülmaschine *f*
dishwasher formulation Geschirrspülzubereitung *f*, Geschirrspülmittel *n*, Spülmaschinenmittel *n*
dishwasher-safe spülmaschinenfest
dishwasher-proof spülmaschinenfest
disilane <Si_2H_6> Disilan *n*, Disilikan *n {obs}*, Disilicoethan *n*
disilicoethane *s.* disilane
disiloxane <$H_3SiOSiH_3$> Disiloxan *n*, Disilanether *m*, Silicyloxid *n*
disilver acetylide <AgC≡CAg> Disilberacetylenid *n*, Silbercarbit *n*
disinclination Disinklination *f {Krist, Fehler besonders in Flüssigkristallen und in Proteinhüllen}*
disincrustant Kesselsteinbeseitigungsmittel *n*, Kesselsteingegenmittel *n*, Kesselsteinlösemittel *n*, Kesselsteinverhütungsmittel *n*
disinfect/to desinfizieren, entgiften, entkeimen, entpesten, entseuchen, reinigen
disinfectant Desinfektionsmittel *n*, Desinfiziens *n*, desinfizierendes Mittel *n*, keimtötendes Mittel *n*, Entgiftungsmittel *n*, Entkeimungsmittel *n*
disinfectant cleaner Desinfektionsreiniger *m*
disinfectant fluid Desinfektionsflüssigkeit *f*
disinfectant oil Desinfektionsöl *n*
disinfectant soap Desinfektionsseife *f*
disinfecting Beizen *n*, Desinfizieren *n*
disinfecting apparatus Desinfektionsapparat *m*
disinfecting bath Beizbad *n*
disinfecting formulation Desinfektionspräparat *n*
disinfecting liquid Beizflüssigkeit *f*
disinfecting liquor Desinfektionswasser *n*
disinfecting paper Desinfektionspapier *n*
disinfecting power Beizkraft *f*, Desinfektionskraft *f*
disinfecting solution Desinfektionslösung *f*
disinfection Desinfektion *f*, Desinfizierung *f*, Entgiftung *f*, Entkeimung *f*, Entpestung *f*, Entseuchung *f*, Beizen *n*
disinfection room Desinfektionsraum *m*, Entseuchungsraum *m*
disinfector Desinfektor *m*
disinsectization Entwesung *f {Vernichtung schädlicher Kleinlebewesen}*, Desinsektion *f*, Insektenausrottung *f*, Ungezieferbekämpfung *f*
disintegrant Abbaumittel *n*
disintegrate/to 1. [ver]mahlen *{weiche bis mittelharte Stoffe}*; 2. zerfallen; spalten *{Nukl}*; 3. zersetzen, abbauen; aufschließen, entmischen *{Chem}*; 4. auflockern; auseinanderfallen, desintegrieren, sich in seine Bestandteile *mpl* auflösen; 5. sich zersetzen, verfallen, verwittern; zerkleinern
disintegrating 1. Abbauen *n*, Zersetzen *n*, Aufschließen *n*, Entmischen *n {Chem}*; 2. Verwittern *n*, Zerfallen *n*, Zersetzen *n*, Auseinanderfallen *n*
disintegrating agent Aufschlußmittel *n {Chem}*
disintegrating machine Zerkleinerungsmaschine *f*
disintegrating mill 1. Desintegrator *m*, Schleudermühle *f*, Schlagkorbmühle *f*, Korbschleudermühle *f*, Schlagmühle *f*; 2. Klopfwolf *m*, Reißwolf *m {Text}*
disintegration 1. Entmischung *f {z.B. von Düngemitteln}*, Zerrieselung *f {von granulierten Düngemitteln}*; 2. Mahlen *n*, Vermahlen *n {weicher bis mittelharter Stoffe}*; 3. Zerfall *m*, Zerstrahlung *f*, Strahlenzerfall *m {Nukl}*; 4. Zersetzung *f*, Zerfall *m*, Abbau *m*, Verwitterung *f*
disintegration chain radioaktive Zerfallsreihe *f*
disintegration constant Zerfallskonstante *f*, Umwandlungskonstante *f {Nukl}*
disintegration energy Zerfallsenergie *f*
disintegration law Zerfall[s]gesetz *n*
disintegration method Zerlegmethode *f*
disintegration of floating material Schwimmstoffzerkleinerung *f*
disintegration plant Zerkleinerungsanlage *f*
disintegration probability Zerfallswahrscheinlichkeit *f*
disintegration process Aufschlußverfahren *n {Chem}*
disintegration rate Zerfallsgeschwindigkeit *f*, Zerfallsrate *f*
disintegration time Zerfallsgeschwindigkeit *f*, Zerfall[s]zeit *f*
disintegration velocity Zerfallsgeschwindigkeit *f*, Zerfallsrate *f*
disintegration voltage kritischer Spannungsabfall *m*; Zerfallsspannung *f {Beginn des anodischen Kathodenstrahlbombardements}*
disintegrative zersetzend, desintegrativ
disintegrator 1. Desintegrator *m*, Desintegratormühle *f {für weiche bis mittelharte Stoffe}*, Zerkleinerer *m*; 2. Schleudermühle *f*, Schlagkorbmühle *f*, Korbschleudermühle *f*, Desintegrator *m*; 3. Rechengutzerkleinerer *m*, Rechenwolf *m*, Hadernschneider *m*, Lumpenschneider *m {Pap}*; 4. Knotenbrecher *m {Zucker}*
disjoin/to absondern, trennen, an der Vereinigung *f* hindern
disjoint/to demontieren, auseinandernehmen, zerlegen
disk 1. Scheibe *f*, Rundscheibe *f*, Platte *f {kreisförmige}*; 2. Platte *f {EDV}*; 3. Kreisfläche *f*, Kreisscheibe *f*, Kreis *m {Math}*; 4. Schieber *m*

{eines Ventils}; Teller *m {eines Sitzventils}*; Klappe *f {eines Klappenventils}*
disk anode Rundplattenanode *f*
disk atomizer Plattenzerstäuber *m*, Scheibenzerstäuber *m*, Sprühscheibe *f*, Zerstäuberscheibe *f*, Zentrifugalteller *m*
disk-attrition mill *s.* disk mill
disk-bowl centrifuge *s.* disk centrifuge
disk cathode Scheibenkathode *f*
disk cell Scheibenzelle *f*
disk centrifuge Tellerzentrifuge *f*, Scheibenzentrifuge *f*, Tellerseparator *m*
disk colorimeter Scheibenkolorimeter *n*
disk cooler Scheibenkühler *m*
disk cutter Scheibenmesser *n*
disk drive Plattenlaufwerk *n {DIN 5653}*
disk dryer Etagentrockner *m*, Scheibentrockner *m*, Tellertrockner *m*
disk electrode Scheibenelektrode *f*, scheibenförmige Elektrode *f*, diskenförmige Elektrode *f*, Disken-Elektrode *f*
disk extruder *{US}* Scheibenextruder *m*,-Scheibenstrangpresse *f*
disk feeder Tellerbeschicker *m*, Tellerdosierer *m*, Telleraufgeber *m*, Telleraufgabegerät *n*, Tellerspeiser *m*, Verteilerscheibe *f*
disk filter Scheibenfilter *n*, Spaltölfilter *n*
disk-impeller [mixer] Scheibenkreiselmischer *m*
disk mill 1. Scheibenmühle *f*, Tellermühle *f*, Stiftmühle *f*, Mahlscheibenmühle *f*; 2. Scheibenkolloidmühle *f*; 3. Scheibenwalzwerk *n*, Scheibenlochwalzwerk *n {Met}*
disk mixer Scheibenmischer *m*, Scheibenrührer *m*, Scheibenkreiselmischer *m*
disk of refined copper Garscheibe *f*
disk pack Plattenstapel *m {EDV}*
disk pelletizer Granulierteller *m*, Pelletierteller *m*
disk seal Scheibenanschmelzung *f*, Stumpfanglasung *f*
disk separator Scheibenrost *m*, Scheibentrieur *m*, Scheibenseparator *m*; Tellerseparator *m*, Tellerzentrifuge *f*, Tellerschleuder *f*, Trommelzentrifuge *f* mit Einsatztellern *mpl*
disk shape Rundscheibenform *f*, Diskenform *f*
disk-shaped scheibenförmig
disk spring Tellerfeder *f {scheibenförmige Biegefeder nach DIN 2092}*
disk tribometer Scheibentribometer *n*
disk-type extruder Scheibenextruder *m*, Scheibenstrangpresse *f*
disk-type rotary vacuum filter Vakuumdrehscheibenfilter *n*
disk valve Scheibenventil *n*, Tellerventil *n*, Plattenventil *n*
diskette Diskette *f*, Floppy-Disk *f*
diskette store Floppy-Disk-Speicher *m*, Diskettenspeicher *m {EDV}*
dislocate/to verlagern, verschieben; in Unordnung *f* bringen, stören; verrenken, auskugeln
dislocating density Versetzungsdichte *f {Krist}*
dislocation 1. Versetzung *f*, Dislokation *f*, Fehlordnung *f {Krist}*; 2. Verlagerung *f*, Verschiebung *f {Geol}*
dislocation line Versetzungslinie *f*
energy of dislocation Versetzungsenergie *f {Krist}*
partial dislocation Teilversetzung *f*
dislodge/to verdrängen *{aus seiner Stellung}*, entfernen *{von seinem Platz}*
dismantle/to zerlegen, auseinanderbauen, demontieren, abbauen, auseinandernehmen; ausbauen; abtakeln, abwracken *{Schiff}*
dismantled ausgebaut, demontiert; zerlegt, auseinandergebaut, abgebaut
dismantling Ausbauen *n*, Abmontierung *f*; Zerlegung *f*, Auseinandernehmen *n*, Demontage *f*, Abbauen *n*; Delaborieren *n*
dismemberment Zerstückelung *f*
dismount/to demontieren, abmontieren, abbauen, ausbauen *{Teile}*, zerlegen, auseinandernehmen
dismountable abnehmbar, zerlegbar
dismounting Abmontierung *f*, Demontage *f*, Ausbau *m {von Teilen}*
dismutation Dismutation *f*, Dismutierung *f*, Disproportionierung *f {Chem}*
disodium edetate *{GB}* Dinatriumethylendiamintetraacetat *n*
disodium dihydrogen pyrophosphate $<Na_2H_2P_2O_7>$ Dinatriumdihydrogendiphosphat(V) *n*, Natriumdihydrogenpyrophosphat(V) *n*
disodium hydrogen phosphate $<Na_2HPO_4>$ Dinatriumhydrogen[ortho]phosphat *n*
disodium malonate Dinatriummalonat *n*, Natriummalonat *n*
disodium methyl arsonate $<CH_3AsO_3Na_2\text{-}6H_2O>$ Dinatriummethylarsinsäure *f*, Methyldinatriumarsenat(III) *n*, Dinatriummethylarsonat *n*, Arrhenal *n*, Arsynal *n*, Stenosine *n*
disodium phenyl phosphate $<C_6H_5OPO(ONa)_2>$ Dinatriumphenylphosphat *n*
disodium tetraborate $<Na_2B_4O_7>$ Dinatriumtetraborat *n*
disorder 1. Unordnung *f*, Durcheinander *n*, Regellosigkeit *f*; 2. Unruhe *f*; 3. Störung *f {Med}*; 4. Fehlordnung *f {Krist}*
disorder-order transition Unordnungs-Ordnungs-Umwandlung *f {Chem}*
disordered ungeordnet, fehlgeordnet
disordered states of matter ungeordnete Materiezustände *mpl*

disordered system ungeordnetes System *n*
disorganize/to durcheinanderbringen, desorganisieren, zerrütten; stören
disorientation Desorientierung *f*
disoxidation Desoxydation *f {obs}*, Desoxidation *f*, Desoxidierung *f*, Reduktion *f*
disoxygenation *s.* disoxidation
disparity 1. Unterschied *m*, Differenz *f*, Ungleichheit *f*; 2. Disparation *f {stereoskopisches Sehen, Opt}*; 3. Disparität *f {EDV}*
dispatch/to 1. abschicken, absenden, versenden; 2. abfertigen; erledigen, beenden
dispatch 1. Auslieferung *f*, Expedition *f*, Absendung *f*; 2. Abfertigung *f*; Entnahme *f {aus einem Lager}*; 3. Meldung *f*, Nachricht[sendung] *f*
dispatch pail Versandeimer *m*
dispensable entbehrlich, unnötig
dispensatory Apothekerordnung *f*, Arzneibuch *n*, Pharmakopöe *f*
dispense/to 1. verteilen, austeilen; 2. zubereiten und ausgeben *{von Arzneien}*, dispensieren *{Pharm}*
dispenser 1. Spender *m {z.B. Seifenspender, Blattspender usw.}*, Abfüllvorrichtung *f*, Verteiler *m*; Mischeinrichtung *f*; 2. Ausschankgerät *n {Brau}*; 3. Arztgehilfe *m*, Apothekengehilfe *m*
dispenser cathode Vorratskathode *f*
dispensing Arzneizubereitung *f*
dispensing device Mischeinrichtung *f*
dispensing instrument Mischeinrichtung *f*
dispensing burette Abfüllbürette *f*, Vorratsbürette *f {Anal}*
dispensing scoop Dosierlöffel *m {Lab}*
dispensing utensil Rezepturarbeitsgerät *n {Pharm}*
dispersal Dispersal *n {Vorgang der Ausbreitung}*, Ausbreitung *f {Rauchfahne, Gas, Staub}*, Zerstreuung *f*
dispersal effect Entleerungseffekt *m*
dispersal getter Dispersionsgetter *m*
dispersal gettering Verdampfungsgetterung *f*, Volumengetterung *f {Vak}*
dispersancy Dispergiereigenschaften *fpl*, Dispergierfähigkeit *f {z.B. von Verunreinigungen}*, Dispersancy *f {eine HD-Eigenschaft des Motorenöls}*
dispersant Dispergiermittel *n*, Dispergator *m*, Dispergens *n*, Dispersionsmittel *n*, Dispersant *m*
dispersant additive Dispergiermittelzusatz *m*, Dispersantadditiv *n*, Dispersantzusatz *m*
disperse/to 1. dispergieren, fein verteilen, fein zerteilen, zerstäuben; 2. zerstreuen, streuen, vertreiben; 3. emulgieren; entflocken; 4. zerlegen *{Opt}*; 5. weglösen *{Bindemittel für Druckfarbe von Papierfasern}*
disperse dispers, fein verteilt, fein zerteilt, dispergiert; Dispersions-
disperse dye Dispersionsfarbstoff *m*
disperse material disperser Stoff *m*
disperse phase dispergierte Phase *f*, disperse Phase *f*
disperse system disperses System *n*
dispersed dispers, verteilt
dispersed dyestuff Dispersionsfarbstoff *m*
dispersed phase disperse Phase *f*
coarsely dispersed grob verteilt, grobdispers
finely dispersed fein verteilt, feindispers
dispersibility Dispergierfähigkeit *f*, Dispergierbarkeit *f*, Verteilbarkeit *f*
dispersible dispergierbar
dispersing 1. Dispergier-, Dispersions-; 2. Dispergieren *n*, Dispergierung *f*, Feinverteilen *n*, Feinzerteilen *n*
dispersing action Dispersionswirkung *f*, Dispergierwirkung *f*, dispergierende Wirkung *f*, Dispersantwirkung *f*, Dispersanteffekt *m*
dispersing agent Dispergier[hilfs]mittel *n*, Dispersionsmittel *n*, Dispersionshilfsstoff *m*, Dispergier[ungs]mittel *n*, Dispergens *n*, Dispersant *m*, dispergierendes Mittel *n*, Dispergator *m*
dispersing apparatus Dispergiervorrichtung *f*
dispersing device Dispergiereinrichtung *f*
dispersing effect Dispergierwirkung *f*, Verteileffekt *m*, dispergierende Wirkung *f*, Dispersantwirkung *f*, Dispersanteffekt *m*
dispersing efficiency Dispergierleistung *f*, Verteilungsgüte *f*
dispersing medium dispergierendes Medium *n*, Dispersionsmittel *n*, Dispergier[ungs]mittel *n*, Dispersionsmedium *n*, Dispergens *n*, dispergierender Bestandteil *m {in einem dispersen System}*
dispersing power Dispergier[ungs]vermögen *n*, Dispersionsvermögen *n*, Dispersionskraft *f*
dispersing property *s.* dispersing power
dispersing tool Dispergiergerät *n*
dispersion 1. Dispersion *f*, Feinverteilung *f*, feine Verteilung *f*, feine Zerteilung *f*, Zerstäubung *f*; 2. Dispergieren *n*, Dispergierung *f*, Feinzerteilen *n*, Feinverteilen *n {Herstellen einer Dispersion}*; 3. Dispersion *f*, Zerstreuen *n*, Streuen *n {von Wellen}*; 4. Zerlegen *n {Opt}*
dispersion adhesive Dispersionskleber *m*, Dispersionsklebstoff *m {DIN 16860}*
dispersion agent *s.* dispersion medium
dispersion angle Streuungswinkel *m*
dispersion-based adhesive *s.* dispersion adhesive
dispersion binder Bindemitteldispersion *f*
dispersion coefficient Streufaktor *m*
dispersion colloid Dispersionskolloid *n*
dispersion curve Dispersionskurve *f*
dispersion effect Dispersionseffekt *m*
dispersion force Dispersionskraft *m*, London-Kraft *f*

dispersion-fuel element Dispersionsbrennstoffelement *n {Nukl}*
dispersion hardening Aushärten *n {DIN 17014}*, Ausscheidungshärten *n {Met}*
dispersion-hardening plant strukturelle Härtungsanlage *f {Met}*
dispersion kneader Dispersionskneter *m*
dispersion lens Streulinse *f*
dispersion medium Dispersionsmittel *n*, Dispergier[ungs]mittel *n*, Dispersionsmedium *n*, Dispergens *n*, dispergierender Bestandteil *m {in einem dispersen System}*, Dispersionsträger *m*
dispersion method Dispersionsmethode *f*, Dispersionsverfahren *n*, Dispergierungsmethode *f*, Verteilungsverfahren *n*
dispersion mixer Dispersionskneter *m*, Mastikator *m {Kunst}*
dispersion of a grating Gitterdispersion *f*
dispersion of light Lichtstreuung *f*, Dispersion *f* des Lichtes *n*
dispersion of rotation Rotationsdispersion *f {Opt}*
dispersion paint Dispersionsfarbe *f {DIN 55945}*, Binderfarbe *f*
dispersion phase Streuphase *f*; disperse Phase *f*, Dispersionsmittel *n {kontinuierliche Phase einer Dispersion}*
dispersion range Streubereich *m*
dispersion-strengthened dispersionsgehärtet
dispersion unit Dispergieraggregat *n*
coefficient of dispersion Zerstreuungskoeffizient *m*
degree of dispersion Dispersionsgrad *m*
dispersional frequency Grenzfrequenz *f*
dispersity 1. Dispersionsgrad *m*, Dispersitätsgrad *m*; 2. Dispersität *f*, Dispersionszustand *m*, disperser Zustand *m*
dispersive dispergierend; Dispersions-
dispersive medium *s.* dispersion medium
dispersive power Dispersionsvermögen *n*, Dispersionskraft *f*, Dispergier[ungs]vermögen *n*, Zerstreuungsvermögen *n*
dispersoid Dispersoid *n*
disperson colo[u]rs Dispersolfarbstoffe *mpl*
dispiro compound Dispiroverbindung *f*
displace/to 1. verdrängen; ersetzen; verlagern, verschieben *{Chem}*; 2. deplacieren, verlegen; 3. abtragen
displaceability Austauschbarkeit *f*; Ersetzbarkeit *f*; Verschiebbarkeit *f {Chem}*
displaceable verschiebbar; ersetzbar; austauschbar
displaced volume Saugvolumen *n {Vak}*; Fördervolumen *n*
displacement 1. Verlagerung *f*, Versetzung *f*, Verrückung *f*, Umlagerung *f*; Verschiebung *f*, Wegverschiebung *f {eine Lageabweichung}*; Verdrängung *f*; Ersetzung *f*, Ersatz *m*; 2. Fördermenge *f {je Umdrehung}*, Fördervolumen *n {der Pumpe}*; 3. Hubraum *m {eines Zylinders}*, Hubvolumen *n*; 4. Offset *m*, Versatz *m*, Displacement *n {EDV}*; 5. elektrische Verschiebung *f*, elektrische Verschiebungsdichte *f*, elektrische Flußdichte *f {DIN 1324}*; 6. Versatz *m {von Wellen}*; 7. Abtragen *n*, Entfernen *n*
displacement capacity Förderleistung *f*, Saugvermögen *n {mechanische Pumpe}*
displacement cell Element *n* mit Ionenaustausch *m {Elektrochem}*
displacement chromatography Verdrängungschromatographie *f*
displacement compressor Kolbenverdichter *m*
displacement current Verschiebungsstrom *m*
displacement field Verschiebungsfeld *n*
displacement ga[u]ge Verschiebungsmeßwertaufnehmer *m*
displacement in potential Potentialverschiebung *f*
displacement law Verschiebungsgesetz *n*, Verschiebungssatz *m*, Verschiebungsregel *f*, Wiensches Verschiebungsgesetz *{Spek}*
displacement law of Soddy Soddy[-Fajans]scher Verschiebungssatz *m*, Fajans-Soddysche Verschiebungsregel *f*, radioaktiver Verschiebungssatz *m*
displacement manometer Verdrängermanometer *n*
displacement meter Verdrängungszähler *m*, Verdrängungsvolumenzähler *m*
displacement of a band Bandenverschiebung *f {Spek}*
displacement of a line Linienverschiebung *f*
displacement of equilibrium Gleichgewichtsverschiebung *f*
displacement of the absorption band Verschiebung *f* der Absorptionsbande *f*
displacement piston Verdrängerkolben *m*
displacement process Verschiebungsvorgang *m*
displacement pump Verdrängerpumpe *f*
displacement reaction Verdrängungsreaktion *f*, Substitutionsreaktion *f*, Austauschreaktion *f*
displacement series Verdrängungsreihe *f*, Voltasche Reihe *f*, elektromotorische Reihe *f*, elektrochemische Spannungsreihe *f*
positive displacement pump Verdrängerpumpe *f*
displacer 1. Verdrängerkörper *m {Füllstandsmessung}*; 2. Verdränger *m*, Verdrängungsmittel *n {Chromatographie}*
displacing Verdrängung *f*; Ersetzung *f*; Verschiebung *f*, Verlagerung *f*
displacing agent Verdrängungsmittel *n {Filter}*
display/to 1. anzeigen, sichtbar machen; 2. darstellen *{graphisch}*, wiedergeben; 3. ausstellen *{Waren}*; 4. auszeichnen *{Druck}*

display 1. Darstellung *f*, Wiedergabe *f*; 2. Display *n* *{werbewirksames Aufstellen von Waren}*, Aufsteller *m*; 3. Schirmbilddarstellung *f*, Anzeige *f*, Schirmbildanzeige *f* *{EDV}*; Sichtanzeige *f*; Anzeigeeinheit *f*, anzeigende Funktionseinheit *f*; 4. Auszeichnung *f* *{Druck}*; 5. Bildschirmgerät *n*, Bildschirmterminal *n*, Bildsichtgerät *n*, Display *n*, Sichtanzeigegerät *n* *{EDV}*
display line Schriftzeile *f*, Textzeile *f*, Anzeigezeile *f*
display package Leerpackung *f*, Schaupackung *f*
display packing Schaupackung *f*, Leerpackung *f*
display unit Datensichtgerät *n*, Bildschirmgerät *n*, Bildschirmterminal *n m*, Daten[end]station *f*, Display *n*, Sichtanzeigegerät *n* *{EDV}*
disposable für einmaligen Gebrauch *m*, zum Wegwerfen; Wegwerf-
disposable cup Einwegtasse *f*
disposable fire extinguisher *{BS 6165}* nichtnachfüllbarer Feuerlöscher *m*
disposable package Einwegpackung *f*, Wegwerfpackung *f*
disposable packing Einwegverpackung *f*, Wegwerfverpackung *f*
disposable Pasteur pipette *{ISO 7712}* Einmalpipette *f*
disposable test tube Einmal-Teströhrchen *n* *{Lab}*
disposables Wegwerfartikel *mpl*
disposal 1. Beseitigung *f*, Entsorgung *f*; 2. Verfügung *f*; 3. Schuttabladen *n*, Müllablagerung *f*, Ablagern *n* von Müll *m*, Ablagern *n* auf der Deponie *f*
disposal bag Vernichtungsbeutel *m*
disposal car Schlackenwagen *m*
disposal method for chemical wastes Entsorgungsverfahren *n* für Chemieabfälle *mpl*
radioactive waste disposal Beseitigung *f* radioaktiver Abfälle *mpl*
dispose/to 1. loswerden, beseitigen; erledigen; beenden; 2. anordnen, disponieren, entscheiden; veranlassen; verteilen; verwerfen
disposition 1. Disposition *f*, Veranlagung *f*, Natur *f*, Wesen *n*; 2. Anordnung *f*, Verteilung *f*
disproportion Mißverhältnis *n*
disproportionale unproportioniert, ungleichmäßig, unverhältnismäßig
disproportionate/to disproportionieren; sich disproportionieren
disproportionation Disproportionieren *n*, Disproportionierung *f*
dispute/to debattieren, streiten, diskutieren; bestreiten, anfechten, in Frage *f* stellen; verteidigen
disregard/to vernachlässigen; mißachten, nicht beachten
disregarded unberücksichtigt; vernachlässigt

disrotatory disrotatorisch
disrupt/to zerbrechen, zerreißen; zerstören; durchschlagen
disruption Bruch *m*, Zerreißung *f*; Zerstörung *f*
disruptive disruptiv *{Elek}*
disruptive force Sprengkraft *f*
disruptive strength Durchschlagfestigkeit *f* *{Elek}*
disruptive voltage Durchschlagsspannung *f*
dissect/to 1. zerlegen, zerschneiden, sezieren *{Med}*; präparieren *{Med}*; 2. gründlich untersuchen, studieren
dissectible zerlegbar
dissecting lens Präparierlupe *f*
dissecting microscope Präpariermikroskop *n*
dissection 1. Sezieren *n*, Zerlegung *f*, Zerschneidung *f*; Präparieren *n*; 2. Untersuchung *f*, Studium *n*
disseminate/to ausstreuen, einstreuen, verbreiten, zerstreuen, streuen
dissemination 1. Einsprengung *f* *{Geol}*; 2. Verbreitung *f* *{z.B. von Publikationen}*; Zerstreuung *f*, Streuung *f*
dissertation wissenschaftliche Abhandlung *f*, Dissertation *f*, Doktorarbeit *f*
dissimilar unähnlich, artfremd, ungleich[artig], andersartig, verschieden[artig]
dissimilarity Ungleichartigkeit *f*, Ungleichförmigkeit *f*, Ungleichheit *f*
dissimilation Dissimilation *f* *{Physiol}*
dissipate/to abgeben, dissipieren *{Phys}*; ableiten, abführen *{z.B. Wärme}*; zerstreuen; sich verteilen
dissipation 1. Dissipation *f*, Abgabe *f* *{der Energie}*; 3. Ableitung *f* *{der Wärme}*; 4. Verteilung *f*; 5. Verschwendung *f*, Zerstreuung *f*, Vergeudung *f*; 6. Vertreibung *f*; 7. Elektrodenverlustleitung *f*, Elektrodenverluste *mpl*
dissipation constant 1. geophysikalischer Verlustfaktor *m*, Dissipationskonstante *f* *{innere Reibung}*
dissipation factor [dielektrischer] Verlustfaktor *m* *{DIN 1344}*
dissipation of charge Ladungsverlust *m*, Ladungsverteilung *f*
dissipation of heat Wärmeableitung *f*
heat of dissipation Dissipationswärme *f*, Verlustwärme *f*
dissociable dissoziierbar
dissociate/to abtrennen, dissoziieren, [auf]spalten, auflösen, trennen; dissoziieren, zerfallen, sich aufspalten, sich spalten, sich auflösen
dissociation 1. Abtrennung *f*, Aufspaltung *f*, Dissoziation *f*, Dissoziierung *f* *{Chem}*; Zerfall *m*, Zersetzung *f*, Spaltung *f* *{Nukl}*; 2. Entmischung *f* *{Met}*; 3. Aufschluß *m* *{von Mineralerzen}*
dissociation condition Dissoziationszustand *m*

dissociation constant Dissoziationskonstante *f*, Affinitätskonstante *f*
dissociation degree Dissoziationsgrad *m*
dissociation energy Dissoziationsenergie *f*
dissociation enthalpy Dissoziationswärme *f*, Dissoziationsenthalpie *f*
dissociation equation Dissoziationsgleichung *f*
dissociation equilibrium Dissoziationsgleichgewicht *n*
dissociation isotherm Dissoziationsisotherme *f*
dissociation limit Dissoziationsgrenze *f*, Zerfallsgrenze *f*
dissociation power Dissoziationsvermögen *n*
dissociation pressure Dissoziationsdruck *m*, Dissoziationsspannung *f*
dissociation product Dissoziationsprodukt *n*, Zerfallsprodukt *n {Chem}*
dissociation temperature Dissoziationstemperatur *f*
dissociation theory Dissoziationstheorie *f*
coefficient of dissociation Dissoziationskonstante *f*
degree of dissociation Dissoziationsgrad *m*
electrolytic dissociation elektrolytische Dissoziation *f*
dissociative zersetzend
dissociative recombination dissoziierende Rekombination *f*
dissociative stability Dissoziationsstabilität *f*
dissolubility Löslichkeit *f*, Auflösbarkeit *f*
dissoluting rate Lösungsgeschwindigkeit *f*, Auflösungsgeschwindigkeit *f*
dissolution Lösen *n*, Auflösen *n*, Auflösung *f*, Lösung *f {Tätigkeit}*, Trennung *f*
dissolution rate Auflösungsgeschwindigkeit *f*, Lösungsgeschwindigkeit *f*
dissolvable auflösbar; löslich, lösbar
dissolve/to [auf]lösen; sich [auf]lösen, in Lösung gehen, solvieren *{Chem}*
dissolve and reprecipitate/to umfällen
dissolve by heat/to aufschmelzen
dissolve out/to herauslösen
difficult to dissolve/to schwerlöslich
dissolved gelöst
dissolved acetylene [gas] Dissous-Gas *n {Aceton-Acetylen-Lösung}*, Flaschenacetylen *n*
dissolved organic carbon gelöster organischer Kohlenstoff *m {Summenparameter zur Abbaubarkeit organischer Wasserinhaltsstoffe}*
dissolved oxygen gelöster Sauerstoff *m {Ökol, Wasserqualitätsparameter}*
dissolved-oxygen analyzer Sauerstoffgehalt-Meßgerät *n*
dissolved soap Alkaligehalt *m*, Basizität *f*, Alkalität *f*
dissolved substance Gelöstes *n*, gelöster Stoff *m*, aufgelöster Stoff *m*
dissolvent Lösungsmittel *n*, Lösemittel *n*, Lsgm., Lm, Auflösungsmittel *n*, Löser *m*, Solvens *n*
dissolver 1. Dissolver *m*, Dispergieraggregat *n*; 2. Dissolver *m*, Auflöser *m*, Auflösebehälter *m {Nukl}*; 3. Lösungsmittel *n*, Lösemittel *n*, Solvens *n*
dissolver agitator Rührwerk *n*
dissolving Auflösen *n*, Lösen *n*, Lösungsprozeß *m*
dissolving apparatus Löseapparat *m*
dissolving capacity Auflösungsvermögen *n*, Lösevermögen *n*
dissolving intermediary Lösungsvermittler *m*
dissolving liquid Auflösungsflüssigkeit *f*
dissolving machine Aufschließmaschine *f*
dissolving pan Klärpfanne *f*, Läuterpfanne *f*
dissolving power Auflösungsvermögen *n*, Lösungsvermögen *n*, [chemische] Lösungsfähigkeit *f*, Auflösungskraft *f*
dissolving pulp Chemie[faser]zellstoff *m*, Textilzellstoff *m*, Salpeterzellstoff *m*, Kunstfaserzellstoff *m*
dissolving tank Lösekessel *m*, Schmelzlösebehälter *m*
dissolving test Lösungsversuch *m*
dissolving vessel Auflösungsgefäß *n*
rate of dissolving Lösegeschwindigkeit *f*
dissymmetrical unsymmetrisch, nichtsymmetrisch, ungleichförmig, ungleichmäßig
dissymmetry Unsymmetrie *f*, Dissymmetrie *f*
dissymmetry coefficient Dissymmetriekoeffizient *m {45°/135°-Verhältnis bei photometrischen Analysen}*
dissymmetry due to molecular overcrowding Dissymmetrie *f* durch räumliche Überlappung *f {Stereochem}*
dissymmetry factor Anisotropiefaktor *m {obs}*
dissymmetry grouping dissymmetrische Gruppierung *f {Stereochem}*
axial dissymmetry Axialdissymmetrie *f {Stereochem}*
molecular dissymmetry Molekeldissymmetrie *f*
distal distal *{vom Mittel-/Ausgangspunkt entfernt}*
distance 1. Abstand *m*, Zwischenraum *m*, Entfernung *f*, Distanz *f*; 2. Strecke *f*, Weglänge *f*; 3. Zeitraum *m*, Entfernung *f {zeitliche}*
distance between lines Linienabstand *m*, Linienintervall *n*, Linienzwischenraum *m*
distance between poles Polabstand *m*, Poldistanz *f*
distance cathode Fernkathode *f*
distance control Fernbedienung *f*, Fernsteuerung *f*
distance in air Luftstrecke *f*
distance level indicator Fernstandanzeiger *m*

distance piece Abstandbuchse *f*, Abstand[s]-stück *n*, Einsatzstück *n*, Zwischenstück *n*, Abstand[s]halter *m*, Distanzbolzen *m*, Distanzhalter *m*, Distanzstück *n*, Trennstück *n*, Trennelement *n*
distance switch Fernschalter *m*
distance thermometer Fernthermometer *n*
distance valve Wegeventil *n*
action at a distance Fernwirkung *f*
distant entfernt, weit; weitläufig
distant control Fernbetätigung *f*, Fernsteuerung *f*
distant-indicating system Fernanzeige *f*
distant-reading pressure ga[u]ge Druck-Fernmeßgerät *n*, Druckmesser *m* mit Fernablesung *f*
distant-reading thermometer Fernthermometer *n*, Thermometer *n* mit Fernablesung *f*
distearin Distearin *n*, Glycerin-1,3-distearat *n*
distearopalmitin Distearopalmitin *n*
distearyl ether Distearylether *m*
distearyl thiodipropionate Distearylthiodipropionat *n*
distemper 1. Temperafarbe *f*, Wasserfarbe *f {für Kunstmaler}*; 2. Kalkkaseinfarbe *f*
non-washable distemper Leimfarbe *f*
washable distemper Kaseinfarbe *f*
distend/to ausweiten, dehnen, ausdehnen, aufblähen; sich ausdehnen, sich aufblähen
disthene Disthen *m*, Kyanid *m {obs}*, blättriger Beryll *m {Min}*
distilbene 1. <$C_{28}H_{24}$> Distilben *n*; 2. <$C_{18}H_{20}O_2$> Diethylstilbestrol *n*, α,α'-Diethyl-4,4'-Stilbendiol *n*
distill/to destillieren, umsieden; brennen *{Alkohol}*
distill at/to abdestillieren, abtreiben
distill over/to überdestillieren
distill singlings/to luttern
distill weak brandy/to luttern
distill off/to herausdestillieren
distillability Destillierbarkeit *f*
distillable destillierbar
distillable with [water] steam mit Wasserdampf *m* flüchtig
distilland Destilliergut *n*, Destillationsgut *n*, Destillans *n*
distillate Destillat *n*, Destillatprodukt *n*, Destillationsprodukt *n*, Abtrieb *m*
distillate composition Destillatzusammensetzung *f*
distillate fuel oil Destillatheizöl *n*, destilliertes Heizöl *n*
distillate of mineral oil Öldestillat *n*
distillate oil Destillatöl *n*
distillate receiver Destillationsvorlage *f*, Destilliervorlage *f*, Destillatsammler *m*
distillating flask *s.* distillation flask

distillation 1. Destillation *f*, Destillieren *n*, Umsieden *n*; 2. Brennen *n*, Abbrennen *n {Alkohol}*
distillation analysis Siedeanalyse *f {bei destillierbaren Flüssigkeiten}*
distillation apparatus Destillierapparat *m*, Destillationsapparat *m*, Destillieranalge *f*, Destillationsapparatur *f*
distillation characteristics Siedeverhalten *n*
distillation column Destillierkolonne *f*, Destilliersäule *f*, Destillationskolonne *f*
distillation condenser Destillationskondensator *m*
distillation curve Destillationskurve *f*, Destillationslinie *f*, Siedeverlauf *m {Anal}*
distillation cut Destillationsschnitt *m*
distillation flask Destillationskolben *m*, Destillierkolben *m*, Fraktionierkolben *m*, Siedegefäß *n*, Siedekolben *m*
distillation furnace Destillationsofen *m*, Destillierofen *m {Met}*
distillation head Destillationsaufsatz *m*, Destillieraufsatz *m*, Destillationskopf *m*, Destillierkopf *m*, Destillierhelm *m*, Destillationsdom *m*, Helm *m*, Dom *m*
distillation in steam Dampfdestillieren *n*, Dampfdestillation *f*, Wasserdampfdestillation *f*
distillation loss Destillationsverlust *m*, Verlust *m* bei der Destillation *f*
distillation of liquefied air Zerlegung *f* flüssiger Luft *f*
distillation of wood Holzvergasung *f*, Trockendestillation *f* des Holzes *n*, Holzdestillation *f*
distillation plant Destillationsanlage *f*, Destillieranalge *f*, Destillierbetrieb *m*, Destillationsbetrieb *m*; Brennerei *f*
distillation pot Destilliertopf *m*
distillation process 1. Destillationsverfahren *n*; Retortenverfahren *n {Met}*; 2. Destillationsvorgang *m*; Brennverfahren *n {Alkohol}*
distillation product Destillat *n*, Detillationsprodukt *n*, Entgasungserzeugnis *n*, Destillationserzeugnis *n*, Schwelprodukt *n*
distillation range 1. Apparat *m* zur Bestimmung *f* des Siedeverlaufs *m*; 2. Siedeverlauf *m {DIN 51536}*, Destillationsverlauf *m*; Destillationsbereich *m*, Siedebereich *m*, Siedegrenzen *fpl*
distillation receiver Destillat[ions]vorlage *f*, Destilliervorlage *f*, Destillatsammler *m*, Vorlage *f*
distillation residue Destillationsrückstand *m*
distillation still Destillationskolben *m*, Destillationsblase *f*, Destillierkolben *m*, Retorte *f*, Abziehkolben *m*, Branntweinblase *f*
distillation thermometer Destillationsthermometer *n*
distillation under reduced pressure Vakuumdestillation *f*, Unterdruckdestillation *f*, Destillation *f* im Vakuum *n {verminderter Druck}*

distillation under vacuum Vakuumdestillation *f*, Unterdruckdestillation *f*
distillation vessel Destilliertopf *m*
distillation yield *{ISO 1843}* Destillationsausbeute *f*
azeotropic distillation azeotrope Destillation *f*
cut in distillation Fraktionsschnitt *m*
destructive distillation Crackdestillation *f*, trockene Destillation *f*, Trockendestillation *f*, Vergasung *f*, Zersetzungsdestillation *f*
fractional distillation fraktionierte Destillation *f*
molecular distillation Molekulardestillation *f*
distilled destilliert
distilled gas Destillationsgas *n*
distilled spirits Hochprozentiges *n*, destillierte alkoholische Getränke *npl*
distilled water destilliertes Wasser *n*, Aqua destillata *{Lat}*
distiller 1. Destillateur *m*, Destillierer *m {Beruf}*; Brenner, Branntweinbrenner *m*; 2. Destilliergerät *n*, Destillationsgerät *n*, Destillierapparat *m*, Destillationsapparat *m*
distillery 1. Brennerei *f {Branntwein}*, Spiritusbrennerei *f*, Branntweinbrennerei *f*; 2. Destillieranlage *f*, Destillationsanlage *f*, Destillierbetrieb *m*, Destillationsbetrieb *m*
distillery charcoal Destillierholzkohle *f*
distillery mash Destillatmaische *f*, Brennereimaische *f*
distilling Destillieren *n*
distilling apparatus Brennapparat *m*, Brenngerät *n {Alkohol}*; Destillationsapparatur *f*, Destillierapparat *m*, Destilliergerät *n*, Destillationsgerät *n*
distilling barley Brenngerste *f*
distilling column Destillationskolonne *f*, Destillierkolonne *f*, Destilliersäule *f*, Rektifiziersäule *f*
distilling connecting tube Destillierbrücke *f*, Destillieraufsatz *m*
distilling filter Destillierfilter *n*
distilling flask Destilliergefäß *n*, Destillierkolben *m*, Destillationskolben *m*
distilling head Destillierhelm *m*, Destillierkopf *m*, Destillieraufsatz *m*
distilling over Überdestillieren *n*
distilling pipe Destillationsrohr *n*
distilling plant Destillationsanlage *f*, Destillieranalge *f*, Destillierbetrieb *m*, Destillationsbetrieb *m*
distilling stove Detillationsofen *m*
distilling tower Destillierkolonne *f*, Destillationsturm *m*
distilling trap Fraktionsaufsatz *m*
distilling udder Destillieréuter *n*, Destilliervorlage *f* nach Bredt
distilling vessel Destillationsgefäß *n*, Destilliergefäß *n*, Destillationsbehälter *m*, Destillierbehälter *m*
distinct 1. ausgeprägt, kenntlich, deutlich, eindeutig; 2. [voneinander] verschieden, getrennt; 3. klar, deutlich, scharf; 4. verständlich, deutlich
distinction 1. Auszeichnung *f*; 2. Unterscheidung *f*, Unterschied *m*
distinctive auffallend, charakteristisch, deutlich abgrenzend; Unterscheidungs-
distinctive colo[u]r Kennfarbe *f*
distinctive feature Unterscheidungsmerkmal *n*
distinctness Klarheit *f*, Deutlichkeit *f*
distinguish/to unterscheiden, klar erkennen; auszeichnen
distinguishable unterscheidbar, kenntlich
distinguished ausgezeichnet, hervorragend; berühmt; verdient
distort/to verzerren, deformieren, entstellen, verändern; verziehen; verdrehen
distorted verzerrt
distorting *s.* distortion
distortion 1. Verzerrung *f*, Entstellung *f*, Veränderung *f*, Deformation *f*, Verformung *f*; 2. Verzeichnung *f*, Distortion *f {Photo}*; 3. Verdrehung *f*; 4. Verziehung *f {Formfehler}*; 5. Schleppung *f*, Schichtenbiegung *f*, Verwerfung *f {Geol}*; 6. Schräglage *f*, Unausgeglichenheit *f*
distortion factor Klirrfaktor *m {Elek}*
distortion-free verzerrungsfrei
distortion under heat Verformung *f* bei Wärmeeinwirkung
distortionless verzerrungsfrei, verzeichnungsfrei, verzugsfrei
distribute/to 1. verteilen, distribuieren, austeilen, verbreiten; 2. aufteilen, einteilen, ordnen; 3. vertreiben *{Waren}*
distributed in lumps punktförmig verteilt
continuously distributed gleichmäßig verteilt
randomly distributed statistisch verteilt
distributing Verteilen *n*
distributing box Abzweigkasten *m {Elek}*
distributing chute Vibrationsrinne *f*
distributing cock Steuerungshahn *m*
distributing equipment Zuteilvorrichtung *f*
distributing feeder Aufgabegutverteiler *m*
distributing main Verteilungsleitung *f*
distributing pan Spritzteller *m*
distributing panel Verteilertafel *f*
distributing pipes Rohrnetz *n*
distribution 1. Verteilung *f*; 2. Ausbreitung *f*, Verbreitung *f {z.B. einer Tier- oder Pflanzenart}*; 3. Vertrieb *m {von Waren}*; 4. Distribution *f*, verallgemeinerte Funktion *f {Math}* ; 5. Verlauf *m {z.B. Druck, Temperatur, Konzentration}*
distribution battery Verteilungsbatterie *f*
distribution board Verteilertafel *f*

distribution chromatography Verteilungschromatographie *f*
distribution cock Verteilungshahn *m*
distribution coefficient Verteilungskoeffizient *m*, Verteilungskonstante *m*; Verteilungskoeffizient *m*, Segregationskonstante *f*, Abscheidungskonstante *f {in der Zonenschmelztheorie}*
distribution curve Verteilungskurve *f*
distribution diagram Steuerungsdiagramm *n*
distribution factor Verteilungsfaktor *m {Nukl; Isotope im Körper}*
distribution function Verteilungsfunktion *f*
distribution function of orientations Orientierungsverteilungsfunktion *f*
distribution law Verteilungsgesetz *n {Statistik}*
distribution law of Nernst Nernstsches Verteilungsgesetz *n*, Nernstscher Verteilungssatz *m*
distribution of stress Spannungsverteilung *f*
distribution of velocities Geschwindigkeitsverteilung *f*
distribution panel Verteilertafel *f {Elek}*
distribution piece Verteilungsstück *n*
distribution plenum Verteilerboden *m*
distribution plug Abzweigstecker *m*
distribution ratio Konzentrationsverhältnis *n*; Trennkoeffizient *m {Dest}*
distribution velocity Verteilungsgeschwindigkeit *f*
spatial distribution räumliche Verteilung *f*
distributive distributiv
distributive law Distributivgesetz *n*, Distributionsgesetz *n {Math}*
distributivity Distributivität *f {Math}*
distributor 1. Verteiler *m {z.B. für Flüssigkeiten}*; Verteiler *m*, Gichtverteiler *m {Hochofen}*; Streugerät *n {Agri}*; 2. Verteiler *m {Elek}*, Anschlußkasten *m*, Elektroverteiler *m*; 3. Verteilerrohr *n*, Verteilerstück *n*, Rohrverteiler *m*; 4. Verteilerboden *m {Dest}*
distributor housing Verteilerkasten *m*, Verteilergehäuse *n*
distributor plate Verteilerteller *m*, Verteil[er]platte *f*
distributor tube Entnahmestutzen *m*
disturb/to stören, beeinträchtigen; durcheinanderbringen; zerstören
disturbance 1. Störung *f*; Störfall *m {Nukl}*; 2. Störgröße *f {DIN 19226}*
disturbance calculation Störungsrechnung *f*
disturbance feed-forward control Störgrößenausschaltung *f {Automation}*
Disturbance Regulations Störfall-Verordnung *f*
disturbance value Störgröße *f*
magnetic disturbance magnetische Störung *f*
disturbed gestört; Stör-
disturbed function Ausfallerscheinung *f {Med}*
disturbing influence Störfaktor *m*, Störgröße *f*
disturbing quantity Störgröße *f {Ausmaß}*
disturbing substance Störsubstanz *f*
disubstituent Disubstituent *m*
disubstituted zweifach substituiert, disubstituiert
disuint/to entfetten *{Wolle}*
disulfamic acid Disulfaminsäure *f*
disulfate <$M'_2S_2O_7$> Disulfat *n {Salz der Dischwefelsäure}*, Pyrosulfat *n*
disulfide 1. <MS_2> Disulfid *n*; 2.<R-S-S-R'> Dialkyldisulfid *n*
disulfide bond *s.* disulfide bridge
disulfide bridge Cystinbrücke *f*, Disulfidbrükke *f*, Disulfidbindung *f*, -S-S-Brücke *f*, -S-S-Bindung *f {Biochem}*
disulfide cleavage Disulfidspaltung *f*
disulfide crosslink *s.* disulfide bridge
disulfide formation Disulfidbildung *f*
disulfiram Disulfiram *n {Tetraethylthiuramdisulfid}*
disulfole Dithiol *n*
disulfonic acid 1. Disulfonsäure *f*; 2. 1-Naphthylamin-4,8-disulfonsäure *f*
disulfur dichloride <S_2Cl_2> Dischwefel[di]chlorid *n*, Schwefelmonochlorid *n {Triv}*, Schwefel(II)-chlorid *n*, Dichlordisulfan *n*
disulfur dinitride <$(NS)_2$> Dischwefeldinitrid *n*, Distickstoff-disulfid *n*
disulfuric acid <$H_2S_2O_7$> Dischwefelsäure *f*, Pyroschwefelsäure *f*
disulfuryl diazide <$S_2O_5(N_3)_2$> Disulfuryldiazid *n*
disulfuryl dichloride <$S_2O_5Cl_2$> Disulfuryldichlorid *n*, Pyrosulfurylchlorid *n*, Dischwefelpentoxiddichlorid *n*
disulfuryl difluoride <$S_2O_5F_2$> Disulfuryldifluorid *n*, Pyrosulfurylfluorid *n*, Dischwefelpentoxiddifluorid *n*
disulph- *s.* disulf-
dita bark Ditarinde *f*
ditaine Ditain *n*, Echitamin *n*
ditamine <$C_{16}H_{19}NO_2$> Ditamin *n*
ditan <$(C_6H_5)_2CH_2$> Ditan *n {Triv}*, Diphenylmethan *n*
ditartaric acid Diweinsäure *f {Triv}*
ditch/to drainieren, entwässern
ditch 1. Graben *m*; 2. Rösche *f*, Wasserrösche *f*, Wasserseige *f*, Seige *f {Bergbau}*; 3. Seitenentnahme *f {in der man z.B. Füllmaterial gewinnt}*, Bodenentnahmestelle *f*
ditellan <HTe=TeH> Ditellan *n*
diterpene <$C_{20}H_{32}$> Diterpen *n*
ditetragonal bipyramidal ditetragonalbipyramidal *{Krist}*
ditetrahedral ditetraedrisch *{Krist}*
ditetrahydrofurfuryl adipate Ditetrahydrofurfuryladipat *n*

dithiane Dithian *n*, Diethylendisulfid *n*, Tetrahydro-*p*-dithin *n*
dithiazole <$C_2H_3NS_2$> Dithiazol *n*
dithiin 1-4-Dithiin *n*, Biophen *n*
dithiobenzoate Dithiobenzoat *n*
dithiobiuret <$C_2H_5N_3S_2$> 2,4-Dithiobiuret *n*
dithiocarbamate <NH_2CSSM'> Dithiocarbamat *n*, Dithiocarbamidsäureester *m*
dithiocarbamic acid <NH_2CSSH> Dithiocarbaminsäure *f*, Dithiocarbamidsäure *f*, Aminodithioameisensäure *f*
dithiocarbamylurea Dithiobiuret *n*
dithiocarbazic acid <$NH_2NHCSSH$> Dithiocarbazidsäure *f*
dithiocarbonic acid <HOCSSH> Dithiokohlensäure *f*
dithiocoumarin <$C_9H_6S_2$> Dithiocumarin *n*
dithiodiglycolic acid Dithiodiglycolsäure *f*
dithioerythritol Dithioerythrit *m*, 1,4-Dimercapto-2,3-butandiol *n*
dithiofluorescein Dithiofluorescein *n*, 3,6-Fluorandithiol *n*
dithioformic acid <HCSSH> Dithioameisensäure *f*
dithioglycerol <$CH_2SHCHSHCH_2OH$> 1,2-Dithioglycerol *n*, 2,3-Dimercaptopropanol *n*
dithiole Dithiol *n*
dithion Dithion *n* *{Na-Dithiosalicylate}*
dithionaphthene indigo Dithionaphthenindigo *n*
dithionate <$M'_2S_2O_6$> Dithionat *n*, Hypodisulfat *n* *{Salz der Dithionsäure}*
dithione Dithion *n*
dithionic acid <$H_2S_2O_6$> Unterdischwefelsäure *f* *{Triv}*, Dischwefel(V)-säure *f*, Dithionsäure *f*
  salt of dithionic acid Dithionat *n*
dithionite <$M'_2S_2O_4$> Dithionit *n* *{Salz der dithionigen Säure}*
dithionous acid <$H_2S_2O_4$> Dithionigsäure *f*, dithionige Säure *f*, Dischwefel(III)-säure *f*
dithiooxalate chelate Dithiooxalatchelat *n*
dithiooxamide <$H_2NSCCSNH_2$> Dithiooxamid *n*, Dithiooxalsäurediamid *n*, Rubeanwasserstoffsäure *f*, Rubeanwasserstoff *m*
dithiophosphoric acid <$H_3PS_2O_2$> Dithiophosphorsäure *f*
dithiosalicylic acid <$(C_6H_4COOH)_2S_2$> Dithiosalicylsäure *f*, 2,2'-Dithiodibenzoesäure *f*, Diphenyldisulfid-2,2'-dicarbonsäure *f*
dithiothreitol Dithiothreitol *n* *{Biochem, Clelands Reagens}*
dithiourethane Dithiourethan *n*, Ethyldithiocarbamat *n*
dithizonate Dithizonat *n*
dithizone Dithizon *n*, Diphenylthiocarbazon *n* *{Schwermetall-Reagens}*
dithranol *{BP}* Dithranol *n*, Anthralin *n*, Anthracen-1,8,9-triol *n*
dithymol Dithymol *n*
ditolyl <$(-C_6H_4CH_3)_2$> Ditolyl *n*, Bitolyl *n*, Dimethylbiphenyl *n*
  di-*o*-tolyl guaridine Di-*o*-tolylguaridin *n*, DOTG
ditolyldichlorosilane Ditolyldichlorsilan *n*
ditridecyl phthalate Ditridecylphthalat *n*, DTDP
  ditridecyl thiodipropionate Ditridecylthiodipropionat *n*
ditrigonal ditrigonal *{Krist}*
ditrigonalbipyramidal ditrigonalbipyramidal *{Krist}*
ditrigonalpyramidal ditrigonalpyramidal *{Kist}*
dittmarite Dittmarit *m* *{Min}*
ditungsten carbide <W_2C> Diwolframcarbid *n*
ditungstic acid Diwolframsäure *f*
diuranate <$M'_2U_2O_7$> Diuranat *n*
diurea <$C_6H_4O_2$> Diharnstoff *m*, 4-Urazin *n*
diureide <$R(NHCONH_2)_2$> Diureid *n*
diuretic 1. diuretisch, harntreibend; 2. Diuretikum *n*, harntreibendes Mittel *n*, diuretisches Mittel *n* *{Pharm}*
diuretical harntreibend *{Pharm}*
divalence Zweiwertigkeit *f*, Bivalenz *f*
divalency *s.* divalence
divalent bivalent, zweiwertig *{Chem}*
divalonic acid Divalonsäure *f*
divariant divariant, bivariant, zweifachfrei, mit zwei Freiheitsgraden *mpl*
divaric acid Divarsäure *f*, 4-Dihydroxy-6-propylbenzoesäure *f*
divaricatic acid Divaricatsäure *f*
divarinol Divarin *n*
diverge/to abweichen, sich nicht decken, divergieren, auseinanderlaufen, auseinandergehen
divergence Abweichung *f*, Auseinanderlaufen *n*, Divergenz *f*
  divergence of fluid Strömungsdivergenz *f*
divergent 1. abweichend, auseinanderstrebend, divergierend; 2. divergent, überkritisch *{Nukl}*; 3. radialstrahlig, radialstengelig *{Krist}*
  divergent lens 1. Zerstreuungslinse *f*, Divergenzlinse *f*; 2. Minusglas *n*, Konkavglas *n* *{Opt}*
diverging divergierend
  diverging lens 1. Hohllinse *f*, Streulinse *f*, Konkavlinse *f*, Zerstreuungslinse *f*; 2. Minusglas *n*, Konkavglas *n* *{Opt}*
diverse verschieden, andersartig
diversified verschiedenartig
diversion 1. Abzweigung *f* *{z.B. radioaktives Material}*; 2. Umleitung *f*; 3. Umführung *f*, Umleitung *f* *{einer Strömung}*, Bypass *m*, Nebenleitung *f*; Verlegung *f* *{eines Wasserlaufes}*
diversity Verschiedenheit *f*, Andersartigkeit *f*; Mannigfaltigkeit *f*, Vielseitigkeit *f*
divert/to 1. ableiten; 2. ablenken; 3. umführen, umleiten, vorbeiführen; 4. verlegen, umlenken *{z.B. einen Wasserlauf}*; 5. abzweigen *{Nukl}*

diverter 1. Diverter *m {Öl}*; 2. Divertor *m {Nukl}*; 3. Nebenschlußdämpfungswiderstand *m*
divertor Divertor *m {Nukl}*
divest/to abstreifen, ablegen
divi-divi Dividivihülsen *fpl*, Divi-Divi *pl*, Gerbschoten *fpl*, Libidibi *pl {von Caesalpina coriaria (Jacq.)Willd.}*
dividable [ein]teilbar
divide/to teilen, trennen; abteilen, absondern; verteilen, aufteilen; dividieren *{Math}*; [ein]-teilen
divided sheet Einteilungsbogen *m*
divided trough kneater Chargenkneter *m*, Doppelmuldenkneter *m*
dividend Dividend *m*, Teilungszahl *f {Math}*
divider 1. Trennwand *f*, Trennelement *n*; 2. Halmteiler *m {Agri}*; 3. Holzzwischenleiste *f {Bemessungen von Mahlmaschinen, Pap}*; 4. Teiler *m {Frequenzen, Spannungen usw.}*; 5. Teiler *m {Lichtstrahl}*; 6. Florteilapparat *m*; Verteilplatine *f {an Wirkmaschinen, Text}*
dividers 1. Stechzirkel *m*, Spitzzirkel *m {Bergbau}*
dividing 1. Teilen *n*; 2. Trennen *n*; 3. Verteilen *n*
dividing wall Trennwand *f*
diving body Senkkörper *m*
divinyl <CH_2=$CHCH$=CH_2> Divinyl *n*, Bivinyl *n*, 1,3-Butadien *n*, Vinyleth[yl]en *n*, Dieth[yl]en *n*
divinyl acetylene <(CH_2=CHC≡$)_2$> Divinylacetylen *n*, Hexa-1,5-dien-3-in *n*
divinyl caoutchouc Divinylkautschuk *m*
divinyl ether <(CH_2=$CH)_2O$> Divinylether *n*, Vinylether *m*, Ethenyloxyether *m*
divinyl sulfide <(CH_2=$CH)_2S$> Divinylsulfid *n*
divinylbenzene <$C_{10}H_{10}$> Divinylbenzol *n*, Vinylstyrol *n*, DVB
divinyldichlorosilane Divinyldichlorsilan *n*
divinylketone <(CH_2=$CH)_2CO$> Penta-1,3-dien-3-on *n*
divisibility Teilbarkeit *f*; Spaltbarkeit *f*
divisible [zer]teilbar; spaltbar
division 1. Division *f {Math}*; 2. Gradierung *f*, Gradeinteilung *f*, Strichteilung *f*, Einteilung *f*, Teilung *f*; Skale *f*; 3. Teilstrich *m*; Skalenteil *m*, Teilstrichabstand *m*; 4. Kapitel *n {COBOL, EDV}*; 5. Spaltung *f*, Teilung *f {Biol}*; 6. Trennung *f*; 7. Fach *n*
division line Teilstrich *m {Math}*
division mark Teilstrich *m {Math}*
division plane Trennungsebene *f*
division sign Teilungszeichen *n*, Divisionszeichen *n {Math}*
division wall 1. Trennwand *f*, Zwischenwand *f*; 2. Brandmauer *f*, Brandwand *f*, Feuermauer *f*
degree of division Zerteilungsgrad *m*
divisional patent application Teilpatentanmeldung *f*
divisor Divisor *m*, Teiler *m*, Nenner *m {Math}*
dixanthogen <($C_2H_5OC(S)S$-$)_2$> Dixanthogen *n*, Bis(ethylxanthogen) *n*, Sulfasan *n*
dixanthylene Dixanthylen *n*
dixylyl <[($CH_3)_2$ C_6H_3-$]_2$> Dixylyl *n*, Bixylyl *n*
dizziness Gleichgewichtsstörung *f {Med}*
djenkolic acid <$CH_2(SCH_2CHNH_2COOH)_2$> Djenkolsäure *f*, *β,β'*-Methylendithiodialanin *n*, *s,s'*-Methylenbiscystein *n*
DMBA *N,N'*-Dimethylbenzamid *n*
DMDS Dimethyldisulfid *n*, DMDS
DME Dimethoxymethan *n*, Dimethylformal *n*, Formaldehyddimethylacetal *n*, Formal *n*, Methylal *n {Lösemittel}*
DMSO Dimethylsulfoxid *n*, Methylsulfoxid *n*, DMSO
DMT Dimethylterephthalat *n*
DNA Desoxyribonucleinsäure *f*, DNS
DNA transfection DNS-Transfektion *f*
DNOC Dinitroorthokresol *n*, 4,6-Dinitro-*o*-kresol *n*, DNOK, DNOC, DNC *{Expl}*
dobbin 1. Drehscheibe *f*; 2. Karusseltrockner *m {Trockenofen für Feinkeramik}*
Dobson unit Dobson-Einheit *f {= 0,01 mm O_3}*
docosane <$CH_3(CH_2)_{20}CH_3$> *n*-Docosan *n*, *n*-Dokosan *n {obs}*
docosanoic acid <$CH_3(CH_2)_{20}COOH$> Docosansäure *f*, Behensäure *f*
1-docosanol <$CH_3(CH_2)_{20}CH_2OH$> *prim-n*-Docosylalkohol *m*, 1-Docosanol *n*
docosyl alcohol *s.* 1-docosanol
doctor 1. Gegenrakel *f*, Abstreichmesser *n*, Preßschaber *m {Pap}*; Streichmesser *n*, Rakelmesser *n {Kunst, Gummi}*; 2. Rakel *f {Tiefdruckmaschinen}*; 3. Abschab[e]eisen *n*, Abnahmeschaber *m {für Walzoberflächen}*; 4. Abstreifmesser *n*, Abstreifer *m {Beschichten}*; 5. Schwammelektrode *f*
doctor bar Abstreichmesser *n*, Rakelmesser *n*
doctor bath Schwammelektrodenbad *n*
doctor blade 1. Abstreifmesser *n*, Schabermesser *n*, Schab[e]messer *n*, Schaberklinge *f {Pap}*; 2. Streichmesser *n*, Rakelmesser *n {Kunst, Gummi}*; 3. Rakel *f {Textildruck und Rakeltiefdruck}*; 4. Schälmesser *n {Filter}*
doctor knife *s.* doctor blade
doctor off/to abstreifen, abschaben, mittels Schaber abnehmen
doctor roll Streichwalze *f*, Dosierwalze *f {Kunst}*; Abstreifwalze *f*, Schaberwalze *f*, Abpreßwalze *f*; Auftragwalze *f*, Egalisierwalze *f {Beschichtung}*
doctor roll[er] Abquetschwalze *f*, Walzenauftragmaschine *f*
doctor sweetening Doktorsüßen *n*, Plombitbehandlung *f*, Doktorbehandlung *f*, Behandlung *f*

mit Doktorlösung, Nachbehandlung *f* mit Doktorlauge, Nachbehandlung *f* mit Doktorlösung *{Erdöl}*

doctor test Doktortest *m {zur qualitativen Prüfung von Erdöl auf Mercaptane nach DIN 51765}*

doctor tester Doktorprüfgerät *n*, Schwefelbestimmungsgerät *n {Erdöl}*

doctor treatment *s.* doctor sweetening

doctoral student Doktorand *m*

doctorate Doktortitel *m*, Doktorwürde *f*

doctrine Lehre *f*, Doktrin *f*, Lehrmeinung *f*

document/to dokumentieren; beurkunden

document 1. Dokument *n*, Urkunde *f*; 2. Beleg *m*, Beweisstück *n*; 3. Akte *f*

document for optical character reader Klarschriftbeleg *m {EDV}*

documentation Dokumentation *f*, Informationswesen *n*

documented information festgehaltene Tatsachen *fpl*, dokumentierte Fakten *pl*

dodecahedral dodekaedrisch, zwölfflächig *{Krist, Math}*

dodecahedral slip Dodekaedergleitung *f*

dodecahedrane <$C_{20}H_{20}$> Dodecahedran *n {verbrückter polycyclischer Kohlenwasserstoff}*

dodecahedron Dodekaeder *n*, Zwölfflächner *m {Krist, Math}*

rhombic dodecahedron Granatdodekaeder *n*, Granatoeder *n {Krist}*

dodecahydrate Dodekahydrat *n*

dodecahydrotriphenylene Dodecahydrotriphenylen *n*

dodecamer Dodecamer *n*

dodecanal <$CH_3(CH_2)_{10}CHO$> Dodecanal *n*, Dodecylaldehyd *m*, Laurinaldehyd *m*, Lauraldehyd *m*, Aldehyd C12[L] *m*

dodecane <$CH_3(CH_2)_{10}CH_3$> *n*-Dodecan *n*, Dihexyl *n*, Bihexyl *n*

dodecanedioic acid <$HOOC(CH_2)_{10}COOH$> Dodecan-1,10-dicarboxylsäure *f*, Dodecan-1,10-dicarbonsäure *f*, Dodecandisäure *f*

dodecanoic acid <$CH_3(CH_2)_{10}COOH$> Dodecansäure *f*, Dodecylsäure *f*, Laurinsäure *f*

dodecanoyl peroxide Dodecanoylperoxid *n*, Lauroylperoxid

dodecene <$CH_2{=}CH(CH_2)_9CH_3$> Dodecen *n*, Dodecylen *n*, Decylethylen *n*

dodecenylsuccinic acid <$HOOCCH(C_{12}H_{23})$-CH_2COOH> Dodecenylbernsteinsäure *f*

dodecenylsuccinic anhydride Dodecenylbernsteinsäureanhydrid *n*, DDS

dodecine <$HC{\equiv}C(CH_2)_9CH_3$> Dodecin *n*

dodecyl <$-CH_2(CH_2)_{10}CH_3$> Dodecyl-

dodecyl acetate Dodecylacetat *n*

***n*-dodecyl acid** <$CH_3(CH_2)_{10}COOH$> Laurinsäure *f*, Dodecansäure *f*, Dodecylsäure *f*

***n*-dodecyl alcohol** <$CH_3(CH_2)_{10}CH_2OH$> *n*-Dodecylalkohol *m {IUPAC}*, Laurinalkohol *m*, Dodecanol *n*

dodecyl gallate *{BS 684}* Dodecylgallat *n*, Dodecyl-3,4,5-trihydroxylbenzoat *n*

dodecyl monoethanolamine Dodecylmonoethanolamin *n*

dodecylbenzene Dodecylbenzol *n*

dodecylbenzenesulfonate Dodecylbenzolsulfonat *n*

dodecylene Dodecylen *n*, Dodec-1-en *n*

dodecylenic acid Dodecylensäure *f*

dodecylphenol Dodecylphenol *n*

dodecylsuccinic anhydride Dodecylbernsteinsäureanhydrid *n*

dodecyltrimethylammonium chloride Dodecyltrimethylammoniumchlorid *n*

dodecyne <$CH{\equiv}C(CH_9)_9CH_3$> Dodecin *n*

dodge [jaw] crusher Dodge-Backenbrecher *m*, Dodge-Brecher *m*

DOE *{Department of Energy}* Energieministerium *n {US}*

Doebereiner's lamp Döbereinersches Feuerzeug *n*, Döbereiners Feuerzeug *n*, Döbereinersche Zündmaschine *f*, Platinfeuerzeug *n*, Wasserstofflampe *f*

Doebereiner's matchbox *s.* Döbereiner's lamp

dog 1. Klaue *f {der Klauenkupplung}*; 2. Schienennagel *m*, Hakennagel *m*; 3. Mitnehmer *m {Furnierschälmaschine}*; 4. Hund *m*, Hunt *m*, [kleiner] Förderwagen *m {Bergbau}*

doghouse Einlegevorbau *m*, Vorbau *m {Glas}*

dohexacontane Dohexacontan *n*

dolantin Dolantin *n {HN, Meperidin HC}*

dolerite Dolerit *m*, Flözgrünstein *m {Geol}*

dolerophanite Dolerophanit *m {Kupfer(II)-oxidsulfat, Min}*

dolly tub Schlämmfaß *n {Met}*

dolomite Bitterspat *m*, Magnesiakalk *m*, Bitterkalkspat *m*, Dolomit *m {Calciummagnesiumcarbonat, Min}*; Dolomitstein *m {ein basisches feuerfestes Erzeugnis}*

dolomite brick Dolomitstein *m*

dolomite-calcining kiln Dolomitbrennofen *m*

dolomite powder Dolomitmehl *n*

dolomitic dolomithaltig, dolomitisch; Dolomit-

dolomitization Dolomitbildung *f*, Dlomitisierung *f {Geol}*

dolphin oil Delphinöl *n*, Delphintran *m*

domain 1. Bereich *m*, Bezirk *m*, Gebiet *n*; 2. Sachgebiet *n*; 3. Weiß-Bezirk *m*, Weißscher Bezirk *m*, Weißscher Bereich *m*; Mosaikblöckchen *n {Krist}*; 4. Domäne *f {kleinster Bereich gleicher Polarisation in Ferroelektrika}*; 5. Bereich *m {z.B. Definitionsbereich}*, Gebiet *n {Math}*

domain orientation Hauptrichtung *f*

dome 1. Haube *f {Tech}*; 2. Dampfdom *m*,

Dom *m*; Glockenkappe *f*, Glocke *f*, Austauschglocke *f {Dest}*; 3. Gewölbe *n*, Kuppel *f {Arch}*; 4. Doma *n {Krist}*; 5. Kuppel *f {gewölbte Oberfläche, Geol}*

dome bottom Kugelschale *f {Zucker}*

domed gewölbt *{nach oben}*; konvex *{Verformung von Polymeren}*

domestic 1. häuslich, Familien-; einheimisch, Binnen-; zahm, Haus-; 2. Domestic *m*, Domestik *m*, Kingleinen *n {Text}*

domestic bleach Haushaltsbleichmittel *n*, Waschbleiche *f {NaOCl}*

domestic fuel oil Haushaltsheizöl *n*, Heizöl *n* für Hausbedarf *m {leichtes Heizöl}*

domestic preservation Haushaltkonservierung *f*

domestic sewage Fäkalabwasser *n*

domesticine <$C_{19}H_{19}NO_4$> Domesticin *n*

domeykite Arsenkupfer *n {obs}*, Weißkupfer *n {obs}*, Domeykit *m {Kupferarsenid, Min}*

doming 1. gewölbt; 2. Wölben *n*; 3. Walzenballigkeit *f*, Balligkeit *f*; 4. Kuppelbildung *f {Silo}*

domiphen bromide Domiphenbromid *n {Pharm}*

donarite Donarit *n {Expl; 70 % NH_4NO_3, 25 % TNT, 5 % Nitroglycerin}*

donate/to abgeben, liefern, spenden

donation 1. Abgabe *f*; 2. Spende *f*; 3. Stiftung *f*

donation of electrons Abgabe *f* von Elektronen

donaxine <$C_{11}H_{14}O_2$> Donaxin *n*, Gramin *n {(Dimethylaminomethyl)indol}*

donkey pump Hilfspumpe *f*

Donnan effect Donnan-Effekt *m*

Donnan [membrane] equilibrium Donnansches Membrangleichgewicht *n*, Donnan-Gleichgewicht *n {Osmose}*

Donnan potential Donnan-Potential *n*

donor 1. Donator *m*, Donor *m*, Elektronenpaardonor *m {Chem}*; 2. Donator *m {DIN 41852}*, Elektronenspender *m {Halbleiter}*; 3. Donator *m*, Spender *m {z.B. von Blut}*

donor-acceptor complex Donor-Acceptor-Molekül *n*, Donor-Acceptor-Komplex *m*

donor atom Donatoratom *n*

donor cell Donorzelle *f*, Donor *m {Biol}*

donor enzyme Donatorenzym *n {Biochem}*

donor level Donatorenniveau *n*, Donatorterm *m {Halbleiter}*

door 1. Tür *f*, Klappe *f*; 2. Öffnung *f*

door latch Klemmhebel *m*, Türverschluß *m*

door lock Türverschluß *m*

door seal Türabdichtung *f*

door sheet Verschlußdeckel *m*

DOP Dioctylphthalat *n*

dopa Dopa *n*, Levodopa *n*, 3-(3,4-Dihydroxyphenyl)-alanin *n*

dopamine Dopamin *n {Physiol}*

dope 1. Dope *m n*, Dope-Stoff *m*, Dope-Mittel *n*, Wirkstoff *m*, Zusatzstoff *m*, Zusatzmittel *n*, Additiv *n {Mineralöl}*; 2. Spinnlösung *f*, Erspinnlösung *f {Weben}*; Beschichtungsmasse *f {Text}*; 3. Imprägnierlösung *f {Gummi}*; 4. Formenschmiere *f*, Formenschmiermittel *n {Glas}*; 5. Dotiermittel *n*, Dotand *m {Halbleiter}*; 6. Spannlack *m*, Zellonlack *m*, Zellon *n*; 7. Rauschgift *n*

dope-dyed spinngefärbt, düsengefärbt

doped lubricant legierter Schmierstoff *m*

doping 1. Dopen *n*; 2. Dopierung *f*, Dotieren *n {Halbleiter}*; 3. Legierung *f {Mineralöl}*

doping agent Dotiermittel *n*, Dotierungsstoff *m*, Dotand *m {Halbleiter}*

Doppler broadening Doppler-Verbreiterung *f {Spek}*

Doppler displacement Doppler-Verschiebung *f*

Doppler principle Doppler-Erffekt *m*, Doppler-Prinzip *n*

Doppler shift Doppler-Verschiebung *f {Spek}*

dopplerite <$C_{12}H_{14}O_6$> Dopplerit *m {Min}*

dormancy Wachstumsruhe *f {Biol}*

dorosmic acid Heptadecansäure *f*, Margarinsäure *f*

dosage 1. Dosieren *n*, Dosierung *f*, Abmessen *n*, Zuteilen *n*; 2. Dosis *f*; 3. Einsatzmenge *f*; 4. Verabreichung *f*, Applikation *f*

dosage ingested aufgenommene Dosis *f {Strahlenschutz}*

dose/to dosieren, zuteilen, zumessen; abwiegen

dose Dosis *f {pl. Dosen}*, Gabe *f {Menge der Arzneigabe}*, Dosierung *f*; Dosis *f {Ionen- oder Energiedosen}*

dose-action curve *s.* dose-effect curve

dose commitment Erwartungsdosis *f {ICRP-Empfehlungen bezüglich Strahlenbelastung}*

dose-conversion factor Dosisumrechnungsfaktor *m*

dose-effect curve Dosis-Effekt-Kurve *f*, Dosis-Wirkung-Kurve *f*

dose equivalent Äquivalentdosis *f {in Sv}*

dose indicator Dosisindikator *m*

dose level Strahlendosis *f*

dose pump Dosierungspumpe *f*

dose rate Dosisleistung *f*, Dosisrate *f*

dose-rate control points Dosisleistungsmeßstellen *fpl*

dose-rate measuring indicator Dosisleistungsmeßgerät *n*

dose-rate meter Dosisleistungsmesser *m*

dose rating Dosisbelastung *f*

dose received by the entire body Ganzkörperdosis *f*

dose-response relation Dosis-Wirkung-Verhältnis *n*, Dosis-Effekt-Verhältnis *n*

absorbed dose Energiedosis *f {in Gy}*

curative dose kleinste therapeutische Dosis *f*

lethal dose tödliche Dosis *f*

maximum permissible dose höchstzulässige Dosis *f*
median lethal dose mittlere tödliche Dosis *f* *{LD_{50}-Wert}*
minimum effective dose kleinste wirkungsvolle Dosis *f*
sublethal dose nichttödliche Dosis *f*
dosemeter Dosimeter *n*, Dosismesser *m*, Strahlungsdosimeter *n*
dosimetry Dosierungskunde *f*, Dosimetrie *f*
dosing Dosieren *n*, Dosierung *f*; Abmessen *n*; Zuteilen *n*; Impfung *f*
dosing apparatus Dosiergerät *n*, Dosierapparat *m*, Zuteiler *m*
dosing balance Dosierwaage *f*
dosing device Beschickungsvorrichtung *f*, Dosiervorrichtung *f*, Dosiergerät *n*
dosing equipment Dosiereinrichtungen *fpl*, Zuteileinrichtungen *fpl*
dosing feeder *{GB}* Gewichtsdosiereinrichtung *f*, Dosiervorrichtung *f* nach Gewicht *n*
dosing machine Dosiermaschine *f*, Abwiegemaschine *f*
dosing pipette Dosierpipette *f*
dosing plant Dosieranlage *f*, Zuteilanalge *f*; Impfanlage *f*
dosing pump Dosier[ungs]pumpe *f*
dosing scales Dosierwaage *f*
dosing tank Dosierbehälter *m*
dosing valve Gaseinlaßventil *n*, Dosierventil *n*
DOT *{Department of Transportation}* Verkehrsministerium *n {US, D}*
dot/to punktieren; tüpfeln *{Anal}*
dot 1. Punkt *m*; 2. Brennstütze *f {Brennhilfsmittel}*; 3. Tüpfchen *n*, Tupfen *m {Text}*
dot-dash line strichpunktierte Linie *f*, Strichpunktlinie *f*
dot recorder Punktschreiber *m*
dotriacontane <$CH_3(CH_2)_{30}CH_3$> Dotriacontan *n*, Dicetyl *n*
dotriacontanic acid Laccersäure *f*
dotted gepunktet, punktiert
dotted line punktierte Linie *f*, punktierter Strich *m*; gestrichelte Linie *f*, Strichlinie *f*
double/to 1. doppeln, verdoppeln; sich verdoppeln; 2. zusammenfalten, zusammenlegen; 3. doublieren, dublieren; fachen *{Spinnerei}*
double 1. doppelt, zweifach; Doppel-, Zweifach-; 2. Doublé *n*
double-acting doppeltwirkend
double-acting pump Saug- und Druckpumpe *f*, doppeltwirkende Pumpe *f*
double-action press zweistufige Presse *f*, zweifachwirkende Presse *f*, doppeltwirkende Presse *f*
double-arm kneader Doppelarmkneter *m*, Doppelpaddelmischer *m*, Schaufelkneter *m*
double-arm mixer *s.* double arm kneader
double-base powder zweibasiges Pulver *{Expl, z.B. Nitroglycerinpulver}*
double-base propellant Doppelbasistreibstoff *m*, doppelbasiger Treibstoff *m {Raketen}*
double-beam design Zweistrahlkonstruktion *f {Spek}*
double-beam instrument Zweistrahlgerät *n*, Doppelstrahlinstrument *n*
double-beam method Zweistrahlmethode *f*, Zweistrahlverfahren *n*
double-beam spectrophotometer Zweistrahlspektrophotometer *n*
double-beat valve Gleichgewichtsventil *n*, Doppelsitzventil *n {z.B. bei Turbinen}*
double-bed sintering Zweischichtensinterverfahren *n*
double-beta decay doppleter Betazerfall *m {Nukl, z.B. ^{82}Se}*
double-blade agitator doppelschaufliger Mischer *m*, doppelschaufliges Rührwerk *n*
double-blade mixer doppelschaufliger Mischer *m*, doppelschaufliges Rührwerk *n*
double-block shear test Doppelblockscherversuch *m {Klebfestigkeit von Deckschicht/Kern bei Sandwich-Bauteilen}*
double bond Doppelbindng *f*, doppelte Bindung *f*, Zweifachbindung *f {Valenz}*
double-bond shift Wanderung *f* der Doppelbindung
alternating double bond alternierende Doppelbindung *f*
conjugated double bond konjugierte Doppelbindung *f*
exocyclic double bond exocyclische Doppelbindung *f*
double-bore stopcock Zweiweghahn *m*
double boss Kreuzmuffe *f*
double bottom Doppelboden *m*
double-butterfly valve Mischschieber *m*
double carbonate Doppelkarbonat *n*
double-charged zweifachgeladen
double chloride Doppelchlorid *n*
double-clad vessel doppelt bekleidetes Gefäß *n*, doppelt umkleideter Behälter *m {Nukl}*
double clamp Doppelklemme *f*
double-clamp connection Doppelschellenverbindung *f*
double-coated zweiseitig gestrichen, mit beidseitigem Strich *m*
double-coated film Zweischichtenfilm *m*, Dopelschichtfilm *m*
double-coated pressure-sensitive [adhesive] tape beidseitig wirkendes Selbstklebband *n*
double column Doppelsäule *f*, Doppelkolonne *f*
double-column rectification Zweisäulen-Rektifikation *f*
double comparator Doppelkomparator *m*
double-composition grease Komplexfett *n*

double cone Doppelkegel *m {Math}*

double-cone blender Doppelkonusmischer *m*, Doppelkegeltrommelmischer *m*, konische Mischtonne *f*

double-cone centrifuge Doppelkegelschleuder *f*

double-cone dosing device Doppelkegeldosiergerät *n*

double-cone drum mixer Doppelkegeltrommelmischer *m*, Doppelkonusmischer *m*

double-cone filter Doppelkegelfilter *n*

double-cone impeller mixer Doppelkegel-Kreiselmischer *m*, Doppelkonus-Kreiselmischer *m*, Doppelkegel-Kreiselrührwerk *n*

double-cone mixer Doppelkegeltrommelmischer *m*, Doppelkonusmischer *m*

double-conical screw Doppelkonusschnecke *f*

double connector Doppelklemme *f*

double cyanide Cyandoppelsalz *n {obs}*, Doppelcyanid *n*

double-deck screen Doppeldeckersieb *n*

double decomposition Doppelzersetzung *f*, doppelte Umsetzung *f*, Wechselzersetzung *f*, Metathese *f*, Metathesis *f {z.B. Umsalzen, Umestern}*

double-diaphragm pump Doppelmembranpumpe *f*

double diode Binode *f*; Duodiode *f*

double-disk gate valve Zweiplattenschieber *m*

double-drum dryer Zweiwalzentrockner *m {mit nach innen rotierenden Walzen}*

double dye/to zweimal färben

double-edged zweischneidig *{Werkzeug}*

double-ended doppelendig

double-ended bolt connection Bohrverschraubung *f*

double-exchange reaction doppelte Austauschreaktion *f*

double-face coating beidseitige Beschichtung *f*

double-filament electrometer Zweifadenelektrometer *n*

double filter Doppelfilter *n*

double fluoride Doppelfluorid *n*

double-focusing mass spectrograph doppel[t]fokussierender Massenspektrograph *m*

double-focusing spectrometer doppel[t]fokussierendes Massenspektrometer *n*

double furnace Doppelofen *m*

double gate Doppelpendelklappe *f {in pneumatischen Fördersystemen}*

double helix Doppelhelix *f*, Gegenwendel *f*, Doppelspirale *f {eines DNS-Moleküls nach Watson und Crick}*

double impeller crusher Doppelrotorbrecher *m*

double integral Doppelintegral *n*

double layer 1. zweischichtig, zweilagig; 2. Doppelschicht *f {Chem, Phys}*

double-lead screw zweigängige Extruderschnecke *f*

double line Doppellinie *f {Spek}*

double link[age] Doppelbindung *f*, Zweifachbindung *f*, doppelte Bindung *f {Chem}*

double-logarithmic [graph] paper doppel[t]-logarithmisches Papier *n*, doppel[t]logarithmisches Zeichenpapier *n*

double molecule Doppelmolekül *n*

double monochromator Doppelmonochromator *m {Opt}*

double-motion agitator Doppelrührwerk *n*, zweiachsiger Rührer *m*, gegenläufiges Rührwerk *n*, Planetenmischer *m*

double-motion mixer *s.* double-motion agitator

double-motion paddle Schaufel *f* mit Doppelbewegung

double-naben kneader Fischschwanzkneter *m*

double nickel salt <$NiSO_4\cdot(NH_4)_2SO_4\cdot 6H_2O$> Nickel(II)-ammoniumsulfat[-Hexahydrat] *n*, Ammoniumnickel(II)-sulfat[-Hexahydrat] *n*

double oxide Doppeloxid *n*

double pass zweifacher Durchgang *m*, doppelter Durchgang *m*

double-pass grating monochromator Zweiweggittermonochromator *m*

double pipe Doppelrohr *n*

double-pipe condenser Doppelrohrkondensator *m*, Doppelrohrverflüssiger *m*

double-pipe crystallizer Dopelrohrkristallisator *m*, Doppelrohrkristaller *m {Kristallisationsgerät mit Doppelleitung}*

double-pipe [heat] exchanger Doppelrohr[wärme]tauscher *m*, Doppelrohrwärmeüberträger *m*

double-piston compressor Boxer-Kolbenverdichter *m*

double-piston pump Doppelkolbenpumpe *f*

double plug Doppelstecker *m*

double-quartz-thread pendulum Doppelfadenpendel *n {Reibungsvakuummeter}*

double-ram press Doppelkolbenpresse *f*

double-ray betatron Zweistrahlbetatron *n*

double recorder Doppelbandschreiber *m*

double-refracting doppelbrechend *{Opt}*

double refraction Doppelbrechung *f*

double-refractive doppelbrechend *{Opt}*

double-roll mill Zweiwalzenbrecher *m*

double roll[er] crusher Zweiwalzenbrecher *m*

double salt Doppelsalz *n*, Zwillingssalz *n {obs}*, Mischsalz *n {z.B. Alaun}*

double-screw extruder Doppelschneckenpresse *f*, Doppelschneckenextruder *m {Kunst}*

double-screw mixer Doppelschneckenmischer *m*

double-seat valve Doppelsitzventil *n {z.B. bei Industrieturbinen}*

double-shaft kneader Doppelarmkneter *m*
double shaft kneader with helically arranged blades Scheibenkneter *m*
double shear Doppelscherung *f*
double-shear butt joint zweischnittig überlappte Verbindung *f {Kleben}*
double-shot mo[u]lding Zweistufenspritzgießen *n*
double-side coating beidseitige Beschichtung *f*, zweiseitige Beschichtung *f*, doppelseitiges Streichen *n*, doppelseitiger Strich *m*
double-sided doppelseitig, beidseitig
double silicate Doppelsilicat *n*
double-skeleton electrode Doppelschicht-Elektrode *f*
double-slit method Doppelblendenmethode *f {Opt}*
double-spiral condenser Doppelwendelkühler *m*
double-spiral mixer Doppelschneckenmischer *m*
double spread 1. Zweiseitenkleberauftrag *m*; 2. spezifischer Klebstoffverbrauch *m* bei beidseitigem Auftrag *m*; 3. doppelseitige Abbildung *f*, doppelseitige Zeichnung *f {Druck}*; Doppelseite *f {Druck}*
double-spread coating beidseitige Beschichtung *f*
double-stage zweistufig; Zweistufen-
double-strand platform conveyor Doppelstrang-Kettenförderer *m* mit Tragrahmen *m*
double-stranded doppelstrangig, zweisträngig
double sulfate Doppelsulfat *n*, sulfatisches Doppelsalz *n {obs}*
double sulfite Doppelsulfit *n*
double superphosphate Doppelsuperphosphat *n {H_3PO_4 + Phosphatgestein}*
double-tapered muff coupling Doppelkegelkupplung *f*
double terminal Doppelklemme *f*
double texture proofing calender Gewebedublierungskalander *m*, Dublierkalander *m*
double thermoscope Doppelthermoskop *n*
double thread Doppelgewinde *n*, zweigängiges Gewinde *n*, doppelgängiges Gewinde *n*
double throw Hebelumschalter *m*
double tray Doppelboden *m {Dest}*
double-tube cooler Koaxialröhrenkühler *m*
double turn Rohrschleife *f {Dehnungsausgleich}*
double union Doppelbindung *f*, Zweifachbindung *f*, doppelte Bindung *f*
double-V notch Doppel-V-Kerbe *f*
double valve Doppelventil *n*
double void Doppelleerstelle *f {Krist}*
double-walled doppelwandig
double-walled jacket Doppelmantel *m*
double-walled tube Doppelrohr *n*, doppelwandiges Rohr *n*
double-walled vacuum chamber doppelwandige Vakuumkammer *f*
double wedge [filter] Doppelkeil *m*, Doppelkeilfilter *n {Opt}*
double weighing Gaußsche Doppelwägung *f*, Gaußsche Wägung *f*, Vertauschungsverfahren *n*, Vertauschungswägen *n {Phys}*
doublet 1. Spektralliniendublett *n*, Doppellinie *f*, Dublett *n {Spek}*; 2. Dublett *n {Benennung für die Duplizität}*; 3. Dublett *n*, Elektronendublett *n*, gemeinsames Elektronenpaar *n* zweier Atome *npl* ; 4. Dublette *f*, Zweiteilchen-Anordnung *f*
doublet line Dublettlinie *f*
doublet ring Zweierschale *f {Atom}*
doublet spacing Dublettabstand *m*
doublet spectrum Dublettspektrum *n*
doublet splitting Dublettaufspaltung *f*
doublet structure Dublettstruktur *f*
doubling 1. Dopplung *f*, Verdoppelung *f*; 2. wiederholte Destillierung *f*; 3. Doublieren *n*, Dublieren *n {von Faserbändern}*; Fachen *n {Zusammenführen von Fäden}*
doubling material Dubliermasse *f {Dent}*
doubling time Verdopplungszeit *f {Hybridreaktoren}*, Brutverdoppelungszeit *f {Nukl}*
doubly magic doppeltmagisch *{Nukl}*
doubly reflected zweimal reflektiert, zweifach reflektiert
dough/to zu Teig kneten, zu Teig machen, einteigen; [ein]maischen; teigig werden, zu Teig werden
dough in/to einmaischen *{Brau}*
dough 1. Teig *m*, teigartige Masse *f*, Paste *f*, formbare Masse *f*, knetbare Masse *f* ; 2. Teig *m {Backmasse}*; 3. Streichlösung *f*, Streichmischung *f*, Streichteig *m {Gummi}*
dough-kneading machine Teigknetmaschine *f*
dough mixing machine Kneter *m*
dough mo[u]lding Teigpressen *n*, Pressen *n* mit fasriger Harzformmasse
dough-mo[u]lding compound teigige Premix-Preßmasse *f*, teigige vorgemischte, harzgetränkte Glasfaser-Preßmasse *f*, kittförmige Formmasse *f*; Alkydpreßmasse *f*
dough mo[u]lding process Teigpreßverfahren *n*
dough scraper Teigschaber *m*
dough-spreading machine Pastenstreichmaschine *f*
doughnut 1. Flußverstärker *m {Atom}*; 2. torusförmiger Beschleunigungsraum *m*, Toroidkammer *f*, kreisförmige Hochvakuumröhre *f {im Betatron, Nukl}*
doughy teigartig, teigig, teigförmig
douglasite Douglasit *m {Min}*

Dove prism Dove-Prisma *n*, Wendeprisma *n*, Delaborne-Prisma *n*
dowel 1. Dübel *m*, Dollen *m*, Führungsstift *m*; 2. Paßstift *m*, Pflock *m*, Zapfen *m*
dowel screw Führungsschraube *f*, Paßschraube *f*
Dowex cation-exchange resin *{TM}* Dowex-Kationenaustauschharz *n*
down 1. nach unten, herunter, hinunter, nieder; 2. Flaum *m*, Flaumhaare *npl*, Wollhaare *npl* *{Leder, Text}*; Flaum *m*, Flaumhaare *npl*, Daune *f*, Unterhaar *n* *{unter dem Deckhaar}*, Wollhaare *npl* *{Text}*
down-draught kiln *{GB}* *s.* downdraft-type furnace
down evaporation Abwärtsverdampfung *f*
down spout Traufe *f*
Down's process Downs-Verfahren *n* *{Na-Gewinnung durch NaCl-Elektrolyse}*
downcomer 1. Ablaufrohr *n* *{von Glockenböden}*, Rückflußrohr *n*, Fallrohr *n* *{Dest}*, Wasserrücklaufrohr *n*, Ablaufstutzen *m* *{Kolonne}*, Standrohr *n*, Zulaufstutzen *m* *{Bodenkolonne}*; 2. Fallrohr *n* *{im Kessel}*; 3. geneigter Zug *m*, Abzugsgasleitung *f*, Gichtgasabzugsrohr *n*, Gichtgasleitung *f* *{Met}*
downdraft Fallstrom *m*, Abwind *m*
downdraft gasification Fallstromschwelung *f*
downdraft kiln *s.* downdraft-type furnace *{US}*
downdraft-type furnace *{US}* Ofen *m* mit niedergehender Flamme *f*, Ofen *m* mit überschlagender Flamme *f* *{Keramik}*
downgate Eingußtrichter *m*
downgrade/to abreichern; herabsetzen, verschlechtern *{Qualität}*
downmain Fallrohr *n*
downpipe Ablaufrohr *n*, Rücklaufrohr *n*, Rückflußrohr *n*, Fallrohr *n*
downstream 1. strömungsabwärts, stromabwärts, stromab, abwärts; 2. Austrittsseite *f* *{Turbine}*; Stromab[wärts] *n*
downstream channel Abzugskanal *m*
downstream side Auslaufstrecke *f* *{hinter Blende, Ventil}*; Luftseite *f* *{der Staumauer}*
downstream unit Folgeaggregat *n*, Folgeeinrichtung *f*, Folgegerät *n*, Nachfolgeaggregat *n*, Nachfolgevorrichtung *f*, Nachfolgeeinheit *f*, Nachfolge *f*
downstream venting Stromabwärtsentgasung *f*
downtake Gichtgasabzugsrohr *n*, Gichtgasleitung *f* *{Met}*
downtake pipe *{GB}* Abfallrohr *n*, Fallrohr *n* *{Abwasser}*
downtime Ausfallzeit *f*, Stillstandszeit *f*, Totzeit *f*, Leerlaufzeit *f*, Rüstzeit *f*, Störzeit *f*; [technisch bedingte] Betriebsmittelstillstandszeit *f*
downward abwärts
downward counter Rückwärtszähler *m*
downwash 1. Abwindwinkel *m*; 2. Abwind *m*
downy flaumig, flaumenweich, weich, daunig, daunenartig
Dowson gas Halbwassergas *n*, Mischgas *n*, Sauggas *n*
Dowtherm Dowtherm-Kühlmittel *n*, Dowtherm *n* *{TM für eutektische Wärmeübertragungsflüssigkeit aus Diphenylether + Biphenyl}*
doxylamine succinate *{USP}* <$C_{21}H_{28}N_2O_5$> Doxylaminbernsteinsäureester *m*, Doxylaminsuccinat *n*
DPA 1. Diphenolsäure *f*; 2. Diphenylamin *n*
DPN Diphosphopyridinnucleotid *n* *{obs}*, NAD, Nicotinamid-adenin-dinucleotid *n*, Codehydrase I *f* *{obs}*, Cozymase I *f* *{obs}*
DPNH reduziertes Dihosphopyridinnucleotid *n* *{obs}*, NADH, reduziertes Nicotinamid-adenin-nucleotid *n*
DPPD 1. *N,N'*-Diphenyl-*p*-phenylendiamin *n*, 2. 1,3-Diphenylpropan-1,3-dion *n*
dracoic acid Draconsäure *f*
dracorhodin Dracorhodin *n*
dracorubin Dracorubin[harz] *n*
Draeger-Indicating-Tube Dräger-Prüfröhrchen *n*
draft/to 1. skizzieren, entwerfen; zeichnen; 2. ziehen *{z.B. Draht, Rohre}*; 3. patronieren *{Web}*
draft 1. *{US}* Zug *m*, Zugluft *f*; Windzug *m*, Luftzug *m*, Luftströmung *f*; Schornsteinzug *m*, Kaminzug *m*; 2. Einzug *m* *{Web}*; 3. Strecken *n* *{als Tätigkeit}*, Verstreckung *f*, Verzug *m* *{als Tätigkeit, Text}*; Verstreckung *f*, Verzug *m* *{als Ergebnis, Text}*; 4. Entwurfszeichnung *f*, Skizze *f*, Abriß *m*, Riß *m*; Konzept *n*
draft ga[u]ge Zugmesser *m*, Unterdruckmesser *m*
draft meter Gebläsemesser *m*
draft ratio *{US}* Ziehverhältnis *n*, Streckverhältnis *n*
drafting force Zugkraft *f*
drag/to schleppen, schleifen, ziehen; zerren
drag 1. Schleppen *n*, Ziehen *n*; 2. Strömungswiderstand *m*, [mechanischer] Widerstand *m*, Widerstandskraft *{im allgemeinen}*; 3. Unterkasten-Formteil *n*, Formunterteil *n*, Unterkasten *m* *{Gieß}*; 4. Ziehen *n*, Widerstand *m* *{Anstrichmittel}*
drag balance Luftwiderstandswaage *f*
drag-chain conveyor Schleppkettenförderer *m*, Stegkettenförderer *m*
drag-chain filter Redler-Filter *n*
drag coefficient Widerstandsbeiwert *m*, Widerstandszahl *f*
drag conveyor Trogkettenförderer *m*, Schleppkettenförderer *m*
drag-diameter Sinkgeschwindigkeits-Äquivalentdurchmesser *m* *{Koll}*

drag flow Schleppströmung *f*, Scherströmung *f*, Hauptfluß *m*, Hauptstrom *m {am Extruder}*
drag-flow pump Schleppströmungspumpe *f*
drag force hydrodynamische Widerstandkraft *f*, aerodynamische Widerstandskraft *f*, Einziehkraft *f*
drag-in eingeschleppte Lösung *f {elektrolytische Abscheidung}*, Eintrag *m*
drag-line 1. Schleppseil *n*; 2. Schürfkübelbagger *m*, Schleppschaufelbagger *m*, Seilschraperbagger *m*, Eimerseilbagger *m*, Dragline *m*
drag-link conveyor Trogkettenförderer *m*, Stegkettenförderer *m*
drag-out Austrag *m*, herausgeschleppte Lösung *f {elektrolytische Abscheidung}*
drag-out rinse bath *{GB}* Sparspülbad *n*, Vorspülbad *n*
drag-out swill bath *{US}* Sparspülbad *n*, Vorspülbad *n*
drag-reducing agent Reibungswiderstand *m* erniedrigender Verarbeitungshilfsstoff *m*
drag turf Modertorf *m*
drag-type trolley conveyor Schleppkreisförderer *m*
dragée Dragée *n*
dragée-coating pan Dragéekessel *m*
Dragendorff's reagent Dragendorffs Reagens *n*, Dragendorffsche Lösung *f {Farbreagens auf Alkaloide}*
dragon's blood Drachenblut[harz] *n*, Resina draconis, Drachenblutgummi *n*
drain/to ablassen, auslassen, ausfließen; ablaufen lassen, abtropfen lassen; ausleeren, entleeren; aussaugen, austrocknen, dränieren, entwässern, tockenlegen
drain by pumping/to abpumpen
drain off/to abführen *{Dampf}*
drain 1. Abfluß[kanal] *m*, Abflußrinne *f*, Abflußgraben *m*, Drängraben *m*, Entwässerungsgraben *m*; 2. Ablauf *m*, Abfluß *m*, Auslaß *m*, Ausfluß *m*, Ablaß *m {Tech}*; 3. Ausguß *m*; 4. Kloake *f*, Abwasserleitung *f*, Dränageleitung *f*, Entwässerungsleitung *f*, Drän *m*, Dränrohr *n*; Entwässerungsrohr *n*, Ablaufrohr *n*, Abzugsrohr *n*, Abzugsrinne *f*; 5. Stromentnahme *f*; 6. Senke *f {Austrittselektrode des FET}*, Drain *m {DIN 41858}*, d-Pol *m {FET}*; 7. Leckanschluß *m {der Pumpe}*
drain board Ablaufbrett *n*, Trockengestell *n*, Abtropfbett *n*
drain channel Entleerungskanal *m*, Entwässerungskanal *m*, Drängraben *m*, Entwässerungsgraben *m*, Abflußrinne *f*
drain chest Abtropfkasten *m {Pap}*
drain cock Entleer[ungs]hahn *m*, Ablaßhahn *m*, Ablaßventil *n*, Auslaufhahn *m*, Entwässerungshahn *m*, Zapfhahn *m*
drain connection Ableitungsrohr *n*
drain hole Ausgußloch *n*
drain line Entwässerungsleitung *f*, Dränageleitung *f*
drain outlet Ablaß *m*, Ablaßöffnung *f*, Auslaß *m*, Ausflußöffnung *f*
drain pan Abtropfpfanne *f*
drain pipe Abflußrohr *n*, Abfallrohr *n*, Ablaufrohr *n*, Ableitungsrinne *f*, Abwasserrohr *n*, Abzugsrohr *n*, Ausgußrohr *n*, Ablaßrohr *n*, Abflußleitung *f*, Entwässerungsrohr *n*, Entleerungsrohr *n*
drain plug Abflußstopfen *m*, Ablaßschraube *f*, Ablaßstopfen
drain port Ablaßöffnung *f*, Ablaß *m*, Auslaß *m*, Ausflußöffnung *f*
drain screw Ablaßschraube *f*, Entwässerungssieb *n*, Entbrühungssieb *n*
drain shaft Ablaufschacht *m*
drain-sluice valve Ablaßschieber *m*
drain table Abtropfkasten *m {Met}*
drain tank Lecköltank *m*, Ablaßbehälter *m*
drain tap Ablaßhahn *m*
drain tile Tonrohr *n*
drain tube Abflußrohr *n*, Entwässerungsrohr *n*, Kanalisationsrohr *n*, Entschlammungsrohr *n*
drain tubing Ablaßleitung *f*, Ablaßrohr *n*, Ablaufrohr *n*, Abflußrohr *n*, Abfallrohr *n*, Abwasserrohr *n*
drain valve Ablaßventil *n*, Abzapfhahn *m*, Entwässerungsventil *n*, Entleerungsventil *n*
drain water Kanalisationsabwasser *n*
drainability Feuchtigkeitsgehalt *m {z.B. Papier}*
drainable entwässerbar
drainage 1. Entwässerung *f*, Dränage *f*, Dränung *f*, Drainage *f {Agri}*; 2. Entwässerung *f {Agri, Pap}*; 3. Trockenlegung *f {von Sümpfen}*; 4. Streustromabschaltung *f*, Drainage *f {Transistor}*; 5. Abtropfen *n*; Abtropfenlassen *n {Lebensmittel}*; 6. Ablaufen *n*; Ablaufenlassen *n {Farb}*; 7. Entleerung *f*, Ablassen *n*; Leerlaufen *n*
drainage channel Ablaufkanal *m*, Ablaufrinne *f*, Ableitung *f*; Entwässerungskanal *m*, Entwässerungsgraben *m*, Drängraben *m*
drainage cock Ablaßhahn *m*
drainage pipe Ablaufrohr *n*, Ablaufleitung *f*, Abflußrohr *n*, Abflußleitung *f*; Dränrohr *n*, Drän *m*
drainage pump Entleerungspumpe *f*
drainage-slide valve Entleerungsschieber *m*
drainage tap Ablaßhahn *m*
drained weight Abtropfgewicht *n*
drainer 1. Abtropfgefäß *n*, Trockner *m {Abwasser}*; Abtropfschale *f {Photo}*; 2. Eindickbütte *f*, Absetzbütte *f {Pap}*
drainer plate Filtrierplatte *f*

draining 1. Dränung *f*, Dränage *f*, Drainieren *n* *{Agri}*; 2. Entwässerung *f* *{Agri, Pap}*; 3. Entleerung *f*, Entleeren *n*, Ablaß *m*; 4. Trockenlegung *f* *{von Sümpfen}*, Austrocknen *n*
draining board Ablaufbrett *n*, Trockenbrett *n*, Tropfbrett *n*, Abtropfbrett *n* *{Abwasser}*
draining dish Abtropfschale *f* *{Photo}*
draining flask Absaug[e]kolben *m*
draining funnel Ablauftrichter *m*
draining machine Ausschleudermaschine *f*
draining rack Trockengestell *n*, Abtropfgestell *n*
draining stand Abtropfgestell *n*, Abtropfständer *m*
draining tank Absetzbehälter *m*; Absetzbütte *f*, Eindickbütte *f* *{Pap}*
dralon *{TM}* Dralon *n* *{Text, Polyacrylnitril}*
dram 1. Apotheker-Drachme *f* *{= 3,8879346 g}*; 2. Dram *n* *{GB, = 1,77185 g}*
fluid dram Dram *n* *{Hohlmaß; US = 3,69661 mL; GB = 3,55 mL}*
drape 1. Fallvermögen *n* *{Text}*, Fallverhalten *n*; 2. Faltenwurf *m*, Faltenschlag *m*, Fall *m*, Draperie *f*, Warenfall *m* *{Text}*
drape and vacuum forming Vakuumstreckformen *n*, Vakuumstreckformverfahren *n*
drape forming Streckformen *n*, Streckziehen *n*, Ziehformen *n*
drape mo[u]ld Streckformwerkzeug *n*
draping Streckformen *n*, Streckziehen *n*, Ziehformen *n*
drapery Dekorationsstoff *m*, Dekostoff *m*
drastic 1. drastisch, starkwirkend; 2. Drasticum *n*, heftiges Abführmittel *n* *{Pharm}*
draught *{US}* 1. Zug *m* *{Auftrieb, Rauchführung}*, Windzug *m*, Luftzug *m*, Luftströmung *f*; 2. Zugluft *f*, Zug *m*; 3. Plan *m*, Entwurf *m*, Skizze *f*; 4. Anzug *m* *{des Walzkalibers}*; Walzen *n* mit Zug *m*; Ziehen *n*, Zug *m* *{Ziehumformen von Drähten, Rohren usw.}*; 5. Verstreckung *f*, Verzug *m* *{als Ergebnis, Text}*
draught ga[u]ge Zugmesser *m*, Unterdruckmesser *m*
dravite Dravit *m* Magnesium-Turmalin *m* *{Min}*
draw/to 1. ziehen *{z.B. Glas, Kunst, Drähte, Rohre}*; strecken, verstrecken, recken *{Text}*; ziehen, ausheben *{Gieß}*; 2. [an]saugen, anziehen *{z.B. eine Flüssigkeit}*; schöpfen; 3. zeichnen *{z.B. Diagramm, chemische Struktur}*; [auf]zeichnen, skizzieren; auftragen *{z.B. Kurven}*; 4. fällen *{ein Lot, Math}*
draw off/to 1. abziehen *{Flüssigkeit}*, absaugen, abreinigen; ablassen; abfüllen; 2. abstechen *{flüssige Metalle}*; 3. abziehen *{Text}*
draw out/to 1. abziehen, ablassen *{Flüssigkeit}*; 2. ausziehen, ausdehnen
draw through/to durchziehen
draw 1. Ziehen *n* *{einmaliger Vorgang}*, Zug *m*; 2. Einfallstelle *f*, Saugstelle *f*, Blaslunker *m* *{Met}*; 3. Anzug *m* *{des Walzkalibers}*; 4. *{US}* Füllraumwandkonizität *f*, Füllraumwandneigung *f* *{eines Werkzeugs}*
draw bar 1. Zugstange *f*, Kuppelstange *f* *{Glas}*; 2. Ziehblock *m*, Ziehbalken *m*, Leitkörper *m* *{Glas}*
draw die Ziehwerkzeug *n*, Ziehform *f*
draw former Ziehbiegemaschine *f*
draw gear Zugvorrichtung *f*
draw grid Ziehgitter *n*
draw hole Ziehloch *n*
draw off Abzug *m*, Warenabzug *m* *{Text}*; Absaugen *n* *{Rauchgas}*; Abstich *m* *{Met}*
draw-off cock Auslaufventil *n*, Entleerungshahn *m*, Ablaßhahn *m*, Auslaßhahn *m*, Abflußhahn *m*, Abzapfhahn *m*
draw-off faucet *s.* draw-off cock
draw-off plate Abzugboden *m*
draw-off roll Abzugswalze *f*, Abziehwalze *f*
draw-off tray Abnahmeboden *m*, Entnahmeboden *m* *{Dest}*
draw ratio Längsblasverhältnis *n*, Ziehverhältnis *n*, Streckverhältnis *n*
draw roll Reckrolle *f* *{für Plastfolien}*, Abzugswalze *f*
draw tongs Froschklemme *f*, Schleppzange *f*
draw twisting Streckzwirnen *n*
drawability Tiefziehbarkeit *f* *{Met}*, Ziehfähigkeit *f* *{Plastumformen}*, Reckfähigkeit *f*, Verstreckbarkeit *f*, Streckbarkeit *f*, Dehnbarkeit *f*
drawer 1. Schublade *f*; 2. Geräte-Einschub *m*, Einschub *m* *{EDV}*
drawing 1. Zeichnen *n*; Zeichnung *f* *{DIN 199}*, Riß *m*; 2. Ziehen *n*, Zug *m* *{Ziehumformung von Drähten, Stäben, Rohren usw.}*; Ziehverfahren *n*; 3. Verstreckung *f*, Verzug *m*, Strecken *n* *{als Tätigkeit}*; Verstrecken *n* *{Fäden, Bänder}*, Verstreckung *f*, Verzug *m* *{Text}*; 4. *{US}* Anlassen *n* *{Met}*
drawing behaviour Reckverhalten *n*, Streckverhalten *n* *{Text}*
drawing board 1. Reißbrett *n*, Zeichenbrett *n*; 2. Zeichenkarton *m* *{Pap}*
drawing chalk Zeichenkreide *f*
drawing compound Ziehfett *n*, Ziehschmierstoff *m* *{Met}*
drawing die 1. Ziehring *m*; 2. Ziehwerkzeug *n* *{Met}*; 3. Ziehform *f*, Zieheisen *n*, Ziehdüse *f*, Ziehstein *m* *{beim Drahtziehen}*
drawing disk Ziehblende *f* *{Extruder}*
drawing frame 1. Streckmaschine *f*, Streckwerk *n*, Strecke *f* *{Text, DIN 64050}*; 2. Reckwerk *n*, Reckständer *m* *{Polymer}*
drawing grease Ziehfett *n*, Drahtziehfett *n*
drawing ink Ausziehtusche *f*, Zeichentinte *f*, Zeichentusche *f*
drawing instruments Reißzeug *n*

drawing machine Ziehmaschine *f {Glas}*
drawing off Ablassen *n*, Abstich *m {Gieß}*
drawing office Konstruktionsbüro *n*
drawing oil Ziehöl *n*
drawing paper Zeichenpapier *n*
drawing pen Reißfeder *f*
drawing pencil Zeichenstift *m*
drawing pin Heftzwecke *f*, Reißnagel *m*, Reißzwecke *f*, Reißbrettstift *m*
drawing process Streckziehverfahren *n*, Ziehvorgang *m*
drawing property 1. Ziehbarkeit *f {Material}*, Ziehfähigkeit *f*; 2. Aufziehvermögen *n {Farbstoff}*
drawing pump Saugpumpe *f*
drawing rate Ziehgeschwindigkeit *f*
drawing set Reißzeug *n*
drawing temperature Ablaßtemperatur *f*
engineering drawing technisches Zeichnen *n*

drawn metal gezogenes Metall *n*
drawn-out ausgezogen
drawn part Ziehteil *n*
drawn plastic gereckter Kunststoff *m*
drawn plastic film gereckte Plastfolie *f*
drawn tube gezogenes Rohr *n*
bright drawn blankgezogen

dredge/to [aus]baggern *{unter Wasser}*, naßbaggern; dredgen *{im marinen Erzbau}*; aufpudern, Puderemail aufsieben

dredged peat Baggertorf *m*

dredger 1. Naßbagger *m*, Schwimmbagger *m*; 2. Streubüchse *f*, Aufpudergerät *n*, Aufstreusieb *n {Email}*

dredging apparatus Aufpudergerät *n*, Aufstreusieb *n {für Puderemail}*

dregs Bodensatz *m*, Satz *m*, Sediment *n*, Rückstand *m*; Geläger *n*, Bodenhefe *f*, Drusen *fpl {Brau}*
oil made from dregs of wine Drusenöl *n*

Dreiding [stereo]model Dreiding-[Stereo-] Modell *n {Molekülmodelle}*

drench/to 1. einweichen, durchwässern, durchnässen, durchtränken; 2. nachbeizen; mit Säure behandeln; in Schrotbeize behandeln, in Kleienbeize behandeln *{Gerb}*; 3. bestrahlen *{Ziehgut mit flüssigem Schmiermittel}*

drench Beizbrühe *f*, Beizflüssigkeit *f {Gerb}*

drencher installation *s.* drencher system
drencher system Drencheranlage *f*, Drenchersystem *n {eine Löschanlage}*

drenching 1. Beizbehandlung *f {mit Säure}*; Schrotbeize *f*, Kleienbeize *f*; 2. Tränken *n*, Tränkung *f*
drenching bath Beizbad *n {Leder}*
drenching plant Weichanlage *f {Leder}*

dress/to 1. bekleiden; 2. aufbereiten *{Erz}*; 3. düngen *{Agri}*; 4. abbeizen, zurichten, garen, weichmachen *{Gerb}*; 5. appretieren, schlichten *{Text}*; 6. zubereiten, zurechtschneiden; 7. dressieren, bearbeiten *{Met}*; 8. schlichten *{Gieß}*; 9. besäumen *{Holz}*; 10. abrichten *{Tech}*

dressed gar *{Leder}*
dressed with alum alaungar *{Gerb}*
dressed with lime eingekalkt *{Gerb}*
dressed with oil fettgar *{Gerb}*

dresser 1. Gerät *n* zur Nachbearbeitung, Einrichtung *f* zur Nachbearbeitung; 2. Schlichtmaschine *f {Text}*; 3. Biegeblock *m*; Spannhammer *m*, Planierhammer *m*

dressing 1. Aufbereitung *f {Erz}*; 2. Nacharbeiten *n {der Elektrode, Schweißen}*; 3. Düngung *f*; Düngemittel *n*, Dünger *m {Agri}*; Beizen *n {Saatgut}*; 4. Appretur *f*, Zurichtung *f*; Apprettieren *n*, Schlichten *n {Text}*; Präparation *f {Behandlung mit Textilhilfsmitteln für Avivage usw.}*; Appret *n*, Schlichte *f*, Appreturmittel *n {Text}*; 5. Oberflächenbearbeitung *f {z.B. von Natursteinen}*; Nachbearbeitung *f*; Abrichten *n {z.B. der Schleifscheibe}*; Schärfen *n {z.B. des Schleifsteins}*; 6. Besäumen *n {Holz}*; 7. Schlichte *f*, Formschlichte *f*; Formschlichte *f {ein Formüberzugsmittel zur Gußoberflächenverbesserung}*; Gußputzen *n*, Putzen *n {Gieß}*; 8. Zurichten *n {von Leder, z.B. Fetten}*; 9. Verbandstoff m *{Med, Text}; 10. Kaltnachwalzen n*, Dressieren *n {Met}*
dressing agent Appreturmittel *n*, Zurichtmittel *n {Gerb}*
dressing liquor Garbrühe *f {Gerb}*
dressing machine 1. Appreturmaschine *f {Text}*; 2. Putzmaschine *f*, Reinigungsmaschine *f*
dressing oil Appreturöl *n*
dressing plant 1. Erzanreicherungsanlage *f*, Aufbereitungsanlage *f {Erz}*; 2. Appreturanlage *f {Text}*
dressing size Appreturleim *m*
product of dressing Aufbereitungsgut *n*

dribble/to tröpfeln lassen; tröpfeln, träufeln, abtropfen

dried getrocknet; Trocken-, Dörr-
dried albumin Trockeneiweiß *n*
dried apricot getrocknete Aprikose *f*
dried blood Blutmehl *n {Düngemittel}*
dried distiller solubles Schlempe *f*
dried edible fungi Trockenpilze *mpl*
dried fruits Trockenobst *n*, Dörrobst *n*, Backobst *n*
dried milk Trockenmilch *f*, Trockenmilchpulver *n*, Milchpulver *n*
dried vegetables Trockengemüse *n*, Dörrgemüse *n*
dried whey Trockenmolke *f*, Molkenpulver *n*

drier *{GB}* s. dryer *{US}*
drift 1. Diluvium *n*; Drift *f*, Verschwemmung *f* *{bei der Kohleentstehung}*; Geschiebe *n*, Gletschergeschiebe *n* *{Geol}*; 2. Drift *f*, Wanderung *f*; 3. Flözstrecke *f*, Abbaustrecke *f* *{Bergbau}*
drift-bending test Dornbiegeversuch *m* *{Kunst, DIN 51949}*
drift velocity Wanderungsgeschwindigkeit *f*, Driftgeschwindigkeit *f* *{DIN 4152}*
drifting test Aufdornprobe *f*, Kegelaufweitversuch *m* *{Met}*
drill/to 1. [an]bohren, lochen, durchlöchern; 2. drillen, streuen *{z.B. Düngemittel}*
drill 1. Reihe *f* *{für das Saatkorn}*; 2. Druckluft-Bohrhammer *m*; 3. Bohrmaschine *f*, Bohrer *m*, Bohrwerkzeug *n* *{z.B. Drillbohrer, Bohreisen}; Bohrgerät n {Bergbau}*; 4. Drell *m*, Drillich *m*, Zwillich *m*, Zwilch *m* *{Text}*
drill core Bohrkern *m* *{Geol}*
drill press *{US}* Bohrmaschine *f*
drill test Bohrprobe *f*
drilling 1. Bohren *n* *{DIN 8589}*, Ausbohren *n* *{Vollbohrverfahren}*, Einbohren *n*, Vollbohren *n*, Bohren *n* ins Volle *n*; 2. Drillen *n*, Streuen *n* *{z.B. von Düngemitteln}*
drilling core Bohrkern *m*
drilling fluid Spülflüssigkeit *f*, Bohrspülung *f* *{Flüssigkeit}*, Dickspülung *f*, Spültrübe *f* *{zum Herausspülen des Bohrkleins sowie zur Kühlung des Bohrwerkzeugs}*
drilling grease s. drilling oil
drilling machine Bohrmaschine *f*
drilling mud 1. Bohrschlamm *m*, Bohrschmant *m*, Bohrwurst *f*, Schmant *m*; 2. Spültrübe *f* *{zum Herausspülen des Bohrkleins sowie zur Kühlung und Schmierung des Bohrwerkzeugs}*, Tonsuspension *f*, Spülung *f*, Spülflüssigkeit *f*, Bohrspülung *f*, Dickspülung *f*
drilling oil Bohröl *n* *{beim Bohren verwendetes Schneidöl}*, Bohrfett *n*
drilling slime Bohrschlamm *m*
drimane Driman *n*, 4,4,8,9,10-Pentamethyldecalin *n*
drimanic acid Drimansäure *f*
drimanol Drimanol *n*
drimic acid Drimsäure *f*
drimol <$C_{28}H_{58}O_2$> Drimol *n*
drink 1. Getränk *n*; alkoholisches Getränk *n*, Gebräu *n*; 2. Trinken *n*; 3. Schluck *m*
drinkable trinkbar
drinkable quality Trinkwasserqualität *f*
drinking water Trinkwasser *n* *{DIN 2000}*
drip/to tropfen, tröpfeln; abtropfen, [ab]triefen
drip off/to abtropfen lassen; abtropfen, abtröpfeln
drip 1. tropfende Flüssigkeit *f*, Abtropfflüssigkeit *f*, Tropfflüssigkeit *f*; 2. Tropfen *n*, Abtropfen *n*, Tröpfeln *n*; 3. Tropfen *m*, Lacktropfen *m* *{beim Tauchlackieren}*
drip board Abtropfer *m*
drip cock Entwässerungshahn *m*, Tropfhahn *m*
drip cooler Tropferkühler *m*
drip cup Tropfbecher *m*, Auffangglocke *f*
drip funnel Tropftrichter *m*
drip melt Abtropfschmelze *f*
drip nozzle Tropfdüse *f*
drip pan Ablaufschale *f*, Abtropfschale *f*, Tropfschale *f*, Auffangglas *n*, Auffangschale *f*, Ölfänger *m*, Auffanggefäß *n*, Fangblech *n*
drip pipe Ablaufrohr *n*, Tropfrohr *n*
drip-proof tropfdicht; spritzwassergeschützt
drip-proof burner tropfdichter Brenner *m*
drip ring Tropfring *m*
drip-tip condenser Kühler *m* mit Abtropfspitze *f* *{Lab}*
drip tray Auffangwanne *f*, Tropfschale *f*, Abtauwanne *f*, Abtropfblech *n*, Tropfblech *n*
drip tube Tropfenfänger *m*
drip water Tropfwasser *n*
dripping 1. Abtröpfeln *n*, Tröpfeln *n*, Abtropfen *n*, Tropfen *n*; 2. abtropfende Flüssigkeit *f*, Abtropfflüssigkeit *f*, Tropfflüssigkeit *f*
dripping board Tropfbrett *n*
dripping point Tropfpunkt *m* *{Pharm}*
dripping cup Tropfbehälter *m*, Auffangglocke *f*
dripping pan Tropfbehälter *m*, Tropfpfanne *f*, Auffangschale *f*
dripping water Tropfwasser *n*
dripstone Tropfstein *m* *{z.B. Stalagmit oder Stalaktit, Min}*
drive/to 1. lenken, steuern, fahren *{Auto}*; 2. betätigen, antreiben, treiben *{Maschine}*; 3. rammen, einrammen, eintreiben *{Pfähle}*, pilotieren; 4. treiben, steuern *{Elek}*; 5. einschlagen *{z.B. Nägel}*; 6. treiben, vortreiben, auffahren *{einer Strecke, Bergbau}*
drive off/to vertreiben *{z.B. flüchtiges Öl}*
drive out/to heraustreiben, austreiben *{Gase}*; vertreiben *{flüchtiges Öl}*; verdrängen
drive over/to überdestillieren
drive through/to durchtreiben
drive 1. Antrieb *m*, Triebwerk *n*, Getriebe *n*; 2. Treiben *n*; 3. Fahrt *f*; Fahrstraße *f*, Auffahrt *f*
drive belt Antriebsriemen *m*, Treibriemen *m*
drive motor Antriebsmotor *m*
drive pinion Antriebsritzel *n*
drive pulley Antriebsscheibe *f*, Antriebstrommel *f*, Antriebsrolle *f*
drive pulse Steuerimpuls *m*
drive screw Schlagschraube *f*
drive shaft Antriebswelle *f*, Getriebewelle *f*, Antriebsstange *f*
drive system Antriebssystem *n*
drive wheel Antriebsrad *n*, Treibrad *n*, Triebrad *n*

driven roll Umleitrolle *f*, Umlenkrolle *f*
driver 1. Antriebsmaschine *f*; 2. treibendes Teil *n*, Trieb *m*, Antriebsrad *n {Tech}*; 3. Fahrer *m*, Kraftfahrzeugführer *m*; 4. Treiber *m*, Driver *m {EDV}*
driving 1. Treiben *n*, Steuern *n {Elek}*; 2. Antreiben *n {Tech}*; 3. Streckenvortrieb *m {Lagerstätte}*
driving belt Treibriemen *m*, Transmissionsriemen *m*
driving gear Antriebsorgan *n*, Antrieb *m*, Triebwerk *n*, Getriebe *n*
driving jet Treibstrahl *m*
driving mechanism Triebwerk *n*, Antriebsmechanismus *m*
driving motor Antriebsmotor *m*
driving power Antriebskraft *f*, Triebkraft *f*, Antriebsleistung *f*
driving pressure Antriebsdruck *m*
driving pulley Treibscheibe *f*, Treibtrommel *f*, Antriebstrommel *f*, Antriebsrolle *f*, Treibrolle *f*
driving shaft Antriebswelle *f*, Hauptwelle *f*
driving voltage Treibspannung *f*
driving wheel Antriebsrad *n*, Treibrad *n*, Triebrad *n*
drizzle/to nieseln, sprühen
drizzle [rain] Nieselregen *m*, feiner Regen *m*, Sprühregen *m*, Nieseln *n*
drizzling fog Sprühnebel *m*
drop/to 1. tropfen, tröpfeln; abtropfen; 2. sinken, abfallen *{z.B. Temperatur, Spannung, Druck}*; 3. [hinab]stürzen, frei fallen lassen *{z.B. Koks}*, abwerfen; 4. fällen *{Lot}*
drop in/to einträufeln; eintröpfeln, hinzutropfen
drop 1. Tropfen *m*, Flüssigkeitströpfchen *n*; Tropfen *m {als Maß = 0,1 - 0,3 mL}*; 2. Sinken *n*, Abfallen *n*, Abfall *m*, Fallen *n*, Fall *m*, Sturz *m {z.B. Temperatur, Spannung, Druck}*; Rückgang *m*; 3. Gefälle *n*, Gefällestufe *f {Geol}*
drop accumulator Gefällespeicher *m*
drop analysis Tüpfelanalyse *f*, Tüpfelprobe *f*
drop-ball viscometer Kugelfallviskosimeter *n*
drop by drop tropfenweise
drop capillary Tropfkapillare *f*
drop collector Tropfenfänger *m*
drop condensation Tropfenkondensation *f*
drop counter Tropfenzähler *m*
drop dispenser Tropfeinsatz *m*
drop elimininator Tropfenabscheider *m*
drop-feed lubrication Tropfschmierung *f*, Tropfölschmierung *f*
drop-feed oiling Tropfschmierung *f*, Tropfölschmierung *f*
drop forging Gesenkschmieden *n*
drop formation Tropfenbildung *f*
drop hammer Fallhammer *m {z.B. Brettfallhammer, Riemenfallhammer, Stangenfallhammer}*, Parallelhammer *m*, Rahmenhammer *m*
drop impact strength Fallbruchfestigkeit *f*
drop in performance Leistungsabfall *m*
drop in power Leistungsabfall *m*
drop in pressure Druckeinbruch *m*, Druckabfall *m*
drop in sales Absatzrückgang *m*
drop in temperature Temperaturabfall *m*
drop in turnover Umsatzeinbruch *m*, Umsatzeinbuße *f*, Umsatzrückgang *m {Ökon}*
drop in viscosity Viskositätsabfall *m*, Viskositätsabsenkung *f*, Viskositätserniedrigung *f*, Viskositätsminderung *f*
drop-out 1. Signalausfall *m {DIN 66010, EDV}*; 2. Abfall *m*, Abfallen *n {Relais}*; 3. Abflußöffnung *f*; 4. Drop-out *m*, Ausfall *m* von Zeichen *npl*, Aussetzer *m {Magnettonband}*
drop point Tropfpunkt *m {Schmierstoffe, DIN 51801}*
drop-point indicator Tropfpunktgeber *m*
drop reaction Tüpfelreaktion *f {Anal, Met}*
drop size Tropfengröße *f*, Tröpfchengröße *f*
drop-shaped tropfenförmig
drop sulfur Tropfschwefel *m*
drop test Fallversuch *m {z.B. mit Formteilen, Verpackungen}*
drop tin Tropfzinn *n*
drop-tube Tropfendüse *f*
drop valve Kegelventil *n*, Pilzventil *n*
drop weight 1. Fallgewicht *n*; Tropfengewicht *n*; 2. Fallkugel *f*
drop weight apparatus Fallgewichtsmaschine *f*
drop zinc Tropfzink *n*
formation of drops Tropfenbildung *f*
small drop Tröpfchen *n*
droplet kleiner Tropfen *m*, Tröpfchen *n*
droplet disintegration Tropfenzerfall *m*
droplet formation Tröpfchenbildung *f*
droplet growth Tröpfchenwachstum *n*, Tropfenwachstum *n*
droplet separator Tropfenabscheider *m*
droplet size Tröpfchengröße *f*, Tropfengröße *f*
formation of droplets Tröpfchenbildung *f*
droppable abwerfbar
dropped ceiling Hohldecke *f*, untergehängte Decke *f*
dropper 1. Tropfflasche *f*, Tropfglas *n*; 2. Tropfer *m*, Tropfpipette *f {Chem}*; 3. Fadenreiter *m {Text}*; 4. Vorsteckwiderstand *m*; Hängerklemme *f*, Fahrdrahthänger *m {Elek}*
dropper assembly Pipettenmontur *f {Pharm, DIN 58378}*
dropper closure Tropfverschluß *m*
dropping Tropfen *n*, Abtropfen *n*, Tröpfeln *n*
dropping-ball method Fallkugelmethode *f*, Kugelfallmethode *f*

dropping below dew point Taupunktunterschreitung *f*
dropping-bolt test Fallbolzenprüfung *f*
dropping bottle Tropfflasche *f*, Tropffläschchen *n*, Tropfglas *n* *{Chem}*
dropping-dart test Fallbolzentest *m*
dropping electrode Rieselelektrode *f*, Rieselfilmelektrode *f*, Tropfelektrode *f*
dropping funnel Tropftrichter *m*
dropping glass Tropfenspender *m*, Tropfenzähler *m*, Tropfglas *n*
dropping insert Tropfeinsatz *m* *{Pharm}*
dropping lubricator Tropföler *m*, Tropfschmiergefäß *n*
dropping pipe Fallschacht *m*, Fallrohr *n*
dropping pipette Tropfpipette *f*, Tropfer *m*, Stechpipette *f*; Tropfenzähler *m*
dropping point Tropfpunkt *m* *{in °C}*
dropping-point apparatus Tropfpunktapparat *m*
dropping weight Fallhammer *m*
droppings 1. Abfallwolle *f*; 2. abgetropfte Flüssigkeit *f*
dropwise tropfenweise
dropwise condensation tropfenweise Kondensation *f*, Tropfenkondensation *f*
droserone Droseron *n*, 3,5-Dihydroxy-2-methyl-1,4-naphthochinon *n*
drosophilin 1. Drosophilin A *n*, 2,3,5,6-Tetrachlor-4-methoxyphenol *n*; 2. Drosophilin B *n*, Pleuromutilin *n* *{$C_{22}H_{34}O_5$}*
dross 1. Krätze *f*, Schaum *m*, Metallschaum *m*, Garschaum *m*, [Metall-]Gekrätz *n* *{NE-Metalle}*; 2. Fördergrus *m* *{Bergbau}*; 3. Schlicker *m* *{Seigerungsprodukt bei der Blei-Raffination}*; Hüttenafter *n*, Schlacke *f* *{Met}*; 4. Dross *m*, Dross-Fleck *m* *{Glas}*; Glasschlacke *f*; 5. Fremdkörper *m* *{Agri}*
dross filter Siebkern *m*, Siebplatte *f*
dross hood Abzug *m* *{für Abgase}*
dross of copper Darrgekrätz *n*, Darrsohle *f*
dross of pig iron Roheisenschlacke *f*
fusible dross Nasenschlacke *f*
rough dross Fördergrus *m* *{Bergbau}*
drossing Entschlickerung *f*, Schaumabheben *n*
drossing kettle Abschaumkessel *m*, Schlickerkessel *m* *{Met}*
drossing plant Schlickeranlage *f* *{Met}*
drossy schlackenartig, schlackig
drown/to ersäufen, ertränken; überschwemmen
Drude equation Drudesche Gleichung *f*, Drude-Gleichung *f* *{optische Aktivität}*
drug 1. Droge *f*; Narkotikum *n*, Rauschgift *n*; 2. Arznei *f*, Arzneimittel *n*, Heilmittel *n*, Medikament *n*, Medizin *f*; 3. Inhaltsstoff *m* *{Pharm}*
drug abuse Arzneimittelmißbrauch *m*; Drogenmißbrauch *m* *{Pharm}*
drug addiction Arzneimittelsucht *f*; Rauschgiftsucht *f*
drug approval process Arzneimittel-Zulassungsverfahren *n*
drug detoxification Arzneimitteldetoxikation *f*
drug intoxication Arzneimittelvergiftung *f*
drug poisoning Arzneimittelvergiftung
drug resistance Arzneimittelresistenz *f*
drug retardant Depot-Tabletten *fpl*
drug synthesis Arzneimittelsynthese *f*
drug tolerance Arzneimittelgewöhnung *f*
standardization of drugs Arzneimittelstandardisierung *f*
druggist 1. *{GB}* Drogist *m*, Apotheker *m*, Pharmazeut *m*; 2. *{US}* Betreiber *m* eines Drugstores *m*
druggist's scale Apothekerwaage *f*
drugstore *{US}* Drogerie *f* mit Lebensmittel *pl* und Haushaltswaren *fpl*, Drugstore *m*
drum 1. Hülse *f* *{Pharm}*, 2. Trommel *f* *{Tech, Text, Pap}*; 3. Metallfaß *n* *{walzenförmiger Behälter}*, Drum *f* *{ein Sickenfaß}*; 4. Laufrad *n* *{Reaktionsturbine}*; 5. Seiltrommel *f*, Fördertrommel *f*, Trommel *f* der Fördermaschine *{Bergbau}*; 6. Brennermaul *n*, Brennermündung *f*, Brenneröffnung *f* *{im Wannenofen, Glas}*
drum apparatus Trommelapparat *m* *{Galv}*
drum-chart recorder Trommelschreiber *m*
drum concentrator Anreicherungstrommel *f* *{Erz}*
drum drier Trommeltrockner *m*, Röhrentrockner *m*, Zylindertrockner *m*, Drehtrommeltrockner *m*, Trockentrommel *f* *{Tech}*; Walzentrockner *m*, Filmtrockner *m* *{Verdampfungstrocknung von Lebensmitteln}*
drum dryer *s.* drum drier
drum filter Trommelfilter *n*
single-compartment drum filter Trommelsaugfilter *n*
drum-freeze dryer Trommelgefriertrockner *m*
drum kiln Trommeldarre *f* *{Brau}*
drum malting [plant] Trommelmälzerei *f* *{Brau}*
drum mill Trommelmühle *f*
drum mixer Mischtrommel *f*, Trommelmischer *m*, Zylindermischer *m*
end-over-end type drum mixer aufrechtstehender Trommelmischer *m*
drum pelletizer Pelletiertrommel *f*
drum polishing Trommelpolieren *n*, Trommeln *n* *{von Preßformteilen}*
drum pump Faßpumpe *f*
drum reflux Rücklaufbehälter *m*
drum regenerator Trommelregenerator *m*
drum screen Siebtrommel *f*, Trommelrechen *m*, Trommelsieb *n*
drum separator Trommelscheider *m*
drum-storage area Zwischenlager *n*

drum-storage stack Faßlagergerüst *n*
drum strainer Trommelfilter *n {Brau}*; Drehknotenfänger *m*, rotierender Knotenfänger *m {Text}*
drum thickener Trommel-Eindicker *m*
drum tumbler *{US}* Trommelmischer *m*, Mischtrommel *f*
drum-type blasting plant Trommelstrahlanlage *f*
drum-type electroplating plant Trommelgalvanisieranlage *f*
drum-type flowrate meter Mengenzähler *m* mit Trommel *f*
drum-type magnetic separator magnetischer Trommelscheider *m*, magnetischer Trommelseparator *m*
drum warmer Trommelwärmer *m*
drum washer Waschtrommel *f*, Trommelwascher *m*, Trommelwaschmaschine *f*
full aperture drum Hobbock *m*
drumming 1. Abfüllung *f* in Fässer; 2. Durcharbeiten *n* in der Lattentrommel *{Leder}*, Zurichten *n* im Faß *{Leder}*
drumming station Faßabfüllanlage *f*
Drummond light Drummondsches Licht *n*, Drummonds Hydrogenlicht *n*, Drummonds Kalklicht *n*
druse Druse *f*, Kristalldruse *f {Geol}*; miarolitischer Hohlraum *m*, miarolitischer Drusenraum *m*
drusy drusenförmig, drusig, kleindrusig, miarolitisch, mit Hohlräumen *mpl*; löch[e]rig, blasig, kavernös
drusy cobalt Drusenkobalt *n {Min}*
dry/to 1. trocknen, entfeuchten, entwässern, dehydratisieren, Wasser entziehen; eindampfen, einengen *{eine Lösung}*; dörren *{Obst}*; darren, rösten *{Malz}*; 2. austrocknen, abtrocknen, eintrocknen
dry distil/to entgasen, trockendestillieren
dry-etch/to trocken ätzen
dry off/to [ab]trocknen, abdörren; austrocknen
dry through/to durchtrocknen
dry up/to vertrocknen, austrocknen, [ab]dörren, versiegen
dry 1. trocken; 2. stromlos, spannungslos, tot, abgetrennt von der Stromquelle *{Elek}*; nichbenetzt *{Kontakt}*; 3. hochgrädig *{Spirituosen}*; herb *{Wein}*; 4. übergar *{Met}*
dry acid wasserfreie Essigsäure *f {Erdöl}*
dry assay Trockenprobe *f*, trockene Probe *f {Met}*
dry-bag method Trocken-Sackpreßverfahren *n {zum Verdichten von Fluorplastpulver}*
dry battery Trockenbatterie *f {aus Trockenelementen}*, Trockenelement *n*, Trockenzelle *f*
dry bearing wartungsfreies Lager *n*, Trockenlager *n*
dry-bearing material Trockenlagermaterial *n*, Schmierstoff *m* für wartungsfreie Lager *{z.B. MoS_2, WSe_2, $NbSe_2$}*
dry binder Trockenbindemittel *n*
dry-blast producer Aerogengasgenerator *m*, Luftgasgenerator *m*
dry bleaching Trockenbleiche *f*
dry blend Krümelmasse *f*, Trockenmischung *f {aus mehreren Kunststoffen und/oder Weichmachern}*
dry-blend extrusion Dry-blend-Extrusion *f*, Extrusion *f* von aufbereitetem Plastpulver *n*, Strangpressen *n* von Trockenmischung *f*, Extrudieren *n* von Trockenmischung *f*, Dry-blend-Strangpressen *n*
dry-bottom furnace Feuerung *f* mit trockener Entaschung, Trockenfeuerung *f*
dry box Trockenschrank *m*, Schutzkammer *f {Nukl}*; Handschuhkasten *m {Lab}*
dry-bright emulsion Selbstglanzemulsion *f*
dry-bulb hygrometer Taupunkthygrometer *n*
dry caustic soda Natriumhydroxid *n*
dry cell Trockenelement *n*, Trockenzelle *f {Elek}*
dry-chemical fire extinguisher Trockenfeuerlöscher *m*
dry chemistry Trockenchemie *f {Analyse von Körperflüssigkeiten mit getrockneten Reagenzträgern}*
dry cleaning 1. chemische Reinigung *f*, Chemisch-Reinigen *n*, Trockenreinigung *f {von Kleidung}*; 2. trockene Reinigung *f {z.B. von Gas}*; 3. Luftwäsche *f*, Luftaufbereitung *f*, Trockenaufbereitung *f*, trockene Aufbereitung *f*, pneumatische Aufbereitung *f {Met}*
dry-cleaning detergent Trockenreinigungsentspanner *m*; Trockenreinigungsverstärker *m*, Reinigungsverstärker *m {Text}*
dry-cleaning oil Putzöl *n*
dry cleaner 1. Luftsetzmaschine *f*, Luftsetzapparat *m {Met}*; 2. Chemischreiniger *m*, Trockenreiniger *m*
dry colo[u]r Pigment *n {in Löse-/Bindemitteln unlösliches Farbmittel; DIN 55945}*
dry colo[u]ring Trockeneinfärbung *f*, Trockeneinfärben *n {von Formmassen}*
dry-condition im Trockenzustand *m {Anal}*
dry conservation Trockenkonservierung *f*
dry content Trockengehalt *m {DIN 6730}*, Gehalt *m* an Trockenmasse *f*
dry crushing Trockenvermahlung *f*, Trockenmahlung *f {Bergbau}*
dry cyaniding Gasnitrieren *n {Met}*
dry distillation Trockendestillation *f*, trockene Destillation *f*, Entgasung *f*
dry distillation plant Trockendestillationsanalge *f*, Zersetzungsdestillationsanalge *f*
dry dressing Trockenbeize *f*

dry elongation Trockendehnung *f*, Dehnung *f* im Trockenzustand *m*
dry enamelling Puderemaillierung *f*
dry extinguishing Trockenlöschung *f*
dry-extinguishing system Trocken-Löschanlage *f*
dry extract Trockenextrakt *m n*, tockener Auszug *m*, Trockenauszug *m {Pharm}*, Trockengehalt *m*, Festgehalt *m*
dry filling Trockenfüllung *f*
dry film wasserabstoßende Schicht *f*, Trockenfilm *m*, verfestigte Klebstoffschicht *f*
dry-film adhesive Klebfolie *f*
dry-film lubricant Trockenschmiermittel *n*, Festschmiermittel *n*
dry filter Trockenfilter *n*
dry finishing Trockenappretur *f {Text}*
dry fruits Trockenfrüchte *fpl*, Trockenobst *n*, Dörrobst *n*
dry gas Trockengas *n*, trockenes Gas *n*, trockenes Erdgas *n*, trockenes Naturgas *n*, Armgas *n {10 g/m^3 kondensierbare Kohlenwasserstoffe}*
dry granulator Trockengranulator *m*
dry grinding Trocken[ver]mahlung *f*, Trockenmahlen *n*, Trockenschleifen *n*
dry hiding Trockendeckkraft *f {von Anstrichstoffen niedrigen Harzgehaltes}*
dry-hiding effect *{US}* Nichteindringen *n* von Klebstoffen in Mikroporositäten von Füllstoffen
dry ice Trockeneis *n*, Trockenschnee *m*, Kohlendioxidschnee *m*, Kohlensäureschnee *m*, festes Kohlendioxid *n*
dry-ice extinguisher Kohlensäureschneelöscher *m {obs}*, Kohlendioxid-Trockenlöscher *m*
dry-ice pan Trockeneistrog *m*
dry-ice producer Kohlensäureschnee-Entwickler *m*, Trockeneisentwickler *m*
dry joint kalte Lötstele *f*, schlechte Lötstelle *f*
dry-lacquer compound Trockenlackmasse *f*
dry lamination Trockenkaschieren *n*
dry lubricant Festschmierstoff *m*, Trockenschmiermittel *n {z.B. Graphit, MoS_2, WSe_2}*
dry-magnet separation Trockenmagnetscheidung *f*
dry matter Trockensubstanz *f*, Trockenmasse *f*, Trockenstoffgehalt *m {Lebensmittel}*; Abdampfrückstand *m*, Rückstand *m*
dry measure Trockenhohlmaß *n {für Trockensubstanzen oder Schnittgüter}*
dry milling Trocken[ver]mahlen *n*, Trokken[ver]mahlung *f*
dry-mix compound Trockenmischung *f*
dry oil Leinölfirnis *m {DIN 55932}*
dry-out spraying Trockenspritzen *n*, Sprühen *n* von Pulver *n*
dry pan Trockenkollergang *m*
dry point Trockenpunkt *m {Anal}*
dry potash Ätzkali *n*
dry powder Löschpulver *n*, Trockenlöschmittel *n*, festes Löschmittel *n*
dry-powder extinguisher Trockenlöscher *m*, Pulverlöscher *m {DIN 14406}*
dry-powder fire extinguisher Trocken[feuer]löscher *m*
dry preparation Trockenpräparat *n*, Trockenaufbereitung *f*
dry-pressed trocken gepreßt
dry-pressed briquet[te] Trockenbrikett *n*
dry process Trockenverfahren *n*; Trockenaufbereitung *f {mit minimaler Feuchtigkeit, Keramik}*
dry puddling Trockenpuddeln *n*, trockenes Verfahren *n*, Trockenaufbereitung *f*
dry-pumping system Pumpanlage *f* mit Sorptionspumpe
dry purification Trockenreinigung *f*, trockene Reinigung *f*
dry refining Trockenraffination *f*, Schwefelsäureraffination *f*
dry residue Trockenrückstand *m*, Trockensubstanz *f*; Abdampfrückstand *m*, Rückstand *m*
dry rot Hausschwamm *m*, Holzfäule *f*, Trokkenfäule *f*
dry rubber Festkautschuk *m*, Trockenkautschuk *m*
dry sand Formmasse *f*, Trockengußformsand *m*, Trockensand *m {Gieß}*; Streusand *m*
dry seal Trockendichtung *f*, Trockenverschluß *m*, trockener Abschluß *m*
dry separation Trockenabscheidung *f*
dry sieving Trockenabsiebung *f*
dry sifting Trockensiebung *f*
dry-sinter process Trockenaufschluß *m*
dry-solids content Trockengehalt *m*, Trockenstoffgehalt *n*
dry spinning Trockenspinnen *n*, Trockenspinnverfahren *n*
dry spot Luftstelle *f*, Luftblase *f*, Lufteinschlußstelle *f {in Laminaten}*, Fehlstelle *f*, klebstofffreie Stelle *f*
dry sprayer Trockenspritzpistole
dry state Trockenzustand *m*
dry steam trockener Dampf *m*, Trockendampf *m*, trockengesättigter Dampf *m {$<$ 0,5 % H_2O}*
dry strength Trockenfestigkeit *f*
dry substance Trockensubstanz *f*, Trockenmasse *f*, Trockenstoffgehalt *m {Lebensmittel}*; Abdampfrückstand *m*, Rückstand *m*; getrockneter Stoff *m*, Trockengut *n*
dry tack 1. klebend *{z.B. Anstrich, Klebstoff}*; 2. Trockenklebrigkeit *f*
dry test trockenchemische Untersuchung *f*
dry vapo[u]r überhitzter Dampf *m*
dry weight Trockengewicht *n*, Trockenmasse *f*

{als Gewichtskraft}, Trockensubstanzmasse *f*, Trockenstoffmasse *f*
dry well 1. *{US}* Sickergrube *f*, Sickerschacht *m* *{für Oberflächenwasser}*, Sickerbrunnen *m*; 2. trockene Bohrung *f*, Fehlbohrung *f*, erfolglose Aufschlußbohrung *f*; 3. Druckkammer *f*, innere Druckschale *f* *{bei Siedewasserreaktoren, Nukl}*; 4. Pumpenraum *m*
dry yeast Trockenhefe *f*
absolute dry weight Absoluttrockengewicht *n*
absolutely dry absolut trocken
bone dry absolut trocken
half dry halbtrocken
dryability Trockenvermögen *n*
dryer *{US; GB: drier}* 1. Trockner *m*, Trockenvorrichtung *f*, Trockenapparat *m*; Trokkenmaschine *f* *{Text}*; 2. Trockenmittel *n*, Trokkenmedium *n*, Trockenstoff *m* *{DIN 55901}*, Trocknungsmittel *n*, Trockner *m*, Sikkativ *n*
dryer for non-wovens Vliestrockner *m*
dryer section Trockenpartie *f* *{Pap}*; Trokken[zylinder]gruppe *f*, Trocknungsgruppe *f*, Zylindergruppe *f*, Heizgruppe *f*
dryer tray Trockenblech *n*
dryer with agitator Rührwerkstrockner *m*
continuous dryer Durchlauftrockner *m*
rotary dryer Trommeltrockner *m*
drying 1. trocknend; 2. Trocknen *n*, Trocknung *f*, Entfeuchtung *f*, Feuchtigkeitsentfernung *f*, Wasserauftrocknung *f*; Dörren *n*, Darren *n* *{Malz}*; Eindampfen *n*, Einengen *n*; Austrocknen *n*, Abtrocknung *f*
drying accelerator Trocknungsbeschleuniger *m*
drying agent Trockenstoff *m*, Trockenmittel *n*, Sikkativ *n*, Trockenmedium *n*, Trocknungsmittel *n*, Trockner *m*
drying air Trocknungsluft *f*
drying air fan Trockenluftgebläse *n*
drying and roasting apparatus Trocken- und Röstapparat *m*
drying apparatus Trockenapparat *m*, Trockner *m*, Trocknungsanlage *f*, Trockenmaschine *f* *{für Gewebe}*
drying auxiliary Trockenhilfsmittel *n*
drying board Darrbrett *n* *{Brau}*
drying bottle Trockenflasche *f*
drying by sublimation Sublimationstrocknung *f*
drying cabinet Trockenschrank *m*, Schranktrockner *m* *{Lab}*; Trockenkammer *f*, Trocknungskammer *f*, Trockenraum *m*
drying cell Trockenpatrone *f*
drying centrifuge Trockenschleuder *f*
drying chamber 1. Trockenkammer *f*, Trockenraum *m*; Darraum *m*, Darrkammer *f*, Darre *f* *{Lebenmittel}*; Trockenmansarde *f*, Mansarde *f* *{Textildruckerei}*; 2. Kammertrockner *m*, Trokkenkasten *m*
drying chest dampfgeheizte Trockenhohlplatten *fpl* *{Text}*
drying closet Trockenschrank *m*, Trockenkasten *m*
drying condition Trockenbedingung *f*
drying cup Eindampfschale *f*
drying cupboard Darrschrank *m* *{Lebensmittel}*; Labortrockenschrank *m*, Trockenschrank *m*, Exsikkator *m* *{Lab}*
drying curve Trocknungskurve *f*
drying cylinder Trockentrommel *f*, Trockenzylinder *m*, Zylindertrockner *m*, Trommeltrockner *m*, Trockenwalze *f*, Walzentrockner *m*
drying dish Trockenschale *f*
drying drum Trockentrommel *f*, Trockenwalze *f*, Trockenzylinder *m*, Trommeltrockner *m*, Zylindertrockner *m*, Walzentrockner *m*
drying equipment Trocknungsanlage *f*, Trokkenanlage *f*, Trocknungseinrichtung *f*
drying felt Trockenfilz *m*
drying flask Trockenflasche *f*
drying floor Darrboden *m* *{Brau}*
drying frame Trockengestell *n*, Trockenrahmen *m*, Trockengerüst *n*
drying hood Trockenhaube *f*
drying house Darrkammer *f*
drying jar Trockenturm *m*, Trockenzylinder *m*
drying kiln Darrofen *m*, Darre *f*, Trockendarre *f*; Trockenofen *m*
drying machine Trocknungsmaschine *f*, Trokkenmaschine *f*, Trockenapparat *m*, Trockner *m*, Säuerzentrifuge *f*, Tauchzentrifuge *f* *{für Textilien}*
drying manifold Trockenrechen *m*
drying mixer Mischtrockner *m*
drying nozzle Trocknungsdüse *f*
drying off Trocknung *f*
drying oil Trockenöl *n*, schnell trocknendes Öl *n*, Trockenfirnis *m* *{fettes Öl, z.B. Leinöl}*
drying oven Trockenofen *m*, Trockenschrank *m*, Trockenkammer *f*, Trockenkasten *m*; Darrofen *m*, Darrschrank *m*; Wärmeschrank *m*; Austrockner *m* *{Gerb}*
drying pan Trockenpfanne *f*
drying plant Darrenanlage *f* *{Brau}*; Trockenanlage *f*, Trocknungsanlage *f*
drying process Trocknungsprozeß *m*, Trocknungsverfahren *n*, Eintrocknungsprozeß *m*; Trocknungsvorgang *m*
drying properties Trocknungsverhalten *n*
drying rack Trockengestell *n*
drying rate Trockengeschwindigkeit *f*, Trocknungsgeschwindigkeit *f*, Trocknungsrate *f*, spezifische Austauschfeuchtmenge *f*
drying roller Trockenwalze *f*

drying room Trockenraum *m*, Trocknungsraum *m*, Darre *f*, Trockenkammer *f*
drying section Trockenpartie *f*, Trockenstrekke *f* *{Pap}*
drying shrinkage Trockenschwindung *f*
drying speed *s.* drying rate
drying stand Trockengestell *n*
drying sterilizer Trockensterilisator *m*
drying stock Trockengut *n*
drying stove Trockenofen *m*, Trockenschrank *m*, Trockenkammer *f*; Darrkammer *f*; Wärmeschrank *m*
drying surface Darrfläche *f*, Trockenfläche *f*
drying temperature Trockentemperatur *f* *{während der offenen Wartezeit}*, Trocknungstemperatur *f*
drying time Trockenzeit *f*, Trocknungszeit *f*, Trocknungsdauer *f*; Abbindezeit *f*
drying tower Trockenturm *m*, Vertikaltrockner *m*
drying tray Trockenschale *f*; Trockenhorde *f*
drying tube Trockenrohr *n*, Trocknungsrohr *n*, Trockenröhre *f*
drying tunnel Trockenkanal *m*, Tunnelofen *m*
drying unit Trockengerät *n*, Trockner *m*, Trocknungsanlage *f*, Trocknungsgerät *n*
drying vault Trockenturm *m*, Vertikaltrockner *m*
fast drying schnelltrocknend
forced drying Beschleunigungstrocknung *f*
quick drying schnelltrocknend
rapid drying Schnelltrocknung *f*
dryness 1. Dürre *f*, Trockenheit *f*; 2. Trockne *f* *{Chem}*
degree of dryness Trockenheitsgrad *m*
D.T.A. Differentialthermoanalyse *f*
D.T.B. Di-*t*-butylperoxid *n*
D.T.D. *{US}* Fliegwerkstoffnormen *fpl*
DTDP Diisotridecylphthalat *n* *{DIN 7723}*
dual dual *{DIN 4898}*; Zwei-, Doppel-
dual-beam diode-array spectrometer Zweistrahl-Diodenarray-Spektrometer *n*
dual-beam-scanning spectrophotometer Zweistrahl-Raster-Spektrophotometer *n*
dual cycle Doppelkreislauf *m*
dual-cycle arrangement Zweikreisschaltung *f*
dual-cycle plant Zweikreisanlage *f*
dual-flow tray zweiflutiger Boden *m*
dual-function molecule bifunktionelles Molekül *n*
dual-piston pump Zweikolbenpumpe *f*
dual-purpose zwei Zwecken dienend; Doppelzweck-, Zweizweck-
dual recorder Doppelschreiber *m*
dual system coagulation Doppelkoagulierung *f*
Dualayer gasoline process Dualayer-Prozeß *m* *{Mineralöl}*
dualin Dualin *n* *{Expl; 50 % Sägemehl, 50% Nitrat}*
dualin dynamite Dualindynamit *n* *{Expl; 50 % Sägemehl/50 % TNT}*
dualism Dualismus *m*
dualism of wave and particle Dualismus *m* von Welle und Teilchen
dualistic dualistisch
duality Dualität *f*; Dualität *f*, Reziprozität *f* *{Math}*
duality principle Dualitätsprinzip *n* *{projektive Geometrie}*
dubbing Tafelschmiere *f*, Fettschmiere *f*, Aasschmiere *f*, Lederschmiere *f*, Lederöl *n*, Schuhschmiere *f* *{Lebertran/Talg-Gemisch, Gerb}*
dubnium *{obs}* *s.* kurtchatovium
duct 1. Strömungskanal *m*; 2. Kanal *m*, Graben *m*, großer Rohrgraben *m*; 3. Installationskanal *m*, Leitungskanal *m* *{Elek}*; Kanal *m* *{z.B. Luftkanal in elektrischen Maschinen}*; 4. Kanalzug *m*, Rohrzug *m* *{Tech}*; 5. Strahlrohr *n*; 6. Lutte *f*, Wetterlutte *f* *{Bergbau}*; 7. Farbkasten *m*; Farbduktor *m* *{im Farbkasten, Druck}*; 8. Leitung *f*, Leitungsrohr *n*, Rohr *n*, Röhre *f*, Rohrleitung *f*; 9. Kanal *m*, Schacht *m*; 10. Rinne *f*, Gerinne *n*
duct width Gassenabstand *m* *{Elektrofilter}*
ductile [aus]dehnbar, duktil, plastisch, streckbar, [aus]ziehbar, [ver]formbar, biegsam, geschmeidig, hämmerbar, schmiedbar
ductile-brittle transition Zähigkeitsverhalten *n* *{Kunststoffe bei Schlagbeanspruchung}*
ductile failure *s.* ductile fracture
ductile fracture Verformungsbruch *m*, duktiler Bruch *m*, zäher Bruch *m* *{Plastwerkstoffe}*, Dehnungsbruch *m*, duktiles Versagen *n*
ductility Dehnbarkeit *f*, Dehnfähigkeit *f*, Duktilität *f*, Streckbarkeit *f*, Ausziehbarkeit *f*, Ausdehnungsvermögen *n*, Formänderungsfähigkeit *f*, Ziehbarkeit *f*, Verformbarkeit *f*, Formbarkeit *f*, Plastizität *f*, Biegsamkeit *f*, Fähigkeit *f* des Fadenziehens *{z.B. bei Schmiermitteln}*
ductility test Verformungsversuch *m*
Duddell oscilloscope Lichtstrahl-Oszillograph *m*
Dudley pipet[te] Dudley-Pipette *f* *{Viskositätsmessung}*
dudleyite Dudleyit *m* *{Min}*
due fällig *{z.B. Rechnung}*; gebührend
due to cooling abkühlbedingt, hervorgerufen durch Abkühlung
due to wear verschleißbedingt, hervorgerufen durch Verschleiß
Duehring's rule Dühringsche Regel *f* *{Thermo}*
Dufour effect Dufour-Effekt *m*, Diffusions-Thermoeffekt *m* *{Umkehrung der Thermodiffusion}*

dufrenite Dufrenit *m*, Grüner Glaskopf *m {obs}*, Grüneisenerde *f {Min}*
dufrenoysite Dufrenoysit *m {Min}*
dug peat Stichtorf *m*
dugong oil Dugongöl *n*
dulcamarin **<$C_{22}H_{34}O_{10}$>** Dulcamarin *n*
dulcia *s.* dulcin[e]
dulcify/to absüßen, versüßen
dulcin[e] **<$C_2H_5OC_6H_4NHCONH_2$>** Dulcin *n*, Sucrol *n*, 4-Ethoxyphenylharnstoff *m*, *p*-Phenethylcarbamid *n*
dulcite *s.* dulcitol
dulcitol **<$CH_2OH(CHOH)_4CH_2OH$>** Dulcit *m*, Melampyrin *n*, Melampyrit *m*, Galaktil *m*
dulcose *s.* dulcitol
dull/to 1. abdunkeln; abstumpfen *{den Farbton schwächen}*; matt brennen, mattieren, den Glanz *m* verringern *{Oberfläche}*; abstumpfen; trüben; 2. matt werden; stumpf werden; trüb werden
dull-grind/to mattschleifen
dull 1. matt, stumpf *{Farbton}*; 2. glanzlos, matt, mattiert, stumpf *{z.B. Metalloberfläche}*; 3. gedrückt *{Markt}*; 4. dumpf, hohlklingend *{Akustik}*; 5. blind *{z.B. Wein, Sekt}*; 6. stumpf *{Schneidewerkzeug}*; 7. trübe[e]
dull blue mattblau
dull clear varnish Mattlack *m*
dull coal Mattkohle *f*, matte Kohle *f*; Mattbraunkohle *f*
dull fabric Mattgewebe *n*
dull finish 1. Mattanstrich *m*, matte Oberflächenschicht *f*; 2. Mattglanz *m {Pap}*; 3. Mattappretur *f {Text}*
dull finish lacquer Schleiflack *m*
dull luster Mattglanz *m*
dull pickle Mattbrenne *f*
dull pickling Mattbrennen *n*
dull polish Mattierung *f*
dull red dunkle Rotglut *f*, Dunkelrotglut *f {Glühfarbe}*, purpurrote Hitze *f {Met}*
dull silvering Mattversilberung *f*, Metallversilberung *f*
dull silvery luster Edelglanz *m*
dull white mattweiß
dulling 1. Mattieren *n*, Blindwerden *n*, Glanzverlust *m*, Mattierung *f*; Abstumpfen *n*; Trübung *f*, Abtrübung *f*; Wolkenbildung *f {Farb}*; 2. Mattwerden *n*; Stumpfwerden *n*; Trübwerden *n*
dulling agent Mattierungsmittel *n*, Trübungsmittel *n*
dulling dye Abtrübungsfarbe *f*
dullness 1. Stumpfheit *f {Schneidewerkzeug}*; 2. Glanzlosigkeit *f*, Mattheit *f*, mattes Aussehen *n {Oberfläche}*; 3. Trübheit *f*, Trübe *f*; 4. Abstumpfung *f {Farben}*
Dulong and Petit's law Dulong-Petitsches Gesetz *n*, Dulong-Petit-Gesetz *n*, Dulong-Petitsche Regel *f {Thermo}*
Dulong and Petit's rule *s.* Dulong and Petit's law
duly ordnungsgemäß, vorschriftsmäßig, richtig; pünktlich
duly dressed fellgar *{Gerb}*
dumbbell *{ASTM D 412}* Normalstab 1 *m*, T-Probe *f*, Dumbbell *m {hantelförmiger Probekörper für Gummi, DIN 53504}*
dumbbell blending Dumb-Bell-Mischen *n {Mineralöl, Dest}*
dumbbell model Hantelmodell *n {Stereochem}*
dumbbell-test piece hantelförmiger Schulterstab *m*, stabförmiger Probekörper *m*, Stäbchenprobe *f*, Stabprobe *f*, Hantelprüfkörper *m*, Schulterprobe *f*, Hantelstab *m*
dumbbell-shaped specimen *s.* dumbbell-test piece
dumbbell-shaped tensile test piece *s.* dumbbell-test piece
dumbbell-shaped test specimen *s.* dumbbell-test piece
dumet seal Verschmelzung *f* zwischen Dumet-Draht und Weichglas
dummy 1. unecht, nachgemacht, simuliert; Schein-; 2. Attrappe *f*, Leerpackung *f*, Schaupackung *f*, Dummy *m*; 3. Stärkeband *n*, Stärkemuster *n {Bucheinband}*; 4. Dummy *m {ein leeres Element, Math, EDV}*; 5. Reinigungskathode *f*, Blindkathode *f {zum Abfangen von Verunreinigungen in der Galvanik}*; 6. Stauchkaliber *n {beim Schienenwalzen}*; 7. Dummy *m {Modellnummer einer Zeitschrift}*
dumortierite Dumortierit *m {Min}*
dump/to 1. ablassen *{z.B. Treibstoff}*; 2. ablagern *{z.B. auf einer Deponie}*; verklappen, verdumpen *{Ökol}*; 3. Speicherinhalt hexadezimal ausgeben *{EDV}*; 4. abladen, abwerfen
dump out/to auskippen, ausschütten, ausstoßen, auswerfen, entleeren
dump 1. Dump *m*, Speicherabzug *m*, Speicherausdruck *m {EDV}*; 2. Mülldeponie *f*, Müllabladeplatz *m*, Müllgrube *f*, Deponie *f {Ökol}*; Abraumhalde *f*, Abraumkippe *f {Bergbau}*; 3. Schnellablaß *m {des Moderators}*, Moderatorschnellablaß *m {Nukl}*; 4. Abblasen *n*, Dampfabblasen *n*
dump bin Vorratsbehälter *m*, Vorratssilo *m n*
dump hopper Einkipptrichter *m*, Einfülltrichter *m*
dump slag Haldenschlacke *f*
dump tank Ablaßbehälter *m*
dump valve Schnellablaßventil *n*, Entleerventil *n*
dump wagon Kippwagen *m*
dumper Muldenkipper *m*, Dumper *m*, Autoschütter *m*

dumping 1. Ausschütten *n*, Auskippen *n*, Ausstoßen *n*, Auswerfen *n*, Abwerfen *n*, Entleeren *n*; 2. Ablagerung *f*, Deponierung *f {von Müll}*, Schuttablagerung *f*, Müllablagerung *f*; 3. Abblasen *n {von Dampf zum Kondensator}*, Dampfabblasen *n*
dumping floor Kipphorde *f {Brau}*
dumping grate Schlackenrost *m*, Klapprost *m*
dumping ground Abladeplatz *m*, Absturzhalde *f*, Müllabladeplatz *m*
dumping into landfills Abkippen *n* in Deponien *fpl*
dumping radioactive wastes Abkippen *n* radioaktiver Abfälle *mpl*
dun[-colo[u]red] graubraun *n*, graugelb, gelblich, falb
dundasite Dundasit *m {Min}*
dung Dünger *m*, Dung *m*, Kot *m*, Mist *m*, Stalldünger *m*
dung-salt Düngesalz *n*, mineralischer Dünger *m*
dunite Dunit *m {ein Tiefengestein}*
dunnione Dunnion *n*, 2-Hydroxynaphthochinon *n*
Duo-sol process *{TM}* Duosolprozeß *m*, Duosolverfahren *n*, Zweilösungsmittelverfahren *n*, Duo-Sol-Verfahren *n {Aromatenextraktion}*
duodecimal system Duodezimalsystem *n*, Zwölfersystem *n*, Dodekadik *f {Math; mit der Basis 12}*
duoplasmatron ion source Duoplasmatron-Ionenquelle *f {Spek}*
duplet 1. Dublett *n*, Elektronendublett *n*, gemeinsames Elektronenpaar *n* zweier Atome *npl*; 2. Dublett *n*, Spektralliniendublett *n*, Doppellinie *f*; 3. Dublett *n {Benennung für die Duplizität}*
duplex doppelt, zweifach ausgelegt
duplex beater Doppelholländer *m*
duplex board Duplexkarton *m*, gegautschter Karton *m*
duplex metal Bimetall *n*
duplex mo[u]lding Duplexspritzpressen *n*, Zweikolbenspritzpressen *n*, Zweikolbenspritzpreßverfahren *n*, Zweikolbenpreßspritzen *n*
duplex paper Doppelpapier *n*, gegautschtes Papier *n*
duplex pump Doppelzylinderpumpe *f*, Duplexpumpe *f*, Zwillingspumpe *f*
duplex recorder Zwillingsschreiber *m*
duplex slip Doppelgleitung *f*
duplex star connection Doppelsternschaltung *f {Elek}*
duplex steel Duplexstrahl *m {kombiniertes Bessemer-Elektroverfahren}*
duplicate/to 1. doppeln, verdoppeln; 2. nachmachen, nachahmen; 3. vervielfältigen, kopieren
duplicate 1. doppelt; Zweit-, Doppel-; 2. Duplikat *n*
duplicate determination Kontrollbestimmung *f {Anal}*
duplicated doppelt ausgeführt, doppelt vorhanden, zweifach installiert
duplicating apparatus Vervielfältigungsapparat *m*
duplicating machine Vervielfältigungsmaschine *f*, Bürodruckmaschine *f*
duplicating paper Abzugspapier *n*, Vervielfältigungspapier *n*, Kopierpapier *n*, Duplizierpapier *n*
duplicator 1. Vervielfältigungsapparat *m*, Bürodruckmaschine *f*; 2. Nachformmaschine *f*, Kopiermaschine *f {Tech}*; 3. Dupliziergerät *n {Photo}*; 4. Nachformeinrichtung *f*, Kopiereinrichtung *f {Werkzeug}*
duponol Duponol *n*
duprene *{TM}* Neopren *n*
durability Beständigkeit *f*, Dauerhaftigkeit *f*, Festigkeit *f*, Haltbarkeit *f*, Lebensdauer *f*
durability of assigned rating Feuerwiderstandsdauer *f*
durability test Dauertest *m*, Dauerhaftigkeitsprüfung *f*, Haltbarkeitsprüfung *f*
durable dauerhaft, haltbar, stabil, beständig
durain Durit *m*, Durain *m {Mattkohlestreifen}*
duralium Duralium *n {93-95 % Al, 3-3,5 % Cu + Mg, Mn}*
duralumin Duralumin *n*, Duraluminium *n {4 % Cu, 0,5 % Mg, 0,6 % Mn, Fe/Si-Spuren; Rest Al}*
durangite Durangit *m {Min}*
duration 1. Bestand *m*, Fortbestehen *n*, Fortdauer *f*; 2. Länge *f {Zeit}*, Zeitdauer *f*, Dauer *f*; 3. Verweilzeit *f*
duration of tempering Anlaßdauer *f {Met}*
duration of test Versuchsdauer *f*
durene **<$C_6H_2(CH_3)_4$>** Durol *n {Triv}*, 1,2,4,5-Tetramethylbenzol *n*, Duren *n*
durex carbon black Durexruß *m {HN}*
duriron Duriron *n {säurefestes Gußeisen mit 14 % Si, 2 % Mn, 1 % C und 0,1 % S}*
durohydroquinol Durohydrochinon *n*
durol *s.* durene
durometer Härteprüfer *m*, Härteprüfgerät *n*, Härtemesser *m*, Durometer *n*
duroplast Duroplast *n*
duroplastic 1. duroplastisch; 2. härtbarer Kunststoff *m*
duroquinone Durochinon *n*
duryl **<$(CH_3)_3C_6H$->** Duryl-
durylic acid **<$(CH_3)_3C_6H_2COOH$>** Durylsäure *f*, Cumylsäure *f*, 2,4,5-Trimethylbenzolcarbonsäure *f*
Dushman viscosity manometer Dushmansches Reibungsvakuummeter *n*
dust/to 1. stauben; verstauben; stäuben; 2. be-

stäuben, [ein]pudern; stäuben, verstäuben; 3. zerrieseln *{von Materialien mit hohem Calciumorthosilicatgehalt}*; 4. abblasen, abstauben *{Keramik}*; 5. entstäuben *{z.B. Hadern, Altpapier}*

dust off/to abstauben

dust 1. Staub *m*; 2. Stäubemittel *n {z.B. Insektizid}*; 3. Flugstaub *m {Met}*; 4. Stanzmasse *f*, Preßmasse *f {Keramik}*

dust arrester Entstauber *m*, Entstaubungsanlage *f*

dust-aspiration hood Staubabsaugehaube *f*

dust aspirator Staubabzug *m*

dust bin Abfallbehälter *m*, Mülltonne *f {DIN 6629}*, Mülleimer *m*, Müllgefäß *n*

dust-binding oil 1. Reißöl *n {zum Lumpenreißen}*; 2. staubbindendes Öl *n*

dust box Staubfang *m*, Staubkammer *f*

dust burden Staubbelastung *f*, Staubbeladung *f*, Staubkonzentration *f*, Staubgehalt *m*

dust cap Staubkappe *f {des Ventils}*

dust capacity Staubaufnahmefähigkeit *f*

dust capsule Staubkappe *f {DIN 58368}*

dust cartridge Staubkerze *f*, Staubfilter *n*

dust catcher Staubabscheider *m*, Exhaustor *m*, Entstauber *m*, Staubsack *m*, Staubfänger *m*, Staubsammler *m*

dust-catching agent Staubbindemittel *n*

dust chamber Staubkammer *f*, Staubtasche *f*, Flugstaubkammer *f*, Absetzkammer *f*

dust cloud Staubwolke *f*

dust coal Grießkohle *f*, Staubkohle *f*

dust-coal dry fines Staubkohle *f {DIN 22005}*

dust collecting Entstaubung *f*

dust-collecting tube Staubsammelrohr *n {Lab, Instr}*

dust-collecting plant Entstaubungsanlage *f*

dust collection Staubabscheiden *n*, Staubabscheidung *f*

dust collector Staubsammler *m*, Staubfänger *m*, Entstauber *m*, Staubfang *m*, Staubabscheider *m*, Entstaubungsanlage *f*

dust content Staubgehalt *m*, Staubkonzentration *f*, Staubbeladung *f*

dust control Staubbekämpfung *f*

dust conveyor Staubförderanlage *f*

dust core Staubkern *m*; Massekern *m {DIN 41281}*

dust deposit Staubablagerung *f*

dust dispersal Staubausbreitung *f*

dust-dry staubtrocken

dust elimination Entstaubung *f*, Entstauben *n*, Staubabscheidung *f*

dust emission Staubauswurf *m*, Staubemission *f*

dust exhausting Staubabsaugen *n*

dust explosion Staubexplosion *f*

dust extraction Staubabsaugung *f*, Staubabzug *m*

dust filter Staubfilter *n*

dust fixation Staubbinden *n*

dust formation Staubbildung *f*; Staubanfall *m*

dust-free staubfrei

dust impinger Staubprobensammler *m*

dust-impinger tube Prallrohr *n* zur Staubbestimmung *{Lab, Instr}*

dust-laden 1. staubbeladen, staubig, staubhaltig, verstaubt; 2. Nachfüllbehälter *m {wiederverwendbare Verpackung}*

dust-like staubartig, staubförmig, pulverig

dust loss Staubverlust *m*, Verstäubungsverlust *m*

dust mask Staubmaske *f*, Staubschutzmaske *f*

dust-measuring instrument Staubmeßgerät *n*

dust meter Staubmeßgerät *n*

dust mixture Staubgemisch *n*

dust monitor Staubüberwachungsgerät *n*, Staubüberwachungsanlage *f*

dust nuisance Staubbelästigung *f*

dust of picked ore Scheidemehl *n {Met}*

dust of roasted ore Röststaub *m {Met}*

dust particle Staubteilchen *n*, Staubpartikel *f*, Staubkorn *n*

dust-particle size Staubfraktion *f*

dust pocket Staubsack *m*

dust-polluted staubverschmutzt

dust precipitation Entstauben *n*

dust precipitator Elektrofilter *n*, Elektrostaubabscheider *m*

dust-pressed ceramic tile trockengepreßte Keramikfliese *f {DIN EN 159}*

dust prevention Staubverhütung *f*

dust-proof staubdicht, staubsicher

dust-proof packing Staubdichtung *f*

dust removal Entstauben *n*, Entstaubung *f*, Staubabscheidung *f*

dust-removal filter Staubabscheidefilter *n*

dust remover Staubentferner *m*, Zyklon *m*, Staubsammler *m*

dust repellant staubabstoßendes Mittel *n*

dust-repellent staubabstoßend

dust respirator Staubmaske *f {Bergbau}*

dust roaster Staubröstofen *m*

dust sampler Staubprobensammler *m*

dust screening Staubsiebung *f*

dust-separating method Staubabscheideverfahren *n*

dust separation Entstaubung *f*, Staubabscheidung *f*

dust separator Entstauber *m*, Entstaubungsanlage *f {z.B. bei Großfeuerungsanlagen}*, Staubabscheider *m*, mechanisches Filter *n*, Rauchgasentstäuber *m*

dust settling chamber Staubkammer *f*

dust-sucking plant Absauganlage *f*

dust suppression Staubunterdrückung *f*, Staubbekämpfung *f*
dust-tight *{US}* } staubdicht
dust trap Staubfalle *f*, Staubfänger *m*, Staubsammler *m*
dry as dust staubtrocken
formation of dust Staubentwicklung *f*
dusted with lime kalkgepudert
duster 1. Entstäubungsapparat *m*, Stäuber *m* *{Hadernaufbereitung}*, Haderndrescher *m* *{Pap}*; 2. Abstaubmaschine *f* *{Keramik}*; 3. Bestäubungsgerät *n*, Verstäubungsgerät *n*, Stäubegerät *n*, Pulververstäuber *m* *{Agri}*; 4. Staubmantel *m*, Staublappen *m* *{Text}*; 5. Versteckfarbe *f*, Abtränkbrühe *f* *{Gerb}*
dusting 1. Stauben *n*; Verstauben *n*, Verstaubung *f*; Stäuben *n* *{Pap}*; 2. Bestäuben *n*, Einstäuben *n*, Einpudern *n*, Pudern *n*; Stäuben *n* *{mit Stäubemitteln}*, Verstäuben *n*, Verstäubung *f* *{von Stäubemitteln}*; 3. Zerrieseln *n* *{Keramik}*; 4. Abblasen *n*, Abstauben *n*; 5. Entstäuben *n* *{z.B. von Hadern, Altpapier}*
dusting agent Pudermittel *n*; Stäubemittel *n*; Streupuder *n*
dusting gold Pudergold *n*
dusting machine 1. Einpudermaschine *f*, Puderauftragsmaschine *f*; 2. Entstäubungsapparat *m*, Stäuber *m* *{Hadernaufbereitung, Pap}*; 3. Abstaubmaschine *f* *{Keramik}*; 4. Verstäubungsgerät *n*, Stäubgerät *n*, Pulververstäuber *m* *{Agri}*
dusting platinum Puderplatin *n*
dusting silver Pudersilber *n*
dustless nichtstaubend; staubfrei
dusty 1. staubig, verstaubt, staubhaltig, voll Staub; staubartig, staubförmig; 2. Nachfüllbehälter *m* *{wiederverwendbare Verpackung}*
dusty powder Feinpulver *n*, Staubpulver *n*
Dutch balance Holländerwaage *f*
Dutch foil Rauschgold *n*, Knittergold *n*, Flittergold *n* *{0,01-0,03 mm starkes, beim Anfassen knisterndes Messingblech mit goldähnlicher Farbe, z.B. für Dekorationszwecke}*
Dutch gold Flittergold *n*, Rauschgold *n*, unechtes Blattgold *n* *{etwa 78 % Cu und 22 % Zn}*
Dutch liquid <CH_2Cl-CH_2Cl> Dutch-Flüssigkeit *f*, Ethylendichlorid *n*, 1,2-Dichlorethan *n*, Öl *n* der holländischen Chemiker *{Triv}*
Dutch metal *s.* Dutch gold
Dutch oil *s.* Dutch liquid
Dutch process holländisches Topfverfahren *n*, Fällungsverfahren *n*, französisches Verfahren *n* *{Bleiweißherstellung}*
Dutch tile Fliese *f*, Kachel *f*; Ofenkachel *f*
Dutch twilled weave Körpertressengewebe *n* *{zum Sieben}*
Dutch white Holländerweiß *n* *{$BaSO_4$ + basisches Bleiweiß}*
dutiable zollpflichtig
duty 1. Pflicht *f*; Aufgabe *f*; 2. Leistung *f*, Wirkleistung *f*; Nutzeffekt *m*; 3. Betrieb *m*, Betriebsweise *f*, Betriebsart *f*; 4. Verwendungszweck *m*; 5. Zoll *m*, Abgabe *f*, Gebühr *f*
dvicesium *{obs}* *s.* francium
dvimanganese *{obs}* *s.* rhenium
dvitellurium *{obs}* *s.* polonium
dwell/to 1. verweilen; 2. [an]schwellen; 3. auf Distanz *f* fahren *{Presse}*
dwell 1. Verweilzeit *f*, Aufenthaltszeit *f*; kurzer, regelmäßiger Stillstand *m*; 2. Entlüftungspause *f*, Druckpause *f* *{Preßwerkzeug}*; 3. Druckabfangen *n* *{zum Gasentweichen, Kunst}*
dwell[ing] time Aufenthaltsdauer *f*, Verweildauer *f*, Verweilzeit *f*, Standzeit *f*; Druckpausenzeit *f*, Entlüftungszeit *f* *{vor vollständigem Werkzeugschluß}*
dyad 1. zweiwertig; 2. zweiwertiges Element *n*, zweiwertige Atomgruppe *f*, Dyade *f* *{Chem}*; 3. Dyade *f*, Tensor *m* zweiter Stufe *{Math}*
dyakis dodecahedral dyakisdodekaedrisch, disdodekaedrisch *{Krist}*
dyakis dodecahedron Dyakisdodekaeder *n*, Disdodekaeder *n* *{Krist}*
dye/to 1. färben, anfärben, einfärben; 2. aufhellen *{Keramik}*
dye again/to auffärben, nachfärben
dye Farbstoff *m* *{DIN 55945}*, Färbemittel *n*, Farbe *f*
dye absorption Farbstoffaufnahme *f*
dye affinity Farbstoffaffinität *f*, Anfärbbarkeit *f*, Anfärbevermögen *n*
dye bath Färbebad *n*, Färbeflotte *f*, Farbbad *n*, Farbflotte *f*, Flotte *f*
dye beaker Färbebecher *m*
dye beck Färberküpe *f*
dye-dispersing agent Farbstoffdispergiermittel *n*
dye film Farbschicht *f*
dye fluid Färbebad *n*, Färbeflüssigkeit *f*, Färberflotte *f*
dye laser Farbstofflaser *m*
dye liquor Farbbrühe *f*, Flotte *f*, Farbflotte *f*, Farbbad *n*, Färbeflotte *f*, Färbebad *n*
dye penetration Durchfärbung *f*
dye-penetration test Farbeindringverfahren *n*
dye receptivity Farb[stoff]aufnahmevermögen *n*, Anfärbbarkeit *f*
dye retarder Retarder *m*, Färbungsbremsmittel *n*, Egalisiermittel *n*
dye sensitization Farbsensibilisierung *f*, optische Sensibilisierung *f*
dye sensitivity Farbenempfindlichkeit *f*, Farbempfindlichkeit *f*
dye solution Farbstofflösung *f*, Farblösung *f*
dye tanning Färbegerberei *f*
dye test Farbenprobe *f*

dye tub Färberküpe *f*
direct dye substantiver Farbstoff *m*
substantive dye substantiver Farbstoff *m*
dyeability Färbbarkeit *f*, Farbstoffaufnahmevermögen *n*, Anfärbbarkeit *f*
dyeable [an]färbbar
dyed gefärbt
dyeing 1. färbend; 2. Färben n, Färberei *f*, Färbung *f*, Anfärben *n*, Anfärbung *f*, Ausfärbung *f*
dyeing auxiliary Färbehilfsmittel *n*, Färbereihilfsmittel *n*
dyeing behaviour Einfärbbarkeit *f*, Einfärbeverhalten *n*, Einfärbeigenschaften *fpl*
dyeing capacity Färbekraft *f*
dyeing carthamus Färberdistel *f* *{Bot}*
dyeing property färberische Eigenschaften *fpl*, färberisches Verhalten *n*, färberische Natur *f*, Färbeeigenschaften *fpl*, Färbeverhalten *n*, Farbstoffnatur *f*, Farbstoffcharakter *m*
dyeing vat Färbekufe *f*, Färbeküpe *f*
goods for dyeing Farbgut *n*
rate of dyeing Färbegeschwindigkeit *f*
dyeometer Farbbadkolorimeter *n*
dyer's bath Färberflotte *f*, Färbebad *n*, Farbbad *n*, Farbflotte *f*, Flotte *f*
dyer's broom Färberginster *m*, Färberkraut *n*, Färberpfrieme *f* *{Bot}*
dyer's buckthorn Färberkreuzdorn *m* *{Bot}*
dyer's bugloss Färberalkanna *f* *{Bot}*
dyer's lichen Färbermoos *n*, Färberflechte *f* *{Bot}*
dyer's madder Färberröte *f*, Färberwurzel *f* *{Bot}*
dyer's moss Färberflechte *f*, Färbermoos *n* *{Bot}*
dyer's mulberry Färbermaulbeerbaum *m*, Gelbholz *n*, Gelbes Brasilholz *n*, Alter Fustik *m*, Echter Fustik *m*, Fustikholz *n*, Chlorophora tinctoria Gaudich *{Bot}*
dyer's oak Färbereiche *f*, Quercus velutina Lam.; Galleiche *f*, Quercus infectoria Oliver *{Bot}*
dyer's oil Färberöl *n*
dyer's rocket Harnkraut *n* *{Bot}*
dyer's safflower Färberdistel *f*, Färbersaflor *m* *{Bot}*
dyer's woad Färberwaid *m* *{Bot, Isatis tinctora}*
dyer's woodruff Färber-Waldmeister *m*, Färber-Meister *m*, Färber-Meier *m*, Asperula tinctoria L. *{Bot}*
common dyer's woad Indigkraut *n* *{Bot}*
dyestuff Farbstoff *m* *{DIN 55945}*
dyestuff for colo[u]ring lacquers Lackfarbstoff *m*
dyestuff solvent Farbstofflösemittel *n*
dyewood Färbeholz *n*, Farbholz *n*
dyewood extract Farbholzextrakt *m*
dynamic dynamisch
dynamic allotropy Desmotropie *f*
dynamic and static pressure Staudruck *m*
dynamic breakdown forepressure "normaler Durchbruch"-Vorvakuumdruck *m*
dynamic compression stress Schlagdruckbeanspruchung *f*
dynamic compression test Schlagdruckversuch *m*
dynamic compressor Turboverdichter *m*
dynamic cooling Expansionskühlung *f* *{Thermo}*
dynamic creep test Dauerstandfestigkeitsprüfung *f*
dynamic deep-bed filter dynamisches Tiefenfilter *n*
dynamic electrode potential dynamisches Elektrodenpotential *n*
dynamic equilibrium dynamisches Gleichgewicht *n*
dynamic fatigue test dynamischer Dauerversuch *m*
dynamic flow dynamische Zähigkeit *f*
dynamic forepressure Vorvakuumdruck *m* *{am Vorvakuumstutzen einer Treibmittelpumpe}*
dynamic friction Bewegungsreibung *f*, Reibung *f* der Bewegung, dynamische Reibung *f*, kinetische Reibung *f* *{Phys}*
dynamic gas flow gasdynamische Strömung *f*
dynamic hardness testing machine Schlaghärteprüfer *m*
dynamic head dynamische Förderhöhe *f*; Geschwindigkeitshöhe *f* *{als Flüssigkeit ausgedrückter Staudruck}*, dynamische Druckhöhe *f*
dynamic isomerism Tautomerie *f*, Desmotropie *f*
dynamic leak checking dynamische Leckprüfung *f* *{Vak}*
dynamic loading dynamische Belastung *f*
dynamic long-term load dynamische Langzeitbelastung *f*
dynamic modulus of elasticity dynamischer Elastizitätsmodul *m*
dynamic pressure Staudruck *m*, dynamische Pressung *f*, dynamischer Druck *m*
dynamic range 1. Betriebsdynamik *f*, Dynamikbereich *m*, Dynamik *f* *{Akustik}*; 2. Aussteuer[ungs]bereich *m*
dynamic rigidity dynamischer Schermodul *m*, dynamischer Schubmodul *m*
dynamic strength dynamische Festigkeit *f*, dynamische Zähigkeit *f*, Schwingungssteifigkeit *f*
dynamic strength test[ing] dynamische Festigkeitsprüfung *f*
dynamic stress zügige Beanspruchung *f*, zügige Belastung *f*, dynamische Beanspruchung *f*
dynamic tensile test Schlagzerreißversuch *m*

dynamic test dynamische Prüfung *f*
dynamic vacuum system dynamisches Vakuumsystem *n*, dynamische Vakuumanlage *f*
dynamic viscosimeter Schwingungsviskosimeter *n*, Schwingungsviskositätsmesser *m*
dynamic viscosity absolute Viskosität *f*, dynamische Viskosität *f*, dynamische Zähigkeit *f*
dynamical dynamisch
dynamical flow of gases gasdynamische Strömung *f*
dynamics Dynamik *f*
dynamite Dynamit *n*, *{Expl; Glycerinnitrat in inerten Trägersubstanzen}*
dynamo 1. Elektromaschine *f*, elektrische Maschine *f*; 2. Lichtmaschine *f {ein Gleichstromgenerator}*; 3. Dynamo *m*, Dynamomaschine *f*, Gleichstrommaschine *f*, Gleichstromgenerator *m {Elek}*
dynamo electric machine Dynamomaschine *f*, Dynamo *m*, Gleichstrommaschine *f*, Gleichstromgenerator *m*
dynamo oil Dynamoöl *n*
dynamometer 1. Dynamometer *n*, Kraftmesser *m {Elek}*; 2. Pendelmotor *m {Transmission}*; 3. Leistungsmesser *m*, Bremsdynamometer *n {Tech}*
dyne Dyn *n {obs, Krafteinheit 1 dyn = 10^{-5} N}*
dyneine *{EC 3.6.1.33}* Dynein *n*, Dynein-ATPase *f*
dynode Dynode *f*, Zwischenelektrode *f*, Elektronenspiegel *m*, Prallelektrode *f*
Dynstat apparatus Dynstat-Gerät *n*
Dynstat [impact] tester Dynstat-Gerät *n*
Dynstat method Dynstat-Prüfung *f {Schlag- oder Kerbschlagzähigkeit von einseitig eingespannten Prüfkörpern}*
dyphylline Dyphyllin *n {Pharm}*
dypnone <$C_6H_5C(CH_3)=CHCOC_6H_5$> Dypnon *n*, *β*-Methylchalkon *n*, 1,3-Diphenyl-2-buten-1-on *n*
dyrophanthine Dyrophanthin *n*
dyscrasite Antimonsilber *n*, Dyskrasit *m*, Diskrasit *m*, Drittelsilber *n {Min}*
dysluite Dysluit *m {Min}*
dysodil Dysodil *m*, Blätterkohle *f*, Papierkohle *f*
dysprosium *{Dy, element no. 66}* Dysprosium *n*
dysprosium chloride <$DyCl_3$> Dysprosiumtrichlorid *n*
dysprosium nitrate <$Dy(NO_3)_3 \cdot 5H_2O$> Dysprosiumtrinitrat[-Pentahydrat] *n*
dysprosium oxide <Dy_2O_3> Dysprosium(III)-oxid *n*, Dysprosia *f*
dysprosium sulfate <$Dy_2(SO_4)_3 \cdot 8H_2O$> Dysprosium(III)-sulfat[-Octahydrat] *n*
dystectic mixture dystektische Mischung *f*
dystectics Dystektikum *n {Anti-Eutektikum}*
dystrophin Dystrophin *n {Protein}*

E

eaglestone Adlerstein *m*, Ätit *m*, Eisenniere *f {obs}*, Klapperstein *m {Min}*
ear protection Gehörschutz *m*, Lärmschutz *m*
ear protectors Lärmschutz *m*, Gehörschutz *m*
ear-stone Otolith *m {Physiol}*
early warning Früherkennung *f*, Frühwarnung *f*
earn/to verdienen; erwerben; einbringen
earth/to 1. erden, an Erde *f* legen *{Elek}*; 2. behäufeln; 3. einfahren
earth 1. Erde *f*, Boden *m*, Erdboden *m*, Erdreich *n*; 2. Erde *f {als Planet}*, Erdkugel *f*, Erdball *m*; 3. [festes] Land *n*, Festland *n {Geol}*; 4. Erde *f {farblose, erdige Metalloxide, Seltenerden, saure Erden, alkalische Erden}*
earth alkaline erdalkalisch
earth colo[u]r Erdfarbe *f*, Erdpigment *n*, Farberde *f {anorganisches natürliches Pigment}*, Mineralfarbstoff *m*, mineralisches Farbpigment *n*
earth-colo[u]red erdfahl, erdfarben, erdfarbig
earth conductor Erdleiter *m*, Erder *m*, Erdleitung *f*
earth conductor cable Nulleiterkabel *n*, Nullleitung *f*
earth connection Erdanschluß *m*, Erdleitung *f*, Erdung *f*, Anlegen *n* an Erde *{Elek}*
earth flax Amianth *m*, Aktinolith-Asbest *m {Min}*
earth for mo[u]lds Gießerde *f*
earth metal Erdmetall *n*
earth-nut oil Arachisöl *n*, Erdnußöl *n*
earth pigment Erdpigment *n*, Mineralfarbstoff *m*, Erdfarbstoff *m*, mineralisches Farbpigment *n*, Farberde *f {anorganisches natürliches Pigment}*
earth pitch Bergpech *n*, Erdpech *n*, Erdharz *n*, Asphalt *m*, Petroleumasphalt *m*
earth potential Erdpotential *n*, Nullpotential *n {Elek}*
earth switch Erdungsschalter *m {Elek}*
earth terminal *{GB}* Erdungsklemme *f {Elek}*
earth wax Erdwachs *n*, Bergtalg *m*, Bergwachs *n*, Ceresin *n*, Riechwachs *n*, Ozokerit *m {Min}*
earth wire Erdungsdraht *m*, Erdleiter *m {mit Erdpotential, DIN 40108}*
alkaline earth Erdalkimetall *n*
rare earths seltene Erden *fpl*
earthed mit Masseschluß *m*, geerdet, an Erde *f* gelegt
earthen irden; tönern, aus Ton *n*; Erd-
earthen vessel Tongefäß *n*
earthenware 1. Steingut *n*, Tonsteingut *n*; 2. Töpferware *f*; Irdengut *n*, Irdenware *f*, Irdengeschirr *n*, Tongut *n*, Tonware *f*
earthenware-cooling coil Tonkühlschlange *f*

earthenware pipe Steinzeugrohr *n*, Tonrohr *n*
earthenware tank Steingutwanne *f*
earthing Erdung *f*, Erden *n*, Masseanschluß *m*, Erdschluß *m* *{Elek}*
earthing conductor Erdleiter *m* *{Elek}*
earthing switch Erdungsschalter *m* *{Elek}*
earthy erdig, erd[e]haltig; erdartig; Erd-
earthy calcite Mehlkreide *f*
earthy cerussite Bleierde *f*
earthy coal Erdkohle *f*
earthy cobalt Asbolan *m*, Erdkobalt *n*, Kobaltocker *m*, Kobaltschwärze *f* *{Min}*
earthy ferruginous cuprite Kupferziegelerz *n* *{Min}*
earthy fluorite Flußspaterde *f* *{Min}*
earthy gypsum Mehlgips *m*
earthy hornsilver Buttermilchsilber *n*, Chlorargyrit *m*
earthy lead carbonate Bleierde *f*
earthy magnetite Eisenschwärze *f*
earthy marl Mergelerde *f*
earthy pit coal Rußkohle *f*
earthy talc Erdtalk *m*
earthy vivianite Eisenblauerde *f*
earthy white lead ore Bleierde *f*
ease/to 1. lockern, locker machen; 2. erleichtern, lindern; 3. beheben; 4. befreien
ease Leichtigkeit *f*, Bequemlichkeit *f*
ease of access [leichte] Zugänglichkeit *f*
ease of flow Fließfähigkeit *f*
ease of maintenance Wartungsfreundlichkeit *f*, Leichtigkeit *f* der Wartung *f*, Servicefreundlichkeit *f*
ease of operation Bedienungsfreundlichkeit *f*, Bedienungskomfort *m*, Leichtigkeit *f* der Bedienung *f*
ease of servicing Servicefreundlichkeit *f*
easily leicht, einfach
easily accessible leicht zugänglich, griffgünstig
easily decomposable leicht zersetzlich
easily fusible leichtflüssig, leichtschmelzend
easily fusible metal niedrigschmelzendes Metall *n*
easily liberatable cyanide *{ISO 6783}* leicht freisetzbares Cyanid *n* *{Wasser, Anal}*
easily pigmented leicht pigmentierbar
easily pourable oil gut gießbares Öl *n*
easily scratched kratzempfindlich
easily soluble leichtlöslich
easing valve Entlastungsventil *n*
easy leicht, einfach; bequem; ungezwungen
easy access bequemer Zugang *m*, leichte Zugänglichkeit *f*
easy care 1. pflegeleicht; 2. leichte Pflegbarkeit *f*, Pflegeleichtigkeit *f* *{Text}*
easy care finis[hing] Pflegeleicht-Ausrüstung *f*, Easy-Care-Ausrüstung *f* *{Text}*
easy-flow leichtfließend, weichfließend
easy to automate automatisierungsfreundlich
easy to bond klebefreundlich
easy to fit montagefreundlich, montageleicht
easy to handle handhabungsfreundlich
easy to install montagefreundlich, montageleicht
easy to maintain wartungsfreundlich, wartungsgerecht, servicefreundlich, kundenfreundlich
easy to operate leichtbedienbar
easy to process verarbeitungsfreundlich
easy to repair reparaturfreundlich
easy to service servicefreundlich, wartungsfreundlich, wartungsgerecht, kundenfreundlich
easy to stick klebefreundlich
easy to use benutzerfreundlich; verarbeitungsfreundlich
eat/to 1. essen; 2. zerfressen, anfressen, angreifen, [oberflächlich] zerstören, ätzen, korrodieren; sich hineinfressen
eat away/to 1. abfressen; 2. verzehren; 3. korrodieren, angreifen, anfressen, zerfressen *{Met}*
eat up/to 1. fressen *{Korr}*; 2. auf[fr]essen
eat through/to durchfessen
eau de Cologne Kölnisch Wasser *n*, Kölnisches Wasser *n*
eau de Javel[le] Eau de Javelle *n*, Bleichwasser *n*, Javellesche Lauge *f*, Kalibleichlauge *f* *{wäßrige Kaliumhypochloridlösung}*
eau de Labarraque Eau de Labarraque *n* *{wäßrige NaOCl-Lösung}*
EB Ethylenglycolbutylether *m*, EB
EBB *{European Environmental Bureau}* Europäisches Umweltschutzbüro *n* *{Brüssel, 1974}*
ebb/to zurückströmen, verebben; abnehmen
Ebert mounting Ebert-Aufstellung *f* *{des Gittermonochromators, Opt}*
eblanin <$C_7H_8N_4O_2$> Eblanin *n*, Urotheobromin *n*, Paraxanthin *n*, 1,7-Dimethylxanthin *n*
ebonite Ebonit *n*, Hartgummi *n* *{DIN 7711}*, Hartkautschuk *m* *{mit 25-47 %S}*
ebonite goods Hartgummiartikel *mpl*
ebonite powder Hartgummimehl *n*
ebonize/to schwarz beizen
ebony 1. ebenholzschwarz; schwarz; 2. [echtes schwarzes] Ebenholz *n*, Diospyros ebenum J.G. Koenig; 3. Schwärze *f*
ebony black 1. ebenholzschwarz; 2. Ebenholzschwarz *n*, Schwärze *f*
ebullient aufwallend, sprudelnd; siedend, kochend, brodelnd
ebulliometer Ebulliometer *n*, Ebullioskop *n*
ebullioscope Ebullioskop *n*, Ebulliometer *n*
ebullioscopic ebullioskopisch
ebullioscopic constant ebullioskopische Konstante *f*, molale Siedepunktserhöhung *f*
ebullioscopy Ebullioskopie *f*, Ebulliometrie *f*

ebullition Kochen *n*, Aufkochen *n*, Sieden *n*, Aufwallen *n*, Aufsprudeln *n*, Brodeln *n*

ebullition of lime Aufgehen *n* des Kalkes *m*

ebullition-regulating coil Siedeverzugsspirale *f*

retardation of ebullition Siedeverzug *m*

eburnian elfenbeinartig, elfenbeinfarbig

ecad Ökade *f {örtlich angepaßte Pflanze}*

ECB Ethylencopolymerisat-Bitumen *m {DIN 16729}*

ecboline Ekbolin *n {Ergot-Alkaloid}*

eccentric 1. exzentrisch, außermittig, nicht durch den Mittelpunkt *m* gehend, unrund; unrund laufend; 2. Exzenter *m*; Exzenterscheibe *f*

eccentric attachment Exzenter *m*

eccentric breaker Exzenterpresse *f*

eccentric disk Exzenterscheibe *f*, Kropfscheibe *f*

eccentric press Exzenterpresse *f*

eccentric screen Exzentersieb *n*

eccentric sheave Exzenterscheibe *f*

eccentric single-rotor screw pump Exzenterschneckenpumpe *f*

eccentric tumbler Taumelmischer *m*

eccentric tumbling mixer Taumelmischer *m*

eccentric worm pump Exzenter-Schneckenpumpe *f*

eccentricity 1. Exzentrizität *f*, Außermittigkeit *f*, exzentrische Lage *f*; 2. Brennweite *f*, lineare Exzentrizität *f {z.B. bei einer Ellipse}*; 3. numerische Exzentrizität *f {Math}*; 4. Rundlauffehler *m {Tech}*

eccrine *s.* exocrine

ecdemite Ekdemit *m {Min}*

α-ecdyson $<C_{27}H_{44}O_6>$ Ecdyson *n*, Häutungshormon *n*, Verpuppungshormon *n*

ECETOC *{European Chemical Industry Ecology and Toxicology Center}* Ökologie- und Toxikologiezentrum *n* der Europäischen Chemischen Industrie *f {Brüssel, 1978}*

ECG *{US; GB: E.C.G.}* Elektrokardiogramm *n*, EKG *{Med}*

ecgonidine Ecgonidin *n*, Anhydroecgonin *n*

ecgonine $<C_9H_{15}NO_3H_2O>$ Ecgonin *n*, Tropincarboxylsäure *f*

ecgoninic acid Ecgoninsäure *f*

ecgoninol Ecgoninol *n*

echelette grating Echelette-Gitter *n*, Reflexions-Beugungsgitter *n*, Blaze-Gitter *n {Spek}*

echelle grating Echelle-Gitter *n*

echelon Stufengitter *n*, Echelon-Gitter *n*, Michelson-Gitter *n*, Interferenz-Beugungsgitter *n {Spek}*

echelon lens Stufenlinse *f {Opt}*

echelon prism Stufenprisma *n {Opt}*

echinacein Echinacein *n*

echinacoside $<C_{35}H_{46}O_{20}>$ Echinacosid *n*

echinatine Echinatin *n {Alkaloid von Rindera echinata und Eupatorium maculatum L.}*

echinocandine $<C_{52}H_{81}N_7O_{16}>$ Echinocandin B *n {Antibiotikum}*

echinochrome Echinochrom *n*

echinomycin $<C_{50}H_{60}N_{12}O_{12}S_2>$ Echinomycin *n*

echinopsine $<C_{10}H_9NO>$ Echinopsin *n*

echinulin $<C_{29}H_{39}N_3O>$ Echinulin *n*

echitamine Echitamin *n*

echugin Echugin *n {Pfeilgift-Glucosid}*

eclipsed ekliptisch, verdeckt *{Stereochem}*

eclipsed conformation ekliptische Konformation *f {Stereochem}*

eclogite Eklogit *m {ein kristalliner Schiefer}*

eclogite shell Eklogitschale *f {Geol}*

ecobiotic adaptation ökobiotische Anpassung *f*

ecocline Ökoklin *n {Ökol, Gen}*

ecological ökologisch; umweltbedingt; umweltbezogen, Umwelt-

ecological considerations Umweltaspekte *mpl*

ecological expert Umweltschutzfachmann *m*, Umweltschutzexperte *m*, Ökologe *m*

ecologically beneficial umweltfreundlich

ecologically safe ökologisch unbedenklich, umweltfreundlich

ecologist Ökologe *m*, Umweltschutzexperte *m*

ecology Ökologie *f*, Umweltlehre *f*

economic wirtschaftlich, volkswirtschaftlich; rationell, sparsam, lohnend

economic climate Wirtschaftsklima *n*

economic considerations Wirtschaftlichkeitsüberlegungen *fpl*, Wirtschaftlichkeitsbetrachtungen *fpl*, Rationalisierungsgründe *mpl*

economic efficiency Wirtschaftlichkeit *f*

economic material use ökonomischer Werkstoffeinsatz *m*

economic performance Wirtschaftlichkeit *f*

economic reasons Wirtschaftlichkeitsgründe *mpl*

economic situation Wirtschaftslage *f*, Konjunktur[lage] *f*

economical preisgünstig, kostengünstig; rationell, sparsam, wirtschaftlich, ökonomisch; niedrig, angemessen

economical work condition Optimalbetrieb *m*

economizer Abgasvorwärmer *m*, Anwärmer *m*, Ekonomiser *m*, Heizgasvorwärmer *m*, Rauchgasvorwärmer *m*, rauchgasbeheizter Speisewasservorwärmer *m*; Sparanlage *f*

economy 1. Sparsamkeit *f*, Wirtschaftlichkeit *f*; 2. Einsparung *f*; 3. Organisation *f*; 4. Wirtschaft *f*, Wirtschaftssystem *n*

economy in use Ergiebigkeit *f*

economy measures Rationalisierungsmaßnahmen *fpl*

economy-size pack Familienpackung *f*

ecospecies Ökospecies *f {Biol}*

ecosystem Ökosystem *n*

ecotype Ökotyp *m {lokale Artausprägung}*
ecrasite Ekrasit *n {Expl}*
ecru 1. ungebleicht; 2. Rohleinen *n {Text}*
ecru silk Ekruseide *f*, Hartseide *f {wenig entbastete Naturseide}*
ectoenzyme Ektoenzym *n*, sekretorisches Enzym *n*
ectohormone Pheromon *n*
ectoplasm Ektoplasma *n*
ectoplasmic ektoplasmisch
ectylcarbamide Ektylcarbamid *n*, 2-Ethyl-*cis*-crotonylharnstoff *m*
EDD Ethylendiamindinitrat *n*, PH-Salz *n {Expl}*
eddy Wirbel *m*, Strudel *m*
eddy conductivity Austauschkoeffizient *m* für turbulente Wärmeströmung *f {Thermo}*
eddy current Wirbelstrom *m*, Induktionsstrom *m*, Foucaultscher Strom; Streustrom *m*
eddy-current flaw detection Wirbelstromprüfung *f*, Wirbelstromprüfmethode *f {Met}*
eddy-current heating Wirbelstromheizung *f*
eddy-current method *s.* eddy-current testing
eddy-current testing Wirbelstromprüfung *f*, elektroinduktive Werkstoffprüfung *f {zerstörungsfreie Werkstoffprüfung}*, Wirbelstromverfahren *n*
eddy diffusion Streudiffusion *f*, Wirbeldiffusion *f*, turbulenzüberlagerte Diffusion *f*, turbulente Diffusion *f*
eddy-diffusion coefficient Mischkoeffizient *m*
eddy diffusivity *s.* eddy-diffusion coefficient
eddy flow Wirbelströmung *f*, turbulente Strömung *f*, Flechtströmung *f*
eddy flux Turbulenzfluß *m*, Turbulenztransport *m*
eddy formation Wirbelbildung *f*
eddy [kinetic] energy Turbulenzenergie *f*
eddy shedding Wirbelablösung *f*
eddy sink Wirbelsenke *f*
eddy viscosity Wirbelzähigkeit *f*
eddy viscosity coefficient Turbulenzkoeffizient *m*
Edeleanu process Edeleanu-Verfahren *n {Aromatenexraktion mit flüssigem SO_2}*
edestin Edestin *n {300000 d Globulin}*
edetate Edetat *n {Salz der Ethylendiamintetraessigsäure}*
edetic acid Edetinsäure *f*, Ethylendiamintetraessigsäure *f*, EDTA
edge/to 1. schärfen, schleifen *{von Werkzeugen}*; 2. besäumen *{Baumkanten entfernen}*; 3. bekanten, Kanten bearbeiten *{Glas}*; 4. stauchen *{Met}*; ausfräsen, bördeln *{Met}*; 5. rändern *{der Autotypien, Druck}*
edge 1. Kante *f*, Rand *m*; Randzone *f*; 2. Schnitt *m*, Buchschnitt *m {Buchbinderei}*; 3. Flanke *f {Elek}*; 4. Plattenrand *m {Druck}*; 5. Krempe *f*; Saum *m*; 6. Schneide *f*
edge angle Kantenwinkel *m {Krist}*
edge corrosion Kantenkorrosion *f*
edge dislocation Stufenversetzung *f {Krist}*
edge effect 1. Kanteneffekt *m {Nachbareffekt}*, Saumeffekt *m {Photo}*; 2. Randeffekt *m {z.B. Streufeld am Plattenkondensator}*
edge emission Kantenemission *f*
edge filter Oberflächenfilter *n*, Randfilter *n*; Spaltfilter *n*
edge fog Randschleier *m {Photo}*
edge-jointing adhesive Furnierklebstoff *m*, Klebstoff *m* zur Kantenbindung, Randverbindungsleim *m*
edge-jointing cement Leim *m* zum Verbinden *fpl* von Sperrholzplatten
edge length Kantenlänge *f*
edge mark Kantenabzug *m* einer Beschichtung, Randfehler *m*
edge mill Kollergang *m*, Kollermühle *f*; chilenische Mühle *f {Met}*
edge-notched card Schlitzlochkarte *f*
edge-punched card Randlochkarte *f*
edge roller Kollerstein *m*, Läufer *m*
edge runner 1. Kollerstein *m*, Läufer *m*, Kantenläufer *m*, Koller *m*; 2. Kollergang *m*, Kollermühle *f*; chilenische Mühle *f {Met}*
edge temperature Randtemperatur *f*, Temperatur *f* am Rand *m*
edge tools Schneidewerkzeug *n*
edgewise pad filter Kantenfilter *n*, Hochkantfilter *n*
edgewise scale Profilskale *f*
edible eßbar, genießbar, genußtauglich; Speise-
edible arachis oil *{CAC STAN 21}* Speiseerdnußöl *n*
edible fat Speisefett *n*
edible grapeseed oil *{CAC STAN 127}* Weinkernöl *n*, Traubenkernöl *n*
edible ice Speiseeis *n*
edible oil Speiseöl *n*
edible palm kernel oil *{CAC STAN 126}* Speisepalmkernöl *n*
edifice Bauwerk *n*, Gebäude *n*, Gebäudekomplex *m*, Analge *f*
edingtonite Edingtonit *m {Min}*
edinol <$C_7H_9NO_2$> Edinol *n*, 5-Amino-2-hydroxybenzylalkohol *m {Photo}*
Edison accumulator Edison-Akkumulator *m*, Nickel-Eisen-Akkumulator *m*, NiFe-Akkumulator *m {Elek}*
Edison-battery *s.* Edison accumulator
Edison screw thread Elektrogewinde *n {DIN 40400}*, E-Gewinde *n*, Edison-Gewinde *n*, Lampengewinde *n {Elek}*
editing 1. Editierung *f*, Herausgabe *f*; Redigieren *n*, Redaktion *f*; 2. Druckaufbereitung *f {EDV}*
edition 1. Auflage *f*, Druckauflage *f {Auflagen-*

höhe}; Auflage *f {z.B. zweite, dritte usw.}*; 2. Ausgabe *f {Druck}*

editor 1. Herausgeber *m*, Verleger *m*, Editor *m*; 2. Redakteur *m*, Schriftsteller *m*; Lektor *m {im Verlag}*; 3. Editor *m*, Text-Editor *m {EDV}*

EDM *{electron discharge machining}* Funkenerosion *f*, Elektroerosion *f*, elektroerosive Bearbeitung *f*, ED-Bearbeitung *f*

Edman degradation Edman-Abbau *m*

edrophonium chloride <$C_{10}H_{16}NOCl$> Edrophoniumchlorid *n*

EDTA Ethylendiamintetraessigsäure *f*, EDTA

EDTAN Ethylendiamintetraacetonitril *n*

education 1. Ausbildung *f*; Bildung *f*; 2. Erziehung *f*; 3. Pädagogik *f*

educational Erziehungs-

educational background Vorbildung *f*, Bildungsgang *m*

educational film Lehrfilm *m*

educt Edukt *n*, Ausgangsmaterial *n*

eduction pipe Abzugsrohr *m*, Auslaßrohr *n*

eduction valve Abzugventil *n*, Auslaßventil *n*

eductor 1. Ejektor *m {absaugende Dampfstrahlpumpe}*, Saugstrahlpumpe *f*, Strahlsaugpumpe *f*, Strahlsauger *m*; Auszuggerät *n*, Extrahiergerät *n*, Extraktionsgerät *n*; 2. Verteilerdüse *f*, Ejektordüse *f {in Strahlmischern}*

edulcorate/to 1. entsäuern, absüßen, aussüßen, versüßen, adoucieren, auswaschen; 2. irrelevante Daten *pl* entfernen *{EDV}*

edulcorating basin Absüßschale *f*, Absüßwanne *f {Zucker}*

edulcorating tank Absüßkessel *m {Zucker}*

edulcorating tub Absüßbottich *m {Zucker}*

edulcorating vessel Adouciergefäß *n*

edulcoration Absüßung *f*, Absüßen *n*, Versüßen *n*, Versüßung *f*

EEC countries EWG-Länder *npl*

EELS *{electron-energy-loss spectroscopy}* Elektronen-Energieverlustspektroskopie *f*

EFB *{European Federation of Biotechnology}* Europäische Föderation Biotechnologie *f {Frankfurt/London/Paris, 1978}*

effect/to bewerkstelligen, bewirken, hervorrufen; ausführen

effect 1. Einwirkung *f*, Wirkung *f*, Auswirkung *f*; Aktion *f*, Vorgang *m*; 2. Konsequenz *f*, Ergebnis *n*, Resultat *n*; 3. Effekt *m {Erscheinung, Phänomen}*; 4. Stufe *f*, Körper *m {Verdampfungs-Kondensations-Einheit eines Mehrstufenverdampfers}*

effect enamel Effektlack *m*

effect lacquer Effektlack *m*

effect of ag[e]ing Alterungseinfluß *m*, Alterungsauswirkung *f*

effect of chemicals Chemikalieneinfluß *m*

effect of crowding Abdrängeffekt *m {Stereochem}*

effect of inertia Trägheitswirkung *f*

effect of moisture Feuchteeinfluß *m*

effect of plasticizer Weichmachereinfluß *m*

effect of processing Verarbeitungseinfluß *m*

effect of smoke Raucheinwirkung *f*

effect varnish Effektlack *m*

effective 1. effektiv, wirksam, wirkend, wirkungsfähig, wirkungsvoll; Wirk-; 2. nutzbar; Nutz-; 3. tatsächlich, wirklich

effective ampere Wirkstromstärke *f*, Effektivstrom *m*

effective aperture wirksame Öffnung *f {des Objektivs}*

effective area wirksame Fläche *f*, Nutzfläche *f*, wirksame Oberfläche *f*

effective atmosphere Atmosphärenüberdruck *m*

effective atomic number effektive Ordnungszahl *f*, effektive Atomnummer *f*

effective capacity Nutzfassungsvermögen *n*, Nutzinhalt *m*

effective [collision] cross-section Wirk[ungs]querschnitt *m*, effektiver Querschnitt *m*

effective compression ratio effektives Kompressionsverhältnis *n*

effective coverage Deckvermögen *n*

effective current Leistungsstrom *m*, Effektivstrom *m {Elek}*

effective dose 50 mittlere wirksame Dosis *f {Pharm}*

effective electromotive force wirksame elektromotorische Kraft *f*, EMK

effective energy 1. Nutzenergie *f*, Nutzleistung *f*; 2. effektive Wellenlänge *f*, effektive Quantenenergie *f*

effective evaporation rate effektive Verdampfungsrate *f*

effective factor Einflußgröße *f*

effective half-life biologische Halbwertzeit *f {Nukl, Physiol}*

effective heat Nutzwärme *f*

effective height Effektivhöhe *f {z.B. einer Kolonne}*

effective length 1. Arbeitslänge *f*, Funktionslänge *f*; 2. Knicklänge *f*, freie Länge *f*, wirksame Länge *f {eines Stabes}*

effective output Nutzleistung *f*

effective power Nutzeffekt *m*, Wirkleistung *f*, Nutzleistung *f {Elek}*

effective power input aufgenommene Wirkleistung *f*, aufgenommene Leistung *f*

effective range 1. Wirkungssphäre *f*; 2. wirksamer Bereich *m*, Stellbereich *m {Automation}*; 3. Meßbereich *m*, Nutzmeßbereich *m*; 4. wirksame Reichweite *f {Radiol}*

effective resistance Wechselstromwiderstand *m*, Wirkstromwiderstand *m*

effective screen area freie Siebfläche *f*
effective sieve size effektive Siebgröße *f*
effective speed wirksames Saugvermögen *n*
effective value Effektivwert *m*
effective-value meter Effektivwertmeßgerät *n*
effective volume Nutzvolumen *n*
effective work Nutzarbeit *f*, Kraftleistung *f*, nutzbare Arbeit *f*
effectiveness Aktivität *f*, Wirksamkeit *f*, Wirkungsfähigkeit *f*, Wirkungsgrad *m*
effectiveness factor Effektivitätsfaktor *m {z.B. bei Katalyse}*; Kühlziffer *f {Kühlung}*
range of effectiveness Wirkungsbereich *m*
effector 1. Effektor *m {chemische Verbindung, die die Gen- oder Enzymaktivität steuert}*; 2. Effektor *m*, Wirkorgan *n {z.B. eines Industrieroboters}*
effectual *s.* effective
effervesce/to [auf]brausen, [auf]schäumen, aufwallen, efferveszieren, moussieren, sprudeln, perlen
effervescence Aufbrausen *n*, Brausen *n*, Aufwallung *f*, Moussieren *n*, Schäumen *n*, Sprudeln *n*, Efferveszenz *f*
effervescent [auf]brausend, [auf]schäumend, sprudelnd, moussierend, perlend
effervescent fermentation tank Schaumgärungsanlage *f {Brau}*
effervescent lithium citrate Brauselithiumcitrat *n*
effervescent mixture Brausemischung *f*
effervescent powder Brausepulver *n*, Sodapulver *n*
effervescent salt Brausesalz *n*, Sodapulver *n*, Brausepulver *n {Med}*
efficacious wirksam, wirkungsvoll, wirkend
efficacy 1. Wirksamkeit *f*; 2. Wirkungsgrad *m*, Gesamtwirkungsgrad *m*; 3. Leistungsfähigkeit *f*, Leistungsstärke *f*
efficiency 1. Wirkungsgrad *m*, Gesamtwirkungsgrad *m*; 2. Nutzleistung *f*, Leistung *f*, Arbeitsleistung *f*; 3. Leistungsfähigkeit *f*, Leistungsstärke *f*, Wirkungsfähigkeit *f*; 4. Gütegrad *m*, Güte *f*; 5. Ausnutzungsgrad *m*, Nutzeffekt *m*; 6. Ausbeute *f*; Trennwirkung *f {Dest}*; Austauschwirkung *f {z.B. Wärmeaustausch}*; 7. Wirksamkeit *f*, Effizienz *f*
efficiency data Gütedaten *pl*
efficiency factor Güteziffer *f {Dest}*; Wirkungsgrad *m*
efficiency of exchanger Austauscherwirkungsgrad *m*
efficiency of luminous source Lichtausbeute *f*
efficiency per unit Einzelwirkungsgrad *m*
efficiency study Nutzwertanalyse *f*
efficiency tensor Ausbeutetensor *m*
efficiency test Wirkungsgradbestimmung *f*
efficiency testing Prüfung *f* auf Wirksamkeit *{DIN 58946}*
efficiency value Gütewert *m*
adiabatic efficiency adiabatischer Wirkungsgrad *m*
efficient 1. leistungsfähig, leistungsstark; 2. wirksam, wirkungsvoll, wirkungsfähig, brauchbar; 3. mit hohem Wirkungsgrad, rationell *{wirtschaftlich}*, effizient, wirkungsgradgünstig
effloresce/to 1. auswittern *{Chem}*; 2. effloreszieren, ausblühen *{Min}*; 3. unter Kristallwasserverlust *m* verwittern
efflorescence 1. Ausblühen *n*, Ausblühung *f*, Effloreszenz *f {Min}*; 2. Verwittern *n* unter Kristallwasserverlust; 3. Auswitterung *f {Chem}*
effluence 1. Ausfluß *m*, Ausfließen *n*, Abfließen *n*, Abfluß *m*, Ablaufen *n*, Ablauf *m*, Ausströmen *n*; 2. Ausstrahlung *f*
effluent/to ausfließen, ausströmen; ausstrahlen
effluent 1. ausfließend, ausströmend; ausstrahlend; 2. Emission *f*, ausfließendes Medium *n*, Ausfluß *m*, Abfluß *m*; 3. Abwasser *n*, Schmutzwasser *n*; 4. [radioaktive] Abwässer und Abgase *npl*; [radioaktive] Abfallösung *f*
effluent collecting basin Abflußbecken *n*
effluent disposal Abwasserbeseitigung *f*
effluent drainpipe Dükerleitung *f*
effluent monitor Abflußmonitor *m*, Emissionsüberwachungsgerät *n*, Auswurfüberwachungsgerät *n {Nukl}*
effluent monitoring Emissionsüberwachung *f {Strahlenschutz}*
effluent pipe Abflußrohr *n*, Ausflußrohr *n*, Ablaufrohr *n*, Austrittsrohr *n*; Abwasserrohr *n*
effluent rise Steighöhe *f {der Abgaswolke}*
effluent system *{GB}* Abflußsystem *n*, Entwässerungssystem *n*
effluent trough Abflußrinne *f*
effluent viscosimeter Auslaufviskosimeter *n*
effluent water Abwasser *n*
effluent water testing Abwasseruntersuchung *f*
effluent water treatment Abwasserbehandlung *f*
effluvium Effluvium *n*, Miasma *n*, Ausdünstung *f {schädlich oder unangenehm}*
efflux 1. Ausfluß *m*, Abfluß *m*, Ausströmung *f*, Austritt *m {z.B. von Flüssigkeiten}*; 2. Ausflußmenge *f*, Auslaufmenge *f*; 3. Treibstrahl *m {Aero}*
efflux coefficient Ausflußkoeffizient *m*
efflux condenser Abflußkühler *m*
efflux time Ausflußzeit *f*, Ausflußdauer *f*, Auslaufzeit *f*
efflux viscosimeter Ausflußviskosimeter *n*
effort 1. Anstrengung *f*; Mühe *f*, Bemühung *f*; Fleiß *m*; 2. Leistung *f*, Leistungsaufwand *m*; 3. Kraft *f {Mech}*

effuser Effusionsvorrichtung *f*
effusiometer Ausströmungsmesser *m*, Effusiometer *n*, Gasdichtemesser *m* *{Instr}*
effusion Effusion *f*, Ausströmung *f*, Ausströmen *n*, Ausfließen *n*, Ausfluß *m*, Ausgießung *f*, Erguß *m*
effusion law Effusionsgesetz *n*, Grahamsches Gesetz *n*
effusive effusiv; Effusiv-, Erguß- *{Geol}*
effusive rock Effusivgestein *n*, Ergußgestein *n*, Oberflächengestein *n*, vulkanisches Gestein *n*, Extrusivgestein *n* *{Geol}*
EFTA country EFTA-Staat *m* *{European Free Trade Association, 1960}*
EGDN Ethylenglycoldinitrat *n*, Nitroglycol *n* *{Expl}*
egg/to mit Druckluft *f* fördern
egg 1. Ei *n*; 2. Säuredruckvorlage *f*; Druckfaß *n*, Druckbirne *f*, Montejus *n*; 3. Pulsometer *n*
egg albumen 1. Ei[er]albumin *n*, Ovalbumin *n* *{Chem}*; 2. Eiklar *n*, Eiweiß *n* *{das Weiße im Ei}*
egg-coal Eierbrikett *n*, Preßling *m*
egg preservative Eikonservierungsmittel *f*
egg shape Eiform *f*
egg-shell lacquer Schleiflack *m*
egg white Eiweiß *n*, Eiklar *n*, das Weiße *n* des Eies
egg yolk Eidotter *m*, Eigelb *n*, Dotter *n*
egress Ausgang *m*, Auslaß *m*, Ausweg *m*
Egyptian blue Ägyptisch Blau *n* *{Calcium-Kupfersilicat}*
Egyptian pebble Kugeljaspis *m* *{Min}*
ehlite Ehlit *m*, Pseudomalachit *m* *{Min}*
Ehrlich's reagent Ehrlichs Aldehydreagens *n*, Ehrlichs Reagenz *n* *{$(CH_3)_2NCH_4CHO$}*
Eichhorn's hydrometer Aräopyknometer *n* nach Eichhorn
eicosane <$C_{20}H_{42}$> Eikosan *n* *{obs}*, Eicosan *n*, Icosan *n*
eicosanoic acid <$CH_3(CH_2)_{18}COOH$> Eikosansäure *f*, Arachinsäure *f*, Erdnußsäure *f* *{Triv}*, Icosansäure *f*
1-eicosanol Eikosylalkohol *m*, Arachinalkohol *m*
eicosantrienonic acid Eicosantrienonsäure *f*
eicosene Eicosen *n*
eicosyl alcohol Eikosylalkohol *m*, Arachinalkohol *m*
eicosylene Eicosylen *n*
eicosylic acid Eicosylsäure *f*
eigenfrequency Eigenfrequenz *f*
eigenfunction Eigenfunktion *f* *{Math, Phys}*
eigenstate Eigenzustand *m* *{Chem}*
eigenvalue Eigenwert *m* *{Math, Phys}*
eigenvalue problem Eigenwertproblem *n*
eight curve Lemniskate *f* *{Math}*
eight-membered ring Achtring *m* *{Chem}*
eight-sided achtseitig
eightangled achteckig
eightfold achtfach, achtfältig
eikonal equation Eikonalgleichung *f* *{Opt}*
eikonogen <$NH_2C_{10}H_5(OH)SO_3Na$> Eikonogen *n*, 1-amino-2-naphthol-6-sulfosaures Natrium *n*
eikonometer Ikonometer *n*, Eikonometer *n*
einstein Einstein *n* *{chemische Energieeinheit* $= 6{,}02 \cdot 10^{23}$ *Quanten}*
Einstein equation for diffusion Einsteinsche Diffusionsgleichung *f*
Einstein equation for heat capacity Einsteinsche Gleichung *f* für spezifische Wärme *f*, kalorische Zustandsgleichung *f*
Einstein equation of mass-energy equivalence Einsteinsche Masse-Energie-Äquivalentgleichung *f*
Einstein shift Einsteinsche Verschiebung *f*
Einstein's law of photochemical equivalence Einsteinsches Gesetz *n* der photochemischen Äquivalenz
einsteinium *{Es, element no. 99}* Einsteinium *n*
eject/to ausschleudern, auswerfen, ausdrücken, ausstoßen, ausspritzen; hinausdrücken, verdrängen; emittieren, ausstoßen *{von Teilchen}*
ejecting device Auswurfvorrichtung *f*, Auswerfer *m* *{Kunst, Gummi}*
ejection 1. Auswurf *m* *{Vulkan}*, Auswerfen *n*, Herausschleudern *n*, Ausstoßen *n*, Ausdrücken *{von Material}*; 2. Auswerfen *n*, Ausstoßen *n* *{z.B. einer Kassette}*; 3. Ausschleusung *f* *{von Teilchen}*, Emission *f* *{Nukl}*; 4. Strahlverdichtung *f* *{Vak}*
ejector 1. Ausdrücker *m*, Ausstoßer *m*, Ausheber *m*, Auswerfer *m*, Auswurfvorrichtung *f*, Ausdrückvorrichtung *f*, Auswerfervorrichtung *f*, Ausstoßvorrichtung *f*, Materialausstoßer *m* *{z.B. an Pressen}*; 2. Ejektor *m*, Saugstrahlpumpe *f*, Strahlsauger *m*, Saugstrahlgebläse *n*; Dampfstrahlpumpe *f*; 3. Druckluftheber *m* *{Abwasser}*
ejector mixer Hohlrührer *m*
ejector nozzle Strahldüse *f*
ejector pump Ejektor *m* *{eine absaugende Dampfstrahlpumpe}*, Saugstrahlpumpe *f*, Strahlsaugpumpe *f*, Strahlsauger *m*; Strahlvakuumpumpe *f* *{Treibmittelvakuumpumpe}*
ejector stage Ejektorstufe *f*, Dampfstrahlstufe *f*
ejector valve Auswerferventil *n*
eka-aluminum Eka-Aluminium *n* *{obs}*, Gallium *n*
eka-boron Eka-Bor *n* *{obs}*, Scandium *n*
eka-element Eka-Element *n* *{im Periodensystem darunterstehendes noch unbekanntes Element}*
eka-silicon Eka-Silizium *n* *{obs}*, Germanium *n*
eking-piece Verlängerungsstück *n*
elaeolite Eläolith *m* *{getrübter Nephelin, Min}*
elaeomargaric acid Eläomargarinsäure *f*

elaeoptene Eläopten *n {flüssiger Teil von etherischen Ölen}*
elaidic acid $<C_8H_{17}CH=CH(CH_2)_7COOH>$ Elaidinsäure *f*, *trans*-9-Octadecensäure *f*
elaidic soap Elaidinseife
elaidin $<C_{57}H_{104}O_6>$ Elaidin *n {Elaidinsäureglycerinester}*
elaidinization Elaidini[si]erung *f {cis-trans-Isomerisierung der Ölsäure}*
elaidone Elaidon *n*
elaidyl alcohol Elaidylalkohol *m*
elain *{obs}* Ethylen *n*
elaiomycin $<C_{13}H_{26}N_2O_3>$ Elaiomycin *n*
elapse/to ablaufen *{Zeit}*; vergehen, verstreichen *{Zeit}*
elastane yarn Polyurethanfaden *m*, Polyurethanzwirnfaden *m {Spinnerei}*
elastase *{EC 3.4.21.36}* Elastase *f*, Pancreatopeptidase E *f*
elastic 1. federnd, dehnbar, elastisch *{Mech}*; 2. Elastik *f n {Text}*; 3. Gummiband *n*, Gummielastikum *n*, Gummifaden *m*
elastic aftereffect elastische Nachwirkung *f*
elastic anisotropy elastische Anisotropie *f*
elastic bandage elastische Binde *f {Med}*
elastic bitumen Elaterit *m*, Erdpech *n*, Wiedgerit *m {Min}*
elastic curve Biegelinie *f*, elastische Linie *f {Mech}*
elastic deformation elastische Verformung *f*, elastische Deformation *f*, reversible Deformation *f*
elastic-element pressure ga[u]ge Federmanometer *n*
elastic failure elastisches Versagen *n*
elastic force Federkraft *f*
elastic gum Federharz *n*
elastic limit Dehnungsgrenze *f*, Elastizitätsgrenze *f*, E-Grenze *f*, Streckgrenze *f*
elastic number Elastizitätszahl *f*
elastic potential Elastizitätsvermögen *n*, elastisches Potential *n*
elastic property elastische Eigenschaft *f*
elastic range elastischer Bereich *m*, Elastizitätsbereich *m {Mech}*
elastic ratio Elastizitätsgrad *m*, Streckgrenzenverhältnis *n*
elastic recovery elastische Rückstellung *f*, elastische Erholung *f*, elastische Rückbildung *f*
elastic stress condition elastischer Spannungszustand *m*
elastic stress energy elastische Beanspruchungsenergie *f*
elastic thread Gummifaden *m*
elastic tube pump Schlauchpumpe *f*
elasticator Elastifizier[ungs]mittel *n*, Elastikator *m*, elastisch machendes Mittel *n*, elastifizierender Stoff *m*; Weichmacher *m*
elasticity 1. Elastizität *f {Mech}*; 2. Federkraft *f*, Federung *f*, Schnellkraft *f*, Spannkraft *f*, Nachgiebigkeit *f*, Geschmeidigkeit *f*, Biegsamkeit *f*, Dehnungsfähigkeit *f {Tech}*
elasticity number Elastizitätszahl *f*
elasticity of compression Druckelastizität *f*
elasticity of extension Dehnungselastizität *f*
elasticity of flexure Biegeelastizität *f*, Biegefaktor *m*
adiabatic elasticity adiabatische Elastizität *f*
coefficient of elasticity Dehnungskoeffizient *m*, Elastizitätsbeiwert *m*
elastin Elastin *n {Bindegewebe-Protein}*
elastofiber Elastofaser *f {hochelastische synthetische Filamentgarne}*
elastohydrodynamic elastohydrodynamisch
elastohydrodynamic lubrication elastohydrodynamische Schmierung *f*
elastomer 1. elastomer, gummiartig; 2. Elastomer[es] *n {DIN 7724}*, elastische Masse *f*, Elast *n*
elastomer flooring Elastomer-Belag *m {DIN 16850}*
elastomeric gummiartig, elastomer
elastomeric fiber *s.* elastofiber
elastomeric impression material *{BS 4269}* elastomere Abdruckmasse *f {Dent}*
elastomeric parts Gummiteile *npl {DIN 58 367}*
elastomeric plastic gummielastischer Plast *m*
elastomeric sealant Elastomerdichtung *f*
elastometer Elastizitätsmesser *m*, Elastizitätsprüfgerät *n*, Elastometer *n*
elateric acid $<C_{20}H_{28}O_5>$ Elaterinsäure *f*, Ecbalin *n*
elateridoquinone Elateridochinon *n*
elaterin $<C_{32}H_{44}O_8>$ Elaterin *n*, Memordicin *n*
elaterin glycoside Elateringlycosid *n*
elaterite Elaterit *m*, Erdpech *n*, Erdharz *n*, Federharz *n {Min}*
elaterium Elaterium *n {Pharm}*
elaterone $<C_{24}H_{30}O_5>$ Elateron *n*
elatic acid $<C_8H_{12}O_2>$ Elatsäure *f*
elayl Ethylen *n*
elbow Rohrkrümmer *m*, Knie[rohr] *n*, Krümmer *m*, Rohrbogen *m*, Kniestück *n*, Winkelstück *n {ein Ansatzrohr}*, L-Stück *n*, Winkelrohr *n*, Winkelstutzen *m*
elbow-box thermometer Winkelkastenthermometer *n*
elbow classification Umlenksichtung *f*
elbow classifier Umlenksichter *m*
elbow thermometer Winkelthermometer *n*
elbow trap Winkelfalle *f*
Elbs reaction 1. Elbs-Reaktion *f {Anthracen-Ringschluß}*; 2. Elbs-Hydroxylierung *f {Diphenolbildung}*
elder tea Holunderblütentee *m {Pharm}*

elder wine Holunderwein *m*
elderberry oil Holunderbeerenöl *n*
eldrin <$C_{27}H_{30}O_{16}$> Eldrin *n*, Rutin *n*, Rutosid *n*
elecampane Alant *m*, Inula *f*, Inula helenium L. *{Bot}*; Altwurzel *f*, Donnerwurzel *f {getrocknete Wurzelstöcke von Inula helenium L.}*
elecampane camphor Alantcampher *m*, Inulacampher *m*, Helenin *n*
elecampane oil Alantöl *n*, Inulaöl *n*
electrargol elektrokolloidale Silberlösung *f*
electraurol elektrokolloidale Goldlösung *f*
electret Elektret *n {Festkörper mit permanentem elektrischem Feld}*
electric elektrisch
electric amalgam Zinnamalgam *n*
electric arc Flammenbogen *m*, [elektrischer] Lichtbogen *m*, Bogen *m*
electric-arc furnace Elektrolichtbogenofen *m*, Lichtbogen[elektro]ofen *m*, elektrischer Lichtbogenofen *m*
electric-arc spraying Lichtbogenspritzen *n*
electric axis elektrische Achse *f {Krist}*
electric band heater Heizband *n*
electric blue stahlblau
electric breakdown elektrischer Durchschlag *m*
electric bulb lacquer Glühlampenlack *m*
electric cable Elektrokabel *n*
electric calamine 1. Hemimorphit *m*, Kieselgalmei *m*, Kieselzinkerz *n {Min}*; 2. Galmei *m {technischer Sammelname für carbonatische und silicatische Zinkerze}*
electric capacitance elektrischer Kapazitätswert *m*, Kapazitanz *f*
electric cell 1. galvanische Zelle *f*; 2. elektrolytische Zelle *f*; 3. Photozelle *f*
electric charge elektrische Ladung *f*, Elektrizitätsmenge *f {in C}*
electric constant elektrische Feldkonstante *f*, Permittivität *f {Vakuum 8,854 10^{-12}* F/m}
electric contact thermometer Kontaktthermometer *n*
electric convecter elektrischer Konvektionsofen *m*
electric corrosion protection kathodischer Korrosionsschutz *n*
electric desalter elektrischer Entsalzer *m*, elektrisches Entsalzungsgerät *n {Mineralöl}*
electric dipole moment elektrisches Dipolmoment *n*
electric dipole transition elektrischer Dipolübergang *m*, Dipolstrahlung *f {Spek}*
electric discharge elektrische Entladung *f*
electric discharge gettering Getterung *f* mittels ionisierender Gasentladung *f*
electric discharge machining Funkenerosion *f*, Elektroerosion *f*, elektroerosive Bearbeitung *f*, ED-Bearbeitung *f*
electric double layer elektrische Doppelschicht *f {z.B. an Phasengrenzen}*, elektrochemische Doppelschicht *f*
electric drive Elektroantrieb *m*, elektrischer Antrieb *m*, elektromotorischer Antrieb *m*
electric energy elektrische Energie *f*, Elektroenergie *f*
electric eye control Photozellenüberwachung *f*, Photozellensteuerung *f*, Lichtschrankenregelung *f*
electric field elektrisches Feld *n {DIN 1324}*
electric field strength elektrische Feldstärke *f*, elektrischer Feldvektor *m {in V/m}*
electric filament lamp Glühlampe *f*
electric flux Verschiebungsstrom *m*
electric flux density Verschiebungsstromdichte *f {in C/m^2}*
electric furnace Elektroofen *m*, elektrischer Ofen *m*, Ofen *m* mit elektrischer Beheizung *f*, elektrothermischer Ofen *m*
electric-furnace steel Elektrostahl *m*
electric fuse 1. Abschmelzsicherung *f*; 2. elektrischer Zünder *m*
electric gas analyzer elektrisches Gasanalysegerät *n*
electric heating fabrics elektrische Heizgewebe *npl*, Heizungsfutter *n*
electric hygrometer elektrisches Hygrometer *n*
electric immersion heater Tauchsieder *m*
electric line of force elektrische Feldlinie *f*
electric marking pen Elektroschreiber *m*
electric melting furnace Elektrostahlofen *m*
electric migration 1. Ionenwanderung *f*, Ionenmigration *f {DIN 41852}*; 2. Elektromigration *f {Materialtransport durch elektrischen Strom in metallischen Leitern}*
electric moment elektrisches Moment *n*
electric motor E-Motor *m*, Elektromotor *m*
electric osmosis Elektroosmose *f*
electric polarizability elektrische Polarisierbarkeit *f {in C/m^2V}*
electric potential elektrisches Potential *n*; Potentialfunktion *f* der Elektrizität, elektrostatisches Potential *n*
electric potential gradient Spannungsgefälle *n*
electric power 1. elektrische Leistung *f*; 2. Kraftstrom *m*
electric precipitation elektrische Abgasreinigung *f*, Elektrogasfiltern *n*
electric puncture strength elektrische Durchschlagsfestigkeit *f*
electric quadruple moment elektrisches Quadrupolment *n*
electric quadruple transition elektrischer Quadrupolübergang *m {Spek}*
electric resistance [elektrischer] Widerstand *m*
electric resistance furnace [elektrischer]

Widerstandsofen *m*, widerstandsbeheizter Ofen *m*, Ofen *m* mit Widerstandsheizung *f*
electric resistance thermometer Widerstandsthermometer *n*
electric salinometer elektrischer Salzgehaltmesser *m*
electric separation elektrische Aufbereitung *f*
electric separator Elektrofilter *n*
electric shaft furnace Elektrohochofen *m*, Elektroschachtofen *m*
electric shock elektrischer Schlag *m*, Elektroschock *m {Schutz}*
electric smelting furnace Elektrohochofen *m*
electric steel Elektrostahl *m*
electric strength Durchschlag[s]festigkeit *f* elektrische Festigkeit *f*, dielektrische Festigkeit *f*, elektrische Spannungsfestigkeit *f {in V}*
electric supply Elektrizitätsversorgung *f*, Elektroenergieversorgung *f*, Stromversorgung *f*
electric susceptibility Elektrisierbarkeit *f*, dielektrische Suszeptibilität *f*
electric surface density Flächenladungsdichte *f {in C/m^2}*
electric thermometer elektrisches Thermometer *n*
electric wattmeter elektrischer Leistungsmesser *m*
electrical elektrisch *{auf Elektrizität bezogen}*
electrical appliance Elektrogerät *n*
electrical angle elektrischer Winkel *m {Wechselstrom}*
electrical calorimeter elektrisches Kalorimeter *n*
electrical circuit elektrischer Stromkreis *m*; elektrischer Kreis *m*
electrical circuit diagram elektrisches Schaltbild *n*
electrical clean-up elektrische Gasaufzehrung *f {Vak}*
electrical conductance Wirkleitwert *m*, Konduktanz *f {DIN 40110}*; elektrische Leitfähigkeit *f*
electrical conductivity spezifische elektrische Leitfähigkeit *f*, elektrisches Leitvermögen *n*
electrical conductivity of ions Ionenleitfähigkeit *f*
electrical connector elektrisches Anschlußteil *n*
electrical contact 1. elektrischer Kontakt *m*, Kontakt *m {als Zustand}*; 2. elektrischer Kontakt *m*; 3. Kontaktstück *n {z.B. eines Schalters}*, Kontaktelement *n*, Schaltstück *n*, Kontakt *m*
electrical control diagram Stromlaufplan *m*
electrical energy *{IEC 617}* Elektroenergie *f*, elektrische Energie *f*
electrical engineering Elektrotechnik *f {ein Industriezweig}*
electrical equilavent elektrisches Äquivalent *n {Anal, Konduktometrie}*
electrical filter 1. Elektrofilter *n*; 2. Siebkette *f*, Siebschaltung *f {Elektronik}*
electrical gas cleaning equipment elektrische Gasreinigung *f*
electrical gas purification plant elektrische Gasreinigungsanlage *f*
electrical grade presspahn Elektropreßspan *m*
electrical heat Elektrowärme *f*
electrical impedance elektrische Impedanz *f*, komplexe Impedanz *f {Elek}*
electrical insulating *s.* electrical insulating varnish
electrical insulating compound Elektroisoliermasse *f*
electrical insulating material Elektroisolierstoff *m*, Isolierstoff *m*, Isoliermaterial *n*, Isolator *m*
electrical insulating oil flüssiges Dielektrikum *n*, Isolieröl *n*, Elektroisolieröl *n*
electrical insulating varnish Elektroisolierlack *m*, Isolierlack *m*, Drahtlack *m {Tränklack oder Überzugslack}*
electrical insulation Isolation *f*
electrical-insulation fibre Vulkanfiber *f* für elektrische Isolation *f*
electrical insulation value Durchschlagsfestigkeit *f*
electrical loading elektrische Beanspruchung *f*
electrical mass filter elektrisches Massenfilter *n*
electrical measuring apparatus Elektromeßgerät *n*
electrical oil Isolieröl *n*
electrical output elektrische Leistung *f*
electrical paper *{IEC 554-3}* Elektroisolierpapier *n*
electrical porcelain Elektroporzellan *n*, Porzellan *n* für elektrische Isolierungen
electrical properties elektrische Werkstoffeigenschaften *fpl*, elektrische Eigenschaften *fpl*; elektrische Werte *mpl*
electrical quantities elektrische Größen *fpl*, elektrische Kennwerte *npl*
electrical resistance elektrischer Widerstand *m*; Wirkwiderstand *m*, Resistanz *f*
electrical resistance strain ga[u]ge 1. Widerstands-Dehnungsmesser *m {ein elektrisches Widerstandsmeßgerät mit Dehnungsmeßstreifen}*; 2. Dehnungsmeßstreifen *m*
electrical resistivity spezifischer elektrischer Widerstand *m*, reziproke spezifische Leitfähigkeit *f*
electrical steel Elektrobaustahl *m* *{0,5 - 5 % Si, z.B. für Transformatorbleche}*
electrically excitable Ca channel elektrisch erregbarer Ca-Kanal *m {Phys}*

electrically heated elektrisch beheizt
electrically isolated galvanisch getrennt
electrically neutral elektroneutral
electricity Elektrizität *f*
electricity generation Stromerzeugung *f*
electricity meter Elektrizitätszähler *m*, Elektrozähler *m*, Elektroenergieverbrauchszähler *m*
electricity of opposite sign ungleichnamige Elektrizität *f*
electricity of same sign gleichnamige Elektrizität *f*
electricity produced by pressure Druckelektrizität *f*, Piezoelektrizität *f*
dynamic electricity dynamische Elektrizität *f*
galvanic electricity galvanische Elektrizität *f*
quantity of electricity Elektrizitätsmenge *f*
source of electicity Elektrizitätsquelle *f*
static electricity statische Elektrizität *f*, Reibungselektrizität *f*
thermoelectricity 1. Thermoelektrizität *f*; 2. Elektrowärme *f*
triboelectricity Triboelektrizität *f*, Reibungselektrizität *f*
electride Elektrid *n {Elektron als Anion}*
electrifiable elektrisierbar
electrification 1. Elektrisierung *f*, Aufladung *f*; 2. Elektrifizierung *f {elektrischer Betrieb}*; Elektrifizierung *f {Ausrüstung mit elektrischen Maschinen}*
electrify/to elektrisieren; elektrifizieren
electrion oils Voltole *npl {Schmieröle}*
electrize/to elektrifizieren; elektrisieren
electro- Elektro-, Galvano-
electroaffinity Elektro[nen]affinität *f*
electroanalysis Elektroanalyse *f*, elektrochemische Analyse *f*, elektroanalytische Bestimmung *f*, elektrolytische Analyse *f*
electroanalysis flask Elektroanalysekolben *m*
electroanalytical elektroanalytisch
electroanalytical separation elektroanalytische Trennung *f*
electrobiology Elektrobiologie *f*
electrobrighten/to elektrolytisch polieren
electrobronze Galvanobronze *f*
electrocaloric elektrokalorisch
electrocapillarity Elektrokapillarität *f*
electrocatalysis Elektrokatalyse *f*
electrochemical elektrochemisch
electrochemical elektrochemische Zelle *f {Sammelbezeichnung für Trockenelement, Brennstoffzelle, Standardelement}*
electrochemical constant Faraday-Konstante *f*, Faradaysche Konstante *f*
electrochemical corrosion elektrochemische Korrosion *f*, elektrolytische Korrosion *f*
electrochemical corrosion protection elektrochemischer Korrosionsschutz *m*
electrochemical diffusion elektrochemische Ionenwanderung *f*
electrochemical equivalent elektrochemisches Äquivalent *n*
electrochemical migration elektrochemische Ionenwanderung *f*
electrochemical oxidation elektrochemische Oxidation *f*
electrochemical passivation elektrochemische Passivierung *f*
electrochemical pretreatment elektrochemische Oberflächenvorbehandlung *f*
electrochemical reduction elektrochemische Reduktion *f*
electrochemical series elektrochemische Spannungsreihe *f*
electrochemical transport elektrochemische Überführung *f*
electrochemical valence elektrochemische Wertigkeit *f*
electrochemical valve elektrochemisches Ventil *n*
electrochemist Elektrochemiker *m*
electrochemistry Elektrochemie *f*
electrochromatography Elektrochromatographie *f*, Elektropherographie *f*
electrochromic device Elektrochromieanzeige *f*
electrochromic phenomenon Elektrochromie-Erscheinung *f {Spek}*
electrocoating 1. elektrophoretische Beschichtung *f*, Elektrophorese-Verfahren *n*, elektrophoretische Lackierung *f*; 2. Elektrotauchlackierung *f*, Elektrotauchbeschichtung *f*
electrocollargol *{US}* kolloidales Silber *n*
electrocopying process Elektrokopieverfahren *n*
electrocorundum Elektrokorund *m*, künstlicher Korund *m*
electrocratic elektrokratisch *{Koll}*
electrocyclization elektrocyclische Reaktion *f*
electrode Elektrode *f*
electrode active surface wirksame Eletrodenfläche *f*
electrode admittance Elektroden-Scheinwert *m*
electrode advance Elektrodenvorschub *m*
electrode bar Heizschwert *n*, Stabelektrode *f*
electrode bias Elektrodenvorspannung *f*
electrode carbon Elektrodenkohle *f*
electrode conductance Elektrodenkonduktanz *f*
electrode current Elektrodenstrom *m*
electrode current density Stromdichte *f*
electrode filling device Hohlelektrodenfüllgerät *n*
electrode gap Elektrodenabstand *m*
electrode impedance Elektrodenimpedanz *f*
electrode jacket Elektrodenmantel *m*
electrode of coherer Fritterelektrode *f*

electrode packing device Hohlelektrodenfüllgerät *n*
electrode pick-up Auflegieren *n* der Elektroden
electrode potential Elektrodenpotential *n*, Nullpotential *n*, Elektrodenspannung *f*
electrode potential series elektrochemische Spannungsreihe *f*
electrode reaction Elektrodenreaktion *f*
electrode resistance reziproke Elektrodenkonduktanz *f*
electrode salt bath furnace Elektrodensalzbadofen *m*
electrode spacing Elektrodenabstand *m*
electrode sputtering Elektrodenzerstäubung *f*
electrode stand Elektrodenstativ *n*
auxiliary electrode Hilfselektrode *f*
bipolar particulate bed electrode bipolar arbeitende Festbettelektrode *f*
continuous electrode Dauerelektrode *f*
glass electrode Glaselektrode *f*
hydrogen electrode Wasserstoffelektrode *f*
ion-selective electrode ionenselektive Elektrode *f*
negative electrode Kathode *f*
positive electrode Anode *f*
single electrode potential Galvani-Potential *n*
electrodecantation Elektrodekantation *f*, Elektrodekantieren *n*
electrodeless elektrodenlos
electrodeless discharge process Entladung *f* ohne Elektrodenanwendung *f*, elektrodenloses Entladen *n*
electrodeless glow discharge elektrodenlose Glimmentladung *f*
electrodeposit/to galvanisieren, galvanische Überzüge (Niederschläge) erzeugen, galvanisch niederschlagen, *{metallische oder nichtmetallische Schichten}* elektrolytisch (elektrochemisch) abscheiden (niederschlagen, fällen) *{Oberflächenschutz}*
electrodeposit elektrolytisch aufgebrachte Schicht *f*, elektrochemisch aufgebrachte Schicht *f*, galvanisch aufgebrachte Schicht *f*, galvanischer Überzug *m*
electrodeposited galvanisch abgeschieden, elektrolytisch abgeschieden, elektrochemisch abgeschieden
electrodeposition 1. elektrolytische Abscheidung *f*, elektrochemische Abscheidung *f*, galvanisches Auftragen *n*, elektrolytische Fällung *f*; 2. Galvanisieren *n*, Elektroplattieren *n {als Tätigkeit}*; Galvanoplattierung *f*, Galvanoplastik *f*, Galvanostegie *f*, Galvanotechnik *f*
electrodeposition analysis quantitative Elektroanalyse *f*, Elektrogravimetrie *f*
electrodeposition apparatus elektrolytischer Lackapparat *m*
electrodeposition equivalent Stromausbeute *f*
electrodeposition paint Elektrotauchlack *m*
electrodialysis Elektrodialyse *f*
electrodialysis purification process elektrodialytische Wasserreinigung *f*
electrodialysis vessel Elektrodialysegefäß *n*
electrodipping plant Elektrotauchlackieranlage *f*
electrodispersing Elektrodispersion *f*, elektrische Zerstäubung *f*, Elektrodenzerstäubung *f*
electrodispersion *s.* electrodispersing
electrodispersion vessel Elektrodispersiongefäß *n {Met}*
electrodissolution elektrolytische Auflösung *f*
electrodynamic[al] elektrodynamisch
electrodynamics Elektrodynamik *f*
electrodynamics in vacuum Vakuumelektrodynamik *f*
electroendosmosis Elektro[end]osmose *f*
electroengraving galvanische Ätzung *f*, elektrolytisches Ätzen *n*
electroerosion Elektroerosion *f*, elektroerosive Bearbeitung *f*, ED-Bearbeitung *f*
electroetching galvanische Ätzung *f*, galvanisches Ätzen *n*
electroextraction elektrolytische Extraktion *f*, Metallgewinnung *f* durch Elektrolyse *f*
electrofacing galvanische Hartmetallauflage *f*
electroflotation Elektroflotation *f {Koll}*
electrofluorination Elektrofluorierung *f*
electrofocusing Elektrofokussieren *n {isoelektrischer Punkt im Gel}*
electroforming elektroerosive Metallbearbeitung *f*, Galvanoplastik *f*
electrogalvanic elektrogalvanisch
electrogalvanizing galvanisches Verzinken *n {DIN 50961}*, elektrochemische Verzinkung *f*
electrogalvanizing bath galvanisches Verzinkungsbad *n*
electrogilding bath elektrolytisches Vergoldungsbad *n*
electrogranodizing bath elektrolytisches Schutzphosphatierungsbad *n*
electrographite Elektrographit *m*
electrography Elektrographie *f*, Galvanographie *f*
electrogravimetry Elektrogravimetrie *f*
electrohydraulic elektrohydraulisch
electrohydraulic crushing elektrohydraulisches Zerkleinern *n*
electrohydrodynamic ionization mass spectroscopy elektrohydrodynamische Ionisations-Massenspektroskopie *f*
electroinitiated cationic polymerization elektroinitiierte kationische Polymerisation *f*
electrokinetic elektrokinetisch
electrokinetic potential elektrokinetisches Potential *n*, Zeta-Potential *n {Chem}*

electrokinetics Elektrokinetik *f*
electroless stromlos, außenstromlos *{in wässriger Lösung}*, reduktiv chemisch *{Galv}*
electroless nickel plating [reduktiv] chemisch Vernickeln *n*, außenstromlos Vernickeln *n*
electroless plating bath [reduktiv] chemisches Plattierbad *n*, außenstromloses Plattierbad *n*
electroluminescence Elektrolumineszenz *f*
electroluminescent pressure ga[u]ge Elektrolumineszenzmanometer *n*
electrolyser Elektrolyseur *m*
electrolysis Elektrolyse *f*, Zersetzung *f* durch Elektrolyse *f*
electrolysis beaker Elektrolysierbecher *m*
electrolysis of fused salts Elektrolyse *f* im Schmelzfluß *m*, Schmelz[fluß]elektrolyse *f*
electrolysis of sodium chloride Kochsalzelektrolyse *f*
electrolysis of water Wasserelektrolyse *f*
electrolyte 1. Elektrolyt *m*; 2. Batteriesäure *f*, Akkumulatorsäure *f*
electrolyte acid Füllsäure *f* *{H_2SO_4}*
electrolyte bridge Elektrolytbrücke *f*
electrolyte for chemical nickel Elektrolyt *m* für chemisch Nickel
electrolyte for galvanic nickel Elektrolyt *m* für galvanisch Nickel
electrolyte metabolism Elektrolythaushalt *m* *{Physiol}*
electrolyte resistance Elektrolytwiderstand *m*
electrolytic elektrolytisch; Elektrolyt-, Elektrolyse-
electrolytic analysis Elektroanalyse *f*, elektrochemische Analyse *f*, elektrolytische Analyse *f*
electrolytic bath Elektrolysebad *n*, elektrochemisches Bad *n*, elektrolytisches Bad *n*
electrolytic capacitor elektrolytischer Kondensator *m*, Elektrolytkondensator *m*, Elko *m*
electrolytic capacitor paper *{IEC 554-3}* Elektrolytkondensatorpapier *n*
electrolytic cell elektrolytische Zelle *f*, Elektrolysierzelle *f*, Elektrolyse[n]zelle *f*, Badkasten *m*
electrolytic chlorine cell Chlorelektrolysezelle *f*
electrolytic cleaning elektrolytische Reinigung *f*, elektrochemische Reinigung *f*
electrolytic coagulation Elektrolytkoagulation *f*
electrolytic conductance elektrolytischer Leitwert *m*
electrolytic conductivity spezifische elektrolytische Leitfähigkeit *f*
electrolytic copper Elektrolytkupfer *n*, E-Kupfer *n*
electrolytic corrosion elektrolytische Korrosion *f*, elektrochemische Korrosion *f*
electrolytic deposition *s.* electrodeposition
electrolytic deburring plant elektrolytische Entgratanlage *f*
electrolytic dissociation elektrolytische Dissoziation *f*, elektrolytische Zersetzung *f*, Ionisierung *f*
electrolytic dissociation constant Dissoziationskonstante *f*
electrolytic enrichment elektrolytische Anreicherung *f*
electrolytic gold Elektrolytgold *n*
electrolytic interrupter Elektrolytunterbrecher *m*, Wehnelt-Unterbrecher *m*
electrolytic iron Elektrolyteisen *n*, E-Eisen *n*
electrolytic lead sheet Elektrolytbleiblech *n*
electrolytic oxidation elektrolytische Oxidation *f*, elektrochemische Oxidation, anodische Oxidation *f*, Eloxierung *f*
electrolytic oxidation process Eloxalverfahren *n*
electrolytic parting elektrolytische Metallscheidung *f*
electrolytic pickling Elektrolytbeize *f*, elektrolytisches Beizen *n*
electrolytic polarization 1. elektrolytische Polarisation *f*, galvanische Polarisation *f*; 2. chemische Polarisation *f*, Abscheidungspolarisation *f* *{Chem}*
electrolytic polishing elektrolytisches Polieren *n*, elektrochemisches Polieren *n*, anodisches Polieren *n*
electrolytic rectifier Elektrolytgleichrichter *m*, elektrolytischer Gleichrichter *m*
electrolytic reduction elektrolytische Reduktion *f*
electrolytic reduction tank elektrolytisches Reduktionsgefäß *n* *{Met}*
electrolytic refining elektrolytische Raffination *f*, Elektroraffination *f*
electrolytic refining plant elektrolytische Raffinerie *f*, elektrolytische Vergütungsanlage *f* *{Met}*
electrolytic resistance Zersetzungswiderstand *m*
electrolytic separating bath elektrolytisches Metallscheidungsbad *n*
electrolytic separation elektrolytische Trennung *f*
electrolytic sheet copper Elektrolytkupferblech *n*
electrolytic silver Elektrolytsilber *n*, E-Silber *n*
electrolytic slime Elektrolysenschlamm *m*
electrolytic stripping elektrolytische Entplattierung *f*
electrolytic tinplate elektrolytisch verzinntes Weißblech *n*, elektrochemisch verzinntes Weißblech *n*, Elektrolytblech *n*, Elektrolyt-Weißblech *n*, Elektolyt-Weißband *n*

electrolytic valve ratio Sperrwirkung *f*
electrolytic zinc Elektrolytzink *n*, E-Zink *m*
electrolytically formed elektrolytisch hergestellt, galvanisch hergestellt
electrolyze/to elektrolysieren, elektrolytisch zerlegen, zersetzen durch Elektrolyse
electrolyzer Elektrolyseur *m*, elektrolytische Zelle *f*
electrolyzer cascade elektrolytische Zellenkaskade *f*
electrolyzing apparatus Elektrolysiervorrichtung *f*
electromagnet Elektromagnet *m*, fremderregter Magnet *m*
electromagnetic elektromagnetisch
electromagnetic compatibility elektromagnetische Verträglichkeit *f*, EMV, elektromagnetische Kompatibilität *f* *{Funktionstüchtigkeit bei elektromagnetischer Umgebungsbeeinflussung}*
electromagnetic field elektromagnetisches Feld *n*, Wellenfeld *n*
electromagnetic flowmeter *{ISO 6817}* elektromagnetischer Strömungsmesser *m*
electromagnetic furnace Elektromagnetofen *m*
electromagnetic interference elektromagnetische Beinflussung *f*, EMB, elektromagnetische Störeinflüsse *mpl*, elektromagnetischer Brumm *m*
electromagnetic isotope separation elektromagnetische Isotopentrennung *f*
electromagnetic separator elektromagnetischer Scheider *m*, elektromagnetischer Abscheider *m*
electromagnetically operated elektromagnetisch betätigt
electromagnetism Elektromagnetismus *m*, Galvanomagnetismus *m*
electromechanical balance elektromechanische Waage *f*
electromercurol *{US}* kolloidales Quecksilber *n*
electromerism Elektronentautomerie *f*
electrometallization Elektrometallisierung *f* *{von nichtleitenden Gegenständen}*
electrometallurgy Elektrometallurgie *f*, elektrolytische Metallgewinnung *f*, Galvanoplastik *f*
electrometer Elektrometer *n*
electrometric elektrometrisch
electrometric titration elektrometrische Titration *f*, potentiometrische Titration *f*
electrometric titration apparatus elektrometrisches Maßanalysegerät *n* *{Lab}*
electromigration Elektromigration *f*
electromotive elektromotorisch
electromotive chain elektromotorische Spannungsreihe *f*, elektrochemische Spannungsreihe *f*
electromotive force elektromotorische Kraft *f*, EMK *{DIN 1323}*; [elektrische] Urspannung *f*, Quellenspannung *f*
electromotive [force] series elektrochemische Spannungsreihe *f*
electromotive intensity Potentialgradient *m*, Spannungsgradient *m* *{in V/m}*
back electromotive force elektromotorische Gegenkraft *f*
counter electromotive force elektromotorische Gegenkraft *f*
induced electromotive force Induktionsspannung *f*
electromotor grease Elektromotorenfett *n*
electromotor oil Elektromotorenöl *n*
electron 1. Elektronenmetall *n* *{90 % Mg, 5 % Mg, Zn, Mn, Cu}*; 2. *Elektron n*; Beta-Teilchen *n*, Negatron *n* *{Nukl}*; 3. Elektron *n* *{sowohl e^- als auch e^+}*
electron absorption Elektronenabsorption *f*
electron accelerator Elektronenbeschleuniger *m* *{Nukl}*
electron acceptance Elektronenaufnahme *f*
electron-accepting monomer Elektronenakzeptormonomer[es] *n*
electron acceptor Elektronenakzeptor *m*, Elektronenaufnehmer *m*, Elektronenauffänger *m*, Akzeptor *m*
electron affinity 1. Elektro[nen]affinität *f*; 2. Austrittsarbeit *f* *{Halbleiter}*
electron-angular momentum Elektronenspin *m*
electron arrangement Elektronenanordnung *f*, Elektronenkonfiguration *f*
electron-attachment mass spectrography Elektronenanlagerungs-Massenspektrographie *f*
electron-attracting elektronenanziehend
electron avalanche Elektronenlawine *f*, Trägerlawine *f*
electron beam Elektronenstrahl *m*, Kathodenstrahl *m*, Elektronenbündel *n*
electron-beam annealing Elektronenstrahlglühen *n*
electron-beam brazing Elektronenstrahllöten *n*
electron-beam curing EB-Verfahren *n*, Elektronenstrahlhärtung *f*, Electrocure-Verfahren *n*
electron-beam dryer Elektronenstrahltrockner *m*
electron-beam evaporation Elektronenstrahlverdampfung *f*
electron-beam ion source Elektronenstrahlionenquelle *f*
electron-beam heating Elektronenstrahlheizung *f*, Elektronenstrahlerwärmung *f*
electron-beam machining Elektronenstrahlbearbeitung *f*
electron-beam melting Elektronenstrahlschmelzen *n*
electron-beam microanalysis Elektronenstrahlmikroanalyse *f*

electron-beam polymerization Elektronenstrahlpolymerisation *f*
electron-beam resists elektronenstrahlresistente Überzüge *mpl {z.B. Polyvinylpyridin in IC's}*
electron-beam sintering Elektronenstrahlsintern *n*
electron-beam welding Elektronenstrahlschweißverfahren *n*, Elektronenstrahlschweißen *n*
electron-bindung energy Ionisierungsenergie *f*, Ionisierungsarbeit *f*
electron-bombarded vapo[u]r source elektronenstoßgeheizte Verdampferquelle *f*
electron bombardment Elektronenaufprall *m*, Elektronenbombardement *n*, Elektronenbeschießung *f*, Elektronenbeschuß *m*
electron-bombardment evaporation source Elektronenstoßverdampferquelle *f*
electron-bombardment furnace Elektronenstrahlofen *m*
electron-bombardment ion source Elektronenstoßionenquelle *f*
electron capture Elektroneneinfang *m*, E-Einfang *m*, Elektronenauffang *m*, Elektronenanlagerung *f*
electron-capture detector Elektroneneinfangdetektor *m*, EED *{Chrom}*
electron carrier Elektronen[über]träger *m*
electron charge Elektronenladung *f*, elektrische Elementarladung *f*, elektrisches Elementarquantum *n*
electron-charge density Elektronenladedichte *f*
electron cloud Elektronenwolke *f {Ansammlung von Elektronen mit abschirmender Wirkung}*, Elektronenhülle *f*
electron collision Elektronenstoß *m*, Elektronenzusammenstoß *m*
electron configuration Elektronenanordnung *f*, Elektronenkonfiguration *f*
electron dect Elektronendezett *n {Valenz}*
electron-defect conductivity Elektronenmangelleitung *f*, p-Leitung *f*
electron deficiency Elektronenmangel *m*
electron-deficient elektronenarm; Elektronenmangel-
electron-deficient binding Elektronenmangelbindung *f*
electron-deficient compound Elektronenmangelverbindung *n {Chem}*
electron density Elektronendichte *f*, Elektronenbelegung *f*, Elektronenkonzentration *f*
distribution of electron density Elektronendichteverteilung *f*
electron detachment Elektronenablösung *f*, Elektronenabspaltung *f*
electron diffraction Elektronenbeugung *f*
electron displacement Elektronenverschiebung *f*
electron distribution Elektronenverteilung *f*
electron donor Elektronendon[at]or *m*, Elektronenspender *m*; Nucleophil *n {Valenz}*
electron-electron collision Stoß *m* zwischen Elektronen *npl*, Elektron-Elektron-Stoß *m*
electron emission Elektronenemission *f*, Elektronenstrahlung *f*
electron-emitting elektronenaussendend
electron energy Elektronenenergie *f*
electron-energy level Elektronenniveau *n*
electron-energy loss spectroscopy Elektronenenergie-Verlustspektroskopie *f*, EELS
electron evaporation glühelektrische Elektronenemission *f*, thermionischer Effekt *m*
electron excess Elektronenüberschuß *m*
electron-excess conductivity Elektronenüberschußleitung *f*, n-Leitung *f*
electron exchange Elektronenaustausch *m*
electron-exchange polymer Redoxpolymer[es] *n*
electron fugacity Elektronenfugazität *f {Thermo, Elektrode}*
electron gas Elektronengas *n*
electron gun Elektronenkanone *f*, Elektronenstrahler *m*, Elektronenspritze *f*, Kathodenstrahlerzeuger *m*, Elektronenschleuder *f*
electron hole Defektelektron *n*, Elektronenloch *n*, Loch *n*, Mangelelektron *n*
electron-hole mobility Defektelektronenbeweglichkeit *f {Halbleiter}*
electron-hole pair Elektron-Loch-Paar *n*
electron impact Elektronenstoß *m*, Elektronenaufprall *m*
electron-impact heating Elektronenstoßheizung *f*
electron-impact ion source Elektronenstoßionenquelle *f*
electron-impact ionization Elektronenstoßionisation *f*
electron in outer shell Hüllenelektron *n*, Außenelektron *n*, Bahnelektron *n*, kernfernes Elektron *n*; Leuchtelektron *n*
electron inflection Elektronenbeugung *f*
electron interchange Elektronenaustausch *m*
electron-ion recombination Elektron-Ion-Rekombination *f*
electron irradiation Elektronenbestrahlung *f*
electron jump Elektronensprung *m*
electron-jump spectrum Elektronensprungspektrum *n*
electron level Elektronenniveau *n*
electron-magnetic moment Elektronendipolmoment *n*
electron mass Elektronenmasse *f* *{$9{,}11 \cdot 10^{-28}$ g = 0,511 MeV}*
electron micrograph elektronenmikroskopische Aufnahme *f*, elektronenoptische Abbildung *f*

electron microprobe analyzer Elektronensonden-Röntgenmikroanalysator *m*, Mikrosonde *f*
electron microscope Elektronenmikroskop *n*, Übermikroskop *n*
field emission electron microscope Feldelektronenmikroskop *n*
scanning-electron microscope Rasterelektronenmikroskop *n*
scanning-tunnel electron microscope Raster-Tunnelelektronenmikroskop *n*
electron-microscopic examination elektronenmikroskopische Untersuchung *f*
electron microscopy Elektronenmikroskopie *f*
electron-mirror microscope Elektronenspiegelmikroskop *n*
electron mobility Elektronenbeweglichkeit *f*
electron multiplicity Elektronenmultiplizität *f* *{(2S+1)-Wert}*
electron multiplier Sekundärelektronenvervielfacher *m*, Elektronenvervielfältiger *m*
electron-multiplier phototube Photozellenverstärker *m*, Elektronenverstärkerröhre *f*
secondary electron multiplier Sekundärelektronenverstärker *m*
electron-nuclear double resonance Elektron-Kern-Doppelresonanz *f*, ENDOR *{Spek}*
electron octet Elektronenoktett *n*
electron optics Elektronenoptik *f*
electron orbit Elektronenbahn *f*
electron oscillation Elektronenschwingung *f*
electron packet Elektronenbündel *n*
electron pair Elektronenduett *n*, Elektronenpaar *n*
electron-pair bond kovalente Bindung *f*, Elektronenpaarbindung *f*
one electron pair freies Elektronenpaar *n*
electron paramagnetic resosnance Elektronenspinresonanz *f*, elektronenparamagnetische Resonanz *f*
electron-positron pair Elektron-Positron-Paar *n*
electron probe Elektronen[strahl]sonde *f*
electron-probe-microanalysis Elektronenstrahl-Mikroanalyse *f*, ESMA, EMA
electron-probe-microanalyzer Elektronensonden-Röntgenmikroanalysator *m*, Mikrosonde *f*
electron promotion Elektronenübergang *m*, Quantenzahlvergrößerung *f* des Elektrons
electron radius Elektronenradius *m* *{2,8177 fm}*
electron recombination Elektronenrekombination *f*
electron repeller Gegenfeldelektrode *f* für Elektronen
electron resonance Elektronenresonanz *f*
secondary electron resonance Sekundärelektronenresonanz *f*
electron-scanning microscope Rasterelektronenmikroskop *n*
electron scattering Elektronenstreuung *f*
electron sextet[te] Elektronensextett *n*
electron sheath Elektronenhülle *f*, Elektronenansammlung *f* *{an der Anode}*
electron shell Elektronenhülle *f*, Elektronenschale *f* *{Valenz}*
electron source 1. Elektronenquelle *f*; 2. Elektronenspritze *f*, Elektronenkanone *f*, Elektronenstrahler *m*, Kathodenstrahlerzeuger *m*, Elektronenschleuder *f*
electron spectroscopy Elektronenspektroskopie *f*
electron spectroscopy for chemical analysis Elektronenspektroskopie *f* zur Bestimmung von Elementen und ihren Bindungszuständen, ESCA-Methode *f*, Röntgen-Photoelektronen-Spektroskopie *f*
electron spin Elektronenspin *m*, Elektroneneigendrehimpuls *m*, Elektronendrall *m*, Spin *m*
electron-spin quantum number Elektronenspinquantenzahl *f*
electron spin resonance Elektronenspinresonanz *f*, ESR, paramagnetische Elektronenresonanz *f*
electron state Elektronenzustand *m*
electron-stimulated desorption ion angular distribution Elektronendesorptions-Ionenwinkelverteilung *f*, ESDIAD *{Spekt}*
electron strip beam Elektronenflachstrahl *m*
electron swarm Elektronenschar *f*
electron term Elektronenterm *m* *{Spek}*
electron transfer Elektronenüberführung *f*, Elektronenübertragung *f*, Elektronentransfer *m*, Elektronenübergang *m*
electron-transfer band Elektronenüberführungsbande *f*, Charge-Transfer-Absorptionsbande *f*, CT-Absorptionsbande *f*
electron-transfer reaction Elektronenübertragungsreaktion *f*
electron transition Elektronenübergang *m*
electron-transition probability Elektronenübergangswahrscheinlichkeit *f*
electron-transmitting elektronendurchlässig
electron transport system Elektronentransportkette *f* *{Biochem}*
electron trap Elektronenfänger *m*, Elektronenfalle *f*, Elektronenhaftstelle *f*
electron trapping Elektroneneinfang *m*, E-Einfang *m*, Elektronenanlagerung *f*
electron tube Elektronenröhre *f* *{DIN 44400}*, Vakuumröhre *f* *{obs}*, Hochvakuumelektronenröhre *f*
electron vacancy Elektronenlücke *f*
electron valve Elektronenröhre *f*
electron volt Elektronenvolt *n*, eV *{Energie-Einheit der Atomphysik = $0{,}16021892 \cdot 10^{-19}$ J}*

chromophoric electron Chromophorelektron *n*
disintegration electron ausgestoßenes Elektron *n*, Beta-Teilchen *n*
inner electron Rumpfelektron *n*
ione electron Einzelelektron *n*, ungepaartes Elektron *n* *{Valenz}*
orbital electron Hüllenelektron *n*, Außenelektron *n*, Bahnelektron *n*, kernfernes Elektron *n*
positive electron Positron *n*
unpaired electron ungepaartes Elektron *n*, unpaares Elektron *n*, Einzelelektron *n*
valency electron Bindungselektron *n*
electronegative elektronegativ, negativ elektrisch, unedel *{Met}*
electronegativity Elektronegativität *f*
electroneutrality Elektroneutralität *f*
electroneutrality principle Elektroneutralitätsprinzip *n* *{Elektrolyt}*
electronic elektronisch; Elektronen-
electronic absorption spectrum Elektronenabsorptionsspektrum *n*
electronic angular momentum Elektronen-Bahndrehimpuls *m*
electronic balance elektronische Waage *f*
electronic band spectrum Elektronenbandenspektrum *n*, Elektronenspektrum *n*
electronic charge Elektronenladung *f*
electronic component elektronisches Bauelement *f*, Elektronikbauteil *n*
electronic conductivity Elektronenleitfähigkeit *f*, elektronische Leitfähigkeit *f*, Elektronenleitung *f*
electronic configuration Elektronenanordnung *f*, Elektronenkonfiguration *f*
electronic control elektronische Regelung *f*; elektronische Steuerung *f*
electronic data processing elektronische Datenverarbeitung *f*
electronic desorption Desorption *f* durch Elektronen
electronic emission Elektronenemission *f*, Elektronenaustritt *m*
electronic energy curve Energie-Abstandsgraph *m* *{Valenz}*
electronic excitation Elektronenanregung *f*
electronic formula Elektronenformel *f*
electronic heat sealing Hochfrequenzsiegeln *n*
electronic indicating equipment Anzeigeelektronik *f*
electronic instrument controller elektronischer Regler *m*, elektronische Regeleinrichtung *f*
electronic isomerism Elektronenisomerie *f*
electronic label printer elektronischer Etikettendrucker *m*
electronic light-meter Lichtelektrometer *n*
electronic magnetic moment Gesamtelektronenmoment *n* *{Atom}*
electronic measuring apparatus elektronisches Meßgerät *n*
electronic measuring appliance elektronisches Meßgerät *n*
electronic measuring instrument elektronisches Meßinstrument *n*
electronic mode [of the electron] Freiheitsgrad *m* [des Elektrons]
electronic noise Röhrenrauschen *n*, Elektronenrauschen *n*
electronic peak-reading voltmeter elektronisches Voltmeter *n* mit Spitzenablesung *f*
electronic plug-in device elektronische Einschubvorrichtung *f*
electronic polarizability Elektronenpolarisierbarkeit *f*
electronic pretreatment elektrische Oberflächenvorbehandlung *f*
electronic transition Elektronenübergang *m*
electronic tube Elektronenröhre *f*
electronic valve Elektronenröhre *f*
electronics Elektronik *f*, Elektronenlehre *f*, Elektronentechnik *f*
electrooptic[al] elektrooptisch
electrooptical birefringence elektrooptischer Kerr-Effekt *m*
electrooptical X-ray image intensifier elektrooptischer Röntgenbildverstärker *m*
electroosmosis Elektroosmose *f*
electroosmotic elektroosmotisch
electroosmotic potential elektroosmotisches Potential *n*
electropainting apparatus elektrophoretischer Lackapparat *m*
electropalladiol *{US}* kolloides Palladium *n*
electroparting bath elektrolytisches Metallscheidungsbad *n*
electropherogram Elektropherogramm *n*
electropherography Elektropherographie *f*, Elektrochromatographie *f*
electrophile Elektrophil *n*
electrophilic elektrophil, elektronensuchend, elektronenfreundlich, elektronenanziehend, kationoid
electrophoresis Elektrophorese *f*, Kataphorese *f*
electrophoresis apparatus elektrophoretischer Lackapparat *m*
electrophoresis equipment Elektrophoreseapparatur *f*
carrierless electrophoresis trägerfreie Elektrophorese *f*
high-voltage electrophoresis Hochspannungselektrophorese *f*
electrophoretic elektrophoretisch
electrophoretic behaviour elektrophoretisches Verhalten *n* *{z.B. von Plastdispersionen}*
electrophoretic dip coating Elektrotauchbeschichtung *f*

electrophoretic gel Elektrophoresegel *n*
electrophoretic mobility elektrophoretische Beweglichkeit *f*
electrophoretic painting Elektrotauchlackierung *f*
electrophoretic potential elektrophoretisches Potential *n*
electrophorus Elektrophor *m*
electrophorus-bottom plate Elektrophorteller *m*
electrophorus disc Elektrophordeckel *m*, Elektrophorkuchen *m*
electrophotography Elektrophotographie *f*, Elektrostatographie *f*
electrophotoluminescence Elektrophotolumineszenz *f*
electrophysiological elektrophysiologisch
electrophysiology Elektrophysiologie *f*
electroplate/to elektroplattieren, galvanisieren
electroplated plastic galvanisierter Plast *m*
electroplating 1. Galvanostegie *f*; 2. Galvanisieren *n*, Elektroplattieren *n*, elektrochemisches Beschichten *n* elektrolytisches Beschichten *n*, Galvanoformung *f*; 3. Galvanoplastik *f*, Elektrotypie *f*
electroplating base Grundmetall *n*
electroplating bath 1. Elektroplattierungsbad *n*, Galvanostegiebad *n*, Galvanisierbad *n*, galvanisches Bad *n*; 2. Galvanisierbehälter *m*
electroplating equipment Galvanisieranlage *f*
electroplating of plastics Kunststoffgalvanisierung *f*
electroplating plant Galvanikanlage *f*, Galvanisieranlage *f*
electroplating process Elektroplattierverfahren *n*
electroplating solution Galvanisierungslösung *f*
electroplating vat Elektroplattierungsgefäß *n*, Galvanostegiegefäß *n*
electroplating with steel galvanische Verstählung *f*
electropneumatic elektropneumatisch
electropneumatic control elektropneumatische Regelung *f*
electropneumatic operation elektropneumatische Arbeitsweise *f*
electropneumatically operated elektropneumatisch betätigt
electropolish/to elektrolytisch polieren, elektrochemisch polieren
electropolishing elektrolytisches Polieren *n*, elektrochemisches Polieren *n*, Elektropolieren *n*, anodisches Polieren *n*
electropolishing bath Elektropolierbad *n*
electropolymerization Elektropolymerisation *f*
electropositive elektropositiv, positiv elektrisch
electroprecipitation Elektroabscheidung *f*
electroreduction Elektroreduktion *f*
electrorefining elektrolytische Raffination *f*, Elektroraffination *f* *{Reinigung von Metallen}*
electrorefining plant elektrolytische Raffinerie *f*, elektrolytische Vergütungsanlage *f* *{Met}*
electrorheological fluid elektrorheologische Flüssigkeit *f*
electrorheology Elektrorheologie *f*
electrorhodial *{US}* kolloidales Rhodium *n*
electroscope Elektroskop *n*, Elektrizitätsanzeiger *m*
electrosilver/to galvanisch versilbern
electroslag remelting Elektro-Schlacke-Umschmelzverfahren *n*, ESU-Verfahren *n*
electrosol Elektrosol *n* *{Koll}*
electrostatic elektrostatisch
electrostatic atomizer elektrostatischer Zerstäuber *m*
electrostatic attraction elektrostatische Anziehung *f*, Coulomb-Anziehung *f*
electrostatic bond Ionenbindung *f*, Ionenbeziehung *f*
electrostatic charge elektrostatische Aufladung *f*
electrostatic charging property elektrostatisches Aufladevermögen *n*
electrostatic coating elektrostatische Beschichtung *f*
electrostatic dipping elektrostatische Tauchlackierung *f*
electrostatic discharge Elektrizitätsentladung *f*
electrostatic dissipative polymer elektrostatisch sich entlastender Kunststoff *m*
electrostatic filter Elektrofilter *m*, *n*
electrostatic flocking elektrostatisches Beflokken *n*
electrostatic fluidized bed coating elektrostatisches Wirbelbettbeschichten *n*
electrostatic fluidized bed unit Wirbelbettanlage *f* für elektrostatisches Pulverbeschichten *n*
electrostatic flux Induktionsfluß *m*
electrostatic focusing elektrostatische Fokussierung *f*
electrostatic gas conditioning apparatus elektrostatische Gasreinigungsanlage *f*
electrostatic generator Elektrisiermaschine *f*
electrostatic induction Influenz *f*, elektrostatische Induktion *f*, elektrische Influenz *f*
electrostatic interaction Coulomb-Wechselwirkung *f*, elektrostatische Wechselwirkung *f*
electrostatic lacquer elektrostatischer Lack *m*
electrostatic liquid coating elektrostatische Naßbeschichtung *f*
electrostatic load elektrostatische Aufladung *f*, elektrostatische Ladung *f*
electrostatic nebulizer with annular electrode Ringspaltzerstäuber *m*

electrostatic pick-up elektrostatische Aufladung *f*
electrostatic powder coating elektrostatisches Beschichten *n*, elektrostatisches Pulverbeschichten *n*, elektrostatisches Pulverspritzen *n*, Samesieren *n*
electrostatic powder spray elektrostatischer Zerstäuber *m*
electrostatic powder spraying unit elektrostatische Pulversprühanlage, elektrostatische Pulverspritzanlage *f*
electrostatic precipitation elektrostatische Abscheidung *f*
electrostatic precipitator elektrostatischer Abscheider *m*, Elektroabscheider *m*, Elektrofilter *n*, E-Filterentstauber *m*
electrostatic repulsion elektrostatische Abstoßung *f*, Coulomb-Abstoßung *f*
electrostatic screening elektrostatische Abschirmung *f*
electrostatic separation elektrische Sortierung *f*, Elektrosortieren *n*, elektrostatische Abscheidung *f*, Elektroscheidung *f*
electrostatic separator elektrostatische Sortiermaschine *f*, Vorrichtung *f* zur elektrostatischen Trennung
electrostatic series triboelektrische Spannungsreihe *f*
electrostatic shield elektrostatische Abschirmung *f*
electrostatic shielding *{US}* elektrostatische Abschirmung *f*
electrostatic spraying Elektrostatikspritzen *n*, elektrostatisches Spritzen *n*, Elektrolackieren *n*, elektrostatische Spritzlackierung *f*; elektrostatisches Besprühen *n*
electrostatic theory of adhesion elektrostatische Klebtheorie *f*
electrostatic two-aperture lens Lochblenden-Linse *f* *{Spek}*
electrostatic unit elektrostatische Einheit *f*, e.s.E., esE *{obs; CGS-System}*
electrostatics Elektrostatik *f*
electrostenolysis Elektrostenolyse *f* *{Metallabscheidung in Membranporen}*
electrostriction Elektrostriktion *f*
electrosynthesis Elektrosynthese *f*
electrotechnics Elektrotechnik *f*
electrothermal elektrothermisch; Elektrowärme-
electrothermal atomization Graphitrohr-Technik *f* *{Kohleanalyse}*
electrothermal oven Elektrowärmeofen *m*
electrothermic elektrothermisch
electrothermics Elektrowärmelehre *f*, Elektrothermie *f*
electrotinning galvanische Verzinnung *f*
electrotype/to klischieren, galvanoplastisch vervielfältigen; Galvanos *npl* herstellen
electrotype Elektrotype *f*, Galvano *n*
electrotypic galvanoplastisch, galvanographisch
electrotyping Elektrotypie *f*, Galvanoplastik *f*
electrotypy Galvanoplastik *f*, Elektrotypie *f*
electroultrafiltration Elektro-Ultrafiltration *f*, Elektrodialyse *f*
electrovalence 1. Elektrovalenz *f*, elektrochemische Wertigkeit *f*, elektrochemische Valenz *f*; 2. Ionenbeziehung *f*, Ionenbindung *f*, elektrovalente Bindung *f*, elektrostatische Bindung *f*, heteropolare Bindung *f*, ionogene Bindung *f*, polare Bindung *f*, Elektrovalenz *f*
electrovalency *s.* electrovalence
electrovalent bond *s.* electrovalence
electrovalve Elektroventil *n*, elektromagnetisches Ventil *n*, Magnetventil *n*
electrowinning elektrolytische Metallgewinnung *f*, elektrolytische Extraktion *f*; Elektrometallurgie *f*
electrum 1. Elektrum *n*, Goldsilber *n* *{natürliche Gold-Silber-Legierung, Min}*; 2. Neusilberlegierung *f* *{52 % Cu, 26 % Ni und 22 % Zn}*; 3. Bernstein *m*
electuary Latwerge *f*, Electuarium *n* *{teigförmige Arzneizubereitung}*
elemane <$C_{15}H_{30}$> Eleman *n* *{Sesquiterpen}*
elemene <$C_{15}H_{24}$> Elemen *n*
element 1. Element *n*, Grundbestandteil *m*, wesentlicher Bestandteil *m*, Grundstoff *m*; Urstoff *m* *{Naturphilosophie}*; 2. [chemisches] Element *n*, [chemischer] Grundstoff *m*; 3. Bauteil *n*, Bauelement *n* *{Elektronik, Bauwesen}*; 4. Merkmal *n* *{z.B. einer Erfindung}*; 5. Element *n* *{z.B. einer Menge, einer Matrix, Math}*; 6. Einzellinse *f*, Glied *n*, Teil *n* *{eines Objektivs, Opt}*; 7. Teilvorgang *m*; Element *n* *{eines Arbeitsganges}*; 8. Zelle *f* *{Elek}*; Plattenpaket *n* *{Batterie}*
element for alloys Legierungselement *n*
element with simple spectrum linienarmes Element *n*
artificially radioactive element künstliches radioaktives Element *n*
electronegative element elektronegatives Element *n*
electropositive element elektropositives Element *n*
mixed elements Mischelemente *npl* *{Nukl}*
transition element Übergangselement *n* *{Periodensystem}*
elemental elementar[isch], Elementar-; natürlich, rein; gediegen *{Krist}*
elemental analysis Elementaranalyse *f*
elemental assignment Elementbezeichung *f*, Elementzuordnung *f*
elemental composition Elementarzusammensetzung *f*, Elementzusammensetzung *f*
elementary einfach, ursprünglich, elemen-

tar[isch], grundlegend, fundamental; Elementar-, Grund-

elementary analysis Elementaranalyse *f*

elementary building block Elementarbaustein *m*

elementary cell 1. Elementarzelle *f {Krist}*; 2. Urzelle *f {Biol}*

elementary charge Elementarladung *f*, elektrisches Elementarquantum *n {1,60217733·10^{-19}C}*

elementary color Primärfarbe *f*, Grundfarbe *f*

elementary constituent Urbestandteil *m*, Grundbestandteil *m*

elementary effective quantum elementares Wirkungsquantum *n*

elementary event Elementarereignis *n {Stat}*

elementary microanalysis Mikroelementaranalyse *f*

elementary molecule Elementmolekül *n {z.B. O_2, H_2}*

elementary particle Elementarteilchen *n*

elementary photochemical reaction photochemische Elementarreaktion *f*

elementary physics Elementarphysik *f*

elementary process Elementarprozeß *m*, Elementarvorgang *m {Reaktionskinetik}*

elementary quantum elektrisches Elementarquantum *n*, Elementarladung *f {1,62017733·10^{-19}C}*

elementary reaction Elementarreaktion *f*

elementary sulfur Elementarschwefel *m*

elemi Elemi *n*, Elemiharz *n {von Burserazeen, Rutazeen und Humiriazeen}*

elemi gum Elemi[harz] *n*, Ölbaumharz *n*

elemi oil Elemiöl *n*, Elemibitter *n*

elemic acid Elemisäure *f*

elemicin Elemicin *n*, 1-Allyl-3,4,5-trimethoxybenzol *n*

elemol <$C_{15}H_{26}O$> Elemol *n*, Elemicampher *m*

elemolic acid Elemolsäure *f*

elemonic acid Elemonsäure *f*

eleolite Eläolith *m {Min}*

eleonorite Eleonorit *m {Min}*

eleostearic acid Elaeostearinsäure *f*, 9,11,13-Octatriensäure *f {UPAC}*, Holzfettsäure *f {Triv}*

eleutherin Eleutherin *n*

eleutherinol Eleutherinol *n*

eleutherolic acid Eleutherolsäure *f*

elevate/to 1. steigern, erhöhen *{z.B. die Temperatur}*; 2. hochfördern, [in die Höhe] heben, nach oben tragen, hochheben

elevated erhöht; gehoben, gesteigert

elevated pressure investigations Untersuchung *f* bei erhöhtem Druck *m*

elevated tank Hochbehälter *m*, Hochtank *m*

elevated temperature erhöhte Temperatur *f*

elevating platform Hebebühne *f*, Hebekanzel *f*, Gelenkbühne *f*, Gelenkmast *m*, Steiger *m*, Hubarbeitsbühne *f*, Gelenksteiger *m*

elevating tube Steigrohr *n*

elevation 1. Anhebung *f*, Heben *n*, Aufheben *n*, Emporheben *n*; 2. Anstieg *m*, Erhöhung *f {z.B. der Temperatur}*, 3. Ebene *f*, Höhe *f*; Höhe *f*, Steighöhe *f*; 4. Bodenerhebung *f*; 5. Riß *m*, Seitenriß *m*, Aufriß *m*; Vorderansicht *f*

elevation of boiling point Siedepunktserhöhung *f*

elevation profile Aufrißprofil *n*

elevator 1. Steilförderer *m*, Senkrechtförderer *m*, Schrägförderer *m*, Elevator *m*; 2. Hebewerk *n*, Hebevorrichtung *f*, Elevator *m*; Gestängeanheber *m {einer Rotary-Bohranalge}*; 3. *{US}* Aufzug *m*, Lift *m*; 4. *{US}* Kornspeicher *m*, Getreidesilo *n*; Schachtspeicher *m*, Silo *n*, Zellenspeicher *m*

elevator bucket Elevatoreimer *m*, Förderschale *f*, Elevatorbecher *m*

elevator cage *s.* elevator bucket

elevator frame Fördergerüst *n*, Förderturm *m*

elevator kiln Hebetrockenofen *m*

elfwort Inula *f*, Altwurzel *f*, Donnerwurzel *f {getrockneter Wurzelstock von Inula helenium L.}*

eliasite Eliasit *m {Min}*

eliminatable group eliminierbare Gruppe *f*

eliminate/to 1. eliminieren, beseitigen, entfernen, ausmerzen, tilgen; weglassen; 2. ausscheiden, aussondern, absondern, abscheiden; aussondern; 3. ausstoßen, abspalten *{Chem}*

elimination 1. Abspaltung *f*, Elimination *f*, Eliminierung *f*, Wegnahme *f*, Entfernung *f {Chem}*; 2. Ausscheidung *f*, Absonderung *f*, Abscheidung *f*, Ausstoßung *f*; 3. Ausmerzung *f*, Beseitigung *f*, Elimination *f*, Eliminierung *f {Med}*

elimination of acid Entsäuerung *f*

elimination of water Wasserabgabe *f*, Wassereliminierung *f*, Wasserabspaltung *f*, Wasserentzug *m*, Entwässern *n*, Entwässerung *f*, Dehydratisierung *f*, Dehydratisieren *n {als chemische Reaktion}*

bimolecular elimination bimolekulare Eliminierung *f*, E2-Mechanismus *m*

monomolecular elimination monomolekulare Eliminierung *f*, E1-Mechanismus *m*

reductive elimination reduktive Eliminierung *f*

eliminator baffle Tropfenabscheideblech *n*, Tropfenabscheideplatte *f*

eliminator plate Tropfenabscheideblech *n*, Tropfenabscheideplatte *f*

eline *{obs}* *s.* astatine

eliquation Seigerung *f*, Seigern *n*, Ausseigern *n*, Entmischen *n*, Pauschen *n {Met}*, Anschmelzen *n*

ELISA *{enzymelinked immunosorbent assey}* Festphasen-Enzymimmunoassey *n*, ELISA

elixation langsames Kochen *n*, Auslaugen *n*

elixir Elixier *n {Pharm}*

elk fat Elchfett *n*

ell 1. Elle *f {GB: 45 Zoll = 1,114 m}*;

2. L-Stück *n*, Winkelstück *n {Ansatzrohr}*, Winkelrohr *n*, Winkelstutzen *m*
ellagate Ellagat *n*
ellagic acid <$C_{14}H_6O_8$> Ellagsäure *f*, Ellagengerbsäure *f*
ellagorubin Ellagorubin *n*
Elliott tester Flammpunktbestimmer *m*
ellipse Ellipse *f {Math}*
ellipsoid Ellipsoid *n {Math}*
ellipsoid of revolution Rotationsellipsoid *n*
ellipsoid of rotation Rotationsellipsoid *n*
oblate ellipsoid abgeplattetes Ellipsoid *n*
prolate ellipsoid gestrecktes Ellipsoid *n*
ellipsoidal ellipsoidisch, ellipsenähnlich; Ellipsoid-
ellipsoidal mirror Ellipsoidspiegel *m*
ellipsometry Ellipsometrie *f {Opt}*
elliptic[al] elliptisch
elliptical anode Knüppelanode *f*
elliptical coordinates elliptische Koordinaten *fpl*
elliptical head Korbbogenboden *m*
elliptical orbit *s.* elliptical path
elliptical path Ellipsenbahn *f*, elliptische Bahn *f*
elliptical polarization elliptische Polarisation *f {Opt}*
elliptical retort ovale Retorte *f*
elliptical track *s.* elliptical path
ellipticine <$C_{17}H_{14}O_2$> Ellipticin *n*, Elliptisin *n*
ellipticity Abplattung *f*, Elliptizität *f {1. Abweichung von der Kugelgestalt; 2. Optik}*
elliptone <$C_{20}H_{16}O_6$> Ellipton *n*
elm bark Rüsterrinde *f*
elon *{TM}* Elon *n*
elongate/to verlängern, ausrecken *{Met}*, dehnen, strecken, längen
elongated 1. länglich; 2. verlängert, gestreckt, gedehnt
elongated pits Mulden *fpl {Korr}*
elongation 1. Dehnung *f {DIN 1342}*, Ausdehnung *f*, Streckung *f*, Verlängerung *f*, Längen *n*, Längenzunahme *f {positive Dehnung}*; 2. Elongation *f {Polypeptidsynthese}*; 3. Elongation *f {Schwingungen}*
elongation after fracture Bruchdehnung *f {in %, DIN 488}*
elongation at break Reißdehnung *f*, Zerreißdehnung *f {Text; Kunst, DIN 53 504}*, Bruchstreckung *f*, Bruchdehnung *f {Pap}*
elongation at rupture *s.* elongation at break
elongation at yield Dehnung *f* bei Streckgrenze *f*, Zugdehnung *f* bei Streckgrenze *f*, Zugspannung *f* bei Streckgrenze *f*
elongation factor Elongationsfaktor *m {Biochem}*
elongation flow Dehnströmung *f {DIN 13342}*
elongation in cross direction Querdehnung *f*
elongation meter Dehnungsmeßgerät *n*
elongation per unit length spezifische Dehnung *f*
elongation ratio Verlängerungsgrad *m*
elongation resistance Streckfestigkeit *f*, Verdehnungsfestigkeit *f*
elongation strain Zugdehnung *f*
elongation to fracture Bruchdehnung *f*
elongation viscosity Dehnviskosität *f {DIN 13342}*
elpidite Elpidit *m {Min}*
ELS *{energy loss spectrometry}* Elektron-Energieverlustspektroskopie *f*
eluant *s.* elution agent
eluate/to eluieren, herausspülen, herauslösen *{von adsorbierten Stoffen aus festen Adsorptionsmitteln}*
eluate Eluat *n {durch Herauslösen adsorbierter Stoffe gewonnene Flüssigkeit}*
elucidate/to aufklären, ermitteln, erforschen, erschließen; beleuchten, erklären, erläutern; aufhellen, erleuchten
elucidation 1. Erläuterung *f*, Erklärung *f*; 2. Klarstellung *f*; 3. Erforschung *f*, Aufklärung *f*, Ermittlung *f {z.B. Struktur}*
elusive ausweichend, entwischend; schwer zu fangen; schwer zu fassen, schwer zu erlangen, kaum zu bemerken
elute/to eluieren, herausspülen, herauslösen *{adsorbierte Stoffe aus festen Adsorptionsmitteln}*
elution 1. Elution *f*, Eluieren *n*, Schlämmung *f*; 2. Elutionsanalyse *f*; 3. Elutionschromatographie *f*
elution agent Eluierungsmittel *n*, Elu[a]tionsmittel *n*, Eluent *m*, Eluant *m*
elution apparatus Auswaschgerät *n {Zucker}*
elution process Waschprozeß *m*, Auswaschprozeß *m*
elutor Auswaschgerät *n {Zucker}*
elutriate/to abklären, abschlämmen, aufschlemmen, [aus]schlämmen, auswaschen, auslaugen, reinigen
elutriated abgeschlämmt, abgeklärt, ausgewaschen, ausgelaugt
elutriating Schlämmarbeit *f*
elutriating apparatus Schlämmapparat *m {Korngrößenbestimmung}*, Abschlämmgerät *n*, Schlammgerät *n {Chem}*
elutriating process Schlämmverfahren *n*
elutriation 1. Auswaschung *f*, Auswaschen *n*, Schlämmung *f*, Schlämmen *n*, Abschlämmen *n*, Aufschlämmen *n*, Ausschlämmen *n*, Abschwemmen *n*, Auslaugen *n*, Abseihung *f*, Anschlämmung *f*, Ausspülung *f*, Reinigung *f*; 2. Schlämmanalyse *f*
elutriation tank Abschlämmgefäß *n*, Schlämmgefäß *n*

elutriator 1. Abschlämmgerät *n*, Aufstromklassierer *m*, Schlämmer *m*, Schlämmgerät *n*, Schlämmapparat *m {Korngrößenbestimmung}*; 2. Entstauber *m*, Elutriator *m {Chem}*
emaciate/to abzehren, ausmergeln, abmagern
emaciation Abmagerung *f*, Auszehrung *f*
eman Eman *n {SI-fremde Einheit der Rn-Konzentration = 3,7 Bg/l}*
emanate/to ausfließen, auslaufen, ausströmen; ausschleudern, ausstrahlen, aussenden *{Nukl}*
emanation 1. Emanation *f*, Ausstrahlung *f*, Ausfluß *m*, Ausströmung *f*; 2. Emanation *f {obs}*, Niton *n {obs}*, Radon *n {Rn, Element Nr. 86}*
emanometer Emanometer *n*
emanon *{obs}* *s.* Radon
embalm/to [ein]balsamieren
embalming Einbalsamieren *n*, Mumifizieren *n*
embalming fluid Einbalsamierungsflüssigkeit *f*
embed/to einlegen, einschließen, einbetten, eingraben, einhüllen, einschichten, eingießen
embeddability Einbettfähigkeit *f {Trib, DIN 50282}*
embedded eingebettet
embedding Einbetten *n*, Einbettung *f*, Vergießen *n*, Umhüllen *n*, Einlagerung *f*, Einschluß *m*, Einlassung *f*, Einmauerung *f*
embedding compound Einbettmaterial *n*, Einschlußmaterial *n*
embedding medium Einbettungsmittel *n*, Einschlußmittel *n*
embedding medium for pellets Einbettungsmittel *n* für Preßlinge
embelin Embelin *n*
embel[l]ic acid Embeliasäure *f*, 2,5-Dihydroxy-3-undecyl-1,4-benzochinon *n*
embers Glühasche *f*, glühende Kohle *f*, verglühende Kohlen *fpl*; Glutasche *f*, [schwelende] Glut *f*
embitter/to bitter machen, vergällen, einen bitteren Geschmack *m* verleihen *{z.B. Bier}*
EMBO *{European Molecular Biology Organization}* Europäische Organisation für Molekularbiologie *f*
embody/to 1. verkörpern; 2. verwirklichen; 3. konkretisieren, eine konkrete Form *f* geben
embolite Embolit *m*, Bromchlorargyrit *m*, Chlorbromsilber *n {Min}*
embonic acid Embonsäure *f*, Pamoasäure *f*, 4,4'-Methylen-*bis*(3-hydroxy)2-naphthoesäure *f*
emboss/to 1. ausbauchen, bossieren *{Keramik}*; 2. erhaben ausarbeiten, gaufrieren, prägen, einpressen, aufpressen *{Text, Pap, Gerb}*; 3. hämmern, treiben *{Met}*; 4. prägen *{z.B. Folienoberflächen}*, hohlprägen; 5. stanzen
embossed reliefartig, geprägt; Relief-
embossed film geprägte Folie *f*; dessinierte Folie *f*, Prägefolie *f*
embossed printing Prägedruck *m*
embossed sheet geprägte Folie *f*, dessinierte Folie *f*, Prägefolie *f*
embosser Gaufrierkalander *m*, Prägekalander *m {Pap, Text}*
embossing 1. Prägung *f*, Gaufrage *f*, Gaufrieren *n*, Einpressen *n*, Aufpressen *n*, Einprägung *f*, Reliefprägung *f*, Reliefdruck *m {von Mustern}*, Prägedruck *m {Pap, Text, Kunst}*; 2. Musterhohlprägen *n {von Folienoberflächen}*, Hohlprägen *n {durch Stempel und Gegenstempel}*; 3. Narbenpressen *n*, Chagrinieren *n {Leder}*; 4. Treiben *n*, Treibschmieden *n*, Hämmern *n {Met}*; 5. Bossieren *n {Keramik}*
embossing calender Gaufrierkalander *m*, Gratinierkalander *m*, Prägekalander *m {Pap}*
embossing machine Gaufriermaschine *f*, Prägemaschine *f*, Prägeeinrichtung *f {zur Herstellung von Oberflächenstrukturen an Plastfolien}*
embossing pressure Prägedruck *m*
embrittle/to 1. spröd[e] machen; brüchig machen; 2. spröd[e] werden, verspröden; brüchig werden
embrittlement Brüchigwerden *n*; Versprödung *f*, Sprödwerden *n*
embrocation 1. Einreibemittel *n {Pharm}*; 2. Einreibung *f*
embryonal keimförmig, embryonal
embryonic embryonal
emendation Korrektion *f*, Verbesserung *f*, Berichtigung *f {Druck}*
emerald 1. smaragdfarben, smaragdgrün; 2. Smaragd *m*, Beryll *m*, Davidsonit *m {Min}*
emerald copper Dioptas *m*, Kupfersmaragd *m {Min}*
emerald green 1. smaragdgrün; 2. Smaragdgrün *n*, Mitisgrün *n*, Mittlers Grün *n*, Guignetgrün *n*, Viridian *n*, Chromoxidhydratgrün *n* $\{Cr_2O_3xH_2O\}$; 3. Emeraldgrün *n {Mischung von Schweinefurter Grün mit Teerfarbstoffen}*; 3. Brillantgrün *n*, Diamantgrün *n {basischer Triphenylmethanfarbstoff}*
emerald nickel Nickelsmaragd *m {obs}*, Zaratit *m {Min}*
false emerald Atlaserz *n {Min}*
pseudo emerald grüner Flußspat *m*
emeraldine Emeraldin *n {synthetischer Chalcedon}*
emerge/to auftauchen; austreten *{Opt}*; herauskommen *{z.B. von Plastmaterial}*
emergence Austritt *m {z.B. eines Strahls}*, Auftauchen *n*, Sichtbarwerden *n*; Auflauf *m {Herbizid}*
emergency 1. Not-; 2. Notlage *f*, Notfall *m*, Notstand *m*
emergency [air]lock Nebenschleuse *f*, Notschleuse *f*
emergency alarm Notalarm *m*, Notruf *m*
emergency button Alarmknopf *m*

emergency bleed Notablaß *m*
emergency connection Notanschluß *m*
emergency cooling Notkühlung *f {Nukl}*
emergency cut-out Not-Aus-Einrichtung *f*, Notausschalter *m*; Notausschaltung *f {Elek}*
emergency device Notbehelf *m*
emergency diesel station Not[strom]dieselstation *f*, Diesel-Notstromaggregat *n*,
emergency door Notausgang *m*
emergency dressing Wundschnellverband *m*
emergency-electricity supply plant Notstromanlage *f*
emergency exit Notausgang *m*
emergency generator Notstromaggregat *n*
emergency lighting Notbeleuchtung *f*
emergency opening Notzugang *m*
emergency power battery Notstromakkumulator *m*
emergency power supply Notstromversorgung *f*
emergency-power supply unit Notstromaggregat *n*, Notstromversorgungsanlage *f*
emergency procedures Notmaßnahmen *fpl*
emergency release Schnellablaß *m*
emergency response Notmaßnahme *f*, Erste-Hilfeleistung *f*
emergency shower Notdusche *f {Schutz}*
emergency signal Notsignal *n*
emergency situation Notfall *m*, Notsituation *f*
emergency stop Not-Aus-Schalter *m*, Not-Aus *n*, Notschalter *m*, Notbremse *f*
emergency-stop button Notausschalter *m*
emergency-stop switch Not-Aus-Schalter *m*
emergency-stop valve Notabsperrschieber *m*
emergency switch Katastrophenschalter *m*, Notausschalter *m*, Notschalter *m*
emergency temporary standard kurzfristige Belastungshöhe *f {Tox}*
emergency ward Unfallstation *f*
emergent light austretendes Licht *n*
emergent stem correction Fadenkorrektur *f {Hg-Thermometer}*
emersion-immersion testing *{IDF 85}* Wechsel-Tauchprüfung *f {Korr}*
emery kleinkörniger Korund *m*; Schmirgel *m*
emery cloth Schmirgelleinen *n*, Schleiftuch *n*, Schmirgelleinwand *f*, Schmirgeltuch *n*
emery dust Schmirgelstaub *m*
emery mill Mahlgang *m*
emery paper Schmirgelpapier *m*, Schleifpapier *n*
emery paste Schmirgelpaste *f*
emery polishing machine Schleifmaschine *f*, Schmirgelmaschine *f*, Schmirgelschleifmaschine *f*
emery powder Schmirgelpulver *n*
emerylite Emerylith *m {obs}*, Margarit *m {Min}*
emetic 1. emetisch; 2. Brechweinstein *m*; 3. Brechmittel *n*, Emetikum *n {Pharm}*
emetin[e] <$C_{29}H_{40}N_2O_4$> Emetin *n*, Ipecin *n*, Cephaelinmethylester *m*, 6',7',10,11-Tetramethoxymethan *n*, Emetinum purum *{Pharm, Chem}*
emetin[e] hydrochloride Emetinhydrochlorid *n*
emetinemethine Emetinmethin *n*
emetinium hydroxide Emetiniumhydroxid *n*
emf 1. elektromotorische Kraft *f*, EMK *{DIN 1323}*; 2. Urspannung *f*, Quellspannung *f*
emission 1. Emittieren *n*, Emission *f*, Aussendung *f*, Ausstrahlung *f*, Abstrahlung *f*; 2. Ableitung *f*; Austritt *m*; Ausströmung *f*; 3. Schadstoffausstoß *m*, Emission *f*
emission angle Austrittswinkel *m*, Emissionswinkel *m*
emission band Emissionsbande *f*
emission cell Photozelle *f* mit äußerem lichtelektrischen Effekt
emission coefficient Emissionskoeffizient *m*
emission current Emissionsstrom *m*
emission efficiency Emissionsmaß *n*, Heizmaß *n {Kathode}*
emission-flame spectroscopy Flammenemissionsspektroskopie *f*
emission line Emissionslinie *f*
emission of electrons Elektronenabgabe *f*, Elektronenausstrahlung *f*
emission of flue gas Rauchgasemission *f*
emission rate Emissionsrate *f*, Quellstärke *f*
emission requirement Abgasvorschrift *m*, Emissionsbedingung *f {Ökol}*
emission source Emissionsquelle *f*, Emittent *m*
emission spectrum Emissionsspektrum *n*
emission spectrum analysis Emissionsspektralanalyse *f*
emission spectrum of crystals Emissionskristallspektrum *n*
emission standard Emissionsrichtwert *m*
continuous molecular emission spectrum Molekülemissionskontinuum *n*
thermionic emission of electrons glühelektrische Elektronenabgabe *f*, thermionischer Effekt *m*
emissive ausstrahlend, aussendend, emissiv, emittierend; Emissions-
emissive power Ausstrahlungsvermögen *n*, Emissionsfähigkeit *f*, Emissionsvermögen *n*, Emittanz *f*
emissivity Emissionsvermögen *n*, Emissionsfähigkeit *f*, Emissionskoeffizient *m*, thermisches Abstrahlvermögen *n*
photoelectric emissivity photoelektrische Ausbeute *f*
EMIT *{enzyme-mediated immunoassay test}* enzymatischer Immunoasseytest *m*

emit/to abstrahlen, aussenden, ausstrahlen, emittieren; ausströmen; ausstoßen, auswerfen
emittance 1. Emissionsfähigkeit *f*, Emissionsvermögen *n*, Emissionskoeffizient *m*; 2. spezifische Ausstrahlung *f {DIN 5031}*
emitter 1. Emitter *m*, Strahler *m*, Aussender *m*, Emissionsquelle *f*, Strahlungsquelle *f*; 2. Emitterelektrode *f*, Emissionselektrode *f*; 3. Emitter *m {bei Unipolar- und Bipolartransistoren}*
emitting electron Leuchtelektron *n*
emodic acid Emodinsäure *f*
emodin <$C_{15}H_{10}O_5$> Emodin *n*, Emodol *n*, Schuttgelb *n*, 1,3,8-Trihydroxy-6-methylanthrachinon *n*
emodinanthranol Emodinanthranol *n*
emodinol Emodinol *n*
emollient 1. aufweichend; erweichend; 2. "Hautgeschmeidiger" *m*, Aufweichmittel *n*, Erweichungsmittel *n*, Weichmacher *m*, erweichendes Mittel *n {Kosmetik}*
emphasis Bekräftigung *f*, Betonung *f*, Nachdruck *m*
emphasize/to bekräftigen, betonen, unterstreichen
empiric[al] empirisch [abgeleitet], erfahrungsgemäß; Erfahrungs-
empirical fact Erfahrungstatsache *f*
empirical formula 1. Bruttoformel *f*, empirische Formel *f*, Summenformel *f*; 2. empirisch abgeleitete Formel *f {Math, Phys}*
empirical knowledge Empirie *f*
empirical law Erfahrungssatz *m*
empirical result Erfahrungsergebnis *n*
empirical rule Faustregel *f*
empirical science Erfahrungswissenschaft *f*
empirical value Erfahrungswert *m*
emplacement Standort *m*, Lage *f*, Platz *m {Geol}*
emplectite Emplektit *m {Min}*
employ/to anstellen, beschäftigen; anwenden, benutzen, verwenden
employability Verwendungsfähigkeit *f*
employee Angestellter *m*, Arbeitnehmer *m*, Betriebsangehöriger *m*
employees Belegschaft *f*
employer Arbeitgeber *m*, Unternehmer *m*
employment 1. Beschäftigung *f*; 2. Beruf *m*; 3. Anwendung *f*; 4. Verwendung *f*
employment protection Arbeitsschutz *m*
employment safety *{US}* Arbeitsschutz *m*
employment situation Beschäftigungslage *f*
empower/to bevollmächtigen, ermächtigen; befähigen
empressite Empressit *m {Min}*
emptiness Leere *f*
empty/to ausladen, entladen, [ent]leeren, ausgießen, ausschütten, räumen, leer machen
empty 1. leer *{z.B. Behälter}*; Leer-; 2. hohl; 3. nichtbeladen, unbeladen; 4. unbeschrieben *{EDV}*
emptying Entleeren *n*, Entleerung *f*
emptying funnel Ablaßtrichter *m*
empyreumatic empyreumatisch, brenzlig, brenzlich *{Geruch}*
emulgator 1. Emulgator *m*, Emulgier[ungs]mittel *n*, Emulsionsbildner *m*, Emulsionsvermittler *m*, Emulgens *n*; 2. Emulgator *m*, Emulsor *m*, Emulgiermaschine *f*
emulgent Reinigungsmittel *n {Pharm}*
emulsibility Emulgierbarkeit *f*, Emulgierfähigkeit *f*
emulsifiability Emulgierfähigkeit *f*, Emulgierbarkeit *f*
emulsifiable emulgierbar, emulsionsfähig, emulgierfähig
emulsification Emulgieren *n*, Emulsionieren *n*, Emulgierung *f*, Emulsionsbildung *f*
emulsification equipment Emulgiergeräte *npl*
emulsification stirrer Emulsionsrührer *m*
emulsified binder Emulsionsbinder *m*
emulsified cream eye shadow Lidstrichemulsion *f*
emulsified state *{ISO 3219}* Emulsionsphase *f {Kunst}*
emulsifier *s.* emulgator
emulsify/to emulgieren, emulsionieren
emulsifying agent Emulgier[ungs]mittel *n*, Emulgator *m*, Emulsionsbildner *m*, Emulsionsvermittler *m*, Emulgens *n*
emulsifying aid Emulgierhilfe *f*
emulsifying apparatus Emulgator *m*, Emulgiergerät *n*, Emulsor *m*
emulsifying centrifuge Emulgierzentrifuge *f*
emulsifying machine Emulgiermaschine *f*
emulsifying properties Emulgierneigung *f*
emulsin Emulsin *n {Glycosidase der Mandel}*
emulsion 1. Emulsion *f {disperses System}*; 2. photographische Emulsion *f*, lichtempfindliche Emulsion *f*, Photoemulsion *f*; photographische Schicht *f*, lichtempfindliche Schicht *f*
emulsion adhesive Emulsionskleber *m*, Klebemulsion *f*, Emulsionsklebstoff *m*
emulsion binder Bindemittelemulsion *f*
emulsion breaking Emulsionszerstörung *f*, Brechen *n* einer Emulsion *n*, Desmulgierung *f*
emulsion-breaking salt Demulgatorsalz *n*
emulsion cleaning Emulsionsreinigung *f*, Reinigen *n* einer Emulsion *f*
emulsion coating Emulsionsguß *m {Photo}*
emulsion copolymerization Emulsions[misch]polymerisation *f*, Polymerisation *f* in Emulsion *f*
emulsion hardening bath Emulsionshärtungsbad *n {Photo}*
emulsion layer Emulsion *f*, Emulsionsschicht *f {Photo}*

emulsion matrix Trägersubstanz *f*
emulsion mortar Emulsionsmörser *m*
emulsion ointment Emulsionssalbe *f {Pharm}*
emulsion paint Emulsionsfarbe *f {DIN 55945}*; Binderfarbe *f*, Dispersionsfarbe *f {DIN 53778}*, Dispersionsanstrichmittel *n*, Dispersionslack *m*
emulsion polymer Emulsions[homo]polymerisat *n*, Emulsionspolymer[es] *n*
emulsion polymerizate Emulsionspolymerisat *n*, Emulsionspolymer[es] *n*
emulsion polymerization Polymerisation *f* in Emulsion, Emulsionspolymerisation *f*
emulsion polyvinyl chloride Emulsionspolyvinylchlorid *n*, E-PVC *n*
emulsion process Emulsionsverfahren *n*
emulsion stability Emulsionsstabilität *f*, Emulsionsbeständigkeit *f*
emulsion stabilizer Emulsionsstabilisator *m*
emulsion test Emulsionstest
emulsion-type cleaning agent Emulsionsreiniger *m*
emulsion varnish Lackemulsion *f*
breaking of an emulsion Desemulgierung *f*, Emulsionszerstörung *f*
emulsionize/to emulgieren
emulsive emulgierbar
emulsive power Emulsionsstärke *f*
emulsoid Emulsoid *n*, Emulsionskolloid *n*
enable/to ermöglichen, möglich machen; befähigen, in den Stand *m* versetzen; bereitstellen, freigeben
enamel/to 1. emaillieren, glasieren, lackieren, mit Email überziehen; 2. satinieren, glätten *{Pap}*; 3. glanzstoßen; 4. lackieren *{Kosmetik}*
enamel 1. Email *n*, Emaille *f*; email[le]ähnlicher Überzug *m*, glasartiger Überzug *m*, Glasierung *f*, Glasur *f*, Lacküberzug *m*; 2. emaillierter Gegenstand *m*; 3. Emaillelack *m*, Glasschmelz *m*, Glasurmasse *f*, Lack *m*, Schmalt *m*, Schmelzglas *n*, Schmelzglasur *f*; Emaille *f {Farb}*; 4. Zahnschmelz *m*, Schmelz *m {Biol}*; 5. Isolierlack *m*, Elektroisolierlack *m*
enamel colo[u]r Emailfarbe *f*, Schmelzfarbe *f*, Aufglasurfarbe *f*, Überglasurfarbe *f*, Muffelfarbe *f {Keramik}*
enamel hold-out Glanzbeständigkeit *f*
enamel kiln Emaillierofen *m*
enamel layer Lackschicht *f*
enamel lining Emailbedeckung *f*, Emailfutter *n*
enamel-stripping plant Entemaillierungsanlage *f*
enamel varnish Email[le]lack *m*
enamel vitrifying color Emailschmelzfarbe *f*
enamel[l]ed emailliert, glasiert, lackiert, mit Email überzogen; satiniert, geglättet *{Pap}*
enamelled wire Lackdraht *m*, lackierter Draht *m*, lackisolierter Draht *m*
enamel[l]ing Emaillieren *n*, Emaillierung *f*, Glasieren *n*, Lackieren *n*, Lackierung *f*, Überschmelzung *f*
enamelling soda Emailliersoda *f*
enamines <=C=CCNHR> Enamin *n*, vinyloges Amin *n*
enantate Enantat *n*, Salz *n* der Heptansäure *f*
enanthal *s.* enanthaldehyde
enanthaldehyde <$CH_3(CH_2)_5CHO$> Önanthaldehyd *m*, Heptaldehyd *n*, Heptanal *n*
enanthetol *s.* enanthic alcohol
enanthic acid <$CH_3(CH_2)_5COOH$> *n*-Heptylsäure *f*, Önanthsäure *f*, Önanthylsäure *f*, 1-Heptansäure *f {IUPAC}*
enanthic alcohol <$CH_3(CH_2)_5CH_2OH$> Önanthalkohol *m*, Heptylalkohol *m*, 1-Heptanol *n {IUPAC}*
enanthic aldehyde *s.* enanthaldehyde
enanthic ether Önanthether *m*
enanthin <$HC\equiv C(CH_2)_4CH_3$> Önanthin *n*, Heptin *n*, Heptenylen *n*
enanthoin Önanthoin *n*
enanthol *s.* enanthic alcohol
enanthone Önanthon *n*
enanthotoxin <$C_{17}H_{22}O_2$> Önanthotoxin *n*
enanthyl Önanthyl-, Heptyl- *{IUPAC}*
enanthylic acid *s.* enanthic acid
enantiomer Enantiomer *n*, optisches Isomer *n*, Spiegelbildisomer *n*, optischer Antipode *m {Stereochem}*
enantiomeric enantiomer, optisch isomer, spiegelbildisomer; enantiomorph *{Krist}*
enantiomeric purity optische Reinheit *f*, optische Ausbeute *f*, Enantiomerenüberschuß *m*
enantiomerism Enantiomerie *f*, optische Isomerie *f*, Spiegelbildisomerie *f*
enantiomorphic enantiomorph *{Krist}*
enantiomorphism Enantiomorphie *f {Krist}*
enantiomorphous enantiomorph *{Krist}*
enantioselective enantioselektiv
enantioselective synthesis enanthioselektive Synthese *f*, asymmetrische Synthese *f {Stereochem}*
enantioselectivity Enantioselektivität *f*
enantiotrop wechselseitig [ineinander] umwandelbar *{Modifikationen}*
enantiotropism Enantiotropie *f*, wechselseitige Umwandelbarkeit *f*
enantiotropy Enantiotropie *f*, wechselseitige Umwandelbarkeit *f*
enargite Enargit *m {Min}*
encapsulant Einbettharz *n*
encapsulate/to einbetten, einkapseln, einschließen, verkapseln, vergießen, umhüllen, abkapseln
encapsulated adhesive [ein]gekapselter Klebstoff *m*, Klebstoff *m* in Mikrokapseln *fpl*, Kernkapselklebstoff *m*

encapsulated fuel unit *{US}* eingehülstes Brennstoffelement *n {Nukl}*
encapsulated resin Einbettharz *n*
encapsulating Einbetten *n*, Vergießen *n*, Umhüllen *n*, Verkapseln *n*
encapsulating compound Einbettmaterial *n*
encapsulation Einkapselung *f*, Verkapselung *f*, Umhüllung *f*, Hülle *f*
encase/to umhüllen, umschließen, einhüllen, einschließen *{in ein Gehäuse}*, mit einem Gehäuse *n* versehen, ummanteln, verkleiden
encased eingeschlossen, umschlossen, umhüllt, ummantelt
encaustic 1. enkaustisch, eingebrannt; engobient *{Keramik}*; 2. Enkaustik *f {eingebrannte Wachsmalerei}*
encaustic painting Einbrenn-Wachsmalerei *f*
enclose/to beifügen, beilegen; einschließen, umgeben
enclosed beiliegend, beigefügt; umgeben, eingeschlossen, geschlossen
enclosed against dust staubdicht gekapselt
enclosed carbon arc lamp Dauerbrand-Kohlelampe *f {Betrieb unter Luftabschluß}*
enclosed-scale calorimeter thermometer *{ISO 652}* Einschlußthermometer *n* für Kalorimeter
enclosed-scale thermometer Einschlußthermometer *n {Lab}*
enclosed-spark stand geschlossenes Funkenstativ *n*
enclosed thermometer Einschlußthermometer *n {Lab}*
enclosure 1. Anlage *f*, Beilage *f {z.B. eines Briefes}*; 2. Einschalung *f*, Einschluß *m*; 3. Einfassung *f*, Rand *m*, Randabschluß *m*; Umschließung *f*; 4. Einhausung *f {Ofen}*
encounter/to zusammenstoßen, treffen [auf], stoßen [auf]; sich begegnen, sich gegenüberstehen
encounter Zusammenstoß *m*, Zusammentreffen *n*
encrinitic rock Enkrinitenkalk *m*
encroach/to Eingriffe *mpl* machen; beeinträchtigen, mißbrauchen
encroach upon/to übergreifen [auf], eindringen [in]
encrustation 1. Inkrustation *f*, Inkrustierung *f*, Krustenbildung *f*, Verkrustung *f*; Kesselsteinbildung *f*; 2. Kruste *f*, Belag *m*, Inkrustation *f*; Kesselstein *m*
encrusting inkrustierend
encyclopedia Nachschlagewerk *n*, Enzyklopädie *f*
end 1. Ende *n*, Spitze *f*; Ende *n*, Beendigung *f*, Schluß *m*, Abschluß *m*; Boden *m*; Stirn *f*, Stirnfläche *f*; 2. Stoß *m {Angriffsfläche für die Gewinnung}*, Kohlenstoß *m*, Ortsstoß *m {Bergbau}*; Ort *m {Bergbau}*; 3. [einzelner] Kettfaden *m {Text}*
end box Kabelendverschluß *m {Elek}*
end burner Kopfbrenner *m*
end cap Endkappe *f*, Endstopfen *m*
end cell Endzelle *f {Elektrochem}*
end-centered basisflächenzentriert *{Krist}*
end closure *s.* end cap
end-cutting pliers Kneifzange *f*
end face Endfläche *f {Krist}*; Stirnfläche *f*
end group Endgruppe *f {Molekül}*
end-group analysis Endgruppenbestimmung *f*, Endgruppenanalyse *f*
end of cycle Zyklusablauf *m*, Zyklusende *n*
end of plasticization Plastifizierende *n*
end-over-end type mixer Trommelmischer *m* mit vertikaler Mischtonne *f*
end phase Endphase *f*
end piece Endstück *n*
end plane Endfläche *f {Krist}*
end plug Endkappe *f*, Endstopfen *m*
end point 1. Endpunkt *m*; Abtitrierungspunkt *m*, Umschlagspunkt *m*, Äquivalenzpunkt *m {Titration}*; 2. Endsiedepunkt *m*, Siedeendpunkt *m*, Endkochpunkt *m*, Siedeende *n*; 3. Rohrbruch *m {Kunst}*
end position Endstellung *f*, Endlage *f*
end product Endprodukt *n*, Finalerzeugnis *n*
end-quench-hardenability test Stirnabschreckversuch *m*, Jominy-Versuch *m {Stahlhärten}*
end quenching Jominy-Test *m*, Strinabschreckversuch *m {Stahlhärten}*
end-runner mill mechanischer Mörser *m*
end-to-end test line Meßstrecke *f*
end use Einsatzzweck *m*, Endanwendung *f*
end uses Endverbrauch *m*
end value Grenzwert *m*
end wall Stirnwand *f*; Einlegewand *f {im Glasschmelzofen}*
endanger/to gefährden, in Gefahr *f* bringen
endeavor/to [sich] bemühen, bestreben, befleißigen, unternehmen; streben
endeiolite Endeiolith *m {obs}*, Pyrochlor *m {Min}*
endellione *s.* endellionite
endellionite Endellionnit *m {obs}*, Bournonit *m {Min}*
endergonic reaction endergonische Reaktion *f {Physiol, Thermo}*
endless endlos, unendlich, ohne Ende *n*
endless belt Laufband *n*
endless wire Langsieb *n*, Endlossieb *n*, endloses Sieb *n {Pap}*
endless wire screen Metalltuch *n {Pap}*
endlichite Endlichit *m*, Arsen-Vanadinit *m {Min}*
endo Endo- *{Stereochem}*
endo-exo-isomerism endo-exo-Isomerie *f*

endocrine endokrin, innersekretorisch, mit innerer Sekretion *{Physiol}*
endocrine gland endokrine Drüse *f*, inkretorische Drüse *f*
endocrinological endokrinologisch
endocrinology Endokrinologie *f*
endocylic double bond Ringdoppelbindung *f*
endodeoxyribonucleases Endodesoxyribonucleasen *fpl {Biochem}*
endoenzyme Endoenzym *n*, Zellenzym *n*, intrazelluläres Enzym *n*
endoergic endoergisch, endotherm
endoergic collision Stoß *m* erster Art *f*
endogenic endogen, innenbürtig *{Geol}*
endogenous endogen, von innen herauswachsend *{Biol, Geol}*
endomorphic endomorph
endomorphism 1. Endomorphismus *m {Math}*; 2. Endomorphose *f*, endomorphe Kontaktwirkung *f {Geol}*
endonuclease *{EC 3.1.30.2}* Endonuclease *f*
endopeptidase Endopeptidase *f {zentrale Peptidbindung spaltendes Enzym}*
endoperoxide Endoperoxid *n {obs}*, Epidioxid *n*
endoplasm Endoplasma *n*, inneres Cytoplasma *n*
endoplasmic reticulum endoplasmatisches Retikulum *n {Biochem}*
ENDOR *{electron nuclear double resonance}* Elektron-Kern-Doppelresonanzspektroskopie *f*
endorphin Endorphin *n*, opioides Peptid *n*
endosmosis Endosmose *f*, einwärts gerichtete Osmose *f {Chem}*
endosmotic endosmotisch
endosome Endosom *n {Biol}*
endosperm Endosperm *n*, Nährgewebe *n*
endosulfan <$C_9H_6Cl_6O_3S$> Endosulfan *n {Insektizid}*
endothermal endotherm, wärmeaufnehmend, wärmeverbrauchend, wärmebindend, wärmeverzehrend, endothermisch
endothermal demixing endotherme Entmischung *f*
endothermic endotherm, endothermisch, wärmeaufnehmend, wärmeverbrauchend, wärmebindend, wärmeverzehrend
endothiotriazole Endothiotriazol *n*
endotoxin Endotoxin *n {Bakt}*
endow/to verleihen; dotieren, mit einer Stiftung *f* ausstatten
endoxytriazole Endoxytriazol *n*
endrin <$C_{12}H_8Cl_6O$> Endrin *n {Insektizid}*
endrophonium chloride Endrophoniumchlorid *n*
endurance 1. Beständigkeit *f*, Dauerhaftigkeit *f*, Haltbarkeit *f*; 2. Standzeit *f*, Werkzeugstandzeit *f*, Lebensdauer *f* des Werkzeugs *{Tech}*; 3. Ausdauer *f*, Geduld *f*
endurance-bending test Dauerbiegeversuch *m*, Dauerbiegeprüfung *f*
endurance limit Dauerfestigkeitsgrenze *f*, Ermüdungsgrenze *f*, Haltbarkeitsgrenze *f*, Dauerstandfestigkeitsgrenze *f*, Dauer[schwing]festigkeit *f*, Zeitwechselfestigkeit *f*, Dauer[schwell]festigkeit *f*, Dauerstandfestigkeit *f*, Langzeitfestigkeit *f*, Schwellfestigkeit *f*, Wechselfestigkeit *f*, Spielzahlfestigkeit *f*
endurance limit of stress Dauerfestigkeit *f*
endurance strength Widerstandsfestigkeit *f*
endurance-tension test Zugversuch *m* mit Dauerbeanspruchung *f*
endurance test Dauerversuch *m*, Dauerprüfung *f*, Ermüdungsversuch *m*, Belastungsprobe *f*
endurance-testing apparatus Dauerfestigkeitsprüfgerät *n*
endurance-testing machine Dauerfestigkeitsprüfmaschine *f*
endure/to ausdauern, fortbestehen, überstehen
enduring ausdauernd, dauerhaft, beständig
enediol **<-(HO)C=C(OH)->** Endiol *n*
energetic energisch, [tat]kräftig; energetisch, energiereich; schnell *{Neutron}*
energetic electron energiereiches Elektron *n*
energetic fluid Treibwasser *n*
energetics Energetik *f*, Energielehre *f*
energise/to *{GB}* *s.* energize/to *{US}*
energize/to *{US}* erregen *{Relais}*, aktivieren; antreiben; speisen *{mit Strom}*, Energie zuführen, ans Netz legen, unter Strom setzen; betätigen *{z.B. einen Schalter}*, einschalten
energizing Erregung *f*, Aktivierung *f {Elek}*
energizing circuit Erregerkreis *m {Elek}*
energizing current Erregerstrom *m*
energizing voltage Erregerspannung *f*
energy Energie *f*, Arbeitsvermögen *n {in J}*; Kraft *f {in N}*
energy absorption Energieaufnahme *f*, Arbeitsaufnahme *f*, Energieabsorption *f*
energy availability Energiedarbietung *f*, Energieverfügbarkeit *f*, Energieversorgung *f*
energy balance 1. Energiehaushalt *m*, Energiebilanz *f*, Energieausgleich *m*, Energiegleichgewicht *n {Tech}*; 2. Energieumsatz *m {Physiol}*
energy band Energieband *n*, Energiebereich *m*
energy barrier Energieschwelle *f*, Energieberg *m*, Energieschranke *f*
energy conservation Energieerhaltung *f*, Energieeinsparung *f*
energy consumption Energieverbrauch *m*, Energieaufwand *m*
energy-containing energiehaltig
energy content Energieinhalt *m {eines abgeschlossenen Systems}*
energy conversion Energieumwandlung *f*, Energiekonversion *f*
direct energy conversion Energie-Direktumwandlung *f*

energy converter Energieumformer *m*, Energieumwandler *m*
energy cycle Energiekreislauf *m*
energy decrease Energieabnahme *f*
energy decrement Energiedekrement *n*
logarithmic energy decrement logarithmisches Energiedekrement *n*
energy degradation Energieabbau *m*
energy density Energiedichte *f* {*in* J/m^3}
energy depression Energiemulde *f*
energy discharge Energieabgabe *f*, Energiefreigabe *f*
energy-dispersive analysis of X-rays energiedispersive Röntgen-Spektroskopie *f*, EDAX, EDRS
energy dissipation Energiezerstreuung *f*, Energiedissipation *f*
energy dissipation density Energiedissipationsdichte *f*
energy distribution Energieverteilung *f*; Kraftverteilung *f*
curve of energy distribution Energieverteilungskurve *f*
energy dose Energiedosis *f*
energy drop Energieabfall *m*
energy equation Energiegleichung *f*
energy expenditure Energieaufwand *m*
energy factor Energiefaktor *m* {*Reaktionskinetik*}
energy flow Energiefluß *m*, Energiestrom *m*
energy flux Energiestrom *m*, Energiefluß *m*
energy flux density Energieflußdichte *f*
energy gain Energiegewinn *m*
energy gap Energiesprung *m*, Energielücke *f*, verbotenes Band *n*, verbotene Zone *f*, verbotener Energiebereich *m*, nicht zugelassener Energiebereich *m*; Bandabstand *m* {*Energiedifferenz im Halbleiter, DIN 41852*}
energy generation Energieerzeugung *f*, Energiegewinnung *f*
energy hill Energieberg *m*, Energieschwelle *f*, Energieschranke *f*
energy input Arbeitsaufnahme *f*, Energieaufnahme *f*, Energieeinleitung *f*, Energiezufuhr *f*; Kraftaufwand *m*
energy input rate Energieanlieferungsrate *f*
energy level Energieniveau *n*, Energiezustand *m*, Elektronenniveau *n*; Energiestufe *f*, Energieterm *m*, Term *m*
energy-level diagram Energieniveaudiagramm *n*, Niveauschema *n*, Termschema *n*
energy-level difference Niveauunterschied *m*
energy-limiting aperture Energieblende *f*
energy loss Energieverlust *m*
energy-loss spectroscopy Energieverlust-Spektroskopie *f*, ENS, EELS
energy management Energiewirtschaft *f*
energy-mass relation Energie-Masse-Beziehung *f*
energy metabolism Energiestoffwechsel *m* {*Physiol*}
energy-momentum tensor Energieimpulstensor *m*
energy needed to detach an electron Abtrennungsarbeit *f* des Elektrons *n*
energy needs Energiebedarf *m*
energy of activation Aktivierungsenergie *f*
energy of attachement Anlagerungsenergie *f*
energy of dislocation Versetzungsenergie *f* {*Krist*}
energy of dissociation Dissoziationsenergie *f*
energy of formations Bildungsenergie *f*
energy of refraction Spannungsenergie *f*
energy of rotation Rotationsenergie *f*
energy output Energieabgabe *f*
energy per unit mass massenbezogene Energie *f* {*in J/kg*}
energy-poor energiearm
energy position energetische Lage *f*
energy principle Energieprinzip *n*, Energieerhaltungssatz *m*, Erhaltungssatz *m* der Energie, Gesetz *n* von der Erhaltung *f* der Energie *f*, Prinzip *n* von der Erhaltung *f* der Energie *f*, Satz *m* von der Erhaltung *f* der Energie *f*
energy production Energieerzeugung *f*, Energiegewinnung *f*
energy quantization Energiequantelung *f*
energy quantum Energiequant *n*
energy range Energiebereich *m*, Reichweite *f* {*Nukl*}
energy region Reichweite *f* {*Nukl*}
energy release Energieabgabe *f*, Energiefreigabe *f*
energy resources Energieträger *mpl*
energy-rich energiereich, energiehaltig
energy-rich phosphate bond energiereiche Phosphatbindung *f* {*Physiol, Thermo*}
energy-saving 1. energiesparend; 2. Energieeinsparung *f*
energy shortage Energieknappheit *f*
energy source Energiequelle *f*
energy spacing Energieabstand *m* {*Energiedifferenz*}
energy spectrum Energiespektrum *n*
energy spread Energiestreuung *f*
energy state Energiezustand *m*
energy stop Energieblende *f* {*Spek*}
energy storage 1. Energiespeicherung *f*, Energieaufspeicherung *f* {*Phys*}; 2. Arbeitsaufnahmefähigkeit *f* {*z.B. einer Feder*}
energy-storage electrode Speicherelektrode *f*
energy store Energiespeicher *m*
energy supplies Energiedarbietung *f*, Energieverfügbarkeit *f*
energy supply [system] Energieversorgung *f*,

Energielieferung *f {Elek}*; Energieangebot *n {Phys}*
energy technology Energietechnik *f*
energy term Energiestufe *f*, Energieterm *m*, Term *m*
energy theorem *s.* energy principle
energy transducer Energiewandler *m*
energy transfer 1. Energieübertragung *f*, Energieüberführung *f*, Energieübergang *m*, Energietransport *m {Phys}*; 2. Energietransfer *m {Ökol}*
energy unit Energieeinheit *f*
energy uptake Energieaufnahme *f*
energy used aufgenommene Energie *f*, Energieaufnahme *f*
energy utilisation Energieausnutzung *f*
energy-variation principle Energievariationsprinzip *n {Quantenchemie}*
energy volume Energieinhalt *m*
energy yield Energieausbeute *f*
accumulation of energy Energieaufspeicherung *f*
addition of energy Energiezufuhr *f*
amount of energy Energiebetrag *m*
characteristic energy Eigenenergie *f*
chemical energy chemische Energie *f*
free energy freie Energie *f*, Helmholtz-Funktion *f {Thermo}*
internal energy innere Energie *f {Thermo}*
kinteic energy kinetische Energie *f*, Energie *f* der Bewegung *f*
latent energy latente Energie *f*, gebundene Energie *f {Thermo}*
potential energy potentielle Energie *f*
radiant energy Strahlungsenergie *f*
specific energy 1. spezifische Energie *f {Thermo, in J/kg}*; 2. spezifische Strömungsenergie *f {Hydrodynamik,* $= v^2/2g$*}*
eneyne linkage Enin-Bindung *f {Polymer}*
enfleurage Enfleurage *f {Gewinnung von Duftstoffen mittels Adsorption an Fette}*
enfleurage plant Parfümextraktionsanlage *f*
enfluran *{WHO}* Enfluran *n* {$C_3H_2OClF_5$}
engage/to 1. einstellen, anstellen, beschäftigen; 2. sich verpflichten, verbürgen; 3. bestellen, reservieren; 4. ankuppeln, [ein]kuppeln, einrükken, einschalten *{Tech}*; 5. eingreifen, ineinandergreifen, einklinken *{Tech}*; 6. einspannen
engaging 1. Einschalten *n*, Einrücken *n*, Einkuppeln *n*; 2. Einklinken *n*, Ineinandergreifen *n*; 3. Schaltung *f*, Schaltvorgang *m {Tech}*
engine 1. Kraftmaschine *f {z.B. Motor, Triebwerk}*; 2. Antriebsmaschine *f*, Energiemaschine *f*; 3. Flugtriebwerk *n*, Flugmotor *m*; 4. Lokomotive *f*
engine coolant Motorkühlmittel *n*, Kühlflüssigkeit *f* für Motoren *mpl*
engine-coolant concentrate Frostschutzmittel *n*, Kälteschutzmittel *n*, Gefrierschutzmittel *n*
engine cycle thermodynamischer Kreislauf *m*
engine distillate Traktorenkraftstoff *m*
engine gas Maschinengas *n*
engine lubricant Flugmotorenöl *n*
engine lubricating oil *s.* engine oil
engine oil Maschinenöl *n*, Motorenöl *n*, Schmieröl *n {für Verbrennungsmotoren und Dampfmaschinen}*
engine output Maschinenleistung *f*
engine shaft Motorwelle *f*, Antriebswelle *f*
engine speed Motordrehzahl *f*
engineer 1. Ingenieur *m*, Techniker *m*; 2. Maschinist *m*; 3. Maschinenbauer *m*; 4. Mechaniker *m*, Monteur *m*; 5. *{US}* Lokführer *m*
engineer in charge Betriebsingenieur *m*
engineer in charge of the project Projektleiter *m*
consulting engineer beratender Ingenieur *m*
engineered safeguard Sicherheitsvorkehrung *f*, technische Schutzeinrichtung *f*
engineering 1. technisch; 2. Technik *f {als Verbindung von Theorie und Praxis}*; 3. Apparatewesen *n*, Ingenieurwesen *n*, Maschinenbau *m*; 3. Engineering *n*, Ingenieurberuf *m*; 4. Auslegung *f {einer bestimmten Anlage}*
engineering chemistry Chemieingenieurtechnik *f*, Chemieingenieurwesen *n*, chemische Ingenieurtechnik *f*, chemisches Ingenieurwesen *n*, chemische Verfahrenstechnik *f*
engineering costs Planungskosten *pl*
engineering department Konstruktionsabteilung *f*, technisches Büro *n*
engineering drawing 1. Konstruktionsplan *m*, Konstruktionszeichnung *f*, technische Zeichnung *f*; 2. technisches Zeichnen *n*
engineering feasibility technische Durchführbarkeit *f*
engineering office Ingenieurbüro *n*
engineering plastic technischer Kunststoff *m*, Kunststoff *m* für technische Weiterverarbeitung *f*, technisches Harz *n*, Chemiewerkstoff *m*
engineering-property data technische Eigenschaften *fpl*
engineering strength technische Festigkeit *f*, rechnerische Festigkeit *f*
engineering table Konstruktionsmerkblatt *n*
chemical engineering Verfahrenstechnik *f*
chemical and process engineering Chemieingenieurtechnik *f*
Engler degree Engler-Viskositätsgrad *m*, Engler-Grad *m*
Engler distillation test Englersche Destillationsprüfung *f*, Engler-Destillationstest *m*
Engler flask Englerscher Kolben *m*, Engler-Kolben *m*, Saybolt-Kolben *m {100 mL Destillierkolben für Öltests}*
Engler viscosimeter Engler-Viskosimeter *n*, Engler-Gerät *n*

English degree englischer Härtegrad *m*, Clark-Grad *m* *{Wasserhärte}*
English blue Englischblau *n*, Fayenceblau *n*
English brown Bismarckbraun *n*
English red Polierrot *n*, Colcothar *m*, Glanzrot *n*, Kaiserrot *n*, Englischrot *n* *{Eisenoxid}*
English vermilion Englischrot *n* *{HgS}*
engobe/to engobieren, überziehen *{Keramik}*
coat with engobe/to engobieren
engobe Begußmasse *f*, Beguß *m*, Engobe *f*, Angußmasse *f*, [dünner] Überzug *m* *{Keramik}*; Angußfarbe *f* *{Keramik}*
engobe colo[u]r Engobefarbe *f*, Angußfarbe *f*
engrain/to echt färben, tief färben
engrave/to [ein]gravieren, [ein]stechen; einprägen; eingraben, einschleifen
engraving 1. Gravieren *n*, Eingravieren *n*, Gravierkunst *f*, Gravur *f*; 2. Kupferstich *m*, Stahlstich *m*; 3. Holzschnitt *m*; 4. Riffelung *f* *{Text}*
enhance/to erheben, steigern, erhöhen, verbessern
enhanced erhöht, gesteigert, verbessert
enhanced oil recovery Maßnahme *f* zur forcierten Erdölförderung *f*, sekundäre Erölförderung *f*
enhancement Verstärkung *f*, Anreicherung *f*, Steigerung *f*, Erhöhung *f*, Vergrößerung *f*
enhancer Geschmacksverstärker *m* *{Lebensmittel}*
enhydrite Hydrochalcedon *m* *{Min}*
enhydros Enhydros *m*, Wasserachat *m*, Wasserstein *m* *{Min}*
enidin Önidin *n* *{ein Flavanol}*
enin Önin *n* *{Önidin-3-Glucosid}*
enium ion *s.* ylium ion
enkephalin Enkephalin *n* *{Pentapeptid als Methionia- oder Leucin-Form}*
enlarge/to erweitern, vergrößern
enlargement 1. Vergrößerung *f*, Erweiterung *f*, Aufweitung *f*; 2. Anbau *m*; 3. Wulst *m*
enlarger Vergrößerungsapparat *m*, Vergrößerungsgerät *n* *{Photo}*
enlarging Vergrößern *n*, Vergrößerung *f* *{Photo}*
enneacontahedron Neunzigflächner *m* *{Krist}*
enneacosane Enneakosan *n*
enneadecande Nonadecan *n*
enneagon Neuneck *n*
enneahedral neunflächig *{Krist}*
enneahedron Neunflächner *m* *{Krist}*
enol Enol *n*, α,ß-ungesättigter Alkohol *m*
enol form <RR'X=R"OH> Enolform *f*
enol-keto tautomerism Keto-Enol-Tautomerie *f*
enolase <EC 4.2.1.1> Enolase *f*
enolization Enolisierung *f*
enomorphone Enomorphon *n*
enosmite Campherharz *n*
enoyl-CoA hydratase *{{EC 4.2.1.17}* Enoyl-CoA-Hydratase *f* *{Biochem}*
enquiry Erkundigung *f*; Untersuchung *f*
enrage/to aufregen, wütend machen
enravel/to fasern
enrich/to anreichern, konzentrieren; im Brennwert *m* steigern, im Heizwert *m* steigern *{Brennstoffe}*; ausschmücken, verzieren
enriched angereichert, konzentriert
enriched air angereicherte Luft *f*
enriched gas angereicherter Kraftstoff *m*
enriched material angereichertes Material *n*
enriched uranium stockpile Uranvorrat *m*
enriched water angereichertes Wasser *n*
enriching Anreicherung *f*
enriching section Verstärkungsteil *m*; Rektifizierteil *m* *{Dest}*
enriching zone Anreicherungszone *f*
enrichment 1. Anreicherung *f*, Anreicherungsprozeß *m*, Bodenverstärkung *f* *{Rektifikation}*, Konzentrierung *f*, Vered[e]lung *f* *{Tech}*; 2. Ornament *n* *{Verzierung und schmückendes Beiwerk}*; Ausschmückung *f*, Verzierung *f*; 3. Abfangen *n* *{Krist}*
enrichment factor Anreicherungsfaktor *m*, Anreicherungsgrad *m* *{Kurzzeichen q}*
enrichment process Anreicherungsverfahren *n* *{Nukl}*
enrichment ratio Verstärkungsverhältnis *n*
enrol[l]/to immatrikulieren, einschreiben *{zum Studium}*; einschreiben, eintragen
ensilage/to einsäuern, silieren, einsilieren *{Futter}*
ensilage 1. Silierung *f*, Silieren *n*, Einsilierung *f*, Silage *f*, Ensilage *f*, Silierungsverfahren *n*, Einsäuern *n*, Gärfutterbereitung *f* *{Agri}*; 2. Ensilage *f*, Silage *f*, Gärfutter *n*, Sauerfutter *n*, Silofutter *n* *{Agri}*
enstatite Enstatit *m*, Chladnit *m*, grüner Granat *m*, Victorit *m* *{Min}*
entangle/to verstricken, verwickeln, fangen; komplizieren, verwirren
entanglement 1. Gewirr *n*, Verwick[e]lung *f*, Verwirrung *f*; 2. Verhakung *f* *{von Polymerketten}*
enter/to 1. eintreten, eingehen; 2. anfahren, einlaufen, anlaufen *{einen Hafen}*; 3. einschreiben, eintragen *{in ein Formular}*; eingeben, eintragen *{EDV}*
enter into combination/to eine Verbindung *f* eingehen *{Chem}*
entering 1. Eindringen *n*, Einströmen *n*, Eintreten *n*; Eintragen *n*; 2. Eingang *m*
entering angle Eintrittswinkel *m*
enterokinase *{EC 3.4.21.9}* Enterokinase *f*, Enteropeptidase *f*
enterprise Unternehmen *n*, Unternehmung *f*; Betrieb *m*

enterprise consultation Industrieberatung *f*
enthalpimetric analysis enthalpiemetrische Analyse *f*
enthalpy Enthalpie *f*, Wärmeinhalt *m*, Gesamtwärme *f*, Eigenwärme *f*, Bildungswärme *f*
enthalpy at absolute zero Nullpunktsenthalpie *f*
enthalpy change Enthalpieänderung *f*
enthalpy-controlled flow reibungsfreie Strömung *f* *{z.B. bei hohen Drücken}*
enthalpy effect Enthalpie-Effekt *m*
enthalpy-entropy chart Enthalpie-Entropie-Diagramm *n* *{Thermo}*
enthalpy of activation Aktivierungswärme *f*, Aktivierungsenthalpie *f* *{Thermo}*
enthalpy of bonding Bindungsenthalpie *f*
enthalpy of complexation Komplexbildungswärme *f*, Komplexbildungsenthalpie *f*
enthalpy of formation Bildungsenthalpie *f* *{Chem}*
enthalpy of fusion Schmelzwärme *f*, Schmelzenthalpie *f*
enthalpy of mixing Mischungsenthalpie *f*
enthalpy of reaction Reaktionsenthalpie *f*
enthalpy of solution Lösungswärme *f*, Lösungsenthalpie *f*
enthalpy of transition Übergangswärme *f*, Umwandlungsenthalpie *f*, Phasenübergangsenthalpie *f* *{Thermo}*
enthalpy of vaporization Verdampfungsenthalpie *f*, Verdampfungswärme *f* *{Thermo}*
enthalpy relaxation Enthalpierelaxation *f*
enthalpy rise Aufwärmspanne *f*
excess enthalpy Überschußenthalpie *f*
free enthalpy freie Enthalpie *f*, Gibbsche Wärmefunktion *f* *{Thermo}*
standard enthalpy of formation Standard-Bildungsenthalpie *f*
entire ganz, gänzlich, komplett, vollständig, völlig, gesamt, voll; Gesamt-
entire cross-section Gesamtquerschnitt *m*
entitle/to befugen, berechtigen, das Recht *n* geben; betiteln
entitled berechtigt, befugt, ermächtigt
entomology Entomologie *f*, Insektenkunde *f*
entrain/to mitreißen, mitschleppen, mitführen, mitnehmen, mitbewegen; aufströmen *{z.B. Kohlenstaub bei der Vergasung}*
entrained mitgerissen, mitgeführt, mitgeschleppt, mitbewegt, mitgenommen
entrained vapo[u]r mitgeführter Dampf *m*
entrainer Mitschleppmittel *n*, Schleppmittel *n*, Mitnehmer *m*, Zusatzkomponente *f*, Schlepper *m* *{bei der Azeotropdestillation}*
entrainment Mitbewegen *n*, Mitnehmen *n*, Mitschleppen *n*, Mitführung *f*, Mitreißen *n* *{z.B. von Flüssigkeitstropfen}*, Entrainment *n* *{Rektifikation}*
entrainment factor Mitnahmefaktor *m* *{Druckluft}*
entrainment filter Mitreißfilter *n*
entrainment point Mitreißgrenze *f*
entrainment tube Hochreißrohr *n*
entrance 1. Eingang *m*, Eintritt *m*, Einlaß *m*; 2. Zutritt *m*, Einführung *f*; 3. Einlauf *m* *{eines Mediums}*; 4. Aufnahme *f*
entrance angle Eintrittswinkel *m* *{Opt}*
entrance diaphragm Eintrittspupille *f*, Eintrittsblende *f* *{Opt}*
entrance examination Aufnahmeprüfung *f*
entrance loss Eingangsverlust *m*, Eintrittsverlust *m*, Einlaufverlust *m*
entrance opening Eintrittsöffnung *f*
entrance phase Eintrittsphase *f*
entrance slit Eintrittsspalt *m*, Eingangsspalt *m* *{Opt}*
entrap/to fangen; einschließen *{z.B. Kristallwasser, Luft}*
entrapped air Lufteinschluß *m*
entrapped air-bubble Lufteinschluß *m*, Luftblase *f* *{z.B. im Kunststoff, Klebfilm}*
entrapped air-pocket *s.* entrapped air-bubble
entrapped air occlusion *s.* entrapped air-bubble
entropic term Entropieglied *n* *{Thermo}*
entropy Entropie *f*; reduzierte Wärme *f* *{Thermo}*; Informationsentropie *f* *{EDV}*
entropy change Entropieänderung *f*
entropy density Entropiedichte *f*
entropy effect Entropieeffekt *m*
entropy-elastic recovery entropieelastische Rückstellkraft *f*
entropy elasticity Gummielastizität *f*, Entropieelastizität *f*
entropy equation Entropiegleichung *f*
entropy of mixing Mischungsentropie *f*
entropy of transition Phasenübergangsentropie *f*
calorimetric entropy kalorimetrische Entropie *f*
excess entropy Überschußentropie *f*
normal entropy Normalentropie *f*
spectroscopic entropy spektroskopische Entropie *f*
standard entropy Standardentropie *f* *{Thermo}*
entrust/to beauftragen, betrauen; anvertrauen
entry 1. Einstieg *m*, Eintritt *m*, Eingang *m*, Zugang *m*, Zutritt *m*; Einfahrt *f* *{Auto}*; 2. Eintragung *f* *{z.B. in das Patentregister}*, Eintrag *m* *{von Daten, EDV}*; 3. Lemma *n* *{Wörterbuch}*, Eintrag *m*, Wortstelle *f*
entry angle Einlaufwinkel *m*
entry lock Eingangsschleuse *f*
entry point 1. Einspeisestelle *f*; 2. Einsprungstelle *f* *{EDV}*
entry side Eintrittsseite *f*; Einlaufseite *f*

enumerate/to aufzählen; abzählen, zählen, auszählen

enumeration 1. Aufzählung *f*; 2. Zählung *f*, Abzählung *f*, Abzählen *n* Auszählung *f*

envelop/to umhüllen, einschlagen, einwickeln, einhüllen

envelope 1. Hülle *f*, Mantel *m*, Umhüllung *f*, Umkleidung *f*; 2. Hülse *f*; Tasche *f* *{z.B. für Disketten, EDV}*; 3. Umschlag *m* *{Brief}*, Briefumschlag *m*, Briefhülle *f* *{Pap}*; 4. Kolben *m* *{Röhrenkolben}*; Entladungsgefäß *n*, Entladungskolben *m* *{Elektronik}*; 5. Enveloppe *f*, einhüllende Kurve *f*, Hüllkurve *f*, Einhüllende *f*, Umhüllende *f* *{Math}*

envelope curve Einhüllende *f*, Umhüllende *f* *{einer Kurvenschar}*, Hüllkurve *f*, Enveloppe *f*

envelope form Briefumschlagform *f* *{Stereochem}*

envelope glycoprotein Hüllglycoprotein *n*

envelope of a flame Mantel *m* der Flamme *f*, Mantelstück *n* der Flamme *f*, Umhüllung *f* der Flamme *f*, Beiflamme *f* *{Schweißen}*

envelope of arc Außenzone *f* des Bogens *m*

envelope protein Hüllprotein *n* *{Virus}*

envelope surface umhüllende Oberfläche *f* *{von Partikeln}*

envelope test Hüllentest *m*, Haubenlecksuchverfahren *n*, Haubenleckprüfung *f*

enveloping Einhüllen *n*, Einschlagen *n*, Einwickeln *n*, Umhüllen *n*

envelopment Umhüllung *f*, Hülle *f*

environment Umgebung *f*, Milieu *n*; Umwelt *f*, ökologisches Umfeld *n*

environmental 1. umweltbedingt; Umwelt-; 2. umliegend, in der Umgebung *f*; Außen-; 3. ökologisch

environmental amenities umweltfreundliche Bedingungen *fpl*

environmental chemistry Umweltchemie *f*, ökologische Chemie *f*

environmental conditions Umweltbedingungen *fpl*, Umgebungsbedingungen *fpl*, Umweltverhältnisse *npl*

environmental consciousness Umweltbewußtsein *n*

environmental conservation Umweltfreundlichkeit *f*

environmental control Umweltschutz *m*, Umwelthygiene *f*, Umweltpflege *f*

environmental correlation umweltbedingte Korrelation *f*

environmental damage Umweltbelastung *f*, Umweltschädigung *f*

environmental degradation Abbau *m* durch Umwelteinflüsse *mpl*

environmental disturbance Umweltstörung *f*, Umweltbelastung *f*

environmental effects Umgebungseinwir-kungen *fpl*

environmental exposure Umweltbelastung *f*, Umweltbeeinträchtigung *f*, Umwelteinfluß *m*

environmental factors Umwelteinflüsse *mpl*, Umweltfaktoren *mpl*, Umweltbedingungen *fpl*

environmental hazard Umgebungsgefährdung *f*

environmental impact Umweltbelastung *f*, Auswirkungen *fpl* auf die Umwelt *f*, Umweltbeeinträchtigung *f*, Einwirkung *f* von Umweltveränderungen *fpl*

environmental influences Umgebungseinflüsse *mpl*, Umwelteinwirkungen *fpl*

environmental monitoring Umgebungsüberwachung *f*; Emissionsüberwachung *f*, Immissionsüberwachung *f* *{Strahlenschutz}*

environmental pollution Umweltverschmutzung *f*

environmental pressure Umgebungsdruck *m*

environmental protection Umgebungsschutz *m*, Umwelthygiene *f*, Umweltpflege *f*

Environmental Protection Agency *{US}* Umweltschutzbehörde *f*, EPA

environmental radiation monitoring Umweltstrahlungsüberwachung *f*

environmental regulations Umweltschutzbestimmungen *fpl*

environmental resistance Beständigkeit *f* gegenüber Umwelteinflüssen *mpl*

environmental stress cracking Spannungsrißbildung *f* *{durch das umgebende Medium}*, umgebungsbeeinflußte Spannungsrißbildung *f*, Spannungsrißkorrosion *f*

environmentalist Umweltschützer *m*

enzymatic enzymatisch, fermentativ *{obs}*; Enzym-, Ferment- *{obs}*

enzymatic action Enzymwirkung *f*

enzymatic activity enzymatische Aktivität *f*

enzymatic breakdown of cellulose enzymatischer Celluloseabbau *m*

enzymatic coagulation Enzymkoagulation *f*

enzymatic degradation enzymatischer Abbau *m*

enzymatic deproteinization enzymatisches Aufspalten *n* von Eiweißstoffen *mpl*

enzymatic filter aid Filtrationsenzym *n*

enzymatic hydrolysis enzymatische Hydrolyse *f*

enzymatic method enzymatische Analyse *f* *{Laktatbestimmung}*

enzymatic phosphorylation enzymatische Phosphorylierung *f*

enzymatic reaction Enzymreaktion *f*

enzyme Enzym *n*, Ferment *n* *{obs}*; Biokatalysator *m*; katalytisches Protein *n* *{Triv}*

enzyme activation Enzymaktivierung *f*

enzyme activity Enzymaktivität *f*, Enzymtätigkeit *f*
enzyme assay Enzymbestimmung *f*
enzyme classification Enzymklassifizierung *f*, Enzymeinteilung *f* *{IUB-Klasse}*
enzyme cofactor Apoenzym *n*
Enzyme Commission number EC-Nummer *f*, Enzymklassen-Numerierung *f*
enzyme induction Enzyminduktion *f*
enzyme inhibition Enzymhemmung *f*
enzyme-inhibitor complex Enzym-Inhibitor-Komplex *m*
enzyme linked immunoassay Enzymimmunoassay *m n* *{mit Enzymen als Markern}*
enzyme-mediated immunoassay test enzymatisch vermittelter Immunoassey *m n*, EMIT
enzyme purification Enzymreinigung *f*
enzyme repression Enzymrepression *f*
enzyme specificity Enzymspezifität *f*
enzyme-stain removal Enzymflecklöser *m*
enzyme-substrate complex Enzym-Substrat-Komplex *m*
enzyme turnover number Enzymumsatzzahl *f*, Enzymwechselzahl *f*
enzyme unit Enzymeinheit *f*, Katal *n*
adaptive enzyme adaptives Enzym *n*
allosteric enzyme allosterisches Enzym *n*
amyolytic enzyme stärkespaltendes Enzym *n*
auxiliary enzyme Hilfsenzym *n*
constitutive enzyme konstitutives Enzym *n*
decarboxylating enzyme Decarboxylase *f*
digestive enzyme Verdauungsenzym *n*
glykolytic enzyme glykolytisches Enzym *n*
hydrolytic enzyme Hydrolase *f*
inverting enzyme Isomerase *f*
lipophylic enzyme Lipase *f*
enzymology Enzymology *f*, Fermentlehre *f*
eosin *1. {eosin Y}* Eosin gelblich *n*, Dinatrium-2',4',5',7'-tetrabromfluorescin *n*; 2. *{eosin B}* Eosin bläulich *n*, Dinatrium-4',5'-dibrom-2',7'-dinitrofluorescin *n*
eosine acid Eosinsäure *f*
eosinophil[e] eosinophil *{durch Eosin leicht färbbar}*
eosinophil cationic protein kationisches Eosinophil-Protein *n*
eosinophilic *s.* eosinophil[e]
eosphorite Eosphorit *m* *{Min}*
EP *{extreme pressure}* extremer Druck *m*, Hochdruck *m*, Höchstdruck *m*
EP additive Hochdruckwirkstoff *m*, EP-Additiv *n* *{bei Schmierölen}*
EP agent Hochdruckzusatz *m*, EP-Additiv *n*
EP lubricant Höchstdruckschmiermittel *n*, EP-Schmiermittel *n*
EP oil Hochdruckschmiermittel *n*, Hochdrucköl *n*

EPDM Ethylen-Propylen-Terpolymer *n* *{DIN 7728}*
ephedrine <$C_6H_5CHOHCH(CH_3)NHCH_3$> Ephedrin *n*, 1-Phenyl-2-methylaminopropan-1-ol *n* *{Pharm}*
ephedrine hydrochloride Ephedrinhydrochlorid *n*
ephedrine sulfate Ephedrinsulfat *n*
ephemeral vergänglich, schnell vergehend; vorübergehend
epiborneol Epiborneol *n*
epiboulangerite Epiboulangerit *m* *{Min}*
epibromohydrin Epibromhydrin *n*
epicamphor <$C_{10}H_{16}O$> Epicampher *m*
epicatechol Epicatechin *n* *{Flavanpentaol}*
epichitosamine Epichitosamin *n*
epichitose Epichitose *f*
epichlorohydrin <C_3H_5ClO> α-Epichlorhydrin *n*, 1-Chlor-2,3-epoxypropan *n* *{IUPAC}*, *β*-Chlorpropylenoxid-1,2 *n*, salzsaures Glycid *n* *{Triv}*, Clormethyloxiran *n*
epichlorohydrin rubber Epichlorhydrinkautschuk *m*
epicyanohydrin <C_3H_5OCN> Cyanpropylenoxid *n*, Epicyanhydrin *n*
epicyclic epicyclisch
epicyclic mixer Planetenrührwerk *n*
epicyclic reduction gear Planetengetriebe *n*
epicyclic screw mixer Kegelschneckenmischer *m*, epizyklischer Schneckenmischer *m*, Mischer *m* mit senkrechter Schnecke
epicycloid Epizykloide *f* *{eine Rollkurve}*, Aufradlinie *f* *{Math}*
epidemic 1. epidemisch; 2. Epidemie *f*, Massenerkrankung *f*, Seuche *f*, Sucht *f*
epidermal growth factor epidermaler Wachstumsfaktor *m* *{Polypeptid}*
epidermin Epidermin *n* *{Polypeptid}*
epidermis Epidermis *f*, Oberhaut *f* *{Text, Leder}*
epidiascope Bildwerfer *m*, Epidiaskop *n*, Epidiaprojektor *m*
epidichlorohydrin <$H_2C=CClCH_2Cl$> Epidichlorhydrin *n*, 2,3-Dichlorprop-1-en *n*
epididymite Epididymit *m* *{Min}*
epidioxide Epidioxid *n*, Endoperoxid *n* *{obs}*
epidosite Epidosit *m* *{Geol}*
epidote Epidot *m*, Pistazit *m* *{obs}*, Allochit *m* *{Min}*
epidotic epidotähnlich
epidotiferous epidotführend
epidotite *s.* epidote
epierythrose Epierythrose *f*
epifucose Epifucose *f*
epigalactose Epigalactose *f*
epigenite Epigenit *m* *{Min}*
epiglycose Epiglycose *f*
epiguanine <$C_6H_7N_5O$> Epiguanin *n*, 2-Amino-6-methyl-8-oxopurin *n*

epigulite Epigulit *n*
epigulose Epigulose *f*
epihydrin alcohol Epihydrinalkohol *m*, 2,3-Epoxypropan-1-ol *n*
epihydrinic acid Glycidsäure *f*
epiinositol Epiinosit *m*
epiiodohydrin <C_3H_5I> Epiiodhydrin *n*, 1,2-Epoxy-3-iodpropan *n*
epimer Epimer[es] *n*, Diastereomer[es] *n*
epimerase *s.* isomerase
epimerization Epimerisierung *f*
epinephrine Adrenalin *n*, Epinephrin *n*, Suprarenin *n*
epinine Epinin *n*, 3,4-Dihydroxyphenylmethylamin *n*
epiquercitol Epiquercit *m*
episaccharic acid Epizuckersäure *f*
episcope Episcop *n*, Epiprojetor *m*
episesamin Episesamin *n*
episome Episom *n {Gen}*
epistasis Epistasis *f {Gen}*
epistilbite Epistilbit *m {Min}*
epistolite Epistolit *m {Min}*
epitaxy Epitaxie *f {orientiertes Kristallwachstum}*
epithermal epitherm, epithermisch *{Energiebereich, Nukl}*; epithermal *{Lagerstätten}*
epithermal neutrons epitherme Neutronen *npl*, epithermische Neutronen *npl*
EPO Erythropoietin *n {Polypeptid}*
epoch 1. Epoche *f {chronologischer Zeitabschnitt}*; 2. Nullphasenwinkel *m*, Phasenkonstante *f {Phys}*
epoxidation Epoxidation *f*, Epoxidieren *n*, Epoxidierung *f*
epoxide Epoxid *n*, Olefinoxid *n*, Alkenoxid *n*, Oxiran *n*
epoxide equivalent Epoxidäquivalent *n*
epoxide group Epoxidgruppe *f*, Epoxygruppe *f*, Epoxidring *m*
epoxide mo[u]lding compound Epoxidformmasse *f*
epoxide resin Epoxidharz *n*, Epoxyharz *n*, Ethoxylinharz *n*, EP *{DIN 7728}*, EP-Harz *n*
epoxide ring Epoxidring *m*
epoxide value Epoxidgehalt *m*, Epoxidwert *m*
epoxidize/to epoxidieren
epoxidized natural rubber Polyetherkautschuk *m*, epoxidierter Naturkautschuk *m*
epoxidized novolak resin epoxidiertes Novolakharz *n*
epoxidizing Epoxidation *f*, Epoxidieren *n*, Epoxidierung *f*
epoxy/to mit Naturkleber arbeiten, mit Epoxidharz kleben
epoxy 1. Epoxy-; 2. Epoxidharz *n*, Epoxyharz *n*, Epoxylinharz *n*, EP-Harz *n*
epoxy-based knifing filler EP-Spachtel *m*
epoxy-based mortar EP-Mörtel *m*
epoxy-based paint Epoxidharzanstrichstoff *m*, EP-Anstrichmittel *n*, Epoxidharzfarbe *f*
epoxy-based stopper EP-Spachtel *m*
epoxy-casting resin Epoxidgußharz *m*
epoxy foam Epoxidharzschaumstoff *m*
epoxy-glass cloth laminate Epoxidharz-Glashartgewebe *n*
epoxy group Epoxidgruppe *f*, Epoxygruppe *f*, Epoxidring *m*, Oxiranring *m*
epoxy laminate Epoxyharz-Schichtstoff *m*
epoxy-mo[u]lding compound Epoxidpreßmasse *f*, Epoxidharz-Preßmasse *f*, Epoxidformmasse *f*
epoxy paint *s.* epoxy-based paint
epoxy-paper laminate Epoxidharzhartpapier *n*
epoxy-phenolic resin adhesive phenolharzmodifizierter Epoxidharzklebstoff *m*
epoxy plasticizer Epoxidweichmacher *m*
epoxy-polysulfide adhesive mit Polysulfid elastifizierter Epoxidharzklebstoff *m*, Epoxidharz-Polysulfid-Klebstoffkombination *f*
epoxy resin Epoxyharz *n*, Epoxidharz *n*, Ethoxylinharz *n*, EP *{DIN 7728, T1}*, EP-Harz *n*
epoxy-resin adhesive Epoxidkleber *m*, Epoxidharzklebstoff *m*
epoxy-resin lacquer Expoxidharzlack *m*
epoxy-resin mortar Epoxidharzmörtel *m*
epoxy-resin novolak Epoxidharz-Novolak *m*
epoxy-resin solution Epoxidharzlösung *f*
epoxy ring Epoxidring *m*, Oxiranring *m*
epoxy trowelling compound Epoxidharz-Spachtelmasse *f*
epoxy value Epoxidgehalt *m*, Epoxidwert *m*
1,2-epoxyethane Ethylenoxid *n*
epoxypolybutadiene Epoxidpolybutadien *n*
2,3-epoxy-1-propanol <$C_3H_6O_2$> 2,3-Epoxypropan-1-ol *n*, Glycidol *n*, Oxiranmethanol *n*
epoxypropionic acid Glycidsäure *f*
EPR 1. *{ethylene-propylene rubber}* Ethylen-Propylen-Kautschuk *m*; 2. elektronenparamagnetische Resonanz f, Elektronenspinresonanz *f {Spekt}*
eprouvette Eprouvette *f {Leistungsbestimmungsgerät für Schwarzpulver}*
EPS expandierbares Polystyrol *n {DIN 7728}*
epsilon acid 1-Naphtylamin-3,8-disulfonsäure *f*, Amino-ε-säure *f*
Epsom salt Bittersalz *n*, schwefelsaures Magnesium *n*, Epsomit *m {Min; Magnesiumsulfat-7-Wasser}*
epsomite Epsomit *m {Min}*
EPT Ethylen-Propylen-Terpolymer *n*
EPXMA *{electron-probe X-ray microanalysis}* Elektronenstrahl-Mikroanalyse *f*, Röntgenmikroanalyse *f {obs}*, ESMA
equal/to gleichen

equal gleich, gleichartig; gleich[mäßig]; gleich[wertig]
equal-area projection flächentreue Abbildung *f* *{ohne Flächenverzerrung}*
equal-armed gleicharmig
equal falling particles gleichfällige Teile *npl* *{Koll}*
equal-settling sich mit gleicher Geschwindigkeit *f* absetzend
equality Gleichheit *f*, Gleichwertigkeit *f*
equalization 1. Ausgleich[ung] *f*, Gleichsetzung *f*, Gleichstellung *f*; 2. Entzerrung *f*, Glättung *f*; 3. Stabilisierung *f*
equalization of charges Ausgleich *m* der Ladungen, Ladungsausgleich *m*
equalize/to abgleichen, ausgleichen, angleichen, kompensieren, egalisieren, gleichsetzen, gleichstellen, gleichmachen; entzerren, glätten; stabilisieren
equalizer Ausgleicher *m*, Ausgleichleitung *f*, Korrekturglied *n*, Kompensationsglied *n*; Stabilisator *m*; Entzerrer *m* *{Tech}*
equalizing power Egalisierungsvermögen *n*
equalizing reservoir Ausgleichsbecken *n*, Ausgleichbecken *n* *{Wasser}*
equalizing tank Ausgleichsbehälter *m*, Ausgleichsgefäß *n*
equalizing temperature Ausgleichtemperatur *f*
equalizing valve Ausgleichventil *n*, Druckausgleichventil *n*
equally gleich, gleichartig; gleichwertig
equate/to angleichen, ausgleichen; gleichsetzen *{Math}*; gleichstellen
equation Gleichung *f* *{Math, Chem}*
equation for ideal gases Zustandsgleichung *f* der Gase *npl*, [universelle] Gasgleichung *f*
equation of formation Bildungsgleichung *f*
equation of ions Ionengleichung *f*
equation of piezotropy Piezotropiegleichung *f* *{Thermo}*
equation of state Zustandsgleichung *f*
equation of the reaction Reaktionsgleichung *f*
chemical equation chemische Gleichung *f*
derived equation abgeleitete Gleichung *f*
state equation Zustandsgleichung *f*
system of equations Gleichungssystem *n*
equatorial bonds äquatoriale Bindung *f*, e-Bindung *f*
equiangular gleichwinklig, isogonal, winkeltreu
equiangularity Gleichwinkligkeit *f*
equiareal gleichflächig
equiatomic gleichatomig
equiaxial gleichachsig
equicohesive [transition] temperature Äquivalent-Kohäsionstemperatur *f*
equidirectional gleichgerichtet
equidistant abstandsgleich, abstandstreu, äquidistant *{gleiche Abstände aufweisend}*
equiformity Gleichförmigkeit *f*
equigranular gleichmäßig körnig, von gleicher Korngröße *f*, gleichkörnig
equilateral gleichseitig
equilin <$C_{18}H_{20}O_2$> Equilin *n*
equilenin <$C_{18}H_{18}O_2$> Equilenin *n*
equilibrate/to 1. abgleichen *{Elek}*; 2. ausgleichen, ausbalancieren, im Gleichgewicht *n* halten, ins Gleichgewicht *n* bringen, äquilibrieren; 3. auswuchten; 4. im Gleichgewicht *n* halten
equilibration 1. Äquilibrierung *f*, Ausbalancierung *f*, Ausgleichung *f*, Herstellung *f* des Gleichgewichts, Gleichgewichtseinstellung *f*, Gleichgewichtsausbildung *f*; 2. Auswuchten *n*, Massenausgleich *m*, Wuchten *n*; 3. im Gleichgewicht *n* Halten *n*; 4. Abgleichen *n* *{Elek}*
equilibration of the flow rate Durchflußglättung *f*
equilibrium 1. Gleichgewicht *n*; 2. Ausgleich *m*; 3. Ruhelage *f*
equilibrium ball valve Schwimmausflußventil *n*
equilibrium concentration Gleichgewichtskonzentration *f*
equilibrium conductivity Äquivalentleitfähigkeit *f*
equilibrium constant Gleichgewichtskonstante *f*, Massenwirkungskonstante *f* *{Chem}*
equilibrium-contact angle Gleichgewichts-Kontaktwinkel *m*
equilibrium curve Gleichgewichtskurve *f*
equilibrium diagram Zustandsdiagramm *n*, Phasendiagramm *n*; Zustandsschaubild *n*, Gleichgewichtsschaubild *n* *{Met}*
equilibrium dialysis Gleichgewichtsdialyse *f* *{Protein}*
equilibrium-electrode potential Gleichgewichtspotential *n* einer Elektrode *f*
equilibrium-enrichment factor Gleichgewichtsanreicherungsfaktor *m*
equilibrium equation Gleichgewichtsgleichung *f*
equilibrium-flash evaporation plant Gleichgewichtsdestillationsanlage *f*
equilibrium geometry Gleichgewichtsstruktur *f*, Gleichgewichtsgeometrie *f* *{Quantenchemie}*
equilibrium-moisture content Gleichgewichtsfeuchtigkeitsgehalt *m*, Gleichgewichtsfeuchte[beladung] *f*
equilibrium position Gleichgewichtslage *f*
equilibrium potential Gleichgewichtspotential *n*, Ruhepotential *n*
equilibrium pressure Gleichgewichtsdruck *m*
equilibrium ratio Gleichgewichtsverhältnis *n*
equilibrium reaction Gleichgewichtsreaktion *f*
equilibrium-reaction factor statisches Gleichgewichtspotential *n* der Reaktion

equilibrium state Ausgleichszustand *m*, Gleichgewichtszustand *m*
equilibrium swelling Gleichgewichtsquellung *f* *{Gummi}*
equilibrium temperature Beharrungstemperatur *f*
equilibrium time Zeit *f* bis zur Einstellung *f* des Gleichgewichtes *n*
equilibrium-vapo[u]r pressure Gleichgewichtsdampfdruck *m*
equilibrium water normaler Wassergehalt *m*
apparent equilibrium scheinbares Gleichgewicht *n*
biphase equilibrium zweiphasiges Gleichgewicht *n*
chemical equilibrium chemisches Gleichgewicht *n*
condition of equilibrium Gleichgewichtsbedingung *f*
equimolar gleichmolar, äquimolar
equimolecular äquimolar, gleichmolar
equinuclear gleichkernig
equip/to 1. ausrüsten, ausstaffieren, ausstatten, versehen [mit]; 2. einrichten, installieren
equip with/to bestücken
equipartition Gleichverteilung *f*, Äquipartition *f*
equipartition principle Gleichverteilungssatz *m*, Äquipartitionstheorem *n*, Äquipartitionsprinzip *n* *{Thermo}*
law of equipartition Gleichverteilungssatz *m*, Äquipartitionstheorem *n*, Äquipartitionsprinzip *n* *{Thermo}*
equipment Ausrüstung *f*, Gerätschaft *f*, Ausrüstungsgegenstände *mpl*, Ausstattung *f*, Einrichtung *f*, Gerätschaften *fpl*, Gerät *n*, Apparatur *f*
equipment airlock Materialschleuse *f*
equipment hatch Materialschleuse *f* *{Nukl}*
equipment transfer airlock Materialschleuse *f*
basic equipment Grundausrüstung *f*
equipoise Gleichgewicht *n*
equiponderous von gleichem Gewicht *n*
equipotential 1. äquipotential; 2. Äquipotential *n*
equipotential bonding Potentialausgleich *m*
equipotential line Äquipotentiallinie *f*, Linie *f* gleichen Potentials, Linie *f* konstanter hydraulischer Druckhöhe *f*
equipotential surface Äquipotentialfläche *f*, Niveaufläche *f*, Potentialfläche *f*
equipping Ausrüsten *n*, Ausstatten *n*; Einrichten *n*, Installieren *n*
equiprobable gleichwahrscheinlich
equiprobable size gleichwahrscheinliche Teilchengröße *f* *{präparative Trenngrenze}*
equisetic acid Equisetsäure *f*, Propen-1,2,3-carbonsäure *f*
equisetrin Equisetrin *n*
equivalence Gleichwertigkeit *f*, Äquivalenz *f*
equivalence law Äquivalenzgesetz *n*
equivalence point Äquivalenzpunkt *m*, stöchiometrischer Punkt *m* *{beim Titrieren}*
equivalence principle Äquivalenzprinzip *n*
equivalence unit Äquivalenzeinheit *f*
equivalent 1. äquivalent, gleichbedeutend, gleichwertig; Äquivalent-; 2. Äquivalent *n*, äquivalente Menge *f*, äquimolekulare Menge *f*
equivalent charge Äquivalentladung *f* *{96500 C = 6,022·10²³e⁻}*
equivalent circuit [diagram] Ersatzschaltkreis *m*, Ersatzschaltung *f* *{Elek}*; Analogstromkreis *m* *{Elek}*
equivalent concentration Äquivalentkonzentration *f*, Gleichgewichtskonzentration *f* *{Chem, Phys}*
equivalent conductance Äquivalentleitfähigkeit *f*, molare Leitfähigkeit *f*
equivalent conductivity Äquivalentleitfähigkeit *f*, Äquivalentleitvermögen *n*, molare Leitfähigkeit *f*
equivalent diameter Äquivalentdurchmesser *m* *{von Partikeln}*
equivalent dose rate Äquivalentdosisleistung *f*
equivalent electron äquivalentes Elektron *n*
equivalent mixture äquivalente Mischung *f*
equivalent network Leitungsnachbildung *f*
equivalent of heat Wärmeäquivalent *n*, Energieequivalent *n* der Wärme *f*, kalorisches Arbeitsäquivalent *n*
equivalent settling rate diameter Sinkgeschwindigkeits-Äquivalentdurchmesser *m*
equivalent volume diameter Äquivalentdurchmesser *m* der volumengleichen Kugel
equivalent weight Äquivalentmasse *f*, Äquivalentgewicht *n*
mechanical equivalent of heat Wärmearbeitswert *m*
era Zeitalter *n*, Ära *f* *{ein chronologischer Zeitabschnitt}*
erabutoxin Erabutoxin *n* *{62-Polypeptid-Neurotoxin}*
eradicate/to 1. ausmerzen, ausstreichen, aussondern; 2. ausrotten, vertilgen *{Agri}*
eradicator Vertilgungsmittel *n*
erase/to 1. ausradieren, radieren, auswischen, ausstreichen; 2. löschen, auslöschen, annullieren
erasing Löschung *f*, Annulierung *f*; Radieren *n*, Ausstreichen *n*
erbia <Er_2O_3> Erbinerde *f* *{Triv}*, Erbium(III)-oxid *n*, Erbia *f* *{Triv}*
erbium *{Er, element no. 68}* Erbium *n*
erbium chloride <$ErCl_3$> Erbiumchlorid *n*
erbium nitrate <$Er(NO_3)_3·6H_2O$> Erbiumnitrat[-Hexahydrat] *n*
erbium oxide <$Er_2O_3·10H_2O$> Erbiumoxid *n*, Erbia *f*, Erbinerde *f* *{Triv}*
erbium preparation Erbiumpräparat *n*

erbium sulfate <$Er_2(SO_4)_3 \cdot 8H_2O$> Erbiumsulfat[-Octahydrat] *n*
Erdmann float Erdmannscher Schwimmer *m* *{Bürette}*
erdmannite Michaelsonit *m* *{obs}*, Erdmannit *m*
erect/to 1. aufrichten, aufstellen; 2. aufschlagen; 3. errichten, bauen; 4. aufbauen, aufstellen, montieren *{am Aufstellungsort}*; 5. einziehen *{eine Wand}*; 6. errichten *{eine Senkrechte, Math}*; 7. setzen *{Stempel, Bergbau}*
erection 1. Aufstellung *f*, Aufbau *m*, Montage *f* *{am Aufstellungsort}*; 2. Errichtung *f*, Bauen *n*; 3. Errichten *n* *{einer Senkrechten, Math}*; 4. Einziehen *n* *{einer Wand}*; 5. Setzen *n* *{von Stempeln, Bergbau}*
erector 1. Monteur *m*, Montagearbeiter *m*; 2. Umkehrlinse *f*, Linse *f* zur Bildaufrichtung *{Opt}*
eremacausis Eremakausie *f*, langsame Verbrennung *f*, Luftoxidation *f* *{Biochem}*
eremophilone <$C_{15}H_{22}O$> Eremophilon *n*
erepsin Erepsin *n* *{Enzymgemisch im Darm-/Pankreassaft}*
erg Erg *n* *{obs, CGS-Einheit für Arbeit, Energie und Wärmemenge = 100 nJ}*
ergine Ergin *n*, Lysergsäureamid *n*; 2. Ergon *n* *{obs}*, Biokatalysator *m*, Enzym *n*
ergobasine <$C_{19}H_{23}N_3O_2$> Ergobasin *n*, Ergometrin *n*, Ergostetrin *n*, Ergotozin *n*, Ergonovin *n* *{ein Mutterkornalkaloid}*
ergocalciferol Ergocalciferol *n*, Calciferol *n*, Vitamin D_2 *n* *{Triv}*
ergochrome Ergochrom *n*, Secalonsäure *f*
ergochrysine Ergochrom AC *n*, Ergochrysin A *n*
ergocristine Ergocristin *n* *{ein Mutterkornalkaloid}*
ergocryptine Ergokryptin *n*
ergoflavin <$C_{30}H_{26}O_{14}$> Ergochrom CC *n*, Ergoflavin *n*
ergodic ergodisch
ergodic hypothesis Ergodensatz *m*, Ergoden-Hypothese *f* *{obs}*
ergol Ergol *n* *{Raketentreibstoff}*
ergometer Dynamometer *n*, Energiemesser *m*
ergometrine *{EP, BP}* *s.* ergobasine
ergonovine *s.* ergobasine
ergosinine <$C_{30}H_{35}N_5O_5$> Ergosinin *n*
ergostane Ergostan *n*
ergostanol Ergostanol *n*
ergosterin <$C_{28}H_{43}OH$> Ergosterin *n*, Ergosterol *n* *{Provitamin D_2}*
ergosterol *s.* ergosterin
ergosterone Ergosteron *n*
ergot Mutterkorn *n*; Mutterkornpilz *m*, Claviceps purpurea (Fr.) Tul.
ergot alkaloid Ergot-Alkaloid *n*, Mutterkornalkaloid *n*, Claviceps-Alkaloid *n*, Secale-Alkaloid *n*
ergot extract Mutterkornextrakt *m*, Ergotin *n*
ergotachysterol Ergotachysterin *n*
ergotamine Ergotamin *n* *{ein Mutterkornalkaloid}*
ergotamine ditartrate <$(C_{35}H_{35}N_2O_5)_2$-$C_4H_6O_6$> Ergotaminditartrat *n*, Gynergen *n*
ergothioneine <$C_9H_{15}N_3O_2S2H_2O$> Ergothionein *n*, Thiolhistidin-trimethylbetain *n*, Thionein *n*
ergotic acid Mutterkornsäure *f*, Sklerotinsäure *f*
ergotine Ergotin *n*, Mutterkornextrakt *m*
ergotinine <$C_{35}H_{39}O_5N_5$> Ergotinin *n*
ergotism Ergotismus *m*, Mutterkornbrand *m*, [chronsiche] Mutterkornvergiftung *f*
ergotocin *s.* ergobasine
ergotoxine Ergotoxin *n* *{Mutterkornalkaloidgemisch: Ergocristin und Ergocryptin-Isomere}*
Erichsen test Erichsen-Tiefungsprüfung *f*, Erichsen-Tiefungsvrsuch *m* *{Met, DIN 50101}*
ericin Mesotan *n*
ericite Heidenstein *m*, Erikit *m* *{Min}*
erigeron oil Erigeronöl *n*
erinite 1. Erinit *m* *{obs}*, Cornwallit *m* *{Min}*; 2. Erinit *m* *{irischer Montmorillonit}*
eriochrome black Eriochromschwarz *n* *{HN}*
eriochrome verdone Eriochromverdon *n*
eriodictyol <$C_{15}H_{22}O_6$> Eriodictyol *n*
erionite Erionit *m* *{Min}*
Erlanger blue Erlanger Blau *n*, Preußisch Blau *n*
Erlenmeyer flask Erlenmeyerkolben *m*
narrow-mouth Erlenmeyer flask enghalsiger Erlenmeyerkolben *m*
wide-mouth Erlenmeyer flask weithalsiger Erlenmeyerkolben *m*
erode/to erodieren, anfressen, auswaschen, abtragen
erodible 1. erosionsanfällig, anfällig für erosive Wirkung *f*, erosionsempfindlich; 2. erodierfähiges Medium *n*
erosion 1. Abnützung *f*, Verschleiß *m*; 2. Abtragung *f*, Auswaschung *f*, Erosion *f*
erosion and wear testing Erosions- und Verschleißprüfung *f*
erosion corrosion Erosionskorrosion *f*
erosion-resistant erosionsfest, erosionsbeständig
erosive 1. erosiv; 2. erodierendes Medium *n*, bewegtes Medium *n*
erosive burning erosiver Abbrand *m*
erratic 1. wandernd; erratisch; schwankend, unberechenbar, unregelmäßig, ungleichmäßig, sprunghaft; fehlerhaft; 2. Findling *m*, erratischer Block *m*, Feldstein *m*, Wanderblock *m* *{Geol}*
erratic value Streuwert *m*
erroneous fehlerbehaftet, falsch; irrig, irrtümlich
erroneous initiation Fehlauslösung *f*

erroneously irrtümlich, irrig; fehlerbehaftet, falsch

error 1. Fehler *m*; 2. Druckfehler *m*; 3. Fertigungsabweichung *f*; 4. Regelabweichung *f*; 5. Irrtum *m*

error calculation Fehlerrechnung *f*, Fehlerberechnung *f*

error distribution Fehlerverteilung *f*

error [distribution] curve Fehlerkurve *f*, Fehlerverteilungskurve *f*

error evaluation Fehlerberechnung *f*, Fehlerrechnung *f*

error function Fehlerfunktion *f*, Fehlerintegral *n*

error in observation Beobachtungsfehler *m*

error integral Fehlerintegral *n*, Fehlerfunktion *f*

error law of Gauss Gaußsches Fehlergesetz *n*

error limit Fehlergrenze *f*, Meßfehlergrenze *f*

error of analysis Analysenfehler *m*

error of measurement Meßfehler *m*, Meßabweichung *f*

error probability Irrtumswahrscheinlichkeit *f*

casual error zufälliger Fehler *m*

compensation of errors Fehlerausgleichung *f*

curve of error Fehlerlinie *f*

determination of error Fehlerbestimmung *f*

ellipsoid of error Fehlerellipsoid *n*

estimation of error Fehlerabschätzung *f*

limit of error Fehlergrenze *f*

limit of error of analysis Analysenfehlergrenze *f*

mean error mittlerer Fehler

ersbyite Ersbyit *m* *{Min}*

erubescite Buntkupferkies *m*, Buntkupfererz *n*, Erubescit *m* *{obs}*, Bormit *m* *{Min}*

erucamide <$C_{21}H_{41}CONH_2$> Erucamid *n*, Erucylamid *n*

erucic acid <$CH_3(CH_2)_7CH=CH(CH_2)_{11}$-$COOH$> Erucasäure *f*, Erukasäure *f* *{obs}*, Z-13-Docosensäure *f*

erucidic acid Brassidinsäure *f*

erucine Erucin *n*

erucone Erucon *n*

erucyl alcohol <$CH_3(CH_2)_7CH=CH(CH_2)_{11}CO$-$OH$> Erucylalkohol *m*, Eruzylalkohol *m*, 13-Docosenol *n*

eruginous grünspanähnlich

eruptive eruptiv *{Geol}*

eruptive rocks Eruptivgestein *n*, Auswurfgestein *n* *{Geol}*

erythorbic acid <$C_6H_8O_6$> Erythorbinsäure *f* *{Triv}*, *d*-Erythroascorbinsäure *f*, Isoascorbinsäure *f* *{obs}*

erythraline Erythralin *n* *{ein Alkaloid}*

erythramine Erythramin *n*

erythrene <$CH_2=CHCH=CH_2$> Erythren *n*, Buta-1,3-dien *n*

erythrene caoutchouc Erythrenkautschuk *m*

erythrene glycol Erythrenglycol *n*

erythricine Erythricin *n*

erythrine 1. <$Co_3(AsO_4)_2 \cdot 8H_2O$> Rhodoit *m* *{obs}*, Erythrin *n*, Kobaltblüte *f*, Kobaltblume *f* *{Min}*; 2. *s.* erythritol

erythrite *s.* erythrine

erythritol <$H(HCOH)_4H$> Erythritol *n*, Erythrit *m*, *meso*-1,2,3,4-Butantetrol *n*

erythritol anhydride <$C_4H_6O_2$> Butadienoxid *n*

erythritol tetranitrate <$C_4H_6N_4O_{12}$> Nitroerythrit *n*, Tetranitroerythrit *n*, Erythrittetranitrat *n*, Tetranitrol *n* *{Expl}*

erythro arrangement Erythro-Anordnung *f* *{Stereochem}*

erythro isomer Erythroisomer[es] *n*

erythroaphin Erythroaphin *n*

erythrocruorin Erythrocruorin *n* *{Hämoglobin bei Wirbellosen}*

erythrocyte Erythrozyt *m*, rotes Blutkörperchen *n*

erythrodextrin[e] Erythrodextrin *n* *{hochmolekulares Dextrin}*

erythrogenic acid <$CH_2=CH(CH_2)_4C \equiv C$-$C \equiv C(CH_2)_7COOH$> Erythrogensäure *f*, Octadezen-(17)-diin-(9,11)-säure *f*, Isansäure *f*

erythroglucin Erythroglucin *n*, 3-Buten-1,2-diol *n*

erythroidine Erythroidin *n* *{Alkaloid}*

erythrol 1. <$H(HCOH)_4H$> Erythrit *m*, *meso*-1,2,3,4-Butantetrol *n*, Erythritol *n* *{obs}*; 2. 3-Buten-1,2-diol *n* *{IUPAC}*

erythronic acid Erythronsäure *f*

erythrophleum alkaloids Erythrophleum-Alkaloide *npl*

erythropoietin Erythropoietin *n*, EPO *{ein Eiweißstoff}*

erythrose <$CHO(CHOH)_2CH_2OH$> Erythrose *f*, 2,3,4-Trihydroxybutanal *n*

erythrose phosphate Erythrosephosphat *n*

erythrosiderite Erythrosiderit *m* *{Min}*

erythrosine <$C_{20}H_6I_4Na_2O_5$> Erythrosin *n*, Jodeosin *n* *{obs}* *{rotbrauner Farbstoff}*

erythrosone Erythroson *n*

erythrozincite Erythrozinkit *m* *{Min}*

erythrulose <$C_4H_8O_4$> Erythrulose *f*

ESCA *{electron spectroscopy for chemical application}* Elektronenspektroskopie *f* zur Bestimmung *f* von Elementen *npl* und ihren Bindungszuständen *mpl*, ESCA-Methode *f*, Röntgen-Photoelektronenspektroskopie *f*

escape/to 1. [ent]fliehen, entkommen; 2. abziehen, ausströmen, austreten, ausweichen, entweichen *{von Gasen}*; abfließen *{von Flüssigkeiten}*

escape 1. Austritt *m*, Entweichen *n*, Ausströmen *n* *{von Gasen}*; Abfluß *m*, Entweichen *n*

{von Flüssigkeiten}; 2. Entkommen *n*, Entrinnen *n*, Flucht *f*, Entfliehen *n*; 3. Rettung *f*
escape channel Abzugskanal *m*
escape device Abzugsvorrichtung *f*
escape hose Rettungsschlauch *m*
escape installation Fluchtwegeinrichtung *f*
escape ladder Rettungsleiter *f*
escape orifice Ausströmungsöffnung *f*
escape pipe Ausflußrohr *n*
escape reaction Ausweichreaktion *f*
escape route Fluchtweg *m*
escape route with fail-safe lighting Fluchtweg *m* mit funktionssicherer Beleuchtung
escape tube Abzugsrohr *n*
escape valve Ablaßventil *n*, Abflußventil *n*, Auslaßventil *n*, Sicherheitsventil *n*
Escherichia coli Kolibazillus *m*, Escherichia coli *f*, Kolibakterium *n*
Eschka method Eschka-Verfahren *n*, Eschka-Methode *f* *{Aufschlußverfahren zur Gesamtschwefelbestimmung}*
Eschka mixture Eschka-Mischung *f* *{MgO/Na_2CO_3 zur S-Bestimmung in Kohle}*
eschynite Aeschynit *m* *{Min}*
esco mordant Eskobeize *f*
esculetin <$C_9H_6O_4$> Äsculetin *n*, Dihydroxycumarin *n*
esculetinic acid <$C_9H_8O_5$> Äsculussäure *f*
esculin <$C_{15}H_{16}O_9$> Äskulin *n*, Bikolorin *n*, Schillerstoff *m*
eseridine Eseridin *n*
eserine <$C_{15}H_{21}N_3O_2$> Eserin *n*, Physostigmin *n*, Calabrin *n* *{ein Alkaloid}*
eserine oil Eserinöl *n*
eserine salicylate <$C_{15}H_{21}N_3O_2C_6H_4(OH)COOH$> Eserinsalicylat *n*, Physostigminsalicylat *n*
eserine sulfate Eserinsulfat *n*
eseroline Eserolin *n* *{ein Alkaloid}*
esmarkite Esmarkit *m* *{Min}*
esparto 1. Alfagras *n*, Halfgras *n*, Fadengras *n*, Espartogras *n*; 2. Esparto *m* *{Spinnmaterial}*; 3. Espartopapier *n*, Alfapapier *n*
esparto paper Alfapapier *n*, Espartopapier *n*
esparto wax Espartowachs *n* *{Pap}*
esperamycin Esperamycin *n*, Esperamicin *n*, Esperatrucin *n* *{Antitumor-Antibiotika}*
essence 1. Auszug *m*, Essenz *f* *{Chem}*, Extrakt *m* *{Pharm}*; 2. Hauptinhalt *m*, inneres Wesen *n*, Kern *m*
essential wesentlich, essentiell; lebensnotwendig; etherisch, flüchtig
essential oil etherisches Öl *n*
essonite Hessonit *m*, Hyacinthoid *m*, Zimtstein *m* *{Min}*
establish/to 1. aufstellen; 2. begründen; 3. etablieren, errichten, einrichten; festsetzen; 4. herstellen *{z.B. Gleichgewicht, Kontakt, Ordnung}*; 5. einwandfrei feststellen, beweisen, nachweisen
establish a fact/to ermitteln
establishment 1. Einrichtung *f*, Anlage *f*; Gründung *f*, Errichtung *f*; 2. Nachweis *m*, Begründung *f*; 3. Aufstellung *f*; Festsetzung *f*; 4. Herstellung *f*, Einstellung *f* *{z.B. Gleichgewicht, Kontakt}*; 5. Betrieb *m*; Instutition *f*; 6. Beamtenschaft *f*
establishment of a calibration curve Aufstellen *n* einer Kalibrierkurve *f*, Aufnahme *f* einer Kalibrierkurve *f*, Aufnehmen *n* einer Eichkurve *f* *{obs}*
establishment of a fact Ermittlung *f*
esteem/to achten, [hoch] schätzen; betrachten, ansehen als
ester <RCOOR'> Ester *m*
ester alcohol radical Esteralkoholrest *m*, Esteralkoholradikal *n*
ester condensation Esterkondensation *f*
ester formation Esterbildung *f*
ester gum Esterharz *n*, Estergummi *m*, Harzester *m*, Harzsäureglycerinester *m*
ester interchange Umesterung *f*, Umsalzen *n*, Umestern *n*
ester linkage Esterbindung *f*
ester number Esterzahl *f*, EZ *{bei Fetten und fetteren Ölen}*
ester of an acid Säureester *m*
ester oil Esteröl *n*
ester plasticizer Esterweichmacher *m*
ester pyrolysis Esterpyrolyse *f*
ester sulfonate <$RCH(COOH)SO_3Na$> Estersulfonat *n*, Sulfofettsäureester *m*
ester value Esterzahl *f*, EZ
esterase Esterase *f* *{esterbildende und -spaltende Enzyme}*
esterifiable veresterbar
esterification Esterbildung *f*, Veresterung *f*, Verestern *n*
esterification catalyst Veresterungskatalysator *m*
esterify/to verestern
esterifying Esterbildung *f*, Verestern *n*, Veresterung *f*
esterifying agent Veresterungsmittel *n*
esterol <$(CH_2COOCH_2C_6H_5)_2$> Dibenzylsuccinat *n*, Bernsteinsäuredibenzylester *m*
estertins Ester-Zinn-Verbindungen *fpl* *{Stabilisator für PVC}*
estimable bestimmbar
estimate/to [ab]schätzen, beurteilen, bewerten, einschätzen, vorausbestimmen, schätzen, berechnen, veranschlagen
estimate Berechnung *f*, Schätzung *f*, Abschätzung *f*, Bestimmen *n*, Kalkulation *f*; Kostenanschlag *m*, Kostenschätzung *f*, Kostenvoranschlag *m*, Veranschlagung *f* *{Ökon}*
estimated cost Schätzkosten *pl*
estimated value Schätzwert *m*

estimation Schätzung *f*, Abschätzung *f*, Bestimmung *f*, Bewertung *f*, Vorausberechnung *f*; Wertschätzung *f*, Veranschlagung *f* *{Ökon}*
estradiol <$C_{18}H_{24}O_2$> Östradiol *n*, Estradiol *n* *{ein Follikelhormon}*
estradiol benzoate Estradiolbenzoat *n*
estragole Estragol *n*, Chavicolmethylether *m*, Methylchavicol *n*, 1-Allyl-4-methoxybenzol *n*
estragon Estragon *m*, Artemisia dracunculus L.
estragon oil Estragonöl *n*, Dracunöl *n*, Dragunöl *n* *{etherisches Öl der Artemisia dracunculus L.}*
estrane <$C_{18}H_{30}$> Östran *n*, Estran *n* *{IUPAC}* *{2-Methyl-1,2-cyclopentanperhydrophenanthren}*
estrin *s.* estrone
estriol <$C_{18}H_{24}O_3$> Östriol *n*, Estriol *n*, Trihydroxyestrin *n* *{ein Follikelhormon}*
estrodienol Östrodienol *n*
estrogen Östrogen *n*, Estrogen *n*, östrogener Stoff *m*, östrogenes Hormon *n*, Follikelhormon *n* *{Gruppenbezeichnung}*
estrogenic östrogen, estrogen
estrone *{US}* Östron *n*, Estron *n*, Theelin *n*, Thelykinin *n* *{ein Follikelhormon}*
estuary Ästuar *n*, Flüßmündung *f*, Mündung *f*
estuary chemistry Chemie *f* des Mündungswassers *n*, Brackwasserchemie *f*
etamiphyllin <$C_{13}H_{21}N_2O_5$> Etamiphyllin *n*
etamycin <$C_{44}H_{62}N_8O_{11}$> Etamycin *n*, Viridogrisein *n*
Etard reaction Etard-Reaktion *f*, Etardsche Reaktion *f* *{Oxidation von aromatischen oder heterocyclischen Methylgruppen mit CrO_2Cl_2}*
etch/to [an]ätzen, einätzen, beizen, anfressen; kupferstechen, radieren
etch-polish/to ätzpolieren
etch-upon/to aufbeizen
etch figure Ätzfigur *f*; Ätzgrübchen *n*, Ätzmuster *n*
etch pattern Ätzbild *n*
etch-polish Ätzpolitur *f*
etch treatment Ätzbehandlung *f*, Beizbehandlung *f*
etchant Ätzmittel *n*
etched geätzt; rauh, wetterbeeinflußt *{Oberfläche}*
etched micro geätzter Schliff *m*
etched pit Ätzgrübchen *n*
etching 1. Ätzen *n*, Ätzung *f*, Ätzdruck *m*, Anätzen *n*, Einätzen *n*; Beizung *f*, Beizen *n* *{Met}*; 2. Angriff *m*, Angreifen *n*; 3. Radierung *f* *{Druck}*
etching acid Ätzflüssigkeit *f*
etching agent Beizmittel *n*, Ätzmittel *n*
etching bath Ätzbad *n* *{Met}*
etching by ion bombardment Ionenätzen *n*
etching figure Ätzfigur *f* *{Krist}*, Ätzmuster *n*
etching fluid Ätzflüssigkeit *f*
etching ground Ätzgrund *m*
etching ink Ätztinte *f*, Glastinte *f*
etching lye Ätzlauge *f*
etching medium Ätzmittel *n*, Beizmittel *f*
etching paste Ätzpaste *f*
etching pit Narbe *f*, Pore *f*, Ätzgrübchen *n*
etching polishing Ätzpolieren *n*
etching powder Ätzpulver *n*, Mattierpulver *n*
etching primer Haftgrund[ier]mittel *n*
etching process Ätzverfahren *n*, Beizverfahren *n* *{für Klebflächen}*
etching salt Mattiersalz *n*
etching sample Ätzprobe *f*, Ätzversuch *m*, Ätzen *n* *{metallographische Prüfung}*
etching temperature Ätztemperatur *f*, Beiztemperatur *f*
etching test Ätzprobe *f*, Ätzversuch *m*,Ätzen *n* *{metallographische Prüfung}*
etching time Beizzeit *f*, Ätzzeit *f*
etching varnish Radierfirnis *m*
coarse etching Grobätzung *f*
deep etching Tiefätzung *f*
ground section for etching Ätzschliff *m*
ion etching Ionenätzen *n*
ethacridine <$C_{15}H_{15}N_3O$> Ethacridin *n* *{WHO}*
ethal <$C_{16}H_{33}OH$> Cetylalkohol *m*, Ethal *n*, Hexadecylalkohol *m*, Hexadecan-1-ol *n*
ethanal <CH_3CHO> Acetaldehyd *m*, Ethanal *n*, Essigsäurealdehyd *m*, Ethylaldehyd *m*
ethanal acid <$OHC-COOH$> Glyoxylsäure *f*, Oxoessigsäure *f*
ethanamide <CH_3CONH_2> Acetamid *n*, Ethanamid *n*, Essigsäureamid *n*
ethane <CH_3CH_3> Ethan *n* *{IUPAC}*, Äthan *n* *{obs}*, Dimethyl *n* *{obs}*, Bimethyl *n*, Methylmethan *n*
ethanedial <$CHOCHO$> Glyoxal *n*, Ethandial *n*, Oxalaldehyd *m*, Oxalsäuredialdehyd *m*
ethanediamide <$(CONH_2)_2$> Oxamid *n* *{IUPAC}*, Ethandiamid *n*
1,2-ethanediamine <$(CH_2NH_2)_2$> Ethylendiamin *n*, 1,2-Ethandiamin *n*
ethanedinitrile <$(CN)_2$> Cyanogen *n*, Dicyan *n*, Oxalsäuredinitril *n*
ethanedioic acid <$HOOCCOOH$> Oxalsäure *f*, Kleesäure *f*, Ethandisäure *f*
1,2-ethanediol <$(CH_2OH)_2$> Ethan-1,2-diol *n*, Ethylenglycol *n*, 1,2-Glycol *n*
1,2-ethanedithiol <$(CH_2SH)_2$> 1,2-Ethandithiol *n*, Dithioglycol *n*
ethanenitrile <CH_3CN> Methylcyanid *n*, Acetonitril *n*, Cyanmethan *n*
ethanesulfonic acid Ethylsulfonsäure *f*
ethanethiol <C_2H_5SH> Ethylmercaptan *n*, Ethanthiol *n*, Thioethanol *n*, Ethylhydrosulfid *n*, Ethylthioalkohol *m*
ethanethiolic acid <CH_3COSH> Ethanthiosäure *f*, Thioessigsäure *f*

ethanoic acid <CH_3COOH> Essigsäure *f*, Acetsäure *f*, Ethansäure *f*

ethanol <CH_3CH_2OH> Ethanol *n*, Ethylalkohol *m*, Weingeist *m {Triv}*, Alkohol *m {Triv}*

ethanol-gasoline blend Alkohol-Benzin-Gemisch *n*

ethanol-insoluble ethanolunlöslich

ethanol-soluble ethanollöslich

ethanol solution ethanolische Lösung *f*

ethanolamine 1. <$CH_2OHCH_2NH_2$> Monoethanolamin *n*, Aminoethylalkohol *m*, 2-Aminoethanol *n*; 2. <$R(OH)CH_2NH_2$> Aminoethanol *n*

ethanolamine dinitrate <$C_2H_7N_3O_6$> Monoethanolamindinitrat *n*

ethanolamines Ethanolamine *npl*, Aminoethanole *npl*, Aminoethylalkohole *mpl*

ethanolic ethylalkoholisch

ethanoyl <CH_3CO-> Acetyl *n*, Ethanoyl *n*

ethanoyl bromide <CH_3COBr> Acetylbromid *n*, Ethanoylbromid *n*, Essigsäurebromid *n*

ethanoyl chloride <CH_3COCl> Acetylchlorid *n*, Ethanoylchlorid *n*, Essigsäurechlorid *n*

ethaverine <$C_{24}H_{29}NO_4$> Ethaverin *n {WHO}*

ethene <$H_2C=CH_2$> Ethen, Ethylen *n*

ethene series Alkene *npl*

ethenoid plastics Ethenoidharze *npl {Sammelname für Acrylate, Vinyl- und Styroplaste}*

ethenol Vinylalkohol *m*, Ethenol *n*

ethenyl <$CH_2=CH$-> Vinyl *n*

ether 1. <R-O-R> Ether *m*, Äther *m {obs}*; 2. <$(C_2H_5)_2O$> Ether *m*, Diethylether *m*, Ethoxyethan *n*; 3. Ether *m*, Lichtether *m*, Weltether *m {Phys}*

ether amine <-$(OC_2H_4)_nN$=> Etheramin *n*

ether carboxylic acid <$RO(C_2H_4O)_nCH_2COOH$> Ethercarbonsäure *f*

ether extraction apparatus Schütteltrichter *m* zum Ausethern *{Lab}*

ether formation Etherbildung *f*, Ethersynthese *f*

ether index Ätherzahl *f {obs}*, Etherzahl *f*, Ether *m*

ether linkage Etherbindung *f*

ether-like etherähnlich

ether resin Ätherharz *n {obs}*, Etherharz *n*, Ethoxylinharz *n*

convert into an ether/to in einen Ether verwandeln, verethern

extract with ether/to ausethern

shake out with ether/to mit Ether ausschütteln, ausethern

etherate Ätherat *n {obs}*, Etherat *n*

ethereal etherisch, etherähnlich, etherartig; Ether-

ethereal extract Etherauszug *m*

ethereal oil *s.* essential oil

etherene <$H_2C=CH_2$> Ethen *n*, Ethylen *n*

etherifiable etherisierbar

etherification Etherifizierung *f*, Etherbildung *f*, Veretherung *f*, Verethern *n*

etherification plant Etherbildungsanlage *f*

etherify/to verethern, in einen Ether verwandeln, etherifizieren

etherizable etherisierbar

etherize/to etherisieren, narkotisieren *{mit Ether}*

ethical preparation rezeptpflichtiges Arzneimittel *n*, verschreibungspflichtiges Medikament *n*; ethisches Produkt *n*, ethisches Präparat *n*

ethide Ethid *n*, Ethylmetallverbindung *f {z.B. Pb $(C_2H_5)_2$}*

ethine <$HC\equiv CH$> Acetylen *n*, Ethin *n*

ethinyl <$HC\equiv C$-> Ethinyl *n*

ethinyl group <$C\equiv C$> Ethinylgruppe *f*, Ethinylrest *m*

ethion <$C_9H_{22}O_4P_2S_4$> Ethion *n {Insektizid}*

ethionic acid <$(-CH_2SO_2OH)_2$> Ethionsäure *f*

ethiops mineral Mineralmohr *m*

ethocaine Procainhydrochlorid *n*

ethoxalyl <C_2H_5OOCCO-> Ethoxalyl-

ethoxide <$C_2H_5OM^I$> Ethylat *n*, Ethanolat *n*

ethoxy Ethoxy-, Ethoxyl-

ethoxy group <C_2H_5O-> Ethoxygruppe *f*, Ethoxylgruppe *f*

ethoxyacetylene Ethoxyacetylen *n*

ethoxyaniline Ethoxyanilin *n*, Phenetidin *n*, Aminophenetol *n*, Aminophenolethylether *m*

ethoxybenzene <$C_6H_5OC_2H_5$> Ethylphenylether *m*, Phenetol *n*, Phenylethylether *m*, Ethoxybenzol *n*

ethoxycaffeine <$C_{10}H_{14}N_4O_3$> Ethoxycoffein *n*

ethoxychrysoidine hydrochloride Ethoxychrysoidinhydrochlorid *n*

ethoxyethane <$C_2H_5OC_2H_5$> Ethylether *m*, Ethoxyethan *n*, Diethylether *m*

ethoxyl Ethoxy-, Ethoxyl-

ethoxylate Ethoxylat *n*, Oxethylat *n*, Polyether *m*, Polyethylenglycol *n*

ethoxylation [process] Ethoxylierung *f*, Oxethylierung *f {Einführung der CH_2CH_2-O-Gruppe}*

ethoxylene resin Epoxidharz *n*, EP, Ethoxylinharz *n*, Epoxyharz *n*, EP-Harz *n*

ethoxylene resin adhesive Epoxidkleber *m*, Epoxidharzklebstoff *m*

ethoxysalicylic aldehyde Ethoxysalicylaldehyd *m*

ethoxytriglycol <$C_2H_5O(C_2H_4O_2)_3H$> Ethoxytriglycol *n*

ethriol trinitrate <$H_5C_2C(CH_2ONO_2)_3$> Ethriolnitrat *n*, Trimethylolethylmethantrinitrat *n {Expl}*

ethyl <C_2H_5-> Ethyl *n*

ethyl abietate <$C_{19}H_{29}COOC_2H_5$> Ethylabietat *n*, Abietinsäureethylester *m*

ethyl acetate <$CH_3CO_2C_2H_5$> Ethylacetat *n*,

Essigester *m*, Essigsäureethylester *m*, Acetidin *n*, essigsaures Ethyl *n*
ethyl acetate test Essigestertest *m*
ethyl acetoacetate <$CH_3COCH_2COOC_2H_5$> Acetessigester *m*, Acetessigsäureethylester *m*
ethyl acrylate <$CH_2=CHCOOC_2H_5$> Ethylacrylat *n*, Acrylsäureethylester *m*
ethyl alcohol <C_2H_5OH> Ethylalkohol *m* *{IUPAC}*, Ethanol *m*, Alkohol *m* *{Triv}*; Spiritus *m*, Sprit *m*, gewöhnlicher Alkohol *m*, Weingeist *m*
ethyl aldehyde <CH_3CHO> Acetaldehyd *m*, Ethylaldehyd *m*, Ethanal *n*
ethyl aluminium chloride <$C_2H_5AlCl_2$> Aluminiumdichlorethylen *n*, EADC
ethyl aluminium sesquichloride <$(C_2H_5)_3$-Al_2Cl_3> Ethylaluminiumsesquichlorid *n*, EASC
ethyl aminobenzoate <$NH_2C_6H_4COOC_2H_5$> Ethylaminobenzoat *n*, Aminobenzoesäureethylester *m*
ethyl-*p*-aminobenzoate Benzocain *n*, Ethylaminobenzoat *n*, Anaesthesin *n*
ethyl amyl ketone Ethylamylketon *n*, 5-Methylheptan-3-on *n*
ethyl anthranilate Ethylanthranilat *n*
ethyl arsine <$C_2H_5AsH_2$> Ethylarsin *n* *{IUPAC}*, Arsinoethan *n*
ethyl azide <$C_2H_5N_3$> Ethylazid *n*, Azidoethan *n*
ethyl azidoformate <$N_3COOC_2H_5$> Ethylazidoformiat *n*
ethyl benzoate <$C_6H_5CO_2C_2H_5$> benzoesaurer Ethylester *m*, Ethylbenzoat *n*, Benzoesäureethylester *m*
ethyl benzoylacetate Ethylbenzoylacetat *n*
ethyl benzoylbenzoate Ethylbenzoylbenzoat *n*
ethyl benzyl ketone Ethylbenzylketon *n*
ethyl borate Ethylborat *n*
ethyl bromide <C_2H_5Br> Ethylbromid *n*, Bromethan *n*, Bromethyl *n*
ethyl butyl carbonate <$C_2H_5CO_3C_4H_9$> Ethylbutylcarbonat *n*
ethyl butyl ether Ethylbutylether *m*
ethyl butyl ketone Ethylbutylketon *n*, Heptan-3-on *n*
ethyl butyl malonate Ethylbutylmalonat *n*
ethyl butyrate <$C_3H_7CO_2C_2H_5$> buttersaures Ethyl *n*, Buttersäureethylester *m*, Ethylbutyrat *n*, Ananasether *m*, Ananasessenz *f*
ethyl caffeate koffeinsaurer Ethylester *m*
ethyl caprate <$CH_3(CH_2)_8CO_2C_2H_5$> Ethylcaprinat *n*, caprinsaurer Ethylester *m*, Caprinsäureethylester *m*, Dekansäureethylester *m*
ethyl caproate <$CH_3(CH_2)_4CO_2C_2H_5$> capronsaurer Ethylester *m*, Ethylcapronat *n*, Capronsäureethylester *m*, Hexansäureethylester *m*
ethyl caprylate Caprylsäureethylester *m*, Ethylcaprylat *n*, Octansäureethylester *m*
ethyl carbamate <$NH_2COOC_2H_5$> Ethylcarbamat *n*, Ethylurethan *n*, Carbaminsäureethylester *m*, Urethan *n*
ethyl carbinol Ethylcarbinol *n*, Propylalkohol *m*
ethyl carbonate <$CO_3(C_2H_5)_2$> Diethylcarbonat *n*, Kohlensäurediethylester *m*
ethyl carbylamine Ethylcarbylamin *n*, Ethylisocyanid *n*
ethyl cellosolve Ethylcellosolve *f*
ethyl centralite <$C_{17}H_{20}N_2O$> Centralit I *n*, *sym*-Diethyldiphenylharnstoff *m* *{Expl}*
ethyl chloride <CH_3CH_2Cl> Ethylchlorid *n*, Chlorethan *n*, Monochlorethan *n*, Chlorethyl *n* *{Triv}*
ethyl chloroacetate Ethylchloracetat *n*, Chloressigsäureethylester *m*, chloressigsaures Ethyl *n*
ethyl chlorocarbonate <$ClCO_2C_2H_5$> chlorkohlensaurer Ethylester *m*, Chlorkohlensäureethylester *m*, Chlorameisensäureethylester *m*, Ethylchlorcarbonat *n*
ethyl chloroformate *s.* ethyl chlorocarbonate
ethyl chlorosulphonate Ethylchlorsulfonat *n*
ethyl cinnamate <$C_6H_5CH=CHCOOC_2H_5$> Zimtsäureethylester *m*, Ethylcinnamat *n*, Ethylphenylacrylat *n*
ethyl citrate <$C_6H_5O_7(C_2H_5)_3$> Zitronensäuretriethylester *m*, Triethylcitrat *n*
ethyl compound Ethylverbindung *f*
ethyl crotonate Ethylcrotonat *n*
ethyl cyanacrylate Ethylcyanacrylat *n*
ethyl cyanide <CH_3CH_2CN> Ethylcyanid *n*, Propionitril *n*, Propannitril *n*, Propionsäurenitril *n*
ethyl cyanoacetate <$NCCH_2COOC_2H_5$> Ethylcyanacetat *n*, Ethylcyanessigsäureester *m*
ethyl diethyloxamate <$COOC_2H_5CO$-$N(C_2H_5)_2$> Diethyloxaminsäureethylester *m*
ethyl diiodobrassidate <$CH_3(CH_2)_7IC=CI(CH_2)_{11}COOC_2H_5$> Ethyldiiodobrassidat *n*, Lipoiodin *n*, Diiodobrassidinsäureethylester *m*
ethyl disulfide <$(C_2H_5)_2S_2$> Ethyldisulfid *n*, Diethyldisulfid *n*, Ethyldithioethan *n*
ethyl dithiocarbamate Dithiourethan *n*
ethyl enanthate Ethylenanthat *n*
ethyl ether <$C_2H_5OC_2H_5$> Ethylether *m*, gewöhnlicher Ether *m*, Schwefelether *m*, Diethylether *m* *{IUPAC}*; Ethoxyethan *n*
ethyl fluoride <C_2H_5F> Ethylfluorid *n*, Fluorethan *n*
ethyl formate <$COOHC_2H_5$> Ameisensäureethylester *m*, Ethylformiat *n*
ethyl glutarate Glutarsäurediethylester *m*
ethyl glycol ether Ethylglycolether *m*

ethyl hexo[n]ate Capronsäureethylester *m*, Ethylcapronat *n*, Hexansäureethylester *m*

ethyl hydrogensulfate <$C_2H_5HSO_4$> Ethylschwefelsäure *f*, Ethylhydrogensulfat *n*, Schwefelsäuremonoethylester *m*

ethyl hydrosulfide <C_2H_5SH> Ethylmercaptan *n*, Ethylhydrosulfid *n*, Ethylthioalkohol *m*, Ethanthiol *n*, Thioethanol *n*

ethyl hydroxyisobutyrate Ethylhydroxyisobutyrat *n*

ethyl iodide <C_2H_5I> Äthyljodid *n {obs}*, Ethyliodid *n*, Iodethan *n*, Jodäthyl *n {obs}*

ethyl isobutyrate Ethylisobutyrat *n*

ethyl isocyanate <C_2H_5NCO> Ethylisocyanat *n*, Carbimid *n*

ethyl isocyanide <C_2H_5NC> Ethylcyanid *n*, Cyanethan *n*, Ethylcarboylamin *n*

ethyl isosuccinate Ethylisosuccinat *n*

ethyl isothiocyanate Ethylsenföl *n*, Ethylisothiocyanat *n*

ethyl isovalerate Ethylisovalerianat *n*

ethyl ketone <$(C_2H_5)CO$> Diethylketon *n*, Pentan-2-on *n*

ethyl lactate <$CH_3CHOHCOOC_2H_5$> Ethyllactat *n*, Milchsäureethylester *m*

ethyl laurate <$CH_3(CH)_{10}COOC_2H_5$> Laurinsäureethylester *m*, Laurinether *m*, Dodecansäureethylester *m*, Ethyllaurat *n*

ethyl levulinate Ethyllävulinat *n*

ethyl malonate <$H_2C(COOC_2H_5)_2$> Malonester *m*, Malonsäurediethylester *m {IUPAC}*, Diethylmalonat *n*, Ethylmalonat *n*

ethyl mercaptane <C_2H_5SH> Ethylmercaptan *n*, Merkaptan *n*, Äthylsulfhydrat *n {obs}*, Ethylhydrosulfid *n*, Ethylthioalkohol *m*, Ethanthiol *n*, Thioethanol *n*

ethyl mesoxalate <$CO(COOC_2H_5)_2$> Mesoxalsäureethylester *m*

ethyl methacrylate <$H_2C{=}C(CH_3)CO\text{-}OC_2H_5$> Ethylmethacrylat *n*

ethyl methyl ketone <$CH_3COC_2H_5$> Methylethylketon *n*, Butan-2-on *n*

ethyl methyl peroxide <$CH_3OOC_2H_5$> Ethylmethylperoxid *n*

ethyl methylacetic acid Ethylmethylacetsäure *f*

ethyl methylphenylglycidate Ethylmethylphenylglycidat *n*, Erdbeeraldehyd *m*, Aldehyd C16 *m*

ethyl mustard oil Ethylsenföl *n*

ethyl naphthyl ether <$C_{10}H_7OC_2H_5$> Ethyl-2-naphthylether *m*, 2-Ethoxynaphthalin *n*, Bromelia *n*, Nerolin *n*

ethyl nitrate <$NO_3C_2H_5$> Ethylnitrat *n*, Salpetersäureethylester *m*

ethyl nitrite <$C_2H_5NO_2$> Salpetrigsäureethylester *m*, Ethylnitrit *n*

ethyl nitrobenzoate Ethylnitrobenzoat *n*

ethyl nitrocinnamate Nitrozimtsäureethylester *m*

ethyl oenanthate *s.* ethyl enanthate

ethyl oleate Ethyloleat *n*

ethyl orthoformate <$HC(OC_2H_5)_3$> Ethylorthoformiat *n*, Orthoameisensäureethylester *m*

ethyl oxalate Ethyloxalat *n*, Oxalester *m*

ethyl oxamate <$C_2O_2NH_2(C_2H_5O)$> Oxamethan *n*, Acetyloxamid *n*

ethyl oxide *s.* ethyl ether

ethyl pelargonate Ethylpelargonat *n*, Nonansäureethylester *m*

ethyl perchlorate <$C_2H_5ClO_4$> Ethylperchlorat *n*

ethyl peroxide <$C_2H_5OOC_2H_5$> Ethylperoxid *n*, Diethyldioxid *n {IUPAC}*

ethyl phenyl carbonate Ethylphenylcarbonat *n*

ethyl phenyl dibromopropionate Zebromal *n*

ethyl phenyl ethanolamine Ethylphenylethanolamin *n*

ethyl phenyl ether <$C_2H_5OC_6H_5$> Ethylphenylether *m*, Ethoxybenzol *n*, Phenetol *n*

ethyl phenyl ketone Ethylphenylketon *n*, Propiophenon *n*

ethyl phenylacetate <$C_6H_5CH_2COOC_2H_5$> Ethylphenylacetat *n*, Phenylessigsäureethylester *m*

ethyl phenylurethan <$C_{11}H_{15}NO$> Ethylphenylurethan *n*, Ethylphenylcarbamat *n {Expl}*

ethyl phthalate Ethylphthalat *n*

ethyl phthalyl ethyl glycollate Ethylphthalylethylglycollat *n*

ethyl picrate <$C_8H_7N_3O_7$> Ethylpikrat *n*, 2,4,6-Trinitrophenetol *n {Expl}*

ethyl propionate <$CH_3CH_2COOC_2H_5$> Ethylpropionat *n*, Propionsäureethylester *m*

ethyl propyl carbinol Ethylpropylcarbinol *n*

ethyl propyl ether Ethylpropylether *m*

ethyl propyl ketone Ethylpropylketon *n*, Hexan-3-on *n*

ethyl propylacrolein Ethylpropylacrolein *n*

ethyl pyruvate Ethylpyruvat *n*

ethyl racemate Ethylracemat *n*, racemisches Ethyltartrat *n*

ethyl red Ethylrot *n*, 1,1-Diethylisocyaniniodid *n*

ethyl resorcinol Ethylresorcin *n*

ethyl ricinoleate Ethylricinoleat *n*

ethyl salicylate <$HOC_6H_4COOC_2H_5$> Salicylsäureethylester *m*, Ethylsalicylat *n*

ethyl sebacate <$C_2H_5O_2C(CH_2)_8CO_2C_2H_5$> Diethylsebacat *n*, Sebacinsäurediethylester *m*

ethyl selenide <$(C_2H_5)_2Se$> Selendiethyl *n*, Diethylselen *n*

ethyl silicate <$(C_2H_5O)_4Si$> Tetraethylorthosilicat *n*, Äthylsilikat *n {obs}*, Ethylorthosilicat *n*

ethyl sodium oxalacetate Natriumethyloxalacetat *n*

ethyl stannic acid <$C_2H_5SnO_3H$> Ethylzinnsäure *f*

ethyl succinate <$(CH_2COOC_2H_5)_2$> Diethylsuccinat *n*, Bernsteinsäurediethylester *m*

ethyl sulfate <$(C_2H_5)_2SO_4$> Diethylsulfat *n*, Ethylsulfat *n*, Schwefelsäure[di]ethylester *m*

ethyl sulfide <$(C_2H_5)_2S$> Ethylthioethan *n*, Diethylsulfid *n*, Ethylsulfid *n*, Diethylthioether *m*

ethyl sulfonic acid Ethylsulfonsäure *f*

ethyl sulphate *s.* ethyl sulfate

ethyl tartrate Ethyltartrat *n*, Ethylracema *n*, Diethyltartrat *n*

ethyl telluride <$(C_2H_5)_2Te$> Diethyltellur *n*, Tellurdiethyl *n*

ethyl thiocyanate Ethylrhodanid *n {obs}*, Ethylthiocyanat *n*

ethyl thioethanol <$C_2H_5SC_2H_4OH$> Äthylthioäthanol *n {obs}*, Ethylthioethanol *n*

ethyl-p-toluenesulfonamide Ethyltoluolsulfonamid *n*

ethyl-p-toluenesulfonate Ethyltoluolsulfonat *n*

ethyl urethane Ethylurethan *n*, Urethan *n*

ethyl valerate <$CH_3(CH_2)_3COOC_2H_5$> Valeriansäureethylester *m*, Baldriansäureethylester *m*, Ethylvaler[ian]at *n*

ethyl vanillin Ethylvanillin *n {3-Ethoxy-4-hydroxybenzaldehyd}*

ethyl vinyl ether Äthylvinyläther *n {obs}*, Ethylvinylether *m*, EVE, Vinylethylether *m*

ethyl vinyl ketone Ethylvinylketon *n*

ethyl violet Ethylviolett *n {Indikator}*

ethyl xanthate Ethylxanthogenat *n*

ethyl xanthogenate Ethylxanthogenat *n*

ethylacetanilide <$CH_3COC_2H_5NC_6H_5$> Ethylacetanilid *n*, Ethylphenylacetamid *n*

ethylacetic acid <$CH_3CH_2CH_2CO_2H$> *n*-Buttersäure *f*, Butansäure *f*

ethylacetylene <$HC{\equiv}CCH_2CH_3$> Ethylacetylen *n*, 1-Butin *n {IUPAC}*

ethylal <$CH_2(OC_2H_5)_2$> Ethylal *n*, Diethylformal *n*, Acetaldehyd *m*, Formaldehyddiethylacetal *n*, Diethoxymethan *n*

ethylalcoholic ethylalkoholisch

ethylamine <$C_2H_5NH_2$> Äthylamin *n {obs}*, Ethylamin *n {IUPAC}*, Aminoethan *n*, Monoethylamin *n*

***N*-ethylaminobenzoic acid** *N*-Ethylaminobenzoesäure *f*

ethylarsenious oxide <C_2H_5AsO> Ethylarsen(III)-oxid *n*

ethylate/to ethylieren

ethylate Ethylat *n*, Ethanolat *n {IUPAC}*, Ethoxid *n*

ethylation Ethylierung *f*

ethylbenzene <$C_2H_5C_6H_5$> Ethylbenzol *n*, Phenylethan *n*

ethylbenzene sulfonate Ethylbenzolsulfonat *n*

ethylbenzylaniline Ethylbenzylanilin *n*

ethylbenzylchloride Ethylbenzylchlorid *n*

2-ethylbutyl alcohol 2-Ethylbutylalkohol *m*, 2-Ethylbutanol *n*

2-ethylbutyl silicate <$[CH_2CH_2CH_2(C_2H_5)CH_2O]_4Si$> Ethylbutylsilicat *n {IUPAC}*

2-ethylbutyraldehyde Diethylacetaldehyd *m*, 2-Ethylbutyraldehyd *m*

2-ethylbutyric acid 2-Ethylbuttersäure *f*, Diethylessigsäure *f*

ethylcellulose Ethylcellulose *f*, AT-Cellulose *f*, EC *{DIN 7728}*

ethylchlorosilane <$C_2H_5SiH_2Cl$> Ethylchlorsilan *n*

ethylchlorostannic acid Ethylchlorzinnsäure *f*

ethylcyclohexane Ethylcyclohexan *n*

ethyldichloroarsine <$C_2H_5AsCl_2$> Ethylarsindichlorid *n*, Dichlorethylarsin *n*, Dick *n {Kampfgas}*

ethyldichlorosilane <$C_2H_5SiHCl_2$> Ethyldichlorsilan *n*

ethyldiethanolamine Äthyldiäthanolamin *n {obs}*, Ethyldiethanolamin *n*

ethylene <$CH_2{=}CH_2$> Äthylen *n {obs}*, Ethylen *n*, Ethen *n {IUPAC}*, ölbildendes Gas *n {Triv}*

ethylene alcohol Glycol *n {IUPAC}*

ethylene aldehyde Propenal *n*, Acrylaldehyd *m*

ethylene benzene Ethylenbenzol *n*

ethylene bromide <$BrCH_2CH_2Br$> Ethylen[di]bromid *n*, 1,2-Dibromethan *n*

ethylene bromohydrine <$BrCH_2CH_2OH$> 2-Bromethanol *n*, Glycolbromhydrin *n*, 2-Bromethylalkohol *m*

ethylene carbonate Ethylencarbonat *n*, 1,3-Dioxolan-2-on *n*, Glycolcarbonat *n*

ethylene chloride <$ClCH_2CH_2Cl$> Ethylen[di]chlorid *n*, 1,2-Dichlorethan *n*

ethylene chlorohydrin <$ClCH_2CH_2OH$> Ethylenchlorhydrin *n*, Glycolchlorhydrin *n*, 2-Chlorethylalkohol *m*, 2-Chlorethanol *n*

ethylene copolymer bitumen Ethylencopolymerisat-Bitumen *n {DIN 16729}*, ECB

ethylene cyanide Ethylendicyanid *n*, Succinodinitril *n*, 1,2-Cyanethan *n*

ethylene cyanohydrin Ethylencyanhydrin *n*, 2-Cyanethanol *n*, Glykocyanhydrin *n*

ethylene dibromide <CH_2BrCH_2Br> Ethylen[di]bromid *n*, 1,2-Dibromethan *n {IUPAC}*

ethylene dichloride <CH_2ClCH_2Cl> 1,2-Ethylen[di]chlorid *n* 1,2-Dichlorethan *n*, Chlorethylen *n*, Öl *n* der holländischen Chemiker, holländische Flüssigkeit *f*, Dutch-Flüssigkeit *f {Triv}*

ethylene dicyanide Ethylencyanid *n*, 1,2-Dicyanethan, 1,2-Cyanethan *n*, Succinodinitril *n*
ethylene diiodide <CH_2ICH_2I> 1,2- Ethylen[di]iodid *n*, 1,2-Diiodethan *n*
ethylene dinitramine <$(-CH_2NHNO_2)_2$> Ethylendinitramin *n*, EDNA *n {Expl}*
ethylene dinitrate *s.* ethylene glycol dinitrate
ethylene glycol <$HOCH_2CH_2OH$> Äthylenglycol *n {obs}*, Ethylenglycol *n*, 1,2-Glckol *n*, Ethan-1,2-diol *n*
ethylene glycol butyl ether Ethylenglycolbutylester *m*, Butylglycol *n {Triv}*, Butylcellosolve *n*, EB
ethylene glycol diacetate <$(CH_2OOCCH_3)_2$> Ethylenglycoldiacetat *n*, Cellosolveacetat *n {Triv}*
ethylene glycol dibutyl ether <$(CH_2OC_4H_9)_2$> Ethylenglycoldibutylether *m*, Ethylenglycoldibutyl *n*
ethylene glycol dibutyrate <$(CH_2OCOC_3H_7)_2$> Ethylenglycoldibutyrat *n*, Glycoldibutyrat *n*
ethylene glycol diethyl ether <$(CH_2OC_2H_5)_2$> Ethylenglycoldiethylether *m*, Ethylglym *n {Triv}*
ethylene glycol diformate <$CH_2OOCH)_2$> Ethylenglycoldiformiat *n*, Glycoldiformiat *n*
ethylene glycol dimethyl ether <$(CH_2OCH_3)_2$> Ethylenglycoldimethylether *m*, 1,2-Dimethoxyethan *n*, GDME, Monoglym *n {Triv}*
ethylene glycol dinitrate <$O_2NOCH_2CH_2O$-NO_2> Glykoldinitrat *n*, Ethylenglycoldinitrat *n*; Nitroglycol *n {Expl}*
ethylene glycol dipropionate <CH_2OCO-$C_2H_5)_2$> Ethylenglycoldipropionat *n*, Glckolpropionat *n*
ethylene glycol monoacetate <CH_2OHCH_2O-$OCCH_3$> Ethylenglycolmonoacetat *n*
ethylene glycol monobenzyl ether <C_6H_5-$CH_2OC_2H_4OH$> Ethylenglycolmonobenzylether *m*, Benzylcellosolve *n {Triv}*
ethylene glycol monobutyl ether <C_4H_9-OCH_2CH_2OH> Butylglycol *n*, Ethylenglycolmonobutylether *m*, Butylcellosolve *n {Triv}*
ethylene glycol monobutyl ether acetate <$C_4H_9OC_2H_4OOCCH_3$> Ethylenglycolmonobutyletheracetat *n*, Butylcellosolveacetat *n {Triv}*
ethylene glycol monobutyl ether laurate Ethylenglycolmonobutyletherlaurat *n*, Butoxyethyllaurat *n*
ethylene glycol monobutyl ether oleate Ethylenglycolmonobutyletheroleat *n*, Butoxyethyloleat *n*
ethylene glycol monoethyl ether <CH_2OH-$CH_2OC_2H_5$> Ethylenglycolmonoethylether *m*, 2-Ethoxyethanol *n*, Cellosolvesolvent *n {Triv}*
ethylene glycol monoethyl ether acetate Ethylenglycolmonoethyletheracetat *n*, 2-Ethoxyethylacetat *n*, Cellosolveacetat *n {Triv}*
ethylene glycol monoethyl ether laurate laurinsaurer Ethylenglycolmonoethylether *m*
ethylene glycol monoethyl ether ricinoleate Ethylenglycolmonoethyletherricinoleat *n*
ethylene glycol monohexyl ether Ethylenglycolmonohexylether *m*, *n*-Hexylcellosolve *n {Triv}*
ethylene glycol monomethyl ether <CH_3O-C_2H_4OH> Ethylenglycolmonomethylether *m*, 2-Methoxyethanol *n*, Methylcellosolve *n {Triv}*
ethylene glycol monomethyl ether acetate Ethylenglycolmonomethyletheracetat *n*, 2-Methoxyethylacetat *n*, Methylcellosolveacetat *n {Triv}*
ethylene glycol monomethyl ether acetyl ricinoleate Ethylenglycolmonomethyletheracetylricinoleat *n*
ethylene glycol monomethyl ether ricinoleate Ethylenglycolmonomethyletherricinoleat *n*
ethylene glycol monomethyl ether stearate Ethylenglycolmonomethyletherstearat *n*
ethylene glycol monooctyl ether Ethylenglycolmonooctylether *m*
ethylene glycol monophenyl ether Ethylenglycolmonophenylether *m*, 2-Phenoxyethanol *n*, Phenylcellosolve *n {Triv}*
ethylene glycol monoricinoleate Ethylenglycolmonoricinoleat *n*
ethylene glycol silicate <$(HOC_2H_4O)_4Si$> Ethylenglycolsilicat *n*
ethylene isomerism cis-trans-Isomerie *f*
ethylene iodide <ICH_2CH_2I> Äthylenjodid *n {obs}*, Ethylen[di]iodid *n*
ethylene ketal Ethylenketal *n*
ethylene linkage Ethylenverbindung *f*
ethylene oxide <C_2H_4O> Ethylenoxid *n*, Oxiran *n*, 1,2-Epoxyethan *n*
ethylene ozonide Ethylenozonid *n*
ethylene plastics Ethylenkunststoffe *mpl*, Kunststoffe *mpl* aus Ethylenharzen
ethylene-propylene-copolymer Ethylen-Propylen-Elastomer[es] *n*, Ethylen-Propylen-Mischpolymerisat *n*, Ethylen-Propylen-Copolymerisat *n*, CEtPr
ethylene-propylene-diene monomer Ethylen-Propylen-Dien-Monomer *n*
ethylene-propylene-diene rubber Ethylen-Propylen-Dien-Kautschuk *m*
ethylene-propylene-diene terpolymer Ethylen-Propylen-Dien-Terpolymer[es] *n*
ethylene-propylene-termonomer Ethylen-Propylen-Termonomer *n*, EPT
ethylene-propylene rubber Ethylen-Propylen-Gummi *m*, Ethylen-Propylen-Kautschuk *m*, AP-Kautschuk *m*, Ethylen-Propylen-Elastomer *n*
ethylene radical <$-CH_2CH_2-$> Ethylenradikal *n*, Ethylenrest *m*

ethylene recovery plant Ethylen[rück]gewinnungsanlage *f*
ethylene series Ethylenreihe *f*, Olefine *npl*
ethylene sulfide <C_2H_9S> Ethylensulfid *n*, Thiiran *n*, Dimethylensulfid *n*
ethylene sulfonic acid <$(CH_2SO_2OH)_2$> Ethionsäure *f*
ethylene tetrabromide Tetrabromethan *n*
ethylene tetrachloride Tetrachlorethan *n*
ethylene tetrafluoroethylene Ethylen-Tetrafluorethylen *n*, ETFE
ethylene tetrafluoroethylene copolymer Ethylen-Tetrafluorethylen-Copolymerisat *n*, ECTFE
ethylene thioketal Ethylenthioketal *n*
ethylene thiourea Ethylenthioharnstoff *m*, Imidazolidin-2-thion *n*
ethylene trifluorochloroethylene copolymer Ethylen-Trifluorchlorethylen-Copolymerisat *n*, ECTFE
ethylene vinyl acetate Ethylenvinylacetat *n*, EVA
ethylene-vinyl acetate copolymer Ethylen-Vinylacetat-Mischpolymerisat *n*, EVA-Mischpolymerisat *n*, Ethylen-Vinylacetat-Copolymerisat *n*, Ethylen-Vinylacetat-Kautschuk *m*
ethylene-vinyl acetate rubber *s.* ethylene-vinyl acetate copolymer
ethylene-vinyl acetate-vinyl chloride copolymer Ethylenvinylacetat-Vinylchlorid-Pfropfpolymer[es] *n*
ethylene-vinyl alcohol copolymer Ethylen-Vinylalkohol-Copolymerisat *n*, E/VAL

ethylenediamine <$H_2NCH_2CH_2NH_2$> Ethylendiamin *n*, Dimethylendiamin *n*, 1,2-Ethandiamin *n*, 1,2-Diaminoethan *n*
ethylenediamine dinitrate <$(CH_2NH_2HNO_3)_2$> Ethylendiamindinitrat *n {Expl}*, PH-Salz *n*

ethylenediamine-*d*-tartrate crystal Ethylendiamin-*d*-tartrat-Kristall *m*, EDDT-Kristall *m*

ethylenediaminetetraacetic acid <$(HO_2CCH_2)_2NCH_2CH_2N(CH_2CO_2H)_2$> Ethylendiamintetraessisäure *f*, Ethylendinitrilotetraessigsäure *f*, EDTA

ethylenedicarboxylic acid <$HOOCCH_2CH_2COOH$> Ethan-1,2-dicarbonsäure *f*, Butandisäure *f*, Bernsteinsäure *f*, Sukzinsäure *f {Triv}*

ethylenehydrinsulfonic acid <$HOC_2H_4SO_3H$> Isethionsäure *f*

ethyleneimine <C_6H_5N> Ethylenimin *n*, Dimethylenimin *n*, Aziridin *n*

ethylenenaphthene Acenaphthen *n*

ethylenic hydrocarbon Ethylenkohlenwasserstoff *m*, Ethylen *n*, Monoolefin *n*

ethylenimine 1. <C_2H_5N> *s.* ethyleneimine; 2. <$C_4H_{10}N_2$> Diethylendiamin *n*, Pyrazinhexahydrid *n*, Piperazin *n*

***N*-ethylethanolamine** <$C_2H_5NHC_2H_4OH$> Ethylaminoethanol *n*, Äthyläthanolamin *n {obs}*, *N*-Ethylethanolamin *n*

ethylethoxysilane Ethylethoxysilan *n*

ethylglucoside Ethylglucosid *n*

2-ethylhexanol 2-Ethylhexanol *n*

2-ethylhexoic acid <$C_4H_9CH(C_2H_5)COOH$> 2-Ethylhexylsäure *f*, Ethylhexonsäure *f*, Butylethylessigsäure *f*

2-ethylhexyl acetate <$CH_3COOCH_2CH(C_2H_5)C_4H_9$> 2-Ethylhexylacetat *n*
2-ethylhexyl acrylate 2-Ethylhexylacrylat *n*
2-ethylhexyl alcohol <$CH_3(CH_2)_3CHC_2H_5CH_2OH$> Ethylhexylalkohol *m*, 2-Ethylhexanol *n*, Octylalkohol *m {Triv}*
2-ethylhexyl bromide 2-Ethylhexylbromid *n*
2-ethylhexyl chloride 2-Ethylhexylchlorid *n*
ethylhexyl octylphenyl phosphite <$(C_8H_{17}O)_2(C_8H_{17}C_6H_{17}C_6H_4O)p$> Ethylhexyloctylphenylphosphit *n*

ethylhexylamine Ethylhexylamin *n*

ethylidene <$=CHCH_3$> Ethyliden *n*; Ethylidenradikal *n*, Ethylidengruppe *f*
ethylidene acetobenzoate Ethylidenacetobenzoat *n*
ethylidene aniline Ethylidenanilin *n*
ethylidene bromide <CH_3CHBr_2> Ethylidenbromid *n*, Bromethyliden *n*, 1,1-Dibromethan *n*
ethylidene chloride <CH_3CHCl_2> Ethylidenchlorid *n*, Chlorethyliden *n*, 1,1-Dichlorethan *n*
ethylidene cyanohydrin <$CH_3CH(OH)CN$> 1-Cyanoethanol *n*, Ethylidencyanhydrin *n*, Lactonitril *n*, 1-Hydroxy-1-cyanoethan *n*
ethylidene diacetate <$H_3CCH(OCOCH_3)_2$> Ethylidendiacetat *n*
ethylidene dibromide <CH_3CHBr_2> 1,1-Dibromethan *n*, Ethylidenbromid *n*, Bromethyliden *n*
ethylidene dichloride <CH_3CHCl_2> 1,1-Dichlorethan *n*, Ethylidenchlorid *n*, Chlorethyliden *n*
ethylidene iodide <CH_3CHI_2> 1,1-Diiodethan *n*, Iodethyliden *n*

ethylidenelactic acid <$CH_3CH(OH)COOH$> Ethylidenmilchsäure *f*, Milchsäure *f*, 2-Hydroxypropionsäure *f*

ethylideneurea <$C_3H_6ON_2$> Ethylidenharnstoff *m*

ethyllithium <C_2H_5Li> Lithiumethyl *n*, Ethyllithium *n*

ethylmagnesium bromide Ethylmagnesiumbromid *n*
ethylmagnesium chloride Ethylmagnesiumchlorid *n*

ethylmalonic acid Ethylmalonsäure *f*

ethylmercury acetate Ethylmerkuriacetat *n*, Ethylquecksilber(II)-acetat *n*

ethylmercury chloride <C_2H_5HgCl> Ethylmerkurichlorid *n* *{obs}*, Ethylquecksilber(II)-chlorid *n*

ethylmercury phosphate <$(C_2H_5HgO)_3PO$> Ethylmerkuriphosphat *n* *{obs}*, Triethyl-Quecksilber(II)-phosphat *n*

ethylmercury thiosalicylate Ethylmercurithiosalicylat *n* *{obs}*, Ethylquecksilber(II)-salicylat *n*

ethylmercury thiosalicylic acid <$HO-OCC_6H_4SHgC_2H_5$> Ethylquecksilber(II)-thiosalicylsäure *f*

ethylmorphine Ethylmorphin *n*, Dionin *n*, Codethylin *n*

***N*-ethylmorpholine** *N*-Ethylmorpholin *n*

ethylpentane <$(C_2H_5)_3CH$> Triethylmethan *n*, Ethylpentan *n*

ethylphosphine <$C_2H_5PH_2$> Ethylphosphin *n*

ethylphosphoric acid Ethylphosphorsäure *f*

ethylsulfuric acid <$C_2H_5HSO_4$> Äthylschwefelsäure *f* *{obs}*, Ethylschwefelsäure *f*

ethylsulfurous acid Ethylschwefligsäure *f*

ethyltartaric acid Ethylweinsäure *f*

ethyltetryl <$C_8H_7N_5O_8$> Ethyltetryl *n*, 2,4,6-Trinitrophenylethylnitramin *n* *{Expl}*

ethyltrichlorosilane Ethyltrichlorsilan *n*

ethyne <$HC{\equiv}CH$> Acetylen *n*, Ethin *n*, Carbidgas *n*

ethynyl <$-C{\equiv}CH$> Acetylenyl *n*, Acetylenylrest *m*, Acetylenylgruppe *f*

ethynyl vinyl selenide <$H_2C{=}CHSeC{\equiv}CH$> Ethinylvinylselenid *n*

ethynylation Ethinylierung *f*

etioergosterol Etioergosterin *n*

etiomesoporphyrin Etiomesoporphyrin *n*

etiophyllin <$C_{31}H_{34}N_4M_8$> Etiophyllin *n*

etioporphyrin III <$C_{32}H_{38}N_4$> Etioporphyrin *n*

ettringite Ettringit *m* *{Min}*

eucairite Eukairit *m* *{Min}*

eucalyptol[e] <$C_{10}H_{18}O$> Eucalyptol *n*, Cineol *n*, Cajeputöl *n*, 1,8-Epoxy-*p*-menthan *n*

eucalyptus gum Eucalyptusgummi *n*, Rotgummi *n* *{von Eucalyptus camaldulensis Dehnhardt}*, Redgum *n*

eucalyptus oil Eukalyptusöl *n*; Globusöl *n* *{von Eucalyptus globulus Labill.}*

eucamptite Eukamptit *m* *{Min}*

Eucarya spicata Sandelholz *n*, Santalholz *n*

eucasin Eukasin *n*, Kaseinammoniak *n*, Ammoniumcaseinat *n*

eucatropine hydrochloride Eucatropinhydrochlorid *n*

euchinine Euchinin *n*, Chinindiethylcarbonat *n*

euchlorine Chloroxydul *n*, Euchlorin *n* *{Cl_2/ClO_2-Mischung}*

euchroite Euchroit *m*, Smaragdmalachit *m* *{Kupfer(II)-hydroxidorthoarsenat, Min}*

euchromatin Euchromatin *n*

euclase Euklas *m* *{Min}*

eucolite Eukolit *m* *{Min}*

eucolloid Eukolloid *n* *{Kettengliederzahl 500...600, 1000 d, Durchmesser 250nm}*

eucrasite Eukrasit *m* *{Thoriumsilicat, Min}*

eucryptite Eukryptit *m* *{Min}*

eucupine <$C_{24}H_{34}N_2O_2$> Eucupin *n*

eucupinic acid Eucupinsäure *f*

eudalene <$C_3H_7C_{10}H_6CH_3$> Eudalin *n*, 7-Isopropyl-1-methylnaphthalin *n* *{Sesquiterpenderivat}*

eudesmane Eudesman *n*, Selinan *n* *{obs}*

eudesmene Eudesmen *n*, Machilen *n*

eudesmic acid Eudesminsäure *f*

eudesmine Eudesmin *n*

eudesmol Eudesmol *n*, Machilol *n*

eudialite Eudialyt *m* *{Min}*

eudiometer Eudiometer *n*, Gasmeßrohr *n*, Gasprüfer *m*, Explosionsbürette *f*

eudiometric eudiometrisch

eudnophite Eudnophit *m* *{obs}*, Analcim *m* *{Min}*

eugene glance Eugenglanz *m* *{obs}*, Polybasit *m* *{Min}*

eugenic acid 1. *s.* eugenol; 2. <$C_6H_2(OH)(OCH_3)C_3H_5COOH$> Eugentinsäure *f*

eugenin Eugenin *n*

eugenitin Eugenitin *n*

eugenol <$HOC_6H_3(OCH_3)CH_2CH{=}CH_2$> Eugenol *n*, Eugensäure *f*, 4-Allyl-2-methoxyphenol *n*, 4-Hydroxy-3-methoxy-1-allylbenzol *n*

eugenol acetate <$CH_3CO_2C_6H_3(OCH_3)CH_2CH{=}CH_2$> Eugenolacetat *n*

eugentiogenin Eugentiogenin *n*

eugenyl acetate Eugenylacetat *n*

eugenyl benzoate Eugenylbenzoat *n*

eugenyl benzyl ether Eugenylbenzylether *m*

euglobulin Euglobulin *n*

eulytine *s.* eulytite

eulytite Wismutblende *f* *{obs}*, Eulytin *m*, Kieselwismut *n* *{obs}*, Agricolit *m* *{Min}*

eunatrol Eunatrol *n*, Natriumoleat *n*

eupatorin Eupatorin *n* *{Glucosid}*

euphorbia Wolfsmilch *f*, Euphorbia L. *{ein Kautschukträger}*

euphorbium Euphorbiengummi *m*, Euphorbium *n*

euphorine Euphorin *n*, Phenylurethan *n*

euphyllite Euphyllit *m* *{Mischkristalle aus Paragonit und Muskovit, Min}*

eupittonic acid <$C_{19}H_8O_3(OCH_3)_6$> Pittacol *n*

eupyrchroite Eupyrchroit *m* *{Min}*

eupyrine <$C_{18}H_{18}NO_5$> Eupyrin *n*, Vanillinethylacarbonat *n*

euralite Euralith *m* *{obs}*, Delessit *m* *{Min}*

European Atomic Energy Community Euratom, Europäische Gemeinschaft *f* für Atomenergie *{Brüssel, 1957}*

European Chemical Industry Ecology and Toxicology Center Umwelt- und Toxikologiezentrum *n* der Europäischen Chemischen Industrie *{Brüssel, 1978}*
European Community Europäische Gemeinschaft *f {Brüssel, 1957}*
European Federation of Biotechnology Europäische Föderation *f* Biotechnologie *{Frankfurt/London/Paris,1978}*
European Federation of Chemical Engineering Europäischer Verband *m* der Chemischen Industrie Europäische Föderation *f* für Chemie-Ingenieurwesen *{Frankfurt,1953}*
European Federation of Corrosin Europäischer Korrosionsverband *m*, Europäische Föderation *f* Korrosion *{Frankfurt}*
europia <Eu_2O_3> Europia *n*, Europium(III)-oxid *n*
europium *{Eu, element no. 63}*> Europium *n*
europium nitrate <$Eu(NO_3)_3$> Europium(III)-nitrat *n*
europium oxide <Eu_2O_3> Europium(III)-oxid *n*; Europia *n {Min}*
europium sulfate <$Eu_2(SO_4)_3 \cdot 8H_2O$> Europium(III)-sulfat[-Octahydrat] *n*
eustenin Eustenin *n*, Theobrominnatrium-iodid *n*
eusynchite Eusynchit *m {krustenförmiger Descloizid, Min}*
eutectic 1. eutektisch; 2. Eutektikum *n*, eutektische Mischung *f*, eutektisches Gemisch *n*; 3. eutektischer Punkt *m*
eutectic alloy eutektische Legierung *f*
eutectic change eutektischer Wechsel *m*
eutectic mixture Eutektikum *n*, eutektische Mischung *f*, eutektisches Gemisch *n*
eutectic point eutektischer Punkt *m*; kryohydratischer Punkt *m {Lösungen}*
eutectic temperature eutektische Tempe- ratur *f*
eutectoid 1. eutektoid; 2. Eutektoid *n*, eutektoide Legierung *f*
eutectoid mixture Eutektoid *n*, eutektoide Mischung *f*
eutrophic nährstoffreich, eutroph
eutropic series eutropische Reihe *f {Krist}*
eutropy Eutropie *f {Krist, Isomorphie}*
euxanthane Euxanthan *n*
euxanthic acid <$C_{19}H_{18}O_{11}H_2O$> Euxanthinsäure *f*
euxanthin <$C_{19}H_{16}O_{10}$> Euxanthin *n*
euxanthinic acid <$C_{19}H_{18}O_{12}H_2O$> Euxanthinsäure *f*
euxanthogene Euxanthogen *n*
euxanthone Euxanthon *n*, Purron *n*, 1,7-Dihydroxyxanthon *n*, Porphyrsäure *f*
euxenite Euxenit *m {Min}*
eV Elektronenvolt *n*, eV *{SI-fremde atomphysikalische Energieeinheit = 0,1602 aJ}*, Elektronvolt *n*
evacuate/to räumen, entfernen, evakuieren; ausleeren, entleeren, auspumpen, abpumpen; luftleer machen
evacuated evakuiert, luftverdünnt; leer, luftleer
evacuated fluidized layer sublimation Vakumfließbettsublimation *f*
evacuation Evakuierung *f*, Evakuieren *n*, Räumen *n*, Entfernen *n*; Abführung *f*; Auspumpen *n*, Leerung *f*, Entleerung *f*
evacuation port Vakuumstutzen *m*
evacuation alarm Evakuierungsalarm *m*
evaluable auswertbar
evaluate/to bewerten, [ein]schätzen, bewertend mustern; auswerten; ausprobieren, untersuchen; durchrechnen, berechnen, zahlenmäßig bestimmen
evaluation 1. Auswertung *f*; 2. Bewertung *f*, Wertung *f*, Beurteilung *f {z.B. des Materials, des Werkstoffes}*; Evaluation *f {EDV}*
evaluation equipment *s.* evaluation instrument
evaluation instrument Auswertungsgerät *n*, Auswertegerät *n*, Analysengerät *n*
evaluation method Auswerteverfahren *n*
evaluation report Gutachten *n*
Evans' element Belüftungselement *n*, Lokalelement *n {Korr}*
evansite Evansit *m {Min}*
evaporable verdunstbar; verdampfbar, verdampfungsfähig
evaporableness Verdunstbarkeit *f*; Verdampfungsfähigkeit *f*, Verdampfbarkeit *f*
evaporant Verdampfungsgut *n*
evaporant ion source Ionenstrom *m {bedingt durch den Dampfdruck des Verdampfungsgutes}*
evaporate/to 1. verdunsten, ausdunsten, sich verflüchtigen *{unterhalb des normalen Siedepunktes}*; verdampfen; 2. abdampfen, eindampfen, einengen, verdampfen lassen, abrauchen, einkochen, evaporieren *{z.B. Milch}*; verdunsten lassen
evaporate down/to verdicken
evaporate to dryness/to bis zur Trockne *f* eindampfen *{Chem}*
evaporated verdampft; evaporiert, eingedampft, eingedickt
evaporated acid Pfannensäure *f*
evaporated film Aufdampfschicht *f*
evaporated milk Kondensmilch *f {ungezuckerte}*, evaporierte Milch *f*, eingedampfte Milch *f*, eingedickte Milch *f*, kondensierte Milch *f*, Trokkenmilch *f*, Milchpulver *n*
evaporated to dryness abgeraucht *{Chem}*
evaporating Verdunsten *n*, Abrauchen *n*, Eindampfen *n*, Verdampfen *n*, Evaporieren *n*, Abdampfen *n*

evaporating apparatus Eindampfapparat *m*, Verdunstungsapparat *m*
evaporating boiler Abdampfkessel *m*, Siedepfanne *f*
evaporating capacity Verdampfungsvermögen *n*
evaporating chamber Abrauchraum *m*
evaporating crucible *s.* evaporating dish
evaporating dish Abdampfschale *f*, Abrauchschale *f*, Porzellanabdampfschale *f*, Verdampfschale *f*
evaporating equipment Abdampfvorrichtung *f*
evaporating flask Abdampfkolben *m*
evaporating funnel Abdampftrichter *m*
evaporating liquor Siedelauge *f*
evaporating pan Abdampfkasserolle *f*, Abdampfpfanne *f*, Abdampfschale *f*, Eindampfschale *f*, Verdampfungspfanne *f*
evaporating plant Verdampfanlage *f*, Verdampferanlage *f*
evaporating vessel Abdampfgefäß *n*
evaporation 1. Eindampfen *n*, Abdampfen *n*, Einengen *n*, Evaporieren *n*, Evaporisation *f*, Verdampfen *n*, Verdampfung *f*, Abrauchen *n*, Einkochen *n*; 2. Verdunsten *n*, Verdunstung *f*; Eindunstung *f*, Verflüchtigung *f*, Ausdunstung *f*; 3. Vergasung *f*; 4. Verdampfungsprozeß *m*
evaporation analysis Verdampfungsanalyse *f*
evaporation apparatus Einkochapparat *m*
evaporation area Verdunstungsfläche *f*
evaporation capacity Verdampfungsfähigkeit *f*, Verdampfungsvermögen *n*
evaporation cathode Aufdampfkathode *f*
evaporation characteristic Verdampfungscharakteristik *f*
evaporation coating Aufdampfen *n*, Vakuumbedampfung *f*, Vakuumbedampfen *n* *{DIN 28400}*, Vakuumaufdampfen *n*
evaporation coefficient Verdampfungsziffer *f*, Verdampfungskoeffizient *m*, Transmissionsfaktor *m* *{tatsächliche/maximale Verdampfungsrate}*
evaporation condenser Verdunstungskondensator *m*
evaporation cooling Kühlung *f* durch Verdampfung *f*, Verdampfungskühlung *f*, Verdunstungskühlung *f*
evaporation curve Verdampfungskurve *f*
evaporation device Eindampfvorrichtung *f*
evaporation dish Abdampfschale *f*, Verdampfschale *f*
evaporation drying Verdampfungstrocknung *f*
evaporation enthalpy Verdampfungsenthalpie *f*, Verdunstungswärme *f*
evaporation heat Verdampfungswärme *f*, Verdampfungsenthalpie *f*
evaporation humidification Verdunstungsbefeuchtung *f*
evaporation-ion pump Ionenverdampferpumpe *f*
evaporation loss Verdampfungsverlust *m* *{DIN 51581}*, Verdunstungsverlust *m*, Verdunstungszahl *f*
evaporation number Verdunstungszahl *f* *{Verhältnis der Verdunstungszeit eines Stoffes zu der von Ethylether}*
evaporation pan Verdampfungspfanne *f*
evaporation plant Eindampfanlage *f*
evaporation point Verdampfungspunkt *m*
evaporation pond Abdampfbecken *n*; Meersaline *f*, Salzgarten *m*
evaporation rate Verdampfungsgeschwindigkeit *f*, Verdampfungsrate *f*; Verdunstungsgeschwindigkeit *f*
evaporation-rate analysis Verdampfungsgeschwindigkeitsanalyse *f*
evaporation-rate meter Verdampfungsratenmeßgerät *n*
evaporation residue Abdampfrückstand *m*, Abdampfungsrückstand *m*, Siederückstand *m*, Verdampfungsrückstand *m*
evaporation-source turret Verdampferkarussell *n*
evaporation surface Verdampfungsoberfläche *f*, Verdampfungsfläche *f*, Verdunstungsfläche *f*
evaporation synthesis Verdampfungssynthese *f*
evaporation temperature Abdampftemperatur *f*, Verdampfungstemperatur *f*; Verdunstungstemperatur *f*
evaporation time Verdunstungszeit *f*
evaporation unit Verdampfstation *f*
coefficient of evaporation Verdampfungskoeffizient *m*
cooling by evaporation Verdampfungskühlung *f*
equilibrium of evaporation Verdampfungsgleichgewicht *n*
flash evaporation Entspannungsverdampfung *f*, Schnellverdampfung *f*
latent heat of evaporation latente Verdampfungsenthalpie *f*, latente Verdampfungswärme *f*
vacuum evaporation Vakuumverdampfung *f*
evaporative Verdampfungs-; Verdunstungs-
evaporative centrifuge Verdampfungszentrifuge *f*
evaporative condenser Verdunstungsverflüssiger *m*
evaporative cooler Verdampfungskühler *m*
evaporative cooling Verdampfungskühlung *f*, Verdunstungskühlung *f*
evaporative drying Verdunstungstrocknung *f*
evaporative loss Verdampfungsverlust *m*; Verdunstungsverlust *m*
evaporative shutter Aufdampfen *n*, Vakuumbedampfen *f*

evaporative value Verdampfungswert *m*
evaporator 1. Verdampfer *m*, Verdampfungsapparat *m*, Verdampf[er]apparat *m*, Eindampfapparat *m*, Eindampfer *m*, Abdampfapparat *m*, Eindampfschale *f*, Evaporator *m*; Verdampfungskristallisator *m*; 2. Bagger *m*, Trockenbagger *m*, Universalbagger *m*
evaporator boat Verdampferschiffchen *n*
evaporator bottoms Verdampferrückstand *m*, Verdampferkonzentration *f*
evaporator-bottoms storage tank Konzentratbehälter *m*
evaporator coil Kühlschlangensystem *n*, Verdampferschlange *f*
evaporator condenser Brüdenkondensator *m*, Verdampferkondensator *m*
evaporator-ion pump Ionenverdampferpumpe *f*
evaporator residue Verdampferrückstand *m*, Verdampferkonzentration *f*
evaporator sludge Verdampferkonzentration *f*
evaporator tower Verdampfersäule *f*
evaporator tube Verdampferrohr *n*
film-type evaporator Filmverdampfer *m*
flooded evaporator überfluteter Verdampfer *m*
forced circulation evaporator Umlaufverdampfer *m*
rapid action evaporator Schnellumlaufverdampfer *m*
evaporimeter Evaporimeter *n*, Verdampfungsmesser *m*, Verdunstungsmesser *m*, Atmometer *n*, Atmomesser *m*, Dunstmesser *m*, Evaporometer *n*, Verdunstungsmeßgerät *n*
evasion Ausweichen *n*, Entkommen *n*
evasive ausweichend
EVE Ethylvinylether *m*, Vinylethylether *m*
even/to ebnen, egalisieren; gleichstellen
even up/to abflachen, ausgleichen
even 1. eben, flach; 2. gleichmäßig, konstant, einheitlich, regelmäßig; 3. gerade, geradzahlig *{Math}*
even cooling Kühlgleichmäßigkeit *f*
even-even nuclide gerader-gerader Kern *m*, gg-Kern *m {Nukl}*
even-grained gleichgekörnt
even-numbered geradzahlig, gradzahlig
even-odd nuclide gerader-ungerader Kern *m*, gu-Kern *m {Nukl}*
even temperature Temperaturgleichmäßigkeit *f*
even term gerader Term *m {Spek}*
evenly regelmäßig, gleichmäßig
evenness Glätte *f*, Gleichmäßigkeit *f*, Regelmäßigkeit *f*
evenness of coat Schichtgleichmäßigkeit *f*
event 1. Begebenheit *f*, Ereignis *n*, Vorgang *m*; 2. Ausgang *m*, Ergebnis *n*
event field Ereignisfeld *n {Stat}*
event tree Ereignisbaum *m {Schutz}*
events timing Zeitintervallmessung *f*
evernic acid <$C_{17}H_{16}O_7$> Evernsäure *f*
everninic acid <$C_9H_{10}O_4$> Everninsäure *f*
evernuric acid Evernursäure *f*
everyday use Alltagsbetrieb *m*
evidence 1. Anzeichen *n*, Spur *f*, Anhaltspunkt *m*, Augenscheinlichkeit *f*; 2. Beleg *m*, Beweis *m*, Beweismaterial *n*, Unterlagen *fpl*; Tatsachen *fpl*
evident einleuchtend, offensichtlich, offenbar, klar
evigtokite Evigtokit *m {obs}*, Gearksutit *m {Min}*
evodene Evoden *n {Terpen}*
evodiamine <$C_{19}H_{17}NO_3$> Evodiamin *n {Alkaloid}*
evolution 1. Entwicklung *f*, Evolution *f {Biol}*; 2. Entwicklung *f*, Freisetzung *f*, Abscheidung *f {z.B. von Gas}*; 3. Radizieren *n*, Wurzelziehen *n*, Wurzelrechnung *f {Math}*
evolve/to 1. entwickeln, erzeugen, hervorrufen, abgeben, abscheiden, ausscheiden, entfalten; 2. sich entwickeln, entstehen; 3. erarbeiten, hervorbringen
exact exakt, genau
exacting anspruchsvoll, streng, genau
exactness Genauigkeit *f*
EXAFS *{extendes X-ray absorption fine structure analysis}* Röntgenabsorptions-Feinstrukturanalyse *f*, EXAFS
exaggerate/to übertreiben
exaggeration Übertreibung *f*, Aufbauschung *f*
exalgin Exalgin *n {HN}*, Methylacetanilid *n*
exalt/to erheben, überhöhen
exaltion [optische] Exaltion *f {z.B. der Molrefraktion}*
exalton[e] Exalton *n*, Cyclopentadecanon *n*
examination 1. Examen *n*, Prüfung *f*; 2. Untersuchung *f {Med}*; 3. Prüfung *f*, Überprüfung *f*, Probe *f*, Test *m*, Untersuchung *f*; 4. Nachforschung *f*; 5. Beobachtung *f*
examination of material Stoffprüfung *f*
examination procedure Prüfungsverfahren *n*
method of examination Untersuchungsmethode *f*
examine/to 1. untersuchen *{Med}*; 2. untersuchen, besichtigen, [über]prüfen, testen; 3. beobachten
examine with X-ray/to röntgen
examinee Prüfling *m*, Kandidat *m*
examiner Prüfer *m*; Untersuchender *m*
example 1. Beispiel *n*; 2. Muster *n*, Vorbild *n*; 3. Warnung *f*
excavate/to ausgraben, graben, ausheben, ausschachten, ausbaggern, baggern
excavated material Abtrag *m*, Aushub *m*, Aushubmaterial *n*

excavation 1. Ausgraben *n*, Ausheben *n*, Aushub *m*, Erdaushub *m*, Bodenaushub *m {als Tätigkeit}*; Ausbaggerung *f*, Ausbaggern *n*, Baggerung *f*, Baggern *n*; 2. Baugrube *f*; Ausbruch *m {im Gestein, Bergbau}*; 3. Ausgrabung *f*, Aushöhlung *f*, Vertiefung *f*, Excavation *f*
excavator Bagger *m*, Trockenbagger *m*, Universalbagger *m*
exceed/to überschreiten, übersteigen, übertreffen
exceeding Überschreitung *f*
exceeding safe limit Überschreitung *f* der Toleranzgrenze *f*
excel/to übertreffen; sich auszeichnen
excellence 1. Vorzüglichkeit *f*, Vortrefflichkeit *f*; 2. hervorragende Leistung *f*, hervorragende Eigenschaft *f*
excellent vorzüglich, hervorragend, ausgezeichnet
excelsior Holzwolle *f*, kleine weiche Holzspäne *mpl*
excentric exzentrisch; Exzenter-
excentric press Exzenterpresse *f*
except/to ausnehmen; Einwendungen *fpl* vorbringen
except ausschließlich; außer
exception 1. Ausnahme *f*, Regelabweichung *f*; 2. Einwand *m*
exceptional ungewöhnlich, außergewöhnlich
exceptionally ausnahmsweise
excerpt Auszug *m*, Exzerpt *n*
excess 1. Mehr-; Über-; 2. Überschuß *m*; Übermaß *n*
excess-acetylene burner Reduktionsbrenner *m*
excess acid Säureüberschuß *m*
excess air überschüssige Luft *f*, Luftüberschuß *m*, Falschluft *f*
excess-air coefficient Luftüberschußzahl *f*, Luftzahl *f {Verbrennung}*
excess-air factor Luftüberschußfaktor *m*
excess alkali Alkaliüberschuß *m*
excess base Basenüberschuß *m*
excess charge überschüssige Ladung *f*, Überschußladung *f {Elek}*
excess conduction Überschußleitung *f*
excess content Mehrgehalt *m*
excess load Überladung *f*, Überlast *f*
excess of acid Säureüberschuß *m*
excess of air Luftüberschuß *m*, Falschluft *f*
excess oxygen überschüssiger Sauerstoff *m*
excess-oxygen burner Oxidationsbrenner *m*
excess pressure Überdruck *m*
excess-pressure boiling plant Überdruck-Kochanlage *f*
excess-pressure container Überdruckbehälter *m*
excess-pressure safety device Überdrucksicherung *f*
excess-pressure valve Überdruckventil *n*
excess semiconductor n-Leiter *m*, Überschußhalbleiter *m*
excess-vapo[u]r pressure Dampfüberdruck *m*
excess water 1. Wasserüberschuß *m*; 2. Zusatzwasser *n {Pap}*
excess-water pressure Wasserüberdruck *m*
excess weight Mehrgewicht *n*
excessive überschüssig; übermäßig, übertrieben; Überschuß
excessive shear Überscherung *f*
excessive stress Überbeanspruchung *f*
excessive temperature Übertemperatur *f*
exchange/to austauschen, auswechseln, vertauschen, umtauschen; permutieren *{Math}*; umspeichern *{EDV}*
exchange Austausch *m*, Auswechslung *f*, Vertauschung *f*, Umtausch *m*, Wechsel *m*, Ersetzung *f*
exchange acidity Austauschazidität *f {Bodenkunde}*
exchange action Austauschwirkung *f*
exchange capacity Austauschvermögen *n*, Austauschfähigkeit *f*, Austauschkapazität *f*, Umtauschkapazität *f*
exchange chromatography Austauschchromatographie *f*; Ionenaustauschchromatographie *f*
exchange coefficient Austauschgröße *f*, Verwirbelungskoeffizient *m*
exchange correction Austauschkorrektur *f*, Massenkorrektur *f* für Austausch *m*
exchange-current density Austauschstromdichte *f*
exchange energy Austauschenergie *f {Nukl}*
exchange-energy density Austauschenergiedichte *f*
exchange half-life Austauschhalbwertzeit *f*
exchange of bases Basenaustausch *m*
exchange of charges Ladungsaustausch *m*
exchange of ideas Erfahrungsaustausch *m*, Gedankenaustausch *m*
exchange of information Informationsaustausch *m*
exchange of know-how Erfahrungsaustausch *m*
exchange plate Austauschboden *m*, Rektifizierboden *m*, Boden *m {Dest}*
exchange potential Austauschpotential *n*
exchange process Platzwechselvorgang *m*
exchange reaction Austauschreaktion *f*; Ionenaustauschreaktion *f*
exchange term Austauschterm *m*
exchangeability Austauschbarkeit *f*, Auswechselbarkeit *f*
exchangeable austauschbar, auswechselbar
exchangeable disk Wechselplatte *f {EDV}*
exchanger Austauscher *m*
exchanger capacity Austauscherkapazität *f*
exchanger mass Austauschermasse *f*

exchanging Auswechslung *f*, Austausch *m*; Umspeicherung *f* {*EDV*}
excipient Arzneimittelträger *m*
excitable erregbar; anregbar
excitant Erregermasse *f*, Stimulans *n*
excitation 1. Anregung *f* {*Chem, Nukl, Elek*}; 2. Erregung *f* {*Elek*}; 3. Exzitation *f*, Reizung *f* {*Med*}
excitation by electrons Elektronenanregung *f*
excitation collision Anregungsstoß *m*
excitation condition Anregungsbedingung *f*
excitation cross-section Anregungsquerschnitt *m*
excitation current Anregungsstrom *m*
excitation energy Anregungsarbeit *f*, Anregungsenergie *f*; Erregungsenergie *f*
excitation frequency Anregungsfrequenz *f*; Erregerfrequenz *f*
excitation function Anregungsfunktion *f*
excitation intensity Anregungsintensität *f*
excitation level Anregungsniveau *n*
excitation mechanism Anregungsmechanismus *m*
excitation of electrons Elektronenanregung *f*, Anregung *f* der Elektronen *npl*
excitation of fluorescence Fluoreszenzerregung *f*; Fluoreszenzanregung *f*
excitation of spectrum lines Linienanregung *f*, Anregung *f* der Spektrallinien *fpl*
excitation potential Anregungsspannung *f*
excitation probability Anregungshäufigkeit *f*, Anregungswahrscheinlichkeit *f*
excitation process Anregungsprozeß *m*, Anregungsvorgang *m*
excitation purity Anregungsreinheit *f* {*Anal*}
excitation stage Anregungsstufe *f*
excitation temperature Anregungstemperatur *f*
excitation voltage Anregungsspannung *f*; Erregerspannung *f*
foreign excitation Fremderregung *f*
indirect excitation Umweganregung *f*, indirekte Anregung *f*
method of excitation Erregungsart *f*
photochemical excitation photochemische Anregung *f*
separate excitation Fremderregung *f*
thermal excitation thermische Anregung *f*
excite/to 1. anregen, aufregen, erregen, reizen {*Physiol, Med*}; 2. anregen {*Chem, Nukl, Elek*}; 3. erregen {*Elek*}
excited angeregt; erregt
excited atom angeregtes Atom *n*
excited condition angeregter Zustand *m*, Anregungszustand *m*
excited molecule angeregtes Molekül *n*, aktiviertes Molekül *n*
excited state angeregter Zustand *m*, Anregungszustand *m*
exciting 1. anregend, aufregend {*Physiol*}; 2. anregend {*Chem, Nukl, Elek*}; 3. erregend {*Elek*}
excitoanabolic anabolismusfördernd
excitocatabolic katabolischwirkend
exclude/to ausschalten, ausschließen
exclude by baffles/to ausblenden, begrenzen
exclusion 1. Ausschließung *f*, Ausschluß *m*, Abschluß *m*; 2. Inhibition *f* {*EDV*}
exclusion of air Luftabschluß *m*
exclusion of single observations Ausscheiden *n* einzelner Meßpunkte *mpl*
exclusion principle Ausschließungsprinzip *n*, Pauli-Prinzip *n*, Pauli-Verbot *n*, Besetzungsverbot *n*
exclusion rule Ausschließungsregel *f*
exclusive exklusiv, ausschließlich; Allein-
excoriated entrindet; abgeschürft {*Haut*}
excrement Ausscheidung *f*, Auswurf *m*, Exkrement *n*, Kot *m*
excreta Ausscheidungsstoffe *mpl*, Kot *m*
excrete/to abscheiden, absondern, ausscheiden, aussondern, sezernieren, abtrennen
excretion Absonderung *f*, Ausscheidung, Auswurf *m*, Exkretion *f*
excuse/to 1. entschuldigen; 2. dispensieren, erlassen, nachsehen
execute/to ausführen, durchführen
execution Ausführung *f*, Durchführung *f*
execution of experiment Versuchsdurchführung *f*
executive 1. vollziehend; geschäftsführend; 2. leitender Angestellter *m*; 3. Exekutive *f*; 3. Vollzugsausschuß *m*, geschäftsführender Vorstand *m*
executive committee Arbeitsausschuß *m*
executive in charge Projektbevollmächtigter *m*
exemplary musterhaft, exemplarisch; beispielhaft; bezeichnend
exempt/to befreien, dispensieren
exercise/to 1. [aus]üben, praktizieren; 2. [sich] üben
exercise 1. Praxis *f*, Ausübung *f*, Anwendung *f*; 2. Übung *f*; Übungsaufgabe *f* {*Math*}
exergonic reaction exergone Reaktion *f*, energieabgebende Reaktion *f*, spontan ablaufende Reaktion *f*
exert/to 1. anstrengen, bemühen; 2. ausüben {*z.B. Druck*}, anwenden, gebrauchen
exertion 1. Anstrengung *f*, Bemühung *f*; 2. Anwendung *f*, Ausübung *f*, Gebrauch *m*
exfoliate/to abblättern, aufblättern, abbröckeln, abplatzen, abspringen, sich abschiefern; abrinden, abschälen
exfoliation 1. Abblätterung *f*, Aufblätterung *f*, Abschieferung *f*, Abbröckeln *n*, Abplatzen *n*, Abspringen *n*; 2. Abrinden *n*, Abschälen *n* {*Holz*};

3. Schichtkorrosion *f*, schichtförmige Korrosion *f*
exfoliation attack Schichtkorrosion *f*, schichtförmige Korrosion *f*
exfoliation susceptibility Schichtkorrosionsanfälligkeit *f*
exfoliative Abblätterungsmittel *n*
exhalation 1. Ausatmung *f*; 2. Ausdünstung *f*, Brodem *m*, Dunst *m*
exhale/to ausatmen, aushauchen; ausdünsten; ausströmen
exhaust/to 1. absaugen, ablassen, abführen, ausblasen, auspuffen, ausströmen, austreten *{z.B. von Dampf}*; 2. auspumpen, luftleer machen, aussaugen, evakuieren; 3. erschöpfend extrahieren; 4. ausmergeln, entkräftigen, erschöpfen *{Med}*; 5. herausziehen, ausziehen, erschöpfen, verbrauchen *{z.B. Färbflotte, Lösung}*; 6. versiegen *{z.B. eine Quelle}*; 7. aufbrauchen *{z.B. der Vorräte}*
exhaust 1. Ab-; 2. Auslaß *m*, Ableitung *f*, Abzug *m {für Abgase}*, Auspuff *m*, Auspufföffnung *f*; 3. Ausschieben *n {von Abgasen}*; 4. Auspuffgas *n*, Abgas *n*
exhaust air 1. Abluft *f {die gesamte abströmende Luft}*, Fortluft *f {ins Freie abströmende Luft}*; 2. Abwetter *n*, matte Wetter *npl {Bergbau}*
exhaust duct Entlüftungsleitung *f*
exhaust fan Absaugventilator *m*, Exhaustor *m*, Sauger *m*, Saugzuglüfter *m*, Absauggebläse *n*
exhaust filter Abluftfilter *n*; Auspuffilter *n {z.B. Ölfilter einer Vakuumpumpe}*
exhaust fitting Vorvakuumanschluß *m*
exhaust gas 1. Abgas *n*, Abluft *f*, Rauchgas *n*; 2. Auspuffgas *n*
exhaust-gas analyzer Abgasprüfgerät *n*, Abgasanalysator *m*, Abgastester *m*, Auspuffgasprüfgerät *n*
exhaust gas cleanup Auspuffgas-Reinigung *f*, Abgasreinigung *f*
exhaust-gas measuring Abgasmessung *f*
exhaust-gas stack Abluftkamin *m*
exhaust-gas thermometer Rauchgasthermometer *n*
exhaust line Absaugleitung *f*
exhaust pipe Ausströmungsrohr *n*, Abdampfleitung *f*, Abblasrohr *n*, Dunstrohr *n*, Auspuffrohr *n {DIN 70023}*
exhaust plume Abluftfahne *f*
exhaust process Ausziehverfahren *n {Farb}*
exhaust pump Absaugpumpe *f*
exhaust side Auspuffseite *f*
exhaust stack Abzugschornstein *m*
exhaust steam Abdampf *m*, Auspuffdampf *m {Kraftmaschinen}*; Rückdampf *m {Zucker}*
exhaust-steam oil separator Abdampfentöler *m*
exhaust system Absaugvorrichtung *f*, Pumpautomat *n*
exhaust-tail pipe Abgasabführungsrohr *n*
exhaust tube 1. Gasableitungsrohr *n*; 2. Pumprohr *n {Elek}*
exhaust valve Ablaßventil *n*, Abblaseventil *n*, Auslaßventil *n*, Auspuffventil *n*
exhaust ventilator Sauggebläse *n*, Saugventilator *m*, Exhaustor *m*
exhausted 1. luftleer, evakuiert; 2. erschöpft, verbraucht *{z.B. eine Lösung}*
exhauster Absaug[e]anlage *f*, Exhaustor *m*, Saugzuglüfter *m*, Absauggebläse *n*, Absaugevorrichtung *f*, Exhauster *m*, Absauger *m*, Ablüfter *m*, Luftsauger *m*
exhaustible erschöpfbar
exhausting by suction Absaugen *n*
exhausting device Absaugvorrichtung *f*
exhausting fan Entlüftungsgebläse *n*, Luftabzugsventilator *m*
exhausting power Saugleistung *f {einer Pumpe}*
exhaustion 1. Auspumpen *n*, Evakuieren *n*, Exhaustieren *n*, Exhaustierung *f*, Absaugung *f*; 2. Erschöpfung *f*, Ausnutzung *f*, Verarmung *f*
exhaustive erschöpfend; volständig; schwächend
exhaustive methylation erschöpfende Methylierung *f {Chem}*
exhibit/to 1. zeigen, aufweisen; 2. ausstellen *{Waren}*
exhibition Ausstellung *f {z.B. Messe}*
exhibition room Ausstellungsraum *m*
exhibitioner Stipendiat *m*
exhibitor Aussteller *m*
exinite Exinit *m*, Liptinit *m {Kohlenmazeral, DIN 22005}*
exist/to bestehen, existieren, vorhanden sein, leben
existence Bestehen *n*, Dasein *n*, Existenz *f*
incapable of existence nicht existenzfähig
existent bestehend, vorhanden
existent gum Abdampfrückstand *m {Treibstoff}*
existing befindlich, vorhanden
capable of existing existenzfähig
exit 1. Ausgangs-, Austritt-, Ausfall-; 2. Ausgang *m*; 3. Ableitung *f*, Austritt *m*, Auslaß *m*, Auslauf *m*; 4. Verzweigung *f {EDV}*
exit air Abluft *f {abströmende Luft}*, Fortluft *f {ins Freie stömende Luft}*
exit angle Austrittswinkel *m*
exit aperture Austrittsblende *f*
exit dose Austrittsdosis *f*
exit gas Abzugsgas *n*, Abgas *n*
exit heat Abzugswärme *f*
exit jet Ausflußdüse *f*
exit loss Austrittverlust *m*, Auslaufverlust *m*, Ausströmverlust *m*

exit pipe Auslaßrohr *m*
exit pressure Austrittsdruck *m*
exit side Austrittseite *f*, Auslaufseite *f*
exit slit Ausgangsspalt *m*, Austrittsspalt *m*, Austrittsblende *f* *{Opt}*
exit spout Austrittstutzen *m*
exit temperature Abzugstemperatur *f*
exit velocity Austrittgeschwindigkeit *f*
exocellular extrazellulär
exocondensation Ringbildung *f*
exocrine gland exokrine Drüse *f*
exocyclic exocyclisch *{außerhalb von Ringsystemen liegend, Valenz}*
exoelectron Exoelektron *n*
exoelectron emission Exoelektronenemission *f*, Exoelektronenaustritt *m* *{Klebtheorie}*
exoenzyme Exoenzym *n*, extrazelluläres Enzym *n*, Exo-Ferment *n* *{obs}*
exogenous exogen, außen entstehend
exograph Röntgenstrahlaufnahme *f*
exon Exon *n* *{Gen}*
exonuclease Exonuclease *f* *{vom Ende her abbauendes Enzym}*
exopeptidase Exopeptidase *f* *{vom Peptidende abbauendes Enzym}*
exosmosis Exosmose *f*, auswärts gerichtete Osmose *f*
exosmotic exosmotisch
exotherm exotherme Kurve *f*, Exotherme *f*
exothermal exotherm[isch], wärmeabgebend, wärmeliefernd, wärmeerzeugend
exothermal demixing exotherme Entmischung *f*
exothermal reaction exotherme Reaktion *f*
exothermic exotherm[isch], wärmegebend, wärmeliefernd, wärmeerzeugend
exothermic reaction exotherme Reaktion *f*
exotic fuels Extremtreibstoffe *mpl* *{z.B. Borane}*
exotic metals außergewöhnliche Metalle *npl*
exotoxin Exotoxin *n*, Ektotoxin *n*
expand/to 1. ausdehnen, expandieren, erweitern, ausweiten, ausbreiten, weiten, aufweiten, entspannen; 2. [auf]schäumen *{Kunst}*; 3. sich ausdehnen, sich erweitern, sich vergrößern, sich ausweiten, zunehmen, anwachsen; 3. entwickeln *{als Potenzreihe, Math}*
expandability 1. Ausdehnbarkeit *f*, Ausdehnungsvermögen *n*, Ausdehnungsfähigkeit *f*, Expansionsfähigkeit *f*; 2. Dehnbarkeit *f*, Dehn[ungs]fähigkeit *f*; 3. Erweiterungsmöglichkeit *f*, Ausbaufähigkeit *f*; 4. Verschäumbarkeit *f* *{Kunst}*
expandable 1. erweiterungsfähig, ausbaufähig *{z.B. eine Anlage}*; 2. nachgebend, dehnbar; 3. verschäumbar, schaumfähig, schäumbar *{Kunst}*; 4. ausdehnbar, expansionsfähig
expandable beads schaumfähiges Granulat *n*
expandable-beads mo[u]lding Polystyrolschaumstoffherstellung *f* aus schaumfähigem Granulat *n*
expandable paste Schaumpaste *f*
expandable polystyrene schaumfähiges Polystyrol *n*, EPS
expandable thermoplastic treibmittelhaltige Thermoplastformmasse *f*
expanded coil gestreckte Spirale *f* *{Polymer}*
expanded metal Streckmetall *n*
expanded polystyrene Polystyrolschaum[stoff] *m*, Schaumpolystyrol *n*, Polystyrol-Hartschaum *m*, geschäumtes Polystyrol *n*
expanded rubber Schwammgummi *m n*, Zellgummi *m n*, Moosgummi *n*, poröser Gummi *m n*
expanded sheet Schaumstoffolie *f*, geschäumte Folie *f*
expander 1. Entspannungsmaschine *f*, Expansionsmaschine *f*; 2. Refrigerator *m*, Verdampfer *m* *{Kältetechnik}*; 3. Breithalter *m*, Breitrichter *m* *{Text}*; 4. Spreizmittel *n* *{Elek}*; 5. Erweiterungsschaltung *f* *{Elek}*; 6. Ersatzflüssigkeit *f* *{bei Blutverlust}*, Expander *m*, isotonischer Blutflüssigkeitsersatz *m*
expanding 1. Verschäumung *f* *{Kunst}*; 2. Aufweitung *f* *{Querschnittvergrößerung von Hohlkörpern, Met}*; 3. Entwicklung *f* *{z.B. von Funktionen, Math}*; 4. Expansion *f*, Ausdehnung *f*; 5. Erweiterung *f*
expanding action Spreizwirkung *f*
expanding agent Porenbildner *m*, Aufblähungsmittel *n*, Schaummittel *n*, Treibmittel *n* *{Kunst}*
expanding mandrel Spreizdorn *m*, spreizbarer Dorn *m*, ausziehbarer Dorn *m*, Expansionsdorn *m* *{Gummi}*
expanding screw Spreizschraube *f*
expanding test Aufdornversuch *m*
expanding wedge Spreizkeil *m*
expansibility Ausdehn[ungs]fähigkeit *f*, Ausdehnungsvermögen *n*, Dehnkraft *f*, Dehnvermögen *n*, Spannkraft *f*, Expansionsfähigkeit *f*
expansible [aus]dehnbar, [aus]dehnungsfähig, expansibel, expansionsfähig
expansion 1. Dehnung *f*, Ausdehnung *f*, Ausdehnen *n*, Entspannen *n*, Entspannung *f*, Expansion *f*, Expandieren *n*; 2. Zunahme *f*, Anwachsen *n*; 3. Treiben *n*, Treibneigung *f*; 4. Schwellen *n*, Schwellvorgang *m*, Schwellwirkung *f*; 5. Erweiterung *f*; 6. Auseinanderspreizen *n*, Spreizen *n* *{Tech}*; 7. Entwicklung *f* *{z.B. von Funktionen, Math}*; Hochrechnung *f* *{Math}*
expansion chamber 1. Expansionsraum *m* *{Thermometerkapillare}*, Expansionsgefäß *n*, Ausdehnungsraum *m*, Expandierraum *m*; 2. Nebelkammer *f*, Wilson-Kammer *f*; Expansionskammer *f* *{Auto}*
expansion coeffizient Ausdehnungskoeffi-

zient *m*, Ausdehnungszahl *f*, kubischer Ausdehnungskoeffizient *m*
expansion cooler Entspannungskühler *m*
expansion cooling Entspannungskühlung *f*
expansion effect Entspannungseffekt *f*
expansion engine Expansionsmaschine *f*
expansion engine for air Luftexpansionsmaschine *f*
expansion ga[u]ge Ausdehnungsmesser *m*
expansion joint 1. Bauwerksfuge *f*, Bewegungsfuge *f*, Dehnfuge *f*; 2. dehnbare Verbindung *f*, Expansionsverbindung *f*; 3. Ausdehnungskupplung *f*; 4. Dehnungsausgleicher *m* *{für Rohrleitungen}*, Kompensator *m*, Ausdehnungsstück *n*, Dehnungsbogen *m*; 5. Dehnungsstoß *m*, Dilatationsstoß *m*; 6. Faltenbalg *m*
expansion rate 1. Expansionsverhältnis *n*, Erweiterungsverhältnis *n*; 2. Verschäumung *f*, Verschäumungszahl *f*
expansion refrigeration Expansionskühlung *f*
expansion-slide valve Expansionsschieber *m*
expansion tank Ausdehnungsgefäß *n*, Ausdehnungskessel *m*, Expansionsgefäß *n*, Ausgleich[s]behälter *m*; Überlauftank *m*
expansion theory Entwicklungssatz *m* *{Math}*
expansion thermometer Ausdehnungsthermometer *n*
expansion valve Entspannungsventil *n*, Expansionsventil *n*, Überdruckventil *n*; Drosselventil *n* *{Kältemaschine}*
expansion vessel Ausgleichsbehälter *m*, Ausdehnungsgefäß *n*, Expansionsgefäß *n*
adiabatic expansion adiabatische Ausdehnung *f*
adiabatic curve of expansion Expansionsdiabate *f*
asymptotic expansion asymptotische Entwicklung *f* *{Math}*
coefficient of expansion Ausdehnungskoeffizient *m*, Ausdehnungszahl *f*, kubischer Wärmeausdehnungskoeffizient *m*
thermal expansion Wärmeausdehnung *f*
expansive ausdehnbar
expansive capacity Expansionsvermögen *n*
expansivity 1. Expansionsvermögen *n*, Ausdehnungsvermögen *n* *{als Eigenschaft}*; 2. Ausdehnungskoeffizient *m* *{Phys}*
expect/to entgegensehen, erwarten; annehmen
expectation 1. Erwartung *f*; 2. Aussicht *f*
expectation value Erwartungswert *m*
expected fracture Sollbruch *m*
expected value Erwartungswert *m* *{Stat}*
expectorant Expektorans *n*, Expectorantium *n*, schleimlösendes Mittel *n*, auswurfförderndes Mittel *n* *{Pharm}*
expedient 1. zweckmäßig, zweckdienlich, vorteilhaft, praktisch, nützlich; ratsam; 2. Behelf *m*, Behelfslösung *f*, Behelfsmittel *n*, Hilfsmittel *n*, Notbehelf *m*
expel/to 1. [her]austreiben, vertreiben, abtreiben, entfernen, verjagen, verdrängen *{von Gasen}*; 2. ausstoßen, herausschleudern, emittieren, aussenden, ausstrahlen *{von radioaktiven Teilchen}*; 3. abpressen, herauspressen *{von Öl}*; 4. herausspülen
expelled gas Abtreibgas *n*
expeller 1. Schneckenpresse *f*; 2. Expeller *m* *{Chem}*
expeller cake Preßkuchen *m*
expenditure 1. Aufwand *m*, Ausgaben *fpl*; Kostenaufwand *m*; 2. Verbrauch *m*
expenditure of energy Energieaufwand *m*, Arbeitsaufwand *m*
expenditure of force Kraftaufwand *m*
expenditure of labour Arbeitsaufwand *m*
expenditure of power Leistungsaufwand *m*
expenses Aufwendungen *fpl*, Kosten *pl*
working expenses Betriebskosten *pl*
expensive kostspielig, teuer
experience Erfahrung *f*, Sachkenntnis *f*
from experience erfahrungsgemäß
experienced erfahren, sachkundig, erprobt, sachverständig
experienced personnel Fachpersonal *n*
experiment/to 1. experimentieren, Versuche *mpl* anstellen; 2. versuchen, ausprobieren, erproben
experiment Versuch *m*, Experiment *n*, Probe *f*
result of experiment Versuchsergebnis *n*
experimental 1. experimentell, versuchshalber; Experimental-; 2. Experimentelles *n*, Methodik *f* *{in Abhandlungen}*
experimental animal Versuchstier *n*
experimental arrangement Versuchsanordnung *f*
experimental array Versuchsanordnung *f*, Versuchsaufbauten *mpl*
experimental chemistry Experimentalchemie *f*
experimental condition Versuchsbedingung *f*
experimental device Versuchsanordnung *f*
experimental direction Versuchsvorschrift *f*
experimental error Versuchsfehler *m*
experimental facility Versuchsanlage *f*
experimental loop Versuchskreislauf *m*
experimental material Versuchsmaterial *n*, Versuchssubstanz *f*, Probesubstanz *f*, Untersuchungssubstanz *f*
experimental method Versuchsmethode *f*
experimental mo[u]ld Versuchswerkzeug *n*, Prüfwerkzeug *n*
experimental physics Experimentalphysik *f*, eperimentelle Physik *f*
experimental plant 1. Versuchsanlage *f*; 2. Versuchspflanze *f* *{Bot}*
experimental point Meßpunkt *m*

experimental procedure Versuchsdurchführung *f*, Versuchsvorgang *m*
experimental quantities Versuchsmengen *fpl*
experimental reactor 1. Versuchsreaktor *m*; 2. Forschungsreaktor *m*
experimental result Meßergebnis *n*, Versuchsergebnis *n*
experimental scale Versuchsmaßstab *m*
experimental setup Versuchsanordnung *f*, Versuchsaufbau *m*
experimental stage Versuchsphase *f*, Versuchsstadium *n*
experimental station Versuchsanstalt *f*; Versuchsstation *f*, Versuchsstelle *f*
experimental time Versuchsdauer *f*
experimental value experimenteller Wert *m*, Meßwert *m*, Versuchswert *m*, Prüfwert *m*
experimental voltage Versuchsspannung *f*
experimental works Versuchsbetrieb *m*
experimentalist Experimentator *m*
experimentally versuchsmäßig, auf experimentellem Wege *m*, versuchsweise
experimenter Experimentator *m*
experimenting table Experimentiertisch *m*
expert 1. erfahren; fachkundig, fachmännisch, sachkundig, sachverständig; Fach-; 2. Fachmann *m*, Sachkundiger *m*, Sachverständiger *m*, Spezialist *m*, Gutachter *m*
expert committee Fachausschuß *m*, Sachverständigenkreis *m*
expert knowledge Fachkenntnisse *fpl*, Sachkenntnisse *fpl*
expert opinion Gutachten *n*
expert's evaluation report Gutachten *n*
expiration 1. Ablauf *m*, Ende *n*; Beendigung *f*; 2. Verfall *m*; 3. Ausatmung *f*, Verscheiden *n*
expire/to 1. ablaufen *{zeitlich}*; 2. fällig werden, verfallen; 3. ausatmen, verscheiden, eingehen, verschwinden *{z.B. Bakterien}*
explain/to erklären, auseinandersetzen, erläutern
explanation 1. Auslegung *f*; 2. Erklärung *f*, Erläuterung *f*, Klarstellung *f*
explicit ausdrücklich; klar; eindeutig; offen; explizit *{Math}*
explode/to 1. explodieren; 2. in die Luft *f* fliegen, zerplatzen, aufplatzen, bersten, detonieren, verpuffen, zerspringen; 3. explodieren lassen, zur Explosion *f* bringen; 4. widerlegen, ad absurdum führen
exploded wire Metalldrahtentladung *f*
exploded wire continuum Metalldraht-Entladungskontinuum *n*
exploding 1. explodierend; 2. Zerplatzen *n*, Bersten *n*
exploit/to 1. abbauen *{Bergbau}*; 2. ausbeuten *{Rohstoffquellen}*, ausnutzen, auswerten *{z.B. kommerziell}*, nutzbar machen
exploitation 1. Abbau *m {Bergbau}*; 2. Ausbeutung *f*, Ausnutzung *f*, Auswertung *f*, Nutzbarmachung *f {Rohstoffquellen}*; 3. Hieb *m*, Schlag *m*, Fällen *n {Holz}*; 4. Exploitation *f {Erschließen von Rohstoffquellen}*; 5. Gewinnung *f*, Gewinnungsphase *f*, Förderung *f {Erdöl}*
exploration 1. Exploration *f*, Aufschluß *m*, Untersuchung *f*, Erforschung *f*, Suche *f {z.B. nach Erdöl}*; 2. Schürfung *f {Bergbau}*
exploration well Aufschlußbohrung *f*, Suchbohrung *f*
exploratory Erforschungs-, Forschungs-
exploratory drilling Aufschlußbohrung *f*, Explorationsbohrung *f {Tätigkeit}*
exploratory well Probebohrloch *n*
explore/to erforschen, erkunden, untersuchen
exploring electrode Abtastelektrode *f*
explosibility Explosivität *f*, Explodierbarkeit *f*, Sprengfähigkeit *f*, Explosionsfähigkeit *f*, Explosibilität *f*
explosibility tester Explosionsfähigkeits-Prüfgerät *n*
explosible explodierbar, explosiv, explosionsgefährlich, leicht explodierend, explosibel
explosimeter Explosimeter
explosion Explosion *f {DIN 20163}*, Bersten *n*, Erschütterung *f*, Knall *m*, Sprengung *f*, Verpuffung *f*
explosion bomb Kalorimeterbombe *f*, Verbrennungsbombe *f*, kalorimetrische Bombe *f*, Bombenkalorimeter *n {Lab}*
explosion burette Explosionsbürette *f*, Eudiometer *n*, Gasmeßrohr *n*, Gasprüfer *m*
explosion characteristics Explosionsverhalten *n*
explosion development Explosionsvorgänge *mpl*
explosion diaphragm Reißfolie *f*
explosion door Explosions[schutz]klappe *f*
explosion engine Ottomotor *m*
explosion flap Explosionsklappe *f*
explosion forming *s.* explosive forming
explosion hazard Explosionsgefahr *f*
explosion impulse Explosionsstoß *m*
explosion index Explosionskenngröße *f*
explosion limit Explosionsgrenze *f*
lower explosion limit untere Explosionsgrenze *f*
upper explosion limit obere Explosionsgrenze *f*
explosion method Verpuffungsverfahren *n*, Explosionsverfahren *n {Molwärmebestimmung}*
explosion pressure Explosionsdruck *m*, Verpuffungsspannung *f*
explosion-proof explosionsfest, explosionssicher, explosionsgeschützt; schlagwettergeschützt *{druckfest}*
explosion-proof electric motor explosionsgeschützter Motor *m*

explosion protection Explosionsschutzanlage *f*, Explosionsunterdrückungsanlage *f*
explosion protection net Explosionsschutznetz *n*
explosion pyrometer Knallpyrometer *n*
explosion reaction Explosionsreaktion *f*
explosion risk Explosionsgefahr *f*
explosion-safety device Explosionssicherung *f*
explosion spectrum Explosionsspektrum *n*
explosion temperature Explosionstemperatur *f*
explosion test Explosionsversuch *m*, Explosionstest *m*
explosion valve Explosions[schutz]klappe *f*
explosion velocity Explosionsgeschwindigkeit *f*
explosion vent Explosionsöffnung *f*, Druckentlastungsöffnung *f*
explosion wave Explosionswelle *f*
cause of explosion Explosionsursache *f*
danger of explosion Explosionsgefahr *f*
explosive 1. explosiv; explosibel, leicht explodierend, explosionsgefährlich, explosiv, explodierbar; explosionsartig; Explosions-, Spreng-; 2. Explosivstoff *m {z.B. Initialsprengstoff, pyrotechnischer Satz}*, Sprengstoff *m*, Sprengmittel *n*
explosive action Sprengwirkung *f*, Explosionswirkung *f*
explosive atmosphere explosionsfähige Atmosphäre *f*; explosive Wetter *npl {Bergbau}*
explosive cartridge Sprengpatrone *f*
explosive casting Gießen *n* von Sprengstoffen *mpl*
explosive charge Spreng[stoff]ladung *f*, Sprengsatz *m*, Sprengfüllung *f*, Sprengkörper *m*
explosive cladding Sprengplattierung *f*, Explosionsplattieren *n*
explosive cotton Nitrocellulose *f*, Schießbaumwolle *f*
explosive effect Explosionswirkung *f*, Sprengwirkung *f*
explosive evaporation Explosivverdampfung *f*
explosive force Explosionskraft *f*, Sprengkraft *f*
explosive forming Metallbearbeitung *f* durch Sprengstoffe *mpl*, Explosionsumformung *f*, Explosionsformung *f*, Explosivumformung *f*
explosive gas atmosphere *{IEC 79}* explosionsfähige Atmosphäre *f*
explosive gelatin Sprenggelatine *f*
explosive impact Explosionsstoß *m*
explosive limit Explosionsgrenze *f*
explosive liquid Sprengflüssigkeit *f*
explosive matter explosiver Stoff *m*, explosionsfähiger Stoff *m*
explosive mixture Explosionsgemisch *n*, Sprengstoffgemisch *n*, zündfähiges Gemisch *n*, explosionsfähiges Gemisch *n*
explosive powder Sprengpulver *n*
explosive power Sprengkraft *f*, Brisanz *f*, Explosivkraft *f*; Detonationswert *m {Nukl}*
explosive process Explosionsvorgang *m*
explosive property Explosionsfähigkeit *f*, Sprengstoffeigenschaften *fpl*, explosive Eigenschaften *fpl*
explosive strength Explosionsstärke *f*, Explosivkraft *f*
explosive tester Sprengstoffprüfgerät *n*
explosive vapo[u]r detector Explosivgasanzeiger *m*
explosive volatilization Explosivverdampfung *f*
compound explosive Explosionsmischung *f*
highly explosive hochexplosiv, hochbrisant
initial explosive Initialzündmittel *n*
low explosive verpuffender Sprengstoff *m*
propulsive explosive Treibsprengmittel *n*
explosiveness Explosivität *f*, Explodierbarkeit *f*, Explosionsfähigkeit *f*, Explosibilität *f*, Sprengfähigkeit *f*
explosives factory Sprengstoffabrik *f*
explosivity *s.* explosiveness
exponent Exponent *m*, Hochzahl *f*, Potenz *f* *{Math}*
fractional exponent gebrochener Exponent
exponential 1. exponentiell; Exponential-; 2. Exponentialgröße *f*, Eulersche Zahl *f*, e *{Math}*
exponential curve Exponentialkurve *f*
exponential decay exponentieller Zerfall *m*
exponential distribution Exponentialverteilung *f*, Potenzverteilung *f {Stat}*
exponential equation Exponentialgleichung *f* *{Math}*
exponential function Exponentialfunktion *f*, e-Funktion *f {Math}*
exponential growth exponentielles Wachstum *n {Bakt}*
exponential integral Exponentialintegral *n* *{Math}*
exponential law Exponentialgesetz *n*, Potenzregel *f {Math}*
exponential series Exponentialreihe *f {Math}*
export/to ausführen, exportieren
export Ausfuhr *f*, Ausfuhrhandel *m*, Export *m*
exportable ausführbar, exportfähig
exportation *s.* export
expose/to 1. aussetzen *{einer Strahlung; einer Einwirkung}*; 2. belichten, exponieren *{Photo}*; 3. bloßlegen, entblößen, freilegen *{Bergbau}*; 4. frei verlegen, auf Putz *m* verlegen *{Elek}*
expose to rays/to bestrahlen
exposed 1. freigelegt, offen, ungeschützt; 2. belichtet *{Photo}*; 3. frei verlegt, über Putz verlegt *{elektrische Leitungen}*; 4. freigelegt, bloßgelegt *{Bergbau}*
exposed concrete Sichtbeton *m*

exposed person bestrahlte Person *f {Nukl}*
exposed stem correction Fadenkorrektur *f*
exposed to pressure druckhaft, mit innerem Überdruck *m*, unter Druck *m* [stehend]
be exposed/to ausgesetzt sein
exposure 1. Aussetzen *n*; Ausgesetztsein *n*, Einwirkenlassen *n {äußerer Einflüsse}*; 2. Bestrahlen *n*, Bestrahlung *f*, Strahlenexponierung *f*; 3. Belichten *n*, Belichtung *f*, Exposition *f {Photo}*; 4. Freilegung *f {Geol}*; 5. Gleichgewichtsionendosis *f {DIN 25401}*
exposure cracking Rißbildung *f {durch Umwelteinflüsse}*
exposure-density relationship Gradationskurve *f {Photo}*
exposure factor Expositionsfaktor *m*
exposure for analysis Analysenaufnahme *f*, Aufnahme *f* der Analyse *f*
exposure hole Bestrahlungskanal *m {Nukl}*
exposure meter Belichtungsmesser *m {Photo}*
exposure method Aufnahmemethode *f*, Aufnahmetechnik *f*, Aufnahmeverfahren *n*
exposure of a spectrum Aufnahme *f* des Spektrums *n*, Photographie *f* des Spektrums *n*
exposure pathways Belastungspfade *mpl*
exposure period Aufenthaltsdauer *f*, Einwirkzeit *f {des Schadstoffes}*
exposure procedure Aufnahmetechnik *f*, Aufnahmeverfahren *n*, Aufnahmemethode *f*
exposure rate Standardionendosis *f*
exposure site Bewitterungsstelle *f*
exposure table Belichtungstabelle *f*
exposure technique Aufnahmetechnik *f*, Aufnahmemethode *f*, Aufnahmeverfahren *n*
exposure time 1. Belichtungszeit *f*, Belichtungsdauer *f {Photo}*; 2. Bestrahlungszeit *f*, Bestrahlungsdauer *f*, Expositionszeit *f {Nukl}*; 3. Einwirkungszeit *f {von Umwelteinflüssen}*; Standzeit *f {Korr}*
exposure timer Belichtungsregler *m*
exposure to alternating temperatures Temperaturwechselbeanspruchung *f*
exposure to high temperatures Wärmebeanspruchung *f*
exposure to high voltage Hochspannungsbelastung *f*
exposure to light Belichtung *f*, Belichten *n*, Exposition *f {Photo}*
exposure to rays Bestrahlung *f*
exposure to water Wasserbelastung *f*
exposure to water vapo[u]r Wasserdampflagerung *f*
exposure trials Bewitterungsversuche *mpl*
exposure value Belichtungswert *m*, Lichtwert *m {Photo}*
duration of exposure Bestrahlungsdauer *f*
stage of exposure Belichtungsstufe *f*
time of exposure Belichtungsdauer *f*, Belichtungszeit *f {Photo}*; Bestrahlungszeit *f*
express/to 1. äußern; ausdrücken, zum Ausdruck *m* bringen; 2. ausdrücken, auspressen, abpressen; 3. exprimieren, ausprägen *{Gen}*
expressed oil Ablauföl *n*
expression 1. Ausdruck *m {Math}*; Formel *f {Math}*; 2. Auspressen *n*, Ausdrücken *n*, Abpressen *n*; 3. Äußerung *f*; 4. Ausprägung *f*, Expression *f {Gen}*
expression containing four terms Quadrinom *n {Math}*
expression in parentheses Klammerausdruck *m {Math}*
expression vector Expressionsvektor *m {Gen}*
expressor molecule Expressormolekül *n {Gen}*
expressor protein Aktivatorprotein *n*
expulse/to herausspülen, austreiben, auswerfen, herausschlagen *{von Gasen oder Flüssigkeiten}*
expulsion Ausstoßung *f*, Heraustreiben *n*, Austreibung *f {von Gasen oder Flüssigkeiten}*
heat of expulsion Austreibungswärme *f*
exsiccant Austrocknungsmittel *n*, Trockenstoff *m*, Sikkativ *n*, Trockenmittel *n*, Trockenmedium *n*, Trockner *m*; Abbrandmittel *n*
exsiccate/to austrocknen, trocknen; eindörren *{Lebensmittel}*
exsiccated getrocknet; eingedörrt
exsiccating Abdörren *n*; Austrocknen *n*, Trocknen *n*
exsiccator 1. Exsikkator *m*, Trockengefäß *n*; 2. Sikkativ *n*, Trockenstoff *m*, Trockenmittel *n*, Trocknungsmittel *n*, Trockenmedium *n*, Trockner *m*; Abbrandmittel *n {Agri}*
exsiccator grease Exsikkatorfett *n*
extend/to 1. [aus]dehnen, ausbreiten; 2. ausrekken, recken *{Fäden, Fasern}*; [aus]strecken, [aus]weiten, dehnen *{linear}*; ausziehen *{Met}*; 3. erweitern; recken, verlängern; 4. sich erstrekken; 5. strecken, verlängern *{von Chemikalien durch Zusatzstoffe}*; 6. verlängern *{die Nutzungsdauer}*
extended ausgedehnt, erweitert; langgestreckt, verlängert; breit *{Druck}*; verlängert *{Chem}*
extended metal Streckmetall *n*
extended nozzle Tauchdüse *f*, verlängerte Düse *f*
extended surface Rippenoberfläche *f*
extended-surface coil Bandrippenrohrheizregister *n*
extended-surface heat exchanger Rippenrohr-Wärmetauscher *m*
extended X-ray absorption fine structure Röntgenabsorptions-Feinstrukturanalyse *f*, EXAFS
extender Streck[ungs]mittel *n*, Verdünner *m {z.B. Lackverdünner}*, Verschnittmittel *n {Füllstoff für Pigmente}*, Füllmittel *n*, Füllsstoff *m*

{Chem}, Beschwerungsmittel *n*, Extender *m* *{flüssiges Streckmittel, Kunst; Photo}*
extender oil Extenderöl *n* *{Gummi}*
extender pigment verschnittenes Pigment *n*, Verschnittpigment *n*, inaktives Pigment *n*
extender plasticizer Verschnittkomponente *f*, Verschnittmittel *n* *{Weichmacher}*
extender polymer Fremdharz *n*
extendibility Ausdehnbarkeit *f*, Ausdehnungsfähigkeit *f*, Streckbarkeit *f*
extending 1. Ausziehen *n* *{Met}*; 2. Ausdehnen *n*, Dehnen *n*, Strecken *n*; Ausweiten *n*; 3. Erweitern *n*; 4. Strecken *n* *{durch Zusatzstoffe, Chem}*; 5. Verlängern *n* *{z.B. die Nutzungsdauer}*
extensibility Ausdehnungsvermögen *n*, Dehnbarkeit *f*, Dehnfähigkeit *f*, Spannkraft *f*, Streckbarkeit *f*
extensible streckbar, dehnbar, ausdehnbar *{linear}*, ausweitbar, ausziehbar, spannbar
extension 1. Ausdehnung *f*, Dehnung *f*, Längenzunahme *f*, Verlängerung *f*, Streckung *f*; 2. Erweiterung *f*, Ausbau *m*, Anbau *m*; Erweiterung *f*, Fortsetzung *f* *{Math}*; 3. Ausbreitung *f*; 4. Verlängerungsstück *n*, Stutzen *m*; 5. Streckung *f* *{Med}*; 6. Nebenanschluß *m* *{Telefon}*
extension cable Verlängerungskabel *n*, Verlängerungsschnur *f* *{Elek}*
extension hose Verlängerungsschlauch *m*
extension piece Ansatzstück *n*, Verlängerungsstück *n*
extension pipe Ansatzrohr *n*
extension table Ausziehtisch *m*
extension to fracture Bruchdehnung *f*
extension tongs Fernbedienungszange *f*
elastic extension elastische Ausdehnung *f*
rate of extension Dehnungsgeschwindigkeit *f*
total extension Gesamtdehnung *f*
extensional extensional
extensional deformation Dehnungsdeformation *f*
extensional flow Dehnströmung *f*
extensional stress Dehnspannung *f*
extensional viscosity Dehnviskosität *f*
extensive ausgedehnt, umfangreich; extensiv *{z.B. Eigenschaft, Größe}*
extensive property extensive Eigenschaft *f*, extensive Größe *f*, Quantitätseigenschaft *f*
extensometer Dehnbarkeitsmesser *m*, Dehnungsmesser *m*, Ausdehnungsmesser *m*, Dehnungsmeßgerät *n*, Tensometer *n*, Zugspannungsmesser *m*
extensometer for molten plastics Rheometer *n* zur Messung der Dehnviskosität von Plastschmelzen *fpl*
extensometry Dehnungsmessung *f*, Dehnbarkeitsmessung *f*, Ausdehnungsmessung *f*
extent 1. Ausdehnung *f*; Ausdehnungsmaß *n*; 2. Weite *f*, Bereich *m*, Umfang *m*, Grad *m*, Maß *n*
extent of reaction Reaktionsgrad *m*, Reaktionsausmaß *n*, Reaktionslaufzahl *f*
extent of stresses Spannungshöhe *f*
extent of the flame Brandausdehnung *f* *{Glutfestigkeitsprüfung}*
extention Dehnung *f*, Ausdehnung *f*, Expansion *f*
exterior 1. außenseitig, äußerlich; Außen-; 2. Aussehen *n*
exterior adhesive wetterbeständiger Klebstoff *m*
exterior cladding Außenwandverkleidung *f*, Außenverkleidung *f*
exterior coating Außenanstrich *m*, Schutzüberzug *m*
exterior durability Lebensdauer *f* *{im Außeneinsatz }*, Witterungsbeständigkeit *f*, Außenbeständigkeit *f*, Wetterbeständigkeit *f*, Wetterfestigkeit *f*
exterior exposure Freibewitterung *f*, Lagerung *f* im Freien *n*
exterior exposure test Freiwitterungsprüfung *f*
exterior finish Außenanstrich *m*
exterior glue wetterbeständiger Klebstoff *m*
exterior house painting Außenanstrichmittel *n*
exterior paint Außen[anstrich]farbe *f*, Fassadenfarbe *f*, Außenanstrich *m*, Außenanstrichlack *m*, Lack *m* für Außenanstriche
exterior surface Außenoberfläche *f*
exterior varnish Außenlack *m*, Lack *m* für Außenanstriche
exterminate/to ausrotten, vertilgen
extermination Ausrottung *f*, Vertilgung *f*
external 1. außen, außenliegend, äußerlich, äußerer, außenseitig, außen befindlich; Außen-; 2. extern; Fremd-
external air Außenluft *f*
external air cooling [system] Außenluftkühlung *f*
external alarm Fernalarm *m*
external corrosion äußere Korrosion *f*, Außenkorrosion *f* *{z.B. von Rohren}*, feuerseitige Korrosion *f* *{Kraftwerk}*
external diameter Außendurchmesser *m*, äußerer Durchmesser *m*
external field Fremdfeld *m*
external furnace Außenfeuerung *f*
external hexagon Außensechskant *n*
external indicator externer Anzeiger *m*
external lubricant äußeres Gleitmittel *n*, äußeres Trennmittel *n*, Gleitmittel *n* *{Kunst}*
external lubricating effect Außengleitwirkung *f*
external lubrication äußere Gleitwirkung *f*
external plasticization äußere Weichmachung *f*
external photoelectric effect äußerer photoelektrischer Effekt *m*, Photoelektronemission *f*
external pressure Außendruck *m*

external resistance Außenwiderstand *m*
external store Externspeicher *m*, Fremdspeicher *m*, externer Speicher *m {EDV}*
external stress äußere Spannung *f*, Fremdspannung *f*
external surface äußere Oberfläche *f*, geometrische Oberfläche *f*
external thread Außengewinde *n*
extinct ausgelöscht, erloschen
become extinct/to aussterben
extinction 1. Löschen *n*, Löschung *f*, Auslöschung *f*, Auslöschen *n {z.B. Licht, Feuer}*; Vernichten *n*, Abtöten *n*; 2. Extinktion *f {Schwächung der Strahlung durch Absorption/Streuung}*, logarithmische Opazität *f*, [optische] Dichte *f*; 3. Schwärzung *f*, Deckung *f {Photo}*; 5. Tilgung *f {Ökon}*
extinction coefficient Extinktionskoeffizient *m*, spektraler Absorptionskoeffizient *m*
extinction curve Extinktionskurve *f*
extinction time Löschzeit *f*
molar extinction coefficient molarer Extinktionskoeffizient *m*
extinguish/to [aus]löschen, zum Erlöschen bringen *{z.B. Licht, Feuer}*; vernichten; tilgen
extinguishable spark gap Löschfunkenstrecke *f*
extinguisher Feuerlöscher *m*, Löschgerät *n*, Löschvorrichtung *f*
fire extinguisher Feuerlöscher *m*
extinguishing Löschung *f*, Löschen *n*, Auslöschen *n*, Erlöschen *n*
extinguishing effect Löschwirkung *f*
extinguishing medium Feuerlöschmittel *n*, Löschmittel *n*
extinguishing nozzle Löschdüse *f*
extinguishing substance Löschmittel *n*
extinguishing system Löschanlage *f*
extra 1. zusätzlich; besonders, außerdem; Zusatz-, Sonder-, Neben-, Extra-; 2. Sonderwunsch *m*; Sonderausstattung *f*, Sonderzubehör *n*; 3. Sonderausgabe *f {Druck}*; 4. Zuschlag *m*; Nebengebühr *f*
extra cost Aufpreis *m*, Zusatzkosten *pl*
extra expenses Mehraufwand *m*
extra hard steel Diamantstahl *m*
extra part Zusatz[bau]teil *n*
extra resonance energy Extraresonanzenergie *f*
extra unit Zusatzeinheit *f*
extra yield Extraausbeute *f*
extraaxial außeraxial
extracellular extrazellulär
extract/to 1. extrahieren, auskochen, auslaugen, ausschütteln, auswaschen, ausziehen; 2. herauslösen, ziehen *{Dent}*; 3. abbauen, fördern, gewinnen *{Bergbau}*; 4. ausblenden; abfragen *{von Informationen, EDV}*; 5. ziehen *{eine Wurzel, Math}*
extract fat/to entfetten, Fett *n* extrahieren
extract from/to entziehen; entstauben
extract lead [from]/to entbleien
extract sugar/to entzuckern
extract water [from]/to entwässern
extract 1. Auszug *m*, Extrakt *m n*, Extraktivstoff *m*, Absud *m {Pharm}*; 2. Raffinationsrückstand *m {Mineralöl}*, Extrakt *m {Chem}*; 3. Extrakt *m*, Auszug *m {z.B. aus einem Buch, Dokument}*, Exzerpt *n*
extract air Abzugsluft *f*
extract content Extraktgehalt *m*
extract of malt Malzextrakt *m*
concentrated extract Quintessenz *f*
content of extract Auszuggehalt *m*
extractability Herauslösbarkeit *f*, Extrahierbarkeit *f*
extractable ausziehbar, extrahierbar, extrahierfähig, auslaugbar
extractant Extraktivstoff *m*, Extraktionsmittel *n*
extracted ausgelaugt, ausgezogen, extrahiert
extracted liquor Extraktbrühe *f*
extractibility Extrahierbarkeit *f*
extractible extrahierbar
extracting Extrahieren *n*, Ausziehen *n*, Auslaugen *n*
extracting agent Extraktionsmittel *n*
extracting medium Extraktionsmittel *n*
extracting with ether Ausethern *n*, mit Ether *m* ausschütteln
extraction 1. Extrahieren *n*, Extraktion *f*, Ausschütteln *n*, Ausziehung *f*, Auszug *m*, Entziehung *f*, Ausziehen *n*, Auswaschen *n*, Auslaugen *n*; 2. Förderung *f*, Gewinnung *f*, Abbau *m {von Bodenschätzen}*; 3. Ausschleusung *f {von Teilchen, Nukl}*
extraction agent Extraktionsmittel *n*
extraction analysis Extraktionsanalyse *f {Chem}*
extraction apparatus Extraktionsapparat *m*, Auslaugeapparat *m*, Auslauger *m*, Extrahiergerät *n*, Extraktionsgerät *n*, Extraktor *m*, Extrakteur *m*
extraction battery Extrahiergruppe *f*, Extraktionsgruppe *f*, Extraktionsbatterie *f*
extraction centrifuge Extraktionszentrifuge *f*
extraction coefficient Extraktionskoeffizient *m*
extraction column Extrahiersäule *f*, Extraktionssäule *f*, Extraktionsturm *m*, Extraktionskolonne *f*
extraction crucible Einsatztiegel *m*
extraction cup with siphon Extraktionseinsatz *m* mit Heberohr *n*
extraction fan Entlüfter *m*, Exhaustor *m*, Saugzuglüfter *m*, Absauggebläse *n*
extraction filter Einsatzfilter *n*
extraction flask Extraktionskolben *m {Lab}*

extraction funnel Extraktionstrichter *m*, Auslaugtrichter *m*, Scheidetrichter *m {Lab}*
extraction limit Abgabegrenzen *fpl*
extraction liquor Extraktionsflüssigkeit *f*, Lauge *f*
extraction lock Entnahmeschleuse *f*
extraction naphtha Extraktionsbenzin *n*
extraction plant Extraktionsanlage *f*
extraction rack Extrahiergestell *n*, Extraktionsgestell *n {Lab}*
extraction solvent Extraktionsbenzin *n*, Extraktionslösemittel *n*
extraction technique Abbauverfahren *n*, Gewinnungsverfahren *n {Bergbau}*
extraction thimble Auslaughülse *f*, Extraktionshülse *f*, Extraktionseinsatz *m*, poröse Hülle *f {Chem}*
extraction tube Entnahmerohr *n*
extraction vessel Extraktionsgefäß *n*, Extraktor *m*
continuous extraction kontinuierliche Extraktion *f*
countercurrent extraction Gegenstromextraktion *f*
counterflow extraction Gegenstromextraktion *f*
liquid-liquid extraction Flüssig-Flüssig-Extraktion *f*, flüssig-flüssig Extraktion *f*

extractive 1. extraktiv, durch Extraktion *f* erfolgend, herauslösend, extrahierend; 2. Extrakt[iv]stoff *m*, Extrakt *m n*, Auszug *m*, Extraktionsgut *n*
extractive distillation extraktive Rektifikation *f*, Extraktivdestillation *f*, extraktive Destillation *f*, extrahierende Destillation *f*, Distex-Prozeß *m*, Distex-Verfahren *n {eine Dampf-Flüssigkeit-Destillation}*
extractive distillation column Extraktivdestillationssäule *f*
extractive distillation plant Extraktivdestillationsanlage *f*
extractive material Extrakt[iv]stoff *m*, Extrakt *m n*, Auszug *m*
extractive matter *s*. extractive material
extractive principle *s*. extractive material
extractive substance *s*. extractive material

extractor 1. Extraktionsapparat *m*, Extraktionsanlage *f*, Extraktor *m*, Extrakteur *m*, Auslauger *m*, Auskocher *m*, Auszieher *m {Chem}*; Extraktionsaufsatz *m {Chem}*; 2. Ausdrück-Hilfsvorrichtung *f*, Hilfsvorrichtung *f* zum Ausdrükken *n {Kunst}*; 3. Extraktor *m*, Schleuder *f*, Zentrifuge *f*, Trockenschleuder *f*; Absauger *m*; 4. Anstichapparat *m {Brau}*
extractor attachment Extraktoraufsatz *m {Chem}*
extractor fan Absaugvorrichtung *f*
extractor ga[u]ge Ionisationsvakuummeter *n* mit Extraktor *m*
extractor hood Absaugehaube *f*
countercurrent extractor Gegenstromextraktor *m*
direct-flow extractor Durchflußextraktor *m*

extramolecular extramolekular
extramural außeruniversitär
extraneous von außen, nicht zugehörig, fremd; unwesentlich
extraneous material *s*. extraneous matter
extraneous matter Fremdstoff *m*, Fremdsubstanz *f*, Fremdbestandteil *m*
extraneous substance *s*. extraneous matter

extranuclear extranuklear, außerhalb des Kerns liegend; Hüllen-
extranuclear process Prozeß *m* außerhalb des Kerns *m {Nukl, Gen}*
extranuclear structure Struktur *f* außerhalb des Kerns *m*

extraordinary außerordentlich, ungewöhnlich
extrapolate/to extrapolieren *{Math}*
extrapolation Extrapolieren *n*, Extrapolation *f* *{Math}*
extrapolation formula Extrapolationsformel *f* *{Math}*
extrapolation [ionization] chamber Extrapolationskammer *f {eine Ionisationskammer}*

extras Sonderausrüstung *f*, Sonderausstattung *f*
extraterrestrial extraterrestrisch *{Geol}*
extreme 1. extrem, äußerst; außergewöhnlich; schärfste; sehr groß, äußerste; 2. Extrem *n*, äußerstes Ende *n*; Gegensatz *m*
extreme fiber stress Spannung *f* in der Randfaser *f*
extreme pressure extrem hoher Druck *m*, Höchstdruck *m*, Hochdruck *m*, EP
extreme pressure additive Hochdruckwirkstoff *m*, EP-Additiv *n {Schmieröl}*
extreme pressure lubricant Hochdruckschmiermittel *n*, Höchstdruck-Schmierstoff *m*
extreme ultraviolet radiation Vakuum-Ultraviolettstrahlung *f*
extreme values Extremwerte *mpl*, Extrema *npl* *{von Funktionen, Math}*

extremely außerordentlich, ungemein
extremely fine cotton fabric Baumwollfeinstgewebe *n*
extremely fine fabric Feinstgewebe *n*
extremely fine-mesh oil filter Feinstölfilter *n*
extremely fine particle Feinstpartikel *f*
extremely hard wearing hochverschleißfest, hochverschleiß-widerstandsfähig
extremely harmful sehr gefährlich
extremely hazardous chemical Ultragift *n* *{Chem}*
extremely short runs Kleinstserien *fpl*
extremely small amount Kleinstmenge *f*

extremely small mo[u]ld Kleinstwerkzeug *n*
extremely thin hauchdünn
extremity 1. Extrem *n*, äußerstes Ende *n*; Spitze *f {z.B. eines Vektors, Math}*; 2. Extremität *f {Med}*; 3. äußerste Maßnahme *f*
extricate/to entwinden; befreien, freisetzen
extrudability 1. Preßbarkeit *f*, Verpreßbarkeit *f*, Bearbeitbarkeit *f* mit der Strangpresse *f*, Verarbeitbarkeit *f* auf Extrudern *mpl*, Extrudierbarkeit *f*; 2. Spritzbarkeit *f {Gummi, Kunst}*
extrudability index Preßbarkeitszahl *f*, Preßbarkeitsindex *m*, Spritzbarkeitsindex *m*
extrudate Extrudat *n*, Strangpreßling *m*, Strangpreßerzeugnis *n*, extrudierter Plast *m*, stranggepreßtes Teil *n*; Fließpreßteil *n*, fließgepreßtes Teil *n*
extrude/to extrudieren, pressen, auspressen, strangpressen; spritzen; ausscheiden, austreiben
extrude Preßstrang *m*
extruded gezogen, extrudiert, stranggepreßt, gespritzt
extruded anode stranggepreßte Anode *f*
extruded bar Profilstab *m*
extruded bead sealing Extrudersiegeln *n*, Siegeln *n* mit stranggepreßtem Zusatzdraht *m*
extruded board Strangpreßplatte *f {DIN 68764}*
extruded electrode umpreßte Elektrode *f*
extruded film extrudierte Feinfolie *f*
extruded product Strangpreßprodukt *n*, Preßprodukt *n*, Preßstrang *m*
extruded section extrudiertes Profil *n*, stranggepreßtes Profil *n*
extruded semifinished product Strangpreßhalbzeug *n*
extruded shape gespritztes Profil *n*, extrudiertes Profil *n*
extruded sheet extrudierte Endlosfolie *f*, extrudierte Folienbahn *f*, stranggepreßte Folie *f*, stranggepreßte Platte *f*, Breitschlitz[düsen]platte *f*
extruder 1. extrudiert, stranggepreßt; 2. Extruder *m*, Spritzmaschine *f*, Strangpresse *f*, Schnecken[strang]presse *f*
extruder pelletizer Krümelspritzmaschine *f*
extruder screw Extruderschnecke *f*, Extrusionsschnecke *f*
extruder start-up waste Extruderanfahrfladen *m*
extruder throughput Extruderdurchsatz *m*, Extruderdurchsatzmenge *f*
extruder with cutting blade Granulierextruder *m*, Extruder *m* mit Granulierkopf *m*
extruding Extrudieren *n*, Auspressen *n*, Strangpressen *n*, Spritzen *n*
extruding head Spritzkopf *m*, Extrudierkopf *m*, Strangpressenkopf *m*
extruding machine Spritzmaschine *f*, Strangpresse *f*, Extruder *m*, Schnecken[strang]presse *f*
extruding press Strangpresse *f {Met}*
extruding screw Extruderschnecke *f*, Extrusionsschnecke *f*, Schnecke *f* einer Strangpresse *f*
extrusiograph Meßextruder *m*
extrusion 1. Extrudieren *n*, Auspressen *n*, Strangpressen *n*, Spritzen *n {Met, Kunst}*; Fließpressen *n {Met}*; 2. Spinnen *n* aus der Schmelze *f*, Erspinnen *n* aus der Schmelze *f {Text, Kunst}*; 3. Extrusion *f*, Extrudieren *n {Geol}*; 4. Kaltfluß *m {Phys}*
extrusion aid Spritzbarmacher *m*
extrusion billet Strangpreßrohling *m*
extrusion-blow mo[u]lded extrusionsgeblasen
extrusion-blow mo[u]lder Extrusionsblas[form]maschine *f*
extrusion-blow mo[u]lding Blasextrusion *f*, Extrusionsblasen *n*, Extrusionsblasformen *n*
extrusion-blow mo[u]lding machine Extrusionsblas[form]maschine *f*
extrusion blowing Extrusionsblasformen *n*, Extrusionsblasen *n*, Blasextrusion *f*
extrusion chamber Schneckengehäuse *n*
extrusion coating Extrusionsbeschichtung *f*, Extrusionsbeschichten *n*, Beschichten *n* mittels Extruder *m*, Kaschieren *n* mit stranggepreßter Folie *f*
extrusion die Extruderdüse *f*, Extrudermundstück *n*, Extruderwerkzeug *n*, Extrusionswerkzeug *n*, Spritzmundstück *n*, Spritzwerkzeug *n*, Spritzform *f*, Strangpeßform *f*
extrusion forming kombiniertes Extrusions-Warmformverfahren *n*, Extrusionsformen *n*
extrusion head Extruder[spritz]kopf *m*, Strangpressenkopf *m*, Spritzkopf *m*
extrusion lamination Extrusionskaschierung *f*, Extrusionskaschieren *n*, Dreischichtenkaschieren *n*
extrusion melting Strangschmelzen *n*
extrusion mo[u]lding Strangpressen *n*, Spritzen *n*
extrusion of plasticized PVC Weich-PVC-Extrusion *f*
extrusion of thermosetting resin Strangpressen *n* härtbarer Kunststoff *mpl*, Duroplaststrangpressen *n*
extrusion of unplasticized PVC Hart-PVC-Extrusion *f*
extrusion performance Extrudierbarkeit *f*, Extrusionsverhalten *n*
extrusion plant Extrusionsanlage *f*
extrusion plastometer Ausflußplastometer *n*
extrusion press Spritzpresse *f*, Strangpresse *f*, Extruder *m*, Schnecken[strang]presse *f*
extrusion press for tubes Rohrpresse *f*
extrusion pressure Extrusionsdruck *m*, Spritzdruck *m*

extrusion product Strangpreßprodukt *n*
extrusion rheometer Extrusionsviskosimeter *n*
extrusion scrap Extrusionsabfälle *mpl*
extrusion speed Extrudiergeschwindigkeit *f*, Extrusionsgeschwindigkeit *f*, Spritzgeschwindigkeit *f*
extrusion spinning Extrusionsspinnen *n*, Extrusionsspinnverfahren *n*
extrusion stretch blow mo[u]lding Extrusions-Streckblasen *n*, Extrusions-Streckblasformen *n*
extrusion temperature Spinntemperatur *f*
rate of extrusion Spinngeschwindigkeit *f*, Extrusionsgeschwindigkeit *f*, Extrudiergeschwindigkeit *f*

extrusive rocks Extrusivgestein *n*, Ergußgestein *n*, Oberflächengestein *n*, vulkanisches Gestein *n {Geol}*

exudate/to ausscheiden, ausschwitzen, absondern; sich ausscheiden, sich absondern, austreten

exudate Exsudat *n*, Ausscheidungsprodukt *n*, Ausscheidung *f*, Ausschwitzungsprodukt *n*

exudation 1. Ausscheidung *f*, Ausschwitzen *n*, Ausschwitzung *f*, Austreten *n {z.B. von Harz}*; 2. Exsudation *f {Verdunstung der Bodenfeuchtigkeit}*; 3. Ausschwitzen *n {Farb}*; 4. Schwitzverfahren *n*

exudating Ausschwitzen *n*, Ausscheiden *n*, Ausschwitzung *f*, Ausscheidung *f*, Absondern *n*

exude/to ausschwitzen, ausscheiden, absondern *{z.B. von Harz}*; sich ausscheiden, sich absondern, austreten

eye 1. Auge *n {Med, Opt}*; 2. Auge *n*, Öhr *n*, Öse *f*, Ohr *n {Tech}*; 3. Brenner *m {des Hafenofens, Glas}*; Ofenloch *n {Glas}*; 4. Schachtmundloch *n*, Schachtmündung *f*, Tagkranz *m {Bergbau}*
eye bath Augenspülung *f*
eye-holing als Porenbildung sichtbare Lackverlaufsstörung *f*
eye-irritant tränenerregend
eye lens Okularlinse *f*
eye nut Ringmutter *f*
eye protection Augenschutz *m*
eye-protector Augenschutz *m {z.B. eine Brille}*, Augenschutzgerät *n*
eye safety Augenschutz *m*
eye shade Augenklappe *f*
eye shadow Lidschatten *m*, Augenschatten *m*, Augenschattenschminke *f*
eye wash 1. Augenspülanlage *f*; 2. Augenwasser *n*
eye-wash bottle Augenwaschflasche *f*

eyebolt Augbolzen *m*, Ringschraube *f*, Augenschraube *f*

eyeglass Okular *n {Opt}*

eyelet 1. Rohrniete *f*; 2. Öhr *n*, Öse *f*, Ohr *n*, Auge *n {Tech}*

eyepiece Okular *n {Opt}*
eyepiece diaphragm Okularblende *f*
eyepiece graticule 1. Okularnetz *n*, Okularmeßplatte *f*, Okularstrichplatte *f {Mikroskop}*; 2. Mikrometerokular *n*, Feinmeßokular *n*, Meßokular *n {Mikroskop}*
eyepiece lens Okularlinse *f*
eyepiece micrometer Okularmikrometer *n*
eyepiece slit Okularspalt *m*

F

F1 [octane number] method Octanzahl-Researchmethode *f*, F1-Methode *f*, Research-Verfahren *n {Octanzahlbestimmung}*

F2 [octane number] method Octanzahl-Motormethode *f*, F2-Methode *f*, Motorverfahren *n {Octanzahlbestimmung}*

F3 [octane number] method Octanzahl-Aviation-Methode *f*, F3-Methode *f*, Fliegermethode *f {Octanzahlbestimmung}*

F4 [octane number] method Überlademethode *f*, Supercharge-Methode *f*, F4-Methode *f {Octanzahlbestimmung}*

FAB MS *{fast atom bombardment mass spectroscopy}* Massenspektroskopie *f* mit schnellen Atomstrahlen *mpl*, FAB-Massenspektroskopie *f*

fabric 1. [textiler] Stoff *m*, Gewebe *n {z.B. als Verstärkungsmaterial}*, Fasergewebe *n*, Textilgewebe *n*, Ware *f*, Tuch *n*, Zeug *n*, textile Fläche *f*; 2. Gefüge *n {Geol}*; 3. Struktur *f {Geol}*; Textur *f {Geol, Krist}*
fabric-backed plastic mit Gewebe *n* kaschierter Plast *m*
fabric-based laminate Hartgewebe *n*
fabric-based laminate sheet Hartgewebetafel *f*
fabric chips Gewebeschnitzel *mpl*
fabric clippings Gewebeschnitzel *mpl*
fabric coating Kunstharzüberzug *m*
fabric collector Tuchfilter *n*
fabric disk Gewebepolierscheibe *f*
fabric-filled mo[u]lding compound Preßmasse *f* mit Gewebe-Füllstoff *m*, Gewebeschnitzelpreßmasse *f*
fabric-filled mo[u]lding material *s.* fabric-filled mo[u]lding compound
fabric filter Tuchfilter *n*, Gewebefilter *n*, Stoffilter *n*
fabric filter dust collector Staubgewebefilter *n*
fabric filtration Gewebefiltration *f*, Tuchfiltration *f*
fabric foam laminate Gewebe-Schaumstofflaminat *n*
fabric insert Gewebeeinlage *f {in Schichtstoffen}*

fabric penetration Durchschlag *m {PVC-Paste in Gewebe}*
fabric-safe bleaching faserschonende Bleiche *f*
fabric softener Textilweichmacher *m*, Weichspüler *m*
blended fabric Mischgewebe *n {Text}*
impregnated fabric getränktes Gewebe *n {Text}*
macerated fabrics Gewebeschnitzel *mpl {Füllstoff}*
man-made fabric Chemiefaser *f*
fabricability Bearbeitbarkeit *f {Met}*
fabricate/to 1. [an]fertigen, fabrizieren, erzeugen, produzieren, herstellen; 2. bauen, errichten *{mit Normteilen}*; 3. erfinden, ersinnen; 4. fälschen *{z.B. ein Dokument}*
fabricating technique Bearbeitungsverfahren *n*, Herstellungsverfahren *n*, Fertigungsverfahren *n*
fabrication 1. Fabrikation *f*, Fertigung *f*, Erzeugung *f*, Produktion *f*, Herstellung *f*; 2. Erfindung *f*; 3. Fälschung *f*
fabrication metallurgy Schmelz-, Legierungs- und Gießverfahren *npl*, bildsame Formgebung *f* durch Schmieden, Walzen, Pressen und Ziehen
fabricator Hersteller *m*, Erzeuger *m*; Verarbeiter *m*, Weiterverarbeiter *m*
facade 1. Fassade *f*, Stirnseite *f {Front}*; 2. Vorderansicht *f*, Aufriß *m*
facade cleaner Fassadenreiniger *m*
facade paint Fassadenanstrichstoff *m*, Fassadenfarbe *f*
face/to 1. besetzen, einfassen *{Text}*; 2. schlichten *{Gieß}*; 3. einpudern *{Gieß}*; 4. planbearbeiten, Stirnflächen *fpl* bearbeiten, plandrehen; fräsen *{Tech}*; 5. schleifen, sanden; 6. verkleiden, verblenden, auskleiden; 7. gegenüberstehen
face 1. Fassade *f {Front}*, Stirnseite *f*; 2. Fläche *f {Krist}*; 3. Fläche *f*, Oberfläche *f {Tech}*; Sitzfläche *f {Tech}*; Arbeitsfläche *f {Tech}*; 4. Arbeitsseite *f*, Vorderseite *f*, Stirnseite *f {Tech}*; 5. Stoß *m {Angriffsfläche für die Gewinnung}*, Kohlenstoß *m*, Ortsstoß *m {Bergbau}*; 6. Oberseite *f*, Vorderseite *f*, rechte Stoffseite *f*, Tuchseite *f {Text}*; 7. Schriftbild *n*, Auge *n {Typographie}*; 8. Deckfurnier *n*, Deckblatt *n*, Außenfurnier *n {z.B. aus Sperrholz}*; 9. Gesicht *n {Körperteil}*; 10. Kante *f*; *11. Walzenballen m {von Kalanderwalzen}*
face burning Stirnabbrand *m {Expl}*
face-centered flächenzentriert *{Krist}*
face-centered cubic structure kubisch-flächenzentriertes Gitter *n {Krist}*
face-centered lattice flächenzentriertes Raumgitter *n {Krist}*
face-cubic-centered kubisch-flächenzentriert *{Krist}*
face gear Zahnscheibe *f*
face guard Schutzmaske *f*
face lotion Gesichtswasser *n {Kosmetik}*
face mask Atem[schutz]maske *f*, Filtermaske *f*, Gesichtsmaske *f*, Schutzmaske *f*, Staubmaske *f {Atemschutzgerät}*
face mix Vorsatzbeton *m*
face of a crystal Kristallfläche *f*
face-protection shield Gesichtsschutzschild *m*
face shield Gesichtsschutzschild *n*, Gesichtsschutzschirm *m*, Frontalschirm *m*
face value Nennwert *m*, Nominalwert *m*, Sollwert *m*
face velocity Flächengeschwindigkeit *f*
number of faces Flächenzahl *f {Krist}*
facet Facette *f {geschliffene Fläche an Edelsteinen oder Glas}*
faceted facettiert
facilitate/to erleichtern, fördern
facility 1. Einrichtung *f {Ausrüstung}*, Anlagen *fpl*, Vorrichtungen *fpl*, technische Gegebenheiten *fpl*; Voraussetzungen *fpl*, notwendige Dinge *fpl*; 2. Leichtigkeit *f*, Geschicklichkeit *f*
facility of operation leichte Bedienung *f*
facing 1. Verkleidung *f*, Verblendung *f*, Bekleidung *f*, Auskleidung *f*, Füttern *n*; 2. Plandrehen *n*, Stirndrehen *n*, Querdrehen *n {Tech}*; 3. Deckschicht *f {Sandwich-Element}*; 4. Schlichte *f {ein Formüberzugsmittel zur Verbesserung der Gußoberfläche}*; 5. Formüberzug *m*, Überzug *m {der Form, Gieß}*; Einpudern *n {der Form, Gieß}*; 6. Hartmetallschicht *f*; 7. Besatz *m {Text}*
facing brick Verblender *m {DIN 106}*, Verblendziegel *m*, Verblendstein *m*
facing material Deckschichtwerkstoff *m {von Verbund-/Sandwich-Bauteilen}*
facing sand fein gesiebter Sand *{Gieß}*
fact Tatsache *f*
factice Faktis *m*, Ölkautschuk *m*, Gummi-Ersatz *m*, Weichgummiersatzstoff *m*
factor Faktor *m*, Koeffizient *m*, Beiwert *m*, Einflußgröße *f*, Kennzahl *f*
factor I Fibrinogen *n*, Ätiocobalamin *n*
factor II Prothrombin *n*
factor III Thromboplastin *n*
factor IV Calciumionen *npl*
factor V Proaccelerin *n*
factor VII Proconvertin *n*
factor VIII antihämophiles Globulin A *n*
factor IX antihämophiles Globulin B *n*
factor X Stewart-Faktor *m*
factor XI Plasma-Thromboplastin-Vorläufer *m*
factor XII Kontakt-Faktor *m*, Hagemann-Faktor *m*
factor XIII Fibrinase *f*, Fibrinoligase *f*
factor analysis Faktorenanalyse *f {Stat}*
factor map Genkarte *f*
factor of alkalinity Alkalitätszahl *f*
factor of capacity Quantitätsfaktor *m*

factor of safety Sicherheitsfaktor *m*, Sicherheitsbeiwert *m*
factorial 1. faktoriell *{Math}*; 2. Fakultät *f* *{Math}*
factorization 1. Faktorenzerlegung *f* *{Math}*; 2. Zerlegung *f* in Linearfaktoren *{Math}*
factors influencing the process Verfahrenseinflußgrößen *fpl*
factory Fabrik *f*, Werk *n*, Fertigungsstätte *f*, Fabrikationsstätte *f*, Fertigungsbetrieb *m*, Produktionsstätte *f*, Betrieb *m*
factory defect Fabrikationsfehler *m*
factory doctor Betriebsarzt *m*
factory hygiene Betriebshygiene *f*
factory molasses Rohzuckermelasse *f*
factory plant Fabrikanlage *f*
factory practice Fabrikpraxis *f*, industrielles Vorgehen *n*
by factory methods fabrikmäßig
on factory scale fabrikmäßig
factual tatsächlich, auf Tatsachen *fpl* beruhend, objektiv; Tatsachen-
factual diagram Zustandsschaubild *n* *{auf einer Anzeigeeinrichtung}*
facultative fakultativ, wahlfrei *{z.B. Lehrfächer}*, beliebig; Wahl-
facultative anaerobe fakultativer Anaerobier *m*, fakultativer Anaerobiont *m*
faculty 1. Fähigkeit *f*; 2. Fakultät *f*; *{US}* Lehrkörper *m*; 3. Kraft *f*
FAD <$C_{27}H_{33}N_9O_{15}P_2$> Flavin-Adenin-Dinucleotid *n*
FAD pyrophosphatase *{EC 3.6.1.18}* FAD-Pyrophosphatase *f*
fade/to 1. abklingen, weniger werden; verklingen; 2. [aus]bleichen, sich verfärben, gelb färben, verblassen, schwächer werden *{Farbe}*, verschießen *{Farbe}*; 3. welken, verwelken *{Bot}*; 4. einblenden, überblenden
fade-proof lichtecht
faden thermometer Fadenthermometer *n*
fadeometer Fadeometer *n*, Farbechtheitsprüfer *m*, Farbechtheitsmesser *m*, Lichtechtheitsmesser *m*, Lichtbeständigkeitsprüfer *m* *{Text}*
$FADH_2$ reduziertes Flavin-Adenin-Dinucleotid *n*
fading 1. Verbleichen *n*, Ausbleichen *n*, Verschießen *n*, Verblassen *n*, Verfärben *n*, Verfärbung *f*, Farbenschwund *m* *{Text}*; 2. Fading *n*, Schwund *m*, Schwunderscheinung *f*, Nachlassen *n* *{Nukl, Photo}*
fading tester *s.* fadeometer
gas fume fading Ausbleichen *n* durch Abgase
faecal *{GB}* *s.* fecal *{US}*
faeces *s.* fecal matter
fagarines Fagarine *npl* *{Alkaloid}*
fahl copper ore Fahlkupfererz *n*
fahlerz Fahlerz *n* *{Sulfidmineralien des Cu, As, Sb, Ag, Bi, Hg}*
fahlore *s.* fahlerz
Fahrenheit [temperature] scale Fahrenheit-Skale *f*, Temperaturskale *f* nach Fahrenheit
Fahrenheit thermometer Fahrenheit-Thermometer *n*
Fahrenwald alloys Fahrenwald-Legierungen *fpl* *{60-90 % Au, 40-10 % Pd; 59 % Fe, 10 % Co, 10 % Cr, 1 % Mn}*
faience Fayence *f*, Steingut *n*
fail/to 1. fehlschlagen; 2. scheitern, versagen, durchfallen [lassen]; 3. ausbleiben, ausfallen, ausgehen
fail-safe betriebssicher
failed gestört
failure 1. Schaden *m*, Fehler *m*, Defekt *m*, Fehlschlag *m*; 2. Versagen *n*, Störung *f*, Ausfall *m* *{z.B. einer Anlage}*, Panne *f*, Zwischenfall *m*, Betriebsausfall *m*, Betriebsstörung *f*, Schadensfall *m*; 3. Riß *m*, Bruch *m*; 4. Mißerfolg *m*
failure due to alkaline attack Laugenbruch *m* *{Korr, Met}*
failure frequency Ausfallhäufigkeit *f*
failure-initiating versagenauslösend, eine Störung auslösend
failure load Bruchlast *f*, Bruchgrenze *f*, Bruchbelastung *f*
failure mechanics test bruchmechanische Untersuchung *f*
failure mechanism Bruchmechanismus *m*, Versagensmechanismus *m*
failure of machinery Maschinendefekt *m*
failure probability Ausfallwahrscheinlichkeit *f*
failure quota *s.* failure rate
failure rate Ausfallrate *f*, Ausfallquote *f*, Ausfallhäufigkeit *f*
failure sequence Fehlsequenz *f* *{Biochem}*
failure to safety principle Ruhestromprinzip *n*
faint 1. matt *{z.B. Farbe}*; 2. gering; 3. schwach, undeutlich *{z.B. ein Signal}*
faint band schwache Bande *f*
faintness 1. Schwäche; 2. Mattheit *f*
fair 1. fair, ehrlich; mittelmäßig; hell, blond; sauber *{Farbe}*; heiter, schön *{z.B. Wetter}*; günstig; 2. Messe *f*, Jahrmarkt *m*; Ausstellung *f*
fair copy Reinschrift *f*
fair stand Messestand *m*
fairfieldite Fairfieldit *m* *{Min}*
faithful in every detail detailgetreu, originalgetreu
Fajans ion polarization rule Fajans'sche Ionenpolarisationsregel *f* *{Chem}*
Fajans-Soddy displacement law radioaktiver Verschiebungssatz *m*, Fajans-Soddyscher Verschiebungssatz *m*, Fajans-Soddysche Verschiebungsregel *f* *{Chem, Nukl}*
falcatine Falcatin *n*
fall/to [ab]sinken, [ab]fallen, abnehmen, sich vermindern, sich verringern, zurückgehen; ver-

fallen *{Blöße, Gerb}*; verfallen machen *{Blöße, Gerb}*

fall apart/to auseinanderfallen

fall below/to unterschreiten

fall down/to herunterfallen, abstürzen

fall in/to einfallen *{z.B. Strahlen}*

fall 1. Fall *m*, Fallen *n*, Abfallen *n*, Abfall *m*, Sinken *n*, Absinken *n*, Abnehmen *n*, Abnahme *f*, Rückgang *m*, Minderung *f*, Verminderung *f*; 2. Gefälle *n*, Neigung *f*; Hang *m*; 3. Einsturz *m*, Sturz *m*, Einstürzung *f*, Zusammenbruch *m*; 4. Niederschlag *m {z.B. von Staubpartikeln}*

fall of pressure Druckabfall *m*, Druckgefälle *n*

fall of temperature Temperaturabfall *m*, Temperaturgefälle *n*

fall test Fallprobe *f*, Fallversuch *m*

fall velocity Fallgeschwindigkeit *f*

free fall freier Fall *m*

height of fall Fallhöhe *f*

rate of fall Fallgeschwindigkeit *f*

falling 1. fallend; Fall-; 2. Verfallen *n {der Blöße, Gerb}*; 3. Nachfall *m*, nachbrechendes Hangende *n*, Nachfallpacken *m*; 4. Fall *m*, Fallen *n*, Sinken *n {Phys}*

falling back Zurückgehen *n {Fermentation}*

falling-ball impact test Kugelfallprüfung *f*, Kugelfallprobe *f*, Kugelfallversuch *m*

falling-ball method Kugelfallmethode *f*

falling-ball viscosimeter Kugelfallviskosimeter *n*, Fallkörperviskosimeter *n*

falling-dart test Falldorntest *m*

falling film Fallfilm *m*, Rieselfilm *m {Molekulardestillation}*

falling-film column Rieselfilmkolonne *f*, Fallfilmkolonne *f*

falling-film cooler Fallfilmkühler *m*, Rieselfilmkühler *m*

falling-film evaporator Fallfilmverdampfer *m*, Fallstromverdampfer *m*, Dünnschichtverdampfer *m*

falling-film molecular still Molekulardestillationsanlage *f* mit fallendem Film *m*

falling-film scraped-surface evaporator Fallfilmkratzverdampfer *m*

falling-film scrubber Filmwäscher *m*

falling-film still Destillieranlage *f* mit herabsinkender Flüssigkeitsschicht *f*, Fallfilmdestillationsapparat *m*

falling-film tower Fallfilmkolonne *f*, Rieselfilmkolonne *f*

falling-film vaporizer *s.* falling-film evaporator

falling out 1. Ausfall *m*, Ausfallen *n {z.B. Strom, Anlage}*; 2. Atomstaub *m*, radioaktiver Niederschlag *m {Ökol}*

falling-sphere viscometer Kugelfallviskosimeter *n*, Fallkörperviskosimeter *n*, Hoeppler-Viskosimeter *n*

falling time 1. Abfallzeit *f {Elek; Elektronik}*; 2. Fallzeit *f*, Falldauer *f*

falling velocity Fallgeschwindigkeit *f*

falling weight Fallbolzen *m*, Fallgewicht *n*

falling-weight apparatus Fallhammer *m*

falling-weight-impact strength Schlagzähigkeit *f* nach der Kugelfallprobe *f*

falling-weight-impact test Bolzenfallversuch *m*, Fallbolzenversuch *m*, Fallversuch *m*, Fallmasseprobe *f {Schlagfestigkeit}*

falling-weight tester Fallbolzenprüfgerät *n*

fallout 1. Fallout *n*, radioaktiver atmosphärischer Niederschlag *m {als festes Sediment}*; 2. Fallout *n {Absetzen fester Sedimente aus Aerosolen}*

fallow 1. fahl, falb, fahlgelb; 2. Brache *f*, Brachacker *m*, Brachland *n*, Brachflur *f*, Ödland *n {Ökol, Agri}*

fallow-colo[u]red fahlfarben

false falsch, künstlich, unecht; gefälscht; Falsch-, Fehl-

false alarm Fehlalarm *m*

false body falscher Körpergehalt *m*, scheinbarer Körpergehalt *m {Thixotropie}*

false bottom 1. Zwischenboden *m*, Doppelboden *m*, Blindboden *m*, abnehmbarer Trennboden *m {Tech}*; Reinigungsboden *m*, falscher Boden *m {Tech}*; 2. Läuterboden *m*, Seihboden *m*, Senkboden *m {Brau}*

false diet Ernährungsfehler *m*

false grain Feinkorn *n {z.B. Zucker}*

false light Falschlicht *n {Opt}*

falsification 1. Fälschung *f*, Verfälschung *f {z.B. Testergebnisse}*; 2. Falsifizieren *n {Wissenschaftstheorie}*

falsify/to 1. verfälschen, fälschen; 2. widerlegen *{Logik}*

falunite Falunit *m*

famatinite Famatinit *m {Min}*

family 1. Familien-; Haus-; 2. Familie *f*, Gruppe *f*, Verwandschaftsgruppe *f {z.B. im Periodensystem}*; 3. Verbindungsklasse *f*, Stoffklasse *f*, Reihe *f {z.B. radioaktive Zerfallsreihe}*; 4. Schar *f {Math}*; Familie *f {Math}*

family of curves Kurvenschar *f*, Kurvensystem *n*, Gruppe *f* von Kurven *fpl {Math}*

family of lines Geradenbüschel *n {Math}*

fan/to 1. anblasen, anfachen, [an]fächeln *{Feuer}*; 2. auffächern, ausfächern *{z.B. Papiersortierung}*; 3. verbreiten, sich ausbreiten

fan 1. Ventilator *m*, Lüfter *m*, Entlüfter *m*, Gebläse *n*, Verdichter *m*; 2. Austrieb *m*, Preßgrat *m*, Formgrat *m*, Grat *m {Kunst}*; 3. Schutzaufbau *m*, Fanggerüst *n*, Fallgerüst *n*; 4. Fächer *m*, Flügel *m*, Schaufel *f*

fan blade Lüfterflügel *m*, Lüfterschaufel *f*

fan blower Flügelgebläse *n*, Schleudergebläse *n*, Ventilatorgebläse *n*

fan-blower mixer Schleuderradmischer *m*
fan cooling Gebläsekühlung *f*, Ventilatorkühlung *f*
fan gate Angußverteiler *m*, Schirmanguß *m*, Fächeranschnitt *m*, fächerförmiger Anguß *m {Gieß}*
fan performance Gebläseleistung *f {z.B. in m^3, Pa oder m^3/s}*
fan power Gebläseleistung *f*
fan-powered cooling tower Ventilatorkühlturm *m*
fan shaft 1. Flügelwelle *f*; 2. Wetterschacht *m {Bergbau}*
fan-tail die Fischschwanzdüse *f {Kunst}*
fan-tailed burner Fächerbrenner *m*, Rundstrahlbrenner *m*
fan-turbine mixer Schaufelrührer *m* mit angestellten Schaufeln *fpl*
fancy soap Feinseife *f*
fangchinoline Fangchinolin *n*
fanlight Oberlicht *n*; Türoberlicht *n*
far fern, entfernt; weit, weit weg, weit ab
far ultraviolet Vakuum-UV-Bereich *m*, fernes UV *n*
farad Farrad *n {abgeleitete SI-Einheit der elektrischen Kapazität, 1F = 1C/V}*
faraday Faraday *n*, Faraday-Konstante *f {Naturkonstante = 96485 C/mol}*
Faraday cage Faradayscher Käfig *m*, Faradaykäfig *m {zur Abschirmung elektrostatischer Felder}*
Faraday constant *s.* faraday
Faraday dark space Faradayscher Dunkelraum *m*
Faraday effect Faraday-Effekt *m*
Faraday equivalent Faraday-Äquivalent *n*, elektrochemisches Äquivalent *n*, Farad *n*
Faraday's law of electromagnetic induction Induktionsgesetz *n* von Faraday, Faraday-Gesetz *n* der elektromagnetischen Induktion
Faraday's laws of electrolysis Faradaysche Elektrolyse-Gesetze *npl*
faradiol <$C_{30}H_{50}O_2$> Faradiol *n*
farina 1. feines Mehl *n*; 2. Kartoffelstärke *f*, Kartoffelmehl *n*, Stärkemehl *n*, Amylum Solani
farinaceous mehlartig, mehlig; mehlhaltig, mehlreich; stärkehaltig, stärkereich
farinose 1. mehlartig, mehlig; mehlhaltig, mehlreich; stärkehaltig, stärkereich; 2. Farinose *f*
farm chemicals Agrochemikalien *fpl*
farnesene <$C_{15}H_{24}$> Farnesen *n*
farnesenic acid Farnesensäure *f*
farnesol <$C_{19}H_{38}$> Farnesol *n {3,7,11-Trimethyl-2,6,16-dodecatrien-1-ol}*
farnesyl bromide Farnesylbromid *n*
farnesylic acid Farnesylsäure *f*
farnesyltransferase *{EC 2.5.1.21}* Farnesyltransferase *f*
farnoquinone Farnochinon *n*, Vitamin K_2 *n {Triv}*
faroelite Farölith *m {Min}*
fascicular faszikular, büschelförmig
fashion/to 1. fassonieren, Fasson geben, Paßform geben *{Text}*; bearbeiten, formen; 2. mindern, abmaschen, abschlagen, abnehmen *{Text}*
fashion 1. Art *f*, Weise *f*; 2. Fashion *f*, Mode *f*
fashion shade Saisonfarbe *f*, Modefarbe *f*
fashioning 1. Fassonierung *f*, Formgebung *f*; 2. Herstellung *f*, Produktion *f*, Fertigung *f*, Erzeugung *f*, Fabrikation *f*; 3. Nacharbeit *f {Kunststoffteile}*, Formteilnacharbeit *f*
fast 1. energiereich, schnell *{z.B. Reaktor, Neutron}*, flink, rasch; 2. fest, haltbar, beständig; 3. beständig, echt, waschecht *{z.B. Farbstoff}*; 4. lichtstark *{z.B. Objektiv}*; 5. hochempfindlich *{Photo}*
fast-acid fuchsin Echtsäurefuchsin *n*
fast-acid ponceau Echtsäureponceau *n*
fast-acting schnell ansprechend *{Elek}*
fast-acting valve Schnellschlußventil *n*
fast base Echt[färbe]base *f*, Echtfarbbase *f {Text}*
fast black Echtschwarz 100 *n*
fast-blue salt Echtblausalz B *n*, Diazoechtblausalz B *n*
fast breeder schneller Brüter *m {Nukl}*
fast-burning fuse Schnellzündschnur *f*
fast colo[u]r Echtfarbe *f*, Echtfarbstoff *m*, echter Farbstoff *m*
fast-colo[u]r base Echt[färbe]base *f*, Echtfarbbase *f*
fast-cotton blue Echtbaumwollblau *n*
fast-curing rasch aushärtbar, raschhärtend, schnellhärtend, schnellabbindend, schnell vulkanisierend, rasch vulkanisierend, rasch heizend, schnell heizend
fast-curing accelerator schnellwirkender Beschleuniger *m*
fast-curing adhesive schnellhärtender Klebstoff *m*
fast cycling hohe Bewegungsgeschwindigkeit *f*, rasche Taktfolge *f*
fast-diazo colo[u]r Diazoechtfarbe *f*
fast-drain valve Schnellablaßventil *n*
fast-drying schnelltrocknend
fast dyeing Echtfärben *n*, Echtfärberei *f*
fast fission Schnellspaltung *f*, schnelle Spaltung *f {Nukl}*
fast-flowing schnellfließend
fast-gelling raschplastifizierend, schnellgelierend
fast green Echtgrün *n*
fast green SD Neptungrün SG *n*, Benzylgrün B
fast-liquid chromatography schnelle Flüssig-Chromatographie *f*

fast-milling pigment gut mischendes Pigment *n*
fast-milling red B Tuchrot B *n*, Echtbordeauxrot O *n*
fast-mordant colo[u]r Echtbeizenfarbe *f*
fast-neutral violet Echtneutralviolett *n*
fast neutron schnelles Neutron *n {Nukl}*
fast-neutron fluence Fluenz *f* schneller Neutronen *npl*
fast-neutron irradiation Bestrahlung *f* mit schnellen Elektronen *npl*, Bestrahlung *f* mit beschleunigten Elektronen *npl*
fast orange Echtorange *n*
fast ponceau Echtponceau *n*
fast-quenching oil Schnellhärteöl *n {Met}*
fast-reacting hardener Schnellhärter *m*
fast red Echtrot *n*
fast-scanning schnellabtastend
fast scarlet Echtscharlach *m*
fast-setting schnellabbindend *{Zement}*, schnellhärtend *{Klebstoff}*
fast-setting adhesive Schnellkleber *m*
fast-setting glue *{US}* schnellhärtender Klebstoff *m*
fast-solidifying schnellerstarrend
fast-solvating schnellgelierend
fast solvent niedrigsiedendes Lösemittel *n*, schnellflüchtiges Lösemittel *n*, leichtflüchtiges Lösemittel *n {z.B. in Klebstoffen}*
fast-steam colo[u]r Echtdampffarbe *f*
fast to light lichtecht, lichtbeständig, farbtonbeständig
fast to rubbing abrußecht
fast to staining abfleckecht
fast to washing waschecht, waschbeständig
fast yellow 1. echtgelb; 2. Echtgelb *n*; Säuregelb *n*, E 605
fast yellow G Echtgelb G *n*, Echtgelb extra *n*
fast yellow R Echtgelb R *n*
not fast to light lichtunecht

fasten/to 1. befestigen, anheften, anklammern, anknüpfen; festmachen, krampen; 2. verfestigen; 3. feststellen, anziehen *{z.B. Schraube}*; 4. aufspannen
fasten with cement/to einkitten

fastening 1. Befestigung *f*, Festmachen *n*; 2. Festsetzung *f*; 3. Doppelfalzen *n {Blech}*
fastening clip Befestigungsschelle *f*
fastening lug Befestigungslasche *f*
fastening screw Befestigungsschraube *f {DIN 6375}*

fastness 1. Festigkeit *f*, Beständigkeit *f*, Haltbarkeit *f*, Widerstandsfähigkeit *f*; 2. Echtheit *f {z.B. Farben}*; 3. Schnelligkeit *f*
fastness test Echtheitsprüfung *f {Farben}*
fastness to acid[s] Säureechtheit *f*
fastness to scraping Scheuerfestigkeit *f*
degree of fastness Echtheitsgrad *m*

fat 1. fett[ig], fetthaltig, ölhaltig; fett, fruchtbar *{z.B. Beton mit hohem Bindemittelanteil, Boden}* Fett-, Öl-; 2. Fett *n*
fat alcohol Fettalkohol *m*
fat cleavage Fettspaltung *f*
fat-cleaving fettspaltend
fat-cleaving agent Fettspalter *m*
fat coal Fettkohle *f*, Backkohle *f*
fat content Fettgehalt *m*
fat content of milk Milchfettgehalt *m*
fat deficiency Fettmangel *m*
fat deterioration Fettverderb *m*
fat dissolver Fettlösungsmittel *n*
fat-dissolving fettlösend
fat-dissolving enzyme fettlösendes Enzym *n {Detergenzien}*
fat dye[stuff] Fettfarbstoff *m*
fat edge verdickter Rand *m*, Fettkante *f {z.B. herabgelaufener Anstrichstoff}*
fat-edge formation Tropfnasenbildung *f {z.B. Lack, Anstrichstoff}*
fat elimination Entfetten *n*, Fettentfernen *n*
fat-extracting agent Fettextraktionsmittel *n*
fat extraction Fettentziehung *f*, Fettextraktion *f*
fat formation Fettbildung *f*
fat hardening Fetthärtung *f*, Fetthydrierung *f*, Ölhärtung *f*
fat-hydrogenation plant Fetthärtungswerk *n*, Fetthydrierungsanlage *f*, Ölhärtungsanlage *f*
fat-like fettähnlich, fettartig
fat lime Fettkalk *m*, Speckkalk *m*
fat liquor Fettlicker *m*, Licker *m*, Fettbrühe *f*, Fettschmiere *f {Leder}*
fat-liquoring drum Fettgerbebottich *m*
fat metabolism Fettstoffwechsel *m {Physiol}*
fat oil geblasenes Terpentin *n*
fat removal Fettentziehung *f*
fat scrapings Abstoßfett *n*
fat-soluble fettlöslich
fat solution gesättigte Lösung *f*
fat solvent Fettlösemittel *n*, Fettlöser *m*
fat splitting 1. fettspaltend, lipolytisch; 2. Fettspaltung *f*, Lipolyse *f*
fat-splitting agent Fettspalter *m*
fat-splitting plant Fettspaltanlage *f*
fat substitute Fettersatz[stoff] *m*
fat synthesis Fettsynthese *f*
fat-tight fettdicht
fat turpentine geblasenes Terpentin *n*
containing fat fellhaltig
determination of fat Fettbestimmung *f*
determination of the fat content Fettgehaltsbestimmung *f*
extract fat/to ausfetten
hydrolysis of fat Fettspaltung *f*
oily fat öliges Fett *n*
saponify fat/to Fett *n* verseifen

split the fat/to Fett *n* spalten
fatal tödlich, letal; katastrophal, verhängnisvoll; Lebens-
fathom/to 1. loten, ausloten; 2. ergründen; sondieren
fathom 1. Klafter *f {altes Raummaß für gestapeltes Holz = 216 cbf = 3,3445 m^3};* 2. Fathom *n*, Faden *m {veraltetes Längenmaß = 1,8287 m}*
fatigue 1. Ermüdung *f*, Ermüdungserscheinung *f {Tech}*
fatigue bending Dauerbiegung *f*
fatigue-bending test Dauerbiegeversuch *m*
fatigue corrosion Ermüdungskorrosion *f*
fatigue crack Daueranriß *m*, Ermüdungsriß *m*, Ermüdungsbruch *m*, Dauerbruch *m*
fatigue-crack propagation Ermüdungsrißausbreitung *f*, Ermüdungsrißfortpflanzung *f*
fatigue cracking Ermüdungsrißbildung *f*
fatigue damage Ermüdungsfehler *m*
fatigue deformation Rückverformung *f*
fatigue durability Dauerhaltbarkeit *f*
fatigue endurance Zeitfestigkeit *f*, Ermüdungsdauerfestigkeit *f*
fatigue failure Ermüdungsbruch *m*, Dauerbruch *m*
fatigue fracture Dauerbruch *m*, Ermüdungsbruch *m*
fatigue fracture due to corrosion Korrosionsdauerbruch *m*
fatigue-impact strenght Dauerschlagfestigkeit *f*
fatigue-impact test Dauerschlagversuch *m*
fatigue-incipient crack Daueranriß *m*
fatigue limit Ermüdungsgrenze *f*, Dauerfestigkeitsgrenze *f*; Dauer[schwing]festigkeit *f*, Wechselfestigkeit *f*, Dauer[stand]festigkeit *f*, Zeitwechselfestigkeit *f*, Dauer[schwell]festigkeit *f*, Langzeitfestigkeit *f*
fatigue loading Dauerbeanspruchung *f*, Dauerschwingbeanspruchung *f*
fatigue mechanism Ermüdungsursache *f*
fatigue-notch factor Kerbwirkungszahl *f*
fatigue of material Materialermüdung *f*
fatigue of steel Alterung *f* von Stahl *m*
fatigue phenomenon Ermüdungserscheinung *f*
fatigue poison Ermüdungsstoff *m*
fatigue-proof ermüdungsfrei, ermüdungsbeständig
fatigue ratio Dauerfestigkeitsverhältnis *n*
fatigue resistance Dauerfestigkeit *f*, Ermüdungsfestigkeit *f*, Ermüdungsbeständigkeit *f*, Ermüdungswiderstand *m*
fatigue sign Ermüdungserscheinung *f*
fatigue strength Biegefestigkeit *f*, Dauer[schwing]festigkeit *f {DIN 488, in N/mm^2}*, Ermüdungsbeständigkeit *f*, Ermüdungsfestigkeit *f*, Dauerhaltbarkeit *f*, Wechselfestigkeit *f*, Zeitschwingfestigkeit *f*, Gestaltfestigkeit *f*
fatigue-strength diagram Dauerfestigkeitsschaubild *n*
fatigue-strength for finite life Zeitfestigkeit *f*
fatigue-strength-reduction factor Kerbwirkungszahl *f*
fatigue stress Ermüdungsbelastung *f*, Ermüdungsspannung *f*, Schwellbeanspruchung *f*
fatigue-stress cycle Lastspiel *n* bis zum Dauerbruch *m*
fatigue striation Schwingungsstreifen *m*
fatigue tension test Zugversuch *m* mit Dauerbeanspruchung *f*
fatigue test Dauerfestigkeitsversuch *m*, Dauerschwingversuch *m*, Zeitwechselfestigkeitsversuch *m*, Ermüdungsversuch *m*, Dauerprüfung *f*, Dauertest *m*, Wechselfestigkeitsprüfung *f*, Ermüdungsversuch *m*
fatigue test at elevated temperature Dauerschwingversuch *m* in der Wärme *f*, Ermüdungsversuch *m* in der Wärme *f*
fatigue testing Ermüdungsversuch *m*, Ermüdungsprüfung *f*
fatigue-testing apparatus Dauerfestigkeitsprüfgerät *n*
fatigue testing in bending Wechselbiegeversuch *m*
fatigue testing in tension Wechseldehnversuch *m*
fatigue-testing machine Dauerschwingprüfmaschine *f*, Schwingprüfmaschine *f*, Dauerversuchsmaschine *f*
fatigue-tube test Schlauchbiegeermüdungsprüfung *f*
fatigue under scrubbing Walkermüdung *f*
fatigue-vibration failure Dauerbruch *m*, Dauerschwingbruch *m*
long fatigue life *{US}* Dauerfestigkeit *f*, Ermüdungsfestigkeit *f*, Ermüdungsbeständigkeit *f*
magnetic fatigue magnetische Nachwirkung *f*
resistance to fatigue Dauerfestigkeit *f*, Ermüdungsfestigkeit *f*, Ermüdungsbeständigkeit *f*
fatiguing Altern *n*
fatness Fettigkeit *f*
fatty fettig, fett[haltig]; fettartig, fettähnlich; Fett-
fatty acid Fettsäure *f {weitgehend unverzweigte aliphatische Monocarbonsäure}*
fatty acid amide <$RCONH_2$> Fettsäureamid *n*
fatty acid derivative Fettsäurederivat *n*
fatty acid ester Fettsäureester *m*
fatty acid ethanolamide Fettsäureethanolamid *n*
fatty acid isethionate <$RCOO(CH_2)_2SO_3Na$> Fettsäureisethionat *n*
fatty acid mono-ester Fettsäuremonoester *m*

fatty acid pitch Fettsäurepech *n*, Fettpech *m*
fatty acid soap Fettsäureseife *f*
fatty acid synthetase *{EC 2.3.1.85/.86}* Fettsäuresynthetase *f*
fatty acid tauride <$RCON(CH_3)(CH_2)_2SO_3Na$> Fettsäuretaurid *n*, Acylaminoalkansulfonat *n*
fatty acid thiokinase *{EC 6.2.1.2/.3}* Fettsäurethiokinase *f {Biochem}*
fatty alcohol Fettalkohol *m*, 1-Alkanol *n {C_6 bis C_{21}}*
fatty alcohol polyglycol ether Fettalkoholpolyglycolether *m*, Alkylpolyglycolether *m*, Fettalkoholalkoxylat *n*
fatty alcohol polyglycol sulfate Ethersulfat *n {IUPAC}*, Fettalkoholpolyglycolethersulfat *n*
fatty alcohol sulfate Alkylsulfat *n*, Fettalkoholsulfat *n {Tensid}*
fatty aldehyde Fettaldehyd *n {C_6 bis C_{21}}*
fatty alkyl sulfate Fettalkoholsulfat *n*, Alkylsulfat *n*
fatty amines aliphatische Amine *npl*, Fettsäureamine *npl*, Fettamine *npl*
fatty ester Fettester *m*
fatty ketone Fettketon *n*
fatty matter Fette *f*, Fettstoff *m*, Fettsubstanz *f*
fatty nitrile <RCN> Fettnitril *n*
fatty oil Fettöl *n*, fettes Öl *n*
fatty series Fettreihe *f*, Paraffine *npl*
fatty substance Fettkörper *m*, Fettsubstanz *f*
fatty sweat Fettschweiß *m*
fatty yeast Fetthefe *f*
crude fatty acid Rohfettsäure *f*
emulsion of a fatty acid Fettsäureemulsion *f*
ester of fatty acid Fettsäureester *m*
nitrated fatty acid Nitrofettsäure *f*
faucet 1. [kleiner] Hahn *m*, [kleiner] Wasserhahn *m*; 2. Faßhahn *m*, Pipe *f*; kleiner Zapfhahn *m*, Stechhahn *m*; 3. Muffe *f*, Rohrmuffe *f*
faujasite Faujasit *m*, Feugasit *m {Min}*
fault 1. Mangel *m*, Makel *m*, Fehler *m*, Schaden *m*, Defekt *m*; 2. Störung *f*; Bruch *m*, Verwerfung *f*, Spalte *f {Geol}*; 3. Störfall *m*, Schadensfall *m*, Unfall *m*, Zwischenfall *m {Nukl}*; 4. Kurzschluß *m {Elek}*; 5. Gußnarbe *f*, Gußschaden *m {Gieß}*
fault analysis Fehleranalyse *f*; Unfallanalyse *f*, Störfallanalyse *f*
fault correction Mängelkorrektur *f*
fault current Fehlerstrom *m*
fault-current circuit breaker Fehlerstromschutzschalter *m*
fault-current switch Fehlerstromschutzschalter *m*
fault detection Fehlerauffindung *f*, Fehlererkennung *f*
fault in material Materialfehler *m*
fault indicator Fehleranzeige *f*, Störanzeige *f*, Störungsmelder *m*
fault localization Fehlerbegrenzung *f*
fault location Fehlerortsbestimmung *f*, Fehlerlokalisierung *f*, Fehlerortung *f*
fault of measurement Meßfehler *m*
fault-tree analysis Fehlerbaumanalyse *f*
faultiness Fehlerhaftigkeit *f*
faultless einwandfrei, fehlerfrei, makellos, fehlerlos
faultlessness Fehlerlosigkeit *f*
faulty fehlerhaft, mangelhaft, schadhaft, defekt
faulty operation Fehlbedienung *f*
fauna Fauna *f*, Tierwelt *f*, Tierreich *n*
Faure plate pastierte Platte *f*, Masse-Platte *f {in Bleiakkumulatoren}*
Fauser [ammonia] process Fausersche Ammoniaksynthese *f*, Fauser-Verfahren *n*
fauserite Fauserit *m {Min}*
favo[u]r/to begünstigen, fördern, bevorzugen
favo[u]r Vergünstigung *f*
fawcettiine Fawcettiin *n*
fawn colo[u]red rehfarben, rehbraun
fayalite Fayalit *m*, Eisenchrysolith *m*, Eisenglas *n {obs}*, Eisenolivin *m*, Eisenperidot *m {Min}*
FBP (f.b.p.) *{final boiling point}* Siedeendpunkt *m*, Siedeende *n*, SE, Endsiedepunkt *m*, Endkochpunkt *m*
FD *{field desorption spectrometry}* Felddesorptions-Spektrometrie *f*
FDA *{Food and Drug Administration}* amerikanisches Bundesgesundheitsamt *n*
Fe-C-diagram Eisen-Kohlenstoff-Diagramm *n*, Fe-C-Diagramm *n {Met}*
FE oil *{fuel economy oil}* kraftstoffsparendes Motorenöl *n*
feasibility Ausführbarkeit *f*, Brauchbarkeit *f*, Durchführbarkeit *f*
feasibility study Machbarkeitsstudie *f*, Durchführbarkeitsstudie *f*, Projektstudie *f*
feasibility test Eignungsprüfung *f*
feasible ausführbar, [technisch] durchführbar; zulässig *{z.B. Lösungen, Math}*
feather 1. Feder *f {Zool}*; 2. Feder *f*, Spund *m {bei Brettern}*; 3. Oberflächen-Blasenschleier *m {Glas}*
feather agate Federachat *m {Min}*
feather alum Federalaun *m {obs}*, Halotrichit *m*, Schieferalaun *m {Min}*
feather-light federleicht
feather-like federähnlich, federartig
feather ore Federerz *n*, Blei-Antimonspießglanz *m*, Jamesonit *m {Min}*
feather valve Federventil *n*
feather-weight federleicht
feathery federartig, federleicht, federweich
feature 1. charakteristische Eigenschaft *f*, charakterisierendes Merkmal *n*, Kennzeichen *n*,

Charakteristikum *n*; 2. aktueller Artikel *m*, Feature *n f*; Featursendung *f*, aktueller Dokumentarbericht *m*

febricide Fiebermittel *n*, Fieberarznei *f*, Antipyretikum *n*

febrifugal fiebermildernd *{Pharm}*

febrifuge 1. fieberwidrig; 2. Fieberarznei *f*, Fiebermittel *n*, Antipyretikum *n {Pharm}*

febrifugin Febrifugin *n*, Dichroin *n {Pharm}*

FEBS *{Federation of European Biological Societies}* Verband *m* der Europäischen Biologischen Gesellschaften *fpl {1964}*

fecal *{US}* fäkal, kotartig

fecal pigments Fäkalpigmente *npl*

fecal substances Fäkalien *fpl*, Fäkalstoffe *mpl*, Kot *m*

fecal water Fäkalwasser *n*

feces Fäkalien *fpl*, Fäkalstoffe *mpl*, Kot *m*

Fecht acid Fechtsäure *f*

FECS *{Federation of European Chemical Societies}* Europäischer Verband *m* der Chemischen Gesellschaften *fpl {Prag, 1970}*

fecula Bodenmehl *n*, Satzmehl *n*; Stärke *f*

feculent stärkemehlartig

fedorowite Fedorowit *m*

fee Honorar *n*, Gebühr *f*; Vermittlungsgebühr *f*

feed/to 1. zuführen, zuleiten, zuspeisen, nachspeisen, einspeisen, aufgeben, eintragen, einfüllen *{Material}*; 2. speisen, beschicken, füllen *{z.B. einen Ofen}*; 3. füllen, nachbessern *{Gerb}*; 4. füttern *{Tiere}*, ernähren; 5. anlegen *{z.B. Spannung}*

feed 1. Aufgabe-; 2. Zuführen *n*, Zufuhr *f*, Zuführung *f*, Zufluß *m*, Zuspeisen *n*, Einspeisen *n*, Aufgeben *n*, Aufgabe *f*, Eingeben *n*, Eingabe *f*, Beschicken *n*, Beschickung *f*, Eintragen *n*, Eintrag *m*, Einfüllen *n*, Einsetzen *n*, Einsatz *m*, Zulauf *m*; 3. Charge *f*, Beschickungsmaterial *n*, Beschickung *f*, Füllung *f*, Füllmasse *f*, Schüttung *f*, Einsatz *m*, Einsatzgut *n*, Aufgabegut *n {DIN 22005}*, Einsatzstoff *m*, Einsatzmaterial *n*, Einsatzprodukt *n*, Eintrag *m*, Ansatz *m*, Aufgabegut *n*, Speisung *f*, Gicht *f {des Hochofens}*; 4. Futter[mittel] *n*; 5. Abbrand-Brennstoff *m*; *{Nukl}*

feed agitator Aufgaberührwerk *n*

feed back Rückkopplung *f*, Feedback *n*

feed belt Aufgabeband *n*

feed capillary Zuführungskapillare *f*

feed-check valve Speiseabsperrventil *n*

feed chute Fülltrichter *m*, Aufgaberinne *f*, Zuteilrinne *f*, Aufgaberutsche *f*, Beschickungsrutsche *f*, Aufgabeschurre *f*, Beschickungsschurre *f*

feed cock Einfüllhahn *m*

feed control 1. Schaltsteuerung *f*; 2. Zulaufregelung *f*, Vorschubregelung *f*; Regelung *f*, Regeln *n {mit Rückführung}*

feed controller Aufgaberegler *m*

feed cycle Dosiertakt *m*, Förderzyklus *m*

feed cylinder Füllzylinder *m*, Dosierzylinder *m*

feed entry Aufgabeöffnung *f*, Einspeisestelle *f*

feed-forward control Steuerung *f*

feed funnel Aufgabetrichter *m*, Beschickungstrichter *m*, Schütttrichter *m*, Einfülltrichter *m*, Beschickungsbunker *m {Kunst}*

feed gas Betriebsgas *n*, Speisegas *n*

feed-gear mechanism Vorschubgetriebe *n*

feed heater Anwärmer *m*, Vorwärmer *m*

feed hole Führungsloch *n*, Aufgabeöffnung *f*, Einwurföffnung *f*, Eintragöffnung *f*, Beschickungsöffnung *f*, Beladeöffnung *f*, Füllöffnung *f*, Fülloch *n*; Trübezulauf *m*, Suspensionszulauf *m {Filtration}*

feed hopper Aufgabetrichter *m*, Schütttrichter *m*, Beschickungstrichter *m*, Einfülltrichter *m*, Aufgabebunker *m*

feed hopper door Beschickungsklappe *f*, Beschickungstür *f*

feed inlet Einlaßöffnung *f*, Materialzuführung *f*, Aufgabeöffnung *f*, Einwurföffnung *f*, Eintragöffnung *f*, Beschickungsöffnung *f*, Beladeöffnung *f*, Füllöffnung *f*, Fülloch *n*; Trübezulauf *m*, Suspensionszulauf *m {Filtration}*

feed line Versorgungsleitung *f*, Anströmleitung *f*, Zuleitung *f*, Zuspeiseleitung *f*, Speiseleitung *f*

feed load Zulaufbelastung *f*

feed magnet Nachschubmagnet *m*

feed material Aufgabegut *n*, Einsatzmaterial *n*, Ausgangsstoffe *mpl*, Ausgangsmaterial *n*, Einsatzgut *n*, Edukt *n {Tech}*; Beschickungsmaterial *n*, Einsatzgut *n {Met}*

feed mechanism 1. Dosierapparat *m*, Aufgabeapparat *m*, Zufuhrvorrichtung *f*; 2. Vorschubmechanismus *m*; 3. Regelmechanismus *m*

feed of material Materialzuführung *f*, Materialzugabe *f*

feed opening 1. Aufgabeöffnung *f*, Einfüllöffnung *f*; 2. Brechmaul *n*, Brechmaulöffnung *f*

feed pipe Einlaufrohr *n*, Zuleitungsrohr *n*, Zulaufrohr *n*, Eintragrohr *n*, Beschickungsrohr *n*, Speiserohr *n*, Speiseleitung *f*

feed plate Aufgabeboden *m*, Einlaufboden *m*, Verteilboden *m*, Zulaufboden *m {Dest}*; Anguß[verteiler]platte *f*, Verteilerplatte *f*

feed point Einspeisepunkt *m*, Einspeisestelle *f*, Einspritzpunkt *m*, Anschnittstelle *f*, Anschnittpunkt *m*, Angußpunkt *m*

feed pressure Speisedruck *m*

feed pump 1. Speisepumpe *f*, Beschickungspumpe *f {Kessel}*; 2. Förderpumpe *f*, Zubringerpumpe *f {Kraftstoff}*; 3. Lader *m*, Ladepumpe *f {Gasmaschine}*

feed ram Dosierkolben *m*

feed rate Aufgabegeschwindigkeit *f*, Vorschub-

geschwindigkeit *f {DIN 6580}*, Durchsatz *m*; Aufgabe[gut]strom *m*, Eintragmenge *f* pro Zeiteinheit *f*
feed regulator Speiseregler *m*
feed roll 1. Transportwalze *f*, Vorschubwalze *f*; 2. Aufgabewalze *f*, Dosierwalze *f*, Einlaufwalze *f*, Einzugswalze *f*, Speisewalze *f*, Zuführ[ungs]walze *f*
feed roller 1. Aufgaberolle *f*, Speiserolle *f*, Zufuhrrolle *f*; 2. Vorschubwalze *f*, Zuführwalze *f*
feed scoop Schöpfbecher *m*
feed screw Aufgabeschnecke *f*, Beschickungsschnecke *f*, Einspeiseschnecke *f*, Einzugsschnecke *f*, Füllschnecke *f*, Speiseschnecke *f*, Dosierschnecke *f*, Zuführschnecke *f*, Zugspindel *f*
feed screw unit Speiseschneckeneinheit *f*
feed section Einfüllabschnitt *m*, Eingangszone *f*, Eingangsteil *m*, Einlaufteil *m*, Einlaufstück *n*, Einzugszone *f*, Einzugszonenabschnitt *m*, Einzugs[zonen]teil *m*, Einzugszonenbereich *m*, Förderlänge *f*, Förderzone *f*, Füllzone *f*, Trichterzone *f*, Zylindereinzug *m*, Beschikkungszone *f*, Speisezone *f*
feed side Beschickungsseite *f*
feed slide Dosierschieber *m*
feed slot schmale Einfüllöffnung *f*, Einfüllnut *f*, Einfüllschlitz *m*
feed station Dosierstation *f*
feed-stock Einsatzmaterial *n*, Einsatzprodukt *n*, Aufgabegut *n*, Einsatzgut *n*, Edukt *n* *{Ausgangsmaterial eines technologischen Prozesses}*; Einsatzmaterial *n {für weitere Verarbeitungsstufen}*
feed strip Fütterungsstreifen *m*
feed supplement Futterzusatz *m*, Futtermittelzusatz *m*
feed tank Vorlaufbehälter *m*, Aufgabebehälter *m*, Zulaufbehälter *m*, Beschickungsbehälter *m*, Speisebehälter *m*, Aufgabetrog *m*
feed temperature Einlauftemperatur *f*, Speisetemperatur *f*
feed-through Durchführung *f {Isolator}*
feed-through collar Durchführungsring *m*
feed-through ring Durchführungsring *m*
feed timer Speiseregler *m*
feed trunnion Eintragzapfen *m*
feed tube Beladerohr *n*, Laderohr *n*, Beschikkungsrohr *n*, Zugaberohr *n*, Förderrohr *n*, Zulaufrohr *n*, Eintragrohr *n*
feed-tube-lift pipe Heber *m*
feed unit Beschickungsanlage *f*, Beschikkung *f*, Speiseeinrichtung *f*, Zuführmaschine *f*, Dosieraggregat *n*, Dosiereinheit *f*, Dosierelement *n*, Dosiergerät *n*, Dosierwerk *n*, Speisegerät *n*, Beschickungsvorrichtung *f*
feed valve Einlaßventil *n*, Füllventil *n*
feed well Aufgabeschacht *m*, Eintragzylinder *m*
feed zone Beschickungszone *f*, Speisezone *f*, Einzugszone *f*, Füllzone *f*, Einspeisungszone *f*
feedback 1. Rückführung *f*, Rückmeldung *f* *{Automation}*; 2. Rückkopplung *f*, Gegenkopplung *f*, Feedback *n*
feedback circuit 1. Rückkopplungsschaltung *f*, Rückführschaltung *f*, Gegenkopplungsschaltung *f*, Gegeneinanderschaltung *f*; 2. Rückkopplungsglied *n {Regelkreis}*
feedback control Steuerung *f* mit Rückführung *f*, Regelung *f*, Rückführregelung *f*
feedback control system Regel[ungs]system *n* mit Rückführung *f*, geschlossenes Regelungssystem *n*, Regelkreis *m*, rückgekoppeltes Regel[ungs]system *n*
feedback effects Rückkopplungen *fpl*
feedback inhibition Endproduktthemmung *f*; Rückkoppelungshemmung *f {Biochem}*
feedback regulation Selbstregulierung *f*
feedback selector elektronischer Ist-Wert-Wähler *m*
feedback signal Rückkoppelungssignal *n*
elastic feedback nachgebende Rückführung *f* *{Regelung}*
feeder 1. Aufgabevorrichtung *f*, Aufgeber *m*, Zuteileinrichtung *f*, Zuteiler *m*, Dosierer *m*; 2. Zuleitung *f*, [elektrische] Leitung *f*; Energieleitung *f*, Speiseleitung *f*, Stromzuleitung *f*, Feeder *m {Elek}*; 3. Speiser *m {Gieß}*; 4. Speiser *m*, Feeder *m*, Glasspeiser *m {Glas}*; 5. Zulaufrinne *f*, Zulaufkanal *m*, Zuleitungskanal *m*, Zuführkanal *m*; Speiser *m*, Speisegraben *m*, Speisungsgraben *m {Hydrologie}*; 6. Beschickungsanlage *f*, Eintragvorrichtung *f*, Zuführungsmechanismus *m {Met}*
feeder chute Füllschacht *m*
feeder floor Zuteilbühne *f*
feeder line Zubringerleitung *f*
feeder port Einlauf *m*, Zuführungsöffnung *f*
feeder-worm conveyor Zuteilschnecke *f*
feedgrain Futtergetreide *n*
feedhead Anguß *m {Gieß}*
feeding 1. Zuführen *n*, Zufuhr *f*, Zuführung *f*, Zuspeisen *n*, Einspeisen *n*, Aufgeben *n*, Aufgabe *f*, Eingeben *n*, Eingabe *f*, Beschicken *n*, Beschickung *f*, Eintrag *m*, Einfüllen *n*, Einsetzen *n*, Einleiten *n*, Zuleitung *f*, Speisung *f*, Zulauf *m* 2. Füttern *n*, Fütterung *f {Agri}*; 3. Eindickung *f* *{von Anstrichmitteln}*
feeding and take-off device Zuführ- und Entnahmevorrichtung *f*
feeding belt Aufgabeband *n*
feeding conveyor Zubringerband *n*
feeding device Aufgabevorrichtung *f*, Beschikkungsvorrichtung *f*, Eintragvorrichtung *f*, Beschickungsmechanismus *m*, Chargiervorrichtung *f*
feeding disk Aufgabeteller *m*

feeding door Chargiertür *f*
feeding equipment Zuführgerät *n*
feeding funnel Aufgabetrichter *m*, Speisekasten *m*
feeding head Einfüllkopf *m*, Füllöffnung *f*
feeding hopper Aufgabetrichter *m*, Aufschütttrichter *m*, Einwurftrichter *m*
feeding installation Beschickungsanlage *f*
feeding ladle Aufgießlöffel *m*
feeding plant Beschickungsanlage *f*
feeding plate Aufgabeblech *n*
feeding point Speisepunkt *m*
feeding pump 1. Speisepumpe *f {Kessel}*; 2. Lader *m*, Ladepumpe *f {Gasmaschine}*; 3. Förderpumpe *f {Kraftstoff}*
feeding screw Zuführschnecke *f*
feeding tank Speisebehälter *m*
feeding tunnel Füllschacht *m*
feedstuff Futtermittel *npl*
feedwater Brauchwasser *n*, Speisewasser *n*
feedwater conditioning Speisewasseraufbereitung *f*
feedwater treatment Speisewasseraufbereitung *f*
feel/to 1. abtasten, befühlen; fühlen, spüren; 2. tasten; 3. probieren
feel Griff *m*, Griffigkeit *f {Pap, Text}*
feeler Abtaster *m*, Taster *m*, Fühler *m {Tech}*
feeler control Fühlersteuerung *f*
feeler ga[u]ge Fühlerlehre *f*, Spion *m*
Fehling's reagent *s.* Fehling's solution
Fehling's solution Fehlingsche Lösung *f*, Fehlingsches Reagens *n {Cu-Tartratokomplex}*
feldspar Feldspat *m {Min}*
changeable feldspar Schillerquarz *m*, Quarzkatzenauge *n {Min}*
common feldspar gemeiner Feldspat *m*; Feldspatgruppe *f*
feldspathic feldspatähnlich; feldspathaltig; Feldspat-
feldspathic rock Feldspatgestein *n {Min}*
feldspathic ware Hartsteingut *n*
felite Felith *m {Min}*
Fellgett advantage Multiplex-Vorteil *m {Fourier-Transformation}*
fellitine Fellitin *n*
fellowship Forschungsstipendium *n*
felsite Felsit *m*, Bergkiesel *m {Triv}*, Orthoklas *m {Min}*
felsavobányaite Felsöbanyait *m {Min}*
felt/to filzen, sich verfilzen; filzen, zu Filz *m* machen; mit Filz *m* überziehen, mit Filz *m* auskleiden
felt 1. Filz *m {Text}*; 2. Papiermaschinenfilz *m {Pap}*
felt blanket Filzdecke *f*, Filzunterlage *f*, Filztuch *n*, Filz *m {Pap}*
felt-buffing wheel Filzpolierscheibe *f*
felt cover Filzüberzug *m*
felt dryer Filztrocknungsmaschine *f*, Filztrockner *m*, Filztrockenzylinder *m {Pap}*
felt fabric Walkfilz *m*, Preßfilz *m*
felt insulation plate Filzisolierplatte *f*
felt jacket Filzschlauch *m*, Filzüberzug *m*
felt-like filzig, filzartig
felt packing Filzdichtung *f*, Filzpackung *f*
felt paper Filzpapier *n*, Filzpappe *f*
felt-polishing wheel Filzpolierscheibe *f*, Polierfilzscheibe *f*
felt stylus Filzschreiber *m*, Faserschreiber *m*
felt-tip pen Filzschreiber *m*, Faserschreiber *m*
asphalt felt Dachpappe *f*
roofing felt Dachpappe *f*
felted filzig, verfilzt
felting Filzen *n*, Filzbildung *f*; Verfilzen *n*, Verfilzung *f {Pap, Text}*
female 1. weiblich *{Biol}*; 2. Innen-, Hohl-
female die Matrize *f*, Werkzeuggesenk *n*, Hohlform *f*, Negativform *f*
female form Werkzeugmatrize *f*, Werkzeuggesenk *n*, Negativform *f*, Gesenkblock *m*
female ground joint Hülsenschliff *m*
female mo[u]ld negative Form *f*, negatives Werkzeug *n*, Negativform *f*, Matrize *f {Kunst, Gummi}*
female mo[u]ld method Negativverfahren *n*
female rotor Führungskolben *m {beim Schraubenverdichter }*, Nebenläufer *m*, weiblicher Rotor *m {Verdichter}*
female screw Schraubenmutter *f*, Hohlschraube *f*, Mutterschraube *f*
female thread Hohlgewinde *n*, Innengewinde *n*, Muttergewinde *n*
female union Gewindestück *n* mit Innengewinde *n*
femtosecond chemistry Ultrakurzzeit-Chemie *f*
fenchaic acid Fenchansäure *f*
fenchane <$C_{10}H_{18}$> Fenchan *n*
fenchene <$C_{10}H_{16}$> Fenchen *n*
fenchene hydrate Fenchenhydrat *n*
fenchenic acid Fenchensäure *f*
fenchobornylene Fenchobornylen *n*
fenchocamphoric acid Fenchocamphersäure *f*
fenchocamphorol Fenchocamphorol *n*
fenchol Fenchol *n*, Fenchylalkohol *m*
fencholane Fencholan *n*
fencholene amine Fencholenamin *n*
fencholenic acid Fencholensäure *f*
fencholic acid <$C_{10}H_{18}O_2$> Fencholsäure *f*
fenchone <$C_{10}H_{16}O$> Fenchon *n*
fenchosantenone Fenchosantenon *n*
fenchyl <$C_{10}H_{17}$-> Fenchyl-
fenchyl alcohol <$C_{10}H_{18}O$> Fenchylalkohol *m*, Fenchol *n*
fenchylene <=$C_{10}H_{16}$> Fenchylen-
fender 1. Schutzkappe *f*, Schutzbedeckung *f*

{Elek}; 2. Prellholz *n*, Fender *m*, Reibebalken *m*; 3. *{US}* Schutzblech *n*, Stoßstange *f*
fennel Fenchel *m*, Foeniculum vulgare Mill. *{Bot}*
fennel brandy Fenchelbranntwein *m*
fennel oil Fenchelöl *n*
common fennel oil Bitterfenchelöl *n*
fennel [seed] oil Fenchelöl *n*
fentine acetate <$C_{20}H_{18}O_2Sn$> Fentinacetat *n*, Triphenylzinnacetat *n*
FEP Tetrafluorethylen-Hexafluorpropylen-Copolymer[es] *n*, FEP *{DIN 7728}*
ferbam Ferbam *n {Eisentris(dimethyldithiocarbamat), Fungizid}*
ferberite Ferberit *m*, Ferro-Wolframit *m*, Eisen-Wolframit *m {Min}*
ferghanite Ferghanit *m {Min}*
fergusonite Fergusonit *m {Min}*
ferment/to gären, vergären; aufbrausen, efferveszieren; faulen, fermentieren, treiben
ferment again/to nachgären
ferment completely/to endvergären
ferment sufficiently/to durchgären
ferment Enzym *n*, Ferment *n {obs}*; Gärungserreger *m*, Gärungsmittel *n*, Gärungsstoff *m*
ferment diagnostic Fermentdiagnostikum *n*
digestive ferment abbauendes Enzym *n*
fermentability Gär[ungs]fähigkeit *f*, Gärvermögen *n*, Vergärbarkeit *f*
fermentable vergärbar, gär[ungs]fähgig
fermentation Gären *n*, Gärung *f*, Vergären *n*, Vergärung *f*; Fermentation *f*, Fermentieren *n*, Fermentierung *f*
fermentation alcohol Gärungsalkohol *m*, [gewöhnlicher] Alkohol *m*, Ethanol *n*, Trinkbranntwein *m*
fermentation amyl alcohol Gärungsamylalkohol *m*
fermentation broth Gärbrühe *f*, Gärlösung *f*, Gärflüssigkeit *f*; Fermentationsbrühe *f {Antibiotika-Herstellung}*
fermentation butyric acid Gärungsbuttersäure *f*
fermentation cap Gärkappe *f*, Mostkappe *f*, Süßmostkappe *f {Brau}*
fermentation cellar Gärkeller *m {Brau}*
fermentation chemistry Gär[ungs]chemie *f*
fermentation ethyl alcohol *s.* fermentation alcohol
fermentation fungus Gärungspilz *m*
fermentation gas Biogas *n*, Mistgas *n*, Faulgas *n*
fermentation industry Gärungsgewerbe *n {Brauerei, Winzerei}*, Gärungsindustrie *f*
fermentation-inhibiting gärungshemmend
fermentation lactic acid Gärungsmilchsäure *f*
fermentation method Faulverfahren *n {Seide}*; Gärverfahren *n*, Gärführung *f*
fermentation period Ausgärzeit *f*
fermentation process Gär[ungs]vorgang *m*, Gärverfahren *n*, Gär[ungs]prozeß *m*; Fermentierungsprozeß *m*
fermentation product Gärerzeugnis *n*, Gärprodukt *n*, Gärungsprodukt *n*
fermentation salt Gärsalz *n*
fermentation sample Gärprobe *f*
fermentation tank Gärtank *m*, Gärbottich *m*, Gärungsküpe *f*; Faulbütte *f*, Mazerationsbütte *f {Pap}*; Fermentator *m*, Fermenter *m {Antibiotikaherstellung}*
fermentation test Gärprobe *f*
fermentation tube Gärröhrchen *n*, Gärröhre *f*, Garungsröhrchen *n*
fermentation vat Gärbottich *m*, Gärtank *m*, Gärkasten *m*, Gärungsküpe *f*; Faulbütte *f*, Mazerationsbütte *f {Pap}*
fermentation vessel Maukgefäß *n*
fermentation-yeast juice Hefepreßsaft *m*
accelerated fermentation Schnellgärung *f*
amylolytic fermentation Stärkefermentation *f*
causing fermentation gärungserregend
degree of fermentation Vergärungsgrad *m*
fermentative gärungserregend, gärend, Gärung erregend, Gär[ungs]-; fermentativ, enzymatisch, Ferment-
fermentative activity Gärtätigkeit *f*
fermentative power Gär[ungs]kraft *f*, Gärvermögen *n*, Gärwirkung *f*
fermented vergoren
fermented apple ciders vergorener Apfelmost *m*, Apfelwein *m*
fermented from top obergärig *{Brau}*
fermented milk mit Säureweckern gesäuerte (versetzte) Milch *f*, saure Milch *f*, dickgelegte Milch *f*, Sauermilch *f*, Dickmilch *f*
fermenter Gärbottich *m*, Gärbütte *f*, Gärtank *m*, Gärungsreaktor *m {Triv}*; Fermenter *m {obs}*, Fermentator *m {obs}*, Bioreaktor *m {z.B. Antibiotikaherstellung}*
fermenting 1. gärend; Gär[ungs]-; 2. Vergären *n*; Fermentieren *n*
fermenting acid Gärsäure *f*
fermenting agent Gärungsmittel *n*, Gärungsstoff *m*
fermenting capacity Gärungsfähigkeit *f*, Gärvermögen *n*
fermenting pit Faulgrube *f*
fermenting power Gär[ungs]kraft *f*, Gärvermögen *n*, Gärwirkung *f*
fermenting process Gärvorgang *m*, Gär[ungs]prozeß *m*, Gärverfahren *n*; Fermentationsvorgang *m*
fermenting tank Gärtank *m*, Gärbütte *f*, Gärbottich *m*; Bioreaktor *m*
fermenting temperature Gärtemperatur *f*
fermenting trough Faulbütte *f*, Gärbütte *f*

fermenting tub Gärbottich *m*, Gärbütte *f*
fermenting vat Gärbottich *m*, Gärbütte *f*
fermenting vessel Gärgefäß *n*; Bioreaktor *m*
fermentor *s.* fermenter
fermi Femtometer *n*, Fermi *n* {*obs*, $1f = 10^{-15} = 1fm$}
Fermi constant Fermi-Konstante *f* {*Kopplungskonstante für den Betazerfall*}
Fermi-Dirac statistics Fermi-Dirac-Statistik *f*
Fermi energy 1. Fermi-Kante *f*, Fermi-Niveau *n*; 2. Fermi-Energie *f* {= *3/5 des Fermi-Niveaus*}
Fermi level Fermi-Niveau *n*, Fermi-Kante *f*, Fermische Grenzenergie *f*, Fermi-Grenze *f*
Fermi liquid Fermi-Flüssigkeit *f* {*z.B.* ^3He}
fermium {*Fm, element no. 100*} Fermium *n*, Centurium *n* {*obs*}, Eka-Erbium *n* {*obs*}
fermorite Fermorit *m*, Strontium-Arsen-Apatit *m* {*Min*}
fern oil Farnkrautöl *n*
sweet fern oil Comptoniaöl *n*
fernambuco wood Brasilholz *n*
fernandinite Fernandinit *m* {*Min*}
ferralum Ferralum *n*
Ferrari cement Ferrarizement *m*
ferrate 1. eisensauer ; 2. Ferrat(III) *n*; 3. Ferrat(II) *n*; 4. Ferrat(IV) *n*; 5. Ferrat(V) *n*; 6. Hexacyanoferrat(II) *n*; 7. Hexacyanoferrat(III) *n*; 8. Tetracarbonylferrat(II) *n*
ferredoxin reductase {*EC 1.18.1.2/.3*} Ferredoxinreductase *f*
ferreous eisenhaltig
ferriammonium citrate Eisen(III)-ammon[ium]citrat *n*, Ferriammoncitrat *n* {*obs*}, Ammoniumeisen(III)-citrat *n*
ferriammonium sulfate Ferriammon[ium]sulfat *n* {*obs*}, Ammoniumferrisulfat *n* {*obs*}, Eisen(III)-ammon[ium]sulfat *n*, Ammoniumeisen(III)-sulfat *n*
ferriarsenite Eisen(III)-arsenit *n*, Eisen(III)-arsenat(III) *n*, Ferriarsenit *n* {*obs*}
ferric Eisen-, Eisen(III)-, Ferri- {*obs*}
ferric acetate <$Fe_2(CH_3CO_2)_6 \cdot 4H_2O$> Ferriacetat *n* {*obs*}, essigsaures Eisenoxid *n* {*Triv*}, Eisen(III)-acetat *n*
basic ferric acetate <$Fe(CH_3CO_2)_2OH$> basisches Ferriacetat *n* {*obs*}, basisches Eisen(III)-acetat *n*, Eisen(III)-diacetathydroxid *n*
ferric acetylacetonate <$C_{15}H_{21}FeO_6$> Eisen(III)-acetylacetonat *n*
ferric alum *s.* ferric ammonium sulfate
ferric ammonium citrate <$(C_6H_5O_7)_2Fe_2 \cdot C_6H_5O_7(NH_4)_3$> Ferriamoniumcitrat *n* {*obs*}, Eisen(III)-ammoniumcitrat *n*, Eisen(III)-ammoncitrat *n*, Ferriammoncitrat *n* {*obs*}, Ammoniumeisen(III)-citrat *n*
ferric ammonium oxalate <$(NH_3)_3$-$[Fe(C_2O_4)_3]$ Ferriammoniumoxalat *n* {*obs*}, Eisen(III)-ammoniumoxalat *n*, Ammoniumeisen(III)-oxalat *n*
ferric ammonium sulfate <$FeNH_4(SO_4)_2$-$12H_2O$> Ammoniumeisenalaun *m*, Ferriammoniumsulfat *n* {*obs*}, Eisenammoniakalaun *m* {*obs*}, Eisen(III)-ammoniumsulfat *n*, Ammoniumeisen(III)-sulfat[-Dodekahydrat] *n*
ferric arsenate *s.* ferric orthorarsenate
ferric arsenite Eisen(III)-arsenit *n*, Eisen(III)-arsenat(III) *n* {*IUPAC*}, Ferriarsenit *n* {*obs*}
ferric bromide <$FeBr_3$> Ferribromid *n* {*obs*}, Eisen(III)-bromid *n*, Eisentribromid *n*
ferric cacodylate Ferricacodylat *n* {*obs*}, Eisen(III)-cacodylat *n*
ferric chloride <$FeCl_3$ or $FeCl_3 \cdot 6H_2O$> Eisenchlorid *n*, Ferrichlorid *n* {*obs*}, salzsaures Eisen *n* {*Triv*}, Eisen(III)-chlorid[-Hexahydrat] *n* {*IUPAC*}, Eisentrichlorid *n*
ferric chloride wool Eisenchloridwatte *f* {*Pharm*}
ferric chromate <$Fe_2(CrO_4)_3$> Eisen(III)-chromat *n*, Ferrichromat *n* {*obs*}, Eisentrichromat *n*
ferric citrate <$Fe_2(C_6H_5O_7)_2 \cdot 6H_2O$> Ferricitrat *n* {*obs*}, Eisen(III)-citrat *n*
ferric compound Eisen(III)-Verbindung *f*, Ferriverbindung *f* {*obs*}
ferric cyanide <$Fe(CN)_3$> Eisen(III)-cyanid *n*, Ferricyanid *n* {*obs*}, Eisentricyanid *n*
ferric cyanoferrate(II) <$Fe_4[Fe(CN)_6]_3$> Ferriferrocyanid *n* {*obs*}, Ferrocyaneisen *n* {*obs*}, Eisen(III)-cyanoferrat(II) *n*, Preußischblau *n*, Berliner Blau *n*, Pariser Blau *n*, Eisen(III)-hexacyanoferrat(II) *n* {*IUPAC*}
ferric ferrocyanide *s.* ferric cyanoferrate(II)
ferric fluoride <FeF_3> Eisen(III)-fluorid *n*, Eisentrifluorid *n*, Ferrifluorid *n* {*obs*}
ferric glycerophosphate Eisen(III)-glycerophosphat *n*, Eisenglycerophosphat *n*
ferric hydrate <$Fe(OH)_3$, $Fe_2O_3nH_2O$> Eisenhydroxyd *n* {*obs*}, Ferrihydroxyd *n* {*obs*}; Eisen(III)-hydroxid *n*, Eisen(III)-oxidhydrat *n*
ferric hydroxide *s.* ferric hydrate
ferric hypophosphite <$Fe(H_2PO_2)_3$> Ferrihypophosphit *n* {*obs*}, Eisenhypophosphit *n*, Eisen(III)-hypophosphit *n*
ferric iodate Eisen(III)-iodat *n*, Ferrijodat *n* {*obs*}, Eisentriiodat *n*
ferric iodide Eisen(III)-iodid *n*, Eisentriiodid *n*
ferric ion Eisen(III)-ion *n*, Ferri-Ion *n* {*obs*}
ferric lactate Ferrilactat *n* {*obs*}, Eisen(III)-lactat *n*
ferric metaphosphate Eisen(III)-metaphosphat *n*
ferric naphthenate Ferrinaphthenat *n* {*obs*}, Eisennaphthenat *n*, Eisen(III)-naphthenat *n*
ferric nitrate Eisennitrat *n*, Eisen(III)-nitrat *n*, Ferrinitrat *n* {*obs*}, Eisenoxydnitrat *n*

ferric orthoarsenate <$FeAsO_4$> Eisen(III)-[ortho]arsenat *n*
ferric orthophosphate <$FePO_4$> Eisen(III)-[ortho]phosphat *n*
ferric oxalate <$Fe_2(C_2O_4)_3 \cdot 5H_2O$> Eisen(III)-oxalat *n*, Ferrioxalat *n {obs}*
ferric oxide <Fe_2O_3> Ferrioxyd *n {obs}*, Eisensesquioxid *n*, Eisen(III)-oxid *n*; Polierrot *n {Triv}*
containing ferric oxide eisenoxidhaltig
crystalline hydrated ferric oxide Hydrohämatit *m {Min}*
native ferric oxide Martit *m {Min, Hämatit-Magentit}*
poor in ferric oxide eisenoxidarm
red ferric oxide Berlinerrot *n*, Caput mortuum *n*
ferric potassium citrate Ferrikaliumcitrat *n {obs}*, Kaliumeisen(III)-citrat *n*
ferric potassium cyanide Kaliumeisen(III)-cyanid *n*, rotes Blutlaugensalz *n {Triv}*, Trikaliumhexacyanoferrat(III) *n*
ferric potassium oxalate <$KFe(C_2O_4)_2$> Kaliumeisen(III)-oxalat *n*
ferric potassium sulfate <$KFe(SO_4)_2 \cdot 12H_2O$> Ferrikaliumsulfat *n {obs}*, Eisenkaliumalaun *m {Triv}*, Kaliumeisen(III)-sulfat *n*, Eisen(III)-kaliumsulfat[-Dodekahydrat] *n*
ferric potassium tartrate Ferrikaliumtartrat *n {obs}*, Kaliumeisen(III)-tartrat *n*
ferric resinate Eisen(III)-resinat *n*
ferric rhodanate Ferrirhodanid *n {obs}*,-Eisen(III)-rhodanid *n {obs}*, Eisen(III)-thiocyanat *n*
ferric saccharate Eisenzucker *m {Triv}*, Eisen(III)-zucker *m*
ferric salt Eisen(III)-Salz *n*, Ferrisalz *n {obs}*
ferric sodium oxalate <$Na[Fe(C_2O_4)_3]$> Eisennatriumoxalat *n*, Natriumeisen(III)-oxalat *n*
ferric sodium saccharate Natriumferrisaccharat *n {obs}*, Natriumeisen(III)-saccharat *n*, Eisen(III)-natriumsaccharat *n*
ferric stearate <$(C_{18}H_{35}O_2)_3Fe$> Eisenstearat *n*, Eisen(III)-stearat *n*
ferric sulfate <$Fe_2(SO_4)_3$, $Fe_2(SO_4)_3 \cdot 9H_2O$> Ferrisulfat *n {obs}*, schwefelsaures Eisen *n {Triv}*, Eisen(III)-sulfat *n {IUPAC}*, Eisensesquisulfat *n*
ferric sulfide <Fe_2S_3> Eisen(III)-sulfid *n*, Eisensesquisulfid *n*, Ferrisulfid *n {obs}*
ferric tannate Eisen(III)-tannat *n*, Ferritannat *n {obs}*
ferric tartrate Eisen(III)-tartrat *n*, Ferritartrat *n {obs}*
ferric thiocyanate <$Fe(SCN)_3 \cdot 6H_2O$> Ferrithiocyanat *n {obs}*, Eisen(III)-rhodanid *n {obs}*, Ferrirhodanid *n {obs}*, Rhodaneisen *n {obs}*, Eisen(III)-thiocyanat *n*
ferric valerate Eisen(III)-valerianat *n*
ferrichloric acid Ferrichlorwasserstoff *m*, Tetrachloroeisen(III)-säure *f*, Hexachloroeisen(III)-säure *f*
ferrichromes Ferrichrome *npl {cyclische Hexapeptide}*
ferricyanic acid <$H_3Fe(CN)_6$> Hexacyanoeisen(III)-säure *f*
ferriferous eisenführend, eisenhaltig, eisenschüssig *{Min}*
ferriferous cassiterite Eisenzinnerz *n {Min}*
ferriferous oxide Eisen(II,III)-oxid *n*, Ferroferrioxid *n {obs}*; Magneteisenstein *m {Min}*
ferriferous quartz Eisenquarz *m {Min}*
ferriferous smithsonite Zinkeisenspat *m {obs}*, Ferro-Smithsonit *m {Min}*
ferriferrocyanide *s.* ferric cyanoferrate(II)
ferrific eisenschüssig, eisenführend, eisenhaltig
ferriheme Eisen(III)-häm *n*
ferrihemochromogen Eisenh(III)-hämochromogen *n*
ferrihemoglobin Eisen(III)-hämoglobin *n*
ferrimagnetic material ferromagnetische Substanz *f*, Ferromagnetikum *n*
ferrioxamine Ferrioxamin *n*
ferripotassium oxalate *s.* ferric potassium oxalate
ferripotassium sulfate *s.* ferric potassium sulfate
ferripyrine <$2FeCl_3 \cdot 3C_{11}H_{12}N_2O$> Ferripyrin *n*
ferrite 1. Ferrit *m {Fe-C-Mischkristall}*; 2. Ferrat(III) *n {M'FeO₂}*; 3. Ferrit *n {M''Fe'''₂O₄ Magnetwerkstoff}*
ferrite formation Ferritbildung *f {Met}*
ferrite-switching core Ferritschaltkern *m*
ferrite yellow <$Fe_2O_3 \cdot H_2O$> Ferritgelb *n*, Eisenoxidgelb *n*, Eisengelb *n*
ferritic ferritisch
ferritic steel ferritischer Stahl *m*
ferritin Ferritin *n {Protein}*
ferrivine Ferrivin *n*
ferro-alloy Ferrolegierung *f*
ferroaluminum Aluminiumeisen *n {80 % Fe, 20 % Al}*
ferroammonium sulfate Ammoniumferrosulfat *n {obs}*, Ferroammonsulfat *n {obs}*, Eisenammoniumsulfat *n*
ferroboron Ferrobor *n {Eisenlegierung mit 15-20 % B, 0,01-2% C, 0,5-4 % Al, 1-4 % Si}*
ferrobronze Eisenbronze *f*
ferrocene <$Fe(C_5H_5)_2$> Eisen-*bis*-cyclopentadienyl *n*, Ferrocen *n*
ferrocenyl alkanes <$(CH_2)_5Fe(C_5H_4R)$> Ferrocenylalkane *npl*
ferrocerium Zündstein *m*, Funkenmetall *n*, Cereisen *n {70 % Ce, 30 % Fe}*
ferrochelatase *{EC 4.99.1.1}* Ferrochelatase *f*

ferrochrome Ferrochrom *n*, Eisenchrom *n {52-75 % Cr, 0,01-10 % C, 0,02-12 % Si, Fe (Mn)}*
ferrochromium *s.* ferrochrome
ferrocolumbium *{US}* *s.* ferroniobium
ferroconcrete Eisenbeton *m*, Stahlbeton *m*
ferrocyanic acid <$H_4[Fe(CN)_6]$> Hexacyanoeisen(II)-säure *f*, Ferrocyanwasserstoff *m {obs}*, Eisenblausäure *f {Triv}*
ferrocyanide <$M'_4[Fe(CN)_6]$> Ferrocyanid *n {Triv}*, Cyanoferrat(II) *n*, Hexacyanoferrat(II) *n*
ferrocyanide process Ferrocyanidprozeß *m*
ferrocyanogen Ferrocyan *n*
ferroelectric 1. ferroelektrisch; 2. Ferroelektrikum *n*
ferroelectric material Ferroelektrikum *n*, ferroelektrisches Material *n*, ferroelektrischer Stoff *m*
ferroelectricity Ferroelektrizität *f*
ferroferricyanide Ferroferricyanid *n {obs}*, Eisenferrocyanid *n {obs}*, Eisen(II)-hexacyanoferrat(III) *n {IUPAC}*
ferroferrocyanide Eisen(II)-hexacyanoferrat(II) *n {IUPAC}*
ferrohemol Ferrohämol *n*
ferroin <$C_{36}H_{24}FeN_6$> Ferroin *n*
ferroin solution Ferroinlösung *f*
ferromagnesian limestone Eisenbitterkalk *m {Min}*
ferromagnesium Ferromagnesium *n*
ferromagnetic 1. ferromagnetisch; 2. ferromagnetisches Material *n*, ferromagnetischer Stoff *m*, Ferromagnetikum *n*
ferromagnetic oxide *{IEC 220}* ferromagnetisches Oxid *n*
ferromagnetic material Ferromagnetikum *n*, ferromagnetisches Material *n*, ferromagnetischer Stoff *m*
ferromagnetism Ferromagnetismus *m*
ferromanganese Ferromangan *n*, Eisenmangan *n {Met, 75-92 % Mn, 0,05-8 % C, 0,5-1,5 % Si, Fe}*
ferromanganese peptonate Eisen(II)-mangan(II)-peptonat *n*
ferromanganese saccharate Eisen(II)-mangan(II)-saccharat *n*
ferromanganese silicon Ferromangansilicium *n*, Eisenmangansilicium *n*
ferromanganese titanium Ferromangantitan *n*, Eisenmangantitan *n*
ferromanganese tungstate Eisenmanganwolframat *n*
ferromolybdenum Molybdäneisen *n*, Eisenmolybdän *n*, Ferromolybdän *n {58-75 % Mo, 1-2 % Si, C, Fe}*
ferron <$C_9H_6INO_4$ S> Ferron *n*, Loretin *n*, Chiniofon *n*, Yatren *n*, 8-Hydroxy-7-iodchinolin-5-sulfonsäure *f*
ferronickel Eisennickel *n*, Ferronickel *n*, Nickeleisen *n {Met, 20-50 % Ni, Fe}*
ferronickel alloys Ferronickellegierungen *fpl*
ferroniobium Ferroniob *n {63-67 % Nb, 0,5-2 Ta, 2 % Al, Si, Fe}*
ferrophosphorus Phosphoreisen *n*, Eisenphosphid *n*, Eisenphosphor *m {20-27 % P, 1-9 % Si, Fe}*
ferrophosphorus nickel Phosphoreisennickel *n*
ferroprussiate process Eisenblaudruck *m*
ferropyrine *s.* ferripyrine
ferrosilicon Ferrosilicium *n*, Siliciumeisen *n {8-95 % Si, Fe}*
ferrosilicon furnace Ferrosiliciumofen *m*
ferrosilicon manganese Ferromangansilicium *n*, Siliciumspiegel *m*
ferrosilicon production Ferrosiliciumerzeugung *f*
ferrosoferric chloride <$FeCl_2 \cdot 2FeCl_3$> Eisen(III,II)-chlorid *n*
ferrosoferric hydroxide <$Fe_3O_4 \cdot H_2O$> Ferroferrioxyd *n {obs}*, Eisenoxyduloxyd *n {obs}*, Eisen(II,III)-oxid *n {IUPAC}*; Magneteisenerz *n {Min}*,
ferrosoferric iodide <$FeI_2 \cdot 2FeI_3$> Ferriferrojodid *n {obs}*, Eisenjodürjodid *n {obs}*, Eisen(II, III)-iodid *n*
ferrosoferric oxide <$FeO \cdot 2Fe_2O_3$> Eisen(II, III)-oxid *n*, Eisenoxidoxydul *n {obs}*, Ferriferrooxid *n {obs}*
ferrotartrate 1. eisenweinsteinsauer; 2. Eisenweinstein *m*
ferrotitanite Ferrotitanit *m*
ferrotitanium Eisentitan *n*, Ferrotitan *n {28-75 % Ti, 0,5-7,5 % Al, 0,1-4,5 % Si, 0,2-1,5 % Mn, Fe}*
ferrotungsten Eisenwolfram *n*, Ferrowolfram *n {75-85 % W, 1 % C, Fe}*
ferrotype process Ferrotypie *f*
ferrous eisenhaltig, eisenschüssig *{Min}*; Eisen-, Eisen(II)-
ferrous acetate <$Fe(CH_3CO_2)_2 \cdot 4H_2O$> Eisen(II)-acetat *n*, Ferroacetat *n {obs}*, Eisenoxydulacetat *n {obs}*, essigsaures Eisenoxydul *n {obs}*
ferrous alloy Stahllegierung *f*
ferrous ammonium sulfate <$(NH_4)_2Fe(SO_4)_2 \cdot 6H_2O$> Mohrsches Salz *n*, Eisenoxydulammonsulfat *n n {obs}*, Ammoniumeisen(II)-sulfat[-Hexahydrat] *n*
ferrous arsenate *s.* ferrous orthoarsenate
ferrous bromide <$FeBr_2$> Eisendibromid *n*, Eisen(II)-bromid *n*, Eisenbromür *n {obs}*, Ferrobromid *n {obs}*
ferrous carbonate <$FeCO_3$> Eisen(II)-carbonat *n*, Ferrocarbonat *n {obs}*
ferrous chloride <$FeCl_2$ or $FeCl_2 \cdot 4H_2O$>

Ferrochlorid *n {obs}*, Eisen(II)-chlorid *n {IUPAC}*, Eisendichlorid *n*

ferrous compound Eisen(II)-Verbindung *f*, Eisenoxydulverbindung *f {obs}*, Ferroverbindung *f {obs}*

ferrous cyanoferrate(III) Ferroferricyanid *n {obs}*, Turnbulls Blau *n {Triv}*, Eisen(II)-hexacyanoferrat(III) *n*

ferrous ferricyanide <$Fe_3[Fe(CN)_6]_2$> Ferroferricyanid *n {obs}*, Turnbulls Blau *n {Triv}*, Eisen(II)-ferricyanid *n {obs}*, Eisen(II)-hexacyanoferrat(III) *n*

ferrous ferrocyanide <$Fe_2[Fe(CN)_6]$> Eisen (II)-hexacyanoferrat(II) *n*, Eisen(II)-ferrocyanid *n {obs}*

ferrous fluoride <FeF_2> Eisen(II)-fluorid *n*, Ferrofluorid *n {obs}*, Eisendifluorid *n*

ferrous fumarate Ferrofumarat *n {obs}*, Eisen(II)-fumarat *n*

ferrous gluconate Ferroglukonat *n {obs}*, Eisen(II)-gluconat *n*

ferrous hydroxide <$Fe(OH)_2$> Ferrohydroxyd *n {obs}*, Eisen(II)-hydroxid *n {IUPAC}*

ferrous iodide <FeI_2> Eisendiiodid *n*, Eisen(II)-iodid *n*, Eisenjodür *n {obs}*, Ferrojodid *n {obs}*

ferrous ion Eisen(II)-Ion *n*, Ferro-Ion *n {obs}*

ferrous lactate Ferrolactat *n {obs}*, milchsaures Eisen *n {Triv}*, Eisen(II)-lactat *n*

ferrous manganite Bixbyit *m*, Sitaparit *m {Min}*

ferrous material Eisenwerkstoff *m*

ferrous metall Eisenmetall *n*

ferrous metallurgy Eisenindustrie *f*

ferrous nitrate Ferronitrat *n {obs}*, Eisen(II)-nitrat *n*

ferrous orthoarsenate <$Fe_3(AsO_4)_2$> Eisen(II)-[ortho]arsenat(V) *n*

ferrous oxalate <$FeC_2O_4 \cdot 2H_2O$> Ferrooxalat *n {obs}*, Eisen(II)-oxalat *n*

ferrous oxide <FeO> Ferrooxyd *n {obs}*, Eisenmonooxid *n*, Eisen(II)-oxid *n {IUPAC}*

ferrous phosphate <$Fe_3(PO_4)_2$> Ferrophosphat *n {obs}*, Eisen(II)-phosphat(V) *n*, Eisen(II)-orthophosphat *n*

ferrous phosphide Ferrophosphid *n {obs}*, Eisen(II)-phosphid *n*

ferrous potassium cyanide gelbes Blutlaugensalz *n {Triv}*, Kaliumeisen(II)-cyanid *n*, Kaliumferrocyanid *n {obs}* Kaliumhexacyanoferrat(II) *n*

ferrous potassium sulfate Ferrokaliumsulfat *n {obs}*, Kaliumeisen(II)-sulfat *n*

ferrous potassium tartrate Ferrokaliumtartrat *n {obs}*, Kaliumeisen(II)-tartrat *n*

ferrous quinine citrate Ferrochinincitrat *n {obs}*, Eisen(II)-chinincitrat *n*

ferrous salt Eisen(II)-Salz *n*, Eisenoxydulsalz *n*, Ferrosalz *n*

ferrous selenide Seleneisen *n*, Eisenselenür *n {obs}*, Eisen(II)-selenid *n*

ferrous sulfate <$FeSO_4$ or $FeSO_4 \cdot 7H_2O$> Eisen(II)-sulfat-Heptahydrat *n {IUPAC}*, Ferrosulfat *n {obs}*, Eisenvitriol *n {Triv}*, saures Eisenoxydul *n {obs}*

ferrous sulfide <FeS> Eisen(II)-sulfid *n*, Eisenmonosulfid *n*, Eisensulfür *n {obs}*, Ferrosulfid *n {obs}*; Schwefelkies *m {Min}*

ferrous thiocyanate <$Fe(SCN)_2 \cdot 3H_2O$> Ferrothiocynat *n {obs}*, Eisen(II)-rhodanid *n*, Eisenrhodanür *n {obs}*, Eisen(II)-thiocyanat *n*

ferrovanadium Eisenvanadium *n*, Ferrovanadium *n*, Vanadiumeisen *n*, Ferrovanadin *n {50-85 % V, 2 % Al, 1,5 % Si, Fe}*

ferroxidase *{EC 1.16.3.1}* Ferroxidase *f*, Eisen(II)-Sauerstoffoxireductase *f*

ferroxyl indicator Ferroxylindikator *m {Korr}*

ferrozirconium Ferrozirkon[ium] *n*, Ferrozirkoniumsilicium *n {Fe, 12-47 % Zr, Si}*

ferrugineous *s.* ferruginous

ferruginol Ferruginol *n*

ferruginous 1. eisenhaltig, eisenführend, eisenschüssig *{Min}*; eisenähnlich, eisenartig; 2. rosafarbig, hellrostfarbig

ferruginous antimony Eisenantimon *n*

ferruginous calamine Eisenzinkspat *m {Min}*

ferruginous colo[u]r Eisenrostfarbe *f*

ferruginous earth Eisenerde *f*

ferruginous jasper Eisenjaspis *m {Min}*

ferruginous limestone Kalkeisenstein *m {Min}*

ferruginous magnesia limestone Eisenbitterkalk *m {Min}*

ferruginous mud Eisenschlamm *m*

ferruginous opal Eisenopal *m {Min}*

ferruginous quartz Eisenkiesel *m*, roter Quarz *m*

ferruginous quinine citrate Eisenchinincitrat *n*

ferruginous remedy Eisenarznei *f {Pharm}*

ferruginous sand Eisensand *m*

ferruginous tincture Eisentinktur *f {Pharm}*

fertile 1. fruchtbar, ertragreich *{Boden}*; 2. brütbar, in Spaltstoff *m* umwandelbar, brutfähig *{Nukl}*

fertile material Brutmaterial *n*, brütbares Material *n*, Brutstoff *m*, Spaltrohstoff *m {Nukl}*

fertility Fruchtbarkeit *f*, Fertilität *f {Biol}*

fertilization 1. Düngung *f*, Fruchtbarmachung *f {Agri}*; 2. Befruchtung *f*, Fekundation *f*

fertilize/to 1. befruchten *{Biol}*; düngen *{Agri}*

fertilizer Düngemittel *n*, Dünger *m*

fertilizer salt Düngesalz *n*

fertilizer urea Düngeharnstoff *m*

artificial fertilizer künstlicher Dünger *m*, Kunstdünger *m*

complete fertilizer Volldüngemittel *n*

fertilizing Düngen *n*

fertilizing capacity Befruchtungsfähigkeit *f*
fertilizing substance Dünger *m*, Düngemittel *n*
ferulaldehyde <$C_{10}H_{10}O_3$> *p*-Coniferylaldehyd *m*, Ferulaldehyd *m*
ferulene <$C_{15}H_{24}$> Ferulen *n*, 9-Aristolen *n*
ferulic acid <$C_{10}H_{10}O_4$> 4-Hydroxy-3-methoxyzimtsäure *f*, Ferulasäure *f*, Kaffeesäure-3-methylether *m*
fervenuline <$C_7H_7N_5O_2$> Fervenulin *n {Pharm}*
Fessler compound Fesslersche Verbindung *f {Flockungsmittel zur Weinbehandlung}*
festoon dryer *{GB}* Hänge[band]trockner *m*, Laufbandtrockner *m*; Schleifentrockner *m*, Girlandentrockner *m {Kunst, Photo}*; Trockenhänge *f {Text}*
festuclavine Festuclavin *n*
fetch/to [ab]holen, heranholen; herausholen, erzielen, hereinbringen
fetid stinkend, übel riechend, widerlich riechend; Stink-
fetid cinnabar Stinkzinnober *m {Min}*
fetid marl Stinkmergel *m {Min}*
fetid stone Stinkstein *m {Min}*
fetor Gestank *m*
fettling Verputzen *n*, Putzen *n*, Entgraten *n*
fettling tool Abschrotmesser *n {Keramik}*
Feulgen method Feulgen-Test *m*, Feulgensche Reaktion *f {Desoxyribose-Nachweis}*
feverfew oil Mutterkrautöl *n*
FGD *{flue-gas desulfurization}* Rauchgasentschwefelung *f*
fiber *{US}* 1. Faser *f*, Fiber *f {Biol}*; 2. Faserstoff *m*; Faser *f*, Faden *m {Text}*
fiber array Faseranordnung *f*
fiber ash Faserasche *f*
fiber bonding Faserbindung *f {H-Bindung zwischen Fasern}*
fiber breakage Faserbruch *m {bei glasfaserverstärkten Thermoplasten}*
fiber bundle Faserbündel *n*
fiber clump Faseranhäufung *f {in glasfaserverstärkten Thermoplasten}*
fiber content Fasergehalt *m*, Fasermassenanteil *m*
fiber cross-section Faserquerschnitt *m*
fiber direction Faserrichtung *f*
fiber dust Faserstaub *m {Text}*
fiber dusting plant Beflockungsanlage *f*
fiber extrusion line Faser[extrusions]anlage *f*
fiber-finish Haftvermittlerüberzug *m {auf Glasfasern}*
fiber fleece Faservlies *n*
fiber formation Faserbildung *f*; Faserstoffbildung *f*
fiber grease Faserfett *n*
fiber insulation Faserisolation *f*, Zerfaserung *f*
fiber knot Faserbündel *n*
fiber length Faserlänge *f*
fiber-length distribution Faserlängenverteilung *f {in faserverstärkten Formteilen}*
fiber-like faserartig, faserförmig
fiber lubricants Faserschmiermittel *npl*
fiber material Fasermaterial *n*
fiber metallurgy Fasermetallurgie *f {Herstellung von Faserwerkstoffen}*
fiber molecule Fadenmolekül *n*
fiber-optic faseroptisch, fiberoptisch
fiber-optic cable Glasfaserkabel *n*
fiber-optic rod Lichtleiterstab *m*
fiber optics Faseroptik *f*, Fiberoptik *f*, Glasfaseroptik *f*
fiber orientation Faserorientierung *f*
fiber orientation distribution Faserorientierungsverteilung *f {in faserverstärkten Formteilen}*
fiber pattern Faserstruktur *f*, Fasermuster *n*
fiber-pull-out test Faserausziehversuch *m {für faserverstärkte Thermoplaste}*
fiber-raw material Faserrohstoff *m*
fiber recovering Faserrückgewinnung *f*, Faserwiedergewinnung *f*, Stoffrückgewinnung *f*, Stoffwiedergewinnung *f*
fiber-recovering plant Fasernfänger *m {Pap}*
fiber-reinforced cement Faserzement *m*
fiber-reinforced composite faserverstärkter Verbundstoff *m*
fiber-reinforced composite material faserverstärkter Verbundwerkstoff *m*
fiber-reinforced plastic faserverstärkter Plast *m*, faserverstärkter Kunststoff *m*
fiber reinforcement Faserverstärkung *f*
fiber slurry Faseraufschlämmung *f*, Faserbrei *m*; Glasfaserbrei *m*
fiber strand Faserbündel *n*, Faserstrang *m*
fiber strength Faserfestigkeit *f*
fiber structure Faseraufbau *m*, Faserstruktur *f*; Faserstoffstruktur *f {Text}*
fiber suspension Fasersuspension *f {Pap}*
fiber tip Faserende *n*
fiber-volume fraction Faservolumenanteil *m {in faserverstärkten Formteilen}*
artificial fiber Kunstfaser *f*, Chemiefaser *f*, Kunstfaden *m*
chemical fiber Chemiefaser *f*, Chemiefaden *m*
colo[u]r of the fiber Faserfärbung *f*
man-made fiber Chemiespinnfaser *f*, synthetische Faser *f*
separate into fibers/to auffasern
tape fiber Bündchenfaser *f*, fibrillierte Faser *f* aus Folienbändchen
fiberboard 1. Faserplatte *f*, Holzfaserplatte *f {DIN 68753}*; 2. Vulkanfiber *f*, VF, Fiber *f*; 3. Kistenpappe *f*, Behälterpappe *f*
fiberboard case Pappkarton *m*, Karton *m*, Pappschachtel *f*, Schachtel *f*
fiberglass 1. Glasfaser *f*, GL *{DIN 60001}*;

2. Glasfaserstoff *m*, Glasgespinst *n*, gesponnenes Glas *n*
fiberglass cloth Glasfasertuch *n*
fiberglass cord Glasfaserkordfaden *m*
fiberglass reinforcement Glasfaserverstärkung *f*
fibre *{GB}* *s.* fiber *{US}*
fibril[la] 1. faserig, faserartig; 2. Fibrille *f* *{Med}*; 3. Filament *n*, Fibrille *f*, Fäserchen *n*, kleine Faser *f*
fibril[l]ate/to fibrillieren, in Teilfäserchen *npl* aufspalten, in Fibrillen *fpl* aufspalten, defibrillieren
fibrillated fiber fibrillierte Faser *f*
fibrillated film fiber fibrillierte Folienfaser *f*
fibrillated tape Bändchenfaser *f*, fibrillierte Faser *f* aus Folienbändchen *n*
fibrillated yarn Foliengarn *n*
fibrillating equipment Fibrillator *m*, Fibrillieraggregat *n* *{für Plastfolien}*
fibrillating process Fibrillieren *f* *{Folien}*
fibrillation Faserbildung *f* *{Met}*; Faserung *f* *{Biol}*; Fibrillieren *n*, Fibrillierung *f*, Spleißen *n* *{Kunst, Pap}*
fibrillation ratio Fibrillierverhältnis *n*
fibrillator Fibrillator *m*, Fibrillieraggregat *n*
fibrin Fibrin *n*, Blutfaserstoff *m* *{Eiweißprodukt der Blutgerinnung}*
fibrin clot Fibringerinnsel *n*
fibrin foam Fibrinschaum *m* *{Med}*
fibrin plug Fibrinpfropf *m*
fibrinase *{EC 3.4.21.7}* Fibrinase *f*, fibrinstabilisierender Faktor *m*
fibrinogen Fibrinogen *n*, Faktor I *m* *{die lösliche Vorstufe des Fibrins}*
fibrinogenase *{EC 3.4.21.5}* Fibrinogenase *f*
fibrinogenous fibrinbildend
fibrinolysin *{EC 3.4.21.7}* Fibrinolysin *n*, Plasmin *n*
fibrinolysis Fibrinolyse *f*
fibrinoplastic fibrinoplastisch
fibrocellule Faserzelle *f* *{Bot}*
fibrocrystalline faserkristallin
fibroferrite Fibroferrit *m* *{Min}*
fibroin <$(C_{15}H_{23}N_5O_6)_n$> Fibroin *n*
fibrolite Fibrolith *m* *{filziger Sillimanit, Min}*
fibronectin Fibronectin *n* *{Glycoprotein}*
fibrous faserförmig, fas[e]rig, faserähnlich, faserartig, gefasert, sehnig, Faser-; fibrös *{Med}*
fibrous filter Faserfilter *n*
fibrous material Faserstoff *m*, Fasermaterial *n*
fibrous protein Faserprotein *n*
fibrous quartz Faserquarz *m*
fibrous serpentine Metaxit *m* *{Min}*
fibrous stock Faserstoffe *mpl* *{Pap}*
fibrous structure Faserstruktur *f*; Schlackenzeile *f* *{Med}*
fibrous substance Faserstoff *m*, Fasermaterial *n*
fibrous tissue Fasergewebe *n*
fibrous web Faserbahn *f* *{z.B. zum Tränken oder Beschichten mit Kunstharzen}*
ficin *{EC 3.4.22.3}* Ficus-Protease *f*, Debricin *n* *{Milchsaft in Ficus-Arten}*
ficine <$C_{20}H_{19}NO_4$> Ficin *n* *{Pyrrolidin-Alkaloid}*
Fick's law Ficksches Gesetz *n* *{der Diffusion}*
fictile 1. formbar; irden, tönern; Irden-, Ton-; 2. wandelbar, verfrombar *{Valenz; z.B. im $Fe_3(CO)_{12}$}*
fictitious unwirklich, fiktiv, imaginär; erdacht, ausgedacht
fiedlerite Fiedlerit *m* *{Min}*
field 1. Acker *m*, Feld *n* *{Agri}*; 2. Fachgebiet *n*, Gebiet *n*, Sachgebiet *n*; 3. Anwendungsbereich *m*, Anwenderbereich *m*; 4. Feld *n*; Körper *m*, Rationalitätsbereich *m* *{Math}*; 5. Revier *n* *{Bergbau}*; 6. Kraftfeld *n* *{Phys}*
field coil Feldspule *f*, Erregerspule *f*, Polspule *f* *{des Elektromagneten}*
field dependence Feldabhängigkeit *f*
field-desorption Felddesorption *f*
field-desorption mass spectrometry Felddesorptions-Massenspektrometrie *f*
field distortion Feldverzerrung *f*
field emission Feldemission *f*, Kaltemission *f*, autoelektronischer Effekt *m*, Feldelektronenemission *f*
field-emission adsorption spectrometry Feldemissions-Adsorptionsspektrometrie *f*
field-emission electron microscope Feldelektronenmikroskop *n*, Feldemissionsmikroskop *n*, Spitzenübermikroskop *n*
field-emission microscope Feldelektronenmikroskop *n*, Feldemissionsmikroskop *n*
field-emission ion microscope Feldionenmikroskop *n*
field evaporation Feldverdampfung *f*
field experiment Feldversuch *m*, Freilandversuch *m*
field-flow fractionation Flußfeld-Fließ-Fraktionierung *f*, Feld-Fluß-Fraktionierung *f* *{der Chromatographie ähnliches Verfahren zur Trennung von Makromolekülen}*
field fluctuation Feldschwankung *f*
field force Feldkraft *f*
field intensity Feldintensität *f*, Feldstärke *f*
field-ion mass spectrometer Feldionen-Massenspektrometer *n*
field-ion microscope Feldionenmikroskop *n*
field-ionization Feldionisation *f*, Feldionisierung *f*, Ionisierung *f* im starken elektrischen Feld *n*
field-ionization [vacuum] ga[u]ge Feldionisationsvakuummeter *n*

field-jump method Feldsprung-Methode *f {Reaktionskinetik}*
field-limiting aperture Feldblende *f*, Gesichtsblende *f {Opt}*
field of activity Aufgabengebiet *n*, Tätigkeitsbereich *m*
field of application Anwendungsgebiet *n*
field of force Kraftfeld *n*, Kräftefeld *n*
field of use Anwendungsgebiet *n*
field of view Gesichtsfeld *n*
field of vision 1. Sichtbereich *m*, Sichtfeld *n*, Blickfeld *n*, Sehfeld *n*, Gesichtsfeld *n {Opt}*; 2. Bildfeld *n {Physiol, Opt}*
field particle Feldteilchen *n*
field pest Ackerschädling *m {Zool}*
field quantization Feldquantelung *f*, Feldquantisierung *f*
field quantum Feldquant *n {kleinste diskrete Energiemenge eines Feldes}*
field resistance Magnetwicklungswiderstand *m*
field stop Feldblende *f*, Gesichtsblende *f {Opt}*
field strength Feldstärke *f*
field-strength meter Feldstärke-Meßgerät *n*
field-testing 1. Freilandversuch *m*, Feldversuch *m {Agri}*; Baustellenversuch *m*; 2. Einsatzerprobung *f*
field voltage Feldspannung *f*
field winding Feldwicklung *f*, Erregerwicklung *f*, Magnetwicklung *f*
electric field elektrisches Feld *n*
electromagnetic field elektromagnetisches Feld *n*
electrostatic field strength elektrostatische Feldstärke *f*
geomagnetic field erdmagnetisches Feld *n*
intensity of field Feldstärke *f*
magnetic field magnetisches Feld *n*
magnetic field strength magnetische Feldstärke *f*
non-uniform field inhomogenes Feld *n*
fiery 1. glühend heiß, glühend rot, feurig; 2. schlagwetterführend *{Bergbau}*
fiery red knallrot
fig Feige *f {Bot}*
fig wine Feigenwein *m*
figurative bildlich, figurativ
figure/to 1. berechnen, ausrechnen; 2. darstellen *{zeichnerisch oder mathematisch}*; 3. mustern
figure 1. Abbildung *f*, Figur *f*, Zeichnung *f*, Bild *n*; Gestalt *f*; 2. Zahl *f*, Ziffer *f*, Zahlzeichen *n*, Zahlsymbol *n {Math}*; Rechnen *n*; Preis *m*; 3. Muster *n {Text}*; 4. Maserung *f {Holz}*
figure-eight blank Steckscheibe *f*
figure of merit Leistungsziffer *f*, Gütegrad *m*, Gütezahl *f*
figured agate Bilderachat *m {Min}*
filament 1. Filament *n {DIN 60001}*, Fibrille *f*; Elementarfaden *m*, Endlosfaser *f {Text}*; 2. Glühfaden *m*, Leuchtfaden *m*, Leuchtdraht *m*, Glühdraht *m*; Glühwendel *f*, Wendeldraht *m {einer Glühlampe}*; 3. Fadenkathode *f*; 4. Heizfaden *m*, geheizter Faden *m {Elektrodenröhre}*; 5. Einzel-Seilgarn *n* ; 6. Staubfaden *m {Bot}*
filament-adhesive tape Selbstklebband *n* mit Trägerwerkstoff *m*
filament battery Heizbatterie *f {Elek}*
filament bridge Faserbrücke *f*
filament burn-out Durchbrennen *n* des Glühfadens *m*
filament cathode direkt geheizte Kathode *f*, Glühkathode *f*
filament current Heizstrom *m {Elektronik}*
filament electrode Strichelektrode *f*
filament electrometer Fadenelektrometer *n*
filament-growth method Aufwachsverfahren *n {Met}*
filament lamp Glühfadenlampe *f*, Glühlampe *f*; Wärmelichtquelle *f*
filament-length distribution Faserlängenverteilung *f {Text}*
filament rheostat Heizwiderstand *m {Elek}*
filament temperature Glühfadentemperatur *f*
filament winding Faserwickelverfahren *n*, Wickeln *n*, Wicklung *f*, Wickelverfahren *n {z.B. für Rotationskörper aus faserverstärkten Plasten}*; Heizwicklung *f*
filament-winding resin Wickelharz *n*
filament wound pipe Wickelrohr *n*, Plastrohr *n* aus Faserlaminat *n*
filament yarn Endlosgarn *n*, Seide *f*, Filamentgarn *n {DIN 60001}*, endloses Garn *n*
carbon filament Kohlefaden *m*
hot filament Heizdraht *m*, Glühdraht *m*, Glühfaden *m*
synthetic filament Kunstfaden *m*
filamentary fadenförmig; Faden-
filamentary cathode direkt geheizte Kathode *f*, Glühkathode *f*
filamentary spark Fadenfunke *m*
filamentous faserig, faserartig, faserförmig
filaricide Filarienmittel *n {Pharm}*
file/to 1. abheften, ablegen; einordnen, ordnen; 2. einreichen, anmelden; 3. feilen *{Tech}*
file 1. Feile *f {DIN 7285}*; 2. Kartei *f*; 3. Reihe *f*; 4. Ordner *m*, Aktenordner *m*; Akte *f*; 5. Datei *f {EDV}*
file dust Feilstaub *m*
file number Aktennummer *f*, Aktenzeichen *n*; Datenbezeichnung *f {EDV}*
file structure Dateiaufbau *m {EDV}*
filicic acid 1. Filixsäure *f*; 2. Filicinsäure *f*,
filicic acid anhydride Filicinsäureanhydrid *n*, Filicin *n*
filicin **<$C_{35}H_{40}O_{12}$>** Filicin *n*, Filicinsäureanhydrid *n*

filicinic acid Filicinsäure *f* 1,1-Dimethylcyclohexan-2,4,6-trion n *{IUPAC}*
filiform fadenförmig, faserförmig, filiform
filiform corrosion Fadenkorrosion *f*, Filigrankorrosion *f*
filing 1. Feilspan *m*; 2. Ablage *f {Bürosystem}*; 3. Archivierung *f {EDV}*; 4. Feilen *n {Tech}*; 5. Einreichen *n {z.B. Patent}*
filing cabinet Aktenschrank *m*
filing card Karteikarte *f*
filings Feilspäne *mpl*, Feilicht *n*, Feilstaub *m*
filixic acid Filixsäure *f*
fill/to 1. [ab]füllen, ausfüllen, einfüllen; beschicken; 2. füllen, Füllstoffe *mpl* zusetzen; 3. füllen, nachgerben; 4. versetzen *{Bergbau}*; 5. beschweren, füllen *{Text}*; 6. erledigen; 7. anfertigen *{z.B. ein Rezept}*
fill up/to 1. nachfüllen, auffüllen, tanken, vollfüllen; 2. nachdecken, überfärben; 3. verstreichen
fill 1. Füllung *f*; 2. Einbauten *mpl*, Einbau *m {z.B. in einen Kühlturm}*; 3. Aufschüttung *f*, Füllung *f*, Anschüttung *f*, Schüttung *f*, herangebrachter Boden *m*; 4. Versatz *m*, Bergeversatz *m*, Versatzgut *n {Bergbau}*
fill hole Einfüllöffnung *f*, Füllöffnung *f*, Einfülloch *n*
fill rate Füllgeschwindigkeit *f*
fill-weigher Abfüllwaage *f*
filled [ab]gefüllt
filled band vollbesetztes Energieband *n*, vollbesetztes Band *n {Halbleiter}*
filled lattice energy bands besetzte Gitterenergiebänder *npl*
filled polymer gefülltes Polymer[es] *n*, gefüllter Plast *m*
filler 1. Füllstoff *m*, Füllmittel *n*, Füllmaterial *n*, Füller *m*, Füllkörper *m*, Füllmasse *f {Chem, Tech}*; Streckmittel *n*, Harzträger *m {Kunst}*; Papierfüllstoff *m*; 2. Einlage *f {z.B. beim Triplexkarton}*; 3. Verschnittmittel *n*; Grundmasse *f*, Spachtelmasse *f*, Spachtel *m {Farb}*; 4. Zuschlagstoff *m*, Zusatzmaterial *n*, Zusatzgut *n*, Zusatzwerkstoff *m {Tech, Schweißen}*; 5. Füller *m*, Lader *m {Bergbau}*; 6. Abfüllmaschine *f*, Abfüllapparat *m*, Füllmaschine *f {Tech}*; 7. Beschwerungsmittel n, Erschwerungsmittel n
filler cap Füllstutzen *m*; Verschlußdeckel *m*, Einfüllverschluß *m*
filler characteristic Füllstoffeigenschaft *f*, Füllstoffkennwert *m*
filler content Füllstoffgehalt *m*, Füllgrad *m*
filler gas Füllgas *n*
filler loading Füllgrad *m*
filler metal Schweißzusatzwerkstoff *m*, Zusatzwerkstoff *m*, Elektrodenmetall *n*, Zusatzgut *n*, Zusatzmaterial *n*
filler-packing fraction Füllstoffpackungsfraktion *f {Quotient aus wahrem Füllstoffvolumen und scheinbarem Gesamtvolumen}*
filler particle Füllstoffkorn *n*, Füllstoffteilchen *n*
filler-particle orientation Füllstofforientierung *f*
filler sedimentation Füllstoffabsetzen *n*, Füllstoffsedimentation *f*
filling 1. Füllen *n*, Abfüllen *n*, Einfüllen *n*; 2. Einbau *m*, Einbauten *mpl {z.B. Rieseleinbau des Kühlturms}*; 3. Aufschüttung *f*, Füllung *f*, Anschüttung *f*, Schüttung *f*, Verfüllung *f {Tech}*; 4. Einstau *m {einer Talsperre}*; 5. Beschicken n *{Hochofen}*; 5. Füllen *n*; Bergversatz *m*, Versatz *m*, Trockenversatz *m {Bergbau}*; 6. Spachteln *n {Farb}*; 7. Bemessern *n*, Messergarnierung *f {Pap}*; 8. Beschwerungsmittel *n*, Erschwerungsmittel *n*; Füllen *n*, Beschweren *n {Text}*; 9. Füllen *n*, Nachgerben *n {Gerb}*
filling agent *s.* filler
filling and counting machinery Abfüll- und Zählmaschinen *fpl*
filling and dosing machine Abfüll- und Dosiermaschine *f*
filling and sealing machinery Abfüll- und Verschließmaschinen *fpl*
filling apparatus Füllapparat *m*
filling balance Abfüllwaage *f*
filling capacity Füllungsgrad *m*
filling compound Vergußmasse *f*, Füllmasse *f*
filling control Füllkontrolle *f*
filling-degree indicator Füllstandsanzeiger *m {Tank}*
filling device Abfüllvorrichtung *f*, Abfüllapparat *m*
filling factor Füllfaktor *m*
filling hole Einfüllöffnung *f*, Füll-Loch *n*, Einfülloch *n*, Füllöffnung *f*
filling ladle Füllöffel *m*
filling layer Verstärkungseinlage *f*, Verstärkungsschicht *f* in Schichtstoffen *mpl*
filling level Füllstand *m*, Füllstrich *m*
filling machine Abfüllmaschine *f*, Abfüllapparat *m*, Füllmaschine *f*
filling material Füllmaterial *n*, Füllkörper *mpl*, Füllmittel *n*, Füllstoff *m*
filling plant Abfüllanlage *f*, Füllanlage *f*
filling pressure Fülldruck *m*
filling ratio Füllungsverhältnis *n*
filling rings Füllringe *mpl*, Raschig-Ringe *mpl*
filling screw Füllschraube *f*
filling shovel Schaufel *f {Glas}*
filling sleeve Füllansatz *m*
filling space *{US}* Füllraum *m*
filling speed Füllgeschwindigkeit *f*
filling station Füllstation *f*; Tankstelle *f*
filling stock Füllmischung *f*
filling vent Einfüllstutzen *m*

filling-up colo[u]r Spachtelfarbe *f*
fillowite Fillowit *m {Min}*
film 1. Film *m*, Häutchen *n*, Belag *m*, [dünne] Schicht *f*, [dünner] Überzug *m*; 2. Folie *f {hauchdünne}*; Feinfolie *f {Kunst}*; 3. Glimmerfolie *f {Elek}*; 4. Film *m {Photo}*
film badge Filmdosimeter *n*, Filmplakette *f {Nukl}*
film base Film[schicht]träger *m*, Schichtträger *m*, Filmgrundlage *f*, Filmunterlage *f {Photo}*
film blowing Folienblasen *n*, Folienblasverfahren *n*, Schlauchfolienextrusion *f*
film boiling Filmsieden *n*, Filmverdampfung *f*, Schichtsieden *n*
film bonding Klebbondieren *n*, Klebkaschieren *n {Text}*
film-bubble cooling system Folienkühlung *f*, Schlauchkühlvorrichtung *f*
film building Filmbildung *f {Farb}*
film casting Filmgießen *n*, Foliengießen *n*
film coating Befilmen *n*
film-coefficient of heat transfer Wärmeübergangszahl *f*, Konvektionskoeffizient *m*
film condensation Filmkondensation *f*
film cooling Filmkühlung *f*
film creep Kriechen *n* dünner Flüssigkeitsschichten *fpl*
film-development chromatography Entwicklungschromatographie *f*
film dosimetry Filmdosimetrie *f*
film dryer Dünnschichttrockner *m*
film evaporation Dünnschichtverdampfung *f*, Filmverdampfung *f*
film evaporator Dünnschichtverdampfer *m*, Fallfilmverdampfer *m*
film extrusion Stangpressen *n* von Folien *fpl*
film fiber Folienfaser *f*
film filament Folienfaden *m*
film flow Filmströmung *f*, Ringströmung *f*
film for photofluorography Schirmbildfilm *m {Röntgenstrahlen}*
film formation Filmbildung *f*, Hautbildung *f*
film former Filmbildner *m*
film forming 1. filmbildend; 2. Filmbildung *f {Farb}*
film-forming agent Filmbildner *m {Anstrichstoffe}*
film-forming substance Filmbildner *m {Anstrichstoffe}*
film-forming temperature Filmbildungstemperatur *f*
film ga[u]ge measuring instrument Foliendikkenmeßgerät *n*
film glue Klebefilm *m*, Klebefolie *f*, Leimfolie *f*
film growth Schichtwachstum *n*
film-laminating plant Folienkaschieranlage *f*
film-pack-type cooling tower Wasserschichtkühlturm *m*
film processing Filmbearbeitung *f {Photo}*
film purity Schichtreinheit *f*
film regeneration Filmregenerierung *f {Photo}*
film ribbon Folienband *n*
film scrap Folienabfall *m*
film spicer Auftragsapparat *m* für Klebbänder, Klebbandauftragsapparat *m*
film strength Filmfestigkeit *f {Photo, Trib}*
film-strength increasing agent Filmfestigkeitsverbesserer *m {Trib}*
film-stretching unit Folienreckeinrichtung *f*, Folienstreckeinrichtung *f*
film strip 1. Folienband *n*; 2. Filmstreifen *m*, Bildstreifen *m*, Bildband *n {Photo}*
film surface Beschichtungsoberfläche *f*, Filmoberfläche *f*
film swelling Schichtquellung *f*
film tape Bändchen *n*, Folienband *n*, Folienbändchen *n*
film-tape extruder Folienbandextruder *m*
film thickness Foliendicke *f*, Schichtdicke *f*, Filmdicke *f*
film-thickness measuring unit Filmdickenmeßgerät *n*, Schichtdickenmeßgerät *n*
film-type absorber Dünnschichtabsorber *m*
film-type evaporator Dünnschichtverdampfer *m*
film web Folienbahn *f*
film weight Folienmasse *f*
film with protective layer versiegelte Folie *f*
film yarn Bändchen *n*, Folienbändchen *n*, Folienband *n*
gaseous film molekulare Gasschicht *f*
monomolecular film monomolekulare Schicht *f*
filmaron <$C_{47}H_{54}O_{16}$> Filmaron *n*
filmogen Filmogen *n*
filter/to filtrieren, abklären, abseihen, durchgießen, filtern, kolieren
filter 1. Filter *n m*; 2. Filtrierapparat *m*, Seiher *m*; 3. Filter *n m*, Siebkette *f*, Siebschaltung *f {Elek}*
filter aid 1. poröses Filtermittel *n*, poröses Filtermedium *n*; 2. Filterhilfe *f*, Filter[ungs]hilfsmittel *n*; Filterhilfsstoff *m*
filter area Filterfläche *f*, Filteroberfläche *f*
filter attachment Filtrieraufsatz *m*
filter bag Filterbeutel *m*, Filtersack *m*, Filterschlauch *m*, Filtriersack *m*
filter bauxite aktivierter Bauxit *m*
filter beaker Filtrierbecher *m*
filter bed Filterbett *n*, Filter[schütt]schicht *f*, Filterschüttung *f {Kläranlage}*
filter-bed scrubber Filterschichtenwäscher *m*
filter-belt centrifuge Filterbandzentrifuge *f*

filter block multizellularer Filterreinigungsblock *m*
filter bottom Filterboden *m*
filter box Filterkasten *m*
filter by means of vacuum/to abnutschen
filter by suction/to abnutschen
filter by vaccum/to absaugen
filter cake Filterkuchen *m*, Filterbelag *m*, Filterrückstand *m*; Zentrifugenkuchen *m*
filter-cake grid Filterkuchenrahmen *m* *{Zucker}*
filter-cake layer Filterkuchenschicht *f*
filter candle Filterkerze *f*, Filterpatrone *f*
filter capacitor Abgleichskondensator *m*
filter cartridge Filterkartusche *f*
filter casing Filtergehäuse *n*
filter cell Filterelement *n*, Filterzelle *f*
filter chamber Filterkammer *f*, Filtrierkammer *f*
filter [changing] disk Filterrevolver *m*, Filterwechselscheibe *f*
filter charcoal Filterkohle *f*, F-Aktivkohle *f*
filter choke Drosselspule *f*
filter circuit Siebkreis *m*, Filterschaltung *f* *{Elek}*
filter cloth Filtertuch *n*, Filtergewebe *n*, Filtriertuch *n*, Koliertuch *n*, Stoffilter *n*
filter-cloth diaphragm Filtertuchdiaphragma *n*
filter-concentrate processing Filterkonzentrataufbereitung *f*
filter cone Filtereinsatz *m*, Filterkegel *m*, Trichtereinlage *f*, Trichtereinsatz *m*
filter cover Filterdeckel *m*
filter crucible Filtertiegel *m*, Filtriertiegel *m*
filter cup Extraktionseinsatz *m*, poröse Hülle *f* *{Lab}*
filter cylinder poröses Filtrierrohr *n*
filter disk Filterplatte *f*, Filterronde *f*, Filterscheibe *f*, Siebronde *f*, Siebscheibe *f*
filter drum Filtertrommel *f*
filter dryer Filtertrockner *m*
filter dust Filterstaub *m*
filter effect Filtereffekt *m*
filter element Filtereinsatz *m*, Filterelement *n*
filter fabric Filterstoff *m*, Filtertuch *n*, Siebgewebe *n*, Filtergewebe *n*
filter failure Filterdurchbruch *m*
filter felt Filtrierfilz *m*, Filterfilz *m*
filter flakes Filterflocken *fpl* *{Filterhilfe für Kolloide}*
filter flask *s.* filtering flask
filter fluorometer Filterfluorometer *n*
filter frame Filterrahmen *m*, Kolierrahmen *m*
filter funnel Filtertrichter *m*, Filtriertrichter *m* *{Chem}*
filter ga[u]ze Filtergaze *f*, Filtergewebe *n*
filter glass Filterglas *n*
filter gravel Filterkies *m*
filter holder Filterhalter *m*, Filterträger *m*
filter hose Filterschlauch *m*
filter housing Filtergehäuse *n*
filter insert Filtereinsatz *m*
filter layer Filterschicht *f*
filter leaf Filterblatt *n* *{ein Element der Rahmenfilterpresse}*
filter lid Filterdeckel *m*
filter load Filterbelastung *f*
filter mantle Filtermantel *m*
filter mass Filtermasse *f*
filter mat Filtermatte *f*
filter material Filtermaterial *n*, Filtermedium *n*, Filterstoff *m*, Filtermittel *n*
filter medium *{pl. media}* Filtermaterial *n*, Filtermedium *n*, Filterstoff *m*, Filtermittel *n*
filter-medium filtration Klärfiltration *f*
filter-monitoring equipment Filter-Überwachungsgerät *n*
filter mud Filterschlamm *m*
filter off/to abfiltrieren, abfiltern
filter pad Filterkissen *n*, Filtermassekuchen *m*, Filterpreßmasse *f*, Filtermasse *f*
filter paper Filterpapier *n*, Filtrierpapier *n*
incineration of filter paper Filterveraschung *f* *{Anal}*
filter photometer Filterphotometer *n*
filter plant Filteranlage *f*, Filtrieranlage *f*
filter plate Filterplatte *f*, Filterscheibe *f*, Siebplatte *f*, Filtereinsatz *m* *{ein Element der Rahmenfilterpresse}*
filter pocket Filtertasche *f*
filter press Filterpresse *f*, Seiherpresse *f*, Filtrierpresse *f*, Korbpresse *f*, Plattenfilter *n*
filter-press-cake removing device Filterkuchenabnahmevorrichtung *f*
electroosmotic filter press elektroosmotische Filterpresse *f*
filter pump Filterpumpe *f*, Filtrierpumpe *f*
filter regulator Filterdruckregler *m*
filter replacement Filterwechsel *m*
filter resistance Filterwiderstand *m*
filter respirator Filtermaske *f* *{Schutz}*
filter ring Filterhalter *m*, Filtrierring *m*
filter ruffle Filtermanschette *f*
filter sand Filtriersand *m*, Filtersand *m*
filter saturation Filtersättigung *f*
filter screen 1. Filtersieb *n*, Filtriersieb *n*, Siebfilter *n*, Gewebesieb *n*, Siebgewebe *n*, Filtergewebe *n*; 2. Kontrast-Filterscheibe *f* *{für Tageslicht}*
filter section Filterabschnitt *m*
filter shifter Filterschieber *m*
filter sieve Filtriersieb *n*, Filtersieb *n*
filter slab Belüfterplatte *f*, Filterplatte *f*, Luftverteiler *m*, Verteilerplatte *f*
filter slide Filterschieber *m*
filter stand Filtriergestell *n*, Filtrierstativ *n*

filter stick Eintauchnutsche *f*, Filterstäbchen *n*, Saugstäbchen *n*, Filterröhre *f*, Filterstab *m*
filter stuff Filtermasse *f*
filter surface Filterfläche *f*, Filteroberfläche *f*
filter tank Reinigungsbehälter *m*, Filterkasten *m*, Filterwanne *f*, Filtertrog *m*, Filterbottich *m*, Läuterbottich *m*
filter tap Abläuterhahn *m {Brau}*
filter thickener Eindickfilter *n*, Filtereindikker *m*
filter through/to durchfiltrieren
filter tower Filtrierturm *m*
filter trough Filtertrog *m*; Küvette *f {Photo}*
filter tube Filterröhre *f*, Filtrierrohr *n*, Filterrohr *n*; Filterkerze *f*, Filterpatrone *f*
filter unit Filteraggregat *n*, Filtereinheit *f*
filter vat Klärbottich *m*, Läuterbottich *m*
filter with suction/to absaugen
folded filter Faltenfilter *n {Chem}*
glass filter Glasfilter *n*
filterable filtrierbar, filtrationsfähig, filtrierfähig, filterfähig, filtrierend
filtered filtriert, abgeklärt, abgeseiht, gefiltert
filtered by suction abgenutscht
filtered cylinder oil Zylinderöl *n*
filtering 1. Filtrieren *n*, Filtration *f*, Filtern *n*, Filterung *f*, Abklären *n*, Durchseihen *n*, Kolieren *n*; 2. Maskierung *f*
filtering aid *s.* filter aid
filtering agent Filtriermittel *n*
filtering apparatus Filtrierapparat *m*, Filtrationseinrichtung *f*
filtering area *s.* filter area
filtering auxiliary *s.* filter aid
filtering bag *s.* filter bag
filtering basin Filtrierbassin *n*, Filtrierbekken *n*, Klärbecken *n*, Reinigungsbehälter *m {Abwasser}*
filtering basket Filterkorb *m*
filtering by suction Abnutschen *n*
filtering cloth *s.* filter cloth
filtering crucible *s.* filter crubicle
filtering diaphragm Filtermembrane *f*
filtering earth Filtriererde *f*
filtering flask Absaug[e]flasche *f*, Nutsche *f*, Saugflasche *f*, Filterflasche *f*, Filterkolben *m {mit seitlichem Ansatz für den Anschluß einer Saugpumpe, Lab}*
filtering funnel Filtriertrichter *m*, Filtertrichter *m*
filtering hose Filterschlauch *m*
filtering jar Filtrierstutzen *m {Lab}*
filtering layer Filterschicht *f*
filtering material *s.* filter material
filtering membrane Filtermembrane *f*
filtering off Abfiltrierung *f*
filtering pipette Filterstechheber *m*
filtering property Filtrierbarkeit *f*
filtering sand Filtriersand *m*, Filtersand *m*
filtering screen *s.* fitler screen
filtering sieve Filtersieb *n*, Filtriersieb *n*
filtering stone Filtrier[kalk]stein *m*
filtering surface Filterfläche *f*, Filteroberfläche *f*
filtering time Filterzeit *f*
filtering tub Filterbottich *m*
filtering tube *s.* filter tube
rate of filtering Filtriergeschwindigkeit *f*
time of filtering Filtrierdauer *f*
filth Schmutz *m*, Unrat *m*
filthy schmutzig, dreckig, verschmiert
filtrable filtrierbar, filtrierfähig, filterfähig, filtrationsfähig, filtrierend
filtrate/to abfiltern, filtrieren, filtern, seihen, durchseihen
filtrate 1. Filtrat *n*, Durchgeseihtes *n {Chem}*; 2. Fugat *n {Zentrifuge}*
filtrate quantity Filtratmenge *f*
filtration Filtration *f*, Filterung *f*, Filtrieren *n*, Filtern *n*, Durchseihung *f*
filtration bag Siebbeutel *m*
filtration cell Filtrationszelle *f*
filtration chamber Filterraum *m*
filtration effect Abscheidewirkung *f*, Filtriereffekt *m*
filtration leaf Handfilterplatte *f*
filtration plant Filteranlage *f*
filtration rate Filtergeschwindigkeit *f*, Filtriergeschwindigkeit *f {DIN 53137}*
filtration residue Filterrückstand *m*, Filtrierrückstand *m*
filtration temperature Filtertemperatur *f*
filtration unit Filterapparatur *f*, Filtergerät *n*
edge filtration Spaltfiltration *f*
rapid filtration Schnellfiltrieren *n*
rate of filtration Filtrationsgeschwindigkeit *f*
vacuum filtration Vakuumfiltration *f*
fin 1. Finne *f*, Flosse *f*, Rippe *f {Tech}*; 2. Rippe *f*, Kühlrippe *f*, Kühllamelle *f*; 3. Grat *m*, rippenförmige Formteilerhebung *f*, langgezogene gratförmige Formteilerhebung *f {Met}*; Überpressung *f*, Glasgrat *m*, Preßgrat *m {Glas}*; Walzenbart *m*; Wulst *m {Schweißen}*
fin tube Rippenrohr *n*
final endgültig, abschließend, final; Schluß-, End-
final acceptance Schlußabnahme *f*
final bath Schlußbad *n {Photo}*
final bleaching bath Nachbleichbad *n {Text}*
final boiling point Siedeende *n*, Siedeendpunkt *m*, Endsiedepunkt *m*, Endkochpunkt *m*
final boiling point recorder Endsiedepunktgeber *m*, Siedeendegeber *m*
final coat Deckanstrich *m*, Schlußanstrich *m*; Deckfarbe *f*

final control element Stellorgan *n*, Stellglied *n*; Abgleichelement *n*, Justiervorrichtung *f*
final de-aeration Restentgasung *f*
final drying Nachtrocknung *f*, Endtrocknung *f*
final evaporation point Verdampfungsendpunkt *m*
final extension Endausbau *m*, endgültiger Ausbau *m*
final filter Nachfilter *n*
final filtering Nachfiltern *n*
final finish Appreturnachbehandlung *f*, Nachappretur *f* *{Text}*
final liquor Endlauge *f*
final melt temperature Schmelzeendtemperatur *f*
final nucleus Endkern *m* *{Nukl}*
final pickle Glanzbrenne *f*
final point Umschlagpunkt *m* *{von Indikatoren}*; Endpunkt *m* *{einer Titration}*
final polishing Nachpolieren *n*
final position Endlage *f*, Endposition *f*, Endstellung *f*
final pressure Enddruck *m*
final product 1. Enderzeugnis *n*, Endprodukt *n*, Endgut *n*, Finalprodukt *n*; 2. Fertigprodukt *n*, Fertigerzeugnis *n*, Fertiggut *n*; 3. Endprodukt *n* *{z.B. einer radioaktiven Umwandlung}*
final purification Fertigfrischen *n* *{Met}*
final remark Schlußwort *n*
final report Abschlußbericht *m*, Abschlußmeldung *f*
final repository for radioactive waste Endlagerstätte *f* für radioaktiven Abfall *m*
final result Endergebnis *n*, Endresultat *n*
final sample Endprodukt *n*, Fertigprodukt *n*
final settling tank Nachklärgefäß *n*
final sintering operation Hochsinterung *f*
final sintering oven Fertigsinterofen *m*
final stage Endphase *f*, Endzustand *m*
final storage Endlagerung *f*
final strength 1. Endfestigkeit *f*; 2. Endkonzentration *f*
final temperature Endtemperatur *f*
final test Endabnahme *f*, Schlußprüfung *f*
final vacuum Endvakuum *n*
final waste repository Endlager *n*
final waste storage Endlagerung *f* von Atommüll *m*, Endlagerung *f* von nuklearen Abfallstoffen *mpl*
financial finanziell; Finanz-
financial strength Finanzkraft *f*
financial year Geschäftsjahr *n*, Haushaltsjahr *n*
find/to 1. finden; 2. stoßen auf; antreffen; 3. feststellen, finden; 4. bereitstellen, geben
finding[s] 1. Ergebnisse *npl*; 2. Befund *m*; 3. *{US}* Handwerkszeug *n*
finding[s] of test Versuchsergebnis *n*
fine/to abklären
fine 1. fein; feinkörnig *{z.B. Schüttgut}*; rein *{Met}*; dünn *{z.B. Folien}*; genau, präzis *{z.B. Einstellung von Meßgeräten}*; zart; gesund
fine adjusting Feineinstellen *n*
fine adjustment Feineinstellung *f*, Feinregulierung *f*, Scharfeinstellung *f*; Feinregelung *f*
fine-adjustment screw Feinstellschraube *f*, Schraube *f* zur Feineinstellung *f*
fine and coarse temperature control Fein- und Grobsteuerung *f* der Temperatur
fine casting Edelguß *m*
fine ceramics Feinkeramik *f*, Sonderkeramik *f*
fine chemicals Feinchemikalien *fpl* *{im Labormaßstab hergestellte Chemikalien verschiedener Reinheitsgrade}*
fine coal Feinkohle *f*
fine control Feinregelung *f*; Feinsteuerung *f*
fine copper Feinkupfer *n*
fine cotton fabric Baumwollfeingewebe *n*
fine crack Haarriß *m*
fine crusher Feinbrecher *m*
fine crushing Feinbrechen *n*, Feinzerkleinerung *f*, Feinmahlen *n*
fine-crystalline feinkristallin
fine dispersing Feindispergieren *n*
fine dust Feinstaub *m* *{< 0,01 mm}*
fine etching Feinbeizen *n*; Reinätzen *n* *{Druck}*
fine fabric Feingewebe *n*
fine-fibered feinfaserig
fine-fibrous feinfaserig
fine filter Feinfilter *n*
fine filtration unit Feinfilter-Siebeinrichtung *f*
fine gold Feingold *n*, Kapellengold *n* *{mindestens 99,96 % Au}*
fine grain 1. feinkörnig, dicht *{Gefüge}*; Feinkorn-; 2. Feinkorn *n*
fine grain developer Feinkornentwickler *m* *{Photo}*
fine grain film Feinkornfilm *m* *{Photo}*
fine grain mixture Kleinkornmischung *f* *{Beton}*
fine-grained feinkörnig; feinfaserig
fine-grained fertilizer feinkörniger Kunstdünger *m*
fine-grained spherolithic structure feinkörnige Sphärolithstruktur *f* *{teilkristalline Thermoplaste}*
fine-grained structural steel Feinkornbaustahl *m*
fine granulation Feinbruch *m*
fine grinder Feinmahlmaschine *f*, Feinmühle *f*, Feinstmühle *f*, Feinstmahlanalge *f*, Staubmühle *f*
fine grinding Feinmahlen *n*, Feinmahlung *f*, Feinschliff *m*, Feinzerkleinerung *f*
fine grinding mill *s.* fine grinder
fine-ground finish Feinschliff *m*

fine insoluble material Rückstand *m*, Schlamm *m {z.B. Elektrolyserückstand}*
fine jigging Feinkornsetzarbeit *f*
fine-mesh feinmaschig
fine-mesh screen Feinsieb *n*, feinmaschiges Sieb *n*
fine-meshed feinmaschig, kleinmaschig, engmaschig, kleinluckig
fine metal contact Edelmetallkontakt *m*
fine ore Feinerz *n*, feines Erz *n*
fine-particle-size synthetic silica hochdisperse synthetische Kieselsäure *f {Spezialfüllstoff}*
fine polishing Hochglanzerzeugung *f*
fine pressure Ansaugdruck *m*
fine range diffraction Feinbereichsbeugung *f*
fine reading Feinablesung *f*
fine regulation Feinregulierung
fine regulation valve Feinregulierventil *n*
fine sand Feinsand *m {0,2 bis 0,02 mm}*
fine sand filter Feinsandfilter *n*
fine screening Fein[ab]siebung *f*
fine sieve Feinsieb *n*
fine silver Feinsilber *n*, Kapellensilber *n*, Elektrolytsilber *n*, E-Silber *n*
fine smelting Feinarbeit *f {Met}*
fine steel Edelstahl *m*, Herdstahl *m*
fine structure Feinstruktur *f*, Feingefüge *n*, Gefügestruktur *f*
fine structure constant Feinstrukturkonstante *f {Spek}*
fine thread 1. dünnfädig *{Text}*; 2. Feingewinde *n*
fine-threaded feinfädig
fine tin Feinzinn *n*, Klangzinn *n*
fine tuning Feinabstimmung *f*, Scharfabstimmung *f*
fine vacuum Feinvakuum *n {0,1...100hPa}*
fine-wire fuse Feinsicherung *f {Elek}*
fine wood Edelholz *n*
finely fein
finely crushed feingepulvert
finely crystalline feinkristallin, kleinkristallin
finely dispersed feinverteilt, feindispers, feindispergiert
finely distributed feinverteilt
finely divided feinverteilt, fein verteilt, in feiner Verteilung; feinzerteilt, feinzerkleinert
finely ground feinvermahlen, feinzerrieben, feingemahlen, feinausgemahlen
finely ground charcoal Holzkohlenmehl *n*
finely pored feinporig
finely powdered feinpulverisiert, feingepulvert, feinpulvrig; feinverteilt
finely pulverized feinmehlig, feinpulverisiert
fineness 1. Feingehalt *m*, Feinheit *f*, Korn *n*, Aloi *n {Edelmetalle, in Karat oder 1000/1000}*; 2. Feinheit *f {Chem, Text}*; 3. Feinheitsgrad *m*; Mahlfeinheit *f*, Feinheit *f*, Korngröße *f*; 4. Schleifgrad *m {Klebfügeteile}*
fineness of dust Staubfeinheit *f*
fineness of grain Kornfeinheit *f*
fineness of grind Mahlfeinheit *f {DIN 53203}*, Körnigkeit *f*
fineness tester Mahlgradprüfer *m {Pap}*
degree of fineness Feinheitsgrad *m*, Feinheit *f*; Reinheitsgrad *m*; Ausmahlungsgrad *m*, Mahlfeinheitsgrad *m*
finer's metal Feineisen *n*
finery Feinofen *m {Met}*; Frischhütte *f*, Frischerei *f*, Raffinerie *f {Met}*
finery cinders Eisenschlacke *f*
finery iron Frischeisen *n {Met}*
finery process Frischfeuerbetrieb *m*, Frischprozeß *m {Met}*
fines 1. fein[st]e Kornfraktion *f*, Fein[st]gut *n*, Fein[st]korn *n*, Feinstpartikeln *fpl {z.B. in der Luft}*, Feinstaub *m*; 2. Feines *n*, Feinanteile *mpl {in einem Gemisch}*, feinerer Teil *m*, Unterkorn *n*; 3. Feinkohle *f*, Feinstkohle *f {< 0,5 mm, DIN 2205}*, Erzstaub *m*, Grubenklein *n*, Abrieb *m*, Feinkies *m*; Feingut *n {Siebanalyse}*, Unterlauf *m*, Unterkorn *n*, Siebfeines *n*, Siebdurchgang *m*, Schlamm *m {Aufbereitung}*; 4. Staub *m*, feines Holzmehl *n {Pap}*; 5. Feinstoffe *mpl*, pulvriges Material *n*, Feinpulvriges *n {z.B. einer Formmasse}*; 6. Verschnitt m
fines fraction Feingutanteil *m*
fines in coarse fraction Feines *n* im Groben, Feingut *n* im Grobgut
fines separation Feingutabscheider *m*, Feingutabscheidung *f*
finger 1. Finger *m*, Daumen *m {Körperteil}*; Finger *m {Tech}*; 2. Zeiger *m {Tech}*; 3. Stift *m {Tech}*
finger-paddle agitator Fingerrührer *m*, Fingerrührwerk *n*, Stabrührer *m*
finger-paddle mixer *s.* finger-paddle agititator
finger-stall Fingerling *m*, Däumling *m*, Fingerschutzkappe *f*
fingernail test Fingernagelprobe *f {orientierende Härteprüfung an Plast}*
fingerprint 1. Fingerabdruck *m*; 2. Fingerprint *m {Stoffmerkmale, Anal}*
fingerprint method Fingertest *m {Ermittlung der Klebrigkeit von Klebstoffen}*
fingerstone Belemnite *m {Min}*
fingertip dispenser Druckzerstäuber *m*
fining 1. Frischen *n {Met}*; 2. Klärung *f*, Schönen *n*, Schönung *f*, Klären *n {Brau}*; Klärmittel *n*, Schönungsmittel *n*, Schöne *f {Brau}*; 3. Läuterung *f*, Feinschmelze *f {Glas}*; Läuter[ungs]mittel *n {Glas}*
fining in two operations Kaltfrischen *n*
fining process Frischarbeit *f*, Frischmethode *f*,

Frischverfahren *n {Met}*; Läuterungsverfahren *n {Glas}*; Schönungsverfahren *n {Brau}*

fining slag Rohfrischschlacke *f*

finings 1. Klärmittel *n*, Schönungsmittel *n*, Schöne *f {Brau}*; 2. Läuter[ungs]mittel *n*

finish/to 1. enden, aufhören; 2. beend[ig]en, vollenden, zu Ende *n* führen, fertigmachen, fertigstellen; 3. fertigbearbeiten, fertigstellen, fertigmachen, nachbearbeiten, veredeln, die Oberflächenbeschaffenheit *f* verbessern, die Oberfläche behandeln; 4. appretieren; zurichten *{Gerb}*; 5. appretieren, ausrüsten, veredeln *{Text}*; 6. mit Deckanstrich *m* versehen, mit Überzugslack *m* versehen *{Farb}*; 7. verschwämmen, verputzen *{Keramik}*; 8. fertigstellen, ausrüsten *{Pap}*; 9. garen *{Chem}*

finish 1. Oberflächenzustand *m*, Oberflächenbeschaffenheit *f*, Oberflächengüte *f*, Aussehen *n*; Finish *n*, letzter Schliff *m*, Beschichtungsschlußauftrag *m*; 2. Appretur *f*, Finish *n {Gerb}*; 3. Appretur *f*, Ausrüstung *f {Text}*; 4. Schlußanstrich *m*, Deckanstrich *m*, Oberschicht *f*, Überzug *m*, Anstrich *m*, Oberflächenlack *m {Farb}*; 5. Appret *n*, Appreturmittel *n {Text, Gerb}*; 6. Politur *f*; Avivage *f*

finish appearance Außenbeschaffenheit *f*

finish-grinding Abschleifen *n {Fertigschliff}*

finish-milled feingeschliffen

finished article Fertigfabrikat *n*

finished product 1. Endprodukt *n*, Finalprodukt *n*, Enderzeugnis *n*; 2. Fertigprodukt *n*, Fertigerzeugnis *n*, Ganzfabrikat *n*, Fertigteil *n*

finisher 1. Glänzer *m*, Appreteur *m*, Ausrüster *m*, Veredler *m {Facharbeiter}*; Feinschleifer *m {Facharbeiter}*; 2. Schleifband *n*; 3. Fertiggesenk *n {Tech}*

finishing 1. Appretieren *n*, Appretur *f*, Avivage *f*, Ausrüsten *n*, Ausrüstung *f*, Veredelung *f {Text, Pap}*; 2. Beendigen *n*, Vollenden *n*, Vollendung *f*; Fertigmachen *n*, Fertigstellung *f*, Fertigbearbeiten *n*, Veredeln *n*, Nachbearbeiten *n*, Vered[e]lung *f*, Oberflächenbehandlung *f*, Verbesserung *f* der Oberflächenqualität *{Tech}*; 3. Zubereitung *f*, Zurichtung *f*; 4. Schlußanstrich *m*, Deckanstrich *m {als Vorgang}*; 5. Konfektionierung *f*

finishing agent Appreturmittel *n*, Appreturzusatzmittel *n {Text}*

finishing bath Appreturbad *n*, Appreturflotte *f {Text}*

finishing coat Deckanstrich *m*, Schlußanstrich *m*, Deckschicht *f*, Glattstrich *m*, letzter Anstrich *m*, Sichtschicht *f*, Oberputz *m*, Fertigputz *m*

finishing lacquer Decklack *m*

finishing liquor Garbrühe *f*

finishing machine Abdrehmaschine *f*, Schlichtmaschine *f {Tech}*; Appreturmaschine *f*, Veredelungsmaschine *f {Text}*; Feinmühle *f {Pap}*

finishing paint Deckbeschichtungsstoff *m {DIN 55990}*; Deckfarbe *f*, Decklack *m*

finishing plant Aufbereitungsanlage *f*, Endbearbeitungsanlage *f*, Nachbearbeitungsanlage *f*; Appretieranlage *f {Text}*

finishing process Appreturverfahren *n {Text}*; Endbearbeitung *f*

finishing roasting Garrösten *n*

finishing slag Endschlacke *f*

finishing temperature Abdarrtemperatur *f {Brau}*

finned jacket Kühlrippenmantel *m*

finned pipe Rippenrohr *n*, befloßtes Rohr *n*, beripptes Rohr *n*, Flossenrohr *n*

finned torpedo rotierender Mischkopf *m*

finned tube Flossenrohr *n*, Rippenrohr *n*, befloßtes Rohr *n*, beripptes Rohr *n*

Fiolaxglass *{TM}* Fiolaxglas *n {alkalifreies, feuerfestes Laborglas}*

fiorite Fiorit *m {Min}*

fir-cone oil Tannenzapfenöl *n*

fir-needle oil Fichtennadelöl *n*

fir-wood oil Fichtenholzöl *n*

fire/to 1. abfeuern *{Schuß}*, schießen; zünden *{Sprengladung}*; 2. backen, brennen *{Keramik}*; 3. [be]feuern, [be]heizen *{z.B. Kessel}*; 4. kündigen; 5. verbrennen, brennen, verfeuern; 6. anzünden, entzünden

fire 1. Feuer *n*, Brand *m*; Feuerung *f*; 2. explosibles Gas *n*

fire alarm 1. Brandalarm *m*, Feueralarm *m*; 2. Feuermelder *m*

fire-alarm post Feuermeldestelle *f*, Brandmeldestelle *f*

fire-alarm system Feuermeldeanlage *f*

fire arch Frittofen *m*

fire assay Brandprobe *f {Met}*

fire bar 1. Roststab *m* ; 2. Keramikstab *m {für Heizstrahler}*

fire behaviour Brennverhalten *n*, Brandverhalten *n*

fire bomb Brandbombe *f*

fire bucket Löscheimer *m*

fire check 1. Warmriß *m*, Brandriß *m {Tech}*; 2. Brennriß *m {Keramik}*

fire classification Feuerklassen *fpl*, Brandarten *fpl {A, B, C in USA; A, B, C, D in Europa}*

fire-clay Schamotteton *m*, Feuerton *m*, feuerfester Ton *m*

fire-clay crucible Schamottetiegel *m*

fire-clay mortar Tonmörtel *m*

fire-clay retort Schamotteretorte *f*

Fire Code *{US}* Feuerschutzvorschriften *fpl*

fire codes Brandschutzverordnung *f*

fire-colo[u]red feuerfarbig

fire compartment Brandabschnitt *m*

fire copper Feuerpfanne *f {Brau}*
fire crack 1. Warmriß *m*, Brandriß *m {Tech}*; 2. Brennriß *m {Keramik}*
fire-cracked gesprungen
fire damage Brandschaden *m*
fire danger Brandgefahr *f*
fire defence abwehrender Brandschutz *m*
fire department Feuerwehr *f*, öffentliche Feuerwehr *f*
fire detection Brandentdeckung *f*
fire-detection-system control unit Brandmeldezentrale *f*
fire-detection systems Brandmeldeanlagen *fpl*
fire detector Brandmelder *m*
fire door 1. Heiztür *f*, Heizloch *n*, Ofentür *f*; 2. Brandschutztür *f*
fire drive Feuerfluten *n {Erdöl}*
fire drying apparatus Feuertrockner *m*
fire engine Feuerspritze *f*; Feuerlöschfahrzeug *n*, Löschfahrzeug *n*
fire-engine hose Feurlöschschlauch *m*
fire escape Feuerleiter *f*, Notausgang *m*
fire extinguisher 1. Feuerlöscher *m*, Feuerlöschapparat *m*, Löschgerät *n*, Löscher *m*; 2. Feuerlöschmittel *n*
fire extinguishing Feuerlöschen *n*
fire-extinguishing cloth Löschdecke *f*
fire-extinguishing equipment Feuerlöschgerät *n*
fire-extinguishing foam Löschschaum *m*
fire-extinguishing rose Feurerlöschbrause *f*
fire-extinguishing substance Feuerlöschmittel *n*
fire eye Flammenphotometer *n*
fire fighting Brandbekämpfung *f*, Feuerbekämpfung *f*
fire-fighting agents Löschmittel *npl*
fire fighting by foam systems Schaumlöschverfahren *n*
fire-fighting equipment Löschgerät *n*, Löscher *m*, Feuerlöschgerät *n*, Feuerlöschanlage *f*
fire-fighting installation Feuerschutzanlage *f*, Feuerlöscheinrichtung *f*
fire-fighting substance Feuerlöschmittel *n*, Löschmittel *n*
fire-fighting suit Feuerschutzanzug *m*
fire-fighting water pipe network Löschwassernetz *n*
fire-flue boiler Flammrohrkessel *m*
fire gilding Feuervergoldung *f*
fire-gilt feuervergoldet
fire-ground Brandort *m*, Brandstelle *f*, Brandplatz *m*
fire hazard Feuergefahr *f*, Brandgefahr *f*, Feuergefährlichkeit *f*
fire hose Feuerlöschschlauch *m*, Feuerwehrschlauch *m*, Löschschlauch *m*
fire-hose method Klebfügedruckaufbringung *f* mittels aufblasbarer Schläuche *mpl*
fire hydrant Hydrant *m*, Feuerlöschwasserständer *m*
fire insurance Brandversicherung *f*
fire kiln Feuerdarre *f {Brau}*
fire-lighter Feueranzünder *m*, Kohlenanzünder *m*
fire location Brandort *m*, Brandstelle *f*, Brandplatz *m*
fire marble Muschelmarmor *m {Min}*
fire-off dip Gelbbrenne *f*
fire opal Feueropal *m*, Sonnenopal *m {Min}*
fire performance Brennverhalten *n*, Brandverhalten *n*
fire point Brennpunkt *m*, Flammpunkt *m {in °C}*
fire-polish/to feuerpolieren
fire-polished feuerpoliert
fire polishing 1. Feuerpolitur *f*, Feurpolieren *n {Glas}*; 2. Glattschmelzen *n {Labortechnik}*
fire precaution vorbeugender Brandschutz *m*, Brandverhütung *f*, Feuerverhütung *f*
fire precautions Brandschutzmaßnahmen *fpl*
fire prevention Feuerverhütung *f*, Brandverhütung *f*, vorbeugender Brandschutz *m*
fire protecting agent Feuerschutzmittel *n*
fire protection Brandschutz *m*, Feuerschutz *m*, Feuerverhütung *f*
fire-protection engineering Brandschutz-Technik *f*
fire-protection equipment Brandschutzausrüstung *f*
fire-protection materials Brandschutzmittel *npl*, Feuerschutzmittel *npl*
fire-protection paint Brandschutzanstrich *m*
fire pump Feuerlöschpumpe *f*
fire radiation Flammenstrahlung *f*
fire refining Feuerrafination *f*, pyrometallurgische Raffination *f*
fire-refining furnace thermischer Vergütungsofen *m {Met}*
fire resistance 1. Feuerwiderstand *m*; 2. Feuerfestigkeit *f*, Feuerbeständigkeit *f*
fire-resistant feuerfest, feuerbeständig, refraktär; flammwidrig, flammenresistent; brandhemmend *{DIN 4102}*
fire-resistant blanket feuerfeste Decke *f*
fire-resistant fluid schwerentflammbare Hydraulikflüssigkeit *f {DIN 24300}*
fire-resistant properties Feuerbeständigkeit *f*
fire-resistant quality Feuerbeständigkeit *f*, Feuerfestigkeit *f*
fire-resisting feuerbeständig, feuerhemmend, feuerfest, refraktär
fire-resisting material feuerfeste Massen *fpl*, feuerbeständiges Material *n*
fire-resisting paint Brandschutzanstrichfarbe *f*, flammschützender Anstrichstoff *m*

fire-resisting property Feuerfestigkeit *f*, Feuerwiderstandsfähigkeit *f*
fire retardant flammwidrig, flammenresistent; feuerhemmend
fire-retardant paint Flammschutzanstrichstoff *m*, flammenschützender Anstrichstoff *m*
fire-retardant resin schwerentflammbares Kunstharz *n*, flammwidriges Kunstharz *n*, flammhemmendes Harz *n*, feuerhemmendes Harz *n*
fire-retarding feuerhemmend
fire-retarding additive flammenhemmender Zusatz *m*
fire-retarding paint Feuerschutzanstrich *m*
fire-retarding resin schwer entflammbares Kunstharz *n*, flammwidriges Kunstharz *n*, flammhemmendes Harz *n*
fire risk Brandgefahr *f*, Feuerrisiko *n*, Brandrisiko *n*
fire safety Feuersicherheit *f*, Brandsicherheit *f* *{z.B. von Gebäuden}*
fire-side rauchgasseitig
fire silvering Feuerversilberung *f*, Feuerversilbern *n*
fire spread Brandausbreitung *f*, Feuerüberschlag *m*, Feuerübersprung *m*
fire stain Feuerflecken *m*
fire still Destillieranlage *f* mit direkter Heizung *f*
fire stop Brandschottung *f*, Feuerbrücke *f*, Brandblende *f*, Brandschutz *m*, feuerschützende Trennwand *f*
fire symbol Brandsymbol *n*
fire test Brandprobe *f*, Feuerprobe *f*, Brandversuch *m*
fire tube Feuerkanal *m*, Feuerrohr *n*, Flammrohr *n*; Rauchrohr *n*, Heizrohr *n*
fire-tube boiler Flammrohrkessel *m*, Heizrohrkessel *m*, Rauchrohrkessel *m*, Heizröhrenkessel *m*
fire wall Brandmauer *f*, Brandwand *f* *{Brandschutz in Gebäuden}*, Feuermauer *f*; Tankumwallung *f*
fire-warning system Feuermeldesystem *n*
firebox Feuerkammer *f*, Feuerraum *m*, Feuerungsraum *m*, Heizkammer *f*, Feuerung *f*, Brennkammer *f*
firebrick feuerfester Stein *m*, Feuerstein *m*, Schamottestein *m*, feuerfester Ziegel *m*, Brennziegel *m*, Schamotteziegel *m*
fireclay *s.* fire-clay
firedamp 1. Schlagwetter *n*, schlagende Wetter *npl*; 2. Grubengas *n*
firedamp indicator Schlagwetteranzeiger *m*
firedamp tester Grubengasprüfer *m*
fireman 1. Heizer *m* *{Tech}*; 2. Sprengmeister *m*, Sprengberechtigter *m*, Mineur *m*, Schießmeister *m*, Schießhauer *m*, Schießsteiger *m*; 3. Feuerwehrmann *m*
fireplace 1. Feuerraum *m*, Heizraum *m*; Feuerung *f* *{Tech}*; 2. Feuerstätte *f*, Feuerstelle *f*; [offener] Kamin *m*
fireproof feuersicher, brandfest, feuerbeständig, feuerfest, brandsicher, unbrennbar
fireproof cement Brandkitt *m*
fireproof clay Schamotte *f*
fireproof colo[u]r Scharffeuerfarbe *f*
fireproof door feuerfeste Tür *f*
fireproof lute Brandkitt *m*
fireproof paint Brandschutzanstrichfarbe *f*
fireproof substances feuerfeste Massen *fpl*
fireproof vault feuersicherer Bunker *m*
highly fireproof hochfeuerfest
fireproofing Flammfestausrüsten *n*, Flammschutz *m*, Feuerfestmachen *n*, Feuersichermachen *n*, Feuerbeständigmachen *n*, Brandsichermachen *n*, Unbrennbarmachen *n*
fireproofness Feuerbeständigkeit *f*, Feuerfestigkeit *f*
firestone Feuerstein *m*, Flint *m* *{Min}*
firewood Brennholz *n*, Holzscheit *n*
fireworks 1. Feuerwerkskörper *mpl*; 2. Feuerwerkerei *f*, Pyrotechnik *f*
cascade of fire Feuerregen *m*
danger of fire Feurgefahr *f*
early stages of a fire Entstehungsbrand *m*
liability to catch fire Feuergefährlichkeit *f*
firing 1. Anfeuern *n*, Befeuerung *f*; 2. Heizen *n*, Beheizen *n*, Feuerung *f*, Feuern *n*, Verfeuern *n* *{als Prozeß}*; 3. Zündung *f*, Zünden *n* *{Sprengstoff}*; 4. Zündung *f*, Anzünden *n*, Entzünden *n*; 5. Brennen *n*, Einbrennen *n*, Brand *m* *{Keramik}*; 6. Überhitzen *n*
firing door Einsatztür *f*
firing oven Brennofen *m*
firing plant Feuerungsanlage *f*, Feuerung *f* *{Brenneranordnung am Brennerraum}*
firing range Brennbereich *m*, Brennintervall *n* *{Keramik}*
firing tape Zündschnur *f*
firkin 1. Viertel-Fäßchen *n* *{obs; US: 34,06 L, GB: 40,9 L}*; 2. Butterfaß *n*
firm fest, baufest; beständig; hart; konsistent, stabil; stark; gesund; standig *{Gewebe, Leder}*
firmness Beständigkeit *f*, Festigkeit *f*; Stand *m* *{Gewebe, Leder}*
degree of firmness Festigkeitsgrad *m*
firpene Firpen *n*
first zuerst, zum ersten Mal *n*; erste
first absorption Vorwäsche *f*
first-aid box Erste-Hilfe-Ausstattung *f*, Verbandkasten *m*
first-aid cupboard Erste-Hilfe-Schränkchen *n* *{Schutz}*
first-aid post Unfallstation *f*

first-aid room Erste-Hilfe-Raum *m*
first break Anreißen *n {erste wahrnehmbare Änderung der Farbe einer Probe}*
first coat Voranstrich *m*, Grundierung *f*, Unterschicht *f*, Grundbeschichtung *f*, Grundanstrich *m*
first cost Anlagekosten *pl*, Anschaffungskosten *pl*
first evaporator Erstverdampfer *m*
first examination and test Abnahmeprüfung *f*
first filter Vorfilter *n*
first harmonic erste Harmonische *f*, Grundschwingung *f {Phys}*; Grundtyp *m {einer Welle}*, Grundschwingung *f*, Haupttyp *m*, Hauptmode *m*
first light oil Vorlauf *m {Dest}*
first melt Erstschmelze *f*
first member Anfangsglied *n {Math}*
first-order reaction Reaktion *f* erster Ordnung *f*, monomolekulare Reaktion *f*
first-order transition Phasenübergang *m* erster Ordnung *f*, Phasenübergang *m* erster Art *f*
first period Anfangsperiode *f*
first pickling Vorbeizen *n*
first principles Grundlehre *f*
first product Anfangsprodukt *n*, Vorprodukt *n*
first proof erster Abdruck *m {Druck}*
first-row transition metal erste Übergangsreihe *f*, 3d-Metalle *npl {Periodensystem, Sc..Zn}*
first running[s] 1. Vorprodukt *n*; 2. Vorlauf *m {Dest}*
first shape Vorform *f*
first stage Vorstufe *f*
first-stage vacuum Vorvakuum *n*
first step 1. Vorstufe *f*; 2. Antrittsstufe *f*
first stuff Lumpenbrei *m {Pap}*
first-time user Erstanwender *m*
Fischer-Tropsch gasoline synthesis *s.* Fischer-Tropsch process
Fischer-Tropsch process Fischer-Tropsch-Synthese *f*, Fischer-Tropsch-Verfahren *n*, Kogasinverfahren *n {Benzinsynthese}*
Fischer-Tropsch synthesis *s.* Fischer-Tropsch process
Fischer's reagent Fischersches Reagens *n*
fischerite Fischerit *m*
fisetic acid <$C_{15}H_{10}O_6$> Fisetin *n*
fisetin Fisetin *n*, 3,7,3',4'-Tetrahydroxyflavon *n*
fisetinidin Fisetinidin *n*
fisetinidol Fisetinidol *n*
fisetol Fisetol *n*
fish-bone Gräte *f*
fish eye 1. Fischauge *n*; 2. Fischauge *n {Materialfehler; Kunst, Met}*; Loch *n*, Nadelstich *m*, Pore *f*, Krater *m {Fehler; Text}*; Blase *f {Fehler im Lack, Anstrich}*
fish-eye stone Fischaugenstein *m*, Ichthyophthalm *m {obs}*, Apophyllit *m {Min}*
fish gelatine Fischleim *m*; Ichthyocoll *n*, Hausenblasenleim *m*, Hausenblase *f*
fish glue Fischleim *m*
fish-liver oil Lebertran *m*, Fischlebertran *m*, Fischleberöl *n*
fish manure Fischdünger *m*
fish meal Fischmehl *n*
fish oil Fischöl *n*, Fischtran *m*, Tran *m*
fish-oil fatty acid Tranfettsäure *f*
fish-oil soap Transeife *f*
fish paper dünne Vulkanfiber *f*, Lackpapier *n {ein Isolierpapier}*
fish poison Fischgift *n*
fish scale 1. Fischschuppe *f*; 2. Fischschuppen *fpl {Blockfehler, Met; Emaillierfehler, Keramik}*
fish-tail fischschwanzförmiger Defekt *m {der Epitaxieschicht, Elektronik}*
fish-tail burner Fächerbrenner *m*, Fischschwanzbrenner *m*, Schlitzbrenner *m*, Schnittbrenner *m*, Flachbrenner *m*
fish-tail twin Schwalbenschwanzzwilling *m {Krist}*
fish-tail type kneader Fischschwanzkneter *m*, Kneter *m* mit fischschwanzförmigem Knetarm *m*, Flossenkneter *m*, Doppelnabenkneter *m {Kunst}*
fish venom Fischgift *n*
fissile spaltbar, spaltfähig *{Nukl}*
fissile material Spaltmaterial *n*, Spaltstoff *m*, spaltbares Material *n {Nukl}*
fissile material flow rate Spaltstoffdurchsatz *m*, Spaltstofffluß *m*
fissility Spaltbarkeit *f*
fissiochemistry Spaltungsstrahlungschemie *f*
fission Spalten *n*, Spaltung *f*, Aufspalten *n*, Aufspaltung *f*, Teilen *n*; Kernspaltung *f*, Spaltung *f*, Fission *f {Nukl}*
fission chain Spaltkette *f*, Spaltproduktreihe *f {Nukl}*
fission-chain reaction Kernspaltungskettenreaktion *f*, Spaltungskettenreaktion *f {Nukl}*
fission chamber Spaltkammer *f {ein Neutronendetektor, Nukl}*
fission counter Spaltzähler *m {Nukl}*
fission corrosion Spaltkorrosion *f*
fission cross section Spaltquerschnitt *m*
fission-decay chain Spalt[zerfalls]kette *f*, Spaltproduktreihe *f {Nukl}*
fission energy Spalt[ungs]energie *f*, Kernspaltungsenergie *f {Nukl}*
fission fragment Kernspaltungsfragment *n*, Spaltbruchstück *n* , Bruchstück *n*, Spaltstück *n*, Spalttrümmer *m {Nukl}*
fission gas Spaltgas *n {Nukl}*
fission-gas release Spaltgasabgabe *f*, Spaltgasaustritt *m*, Spaltgasfreisetzung *f {Nukl}*
fission material Spaltmaterial *n {Nukl}*
fission neutron Spaltneutron *n {Nukl}*
fission nucleus Spaltkern *m {Nkl}*

fission of molecules Molekularzertrümmerung *f*
fission poison Spaltgift *n*, Reaktorgift *n*
fission process Spaltprozeß *m*, Spaltungsreaktion *f*, Abspaltungsreaktion *f*
fission product Spalt[ungs]produkt *n*, Spaltstück *n*, Zerfallsprodukt *n {Nukl}*
fission-product build-up Spaltproduktaufbau *m*, Spaltproduktansammlung *f {Nukl}*
fission-product chain Spaltproduktkette *f*, Spaltproduktreihe *f {Nukl}*
fission-product deposition Spaltproduktablagerung *f {Nukl}*
fission-product escape to the atmosphere Spaltproduktfreisetzung *f* in die Atmosphäre
fission-product poisoning Spaltproduktvergiftung *f {Nukl}*
fission-product release Spaltproduktfreisetzung *f*, Spaltproduktfreigabe *f {Nukl}*
fission-product retention capacity Spaltproduktrückhaltevermögen *n {Nukl}*
fission-product spectrum Spaltproduktspektrum *n {Nukl}*
fission reaction Aufspalt[ungs]reaktion *f*, Abspaltungsreaktion *f*, Spaltungsreaktion *f*, Spaltprozeß *m {Nukl}*
fission reactor Kernspaltungsreaktor *m*, Spaltreaktor *m {Nukl}*
fission-recoil particle Rückstoßteilchen *n* bei Spaltung *f {Nukl}*
fission spectrum Spaltspektrum *m {Nukl}*
fission threshold Spaltschwelle *f*, Spaltungsschwelle *f {Nukl}*
fission yield Spaltausbeute *f*, Spaltproduktausbeute *f {Nukl}*
fission yield curve Spaltausbeutekurve *f {Nukl}*
fast fission Schnellspaltung *f {Nukl}*
spontaneous fission Spontanspaltung *f*
fissionability Spaltbarkeit *f*
fissionable spaltbar, spaltfähig, zerlegbar
fissionable nuclei spaltbare Kerne *mpl*
fissionable material spaltbares Material *n*, Spaltmaterial *n*, Spaltstoff *m {Nukl}*
fissure/to sich spalten, einreißen, springen
fissure 1. Spalt *m*, Anriß *m*, Einriß *m*, Sprung *m*, Riß *m*, Ritze *f*, Spaltung *f*; 2. Kluft *f*, Spalte *f*, Diaklase *f {Geol}*
capillary fissure Haarriß *m*
fissured 1. rissig, gesprungen; 2. zerklüftet *{Geol}*
fistular röhrenartig
fit/to 1. passen, einpassen, anbringen, montieren; anpassen, zurichten; sitzen; 2. gesund, fit, kräftig, in guter Verfassung *f*
fit in/to einpassen, einfügen
fit into/to einbauen, einspannen, einfügen
fit into each other/to ineinanderpassen
fit out/to ausrüsten
fit 1. passend, geeignet; tauglich; einwandfrei; 2. Einstellung *f*, Justierung *f*, Passung *f*, Sitz *m*; 3. Anfall *m {Med}*
fitchet fat Iltisfett *n*
fitness 1. Brauchbarkeit *f*, Tauglichkeit *f*, Eignung *f*; Geeignetheit *f*; 2. Fähigkeit *f*; 3. Gesundheitszustand *m*
fitted ausgerüstet; eingebaut
fitted bolt Paßschraube *f*
fitter Monteur *m*, Industriemechaniker *m*, Schlosser *m*, Maschinenschlosser *m*; Installateur *m*
Fittig's method Fittigsche Reaktion *f*, Fittigsche Synthese *f*
Fittig's synthesis Fittigsche Synthese *f*, Wurtz-Synthese *f {von Di- und Polyarylen}*
fitting 1. passend, geeignet, angebracht; 2. Einpassen *n*, Einrichten *n*, Paßarbeit *f*, Einstellung *f*, Justierung *f*; Montage *f*, Zusammenfügen *n*, Zusammenbau *m*, Zusammenstellung *f*; 3. Beschlag *m*; 4. Garnierung *f {Pap}*; 5. Einpassen *n*, Zupassen *n {Druck}*; 6. Anschlußstück *n*, Anschlußstutzen *m*, Rohrverbindungsstück *n*, Verbindungsstück *n*, Fitting *m*, Rohrformstück *n*, Rohrarmatur *f {Tech}*
fitting accuracy Paßgenauigkeit *f*
fitting instructions Einbaurichtlinien *fpl*, Montageanleitung *f*, Montageanweisung *f*
fitting piece Kupplungsstück *n*, Paßstück *n*, Übergangsstück *n*, Rohrverbindung *f*
fittings 1. [kleine] Armaturen *fpl*, Beschläge *mpl*, Beschlagteile *npl*, Formstücke *npl*, Ausrüstungsgegenstände *mpl*; 2. Garnitur *f {Kabel}*
five-component system Fünfstoffsystem *n*, Fünfkomponentensystem *n*
five-coordinate[d] fünffach koordinativ gebunden, mit fünf koordinativen Bindungen ; fünffach koordiniert *{Komplex}*
five-electrode tube Fünfpolröhre *f*, Pentode *f {Elek}*
five-figure fünfstellig *{Math}*
five-membered fünfgliedrig
five-membered ring Fünf[er]ring *m*, fünfgliedriger Ring *m {Chem}*
five-nines zinc Fünfneunerzink *n*, Reinstzink *n {99,999 %}*
five-phase system Fünfphasensystem *n*
five-place fünfstellig *{Math}*
five-prong base Fünfsteckersockel *m*
five roll[er] mill Fünfwalzenmühle *f*, Fünfwalzenstuhl *m {Brau}*
five-sided fünfseitig
fivefold fünffach
fivolite Tetramethylcyclopentanolpentanitrat *n {Expl}*
fix/to 1. befestigen; 2. festlegen, festsetzen *{z.B. Nährstoffe im Boden}*; 3. fixieren *{Photo}*;

4. fixieren, festmachen; binden *{Chem}*; 5. aufspannen; 6. feststellen; 7. reparieren, herrichten

fix completely/to ausfixieren *{Photo}*

fix in plaster/to eingipsen

fix together/to zusammenfügen

fixable fixierbar

fixation 1. Befestigen *n*; 2. Bindung *f {Chem}*; Festmachen *n*, Fixieren *n {Mikroskopie, Gen}*; 3. Fixieren *n*, Fixierung *f*, Fixage *f {Photo}*; 4. Festlegung *f*, Festsetzung *f {von Nährstoffen im Boden}*

fixation of nitrogen Stickstoffbindung *f*, Stickstoff-Fixierung *f {Stickstoffgewinnung}*

fixation process Fixierprozeß *m {Gewebe}*

fixative 1. Fixateur *m {Kosmetik}*; 2. Fixativ *n*, Fixier[ungs]mittel *n {Farb, Photo}*; Fixationsmittel *n {Mikroskopiertechnik}*, Fixierungsmittel *n*, Fixierungsflüssigkeit *f*, Fixationslösung *f*, Fixierlösung *f {z.B. für Präparate, Biol}*

fixative resin Haarfestiger *m {Kosmetik}*

fixed fix; eingespannt, fest, befestigt, unbeweglich *{Mech}*; stationär, ortsfest, fest angeordnet, feststehend; gebunden *{Chem}*; speicherresident *{EDV}*

fixed ammonia gebundener Ammoniak *m*

fixed-angle rotor Winkelrotor *m {einer Laborzentrifuge}*

fixed bed ruhende Schüttung *f*, statische Schüttung *f*, Schüttschicht *f*, Festbett *n*, ruhendes Bett *n*, statisches Bett *n*, ruhendes Feststoffbett *n*

fixed-bed adsorption unit Festbettadsorptionsanlage *f*

fixed-bed catalyst fest angeordneter Katalysator *m*, festliegender Katalysator *m*, ruhender Katalysator *m*, fester Katalysator *m*, fester Kontakt *m*, Festbettkatalysator *m*, Festbettkontakt *m*

fixed-bed cracking plant Festbettkrackanlage *f {Mineralöl}*

fixed-bed electrode Festbettelektrode *f*

fixed-bed hydroforming Festbett-Hydroforming *n {Mo-/Al-oxid-Träger}*

fixed-bed ion exchanger Festbettionenaustauscher *m*

fixed-bed process Festbettverfahren *n*

fixed capital Anlagevermögen *n*

fixed carbon fixer Kohlenstoff *m*, fester Kohlenstoff *m {Met}*

fixed disk Festplatte *f {EDV}*

fixed-expansion machine konstante Expansionsmaschine *f*

fixed fire-fighting installation festinstallierte Löschgeräte *npl*, festinstallierte Feuerlöschgeräte *npl*

fixed-fire zone kiln Herdwagenofen *m*, Wagentrockenofen *m {Glas}*

fixed-head storage unit Festkopfplattenspeicher *m {EDV}*

fixed jaw 1. feste Backe *f {Schraubstock}*; 2. feststehende Brechbacke *f*, Stirnwand-Brechbacke *f {Backenbrecher}*

fixed joint feste Verbindung *f*, unlösbare Verbindung *f*; feste Fuge *f*, konstante Fuge *f*

fixed magnetic disk Festplattenspeicher *m {EDV}*

fixed-mo[u]ld half Gesenkseite *f*, Einspritzseite *f*, Düsenseite *f*, feststehende Werkzeughälfte *f {Kunst}*

fixed oil nichtflüssiges Öl *n*, fettes Öl *n*

fixed-pan mill Kollergang *m* mit feststehendem Teller *m*

fixed point 1. Festpunkt *m*, Fixpunkt *m*, Fundamentalpunkt *m {z.B. einer Temperaturskale}*; 2. Festpunkt *m*, Festkomma *n {EDV}*

fixed-point thermo couple Festpunkt-Thermoelement *n*

fixed-position sampler eingebauter Probenehmer *m*

fixed precision resistor *{IEC 115}* Präzisions-Festwiderstand *m*

fixed resistor Festwiderstand *m*

fixed tantalum capacitor *{IEC 384}* Tantal-Festkondensator *m {Elek}*

fixed term fester Term *m*

fixed value Festwert *m*, Fixwert *m*

fixedness Festigkeit *f*; Feuerbeständigkeit *f*; Unveränderlichkeit *f*

fixer 1. Fixier[ungs]mittel *n*, Fixiersalz *n*; Fixierbad *n {Photo}*; Fixativ *n {Farb}*; Fixierlösung *f*; 2. Maurer *m*

fixing 1. Befestigen *n*; 2. Fixieren *n*, Fixierung *f*, Fixage *f {Photo}*; 3. Festsetzung *f*, Festlegung *f*

fixing agent 1. Bindemittel *n*; Befestigungsmittel *n*; 2. Fixier[ungs]mittel *n {Photo, Text, Farb}*; 2. Nachbehandlungsmittel *n {Text, Farb}*; 4. Fixierungsmittel *n {für Präparate, Biol}*

fixing ager Fixier-Dämpfer *m*

fixing apparatus Aufspannapparat *m*

fixing bath Fixierbad *n*, Fixierflüssigkeit *f {Photo}*

fixing bolt Befestigungsschraube *f*

fixing clay Fixierton *m*

fixing device Befestigungsvorrichtung *f*, Halterung *f*, Einspannvorrichtung *f*

fixing equipment Fixiereinrichtung *f {Photo}*

fixing liquid Fixierflüssigkeit *f*

fixing liquor Fixierflotte *f*, Fixierflüssigkeit *f*

fixing salt Fixiersalz *n*, Fixiernatron *n {Photo}*

fixing screw Befestigungsschraube *f*; Bundschraube *f*

fixing solution Fixierlösung *f*, Fixativ *n {Photo}*

fixing temperature Fixiertemperatur *f*

fixity 1. Festigkeit *f*, Stabilität *f*; 2. Feuerbeständigkeit *f*

fixture 1. Fixiervorrichtung *f {an Prüfmaschinen}*, Fixiereinrichtung *f*, Festhaltevorrichtung *f*; Probenauflagevorrichtung *f*; Aufspannvorrichtung *f*, Spannvorrichtung *f*; 2. Installationsteil *n*, Einbauteil *n*, Armatur *f*, Beschlag *m*

fizz/to aufschäumen; [auf]zischen; sprudeln, moussieren, aufwallen

fizz Zischen *n*; Sprudeln *n*; Aufschäumen *n*

flabby schlaff, weich; schwach; welk

flacon Fläschchen *n*, Flakon *m*

Flade potential Flade-Potential *n {Passivität}*

flagstone 1. Gehwegplatte *f {DIN 485}*, Bodenbelagplatte *f*; 2. Steinplatte *f*, Fliese *f*, Keramikplatte *f*, Fußbodenplatte *f*; 3. spaltbares Sedimentgestein *n {Geol}*

flagellin Flagellin *n {Bakterienprotein}*

flagpole bond flagpole-Bindung *f {Valenz}*

flake/to 1. in Schichten zerlegen, Schichten abspalten; 2. abblättern, abschuppen, abbröckeln, abplatzen, abschiefern, abschilfern, absplittern

flake off/to abschuppen, abblättern, abbröckeln, abplatzen, abspringen

flake 1. Flocke *f*, Blättchen *n*, Plättchen *n*, Schuppe *f*, dünne Schicht *f*; 2. Hartschnitzel *m*; Flachspan *m {Holz}*; 3. Spannungsriß *m*, Flokkenriß *m {Met}*; Fischauge *n {Materialfehler im Stahl}*

flake gaphite Lamellengraphit *m*, lamellarer Graphit *m {Eisen, DIN 1691}*; Flockengraphit *m {Min}*

flake-graphite cast iron Gußeisen *n* mit Lamellengraphit *m {DIN 1691}*

flake ice Scherbeneis *n*, Splittereis *n*

flake lead Bleiweiß *n*, basisches Bleicarbonat *n* $\{2PbCO_3{\cdot}Pb(OH)_2\}$

flake-like flockenartig, flockig, flockenförmig

flake powder Blättchenpulver *n {Expl}*

flake white 1. Schieferweiß *n*, [feines] Bleiweiß *n*, 2. <*BiOCl*> Bismutoxidchlorid *n*, Perlweiß *n*, Schminkweiß *n*

flakeboard Spanplatte *f*, Holzspanplatte *f*

flakes Blättchenpulver *n {Expl}*

flaking 1. Abblättern *n {DIN ISO 4628}*, Abfallen *n*, Abschälen *n*, Abschuppen *n*, Abplatzen *n {z.B. von Anstrichen, Beschichtungen}*; 2. Flokken *n*, Flockung *f*; 3. Klumpen *n*; 4. Desquamation *f*, Abschuppung *f {Geol}*; 5. Abriß *m*, Ausbrechen *n {Bergbau}*; 6. *{US}* Rupfen *n {Pap}*

flaky 1. schuppig, geschichtet, geblättert; 2. flockenartig, flockig *{Chem}*

flame/to flammen, aufflammen, rot werden

flame Flamme *f*

flame alarm Flammenmelder *m*

flame annealing oxidierendes Glühen *n {Met}*

flame arc Flammenbogen *m*, Effektbogen *m*

flame arrester 1. Flammensperre *f*, Flammenrückschlagsicherung *f*; 2. Flammenschutz *m {z.B. ein Funkenfänger}*

flame atomic absorption spectrometry Flammenatomabsorptions-Spektralphotometrie *f*, Flammen-AAS *f*

flame black Rußschwarz *n*, Flammruß *m*, Acetylenschwarz *n*, Acetylenruß *m*

flame bonding Flammbondieren *n*, Schweißbondieren *n*, Schweißkaschieren *n*, Flammkaschieren *n*

flame brazing Flamm-Hartlöten *n {DIN 8522}*

flame carbon Effektkohle *f {Elek}*; Flammenkohle *f*

flame cleaning Flammstrahlen *n {DIN 2310}*, Flammstrahlentrosten *n*, Flammentzunderung *f {Met}*

flame colo[u]ration Flammenfärbung *f*

flame cone Flammenkegel *m*, Flammenkern *m*

flame cutting autogenes Brennschneiden *n {DIN 2310}*, Schneidbrennen *n*, Sauerstoff-Brennschneiden *n*

flame descaling Flammentrosten *n*, Flammstrahlen *n*, Flammentzunderung *f*, Brennputzen *n*, Flämmputzen *n*

flame detector Flammenmelder *m*, Strahlungsmelder *m*

flame-emission continuum Flammen-Emissionskontinuum *n {Spek}*

flame-emission spectrum Flammenspektrum *n*, Atomemissionsspektrum *n*

flame-emission spectroscopy Flammen-Emissionsspektroskopie *f*

flame excitation Flammenanregung *f*

flame front Flammenfront *f*

flame furnace Flammenofen *m*

flame fusion Flammbondieren *n*, Schweißbondieren *n*, Schweißkaschieren *n*, Flammkaschieren *n*

flame gouging Brennhobeln *n {DIN 2310}*, Sauerstoffhobeln *n {Met}*

flame guard Flammenschutz *m*

flame hardening Flammhärten *n {DIN 8522}*, Flamm[en]härtung *f*, Brennhärten *n*, Brennhärtung *f*, Oberflächenhärtung *f {Met}*

flame height Flammenhöhe *f*

flame inhibitor Entflammungsverzögerer *m {Flammhilfsstoff}*

flame ionization Flammenionisation *f*

flame-ionization detector Flammenionisationsdetektor *m*, FID

flame laser Flammenlaser *n* $\{CS_2 + O_2$*; Co-Gaslaser}*

flame line Flammenlinie *f*

flame monitor Flammenwächter *m*, Flammenmelder *m*

flame-monitoring system Flammenüberwachung *f*

flame photometer Flammenphotometer *n*

flame-photometric flammenphotometrisch *{obs}*, flammenspektroskopisch

flame-photometric method *{IDF 119}* Flammenphotometrie *f {Anal}*, Flammenspektroskopie *f*
flame-photometric titration flammenphotometrische Titration *f*
flame plating Flammschockspritzen *n {DIN 8522}*, Flammspritzen *n*; Wärmespritzen *n {Kunst}*; Metallspritzen *n*, Spritzmetallisieren *n {Met}*
flame-polished feuerpoliert
flame-polishing device Flammpoliergerät *n*
flame polisher Flammpoliergerät *n*
flame polishing Flammpolieren *n*
flame priming Flammgrundieren *n {DIN 8522}*
flame propagation Flammenausbreitung *f*, Flammenfortpflanzung *f*
flame reaction Flammenprobe *f {Anal}*
flame-repellent flammabweisend
flame resistance Flammfestigkeit *f*, Feuerfestigkeit *f*, Flammwidrigkeit *f*, Flammbeständigkeit *f*
flame-resistance rating Feuerwiderstandsklasse *f*
flame-resistant nicht entflammbar, schwer entflammbar, flammbeständig, flammwidrig
flame-resistant impregnation Flammfestausrüstung *f*, Flammfestappretur *f*, flammfeste Ausrüstung *f {Text}*
flame retardancy Flammverzögerungsvermögen *n*; Flammschutzeigenschaft *f*
flame retardant 1. flammenhemmend, feuerhemmend; 2. Flammschutzmittel *n {Text}*; Flammverzögerungsmittel *n {Kunst}*
flame-retardant effect Flammschutzeffekt *m*, Flammschutzwirkung *f*
flame-retardant paint Flammschutzfarbe *f*
flame-retardant properties Flammschutzeigenschaften *fpl*
flame-retardant resin flammhemmendes Harz *n*
flame scarfing Brennflämmen *n {DIN 2310}*, Brennputzen *n*, Flämmputzen *n*, [autogenes] Flämmen *n {Gieß}*
flame shield Flammenschild *n {Expl}*
flame soldering Flammlöten *n {DIN 8522}*, Flamm-Weichlöten *n*
flame spectral analysis Flammenspektralanalyse *f*
flame spectrometry Flammenspektrometrie *f*
flame spectropraphy Flammenspektrographie *f*
flame spectrum Flammenspektrum *n*
flame-spray gun Flammspritzpistole *f*, Wärmespritzpistole *f*
flame-sprayed flammgespritzt
flame spraying Flammspritzen *n {DIN 8522}*, Flammstrahlen *n*; Wärmespritzen *n {Kunst}*; Metallspritzen *n*, Spritzmetallisieren *n*, Schoopisieren *n {Met}*
flame spread Brandausbreitung *f*, Brandweiterleitung *f*, Feuerweiterleitung *f*, Flammenausbreitung *f*, Flammenfortpflanzung *f*
flame-spread classification Brennverhaltenklassifikation *f*
flame-stress relieving Flammentspannen *n {DIN 8522}*
flame temperature Flammentemperatur *f*
flame test 1. Leuchtprobe *f*, Flammenprobe *f {Anal}*; 2. Brennprobe *f*, Brenntest *m*, Brennprüfung *f {Text, Kunst}*
flame tester Flammensonde *f*
flame thrower Flammenwerfer *m*
flame tip Düse *f {Gaschromatographie}*
flame trap 1. Flammenrückschlagsicherung *f*, Flammensperre *f*; 2. Flammenschutz *m {z.B. ein Funkenfänger}*
flame treatment Flammstrahlen *n*, Abflammen *n*, Beflammen *n*, Flammbehandlung *f*, Oberflächenabflammen *n*, Kreidl-Verfahren *n*, Temperaturdifferenzverfahren *n {z.B. zum Polarisieren unpolarer Plastwerkstoffe}*
flame type Flammenform *f*, Form *f* der Flamme *f*
flame up/to aufflammen, aufglühen, auflodern
flame welding Abschmelzschweißen *n* mit Flamme, AS-Schweißen *n* mit Flamme, Flammschweißen *n*; Trennahtschweißen *n* mit Flamme, Trennen/Schweißen *n* mit Flamme
carbonizing flame reduzierende Flamme *f*
explosive flame Stichflamme *f*
fine pointed flame Stichflamme *f*
kind of flame Flammenform *f*, Form *f* der Flamme
luminous flame aufleuchtende Flamme *f*
nonluminous flame nichtleuchtende Flamme *f*, dunkle Flamme *f*
oxidizing flame oxidierende Flamme *f*
reducing flame reduzierende Flamme *f*
flameless flammenlos
flameless hydride system Hydrid-Technik *f*
flameproof 1. flammsicher, flammfest, nicht entflammbar, schwer entflammbar; 2. explosionssicher, explosionsgeschützt; 3. schlagwettersicher
flameproof enclosure flammsichere Kapselung *f*; schlagwettersichere Kapselung *f*, explosionssichere Kapselung *f*, Schlagwetterschutzkapselung *f {Bergbau}*
flameproof equipment feuerfeste Ausrüstung *f*
flameproof lamp Sicherheitslampe *f*
flameproof material feuerbeständiges Material *n*
flameproofing Flammfestausrüsten *n*, Flammschutz *m*
flameproofing agent Flamm[en]schutzmittel *n*
flameproofness Unentflammbarkeit *f*
flaming flammend, lodernd

flaming arc Flammenbogen *m*
flaming combustion Feuerbrand *m*
flammability Brennbarkeit *f*; Entflammbarkeit *f*, Entzündbarkeit *f*, Entzündlichkeit *f*
flammability limit Zündgrenze *f*, Entzündungsgrenze *f*, Entflammungsgrenze *f*
flammability limits Zündbereich *m*
flammability test Brandversuch *m*, Brennbarkeitstest *m*
flammable entflammbar, entzündbar, entzündlich; brennbar; feuergefährlich
flammable gas *{ISO 871}* brennbares Gas *n*, entzündliches Gas *n*
flammable limits Zündgrenzen *npl*, Zündbereich *m*
flammable range Zündbereich *m*
flammable vapo[u]r brennbarer Dampf *m*, entzündlicher Dampf *m*
flange/to [ein]flanschen, anflanschen; bördeln, sicken, ausfräsen; ausbauchen, kümpeln; pressen
flange 1. Flansch *m {Tech}*; 2. Scheibe *f*, Flansch *m {Scheibenkupplung}*; 3. Bund *m {Tech}*; 4. Bordrand *m {Riemenscheibe}*; Bördelrand *m {z.B bei Dosen}*, Bördel *n*
flange closure Flanschverschluß *m*
flange coupling Flanschanschluß *m*, Flanschverbindung *f*; Flanschkupplung *f*, Flanschbefestigung *f*, Scheibenkupplung *f*
flange gasket Flanschdichtung *f*
flange joint Flanschverbindung *f*, Flanschenverbindung *f {z.B. an Rohren}*
flange on/to anflanschen
flange seal 1. Flanschdichtung *f*; 2. Hutmanschette *f*
flange shaft Flanschwelle *f*
flange termination Flanschanschluß *m*, Flanschverbindung *f*
flange-type pipe Anflanschrohr *n*
flange union Flanschverbindung *f*
flanged angeflanscht; Flansch-
flanged ball tee Kugel-T-Stück *n*
flanged connection Flanschverbindung *f*
flanged coupling Flanschverbindung *f*
flanged fitting Flansch[form]stück *n*, Flanschfitting *m n*
flanged globe tee Kugel-T-Stück *n*
flanged joint Flanschverbindung *f*, Flanschanschluß *m*
flanged reducing tee Verengerungs-T-Stück *n*
flanged stopper Deckstopfen *m*
flanged tee T-Stück *n*
flanging 1. Bördeln *n*, Umbördelung *f*; Stanzbördeln n, Gesenkbördeln *n {z.B. eines Blechrandes}*; 2. Kümpeln *n*; 3. Flanschen *n*, Anflanschen *n*
flank 1. Flanke *f*; Seite *f*; 2. Flanke *f {des Gewindes}*, Gewindeflanke *f*; 3. Freifläche *f {Tech}*; 4. Schenkel *m*, Flügel *m*, Flanke *f {Geol}*
flannel Flanell *m {Text}*
flannel polishing wheel Flanellpolierscheibe *f*
flap 1. Klappe *f*, Flap *m {ein Hochauftriebsmittel}*; 2. Felgenband *n {Räder}*, Felgenrand *m {Gummi}*; 3. Schutzumschlag *m*, Klappe *f*, Einschlag *m {eines Buches}*; 4. Klappe *f*, Klappdeckel *m {Tech}*; Falltür *f*; 5. Leitzunge *f*
flap valve Klapp[en]ventil *n*, Klappe *f*, Verschlußklappe *f*, Klappenverschluß *m*
flapper 1. Strahlabschneiderfahne *f*; 2. Klappenscheibe *f*
flare/to 1. flackern, aufflackern; 2. abfackeln *{z.B. von Gasen}*; 3. konisch aufweiten, trichterförmig aufweiten
flare up/to aufflackern, aufflammen
flare 1. Erweiterung *f*, Verbreiterung *f {des Rohrendes}*; 2. Fackel *f*, flackernde Flamme *f {Abfackeln von Gasen und Dämpfen}*; 3. Sonneneruption *f*, Flare *f*, [chromosphärische] Eruption *f*; 4. Streulicht *n {Opt}*; 5. Reflexionsfleck *m {Photo}*; 6. Leuchtbombe *f*, Leuchtrakete *f*, Leuchtsignal *n*; 7. Fackel *f {Pyrotechnik}*
flare bed Verbrennungsgasekanal *m*
flare cartridge Leuchtpatrone *f*
flare gas Fackelgas *n*
flare stack Abfackelrohr *n*, Fackelmast *m {Chem}*
flare tower Abfackelturm *m*
flare-type burner Flachbrenner *m*, Kegelbrenner *m*
flareback Flammenrückschlag *m*, Zurückschlagen *n {einer Flamme}*
flared joint Bördelverbindung *f*
flaring 1. erweitert; 2. flackernd; 3. Randeln *n*, Aufrandeln *n {Glas}*
flaring cup Kegelmahlstein *m*
flaring machine Tellerdrehmaschine *f*
flash/to 1. auflodern, aufflammen, aufblitzen; entflammen; 2. sehr rasch verdampfen, ausdampfen, aussieden; 3. überfangen *{Glas}*; 4. blinken
flash 1. Grat *m*; Abquetschgrat *m*, Preßgrat *m*, Austrieb *m*, Plastformteilgrat *m*, überfließende Formmasse *f {Kunst}*; Gußgrat *m*, Gußnaht *f {Gieß}*; verfestigter Klebwulst *m*; 2. Aufflammen *n*, Entflammen *n*; Aufleuchten *n*, Aufblitzen *n {z.B. einer Leuchtstofflampe}*; Stichflamme *f*; 3. Gießfleck *m {Keramik}*; 4. [hauchdünne] Metallschutzschicht *f {Elek, Met}*; 5. Überfang *m*, Überfangschicht *f {Glas}*; 6. Lichblitz *m*, Szintillationsblitz *m*; 7. Glanzstelle *f {Farb}*; 8. Schwimmhaut *f {Spritzgußteil-Fehler}*; 9. Butzen *m {Abfall beim Blasformen}*
flash-ag[e]ing bath Schnelldampfbad *n {Text}*
flash boiler Schnellverdampfer *m*, Schnelldampfkessel *m*, Zwangsdurchlauf-Dampfkessel *m*

flash-butt welding Abbrennschweißen *n*, elektrisches Stumpfschweißen *n*, Widerstands-Abbrennstumpfschweißen *n*
flash chamber Entspannungskammer *f {Entsalzung}*
flash cooler Entspannungskühler *m*
flash discharge Lichtblitzentladung *f*
flash distillation Gleichgewichtsdestillation *f*, [kontinuierliche] Entspannungsdestillation *f*, Flash-Destillation *f*, geschlossene Destillation *f*, integrale Destillation *f*, Kurzwegdestillation *f*
flash dryer Rohrtrockner *m*, Schnelltrockner *m*, Stromtrockner *m*
flash drying Schnelltrocknung *f*, Stromtrocknung *f*; Entspannungstrocknen *n*
flash evaporation Entspannungsverdampfung *f*, Stoßverdampfung *f*, stoßartige Verdampfung *f*, Blitzverdampfung *f*, Flash-Verdampfung *f*, Schnellverdampfung *f*
flash-evaporation plant Verdampfungsanlage *f* mit Niederdruckbehältern *npl {Dest}*
flash-filament method Druckimpulsvakuummessung *f*, Flash-filament-Methode *f*
flash-filament technique Flash-Filament-Technik *f*, Impulsdesorption *f*
flash-free gratfrei
flash groove Abquetschnute *f*, Stoffabflußnute *f*, Austriebsnute *f {Kunst}*
flash gun Blitzleuchte *f {Photo}*
flash heat Verdampfungsglühen *n*, Hochglühen *n* zum Verdampfen *n*
flash-ignition temperature Fremdentzündungstemperatur *f*
flash mixer Blitzmischer *m*
flash off/to abtreiben *{Gas}*
flash-off Abdunsten *n*, Verdunsten *n*, Verdunstung *f*; Abdunsten *n*, Antrocknen *n*, Ablüften *n {schnelles Trocknen eines Anstrichs}*; Entlüftung *f*
flash-off period Abluftzeit *f*
flash-off temperature Abdunsttemperatur *f*, Verdunstungstemperatur *f*
flash-off time Abdunstzeit *f*, Abdunstungszeit *f*, Verdunstungszeit *f*
flash-off zone Abdunststrecke *f*, Abdunstzone *f*
flash pasteurization Hocherhitzung *f {Lebensmittel}*, Momentanpasteurisierung *f*; Uperisation *f {Milch}*
flash photolysis [method] Blitzlichtphotolyse *f*, Lichtblitzverfahren *n*, Lichtblitzmethode *f*
flash pickling Säurebeize *f*, Säurebeizen *n {Met}*
flash plate hauchdünne Metallschutzschicht *f*
flash plating Schnellüberzug *m {Galvanik}*
flash point Entzündungspunkt *m*, Entflammungstemperatur *f*, Flammpunkt *m {DIN 51376}*, Leuchtpunkt *m*
flash-point apparatus Flammpunktprüfer *m*, Flammpunkt[prüf]gerät *n*, Flammpunktapparat *m*
flash-point crucible Flammpunkttiegel *m*
flash-point tester Flammpunktprüfer *m*, Flammpunkt[prüf]gerät *n*, Flammpunktapparat *m*, Flammpunktbestimmer *m*
flash process Entspannungsverfahren *n {Dest}*
flash roaster Flammenröstofen *m*, Blitzröstofen *m*, Flash-Röster *m {Met}*; Schweberöstofen *m*
flash roasting Sinterröstung *f*, Blitzröstung *f {Met}*; Schweberöstung *f*
flash separtion Entspannungstrennen *n*
flash-rotary vacuum evaporator Rotations-Vakuumverdampfer *m*
flash temperature kurzfristiger Temperaturanstieg *f*, lokale Temperaturerhöhung *f*
flash test Flammpunktbestimmung *f*, Entflammungsprobe; Durchschlagsprüfung *{Elek}*
flash trap Entspannungstopf *m {DIN 3320}*
flash tube Blitzlampe *f*, Lichtblitzentladungslampe *f {Gasentladung}*; Blitzröhre *f*, Elektronenblitzröhre *f*
flash vaporization Entspannungsverdampfung *f*, Flash-Verdampfung *f*, Stoßverdampfung *f*, Blitzverdampfung *f*
flash welding Widerstandsabschmelzschweißen *n*, Abschmelzschweißung *f*, Abbrennschweißen *n*
flashback/to zurückschlagen *{Flamme}*
flashback 1. Rückschlag *m {Flamme}*, Flammenrückschlag *m*; 2. Flammendurchschlag *m {DIN 8521}*, Flammendurchzündung *f*
flashback chamber Wasserverschluß *m*, Rückschlagsicherung *f*, Wasservorlage *f*
flashback ignition Rückzündung *f*
flashbulb Vakublitz *m*, Birnenblitz *m {Photo}*
flashing 1. Aufblitzen *n*, Aufleuchten *n*, Blinken *n*; 2. Flashen *n*, Heizspannungsbrennen *n {Elektronik}*; 3. Überfangen *n {Glas}*; 4. Glanzstellenbildung *f {Farb}*; 5. Gießfleck *m {Keramik}*; 6. Überlaufnaht *f {Spritzgießen}*, Gratbildung *f {an Formteilen}*; 7. Abbrennen *n {Schweißen}*; 8. Momentanpasteurisation *f*, Hocherhitzung *f*, Momenterhitzung *f {Lebensmittel}*; Uperisieren *n {Milch}*
flashing-light warning signal Blink-Störungslampe *f*, Störungsblinkanzeige *f*
flashing over Überspringen *n {z.B. Funken, Flammen}*
flashlight 1. Blitzlicht *n {Photo}*; 2. Blitzfeuer *n*; 3. Taschenlampe *f*, Taschenleuchte *f*
flashlight mixture Blitzlichtmischung *f*
flashover/to überspringen *{Feuer}*
flashover 1. Überschlag *m*, Überspringen *n {Elek}*; 2. Feuersprung *m*, Funkenüberschlag *m*; 3. Übertragung *f {einer Detonation}*, Detonationsübertragung *f*

flashover strength Überschlagsfestigkeit *f*
flashover voltage Überschlagsspannung *f*
flask 1. Kolben *m*; 2. Flasche *f*, Glasballon *m* *{Chem}*; 3. Thermogefäß *n*, Thermosflasche *f* *{Handelsname}*; 4. Formkasten *m*, Kasten *m* *{Gieß}*; 5. Transportbehälter *m* *{Nukl}*
flask casting Kastenguß *m*, Gießen *n* in Formkästen *mpl*
flask clamp Ständerklemme *f*
flask stand Kolbenträger *m* *{Lab}*
boiling flask Kochkolben *m*, Kochflasche *f*
filtering flask Filterkolben *m* *{Lab}*
flat-bottom[ed] flask Stehkolben *m*
half-liter flask Halbliterkolben *m* *{Chem}*
neck of a flask Kolbenhals *m* *{Chem}*
overflow flask Auslaufflasche *f*
vacuum flask Dewar-Kolben *m*
flat/to 1. mattieren *{Anstrich}*; 2. glätten, eben machen, planieren, einebenen, nivellieren; 3. glätten, schlichten
flat 1. flach, eben, plan, abgeflacht; abgestanden, fad[e], schal *{Geschmack}*; fahl, matt, stumpf *{Farbton}*; flach, flau, kontrastarm *{Photo}*; erschöpft, leer, entladen *{Batterie}*; söhlig, horizontal *{Bergbau}*; matt *{Lack}*; flach, ungefalzt, in Planbogen *{Druck}*; 2. Krempelgarnitur *f* *{Text}*; 3. Offsetmontage *f* *{Druck}*; 4. Montageplatte *f*, montierte Vorlageform *f* *{Druck}*; 5. abgenutzte Stellen *fpl* an Stromwandlerlamellen *{Elek}*; 6. Webfehler *m* *{Doppelfaden}*; 7. Patte *f* *{Text}*
flat anode Flachstreifenanode *f*
flat bar steel Flachstahl *m*
flat bending test Flachbiegeversuch *m*
flat billet Breiteisen *n*
flat bloom Bramme *f*
flat-bottomed mit flachem (ebenem) Boden
flat-bottomed conical flask Erlenmeyer-Kolben *m* *{Lab}*
flat bottom[ed] flask Stehkolben *m* *{DIN 12347}*; Standkolben *m* *{Lab}*
flat-bottom[ed] tank Flachbodentank *m*, Flachbodengroßbehälter *m*, Behälter *m* mit ebenem Boden *m*, Behälter *m* mit flachem Boden *m*
flat burner Schnittbrenner *m*
flat cable Flachkabel *n*, Bandkabel *n*
flat face F-Fläche *f* *{Krist}*
flat film Flachfolie *f*; Planfilm *m*
flat-film coextrusion line koextrudierende Flachfolienanlage *f*, Koextrusions-Breitschlitzfolienanlage *f*, Breitschlitzflachfolienanlage *f*
flat-film method Flachfolienverfahren *n*
flat-flange joint Planschliffverbindung *f*
flat-furnace mixer Flachherdmischer *m*
flat gasket Flachdichtung *f*
flat glass Tafelglas *n*, Flachglas *n*
flat head 1. Flachspritzkopf *m*, Schlitzdüse *f*; 2. Senkkopf *m* *{Schraube}*
flat-head screw Flachkopfschraube *f*, Senkschraube *f*
flat lacquer Mattlack *m*
flat layer dryer Flachtrockner *m*
flat-miniature tensile specimen Kleinflachzugprobe *f*
flat-paddle agitator Blattrührwerk *n*
flat paint Mattanstrichfarbe *f*
flat pliers Flachzange *f*
flat polish Mattpolitur *f*
flat rate Pauschalgebühr *f*
flat sheet 1. Flachtafel *f*; Flachfolie *f*; 2. Planobogen *m* *{Pap}*
flat-sheeting die Breitschlitzdüse *f*
flat sieve Plansieb *n*
flat-specimen tensile test Flachzugprobe *f*
flat spray Flachstrahl *m*
flat-spray nozzle Flachstrahldüse *f*
flat steel Flacheisen *n*
flat stopcock Flachhahn *m*
flat stopper Deckelstopfen *m*
flat tape Flachfaden *m*
flat varnish Mattlack *m*
flatness 1. Flachheit *f*, Verzugsfreiheit *f*, Ebenheit *f*, Planheit *f*; 2. Fahlheit *f*, Mattheit *f*, Stumpfheit *f* *{von Farbtönen}*; 3. Schalheit *f*, Fadheit *f* *{Geschmack}*; 4. Flachheit *f*, Kontrastarmut *f* *{Photo}*
flatten/to 1. ebenen, einebenen, abflachen, abplatten; flachdrücken, plattdrücken, flachpressen; glätten, plätten, bügeln *{Glas}*; 2. strecken *{Material}*; 3. abstumpfen *{Farben}*
flattened 1. [ein]geebnet, abgeflacht, abgeplattet; flachgedrückt, plattgedrückt; 2. abgestumpft *{Farb}*; 3. gestreckt *{Material}*; 4. geglättet, gebügelt *{Glas}*
flattening 1. Abflachen *n*, Abplatten *n*; Prägerichten *n*, Flachstanzen *n*, Flachdrücken *n*; 2. Abstumpfen *n* *{Farb}*; 3. Strecken *n* *{Material}*
flattening out 1. Ausbreitung *f*; 2. Abklingen *n* *{z.B. einer Reaktion}*
flattening test 1. Ausbreiteprobe *f*; 2. Ringfaltversuch *m* *{an Röhren}*
flatting Mattierungseffekt *m*
flatting agent Mattierungsmittel *n*, Mattierungsstoff *m* *{Farb}*
flatting varnish Schleiflack *m*, Spachtellack *m*, Grundierfarbe *f*
flatwise tensile test Zugversuch *m* an Sandwichbauteilen *npl* *{zur Ermittlung der Haftfestigkeit Deckschicht/Kern}*
flavan **<$C_{15}H_{14}O$>** Flavan *n*, 2-Phenylbenzpyran *n*
flavaniline **<$C_{16}H_{14}N_2$>** Flavanilin *n*
flavanol 1. 3-Hydroxyflavon *n*, Flavanol *n*; 2. Flavonolfarbstoff *m*
flavanone **<$C_{15}H_{12}O_2$>** Flavanon *n*, 2,3-Dihydroflavon *n*

flavanthrene <$C_{28}H_{12}N_2O_2$> Flavanthren *n*, Indanthrengelb G *n*
flavanthrone <$C_{28}H_{14}N_2O_4$> Indanthren *n*, Indanthrenblau RS *n*, Flavanthron *n*
flavazine <$C_{16}H_{13}N_4O_4SNa$> Flavazin *n*
flavazole Flavazol *n*
flavene Flaven *n*, 2-Phenylchromen *n*
flavianic acid Fläviansäure *f*, 8-Hydroxyl-5,7-dinitro-2-naphthalinsulfonsäure *f*
flavin 1. <$C_{10}H_6N_4O_2$> Flavin *n*, Isolloxazin *n*; 2. <$C_{15}H_5O_2(OH)_5$> Quercetin *n*, 5,7,3',4'-Tetrahydroxyflavonol *n*, 3,5,7,3',4'-Pentahydroxyflavon *n*; 3. Flavinfarbstoff *m* *{Riboflavin, Lumiflavin, Proteinflavin usw.}*
flavin adenine dinucleotide Flavin-Adenin-Dinucleotid *n*, FAD
flavin dehydrogenase Flavindehydrogenase *f*
flavin enzyme Flavoprotein *n*, gelbes Enzym *n*, Flavinenzym *n*
flavin mononucleotide Riboflavin-5'-phosphat *n*, Flavinmononucleotid *n*, FMN
flavin nucleotides Flavinnucleotide *npl*
flavine 1. *s.* flavin; 2. Acriflavin *n* *{Pharm}*
flavochrome Flavochrom *n*
flavoglaucin <$C_{19}H_{28}O_3$> Flavoglaucin *n*
flavokinase *{EC 2.7.1.26}* Flavokinase *f*
flavol <$C_{14}H_{10}O_2$> Flavol *n*, Anthracen-2,6-diol *n*
flavone 1. <$C_{15}H_{10}O_2$> Flavon *n*, 2-Phenylchromon *n*, 2-Phenyl-1,4-chromenon *n* *{Grundkörper gelber Pflanzenfarbstoffe}*; 2. Flavonoidketon *n*
flavonoid Flavonoid *n*
flavonol 1. <$C_{15}H_{10}O_3$> Flavonol *n*, 3-Hydroxyflavon *n*; 2. Hydroxyflavonoid *n*
flavophenine Chrysamin *n*
flavoprotein Flavoprotein *n*, Flavinenzym *n*, gelbes Enzym *n*
flavopurpurin <$C_{14}H_8O_5$> Flavopurpurin *n*, 1,2,6-Trihydroxyanthrachinon *n*
flavylium <$C_{15}H_{10}O^+$> Flavyliumion *n*
flavo[u]r/to 1. würzen *{Speisen}*; 2. aromatisieren, mit Aromastoffen *mpl* versetzen, parfümieren
flavo[u]r 1. Aroma *n*, Beigeschmack *m*, Geschmack *m*, [Wohl-]Geruch *m*; Würze *f*, Blume *f* *{Wein}* 2. Aromastoff *m*, Geschmackstoff *m*; 3. Flavour *m*, Geschmack *m* *{Elementarteilchen}*
flavo[u]r chemistry Aromachemie *f*
flavo[u]r encapsulation Geruchsverkapselung *f* *{Nahrungsmittel}*
flavo[u]r enhancer Geschmackverstärker *m*, geschmackverstärkende Verbindung *f*, Geruchsverstärker *m* *{Lebensmittel}*
flavo[u]ring Geschmackstoff *m*, Aromastoff *m*; Würze *f* *{Wein}*
flavo[u]ring agent Geschmackstoff *m*, Aromastoff *m*, Geruchsstoff *m*
flavo[u]ring essence Aromakonzentrat *n*
flavo[u]rless geschmackfrei, geschmacklos, geruchlos *{ohne Aroma}*
flavotine Flavotin *n*
flavoxanthin <$C_{40}H_{56}O_3$> Flavoxanthin *n* *{Carotinoidpigment}*
flaw Fehler *m*, Materialfehler *m*, Werkstoffehler *m*, Defekt *m*, Makel *m*; Einriß *m*, Riß *m*, Sprung *m*; Bruch *m*; Lockerstelle *f* *{Krist}*; Schwachstelle *f* *{z.B. im Datenschutzsystem}*, Fehlstelle *f*;Gußblase *f*, Gußnarbe *f*, Gußschaden *m*, Lunker *m* *{Gieß}*; Fleck *m* *{Text}*; Schweißfehler *m*
flawlessness Fehlerlosigkeit *f*
flawy brüchig; unrein
flax 1. Flachs *m*, Dreschlein *m*, Klenglein *m* *{Linum usitatissimum}*; 2. Lein *m* *{Linum}*
flax seed Leinsamen *m*
flax-seed oil Flachssamenöl *n*, Leinöl *n*
flax wax Flachswachs *n*
flax-weed salve Leinsalbe *f*
earth flax Asbest *m*
stone flax Asbest *m*
flaxen flachsfarben, flachsgelb, flächsern, flachsfarbig
flaxy flachsfarben, flachsgelb, flächsern, flachsfarbig
flay/to abdecken, abwirken, abhäuten *{Leder}*
flaying house Abdeckerei *f* *{Leder}*
fleece 1. Vlies *n*, Wollvlies *n* *{DIN 60004}*; 2. Flausch *m*, Faservlies *n*; 3. Pelz *m*, Webpelz *m* *{DIN 60021}*
fleece cloth Vliesstoff *m*
fleece wool Schurwolle *f* *{Text}*
fleecy wollähnlich, wollig, flauschig
flesh 1. Fleisch *n*, 2. Fleischseite *f*, Aasseite *f* *{Leder}*
flesh-colo[u]red fleischfarben, fleischrot, felischfarbig, blaarot
flesh-meal Fleischmehl *n*
flesh side Fleischseite *f*, Aasseite *f* *{Leder}*
flex/to 1. biegen; 2. walken *{Räder}*
flex Anschlußschnur *f*, Leitungsschnur *f*, Verlängerungsschnur *f*
flex cracking Biegerißbildung *f*, Biegeermüdung *f* *{von Gummiproben}*
flex fatigue Biegeermüdung *f*
flex fiber biegsame Faser *f*
flex resisting ermüdungstüchtig; Biegerißfestigkeit *f* *{Gummi}*
flex wire Litze *f*
flexibility Flexibilität *f*, Biegbarkeit *f*, Biegefähigkeit *f*, Biegsamkeit *f*, Dehnbarkeit *f*, Dehnfähigkeit *f*, Elastizität *f*, Geschmeidigkeit *f*, Schmiegsamkeit *f*, Nachgiebigkeit *f*; Anpassungsfähigkeit *f*
flexibilizer Weichmacher *m*, Plastifizierungsmittel *n* *{z.B. für Keramik, Epoxidharze}*

flexible flexibel, biegsam, beweglich, biegungsfähig, dehnbar, nachgiebig, elastisch, federnd, geschmeidig, schmiegsam, anpassungsfähig; biegeweich
flexible cellular material weicher Schaumstoff *m*, weich-elastischer Schaumstoff *m*, Weichschaumstoff *m*
flexible conduit Schlauch *m*
flexible connection flexibler Anschluß *m*, biegsamer Anschluß *m*, Federungskörper *m*, flexible Verbindung *f*
flexible connexion *s.* flexible connection
flexible cord Flexoschnur *f*, flexible Anschlußschnur *f*
flexible film Weichfolie *f*
flexible foam weicher Schaumstoff *m*, weichelastischer Schaumstoff *m*, Weichschaumstoff *m*
flexible hose Schlauch *m*
flexible joint bewegliche Kupplung *f*, flexibles Gelenk *n*, bewegliche Verbindung *f*
flexible light guide Lichtleitkabel *n*
flexible metal[lic] hose Metallschlauch *m*
flexible metal[lic] tube Metallschlauch *m*
flexible mo[u]lding Gummisackverfahren *n*, Gummisack-Formverfahren *n*
flexible package Folienpackung *f*, Weichverpackung *f*, flexible Verpackung *f*
flexible packing *s.* flexible package
flexible plastic Weichplast *m*, weicher Kunststoff *m*, weichgestellter Kunststoff *m*, weichgemachter Kunststoff *m*
flexible polyurethane foam Polyurethanweichschaum *m*
flexible PVC Weich-PVC, PVC weich *n*
flexible shaft biegsame Welle *f*, flexible Welle *f*
flexible sheet Weichfolie *f*
flexible sheet material bahnförmiges Flächengebilde *n {DIN 16922}*
flexible tube Schlauch *m*
flexible tube connection Schlauchansatz *m*, Schlauchverbindung *f*
flexible tube pump Schlauchpumpe *f*
fleximeter *s.* flexometer
flexing fatigue life Dauerbiege-Ermüdungsfestigkeit *f*
flexing machine Dauerbiegefestigkeits-Prüfmaschine *f*
resistance to flexing Walkwiderstand *m*
flexion Beugung *f*, Biegung *f*, Krümmen *n*
flexographic printing Flexodruck *m*, Flexographie *f*, Anilingummidruck *m*
flexographic [printing] ink Flexodruckfarbe *f*, Anilingummidruckfarbe *f*
flexometer Biegeprüfgerät *n*, Flexometer *n {Gummiprüfgerät}*
flexometer method Flexometer-Verfahren *n {Faltversuch, DIN 53351}*
flexural creep modulus Biege-Kriechmodul *m*
flexural creep strength Zeitstandbiegefestigkeit *f*
flexural creep test Biegekriechversuch *m*, Zeitstandbiegeversuch *m*
flexural elasticity Biegungselastizität *f*
flexural endurance properties Dauerbiegeeigenschaften *fpl*, Dauerbiegefestigkeit *f*
flexural fatigue strength Biegeschwingfestigkeit *f*, [Zeit-]Biegewechselfestigkeit *f*, Dauerbiegewechselfestigkeit *f*
flexural fatigue stress Biegewechselbelastung *f*, Biegewechselbeanspruchung *f*
flexural fatigue test Biegeschwingversuch *m*, Wechselbiegeversuch *m*
flexural impact behavio[u]r Schlagbiegeverhalten *n*
flexural impact strength Schlagbiegefestigkeit *f*, Schlagbiegezähigkeit *f*
flexural impact stress Schlagbiegebeanspruchung *f*
flexural impact test Schlagbiegeversuch *m*, Schlagbiegeprüfung *f*
flexural impact test piece Schlagbiegestab *m*
flexural load-carrying capacity Biegebelastbarkeit *f*
flexural modulus Biegemodul *m*
flexural properties Biegeeigenschaften *fpl*
flexural rigidity Biegesteifigkeit *f*
flexural specimen Biegestab *m*
flexural stiffness Biegesteifigkeit *f*
flexural strain Biegebeanspruchung *f*, Biegespannung *f*
flexural strength Biegefestigkeit *f*, Biegebeanspruchung *f*, Biegespannung *f*, Dauerbiegefestigkeit *f {in MPa}*
flexural strength at maximum deflection Grenzbiegespannung *f*
flexural stress Biegebeanspruchung *f*, Biegungsbeanspruchung *f*
flexural test Biegeversuch *m {DIN 53457}*
flexural test piece Biegestab *m*
flexure 1. Biegung *f {Tech}*; Krümmung *f*, Knikkung *f*; 2. Flexur *f {Schichtenverbiegung, Geol}*
flexure mode Biegungsschwingung *f*
elasticity of flexure Biegungselastizität *f*
moment of flexure Biegungsmoment *n*
plane of flexure Biegungsebene *f*
strength of flexure Biegungsfestigkeit *f*
flicker/to flackern, flimmern; flattern, zuckern
flicker 1. Flimmern *n*, Funkeln *n {Opt}*; 2. Unruhe *f {z.B. eines Zeigers}*; 3. Flicker *m {Elek}*
flicker noise Funkelrauschen *n {Anal}*
flicker photometer Flimmerphotometer *n*
flickering Geflacker *n*, Flimmern *n*, Funkeln *n*
flight 1. Gang *m {z.B. eines Schraubenrades}*; Gang *m*, Gewindegang *m*, Schraubengang *m*, Schneckengang *m*; 2. Mitnehmer *m*, Quersteg *m*

{z.B. eines Förderers}; Schaufel *f*, Flügel *m* *{z.B. einer Trockentrommel}*; 3. Trennblech *n*, Staublech *n*, Strombrecher *m {Strömung}*; 4. Flug *m*

flighted dryer Rieseltrockner *m*

fling/to schleudern; werfen

flinger Schleuderfinger *m*, Schleuder *f*

flinkite Flinkit *m {Min}*

flint Feuerstein *m*, Flint *m*, Flintstein *m {Geol}*

flint glass Flintglas *n*, Kieselglas *n*, Kristallglas *n*, Flint *m {Bleiglas}*; weißes Hohlglas *n*, Weißglas *n*

flint hardness Kieselhärte *f*

flint meal Flintmehl *n*

flint stone Kiesel *m*

crushed flint Flintmehl *n*

flintlime brick Kalksandstein *m {mit Feuersandstein als Zuschlagstoff}*

flinty kieselartig, felsenhart, feuersteinartig; glasig *{Lebensmittel}*

flinty earth Kieselerde *f {Min}*

flinty slate Kieselschiefer *m {Min}*

flip-flop circuit bistabile Kippschaltung *f*, Flipflop-Schaltung *f {Elektronik}*

flip-over process Umklappprozeß *m*, U-Prozeß *m {Phys}*

float/to 1. [obenauf] schwimmen, schweben, treiben *{Gegenstände}*; 2. flotieren *{durch Aufschwemmen aufbereiten}*; 3. aufschwimmen; zum Aufschwimmen *n* bringen

float on top/to schwimmen auf

float 1. Schwimmkörper *m*, Schwimmer *m {Regler}*; Schwebekörper *m {Instr}*; 2. Leichtgut *n*, Schwimmgut *n*, Schaumschicht *f*, Schwimmschlamm *m {z.B. bei der Flotation}*; 3. Flottierung *f*, Flottung *f {Text}*; Flottierfaden *m*, flottliegender Faden *m*, flottierender Faden *m*, nicht eingebundener Faden *m {Text}*

float-actuated level controller Niveauregler *m* mit Schwimmer *m*

float-and-sink analysis Schwimm- und Sinkanalyse *f*, Schwimm-Sink-Analyse *f {DIN 22018}*

float chamber *{GB}* Schwimmergehäuse *n*, Tauchtopf *m {Durchflußregler}*

float dryer Schwebetrockner *m*, Düsentrockner *m*

float-operated valve *{BS 1212}* schwimmerbetätigtes Ventil *n*

float regulator Schwimmerregler *m*

float stone Schwimmkiesel *m {Min}*

float switch Schwimmerschalter *m*

float-type flowmeter Schwebekörper-Durchflußmesser *m*

float-type level indicator Füllstandsmesser *m* mit Schwimmer

float-type switch Schwimmerschalter *m*

float valve Schwimmerventil *n*; Vergaserventil *n*

float zone Schmelzzone *f*

floatability Flotierbarkeit *f*; Schwimmfähigkeit *f*

floatable schwimmfähig; flotationsfähig

floatation Schwimmaufbereitung *f*, Flotieren *n*, Flotation *f*

floatation weight loss method Auftriebsmethode *f {Dichte-Bestimmung}*

floater 1. Schwimmer *m {Glas}*; 2. Eingußkolben *m {beim Druckguß}*; 3. Schwimmer *m {Regler}*

floating 1. schwimmend, treibend, schwebend; 2. vertikales Ausschwimmen *n*, Aufschwimmen *n {Pigmententmischung}*; 3. Flottung *f*, Flottieren *n {Text}*; 4. Schwimmaufbereitung *f*, Schwimmverfahren *n*; 5. Holzbeförderung *f* zu Wasser *n*; Triften *n*, Holzschwemmerei *f*, Einzelflößerei *f {Holz}*; 6. Puffern *n*, Pufferbetrieb *m {Batterie}*

floating blanket schwebendes Filter *n*

floating control Integralregelung *f*

floating cover Schwimmdecke *f*, schwimmende Gasdecke *f*

floating decimal point Fließkomma *n*, Gleitkomma *n*, Gleitpunkt *m {EDV}*

floating film dryer Schwebebandtrockner *m {für beschichtete Bahnen}*

floating magnet Schwebemagnet *m*

floating potential Schwebepotential *n*

floating roof tank Schwimmdachtank *m*

floating screed schwimmender Estrich *m*

floating slag Schwimmschlacke *f*

floating thermometer Schwimmthermometer *n*

floating-web dryer Schwebebandtrockner *m {für beschichtete Bahnen}*

floating-zone melting Schwebezonenschmelzverfahren *n*, vertikales Zonenschmelzen *n*

floats Schwimmgut *n {DIN 22018}*, aufschwimmendes Gut *n*

floc Flocke *f*; Flocken *fpl {besonders in Suspensionen}*

flocculant Flockungsmittel *n*, Flockungschemikalie *f*, Ausflockungsmittel *n*, Flocker *m*; Koagulationsmittel *n*, Koagulator *m {Koll}*; Polymerflockungsmittel *n*, Flockulant *m*

flocculate/to 1. [aus]flocken, durch Flockung *f* eliminieren; koagulieren, pektisieren; [aus]flokken, sich zusammenballen; 2. [absetzfähige] Flocken *fpl* bilden, zu Flocken *fpl* verbinden; 3. flocken *{Wasser}*

flocculating Ausflockung *f*

flocculating agent *s.* flocculant

flocculation 1. Ausflockung *f*, Flockung *f*; Koagulation *f*, Pektisation *f {Koll}*; Krümelung *f*, Krümelbildung *f {Agri}*; 2. Flockung *f*, Flokkungsbehandlung *f {Wasser}*; 3. Flockenbildung *f*, Ausfällung *f*; Flockulation *f*

flocculation clarifying basin Flockungsklärbecken *n {Wasser}*
flocculation point Ausflockungspunkt *m*, Flockpunkt *m {DIN 51590}*
flocculation tank Ausflockungsbehälter *m*, Flockungsreaktor *m*, Verflocker *m*; Flockungsbecken *n {Wasser}*
flocculation tendency Ausflockbarkeit *f*
flocculation test Flocktest *m*
floccule Feinflocke *f*, Flöckchen *n*
flocculent flockenartig, flockig, flockenförmig; Flocken-
flocculent smoke emission Flockenauswurf *m {Ruß}*
flock/to aufflocken, beflocken
flock 1. Flocke *f*; 2. Kurzfaser *f {z.B. Ausschußwolle}*, Flockfaser *f*, Flocke *f*, Flock *m {Pap, Kunst, Text}*
flock-coating Beflocken *n*
flock fiber Flockfaser *f*
flock finishing Beflocken *n*
flock paper Velourpapier *n*, Samtpapier *n*, Plüschpapier *n*, Tuchpapier *n*
flock point Flockpunkt *m*
flock-printing Beflocken *n*, Flockdruck *m*, Faconbeflocken *n*
flock spraying Beflocken *n*, Flockieren *n*
flocking Beflocken *n*, Velourieren *n {Pap, Kunst, Text}*
flocking machine Beflockungsmaschine *f*
flocky flockig, flockenartig
flokite Flokit *m*, Mordenit *m {Min}*
flood/to 1. überfließen; überschwemmen; 2. überfluten; fluten *{z.B. eine Kolonne}*; 3. ausschwemmen, ausschwimmen *{Pigmententmischung}*; 4. anschwöden *{Gerb}*; 5. fluten, Wasser *n* einpressen *{Erdölförderung}*
flood Flut *f*, Überschwemmung *f*, Hochwasser *n*
flood lubrication Druckumlaufschmierung *f*
flood point *s.* flooding point
flooded system geflutetes System *n {Vak}*
flooding 1. Verwässerung *f*, Überfluten *n*, Überflutung *f*; Fluten *n*, Flutung *f {Dest}*; 2. Ausschwimmen *n {Pigmente}*; 3. Überflutung *f*, Überschwemmung *f*; 4. Fluten *n*, Wasserfluten *n*, Einpressen *n* von Wasser *n {Erdölförderung}*
flooding point Flutpunkt *m*, Flutgrenze *f*, Überflutungsgrenze *f*, Spuckgrenze *f {einer Rektifiziersäule}*; Flutpunkt *m*, Staupunkt *m*
commencement of flooding Flutbeginn *m {Dest}*
floor 1. Boden *m*, Fußboden *m*; 2. Etage *f*, Stockwerk *n*; 3. Horde *f*, Rösthorde *f*, Darrhorde *f {Lebensmittel}*; 4. Malztenne *f*, Tenne *f {Brau}*; 5. Flur *m*, Boden *m {Gieß}*; 6. Sole *f {Bergbau}*
floor area Bodenfläche *f*, Grundfläche *f*
floor brick Deckenziegel *m*, Wandziegel *m {DIN 4259}*
floor coating Fußbodenbeschichtung *f*
floor covering Bodenbelag *m {DIN 16850}*, Fußbodenbelag *m*
floor finish Fußbodenanstrich *m*, Fußbodenlack *m*
floor lacquer Fußbodenlack *m*
floor-model centrifuge Standzentrifuge *f*
floor oil Fußbodenöl *n*
floor paint Fußboden[grundier]farbe *f*
floor painting Bodenanstrich *m*
floor panel Fußbodenplatte *f*
floor polish Fußbodenpflegemittel *n*, Bohnerwachs *n*
floor screed *s.* flooring screed
floor space Aufstellfläche *f*, Bodenfläche *f*, Grundfläche *f*
floor tile Fußbodenfliese *f*, Bodenfliese *f*, Fußbodenplatte *f*
floor topping Fußbodenanstrich *m*
floor wax Bohnerwachs *n*, Fußbodenwachs *n*
floorborne vehicles Flurfördermittel *n*
flooring 1. Bodenbelag *m {DIN 18171}*, Fußbodenbleag *m*, Dielung *f*; Belag *m {Gitterrost}*; 2. Tennenmälzerei *f*, Tennenmälzung *f {Brau}*
flooring cement Fußbodenkitt *m*
flooring material Bodenbelag *m {DIN 16950}*, Fußbodenbelag *m*, Dielung *f*
flooring oil Glanzöl *n*
flooring plaster Estrichgips *m*
flooring screed Estrich *m {DIN 273}*, Fußbodenausgleichmasse *f*, Bodenspachtelmasse *f*, Bodenausgleichmasse *f*
floppy disk Diskette *f*, Floppydisk *f*, Floppy *f {EDV}*
Florence stone Landschaftsstein *m {Min}*
florencite Florencit *m*, Koivinit *m {Min}*
Florentine flask Florentiner Flasche *f*, Scheideflasche *f*, Ölvorlage *f {Chem}*
Florentine lake Florentiner Lack *m*, Karmesinlack *m*
Florentine marble Landschaftsstein *m {Min}*
Florentine receiver *s.* Floretine flask
florentium *{obs}* *s.* promethium
Florida bleaching earth Floridableicherde *f*, Floridaerde *f*, Floridin *n {HN}*
Florida earth *s.* Florida bleaching earth
Florida phosphate Floridaphosphat *n*
floridin *{TM}* Florida[bleich]erde *f*, Floridin *n {HN}*
floridoside Floridosid *n*
florigen Florigen *n {Pflanzenhormon}*
Flory universal hydrodynamic parameter Flory-Wert *m {Polymer}*
flos ferri Faseraragonit *m*, Eisenblüte *f {Min}*
flotating agent *s.* flotation agent

flotation 1. Flotation *f*, Schwimmaufbereitung *f*, Schwimmverfahren *n*; 2. Ausschwimmen *n*, Aufschwimmen *n {Pigmententmischung}*
flotation activator Flotationsaktivator *m*
flotation agent Flotationsmittel *n*, Flotationsreagens *n*, Flotationschemikalie *f*, Flotiermittel *n*, Schwebemittel *n*, Schwimmittel *n*
flotation dressing Schwimmaufbereitung *f*
flotation frother Flotationsschäumer *m*
flotation machine Schwimmaufbereitungsmaschine *f*, Flotationsapparat *m*, Flotationsgerät *n*
flotation method Flotationsverfahren *n*
flotation oil Flotationsöl *n*, Trägeröl *n*
flotation plant Flotationsanlage *f*
flotation process Aufschlämmverfahren *n*, Flotationsverfahren *n*
flotation product Flotationsprodukt *n*
flotation rate Flotationsgeschwindigkeit *f*
flotation tank Schwimmaufbereitungsgefäß *n*
flour 1. Mehl *n*, Staub *m*, feines Pulver *n*; 2. [feines] Mehl *n {Lebensmittel}*; 3. Mehlstoff *m {Pap}*
flour dust 1. Mehlstaub *m {Lebensmittel}*; 2. Dunstmehl *n*, Dunst *m {Lebensmittel}*
flourometer Füllstoffgehaltmesser *m*
floury 1. mehlig, mehlartig; 2. bemehlt
flow/to 1. fließen, strömen, rinnen; 2. verlaufen, fließen *{flüssige Anstrichmittel}*; 3. fließen lassen
flow away/to abfließen, ablaufen
flow back/to zurückströmen, zurückfließen, zurücklaufen
flow in/to einfließen, einströmen
flow into/to einmünden
flow off/to abfließen
flow out/to ausströmen, ausfließen, ablaufen, auslaufen, austreten
flow over/to überströmen
flow through/to durchfließen, durchströmen; befeuchten, bewässern
flow 1. Strom-, Strömungs-, Fließ-, Fluß-; 2. Fließen *n*, Strömen *n*, Strömung *f*, Fluß *m*; Strom *m*; Verlauf *m {flüssiger Anstrichmittel}*; 3. Anfall *m*, Anfallmenge *f {z.B. an Abwasser}*; 4. Durchfluß *m {DIN 5476}*; Mengenfluß *m*; 5. Fließfähigkeit *f*, Fließvermögen *n*; 6. Fließweg *m {Schmelze}*
flow agent Fließmittel *n*; Verlaufmittel *n*, Verlaufverbesserer *m {Farb}*
flow apparatus Ausflußapparat *m*
flow area Durchflußquerschnitt *m*, Durchlaßquerschnitt *m*, Durchströmungsquerschnitt *m*, Strömungsquerschnitt *m {in mm}*
flow-back valve Rückschlagventil *n*
flow behavior Fließverhalten *n*
flow birefringence Strömungsdoppelbrechung *f*
flow-brightening Glanzschmelzen *n {Wiederaufschmelzen, z.B. der Verzinnung von Blech}*
flow capacity Durchflußmenge *f*, Strömungsdurchsatz *m*
flow cell Strömungszelle *f*, Fließzelle *n*, Durchflußzelle *f*
flow chart 1. Betriebsablaufschema *n*, Fabrikationsschema *n*; 2. Fließschema *n*, Fließdiagramm *n*, Schaubild *n*, Flußdiagramm *n {EDV}*; Datenflußplan *m*, Ablaufdiagramm *n*
flow-chart symbol Flußdiagramm-Sinnbild *n*
flow circuit Kreislauf *m*, Zirkulation *f*
flow coating Flutlackieren *n*, Fluten *n*, Flutbeschichten *n*, Flutauftrag *m {von Anstrichstoffen}*; Flow-Coating *n*
flow-coating plant Lackgießanlage *f*, Flutbeschichtungsanlage *f*
flow coefficient Durchflußzahl *f*, Durchflußkoeffizient *m*, Durchflußbeiwert *m*
flow compartment Absetzraum *m*, Klärraum *m*
flow-conditioning agent fließverbessernder Zusatz *m*
flow contraction Strahlverengung *f*, Strömungsverengung *f*
flow control 1. Durchflußmengenregelung *f*, Mengenregelung *f*; 2. Strömungsregelung *f*, Strömungsüberwachung *f*; 3. Flußregelung *f*, Flußsteuerung *f*, Flußkontrolle *f*
flow-control agent Verlaufmittel *n*, Verlaufverbesserer *m {Stoff zur Regulierung des Fließvermögens von Farbstoffen}*
flow-control valve Durchflußsteuerventil *n*, Strom[regel]ventil *n {DIN ISO 1219}*, Durchflußmengenregler *m*, Mengenregler *m*
flow controller Durchflußregler *m*, Durchflußstrom-Stellglied *n*
flow cross section Strömungsquerschnitt *m*
flow cup 1. Auslaufbecher *m {Viskosität}*; 2. Prüfbecher *m {Kunst}*
flow-cure behavio[u]r Fließhärtungsverhalten *n {z.B. von Duroplastformmassen}*
flow curve Fließkurve *f {DIN 13342}*, Viskositätsverlauf *m*
flow diagram 1. Betriebsschema *n*, Arbeitsablaufplan *m*, Arbeitsablaufbild *n*; 2. Fließdiagramm *n*, Fließschema *n*, Fließbild *n*, Strömungsbild *n {Rohrleitungsschaltbild}*
flow diameter engster Strömungsdurchmesser *m {in mm; Ventil, DIN 3320}*
flow-direction indicator Durchflußrichtungsanzeiger *m*
flow equation Strömungsgleichung *f*
flow exponent Fließexponent *m*
flow field Strömungsfeld *n*
flow ga[u]ge Mengenmesser *m*
flow glaze Laufglasur *f*
flow impedance Strömungswiderstand *m*, Fließwiderstand *m*, Fließfestigkeit *f*

flow improver Fließverbesserer *m*, Verlaufmittel *n {Stoff zur Regulierung des Fließvermögens z.B. von Farbstoffen}*
flow-in pressure Einströmdruck *m*
flow index Fließexponent *m*
flow indicator Durchflußanzeiger *m {DIN 24271}*, Durchlaufanzeige *f*, Mengenanzeigegerät *n*; Strömungsanzeiger *m*
flow-law index Fließgesetzexponent *m*
flow limit Fließgrenze *f*
flow limiting venturi Durchflußbegrenzer *m*, Durchflußblende *f*; Strömungsbegrenzer *m*
flow line 1. Strömungslinie *f*, Bahnlinie *f {Flüssigkeiten}*; 2. Vorlaufleitung *f*; 3. Steigrohrstrang *m {Öl}*; 4. Bindenaht *f*, Schweißnaht *f*; Fließnaht *f*, Fließlinie *f*, Fließfigur *f {Met}*; 5. Bahnlinie *f {Fließfertigung}*; 6. Ablauflinie *f {EDV}*; 7. *{US}* Fließmarkierung *f*, Fließlinie *f*
flow-line pattern Stromlinienbild *n*
flow-line production Fließabfertigung *f*, Fließbandproduktion *f*, Fließvertigung *f*
flow measurement Durchfluß[mengen]messung *f*, Mengenstrommessung *f*, Stömungsmessung *f*
flow measurement by pressure drop Durchflußmessung *f* aus Druckverlust *m*
flow measurement with rotameters Durchflußmessung *f* mit Schwimmkörpern *mpl*
flow medium Strömungsmittel *n*, Verlaufmittel *n*
flow method Durchströmungsmethode *f*
flow microcalorimeter Durchströmungs-Mikrokalorimeter *n*
flow mixer Durchflußmischer *m {für Flüssigkeiten oder Gase}*, kontinuierlicher Flüssigkeitsmischer *m*
flow-mixing device Durchmischungseinrichtung *f*
flow mo[u]lding Fließguß *m*, Fließpressen *n*, Preßspritzen *n*, Spritzpressen *n {Kunst}*
flow-mo[u]lding process Fließgußverfahren *n*, Fließpreßverfahren *n {Kunst}*
flow of gas Gasstrom *m*, Gasströmung *f*
flow of gas-solid suspension Gas-Feststoff-Strom *m*
flow of information Informationsfluß *m*
flow-off valve Abzugsklappe *f*
flow-out temperature Ausfließtemperatur *f*
flow pattern Stromlinienbild *n*, Strömungsbild *n*, Fließdiagramm *n*, Fließfiguren *fpl*, Fließbild *n*, Fließverhalten *n*; Fließtyp *m {Met}*; Fließstruktur *f*, Fließmuster *n {Pulver}*
flow point Fließtemperatur *f*, Fließpunkt *m*, Fließgrenze *f*
flow point reversal Stockpunkt-Rückfall *m*, Fließpunkt-Umkehrung *f {Trib}*
flow pressure Fließdruck *m*
flow probe Strömungssonde *f*
flow process 1. Fließvorgang *m*; 2. Tropfenspeisung *f {Glas}*
flow property Fließvermögen *n*, Fließfähigkeit *f*, Fließbarkeit *f*, Verlaufseigenschaft *f*, Fließeigenschaft *f*, Fließverhalten *n*
flow-proportional counter Proportional-Durchflußzählrohr *n*, Proportional-Durchlaufzählrohr *n*, Proportional-Zähler *m*
flow rate Fließgeschwindigkeit *f*, Strömungsgeschwindigkeit *f*, Durchflußgeschwindigkeit *f*, Durchlaufgeschwindigkeit *f*; Durchsatz[strom] *m*, Durchflußmenge *f*, Durchsatzmenge *f*, Förderstrom *m*
flow-rate meter Mengenzähler *m*
flow reactor Durchflußreaktor *m*
flow recorder Durchflußschreiber *m*, Mengenanzeiger *m*, Mengenschreiber *m*
flow rectifier Strömungsgleichrichter *m*
flow regulation Fließregulierung *f*, Durchflußregulation *f*
flow regulator Durchfluß[mengen]regler *m*, Mengenregler *m*, Stromventil *n*
flow resistance Strömungswiderstand *m*, Fließwiderstand *m*, Fließfestigkeit *f*
flow-restriction effect Drosselwirkung *f*
flow restrictor Durchflußblende *f*, Durchflußbegrenzer *m*, Strömungsbegrenzer *m*, Drosselkörper *m*
flow-restrictor gap Drosselspalt *m*
flow-sensing element Durchflußfühler *m*
flow sensor Durchflußfühler *m*
flow sheet 1. Arbeitsschema *n*, Arbeitsablaufplan *m*, Betriebsschema *n*, Fertigungsablaufplan *m*; 2. Fließschema *n*, Fließbild *n*, Schemazeichnung *f*, Flußbild *n*, Fließdiagramm *n*, Strömungsbild *n*
flow speed *s.* flow rate
flow stress Fließwiderstand *m*, Stömungswiderstand *m*
flow switch Strömungsschalter *m*
flow table Fließprobegerät *n*
flow temperature Fließtemperatur *f*
flow test Ausbreiteprobe *f*, Fließversuch *m*, Fließtest *m*
flow-testing apparatus Fließprüfgerät *n*, Rheometer *n*
flow through Durchströmen *n*
flow-through cell Durchflußküvette *f*, Durchlaufküvette *f*
flow-through centrifuge Durchlaufzentrifuge *f*
flow time Durchlaufzeit *f*
flow transducer Meßumformer *m* für Durchfluß *m*
flow-type electrode Durchflußelektrode *f*
flow-type pump Strömungspumpe *f*
flow valve Fließventil *n*
flow vector Flußvektor *m*
flow velocity Durchflußgeschwindigkeit *f*,

Strömungsgeschwindigkeit *f*, Fließgeschwindigkeit *f*
flow volume Volumenstrom *m* *{in m^3/s}*
cold flow kalter Fluß *m* *{Test}*
gas flow Gasstrom *m*, Gasströmung *f*
molecular flow Molekularströmung *f*
rate of flow Strömungsgeschwindigkeit *f*, Fließgeschwindigkeit *f*, Durchflußgeschwindigkeit *f*, Durchflaufgeschwindigkeit *f*; Durchsatz *m*, Durchflußmenge *f*, Durchsatzmenge *f*, Förderstrom *m*
flowability 1. Fließfähigkeit *f*, Fließvermögen *n*, Fließbarkeit *f*, Fließverhalten *n*, Fließeigenschaft *f* *{Phys}*; 2. Rieselvermögen *n*, Rieselfähigkeit *f* *{Chem}*; 3. Schüttbarkeit *f* *{des Materials}*
flowable fließbar, fließfähig; schüttbar; rieselfähig
flowed-in gasket Gußdichtung *f*
flower oil Blütenöl *n*
flower pigment Blütenfarbstoff *m*
flowers 1. Blüten *fpl*; Blumen *fpl*; 2. sublimierte Chemikalie *f*, feines Metalloxid *n*
flowers of antimony Antimonblüte *f*, Valentinit *m* *{Min}*
flowers of salt Salzblumen *fpl*
flowers of sulfur Schwefelblüte *f*, Schwefelblume *f*, Schwefelblumen *fpl*, sublimierter Schwefel *m* *{Chem}*
flowers of tin <SnO_2> Zinnasche *f*, Zinn(IV)-oxid *n*
flowers of zinc <ZnO> Zinkblumen *fpl*, Zinkoxid *n* *{weißes, wollartiges Zinkoxid}*, Zinkweiß *n*
essence of flowers Blütenöl *n*
flowery blumig; feinflockig *{Pulver}*
flowing 1. fließend; 2. Fließen *n* *{z.B. belasteter Plastteile}*, Strömen *n*, Fluten *n*; Abfluß *m*; Ablaufen *n* *{z.B. der Glasur}*; 3. Stromstärke *f*
flowing furnace Blauofen *m*, Flußofen *m*
flowing off Abfluß *m*, Abfließen *n*, Ablauf *m*
flowing through Durchfluß *m*
flowing water Fließwasser *n*
flowmeter Durchflußmengenmeßgerät *n*, Mengenmeßer *m*, Durchflußmesser *m*, Fließprüfer *m*, Flüssigkeitszähler *m*, Strömungsmesser *m*, Strömungsmeßgerät *n*, Fließmeßgerät *n*
flowmeter with floating indicator Rotameter *m*
flowmetering Mengenmessung *f*
fluate <$M^I_2SiF_6$> Fluat *n*, Fluorosilicat *n*, Hexafluorsilicat *n* *{IUPAC}*
fluavil <$C_{20}H_{32}O$> Fluavil *n*
fluctuate/to schwanken *{zeitlich}*, abwechseln, fluktuieren
fluctuating instationär, wechselnd, veränderlich, schwankend *{zeitlich}*, fluktuierend, unregelmäßig
fluctuating bond fluktuierende Bindung *f*
fluctuating load veränderliche Belastung *f*, Dauerschwingbeanspruchung *f* *{Mech}*
fluctuating stress Spannungsänderung *f*
fluctuation Schwankung *f* *{zeitliche}*, Fluktuation *f*
fluctuation of pressure Druckschwankung *f*
fludrocortisone acetate <$C_{23}H_{31}FO_6$> Fludrocortisonacetat *n*
flue 1. Zug *m* *{ein Rauchrohr}*, Heizzug *m*, Feuerzug *m*, Fuchs *m* *{Abzugskanal einer Feuerung}*, Rauchfang *m*, Abzug *m* *{für Abgase}*, Abzugsschacht *m*, Esse *f*, Abzugsrohr *n*, Feuerrohr *n*, Kamin *m*, Rauchabzugskanal *m*, Schlot *m*, Schornstein *m*; 2. Faserstaub *m* *{Text}*
flue ash[es] Flugasche *f*, Staub *m*
flue dust Flugstaub *m*, Flugasche *f*, Gichtgasstaub *m*, Gichtstaub *m*, Hüttenrauch *m*
flue gas Abgas *n* *{von Feuerungen}*, Rauchgas *n*, Abzugsgas *n*, Fuchsgas *n*, Röstgas *n*, Verbrennungsgas *n*
flue-gas analysis Rauchgasanalyse *f*
flue-gas analyzer Abgasprüfgerät *n*, Rauchgasanalysator *m*, Rauchgasprüfer *m*, Rauchgasprüfgerät *n* *{Anal}*
flue-gas desulfurization Rauchgasentschwefelung *f*, FGD *{Ökol}*
flue-gas explosion Rauchgasexplosion *f*
flue-gas purification Rauchgasreinigung *f*
flue-gas purification system Rauchgasreinigungsanlage *f*
flue-gas purifier Rauchgasreiniger *m*
flue-gas temperature Rauchgastemperatur *f*, Heizzugtemperatur *f*
flue-gas tester Rauchgasprüfer *m*
flue-gas testing apparatus Rauchuntersuchungsapparat *m*
flue-gas testing equipment Rauchgasprüfgerät *n*
flue scrubber Rauchgaswäscher *m*
flue sweat Schwitzwasser *n*
fluellite <AlF_3H_2O> Fluellit *m* *{Min}*
fluence Fluenz *f* *{in Teilchen/m^2}*
fluffing 1. Schleifen *n*, Abschleifen *n* *{auf der Fleischseite des Leders}*, Dollieren *n* *{trockenes Leder}*, Abbimsen *n* *{feuchtes Leder}*; 2. Stauben *n* *{Papier}*
fluffy flaumig, flockig, flauschig, flaumartig
fluid 1. flüssig, fluid, fließend; dünnflüssig; 2. gestaltloses Medium *n*, Fluid[um] *n* *{strömende Flüssigkeit oder Gas}*; 3. Flüssigkeit *f*; 4. Gas *n*
fluid balance Flüssigkeitshaushalt *m* *{Physiol}*
fluid bed Wirbelbett *n*, Wirbelschicht *f*, Fließbett *n*, Fließschicht *f*, Staubfließbett *n*
fluid-bed catalysis Fließbettkatalyse *f*, Wirbelbettkatalyse *f*, Wirbelschichtkatalyse *f*

fluid-bed coating Wirbelsintern *n*, Wirbelsinterverfahren *n*, Wirbelsinterbeschichten *n*, Wirbelbettbeschichten *n*
fluid-bed cooler Schwebekühler *m*
fluid-bed dryer Wirbelschichttrockner *m*, Fließbetttrockner *m*, Wirbelbetttrockner *m*
fluid-bed operation Fließbettverfahren *n*, Wirbelschichtverfahren *n*
fluid-bed process Fließbettverfahren *n*, Wirbelschichtverfahren *n*, Wirbelsinterverfahren
fluid catalyst Fließbettkatalysator *m*, Wirbelbettkatalysator *m*, Staubfließkatalysator *m*, Fließstaubkontakt *m*
fluid catalyst process Fließbettverfahren *n*, Wirbelschichtverfahren *n*
fluid catalytic cracking plant Fließbettkrackanlage *f*, Wirbelschichtkrackanlage *f {Mineralöl}*
fluid circulation Flüssigkeitsumlauf *m*
fluid coking Fließkoksverfahren *n*, Fluid-Coking *n {Erdöl-Kracken}*
fluid column Flüssigkeitssäule *f*, Fluidsäule *f*
fluid content Flüssigkeitsgehalt *m*
fluid dram 1. *{US}* amerikanische Flüssigdrachme *f {= 3,69669 mL;* 2. *{GB}* britische Fluiddrachme *f {= 3,55163 mL}*
fluid displacement Flüssigkeitsverdrängung *f*
fluid drive hydraulischer Antrieb *m*
fluid-energy mill Strahlmühle *f*
fluid entrainment pump Treibmittelvakuumpumpe *f {Vak}*
fluid erosion Flüssigkeitserosion *f*, Flüssigkeitsverschleiß *m*
fluid extract Fluidextrakt *m*, Extractum fluidum *{Pharm}*
fluid fertilizer Kunstdüngerlösung *f*
fluid flow 1. Flüssigkeitsströmung *f*; Gasströmung *f*; 2. Flüssigkeitsstrom *m*; Gasstrom *m*
fluid-flow erosion Strömungsverschleiß *m*
fluid flow in open channels Kanalströmung *f*
fluid-flow stagnation point Staupunkt *m* der Flüssigkeitsströmung *f*
fluid-free treibmittelfrei
fluid-free vacuum treibmittelfreies Vakuum *n*
fluid friction flüssige Reibung *f*, hydrodynamischer Widerstand *m*, Flüssigkeitsreibung *f*
fluid hydroforming fluidkatalytisches Hydroforming *n {Erdöl}*
fluid inclusions fluide Einschlüsse *mpl {Geol}*
fluid inlet Einlaßstutzen *m*
fluid intake Flüssigkeitsaufnahme *f*
fluid-interface detector Flüssigkeits-Grenzflächendetektor *m*
fluid-jet pump Flüssigkeitsstrahlpumpe *f*
fluid lubrication Schwimmreibung *f*
fluid metal Flußmetall *n*
fluid meter Flüssigkeitsmesser *m*, Flüssigkeitszähler *m*
fluid mixer Fluidmischer *m*, Henschel-Mischer *m*, Henschel-Fluidmischer *m*, Compoundmischer *m*
fluid mixing tank Mischbehälter *m*
fluid ounce 1. *{US}* amerikanische Fluidunze *f {= 29,5735 mL}*; 2. *{GB}* britische Fluidunce *f {= 28,4131 mL}*
fluid output Flüssigkeitsausscheidung *f*
fluid packing Dichtung *f* durch Sperrflüssigkeit *f*
fluid phase fluide Phase *f*
fluid pressure Flüssigkeitsdruck *m*, allseitig wirkender Druck *m*
fluid process Wirbelschichtverfahren *n*
fluid requirement Flüssigkeitsbedarf *m {Physiol}*
fluid reservoir Ausgleichsbehälter *m*, Flüssigkeitsreservoir *n*
fluid ring pump Flüssigkeitsringpumpe *f {Vak}*
fluid temperature Medientemperatur *f*
fluid-type reforming plant Fließbettreformieranlage *f {Erdöl}*
fluid wax Flüssigwachs *n {Meerestiere}*
electroheological fluid elektroheologisches Fluid *n*
intake and output of fluids Flüssigkeitshaushalt *m {Physiol}*
Newtonian fluid Newtonsche Flüssigkeit *f*, reinviskose Flüssigkeit *f*
perfect fluid ideale Flüssigkeit *f*
thixotropic fluid thixotrope Flüssigkeit *f*
viscoelastic fluid viskoelastische Flüssigkeit *f*
fluidic element Fluidik-Element *n*
fluidification Fluidifikation *f*, Entklumpung *f*
fluidify/to flüssigmachen, verflüssigen
fluidise/to *s.* fluidize/to
fluidised *s.* fluidized
fluidity 1. Fließfähigkeit *f*, Fließbarkeit *f*, Fließvermögen *n*, Flüssigkeitscharakter *m*, Fließverhalten *n*, Fließeigenschaft *f*; 2. Fluidität *f {Kehrwert der dynamischen Viskosität}*
fluidization 1. Verflüssigung *f*; 2. Fluidisation *f {Herbeiführen des Fließbettzustandes}*; 3. Fluidisation *f {vulkanische Prozesse, Geol}*; 4. Auflockerung *f {pneumatische Fördermittel}*
fluidization granulator Wirbelschichtgranulator *m*
fluidization process Staubfließverfahren *n*, Wirbelschichtverfahren *n*
aggregative fluidization *s.* bubbling fluidization
bubbling fluidization inhomogene Fluidisation *f*, Gemischwirbelung *f*
fluidize/to 1. aufwirbeln *{im Wirbelschichtverfahren}*, fluidifizieren, fließfähig machen; 2. verflüssigen, flüssigmachen
fluidized absorption Fließbettabsorption *f*

fluidized bed Fließbett *n*, Fließschicht *f*, Wirbelschicht *f*, Wirbelbett *n*, Kornfließbett *n*, Staubfließbett *n*, Fluidatbett *n*
fluidized-bed apparatus Wirbelschichtanlage *f*
fluidized-bed coating apparatus Wirbelsinterapparat *m*
fluidized-bed combustion Wirbelschichtverbrennung *f*, Wirbelschichtfeuerung *f*
fluidized-bed dryer Fließbetttrockner *m*, Wirbelschichttrockner *m*
fluidized-bed firing system Wirbelschichtfeuerung *f*
fluidized-bed furnace Wirbelschichtofen *m*, Wirbelschmelzfeuerung *f*
fluidized-bed mixer Fließbettmischer *m*, Wirbelschichttrockner *m*
fluidized-bed powder coating Wirbelsintern *n*
fluidized-bed process Wirbelschichtverfahren *n*, Wirbelsinterverfahren *n*
fluidized[-bed] reactor Fließbettreaktor *m*, Wirbelschichtreaktor *m*, Reaktor *m* mit fluidisiertem Brennstoff *m {Nukl}*
fluidized-bed spray granulation Fließbett-Sprühgranulierung *f*
fluidized catalyst Fließbettkatalysator *m*, Fließkontakt *m*, Staubfließkatalysator *m*, fluidisierter Katalysator *m*
fluidized dust aufgewirbelte Pulverteilchen *npl {Wirbelsinter}*; Flugstaub *m*
fluidized electrode fluidisierte Elektrode *f*, Wirbelschichtelektrode *f*
fluidized-low process Wirbelfließverfahren *n*
fluidized-fuel bed flüssige Brennstofflage *f*, wirbelndes Brennstoffbett *n*, fluidisiertes Brennstoffbett *n*
fluidized layer Wirbelschicht *f*
fluidized medium Wirbelmedium *n*
fluidized pouring Wirbelschütten *n*
fluidized-solids reactor Reaktor *m* mit quasiflüssigem Brennstoff *m {Nukl}*

fluidizing classifier Wirbelbettstromklassierer *m*
fluidizing gas Wirbelgas *n {Wirbelsinterbad}*
fluidizing point Wirbelpunkt *m*

fluo- 1. Fluoreszenz-; 2. Fluoro-
fluo-aluminic acid <H_3AlF_6> Aluminiumfluorwasserstoffsäure *f {obs}*, Hexafluoroaluminiumsäure *f*

fluobenzene Fluorbenzol *n*

fluoborate 1. borflußsauer, fluorborsauer; 2. fluorborsaures Salz *n*

fluoboric acid <$H[BF_4]$> Borflußsäure *f*, Fluoroborsäure *f*, Borfluorwasserstoffsäure *f*, Tetrafluoroborsäure *f {IUPAC}*

fluocerite Fluocerit *m {obs}*, Tysonit *m {Min}*

fluoflavine <$C_{14}H_{10}N_4$> Fluoflavin *n*

fluoform *s.* fluoroform

fluogermanic acid <H_2GeF_6> Hexafluorogermaniumsäure *f*, Germaniumfluorwasserstoffsäure *f*

fluohydrid acid *s.* hydrofluoric acid

fluolite Fluolith *m*, Pechstein *m {Geol}*

fluophosphate <$M^I_2PO_3F$> Fluorophosphat(V) *n*

fluophosphoric acid <H_2PO_3F> Fluorphosphonsäure *f*, Monofluorophosphorsäure *f*

fluor 1. Flußspat *m*, Fluorit *m {Min}*; 2. Fluophor *m {Lumineszenz}*
fluor earth Flußerde *f*

fluoran Fluoran *n*, Phenolphtaleinanhydrid *n*

fluorandiol *s.* fluorescein

fluoranthene <$C_{16}H_{10}$> Fluoranthen *n {IUPAC}*
fluoranthene quinone <$C_{15}H_7O_2$> Fluoranthenchinon *n*

fluorapatite Fluorapatit *m {Min}*

fluorcarbon *s.* fluorocarbon

fluorene <$C_{13}H_{10}$> Fluoren *n*, Diphenylenmethan *n*

fluorenol Fluorenol *n*, Fluorenalkohol *m*

fluorenone <$C_{13}H_8O$> 9-Fluorenon *n*, Diphenylenketon *n*

fluorenyl <$C_{13}H_9$-> Fluorenyl *n*

fluoresce/to fluoreszieren, schillern

fluorescein <$C_{20}H_{12}O_5$> Fluorescein *n*, Resorcinphthalein *n*, Diresorcinphthalein *n*
fluorescein-labeled fluoresceinmarkiert *{Immun}*

fluorescence 1. Fluoreszenz *f*; Fluoreszenzstrahlung *f*; 2. Resonanzstreuung *f {Nukl}*
fluorescence analysis Fluoreszenzanalyse *f*, Fluorometrie *f {Anal}*
fluorescence enhancement Fluoreszenzverstärkung *f*
fluorescence indicator Fluoreszenzindikator *m {Titration}*
fluorescence indicator analysis FIA-Verfahren *n*, Fluoreszenz-Analyseverfahren *n*
fluorescence microscope Fluoreszenzmikroskop *n*
fluorescence spectroscopy Fluoreszenzspektroskopie *f*
fluorescence spectrum Fluoreszenzspektrum *n*
fluorescence yield Fluoreszenzausbeute *f*, Fluoreszenzstrom *m*
delayed fluorescence Phosphoreszenz *f*, verzögerte Fluoreszenz *f*
quenching of fluorescence Fluoreszenslöschung *f*
secondary fluorescence Sekundärfluoreszenz *f*
sensitized fluorescence Sekundärfluoreszenz *f*

fluorescent fluoreszierend; Fluorenszenz-, Leucht-
fluorescent additive Fluoreszenz-Zusatz *m {Mineralöl}*
fluorescent antibody Fluoreszenz-Antikörper *m {Immun}*

fluorescent dye Fluoreszenzfarbstoff *m*, Tageslichtfarbe *f*, Leuchtfarbe *f*
fluorescent endoscope Kaltlichtendoskop *n*
fluorescent glow Fluoreszenzleuchten *n*
fluorescent ink Leuchtfarbe *f*, fluoreszierende Farbe *f*, Fluoreszenzfarbstoff *m*
fluorescent lamp Fluoreszenzlampe *f*, Leuchtstofflampe *f*
fluorescent material Leuchtstoff *m*
fluorescent paint Fluoreszenzfarbe *f*, fluoreszierende Farbe *f*
fluorescent pigment Fluoreszenz-Pigment *n*, fluoreszierendes Pigment *n*
fluorescent radiation Fluoreszenzstrahlung *f*
fluorescent reagent fluoreszierendes Reagens *n*
fluorescent response Fluoreszenzansprechvermögen *n*
fluorescent screen Fluoreszenzschirm *m*, Leuchtschirm *m*, Röntgenschirm *m*
fluorescent tube Leucht[stoff]röhre *f*
fluorescent whitening agent fluoreszierender Weißmacher *m*, optischer Aufheller *m*, optisches Aufhellungsmittel *n*, optisches Bleichmittel *n*, Weißtöner *m*, aufhellender Leuchtstoff *m*
fluorescin <$C_{20}H_{14}O_5$> Fluorescein *n*, Resorcinphthalein *n*
fluorescyanine Fluorescyanin *n*
fluorhydrate Hydrofluorid *n*
fluorhydric fluorwasserstoffsauer
fluorhydrocortisone Fluorhydrocortison *n*
fluoric acid *s.* hydrofluoric acid
fluoridate/to fluoridieren, fluorisieren *{z.B. Trinkwasser}*
fluoridated toothpaste fluoridhaltige Zahnpasta *f*
fluoridation Fluoridierung *f*, Fluorisierung *f*, Fluoridzusatz *m {z.B. des Trinkwassers}*
fluoridation of drinking water Fluorierung *f* von Trinkwasser *n*
fluoridation plant Fluorierungsanlage *f*
fluoride <M'F> Fluorid *n*, flußsaures Salz *n*
fluoride complex Fluoridkomplex *m*
fluoride introduction Fluoridzusatz *m {zum Trinkwasser}*
fluoride-resistent fluoridfest
acid fluoride <M^IHF_2> Hydrogendifluorid *n {IUPAC}*
fluoridization *s.* fluoridation
fluorimeter Fluoreszenzmesser *m*, Fluorimeter *n*, Fluorometer *n*; Polarisations-Meßgerät *n*, Polarimeter *n {Radiol}*
fluorimetric fluorimetrisch
fluorimetry Fluorimetrie *f*, Fluoreszenzanalyse *f {qualitativ}*, Fluoreszenzspektroskopie *f {quantitativ}*, Spektrofluorimetrie *f*
fluorinate/to fluorieren
fluorinated ethylene-propylene copolymer Fluorethylenpropylen *n*, FEP, fluoriertes Ethylen-Propylen-Copolymerisat *n* *{$F_2C=CF_2/F_3CCF=CF_2$ - Copolymeres}*
fluorinated hydrocarbons fluorierte Kohlenwasserstoffe *mpl*, Fluorkohlenwasserstoffe *mpl*
fluorinated paraffin fluoriertes Paraffin *n*
fluorinated silicone rubber fluorierter Silicongummi *m*, fluorierter Silikonkautschuk *m* *{Klebfügeteilwerkstoff}*
fluorinated tensid Fluortensid *n*
fluorination Fluorierung *f*, Fluorieren *n*
fluorination agent Fluorierungsmittel *n*
fluorine *{F, element no. 9}* Fluor *n*
fluorine azide <FN_3> Fluorazid *n*
fluorine cell Fluorgenerator *m*
fluorine compound Fluorverbindung *f*
fluorine-containing pesticides fluorhaltige Pestizide *npl*
fluorine-containing polymers *s.* fluorocarbon polymer
fluorine content Fluorgehalt *m*
fluorine cyanide <FCN> Fluorcyan *n*, Cyanfluorid *n*
fluorine nitrate <FNO_3> Fluornitrat *n*
fluorine perchlorate <$FClO_4$> Fluorperchlorat *n*
fluorine oxide <OF_2> Sauerstoffdifluorid *n*
containing fluorine fluorhaltig
fluorite Flußspat *m*, Fluorit *m {Calciumfluorid, Min}*
fluorite lattice Flußspatgitter *n {Krist}*
fluorite prism Flußspatprisma *n*, Fluoritprisma *n*
bituminous fluorite Stinkflußspat *m*, Stinkfluorit *m*, Stinkspat *m {Min}*
fluoritic flußspathaltig, fluorithaltig
fluoroacetic acid <FCH_2COOH> Fluoressigsäure *f*, Monofluoressigsäure *f*
fluoroacetophenone <$C_6H_5COCH_2F$> Fluoracetophenon *n*, Phenacylfluorid *n*
fluoroacetylene Fluoracetylen *n*
fluoroalkane Fluoralkan *n*
fluoroaniline <$FC_6H_4NH_2$> Fluoranilin *n*
fluoroarene Arylfluorid *n*, Fluoraren *n*
fluorobenzene <C_6H_5F> Fluorbenzol *n*, Benzolmonofluorid *n*, Phenylfluorid *n*
fluoroboric acid <$H[BF_4]$> Fluorborsäure *f*, Borfluorwasserstoffsäure *f*, Tetrafluoroborsäure *f {IUPAC}*, Hydrogentetrafluoroborat(III) *n*
fluorocarbohydrates Fluorkohlenhydrat *n*
fluorocarbon Fluorkohlenstoff *m*, fluorierter Kohlenwasserstoff *m*, Fluorcarbon *n*
fluorocarbon-11 Trichlorfluormethan *n*, R 11
fluorocarbon-12 Dichlordifluormethan *n*, R 12
fluorocarbon-13 Chlortrifluormethan *n*, R 13
fluorocarbon-14 Tetrafluormethan *n*, Tetrafluorkohlenstoff *m*, Kohlenstofftetrachlorid *n*, R 14
fluorocarbon-21 Dichlorfluormethan *n*, R 21

fluorocarbon-22 Chlorfluormethan *n*, R 22

fluorocarbon-23 Fluoroform *n*, Trifluormethan *n*, R 23

fluorocarbon-113 1,1,2-Trichlor-1,2,2-trifluorethan *n*, R 113

fluorocarbon-114 1,2-Dichlor-1,1,2,2-tetrafluorethan *n*, R 114

fluorocarbon-115 Chlorpentafluorethan *n*, R 115

fluorocarbon-116 Hexafluorethan *n*, R 116

fluorocarbon-134a 1,2,2,2-Tetrafluorethan *n*, R134a

fluorocarbon plastic Fluorkunststoff *m*, Fluorpolymer[es] *n*, Fluorkunstharz *n*, Fluorkohlenstoffharz *n*

fluorocarbon polymer Fluorpolymer *n*, Fluorkautschuk *m*, Fluorelastomer[es] *n*, Fluorcarbonkautschuk *m*

fluorocarbon powder Fluorkohlenstoffpulver *n {Beschichtung}*

fluorocarbon resin *s.* fluorocarbon plastic

fluorocarbon rubber *s.* fluorocarbon polymer

fluorochemical-based surfactant fluorhaltiges Tensid *n*

fluorochemical foam Fluorschaumstoff *m*

fluorochemicals Fluorchemikalien *fpl {Fluorcarbone, Fluorelastomere usw.}*

fluorochlorinated hydrocarbons Fluorchlorkohlenwassestoffe *mpl*, FCKW

fluorochrome Fluorochrom *n*, fluorochrome Lösung *f*

fluorocitrate Fluorcitrat *n*

fluorocyclene Fluorocyclen *n*, Vinylfluorid *n*

fluorocytosin <$C_4H_4FN_3O$> 5-Fluorcytosin *n*

fluorodichloromethane <$CHCl_2F$> Fluordichlormethan *n*, Dichlorfluormethan *n*, R21

fluoro-2,4-dinitrobenzene <$FC_6H_3(NO_3)_2$> 2,4-Dinitrofluorbenzol *n*, Sanger-Reagens *n*

fluoroelastomer *s.* fluorocarbon rubber

fluoroethylene Fluorethylen *n*

fluoroform <CHF_3> Fluoroform *n*, Trifluormethan *n*, R 23

fluorogen Fluorogen *n*

fluorogermanic acid <H_2GeF_6> Hexafluorogermaniumsäure *f*, Dihydrogenhexafluorogermanat(IV) *n*

fluorography Fluoreszenzaufnahme *f*, Photofluorographie *f*

fluorohydrocarbons Fluorkohlenwasserstoffe *mpl*

fluorokrypton cation <KrF^+> Fluorokryptonkation *n*

fluorometer Fluorometer *n*, Fluoreszenzmesser *m*, Fluorimeter *n*, Fluorophotometer *n*

fluoromethane <CH_3F> Fluormethan *n*, Methylfluorid *n*

fluorometric fluorimetrisch

fluorometry Fluorimetrie *f*, Fluorometrie *f* *{obs}*, Fluoreszenzmessung *f*, Fluoreszenzanalyse *f*

fluorone Fluoron *n*

fluorophenol <FC_6H_4OH> 4-Fluorphenol *n*

fluorophore Fluorophor *n*, fluoreszierende Gruppe *f {Fluoreszenz verursachender Molekülanteil}*

fluorophosphate <M'_2PO_3F> Fluorophosphat *n*

fluorophosphoric acid Fluorophosphorsäure *f*

fluorophotometer Fluoreszenzmesser *m*, Fluorophotometer *n*

fluoroplastic *s.* fluorocarbon plastic

fluoropolymers *s.* fluorocarbon plastic

fluoroprene Fluoropren *n*

fluoroprene rubber Fluoroprenkautschuk *m*

fluoroprotein foam Proteinschaum *m* mit Fluornetzmittel *n*

fluorosalicylaldehyde Fluorsalicylaldehyd *m*

fluoroscope Fluoroskop *n*, Röntgenbildschirm *m*, Leuchtschirm *m* für die Röntgenoskopie *f*

fluoroscopy Fluoroskopie *f*, Röntgenoskopie *f*, Röntgendurchleuchtung *f*

fluorosilic[ic] acid <H_2SiF_6> Hexafluorokieselsäure *f*, Kieselfluorwasserstoffsäure *f*, Fluorkieselsäure *f*, Kieselflußsäure *f*, Siliciumfluorwasserstoffsäure *f*

fluorosilicone rubber Fluorsiliconkautschuk *m*, fluorierter Siliconkautschuk *m*, fluorierter Silicongummi *m*

fluorosulfonic acid *s.* fluorosulfuric acid

fluorosulfonyle isocyanate <FSO_2-NCO> Fluorosulfonylisocyanat *n*, Isocyanatosulfonylfluorid *n*, *N*-Carbonylsulfamoylfluorid *n*

fluorosulfuric acid <HSO_3F> Fluorsulfonsäure *f*, Fluoroschwefelsäure *f*

fluorothane <CH_3CH_2F> Ethanfluorid *n*, Ethylfluorid *n*, Fluorethan *n*, Halothan *n {HN}*

fluorothene Chlortrifluorethylenpolymer *n*

fluorothermoplasticc Fluorthermoplast *m*

fluorotoluene <$FC_6H_4CH_3$> Fluortoluol *n*

fluorspar Fluorit *m*, Flußspat *m {Min}*

fluorspar powder Flußspatpulver *n*

bituminous fluorspar Stinkflußspat *m*, Stinkspat *m*, Stinkfluß *m {Min}*

compact fluorspar Flußstein *m {Min}*

fetid fluorspar *s.* bituminous fluorspar

fluorylidene <$=C_{13}H_8$> Fluorenyliden *n {IUPAC}*

fluosilicate 1. flußkieselsauer, kieselfluorwasserstoffsauer; 2. Fluat *n*, Fluorsilicat, Fluorsiliciumverbindung *f*, Siliciumfluorverbindung *f*, Hexafluorsilicat *n*

fluosilicate-lead bath Bleifluosilicatbad *n*

fluosilicic acid *s.* fluorosilic[ic] acid

fluosulfinic acid <FS(O)OH> Fluorsulfonsäure *f*

fluotitanic acid Titanfluorwasserstoffsäure *f*, Titanflußsäure *f*
fluotoluene <$FC_6H_4CH_3$> Fluortoluol *n*, Toluolfluorid *n*
flush/to 1. ausschwemmen, [aus]spülen, wegspülen, abspülen, durchspülen; strömen lassen; ausgleichen; 2. flushen *{Farb}*; 3. strömen, sich ergießen
flush 1. eben, in einer Ebene *f* liegend; glatt, bündig, fugendicht, flächenbündig *{abschneidend}*; unter Putz *{Elek}*; flach *{Schweißnaht}*; satt aufliegend *{z.B. ein Deckel}*; 2. Spülen *n*, Waschen *n*, Durchspülen *n*, Spülung *f {Tech}*; 3. Verpuffung *f*, Wärmeexplosion *f*, Aufflammung *f*; 4. Wassereinbruch *m {Bergbau}*; 5. Flushing *n {Farb}*; 6. Flottierfaden *m*, flottierender Faden *m*, flottliegender Faden *m {Text}*
flush gas Spülgas *n*
flushing 1. Spülung *f*, Waschen *n*, Spülen *n*, Durchspülen *n*; plötzlich Ausspülen *n*, plötzlich [Aus-]Fließen *n*; 2. Spülbohren *n*, Naßbohren *n {Erdöl}*; 3. Flushing *n {Farb}*; 4. Bluten *n {der Farbe beim Textildruck}*; 5. Flottierung *f*, Flottung *f {Text}*
flushing filling Spülöl *n*
flushing gate Spülventil *n*
flushing oil Spülöl *n*
flushing water Spülwasser *n*
flushing with argon Argonvorspülung *f*
flute/to 1. nuten; 2. riefen, riffeln, kehlen, riefeln; auskehlen; 3. kannelieren
flute 1. Hohlkehle *f*, Rille *f*, Rinne *f*, Riefe *f {Tech}*; 2. Riffel *f*, Kannelierung *f {Glas}*; 3. Welle *f*, Riffel *f {Wellpappe}*; 4. Nut *f*, Span-Nut *f {am Bohrkörper}*
fluted ausgekehlt, gerillt, rinnenförmig
fluted anode Riffelanode *f*
fluted filter Faltenfilter *n*
fluted funnel Rippentrichter *m {Lab}*
fluted roll geriffelte Walze *f*, Riffelwalze *f {Gummi}*
fluted screen centrifuge Faltensiebzentrifuge *f*
fluting 1. Hohlkehle *f*, Kehlung *f*, Riffelung *f*; 2. Kannelierung *f*
flux/to 1. schmelzen, flüssig machen; 2. aufschließen *{durch Schmelzen}*; 3. verschlacken; 4. plastifizieren, weichmachen, erweichen *{Kunst}*; 5. verschneiden, fluxen *{Mineralöl}*
flux 1. Fließen *n*, Fluß *m*; 2. Stromfluß *m*; Flux *m {Materie- oder Teilchenströmung, z.B. Neutronenfluß}*;3. Flußmittel *n*, Fluß *m*, Schweißpulver *n {DIN 32522}*, Schmelzmittel *n {Schweißen}*, Zuschlag *m {Met}*; 4. Lötmittel *n*, Lötsalz *n*; 5. Fluß *m {des Vektor}*, Vektorfluß *m {Math}*
flux converter Flußumwandler *m*
flux density 1. Flußdichte *f*, Kraftflußdichte *f {Phys}*; 2. Teilchenflußdichte *f*, Teilchenflußleistung *f {Nukl}*
flux for making slag Schlackenbildner *m*
flux linkage 1. Flußverkettung *f*; 2. elektrische Durchflutung *f*, Amperewindungszahl *f {Elek}*
flux oil Restöl *n*, Verschnittöl *n*, Fluxöl *n*, Stellöl *n {Zusatzöl}*
flux powder Flußpulver *n {Met}*
flux reactor Durchflußreaktor *m*
flux trap reactor Hochflußreaktor *m {Nukl}*
radiant flux Strahlungsfluß *m {in W/s}*
soldering flux Lötflußmittel *n*
fluxed bitumen Fluxbitumen *n {Straßenbaubitumen + Fluxöl; DIN 55946}*
fluxing 1. Schmelzen *n*; 2. Plastifizieren *n*, Erweichen *n*, Weichmachen *n {Kunst}*; 3. Salzbehandlung *f {Gieß}*
fluxing agent Flußmittel *n*, Fluß *m*, Schmelzmittel *n*
fluxing medium Flußmittel *n*, Fluß *m*, Schmelzmittel *n*
fluxing ore Zuschlagerz *n {Met}*
fluxing power Verschlackungsfähigkeit *f*
fluxional bonding flukturierende Bindung *f*
fluxmeter Fluxmeter *n*, Flußmesser *m*, Durchflußmeßgerät *n*, Strommesser *m {Elek}*
fly around/to herumfliegen, durcheinanderfliegen
fly around Umströmung *f*
fly ash Flugasche *f*, Flugstaub *m*
fly paper Fliegen[fänger]papier *n*, Fliegenfänger *m*
fly poison Fliegengift *n*
fly powder Fliegenpulver *n*
fly stone Fliegenstein *m {Min}*
flying brands Flugfeuer *n*
flying spot schnell bewegter Lichtpunkt *m*, wandernder Lichtpunkt *m*, Flying spot *m*
flying-spot scanning Abtasten *n* mittels Lichtpunkt, Rastern *n* mittels Lichtpunkt, Lichtpunktabtasten *n*
flying-spot recorder Lichtpunktschreiber *m*
fires caused by flying brands Flugfeuer *n*
flywheel Schwungrad *n*; Schwungscheibe *f*
flywheel drive Schwungradantrieb *m*
FMN *{flavin mononucleotide}* Riboflavin-5'-phosphat *n*, Flavinmononucleotid *n*
foam/to schäumen, gischen, Schaum *m* bilden; [auf]schäumen, sich mit Schaum *m* bedecken; zum Schäumen bringen, schaumig machen, schäumend machen; [ver]schäumen *{Kunst}*
foam 1. Schaum *m*; Gischt *m*, Abschaum *m*; 2. Schaum[kunst]stoff *m*; 3. Bierschaum *m*
foam adhesive Schaumstoff-Klebstoff *m*, Klebstoff *m* für Schaumstoffe *mpl*
foam-back[ed] fabric schaumstoffbeschichtetes Gewebe *n*, schaumstoffkaschiertes Gewebe *n*, schaumstofflaminiertes Gewebe *n*

foam backing Schaumstofflaminieren *n*, Schaumstoffkaschieren *n*
foam beater Schaumschlagmaschine *f*, Schlagmaschine *f {Gummi}*; Ausklopfmschine *f*, Feinzeugholländer *m {Pap}*
foam bonding Schaumstoffbondieren *n*, Schaumstoffkaschieren *n*
foam booster Schaumverstärker *m*, Schaumverbesserer *m*
foam breaker Schaumbrecher *m*
foam cell Schaumstoffpore *f*, Schaumstoffzelle *f*
foam-compatible dry powder schaumverträgliches Löschpulver *n*
foam compound Löschschaum *m*
foam concrete Schaumbeton *m*
foam core Schaumstoffkern *m*
foam-delivery rate Schaumbildungsrate *f {in m^3/min}*
foam density Schaumstoffverdichtungsgrad *m*
foam depresser *s.* foam inhibitor
foam extinguisher Schaumfeuerlöscher *m*, Schaumlöscher *m*
foam extrusion Schaumstoffextrusion *f*, Extrudieren *n* von Schaumstoffen *mpl*
foam-fire extinguisher 1. Schaumlöschmittel *n*; 2. Schaum[feuer]löscher *m*
foam formation Schaumbildung *f*; Schaumstoffbildung *f*
foam fractionation Schäumfraktionierung *f*
foam-generating nozzle Schaumgerätmischdüse *f*, Schaumgeneratordüse *f*
foam glass Schaumglas *n*
foam glue Schaumkleber *m*
foam gun Schaumkanone *f {Löschen}*
foam-holding schaumbeständig
foam inhibition Schaumzerstörung *f*
foam inhibitor Schaumdämpfungsmittel *n*, Schaumverhütungsmittel *n*, Schaumverhinderungsmittel *n*, Mittel *n* gegen Schaumbildung *f*
foam laminate Schaumstoff-Schichtstoff *m*
foam lamination Schaumstofflaminieren *n*, Schaumstoffkaschieren *n*
foam leathercloth Schaumkunstleder *n*
foam-like schaumähnlich
foam-making nozzle Schaumdüse *f*
foam-melt method Verschäumen *n* von Schmelzen *fpl*, Engelit-Verfahren *n*
foam meter Schaummeßgerät *n*
foam mixing chamber Schaummischkammer *f*
foam-mo[u]lded formgeschäumt
foam mo[u]lding Form[teil]schäumen *n*, Formverschäumung *f*, Schaumstoff-Formen *n*
foam modifier Schaumstoffmodifikator *m*
foam over/to überschäumen
foam overblow übermäßiges Schäumen *n*
foam plastic Schaum[kunst]stoff *m*, Plastschaumstoff *m*
foam pouring Gießverschäumung *f*, Schaumgießverfahren *n {Polyuretan}*
foam prevention Schaumbekämpfung *f*
foam rubber Moosgummi *m*, Zellgummi *m*, Mossgummi *m*, Latexschaum[gummi] *m*
foam-sandwich-mo[u]lding Integralschaumstoffspritzgießen *n*, Sandwichschaumstoffspritzgießen *n*
foam scraper Schaumabscheider *m*, Entschäumer *m*
foam separator Schaumabscheider *m*, Entschäumer *m*
foam sheet Schaumfolie *f*, Schaumstoff-Folie *f*, Schaumstoffbahn *f*, Schaumstofftafel *f*
foam sheeting Schaumstoffbahn *f*, Schaumstoffolie *f*, Schaumstofftafel *f*
foam skimmer Schaumabstreifer *m*
foam spraying Schaumstoffsprühen *n*
foam stability Schaumbeständigkeit *f*
foam stabilizer Schaumstabilisator *m*, Zellstabilisator *m*; Booster *m {Tensid}*
foam structure Schaumstoffgefüge *n*, Schaum[stoff]struktur *f*
foam suppression Schaumunterdrückung
foam suppressor Antischaummittel *n*, Schaumverhinderungsmittel *n*, Mittel *n* gegen Schaumbildung *f*
foam-type fire extinguisher Schaumlöscher *m*, Schaumfeuerlöscher *m*
foam up/to aufschäumen, aufgischen
cover with foam/to beschäumen
metal foam Metallschwamm *m*, poröses Metall *n*
prevention of foam Schaumverhütung *f*
rigid foam fester Schaum *m*

foamable verschäumbar, aufschäumbar *{Kunst}*
foamable melt schäumbare Schmelze *f*

foamed doubled fabric *s.* foam-back[ed] fabric
foamed material 1. Schäumgut *n*; 2. Schaumkunststoff *m*
foamed plastic Plastschaumstoff *m*, geschäumter Plast *m*, Schaum[kunst]stoff *m*
foamed rubber *s.* foam rubber

foamer 1. Schaumbildner *m*, Schäumer *m*, Sammlerschäumer *m*; 2. Schaum[schlag]maschine *f {Gummi}*; Verschäummaschine *f {Kunst}*; Schäummaschine *f*, Verdüsungsmaschine *f*

foaminess Schaumigkeit *f {schaumige Beschaffenheit}*; Schaumkraft *f*

foaming 1. schäumend; 2. Schaumbildung *f*, Schäumen *n*, Schaumentwicklung *f*; 3. Ausschäumen *n {von Hohlräumen}*; 3. Verschäumung *f {Kunst}*
foaming agent 1. Blähmittel *n*, Treibmittel *n {Kunst}*; 2. Schaum[erzeugungs]mittel *n*, Schaumerzeuger *m*, Schaumbildner *m*, Schäumer *m*

foaming behaviour in cup-test Veschäumungsverhalten *n* im Becherversuch *m*
foaming expandable beads Polystyrolschäumen *n* mit schaumfähigem Granulat *n*
foaming machine Schäummaschine *f*, Verdüsungsmaschine *f*; Verschäummaschine *f {Kunst}*; Schaum[schlag]maschine *f {Gummi}*; Ausklopfmaschine *f*, Feinzeugholländer *m*
foaming mo[u]ld Schäumform *f*, Schäumwerkzeug *n*
foaming power Schaumbildungsvermögen *n*, Schaumvermögen *n*, Schäumungsvermögen *m*, Schaumkraft *f*
foaming pressure Blähdruck *m*, Schäumdruck *m*
foaming process Schäumverfahren *n {Kunst}*, Plastschaumstoffherstellung *f*
foaming properties Verschäumungseigenschaften *fpl*; Schaumneigung *f {Mineralöl}*, Schaumbildungsvermögen *n*, Schaumfähigkeit *f*, Schäumvermögen *n*
foaming quality *s.* foaming properties
foaming solution Schaumlösung *f*
foaming temperature Schäumtemperatur *f*
foaming tendency Schaumneigung *f*
foaming tool Schäumwerkzeug *n*, Schäumform *f*
prevention of foaming Entschäumung *f*
spray foaming Schaumstoffsprühen *n*
foamless schaumlos
foamless foam "schaumloser Schaumstoff" *m {mittels Schaumstoffhaftschicht kaschiertes Gewebe}*, Foamless-foam *m*
foams and froths Schäume *mpl*
foamy schaumig, schaumartig, schaumähnlich; mit Schaum *m* bedeckt
foamy lather Schaumkunstleder *n*
foamy plastic Schaum[kunst]stoff *m*
focal fokal; Brenn- *{Opt}*
focal axis Brennachse *f {Opt}*
focal collimator Meßkollimator *m {Opt}*
focal colo[u]r Signalfarbe *f*
focal distance *s.* focal length
focal length Brennpunktabstand *m*, Brennweite *f*, Fokaldistanz *f {Opt}*
focal line Brennlinie *f*, Kaustik *f {Licht}*
focal plane Bildebene *f*, Brenn[punkt]ebene *f*, Fokalebene *f {Opt}*
focal point Brennpunkt *m*, Fokus *m {pl. Fokusse}*
focal power inverse Brennweite *f*
focal quality Brennebene *f*, Abbildungsschärfe *f {Kondensorlinse}*
focal spot characteristic Brennfleckausdehnung *f*
focalise/to fokussieren
focimeter Brennweitenmesser *m*, Fokometer *n*, Fokusmesser *m*
focometer *s.* focimeter
focus/to akkommodieren; fokussieren, sammeln; [scharf] einstellen, scharfstellen; sich im Brennpunkt *m* vereinigen *{Opt}*
focus 1. Brennpunkt *m*, Sammelpunkt *m*, Fokus *m {Opt}*; 2. Herd *m {Krankheitsherd}*, Fokus *m*, Focus *m {Med}*; 3. Brennpunkt *m {z.B. der Ellipse, Math}*; 4. Hypozentrum *n*, Erdbebenherd *m {Geophys}*; 5. Brennfleck *m*
focus lens Kondensorlinse *f*
astigmatic focus astigmatischer Brennpunkt *m*
depth of focus Fokustiefe *f*
in focus scharf eingestellt
out of focus nicht im Brennpunkt, unscharf, nicht scharf
principal focus Hauptbrennpunkt *m*
real focus reeller Brennpunkt *m*
virtual focus virtueller Brennpunkt *m*
focusable fokussierbar
focus[s]ed scharf eingestellt
focus[s]ed laser beam Strahlenstich-Laser *m*
focus[s]ing 1. Scharfeinstellung *f*, Brennweiteneinstellung *f*, Einstellung *f*, Fokussierung *f*, Bündelung *f {Photo, Opt}*; Scharfeinstellhilfe *f*, Einstellhilfe *f*; 2. Fokussierung *f {Elektronik}*
focus[s]ing adjustment Schärfenkorrektur *f*, Korrektur *f* der Schärfeneinstellung *f*
focus[s]ing electrode Bündelungselektrode *f*
focus[s]ing lens Bündelungslinse *f*, Sucherokular *n*
focus[s]ing magnifier Einstellupe *f {Photo}*
focus[s]ing screen Mattscheibe *f*, Milchglasscheibe *f*
focus[s]ing screw Einstellschraube *f*
exact focus[s]ing Scharfeinstellung *f*
strong focus[s]ing Courantfokussierung *f*
fodder Futter *n*, Futtermittel *n*, Viehfutter *n*
fodrin Fodrin *n*, Gehirn-Spectrin *n*
fog 1. Nebel *m*, Fog *m*; 2. Schleier *m*, Grauschleier *m*, Schleierschwärzung *f*, Plattenschleier *m {Photo}*; 3. Beschlag *m {feuchter Niederschlag}*
fog cooling Nebelkühlung *f*
fogging 1. Trüben *n*, Eintrüben *n*, Milchigwerden *n*, Blindwerden *n*, Erblindung *f {Glas}*; 2. Nebelverfahren *n {z.B. in der Schädlingsbekämpfung}*; 3. Anlaufen *n*, Hauchbildung *f*, Nebeligwerden *n {Farb}*; 4. Schleierbildung *f {Photo}*
foggy neb[e]lig, nebelartig, verschleiert
foids Feldspatvertreter *mpl*, Foide *npl*, Feldspatoide *npl*
foil 1. Folie *{< 0,15 mm}*; 2. Blattfolie *f*, Brechfolie *f {Buchbinderei}*; 3. Folienpapier *n {metall- oder platstbeschichtetes Papier}*
foil activation Folienaktivierung *f {Nukl}*
foil detector Aktivierungsfolie *f {Nukl}*
foil dosimeter Flächendosimeter *n {Nukl}*

foil lacquer Folienlack *m*
foil-type safety valve Foliensicherheitsventil *n*
folacin *s.* folic acid
fold/to 1. falten, knicken; 2. abbiegen, abkanten *{z.B. dünne Bleche, Kunststoffkanten}*; 3. falzen, knicken *{Pap}*
fold up/to zusammenfalten
fold 1. Falte *f {Text, Geol}*; 2. Abkantung *f {Met, Kunst}*; 3. Falte *f*, Verfaltung *f {Glasfehler}*; 4. Falz *m {Druck}*; 5. Knick *m {Pap}*
folded faltig, gefaltet, faltenreich; Falten-
folded filter Faltenfilter *n*
folder 1. Aktendeckel *m*, Mappe *f*; 2. Faltprospekt *m*; 3. Ableger *m*, Legemaschine *f*, Faltmaschine *f {Text}*; Umnäher *m*, Abkanter *m*; 4. Falzmaschine *f*, Falzaggregat *n*, Falzapparat *m {Druck, Pap}*
folding 1. zusammenklappbar, klappbar; Klapp-, Falt-; 2. Abbiegen *n*, Abkanten *n {Met, Kunst}*; 3. Falten *n*, Zusammenlegen *n {Text, Pap}*; 4. Falzen *n {Druck}*
folding bend test Falt-Biege-Versuch *m*, Falt-Biege-Prüfung *f*
folding box Faltschachtel *f*
folding carton Faltschachtel *f {aus Karton}*
folding endurance Falzfestigkeit *f*, Falzwiderstand *m*, Dauerbiegewiderstand *m {Pap}*
folding endurance test Dauer-Knickversuch *m*, Falzwiderstandsprüfung *f {Pap}*
folding resistance *s.* folding strength
folding strength Knickfestigkeit *f*, Falzwiderstand *m*, Falzfestigkeit *f*
folding test Faltversuch *m {Tech}*
folgerite Folgerit *m {obs}*, Pentlandit *m*
foliage Laub *n*, Laubwerk *n*, Blätter *npl {Bot}*
foliate/to mit Folie *f* beschichten
foliated blätt[e]rig, blattförmig, dünntafelig, lamellar, geblättert, schuppig, schieferig
foliated coal Blätterkohle *f*
foliated gypsum Schaumgips *m*, Schiefergips *m*
foliated spar Mengspat *m {Min}*
foliated tellurium Blättertellurerz *n {obs}*, Nagyagit *m {Min}*
foliated zeolite Blätterzeolith *m {Min}*
foliation 1. Schieferung *f*, Schiefrigkeit *f*, Foliation *f {Geol}*; 2. Blaublattgefüge *n {Gletscher}*; 3. Folienwalzung *f {Met}*; 4. Bänderung *f*, Blätterung *f*; Abspaltung *f* nach Mineralorientierungen *fpl*; 5. Blätterung *f {Math}*
folic acid <$C_{19}H_{19}N_7O_6$> Folsäure *f*, Pteroylglutaminsäure *f*, Vitamin B_c *n*, Vitamin M *n*, Vitamin V *n*, Faktor V *m*, antiperniziöses Vitamin *n {Triv}*
folic acid antagonist Folsäureantagonist *m {Physiol}*
folic acid deficiency Folsäuremangel *m*
folin reagent Folinreagens *n {Aminosäurereagens}*
folinic acid <$C_{20}H_{23}N_7O_7$> Folinsäure *f*, Leukovorin *n*, 5-Formyltetrahydrofolsäure *f*, Citrovorumfaktor *m*
folliberin Folliberin *n {Auslöschhormon für Follikelhormon}*
follicle 1. Balgfrucht *f {Bot}*; 2. Follikel *m {Physiol}*
follicle-stimulating hormone follikelstimulierendes Hormon *n*, Follikulotropin *n*, Follitropin *n*, Thylakentrin *n*
folliculin Follikulin *n*
follitropin *{IUB}* Gonadotropin A *n*, Prolan *n*, Thylakentrin *n*, follikelstimulierendes Hormon *n*, Follitropin *n*
follow/to folgen; nachfolgen, nacheilen; mitlaufen, mitgehen
follow-up development Weiterentwicklung *f*
follow-up extinguishing Nachlöschen *n*
followness Fahlheit *f*
food 1. alimentär; Nahrungs-, Speise-; 2. Lebensmittel *n*, Nährmittel *n*, Nahrungsmittel *n*, Nahrungsstoff *m*
food additive Lebensmittelzusatz[stoff] *m*, Fremdstoff *m* in Lebensmitteln *npl*, Nahrungsmittelzusatz *m*
food adulteration Lebensmittelfälschung *f*, Nahrungsmittelfälschung *f*
food analysis Lebensmitteluntersuchung *f*
Food and Drug Act *{GB, 1955}* Lebens- und Arzneimittelgesetz *n*
Food and Drug Administration Nahrungs- und Medikamentenbehörde *f {US}*, amerikanisches Bundesgesundheitsamt *n*
food can Konservendose *f*, Lebensmittelkonserve *f*
food chain Nahrungskette *f {Ökol}*; Freßkette *f {Tiere}*
food chemist Lebensmittelchemiker *m*
food chemistry Lebensmittelchemie *f*, Nahrungsmittelchemie *f*
food colo[u]r Lebensmittelfarbstoff *m*, Lebensmittelfarbe *f*
food colo[u]ring agent Lebensmittelfarbstoff *m*, Lebensmittelfarbe *f*
food control Nahrungsmittelkontrolle *f*, Lebensmittelüberwachung *f*
Food, Drug and Cosmetic Act *{US, 1938}* Gesetz *n* über Nahrungsmittel, Medikamente und Kosmetika
food flavoring Geschmackstoff *m*
food grade 1. nahrungsmittelgeeignet, in Lebensmittelreinheit *f*; 2. Lebensmittelverträglichkeit *f {z.B. von Kunststoffen}*
food industry Lebensmittelindustrie *f*, Nahrungsmittelindustrie *f*

food inspection Nahrungsmittelkontrolle *f*, Lebensmittelüberwachung *f*
food intake Nahrungszufuhr *f*
food investigation Lebensmitteluntersuchung *f*
food irradiation Nahrungsmittelbestrahlung *f*
food law Lebensmittelgesetz *n*
food packaging film Lebensmittelverpackungsfolie *f*
food poisoning Lebensmittelvergiftung *f*, Nahrungsmittelvergiftung *f*
food protein Nahrungseiweiß *n*, Nahrungsprotein *n*
food science Nahrungskunde *f*, Ernährungswissenschaft *f*
food substance Nährstoff *m*
food technology Lebensmitteltechnologie *f*
food value Nährwert *m*
food wrapping Lebensmittelverpackung *f*
canned food Konserve *f*, Lebensmittelkonserve *f*
safety in food Lebensmittelverträglichkeit *f*
tinned food Konserve *f*, Lebensmittelkonserve *f*
foodstuff Nahrungsmittel *n*, Nahrungsstoff *m*, Lebensmittel *n*, Nährmittel *n*
foodstuff chemist Lebensmittelchemiker *m*
fool's gold Pyrit *m*, Narrengold *n*, Katzengold *n* *{Min}*
foolproof absolut sicher, narrensicher, mißgriffsicher, unempfindlich gegen Fehlbedienung *f*
foolproofness Betriebssicherheit *f*
foot 1. Fuß *m {z.B. eines Fundaments}*, Tragfuß *m*, Untergestell *n*, Unterteil *n {Tech}*; 2. Fuß *m {altes Längenmaß = 0,3048 m}*; 3. Fußsteg *m {Buch}*; 4. Fußpunkt *m {Math}*; 5. Sumpf *m*, Schachtsumpf *m {Bergbau}*
foot pound Footpound *n {obs, = 1,356 J}*
foot-pound-second system englisches FPS-Maßsystem *n*
foot poundal 1. Footpoundal *n {obs, = 42,14011 mJ}*; 2. Poundalfoot *n {Torsionsmaß im absoluten englischen Maßsystem}*
foot powder Fußpuder *n*
foot valve Fußventil *n*, Grundventil *n*, Saugventil *n*
footcandle Footcandle *n {obs, = 10,764 Lux}*
footfall-sound-insulating material Trittschallisoliermaterial *n*
footnote Fußnote *f*
foots Bodensatz *m*, Satz *m*, Niederschlag *m*, Bodenkörper *m*, Sediment *n*, Ausscheidung *f*, Ausscheidungsprodukt *n*, Ablagerung *f*; Nachlauf *m {Dest}*; Endlauge *f*
footstep bearing Spurlager *n*, Stützlager *n*, Fußlager *n {Tech}*
forage Futter *n*, Viehfutter *n*
forage plant Futterpflanze *f*
forbidden unzulässig, nichtzulässig, nicht zulässig, verboten
forbidden line verbotene Linie *f {Spek}*
forbidden transition verbotener Übergang *m {Spek}*
force/to 1. zwingen, erzwingen, einen Druck *m* ausüben; 2. forcieren; 3. im Treibhaus *n* züchten
force apart/to spreizen
force on/to aufzwängen, aufzwingen
force open/to aufsprengen
force upon/to aufdrängen
force 1. Kraft *f*, Druck *m*, Stärke *f*; 2. Formunterteil *n*, Gesenk *n*, Stempel *m {Kunst}*
force component Teilkraft *f*
force constant Kraftkonstante *f*
force-displacement curve Kraft-Weg-Kurve *f*
force field Kraftfeld *n*
force of adhesion Haftkraft *f*, Haftvermögen *n*, Adhäsionskraft *f*
force of inertia Beharrungskraft *f*, Trägheitskraft *f*, Trägheitswiderstand *m*, Massenträgheitskraft *f*, *{Phys}*
force parallelogram Kräfteparallelogramm *n*, Krafteck *n*
force per unit area Kraft *f* pro Fläche *f*
force plug Preßstempel *m*, Stempel *m*, Stempelprofil *n*, Preßstempel *m {Kunst}*
force pump Druckpumpe *f*
acting force angreifende Kraft *f*, chemische Affinität *f*
chemical force chemische Kraft *f*
coming into force Inkrafttreten *n*
Couloumb force Coulombsche Kraft *f*
electromotive force elektromotorische Kraft *f*
electrostatic force elektrostatische Kraft *f*
external force äußere Kraft *f*
intermolecular force zwischenmolekulare Kraft *f*
forced angestrengt; zwangsläufig, gezwungen; Zwangs-; Gewalt-
forced air Gebläseluft *f*, Gebläsewind *m*
forced air cooled fremdbelüftet
forced circulation Zwangsumlauf *m*, Zwanglauf *m*, Zwangskreislauf *m*, Zwangszirkulation *f*, Umpump *m*
forced-circulation cooling Zwangsumlaufkühlung *f*
forced-circulation cooling tower Ventilatorkühlturm *m*
forced-circulation evaporator Zwangsumlaufverdampfer *m*, Umwälzverdampfer *m* mit Zwangsumlauf *m*
forced-circulation heating Zwangsumlaufheizung *f*
forced-circulation mixer Gegenstrom-Zwangsmischer *m*
forced-circulation principle Zwangsumlaufprinzip *n*

forced-circulation reactor Zwangsumlaufreaktor *m {Nukl}*
forced convection erzwungene Konvektion *f*
forced discharge Zwangsaustrag *m*
forced draft 1. Druckluftstrom *m*, [künstlicher] Zug *m*, Saugzug *m*; 2. Fremdbelüftung *f*
forced-draft cooling Druckkühlung *f*, Druckluftkühlung *f*
forced-draft cooling tower Ventilatorkühlturm *m*, Kühlturm *m* mit künstlichem Zug *m*
forced draught *{GB}* *s.* forced draft *{US}*
forced drying Wärmetrocknung *f*, Ofentrocknung *f {Farb}*
forced-drying temperature Temperatur *f* bei Beschleunigungstrocknung
forced-feed lubrication Druckschmierung *f*
forced-feed unit Zwangsdosiereinrichtung *f*
forced flow Zwangsdurchlauf *m*, Zwangsumlauf *m*, erzwungene Strömung *f*
forced lubrication Druckschmierung *f*, Druckumlaufschmierung *f*
forced-oil lubrication Druckölschmierung *f*
forced oscillation erzwungene Schwingung *f*, unfreie Schwingung *f*, Zwangsschwingung *f*, quellenerregte Schwingung *f {DIN 1311}*
forced test Gewaltprobe *f*
forced ventilation 1. Druckzugventilation *f*, Zwangs[durch]lüftung *f*, Ventilatorlüftung *f*, künstliche Lüftung *f*, Zwangsbelüftung *f {mit Ventilatoren}*; 2. blasende Bewetterung *f {Bergbau}*
forced venting Zwangsentlüftung *f*
forced vibration erzwungene Schwingung *f*, unfreie Schwingung *f*, Zwangsschwingung *f*, quellenerregte Schwingung *f {DIN 1311}*
forceps 1. Zange *f*, Federzange *f*; 2. Pinzette *f {Med}*
forcherite Forcherit *m {Min}*
forcible heftig, kräftig, krafvoll; gewaltsam; eindringlich
forcing 1. Zwingen *n*, Forcieren *n*; 2. Treiben *n {Agri}*; 3. Meßsignalzuführung *f {Automation}*; 4. Forcing *n*, Erzwingungsmethode *f {Math}*
forcing machine Spritzmaschine *f*, Strangpresse *f*, Extruder *m {Kunst}*
forcing pump Druckpumpe *f*
Ford [measuring] cup Ford-Becher *m {Auslaufbecher für Anstrichstoffviskosität}*
Ford viscosimeter Ford-Becher-Viskosimeter *n*
forearm Vorvakuumstutzen *m*
forearm connection Vorvakuumanschluß *m*
forebay Vorbecken *n*
forecast/to voraussagen, vorhersagen; vorhersehen
forecooler Vorkühler *m*
forecooling Vorkühlung *f*
foreground Vordergrund *m*
forehearth Vor[glüh]herd *m*, Vorwärmeherd *m*, Vorherd *m {Met}*; Vorherd *m*, Speiservorherd *m {Glas}*
foreign 1. fremd, fremdartig; Fremd-; 2. auswärtig; 3. Außen-; 4. fremd, ausländisch
foreign atom Fremdatom *n*; Stör[stellen]-atom *n*, Femdstörstelle *f*, [chemische] Störstelle *f {Krist}*
foreign body Fremdkörper *m*, Fremdstoff *m*
foreign component Fremdbestandteil *m*
foreign gas Fremdgas *n*
foreign inclusion Fremdeinschluß *m*
foreign layer Fremdschicht *f*
foreign matter Fremdbestandteil *m*, Fremdkörper *m*, Fremdstoff *m*, Fremdsubstanz *f*; Verunreinigung *f*
foreign metal Begleitmetall *n*
foreign nucleus Fremdkeim *m*
foreign object Fremdkörper *m*
foreign particle Fremdpartikel *f*, fester Fremdstoff *m*, mechanische Verunreinigung *f*
foreign substance Fremdstoff *m*, Fremdkörper *m*, unerwünschte Beimischung *f*
foreline Vorvakuumleitung *f*
foreline trap Vorvakuumfalle *f*
foreline valve Vorvakuumventil *n*, Vorpumpenventil *n*
foreman 1. Werkmeister *m*, Meister *m {Funktionstitel}*; 2. Vorarbeiter *m {Tech}*
foremasher Vormaischer *m {Brau}*
forensic forensisch, gerichtsmedizinisch
forensic chemistry Gerichtschemie *f*, forensische Chemie *f*, gerichtliche Chemie *f*
forepressure Vorvakuumdruck *m*
forepressure side Vorvakuumseite *f*
forepressure tolerance "zulässiger" Vorvakuumdruck *m {10 % größerer Ansaugdruck als bei normalem Vorvakuum}*
forepump/to vorpumpen
forepump *{US}* Vorvakuumpumpe *f*, Vorpumpe *f {Vak}*
forepump valve Vorvakuumventil *n*, Vorpumpenventil *n*
forepumping time Vorpumpzeit *f*, Grobpumpzeit *f*
forerunnings Kopfprodukt *n*, Vorlauf *m {Dest}*
forerun[s] Vorlauf *m*
forescreen Vorsieb *n*
foresee/to vorhersehen, voraussehen
foreshot[s] Kopfprodukt *n*, Vorlauf *m {Dest}*
foresite Foresit *m {Min}*
forestry 1. Forstwirtschaft *f*, Waldwirtschaft *f*; 2. Forstwesen *n*; 3. bewaldete Zone *f*, Waldzone *f*, Waldland *n*, Waldgelände *n*
forevacuum [niedriges] Vorvakuum *n*
forevacuum pump *{GB}* Vorvakuumpumpe *f*, Vorpumpe *f {Vak}*
forevacuum vessel Vorvakuumbehälter *m*

forge/to 1. schmieden, hämmern, pinken; 2. fälschen
forge 1. Schmiede *f*, Eisenhütte *f*, Eisenschmiede *f*, Hammerwerk *n*; 2. Eisenfrischherd *m*, Esse *f*, Schmiedefeuer *n*, Schmiedeesse *f*
forge fire Schmiedefeuer *n*
forge-pig iron Puddelroheisen *n*, weißes Roheisen *n*, Schmiederoheisen *n*
forge scale Hammerschlag *m {beim Schmieden}*, Zunder *m*, Hammerschlacke *f*, Schmiedezunder *m*, Eisenhammerschlag *m*
forge welding Feuerschweißen *n*
forgeability Schmiedbarkeit *f*, Hämmerbarkeit *f*, Warmbildsamkeit *f*
forgeable schmiedbar, [heiß] hämmerbar
forgeable alloy Knetlegierung *f*
forged geschmiedet; Schmiede-
forged steel Schmiedestahl *m*
forger 1. Schmied *m*; 2. Fälscher *m*
forging 1. Fälschung *f*; 2. Schmieden *n*, Schmiedestück *n*, Schmiedeteil *n*
forging brass Knetmessing *n {60 % Cu, 38 % Zn, 2 % Pb}*
forging property Schmiedbarkeit *f*
forging quality Schmiedbarkeit *f*
forging rate Schmiedegüte *f {1 bis 5}*
forging scale *s.* forge scale
forging steel Schmiedeeisen *n*, schmiedbares Eisen *n*
forging temperature Schmiedetemperatur *f*
forging test Schmiedeprobe *f*
fork lift Gabelstapler *m*
fork-lift truck Gabelhubstapler *m*, Gabelstapler *m*
fork stacker Gabelstapler *m*
fork truck Gabelstapler *m*
forked gegabelt, doppelgängig, gabelförmig, gespalten; gabelnd
forked tube Gabelrohr *n*
form/to 1. formen, Form *f* geben, gestalten, bilden, fassionieren; umformen, verformen, ausformen; 2. sich bilden, entstehen; 3. schalen, einschalen
form a beam/to bündeln *{von Strahlen}*
form a complex/to einen Komplex *m* bilden, komplexieren, anlagern *{Chem}*
form a precipitate/to einen Niederschlag *m* bilden *{Chem}*
form back/to rückbilden
form clinkers/to festbacken
form 1. Gestalt *f*, Form *f*; 2. Werkzeug *n*, Form *f*; 3. Formblatt *n*, Formular *n*, Vordruck *m {Pap}*; 4. Verlauf *m {z.B. einer Linie}*; 5. Schalung *f*; 6. Form *f {Art}*
form factor Formfaktor *m*
form-fitting formschlüssig
form in which supplied Lieferform *f*
form of pellet Tablettenform *f*
form of delivery Lieferform *f*
form oil *s.* forming oil
form persistance Formbeständigkeit *f*
form powder Formpuder *m*
form quotient Formzahl *f*
form stability Formhaltigkeit *f*, Gestaltfestigkeit *f*, Dauerhaltbarkeit *f*
change of form Deformation *f*, Formänderung *f*
formable formbar, umformbar, verformbar
formal 1. formal; Formal-; 2. <$CH_2(OCH_3)_2$> Formal *n*, Formaldehydacetal *n*; Methylal *n*, Dimethoxymethan *n*, Formaldehyddimethylacetat *n*
formal charge formale Ladung *f {Valenz}*
formal electrode potential formales Elektrodenpotential *n*
formaldehyde <$HCHO$> Formaldehyd *m*, Ameisensäurealdehyd *m*, Methylaldehyd *m*, Oxymethylen *m*, Methanal *n*, Formylhydrat *n {obs}*; Formol *n {HN}*
formaldehyde acetamide Formicin *n*
formaldehyde aniline <$C_6H_5NCH_2$> Formaldehydanilin *n*
formaldehyde bisulfite <$CH_3SO_4M'_I$> Formaldehydbisulfit *n {obs}*, Formaldehydhydrogensulfit *n*
formaldehyde cyanhydrine <$HOCH_2CN$> Glykonitril *n*, Formaldehydcyanhydrin *n*
formaldehyde hydrogen sulfite <$CH_3SO_4M'_I$> Formaldehydbisulfit *n {obs}*, Formaldehydhydrogensulfit *n*
formaldehyde oxime <$H_2C=NOH$> Formoxim *n*, Formaldehydoxim *n*, Formaldoxim *n*
formaldehyde resin Formaldehydharz *n*
formaldehyde sodium bisulfite <CH_3SO_4Na> Formaldehydnatriumbisulfit *n {obs}*, Formaldehydnatriumhydrogensulfit *n*
formaldehyde sodium hydrogen sulfite <CH_3SO_4Na> Formaldehydnatriumbisulfit *n {obs}*, Formaldehydnatriumhydrogensulfit *n*
formaldehyde solution Formalin *n {HN}*, Formaldehydlösung *f {Pharm}*
formaldehyde sulfoxylate Formaldehydsulfoxylat *n*
formaldehyde sulfoxylic acid <$HOCH_2SO_2H$> Formaldehydsulfoxylsäure *f*
aqueous formaldehyde Formalin *n*, Formol *n {40 %ige wäßrige Formaldehydlösung}*
fixing with formaldehyde Formaldehydhärtung *f {Gerb}*
formaldoxime <$H_2C=NOH$> Formaldoxim *n*, Formoxim *n*, Formaldehydoxim *n*
Formalin *{TM}* Formalin *n*, Formol *n {HN} {40 %ige wäßrige Formaldehydlösung}*
Formalin tanning Formalingerbung *f*
formalinize/to mit Formaldehyd *n* behandeln
formalize/to formalisieren *{Math, Comp}*
formamidase *{EC 3.5.1.9}* Formamidase *f*

formamide <$HCONH_2$> Formamid *n*, Ameisensäureamid *n*, Methanamid *n*
formamidine <$HN{=}CHNH_2$> Formamidin *n*, Methanamidin *n*
formamidinosulfinic acid <$O_2S{=}C(NH_2)_2$> Formamidinsulfinsäure *f*, Aminoiminomethansulfinsäure *f*, Thioharnstoffdioxid *n*
formamine Hexamethylentetramin *n*
formanilide <C_6H_5NHCHO> Formanilid *n*, *N*-Phenylformamid *n*, *N*-Phenylmethanamid *n*
formate Formiat *n* *{Salz oder Ester der Ameisensäure}*
formate kinase *{EC 2.7.2.6}* Formiatkinase *f*
formation 1. Bildung *f*, Ausbildung *f*, Entstehung *f*, Entwicklung *f*; 2. Formung *f*, Gebilde *n*; 3. Gestaltung *f*; 4. System *n*, Formation *f* *{Geol}*; 5. Faserbild *n*, Faserdessin *n* *{Pap}*; 6. Formation *f*, Verband *m*
formation condition Entstehungsbedingung *f*
formation constant Bildungskonstante *f*, Stabilitätskonstante *f*, Komplexbildungskonstante *f*, Komplexstabilitätskonstante *f*
formation enthalpy Bildungsenthalpie *f*
formation of bubbles Blasenbildung *f*
formation of carbon black flakes Rußflockenbildung *f*
formation of crystals Kristallbildung *f*
formation of dust Staubentwicklung *f*
formation of gas Gasbildung *f*
formation of layers Schichtenbildung *f*; Strähnenbildung *f* *{Flamme}*
formation of polymer radicals Polymerradikalbildung *f*, Bildung *f* von Polymerradikalen *npl*
formation of wrinkles Kriechen *n*, Runzelbildung *f* *{Farb}*
heat of formation Bildungswärme *f*
time of formation Aufbauzeit *f*, Entstehungszeit *f*, Bildungsdauer *f*
formative gestaltend, formgebend
formative time Bildungsdauer *f*, Aufbauzeit *f*, Entstehungszeit *f*
formazan <$H_2NN{=}CHN{=}NH$> Formazan *n*
formazyl 1. <$(C_6H_5N{=}N)_2CH-$> Formazyl *n*; 2. <$C_6H_5N{=}NCHN{=}NNHC_6H_5$> Diphenylformazan *n*
formdimethylamide *N,N*-Dimethylformamid *n*
former 1. Former *m*, Gießer *m*; 2. Form *f* *{z.B. Tauchform, Gummi}*; Schablone *f*; 3. Kalibrierrohr *n*, Kalibrierdüse *f* *{für Rohrextrudat}*; 4. Umformer *m* *{Tech}*
formhydrazidine Formhydrazidin *n*
formhydroxamic acid Formhydroxamsäure *f*
formic acid <$HCOOH$> Ameisensäure *f*, Hydrocarbonsäure *f*, Methansäure *f*
formic aldehyde <$HCHO$> Formaldehyd *m*, Ameisensäurealdehyd *m*, Methylaldehyd *m*, Methanal *n*, Oxomethylen *n*
formic anhydride Ameisensäureanhydrid *n*
formic ether Ameisensäureethylester *m*, Ethylformiat *n*
formic nitrile Cyanwasserstoffsäure *f*, Blausäure *f* *{Triv}*, Hydropencyanid *n*, Ameisensäurenitril *n*
formicin Formicin *n*
formimidoyl chloride <$ClCH{=}NH$> Formimidchlorid *n*
formin Formin *n*, Glycerinameisensäureester *m*
formine Hexamethylentetramin *n*
forming Formgebung *f*, Formung *f*, Formen *n*, Umformung *f*, Gestaltung *f*, Verformung *f* *{als Formgebung}*
forming behavio[u]r Umformverhalten *n*, Warmformverhalten *n*
forming gas Formiergas *n* *{H_2/N_2-Gemisch}*
forming material Formstoff *m*
forming of wrinkles Kriechen *n* *{Lack}*
forming oil Verschalungsöl *n*, Formenöl *n*
forming pressure Umformdruck *m*, Formungsdruck *m*
forming process Verformungsvorgang *m*, Formgebungsprozeß *m*
forming temperature Umformtemperatur *f*, Formungstemperatur *f*
forming tool Verformungswerkzeug *n*
formless gestaltlos, amorph
formlessness Formlosigkeit *f*
formoguanamine Formoguanamin *n*
formoguanine Formoguanin *n*
Formol *{TM}* Formol *n*, Formaldehyd *m*
formol titration Formoltitration *f*
formolite Formolit *n* *{Kondensationsprodukt aus Rohöl + $HCHO/H_2SO_4$}*
formolite reaction Formolit-Reaktion *f*
formonitrile <HCN> Ameisensäurenitril *n*, Blausäure *f*, Hydrogencyanid *n*, Cyanwasserstoffsäure *f*
Formosa camphor Campher *m*, Kampfer *m*, Japancampher *m*, Laurineencampher *m*
formose Formose *f* *{ein Zuckergemisch}*
formosulfite Formosulfit *n*
formotannin Formotannin *n*, Tannoform *n*
formoxime <$HCH{=}NOH$> Formoxim *n*, Formaldoxim *n*
formula 1. Formel *f* *{Chem, Math}*; 2. Rezept *n*, Vorschrift *f*, Herstellungsvorschrift *f*, Rezeptur *f*
formula conversion Formelumsatz *m*
formula index Formelregister *n*
formula sign Formelzeichen *n*
formula weight Formelgewicht *n*, [relative] Formelmasse *f*
atomic formula Strukturformel *f*
constitutional formula Strukturformel *f*
determination of formula Formelbestimmung *f*
electronic formula Elektronenformel *f*

empirical formula Summenformel *f*, empirische Formel *f*

flying wedge formula Keilstrich-Formel *f {Stereochem}*

line formula Linearformel *f*

molecular formula Molekülformel *f*, Substanzformel *f*

rational formula Radikalformel *f*, Gruppenformel *f*

structural formula Strukturformel *f*

formulary 1. formelhaft; Formel-; 2. Formular *n*; 3. Formelbuch *n*; 4. Offizinalbuch *n*, Pharmakopöe *f*

formulate/to 1. formulieren, durch eine Formel *f* chrakterisieren, durch eine Formel *f* ausdrücken, durch eine Formel *f* symbolisieren; 2. formulieren, zubereiten, nach Rezept *n* aufbauen, konfektionieren, finalisieren

formulate more precisely/to präzisieren

formulated resin system Spezialkunstharz *n*

formulation 1. Ansatz *m*, Ausgangsgemisch *n {Farb, Kunst}*; Ansatz *m {Math}*; 2. Formulierung *f*, Zubereitung *f*, Formierung *f {Chem, Pharm}*; 3. Aufstelung *f* einer Formel

formulation guideline Rezepturhinweis *m*, Formulierungshinweis *m*, Zubereitungsrichtlinie *f*

formulation of the problem Problemstellung *f*

formyl <$O=CH-$> Formyl *n*, Formylradikal *n*, Formylgruppe *f*

formyl amine <$HCO-NH_2$> Formamid *n*

formyl fluoride Formylfluorid *n*

formyl violet S4B Formylviolett S4B *n*, Säureviolett 4BC *n*

formylacetic acid <$OHC-CH_2COOH$> Malonaldehydsäure *f*, Formylessigsäure *f*

formylaniline <C_7H_7OH> Formanilid *n*, *N*-Phenylformamid, Formamidobenzol *n*, Carbanilaldehyd *m*

formylaspartate deformylase *{EC 3.5.1.8}* Formylaspartat-Deformylase *f*

formylate/to formylieren

formylation Formylierung *f*

formylcamphor Formylcampher *m*

formylcellulose Formylcellulose *f*

2-formylfuran Fural *n*, Furfural *n*, 2-Furfurylaldehyd *m*, 2-Furancarbonal *n*

formylglycerol dinitrate <$C_4H_6N_2O_6$> Dinitroformin *n*, Glycerinformiatdinitrat *n {Expl}*

formylic acid *s.* formic acid

formyltetrahydrofolate synthetase *{EC 6.3.4.3}* Formyltetrahydrofolat-Synthetase *f*

formyltetrahydrofolic acid Formyltetrahydrofolsäure *f*, Folinsäure *f*, Leucovorin *n*, Citrovorumfaktor *m*

forsterite Forsterit *m {Min}*

fortify/to 1. [ver]stärken, stärken, aufstärken; kräftigen; 2. steigern *{Wirkung}*, verbessern; 3. verstärken, aufkonzentrieren, anreichern, aufkonzentrieren, aufgasen *{Chem, Pap}*

Fortrat-diagramme Fortrat-Diagramm *n {Spek}*

fortuitous zufällig

forward/to 1. [be]fördern *{Güter}*; 2. absenden, weitersenden, nachsenden; 3. weiterleiten, weiterbefördern

forward characteristic Durchlaßkennlinie *f*

forward direction 1. Vorwärtsrichtung *f*; 2. Durchlaßrichtung *f {einer Diode}*; 3. Schaltrichtung *f {eines Thyristors}*

forward reaction Hinreaktion *f {einer umkehrbaren chemischen Reaktion}*

forward voltage Durchlaßspannung *f*, Vorwärtsspannung *f {Elektronik}*

forwarding Beförderung *f {von Gütern}*; Weiterleitung *f*, Weiterbeförderung *f*

fossil 1. fossil, versteinert; 2. Fossil *n*, Versteinerung *f*

fossil fuel fossiler Brennstoff *m*, mineralischer Brennstoff *m*

fossil meal Erdmehl *n*

fossil resin Erdharz *n*, fossiles Harz *n*, Bitumen *n*

fossil wax Ozokerit *m*, Bergwachs *n {obs}*, Erdwachs *n {mineralisches Wachs}*

fossiliferous fossilführend

fossilification *s.* fossilization

fossilization Fossilienbildung *f*, Versteinerung *f*

fossilized versteinert, fossil

Foucault current Wirbelstrom *m*, Foucaultscher Strom *m {Elek}*

foul/to 1. verschmutzen, beschmutzen; 2. verstopfen; verschleimen; 3. zusammenstoßen [mit]; sich verfangen

foul 1. schmutzig, verschmutzt, unsauber; 2. faulend, faulig, faul; 3. verstopft *{Rohr}*

foul air 1. Abluft *f*; 2. matte Wetter *npl {Bergbau}*

foul electrolyte verbrauchter Elektrolyt *m*

foul water Abwasser *n*

fouling 1. Verschmutzung *f*; 2. Bewuchs *m*, Anwuchs *m {z.B. an Schiffen}*; Bewuchs *m*, biologischer Rasen *m {Ökol}*; 3. Fouling *n {teerförmige Ablagerungen z.B. auf Katalysatoren}*; Ölkohle *f {ein Schmieröl-Rückstand}*; Fouling *n {nachträgliche Veränderung von Farben, Lakken}*; 4. Blockierung *f {einer Anlage}*

fouling factor Wärmeblockadefaktor *m {Thermo}*

found/to 1. gießen, abgießen, vergießen, schmelzen *{Glas, Met, Keramik}*; 2. [be]gründen, fundieren

foundation 1. Fundament *n*, Fundierung *f*, Unterbau *m*; 2. Gründung *f*; 3. Stiftung *f*; Fond *m*

founder's dust Formstaub *m*

founding 1. Gießen *n*, Schmelzen *n*; 2. Läuterung *f* {*Met, Glas*}; 3. Feinschmelze *f*
founding furnace Schmelzofen *m*
founding metal Gußmetall *n*
foundry Gießerei *f*, Gießereibetrieb *m*, Hüttenwerk *n*, Schmelzhütte *f*; Schmelzanlage *f*
foundry coke Gießereikoks *m*, Schmelzkoks *m*, Kupolofenkoks *m*
foundry core Gießereikern *m*
foundry cupola Gießereikupolofen *m*
foundry-pig iron Gießereiroheisen *n*, Gießereieisen *n*, Gußroheisen *n*
foundry sand Formsand *m*
fountain 1. Sprühverteiler *m*; 2. Wasserkasten *m* {*Druck*}; 3. Wanne *f*; von oben wirkende Zuführungswanne *f*; 4. künstlicher Brunnen *m*, Springbrunnen *m*, Quelle *f*; 5. Abstichrinne *f*, Förderrinne *f*, Rutsche *f*
fountain pen 1. Füller *m*, Füllfederhalter *m*; 2. {*US*} Stabdosimeter *n* {*Nukl*}
four-ball test rig Vierkugelapparat *m* {*Trib*}
four-center addition Vierzentrenaddition *f*, Vierzentrenprozeß *m* {*Stereochem, z.B. Hydroborierung*}
four-colo[u]r printing Vierfarbendruck *m*
four-component balance Vierkomponentenwaage *f*
four-component system Vierstoffsystem *n*, Vierkomponentensystem *n*, quaternäres System *n* {*Thermo*}
four-cornered viereckig
four cycle engine Viertaktmotor *m*
four-degree calorie Viergrad-Kalorie *f* {*obs, 3,5/4,5-°C-Kalorie*}
four-digit vierstellig {*Math, EDV*}
four-dimensional vierdimensional
four-dimensionality Vierdimensionalität *f*
four-faced vierflächig
four-figure vierstellig {*Zahl*}
four-membered viergliedrig
four-membered ring Vier[er]ring *m*, viergliedriger Ring *m* {*Chem*}
four-phase star connection Vierphasenkreuzschaltung *f* {*Elek*}
four-point bending test Vierpunkt-Biegeversuch *m*
four point toggle Vierpunktkniehebel *m*
four-polar vierpolig
four-port directional control valve {*ISO 4401*} Vierweg-Steuerventil *n*
four-prism spectrograph Vierprismenspektrograph *m*
four-roll calender Vierwalzenkalander *m* {*Pap, Kunst*}
four-roller mill Vierwalzenmühle *f* {*Brau*}
four screws extruder Vierschneckenextruder *m*
four-screws kneader mixer Vierschneckenmischkneter *m*
four-sided vierseitig, quadrilateral
four-stage compressor vierstufiger Kompressor *m*
four-stroke cycle Viertakt *m*, Viertaktverfahren *n*, Viertaktprozeß *m*
four-way cock Kreuzhahn *m*, Vierwegehahn *m*
four-way cross doppelte Kreuzung *f*, Kreuzstück *n*
four-wire system Vierleitersystem *n* {*Elek*}
fourfold vierfach, quartär; vierzählig {*Krist*}
fourier kalorisches Ohm *n*, Wärmeohm *n* {*in K/W*}
Fourier analysis Fourier-Analyse *f*, harmonische Analyse *f* {*Math, Phys*}
Fourier series Fouriersche Reihe *f*, Fourier-Reihe *f* {*Math*}
fourmarierite Fourmarierit *m* {*Min*}
Fowler's series Fowler-Serie *f* {*He, Spekt*}
Fowler's solution Fowlersche Lösung *f*, Fowlers Arseniktropfen *mpl*, Kaliumarsenitlösung *f* {*1 %ige As_2O_3/K_2CO_3-Lösung, Pharm*}
fowlerite Fowlerit *m* {*Min*}
fox fat Fuchsfett *n* {*Pharm*}
foxglove Fingerhut *m* {*Bot*}
Fraass breaking point Brechpunkt *m* nach Fraaß, BP Fr {*DIN 52012*}
fractal fraktal, mit gebrochenem Exponenten *m* {*Math*}
fraction 1. Anteil *m*, Bruch *m* {*Math*}; 2. Bruchteil *m*; 3. Fraktion *f*, Destillationsanteil *m*, Schnitt *m* {*Dest*}; 4. Bruch *m*, Brechen *n* {*Geol*}; 5. Fraktion *f*, Korngrößenklasse *f*, Kornklasse *f*, Kornfraktion *f* {*Tech*}
fraction bar Bruchstrich *m* {*Math*}
fraction collector Fraktioniervorlage *f*, Fraktionssammler *m* {*Dest, Anal*}
fraction receiver Destilliervorlage *f*
high-boiling fraction hochsiedende Fraktion *f*, schwerflüchtige Fraktion *f*
low-boiling fraction niedrigsiedende Fraktion *f*, leichtflüchtige Fraktion *f*
fractional 1. gebrochen; Teil-; 2. Bruch-; 3. fraktioniert, absatzweise, stufenweise
fractional-adsorption gas analysis Gasanalyse *f* durch fraktionierte Adsorption *f*
fractional bond Teilbindung *f*, dative Bindung *f*, semipolare Bindung *f*
fractional combustion partielle Verbrennung *f*
fractional condensation fraktionierte Kondensation *f*
fractional-condensation gas analysis Gasanalyse *f* durch fraktionierte Kondensation *f*
fractional crystallization 1. fraktionierte Kristallisation *f*, Umkristallisation *f*; 2. Kristallisationsdifferentiation *f*, fraktionierte Kristallisation *f* {*Geol*}
fractional-crystallization vessel Umkristallisationsgefäß *n*

fractional-desorption gas analysis Gasanalyse *f* durch fraktionierte Desorption *f*
fractional distillation Blasendestillation *f*, fraktionierte Destillation *n*, fraktionierende Destillation *f*, Fraktionieren *n*, Fraktionierung *f*
fractional-distillation flask Fraktionskolben *m {Chem}*
fractional-evaporation gas analysis Gasanalyse *f* durch fraktionierte Verdampfung *f*
fractional expression fraktioniertes Auspressen *f {bei verschiedenen Temperaturen}*
fractional-grade efficiency Stufentrenngrad *m*, Fraktionstrenngrad *m*
fractional filtration fraktionierte Filtration *f {bei verschiedener Filterfeinheit}*
fractional line Bruchstrich *m {Math}*
fractional precipitation fraktionierte Fällung *f*, stufenweise Fällung *f*, fraktioniertes Fällen *n {Chem}*; Aussalzen *n*
fractional release relative Freisetzung *f*
fractional weight Aufsetzgewicht *n*, Bruchgewicht *n {< 1g}*
fractionate/to 1. fraktionieren; fraktioniert destillieren, stufenweise trennen, stufenweise destillieren; 2. klassieren, sortieren *{nach Korngröße}*; zerlegen
fractionating Fraktionieren *n*
fractionating apparatus Fraktionierapparat *m*, Fraktioniergerät *n*
fractionating attachment Fraktionieraufsatz *m*, Fraktionsaufsatz *m {Dest}*
fractionating column Fraktionierkolonne *f*, Fraktioniersäule *f*, Rektifikationskolonne *f*, Trennsäule *f*, Fraktionator *m {Dest}*
fractionating device Fraktioniereinrichtung *f*
fractionating flask Fraktionierkolben *m*, Fraktionskolben *m {Lab}*
fractionating-oil-vapo[u]r diffusion pump Fraktionierdiffusionspumpe *f*
fractionating pump Dosierpumpe *f*, fraktionierende Pumpe *f*
fractionating tower *s.* fractionating column
fractionating tray Fraktionierboden *m*
fractionating tube Fraktionierrohr *n*
fractionation 1. Fraktionierung *f*, Fraktionieren *n*; fraktionierte Trennung *f*, fraktionierende Destillation *f*, Rektifikation *f {Dest}*; 2. Fraktionierung *f {Bestrahlung}*; 3. Auftrennung *f {Gen}*
fractionation-separation efficiency Trennschärfe *f {Dest}*
simple fractination Kurzwegfraktionierung *f*
fractionator Destilliersäule *f*, Fraktioniersäule *f*, Fraktionierkolonne *f*, Trennsäule *f*, Fraktionieraufsatz *m*, Fraktionator *m*
fractography Fraktographie *f*, Bruchflächenmikroskopie *f*
fracture/to [zer]brechen
fracture 1. Bruch *m*, Anbruch *m*, Riß *m*, Zerbrechen *n*; 2. Bruchfläche *f*, Bruch *m {Min}*; 3. Knochenbruch *m {Med}*
fracture characteristic Bruchmerkmal *n*, Bruchcharakteristik *f*, Bruchgefüge *n*
fracture-cross section Bruchquerschnitt *m*
fracture edge Bruchkante *f*
fracture face Bruchfläche *f*
fracture kinetic Bruchkinetik *f*
fracture-like bruchartig
fracture load Bruchlast *f*, Bruchgrenze *f*, Bruchbelastung *f*
fracture mechanics Bruchmechanik *f*, Mechanik *f* des Bruchvorgangs *m*
fracture pattern Bruchgefüge *n*, Bruchbild *n*, Bruchausbildung *f*; Sprungkrakelee *n*, Sprungcraquelee *n {Glas}*
fracture photomicrograph Bruchbild *n*
fracture process Bruchvorgang *m*
fracture propagation Bruchausbreitung *f*, Bruchfortpflanzung *f*
fracture resistance Bruchfestigkeit *f*
fracture-resistant bruchfest
fracture strain Bruchdehnung *f*
fracture strength Bruchspannung *f*
fracture stress Bruchspannung *f*
fracture surface Bruchfläche *f*
fracture toughness Bruchzähigkeit *f*, Rißbruchzähigkeit *f*
fracture velocity Bruchgeschwindigkeit *f*
character of fracture Bruchgefüge *n*
conchoidal fracture muschelige Bruchfläche *f*, Muschelbruch *m*
energy of fracture Brucharbeit *f*
fibrous fracture faserige Bruchfläche *f*
initiation of fracture Bruchbeginn *m*
intergranular fracture interkristalliner Bruch *m*
irregular fracture irregulärer Bruch *m*
transgranular fracture transkristalliner Bruch *m*
uneven fracture irregulärer Bruch *m*
fractured area Bruchflächenverlauf *m*
fractured area energy Bruchflächenenergie *f*
fractured surface Bruchfläche *f*
fracturing 1. Aufreißen *n*, Rißbildung *f*, Bruchbildung *f*, Brechen *n*; 2. Aufbrechen *n {von Gestein}*; 3. Frac-Behandlung *f*, Hydraulic-Fracturing-Verfahren *n {Erdöl}*
fragile zerbrechlich; brüchig
fragility Zerbrechlichkeit *f*, Brüchigkeit *f*
fragment 1. Bruchstück *n*, Fragment *n*, Splitter *m*, Teil *m*; 2. Spaltprodukt *n {Nukl}*; 3. Rest *m {Chem}*, Molekülbruchstück *n*
fragment ion Fragmention *n*, Bruchstückion *n*
fragmentary fragmentarisch, bruchstückartig *{Geol}*
fragmentation 1. Fragmentation *f*, Zerlegung *f*, Abbau *m*; 2. Fragmentierung *f {Spek}*, Fragmen-

tierungsreaktion *f* *{Chem}*; 3. Zerkleinerung *f*; Zerfall *m*

fragmentation test *{US}* Splittertest *m* *{durch Explosion}*

fragments Abschlag *m*, Trümmer *mpl*, Schutt *m*, akkumulierte Gesteinbruchstücke *npl*, aufgeschüttete Gesteinsbruchstücke *npl*, Trümmerschutt *m* *{Geol}*

fragrance 1. Aroma *n*; 2. Duft *m*, Wohlgeruch *m*, Duftnote *f*

fragrant 1. wohlriechend, duftend, aromatisch riechend, geruchverbreitend, duftig; 2. blumig *{Wein}*

fragrant essence Räucheressenz *f*

fragrant oil Duftöl *n*

frame/to 1. [ein]fassen, einrahmen; 2. entwerfen, schaffen; 3. verfassen, abfassen; 4. ersinnen; 5. gestalten, bilden

frame 1. Gestell *n*, Ständer *m*, Fundamentplatte *f*, Grundplatte *f*, Bodenplatte *f*, Fußgestell *n*, Sohlenplatte *f*, Unterlage *f*; Halterahmen *m*, Rahmen *m*, Gestellrahmen *m*, Gehäuse *n* *{Tech}*; Bügel *m* *{Tech}*; 2. Rahmen *m*, Einfassung *f*; Fassung *f*; 3. Chassis *n*, Aufbauplatte *f*, Grundplatte *f*; Masse *f*, Gehäusemasse *f* *{Elek}*; 4. Linieneinfassung *f*, Umrandung *f*, Umrahmung *f* *{Druck}*; 5. Gußform *f*; 6. Spant *n*, Gerippe *n*; 7. Filmbild *n*, Einzelbild *n*; 8. Sprosse *f* *{EDV}*

frame-filter press Rahmen[filter]presse *f*

framework 1. Gerüst *n*, Gerippe *n*, Gebälk *n*; 2. Fachwerk *n*; 3. Rahmentragwerk *n*, Rahmen *m*

framing 1. Einrahmung *f*, Einfassung *f*; 2. Gerüst *n*, Gerippe *n*, Skelett *n*, Zimmerwerk *n*; 3. Bildeinstellung *f* *{Photo}*; 4. Geviert *n*; Türstockausbau *m* *{Bergbau}*

francium *{Fr, element no. 87}* Francium *n* *{IUPAC}*, Alabamine *n* *{obs}*, Aktinium-K *n* *{Nukl}*

Franck-Condon principle Franck-Condon-Prinzip *n* *{Spek}*

franckeite Franckeit *m* *{Min}*

francolite Francolith *m*, Carbonat-Apatit *m* *{Min}*

frangomeric effect frangomerer Effekt *m* *{Stereochem}*

frangula emodin Frangula-Emodin *n*, 2-Methyl-4,5,7-trihydroxy-9,10-anthrachinon *n*

frangulic acid Dihydroxyanthrachinon *n*, Frangulinsäure *f*

frangulin <$C_{20}H_{20}O_9$> Frangulin *n*, Faulbaumbitter *n* *{Glucosid aus Rhamnus frangula}*

frangulinic acid *s.* frangulic acid

Frankfort black Frankfurter Schwarz *n*, Kupferdruckerschwärze *f*, Rebenschwarz *n*, Drusenschwarz *n*

frankincense Olibanum *n*, Weihrauch *m*, Weihrauchharz *n* *{Boswellia-Arten}*

frankincense oil Weihrauchöl *n*, Olibanumöl *n* *{Pharm}*

franklinite Zinkferrit *m*, Franklinit *m* *{Min}*

Frary metal Frary-Lagermetall *n* *{97-98 % Pb + Ca, Ba}*

Frasch process Frasch-Verfahren *n* *{Schwefelgewinnung}*

Fraunhofer lines Fraunhofer-Linien *fpl*, Fraunhofersche Linien *fpl*

fraxin <$C_{16}H_{18}O_{18}$> Fraxin *n* *{Glucosid}*

fray/to durchscheuern, durchreiben; abtragen, abstoßen, abnützen; ausfransen, ausfasern, zerfasern, fasern; zerfransen

freckle segregation Fleckseigerung *f*

freckles Legierungsflecke *mpl*

free/to 1. befreien, freigeben, freilassen; 2. entleeren; 3. freisetzen *{z.B. Energie}*; 4. freischalten *{EDV}*

free 1. frei, ungebudnen, unverbunden; 2. gediegen *{Min}*; 3. kostenlos, franko; 4. ungebunden, frei, nicht genau

free acid Säuregrad *m*, freie Säure *f*; Salzsäureanteil *m* *{Physiol}*

free air dose Luftdosis *f*, Freiluftdosis *f*, Freiluftdose *f* *{Radiol}*

free amino end freies Aminoende *n* *{Polypeptid}*

free ammonia freier Ammoniak *m*

free atom freies Atom *n*, ungestörtes Atom *n*, isoliertes Atom *n*

free beating rösche Mahlung *f*, Schneidmahlung *f* *{Pap}*

free-beating mill Schlagmühle *f* *{Pap}*

free blowing [process] Blasformen *n* ins Freie, Formkörperblasen *n* ins Freie, Blasen *n* ins Freie, Blasformen *n* ohne Begrenzung der Außenkontur, Blasformen *n* ohne Werkzeug; Vakuumformen *n*

free-burning freibrennend, ungestört brennend, nicht verbackend *{Kohle}*

free-burning coal Sandkohle *f*

free carbon freier Kohlenstoff *m* *{Met}*

free carboxy end freies Carboxyende *n* *{Polypeptid}*

free caustic alkali *{ISO 456}* freies Alkali *n* *{Seife}*

free-convection freie Konvektion *f*, natürliche Konvektion *f*

free-convection flow freie Konvektionsströmung *f*

free-cutting steel Automatenstahl *m* *{DIN 1651}*, Drehstahl *m*

free cyanide freies Cyanid *n* *{Komplex}*

free discharge freies Auslaufen *n*, freies Ausfließen *n*

free electron freies Elektron *n*, frei bewegliches Elektron *n* *{Phys}*

free-electron laser Freie-Elektron-Laser *m*

free energy freie Energie *f*, Helmholtz-Energie *f*, Helmholtz-Funktion *f*
free energy of evaporation freie Verdampfungsenergie *f*
free energy of formation freie Bildungsenthalpie *f {Thermo}*
free energy of reaction freie Reaktionsenthalpie *f {Thermo}*
free enthalpy 1. freie Enthalpie *f*, Gibbs-Funktion *f*, Gibbs-Energie *f*, G
free-fall 1. Freifall-; 2. freier Fall *m*
free-fall classifier Freifallklassierer *m*
free-falling diameter Äquivalentdurchmesser *m* der sinkgeschwindigkeitsgleichen Kugel *f*
free-falling film evaporator Freifallverdampfer *m*
free-falling granules rieselfähiges Granulat *n*
free-falling mixer Freifallmischer *m*
free-falling speed Fallgeschwindigkeit *f*
free-falling velocity Schwebegeschwindigkeit *f {Koll}*
free fat freies Fett *n*
free flow freies Fließen *n*
free-flow viscometer Freiflußviskosimeter *n*
free flowing 1. freifließend; rieselfähig *{Pulver}*; 2. Schüttbarkeit *f*; Rieselvermögen *n*, Rieselfähigkeit *f*
free-flowing feed stock rieselfähiges Füllgut *n*
free-flowing granules rieselfähiges Granulat *n*
free-flowing mixer Freifallmischer *m*
free-flowing powder fließfähiges Pulver *n*
free-flowing properties Rieselfähigkeit *f*, Rieselverhalten *n*
free from acid/to entsäuern
free from alcohol/to entalkoholisieren
free from dust/to entstauben
free from fat abgefettet
free from lumps klümpchenfrei, klumpenfrei
free from rust/to entrosten
free from silver/to entsilbern
free from stabilizer stabilisatorfrei
free from streaks schlierenfrei
free from tack klebfrei
free from water wasserfrei, nichtwäßrig, nicht wäßrig, kristallwasserfrei
free gas *{IEC 567}* freies Gas *n*, nichtgelöstes Gas *n*
free ion freies Ion *n*, freibewegliches Ion *n*, ungestörtes Ion *n*
free lance freier Mitarbeiter *m*
free-levitation method Schwebeschmelzen *n*
free-milling ore Pocherz *n*
free molecule freies Molekül *n*, ungestörtes Molekül *n*, Einzelmolekül *n*
free molecule diffusion Knudsen-Strömung *f*, Diffusion *f* freier Moleküle *npl*
free nuclear induction Spin-Echo-Erzeugung *f*
method of free nuclear induction Spin-Echo-Verfahren *n*
free of charge unentgeltlich, kostenfrei, gratis, gebührenfrei
free of solids feststofffrei
free on board bordfrei, frei an Bord, *{Lieferung}* frei Schiff *{Ökon}*
free on trucks frei Waggon *{Ökon}*
free oscillation freie Schwingung *f*
free path freie Weglänge *f {Thermo}*
free-path distillation Freiwegdestillation *f*, Molekulardestillation *f*
free phenol freies Phenol *n*
free-piston compressor Freiflugkolbenverdichter *m*
free-piston pump Freikolbenpumpe *f*
free radical [freies] Radikal *n*
free-radical addition process radikalische Anlagerungsreaktiom *f*, radikalische Additionsreaktion *f*
free-radical chain stopper Kettenabbrecher *m*
free radical chain terminator Kettenabbrecher *m*
free-radical polymerization Radikal[ketten]polymerisation *f*, radikalische Polymerisation *f*
free-radical reaction radikalische Reaktion *f*, Radikalreaktion *f*
free rotation freie Drehbarkeit *f*
free settling 1. unbehinderte Sedimentation *f*, freies Absetzen *n*; 2. Freifallklassierung *f*, Stromklassierung *f*
free-settling hydraulic classifier Freifallstromklassierer *m*
free sintering Freisintern *n*
free standard heat of formation freie Standard-Bildungsenthalpie *f {Thermo}*
free standard heat of reaction freie Standard-Reaktionsenthalpie *f {Thermo}*
free sulfur freier Schwefel *m*, Freischwefel *m {Gummi}*
free surface freie Oberfläche *f {in Behältern , Laderäumen u.ä.}*; Freispiegel *m {offenes Gerinne}*
free surface energy freie Grenzflächenenergie *f*, freie Oberflächenenergie *f*, Oberflächenarbeit *f {Thermo}*
free swelling index Schwellzahl *f*, freier Blähungsgrad *m*, Blähungsgrad *m* ohne Belastung *f* der Kohle *f {Asche}*
free swinging centrifuge Freischwingerzentrifuge *f*
free-vacuum forming Vakuumformen *n* ohne Gegenform *f {Kunst}*
free valence ungesättigte Bindung *f*, freie Valenz *f*
free volume freies Volumen *n {Gas, Thermo}*
free vortex freier Wirbel *m*

free-wheeling freilaufend
freedom 1. Freiheit *f {Tech}*; 2. freies Benutzungsrecht *n*
freedom from corrosion Korrosionsfreiheit *f*
freedom from leaks Undurchlässigkeit *f*, Dichtigkeit *f*, Dichtheit *f*
freedom from odo[u]r Geruchslosigkeit *f*, Geruchsfreiheit *f*, Geruchsneutralität *f*
freedom from taste Geschmacksfreiheit *f*, Geschmacksneutralität *f*, Geschmackslosigkeit *f*
freedom from vibration Schwingungsfreiheit *f*
degree of freedom Freiheitsgrad *m*
freeing from dust Entstauben *n*
freeness Mahlgrad *m*, Entwässerungsgrad *m {Pap}*
low freeness Schmierigkeit *f {Pap}*
freestone Quader *m*, Naturwerkstein *m*, Haustein *m*
freezable gefrierbar
freeze/to 1. gefrieren, frieren, erstarren, fest werden; gefrieren, einfrieren, tiefkühlen *{z.B. Lebensmittel}*; 2. erstarren *{Schmelze}*; 3. [zusammen]frieren; 4. einfrieren, verzögern, bremsen *{z.B. chemische Reaktion}*
freeze-dry/to gefriertrocknen
freeze hard/to festfrieren
freeze in/to einfrieren, einwintern
freeze on/to anfrieren, festfrieren
freeze out/to ausfrieren
freeze together/to zusammenfrieren
freeze up/to zufrieren
freeze concentration Gefrierkonzentration *f*, Konzentrieren *n* durch Gefrieren *n*
freeze-dried gefriergetrocknet, lyophilisiert
freeze-dried product gefriergetrocknetes Gut *n*
freeze dryer Gefriertrockner *m*, Gefriertrocknungsanlage *f*
freeze drying Gefriertrocknung *f*, Gefriertrocknen *n*, Sublimationstrocknung *f*, Tiefkühltrocknung *f*, Lyophilisation *f*
freeze-drying apparatus Gefriertrocknungsapparat *m*, Gefriertrockner *m*
freeze-drying chamber Gefriertrocknungskammer *f*
freeze-drying rate Gefriertrocknungsgeschwindigkeit *f*
freeze etching Gefrierätzung *f*, Gefrierätzen *n*
freeze-out vessel Ausfrierbehälter *m*
freeze plug Erstarrungsstopfen *m*
freeze seal Gefrierdichtung *f*
freeze-thaw-cycle Frost/Tau-Wechsel *m*
freeze-thaw stability Frost- und Tauwasserbeständigkeit *f {von Klebverbindungen}*
freeze-thaw stable frost- und tauwasserbeständig
freeze-up Einfrieren *n*
freezer 1. Gefrierabteil *n {Kühlschrank}*, Gefrier[gut]fach *n*, Tiefkühlfach *n*, Tiefkühlabteil *n {Kühlschrank}*; 2. Gefrierraum *m*; 3. Tiefkühltruhe *f*; 4. Gefrierapparat *m*, Gefriertrocknungsanlage *f*
freezer burn Gefrierbrand *m*
quick freezer Schockfroster *m*
sharp freezer Schnellgefrierraum *m*
freezing 1. eisig; überfrierend; 2. Gefrieren *n*, Festwerden *n*, Erstarren *n {z.B. einer Schmelze}*; Zusammenfrieren *n*; Gefrieren *n*, Einfrieren *n*, Tiefkühlen *n {z.B. von Lebensmitteln}*; 3. Erfrieren *n*; 4. Befrostung *f*; 5. Einfrieren *n*, Verzögerung *f*, Bremsung *f {von Reaktionen}*; 6. Ausfrieren *n*; 7. Festkleben *n*, Festschweißen *n {der Elektrode}*
freezing apparatus Gefrierapparat *m*
freezing assembly Ausfriervorrichtung *f*
freezing behavio[u]r Einfrierverhalten *n*
freezing capacity Gefrierleistung *f*
freezing chamber Gefrierkammer *f*
freezing compartment Gefrierfach *n*, Gefrierraum *m*
freezing device Einfriervorrichtung *f*
freezing-in temperature Einfriertemperatur *f*
freezing injury Frostschaden *m {Pflanze}*
freezing instrument Gefriervorrichtung *f*
freezing method Ausfrierverfahren *n*
freezing mixture Gefriermischung *f*, Kältemischung *f*, Kühlmittel *n*
freezing nucleus Gefrierkern *m*
freezing of a melt Erstarren *n* einer Schmelze
freezing out Ausfrieren *n {ein Trennverfahren, Chem}*
freezing-out temperature Ausfriertemperatur *f*
freezing pipe Gefrierrohr *n*
freezing point Erstarrungspunkt *m*, Erstarrungstemperatur *f {einer Schmelze}*; Gefrierpunkt *m*, Eispunkt *m*, Frostpunkt *m*, Gefriertemperatur *f*
freezing-point apparatus Gefrierpunkt-Bestimmungsapparat *m*
freezing-point curve Erstarrungskurve *f {einer Schmelze}*; Gefrierkurve *f*
freezing-point depression Gefrierpunktserniedrigung *f*, Schmelzpunkterniedrigung *f*, Gefrierpunktsdepression *f*
freezing-point lowering *s.* freezing-point depression
freezing-point thermometer Gefrierthermometer *n*
freezing process 1. Gefrierverfahren *n*, Einfriervorgang *m*; 2. Ausfrierverfahren *n {ein Trennverfahren}*
freezing rate Einfriergeschwindigkeit *f*, Gefriergeschwindigkeit *f*; Erstarrungsgeschwindigkeit *f {einer Schmelze}*
freezing salt Gefriersalz *n*
freezing section Gefrierschnitt *m*, Gefrierstrecke *f*

freezing temperature *s.* freezing point
freezing time Gefrierzeit *f*; Erstarrungszeit *f*
freezing trap Kühlfalle *f*, Ausfrierfalle *f*
freezing tunnel Gefriertunnel *m*
freezing up Fressen *n*, Freßerscheinung *f* *{punktuelles Verschweißen von Oberflächen}*
freezing zone Erstarrungsbereich *m*
concentrate by freezing/to ausfrieren
freibergite Freibergit *m*, Silberfahlerz *n* *{Min}*
freieslebenite Freieslebenit *m* *{Min}*
freight Fracht *f*, Frachtgut *n*, Ladegut *n*, Ladung *f*
fremontite Fremontit *m*, Natromontebrasit *m*, Natramblygonit *m* *{Min}*
Frémy' salt 1. <KFHF> Kalimhydrogenfluorid *n*; 2. <$[NO(SO_3K)_2]_2$> Frémysches Salz *n*, Kaliumnitrososulfat *n*
French blue Ultramarinblau *n*
French brandy Franzbranntwein *m*
French chalk 1. Talkum *n*, Talk *m*, Talkstein *m*, Federweiß *n* *{Min}*; 2. Schneiderkreide *f* *{Text}*
French curve 1. Kurvenlineal *n*, Kurvenzeichner *m*; 2. Schadenslinie *f* nach French *{Met}*
French lavender Schopflavendel *m*, Lavandula stoechas L. *{eine Duftstoffpflanze}*
French polish Schellackpolitur *f*
French scarlet Kermesscharlach *m*
frenzelite Frenzelit *m* *{obs}*, Guanajuatit *m*, Selenwismutglanz *m* *{Min}*
Freon *{TM}* Freon *n* *{fluorierte Kohlenwasserstoffe, teilweise chloriert oder bromiert}*
Freon C 51-12 *{TM}* Freon C-51-12 *n* *{HN, Perfluordimethylcyclobutan}*
Freon E Freon E *n* *{HN, Tetrafluorethylen-Epoxid-Polymer}*
frequency 1. Frequenz *f*, Schwingungszahl *f*, Schwingungsfrequenz *f*, Periodenzahl *f*; 2. Frequenz *f*, Häufigkeit *f*
frequency analyzer Frequenzanalysator *m*
frequency band Frequenzband *n*
frequency changer Frequenzumformer *m*, Frequenzwandler *m*, Periodenwandler *m* *{Elek}*
frequency characteristic Frequenzgang *m*, Frequenzcharakteristik *f*
frequency control Frequenzstabilisierung *f*, Frequenzüberwachung *f* *{Elek}*
frequency converter Frequenzumsetzer *m*
frequency curve Häufigkeitskurve *f* *{Statistik}*
frequency-dependent frequenzabhängig
frequency distribution 1. Frequenzverteilung *f*; 2. Häufigkeitsverteilung *f* *{Statistik}*
frequency divider Frequenzteiler *m*, Frequenzuntersetzer *m*, Impulsfrequenzuntersetzer *m*
frequency factor Frequenzfaktor *m*, Aktionskonstante *f*, Häufigkeitsfaktor *m* *{Statistik}*; Stoßfaktor *m* *{Thermo}*; Präexponentialfaktor *m* *{Kinetik}*
frequency fluctuation Frequenzschwankung *f*
frequency function Häufigkeitsfunktion *f*, Wahrscheinlichkeitsdichtefunktion *f* *{Statistik}*
frequency meter Frequenzmesser *m*, Frequenzmeßgerät *n*
frequency-modulated frequenzmoduliert
frequency modulation Frequenzmodulation *f*, FM
frequency number Schwingungszahl *f*, Stoßzahl *f*, Wechselzahl *f* *{Atom}*
frequency of oscillation Schwingungsfrequenz *f*
frequency polygon Häufigkeitspolygon *n* *{Statistik}*
frequency range Frequenzbereich *m*, Frequenzgebiet *n* *{Anal}*
frequency region *s.* frequency range
frequency relaxometer Schwingungsrelaxometer *m*
frequency response *{US}* Frequenzgang *m*, Frequenzverhalten *n*
frequency shift Frequenzverschiebung *f*
frequency spectrum Frequenzspektrum *n*
frequency stability Beständigkeit *f* der Frequenz, Frequenzstabilität *f* *{in %}*
frequency standard Frequenznormal *n*, Frequenzuhr *f*
frequency unit Frequenzeinheit *f*
frequency value Häufigkeitswert *m* *{Statistik}*
frequency variation Frequenzschwankung *f*
angular frequency Winkelfrequenz *f*
frequent häufig, oft; ständig
fresh 1. frisch; Frisch-; 2. ungesalzen *{Gerb}*; 3. bergfeucht *{Geol, Bergbau}*; unverwittert
fresh air Frischluft *f*, unverbrauchte Luft *f*, frische Luft *f*; Frischwetter *n* *{Bergbau}*
fresh-air supply Frischluftzufuhr *f*
fresh up/to auffrischen
fresh water Süßwasser *n*; Frischwasser *n*, Trinkwasser *n*; reines Wasser *n* *{Photo}*
fresh-water fish Süßwasserfisch *m*
freshen/to erfrischen, beleben; stärker werden; auffrischen *{z.B. Farben}*
freshener Belebungsmittel *n*, Erfrischungsmittel *n* *{Gummi}*
fresnel *{obs}* Fresnel *n* *{= 1THz}*
Fresnel diffraction Fresnelsche Beugung *f* *{Opt}*
fretting Reibverschleiß *m*, Fressen *n*
fretting corrosion Abriebkorrosion *f*, Reibkorrosion *f*, Reiboxidation *f*, Fraßkorrosion *f*, Tribokorrosion *f* *{mechanisch-chemischer Verschleißprozeß}*
Freund acid Freundsche Säure *f* *{Triv}*, 1-Naphthylamin-3,6-disulfonsäure *f*

Freundlich adsorption isotherm Freundlichsche Adsorptionsisotherme *f*, Freundlich-Isotherme *f* *{Thermo}*
freyalite Freyalith *m* *{Min}*
friability 1. Zerfallsneigung *f*; 2. Bröckeligkeit *f*, Ausbröckelverhalten *n* *{z.B. von Schaumstoffen}*; 2. Zerreiblichkeit *f* *{z.B. von Kohle}*; 3. Brüchigkeit *f*, Sprödigkeit *f*, Zerbrechlichkeit *f*
friable [ab]brüchig, bröck[e]lig, krüm[e]lig, leicht zerbröckelnd, mürbe; spröde, zerbrechlich; zerreiblich, zerreibbar
friableness *s.* friability
friction Reibung *f*, Friktion *f*
friction accumulating conveyor Reibstauförderer *m*
friction bearing Friktionslagermetall *n*
friction calender Friktionskalander *m*, Glanzkalander *m*, Reibungskalander *m*, Friktionierkalander *m* *{Chem, Tech, Pap, Text}*
friction coefficient Reibungszahl *f*, Reibungskoeffizient *m*
friction compound Friktionsmischung *f* *{Gummi}*
friction cone Reibungskegel *m*
friction-controlled flow Reibungsströmung *f*
friction factor Reibungsbeiwert *m*, Reibungsfaktor *m*, Reibungszahl *f*
friction force Reib[ungs]kraft *f*
friction-free flow reibungsfreie Strömung *f*
friction-glazed kalandriert
friction head Widerstandshöhe *f*, Reibungshöhe *f*, Reibungsverlusthöhe *f*; Druckabfall *m*, Druckverlust *m*
friction heating Reibungserwärmung *f*
friction layer Reibungsschicht *f*
friction loss Reibungsverlust *m*
friction machine Reibungsmaschine *f*
friction meter Friktionsmesser *m*
friction modifier *s.* friction-reducing agent
friction reducer *s.* friction-reducing agent
friction-reducing agent Verschleißschutzmittel *n*, verschleißhemmendes Mittel *n*, freßverhinderndes Mittel *n*, Verschleißminderer *m*, Reibungsminderer *m*, Antiverschleißwirkstoff *m*
friction-reducing lacquer Gleitlack *m* *{Trib}*
friction roller Reibtrommel *f*, Reibwalze *f*
friction sensibility Reibempfindlichkeit *f* *{Expl}*
friction-slide behaviour Reib-/Gleitverhalten *n* *{z.B. von Kunststoffen}*
friction stress Reibungsspannung *f*
friction test Reibungsprobe *f*, Abreibungsversuch *m*, Prüfung *f* auf Abriebfestigkeit
friction-tube viscosimeter Reibrohrviskosimeter *n*
friction-type vacuum ga[u]ge Reibungsvakuummeter *n*
friction velocity Schubspannungsgeschwindigkeit *f*
friction welding Reibungsschweißen *n*, Reibschweißen *n*
angle of friction Reibungswinkel *m*
coefficient of friction Reibungsfaktor *m*, Reibungskoeffizient *m*, Reibungszahl *f*
fluid friction Viskosität *f*, Zähigflüssigkeit *f*
heat due to friction Reibungswärme *f*
internal friction innere Reibung *f*
frictional nicht bindig, leicht, krüm[e]lig; kraftschlüssig, reibschlüssig; Reibungs-, Friktions-, Reib-
frictional behaviour Reibungsverhalten *n*
frictional coefficient Reibungszahl *f*, Reibungskoeffizient *m*
frictional diameter Reibungsdurchmesser *m* *{Koll}*
frictional electricity Reibungselektrizität *f*, Triboelektrizität *f*
frictional energy Scherenergie *f* *{Plastschmelze}*
frictional force Reibungskraft *f*, Reibkraft *f*
frictional heat[ing] Reibungswärme *f*
frictional loss Reibungsverlust *m*
frictional oxidation Reibungsoxidation *f*
frictional resistance Reibungswiderstand *m*
frictionless reibungsfrei, reibungslos, reibsicher
Friedel-Crafts reaction Friedel-Crafts-Reaktion *f*, Friedel-Crafts-Synthese *f* *{Alkylierungen und Acylierungen mittels $AlCl_3$}*
Friedel-Crafts rearrangement Umlagerung *f* bei Friedel-Crafts-Reaktionen *fpl*
Friedel-Crafts synthesis *s.* Friedel-Crafts reaction
friedelin <$C_{30}H_{50}O$> Friedelin *n* *{Kork-Stereol}*
friedelite Friedelit *m* *{Min}*
Fries rearrangement Friessche Umlagerung *f*, Friessche Verschiebung *f*, Friessche Reaktion *f* *{von Phenolestern in Hydroxy-Phenolketone}*
frieseite Frieseit *m* *{Min}*
friezing Narbenspalten *n* *{Leder}*
friezing machine Ratiniermaschine *f* *{Text}*
Frigen *{TM}* Frigen *n* *{HN, halogenierte Kohlenwasserstoffe}*
Frigen-12 insolubles Frigen-12-unlösliches *n* *{CCl_2F_2-unlösliche Anteile}*
frigid kalt; frostig; frigid
frigorie Frigorie *f* *{obs, = 1,6264 W}*
frigorific kälteerzeugend
frigorific mixture Kältemischung *f*, Gefriermischung *f*
frigorimeter Kältemesser *m*, Frigorimeter *n*, Gefrierthermometer *n*
fringe 1. Einfassung *f*, Rand[zone] *f m*; 2. Farbsaum *m* *{ein Fehler, Photo}*; 3. Franse *f* *{Text}*; 4. Streifen *m* *{Opt}*
fringe field Randfeld *n*, Streufeld *n*

fringe pattern spannungsoptisches Bild *n*, Streifenbild *n {Opt}*
fringing 1. Ausfasern *n {Text}*; 2. Streuung *f {magnetischer Feldlinien}*, Streuflußbildung *f {Elek}*; 3. Randeinschnürung *f {in Transistoren}*; 4. Farbsaumbildung *f {Photo}*
frit/to fritten, sintern, zusammenbacken
frit 1. Fritte *f*, Glassatz *m {Glas}*; 2. Fritte *f {Mikronährstoffdünger mit gefritteter keramischer Masse als Trägersubstanz}*
frit porcelain Frittenporzellan *n*
fritted disk funnel [kegelförmiger] Glasfiltertrichter *m*
fritted filter Sinterfilter *n*
fritted-gas-dispersion tube Gaseinleitungsrohr *n* mit gesinterter Platte *f*
fritted-glass filter funnel Glasfilternutsche *f*
fritted-glass filtering crucible Frittglasfiltertiegel *m*
fritting Sintern *n*, Ausbrennen *n*, Frittung *f*, Fritten *n*, Sinterung *f*
fritzscheite Fritzscheit *m {Min}*
front 1. Vorderflanke *f*, Vorderfront *f {eines Peaks}*; Front *f {des Fließmittels, Chrom}*; 2. Stirn *f*, Stirnfläche *f*; Fassade *f*, Vorderseite *f*, vordere Seite *f*, vorderes Ende *n*; 3. Brust *f {des Hochofens}*; 4. Roßhals *m {Leder}*; 5. Frontplatte *f {Brenner}*
front diaphragm Vorderblende *f {Opt}*
front end 1. Vorlauf *m {Dest}*; 2. Vorderseite *f*, Stirnseite *f*, vordere Seite *f*, vorderes Ende *n*; 3. Anfang *m*; 4. Aufnahmeseite *f {z.B. von Werkzeug}*; 5. Eingangsteil *n*, Eingangseinheit *f*
front-end volatility niedrigsiedender Vorlauf *m*
front face Stirnfläche *f*, Stirnwand *f*, Vorderfläche *f*, Vorderseite *f*, Vorderwand *f*
front lens Vorsatzlinse *f*, Frontlinse *f {Opt}*
front pinacoid Orthopinakoid *n*, Makropinakoid *n {Krist}*
front surface Stirnfläche *f*
front view Aufriß *m*; Vorderansicht *f*
frontal 1. frontal; Front-, Vorder-, Stirn-; 2. Front *f*; Fassade *f*
frontal view Stirnansicht *f*
frontier 1. Rand-, Grenz-; 2. Grenze *f*
frontier orbital Grenzorbital *n*, Frontorbital *n*, Frontier Orbital *n {Valenz}*
frost/to 1. mattieren, mattätzen *{Glas}*; 2. sandstrahlen *{Glas}*; 3. vereisen, sich mit Eisblumen *fpl* überziehen; bereifen
frost-free frostfrei
frost-proof frostbeständig
frost-resistant frostbeständig
frost-resisting kältefest
frost-sensitive frostempfindlich
frost test Gefrierprobe *f*
frosted 1. mattiert *{Glas}*; 2. mit Reif bedeckt; mit Eisblumen bedeckt, vereist
frosting 1. Eisbildung *f*, Eisblumenbildung *f*, Vereisung *f*; Reifbildung *f*; 2. Eisblumenbildung *f {ein Fehler; Kunst, Farb}*; 3. Mattätzen *n*, Mattätzung *f*, Mattierung *f*, Mattieren *n {Glas}*; Glasätzen *n*; 4. Frosting *n {Mattwerden von glänzenden Gummioberflächen}*; 5. Einschaben *n* von Mustern *npl*, Musterschaben *n {Tech}*; 6. Zuckerguß *m*, Glasur *f {Lebensmittel}*; 7. Grauschleier *m*, Frosting-Effekt *m {Text}*
frosting lacquer Eisblumenlack *m*
frosting plant Mattieranlage *f {Glas}*
frosting salt Mattiersalz *n*
froth/to [auf]schäumen, gischen, moussieren; sich mit Schaum *m* bedecken; zum Schäumen *n* bringen, schaumig machen, schäumend machen
froth over/to überschäumen
froth 1. Schaum *m {Bier, Gischt, Abschaum}*; 2. Flotationskonzentrat *n {Kohle, DIN 22005}*
froth flotation Schaumflotation *f*, Schaumflotieren *n*, Schaumschwimmaufbereitung *f*
froth-flotation analysis Schaumflotationsanalyse *f {DIN 22005}*
froth flow turbulente Blasenströmung *f*
froth skimmer Schaumabstreifer *m*
froth-stabilizing agent Schaumstabilisator *m*
frother 1. Schaum[schlag]maschine *f*; 2. Schaum[erzeugungs]mittel *n*, Schaumerzeuger *m*, Schaumbildner *m*, Schäumer *m*
frothing Schaumbildung *f*, Schaumentwicklung *f*; Schäumen *n*, Aufschäumen *n*
frothing agent Schäumer *m*, Schaum[erzeugungs]mittel *n*, Schaumerzeuger *m*, Schaumbildner *m*
frothing foam Schlagschaumstoff *m*, Froth *m*, mechanisch geschlagener Schaumstoff *m {Polyurethan}*
frothing process Integralschäumverfahren *n*, Frothing-Verfahren *n*, Schlagschäumverfahren *n*, Froth-Prozeß *m {Polyurethan}*
frothing promoter *s.* frother
frothing quality Schaumbildungsvermögen *n*
frothing reagent *s.* frothing agent
cease frothing/to ausschäumen
frothless schaumlos
frothy schaumig, schaumähnlich, schaumartig; mit Schaum *m* bedeckt
frozen gefroren, eingefroren; festgefroren; erkaltet; erstarrt, fest geworden
frozen carbon dioxide Kohlendioxidschnee *m*, Kohlensäureschnee *m {obs}*
frozen extrudate erkaltetes Extrudat *n*
frozen foodstuff Tiefkühlkost *f*, Gefrierkost *f*, Gefriergut *n {Lebensmittel}*
frozen-in orientation eingefrorene Orientierung *f {Moleküle}*
frozen-in stresses Orientierungsspannungen *fpl*, eingefrorene Spannungen *fpl*
frozen meat Gefrierfleisch *n*

frozen section Gefrierschnitt *m*
FRP *{fibre-reinforced plastic}* faserverstärkter Plast *m*, faserverstärkter Kunststoff *m*
fructofuranose Fructofuranose *f*
fructofuranosidase *{EC 3.2.1.26}* Invertase *f*, *ß*-D-Fructofuranidase *f*, Saccharase *f*
fructokinase *{EC 2.7.1.4}* Fructokinase *f*
fructopyranose Fructopyranose *f*
fructosan Fruktosan *n*, Lävulosan *n* *{ein Polysaccharid}*
fructose **<$C_6H_{12}O_6$>** D-Fructose *f*, Lävulose *f*, Fruchtzucker *m* *{Triv}*, D-*arabino*-2-Hexulose *f* *{IUPAC}*
fructose-biphosphatase *{EC 3.1.3.11}* Fructosebisphosphatase *f*
fructose biphosphate **<$H_2PO_4(C_6H_{10}O_4)PO_4H_2$>** Harden-Young-Ester *m*, Fructose-1,6-bisphosphat *n* *{IUPAC}*
fructose-biphosphate aldolase *{EC 4.1.2.13}* D-Fructose-1,6-biphosphat-Aldolase *f*
fructose diphosphoric acid *s.* fructose biphosphate
fructose phosphoric acid Fructosephosphorsäure *f*, Hexosephosphat *n*
inactive fructose Formose *f*, α-Acrose *f*, DL-Fructose *f*, racemische Fructose *f* *{Formaldehydpolymerisat}*
pseudo fructose Allulose *f*, D-*ribo*-2-Oxohexose *f*, Psicose *f*
fructosamine Fructosamin *n*
fructosazine Fructosazin *n*
fructosazone Fructosazon *n*
fructoside Fructosid *n*
fructosone Fructoson *n*
fruit acid Fruchtsäure *f*
fruit brandy Obstbranntwein *m*
fruit essence Fruchtether *m*, Fruchtessenz *f*, Fruchtaroma *n*
fruit juice Fruchtsaft *m*, Obstsaft *m*
fruit-like fruchtartig
fruit of the soil Ackerfrucht *f*
fruit preserves Obstkonserven *fpl*
fruit pulp Fruchtfleisch *n*
fruit spirit Obstbranntwein *m*
fruit sugar Fruchtzucker *m*, Fructose *f*, Lävulose *f*, D-*arabino*-2-Hexulose *f*
fruit tannin Fruchtgerbstoff *m*
fruit vinegar Fruchtessig *m*, Obstessig *m*
fruit wine Obstwein *m*
fruity fruchtartig
frustrum of a cone Kegelstumpf *m*, Stumpfkegel *m* *{Math}*
fuchsin[e] **<$C_{19}H_{20}N_3$>** Fuchsin *n*, Methyl-Fuchsin *n*, 3-Methylparafuchsin *n*
fuchsinesulfurous acid Schiffsches Reagens *n*, fuchsinschweflige Säure *f*
fuchsite Fuchsit *m*, Chromglimmer *m*, Chrom-Muskovit *m* *{Min}*
fuchsone **<$C_{19}H_{14}O$>** Fuchson *n*
fuchsonimine Fuchsonimin *n*
fucitol **<$C_6H_{14}O_5$>** Fucit *m* *{1-Desoxygalactit}*
fuconic acid Fuconsäure *f*
fucopyranose Fucopyranose *f*
fucose **<$C_5H_9(CH_3)O_5$>** Fucose *f*, Fukose *f*, 6-Desoxygalactose *f*, Galactomethylose *f*
fucose dehydrogenase *{EC 1.1.1.122}* L-Fucosedehydrogenase *f*
fucoxanthin Fucoxanthin *n*, Phycoxanthin *n*, Phäophyll *n*
fuculose Fuculose *f*
fucus vesiculosus Blasentang *m* *{Bot}*
fucusol **<$C_5H_4O_2$>** Fucusol *n*
fuel 1. Brennstoff *m*, Brennmaterial *n*, Feuerungsmaterial *n*, Heizmaterial *n*, Heizmittel *n*, Heizstoff *m*; Energieträger *m*; 2. Kraftstoff *m*, Treibstoff *m* *{Auto}*; 3. Kernbrennstoff *m*, nuklearer Brennstoff *m*, Spaltstoff *m* *{Nukl}*; 4. Raketenbrennstoff *m*
fuel additive Brennstoffzusatz *m*, Kraftstoffadditiv *n*
fuel-air ratio Kraftstoff-Luft-Verhältnis *n*, Brennstoff-Luft-Verhältnis *n*
fuel-air mixture Kraftstoff-Luft-Gemisch *n*, Brennstoff-Luft-Gemisch *n*
fuel ash Brennstoffasche *f* *{DIN 51728}*; Ölasche *f*
fuel bed Brennstofflage *f*, Brennstoffschicht *f*, Brennstoffbett *n*, Brennstoffschüttung *f*
fuel briquet[te] Brennziegel *m*
fuel-canning material Brennelement-Hüllmaterial *n*, Brennstoff-Hüllwerkstoff *m*
fuel cell Brennstoffzelle *f*, Brennstoffelement *n* *{Elek, Chem}*
fuel charge Brennstoffeinsatz *m* *{Nukl}*
fuel chemistry Brennstoffchemie *f*
fuel-cladding material *s.* fuel-canning material
fuel coating Brennstoffbeschichtung *f* *{Nukl}*
fuel consumption Brennmaterialverbrauch *m*, Brennstoffverbrauch *m*; Kraftstoffverbrauch *m* *{Auto}*
fuel cycle Brennstoffkreislauf *m*, Brennstoffzyklus *m*, Kernbrennstoffkreislauf *m* *{Nukl}*
fuel demand Brennstoffbedarf *m*
fuel dilution Treibstoffverdünnung *f* *{DIN 51565}*
fuel-economy oil kraftstoffsparendes Motorenöl *n*
fuel efficiency Heizeffekt *m*
fuel element 1. Brennelement *n*, Brennstoffelement *n*, Spaltstoffelement *n* *{Nukl}*; 2. Brennstoffzelle *f*, Brennstoffelement *n* *{Elek, Chem}*
fuel engineering Brennstofftechnik *f*
fuel ethanol Kraftsprit *m*, Kraftspiritus *m*, Treibstoffspiritus *m*, Gasothiol *n*
fuel gas 1. brennbares technisches Gas *n*,

Brenngas *n*; 2. Heizgas *n*, Beheizungsgas *n*; 3. Fuel-Gas *n*, Treibgas *n* {*z.B. für Turbinen, Motoren*}

fuel laden vapo[u]r Brüden *m*, Staubbrüden *m*

fuel oil Brennöl *n*, Heizöl *n*, Schweröl *n*, Öl *n*

fuel-oil residue Brennölrückstand *m*

fuel pebble Brennstoffkugel *f* {*Nukl*}

fuel pellet 1. Brennstoffkugel *f*; 2. Brennstofftablette *f*, Kernbrennstofftablette *f* {*Nukl*}

fuel pin Brennstab *m*, Brennstoffstab *m*, Brennstoffstift *m*, Spaltstoffstift *m* {*Nukl*}

fuel regeneration Brennstoffaufarbeitung *f*

fuel rod Brennstoffstange *f*, Brenn[stoff]stab *m*, Spaltstoffstab *m* {*Nukl*}

fuel slug Spaltstoffblock *m*, Brennstoffblock *m*, Brennstoffstock *m* {*Nukl*}

fuel spheres Brennelementkugeln *fpl* {*Nukl*}

fuel stick Brennstoffstab *m*, Spaltstoffstab *m* {*Nukl*}

fuel technology Brennstofftechnik *f*, Brennstofftechnologie *f*; Kraftstofftechnologie *f*

fuel testing Kraftstoff-Prüfung *f*

fuel value Brennwert *m*, Heizwert *m* {*eines Brennstoffs*}

fugacious vergänglich {*Biol*}

fugacity Fugazität *f*, Flüchtigkeit *f* {*Thermo*}

fugacity coefficient Fugazitätskoeffizient *m*

fugitive flüchtig, etherisch {*rasch verdunstend*}; unecht {*z.B. Farbstoff*}

fugitive pigments lichtunechte Pigmente *npl*

fugitometer Fugitometer *n*, Farbechtheits-Prüfgerät *n*, Lichtechtheitsmesser *m*

fugutoxin Fugugift *n*, Tetrodotoxin *n*

fulfil/to 1. erfüllen {*z.B. Anforderungen*}; entsprechen, genügen {*Bedingungen*}; 2. erfüllen, ausführen; vollenden

fulfil conditions/to Bedingungen *fpl* erfüllen

fulgenic acid <$[R_2C=C(COOH)-]_2$> Fulgensäure *f*

anhydride of fulgenic acid Fulgid *n*

fulgide Fulgid *n*, Fulgensäureanhydrid *n*

fulgurite Fulgurit *m*, Blitzröhre *f*, Lechatelierit *m*, Kieselglas *n*, Blitzsinter *m* {*Min*}

fuliginous rußig, rußartig; Ruß-

fuliginous fumes Rußdampf *m*

full 1. voll; Voll-; 2. ausgezogen, voll {*Linie*}; 3. tief, kräftig, satt {*Farbton*}; 4. kernig, nervig {*Griff einer Textilfaser*}; 5. mit Übermaß

full annealing [vollständiges] Ausglühen *n*, Vollständigglühen *n*, Hochtemperaturglühen *n* {*Met*}

full-automatic electroplating vollautomatische Galvanisierung *f*

full cure Ausvulkanisation *f*, Ausheizung *f*, Durchhärtung *f* {*Gummi*}

full-face mask Ganzgesichtsmaske *f*

full gloss Hochglanz *m*

full heat treatment Vollaushärtung *f*, vollständige Aushärtung *f* {*Al*}

full lift safety valve Vollhub-Sicherheitsventil *n* {*DIN 3320*}

full line ausgezogene Linie *f*, Vollinie *f*, Vollstrich *m* {*technisches Zeichnen, DIN 15*}

full load Vollast *f*, Vollbelastung *f*

full power operation Vollastbetrieb *m*

full scale 1. vollständig; großtechnisch, in großtechnischem Maßstab; 2. natürliche Größe *f*, Maßstab 1 : 1 *m*

full-scale deflection Vollausschlag *m* {*einer Skale*}

full-scale test betriebsmäßige Erprobung *f*

full strength Vollton *m* {*Pigment ohne Verschnittmittel*}

full-wave rectifier Doppelweggleichrichter *m*, Vollweggleichrichter *m*, Vollwellengleichrichter *m*, Netzgleichrichter *m* {*Elek*}

full-width at half maximum Halbwertsbreite *f* {*Spek*}

fuller 1. Walker *m*, Tuchwalker *m* {*Text*}; 2. Kehlhammer *m*, Ballhammer *m* {*Tech*}

Fuller's cell Fullersches Element *n*

fuller's earth Walkerde *f*, Fullerde *f*, Bleicherde *f*, fetter Ton *m*, Seifenerde *f*, Seifenton *m*, Palygorskit *m* {*Min*}

fulling 1. Broschieren *n* {*Leder*}; 2. {*US*} Walken *n*, Walke *f* {*Leder, Text*}

fully völlig, ausführlich; Voll-

fully automatic vollautomatisch

fully automatic control vollautomatische Regelung *f*; vollautomatische Steuerung *f*

fully blown bitumen vollgeblasenes Bitumen *n*

fully halogenated chlorofluorocarbons vollhalogenierte Fluorchlorkohlenstoffe *mpl*, vollhalogenierte Chlorfluorkohlenstoffe *mpl*

fully heat treated voll ausgehärtet {*Al*}

fully refined wax vollraffiniertes Paraffin *n*

fully vulcanized durchvulkanisiert

fulminate 1. knallsauer; 2. Fulminat *n* {*Salz der Knallsäure*}

fulminating cap Sprengkapsel *f*, Zündkapsel *f*

fulminating mercury Quecksilber(I)-fulminat *n*, Knallquecksilber *n* {*Triv*}

fulminating powder Knallpulver *n*

fulminating silver Silberfulminat *n*, Knallsilber *n* {*Triv*}

fulminic acid <$C=NOH$> Knallsäure *f*, Blausäureoxid *n*, Formonitriloxid *n*

fulminuric acid <$NCCH(NO_2)CONH_2$> Fulminursäure *f*, Isocyanursäure *f*, 2-Cyan-2-nitroacetamid *n* {*IUPAC*}, Cyanursäuretrimer *n*

fulvalene <$C_{10}H_8$> Fulvalen *n*

fulvene Fulven *n* {*IUPAC*}, 5-Methylen-cyclopenta-1,3-dien *n*

fulvic acid Fulvosäure *f*, Gelbstoff *m* {*ein Huminstoff*} }

fumaraldehyde Fumar[di]aldehyd *m*
fumaramide <$(=CHCONH_2)_2$> Fumaramid *n*
fumarase *s.* fumarate hydratase
fumarate 1. fumarsauer; 2. Fumarat *n {Salz oder Ester der Fumarsäure}*
fumarate hydratase *{EC 4.2.1.2}* *S*-Malathydratase *f*, Fumarathydratase *f {IUB}*
fumarate reductase *{EC 1.3.1.6}* Fumaratreduktase *f {NADH}*
fumardialdehyde Fumardialdehyd *m*
fumaric acid <$CO_2HCH=CHCO_2H$> Fumarsäure *f*, *trans*-Butendisäue *f*, *trans*-Ethen-1,2-dicarbonsäure *f*, Paramaleinsäure *f*
fumarine Fumarin *n*, Protopin *n*
fumaroyl chloride Fumaryl[di]chlorid *n*
fumaruric acid Fumarursäure *f*
fumarylacetoacetase *{EC 3.7.1.2}* Fumarylacetoacetase *f*
fume/to 1. dampfen; rauchen; räuchern; 2. abrauchen *{Entfernung flüchtiger Anteile aus Feststoffen}*; verblasen *{Met}*
fume off/to abrauchen
fume 1. Rauch *m {Koll}*; Abgas *n*, Rauchgas *n {Verbrennungsgas, Met}*; 2. Dampf *m*, Dunst *m*
fume closet Abzug *m*, Rauchfang *m*; Abzugkasten *m*, Tischabzugsschrank *m {Lab}*
fume cupboard Abzug *m*, Abzugsschrank *m*, Digestorium *n*, Kapelle *f*, Schurz *m {Lab}*
fume cupboard with induced draught Rauchabzug *m* mit Saugvorrichtung *f*
fume exhaust Rauchabzug *m*
fume extraction Rauchabzug *m {als Tätigkeit}*
fume hood 1. Abzug *m {für Abgase}*, Laborabzug *m*, Digestorium *n*, Kapelle *f*, Abzug[s]schrank *m*; 2. Abzugshaube *f*, Rauchfangdach *n*; 3. Abzug[s]rohr *n*, Absaugrohr *n*, Absaugvorrichtung *f*, Rauchabzug *m*
fume volume Normal[gas]volumen *n*, Schwadenvolumen *n*, spezifisches Gasvolumen *n {Expl}*
fumed silica Quarzstaub *m*, Kieselpuder *n {oxidierte Siloxane}*
fumes Schwaden *mpl*, Nachschwaden *mpl {einer Explosion im Bergbau}*
fumigant 1. Räuchermittel *n*, Desinfetionsmittel *n {Chem, Agri}*; 2. Begasungsmittel *n*, Durchgasungsmittel *n*, Vergasungsmittel *n*, Fumigant *n {Chem, Agri}*
fumigate/to [aus]räuchern, durchräuchern *{Räume}*; beräuchern, dem Rauch *m* aussetzen; begasen, durchgasen *{z.B. den Boden}*
fumigate with sulfur/to ausschwefeln
fumigatin <$C_8H_8O_4$> Fumigatin *n*
fumigating Räuchern *n*, Durchräuchern *n*; Beräuchern *n*; Begasen *n*, Durchgasen *n {den Boden}*
fumigating candle Räucherkerzchen *n*
fumigating essence Räucheressenz *f*
fumigating paper Räucherpapier *n*
fumigating powder Räucherpulver *n*
fumigation 1. Verrauchung *f {Tech}*; 2. Ausräucherung *f*, Desinfektion *f {von Räumen}*, Räuchern *n {Chem, Agri}*; Begasen *n*, Durchgasen *n {des Bodens}*; Beräuchern *n {Chem, Agri}*
fumigation with chlorine Chlorräucherung *f*
fuming 1. rauchend, fum; 2. Rauchen *n*; 3. Verblasen *n*, Durchblasen *n {Met}*
fuming nitric acid <HNO_3/NO_2> rote rauchende Salpetersäure *f*
fuming sulfuric acid <H_2SO_4/SO_3> rauchende Schwefelsäure *f*, Vitriolöl *n {Triv}*, Oleum *n {Triv}*
fumivorous rauchverzehrend
function/to 1. funktionieren, in Betrieb *m* sein, arbeiten; 2. wirken *{z.B. als Promotor}*
function Funktion *f*, Wirkungsweise *f*, Einheit *f*
function key Funktionstaste *f*, Steuertaste *f {EDV}*
function plotter Funktionsschreiber *m*
function test[ing] Funktionsprüfung *f*
algebraic function algebraische Funktion *f {Math}*
chemical function funktionelle Gruppe *f*
continuous function stetige Funktion *f*
continuous integrable function geschlossen integrierbare Funktion *f*
discontinuous function unstetige Funktion *f {Math}*
functional 1. funktional *{Math}*; funktionell, funktionsbezogen; gebrauchstüchtig *{Text}*; 2. Funktional *n {Math}*
functional additive Funtionsverarbeitungshilfsstoff *m*, Funktionszusatzstoff *m*
functional and acceptance test Funktions- und Abnahme-Versuch *m*
functional capability Funktionsfähigkeit *f*
functional capacity Leistungsvermögen *n*
functional disorder Funktionsstörung *f*
functional fluid Prozeßflüssigkeit *f*, Betriebsfluid *n*
functional group funktionelle Gruppe *f*, charakteristische Gruppe *f*
functional pressure difference Arbeitsdruckdifferenz *f {DIN 3320}*
functional properties Gebrauchseigenschaften *fpl*
functionality Funktionalität *f {Valenz}*
functioning Funktionieren *n*, Arbeiten *n*; Wirken *n*
fundamental 1. fundamental, Fundamental-; grundlegend, wesentlich, grundsätzlich, zugrundeliegend; 2. Grundfrequenz *f*
fundamental band Grundschwingungsbande *f {Spek}*
fundamental building block Fundamentalbaustein *m*, Grundbaustein *m*

fundamental chain Hauptkette *f*, längste Kohlenstoffkette *f {Valenz}*
fundamental circuit Grundschaltung *f*
fundamental concept Grundbegriff *m*
fundamental constant Grundgröße *f*, universelle Naturkonstante *f*, Universalkonstante *f*, Fundamentalkonstante *f {Phys}*
fundamental equation Hauptgleichung *f*
fundamental experiment Grundversuch *m*
fundamental frequency 1. Eigenfrequenz *f*, Grundfrequenz *f*; 2. Grundschwingung *f*, Grundschwingungsfrequenz *f*, Haupttyp *m*, Hauptmode *m {Spek}*
fundamental lattice Grundgitter *n {Krist}*
fundamental law Grundgesetz *n*, Hauptsatz *m*, Prinzip *n*
fundamental orbit Grundbahn *f*
fundamental oscillation Grundschwingung *f*, Haupttyp *m*, Hauptmode *m*, Grundtyp *m {einer Welle}*
fundamental particle Elementarteilchen *n*, Fundamentalteilchen *n*, Grundteilchen *n*
fundamental properties Grundeigenschaften *fpl*
fundamental research Grundlagenforschung *f*
fundamental rule Grundregel *f*
fundamental series Fundamentalserie *f*
fundamental spectrum Grundspektrum *n*
fundamental structural unit Grundbaustein *m*
fundamental test Grundversuch *m*
fundamental theorem Fundamentalgesetz *n {Math}*
fundamental unit 1. Elementareinheit *f*, Grundeinheit *f {eines Moleküls}*; 2. Basiseinheit *f*, Grundeinheit *f {eines Einheitssystems}*
fundamental vibration Grundschwingung *f*
fundamental vibration direction Hauptschwingungsrichtung *f*
funding finanzielle Förderung *f {z.B. der Forschung}*
funding programme Förderungsprogramm *n*
fungal pilzlich; pilzartig; Pilz-
fungal attack Pilzbefall *m*, Pilzangriff *m*
fungal chitosan Pilzchitosan *n*
fungal sapstain Verfärbung *f* durch Pilzbefall *m {Holz, DIN 68256}*
fungicidal fungizid [wirksam], antifungal, pilztötend, pilzwirksam; antimykotisch
fungicidal paint gegen Pilzbefall *m* beständige Anstrichfarbe *f*, fungizide Anstrichfarbe *f*
fungicide Fungizid *n*, Mittel *n* gegen Schimmelbildung *f*, Pilzvertilgungsmittel *n*, pilztötendes Mittel *n*; Antimykotikum *n*
fungiform pilzförmig
fungin Fungin *n*, Schwammstoff *m*
funginertness Schimmelbeständigkeit *f*, Schimmelfestigkeit *f*
fungistat Fungistatikum *n*, fungistatisches Mittel *n*
fungistatic fungistatisch, das Pilzwachstum hemmend
fungistatic substance Fungistatikum *n*, Antipilzmittel *n*
fungisterin *s.* fungisterol
fungisterol <$C_{28}H_{48}O$> Fungisterin *n*
fungoid pilzartig, schwammig
fungoid growth Pilzbildung *f*, Pilzwucherung *f*
fungous fungös, pilzartig, schwammig
fungus *{pl. fungi}* Pilz *m*, Schwamm *m*
fungus cellulose Fungin *n*, Pilzcellulose *f*
fungus-proof pilzfest
fungus resistance Schimmelbeständigkeit *f*, Schimmelfestigkeit *f*
fungus-resistant pilzfest
funkite Funkit *m {Min}*
funnel 1. Trichter *m*; Fülltrichter *m {eines Flammpunktprüfers}*; 2. Gießloch, Lunker *m {Gieß}*; 3. Rauchfang *m {Tech}*; 4. Vorstoß *m*
funnel flask Trichterkolben *m*
funnel formation Einfließtrichter *m*, Trichterbildung *f*
funnel holder Trichterhalter *m*, Filtergestell *n*, Filtrierstativ *n {Chem}*
funnel kiln Trichtertrockenofen *m*
funnel pipe *s.* funnel tube
funnel-shaped trichterförmig
funnel spinning Trichterspinnen *n*, Trichterspinnverfahren *n {Naßspinnverfahren}*
funnel stand Trichterhalter *m*, Trichtergestell *n*, Trichterstativ *n {Chem}*
funnel top Trichteroberteil *n*
funnel tube Trichterrohr *n*, Trichterröhre *f*, Einfülltrichter *m*
Buchner funnel Büchner-Trichter *m*, Büchner-Nutsche *f*
double-wall funnel doppelwandiger Trichter *m*
neck of a funnel Trichterhals *m*
pour through a funnel/to trichtern
separatory funnel Ausschütteltrichter *m {Lab}*
funnelling Trichterbildung *f {Pulverbett}*
fur 1. Kesselstein *m*; 2. Weinstein *m*; 3. Fell *n*, Pelz *m*
furaldehyde <C_4H_3O-CHO> Furaldehyd *m*, 2-Furaldehyd *m*, α-Furfurylaldehyd *m*, 2-Furancarbaldehyd *m*, Furfural *n*, Furfurol *n {obs}*, Furol *n {obs}*
furan <C_4H_4O> Furan *n*, Furfuran *n*, Oxol *n*
furan resin Furanharz *n*
furan ring Furanring *m {Chem}*
furanacrylic acid Furan-2-acrylsäure *f*, Furfurylacrylsäure *f*
furancarbinol *s.* furfuralcohol
furan-2-carboxylic acid Brenzschleimsäure *f*, Furan-2-carbonsäure *f*, Furoesäure *f {obs}*
furanose Furanose *f*

furanose ring Furanosering *m {Chem}*
furanoside Furanosid *n*
furazan Furazan *n*, 1,2,5-Oxadiazol *n*, Azoxazol *n*
furfuracrolein <$C_7H_6O_2$> Furfuracrolein *n*
furfuracrylic acid *s.* furanacrylic acid
furfural <$C_5H_4O_2$> 1. Furfural *n*, 2-Furancarbaldehyd *m*, 2-Furaldehyd *m*, α-Furfuraldehyd *m*, Furol *n*, Furfurol *n {obs}*; 2. Furfuryliden *n*, Fur-2-ylmethylen *n {Molekülrest}*
furfural extraction Furfuralextraktion *f*, Extraktion *f* mit Furfural *n {Erdöl}*
furfuralacetatic acid *s.* furylacrylic acid
furfuralcohol Furfurylalkohol *m*, 2-Hydroxymethylfuran *n*, 2-Furanmethanol *n*, Furfuralkohol *m {Triv}*
furfuraldazine Furfuraldazin *n*
furfuraldehyde *s.* furaldehyde
furfuramide Furfuramid *n*
furfuran *s.* furan
furfuroin <$C_{10}H_8O_3$> Furfurylfurfural *n*
furfurol[e] *{obs} s.* furfural
furfurol[e] resin Furfurolharz *n*
furfuryl acetate Furfurylacetat *n*
furfuryl alcohol <$C_5H_6O_2$> Furfurylalkohol *m*, 2-Hydroxymethylfuran *n*, Furfuralkohol *m*, 2-Furanmethanol *n*
furfuryl aldehyde Furfurol *n {obs}*, Furfural *n*, Furfuraldehyd *m*
furfuryl amide Furfuramid *n*
furfurylamin <C_5H_7NO> Furfurylamin *n*, 2-Furanmethylamin *n*
furfurylidene Furfuryliden *n*
furil <$C_{10}H_6O_4$> Di-(2-furyl)-ethandion *n*, α-Furil *n*, Difurylglyoxal *n*
furilic acid <$(C_4H_3O)_2C(OH)COOH$> Furilsäure *f*
furmethide Furmethid *n*
furnace 1. Brennkammer *f*, Feuerraum *m*, Feuerung *f {Feuerraum eines Industrieofens}*; 2. Kessel *m {Heizung}*; 3. Industrieofen *m*, Ofen *m {Met, Techn}*
furnace addition Schmelzzuschlag *m*
furnace black Ofenruß *m*, Ofenschwarz *n*, Flammruß *m*, Furnace-Ruß *m*
furnace brazing Hartlöten *n* mittels Ofen *m*, Ofenhartlöten *n {Met}*
furnace cadmia Gichtschwamm *m*, Ofengalmei *m*, Ofenschwamm *m*
furnace capacity Feuerleistung *f*, Ofenfassung *f*, Ofenkapazität *f*
furnace chamber Ofenraum *m*, Feuerung *f*, Feuerraum *m*, Feuerstätte *f*, Brennraum *m*, Verbrennungsraum *m*, Verbrennungskammer *f*
furnace charge Ofencharge *f*, Ofengut *n*, Gicht *f*, Ofeneinsatz *m*, Ofenbeschickung *f*, Ofenladung *f*, Schmelzgut *n*
furnace coal Kesselkohle *f*, kurzflammige Kohle *f*
furnace dust Gichtstaub *m*
furnace efficiency Ofenleistung *f*; Ofenwirkungsgrad *m*
furnace ends Ofengekrätz *n*
furnace exhaust gas Ofenabgas *n*
furnace for garbage Abfallverbrennungsanlage *f*
furnace gas Gichtgas *n*; Ofengas *n*, Rauchgas *n*, Verbrennungs[ab]gas *n*
furnace hand Hochofenarbeiter *m*
furnace lead Herdblei *n*
furnace lining Ofenauskleidung *f*, Ofenfutter *n*, Ofenzustellung *f*, Schachtauskleidung *f {Met}*
furnace loss Abbrand *m*
furnace output Ofenleistung *f*
furnace pressure Ofendruck *m*
furnace process Furnace-[Black]-Verfahren *n*, Ofenverfahren *n*, Corax-Verfahren *n {Rußproduktion}*
furnace product Ofengut *n*
furnace rating Feuerraumbelastung *f*
furnace refining Raffination *f* im Schmelzfluß *m*, Raffination *f* auf pyrometallurgischem Wege *m*, Trockenraffination *f {Met}*
furnace sample Ofenprobe *f*
furnace slag Ofenschlacke *f*
furnace soot Ofenruß *m*
furnace steel Schmelzstahl *m*
furnace throughput Ofendurchsatz *m*
furnace tin Rohzinn *n*
furnace with combustion in suspension Schwebefeuerung *f*
arc furnace Bogenofen *m {Met, Elek}*
combustion furnace Verbrennungsofen *m {Anal}*, Veraschungsofen *m*
crucible furnace Tiegeleinsatzofen *m*
electric furnace elektrischer Ofen *m*
muffle furnace Muffelofen *m*
roasting furnace Röstofen *m {Met}*
furnish/to 1. beschicken, füllen; eintragen; 2. liefern; 3. ausstatten, ausrüsten, ausstaffieren, versehen [mit]
furnishing 1. Beschicken *n*, Eintragen *n*, Füllen *n*; 2. Austatten *n*, Ausrüsten *n*; 3. Liefern *n*
furnishing fabric Dekorationsstoff *m*, Dekostoff *m {Text}*
furnishing roll Beschichtungswalze *f*, Auftrag[e]walze *f*
furnishing roller Färbrolle *f {Text}*
furniture 1. Einrichtung *f*, Einrichtungsgegenstände *mpl*, Ausstattungsgegenstände *mpl*; 2. Möbel *npl*
furniture finish Möbellack *m*
furniture lacquer Möbellack *m*
furniture polish Möbelpolitur *f*

furniture varnish Möbellack *m*
furocoumarins Furocumarine *npl {Psoralen- und Angelicinderivate}*
furocoumarinic acid Furocumarinsäure *f*
furodiazole Furodiazol *n*
furoic acid <$C_5H_4O_3$> Brenzschleimsäure *f*, Furan-2-carbonsäure *f*, Furoesäure *f {obs}*
furoin <$C_4H_3OCHOHCOC_4H_3$> Furoin *n*
Furol viscosimeter Furol-Viskosimeter *n {für Heizöl und Teerprodukte}*
furol[e] *s.* furaldehyde
furonic acid <$(C_4H_5O)CH_2COOH$> Furonsäure *f*, Furfurylessigsäure *f*, 2-Furanpropansäure *f*
furostilbene Furostilben *n*
furoxane Furoxan *n*, Oxadiazol *n*
2-furoyl Pyromucyl-, Furoyl-, Furancarbonyl-
furoyl chloride <C_4H_3OCOCl> Furoylchlorid *n*
furoylacetone Furoylaceton *n*
furoylation Furoylierung *f*
furoylbenzoylmethane Furoylbenzoylmethan *n*
furrow 1. Streif *m*, Streifen *m*; 2. Riefe *f*, Rille *f*; Rinne *f*; Furche *f {Agri}*; 3. Kehle *f*; 4. Nute *f {Holz}*; 5. Schmitz *m*, Schmitze *f {Web}*
furry flusig; pelzig, Pelz-
furs Rauchware *f*, Rauchwerk *n*, Pelzware *f*, Pelzwerk *n*
further development Weiterentwicklung *f*
further in-service training Weiterbildung *f*
furyl <-C_4H_3O> Furanyl- *{obs}*, Furyl-
furyl carbinol Furfurylalkohol *m*, 2-Hydroxmethylfuran *n*
furylacrylic acid Furylacrylsäure *f*, Furalessigsäure *f*, Furan-2-acrylsäure *f*
furylfuramide isomerase *{EC 5.2.1.6}* Furylfuramidisomerase *f*
furylidene <=C_3H_3O> Furyliden-
fusain Fusain *n*, Faserkohle *f {DIN 22005}*, Fusit *m*
fuscite Fuscit *m {obs}*, Skapolith *m {Min}*
fuse/to 1. [ein]schmelzen, sintern, verschmelzen *{Met}*; 2. schmelzen *{z.B. Sicherung}*, durchbrennen, durchschmelzen; 3. schmelzen, abschmelzen, niederschmelzen, zum Schmelzen *n* bringen; 4. kondensieren, annelieren *{Ringe, Chem}*
fuse off/to abschmelzen
fuse on/to aufschmelzen
fuse to melt/to schmelzen
fuse together/to verschmelzen
fuse 1. Zünder *m*, Zündvorrichtung *f*, Zündhütchen *n*, Zündschnur *f*, Initialzünder *m*, Zündplättchen *n*; 2. Sicherung *f*, Schmelzsicherung *f {Elek}*; Geräteschutzsicherung *f*, G-Sicherung *f {Elek}*
fuse box Sicherungsdose *f*, Sicherungskasten *m {Elek}*
fuse inert Sicherungseinsatz *m*
fuse link 1. Abschmelzstreifen *m*, Sicherungsdraht *m*, Sicherungseinsatz *m*, Schmelzeinsatz *m {der Sicherung}* ; 2. Durchschmelzverbindung *f {EDV}*
fuse-plug Schmelzstöpsel *m*
fuse point Schmelzpunkt *m*
fuse strip Abschmelzstreifen *m*, Schmelzstreifen *m {Sicherungseinsatz}*
fuse wire Schmelzdraht *m*, Abschmelzdraht *m*; Schießkabel *n*
instantaneous fuse Knallzündschnur *f*
fused 1. schmelzflüssig, geschmolzen, eingeschmolzen; Schmelz-; 2. gesichert, abgesichert *{mit Sicherungen}*
fused aromatic rings kondensierte aromatische Ringe *mpl*, verschmolzene Aromatenringe *mpl {Stereochem}*
fused basalt Schmelzbasalt *m*
fused catalyst 1. Schmelzkontakt *m {Tech}*; 2. Schmelzkatalysator *m {Chem}*
fused caustic soda Ätznatronschmelze *f*
fused dryer geschmolzenes Trockenmittel *n*
fused electrolysis Schmelzelektrolyse *f*
fused electrolyte Schmelze *f*, Schmelzelektrolyt *m*
fused electrolyte cell Hochtemperaturelement *n {Elek}*
fused joint Schmelzverbindung *f*
fused mass Schmelzfluß *m*
fused-on aufgeschmolzen
fused-on spatter Schweißperlen *fpl*
fused plug Schmelzsicherung *f*
fused salt Salzschmelze *f*
fused salt electrolysis Schmelzflußelektrolyse *f*
fused seal Verschmelzung *f*
fused silica Quarzglas *n*, Quarzgut *n*, durchscheinendes Kieselglas *n*, undurchsichtiges Kieselglas *n*
fusel oil Fuselöl *n*, Fusel *m*, roher Gärungsamylalkohol *m*, Amylalkohol *m*, Amyloxydhydrat *n*
fusibility Schmelzbarkeit *f*
fusibility of fuel ash Asche-Schmelzverhalten *n {DIN 51730}*, Schmelzverhalten *n {der Asche}*
easy fusibility Leichtschmelzbarkeit *f*
fusible schmelzbar; gießbar
fusible alloy Schnellot *n*, niedrigschmelzende Legierung *f*, leichtschmelzende Legierung *f*, leichtschmelzbare Legierung *f*, Schmelzlegierung *f {< 70 °C}*
fusible ceramic adhesive Schmelzklebstoff *m* auf keramischer Basis
fusible clay Schmelzerde *f*
fusible cone Brennkegel *m*, Schmelzkörper *m*, Schmelzkegel *m*, Seger-Kegel *m*
fusible cutout Schmelzsicherung *f*
fusible glass Einschmelzglas *n*, Schmelzglas *n*

fusible link Schmelzlotmelder *m {Tech}*; Durchschmelzverbindung *f {EDV}*
fusible metal *s.* fusible alloy
fusible plug Schmelzeinsatz *m*, Schmelzpfropfen *m*, Schmelzstopfen *m*, Schmelzlotsicherung *f*
easily fusible leicht schmelzbar
fusidinic acid <$C_{31}H_{48}O_6$> Fusidinsäure *f {Antibiotikum}*
fusiform spindelförmig , fusiform
fusing 1. Schmelzen *f*, Schmelzung *f {Met}*; Einschmelzen *n*, Zusammenschmelzen *n*; Erschmelzen *n*, Verhütten *n*, Sintern *n*; 2. Einschmelzen *n*, Aufschmelzen *n*, Schmelzverbinden *n*, Verschweißen *n*; 3. Abbrand *m {Elek}*
fusing assistant Schmelzmittel *n*
fusing fire Schmelzfeuer *n*
fusing-in Einschmelzen *n*
fusing oven Schmelzofen *m*
fusing point Schmelzpunkt *m*, Fusionspunkt *m*, Fließpunkt *m*, Schmelztemperatur *f*; Erweichungstemperatur *f*
fusing pressure Schmelzdruck *m*
fusing temperature *s.* fusing point
fusing voltage Schmelzspannung *f*
fusing zone Schmelzzone *f*
fusion 1. Aufschluß *m*, Schmelzaufschluß *m {von schwerlöslichen Substanzen}*; 2. Schmelze *f {Zustand}*; 3. Schmelzen *n*, Schmelze *f {Vorgang}*, Schmelzprozeß *m*; 4. Verschmelzen *n*, Verschmelzung *f {Opt, Met}*; 5. Fusion *f*, Kernverschmelzung *f*, Kernfusion *f {Nukl}*; 6. Kondensation *f*, Ringkondensation *f*, Anellierung *f {Chem}*; 7. Fertiggelieren *n {Kunst}*
fusion analyzer Heißextraktions-Analysenanlage *f*
fusion casting Schmelzgießen *n*, Schmelzguß *m {Keramik}*
fusion casting mo[u]ld Schmelzgußform *f*
fusion cone Schmelzkegel *m*, Schmelzkörper *m*, Brennkegel *m*, Seger-Kegel *m*
fusion curve Schmelzkurve *f*
fusion electrolysis Schmelzflußelektrolyse *f*
fusion energy Fusionsenergie *f*, Verschmelzungsenergie *f*, thermonukleare Energie *f {Nukl}*
fusion equilibrium Schmelzgleichgewicht *n {Met}*
fusion fuel Kernfusionsmaterial *n*, Kernfusionsbrennstoff *m {D,T, ^{3}He, Li}*
fusion granulate Schmelzgranulat *n*
fusion heat Schmelzwärme *f {Thermo}*
fusion joint Verschmelzung *f*
fusion kettle Schmelzkessel *m*
fusion mixture Schmlezflußmischung *f {z.B. K_2CO_3/Na_2CO_3}*
fusion nucleus Fusionskern *m*
fusion of metals Metallschmelze *f*
fusion of slag Schlackenverschmelzung *f*
fusion point Schmelzpunkt *m*, Fließpunkt *m*, Schmelztemperatur *f*, Fusionspunkt *m*; Geliertemperatur *f {Kunst}*; Kernzündungstemperatur *f {Nukl}*
fusion pot Schmelzpfanne *f*, Schmelzkessel *m*, Schmelzgefäß *n*
fusion pressure Schmelzdruck *m*
fusion process Schmelzgang *m*, Schmelzverfahren *n*; Aufschluß *m*, Aufschlußverfahren *n {Anal}*
fusion protein Fusionsprotein *n {Gen}*
fusion reaction Verschmelzungsreaktion *f*, Kernverschmelzungsreaktion *f*
fusion reactor Fusionsreaktor *m {z.B. Tokamak}*; Kernverschmelzungsreaktor *m*, Kernfusionsreaktor *m {Nukl}*
fusion temperature *s.* fusion point
fusion tunnel Tunnelofen *m*; Gelierkanal *m {PVC}*
fusion visco[si]meter Schmelzviskosimeter *n*
fusion zone Schmelzzone *f*, Übergangszone *f*, Zone *f* des aufgeschmolzenen Grundwerkstoffs *m*
aqeous fusion Kristallwasserschmelze *f*
nuclear fusion Kernfusion *f*, Kernverschmelzung *f {Nukl}*
fustic extract Gelbholzextrakt *m*
fustic [wood] Fustikholz *n*, [echtes] Gelbholz *n*, Kubaholz *n*, Fustik *m {von Chlorophora tinctoria Gaud.}*
fustin 1. <$C_{15}H_{12}O_6$> Fustin *n*, 3,3',4',7-Tetrahydroxyflavon *n*; 2. Fustinfarbstoffe *mpl {aus Aspidrum filixmas, Ruscotinus, Morustinctoria u.a.}*
futile nichtig; nutzlos, zwecklos, vergeblich
futility Nichtigkeit *f*; Vergeblichkeit *f*
future 1. zukünftig; 2. Zukunft *f*
future possibility Zukunftsmöglichkeit *f*
fuzz/to fasern, ausfransen; fusseln
fuzziness Unreinheit *f*; Verschwommenheit *f*, Unschärfe *f*
fuzzy 1. flockig, flaumig, bauschig, fusselig; 2. trüb, unscharf, verschwommen, undeutlich

G

G-acid 2-Naphthol-6,8-disulfonsäure *f*, G-Säure *f*
G value G-Wert *m*, chemischer Strahlungsausbeutefaktor *m*
GABA *{γ-amino-butyric acid}* 4-Aminobuttersäure *f*, GABA
gabbro Gabbro *m*, Schillerfels *m {Geol}*
gaberdine Gabardine *f m {Text}*
Gabriel's synthesis Gabriel-Synthese *f*, Gabrielsche Aminsynthese *f {durch Phthalimidspaltung}*
gadget Spezialvorrichtung *f*, Vorrichtung *f {Tech}*

gadoleic acid <$C_{19}H_{37}COOH$> Gadoleinsäure *f*, Eicos-9-ensäure *f*
gadolinia Gadolinerde *f*, Gadoliniumoxid *n*
gadolinite <$FeBe_2Yb_4Si_2O_{13}$> schwarzer Zeolith *m* *{Triv}*, Gadolinit *m* *{Min}*
gadolinium *{Gd, element no. 64}* Gadolinium *n*
gadolinium bromide <$GdBr_3 \cdot 6H_2O$> Gadoliniumbromid *n*
gadolinium chloride <$GdCl_3 \cdot 6H_2O$> Gadoliniumchlorid *n*
gadolinium nitrate Gadoliniumnitrat *n*
gadolinium oxide <Gd_2O_3> Gadoliniumoxid *n*, Gadolinerde *f*
gadolinium sulfate <$Gd_2(SO_4)_3 \cdot 8H_2O$> Gadoliniumsulfat *n*
Gaede gas ballast pump Gasballastpumpe *f* nach Gaede
Gaede mercury rotary pump Rotationsquecksilberpumpe *f* nach Gaede
Gaede's mol vacuummeter Gaedesches Molekularvakuummeter *n*
gage/to *{US}* 1. kalibrieren; eichen *{amtlich}*; maßkontrollieren, lehren, ablehren, [ab]messen, ausmessen, peilen; 2. anmachen
gage *{US}* 1. Kaliber *n* *{Rohrdurchmesser}*; 2. Meßröhre *f*, Stechuhr *f*, Meßgerät *n*, Meßinstrument *n*, Meßapparat *m*, Messer *m*; 3. Gewebedichte *f*, Fadendichte *f*, Warendichte *f*, Einstellung *f* *{Text}*, Gauge *f* *{Fadenzahl pro 38,1 mm}; Stärke f {von Draht, Blech}; 4. Kaliber n*, Lehre *f*, Schablone *f*, Eichmaß *n*, Tiefenmaß *n*, Standzeiger *m* *{Instr}*; 5. Pegel *m* *{Wasserstandsmeßgerät}*; 6. Spur *f*, Spurweite *f*
gage cock Probierhahn *m*, Wasserstandshahn *m* *{am Wasserstandsanzeiger}*, Absperrventil *n*, Manometer *n*, Kaliberhahn *m*
gage constant Manometerkonstante *f* *{McLeod}*; Gasionenkonstante *f*, Röhrenkonstante *f*
gage glass Schauglas *n*, Wasserstand[s]anzeiger *m*, Flüssigkeitsstand[s]anzeiger *m*, Wasserstandsglas *n*
gage lenght Meßlänge *f* *{Zugversuch}*
gage mark Eichstrich *m*, Eichnagel *m*, Endmarke *f Zugversuch}*
gage pressure Manometerdruck *m* *{Überdruck}*, Überdruck *m*
gage substance Eichsubstanz *f*
gage variations Dickenabweichungen *fpl*, Dikkenschwankungen *fpl* *{Film}*
gagehead Meßröhre *f*, Meßkopf *m*
gager Eicher *m*, Eichmeister *m*, Meßgerät *n*
gaging Eichen *n*, Eichung *f*, Messen *n*, Messung *f*, Passung *f*, Peilen *n*
gaging chain Meßkette *f*
gahnite Gahnit *m*, Zinkspinell *m* *{Min}*
gaidic acid <$C_{15}H_{29}COOH$> Gaidinsäure *f*
gain/to 1. erwerben, erlangen, gewinnen; erreichen; 2. anlagern, aufnehmen; 3. zunehmen *{Text}*
gain 1. Gewinn *m*; Erwerb *m*, Einkünfte *pl*; 2. Leistungsverstärkung *f*, Verstärkung *f* *{Elek}*; 3. Gewichtszunahme *f*, Zunahme *f* *{Text}*; 4. Querschlag *m* in Kohle *{Bergbau}*
gain amplification Vorverstärkung *f*
gain control Verstärkerregelung *f*, Amplitudenregelung *f*; Verstärkungsregelung *f*
gain equation Ausbeutegleichung *f* *{Nukl}*
gain potentiometer Verstärkungspotentiometer *n*
galactan <$(C_6H_{10}O_5)_n$> Galoctosan *n*, Gelose *f*, Galaktan *n*
galactarate dehydrase *{EC 4.2.1.42}* Galactatdehydrase *f*
galactaric acid *{obs}* <$HOOC(CHOH)_4COOH$> Galactarsäure *f*, Schleimsäure *f*, Tetrahydroxyadipinsäure *f*, 2,3,4,5-Tetrahydroxyhexandisäure *f*
galactite Galaktit *m* *{obs}*, Milchjaspis *m* *{Triv}*, Milchstein *m* *{Triv}*, Natrolith *m* *{Min}*
galactobiose Galactobiose *f*
galactochloralic acid Galactochloralsäure *f*
galactochloralose Galactochloralose *f*
galactoflavine Galactoflavin *n*
galactogen Galactogen *n* *{Biochem}*
galactoglucomannan Galacto[gluco]mannan *n* *{Polysaccharid aus D-Glucopyranose/o-Mannopyranose}*
galactoheptulose Galactoheptulose *f*
galactokinase *{EC 2.7.1.6}* Galactokinase *f*
galactolipase *{EC 3.1.1.26}* Galactolipase *f*
galactolipids Cerebroside *npl*, Galactolipide *npl*
galactometasaccharine Galactometasaccharin *n*
galactometer 1. Galaktometer *n*, Laktometer *n* *{Fettbestimmung}*; 2. Milchmesser *m*, Milchwaage *f* *{Dichtbestimmung}*; Milcharäometer *n*
galactomethylose D-Fucose *f*
galactonic acid Galactonsäure *f*, Lactonsäure *f*, Pentahydroxyhexansäure *f*
galactosamine <$C_6H_{13}NO_5$> Galactosamin *n*, Chrondrosamin *n*, 2-Amino-2-desoxy-D-Galactose *f*
galactosaminic acid Galactosaminsäure *f*
galactosan *s.* galactan
galactose <$C_6H_{12}O_6$> Galactose *f*, Dextrogalactose *f*; Cerebrose *f* *{Physiol}*
galactose galacturonic acid Galactosegalacturonsäure *f*
galactosidasen *{EC 3.2.1.22/.23}* Galactosidasen *fpl*
galactoside Galactosid *n*, Cerebrosid *n*, Galactoseglycosid *n*
galactosone Galactoson *n*
galactostatine <$C_6H_{13}NO_5$> Galactostatin *n*, 5-Amino-5-desoxygalactose *f*

galacturonic acid <$C_6H_{10}O_7$> Galacturonsäure *f {Hauptbestandteil der Pektine}*
galaheptite Galaheptit *m*
galaheptonic acid Galaheptonsäure *f*
galaheptose Galaheptose *f*
Galalith *{TM}* Galalith *n*, Kasein-Kunsthorn *n*
galanga[l] Galgantwurzel *f*, Galgant *m {von Alpinia officinarum Hance}*
galanga[l] oil Galgantwurzelöl *n*, Galangaöl *n*
galanga[l] root Galgantwurzel *f*
galangin <$C_{15}H_{10}O_5$> Galangin *n*, 3,5,7-Trihydroxyflavon *n*
galanginidine Galanginidin *n*
galanginidinium hydroxide Galanginidiniumhydroxid *n*
galanthamine <$C_{17}H_{21}NO_3$> Galanthamin *n*, Galatamin *n*, Lycoremin *n*, Lycorimin *n*, Jilkon *n*, Nivalin *n*
galanthaminic acid Galanthaminsäure *f*
galanthaminone Galanthaminon *n*
galanthidine Galanthidin *n*
galanthine Galanthin *n*
galban Galban *n*
galban resin Galbanharz *n*
galbanum Galbanharz *n*, Mutterharz *n {Gummiharz von Ferula gummosa Boiss.}*
galbanum oil Galbanumöl *n*
galbulin Galbulin *n*
galegine Galegin *n {2-Isopentenylguanidin}*
galena <PbS> Galenit *m*, Bleiglanz *m*, Blei(II)-sulfid *n*, Schwefelblei *n {Triv}*, Glasurerz *n*, Grauerz *n {obs}*, Boleslavit *m {Min}*
fine galena Hafnererz *n {Min}*
pseudo galena Sphalerit *m*
galenic[al] 1. bleiglanzhaltig; Bleiglanz-; 2. galenisch *{Pharm}*; 3. galenisches Präparat *n*, galenische Arznei *f*, galenisches Mittel *n*, Galenikum *n {Pharm}*
galenic[al] characteristics galenische Kenndaten *pl*
galenite *s.* galena
galenobismut[h]ite Galenobismutit *m {Min}*
Galilean number Galilei-Zahl *f {Fluid}*
galingale Galgant *m*; Galgantwurzel *f {von Alpinia officinarum Hance}*
galingale oil Galgantwurzelöl *n {Pharm}*
galiosin Galiosin *n*
galipeine <$C_{20}H_{21}NO_3$> Galipein *n*
galipidine <$C_{19}H_{19}NO_3$> Galipidin *n*
galipol <$C_{15}H_{26}O$> Galipol *n*
galipot [resin] Gallipotharz *m*, Scharrharz *n*, Galipot *m*, Scrape *n*, Barras *m {Resina pini}*
gall/to gallieren; wund reiben
gall 1. Galle *f*, Gallenflüssigkeit *f {Med}*; 2. Galle *f*, Gallapfel *m {Bot, Gerb}*; 3. Galle *f*, Glasgalle *f {Glas}*; 4. wundgeriebene Stelle *f {Med, Leder}*; dünne Stelle *f*, kahle Stelle *f {Text}*
gall stone Gallenstein *m {Med}*
bitter as gall gallenbitter
gallaceteine Gallacetein *n*
gallacetophenone <$C_8H_8O_4$> Gallacetophenon *n*, 2',3',4'-Trihydroxyacetophenon *n*, Alizaringelb C *n*
gallamide Gallamid *n*, Gallussäureamid *n*, 3,4,5-Trihydroxybenzoesäureamid *n*
gallamine blue Gallaminblau *n*
gallanilide Gallanilid *n*, Gallanol *n*, Gallussäureanilid *n*, 3,4,5-Trihydroxybenzanilid *n*
gallanol *s.* gallanilide
gallate 1. gallussauer; 2. Gallat(III) *n {z.B. $NaGaO_2$}*; 3. 3,4,5-Trihydroxybenzoat *n*, Gallat *n {Salz oder Ester der Gallussäure}*
gallate decarboxylase *{EC 4.1.1.59}* Gallatdecarboxylase *f*
gallein Gallein *n*, Pyrogallolphthalein *n*, 4',5'-Dihydroxyfluorescein *n*, Alizarinviolett *n*
galley proof Bürstenabzug *m*, Fahne *f*, Fahnenabzug *m*, Korrekturfahne *f*, Spaltenabzug *m {Druck}*
gallgreen gallengrün
gallic 1. Gallium(III)-; 2. Gallussäure-
gallic acid <$HOOCC_6H_2(OH)_3$> Gallussäure *f*, 3,4,5-Trihydroxybenzoesäure *f*
gallic chloride Gallium(III)-chlorid *n*, Gallichlorid *n {obs}*, Galliumtrichlorid *n*
gallic fermentation Gallussäuregärung *f*
gallic hydroxide Gallihydroxid *n {obs}*, Gallium(III)-hydroxid *n*
gallic oxide Gallium(III)-oxid *n*, Gallioxid *n {obs}*
gallic salt Gallisalz *n {obs}*, Gallium(III)-Salz *n*
gallicin <$C_8H_8O_5$> Gallicin *n*, Methylgallat *n*, Gallussäuremethylester *m*
gallin Gallein *n*
galling 1. Fressen *n*, Festfressen *n*, Verschweißen *n {durch Reibung}*; 2. Reiben *n*, Scheuern *n {gleitende/rollende Teile}* 3. Mitreißen *n {von Material}*
gallinol Gallanilid *n*, Gallanol *n*
galliolino Neapelgelb *n*
gallipharic acid Gallipharsäure *f*
gallipinic acid Gallipinsäure *f*
gallipot *s.* galipot [resin]
gallipot gum *s.* galipot [resin]
gallium *{Ga, element no. 31}* Gallium *n*, Eka-Aluminium *n {obs}*, Austrium *n {obs}*
gallium antimonide <$GaSb$> Galliumantimonid *n*
gallium arsenide <$GaAs$> Galliumarsenid *n*
gallium dichloride Gallochlorid *n {obs}*, Galliumchlorür *n {obs}*, Gallium(II)-chlorid *n*, Galliumdichlorid *n*
gallium monoxide Gallium(II)-oxid *n*, Gallium[mon]oxid *n*, Gallooxid *n {obs}*

gallium phosphide <GaP> Galliumphosphid *n*
gallium sesquioxide <Ga_2O_3> Galliumsesquioxyd *n {obs}*, Gallium(III)-oxid *n*, Gallioxid *n {obs}*
gallium sulfate <$Ga_2(SO_4)_3 \cdot 18H_2O$> Gallium(III)-sulfat *n*
gallium sulfide Schwefelgallium *n {obs}*, Gallium(I)-sulfid *n*, Galliumsubsulfid *n*
gallium trichloride Gallium(III)-chlorid *n*, Gallichlorid *n {obs}*
gallium triperchlorate <$Ga(ClO_4)_3$> Gallium(III)-perchlorat *n*
gallium(II) chloride Gallochlorid *n {obs}*, Galliumchlorür *n {obs}*, Gallium(II)-chlorid *n*, Galliumdichlorid *n*
gallium(II) oxide Gallium(II)-oxid *n*, Galliummonoxid *n*, Gallooxid *n {obs}*
gallium(III) chloride Gallium(III)-chlorid *n*, Gallichlorid *n {obs}*
gallium(III) hydroxide Gallihydroxid *n {obs}*, Gallium(III)-hydroxid *n*
gallium(III) oxide Gallium(III)-oxid *n*, Gallioxid *n {obs}*
gallium(III) salt Gallisalz *n {obs}*, Gallium(III)-Salz *n*
gallnut extract Galläpfelextrakt *m*
gallnut ink Gallustinte *f*
gallocatechol Gallocatechin *n*
gallocyanin[e] <$C_{15}H_{12}N_2O_5HCl$> Gallocyanin n
galloflavin Galloflavin *n*
gallon 1. Imperial-Gallone *f {GB, = 4,54609 L}*; 2. US-Gallone *f {= 3,785411 L (flüssig); = 4,404884 L (trocken)}*
gallonitrile Gallonitril *n*
gallotannic acid Gallusgerbsäure *f*, Gallotannin *n*, Tanningerbstoff *m*, Tannin *n {Chem, Leder}*
gallotannin *s.* gallotannic acid
gallous Gallium(II)-
gallous chloride Gallium(II)-chlorid *n*, Gallochlorid *n {obs}*, Galliumdichlorid *n*
gallous oxide Gallium(II)-oxid, Gallooxid *n {obs}*, Galliummonoxid *n*
galloyl <$(HO)_3C_6H_2CO$-> Galloyl-
galloylbenzophenone Galloylbenzophenon *n*
gallstone Gallenstein *m {Med}*
Galvani potential galvanisches Potential *n*, Galvanispannung *f*, Galvani-Potential *n*
galvanic galvanisch
galvanic anode Opferanode *f {Korr}*
galvanic battery galvanische Kette *f*, galvanische Batterie *f*
galvanic cell galvanische Zelle *f*, galvanische Kette *f*, galvanisches Element *n {DIN 70853}*, elektrochemisches Element *n*
galvanic colo[u]ring Galvanochromie *f*
galvanic corrosion Kontaktkorrosion *f*, Berührungskorrosion *f*, galvanische Korrosion *f*
galvanic element *s.* galvanic cell
galvanic protection galvanischer Schutz *m*
galvanic series [of metals] elektromotorische Spannungsreihe *f*
galvanised *{GB}* *s.* galvanized *{US}*
galvanism 1. Galvanismus *m*, Gleichstromtherapie *f*, Galvanotherapie *f*; 2. Voltaismus *m*
galvanization 1. *s.* galvanism; 2. Verzinkung *f*, Verzinken *n*
galvanize/to verzinken *{Tech}*; feuerverzinken *{in Metallschmelze tauchen}*; elektrolytisch verzinken
galvanized *{US}* 1. verzinkt; feuerverzinkt; 2. galvanisiert, elektrolytisch verzinkt
galvanized iron *s.* galvanized steel
galvanized steel verzinktes Eisenblech *n*; feuerverzinktes Stahlblech *n*
galvanizing 1. *s.* galvanism; 2. Verzinkung *f*, Verzinken *n*
galvanizing bath Galvanisierbad *n*; Zinkbad *n*, Verzinkungswanne *f*
galvanizing by dipping heißes Verzinken *n*; Tauchgalvanisierung *f*
galvanizing plant Verzinkungsanlage *f*, Verzinkerei *f*
galvanizing tank Verzinkungsgefäß *n*
hot galvanizing bath Metallsud *m*
galvanocautery Galvanokaustik *f*
galvanochemistry galvanotechnische Chemie *f*
galvanochromy Galvanochromie *f*
galvanography Galvanographie *f*
galvanoluminescence Galvanolumineszenz *f {Elektrolyse}*
galvanomagnetic galvanomagnetisch, magnetogalvanisch
galvanomagnetism Galvanomagnetismus *m*
galvanometer Galvanometer *n*
galvanometric galvanometrisch, galvanostatisch
galvanometric zero indicator galvanometrischer Nullindikator *m*
galvanometry Galvanometrie *f*
galvanoplastic galvanoplastisch
galvanoplastic process *s.* galvanoplstics
galvanoplastics Galvanoplastik *f*, Elektroplattierung *f*
galvanoplasty *s.* galvanoplastics
galvanoscope Galvanoskop *n*, Quadrantelektrometer *n*
galvanostegy 1. Galvanostegie *f*; 2. elektrolytisches Verzinnen *n* vor Nitrierhärten *n {Met}*; 3. Galvanotropie *f {Biol}*
gambin <$C_{10}H_7NO_2$> Gambin *n*
gambi[e]r Gambi[e]r *m*, Terra japonica *f*, Gambir-Catechu *n*, Gelbes Katechu *n {aus Uncaria gambir Roxb.}*
gambi[e]r catechol Gambircatechin *n*

gamboge Gummigutt *n {von Garcinia-Arten, vorwiegend G. hanburyi Hook. f.}*, Gutti *n*
gamboge butter Gambogebutter *f*
gametic chromosome number gametische Chromosomenzahl *f {Gen}*
gamma 1. Gamma *n {obs, magnetische Flußdichte f*, 1γ = 1nT}; 2. Gamma *n {obs}*, Mikrogramm *n*; 3. Gamma-Position *f {Stereochem}*
gamma acid Gammasäure *f*, 2-Amino-8-naphthol-6-sulfonsäure *f*
gamma-active gamma-[radio]aktiv *{Nukl}*
gamma-activity Gamma-Aktivität *f {Nukl}*
gamma-benzene hexachloride *{BP} s.* γ-hexachlorocyclohexane
gamma brass Gammamessing *n*
gamma compounds <-RX-CH_2-RY-> Gamma-Verbindungen *fpl*, Gamma-Stellung *f {Stereochem}*
gamma counter tube Gammazählrohr *n*
gamma decay Gamma-Zerfall *m*
gamma disintegration Gamma-Zerfall *m*
gamma emitter Gamma-Strahler *m*
gamma helix Gamma-Helix *f {Polypeptid-Struktur}*
gamma-globulin Gamma-Globulin *n*
gamma iron Austenit *m*; Gamma-Eisen *n*
gamma irradiation Gamma-Bestrahlung *f*
gamma particle Gammateilchen *n*
gamma quantum Gamma-Quant *n*
gamma radiation Gamma-Strahlung *f*
gamma-radioactive gamma-[radio]aktiv
gamma radioactivity Gamma-Aktivität *f {Nukl}*
gamma radiography Gamma-Radiographie *f*, Gammagraphie *f*, Gamma-Strahlprüfung *f*
gamma ray Gammastrahl *m*, γ-Strahl *m*
gamma-ray detector Gamma-Strahlendetektor *m*, Gamma-Detektor *m*
gamma-ray energy Gamma-Energie *f*
gamma-ray photon Gammastrahlphoton *n {Nukl}*
gamma-ray laser Gamma-Strahlenlaser *m*, Graser *m*
gamma-ray scattering Gamma-Strahlstreuung *f*
gamma-ray source Gamma-Strahlenquelle *f*
gamma-ray spectrometer Gamma-Spektrometer *n*
gamma-ray spectroscopy Gamma-Spektroskopie *f*
gamma-ray spectrum Gamma-Strahlenspektrum *n*
gamma-ray testing Gammastrahlen-Durchstrahlungs-Prüfung *f*, Isotopen-Durchstrahlungs-Prüfung *f*
gamma-resonance spectroscopy Gamma-Resonanzspektroskopie *f*
gamma-sensitive gammaempfindlich
gamma-sensitivity Gamma-Empfindlichkeit *f {Nukl}*
gamma uranium Gamma-Uran *n*
gamma value Kontrastfaktor *m*, Gamma-Wert *m*, Gamma *n*, Entwicklungsfaktor *m*, Gradation *f {Photo}*
gammagraphy *s.* gamma radiography
gammexane <$C_6H_6Cl_6$> Gammexan *n {HN}*, Lindan *n {HN}*, 1,2,3,4,5,6-Hexachlorocyclohexan *n* {IUPAC}, γ–Benzolhexachlorid *n {ein Kontaktinsektizid}*
gamones Gamones *npl*, Gametenhormone *npl*, Befruchtungshormone *npl*
gang 1. Gang *m*, Gangart *f {Weben}*; 2. Ganggestein *n {Min}*; 3. Arbeiterkolonne *f*, Arbeitergruppe *f*; 4. Satz *m*, Gruppe *f*, Serie *f {z.B. Geräte}*; 5. Wagenzug *m {Bergbau}*
ganglion-blocking agent Ganglienblocker *m*, Ganglioplegikum *n {Physiol}*, Ganglienzelle *f {Histol}*
ganglioside Gangliosid *n {Lipidkomplex}*
gangue Gangart *f*, Ganggestein *n*, Gangmineral *n {Bergbau}*
gangway 1. Arbeitsbrücke *f*, Laufbrücke *f*, Laufgang *m*; 2. Hauptstrecke *f {Bergbau}*
gan[n]ister 1. Ganister *m {Min}*; 2. saure Konverterauskleidung *f {Bemesser-Verfahren}*
ganomatite Ganomatit *m*, Gänsekötigerz *n {Min}*
ganophyllite Ganophyllit *m*, Mangan-Zeolith *m {Min}*
gantry crane Bockkran *m*
gap 1. Abstand *m {z.B. Elektrodenabstand}*; 2. Hohlraum *m*, Lücke *f*, Öffnung *f*, Riß *m*, Spalt *m*, Spalte *f*, Zwischenraum *m*; Funkenspalt *m {Funkenerosion}*; 3. verbotenes Band *n*, verbotene Zone *f*, verbotener Energiebereich *m*, nicht zugelassener Energiebereich *m*, Energielücke *f {Halbleiter}*
gap-filling fugenfüllend
gap-filling adhesive Fugenkitt *m*, spaltfüllender Klebstoff *m*, Klebstoff *m* mit großem Füllstoffgehalt *m*
gap-filling material Ausgleichsmasse *f*
gapmeter Rotamesser *m {Volumenstrom}*
garancin Garancin *n*, Krappfärbestoff *m*
garbage 1. Abfall *m*, Müll *m*, Kehricht *m*; Hausmüll *m*, Haushaltabfälle *mpl*, Siedlungsabfälle *mpl*; 2. falsche Eintragung *f*, unverständliche Eintragung *f*, falsche Eingabe *f*, fehlerhafte Eingabe *f*, unsinnige Datei *f {EDV}*
garbage-burning incinerator Abfallverascher *m*
garbage dump Müllabladeplatz *m*, Müllkippe *f*
garbage grinder Müllwolf *m*, Müllzerkleinerer *m*
garbage-incinerating plant Müllverbrennungsanlage *f*, MVA

garbage incinerator Müllverbrennungsanlage *f*, MVA
garbage pit Müllabladeplatz *m*, Müllkippe *f*
Gardner colo[u]r standard number Gardner-Farbzahl *f*
Gardner colo[u]r scale *{ISO 4630}* Gardner-Farbskale *f*
Gardner-Holt viscosity tube Gardner-Holt-Viskositätsröhre *f*
gargle Mundwasser *n*, Gurgelwasser *n*
garlic-like knoblauchartig
garlic mustard oil Lauchhederichöl *n*
garlic oil Knoblauchöl *n {aus Allium sativum L.}*
garnet 1. granatfarbig; 2. Granat *m {Min}*
garnet carbuncle Karfunkelstein *m {obs}*, Almandin *m*, Eisentongranat *m {Min}*
garnet lac Granat[schel]lack *m*, Rubin[schel]lack *m*, roter Schellack *m*
garnet-like granatartig
artificial garnet Granatfluß *m*
common garnet gemeiner Granat *m {Min}*
green garnet Kalkgranat *m {Min}*
mock garnet Glasgranat *m {Min}*
white garnet Leucit *m {Min}*
garnetiferous granathaltig
garnierite <$H_2(Ni,Mg)SiO_4 \cdot H_2O$> Garnierit *m*, Noumeait *m {obs}*, Nickel-Chrysotil *m {Min}*
garryine <$C_{22}H_{33}NO_2$> Garryin *n*
gas/to 1. gasen, Gas *n* abgeben; 2. vergasen, zur Gasaufnahme *f* veranlassen *{z.B. eine Schmelze}*; 3. sengen, absengen, gasieren, abflammen *{Text}*; 4. begasen; mit Gas *n* vergiften *{Ungeziefer}*
gas 1. Gas *n*; 2. *{US}* Benzin *n*, Ottokraftstoff *m*, Vergaserkraftstoff *m*; 3. Grubengas *n*, Schlagwetter *n*, schlagende Wetter *npl {Bergbau}*
gas absorbing gasabsorbierend
gas absorptiometer Gasabsorptionsmesser *m*
gas absorption Gasabsorption *f*, Gasaufnahme *f*
gas absorption chromatography Gasabsorptionschromatographie *f*, Gas-Solidus-Chromatographie *f*, GSC, Gas-Fest-Chromatographie *f*
gas access Gaszutritt *m*
gas admittance valve Gaseinlaßventil *n*
gas adsorption Gasadsorption *f*
gas-air ratio Gas-Luft-Verhältnis *n*, Verhältnis *n* Gas/Luft *{Flamme}*
gas alarm Gasalarmmelder *m*; Wettermelder *m {Bergbau}*, Schwadenmelder *m {Bergbau}*
gas analyser *{GB}* *s.* gas analyzer *{US}*
gas analysis Gasanalyse *f*, Gasuntersuchung *f*
gas analyzer *{US}* Gasanalysenapparat *m*, Gasanalysegerät *n*, Gasanalysator *m*, Gasprüfer *m*, Gasuntersuchungsapparat *m*
gas analyzing apparatus *s.* gas analyzer *{US}*
gas-analytical gasanalytisch
gas and water supply Gas- und Wasserversorgung *f*
gas apparatus Gasapparat *m*, Gasentwickler *m*, Gaserzeuger *m*, Gasgenerator *m*
gas atmosphere Gasatmosphäre *f*
gas backstreaming Gasrückströmung *f*
gas baffle Zuglenkwand *f*
gas balance Gaswaage *f*, Gasdichtewaage *f*
gas-ballast pump Gasballastpumpe *f {Vak}*
gas-ballast valve Gasballastventil *n {Vak}*
gas battery Gasbatterie *f*, Gaselement *n {Elek}*
gas-bearing gasführend *{Geol, Bergbau}*
gas being handled Fördermedium *n*
gas bell Gasglocke *f*, Gashalter *m*
gas black Gasruß *m*, Lampenschwarz *n*, Ruß *m*, Lampenruß *m*
gas blanketing Gasabdeckung *f*
gas bleaching Gasbleiche *f {Pap}*
gas blending Gasmischen *n*
gas blower Gasgebläse *n*
gas bombardment Gasbeschießung *f*
gas bottle Stahlflasche *f*, Gasflasche *f*, Flasche *f*, Bombe *f {mit/für Gas}*, Gaszylinder *m*
gas bubble Gasbläschen *n*, Gasblase *f*
gas-bubble pump Gasblasenpumpe *f*, Mammutpumpe *f*
gas bubbler Gaszylinder *m*
gas burette Gasmeßröhre *f*, Gasbürette *f {volumetrische Gasanalyse}*
gas burner Gasbrenner *m*, Gaslampe *f*
gas calorimeter Gaskalorimeter *n*
gas candle Gaseinleitungskerze *f*
gas cap Gaskappe *f*, Gaskopf *m {Erdöl}*
gas carbon Retortenkohle *f*, Retortengraphit *m*
gas-cartridge fire extinguisher Gaspatronenfeuerlöscher *m*
gas cell 1. Gasküvette *f {Spek}*; 2. [elektrische] Gaszelle *f*, [elektrisches] Gaselement *n*, Gaskette *f {Elek}*; 3. flexibler Gasbehälter *m*, Gaszelle *f*; 4. Brennstoffelement *n {Elek}*
gas centrifuge Gaszentrifuge *f {Nukl}*
gas chromatogram Gaschromatogramm *n*
gas-chromatographic gaschromatographisch
gas chromatographic method *{ISO 5279}* gaschromatographische Analyse *f*
gas chromatography Gaschromatographie *f*
gas circulating pump Gasumlaufpumpe *f*
gas cleaner Gasreiniger *m*, Gasreinigungsapparat *m*
gas cleaning Gasreinigung *f*
gas coal Gaskohle *f {DIN 22005; 25-32% flüchtige Anteile}*, Schmiedekohle *f*
gas coke Gas[werks]koks *m*
gas composition Gaszusammensetzung *f*
gas compressor Gasverdichter *m*
gas concentration Gaskonzentration *f*
gas-concentration measuring equipment Gas-

konzentrations-Meßgerät *n*, Gaskonzentrationsmesser *m*
gas-condensate hydrocarbons kondensierbarer Kohlenwasserstoff *m {z.B. Propan, Butan, Pentan}*
gas condenser Gaskondensator *m*, Gaskühler *m*
gas conditioner Gasreiniger *m*
gas conditioning Gasreinigung *f*
gas conduit Gasführungsrohr *n*, Gasleitung *f*
gas connection Gasanschluß *m*
gas constant [universelle,allgemeine] Gaskonstante *f* {$R = 8{,}314\ JK^{-1}mol^{-1}$}
gas constituent Gasbestandteil *m*
gas consumption Gasverbrauch *m*
gas content Gasgehalt *m*; Gasbeladung *f {z.B. bei der Schaumherstellung}*
gas-cooled reactor gasgekühlter Reaktor *m {Nukl}*
gas cooler Gaskühler *m*
gas-cooling loop Gaskühlkreislauf *m*
gas counter 1. Gasmesser *m*, Gaszähler *m*; 2. Gasfüllzählrohr *n*; Geiger-Müller-Zählrohr *n*, Geiger-Zähler *m*, Auslösezählrohr *n*
gas-counterpressure casting process Gasgegendruck-Gießverfahren *n*
gas-counterpressure injection mo[u]lding [process] Gasgegendruck-Spritzgießverfahren *n {thermoplastischer Schaumstoffe}*
gas cracking Gasspaltung *f {Erdöl}*
gas current Gasstrom *m*, Ionisationsstrom *m*
gas cutting Autogenschneiden *n*, Brennschneiden *n*, Brennschnitt *m*, Sauerstoff-Brennschneiden *n*
gas cyaniding Carbonitrieren *n {Met}*
gas cycle Gas-Arbeitskreislauf *m {Thermo}*
gas cylinder Gasflasche *f*, Stahlflasche *f*, Flasche *f*, Bombe *f {mit/ohne Gas}*, Gaszylinder *m*
gas-cylinder trolley Stahlflasche-Schubkarre *f*
gas dedusting Gasentstaubung *f*
gas dehumidification Gasentfeuchtung *f*
gas densimeter Gasdichtewaage *f*, Gasdichtemesser *m*
gas density Gasdichte *f*, Dampfdichte *f*
gas-density meter Gasdichtemesser *m*
gas deposits Erdgasvorkommen *n*
gas desiccant Gastrocknungsmittel *n*
gas-detection system Gasmeldeanlage *f*
gas detector Gasanzeiger *m*, Gasdetektor *m*, Gasspürgerät *n*, Gasmelder *m*; Grubengasanzeiger *m*, Schwadenanzeiger *m*, Schlagwetteranzeiger *m {Bergbau}*
gas diffusion Gasdiffusion *f*
gas-diffusion plant Gasdiffuisionsanlage *f*
gas discharge Gasentladung *f {Elek}*
gas-discharge colo[u]r method Lecksuche *f* mit Geißlerrohr
gas-discharge electron source Gasentladungselektronenquelle *f*
gas-discharge ga[u]ge Gasentladungsmanometer *n*
gas-discharge lamp Gasentladungslampe *f*, Entladungslampe *f*, Gasentladungslichtquelle *f*
gas-discharge laser Gasentladungslaser *m*
gas-discharge tube Gasentladungsröhre *f*, Ionenröhre *f*, Kaltlichtröhre *f*, Geißlersche Röhre *f*
gas dispersion Gasausbreitung *f*, Gasdispersion *f*
gas-displacement device Gaspendelsystem *n {Ökol}*
gas distributor Gasverteiler *m*
gas dosing Gasdosierung *f*
gas-dosing leak Gasdosierleck *n*
gas drainage Gasabführung *f*
gas dryer Gastrockner *m*
gas drying Gastrocknung *f*
gas-drying agent Gastrocknungsmittel *n*
gas-drying apparatus Gastrockner *m*
gas duct Gasweg *m*, Gaskanal *m*
gas electrode Gaselektrode *f*
gas engine Gasmaschine *f*, Gasmotor *m*
gas-engine oil Gasmaschinenöl *n*
gas entrainement Gaseinschlüsse *mpl*
gas envelope Gashülle *f*, Schutzgas *n*
gas equation Gasgleichung *f*, Gleichung *f* des idealen Gases *n*
gas escape Gasausströmung *f*
gas evolution Gasentwicklung *f*, Gasabscheidung *f*, Gasabspaltung *f*, Ausgasen *n*
gas-evolution resistance Gasfestigkeit *f {Elek}*
gas exhauster Gassauger *m*
gas-expansion thermometer Gasthermometer *n*
gas expeller Entgaser *m*
gas-expelling furnace Gasaustreibeofen *m*
gas explosion Gasexplosion *f*
gas factor Gasfaktor *m {Vak}*
gas fill Gasfüllung *f*
gas-filled gasgefüllt, mit Gasfüllung
gas-filled relay Ionenschalter *m*
gas-filling valve Gaseinfüllventil *n*
gas film Gasschicht *f*, Gashaut *f*
gas filter Gasfilter *n*
gas-fired gasgefeuert, gasbeheizt
gas-fired furnace Ofen *m* mit Gasfeuerung *f*, Gasofen *m*
gas firing Gasfeuerung *f*
gas flame Gasflamme *f*, Leuchtgasflamme *f*
gas-flame coal Gasflammkohle *f {DIN 22005}*
gas flow Gasstrom *m*, Gasströmung *f*
gas-flow rate Gasdurchsatz *m*
gas flowmeter Gasdurchflußmesser *m*, Gasströmungsmesser *m*, Durchflußmesser für Gas, Strömungsmesser *m* für Gas
gas flue Gasabzug *m*
gas formation Gasbildung *f*, Gasentwicklung *f*
gas-forming gasbildend

gas fractionator Gastrennanlage *f*
gas-free gasfrei
gas-free high purity copper GFHP-Kupfer *n*
gas furnace gasgefeuerter Ofen *m*, Gasofen *m*
gas-generating apparatus Gasentwicklungsapparat *m*, Gasentwickler *m* *{Lab}*
gas-generating bottle Gasentbindungsflasche *f*
gas generation Gaserzeugung *f*, Gasgewinnung *f*, Gasbereitung *f*
gas generator Gasentwickler *m*, Gasentwicklungsapparat *m* *{Lab}*; Gaserzeuger *m*, Gasgenerator *m*
gas grooves Gasmarken *fpl*
gas-heated gasbeheizt, gasgeheizt, mit Gas *n* geheizt, mit Gas *n* beheizt
gas heater Gasofen *m*
gas holder Gasbehälter *m*, Gasglocke *f*, Gassammler *m*; Gasometer *n* *{Stadtgasbehälter}*
gas hold-up relativer Gasanteil *m* *{Dest}*
gas hydrate Gashydrat *n*, Eishydrat *n* *{Käfigeinschlußverbindung}*
gas impermeability Gasdichtheit *f*, Gasundurchlässigkeit *f*
gas-impermeable gasundurchlässig
gas injection Gasinjektion *f*, Gaseinpressen *n*, Einpressen *n* von Gas *n*, Begasen *n* *{Erdölförderung}*
gas-injector pump Gasstrahlpumpe *f*
gas inlet Gaszuführung *f*, Gaszuleitung *f*, Gaseintritt *m*
gas-inlet capillary tube Gaszuführungskapillare *f*
gas-inlet pipe Gaszuleitungsröhre *f*, Gaszuführungsrohr *n*, Gaszuleiter *m*
gas-inlet tube *s.* gas-inlet pipe
gas-inlet valve Gaseinlaßventil *n*
gas-ion constant Gasionenkonstante *f*, Röhrenkonstante *f*
gas-ion current Ionenstrom *m*
gas jacket Gasumhüllung *f*
gas jet Gasdüse *f*, Gasstrahl *m*, Gas-Jet *m* *{Schwerionenbeschleuniger}*; Brenner *m*
gas-jet pump Gasstrahlpumpe *f*, Gasstrahlvakuumpumpe *f*
gas kinetics Gaskinetik *f*
gas laser Gaslaser *m*
gas laws Gasgesetze *npl* *{thermische und kalorische Zustandsgleichungen der Gase}*
gas-leak test Gasdichtheitsprüfung *f*
gas-leak valve Gasauslaßventil *n*
gas-like gasförmig, gasartig
gas lime Gaskalk *m*, Grünkalk *m* *{Agri}*
gas liquefaction Gasverflüssigung *f*
gas-liquid chromatograph Gas-Flüssigkeit-Chromatograph *m*
gas-liquid chromatography Gas-Flüssig-Chromatographie *f*
gas-liquid-extraction Gas-Flüssig-Extraktion *f*
gas-liquid partition chromatography Verteilungschromatographie *f*, GLC
gas liquor Gaswasser *n*, Ammoniakwasser *n*, NH_3-Wasser *n* *{Kühl- und Waschwasser in Kokereien/Gaswerken}*
gas lubrication Gasschmierung *f*, Luftschmierung *f*, gasdynamische Schmierung *f*
gas manometer Gasmanometer *n*
gas mantle Gasglühlichtkörper *m*, Gasglühlichtstrumpf *m*, Glühstrumpf *m*, Auer-Glühstrumpf *m*, Auer-Strumpf *m*
gas mask Atemschutzgerät *n*, Gasmaske *f*, Atemschutzmaske *f*
gas mask and breathing equipment Atemschutzgeräte *npl*, Atemschutz *m*
gas mask canister Atemfilter *n*
gas mask filter Filterbüchse *f*, Filtereinsatz *m*
gas measurement Gasmessung *f*
gas-measuring tube Gasmeßrohr *n*, Gasbürette *f*
gas medium Vergasungsmittel *n*
gas meter Gasmesser *m*, Gaszähler *m*, Gasuhr *f*
gas-methanizing plant Gasmethanisieranlage *f*
gas microanalyzer Gasspuren-Analysator *m*
gas-mixing device Mischeinrichtung *f* für Gase, Gasmischeinrichtung *f*
gas mixture Gasgemisch *n*, Gasmischung *f*
gas-mixture separation plant Gaszerlegungsanlage *f*
non-ideal gas mixture nicht-ideale Gasmischung *f*
gas molecule Gasmolekül *n*
gas-monitoring equipment Gasüberwachungsgerät *n*
gas nitriding Gasnitrierung *f*, Gasnitrieren *n*
gas noise Ionenrauschen *n* *{Elek}*
gas occlusion Gaseinschluß *m*
gas odorization Gasodorierung *f*
gas off-take Gasabzug *m*, Gasaustritt *m*, Gasentnahme *f*, Gasabführung *f*
gas oil Gasöl *n*, Dieselöl *n*, Treiböl *n* *{230 - 425 °C}*
gas oil fraction Gasölfraktion *f* *{Erdöl, 255 - 350 °C, DIN 51567}*
gas outlet Gasabzug *m*, Gasabgang *m*, Gasausgang *m*, Gasaustritt *m*, Gasaustrittsöffnung *f*
gas-oxygen lamp Leuchtgassauerstofflampe *f*
gas packing unter Gasschutz Verpacken *n*
gas passage Gasdurchgang *m*, Gasweg *m*, Gaskanal *m*
gas permeability Gasdurchlässigkeit *f*
gas-permeability tester Gasdurchlässigkeits[prüf]gerät *n*
gas-permeability testing Gasdurchlässigkeits-Prüfung *f*
gas permeameter Gaspermeameter *m*, Gasdurchlässigkeitsmeßgerät *n*

gas-permeation method Nachschwitzmethode *f*
gas phase Gasphase *f*, gasförmige Phase *f*, Gasraum *m*
gas-phase oxidation Gasphasenoxidation *f*
gas-phase polymerization Gasphasenpolymerisation *f*
gas phototube gasgefüllte Photozelle *f*
gas pickling plant Gasbeizerei *f*
gas pipe Gasrohr *n*, Gasleitung *f*
gas pipeline Erdgasleitung *f*
gas pipet[te] Gaspipette *f {Lab}*
gas piping Gasleitung *f*
gas plating Aufwachsverfahren *n*
gas pocket Gaseinschluß *m*
gas poisoning Gasvergiftung *f*, Vergasen *n*
gas pore Gaspore *f {Met, Kunst}*
gas pressure Gasdruck *m*
gas pressure and counterpressure process Gasgegendruck-Spritzgießverfahren *n {thermoplastische Schaumstoffe}*
gas producer Gaserzeuger *m*, Gasgenerator *m*, Gasentwickler *m*, Kraftgasanlage *f*
gas production Gasgewinnung *f*, Gasbereitung *f*, Gaserzeugung *f*
gas-proof gasbeständig, gassicher, gasdicht
gas puddling Gasfrischen *n*
gas purging Entgasen *n*
gas purification Gasreinigung *f*
gas-purification system 1.Gasreinigung *f*; 2. Spülgassystem *n*
gas purifier Gasreiniger *m*
gas purifying Gasreinigung *f*
gas-purifying mass Gasreinigungsmasse *f*
gas-recycle coking oven Spülgasschwelofen *m*
gas-refrigerating machine Gaskältemaschine *f*
gas-refrigeration cycle Gaskälteprozeß *m*
gas-refrigeration machine Kaltgasmaschine *f*
isochoric gas refrigeration stilisierter Gaskälteprozeß *m*
gas regulator Gasdruckregler *m*, Gaseinsteller *m*; Gasdruckreduzierventil *n {z.B. an der Gasflasche}*
gas release Freisetzung *f* von Gas *n*
gas reservoir 1. Gasbehälter *m*; 2. Gaslagerstätte *f*, Erdgaslagerstätte *f*
gas residue Gasrückstand *m*
gas retort Gas[werks]retorte *f*
gas-retort carbon Gaskohle *f*
gas sample Gasprobe *f*
gas-sample collector Gasproben-Sammler *m*
gas-sampler Gasprobenehmer *m*
gas-sampling pipet[te] Gassammelröhre *f {Anal}*
gas-sampling tube Gassammelröhre *f*
gas-sampling valve Gasprobengeber *m*, Probengeber *m* für Gase *npl {Chrom}*
gas scrubber Gaswäscher *m*, Skrubber *m*, Wäscher *m*, Wascher *m*; Naßenstauber *m*, Naß[staub]abscheider *m*
gas scrubbing Gaswäsche *f*, Gaswäscherei *f*
gas-sensing membrane probe gassensitive Membransonde *f*
gas-sensing probe Gasfühler *m*
gas separation Gas[ab]trennung *f*; Gas-Öl-Trennung *f*, Erdgasabtrennung *f*, Entgasung *f {Roherdöl}*
gas separation circuit Gastrennkreislauf *m*
gas separation plant Gaszerlegungsanlage *f*, Gastrennanlage *f*
gas separator Gasabscheider *m*, Gastrenner *m*, Gasscheider *m*, Gasseparator *m*; Gas-Öl-Separator *m*, Gas-Öl-Trennvorrichtung *f {für Erdöl}*
gas-shuttle pipe Gaspendelleitung *f*
gas-side rauchgasseitig
gas sniffer Explosimeter *n*, Gas-Spürgerät *n*
gas-solid chromatograph Gas-Feststoff-Chromatograph *m*
gas-solid chromatography Gas-Festkörper-Chromatographie *f*, Gas-Solidus-Chromatographie *f*, GSC
gas-solid interaction Wechselwirkung *f* Gas-Festkörper
gas-solid separation Gas-Feststoff-Abscheidung *f*
gas solubility Gaslöslichkeit *f*
gas splitting Gaszerlegung *f*
gas-stabilized arc gasstabilisierter Bogen *m*
gas sterilizer Gas-Sterilisator *m {DIN 58948}*
gas stream Gasstrom *m*
gas-stream regulator Gasstromregler *m*
gas-stripper extraction pump Entgaserabziehpumpe *f*
gas-suction nozzle Gasansaugstutzen *m*
gas supply Gasversorgung *f*, Gaszuführung *f*; Gasvorrat *m*
gas tank 1. Gasbehälter *m*; Gasometer *n {Stadtgas}*; 2. Benzintank *m*, Kraftstofftank *m*
gas tap Gashahn *m*
gas tar Gas[werks]teer *m*, Kohlenteer *m*
gas temperature Gastemperatur *f*
gas tester Gastester *m*, Gasprüfer *m*, Gasprüfvorrichtung *f*, Gasspürgerät *n*
gas testing Gasanlyse *f*
gas-testing apparatus *s.* gas tester
gas thermometer Gas-Ausdehnungsthermometer *n*, Gasthermometer *n*
gas throughput Gasdurchsatz *m*
gas-tight gasdicht, gasundurchlässig
gas-tight casing gasdichte Umhüllung *f*
gas-tight envelope gasdichte Umhüllung *f*
gas tightness Gasdichtheit *f*, Gasdichtigkeit *f*, Gasundurchlässigkeit *f*
gas-tightness test Gasdichtheitsprüfung *f*
gas-trace apparatus Gasspurenmesser *m*

gas transfer Gasaustausch *m*
gas-transmission rate Gasdurchlässigkeit *f* *{Kunst; DIN 53380}*
gas trap Gasfalle *f*
gas tube 1. Gasflasche *f*; 2. Gasentladungsröhre *f*, Gasröhre *f*, Ionenröhre *f* *{Elek}*
gas ultracentrifuge Ultra-Gaszentrifuge *f*
gas valve Gasventil *n*, Gasschieber *m*
gas volume Gasvolumen *n*
gas volumeter Gasvolumeter *n*
gas-volumetric gasvolumetrisch
gas-warning system Gaswarnsystem *n*
gas washer Gaswäscher *m*, Skrubber *m*, Gaswascher *m*; Naß[staub]abscheider *m*, Naßentstauber *m*
gas washing Gaswaschen *n*, Gaswäsche *f*, Waschen *n*; Naßentstauben *n*
gas-washing bottle Gaswaschflasche *f*, Waschflasche *f* *{Lab}*
gas-washing plant Gaswäscheanlage *f*, Gasreinigungsanlage *f*
gas water Gaswasser *n*
gas-weighing balloon Gaswägepipette *f* *{Anal, Lab}*
gas welding autogenes Schweißen *n*, Autogenschweißen *n*, Gasschmelzschweißen *n*, Gasschweißen *n* *{DIN 8522}*
gas with low calorific valve Armgas *n*
gas-works waste water Gaswasser *n* *{Abwasser von Gaswerken}*
absorbed gas absorbiertes Gas *n*
absorption of gas Gasaufnahme *f*
accumulation of gas Gasansammlung *f*
bottled gas Flaschengas *n*
burnt gas verbranntes Gas *n*
combustible gas brennbares Gas *n*, Verbrennungsgas *n*
free of gases gasfrei
ideal gas ideales Gas *n* *{Thermo}*
inert gas Edelgas *n*; reaktionsträges Gas *n*, Inertgas *n*
liquefied natural gas Flüssiggas *n*, verflüssigtes Erdgas *n*, LNG
liquefied petroleum gas Flüssiggas *n*, verflüssigtes Erdgas *n* *{Butan/Propan}*, LNG
mixture of gases Gasgemisch *n*
nitrous gases nitrose Gase *npl*
noble gas Edelgas *n*
perfect gas ideales Gas *n*
real gas reales Gas *n*
theory of gases Gastheorie *f*
town gas Stadtgas *n*, Brenngas *n*, Leuchtgas *n*
water-gas Wassergas *n*
gaseity Gasförmigkeit *f*, Gaszustand *m*
gaseous gasförmig, gasartig, gasig, luftartig; gashaltig; Gas-
gaseous adsorption Gasadsorption *f*
gaseous atmosphere Gasatmosphäre *f*
gaseous chemicals in semiconductor processing Reaktionsgase *npl* bei Halbleiterfabrikation
gaseous condition Gaszustand *m*
gaseous diffusion Gasdiffusion *f*
gaseous diffusion plant Gasdiffusionsanlage *f* *{Nukl}*
gaseous diffusion process Gasdiffusionsverfahren *n*, Diffusionsverfahren *n* *{Nukl}*
gaseous discharge gasförmige Entladung *f*, [elektrische] Gasentladung *f*
gaseous effluents Abgase *npl*
gaseous electronics Gaselektronik *f*
gaseous fission product gasförmiges Spaltprodukt *n*
gaseous fuel gasförmiger Brennstoff *m*, Heizgas *n*; gasförmiger Kraftstoff *m*
gaseous impurities Gasverunreinigungen *fpl*
gaseous ion Gasion *n*
gaseous mixture Gasgemenge *n*, Gasgemisch *n*
gaseous phase Gasphase *f*, gasförmige Phase *f*
gaseous state gasförmiger Zustand *m*
gaseousness Gaszustand *m*, Gasartigkeit *f*, Gasförmigkeit *f*
gasifiability Vergasbarkeit *f*
gasifiable vergasbar
gasification Vergasung *f*, Zerstäubung *f*
gasification coal Vergasungskohle *f* *{DIN 22005}*
gasification in retorts Retortenvergasung *f*
gasification of coal Kohlenvergasung *f*
gasification of lignite Braunkohlevergasung *f*
gasification plant Vergasungsanlage *f*
gasification train Vergaserstrang *m*
fluidized gasification Schwebevergasung *f*
gasifier Vergaser *m*, Vergasungsapparat *m*
gasiform gasförmig, gasartig
gasify/to vergasen, in Gas *n* umwandeln
gasifying Vergasen *n*
gasifying cabinet Begasungsschrank *m*
gasifying chamber Vergaserraum *m*
gasifying heat Vergasungswärme *f*
gasket 1. Flachdichtung *f* *{ebene}*; 2. Dichtungsring *m*, Dichtungsscheibe *f*, Dichtungsmanschette *f*, Flanschdichtung *f*, Dichtung *f*, Dichtungselement *n* *{zwischen ruhenden Flächen}*; 3. Einschmelzstelle *f*, Abdichtung *f*, Einschmelzung *f*, Verschmelzung *f*; 4. Preßdichtung *f*
gaslight Gasflamme *f*, Gaslampe *f*, Gaslicht *n*
incandescent gaslight Gasglühlicht *n*
gasohol Ethanol-Benzin-Gemisch *n*, Benzin-Alkohol-Gemisch *n* *{ein Alternativ-Kraftstoff}*, Gasohol *n*, Alkoholkraftstoff *m*
gasoline Benzin *n* *{Spezialbenzin mit Siedebereich 30-80 °C}*, Gasolin *n* *{ein Leichtbenzin}*, Kristallöl *n* *{obs}*; *{US}* Benzin *n*, Ottokraftstoff *m*, Vergaserkraftstoff *m*

gasoline additives Benzinadditive *npl*, Kraftstoffzusätze *mpl*
gasoline-air mixture Benzin-Luft-Gemisch *n*
gasoline blend Kraftstoffgemisch *n*
gasoline bomb Brandsatzflasche *f*, Molotow-Cocktail *m*
gasoline extender Kraftstoffstreckmittel *n*
gasoline for spark ignition engines Ottokraftstoff *m*
gasoline from coal Schwelbenzin *n*
gasoline from coal hydrogenation Hydrierbenzin *n*
gasoline refining Benzinraffination *f*
gasoline-refining plant Benzinraffinerieanlage *f*
gasoline separator *{US}* Benzinabscheider *m*
gasoline trap Benzinabscheider *m*
gasoline used for cleaning purposes Waschbenzin *n*
gasoline vapor Benzindampf *m*
cracked gasoline Krackbenzin *n*
heavy gasoline Schwerbenzin *n*
medium heavy gasoline Mittelbenzin *n*
gasometer Gasometer *n {Stadtgasbehälter}*, Gasbehälter *m*, Gasglocke *f*, Gassammler *m*
gasometric gasometrisch, gasvolumetrisch
gasometry Gasmessung *f*, Gasometrie *f*
gassing 1. Gasen *n {beim Batterieladen}*, Gasung *f*, Gasentwicklung *f*; 2. Vergasen *n*, Vergasung *f {einer Schmelze}*, Schmelzvergasung *f {Met}*; Begasung *f {Kernaushärtung, Met}*; 3. Füllen *n {z.B. von Ballons}*; 4. Begasung *f*; Gasvergiftung *f {Ungeziefer}*; 5. Gassengen *n*, Sengen *n*, Gasieren *n*, Abflammen *n*, Absengen *n {Text}*; 6. Knallgasentwicklung *f {Elek}*
gassy 1. gasartig; 2. gasführend, gashaltig; 3. nicht vollständig evakuiert *{Röhre}*; 4. schlagwetterführend; 5. *{US}* gasgefüllt, weich
gassy concrete Gasbeton *m*
gastaldite Gastaldit *m {Min}*
gastric acid Magensäure *f*
gastric juice Magensaft *m*
gate/to 1. durchlassen, einblenden; toren *{Elektronik}*; 2. ausblenden, austasten; 3. anschneiden *{Gieß}*
gate 1. Tor *n*, Pforte *f*; 2. Sperre *f*, Klappe *f*; 3. Schieber *m*, Schieberventil *n*; Absperrschieber *m*, Abzugsschieber *m {Tech}*; 4. Abschließstein *m {Glas}*; 5. Austrittsspalt *m*, Ausflußspalt *m*, Auffflußspalt *m*, Ausflußschlitz *m {Pap}*; 6. Gitter *n*, Sperre *f {z.B. Vakuumröhren}*; Tor *n*, Gate *n {Elektronik}*; 7. Rahmen *m*, Gestell *n*; 8. Anschnitt *m {Gieß}*; 9. Schleusentor *n*; Verschluß *m {eines Wehrs}*; Schütz *n*, Schütze *f {Hydro}*; 10. Strecke *f {Bergbau}*; 11. Anguß *m*, Angußsteg m, Werkzeuganguß *m*, Einguß *m*, Eingußkanal *m*, Eingußtrichter *m*, Anschnitt *m {Kunst}*
gate agitator Gatterrührer *m*, Gitterrührer *m*
gate circuit Eingangskreis *m*
gate cutter Abkneifzange *f*, Angußabschneider *m*, Angußabstanzer *m {Kunst}*
gate-impeller mixer Gitterrührer *m*, Gatterrührer *m*
gate-paddle agitator Gitterrührer *m*, Rahmenrührer *m*
gate-paddle impeller Rührstange *f {mit durchlochten Paddeln}*
gate-paddle mixer Gitterrührer *m*, Gatterrührer *m*
gate type Angußart *f*, Anschnittart *f*, Anschnitttyp *m*
gate-type mixer Gitterrührwerk *n*, Gatterrührer *m*
gate valve Absperrventil *n*, Absperrschieber *m*, Schieber *m {DIN 3352}*, Schieberventil *n*, Durchgangsschieber *m*, Durchgangsventil *n*, Torventil *n*, Vakuumschieber *m*; Plattenschieber *m*
gate width *{US}* Durchlaßbreite *f*
gather/to 1. [sich] [an]sammeln; 2. [auf]sammeln, auffangen, auflesen, pflücken, [ab]ernten *{z.B. Früchte}*; 3. vereinigen; 4. reifen, eitern *{Med}*; 5. anfangen *{Glas}*; 6. rüschen, zusammenziehen *{in Falten}*, raffen; kräuseln *{Text}*
gathering 1. Sammeln *n*, Sammlung *f*; Zusammentragen *n*; Erfassen *n {z.B. von Daten}*; 2. Entnahme *f*; Anfangen *n*, Aufnehmen *n {Glas}*; 3. Rüschen *n*, Zusammenziehen *n {in Falten}*, Zusammennähen *n*, Raffen *n {Text}*; 4. quantitative Mitfällung *f* einer schwach vertretenen Substanz *f*
gathering anode Sammelanode *f*
gathering device Stapelvorrichtung *f*
gathering electrode Sammelelektrode *f*
gathering hole Aushebeloch *n*, Arbeitsloch *n*, Arbeitsöffnung *f*, Entnahmeloch *n*, Entnahmestelle *f {Glas}*
gathering point Anfallstelle *f*
gating 1. Angußtechnik *f {Kunst}*; 2. Einlaufsystem *n*, Gießtrichter *m {Gieß}*; 3. Ausblenden *n*, Austasten *n {Elektronik}*
gating surface Anschnittebene *f*
Gattermann aldehyde synthesis Gattermannsche Aldehydsynthese *f*
gauche form schiefe Form *f*, windschiefe Form *f*, syn-clinale Form *f {Stereochem}*
gauge/to *{GB}* *s.* gage/to *{US}*
gauge *{GB}* *s.* gage *{US}*
gauge group Eichgruppe *f {Phys}*
gauge invariance Eichinvarianz *f {Phys}*
gauge tolerance Lehrentoleranz *f*
gauge transformation Eichtransformation *f*
gaultheria oil Gaultheriaöl *n*, narürliches Winter

grünöl *n*, Bergteeöl *n* {*gewonnen aus den Blättern der Gaultheria procumbens*}
artificial gaultheria oil Ethylsalicylat *n*, Salicylsäureethylester *m*
gaultherin <$C_{14}H_8O_8$> Gaultherin *n*
gaultherolin Gaultherolin *n*, Methylsalicylat *n* {*IUPAC*}, Salicylsäuremethylester *m*
gauss Gauß *n* {*obs, magnetische Induktion (Flußdichte, 1 T = 1000 G*}
Gauss eyepiece Gauß-Okular *n*, Gaußsches Okular *n* {*Opt*}
Gaussian curve Gaußsche Fehlerkurve *f*, Gauß-Kurve *f*, Gaußsche Glockenkurve *f* {*Statistik*}
Gaussian distribution Gaußsche Verteilung *f*, Gauß-Verteilung *f*, Gaußsche Normalverteilung *f* {*Statistik*}
Gaussian image point Gaußscher Bildpunkt *m* {*Opt*}
gauze 1. Gaze *f*, Mull *m*; reiner Dreher *m* {*Text*}; 2. Netz *n*, Siebgewebe *n*; 3. Dunst *m*
gauze cathode Netzkathode *f*
gauze filter Gazefilter *n*
gauze plug Drahtnetzspirale *f*, Drahtnetzknäuel *n*
gauze ribbon Gazeband *n*
gauze sieve Gazesieb *n*, Gewebesieb *n*
gauze strainer {*GB*} Gazesieb *n*
gauze wire Metallgaze *f*, Drahtgaze *f*
Gay-Lussac acid Gay-Lussacsche Säure *f* {*Turmsäure aus H_2SO_4 und NO_x*}
Gay-Lussac law Gay-Lussacsches Gesetz *n*, Gay-Lussac-Gesetz *n*
Gay-Lussac tower Gay-Lussacscher Turm *m*, Gay-Lussac-Turm *m* {*H_2SO_4-Gewinnung im Bleikammerverfahren*}
gaylussite Gaylussit *m* {*Min*}
gcp {*geometrically closed-packed*} geometrisch dichtest gepackt {*Krist*}
GDME {*glycol dimethyl ether*} Ethylenglycoldimethylether *m*
GDP Guanosin-5'-diphosphat *n*
gear/to 1. übersetzen {*Transmission*}; 2. ausrüsten [mit], mit Geräten *npl* bestücken
gear 1. Ausrüstung *f*, Ausstattung *f*, Apparatur *f*, Einrichtung *f*; 2. Werkzeugausrüstung *f*, Werkzeugbestückung *f*; 3. Gang *m*, Getriebegang *m*, Getriebestufe *f*; 4. Getriebe *n*, Räderwerk *n*, Zahnradgetriebe *n*, Antrieb *m*; Zahnrad *n*, Getrieberad *n*
gear box 1. Getriebekasten *m*, Getriebegehäuse *n*, Räderkasten *m*; 2. Rädergetriebe *n*, Schaltgetriebe *n*, Wechselgetriebe *n*
gear chain Zahnkette *f*
gear drive Zahnradantrieb *m*
gear driven blower Getriebegebläse *n*
gear effect Zahnradeffekt *m* {*Stereochem*}
gear grease Getriebefett *n*
gear lubricant Getriebeöl *n*, Transmissionsöl *n*
gear-lubrication grease Zahnradfett *n*
gear motor Getriebemotor *m*, Zahnradmotor *m*
gear oil Getriebeöl *n*, Transmissionsöl *n*
gear pump Zahnradpumpe *f*
gear rack Zahnstange *f*
gear ratio Übersetzungsverhältnis *n*, Übersetzung *f*
gear reduction unit Getriebeuntersetzung *f*
gear-shaped anode Zahnanode *f*
gear train Räderwerk *n*, Räderzug *m*
gear transmission Übersetzungsgetriebe *n*, Getriebe *n*
gear-type meter Ovalradzähler *m*
gear-type pump Zahnradpumpe *f*
gear-type spinning pump Zahnradspinnpumpe *f* {*Text*}
gear wheel Zahnrad *n*, Getrieberad *n*
gear-wheel lubricating grease Zahnradfett *n*
gearing 1. Getriebe *n*; 2. Räderzug *m*, Räderwerk *n*, Triebwerk *n*; 3. Übersetzung *f*; Verzahnung *f*, Eingreifen *n*, Eingriff *m* {*Tech*}
gearksutite Gearksutit *m*, Gearksit *m* {*Min*}
gearless getriebelos
gearless machine getriebeloser Antrieb *m*
gedanite Mineralharz *n*
gedrite Gedrit *m* {*Min*}
gegenion *s.* counterion
gehlenite Gehlenit *m* {*Min*}
geic acid <$C_{20}H_{14}O_6$> Ulminsäure *f*
geierite Geierit *m* {*obs*}, Geyerit {*Min*}
Geiger-Müller counter [tube] Geiger-Zähler *m*, Geiger-Müller-Zählrohr *n*, Auslösezählrohr *n* {*Nukl*}
geigeric acid Geigersäure *f*
geikielite Whitmanit *m* {*obs*}, Geikielith *m* {*Min*}
geissine <$C_{40}H_{48}N_4O_3$> Geissin *n*, Geissospermin *n*
Geissler pump Geißler-Pumpe *f*
Geissler tube Geißler-Röhre *f*, Geißlersche Röhre *f*
gel/to erstarren, festwerden, steifwerden; gelatinieren, gelieren, zu Gelee erstarren; in den Gelzustand übergehen, ausflocken, koagulieren
gel Gel *n* {*Koll*}; Kolloid *n*, Gallert *n*, Gallerte *f*
gel chromatography Gelchromatographie *f*, Ausschluß-Chromatographie *f*, Gel-Permeationschromatographie *f*, GPC, Gel-Filtration *f*, Molekularsieb-Chromatographie *f*
gel coat Gelschicht *f*
gel-coat surface Deckschichtoberfläche *f*
gel-coat finish Gel-coat *m*, Gel-coat-Schicht *f*, glasfreie Laminatdeckschicht *f*, verstärkungsmaterialfreie Laminatdeckschicht *f*
gel electrophoresis Gelelektrophorese *f*
gel extraction Gelextraktion *f*
gel filtration 1. Gelfiltration *f* {*Anal*}; 2. Gelchromatographie *f*, Ausschlußchromatographie *f*

gel formation Gelbildung *f*
gel-gradient electrophoresis Gelgradientenelektrophorese *f*
gel immunoelectrophoresis Gelimmunelektrophorese *f*
gel particle Gelpartikel *f*, Gelteilchen *n*
gel-permeation chromatography *s.* gel chromatography
gel point Gel[atin]ierungspunkt *m*, Gelbildungstemperatur *f*, Gel[atin]ierungstemperatur *f*; Gelpunkt *m*, Stockpunkt *m {Kunst}*
gel rubber Gelkautschuk *m*
gel time Gelierzeit *f*, Gelbildungszeit *f*, Gel[atin]ierungszeit *f*, Gelzeit *f*
gelatification Gelierung *f*, Gelatinierung *f*, Verwandlung *f* in Gallerte *f*; Verkleisterung *f {Stärke}*
gelatin 1. Gallerte *f*, Galert *n {Chem}*; 2. Gelatine *f*; 3. Gelee *n*, Sülze *f*
gelatin agar Gelatineagar *m*
gelatin capsule Gelatinekapsel *f*
gelatin carbonite Gelatinecarbonit *m {Pharm}*
gelatin containing silver bromide Bromsilbergelatine *f {Photo}*
gelatin culture Gelatinekultur *f*
gelatin-culture medium Gelatinenährboden *m*
gelatin dynamite Sprenggelatine *f*, Gelatinedynamit *n*
gelatin emulsion Gelatineemulsion *f {Photo}*
gelatin [glue] Gelatineleim *m*
gelatin japanese Agar-Agar *m*, japanische Gelatine *f*, vegetabler Fischleim *m*
gelatin-like substance Gallert *n*
gelatin of bones Knochenleim *m*
gelatin stove Gelatineofen *m {Lab}*
gelatin sugar Leimsüß *n {obs}*, Leimzucker *m {obs}*, Glykokoll *n*, Glycin *n {IUPAC}*
bichromated gelatin Chromgelatine *f*
chromatized gelatin Chromgelatine *f*
dichromated gelatin Chromgelatine *f*
nitro gelatin Sprenggelatine *f*, Gelatinedynamit *n*
silk gelatin $<C_{15}H_{25}N_5O_3>$ Sericin *n*, Seidenleim *m*
gelatinase Gelatinase *f {Biochem}*
gelatinate/to gelatinieren, in Gelee überführen; gel[atin]ieren, zu Gelee erstarren; verkleistern *{der Stärke}*
gelatination *s.* gelanitization
gelatine *s.* gelatin
gelatinization Gelbildung *f*, Gelatinierung *f*, Gelatinieren *n*; Verkleisterung *f {der Stärke}*
gelatinize/to 1. *s.* gelatinate/to; 2. mit Gelee *n* überziehen, mit Gallerte *f* umhüllen
gelatinized gasoline gelierter Kraftstoff *m*, verdickter Brennstoff *m*, eingedickter Treibstoff *m*
gelatinizer *s.* gelatinizing agent
gelatinizing agent Gelatinierungsmittel *n*, Geliermittel *n*, Gelierstoff *m*, Gelbildner *m*
gelatinizing property Gelatinierungsvermögen *n*, Gelatinierungseigenschaften *fpl*
gelatinochloride paper Keltapapier *n {Photo}*
gelatinosulfurous bath Gelatineschwefelbad *n*
gelatinous gallertartig, gallertähnlich, gelatineartig, gelatinös, leimartig; gelatinehaltig
gelatinous substance Gallertmasse *f*, Gallertsubstanz *f*
gelatinousness gallertartige Beschaffenheit *f*, gelatineartiger Zustand *m*, leimartige Beschaffenheit *f*
gelation Erstarren *n*, Festwerden *n*, Steifwerden *n*; Gel[atin]ierung *f*, Gelatinieren *n*, Gallertbildung *f*; Gelbildung *f*
gelation performance Gelierverhalten *n*
gelation speed Geliergeschwindigkeit *f*
gelation temperature *s.* gel point
gelation time 1. *s.* gel time; 2. Gebrauchsdauer *f {von Klebstoff- oder Harzansätzen}*
geling *s.* gelling
gelling Gelbildung *f*; Gel[atin]ierung *f*, Gel[atin]ieren *n*, Gallertbildung *f*
gelling agent *s.* gelatinizing agent
gelling condition Gelierbedingung *f*
gelling point *s.* gel point
gelling power Geliervermögen *n*
gelling time *s.* gel time
gelose $<(C_6H_{10}O_5)_n>$ Galactosan *n*, Galactan *n*, Gelose *f*
gelsemic acid *s.* gelseminic acid
gelsemin[e] $<C_{20}H_{22}N_2O_2>$ Gelsemin *n*
gelseminic acid $<C_{10}H_8O_4>$ Gelseminsäure *f*, Scopoletin *n*, 6-Methoxy-7-hydroxycumarin *n*
gelseminine Gelseminin *n*
gelsemium Gelsemium *n {Med}*
gelsemium root Gelseminwurzel *f {Bot}*
gelsolin Gelsolin *n {Protein}*
gem 1. gem-, geminal *{zwei identische Substituenten am gleichen Kohlenstoffatom}*; 2. Edelstein *m {bearbeiteter}*, Perle *f*, Schmuckstein *m {bearbeiteter Edel- oder Halbedelstein}*
gem-like edelsteinartig
geminal geminal, gem- *{zwei identische Substituenten am gleichen Kohlenstoffatom}*
gemmatin $<C_{17}H_{12}O_7>$ Gemmatin *n*
genalkaloid Aminooxy-Alkaloid *n {Pharm}*
gene Erbeinheit *f*, Erbfaktor *m*, Gen *n*, Cistron *n*
gene action Genwirkung *f*
gene activity Genaktivität *f*
gene amplification Genamplifikation *f*
gene bank Genbank *f*
gene chromatin Genchromatin *n*
gene cloning Genklonierung *f*
gene cluster Gencluster *m*, Gengruppe *f*
gene-cytoplasm isolation Gen-Cytoplasma-Isolation *f*

gene dosis Gendosis *f*
gene expression Genexpression *f*
gene insertion Geneinbau *m*, Geninsertion *f*
gene interaction Wechselwirkung *f* zwischen Genen *npl*, Zusammenwirken *n* von Genen *npl*
gene library Gen-Bibliothek *f*
gene map *s.* genetic map
gene pair homologe Gene *npl*
gene probe Genprobe *f*, Gensonde *f*, DNA-Sonde *f*
gene regulation Genregulation *f*, Regulation *f* der Transkription *f*
gene repression Genrepression *f*, Geninaktivierung *f*
gene sequence Genreihenfolge *f*, Gensequenz *f*
gene splicing Neukombination *f* von Genen
gene string Gen-"string" *m*
gene tagged chromosomes genetisch markierte Chromosomen *npl*
sex-linked gen Geschlechtsgen *n*
genease Maltase *f*, α-D-Glucosidase *f* *{EC 3.2.1.20}*
general 1. allgemein, generell; General-, Haupt-, Gesamt-; 2. verallgemeinert
general action Allgemeinwirkung *f*
general agreement Rahmenvertrag *m*
general alarm allgemeiner Alarm *m*
general attack Flächenkorrosion *f*, Flächenfraß *m*, flächenhafte Korrosion *f*, abtragende Korrosion *f*
general effect Allgemeinwirkung *f*
general formula allgemeine Formel *f*, Allgemeinformel *f*
general gas law universelle Gasgleichung *f*, allgemeine Gasgleichung *f*, allgemeine Zustandsgleichung *f* für Gase *npl {Thermo}*
general index Hauptregister *n*
general knowledge Allgemeinwissen *n*
general laboratory balance Apothekerwaage *f*, Universallaboratoriumswaage *f*
general performance Gesamtverhalten *n*
general properties Allgemeineigenschaften *fpl*, Eigenschaftsbild *n*
general-purpose allgemein verwendbar; universell verwendbar; Allzweck-, Universal-
general-purpose computer Universal-Rechenmaschine *f*, Universalrechner *m*
general-purpose electrode Allzweck[glas]-elektrode *f*
general-purpose extruder Universalextruder *m*, Standardextruder *m*
general-purpose oil Allzwecköl *n*
general-purpose probe Allzwecksonde *f*
general-purpose rubber Allzweckkautschuk *m*, universeller Kautschuk *m*
general-purpose screw Allzweckschnecke *f*, Standardschnecke *f*, Universalschnecke *f*
general-purpose surfactant Allzweckdetergens *n*
general reaction Allgemeinreaktion *f*
general stain gleichmäßige Färbung *f*
general table Übersichtstabelle *f*
general validity Allgemeingültigkeit *f*
generality Allgemeingültigkeit *f*
generalizable verallgemeinerungsfähig, allgemein anwendbar
generalization Verallgemeinerung *f*; verallgemeinernde Feststellung *f*
generalize/to verallgemeinern; allgemein verbreiten
generate/to 1. abgeben *{Chem}*; entwickeln, bilden *{Chem}*; erzeugen, generieren; 2. erstellen *{z.B. eine Datei}*
generating flask Erzeugerkolben *m*
generating vessel Entwicklungsgefäß *n*
generation 1. Generation *f {Biol, Nukl, EDV}*; 2. Bildung *f*, Entwicklung *f*, Erzeugung *f*, Generation *f {Chem}*; 3. Entstehung *f*; 4. Erstellung *f*, Einrichtung *f {z.B. einer Datei}*
generation of energy Energieerzeugung *f*
generation of gases Gasentwicklung *f*
generation of oxygen Sauerstoffentwicklung *f*
generation of smoke Rauchentwicklung *f*
generation of steam Dampferzeugung *f*
heat of generation Erzeugungswärme *f*
generator 1. Generator *m*, Entwickler *m*, Erzeuger *m {Tech}*; 2. Generator *m*, Stromerzeuger *m*; Dynamo *m*; 3. Dampferzeuger *m*; 4. Generator *m {Schachtofen zur Gaserzeugung}*, Gaserzeuger *m*; Generatorschacht *m*; 5. Austreiber *m {einer Absorptionskälteanlage}*; 6. Generator *m*, Generatorprogramm *n*, Generierer *m {EDV}*
generator for carbonization gas Schwelgasgenerator *m*
generator furnace Gasgenerator *m*
generator gas Generatorgas *n*, Kraftgas *n*, Luftgas *n*; Sauggas *n*
generator oil Dynamoöl *n*
generic generisch, gruppenbezogen
generic name 1. Gattungsname *m {Biol}*, Sammelbezeichnung *f*, Sammelname *m* , allgemeiner Name *m*, generischer Name *f*; 2. freier Warenname *f*, Freiname *m*, nicht wortgeschützter Name *m*
generic term Gattungsbegriff *m*
genesis Entstehung *f*, Bildung *f*, Entwicklung *f*, Genese *f*
genetic genetisch
genetic block genetischer Block *m*
genetic code genetischer Code *m*, Triplett-Code *m {Gen}*
genetic disorders erbbedingte Krankheiten *fpl*
genetic engineering Gentechnologie *f*
genetic factor Erbfaktor *m*, Erbanlage *f*, Gen *n*
genetic map Genkarte *f*

genetic marker Genmarker *m*, genetischer Marker *m*
genetic recombination genetische Rekombination *f*
genetic transformation genetische Transformation *f*
genetic variance genetische Varianz *f*
genetic variation genetische Variation *f*
genetically engineered genetisch verändert, genetisch manipuliert, gentechnologisch verändert
geneticist Genetiker *m*
genetics Genetik *f*, Abstammungslehre *f*, Erbforschung *f*, Vererbungslehre *f*
Geneva nomenclature Genfer Nomenklatur *f* *{IUPAC-Regeln}*
genin Genin *n*, Aglykon *n*
genistein 1. <$C_{10}H_{15}O_5$> Genistein *n*, Prunetol *n*, Genisterin *n*, Sophoricol *n*; 2. <$C_{15}H_{26}N_2$> Genistein *n*, (-)11*β*-Spartein *n*
genistin <$C_{21}H_{20}O_{10}$> Genistin *n*
genoline oil polymerisiertes Leinöl *n*
genome 1. Genom *n*, haploider Chromosomensatz *m*; 2. Gattungsgenpol *m*
genome analysis Genomanalyse *f*
genomic Gen-
genomic library genomische Genbibliothek *f*
genomic organisation Genanordnung *f*
genomic subunit genomische Untereinheit *f*
genotype Erbmasse *f*, Erbtypus *m*, Genotypus *m*, Genotyp *m* *{Biol}*
genotypical genotypisch *{Biol}*
genthite Genthit *m* *{obs}*, Rewdanskit *m*, Nikkel-Antigorit *m* *{Min}*
gentian Enzian *m*, Gentian *m*, Gentiana litea L. *{Bot}*; Enzianwurzel *f* *{Bot}*
gentian bitter Enziantinktur *f*, Enzianbitter *m*
gentian blue Anilinblau *n*, Enzianblau *n*
gentian oil Enzianöl *n*
gentian root Enzianwurzel *f* *{Bot}*
gentian spirit Enzianbranntwein *m*
gentian violet Gentianaviolett *n*, Enzianviolett *n*; Methylviolett *n* *{Chem}*
gentiana alkaloids Gentiana-Alkaloide *npl*
gentianic acid *s.* gentisic acid
gentianin 1. Gentianin *n*, Enziantinktur *f*; 2. *s.* gentisin
gentianine <$C_{10}H_9NO_2$> Gentianin *n* *{Alkaloid aus Enicostemma littorale}*
gentianite <$C_{16}H_{32}O_{16}$> Gentianit *m* *{Enzian-Kohlehydrat}*
gentianose <$C_{18}H_{32}O_{16}$> Gentianose *f* *{Trisaccharid}*
gentiobionic acid Gentiobionsäure *f*
gentiobiose Gentiobiose *f*, Amygdalose *f*, Isomaltose *f*
gentiogenin Gentiogenin *n*
gentiopicrin <$C_{16}H_{20}O_9$> Gentiopikrin *n*, Gentiopikrosid *n*
gentioside Gentiosid *n*
gentisaldehyde Gentisinaldehyd *m*
gentisein <$C_{13}H_8O_5$> Gentisein *n*, 1,3,7-Trihydroxyxanthon *n*
gentisic acid <$C_7H_6O_4$> Gentisinsäure *f*, 2,5-Dihydroxybenzoesäure *f*, Gentiansäure *f*
gentisin Gentisin *n*, Gentiin *n*, 1,7-Dihydroxy-3-methoxyxanthen-9-on *n*
gentisinic acid *s.* gentisic acid
gentle gelinde, sanft, mild, weich; schonend, vorsichtig *{Umgang, Behandlung}*; mäßig; gering, leicht, allmählich
gentle application vorsichtige Zugabe *f*, allmähliche Zugabe *f*
gentle treatment Schonbehandlung *f*, vorsichtiges Behandeln *n*
genuine echt, unverfälscht; gediegen, rein
genuineness Echtheit *f*, Unverfälschtheit *f*
geocerinic acid Geocerinsäure *f*
geocerite Geocerain *n*, Geocerit *m* *{Min, Harz}*
geochemical geochemisch
geochemical anomaly geochemische Anomalie *f*
geochemical biomarkers geochemische Biomarker *mpl*
geochemical cycle geochemischer Kreislauf *m* *{Lithosphäre-Hydrosphäre-Atmosphäre}*
geochemical prospection geochemische Prospektion *f*
geochemistry Geochemie *f*, geologische Chemie *f*
geochronology Geochronologie *f*
geocronite Geokronit *m* *{Min}*
geode 1. Geode *f*, Mandel *f* *{Geol}*; 2. runde Druse *f*, Kristalldruse *f* *{Min}*
geolipids Geolipide *npl* *{z.B. im Ölschiefer}*
geological erdgeschichtlich, geologisch
geological thermometer 1. geologisches Thermometer *n* *{Min}*; 2. Geothermometer *n*, Erdwärmemesser *m*
geological time scale geologisches System *n*, geologische Formation *f* *{obs}*
geologist Geologe *m*
geology Geologie *f* *{Wissenschaft von Bau und Entwicklung der Erde}*
geomagnetic erdmagnetisch
geomagnetic exploration method Geomagnetik *f*
geomagnetic field Erdmagnetfeld *n*
geomagnetism Erdmagnetismus *m*, Geomagnetismus *m*; Geomagnetik *f*
geometric mean geometrischer Mittelwert *m*, geometrisches Mittel *n* *{Statistik}*
geometric probability geometrische Wahrscheinlichkeit *f*
geometric[al] geometrisch
geometric[al] isomer Konfigurationsisomer *n*, geometrisches Isomer[es] *n*, geometrisch iso-

mere Verbindung *f*, geometrisch isomere Modifikation *f*
geometric[al] isomerism geometrische Isomerie *f*, *cis-trans*-Isomerie *f*; Diastereomerie *f {bei Verbindungen mit Doppelbindungen}*
geometrically closed-packed geometrisch dichtest gepackt *{Krist}*
geometry Geometrie *f {Math; Strahlenmeßtechnik}*
geonium Einelektronen-Oszillator *m*, Monoelektronen-Oszillator *m {Einzelektron in einer Penning-Falle; synthetisches Atom}*
geophysical geophysikalisch
geophysics Geophysik *f*
geopolymer Geopolymer *n*
geoporphyrins Geoporphyrine *npl*
geotectonic geotektonisch
geotectonic structure Großstruktur *f {Geol}*
geotextiles Geotextilien *pl {z.B. für Erosionseindämmung, Entwässerung}*
geothermal 1. geothermisch; 2. geothermische Energie *f*, Erdwärmeenergie *f*
geothermal gradient geothermische Tiefenstufe *f*
geothermic geothermisch
geothermometer Erdwärmemesser *m*
geranial Citral a *n*, *trans*-Citral *n*, Geranial *n*, 3,7-Dimethylocta-2,6-dienal *n*
geranic acid <$C_{10}H_{16}O_2$> Geraniumsäure *f*, 3,7-Dimethylocta-2,6-diencarbonsäure *f*
geraniine Geraniin *n*
geraniol <$C_{10}H_{18}O$> Geraniol *n*, 3,7-Dimethyl-2,6-octadienol *n*, Geranylalkohol *m*
geraniol acetate *s.* geranyl acetate
geraniol butyrate *s.* geranyl butyrate
geraniol formate *s.* geranyl formate
geraniolene Geraniolen *n*
geranium Geranium *n*, Storchschnabel *m {Bot}*
geranium essence Geraniumessenz *f*
geranium oil Geraniumöl *n {etherisches Öl aus verschiedenen Pelargoniumarten}*; Geraniumöl *n*, Pelargoniumöl *n {aus Pelargonium graveolens L'Hérit. ex Ait.}*, Palmarosaöl *n*, Oleum geranii
artificial geranium Phenyloxid *n*, synthetisches Geranium *n*
geranyl <-$C_{10}H_{17}$> Geranyl-
geranyl acetate <$C_{12}H_{20}O_2$> Geranylacetat *n {ein Geranylester}*
geranyl alcohol *s.* geraniol
geranyl amine Geranylamin *n*
geranyl butyrate <$C_3H_7CO_2C_{10}H_{17}$> Geranylbutyrat *n*
geranyl formate <$HCOOC_{10}H_{17}$> Geranylformiat *n*
geranyl methyl ether Geranylmethylether *m*
geranyl propionate <$H_5C_2COOC_{10}H_{17}$> Geranylpropionat *n*
gerhardtite Gerhardtit *m {Min}*
geriatric drug Geriatrikum *n*
germ 1. Keim *m*, Keimling *m {einer Pflanze}*; Sproß *m*; 2. Keim *m*, Erreger *m*, Ansteckungskeim *m*, Bakterium *n*
germ cell Keimzelle *f*, Gamet *m {Gen}*
germ-free keimfrei
germ killer Keimtöter *m*
germ of a disease Krankheitskeim *m*
germ plasm[a] Idioplasma *n*, Keimplasma *n*
germ-proof keimdicht
germ-proof filter Bakterienfilter *n*, EK-Filter *n*, Entkeimungsfilter *n*
germ warfare Bakterienkrieg *m*, bakteriologische Kriegsführung *f*
change of the germ plasm[a] Idiokinese *f*
free of germs keimfrei
germacrane Germacran *n {4,10-Dimethyl-7-isopropylcyclodecan}*
German Association of oil Science and Coal Chemistry Deutsche Gesellschaft *f* für Mineralölwissenschaft *f* und Kohlechemie *f*
German Chemical Society Gesellschaft *f* Deutscher Chemiker *mpl*
German Engineering Association Verein *m* Deutscher Ingenieure *mpl {Düsseldorf}*
German Federation of the Chemical Industry Verband der Chemischen Industrie *f {Frankfurt am Main}*, VCI
German gold Goldpulver *n*
German industrial standards Deutsche Industrie-Norm *f {obs}*, DIN-Norm *f*
German nozzle Paraboldüse *f*, Drosseldüse in Parabelform *f*, Meßdüse *f* in Parabelform *f {Kunst}*
German Pharmacop[o]eia Deutsches Arzneibuch *n*
German saltpeter Knallsalpeter *m*
German silver Neusilber *n {52-80 % Cu, 8-45 % Zn, 5-35 % Ni; auch als Alpaka, Argentan, Packfong, Perusilber, Chinasilber bekannt}*
German Society for Chemical Equipment Deutsche Gesellschaft *f* für Chemisches Apparaturenwesen *n*, DECHEMA *{Frankfurt am Main, bis 1988}*
German Society for Chemical Equipment, Chemical Technology and Biotechnology Deutsche Gesellschaft *f* für Chemisches Apparaturenwesen *n*, Chemische Technik *f* und Biotechnologie *f*, DECHEMA *{Frankfurt am Main, bis 1988}*
German standard specification Deutsche Industrie-Norm *f {obs}*, DIN-Norm *f*
German Standards Commission Deutscher Normenausschuß *m*
German steel Schmelzstahl *m*
German tinder Zündschwamm *m*, Zunderschwamm *m*

germanate Germanat(IV) *n*
germane 1. relevant, gehörig zu, verbunden mit, verwandt, zusammengehörig, in Beziehung stehend; 2. <GeH_4> Germaniumwasserstoff *m*, Monogerman *n*, Germaniumtetrahydrid *n*
germanic Germanium-, Germanium(IV)-
germanic acids Germaniumsäuren *fpl*
germanic chloride <$GeCl_4$> Germanium(IV)-chlorid *n*, Germaniumtetrachlorid *n*
germanic oxide Germanium(IV)-oxid *n*, Germaniumdioxid *n*
germanic sulfide Germanium(IV)-sulfid *n*
germanite Germanit *m {Min}*
germanium *{Ge, element no. 32}* Germanium *n*, Eka-Silicium *n {obs}*
germanium alkyls Alkylgermane *npl {z.B. $Ge(CH_3)_4$}*
germanium chloride *s.* germanium dichloride and/or germanium tetrachloride
germanium chloroform Germaniumchloroform *n*, Trichlorgerman *n {IUPAC}*, Germaniumhydrogentrichlorid *n*
germanium dibromide <$GeBr_2$> Germaniumdibromid *n*, Germanium(II)-bromid *n*
germanium dichloride <$GeCl_2$> Germanium(II)-chlorid *n*, Germaniumdichlorid *n*
germanium diiodide <GeI_2> Germaniumdiiodid *n*, Germanium(II)-iodid *n*
germanium dioxide <GeO_2> Germaniumdioxid *n*, Germanium(IV)-oxid *n*
germanium [mono]hydride <GeH_4> Germaniumwasserstoff *m*, Monogerman *n*, Germaniumtetrahydrid *n*
germanium monoxide <GeO> Germanium(II)-oxid *n*, Germaniumoxydul *n {obs}*, Germaniummonooxid *n*
germanium monosulfide <GeS> Germanium(II)-sulfid *n*, Germaniummonosulfid *n*, Schwefelgermanium *n {Triv}*
germanium tetrabromide <$GeBr_4$> Germaniumtetrabromid *n*, Germanium(IV)-bromid *n*
germanium tetrachloride <$GeCl_4$> Germanium(IV)-chlorid *n*, Germaniumtetrachlorid *n*
germanium tetrahydride <GeH_4> Germaniumtetrahydrid *n*, Monogerman *n {IUPAC}*, Germaniumwasserstoff *m*
germanoethane <Ge_2H_6> Germanoethan *n*
germanopropane <Ge_3H_8> Germanopropan *n*
germanous Germanium-, Germanium(II)-
germanous chloride <$GeCl_2$> Germaniumdichlorid *n*, Germanium(II)-chlorid *n*
germanous oxide <GeO> Germaniumoxydul *n {obs}*, Germanium(II)-oxid *n*, Germaniumdioxid *n*
germanous sulfide <GeS> Germnaium(II)-sulfid *n*
germene <$RR'Ge=CR_2$> Germen *n*
germicidal keimtötend, germizid
germicidal bath Desinfektionsbad *n*
germicidal lamp keimtötende Lampe *f*
germicide 1. keimtötend; 2. keimtötendes Mittel *n*, keimfreimachendes Mittel *n*, Germizid *n*, Keimtötungsmittel *n*; Fäulnismittel *n*
germiform keimförmig
germinant keimend
germinate/to keimen, knospen, sprossen; sich entwickeln
germinating Keimen *n*
germinating apparatus Keimapparat *m*
germinating box Kastenkeimapparat *m*, Keimkasten *m {Brau}*
germinating power Keimkraft *f*, Keimfähigkeit *f {in %}*
germination Keimung *f*, Keimen *n*, Keimbildung *f {Biol}*
germination capacity Keimkraft *f*, Keimfähigkeit *f {in %}*
germination inhibitor Keimhemmungsmittel *n*
power of germination Keimfähigkeit *f*, Keimkraft *f*
germinative keimfähig
germless keimfrei
geronic acid <$H_3CCO(CH_2)_3C(CH_3)COOH$> Geronsäure *f*, 2,2-Dimethyl-6-oxoheptansäure *f*
gersdorffite Gersdorffit *m*, Arsennickelglanz *m {obs}*, Nickelarsenikkies *n {obs}*, Dobschauit *m {Min}*
gesnerin Gesnerin *n {Anthocyanin}*
gestogen Progestogen *n*
get/to erhalten, bekommen *{z.B. eine Krankheit}*; abbauen *{Bergbau}*
get rid of/to austreiben, loswerden
get turbid/to sich trüben
getter 1. Getter *m n*, Getterstoff *m*, Fangstoff *m*, Gettermetall *n {Vak}*; 2. Abbaumaschine *f*, Gewinnungsmaschine *f*; Hauer *m*, Häuer *m*, Gewinnungshauer *m {Bergbau}*;
getter-ion pump Ionen[getter]pumpe *f {Vak}*
getter pump Getterpumpe *f {Vak}*
geyserite Geyserit *m*, Kieselsinter *m {Min}*
gf-value gewichtete Oszillatorstärke *f {Spek}*
GFC 1. Gas-Fest-Chromatographie *f*; 2. Gel-Filtrations-Chromatographie *f*, Ausschlußchromatographie *f*
GFPH copper *{gas-free high purity copper}* GFPH-Kupfer *n*
gheddaic acid *s.* ghettaic acid
ghettaic acid <$C_{34}H_{68}O_2$> Gheddasäure *f*
ghost Geist *m {Anal}*; Geisterpeak *m {im Diagramm, Anal}*
ghost crystal Phantomkristall *m*, Geisterkristall *m*
ghost lines Ferritstreifen *mpl {Met}*
giant 1. riesig; Riesen-; 2. hydraulischer Monitor *m*, Wasserkanone *f*, Wasserwerfer *m*, Spühl-

strahlrohr *n*; Hochdruckdüse *f {des Wasserwerfers, Bergbau}*
giant cell Riesenzelle *f*
giant polythene chromosome Riesenchromosom *n*, Polythänchromosom *n {Gen}*
giant erythrocyte Rieseneryhthrozyt *m*
giant granite Pegmatit *n*
giant-molecular makromolekular
giant molecule Riesenmolekül *n {Triv}*, Makromolekül *n*
giant pulse Riesenimpuls *m*
giant-pulse laser Kurzzeit-Riesenimpuls-Laser *m*, Giant-pulse-Rubinlaser *m*, Q-Schalter-Laser *m*
giant roll Walzenbrecher *m*
gibberellenic acid Gibberellensäure *f*
gibberellic acid <$C_{19}H_{22}O_6$> Gibberelin A_3 *n*, Gibberellinsäure *f*
gibberellins Gibberelline *npl {Phytohormone}*
gibberene Gibberen *n*
gibberenone Gibberenon *n*
gibberic acid Gibbersäure *f*
Gibbs-Duhem equation Gibbs-Duhemsche Gleichung *f {Thermo}*
Gibbs energy freie Enthalpie *f*, Gibbs-Funktion *f*, Gibbsche freie Energie *f*, Gibbs-Energie *f*, G *{Thermo}*
Gibbs function *s.* Gibbs energy
Gibbs-Helmholtz equation Gibbs-Helmholtz-Gleichung *f {Thermo}*
Gibbs phase rule Gibbssche Phasenregel *f*, Gibbssches Phasengesetz *n*, Phasenregel *f*, Phasengesetz *n {Thermo}*
gibbsite Gibbsit *m*, Hydrargillit *m {Min}*
giga Giga- *{SI-Vorsatz 10^9}*
gieseckite Gieseckit *m {Min}*
gigantolite Gigantolith *m {Min}*
gilbert Gilbert *n {obs, magnetomotorische Kraft, 1Gb = 0,7957775 A}*
gilbertite Gilbertit *m {Min}*
gild/to vergolden
gilded vergoldet
gilder's wax Glühwachs *n*, Vergoldungswachs *n*
gilding Vergoldung *f*, Vergolden *n*, Übergolden *n*, Goldanstrich *m*, Goldauflage *f {Farb, Text}*
gilding by contact Kontaktvergoldung *f*
gilding metal Vergoldungslegierung *f {90 % Cu, 10 % Zn}*
gilding on water-size Leimvergoldung *f*
gilding size Poliment *n*
gilding solution Vergoldungsflüssigkeit *f*
cold gilding Kaltvergoldung *f*
hot gilding Sudvergoldung *f*
gill 1. Kieme *f {Zool}*; 2. Rippe *f {z.B. Heizkörperrippe}*, Rohrrippe *f*; Lamelle *f {z.B. Pilze}*; 3. Nadelstab *m {Text}*; 4. Gill *n {US = 1,1829411825 mL; GB = 142,065 mL}*
gilled pipe Rippenrohr *n*
gilled tube Rippenrohr *n*
gillingite Gillingit *m {obs}*, Hisingerit *m {Min}*
gilsonite Gilsonit *m*, Uintait *m {ein Naturasphalt, Min}*
gilt edge Goldschnitt *m*
gilt paper Goldpapier *n*
gimbal Kardanrahmen *m*, kardanischer Bügel *m*
gimbal mounting Kardanaufhängung *f*, kardanische Aufhängung *f*
gimbal-type suspension *s.* gimbal mounting
gimlet Schneckenbohrer *m*, Holzbohrer *m*, Handbohrer *m {mit Griff}*, Vorbohrer *m*
gin 1. Wacholderschnaps *m*, Gin *m*; 2. Dreibaum *m*, Dreibock *m {Bergbau}*; Hebewerk *n {Techn}*; 3. Egreniermaschine *f*, Baumwollentkörnungsmaschine *f {Text}*
ginger Ingwer *m*, Ingber *m {Bot}*; Ingwergewürz *n*
ginger brandy Ingwerlikör *m*
ginger-grass oil Gingergrasöl *n*, Ingwergrasöl *n*, Sofiaöl *n {vorwiegend von Cymbopogon martini (Roxb.) Stapf var. sofia}*
ginger oil Gingeröl *n*
ginger powder Ingwerpulver *n*
gingerol <$C_{17}H_{26}O_4$> Gingerol *n*
ginkgolic acid <$C_{22}H_{34}O_3$> Ginkgolsäure *f*
ginner Baumwollentkörner *m*
giobertite Giobertit *m*, Magnesit *m {Min}*
giorgiosite Giorgiosit *m {Min}*
Girbotol process Girbotol-Absorptionsverfahren *n*, Girbotol-Verfahren *n {Entsäuerungsverfahren für technische Gase}*
girdle 1. Gürtel *m*, 2. Ringel *m {am Baum}*; 3. dünne Gesteinsschicht *f*, Einlagerung *f {Bergbau}*
girth ring Laufkranz *m*, Laufring *m*
gismondine Gismondit *m {Min}*
gismondite *s.* gismondine
gitalin <$C_{28}H_{48}O_{10}$> Gitalin *n {Glucosid}*
gitaloxigenin Gitaloxigenin *n*
gitigenine Gitigenin *n*
gitine Gitin *n*
gitogenic acid Gitogensäure *f*
gitogenine <$C_{27}H_{44}O_4$> Digin *n*, Spirostan-2,3-diol *n*, Gitogenin *n*
gitonine Gitonin *n*
gito[ro]side Gito[ro]sid *n*
gitoxigenin <$C_{23}H_{34}O_5$> Bigitaligenin *n*, Gitoxigenin *n*
gitoxin <$C_{41}H_{64}O_{14}$> Gitoxin *n*, Bigitalin *n*, Anhydrogitalin *n*, Pseudodigitoxin *n*
gitoxoside Gitoxosid *n*
give/to 1. geben; 2. [be]zahlen; 3. verursachen; 4. anstecken *{Med}*
give off/to abgeben *{z.B. Wärme}*, ausströmen; freisetzen *{z.B. Energie}*; abwerfen
give rise to/to verursachen, hervorrufen

give warning/to kündigen
glacial eisartig, eisig; eiszeitlich, glazial; Eis- *{Chem}*; Gletscher- *{Geol}*
glacial acetic acid Eisessig *m*, kristallisierte Essigsäure *f* *{> 99 %}*
glacier Gletscher *m*, Ferner *m*
glacier salt Gletschersalz *n*
gladiolic acid <$C_{11}H_{10}O_5$> Gladiolsäure *f*, 2,3-Diformyl-6-methoxy-5-methylbenzoesäure *f*
glance 1. Glanz *m* *{Tech}*; 2. Blende *f*, Glanz *m* *{ein sulfidisches Mineral}*; 3. Blick *m*; 4. Aufblitzen *n*; Schlag *m*
glance coal Glanzkohle *f*, Kohlenblende *f*, Vitrit *m*
glance cobalt Glanzkobalt *n* *{obs}*, Cobaltin *m* *{Min}*
glancing angle Auffallwinkel *m*, Glanzwinkel *m*, Braggscher Winkel *m* *{Krist, Opt}*
gland 1. Stopfbuchsenbrille *f*, Stopfbuchse *f*, Labyrinthdichtung *f* *{Tech}*; 2. Drüse *f* *{Biol}*
gland packing Stopfbuchsenpackung *f*
endocrine gland endokrine Drüse *f*, innersekretorische Drüse *f* *{Biol}*
exocrine gland exokrine Drüse *f*
open gland exokrine Drüse *f*
glandless pump dichtungsfreie Pumpe *f*, Pumpe *f* ohne Stopfbuchse
glandular drüsenartig; Drüsen-
glandular cell Drüsenzelle *f*
glandular secretion Drüsenabsonderung *f*, Drüsensekret *n* *{Physiol}*
glare 1. blendendes Licht *n*, Blendung *f*; Glanz *m* *{blendender Schein}*; 2. Überstrahlung *f*
glarimeter Glanz-Meßgerät *n*, Glanzmesser *m*, Reflektions-Meßgerät *n* *{Farb, Pap}*
glaring blendend; grell, knallig, schreiend, aufdringlich *{Farbe}*
glaserite Glaserit *m*, Arcanit *m*, Aphthitalit *m* *{Min}*
glasiomer cement Glasiomer-Zement *m* *{Dent}*
glaskopf Glaskopf *m* *{Min}*
glass 1. gläsern, aus Glas; Glas-; 2. Glas *n*; 3. Glas *n*, Gesteinsglas *n* *{Geol}*; 4. Glaswaren *fpl*
glass annealing Glasbrennen *n*
glass apparatus Glasapparat *m*
glass-attenuating filter Glasfilter *n*, Glasschwächungsfilter *n*
glass balloon Glasballon *m*
glass bead Glaskügelchen *n*, Glasperle *f*, Glaskugel *f*, Mikrokugel *f* *{0,005 - 0,3 mm}*
glass bell Glasglocke *f*
glass-bell jar Glasglocke *f*
glass block Glasbaustein *m*, Glasziegel *m*, Glasstein *m*, Glasbauelement *n*, Betonglas *n*
glass-bonded mica Glas-Glimmer-Sinterstoff *m*
glass bonding Glaskleben *n*
glass-break detector Glasbruchmelder *m*
glass brick Glasstein *m*, Glasbaustein *m*, Glasbauelement *n*, Glasziegel *m*, Betonglas *n*
glass bubbler Waschflasche *f*
glass bulb Glaskugel *f*, Glasballon *m*, Glasbirne *f*, Glaskolben *m*
glass capillary Glaskapillare *f* *{Lab}*
glass capillary kinematic viscometer *{ISO 3105}* Glas-Kapillarviskosimeter *n*
glass capillary viscometer *{BS 188}* Glas-Kapillarviskosimeter *n*
glass carboy Glasballon *m*, Glassäureflasche *f*
glass cell Glasküvette *f*
glass cement Glaszement *m*, Glaskitt *m*
glass-ceramics Glaskeramik *f*, Vitrokerame *npl*, auskristallisierte Gläser *mpl* *{z.B. Pyroceram}*
glass-clear glasklar *{z.B. PVC-Flaschen}*
glass cloth 1. Glas[faser]gewebe *n*, Textilglasgewebe *n*, Glasleinen *n*; 2. Gläsertuch *n*; 3. Schleifleinen *n* *{mit Glas-Schmirgel}*
glass-cloth fabric Glasfilamentgewebe *n*
glass-cloth laminate Glasgewebelaminat *n*, Glashartgewebe *n*
glass container Glasbehälter *m*, Glasbehältnis *n*
glass cover Deckglas *n*
glass crucible Glastopf *m*, Glas[schmelz]hafen *m*, Glas[schmelz]tiegel *m*
glass cullet Glasbruch *m*, Glasscherben *fpl*
glass cutter Glasschneider *m*
glass cutting Glasschleifen *n*; Glasschneiden *n*
glass cylinder Glaszylinder *m*
glass devitrification Glasrekristallisation *f*
glass dosimeter Glasdosimeter *n* *{Nukl}*
glass drawing Glasziehen *n*
glass dust Glasstaub *m*
glass E E-Glas *n* *{alkaliarme Borsilicate}*
glass electrode Glaselektrode *f* *{DIN 19261}*, Glashalbzelle *f* *{Anal, Elektrochem}*
glass etching Glasätzung *f*, Glasätzen *n*
glass fabric *s.* glass fiber
glass factory Glasfabrik *f*
glass fiber *{US; GB: glass fibre}* Glasfaser *f* *{< 0,025 mm}*; Glasfaserstoff *m*
glass-fiber carrier Glasvlieseinlage *f* *{Kunst; DIN 16735}*
glass-fiber content Glasfasergehalt *m*, Glasfaseranteil *m*
glass-fiber fabric Glasfasergewebe *n*, Glasgewebe *n*, Textilglasgewebe *n*, Glasseidengewebe *n*
glass-fiber fleece Glasvlies *n* *{DIN 52141}*
glass-fiber laminate Glasfaserschichtstoff *m*, GFS, Textilglas-Schichtstoff *m*, Glasfaserlaminat *n*
glass-fiber mat[ting] Glasseidenmatte *f*, Schnittmatte *f*, Glasfasermatte *f*, Glasmatte *f*, Glasfaservlies *n*

glass-fiber orientation Glasfaserorientierung *f*
glass-fiber plastic Glasfaserkunststoff *m*
glass-fiber reinforced glasfaserverstärkt, glasarmiert, glasfaserbewehrt
glass-fiber reinforced laminate Glasfaserschichtstoff *m*, GFS, Glasfaserlaminat *n*, Textilglas-Schichtstoff *m*
glass-fiber reinforced mo[u]lding material glasfaserverstärkter Formstoff *m*
glass-fiber reinforced plastic Glasfaser-Kunststoff *m*, glasfaserverstärkter Kunststoff *m*, GFK, glasfaserverstärkter Plast *m*, GFP
glass-fiber reinforced polyamide glasfaserverstärktes Polyamid *n*, GFPA
glass-fiber reinforced polybutylene terephthalate glasfaserverstärktes Polybutylenterephthalat *n*, GFPBTP
glass-fiber reinforced polycarbonate glasfaserverstärktes Polycarbonat *n*
glass-fiber reinforced polyethylene glasfaserverstärktes Polyethylen *n*
glass-fiber reinforced polyolefine glasfaserverstärktes Polyolefin *n*
glass-fiber reinforced polypropylene glasfaserverstärktes Polypropylen *n*, GFPP
glass-fiber reinforced polystyrene glasfaserverstärktes Polystyrol *n*
glass-fiber reinforced unsaturated polyester glasfaserverstärkter ungesättigter Polyester *m*, GFUP
glass-fiber reinforced thermoplastic glasfaserverstärkter Thermoplast *m*, GFTP
glass-fiber reinforced thermosetting plastics *{ISO 7370}* glasfaserverstärkter Thermoplast *m*
glass-fiber reinforcement Glasfaserverstärkung *f*
glass-fiber roving Glasseidenstrang *m*, Glasseidenroving *m*, Roving *m*
glass fibre *{GB}* *s.* glass fiber *{US}*
glass filament Glasfaden *m*, Glasfilament *n* *{DIN 61 850}*
glass-filament yarn Glasseidengarn *n*, Glasfilamentgarn *n*
glass-filled plastic glasfaserverstärkter Plast *m*, mit Glasfasern *fpl* gefüllter Plast *m*, GFP, Glasfaserplast *m*; mit Glasflakes *pl* gefüllter Kunststoff *m*
glass-film plate Glas-Photoplatte *f*
glass filter Glasfilter *n*, Glasfritte *f*, Glasschwächungsfilter *n*
glass-filter crucible Glasfiltertiegel *m*, Glasfrittentiegel *m*
glass-filter disk Glasfilterplatte *f* *{Lab}*
glass-filter funnel Glasfilternutsche *f*
glass-filter pump Wasserstrahlpumpe *f*
glass flashing Glasüberzug *m*
glass flask Glaskolben *m*, Glasflasche *f*
glass flock Glasflocke *f*
glass flux Glasfluß *m*
glass foam Schaumglas *n*
glass for sealing-in molybdenum Molybdän-Einschmelzglas *n*
glass for sealing-in platinum Platin-Einschmelzglas *n*
glass for sealing-in tungsten Wolfram-Einschmelzglas *n*
glass former Glasbildner *m*
glass frit Glasfritte *f*
glass funnel Glastrichter *m*
glass furnace Glas[schmelz]ofen *m*, [Glas-]Hafenofen *m*, Glaswannenofen *m*, Wannenofen *m*
glass ga[u]ge 1. Wasserstandsglas *n*; 2. Glasrohrlehre *f*; 3. Meßglas *n*, Meßzylinder *m*, Mensur *f*
glass gall Glasgalle *f*, Glasschaum *m*, Glasschmutz *m*
glass gilding Glasvergoldung *f*
glass grinder Glasschleifer *m*
glass grinding Glasschleifen *n*, Glasschliff *m* *{Veredelungstechnik}*
glass-ground joint Glasschliff *m* *{Lab}*
glass-guard Schutzglas *n*
glass half-cell Glashalbzelle *f*, Glaselektrode *f* *{Anal, Elektrochem}*
glass-hard glashart
glass hardness Glashärte *f*
glass industry Glasindustrie *f*
glass instrument Glasinstrument *n*
glass insulator Glasisolator *m*
glass jar Glasgefäß *n*; Glasdüse *f*
glass laser Glas-Laser *m*
glass lens Glaslinse *f* *{Spektr}*
glass-like glasähnlich, glasartig, glasförmig, glasig
glass-lined tank Behälter *m* mit Glasfutter
glass-making Glasbereitung *f*, Glasfabrikation *f*, Glasherstellung *f*
glass manufacture *s.* glass-making
glass marble Glasperle *f*; Glaskugel *f*
glass-marking ink Glastinte *f*
glass mat Glasfasermatte *f*, Glasmatte *f*, Glasseidenmatte *f*, Schnittmatte *f*, Glasfaservlies *n*
glass-mat reinforced polyester laminate GF-UP-Mattenlaminat *n*
glass melt Glasschmelze *f*
glass-melting furnace Glashafenofen *m*, Glas[schmelz]ofen *m*, Glasofen *m*
glass-melting pot Glastopf *m*, Glas[schmelz]hafen *m*, Glas[schmelz]tiegel *m*
glass membrane Glasmembran *f*
glass-mica board *{BS 4145}* Glas-Glimmer-Preßplatte *f*
glass-mineral wool Glaswatte *f*
glass monofilament Glaselementarfaden *m*, monofiler Glasseidenfaden *m*, Glasseideneinzelfaden *m*

glass mortar Glasmörser *m*
glass mo[u]ld Glasform *f*
glass of antimony Grauspießglas *n*
glass packing Glasemballage *f*
glass painting Glasmalerei *f*
glass pane Glasscheibe *f*
glass paper 1. Glaspapier *n {Schleifpapier}*; 2. Nur-Glas-Papier *n*, Glasfaserpapier *n*, 3. Glaspapier *n {Isoliermaterial}*
glass paste Glaspaste *f*
glass Petri dish Petrischale *f*
glass piping Glasrohrleitung *f*; Röhrenglas *n*
glass plate Glasscheibe *f*, Glasplatte *f*, Glastafel *f {Lab}*
glass point Glasspitze *f*
glass porcelain Milchglas *n*
glass pot Glas[schmelz]hafen *m*, Glas[schmelz]tiegel *m*, Glastopf *m*
glass powder Glasmehl *n*, Glaspulver *n*
glass prism Glasprisma *n*
glass-resin bond Glas-Harz-Bindung *f*
glass retort Glasretorte *f*
glass rod Glasstab *m*, Glasstange *f*, Rührstab *m*
glass-rubber transition Glasübergang *m*, Gammaübergang *m*, Gamma-Umwandlung *f {Polymer}*
glass silk Glasseide *f {Glasfaserstoff}*
glass silvering Glasversilberung *f*
glass spar Glasspat *m {obs}*, Fluorit *m {Min}*
glass spectrograph Glas[prismen]spektrograph *m*
glass sphere Glaskugel *f {Füllstoff}*
glass splinter Glassplitter *m*
glass spoon Glaslöffel *m {Lab}*
glass staining Glasfärben *n*
glass-staple fiber Glasstapelfaser *f*, Glasspinnfaser *f*
glass stem Glashalterung *f*, Glas[quetsch]fuß *m*
glass stirrer Glasstab *m*, Glasstange *f*, Rührstab *m*
glass stopper Glasstöpsel *m*, Glasstopfen *m {Lab}*
glass-stoppered bottle Stopfflasche *f {Lab}*
glass strand Glasseidenspinnfaden *m*, Glasspinnfaden *m*; Glasfaserstrang *m*, Glasseidenstrang *m*
glass syringe Glasspritze *f*
glass tank Glaswanne *f*
glass temperature Glas[umwandlungs]temperatur *f*, Glasumwandlungspunkt *m*, Glasübergangstemperatur *f*, Einfriertemperatur *f*, Einfrierpunkt *m*, Umwandlungstemperatur *f* zweiter Ordnung *f {Polymer}*
glass termination Glasanschluß *m*
glass thread Glasfaden *m*
glass-to-metal seal Metall-Glasverschmelzung *f*, Metallanglasung *f*
glass transition Glasumwandlung *f*, Glasübergang *m*, Umwandlung *f* zweiter Ordnung *f*, Phasenumwandlung *f* zweiter Ordnung *f*, Phasenübergang *m* zweiter Ordnung, alfa-Anomalie *f {Polymer}*
glass-transition range Einfrierbereich *m*, Glasübergangsbereich *m*, Glasübergangsgebiet *n*, Glasumwandlungsbereich *m*; Glasumwandlungstemperaturbereich *m*
glass-transition temperature Einfrier[ungs]-temperatur *f*, Glas[umwandlungs]punkt *m*, Glasübergangstemperatur *f*, Glasumwandlungstemperatur *f*, Tg-Wert *m*, Glasübergangstemperatur *f*, Umwandlungspunkt *m* zweiter Ordnung *f*, Umwandlungstemperatur *f* zweiter Ordnung *f {Polymer}*
glass-transition temperature range *s.* glass-transition range
glass-transition zone *s.* glass-transition range
glass tube Glasröhre *f*, Glasrohr *n {Lab}*; Glaskolben *m {der Leuchtstofflampe}*
glass-tube holder Glasröhrenhalter *m*
glass tubing 1. Röhrenglas *n*, Glasrohr[material] *n {Lab}*; 2. Füllringe *mpl* aus Glas
glass vacuum desiccator *{BS 3423}* Glas-Vakuumexsikkator *m {Lab}*
glass varnish Glaslack *m*
glass vessel Glasgefäß *n*
glass wadding Glaswatte *f*, lose Glaswolle *f*
glass wool Glaswolle *f*
glass-wool insulation Glaswolleisolierung *f*
glass-wool plug Glaswollepfropfen *m*
glass working Glasbearbeitung *f*
glass yarn Glasseidengarn *n*, Glasgarn *n*
glass-yarn layer Glasgarngelege *n*, Glasseidengarngelege *n*, Textilglasgelege *n {DIN 61850}*
Bohemian glass böhmisches Glas *n*, Kaliglas *n*
borosilicate glass Borosilicatglas *n*
bottle glass Flaschenglas *n*
broken glass Glasabfall *m*, Glasscherbe *f*
bubble in glass Glasblase *f*
bulletproof glass Sicherheitsglas *n*, Panzerglas *n*, schußfestes Glas *n*
cast glass gegossenes Glas *n*, Plattenglas *n*, Tafelglas *n*
cellular glass Schaumglas *n*
chemical glass chemikalienbeständiges Glas *n*
chemistry of glass Glaschemie *f*
cobalt glass Cobaltglas *n*
colo[u]red glass Farbglas *n*
common glass Kalkglas *n*, Natronkalkglas *n*
flint glass Flintglas *n*
frosted glass Mattglas *n*; Milchglas *n*
laminated glass Schichtglas *n*, Mehrlagenglas *n*
lead glass Bleigas *n*, Bleikristallglas *n*
milk glass Milchglas *n {kryolithhaltig}*

opal glass Milchglas *n* *{calciumphosphathalitg}*
organic glass organisches Glas *n*, synthetisches Glas *n*
rown glass Kronglas *n*
silica glass Quarzglas *n*
water glass Wasserglas *n*
wire glass Drahtglas *n*, Drahtgeflechtglas *n*
glassblower Glasbläser *m*
glassblower's lamp Glasbläserlampe *f*
glassblowing Glasblasen *n*
glassed glasemailliert; poliert
glassed paddle impeller glasierte Paddelrührstange *f*
glasses Brille *f*
glassine [paper] Pergaminpapier *n*, Kristallpapier *n*, Pergamyn *n* *{durchsichtiges Papier}*
glassiness glasartige Beschaffenheit *f*
glassmaker's soap Glasmacherseife *f*
glassware 1. Glasgeräte *npl*; 2. Glas *n*, Glaswaren *fpl*, Glasartikel *mpl*, Glasware *f*
glassworks Glaswerk *n*, Glasfabrik *f*, Glashütte *f*
glasswort Glaskraut *n*, Kalipflanze *f* *{Bot}*
glassy gläsern, glasähnlich, glasartig, glasig; durchsichtig
glassy alloy Metallglas *n*, metallisches Glas *n*, glas-amorphes Metall *n*
glassy feldspar Eisspat *m* *{obs}*, Orthoklas-Feldspat *m*, Thyakolith *m*, Sanidin *m* *{Min}*
glassy polyester glasartiger Polyester *m*, spröder Polyester *m*
glassy polymer glasartiges Polymer[es] *n*
glassy state Glaszustand *m*, glasiger Zustand *m*, glasartiger Zustand *m*
Glauber salt Glaubersalz *n* *{Triv}*, Natriumsulfat-Decahydrat *n*, Natriumsulfat *n* *{IUPAC}*, Wundersalz *n* *{obs, Pharm}*
glauberite <$Na_2Ca(SO_4)_2$> Glauberit *m* *{Min}*
glaucentrine Glaucentrin *n*
glaucine <$C_{21}H_{25}NO_4$> Glaucin *n*, Boldindimethylether *m*, Glauvent *n*, 1,2,9,10-Tetramethoxyaporphin *n*
glaucinic acid Glauciumsäure *f*
glaucium oil Glauciumöl *n*
glaucochroite Glaukochroit *m*, Mangan-Monticellit *m*, Calco-Tephroit *m* *{Min}*
glaucodot Glaukodot *m* *{Min}*
glaucolite Glaukolith *m* *{obs}*, Sodalith *m* *{Min}*
glauconic acid Glauconsäure *f*
glauconite Glaukonit *m* *{Min}*
glaucophane Glaukophan *m* *{Min}*
glaucophane schist Glaukophanschiefer *m*, Glaukophanit *m*, Blauschiefer *m* *{Min}*
glaucophylline Glaukophyllin *n*
glaucoporphyrin Glaukoporphyrin *n*
glaucopyrite Glaukopyrit *m* *{obs}*, Löllingit *m* *{Min}*
glaucosin Glaukosin *n*
glaucous gelblich grün, grünblau
glaze/to 1. glätten, polieren, satinieren *{Pap}*; 2. glasieren, mit einer Glasur *f* überziehen; 3. glanzstoßen, blankstoßen, glänzen *{Gerb}*; 4. glasen, glänzig werden *{Schleifmittel}*; 5. lasieren *{Farb}*
glaze 1. Oberflächenglanz *m*, Glanz *m* *{z.B. nach dem Polieren}*; 2. Glätte *f* *{Pap}*; 3. Glasur *f*; Tiegelglasur *f*; 4. Lasur *f* *{Farb}*; 5. Glatteis *n*; Klareis *n*, Kristalleis *n*
glaze ash Glasurasche *f*
glaze baking Einbrennen *n* der Glasur *f*, Glasurbrand *m*
glaze colo[u]r Glasurfarbe *f*
glaze-firing oven Glasurofen *m*
glaze frit Glasurfritte *f*
glaze sand Glasursand *m*
precipitation glaze Ausscheidungsglasur *f*
glazed 1. glasiert *{Keramik}*; 2. geglätttet, satiniert *{Pap}*; 3. glanzgestoßen, blankgestoßen *{Text}*
glazed cardboard Glanzpappe *f*, Glanzkarton *m*
glazed fabric Glanzstoff *m*
glazed gilding Glanzvergoldung *f*
glazed linen Glanzleinwand *f*, Glanzleinen *n* *{Text}*
glazed paper Glanzpapier *n*, Atlaspapier *n*, Brillantpapier *n*, Glacépapier *n*, satiniertes Papier *n*, Satinpapier *n*
glazier Glaser *m*
glazier lead Scheibenblei *n*
glazier's diamond Glaserdiamant *m*, Schneidediamant *m*, Diamantglasschneider *m*
glazier's putty Glaserkitt *m*, Fensterkitt *m*, Kitt *m*
glazing 1. Glasieren *n*, Glasur *f* *{Keramik}*; 2. Glätten *n*, Satinieren *n*, Satinage *f* *{Leder}*; 3. Blankstoßen *n*, Glanzstoßen *n*, Glänzen *n* *{Leder}*; 4. Trockenpressen *n* *{Photo}*; 5. Verglasung *f*, Einsetzen *n* von Glasscheiben *fpl*; 6. Zusetzen *n*, Verschmieren *n* *{Tech}*; 7. Lasieren *n*, Lasur *f* *{Farb}*; 8. Politur *f*
glazing apparatus 1. Schmirgelgerät *n*; 2. Glasurbrandgerät *n*
glazing calender Glanzkalander *m*, Seidenglanzkalander *m*, Satinierkalander *m*, Friktionskalander *m* *{Pap, Kunst, Gerb}*
glazing composition Lasurfarbe *f*
glazing compound Glaserkitt *m*, Glasdichtungsmasse *f*
glazing cylinder Glanzwalze *f*, Satinierwalze *f* *{Pap, Gerb}*
glazing furnace Glasierofen *m*, Muffelofen *m*
glazing kiln Glasurofen *m*, Glattbrennofen *m*
glazing mass Glasurmasse *f*
glazing sheet 1. Hochglanzfolie *f* *{Photo}*; 2. Acrylplatte *f*

glazing varnish Glanzfirnis *m*, Glanzlack *m*
GLC *s.* gas-liquid chromatography
gleam/to schimmern, glitzern, aufleuchten, blinken
gleam Schimmer *m*, Lichtschein *m*, Lichtschimmer *m*; Blinken *n*
gliadin <$C_{685}H_{1068}N_{196}S_4$> Prolamin *n*, Gliadin *n* *{Pflanzenprotein}*
glidant Gleitmittel *n*
glide/to 1. gleiten; 2. schlüpfen, abrutschen; 3. segeln
glide Gleiten *n*; Gleitschritt *m*; Gleitflug *m*
glide plane Gleitebene *f*, Gleitspiegelebene *f* *{Krist}*
glide reflection Gleitspiegelung *f*, Schubspiegelung *f* *{Math}*
glide relaxation Ergänzungsgleitung *f*
glide stress Gleitbeanspruchung *f*
gliding 1. Gleiten *n*, Gleitung *f* *{Krist}*; 2. Gleitflug *m*, Segelflug *m*
gliding plane Gleitebene *f*, Gleitfläche *f*
glimmer/to glimmen, schimmern
glimmering Glimmen *n*, Schimmern *n*
glimpse 1. Glimmer *m*, Glimmen *n*, Schimmer *m*; 2. [kurzer] Blick *m*
glinkite Glinkit *m* *{Min}*
glint/to glänzen, glitzern; aufblitzen
glisten/to funkeln, flimmern, glänzen, gleißen, glitzern
glistening 1. glänzend, flimmernd, glitzernd; 2. Geflimmer *n*
Glitsch valve Glitsch-Ventil *n* *{Dest}*
glitter/to glitzern, flimmern, funkeln, glänzen, gleißen
glitter Glanz *m*, Glitzern *n*, Schimmer *m*
glittering 1. glänzend, gleißend, flimmernd; 2. Geflimmer *n*
glittering ore Flittererz *n*
global 1. global, weltweit, überall, generell [gültig]; 2. kugelförmig
globe 1. Kugel *f*, Ball *m*; 2. Kugelflasche *f*; 3. Leuchtglocke *f*, Lampenkugel *f*; 4. Globus *m*, Erdkugel *f*
globe condenser Kugelkühler *m*
globe-shaped kugelförmig, kugelrund
globe-stop valve Absperrventil *n* *{mit kugeligem Gehäuse}*
globe valve Ballventil *n*, Kugelventil *n*, Hubventil *n*, Sitzventil *n*, Ventil *n* mit kugeligem Gehäuse *n*
globin <$C_{700}H_{1098}O_{196}N_{184}S_2$> Globin *n*
globose kugelförmig, globular
globoside Globosid *n* *{Ceramid-Glycosid mit mehreren Zuckerresten, ohne Neuraminsäure}*
globular rund; kugelartig, kugelförmig, kugelig, sphärisch, Kugel-; globular
globular deoxyribonucleic acid sphärisch konfigurierte Desoxyribonucleinsäure *f*, DNA-Knäuel *m*
globular diorite Kugeldiorit *m* *{Min}*
globular molecule kugelförmiges Molekül *n*, Kugelmolekül *n*
globular precipitation kugelige Ausscheidung *f*, sphärolitische Ausscheidung *f* *{Met}*
globular proteins globuläre Proteine *npl*, Sphäroproteine *npl*
globule 1. Globulus *m* *{Arzneimittel in Kügelchenform}*; 2. Kügelchen *n*; 3. Tropfen *m* *{Schweiß}*
globule arc method Kügelchenmethode *f* *{Spek}*
globulin Globulin *n* *{wasserunlösliche, salzlösliche Proteinart}*
acid globulin Syntonin *n*, Parapepton *n*
immune globulins Immunoglobuline *npl*
γ-globulins Gamma-Globuline *npl* *{Immun}*
globulite Globulit *m* *{Geol}*
globulol <$C_{15}H_{26}O$> Globulol *n* *{Sesquiterpen}*
glockerite Glockerit *m* *{Min}*
glonoin Glonoin *n*, Glycerinnitrat *n*
glory hole 1. Einbrennofen *m*, Warmhalteofen *m* *{Glas, Met}*; 2. Anwärm[e]loch *n*, Aufwärm[e]loch *n* *{des Glasschmelzofens}*; Schauloch *n* *{Met, Glas}*; 3. Trichter *m* *{Bergbau}*; 4. Hauptbestrahlungskanal *m* *{Nukl}*
gloss/to glacieren, beschönigen; firnissen, mit Firnis *m* überziehen; chevillieren *{Text}*
gloss Glanz[effekt] *m*, Oberflächenglanz *m*; Glasur *f*, Politur *f*
gloss additive Glanzzusatz *m*
gloss-chrome plating Glanzverchromung *f*
gloss-colo[u]r ink Glanzfarbe *f*, glänzende Farbe *f*
gloss evaluation Glanzbewertung *f*
gloss finish Glanzappretur *f* *{Text}*
gloss-finishing paint Glanzdeckanstrich *m*
gloss improver Glanzverstärker *m*
gloss-improving glanzsteigernd
gloss measurement Glanzmessung *f*
gloss number Glanzzahl *f*
gloss oil Glanzöl *n* *{Harzlösung}*
gloss paint Glanzlack *m*
gloss-reducing agent Mattierungsmittel *n*
gloss retention Glanz[er]haltung, Glanzbeständigkeit *f*
gloss starch Glanzstärke *f*
gloss tester Glanzmesser *m*
gloss white Glanzweiß *n*
high gloss Hochglanz *m*
glossimeter Glanzmesser *m*, Glanzmeßgerät *n*
glossing Chevillieren *n* *{Text}*; Glanzpressen *n*, Glanzausrüstung *f* *{Text}*
glossmeter *s.* glossimeter
glossy glänzend; Glanz-
glossy paste Glanzpaste *f*

glost firing Glattbrand *m* {*Hauptbrand*}, Glasurbrand *m* {*Keramik*}
glost kiln Glasur[brand]ofen *m*, Glatt[brand]ofen *m*
glove box 1. Handschuhbox *f*, Glovebox *f*, [Handschuh-]Schutzkammer *f*, Manipulationskammer *f* {*mit Handschuhen*}, Handschuh[arbeits]kasten *m* {*Nukl*}
Glover acid Glover-Säure *f*, Glower-Turmsäure *f* {*77-80 % H_2SO_4*}
Glover tower Glover-Turm *m*, Glower *m*, Denitrierturm *m* {*H_2SO_4-Herstellung*}
Glover tower acid *s*. Glover acid
glow/to [aus]glühen, glimmen; leuchten
glow 1. Glühen *n*, Glimmen *n*, Glut *f* {*Zustand*}; 2. Lichtschein *m*; Röte *f*
glow-bar test Glutfestigkeitsprüfung *f*, Glutbeständigkeitsprüfung *f*
glow current Glimmstrom *m*
glow discharge Glimmentladung *f*
glow-discharge cleaning Abglimmen *n*, Glimmreinigung *f*
glow-discharge light Glimmlicht *n*
glow-discharge nitriding Glimm-Nitrierung *f*, Ionitrierung *f*, Glimm-Nitridierung *f*
glow-discharge tube Glimmröhre *f*, Glimmentladungsröhe *f*, Glimmlampe *f*
glow electron Glühelektron *n*
glow lamp Glimmlampe *f*, Glimmlicht *n*, Glühlampe *f* {*Gasentladungslichtquelle*}
glow pipe Glührohr *n*, Glimmröhre *f*
glow potential Glimmspannung *f*, Glimmentladungspotential *n* {*Elek*}
glow-proof glühfest
glow test Glühprobe *f*
glowing 1. glühend; weißglühend; leuchtend; 2. Glühen *n*, Glut *f* {*Zustand*}, Glimmen *n*; Weißglut *f*, Weißglühen *n*; Leuchten *n*
glowing ash Glühasche *f*
glowing-filament tube Glühdrahtröhre *f*
glowing heat Glühhitze *f*, Gluthitze *f*
glowing hot-body test Glutfestigkeitsprüfung *f*, Glutbeständigkeitsprüfung *f*
glowing red 1. rotglühend; 2. helle Rotglut *f*
glowing substance Leuchtmasse *f*
glucagon **<$C_{153}H_{225}N_{43}O_{49}S$>** Glucagon *n* {*Polypeptidhormon der Bauchspeicheldrüse*}
glucamine **<$C_6H_{15}NO_4$>** Glucamin *n*
glucan Glucan *n*, Polyglucosan *n*
glucanase Glucanhydrolase *f*, Glucanase *f*
glucaric acid **<$C_6H_{10}O_8$>** Glucarsäure *f*
glucic acid **<$C_3H_4O_3$>** Glucinsäure *f*, *β*-Hydroxyacrylsäure *f*, 3-Hydroxypropensäure *f*
glucin[i]um {*Gl, obs, element no. 4*} Glucinium *n* {*obs*}, Glyc[in]ium *n* {*obs*}, Beryllium *n*
glucitol Glucit *m*, D-Sorbitol *m*
glucoalyssin Glucoalyssin *n*
glucoamylase {*EC 3.2.1.3*} Glucoamylase *f*, γ-Amylase *f*
glucoarabin Glucoarabin *n*
glucoberteroin Glucoberteroin *n*
glucocapparin Glucocapparin *n*
glucocerebroside Glucocerebrosid *n* {*Ceramid-Glycosid*}
glucocheirolin Glucocheirolin *n*
glucochloral Chloralose *f*
glucocholic acid **<$C_{24}H_{39}O_4NHCH_2COOH$>** Glucocholsäure *f*
glucocochlearin Glucocochlearin *n*
glucoconringiin Glucoconringiin *n*
glucocorticoid Glucocorticoid *n*
glucocymarol Glucocymarol *n*
glucofurone **<$C_6H_{10}O_6$>** Glucofuron *n* {*γ-Lacton der Gluconsäure*}
glucogallin Glucogallin *n*
glucogen **<$(C_6H_{10}O_5)_n$>** Glykogen *n*, Leberstärke *f*
glucohydrazones Glucohydrazone *npl*
glucoheptonic acid **<$C_7H_{10}O_8$>** Glucoheptonsäure *f*, D-*glycero*-D-*gulo*-Heptonsäure *f*
glucoheptulose Glucoheptulose *f*
glucoinvertase {*EC 3.2.1.20*} Glucoinvertase *f*, Glucoiberin *n*
glucokinase {*EC 2.7.1.2*} Glucokinase *f*, Hexokinase VI *f*
glucokinin Insulin *n*
glucolipid Glucolipid *n*
glucomannane Glucomannan *n*
glucometasaccharin Glucometasaccharin *n*
glucomethylose Glucomethylose *f*
gluconamide Gluconamid *n*
gluconeogenesis Gluconeogenese *f*
gluconic acid **<$HOCH_2(CHOH)_4COOH$>** Gluconsäure *f*, Dextronsäure *f*, Glykonsäure *f* {*obs*} {*eine Aldonsäure*}
D-gluconic acid 5-lactone content **<$C_6H_{10}O_6$>** Gluconsäure-5-lacton *n*, Gluconsäure-δ-lacton *n*, Gluconolacton *n*
gluconolacetone Gluconolaceton *n*, Gluconsäure-5-lacton *n*
glucoproteid *s*. glucoprotein
glucoprotein Glykoprotein *n*, Glucoprotein *n* {*obs*}, Glucoproteid *n* {*obs*}
glucopyranose Glucopyranose *f*
glucosaccharin Glucosaccharin *n*
glucosamine **<$C_6H_{13}NO_5$>** Glucosamin *n*, D-Glucosamin *n*, 2-Amino-2-desoxy-D-glucose *f*, Chitosamin *n*
glucosaminic acid Glucosaminsäure *f*
glucosan Glucosan *n*
glucosazone **<$C_{18}H_{22}N_4O_4$>** Glucosazon *n*
glucose **<$C_6H_{12}O_6$>** Glucose *f*, D-Glukose *f*, Dextrose *n*, Traubenzucker *m*, Phorose *f*, Stärkezucker *m*
glucose carrier Glucoseüberträger *m*

glucose cyanhydrin Glucosecyanhydrin *n*
glucose dehydrogenase *{EC 1.1.1.47}* Glucosedehydrogenase *f*
glucose derivative Glucosederivat *n*
glucose from potato starch Kartoffelzukker *m*, Kartoffelstärkezucker *m*
glucose-galactoside Lactobiose *f*, Lactose *f*
glucose isomerase *{EC 5.3.1.5}* Glucose-Ketoisomerase *f*
glucose metabolism Glucosestoffwechsel *m*
glucose oxidase *{EC 1.1.3.4}* Glucoseoxidase *f*, Glucose-Oxyhydrase *f*, Notatin *n*
glucose oxime Glucoseoxim *n*
glucose phenylhydrazone Glucosephenylhydrazon *n*
glucose phosphorylation Glucosephosphorylierung *f*
glucose syrup Glucosesirup *m*, Stärkesirup *m*, Stärkeverzuckerungssirup *m*
glucose transport Glucosetransport *m*
glucose uptake Glucoseaufnahme *f*
glucose-1,6-bisphosphate **<$C_6H_{14}O_{12}P_2$>** Glucose-1,6-bisphosphat *n*
glucose-1-phosphatase *{EC 3.1.3.10}* Glucose-1-phosphatase *f*
glucose-6-phosphatase *{EC 3.1.3.9}* Glucose-6-phosphatase *f*
glucose-1-phosphate **<$C_6H_{13}O_9P$>** Glucose-1-phosphat *n*, Cori-Ester *m*
glucose-6-phosphate Glucose-6-phosphat *n*, Robinson-Ester *m*
glucosephosphate isomerase *{EC 5.3.1.9}* Glucosephosphat-Isomerase *f*
glucosidases Glucosidasen *fpl*
glucosid[e] Glucosid *n* *{Glucose-Glycosid}*
glucosometer Glucosometer *n*
glucosone **<$HOCH_2(CHOH)_3COCHO$>** Glucoson *n*
glucosulfamide Glucosulfamid *n*
glucosulfone Glucosulfon *n*
glucovanillin Glucovanillin *n*, Vanillosid *n*
glucurolactone Glucurolacton *n*, Glucuron *n*, Glucuronsäure-5-lacton *n*
glucurone Glucurolacton *n*, Glucuron *n*
glucuronic acid **<$C_6H_{10}O_7$>** Glucuronsäure *f*
glucuronidase *{EC 3.2.1.31}* Glucuronidase *f*
glucurono-6,3-lactone Glucuronlacton *n*, Glucuronsäure-γ-lacton *n*, Dicuron *n*
glue/to [an]leimen, verleimen; kleben, kleistern, einkleben, verkleben; mit Leim bestreichen
glue on/to aufleimen, festkleben, ankleben, anleimen
glue together/to zusammenkleben, zusammenleimen
glue up/to zuleimen
glue Leim *m* *{DIN 16920}*; Kleber *m*, Klebstoff *m* *{DIN 16920}*, Klebemittel *n*, Kleister *m*, Haftmittel *n*
glue characteristic Klebstoffeigenschaft *f*
glue film Klebefilm *m*, Klebefolie *f*
glue from hides Hautleim *m*
glue jelly Leimgallerte *f*
glue label[l]ing Leimetikettierung *f*
glue layer Klebfilm *m*, verfestigte Klebschicht *f*, Leimschicht *f*, klebbereite Schicht *f*
glue line Leimfuge *f*, Klebfuge *f*
glue penetration Ausschwitzen *n* des Klebstoffes *m*
glue priming Leimgrund *m*
glue-sized gelatinegeleimt, mit Gelatine geleimt, mit Tierleim geleimt
glue solution Leimlösung *f*, Leimwasser *n*
glue water Leimwasser *n*, Planierwasser *n*
bone glue Knochenleim *m*
cold glue Kaltleim *m*
fish glue Fischblasenleim *m*, Isinglas *n*
hot sealable glue Schmelzkleber *m*
liquid glue flüssiger Kleber *m*
mixed glue Klebmischung *f*
vegetable glue pflanzlicher Leim *m*
glued geleimt
gluey klebrig, zähflüssig, leimartig, klebend
gluing Leimen *n*, Leimung *n*, Verleimen *n*
gluside Saccharin *n*
glutaconaldehyde Glutaconaldehyd *m*
glutaconic acid **<$HOOCCH_2CH{=}CHCOOH$>** Glutaconsäure *f*, Propendicarbonsäure *f*, 2-Pentendisäure *f*
glutamate Glutamat *n*, Glutaminat *n* *{Salze oder Ester der Glutaminsäure}*
glutamate acetyltransferase *{EC 2.3.1.35}* Glutamat-Acetyltransferase *f*
glutamate decarboxylase *{EC 4.2.1.48}* Glutamatdecarboxylase *f*
glutamate dehydrogenase *{EC 1.4.1.2}* Glutamatdehydrogenase *f*
glutamate oxidase Glutamatoxidase *f*
glutamic acid **<$HOOCCH_2CH_2CH(NH_2)COOH$>** Glutaminsäure *f*, Glu, 2-Aminoglutarsäure *f*, 2-Aminopentandisäure *f* *{IUPAC}*
glutaminase *{EC 3.5.1.2}* Glutaminase *f*
D-glutaminase *{EC 3.5.1.35}* D-Glutaminase *f*
glutamine **<$CONH_2CH_2CH_2CH(NH_2)CO_2H$>** Glutamin *n*, Glu-($NH_2$), Glutominsäure-5-amid *n*
glutaminic acid *s.* glutamic acid
glutamylglutamic acid Glutamylglutaminsäure *f*
glutar[di]aldehyde **<$OHC(CH_2)_3CHO$>** Glutar[säure]dialdehyd *m*, Glutaraldehyd *m*, 1,5-Pentandial *n* *{IUPAC}*
glutaric acid **<$COOH(CH_2)_3COOH$>** Glutarsäure *f*, Pentadisäure *f* *{IUPAC}*
glutaric anhydride Glutarsäureanhydrid *n*, Tetrahydropyran-2,6-dion *n*
glutaric dialdehyde *s.* glutar[di]aldehyde
glutaroin Glutaroin *n*

glutaronitrile <$NC(CH_2)_3CN$> Glutaronitril *n*, Pentandinitril *n*, Trimethylencyanid *n*

glutaryl diazide <$N_3OC(CH_2)_3CON_3$> Glutaryldiazid *n*

glutathione <$C_{10}H_{17}N_3SO_6$> Glutathion *n*, *N*-(*N*-Glutaminylcysteinyl)glycin *n*, γ-L-Glutamyl-L-cysteinylglycin *n*

glutazine <$C_5H_6N_2O_2$> Glutazin *n*, 4-Aminopyridin-2,6-dion *n*

glutelin Glutelin *n*

gluten 1. Gluten *n*, Glutin *n*, Kleber *m*, Klebereiweiß *n {Glutelin-Gliadin-Mischung}*; 2. Gluten *n {tierischer Albumin-Anteil}*

gluten bread Kleberbrot *n*

gluten contained in rye Roggenkleber *m*

gluten of oats Haferkleber *m*

gluten protein Eiweißleim *m*

glutethimide <$C_{15}H_{15}NO_2$> Glutethimid *n*

glutiminic acid Glutiminsäure *f*

glutine Glutin *n {Skleroprotein}*

glutinic acid <$HOOCCH=C=CHCOOH$> Glutinsäure *f*, Pentadiendisäure *f*

glutinous klebrig, leimartig, leimig

glutokyrine Glutokyrin *n*

glutol Glutol *n {Stärke-Formaldehyd}*

glutose Glutose *f {Anhydrofructose, nichtfermentierbare Molasseanteile}*

gly Gly, Glycin *n*, Glykokoll *n*, Aminoessigsäure *f*, Aminoethansäure *f*, Leimsüß *n {Triv}*

glycal hydrate Glykalhydrat *n*

glycamide Glykamid *n*

glycamine Glykamin *n*

glycans Polysaccharide *npl*, Glykane *npl*, Vielfachzucker *mpl*

glycarbylamide <$C_3H_2N_2(CONH_2)_2$> Glycarbylamid *n*

glyceraldehyde <$CH_2OHCHOHCHO$> Glycerinaldehyd *m*, Glyceraldehyd *m*, 2,3-Dihydroxypropanal *n {IUPAC}*

glyceraldehyde phosphate dehydrogenase Glycerinaldehyd-3-phosphatdehydrogenase *f {Biochem}*

glycerate dehydrogenase *{EC 1.1.1.29}* Glyceratdehydrogenase *f*

glycerate kinase *{EC 2.7.1.31}* Glyceratkinase *f*

glyceregia Glycerin-Königswasser *n {Glycerol/HCl/HNO_3-Gemisch}*

glyceric acid <$CH_2OHCHOHCOOH$> Glycerinsäure *f*, Glycersäure *f {obs}*, 2,3-Dihydroxypropansäure *f {IUPAC}*

glyceric aldehyde Glycerinaldehyd *m*, Glyceraldehyd *m*

glyceride Glycerid *n*, Neutralfett *n {Triv}*, Acylglycerin *n {Ester des Glycerins}*

glyceride isomerism Glyceridisomerie *f*

glyceride oils fettes Öl *n*, Fettöl *n*

glycerin *{US}* Glycerol *n {IUPAC}*, Glycerin *n {als Handelsprodukt}*, Trihydroxypropan *n*, Propan-1,2,3-triol *n*, Ölsüß *n {Triv}*

glycerin carbonate <$C_4H_6O_4$> Glycerincarbonat *n*, Hydroxymethylethylencarbonat *n*

glycerin gelatine Glyceringelatine *f*

glycerin oil Glycerinöl *n*

glycerin ointment Glycerinsalbe *f*

glycerin soap Glycerinseife *f*

glycerol <$CH_2OHCHOHCH_2OH$> Glycerol *n*, Glycerin *n {als Handelsprodukt}*, Propan-1,2,3-triol *n {IUPAC}*, Trihydroxypropan *n*, Ölsüß *n {Triv}*, Ölzucker *m {obs}*

glycerol acetate <$CH_3COOC_3H_5(OH_2)$> Glycerolmonoacetat *n*, Glycerinmonoacetat *n*, Monoacetin *n*, Acetin *n*, 3-Acetoxypropan-1,2-diol *n*

glycerol acetate dinitrate <$C_5H_8N_2O_8$> Acetyldinitroglycerin *n {obs}*, Glycerinacetatdinitrat *n {Expl}*

glycerol boriborate Glycerinboriborat *n*

glycerol caprate Caprin *n*

glycerol caproate Caproin *n*, Capronfett *n*

glycerol chloride dinitrate <$C_3H_5N_2O_6Cl$> Glycerinchloriddinitrat *n*, Dinitrochlorhydrin *n {Expl}*

glycerol-1-chlorohydrin Glycerin-1-chlorhydrin *n*, Monochlorhydrin *n*, 3-Chlorpropan-1,2-diol *n {IUPAC}*

glycerol-2-chlorohydrin <$HOCH_2CHClCH_2OH$> Glycerin-2-chlorhydrin *n*, 2-Chlorpropan-1,3-diol *n*, Monochlorhydrin *n*

glycerol dehydratase *{4.2.1.30}* Glyceroldehydratase *f*

glycerol diacetate <$(CH_3COO)_2C_3H_5OH$> Glyceroldiacetat *n*, Diacetin *n {Triv}*, 1,3-Glycerindiacetat *n*, 1,3-Diacetoxypropan-2-ol *n*

glycerol dibutyrate oleate Oleodibutyrin *n*, Glycerindibutyratoleat *n*

glycerol dibutyrate stearate Stearodibutyrin *n*, Glycerindibutyratstearat *n*

glycerol-1,2-dichlorohydrin <$CH_2ClCHClCH_2OH$> Glycerin-1,2-dichlorhydrin *n*, 1,2-Dichlorpropanol *n*

glycerol-1,3-dichlorohydrin <$CH_2ClCHOHCH_2Cl$> Glycerin-1,3-dichlorhydrin *n*, 1,3-Dichlorpropanol *n*

glycerol dichlorohydrin stearate Stearodichlorhydrin *n*

glycerol dilaurate palmitate Palmitodilaurin *n*

glycerol dinitrate <$C_3H_6N_2O_7$> Dinitroglycerin *n {obs}*, Glycerindinitrat *n {Expl}*

glycerol dinitrate explosive Dinitroglycerinsprengstoff *m*

glycerol-2,4-dinitrophenylether dinitrate <$C_9H_8N_4O_{12}$> Dinitrophenylglycerinetherdinitrat *n*, Dinitryl *n {Expl}*

glycerol dioleate Diolein *n*, Glycerindioleat *n*

glycerol dioleate palmitate Dioleopalmitin *n*, Palmitodiolein *n*
glycerol dioleate stearate Dioleostearin *n*
glycerol dipalmitate Dipalmitin *n*
glycerol dipalmitate stearate Dipalmitostearin *n*, Stearodipalmitin *n*
glycerol diricinoleate Diricinolein *n*
glycerol distearate **<$C_{39}H_{76}O_5$>** Distearin *n*, Glycerin-1,3-distearat *n*
glycerol distearate myristate Myristodistearin *n*
glycerol distearate palmitate Distearopalmitin *n*, Palmitodistearin *n*
glycerol elaidate Elaidin *n*
glycerol eleostearate Eläostearin *n*
glycerol ester Glycerinester *m*
glycerol ether acetate Glycerinetheracetat *n*
glycerol ethylidene ether Acetoglyceral *n*
glycerol formate Formin *n*
glycerol kinase *{EC 2.7.1.30.}* Glycerinkinase *f*
glycerol monoacetate Glycerinmonoacetat *n*, Monoacetin *n*
glycerol-β-monochlorohydrin **<$CH_2OHCHCl$-CH_2OH>** Glycerol-β-monochlorhydrin *n*, 2-Chlorpropan-1,3-diol *n {IUPAC}*
glycerol-γ-monochlorohydrin **<$CH_2ClCHOHCH_2OH$>** Glycerol-γ-monochlorhydrin *n*, Chlorpropylenglykol *n*, 3-Chlorpropan-1,2-diol *n {IUPAC}*
glycerol monoethyl ether Monoethylin *n*
glycerol monoformate Monoformin *n*, Glycerinmonoformiat *n*
glycerol monolaurate Glycerolmonolaurat *n*
glycerol monooctadecenyl ether **<$C_{18}H_{35}OC_3H_5(OH)_2$>** Selachylalkohol *m*, Dihydroxy-1-octadec-9'-enyloxypropan *n*
glycerol monooleate Glycerinmonooleat *n*
glycerol monophenyl ether **<$C_9H_{12}O_3$>** Glycerinmonophenylether *m*, 1-Phenoxypropan-2,3-diol *n*
glycerol monoricinoleate Glycerinmonoricinoleat *n*
glycerol monostearate Glycerinmonostearat *n*
glycerol myristate Myristin *n*
glycerol oleate **<$C_3H_5(OCOC_{17}H_{33})_3$>** Ölsäureglycerid *n*
glycerol palmitate Palmitin *n*
glycerol palmitate stearate oleate Oleopalmitostearin *n*
glycerol phthalic resin Glycerin-Phthalsäure-Harz *n*, Glyptal[harz] *n {ein Alkydharz}*
glycerol triacetate *s.* glyceryl triacetate
glycerol tributyrate *s.* glyceryl tributyrate
glycerol tricaprate *s.* glyceryl tricaprate
glycerol tricaproate *s.* glyceryl tricaproate
glycerol tricaprylate *s.* glyceryl tricaprylate
glycerol trichlorohydrin Glycerintrichlorhydrin *n*
glycerol trilaurate *s.* gylceryl trilaurate
glycerol trilinolate *s.* glyceryl trilinolate
glycerol trimargarate *s.* glyceryl trimargarate
glycerol trimyristate *s.* glyceryl trimyristate
glycerol trinitrate *s.* glyceryl trinitrate
glycerol trinitrophenylether-dinitrate **<$C_9H_7N_5O_{13}$>** Trinitrophenylglycerinetherdinitrat *n {Expl}*
glycerol trioleate *s.* glyceryl trioleate
glycerol tripalmitate *s.* glyceryl tripalmitate
glycerol tripropionate *s.* glyceryl tripropionate
glycerol tristearate *s.* glyceryl tristearate
glycerol trivalerate *s.* glyceryl trivalerate
glycerol-1-phosphatase *{EC 3.1.3.21}* Glycerin-1-phosphatase *f*
glycerol-2-phosphatase *{EC 3.1.3.19}* Glycerin-2-phosphatese *f*
glycerolphosphate **<=$PO_4C_3H_5(OH)_2$>** Glycerinphosphat *n {Salz oder Ester der Glycerophosphosesäure}*
glycerophosphatase *{EC 3.1.3.1/.2}* Glycerinphosphatase *f*, Glycerophosphatase *f*
glycerophosphate Glycerophosphat *n*, Glycerinphosphat *n*
glycerophosphoric acid **<$C_3H_5(OH)_2PO_4H_2$>** Glycerinphosphorsäure *f*, Glycerophosphorsäure *f*
glycerosazone Glycerosazon *n*
glycerose Glycerose *f {Glyceraldehyd/Dihydroxyaceton-Gemisch}*
glycerosone Glyceroson *n*
glycerosulfuric acid **<$C_3H_5(OH)_2HSO_4$>** Glyceroschwefelsäure *f*, Glycerinschwefelsäure *f*
glycerotriphosphoric acid Glycerintriphosphorsäure *f*
glyceroyl **<$HOCH_2CH(OH)CO$->** Glyceroyl- *{IUPAC}*
glyceryl **<-$OCH_2CH(O$-$)CO$->** Glyceryl-, 1,2,3-Propantriyl- *{IUPAC}*
glyceryl abietate Glycerylabietat *n*
glyceryl acetate *s.* glyceryl triacetate
glyceryl aldehyde *s.* glyceraldehyde
glyceryl borate Boroglycerid *n*, Glycerylborat *n {Pharm}*
glyceryl butyrate *s.* glyceryl tributyrate
glyceryl caprate *s.* glyceryl tricaprate
glyceryl caproate *s.* gylceryl tricaproate
glyceryl caprylate *s.* glyceryl tricaprylate
glyceryl diacetate Glyceroldiacetat *n*, 1,3-Diacetoxypropan-2-ol *n {IUPAC}*, Diacetin *n*
glyceryl dibutyrate Dibutyrin *n {Triv}*, Glycerindibutyrat *n*, 1,3-Dibutoxypropan-2-ol *n {Triv}*
glyceryl dibutyrate oleate Oleodibutyrin *n*, Glycerindibutyratoleat *n*
glyceryl dinitrate **<$C_3H_6N_2O_7$>** Glycerindini-

trat *n*, Glyceryldinitrat *n*, Dinitroglycerin *n* *{Expl}*

glyceryl laurate dimyristate Glyceryllauratdimyristat *n*, Laurodimyristin *n*

glyceryl laurate distearate Laurodistearin *n*, Glyceryllauratdistearat *n*

glyceryl laurate *s.* glyceryl trilaurate

glyceryl linolate *s.* glyceryl trilinolate

glyceryl linoleate distearate Glyceryllinoleatdistearat *n*, Linoleodistearin *n*

glyceryl margarate *s.* glyceryl trimargarate

glyceryl monoacetate Acetin *n*, Glycerolmonoacetat *n*

glyceryl myristate *s.* glyceryl trimyristate

glyceryl nitrate *s.* glyceryl trinitrate

glyceryl oleate *s.* glyceryl trioleate

glyceryl palmitate *s.* glyceryl tripalmitate

glyceryl phthalate Glycerylphthalat *n*

glyceryl propionate *s.* glyceryl tripropionate

glyceryl ricinoleate *s.* glyceryl triricinoleate

glyceryl stearate *s.* glyceryl tristearate

glyceryl triacetate Glycerintriacetat *n*, Glyceroltriacetat *n*, 1,2,3-Triacetoxypropan *n*, Glycerylacetat *n*, Triacetin *n* *{Triv}*

glyceryl tria-(12-acetoxystearate) Glyceryltriacetoxystearat *n*

glyceryl tria-(12-acetylricinoleate) Glyceryltriacetylricinoleat *n*

glyceryl tributyrate Glyceryltributyrat *n*, Tributyrin *n* *{Triv}*

glyceryl tricaprate Caprin *n* *{Triv}*, Tricaprin *n* *{Triv}*, Glyceryltricaprat *n*

glyceryl tricaproate Caproin *n* *{Triv}*, Tricaproin *n* *{Triv}*, Glycerintricaproat *n*

glyceryl tricaprylate Glycerintricaprylat *n*, Tricaprylin *n* *{Triv}*

glyceryl tri-(12-hydroxystearate) Glyceryltrihydroxystearat *n*

glyceryl trilaurate Glyceryltrilaurat *n*, Laurin *n* *{Triv}*, Trilaurin *n* *{Triv}*

glyceryl trilinolate Glyceryltrilinolat *n*, Trilinolein *n* *{Triv}*, Trilinolin *n*

glyceryl trimargarate Glyceryltrimargarat *n*, Intarvin *n* *{Triv}*, Trimargarin *n* *{Triv}*

glyceryl trimyristate Glyceryltrimyristat *n*, Trimyristin *n* *{Triv}*

glyceryl trinitrate Glyceroltrinitrat *n* *{obs}*, Nitroglycerin *n* *{obs}*, Glonoin *n* *{Triv}*

glyceryl trioleate Ölsäureglycerid *n*, Olein *n* *{Triv}*, Triolein *n* *{Triv}*

glyceryl tripalmitate Glyceryltripalmitat *n*, Tripalmitin *n* *{Triv}*

glyceryl tripropionate Glyceryltripropionat *n*, Tripropionin *n* *{Triv}*

glyceryl triricinoleate Glyceryltriricinoleat *n*, Ricinolein *n* *{Triv}*

glyceryl tristearate Glyceryltristearat *n*, Stearin *n* *{Triv}*, Tristearin *n* *{Triv}*

glyceryl trivalerate Trivalerin *n* *{Triv}*, Glyceryltrivaleriat *n*, Phocenin *n* *{Triv}*

glycic alcohol *{US}* *s.* glycerol

glycide *s.* glycidol

glycide nitrate Ethylenglycoldinitrat *n*, EGDN, Nitroglycid *n*

glycidic acid <C_2H_3OCOOH> Epoxypropionsäure *f*, Oxirancarbonsäure *f*, Glycidsäure *f* *{Triv}*

glycidol Glycid[ol] *n*, Epihydrinalkohol *m*, 2,3-Epoxypropan-1-ol *n*, Oxiranmethanol *n*

glycidyl ester *{ISO 4573}* Glycidylester *m*

glycidyl radical <$-CH_2C_2H_3O$> Glycidylrest *m*

glycin 1. *s.* glycine; 2. *s.* beryllium; 3. <$C_6H_{14}O_6$> Mannit[ol] *m*, 1,2,3,4,5,6-Hexahydroxyhexan *n*; 4. <$C_8H_9NO_3$> Glycin *n*, *p*-Hydroxyphenylaminosäure *f*, Photoglycin *n* *{Photo}*

glycinaldehyde Glycinaldehyd *m*

glycinamide Glycinamid *n*

glycinate Glycinat *n*

glycine <H_2NCH_2COOH> Glykokoll *n*, Aminoethansäure *f*, Aminoessigsäure *f*, Glycin *n*, Gly *{Biochem}*, Leimzucker *m* *{Triv}*, Leimsüß *n* *{Triv}*

glycine anhydride Glycinanhydrid *n*, 2,5-Piperazindion *n*

glycine hydrochloride Glycinhydrochlorid *n*

glycine nitrile <H_2NCH_2CN> Aminoessigsäurenitril *n*, Glycinnitril *n*

glycine oxidase Glycinoxidase *f* *{Biochem}*

glycinic acid Glycinsäure *f*

glycocholeic acid <$C_{27}H_{45}NO_5$> Glykocholeinsäure *f*

glycocholic acid <$C_{26}H_{43}NO_6$> Glykocholsäure *f* *{eine Gallensäure}*

glycoclastic glykolytisch

glycocoll *s.* glycine

glycocyamidine Glykocyamidin *n*

glycocyaminase *{EC 3.5.3.2}* Glycocyaminase *f*

glycocyamine <$H_2N(=NH)NHCH_2COOH$> Glykocyamin *n*, Guanidinessigsäure *f*

glycogallic acid Glykogallussäure *f*

glycogen <$(C_6H_{10}O_5)_n$> Glykogen *n*, Glycogen *n*, Leberstärke *f*, Tierstärke *f*, tierische Stärke *f*

glycogen metabolism Glykogenstoffwechsel *m*

glycogen phosphorylase Glykogenphosphorylase *f* *{Biochem}*

glycogen synthase *{EC 2.4.1.11}* Glykogensynthase *f*

glycogen synthase-D-phosphatase *{EC 3.1.3.42}* Glykogensynthase-D-phosphatase *f*

glycogenase *{EC 3.2.1.1/.2}* Amylase *f*, Glykogenase *f*

glycogenesis Glykogenese *f*, Zuckerbildung *f* *{Physiol}*

glycogenic zuckerliefernd *{Physiol}*

glycogenic acid *s.* gluconic acid

glycogenolysis Glykogenolyse *f*, Glykogenabbau *m* *{Physiol}*
glycogenolytic glykogenspaltend
glycogenosis Glykogenspeicherkrankheit *f*, Glykogenose *f*
glycogenous zuckererzeugend *{Phys}*
glycol 1. <$C_nH_{2n}(OH)_2$> Glycol *n*, Glykol *n*, Diol *n* *{IUPAC}*, zweiwertiger Alkohol *m*; 2. <$(HOCH_2\text{-})_2$> Ethandiol *n*, Ethylenglykol *n*, Ethan-1,2-diol *n* *{IUPAC}*, 1,2-Glycol *n*, 1,2-Dihydroxyethan *n*
glycol acetal Glycolacetal *n*
glycol bromohydrin Ethylenbromhydrin *n*, 2-Bromoethan-1-ol *n*, Glycolbromhydrin *n*
glycol carbonate <$C_3H_4O_3$> Dioxol-2-on *n*, Ethylencarbonat *n*, Glycolcarbonat *n*
glycol cephalin Glycolcephalin *n*
glycol chlorohydrin <$ClCH_2CH_2OH$> Glycolchlorhydrin *n*, Ethylenchlorhydrin *n*, 2-Chlorethan-1-ol *n* *{IUPAC}*
glycol cyanhydrin <$HOCH_2CH_2CN$> Ethylencyanhydrin *n*, Glycolcyanhydrin *n*, 42-Cyanoethan-1-ol *n*
glycol diacetate <$CH_3CO_2CH_2CH_2CO_2CH_3$> Glycoldiacetat *n*, Ethylendiacetat *n*
glycol dibromide Ethylendibromid *n*, 1,2-Dibromethan *n*, Glycoldibromid *n*
glycol dichloride Ethylendichlorid *n*, 1,2-Dichlorethan *n*, Glycoldichlorid *n*
glycol dimercaptoacetate Glycoldimercaptoacetat *n*, Ethylenglykolbisthioglycolat *n*
glycol dinitrate Ethylenglycoldinitrat *n*
glycol mercaptan <$HSCH_2CH_2OH$> Ethylenthiol *n*, Glycolmercaptan *n*
glycol monoacetate <$CH_3CO_2CH_2CH_2CH_2OH$> Glycolmonoacetat *n*, Ethylenglykolmonoacetat *n*
glycol monosalicylate Spirosal *n*
glycol salicylate Glycolsalicylat *n*
glycol sulfhydrate <$HSCH_2CH_2SH$> Ethylendithiol *n*, Glycolsulfhydrat *n*
glycolaldehyde <$HOCH_2CHO$> Hydroxyethanal *n*, Glycolaldehyd *m*
glycolamide <$HOCH_2CONH_2$> 2-Hydroxyacetamid *n* *{IUPAC}*, Glykolamid *n*
glycolic acid <$CH_2OHCOOH$> Glycolsäure *f*, Hydroxyessigsäure *f*, Ethanolsäure *f*
glycolic anhydride <$(CH_2OHCO)_2O$> Glycolsäureanhydrid *n*, 1,4-Dioxan-2,5-dion *n*
glycolide <$(\text{-}COCH_2O\text{-})_2$> Glykolid *n*
glycolipid Glykolipid *n*
glycolithocholic acid Glykolithocholsäure *f*
glycollic acid *s.* glycolic acid
glycolonitrile <$HOCH_2CN$> Glycolnitril *n*, Formaldehydcyanhydrin *n*
glycolsulfuric acid Glycolschwefelsäure *f*
glycolthiourea 2-Thiohydantoin *n*, Glycolthioharnstoff *m*
glycoluric acid <$HOOCCH_2NHCONH_2$> Hydantoinsäure *f*, Glycolursäure *f*
glycoluril[e] Acetylendiurein *n*, Glykoluril *n*
glycolylurea <$C_2H_4N_2O_2$> Hydantoin *n*, Glycolharnstoff *m*, 2,4-Imidazolindindion *n*
glycolysis Glykolyse *f* *{Biochem}*
glycolysis process Glykolyseverfahren *n* *{Wiederaufbereitung von Plastabfall}*
glycolytic glykolytisch, glucosespaltend
glycolytic pathway Embden-Meyerhof-Weg *m*, Hexosephosphat-Weg *m* *{Physiol}*
glycometabolism Zuckerstoffwechsel *m*
glyconic acid Glykonsäure *f*, Aldohexonsäure *f*
glycopenia Zuckerarmut *f*, Hypoglykämie *f*
glycopeptide Glycoprotein *n*, Glykoprotein *n*, Glykopeptid *n*, Mucoproteid *n*, Eiweißzucker *m* *{Triv}*
glycophorins Glycophorine *npl*
glycoprotein Glycoprotein *n*, Glykoprotein n, Glykoproteid *n* *{obs}*, Mucoproteid *n*, Eiweißzucker *m* *{Triv}*
glycosamine <$C_6H_{11}O_5NH_2$> Glykosamin *n*
glycosaminoglycan Glucosaminoglykan *n*, Mucopolysaccharid *n* *{proteinfreie Polysaccharidanteile der Proteoglykane}*
glycosazone Glykosazon *n*
glycosidases *{EC 3.2}* Glycosidasen *fpl*, Glykosidasen *fpl*, Carbohydrasen *fpl* *{obs}*
glycoside Glycosid *n* *{ein Vollacetal}*
glycosidic glykosidisch
glycosidic bond Glykosidbindung *f*, glykosidische Bindung *f*, glykosidische Verknüpfung *f* *{etherartige α(1,4)- oder ß(1,6)-Bindung}*
glycosidic linkage *s.* glycosidic bond
glycosine Glycosin *n*
glycosone Glykoson *n*
glycosphingoside Glykosphingosid *n*
glycosuria Glykosurie *f* *{Med}*
glycuronic acid Uronsäure *f* *{Aldehydcarbonsäure der Zuckerreihe}*; Glykuronsäure *f*
glycyl <$H_2NCH_2CO\text{-}$> Glycyl-, Aminoacetyl- *{obs}*
glycyl alcohol *s.* glycerol
glycylcholesterol Glycylcholesterin *n*
glycylglycine <$H_2NCH_2CONHCH_2COOH$> Glycylglycin *n*
glycylhistamine Glycylhistamin *n*
glycyrrhetinic acid <$C_{30}H_{46}O_4$> Glycyrrhetinsäure *f*, Enoxolon *n* *{WHO}*, Bioson *n* *{WHO}*
glycyrrhizine Glycyrrhizin *n*, Glycyrrhetinsäureglykosid *n*, Süßholzzucker *m*, Glycyrrhizinsäure *f*
glyme Glycolether *m*
glyodin Glyodin *n*, 2-Heptadecyl-2-imidazolinacetat *n*
glyoxal <$CHOCHO$> Glyoxal *n*, Oxalaldehyd *m*, Ethandial *n* *{IUPAC}*, Diformyl *n*, Oxalsäuredialdehyd *m*

glyoxal dihydrate Glyoxaldihydrat *n*
glyoxal sulfate Glyoxalsulfat *n*
glyoxalase I *{EC 4.4.1.5}* Glyoxalase I *f*, Aldoketomutase *f*, Methylglyoxylase *f*, Lactoylgluthation-Lyase *f {IUB}*
glyoxalate cycle Glyoxalatzyklus *m*, Glyoxalatcyclus *m*, Glyoxylsäurecyclus *m*
glyoxalic acid *s.* glyoxylic acid
glyoxaline Glyoxalin *n*, Imidazol *n*
glyoxalone Glyoxalon *n*
glyoxime <$(\text{-HC=NOH})_2$> Glyoxim *n*
glyoxyl <OHCCO-> Glyoxyl- *{obs}*, Glyoxyloyl- *{IUPAC}*
glyoxylase II *{EC 3.1.2.6}* Glyoxylase II *f*, Hydroxyacylgluthation-Hydrolase *f {IUB}*
glyoxylate oxidase *{EC 1.2.3.5}* Glyoxylatoxidase *f*
glyoxylate reductase *{EC 1.1.1.26}* Glyoxylatreduktase *f*
glyoxyldiureide *s.* allantoin
glyoxylic acid 1. <CHOCOOH> Glyoxylsäure *f*, Glyoxalsäure *f*, Oxoessigsäure *f*, Oxalaldehydsäure *f*; 2. <$OHCCOOH \cdot H_2O$ oder $(OH)_2CCOOH$> Dihydroxyessigsäure *f*
glyphogene Glyphogen *n*
glyphographic glyphographisch
glyphography Glyphographie *f*
glyphylline Glyphyllin *n*
glyptal [resin] *{TM}* Glyptal *n {Alkydharz aus Glycerin und Phthalsäure}*, Glycerin-Phthalsäure-Harz *n*, Glyptalharz *n*
glysal Spirosal *n*
GM counter *s.* Geiger-Müller counter
GMA welding MIG-Schweißen *n*, Metall-Inertgas-Schweißen *n*
Gmelin's salt Gmelins Salz *n {Triv}*, rotes Blutlaugensalz *n {Triv}*, Trikaliumhexacyanoferrat(III) *n*
gmelinite Gmelinit *m {Min}*
GMP Guanosinmonophosphat *n*
GMP reductase *{EC 1.6.6.8}* GMP-Reduktase *f*
GMP synthetase *{EC 6.3.4.1}* GMP-Synthetase *f*
gnaw off/to abnagen; zerfressen
gneiss Gneis *m {Geol}*
gnomonic projection gnomonische Projektion *f*
gnoscopine <$C_{22}H_{23}NO_7$> Gnoscopin *n*, Narcotin *n {Opium-Alkaloid}*
go/to verlaufen *{z.B. Reaktion}*
go into service/to den Betrieb *m* aufnehmen
go/no-go recording Ja-Nein-Registrierung *f {Instr}*
goa powder Ararobapulver *n*, Goapulver *n*, Rohchrysarobin *n {Pharm}*
goat's rue Pestilenzkraut *n*, Peterskraut *n*, Ziegenraute *f {Bot}*
goatbeard Geißbartkraut *n {Europa: Tragopogan pratensis; Aruncus sylvester}*
goatbush bark Bitterrinde *f*
gob 1. Glasposten *m*, Posten *m*, Glastropfen *m*, Speisertropfen *m {Glas}*; 2. Versatz *m*, Bergeversatz *m*, Versatzgut *n {Bergbau}*
gob burner Postenbrenner *m {Glas}*
gob feeder Glaspostenzufuhr *f*, Postenspeiser *m*, Tropfenspeiser *m*
goblet Becher *m*
goethite <α-FeO(OH)> Göthit *m*, Goethit *m*, Nadeleisenerz *n*, Samteisenerz *n*, Samtblende *f*, Allcharit *m*, Eisensamterz *n {Min}*
goffer/to gaufrieren, kräuseln, plissieren, fälteln *{Text}*
goggles Schutzbrille *f {DIN 58211}*
gold 1. golden; 2. Gold-; Gold(I)-; Gold(III)-; 3. Gold *n {Au, Element Nr. 79}*, Aurum *n {Latein}*
gold alloy Goldlegierung *f*
gold amalgam Goldamalgam *n*; Goldamalgam *n*, Quickgold *n {Min}*
gold assay Goldprobe *f*
gold-assaying table Goldprobentafel *f*
gold balance Goldwaage *f*, Prüfwaage *f*
gold bath Vergoldungsbad *n*
gold beryll Goldberyll *m {obs}*, Heliodor *m*, ChrysoberyII *m {Min}*
gold blocking Blattvergoldung *f*
gold bromide Goldbromid *n {AuBr oder $AuBr_3$}*
gold bronze Goldbronze *f {Beschichten}*
gold-bronze pigment Goldbronzepigment *n*
gold brown goldbraun
gold calx Goldkalk *m*
gold carbide Goldcarbid *n*
gold chips Goldabfall *m*
gold chloride <$AuCl_3$ or $AuCl_3 \cdot 2H_2O$> Goldchlorid *n*, Gold(III)-chlorid *n {IUPAC}*, Aurichlorid *n*, Goldtrichlorid[-Dihydrat] *n*
gold coin Goldmünze *f*
gold colo[u]r Goldfarbe *f*
gold colo[u]red goldfarben, goldgelb
gold content Goldgehalt *m*
gold cyanide Goldcyanid *n {AuCN oder $Au(CN)_3$}*, Cyangold *n {obs}*
gold deposit Goldseife *f {Min}*
gold-determination flask Goldkölbchen *n {Anal, Lab}*
gold-dip bath Tauchvergoldungsbad *n*
gold dish Goldschale *f {Lab}*
gold doping Goldzusatz *m*
gold dust Goldstaub *m*, Goldgrieß *m*
gold extraction Goldgewinnung *f*, Goldlaugerei *f*
gold-film glass Goldfilmglas *n*
gold foil Goldfolie *f*
gold glimmer Katzengold *n*, angewitterter Biotit *m {Min}*
gold grain Goldkorn *n*

gold hydrogen chloride <$HAuCl_4$> Tetrachlorogoldsäure *f*

gold hydroxide Goldhydroxid *n {AuOH oder Au(OH)$_3$}*

gold ingot Goldbarren *m*

gold iodide Goldiodid *n {AuI oder AuI$_3$}*

gold-iridium alloy Iridgold *n*

gold-leaching plant Goldlaugerei *f*

gold leaf Blattgold *n*, Goldblatt *n*, Goldschlag *m {25 nm dick}*

gold lettering Goldschrift *f*

gold-like goldähnlich, goldartig

gold-like brass Talmi *n*

gold luster Goldglanz *m*

gold mine Goldbergwerk *n*

gold monobromide <$AuBr$> Gold(I)-bromid *n*, Goldbromür *n {obs}*, Goldmonobromid *n*

gold monochloride <$AuCl$> Aurochlorid *n {obs}*, Goldchlorür *n {obs}*, Gold(I)-chlorid *n*, Goldmonochlorid *n*

gold monocyanide <$AuCN$> Gold(I)-cyanid *n*, Goldcyanür *n {obs}*, Goldmonocyanid *n*

gold monoiodide <AuI> Gold(I)-iodid *n*, Goldjodür *n {obs}*, Goldmonoiodid *n*

gold monosulfide <Au_2S> Gold(I)-sulfid *n*, Goldsulfür *n {obs}*

gold monoxide <Au_2O> Gold(I)-oxid *n*, Goldoxydul *n {obs}*

gold number Goldzahl *f {Koll}*

gold orange Methylorange *n*, Orange III *n*

gold ore Golderz *n*

pounded gold ore Goldschlich *m*

gold oxide Goldoxid *n {Au$_2$O oder Au$_2$O$_3$}*

gold paper Goldpapier *n*

gold parings Goldabfall *m*

gold parting Goldscheiden *n*, Goldscheidung *f*

gold pentafluoride <AuF_5> Gold(V)-fluorid *n*, Goldpentafluorid *n*

gold phosphide Goldphosphid *n*

gold-plated *{GB}* vergoldet, goldplattiert

gold plating Vergolden *n*, Vergoldung *f*, Goldplattierung *f {Elektrochem}*

gold-plating bath Goldplattieranlage *f*

gold plating liquid Vergoldungsflüssigkeit *f {Dent}*

gold point Goldpunkt *m*, Goldschmelzpunkt *m {ITS-90: 1337,58 K}*

gold potassium chloride Chlorgoldkalium *n {obs}*, Kaliumtetrachloroaurat(III)[-Dihydrat] *n*, Goldkaliumchlorid *n {Triv}*

gold potassium cyanide <$KAu(CN)_2$> Kaliumdicyanoaurat(I) *n {Galv}*

gold powder Goldpulver *n*

gold precipitant Goldfällungsmittel *n*

gold precipitate Goldniederschlag *m*

gold priming varnish Goldgrundfirnis *m*

gold protoxide Gold(I)-oxid *n*, Goldoxydul *n {obs}*

gold purple Goldpurpur *m*, Cassiuspurpur *m*

gold quartz Goldkies *m*, Goldquarz *m*

gold reduction plant Goldausschmelzerei *f*

gold refiner Goldscheider *m*

gold refinery Goldscheideanstalt *f*

gold refining Goldscheidung *f*, Goldraffination *f*, Goldscheiden *n*

gold selenide Goldselenid *n*

gold silver sulfide Goldsilbersulfid *n*

gold silver telluride <$AgAuTe_4$> Goldtellur *n {obs}*, Goldsilbertellurid *n*, Tellurgoldsilber *n {obs}*; Sylvanit *m {Min}*

gold size 1. Goldgrundfirnis *m*, Vergolderleim *m*, Goldleim *m {Farb}*; 2. Anlegeöl *n*, Mixtion *f {zum Befestigen von Blattgold}*

gold slime Goldschlich *m*

gold sodium chloride <$NaAuCl_4$> Chlorgoldnatrium *n {obs}*, Natriumgold(III)-chlorid *n*, Goldnatriumchlorid *n*, Natriumtetrachloroaurat(III)[-Dihydrat] *n*

gold sodium cyanide <$NaAu(CN)_2$> Natriumdicyanoaurat(I) *n*, Goldnatriumcyanid *n*, Natriumgold(I)-cyanid *n*

gold sodium thiomalonate <$C_4H_3O_4SAuNa_2$> Goldnatriumthiomalonat *n*

gold solder Goldlot *n*

gold solution Goldlösung *f*

gold sponge Goldschwamm *m {Oxalsäurefällung}*

gold-stone Glimmerquarz *n*, Goldstein *m*, Aventurin-Quarz *n {Min}*

gold-stoving varnish Goldeinbrennfirnis *m*

gold stripping Entgoldung *f*

gold sulfide <Au_2S> Gold(I)-sulfid *n*

gold sulfide <Au_2S_3> Goldsulfid *n*, Goldschwefel *m {obs}*, Schwefelgold *n {obs}*, Gold(III)-sulfid *n*, Aurisulfid *n {obs}*

gold sweepings Goldkrätze *f*

gold tartrate Goldweinstein *m*

gold telluride <$AuTe_2$> Goldtellurid *n*; Calaverit *m {Min}*

gold thread Fadengold *n*, Goldfaden *m {Text}*

gold-tin purple Goldpurpur *m*, Cassiuspurpur *m*

gold toning Goldtönung *f*, Goldtonung *f {Photo}*

gold-toning bath Goldtrichloridbad *n*

gold tribromide Auribromid *n {obs}*, Gold(III)-bromid *n*, Goldtribromid *n*

gold trichloride Aurichlorid *n {obs}*, Gold(III)-chlorid *n*, Goldtrichlorid *n*

gold tricyanide <$Au(CN)_3$> Goldtricyanid *n*, Gold(III)-cyanid *n*

gold trioxide <Au_2O_3> Aurioxid *n {obs}*, Gold(III)-oxid *n*, Goldtrioxid *n*

gold trisulfide <Au_2S_3> Aurisulfid *n {obs}*, Gold(III)-sulfid *n*

gold varnish Goldfirnis *m*, Goldlack *m*

gold weight Goldgewicht *n*
gold wire Golddraht *m*
gold-wire gasket Golddrahtdichtung *f {Vak}*
gold-wire seal Golddrahtdichtung *f {Vak}*
gold(I) chloride Gold(I)-chlorid *n*, Goldmonochlorid *n*
gold(I) compound Gold(I)-Verbindung *f*, Auroverbindung *f {obs}*, Goldoxydulverbindung *f {obs}*
gold(I) cyanide Gold(I)-cyanid *n*
gold(I) oxide Aurooxid *n {obs}*, Gold(I)-oxid *n*, Goldoxydul *n {obs}*
gold(I) salt Aurosalz *n {obs}*, Gold(I)-Salz *n*
gold(III) chloride Gold(III)-chlorid *n*, Goldtrichlorid *n*
gold(III) compound Auriverbindung *f {obs}*, Gold(III)-Verbindung *f*
gold(III) hydroxide Aurihydroxid *n {obs}*, Gold(III)-hydroxid *n*, Goldsäure *f {Triv}*
gold(III) oxide Aurioxid *n {obs}*, Gold(III)-oxid *n*, Goldtrioxid *n*
gold(III) salt Aurisalz *n {obs}*, Gold(III)-Salz *n*
alloyed gold Karatgold *n*
argentiferous gold Silbergold *n*
bright gold Glanzgold *n*
brilliant gold Glanzgold *n*
burnished gold Glanzgold *n*
coinage gold Münzgold *n {90 % Au, 10 % Cu}*
colloidal gold Collaurin *n*, kolloidales Gold *n*
fulminating gold <$AuNHNH_2$> Knallgold *n*, Aurodiamin *n*
white gold Weißgold *n {65-80 % Au, Rest Pd oder 33,3-75 % Au, Rest Ni}*
yellow gold Gelbgold *n {41,7 % Au, 38,5 % Cu, 5,8 % Ag, 12,8 % Zn, 1,2 % Ni}*
goldbearing goldhaltig, goldführend *{Geol}*
goldbeater's skin Goldschlägerhaut *f*
golden golden, goldfarben; goldartig; Gold-
golden vein Goldader *f*
golden yellow Naphthalingelb *n*
goldfieldite Goldfieldit *m {Min}*
goldsmith's wash Goldkrätze *f*
Golgi apparatus Golgi-Apparat *m {Biol}*
gomme gutte Gummigutt *n {von Garcinia-Arten, vorwiegend G. hanburyi Hook. f.}*
gonadotropic hormones gonadotrope Hormone *npl*, Gonadotrophine *npl {WHO}*
gonadotropin Gonadotropin *n {Form A und B}*
gonane Gonan *n*, Androstan *n {Biochem}*
goniometer Goniometer *m n*, Winkelmesser *m {Krist}*
goniometric goniometrisch
goniometry Goniometrie *f*, Winkelmessung *f*
goniophotometer Goniophotometer *n*
Gooch crucible Goochscher Tiegel *m*, Gooch-Tiegel *m*, Filtertiegel *m* nach Gooch
goods Ware *f*, Waren *fpl*
goods lift *{GB}* Lastenaufzug *m {DIN 15305}*, Warenaufzug *m*, Warenlift *m*
goose 1. Gans *f {Zool}*; 2. Gänsefleisch *n*, Gänsebraten *m*
goose-grease Gänsefett *n*
goose neck 1. Schwanenhals *m*, S-Stück *n {Fallrohr}*; Doppelbogen *m*, Etagenbogen *m*, Sprungstück *n*; 2. gekröpfter Schlichtmeißel *m*; 3. Druckbehälter *m {Druckguß}*
goose-neck press einseitig offene Presse *f*, C-Gestell-Presse *f*, Maulpresse *f*, Schwanenhalspresse *f {Gummi}*
goose-necked gekröpft *{Tech}*
gorceixite Gorceixit *m {Min}*
gorlic acid <$C_5H_7(C_{12}H_{22})COOH$> Gorlisäure *f*
gosio gas <$As(CH_3)_3$> Trimethylarsin *n*
goslarite Goslarit *m*, weißer Vitriol *m*, Zinkvitriol *m {Min}*
Gossage's process Gossagsches Verfahren *n*
gossypetin <$C_{15}H_{10}O_8$> Gossypetin *n*, 3,3',4',5,7,8-Hexahydroxyflavon *n*
gossypetonic acid Gossypetonsäure *f*
gossypin 1. Gossypin *n {Baumwollcellulose}*; 2. Gossypetin *n*
gossypitone Gossypiton *n*
gossypitrine Gossypitrin *n*
gossypitrone Gossypitron *n*
gossyplure Gossyplur *m {7,11-Hexadecadien-1-ol-acetat}*
gossypol Gossypol *n*, Thespeesin *n {toxischer, polyphenolischer Aldehyd des Baumwollsamenöls}*
goudron Goudron *m*, Asphaltteer *m*
gouging-test apparatus Emailprüfungsgerät *n*
Goulard water *s.* Goulard's extract
Goulard's extract Goulardsches Bleiwasser *n*, Goulardsches Wasser *n*, Bleiextrakt *m*, Bleiessig *m {Pharm}*
govern/to lenken, leiten, bestimmen, [be]herrschen; regulieren, regeln; steuern
governing Regulierung *f*
government 1. staatlich; Staats-, Regierungs-; 2. Leitung *f*
government regulations Regierungsverordnung *f*, Rechtverordnung *f*
government research establishment staatliches Forschungszentrum *n*
government-sponsored programme staatlich gefördertes Programm *n*
governor 1. Stabilisierungseinrichtung *f {Automation}*; 2. Regler *m {Elek}*
governor fluid Regleröl *n {DIN 51515}*
governor valve Reglerventil *n*
govy Govy *n {obs; elektrokinetische Einheit}*
Govy layer Govy-Chapman-Doppelschicht *f*
goyazite Goyazit *m*, Hamlinit *m*, Strontio-Hitchcockit *m {Min}*

GPC Gelpermeations-Chromatographie *f*
gradation 1. Abstufung *f*, Staffelung *f*, Stufenfolge *f*; 2. Gradation *f* *{Photo}*
gradation in temperature Temperaturabstufung *f*
grade/to 1. abstufen, staffeln; 2. eichen; 3. einteilen, klassieren, einstufen *{z.B. in Güteklassen}*, klassifizieren; ordnen; sortieren; 4. planieren, einebnen, nivellieren, ebnen, eben machen *{Tech}*
grade 1. Grad *m* *{Winkel, Temperatur usw.}*, Stufe *f*; 2. Gefälle *n*; Steigung *f*; 3. Klasse *f*, Rang *m*, Note *f*, Qualität *f*, Güte *f*, Güteklasse *f*, Gütegrad *m*, Handelsklasse *f*, Sorte *f*; Reinheit *f*; 4. Korngröße *f*, Körnung *f*; Siebfeinheit *f*; 5. Nährstoffgehalt *m* *{von Düngemitteln}*
grade efficiency Teilungszahl *f*, Trenngrad *m*, Abscheidegrad *m*
grade efficiency curve Trennkurve *f*
grade of coal Kohlegüteklassierung *f*, Kohlegüteeinteilung *f* *{Asche, S-Gehalt}*
grade of filtration Filterfeinheit *f*
grade of purity Reinheitsgrad *m* *{DIN 51422}*
grade tunnel Freispiegeltunnel *m*
graded 1. abgestuft, stufenweise; 2. klassiert, eingestuft; sortiert; 3. planiert
graded coal klassierte Kohle *f* *{DIN 22005}*
graded copolymer Gradientencopolymer[es] *n*
graded glass seal tubulation Übergangsglasrohr *n*, Kern- und Hülsenschliff *m*
graded seal Übergangsglasrohr *n*
graded sizes Nußkohle *f* *{DIN 22005}*
grader Sortiermaschine *f*; Schneider *m*; Planierer *m* *{Tech}*
gradient Gefälle *n*, Gradient *m*, Neigung *f*, Steilheit *f* *{Steigung}*
gradient elution Gradient[en]elution *f* *{Chrom}*
gradient elution chromatography Elutionsgradientchromatographie *f*, Gradient[en]chromatographie *f*
gradient ion chromatography Gradient[en]ionen-Chromatographie *f*
hydraulic gradient Flüssigkeitsgradient *m* *{z.B. einer Bodenkolonne}*
grading 1. Klassierung *f*, Einstufung *f*, Abstufung *f*; Sortierung *f*; 2. Korngrößenaufteilung *f*, Korngrößeneinstufung *f*; Kornzusammensetzung *f*
grading by sifting Siebklassieren *n*
grading curve Korngrößenverteilung *f*, Sieblinie *f*, Siebkurve *f*, Kornverteilungskurve *f*
grading machine Sortiermaschine *f*
grading screen Klassiersieb *n*
grading table Sortiertisch *m*
gradual flach *{z.B. Kennlinie}*, allmählich *{z.B. Veränderung}*; graduell, stufenweise
gradually absatzweise, gradweise, schrittweise, stufenweise; allmählich
graduate/to 1. abstufen, gradieren, kalibrieren, einteilen *{in Grade}*, teilen, mit einer Skale *f* versehen; 2. graduieren *{an einer Hochschule}*
graduate 1. Meßgefäß *n*, Mensur *f*; 2. Hochschulabsolvent *m*, Akademiker *m*
pharmaceutical graduate Apotherkermensur *f* *{Lab}*
graduated abgestuft, eingeteilt *{in Grade}*, kalibriert; graduiert
graduated buret[te] Meßbürette *f*
graduated circle Gradkreis *m*, Teilkreis *m*
graduated cylinder Meßzylinder *m* *{Lab}*
graduated flask Meßkolben *m*, Maßkolben *m* *{Lab}*
graduated glass flask Glasmeßkolben *m* *{Lab}*
graduated glass measuring cylinder Glasmeßzylinder *m* *{Lab}*
graduated jar Meßgefäß *n*
graduated measuring cylinder Meßzylinder *m* *{Lab}*
graduated pipet[te] Meßpipette *f*, Teilpipette *f*, Meßheber *m*
graduated plate Teilscheibe *f*
graduated tube Maßröhre *f*
graduation 1. Abstufung *f*, Einteilung *f*, Teilung *f*, Gradeinteilung *f*, Maßeinteilung *f*, Skale *f*; Teilstrich *m*, Strichmarke *f*; 2. Verstärken *n*, Einengen *n* *{durch teilweises Eindampfen}*, Konzentrieren *n*, Gradierung *f*, Eindicken *n* *{Chem}*; 3. Gradmessung *f* *{Geol}*
graduation apparatus Gradierapparat *m*, Gradierwerk *n*
graduation furnace Gradierofen *m*
graduation line Ablesestrich *m*, Meßstrich *m*
graduation mark Ablesemarke *f*, Ablesestrich *m*, Markierungsstrich *m*, Teilstrich *m*, Skalenteil[strich] *m*
graduation scale Gradeinteilung *f*, Kalibrierung *f*
graduation works Gradierwerk *n*
graduator 1. Gradierapparat *m* *{Chem}*; 2. Gradmesser *m*
graft/to 1. [auf]pfropfen, veredeln *{Bot}*; 2. transplantieren, Gewebe *n* verpflanzen *{Med}*; 3. [auf]pfropfen, aufpolymerisieren, anpolymerisieren *{Chem}*
graft copolymer Pfropfcopolymer[es] *n*, Pfropfcopolymerisat *n*, Pfropfmischpolymerisat *n*
graft copolymerization Pfropfcopolymerisation *f*, Pfropfmischpolymerisation *f*
graft-copolymerized pfropfcopolymerisiert
graft polymer Pfropfpolymer[es] *n*, Pfropfpolymerisat *n*, Graftpolymer[es] *n*
graft polymerization Pfropfpolymerisation *f*, Graftpolymerisation *f*
graft-polymerized pfropfpolymerisiert

graft rejection Transplantatabstoßung *f* *{Immun}*
grafting wax Baumwachs *n*, Pfropfwachs *n*
graftonite Graftonit *m*, Repossit *m* *{Min}*
Graham's salt Grahamsches Salz *n* *{polymeres Na-Metaphosphat}*
grahamite Grahamit *m* *{Min, Asphalt}*
grain/to 1. aussalzen *{Seife}*; 2. körnig machen, granulieren, körnen; 3. perlen, perlieren; 4. masern; grainieren, granieren *{Pap}*; krispeln, levantieren *{Leder}*
grain 1. Korn *n*, Körnchen *n* *{z.B. Zuckerkorn, Getreidekorn, Kristallkorn}*; 2. Körnung *f*, Körnigkeit *f*, körnige Struktur *f*; 2. Ader *f*, Faser *f* *{Holz}*; Faserrichtung *f*, Faserverlauf *m*, Maserung *f* *{Holz}*; 3. Strich *m*, Fadenrichtung *f* *{Text}*; 4. Faserlaufrichtung *f*, Längsrichtung *f*, Maschinenlaufrichtung *f* *{Pap}*; 5. Narbenbild *n*; Narbe *f* *{Leder}*; 6. Getreide *n*, Getreideart *f* *{Bot}*; 7. Mahlgut *n* *{Tech}*; 8. Gran *n* *{obs; = 64,79891 mg}*; 9. Grän *n* *{obs; Edelmetallgewicht = 811,999 mg}*
grain alcohol Kornbranntwein *m*, Getreidebranntwein *m*, Getreidealkohol *m*
grain boundary Korngrenze *f* *{Krist, Met}*
grain-boundary diffusion Korngrenzenstreuung *f*, Korngrenzendiffusion *f*
grain-boundary migration Korngrenzenwanderung *f*
grain-boundary precipitate Korngrenzenausscheidung *f* *{Met}*
grain-boundary relaxation Korngrenzenrelaxation *f* *{Krist}*
grain-boundary scattering *s.* grain-boundary diffusion
grain-boundary segregation Kornseigerung *f*, Korngrenzenseigerung *f* *{Met}*
grain-boundary separation Korngrenzentrennung *f*
grain-boundary strengthening Korngrenzenverfestigung *f* *{Met}*
grain coarsening Kornvergröberung *f*, Körnelung *f* *{obs}*
grain cracking Narbenbrüchigkeit *f* *{ein Narbenschaden, Leder}*
grain density Korndichte *f* *{Met}*
grain diameter Korndurchmesser *m*
grain diminution Kornverfeinerung *f* *{Met}*
grain direction Faserlaufrichtung *f*, Maschinen[lauf]richtung *f*, Arbeitsrichtung *f*, Laufrichtung *f*, Längsrichtung *f* *{Pap}*
grain dryer Getreidetrockner *m*
grain effect Orientierungserscheinung *f* *{Gummi}*
grain growth Kornwachstum *n*, Kristallwachstum *n*
grain lead Kornblei *n*
grain leather Narbenleder *n*
grain nickel Nickelkörner *npl* *{Mond-Verfahren}*
grain number Kornzahl *f*
grain of emulsion Korn *n* der photographischen Emulsion *f*
grain refinement Kornverfeinerung *f* *{Photo}*
grain side Narbenseite *f* *{Leder}*
grain size 1. Korngröße *f* *{DIN 66100}*, Korndurchmesser *m*; 2. Körnung *f*, mittlere Korngröße *f*
grain-size distribution Korngrößenverteilung *f*
grain sizing Korngrößenanalyse *f*
grain spirits Kornalkohol *m*, Kornbranntwein *m*, Kornschnaps *m*, Getreidebranntwein *m*
grain structure Korngefüge *n*, Kornstruktur *f*, Kornaufbau *m* *{des Materials}*
grain test Schnellgrießmethode *f*
grain tin Körnerzinn *n*, Feinzinn *n*, Kristallzinn *n*
grain wood Aderholz *n*
energy of grain boundary Korngrenzenenergie *f*
grained 1. gekörnt, granuliert; 2. gemasert; 3. genarbt *{Leder}*; 4. grainiert *{Pap}*
grained sugar Krümelzucker *m*
medium grained mittelfeinkörnig
graininess Körnelung *f*, Körnigkeit *f* *{Tech, Photo}*
graining 1. Maserung *f*; 2. Grainieren *n* *{Pap}*; 3. Pantoffeln *n*; Krispeln *n* *{Leder}*; 4. Kornbildung *f*, Granulieren *n*, Granulation *f*, Körnen *n*, Körnigmachen *n*; 5. Aussalzen *n*, Aussalzung *f* *{Kosmetik}*
graining point Granulierpunkt *m* *{Beginn der Kronbildung}*
grains 1. Treber *pl* *{Brau}*; 2. Feinkohle *f*
grains of silver ashes Dunstsilber *n*, Schrotsilber *n*
grains per cubic foot Partikel *npl* pro Volumeneinheit *{Verbrennung}*
grainy körnig, gekörnt, granuliert, granulär, granulös; gemasert; grießig; unregelmäßig
gram Gramm *n* *{SI-Einheit: 1g = 0,001 kg}*
gram-atom[ic weight] Grammatom *n*, Atomgramm *n*
gram bottle Grammflasche *f*
gram calorie Grammkalorie *f* *{obs}*, Kalorie *f*, *{SI-fremde Einheit der Wärmemenge, 1 cal = 4,1868 J}*
gram equivalent [weight] Grammäquivalent *n*, Grammval *n*, Val *n*
gram ion Grammion *n*
gram mole *s.* gram-molecular weight
gram-molecular volume Gramm-Molekülvolumen *n*, Mol[norm]volumen *n*
gram-molecular weight Grammolekül *n*, Mol *n*

gram molecule Grammolekül *n*, Grammol *n*, Mol *n*
gram weight Grammgewicht *n {obs}*, Flächengewicht *n {obs}*, flächenbezogene Masse *f {Pap}*
Gram-negative gramnegativ, gramfrei
Gram-positive grampositiv, gramfest
Gram stain[ing] Gram-Färbung *f*, Gramsche Färbung *f {eine Differentialfärbung für Bakterien}*
gramicidins Gramicidine *npl {Peptidantibiotika}*
gramine Gramin *n*, Donaxin *n*
grammage Flächengewicht *n {obs}*, Grammgewicht *n {obs}*, Flächenmasse *f*, Quadratmetermasse *f*, flächenbezogene Masse *f {Pap, DIN 6730}*
grammatite Grammatit *m {Min}*
grammatitiferous grammatithaltig
gramme *s.* gram
grammite Grammit *m {obs}*, Wollastonit *m {Min}*
granatine Granatin *n {Alkaloid}*
granatite Granatit *m {Min}*
granatoline Granatolin *n*
granatonine Granatonin *n*, Pseudopelletierin *n*
grandidierite Grandidierit *m {Min}*
granilite Granilit *m {Min}*
granite Granit *m {Tiefengestein}*
granite-colo[u]red granitfarbig
granite-like granitartig, granitförmig
granite rock Granitfels *m*, Granitgestein *n*
giant granite Pegmatat *m {Min}*
porphyroid granite Granitporphyr *m {Min}*
primitive granite Urgranit *m*
secondary granite Flözgranit *m*
granitic granitartig, granitförmig, granitisch; Granit-
granitic quartz Granitquarz *m {Min}*
granitic rock Granitfels *m*, Granitgestein *n*
granitification Granitbildung *f {Geol}*
granitiform granitartig, granitförmig
granitite Granitit *m*, Biotitgranit *m {Geol}*
granitization Granitbildung *f {Geol}*
granitoid granitartig, granitähnlich
grant/to 1. erfüllen, gewähren, bewilligen; 2. erteilen *{z.B. eine Lizenz}*, stattgeben, konzessionieren
grant 1. Grant *m*, Läutergrant *m*, Läuterrinne *f*, Würzegrant *m {Brau}*; 2. Konzession *f {Verleihung des Gewinnungsrechtes}*
grantee Empfänger *m* einer Bewilligung *f*; Patentinhaber *m*
grantianic acid Grantianinsäure *f*
grantianine Grantianin *n*
granular gekörnt, granuliert, grießig, körnig, granulös, granulär; griffig *{z.B. Mehl}*
granular-bed dust separator Drallschichtfilter *n*
granular-bog iron ore Eisengraupen *fpl*
granular disintegration Kornzerfall *m {Werkstoff}*
granular fertilizer Kunstdüngergranulat *n*
granular fracture iron Korneisen *n*
granular limestone Erbsenstein *m*, Pisolith *m {Min}*
granular mix grobkörnige Mischung *f*
granular mo[u]lding material gekörnte Preßmasse *f*
granular ore Graupenerz *n*
granular powder Kornpulver *n*, granuliertes Pulver *n*, Pulvergranulat *n*
granular size Korngröße *f*
granular structure nicht aufgeschmolzene Formmasse *f*
granular sugar Krümelzucker *m*
granularity Körnigkeit *f*, körnige Struktur *f*; Körnung *f {Photo}*
granularity meter Grindometer *n*, Körnigkeitsmesser *m*
granulate/to körnen, körnig machen, granulieren, zerkörnen, granieren
granulate 1. granuliert, gekörnt; 2. Granulat *n*, granulierte Formmasse *f*
granulate mixer Granulatmischer *m*
granulated gekörnt, granuliert, körnig, granulär, granulös
granulated compound Granulat *n*, granulierte Formmasse *f*
granulated cork *{ISO 2031}* Korkmehl *n*
granulated fracture körniger Bruch *m {Met}*
granulated metal Granalien *fpl*, Metallkorn *n*, granuliertes Metall *n*
granulated welding composition Schweißpulver *n*
granulating Granulieren *n*, Granulierung *f*; Rauhen *n*
granulating crusher Granuliermühle *f*
granulating [die] head Granulierkopf *m*
granulating machine *s.* granulator
granulating-mill Granuliermühle *f*
granulation 1. Granulation *f*, Granulierung *f*, Körnen *n*, Körnigmachen *n*, Zerkörnen *n*; Kornbildung *f*, Kristallbildung *f {Zucker}*; 2. Körnung *f*, Körnigkeit *f*, körnige Struktur *f {Eigenschaft}*; Korngröße *f*, Kornklasse *f*
granulator Granulator *m*, Granulierapparat *m*, Granuliermaschine *f*, Granuliereinrichtung *f*; Trockentrommel *f*, Trommeltrockner *m*, Granulator *{Zucker}*
granule 1. Granalie *f*, Körnchen *n*, Korn *n {Pharm}*; 2. Granulat *n*, Gries *m*; 3. Feinkies *m {Geol}*
granule metering unit Granulatdosiergerät *n*
granulite Granulit *m*, Weißstein *m {Geol}*
granulitic granulitisch

granulometer Feinheitsmeßgerät *n*, Korngrößenmeßgerät *n*, Körnigkeitsmesser *m*
granulometry Granulometrie *f*, Teilchengrößenanalyse *f*
granulose 1. Granulose *f*, β-Amylose *f*; 2. Baumwollkohle *f*
granulous körnig
grape Weinbeere *f*, Weintraube *f {Bot}*
grape juice Traubensaft *m*, Traubenmost *m*
grape-like traubenartig
grape marc brandy Tresterbranntwein *m*
grape marc wine Tresterwein *m*
grape must Maische *f*, Most *m*
grape-seed oil Weintraubenkernöl *n*, Traubenkernöl *n*, Weinkernöl *n*, Önanthether *m*
grape sugar Traubenzucker *m*, Dextrose *f*,-Glucose *f*
grapefruit Grapefruit *f*, Pampelmuse *f {Bot}*
grapefruit oil Grapefruitöl *n {aus Schalen}*
grapefruit-seed oil Grapefruitsaatöl *n*
graph/to graphisch darstellen
graph 1. Diagramm *n*, Graph *m*, Schaubild *n*, graphische Darstellung *f*, [schematische] Zeichnung *f*; 2. Kurve *f {Math}*
graph paper Diagrammpapier *n*, Netzpapier *n*, Koordinatenpapier *n*
graphic 1. graphisch, zeichnerisch; registrierend; 2. Diagramm *n*, Graph *m*, Schaubild *n*, graphische Darstellung *f*, schematische Zeichnung *f*
graphic formula Formelbild *n*, Strukturformel *f*, Konstitutionsformel *f*
graphic gold Schriftgold *n*
graphic granite Schriftgranit *m {Quarz-Feldspat-Verwachsungen}*
graphic symbols *{ISO 1219}* graphische Zeichen *npl*, druckbare Zeichen *npl {EDV}*
graphic tellurium Schrifterz *n*, Sylvanit *m {Min}*
graphical graphisch, anschaulich, zeichnerisch
graphical method graphische Methode *f*
graphical representation graphische Darstellung *f*, zeichnerische Darstellung *f*, kurvenförmige Darstellung *f*, Darstellung *f* in Kurvenform *f*
graphical symbols *{IEC 117}* graphische Zeichen *npl*, druckbare Zeichen *npl {EDV}*
graphite Graphit *m {Min}*; Plumbago *n*, Ofenschwarz *n*, Wasserblei *n*, Pollot *n*, Reißblei *n*, Bleischwärze *f*, Eisenschwärze *f {Triv}*
graphite arc Graphitbogen *m {Spek}*
graphite anode Graphitanode *f*
graphite ball Graphitkugel *f {Nukl}*
graphite-base jointing compound Öl-Graphit-Dichtmasse *f*
graphite bearing Graphitlager *n*
graphite block Graphitblock *m {Lab}*
graphite carbon Graphitkohle *f*
graphite coating Graphitüberzug *m*
graphite compound Graphitverbindung *f*
graphite crucible Graphit[schmelz]tiegel *m*
graphite electrode Graphitelektrode *f*
graphite eutectic Graphiteutektikum *n*
graphite fibre Graphitfaser *f*, Faserkohlenstoff *m*
graphite flake Graphitflocke *f*, Graphitlamelle *f {Met}*; Schuppengraphit *m*, Flockengraphit *m*
graphite formation Graphit[aus]bildung *f*
graphite furnace Graphit[rohr]ofen *m*, [erhitzte] Graphitrohrküvette *f {Spek}*
graphite grease Graphitschmierstoff *m {5 - 10 %}*
graphite lattice graphitmoderiertes Brennstoffgitter *n*, Graphitgitter *n {Nukl}*
graphite layer Graphitschicht *f*
graphite-like graphitähnlich, graphitartig
graphite lubricant Graphitschmiermittel *m*, Graphitschmiere *f*
graphite-melting pot Graphittiegel *m*
graphite microcrucible Mikrographittiegel *m*
graphite moderator Graphitmoderator *m*, Graphitbremsmasse *f {Nukl}*
graphite mo[u]ld Graphitform *f*, Graphitkokille *f {Gieß}*
graphite-mo[u]lding powder Graphit-Preßpulver *n*
graphite oil Graphitöl *n {kolloidal gelöster Graphit}*
graphite pebbles Graphitkugeln *fpl {Nukl}*
graphite powder Graphitpulver *n*
graphite pyrometer Graphitpyrometer *n*, Graphitthermometer *n*
graphite-resistance furnace Graphitwiderstandsofen *m*, Graphit[rohr]ofen *m*, Graphitrohrküvette *f {Spek}*
graphite resistor Graphitwiderstand *m*
graphite retort Retortengraphit *m*
graphite sphere Graphitkugel *f {Nukl}*
graphite tube Graphitrohr *n*
coating with graphite Graphitieren *n*
deflocculated graphite entflockter Graphit *m*, kolloidaler Graphit *m*
deposit of graphite Graphitablagerung *f*
flaky graphite Schuppengraphit *m {Min}*
pyrolytic graphite pyrolytischer Graphit *m*, Pyrographit *m*, Retortengraphit *m*
white graphite Bornitrid *n*
graphitic graphitisch, graphitartig, graphithaltig; Graphit-
graphitic acid <$C_7(OH)_2$> Graphitsäure *f*, Graphitoxid *n*
graphitic carbon Temperkohle *f*, graphitischer Kohlenstoff *m*
graphitic clay Schieferkreide *f {Min}*
graphitic corrosion 1. Spongiose *f*, Graphitierung *f*, graphitische Korrosion *f {Gußeisen}*; 2. Graphitkorrosion *f {Nukl}*

graphitic hydrogen sulfate <$C_{24}HSO_4 \cdot 2,4H_2SO_4$> Graphithydrogensulfat *n*

graphitic film Graphitüberzug *m*

graphitic oxide *s.* graphitic acid

graphitization 1. Graphit[aus]bildung *f*, Temperkohleabscheidung *f*; 2. Graphitieren *n*, Einstäuben *n* mit Graphit *m*, Beschichten *n* mit Graphit *m*; 3. Graphitisieren *n*, graphitisierendes Glühen *n {Stahl}*; 4. Spongiose *f*, Graphitierung *f*, graphitische Korrosion *f {Gußeisen}*

graphitize/to mit Graphit *m* überziehen, mit Graphit *m* einstäuben; graphitisieren, graphitieren

graphitized carbon turbostratischer Graphit *m*

graphitizing *s.* graphitization

graphitoid[al] graphitähnlich, graphitartig

grass oil Grasöl *n*

grate/to 1. knirschen, knarren *{Geräusch}*; 2. raspeln, reiben *{Lebensmittel}*

grate-kiln system Banddrehrohrofen *m*

grate plane Netzebene *f*

grater Raspel *f*, Reibe *f*, Reibeisen *n*, Reibmühle *f {Lebensmittel}*

graticule 1. Fadenkreuzplatte *f*, Strichplatte *f*, Strichgitter *n {Opt}*; 2. [geographisches] Gradnetz *n*; Kartennetz *n*; 3. Maßstabraster *m {Elektronik}*

grating 1. Gitter *n*; Gitterrost *m*, Rost *m*; 2. Gitter *n*, Beugungsgitter *n {Opt}*

grating constant Gitterkonstante *f {Krist}*

grating defect Gitterfehler *m*, Gitterfehlstelle *f*

grating diaphragm Gitterblende *f*

grating formula Gitterformel *f*

grating ghosts Gittergeister *mpl*, Geister *mpl {Spek}*

grating monochromator Gittermonochromator *m*

grating mounting Gitteranordnung *f*, Gittermontierung *f*

grating pitch Gitterfurchen *fpl {Furchen/mm}*, Gitterstriche *mpl {Striche/mm}*

grating spacing Gitterteilung *f*

grating spectrograph Gitterspektrograph *m*

grating spectrometer Gitterspektrometer *n*

grating spectroscope Gitterspektroskop *n*

grating surface Gitterfläche *f*

gratiolin <$C_{20}H_{34}O_7$> Gratiolin *n*

gratiolirhetine Gratiolirhetin *n*

gratiosolin <$C_{46}H_{84}O_{25}$> Gratiosolin *n*

gratonite Gratonit *m {Min}*

graulite Graulit *m {obs}*, Tekticit *m {Min}*

gravel 1. Kies *m*, Feinspltitt *m*, Grobsand *m*, [Kies-]Schotter *m {Tech}*; Geröll *n*, Grus *m {Geol}*; 2. Harngries *m*, Gries *m {Med}*

gravel-coated board bekieste Pappe *f*

gravel [packed] filter Kiesfilter *n*, Kieselfilter *n*

fine gravel Grand *m*

gravel[l]er *{US}* Kiesfilter *n*

gravelly kiesig; grießig; kieshaltig, sandreich

graveoline Graveolin *n*

gravimetric gewichtsanalytisch, gravimetrisch

gravimetric analysis Gravimetrie *f*, gravimetrische Analyse *f*, Gewichtsanalyse *f*

gravimeter batching Gewichtsdosierung *f*

gravitate/to gravitieren, der Schwerkraft *f* unterliegen; sich durch Schwerkraft *f* fortbewegen

gravitation 1. Gravitation *f*, Gravitationskraft *f*, Schwerkraft *f*, gravitative Anziehung *f*; 2. Bewegung *f* durch Schwerkraft *f*

gravitation-torsion balance Gravitationsdrehwaage *f*

gravitational acceleration Schwerebeschleunigung *f*, Erdbeschleunigung *f*, Fallbeschleunigung *f*

gravitational attraction Gravitationsanziehung *f*, Massenanziehung *f*, Schwereanziehung *f*

gravitational constant Gravitationskonstante *f*

gravitational emptying Ausgießen *n*, Auslaufenlassen *n*

gravitational field Gravitationsfeld *n*, Schwerefeld *n*

gravitational separator Schwerkraftabscheider *m*

gravitometer Dichtemesser *m*, Densimeter *n*, Gravitometer *n {Lab}*

graviton Graviton *n*

gravity Schwerkraft *f*, Massenanziehung *f*; Schwere *f*

gravity-ball mill Schwerkraftkugelmühle *f*

gravity-bucket elevator Pendelbecherwerk *n*

gravity casting Freifallgießen *n*, druckloses Gießen *n*

gravity cell Zweischichtenelement *n {Elekrolyse}*

gravity classifier Schwerkraftsichter *m*, Schwerkrafttrenngerät *n*, Steigrohrsichter *m*

gravity conveyor Schwerkraftförderer *m*, Wuchtförderer *m {z.B. Rollenbahn, Rutsche}*

gravity curve Wichtekurve *f*

gravity-fall device Absturzsicherung *f*

gravity feed Schwerkraftzuführung *f*, Gefällezuführung *f*, Schwerkraftförderung *f*, Materialzuführung *f* durch Gefälle *f*; Fließspeisung *f {einer Anlage}*; Schwerkraftbeschickung *f*, Schwerkraftspeisung *f*

gravity field Schwerefeld *n*, Schwerekraftfeld *n*

gravity filter Schwerkraftfilter *n*, hydrostatisches Filter *n*, offenes Filter *n*

gravity mill Schwerkraftmühle *f*

gravity mixer Schwerkraftmischer *m*, Freifallmischer *m*

gravity-roller conveyor Rollenbahn *f {Fördertechnik}*

gravity sedimentation Schwerkraftsedimentation *f*, Schwerkraftabsetzung *f*
gravity separation Schwerkraftabscheidung *f*, Schwerkrafttrennung *f*, Schweretrennung *f*
gravity separator Schwerkraftabscheider *m*
gravity settling 1. Schwerkraftsedimentation *f*, Schwerkraftabsetzung *f*; 2. Schwerkrafttrennung *f*, Schwerkraftabscheidung *f*, Schweretrennung *f*
gravity settling chamber Staubkammer *f*, Abscheidekammer *f*, Abscheideraum *m*; Kammerabscheider *m*
gravity settling process Absitzverfahren *n*; Abscheideverfahren *n*
gravity tank Fallbehälter *m*, Falltank *m*
gravity tube pump Fallrohrpumpe *f*
API gravity API-Grad *n*
center of gravity Schwerpunkt *m*, Baryzentrum *n {Phys}*, Gleichgewichtspunkt *m*, Schwerkraftzentrum *n*
specific gravity spezifisches Gewicht *n*, Dichte *f {in kg/m^3}*
gravure 1. Gravüre *f*; 2. Klischeedruck *m*, Tiefdruck *m {Druck}*
gravure printing 1. Farbprägen *n {Kunst}*; 2. Tiefdruck *m*, Kupfertiefdruck *m*
gravure-printing ink Tiefdruckfarbe *f*
gray *{US}* 1. grau *{Physiol, Photo}*; grau *{Nukl}*; neutral, farblos; naturfarben; Roh-; 2. Grau *n*; 3. Gray *n*, Gy *{SI-Einheit der Energiedosis = J/kg}*
gray antimony 1. Antimonit *m {Min}*; 2. Jamessonit *m {Min}*
gray blue graublau
gray body grauer Körper *m*, grauer Strahler *m {Phys}*
gray body ermitter Graustrahler *m {Phys}*
gray brown graubraun *n*
gray cast iron Grauguß *m {DIN 1691}*, graues Gußeisen *n*
gray cobalt 1. Cobaltit *m*; 2. Skutterit *m {Min}*
gray-colo[u]red graufarben, graufarbig
gray copper ore Tetraedrit *m {Min}*
gray filter Neutralglasfilter *n*
gray glass Rauchglas *n*
gray green graugrün
gray hematite Specularit *m*
gray iron Gußeisen *n*, graues Gußeisen *n*
gray iron cast Grauguß *m*
gray iron fining Rohfrischen *n {Met}*
gray manganese ore Graumanganerz *n*, Manganit *m {Min}*
gray metal gares Gußeisen *n*
gray mold Grauschimmel *m*
gray pig iron Grauguß *m*, graues Roheisen *n*, grau erstarrendes Roheisen *n*
gray rot Graufäule *f*
gray scale 1. Graumaßstab *m {Text}*; 2. Grauleiter *{Opt}*
gray silver Grausilber *n {Min}*
gray spiegel iron Grauspiegeleisen *n*
gray white grauweiß
light gray hellgrau, weißgrau
pale gray weißgrau, hellgrau
yellowish gray gelbgrau
graying Vergrauung *f*, Vergrauen *n {Text, Farb}*
grayish fahlgrau, graulich
grayish black grauschwarz
graystone Graustein *m {Geol}*
graywacke Grauwacke *f {Geol}*
grazing rasant; streifend, abschürfend
grazing incidence streifender Einfall *m*, streifende Inzidenz *f {Opt, Phys}*
grease/to beschmieren *{mit Fett}*, [an]fetten, einfetten, [ein]ölen; [ein]schmieren; schmieren, abschmieren *{Tech}*
grease 1. Fett *n*, Schmiere *f*, Schmierfett *n*, Schmiermittel *n*, Starrschmiere *f*; 2. ausgelassenes Fett *n*, ausgeschmolzenes Fett *n*, zerlassenes tierisches Fett *n*
grease extracting plant Entfettungsanlage *f*
grease extractor Fettabscheider *m*, Fettausscheider *m*
grease for cold rolling Kaltwalzenfett *n*
grease forming Tiefziehen *n* mit Gleitmitteln *npl*
grease-recovery plant Fettrückgewinnungsanlage *f*
grease separator Fettabscheider *m*, Fettausscheider *m*, Fettfänger *m*
grease solvent Fettlösemittel *n*, Fettlösungsmittel *n*, Fettlöser *m*
grease-spot photometer Fettfleckphotometer *n*
grease trap Fettabscheider *m*, Fettfang *m*, Fettausscheider *m*
grease wool Fettwolle *f*, Schmutzwolle *f*, Schweißwolle *f*, Rohwolle *f {frisch geschoren und ungewaschen}*
extraction of grease Entfettung *f*
layer of grease Fettschicht *f*
odor of grease Fettgeruch *m*
taste of grease Fettgeschmack *m*
greased gefettet, [durch]geschmiert
greaseproof fettbeständig, fettdicht
greasiness Schmierigkeit *f*, Fettigkeit *f*; Fettfleckigkeit *f*
greasing 1. Schmieren *n*, Beschmieren *n {mit Fett}*, Fetten *n*, Einfetten *n*; 2. Tonen *n {Druck}*; 3. Spicken *n*, Schmälzen *n {Text}*
greasy fettartig, fett[ig], schmierig; ölig, schmierig; fettfleckig
greasy luster Fettglanz *m {Min}*
greasy quartz Fettquarz *m {Min}*
greasy stain Fettfleck *m*
greasy wool *s.* grease wool

greasy yolk Fettschweiß *m*, Wollschweiß *m*
great calorie Kilokalorie *f*, große Kalorie *f* *{obs, Einheit der Wärmemenge, 1kcal = 4,1858 kJ}*
green 1. grün *{Farbe}*; frisch, kräftig; 2. unreif; 3. Grün *n* *{Farbempfindung}*; 4. Grün *n*, grün[färbend]er Stoff *m*; 5. Gemüse *n* *{Bot}*; grüne Zweige *mpl*; Rasen *m*, Anger *m*, Grasplatz *m*
green acid 1. ölunlösliche Sulfonsäure *f*, wasserlösliche Sulfonsäure *f* *{Erdlöl}*; 2. Naßphosphorsäure *f*, Phosphorsäure *f* aus Naßaufschluß *m*
green algae Grünalgen *fpl*, Chlorophyceae *pl* *{Bot}*
green bice Lasurgrün *n*
green broom Färberginster *m*, Färberpfrieme *f* *{Bot}*
green chalcedony Chrysophras *m* *{Min}*
green chromating treatment Leichtmetallchromatisieren *n* *{für metallische Fügeteile der Klebtechnik}*
green coke 1. Grünkoks *m* *{Petroleumkoks}*; 2. Unverkoktes *n* *{bei Gaserzeugung}*
green cross <ClCOOCCl$_3$> Grünkreuzgas *n*, Perstoff *m* *{Triv}*, Diphosgen *n* Trichlormethylchlorformiat *n*, Perchlorameisensäuremethylester *m*
green copperas Eisenoxydulsulfat *n* *{obs}*, Eisenvitriol *n* *{Triv}*, Eisen(II)-sulfat[-Heptahydrat] *n*
green earth Grünerde *f*, Veronesergrün *n* *{Seladonit-Glaukonit-Gemisch}*
green garnet Grossular *m* *{Min}*
green glass Grünglas *n*, Flaschenglas *n*
green gilding Grünvergoldung *f*
green gold Grüngoldlegierung *f* *{Au, Ag, Cd, Cu}*
green lead ore Buntbleierz *n* *{obs}*, Grünbleierz *n*, Pyromorphit *m* *{Min}*
green malt Grünmalz *n* *{Brau}*; Malzkeime *mpl*
green oil 1. Anthracenfraktion *f* *{Erdöl}*; 2. Ölschieferöl *n*
green salt Grünsalz *n*, Urantetrafluorid *n*, Uranium(IV)-fluorid *n*
green sand Grün[form]sand *m*, Grüngußsand *m*, Naßguß[form]sand *m* *{Gieß}*
green soap grüne Seife *f*, Kaliumseife *f*, flüssige Seife *f*
green strength Grünfestigkeit *f* *{z.B. des Formstoffes, von Klebeverbindungen}*; Trockenfestigkeit *f*, Rohbruchfestigkeit *f* *{Keramik}*
green tacky state Trockenklebrigkeit *f*
green verditer Patina *f*
green vitriol Eisenoxydulsulfat *n* *{obs}*, Eisen(II)-sulfat[-Heptahydrat] *n*; Eisenvitriol *n* *{Min}*
green weed Färbeginster *m* *{Bot}*
greenhouse 1. Kontrollraum *m* *{Keramik}*; 2. Treibhaus *n*, Gewächshaus *n*, Glashaus *n*; 3. Kunststoffolie *f* *{für Bespannungen}*
greenhouse gas Treibhausgas *n* *{Gase, die die Ausstrahlung vermindern, z.B. CO_2, CFKW, NH_3}*
greenish grünlich, grünstichig; grün-
greenish black grünschwarz
greenish blue grünblau
greenish yellow grüngelb
Greenland spar Grönlandspat *m*, Eisstein *m* *{obs}*, Kryolith *m* *{Min}*
greenockite Cadmiumblende *f* *{obs}*, Greenokkit *m* *{Min}*
greenstone Grünstein *m*, Jadeit *m* *{Min}*
greenstone slate Diabasschiefer *m* *{Min}*
greenovite Greenovit *m* *{Min}*
grenz rays Grenzstrahlen *mpl* *{Röntgenstrahlen n* von 0,1 - 1 nm*}*, Bucky-Strahlen *mpl*
grey *{GB}* *s.* gray *{US}*
grid 1. Gitter *n* *{Elek, Tech}*; 2. Netz *n*, Gitternetz *n*, Raster *m* *{Vermessungen, Druck}*; 3. Versorgungsnetz *n*, [nationales] Verbundnetz *n*; 4. Rost *m*, Gitter *n*, Gitterrost *m* *{Feuer}*; 5. Einlaufrechen *m* *{Tech}*; Isolierrost *m* *{Kunst}*; 6. Spaltboden *m*, Spaltensieb *n* *{Agri}*
grid anode Netzanode *f*
grid bias Gittervorspannung *f* *{Elek}*
grid biasing voltage Gittervorspannung *f*
grid characteristic Gitterkennlinie *f* *{Elek}*
grid constant Gitterkonstante *f* *{Krist}*
grid control Gittersteuerung *f*
grid-controlled gittergesteuert
grid current Gitterstrom *m* *{Elek}*
grid detector Gittergleichrichter *m* *{Elek}*
grid-iron valve Gitterventil *n* *{Dest}*
grid point Gitterpunkt *m*
grid potential Gitterpotential *n*, Gitterspannung *f* *{Elek}*
grid ratio Rasterverhältnis *n*
grid rectifier Gittergleichrichter *m* *{Elek}*
grid sheet Gitterfolie *f* *{Folie mit eingebettetem Fadengitter}*
grid spinning Rostspinnverfahren *n*
grid tray Gitter[rost]boden *m*, Turbogridboden *m*, Siebboden *m*
grid voltage Gitterspannung *f* *{Elek}*
Griess reagent Griessches Reagens *n*
griffing-flow tube Spritzflaschenrohr *n* mit Rückschlagventil *{Lab}*
Griffith white Griffith-Weiß *n*, Charlton-Weiß *n*, Lithopon[e] *n*, Deckweiß *n* *{ein Weißpigment aus ZnS und $BaSO_4$}*
griffithite Griffithit *m*, Ferri-Saponit *m* *{Min}*
Grignard compound <RMgX> Grignard-Verbindung *f*, Grignards Reagens *n*
Grignard reaction Grignardsche Reaktion *f*
Grignard reagent *s.* Grignard compound
grille Gitterwerk *n*, Schutzgitter *n*; Ziergitter *n*

grilled tube Rippenrohr *n*
grind/to 1. zerkleinern, zermalmen, zerstoßen; [zer]mahlen, einmahlen, vermahlen; 2. schleifen, abschmirgeln *{Tech, Text}*; 3. schroten *{z.B. Getreide}*; reiben, zerreiben, pulverisieren, anreiben *{Pharm, Farb}*
grind and mix/to kollern
grind coarsely/to grobbrechen
grind small/to fein mahlen
grindability 1. Mahlbarkeit *f {DIN 23004}*, Vermahlbarkeit *f*, Vermahlungsfähigkeit *f*; 2. Schleifbarkeit *f*, Schleiffähigkeit *f*
grindability index Mahlbarkeitszahl *f*
grindable 1. mahlbar; 2. schleifbar
grinder 1. Mühle *f*; 2. Schleifmaschine *f {Tech}*; 3. Schleifapparat *m*, Holzschleifmaschine *f*, Defibrator *m {Pap}*; Schleifstein *m*, Schleifscheibe *f {Pap}*
grinding 1. Abschleifen *n*, Abtragen *n*, Abreiben *n*, Schleifen *n {Tech, Text}*; 2. Mahlen *n*, Brechen *n*, Grobzerkleinern *n*; 3. Anreiben *n*; Vermahlen *n*, Verkollern *n {Farb}*; Reiben *n*, Zerreiben *n*, Feinzerkleinern *n*, Pulverisierung *f*, Pulverung *f*, Pulvern *n {Pharm, Farb}*
grinding aid Mahlhilfsmittel *n*, Mahlhilfsstoff *m*, Mahlhilfe *f*
grinding and polishing machine Schleif- und Poliermaschine *f*
grinding behavio[u]r Mahlverhalten *n*
grinding characteristics Mahlverhalten *n*
grinding cone Mahlkegel *m*
grinding cup Mahlbecher *m*
grinding disk Mahlscheibe *f*, Schleifscheibe *f*
grinding drum Mahltrommel *f*
grinding dust Schleifstaub *m*
grinding element Mahlkörper *m*, Mahlorgan *n*
grinding emery Schleifschmirgel *m*
grinding face Mahlfläche *f*, Mahlbahn *f*
grinding fineness Mahlfeinheit *f*
grinding hardness Schleifhärte *f*
grinding machine 1. Poliermaschine *f*, Schleifmaschine *f*; 2. Mahlmaschine *f*, Zerkleinerungsmaschine *f*
grinding material 1. Schleifmittel *n*; 2. Mahlgut *n*, Mahlmittel *n*
grinding media charge Mahlkörperfüllung *f*
grinding mill Mühle *f*, Mahlgerät *n*, Brecher *m*, Mahlanlage *f*, Mahlwerk *n*, Zerkleinerungsmaschine *f*
grinding oil Schleiföl *n*
grinding paste Einschleifpaste *f*, Schleifpaste *f*
grinding powder Schleifpulver *n*
grinding ring Mahlring *m {Kugelmühle}*
grinding roll Mahlwalze *f*
grinding stock 1. Mahlgut *n*; 2. Schleifaufmaß *n*
grinding surface 1. Mahloberfläche *f*, Mahlfläche *f*, Mahlbahn *f*; 2. Schleiffläche *f*, Schleifzone *f {Pap}*
grinding-type resin Pastenharz *n*, dispergiertes Harz *n*
grinding wheel 1. Polierscheibe *f*, Schleifscheibe *f {umlaufender Schleifkörper}*; 2. Mahlrad *n*
grinding wheel resin Bindemittel *n* für Schleifmittel, Schleifscheibenharz *n {Kunstharz für die Bindung von Schleifmitteln}*
grinding work 1. Mahlen *n*, Mahlvorgang *m*; 2. Schleifen *n*
degree of grinding Mahlfeinheit *f*, Mahlgrad *m*
fineness of grinding Mahlfeinheit *f*
grindings Abrieb *m*
grindstone Schleifstein *m*, Reibstein *m*, Schleifkörper *m*
grip/to greifen, packen; einspannen, festspannen; angreifen *{Walzen}*; sich fest fressen, festsitzen
grip 1. Griff *m*, Handgriff *m*, Heft *n {Tech}*; 2. Spannkopf *m*, Spannvorrichtung *f {Tech}*; Einspannkopf *m*
griphite Greifstein *m*, Griphit *m {Min}*
gripping jaw Spannbacke *f*, Backe *f {einer Stativklemme}*
gripping tongs Greifzange *f*
griqualandite Griqualandit *m {Min}*
griseofulvic acid Griseofulvinsäure *f*
griseofulvin <$C_{17}H_{17}ClO_6$> Griseofulvin *n*, Fulcin *n*, Fulvicin *n*, Grisovin *n {HN}*
grist 1. Mahlgut *n {Korn}*; Malzschrot *m n*, geschrotetes Malz *n {Brau}*; 2. kohlige Schicht *f {Bergbau}*; 3. Feinheit *f {Mahlgut}*
grist mill Getreidemühle *f*; Malzbrecher *m*, Malzmühle *f*, Malzspaltapparat *m*, Schrotmühle *f {Brau}*
gristly knorpelig
grit 1. grober Staub *m*, Grobstaub *m*, Schleifstaub *m*; Strahlmittel *n {Gieß}*; Schleifmittel *n {auf einer Unterlage, z.B. Sandpapier}*; 2. Schrot *m*, Metallsand *m {Gieß}*; Grobsand *m*, grober Sand *m*, Grit *m {Geol}*; Splitt *m {Bau}*; 3. Grieß *m {Lebensmittel}*; 4. Abrieb *m {durch Abnutzung}*; 5. Streumaterial *n*, Streumittel *n*, Streugut *n*
grit arresting Entstaubung *f*
grit arrestor Flugstaubabscheider *m {Grobkorn}*
grit blasting Putzstrahlen *n {mit Korund oder SiC}*; Abstrahlen *n*, Stahlsandstrahlen *n*, Schrotstrahlreinigung *f {Gieß}*
grit hopper Flugaschentrichter *m*
grits Spritzkorn *n*; Fremdkörper *m*, Staub *m {z.B. im Lackfilm}*
gritstone Sandstein *m*, Sandgestein *n {Geol}*
gritty kiesig, kiesbeladen, sandig, sandbeladen *{Geol}*; grießig, grießartig, grießförmig, körnig

groats Grütze *f*, Hafergrütze *f*
grochauite Grochauit *m*, Sheridanit *m {Min}*
groddeckite Groddeckit *m {obs}*, Gmelinit *m {Min}*
grog gemahlener Ton *m*, Ziegelstaub *m*, Ziegelmehl *n*; zerkleinerter Schamottenbruch *m {Keramik}*
grommet 1. Durchführungshülse *f*, Durchführungsrohr *n*, Tülle *f*, Durchgangshülse *f {Elek, Tech}*; 2. [Metall-]Öse *f*, Metallring *m*, Dichtungsscheibe *f*
groove/to auskehlen, einkerben, kannelieren, nuten, riffeln, riefen; falzen
groove 1. Kerbe *f*, Rille *f*, Nut *f*; 2. Falz *m {Buch}*; 3. Vertiefung *f*, Furche *f*, Riffelung *f {z.B. Walzenriffelung}*, Auskehlung *f*, Auskerbung *f*, Aussparung *f*; 4 . Kanal *m*; Abflußrinne *f*; 5. Fuge *f {Schweißen}*; 6. Kaliber *n {Met}*
grooved 1. rinnenförmig; 2. ausgekehlt, genutet, eingekerbt, geriffelt, gerillt; gefalzt
grooved drum dryer Rillenwalzentrockner *m*
grooving 1. Furchung *f*, Kehlung *f*, Riffelung *f*; 2. Nuten *n*; 3. Einstechen *n*, Einstechdrehen *n {Tech}*; 4. Grooving *n*
grooving corrosion Grabenkorrosion *f*
grope/to tappen, herumtappen; tasten
groppite Groppit *m {Min}*
groroilite Groroilith *m*, Wad *m {Min}*
gross 1. grob; dick; roh; 2. Brutto-, Roh-; 3. Gros *n*
gross amount Bruttobetrag *m*
gross calorific value [spezifischer] Brennwert *m*, oberer Heizwert *m*, Verbrennungswärme *f*; Verbindungswärme *f {Thermo}*
gross density Rohdichte *f*
gross [molecular] formula Bruttoformel *f*
gross price Bruttopreis *m*
gross reaction Bruttoreaktion *f*
gross sample Bruttoprobe *f*, Ausgangsprobe *f*
gross supply Grundmenge *f*
gross weight Bruttogewicht *n*, Grobgewicht *n*, Rohgewicht *n*, Gesamtgewicht *n*
gross work Gesamtarbeit *f*
Gross-Almerode clay Gross-Almerode-Ton *m*
grossular[ite] Grossular *m*, Kalk[ton]granat *m {obs}*, grüner Granat *m {Min}*
grothite Grothit *m {Min}*
ground/to 1. grundieren *{Farb, Keramik}*; 2. erden, an Erde *f* legen *{Elek}*; 3. schleifen; mattschleifen *{Glas}*; 4. mahlen, zerkleinern
ground 1. geschliffen; matt, mattgeschliffen *{Glas}*; gemahlen, zerkleinert; 2. Grund *m*; Fond *m*, Hintergrund *m {Text}*; Untergrund *m {Farb}*; 3. Boden *m*, Erdreich *n*, Erde *f*, Erdboden *m*; 4. Erdschluß *m*, Masse *f*, Erdung *f {Elek}*
ground bacterium Bodenbakterie *f*
ground coating Grundanstrich *m*, Unterschicht *f*, Grundierung *f*
ground colo[u]r Grundanstrich *m*, Grundfarbe *f*, Primärfarbe *f*, Grundierung *f*, Grund[ier]anstrich *m*
ground connection Masseanschluß *m*, Erdung *f*, Erdanschluß *m*, Anlegen *n* an Erde *f*
ground cover Schliffdeckel *m*
ground floor Erdgeschoß *n*
ground frame Grundgestell *n*
ground glass Mattglas *n*, Schliffglas *n*
ground glass disk Mattscheibe *f {Opt}*
ground glass joint Glasschliff *m*, Glasschliffverbindung *f*, Anschliff *m*, Schliff *m {eine Schliffverbindung}*
ground glass screen Mattscheibe *f*, Mattglas *n*, Projektionsmattscheibe *f*
ground glass stopper Schliffstopfen *m*
ground humidity Bodenfeuchtigkeit *f*
ground-in eingeschliffen
ground-in ball and socket joint Kugelschliff *m*
ground-in piston eingeschliffener Kolben *m*
ground ivy oil Gundermannöl *n*
ground joint Glasschliff *m*, Außenschliff *m*, Schliffhülse *f*, Schliff *m {eine Schliffverbindung}*, Schliffpaar *n {Glas, Lab}*
ground joint apparatus Schliffgerät *n {Chem}*
ground leak Erdableitverluste *mpl*
ground level 1. Bodenhöhe *f*, Flurniveau *n*, Flurebene *f*, Geländehöhe *f*; 2. Grundniveau *n {Spek, Nukl}*
ground-level state Grundzustand *m {Nukl}*
ground line Grundlinie *f {Math}*
ground meat Hackfleisch *n*
ground-nut oil *{GB}* Erdnußöl *n*, Arachisöl *n*
ground oak bark Eichenmehl *n*
ground outline Grundriß *m*
ground paprika Paprikapulver *n*
ground phosphate Phosphatmehl *n*
ground plan Grundriß *m*
ground section Schlifffläche *f*
ground state Grundzustand *m*
ground stopper Schliffstopfen *n*
ground terminal *{US}* Erdungsklemme *f*
ground wire Erdungsdraht *m*, Erd[ungs]leitung *f*, Massekabel *n {Elek}*
coarsely ground grobgepulvert
female ground joint Schliffhülse *f {Glas}*
male ground joint Kernschliff *m {Glas}*
pervious ground durchlässiger Boden *m*
wealth under ground Bodenschätze *mpl {Min}*
grounded 1. geerdet *{Elek}*; 2. geschliffen, mattgeschliffen *{Glas}*; 3. grundiert *{Farb, Keramik}*; 4. gemahlen, zerkleinert
grounding 1. Erdung *f*, Erden *n*, Masseanschluß *m*; 2. Grundierung *f*, Vorfärbung *f*
groundmass Grundmasse *f*, Matrix *f {Geol}*; Matrix *f {Tech, Keramik}*

grounds Bodensatz *m {z.B. Bodenhefe}*, Satz *m*; Trester *pl*, Geläger *npl*
groundwater Grundwasser *n*
group/to 1. gruppieren, in Gruppen *fpl* zusammenfassen, in Gruppen *fpl* anordnen; 2. zu Gruppen *fpl* zusammenbauen; 3. zusammenstellen
group 1. Gruppe *f {z.B. des Periodensystems}*; 2. Gruppe *f*, Rest *m {eines Moleküls}*; 3. Satz *m {z.B. von Akkumulatorplatten}*
group activation Gruppenaktivierung *f*
group of curves Kurvenschar *f {Math}*
group of lines Linienkombination *f*, Liniengruppe *f {Spek}*
group reagent Gruppenreagens *n*
group-transfer reaction Gruppentransferreaktion *f*
chromophoric group chromophore Gruppe *f*
functional group eigenschaftsbestimmende Gruppe *f*, funktionelle Gruppe *f*
hydrophilic group hydrophile Gruppe *f*
hydrophobic group hydrophobe Gruppe *f*
non-polar group unpolare Gruppe *f*
grouping Bündelung *f*; 2. Zusammenstellung *f*; 3. Gruppierung *f*
grouping together Zusammenschluß *m*
grout/to 1. vergießen *{Fundament}*; 2. verpressen, einpressen, injizieren
grout 1. Einpreßmittel *n*, Verpreßmittel *n*, Injektionsmittel *n*, Einpreßgut *n {für Hohlräume}*; 2. Zementpaste *f {Baugrundverbesserung}*; Einpreßmörtel *m {Spannbeton}*
grout in/to einzementieren
grouting hole Eingußloch *n*
Grove cell Grove-Element *n {Pt/HNO_3, Zn/H_2SO_4}*
grow/to 1. [an]wachsen, ansteigen, sich vergrößern, zunehmen; 2. [aus]wachsen; [heran]wachsen, gedeihen; pflanzen, anbauen, wachsen lassen *{Agri}*; 3. züchten *{z.B. Kristalle, Bakterien}*
grow exuberantly/to wuchern
grow old/to altern
grow stale/to abstehen *{Met}*
grow stronger/to anschwellen
grow together/to zusammenwachsen
grow yellow/to vergilben
grower 1. Züchter *m*, Anbauer *m*, Pflanzer *m*; Bauer *m {Agri}*; 2. [schnell] wachsende Pflanze *f*
growing 1. Züchten *n*, Züchtung *f {z.B. Kristalle, Bakterien n}*; 2. Wachstum *n*, Wachsen *n*, Wuchs *m*; 3. Ansteigen *n*, Zunehmen *n*, Anwachsen *n*
growing floor Keimboden *m*; Keimtenne *f*, Malztenne *f {Brau}*
growth 1. Wachstum *n*, Wachsen *n*, Wuchs *m {Tech, Nukl, Biol}*; 2.Vermehrung *f*; Zuwachs *m*, Zunahme *f*, Anwachsen *n*, Anstieg *m*, Vergrößerung *f*; 3. Anbau *m*, Bau *m {Agri}*; 4. Dehnung *f*, [bleibende] Längung *f {Text}*
growth curve Wachstumskurve *f*, Zunahmekurve *f*
growth factor Wachstumsfaktor *m {Biol}*
growth front Wachstumsfront *f {Krist}*
growth hormone Wachstumshormon *n*, Somatotropin *n*, somatotropes Hormon *n*, STH; Wuchshormon *n {Bot}*
growth hormone releasing factor Wachstumshormon-Auflösefaktor *m*
growth-inhibiting wachstumshemmend, wachstumshindernd
growth inhibitor Wachstumsinhibitor *m*, Hemmstoff *m*
growth of crystallite Kristallitwachstum *n*
growth of crystals Kristallwachstum *n*
growth promoter Wuchsstoff *m*, wachstumsfördernder Stoff *m*
growth-promoting wachstumsfördernd
growth-promoting substance Wuchsstoff *m*, wachstumsfördernder Stoff *m*
growth rate Wachstumsgeschwindigkeit *f {Krist, Kunst}*; Wachstumsrate *f {Biol}*
growth regulator Wachstumsregulator *m*, Wuchsstoffmittel *n*; Wuchsstoffherbizid *n*
growth spiral Wachstumsspirale *f {Krist}*
growth substance *s.* growth promoter
rate of growth Wachstumsgeschwindigkeit *f {Krist, Kunst}*; Wachstumsrate *f {Biol}*
GRP *{glass-fibre reinforced plastic}* Glasfaserkunststoff *m*, GFK, Textilglas-Kunststoff *m*
GRP sheet GF-UP-Platte *f*, GFK-Platte *f*, Glasfaser-Kunststoffplatte *f*
grub screw Kopfschraube *f {mit Schlitz}*, Madenschraube *f*, Stiftschraube *f*
grunauite Wismutnickelkobaltkies *m {obs}*, Grünauit *m {Min}*
grunerite Grünerit *m {Min}*
grunlingite Grünlingit *m*, Joséit *m {Min}*
GTA welding WIG-Schweißen *n*, Wolfram-Inertgas-Schweißen *n*
GTP Guanosin-5'-triphosphat *n*
GTP cyclohydrolase *{EC 3.5.4.16}* GTP-Cyclohydrolase *f*
guaco 1. Guaco-Pflanze *f*, Aristolochia maxima *{Pharm}*; 2. Mikania Guaco *{Pharm}*
guadalcazarite Guadalcazarit *m*, Leviglianit *m {Min}*
guaiac Guajakbaum *m*, Pockholz *n*, Franzosenholz *n {Guaiacum sanctum L. oder Guaiacum officinale L.}*
guaiac resin Guajakharz *n*, Guaiakharz *n*, Franzosenharz *n {Guaiacum officinale L. und G. sanctum L.}*
guaiac soap Guajakseife *f*
guaiac tincture Guajakharzlösung *f*, Guajaktinktur *f*
guaiacic acid Guajacinsäure *f*, Guajak[harz]säure *f*

guaiacin <$C_{14}H_{24}O$> Guajacin *n*, Guajakessenz *f*

guaiacol <$HOC_6H_4OCH_3$> Guajakol *n*, Guajacol *n*, 2-Methoxyphenol *n* *{obs}*, Brenzkatechinmonomethylether *m*

guaiacol acetate <$CH_3COOC_6H_4OCH_3$> Guajacolacetat *n*

guaiacol carbonate <$(C_7H_7O)_2CO_3$> Guajacolcarbonat *n*, Duotal *n*

guaiacol phthalein Guajacolphthalein *n*

guaiacol valerate Geosot *n*

guaiaconic acid <$C_{10}H_{24}O_5$> Guajaconsäure *f*

guaiacum 1. *s.* guaiac resin; 2. *s.* guaiac

guaiacum oil *s.* guaiacwood oil

guaiacum wood *s.* guaiac

guaiacwood oil Guajakholzöl *n* *{Bot}*

guaiacyl benzoate Guajacolbenzoat *n*

guaiacyl phosphate Guajacolphosphat *n*

guaiacyl salicylate Guajacolsalicylat *n*

guaiane <$C_{15}H_{28}$> Guajan *n*, Guaian *n*

guaiaretic acid Guajaretsäure *f*, Guajak[harz]säure *f*

guaiazulene Guajazulen *n*

guaiol <$C_{15}H_{26}O$> Guajol *n* *{Sesquiterpen-Alkohol}*

guanamines Guanamine *npl*

guanase *{EC 3.5.4.3}* Guanase *f*, Guanindeaminase *f*

guanazine Guanazin *n*

guanidine <$HN{=}C(NH_2)_2$> Guanidin *n* *{Amidin der Carbaminsäure}*, Iminoharnstoff *m*, Aminomethanamidin *n* *{IUPAC}*

guanidine base Guanidinbase *f*

guanidine carbonate Guanidincarbonat *n*

guanidine nitrate <$HN{=}C(NH_2)_2HNO_3$> Guanidinnitrat *n* *{Expl}*

guanidine perchlorate <$HN{=}C(NH_2)_2HClO_4$> Guanidinperchlorat *n* *{Expl}*

guanidine picrate Guanidinpikrat *n*

guanidine rhodanate <$HN{=}C(NH_2)NH_2HSCN$> Guanidinrhodanat *n*, Guanidinthiocyanat *n*

guanidine sulfate Guanidinsulfat *n*

guanidine thiocyanate <$HN{=}C(NH_2)NH_2H SCN$> Guanidinthiocyanat *n*, Rhodanwasserstoffsäureguanidin *n* *{obs}*

guanidino <$-NHC(NH_2){=}NH$> Guanidino-

guanidinobutyrase *{EC 3.5.3.7}* Guanidinobutyrase *f*

guanidylacetic acid Guanidylessigsäure *f*, Glycocyamin *n*

guaniferous guanoführend

guanine <$C_5H_5N_5O$> Guanin *n*, Imidoxanthin *n*, 2-Aminohypoxanthin *n*, 2-Amino-1,9-dihydropurin-6-on *n*, 2-Amino-6-hydroxypurin *n* *{Biochem}*

guanine deaminase *{EC 3.5.4.15}* Guanindeaminase *f*

guanine nucleotide Guaninnucleotid *n*

guanine-nucleotide-binding protein guaninnucleotid-bindendes Protein *n*

guanine pentoside Guaninpentosid *n*

guanite Guanit *m* *{Min}*

guano Guano *m* *{Vogelkotdünger}*

guano superphosphate Guanosuperphosphat *n*

guanomineral Guanomineral *n*

guanosine Guanosin *n*, Guanin-9-β-D-ribofuranosyl *n*

guanosine deaminase *{EC 3.5.4.15}* Guanosindeaminase *f*

guanosine diphosphate Guanosin-5'-diphosphat *n*, GDP

guanosine monophosphate Guanosinmonophosphat *n*, GMP

guanosine nucleotide Guanosinnucleotid *n*

guanosine phosphorylase *{EC 2.4.2.15}* Guanosinphosphorylase *f*

guanosine triphosphate Guanosin-5'-triphosphat *n*, GTP

cyclic guanosine monophosphate cyclisches Guanosinmonophosphat *n*, Guanosin-3',5'-monophosphat *n*, cyclo-GMP, cGMP

guanosinephosphoric acid Guanosinphosphorsäure *f*

guanovulite Guanovulit *m* *{Min}*

guanyl Guanyl- *{obs}*, Amidino-, Carbamimidoyl-

guanyl nitrosoaminoguanyl tetracene Guanylnitrosoaminoguanyltetracin *n*, Tetrazen *n* *{Expl}*

guanyl nitrosoaminoguanylidene hydrazine Guanylnitrosoaminoguanylidinhydrazin *n* *{Expl}*

guanylate cyclase *{EC 4.6.1.2}* Guanylatcyclase *f*

guanylate kinase *{EC 2.7.4.8}* Guanylatkinase *f*

guanylglycine <$H_2NHCH_2CONHCH_2COOH$> Guanylglycin *n*

guanylguanidine Biguanid *n*, Diguanid *n*, Guanylguanidin *n*

guanylic acid <$C_{10}H_{14}N_3O_8P$> Guanylsäure *f*, Guanosinphosphorsäure *f* *{Biochem}*

guanylthiourea Guanylthioharnstoff *m*

guanylurea Dicyandiamidin *n*, Guanylharnstoff *m*

guanylurea sulfate <$(C_2H_6N_4O)_2H_2SO_4 \cdot 2H_2O$> Guanylharnstoffsulfat *n*, Carbamylguanidinsulfat *n*

guar gum 1. Guar Gum *n*, Guaran *n* *{Pflanzenschleim von Cyamopsis tetragonoloba (L.)}*; 2. Guarmehl *n* *{Polysaccharid aus Mannose-Hauptkette und Galaktose-Seitenketten}*

guarana Guarana *f*, Guaranapaste *f* *{aus den Samen von Paullinia cupana Kunth}*

guaranine Guaranin *n*, Coffein *n*

guarantee/to [sich ver]bürgen; Sicherheit *f* geben; gewährleisten, haften, garantieren

guarantee 1. Bürgschaft *f*; 2. Garantie *f*,- Gewährleistung *f*; 3. Sicherheit *f*, Kaution *f*
guaranteed shelf life Lagerfähigkeitsgarantie *f*
guard/to behüten; sich hüten [vor], absichern [gegen]
guard against/to schützen
guard Schutzvorrichtung *f*, Schutzeinrichtung *f*, Schutzausrüstung *f*
guard electrode Schutzelektrode *f*
guard ring 1. Führungsring *m*, Schutzring *m*; 2. Schutzringelektrode *f {eine Hilfselektrode}*, [elektrostatischer] Schutzring *m*
guard vacuum Schutzvakuum *n*, Zwischenvakuum *n*, Vakuummantel *m*
guard vessel Doppeltank *m*, Leckauffangbehälter *m*, Schutzbehälter *m*
guarded abgeschirmt; abgesichert, geschützt
guarding Bewachung *f*
guarinite Guarinit *m {Min}*
guess 1. Schätzung *f*; Mutmaßung *f*; 2. Voraussetzung *f*
Guggenheim process Guggenheim-Verfahren *n {Filtern mit* $FeCl_3$*-Fällung und Lüftung}*
guhr Gur *f*, Kieselgur *f*
guhr dynamite Gur-Dynamit *n*
guidance Führung *f*, Leitung *f*, Lenkung *f*
guide/to 1. [an]leiten; 2. lenken; führen, leiten
guide 1. Führung *f*, Leitung *f*; 2. Führungselement *n*, Leitkörper *m {z.B. Gleitschiene, Gleitstange}*; 3. Richtschnur *f*, Leitfaden *m*, Führer *m*; 4. Lenker *m*
guide electrode Leitelektrode *f*
guide plate Leitblech *n*; Backe *f {einer Mischmaschine}*
guide pulley 1. Führungsrolle *f*, Leitrolle *f*, Lenkrolle *f {Bandförderer}*; 2. Umlenkscheibe *f*, Leitscheibe *f*, Führungsscheibe *f*; 3. Spannrolle *f {Riementrieb}*
guide roll Führungsrolle *f*, Führungswalze *f*, Leitwalze *f*, Leitrolle *f*; Siebleitwalze *f {Pap}*; Sieblaufregulierwalze *f {Pap}*
guide roller Führungsrolle *f*, Führungswalze *f*, Leitrolle *f*, Leitwalze *f*
guide sprocket Umlenkrad *n*
guide value Richtwert *m*, Orientierungswert *m*
guide value for analysis Analysenrichtwert *m*
guided gesteuert
guideline Richtlinie *f*
guideline value Richtwert *m {DIN 8559}*
guidelines for design Auslegungsrichtlinien *fpl*
Guignet green 1. <$3CrO_3{\cdot}B_2O_3{\cdot}4H_2O$> Guignets Grün *n*, Smaragdgrün *n*, Viridian *n*; 2. <$Cr_2O(OH)_4$> Chromoxidhydratgrün *n*, Chrom(III)-oxidhydrat *n*
Guild colorimeter Guild-Farbmesser *m*
guillotine 1. Guillotine *f*, Querschneider *m*, Planschneider *m*, Formatschneider *m {Pap}*; 2. Langmesserschere *f {Tech}*; Parallelschere *f*, Tafelschere *f {Tech}*; 3. Beschneidemaschine *f {Buchbinderei}*
Guinea green <$C_{37}H_{35}N_2O_6S_2Na$> Guineagrün B *n {Inidikator}*
guinea pig 1. [domestiziertes] Meerschweinchen *n*; 2. Versuchsperson *f*
guitermanite Guitermanit *m {Min}*
Guldberg and Waage law *s.* mass action law
gulitol Gulit *m*
gully 1. Abflußschacht *m*, Ablaufrinne *f*, Einlaufschacht *m*, Gully *m*; 2. Hohlweg *m*, Rinne *f*, Talrinne *f {Geol}*
guloheptonic acid Guloheptonsäure *f*
gulonate dehydrogenase *{EC 1.1.1.45}* Gulonatdehydrogenase *f*
gulonic acid Gulonsäure *f*
gulonolactone oxidase *{EC 1.1.3.8}* Gulonolactonoxidase *f*
gulose <$C_6H_{12}O_6$> Gulose *f*
gulosone Guloson *n*
guluronic acid Guluronsäure *f*
gum/to kleben, zukleben; mit Gummilösung *f* bestreichen, gummieren, leimen; klebrig werden
gum 1. Amerikanischer Amberbaum *m {Liquidambar styraciflua}*; 2. Dextrinleim *m*; 3. Gummi *n {der wasserlösliche Bestandteil der Gummiharze}*; 4. Harz *n*, harzige Absonderung *f*, klebrige Ablagerung *f {Bot}*; 5. Pflanzengummi *n*, pflanzlicher Gummistoff *m {Bot, Chem}*; 6. Gum *m*, Harz *n*, Schmierölrückstand *m {im Erdöl}*; 7. Kohleklein *n*, Schrämklein *n {Bergbau}*
gum acacia *s.* gum arabic
gum ammoniac Ammoniakgummi *n*, Ammoniakharz *n*, Ammoniak-Gummiharz *n*
gum animè Flußharz *n*
gum arabic Gummiarabikum *n*, Akaziengummi *n*, Arabingummi *n*, Galamgummi *n*, Sudangummi *n*, Senegalgummi *n*, Mimosengummi *n*, Arabisches Gummi *n {von Acacia-Arten}*
gum benzoin Benzoingummi *n {Styrax-Arten}*, Benzoeharz *n*
gum camphor <$C_{10}H_{16}O$> Campher *m*, Japancampher *m*, Laurineencampher *m*, 2-Camphanon *n*
gum carane Mararaharz *n*
gum copal Flußharz *n*, Kopal *m {Sammelname für halbfossile Naturharze aus baumförmigen Pflanzen}*
gum dragon *s.* gum tragacanth
gum elemi Elemiharz *n*, Elemi *n {Sammelname für natürliche Harze der tropischen Balsambaumgewächse}*
gum galbanum Galbanharz *n*
gum guaiac Franzosenharz *n*, Guajak *m*, Guajakharz *n {von Guajacum officinale L. und G. sanctum L.}*

gum inhibitor Inhibitor *m*, Oxidationsinhibitor *m*, Oxidationsverhinderer *m*, Antioxidans *n*, Stabilisator *m* *{Kraftstoff}*
gum juniper 1. Wacholderharz *n*, Wacholderteer *m* *{von Juniperus-Arten}*; 2. Sandarakharz *n*, Sandarak *m* *{von Tetraclinis articulata (Vahl.) Mast.}*
gum kino Gabiragummi *m*, Kino *m n*, Kinoharz *n*, Kinogummi *n* *{eingetrockneter Saft von Pterocarpus-Arten}*
gum lac Lackharz *n*, Gummilack *m*, Rohschellack *m*
gum-like gummiartig
gum of silk Bast *m*
gum resin Schleimharz *n*, Gummiharz *n*, Gummiresina *f*
gum rosin Naturharz *n*, Balsamharz *n*, Balsamkolophonium *n* *{Harz aus Rohterpentin}*
gum solution Gummilösung *f*
gum spirit of turpentine Balsamterpentinöl *n*
gum sugar Pektinose *f*, Arabinose *f*
gum test Abdampfprobe *f*, Verharzungsprobe *f*, Gum-Test *m*, Harzbildnertest *m*, HBT *{Erdöl}*
gum tragacanth Tragantgummi *n*, Tragant *m* *{von Astragalus-Arten}*
gum turpentine Pinienharz *n*
gum water for marbling paper Marmorierwasser *n* *{Pap}*
containing gum gummihaltig
gasoline gum Kraftstoff-Harzausflockung *f* *{oxidativ}*
natural gum Pflanzenharz *n*, Pflanzengummi *n*
synthetic gum halbsynthetisches Esterharz *n*
gummed gummiert *{haftend}*
gummed label Klebezettel *m*, Aufkleber *m*, Klebeetikett *n*
gummed surface Gummierung *f* *{haftende Oberfläche}*
gummed tape Klebeband *n*; gummierter Klebestreifen *m*, gummiertes Klebeband *n*
gummeline Dextrin *n*
gumming 1. Gummierung *f*, Gummieren *n*; 2. Gumbildung *f*, Verharzung *f* *{Bildung harzartiger Ablagerungen, Erdöl}*
gummite Gummierz *n* *{Min}*
gummy gummiartig, gummös; klebrig, zähflüssig; gummihaltig
gummy material Leimstoff *m*
gumresinous gummiharzig
gumwax Gummiwachs *n*
gun 1. Druckrohr *n* *{Tech}*; Spritzpistole *f*, Farbenzerstäuber *m*, Spritzapparat *m*; 2. Strahlerzeuger *m*, Strahlsystem *n*; 3. Schweißpistole *f*
guncotton **$<[C_6H_7O_5(NO_2)_3]_n>$** Schieß[baum]wolle *f*, Nitrocellulose *f*, nitrierte Cellulose *f*, Collodiumwolle *f*, Pyroxylin *n*, Schießstoff *m* *{Expl}*
gunmetal Geschützbronze *f*, Geschützmetall *n*, Kanonenmetall *n*, Rotguß *m*, Gußzinnbronze *f* *{86-90 % Cu, 8 % Zn, 4 % Sn, Rest Sb, Pb, Ni}*
gunnera Färbernessel *f*, Gunnera *f* *{Bot}*
gunning Spritzabdecken *n*, Aufspritzen *n*, Torkretieren *n* *{Beton}*
gunny Juteleinwand *f*, Sackleinwand *f*, Jutesackleinen *n*
gunpowder Schießpulver *n*, Schießstoff *m*, Schwarzpulver *n* *{Expl; C/S/KNO$_3$}*
gunpowder ore Pulvererz *n*
gunpowder smoke Pulverdampf *m*
gurjun [balsam] Gurjunbalsam *m*, Gardschanbalsam *m* *{von Dipterocarpus alatus Roxb. und D. turbinatus}*
gurjunene Gurjunen *n*
gurjunene alcohol Gurjunenalkohol *m*
gurjunene ketone Gurjunenketon *n*
Gurley densimeter Gurley-Dichtemesser *m*
gurolite Gyrolith *m*, Gurolit *m*, Centrallassit *m* *{Min}*
gush/to sich ergießen, hervorströmen, sprudeln
gushing Überschäumen *n*; Sprudeln *n* *{z.B. Erdölquelle}*
gustation Geschmackssinn *m*, Geschmacksvermögen *n*
gustatory Geschmacks-
gustatory cell Geschmackszelle *f*
gustatory organ Geschmacksorgan *n*
gut Darm *m* *{Med}*
artificial gut Kunstdarm *m*
gutta-percha **$<(C_{10}H_{16})_2>$** Guttapercha *f n* *{aus dem Milchsaft von Palaquium-Bäumen}*, Perchagummi *n* *{hartes, hornartiges Produkt}*
gutta-percha mastic Guttaperchakitt *m*
gutta-percha paper Guttaperchapapier *n*
gutta-percha sheet Guttaperchapapier *n*
Gutzeit test Gutzeit-Test *m* *{auf AsH$_3$}*, Gutzeitsche Probe *f*, Arsenprobe *f* nach Gutzeit
guvacine **$<C_9H_9NO_2>$** Guvacin *n*
guvacoline Guvacolin *n*
gymnemic acid Gymnemasäure *f*, Gymnemin *n*
gymnite Gymnit *n*, Deweylith *m* *{Min}*
gymnogrammene Gymnogrammen *n*
gynaminic acid Gynaminsäure *f*
gynocardia oil Chaulmoograöl *n*, Gynocardiaöl *n*
gynocardic acid 1. $<C_{18}H_{34}O_2>$ Gynocardsäure *f*; 2. Gynocardsäuremischung *f* *{Hydnocarp-, Gynocard- und Chaulmoograsäure}*
gynocardin **$<C_{12}H_{17}NO_8>$** Gynocardin *n*
gynocardinic acid Gynocardinsäure *f*
gynoval Gynoval *n*, Bornyval *n*
gypseous gipsartig, gipsähnlich; gipshaltig, gipsreich *{z.B. Brauwasser}*; aus Gips *m* bestehend; Gips-
gypseous alabaster Alabastergips *m*
gypseous earth Gypsite *m* *{Geol}*
gypseous marl Gipsmergel *m*

gypseous stone Gipsstein *m {Min}*
gypsiferous gipshaltig, gipsführend *{Geol}*
gypsite Gipserde *f {Geol}*; Gypsit *m*; Gipsdruse *f*, Gipskristall *m {Min}*
gypsum <$CaSO_4 \cdot 2H_2O$> Gips *m*, Calciumsulfat *n {IUPAC}*, Selenit *m*, schwefelsaures Calcium *n {obs}*; Gipsspat *m {Min}*
gypsum burning Gipsbrennen *n*
gypsum calcination Gipsbrennen *n*
gypsum cement Hartgips *m*; Gipskitt *m {zum Kitten von Porzellan, Glas, Marmor}*; Gipszement *m*, Putzkalk *m*
gypsum crystal Gipskristall *m {Spek}*
gypsum plaster Baugips *m {DIN 1168}*; Gipsputz *m*, Weißputz *n*
gypsum plasterboard Gipskartonplatte *f {DIN 18180}*, Gipsplatte *f*
gypsum plastermo[u]ld Gipsform *f {Gieß}*
gypsum plate Gipsplättchen *n {Spek}*
gypsum spar Gipsspat *m*, Katzenglas *n {Min}*
gypsum wedge Gipskeil *m {Spek}*
compact gypsum körniger Gips *m*
crystallized gypsum Gipsdruse *f*, Gipskristall *m {Min}*
dead-burnt gypsum totgebrannter Gips *m*
earthy gypsum Gipserde *f*, Gypsit *m {Geol}*
fibrous gypsum Fasergips *m*, Atlasgips *m*, Federgips *m*, Strahlgips *m*
foliated gypsum spätig-blättriger Gips *m*, Marienglas *n*, Fraueneis *n*
gyrase Gyrase *f {Triv}*, Topoisomerase II *f*
gyrate/to kreiseln, kreisen; sich drehen, umlaufen, rotieren; gyrieren *{Elek}*; wirbeln
gyrate geschlängelt
gyration Drehung *f*; Kreisbewegung *f*
gyratory kreiselnd, sich drehend, kreisend; Kreisel-, Rotations-
gyratory crusher Kreiselbrecher *m*, Kegelbrecher *m*, Drehmühle *f*, Glockenmühle *f*, Rundbrecher *m {Sammelbegriff für Kegel- und Walzenbrecher}*
gyratory jaw crusher Backenkreiselbrecher *m*
gyratory mixer Kreiselmischer *m*, Kreiselmischmaschine *f*
gyratory screen Plansieb *n {Sieb mit kreisender Bewegung}*, Plansichter *m*, Planschwingsiebmaschine *f*, Kreiselrätter *m*
gyratory screen with supplementary whipping action Taumelsieb *n*
gyratory sifter *s.* gyratory screen
gyro frequency Kreiselfrequenz *f*; Zyklotronfrequenz *f*, Zyklotronresonanzfrequenz *f {Nukl}*
gyro-mixer Kreiselmischer *m*
gyrolite Gyrolith *m*, Gurolit *m*, Centrallassit *m {Min}*
gyromagnetic radius Larmor-Radius *m*
gyromagnetic ratio gyromagnetisches Verhältnis *n*, gyromagnetischer Faktor *m {Atombau}*
gyroporin <$C_{17}H_{12}O_6$> Gyroporin *n {Cyclopentantrion aus Chamomixia caespitosa}*

H

Hacid H-Säure *f*, 1-Amino-naphth-8-ol-3,6-disulfonsäure *f*, Naphth-1-ylamin-8-hydroxy-3,6-disulfonsäure *f*
H-bomb Wasserstoffbombe *f*, H-Bombe *f*
Haber ammonia process *s.* Haber-Bosch process
Haber-Bosch process Haber-Bosch-Ammoniak-Verfahren *n*
habit 1. Kristallhabitus *m*, Habitus *m {Kristallgestalt in ihren Grundzügen}*; 2. Habitus *m*, Körperbeschaffenheit *f {Biol}*; 3. Verhaltensweise *f*, Lebensweise *f*, Angewohnheit *f*
habituate/to gewöhnen, habitualisieren *{Pharm}*
habituation Gewöhnung *f*, Habituation *f {Pharm}*; Sucht *f {Pharm}*
hachure/to schraffieren
hackling Hecheln *n {z.B. von Flachs, Hanf}*
haddock Schellfisch *m*
hadron Hadron *n*, stark wechselwirkendes Teilchen *n {Nukl}*
hadronic atom hadronisches Atom *n {z.B. Myonium}*
haem *{GB}* *s.* hem *{US}*
haemanthine <$C_{18}H_{23}NO_7$> Haemanthin *n {Buphan-Alkaloid}*
haemo *{BG}* *s.* hemo *{US}*
haemotoxylon Blauholz *n*, Campecheholz *n*, Blutholz *n {von Haematoxylum campechianum L.}*
hafnia Hafnium(IV)-oxid *n*
hafnium *{Hf, element no. 72}* Hafnium *n*
hafnium boride <HfB_2> Hafniumborid *n*
hafnium carbide <HfC> Hafniumcarbid *n*
hafnium dichloride oxide <$HfOCl_2$> Hafniumdichloridoxid *n*
hafnium disulfide <HfS_2> Hafniumdisulfid *n*
hafnium hydroxid <$Hf(OH)_4$> Hafniumtetrahydroxid *n*, Hafnium(IV)-hydroxid *n*
hafnium nitride <HfN> Hafniumnitrid *n*
hafnium oxide <HfO_2> Hafniumdioxid *n*, Hafnium(IV)-oxid *n*, Hafnia *n {Triv}*
hafnium sulfate <$Hf(SO_4)_2$> Hafniumsulfat *n*
hafnium tetrachloride <$HfCl_4$> Hafniumtetrachlorid *n*, Hafnium(IV)-chlorid *n*
Hageman factor *s.* factor XII
hagemannite Hagemannit *m {Min}*
hahnium *{Unp, Ha, element no. 105}* Hahnium *n*, Nielsbohrium *n*, Eka-Tantal *n {obs}*, Unnilpentium *n {IUPAC}*
Hagen-Poiseulle law Hagen-Poiseullesches Gesetz *n*

Haidinger fringes Haidinger-Ringe *npl*, Streifen *mpl* gleicher Neigung *f {Opt}*
haidingerite Haidingerit *m {Min}*
hail Hagel *m*
hainite Hainit *m {Min}*
hair Haar *n*
hair bleach[ing agent] Haarbleichmittel *n*, Blondierpräparat *n*
hair care product Haarpflegemittel *n*
hair coloring agent Haarfärbemittel *n*
hair copper *s.* chalcotrichite
hair cracking Haarriß *m*, Kapillarriß *m*
hair fixative Haarfestiger *m*
hair fixature Haarfestiger *m*
hair hygrometer Fadenhygrometer *n*, Haarhygrometer *n*
hair-like kapillar
hair oil Haaröl *n*
hair pyrites Haarnickelkies *m {obs}*, Millerit *m {Min}*
hair remover Haarentfernungsmittel *n*, Enthaarungsmittel *n*, Depilatorium *n*, depilierendes Mittel *n*
hair salt 1. <$MgSO_4 \cdot 7H_2O$> Epsomsalz *n*, Bittersalz *n {Triv}*, Epsomit *m*; 2. <$Al_2(SO_4)_3 \cdot 18H_2O$> Alunogen *n {Min}*
hair setting lotion Haarfestiger *m*
hair spray Haarspray *n*
hair tint Haartöner *m*
hair tonic Haarpflegemittel *n*, Haarwasser *n*
hairline 1. Anriß *m*, Haarstrich *m*; Werkzeugtrennfugenabbildung *f {an Formteilen}*; 2. Haarstrichstreifen *m*, Hairline-Streifen *m {Text}*
hairline crack Haarriß *m*, Haarnadelriß *m*, Kapillarriß *m*
hairpin Haarnadel *f*
hairpin furnace Umkehrofen *m*
hairpin heat exchanger Haarnadelwärmetauscher *n*
hairpin[-shaped] cathode Haarnadelkathode *f*
hairy behaart; haarig, Haar-; fusselig, flaumig, flockig
halation 1. Lichtfleck *m*, Lichthofbildung *f*, Halobildung *f {Photo}*; 2. Halo *m*, Haloeffekt *m {Elektronik}*
halazone <$HOOCC_6H_4SO_2NCl_2$> Halazon *n*, *p*-Sulfondichloraminobenzoesäure *f*
half 1. halb; Halb-; 2. Hälfte *f*, Halbe *n*
half band width Halbwert[s]breite *f*
half bleach Halbbleiche *f {Text}*
half cell Halbzelle *f*, Halbelement *n*, Halbkette *f {elektrochemische Elektrode}*
half-cell reaction Elektrodenreaktion *f*
half-chair form Halbsesselform *f {Stereochem}*
half-chromatid fragmentation Halbchromatidenfragmentation *f {Gen}*
half-cooked halbgar
half-crushed halbzerkleinert, halbzerbrochen; halbzerquetscht, halbzerdrückt
half cycle Halbperiode *f*
half decay period Halbwert[s]periode *f*
half element Halbzelle *f*, Halbelement *n*, Halbkette *f {elektrochemische Elektrode}*
half-fused halbgesintert
half-ground halbzerrieben, halbvermahlen, halbgemahlen; halbgeschliffen
half life [period] Halbwertszeit *f {Nukl}*
biological half-life biologische Halbwertszeit *f*
effective half-life effektive Halbwertszeit *f*
half-loop Halbschleife *f*
half mask Halbgesichtsmaske *f*, Halbmaske *f {Schutz}*
half-period Halbperiode *f*, Halbwertszeit *f {Nukl}*
half-polar bond semipolare Doppelbindung *f*, dative Bindung *f*, koordinative Bindung *f*, Donator-Akzeptor-Bindung *f*
half-power [band] width Halbwert[s]breite *f*
half-round halbrund
half-round file Halbrundfeile *f*
half-sandwich compound Halbsandwichverbindung *f*
half-shade Halbschatten *m*
half-shade plate Halbschattenplatte *f {Opt}*
half-shade polarimeter Halbschattenpolarimeter *n*
half-shadow apparatus Halbschattenapparat *m*
half-shadow polarimeter Halbschattenpolarimeter *n*, Halbschattenpolarisationsapparat *m*
half-shadow quartz plate Halbschattenquarzplatte *f*
half-silvered halbdurchlässig verspiegelt *{Opt}*
half-sized halbgeleimt, mit mittlerer Leimung *f {Pap}*
half-stuff Halbstoff *m {Papierfaserstoff}*, Halbzellstoff *m*, Faserhalbstoff, Halbzeug *n*
half thickness Halbwertsdicke *f*, Halbwertschichtdicke *f*
half-time of exchange Austauschhalbwertszeit *f*
half-tone Halbschatten *m*, Halbton *m {Druck, Photo}*
half-tone engraving Autotypie *f*
half-tone process Halbtonverfahren *n*, Rasterphotographie *f {Autotypieverfahren; Druck, Photo}*
half-turn Halbdrehung *f*
half-value depth Halbwert[s]tiefe *f*
half-value period Halbwert[s]periode *f*, Halbwert[s]zeit *f*
half-value thickness *s.* half-thickness
half-value time Halbwert[s]zeit *f*
half-value width Halbwertbreite *f {Resonanzlinie}*, Niveaubreite *f {Spek}*
half-wave Halbwelle *f*

half-wave plate Halbwellenlängenblättchen *n*, Lambdahalbeplättchen *n {Opt}*

half-wave potential Halbstufenpotential *n*, Halbwellenpotential *n {Anal}*

half-wave rectification Halbweggleichrichtung *f*, Einweggleichrichtung *f {Elek}*

half width Halbwertsbreite *f*

half-value layer *s.* half-thickness

halibut liver oil Heilbuttlebertran *m*, Heilbuttleberöl *n*

halide Halogenid *n*

halide crystal Halogenidkristall *m {Spek}*

halide-diode detector head Halogen-Dioden-Meßzelle *f {Vak}*

halide-free halogenidfrei

halide lamp Halogenlampe *f {Anal}*

halide-rich plate Schumann-Platte *f {UV-Photographie}*

acid halide <$RCOX$> Acylhalogenoid *n*

halite Halit *m*, Bergsalz *n {obs}*, Steinsalz *n {Min}*

Hall effect Hall-Effekt *m*

Hall process Hall-Verfahren *n {1. Al-Gewinnung; 2. Ölvergasung}*

Haller-Bauer cleavage Haller-Bauer-Spaltung *f {Ketone mit $NaNH_2$}*

hallerite Hallerit *m*, lithiumhaltiger Paragonit *m {Min}*

hallmark 1. Feingehaltsstempel *m {der Londoner Goldschmiedeinnung}*, Punze *f {ein Prüf- und Gewährzeichen}*; 2. besonderes Kennzeichen *n {DNA, Gen}*

halloysite Halloysit *m*, Hydro-Kaolin *m {Min}*

hallucinogen Halluzinogen *n {Pharm}*

Hallwachs effect Hallwachs-Effekt *m*, äußerer Photoeffekt *m*

halo 1. Halogen-; 2. Halo *m*, Haloerscheinung *f*, Haloeffekt *m {Opt}*; Lichthof *m {Photo}*

halo acid Halogensäure *f*, halogenierte Säure *f*

halo compound Halogenverbindung *f*

halo ester Halogenester *m*, halogenierter Ester *m*

halo ketone Halogenketon *m*, halogenierter Keton *m*

haloacrylate Halogenacrylsäurester *m*

haloalkane Halogenalkan *n*, Halogenalkyl *n*, Alkylhalogenid *n*

haloarene Halogenaren *n*, Arenhalogenid *n*, Halogenaryl *n*

halobenzene Halogenbenzol *n*, Benzolhalogenid *n*

halobenzoic acid Halogenbenzoesäure *f*

halocarbon Halogenkohlenwasserstoff *m*, Halogenkohlenstoffverbindung *f*

halochemical halochemisch

halochemistry Halochemie *f*

halochromism 1. Halochromie *f {Farbstofftheorie}*; 2. Halochromie-Erscheinung *f*

halochromy *s.* halochromism

haloform <CHX_3> Haloform *n*, Halogenoform *n*, Trihalogenmethan *n*

haloform reaction Haloformreaktion *f*, Einhorn-Reaktion *f*

halogen Halogen *n {Salzbildner}*

halogen acid Halogen[wasserstoff]säure *f*

halogen alkane Halogenalkyl *n*, Halogenalkan *n*, Alkylhalogenid *n*

halogen amine <NH_2X> Halogenamin *n*

halogen atom Halogenatom *n*

halogen azide <XN_3> Halogenazid *n*

halogen bulb Halogenlampe *f*, Wolfram-Halogen-Lampe *f*, Halogen-Glühlampe *f {DIN 49820}*

halogen carrier Halogenüberträger *m*

halogen compound Halogenverbindung *f*

halogen compressor Halogenverdichter *m*

halogen content Halogenierungsgrad *m*

halogen counter Halogenzählrohr *m {Nukl}*

halogen derivative Halogenderivat *n*

halogen electrode Halogenelektrode *f*

halogen germane Halogengerman *n {GeH_3X, GeH_2X_2 usw.}*

halogen hydracide Halogenwasserstoff *m*

halogen hydrine <$XROH$> Halogenhydrin *n*

halogen ketone <XCH_2COR> Halogenketon *n*

halogen lamp Halogenscheinwerfer *m*

halogen leak detector Halogenleckdetektor *m*, Halogenlecksuchgerät *n*, Halogenlecksucher *m {Gasspürgerät für Halogene}*

halogen nitrate <$XONO_2$> Halogennitrat *n*

halogen oxides Halogenoxide *npl*

halogen-quenched counter Halogenzählrohr *n {Nukl}*

halogen quenching Halogenlöschung *f*

halogen perchlorate <$XClO_4$> Halogenperchlorat *n*

halogen-sensitive leak detector *s.* halogen leak detector

halogen small sniffer Halogenkleinschnüffler *m*

halogen-substituted indigo Halogenindigo *m*

halogen-substituted quinone Halogenchinon *n*

halogen-substituted xylene Haloxylol *n*

halogen substitution Halogensubstitution *f*

halogenatable halogenierbar

halogenate/to halogenieren

halogenated halogeniert; Halogen-

halogenated derivative Halogenderivat *n*

halogenated ester Ester *m* der Halogensäure

halogenated hydrocarbon Halogenkohlenwasserstoff *m*, halogenierter Kohlenwasserstoff *m*

halogenated isobutene-isoprene rubber *{BS 3227}* halogenierter Butylkautschuk *m*

halogenation Halogenierung *f*, Halogenation *f*, Halogenisierung *f*

halogenation plant Halogenierungsanlage *f*

halography Halographie *f*

halohydrin Halohydrin *n*, Halogenhydrin *n*
haloid 1. halogenartig; 2. Halogenid *n {obs}*
haloid acid Halogenwasserstoffsäure *f*
haloindigo Halogenindigo *m*
halometer Halometer *n*, Salzgehaltmesser *m*
halometric halometrisch
halon 1. Halon *n {gemischthalogenierter Halogenkohlenwasserstoff als Feuerlöschmittel}*; 2. <$(C_2F_4)_n$> Halon *n {HN}*
halon fire suppression Halon-Brandunterdrückung *f*
halonaphthalene Halogennaphthalen *n*
halonitrobenzene Nitrohalogenbenzol *n*
halonium ion <H_2X^+> Haloniumion *n*
halophosphane Halogenphosphan *n {PH_2X, PHX_2 usw.}*
halophyte Halophyt *m*, Salzpflanze *f*
halopyridine Halogenpyridin *n*
haloquinone Halogenchinon *n*
halorhodopsine Halorhodopsin *n*
halosilanes Organohalogensilane *npl*
halostachine Halostachin *n*
Halothane <$CHBrClCF_3$> Halothan *n {Med}*, 2-Brom-2-Chlor-1,1,1-trifluorethan *n*
halotoluene Halogentoluol *n*
halotrichite Halotrichit *m*, Federalaun *m {obs}*, Faseralaun *m*, Eisenalaun *m*, Bergbutter *f {obs} {Aluminiumeisen(II)-sulfat-22-Wasser, Min}*
Halowax *{TM}* Halowachs *n {HN}*, 2-Chlornaphthalin *n*
haloxylene Haloxylol *n*
haloxylin Haloxylin *n*
halphen acid Halphensäure *f*
halt/to halten, haltmachen, Pause *f* machen; anhalten
halt 1. Halt *m*, Stopp *m*, Rast *f*, Stillstand *m*; Haltezeit *f*; 2. [eutektischer] Haltepunkt *m*
halve/to halbieren; um die Hälfte *f* kürzen
hamameli tannin <$C_{20}H_{20}O_{14}$> Hamamelitannin *n {Gerb}*
hamamelis Hamamelis *f*, Zaubernuß *f {Bot}*
hamamelis bark Hamamelisrinde *f*
hamamelis ointment Hamamelissalbe *f*
liquid extract of hamamelis Hamamelisblätterfluidextrakt *m {Pharm}*
hamamelonic acid Hamamelonsäure *f*
hamamelose Hamamelose *f {Hexose aus ß-Hamamelitannin}*
hamartite Hamartit *m {obs}*, Bastnäsit *m {Min}*
hambergite Hambergit *m {Min}*
Hamburg white Hamburger Weiß *n {Bleiweiß zweiter Qualität oder Bleiweiß/$BaSO_4$-Gemisch}*
Hamilton operator Hamilton-Operator *m*, Energieoperator *m {Phys}*
hamlinite Hamlinit *m*, Goyazit *m*, Strontio-Hitchcockit *m {Min}*
hammer/to 1. hämmern, mit dem Hammer *m* bearbeiten; 2. schmieden; 3. schlagen
hammer-harden/to kalthämmern, hartschlagen, hammerhärten
hammer the bloom/to zängen, entschlacken *{Met}*
hammer 1. Hammer *m*; Schläger *m*, Hammer *m {des Hammerbrechers}*; 2. Druckstoß *m*, Schlag *m*
hammer bar Schlagleiste *f*
hammer bar mill Schlagkreuzmühle *f*
hammer crusher Hammerbrecher *m*
hammer dimpel enamel Hammerschlaglack *m*
hammer effect enamel Hammerschlageffektlack *m*, Hammerschlaglack *m*
hammer finish [paint] Hammerschlaglack *m*, Hammerschlageffektlack *m*
hammer forging Freiformschmieden *n*, Reckschmieden *n*
hammer-hardening Kaltschmieden *n*, Verschmiedung *f*
hammer metal finish Hammerschlaglack *m*, Hammerschlageffektlack *m*
hammer mill Hammermühle *f*, Hammerwerk *n*, Schlagmühle *f*; Stampfwerk *n*; "Deutsches Geschirr" *n {Pap}*
hammer scale Hammerschlag *m*, Schmiedesinter *m*, Glühspan *m*, Zunder *m {Eisen(II,III)-oxid}*
hammer-scales varnish Hammerschlaglack *m*, Hammerschlageffektlack *m*
hammering 1. Hämmern *n*, Bearbeitung *f* mit dem Hammer *m*; 2. Schlagen *n*, Klopfen *n*
hammering spanner Schlagschlüssel *m*
hammering test Ausbreiteprobe *f*, Klangprüfung *f*, Hammerprüfung *f*
hampdenite Hampdenit *m {obs}*, Antigonit *m {Min}*
hamper/to [be]hindern
hancockite Hancockit *m {Min}*
hand 1. Greifer *m*, Greifvorrichtung *f {z.B. an Robotern}*; 2. Hand *f*; 3. Seite *f*, Richtung *f*, Sinn *m {Drall}*; Windungssinn *m {z.B. eines Gewindes}*; 4. Griff *m {Text}*; 5. Arbeiter *m*, Arbeitskraft *f*; Handlanger *m*; 6. Zeiger *m*
hand-actuated handbetätigt, manuell; Hand-
hand adjustment Handeinstellung *f*
hand bellows Handblasebalg *m*
hand blowpipe Handgebläse *f*
hand cleaning agents Handreinigungsmittel *npl*
hand control Handbedienung *f*
hand extinguisher Handfeuerlöscher *m*
hand feed Handbeschickung *f*, Beschickung *f* von Hand *{Tech}*; Handvorschub *m {von Werkzeugen}*
hand-fire extinguisher Handfeuerlöscher *m*
hand-fired handbeschickt
hand firing Handbeschickung *f*, Beschickung *f* von Hand
hand gear Handsteuerung *f*

hand-guard Handschutz *m*
hand-held spectroscope Handspektroskop *n*
hand lay-up laminate Handlaminat *n*
hand lay-up process Hand[auflege]verfahren *n*, Handlaminierverfahren *n*, Kontaktpreßverfahren *n {ein Niederdruckverfahren}*
hand-made handgefertigt, handgemacht, mit der Hand *f* angefertigt
hand-made paper Büttenpapier *n*, Schöpfpapier *n*, handgeschöpftes Papier *n*
hand mo[u]ld Handform *f*, Handwerkszeug *n {Kunst}*; Form *f*, Schöpfform *f*, Schöpfrahmen *m {Pap}*
hand mo[u]ld casting Handformgießverfahren *n*, Handformguß *m {Gieß}*
hand-operated handangetrieben, handbetätigt, mit Handantrieb *m*, manuell [betätigt], handbetrieben, handbedient; Hand-
hand-operated valve handbetätigtes Ventil *n*
hand operation Handbetrieb *m*
hand regulation Handsteuerung *f*
hand safety guard Handschutzvorrichtung *f*
hand saver Schutzhandschuh *m*
hand scales Handwaage *f*
hand screening Handsiebung *f*
hand setting Handeinstellung *f*, manuelle Einstellung *f*
hand sieving Handsiebung *f*
hand spraying Handspritzen *n*, manuelles Spritzen *n*
hand-sugar refractometer Eintauch-Refraktometer *n*

handbook Handbuch *n {kurzes}*, Manual *n*, kleines Nachschlagebuch *n*
handedness Drehsinn *m*; Links-Rechts-Eigenschaft *f*; Chiralität *f {Stereochem}*
handianolic acid Handianolsäure *f*
handicap/to benachteiligen; [be]hindern
handle/to 1. anfassen, berühren; befühlen; 2. umgehen mit *{z.B. Chemikalien}*, hantieren, manipulieren, handhaben; gebrauchen, anwenden, bedienen; verarbeiten; 3. lenken, führen; 4. behandeln *{z.B. von Abwasser; Med}*; 5. [be]fördern, transportieren, weiterleiten *{von Stoffen}*; umfüllen; [über]leiten, überführen *{z.B. Abgase}*; 6. aufschlagen, aufziehen *{Gerb}*; 7. abwickeln *{Verkehr}*; 8. garnieren *{Keramik}*
handle 1. Griff *m*, Handgriff *m*, Haltegriff *m*; Stiel *m {eines Pinsels}*; Heft *n*, Griff *m*; Helm *m*; Henkel *m {Keramik}*; 2. Griff *m {eine Eigenschaft von Stoff, Papier, Leder}*
crooked handle Kurbel *f*
handling 1. Handhabung *f*, Gebrauch *m*, Bedienung *f*; Umgang *m {z.B. mit Chemikalien}*; 2. Behandlung *f {z.B. von Abwasser}*, Bearbeitung *f*; 3. Steuerung *f*; 4. Beförderung *f*, Förderung *f*, Transport *m*, Weiterleitung *f {von Stoffen}*; Leitung *f*, Überleitung *f*, Überführung *f {z.B. Abgase}*; Umfüllen *n*
handling instructions Handhabungsrichtlinien *fpl*
handling properties Handling-Eigenschaften *fpl*, Gebrauchseigenschaften *fpl*

handwheel Handrad *n {Tech}*; Steuerrad *n*
handy handlich, gut in der Hand *f* liegend, griffgünstig, griffsicher, griffig; praktisch; geschickt, gewandt; von Hand
hang-up 1. Hängenbleiben *n*, Hängen *n {z.B. der Beschickung im Hochofen}*, Festsetzen *n*, Verklemmen *n*; Brückenbildung *f {Schüttgut}*; 2. Offenbleiben *n {z.B. Kontakt}*; 3. nichtprogrammierter Stopp *m {EDV}*
hangfire Spätzündung *f*, Versager *m {Expl}*
hanging condenser Einhängekühler *m*
hanging drop method Schwebetropfentechnik *f {Mikroskop}*
hanging insertion filter Einhängefilter *n*, Einsatzfilter *n*
hank 1. Docke *f*, Bund *m*; Knäuel *n {Text}*; 2. Strang *m*, Strähn *m*, Garnstrang *m*, Garnsträhne *f*, Strähne *f {Text}*; 3. Hank *n {Garnlängenmaß; Baumwolle = 768,009 m; Wolle = 512,064 m}*
hank dyeing Strangfärben *n*, Färben *n* im Strang, Färben *n* in Strangform
hanksite Hanksit *m {Min}*
hannayite Hannayit *m {Min}*
Hansa yellow Hansagelb *n {Benennung einer Azofarbstoffgruppe}*
Hanssen acid Hanssen-Säure *f*
Hantzsch pyridine synthesis Hantzsche Pyridinsynthese *f*
Hantzsch-Widman system Hantzsch-Widman-Nomenklatur *f {Heterocyclen}*
haploid haploid *{Gen}*
happen/to geschehen, passieren, sich abspielen, [sich] ereignen; auftreten, vorkommen
hapten Hapten *n*
haptoglobins Haptoglobine *npl {Serumprotein}*
hard 1. hart *{Wasser, Papier, fester Stoff}*; 2. hart, durchdringend *{Strahlung}*; 3. sauer, herb, streng *{Geschmack von Lebensmitteln}*; 4. stark, hochprozentig *{Getränke}*; 5. nichtregenerierbar *{Energiequelle}*; 6. hart, hochvakuiert; Hochvakuum-; 7. hochschmelzend *{Glas}*; 8. hart, rauh *{Oberfläche}*; 9. schwierig
hard acid harte Säure *f*, hartteilige Säure *f*
hard-aggregate Hartstoff *m {Baustoffe, DIN 1200}*
hard alloy Hartlegierung *f*, Hartmetall *n*
hard anodizing Hartanodisieren *n*, Harteloxieren *n*, Hartoxidation *f {anodische Oxidation von Metallen}*
hard asphalt Hartasphalt *m*
hard-baked hartgebrannt

hard base harte Base *f*, hartteilige Base *f*
hard bitumen Hartbitumen *n {Oxidationsbitumen mit Hochvakuumbitumen-Konsistenz f*; DIN 55946}
hard brick Klinker *m*
hard bronze Hartbronze *f {88 % Cu, 7 % Sn, 3 % Zn, 2 % Pb}*
hard-burned scharfgebrannt, hochgebrannt, hartgebrannt *{Keramik}*
hard-burned brick Hartbrandstein *m*, scharfgebrannter Stein *m*, Vermauerziegel *m*
hard chrome plated hartverchromt
hard chromium plating Hartverchromen *n*
hard coal Steinkohle *f {DIN 22005}*; Anthrazit *m*
hard coal gasification Steinkohlevergasung *f*
hard constituent harter Legierungsbestandteil *m*
hard copper Hartkupfer *n*
hard crockery Halbporzellan *n*
hard-cutting alloy Hartschneidemetall *n*
hard-drawn hartgezogen, kaltgezogen
hard-dry 1. hartgetrocknet *{z.B. Keramik}*; 2. durchgetrocknet, vollstädig getrocknet
hard-dry stage vollständig trocken, durchgetrocknet
hard-drying brilliant oil Harttrockenglanzöl *n*
hard-drying oil Harttrockenöl *n*
hard face coating Oberflächenpanzerung *f*, Panzerschicht *f*, Panzerung *f*
hard-facing Auftragsschweißen *n*, Hartauftragsschweißen *n*, Schweißpanzern *n*, Schweißplattierung *f*
hard-facing alloy powder Hartauftrags-Legierungspulver *n*
hard-facing plant Hartmetallauftraganlage *f*
hard-facing welding alloy Hartauftragslegierung *f*, Hartschweißlegierung *f*
hard fiber Hartfaser *f {Text, Pap}*
hard filter Hartfilter *n*
hard flow harter Fluß *m*
hard glass Hartglas *n {mit hoher Erweichungstemperatur}*, Pyrexglas *n*; Hartglas *n {mechanisch hart}*, hartes Glas *n*
hard glass beaker Hartglasbecher *m*
hard gloss paint Hartglanzfarbe *f*, Emaillelack *m*, Emaillelackfarbe *f*
hard grades of bitumen Hochvakuumbitumen *n*
hard grease Hartschmierfett *n {> 90 °C}*
hard grinding Hartzerkleinerung *f*
hard iron Harteisen *n {Magnetismus}*
hard lac [resin] Hartschellack *m*
hard lead Hartblei *n {0,7 - 21 % Sb}*, Antimonblei *n*
hard metal Hartmetall *n*, hartes Metall *n*; Sinterhartmetall *n*, Carbidhartmetall *n*, Sintercarbid[metall] *n*
hard paper Hartpapier *n*
hard paper insulation Hartpapierisolation *f*
hard paraffin Hartparaffin *n*, hartes Paraffin *n*, festes Paraffin *n*
hard-paste porcelain Hartporzellan *n*
hard pearlite Hartperlit *m {Min}*
hard plating Hartverchromen *n*
hard porcelain Edelporzellan *n*, Hartporzellan *n {mit hohem Feldspatanteil}*
hard radiation harte Strahlung *f*, energiereiche Strahlung *f*, durchdringende Strahlung *f*
hard-rolled hartgewalzt
hard rubber Hartgummi *m n*, Ebonit *n*, Hartkautschuk *m*, Vulkanit *n*
hard salt Hartsalz *n {Sylvin-NaCl-Kieserit-Gemisch}*
hard shot Hartschrot *m*, Schrotblei *n {97,5 % Pb, 2 % Sb, 0,5 % As}*
hard soap Hartseife *f*, Kernseife *f*, Natronseife *f*, Stückseife *f*
hard solder Hartlot *n {DIN 8513}*, Messinglot *n*, Schlaglot *n*
hard-solder flux Flußmittel *n* für Hartlot *n*
hard solder wire Hartlötdraht *m*
hard-soldered hartgelötet
hard soldering Hartlöten *n*, Hartlötung *f {450 - 600 °C}*, Hartlötverfahren *n*
hard-soldering fluid Hartlötwasser *n*
hard-sphere model Starrkugelmodell *n {Atom}*; Hartkugelmodell *n*
hard spherical indenter Kugelhärteprüfer *m*
hard steel Hartstahl *m*
hard surface cleaner biologisch nicht abbaubares Reinigungsmittel *n*
hard surfacing Schweißpanzern *n*, Auftragschweißen *n* von Panzerungen, Hartauftragschweißen *n*
hard to handle liquids schwer handhabbare Flüssigkeiten *fpl*
hard water hartes Wasser *n*, kalkhaltiges Wasser *n*, Hartwasser *n*; harter Fluß *m*
hard wax Hartwachs *n*
hard wearing 1. verschleißarm, verschleißfest, verschleißbeständig, abnutzungsbeständig; 2. *{GB}* strapazierfähig, widerstandsfähig, trittfest *{Text}*
hard wearing properties Verschleißarmut *f*, Verschleißbeständigkeit *f*
hard whiteware Hartsteingut *n*
hard wood Hartholz *n {z.B. Ebenholz}*; Laubholz *n*
hard zinc Hartzink *n*
hardboard 1. Hartfaserplatte *f*, harte Holzfaserplatte *f {DIN 68753}*, Holzfaserhartplatte *f {d=0,48-0,80}*; 2. gehärtete Pappe *f*, Hartpappe *f {Pap}*
harden/to 1. härten, hart machen *{Tech, Met, Kunst}*; 2. abbinden *{z.B. Beton}*; 3. abbrennen

{Stahl}; 4. abschrecken, erhärten, erstarren, hart werden, stählen, vergüten, verhärten *{Met}*; auslagern *{z.B. Duraluminium}*; 5. aufhärten *{Wasser}*; 6. aushärten *{Farb}*

Harden-Young ester D-Fructose-1,6-biphosphat *n*, Harden-Young-Ester *m*

hardenability Härtbarkeit *f {Met, Kunst}*

hardenable härtbar, vergütbar *{z.B. Stahl}*

hardenable plastic Duroplast *m*

hardened gehärtet; gestählt, vergütet *{Met}*; ausgehärtet *{Farb, Kunst}*; abgebunden *{Beton}*

hardened by burning hartgebrannt

hardened concrete erhärteter Beton *m {DIN 52170}*, Festbeton *m*

hardened fat gehärtetes Fett *n*, Hartfett *n*

hardened filter Hartfilter *n*

hardened glass thermisch vorgespanntes Glas *n*, [vorgespanntes] Sicherheitsglas *n {durch thermisches Abschrecken}*

hardened-glass filter plate Filterscheibe *f* aus gehärtetem Glas *n*

hardened resin Hartharz *n*

hardened steel Hartstahl *m*, gehärteter Stahl *m*

hardener Härtungsmittel *n*, Härtemittel *n*, Härter *m*, Härtezusatz *m*; Härtebad *n*

cold hardener Kalthärter *m*

hardening 1. Verfestigung *f {allgemein}*; 2. Härtung *f*, Härten *n*, Vergüten *n {Tech, Met, Kunst}*; Aushärtung *f {Farb, Kunst}*; [Er-]Härten *n*, Erhärtung *f*, Hartwerden *n*, Festwerden *n*, Erstarrung *f*, Verhärten *n*; 3. Aufhärten *n {von Wasser}*; 4. Abbinden *n {z.B. Mörtel}*; 5. Fixierung *f {Photo}*

hardening agent Härtungsmittel *n*, Härter *m*, Härtemittel *n*, Härtezusatz *m*

hardening bath Härtebad *n*, Härtungsbad *n*, Härtefixierbad *n*, Alaunfixierbad *n {Photo}*

hardening capacity Härtbarkeit *f*, Härtungsfähigkeit *f*, Härtungsvermögen *n*

hardening constituent Härtebildner *m*

hardening crack Härteriß *m*

hardening furnace Härteofen *m*, Einsatzofen *m*, Härtungsofen *m {Met}*

hardening liquid Ablöschflüssigkeit *f*, Härteflüssigkeit *f*, Kühlflüssigkeit *f*

hardening material *s.* hardening agent

hardening mixture *s.* hardening agent

hardening of fat Fetthärtung *f*, Fetthydrierung *f*

hardening oil Härteöl *n {Met}*

hardening paste Härterpaste *f*

hardening process Härtungsverfahren *n*; Hydrierverfahren *n {Fetthärtung}*

hardening resin härtbares Harz *n*

hardening salt Härtesalz *n*

hardening steel ausgehärteter Stahl *m*

hardening strain Härtespannung *f*, Härtungsspannung *f*

hardening stress Härtungsspannung *f*, Härtespannung *f*

hardenite [strukturloser] Martensit *m*, Hardenit *m {Met}*

Hardgrove grindability index Mahlbarkeitsindex *m* nach Hardgrove

hardness 1. Festigkeit *f*, Härte *f {Tech, Met, Min}*; 2. Härte *f {des Wassers}*; 3. Härte *f*, Stärke *f {Strahlung}*; 4. Herbe *f*, Herbheit *f {Geschmack von Lebensmitteln}*; 5. Feuerbeständigkeit *f*, Feuerfestigkeit *f*

hardness after nitriding Nitrierhärtetiefe *f {DIN 50190}*

hardness-causing härtebildend

hardness-causing salt Erdalkalisalz *n {als Härtebildner für Wasser}*

hardness component Härtebildner *m*

hardness cooling rate curve Härtbarkeitskurve *f*

hardness degree Härtegrad *m*

hardness depth Härtetiefe *f {DIN 50190}*

hardness drop tester Skleroskop *n*, Fallhärteprüfer *m*

hardness ga[u]ge Härtemesser *m*, Härtemeßgerät *n*

hardness measurement Härtemessung *f*

hardness number Härtezahl *f*

hardness of materials Härte *f* von Werkstoffen *mpl*

hardness of water Härte *f* des Wassers *n*, Wasserhärte *f {Härtegrade des Wassers}*

total hardness of water Gesamthärte *f* des Wassers *n*

hardness of X-rays Röntgenstrahlenhärte *f*, Härte *f* der Röntgenstrahlen *mpl*

hardness scale 1. Härteskale *f*; 2. Härteabscheidungen *fpl*, Inkrustrationen *fpl {durch Härtebildner}*, Wasserstein *m*; Kesselstein *m*

hardness test Härteprüfung *f*, Härteprobe *f*

hardness tester Härteprüfer *m*, Härteprüfgerät *n*, Härtemesser *m*, Sklerometer *n*

hardness testing Härteprüfung *f*, Härteprüfverfahren *n*

hardness testing rod Härteprüfstab *m*

coefficient of hardness Härtezahl *f*

degree of hardness Härtegrad *m*

determination of hardness Härtebestimmung *f*, Härtemessung *f*

non-carbonate hardness Nichtcarbonathärte *f {Wasser}*

permanent hardness of water dauerhafte Härte *f* des Wassers *n*

temporary hardness of water zeitweilige Härte *f* des Wassers *n*

hardware 1. Apparatur *f*, Anlagen *fpl {Tech}*; 2. Eisenwaren *fpl*, Metallwaren *fpl*, Kleineisenzeug *n {Kleinteile}*; Befestigungsmittel *npl*;

2. Bausteine *mpl*, Bauelemente *npl {für Computer}*; EDV-Geräte *npl*, Hardware *f {EDV}*
hardystonite Hardystonit *m {Min}*
Hargreaves process Hargreaves-Verfahren *n {Na_2SO_4-Erzeugung}*
harm/to 1. schaden; 2. beschädigen; verletzen; 3. benachteiligen
harm 1. Beschädigung *f*; Verletzung *f*; 2. Schaden *m*
harmala red Harmalinrot *n*
harmalan Harmalan *n*
harmaline <$C_{13}H_{14}N_2O$> Harmalin *n*, 3,4-Dihydroharmin *n*
harman <$C_{12}H_{10}N_2$> Harman *n*, Arabin *n*, Loturin *n*, Passiflorin *n*
harmful gefährlich; schädlich
harmful amount of radiation schädliche Strahlendosis *f*
harmful substance Schadstoff *m*
harmfulness Schädlichkeit *f*; Gefährlichkeit *f*
harmine <$C_{13}H_{12}N_2O$> Harmin *n*, Yajein *n*, Banisterin *n*, Telepathin *n*, 1-Methyl-7-methoxy-*ß*-carbolin *n*
harmine dihydride Harmalin *n*, 3,4-Dihydroharmin *n*
harminic acid <$C_{10}H_8N_2O_4$> Harminsäure *f*
harmless ungefährlich; unschädlich, harmlos
harmol <$C_{13}H_{10}N_2O_2$> Harmol *n*, 7-Hydroxyharman *n*
harmolic acid Harmolsäure *f*
harmonic 1. harmonisch; 2. Harmonik *f*; 3. Harmonische *f*, Oberwelle *f*, harmonische Oberschwingung *f {Phys}*
harmonic mean harmonischer Mittelwert *m*, harmonisches Mittel *n {Statistik}*
harmonic oscillator harmonischer Oszillator *m*
harmonic response *{GB}* Frequenzgang *m*
harmonic series harmonische Reihe *f*
harmonious harmonisch
harmotome Harmotom *m {Min}*, Kreuzkristall *m {obs}*
harness leather Blankleder *n*, Geschirrleder *n*, Gurtleder *n*
harp screen Harfensieb *n*
harp sieve Harfensieb *n*
Harris process 1. Harris-Verfahren *n*, Harris-Raffinationsverfahren *n {Bleigewinnung}*; 2. Harris-Stripverfahren *n {Wolle-Entfärbung}*
harsh 1. herb, streng *{Lebensmittel}*; 2. scharf, ätzend, beißend; 3. rauh *{Tech, Akustik}*; 4. grell *{Licht}*; 5. rauhgriffig *{Text}*
harsh chemicals ätzende Chemikalien *fpl*
harshness 1. Härte *f*; 2. Schärfe *f*; 3. Herbe *f*, Herbheit *f {Lebensmittel}*
hartin <$C_{20}H_{34}O_4$> Hartin *n {Inkohlung}*, Xyloretinit *m {Min}*
hartite <$(C_6H_{10})_n$> Branchit *m*, Hartit *m*
Hartmann diaphragm Hartmannsche Stufenblende *f {Anal, Spek}*
hartshorn Hirschhorn *n*
hartshorn oil *s.* bone oil
hartshorn salt Hirschhornsalz *n*
Hartree-Fock method Hartree-Fock-Methode *f*
hashish Haschisch *m n*, Marihuana *n {Cannabis indica Lam., Pharm}*
Hastelloy *{TM}* Hastelloy *n {HN, Ni-Basislegierungen}*
hasten/to 1. beschleunigen, antreiben; [vor]eilen; 2. [sich be]eilen
hastingsite Hastingsit *m {Min}*
hatch/to 1. schraffieren; 2. rippen *{Tech}*; 3.[aus]brüten; ausschlüpfen
hatch 1. Öffnung *f*; Luke *f {z.B. Ladeluke}*; Schleuse *f {Nukl}*; 2. Fenster *n*; 3. Schraffe *f*, Schraffung *f {Tech}*; 4. Brüten *n*; Brut *f*
hatchettenine Hatchettenin *n*
hatchettine *s.* hatchettite
hatchettite Bergwachs *n*, Mineraltalg *m*, Hatchettin *n*, Bergtalg *m*, Naphtin *n {ein Kohlenwasserstoffgemisch}*
hatchettolite Hatchettolith *m {obs}*, Uran-Pyrochlor *m {Min}*
hatching Schraffierung *f*
hauchecornite Hauchecornit *m {Min}*
hauerite Hauerit *m*, Mangankies *m {Min}*
haughtonite Haughtonit *m {obs}*, Lepidolan *m {Min}*
haul/to 1. fördern *{Bergbau}*; 2. ziehen, schleppen; 3. transportieren, befördern
haulage 1. Förderung *f {Bergbau}*; 2. Transport *m*, Beförderung *f*; Transportkosten *pl*
hauling 1. Ziehen *n*, Schleppen *n*; 2. Schlepperförderung *f*
hauling bridge Förderbrücke *f*
hausmannite <Mn_3O_4> Hausmannit *m {Min}*, Glanzbraunstein *m*, Schwarzmanganerz *n {obs}*
hauyn[it]e Haüyn *m {Min}*
hawthorn Hagedorn *m*, Weißdorn *m {Bot}*
liquid extract of hawthorn Weißdornfluidextrakt *m*
hayesenite Ulexit *m {Min}*
Haynes alloy Haynes-Legierung *f {45 % Co, 26 % Cr, 15 % W, 10 % Ni, Rest B, C}*
HAZAN *{hazard analysis}* quantitative Gefahrenstudie *f {Ereignisbaum, Fehlerbaum usw.}*
hazard 1. Zufall *m*; 2. Gefährdung *f*, Gefahr *f*; Risiko *n*; 3. Unglücksfall *m*; 4. Hasard *n*
hazard and operability study qualitative Gefahrenstudie *f*
hazard area Gefahrenbereich *m*
hazard grades Gefahrenklassen *fpl*
hazard identification Gefahrenermittlung *f*
hazard of fire Brandgefahr *f*
hazard potential Gefahrenpotential *n*

hazard warning blinking flasher Warnblinker *m {Schutz}*
hazard warning symbol Gefahrensymbol *n*
biological hazard biologische Gefährdung *f*
hazardous gefährlich, gewagt, riskant
hazardous area [explosions]gefährdeter Bereich *m*, Gefahrenbereich *m*, gefährliche Zone *f*
hazardous material Gefahrstoff *m*, gefährlicher [Arbeits-]Stoff *m*, Problemstoff *m*
Hazardous Materials Transportation Act *{US}* Gefahrgutverordnung *f*, Gefahrstoff-Transportverordnung *f*
hazardous waste gefährlicher Abfall *m*
haze 1. Dunst *m*, leichter Nebel *m*, feiner Nebel *m*; 2. Trübung *f*, Trübe *f {Brau, Kunst}*; 3. Schleier *m {Photo}*
haze dome Dunsthaube *f*
hazel Haselnuß *f*, Corylus avellana L. *{Bot}*
hazel-colo[u]red haselnußbraun, haselnußfarben
hazelnut Haselnuß *f*, Hasel[nuß]staude *f*, Corylus avellana L. *{Bot}*
hazelnut oil Haselnußöl *n*
Hazen colo[u]r scale Hazen-Farbskale *f*
Hazen colo[u]r unit Hazen-Farbzahl *f*
Hazen unit Hazen-Farbzahl *f {Pt-Co Skale}*
haziness 1. Dunstigkeit *f*; 2. Unschärfe *f {Photo}*; 3. Anlaufen *n*, Hauchbildung *f*, Nebligwerden *n {Farb}*; 4. Trübung *f*, Trübheit *f*
hazing Anlaufen *n*, Schleierbildung *f*, Hauchbildung *f*, Nebligwerden *n {Farb}*
HAZOP study *s.* hazard and operatibility study
hazy 1. dunstig; 2. verschwommen, unscharf *{Photo}*; 3. trüb
HCCH <$C_6H_6Cl_6$> Hexachlorcyclohexan *n*
HD 1. *s.* high density -; 2. *s.* heavy duty -
HD additive HD-Zusatz *m*, HD-Additiv *n {Trib}*
HDPE *{high-density polyethylene}* HD-Polyethylen *n*, Niederdruckpolyethylen *n*
head 1. Kopf *m {z.B. einer Kolonne, Pumpe, Schraube}*; Kopfteil *n {z.B. Spritzkopf}*, Haupt *n {Tech}*; 2. Stirnwand *f {z.B. einer Kugelmühle}*, Kopfende *n*, oberes Ende *n*; Boden *m {Dampferzeuger}*; 3. [statische] Druckhöhe *f*, Fallhöhe *f {z.B. in Wasserkraftwerken}*, Gefälle *n*; Strömungsdruck *m*; 4. Schaum *m*, Schaumkrone *f {z.B. beim Bier}*; Rahm *m {Milch}*; 5. Meßröhre *f*, Meßkopf *m*; 6. Haube *f*, Helm *m*, Aufsatz *m {Tech}*; Kuppe *f*; 7. Ähre *f {Bot}*; 8. Knauf *m*
head bolting Deckelverschraubung *f*
head end 1. Aufschluß *m*, Head-End *n {erster Verfahrensschritt der Wiederaufbereitung, Nukl}*; 2. Eingangsstufe *f*, Vorbehandlung *f {z.B. bei der Brennstoff-Fabrikation}*; 3. Kopfende *n*, oberstes Ende *n*, oberes Ende *n*
head loss Druckverlust *m*, Gefälleverlust *m*; Förderdruckverlust *m*
head loss characteristics Q-H-Kurve *f {z.B. Pumpe, Gebläse}*
head-on collision Frontalzusammenstoß *m*, Frontalkollision *f*
head-on radiation Direktstrahlung *f*
head pressure Extrusionsdruck *m*, Verdichtungsdruck *m*, Auspuffdruck *m*, Ausstoßdruck *m*; Ansaugdruck *m*
head start Vorsprung *m*
head tin Feinzinn *n*
head-to-head polymerization Kopf-Kopf-Polymerisation *f*
head-to-tail polymerization Kopf-Schwanz-Polymerisation *f*
head valve Steuerventil *n*
head yeast Oberhefe *f {Brau}*
headache 1. Kopfschmerzen *mpl*, Kopfweh *n*; 2. Achtung ! *{Warnung}*
headache pencil Migränestift *m {Pharm}*
header 1. Sammler *m {des Dampferzeugers}*; Sammelrohr *n*, Sammelleitung *f*, Sammelstück *n*, Stutzen *m*; Verteilerrohr *n*; 2. Sockel *m*, Gehäuse *n*, Deckel *m {Tech, Elektronik}*; 3. Vorsatz *m*, Anfangsetikett *n*, Kopffeld *n*, Kopfzeile *f {Textverarbeitung}*; Vorsignal *n*, Präambel *f {Datenaufzeichnung}*; 4. Kerb- und Schrämmaschine *f {Bergbau}*
heading 1. Tabellenkopf *m*; Überschrift *f*, Kopfzeile *f*, Schlagzeile *f*; Rubrik *f*; 3. Anstauchen *n*, Kopfanstauchen *n {Met, Tech}*; 4. Streckenvortrieb *m*; Abbaustrecke *f*, Flözstrecke *f*, Vortriebsstrecke *f*; Ort *m {Bergbau}*
headless screw Gewindestift *m*, Madenschraube *f*
headquarter Hauptlager *n*, Hauptsitz *m*; Hauptgeschäftsstelle *f*, Zentrale *f*
headroom Kopfhöhe *f {z.B. freie Höhe über Apparaten}*, lichte Höhe *f*
heads 1. Vorlauf *m {Dest}*; 2. Konzentrat *n {Mineralaufbereitung}*; Aufgabegut *n {z.B. Erz}*;
heads column Aldehydabscheidesäule *f {Ethanoldestillation}*, Abscheidesäule *f*
headspace Kopfraum *m*, Totraum *m*, Headspace *m {Luftraum oberhalb einer Flüssigkeit im Behälter}*
headspace gas chromatography Headspace-Analyse *f {Chrom}*
heak off/to abbrechen, losbrechen
heal/to 1. heilen *{Med}*; 2. zuheilen, ausheilen *{einer Oberflächenschicht}*
healing ointment Heilsalbe *f {Pharm}*
healing plaster Heilpflaster *n {Med}*
healing serum Heilserum *n {Med}*
health Gesundheit *f*
health care products Körperpflegemittel *npl*

health hazard Gesundheitsbedrohung *f*, Gesundheitsgefährdung *f*

health physicist Strahlenschutzexperte *m*

health physics 1. Personen-Strahlenschutzphysik *f*, Personen-Strahlenschutz *m*; 2. medizinische Physik *f* *{z.B. Laser-Anwendung}*

health physics laboratory Strahlenschutzlabor *n*

health risk Gesundheitsrisiko *n*

injurious to health gesundheitsgefährdend, gesundheitsschädlich

Heaney method Heaney-Methode *f* *{zur SO_2-Bestimmung in Zucker}*

heap/to aufstapeln; häufen, anhäufen, aufhäufen; aufhalden

heap with/to beladen [mit]

heap 1. Haufen *m* *{Menge}*; 2. Haufen *m* *{z.B. Meilerhaufen}*, Stapel *m*; Kippe *f*, Halde *f* *{Bergbau}*; Heap *m*, Halde *f* *{EDV}*

heap charring Meilerverkohlung *f*, Verkohlung *f* in Meilern *mpl*

heap coke Meilerkoks *m*

heap leaching Haufenlaugung *f*, Hanglaugung *f*, Haufenleaching *n*

heap roasting Haufenröstung *f*

heart 1. Herz *n* *{Med}*; 2. Kern *m* *{das Innere}*; Mittelpunkt *m*; 3. Mittelfraktion *f*, Herzstück *n* *{Dest}*

heart cut Herzfraktion *f*, Herzschnitt *m* *{Mineralöl}*

heartwood Kernholz *n* *{Xylem}*

heartwood rot Kernfäule *f*, Herzfäule *f*, Rotfäule *f* *{Holz, DIN 68256}*

hearth 1. Herd *m*, Arbeitsherd *m* *{eines Flammenofens}*; Etage *f*, Arbeitsetage *f* *{Röstofen}*; 2. Esse *f*, Schmiedefeuer *n*, Schmiedeesse *f*; 3. Feuerstelle *f*, Schmelzraum *m*; 4. Gestell *n* *{Hochofen}*

hearth area efficiency Herdflächenleistung *f*

hearth assay Herdprobe *f*

hearth block Bodenstein *m*

hearth cinder Herdschlacke *f*

hearth electrode Bodenelektrode *f*

hearth furnace Herdofen *m* *{Met}*

hearth heated with hot ashes Grudeherd *m*

hearth lining Herdfutter *n*, Auskleidung *f*

hearth refined iron Herdfrischeisen *n*

hearth refined steel Herdfrischstahl *m*

hearth refining Herdfrischen *n*

hearth roaster Röstherd *m*

heat/to 1. erhitzen, erwärmen; anwärmen; aufheizen; 2. anfeuern *{Boiler}*, befeuern, [be]heizen *{z.B. Kessel, Räume}*; 3. sich erwärmen, sich erhitzen, warm werden, heiß werden

heat 1. Hitze *f*, Glut *f*, Wärme *f*; 2. Schmelzcharge *f* *{Met}*

heat absorption Wärmeaufnahme *f*, Wärmeabsorption *f*

heat absorption capacity Wärmekapazität *f*, Wäremaufnahmefähigkeit *f*, Wärmeaufnahmevermögen *n*

heat abstraction Wärmeableitung *f*, Wärmeentzug *m*

heat accumulation Wärmestau *m*, Wärmestauung *f*

heat-activated adhesive wärmeaktivierbare Klebstoffschicht *f*, wärmeaktivierbarer Klebstoff *m*

heat affected zone Wärmeeinflußzone *f*, WEZ, wärmebeeinflußte Zone *f*, thermisch beeinflußte Zone *f* *{Schweißen}*

heat ag[e]ing Wärmealterung *f*, thermische Alterung *f*

heat ag[e]ing inhibitor Thermostabilisator *m*, Wärmestabilisator *m* *{Kunst}*

heat ag[e]ing properties Wärmealterungswerte *mpl*

heat ag[e]ing test Wärmealterungsversuch *m*, Warmlagerungsversuch *m*

heat alarm indicator wärmebetätigte Alarmvorrichtung *f*

heat availability Wärmeangebot *n*

heat balance Wärmeausgleich *m*, Wärmebilanz *f*, Wärmehaushalt *m*

heat bodied oils durch Hitze[behandlung] *f* eingedickte Öle *npl*

heat-body/to thermisch eindicken, durch Erhitzen *n* eindicken, durch Hitzebehandlung *f* eindikken

heat breakdown Wärmedurchschlag *m*

heat build-up Wärmeaufspeicherung *f*, Wärmestau *m*, Wärmestauung *f*; Eigenerwärmung *f*

heat capacity Wärmeeinhalt *m*, spezifische Wärme *f*, Wärmekapazität *f* *{in J/K}*

atomic heat capacity atomare Wärmekapazität *f* *{in $J \cdot K^{-1} \cdot \mathrm{mol}^{-1} \cdot Z^{-1}$}*

molecular heat capacity molare Wärmekapazität *f* *{in $J \cdot K^{-1} \cdot mol^{-1}$}*

specific heat capacity spezifische Wärmekapazität *f* *{in $J \cdot kg^{-1} \cdot K^{-1}$}*

heat carrier Wärmeträger *m*, Wärmetransportmittel *n*

heat carrying element Wärmeträger *m*

heat change Wärmetönung *f*; Reaktionswärme *f*

heat circulation Wärmeumlauf *m*, Wärmezirkulation *f*

heat coil Heizwendel *f*, Hitzdrahtspule *f*; Feinsicherungselement *n*, Feinsicherungspatrone *f*

heat compensation Wärmeausgleich *m*

heat concentration Stauhitze *f*

heat conductance Wärmeleitung *f*, Wärmedurchlässigkeit *f*

heat-conducting wärmeleitend

heat conduction Wärmeleitung *f*

heat conduction ga[u]ge Wärmeleitungsvakuummeter *n*
heat conduction paste Wärmeleitpaste *f*
heat conduction power Wärmeleitvermögen *n*, Wärmeleitfähigkeit *f* {*in W/(m·K)*}
heat conductivity Wärmeleitfähigkeit *f*, Wärmeleit[ungs]vermögen *n* {*in W/(m·K)*}
heat conduction Wärmeleitung *f*
heat consumption Wärmeverbrauch *m*
heat content Enthalpie *f*, Wärmeenthalpie *f*, Wärmemenge *f* {*in W·s*}, Wärmeinhalt *m*, Gibbs-Energie *f* {*Thermo*}
heat convection Wärmekonvektion *f*, Wärmemitführung *f*, Wärmeströmung *f*
heat-convection constant Wärmeübergangszahl *f*
heat crack Wärmeriß *m*
heat-cure/to heißhärten, warmhärten
heat curing 1. heißhärtend, wärmehärtend {*Kunst*}; heißvulkanisierend {*Gummi*}: 2. Heißhärtung *f*, Warmhärtung *f* {*Kunst*}; Heißvulkanisierung *f* {*Gummi*}
heat cycle *s.* thermodynamic cycle
heat deflection temperature Durchbiegetemperatur *f* bei Belastung *f* {*Kunst*}
heat-deformable thermoplastisch
heat denaturation Wärmedenaturierung *f*
heat desizing thermisches Entschlichten *n* {*von Textilglas*}
heat detector 1. Wärmemelder *m*; 2. Temperaturregler *m* mit Temperaturfühler *m*, indirekter Thermostat *m* {*Lab*}
heat dilatation Wärme[aus]dehnung *f*
heat discharge Wärmeabgabe *f*
heat dissipation Wärmeabfuhr *f*, Wärmedissipation *f*, Wärmezerstreuung *f*, Wärmeverteilung *f*, Wärmeableitung *f* {*DIN 52614*}; Wärmeverlust *m*, Wärmeabgabe *f*
heat distortion point {*ASTM; 0.25 mm at 0.455 or 1.820 MN/m*^{2}} Formbeständigkeitstemperatur *f*, Temperaturformstabilität *f*, Formbeständigkeit *f* in der Wärme, Wärmefestigkeitsgrenze *f* {*in C*}
heat distortion resistance Temperaturformbeständikeit *f*, Temperaturformstabilität *f*, Wärmefestigkeit { *in C*}
heat distortion temperature *s.* heat distortion point
heat distribution Wärmeverteilung *f*
heat drop Wärmeabfall *m*, Wärmegefälle *n*
adiabatic heat drop adiabatische Wärmeabgabe *f*
total heat drop Gesamtwärmegefälle *n*
heat economy Wärmehaushalt *m*
heat effect Wärmetönung *f* {*Thermodynamik*}; Wärmewirkung *f* {*Kinetik*}
heat efficiency Wärmeausnutzung *f*, Wärmeleistung *f*, Wärmewirkungsgrad *m*
heat elimination Wärmeabfluß *m*, Wärmeabführung *f*, Wärmeabgabe *f*
heat emission Wärmeabgabe *f*
heat emitting surface Wärmeabgabefläche *f*
heat energy Wärmeenergie *f*, thermische Energie *f*
heat engine Wärmekraftmaschine *f*
heat equalization Wärmeausgleich *m*
heat equation Wärmegleichung *f*, Wärmeleitungsgleichung *f*
heat equivalent Wärmeäquivalent *n*
electric heat equivalent elektrisches Wärmeäquivalent *n* {*1 kWh = 860 kcal*}
mechanical heat equivalent mechanisches Wärmeäquivalent *n* {*1 cal = 4,1858 J*}
heat evolved freigesetzte Wärme *f*
heat exchange Wärmeaustausch *m*
heat exchange fluid Wärmeübertragungsflüssigkeit *f*
heat exchange medium Heizflüssigkeit *f*
heat exchanger Wärmetauscher *m*, Wärmeaustauscher *m*, Wärmeübertrager *m*
heat exchanger tube Wärmetauscherrohr *n*, Wärmeaustauscherrohr *n*
heat exchanger tubing Wärmeaustauscherschlauch *m* {*Lab*}
cocurrent heat exchanger Gleichstrom-Wärmeaustauscher *m*
countercurrent heat exchanger Gegenstrom-Wärmeaustauscher *m*
crossflow heat exchanger Kreuzstrom-Wärmeaustauscher *m*
extended surface heat exchanger Rippenrohr-Wärmeaustauscher *m*
finned tube heat exchanger Rippenrohr-Wärmeaustauscher *m*
heat expansion Wärme[aus]dehnung *f*
heat extraction Wärmeentzug *m*, Wärmegewinnung *f*
heat fastness Hitzebeständigkeit *f*
heat filter Wärmefilter *n*, Wärmeschutzfilter *n* {*Opt*}
heat flash Wärmeblitz *m* {*Nukl*}
heat flow Wärmestrom *m*, Wärmefluß *m* {*in W*}; Wärmeübergang *m*, Wärmeübertragung *f*
heat flow diagram Wärmeschaltbild *n*, Wärmeflußbild *n*, Wärmeschaltplan *m*
heat flow layout Wärmeflußbild *n*
rate of heat flow per unit area Wärmestromdichte *f* {*in W/m*^{2}}
heat fluctuation Wärmeschwankung *f*
heat flux Wärmefluß *m*, Wärmeströmung *f*, Wärmestrom *m* {*in W*}; Wärmeübergang *m*, Wärmeübertragung *f*
heat flux density Wärmestromdichte *f* {*in W/m*^{2}}
heat generation Wärmeerzeugung *f*, Wärmeentwicklung *f*

heat gently/to schwach erhitzen
heat gradient Wärmegefälle *n*, Wärmeverlauf *m*
heat-impermeable wärmeundurchlässig
heat indicating paint Anlauffarbe *f*, Heißlaufmeldungsfarbe *f*
heat input Wärmezufuhr *f*, Wärmezuführung *f* *{Tätigkeit}*; eingebrachte Wärme *f {in J}*
heat-insulated wärmeisoliert, wärmegedämmt
heat-insulating wärmeundurchlässig, wärmedämmend, wärmeisolierend
heat-insulating jacket Wärmeschutzmantel *m*, Wärmeschutzhaube *f*
heat-insulating layer Wärmedämmschicht *f*
heat-insulating material Wärmeschutzmasse *f*
heat-insulating properties Wärmeisoliereigenschaften *fpl*, Wärmedämmungsvermögen *n*
heat insulation Wärmeisolation *f*, Wärmeisolierung *f*; Wärmedämmung *f*, Dämmung *f*; Wärmeschutz *m*
heat insulator Wärmeisolator *m*, Wärmeschutzmasse *f*, Wärmeschutzmittel *n*, Wärmeschutz *m*; Dämmstoff *m*, Ummantelungsstoff *m*, Wärmeisolierstoff *m*
heat insulator casing Wärmeschutzmantel *m*
heat interchange Wärmeausgleich *m*
heat irradiation Wärmeeinstrahlung *f*
heat-jacketed drum doppelwandige Heiztrommel *f*
heat-labile thermisch labil, thermisch instabil, thermolabil, wärmeunbeständig, hitzelabil
heat-labile material wärmeempfindlicher Stoff *m*
heat laminating Thermokaschieren *n*
heat leak Wärmeundichtheit *f*
heat liberation Wärmeabbau *m*, Wärmeentbindung *f*, Wärmefreisetzung *f*
heat load Kältebedarf *m*; Wärmebelastung *f*
heat loss Wärmeverlust *m*, Verlustwärme *f*, Abzugswärme *f*, Wärmeabfluß *m*, Wärmeabgabe *f*
heat loss due to convection Konvektionsverlust *m {Thermo}*
heat loss due to radiation Strahlungs[wärme]verlust *m*
heat loss flowmeter Wärmestrom-Durchflußmeßgerät *n*
heat measurement Wärmemessung *f*
heat motion Wärmebewegung *f*
heat of ablation Ablationswärme *f*, effektive Abschmelzwärmekapazität *f {Aufheizgeschwindigkeit/Massenverlusterate}*
heat of absorption Absorptionswärme *f {Gas in Flüssigkeiten, in J/mol}*
heat of activation Aktivierungsenergie *f {Katalyse}*
heat of aggregation Kondensationswärme *f* *{z.B. Kristallisations- oder Koagulationswärme}*
heat of association Assoziationswärme *f*
heat of atomization Atomisierungswärme *f*, Dissoziationswärme *f {Element}*
heat of coagulation Koagulationswärme *f*
heat of combustion Verbrennungswärme *f*, Verbrennungsenthalpie *f*, Verbrennungsenergie *f*; Heizwert *m*, Brennwert *m*
heat of compression Kompressionswärme *f*
heat of condensation Kondensationswärme *f*
heat of crystallization Kristallisationswärme *f*
heat of decomposition Zersetzungswärme *f*
heat of desorption Desorptionswärme *f*
heat of detonation Detonationswärme *f*
heat of dilution Verdünnungswärme *f*
differential heat of dilution differentielle Verdünnungsenthalpie *f*
heat of dissociation Dissoziationswärme *f*
heat of evaporation Verdampfungswärme *f*, Verdunstungswärme *f*, Verdampfungsenthalpie *f*, Dampfbildungswärme *f*
heat of explosion Explosionswärme *f*
heat of formation Bildungswärme *f*
integral heat of formation integrale Verdünnungsenthalpie *f*
heat of fusion Schmelzenthalpie *f*, Schmelzwärme *f*
heat of hydration Hydratationswärme *f*; Abbindewärme *f*
heat of ionization Ionisierungswärme *f*
heat of isomerization Isomerisierungsenthalpie *f*
heat of linkage Bindungsenergie *f {pro Bindung}*
heat of melting Schmelzenthalpie *f*, Schmelzwärme *f*
heat of mixing Mischungswärme *f*
heat of neutralization Neutralisationswärme *f*
heat of oxidation Oxidationswärme *f*
heat of polymerization Polymerisationswärme *f*
heat of racemization Racemisierungsenthalpie *f*
heat of reaction Reaktionswärme *f*, Wärmetönung *f*, Reaktionsenthalpie *f*
heat of solidification Erstarrungswärme *f*
heat of solution Lösungswärme *f*, Lösewärme *f*, Auflösungswärme *f*, Lösungsenthalpie *f*
differential heat of solution differentielle Lösungsenthalpie *f*
integral heat of solution integrale Lösungsenthalpie *f*
heat of solvation Solvationsenthalpie *f*
heat of sublimation Sublimationswärme *f*
heat of swelling Quellungswärme *f*
heat of transformation Umwandlungswärme *f*
heat of transition Umwandlungswärme *f*
heat of vaporization Verdampfungswärme *f*, Verdunstungswärme *f*, Verdampfungsenthalpie *f*, Dampferzeugungswärme *f*

heat of wetting Benetzungswärme *f*
heat out Wärmeabgabe *f*, Wärmeabfuhr *f*
heat output Wärmeabgabe *f*, Wärmeleistung *f*, Wärmeausstoß *m*
heat penetration factor Wärmeeindringzahl *f*
heat performance Wärmedarbietung *f*
heat pipe Wärmeleitrohr *n*, Wärmerohr *n*
heat pole Wärmepol *m*
heat-power coupling process Wärme-Kraft-Koppelprozeß *m*
heat-pressure ga[u]ge Thermomanometer *n*
heat produced eingebrachte Wärmemenge *f*
heat-producing wärmeerzeugend
heat producer Wärmebildner *m*
heat production Wärmeentwicklung *f*, Wärmeerzeugung *f*
heat-proof hitzebeständig, hitzefest, feuerfest *{z.B. Arbeitskleidung}*, wärmebeständig, wärmefest, thermoresistent, thermisch beständig
heat-proof quality Wärmebeständigkeit *f*
heat propagation Wärmeausbreitung *f*, Wärmefortleitung *f*
heat pump Wärmepumpe *f*
heat quantity Wärmemenge *f {in J}*
heat radiation Wärmestrahlung *f*, Temperaturstrahlung *f*
heat radiator Wärmestrahler *m*
heat radiation sensing device Wärmestrahlungsfühler *m*
heat ray Wärmestrahl *m*
heat-reactive hitzereaktiv
heat recovery Wärmerückgewinnung *f*
heat red hot/to ausglühen, rotglühen
heat refining Warmvergüten *m {Met}*
heat reflecting glass Wärmeschutzglas *n*
heat reflection Wärmerückstrahlung *f*
heat regenerator Wärmeregenerator *m*
heat regulation Thermoregulation *f*, Wärmeregulation *f*
heat regulator Wärmeregler *m*
automatic heat regulator Thermostat *m*
heat release Wärmeentbindung *f*, Wärmefreisetzung *f*, Wärmeabgabe *f*
heat removal Wärmeabführung *f*, Wärmeabfuhr *f*, Wärmeableitung *f*
heat removal capacity Wärmeabfuhrleistung *f*
heat removal fluid Wärmeabfuhrmedium *n*
heat removal rate Wärmebelastung *f*
heat requirement Wärmebedarf *m*
heat reservoir Wärmebehälter *m*, Wärmespeicher *m*
heat resistance Wärmebeständigkeit *f*, Wärmefestigkeit *f*, Wärmestabilität *f*, Hitzefestigkeit *f*, Temperaturbeständigkeit *f {von Werkstoffen}*; Warmfestigkeit *f {von Stahl bis 580 °C}*; Hitzebeständigkeit *f {von Stahl über 600 °C}*; Hitzeresistenz *f*, Hitzebeständigkeit *f {Mikroorganismen}*; Erhitzungswiderstand *m {Elek}*
heat-resistant wärmebeständig, wärmefest, hitzefest, hitzebeständig, thermisch beständig, thermoresistent
heat-resistant alloy warmfeste Legierung *f*, wärmebeständige Legierung *f*, temperaturbeständige Legierung *f*
heat-resistant clothing Wärmeschutzkleidung *f*
heat-resistant glass feuerfestes Glas *n*, hitzebeständiges Glas *n*
heat-resistant lacquer hitzefester Lack *m*, hitzebeständiger Lack *m*
heat-resistant silicone *{IEC 245}* hitzebeständiges Silicon *n*
heat-resistant steel hitzebeständiger Stahl *m*; warmfester Stahl *m {DIN 17175}*
heat resisting hitzebeständig, hitzefest, thermisch beständig, thermoresistent, wärmefest, wärmebeständig
heat-resisting plastic wärmebeständiger Kunststoff *m*
heat-resisting quality Hitzebeständigkeit *f*, Wärmebeständigkeit *f*
heat-resisting steel hitzebeständiger Stahl *m {DIN 8556}*; warmfester Stahl *m*, wärmebeständiger Stahl *m*
heat scale Wärmeskale *f*
heat seal Verschweißung *f {Kunst}*
heat seal/to heißsiegeln; verschweißen *{Kunst}*
heat-seal wax Heißsiegelwachs *n*
heat sealing Heißsiegeln *n*, Heißkleben *n*, Heißverschweißen *n {dünner Kunststoffolien}*
heat-sealing labelling Heißsiegel-Etikettierung *f*
heat-sealing lacquer Heißsiegellack *m*
heat sensibility thermische Sensibilität *f {Expl}*
heat-sensitive wärmeempfindlich, hitzeempfindlich, temperaturempfindlich
heat-sensitive material wärmeempfindlicher Stoff *m*
heat-sensitive paint Anlauffarbe *f*, wärmeempfindliche Farbe *f {Met}*
heat sensitivity thermische Sensibilität *f {Expl}*
heat sensitizing agent Wärmesensibilisierungsmittel *n*
heat-set paint heißtrocknende Farbe *f*, bei höherer Temperatur *f* trocknender Anstrichstoff *m {Lösemittelverdunstung}*
heat setting Wärmestabilisierung *f*, Thermofixierung *f*, Thermofixieren *n*, Heißfixieren *n*
heat shield Abbrennschicht *f*, Hitzeschild *m*, Abschmelzschicht *f*, Ablationsplatte *f*
heat-shock proteins *{e.g. hsp 26, hsp 84 of 84 kilodaltons}* Hitzeschock-Protein *n {Drosophila}*

heat-shock resistance Temperaturwechselbeständigkeit *f*, Abschreckfestigkeit *f*
heat-shrinkable tube Schrumpfschlauch *m*
heat sink Wärmesenke *f {Tech, Phys}*; Wärmeabführelement *n*, Kühlvorrichtung *f*, Kühlkörper *m*, Wärmeableitvorrichtung *f {Elektronik}*
heat sink paste Wärmeleitpaste *f*
heat-solvent sealing Heißkleben *n* mittels Lösemittel, Heißkleben *n* mittels Lösemittelgemischen, Heißquellschweißen *n*, chemisches Heißschweißen *n*
heat source Wärmequelle *f*
heat stability Wärmebeständigkeit *f*, Wärmefestigkeit *f*, Hitzebeständigkeit *f*, Hitzefestigkeit *f*, Wärmestabilität *f*, Thermoresistenz *f {in °C}*
heat stabilization Thermostabilisierung *f*, Wärmestabilisierung *f*
heat-stabilized wärmestabilisiert
heat stabilizer Thermostabilisator *m*, Wärmestabilisator *m*
heat-stabilizing thermostabilisierend, wärmestabilisierend
heat stabilizing properties Wärmestabilisier[ungs]vermögen *n*
heat stable hitzebeständig, hitzefest, wärmebeständig, wärmefest, thermisch beständig, thermorestistent
heat stagnation Wärmestau *f*
heat sterilization Hitzesterilisation *f {Med}*
heat sterilization plant Thermosterilisationsanlage *f {Bakt}*
heat storage 1. Wärme[auf]speicherung *f*; 2. Wärmespeicher *m*
heat storage capacity Wärmespeicherkapazität *f*
heat supplied Wärmezufuhr *f*
heat supply Wärmezufuhr *f*, Wärmezuführung *f*
heat surface Heizfläche *f*
heat test Warmprobe *f*, Wärmeprobe *f*
heat theorem Wärmesatz *m {Phys}*
Nernst heat theorem Nernstscher Wärmesatz *m*, Wärmetheorem *n* von Nernst, dritter Hauptsatz *m* der Thermodynamik *f*
heat thoroughly/to abglühen *{Met}*; durchheizen
heat throughput Wärmedurchsatz *m*
heat-tinting Anlaufen *n* bei erhöhter Temperatur *f*
heat tinting oven Wärmetönungsofen *m*
resistance to heat-tinting Anlaufbeständigkeit *f {Stahl}*
heat tonality Wärmetönung *f {Chem}*
heat tone Wärmetönung *f*, Reaktionswärme *f {Chem}*
heat transfer Wärmeübertragung *f*, Wärmeübergang *m*, Wärmetransport *m*, Wärmeaustausch *m*, Wärmedurchgang *m*
heat transfer agent Wärmeträger *m*
heat transfer by conduction Wärmeübergang *m* durch Leitung *f*
heat transfer by convection Wärmeübergang *m* durch Berührung *f*, Wärmekonvektion *f*, stoffgebundene Wärmemitführung *f*
heat transfer by radiation Wärmeübergang *m* durch Strahlung *f*
heat transfer characteristic Wärmeübertragungseigenschaft *f*
heat transfer coefficient 1. Wärmedurchgangswert *m*, k-Wert *m*, Wärmedurchgangskoeffizient *m {Wärmedurchgang, DIN 1341, in* $W/(m^2 \cdot K)$*}*; 2. Wärmeübergangskoeffizient *m*, Wärmeübergangswert *m {Wärmeübergang, DIN 1341, in* $W/(m^2 \cdot K)$*}*
heat transfer data Wärmeübertragungskennwerte *mpl*
heat transfer fluid *s.* heat transfer medium
heat transfer medium Wärmeträgerflüssigkeit *f*, Wärmeträgermittel *n*, Wärmeübertragungsmittel *n*, Wärmetransportmittel *n*, Wärmeübertragungsmedium *n*, strömender Wärmeträger *m*, flüssiger Wärmeträger *m*; Heizbadflüssigkeit *f*
heat transfer oil Wärmeträgeröl *n {DIN 51522}*
heat transfer per unit surface area Heizflächenbelastung *f*
heat transfer rate Wärmeübergangsleistung *f*
heat transfer resistance Wärmedurchgangswiderstand *m {DIN 1341}*
coefficient of heat transfer *s.* heat transfer coefficient
overall coefficient of heat transfer Gesamtwärmedurchgangszahl *f*
heat transformation Wärmeumsatz *m*
heat transition Wärmedurchgang *m*; Wärmeübergang *m*
heat transmission 1. Wärmeübergang *m*, Wärmeübertragung *f*, Wärmedurchgang *m*, Wärmeleitung *f*; 2. Wärmestrom *m {in W}*
heat transmission figure *s.* heat transfer coefficient
heat-transmission oil *s.* heat transfer oil
coefficient of heat transmission *s.* heat transfer coefficient
heat transport Wärmetransport *m*, Wärmefluß *m*, Wärmestrom *m*
heat trap Wärmefalle *f*
heat-treat/to wärmebehandeln, warmbearbeiten, hitzebehandeln, vergüten *{z.B. Stahl}*
heat-treatable aushärtbar
heat-treatable steel Vergütungsstahl
heat-treated steel wärmebehandelter Stahl *m*
heat-treating Wärmebehandeln *n*, thermisch Behandeln *n*, Vergüten *n {Met}*
heat-treating film Oxidhaut *f {Met}*
heat-treating oil Härteöl *n*

heat treatment Warmbehandlung *f*, Wärmebehandlung *f*, Wärmeeinwirkung *f* {*DIN 51962*}, Vergütung *f* {*Stahl*}, Temperaturbehandlung *f*, thermische Behandlung *f*, Glühbehandlung *f* {*Met*}
heat treatment condition Vergütungsstufe *f*
heat tube Wärmerohr *n*
heat unit Wärmeeinheit *f* {*Maßeinheit der Wärmemenge*}
heat-up rate Aufwärmgeschwindigkeit *f*
heat-up time Anheizzeit *f*, Aufheizzeit *f*, Anwärmzeit *f*
heat utilization Wärmeausnutzung *f*, Wärmeverwertung *f*
heat value Heizwert *m*, Wärmewert *m*; Brennwert *m* {*von Heizgeräten*}
heat variation Wärmeschwankung *f*
heat volume Wärmemenge *f* {*in J*}
heat wave Hitzewelle *f*; Infrarotstrahlung *f* {*Trocknung*}
absorption of heat Wärmeabsorption *f*, Wärmeaufnahme *f*
abstraction of heat Wärmeentziehung *f*, Wärmeentzug *m*
accumulation of heat Wärmeaufspeicherung *f*, Wärmestauung *f*
action of heat Hitzeeinwirkung *f*, Wärmeeinwirkung *f*
added heat zugeführte Wärme *f*
atomic heat Atomwärme *f*, atomare Wärmekapazität *f*
latent heat latente Wärme *f*, gebundene Wärme *f* {*Thermo*}
molecular heat Molwärme *f*, molare Wärmekapazität *f* {*in J/(K·mol)*}
sensible heat Eigenwärme *f*, fühlbare Wärme *f*, spürbare Wärme *f* {*Thermo*}

heatable [be]heizbar
heatable container ausheizbarer Rezipient *m* {*Vak*}

heated erhitzt, erwärmt; beheizt {*z.B. Kessel, Raum*}
heated manifold Heißkanalverteiler *m*
heated medium wärmeaufnehmendes Medium *n*
heated plate Heizplatte *f* {*Lab*}
heated thoroughly abgeglüht {*Met*}
capable of being heated [be]heizbar

heater 1. Erhitzer *m*, Heizer *m*, Heizgerät *n*, Heizvorrichtung *f*, Heizeinrichtung *f*; Ofen *m*; 2. Heizkörper *m*, Heizelement *n* {*Tech*}; Heizfaden *m*, Heizleiter *m* {*Elektronik*}; 3. Vulkanisator *m*, Vulkanisiergerät *n*, Vulkanisierapparat *m*, Heizer *m* {*Gummi*}
heater band Bandheizkörper *m*; Heizband *n*, Glühband *n*, Erhitzungsband *n*
heater capacity Heizleistung *f* {*in W*}
heater drum Heiztrommel *f*
heater head Heizkopf *m*
heater in contact with exhaust Mischungsvorwärmer *m*
heater insert Heizereinschub *m*
heater loading Heizleistung *f* {*in W*}
heater plate Heizplatte *f*
heater power Heizleistung *f* {*in W*}
heater shell Vorwärmemantel *m*
heater spiral Heizspirale *f* {*Elek*}
heater trough Heizwanne *f*
heater tunnel Erwärmungstunnel *m*, Heiztunnel *m*; Heizkanal *m* {*Spritzgießen*}
heater wattage Heizleistung *f* {*in W*}
heater wire Heizdraht *m* {*Elek*}

heating 1. Erwärmung *f*, Erwärmen *n*, Aufwärmung *f*; Erhitzen *n*, Heißwerden *n*; 2. Heizen *n*, Heizung *f*, Beheizen *n*, Feuern *n*, Befeuerung *f*; 3. Warmlaufen *n*; 4. Abglühen *n* {*Met*}
heating apparatus 1. Heizkörper *m*; 2. Heizvorrichtung *f*, Heizapparat *m*; Glühapparat *m*
heating appliance Heizapparat *m*, Heizgerät *n*
heating arrangement Anheizvorrichtung *f*
heating bath Heizbad *n*, Wärmebad *n*
heating bath liquid Heizbadflüssigkeit *f*
heating capacity Heizfähigkeit *f*
heating chamber 1. Heizkammer *f*, Heizraum *m*, Herdraum *m*; Heizschrank *m*; 2. Trocknungsrohr *n* {*Trockenpistole*}
heating channel {*GB*} Heizkanal *m*
heating coil Heizschlange *f*, Heizspirale *f*, Heizspule *f*
heating coke Füllkoks *m*
heating conductor alloys Heizleiterlegierungen *fpl*
heating cord Heizschnur *f* {*Lab*}
heating current Heizstrom *m* {*Elek*}
heating duct Heizkanal *m*, Heizrohr *n*
heating effect Heizeffekt *m*, Heizwirkung *f*, Wärmeeffekt *m*
heating element Heizelement *n*, Heizkörper *m*
heating elements Heizregister *n*
heating energy Heizwärme *f*
heating filament Heizdraht *m*, Heizfaden *m*, Heizspirale *f* {*Elek*}
oxide-coated heating filament Heizfaden *m* mit Oxidschicht
heating flame Heizflamme *f*
heating flue Heizkanal *m*, Heizrohr *n*
heating furnace Glühofen *m*, Ausglühofen *m*; Warmhalteofen *m*, Wärm[e]ofen *m*
heating grid Heizgitter *n*
heating hearth Schmelzherd *m*
heating hood Heizhaube *f* {*Lab*}
heating inductor Heizinduktor *m*, Heizschleife *f* {*Elek*}
heating jacket Heizmantel *m*, Heizhaube *f*, Mantelheizschale *f*
heating lamp Heizlampe *f*

heating liquid Heizflüssigkeit *f*
heating mantle Heizmantel *m*; Heizhaube *f*, Heizpilz *m* *{Lab}*
heating mat Heizmatte *f* *{Lab}*
heating material Heizmaterial *n*, Heizmittel *n*
heating medium Heizmedium *n*, Heizmittel *n*; Wärme[über]träger *m*, Wärmeübertragungsmedium *n*, Wärmeübertragungsmittel *n*
heating method Beheizungsart *f*
heating muff Heizmanschette *f* *{Lab}*
heating oil Heizöl *n* *{> 350 °C, 40 kJ/g}*
heating pad Heizkissen *n*
heating passage *{US}* Heizkanal *m*
heating pattern Temperaturverlauf *m* *{Thermo}*
heating period Erwärmungszeit *f*
heating pin Heizstift *m*, Wärmeleitstift *m*
heating plate Heizplatte *f*
heating power Heizkraft *f*, Heizwert *m*
heating rate Aufheizgeschwindigkeit *f*
heating resistance Heizwiderstand *m*
heating resistor Heizleiter *m*, Heizwiderstand *m*
heating rod Heizstab *m*, Stabheizkörper *m*
heating room Wärmekammer *f*; Heizkammer, Heizraum *m*
heating sample Glühprobe *f* *{Kunst}*
heating section Heizstrecke *f*, Temperierstrecke *f*
heating shoe Heizschuh *m* *{Gummi}*
heating space Heizraum *m*, Feuerraum *m*
heating spiral Heizspirale *f*, Heizwendel *f*
heating station Heizwerk *n*
heating steam Heizdampf *m*
heating stove Glühofen *m*, Temperofen *m* *{Met}*
heating surface Heizfläche *f*
heating surface rating Heizflächenbelastung *f*
heating tape Heizband *n*
heating test Erhitzungsprobe *f* *{Mineralöl}*
heating time Aufheizzeit *f*, Erwärmungszeit *f*; Heizzeit *f*
heating tube Heizrohr *n* *{Nukl}*, Heizgranate *f* *{Lab}*, Siederohr *n*
heating tunnel Heizkanal *m*, Temperierkanal *m*
heating under pressure Druckerhitzung *f*
heating unit Heizelement *n*, Heizkörper *m*; Temperiergerät *n*
heating up Aufheizen *n*, Erhitzen *n*; Aufwärmen *n*, Erwärmung *f* *{Erhöhung der Temperatur}*
heating-up period *s.* heating-up time
heating-up time Anheizzeit *f*, Aufheizzeit *f*, Anwärmzeit *f*
heating-up zone Vorwärmezone *f*
heating value Heizwert *m*; 2. Brennwert *m* *{eines Heizgerätes}*
heating voltage Heizspannung *f*
heating windng Heizspirale *f*, Heizfaden *m*, Heizdraht *m* *{Elek}*
heating worm Heizschlange *f*
heating zone Heizzone *f*, Temperierzone *f*, Wärmzone *f*, Erhitzungszone *f*
dielectric heating dielektrische Erwärmung *f*
preliminary heating Vorglühen *n*
heave/to 1. heben; hieven, hochwinden; 2. quellen, heben *{Bergbau}*
heaviness Schwere *f*
Heaviside layer Heaviside-Schicht *f*, Kenneley-Heaviside-Schicht *f*, E-Gebiet *n* *{der Ionosphäre}*
heavy 1. schwer, gewichtig; 2. schwerflüssig, zäh[flüssig]; 3. steif; hart, fest; 4. hochsiedend, höhersiedend, schwer[er] flüchtig *{Dest}*; 5. fett *{Schrift}*; 6. schwer zu bearbeiten; 7. schwer verdaulich *{Med}*
heavy acid 1. Massensäure *f* *{Tech, z.B.* H_2SO_4, H_3PO_4, HCl*}*, technische Ausgangssäure *f*; 2. <$H_3PO_4 \cdot 12WO_3 \cdot xH_2O$> Phosphorwolframsäure *f*, Dodecawolframphosphorsäure *f*
heavy aggregate concrete Schwerbeton *m*
heavy alloy Schwermetall-Legierung *f*, Schwerlegierung *f*; Wolfram-Nickel-Sinterlegierung *f*
heavy atom schweres Atom *n*
heavy-body hochviskos *{Anstrichmittel}*
heavy ceramics Grobkeramik *f*
heavy chain schwere Kette *f* *{Immun}*
heavy chemical Schwerchemikalie *f*, Massenchemikalie *f*, Grundchemikalie *f*, Grobchemikalie *f*
heavy concrete Schwerbeton *m*
heavy crude [oils] schweres Erdöl *n*, schweres Rohöl *n*
heavy current Starkstrom *m*, Kraftstrom *m*
heavy-duty 1. hochbelastbar, hochbeanspruchbar; Hochleistungs-; 2. rauh
heavy-duty coating langzeitig beständige Beschichtung *f*
heavy-duty deterpent Grobwaschmittel *n*, Starkreiniger *m*; Vollwaschmittel *n*
heavy-duty high speed mixer Hochleistungsschnellmischer *m*
heavy-duty kneader Hochleistungskneter *m*
heavy-duty liquid detergent flüssiges Vollwaschmittel *n* *{Text}*; flüssiger Starkreiniger *m*
heavy-duty oil Hochleistungsöl *n*, HD-Öl *n* *{Öl für hohe Beanspruchung}*
heavy-duty packings Hochleistungsfüllkörper *mpl* *{Dest}*
heavy-duty pipe Großrohr *n*
heavy-duty plug-and-socket connection Kragensteckvorrichtung *f*
heavy earth Schwerspat *m*, Baryt *m* *{Min}*
heavy electron schweres Elektron *n*, Müon *n*, Myon *n* *{Nukl}*

heavy element schweres Element *n*
heavy element chemistry Chemie *f* der schweren Elemente *npl*
heavy ends Dicköl *n*, Nachlauf *m* *{schwerflüchtiger Anteil der Erdölfraktion}*; Siedeschwanz *m* *{bei Siedeanalysen}*
heavy fuel oil Masut *n*, schweres Heizöl *n*, Heizöl S *n* *{230 - 330 °C, schwerflüssig bis 340 cSt}*
heavy goods 1. Schwergut *n*; 2. Sackleinwand *f*, Sackleinen *n*, Baggins *pl* *{grobes leinwandbindiges Gewebe}*
heavy hydrogen <D, ^{2}H> schwerer Wasserstoff *m*, Deuterium *n*
heavy industry Schwerindustrie *f*
heavy-ion linear accelerator Schwerionen-Linearbeschleuniger *f*
heavy isotope schweres Isotop *n*
heavy liquid Schwerflüssigkeit *f*, Trennflüssigkeit *f*, Trennmedium *n* *{Mineralaufbereitung}*; Schwertrübe *f*, Trübe *f* *{unechte Schwerflüssigkeit}*
heavy-liquid cycloning Schleudern *n* in dichten Flüssigkeiten *fpl*
heavy-liquid separation Schwerflüssigkeitstrennung *f*, Sinkscheidung *f*, Schwimm-Sink-Verfahren *n*, Schwertrübeverfahren *n*, Sink-Schwimm-Trennung *f*, Schwertrübsortierung *f*, Schwerflüssigkeitsaufbereitung *f* *{Mineralaufbereitung}*
heavy medium *s.* heavy-liquid
heavy medium separation *s.* heavy-liquid separation
heavy metal 1. Schwermetall *n* *{d > 4 g/m^3}*; 2. Schwermetall *n* *{Seife; Atomgewicht über 23 = Na}*
heavy metal salt Schwermetallsalz *n*
heavy metal sludge Schwermetallschlamm *m*
heavy mineral Schwermineral *n*, schweres Mineral *n* *{d > 2,9 g/m^3, = $CHBr_3$}*
heavy naphtha Schwerbenzin *n*, schweres Benzin *n*, Naphtha n *f* *{Xylol und Homologe}*
heavy oil Dicköl *n*, Schweröl *n*
heavy oxygen Sauerstoff-18 *m*, schwerer Sauerstoff *m*
heavy particle Baryon *n*, schweres Elementarteilchen *n*
heavy-section 1. dickwandig; 2. verstärktes Profil *n* *{Met}*
heavy spar Baryt *m*, Schwerspat *m* *{Min}*
fibrous heavy spar Faserbaryt *m* *{Min}*
heavy tails Siedeschwanz *m* *{bei Siedeanalysen}*
heavy-wall[ed] dickwandig
heavy water <D_2O> schweres Wasser *n*, Deuteriumoxid *n*
heavy-water boiling reactor Schwerwassersiedereaktor *m* *{Nukl}*
heavy-water [moderated] reactor schwerwassermoderierter Reaktor *m*, Schwerwasserreaktor *m* *{Nukl}*
hebronite Hebronit *m* *{Min}*
heckle/to hecheln *{z.B. Flachs, Hanf}*
hecogenin <$C_{27}H_{42}O_4$> Hecogenin *n*
hecogenoic acid Hecogensäure *f*
hectare Hektar *n m*, *{Flächeneinheit, = 2,471 acres = 10000 m^2}*
hecto- Hekto- *{SI-Vorsatz, 100}*
hectogram Hektogramm *n* *{= 100 g}*
hectograph carbon paper Hektokopierpapier *n*
hectoliter *{US}* Hektoliter *m* *{= 0,1 m^3}*
Hector's base <$C_{14}H_{12}N_4S$> Phenylthioharnstoff *m*
hectorite Hectorit *n* *{Min}*
hectowatt Hektowatt *n* *{= 100 Watt}*
hedaquinium Hedaquinium *n*
hedenbergite Hedenbergit *m*, Kalkeisenaugit *m* *{Min}*
hederacoside Hederacosid *n*
hederagenin <$C_{35}H_{45}O_4$> Hederagenin *n*
hederaglucosid <$C_{32}H_{54}O_{11}$> Helexin *n*, Efeuglucosid *n*
hederagonic acid Hederagonsäure *f*
hederic acid Hederinsäure *f*, Efeusäure *f*
hederine <$C_{41}H_{66}O_{12}$> Hederin *n*, Efeubitter *n*, Helixin *n*
hederose Hederose *f*
hedge hyssop Gnadenkraut *n*, Purgierkraut *n* *{Bot}*
hedge mustard expedient Hederichmittel *n*
hedge mustard oil Hederichöl *n*
HEDTA Hydroxyethylen-diamintriessigsäure
hedyphan[it]e Hedyphan *m*, Calcium-Barium-Mimetesit *m* *{Min}*
HEED *{high-energy electron diffraction}* Beugung *f* schneller Elektronen *npl*, Beugung *f* mit energiereichen Elektronen *npl*
heel Rückstand *m* *{z.B. Destillationsrückstand, Tankrückstand}*
Hefner candle Hefner-Kerze *f*, HK *{obs, Einheit der Lichtstärke, 1 HK = 0,903 cd}*
Hehner number Hehner-Zahl *f* *{% unlöslicher Fettsäuren im Öl}*
height 1. Höhe *f*, Größe *f*; 2. Anhöhe *f*, Gipfel *m*; Höhenlage *f*; 3. Höhepunkt *m*
height determination Höhenbestimmung *f*
height equivalent to theorical plate Höhe *f* einer theoretischen Trennstufe *f*, Trennstufenhöhe *f*, HEPT-Wert *m*; äquivalente Füllkörperhöhe *f* *{Übergangseinheit einer Füllkörperkolonne}*; Schichtlänge *f* eines theoretischen Bodens *m* *{Chrom}*
height equivalent to transfer unit Höhe *f* einer Übertragungseinheit, HTU *{Dest}*
height of bed Schüttungshöhe *f*, Schichthöhe *f*
height of fall Fallhöhe *f*

height of fill Überdeckungshöhe *f* *{Chrom}*
height of lift Hubhöhe *f* *{z.B. der Kugeln in einer Kugelmühle}*, Förderhöhe *f*, Steighöhe *f*
height of packing Schutthöhe *f* einer Füllkörperkolonne *f*
height of rise Steighöhe *f*
height of transfer unit *s.* height equivalent to transfer unit
heighten/to erhöhen, steigern; verstärken
heintzite Heintzit *m* *{Min}*
Heisenberg's equation of motion Heisenbergsche Bewegungsgleichung *f*
Heisenberg's uncertainty principle Heisenbergsche Unschärferelation *f*, Unschärferelation *f*, Unschärfebeziehung *f*, Ungenauigkeitsrelation *f*
Heitler-London convalence theory VB-Theorie *f*, Valence-Band-Theorie *f*, Elektronenpaarbindungsansatz *m* *{H_2-Molekül}*
helcosol Helcosol *n*, Bismutpyrogallat *n*
helenalin **<$C_{15}H_{18}O_4$>** Helenalin *n* *{Sesquiterpen-Lacton}*
helenene **<$C_{19}H_{26}$>** Helenen *n*
helenien **<$C_{72}H_{116}O_4$>** Helenien *n*, Luteindipalmitat *n*, Xanthophylldipalmitat *n*
helenin 1. <C_6H_8O> Helenin *n*, Alantcampher *m*, Alantolacton *n*, Inulacampher *m*; 2. <$C_{21}H_{28}O_{31}$> Rohhelenin *n*; 3. <$C_6H_{11}O_5$-$(C_6H_{10}O_5)_nOH$> Alantin *n*, Alantstärke *f*, Dahlin *n*, Sinistrin *n*; 4. <$C_{20}H_{25}O_5$> Heleninbitter *n* *{Helenium autumnale}*; 5. Helenen *n*
helenine Helenin *n* *{Nucleoprotein aus Penicillinum funiculosum}*
helenium Inula *f* *{Bot}*
heleurine Heleurin *n*
heli-arc welding Heliarc-Verfahren *n* *{W-Inertgas-Schweißen unter He}*
helianthic acid **<$C_{14}H_9O_8$>** Helianthsäure *f*
helianthin[e] 1. Helianthin *n*, 4-Dimethylaminoazobenzen-4'-sulfonsäure *f*; 2. Methylorange *n* *{ein Azofarbstoff}*, Orange III *n*, Helianthin *n* *{Na-Salz von 1.}*
helianthrene Helianthren *n*
helianthrone Helianthron *n*
helical schraubenförmig, schneckenförmig, spiralförmig, drallförmig, wendelförmig, helixförmig, helikal; Helix-, Schrauben-
helical bevel gear oil Schraub[rad]getriebeöl *n*
helical blades Schneckenflügel *mpl*
helical blower Propellergebläse *n*, Schraubengebläse *n*
helical classifier Schraubensichter *m*
helical coil Zylinder[rohr]schlange *f*
helical compressor Schraubenverdichter *m*, Schraubenkompressor *m*
helical configuration Helixstruktur *f*
helical conveyor Förderschnecke *f*
helical electrode Schraubenelektrode *f*
helical element Spiralenheizelement *n*
helical evaporator filament Verdampfungswendel *f*
helical fan wendelförmige Rippe *f*
helical filament Heizwendel *f*
helical filament evaporator Verdampfungswendel *f*
helical gear Schraub[rad]getriebe *f*, Schneckenrad *n*, Schrägstirnrad *n*, schrägverzahntes Stirnrad *n* *{DIN 3960}*
helical orbit Spiralbahn *f*, spiralförmige Bahn *f*
helical piston pump Schraubenkolbenpumpe *f*
helical potentiometer Wendelpotentiometer *n*
helical ribbon agitator Wendelrührer *m*
helical ribbon mixer Wendelbandmischer *m*
helical secondary structure schraubenförmige Sekundärstruktur *f* *{α-Helix}*
helical spiral Schraubengebläse *n*
helical spring Schraubenfeder *f*
helical stirrer Wendelrührer *m*
helical-toothed schrägverzahnt
helical toothing Schrägverzahnung *f*, Schrägzähne *mpl*
helical-tube type heat exchanger Wendelwärmeaustauscher *m*
helical wire Wendeldraht *m*
helicase Helicase *f* *{DNA-Strangtrenn-Enzym}*
helicenes Helicene *npl* *{ortho-anellierte Phenanthrene}*
helices Wendeln *fpl* *{z.B. für Füllkörper}*
helicin **<$C_{13}H_{16}O_7 \cdot 0{,}75H_2O$>** Helicin *n*, Salicylaldehydglucose *f*
helicity Helizität *f* *{Nukl}*
helicoid 1. wendelförmig, drallförmig, schraubenförmig, spiralförmig, helixförmig, helikal, schneckenförmig; Schrauben-, Helix-; 2. Helikoid *n*, Schraubenfläche *f*
helicoidal *s.* helicoid 1.
helicoidal agitator Schraubenrührwerk *n*
helicoidal mixer Mischschnecke *f*
helicoidal structure Helixstruktur *f* *{Proteine}*
helicoidin Helicoidin *n*
helicoprotein Helicoprotein *n* *{Schnecken-Glucoprotein}*
helimagnetism spiraliger Magnetismus *m*, Helimagnetismus *m*
heliodor Heliodor *m* *{Goldberyll, Min}*
helioengraving Kupferlichtdruck *m*, Heliogravüre *f*, Photogravüre *f*
heliogen blue Heliogen B *n*, Kupferphthalocyanin *n*
heliographic printing paper Lichtpauspapier *n*
heliography *s.* heliogravure
heliogravure Kupferlichtdruck *m*, Heliogravüre *f*, Photogravüre *f*
heliohydroelectricity Heliohydroelektrizität *f*
helion Helion *n*, Alphina-Teilchen *n* *{^{3}He, h}*
heliophyllite Heliophyllit *m* *{Min}*

heliosphere Heliosphäre *f {Ionosphäre von 500 bis 1500 km}*
heliotridine Heliotridin *n*
heliotrine Heliotrin *n*
heliotrope 1. Heliotrop *m*, Blutstein *m {Triv}*, Blutjaspis *m {Min}*; 2. Heliotrop *n {Instr}*; 3. <$C_{36}H_{30}N_4O_8S_2Na_2$> Heliotrop *n {rotvioletter Diazofarbstoff}*
heliotropic acid <$C_8H_6O_4$> Piperonylsäure *f*
heliotropin <$C_8H_6O_3$> Heliotropin *n {Triv}*, Piperonal *n*, Piperonylaldehyd *m*, 3,4-Methylendioxybenzaldehyd *m*
heliotropine Heliotrop-Alkaloid *n*
heliotropyl acetate Piperonylacetat *n*
heliotype colo[u]r printing Lichtfarbendruck *m*, Photogelatinedruck *m*
helium *{He, element no. 2}* Helium *n*
helium I Helium I *n {flüssiges ^4He oberhalb 2,2 K}*
helium II Helium II *{suprafluides Helium n < 2,2 K}*
helium age Heliumalter *n {Geol}*
helium bubble chamber Heliumblasenkammer *f*
helium burning Heliumkernverschmelzung *f {3 ^4He -^{12}C}*
helium-cadmium laser Helium-Cadmium-Laser *m*
helium-cooled fast breeder heliumgekühlter schneller Brüter *m*
helium-cooled reactor heliumgekühlter Reaktor *m*
helium cryostat Heliumkryostat *m {Lab}*
helium leak detector Heliumlecksuchgerät *n*, Heliumlecksucher *m*, Heliumleckfinder *m {Vak, Nukl}*
helium liquefaction Heliumverflüssigung *f*
helium liquefier plant Heliumverflüssigungsanlage *f*
helium method Helium-Methode *f {Geol; Altersbestimmung}*
helium molecule <$HeHe^*$> Heliummolekül *n*
helium-neon laser Helium-Neon-Laser *m*
helium nucleus Heliumkern *m*, Alpha-Teilchen *n*
helium-3 nucleus Alphina-Teilchen *n*, Trelion *n*
helium-4 nucleus Alphina-Teilchen *n*
helium-oxygen breathing mixture Helium-Sauerstoff-Atemmischung *f*
helium permeation Heliumdurchlässigkeit *f*
helium tube Heliumröhre *f {Elek}*
helium wave function Heliumwellenfunktion *f*
helix 1. Helix *f {eines Makromoleküls}*; 2. [gemeine] Schraubenlinie *f*, Schneckenlinie *f*, Wendel *f*, Helix *f*, Böschungslinie *f {Math}*; 3. Drall *m {Tech}*; 4. Wendelleitung *f*, Spirale *f*, Helix *f {Elek}*
helix angle Steigungswinkel *m {z.B. Extruderschnecke}*, Gangsteigungswinkel *m {z.B. an Gewinden}*; Schrägungswinkel *m {Tech}*; Neigungswinkel *m* der Schraubenlinie *f {Math}*
helix distributor Wendelverteiler *m*
helix of tape wire Bandschraube *f*
helix pressure ga[u]ge Schraubenmanometer *n*
helix structure Helixstruktur *f*, Schraubenstruktur *f {von Makromolekülen}*
helixin 1. *s.* hederine; 2. Helixin *n {fungizides Polyen-Antibiotikum}*
Hell-Vollhard-Zelinsky reaction Hell-Vollhard-Zelinsky-Reaktion *f*, Alphahalogenierung *f* von Carbonsäuren *f {p-katalysiert}*
hellandite Hellandit *m {Min}*
hellebore Nieswurzel *f*, Nieswurz *m {Bot}*
hellebore root Christwurzel *f {Bot}*
tincture of green hellbore Nieswurztinktur *f {Helleboris viridis}*
white hellbore root Germerwurzel *f*, Krätzwurzel *f {veratrum album}*
helleborein[e] Helleborein *n*
helleboretin Helleboretin *n*
helleborin Helleborin *n*
hellebrin <$C_{36}H_{52}O_{15}$> Hellebrin *n*
helmet Helm *m {Kopfschutz, z.B. Sturzhelm, Schutzhelm}*
helmholtz Helmholtz *n {obs, Einheit der Dipoldichte, = 0,335 nC/m}*
Helmholtz coil Helmholtz-Spule *f*
Helmholtz double layer Helmholtz-Schicht *f*, Helmholzsche Doppelschicht *f*
Helmholtz equation [of inductance] Helmholtzsche Selbstinduktions-Gleichung *f*
Helmholtz function *s.* free energy
Helmholtz potential *s.* free energy
helminthicide Wurmmittel *n {Pharm}*
helmintholite Wurmstein *m {Triv}*, Helmith *m {obs}*, Rhipidolith *m {Min}*
helminthosporin <$C_{15}H_{10}O_5$> Helminthosporin *n*
helper Handlanger *m*, Helfer *m*, Gehilfe *m*
helveticoside Helveticosid *n*
helvetium *{obs}* *s.* astatine
helvine *s.* helvite
helvite Helvin *m {Min}*
hem 1. Saum *m*, Umschlag *m {Text}*; 2. *{US}* Häm *n*, Eisenporphyrin IX *n*, Ferroporphyrin IX *n*, Eisen(II)-protoporphyrin *n*; 3. Hämo- *{Blut-}*
hemafibrite Hämafibrit *m {Min}*
hemagate Blutachat *m {Min}*
hemagglutination Hämagglutination *f*, Blutkörperchenagglutination *f*
hemagglutinin Hämagglutinin *n*
hemagglutinogen Hämagglutinogen *n*
hemalbumin Hämalbumin *n*
hemalexins Blutalexine *npl*

hemanalysis Blutanalyse *f*

hemanthamine Hämanthamin *n*

hemanthidine Hämanthidin *n*

hemanthine Hämanthin *n*

hemataminic acid Hämataminsäure *f*

hematein <$C_{16}H_{12}O_6$> Hämatein *n*

hematic acid <$C_8H_9NO_4$> Hämatinsäure *f*, Biliverdinsäure *f*

hematic substance Blutbestandteil *m*

hematid rotes Blutkörperchen *n*

hematimeter Hämatimeter *n*, Hefezählvorrichtung *f* {*Brau*}

hematin <$C_{34}H_{32}N_4O_4FeOH$> Hämatin *n*, Blutrot *n*, Hydroxyhämin *n*, Phenodin *n* {Fe^{3+}-*Protoporphyrinkomplex*}

hematin chloride Hämin *n*

hematine Hämatoxylin *n*

hematite Hämatit *m*, Blutstein *m* {*Triv*}, Glanzeisenstein *m* {*obs*}, roter Glaskopf *m*, Roteisenerz *n* {*Min*}

hematite brown <$2Fe_2O_3 \cdot 3H_2O$> brauner Glaskopf *m*, Brauneisenstein *m*, Limonit *m* {*Min*}

hematite pig iron Hämatitroheisen *n* {*Met*}

brown hematite Eisensumpferz *n*, Limonit *m*, Brauneisenstein *m* {*Min*}

earthy hematite Roteisenocker *m* {*Min*}

green hematite grüner Glaskopf *m* {*obs*}, Dufrenit *m* {*Min*}

porous form of hematite Eisenschaum *m* {*Min*}

red hematite Roteisen *n* {*Min*}

hematitic hamatitartig

hematochrome Hämatochrom *n* {*Grünalge*}

hematocyte Hämatozyt *m*

hematocytolysis Hämatozytolyse *f*

hematogen[e] Blutbildner *m*

hematogenic blutbildend

hematogenic agent Blutbildungsmittel *n*

hematogenous blutbildend

hematoidin Bilirubin *n*, Hämatoidin *n*

hematolite Hämatolith *m* {*Min*}

hematometer Hämatimeter *n*, Hefezählvorrichtung *f* {*Brau*}

hematommic acid Hämatommsäure *f*

hematoporphyrin Hämatoporphyrin *n*, Hämin *n*

hematostibiite Hämatostibiit *m* {*Min*}

hematoxylic acid <$C_{16}H_{14}O_6$> Hämatoxylin *n*, Hämatoxylsäure *f*

hematoxylin <$C_{16}H_{14}O_6$> Hämatoxylin *n*, Oxybrasilin *n*

hematoxylon Blauholz *n*, Kampecheholz *n*

heme <$C_{34}H_{32}N_4O_4Fe$> Häm *n* {*Physiol*}

heme protein Hämprotein *n*

hemel <$C_9H_{18}N_6$> Hexamethylmelamin *n* {*Aziridin-Mutagen*}

hemellitenol Hemellitenol *n*

hemellitic acid Hemellithsäure *f*, 2,3-Xylylsäure *f*, 2,3-Dimethylbenzoesäure *f*

hemellitol Hemellitol *n*, Hemimellitol *n*, 1,2,3-Trimethylbenzol *n*

hemerythrin Hämerythrin *n* {*Atmungspigment in Würmern*}

hemi Halb-, Semi-

hemiacetal <$=C(OH)OR$> Halbacetal *n*, Hemiacetal *n*

hemialbumose Hemialbumose *f*, Propepton *n*

hemialdol Hemialdol *n*, Halbaldol *n*

hemiaminal <$RCH(OH)NR'_2$> Halbaminal *n*

hemicellulase Hemicellulase *f*

hemicellulose 1. Polyose *f*, Halbcellulose *f*, Hemicellulose *f* {*Polysaccharide und Polyuronide im Holz*}; Pentosan *n* {*Polysaccharid aus Pentosen*}; Hexosan *n*; 2. Hemicellulose *f* {*Bakt*}

hemichromatidic halbchromatidisch

hemicolloid Hemikolloid *n*, Semikolloid *n*, Übergangskolloid *n*

hemicrystallin hypokristallin[isch] {*Geol*}

hemicycle Halbkreis[bogen] *m*

hemicyclic halbkreisförmig

hemiellipsoidal head Korbbogenboden *m*

hemiformal <$HOCH_2OR$> Halbformal *n*, Formaldehydhalbacetal *n*

hemiglobin Hämiglobin *n*, Methämoglobin *n*

hemiglobincyanide Cyanmethämoglobin *n*

hemihaploid hemihaploid

hemihedral hemiedrisch, halbflächig {*Krist*}

hemihedral form Hemiedrie *f* {*Krist*}

hemihedrism Hemiedrie *f* {*Krist*}

hemihedron Hemieder *n*, Halbflächner *m* {*Krist*}

hemihedry Hemiedrie *f*, Halbflächigkeit *f* {*Krist*}

hemiholohedral hemiedrisch-vollflächig {*Krist*}

hemihydrate Halbhydrat *n*

hemihydrate gypsum Halbhydratgips *m*

hemiketal <$RR'C(OH)OR$> Halbketal *n*

hemimellitene Hemimellitol *n*, Hemellitol *n*, 1,2,3-Trimethylbenzol *n*

hemimellitic acid Hemimellit[h]säure *f*, Benzol-1,2,3-tricarbonsäure *f* {*IUPAC*}

hemimellitol 1. <$HOC_6H_2(CH_3)_2$> Hemimellitol *n*; 2. <$C_6H_3(CH_3)$> *s.* hemimellitene

hemimorphic hemimorph {*Krist*}

hemimorphism Hemimorphie *f*, Hemimorphismus *m* {*Krist*}

hemimorphite Hemimorphit *m*, Kieselzinkerz *n*, Kieselgalmei *m*, Silicat-Galmei *m* {*Triv*}, Gemeiner Galmei *m* {*Min*}

hemimorphous hemimorph {*Krist*}

hemin Hämin *n*, Chlorhämatin *n* {*Triv*}, Hämatinchlorid *n*, Teichmannscher Kristall *m* {*Triv*}, Protoporphyrineisen(III)-komplexchlorid *n*

hemip[in]ic acid <$(CH_3O)_2C_6H_2(COOH)_2$> Hemipinsäure *f*, 3,4-Dimethoxy-1,2-benzendicarbonsäure *f* {*IUPAC*}, 3,4-Dimethoxy-phthalsäure *f*

hemiprism Halbprisma *n {Krist}*
hemiprismatic halbprismatisch *{Krist}*
hemipyocyanin Hemipyocyanin *n*
hemiquionid halbchinoid
hemisphere 1. Hemisphäre *f {Erd- oder Himmelshalbkugel}*; 2. Diffusorkalotte *f*, Streukugel *f {Photo}*
hemispherical halbkugelförmig, halbkugelig, hemisphärisch; Halbkugel-
hemispherical head Halbkugelboden *m*
hemispherical shape Halbkugelgestalt *f*
hemispherical tip halbkugelförmige Abfunkfläche *f {einer Elektrode}*
hemiterpene **<C_5H_8>** Hemiterpen *n*
hemitoxiferine Hemitoxiferin *n*
hemitropal *s.* hemitropic
hemitropic hemitropisch, zwillingsartig *{Krist}*
hemitropy Hemitropie *f {Krist}*
hemlock 1. Hemlocktanne *f {Tsuga canadensis}*, Schierlingstanne *f*; 2. Erdschierling *m {Conium-Arten}*
hemlock alkaloids Schierlingalkaloide *npl {Conin, Conhydrin}*
hemlock bark Hemlock[tannen]rinde *f*
hemlock oil Hemlocköl *n*
hemlock resin Hemlock[tannen]harz *n*
hemlock tannin **<$C_{20}H_{16}O_{20}$>** Hemlocktannin *n {Gerb}*
hemo Hämo- *{Blut-}*
hemobilirubin Blutbilirubin *n*, Hämobilirubin *n*
hemochromogen[e] Hämochromogen *n*
hemocoaglutive blutgerinnend
hemocuprein Hämocuprein *n {Cu-Protein}*
hemocyanin Hämocyanin *n*
hemocyte Hämatozyt *m*
hemocytolysis Blutkörperchenauflösung *f*, Hämozytolyse *f*
hemocytopoisis Blutzellenbildung *f*
hemoerythrin *s.* hemerythrin
hemogenesis Hämogenese *f*
hemoglobin Hämoglobin *n*, roter Blutfarbstoff *m {Typen A, C, E, H, M, S}*
hemolysin Hämolysin *n*
hemoporphyrin Hämoporpohyrin *n*, Hematoporphyrin *n*, Hämin *n*
hemopyrrole **<$C_8H_{13}N$>** Hämopyrrol *n*
hemopyrrolene phthalide Hämopyrrolenphthalid *n*
hemopyrrolidine Hämopyrrolidin *n*
hemopyrroline Hämopyrrolin *n*
hemoquinic acid Hämochinsäure *f*
hemoquinine Hämochinin *n*
hemosiderin Hämosiderin *n {Glykoprotein}*
hemostatic 1. blutstillend; 2. blutstillendes Mittel *n {Pharm}*
hemostyptic Hämostyptikum *n {Pharm}*
hemotoxin Blutgift *n*, Hämotoxin *n*
hemovanadium Hämovanadin *n*

hemp 1. Hanf *m* Cannabis L.; 2. Hanffaser *f*; 3. Haschisch *m n*, Marihuana *n {von Cannabis indica Lam.}*
hemp fiber Hanffaser *f*
hemp layer Hanfeinlage *f*
hemp nettle Hanfnesselkraut *n {Bot}*
hemp packing Hanfdichtung *f*, Hanfumwickelung *f*
hempa **<$[(NH_2)_2]_3PO$>** Hexamethylphosphorsäure-Triamid *n*, Hempa *n*, HMPA
hempseed Hanfkörner *npl*, Hanfsamen *m*
hempseed oil Hanfsamenöl *n*, Hanföl *n {von Cannabis sativa L.}*
Hempel burette Hempel-Gasbürette *f*
Hempel palladium tube Hempelsches Palladium-U-Rohr *n*
henbane Bilsenkraut *n {Bot}*
henbane oil Bilsenkrautöl *n*
hendecadiene Undecadien *n*
hendecadiyne Undecadiin *n*
hendecahedral elfflächig
hendecahedron Elfflächner *m*
hendecanal **<$CH_3(CH_2)_9CHO$>** Hendecanal *n {obs}*, Undecanal *n*, Undecylaldehyd *m*
hendecane **<$CH_3(CH_2)_9CH_3$>** Undecan *n*
hendecanoic acid **<$CH_3(CH_2)_9COOH$>** Undecylsäure *f*
hendecanol **<$C_{11}H_{23}OH$>** Undecanol *n*
hendecene **<$C_{11}H_{22}$>** Undecylen *n*
hendecyl alcohol **<$C_{11}H_{23}OH$>** Undecanol *n*
henicosane Henikosan *n*, Henicosan *n*
henicosanedicarboxylic acid Japansäure *f {Triv}*, Henicosandicarbonsäure *f*
henicosanoic acid **<$C_{20}H_{41}COOH$>** Henikosansäure *f*, Henicosansäure *f*
henicosylene Henikosylen *n*
henna 1. Henna *f {pflanzliches Färbemittel}*; 2. Hennastrauch *m {Lawsonia inermis L.}*
henry Henry *n {SI-Einheit der Indukivität 1H = 1Wb/A}*
Henry's law Henrysches Absorptions-Gesetz *n*
hentriacontane **<$C_{31}H_{64}$>** Hentriacontan *n*
1-hentriacontanol **<$C_{31}H_{63}OH$>** Myricylalkohol *m*, Melissylalkohol *m*, 1-Hentriacontanol *n*
hentriacontan-16-one Palmiton *n*
henwoodite Henwoodit *m {Min}*
hepar Leber *f*
hepar calcis Calciumsulfid *n*, Kalkschwefelleber *f {obs}*
hepar reaction Heparprobe *f {Anal}*
hepar sulfuris Schwefelleber *f*, [technisches] Kaliumsulfid *n*, Hepar sulfuris
hepar test Heparprobe *f {Anal}*
heparene Heparen *n*
heparin Heparin *n {sulfonierter Mukopolysaccharid}*
hepatic Hepatikum *n {Pharm}*
hepatic cell Leberzelle *f*, Hepatocyt *m*

hepatic cinnabar Lebererz *n {Min}*
hepatic cobalt Leberkobalt *n {Min}*
hepatic ore Lebererz *n {Min}*
hepatic pyrites Leberkies *m {Min}*
hepatic starch Leberstärke *f*, Glykogen *n*, tierische Stärke *f*
hepatica Leberkraut *n {Bot}*
hepatin *s.* hepatic starch
hepatite Hepatit *m*, Leberstein *m*, bitumöser Baryt *m*
hepatocyte Hepatozyt *m*, Leberzelle *f*
hepatotoxin Lebertoxin *n*, Hepatotoxin *n*
heperidin <$C_{28}H_{34}O_{15}$> Heperidin *n*
heptabarbital <$C_{13}H_{18}N_2O_3$> Heptabarbital *n*
heptacene Heptacen *n*
heptachlor <$C_{10}H_5Cl_7$> Heptachlor *n*, Heptachlorendomethylentetrahydroinden *n {Cyclodien-Insektizid}*
heptacontane Heptacontan *n*
***n*-heptacosane** <$C_{27}H_{56}$> *n*-Heptacosan *n*
heptacosanoic acid <$C_{26}H_{53}COOH$> Cerotinsäure *f*
heptacyclene Heptacyclen *n*
heptadecadiene Heptadecadien *n*
***n*-heptadecane** <$C_{17}H_{36}$> *n*-Heptadecan *n*, Dioctylmethan *n*
heptadecanoic acid <$C_{17}H_{34}O_2$> Margarinsäure *f*, Daturinsäure *f*, *n*-Heptadecansäure *f*
heptadecanol <$C_{17}H_{35}OH$> Heptadecanol *n*
heptadecanone <$C_{17}H_{34}O$> Heptadecanon *n*
heptadecylamine Heptadecylamin *n*
heptadecylene Heptadecylen *n*
heptadecylglyoxalidine <$C_{17}H_{35}C_3H_5N_2$> Heptadecylglyoxalidin *n*
heptadiene <C_7H_{12}> Heptadien *n*
hepta-2,3-dione <$CH_3COOC_4H_9$> Acetylvaleryl *n*, Hepta-2,3-dion *n*
heptafluoride <MF_7> Heptafluorid *n {z.B. ReF₇, OsF₇, IF₇}*
heptafluorobutyric acid <C_3F_7COOH> Heptafluorbuttersäure *f*, Perfluorbuttersäure *f*
heptafulvalene Heptafulvalen *n*
heptagon Siebeneck *n*
heptagonal siebeneckig
heptahedral siebenflächig
heptahedron Siebenflächner *m*
heptahydrate Heptahydrat *m*, 7-Hydrat *n*
heptakaidecagon Siebzehneck *n*
heptaldehyde Heptaldehyd *m*, Heptylaldehyd *m*, Heptanal *n*
heptaldoxime Heptaldoxim *n*
heptalene $_{12}H_{10}$ Heptalen *n*
heptaline formate <$COOHC_6H_{10}CH_3$> Heptalinformiat *n*, Methylcyclohexanolformiat *n*
heptamethylene Heptamethylen *n {obs}*, Cycloheptan *n {IUPAC}*, Suberan *n*
heptamethylnonane <$C_{16}H_{34}$> Heptamethylnonan *n {Diesel-Zündstandard}*
heptaminol *{WHO}* 6-Amino-2-methylheptan-2-ol *n*, Heptaminol *n*
heptamolybdate <$M^I_6Mo_7O_{24}$> Heptamolybdat(VI) *n*
1-heptanal <$H_3C(CH_2)_5CHO$> *n*-Heptanal *m*, *n*-Heptylaldehyd *m*, Önanthaldehyd *m*
heptanaphthene Heptanaphthen *n*
heptane <$CH_3(CH_2)_5CH_3$> Heptan *n*, Dipropylmethan *n {Triv}*
heptane-1,7-dicarboxylic acid <$COOH(CH_2)_7COOH$> Azelainsäure *f*, Heptan-1,7-dicarbonsäure *f*, Lepargylsäure *f*, Nonandisäure *f {IUPAC}*
heptanedioic acid Pimelinsäure *f*, Heptandisäure *f {IUPAC}*
heptane-1,7-diol Heptan-1,7-diol *n*
heptanoic acid <$CH_3(CH_2)_5COOH$> Haptansäure *f*, Heptylsäure *f*, Önanthsäure *f*
1-heptanol Heptanol *n*, Heptan-1-ol *n*, Heptylalkohol *m*, Önanthol *n*
2-heptanol Heptan-2-ol *n*, Methylamylcarbinol *m*
heptan-2-one Heptan-2-on *n*, Methylpentylketon *n*
heptan-3-one Heptan-3-on *n*, Butylethylketon *n*
heptan-4-one Heptan-4-on *n*, Dipropylketon *n*
heptanoylphenol Heptanoylphenol *n*
heptaphosphane <P_7H_3> Heptaphosphan(3) *n*
heptaric acid Heptarsäure *f*
heptatomic siebenatomig; siebenwertig
heptatriene Heptatrien *n*
heptavalence Siebenwertigkeit *f*
heptavalent siebenwertig, heptavalent
1-heptene <$H_2C{=}CH(CH_2)_4CH_3$> Pentylethylen *n*, Hepten *n*, α-Heptylen *n*
2-heptene Hept-2-en *n*
3-heptene Hept-3-en *n*
heptenylene glycol Heptenylenglycol *n*
heptindole Heptindol *n*
1-heptine Heptin *n*, Hept-1-in *n*, Önanthin *n*
heptinecarbonic acid <$CH_3(CH_2)_4C{\equiv}CCOOH$> Heptincarbonsäure *f*
heptinic acid Heptinsäure *f*
9-heptodecanone Pelargon *n*, Heptodecan-9-on *n*
heptoglobin Heptoglobin *n*
heptoic acid *s.* heptanoic acid
heptoic aldehyde *s.* 1-heptanal
heptol Heptol *n*, fünfbasiger Alkohol *m*
heptose Heptose *f {Aldose mit 7 Kohlenstoffatomen}*
heptoxide <M_2O_7> Heptoxid *n*
heptoxime Heptoxim *n*
heptryl <$C_{10}H_8N_8O_{17}$> Heptryl *n*, *N*-(2,4,6-Trinitro-*N*-nitranilino)trimethylomethantrinitrat *n {Expl}*

heptulose Heptulose *f {Ketose mit 7 Kohlenstoffatomen}*, Ketoheptose *f {obs}*

heptyl <$-C_7H_{15}$> Heptyl-

heptyl acetate <$C_7H_{15}OOCCH_3$> Heptylacetat *n*, Heptansäureessigester *m*

heptyl alcohol <$C_7H_{15}OH$> Heptanol *n*, Heptan-1-ol *n*, Heptylalkohol *m*

heptyl aldehyde Heptaldehyd *m*, Heptylaldehyd *m*, Önanthaldehyd *m*

heptyl bromide <$C_7H_{15}Br$> Heptylbromid *n*

heptyl ether <$(C_7H_{15})O$> Diheptylether *m*, Heptyloxyheptan *n*

heptyl formate <$HCOOC_7H_{15}$> Heptylformiat *n*

heptyl heptoate <$C_7H_{15}OOC_6H_{13}$> Heptylheptansäureester *m*

heptylamine <$C_7H_{15}NH_2$> Heptylamin *n*

heptylene <C_7H_{14}> Hepten *n*, Heptylen *n*

heptylic acid *s.* heptanoic acid

heptylic aldehyde *s.* 1-heptanal

1-heptyne Hept-1-in *n*, Önanthin

herapathite Herapathit *n*, Chininperiodat-Sulfat *n {4 Chinin·$3H_2SO_4$·$2HIO_4$·$6H_2O$; Opt}*

herb 1. Kraut *n*, Pflanze *f {Bot}*; 2. Küchenkraut *n*; Arzneikraut *n {Pharm}*

herb extract Kräuterauszug *m {Pharm}*

herb infusion Kräuteraufguß *m {Pharm}*

herb liqueur Kräuterlikör *m*

herb spirits Kräuterschnaps *m*

herb tea Kräutertee *m*

herbal kräuterartig; Kräuter-

herbal medicine Kräutermedizin *f*

herbal ointment Kräutersalbe *f {Pharm}*

herbal remedy Kräutermittel *n {Pharm}*

herbicide Herbizid *n*, pflanzentötendes Mittel *n*; Unkrautbekämpfungsmittel *n*, Unkrautvertilgungsmittel *n*; Pflanzenbehandlungsmittel *n*

contact herbicide Kontaktherbizid *n*

systemic herbicide systemisches Herbizid *n*

herbivore Pflanzenfresser *m*

herbivorous pflanzenfressend, phytophag

hercynite Hercynit *m*, Ferro-Spinell *m*, Chrysomelan *m {Min}*

herderite Herderit *m {Min}*

hereditary 1. erblich, vererbt, ererbt; Erb-; 2. überliefert

hereditary glycogen storage disease erbliche Glykogenspeicherkrankheit *f*

hereditary injury Erbgutschaden *m*, Schaden *m* des Erbguts *n*

heredity Vererbung *f {Biol}*

hermannite Hermannit *m {obs}*, Rhodonit *m*, Rosenstein *m {Min}*

hermaphroditic connector Zwitterstecker *m {Elek}*

hermetic[al] hermetisch, dicht verschlossen, hermetisch abgeschlossen *{z.B. luftdicht, gasdicht, wasserdicht, feuchtigkeitsdicht}*

hermetic[al] closure Luftabschluß *m*, hermetischer Verschluß *m*

hermetic[al] seal[ing] hermetischer Verschluß *m*, hermetische Abdichtung *f*

hermetically sealed hermetisch verschlossen, vakuumdicht, hermetisch abgedichtet, luftdicht abgeschlossen, allseitig dicht

hermetically sealed electrode luftdicht eingeschmolzene Elektrode *f*

hermodactyl Hermesfinger *m {Bot}*

herniaria Harnkraut *n {Bot}*

herniarin <$C_{10}H_8O_3$> Herniarin *n*, 7-Methoxycumarin *n*, Methylumbelliferon *n*, Ayapamin *n*

heroin <$C_{21}H_{23}NO_5$> Heroin *n*, Diacetylmorphin *n*, Diamorphin *n {ein Rauschgift}*

Héroult electric-arc furnace Héroult-Lichtbogenofen *m*

Héroult ore-smelting furnace Héroult-Schachtofen *m*

Héroult resistance furnace Héroult-Widerstandsofen *m*

herpes soap Flechtenseife *f {Pharm}*

herrengrundite Herrengrundit *m {obs}*, Urvölgyit *m*, Devillin *m {Min}*

herrerite Herrerit *m {Min}*

herring Hering *m {Zool}*

herring-bone structure Fischgrätenstruktur *f*

herring oil Heringsöl *n*, Heringstran *m*

Herschel demulsibility number Herschel-Test *m {Photo}*

Herschel effect Herschel-Umkehreffekt *m {Photo, IR-Auslöschen des latenten AgCl-Bildes}*

herschelite Herschelit *m {Min}*

hertz Hertz *n {SI-Einheit der Frequenz für periodische Vorgänge, 1 Hz = 1/s}*

Hertzian waves Hertzsche Wellen *fpl {elektromagnetische Wellen, 3 kHz - 300 GHz}*

Herz compound Thiazothioniumhalogenid *n*, Herzsche Verbindung *f*

Herz reaction Herzsche Reaktion *f {o-Aminothiophenolbildung aus Aminen + S_2Cl_2}*

hesperetic acid <$C_{10}H_{10}O_4$> Hesperetinsäure *f*, Kaffeesäure-4-methylether *m*, 3-(3-Hydroxy-4-methoxyphenyl)propensäure *f {IUPAC}*, 3-Hydroxy-4-methoxyzimtsäure *f*, Hesperitinsäure *f*, Isoferulasäure *f*

hesperetin <$C_{16}H_{14}O_6$> Hesperetin *n*, 3',5,7-Trihydroxy-4'-methoxyflavanon *n*

hesperidene Hesperiden *n*, (+)-Limonen *n*, Carven *n*, (R)-Citren *n*

hesperidin <$C_{28}H_{34}O_{15}$> Hesperidin *n*, Pomeranzenbitter *n {obs}*, Citrin, Vitamin I *n {Triv}*

hesperidine Hesperidin-Alkaloid *n {Peucedanum galbanum}*

hesperitinic acid *s.* hesperetic acid

Hess's theorem [of constant summation of heat] Heßsches Gesetz *n*, Heßscher Satz *m* der

konstanten Wärmesummen *fpl*, Wärmesummensatz *m*
hessian Hessian *n*, Rupfen *m*, Rupfleinwand *f*, Sackleinwand *f {Text}*
hessian crucible dreieckiger Schmelztiegel *m {Sand- oder Tontiegel}*
Hessian bordeaux Hessischbordeaux *n*
Hessian purple Hessischpurpur *n*
Hessian yellow Hessischgelb *n*
hessite Hessit *m {Min}*
hessonite Hessonit *m*, Romanzovit *m*, Zimtstein *m {Triv} {Min}*
HET acid HET-Säure *f*, Hetsäure *f*
HET-anhydride HET-Anhydrid *n*, chloriertes Anhydrid *n {Epoxidharzhärter}*
hetaerolite Hetairit *m*, Hetaerolith *m {Min}*
hetarynes Hetarine *npl*
hetero verschieden, ungleich, andersartig; hetero-, fremd-, Hetero-, Fremd-
heteroagglutinin Heteroagglutinin *n {Immun}*
heteroalkanes Heteroalkane *npl*
heteroalkenes Heteroalkene *npl*
heteroaromatics Heteroaromaten *pl*, heterocyclische Aromaten *pl*
heteroartose $<C_{74}H_{130}N_{20}O_{24}S>$ Heteroartose *f {Protein}*
heteroatom Heteroatom *n*
heteroatomic heteroatomig
heteroauxin $<C_{10}H_9NO_2>$ Heteroauxin *n*, 3-Indolylessigsäure *f*, *ß*-IES *{Biochem}*
heterobaric heterobar, nichtisobar *{Nukl, verschiedene Massen aufweisend}*
heterobimetallic complex heterobimetallischer Komplex *m*
heterocellular verschiedenzellig *{Biol}*
heterochain polymerization Heterokettenpolymerisation *f*
heterocharge Heteroladung *f {Chem}*
heterochromatic heterochromatisch, verschiedenfarbig, ungleichfarbig
heterochromatin Heterochromatin *n*
heterochromatism Heterochromatie *f*
heterochromosome Heterochromosom *n*, Heterosom *n {Gen}*
heterochromous ungleichfarbig, verschiedenfarbig, heterochrom
heterocodeine Heterocodein *n*
heterocycle Heterocyclus *m*, heterocyclische Verbindung *f*
heterocyclic heterocyclisch
heterocyclic atom heterocyclisches Atom *n*, Heteroatom *n {z.B. N, O, S, Se, P, As}*
heterocyclic compounds Heterocyclen *mpl*, heterocyclische Verbindungen *fpl*
heterocyclic polymer heterocyclisches Polymer[es] *n*
heterodetic heterodet *{Cyclopeptid-Verknüpfungsart}*
heterodimer Heterodimer *n {Protein}*
heterodisperse polydispers, heterodispers *{von uneinheitlicher Teilchengröße}*
heterodyne frequency Überlagerungsfrequenz *f*
heterodyne method Überlagerungsmethode *f*
heteroelement Fremdelement *n*
heterogeneity Heterogenität *f*, Ungleichartigkeit *f*, Ungleichförmigkeit *f*, Inhomogenität *f*, Verschiedenartigkeit *f*, Uneinheitlichkeit *f*
heterogene[ous] heterogen, ungleichartig [zusammengesetzt], verschiedenartig, uneinheitlich, inhomogen
heterogeneous catalysis heterogene Katalyse *f*
heterogeneous chemical reaction heterogene Reaktion *f*
heterogeneous nuclear RNA heterogene Kern-RNA *f*, hnRNA
heterogeneous reactor 1. heterogener Reaktor *m*, Heterogenreaktor *m {Nukl}*; 2. Reaktor *m* für heterogene Reaktionssysteme
heterogeneousness Inhomogenität *f*
heterogenite Heterogenit *m*, Mindigit *m*, Stainierit *m*, Transvaalit *m*, Trieuit *m {Min}*
heteroglycane Heteroglykan *n {Polysaccharid aus verschiedenartigen Komponenten}*
heterohesion Adhäsion *f*, zwischen ungleichartigen Materialien *npl*, Haftung *f* zwischen ungleichartigen Werkstoffen *mpl*
heteroion Heteroion *n {Adsorptionskomplex mit adsorbierter Ladung}*
heteroleptic heteroleptisch *{Komplexe mit verschiedenen Liganden}*
heterologous heterolog, abweichend, andersartig
heterolog[ue]s Heterologe *npl {teilidentische Verbindungen}*
heterolysis 1. Heterolyse *f*, heterolytische Bindungsspaltung *f*; 2. Heterolyse *f {Biol}*
heterolytic cleauage *s.* heterolysis
heterometry Heterometrie *f {nephelometrische Titration}*
heteromolybdates Heteromolybdate *npl*
heteromorphic heteromorph, verschiedengestaltig *{Geol}*
heteromorphite Federerz *n*, Heteromorphit *m {Min}*
heteromorphy Heteromorphie *f {Krist}*
heteronuclear heteronuklear
heteronuclear metal compounds verschiedenkernige Metallkomplexe *mpl*
heterophylline Heterophyllin *n*
heteropolar 1. heteropolar *{Chem}*; 2. wechselpolig, wechselpolar, heteropolar *{Elek}*
heteropolar bond heteropolare Bindung *f*, Ionenbindung *f*, Ionenbeziehung *f*
heteropolar chromatography Ionenaustausch-Chromatographie *f*
heteropoly acid Heteropolysäure *f*
heteropoly blue Molybdänblau *n*

heteropolycondensation Heteropolykondensation *f*
heteropolymer Heteropolymer[es] *n*, Heteropolymerisat *n*
heteropolymerization Heteropolymerisation *f*, Mischpolymerisation *f*
heteropolysaccharide Heteropolysaccharid *n*
heteroquinine Heterochinin *n*
heterosite Heterosit *m*, Ferri-Purpurit *m*, Melanchlor *m* *{Min}*
heterostatic heterostatisch *{Elek}*
heterotope Heterotop *n* *{Periodensystem; Gegensatz von Isotop}*
heterotopic heterotop, heterotopisch, stereoheterotop *{Stereochem}*
heterotrophic heterotroph *{Biochem}*
heterotrophs heterotrophe Mikroorganismen *mpl*
heteroxanthine Heteroxanthin *n*
hetol Hetol *n* *{Na-Salz der Zimtsäure}*
heubachite Heubachit *m* *{Min}*
heulandite Heulandit *m* *{Min}*
HETP 1. *s.* height equivalent to theoretical plate; 2. *s.* hexaethyl tetraphosphate
Heusler alloys Heuslersche Legierungen *fpl* *{Ferromagnetikum, 9 - 27 % Mn, 9 - 10 % Al, Rest Cu}*
hevea Heveabaum *m*, Kautschukbaum *m* *{Bot}*
hevea latex Hevea-Latex *m*
hewettite Hewettit *m* *{Min}*
HEX *{high energy explosive}* hochbrisanter Sprengstoff *m*
hex 1. hexadezimal, sedezimal *{Math, EDV}*; 2. hexagonal, sechseckig *{Krist}*; 3. sechszählig *{Komplex}*
hexa-atomic sechsatomig; sechswertig
hexa ammine cobalt(III) chloride <$[Co(NH_3)_6]Cl_3$> Luteokobaltchlorid *n* *{obs}*, Hexammincobalt(III)-chlorid *n*
hexaaquachromium(III) ion <$[Cr(H_2O)_6]^{3+}$> Hexaaquachrom(III)-ion *n*
hexabasic sechsbasisch
hexaborane(10) <C_6H_{10}> Hexaboran(10) *n*, *nido*-Hexaboran *n*
hexaborane(12) <C_6H_{12}> Hexaboran(12) *n*, *arachno*-Hexaboran *n*
hexabromide Hexabromid *n*
hexabromide number Hexabromidzahl *f* *{in mg Br/100 g Fett}*
hexabromide value Hexabromidzahl *f* *{in mg Br/100 g Fett}*
hexabromobenzene <C_6Br_6> Hexabrombenzol *n*
hexabromoethane <C_2Br_6> Hexabromethan *n*
hexachloroacetone <$Cl_3CCOCCl_3$> Hexachloraceton *n*, Hexachlorpropan-2-on *n*
hexacarbonyl <$M(CO)_6$> Hexacarbonyl *n*
hexacarbonylchromium <$Cr(CO)_6$> Chromhexacarbonyl *n*
hexacarbonylmolybdenum <$Mo(CO)_6$> Molybdänhexacarbonyl *n*
hexacarbonyltungsten <$W(CO)_6$> Wolframhexacarbonyl *n*
hexacene <$C_{26}H_{16}$> Hexacen *n*
hexachloro endomethylene tetrahydrophthalic acid HET-Säure *f*, Hetsäure *f*
hexachlorobenzene <C_6Cl_6> Hexachlorbenzol *n*, Hexachlorbenzen *n*, HCB, Perchlorbenzol *n*
hexachlorobutadiene <C_4Cl_6> Hexachlorbutadien *n*, Perchlorbutadien *n*
hexachlorocyclohexane Hexachlorcyclohexan *n*, HC[C]H, Benzolhexachlorid *n*, BHC, HCH-Mittel *n*, Lindan *n* *{HN}*, Gammexan *n* *{HN}*
hexachlorocyclopentadiene <C_5Cl_6> Hexachlorcyclopentadien *n*, Perchlorcyclopentadien *n*
hexachlorodiphenyl oxide <$C_{12}H_4Cl_6O$> Hexachlordiphenyloxid *n*
hexachlorodisilane <Si_2Cl_6> Hexachlordisilan *n*
hexachlorodisiloxane Hexachlordisiloxan *n*
hexachloroethane <CCl_3CCl_3> Hexachlorethan *n* *{IUPAC}*, Perchlorethan *n*
hexachloromethylcarbonate <$OC(OCCl_3)_2$> Triphosgen *n*, Hexachlormethylcarbonat *n*
hexachlorophene <$C_{13}H_6Cl_2O_6$> Hexachlorophen *n* *{Bakteriostatikum, Desodorierungsmittel}*
hexachloroplatinic acid <H_2PtCl_6> Hexachloroplatin(IV)-säure *f*, Platinchlorwasserstoffsäure *f*, Hydrogenhexachloroplatinat(IV) *n*
hexachloropropylene Hexachlorpropylen *n*
hexachlorostannic acid <H_2SnCl_6> Hexachlorozinn(IV)-säure *f*, Hydrogenhexachlorostannat(IV) *n*, Zinnchlorwasserstoffsäure *f*
hexachronic acid Hexachronsäure *f*
hexacontane <$H_3C(CH_2)_{58}CH_3$> Hexacontan *n*, Dimyricyl *n*
hexacoordinate[d] sechsfach koordiniert *{Komplex}*; sechsfach koordinativ gebunden, mit sechs koordinativen Bindungen *fpl*
hexacosane <$C_{26}H_{54}$> Hexacosan *n*, Ceran *n*
hexacosanoic acid <$C_{25}H_{53}COOH$> Hexacosansäure *f* *{IUPAC}*, Cerotinsäure *f*
1-hexacosanol <$C_{26}H_{53}OH$> Hexacosan-1-ol *n*, Cerylalkohol *m*
hexacyanoferrate(II) ion <$[Fe(Cn)_6]^{4-}$> Hexacyanoferrat(II)-ion *n*
hexacyanoferrate(III) ion Hexacyanoferrat(III)-ion *n*
hexacyanogen <$(CN)_6$> Hexacyan *n*
hexacyanoiron(II) acid <$H_4Fe(CN)_6$> Hexacyanoeisen(II)-säure *f*
hexacyanoiron(III) acid <$H_3Fe(CN)_6$> Hexacyanoeisen(III)-säure *f*

hexacyclic hexacyclisch, sechsringig
hexad sechszählig *{Krist}*
hexadecadiene Hexadecadien *n*
hexadecadiine Hexadecadiin *n*
hexadecanal <$CH_3(CH_2)_{14}CHO$> Palmitylaldehyd *m*, Hexadecanal *n*
hexadecanate Palmitat *n*, Palmitinsäuresalz *n*
hexadecane <$C_{16}H_{34}$> Hexadecan *n*, Cetan *n* *{obs}*, Dioctyl *n*
hexadecanoic acid Palmitinsäure *f*, Hexadecansäure *f* *{IUPAC}*
1-hexadecanol <$C_{16}H_{33}OH$> Hexadecan-1-ol *n*, Hexadecylalkohol *m*, Cetylalkohol *m*, Palmitylalkohol *m*
hexadecene <$C_{16}H_{32}$> Hexadecen *n*, Hexadecylen *n*, Ceten *n*, Cetylen *n*
hexadecenoic acid <$CH_3(CH_2)_7CH{=}CH(CH_2)_5COOH$> Zoomarinsäure *f*
hexadecimal hexadezimal, sedezimal *{Math, EDV}*
hexadecine <$C_{16}H_{30}$> Hexadecin *n*, Cetenylen *n*
hexadecyl <$-C_{16}H_{33}$> Hexadecyl-, Cetyl-
hexadecyl alcohol Cetylalkohol *m*, Hexadecylalkohol *m*, Hexadecan-1-ol *n*, Cetol *n* *{obs}*
***n*-hexadecyl mercaptan** <$C_{16}H_{33}SH$> *n*-Hexadecylmercaptan *n*, Hexadecylhydrosulfid *n*, Hexadecanthiol *n* *{IUPAC}*, Cetylmercaptan *n*
hexadecylene Ceten *n*, Cetylen *n*, Hexadecylen *n*
hexadecyltrichlorosilane <$C_{16}H_{33}SiCl_3$> Hexadecyltrichlorsilan *n*
hexadecyne <$C_{16}H_{30}$> Cetenylen *n*, Hexadecin *n*
7-hexadecynoic acid Palmitolsäure *f*
hexadentate sechszähnig *{Ligand}*
1,4-hexadiene <$CH_2{=}CHCH_2CH{=}CHCH_3$> Hexa-1,4-dien *n*
1,5-hexadiene <$H_2C{\equiv}C(CH_2)_2CH{=}CH_2$> Hexa-1,5-dien *n*, Biallyl *n*
2,4-hexadienedioic acid <$(HOOCCH{=}CH-)_2$> Muconsäure *f*, Hexa-2,4-diendisäure *f*
2,4-hexadienoic acid Sorbinsäure *f*, Hexa-2,4-diensäure *f*
hexadienyne Hexadienin *n*
1,5-hexadiyne <$(HC{\equiv}CCH_2-)_2$> Hexa-1,5-diin *n*, Dipropargyl *n*
hexaethyl tetraphosphate Hexaethyltetraphosphat *n*, HETP
hexaethylbenzene <$C_6(C_2H_5)_6$> Hexaethylbenzol *n*
hexaethyldisiloxane Hexaethyldisiloxan *n*
hexafluoroaceton <F_3CCOCF_3> Hexafluoraceton *n*
hexafluorobenzene <C_6F_6> Hexafluorbenzol *n*
hexafluorodisilane <Si_2F_6> Hexafluordisilan *n*
hexafluoroethane <C_2Cl_6> Hexafluorethan *n*, R 116
hexafluorophosphoric acid <HPF_6> Hexafluorophosphorsäure *f*
hexafluoropropylene Hexafluorpropylen *n*, Perfluoropropylen *n*
hexafluorosilicic acid <H_2SiF_6> Hexafluorokieselsäure *f*
hexagon 1. Hexagon *n*, Sechseck *n* *{Math}*; 2. Sechskant *m n* *{Math, Tech}*; Sechskantstahl *m*, Sechskanteisen *n*
hexagon tester Flamm- und Entzündungsprüfer *m* *{Öl}*
hexagonal 1. hexagonal, sechseckig, sechskantig, hex. *{Krist}*; 2. sechszählig *{Symmetrieachse}*
hexagonal barrel mixer Sechskanttrommelmischer *m*
hexagonal brick Sechskantstein *m*
hexagonal-closed packed hexagonal dichteste Packung *f* *{Krist}*
hexagonal head bolt Sechskantschraube *f*
hexagonal holohedral hexagonalholoedrisch *{Krist}*
hexagonal nut Sechskantmutter *f*
hexagonal pyramidal hexagonalpyramidal *{Krist}*
hexagonal screw Sechskantschraube *f*
hexagonal-section pipe Sechskantrohr *n*
hexagonal trapezohedral hexagonaltrapezoedrisch *{Krist}*
hexahalide Hexahalogenid *n*
hexahedral hexaedrisch, sechsflächig *{Math, Krist}*
hexahedron Sechsflächner *m*, Hexaeder *n* *{z.B. Würfel}*, Sechsflach *n* *{Krist, Math}*
hexahelicene Hexahelicen *n*
hexahydrate Hexahydrat *n*
hexahydric alcohol sechswertiger Alkohol *m*, Hexaol *n*
hexahydroaniline Cyclohexylamin *n*
hexahydrobenzene Cyclohexan *n* *{IUPAC}*, Hexahydrobenzol *n*, Hexamethylen *n*
hexahydrobenzoic acid Hexahydrobenzoesäure *f*, Cyclohexancarbonsäure *f*
hexahydrocumene <C_9H_{18}> Trimethylcyclohexan *n*
hexahydrofarnesol Hexahydrofarnesol *n*
hexahydrophenol Cyclohexanol *n*, Hexalin *n*, Hexahydrophenol *n*, Anol *n*
hexahydrophthalic acid Hexahydrophthalsäure *f*, Cyclohexan-1,2-dicarbonsäure *f* *{IUPAC}*
hexahydrophthalic anhydride Cyclohexan-1,2-dicarbonsäureanhydrid *n*, Hexahydrophthalsäureanhydrid *n*, HPA *{Epoxidharzhärter}*
hexahydropyrazine Piperazin *n*, Hexahydropyrazin *n*
hexahydropyridine Hexahydropyridin *n*, Piperidin *n*
hexahydrosalicylic acid Hexahydrosalicylsäure *f*

hexahydrotoluene Methylcyclohexan *n*
hexahydro-1,3,5-trinitro-*sym*-triazine Cyclonit *n {Expl}*
hexahydroxybenzol <$C_6(OH)_6$> Hexahydroxybenzol *n*, Benzolhexaol, Hexaphenol *n*
hexahydroxycyclohexanes <$C_6H_{12}O_6$> Inosite *npl*, Cyclohexan-1,2,3,4,5,6-hexaole *npl*
hexahydroxylene Dimethylcyclohexan *n*
hexahydroxymethylanthraquinone Rhodocladonsäure *f*, Hexahydroxymethylanthrachinon *n*
hexaiododisilane <Si_2I_6> Hexaioddisilan *n*
hexakisoctahedral hexakisoktaedrisch *{Krist}*
hexakisoctahedron Hexakisoktaeder *n*, Achtundvierzigflächner *m {Krist}*
hexakistetrahedron Hexakistetraeder *n {Krist}*
hexal Hexal *n {Hexogen-Al-Wachs-Mischung}*
***n*-hexaldehyde <$C_5H_{11}CHO$>** Capronaldehyd *m*, Hexan-1-al *n*, *n*-Hexaldehyd *m*
hexalin 1. *{TM}* Hexalin *n*, Cyclohexanol *n*, Hexahydrophenol *n*, Anol *n*; 2. <$C_{10}H_{14}$> Hexahydronaphthalin *n*
hexalin formate <$COOH-C_6H_{11}$> Hexalinformiat *n*
hexalite 1. Mannithexanitrat *n {Expl}*; 2. Cyclotrimethylen-trinitroamin-Wachs-Mischung *f*, RBX; 3. Hexanitrodiphenylamin *n {Expl}*; 4. Dipentaerythrithexanitrat *n {Expl}*
hexalupine Hexalupin *n*
hexamer Hexamer *n {z.B. LiF-, LiOH-, LiNH$_2$-Cluster}*
hexamethonium bromide <$C_{12}H_{30}Br_2N_2$> Hexamethoniumbromid *n {Pharm}*
hexamethoxydisiloxane Hexamethoxydisiloxan *n*
hexamethylbenzene <$C_6(CH_3)_6$> Hexamethylbenzol *n*, Melliten *n*
hexamethylcyclotrisiloxane Hexamethylcyclotrisiloxan *n*
hexamethyldiplatinum <$(CH_3)_3Pt-Pt(CH_3)_3$> Hexamethyldiplatin *n*
hexamethyldisilane <$Si_2(CH_3)_6$> Hexamethyldisilan *n*
hexamethyldisilazane <$HN[Si(CH_3)_2]_2$> 1,1,1,3,3,3-Hexamethylsilazan *n*, HMDS
hexamethyldisiloxane Hexamethyldisiloxan *n*
hexamethylene 1. <C_6H_{12}> Hexamethylen *n*, Cyclohexan *n {IUPAC}*, Hexahydrobenzol *n*; 2. <$-CH_2(CH_2)_4CH_2-$> Hexamethylen- *{IUPAC}*, Hexan-1,6-diyl-
hexamethylene bromide <$Br(CH_2)_6Br$> 1,6-Dibromohexan *n*, Hexamethylenbromid *n*
hexamethylene diamine <$H_2N(CH_2)_6NH_2$> Hexamethylendiamin *n*, Hexan-1,6-diamin *n {IUPAC}*
hexamethylene diisocyanate <$OCN(CH_2)_6NCO$> Hexamethylendiisocyanat *n {Expl}*
hexamethylene glycol <$HO(CH_2)_6OH$> Hexan-1,6-diol *n*, Hexamethylenglycol *n*
hexamethylene triperoxide diamine <$C_6H_{12}N_2O_6$> Hexamethylentriperoxiddiamin *n*, HMTD *{Expl}*
hexamethyleneamine 1. Hexamethylentetramin *n*; 2. Hexamethylendiamin *n*
hexamethyleneamine sulfosalicylate Hexal *n {Pharm}*
hexamethyleneimine <$C_6H_{12}NH$, cyclic> Hexamethylenimin *n*
hexamethylenetetramine <$(CH_2)_6N_4$> Hexamethylentetramin *n*, Methenamin *n*, Aminoform *n*, Formin *n*, Urotropin *n {HN}*, Hexamin *n {Triv}*; 1,3,5,7-Tetraazaadamantan *n*
hexamethylenetetramine bromethylene Bromalin *n*
hexamethylenetetramine camphorate <$[(CH_2)_6N_4]_2C_8H_{14}(COOH)_2$> camphersaures Hexamethylentetramin *n*, Amphotropin *n*
hexamethylenetetramine citrate <$C_6H_5O_7(CH_2)_6N_4$> Helmitol *n {HN}*
hexamethylenetetramine dinitrate <$C_6H_{14}N_6O_6 \cdot 2HNO_3$> Hexamethylentetramindinitrat *n {Expl}*
hexamethylenetetramine salicylate Saliformin *n*, Hexal *n {HN}*
hexamethylenetetramine tetraiodide <$(CH_2)_6N_4I_4$> Siomin *n*
hexamethylmelamine Hemel *n*, Hexamethylolmelamin *n*
hexamethylphosphoric triamide <$C_6H_{18}N_3OP$> Hexamethylphosphamid *n*, Hexamethylphosphorsäuretriamid *n*, HMPT, HPT, Hempa *n*
hexametric hexametrisch
hexamine *s.* hexamethylenetetramine
hexanal <$CH_3(CH_2)_4CHO$> Capronaldehyd *m*, Hexan-1-al *n*, Hexylaldehyd *m*
hexanaphthene <C_6H_{12}> Cyclohexan *n*, Hexahydrobenzol *n*
hexane <C_6H_{14}> Hexan *n*
impure hexane Kanadol *n*
hexanedial Adipaldehyd *m*
hexanedioic acid Adipinsäure *f*, Hexandisäure *f {IUPAC}*, Butan-1,4-dicarbonsäure *f {IUPAC}*
1,6-hexanediol <$HO(CH_2)_6OH$> Hexan-1,6-diol *n*, Hexamethylenglycol *n*
2,5-hexanedione <$(H_3CCOCH_2)_2$> Hexan-2,5-dion *n*, Acetonylaceton *n*
1,2,6-hexanetriol Hexan-1,2,6-triol *n*
hexangular sechseckig, sechswinklig
hexanites Hexanite *npl {60 % TNT, 40 % Dipikrylamin}*
hexanitroazobenzene <$C_{12}H_4N_8O_{12}$> Hexanitroazobenzol *n {Expl}*
hexanitrobiphenyl <$(C_6H_2(NO_2)_3)_2$> Hexanitrodiphenyl *n {obs}*, Hexanitrobiphenyl *n*
hexanitrodiphenyl oxide <$C_{12}H_4N_6O_{13}$> 2,4,6,2',4',6'-Hexanitrodiphenyloxid *n {Expl}*

hexanitrodiphenyl sulfide <$C_{12}H_4N_6O_{12}S$> Hexanitrodiphenylsulfid *n*, Dipicrylsulfid *n* *{Expl}*

hexanitrodiphenyl sulfone <$C_{12}H_4N_6O_{14}S$> 2,4,6,2',4',6'-Hexanitrodiphenylsulfon *n* *{Expl}*

hexanitrodiphenylamine <$C_{12}H_5N_7O_{12}$> 2,4,6,2',4',6'-Hexanitrodiphenylamin *n*, HNDP, HNDPhA, Dipikrylamin *n*, Hexit *m* *{Expl}*

hexanitrodiphenylaminoethyl nitrate <$C_{14}H_8N_8O_{15}$> Hexanitrodiphenylaminoethylnitrat *n* *{Expl}*

hexanitrodiphenylglycerol mononitrate <$C_{15}H_9H_7O_{17}$> Hexanitrophenylglycerinmononitrat *n* *{Expl}*

hexanitroethane <$[-C(NO_2)_3]_2$> Hexanitroethan *n* *{Expl}*

hexanitromannite Mannithexanitrat *n* *{Expl}*

hexanitrooxanilide <$C_{14}H_6N_8O_{14}$> Hexanitrooxanilid *n* *{Expl}*

hexanitrostilbene <$C_{14}H_6N_6O_{12}$> Hexanitrostilben *n* *{Expl}*

hexanoic acid <$CH_3(CH_2)_4COOH$> Capronsäure *f*, Hexylsäure *f*, *n*-Hexansäure *f*

1-hexanol <$CH_3(CH_2)_4CH_2OH$> Hexanol *n*, Hexan-1-ol *n* *{IUPAC}*, Hexylalkohol *m*

hexanolactam ∈-Caprolactam *n*

2-hexanone <$H_3CCOC_4H_9$> Hexan-2-on *n*, Methylbutylketon *n*, Butylmethylketon *n*

hexanuclear cluster sechskerniger Cluster *m*

hexaphene Hexaphen *n*

hexaphenyldisilane <$(C_6H_5)_3Si$-$Si(C_6H_5)_3$> Hexaphenyldisilan *n*

hexaphenyldisiloxane Hexaphenyldisiloxan *n*

hexa-*m*-phenylen <$C_{36}H_{24}$> Hexa-*m*-phenylen *n*, 1,2,3,4,5,6-Hexabenzacyclohexaphan *n*

hexaphenylethane Hexaphenylethan *n*

hexaphenyltin <$(C_6H_5)_3Sn$-$Sn(C_6H_5)_3$> Hexaphenyldizinn *n*

hexapyrine Hexapyrin *n*

hexasaccharose <$(C_6H_{10}O_5)_6 \cdot H_2O$> Hexasaccharose *f*

hexasymmetric hexasymmetrisch

hexatomic sechsatomig; sechswertig

hexatriene Hexatrien *n*

hexavalent sechswertig, sechsbindig, hexavalent

hexavanadic acid <H_2VO_4> Hexavanadinsäure *f*

2-hexenal <$C_6H_{10}O$> Hexen-2-al *n*, 3-Propylacrolein *n*

1-hexene <$H_2C=CH(CH_2)_3CH_3$> Hex-1-en *n*, Hexylen *n*

2-hexene <$H_3CCH=CH(CH_2)_2CH_3$> Hex-2-en *n*

***cis*-3-hexen-1-ol** *(Z)*-Hex-3-en-1-ol *n*, Blätteralkohol *m*, β,γ-Hexenol *n*

2-hexene-2-one Allylaceton *n*

hexestrol <$(HOC_6H_4CH(C_2H_5)$-$)_2$> Hexestrol *n*

hexine 1. Hexamethylentetramin *n*; 2. *s.* hexyne; 3. *s.* hexadiene

hexinic acid <$C_7H_{10}O_3$> Hexinsäure *f*, α-Propyltetronsäure *f*

hexite Hexit *m*, Dipikrylamin *n*, 2,4,6,2',4',6'-Hexanitrodiphenylamin *n*

hexitols <$HOCH_2(CHOH)_4CH_2OH$> Hexanhexole *npl*, Hexite *mpl*, sechswertige Alkohole *mpl*, Hexaole *npl*

hexobarbital <$C_{11}H_{12}N_2O_3$> Hexobarbital *n*

hexobiose Hexobiose *f* *{Disaccharid}*

hexoctahedron Diamantoeder *n*, Hexoktaeder *n* *{Krist}*

hexogen 1. Hexogen *n*, Cyclonit *n*, 1,3,5-Trinitro-1,3,5-triazinan *n*, RDX *{Expl}*; 2. *{HN}* SH-Salz *n*, K-Salz *n* *{2-Ethylhexansäure, Lacktrockner}*

hexokinase *{EC 2.7.1.1}* Hexokinase *f*

hexone Hexon *n*, Methylisobutylketon *n*, MIBK, 4-Methylpentan-2-on *n*

hexonic acids <$C_6H_5(OH)_6COOH$> Hexonsäuren *fpl*

hexophan Hexophan *n*

hexoran Hexachlorethan *n*, Hexoran *n*

hexosaminidase *{EC 3.2.1.52}* Hexosaminidase *f*

hexose Hexose *f* *{Monosaccharid, acyclische Aldose mit 6 C-Atomen}*

hexose diphosphate Hexosediphosphat *n*

hexose diphosphate pathway glykolytischer Reaktionsweg *m* *{Physiol}*

hexose monophosphate cycle Hexosemonophosphatcyclus *m*

hexose oxidase *{EC 1.1.3.5}* Hexoseoxidase *f*

hexose phosphate Hexosephosphat *n*

hexosidases Hexosidasen *fpl*

hexotrioses Hexotriosen *fpl* *{Trisaccharid aus Hexosen, z. B. Raffinose}*

hexuronic acids <$OHC(CHOH)_4COOH$> Hexuronsäuren *fpl*

hexyl 1. <C_6H_{13}-> Hexyl- *{IUPAC}*, Oenanthyl-; Capryl-; 2. Hexanitrodiphenylamin *n* *{Expl}*; Dipikrylamin *n*

***n*-hexyl acetate** <$H_3CCOOC_6H_{13}$> *n*-Hexylacetat *n*, Essigsäurehexylester *m*

***n*-hexyl acetylene** <$HC \equiv C(CH_2)_5CH_3$> Capryliden *n*, Oct-1-in *n* *{IUPAC}*, *n*-Hexylacetylen *n*

hexyl alcohol <$CH_3(CH_2)_4CH_2OH$> Hexylalkohol *m*, Hexanol *n*, Hexan-1-ol *n*, Capronalkohol *m*

hexyl aldehyde <$C_5H_{11}CHO$> Hexan-1-al *n*, Hexylaldehyd *m*, Caproaldehyd *m*

hexyl bromide Hexylbromid *n*, 1-Bromhexan *n*

hexyl chloride <$C_6H_{13}Cl$> Hexylchlorid *n*, 1-Chlorhexan *n*

hexyl caine Hexylcain *n*

***n*-hexyl ether** <$(C_6H_{13})O$> *n*-Hexylether *m*

hexyl hydride Hexan *n*

hexyl mercaptan <$C_6H_{13}SH$> Hexanthiol *n*, Hexylmercaptan *n*

hexyl methacrylate Hexylmethacrylat *n*
hexylacetic acid Octylsäure *f*, Octansäure *f* *{IUPAC}*, Heptan-1-carbonsäure *f* *{IUPAC}*
hexylamine **<$CH_3(CH_2)_5NH_2$>** Hexan-1-amin *n*, Hexylamin *n*, 1-Aminohexan *n*
hexylene *s.* hexene
hexylene glycol **<$(CH_3)_2COHCH_2CH(OH)CH_3$>** Hexylenglykol *n*, 4-Methylpentan-2,4-diol *n*
hexylic acid *s.* hexanoic acid
hexylmethane Heptan *n*, Hexylmethan *n*
***p-tert*-hexylphenol** *p-tert*-Hexylphenol *n*
hexylresorcinol **<$(HO)_2C_6H_3(CH_2)_5CH_3$>** 4-Hexylresorcinol *n*, Hexylresorcin *n*, 1,3-Dihydroxy-4-hexylbenzol *n*
hexyltrichlorosilane **<$C_6H_{13}SiCl_3$>** Hexyltrichlorsilan *n*
1-hexyne **<$HC{\equiv}C(CH_2)_3CH_3$>** *n*-Butylacetylen *n*, Hex-1-in *n* *{IUPAC}*
2-hexyne **<$H_3CC{\equiv}CCH_2CH_2CH_3$>** Methylpropylacetylen *n*, Hex-2-in *n* *{IUPAC}*
3-hexyne **<$H_3CCH_2CC{\equiv}CH_2CH_3$>** Diethylacetylen *n*, Hex-3-in *n* *{IUPAC}*
HF alkylation Fluorwasserstoff-Alkylierung *f* *{Olefine + Isobutan + HF-Katalysator}*
HGH *{human growth hormon}* Wachstumshormon *n*, Somatropin *n*
hi-lo signal alarm HW-NW-Alarmsignal n
hiascinic acid Hiascinsäure *f*
hibbenite Hibbenit *m* *{Min}*
Hibbert cell Hibbert-Element *n*
hibernate/to überwintern, Winterschlaf *m* halten *{Zool}*
hibernation Überwinterung *f*, Winterschlaf *m*, Hibernation *f*
hibiscus acid Hibiscussäure *f*
hibschite Hibschit *m*, Plazolith *m*, Hydro-Grossular *m* *{Min}*
hidden verborgen, verdeckt, versteckt
hiddenite Hiddenit *m*, Lithion-Smaragd *m* *{Min}*
hide/to verstecken, verbergen, verdecken
hide Fell *n*, Haut *f*, Tierhaut *f*, Decke *f* *{Leder}*
hide glue Hautleim *m*, Lederleim *m*
hiding pigment deckendes Farbpigment *n*, dekkender Farbkörper *m*
hiding power Deckfähigkeit *f*, Deckkraft *f*, Deckvermögen *n* *{von Anstrichstoffen}*; Deckvermögenswert *m* *{DIN 55987}*, Deckungsgrad *m*; Opazität *f*
hiding power value Deckungsvermögenswert *m* *{DIN 55987}*
hidrotic schweißtreibendes Mittel *n*, Hidrotikum *n* *{Pharm}*
hielmite Hjelmit *m* *{Min}*
hieratite **<K_2SiF_6>** Hieratit *m* *{Min}*
high 1. hoch; Hoch-; 2. stark *{z.B. Wind}*; heftig; 3. frisch *{z.B. Farbe}*; 4. extrem
high-abrasion furnace black Hartruß *m* *{26 - 30 nm}*, HAF-Ruß *m*
high-accuracy measurement Präzisionsmessung *f*
high-activity waste hochradioaktiver Abfall *m*, hochaktiver Abfall *m*, heißer Abfall *m* *{Nukl}*
high-alloy hochlegiert
high-alumina cement Tonerdezement *m*, Tonerdeschmelzzement *m*, Hochtonerdeschmelzzement *m* *{hoher Tonerdegehalt}*
high-alumina porcelain Porzellan *n* mit hohem Aluminiumoxidgehalt *m*
high-alumina refractory hochtonerdehaltiges feuerfestes Erzeugnis *n* *{>45 % Al_2O_3}*
high-angle conveyor belt Steilfördergurt *m*
high-ash coal Ballastkohle *f* *{DIN 22005}*
high-backing-pressure pump Vakuumpumpe *f* mit hohem Gegendruck *m*
high-bay warehouse Hochraumlager *n*
high-boiling hochsiedend, schwersiedend *{z.B. Fraktion}*
high-boiling phenols hochsiedende Phenole *npl*
high-boiling solvent hochsiedendes Lösemittel *n*
high-burnup fuel hochabgebranntes Brennelement *n* *{Nukl}*
high-capacity hochkapazitiv, hochleistungsfähig; Hochleistungs-
high-capacity blow mo[u]lding line Großblasformanlage *f*, Hochleistungsblasformanlage *f*
high-capacity blown film line Hochleistungs-Schlauchfolienanlage *f*, Hochleistungsblasfolienanlage *f*
high-capacity container Großbehälter *m*
high-capacity extrusion blow mo[u]lding plant Hochleistungsblasextrusionsanlage *f*
high-carbon hochgekohlt, hochkohlenstoffhaltig, kohlenstoffreich, mit hohem Kohlenstoffgehalt *m* *{z.B. Stahl}*
high-carbon chromium kohlenstoffreiches Chrom *n* *{86 % Cr, 8-11 % C, 0,5 % Fe, Si}*
high-carbon ferromanganese Hochofenmangan *n*, kohlenstoffreiches Ferromangan *n*
high-carbon steel unlegierter Hartstahl *m*, Überhartstahl *m* *{> 0,5 % C}*
high-chlorating method Hochchlorier[ungs]verfahren *n*
high-cholesterol food cholesterinreiche Nahrung *f*
high-clarity container Klarsichtbehälter *m*
high-conductance low loss liquid nitrogen trap Hochleistungstiefkühlfalle *f*
high-conductivity copper Leitkupfer *m*
high-contrast kontrastreich *{Photo}*
high-current argon arc Argonhochstrombogen *m*

high-current carbon arc Hochstromkohlebogen *m*
high-cycle fatigue test hochfrequenter Dauerschwingversuch, HCF-Versuch *m {mit hohen Lastspielzahlen}*
high definition TV Hochzeilenfernsehen *n {EDV}*
high-density hochverdichtet
high-density bleaching Dickstoffbleiche *f {Pap}*
high-density lipoprotein dichtes Lipoprotein *n*, HDL-Protein *n {d = 1,063 - 1,21}*
high-density polyethylene Niederdruckpolyethylen *n*, Linearpolyethylen *n*, Hart-Polyethylen *n*, PE-HD *{d = 0,95}*
high-density wood Preßholz *n*, Kunstholz *n*
high-dried scharf getrocknet, schrumpfgetrocknet
high-duty hochbeansprucht; Hochleistungs-
high-duty machine Hochleistungsmaschine *f*
high-efficiency *s.* high-duty
high-elastic state thermoelastischer Zustand *m*, gummielastischer Zustand *m*
high-energy 1. energiereich, hochenergetisch; 2. schnellfliegend; 3. kalorienreich, mit hohem physiologischen Brennwert *m {Physiol}*
high-energy bond energiereiche Bindung *f {> 5 kcal/mol}*
high-energy electron diffraction Beugung *f* schneller Elektronen *npl*, Beugung *f* hochenergetischer Elektronen *npl*, Hochenergieelektronenbeugung *f {30-70 keV}*, HEED
high-energy explosive hochbrisanter Sprengstoff *m*
high-energy fuel hochenergetischer Treibstoff *m*
high-energy [nuclear] physics Hochenergiephysik *f*, Physik *f* der Elementarteilchen *npl*
high-energy scattering Hochenergie-Teilchenstreuung *f {> 100 MeV}*
high-energy working Hochleistungsverformung *f*
high-enriched hochangereichert
high-expansion alloy Legierung *f* mit großem Ausdehnungskoeffizienten *m*
high-expansion foam Leichtschaum *m {Feuerlöscher}*
high explosive brisanter Explosivstoff *m*, Brisanzstoff *m*, hochexplosiver Sprengstoff *m*
high-explosive bomb Sprengbombe *f*
high-explosive plastic Plastik-Sprengstoff *m {z.B. Semtex}*
high fat fettreich
high-finish[ing] Hochveredelung *f*
high-flash solvent Lösemittel *n* mit hohem Flammpunkt *m*
high-fluid material dünnflüssiger Stoff *m*
high-flux reactor Hochflußreaktor *m {Nukl}*
high frequency 1. hochfrequent; 2. Hochfrequenz *f*, HF
high-frequency bonding Hochfrequenzverleimung *f*
high-frequency coagulation Hochfrequenzkoagulation *f*
high-frequency discharge Hochfrequenzentladung *f*
high-frequency dryer dielektrischer Trockner *m*, Hochfrequenztrockner *m*
high-frequency heating Hochfrequenz[be]heizung *f*, Hochfrequenzerhitzung *f*, Hochfrequenzerwärmung *f*
high-frequency [induction] furnace Hochfrequenzinduktionsofen *m {obs}*, Mittelfrequenzinduktionsofen *m*, kernloser Induktionsofen *m*
high-frequency ion source Hochfrequenzionenquelle *f {Spek}*
high-frequency mass spectrometer Hochfrequenzmassenspektrometer *n*
high-frequency mo[u]lding Pressen *n* mit hochfrequenzvorgewärmter Formmasse *f*, Formpressen *n* mit Hochfrequenzvorwärmung *f*
high-frequency plasma torch Hochfrequenzplasmabrenner *m*
high-frequency spark ion source Hochfrequenz-Funkenionenquelle *f*
high-frequency spectroscopy Hochfrequenzspektroskopie *f*; Mikrowellenspektroskopie *f*
high-frequency titration Hochfrequenztitration *f {Anal}*
high-frequency vacuum tester Hochfrequenz-Vakuumprüfer *m*
high-frequency vulcanization Hochfrequenzvulkanisation *f*
high-gas-fraction foams Leichtschaum *m*
high-gloss Hochglanz *m {Pap}*
high-gloss plastics leather Plast-Lackleder *n*
high-gloss polyester resin varnish Glanzpolyesterlack *m*
high-gloss resin Hochglanzharz *n*
high-gloss varnish Brillantlack *m*
high-grade hochgradig, hochhaltig, hochwertig, reinst; Qualtäts-, Edel-
high-grade coal Vollwertkohle *f {DIN 22005}*
high-grade fuel hochwertiger Brennstoff *m*
high-grade silica sand hochreiner Quarzsand *m*
high-grade steel Edelstahl *m*, Qualitätsstahl *m*
high-gradient magnetic separation Hochfeld-Magnetscheidung *f*, magnetische Starkfeldscheidung *f*
high-heat value oberer Heizwert *m*, spezifischer Brennwert *m {Thermo}*
high-hysteresis rubber Gummi *m* mit hohen Hystereseverlusten *mpl*
high-impact hochschlagfest, hochschlagzäh, zäh

high-impact polystyrene hochschlagfestes Polystyrol *n*, hochschlagzähes Polystyrol *n*
high-impact polyvinyl chloride hochschlagzähes Polyvinylchlorid *n*, hochschlagfestes Polyvinylchlorid *n*, hochschlagzähes PVC *n*
high-impedance hochohmig *{Elek}*
high-insulating hochisolierend *{Elek}*
high-intensity intensitätsstark
high-intensity arc Hochstromkohlebogen *m*
high-intensity magnetic groove drum separator Starkfeld-Trommel-[Rillen-]Scheider *m*
high-intensity magnetic separation *s.* high-gradient magnetic separation
high-lead bronze Bleibronze *f {80 % Cu, 10 % Pb, 10 % Zn}*
high-level radioactive waste hochradioaktiver Abfall *m*, hochaktiver Abfall *m {Nukl}*
high-level tank Hochbehälter *m*
high-luster finished spiegelblank
high-melting [point] hochschmelzend, schwerschmelzbar
high-melting point wax Hartparaffin *n*
high-modulus fibre Hochmodulfaser *f {z.B. Celluloseregenerat}*
high-modulus furnace black zugfester Ruß *m*, HMF-Ruß *n {49-60 nm}*
high-modulus weave steifes Textilglasgewebe *n*, steifes Glasseidengewebe *n*
high-molecular hochmolekular
high-molecular weight von hoher relativer Molekülmasse *f*
high-molecular weight polyethylene film HM-Folie *f*
high-molecular weight polymer Hochpolymer[es] *n {MG > 10000, Grundeinheit > 100}*
high-nickel alloy nickelreiche Legierung *f*, Nickelbasislegierung *f*
high-octane hochoctanig, klopffest; Hochoctan-
high-oxygen sauerstoffreich, sauerstoffangereichert
high-performance leistungsstark; Hochleistungs-
high-performance adhesive Klebstoff *m* mit besonders großem Klebvermögen *n*, Hochleistungsklebstoff *m*
high-performance liquid chromatography *s.* high-pressure liquid chromatography
high-performance pellet dryer Hochleistungs-Granulattrockner *m*
high-performance quenching oil Schnellhärteöl *n {Met}*
high-performance size-exclusion chromatography Hochleistungs-Ausschlußchromatographie *f*
high-perveance electron beam Elektronenstrahl *m* hoher Perveanz *f*
high polarity stark polar *{z.B. Lösemittel}*
high-polish chromium-plated hochglanzverchromt
high polymer *{obs}* Hochpolymer[es] *n*, Hochpolymerisat *n*, Riesenmolekül *n*, Makromolekül *n {MG > 10000}*
high-potassium kalireich
high-power laser Hochleistungs-Laser *m*, Laser-Großgerät *n*
high-power X-ray tube Hochleistungsröntgenröhre *f*
high-powered microscope hochauflösendes Mikroskop *n*, stark vergrößerndes Mikroskop *n*
high pressure Hochdruck *m*
high-pressure arc Hochdruckbogen *m*
high-pressure bottled oxygen Hochdruck-Flaschensauerstoff *m*
high-pressure burner Hochdruckbrenner *m*
high-pressure capillary viscosimeter Hochdruck-Kapillarviscosimeter *n*
high-pressure casing Hochdruckmantel *m*
high-pressure chemistry Hochdruckchemie *f { > 10 kbar}*
high-pressure compacting Hochdruckverdichtung *f {Polymer}*
high-pressure compressor Hochdruckverdichter *m*, Hochdruckkompressor *m*
high-pressure cylinder regulator Druckminderer *m* für Hochdruckgasflaschen *fpl*
high-pressure discharge Hochdruckentladung *f*
high-pressure equilibrium still Hochdruckgleichgewichts-Destillierapparat *m*
high-pressure gas Preßgas *n*
high-pressure glow discharge Hochdruckglimmentladung *f*
high-pressure heat exchanger Hochdruckwärmeaustauscher *m*
high-pressure hose Hochdruckschlauch *m*
high-pressure hydrogenation Hochdruckhydrierung *f {Mineralöl}*
high-pressure injection Hochdruckinjektion *f*
high-pressure ionization ga[u]ge Ionisationsvakuummeter *n* für hohe Drücke *mpl*
high-pressure laminate Hochdrucklaminat *n*, Hochdruckschicht[preß]stoff *m {8-14 MN/m²}*
high-pressure liquid chromatography Hochdruckflüssig[keits]chromatographie *f*, Hochleistungsflüssigchromatographie *f*, schnelle Flüssig[keits]chromatographie *f*
high-pressure main Hochdruckleitung *f*
high-pressure measuring equipment Hochdruckmeßgerät *n*
high-pressure mercury [vapor] lamp Hochdruckquecksilberdampflampe *f*, Hochdruckquecksilberlampe *f*, Hochdruckquecksilberbrenner *m*, Quecksilber-Hochdrucklampe *f {Spek}*
high-pressure metering unit Hochdruckdosieranlage *f*, Hochdruckdosiergerät *n*

high-pressure mixing unit Hochdruckmischanlage *f*
high-pressure mo[u]lding Hochdruckpresse *n*, Hochdruckpreßverfahren *n*
high-pressure piping Hochdruckleitung *f*
high-pressure plant Hochdruckanlage *f*
high-pressure plasticization Hochdruckplastifizierung *f*, Hochdruckplastifikation *f*
high-pressure polyethylene Hochdruckpolyethylen *n*, Hochdruck-PE *n*, HPP, LDPE
high-pressure polymerization Hochdruckpolymerisation *f*
high-pressure process Hochdruckverfahren *n* *{0,1-100 kbar}*
high-pressure pump Hochdruckpumpe *f*, Preßpumpe *f*, Hochdruckförderpumpe *f*, Hochdruckspeisepumpe *f*
high-pressure reactor Hochdruckreaktor *m*
high-pressure reservoir Hochdruckbehälter *m*
high-pressure rotary blower Hochdruck-Umlaufkolbengebläse *n*, Hochdruck-Drehkolbengebläse *n*
high-pressure seal Druckdichtung *f*, Hochdruckdichtung *f*
high-pressure sodium-vapo[u]r lamp Hochdruck-Natriumdampflampe *f*
high-pressure spiral blower Hochdruckschraubengebläse *n*
high-pressure spraying Hochdruckspritzen *n*
high-pressure stage Hochdruckstufe *f*
high-pressure steam Hochdruckdampf *m*, hochgespannter Dampf *m*
high-pressure switch Überdruckschalter *m*
high-pressure synthesis Hochdrucksynthese *f*
high-pressure valve Hochdruckventil *n*
high-pressure vessel Hochdruckbehälter *m*, Hochdruckgefäß *n*
high-purity hochrein
high-purity chemicals hochreine Chemikalien *fpl*, Reinstchemikalien *fpl*
high-purity gas supply Reinstgas-Versorgung *f*
high-purity inert gas hochreines Inertgas *n*
high-quality hochwertig; Qualitäts-
high-quality stainless steel korrosionsbeständiger Edelstahl *m*
high-quality steel Edelstahl *m*
high-quality tool steel Hochleistungsstahl *m*
high rack Hochregal *n*
high-residual-phosphorous copper desoxidiertes phosphorhaltiges Kupfer *n* *{0,1 % P}*
high-resistance hochohmig
high-resistance liquid hochisolierende Flüssigkeit *f* *{Elek}*
high-resolution 1. hochauflösend; 2. Hochauflösung *f*, hohe Auflösung *f* *{Anal}*
high-resolution electron energy loss spectroscopy hochauflösende Elektronenenergie-Verlust-Spektroskopie *f* *{Auflösung 5-10 meV}*, HREELS
high-resolution liquid chromatography hochauflösende Flüssigkeitschromatographie *f*
high-resolution radiometer Strahlenmesser *m* mit hohem Auflösungsgrad *{Instr}*
high-resolution spectrometry hochauflösende Spektrometrie *f*
high-sensitive hochempfindlich
high-sensitivity trace element analysis hochempfindliche Spurenelementanalyse *f*
high-severity cracking Kurzzeit-Crackverfahren *n*
high shelf Hochregalanlage *f*
high-silica glass quarzähnliches Glas *n*
high-solid lacquer High-Solid-Lack *m*
high-solids paint lösemittelarmer Lack *m*, High-Solids-Lack *m* *{der weniger als 30 % Lösemittel enthält}*
high-speed hochtourig, schnellaufend, schnell, schnellbewegt; Schnell-, Hochgeschwindigkeits- *{Tech}*
high-speed centrifuge Schnellschleuder *f*, Schnellzentrifuge *f*, Ultrazentrifuge *f*, Hochleistungszentrifuge *f*
high-speed diffusion pump Hochleistungsdiffusionspumpe *f*
high-speed dryer Schnelltrockner *m*
high-speed extrusion Hochleistungsextrusion *f*
high-speed gear oil Hochleistungsgetriebeöl *n*
high-speed mixer Schnellmischer *m*, Schnellrührer *m*, Schnellmischmaschine *f*, Schnellrührwerk *n*
high-speed piston pump schnellaufende Kolbenpumpe *f*
high-speed press Schnelläuferpresse *f*, Schnellpresse *f*
high-speed printer Schnelldrucker *m* *{EDV}*
high-speed pulverizer Schnelläufer *m* *{Schlägermühle}*
high-speed pumping unit Hochleistungspumpstand *m*
high-speed scale Schnellwaage *f*
high-speed steel Schnellarbeitsstahl *m* *{DIN 4951-4965}*, Schnellschnittstahl *m*, Schnell[dreh]stahl *m*
high-speed stirrer Dissolver *m*, Schnellrührer *m*, Turborührer *m*, Hochgeschwindigkeitsrührer *m*
high-strength hochfest
high-strength alloy *s.* high-tensile alloy
high-strength low-alloy steel hochfester niedriglegierter Stahl *m*
high-strength steel *s.* high-tensile steel
high-sulfur schwefelreich, hochschwefelhaltig, mit hohem Schwefelgehalt *m*; hochgeschwefelt *{Gummi}*
high-sulfur coal Schwefelkohle *f*

high-Tc ceramic superconductor keramischer Supraleiter *m*, Hochtemperatur-Supraleiter *m*
high-temperature Hochtemperatur-
high-temperature aging Wärmelagerung *f*
high-temperature alloy Hochtemperaturlegierung *f*, Superlegierung *f {mindestens 500 °C}*
high-temperature carbonization Hochtemperaturverkokung *f*, HT-Verkokung *f*, Normalverkokung *f*; Hochtemperaturentgasung *f*
high-temperature chemistry Hochtemperaturchemie *f {> 500 °C}*
high-temperature chlorination Hochtemperaturchlorierung *f*
high-temperature coking Hochtemperaturverkokung *f*, HT-Verkokung *f*, Normalverkokung *f*; Hochtemperaturentgasung *f {1000 °C}*
high-temperature corrosion Hochtemperaturkorrosion *f*
high-temperature corrosion resistance Hochtemperatur-Korrosionsbeständigkeit *f*
high-temperature dyeing Hochtemperaturfärben *n*, HT-Färben *n*, HT-Färbeverfahren *n*, Heißfärben *n*
high-temperature fuel cell Hochtemperatur-Brennstoffzelle *f {> 550 °C}*
high-temperature gas-cooled reactor gasgekühlter Hochtemperaturreaktor *m {Nukl}*
high-temperature gas-cooled pebble bed reactor gasgekühlter Hochtemperatur-Kugelhaufen-Reaktor *m*
high-temperature grease Hochtemperatur-Schmierfett *n*, Hochtemperaturfett *n*
high temperature hardness Warmhärte *f*
high-temperature helium cooled reactor heliumgekühlter Hochtemperaturreaktor *m {Nukl}*
high-temperature material Hochtemperaturwerkstoff *m*, hochtemperaturbeständiger Werkstoff *m*
high-temperature phosphate Glühphosphat *n*
high-temperature quenching Thermalhärtung *f*
high-temperature resistance Hochtemperaturbeständigkeit *f*, Hitzbeständigkeit *f*
high-temperature resistant hochtemperaturbeständig
high-temperature resistant adhesive hochtemperaturbeständiger Klebstoff *m*
high-temperature resistant plastic hochtemperaturbeständiger Plast *m*
high temperature resisting steel hochwarmfester Stahl *m*
high-temperature stabilized hochwärmestabilisiert
high-temperature stability Hochtemperaturbeständigkeit *f*, Hochtemperaturfestigkeit *f*, Hitzebeständigkeit *f*, Warmfestigkeit *f {z.B. des Stahls}*
high-temperature strength *s.* high-temperature stability
high-temperature stress-strain curve Warmfließkurve *f {Material}*
high-temperature superconductivity Hochtemperatur-Supraleiter *m*
high-temperature tensile strength Warmfestigkeit *f*
high-temperature vulcanization Hitzevulkanisation *f*, Hochtemperaturvulkanisation *f*
high-temperature yield strength Warmfließgrenze *f*
high-tenacity hochreißfest, hochfest, mit hoher Reißfestigkeit *f {Text}*
high-tenacity film hochzähe Folie *f*, hochreißfeste Folie *f*, HT-Folie *f*
high-tensile alloy hochfeste Legierung *f*
high-tensile steel hochfester Stahl *m*
high tension Hochspannung *f {Elek}*
high-tension arc reaction Hochspannungsflammenreaktion *f*
high-tension battery Anodenbatterie *f*
high-tension cable Hochspannungskabel *n*
high-tension power pack Hochspannungsnetzgerät *n*
high-tension separation elektrostatisches Scheiden *n*
high-tension terminal Hochspannungsklemme *f*
high tin lead bronze Zinnbleibronze *f*
high-toxicity hochtoxisch
high-vacuum hochevakuiert; Hochvakuum- *{133,32-0,133 mPa}*
high-vacuum bitumen Hochvakuumbitumen *n {DIN 55946}*
high-vacuum coater Hochvakuumaufdampfanlage *f*
high-vacuum column still Hochvakuum-Destillationskolonne *f*
high-vacuum connection Hochvakuumverbindung *f*
high-vacuum cut-off Hochvakuumsperre *f*
high-vacuum diffusion pump Hochvakuum-Diffusionspumpe *f*
high-vacuum distillation plant Hochvakuum-Destillationsanlage *f*
high-vacuum fitting Hochvakuumverbindung *f*
high-vacuum fractional distillation fraktionierte Hochvakuumdestillation *f*
high-vacuum fusion process Hochvakuumschmelzverfahren *n {Met}*
high-vacuum grease Hochvakuumfett *n*
high-vacuum growing Hochvakuumzüchtung *f {Krist}*
high-vacuum installation Hochvakuumanlage *f*
high-vacuum joint Hochvakuumverbindung *f*
high-vacuum melting method Hochvakuumschmelzverfahren *n {Met}*

high-vacuum metal deposition Vakuumbedampfen *n*, Metallaufdampfen *n*, Metallbedampfung *f*
high-vacuum plant Hochvakuumanlage *f*
high-vacuum precision casting Hochvakuumpräzisionsguß *m*
high-vacuum pump Hochvakuumpumpe *f*
high-vacuum rectifier Hochvakuumgleichrichter *m*
high-vacuum sintering furnace Hochvakuumsinterofen *m*
high-vacuum still Hochvakuumdestilliergerät *n*
high-vacuum stopcock Hochvakuumhahn *m*
high-vacuum valve Hochvakuumventil *n*
high-value added product hochveredeltes Produkt *n*
high-value speciality hochwertiges Produkt *n*
high-velocity Hochgeschwindigkeits-, Schnell-
high-velocity thermocouple [suction pyrometer] Pyrometer *n* für Temperaturmessungen an schnellströmenden Gasen, Absaugpyrometer *n* *{Instr}*
high-viscosity 1. hochviskos, hochzähflüssig, von hoher Viskosität *f*; 2. Zähflüssigkeit *f*
high-viscosity materials Dickstoffe *mpl*
high-viscosity road tar hochviskoses Straßenpech *n {DIN 55946}*, hochviskoser Straßenteer *m {obs}*
high-viscous hochviskos, hochzähflüssig, von hoher Viskosität *f*
high-volatile leichtflüchtig, hochflüchtig
high-volatile bituminous coal hochflüchtige bituminöse Kohle *f*, hochgashaltige bituminöse Kohle *f {DIN 23003; < 67 % C, 23900 - 32400 kJ/kg}*, Gaskohle *f*
high-volatile coal Flammkohle *f {DIN 22005}*
high voltage Hochspannung *f {> 1keV}*; *s.a.* high-tension
high-voltage arc Hochspannungsbogen *m*, Hochspannungslichtbogen *m*
high-voltage current Hochspannungsstrom *m*; Starkstrom *m*
high-voltage discharge Hochspannungsentladung *f*
high-voltage power arc Hochspannungsstarkstrombogen *m*
high-voltage protection Hochspannungsschutz *m*, Schutz *m* gegen Hochspannung *f*
high-voltage spark discharge Hochspannungsfunkenentladung *f*
high-voltage spark excitation Hochspannungsfunkenanregung *f {Spek}*
high-voltage spark generator Hochspannungsfunkenerzeuger *m*
high-voltage test Hochspannungsprüfung *f*; Wicklungsprüfung *f {DIN 42005}*
high wet modulus fiber Hochnaßmodul-Faser *f*
high-yield mit hoher Ausbeute, ergiebig; Hochausbeute-
high-yield strength steel hochfester Stahl *m*
Higher Administrative Court Verwaltungsgerichtshof *m {D}*
higher alcohol höherer Alkohol *m*
higher grade steel Edelstahl *m*
higher harmonic current Oberstrom *m*
higher harmonic voltage Oberspannung *f*
higher heating value oberer Heizwert *m*, spezifischer Brennwert *m {Thermo}*
higher-melting höherschmelzend, schwerer schmelzbar
higher-membered höhergliedrig, vielgliedrig
higher-order reaction Reaktion *f* höherer Ordnung *f {n > 2}*
higher-value-added products veredelte Erzeugnisse *npl*, hochwertige Produkte *npl*
highest-grade aluminium Reinstaluminium *n*, Fünfneuner-Aluminium *n {> 99,99 %}*
highly höchst, sehr, äußerst
highly active waste hochradioaktiver Abfall *m*
highly branched stark verzweigt
highly carburized hochgekohlt *{Met}*
highly compressed hochverdichtet
highly concentrated hochgradig
highly cross-linked hochvernetz, stark vernetzt *{Polymer}*
highly cross-linked polymer stark quervernetztes Polymer[es] *n*, hochvernetztes Polymer[es] *n*
highly dangerous lebensgefährlich
highly dispersed hochdispers
highly dispersed silicic acid hochdisperse Kieselsäure *f*
highly expansible stark ausdehnend
highly explosive hochexplosiv, brisant
highly flammable hochentzündlich, leich brennbar *{Flammpunkt < 32 °C}*
highly fluid dünnflüssig *{DIN 51419}*
highly plastic hochplastisch
highly polished feinstpoliert
highly porous hochporös
highly purified hochgereinigt, hochrein
highly purified element Reinstelement *n*, Element *n* höchster Reinheit *f*
highly purified material Reinststoff *m*, Reinstsubstanz *f*
highly radioactive hochgradig radioaktiv, stark radioaktiv, hochaktiv, heiß
highly scented soap stark parfümierte Seife *f*
highly selectiv hochselektiv
highly sensitive hochempfindlich; extrem ansprechbar
highly stressed hochbeansprucht
highly viscous hochviskos, hochzähflüssig, von hoher Viskosität *f*, äußerst zähflüssig
highly volatile hochflüchtig, leichtflüchtig

Hildebrand electrode Hildebrand-Elektrode f *{Pt-H_2-Elektrode}*
Hildebrand function *s.* Hildebrand rule
Hildebrand rule Hildebrandsche Regel *f {Thermo}*
Hildebrand solubility parameter Hildebrand-Parameter *m {(H-RT)/V in $J/cm^{3/2}$}*
Hill system Hillsches System *n {Alphabetisierung von chemischen Formeln}*
hillaengsite Hillängsit *m {obs}*, Dannermorit *m {Min}*
hinder/to [be]hindern, hemmen, verhindern; aufhalten
hindered sedimentation *s.* hindered settling
hindered settling gestörtes Sedimentieren *n*, behindertes Absetzen *n*, gestörte Sedimentation *f*
hindered-settling classifier Horizontalschlämmer *m*
hindering Hinderung *f*, Behinderung *f*, Hemmnis *n*
hindrance Behinderung *f*, Hemmung *f*, Hindernis *n*, Hinderung *f*
steric hindrance sterische Hinderung *f {Stereochem}*
hinge Angel *f {z.B. Türangel}*, Haspe *f*, Gelenk *n {Tech}*; Scharnier *n {Tech, Geol}*
hinged schwenkbar *{um einen Zapfen}*; angelenkt, gelenkig [befestigt]; klappbar, aufklappbar
hinged bolt Gelenkbolzen *m*, Gelenkschraube *f*, Klappschraube *f*
hinged bolt connection Klappschraubenverschluß *m*
hinged cover Klappdeckel *m*, Scharnierdeckel *m*
hinged pipe Gelenkrohr *n*
hinged pressure-relieve flap Berstklappe *f*
hinged valve Drehklappe *f*
hinoki oil Hinokiöl *n*
hinokic acid Hinokisäure *f {Sesquiterpensäure}*
hinokiflavone Hinokiflavon *n {Biflavonyl}*
hinokinin Hinokinin *n*
hinokitol <$C_{10}H_{12}O_2$> Hinokitol *n*
Hinsberg reaction Hinsberg-Reaktion *f {Sulfonylhalogenierung von Aminen}*
Hinsberg test Hinsberg-Probe *f {RNH_2, RR'NH, RR'R''N-Unterscheidung}*
hinsdalite Hinsdalit *m {Min}*
hintzeite Hintzeit *m {obs}*, Kaliborit *m {Min}*
hiochic acid Hiochisäure *f*
hiortdahlite Hiortdahlit *m {obs}*, Guarinit *m {Min}*
hippurate Hippurat *n*, hippursaures Salz *n*, Hippursäureester *m*
hippurate hydrolyse *{EC 3.5.1.35}* Hippurathydrolase *f*
hippuric acid <$C_6H_5CONHCH_2COOH$> *n*-Benzoylglycin *n*, Hippursäure *f*, Benzoylglykokoll *n*, Benzoylaminoessigsäure *f*
ester of hipuric acid Hippurat *n*, Hippursäureester *m*
salt of hippuric acid Hippurat *n*
hippuricase *{EC 3.5.1.14}* Hippuricase *f*, Aminoacylase *f*, Histozym *n*
hippuritic limestone Hippuritenkalk *m {Min}*
hippuroyl *{IUPAC}* Hippuroyl-
hippuryllysine methyl ester Hippuryllysinmethylester *m*
hiptagenic acid <$O_2N(CH_2)_2COOH$> Hiptagensäure *f*, 3-Nitropropansäure *f*
hiptagin <$C_{10}H_{14}N_2O_9$> Hiptagin *n*
hircine 1. Hircin *n*, Hircit *m {fossiles Harz}*; 2. Hircin *n {Geruchsstoff des Ziegentalgs}*
hire/to 1. mieten, belegen *{z.B. Raum}*; mieten, leihen *{gegen Gebühr}*; 2. anstellen, einstellen *{Personen}*
hire-purchase agreement Mietkaufvertrag *m*
Hirsch funnel Hirsch-Filtertrichter *m*, Trichter *m* nach Hirsch
hisingerite Hisingerit *m {Min}*
hispidin <$C_{23}H_{27}NO_3$> Hispidin *n {Indolizin-Alkaloid}*
hispidine <$C_{13}H_{10}O_5$> Hispidin *n {Styrolpyron}*
hiss Zischen *n*, Sausen *n*
histaminase *{EC 1.4.3.6}* Histaminase *f*, Aminoxidase *f {IUB}*, Diaminoxidase *f*
histamine <$C_5H_9N_3$> Histamin *n*, 4-Aminoethylglyoxalin *n*, 1-*H*-Imidazol-4-ethanamin *n {IUPAC}*, 2-(4-Imidazolyl)-ethylamin *n*
histamine dihydrochloride Histamindihydrochlorid *n*
histamine diphosphate Histamindiphosphat *n*
histazylamine hydrochloride <$C_{16}H_{22}N_4O{\cdot}HCl$> Thonzylaminhydrochlorid *n*
histid[in]ase *{EC 4.3.1.3}* Histidase *f*, Histidinammoniaklyase *f*
histidine <$C_6H_8N_3O_2$> Histidin *n*, 2-Amino-3-(4-imidazolyl)-propionsäure *f*, α-Amino-1*H*-imidazolpropionsäure *f*, His
histidine dihydrochloride Histidindihydrochlorid *n*
histochemistry Histochemie *f*, Gewebechemie *f*
histocompatibility antigen Histokompatibilitäts-Antigen *n*, Transplantations-Antigen *n {Immun}*, MHC-Antigen *n*, MHC-Protein *n*
histogenesis Gewebebildung *f*, Histogenese *f*, Histogenie *f {Biol}*
histogenic gewebebildend
histogram Histogramm *n*, Balkendiagramm *n {Statistik}*
histohaematin Histohämatin *n*
histolysis Gewebezerstörung *f*, Gewebszerfall *m*, Histolyse *f*
histolytic histolytisch
histone molecule Histonmolekül *n {Gen}*
histone octamer Histon-Octamer *n {Gen}*

histone proteins Histon-Proteine *npl*
histones Histone *npl {Typen H1, H2A, H2B, H3, H4; DNA-bindende Proteine}*
histoplasmin Histoplasmin *n {Pharm}*
historadiography Historadiographie *f*, Geweberadiographie *f*
history Stoffvorgeschichte *f*, Vorgeschichte *f {z.B. rhelogische eines Stoffes}*; zeitlicher Verlauf *m {z.B. einer Kurve}*
histrionicotoxins Histrionicotoxine *npl*
hit/to schlagen; treffen
hit Schlag *m*, Treffer *m*; Hieb, Stoß *m*
hit theory Treffertheorie *f {Radiologie}*
Hittorf number Hittorfsche Überführungszahl *f*
HIV *{human immunodeficiency virus}* Immundefekt-Virus *n {AIDS-Verursacher; bis Juni 1986 HTLV-III}*
hjelmite Hjelmit *m {Min}*
HLB value Hydrophil-Lipophil-Wert *m*, HLB-Wert *m*
HLSP method Valence-Bond-Methode *f*, HLSP-Verfahren *n*
HM-HDPE hochmolekulares Niederduckpolyethylen *n*
HMDS Hexamethyldisilazan *n*
HMM Hexamethylmelamin *n*, Hemel *n*
HMN Heptamethylnonan *n*
HMO theory HMO-Theorie *f {Valenz}*, Hückel-Molekülorbitaltheorie *f*
HMPT Hexamethylphosphorsäuretriamid *n*
HMTA Hexamethylentetramin *n*
HMTD Hexamethylentriperoxiddiamin *n {Expl}*
HNE Hexanitroethan *n {Expl}*
HNM Hexanitromannit *n {obs}*, Mannithexanitrat *n {Expl}*
HNUA Heptylnonylundecyladipat *n*, HNUA *{DIN 7723}*
HNUP Heptylnonylundecylphthalat *n*, HNUP *{DIN 7723}*
hoarfrost Rauhreif *m*, Reif *m*
hodograph method Hodographen-Verfahren *n {Hydrodynamik}*
hoegbomite Högbomit *m*, Taosit *m*, Ilmenkorund *m {Min}*
Hoffmann kiln Hoffmannscher Ringofen *m*, Hoffmann-Ofen *m {Keramik}*
Hoffmann's drops Hoffmannstropfen *mpl*
Hoffmann's tincture Hoffmannstropfen *mpl*
Hofmann degradation Hofmannscher Abbau *m*, Hofmann-Abbau *m {von $RCONH_2$}*
Hofmann electronic apparatus Hofmannscher Zersetzungsapparat *m*
Hofmann elimination Hofmann-Eliminierung *f {quartäre Amine}*
Hofmann exhaustive methylation [reaction] erschöpfende Methylierung *f*
Hofmann reaction *s.* Hofmann degradation
Hofmann rearrangement Hofmannsche Umlagerung *f {Isocyanat; Elektronensextett-Umlagerung}*
Hofmann rule Hofmann-Regel
Hofmann's violet <$C_{26}H_{32}N_3 \cdot HCl$> Dahlia-Violett *n*, Hofmanns Violett *n*, Triethylrosanilinhydrochlorid *n*
Hofmeister series Hofmeistersche Reihe *f*, lyotrope Reihe *f*
hohmannite Hohmannit *m {Min}*
hoist/to heben, anheben, hochheben; hochwinden, hochziehen; fördern, zutage heben
hoist 1. Hebezeug *n {z.B. Aufzug, Elevator}*; Hubwerk *n*, Hubvorrichtung *f*, Hebevorrichtung *f*, Hebewerk *n {z.B. eines Krans}*; 2. Fördermaschine *f {Bergbau}*
hoist frame Fördergerüst *n*, Förderturm *m*
hoisting Aufziehen *n*, Aufwinden *n*, Heben *n*
hokutolite Hokutolit[h] *m {obs}*, Angleso-Baryt *m {Min}*
hold/to 1. halten, festhalten; binden *{z.B. Molekül}*; 2. aufnehmen, fassen, [ent]halten; 3. anhalten, dauern; 4. gelten
hold back/to abhalten, zurückhalten
hold-back agent Rückhalteträger *m*
hold-back carrier Rückhalteträger *m*
hold-out Porendichheit *f*; Leimungsgrad *m*, Leimungsfestigkeit *f {Pap}*
hold time *s.* holding time
hold-up capacity Rückhaltevermögen *n*
hold-up in circulation Umlaufstörung *f*
hold-up tank Zwischenspeicher *m*
hold-up time Haltezeit *f*, Stehzeit *f*, Standzeit *f*, Durchgangszeit *f*, Durchlaufzeit *f*, Rückhaltezeit *f*, Aufenthaltszeit *f*, Verweilzeit *f*
holdback 1. [automatische] Rücklaufsicherung *f*, Rücklaufbremse *f {z.B. beim Förderband}*; 2. Rückhalteträger *m {Nukl}*
holder 1. Halter *m*, Haltevorrichtung *f*, Einspannvorrichtung *f {Tech}*; Fassung *f*, Einsatz *m {Elek}*; 2. Behälter *m*; 3. Hülse *f*, Wickelkörper *m*, leerer Garnträger *m {Stützkörper}*; 4. Träger *m*, Ständer *m*
holdfast Halter *m*, Haltevorrichtung *f {z.B. Klammer}*
holding 1. Halten *n*; 2. Holding *f*, Holding-Gesellschaft *f*; 3. Vorrat *m*, Lagerbestand *m*
holding basin Speicherbecken *n*, Rückhaltebecken *n*
holding capacity Fassungsvermögen *n*
holding furnace Warmhalteofen *m*, Warmhaltekammer *f {Met}*
holding magnet Haltemagnet *m*
holding pressure Haltedruck *m*, Formgebungsdruck *m*, Druckstufe II *f*, Nachdruck *m {beim Spritzgießen}*
holding pump Haltepumpe *f {Vak}*
holding tank Auffangbehälter *m*; Speicherbehälter *m*, Vorratsbehälter *m*, Lagertank *m*

holding temperature Entspannungstemperatur *f*; Lager[ungs]temperatur *f*, Aufbewahrungstemperatur *f*
holding time Haltezeit *f*, Verweilzeit *f*, Aufenthaltszeit *f*, Rückhaltezeit *f*, Stehzeit *f*, Standzeit *f*, Durchgangszeit *f*, Durchlaufzeit *f*
holding-up 1. Betriebsinhalt *m*, Haftinhalt *m*, Ruheinhalt *m* *{z.B. der Kolonne}*; 2. Störung *f*, Stau *m*
holding vacuum Haltevakuum *n*
holdup Betriebsinhalt *m*, Haftinhalt *m*, Ruheinhalt *m* *{z.B. der Kolonne}*
hole/to durchlöchern, durchbohren; aushöhlen
hole 1. Loch *n*, Öffnung *f*; Bohrung *f*; 2. Bohrloch *n*; Sprengloch *n*; 3. Lunker *m* *{Gieß}*; 4. Leerstelle *f*, Fehlstelle *f*, Gitterlücke *f* *{Krist}*; 5. Loch *n* *{DIN 41852}*, Defektelektron *n*, Elektronenlücke *f*, Mangelelektron *n* *{Halbleiter}*
hole-burning spectroscopy Schmallinien-Kristall-Spektroskopie *f*
hole density Fehlstellenkonzentration *f*, Löcherdichte *f*, Defektelektronendichte *f*
hole forming pin Lochstift *m*
hole graphite electrode Lochkohlenelektrode *f*
hole punch Lochstanze *f*
hole-type die Lochdüse *f*
holiday 1. Fehlstelle *f* *{in einer Schutzschicht}*, freigelassene Stelle *f* *{z.B. Lackfehlerstelle}*; 2. nicht bedruckte Stelle *f* *{Druckfehler}*
Holland blue Holländerblau *n*, Neublau *n*, Waschblau *n*, Kugelblau *n* *{Stärke mit Ultramarin, Berlinerblau u.a.}*
hollander/to holländern *{Stoff aufbereiten}*
hollander Holländer *m*, Mahlholländer *m*, Messerholländer *m*, Ganzzeugholländer *m*
hollandite Hollandit *m* *{Min}*
hollow/to ausdrehen, aushöhlen, auskehlen, ausarbeiten *{Tech}*
hollow 1. hohl; leer; dumpf, hohl *{klingend}*; 2. Blase *f* *{Gieß}*; 3. Höhlung *f*, Hohlraum *m*; 4. Hohlkörper *m*; 5. Rinne *f*, Vertiefung *f*, Aushöhlung *f*, Aussparung *f*; 6. Einsenkung *f*, Tal *n* *{Geol}*
hollow anode Hohlanode *f*
hollow-cast hohlgegossen
hollow casting Hohlguß *m*
hollow cathode lamp Hohlkathodenlampe *f* *{Spek}*
hollow charge Hohlladung *f* *{Expl}*
hollow cylindrical cathode Hohlzylinderkathode *f*
hollow fiber 1. Hohlfaser *f*; Hohlseide *f* *{Text}*; 2. Ionenaustauschermembran *f*
hollow-fiber reactor Hohlfaser-Reaktor *m* *{Biochem}*
hollow glass Hohlglas *n* *{z.B. Behälterglas}*
hollow-ground hohlgeschliffen
hollow mo[u]ld Gießform *f*, Gußform *f*, Gießwerkzeug *n* *{Kunst}*
hollow prism Hohlprisma *n*
hollow section Hohlprofil *n*, Hohlschnitt *m*
hollow space Hohlraum *m*
hollow spar Hohlspat *m* *{obs}*, Hohlstein *m* *{obs}*, Chiastolith *m* *{Min}*
hollow stone *s.* hollow spar
hollow stopper Hohlstopfen *m*
hollow wall pipe Doppelwandrohr *n*, Hohlwandrohr *n*
holmia 1. <Ho_2O_3> Holmiumoxid *n*, Holmia *f*
holmic Holmium(III)-
holmite Holmit *m* *{Min}*
holmium *{Ho, element no. 67}* Holmium *n*
holmium chloride <$HoCl_3$> Holmiumchlorid *n*
holmium fluoride <HoF_3> Holmiumfluorid *n*
holmium oxalate <$Ho_2(C_2O_4)_3$> Holmiumoxalat *n*
holmium oxide Holmiumoxid *n*
eka-holmium *{obs}* *s.* einsteinium
holmquistite Holmquistit *m*, Lithium-Glaukophan *m* *{Min}*
holocellulose Holocellulose *f* *{Cellulose-Polyosen-Mischung}*
holocrine holokrin *{Physiol}*
holocrystalline holokristallin, vollkristallin
holoedral holoedrisch
holoenzyme Holoenzym *n*, Holoferment *n* *{obs}*
holographic holographisch
holographic grating monochromator holographischer Beugungsmonochromator *m*
holography Holographie *f*
holohedral ganzflächig, holoedrisch, vollflächig *{Krist}*
holohedral crystal Holoeder *n*, Vollflächner[kristall] *m* *{Krist}*
holohedrism Holoedrie *f* *{Krist}*
holohedron Holoeder *n*, Vollflächner *m* *{Krist}*
holohedry Holoedrie *f*, Vollflächigkeit *f* *{Krist}*
holomorphic holomorph
holomycin <$C_7H_6N_2O_2S_2$> Holomycin *n*
holothurins Holothurine *npl* *{Seegurken-Toxine}*
holotrichite Federalaun *m* *{Min}*
holozymase Holozymase *f* *{Biochem}*
homarine Homarin *n*, *N*-Methyl-2-pyridincarbonsäure *f*
homatropine <$C_{15}H_{21}NO_3$> Homatropin *n*, Mandelsäuretropinester *m*, Mandeltropin *n* *{Triv}*, Tropinmandelat *n*
home 1. einheimisch, inländisch; Binnen-, Inlands-; 2. Haus *n*; 3. Ausgangsstellung *f* *{EDV}*
home consumption Inlandverbrauch *m*
home heating fuel Heizöl *n*
homenergic flow homenergische Strömung *f*
homentropic flow homentropische Strömung *f*
homeomorphism Homöomorphismus *m*, topolo-

gische Abbildung *f*, Gleichartigkeit *f {Kristallform}*, Isomorphie *f*
homeomorphous homöomorph
homeopathy Homöopathie *f*
homeostasis Homöostasie *f {Physiol}*
homilite Homilit *m {Min}*
HOMO concept HOMO-Modell *n {highest occupied molecular orbit}*
HOMO LUMO model HOMO-LUMO-Modell *n*, Grenzorbitalkonzept *n {Valenz}*
homoallantoic acid Homoallantoinsäure *f*
homoallantoin Homoallantoin *n*
homoallele Homoallel *n {Gen}*
homoallylic chiral induction Homoallyl-Chiralinduktion *f {4. Atom hinter C=C-Bindung}*
homoanisic acid Homoanissäure *f*
homoanthranilic acid Homoanthranilsäure *f*
homoanthroxanic acid Homoanthroxansäure *f*
homoapocamphoric acid Homoapocamphersäure *f*
homoarginine Homoarginin *n*
homoaporphine alkaloids Homoaporphin-Alkaloide *npl*
homoaromaticity Homoaromatizität *f*
homoasparagine Homoasparagin *n*
homoatomic gleichatomig
homoberberine base Homoberberinbase *f*
homobetaine Homobetain *n*
homocaffeic acid Homokaffeesäure *f*
homocamphenilone Homocamphenilon *n*
homocamphor Homocampher *m*
homocamphoric acid <$C_{11}H_{18}O_4$> Homocamphersäure *f*
homocaronic acid Homocaronsäure *f*
homochelidonine <$C_{21}H_{23}NO_5$> Homochelidonin *n {Alkaloid}*
homocholine Homocholin *n*
homochromic homochrom, gleichfarbig *{bei verschiedenem Molekülaufbau}*; einfarbig
homochromoisomers Homochromoisomere *npl {gleiche Absorptionsspektren bei verschiedenem Molekülaufbau}*
homochromous gleichfarbig, einfarbig, homochrom
homochrysanthemic acid Homochrysanthemsäure *f*
homoconiine Homoconiin *n*
homocumic acid Homocuminsäure *f*
homocuminic acid Homocuminsäure *f*
homocyclic homocyclisch, carbocyclisch, isocyclisch
homocystamine Homocystamin *n*
homocysteine Homocystein *n*, 2-Amino-4-mercaptobuttersäure *f*
homocystine Homocystin *n*
homodetic homodet *{rein peptidartig verknüpfte Cyclopolypeptide}*
homodimer Homodimer *n {Polypeptid}*
homodisperse homodispers
homoeo *s.* homeo
homoeriodictyol Homoeriodictyol *n*
homofenchol Homofenchol *n*
homogallaldehyde Homogallusaldehyd *m*
homogeneity Homogenität *f*, Gleichartigkeit *f*, Einheitlichkeit *f*
homogeneity testing Homogenitätsprüfung *f*, Prüfung *f* auf Homogenität *f*
homogene[ous] homogen, artgleich, einheitlich, gleichartig [zusammengesetz], gleichmäßig, gleichstoffig
homogeneous bond homogene Bindung *f*
homogeneous catalysis homogene Katalyse *f*
homogeneous chemical reaction homogene Reaktion *f*
homogeneous equilibrium homogenes Gleichgewicht *n*
homogeneous iron Homogeneisen *n*
homogeneous mixture homogene Mischung *f*
homogeneous sample homogene Probe *f*
homogeneous solid solution homogener Mischkristall *m*
homogeneous steel Homogenstahl *m*
make homogeneous/to homogenisieren
homogeneously mixed innig gemischt
homogeneousness Homogenität *f*, Gleichartigkeit *f*, Einheitlichkeit *f*
homogenization 1. Homogenisieren *n*, Homogenisierung *f*, gleichmäßiges Durcharbeiten *n*, gleichmäßiges Verteilen *n*, gleichmäßiges Vermischen *n {z.B. von Emulsionen}*; 2. Homogenisierungsglühen *n*, homogenisierendes Glühen *n*, Diffusionsglühen *n*, Barrenhochglühen *n {Met}*
homogenize/to 1. homogenisieren, gleichmäßig durcharbeiten, gleichmäßig vermischen, gleichmäßig verteilen; 2. homogenisierend glühen, diffusionsglühen, homogenisieren *{von Legierungen}*
homogenize by annealing Homogenisierungsglühen *n*, Lösungsglühen *n {Met}*
homogenized milk homogenisierte Milch *f*
homogenizer Homogenisator *m*, Homogenisiermaschine *f*, Homogenisiervorrichtung *f*, Homogenisierungsapparat *m*, Homogenisiermischer *m*, Homogenisieranlage *f {z.B. Emulgiermaschine, Kolloidmühle}*
homogenizing *s.* homogenization
homogenizing zone Ausgleichszone *f*
homogentisic acid <$C_8H_8O_4$> Homogentisinsäure *f*, 2,5-Dihydroxyphenylessigsäure *f*
homogeranic acid Homogeraniumsäure *f*
homogeraniol Homogeraniol *n*
homoglycans Homoglykane *npl {Polysaccharid aus gleichen Baueinheiten}*
homoguaiacol Homoguajacol *n*
homohedral homoedrisch *{Krist}*
homohedrism Homoedrie *f {Krist}*

homohedron Homoeder *n {Krist}*
homoheliotropin Homoheliotropin *n*
homohordenine Homohordenin *n*
homoleptic homoleptisch *{Komplexverbindungen}*
homoleucine Homoleucin *n*
homolevulinic acid Homolävulinsäure *f*
Homolka's base Homolkasche Base *f*, Homolka-Base *f*
homolog Homolog[es] *n*
homologous homolog
homologous nucleotide sequence homologe Nucleotidsequenz *f*
homologous pair of lines homologes Linienpaar *n*, übereinstimmendes Linienpaar *n {Spek}*
homologous series homologe Reihe *f*
homologue Homolog[es] *n*
homologues homologe Verbindungen *fpl*
homologues of benzene Schwerbenzol *n {Mineralöl}*
homology Homologie *f*
homolysine Homolysin *n*
homolysis Homolyse *f*, homolytische Bindungsspaltung *f*
homomenthene Homomenthen *n*
homomenthone Homomenthon *n*
homomeroquinene Homomerochinen *n*
homomesitone Homomesiton *n*
homomesityl oxide Homomesityloxid *n*
homomorphic homomorph, gleichgestaltig, gleichartig, gleichförmig
homomorphism Homomorphismus *m {Math}*
homomorpholine Homomorpholin *n*
homomorphous gleichartig, gleichgestaltig, homomorph
homomuscarine Homomuscarin *n*
homonataloin **<$C_{22}H_{24}O_9$>** Homonataloin *n*
homoneurine Homoneurin *n*
homonicotinic acid Homonicotinsäure *f*
homonorcamphoric acid Homonorcamphersäure *f*
homonuclear molecule homonukleares Molekül *n {Molekül aus gleichen Atomen oder Atomgruppen}*
homonymic homonym, gleichnamig
homonymous homonym, gleichnamig
homophorone Homophoron *n*
homophthalic acid **<$HOOCCH_2C_6H_4COOH$>** Homophthalsäure *f*
homophthalimide Homophthalimid *n*
homopinene Homopinen *n*
homopinol Homopinol *n*
homopiperidine Homopiperidin *n*
homopiperonal Homopiperonal *n*
homopiperonyl alcohol Homopiperonylalkohol *m*
homopiperonylamine Homopiperonylamin *n*
homopiperonylic acid Homopiperonylsäure *f*
homoploidy Homoploidie *f*
homopolar gleichpolig, homöopolar, unpolar, kovalent *{Valenz}*; unipolar, gleichpolar, elektrisch symmetrisch *{Elek}*
homopolar bond Atombindung *f*, homöopolare Bindung *f*, kovalente Bindung *f*, unpolare Bindung *f*, Elektronenpaarbindung *f*
homopolar linkage *s.* homopolar bond
homopolymer Homopolymer[es] *n*, Homopolymerisat *n*, Unipolymer[es] *n*
homopolymer resin *{ISO 1269}* Homopolymerharz
homopolymerization Homopolymerisation *f*, Isopolymerisation *f {obs}*
homopolymerization rate constant Geschwindigkeitskonstante *f* der Homopolymerisationsreaktion *f*
homopolysaccharide Homopolysaccharid *n*
homopterocarpine Homopterocarpin *n*
homopyrocatechol **<$H_3CC_6H_3(OH)_2$>** Homobrenzcatechin *n*, Dihydroxytoluol *n*
homoquinoline Homochinolin *n*
homoquinolinic acid Homochinolinsäure *f*
homosalicylaldehyde **<$H_3CC_6H_3(OH)COOH$>** Cresotinsäure *f*, Homosalicylaldehyd *m*
homosalicylic acid Homosalicylsäure *f*
homosaligenin Homosaligenin *n*, Salicylalkohol *m*
homosekikaic acid Homosekikasäure *f*
homoserine **<$C_4H_9NO_3$>** Homoserin *n*, 2-Amino-4-hydroxybuttersäure *f*
homospecificity Homospezifität *f*
homotaraxasterol **<$C_{25}H_{40}O$>** Homotaxasterin *n*
homoterephthalic acid Homoterephthalsäure *f*
homoterpenylic acid Homoterpenylsäure *f*
homoterpineol Homoterpineol *n*
homotetrophan Homotetrophan *n*
homotope Homotop *n {Periodensystem}*
homotopic homotop, stereohomotop *{Stereochem}*
homotropic enzyme homotropes Enzym *n {Substrat dient als allosterischer Reflektor}*
homotropine Homotropin *n*
homovanillic acid **<$C_9H_{10}O_4$>** Homovanillinsäure *f*, (4-Hydro-3-methoxyphenyl)-essigsäure *f*
homovanillin Homovanillin *n*
homoveratrylamine **<$(CH_3O)_2C_6H_3(CH_2)_2NH_2$>** Homoveratrylamin *n*, 3,4-Dimethoxyphenylmethylamin *n*
homoveratryl alcohol Homoveratrylalkohol *m*
homoverbanene Homoverbanen *n*
hone 1. Wetzstein *m*, Abziehstein *m*, Schleifstein *m*; 2. Honahle *f {Tech}*
honey Honig *m*
artificial honey Kunsthonig *m*
clarified honey Honigseim *m*
crystallized honey Zuckerhonig *m*

liquid honey Honigseim *m*
honeycomb 1. wabenartig; Waben-; 2. Wabe *f*, Bienenwabe *f*, Honigwabe *f*; 3. Waffelmuster *n* *{Text}*; 4. Wabe *f* *{für Stützstoffelemente}*
honeycomb adhesive Klebstoff *m* für Wabenstrukturen *fpl*
honeycomb structure Wabenstruktur *f*, wabenförmige Struktur *f*, wabenartige Struktur *f*, Bienenwabenstruktur *f*; Wabenbauweise *f*, Verbundplattenbauweise *f*
honeycombed löcherig, lunkerig, blasig, wabenartig, wabenförmig, zellenförmig; Bienenkorb-
honeydew 1. Honigtau *m*; 2. helles Rosa-Orange *n*
honeystone **<$Al_2C_{12}O_{18}\cdot18H_2O$>** Honigstein *m*, Melichromharz *n*, Aluminiummellat *n*, Mellit *m* *{Min}*
honing Honen *n* *{Ziehschleif-Feinarbeiten}*
honing oil Honöl *n*
honor/to [ver]ehren, beehren
hood 1. Abzug *m* *{für Abgase}*, Abzug[s]schrank *m*, Digestorium *n*; 2. Haube *f*, [Schutz-]Kappe *f*, Deckel *m*, Kuppel *f*; 3. Rauchfang *m*, Dunst[abzugs]haube *f*, Verdunstungshaube *f* *{Tech}*; Motorhaube *f*, Kühlerhaube *f* *{Auto}*; 4. Stiel *m* *{Schmelz- und Arbeitswannendurchlaß; Glas}*; 5. Kapuze *f*; Schurz *m* *{Schutz}*
hood pressure test Hüllentest *m*, Haubenlecksuchverfahren *n*, Haubenleckprüfung *f*
hood-type furnace Haubenofen *m*
removable hood Kappe *f*
hoof [and horn] meal Hufmehl *n*, Klauenmehl *n*, Rinderklauenmehl *n*
hook/to einhaken, zuhaken; anhaken
hook 1. Haken *m*, Einhängehaken *m*; 2. Platine *f* *{Text}*; Ergänzungsprogramm *n*, nachgefügtes Programmteil *n* *{EDV}*
hook link chain Hakenkette *f*
Hooke's law Hookesches Gesetz *n*, lineares Elastizitätsgesetz *n*, lineares Spannungs-Dehnungs-Gesetz *n*
hooked krumm, hakenförmig
Hooker [diaphragm] cell Hooker-[Diaphragma-]Zelle *f* *{Alkalichloridelektrolyse}*
hoop/to bereifen
hoop 1. Faßreifen *m*, Faßband *n*; 2. Öse *f*; Reifen *m*, Ring *m*; 3 Umreifungsband *n*, Spannband *n* *{am Faß}*; 4. Bandeisen *n* *{Verpackung}*; 5. Käseform *f* *{Lebensmittel}*
hoop drop relay Fallbügelregler *m*
hoop iron Bandeisen *n*, Bandblech *n*, Eisenband *n*; Reifeisen *n*
hoop steel Bandstahl *m*
hoop stress Ringspannung *f* *{in Rohren}*, Rohrwandbeanspruchung *f*, Vergleichsspannung *f*, zulässige Wandbeanspruchung *f* *{Materialprüfung}*
Hoopes process Hoopes-Verfahren *n* *{Aluminium-Raffinationselektrolyse}*
hop 1. Hopfen *m*, Gemeiner Hopfen *m*, Humulus lupulus L. *{Bot}*; 2. [kurzer] Sprung *m* *{z.B. in Kristallen}*; Etappe *f*
hop bitter Hopfenbitter *n*, Hopfenbitterstoff *m*
hop bitter acids Hopfen[bitter]säuren *fpl*
hop dust Hopfenmehl *n*
hop extracting apparatus Hopfenentlauger *m* *{Brau}*
hop kiln Hopfendarre *f* *{Brau}*
hop oil Hopfenöl *n*
hopane **<$C_{30}H_{52}$>** Hopan *n*, Neogammaceran *n* *{Triterpene aus Ölschiefer}*
3,6,16,22-hopanetetrol 3,6,16,22-Hopantetrol *n*, Bacteriohopantetrol *n*
hopanoids Hopanoide *npl*, Geohopanoide *npl*
hopcalite 1. Hopcalit *n* *{$MnO_2/CuO/CoO/Ag_2O$-Katalysator in Gasmasken}*; 2. Hopcalit *n* *{60 % MnO_2/40 % CuO-Mischung}*
hopeine *s.* morphine
hopeite Hopeit *m* *{Min}*
hopene Hopen *n*
hopenol Hopenol *n*
hopenone Hopenon *n*
hopper 1. Trichter *m*, Fülltrichter *m*, Schütttrichter *m*, Einfülltrichter *m*, Speisetrichter *m*, Beschickungstrichter *m*; Trichteraufsatz *m*; 2. Silo *m n*, Behälter *m* *{mit Untenentleerung}*, trichterförmger Bunker *m*
hopper-bottomed tank Behälter *m* mit trichterförmigem Boden *m*
hopper car Bodenentlader *m*, Bodenentleerer *m*
hopper cart Muldenwagen *m*
hopper dryer Trichtertrockner *m*, Trockeneinrichtung *f* im Beschickungstrichter *m*
hopper gate valve Flachschieberverschluß *m* *{Trichter}*
hopper mill Trichtermühle *f*
hopper scale Behälterwaage *f*
hopper vibrator Kübelschüttelvorrichtug *f*, Trichterschüttelvorrichtung *f*
hopping 1. Hüpfvorgang *f*, Hopping *n* *{Ladungstransport in polaren Stoffen}*; 2. Hopfen *n*, Versetzen *n* mit Hopfen *m* *{Brau}*
Höppler viscosimeter Höppler-Viskosimeter *n*, Kugelfallviskosimeter *n* nach Höppler
horbachite Horbachit *m* *{Min}*
hordeine Hordein *n* *{Gersten-Prolamin}*
hordenine **<$OHC_6H_4CH_2CH_2N(CH_3)_2$>** Hordenin *n*, Peyocactin *n*, Cactin *n*, Eremursin *n*, Anhalin *n* *{4-(2-Dimethylaminoethyl)-phenol}*
hordenine sulfate **<$C_{10}H_{15}NO\cdot H_2SO_4\cdot2H_2O$>** Hordeninsulfat *n*
Horecker cycle Pentosephosphat-Weg *n* *{Physiol}*
horizontal 1. horizontal, waagerecht; Horizont-; 2. Horizontale *f*, Waagerechte *f*

horizontal chromatography Horizontal-Papierchromatographie *f*
horizontal filter-bag centrifuge Stülpenbeutelzentrifuge *f*
horizontal kiln Plandarre *f {Brau}*
horizontal line Horizontale *f*, Waag[e]rechte *f*
horizontal plane Horizontalebene *f*, Horizontale *f {eine Ebene}*
horizontal ribbon mixer Horizontalbandmischer *m*
horizontal rotary filter Schüsselfilter *n*
horizontal row Horizontalreihe *f {einer Matrix}*
horizontal section Grundriß *m*, Horizontalschnitt *m*
horizontal sieve Plansieb *n*
horizontal-tube coil liegende Rohrschlange *f*
horizontal-tube evaporator Horizontalrohrverdampfer *m*
horizontal vibratory sieve Planschwingsieb *n*
hormonal hormonal, hormonell, hormonartig; hormonhaltig
hormonal action Hormonwirkung *f*
hormonal induction hormonale Induktion *f*
hormone Hormon *n {Biochem, Med}*
hormone balance Hormongleichgewicht *n*, Hormonhaushalt *m {Physiol}*
hormone preparation Hormonpräparat *n*
administration of hormone Hormongabe *f {Med}*
adrenal cortex hormones adrenocorticale Hormone *npl*, Corticosteroide *npl*
adrenocorticotropic hormone adrenocorticotropes Hormon *n*, ACTH,
antidiuretic hormone antidiuretisches Hormon *n*, Adiuretin *n*, Vasopressin *n {Octapeptid}*
corpus luteum hormone gelbkörpererzeugendes Hormon *n*
food hormone Vitamin *n*
plant hormone Pflanzenhormon *n {Auxin, Cytokinin usw.}*, Pflanzen-Wachstumsregulator *m*
hormonic hormonal
hormonic activity Hormonwirkung *f*
horn 1. Horn *n*; 2. Horn *n*, Hupe *f*, Signalhorn *n*; 3. Schalltrichter *m*; 4. Elektrodenarm *m {Schweißen}*
horn charcoal Hornkohle *f*
horn coal Hornkohle *f*
horn lead Hornblei *n {obs}*, Bleihornerz *n*, Phosgenit *m {Min}*
horn-like hornähnlich, hornig
horn meal Hornmehl *n {Dünger}*
horn parchment Hornpergament *n*
horn quicksilver Quecksilberhornerz *n {obs}*, Merkurhornerz *n {obs}*, Quecksilberspat *m*, Hornquecksilber *n*, Kalomel *n {Min}*
horn shavings Hornabfall *m*, Hornschabsel *npl*, Hornspäne *mpl*
horn silver Hornsilber *n*, Cer-Argyrit *m*, Hornerz *n {obs}*, Silberhornerz *n {obs}*, Chlorargyrit *m {Min}*
horn slate Hornschiefer *m {Min}*
hornblende [gemeine] Hornblende *f*, Schörlblende *f {Min}*
hornblende schist Hornblendeschiefer *m {Min}*
hornblende slate Hornblendeschiefer *m {Min}*
hornet poison Hornissengift *n*
hornfels Hornfels *m {Geol}*
hornstone Hornstein *m {Min}*
hornstone porphyry Horn[stein]porphyr *m {Min}*
horny hornartig, hornig; schwielig
horny agate Hornachat *m {Min}*
horny skin Hornhaut *f*
horse chestnut Roßkastanie *f {Aesculus hippocastanum}*
horse chestnut oil Roßkastanienöl *n*
horse fat Pferdefett *n*
horse grease Pferdefett *n*
horse serum Pferdeserum *n*
horsebane Roßfenchel *m {Bot}*
horsefordite Horsefordit *m {Min}*
horseheal Inula *f {Inula elecampane}*
horsemint oil Monardaöl *n*, Wildbergamottöl *n {US: Monarda punctata; Europa: Mentha longifolia und M. aquatica}*
horsepower Pferdekraft *f*, Pferdestärke *f*, *{obs, Leistungseinheit = 745,699 W}*
boiler horsepower Dampferzeuger-Pferdestärke *f {obs; = 9809,5 W}*
metric horspower Pferdestärke *f*, metrische Pferdestärke *f {obs; = 735,5 W}*
horseradish Meerrettich *m {Armoracia rusticana}*
horseradish oil Meerrettichöl *n*
horseradish peroxidase Meerrettichperoxidase *f {Biol}*
horseshoe Hufeisen *n*
horseshoe agitator Ankerrührer *m*, Ankerrührwerk *n*, U-Rührwerk *n*, Ankermischer *m*, U-Mischer *m*
horseshoe magnet Hufeisenmagnet *m*
horseshoe mixer *s.* horseshoe agitator
horse-shoe shaped abgeschrägt; hufeisenförmig
horticultural spray Gartenbau-Sprühmittel *n*
Horton sphere Hortonsphäroid *n {kugelförmiger Drucktank, meist auf Stelzen}*
hortonolite Hortonolith *m {Min}*
Hortvet cryoscope Hortvet-Kryoskop *n {Gefrierpunktserniedrigung}*
Hortvet sublimator Hortvet-Sublimationsmesser *m*
hose Schlauch *m*
hose clamp Schlauchklemme *f*

hose clip Schlauchschelle *f*
hose connection Schlauchanschluß *m* *{DIN 8542}*, Schlauchverbindung *f*
hose coupler Schlauchkupplung *f*, Schlauchverbindung *f* *{DIN 8542}*f, Schlauchanschluß *m*
hose coupling Schlauchtülle *f*; Olive *f* *{ein Glasrohr, das zwei Schläuche verbindet}*
hose coupling screw thread Schlauchanschlußgewinde *n*, Gewinde *n* für Schlauchkupplung *f*
hose heating unit Schlauchbeheizung *f* *{Lab}*
hose nipple Schlauchtülle *f*, Schlauchwelle *f*
hose nozzle *s.* hose nipple
hose pipe Schlauchleitung *f*, Schlauch *m*
hose press clamp Quetschhahn *m*
acid-proof hose Säureschlauch *m*
hosemiazide Hosemiazid *n*
host 1. Wirt *m* *{Biol, Chem}*; 2. Wirtsmaterial *n*, Wirtssubstanz *f*, Grundmaterial *n*; 3. Datenbankanbieter *m* *{EDV}*
host change Wirtswechsel *m* *{Biol}*
host-guest complex Einschlußverbindung *f*, Inklusionsverbindung *f*
host-guest inclusion Einschlußverbindung *f*, Inklusionsverbindung *f*
host molecule Wirtsmolekül *n*
host organism Wirtsorganismus *m* *{Biol}*
intermediate host Zwischenwirt *m*
hot 1. heiß; 2. stark radioaktiv, heiß, hoch[radio]aktiv *{Nukl}*; 3. saugend, saugfähig *{Oberfläche}*; 4. unter Strom *m* [stehend], stromdurchflossen; 5. heißgelaufen *{z.B. Lager}*; 6. ausgasend, Methan *n* abgebend *{Bergbau}*; 7. scharf *{stark gewürzt; Lebensmittel}*; 8. frisch, warm *{z.B. Spur}*
hot acid Heißsäure *f* *{HCl; 93 - 149 °C, Erdöl}*
hot air Heißluft *f*, Warmluft *f*
hot-air bath Heißluftbad *n*
hot-air cabinet Heißluftschrank *m*, Trockenschrank *m*
hot-air chamber 1. Heißluftraum *m*, Heißluft[trocken]kammer *f*; Mansardentrockner *m* *{Text}*; 2. Darrsau *f*, Sau *f*, Wärmekammer *f* *{Brau}*
hot-air curing Heißluftvulkanisation *f*
hot-air double-wall sterilizer doppelwandiges Heißluftsterilisiergerät *n* *{Lab}*
hot-air drying Heißlufttrocknung *f*
hot-air drying plant Heißlufttrockenanlage *f*
hot-air engine Heißluftmaschine *f*, Luftexpansionsmaschine *f*, Luftkraftmaschine *f*, Heißluftmotor *m*, Heißgasmotor *m* *{z.B. Stirling-Motor}*
hot-air funnel Heißlufttrichter *m*
hot-air generator Heißlufterzeuger *m*
hot-air gun Heißluftdusche *f*, Abbrennapparat *m* *{Elek, Farb}*
hot-air heating apparatus Luftheizungsapparat *m*, Luftheizvorrichtung
hot-air kiln Heißluftdarre *f* *{Brau}*
hot-air main Heißwindleitung *f*
hot-air motor *s.* hot-air engine
hot-air prefoaming Heißluftvorschäumen *n* *{treibmittelhaltiges Polystyrolgranulat}*
hot-air sterilizer Heißluftsterilisiergerät *n*, Heißluft-Sterilisator *m* *{DIN 58947}*, Heißluftsterilisierschrank *m*
hot-air tunnel Heißluft[düsen]kanal *m*
hot ashes Glutasche *f*
hot atom heißes Atom *n*, hochenergiereiches Atom *n*, hoch angeregtes Atom *n*
hot-atom chemistry Chemie *f* der hochangeregten Atome *npl*, Chemie *f* der heißen Atome *npl*, Heiße-Atom-Chemie *f*
hot-bearing grease Heißlagerfett *n*
hot bed 1. Kühlbett *n*; Warmlager *n*; 2. Frühbeet *n*, Mistbeet *n* *{Agri}*
hot-bending test Warmbiegeprobe *f*
hot blast 1. Heißluft *f*, Heißwind *m* *{z.B. in einem Kupolofen}*, heiße Gebläseluft *f*, heißer Gebläsewind *m*; 2. Fön *m*, Heißluftgebläse *n*
hot-blast stove Cowper *m*, [steinerner] Winderhitzer *m*, Hochofenwinderhitzer *m*
hot-blast period Warmblaseperiode *f*
hot-brittle heißbrüchig, warmbrüchig, warmspröde
hot-bulb ignition Glühkerzenzündung *f*, Glühkopfzündung *f*
hot catchpot Heißabscheider *m*
hot cathode Glühkathode *f*, Glühelektrode *f*
hot-cathode ionization ga[u]ge Glühkathoden-Ionisationsvakuummeter *n*
hot-cathode magnetron ionization ga[u]ge Magnetron-Ionisationsvakuummeter *n* mit Glühkathode *f*, Lafferty-Ionisationsvakuummeter *n*
hot-cathode [vacuum] tube Glühkathodenröhre *f*
hot caustic soda heiße Natronlauge *f*
hot charge warmer Einsatz *m*
hot chromatography Heißchromatographie *f*
hot chromic acid heiße Chromsäure *f*
hot-clay contacting process Heißkontaktverfahren *n* *{Mineralöl}*
hot coat Heißspritzlack *m*
hot-compacting press Warmpreßmaschine *f*
hot-contact process Heißkontaktverfahren *n* *{Mineralöl}*
hot cooling Siedekühlung *f*
hot corrosion Hochtemperaturkorrosion *f*, Heißkorrosion *f*
hot crack Heißriß *m*, Wärmeriß *m*
hot-cured mo[u]lded foam Heißformschaumstoff *m*
hot-cured resin Heißpolymerisat *n* *{Dent}*
hot-curing catalyst Heißhärter *m*
hot-cut pelletizer Heißgranuliervorrichtung *f*
hot-cut pellets Heißgranulat *n*

hot-cut water-cooled pelletizer Heißabschlag-Wassergranulierung *f*
hot deseamer Flämmaschine *f*
hot dip *s.* hot-dip galvanization
hot-dip coating Schmelztauchen *n*, Heißtauchen *n {zum Aufbringen organischer Schutzschichten}*, Heißtauchbeschichten *n*; Schmelztauchbeschichten *n*, Schmelztauchmetallisieren *n*, Feuermetallisieren *n*
hot-dip coating bath warmes Eintauchmetallisierungsbad *n*
hot-dip compound Mischung *f* für abstreubaren Tauchüberzug *m*
hot-dip galvanization Feuerverzinkung *f*, Schmelztauchverzinkung *f*, Heißverzinkung *f*
hot-dip galvanized feuerverzinkt, heißverzinkt *{z.B. Stahl}*
hot-dip galvanizing *s.* hot-dip galvanization
hot-dip galvanizing bath Zinkbadofen *m*
hot-dip lead coating plant Feuerverbleiungsanlage *f*
hot-dip process Tauchveredelung *f*
hot-dip terne *{ISO 4999}* feuerverbleites Mattblech *n {80 % Pb, 18 % Sn, 2 % Sb}, tauchverbleites Terneblech n*
hot-dip tinning Feuerverzinnung *f*, Schmelztauchverzinnung *f*, Tauchverzinnen *n*
hot-dip tinning bath Zinnbadofen *m*
hot-dip zinc coating *{BS 3083}* Feuerverzinkung *f*, Schmelztauchverzinkung *f*, Heißverzinkung *f*
hot-dipped 1. schmelztauchmetallisiert, feuermetallisiert, schmelztauchbeschichtet; 2. heißgetaucht, schmelgetaucht *{zum Aufbringen organischer Schutzschichten}*
hot-dipped tinplate feuerverzinntes Blech *n*
hot drawing Warmziehen *n {Met, Tech}*; Heißverstreckung *f {Text}*
hot-drawn warmgezogen *{Met}*
hot-ductile warmdehnbar *{Met}*
hot-ductility Warmdehnbarkeit *f {Met}*
hot extraction Heißextraktion *f*
hot-extraction gas analysis Heißextraktionsgasanalyse *f*
hot extraction method *{ISO 787}* Heißextraktionsverfahren *n*
hot extrusion Warmstrangressen *n {Met}*
hot filament Heizdraht *m*, Glühdraht *m*, Glühfaden *m*
hot-filament ionization ga[u]ge Glühkathoden-Ionisationsvakuummeter *n*
hot-filament welding Abschmelzschweißen *n* mit Glühdraht *m*, AS-Schweißen *n* mit Glühdraht *m*, Glühdrahtschweißen *n*, Heizdrahtschweißen *n*, HD-Schweißen *n*, Trenn-Nahtschweißen *n* mit Glühdraht *m*
hot-finishing furnace Warmvergütungsofen *m*
hot floor Trockenboden *m {Keramik}*
hot flue Heißlufttrockenmaschine *f*, Hotflue *f*, Hotflue-Trockner *m {Text}*
hot-forming 1. heiß verformbar; 2. Warmformgebung *f*, Warmverformung *f*, Warmumformen *n*, Warmverarbeitung *f*
hot-forming property Warmverformbarkeit *f*
hot-galvanized feuerverzinkt, tauchverzinkt
hot galvanizing *s.* hot-dip galvanization
hot gas Heißgas *n*, heißes Gas *n*
hot-gas defrosting Abtauen *n* mit Heißgas
hot-gas sintering Heißgassinterverfahren *n*
hot-gas welding Warmgasschweißen *n*, Heißgasschweißen *n*, HG-Schweißen *n*
hot-gate mo[u]lding Heißkanal-Spritzgießen *n*, Heißkanal-Spritzgießverfahren *n*
hot gilding Warmvergoldung *f*
hot glue Heißleim *m*
hot hardness Warmhärte *f*
hot isostatic pressing heißisostatisches Pressen *n*, isostatisches Heißpressen *n*
hot lacquer Heißspritzlack *m*
hot-lime base exchanger Kalk-Basenaustauscher *m*
hot melt Schmelzmasse *f*; Schmelzkleber *m*, Schmelzklebstoff *m*
hot-melt adhesive Heißkleber *m*, Schmelzkleber *m*, Schmelzklebstoff *m*, Warmklebstoff *m {ein thermoplastischer Klebstoff}*
hot-melt coater Heißschmelzbeschichter *m*, Heißschmelz-Beschichtungsmaschine *f*
hot-melt coating 1. Aufschmelzüberzug *m*; Heißtauchschutzschicht *f*; 2. Heißschmelzmasse *f*; Heißtauchmasse *f*, Schmelztauchmasse *f*; 3. Schmelzbeschichten *n*, Schmelzstreichverfahren *n {Pap}*; Heißtauchen *n*, Schmelztauchen *n*
hot-melt plastic Schmelzmasse *f*
hot-melt sealant Schmelzmasse *f*
hot-mo[u]lding Warmpressen *n*, Warmformen *n*; Vollblasen *n*, Festblasen *n {Glas}*
hot-neck grease Heißwalzenfett *n*
hot-oil processing room Heißölfärbraum *m {Text}*
hot-patching 1. Heißvulkanisation *f*; 2. Reparaturpflaster *n* für Heißvulkanisation *f*
hot plate Heizplatte *f*, Wärmeplatte *f*, Warmhalteplatte *f {Lab}*
hot-plate welding Heizplattenschweißen *n*
hot-platinum halogen detector Platin-Halogen-Lecksuchgerät *n {Vak}*
hot-preparation plant Dampfbehandlungsanlage *f {für Ton}*
hot press 1. Prägepresse *f*; 2. Heißpresse *f*, beheizbare Presse *f*; 3. Heißpresse *f*
hot-press mo[u]lded laminate Warmpreßlaminat *n*
hot-press mo[u]lding Heißpreßverfahren *n*, Heißpressen *n*, Warm[form]pressen *n*, Warmpreßverfahren *n {Glas}*

hot-pressed dekatiert, warmgepreßt
hot pressing Heißpressen *n*, Warmpressen *n*
hot pull-up warme Vorspannung *f*
hot-quenching method Thermalhärtung *f*
hot rinse [bath] *{GB}* Heißspülbad *n*, Warmspülbad *n*
hot rinser Heißspüler *m*, Warmspüler *m*
hot-rolled 1. warmgewalzt *{Met}*; 2. satiniert *{Pap}*
hot-rolled sheet warmgewalztes Band *n* *{DIN 1614}*, Warmband *n*
hot-rolled steel warmgewalzter Stahl *m*
hot-rolled steel strip Warmbandstahl *m*
hot-rolled wide strip Warmbreitband *n* *{Met}*
hot-rolled strip warmgewalztes Blech *n* *{DIN 1614}*, warmgewalzter Bandstahl *m*, Warmband *n*
hot roller Dampftrommel *f*, Trockentrommel *f* *{Pap}*
hot-runner mo[u]ld Heißkanal-Spritzgießwerkzeug *n* *{Kunst}*
hot-runner plate Verteilerplatte *f*
hot scale Glührückstand *m* *{Met}*
hot-sealable heiß versiegelbar
hot sealing Heißsiegelverfahren *n*
hot-seal[ing] adhesive Heißssiegelklebstoff *m*, Heißsiegelkleber *m*
hot-sealing wax Heißsiegelwachs *n*
hot setting warmabbindend, heißabbindend, heißhärtend *{Kunst, Anstrichmittel}*
hot-setting adhesive warmabbindender Klebstoff *m*, heißhärtender Klebstoff *m*, heißabbindender Klebstoff *m* *{> 100 °C}*, Warmklebstoff *m*
hot-shaping Warmformgebung *f*
hot-shoe welding Spiegelschweißen *n*
hot-short warmrißanfällig, warmrissig, warmbrüchig, rotbrüchig, heißbrüchig *{Met}*
hot shortness Warmbrüchigkeit *f*, Warmrissigkeit *f*, Rotbrüchigkeit *f*, Heißbrüchgkeit *f*, Heißrißanfälligkeit *f* *{Met}*
hot-shortness crack Warmriß *f*, Warmbruchriß *m*
hot-silvering bath Ansiedesilberbad *n*
hot-soldered heißgelötet
hot spot 1. Heißstelle *f* *{Tech}*; 2. Überwärmungszone *f*, Überhitzungszone *f* *{Nukl}*; 3. Quellpunkt *m* *{Glas}*; Hot-Spot *m* *{Gen}*
hot spraying Heißspritzen *n*, Heißsprühverfahren *n* *{von Anstrichmitteln}*
hot spring Thermalquelle *f* *{> 37 °C}*
hot stage Heiztisch *m* *{Mikroskop}*
hot-stamping lacquer Heißprägelack *m*
hot-strained warmgereckt
hot straining Warmrecken *n*
hot strength Warmfestigkeit *f*
hot stretching Heißverstrecken *n*, Heißrekken *n*
hot stuffing Warmfetten *n* *{Leder}*
hot-swill [bath] *{US}* Heißspülbad *n*, Warmspülbad *n*
hot tack Warmklebrigkeit *f*, Heißklebrigkeit *f*
hot-tack barrier coating *{US}* heißklebende Schutzschicht *f*
hot tear Wärmeriß *m*, Heißriß *m*
hot-tensile strength Warmzerreißfestigkeit *f*
hot test Warmprobe *f*
hot tinning Feuerverzinnen *n*, Schmelztauchverzinnen *n*, Tauchverzinnen *n*
hot-transfer sheet Aufbügelfolie *f*
hot-transverse strength Heißbiegefestigkeit *f*
hot trap Heißfalle *f*
hot vulcanization Heißvulkanisation *f*
hot water Heißwasser *n*, Warmwasser *n*
hot-water apparatus Wasserwärmer *m*
hot-water funnel Heißwassertrichter *m*, Warmwassertrichter *m* *{Lab}*
hot-water generator Heißwassererzeuger *m* *{Vorlauftemperatur bis 110 °C}*
hot-water pump Heißwasserpumpe *f*, Warmwasserpumpe *f*
hot-water resistance Heißwasserfestigkeit *f*, Heißwasserbeständigkeit *f*
hot-water supply Warmwasserversorgung *f*
hot-water tank Warmwasserbehälter *m*, Warmwasserspeicher *m*
hot-water tap Warmwasserhahn *m*
hot well Warmwasserbehälter *m*
hot wire Heizdraht *m*, Glühdraht *m*, Glühfaden *m*
hot-wire ammeter Hitzdrahtamperemeter *n*
hot-wire anemometer Hitzdrahtanemometer *n*
hot-wire cutting Glühdrahtschneiden *n*, Heizdrahtschneiden *n*
hot-wire flow meter Hitzedraht-Durchflußmesser *m*, thermischer Durchflußmesser *m*
hot-wire ionization ga[u]ge Glühkathoden-Ionisationsvakuummeter *n*
hot-wire scissors Glühdrahtzange *f*
hot-wire thermogravitational column Draht-Trennrohr *n*
hot-wire welding *s.* hot-filament welding
hot-work hardening Heißverfestigung *f*
hot workability Warmverarbeitungsfähigkeit *f*, Warmbearbeitungsfähigkeit *f*
hot-workable warmverformbar
hot-worked warm bearbeitet
hot-worked steel Warmarbeitsstahl *m*
hot working 1. Warmverarbeitung *f*; 2. Warmformen *n*, Warmverformung *f*, Warmformgebung *f*; Warmrecken *n* *{Text}*
hot working range Warmumformbereich *m*, Warmverformungsbereich *m*
hot wort receiver Setzbottich *m* *{Brau}*
hot-yield point Warmstreckgrenze *f*
hot-zinced feuerverzinkt

Houben-Hoesch synthesis Houben-Hösch-Synthese *f {Acylierung mit RCN + $ZnCl_2/HCl$}*
Houdresid process Houdresid-Kracken *n {Krack- und Reformierverfahren mit Katalysatorumlauf}*
Houdriflow catalytic cracking Houdriflow-Kracken *n*
houdriforming [reaction] Houdriforming *n*, Houdiformen *n*, Houdiformierung *f {Dehydrieren/Isomerisieren mit Edelmetallkatalysatoren von Mineralöl}*
Houdry butan dehydrogenation Houdry-Einstufendehydrierung *f* von Butan *n {CrO_3/Al_2O_3-Katalysator}*
Houdry fixed-bed catalytic cracking *s.* Houdry process
Houdry hydrocracking Houdry-Hydrokrakken *n {Roherdöl-Kracken/Entschwefeln mit $NiS/Al_2O_3/SiO_2$ oder $CoO/MoO_3/Al_2O_3$-Katalysator}*
Houdry process 1. Houdry-Festbettverfahren *n*, katalytisches Houdry-Krackverfahren *n*; 2. Houdry-Einstufendehydrierungsverfahren *n* für Butan *n*
hourly 1. stündlich; 2. dauernd; 3. Stunden-
hourly rate Stundendurchsatz *m*
hourly throughput Stundendurchsatz *m*
household 1. Haushalts-; 2. Haushalt *m*
household ammonia Salmiakgeist *m*, Ammoniakwasser *n*
household appliance Haushaltsgerät *n*, Gerät *n* für den Hausgebrauch *m*
household appliance paint Haushaltsgerätelack *m*
household chemicals Haushaltschemikalien *fpl*
household cleaners Haushaltsreinigungsmittel *npl*
household cleaning products Haushaltsputzmittel *npl*
household detergent Haushaltswaschmittel *n*
Housekeeper seal Glas-Kupfer-Verschmelzung *f*
housing 1. Gehäuse *n*; 2. Außenteil *n {Tech}*; 3. Einkerbung *f*, Einschnitt *m*
Houston ionization ga[u]ge Houstonsches Ionisationsvakuummeter *n*
howlite Howlith *m {Min}*
HP *s.* horsepower
HPLC *s.* high-pressure liquid chromatography
HRLC *{high resolution liquid chromatography}* hochauflösende Flüssigkeitschromatographie *f*
HTLV-III *{human T-cell lymphotropic virus III}* *s.* HIV
HTV *s.* height of transfer unit
hub 1. Nabe *f*, Radnabe *f*; 2. Spulenkern *m*, Bobby *m*
hubbing Senken *n*, Einsenken *n*, Kalteinsenken *n {Met}*
Huber's reagent Hubersches Reagenz *n {NH_4-Molybdat/k-Ferrocyanid; freie Säure}*
Huckel rule Hückel-Regel *f {Aromatizität}*
Huebl number Iodzahl *f*
Huebl's reagent Hübl-Reagens *n {$I_2/HgCl_2$; Iodzahl}*
Hudson rule Hudson-Isorotationsregel *f {Stereochem; Zucker}*
hudsonite Hudsonit *m {Min}*
hue Ton *m*, Farbton *m*, Farbschattierung *f*, Nuance *f*, Stich *m*, Farbtönung *f*
huebnerite Hübnerit *m*, Permangan-Wolframit *m {Min}*
huegelite Hügelit *m {Min}*
Huey test Huey-Test *m*, Salpetersäurekochversuch *m {Korr; 65 % HNO_3}*
hull 1. Hülse *f*, Samenhülse *f*, Schale *f {Bot}*; 2. Rumpf *m {z.B. eines Flugzeuges}*
Hull cell Hull-Zelle *f {Galvanik}*
hullite Hullit *m {Min}*,
hulsite Hulsit *m {Min}*
human 1. menschlich; Menschen-; 2. Person *f*, Mensch *m*
human growth hormon Wachstumshormon *n*, HGH *{Physiol}*
human immunodeficiency virus *s.* HIV
humate Humat *n*, huminsaures Salz *n*, Huminsäureester *m {Boden}*
humboldtilite Humboldtilith *m {obs}*, Melilith *m {Min}*
humboldtine Eisenresin *m {obs}*, Faserresin *m {obs}*, Humboldtin *m*, Oxalit *m {Min}*
humectant Anfeuchter *m*, Netzer *m*, Netzmittel *n*, Benetzungsmittel *n*; Feuchthaltemittel *n*
humectation Anfeuchtung *f*, Befeuchtung *f*
Hume-Rothery phase Hume-Rothery-Phase *f {Met}*
Hume-Rothery rule Hume-Rothery-Regel *f*
humic humos *{Boden}*; Humus-
humic acids Huminsäuren *fpl*
ester of humic acid Humat *n*, Huminsäureester *m*
salt of humic acid Humat *n*
humic carbon Humuskohle *f {DIN 22005}*, humose Kohle *f*
humic coal Humuskohle *f {DIN 22005}*, humose Kohle *f*
humid naß, feucht, humid
humid air feuchte Luft *f*
humidification Befeuchtung *f*, Anfeuchtung *f*, Feuchtegraderhöhung *f*, Feuchtwerden *n*
heat of humidification Benetzungswärme *f*
humidifier Befeuchter *m*, Befeuchtungsanlage *f*, Befeuchtungsapparat *m*, Anfeuchtapparat *m*
humidify/to anfeuchten, befeuchten, feucht machen, nässen, netzen, benetzen

humidifying chamber Befeuchtungskammer *f* *{Text}*

humidifying agent Befeuchtungsmittel *n*

humidity 1. Feuchtigkeit *f*, Nässe *f*; 2. Naßgehalt *m*, Wassergehalt *m*; Feuchtebeladung *f*, Feuchte *f*; Feuchtklima *n* *{Meteorologie}*

humidity cabinet Feuchtigkeitskammer *f* *{Korr}*; Feuchtigkeitskasten *m* *{Lab}*

humidity capacitor kapazitativer Feuchtemesser *m*

humidity chamber Feucht[igkeits]kammer *f*, feuchte Kammer *f* *{Korr}*

humidity condition Feuchtigkeitsbedingung *f*

humidity controller Feuchteregler *m*, Feuchtigkeitsregler *m*

humidity dryer Feucht[luft]trockner *m*, Trockner *m* mit feuchter Luft *f*

humidity element *s.* humidity sensor

humidity feeler *s.* humidity sensor

humidity indicator *s.* humidity sensor

humidity measurement Feuchtigkeitsmessung *f* *{obs}*, Feuchtemessung *f*

humidity meter Feuchtemesser *m*

humidity of air Luftfeuchtigkeit *f*, Luftfeuchte *f*

humidity of the atmosphere Feuchtigkeitsgehalt *m* der Raumluft *f*

humidity-proof feuchtedicht, feuchtebeständig

humidity recorder Feuchteschreiber *m*

humidity resistance Feuchtigkeitsbeständigkeit *f*; Schwitzwasserbeständigkeit *f* *{Klebverbindungen}*

humidity-sensitive element *s.* humidity sensor

humidity sensor Feuchtefühler *m*, Feuchtesensor *m*, Feuchtigkeitsfühler *m*, Feuchtigkeitssensor *m*

humidity test Schwitzwasserversuch *m* *{Klebverbindungen}*

humidity transducer Meßwandler *m* für Feuchte *f*

absolute humidity absolute Feuchte *f*, absolute Luftfeuchte *f* *{in kg/m^3, DIN 1358}*

absorption of humidity Feuchtigkeitsaufnahme *f*

degree of humidity Feuchtigkeitsgrad *m*, Feuchtegrad *m*

equivalent humidity Gleichgewichtsfeuchte *f*

relative humidity relative Luftfeuchtigkeit *f* *{obs}*, relative Luftfeuchte *f* *{in %, DIN 1358}*

variation of humidity Feuchtigkeitsschwankung *f*

humin 1. Humin *n* *{Tryptophan-Abbauprodukt}*; 2. Ulmin *n* *{Geol}*

humite 1. Humit *m*; 2. Chondrodit *m* *{Min}*

hummeler Entgranner *m* *{Brau}*

humoral Körperflüssigkeit *f*, Flüssigkeit *f* *{Med}*

humous humusartig; humos *{Boden}*

hump Höcker *m*, Buckel *m* *{einer Kurve}*

Humphrey separator Wendelscheider *m*

humulane Humulan *n*

humulene **<$C_{15}H_{24}$>** Humulen *n*, α-Humulen *n*, α-Caryophyllen *n* *{2,6,6,9-Tetramethyl-1,4,8-cycloundecatrien}*

humulin Humulin *n*, Lupulin *n*

humuli[ni]c acid **<$C_{15}H_{22}O_4$>** Humulinsäure *f*

humulohydroquinone Humulohydrochinon *n*

humulon **<$C_{21}H_{30}O_5$>** Humulon *n*, α-Hopfenbittersäure *f*, α-Lupulinsäure *f* *{Bitterstoff aus dem Harz des reifen Hopfens}*

humuloquinone Humulochinon *n*

humus 1. Humus *m* *{Bodensubstanz}*; 2. Huminstoff *m*, Huminsubstanz *f* *{Schlamm aus biologischen Kläranlagen}*

humus coal Humuskohle *f*

Hund's rules Hundsche Regeln *fpl* *{Spek}*

hundredtweight 1. Hundredweight *n*, Cental *n*, Kintal *n*, Quintal *n*, kleines Hundredweight *n* *{US; SI-fremde Masseneinheit = 43,359237 kg}*; 2. großes Hundredweight *n* *{GB; SI-fremde Masseneinheit = 50,80234544 kg}*; 3. Troy-Hundredweight *n* *{SI-fremde Masseneinheit = 37,32417216 kg}*

hunting 1. Pendeln *n*, Oszillieren *n*, Pendelung *f* *{um einen Meßwert}*; 2. Schwingen *n* *{des Regelkreises}*; 3. Aufschaukeln *n* *{selbsterregte Schwingungen}*; 4. Hunting *n*, Pendeln *n* *{um die Kursrichtung}*

hureaulite Huréaulith *m*, Magnesium-Wentzelit *m* *{Min}*

huronite Huronit *m* *{Min}*

hurt/to [be]schädigen; verletzen

husbandry 1. Landwirtschaft *f*, Agrarwirtschaft *f*, Agrikultur *f*; Landwirtschaftskunde *f*; 2. [gutes] Wirtschaften *n*

husk/to schälen, ausschoten, enthülsen

husk 1. Gerüst *n* *{Tech}*; 2. Hülse *f*, Samenhülse *f*, Schale *f*, Schote *f* *{Bot}*

husks Drusen *fpl*, Trester *pl* *{Brau}*

hussakite Hussakit *m* *{obs}*, Zirkon *m* *{Min}*

hutch 1. Kasten *m*; Setzkasten *m*, Setzfaß *n* *{Mineralaufbereitung}*; 2. Mulde *f*; Faß *n*; 3. Hund *m*, Hunt *m* *{Bergbau-Förderwagen}*

hutchinsonite Hutchinsonit *m* *{Min}*

HVT *{high velocity thermocouple}* Absaugpyrometer *n*

hyacinth Hyazinth *m*, roter Zirkon *m* *{Min}*

hyacinth oil Hyazinthenöl *n*

hyacinthine crytal Hyazinthkristall *m*

hyalescence Glasartigkeit *f*

hyalescent durchsichtig; glasig, glasartig

hyaline 1. Hyalin *n* *{Bindegewebebestandteil}*; 2. gläsern, glasig, glasartig; hyalin, glasig ausgebildet *{Geol}*; Glas-

hyaline quartz Glasquartz *m* *{Min}*

hyalinocrystalline glasartig erstarrt *{Phenokrist in glasiger Porphyr-Grundmasse}*
hyalite Glasopal *m {obs}*, Hyalit *m {Min}*
hyalographic hyalographisch, glasätzend
hyalography Hyalographie *f*, Glasätzen *n*
hyaloid glasähnlich, glasig
hyaloidine Hyaloidin *n*
hyalophane Hyalophan *m*, Bariumfeldspat m, *{Min}*
hyalophotography Hyalophotographie *f*
hyalosiderite Hyalosiderit *m {Olivin mit Fe_2SiO_4; Min}*
hyalotechnical hyalotechnisch
hyalotechnics Hyalotechnik *f*
hyalotekite Hyalotekit *m {Min}*
hyalurgy Hyalurgie *f*, Glasmacherkunst *f*
hyaluronic acid Hyaluronsäure *f {Glycosaminglykan}*
hyaluronidase *{EC 3.2.1.36}* Hyaluronidase *f*, Ausbreitungsfaktor *m*, Diffusionsfaktor *m*
hybrid 1. hybrid; 2. Hybrid *n {Valenz}*; 3. Hybrid *m*, Hybride *f*, Bastard *m*; Kreuzung *f {Gen}*
hybrid binding Hybridbindung *f {Valenz}*
hybrid composite mit Kurzfasermischung *f* verstärkter Plast *m*, mit Kurzmischfasern *fpl* verstärkter Plast *m*
hybrid controller Hybridregler *m*
hybrid DNA model Heteroduplex-Modell *n*, hybride DNA-RNA-Doppelhelix *f {Gen}*
hybrid enzyme Hybridenzym *n {polymeres Enzym mit kleinen Abweichungen}*
hybrid propellant Hybrid-Raketentreibstoff *m {Fest-Flüssig-Kombination}*
hybrid filter press Hybridfilterpresse *f*
hybrid ion Zwitterion *n*, Ampho-Ion *n*
hybrid magnet Hybridmagnet *m {Supraleitung}*
hybrid molecule Hybridmolekül *n {Gen}*
hybrid spectrometer Hybridspektrometer *n {Sektoren-Quadrupol-Verknüpfung}*
hybridization 1. Hybridisation *f*, Hybridisierung *f*; Kreuzung *f*, Bastardisierung *f {Gen}*; 2. Hybridisierung *f {Valenz}*
hybridized orbitals Hybridorbitale *npl*, hybridisierte Orbitale *npl*
hybridoma [cell] Hybridomzelle *f*, Hybridom[a] *n {Biotechnologie}*
hybrizide/to hybridisieren *{Gen}*; kreuzen *{Biol}*
hydantoic acid <$H_2NCONHCH_2COOH$> Hydantoinsäure *f*, Glycolursäure *f {Triv}*, Ureidoessigsäure *f*
hydantoin <$C_3H_4NO_2$> Hydantoin *n*, Glykolylharnstoff *m*, Imidazolidin-2,4-dion *n*
hydnocarpic acid <$C_{16}H_{28}O_2$> Hydnocarpussäure *f*, 2-Cyclopentyl-11-undecansäure *f*
hydnocarpus oil Hydnocarpusöl *n*, Chaulmoograöl *n*, Gynocardiaöl *n {aus Hydnocarpus anthelminthica Pierre und H. kuzii (King) Warb.}*
hydnoresinotannol Hydnoresinotannol *n*
hydracetamide <$C_4H_{10}N_2$> Hydracetamid *n*
hydracetylacetone Hydracetylaceton *n*
hydracid sauerstofffreie Säure *f*, Wasserstoffsäure *f {z.B. HCN}*
hydracrylic acid <CH_2OHCH_2COOH> Hydracrylsäure *f*, 3-Hydroxypropionsäure *f {IUPAC}*, Propan-3-olsäure *f*, Ethylenmilchsäure *f*
hydralazine <$C_8H_8N_4$> Hydralazin *n {WHO}*
hydramine cleavage Hydramin-Spaltung *f*
hydrangin <$C_9H_6O_3$> Hydrangin *n*
hydrant Hydrant *m*, Zapfstelle *f {zur Wasserentnahme}*
hydrargillite Hydrargillit *m*, Gibbsit *m {Min}*
hydrargyrism Quecksilbervergiftung *f {Med}*
hydrargyrol Hydrargyrol *n*
hydrargyrate *{obs}* *s.* mercurate
hydrargyrum *{Lat}* Quecksilber *n*
hydrase Hydratase *f*
hydrastic acid Hydrastsäure *f*
hydrastine <$C_{21}H_{21}NO_6$> Hydrastin *n*
hydrastine hydrochloride Hydrastinhydrochlorid *n*
hydrastine sulfate Hydrastinsulfat *n*
hydrastinine <$C_{11}H_{13}NO_3$> Hydrastinin *n*
hydrastinine hydrochloride Hydrastininhydrochlorid *n*
hydrastis alkaloids Hydrastis-Alkaloide *npl*
hydratase Hydratase *f {Biochem}*
hydratation *s.* hydration
hydrate/to hydratisieren, Hydrat *n* bilden; wässern; abbinden *{Zement}*
hydrate 1. Hydrat *n*; 2. Gashydrat *n*
hydrate-containing hydrathaltig, hydratisiert
hydrate isomerism Hydratisomerie *f*
hydrate of aluminia Aluminiumhydroxid *n*, Tonerdehydrat *n*
hydrate of baryta Barythydrat *n*
hydrate water Hydratwasser *n*
hydrated 1. wasserhaltig; 2. hydratisiert, hydrathaltig; Hydrat-; 3. gelöscht *{Kalk}*
hydrated acid Hydratsäure *f*
hydrated aluminia Aluminiumhydroxid *n*, Tonerdehydrat *n*
hydrated barium oxide Ätzbaryt *m*
hydrated cellulose Hydrocellulose *f {hydrolytisch abgebaute Cellulose}*; Hydratcellulose *f {mit Natronlauge behandelt; Pap, Text}*, Cellulosehydrat *n*
hydrated electron hydratisiertes Elektron *n*
hydrated hollosyte Endellit *m*, hydratisierter Hallosyt *m {Min}*
hydrated hydronium ion <$H_5O_2^+$> hydratisiertes Hydroniumion *n*
hydrated ion hydratisiertes Ion *n*, Aquoion *n*

hydrated iron(III) oxide Ferrihydroxid *n* *{obs}*, Eisenoxidhydrat *n*
hydrated lime gelöschter Kalk *m*, Löschkalk *m* *{Calciumhydroxid}*
hydrated magnesium sulfate Epsomsalz *n*, Bittersalz *n*, schwefelsaures Magnesium *n* *{Triv}*
hydrated oxide Hydroxid *n*, Oxidhydrat *n*
hydrated [precipitated] silicate Hydrosilicat *n* *{Min}*
hydrated silicia Kieselsäuregel *n*
hydrating hydratisierend, Hydrat *n* bildend
hydrating coal gasification hydratisierende Kohlevergasung *f*
hydration 1. Hydratation *f*, Hydratbildung *f*; 2. Wasseranlagerung *f*; Hydration *f* *{Pap, Chem}*
hydration water Hydratwasser *n*
degree of hydration Hydratisierungsgrad *m*
heat of hydration Hydratationswärme *f*
hydratisomery Hydratisomerie *f*
hydratize/to hydratisieren, Wasser *n* anlegen
hydrator Hydrator *m*, Löscher *m*, Löschmaschine *f*
hydratropic acid <$H_6C_5CH(CH_3)COOH$> 2-Phenylpropansäure *f*, Hydratropasäure *f*
hydratropic alcohol Hydratropaalkohol *m*
hydratropic aldehyde <$H_6C_5CH(CH_3)CHO$> Hydratropaaldehyd *m*, 2-Phenylpropionaldehyd *m*
hydraulic 1. hydraulisch *{durch Hydration entstanden}*; 2. strömungstechnisch; 3. hydraulisch *{durch Flüssigkeiten betrieben}*; Hydraulik-, Drucköl-, Druckwasser-, Öldruck-
hydraulic accumulator hydraulischer Akkumulator *m*, Hydraulikspeicher *m*, Druckflüssigkeitsspeicher *m*, Hydraulikakkumulator *m*
hydraulic actuator hydraulischer Arbeitszylinder *m*, hydraulischer Prüfmaschinenzylinder *m*, hydraulischer Aktor *m*
hydraulic atomization Airless-Spritzverfahren *n*, [druck]luftloses Spritzen *n*, Höchstdruckspritzen *n*
hydraulic brake fluid hydraulische Bremsflüssigkeit *f*
hydraulic cement wasserbindender Zement *m*, hydraulischer Zement *m*, Wasserzement *m*
hydraulic classifier Stromklassierer *m*, Gegenstromklassierer *m*, Stromapparat *m* *{hydraulischer Klassierapparat}*
hydraulic conductivity Permeabilitätskoeffizient *m*
hydraulic conveying Hydroförderung *f*, Naßförderung *f*, Spülförderung *f*, hydraulisches Fördern *n*
hydraulic damping fluid hydraulisches Dämpfungsmittel *n*
hydraulic descaling apparatus Abspritzgerät *n* *{Gieß}*
hydraulic drive Druckwasserantrieb *m*, Flüssigkeitsantrieb *m*, hydraulischer Antrieb *m*
hydraulic-driven press hydraulische Presse *f*, Wasserdruckpresse *f*, Hydraulikpresse *f*, ölhydraulische Presse *f*
hydraulic extrusion Kolbenpressen *n*
hydraulic filter press Plattenpreßfilter *n*, Siebtrommel-Filter *n*
hydraulic fluid Hydraulikflüssigkeit *f*, Druckflüssigkeit *f*, Drucköl *n*, Hydrauliköl *n* *{Arbeitsmedium}*
hydraulic gradient hydraulischer Gradient *m*, hydraulisches Gefälle *n*
hydraulic gypsum Estrichgips *m*
hydraulic lime hydraulischer Kalk *m*, Wasserkalk *m*
hydraulic medium *s.* hydraulic fluid
hydraulic mortar Wassermörtel *m*, hydraulischer Mörtel *m*
hydraulic nebulizer hydraulischer Zerstäuber *m*
hydraulic oil Drucköl *n*, Hydrauliköl *n*
hydraulic plunger *s.* hydraulic ram
hydraulic power hydraulische Kraft *f*, Wasserkraft *f*
hydraulic press hydraulische Presse *f*, Wasserdruckpresse *f*, Hydropresse *f*, ölhydraulische Presse *f*
hydraulic pressure Flüssigkeitsdruck *m*, hydraulischer Druck *m*, Hydraulikdruck *m* *{z.B. Wasser[säulen]druck, Fließdruck}*
hydraulic pressure ga[u]ge Wasserdruckmanometer *n*
hydraulic pressure head Wasserdruckhöhe *f*
hydraulic pump hydraulische Pumpe *f*, Hydraulikpumpe *f*, Hydropumpe *f*
hydraulic radius hydraulischer Radius *m* *{= durchströmter Querschnitt/benetzter Umfang}*
hydraulic ram Hydraulikkolben *m*, Hydropresse *f*, hydraulische Presse *f*, Mönchskolben *m*; hydraulische Stempelpresse *f*, hydraulischer Widder *m*, Stoßheber *m*
hydraulic separator Hydroseparator *m*
hydraulic stretcher hydraulische Streckbank *f* *{Met}*
hydraulic test Wasserdruckprobe *f*, Abdrückprobe *f*, Wasserdruckversuch *m*
hydraulic valve Hydraulikventil *n*, hydraulisches Ventil *n*; Hydroventil *n*
hydraulic vulcanizing press hydraulische Vulkanisierpresse *f*
hydraulic water Druckwasser *n*
hydraulics Hydraulik *f*, Hydromechanik *f* *{Mechanik flüssiger Körper}*
hydraziacetic acid <$(HN)_2CH_2COOH$> Hydraziessigsäure *f*
hydrazicarbonyl <$OC(NH)_2$> Hydrazicarbonyl *n*

hydrazide 1. <$RCONHNH_2$> Säurehydrazid *n*; 2. <M^INHNH_2> Hydrazid *n*
hydrazimethylene <$(HN)_2CH_2$> Hydrazimethylen *n*
hydrazine <NH_2NH_2> Hydrazin *n*, Diamid *n*, Diazan *n*
hydrazine azide <$(N_2H_5)N_3$> Hydraziniummonoazid *n {Expl}*
hydrazine chloride <$(N_2H_5)Cl$> Hydraziniummonochlorid *n*
hydrazine difluoride Hydrazindihydrofluorid *n*
hydrazine dihydrochloride <$N_2H_4{\cdot}2HCl$> Hydraziniumdichlorid *n*
hydrazine formate <$N_2H_4{\cdot}2HCOOH$> Hydrazindiformiat *n*
hydrazine hydrate <$H_2NNH_2{\cdot}H_2O$> Hydrazinhydrat *n*, Diamidhydrat *n {obs}*
hydrazine hydrogen fluoride Hydrazindihydrogenfluorid *n*
hydrazine nitrate 1. <$N_2H_4NO_3$> Hydrazinmononitrat *n*; 2. <$(N_2H_6)(NO_3)_2$> Hydraziniumdinitrat *n*
hydrazine salts Hydraziniumsalze *npl*
hydrazine solution Hydrazinhydrat *n*
hydrazine sulfate <$H_2NNH_2H_2SO_4$> Hydraziniumsulfat *n*
hydrazine yellow Hydrazingelb O *n*, Tartrazin *n*, Echtwollgelb *n*, Säuregelb *n*, Echtlichtgelb *n*, Flavazin T *n*
hydrazinedicarbamid *s.* biurea
hydrazinium dichloride Hydraziniumdichlorid *n*
hydrazinium monobromide <$(N_2H_5)Br$> Hydraziniummonobromid *n*
hydrazinium monochloride Hydraziniummonochlorid *n*
hydrazinium monoperchlorate <$(N_2H_5)ClO_4{\cdot}0{,}5H_2O$> Hydraziniummonoperchlorat *n*
hydrazinium sulfate Hydraziniumsulfat *n*
hydrazinobenzene <$C_6H_5NHNH_2$> Phenylhydrazin *n*
hydrazoamine *s.* triazane
hydrazoate <$M'N_3$> Azid *n*
1,1'-hydrazobenzene <$H_2NN(C_6H_5)_2$> 1,1'-Hydrazobenzol *n*, 1,1-Diphenylhydrazin *n*
1,2'-hydrazobenzene <$C_6H_5NHNHC_6H_5$> Hydrazobenzol *n*, 1,2'-Hydrazobenzen *n*, 1,2-Diphenylhydrazin *n*
hydrazocompound <-NH-NH-bridge> Hydrazoverbindung *f*
hydrazodicarbonamide <$(H_2NCONH-)_2$> Hydrazodicarbonamid *n*, Hydrazoformamid *n*
hydrazodicarbonimide Urazol *n*
hydrazodicarbonhydrazide Hydrazoformhydrazid *n*
hydrazoformamide Hydrazoformamid *n*, Hydrazodicarbonamid *n*
hydrazoformhydrazide Hydrazoformhydrazid *n*
hydrazoformic acid Hydrazoameisensäure *f*
hydrazoic acid <HN_3> Stickstoffwasserstoffsäure *f*, Azoimid *n*, Hydrogenazid *n*
hydrazomethane Hydrazomethan *n*
hydrazone <=C=NNHR> Hydrazon *n*
hydrozono <=N-NH_2> Hydrazono-
hydrazotoluene Hydrazotoluol *n*
hydride Hydrid *n*, binäre Wasserstoffverbindung *f*, Hydrür *n {obs}*
hydride ion <H^-> Hydridion *n*
hydride process Hydridverfahren *n {Metall-Keramik-Verbindung}*
hydride storage Hydridspeicher *m*, reversibler Metallhydridspeicher *m*
hydride transfer Hydrid-Übertragung *f*
hydriding Hydrierung *f*
hydridochromium anion <$C_6H_5Cr(CO)_3H^-$> Hydridochrom(O)-anion *n*
hydrindacene Hydrindacen *n*
hydrindane Hydrindan *n*
hydrindene Hydrinden *n*, Indan *n {IUPAC}*
hydrindic acid Hydrindinsäure *f*
hydrindole Hydrindol *n*, Indanol *n*
hydrindone Hydrindon *n*, Indanon *n*, Oxohydrinden *n*
hydrine <HO-R-X> substituierter Alkohol *m*, Hydrin *n*
hydriodic acid Iodwasserstoffsäure *f*
hydro 1. Hydro-, Wasser-, Naß-; 2. Wasserstoff-
hydro-compound Hydroverbindung *f*
hydroangelic acid 2-Methylbuttersäure *f*
hydroanisoin Hydroanisoin *n*
hydroanthracene Dihydroanthracen *n*
hydroapatite Hydroapatit *m {Min}*
hydroaromatic compounds hydroaromatische Verbindungen *fpl*; Naphthene *npl*
hydroatropic acid 2-Phenylpropionsäure *f*
hydrobarometer Hydrobarometer *n*
hydrobenzamide Hydrobenzamid *n*
hydrobenzoin <$(C_6H_5CH(OH)-)_2$> Benzylenglycol *n*, 1,2-Diphenyl-1,2-dihydroxyethan *n*, Hydrobenzoin *n*
hydroberberine <$C_{20}H_{21}NO_4$> Hydroberberin *n*
hydrobilirubin Hydrobilirubin *n*, Urobilin *n*
hydrobiology Hydrobiologie *f*, Wasserbiologie *f*
hydrobixin Hydrobixin *n*
hydroboracite Hydroboracit *m {Min}*
hydroborate Boranat *n*, Hydridoborat *n*, Metallborwasserstoff *m*
hydroboration Hydroborierung *f {Alkohol-Synthese aus Alkanen}*
hydrobornylene Hydrobornylen *n*
hydroborocalcite Hydroborocalcit *m {obs}*, Ulexit *m {Min}*
hydroborofluoric acid <HBF_4> Fluoroborsäure *f*, Borfluorwasserstoffsäure *f*, Borflußsäure *f {Triv}*

hydroboron Borhydrid *n*, Boran *n*; Metallborhydrid *n*
hydrobromic acid Bromwasserstoffsäure *f*, Hydrobromsäure *f*
hydrobromic acid immersion test HBr-Tauchprüfung *f {DIN 51357}*
hydrobromide Hydrobromid *n*
hydrocaffeic acid Hydrokaffeesäure *f*
hydrocamphene Hydrocamphen *n*
hydrocaoutchouc Hydrokautschuk *m*
hydrocarbon Kohlenwasserstoff *m*, KW-Stoff *m*
hydrocarbon casting resin Kohlenwasserstoffgießharz *n*
hydrocarbon-free vacuum kohlenwasserstofffreies Vakuum *n*
hydrocarbon gas Kohlenwasserstoffgas *n* *{kohlenwasserstoffhaltiges Gas}*
hydrocarbon polymer polymerer Kohlenwasserstoff *m*, polymerisierter Kohlenwasserstoff *m*
hydrocarbon radical Kohlenwasserstoffrest *m*, Kohlenwasserstoffgruppe *f*; [freies] Kohlenwasserstoffradikal *n*
hydrocarbon resin Kohlenwasserstoffharz *n*
acyclic hydrocarbons *s.* aliphatic hydrocarbon
aliphatic hydrocarbon aliphatischer Kohlenwasserstoff *m*
aromatic hydrocarbon aromatischer Kohlenwasserstoff *m*
cyclic hydrocarbon cyclischer Kohlenwasserstoff *m*
halogenated hydrocarbon Halogenkohlenwasserstoff *m*
normal hydrocarbon normaler Kohlenwasserstoff *m*, unverzweigter Kohlenwasserstoff *m*
saturated hydrocarbon Grenzkohlenwasserstoff *m*, gesättigter Kohlenwasserstoff *m*
unsaturated hydrocarbon ungesättigter Kohlenwasserstoff *m*
hydrocarbonaceous kohlenwasserstoffartig; kohlenwasserstoffhaltig
hydrocarbonate <HCO_3^-> Hydrogencarbonat *n*, saures Carbonat *n {obs}*
hydrocarbostyril <C_9H_9NO> Hydrocarbostyril *n*
hydrocarboxylation Hydrocarboxylierung *f* *{H- und COOH-Einführung in Alkene/Alkine}*
hydrocardanol Hydrocardanol *n*
hydrocell Hydroelement *n*
hydrocellulose Hydrocellulose *f {hydrolytisch abgebaute Cellulose}*
hydrocellulose acetate Acetylhydrocellulose *f*, Hydrocelluloseacetat *n*
hydrocephalin Hydrocephalin *n*
hydrocerite Hydrocerit *m {Min}*
hydrocerussite Hydrocerussit *m*, Bleiweiß *n* *{Min}*
hydrochelidonic acid <$OC(CH_2CH_2COOH)_2$> Acetondiessigsäure *f*, Hydrochelidonsäure *f*
hydrochinidine Hydrocinchonidin *n*
hydrochloric salzsauer
hydrochloric acid Salzsäure *f*, Chlorwasserstoffsäure *f*, Acidum hydrochloricum *{Pharm}*
hydrochloric acid container Salzsäurebehälter *m*
hydrochloric acid gas <HCl> [gasförmiger] Chlorwasserstoff *m*, Chlorwasserstoffgas *n*
hydrochloric acid mist Salzsäurenebel *m*
hydrochloric acid pickle Salzsäurebeize *f*
hydrochloric acid plant Chlorwasserstoffanlage *f*, Salzsäureanlage *f*
hydrochloric ether Ethylchlorid *n*, Kelen *n*
hydrochloride Chlorhydrat *n {obs}*, Hydrochlorid *n*
hydrochlorination Hydrochlorierung *f*, Chlorwasserstoffanlagerung *f*, Behandlung *f* mit Chlorwasserstoff *m*
hydrochlorothiazide <$C_7H_8ClN_3O_4S_2$> Hydrochlorthiazid *n {Pharm}*
hydrochromone Hydrochromon *n*
hydrocinchonicine Hydrocinchonicin *n*, Hydrocinchotoxin *n*
hydrocinchonidine Hydrocinchonidin *n*
hydrocinchonine Hydrocinchonin *n*
hydrocinchotoxine Hydrocinchonicin *n*, Hydrocinchotoxin *n*
hydrocinnamaldehyde *s.* hydrocinnamic aldehyde
hydrocinnamic acid <$C_6H_5CH_2CH_2COOH$> Hydrozimtsäure *f*, Benzylessigsäure *f*, 3-Phenylpropansäure *f {IUPAC}*
hydrocinnamic aldehyde <$C_6H_5CH_2CH_2$-CHO> Hydrozimtaldehyd *m*, 3-Phenylpropanal *n {IUPAC}*
hydrocinnamic alkohol Hydrozimtalkohol *m*, 3-Phenylpropan-1-ol *n*
hydrocinnamide Hydrocinnamid *n*
hydrocinnamoin Hydrocinnamoin *n*
hydrocinnamyl alcohol *s.* hydrocinnamic alcohol
hydroclassifier Hydroklassierer *m*, Naßtrenngerät *n*
hydrocoffeic acid Hydrokaffeesäure *f*
hydrocollidine Hydrocollidin *n*
hydrocolloid Hydrokolloid *n*, hydrophiles Kolloid *n*
hydroconchinine Hydroconchinin *n*
hydrocortisone <$C_{21}H_{30}O_5$> Hydrocortison *n*, Cortisol *n*, 17-Hydroxycorticosteron *n {Nebennierenrindenhormon}*
hydrocotarnine <$C_{12}H_{15}NO_3$> Hydrocotarnin *n* *{Opium-Alkaloid}*
hydrocotoin Hydrocotoin *n*
hydrocoumaric acid <$HOC_6H_4CH_2CH_2CO$-

OH> Hydrocumarsäure *f {(Hydroxybenzol)propansäure}*
hydrocoumarilic acid Hydrocumarilsäure *f*
hydrocoumarin Hydrocumarin *n*
hydrocoumarone Hydrocumaron *n*, Hydrobenzofuran *n*
hydrocracking Hydrokracken *n*, Hydrokrackreaktion *f*, Hydrospaltung *f {Kracken in Wasserstoffatmosphäre, Erdöl}*
hydrocresol Hydrocresol *n*
hydrocupreine <$C_{19}H_{24}N_2O_2$> Hydrocuprein *n*
hydrocyanic acid <HNC> Formonitril *n*, Hydrogencyanid *n*, Cyanwasserstoff *m*, Cyanwasserstoffsäure *f*, Blausäure *f {Triv}*
  hydrocyanic acid poisoning Blausäurevergiftung *f*
  containing hydrocyanic acid blausäurehaltig, cyanidhaltig
  poisoning with hydrocyanic acid Blausäurevergiftung *f*
hydrocyanide Hydrocyanid *n*
hydrocyanite <$CuSO_4$> Hydrocyanit *m*, Chalkocyanit *m {Min}*
hydrocyclone Hydrozyklon *m*, Zykloneindikker *m {Mineralaufbereitung}*
  conical hydrocyclone Spitzzyklon *m*
hydrodealkylation Hydrodealkylierung *f*
hydrodesulfurization [process] Wasserstoffentschwefelung *f*, Hydrodesulfurierung *f*, HDS, Hydroentschwefelung *f*, *{Entfernung von Schwefel unter Hydrierungsbedingungen}*
hydrodiffusion Hydrodiffusion *f {Diffusion in Wasser hinein}*
hydrodimerization reduktive Kupplungsreaktion *f*, Hydrodimerisierung *f*
hydrodistillation Wasserdampf-Destillation *f*
hydrodolomite Hydrodolomit *m*, Hydro-Manganocalcit *m {Min}*
hydrodynamic hydrodynamisch
  hydrodynamic amperometry hydrodynamische Amperometrie *f*, Strömungsamperometrie *f {Anal}*
  hydrodynamic lubrication Vollschmierung *f*, hydrodynamische Schmierung *f*
  hydrodynamic modulation voltammetry hydrodynamische Überlagerungs-Voltammetrie *f {Anal}*
  hydrodynamic voltammetry hydrodynamische Voltammetrie *f*
  hydrodynamic volume hydrodynamisches Volumen *n*
hydrodynamical hydrodynamisch
hydrodynamics Hydrodynamik *f*, Strömungslehre *f*
hydrodynamometer Hydrodynamometer *n*, Strömungsmesser *m*
hydroelement Hydroelement *n*
hydroengineering office Wasserwirtschaftsamt *n*
hydroextract/to zentrifugieren, [aus]schleudern, abschleudern
hydroextraction 1. Entwässern *n*, Entwässerung *f*; Zentrifugieren *n*, Abschleudern *n*, Schleudern *n*; 2. Hydrogewinnung *f*, Hydroabbau *m {z.B. von Kohle}*
hydroextractor Trockenzentrifuge *f*, Entwässerungsschleuder *f*, Schleudertrockner *m*, Zentrifugaltrockenmaschine *f*
hydroferricyanic acid <$H_3Fe(CN)_6$> Hexacyanoeisen(III)-säure *f*
hydroferrocyanic acid <$H_4Fe(CN)_6$> Hexacyanoeisen(II)-säure *f*
hydrofining Hydrofining *n*, Hydrofinieren *n*, Wasserstoffraffination *f*, Hydrodesulfurization *f {Entschwefeln und Stickstoffentziehen des Erdöls}*
hydrofinishing Hydrofinishing *n {von Erdöl}*
hydrofluoboric acid <HBF_4> Borfluorwasserstoffsäure *f*, Borflußsäure *f*, Fluoroborsäure *f*
hydrofluocerite Hydro-Fluocerit *m {Min}*
hydrofluoric fluorwasserstoffsauer
  hydrofluoric acid Flußsäure *f*, Fluorwasserstoffsäure *f*
hydrofluoride Hydrofluorid *n*
hydrofluosilicic acid <H_2SiF_6> Hexafluorokieselsäure *f*, Kieselfluorwasserstoffsäure *f*, Fluorkieselsäure *f*
hydrofoil 1. hydrolysebeständige Folie *f*, wasserbeständige Folie *f*; 2. Streichleiste *f {einer Langsiebpapiermaschine}*; 3. Gleitfläche *f {Strömung}*
hydroforming 1. Hydroform[ier]en *n*, Hydroforming *n*, Hydroform-Verfahren *n {katalytisches Reformieren unter Wasserstoffdruck}*; 2. hydrostatisches Kaltumformen *n {Met}*
hydroformylation Hydroformylierung *f*, Oxosynthese *f*
hydrofuramide Hydrofuramid *n*, Furfuramid *n*
hydrogalvanic hydrogalvanisch
hydrogasification hydrierende Vergasung *f*, Wasserstoffvergasung *f {Bergbau}*
hydrogasifier Hydriervergaser *m*, Wasserstoffvergaser *m*
hydrogel Hydrogel *n*
hydrogen *{H, element no. 1}* Wasserstoff *m*
  hydrogen absorption Wasserstoffaufnahme *f*, Wasserstoffeinbringen *n*
  hydrogen acceptor Wasserstoffakzeptor *m*
  hydrogen acid Wasserstoffsäure *f*, sauerstofffreie Säure *f*
  hydrogen annealing plant Glühfrischanlage *f* in Wasserstoff *m*
  hydrogen arc Wasserstofflichtbogen *m*
  hydrogen arsenate <M'_2HAsO_4> Hydrogenarsenat(V) *n*, sekundäres Arsenat(V) *n*

hydrogen arsenide *s.* arsine
hydrogen atmosphere Wasserstoffatmosphäre *f*
hydrogen atom Wasserstoffatom *n*
hydrogen atom at the end endständiges Wasserstoffatom *n*
hydrogen atom in the middle mittelständiges Wasserstoffatom *n*
hydrogen azide <HN_3> Stickstoffwasserstoffsäure *f*, Azoimid *n*, Hydrogenazid *n*, Diazoimid *n*
hydrogen bacteria Wasserstoffbakterien *npl*
hydrogen blistering Wasserstoff-Blasenbildung *f* *{ein Werkstoffehler, z.B. in Stahl}*
hydrogen bomb Wasserstoffbombe *f*, H-Bombe *f*, Deuteriumbombe *f*, thermonukleare Bombe *f*
hydrogen bond Wasserstoffbrücke *f*, H-Bindung *f*, Wasserstoff[brücken]bindung *f*
innermolecular hydrogen bond innermolekulare Wasserstoffbrückenbindung *f*
intramolecular hydrogen bond intramolekulare Wasserstoffbrückenbindung *f*
hydrogen bottle Wasserstoffflasche *f*
hydrogen brazing Hartlöten *n* unter Wasserstoffatmosphäre *f*
hydrogen bridge [linkage] Wasserstoff[brükken]bindung *f*, H-Bindung *f*, Wasserstoffbrücke *f*
hydrogen brittleness Wasserstoffsprödigkeit *f*, Wasserstoffbrüchigkeit *f* *{Stahl}*
hydrogen bromide 1. <HBr> Bromwasserstoff *m*, Hydrogenbromid *n*, Bromwasserstoffgas *n*; 2. <HBr·aq> Bromwasserstoffsäure *f*; 3. Hydrobromid *n*
hydrogen bubble chamber Wasserstoffblasenkammer *f*
hydrogen burning Wasserstoffverschmelzung *f* *{Nukl, Astr}*
hydrogen calomel cell Wasserstoff-Kalomel-Zelle *f*
hydrogen carbonate <$M'HCO_3$> Hydrogencarbonat *n*, primäres Carbonat *n*
hydrogen cell Wasserstoffzelle *f*
hydrogen charging Beladen *n* mit Wasserstoff *m*
hydrogen chloride 1. <HCl> Chlorwasserstoff *m*, Hydrogenchlorid *n*, Chlorwasserstoffgas *n*; 2. <HCl·aq> Chlorwasserstoffsäure *f*, Salzsäure *f*; Hydrochlorid *n*
generation of hydrogen chloride Chlorwasserstoffentwicklung *f*
hydrogen cleavage Wasserstoffabspaltung *f*
hydrogen cold cracking Wasserstoff-Kaltrißbildung *f*, Wasserstoff-Kaltrissigkeit *f*
hydrogen compound Wasserstoffverbindung *f*
hydrogen container Wasserstoffbehälter *m*
hydrogen content Wasserstoffgehalt *m*
hydrogen continuum Wasserstoffkontinuum *n* *{Spek}*
hydrogen cooling Wasserstoffkühlung *f*
hydrogen coulometer Wasserstoffcoulometer *n*
hydrogen crack Wasserstoffriß *m* *{Stahl}*
hydrogen cyanide 1. <HCN> Cyanwasserstoff *m*, Hydrogencyanid *n*, Ameisensäurenitril *n*, Blausäuregas *n*; 2. <HCN·aq> Cyanwasserstoffsäure *f*, Blausäure *f*
hydrogen cyanide laser Hydrogencyanid-Laser *m* *{0,311 und 0,377 nm}*
hydrogen cylinder Wasserstoffflasche *f*
hydrogen damage Wasserstoffschädigung *f*
hydrogen dehydrogenase *{EC 1.12.1.2}* Wasserstoffdehydrogenase *f*
hydrogen difluoride ion <HF_2^-> Hydrogendifluoridion *n*
hydrogen dioxide <H_2O_2> Hydrogenperoxid *n*, Wasserstoffperoxid *n*
hydrogen discharge tube Wasserstoffentladungsröhre *f*
hydrogen disulfide <H_2S_2> Wasserstoffdisulfid *n*, Disulfan *n*, Dischwefelwasserstoff *m*
hydrogen donor Wasserstoffdon[at]or *m*
hydrogen electrode Wasserstoffelektrode *f*
hydrogen embrittlement 1. Wasserstoffversprödung *f*, H-Versprödung *f*, kathodische Spannungsrißkorrosion *f* *{Vorgang}*; 2. Beizsprödigkeit *f*, Wasserstoffkrankheit *f*, Wasserstoffbrüchigkeit *f* *{Eigenschaft}*
hydrogen equivalent Wasserstoffäquivalent *n*
hydrogen evolution Wasserstoffentwicklung *f*, Wasserstoffabscheidung *f*
hydrogen exchange reaction Wasserstoffaustauschreaktion *f*
hydrogen flame Wasserstoffflamme *f*
hydrogen flow Wasserstoffstrom *m*
hydrogen fluoride 1. <HF·aq> Fluorwasserstoffsäure *f*, Flußsäure *f*; 2. <HF> Fluorwasserstoff *m*, Hydrogenfluorid *n*
hydrogen formation Wasserstoffbildung *f*
hydrogen gas electrode Wasserstoffelektrode *f*
hydrogen generation Wasserstofferzeugung *f*; Wasserstoffabscheidung *f*, Wasserstoffentwicklung *f*
hydrogen generator Wasserstofferzeugungsanlage *f*, Wasserstofferzeuger *m*; Wasserstoffentwickler *m*
hydrogen half-cell Wasserstoff-Halbelement *n*
hydrogen halide Halogenwasserstoff *m*; Hydrogenwasserstoffsäure *f*
hydrogen-induced blistering Wasserstoff-Bläschenbildung *f* *{Stahl}*
hydrogen-induced cracking wasserstoffinduzierte Rißbildung *f*
hydrogen iodide 1. <HI> Iodwasserstoff *m*, Hydrogeniodid *n*; 2. <HI·aq> Iodwasserstoffsäure *f*; 3. Hydroiodid *n*
hydrogen ion Wasserstoffion *n*, H^+-Ion *n*, Proton *n*

hydrogen ion activity Wassertoffionenaktivität *f {Thermo}*
hydrogen ion concentration Wasserstoffionen-Konzentration *f*, Hydroniumionen-Konzentration *f {in mol/L}*
hydrogen ion donor wasserstoffionenabspaltend, protonenliefernd
hydrogen ion exponent pH-Wert *m*, Wasserstoffionenexponent *m*
hydrogen lamp Wasserstofflampe *f*, Wasserstoffleuchte *f*
hydrogen laser Wasserstofflaser *m*
hydrogen-like atom wasserstoffähnliches Atom *n {He*$^+$, Li$^+$, Be$^+$ usw.}
hydrogen line Wasserstofflinie *f {Spek}*
hydrogen loss Wasserstoff-Glühverlust *m {Anal, Met}*
hydrogen molecule Wasserstoffmolekül *n*
hydrogen nucleus Wasserstoffkern *m {Proton, Deuteron, Troton usw.}*
hydrogen maser Wasserstoffmaser *m*
hydrogen overvoltage Wasserstoffüberspannung *f*
hydrogen oxide Wasser *n*, Wasserstoffoxid *n*
hydrogen-oxygen fuel cell Knallgas-Brennstoffzelle *f*
hydrogen-oxygen reaction Knallgasreaktion *f*
hydrogen pentasulfide <H_2S_5> Wasserstoffpentasulfid *n*, Pentasulfan *n*, Pentaschwefelwasserstoff *m*
hydrogen peroxide <H_2O_2> Hydrogenperoxid *n*, Wasserstoffsuperoxid *n {obs}*, Wasserstoffperoxid *n*
hydrogen peroxide isomerase *{EC 5.3.99.1}* Wasserstoffperoxid-Isomerase *f*
hydrogen persulfide <H_2S_2> *s.* hydrogen disulfide
hydrogen phosphate <M'_2HPO_4> Hydrogenphosphat(V) *n*, sekundäres Orthophosphat(V) *n*
hydrogen phosphide <PH_3> *s.* phosphine
hydrogen plant Wasserstoffanlage *f*
hydrogen polysulfide Hydrogenpolysulfid *n*, Polyschwefelwasserstoff *m*
hydrogen reduction Wasserstoffreduktion *f*, Reduktion *f* mit Wasserstoff *m*
hydrogen scale [for electrode potentials] elektrochemische Spannunngsreihe *f*
hydrogen selenide 1. <H_2Se> Hydrogenselenid *n*, Selenwasserstoff *m*, Wasserstoffselenid *n*; 2. Selenwasserstoffsäure *f*
hydrogen series Wasserstoffserie *f {Spek}*
hydrogen silicide *s.* silane
hydrogen spectrum Wasserstoff[atom]spektrum *n*
hydrogen-stress cracking Wasserstoffrissigkeit *f*, Wasserstoffbrüchigkeit *f*; Wasserstoffrißkorrosion *f*, Wasserstoffversprödung *f*
hydrogen sulfate 1. <H_2SO_4> Schwefelsäure *f*; 2. <M^IHSO_4> Hydrogensulfat *n {IUPAC}*, primäres Sulfat *n*
hydrogen sulfide 1. <M'HS> Hydrogensulfid *n*; 2. <H_2S> Schwefelwasserstoff *m*, Wasserstoffsulfid *n*, Monosulfan *n*; 3. <$H_2S{\cdot}aq$> Schwefelwasserstoffsäure *f*
hydrogen sulfide group Schwefelwasserstoffgruppe *f {Anal}*
hydrogen sulfide precipitate Schwefelwasserstoffniederschlag *m {Anal}*
hydrogen sulfite <$M'HSO_3$> Hydrogensulfit *n*, primäres Sulfit *n*
hydrogen sulfocyanate *s.* hydrogen thiocyanate
hydrogen superoxide *{obs}* *s.* hydrogen peroxide
hydrogen tartrate Bitartrat *n {obs}*, Hydrogentartrat *n*
hydrogen telluride <TeH_2> Tellurwasserstoff *m*, Hydrogentellurid *n*
hydrogen tetrasulfide <H_2S_4> Tetrasulfan *n*, Wasserstofftetrasulfid *n*
hydrogen thiocyanate 1. <HCNS> Rhodanwasserstoff *m {obs}*, Hydrogenthiocyanat *n*, Thiocyanwasserstoff *m*; 2. <$HCNS{\cdot}aq$> Thiocyansäure *f*
hydrogen trinitride *s.* hydrogen azide
hydrogen trisulfide <H_2S_3> Wasserstofftrisulfid *n*, Trischwefelwasserstoff *m*, Trisulfan *n*
hydrogen uptake Wasserstoffaufnahme *f*
activated hydrogen aktivierter Wasserstoff *m*, angeregter Wasserstoff *m*
atomic hydrogen atomarer Wasserstoff *m*
charged with hydrogen Wasserstoffbeladung *f {Met}*
containing hydrogen wasserstoffhaltig
excited hydrogen angeregter Wasserstoff *m*
heavy hydrogen <^2H, D> schwerer Wasserstoff *m*, Deuterium *n*
labeled hydrogen markierter Wasserstoff *m*; Deuterium *n*
superheavy hydrogen <^3H, T> überschwerer Wasserstoff *m*, Tritium *n*
triatomic hydrogen <H_3> dreiatomiger Wasserstoff *m*, Hyzon *n*

hydrogenase *{EC 1.18.3.1}* Hydrogenase *f*
hydrogenate/to hydrieren; härten *{Fett}*
hydrogenated hydriert; gehärtet
hydrogenated castor oil hydriertes Castoröl *n*, gehärtetes Ricinusöl *n*
hydrogenated fat gehärtetes Fett *n*
hydrogenated oils gehärtete Öle *npl*
hydrogenated rubber Hydrokautschuk *m*
hydrogenated vegetable oil hydriertes Pflanzenöl *n*
hydrogenation Hydrieren *n*, Hydrierung *f {Wasserstoffanlagerung}*; Härten *n*, Härtung *f {von Fetten}*

hydrogenation apparatus Hydrierapparat *m*
hydrogenation coal Hydrierkohle *f* *{DIN 22005}*
hydrogenation cracking reaction Hydrocrack-Reaktion *f*, Hydrokracken *n*
hydrogenation gasoline Hydrierbenzin *n*
hydrogenation of coal Kohlehydrierung *f*
hydrogenation of fats Fetthärtung *f*, Fetthydrierung *f*
hydrogenation of oil Ölhärtung *f*
hydrogenation of vegetable oils Härten *n* von Pflanzenfetten *npl*
hydrogenation plant Hydrieranlage *f*, Hydrierwerk *n*, Hydr[ogen]ierungsanlage *f*
hydrogenation process Hydrierungsverfahren *n*; Härtungsverfahren *n* *{Fette/Öle}*
hydrogenation process gasoline Hydrierbenzin *n*
hydrogenation under pressure Druckhydrierung *f*
catalytic hydrogenation katalytische Hydrierung *f*
partial hydrogenation partielle Hydrierung *f*
vapo[u]r-phase hydrogenation Gasphase-Hydrierung *f*
hydrogenator Hydrierapparat *m*; Härtungsautoklav *m*, Härtungskessel *m* *{Fett}*
hydrogenerator *s.* hydrogenator
hydrogenic wasserstoffähnlich
hydrogenic ion wasserstoffähnliches Ion *n* *{He^+, Li^+, Be^+ usw.}*
hydrogenize/to hydrieren; härten *{Fette, Öle}*
hydrogenizing Hydrierung *f*, Hydrieren *n*; Härten *n* *{Fette, Öle}*
hydrogenolysis Hydrogenolyse *f*, Hydrospaltung *f* *{Spaltung einer C-C-Bindung durch Wasserstoff}*
hydrogenous wasserstoffhaltig; Wasserstoff-
hydrogeochemistry Hydrogeochemie *f*
hydroginkgolic acid Hydroginkgolsäure *f*, Cyclogallipharsäure *f*
hydrography Hydrographie *f*, Gewässerkunde *f*
hydrohalic acid Halogenwasserstoffsäure *f*
hydrohalogen compound Halogenwasserstoffverbindung *f*
hydrohalogenated product hydrohalogeniertes Produkt *n*
hydrohematite Hydrohämatit *m*, Turyit *m* *{Min}*
hydroiodide Hydroiodid *n*
hydrojuglone Hydrojuglon *n*, Trihydroxynaphthalen *n*
hydrol <H_2O_4> Hydrol *n*
hydrolapachol Hydrolapachol *n* *{Indikator pH 5/6}*
hydrolase Hydrolase *f*, Hydrase *f*
hydroliquefaction Kohleverflüssigung *f*
hydrolith 1. <CaH_2> Hydrolith *n*, Calciumhydrid *n*; 2. Hydrolith *m* *{Min, Gmelinit-Kieselsinter-Enhydros}*; 3. Hydrolith *m* *{Geol}*
hydrolizable hydrolysierbar
hydrologic hydrologisch
hydrology Gewässerkunde *f*, Hydrologie *f*
hydrolomatiol Hydrolomatiol *n*
hydrolysable *{GB}* hydrolisierbar
hydrolysate Hydrolysat *n*
hydrolysis 1. Hydrolyse *f* *{Protolyse oder Solvolyse}*; 2. Aquotisierung *f* *{Komplexchemie}*
hydrolysis of wood Holzverzuckerung *f*
hydrolysis precipitation Hydrolysenfällung *f*
hydrolysis products Hydrolyseprodukte *npl*
hydrolysis rate Hydrolysengeschwindigkeit *f*
hydrolytic hydrolytisch
hydrolytic agent Aufschlußmittel *n*
hydrolytic classification hydrolytische Klassifikation *f*
hydrolytic enzyme Hydrolase *f*
hydrolytic polymerization hydrolytische Polymerisation *f*
hydrolytic resistance Hydrolysebeständigkeit *f*
hydrolytic stability Hydrolysebeständigkeit *f*
hydrolyzable *{US}* hydrolysierbar
hydrolyzation Hydrolysierung *f*
hydrolyzation process Aufschlußverfahren *n*, Hydrolyse *f*
hydrolyze/to hydrolysieren, aufschließen; der Hydrolyse unterliegen, hydrolysiert werden
hydrolyzing Hydrolysieren *n*
hydrolyzing tank Abwasserfaulraum *m*, Faulgrube *f*, Faulraum *m* *{Wasser}*
hydromagnesite Hydromagnesit *m* *{Min}*
hydromagnocalcite Hydromagnocalcit *m* *{Min, Hydro-Dolomit/Calcit-Gemenge}*
hydromel Honigwasser *n*
vinous hydromel Met *m*
hydromelanothallite Hydro-Melanothallit *m* *{Min}*
hydrometallurgy Hydrometallurgie *f*, Naßmetallurgie *f*
hydrometer Aräometer *n*, Flüssigkeitswaage *f*, Densimeter *n* *{Dichtemesser für Flüssigkeiten}*; Senkwaage *f*, Tauchwaage *f*, Senkspindel *f*, hydrostatische Waage *f* *{zur Bestimmung der Dichte fester Körper}*
hydrometer set Aräometersatz *m*
graduated hydrometer Skalenaräometer *n*
hydrometric[al] hydrometrisch, aräometrisch; Aräometer-
hydrometry Hydrometrie *f* *{Dichtebestimmung von Flüssigkeiten mit Aräomtern}*; Wassermessungslehre *f*
hydron dyes Hydronfarbstoffe *mpl*
hydronalium Hydronalium *n* *{Al-Mg-Legierung, Korr}*
hydrone 1. Hydronlegierung *f* *{35 % Na,*

65 % Pb, zur H_2-Entwicklung}; 2. <H_2O> aktives Wasser *n*
hydronitric acid *s.* hydrogen azide
hydronium Hydronium *n {obs}*, Oxonium-Ion *n {IUPAC}*, Wasser-Cluster-Ion *n*, hydriertes Proton *n {Triv}*
hydronium ion Hydronium-Ion *n*, Oxonium-Ion *n*, Hydrogen-Ion *n*, Wasserstoff-Ion *n*, hydratisiertes Proton *n*, Hydroxonium-Ion *n*
hydroperoxide <R-OOH> Hydroperoxid *n*
hydroperoxide decomposer Hydroperoxidzersetzer *m {z.B. für Reaktionsharze}*
hydrophane Hydrophan *m*, Edelopal *m*, Wasseropal *m*, Milchopal *m {Min}*
hydrophanousness Durchsichtigkeit *f* im Wasser *n*
hydrophile *s.* hydrophilic
hydrophilic 1. hydrophil, wasserbindend, wasseranziehend *{z.B. Ion, Atomgruppe}*; wasseraufnehmend, bentzbar mit Wasser *n {z.B. Textilien, Werkstoffe}*; wasserliebend; 2. protonenanziehend
hydrophilic-lipophilic balance Hydrophile-Lipophile-Gleichgewicht *n*, hydrophil-lipophiles Gleichgewicht *n {z.B. bei Emulgatoren}*
hydrophilicity Hydrophilie *f*
hydrophilizing Hydrophilierung *f {Text}*
hydrophobe *s.* hydrophobic
hydrophobic hydrophob, wasserabweisend *{z.B. Ionen, Atomgruppen}*; nicht benetzbar, wasserabstoßend *{z.B. Textilien, Werkstoffe}*; wassermeidend
hydrophobic interaction hydrophobe Wechselwirkung *f {z.B. Bindung, Stapelungskräfte}*; Basenaufstockungskräfte *fpl {Stabilisierung der DNS}*
hydrophobic interaction chromatography Hydrophobchromatographie *f*, hydrophobe Chromatographie *f*, Aussalzchromatographie *f*
hydrophobizing Hydrophobierung *f {Text}*
hydrophthalic acid Hydrophthalsäure *f*
hydrophyte Hydrophyt *m*, Wasserpflanze *f*
hydropiper[in]ic acid Hydropiperinsäure *f*
hydropiperoin Hydropiperoin *n*
hydropolysulfides <H_2S_n> Polysulfane *npl*, Polyschwefelwasserstoffe *mpl*
hydroponic culture Wasserkultur *f {Agri}*, Hydroponik *f*
hydropress hydraulische Presse *f*, Hydropresse *f*, Wasserdruckpresse *f*, ölhydraulische Presse *f*
hydroprotopine Hydroprotopin *n*
hydropyrine Hydropyrin *n*, Grifa *n*
hydroquinane Hydrochinan *n*
hydroquinene Hydrochinen *n*
hydroquinidine Hydroconchinin *n*
hydroquinine <$C_{20}H_{26}O_{22}\cdot 2H_2O$> Hydrochinin *n*, Dihydrochinin *n*, Methylhydrocuprein *n*
hydroquinol *s.* hydroquinone
hydroquinone <HOC_6H_4OH> 1,4-Dihydroxybenzol *n*, Hydrochinon *n*, Benzol-1,4-diol *n*, *p*-Dihydroxybenzol *n {Chem, Photo}*
hydroquinone benzyl ether *p*-Benzyloxyphenol *n*, Hydrochinonbenzylether *m*
hydroquinone diethyl ether <$C_6H_4(OC_2H_5)_2$> 1,4-Diethoxybenzol *n*, Hydrochinondiethylether *m*
hydroquinone dimethyl ether Hydrochinondimethylether *m*, 1,4-Dimethoxybenzol *n*, DMB
hydroquinone hydrochloride Hydrochinonhydrochlorid *n*
hydroquinone monoethyl ether Hydrochinonmonoethylether *m*, *p*-Ethoxyphenol *n*
hydroquinone monomethyl ether <$HOC_6H_4OCH_3$> 4-Methoxyphenol *n*, *p*-Hydroxyanisol *n*, Hydrochinonmonomethylether *m*
hydroquinotoxine Hydrochinotoxin *n*
hydroquinoxaline Hydrochinoxalin *n*
hydroresorcinol Hydroresorcin *n*
hydrorubber Hydrokautschuk *m*
hydroselenic acid Selenwasserstoffsäure *f*
hydroseparator Hydroseparator *m*
hydrosilicate Hydrosilicat *n*, wasserhaltiges Silicat *n*
hydrosilicon *s.* silanes
hydrosilylation Hydrosilylierung *f {H-Si-Einfügen in C=C-Bindungen}*
hydrosol Hydrosol *n {Kolloide, die Wasser als Dispersionsmittel enthalten}*
hydrosorbic acid Hydrosorbinsäure *f {Triv}*, Hexansäure *f*
hydrospenser Hydrospenser *m {kontinuierliche Dosier-/Misch-/Gießanlage}*
hydrosphere Hydrosphäre *f {die Wasserhülle der Erde}*
hydrostatic hydrostatisch
hydrostatic balance hydrostatische Waage *f {Dichtebestimmung}*, Mohrsche Waage *f*
hydrostatic extrusion hydrostatisches Strangpressen *n*
hydrostatic head hydrostatischer Druck *m*
hydrostatic pressure Flüssigkeitsdruck *m*, hydrostatischer Druck *m*
hydrostatic test Wasserdruckprobe *f*, Wasserdruckversuch *m*
hydrostatics Hydrostatik *f*
hydrosulfate 1. <$M'HSO_4$> Hydrogensulfat *n*, primäres Sulfat *n*; 2. Hydrosulfat *n*
hydrosulfide 1. <$M'HS$> Hydrogensulfid *n*, primäres Sulfid *n*, saures Sulfid *n*; 2. <$R-SH$> Mercaptan *n*, Thioalkohol *m*, Thiol *n*; 3. Hydrosulfid *n*
hydrosulfite 1. <$M'HSO_3$> Hydrogensulfit *n*, primäres Sulfit *n*; 2. <$M'_2S_2O_4$> Dithionit *n*; 3. <$Na_2S_2O_4$> Natriumhydrosulfit *n*, Natriumdithionit *n {Farb}*

hydrosulfite-formaldehyde compounds Formaldehyd-Hydrosulfitverbindungen *fpl*
hydrosulfuric acid 1. <$H_2S \cdot aq$> Schwefelwasserstoffsäure *f*; 2. <$H_2S_2O_6$> Dithionsäure *f*, Dischwefel(V)-säure *f*
hydrosulfurous acid <$H_2S_2O_4$> dithionige Säure *f*, Dischwefel(III)-säure *f*
hydrotalcite Wolknerit *m*, Völknerit *m*, Hydrotalkit *m {Min}*
hydrotelluric acid Tellurwasserstoffsäure *f*
hydrotelluride 1. <M'HTe> Hydrogentellurid *n*, primäres Tellurid *n*; 2. Hydrotellurid *n*
hydrotetrazone <ArCH=NN(Ar)N(Ar)N=CHAr> Hydrotetrazon *n*
hydrothermal hydrothermal *{Geol}*
hydrothermal crystal growth hydrothermale Kristallzüchtung *f*
hydrotreating Hydrotreating *n {katalytische Hydrierung von Erdöl zur Entfernung/Umwandlung von N, S, O und Olefinen}*
hydrotrope Hydrotropikum *n*, hydrotroper Stoff *m*; hydrotrope Verbindung *f*
hydrotropy Hydrotropie *f*
hydroturbine oil Wasserturbinenöl *n*
hydrous wasserhaltig, wässerig, wäßrig; hydratisiert; hydriert; hydratisch
hydrous borate Hydro-Borocalcit *m {obs}*, Ulexit *m {Min}*
hydrous ferrous sulfate Eisenvitriol *n*
hydrous wool fat Lanolin *n*
hydroxamic acid <R-CONHOH> Hydroxamsäure *f*
hydroxide Hydroxid *n*
hydroxide complex Hydroxokomplex *m*, Hydroxosalz *n*
hydroxide ion <OH^-> Hydroxid-Ion *n*; Hydroxyl-Ion *n*
hydroximic acid <R-C(=NOH)OH> Isohydroxamsäure *f*
hydroxoantimonate <$M'Sb(OH)_6$> Hexahydroxoantimonat(V) *n*
hydroxocobalamin <$C_{62}H_{89}CoN_{13}O_{15}P$> Hydroxocobalamin *n*, Aquocobalamin *n*
hydroxonic acid Hydroxonsäure *f*
hydroxonium ion *s.* hydronium ion
hydroxy hydroxylhaltig; Hydroxy-
hydroxy acid <HO-R-COOH> Hydroxylsäure *f*, Hydroxycarbonsäure *f*
hydroxy amino acid Hydroxyaminosäure *f*
hydroxy-terminated polybutadiene Polybutadien *n* mit endständigen OH-Gruppen *fpl*
hydroxyacetic acid Glycolsäure *f*, Ethenalsäure *f*, Hydroxyessigsäure *f*, Hydroxyethansäure *f {IUPAC}*
hydroxyacetone <CH_3COCH_2OH> Acetol *n*, Acetylcarbinol *n*, Hydroxypropan-2-on *n*
hydroxyadipaldehyde Hydroxyadipaldehyd *m*
hydroxyaldehyde Oxyaldehyd *m {obs}*, Hydroxyaldehyd *m*, Aldehydalkohol *m*
hydroxyalkane sulfinate Hydroxyalkansulfinat *n*
hydroxyalkanesulfonic acids Hydroxyalkansulfonsäuren *npl*
hydroxyalkylation Hydroxyalkylierung *f*
hydroxyamphetamine <C_9H_3NO> Hydroxyamphetamin *n*
***p*-hydroxyaniline** 4-Amino-1-hydroxybenzol *n*, 4-Aminophenol *n*, *p*-Aminophenol *n*
hydroxyanthracene Anthrol *n*
hydroxyanthranilic acid Hydroxyanthranilsäure *f*
hydroxyanthraquinone <$C_{14}H_8O_3$> Hydroxyanthrachinon *n*, Oxyanthrachinon *n*
hydroxyanthrone Oxanthranol *n*, Hydroxyanthranol *n*
hydroxyapatite *s.* hydroxylapatite
hydroxyazo compound <$RN=NC_6H_5OH$> Hydroxyazoverbindung *f*
hydroxyazobenzene <$C_{12}H_{10}N_2O$> Hydroxyazobenzol *n*
5-hydroxybarbituric acid Dialursäure *f*, Tartronoylharnstoff *m*, 5-Hydroxybarbitursäure *f*
hydroxybenzaldehyde Hydroxybenzaldehyd *m*
2-hydroxybenzamide Salicylamid *n*
hydroxybenzanthrone Hydroxybenzanthron *n*
hydroxybenzene Phenol *n*, Hydroxybenzen *n*
hydroxybenzoic acid <HOC_6H_4COOH> Hydroxybenzoesäure *f*, Phenolcarbonsäure *f*
***o*-hydroxybenzoic acid** Salicylsäure *f*, *o*-Hydroxybenzoesäure *f*
p-hydroxybenzoic acid p-Hydroxybenzoesäure *f*, Paraben *n*
hydroxybenzophenone <$C_6H_5COC_6H_4OH$> Hydroxybenzophenon *n*
***o*-hydroxybenzyl alcohol** Salicylalkohol *m*, *o*-Hydroxybenzylalkohol *m*
hydroxybenzyl cyanide Hydroxyphenylacetonitril *n*, Hydroxybenzylcyanid *n*
hydroxybioxindol Isatan *n*
2-hydroxybiphenyl Phenylphenol *n*
***β*-hydroxybutanal** *β*-Hydroxybutyraldehyd *m*, Adol *n*
2-hydroxybutane diamide <$H_2NCOCH_2CH(OH)CONH_2$> Malamid *n*, 2-Hydroxybutandiamid *n*
hydroxybutanedioic acid Äpfelsäure *f*, Monohydroxybernsteinsäure *f {Triv}*, Hydroxybutandisäure *f {IUPAC}*
hydroxybutanoic acid *s.* hydroxybutyric acid
4-hydroxybutanoic acid lactone <$C_4H_6O_2$> γ-Butyrolacton *n*
hydroxybutyraldehyde <$C_4H_8O_3$> Hydroxybutyraldehyd *m*
3-hydroxybutyraldehyde 3-Hydroxybutyr-

aldehyd *m*, 3-Hydroxybutanal *n {IUPAC}*, Acetaldol *n*
hydroxybutyric acid Hydroxybuttersäure *f*
2-hydroxycamphane *s.* borneol
hydroxycarbamid *s.* hydroxyurea
hydroxycarboxylic acid Hydroxycarbonsäure *f*
hydroxychloroquine <$C_{18}H_{26}ClN_3O$> Hydroxychlorochin *n*
hydroxycinnamic acid *trans*-2-Hydroxyzimtsäure *f*, *o*-Cumarsäure *f*, Hydroxyphenylpropensäure *f*
hydroxycitronellal <$C_{10}H_{20}O_2$> Hydroxycitronellal *n*, Citronellalhydrat *n*, 3,7 -Dimethyl-7-hydroxyoctenal *n*
hydroxycobalamine Hydroxycobalamin *n*
4-hydroxycoumarin Umbelliferon *n*
hydroxydecanoic acid Hydroxydecansäure *f*
hydroxydibenzofuran Hydroxydibenzofuran *n*
hydroxydimethyl benzene Xylenol *n*
5-hydroxy-3-dimethylaminoethylindole Bufotenin *n*, 3-(2-Dimethylaminoethyl)-5-hydroxyindol *n*
hydroxydiphenyl Hydroxydiphenyl *n*, Phenylphenol *n*
***p*-hydroxydiphenylamine <$C_6H_5NHC_6H_4OH$>** 3-Anilinophenol *n {Triv}*, *p*-Hydroxydiphenylamin *n*
hydroxydiphenylmethane Hydroxydiphenylmethan *n*, Benzylphenol *n*
hydroxyethanoic acid Glykolsäure *f*, Hydroxyessigsäure *f*
2-hydroxyethyl acrylate 2-Hydroxyethylacrylat *n*, HEA
hydroxyethyl piperazine Hydroxyethylpiperazin *n*
hydroxyethylamine <$HOC_2H_2NH_2$> Ethanolamin *n*, 2-Hydroxyethylamin *n*
hydroxyethylcellulose Hydroxyethylcellulose *f*, HEC
hydroxyethylenediamine <$H_2NC_2H_4NHC_2H_4OH$> Hydroxyethylendiamin *n*, Aminoethylethanolamin *n*
hydroxyethylenediaminetriacetic acid <$C_{10}H_{18}N_2O_7$> Hydroxyethylethylendiamintriessigsäure *f*, HEDTA
β-hydroxyethylhydrazine <$HOC_2H_4NHNH_2$> Ethanolhydrazin *n*, *β*-Hydroxyethylhydrazin *n*
hydroxyethylstarch Hydroxyethylstärke *f*, Stärkeether *m*
hydroxyethyltrimethylammonium bicarbonate Hydroxyethyltrimethylammoniumbicarbonat *n*, Cholincarbonat *n*
hydroxyfatty acid Hydroxyfettsäure *f*
hydroxyglutamic acid <$H_2N(HO)C_3H_4(COOH)_2$> Hydroxyglutaminsäure *f*
16-hydroxyhexadecanoic acid 16-Hydroxyhexadecansäure *f*, Juniperinsäure *f*
hydroxyhydroquinone Hydroxyhydrochinon *n*
hydroxyketone Hydroxyketon *n*, Keto[n]alkohol *m*, Ketol *n*
hydroxyl 1. Hydroxyl- ; 2. Hydroxyruppe *f*, Hydroxylrest *m*, Hydroxylgruppe *f*, OH-Gruppe *f*
hydroxyl group Hydroxylgruppe *f*, Hydroxylrest *m*, OH-Gruppe *f*
hydroxyl ion Hydroxylion *n*
hydroxyl ion concentration Hydroxylionenkonzentration *f*; Basizität *f*
hydroxyl number Hydroxylzahl *f*, OH-Zahl *f*, OHZ *{Kennzahl der Fette und Öle}*; Hydroxylgehalt *m*
hydroxyl value *s.* hydroxyl number
β-hyydroxylalanine <$HOCH_2CH(NH_2)COOH$> *β*-Hydroxylalanin *n*, L-Serin *n*, α-Amino-*β*-hydroxypropionsäure *f*
hydroxylamine <NH_2OH> Hydroxylamin *n*, Oxyammoniak *n {obs}*
hydroxylamine acid sulfate <$NH_2OH \cdot H_2SO_4$> Hydroxylaminsäuresulfat *n*
hydroxylamine hydrochloride <$NH_2OH \cdot HCl$> Hydroxylaminhydrochlorid *n*, Hydroxylaminchlorhydrat *n {obs}*, Hydroxylammoniumchlorid *n*
hydroxylamine oxidase *{EC 1.7.3.4}* Hydroxylaminoxidase *f*
hydroxylamine reductase *{EC 1.7.99.1}* Hydroxylaminreduktase *f*
hydroxylamine sulfate <$(NH_2OH)_2H_2SO_4$> Hydroxylaminsulfat *n*
hydroxylammonium chloride *s.* hydroxylamine hydrochloride
hydroxylammonium compound Hydroxylammoniumverbindung *f*, Oxyammoniumverbindung *f {obs}*
***o*-hydroxylaniline <$HOC_6H_4NH_2$>** *o*-Aminophenol *n*, o-Hydroxyanilin *n*, Oxammium *n {obs}*
hydroxylapatite Hydroxylapatit *m {Min, Med}*
hydroxylapatite ceramics Hydroxylapatit-Keramik *f {Med}*
hydroxylase *{EC 1.14.15.3}* Hydroxylase *f*, Monooxygenase *f*
hydroxylate/to hydroxylieren
hydroxylation Hydroxylierung *f*
hydroxylethylcellulose Hydroxylethylcellulose *f*, HEC
hydroxylpalmitone Hydroxylpalmiton *n*
5-hydroxylysine 5-Hydroxylysin *n*
hydroxylysine kinase *{EC 2.7.***1.81}** Hydroxylysinkinase *f*
hydroxymalonic acid Tartronsäure *f*, Hydroxymalonsäure *f*
hydroxymenthane 3-Menthanol *n*, Menthol *n*
hydroxymenthene Menthenol *n*
hydroxymenthylic acid Hydroxymenthylsäure *f*
hydroxymercurichlorophenol <$HOC_6H_3HgOH(Cl)$> Hydroxymercurichlorphenol *n*
hydroxymercuricresol <HOC_6H_3HgOH-

(CH_3)> Hydroxymercuricresol *n*
hydroxymercurinitrophenol <HOC_6H_3HgOH-(NO_2)> Hydroxymercurinitrophenol *n*
hydroxymethanesulfinic acid <$HOCH_2$-S(O)OH> Hydroxymethansulfinsäure *f*, Formaldehyd-Sulfoxylsäure *f*
hydroxymethoxy benzaldehyde Hydroxymethoxybenzaldehyd *m*
2-hydroxy-3-methylbenzoic acid *o*-Cresotinsäure *f*, *o*-Homosalicylsäure *f*, Hydroxymethylbenzoesäure *f*
hydroxymethylbutanone 3-Hydroxy-2-methylbutan-2-on *n*
3-hydroxymethyl-chrysazin Rhabarberon *n*
hydroxynaphthalene Naphthol *n*
hydroxynaphthoic acid <$HOC_{10}H_6COOH$> 3-Hydroxy-2-naphthoesäure *f*, Oxynaphthoesäure *f {obs}*, *β*-Hydroxynaphthoesäure *f*, Naphthol[carbon]säure *f*
***β*-hydroxynaphthoic anilide <$HOC_{10}H_6CONHC_6H_5$>** Naphthol AS *n*, Hydroxynaphthoesäureanilid *n*
5-hydroxy-1,4-naphthoquinone Juglon *n*, Hydroxynaphthochinon *n*
hydroxynervonic acid Hydroxynervonsäure *f*
α-hydroxynitrile Cyanohydrin *n*
hydroxynitrobenzyl chloride Hydroxynitrobenzylchlorid *n*
***cis*-12-hydroxyoctadec-9-enoic acid** Ricinelaidinsäure *f*, Ricinolsäure *f*, Ricinsäure *f*
hydroxyoctanthrene Octanthrenol *n*
16-hydroxypalmitic acid Juniperinsäure *f*
11-hydroxypalmitinic acid Jalopinolsäure *f*
hydroxypentadecylic acid Hydroxypentadecansäure *f*
hydroxyperezone Hydroxyperezon *n*
hydroxyphenanthrene Phenanthrol *n*, Hydroxyphenanthren *n*
hydroxyphenylnaphthylamine Hydroxyphenylnaphthylamin *n*
hydroxyphenylacetic acid Hydroxyphenylessigsäure *f*, Mandelsäure *f*
hydroxyphenylamine Tyramin *n*, *p*-Hydroxyphenylethylamin *n*
***p*-hydroxyphenylglycine <$HOC_6H_4NHCH_2COOH$>** Photoglycin *n {Triv}*, *p*-Hydroxyphenylglycin *n*
2-hydroxyphenylmercuric chloride Hydroxyphenylmercurichlorid *n*
hydroxypinic acid Hydroxypinsäure *f*
4-hydroxyproline <$C_5H_9NO_3$> Hydroxyprolin *n*, 4-Hydroxypyrrolidin-2-carbonsäure *f*, Oxyprolin *n {obs}*
2-hydroxypropanenitrile Lactonitril *n*, Milchsäurenitril *n*
3-hydroxypropanenitrile Ethylencyanhydrin *n*, Hydracrylsäurenitril *n*
3-hydroxypropanoic acid Hydracrylsäure *f*
2-hydroxypropionic acid Oxypropionsäure *f {obs}*, 2-Hydroxypropionsäure *f {IUPAC}*, Ethylidenmilchsäure *f*; Milchsäure *f {Triv}*
4'-hydroxypropiophenone 4-Hydroxypropiophenon *n*
hydroxypropyl cellulose Hydroxypropylcellulose *f*
hydroxypropyl starch Hydroxypropylstärke *f*
hydroxypropylglycerin Hydroxypropylglycerin *n*
hydroxypropyltoluidine Hydroxypropyltoluidin *n*
6-hydroxypurine Hypoxanthin *n*, Sarkin *n*, Xanthoglobulin *n*
hydroxypyrene Hydroxypyren *n*
2-hydroxypyridine Hydroxypyridin *n*, Pyridin-2-ol *n*, α-Pyridon *n*
hydroxypyridine oxide 2-Hydroxypyridin-*N*-oxid *n*
4-hydroxyquinaldic acid Kynurensäure *f*
hydroxyquinol 1,2,4-Trihydroxybenzol *n*
hydroxyquinoline <C_9H_7NO> Hydroxychinolin *n*, Oxychinolin *n {obs}*
2-hydroxyquinoline Carbostyril *n*
4-hydroxyquinoline Kynurin *n*
8-hydroxyquinoline Oxin *n*
8-hydroxyquinoline benzoate 8-Hydroxychinolinbenzoat *n*
8-hydroxyquinoline potassium sulfonate <$HOC_9H_5NSO_3K$> 8-hydroxychinolinsulfonsaures Kalium *n*
8-hydroxyquinoline sodium sulfonate <$HOC_9H_5NSO_3Na$> 8-hydroxychinolinsulfonsaures Natrium *n*
8-hydroxyquinoline sulfate <$(C_6H_7NO)_2 \cdot H_2SO_4$> 8-Hydroxychinolinsulfat *n*
hydroxyquinone Oxychinon *n {obs}*, Hydroxychinon *n*
12-hydroxystearic acid <$C_{18}H_{36}O_3$> Oxystearinsäure *f {obs}*, 12-Hydroxystearinsäure *f*
1,12-hydroxystearyl alcohol 1,12-Hydroxystearylalkohol *m*, Octadecan-1,12-diol *n*
hydroxysuccinic acid Oxybernsteinsäure *f {obs}*, Hydroxybernsteinsäure *f*, Hydroxybutandisäure *f {IUPAC}*, Äpfelsäure *f {Triv}*
hydroxytitanium stearate Hydroxytitanstearat *n*
hydroxytoluene Oxytoluol *n {obs}*, Hydroxytoluol *n*, Kresol *n*, Methylphenol *n*
3-hydroxytropan Tropin *n*
3-hydroxytriptamine *s.* serotonin
5-hydroxytryptophane 5-Hydroxytryptophan *n*, Oxitriptan *n*, Levothym *n*, Prétonin *n*, Quietim *n*
hydroxyurea <$H_2NCONHOH$> Hydroxyharnstoff *m*
hydroxyvaline Hydroxyvalin *n*
hydrozincite Hydrozinkit *m*, Zinkblüte *f {Min}*

hydurilic acid Hydurilsäure *f*
hyenanchin <$C_{15}H_{18}O_7$> Hyenanchin *n*, Mellitoxin *n*
hygiene 1. Hygiene *f*, Gesundheitspflege *f*; 2. Gesundheitslehre *f*; 3. vorbeugende Medizin *f*
hygienics Gesundheitslehre *f*, Hygiene *f*
hygienic[al] gesundheitlich; hygienisch
hygrine <$C_8H_{15}NO$> Hygrin *n*
hygri[ni]c acid <$C_6H_{11}NO_2$> Hygrinsäure *f*, 1-Methyl-pyrrolidin-2-carbonsäure *f*, 1-Methylprolin *n*
hygrograph Hygrograph *m*, Feuchtigkeitsschreiber *m*
hygrometer Hygrometer *n*, Feuchtemesser *m*, Feuchtigkeitsmesser *m*, Luftfeuchtigkeitsmesser *m*
chemical hygrometer chemisches Hygrometer *n*
physical hygrometer physikalisches Hygrometer *n*
hygrometric hygrometrisch
hygrometric condition Luftfeuchtigkeit *f*
hygrometric paper Hygrometerpapier *n*
hygrometry Hygrometrie *f*, Feuchtigkeitsmessung *f*
hygromycin A <$C_{23}H_{29}NO_{12}$> Hygromycin A *n*, Homomycin *n*, Totomycin *n*
hygromycin B <$C_{20}H_{37}N_3O_{13}$> Hygromycin B *n*, Marcomycin *n*
hygrophyllite Hygrophyllit *m {Min}*
hygroscope Hygroskop *n*, Feuchtigkeitsanzeiger *m*
hygroscopic hygroskopisch, wasseranziehend, wasseraufnehmend; feuchtigkeitsempfindlich
hygroscopic capacity Hygroskopizität *f*
hygroscopic coefficient Hygroskopizitätszahl *f {Boden}*
hygroscopic instability Feuchtlabilität *f*
hygroscopic quality Wasseraufsaugungsvermögen *n*
hygroscopic sensitivity Hygroskopizität *f*, hygroskopische Empfindlichkeit *f*
hygroscopic water free moisture hygroskopische Feuchtigkeit *f {> 107 °C; DIN 51718}*
hygroscopicity Hygroskopizität *f*, Wasseranziehungsvermögen *n*, Wasseraufnahmefähigkeit *f*
hygroscopy Hygroskopie *f*
hygrostat Feuchtigkeitsregler *m*, Hygrostat *m*
hylotropic hylotrop
hylotropy Hylotropie *f*
hyoscine *{BP}* Hyoscin *n*, Scopolamin *n*
hyoscine hydrobromide Hyoscinbromhydrat *n {Pharm}*, Hyoscinhydrobromid *n*
hyoscine sulfate Hyoscinsulfat *n {Pharm}*
hyoscyamine <$C_{17}H_{23}NO_3$> Hyocyamin *n*, Duboisin *n*, Tropasäuretropinester *m*, Daturin *n*, Tropyltropat *n*
hyoscyamine hydrobromide Hyoscyaminhydrobromid *n*
hyoscyamine hydrochloride Hyoscyaminchlorhydrat *n*
hyoscyamine sulfate Hyoscyaminsulfat *n*
hypaphorine <$C_{13}H_{17}NO_2$> Hypaphorin *n*, Trimethyltryptophan *n*
hypargyrite Hypargyrit *m*, Miargyrit *m {Min}*
hyperacidity Hyperazidität *f {obs}*, Hyperchlorhydrie *f {Übersäuerung des Magensaftes}*
hyperbola Hyperbel *f {Math}*
rectangular hyperbola gleichseitige Hyperbel *f*
hyperbolic hyperbolisch; Hyperbel-
hyperbolic function Hyperbelfunktion *f*
inverse hyperbolic function Area-Funktion *f {Math}*
hyperbolic geometry Absolutgeometrie *f*, hyperbolische Geometrie *f*, nichteuklidische Geometrie *f*
hyperbolic inverse Hyperbelinverse *f*
hyperbolic orbit Hyperbelbahn *f*
hyperbolical *s.* hyberbolic
hyperboloid Hyperboloid *n {Math}*
hyperchromasy Hyperchromasie *f {Med}*
hyperchrome hyperchrom, stark ausgefärbt
hyperchromic hyperchrom, stark ausgefärbt
hyperchromic effect hyperchromer Effekt *m {Gen}*
hyperchromic shift hyperchrome Verschiebung *f {Gen}*
hyperchromicity Hyperchromie *f {Med}*
hyperchromism Hyperchromie *f {Med}*
hypercomplex hyperkomplex
hyperconjugation Hyperkonjugation *f*
hypereutectic hypereutektisch, übereutektisch
hypereutectoid 1. übereutektoid[isch]; 2. Übereutektoid *n*
hypereutectoid steel hypereutektischer Stahl *m {> 0,8 % C}*
hyperfiltration Hyperfiltration *f*, Umkehrosmose *f*
hyperfine hyperfein
hyperfine spectrum Hyperfeinspektrum *n*
hyperfine structure Hyperfeinstruktur *f*, Überfeinstruktur *f*, Hyperfeinaufspaltung *f*
hyperfine structure coupling Hyperfeinstrukturkopplung *f*
hyperfine structure multiplet Hyperfeinstrukturmultiplett *n*
hyperfine structure operator Hyperfeinstrukturoperator *m*
hyperforming *s.* hydrofining
hypergeometric distribution hypergeometrische Verteilung *f {Statistik}*
hypergol Hypergol *n {spontan verbrennendes flüssiges Raketentreibstoff-Paar}*, hypergoler

Raketentreibstoff *m*, selbstzündender Raketentreibstoff *m*
hypergolic hypergol *{selbstzündendes Treibstoff-Oxidator-Zusammenführen}*
hypericin $<C_{30}H_{16}O_8>$ Mycoporphyrin *n*, Cyclosan *n*, Hypericumrot *n*, Johannisblut *n* *{Triv}*, Hypericin *n*
hyperin Hyperin *n*, Quercetin-3-galactosid *n*
hypermetabolism erhöhter Stoffwechsel *m*
hypernucleus Hyperkern *m*, Hyperfragment *n*, Hypernukleon *n* *{Nukl}*
hyperon Hyperon *n* *{überschweres Baryon}*
hyperoxide $<O_2^->$ Hyperoxid *n*, Superoxid-Ion *n* *{obs}*
hyperplane Hyperfläche *f*
hyperpure hyperrein *{z.B. Ge für Strahlendetektoren}*
hypersensitive überempfindlich, hypersensibel
hypersensitivity Überempfindlichkeit *f* *{Immun}*
hypersensitization Hypersensibilisierung *f*, Hypersensibilisation *f*, Übersensibilisierung *f* *{Photo, Immun}*
hypersthene Hypersthen *m* *{Min}*
hypersthene rock Hypersthenfels *m*, Hypersthenit *m*, Hyperit *m*, Norit *m* *{Geol}*
hypersthenic hypersthenhaltig *{Geol}*
hyperstoichiometry Überstöchiometrie *f*
hypersurface Hyperfläche *f* *{Math}*
hypertension Hypertension *f*, Hypertonie *f*, Bluthochdruck *m* *{Med}*
hyperthyroidism Schilddrüsenüberfunktion *f* *{Med}*
hypertonic solution hypertonische Lösung *f* *{Physiol}*
hypervalent atom hypervalentes Atom *n* *{>8 Valenzelektronen}*
hypnone $<C_6H_5COCH_3>$ Hypnon *n* *{Triv}*, Acetophenon *n*, Methylphenylketon *n*, Acetylbenzol *n*
hypnotic 1. hypnotisch; 2. Hypnotikum *n*, Schlafmittel *n* *{Pharm}*
hypo Hypo *n* *{Photo}*, Natriumthiosulfat *n*, Fixiernatron *n* *{Photo}*, Natriumdithionit *n*
hypo bath Fixiernatronbad *n*, Hypo-Bad *n* *{Photo}*
hypoacidity Säuremangel *m*, Hypochlorhydrie *f*, Hypoazidität *f* *{des Magensaftes}*
hypoactivity Unterfunktion *f* *{Med}*
hypobromite $<M'OBr>$ Hypobromit *n*, Bromat(I) *n*
hypobromite nitrogen Hypobromit-Stickstoff *m* *{Anal}*
hypobromous acid $<HBrO>$ unterbromige Säure *f*, hypobromige Säure *f*
salt of hypobromous acid Hypobromit *n*
hypochlorite $<M'ClO>$ Hypochlorit *n*, Chlorat(I) *n*
hypochlorite bleaching tank Hypochloritbleichgefäß *n* *{Text}*
hypochlorite solution Hypochloritlösung *f*
hypochlorite sweetening Hypochloritraffination *f*, Hypochloritsüßen *n*, Hypochloritbehandlung *f* *{von Mineralöl}*
hypochlorous unterchlorig
hypochlorous acid $<HClO>$ Hypochlorsäure *f*, unterchlorige Säure *f* *{obs}*, Unterchlorsäure *f*, hypochlorige Säure *f*; Bleichsäure *f*
salt of hypochlorous acid Hypochlorit *n*, Chlorat(I) *n*
hypochlorous anhydride Chlormonoxid *n*, Dichloroxid *n*, Chlor(I)-oxid *n*
hypochromaticity Hypochromatizität *f*
hypochromicity Hypochromie *f* *{Med, Gen}*
hypocristalline hypokristallin, semikristallin, glas-kristallin, merokristallin *{Geol}*
hypodermic needle medizinische Kanüle *f* *{DIN 13095}*, Injektionskanüle *f* *{DIN 13097}*; Injektionsnadel *f* *{Chrom}*
hypodermic syringe Injektionsspritze *f*, Dosierungsspritze *f* *{Chrom, Med}*
hypodermic tablets Tablettenimplantate *npl*
hypoeutectic 1. untereutektisch, untereutektoid; 2. Untereutektikum *n*
hypoeutectoid steel hypoeutektoider Stahl *m* *{<0,8 % C}*
hypofunction Unterfunktion *f* *{Med}*
hypogaeic acid Hypogäasäure *f*, Physetolsäure *f*, Hexadec-7-ensäure *f*
hypogene rock Tiefengestein *n*, plutonisches Gestein *n*, Plutonit *m* *{Geol}*
hypoglyc[a]emia Hypoglykämie *f* *{Physiol}*
hypoglycine 1 $<C_7H_{11}NO_2>$ Hypoglycin A *n*; 2. $<C_{12}H_{18}N_2O_5>$ Hypoglycin B *n*
hypohalites Hypohalite *npl* *{Salze/Ester der von Halogenen abgeleiteten Säuren}*
hypohaploidy Hypohaploidie *f*
hypoid [gear] oil Hypoidgetriebeöl *n*, Hypoidöl *n* *{Höchstdruckgetriebeöl}*
hypoimmunity Immunitätsschwäche *f*
hypoiodite $<M'IO>$ Hypoiodit *n*, Iodat(I) *n*
hypoiodous hypoiodig, unteriodig
hypoiodous acid $<HIO>$ unteriodige Säure *f*
salt of hypoiodous acid Hypoiodit *n*, Iodat(I) *n*
hyponitrite $<M'_2N_2O_2>$ Hyponitrit *n*
hyponitrous acid $<H_2N_2O_2>$ untersalpetrige Säure *f*, hyposalpetrige Säure *f*, Stickstoff(I)-säure *f*, Diazendiol *n*
salt of hyponitrous acid Hyponitrit *n*, Nitrat(I) *n*
hypophosphite $<M'H_2PO_2>$ Hypophosphit *n* *{obs}*, Phosphinat *n*, Phosphat(I) *n*
hypophosphoric acid $<H_4P_2O_6>$ Hypophosphorsäure *f* *{obs}*, Diphosphor(IV)-säure *f*, Hypodiphosphorsäure *f*

hypophosphorous acid $<H_3PO_2>$ unterphosphorige Säure *f {obs}*, hypophosphorige Säure *f {obs}*, Phospinsäure *f*, Phosphor(I)-säure *f*
ester of hypophosphorous acid Phospinsäureester *m*, Phosphinat *n*, Hypophosphit *n {obs}*
salt of hypophosphorous acid Phosphinat *n*, Phosphat(I) *n*, Hypophosphit *n {obs}*
hypostasis Hypostasis *f {Gen}*
hypostatic hypostatisch *{Gen}*
hyposulfite 1. $<M^I{}_2S_2O_4>$ Hyposulfit *n {obs}*, Disulfat(III) *n*, Dithionit *n*; 2. Thiosulfat *n*, Fixiersalz *n*, Natriumthiosulfat *n {Photo}*
hyposulfurous acid $<H_2S_2O_4>$ Dithionigsäure *f*, dithionige Säure *f*, Dischwefel(III)-säure *f*
hypotension Hypotension *f*, niedriger Blutdruck *m*
hypotensive blutdrucksenkend, antihypertonisch
hypotensor blutdrucksenkendes Mittel *n*
hypotenuse Hypotenuse *f {Math}*
hypothesis Hypothese *f*, Annahme *f*, Lehrmeinung *f*,
hypotheti[cal] hypothetisch, angenommen, mutmaßlich
hypotonic solution hypotonische Lösung *f {Med}*
hypotrochoid Hypotrochoide *f {Math}*
hypovitaminosis Avitaminose *f*, Hypovitaminose *f*, Vitaminmangel *m {Med}*
hypoxanthine $<C_5H_4N_4O>$ Hypoxanthin *n*, Sarkin *n*, Purin-6-ol *n*, 6-Hydroxypurin *n*, Xantoglobulin *n*
hypoxanthine riboside $<C_{10}H_{12}N_4O_5>$ Inosin *n*
hypsochromic hypsochrom, farberhöhend, farbaufhellend
hypsometer Siedebarometer *n*, Hypsometer *n*
hyptolide $<C_{18}H_{24}O_8>$ Hyptolid *n*
Hyraldite *{TM}* Hyraldit *n {$Na_2S_2O_4$/HCHO-Gemisch}*
hyssop oil Ysopöl *n {aus Hyssopus officinalis L.}*
hystazarin $<C_{14}H_8O_4>$ Hystazarin *n*, 2,3-Dihydroxyanthrachinon *n*
hysteresis Hysterese *f*, Hysteresis *f*; Hysteresis *f*, Dämpfung *f*, Arbeitsverlust *m {Gummi}*
hysteresis coefficient Hysteresekoeffizient *m {der Steinmetz-Formel}*, Steinmetz-Koeffizient *m*, Hysteresisbeiwert *m {eine Jordansche Konstante}*
hysteresis curve Federkennlinie *f*, Hysteresekurve *f*
hysteresis cycle *s.* hysteresis loop
hysteresis energy Hysteresearbeit *f*
hysteresis heating Wirbelstromheizung *f*
hysteresis loop Hystereseschleife *f*, Hysteresisschleife *f*, Hysteresekurve *f*
hysteresis loss Hystereseverlust *m*, Hysteresisverlust *m {Ferromagnetismus}*
dielectric hysteresis dielektrische Hysterese *f*, dielektrische Nachwirkung *f*
magnetic hysteresis magnetische Hysterese *f*
Hytor compressor Flüssigkeitsringpumpe *f*, Flüssigkeitsringverdichter *m*
hyzone $<H_3>$ dreiatomiger Wasserstoff *m*, Hyzon *n*

I

I acid I-Säure *f {Naphthylaminsulfonsäure}*
I acid urea I-Säure-Harnstoff *m*
IATA-DGR *{International Air Transport Association- Dangerous Goods Regulations}* Lufttransportbestimmungen *fpl* der IATA für gefährliche Güter *npl*
iatrochemical iatrochemisch
iatrochemistry Iatrochemie *f*, Chemiatrie *f {Med, Physiol; 17. Jh.}*
IBA Industrial Biotechnology Association
iba-acid Iba-Säure *f*
iberin Iberin *n*
iberite Iberit *m {Min}*
IBIB *s.* isobutyl isobutyrate
ibit Ibit *n*
ibogaine Ibogain *n*
IBP *{initial boiling point}* Siedebeginn *m*
ibuprofen $<C_{13}H_{18}O_2>$ Ibuprofen *n {2-(p-Isobutyl)propansäure}*
ice/to 1. vereisen; in Eis *n* kühlen; 2. glasieren *{Keramik}*; 3. kandieren, überzuckern, glasieren *{Lebensmittel}*
ice 1. Eis *n*, Natureis *n*; 2. Grefrorene *n*, Eis *n* , Speiseeis *n*
ice bag Eisbeutel *m*
ice blocks Blockeis *m*
ice box *{US}* Eisschrank *m*, Kühlschrank *m*
ice calorimeter Eiskalorimeter *n*, Bunsen-Kalorimeter *n*
ice chest *{GB}* Eisschrank *m*, Kühlschrank *m*
ice cells Eiszellen *fpl*, Kühlzellen *fpl*
ice-cold eiskalt
ice colo[u]r Eisfarbstoff *m* , Azofarbstoff *m {gekuppelter Entwicklungsfarbstoff}*, Eisfarbe *f {Text}*
ice condenser Eiskondensator *m*
ice-cooled eisgekühlt
ice cooling Eiskühlung *f*
ice cream Speiseeis *n*, Gefrorene *n*, Eis *n*, Eiskreme *f*, Sahneeis *n*
ice crystal Eiskristall *m*
ice funnel Eistrichter *m*
ice-like eisähnlich, eisartig
ice nucleus Eiskeim *m {Meteor}*
ice point Eispunkt *m {Schmelzpunkt des Eises bei 101324,72 Pa; definierender Fixpunkt der*

ITS-90}, Gefrierpunkt *m* des Wassers *n {Tripelpunkt}*

ice safe *{GB}* Eisschrank *m*, Kühlschrank *m*

ice stone Eisstein *m {obs}*, Kryolith *m {Min}*

ice target Eistarget *n {Auffänger aus Eis}*

ice ton Eistonne *f {Schmelzwärme für 1 Z Eis, 660 GJ/t}*

ice water Eiswasser *n*, eiskaltes Wasser *n*, Eis-Wasser-Gemisch *n*

dry ice Trockeneis *n {CO_2}*

salt ice erstarrte Salzlösung *f {Eutektikum -21°C}*

turn into ice/to vereisen

Iceland moss Gallertmoos *n*, Isländische Flechte *f*, Islandflechte *f*, Isländisches Moos *n {Cetraria islandica}*

Iceland spar [isländischer] Doppelspat *m*, Islandspat *m*, Calcit *m {Min}*

ichiba acid Ichibasäure *f*

ichthalbin Ichthalbin *n*, Ichthyoleiweiß *n*

ichthammol *{BP}* Ichthammol *n {NH_4-Bituminosulfonat}*

ichthyocolla Fischleim *m*, Ichthyocoll *n*; Hausenblasenleim *m*

ichthyoform Ichthyoform *n {Pharm}*

ichthyol **<$C_{28}H_{36}S_3O_6(NH_4)_2.2H_2O$>** Ichthyol *n*, Ammoniumsulfichthyolat *n*, sulfoichthyolsaures Ammonium *n*, Ammoniumichthyolsulfonat *n*, Anysin *n {Pharm}*

ICI Imperial Chemical Industries PLC *{London, 1926}*

ichthyol albuminate Ichthalbin *n*, Ichthyoleiweiß *n*

ichthyol formaldehyde Ichthyoform *n*

ichthyol preparation Ichthyolpräparat *n*

ichthyol silver Ichthargan *n*

ichthyol soap Ichthyolseife *f*

ichthyolite Ichthyolpuder *m {Pharm}*

ichthyopterin **<$C_9H_{11}N_5O_4$>** Ichthyopterin *n*, Fluorescyanin *n*

ichthyotoxin Ichthyotoxin *n*, Fischgift *n*

icicane Icican *n*

icicle Eiszapfen *m*

icing 1. Zuckerguß *m*, Zuckerglasur *f*; 2. Vereisen *n*, Vereisung *f*

icing dextrose Traubenzucker *m*, Dextrose *f*

icing sugar Puderzucker *m*, Staubzucker *m*, Farinzucker *m*

iconoscope 1. Ikonoskop *n {Speicher-TV-Kamera}*; 2. Ikonoskop *n {Leuchtbildschirm}*

icosahedral ikosaedrisch, zwanzigflächig *{Krist}*

icosahedron Ikosaeder *n*, Zwanzigflächner *m {Krist}*

icosane **<$C_{20}H_{42}$>** Icosan *n*, Eicosan *n*

isosanoic acid **<$CH_3(CH_2)_{18}COOH$>** Eicosansäure *f*, Arachidinsäure *f*

icositetrahedral vierundzwanzigflächig, ikositetraedrisch

icositetrahedron Ikositetraeder *n*, Vierundzwanzigflächner *m {Krist}*

ICR spectroscopy Ionencyclotron-Resonanz-Spektroskopie *f*

ICRP *{International Commission on Radiological Protection}* Internationale Strahlenschutzkommision *f {Sutton, GB}*

ICRU *{International Commission on Radiological Units and Measurements, Bethesda//USA, 1925}* Internationale Kommisions *f* für Strahlungseinheiten und -messungen

ICT *{International Critical Tables}* Internationale Kritische Tabellen *fpl* aus Physik, Chemie und Technik *{USA, 1926-30}*

I.C.T. coefficient ICT-Insektizid-Faktor *m {in %; Insecticide-Carrier-Toxicant}*

icthiamine Icthiamin *n*

icy eisig; vereist, eisbedeckt

Id Id *{Iod-Symbol bei EDV-Speichern}*

IDA **<$HN(CH_2COOH)_2$)** Iminodiessigsäure *f*

idaein **<$C_{21}H_{21}O_{11}$>** Idaein *n*

idaric acid Idozuckersäure *f*

iddingsite Iddingsit *m {Min}*

idea 1. Einfall *m*, Idee *f*; 2. Vorstellung *f*, Gedanke *m*; 3. Ahnung *f*

ideal 1. ideal; 2. rein gedanklich; ideell; 3. Ideal *n {Math}*

ideal copolymerization ideale Copolymerisation *f*

ideal crystal Idealkristall *m*, idealer Kristall *m {Idealstruktur}*; perfekter Einkristall *m*

ideal dielectric ideales Dielektrikum *n*, verlustfreies Dielektrikum *n*

ideal dilute solution limit ideal verdünnte Lösung *f*

ideal gas vollkommenes Gas *n*, ideales Gas *n*, perfektes Gas *n {Thermo}*

ideal gas constant universelle Gaskonstante *f*

ideal gas law ideales Gasgesetz *n*, thermische Zustandsgleichung *f* für ideale Gase *npl {Thermo}*

ideal liquid ideale Flüssigkeit *f*, inkompressible Flüssigkeit *f {DIN 1342}*

ideal plate theoretischer Boden *m*, idealer Boden *m {Dest}*

ideal plate number theoretische Bodenzahl *f {Dest}*

ideal pump ideale Pumpe *f {konstantes Saugvermögen im gesamten Druckbereich}*

ideal solution ideale Lösung *f*

ideal state Idealzustand *m*

ideally vollkommen, rein; ideal

ideally elastic rein elastisch, sprungelastisch

identic[al] 1. identisch, genau übereinstimmend, gleich; 2. genau derselbe; artgleich

identification 1. Erkennung *f*, Identifikation *f*,

Identifizierung *f*; 2. Nachweis *m*; 3. Kennzeichnung *f {z.B. von Material}*; 4. Ansprache *f {Geol, Bergbau}*
identification colo[u]r Kennfarbe *f*
identification limit Erfassungsgrenze *f*, Nachweisgrenze *f*
identify/to 1. identifizieren, erkennen; 2. nachweisen; 3. kennzeichnen *{Material}*
identity Selbst-Gleichheit *f*, Identität *f {Math}*
identity card Ausweis *m*, Personalausweis *m*
identity operator Identitätsoperator *m*
identity period Identitätsabstand *m*, Identitätsperiode *f {Chem, Krist}*
idiochromasy Idiochromasie *f*, Eigenfarbe *f*
idiochromatic idiochromatisch, eigenfarbig *{Krist, Elektronik}*
idiochromatin Idiochromatin *n {Gen}*
idioelectric idioelektrisch, selbstelektrisch
idiomere Idiomer *n*
idiomorphic idiomorph, eigengestaltig, automorph *{Krist, Min}*
idiomorphous *s.* idiomorphic
idiomutation Idiomutation *f*
idiophanism Idiophanismus *m {Krist}*
idiophanous idiophan *{Krist}*
idiophase Idiophase *f {Fermentation}*
iditol <$C_6H_{14}O_6$> Idit[ol] *n*
idle/to leerlaufen; im Leerlauf *m* laufen lassen
idle stillstehend, außer Betrieb *m* [befindlich]
idle admittance Leerlaufadmittanz *f {Elek}*
idle capacity ungenutzte Produktionskapazität *f*
idle current Blindstrom *m*
idle position Ruhestellung *f*; Ausgangsstellung *f*
idle running Leergang *m*, Leerlauf *m*
idle time Stillstandzeit *f*, Leerlaufzeit *f*, Leerzeit *f {z.B. beim Rüsten}*, Brachzeit *f {ungenutzte Zeit}*
idler Spannrolle *f*, Tragrolle *f*, Stützrolle *f {z.B. eines Bandförderers}*; Mitläuferwalze *f*, freilaufende Walze *f {Druck}*
idling Leerlauf *m*, Leergang *m*
idocrase Idokras *m {Vesuvianart, Min}*
idonic acid <$C_6H_{12}O_7$> Idonsäure *f*
idosaccharic acid <$C_6H_{10}O_8$> Idozuckersäure *f*
idosaminic acid Idosaminsäure *f*
idose <$C_6H_{12}O_6$> Idose *f*
idoxuridene <$C_9H_{11}IN_2O_5$> Idoxuridin *n*, 2'-Deoxy-5-iodouridin *n*, 5-Iodo-2'-deoxyuridin *n*
idrialine Idrialin *m {Min, meist Picen}*
idrialite Idrialit *m {Min, Idrialin/Ton/Cinnabarit}*
iduronic acid <$C_6H_{10}O_7$> Iduronsäure *f*
IDU[R] *s.* idoxuridine
IEC *{ion exchange chromatography}* 1. Ionenaustausch-Chromatographie *f*; 2. Internationale Elektrochemische Kommission *f {Genf, Normungsstelle}*
Ig Immunglobuline *npl*, Ig *{spezifische körpereigene Abwehrproteine}*
igasuric acid Igasursäure *f*
Igewesky's solution Igeweskysche Lösung *f {Met, Anal; 5 % Pikrinsäure in Alkohol}*
iglesiasite Iglesiasit *m {Min}*
igneous feurig; glühend; magmatisch, eruptiv *{Geol}*; schmelzflüssig
igneous dikes Erstarrungsdamm *m*, Erstarrungsgang *m {diskordantes Magma; Geol}*
igneous electrolysis Schmelzflußelektrolyse *f*
igneous rocks Erstarrungsgestein *n*, Eruptivgestein *n*, Magmagestein *n*, Massengestein *n*, Magmatit *m {Geol}*
ignitability Entflammbarkeit *f*, Entzündbarkeit *f*, Entzündlichkeit *f*, Zündwilligkeit *f*
ignitable entflammbar, zündfähig, entzündbar, entzündlich, zündempfindlich; feuerfangend
ignitable vapo[u]r zündfähiger Dampf *m*
ignitable waste brennbarer Abfall *m*, entzündbarer Abfall *m*
ignite/to anzünden, entzünden, zünden *{z.B. Brennstoff}*; sich entzünden; glühen
igniter 1. Zünder *m*, Anzünder *m*, Zündvorrichtung *f {z.B. Zündhütchen, Zündplättchen}*, Zündeinrichtung *f {für Sprengstoffe}*; 2. Zündofen *m*, Zündhaube *f {einer Sintermaschine}*
igniter cord Anzündlitze *f*
igniter match head Zündpille *f*
igniter train Anzündkette *f*
ignitibility *s.* ignitability
ignitible *s.* ignitable
igniting Anzünden *n*, Entzünden *n*, Zünden *n {z.B. Brennstoff, Expl}*; Glühen *n*
igniting agent Zündstoff *m*
igniting flame Zündflämmchen *n*, Zündflamme *f*
igniting power Zündkraft *f*, Zündvermögen *n*
ignition 1.Zünd-; 2. Entzünden *n*, Anzünden *n {z.B. Brennstoff}*; 3. Zündung *f {z.B. Sprengstoff}*; 4. Glühen *n {Anal}*
ignition accelerator Zündbeschleuniger *m*, Klopfpeitschen *fpl*
ignition accumulator Zündakkumulator *m*
ignition anode Zündanode *f*
ignition cable Zündkabel *n*
ignition cable lacquer Zündkabellack *m*
ignition capsule Glühschälchen *n*, Veräschungsschale *f {Lab}*
ignition charge Zündsatz *m*
ignition compound Zündmasse *f*, Zündmittel *n*
ignition electrode Zündelektrode *f*
ignition enhancement Zündwilligkeit *f*
ignition flame Zündflamme *f*
ignition mixture Entzündungsgemisch *n*, Zündmasse *f*

ignition performance Zündwilligkeit *f*
ignition point 1. Entzündungspunkt *m*, Entflammungspunkt *m*, Zündpunkt *m*, Zünd[ungs]temperatur *f {DIN 51794}*, Entzündungstemeperatur *f*, Brennpunkt *m*; 2. Schwelpunkt *m*; 3. Zündeinsatzpunkt *m {Elektronik}*; Zündzeitpunkt *m {Auto}*; 4. Selbstentzündungspunkt *m*, Selbstentzündungstemperatur *f*
ignition point tester Brennpunktprüfer *m*, Jentzscher-Zündwertprüfer *m*
ignition quality Zündfähigkeit *f*, Zündwilligkeit *f {DIN 51773}*, Cetanzahl *f {Dieselkraftstoff}*, Zündverhalten *n*; Glutfestigkeit *f*
ignition readiness Zündbereitschaft *f*
ignition residue Glührückstand *m*
ignition spark Zündfunken *m*
ignition temperature *s.* ignition point 1.
ignition test 1. Zündprobe *f*, Zündversuch *m*; 2. Brennprobe *f {Text}*
ignition test tube Glühröhrchen *n {Lab}*
ignition tube Entzündungsröhre *f*, Glühröhrchen *n {qualitative Vorprobenanalyse}*
ignition tube test Glührohrprobe *f*
ignition velocity Zündgeschwindigkeit *f*
early ignition Frühzündung *f*
late ignition Spätzündung *f*, verzögerte Zündung *f*
pre-ignition Frühzündung *f*
ignitron Ignitron *n {Hg-Stromrichter}*
ignotine <$C_9H_{14}N_4O_3$> Ignotin *n*, Carnosin *n*, *ß*-Alanylhistidin *n*
ihleite Ihleit *m {obs}*, Copiapit *m {Min}*
ihrigizing oven Silinierofen *m {Met}*
IISRP International Institute of Synthetic Rubber Producers *{Houston, USA; London, GB}*
iletin *{TM}* Insulin *n*
ilexanthin <$C_{17}H_{23}O_{11}$> Ilexanthin *n*
Ilford Q plate Schumannplatte *f {UV-Photographie}*
ilicin Ilicin *n {Bitterstoff aus Ilex aquifolium}*
ilicyl alcohol <$C_{22}H_{37}OH$> Ilicylalkohol *m*
ill 1. krank; 2. schlecht, übel, böse, schlimm
ill-effect Nachteil *m*
ill-smelling übelriechend
illicium oil Anisöl *n*, Sternanisöl *n*
illinium *{Il, obs, element no. 61}* Illinium *n {obs}*, Promethium *n*
illipe butter Illipebutter *f*
illipe fat Illipefett *n*
illipe oil Illipeöl *n*
illium Illium *n {Stahl mit Ni, Cr, Co, W, Al, Mn, Ti, B und Si; extrem korrosionsfest}*
illness Erkrankung *f*, Krankheit *f*; Kranksein *n {Med}*
illuminance Beleuchtung *f*, Beleuchtungsstärke *f {in lx}*; spezifische Lichtausstrahlung *f*
illuminant Beleuchtungsmittel *n*, Leuchtmittel *n*, Leuchtstoff *m*
illuminant composition Leuchtsatz *m*, Leuchtsatzmischung *f {Pyrotechnik}*
illuminate/to 1. beleuchten, erleuchten, anstrahlen; ausleuchten, belichten; 2. illuminieren; 3. aufhellen, aufklären
illuminated 1. beleuchtet, erleuchtet; ausgeleuchtet; 2. Leucht-
illuminated diagram Leuchtschaltbild *n {innenbeleuchtetes Schaltbild}*
illuminated manometer Leuchtmanometer *n*
illuminated sign Lichtzeichen *n*
illuminating leuchtend, lichtgebend
illuminating alcohol Leuchtspiritus *m*
illuminating effect Leuchtwirkung *f*
illuminating gas Leuchtgas *n*, Stadtgas *n*
illuminating gas from coal Steinkohlenleuchtgas *n*
illuminating oil Leuchtpetroleum *n*, Leuchtöl *n*, Lampenpetroleum *n*, Kerosen *n*
illuminating power Leuchtkraft *f*
illuminating value Leuchtwert *m*
illumination 1. Beleuchtung *f*; 2. Belichtung *f*, Ausleuchtung *f*; Ausleuchten *n {Tätigkeit}*; 3. Aufhellung *f*; 4. Beleuchtungsstärke *f {in lx}*
illumination time Belichtungszeit *f*
dark-ground illumination Dunkelfeld-Beleuchtung *f {Mikro}*
vertical illumination Auflicht *n*
illuminator Leuchtkörper *m*, Lichtquelle *f*
illustrate/to illustrieren, bebildern; veranschaulichen, erläutern
illustration Abbildung *f*, Illustration *f*; Erläuterung *f*, Veranschaulichung *f*
illustrative erläuternd; anschaulich
illustrative material Anschauungsmaterial *n*
ilmenite <$FeOTiO_2$> Ilmenit *m*, Menaccanit *m*, Titaneisenerz *n*, Eisentitan *n {Min}*
ilmenite black Ilmenitschwarz *n*
ilmenium *{obs}* Ilmenium *n {obs, Tantal/Niobium-Gemisch}*
ilmenorutile schwarzes Titanoxid *n*, Ilmenorutil *m {Min}*
ilsemannite Ilsemannit *m {Min}*
ilvaite Ilvait *m*, Kieselkalkeisen *n {Triv}*, Yenit *m {obs}*, Lievrit *m {Min}*
image 1. Bild *n*, Abbild *n*, Abbildung *f*; 2. Spiegel *m*, Spiegelsignal *n*, Spiegelfrequenzsignal *n*
image aberration Bildfehler *m*
image analyser Mikrobild-Analysator *m {z.B. zur Auswertung von Plaststrukturen}*
image distortion Bildverzerrung *f*
image equation Abbildungsgleichung *f {Opt}*
image fault Abbildungsfehler *m {Opt}*
image field Bildfeld *n {Opt}*
image focus[s]ing Bildeinstellung *f*
image intensifier Bildverstärker *m*
image intensifier fluorography Röntgenbildverstärker *m {Radiol}*

image persistence Nachleuchten *n*
image plane Bildebene *f {Opt}*
image processing Bildverarbeitung *f*, Bilddatenverarbeitung *f*
image quality Bildgüte *f*, Abbildungsgüte *f*
image quality index Bildgütezahl *f {Radiographie, DIN 54109}*
image scale Abbildungsmaßstab *m*
image sharpness Bildschärfe *f*, Abbildungsschärfe *f {Photo}*
image-shearing principle Bildspaltprinzip *n*
latent image latentes Bild *n*
imaginary 1. imaginär, fiktiv, eingebildet, gedacht; 2. imaginäre Zahl *f {Math}*
imaginary experiment Gedankenexperiment *n*
imaginary part Imaginärteil *m {Math}*
imaginary power Blindleistung *f {Elek}*
imaginative phantasievoll, erfinderisch, einfallsreich
imaging Abbildung *f*, Abbilden *n*
imaging defect Abbildungsfehler *m*
imasatin Imasatin *n {Isamsäurelactam}*
imasatinic acid Imasatinsäure *f*
imbalance Ungleichgewicht *n*, Unausgeglichenheit *f*; Schräglage *f*
imbed/to einbetten
imbibe/to aufnehmen, einsaugen, aufsaugen, absorbieren, imbibieren *{von Flüssigkeiten}*; tränken, durchtränken, imprägnieren, imbibieren *{mit Flüssigkeiten}*; auslaugen, imbibieren *{Rohrzucker}*
imbibition Flüssigkeitsaufnahme *f*, Imbibition *f*; Tränkung *f*, Durchtränkung *f*, Imprägnierung *f*, Imbibition *f*, Durchdringung *f {mit Flüssigkeiten}*; Imbibition *f*, Auslaugung *f {von Rohrzucker}*
imbibition matrix Einsaugekopiermatrize *f {Photo}*
imbibition power Saugkraft *f*
imbibition roller Tränkrolle *f {Photo}*
imbibition tank Tränkgefäß *n {Leder}*
imbricatine <$C_{24}H_{26}N_4O_7S$> Imbricatin *n*
imerinite Imerinit *m {Min}*
Imhoff tank Emscher-Brunnen *m*, Imhoff-Brunnen *m*, Imhoff-Tank *m*
imidazole <$C_3H_4N_2$> Imidazol *n*, Glyoxalin *n*, 1,3-Diazol *n*
imidazole base Imidazolbase *f*
imidazole ring Imidazolring *m*
imidazoledione Hydantoin *n*, Glycolylharnstoff *m*
4-imidazoleethylamine *s.* histamine
imidazolepyruvic acid <$C_6H_6N_2O_2$> Imidazolbrenztraubensäure *f*
imidazoletrione Parabansäure *f*, Oxalylharnstoff *m*, Imidazolin-2,4,5-trion *n*
imidazolidine <$C_3H_8N_2$> Imidazolidin *n*, Tetrahydroimidazol *n*
2-imidazolidinethione <$C_3H_6N_2S$> Imidazolidin-2-thion *n*, Ethylenthioharnstoff *m*
2-imidazolidinone <$C_3H_6N_2O$> Imidazolidin-2-on *n*, Ethylenharnstoff *m*
imidazolidon <$C_3H_6N_2O$> Imidazolidon *n*
imidazoline <$C_3H_6N_2$> Imidazolin *n {obs}*, Dihydroimidazol *n {IUPAC}*
imidazolinium <$C_3H_5N^+{}_2$> Imidazolium[kation] *n*
imidazolone <$C_3H_4N_2O$> Imidazolon *n*
3-imidazol-4-ylacrylic acid Urocaninsäure *f*
imidazolylalanine *β*-(4-Imidazolyl)-alanin *n*, Histidin *n*
imidazolylethylamine 4-(*β*-Aminoethyl)-imidazol *n*, Histamin *n*
imide 1. <-C(O)NH(O)C-> Imid *n*, cyclisches Säureimid *n*, cyclisches Diacylamin *n*; 2. <RCONHCOR'> Imid *n*, acylisches Diacylamin *n*, acyclisches Säureamid *n*
imidic acid <RC(=NH)OH> Imidsäure *f*
imidic chloride <RC(=NH)Cl> Imidchlorid *n*, Imidsäurechlorid *n*, Imidoylchlorid *n*
imido compound Imidoverbindung *f*
imido ester <RC(=NH)OR'> Imidoester *m*, Iminoester *m {obs}*
imido group Imidogruppe *f {=NH-Gruppe als Ersatz für O=}*
imidocarbamide Guanidin *n*, Imidocarbamid *n*
imidocarbonic acid <$HN=C(OH)_2$> Imidokohlensäure *f*
imidodicarbonic acid <HOOC-NH-COOH> Imidodikohlensäure *f*
imidosulfonic acid <$HN(SO_3H)_2$> Imidodischwefelsäure *f*, Imidosulfonsäure *f {obs}*
imidourea Guanidin *n*, Imidocarbamid *n*
imidoxanthin Imidoxanthin *n*, Guanin *n*
iminazolone *s.* imidazolone
imine 1. <RCHNH> Imin *n*; 2. <R-NH-R'> Imin *n*; 3. <$(CH_2)_nNH$> Alkylenimin *n*
imine chloride *s.* iminic chloride
iminium salt *{obs}* Azomethin *n*
imino base <=C=NH> sekundäres Amin *n*
iminoacetic acid *s.* iminodiacetic acid
3,3'-iminobispropylamine <$HN(C_3H_6NH_2)_2$> Iminobispropylamin *n*, Dipropylentriamin *n*, 3,3'-Diaminodipropylamin *n*
1,5-iminocyclooctane Granatanin *n*
iminodiacetic acid <$HN(CH_2COOH)_2$> Iminodiessigsäure *f*
iminodiacetonitrile <$HN(CH_2CN)_2$> Iminodiacetonitril *n*
iminodibenzyl Iminodibenzyl *n*
2,2'-iminodiethanol <$HN(CH_2CH_2OH)$> 2,2'-Iminodiethanol *n {IUPAC}*, Diethanolamin *n*, DEA
iminodiformic acid Iminodiameisensäure *f*
iminodiphenyl Carbazol *n*, Dibenzopyrrol *n*, Diphenylenimid *n*, Diphenylenimin *n*

iminodipropanol <$HN(CH_2CH(OH)CH_3)_2$> 1,1'-Iminodi-2-propanol *n*, Diisopropanolamin *n*, DIPA
iminoethylene Ethylenimin *n*, Aziridin *n*
iminoindigo Iminoindigo *m*
2-imino-1-methylimidazolin-4-one *s.* kreatinine
3-iminooxindole Imesatin *n*
iminopyrine Iminopyrin *n*
iminourea Iminharnstoff *m*, Guanidin *n*, Aminomethanamidin *n {IUPAC}*
imipramine <$C_{19}H_{24}N_2 \cdot HCl$> Imipramin *n*, Tofranil *n*
imitate/to imitieren, nachbilden, nachahmen, nachmachen; wiederholen
imitated imitiert, nachgeahmt, falsch, künstlich, unecht; Schein-, Ersatz-
imitation Imitation *f*, Nachahmung *f*, Nachbildung *f*; Ersatz *m*
imitation gold Scheingold *n*, Halbgold *n*, Schaumgold *n*, Kompositionsgold *n*
imitation leather Kunstleder *n*
imitation silver foil Metallsilber *n*
immaterial stofflos, unkörperlich, immateriell; nebensächlich, unwesentlich, unerheblich
immature unreif, unentwickelt
immeasurable unermeßlich; unmeßbar, unausmeßbar, immensurabel
immedial black *{TM}* Immedialschwarz *n*
immedial pure blue Immedialreinblau *n*
immedial yellow Immedialgelb *n*
immediate effect Sofortwirkung *f*
immense unermeßlich, riesig, ungeheuer
immerse/to eintauchen, einbetten, versenken, untertauchen
immerseable finger Eintauchkühlfinger *m*
immersion Tauchen *n*, Eintauchen *n*, Untertauchen *n*, Versenken *n*, Immersion *f*
immersion battery Tauchbatterie *f*
immersion cleaning Eintauchreinigung *f*
immersion condenser Tauchkondensator *m*, Einhängekühler *m*, Immersionskondensor *m*
immersion cooler Tauchkühler *m*
immersion electrode Tauchelektrode *f*
immersion filter [tube] Eintauchnutsche *f*
immersion fluid Immersionsflüssigkeit *f*
immersion freezer Tauchgefrieranlage *f*
immersion heater Tauchsieder *m*, Tauchheizelement *n*, Tauchbadwärmer *m*, Einsteckvorwärmer *m*
immersion lubricant Tauchschmierung *f*
immersion measuring cell Eintauchmeßzelle *f*
immersion method Immersionsmethode *f*, Eintauchverfahren *n*, Einbettungsmethode *f*
immersion oil Immersionsöl *n*
immersion period Lagerdauer *f*, Lagerungszeit *f*, Lagerungsdauer *f {in Flüssigkeiten}*
immersion pipe Eintauchrohr *n*
immersion plating Eintauchplattierung *f*
immersion plating bath Ansiedebad *n*, Eintauchplattierungsbad *n*
immersion pump Tauchpumpe *f*, Unterwasserpumpe *f*
immersion pyrometer Eintauchpyrometer *n*
immersion refractometer Eintauch-Refraktometer *n {Opt}*
immersion stem Tauchrohr *n*
immersion temperature Lagerungstemperatur *f {in Flüssigkeiten}*
immersion test method *{ISO 4433}* Einlagerungsversuch *m*, Tauchversuch *m*
immersion thermostat Eintauchthermostat *m*
immersion time Eintauchzeit *f*
immersion tube Eintauchrohr *m*
immersion-type degreasing Tauchentfettung *f*
immiscibility Nichtmischbarkeit *f*, Unvermischbarkeit *f*, Unmischbarkeit *f*, Mischungslücke *f*
immiscible nicht mischbar, unvermischbar, unmischbar
immiscible solvent unmischbares Lösemittel *n*, unmischbares Extraktionsmittel *n*
immission Immission *f*, Luftverunreinigung *f*
immittance Immittanz *f {Elek; Impedanz + Admittanz}*
immixture Vermischung *f*
immobile unbeweglich, fest, stationär
immobilization 1. Stillegung *f*, Stillsetzen *n*; 2. Festlegung *f*; 3. Immobilisierung *f*, biologische Festlegung *f {Nährstoffe im Boden, Enzyme und Zellen}*
immovability Bewegungslosigkeit *f*
immovable unbeweglich, fest, unnachgiebig
immune immun, unempfänglich, geschützt; seuchenfest
immune body Immun[itäts]körper *m*, Abwehrferment *n {obs}*, Antikörper *m*
immune interferon Immun-Interferon *n*
immune globuline Immunglobulin *n*, Ig, Gamma-Globulin *n {obs}*
immune protein Immunprotein *n*, Antikörper *m*
immune reaction Immunreaktion *f*
immune response Immunreaktion *f*, Immunantwort *f*
immune system Immunsystem *n*
immunity Immunität *f*
immunity substance Immunitätssubstanz *f*
immunization Immunisierung *f*
immunize/to immunisieren, unempfänglich machen
immunizing unit Immun[isierungs]einheit *f*
immunoassay Immunoassay *m*
immunobiochemical immunbiochemisch
immunoblot Western-blot *n*, Immunoblot *n*
immunochemical immunchemisch
immunochemistry Immunchemie *f*
immunoconjugates Immunkonjugate *npl*

immunocomplexes Immunkomplexe *mpl*
immunoelectrochemistry Immunoelektrochemie *f*
immunoelectrophoresis Immunelektrophorese *f* *{Anal}*
immunofluorescence Immunofluoreszenz *f*
immunogenic Immunreaktion *f* auslösend
immunoglobulin Immunglobulin *n*, Ig, Gamma-Globulin *n* *{obs}*
immunologic immunologisch
immunological effect Immunisierungseffekt *m*
immunology Immunitätsforschung *f*, Immunitätslehre *f*, Immunologie *f*
immunomodulator Immunmodulator *m*
immunosuppressive 1. immunsuppressiv *{Pharm, Med}*; 2. Immunsuppressivum *n*, Immunsuppressor *m* *{Pharm, Med}*
immunotoxin Immunotoxin *n*
IMP Inosin-5'-monophosphat *n*
impact/to 1. aufprallen, anstoßen; zusammenstoßen, zusammenprallen; 2. stark beeinflussen, sich stark auswirken
impact 1. Aufprall *m*, Anprall *m*, Anstoß *m*, Prall *m*; Zusammenstoß *m*, Zusammenprall *m*; 2. Auftreffen *n*, Aufschlag *m*; 3. Schlag *m*, Stoß *m*, Hieb *m* *{Phys}*; 4. Wucht *f*, Schlag *m*, Impakt *m* *{Mech}*; 5. aufrüttelnde Wirkung *f*, negativer Einfluß *m* *{z.B. auf die Ökologie}*
impact ball hardness Fallhärte *f*, Schlaghärte *f*
impact bar 1. Schlagleiste *f*, Pralleiste *f*; 2. Schlag-Prüfstab *m* *{Kunst}*
impact bending strength Schlagbiegefestigkeit *f*, Schlagbiegezähigkeit *f*
impact bending test Schlagbiegeprobe *f*, Schlagbiegeversuch *m*
impact break Stoßbruch *m*
impact breaker Prallbrecher *m*, Prallzerkleinerer *m*, Doppelprallbrecher *m*
impact broadening Stoßverbreiterung *f* *{der Spektrallinie}*
impact bruise Stoßverletzung *f*
impact burner Auftreffbrenner *m*, Prallbrenner *m*, Stoßbrenner *m*
impact chipper Prallzerspaner *m*
impact chipping Prallzerspanen *n*
impact cleaning device Sandstrahlputzer *m*
impact cleaving Schlagspaltung *f*
impact compression test Schlagdruckversuch *m*
impact crusher Prallbrecher *m*, Schlagbrecher *m*, Prallzerkleinerer *m*
impact detonator Aufschlagzünder *m*
impact disk Prallscheibe *f* *{Turbomischer}*
impact dryer Trockenvorrichtung *f* mit Heißluftanprall *m*
impact elasticity Schlagelastizität *f*
impact energy Prallenergie *f*, Schlagenergie *f*, Schlagarbeit *f* *{Mech}*; Stoßfestigkeit *f*
impact fatigue strength Dauerschlagfestigkeit *f*
impact fluorescence Stoßfluoreszenz *f*
impact fracture toughness Schlagfestigkeit *f*, Schlagzähigkeit *f*, Stoßfestigkeit *f*, Schlagbeständigkeit *f*
impact grinding Prallmahlung *f*, Prallzerkleinerung *f*
impact grinding mill Prallmühle *f*
impact hardness Schlaghärte *f* *{Met}*
impact ionization Stoßionisation *f*, Stoßionisierung *f* *{Elektronik, Spek}*
impact load Schlagbelastung *f*, Stoßbelastung *f*, Stoßbeanspruchung *f*, Prallbeanspruchung *f* *{eine schlagartige Beanspruchung}*
impact machine Pendelschlagwerk *n*
impact mill Schlagprallmühle *f*, Schlagkreuzmühle *f*, Prallmühle *f*
impact mixer Turbomischer *m*, Turbozerstäuber *m*
impact modifier schlagzähmachender Hilfsstoff *m*, schlagzähmachender Zusatzstoff *m* *{Stoff zur Erhöhung der Schlagzähigkeit}*
impact mo[u]lding Schlagpressen *n*, Kaltschlagverfahren *n* *{Kunst}*; Gasdruckformen *n* *{Gieß}*
impact mo[u]ld[ing die] Schlagpreßwerkzeug *n*
impact nozzle Pralldüse *f*
impact parameter Stoßparameter *m*
impact pendulum Pendelschlagwerk *n*, Schlagpendel *n*
impact penetration test Durchstoßversuch *m* *{Kunststoff, DIN 53373}*
impact plastic schlagzäher Plast *m*
impact plate Prallplatte *f*, Schlagplatte *f*
impact plate classifier Prallplattensichter *m*
impact polarization Stoßpolarisation *f*
impact polystyrene schlagfestes Polystyrol *n*, schlagzähes Polystyrol *n*, PS-sz
impact probability Stoßwahrscheinlichkeit *f*
impact-proof schlagfest, stoßfest, schlagzäh, stoßsicher
impact pulling test Schlagzerreißversuch *m*
impact pulverizer Prallzerkleinerer *m*, Prallzerkleinerungsmaschine *f*, Stoßmühle *f*, Schlägermühle *f*
impact resilience Stoßelastizität *f*, Rückprallelastizität *f* *{elastischer Wirkungsgrad bei Stoß-Druck-Beanspruchung}*
impact resistance Schlagbeständigkeit *f*, Schlagfestigkeit *f*, Schlagzähigkeit *f*, Stoßfestigkeit *f*
impact-resistant stoßfest, stoßsicher, schlagfest, schlagzäh
impact-resistant polystyrene graftpolymer schlagzähes Polystyrol-Pfropfpolymerisat *n*, PS-sz

impact-resistant polyvinyl chloride schlagzähes Polyvinylchlorid *n*, PVC-sz
impact screen Stoßsieb *n*
impact sensitivity Schlagempfindlichkeit *f* *{Expl}*
impact separator Stoßabscheider *m*
impact speed Aufprallgeschwindigkeit *f*, Stoßgeschwindigkeit *f*, Schlaggeschwindigkeit *f*
impact strength Kerbschlagzähigkeit *f*, Kerbschlagfestigkeit *f* *{Met}*; Schlagfestigkeit *f*, Schlagzähigkeit *f*, Stoßfestigkeit *f*, Schlagbiegefestigkeit *f*, Schlagarbeit *f*
impact strength modifying additive *s.* impact modifier
impact strength testing Schlagbiegeversuch *m*
impact stress Schlagbeanspruchung *f*, Stoßbeanspruchung *f*, Stoßbelastung *f*, Prallbeanspruchung *f* *{eine schlagartige Beanspruchung}*
impact styrene material schlagfestes Polystyrol *n* , schlagzähes Polystyrol *n*, PS-sz
impact tearing test Schlagzerreißversuch *m*
impact tensile stress Schlagzugbeanspruchung *f*
impact tensile test Schlagzugversuch *m*, Schlagzerreißversuch *m*, Zugversuch *m* mit Schlagbeanspruchung *f*
impact test Kerbschlagbiegeversuch *m*, Kerbschlagzähigkeitsprüfung *f* *{Met}*; Schlagbiegeversuch *m*, Schlagprüfung *f*, Schlagprobe *f*, Schlagversuch *m*, Stoßversuch *m*
impact testing Schlagfestigkeitsprüfung *f*
impact value Kerbzähigkeit *f*, Schlagzähigkeit *f* *{als ermittelter Wert}*
impact wear Stoßverschleiß *m*, Prallverschleiß *m*
impact wheel *s.* impact-disk
impact wheel mixer Turbozerstäuber *m*, Entoleter-Mischer *m*, Turbozerstäuber *m*, Prallreaktor *m*
impaction Aufprall *m*, Aufschlag *m*, Auftreffen *n*
impaction filter Aufprallfilter *n*
impactor 1. Impaktor *m* *{ein Staubmeßgerät}*; 2. Schlagprallbrecher *m*; schlagartig arbeitende Maschine *f*
impactor nozzle Pralldüse *f*
impair/to verletzen, verschlechtern, beeinträchtigen, [be]schädigen, nachteilig beeinflussen; schwächen
impaired function Unterfunktion *f* *{Med}*
impairment Benachteiligung *f*, Schädigung *f*, Beeinträchtigung *f*, Verschlechterung *f*; Abschwächung *f*
impalpable unfühlbar, ungreifbar, sehr fein; Feinst-
impalpable powder Feinstkornpulver *n*
impart/to erteilen, verleihen, gewähren; mitteilen; übermiteln, vermitteln
impartial neutral, unparteiisch, unvoreingenommen
imparting colo[u]r Farbgebung *f*
imparting thixotropy Thixotropierung *f*
imparting water repellency Hydrophobierung *f*
impaste/to anpasten, anteigen
impedance Impedanz *f*, Scheinwiderstand *m*
impedance bridge Scheinwiderstand-Meßbrücke *f*
impedance coil Drosselspule *f*
impedance converter Impedanzwandler *m*
impedance losses Leistungsverluste *mpl*
impedance matching Impedanzanpassung *f* *{Elek}*
impedancemeter Ohmmeter *n*, Impedanzmesser *m* *{Elek}*
impede/to behindern, hindern, aufhalten; verhindern
impediment Behinderung *f*, Abhaltung *f*, Hindernis *n*
impedometer Impedanzmesser *m*, Scheinwiderstandsmesser *m* *{Wellenleiter}*
impel/to antreiben, treiben; zwingen
impeller 1. Impeller *m*, Laufrad *n*; 2. Flügelrad *n*, Schaufelrad *n*; 3. Propellergebläse *n*; Gebläserad *n*, Wurfrad *n*, Kreiselrad *n*, Kreisel *m* *{Belüftung von Klärschlamm}*; 4. Meßflügel *m* *{Durchflußmesser}*; 5. Schleuderrad *n* *{Gieß}*; 6. Pumpenrad *n*, Primärrad *n*; 7. Kreiselrührer *m*, Kreiselmischer *m*; Rührwerkzeug *n*, drehende Rührstange *f*; 8. Drehkolben *m*
impeller blade Laufradflügel *m*, Laufschaufel *f*; Rührstangenflügel *m*, Rührflügel *m* *{Schnellmischer}*
impeller breaker Schneidmühle *f*, Pralltellermühle *f*
impeller flotation machine Rührwerkflotationsmaschine *f*
impeller-less burner Freistrahlbrenner *m*
impeller mill *s.* impeller breaker
impeller mixer Impellermischer *m*, Kreiselmischer *m*
impeller shaft Rührwelle *f*
impenetrability Undurchdringlichkeit *f*
impenetrable undurchdringlich, undurchlässig
imperatorin <$C_{16}H_{14}O_4$> Imperatorin *n*, Peucedanin *n*, Ammidin *n*, Marmelosin *n*, Pentosalen *n*
imperfect 1. fehlerhaft, mangelhaft, defekt; 2. unvollständig; 3. statisch unbestimmt
imperfect crystal Realkristall *m*, gestörter Kristall *m*, realer Kristall *m*
imperfect gas Ralgas *n*, reales Gas *n* *{kein Idealgas}*
imperfection 1. Fehlerhaftigkeit *f*, Unvollkommenheit *f*, Imperfektion *f*; Fehler *m*, Mangel *m*; 2. Fehlstelle *f*, Störstelle *f* *{Krist}*, Kristallfehler *m*

imperforate basket centrifuge sieblose Schleuder *f*
imperial 1. Imperial *n {Papierformat, 57x78 cm}*; 2. Imperial *n {Schriftgröße, 108 typographische Punkte = 40,614 mm}*; 3. Imperial- *{englische gesetzliche Einheiten}*; 4. Imperialbuchformat *n {7,5x11 und 11x15 inches}*
imperial blue Imperialblau *n*
imperial green Kaisergrün *n {obs}*, Schweinfurter Grün *n*, Kupferarsenitacetat *n*
imperial red Kaiserrot *n*, Eisenoxidrot *n*, Polierrot *n*, Englischrot *n*
imperial weights and measures Imperialmaße und -gewichte *npl*, gesetzliche englische Maße *npl* und Gewichte *npl*
imperishable haltbar; unvergänglich, widerstandsfähig; nicht verrottend
impermeability Impermeabilität *f*, Undurchdringlichkeit *f*, Undurchlässigkeit *f*, Dichtheit *f {Dichtigkeitseigenschaften}*
impermeability testing Dichtheitsprüfung *f*, Prüfung *f* auf Undurchlässigkeit *f*
impermeability to air Luftundurchlässigkeit *f*
impermeability to gas Gasdichtheit *f*
impermeability to light Lichtundurchlässigkeit *f*
impermeability to water Wasserdichtheit *f*
impermeabilization Dichtmachen *n*
impermeable undurchdringlich, undurchlässig, dicht, impermeabel
impermeable to light lichtundurchlässig
impermeable to moisture feuchtigkeitsundurchlässig
impermeable to X-rays röntgenstrahlundurchlässig
impervious 1. undurchdringlich, undurchlässig, dicht, impermeabel; 2. undurchdringlich, unwegsam; unzugänglich; 3. wasserdicht, wasserundurchlässig
imperviousness 1. Dichtheit *f*, Undurchlässigkeit *f*, Undurchdringlichkeit *f*; 2. Unwegsamkeit *f*, Undurchdringlichkeit *f*; Unzugänglichkeit *f*
imperviousness to water Wasserundurchlässigkeit *f*
impinge/to 1. anprallen, aufprallen, auftreffen, anstoßen; zusammenstoßen, zusammenprallen; 2. auftreffen lassen, in scharfem Strahl *m* lenken
impinge against/to anstoßen; einwirken; übergreifen
impingement 1. Anprall *m*, Aufprall *m*, Auftreffen *n*, Anstoß *m*; Zusammenstoß *m*, Zusammenprall *m*; 2. Einwirkung *f*; 3. Stoß *m*, Schlag *m {z.B. Tropfenschlag}*
impingement plate scrubber Prallplattenwäscher *m*
impingement rate Flächenstoßhäufigkeit *f*, Stoßzahlverhältnis *n {= mittlere Wandstoßzahl pro Zeit- und Flächeneinheit}*, mittlere spezifische Wandstoßrate *f {Thermo}*
impingement scrubber Prallwäscher *m*
impingement separation Prallabscheidung *f*
implant Einlage *f*, Implantat *n {Med, Radiol}*
implanted atom implantiertes Atom *n {durch Ionenimplantation in Halbleitern}*
implausible unwahrscheinlich, unglaubwürdig, uneinsehbar *{Logik}*
implement Werkzeug *n*, Gerät *n*, Hilfsmittel *n*; Zubehör *n*
implement finish Gerätelack *m*
implementation Ausführung *f*,Durchführung *f*, Implementierung *f*, Realisierung *f*, Verwirklichung *f*, Vollendung *f*
implode/to implodieren
implosion Implosion *f*, Ineinanderstürzen *n*
implosion guard Implosionsschutz *m*
imply/to 1. andeuten; 2. bedeuten, besagen, enthalten; 3. voraussetzen, schließen lassen auf
imponderability Unwägbarkeit *f*
imponderable unwägbar, imponderabel, unberechenbar
imponderbles Imponderabilien *fpl {Einflüsse von unberechenbarer Wirkung}*
import/to 1. importieren, einführen *{Handel}*; 2. bedeuten; von Bedeutung *f* sein
import 1. Import *m*, Einfuhr *m*; 2. Wert *m*; Bedeutung *f*, Wichtigkeit *f*
import duty Einfuhrzoll *m*
importance 1. Bedeutung *f*, Belang *m*, Wichtigkeit *f*; 2. Einfluß *m*; 3. Anmaßung *f*
important wichtig, wesentlich, relevant; bedeutend, bedeutsam; eindrucksvoll
important applications Anwendungsschwerpunkt *m*
impoverish/to 1. aussaugen, arm machen; 2. verarmen *{Agri}*; erschöpfen *{Geol}*
impoverishment 1. Verarmung *f {Agri}*; 2. Erschöpfung *f {Rohstoffquelle}*
impracticable 1. unausführbar, [technisch] undurchführbar, impraktikabel, ungangbar; 2. unbrauchbar; 3. unwegsam; 4. schwierig, störrisch
impractical 1. unpraktisch, unhandlich; 2. *s.* impracticable 1.
impregnant Tränkmasse *f*, Tränkmittel *n*, Imprägnier[ungs]mittel *n*
impregnate/to 1. imprägnieren, tränken, durchtränken; 2. befruchten *{Biol}*; 3. karbonisieren, mit Kohlensäure versetzen, mit Kohlendioxid sättigen *{Lebensmittel}*
impregnate with sulfur/to abschwefeln
impregnate wood with zinc chloride/to burnettisieren
impregnated 1. durchtränkt, getränkt, imprägniert; 2. karbonisiert *{Getränke}*; 3. befruchtet *{Gen}*

impregnated cathode imprägnierte Kathode *f*, Vorratskathode *f* *{Elektronik}*
impregnated fabric imprägniertes Gewebe *n*
impregnated paper Ölpapier *n* *{Elek}*
impregnated sheet harzgetränktes, zugeschnittenes flächiges Verstärkungsmaterial *n*
impregnated web harzgetränktes flächiges Verstärkungsmaterial *n*
impregnated wood imprägniertes Holz *n*; kunstharzgetränktes Holz *n*, Plastlagenholz *n*
impregnating 1. Tränken, Imprägnieren; 2. Befruchten *n* *{Gen}*
impregnating agent Imprägnier[ungs]mittel *n*, Tränkmittel *n*, Tränkmasse *f*; Hydrophobiermittel *n* *{Text}*
impregnating fluid Imprägnierflüssigkeit *f*, Tränkflüssigkeit *f*
impregnating liquid Imprägnierflüssigkeit *f*, Tränkflüssigkeit *f*
impregnating mass Tränkmasse *f* *{Elek}*
impregnating material Tränkmasse *f*, Tränkstoff *m*, Imprägnier[ungs]mittel *n*
impregnating oil Imprägnieröl *n*, Tränköl *n*
impregnating paste Tränkpaste *f*
impregnating preparation Tränkmasse *f*, Imprägnier[ungs]mittel *n*, Tränkstoff *m*
impregnating resin Imprägnierharz *n*, Tränkharz *n*
impregnating substance Tränkmasse *f*, Imprägnier[ungs]mittel *n*, Tränkstoff *m*
impregnating varnish Tränklack *m*
impregnation 1. Imprägnierung *f*, Imprägnieren *n*, Tränken *n*, Tränkung *f*, Durchtränken *n*, Durchdringung *f*; 2. Diffusionsmetallisieren *n*, Diffusionslegieren *n*, Diffusionsbeschichten *n* *{Met}*; 3. Grundierung *f* *{Malerei}*; 4. Sättigung *f* *{Chem}*; Karbonisierung *f*, Versetzen *n* mit Kohlendioxid, Versetzung *f* mit Kohlensäure *{Getränke}*; 5. Befruchtung *{Biol}*; 6. Imprägnier[ungs]mittel *n*, Tränkstoff *m*
impregnation means Imprägnier[ungs]mittel *n*, Tränkmittel *n*, Tränkmasse *f*, Tränkstoff *m*
impregnation of wood Holzaufbereitung *f*, Holztränkung *f*
impregnation pitch Steinkohlenteer-Imprägnierpech *n* *{DIN 55946}*
impregnation varnish Tränklack *m*
flame-proof impregnation flammenfeste Imprägnierung *f*
impress/to 1. eindrücken, prägen; übertragen; 2. bedrucken, aufdrucken; 3. einprägen, aufprägen, aufdrücken *{Elek}*
impress 1. Abdruck *m*, Eindruck *m*; 2. Merkmal *n*
impressed 1. eingedrückt; 2. bedruckt, aufgedruckt; 3. eingeprägt, aufgeprägt *{Elek}*
impression 1. Eindruck *m* *{Vertiefung}*; 2. Anschlag *m* *{auf der Tastatur}*; Aufdruck *m*, Abdruck *m* *{z.B. des Stempels}*; 3. Druck *m*; Eindruck *m*; Auflage *f*, Nachdruck *{Druck}*; 4. Forminnenraum *m*, Formnest *n*, Formhöhlung *f*, Matrizenhohlraum *m*
impression cylinder Druckzylinder *m* *{Druck}*
impression material Abformmasse *f*, Abdruckmasse *f* *{Dent}*
impression mo[u]lding Kontaktpressen *n*, Kontaktpreßverfahren *n*, Handauflegeverfahren *n* *{Kunst}*
area of impression Eindruckfläche *f*
depth of impression Eindringungstiefe *f*
imprint/to 1. bedrucken, aufdrucken *{Druck}*; 2. aufprägen, einprägen *{Tech}*
imprint 1. Eindruck *m* *{Tech}*; 2. Aufdruck *m*, Abdruck *m* *{z.B. des Stempels}*; 3. Eindruck *m*; Impressum *n*, Druckvermerk *m* *{Druck}*
improbability Unwahrscheinlichkeit *f*
improbable unwahrscheinlich
improper 1. unecht *{Math}*; 2. nicht ordungsgemäß; unrichtig; 3. ungeeignet, unpassend, unangebracht
improper fraction unechter Bruch *m*
improve/to 1. steigern, verbessern *{z.B. Eigenschaften eines Stoffes}*; weiterverarbeiten; 2. veredeln, vergüten *{ein Produkt}*; im Wert *m* steigern; 3. vervollkommnen, verfeinern *{Verfahrenstechnik}*; 4. meliorieren *{Agri}*
improved 1. gesteigert, verbessert *{Eigenschaften eines Stoffes}*; weiterverarbeitet; 2. vervollkommnet, verfeinert, weiterentwickelt, fortentwickelt *{Verfahrenstechnik}*; 3. veredelt, vergütet *{ein Produkt}*; 4. melioriert *{Agri}*
improved adhesion Haftungssteigerung *f*
improvement 1. Steigerung *f*, Verbesserung *f* *{z.B. Eigenschaften eines Stoffes}*; 2. Veredelung *f* *{von Produkten}*; 3. Vervollkommnung *f*, Fortentwicklung *f*, Weiterentwicklung *f*, Verfeinerung *f* *{Verfahren}*; 4. Melioration *f* *{Agri}*
improvement in quality Qualitätsverbesserung *f*
improvement in sales Absatzverbesserung *f*
improvise/to rasch herrichten, improvisieren; behelfsmäßig machen
improvised behelfsmäßig; improvisiert
impsonite Impsonit *m* *{Min, Pyrobitumen}*
impulse 1. Impuls *m* *{kurzzeitiger, stoßartiger Vorgang}*, Stoß *m*; 2. Impuls *m* *{elektrisches Signal}*, Stromstoß *m*; Anregung *f*, Antrieb *m*, Impulsgabe *f*; 3. lineares Moment *n* *{in kg·m/s}*
impulse approximation Stoßapproximation *f*
impulse breakdown Stoßdurchschlag *m*
impulse centrifuge Freistrahlzentrifuge *f*
impulse counter Impulszähler *m*
impulse delay Impulsverzögerung *f*
impulse discharge Stoßentladung *f*
impulse emission Impulsgabe *f*

impulse excitation Impulserregung *f*, Stoßerregung *f*; Stoßanregung *f {Spek}*
impulse generator Impulsgenerator *m*, Impulserzeuger *m*, Impulsformer *m*, Impulsgeber *m*; Stoßgenerator *m*
impulse length Impulsbreite *f*
impulse sequence Impulsfolge *f*
impulse time Impulsdauer *f*
impulse transfer Impulsübertragung *f*
impulse voltage Stoßspannung *f*, Impulsspannung *f*, Spannungsstoß *m*, Überspannungsstoß *m*, Stromstoß *m*
impulse width Impulsbreite *f*
duration of impulse Impulsdauer *f*
impulsing Impulsgabe *f*
impulsion Impuls *m*, Stoß *m*; Antrieb *m*
impulsive impulsartig, stoßartig; impulsiv, triebhaft; treibend, Trieb-
impulsive force Triebkraft *f*
impure unrein, unsauber; unrein *{Anal}*
impure smelted product Regulus *m*
impurity 1. Fremdatom *n*, Störstelle *f {Krist}*; 2. Unreinheit *f*; 3. Verunreinigung *f*, Fremdbestandteil *m*, Fremdstoff *m {Begleitstoff}*, Beimengung *f*, Beimischung *f*
impurity addition Fremdzusatz *m {Tech}*; Fremdatomzusatz *m {Halbleiter}*
impurity band conduction Störbandleitung *f {Halbleiter}*
impurity concentration Verunreinigungskonzentration *f*; Störstellenkonzentration *f {Krist, Elektronik}*
impurity content Verunreinigungsgehalt *m*
impurity effect Fremdstoffeinfluß *m*
impurity level Verunreinigungspegel *m*, Störstellenniveau *n*, Donatorniveau *n*, Fremdatomenergieniveau *n*, Störgrad *m*
impurity quenching Fremdausleuchtung *f*
interstitial impurity Einlagerungsfremdatom *n {Krist}*
imputrescibility Fäulnisbeständigkeit *f*
imputrescible fäulnissicher, fäulnisunfähig, fäulnisbeständig
in:
in advance im voraus
in batches chargenweise
in bulk lose, unverpackt
in commercial quantities in Handelsmengen
in continuous use im Dauerbetrieb
in-house innerbetrieblich *{System}*, firmenintern, betriebsintern, im Hause; Inhouse-, Haus-
in-line fluchtend, in einer Reihe *f* liegend; Reihen-
in-line blending In-line-blending *n*, Im-Rohr-Mischen *n {kontinuierliches Mischen in der Pumpleitung}*
in-line discharge screw nachgeschaltete Austragsschnecke *f*
in-line valve Durchgangsventil *n*
in-mo[u]ld coating IMC-Beschichtung *f*, IMC-Verfahren *n*
in-mo[u]ld labelling IML-Technik *f*
in-part application Anschlußanmeldung *f {Patent}*
in phase in Phase, phasengleich, gleichphasig; synchron, taktgerecht
in-pile rabbits Inpile-Rohrpostanlagen *fpl*
in-pipe Einflußrohr *n*
in-plant *s.* in-house
in-plant colo[u]ring Selbsteinfärben *n*, Selbsteinfärbung *f*, Einfärben *n {durch Farbstoffinkorporation}*
in-plant waste Produktionsabfälle *mpl*
in-process verification Inprozeß-Kontrolle *f*
in same direction gleichsinnig
in semi-technical size in halbtechnischem Maßstab *m*
in series hintereinander, in Serie *f* geschaltet, in Reihe *f* geschaltet
in-service ohne Abstellen, ohne Stillsetzen *{z.B. bei einer Reparatur}*
in-service inspection Betriebsinspektion *f*, Wiederholungsprüfung *f {unter Betriebsbedingungen}*
in-situ an Ort *m* und Stelle *f*; vor Ort *m*; Ort[s]-
in-situ foam Ortsschaum *m*
in space räumlich
in tandem hintereinander
in planning stage in Planung *f*
in three stages dreifach gestaffelt
in traces spurenweise, in Spurenmengen *fpl*
in tune in Resonanz *f*
in vacuo im Vakuum *n*
in vapo[u]r form dampfförmig
in view of angesichts
in vitro in vitro
in vivo in vivo
in web form bahnenförmig
in working condition betriebsfähig, betriebsbereit
in working order betriebsbereit, betriebsfähig
inability Unfähigkeit *f*, Unvermögen *n*
inaccuracy Ungenauigkeit *f*, Unrichtigkeit *f*, Fehler *m*; Unbestimmtheit *f*
inaccuracy to size Maßungenauigkeit *f*
inaccurate ungenau, unrichtig
inaccurate metering ungenaue Dosierung *f*, unexakte Dosierung *f*
inaction Bewegungslosigkeit *f*; Untätigkeit *f*
inactivate/to inaktivieren *{z.B. Enzyme}*, de[s]aktivieren, passivieren, unwirksam machen *{z.B. Katalysatoren}*
inactivation Inaktivierung *f {z.B. Enzyme}*,

De[s]aktivierung *f*, Passivieren *n*, Unwirksammachen *n* *{z.B. Katalysatoren}*

inactive 1. inaktiv, nicht reaktionsfähig, reaktionsträge, inert *{Chem}*; 2. untätig; 3. unwirksam, wirkungslos; 4. optisch inaktiv, razemisch; 5. nichtradioaktiv

inactive cap untätige Glocke *f* *{Dest}*

inactive tartaric acid *i*-Weinsäure *f*, Mesoweinsäure *f*, DL-Weinsäure *f*, Traubensäure *f*

render inactive/to inaktivieren, entaktivieren

inactivity 1. Inaktivität *f*, Passivität *f*; Untätigkeit *f*; 2. Reaktionsträgheit *f* *{Chem}*; 3. Unwirksamkeit *f*, Wirkungslosigkeit *f*

inadequacy Unzulänglichkeit *f*, Unangemessenheit *f*

inadmissible unzulässig

inadmissible impurities unzulässige Verunreinigungen *fpl*

inadvertent unachtsam; unbedacht; versehentlich, unabsichtlich

inadvertent maloperation Fehlbedienung *f*

inanimate unbelebt, unbeseelt; leblos

inappropriate unzweckmäßig, ungeeignet; unpassend, unangebracht, unangemessen

inassimilable nicht assimilierbar

incalculable unberechenbar, unbestimmbar, nicht abschätzbar; unzählbar

incandesce/to glühen, weißglühen, auf Weißglut *f* bringen, bis zur Weißglut *f* erhitzen

incandescence Weißglühen *n*, Glühen *n*, Weißglut *f*

incandescence resistance Glutbeständigkeit *f*

incandescent weißglühend *{Met}*; glühend; Glüh-

incandescent body Glühkörper *m*

incandescent bomb Brandbombe *f*

incandescent bulb Glühbirne *f*

incandescent burner Glühlichtbrenner *m*

incandescent cathode Glühkathode *f*

incandescent filament Glüh[lampen]faden *m*

incandescent [filament] lamp 1. Glühfadenlampe *f* *{eine Glühlampe}*; 2. Wärmelichtquelle *f* *{z.B. Glühlampe}*

incandescent light Glühlicht *n*

incandescent mandrel test Glühdornprüfung *f*

incandescent mantle Glühstrumpf *m*, Glühkörper *m*

incandescent valve Glühkathode *f*

incandescent wire test Glühdrahtprüfung *f*

incapacity Unfähigkeit *f*; Rechtsunfähigkeit *f*

incapsulation Abkapselung *f*, Einkapselung *f*

incarbonization Inkohlung *f*

incarbonization rate Inkohlungsgrad *m*

incarnatrin Incarnatrin *n*

incarnatyl alcohol Incarnatylalkohol *m*

incendiary brandstifterisch, aufwieglerisch; Brand-

incendiary bomb Brandbombe *f* *{Mil}*

incendiary composition Brandsatz *m*

incendiary gel Brandgel *n*

incense Weihrauch *m*, Olibanum *n* *{Gummiharz von Boswellia-Arten}*

incense resin Weihrauchharz *n*

incerdivity Zündvermögen *n*

incertitude Ungewißheit *f*

inch Zoll *m*, Inch *m* *{GB,US: SI-fremde Längeneinheit = 2,54 cm}*

inch of mercury Zoll *n*, Quecksilbersäule *f* *{SI-fremde Druckeinheit, 32,17398 ft/s^2 = 3386,38864 Pa}*

incidence 1. Einfall *m*, Eintritt *m* *{z.B. von Strahlen}*; Eintreten *n*; 2. Auftreten *n*, Inzidenz *f* *{Med}*; 3. Vorkommen *n*; 4. Verteilung *f* *{Ökon}*

incidence angle Einfallswinkel *m*, Eintrittswinkel *m*, Auftreffwinkel *m*, Inzidenzwinkel *m*

incidence plane Einfallsebene *f* *{Opt}*

incidence point Einschlagstelle *f*, Auftreffstelle *f*

incident 1. einfallend, auffallend, auftreffend, Einfalls-; vorkommend; dazugehörend; 2. Zwischenfall *m*, Vorfall *m*; Störfall *m* *{Nukl}*

incident angle *s.* incidence angle

incident heat flux einfallender Wärmestrom *m* *{in J/(s·m^2)}*

incident intensity Einfallstärke *f*, Anfangsintensität *f*

incident light einfallendes Licht *n*, auffallendes Licht *n*, Einfallslicht *n*, Gegenlicht *n* *{Opt}*

incident radiation Einstrahlung *f*

incident wave einfallende Welle *f*

incidental zufällig; gelegentlich; Neben-

incinerate/to einäschern, veraschen, verbrennen

incinerating Einäschern *n*, Veraschen *n*, Verbrennung *f*

incinerating capsule Glühschälchen *n*

incinerating dish Veraschungsschale *f*

incineration Einäscherung *f*, Veraschung *f*, Verbrennung *f*

incineration dish Veraschungsschale *f* *{Chem}*

incineration firing Müllverbrennung *f*

incineration of filter paper Einäschern *n* des Filters

incinerator 1. Verbrennungsanlage *f*, Veraschungsanlage *f*; 2. Müllverbrennungsofen *m*, Incinerator *m* *{Ökol}*

incipient anfänglich, beginnend, naszierend; Anfangs-

incipient accident sich anbahnender Unfall *m*

incipient crack Anbruch *m*, Anriß *m*, [beginnende] Rißbildung *f* *{am Werkstoff}*

incipient flow Anfangsfließen *n*, beginnendes Fließen *n*

incipient fluidizing velocity Lockerungsgeschwindigkeit *f* *{der Wirbelschichten}*

incipient fluidization Einsetzen *n* der Fluidisation *f*, Wirbelbettausbildung *f*
incipient melting erstes Anschmelzen *n* *{Met}*
incipient stage Anfangsstadium *n*
incise/to 1. einschneiden *{Leder}*; 2. ritzen, kerben; schnitzen; 3. einstechen *{Holzschutz}*
incision 1. Einschneiden *n*; Einschnitt *m*, Schnitt *m* *{Leder}*; 2. Kerbe *f*, Markierung *f*
incisive einschneidend, schneidend; scharf
inclinable geneigt, schrägstellbar, neigbar
inclination 1. Neigung *f*, Gefälle *n*; 2. Inklination *f* *{Magnetismus}*; 3. Schräge *f*, Schrägstellung *f*, Schiefstellung *f*
inclination balance Neigungswaage *f*
inclination manometer Neigungsmanometer *n*
inclinator Korbflaschenkipper *m*
inclinatory needle Inklinationsnadel *f*
incline/to 1. neigen, abschrägen, schrägstellen; sich neigen; 2. auslenken
incline Neigung *f*, Neigungsebene *f*, Abhang *m*; Steigung *f*
inclined geneigt, abschüssig, schief, schräg
inclined arrangement Schräglage *f*
inclined belt Steigband *n*
inclined belt conveyor Schrägförderband *n*
inclined blade geneigte Rührschaufel *f*
inclined conveyer Schrägförderer *m*
inclined elevator Schrägaufzug *m*
inclined evaporator Schrägrohrverdampfer *m*
inclined hoist Schrägaufzug *m*
inclined lift Schrägaufzug *m*
inclined plane 1. schiefe Ebene *f*; 2. geneigte Ebene *f*
inclined retort oven Schrägretortenofen *m*
inclined seat valve Schrägsitzventil *n*
inclined-tube evaporator Schrägrohrverdampfer *m*
inclinometer 1. Neigungsmesser *m*, Klinometer *n* *{Geol}*; 2. Inklinatorium *n*
include/to 1. beifügen; 2. einschließen, umfassen; einbegreifen; 3. enthalten
included inbegriffen
including einschließlich
inclusion 1. Einschluß *m* *{z.B. Fremdkörper}*, Einlagerung *f*, Inklusion; 2. Einbeziehung *f*, Einschließung *f*; Zugehörigkeit *f*
inclusion celluloses Inklusionscellulosen *fpl*
inclusion complex Einschlußverbindung *f*
inclusion compound Einschlußverbindung *f*
inclusion of air Lufteinschluß *f*
inclusive inbegriffen, einschließlich
incoherence 1. Inkohärenz *f* *{Phys}*; 2. Unvereinbarkeit *f*, Zusammenhangslosigkeit *f*
incoherent 1. inkohärent *{Phys}*; 2. unzusammenhängend, zusammenhangslos; 3. lose, lokker, unverfestigt *{Geol}*
Incoloy *{TM}* Incoloy *n* *{Korr; Legierung aus Ni, Cr und Spuren von Mn, Si, Co, Cu, Al, Ti, Mo, W, Nb}*
incombustibility Unverbrennbarkeit *f*
incombustible nicht brennbar, nicht entflammbar, unverbrennbar, unbrennbar
incombustibles Ballastgehalt *m* *{der Kohle}*
incoming hereinkommend, ankommend, einfallend; neu eintretend; Eingangs-
incoming air Zuluft *f*
incoming goods control [department] Wareneingangskontrolle *f*, Eingangskontrolle *f*
incoming goods quality Wareneingangsparameter *mpl*
incoming raw material control Rohstoffeingangskontrolle *f*
incommensurate unvereinbar; unangemessen; nicht zu vergleichen
incompact lose, locker
incomparable unvergleichbar, unvergleichlich
incompatibility Inkompatibilität *f*, Unverträglichkeit *f*, Unvereinbarkeit *f*
incompatibility factor Inkompatibilitätsfaktor *m*
incompatible gruppenfremd *{z.B. Blut}*, typenfremd, unverträglich; unvereinbar, inkompatibel *{EDV}*
incomplete unvollständig, unvollkommen, lükkenhaft
incomplete combustion unvollständige Verbrennung *f*, unvollkommene Verbrennung *f*
incomplete discharge Teilentladung *f*, Partialentladung *f*
incomplete equilibrium unvollständiges Gleichgewicht *n*
incomplete reaction unvollständige Reaktion *f*
incomplete shell nichtabgeschlossene Schale *f*, offene Schale *f*, freie Schale *f* *{Periodensystem}*
incompletely burnt gas Schwelgas *n*
incompletely carbonized charcoal Rauchkohle *f*
incompleteness Halbheit *f*, Unvollständigkeit *f*, Unvolkommenheit *f*
incompressibility Inkompressibilität *f*, Nichtkomprimierbarkeit *f*, Raumbeständigkeit *f*, Unzusammendrückbarkeit *f*
incompressible inkompressibel, nichtkomprimierbar, unkomprimierbar, unzusammendrückbar, unverdichtbar
incompressible flow unzusammendrückbares Fließen *n*
incompressible volume unzusammendrückbares Volumen *n* *{Gasgleichung}*
inconceivable undenkbar, unvorstellbar, unbegreiflich; unfaßlich
incondensable unverdichtbar
Inconel *{TM}* Inconel *n* *{80 % Ni, 14 % Cr, 6 % Fe}*

incongruence Inkongruenz *f*, Nichtübereinstimmung *f* *{Stereochem, Math}*

incongruent inkongruent *{Math}*

inconsiderable bedeutungslos, belanglos, unbedeutend

inconsistency 1. Inkonsequenz *f*, Unbeständigkeit *f*; Sprunghaftigkeit *f*; 2. Unvereinbarkeit *f*; 3. Widerspruch *m*

inconsistent 1. inkonsequent, unstet; 2. widerspruchsvoll, widersprüchlich; 3. unvereinbar

inconstancy Unbeständigkeit *f*, Inkonstanz *f*, Veränderlichkeit *f*, Ungleichförmigkeit *f*, Ungleichmäßigkeit *f*

inconstant unbeständig, veränderlich, inkonstant, wandelbar, unstet

incorporate/to 1. angliedern, verbinden, vereinigen; inkorporieren; einverleiben; 2. einlagern, einschließen *{z.B. radioaktiver Abfälle}*; einarbeiten *{z.B. eines Düngers}*; einbauen, inkorporieren *{von Atomen, Atomgruppen in Moleküle}*; einmischen *{Gummi}*, beimengen, zudosieren

incorporation 1. Angliederung *f* *{Organisation}*, Aufnahme *f* *{als Mitglied}*; Einverleibung *f*; 2. Einlagerung *f*, Einschließen *n*, Inkorporieren *n* *{radioaktiver Abfälle}*; Einarbeiten *n* *{z.B. eines Düngers}*; Einbau *m*, Inkorporation *f* *{von Atomen, Atomgruppen in Moleküle}*; Einmischen *n* *{Gummi}*, Beimengung *f*, Beigabe *f*, Zudosierung *f*

incorporation in concrete steel drums Einbetonieren *n* in Stahlfässer *npl*

incorporation into bitumen Bituminierung *f*

incorporation of glass fibers Glasfaserzusatz *m*

incorrect 1. fälschlich, falsch, unrichtig; 2. fehlerhaft; Fehl-

incorrectness 1. Fehlerhaftigkeit *f*; 2. Unrichtigkeit *f*

incorrodible unkorrodierbar, korrosionsbeständig, korrosionsfest, korrosionsresistent

incorruptible 1. unverderblich; 2. unbestechlich

increase/to 1. ansteigen, anschwellen, anwachsen, steigen; heraufsetzen, erhöhen; 2. wachsen; vergrößern, zunehmen, vermehren

increase 1. Anstieg *m*, Anwachsen *n*, Erhöhung *f*, Steigerung *f*; 2. Wachsen *n*, Wachstum *n*; Vergrößerung *f*, Zunahme *f*, Zuwachs *m*

increase in capacity Kapazitätsaufstockung *f*, Kapazitätsausweitung *f*, Kapazitätszuwachs *m*

increase in consumption Verbrauchszuwachs *m*, Verbrauchssteigerung *f*

increase in efficiency Leistungssteigerung *f*

increase in length Verlängerung *f*, Längen *n*, Längenzunahme *f* *{Tech, Math}*

increase in orientation Orientierungszuwachs *m*

increase in output Leistungssteigerung *f*

increase in performance Leistungssteigerung *f*

increase in pressure Druckanstieg *m*, Druckerhöhung *f*, Druckzunahme *f*, Druckaufbau *m*

increase in production Produktionszuwachs *m*, Produktionserhöhung *f*, Produktionssteigerung *f*

increase in volume Volumenerhöhung *f*, Volumenvergrößerung *f*, Volumenzunahme *f*

increase in weight Gewichtszunahme *f*, Massezunahme *f*

increase of gas pressure Gasdruckanstieg *m*, Gasdruckerhöhung *f*

increase of throughput Durchsatzsteigerung *f*

increased 1. angestiegen, gesteigert, erhöht; 2. vermehrt; gewachsen

increased demand Nachfragebelebung *f*

increased energy requirements Energiemehraufwand *m*

increased output Leistungserhöhung *f*, Leistungssteigerung *f*

increaser Reduzierhülse *f*, Übergangsrohr *n*, Übergangs[form]stück *n*, Reduzierstück *n*

increasing 1. steigend, zunehmend 2. anwachsend; sich vermehrend

increment 1. Zuwachs *m*, Anwachsen *n*; Zunahme *f*; 2. Einzelprobe *f*, Elementarprobe *f* *{Qualitätssicherung}*; 3. Inkrement *n* *{Math}*

incremental 1. inkremental, inkrementell *{Math, EDV}*; 2. differentiell; 3. Zuwachs-

incremental sedimentation inkrementale Sedimentation *f*

incrust/to inkrustieren, eine Kruste *f* bilden, verkrusten; inkrustieren, mit einer Kruste *f* überziehen, überkrusten

incrustation 1. Belag *m*, Inkrustation *f*, Kruste *f* *{Med, Geol}*; 2. Kesselsteinablagerung *f* *{Tech}*; Kesselstein *m*, Kesselsteinbelag *m*; 3. Inkrustation *f*, Inkrustierung *f*, Überkrustung *f*

incrustation heat Sinterungshitze *f*

incrustation near furnace top Gichtschwamm *m*

incubation Bebrütung *f*, Inkubation *f* *{Biol}*

incubator 1. Brutapparat *m*, Brutkasten *m*, Brutschrank *m*, Wärmeschrank *m*; 2. Belebungsbekken *n*, Belebtschlammbecken *n*, Belüftungsbekken *n*

incur/to erleiden, erdulden; abbekommen; sich aussetzen; sich zuziehen

incurable unheilbar *{Med}*

indaconitine <$C_{34}H_{47}NO_{10}$> Indaconitin *n*

indamine <$C_{12}H_{11}N_3$> Indamin *n*, Phenylenblau *n*

indan <C_9H_{10}> Indan *n*, Hydrinden *n*, 2,3-Dihydroinden *n*

indane <InH_3> Indan *n*, Indiumwasserstoff *m*

1,3-indandione <$C_9H_6O_2$> Dioxohydrinden *n*, Indan-1,3-diol *n*

indanone <C_9H_8O> Indanon *n*, Hydrindon *n* *{obs}*, Oxohydrinden *n*

indanthrazine Indanthrazin *n*
indanthrene <$C_{28}H_{14}N_2O_4$> Indanthren *n*, Indanthron *n*, Alizarinblau *n*, Indanthien Blau RS *n*, C.I. Vat Blue 4 *n*, *N*-Dihydro-1,2,1',2'-anthrachinonazin *n*, Dihydroanthrazin-5,9,14,18-tetron *n*
indanthrene dyestuffs *{TM}* Indanthren-Farbstoffe *mpl {HN}*
indanthrene Brillant Green FFB <$C_{36}H_{20}O_4$> Indanthren Brillantgrün FFB *n*, C.I. Vat Green 1 *n*, 16,17-Dimethoxyviolanthron *n*
indanthrene Brillant Orange GR <$C_{26}H_{12}N_4O_2$> Indanthren Brillant Orange GR *n*, C.I. Vat Orange 7 *n*
indanthrene Brillant Violet RR <$C_{34}H_{14}O_2$> Indanthren Brillant Violett R extra *n*, Isoviolanthren *n*, Isoviolanthron *n*, C.I. Vat Violet 10 *n*
indanthrene Olive Green B <$C_{30}H_{17}NO_3$> Indanthren Olivgrün B *n*, C.I. Vat Green 3 *n*
indanthrene Red FFB <$C_{29}H_{14}N_2O_5$> Indanthren Rot FFB *n*, C.I. Vat Red 10 *n*
indanthrone *s.* indanthrene
indantrione hydrate Indantrionhydrat *n*, Ninhydrin *n*
indazole <$C_7H_6N_2$> Indazol *n*, Benzopyrazol *n*
indazole quinone Indazolchinon *n*
indazolones Indazolone *npl {1,2-Dihydro-3H-indazol-3-one}*
indecomposable unzerlegbar, unzersetzbar
indefinite unbegrenzt, unbeschränkt; unbestimmt; undeutlich
indefinite chilled cast iron Indefinite-Hartguß *m*
indefiniteness Unbestimmtheit *f {Math}*
indelible unauslöschbar
indelible ink Kopiertinte *f*, Zeichentinte *f*, Wäschezeichentinte *f {wisch- und wasserfest}*
indene <C_9H_8> Inden *n*, Indonaphthen *n*, Benzocyclopentadien *n*
indene resin Indenharz *n*
dihydro-indene *s.* indan
indent/to 1. einzahnen, zacken; [ein]kerben; 2. einpressen, einprägen, eindrücken; 3. einziehen, einrücken *{Typographie}*
indentation 1. Einkerbung *f*; Zahnung *f*, Auszakkung *f*; 2. Eindruck *m*, Einprägung *f*, Einbeulung *f*; Vertiefung *f*; 3. Einzug *f {Typographie}*
indentation cup Eindruckkalotte *f*
indentation depth Eindrucktiefe *f*
indentation hardness Eindringhärte *f*, Eindruckhärte *f*, Kugeldruckhärte *f*
indentation hardness testing Eindruckhärteprüfung *f*
indentation resistance Eindruckwiderstand *m*
indentation test Kerbschlagprobe *f*, Kerbschlagversuch *m*, Kerbversuch *m*; Tiefungsversuch *m*, Eindruckversuch *m {DIN 51955}*
indentation value Kerbschlagfestigkeit *f*
indented 1. gezahnt, gezackt; ausgekerbt; 2. eingedrückt, eingebeult
indenter 1. Eindruckkörper *m {bei der Härteprüfung}*; 2. Riffelwalze *f*, Zahnwalze *f*
indenting ball Eindruckkugel *f*
indentor Eindringkörper *m*
independence Unabhängigkeit *f*
independent eigenständig, selbstständig, unabhängig
independent migration law Gesetz *n* der unabhängigen Ionwanderung *f {Konduktometrie}*
independent motion Eigenbewegung *f*
independent of cavity pressure innendruckunabhängig
independent of temperature temperaturunabhängig
independent of time zeitunabhängig
independent particle model Einteilchenmodell *n*
independent variable unabhängige Veränderliche *f*, Einflußgröße *f*
independently cooled fremdbelüftet
indestructibility Unzerstörbarkeit *f*
indestructible unzerstörbar
indeterminacy Unbestimmtheit *f*
indeterminacy principle [Heisenbergsche] Unschärferelation *f*, [Heisenbergsches] Unbestimmtheitsprinzip *n*
indeterminate 1. unbestimmt; 2. Unbestimmte *f {Math}*
index/to mit einem Index *m* versehen
index *{pl. indices}* 1. Zeiger *m {eines Geräts}*; Zunge *f {einer Waage}*; Merkstift *m*; 2. Skalenstrich *m*, Skalenmarke *f*; Skalenanfang *m*; 3. Verzeichnis *n*, Register *n*, Index *m*; Tabelle *f*; 4. Unterscheidungszeichen *n*, Index *m*; Kennzahl *f*, Beiwert *m*; 5. Exponent *m*, Hochzahl *f*; 6. Hinweis *m*
index board Karteikarton *m*
index card Karteikarte *f*; [Merk-]Zettel *m*
index compound Stammverbindung *f*, Registerverbindung *f*
index dot Einstellmarke *f*, Markierung *f*
index error Anzeigefehler *m*; Indexfehler *m*, Teilungsfehler *m*
index name Registername *m*, Registerbenennung *f*
index of crystal faces Kristallflächenindex *m*
index of refraction Brechungsindex *m*, Brechungszahl *f*, Brechungsquotient *m*, Brechungskoeffizient *m*
index of sharpness of cut Trennschärfeindex *m*
index of unsaturation Grad *m* der Ungesättigtheit *f {Valenz}*
index value Gütezahl *f*
indexing 1. Indizierung *f*, Bezifferung *f*; 2. Teilen *n {Skale}*; 3. Registrierung *f*

India paper Bibeldruckpapier *n*, Dünndruckpapier *n*
India rubber Gummi *m*, Kautschuk *m*, Radiergummi *m*
India rubber cement Gummikitt *m*
India rubber sheet Plattenkautschuk *m*
Indian berries Fischkörner *npl*
Indian balsam Perubalsam *m*
Indian bread Maisbrot *n*
Indian butter Gheebutter *f*
Indian corn Mais *m {Bot}*
Indian grass oil Palmarosaöl *n*
Indian ink Ausziehtusche *f*, Zeichentusche *f*, schwarze Tusche *f*, chinesische Tusche *f*
Indian meal Maismehl *n*
Indian red Indischrot *n*, Persischrot *n {ein Eisenoxidpigment}*; Eisenocker *m*
Indian saffron 1. Curcumin *n {von Curcuma longa L.}*, Gelbwurzel *f*, Indischer Safran *m {Farb}*; 2. Zitwerwurzel *f {Pharm, von Curcuma zedoaria Roscoe}*
Indian stone Jaspis *m {Min}*
Indian traganth Karaja-Gummi *m*
Indian wadding Kapok *m*
Indian yellow 1. Indischgelb *n*, Aureolin *n*, Kobaltgelb *n {Kaliumhexanitrocobaltat}*; 2. [echtes] Indischgelb *n*, Piuri *n {von Mangifera indica L.}*; 3. Euxanthon *n*
Indiana oxidation test Indianatest *m {Mineralöl}*
indianite Indianit *m {Min}*
indican 1. <$C_8H_6NSO_4K$> Harnindican *n*, metabolisches Indican *n {Kaliumindoxylsulfat}*; 2. <$C_{14}H_{17}NO_6$> Pflanzenindican *n {Glycosid des Indoxyls}*
indicate/to 1. anzeigen, angeben *{Meßgeräte}*; hinweisen; 2. indizieren, andeuten; 3. bedeuten, darstellen; 4. erforderlich machen *{Med}*
indicated horse power indizierte Verdichterleistung *f*
indicated ore wahrscheinliches Erz *n*
indicating accuracy Anzeigegenauigkeit *f*
indicating agent Indikator *m {Chem}*
indicating device Anzeigevorrichtung *f*
indicating electronics Anzeigeelektronik *f*
indicating equipment Anzeigevorrichtung *f*
indicating labels Hinweisschilder *npl*
indicating [measuring] instrument Anzeigemeßinstrument *n*, anzeigendes Meßgerät *n*, Anzeigegerät *n*, Anzeigeinstrument *n*, Anzeigeeinrichtung *f*
indicating pressure ga[u]ge Zeigermanometer *n*
indicating range Anzeigebereich *m*
indicating thermometer Anzeigethermometer *n*
indication 1. Anzeige *f {von Meßgeräten}*; 2. Angabe *f*, Kennzeichnung *f*; 3. Indikation *f {Med}*, Hinweis *m*, Andeutung *f*, Anzeichen *n*
indication of direction Richtungsanzeige *f*
indication sensitivity Anzeigeempfindlichkeit *f*
error in indication Falschweisung *f*
indicator 1. Anzeigegerät *n*, Anzeigeinstrument *n*, Anzeiger *m*, Anzeigeeinrichtung *f*, anzeigendes Meßinstrument *n*; 2. Indikator *m {Chem}*; 3. Fallklappentafel *f*, Signaltafel *f {Elek}*; 4. Indikator *m {Gerät zum Messen veränderlicher Drücke und Kräfte}*, Zähler *m*; 5. Fehleranzeige *f {EDV}*
indicator and control panel Anzeige- und Bedienungstableau *n*
indicator diagram Indikatordiagramm *n*, Arbeitsdiagramm *n {Tech, p-V-Diagramm}*
indicator dial Zeigerplatte *f*
indicator electrode Indikatorelektrode *f*, Meßelektrode *f*
indicator exponent Indikatorumschlagexponent *m {Anal}*
indicator ga[u]ge Anzeigegerät *n*
indicator glow lamp Anzeigeglimmlampe *f*
indicator lag Anzeigeträgheit *f*
indicator lamp Kontrollampe *f*, Anzeigeleuchte *f*, Meldeleuchte *f*
indicator light *s.* indicator lamp
indicator panel Anzeigegerät *n*
indicator paper Indikatorpapier *n*, Reagenzpapier *n*, Testpapier *n {Chem}*
indicator range Indikatorbereich *m*; Umschlagbereich *m*, Umschlaggebiet *n {eines Indikators}*
indicator reading Zeigerablesung *f*
indicator signal Schauzeichen *n*
indicator strip Indikatorstreifen *m*
indicator tube Indikatorröhre *f {eine Ionenröhre}*
indicator yellow Indikatorgelb *n {Rhodopsin-Chromophor}*
acid-base indicator Säure-Base-Indikator *m*, pH-Indikator *m*, Neutralisations-Indikator *m*
adsorption indicator Adsorptions-Indikator *m*
chemiluminescent indicator Chemolumineszenz-Indikator *m*
compound indicator Adsorptions-Indikator *m*
fluorescent indicator Fluoreszenz-Indikator *m*
metallochromic indicator Metallochrom-Indikator *m*, Metallindikator *m*, komplexometrischer Indikator *m*, chelatometrischer Indikator *m*
neutralization indicator *s.* acid-base indicator
oxidation-reduction indicator *s.* redox indicator
redox indicator Redox-Indikator *m*
screened indicator abgeschirmter Indikator *m*
turbidity indicator Trübungsindikator *m*

universal indicator Universalindikator *m*, Hammett-Indikator *m*
indicatrix [Fletchersche] Indikatrix *f*, Indexellipsoid *n*, Normalenellipsoid *n* *{Krist}*; Indikatrix *f*, Verzerrungsellipse *f* *{Math}*
indicolite Indigolith *m*, blauer Turmalin *m* *{Min}*
indifferent gleichgültig; indifferent, neutral, wirkungslos; träge
indigestible unverdaulich, schwer verdaulich; fäulnisunfähig
indigo **<$C_{16}H_{10}N_2O_2$>** Indigo *m n*, Indig[o]blau *n*, Indigotin *n* *{obs}*, C.I. Vat Blue 1 *n*
indigo bath Indigoküpe *f*
indigo blue 1. indigoblau, blauviolett; 2. Indig[o]blau *n*, Indigo *m n*, Indigofarbstoff *m*, Indigotin *n* *{obs}*, Küpenblau *n*
indigo carmine **<$C_{16}H_8N_2O_2(SO_3Na)_2$>** Indigokarmin *n*, Indigocarmin *n*, indigodisulfonsaures Natrium *n*, coeruleinschwefelsaures Natrium *n*, E 132 *{Lebensmittel, Mikroskopie}*, C.I. Acid Blue 74 *n*
indigo copper Covellin *m*, Kupferindig *m* *{Min}*
indigo derivative Indigoderivat *n*
indigo disulfonic acid Indigodisulfonsäure *f*
indigo extract Indigoauszug *m*, Indigoextrakt *m*, Indigocarmin *n*
indigo paste Indigo-Teig *m*
indigo powder Indigo-Pulver *n*
indigo printing Indigodruck *m*
indigo red **<$C_{16}H_{10}N_2O_2$>** Indigorot *n*, Indirubin *n*, roter Indigo *m*, 2,3'-Biindolinyliden-2',3-dion *n*
indigo solution Indigolösung *f*, Indigoküpe *f*
indigo suspension Indigosuspension *f*
indigo vat Indigoküpe *f*, Indigolösung *f*
indigo white Indigweiß *n*, Leukoindigo *n*
dibromo-indigo **<$C_{16}H_8N_2O_2Br_2$>** 6,6'-Dibromindigo *n*, Murex *n*
halogenated indigo Halogenindigo *n*
natural indigo Naturindigo *m*
reduced indigo Indigoweiß *n*
soluble indigo Indigocarmin *n*, indigodisulfonsaures Natrium *n*; Indigoweiß *n*
synthetic indigo Indigotin *n*, Indigo[blau] *n*
indigoid 1. indigoid *{Farbstoff}*; 2. Indigoid *n* *{Chromophor}*
indigometer Indigogütemesser *m*
indigosol *{TM}* Indigosol *n* *{Leukoküpenfarbstoffester}*
indigosol dyestuffs Indigosol-Farbstoffe *mpl*
indigosulfonic acid Indigosulfonsäure *f*, Indigoschwefelsäure *f* *{Triv}*
indigosulfuric acid *s.* indigosulfonic acid
indigotate Indigosalz *n*
indigotin 1. <$C_{16}H_{10}N_2O_2$> Indigotin *n*, Indigoblau *n*, Indigo *m n*; 2. Indigotin I *n*, Indigocarmin *n*

indin **<$C_{16}H_{10}N_2O_2$>** Indin *n* *{Indigoisomeres}*
indirect indirekt; mittelbar; nicht gerade
indirect arc furnace indirekter Lichtbogenofen *m*, Lichtbogenofen *m* mit indirekter Heizung *f*
indirect cooler Oberflächenkühler *m*
indirect detection indirekte Detektion *f* *{Chrom}*
indirect flame photometry indirekte Flammenphotometrie *f*
indirect discharger Indirekteinleiter *m* *{Ökol}*
indirect immunofluorescence indirekte Immunofluoreszenz *f*
indirect process Zweistoffprozeß *m* *{mit Zwischenwärmeträger}*
indirect resistance furnace indirekter Widerstandsofen *m*
indirect rotary dryer indirekte Trockenzentrifuge *f*
indirectly indirekt
indirectly acting indirekt wirkend
indirectly fired indirekt beheizt
indirectly heated indirekt geheizt
indirectly heated cathode indirekt geheizte Kathode *f*
indirubin **<$C_{16}H_{10}N_2O_2$>** Indirubin *n*, Indigorot *n*, roter Indigo *m*
indispensability Unentbehrlichkeit *f*
indispensable unumgänglich; unentbehrlich
indistinct undeutlich, unscharf, unklar; unverständlich
become indistinct/to verschwimmen *{Opt}*
indistinguishable gleichartig, nicht unterscheidbar, ununterscheidbar
Indite **<$FeIn_2S_4$>** Indit *m* *{Min}*
indium *{In, element no. 49}* Indium *n*
indium alanate **<In $(AlH_4)_3$>** Indium(III)-alanat *n*
indium antimonide **<INSb>** Indiumantimonid *n*
indium arsenide **<InAs>** Indiumarsenid *n*
indium boranate **<$In(BH_4)_3$>** Indium(III)-boranat *n*
indium bromide **<$InBr_3$>** Indiumtribromid *n*
indium chelate Indiumchelat *n*
indium chlorides Indiumchloride *npl* *{$InCl_3$, InCl, In[$InCl_4$], In_3[$InCl_6$]}*
indium dichloride **<In[$InCl_4$]>** Indium(I,III)-chlorid *n*
indium hydroxide **<$In(OH)_3$>** Indium(III)-hydroxid *n*
indium iodide **<InI_3>** Indiumtriiodid *n*
indium monochloride **<InCl>** Indiummonochlorid *n*
indium monoxide Indium(II)-oxid *n*, Indiummonoxid *n*

indium nitrate <$In(NO_3)_3 \cdot 3H_2O$> Indium(III)-nitrat[-Trihydrat] *n*
indium oxide <In_2O_3> Indium(III)-oxid *n*
indium phosphide <InP> Indiumphosphid *n*
indium selenide <InSe> Indiumselenid *n*
indium sesquisulfide Indium(III)-sulfid *n*
indium suboxide Indium(I)-oxid *n*, Indiumsuboxid *n {obs}*
indium sulfate <$In_2O_{12}S_3$> Indiumsulfat *n*
indium sulfide <In_2S_3> Indium(III)-sulfid *n*
indium telluride <In_2Te_3> Indiumtellurid *n*
indium trichloride <$InCl_3$> Indiumtrichlorid *n*
indium wire seal Indium-Drahtdichtung *f {Vak}*
indium(I) oxide Indium(I)-oxid *n*, Indiumsuboxid *n {obs}*
indium(II) oxide Indium(II)-oxid *n*, Indiummonoxid *n*
indium(III) oxide Indium(III)-oxid *n*
individual 1. individuell; einzeln, Einzel-; persönlich, Personen-, Personal-; 2. Individuum *n*, Einzelwesen *n*
individual absorption Eigenabsorption *f*
individual control unit Einzelregler *m*
individual efficiency Einzelwirkungsgrad *m*
individual excitation Eigenerregung *f*
individual frequency Eigenfrequenz *f*
individual motion Eigenbewegung *f*
individual particle Einzelteilchen *n*, Einzelpartikel *f*
individual stage Teilschritt *m {z.B. einer Reaktion}*
individual units Einzelgeräte *npl*
individual winding Wickellage *f*, Einzelwickelung *f {Laminate}*
individually individuell; einzeln, Einzel-; persönlich, Personen-, Personal-
indivisibility Unteilbarkeit *f*
indivisible unteilbar, unzerlegbar
indoaniline Indoanilin *n*, Indophenol *n*
indochromogen S Indochromogen S *n*
indoform Indoform *n*
indole <C_8H_7N> Indol *n*, 2,3-Benzopyrrol *n*, 1*H*-1-Benzazol *n*
indole-3-acetic acid <$C_8H_8NO_2$> 3-Indolylessigsäure *f*, Indol-3-ylessigsäure *f*, IES, Heteroauxin *n*, Rhizopin *n*
indole-α-aminopropionic acid *s.* tryptophan
3-indolebutyric acid Indolbuttersäure *f*, Indolylbuttersäure *f*, Hormodin *n*
indolenine Indolenin *n*, 3*H*-Indol *n*
indolepropionic acid Indolpropionsäure *f*
indoline Indolin *n*, 2,3-Dihydro-1*H*-indol *n*
2-indolinone Indolinon *n*, Oxindol *n*
indolizidine Indolizidin *n*
indolizine Indolizin *n*
1-indolone Indol-1-on *n*, Phthalimidin *n*
2-indolone Indol-2-on *n*, Oxindol *n*
indolyl <C_8H_6N-> Indolyl-
3-indolylacetic acid *s.* indole-3-acetic acid
indolylalanine Tryptophan *n*
indomecathin <$C_{19}H_{16}ClNO_4$> Indomecathin *n*, Indocid *n*
indone 1. <C_9H_6O> Hydrindon *n {obs}*, Indanon *n*, Indon *n*; 2. <C_9H_8O> Indan-2-on *n*
indoor häuslich, innen, überdacht; Haus-; Zimmer-, Raum-
indoor exposure Raumlagerung *f {Anal}*
indoor installation Anlage *f* unter Dach
indoor paint Innenanstrich *m*; Innenanstrichmittel *n*, Innenanstrichfarbe *f*
indophenazine Indophenazin *n*
indophenine <$C_{24}H_{14}N_2O_2S_2$> Indophenin *n*
indophenol <$C_{12}H_9NO_2$> Indophenol *n*, Chinonphenolimin *n*
indophenol blue Indophenolblau *n*
indophenol oxidase *{EC 1.9.1.3}* Indophenoloxidase *f*
indoquinoline Indochinolin *n*
INDOR *{internuclear double resonance}* INDOR-Spinentkopplungs-NMR *f*
indoxyl <C_8H_7NO> Indoxyl *n*, 3-Hydroxindol *n*, 3-Indoloil *n*
indoxylic acid <$C_9H_7NO_3$> Indoxylsäure *f*
indoxylsulfuric acid Indoxylschwefelsäure *f*
induce/to 1. verursachen; 2. veranlassen, herbeiführen, auslösen, erregen, anregen; 3. stimulieren *{Immun}*; 4. induzieren
induced induziert; stimuliert; ausgelöst; erregt
induced capacity absolute Permeabilität *f*
induced coil Funkeninduktor *m*
induced current Induktionsstrom *m*, Sekundärstrom *m*, Influenzstrom *m*
induced dipole induzierter Dipol *m*
induced draft *{US}* Saugzug *m*, künstlicher Zug *m*
induced draft fan Saugzugventilator *m*, Saugzuggebläse *n*
induced draft installation Saugzuganlage *f*
induced draught *{GB}* *s.* induced draft *{US}*
induced emission stimulierte Emission *f*
induced magnetization induzierte Magnetisierung *f {DIN 1358}*
induced moment mittleres induziertes elektrisches Dipolmoment *n*
induced motor Asynchronmotor *m*
induced radioactivity künstliche Radioaktivität *f*
induced reaction induzierte Reaktion *f {Chem}*
induced voltage Sekundärspannung *f*, induzierte Spannung *f {Elek}*
coefficient of induced magnetization Suszeptibilität *f*
inducible induzierbar
inducible enzyme induzierbares Enzym *n*
inducing current Primärstrom *m {Elek}*

inductance 1. Induktanz *f*, induktiver Widerstand *m*; 2. Drosselspule *f*, Drossel *f*; 2. Induktion *f {elektromagnetische, magnetische, elektrostatische}*; 3. Selbstinduktivität *f*, Selbstinduktion *f*, Selbstinduktionskoeffizient *m*
inductance ga[u]ge Induktionsmeßgerät *n*
inductance meter Induktivitätsmeßgerät *n*
mutual inductance Gegeninduktion *f*, Wechselinduktion *f*
induction 1. Induktion *f {Chem}*; 2. Induktion *f {elektromagnetische, magnetische, elektrostatische}*; 3. Induktion *f {Math}*; 4. Ansaugen *n*, Saugen *n {z.B. des Luft-Kraftstoff-Gemisches}*; 5. Hemmung *f {Nerven}*; 6. Induktion *f {Mikrobiologie}*
induction air Ansaugluft *f*
induction apparatus Induktionsapparat *m*
induction brazing Induktionslöten *n {ein Hartlötverfahren}*
induction coefficient Induktivität *f*, Induktionskoeffizient *m {in H}*
induction coil Funkeninduktor *m*, Induktionsrolle *f*, Induktionsspule *f*
induction [coupled] plasma torch Induktionsplasmabrenner *m*
induction current Induktionsstrom *m*, Erregerstrom *m*, Nebenstrom *m*
induction flowmeter Induktions-Durchflußmesser *m*
induction flux Induktionsfluß *m*
induction forces Induktionskräfte *fpl*, Debye-Kräfte *fpl*
induction-free induktionsfrei
induction furnace Induktionsofen *m*, induktionsbeheizter Ofen *m*
induction hardening Induktionshärten *n*, Hochfrequenzhärtung *f {Met}*
induction heat Induktionswärme *f*
induction-heated extruder induktionsbeheizter Extruder *m*, induktionsbeheizte Schneckenpresse *f*
induction-heated melting furnace Induktionsschmelzofen *m*
induction heating Induktionsheizung *f*, Induktionserwärmung *f*, induktive Erwärmung *f*, induktive Heizung *f*, Induktiv[be]heizung *f*
induction law Induktionsgesetz *n*
induction melting Induktionsschmelzen *n*
induction period Induktionsperiode *f*, Induktionszeit *f {Reaktionskinetik}*
induction phase Induktionsphase *f*
induction plasma torch Induktionsplasmabrenner *m*
induction salinometer induktives Salzgehalt-Meßgerät *n*
induction stirring induktives Rühren *n*
induction-type magnetic separator induktiver Magnetscheider *m*
coefficient of induction Induktivität *f*, Induktionskoeffizient *m {in H}*
law of induction Induktionsgesetz *n*
inductional induktiv
inductive induktiv; Induktions-
inductive atomizer Induktionszerstäuber *m*
inductive capacity Induktionskapazität *f*, Induktionsvermögen *n*
inductive control induktive Regelung *f*
inductive coupling induktive Ankopplung *f*, Transformatorkopplung *f*
inductive resistance Impedanz *f*, induktiver Widerstand *m*
inductively coupled induktiv gekoppelt
inductively-coupled plasma mass spectroscopy Massenspektroskopie *f* mit induktiv gekoppeltem Plasma, ICP-AES
inductivity Induktivität *f*, Induktionskoeffizient *m*, Selbstinduktivität *f*, Selbstinduktionskoeffizient *m {in H}*
inductometer Induktometer *n*, L-Meßgerät *n {Elek}*
inductor 1. Induktor *m {bei induzierten Reaktionen; Biochem}*; 2. Induktionsapparat *m*; 3. Induktionsspule *f*, Drosselspule *f*; Induktorspule *f*
induline 1. Indulin *n*, Echtblau *n*; Solidblau *n*, Azinblau *n*, Indigen *n*, Indophenin *n*, Druckblau *n {Azinfarbstoff}*; 2. Indulin-Farbstoff *m*, Azin-Farbstoff *m*
induline scarlet Indulinscharlach *m*
indusoil Tallöl *n*
industrial technisch; industriell, fabrikatorisch, gewerblich, gewerbetreibend; Industrie-, Gewerbe-; Betriebs-, Werk-
industrial accident Betriebsunfall *m*, Arbeitsunfall *m*
industrial alcohol technischer Alkohol *m*, denaturierter Alkohol *m*, Industriealkohol *m*
industrial association Industrieverband *m*, Wirtschaftsverband *m*
industrial atmosphere Industrieklima *n*
industrial charges Industrieabwässer *npl*
industrial chemicals Industriechemikalien *fpl*, industrielle Chemikalien *fpl*, Handelschemikalien *fpl*
industrial chemist Betriebschemiker *m*, Werkschemiker *m*, Industriechemiker *m*, industrieller Chemiker *m*, technischer Chemiker *m*
industrial chemistry chemische Technologie *f*, chemische Verfahrenstechnik *f*, technische (industrielle) Chemie *f*
industrial cleaner Industriereiniger *m*, Industriereinigungsmittel *n*
industrial disease Berufskrankheit *f*
industrial disinfectant industrielles Entkeimungsmittel *n*
industrial engineer Betriebstechniker *m*

industrial engineering Gewerbetechnik *f*
industrial explosive gewerblicher Sprengstoff *m*
industrial fabric technisches Gewebe *n*
industrial federation Wirtschaftsverband *m*
industrial floor screed Industriebodenbelag *m*, Industrieestrich *m*
industrial furnace Industrieofen *m*
industrial gases Industriegase *npl*, technische Gase *npl* {*z.B: CO_2, O_2, H_2, N_2, Ar*}
industrial grade benzene Lösungsbenzol *n*
industrial hygiene Gewerbehygiene *f*, Arbeitshygiene *f*
industrial laminate technische Schichtstoffplatte *f*
industrial methylated spirit denaturierter Industriealkohol *m* {*mit Rohmethanol*}
industrial oil Industrieöl *n*, technisches Öl *n*
industrial operation Industriebetrieb *m*
industrial paint Industrielack *m*
industrial plant Industrieanlage *f*, Industriebetrieb *m*
industrial product Industrieerzeugnis *n*
industrial propertietary information Betriebsgeheimnis *n*, geschützte Produktionskenntnisse *fpl*
industrial research Betriebsforschung *f*, Industrieforschung *f*
industrial resin technisches Kunstharz *n*, Kunstharz *n* für technische Anwendungen *fpl*
industrial robot Industrieroboter *m*
industrial rubber Industriegummi *m*
industrial safety Arbeitsschutz *m*, Arbeitssicherheit *f*
industrial salt Industriesalz *n*, technisches Salz *n*
industrial scale 1. großtechnisch; 2. großtechnischer Maßstab *m*
industrial sewage Industrieabwasser *n*, gewerbliches Abwasser *n*, industrielles Abwasser *n*
industrial specification sheet Normblatt *n*
industrial surfactant Industriereiniger *m*
industrial truck Flurförderzeug *n*, Flurfördermittel *n*
industrial waste 1. Industrieabfälle *mpl*, Industrierückstände *mpl*, produktionsspezifische Abfälle *mpl* {*aus Industrie und Gewerbe*}; 2. Industrieabwasser *n*
industrial waste gas Industrieabgas *n*
industrial waste product Industrieabfallstoff *m*
industrial waste water Fabrikabwasser *n*, Industrieabwasser *n*, industrielles Abwasser *n*, gewerbliches Abwasser *n*
industrial worker Fabrikarbeiter *m*
industrialization Industrialisierung *f*
industrialize/to industrialisieren
industrialized countries Industrienationen *fpl*, Industrieländer *npl*, Industriestaaten *mpl*
industry 1. Industrie *f*; 2. Gewerbe *n*; 3. Branche *f*; 4. Fleiß *m*
industry standard Industrienorm *f*
branch of industry Industriezweig *m*
inedible ungenießbar
inedited 1. unveröffentlicht; 2. unverändert herausgegeben
ineffective 1. unwirksam, wirkungslos, ineffektiv; erfolglos; 2. unfähig, untüchtig
ineffectiveness 1. Unwirksamkeit *f*, Wirkungslosigkeit *f*; Erfolglosigkeit *f*; 2. Unfähigkeit *f*, Untüchtigkeit *f*
inefficiency 1. Unwirksamkeit *f*, Wirkungslosigkeit *f*; Erfolgslosigkeit *f*; 2. Unfähigkeit *f*, Untüchtigkeit *f*
inefficient 1. unwirksam, wirkungslos; erfolglos; 2. unfähig, untüchtig, unbrauchbar; leistungsschwach
inelastic unelastisch, nicht elastisch
inequality 1. Ungleichheit *f*; Ungleichmäßigkeit *f*; 2. Ungleichung *f* {*Math*}
inert 1. edel; inert, indifferent, inaktiv, passiv, reaktionsträge, träge {*Chem*}; 2. wirkungslos; 3. träge {*Mech*}
inert content Ballastgehalt *m* {*z.B. Wasser + Asche von Kohle, DIN 22005*}
inert gas 1. Edelgas *n* {*He, Ne, Ar, Kr, Xe*}; 2. inertes Gas *n*, indifferentes Gas *n*, inaktives Gas *n*, Inertgas *n*, [reaktions]träges Gas *n*; 3. Schutzgas *n* {*Schweißen*}
inert-gas blanketing system Inertisierungssystem *n*
inert-gas metal-arc welding Metall-Inertgas-Lichtbogenschweißen *n*, Metall-Inertgas-Schweißen *n*, MIG-Schweißen *n*
inert gas purification Edelgasreinigung *f*
inert-gas re-blanketing Reinertisierung *f*
inert gas shell Edelgasschale *f* {*Valenz*}
inert-gas shielded-arc welding Schutzgas-Lichtbogenschweißen *n*, Lichtbogenschweißen *n* unter Schutzgas *n*, Lichtbogen-Inertschweißen *n*, Schutzgasschweißen *n*, SG-Schweißen *n* {*DIN 1910*}
inert gas structure Edelgasstruktur *f*
inert material Ballastmaterial *n*
inertance Inertanz *f*, Trägheit *f*
inertia 1. Beharrungsvermögen *n*, Trägheit *f*, Masseträgheit *f* {*träge Masse*}; Trägheitskraft *f*; 2. Inertia *f* {*Photo*}
inertia principle Beharrungsprinzip *n*, Trägheitsprinzip *n*
inertia turbulence Trägheitsturbulenz *f*
axis of inertia Trägheitsachse *f*
center of inertia Trägheitsmittelpunkt *m*
law of inertia Trägheitsgesetz *n*
momentum of inertia Trägheitsmoment *n*

state of inertia Beharrungszustand *m*
inertiafree trägheitslos
inertial capture trägheitsgedingtes [Ein-]Fangen *n*
inertial collection Trägheitsabscheider *m*
inertial deposition Trägheitsablagerung *f*
inertial dust collector Staubsammler *m* mit Trägheitswirkung *f*
inertial force Trägheitskraft *f*, d'Alembertsche Kraft *f*, Scheinkraft *f {Phys}*
inertial resistance Trägheitswiderstand *m*
inertial separation Trägheitsabscheidung *f*, Prallabscheiden *n*
inertial separator Trägheitsabscheider *m*, Prallabscheider *m*
inertial turbulence Trägheitsturbulenz *f*
inertialess trägheitslos
inerting *s.* inertization
inerting gas Inertisierungsmittel *n*
inertinite Inertinit *m {Steinkohlen-Mazeral}*
inertization Inertisierung *f {z.B. mit einem Schutzgas}*; Phlegmatisierung *f {Staub}*
inertness Passivität *f*, Inaktivität *f*, Reaktionsträgheit *f {Chem}*; Beharrungsvermögen *n*, Trägheit *f {Phys}*; Massenwiderstand *m {Phys}*
chemical inertness chemische Trägheit *f*, chemische Reaktionsunwilligkeit *f*, chemische Reaktionsunfähigkeit *f*
inesite Inesit *m*, Angolit *m*, Rhodotolit *m {Min}*
inexact ungenau; unscharf; unrichtig
inexhaustibility 1. Unerschöpflichkeit *f*, Unversiegbarkeit *f*; 2. Unermüdlichkeit *f*
inexhaustible 1. unerschöpflich, unversiegbar; 2. unermüdlich
inexpansible unausdehnbar, undehnbar
inexpedient ungeeignet, unpassend, unzweckmäßig; unvorteilhaft
inexpensive preiswert, preisgünstig, preiswürdig, kostengünstig, billig *{Ware}*
inexperienced unerfahren
inexpert unsachgemäß; ungeübt, unerfahren
inexplicable unerklärbar, unerklärlich, unverständlich
inexplorable unerforschlich
inexplosive explosionssicher
inextensible unausdehnbar, undehnbar
inextinguishable unauslöschbar, unauslöschlich
infant formula Kinder[fertig]nahrung *f*, Baby-[fertig]nahrung *f*
infeasable unausführbar, unmöglich
infect/to 1. anstecken, infizieren, verseuchen *{Med}*; 2. verpesten; 3. verderben
infection Ansteckung *f*, Infektion *f*; Seuche *f {Med}*
infectious ansteckend, infektös, krankheitsübertragend, übertragbar *{Med}*
infectious disease Infektionskrankheit *f*, ansteckende Krankheit *f*
infective *s.* infectious
infective agent Infektionserreger *m*
infeed 1. Beschickung *f {z.B. des Hochofens}*; 2. Einstechen *n {Tech}*; 3. Zustellen *n*, Zustellbewegung *f {des Werkzeuges}*
inference Folgerung *f*, logisches Schließen *n*, Deduktion *f {Math}*; Rückschluß *m*, Inferenz *f {Statistik}*
inferior niedriger; tieferliegend, tieferstehend; untergeordnet; gering, minder
inferior in value geringwertig, minderwertig
inferior ore Pochgänge *mpl {Bergbau}*
inferior quality Minderwertigkeit *f*, zweitklassige Qualität *f*
inferiority Inferiorität *f*, Unterlegenheit *f*, Untergeordnetsein *n*; Minderwertigkeit *f*, geringerer Wert *m*
infertile unfruchtbar, infertil *{nicht fortpflanzungsfähig}*
infertility Unfruchtbarkeit *f {nicht fortpflanzungsfähig}*
infestation Befall *m*, Infestation *f {z.B. von Schädlingen}*
infiltrate/to 1. durchsetzen, [durch]tränken, durchdringen, einträufeln; 2. eindringen, einsickern, infiltrieren; durchsickern lassen; 3. einflößen; 4. eine Infiltration *f* hervorrufen
infiltrated air Falschluft *f*, Einbruchluft *f*
infiltration 1. Durchdringung *f*, Durchtränkung *f*; 2. Eindringen *n*, Einsickern *n*, Infiltration *f*; Durchsickern *n*
infiltration device Infiltrationsgerät *n*
infiltration slot Sickerschlitz *m {Abwasser}*
infinite 1. grenzenlos, unbegrenzt; 2. unendlich, endlos; unzählig; 3. stufenlos
infinite adjustability stufenlose Einstellbarkeit *f*
infinite dilution unendliche Verdünnung *f*
infinitesimal unendlich klein, infinitesimal
infinity Unendlichkeit *f*, Infinitum *n*
infinity adjustment Unendlicheinstellung *f {Opt}*
inflame/to entzünden, entflammen, anzünden, zünden; sich entzünden, sich entflammen
inflammability Entzündbarkeit *f*, Entflammbarkeit *f*, Entzündlichkeit *f*, Brennbarkeit *f*; Feuergefährlichkeit *f*
inflammability point Zündpunkt *m*
inflammable entflammbar, [leicht] entzündlich, entzündbar, brennbar, inflammabel; feuergefährlich
inflammable material Zündstoff *m*
inflammable ore Branderz *n*
inflammable vapo[u]r detecting equipment Überwachungsanlage *f* für feuergefährliche Gase *npl*
easily inflammable leicht entzündlich, leicht brennbar

highly inflammable leicht brennbar, leicht entzündlich
spontaneously inflammable selbstentzündlich
inflammation 1. Entflammung *f*, Zündung *f*; Anzündung *f* *{Sprengstoff}*; 2. Entzündung *f* *{Med}*
inflammation point *s.* inflammation temperature
inflammation temperature Entzündungstemperatur *f*
inflammation tester Flammpunktprüfer *m*
spontaneous inflammation Selbstentzündung *f*
inflatable aufblasbar
inflate/to aufblähen, aufblasen, aufpumpen, auftreiben
inflated aufgeblasen, luftgefüllt
inflating agent Blähmittel *n*
inflating mandrel Blaspinole *f*, Blasdorn *m*, Spritzdorn *m*
inflating pressure Aufblasdruck *m*
inflation 1. Aufblähung *f*, Aufblasen *n*; 2. Aufgeblasenheit *f*; 3. Inflation *f* *{Ökon}*
inflation needle Blasnadel *f*, Injektionsblasnadel *f*, Blasstift *m*
inflation strength Schwellfestigkeit *f*
inflation temperature Aufblastemperatur *f*
inflected gebogen, gebeugt; flektiert
inflection 1. Biegung *f*, Beugung *f*, Krümmung *f*; 2. Wendung *f* *{Math}*; 3. Intonation *f*, Modulation *f*
inflection point Wendepunkt *m* *{Kurve}*
inflexibility Starre *f*, Unbiegsamkeit *f*, Steifheit *f*
inflexible starr, steif, unbiegsam, inflexibel; unnachgiebig
inflexion *s.* inflection
inflow 1. Einströmen *n*, Einfließen *n*, Zulaufen *n*, Zufließen *n*, Zufluß *m*; 2. Zufluß *m*, Zulauf *m*, Einlauf *m*, zufließende Flüssigkeit *f*, einlaufende Flüssigkeit *f*
inflow current Zulaufstrom *m*
inflow rate Einlaßrate *f* *{Vak}*
inflow tube Einlaufrohr *n*, Eintrittsrohr *n*, Zuflußrohr *n*
inflow velocity Zuströmgeschwindigkeit *f*, Anströmgeschwindigkeit *f*
influence/to beeinflussen, einwirken auf
influence 1. Einfluß *m*, Einwirkung *f*, Wirkung *f*; 2. Beeinflussung *f*; 3. elektrostatische Influenz *f*; 4. Versinken *n* *{Geol}*
influence of air Lufteinwirkung *f*
influence of frost Frosteinwirkung *f*
influence of structure Gefügeeinfluß *m*, Einfluß *m* des Gefüges *n*
influence of temperature Temperaturabhängigkeit *f*
mutual influence gegenseitige Einwirkung *f*
influenceable beeinflußbar
influencing Einfluß-
influencing factor Einflußfaktor *m*, Einflußparameter *m*, Einflußgröße *f*
influent Zufluß *m*, Zulauf *m*, Einlauf *m*, zulaufende Flüssigkeit *f*
influx 1. Einfließen *n*, Einströmen *n*; 2. Zustrom *m*, Zufuhr *f*; 3. Zufluß *m* *{Physiol}*
inform/to 1. benachrichtigen, informieren, in Kenntnis *f* setzen, unterrichten, mitteilen; 2. anzeigen
information 1. informationell; Informations-; 2. Information *f*, Nachricht *f*, Auskunft *f*, Kunde *f*, Bescheid *m*, Angabe *f*; Bericht *m*, Unterrichtung *f*; 3. Anzeige *f*
information center Beratungsstelle *f*, Informationszentrum *n*
information content Informationsgehalt *m*
information processing Informationsverarbeitung *f*, Datenverarbeitung *f* *{EDV}*
information retrieval Informationswiedergewinnung *f*, Informationsrückgewinnung *f* *{EDV}*
information sheet Informationsschrift *f*
excange of information Erfahrungsaustausch *m*
informative aufschlußreich, lehrreich; informatorisch
informative value Aussagekraft *f*, Aussagewert *m*
infraluminescence Infralumineszenz *f*, Infrarot-Lumineszenz *f*
infraprotein Infraprotein *n*
infrared 1. infrarot, ultrarot; 2. Infrarot *n*, IR, Ultrarot *n* *{0,001 - 1,0 mm}*
infrared absorption Infrarotabsorption *f*
infrared absorption spectrum Infrarotabsorptionsspektrum *n*
infrared adsorption spectroscopy Infrarotadsorptionsspektroskopie *f*
infrared analyzer Infrarotanalysator *m*
infrared block Ultrarotsperre *f*
infrared chemiluminescence Infrarot-Chemilumineszenz *f*
infrared detection Infrarotdetektion *f*
infrared detector Infrarotdetektor *m*, IR-Detektor *m*, Infrarotstrahlungsmesser *m*, Infrarotmelder *m* *{Schutz}*
infrared differential spectrometry Infrarot-Differenzspektrometrie *f*
infrared dryer Infrarottrockner *m*, Infrarottrockeneinrichtung *f*
infrared drying [process] Infrarottrocknung *f*
infrared drying tunnel Infrarottrockentunnel *m*
infrared dual beam spectrometer Ultrarot-Zweistrahlspektrometer *n*
infrared emission Ultrarotemission *f*, Infrarotemission *f*, IR-Strahlung *f*, Infrarotstrahlung *f*
infrared film Infrarotfilm *m*

infrared filter Infrarotfilter *n*, IR-Filter *n*, Ultrarotfilter *n*
infrared flame detector Infrarotflammenmelder *m*
infrared gas analyser Infrarot-Gasanalysegerät *n*, IR-Analysator *m*
infrared heating tunnel Infrarottunnel *m*
infrared lamp Infrarotstrahler *m*
infrared laser Infrarotlaser *m*
infrared leak detector Infrarotlecksuchgerät *n* *{Vak}*
infrared moisture check Feuchtigkeitsgehaltsprüfung *f* mittels Infrarotstrahlen *mpl*
infrared radiant heating *{US}* Infraroterwärmung *f*, Infrarot[be]heizung *f*
infrared radiation Infrarotstrahlung *f*, infrarote Strahlung *f*, IR-Strahlung *f*, Ultrarotstrahlung *f*, Infrarotemission *f*
infrared radiation heating Infrarot-Strahlungsheizung *f*
infrared radiator Infrarotstrahler *m*
infrared sensitizer bath Infrarot-Sensibilisatorbad *n* *{Photo}*
infrared sensor Infrarotmeßfühler *m*
infrared spectral analysis Infrarotspektralanalyse *f*
infrared [spectral] range infrarotes Spektralgebiet *n*, ultrarotes Spektralgebiet *n*, IR-Spektralbereich *m*, UR-Spektralbereich *m*, Infrarotbereich *m*, Infrarotgebiet *n*
infrared spectrographic infrarotspektrographisch
infrared spectrometer Infrarotspektrometer *n*, IR-Spektrometer *n*, Ultrarot[einstrahl]spektrometer *n*, UR-Spektrometer *n*
infrared spectroscopy Infrarotspektroskopie *f*, IR-Spektroskopie *f*
infrared spectrum Infrarotspektrum *n*, IR-Spektrum *n* *{0,001 - 1,0 mm}*
infrared transmittance Infrarotdurchlässigkeit *f*
infrared tunnel oven Infrarottrockentunnel *m*
infrared welding Lichtstrahlschweißen *n*, LS-Schweißen *n*, Schweißen *n* mit Infrarotstrahlen *mpl*
opaque to infrared ultrarotundurchlässig
infrasizer Mikroklassierer *m*, Windsichter *m* *{für sehr feines Gut}*
infrasonic 1. untertonfrequent; Infraschall-; 2. infraakustisch, unterhalb des Hör[frequenz]bereichs *m*
infrasonic range Infraschallbereich *m*
infrasonics Infraschall *m*
infringe/to übertreten, verletzen, verstoßen gegen
infringement Verletzung *f*, Übertretung *f* *{z.B. Verstoß gegen Warenzeichen, Copyright}*
infundibular trichterförmig *{Bakt}*
infuse/to 1. infundieren, aufgießen *{z.B. Tee}*; 2. ziehen [lassen]; einweichen; 3. einflößen, eingießen
infusibility Unschmelzbarkeit *f*
infusible nicht schmelzbar, unschmelzbar
infusible solid nichtschmelzbarer Festkörper *m*
infusion 1. Aufguß *m*, Infus[um] *n*, Infusionslösung *f* *{Chem}*; Einweichen *n*; 2. Infusion *f*, Einfließenlassen *n* *{Med}*; 3. Eingießen *n* *{von Kunstharzen}*
infusion bag Infusionsbeutel *m*
infusion vessel Aufgußgefäß *n*
infusorial earth Kieselgur *f*, Berggur *f*, Infusorienerde *f*, Diatomeenerde *f* *{Min}*
ingenious geistreich, geistvoll; genial, sinnreich; geschickt, erfinderisch
ingenuity 1. Geschick *n*, Erfindergabe *f*, Scharfsinn *m*; Einfallsreichtum *m*; 2. Genialität *f*
ingestion 1. Aufnahme *f* *{Nahrung}*, Einnahme *f* *{Med}*, Ingestion *f* *{Med, Nahrung, Radiol}*
ingestion of food Nahrungsaufnahme *f*
ingot 1. Barren *m* *{NE-Metall}*; Block *m*, Eisenblock *m*, Gußblock *m*, Massel *f*, Gießmassel *f*, Ingot *m*, Rohblock *m* *{Met}*; 2. Substanzbarren *m*, Schmelzbarren *m*, Schmelzling *m*
ingot casting Blockguß *m*, Kokillenguß *m*; Barrenguß *m*
ingot copper Blockkupfer *n*
ingot gold Klumpengold *n*, Barrengold *n*
ingot iron Blockeisen *n*, Armco-Eisen *n* *{technisch reines Eisen}*
ingot melting Strangschmelzen *n*
ingot metal Flußeisen *n*
ingot mo[u]ld Blockkokille *f*, Blockform *f*, Gußform *f*, Kokille *f*; Barrenform *f*
ingot mo[u]ld varnish Kokillenlack *m*
ingot steel Flußstahl *m*, Blockstahl *m*, Ingotstahl *m*
ingot steel wire Flußstahldraht *m*
ingot tin *{BS 3338}* Blockzinn *n*, Barrenzinn *n*
ingrain/to echt färben, tief färben
ingrained colo[u]r Echtfarbe *f*
ingredient Bestandteil *m*, Zusatzstoff *m*, Inhaltsstoff *m*, Ingrediens *n*; Zutat *f* *{Lebensmittel}*
ingredient of the mixture Mischungsbestandteil *m*
ingress 1. Einführung *f*, Immission *f*; Einströmen *n*, Eindringen *n*, Einbruch *m* *{von Wasser}*; 2. Zutritt *m*, Zugang *m*, Eingang *m*
ingress of air Lufteinbruch *m*
ingress of water Eindringen *n* von Wasser *n*
inhalation Inhalation *f* *{Med}*
inhalation anesthetic Inhalationsanästhetikum *n*, Inhalationsnarkotikum *n*
inhale/to einatmen; inhalieren
inhaler Inhalator *{Med}*
inharmonious unharmonisch

inherent anhaftend; innewohnend, inhärent; angeboren *{Biol}*; eigen, Eigen-
inherent colo[u]r Eigenfarbe *f*
inherent filtration Eigenfilterung *f {bei Trennung Gas-Feststoff}*; Eigenfiltration *f {bei Trennung Flüssigkeit-Feststoff}*
inherent moisture Eigenfeuchte *f*, innere Feuchtigkeit *f*, inneres Wasser *n*, innerer Wassergehalt *m*, Innenwasser *n*; Grubenfeuchte *f {Bergbau}*
inherent properties Stoffeigenschaften *fpl*
inherent smell Eigengeruch *m*
inherent tack Eigenklebrigkeit *f*
inherent thermal stress thermische Eigenspannung *f*
inherent value Eigenwert *m*
inherent viscosity logarithmische Viskositätszahl *f {DIN 1342}*
inherit/to erben *{Gen}*
inheritance 1. Erbgut *n*, Vererbung *f*; 2. Erbschaft *f*; Erbteil *n*
inhibit/to verhindern, inhibieren, sperren *{Tech}*; behindern, verzögern, retardieren, bremsen, hemmen *{Chem}*; phlegmatisieren
inhibited phlegmatisiert, gehemmt; gesperrt *{Tech}*; verzögert, passiviert, gehemmt *{Chem}*
inhibiting hemmend, inhibierend, verzögernd; Sperr-
inhibiting agent Inhibierungsmittel *n*, Inhibitor *m*, Hemmstoff *m*, Verzögerer *m*, Passivator *m {Chem}*; Antikatalysator *m*, negativer Katalysator *m {Chem}*
inhibiting substance *s.* inhibiting agent
inhibition 1. Hemmung *f*, Verzögerung *f*, Inhibierung *f*, Inhibitorwirkung *f {Chem}*; negative Katalyse *f*, Antikatalyse *f {Chem}*; 2. Hinderung *f*, Sperrung *f {Tech}*
inhibition effect Inhibierungeffekt *m*, Verzögerungseffekt *m*
inhibitor *s.* inhibiting agent
inhibitory inhibierend, hemmend, verzögernd *{Chem}*; bremsend, hindernd
inhomogeneity Inhomogenität *f*, innere Uneinheitlichkeit *f*, Ungleichförmigkeit *f*, Ungleichmäßigkeit *f*, Unregelmäßigkeit *f*
inhomogeneous inhomogen, nicht homogen, [innerlich] uneinheitlich, ungleichförmig, ungleichartig, heterogen
inifer polymerization Inifer-Polymerisation *f*
initial 1. anfänglich, ursprünglich; Anfangs-, Ausgangs-; 2. Anfangsschenkel *m {eines orientierten Winkels, Math}*; 3. Initial *n*, Initiale *f*, Großbuchstabe *m*, großer Anfangsbuchstabe *m {Typographie}*
initial adhesion Anfangshaftung *f*
initial ash softening point Ascheerweichungspunkt *m*
initial boiling point Siedebeginn *m*, Anfangssiedepunkt *m*, Beginn-Siedepunkt *m*, Beginn-Kochpunkt *m*
initial boiling point recorder Siedebeginngeber *m*
initial charge Erst[be]füllung *f*
initial conditions Anfangszustand *m*, Anfangsbedingungen *fpl*
initial cost Anschaffungskosten *pl*, Gestehungskosten *pl*
initial detonating agent Initialsprengstoff *m*, Primärsprengstoff *m*
initial dilution Anfangsverdünnung *f {z.B. der Radioaktivität in der Luft}*
initial equation Ausgangsgleichung *f {Math}*
initial explosive substance Initialzündmittel *n*
initial feed Vorlauf *m {z.B. Temperatur}*
initial filling Erst[be]füllung *f*
initial igniting agent Initialzündmittel *n*, Primärzündstoff *m*
initial investment Anlagekosten *pl*
initial load Erstbelastung *f*; Ausgangsleistung *f*
initial material Ausgangsprodukt *n*, Ausgangsstoff *m*, Urstoff *m*
initial measured length Ausgangs[meß]länge *f*
initial member Anfangslied *n*
initial mole ratio Ausgangsmolenbruch *m*
initial orientation Anfangsorientierung *f*
initial part Anfangsstück *n*
initial phase Anfangsphase *f*, Anfangsstadium *n*
initial point Anfangspunkt *m*, Nullpunkt *m*
initial position Anfangsposition *f*, Anfangsstellung *f*, Anfangslage *f*, Ruhestellung *f*, Ausgangsposition *f*, Ausgangsstellung *f*, Startstellung *f*
initial potential Ausgangspotential *n*
initial pressure Anfangsdruck *m*, Ausgangsdruck *m*; Saugdruck *m*, Startdruck *m {Vak}*
initial product Ausgangsmaterial *n*, Ausgangsprodukt *n*
initial reaction Startreaktion *f*
initial solution Ausgangslösung *f*
initial state Anfangszustand *m*, Ausgangszustand *m*, Urzustand *m*
initial strength Ausgangsfestigkeit *f*, Anfangsfestigkeit *f*
initial stress Vorspannung *f {Test}*; Anfangsspannung *f {Mech}*
initial susceptibility Anfangssuszeptibilität *f*
initial temperature Anfangstemperatur *f*, Ausgangstemperatur *f*
initial tension Vorspannung *f {Test}*; Anfangsspannung *f {Mech}*
initial value 1. Anschaffungswert *m*; 2. Anfangswert *m*, Ausgangswert *m*
initial value problem Anfangswertproblem *n*, Cauchysches Problem *n {Math}*
initial velocity Anfangsgeschwindigkeit *f*
initial viscosity Anfangsviskosität *f*

initial voltage Anfangsspannung *f*, Funkenpotential *n {Elek}*
initial volume Anfangsvolumen *n*
initial weight Einwaage *f*, Anfangsgewicht *n*
initially zunächst; anfänglich; Anfangs-
initiate/to beginnen; einführen; anregen, initiieren, einleiten, in Gang bringen, starten, auslösen
initiating explosive Initialsprengstoff *m*, Zündsprengstoff *m*, Zündstoff *m*
initiating power Initialkraft *f*
initiation 1. Anfang *m*, Anfahren *n*; 2. Einführen *n*, Inangriffnahme *f*; 3. Einleitung *f {Beginn}*, Anregung *f*, Initiierung *f*, Start *m*, Auslösung *f {z.B. einer Reaktion}*; Kettenstart *m {Polymer}*; 4. Zündung *f {Expl}*
initiation electrode Zündelektrode *f*
initiation point Entstehungsstelle *f*, Ausgangsort *m*
initiation reaction Startreaktion *f*, Primärreaktion *f*; Abbindereaktion *f {Polymer}*
initiator 1. Initialzünder *m*, Zünder *m {z.B. Zündhütchen, Zündplättchen}*; Initialsprengstoff *m*, Zünd[spreng]stoff *m*; 2. Initiator, Aktivator *m*, Initiierungsmittel *n*, Reaktionseinleiter *m*
initiator codon Initiatorcodon *n {Gen}*
initiator entity Starter *m {Polymer}*
initiator generation rate Starter-Bildungsgeschwindigkeit *f {Polymer}*
initiator radical Startradikal *n*
initiator suspension Initiator-Suspension *f*
inject/to 1. einblasen, einpressen *{z.B. Dampf}*; 2. [ein]spritzen, injizieren, impfen *{Med, Chem, Krist}*; 3. verpressen, einpressen, injizieren; 4. eindrillen *{z.B. Düngemittel}*; 5. einspannen *{Papier}*
injectable solution Injektionslösung *f*
injected article Spritzling *m*
injecting 1. Einspritzen *n*, Injizieren *n*, Impfen *n {Med, Krist, Chem}*; 2. Einpressen *n*, Einblasen *n {z.B. Dampf}*; 3. Verpressen *n*, Einpressen *n*; 4. Eindrillen *n {z.B. Düngemittel}*; 5. Einspannen *n {Papier}*
injection 1. Einpressen *n {z.B. von Wasser}*, Einspritzen *n {Tech}*; Einschuß *m {Nukl}*; 2. Injektion *f*, Einspritzung *f*, Impfung *f {der Spritzvorgang - Med, Chem, Krist}*; Spritze *f*; 3. Eindrillung *f {z.B. Düngemittel}*; 4. Zuspeisung *f {EDV}*; 5. Eindeutigkeit *f*, umkehrbare Eindeutigkeit *f {Math}*; injektive Abbildung *f*, Injektion *f {Math}*
injection ability Spritzfähigkeit *f*, Spritzgießfähigkeit *f*
injection atomizer Injektionszerstäuber *m*
injection block Probengebung *f*, Einspritzblock *m {Chrom}*
injection blow mo[u]ld Spritzblaswerkzeug *n*
injection blow mo[u]lded spritzgeblasen
injection blow mo[u]lding Spritzblasen *n*, Spritzblasformen *n*, Spritzgießblasformen *n*; Spritz[gieß]blasverfahren *n*
injection-blow-stretch process Spritzblasformen *n* unter gleichzeitiger Streckung *f* des Formlings *m*, IBS-Prozeß *m*
injection bottle Injektionsflasche *f*
injection capacity Einspritzleistung *f*, Spritzleistung *f*, Spritzvolumen *n {Kunst}*
injection cock Einspritzhahn *m*
injection compound Spritzgußmasse *f*
injection-compression mo[u]lding Prägespritzen *n*, Spritzprägen *n*
injection condenser Einspritzkondensator *m*, Mischkondensator *m*
injection cooling Einspritzkühlung *f*
injection device Einspritzvorrichtung *f*
injection die Spritzform *f*
injection mixing Injektionsmischverfahren *n*, Einspritzen *n* von Vernetzungsmitteln in die flüssige Formmasse, IKV-Verfahren *n*
injection-mo[u]ldable spritzgießfähig, spritzgießbar
injection-mo[u]lded spritzgegossen , gespritzt
injection mo[u]lding 1. Spritzgießverfahren *n*, Spritzgußverfahren *n*, Spritzgießen *n*, Spritzgießfertigung *f*, Spritzguß *m*; 2. Spritz[gieß]teil *n*, Spritzgießformteil *n*, Formling *m*
injection mo[u]lding compound Spritzgießmasse *f*, Spritzteilmasse *f*, Spritzgießmaterial *n*, Spritzgußmasse *f {Formmasse zum Spritzgießen}*
injection mo[u]lding formulation Spritzgießrezeptur *f*
injection mo[u]lding resin Spritzgießharz *n*
injection needle Injektionsnadel *f*
injection nozzle Einspritzdüse *f*, Injektionsdüse *f*, Spritzdüse *f*
injection plunger 1. Spritzkolben *m*, Spritzgußkolben *m*, Injektionskolben *m {Spritzgießen}*; 2. Druckkolben *m {Druckguß}*
injection port Eingabe *f*, Einspritzstelle *f {Flüssigkeitseingabeort am Gaschromatographen}*
injection port heater Probeneinlaßheizung *f {Gaschromatographie}*
injection preparation Injektionsmittel *n*
injection pressure Einspritzdruck *m*, Spritzdruck *m*, Fülldruck *m*, Druckstufe I *f*
injection property Spritzfähigkeit *f*, Spritzgießfähigkeit *f*
injection rate Einspritzgeschwindigkeit *f*, Spritzgeschwindigkeit *f*, Einspritzmenge *f*
injection rinsing machine Strahlenspülmaschine *f {Text}*
injection speed Einspritzgeschwindigkeit *f*, Spritzgeschwindigkeit *f*
injection stretch blow mo[u]lding Spritzstreckblasen *n*, Spritzgieß-Streckblasen *n*

injection temperature Einspritztemperatur *f*
injection time Einspritzzeit *f*, Spritzzeit *f*, Formfüllzeit *f*, Werkzeugfüllzeit *f {Spritzgießen}*
injection transfer mo[u]lding Injektionsspritzpressen *n*, Injektionspreßspritzverfahren *n*
injection-type engine Einspritzmotor *m*
injection valve Einspritzventil *n*, Injektionsventil *n {Anal}*
injection velocity Einspritzgeschwindigkeit *f*, Spritzgeschwindigkeit *f*
injection volume Spritzvolumen *n*, Einspritzvolumen *n*
injector 1. Injektor *m*, Druckstrahlpumpe *f*, Strahlpumpe *f*; Dampfstrahlpumpe *f*, Dampfstrahlsauger *m {zur Dampfkesselspeisung}*; 2. Einspritzdüse *f*, Spritzdüse *f*; 3. Injektor *m*, Vorbeschleuniger *m {Nukl}*
injure/to 1. benachteiligen; 2. schädigen, beschädigen; beeinträchtigen; 3. verletzen
injurious schädlich; nachteilig; verletzt
injurious to health gesundheitsschädlich
injuriousness Schädlichkeit *f*
injury 1. Schaden *m*, Beschädigung *f*; 2. Verletzung *f*, Wunde *f {Med}*
ink/to 1. einfärben, einschwärzen *{Druck}*; 2. nachziehen, markieren *{mit Tinte}*; beklecksen, beschmieren *{mit Tinte}*
ink 1. Tinte *f*, Schreibtinte *f*; Tusche *f*; 2. Einschwärzfarbe *f*, [graphische] Farbe *f*, Druckfarbe *f*
ink absorbency *{BS 4574}* *s.* ink receptivity
ink distribution Verreibung *f* der Farbe *f*
ink for corrugated board Slotterfarbe *f*
ink-jet printer Tintenstrahldrucker *m*, Tintensprühdrucker *m*
ink pencil Tintenstift *m*
ink powder Tintenpulver *n*
ink receptivity Tintenaufnahme[fähigkeit] *f*; Druckfarbenaufnahmevermögen *n {Druck}*
ink ribbon Farbband *n*
magnetic ink magnetische Tinte *f*
printers ink Druckerschwärze *f*
inking 1. Einfärben *n*, Einschwärzen *n*, Farbgebung *f {Druck}*; 2. Markierung *f {mit Tinte}*; 3. Spurschreiben *n*, Spuren *n {EDV}*
inking brush Auftragspinsel *m*
inkometer Adhäsionsmesser *m*
inkstone Atramentstein *m {obs}*, Tintenstein *m {Triv}*, Melanterit *m {Min}*
inlay 1. Einlegearbeit *f*; 2. Füllung *f*, Zahnplombe *f*
inlay casting wax *{ISO 1561}* Inlay-Wachs *n {Dent}*
inlaying Einlegung *f*, Getäfel *n*, Parkettierung *f*
inleakage 1. Leckluft *f {Vak}*; 2. Übertritt *m*
inleakage air Einbruchluft *f*
inleakage rate Leckrate *f*, Undichtheit *f*
inlet 1. Einlaß *m*, Eintritt *m*, Einlauf *m*, Zufluß *m*, Zulauf *m {zufließende Flüssigkeit}*; 2. Eingang *m*, Einlaßöffnung *f*, Eintritt *m*, Einströmungsöffnung *f*, Eintrittsöffnung *f*, Zugang *m*, Ansaugöffnung *f*; Maul *n {am Backenbrecher}*; Angußsteg *m*, Eingußkanal *m {Gieß}*
inlet area Eintrittsquerschnitt *m {DIN 3320}*, Ansaugquerschnitt *m*
inlet chamber Saugraum *m {einer Pumpe}*
inlet gas Frischgas *n*
inlet gas temperature Gaseintrittstemperatur *f*
inlet hole Einlaßöffnung *f*, Eintrittsöffnung *f*
inlet jumper Zuführer *m*
inlet nominal size Eintrittsnennweite *f {Ventil, DIN 3320}*
inlet nozzle Einlaufdüse *f*
inlet opening Einflußöffnung *f*, Zuflußöffnung *f*
inlet pipe Einlaßrohr *n*, Zuflußrohr *n*, Einleitungsrohr *n*, Einströmrohr *n*, Zuleitungsrohr *n*
inlet plate Einlaufboden *m*, Einströmboden *m {einer Kolonne}*
inlet port Einführungsöffnung *f*, Eintrittsöffnung *f*, Einlauföffnung *f*, Einlaufstutzen *m*, Einlaßöffnung *f*; Eintrittsschlitz *m {Motor}*; Zulaufbohrung *f {Einspritzpumpe}*
inlet pressure Einlaßdruck *m*, Eintrittsdruck *m*; Ansaugdruck *m {Vak}*
inlet side Saugseite *f*, Vakuumseite *f*
inlet sluice Einflußschleuse *f*, Beschickungsschleuse *f*, Eintragzelle *f*
inlet strainer Eingußsieb *n*, Einlaufseiher *m*
inlet system Einlaßsystem *n {Spek}*
inlet temperature Eingangstemperatur *f*, Eintrittstemperatur *f*, Einlauftemperatur *f*, Einlaßtemperatur *f*
inlet tube Zuleitungsrohr *n*, Einlaßstutzen *m*
inlet valve Einlaßventil *n*, Einströmventil *n*, Einlaßschieber *m*, Eintrittsventil *n*
inlet zone Einfüllbereich *m*, Einfüllzone *f*, Trichterzone *f*
INN *{international non-proprietary name}* internationaler Freiname *m {Pharm}*
innate angeboren; innewohnend
inner innere; Innen-
inner anode Innenanode *f*
inner cone of a flame Flammeninnenkegel *m*, innerer Kegel *m* der Flamme
inner diameter Innendurchmesser *m*
inner metallization Innenmetallisierung *f*
inner orbital complex Innerkomplex *m*, Innenorbitalkomplex *m*, Durchdringungskomplex *m*
inner potential inneres Potential *n*, Galvani-Potential *n*
inner pressure Innendruck *m*
inner product Skalarprodukt *n*, inneres Produkt *n {Math}*

inner shell innere Schale *f*, innere Elektronenschale *f*, Innenschale *f* *{Atom}*
inner zone Innenbereich *m*
innovation Erneuerung *f*, Innovation *f*, Neuerung *f*
innoxious unschädlich, harmlos *{Med}*
innumerable unzählbar, unzählig
inoculate 1. animpfen, [be]impfen *{ein Nährmedium}*; 2. impfen *{Med, Krist}*; 3. okulieren, einimpfen *{Agri}*
inoculation 1. Impfen *n*, Impfung *f* *{Med, Krist}*; 2. Inokulation *f*, Einimpfung *f* *{Agri}*; 3. Beimpfung *f*, Animpfen *n* *{Nährboden}*
inoculation method for the separation of enantiomers Impfmethode *f* zur Racemat-Spaltung *f* *{Stereochem}*
inoculum Impfgut *n*, Impfkultur *f*, Impfmaterial *n*, Inokulum *n*, Impfstoff *m*; Vakzine *f* *{Pharm}*
inodorous geruchslos, duftlos, geruchfrei, nichtriechend
inodorousness Geruchlosigkeit *f*
inoffensive nichtangreifend, nicht aggressiv; schonend
inolite Fadenstein *m* *{Triv}*, Inolith *m* *{obs}*, Kieselsinter *m* *{Min}*
inoperable nicht praktizierbar; nicht betriebsklar; unheilbar, nicht zu operieren
inophyllic acid Inophyllsäure *f*
inorganic anorganisch
inorganic acid anorganische Säure *f*, Mineralsäure *f*
inorganic chemist Anorganiker *m*
inorganic chemistry anorganische Chemie *f*
inorganic compounds anorganische Verbindungen *fpl*
inorganic constituents anorganische Bestandteile *mpl*
inorganic filler anorganischer Füllstoff *m*
inorganic liquid laser anorganischer Flüssiglaser *m*, Neodym-Flüssiglaser *m*
inorganic polymer anorganisches Polymer[es] *n*
inorganic substances anorganische Stoffe *mpl*
inorganics anorganische Chemie *f*
inosamines Inosamine *npl*, *n*-Amino-*n*-desoxyinosite *npl*
inoses Inosen *fpl*, 2,3,4,5,6-Pentahydroxycyclohexanone *npl*
inosilicates Inosilicate *npl*
inosine <$C_{10}H_{12}N_4O_5$> Inosin *n*, Ino *n*, Hypoxanthinribosid *n* *{6(1H)-Oxopurin-9-ß-*D*-ribofuranosid}*
inosine diphosphate Inosindiphosphat *n*
inosine kinase *{EC 2.7.1.73}* Inosinkinase *f*
inosine-5'-monophosphate Inosinsäure *f*, Inosin-5'-monophosphat *n*, IMP
inosine nucleosidase *{EC 3.2.2.2}* Inosinnucleosidase *f*
inosine phosphorylase *{EC 2.4.2.1}* Purinnucleosidphosphorylase *f*
inosine ribohydrolase *{EC 3.2.2.2}* Inosinnucleosidase *f*
inosine triphosphate Inosintriphosphat *n*
inosinic acid <$C_{10}H_{13}N_4O_8P$> Inosinsäure *f*, Inosin-5'-monophosphat *n*, IMP
inosite *s.* inositol
inositol <$C_6H_{12}O_6$> Inositol *n*, Inosit *m*, Cyclohexan-1,2,3,4,5,6-hexol *n* *{IUPAC}*, Fleischzukker *m* *{obs}*, Muskelzucker *m*, *{obs}* Dambose *f*, Inose *f*, Hexahydroxybenzol *n*, Phaseomannit *m*
inositol monomethyl ether <$C_7H_{14}O_6$> Quebrachit *m*, Bornesit *m*, L-Inositmethylether *m*
inositolehexaphosphoric acid <$C_6H_6O_6(H_2PO_3)_6$> Phytinsäure *f*, Inosithexaphosphorsäure *f*
inosose Inosose *f*
inotropic agent inotropes Herzmittel *n*
inoxidizable unoxidierbar, nichtoxidierbar
inoyite Inoyit *m* *{Min}*
input 1. Aufwand *m*, Einsatzmenge *f*, zugeführte Menge *f*; 2. Eingang *m* *{Elek}*; Eingangsleistung *f*; Leistungsaufnahme *f*, aufgenommene Leistung *f*, zugeführte Leistung *f* *{Elek}*; 3. Zufuhr *f*, Zuführung *f* *{von Wärme}*; 4. Input *m*, Stimulus *m* *{Eingangsgröße eines Systems}*; 5. Input *m*, Eingabe *f*; Eingabedaten *pl* *{EDV}*; 6. Einarbeitung *f* *{Gerb}*
input admittance Eingangsleitwert *m*
input amplification Vorverstärkung *f*
input capacitance Gitterkapazität *f* *{Elek}*
input channel Eingangskanal *m*
input current Eingangsstrom *m* *{Elek}*
input data Eingabedaten *pl* *{EDV}*
input device Eingabegerät *n*, Eingabeeinheit *f* *{EDV}*
input error Eingabefehler *m*
input impedance Eingangsimpedanz *f*, Eingangswiderstand *m*
input medium Eingabemedium *n*
input module Eingabebaugruppe *f*, Eingabebaustein *m*, Eingangsmodul *m*, Eingabestein *m*
input options Eingabemöglichkeiten *fpl*
input-output channel Ein-Ausgabe-Kanal *m*
input-output device Ein-Ausgabe-Einrichtung *f*, Eingabe-/Ausgabegerät *n*
input-output unit Ein-Ausgabe-Einheit *f*
input point Aufgabeort *m*
input power Eingangsenergie *f*, Eingangsleitung *f* *{Elek}*
input resistance Eingangswiderstand *m*
input sensitivity Eingangsempfindlichkeit *f*
input side Eingabeseite *f*, Eingangsseite *f*
input signal Eingangssignal *n* *{Elek}*
input station Eingabestation *f*

input unit Eingabeeinheit *f*
input value Eingangswert *m*, eingebbarer Wert *m*, Eingabewert *m*
input variable Eingabewert *m*, Eingangsgröße *f*
input voltage Eingangsspannung *f*
input weight Füllgewicht *n*
inquire into/to untersuchen, nachforschen
inquiry 1. Erkundigung *f*, Umfrage *f*; Anfrage *f* *{an ein System}*; 2. Untersuchung *f*
inrush of air Lufteinbruch *m*
insalubrious gesundheitsschädlich
insanitary gesundheitsschädlich, ungesund, unhygienisch *{Med}*; 2. sanierungsreif
inscribe/to 1. einbeschreiben *{Math}*; 2. beschreiben, beschriften; widmen
inscription 1. Inschrift *f*, Aufschrift *f*, Beschriftung *f*, Bezeichnung *f*; 2. Widmung *f*
inscription plate Typenschild *n*
insect Insekt *n*, Schädling *m*, Ungeziefer *n*
insect control agent Insektenbekämpfungsmittel *n*, Insektenvertilger *m*, Insektizid *n*
insect exterminator *s.* insect control agent
insect pheromone Insektenpheromon *n*
insect powder Insektenpulver *n*, Insektenpuder *n*
insect-proof container insektenbeständiger Behälter *m*
insect repellent Insektenabwehrmittel *n*, Insektenschutzmittel *n*, insektenvertreibendes Mittel *n*, insektenabschreckendes Mittel *n*, insektenabstoßendes Mittel *n*
insect-resistant treatment insektenabweisende Behandlung *f*
insect spray Insektenspray *n*, Insektensprühmittel *n*
insect wax Insektenwachs *n*, Chinawachs *n*, Chinesisches Wachs *n* *{Cera chinesis aus Larven der Wachsschildlaus}*, Pelawachs *n*
insecticidal insektizid, insektentötend, Insekten *npl* vernichtend
insecticidal activity insektizide Wirksamkeit *f*, Insektizidität *f*
insecticidal agent Insektizid *n*, Insektenbekämpfungsmittel *n*, Insektenvertilger *m*,
insecticidal efficiency *s.* insecticidal activity
insecticide 1. insektizid; 2. Insektenvertilgungsmittel *n*, Insektenvertilger *m*, Insektizid *n*, Insektenbekämpfungsmittel *n*; Schädlingsbekämpfungsmittel *n*
insecticide paper Insektenvertilgungspapier *m*, Giftpapier *n*
gaseous insecticide Räuchermittel *n* gegen Insekten
insectifuge *s.* insect repellent
insecure unsicher, ungewiß; trügerisch
insecurity Unsicherheit *f*
insensibility 1. Unempfindlichkeit *f*; 2. Bewußtlosigkeit *f* *{Med}*
insensible unempfindlich; bewußtlos *{Med}*; stumpf; unmerklich
insensitive unempfindlich
insensitive to light lichtunempfindlich
insensitiveness Unempfindlichkeit *f*
inseparable untrennbar, unteilbar, inseparabel; unzertrennlich
insert/to 1. einschalten *{Elek}*; 2. einspannen; 3. einfügen, einschieben, einsetzen, einlegen, einstecken, einbringen *{Tech}*; einlagern, einbauen, einfügen *{Krist}*; 4. einwerfen
insert 1. Einfügung *f*, Einsatz *m*, Einsatzstück *n*; 2. Einsatz *m*, Einlageteil *n*, Einlage *f* *{für Verpackungen}*; 3. Einbetteil *m*, Einlegeteil *n*, Form[en]einsatz *m* *{Gieß}*; 4. Einspritzteil *n*, Einpreßteil *n*, Eingußteil *n* *{Kunst}*; 5. Innenteil *n* *{einer Passung}*; 6. Schneidplatte *f* *{Werkzeug}*; Zwischenplatte *f* *{als Auflage in der Montage}*
insert adapter eingesetztes Paßstück *n*
insert pyrometer Einsatzpyrometer *n*
insert tube Ansatzrohr *n*
inserted instrument Einbaugerät *n*
insertion 1. Aufnahme *f*; Einsatz *m*, Einsetzung *f*, Einbringung *f*, Einlage *n*, Einlegung *f*, Einfügung *f*, Einschiebung *f* *{Tech}*; 2. Einlagerung *f*, Einbau *m*, Einfügen *n* *{Krist}*; 3. Einschaltung *f* *{Elek}*; 4. Einfahren *n*, Absenken *n* *{Nukl}*; 5. Einsatz *m*; Einsatzspitze *f* *{Text}*; 6. Inserat *n*, Anzeige *f*; 7. Insertion *f* *{Gen}*
insertion compounds Einlagerungsverbindungen *fpl*
insertion condenser Einsatzkühler *m*
insertion filter Einsatzfilter *n*
insertion ion ga[u]ge Eintauchionenquelle *f*
insertion reaction Einschiebungsreaktion *f*, Einbaureaktion *f* *{Chem}*
insertion thermostat Eintauchthermostat *m*
insertional translocation insertionale Translokation *f* *{Gen}*
inset 1. eingelegtes Stück *n*, Einlage *f*, Beilage *f*; Nebenbild *n*, Nebenkarte *f*; 2. Einsatz *m*; 3. Einsprengling *m* *{Geol}*
inside innerhalb, im Innern *n*; innen, Innen-; 2. Innenseite *f*
inside bark Bast *m*
inside diameter Innendurchmesser *m*, Innenweite *f* *{Tech}*; lichte Weite *f*, lichter Durchmesser *m* *{bei rundem Querschnitt}*; Gewindekerndurchmesser *m*
inside dimension Innenabmessung *f*, Stichmaß *n*
inside frosted innenmattiert
inside height lichte Höhe *f*
inside lap seal Innenzylinderlötung *f* *{Vak}*
inside pipe diameter Rohrinnendurchmesser *m*

inside tubular seal Innenanglasung *f* *{Vak}*
insight Einblick *m*, Einsicht *f*, Erkenntnis *f*; Lebenserfahrung *f*
insignificance Bedeutungslosigkeit *f*
insignificant bedeutungslos, unbedeutend
insipid fade, schal, geschmacklos, ohne Geschmack *m*, abgestanden
insipidness Geschmacklosigkeit *f*
insipin Insipin *n*, Chinindiglycolsulfat *n*
insolation Sonneneinstrahlung *f*, Insolation *f*
insolubility 1. Unauflöslichkeit *f*, Unlöslichkeit *f*, Nichtlöslichkeit *f* *{Chem}*; Unlösbarkeit *f*, Nichtlösbarkeit *f* *{Math}*
insolubilization *{ISO 1690}* Unlöslichmachen *n* *{Anal,* SiO_2*-Bestimmung}*
insolubilize/to unlöslich machen
insoluble 1. unauflöslich, unlöslich, nichtlöslich, insolubel *{Chem}*; unlösbar *{Math}*; 2. unlösliche Substanz *f*, nichtlösliche Substanz *f*, Unlösliches *n*
  insoluble anode unlösliche Anode *f*
  insoluble colo[u]rant unlöslicher Farbstoff *m*
  insoluble in acid[s] säureunlöslich
  insoluble in alkali laugenunlöslich, alkaliunlöslich
  insoluble in water wasserunlöslich
  insoluble matter Unlösliche[s] *n*, unlöslicher Stoff *m*, nichtlösliche Substanz *f*
  insoluble residue unlöslicher Rückstand *m*, nichtlöslicher Rückstand *m*
inspect/to beaufsichtigen; besichtigen; [über]prüfen, untersuchen, kontrollieren, inspizieren
inspecting authority Aufsichtsbehörde *f*, Abnahmebehörde *f*
  inspecting glass *s.* inpection glass
inspection 1. Aufsicht *f*, Überwachung *f*, Beobachtung *f* *{Tech}*; 2. Besichtigung *f*, Inaugenscheinnahme *f*; 3. Durchsicht *f*, Kontrolle *f*, Prüfung *f*, Untersuchung *f*, Inspektion *f*, Überprüfung *f*, Nachprüfung *f*; 4. [fachliches] Nachsehen *n* *{Druckerei}*; 5. Befahren *n*, Befahrung *f*, Begehung *f*
  inspection door Schauluke *f*, Schauloch *n*, Schauöffnung *f*, Besichtigungsöffnung *f*, Einstiegtür *f*
  inspection glass Beobachtungsfenster *n*, Schauglas *n*, Einblickfenster *n*, Sichtglas *n*, Sichtfenster *n*
  inspection hole Schauloch *n*, Schauöffnung *f*, Besichtigungsöffnung *f*
  inspection panel *s.* inpection hole
  inspection pressure ga[u]ge Kontrollmanometer *n*
  inspection test Abnahmeprüfung *f*, Abnahmetest *m* *{durch den Kunden}*; Funktionsprüfung *f* *{Qualitätskontrolle}*
  inspection window Kontrollfenster *n*, Schauloch *n*, Schauöffnung *f*
inspector Abnahmebeamter *m*, Prüfer *m*, Inspektor *m*
Inspectorate Aufsichtsbehörde *f*
inspiration 1. Einatmung *f*, Einatmen *n*, Inspiration *f*, Saugen *n*, Ansaugen *n*, Einsaugen *n*; 2. Anregung *f* *{Psychologie}*
inspire/to 1. begeistern, anregen; 2. einatmen, einsaugen, ansaugen
inspissate/to einengen, eindampfen, eindicken, verdicken; dick[flüssig] werden, zäh[flüssig] werden
inspissated extract Dickauszug *m*
inspissation Einengen *n*, Eindampfung *f*, Eindikkung *f*, Verdicken *n*
  inspissation of oil Ölverdickung *f*
  inspissation vessel Eindickgefäß *n*
instability 1. Unbeständigkeit *f*, Instabilität *f*, Unstabilität *f*, Labilität *f*; 2. Unsicherheit *f*
  instability of flow Strömungsinstabilität *f*
  state of instability Labilitätszustnd *m*
  thermal instability thermische Instabilität *f*
instable instabil, labil, unbeständig; nicht stabil, labil *{Mech}*
install/to 1. installieren, anbringen, montieren, einbauen, einrichten; 2. einweisen, einführen
installation 1. Einbau *m*; Aufstellung *f*, Montage *f*, Installation *f*, Installierung *f*; Verlegung *f* *{z.B. von Rohren}*; 2. Anlage *f*, Betriebsanlage *f*, Einrichtung *f*; 3. Einführung *f*
  installation costs Installationskosten *pl*
  installation dimension Einbaumaß *n*
  installation instructions Installationsvorschriften *fpl*
installed 1. installiert, eingebaut, montiert; verlegt *{z.B. Rohr}*; 2. eingeführt
  installed capacity installierte Leistung *f*
  installed heating capacity installierte Heizleistung *f*
  installed load installierte Leistung *f*
instance 1. Fall *m*, Beispiel *n*; 2. Veranlassung *f*, Bitte *f*; 3. Instanz *f*
instant 1. unmittelbar, sofort; 2. tafelfertig, verzehrfertig *{Lebensmittel}*; instant, sofort löslich, Instant- *{Lebensmittel}*; tassenfertig *{z.B. Tee}*; 3. Augenblick *m*, Moment *m*
  instant coffee Pulverkaffee *m*, [sofort] löslicher Kaffee *m*, Instantkaffee *m*
  instant colo[u]r photography Sofortbild-Farbphotographie *f*
  instant dry milk *{IDF 87}* sofort lösliches Milchpulver *n*
  instant tea sofort löslicher Tee *m*, Teepulver *n*, Instanttee *m*
instantaneous 1. gleichzeitig; 2. augenblicklich, momentan, unverzüglich; Augenblicks-, Moment-

instantaneous annealing point Schnellentspannungstemperatur *f*
instantaneous detonator Momentzünder *m*
instantaneous elongational viscosity augenblickliche Verspinnungs-Viskosität *f*
instantaneous fuse empfindlicher Zünder *m*
instantaneous photograph Momentaufnahme *f {Photo}*
instantaneous power Momentanleistung *f*, Augenblicksleistung *f*
instantaneous specific heat wahre spezifische Wärme *f {in J/(K·kg}*
instantaneous value Augenblickswert *m*, Momentanwert *m*, Ist-Wert *m*
instil[l]/to einflößen, einträufeln, eintröpfeln
instillation Eintröpfelung *f*
instilling Einflößen *n*, Eintröpfeln *n*
instinct Fingerspitzengefühl *n*, Instinkt *m*
Institute of Non-Destructive Testing Methods Institut *n* für zerstörungsfreie Prüfverfahren *n*, Materialprüfamt *n*
institute of technology technische Hochschule *f*
instruct/to unterrichten; anleiten, anweisen, belehren, anlernen
instructer Dozent *m*, Ausbilder *m*
instruction 1. Schulung *f*, Unterricht *m*; Ausbildung *f*; 2. Anleitung *f*, Einweisung *f*, Belehrung *f*; Anweisung *f*, Vorschrift *f*; 3. Befehl *m*, Instruktion *f*, Kommando *n {EDV}*
instruction book Bedienungsvorschrift *f*
instruction guidance Anleitung *f*
instruction manual Bedienungsanleitung *f*
instruction model Lehrmodell *n*
instruction notice Betriebsvorschrift *f*
instructions technische Vorschriften *fpl*
instructions for use Benutzungsvorschriften *fpl*, Bedienungsvorschriften *fpl*
instructions to authors Autorenanweisungen *fpl*
instrument 1. Apparat *m*, Gerät *n*, Instrument *n {z.B. Meßinstrument}*; 2. Werkzeug *n*; 3. Urkunde *f*, Papier *n {Jur}*; 4. Medium *n*
instrument board Schalttafel *f*, Instrumentenbrett *n*, Gerätetafel *f*, Armaturenbrett *n*, Armaturentafel *f*, Instrumententafel *f*
instrument cluster *s.* instrument board
instrument error Anzeigefehler *m*, Instrumentalfehler *m*
instrument front panel Gerätefrontplatte *f*
instrument housing Instrumentengehäuse *n*
instrument lead Meßleitung *f*
instrument oil Instrumentenöl *n*
instrument panel *s.* instrument board
instrument range Anzeigebereich *m*, Meßbereich *m*
instrument reading Ablesung *f {Messung}*; Anzeigewert *m*, Stand *m*
instrument tape Magnetband *n* für Meßzwecke *mpl*
instrument tapping point Betriebsmeßstelle *f*
instrument transformer Meßwandler *m*, Wandler *m*
instrument well Meßschacht *m*
instrument with locking device Fallbügelregler *m*
instrumental instrumentell; Instrumenten-
instrumental analysis Instrumentalanalyse *f*, instrumentelle Analyse *f {Chem}*
instrumental error Instrumentenfehler *m*, Fehler *m* des Instruments *n*
instrumentation Apparatur *f*, Instrumentausrüstung *f*, Instrumentierung *f*, Instrumentation *f*, Geräteausstattung *f*, Geräteausrüstung *f*
instrumentation engineer Betriebskontrollingenieur *m*
instrumentation panel Instrumentierungsschrank *m*
instrumentation section Meßstrecke *f*
instruments pick-up Instrumentierungsanschluß *m*
insuccation Vollsaugenlassen *n {mit Wasser}*
insufficiency Unzulänglichkeit *f*; Mangel *m*
insufficient ungenügend, unzulänglich; mangelhaft
insufficient mixing Strähnenbildung *f {Flamme}*
insufficient temperature Untertemperatur *f*
insufflate/to einblasen
insulance Isolierwert *m*
insulant 1. Isolierstoff *m*, Isoliermaterial *n*, Isolator *m*; Dämmstoff *m*; 2. Sperrstoff *m*
insulate/to 1. isolieren, mit Isoliermaterial einhüllen; dämmen; 2. absondern
insulated 1. isoliert, gedämmt *{gegen Schall, Wärme}*; 2. abgesondert, alleinstehend; Punkt-
insulated metal sheathed wire Rohrdraht *m*
insulating 1. isolierend, Isolier-; dämmend, Dämm-; 2. absondernd, sperrend
insulating agent 1. Isoliermittel *n*, Isolationsmittel *n*; 2. Absperrmittel *n*
insulating asphalt felt Asphaltisolierfilz *m*
insulating bell Isolierglocke *f*
insulating board 1. Isolierplatte *f {feine Holzfaserplatte}*; 2. Isolierpappe *f {Pap}*; 3. Dämmplatte *f*
insulating bush Isolierbuchse *f {Elek}*
insulating capacity Isolationsvermögen *n {in V/m}*
insulating cardboard Isolierpappe *f*
insulating compound Isoliermittel *n*, Isoliermasse *f*, Isolationsmasse *f*, Vergießmasse *f {Formmasse für Isolierzwecke}*; Isoliermischung *f {z.B. Kabelmasse}*
insulating cord Isolierschnur *f*

insulating covering Isolationshülle *f*, Isolierhülle *f*
insulating effect Isolierwirkung *f*; Dämmeffekt *m*, Dämmwirkung *f*
insulating effectiveness Isoliervermögen *n*
insulating fabric Isoliergewebe *n*
insulating film Schutzschicht *f {Isolierlack}*
insulating jacket Isoliermantel *m*
insulating lacquer Isolierlack *m*, Isolierfirnis *m*, Elektroisolierlack *m*, Drahtlack *m {Überzugs- oder Tränklack}*
insulating layer Schutzschicht *f {z.B. Isolierlack}*, Isolationsschicht *f*, Isolierschicht *f*; Dämmschicht *f*
insulating material Isoliermaterial *n*, Isolier[werk]stoff *m*, Isolator *m*, Isolationsstoff *m*, Isoliermasse *f*, Isoliermittel *n*; Dämmaterial *n*, Dämmstoff *m*
insulating material for thermal insulation Dämmstoff *m* für Wärmedämmung *f*
electrical insulating material Elektroisoliermaterial *n*
insulating oil Isolieröl *n*; Isolator[en]öl *n*
insulating paint Isolationsanstrich *m*, Isolierlack *m*
insulating paper Isolierpapier *n {DIN 6740, 6741}*, Elektroisolierpapier *n*
insulating pitch Isolierpech *n*
insulating plate Isolierplatte *f*, Temperierschutzplatte *f*
insulating power Isolationsvermögen *n*, Isoliervermögen *n*, Isolierfähigkeit *f*
insulating properties Isoliereigenschaften *fpl*, Isolationswerte *mpl*, Isolationseigenschaften *fpl*, Isolierwerte *mpl*, Isolationsvermögen *n*, Isolierfähigkeit *f*
insulating quality Isolierfähigkeit *f*
insulating refractories feuerfeste Steine *mpl*
insulating sheet Isolierfolie *f*; Dämmplatte *f*
insulating slide valve Trennschieber *m*
insulating strength Isolationsfestigkeit *f {in V/m}*
insulating strip Isolierband *n*, Isolierstreifen *m*
insulating tape Isolationsband *n*, Isolierband *n*
insulating tube Isolierrohr *n*, Isolierschlauch *m {Elek}*
insulating varnish *s.* insulating lacquer
insulation 1. Isolation *f*, Isolierung *f*, Isoliermantel *n*, Isolierschutz *m*; Dämmung *f*; 2. Sperrstoff *m*; 3. Isolierstoff *m*, Isoliermaterial *n*, Isolator *m*
insulation board Faserpappe *f*
insulation coefficient Isolationsfaktor *m*
insulation defect Isolationsfehler *m*
insulation detector Isolationsprüfer *m*
insulation material *s.* insulating material
insulation porcellain Elektroporzellan *n*, Isolierporzellan *n*
insulation property Isoliervermögen *n*
insulation resistance Isolationswiderstand *m*, Isolierwiderstand *m*; dielektrischer Widerstand *m*
insulation test Isolationsprüfung *f*
insulation varnish *s.* insulating lacquer
defect in insulation Isolationsfehler *m*
failure of insulation Isolationsfehler *m*
fibrous insulation Faserstoffisolation *f*
insulator 1. Isolator *m*, Isolationskörper *m*, Isolierkörper *m*; 2. Isolierstoff *m*, Isolationsmaterial *n*, Isolationsmittel *n*, Isolationsstoff *m*, Isolierschicht *f*; Nichtleiter *m {Elek}*; Dämmstoff *m {Thermo, Akustik}*
insulin Insulin *n*, Iletin *n*, Glucokinin *n*
insulin unit Insulineinheit *f {=41670 ng; 52 % Rinder-/48 % Schweineinsulin}*
bound insulin gebundenes Insulin *n*
insurance Versicherung *f*; Versicherungsprämie *f*, Versicherungssumme *f*
insurance company Versicherer *m*
insusceptible unempfänglich, unempfindlich
insusceptible to ag[e]ing alterungsbeständig
intact unverletzt, unversehrt, intakt; unberührt
intaglio/to eingravieren, tiefätzen
intaglio 1. Intaglio *n {Glas}*; 2. Tiefdruck *m*, Tiefrelief *n {Druck}*; Schattenwasserzeichen *n*, Schattenzeichen *n {Pap}*
intaglio printing ink Tiefdruckfarbe *f*
intake 1. Aufnahme *f {z.B. von Stoffen durch den Körper}*; Übernahme *f*; 2. Eintrittsstelle *f*, Einlaufstelle *f {z.B. Einflußröhre}*, Einlauf *m*, Einlaß *m*, Eintritt *m*, Zufluß *m*, Einlaßöffnung *f*; 3. aufgenommene Menge *f*; 4. Entnahmebauwerk *n*; 5. Ansaugdruck *m*; 6. Empfang *m*; 7. Einsatzmaterial *n*
intake capacity of the pump Saugleistung *f* der Pumpe *f*
intake capillary Ansaug[e]kapillare *f {Flammenspekrometrie}*
intake channel Saugkanal *m*, Saugöffnung *f*
intake duct Saugkanal *m*
intake flange Eintrittstutzen *m*
intake line Saugleitung *f*
intake main Entnahmeleitung *f*
intake pipe Ansaugrohr *n*, Zulaufrohr *n*; Entnahmeleitung *f*
intake port Saugstutzen *m*, Ansaugöffnung *f*
intake screen Einlaufrost *m*
intake side Saugseite *f*, Saugstutzen *m {Verdichter}*
intake sluice valve Entnahmeschieber *m*
intake strainer Einlaufseiher *m*
intake valve Ansaugventil *n*, Einströmventil *n*, Einlaßventil *n*
intake of food Nahrungsaufnahme *f*
intake of syrup Einziehen *n* des Dickstoffes *m {Zucker}*
intake of water Wasseraufnahme *f*

integer 1. ganz, vollständig; ganzzahlig *{Math}*; 2. ganze Zahl *f*, Ganzzahl *f {Math}*; Ganzes *n*
integrable integrierbar, integrabel, integrationsfähig
integral 1. ganz, vollständig, komplett; 2. integriert; 3. selbsttragend; 4. aus einem Stück *n* gebaut; 5. ganzzahlig *{Math}*; Integral-; 6. Integral *n {Math}*
integral action time *{GB}* Nachstellzeit *f*
integral calculus Integralrechnung *f {Math}*
integral control Integralregelung *f*
integral curve Integralkurve *f*
integral dose integrale Dosis *f*, gesamte absorbierte Dosis *f*, Massendosis *f {in Gy·kg oder J}*
integral equation Integralgleichung *f*
integral fan mill Gebläsemühle *f*
integral foam Strukturschaumstoff *m*, Integral[hart]schaumstoff *m {Kunst}*
integral foam core Integralschaumstoffkern *m*
integral foam interior poröser Kern *m* von Integralschaumstoff *m*, poröser Kern *m* von Strukturschaumstoff *m*
integral formula Integralformel *f*
integral heat of adsorption integrale Adsorptionswärme *f*
integral heat of dilution integrale Verdünnungswärme *f*, integrale Verdünnungsenthalpie *f*
integral heat of solution integrale Lösungswärme *f*, integrale Lösungsenthalpie *f*
integral hinge Filmscharnier *n*
integral joint stoffschlüssige Verbindung *f*
integral leakage Gesamtundichtheit *f*, Leckrate *f*
integral reflection Gesamtreflexion *f*
integral skin verdichtete Randzone *f*, massive Außenhaut *f {Schaumstoff}*
integral skin [rigid] foam Strukturschaumstoff *m*, Integralschaumstoff *m*
integral throttle expansion Drosseleffekt *m*
definite integral bestimmtes Integral n
double integral Doppelintegral n
elliptical integral elliptisches Integral *n*
indefinite integral unbestimmtes Integral *n*
line integral Linienintegral *n*
multiple integral mehrfaches Integral *n*
integrand 1. wesentlich; integrierend; 2. Integrand *m {Math}*
integrate/to 1. ergänzen, vervollständigen; 2. zusammenfügen; 3. integrieren *{Math}*
integrated 1. integriert; 2. zusammengefügt; Verbund-; 3. ergänzt, vervollständigt
integrated circuit integrierter Schaltkreis *f*, integrierte Schaltung *f {Elektronik}*
integrated electronics Festkörpermikroelektronik *f*
integrated irradiance *{CIE 20}* integrale Bestrahlungsstärke *f*, integrale Bestrahlungsdichte *f*
integrated valve vorgesteuertes Ventil *n*
integrating integrierend; Integrier-
integrating circuit Integrierschaltung *f*, Integrator *m*, integrierendes Netzwerk *n*, integrierende Schaltung *f*, Integrierglied *n*, I-Glied *n*
integration 1. Integration *f*; 2. Vervollständigung *f*, Ergänzung *f*
integration by parts partielle Integration *f {Math}*
integration constant Integrationskonstante *f {Math}*
integration sign Integralzeichen *n*
graphical integration graphische Integration *f*
numerical integration numerische Integration *f*
integrator 1. Integrator *m*, Integriergerät *n {z.B. ein Planimeter}*; 2. Integrator *m*, Integrierer *m {EDV}*
integrity Inegrität *f*, Unversehrtheit *f*, Vollständikeit *f*; Lauterkeit *f*
integro differential equation Integrodifferentialgleichung *f {Math}*
integument Haut *f*, Hülle *f*, Schale *f*
Intellectual Property Law *{US}* Gesetz *n* über den Schutz *m* geistigen Eigentums *n*
intelligent intelligent; verständig
intelligent terminal intelligentes Terminal *n*
intelligible verständlich
intense 1. [sehr] stark, heftig; 2. hochgradig; 3. intensiv; 4. angestrengt, angespannt; 5. lebhaft *{Farben}*
intenseness 1. Intensität *f*; 2. Stärke *f*, Heftigkeit *f*; 3. Anspannung *f*; 4. Lebhaftigkeit *f {Farben}*
intensification 1. Steigerung *f*; 2. Verstärkung *f*, Intensivierung *f {Photo}*
intensifier 1. Druckerhöher *m*, Multiplikator *m {beim Druckguß}*; 2. [chemischer] Verstärker *m {Photo}*
intensify/to 1. steigern; 2. intensivieren, verstärken; 3. vertiefen *{Farbe}*
intensifying bath Verstärkungsbad *n {Photo}*
intensifying screen Verstärkerfolie *f*, Verstärkerschirm *m {Radiol}*
intensitometer Intensimeter *n {Energieflußdichte-Meßgerät}*
intensity 1. Stärke *f {Meßgröße}*, Intensität *f*; Heftigkeit *f*; 2. Lebhaftigkeit *f*, Helligkeit *f {Farben}*; 3. Anspannung *f*
intensity-calibration pattern Intensitätsmarke *f*
intensity decrease Intensitätsabnahme *f*, Intensitätsschwächung *f*
intensity distribution Intensitätsverteilung *f*
intensity gradation Intensitätsabstufung *f*
intensity level Pegelhöhe *f*, Intensitätsniveau *n*, Intensitätsmaß *n {logarithmisches Verhältnis, in dB}*

intensity of bands Bandintensität *f*, Intensität *f* der Banden *fpl {Spek}*
intensity of fluorescence Fluoreszenzintensität *f*
intensity of light 1. Lichtintensität *f*, Lichtstärke *f {in cd}*; 2. Lichtstromdichte *f {in lm/m²}*
intensity of radiation 1. Strahlungsflußdichte *f*, Strahlungsstärke *f*, spezifische Ausstrahlung *f {in W/m²}*; 2. Strahlstärke *f {in W/sr}*
intensity of spectrum spektrale Intensität *f*
intensity ratio Intensitätsverhältnis *n {Spek}*; Schwärzungsverhältnis *n {Photo}*
intensity sum rule Intensitätssummensatz *m*
acid intensity Wasserstoffionenkonzentration *f*, pH-Wert *m*
level of intensity *s.* intensity level
luminous intensity *s.* intensity of light 1.
original intensity Anfangsintensität *f*
total intensity Gesamtintensität *f*
intensive intensiv; durchgreifend; heftig, stark; konzentriert
intensive cooling Zwangskühlung *f*
intensive fluoridation agent Intensiv-Fluoridierungsmittel *n {Dent}*
intensive kneader Intensivkneter *m*
intensive mixer Intensivmischer *m*, Banbury-Mischer *m*, Banbury-Innenmischer *m*, Banbury-Kneter *m*
intensive property intensive Größe *f*, Intensitätsgröße *f*, Qualitätsgröße *f {Thermo}*
interact/to aufeinander wirken, wechselwirken
interaction 1. gegenseitige Beeinflussung *f*, wechselseitige Einwirkung *f*, Wechselwirkung *f*, Wechselbeziehung *f*; 2. Zusammenspiel *n*, Zusammenwirken *n*; 3. Interaktion *f {Pharm, Statistik}*; 4. Abhängigkeitfaktor *m {Automation}*
interaction force Wechselwirkungskraft *f*
interaction mechanism Wechselwirkungsmechanismus *m*
interactive interaktiv, dialogfähig; Dialog- *{EDV}*
interactive mode Dialogverkehr *m*, Dialogführung *f*, Dialogbetrieb *m {EDV}*
interatomic interatomar, zwischenatomar
interatomic distance Atom[kern]abstand *m*, Kernabstand *m*, interatomarer Abstand *m*
intercalate/to einlagern, einschließen; einschieben; einschalten
intercalate *s.* intercalation compound
intercalation 1. Einlagerung *f*, Einschluß *m*; Einschaltung *f*, Einschiebung *f*, Zwischenschalten *n*; 2. Interkalation *f {spezifische Wechselwirkung von Farbstoffen mit DNS}*
intercalation compound Intercalationsverbindung *f*, Einlagerungsverbindung *f*, Intercalat *n {z.B. bei Graphit}*, lamellare Verbindung *f*
intercalating substance interkalierende Substanz *f {DNA-Molekül}*
intercept/to 1. auffangen, abfangen; 2. stellen; 3. unterbrechen
intercept 1. Achsenabschnitt *m*, Parameter *m {Krist, Geom}*; 2. Unterbrechung *f*, Abschnitt *m {Zeit}*; 3. Koordinatenstrecke *f*, Achsenabschnitt *m {Math}*
intercept length 1. Schrittweite *f*, 2. Unterbrechungsdauer *f {Zeit}*
law of rational intercepts Gesetz *n* der rationalen Achsenabschnitte *mpl {Krist}*
intercepting sewer Abwassersammler *m*, Sammelkanal *m*
interception 1. Abfangen *n*, Einfangen *n*; 2. Unterbrechen *n*
interceptor Abfänger *m*; Geruchverschluß *m*
interchain ionic bonding Ionenbindung *f*, heteropolare Bindung *f*, Ionenbeziehung *f*
interchange/to austauschen, auswechseln, ersetzen; vertauschen; verwechseln
interchange 1. gegenseitiger Austausch *m*, wechselseitiger Austausch *m*; Auswechslung *f*, Austausch *m*, Ersetzung *f*; 2. Vertauschung *f*; Verwechselung *f*
interchange cohesive pressure Austauschenergiedichte *f*
interchange energy Austauschenergie *f*
interchange of sites Platzwechsel *m*
interchangeability 1. gegenseitige Austauschbarkeit *f*, wechselseitige Austauschbarkeit *f*; Auswechselbarkeit *f*, Ersetzbarkeit *f*, Austauschbarkeit *f*; 2. Vertauschbarkeit *f*; Verwechselbarkeit *f*
interchangeable austauschbar; auswechselbar, ersetzbar, einbaugleich; vertauschbar; verwechselbar
interchangeable conical ground joints konisch geschliffene Glasverbindung *f*
interchangeable magnetic disk Magnet-Wechselplatte *f {EDV}*
interchangeable part Austauschteil *n*
interchangeable spherical ground joint sphärisch geschliffene Glasverbindung *f*
interchangeable vaporizer system Wechselverdampfer *m*
interchanging 1. Austausch *m*; Auswechslung *f*, Ersetzen *n*; 2. Vertauschen; Verwechseln *n*
interchromomere Interchromomer *n*
interchromosomal interchromosomal
intercoat adhesion Haftung *f* zwischen Grundierschicht *f* und Deckschicht *f*
interconnected 1. miteinander verbunden; Verbund-; 2. zwischengeschaltet; 3. ineinandergreifend *{z.B. Prozesse}*
interconnecting pipe Verbindungsrohrleitung *f*
interconnecting technique Verbindungstechnik *f {Vak}*
interconnection 1. Zwischenschaltung *f*; 2. Verkopp[e]lung *f*; 3. Schaltverbindung *f {Elek}*;

Zusammenschaltung *f {Elek}*; Netzverbund *m*, Netzkopp[e]lung *f*

intercrescence Verwachsung *f*, Zusammenwachsen *n*

intercrystalline interkristallin

intercrystalline corrosion Korngrenzkorrosion *f*, interkristalline Korrosion *f*

intercrystalline corrosion crack interkristallines Aufreißen *n {Korr}*

intercrystalline crack interkristalliner Riß *m*

intercrystalline stress corrosion crack interkristalliner Spannungsriß *m*

intercrystallization Mischkristallbildung *f*

interdendritic corrosion Korrosion *n* zwischen Dentriten *mpl*

interdendritic area Bereich *m* zwischen Baumkristallen *mpl*

interdependent untereinander abhängig, gegenseitig abhängig, wechselseitig abhängig

interdisciplinary interdisziplinär, fachübergreifend

interdisciplinary system studies übergreifende Systemstudien *fpl*

interelectrode capacitance Zwischenelektrodenkapazität *f*

interest 1. Anteil *m*, Beteiligung *f {z.B. am Geschäft}*; Anrecht *n*; 2. Interesse *n*; 3. Nutzen *m*; Vorteil *m*; 4. Zins *m*, Verzinsung *f*, Zinsertrag *m {Ökon}*

interesting interessant, anregend

interface 1. Grenzfläche *f*, Phasengrenzfläche *f*, Trennungsfläche *f {Krist}*; 2. Schnittstelle *f*, Interface *n {EDV}*; 3. Schnittstelle *f {Tech}*; 4. Koppelglied *n {Baugruppe zur Anpassung von Nahtstellen}*; 5. Begrenzungsfläche *f*, Berührungsfläche *f*

interface-active grenzflächenwirksam

interface potential Grenzflächenpotential *n*

interface mixing Grenzflächendiffusion *f*, Grenzflächenmischung *f*

interface [surface] energy Grenzflächenenergie *f*

interfacial grenzflächig; Grenzflächen-

interfacial angle Grenzflächenwinkel *m*; Flächen[schnitt]winkel *m*, Kantenwinkel *m {Krist}*

interfacial area Austauschfläche *f {Dest}*

interfacial bonding Grenzflächenhaftung *f {Klebverbindung}*

interfacial contact Grenzflächenkontakt *m*

interfacial corrosion Grenzflächenkorrosion *f*

interfacial diffusion Grenzflächendiffusion *f*

interfacial forces Grenzflächenspannungen *fpl*, Grenzflächenkräfte *fpl*

interfacial layer Zwischenschicht *f*

interfacial phenomenon Grenzflächenerscheinung *f*

interfacial polarization Grenzflächenpolarisation *f*

interfacial shear strength Grenzflächenscherfestigkeit *f {Faser/Plastmatrix}*

interfacial shear stress Grenzflächenschubspannung *f*, Grenzflächenscherspannung *f {Faser/Plastmatrix}*

interfacial sliding friction Gleitreibung *f* in der Grenzfläche *{Faser/Plastmatrix}*

interfacial [surface] energy Grenzflächenenergie *f*

interfacial [surface] tension Grenzflächenspannung *f*

interfacial traction Grenzflächenzugkraft *f {Verbund Faser/Plastmatrix}*

interfacial work Grenzflächen-Reibungsarbeit *f*

interfere/to dazwischkommen, stören

interfere with/to sich einschalten, sich einmischen; eingreifen, beeinflussen, interferieren mit; beeinträchtigen, behindern, stören

interference 1. Interferenz *f {Phys}*; 2. gegenseitige Beeinflussung *f*; Einwirkung *f*, Einfluß *m*, Wirkung *f {negativ}*; 3. Störung *f*, Stör[ein]wirkung *f {störende Beeinflussung}*; ungleichmäßiger Maschinenlauf *m*, Störung *f {im Maschinenlauf}*; 4. Rauschen *n*, Störung *f*, Interferenz *f {Radio}*; 5. Raumerfüllung *f*, Raumbeanspruchung *f {Stereochem}*

interference colo[u]r Interferenzfarbe *f*

interference effects störende Einflüsse *mpl*

interference factor Störfaktor *m*, Störgröße *f*

interference figure Interferenzbild *n*, Interferenzfigur *f {Krist, Opt}*

interference film system Interferenzschichtsystem *n {Vak}*

interference filter Interferenzfilter *n*, Interferenzlichtfilter *n {Opt, Photo}*; Störschutzfilter *n {Radio}*

interference fringes Interferenzringe *mpl*, Interferenzstreifen *mpl {z.B. Newtonsche oder Haidingersche Ringe}*

interference in double refraction Interferenzdoppelbrechung *f*

interference interlayer Interferenzschicht *f*

interference layer Interferenzschicht *f*

interference level Störpegel *m*

interference lines Interferenzlinien *fpl*

interference microscope Interferenzmikroskop *n*

interference monochromat filter Interferenzmonochromatfilter *n*

interference pattern Interferenzbild *n*, Interferenzfigur *f*, Interferenz-Grundmuster *n {Opt, Krist}*

interference photograph Interferenzaufnahme *f*

interference radiation Störstrahlung *f*

interference refractometer Interferenzrefraktometer *m*

interference spectrum Interferenzspektrum *n*
chemical interference Störelement *n {Anal}*
interfering application entgegenstehende Anmeldung *f*, kollidierende Anmeldung *f {Patent}*
interfering element Störelement *n*, störendes Element *n*
interfering line Störlinie *f*
interferogram Interferogramm *n*
interferometer Interferometer *n*, Interferenzgerät *n*
interferometric interferometrisch; Interferometer-
interferometric manometer interferometrisches Vakuummeter *n*
interferometric oil manometer interferometrisches Ölvakuummeter *n*
interferometry Interferometrie *f*, Interferenzmeßverfahren *n*
interferons Interferone *npl {z.B. α-, β-, γ-, Fibroplasten- und Leukocyten-Interferon}*
intergenic intergenisch
intergovernmental agreement zwischenstaatliches Abkommen *n*
intergranular intergranular, zwischenkristallin; Intergranular-
intergranular attack Korngrenzenangriff *m*, interkristalliner Angriff *m {Korr}*
intergranular brittle fracture *{ASM}* interkristalliner Sprödbruch *m*
intergranular corrosion Korngrenzenkorrosion *f*, Kornzerfall *m*, interkristalline Korrosion *f*
intergranular oxidation interkristalline Oxidation *f {Met}*
intergranular stress corrosion cracking interkristalline Spannungsrißkorrosion *m*
intergrowth 1. Verwachsung *f*, Verwachsen *n*, Zusammenwachsen *n {Krist, Holz, Bergbau}*; 2. Durchwachsen *n*, Durchwachsung *f*, Penetration *f {Krist, Bergbau}*
interhalogen [compound] Interhalogenverbindung *f*, Interhalogen *n {Verbindung von Halogenen untereinander}*
interim *s.* intermediate
interim storage Zwischenlagerung *f*, zeitweilige Lagerung *f {Nukl}*
interionic interionisch; Ionen-
interionic action interionische Wechselwirkung *f*, Ionenwechselwirkung *f*
interionic distance Ionenabstand *m*
interior 1. innen; Innen-; 2. Innere[s] *n*; Innenraum *m*, Interieur *n*; 3. Innenaufnahme *f {Photo}*
interior coating Innenanstrich *m*
interior fitments Innenausstattung *f*
interior [house] paint[ing] Innenfarbe *f*, Innenanstrichmittel *n*, Innenanstrichfarbe *f*
Interior Ministry Innenministerium *n*
interior surface Innenfläche *f*, innere Oberfläche *f*
interior view Innenansicht *f*
interlace/to 1. vernetzen, verflechten, verschlingen, ineinanderverflechten; 2. verschachteln *{EDV}*
interlaced polyethylene vernetztes Polyethylen *n*
interlacing 1. Vernetzung *f*, Verflechtung *f*, Verschlingung *f*, Durchflechtung *f*; 2. Verschachtelung *f {EDV}*
interlacing agent Netzmittel *n*
interlaminar interlaminar
interlaminar adhesion Lagenbindung *f*
interlaminar bonding Schichtverband *m*, Verbundhaftung *f {der einzelnen Schichten beim Laminieren}*, interlaminare Haftung *f*
interlaminar strength Schichtfestigkeit *f*, interlaminare Festigkeit *f*, Spaltfestigkeit *f*, Spaltwiderstand *m {von Schichtstofffen}*
interlattice plane distance Gitterebenenabstand *m {Krist}*
interlattice position Zwischengitterplatz *m {Krist}*
interlayer Zwischenschicht *f*, Trennschicht *f*, Zwischenlage *f*, Einlageschicht *f*
interlayer adhesion Verbundhaftung *f*, interlaminare Haftung *f {Schichtstoff}*, Zwischenlagenhaftung *f*, Zwischenschichthaftung *f*
interlayer distance Schichtenabstand *m*
interlayer film Zwischenschicht *f {Sicherheitsglas}*
interleaf 1. Durchschußblatt *n {Druck}*; 2. Zwischenlage *f* , Zwischenschicht *f*, Einlageschicht *f*
interleukin-2 Interleukin 2 *n*, IL2
interleukin-3 Interleukin-3 *n*, IL3
interlining 1. Sperrschicht *f*, Abschirmschicht *f*; 2. Zwischenschicht *f*, Trennschicht *f*, Zwischenlage *f*; Schichtstoffzwischenschicht *f*; 3. Zwischenfutter *n*, Einlage *f {Text}*; Zwischenfutterstoff *m*, Einlagestoff *m {Text}*
interlining felt Einlagevlies *n {Text}*
interlink/to verketten, verkoppeln
interlinking Verkettung *f*, Verkoppelung *f*
interlock/to 1. ineinandergreifen, verschränken, verschlingen, verhaken; miteinander verbinden; 2. einschachteln; 3. blockieren, verriegeln, sperren *{Steuerung}*; 4. zusammenbacken *{Krist}*
interlock 1. Sperre *f*, Blockierung *f*, Verblokkung *f*, Verriegelung *f {Abhängigkeitsschaltung}*; 2. Kupplung *f*, Ineinandergreifen *n*; Zusammenbacken *n {Krist}*; 3. Interlock *m*, Interlockware *f {Text}*
interlocking means Sperrvorrichtung *f*, Verriegelung *f*
intermediary 1. vermittelnd; dazwischenliegend, intermediär; Zwischen-; 2. Vermittler *m*; 3. Zwischenstelle *f*; Zwischenstück *n*, Paßstück *n*
intermediary body Zwischenkörper *m*
intermediary member Zwischenglied *n*

intermediary metabolism Intermediärstoffwechsel *m*, Zwischenstoffwechsel *m*, Intermediärmetabolismus *m*
intermediary stage Zwischenstufe *f*
intermediary step Zwischenschritt *m*
intermediate 1. intermediär, dazwischenliegend, zwischen zwei Dingen befindlich, zwischenständig; Zwischen-, Mittel-; vermittelnd; 2. Zwischenverbindung *f*, Zwischenprodukt *n*, intermediäre Verbindung *f*, Zwischenstoff *m*, Intermediat *n {Chem}*; Zwischenprodukt *n*, Zwischenerzeugnis *n*, Vorprodukt *n*; 3. Zwischenmaske *f {Lithographie}*; 4. Zwischenstück *n*, Zwischenglied *n*, Mittelstück *n {Tech}*; 5. Zwischenstufe *f {Tech}*; 6. Vermittler *m*
intermediate alloy Vorlegierung *f*, Zwischenlegierung *f*
intermediate annealing Zwischenglühung *f*
intermediate bin Zwischenbunker *m*
intermediate bunker Zwischenbunker *m*
intermediate chelate form Zwischenchelatform *f*
intermediate colo[u]r Mittelfarbe *f*, Zwischenfarbe *f*
intermediate compound Zwischenverbindung *f*, Intermediärverbindung *f*, intermediäre Verbindung *f*
intermediate condenser Zwischenkondensator *m*, Zwischenkondensor *m*
intermediate container Zwischenbehälter *m*
intermediate coolant Zwischenkühlmittel *n*
intermediate cooling Zwischenkühlung *f*, Zwischenabkühlung *f*
intermediate density polyethylene *{BS 2919}* mitteldichtes Polyethylen *n {d = 0,93 - 0,94}*
intermediate electrode Zwischenelektrode *f*
intermediate flow Übergangsströmung *f {Gleitströmung}*
intermediate flux schwach korrodierendes Flußmittel *n*
intermediate form Zwischenform *f*
intermediate glass Zwischenglas *n {Vak}*
intermediate heat exchanger Zwischenwärmetauscher *m*
intermediate hue Zwischenton *m {Farbe}*
intermediate layer Zwischenlage *f*, Zwischenschicht *f*, Einlageschicht *f {z.B. bei Verbundplatten, Verbundtafeln}*
intermediate loop Zwischenkreislauf *m*
intermediate mixture Zwischenmischung *f*
intermediate oxide amphoteres Oxid *n*
intermediate piece Zwischenstück *n*, Anpaßstück *n*, Paßstück *n*, Einsatzstück *n*
intermediate position Mittelstellung *f*
intermediate product Zwischenprodukt *n*, Zwischenerzeugnis *n*, Vorprodukt *n*; Zwischenverbindung *f*, intermediäre Verbindung *f*, Zwischenstoff *m*, Intermediat *n*
intermediate pump Booster-Pumpe *f*, Zwischenpumpe *f*
intermediate range Übergangsbereich *m*, Zwischenbereich *m*
intermediate reaction Zwischenreaktion *f*
intermediate sampling Zwischenprobenentnahme *f*
intermediate Shore hardness Shore-Zwischenhärte *f*, Mittelrücksprunghärte *f* nach Shore
intermediate socket Mignonfassung *f {Elek}*
intermediate space Zwischenraum *m*
intermediate stage Zwischenstadium *n*, Zwischenstufe *f*, Übergangszustand *m*
intermediate storage 1. Zwischenspeicher *m {EDV}*; 2. Zwischenlagerung *f*, zeitweilige Lagerung *f {Nukl}*
intermediate [storage] tank Zwischenbehälter *m*
intermediate store Zwischenspeicher *m*
intermediate stress annealing Zwischenglühen *n {Met}*
intermediate switch Wechselschalter *m*, Kreuzschalter *m*
intermediate-temperature setting adhesive zwischen 31°C und 99°C verfestigbarer Klebstoff *m*
intermediate transition Zwischenstück *n*, Paßstück *n*, Anpaßstück *n*, Einsatzstück *n*
intermediate value Zwischenwert *m*
intermediate zinc Zwischenzink *n*, Raffinadezink *n {99,5 %}*
intermedin Intermedin *n*, Melantropin *n*, Melanophorenhormon *n {melanozytenstimulierendes Hormon}*
intermesh/to vernetzen; ineinandergreifen; vermaschen, verketten
intermeshing 1. ineinandergreifend, kämmend, eingreifend *{z.B. Schnecken}*; 2. Ineinandergreifen *n*, Kämmen *n {Tech}*; 3. Vermaschung *f*
intermeshing fingers ineinandergreifende Mischfinger *mpl {Mischer, Rührwerk}*
intermeshing paddles mixer Mischer *m* mit ineinandergreifenden Rührschaufeln *fpl*
intermeshing screws kämmende Schnekken *fpl*, eingreifende Schnecken *fpl*, ineinandergreifende Schnecken *fpl*
intermetallic 1. intermetallisch; Intermetall-; 2. intermetallische Verbindung *f*, intermetallische Phase *f*, intermediäre Phase *f {Chem, Met}*
intermetallic compound intermetallische Verbindung *f*, intermetallische Phase *f*, intermediäre Phase *f {Chem, Math}*
intermetallic phase precipitation Intermetall-Phasenausscheidung *f*
intermicellar Intermicellar-
interminable unendlich, endlos; unaufhörlich; langwierig

intermingle/to 1. untermengen, vermischen; 2. verwirbeln *{bei der Texturierung, Text}*
intermittence effect Intermittenzeffekt *m*
intermittent intermittierend, aussetzend, unterbrochen, diskontinuierlich, mit Unterbrechungen *fpl*; absatzweise, stoßweise, im Taktverfahren; pulsierend; Wechsel-
intermittent arc with oscillating electrode mechanisch gezündeter Abreißbogen *m*, mechanischer Abreißbogen *m*
intermittent chlorination plant Stoßchlorungsanlage *f {Wasser}*
intermittent direct current arc *{US}* *s.* intermittent arc with oscillating electrode
intermittent extrusion taktweise Extrusion *f*
intermittent operation diskontinuierlicher Betrieb *m*, intermittierender Betrieb *m*, Impulsbetrieb *m*, Aussetzbetrieb *m*
intermittent output intermittierender Ausstoß *m*
intermittent soil filter Bodenfilter *n*
intermittently satzweise
intermixing 1. Durchmischung *f*; 2. Miteinandervermischen *n*, Farbenmischung *f*
intermixture 1. Beimischung *f*; 2. Durchmischung *f*
intermolecular intermolekular, zwischenmolekular
intermolecular force zwischenmolekulare Kraft *f*, Molekularkraft *f*
intermolecular interaction intermolekulare Wechselwirkung *f {Polymer}*
intermolecular structure intermolekulare Struktur *f*, Molekularstruktur *f*
internal 1. innerer, innen befindlich; Innen-; 2. innerlich, intern, zum inneren Gebrauch *m*, zum Einnehmen *n {Pharm}*; 3. einheimisch; Eigen-
internal air cooling [system] Innenluftkühlung *f*, Innenkühlluftsystem *n*
internal angle of friction innerer Reibungswinkel *m*
internal anhydride inneres Anhydrid *n*
internal combustion engine Verbrennungsmotor *m {DIN 1940}*; Verbrennungskraftmaschine *f*, Brennkraftmaschine *f {Tech}*; Wärmekraftmaschine *f* mit innerer Verbrennung *f*
internal compensation intermolekulare Kompensation *f {Stereochem}*
internal compressive stresses Druckeigenspannungen *fpl*
internal condensation Inkohlung *f*
internal conversion innere Konversion *f {Nukl}*
internal cooling Innenkühlung *f*
internal cooling stresses Abkühleigenspannungen *fpl*, innere Abkühlspannungen *fpl*
internal crack Innenriß *m*, Kernriß *m*
internal cracking Kernrissigkeit *f*
internal defect Innenfehler *m*
internal diameter Innendurchmesser *m*, innerer Durchmesser *m*; Kaliber *n {Rohre}*; lichte Weite *f {runder Querschnitt}*
internal diffusion Innendiffusion *f {Katalyse}*
internal dimensions Innenmaße *npl*
internal energy innere Energie *f*
internal fittings Einbauten *pl*
internal force innere Kraft *f*
internal friction Eigenreibung *f*, innere Reibung *f {Phys}*; Eigendämpfung *f*
internal furnace Innenfeuerung *f*
internal gas pressure Gasinnendruck *m*
internal gear 1. innenverzahntes Getriebe *n*, Getriebe *n* mit Innenverzahnung *f*; 2. innenverzahntes Rad *n*, Rad *n* mit Innenverzahnung *f*, Innenstirnrad *n*, Innenzahnrad *n*, Hohlrad *n*
internal gear pump Innenzahnradpumpe *f*, Rotorpumpe *f* mit innenverzahntem Rohr *n*
internal heat of evaporation Disgregationswärme *f*
internal hexagon Innensechskant *m n*
internal indicator interner Indikator *m*, innerer Indikator *m*, aufgelöster Indikator *m*, in Reaktionslösung *f* befindlicher Indikator *m*
internal lining Innenauskleidung *f*
internal lubricant [inneres] Gleitmittel *n {Plasthilfsstoff}*, eingearbeitetes Entformungsmittel *n {Kunst}*
internal lubrication innere Gleitwirkung *f*, Innenschmierung *f*
internal measure Innenmaß *n*
internal medicine innere Medizin *f*
internal memory interner Speicher *m*, Internspeicher *m*, Innenspeicher *m*, Kernspeicher *m {EDV}*
internal mixer Innenkneter *m*, Innenmischer *m*, Stempelkneter *m*
internal mixer with floating weight Banbury-Mischer *m*, Gummikneter *m*, Innenmischer *m* mit Stempel *m*, Stempelmischer *m*
internal neutralisation interne Neutralisation *f*
internal overpressure innerer Überdruck *m*
internal oxidation innere Oxidation *f {Met}*
internal phase disperse Phase *f*, offene Phase *f*, innere Phase *f*, Dispersum *n {Koll}*
internal photoelectric effect innerer Photoeffekt *m*, innerer lichtelektrischer Effekt *m*
internal plasticization innere Weichmachung *f*
internal pressure Innendruck *m*; Binnendruck *m*, Kohäsionsdruck *m {nach innen ausgeübter Normaldruck}*
internal pressure resistance Innendruckfestigkeit *f {Glasgefäße; ISO 7458}*
internal pressure test Innendruckversuch *m*
internal reflux Zwischenreflux *m*, Rückfluß *m*
internal resistance Quellenwiderstand *m*,

Eigenwiderstand *m {einer Stromquelle}*; Innenwiderstand *m*, innerer Widerstand *m*
internal rotary-drum filter Innenzellen[trommel]filter *n*, Innen[trommel]filter *n*, Trommelinnenfilter *n*, Vakuuminnenzellenfilter *n*
internal salt formation innere Salzbildung *f*
internal specification Hausnorm *f*, firmeninterne Norm *f*
internal standard 1. Bezugselement *n*; 2. Hausnorm *f*, firmeninterne Norm *f*; 3. *s.* internal standard line
internal standard line Bezugslinie *f*, Referenzlinie *f*, Vergleichsspektrallinie *f*
internal strain innere Beanspruchung *f*; innere Dehnung *f*
internal stress 1. Eigenspannung *f*, Nachspannung *f*, Restspannung *f*; 2. Innenspannung *f*, innere Spannung *f*
internal stresses Eigenspannungsfeld *n*
internal surface Innen[ober]fläche *f*, innere Oberfläche *f {z.B. an Korngrenzen}*
internal tensile stress Zugeigenspannung *f*
internal tension *s.* internal stress
internal thread Innengewinde *n*
internal transmitter innerer Überträgerstoff *m {Nervenzellen}*
internal transport Werktransport *m*
internal viscosity Eigenviskosität *f*, innere Reibung *f*
internal work innere Arbeit *f {Thermo}*
internally innen-
internally compensated eigenkompensiert, intramolekular kompensiert *{Stereochem, Opt}*
internally hardened innengepanzert
internally heated innenbeheizt
internally plasticized innerlich weichgemacht
internally ribbed tube Rillenrohr *n*
internals Einbauten *mpl*
international international; Welt-, Völker-
international ampere internationales Ampere *n {obs, = 1,118 mg Ag/s = 0,999850 A}*
International Atomic Energy Agency *{Vienna}* Internationale Atomenergie-Organisation *f*
international atomic weights IUPAC-Tafel *f* der relativen Standardatommassen *fpl*
international candle [power] internationale Kerze *f {obs, 1 IK = 1,019 cd}*
International Center for Genetic Engineering and Biotechnology (ICGEB) *{New Delhi/Trieste 1985}* Internationales Zentrum *n* für Gen- und Biotechnologie *f*
International Institute of Synthetic Rubber Producers Internationales Institut *n* der synthetischen Gummihersteller *mpl*
international metric measures metrisches Maßsystem *n*, internationales Einheitensystem (SI) *n*
International Organization for Standardization *{Geneva, 1946}* Internationale Organisation *f* für Normung *f*, ISO
International System of Units Internationales Einheitensystem *n*, SI-System *n*
International Temperature Scale-90 Internationale Temperatur-Skale-90 *f*
International Union for Vacuum Science, Technique and Applications Internationale Union *f* der Forschung *f*, Technik *f* und Anwendung *f* des Vakuums *n*, IUFTAV
International Union of Pure and Applied Chemistry *{Basel, 1919}* Internationale Union *f* für Reine und Angewandte Chemie *{IUPAC}*
international unit internationale Einheit *f {empirische Einheit für Hormone, Vitamine, Antibiotika usw.}*
international volt internationales Volt *n {obs, = 1,00034 V}*
internuclear distance Kernabstand *m {Nukl}*
interpack packing Interpack-Füllkörper *m*
interparticle collision Teilchen-Teilchen-Zusammenstoß *m*
interpenetrate/to einander durchdringen, sich gegenseitig durchdringen, ineinandergreifen
interpenetrating macromolecules miteinander verschlungene Makromoleküle *npl*
interpenetrating polymer network Sonderelastomer *n*
interpenetration twin Durchdringungszwilling *m*, Durchwachsungszwilling *m {Krist}*
interphase 1. Interphase *f*, Zwischenphase *f*; 2. Phasengrenzfläche *f*, Grenzschicht *f*, Grenzfläche *f*
interplanar interplanar, zwischen den Ebenen *fpl*
interplanar spacing Gitterebenenabstand *m*, Netzebenenabstand *m {Krist}*
interplay 1. gegenseitige Beeinflussung *f*, gegenseitiger Einfluß *m*, Wechselwirkung *f*; 2. Zusammenspiel *n*; 3. Ineinandergreifen *n*
interpolate/to 1. einschieben, einschalten, interpolieren; 2. interpolieren *{Math}*
interpolation 1. Interpolation *f {Math}*; 2. Einschieben *n*, Einschaltung *f*, Interpolieren *n*
interpolation method Dreilinienmethode *f*, Dreilinienverfahren *n {Spek}*
interpolymere Mischpolymerisat *n*, Copolymer[es] *n*, Copolymerisat *n*
interpolymerisation Mischpolymerisation *f*, Pfropfpolymerisation *f*
interpose/to 1. dazwischenschieben, einschieben, zwischenlegen; dazwischenschalten *{Tech}*; 2. intervenieren, vermitteln, dazwischenstellen
interposed 1. zwischengeschaltet; eingeschoben; 2. interveniert, vermittelt
interpret/to 1. auswerten; 2. interpretieren, erklären, auslegen, deuten; 3. dolmetschen; 4. übersetzen, interpretieren *{EDV}*

interpretation 1. Auswertung *f*; 2. Auslegung *f*, Erklärung *f*, Deutung *f*, Interpretation *f* *{z.B. von Testergebnissen}*; 3. Übersetzung *f* *{EDV}*
interproton distance *{NMR}* Proton-Proton-Abstand *m*
interrelation Wechselbeziehung *f*, gegenseitige Beziehung *f*, wechselseitige Beziehung *f*
interrogate/to abfragen *{von Daten}*; befragen, ausfragen
interrogation Abfrage *f* *{von Daten}*; Befragung *f*, Frage *f*
interrupt/to unterbrechen, abbrechen, aussetzen; stören
interrupted unterbrochen, diskontinuierlich, lückenhaft; gestört
interrupted arc Abreißbogen *m*
interrupter Ausschalter *m*, Schalter *m*, Unterbrecher *m* *{Elek}*
electrolytic interrupter elektrolytischer Unterbrecher *m*
interruption 1. Unterbrechung *f*, Pause *f*, Stokkung *f*; 2. Störung *f*
interruption to operation Betriebspause *f*, Betriebsunterbrechung *f*
intersect/to 1. [durch]kreuzen, [durch]schneiden; sich schneiden, sich überschneiden *{Math}*; 2. durchdringen
intersection 1. Kreuzung *f*; 2. Schnittpunkt *m* *{Math}*; Knoten *m*, Knotenpunkt *m* *{Elek}*; 3. Schnitt *m* *{Math}*; 4. Durchschnitt *m*, Schnittmenge *f*, Durchschnittsmenge *f* *{Math}*; 5. Durchdringung *f* *{Math}*; 6. Durchschlag *m* *{Bergbau}*
intersection line Schnittlinie *f*, Schnittkurve *f* *{Math}*
intersection plane Schnittebene *f*
intersection point Schnittpunkt *m*, Tangentenschnittpunkt *m*
interspace Zwischenraum *m*, Abstand *m*, Intervall *n*
intersperse/to einstreuen, streuen; vermischen, versetzen [mit]; besäen
intersperse with/to durchsetzen mit
interspin crossing Spinumkehr *f*
interstage Zwischenstufe *f*, Zwischenzustand *m*
interstage trap Zwischenabscheider *m*
interstellar matter interstellare Materie *f*
interstice 1. Zwischenraum *m*, Hohlraum *m*; Spalt *m*, Lücke *f*; 2. Zwischengitterplatz *m*, Zwischengitterstelle *f* *{Krist}*
interstitial 1. zwischenräumlich, interstitiell, in den Zwischenräumen *mpl*; Interstitial-, Einlagerungs-; 2. Zwischengitteratom *n*, Einlagerungsatom *n*, Lückenatom *n* *{Krist}*; 3. Zwischengitterfehlstelle *f*, Zwischengitterdefekt *m* *{Krist}*; 4. zwischen den Zellen *fpl*
interstitial atom Zwischengitteratom *n*, Einlagerungsatom *n*, Atom *n* auf Zwischengitterplatz *m* *{Krist}*
interstitial cell-stimulating hormone interstitielles zellstimulierendes Hormon *n*
interstitial compound Einlagerungsverbindung *f*, Gitterhohlraumverbindung *f*, interstitielle Verbindung *f* *{Krist}*; nichtstöchiometrische Verbindung *f*
interstitial fluid medium Zwischenraumflüssigkeit *f*
interstitial-free steel interstitiellfreier Stahl *m*, ISF-Stahl *m* *{Al-beruhigt, > 0,005 % C}*
interstitial ion Zwischengitterion *n*, Ion *n* auf Zwischengitterplatz
interstitial migration Zwischengitterwanderung *f*
interstitial position Zwischengitterplatz *m*, Zwischengitterstelle *f* *{Krist}*
interstitial purity Zwischengitterreinheit *f* *{Krist}*
interstitial site *s.* interstitial position
interstitial space Zwischenraum *m*
interstitial structure Einlagerungsstruktur *f*
interstitial water Porenwasser *n* *{Min, Geol}*
interstrand chelate Querverbindung *f* zwischen Strängen *mpl* *{DNA}*
interstratification 1. Verwachsungen *fpl* *{Minerale, DIN 22005}*; 2. Zwischenlagerung *f*, Einlagerung *f*, Wechsellagerung *f* *{Geol}*
interstratified zwischengeschichtet, durchgesetzt *{Geol}*
intersystem crossing 1. strahlungsloser Singulett-Triplett-Übergang *m*, Zwischensystemübergang *m*, Interkombination *f*; 2. Interkombination *f* *{Photochemie}*
intertwine/to 1. verschlingen, verflechten, zusammendrehen, verdrillen *{z.B. Makromoleküle}*; 2. ineinanderweben, verweben, einweben *{Text}*
intertwining 1. Verschlingung *f*, Verflechtung *f*, Verdrillen *n* *{z.B. Makromoleküle}*; 2. Einweben *n*, Ineinanderweben *n* *{Text}*
intertwiningly verschlungen, verdrillt, verflochten, zusammengedreht *{Makromolekülketten}*
interval 1. Abstand *m*, Intervall *n*, Zwischenraum *m*; 2. Zeitabschnitt *m*, Zeitspanne *f*, Intervall *n*, Zeitintervall *n*, Zeitraum *m*; 3. Pause *f*, Zwischenzeit *f*, Zwischenpause *f*; 4. Interval *n* *{Math}*; 5. Intervallschritt *m*, Intervall *n* *{der Tonskale}*
interval of time Zeitabstand *m*
interval timing mechanism Pausenzeituhr *f*, Intervallzeitgeber *m*
intervene/to intervenieren, dazwischentreten, vermitteln; dazwischenliegen
intervening sequence intervenierende Sequenz *f*, Intron *n* *{Gen}*
intervention Eingriff *m*, Intervention *f*

interweave/to einflechten, einweben, ineinanderweben, verweben; verflechten, verknüpfen; durchwirken *{Text}*
intestinal flora Darmbakterien *npl*
intestinal hormone Darmhormon *n {Sekretin und Cholecytokinin}*
intimate innig *{z.B. Durchmischung}*; eng, innig *{z.B. Kontakt}*
intimate ion pair Kontaktionenpaar *n {durch Lösemittel nicht trennbar}*
intimate mixing innige Vermischung *f*
intimate mixture inniges Gemisch *n*, intensive Vermischung *f*
intolerance Unverträglichkeit *f {Physiol}*
intoxicant Rauschmittel *n*, Rauschgift *n*; berauschendes Getränk *n*, Rauschgetränk *n*
intoxicate/to 1. berauschen; [be]trunken machen; 2. vergiften *{Med}*
intoxication 1. Vergiftung *f {Med}*; 2. Trunkenmachen *n*; Berauschtheit *f*
intra-annular tautomerism Ringtautomerie *f*
intra-atomic inneratomar, innerhalb eines Atoms *n*
intracellular enzymes intrazelluläre Enzyme *npl*
intragenic recombination intragenische Rekombination *f*, Muton-Cistron-Rekombination *f {Gen}*
intramolecular intramolekular, innermolekular, innerhalb eines Moleküls *n*; Zwischenmolekular-
intramolecular condensation innermolekulare Kondensation *f*, innere Ringbildung *f*
intramolecular cyclization reaction intramolekulare Zyklisierungsreaktion *f*, innere Ringbildung *f*
intramolecular force intramolekulare Kraft *f*
intramolecular heterodiene [4+2] cycloaddition innermolekulare Heterodien-4-2-Cycloaddition *f*
intramolecular interaction innermolekulare Wechselwirkung *f {Polymer}*
intramolecular redox reaction intramolekulare Redox-Reaktion *f*
intramolecular oxidation and reduction *s.* intramolecular redox reaction
intramuscular intramuskulär *{Med}*
intranuclear tautomerism Ringtautomerie *f*
intrastrand chelate Quervernetzung *f* innerhalb des Stranges *m {DNA}*
intravenous intravenös *{Med}*
intricacy Verwickelung *f*; Schwierigkeit *f*, Kompliziertheit *f*
intricate kompliziert, schwierig; verwickelt
intricate shape komplizierte Form *f*
intrinsic 1. innere, innerlich; 2. intrinsisch, i-leitend, eigenleitend; Eigen-; 3. eigentlich, wirklich, wahr, echt, tatsächlich; 4. frei, unbezogen, spezifisch *{Math}*
intrinsic angular momentum Eigendrehmoment *n*, Eigendrehimpuls *m*, Spin *m*, innerer Drehimpuls *m*
intrinsic conduction Eigenleitung *f {Elek}*
intrinsic energy Eigenenergie *f*, innere Energie *f*
intrinsic error *{OIML R.I. 70}* Eigenfehler *m*
intrinsic factor Hämogenase *f*, innerer Faktor *m {Physiol}*
intrinsic fatigue resistance Ursprungsfestigkeit *f*
intrinsic fatigue strength Schwellfestigkeit *f*
intrinsic feature Eigenart *f*
intrinsic impedance innerer Widerstand *m*; Wellenwiderstand *m* des Vakuums *n*
intrinsic induction magnetische Polarisation *f*, magnetische Flußdichte *f*, Magnetisierungsintensität *f {in T}*
intrinsic parity Eigenparität *f {Nukl}*
intrinsic pressure Eigendruck *m*, Kohäsionsdruck *m*
intrinsic property innewohnende Eigenschaft *f*
intrinsic semiconductor Eigenhalbleiter *m*, Intrinsic-Halbleiter *m*
intrinsic speed tatsächliches Saugvermögen *n*, wahres Saugvermögen *n*, Eigensaugvermögen *n {Vak}*
intrinsic throughput theoretischer Drucksatz *m*
intrinsic value wirklicher Wert *m*, spezifischer Wert *m*
intrinsic viscosity Staudinger-Index *m {DIN 1342}*, innere Viskosität *f*, Strukturviskosität *f*, Grenzviskositätszahl *f*, Grundviskosität *f*
introduce/to 1. einführen, einschieben, hineinbringen, eintragen; einleiten *{z.B. Abwässer}*; 2. einführen, vorstellen
introduce an alkyl/to alkylieren
introduce two nitro groups/to dinitrieren
introduction 1. Einführung *f*, Eintragung *f*, Einbringung *f*, Zufuhr *f*; Einlaß *m*, Einleitung *f {Abwässer}*; Einbau *m {z.B. Störstellen}*; 2. Einleitung *f*, Vorrede *f*; Leitfaden *m*
introductory course Einführungskurs *m*, Einführungsvorlesung *f*
introductory note Vorbemerkung *f*
introfraction Imprägnierungsbeschleunigung *f*, Introfraction *f*; Sol-Gel-Überführung *f*
introfier bath Durchtränkungsbeschleunigungsbad *n*, Imprägnierbeschleunigungsbad *n*
intron Intron *n {Gen}*
intruder detector Einbruchmelder *m*
intrusion Eindringen *n*, Intrusion *f*, Injektion *f {Geol}*
intrusion mo[u]lding Intrusionsverfahren *n*, Intrusionsspritzgießverfahren *n*, Fließgießverfahren *n*, Fließgußverfahren *n*, Ecker-Ziegler-Verfahren *n*, Anker-Verfahren *n*, Intrudieren *n* **intru-**

sion rock Tiefengestein *n*, Intrusivgestein *n* *{Geol}*
intumescence 1. Intumeszenz *f*, Blähung *f*, Blähen *n*, Aufblähen *n*, Aufblähung *f {Chem, Farb}*; 2. Intumeszenz *f {Med}*; 3. Wasserspratzen *n*, Wasserdampf-Aufblähen *n*; 4. Schäumen *n {Text}*
intumescent coating anschwellender Überzug *m*, aufschäumender Anstrich *m*
inulase *s.* inulinase
inulin Inulin *n*, Alantin *n*, Alantstärke *f*, Fructan *n*, Fructosan *n*, Dahlin *n*
inulinase *{EC 3.2.1.7}* Inulase *f*, Inulinase *f*
inulosucrase *{EC 2.4.1.9}* Inulosucrase *f*
invalid 1. nichtig, ungültig, gegenstandslos *{z.B. Patent}*; 2. wertlos; 3. krank, gebrechlich; Kranken-; 4. Invalide *m*
invalid test Fehlversuch *m*
invalidity 1. Arbeitsunfähigkeit *f {Med}*; 2. Nichtigkeit *f*, Ungültigkeit *f {z.B. Patent}*
Invar *{TM}* Invar *n*, Invar-Legierung *f*, Invar-Strahl *m {36 % Ni, 64 % Fe, 0,02 % C}*
invariable invariabel, konstant, unveränderlich, gleichbleibend; beständig
invariant 1. invariant, unveränderlich; 2. Invariante *f {Math}*
invent/to erfinden; ersinnen, ausdenken
invention Erfindung *f*; Invention *f*
according to the invention erfindungsgemäß
inventor Erfinder *m {Patent}*
protection of inventors Erfinderschutz *m*
inventory 1. Bestandsverzeichnis *n*, Inventarverzeichnis *n*, Bestandsaufnahme *f*, Bestandsliste *f*; 2. Inventar *n*, Lagerbestand *m*, Vorrat *m*; 3. Inventur *f*, Lageraufnahme *f*, Bestandsaufnahme *f*, Inventarisation *f {Tätigkeit}*; 4. Materialeinsatz *m*, Materialbestand *m {Nukl}*
inventory change Bestandsänderung *f*
inverse 1. invers, entgegengesetzt, umgekehrt, verkehrt; Kehr-; 2. inverses Element *n*; Inverse *f* *{Math}*
inverse cosine Arkuskosinus *m*, arccos
inverse cotangent Arkuskotangens *m*, arccot
inverse function Umkehrfunktion *f*, Kehrfunktion *f*, inverse Funktion *f {Math}*
inverse sine Arkussinus *m*, arcsin
inverse spinell Inversspinell *m {Krist}*
inverse tangent Arkustangens *m*, actan
inverse Zeeman effect inverser Zeeman-Effekt *m*, Absorptions-Zeeman-Effekt *m {Spek}*
inversely proportional umgekehrt proportional
inversion 1. Inversion *f*, Umkehrung *f {Math, Stereochem, Geol, EDV}*; 2. Wechselrichten *n* *{Elek}*; 3. Umwandlung *f {Krist}*; Inversion *f* *{Spiegelung; Krist}*
inversion axis Inversions[dreh]achse *f {Krist}*
inversion layer 1. Inversionsschicht *f*, Inversionsgebiet *n {Halbleiter}*; 2. Inversionsschicht *f {Meteorologie}*
inversion of phases Phasenumkehr *f {Koll}*
inversion of sucrose Rohrzuckerinversion *f*
inversion point Inversionspunkt *m*, Umwandlungspunkt *m {von Modifikationen}*
inversion rate Umwandlungsgeschwindigkeit *f {Kinetik}*
inversion spectrum Inversionsspektrum *n*
inversion temperature Inversionstemperatur *f {Thermo}*
inversion theorem Umkehrsatz *m {Thermo}*
point of inversion Inversionspunkt *m*, Knickpunkt *m*
invert/to umkehren *{von Vorgängen}*; invertiern *{Konfiguration}*; verkehren, umstellen, umdrehen, umkehren, wenden; sich umwandeln *{Krist}*
invert emulsions Invertemulsion *f {Agri}*
invert glass Invertglas *n*
invert soap Invertseife *f*, kationenaktives Waschmittel *n*, Kationseife *f*
invert sugar Invertzucker *m {Glucose-Fructose-Mischung}*
invertase *{EC 3.2.1.26}* Invertin *n*, Invertase *f*, Saccharase *f*, Sucrase *f*, Fructofuranosidase *f*
inverted invertiert, umgekehrt, verkehrt, kopfstehend; umgestellt
inverted [down] evaporation Abwärtsverdampfung *f*
inverted image Kehrbild *n*, Umkehrbild *n*, umgekehrtes Bild *n {Opt}*
inverted jet Umkehrstrahl *m*
inverted jet nozzle ringförmige Strahlumlenkdüse *f*
inverted magnetron ga[u]ge Vakuummeter *n* vom Typ des umgekehrten Magnetrons
inverted magnetron sputter-ion pump Ionenzerstäuberpumpe *f* vom Typ des umgekehrten Magnetrons
inverted microscope Le-Chatelier-Mikroskop *n*, umgekehrtes Mikroskop *n*
inverted mo[u]ld *{US}* umgekehrte Form *f* *{Kunst, Gummi}*
inverted rectifier Wechselrichter *m {Elek}*
inverted siphon Düker *m {DIN 19661}*, Rohrleitung *f* unter Hindernissen *npl*
inverted truncated-cone bottom Kegelboden *m {Zucker}*
inverter 1. Wechselrichtergerät *n*, Wechselrichter *m {Elek}*; 2. Umkehrer *m {EDV}*; NICHT-Glied *n*, Negator *m*, Inverter *m {EDV}*
invertible invertierbar, umkehrbar
invertin *s.* invertase
inverting prism Umkehrprisma *n {Opt}*
investigate/to forschen, erforschen; nachforschen, ermitteln; prüfen, untersuchen
investigation wissenschaftliche Forschung *f*, Erforschung *f*; Nachforschung *f*, Ermittlung *f*; Prüfung *f*, [gründliche] Untersuchung *f*

investigational drug Medikament *m* im Versuchsstadium *n* *{noch nicht zugelassenes Medikament}*

investigator Forscher *m*; Nachforscher *m*, Ermittler *m*; Untersucher *m*

investment 1. Umhüllen *n*, Umkleiden *n*; 2. feuerfester Formstoff *m*, feuerfeste Masse *f* *{Feinguß}*; 3. Investition *f*; Kapitalanlage *f*, angelegtes Kapital *n*, Anlagewert *m*

investment casting Wachsausschmelzverfahren *n*, Investmentguß *m*

investment compound Ausschmelzmasse *f* *{Gieß}*

investment material Einbettmasse *f* *{Dent}*

invisibility Unsichtbarkeit *f*

invisible unsichtbar

invisible image unsichtbares Bild *n*, latentes Bild *n* *{Photo}*

invisible [writing] ink Geheimtinte *f*, sympathetische Tinte *f*

involute Abwicklungskurve *f*, Kreisvolvente *f*, Evolvente *f*, Involute *f* *{Geom}*

involution 1. Einwickeln *n*, Einhüllen; Involution *f* *{Math}*; 2. Rückbildung *f*, rückläufige Entwicklung *f*, Schrumpfung *f* *{Med}*

inward innere, innerlich; nach innen, Ein-

inward transfer Einschleusen *n*

inyoite Inyoit *m* *{Min}*

iodal <CI_3CHO> Iodal *n*, Triiodoethanal *n*

iobenzamic acid <$C_{16}H_{13}I_3N_2O_3$> Iobenzaminsäure *f*

iocarminic acid <$C_{24}H_{20}I_6N_4O_8$> Iocarminsäure *f*

iocetamic acid <$C_{12}H_{13}I_3N_2O_3$> Iocetaminsäure *f*

iodamide <$C_{12}H_{11}I_3N_2O_4$> Iodamid *n*

iodaniline *s.* iodoaniline

iodanisole Jodoanisol *n*, Iodanisol *n*

iodargyrite <β-AgI> Jodit *m*, Jodyrit *m*, Iodargyrit *m*, Iodsilber *n* *{Min}*

iodate/to jodieren *{obs}*, iodieren

iodate <M^IIO_3> Iodat *n*, iodsaures Salz *n*

iodates Iodate *npl* *{Sammelname für M^IIO_3, $M''IO_3$, $M^IH(IO_3)_2$, $M^IH_2(IO_3)_3$}*

iodatometry Iodatometrie *f* *{Anal}*

iodeosin <$C_{20}H_8I_4O_5$> Tetraiodofluorescein *n*, Iodeosin *n*, Erythrosin *n*

iodic Iod(V)-

iodic acid <HIO_3> Jodsäure *f* *{obs}*, Iodsäure *f*

salt of iodic acid Iodat *n*

iodic anhydride Iodpentoxid *n*, Iod(V)-oxid *n*, Diiodpentoxid *n*, Iodsäureanhydrid *n*

iodide <$M'I$> Jodür *n* *{obs}*, Iodid *n*

iodiferous jodhaltig, iodhaltig

iodiferous remedy Iodmittel *n*, iodhaltiges Mittel *n* *{Pharm}*

iodimetry Iodimetrie *f*, Iodometrie *f* *{Anal}*

iodinate/to jodieren *{obs}*, iodieren

iodination Jodierung *f* *{obs}*, Iodierung *f*, Iodieren *n*

iodine *{I; Id in EDP; element no. 53}* Iodum *n* *{IUPAC}*, Iod *n*, Jod *n* *{obs}*

iodine absorption number Iodzahl *f*, IZ *{Verseifungszahl in gI/100g Substanz}*

iodine acetate <CH_3COOI> Iodacetat *n*

iodine addition product Iodadditionsprodukt *n*

iodine adsorption number *{ISO 1304}* Iodzahl *f*, IZ *{Gummi, in gI/100g Latex}*

iodine azide <IN_3> Iodazid *n*

iodine bisulphide *s.* iodine disulfide

iodine bromides Iodbromide *npl* *{IB, IBr_3, IBr_5}*

iodine chlorides Iodchloride *npl* *{ICl, ICl_3}*

iodine colo[u]r scale Iodfarbskale *f*

iodine colo[u]r value Iodfarbzahl *f*

iodine compound Iodverbindung *f*

iodine content Iodgehalt *m*

iodine coulometer Iodcoulometer *n* *{Anal}*

iodine cyanide <ICN> Cyaniodid *n*, Iodcyanid *n*, Jodcyan *n* *{obs}*, Zyanjodid *n* *{obs}*

iodine dioxide <IO_2, I_2O_4> Ioddioxid *n*

iodine disulfide <S_2I_2> Diioddisulfid *n*, Dischwefeldiiodid *n*

iodine filter Iodfilter *n* *{Nukl}*

iodine flask Iodzahlkolben *m* *{Anal}*

iodine fluorides Iodfluoride *npl* *{IF, IF_3, IF_5, IF_7}*

iodine heptafluoride Iodheptafluorid *n*, Iod(VII)-fluorid *n*

iodine hydroxide <IOH> hypoiodige Säure *f*, unteriodige Säure *f*

iodine intake Iodaufnahme *f* *{Physiol}*

iodine isocyanat <$INCO$> Iodisocyanat *n*

iodine laser Iodlaser *m*

iodine monobromide <IBr> Iodmonobromid *n*, Iod(I)-bromid *n*, Jodbromür *n* *{obs}*

iodine monochloride <ICl> Iodmonochlorid *n*, Iod(I)-chlorid *n*, Jodchlorür *n* *{obs}*

iodine monochloride method *{ISO 3830}* Iodchlorid-Methode *f* *{Anal, Pb-Bestimmung}*

iodine number Jodzahl *f* *{obs}*, Iodzahl, IZ *{in gI/100g Substanz}*

iodine ointment Jodsalbe *f* *{Pharm}*

iodine oxides Iodoxide *npl* *{I_2O, I_2O_3, IO_2, I_2O_4, I_2O_5, I_2O_7, I_4O_9}*

iodine pentabromide <IBr_5> Iodpentabromid *n*, Iod(V)-bromid *n*

iodine pentafluoride Iodpentafluorid *n*, Iod(V)-fluorid *n*

iodine pentoxide <I_2O_5> Jodpentoxyd *n* *{obs}*, Iodpentoxid *n*, Diiodpentoxid *n*, Iod(V)-oxid *n*, Iodsäureanhydrid *n*

iodine perchlorates Iodperchlorate *npl* *{$IOClO_3$ und $I(OClO_3)_3$}*

iodine poisoning Iodismus *m*, Iodvergiftung *f* *{Med}*

iodine preparation Iodpräparat *n {Pharm}*

iodine scrubber Iodgaswäsche *f {Nukl}*

iodine soap Iodseife

iodine solution Iodlösung *f*, Iodtinktur *f {Pharm}*

iodine spring Iodquelle *f*

iodine sulfate <$I_2(SO_4)_3$> Iod(III)-sulfat *n*

iodine test Iodprobe *f*

iodine tincture Iodtinktur *f*, Iodlösung *f {Pharm}*

iodine triacetate <$I(CH_3COO)_3$> Iodtriacetat *n*

iodine tribromide <IBr_3> Iodtribromid *n*, Iod(III)-bromid *n*

iodine trichloride <ICl_3> Iodtrichlorid *n*, Iod(III)-chlorid *n*, Dreifachchlorjod *n {obs}*

iodine value *s.* iodine number

iodine vapo[u]r Ioddampf *m*

iodine water Iodwasser *n {0,02 %; Anal}*

tincture of iodine Iodtinktur *f*, Iodlösung *f {Pharm}*

iodipamide Iodipamid *n*, Adipiodon *n*

iodism Iodismus *m*, Iodvergiftung *f {Med}*

iodite <M^IO_2> Iodit *m*, iodigsaures Salz *n*

iodization Jodieren *n*, Iodierung *f*

iodize/to iodieren, mit Iod *n* behandeln

iodized activated carbon Iodkohle *f*

iodized collodion Iodkollodium *n*

iodized oil *{BP}* Iodöl *n {40 % I im Pflanzenöl}*

iodized paper Iodstärkepapier *n*; Kaliumiodidstärke-Papier *n {Anal, NO_2}*; Kaliumiodatstärke-Papier *n {Anal; SO_2}*

iodized starch Iodstärke *f*

iodized table salt iodiertes Speisesalz *n {15-25 ppm}*

iodo-starch paper *s.* iodized paper

iodoacetate <ICH_2COOM^I> Iodacetat *n*

iodoacetic acid <ICH_2COOH> Iodessigsäure *f*, Carboxymethyliodid *n*

iodoalkanes Iodalkane *npl {RCH_2I, $RCHI_2$, $I(CH_2)_nI$ usw.}*

iodoamino acids Iodaminosäuren *fpl*

iodoaminobenzene Iodanilin *n {IUPAC}*

iodoaniline <$IC_6H_4NH_2$> Iodanilin *n*

iodoaurate <$M^I(AuI_4)$> Iodoaurat(III) *n*, Tetraiodoaurat(III) *n {IUPAC}*

iodoazide *s.* iodine azide

iodobenzene <C_6H_5I> Iodbenzen *n*, Phenyliodid *n*, Iodbenzol *n*

iodobenzoic acid Iodbenzoesäure *f*

2-iodobutane <$C_2H_5C(CH_3)HI$> 2-Iodbutan *n*

iodocarbamate Iodcarbamat *n*

iodochlor[o]hydroxyquin[oline] <C_9H_5NOICl> Cliochinol *n {Triv}*, Diodochin *n {5-Chloro-7-iodo-8-chinolinol}*, Vioform *n {HN}*

iodocinnamic acid Iodzimtsäure *f*

5-iodo-2'-deoxyuridine *s.* idoxuridine

iodoethane <CH_3CH_2I> Ethyliodid *n*, Jodäthyl *n {obs}*, Iodethan *n*

iodoether Jodäther *m {obs}*, Iodether *m*

iodoethylene 1. <I_2CHCHI_2> Tetraiodethylen *n*; 2. <$CH_2=CHI$> Vinyliodid *n*

iodofenphos <$C_8H_8Cl_2IO_3PS$> Iodfenphos *n {Insektizid}*

iodofluorescein *s.* iodeosin

iodoform <CHI_3> Iodoform *n*, Triiodmethan *n*

iodoform reaction Iodoformreaktion *f*

iodoform test Iodoformprobe *f {Alkohol}*

iodoformin Iodoformin *n {Pharm}*

iodogorgoic acid Iodgorgosäure *f*, 3,5-Diiodtyrosin *n*, 2-Amino-3-(3,5-diiod-4-hydroxyphenyl)propansäure *f {IUPAC}*

iodohydrin Iodhydrin *n*

iodohydrocarbons Iodkohlenwasserstoffe *mpl {R-I, Ar-I, RI_2 usw.}*

iodohydroxynaphthoquinone Iodhydroxynaphthochinon *n*

iodol <C_5HI_4N> Iodol *n*, Tetraiodpyrrol *n*

iodomethane Methyliodid *n*, Iodmethyl *n*, Monoiodmethan *n*

iodometric iodometrisch

iodometric determination iodometrische Bestimmung *f {Anal}*

iodometric method iodometrisches Verfahren *n {Anal}*

iodometry Iodometrie *f*, Iodimetrie *f*, iodometrische Titration *f {Anal}*

iodonium <H_2I^+> Iodonium[kation] *n*

iodonium compounds <$(IR_2)X$> Iodonium-Verbindung *f*

iodonium ion Iodonium-Ion *n {H_2I^+, Ar_2I^+}*

iodophenol Iodphenol *n*

iodophenyldimethylpyrazolone Iodphenyldimethylpyrazolon *n*

iodophor Iodophor *m {z.B. Polyvinylpyrrolidon mit 0,5 - 3 % I_2}*

iodophosphonium <PH_4I> Phosphoniumiodid *n*

iodophthalein <$C_{20}H_{10}I_4O_4$> Tetraiodophenolphthalein *n*, Iodophthalein *n*

iodophthalic acid Iodphthalsäure *f*

iodoplatinate reagent Iodplatinat-Reagens *n*

iodopsin Iodopsin *n {rotes Sehpigment aus Retinen + Photopsin}*

iodopyrine Iodopyrin *n*

iodoquinoline Iodchinolin *n*

iodosalicylic acid Iodsalicylsäure *f*

iodosobenzene <C_6H_5IO> Iodosobenzol *n {obs}*, Iodosolbenzyl *n*, Iodosylbenzen *n*

iodosol Iodosol *n*, Iodthymol *n*

***N*-iodosuccinimide** *N*-Iodsuccinimid *n*

2-iodosylbenzoic acid <IOC_6H_4COOH> 2-Iodosylbenzoesäure *f*

iodothiouracil Iodthiouracil *n*

iodothyrin <$C_{11}H_{10}I_3NO_3$> Iodothyrin *n*
iodotoluenes <C_7H_7I> Iodtoluol *n*
iodotrimethylsilane <$ISi(CH_3)_3$> Iodtrimethylsilan *n*
iodous iodig, jodig *{obs}*; Iod-; Iod(III)-
iodylbenzene <$C_6H_5IO_2$> Iodylbenzol *n*, Iodylbenzen *n*
iodylbenzene perchlorate Iodylbenzenperchlorat *n*, Iodylbenzolperchlorat *n*
iodyrite *s.* iodargyrite
iolite Iolith *m {obs}*, Cordierit *m*, Wassersaphir *m*, Dichroit *m {Min}*
ion Ion *n*
ion acceptor Ionenakzeptor *m*
ion-active emulsifier ionenaktiver Emulgator *m*
ion activity Ionenaktivität *f {Thermo}*
ion activity coefficient Ionenaktivitätskoeffizient *m*
ion adsorption Ionenadsorption *f*
ion atmosphere Ionenwolke *f*, Ionenatmosphäre *f {Phys}*
ion beam Ionenstrahl *m*
ion-beam deposition Ionenstrahlbedampfung *f*
ion-beam etching Ionenstrahlätzen *n*
ion-beam scanning Ionenstrahlanalyse *f {Spek}*
ion-beam source Kanalstrahl-Ionenquelle *f*
ion beam technique Ionenstrahltechnik *f*
ion binding *s.* ionic binding
ion bombardment Ionenbombardement *n*, Ionenbeschuß *m*
ion capture Ioneneinfang *m*
ion chamber Ionisationskammer *f*
ion channel Ionenkanal *m {Biochem}*
ion charge number Ionenladungszahl *f*, Ionenwertigkeit *f*
ion chromatography Ionenchromatographie *f*
ion cloud *s.* ion atmosphere
ion cluster Ionencluster *m*, Ionenschwarm *m*, Ionenhäufung *f*
ion coating Ionenplattieren *n*
ion collector Ionenkollektor *m*, Ionen[auf]fänger *m*
ion colo[u]r Ionenfarbe *f*
ion complex Ionenkomplex *m*
ion concentration Ionenkonzentration *f*, Ionendichte *f {in Ions/m^3}*; Ionisierungsdichte *f*, Ionisationsdichte *f {Phys}*
ion conductance [spezifische] Ionenleitfähigkeit *f {Chem}*
ion containing polymer Ionomer *n*, ionenhaltiges Polymer *n*
ion counter 1. Ionisationsmesser *m*, Impuls-Ionisationskammer *f {Phys}*; 2. Ionenzähler *m {Phys}*
ion current Ionenstrom *m*
ion cyclotron resonance spectroscopy ICR-Spektroskopie *f*
ion density Ionisationsdichte *f*, Ionisierungsdichte *f*
ion detector Ionendetektor *m*
ion-dipole complex Ionendipolkomplex *m*
ion dose Ionendosis *f {in C/kg}*
ion dose rate Ionendosisleistung *f {in A/kg}*
ion drift velocity Ionenwanderungsgeschwindigkeit *f*
ion efficiency Ionenwirkungsgrad *m {Vak}*
ion entrance slit Ioneneintrittsspalt *m*
ion etching Ionenätzen *n {Halbleiter}*
ion exchange Ionenaustausch *m {DIN 54400}*
ion-exchange chromatography Ionenaustauschchromatographie *f*, IEC
ion-exchange column Austauschersäule *f*
ion-exchange compound Austauschmaterial *n*, adsorbierender Bodenkomplex *m {Agri}*
ion-exchange electrolyte cell Ionenaustausch-Brennstoffzelle *f*
ion-exchange material Ionenaustauscher *m*
ion-exchange membrane Ionenaustausch[er]membran *f*
ion-exchange resin Austausch[er]harz *n*, Ionenaustausch[er]harz *n*, Kunstharz[ionen]austauscher *m*, Tausch[er]harz *n*
ion-exchange separation Ionenaustauschtrennung *f*
ion exchanger Ionenaustauscher *m*
ion-exclusion chromatography Ionenausschluß-Chromatographie *f*
ion flotation Ionenflotation *f {Min}*
ion flux Ionstrom *m*
ion fractionation Ionenfraktionierung *f*
ion ga[u]ge *s.* ionization ga[u]ge
ion-ga[u]ge control Ionisationsmeßgerät *n*
ion-getter pump Ionengetterpumpe *f*
ion-impact ionization Ionenstoßionisierung *f*
ion implantation Ionenimplantation *f*
ion interceptor Ionenfänger *m*
ion-ion complex Ion-Ion-Komplex *m*
ion-ion recombination Ion-Ion-Rekombination *f*
ion laser Ionenlaser *m*
ion lattice Ionengitter *n {Krist}*
ion limit Ionengrenzwert *m*
ion line Funkenlinie *f*, Ionenlinie *f {Spek}*
ion loss Ionenabgabe *f*
ion manometer Ionisationsmanometer *n*, Ionisierungsmanometer *n {Nukl}*
ion mean life mittlere Ionenlebensdauer *f*
ion-microprobe analyzer Ionenstrahl-Mikrosonde *f*, ISMA
ion-microprobe mass analysis Ionenstrahl-Mikroanalyse *f*, IMMA
ion-microprobe mass spectrometer Ionenmikrosonden-Massenspektrometer *n*
ion migration Ionenwanderung *f {DIN 41852}*, Ionenmigration *f*

ion mobility Ionenbeweglichkeit *f {in $m^2/s{\cdot}V$}*
ion movement Ionenbewegung *f*
ion neutralization spectroscopy Ionen-Neutralisations-Spektroskopie *f*
ion optics Ionenoptik *f*
ion orbit Ionenflugbahn *f*, Ionenorbital *n*
ion output Ionenausbeute *f*
ion pair Ionenpaar *n*
ion-pair chromatography Ionenpaarchromatographie *f {MPIC und RP-IPC}*
ion pairing Ionenpaarbildung *f*
ion pairing reagents Ionenpaar-Reagenzien *npl {Chrom}*
ion path Ionenbahn *f*, Ionenflugbahn *f*, Ionenorbital *n*
ion plating Ionenplattieren *n*
ion-probe microanalysis Ionenstrahl-Mikroanalyse *f*
ion product Ionenprodukt *n*
ion pump 1. Ionenpumpe *f {Biochem}*; 2. Ionenpumpe *{Vak}*
ion pump leak detector Lecksuchgerät *n* mit Ionenpumpe
ion-regulating equipment Ionenregler *m*
ion repeller Ionen-Gegenfeldelektrode *f*
ion resonant spectrometer Ionenresonanzspektrometer *n*
ion retardation Ionenverzögerung *f*, Ionenretardierung *f {Chrom}*
ion-retardation process Ionenverzögerungsverfahren *n*
ion-scattering spectrometry Ionenstreuungsspektroskopie *f*, Ionenrückstreu-Spektroskopie *f*, ISS, LEIS *{< 5 keV}*
ion selective ionenselektiv, ionensensitiv, ionenspezifisch *{Elektroden}*
ion-selective field effect transistor [diode] ionensensitiver Feldeffekttransistor *m*, ionenselektiver Feldeffekttransistor *m {Anal}*
ion-selective measuring ionenselektive Messung *f*, ionensensitive Messung *f*
ion sorption Ionensorption *f*
ion-sorption pump Ionensorptionspumpe *f*
ion source Ionenquelle *f*, Ionenstrahlquelle *f*, Ionensender *m*
ion spectrum Ionenspektrum *n*
ion speed *s.* ionic mobility 2.
ion-sputtering pump Ionenzerstäuberpumpe *f*
ion temperature Ionentemperatur *f*
ion transition Ionenübergang *m*
ion transport Ionentransport *m*
ion trap Ionenfalle *f*
ion vacuum ga[u]ge *s.* ionization ga[u]ge
ion velocity *s.* ionic mobility 2.
ion yield Ionenausbeute *f*
acid ion Anion *n*
amphoteric ion Zwitterion *n*
basic ion Kation *n*
colloidal ion Micelle *f*
hydrogen ion Wasserstoff-Ion, Proton *n*
molecular ion Molekülion *n*
negative ion Anion *n*
positive ion Kation *n*
solvated ion solvatisiertes Ion *n*
ionene <$C_{13}H_{18}$> Ionen *n*, 1,2,3,4-Tetrahydro-1,1-6-trimethylnaphthalin *n*
ionic ionisch, ional, Ionen-; ionoid; ionisiert
ionic activity Ionenaktivität *f*
ionic addition ionoide Addition *f*
ionic atmosphere Ionenwolke *f*, Ionenatmosphäre *f*
ionic atomization pump Ionenzerstäuberpumpe *f*
ionic [bombardment] cleaning ionisches Abglimmen *n*, Glimmreinigung *f*
ionic bond[ing] Ionenbindung *f*, Ionenbeziehung *f*, heteropolare Bindung *f*, ionogene Bindung *f*, elektrovalente Bindung *f*
ionic chain polymerization Ionenkettenpolymerisation *f*, Ionenpolymerisation *f*, ionische Polymerisation *f*
ionic character Ionencharakter *m*, Ionogenität *f*
ionic charge 1. Ionenladung *f {in C}*; 2. Ionenwertigkeit *f*, Ladungszahl *f {reiner Zahlenwert}*
ionic charge number *s.* ion charge number
ionic cleavage Ionisierung *f*
ionic concentration Ionenkonzentration *f*, Ionenstärke *f*, ionale Konzentration *f*
total ion concentration Gesamtionenkonzentration *f*
ionic conductance Ionenleitwert *m*
ionic conduction Ionenleitfähigkeit *f*, Ionenleitung *f*
ionic crystal Ionenkristall *m*
ionic current Ionenstrom *m {Halbleiter}*
ionic density Ionendichte *f*; Ionisierungsdichte *f*, Ionisationsdichte *f {Phys}*
ionic discharge Ionenentladung *f*
ionic electrode Sprühelektrode *f*
ionic energy Ionenenergie *f*
ionic equation Ionengleichung *f*
ionic equilibrium Ionengleichgewicht *n*, Elektrolytgleichgewicht *n*
ionic equivalent Ionen-Äquivalentmasse *f*
ionic equivalent conductance Ionen-Äquivalentleitwert *m*
ionic form Ionenform *f*
ionic formula Ionenformel *f*
ionic impurity *{IEC 589}* ionische Verunreinigung *f {Isolator}*
ionic increment Ioneninkrement *n*
ionic initiator Starterion *n {Polymer}*
ionic lattice Ionengitter *n {Krist}*
ionic lattice structure Ionengitterstruktur *f*
ionic linkage *s.* ionic bond[ing]

ionic membrane Ionenmembran *f {Elektrophorese, Elektrodialyse}*
ionic micelle Ionenmicelle *f*
ionic migration Ionenwanderung *f*, Ionenbewegung *f*, Ionenmigration *f*
ionic mobility 1. Ionenbeweglichkeit *f {in $m^2/(s \cdot V)$}*; 2. Ionengeschwindigkeit *f {in m/s}*
ionic movement Ionenbewegung *f*
ionic polymerization *s.* ionic chain polymerization
ionic product Ionenprodukt *n*, Löslichkeitsprodukt *n {elektrolytische Dissoziation}*; Produkt *n* der Ionenaktivitäten *fpl {Thermo}*
ionic quantimeter Ionendosimeter *n*
ionic radius Ionenradius *m*
ionic reaction Ionenreaktion *f*, ionische Reaktion *f*
ionic solid Ionenkristall *m*
ionic species Ionenart *f*, Ionensorte *f*, Ionentyp *m*
ionic speed Ionen[wanderungs]geschwindigkeit *f {in m/s}*
ionic spread Ionenspreizung *f*
ionic state Ionenzustand *m*
ionic strength Ionenstärke *f*, Ionenkonzentrationsmaß *n {0,5 der ionalen Gesamtkonzentration}*
ionic surfactant ionogener grenzflächenaktiver Stoff *m*, ionogenes Tensid *n*
ionic susceptibility Ionensusceptibilität *f*
ionic tautomerism Ionentautomerie *f*
ionic theory Ionentheorie *f*
ionic valency Ionenwertigkeit *f*, Ionenladung *f*, Ladungszahl *f*
ionic velocity Ionen[wanderungs]geschwindigkeit *f {in m/s}*
ionic volume Ionenvolumen *n*
ionic weight relative Ionenmasse *f*
ionical ionisch, ional, Ionen-; ionoid; ionisiert
ionidine $<C_{19}H_{24}N_4O_4>$ Ionidin *n {Alkaloid}*
ionisation *{GB}* *s.* ionization *{US}*
ionitrided ionitriert, glimmnitriert
ionitriding Ionitrieren *n*, Glimmnitrieren *n*
ionium <Io> Ionium *n {obs}*, Thorium-230 *n*
ionizability Ionisierbarkeit *f {Gase}*; Dissoziierbarkeit *f {Lösungen}*
ionizable ionisierbar *{Gase}*; dissoziabel *{Lösungen}*
ionization elektrolytische Dissoziation *f {Lösungen}*; Ionisation *f*, Ionisierung *f {Gase}*; Ionenbildung *f*
ionization balance Ionisationsgleichgewicht *n {Gase}*; Dissoziationsgleichgewicht *n {Lösungen}*
ionization by collision Stoßionisierung *f*, Stoßionisation *f*
ionization by electrons Elektronen-Stoßionisation *f*, Elektronenionisierung *f*
ionization chamber Ionisationskammer *f*
ionization constant Ionisationskonstante *f {Gase}*; Dissoziationskonstante *f {Lösungen}*
ionization continuum Ionisationskontinuum *n {Gase}*; Dissoziationskontinuum *n {Lösungen}*
ionization cross section Ionisierungsverschnitt *m*
ionization current Ionisationsstrom *m*
ionization degree Ionisationsgrad *m {Gase}*; Dissoziationsgrad *m {Lösungen}*
ionization density Ionisationsdichte *f*
ionization dosemeter Ionisationsdosimetr *n*
ionization efficiency Ionisierungsausbeute *f {Nukl}*
ionization energy Ionisationsenergie *f*, Ionisierungsenergie *f*, Ionisationsarbeit *f*, Ionisierungspotential *n {in eV}*
second ionization energy zweite Ionisierungsenergie *f {z.B. H^+ zu H^{++} + e}*
ionization equilibrium Ionisationsgleichgewicht *n {Gase}*; Dissoziationsgleichgewicht *n {Lösungen}*
ionization foaming Schaumstoffherstellung *f* durch Ionisation *f*
ionization ga[u]ge Ionisierungsmanometer *n*, Ionisationsmanometer *n*, Ionisationsvakuummeter *n*
ionization impact Ionisationsstoß *m*, Ionisierungsstoß *m*
ionization limit Ionisierungsgrenze *f*
ionization manometer *s.* ionization ga[u]ge
ionization of air Ionisierung *f* der Luft *f*, Ionisation *f* der Luft *f*, Luftionisation *f*
ionization potential *s.* ionization energy
ionization pressure Ionisierungsdruck *m*
ionization probability Ionisierungswahrscheinlichkeit *f*
ionization pump Ionenpumpe *f {Vak}*
ionization resistance Ionisationsbeständigkeit *f {Gase}*; Dissoziationsbeständigkeit *f {Lösungen}*
ionization smoke detector Ionisationsrauchmelder *m*
ionization space Ionisierungsraum *m {Vak}*
ionization spectrometer Bragg-Spektrometer *n*
ionization track Ionisierungsbahn *f*, Ionisierungsspur *f {Nukl}*
ionization-type rate monitor Ionisationsratemonitor *m*
ionization vacuum ga[u]ge *s.* ionization ga[u]ge
ionization voltage *s.* ionization energy
ionization volume Ionisierungsvolumen *n*
degree of ionization Ionisationsgrad *m {Gase}*; Dissoziationsgrad *m {Lösungen}*
heat of ionization Ionisationswärme *f*, Ionisierungswärme *f*, Ionisierungsenthalpie *f*

quarternary ionization Ionisation *f* vierter Ordung *f*
ionize/to ionisieren *{Gase}*; dissoziieren *{Lösungen}*
ionized atom ionisiertes Atom *n*, Atomion *n*
ionized gas ionisiertes Gas *n*
ionizer Ionisator *m*, Ionisierungsmittel *n*
ionizer wire Sprühdraht *m {Filter}*
ionizing 1. Ionisations-; 2.Ionisierung *f*, Ionisation *f*, Ionenbildung *f*
ionizing collision Ionisationsstoß *m*, Ionisierungsstoß *m*
ionizing electrode Ionisierungselektrode *f*, Sprühelektrode *f {Filter}*
ionizing energy *s.* ionization energy
ionizing medium ionisierendes Medium *n*, ionisierendes Lösemittel *n*
ionizing power Ionisierungsvermögen *n*, Ionisierungsfähigkeit *f*, Ionisationsfähigkeit *f*
ionizing radiation ionisierende Strahlung *f*
Ionizing Radiation [Sealed Sources] Regulations *{GB, 1967}* Strahlenschutzverordnung *f* [für geschlossene Quellen fpl]
Ionizing Radiation [Unsealed Radioactive Substances] Regulations *{GB, 1968}* Strahlenschutzverordnung *f* [für offene Strahlenquellen *fpl*]
ionizing solvent ionisierendes Lösemittel *n*
ionogenic ionenbildend, ionenerzeugend, ionogen; ionisierbar
ionogram 1. Ionogramm *n {Höhen-Frequenz-graph}*; 2. Ionogramm *n {Blutplasma-Elektrolyse, in mäg/L}*
ionol 1. <$C_{15}H_{24}O$> Jonol *n*, Ionol *n*; 2. <$C_{13}H_{22}O$> Jonol *n*
ionomer Ionomer[es] *n {vernetzte, thermoplastische, transparente Kunststoffe}*
ionomer [resin] Ionomerharz *n*
ionone <$C_{13}H_{20}O$> Jonon *n*, Ionon *n*
iononic acid Jononsäure *f*, Iononsäure *f*
ionophore Ionophor *m*, Ionencarrier *m {Biochem}*
ionophoresis Ionophorese *f*
ionophoric ionophor *{z.B. Antibiotikum}*
ionosorption tube Ionensorptionsröhre *f*
ionosphere Ionosphäre *f {> 75 km Höhe}*
ionotropic gel ionotropes Gel *n*
ionotropy Ionotropie *f {ordnen durch Ionendiffusion}*
iontophoresis Iontophorese *f {Pharm}*
iopanoic acid <$C_{11}H_{12}I_3NO_2$> Iopansäure *f*
IP *{Institute of Petroleum, GB}* Britisches Erdölinstitut *n*
IP petroleum spirit IP-Lösemittel *n*
IP spirits insolubles Normalbenzin-Unlösliches *n*, Hartasphalt *m*
IPA 1. Isophthalsäure *f*; 2. Isopropylalkohol *m*
IPAE Isopropylaminoethanol *n*
IPC 1. Ionenpaar-Chromatographie *f*; 2. Prophan *n*, Isopropyl-*N*-phenylcarbamat *n*
ipecac Ipecacuanha *n*, Brechwurzel *f*, Ruhrwurzel *f {aus Cephaelis ipecacuanha (Brot.) A. Rich.}*
ipecacuanha *s.* ipecac
ipecacuanhic acid <$C_{14}H_{18}O_7$> Ipecacuanhasäure *f*
ipomeanine Ipomeanin *n {1-(3-Furanyl)-1,4-pentadion}*
ipomic acid Sebacinsäure *f*, Ipomsäure *f*
iproniazid <$C_9H_{13}N_3O$> Iproniazid *n*
IPTS *{International Practical Temperature Scale}* Internationale Praktische Temperaturskale *f {IPTS-27, IPTS-48, IPTS-68}*
ipuranol <$C_{23}H_{38}O_2(OH)_2$> Ipuranol *n*
irene <$C_{14}H_{20}$> Iren *n {1,2,3,4-Tetrahydro-1,1,2,6-tetramethylnaphthalin}*
iretol <$CH_3OC_6H_2(OH)_3$> Iretol *n*, 5-Methoxypyrrogallol *n*
iridaceous plant Liliengewächs *n {Bot}*
iridesce/to irisieren, schillern
iridescence Farbenschiller *m*, [Regenbogen-]-Farbenspiel *n*, Irisieren *n*, Schillern *n*
iridescent schillernd, buntschillernd, irisierend
iridescent paper Perlmutterpapier *n*, Irispapier *n*, irisierendes Papier *n*
iridescent quartz Irisquarz *m*, Regenbogenquarz *m {Min}*
iridescent stain Schimmerfleck *m {Email}*
iridic Iridium(IV)-
iridicinium compounds Iridicinium-Verbindung *f*, Iridiummetallocen *n*
iridin Iridin *n*
iridium *{Ir, element no. 77}* Iridium *n*
iridium carbonlys Iridiumcarbonyle *npl {$Ir_2(CO)_8$, $Ir_4(CO)_{12}$, $Ir_8(CO)_{16}$ usw.}*
iridium chelate Iridiumchelat *n*
iridium chlorides Iridiumchloride *npl {$IrCl_3$ und $IrCl_4$}*
iridium disulfide <IrS_2> Iridiumdisulfid *n*
iridium filament Iridium-Glühfaden *m*
iridium oxides Iridiumoxide *npl {IrO, Ir_2O_3, IrO_2, IrO_3}*
iridium pentafluoride <IRF_5 Iridiumpentafluorid *n*
iridium potassium chloride Kaliumhexachloroiridat(IV) *n*, Kaliumiridiumchlorid *n*
iridium sesquioxide Iridiumsesquioxid *n*
iridium sodium chloride 1. <$Na_2IrCl_6{\cdot}6H_2O$> Natriumhexachloroirodat(IV)[-Hexahydrat] *n*, Natriumiridium(IV)-chlorid *n*; 2. <$Na_3IrCl_6{\cdot}12H_2O$> Natriumhexachloroiridat(III)[-Dodecahydrat] *n*, Natriumiridium(III)-chlorid *n*
iridium tetraiodide <Ir_2I_4> Iridiumtetraiodid *n*

iridium trioxide 1. <Ir_2O_3> Iridium(III)-oxid *n*, Iridiumsesquioxid *n*, Diiridiumtrioxid *n*; 2. <IrO_3> Iridiumtrioxid *n*, Iridium(VI)-oxid *n*
iridium sponge Iridiumschwamm *m*
iridium tetrachloride <$IrCl_4$> Iridiumtetrachlorid *n*
iridize/to irisieren, farbschillern
irido- Iridium(II)-
iridodicarboxylic acid Iridodicarbonsäure *f*
iridosmine Iridosmium *n*, Syssertskit *m*, Osmiridium *n {Min}*
iridous Iridium(III)-
iris 1. Iris *f*, Regenbogenhaut *f*; 2. Irisblende *f {Photo}*; 3. Schwertlilie *f {Bot}*; 4. *s.* iridescent quartz
iris blue Irisblau *n*
iris diaphragm Irisblende *f {Elek, Photo}*
iris oil 1. Veilchenwurzelöl *n*, Irisöl *n*; 2. Resinoidextrakt *m*
irisate/to irisieren, farbschillern
irisation Irisieren *n*, Schillern *n*, Regenbogenfarbenspiel *n*
Irish moss Carrag[h]eenmoos *n*, Carrag[h]een *n*, Karrag[h]een *n*, Irländisches Moos *n*, Gallertmoos *n*, Knorpeltang *m {Bot}*
iron/to abstrecken, abstreckziehen *{Met}*; plätten, bügeln
iron 1. eisern; Eisen(II)-, Eisen(III)-; 2. *{Fe, Element Nr. 26}* Eisen *n*, Ferrum *n*; 3. Abstrekken *n*, Abstreckziehen *n {Met}*; Bügeln *n*, Plätten *n*
iron acetate *s.* iron(III) acetate
iron acetate liquor Eisenacetatlauge *f*, Eisenbrühe *f*, Eisengrund *m*, Eisenbeize *f*, Schwarzbeize *f {z.B. holzessigsaures Eisen, Eisenpyrolignit; Farb, Text}*
iron acetate solution Eisenacetatlösung *f {für technische Zwecke}*
iron acetylacetonate <$Fe(C_5O_2H_7)_3$> Eisenacetylacetonat *n*
iron albuminate Eisenalbuminat *n*
iron alloy Eisenlegierung *f*
iron alum 1. <$Fe_2(SO_4)_3 \cdot K_2SO_4 \cdot 24H_2O$> Eisenalaun *m*, Kaliumeisenalaun *m*; 2. <$FeAl(SO_4)_4 \cdot 22H_2O$> Halotrichit *m {Min}*
iron-aluminium garnet Eisentongranat *m*, gemeiner Granat *m*, Almandin *m*
iron ammonium chloride Eisensalmiak *m*
iron ammonium sulfate 1. <$Fe(NH_4)_2(SO_4)_2 \cdot 12H_2O$> Ferroammoniumsulfat *n {obs}*, Ammoniumeisen(II)-sulfat *n*, Eisen(II)-ammoniumsulfat *n*; 2. <$NH_4Fe(SO_4)_2$> Ferriammoniumsulfat *n {obs}*, Ammoniumeisen(III)-sulfat *n*, Eisen(III)-ammoniumsulfat *n*
iron-and-steel metallurgy Eisenmetallurgie *f*
iron arc Eisen[licht]bogen *m {Spek}*
iron arsenide Eisenarsenid *n*, Arseneisen *n*
iron asbestos Eisenasbest *m*, Eisenamiant *m {Min}*
iron bacteria Eisenbakterien *fpl {Leptothrix-, Crenothrix- und Gallionella-Arten}*
iron-base auf Eisenbasis *{Eisengrundlage}*
iron-base superalloy Eisenbasis-Superlegierung *f*
iron-bearing eisenführend, eisenhaltig
iron-binding protein eisenbindendes Protein *n {Physiol}*
iron bisulfide *{obs}* *s.* iron disulfide
iron black Eisenschwarz *n {Sb-Pulver}*, Eisenlack *m*
iron blast furnace Eisenhochofen *m*
iron block Eisenklumpen *m*, Eisensau *f*
iron bloom Eisenluppe *f*, Luppeneisen *n*
iron blue pigment *{ISO 2495}* Berliner Blau *n*, Preußischblau *n*, Eisenblaupigment *n*, Pariserblau *n*, Eisencyanblau *n*
iron boride Eisenborid *n*, Ferrobor *n*
iron borings Eisen[bohr]späne *mpl*
iron bromide *s.* iron(II) bromide and/or iron(III) bromide
iron bronze Eisenbronze *f*
iron buff Rostgelb *n*, Nankinggelb *n {Text}*
iron calcium phosphate Calciumeisen(III)-phosphat *n*
native iron calcium phosphate Richellit *m {Min}*
iron carbide 1. <Fe_3C> Eisencarbid *n*, Cementit *n {Met}*; 2. <FeC_4> Eisencarbid *n*
iron-carbon alloy Eisen-Kohlenstoff-Legierung *f*
iron-carbon-equilibrium diagram Eisen-Kohlenstoff-Diagramm *n*, Eisen-Kohlenstoff-Zustandsschaubild *n*, Fe-C-Diagramm *n*
iron carbonate *s.* iron(II) carbonate
iron carbonyls Eisencarbonyle *npl*, Ferrocarbonyle *npl {$Fe(CO)_5$, $Fe_2(CO)_9$, $Fe_3(CO)_{12}$}*
iron caseinate Caseineisen *n*
iron casting Eisenguß *m*; Eisengußstück *n*
malleable iron casting Tempergußstück *n*
iron cell Eisenelement *n*
iron cement Eisenkitt *m*, Eisenzement *m*, Rostkitt *m {NH_4Cl/Fe-Späne-Gemisch}*
iron chloride *s.* iron(II) chloride and/or iron(III) chloride
iron chromate *s.* iron(III) chromate
iron-chromium casting alloy Eisenchrom-Gußlegierung *f*
iron chrysolite Eisenchrysolith *m*, Neochrysolith *m {obs}*, Fayalit *m*, Eisenolivin *m {Min}*
iron-clad eisengeschlossen; gußgekapselt; eisenverkleidet, gepanzert
iron-clad magnet Mantelmagnet *m*
iron clay Eisenton *m*
iron colo[u]r Eisenfarbe *f*, Eisengrau *n*
iron-colo[u]red eisenfarbig, eisengrau

iron concrete Eisenbeton *m*
iron-constantan couple Eisen-Konstantan-Thermoelement *n*
iron content Eisengehalt *m*
iron core Eiseneinlage *f*, Eisenkern *m*
iron corrosion Eisenfraß *m*, Eisenkorrosion *f*
iron crucible Eisentiegel *m*
iron cyanide *s.* iron(II) cyanide and/or iron(III) cyanide
iron cyanogen compound Cyaneisenverbindung *f*, Eisencyanverbindung *f*
iron dichloride <$FeCl_2$> Eisendichlorid *n*, Eisen(II)-chlorid *n*
iron disk mill Stiftmühle *f*
iron disulfide <FeS_2> Eisendisulfid *n*, Doppeltschwefeleisen *n {obs}*, Schwefelkies *m {Min}*
native iron disulfide Markasit *m {Min}*
iron dross Eisensinter *m*, Gußschlacke *f*, Hochofenschlacke *f*
iron dust Eisen[feil]staub *m*
iron earth Eisenerde *f*
iron electrode Eisenelektrode *f*
iron extraction Enteisenung *f*
iron fertilizer eisenhaltiger Dünger *m*
iron filings Eisen[feil]späne *mpl*, Eisenfeilicht *n*
iron flint Eisenkiesel *m*, Eisenquarz *m*, roter Quarz *m {Min}*
iron flowers Eisenblumen *fpl*
iron fluoride Eisenfluorid *n*
basic iron fluoride Eisenoxidfluorid *n*
iron foundry Eisengießerei *f*, Eisenschmelzhütte *f*, Graugießerei *f*
iron-free redox system eisenfreies Redoxsystem *n*
iron gallate ink Eisengallustinte *f*
iron garnet Eisengranat *m {Min}*
iron geode Eisendruse *f {Min}*
iron glance Eisenglanz *m*, Specularit *m*, Glanzeisenerz *n {obs}*, Hämatit *m {Min}*
iron glazing Eisenglasur *f*
iron glue Eisenkitt *m*
iron glycerophosphate Eisenglycerophosphat *n*
iron hammer scale Eisenhammerschlag *m*, Hammerschlag *m*
iron-hydrogen resistor Eisen-Wasserstoff-Widerstand *m {Elek}*
iron hydroxide *s.* iron(II) hydroxide and/or iron(III) hydroxide
iron industry Eisenindustrie *f*
iron ink Eisentinte *f*, eisenhaltige Tinte *f*
iron iodate Eisen(III)-iodat *n*
iron iodide *s.* iron(II) iodide and/or iron(III) iodide
iron lacquer Eisenlack *m*
iron lead Bleieisenstein *m*
iron-like eisenähnlich, eisenartig
iron liquor *s.* iron acetate liqour
iron lode Eisengang *m*, Eisenader *f {Geol}*
iron loss 1. Eisenabbrand *m*; 2. Eisenverlust *m*, Ummagnetisierungsverlust *m*, Wirbelstromverlust *m {in W/kg bei 50 Hz; DIN 46 400}*
iron lozenges Eisentabletten *fpl {Pharm}*
iron manganese silicide Eisenmangansilicid *n*
iron manganese tungstate Eisenmanganwolframat *n*
iron meal Eisenmehl *n*
iron metabolism Eisenstoffwechsel *m*
iron metallurgy Eisenhüttenkunde *f*, Eisenmetallurgie *f*, Schwarzmetallurgie *f*
iron metasilicate Eisenmetasilicat *n*
iron metavanadate Eisen(III)-metavanadat *n*
iron meteorite Eisenmeteorit *m {FeNi-Meteorit}*
iron mica Eisenglimmer *m*, Lepidomelan *m {Min}*
iron mine Eisenbergwerk *n*
iron minimum <Fe_2O_3> Eisenmennige *f*, Roteisenocker *m*, Roteisenerz *n*, Rötel *m*, Blutstein *m*, Hämatit *m {Min}*
iron monosulfide <FeS> Eisen(II)-sulfid *n*, Eisenmonosulfid *n*
iron monoxide <FeO> Eisenmonoxid *n*, Eisen(II)-oxid *n*, Ferrooxid *n {obs}*
iron mordant 1. *s.* iron acetate liqour; 2. Eisen(III)-sulfat *n*; 3. Eisen(II)-nitrat *n*
iron mould Eisenrost *m*, Rostfleck *m*, Eisenfleck *m*, Tintenfleck *m {Gallustinte}*
iron natrolite Eisennatrolith *m {Min}*
iron-nickel accumulator Eisen-Nickel-Akkumulator *m*, Edison-Akkumulator *m*, Ni-Fe-Akkumulator *m*
iron-nickel core Eisen-Nickel-Kern *m*, NiFe-Kern *m {Geol}*
iron-nickel storage battery *s.* iron-nickel accumulator
iron nitrate *s.* iron(II) nitrate and/or iron(III) nitrate
iron nitride <Fe_4N> Eisennitrid *n*
iron nitrite Eisennitrit *n*
iron nonacarbonyl <$Fe_2(CO)_9$> Dieisennonacarbonyl *n*, Eisennonacarbonyl *n*
iron nucleinate nukleinsaures Eisen *n*
iron ochre Eisenocker *m*
brown iron ochre brauner Eisenocker *m*
red iron ochr *s.* iron minimum
yellow iron ochre gelber Eisenocker *m*,
iron olivine *s.* iron chrysolite
iron ore Eisenerz *n {Bergbau}*
iron ore cement Ferrarizement *m*
iron ore deposit Eisenerzlagerstätte *f*, Eisenerzvorkommen *n*
argillaceous iron ore toniges Eisenerz *n*
botryoidal iron ore Schaleisenstein *m*
columnar argillaceous red iron ore Nagelerz *n {Min}*

earthy iron ore Eisenmulm *m {Min}*
fibrous iron ore faseriges Eisenerz *n*
magnetic iron ore *s.* iron(II,III) oxide
red iron ore roter Hämatit *m {Min}*
iron oxalate Eisenoxalat *n*
iron oxide Eisenoxid *n {FeO, Fe_2O_3, Fe_3O_4}*
iron oxide black Eisenoxidschwarz *n*, Eisen(II,III)-oxid *n*, magnetisches Eisenoxid *n {Triv}*
iron oxide layer Eisenoxidschicht *f*
iron oxide pigment Eisenoxidfarbe *f*, Eisenoxidpigment *n*
iron oxide process Eisenoxidverfahren *n*
iron oxide red Eisenoxidrot *n*, Kaiserrot *n*, gebrannte Sienaerde *f {Triv}*, Türkischrot *n {z.B. Caput mortuum, Polierrot, Englischrot}*
iron oxide yellow <$Fe_2O_3 \cdot H_2O$> Eisenoxidgelb *n*
black iron oxide 1. Eisenmohr *m {Min}*; 2. *s.* iron(II,III) oxide
earthy iron oxide Ocker *m*
hydrated iron oxides Eisenoxidhydrate *npl*
red iron oxide 1. Kaiserrot *n*; 2. Eisenoxidbraun *n*, Eisensubcarbonat *n {$Fe(OH)_2$ / $Fe(OH)_3$ / $FeCO_3$-Gemisch}*
iron oxyfluoride Eisenoxidfluorid *n*
iron paranucleinate Triferrin *n*
iron pastille Eisenpastille *f*
iron pentacarbonyl <$Fe(CO)_5$> Eisenpentacarbonyl *n*
iron peptonate Eisenpeptonat *n*
iron period Eisenperiode *f {Periodensystem; Cr, Mn, Fe, Co, Ni, Cu}*
iron phosphate *s.* iron(II) phosphate and/or iron(III) phosphate
iron phosphide <FeP> Eisenphosphid *n*, Phosphoreisen *n {Met}*
iron pig Eisenklumpen *m*, Eisengans *f*, Eisenmassel *f {Met}*
iron pigments Eisenpigmente *npl*
iron pit Eisenbergwerk *n*
iron plate Eisenplatte *f*, Blechtafel *f*, Eisenblech *n*
iron plating bath Stählungsbad *n*, Verstählungsbad *n*
iron-porphyrin protein eisenhaltiges Porphyrinprotein *n*
Iron Portland cement Eisenportlandzement *m*
iron powder Eisenpulver *n*
iron preparation Eisenpräparat *n {Pharm}*
iron-producing eisenschaffend
iron protecting paint Eisenschutzfarbe *f*
iron protochloride Eisendichlorid *n*, Eisen(II)-chlorid *n*
iron protosulfide Eisen(II)-sulfid *n*, Eisenmonosulfid *n*
iron protoxide Eisen(II)-oxid *n*, Eisenoxydul *n {obs}*
iron putty Eisenkitt *m {Fe_2O_3 + gekochtes Leinöl}*
iron pyrite[s] <FeS_2> Eisenkies *m*, Pyrit *m*, Schwefelkies *m {Min}*
cupriferous iron pyrite[s] kupferreicher Eisenkies *m {Min}*
white iron pyrite[s] Vitriolkies *m {Min}*
iron pyrolignite Eisenpyrolignit *m {Eisenbeize}*
iron quartz Eisenquarz *m {Min}*
iron quinine citrate Eisenchinincitrat *n*
iron refinery slag Eisenfeinschlacke *f*
iron removal Enteisenung *f {von Wasser}*
iron removing apparatus Enteisener *m*, Enteisenungsanlage *f {für Wasser}*
iron resinate Eisenresinat *n*
iron rubber Eisengummi *n*
iron rust Eisenrost *m*
iron saccharate Eisensaccharat *n*
iron sand Eisensand *m*
iron scale Zunder *m*, Hammerschlag *m*, Schmiedsinter *m*
iron scrap Eisenabfall *m*, Eisenabgang *m*; Eisenschrott *m*
iron selenide Eisenselenid *n*, Seleneisen *n*
iron separation Eisenabscheidung *f*
iron sesquichloride Eisensesquichlorid *n {obs}*, Eisen(III)-chlorid *n*, Eisentrichlorid *n*
iron sesquioxide Ferrioxid *n {obs}*, Eisen(III)-oxid *n*, Eisensesquioxid *n*
iron sesquisulfide Eisen(III)-sulfid *n*, Eisensesquisulfid *n*, Ferrisulfid *n {obs}*
iron shavings Eisendrehspäne *mpl*
iron sheet Eisenblech *n*
iron silicate Eisensilicat *n*
iron silicide Eisensilicid *n*, Siliciumeisen *n*
iron silver glance Sternbergit *m {Min}*
iron slab Bramme *f*
iron slag Eisenschlacke *f*
iron smelting Eisenverhüttung *f {Met}*
iron soap Eisen-Seife *f*
iron sodium pyrosphosphate Eisennatriumpyrophosphat *n*
iron sow Eisensau *f {Met}*
iron spar Eisenspat *m*, Siderit *m {Min}*
iron spark Eisenfunke *m {Spek}*
iron spinel Hercynit *m*, Ferro-Spinell *m*, Chrysolmelan *m {Min}*
iron sponge Eisenschwamm *m {Met}*
iron spot Eisenfleck *m {im Holz}*; Rostfleck *m {auf Textilien}*
iron stain *s.* iron spot
iron-stony meteorite Stein-Eisen-Meteorit *m*
iron stand Eisengestell *n*
iron strip Eisenblech *n*
iron sublimate Eisensublimat *n*
iron sulfate *s.* iron(II) sulfate and/or iron(III) sulfate

iron sulfides Eisensulfide *npl {Fes, Fe_2S_3, FeS_2, Fe_3S_4}*
iron-tanned leather Eisenleder *n*
iron test Eisenprobe *f*
iron tetracarbonyl **<$(Fe(CO)_4)_3$>** Eisentetracarbonyl *n*, Trieisendodecacarbonyl *n*
iron tonic Eisenmittel *n*
iron trichloride **<$FeCl_3$>** Eisen(III)-chlorid *n*, Eisentrichlorid *n*, Ferrichlorid *n {obs}*
iron trisulfate Eisen(III)-sulfat *n*, Ferrisulfat *n {obs}*
iron turnings Eisen[dreh]späne *mpl*
iron varnish Eisenlack *m*
iron vitriol Eisenvitriol *n*, Eisen(II)-sulfat-Heptahydrat *n*; Melanterit *m {Min}*
iron waste Eisenabbrand *m*, Eisenabgang *m*
iron yellow Eisen[oxid]gelb *n*

iron(II)acetate Ferroacetat *n {obs}*, Eisen(II)-acetat *n*, Eisendiacetat *n*
iron(II) arsenate Eisen(II)-arsenat *n*, Ferroarsenat *n {obs}*, Eisendiarsenat *n*
iron(II) bromide Eisendibromid *n*, Eisenbromür *n {obs}*, Eisen(II)-bromid, Ferrobromid *n {obs}*
iron(II) carbonate Eisen(II)-carbonat *n*, Ferrocarbonat *n {obs}*, Eisendicarbonat *n*
iron(II) chloride Eisendichlorid *n*, Eisenchlorür *n {obs}*, Eisen(II)-chlorid *n*, Ferrochlorid *n {obs}*
iron(II) compound Eisen(II)-Verbindung *f*, Eisenoxydulverbindung *f {obs}*, Ferroverbindung *f {obs}*
iron(II) cyanide Ferrocyanid *n {obs}*, Eisencyanür *n {obs}*, Eisen(II)-cyanid *n*
iron(II) diiron(III) oxide **<$Fe[Fe_2O_3]$>** Eisen(II,III)-oxid *n*, schwarzes Eisenoxid *n {Triv}*, magnetisches Eisenoxid *n*, Trieisentetroxid *n*
iron(II) fluoride Eisendifluorid *n*, Eisen(II)-fluorid *n*
iron(II) glycerophosphate Ferroglycerinphosphat *n {obs}*, Eisen(II)-glycerinphosphat *n*
iron(II) hexacyanoferrate(II) **<$Fe_2[Fe(CN)_6]$>** Eisen(II)-hexacyanoferrat(II) *n*
iron(II) hexacyanoferrate(III) **<$Fe_3[Fe(CN)_6]_2$>** Eisen(II)-hexacyanoferrat(III) *n*
iron(II) hydroxide Eisen(II)-hydroxid *n*, Eisenhydroxydul *n {obs}*, Ferrohydroxid *n {obs}*
iron(II) iodide Ferrojodid *n {obs}*, Eisendiiodid *n*, Eisen(II)-iodid *n*, Eisenjodür *n {obs}*
iron(II) ion Eisen(II)-Ion *n*, Ferroion *n {obs}*
iron(II) lactate Eisen(II)-lactat *n*, Ferrolactat *n {obs}*
iron(II) nitrate Ferronitrat *n {obs}*, Eisen(II)-nitrat *n*
iron(II) oxalate Ferrooxalat *n {obs}*, Eisen(II)-oxalat *n*
iron(II) oxide Ferrooxid *n {obs}*, Eisen(II)-oxid *n*, Eisenmonoxid *n*, Eisenoxydul *n {obs}*
iron(II) phosphate Ferrophosphat *n {obs}*, Eisen(II)-phosphat *n*
iron(II) potassium tartrate Eisen(II)-kaliumtartrat *n*, Ferrokaliumtartrat *n {obs}*
iron(II) salt Eisen(II)-Salz *n*, Ferrosalz *n {obs}*
iron(II) sulfate Ferrosulfat *n {obs}*, Eisen(II)-sulfat *n*, Eisenoxydulsulfat *n {obs}*
iron(II) sulfide Ferrosulfid *n {obs}*, Eisen(II)-sulfid *n*, Eisenmonosulfid *n*, Eisensulfür *n {obs}*
iron(II) sulfite Eisen(II)-sulfit *n*
iron(II) thiocyanate Eisen(II)-rhodanid *n*, Eisenrhodanür *n {obs}*, Eisen(II)-thiocyanat *n*
iron(II) thiosulfate **<FeS_2O_3>** Eisen(II)-thiosulfat *n*

iron(II,III) iodide Ferriferrojodid *n {obs}*, Eisenjodürjodid *n {obs}*, Eisen(II,III)-iodid *n {IUPAC}*
iron(II,III) oxide **<$Fe[Fe_2O_4]$>** Ferriferrooxid *n {obs}*, Eisen(II,III)-oxid *n*

iron(III) acetate Eisen(III)-acetat *n*, Ferriacetat *n {obs}*
iron(III) ammonium citrate Eisenammoniumcitrat *n {Cyanotypie}*
iron(III) arsenite Eisen(III)-arsenit *n*, Ferriarsenit *n {obs}*
iron(III) bromide Eisentribromid *n*, Eisen(III)-bromid *n*, Ferribromid *n {obs}*
iron(III) carbonate Eisen(III)-carbonat *n*
iron(III) chloride Eisen(III)-chlorid *n*, Eisensesquichlorid *n {obs}*, Eisentrichlorid *n*, Ferrichlorid *n {obs}*
iron(III) chromate **<$Fe_2(CrO_4)_3$>** Ferrichromat *n {obs}*, Eisen(III)-chromat *n*
iron(III) citrate Eisen(III)-citrat *n*, Ferricitrat *n {obs}*, Eisencitrat *n*
iron(III) citrate green Ammoniumeisencitrat *n*
iron(III) compound Eisen(III)-Verbindung *f*, Ferriverbindung *f {obs}*
iron(III) cyanide Eisen(III)-cyanid *n*, Ferricyanid *n {obs}*, Eisentricyanid *n*
iron(III) fluoride Eisen(III)-fluorid *n*, Eisentrifluorid *n*
iron(III) formate Eisen(III)-formiat *n*
iron(III) hexacyanoferrate(II) **<$Fe_4[Fe(CN)_6]_3$>** Eisen(III)-hexacyanoferrat(II) *n*, Preußischblau *n {Triv}*, Turnbulls Blau *n*, Berlinerblau *n*
iron(III) hexacyanoferrate(III) **<$Fe_2(CN)_6$>** Eisen(III)-hexacyanoferrat(III) *n*
iron(III) hydroxide Ferrihydroxid *n {obs}*, Eisen(III)-hyroxid *n*, Eisen(III)-oxidhydrat *n*
iron(III) iodate Ferrijodat *n {obs}*, Eisen(III)-iodad *n*, Eisentriiodat *n*

iron(III) iodide Eisen(III)-iodid *n*, Ferrijodid *n* *{obs}*, Eisentriiodid *n*

iron(III) lactate Ferrilactat *n* *{obs}*, Eisen(III)-lactat *n*, Eisentrilactat *n*

iron(III) nitrate Ferrinitrat *n* *{obs}*, Eisen(III)-nitrat *n*, Eisentrinitrat *n*

iron(III) oxalate Ferrioxalat *n* *{obs}*, Eisen(III)-oxalat *n*

iron(III) oxide Eisen(III)-oxid *n*, Eisensesquioxid *n* *{obs}*, Ferrioxid *n* *{obs}*

iron(III) phenolate Eisen(III)-phenolat *n*

iron(III) phosphate Ferriphosphat *n* *{obs}*, Eisen(III)-phosphat *n*

iron(III) potassium alum **<$KFe(SO_4)_2 \cdot 12H_2O$>** Eisenkaliumalaun *m*, Kaliumeisen(III)-sulfat[-12-Wasser] *n*

iron(III) potassium hexacyanoferrate(II) **<$KFe[Fe(CN)_6] \cdot H_2O$>** Kaliumeisen(III)-hexacyanoferrat(II) *n*, Eisentrithiocyanat *n*

iron(III) pyrophosphat <$Fe_4(P_2O_7)_3$> Eisen(III)-pyrophosphat *n*

iron(III) rhodanide Ferrirhodanid *n* *{obs}*, Eisen(III)-rhodanid *n*, Eisen(III)-thiocyanat *n*, Eisentrithiocyanat *n*

iron(III) salt Eisen(III)-Salz *n*, Ferrisalz *n* *{obs}*

iron(III) sodium oxcalate **<$FeNa_3(COO)_6 \cdot 4{,}5H_2O$>** Eisen(III)-natriumoxalat *n*, Natriumeisen(III)-oxalat *n*

iron(III) sodium sulfate **<$FeNa(SO_4)_2 \cdot 12H_2O$>** Eisen(III)-natriumsulfat[-Dodecahydrat] *n*, Natriumeisen(III)-sulfat *n*, Natriumeisenalaun *m* *{Triv}*

iron(III) sulfate Ferrisulfat *n* *{obs}*, Eisen(III)-sulfat *n*

iron(III) sulfide Ferrisulfid *n* *{obs}*,Eisen(III)-sulfid *n*, Eisensesquisulfid *n* *{obs}*

iron(III) tannate Eisen(III)-tannat *n*, Ferritannat *n* *{obs}*

iron(III) tartrate Eisen(III)-tartrat *n*, Ferritartrat *n* *{obs}*

iron(III) thiocyanate Eisen(III)-rhodanid *n*, Ferrirhodanid *n* *{obs}*, Eisen(III)-thiocyanat *n*

iron(III) valerate Ferrivalerianat *n* *{obs}*, Eisen(III)-valerianat *n*

acid iron saures Eisen *n* *{Met}*

basic iron Thomas-Eisen *n* *{Met}*

cadmiated iron cadmiertes Eisen *n* *{Met}*

carburized iron gekohltes Eisen *n* *{Met}*

close-grained iron Feinkorneisen *n*

coarse-grained iron Grobkorneisen *n*

irones <$C_{14}H_{22}O$> Irone *npl* *{Terpen}*

ironish eisenhaltig, eisenartig

ironstone Eisenstein *m* *{DIN 22005}*

calcareous ironstone Kalkeisenstein *m* *{Min, Calcit-Limonit-Gemisch}*

red ironstone Roteisenstein *m* *{Min}*

yellow ironstone Gelbeisenstein *m* *{Min, Copiapit-Jarosit-Limonit-Gemisch}*

ironwood Eisenholz *n* *{tropische/subtropische Bäume mit sehr hartem Holz}*; Holz *n* der Amerikanischen Weißbuche *f* *{Carpinus caroliniana}*; Holz *n* der Amerikanischen Hopfenbuche *f* *{Ostrya virginiana}*; Eisenbaumholz *n*

irony eisenartig, eisenhaltig; Eisen-

irradiance 1. Bestrahlungsstärke *f*, Strahlungsflußdichte *f*, spezifische Ausstrahlung *f* *{in J/(s·m2)}*; 2. Beleuchtungsstärke *f* *{in lx}*

irradiate/to 1. bestrahlen, anstrahlen; 2. ausstrahlen; 3. belichten *{Photo}*

irradiate acoustically/to beschallen

irradiated bestrahlt; belichtet

irradiated food bestrahlte Lebensmittel *npl*

irradiated plastic strahlenvernetzter Plast *m*, bestrahlter Kunststoff *m*

irradiated thermoplastic bestrahlter Thermoplast *m*, strahlenvernetzter Thermoplast *m*

irradiation 1. Bestrahlen *n*, Bestrahlung *f*, Einstrahlung *f*; 2. Ausstrahlung *f*; 3. Überstrahlung *f*, Irradiation *f* *{optische Täuschung}*; 4. Verstrahlen *n*, Verstrahlung *f* *{radioaktive Verseuchung}*; 5. Strahlungsintensität *f*

irradiation capsule Bestrahlungskapsel *f*

irradiation damage 1. Bestrahlungsschaden *m*; 2. Strahlenschaden *m* *{Krist}*

irradiation embrittlement Bestrahlungsversprödung *f*

irradiation experiment 1. Bestrahlungsversuch *m*, 2. Röntgenuntersuchung *f*

irradiation hole Bestrahlungskanal *m* *{Nukl}*

irradiation-induced creep bestrahlungsinduziertes Kriechen *n*

irradiation load Bestrahlungsbelastung *f*

irradiation stability Bestrahlungsbeständigkeit *f*

irradiation test Bestrahlungstest *m*

irradiation time Bestrahlungszeit *f*, Bestrahlungsdauer *f*

duration of irradiation *s.* irridation time

intensity of irradiation Belichtungsstärke *f*

irradiator Strahler *m*

irrathene bestrahltes Polyethylen *n*, strahlenvernetztes Polyethylen *n*

irrational 1. irrational, unberechenbar *{Math}*; unlogisch *{Math}*; vernunftwidrig; unsinnig; 2. Irrationalzahl *f*, irrationale Zahl *f* *{Math}*

irrealizable undurchführbar

irrecoverable 1. unersetzbar, unwiederbringlich; 2. unbehebbar, bleibend, beständig *{z.B. Fehler}*; 3. unheilbar *{Med}*

irreducible 1. nicht reduzierbar, nicht vermindberbar; 2. irreduzibel, nicht wiederherstellbar, nicht wieder zurückzuführen; 3. irreduzibel, unzerlegbar *{Math}*

irregular 1. ungleichförmig, unregelmäßig, ungleichmäßig; 2. irregulär, ungesetzmäßig *{z.B. Kristall}*, von der Regel *f* abweichend, abnorm; ungeordnet, regellos; 3. schnittig *{fehlerhaftes Garn}*; 4. spratzig *{Met}*
irregularity 1. Unregelmäßigkeit *f*, Ungleichförmigkeit *f*; 2. Abnormität *f*, Anomalie *f*; Regellosigkeit *f*; 3. Störstelle *f {Krist}*
degree of irregularity Ungleichförmigkeitsgrad *m*
irrelevant unerheblich, belanglos, unwesentlich, geringfügig, irrelevant; nicht zur Sache *f* gehörig
irreparable 1. irreparabel, nicht zu reparieren, nicht wiederherstellbar; 2. nicht heilbar *{Med}*
irrespective ungeachtet, ohne Rücksicht *f* [auf], unabhängig; unbeschadet
irrespective of the number of items stückzahlunabhängig
irresponsible unverantwortlich, verantwortungslos; verantwortungsfrei; unzuverlässig
irreversibility Irreversibilität *f*
irreversible irreversibel, nicht umkehrbar; unwiderruflich
irreversible colloid irreversibles Kolloid *n*
irreversible cycle nicht umkehrbarer Vorgang *m {einsinnig verlaufender Vorgang}*
irreversible elongation bleibende Dehnung *f {DIN 53360}*
irreversible energy loss irreversibler Energieverlust *m*, Entropie *f {Thermo}*
irreversible gel irreversibles Gel *n*
irreversible process irreversibler Vorgang *m*, nicht umkehrbarer Vorgang *m {Thermo}*
irreversible reaction irreversible Reaktion *f*, nicht umkehrbare Reaktion *f*
irreversible sol irreversibles Sol *n*
irreversible thermodynamics Nichtgleichgewichts-Thermodynamik *f*
irrigate/to 1. bewässern, berieseln; 2. ausspülen *{Med}*
irrigation 1. Berieselung *f*, [künstliche] Bewässerung *f*, Irrigation *f*; 2. Ausspülung *f {Med}*
irrigation cooler Berieselungskühler *m*, Rieselkühler *m*
irrigation water Rieselwasser *n {Agri}*
irrigator Rieseler *m*, Irrigator *m*
irritability Reizbarkeit *f*
irritant 1. reizend, ätzend; Reiz-; 2. Reizmittel *n*, Reizstoff *m {Chem}*; 3. Kohlenstoffbeeinflusser *m {Met; z.B. Ni, Mn, Cr, W, Si}*
irritant action Reizwirkung *f {Physiol}*
irritant gas Reizgas *n {z.B. Tränengas}*
irritant poison Reizgift *n*
irritate/to 1. irritieren, reizen, erregen *{Chem, Med}*; reizen, aufregen, aufbringen; 2. entzünden *{Med}*
irritating dust reizender Staub *m*
irritation 1. Reiz *m*, Reizung *f*, Erregung *f {Med}*; 2. Irritation *f {Beeinflussung des Organismus durch Schadstoffe}*
irritative reizerregend *{Med}*
irrotational flow wirbelfreie Strömung *f*, drallfreie Strömung *f*, drehungsfreie Strömung *f*, Potentialströmung *f*
irrotational fluid motion *s.* irrotational flow
isabellin Isabellin *n {Al-Mn-Cu-Legierung}*
isaconic acid *s.* itaconic acid
isamic acid <$C_{16}H_{11}N_3O_3$> Isamsäure *f*
isamide Isamid *n*
isanic acid <$C_{17}H_{25}COOH$> Erythrogensäure *f*, Isansäure *f {Octadec-17-en-9,11-diinsäure}*
isanooil Isanoöl *n*, Zanoöl *n*
isaphenic acid <$C_{17}H_{11}NO_3$> Isanolsäure *f*
isatanthrone Isatanthron *n*
isatic acid <$H_2NC_6H_4COCOOH$> Isatinsäure *f {2-Aminophenyl)-2-oxoethansäure}*
isatide <$C_{16}H_{12}N_2O_4$> Dihydroxybioxindol *n*, Isatin-3,3'-pinakol *n*, Isatid *n*
isatin <$C_8H_5NO_2$> Isatin *n*, Indolin-2,3-dion *n*, 1*H*-Indol-2,3-dion *n*, Isatinsäurelactan *n*
isatinecic acid Isatinecinsäure *f*
isatinic acid *s.* isatic acid
isatinic acid lactam *s.* isatin
isatogenic acid Isatogensäure *f*
isatoic acid <$C_8H_7NO_4$> Isatosäure *f*, 2-Carboxyaminobenzoesäure *f {IUPAC}*
isatol Isatol *n*
isatoxime <$C_8H_6N_2O_2$> Isatoxim *n*, Nitrosoindoxyl *n*
isatronic acid Isatronsäure *f*
isatropic acid <$C_{18}H_{16}O_4$> Isatropasäure *f*
isenthalpe Isenthalpe *f*, Drossellinie *f {Phys}*
isenthalpic isenthalp[isch], mit gleicher Enthalpie, mit konstanter Enthalpie
isenthalpic expansion isenthalpischer Drosseleffekt *m*, Joule-Thomson-Effekt *m*, Joule-Kelvin-Effekt *m {Thermo}*
isentrope Isentrope *f {Thermo; Linie einer reversibel-adiabatischen Zustandsänderung}*
isentropic analysis Isentropenanalyse *f*
isentropic chance of state isentropische Zustandsänderung *f {Thermo}*
isentropic compression Adiabate *f*, Isentrope *f*
isentropic expansion isentrop[isch]e Expansion *f*, isentrop[isch]e Ausdehnung *f*, isentrop[isch]e Gasentspannung *f {Thermo}*
isentropic process isentrop[isch]er Vorgang *m*, isentrop[isch]er Prozeß *m*, Entropieänderung *f {Thermo}*
isentropic[al] isentrop[isch], mit gleicher Entropie, bei konstanter Entropie; Isentropen-
isethionates <$HOCH_2CH_2SO_3M^I$> Isethionat *n*
isethionic acid Isethionsäure *f*, 2-Hydroxyethansulfonsäure *f {IUPAC}*
ishikawaite Ishikawait *m {Min}*

isinglass 1. Fischleim *m*; Hausenblase *f*, Hausenblasenleim *m*; 2. Agar[-Agar] *m n*; 3. Glimmer *m {Min}*
island film Inselschicht *f {Vak}*
island of isomerism Isomerieinsel *f*
island of stability Stabilitätsinsel *f {Periodensystem; OZ = 114}*
island structure Inselstruktur *f {Vak}*
islets of Langerhans Langerhanssche Inseln *fpl {Med}*
ISO *{International Organisation for Standardization, Geneva 1946}* Internationale Organisation *f* für Normung *f*, ISO
ISO brightness *{ISO 2470}* ISO-Weißgrad *m {Papier; in %}*
ISO paper sizes DIN-Papierformate *npl*
ISO viscosity grade ISO-Viskositätsklasse *f {Trib}*
isoacceptor transfer RNA synonyme tRNA *f {Gen}*
isoaconitic acid Isoaconitsäure *f*
isoadenine Isoadenin *n*
isoagglutinin Isoagglutinin *n {Immun}*
isoalkane Isoalkan *n*
isoallele Isoallel *n {Gen}*
isoalloxazine **<$C_{10}H_6N_4O_6$>** Isoalloxazin *n*, Flavin *n*
isoalloxazine mononucleotide *s.* riboflavin-5'-phosphate
isoallyl 1. <$CH_2=C(CH_3)$-> Isopropenyl- *{IUPAC}*; 2. <$CH_3CH=CH$-> 1-Propenyl-, Propylen- *{obs}*
isoamyl **<$(CH_3)_2CHCH_2$->** Isoamyl- , Isopentyl- *{IUPAC}*
isoamyl acetate **<$CH_3COOC_5H_{11}$>** Isoamylacetat *n*, Essigsäureamylester *m*
isoamyl acetic acid Isoamylessigsäure *f*
isoamyl alcohol **<$(CH_3)_2CHCH_2CH_2OH$>** Isoamylalkohol *m*, 3-Methylbutan-1-ol *n*, Isobutylcarbinol *n*
isoamyl aldehyde **<$(CH_3)_2CHCH_2CHO$>** Isoamylaldehyd *m*, Isovaleraldehyd *m*, Methylbutyraldehyd *m*, 3-Methylbutanal *n {IUPAC}*
isoamyl benzoate **<$C_6H_5CO_2C_5H_{11}$>** Isoamylbenzoat *n*
isoamyl benzyl ether **<$C_5H_{11}OCH_2C_6H_5$>** Isoamylbenzylether *m*, Benzylisoamylether *m*
isoamyl bromide Isoamylbromid *n*
isoamyl butyrate **<$C_3H_7COOC_5H_{11}$>** buttersaures Isoamyl *n {obs}*, Isoamylbutyrat *n*, Buttersäureisoamylester *m*
isoamyl caprate **<$CH_3(CH_2)_8COOC_5H_{11}$>** caprinsaurer Isoamylester *m {obs}*, Caprinsäureisoamylester *m*
isoamyl chloride Isoamylchlorid *n*
isoamyl ether **<$[(CH_3)_2CHCH_2CH_2-]_2O$>** Isoamylether *m*, Isopentylether *m*
isoamyl nitrite **<$(CH_3)_2CH(CH_2)_2ONO$>** Isoamylnitrit *n*, Isopentylnitrit *n*, Salpetrigsäureisoamylester *m*
isoamyl phthalate **<$C_{18}H_{26}O_4$>** Isoamylphthalat *n*, Phthalsäureisoamylester *m*, Phthalsäureisopentylester *m*
isoamyl salicylate Isoamylsalicylat *n*, Salicylsäureisopentylester *m*
isoamyl valerate **<$C_4H_9CO_2C_5H_{11}$>** Isoamylvalerianat *n*, Valeriansäureisopentylester *m*, Isopentylvalerianat *n*; Apfelessenz *f*, Apfelether *m {Triv}*
isoamylamine **<$(CH_3)_2CHCH_2CH_2NH_2$>** Isoamylamin *n*
isoamylene **<$CH_3CH=C(CH_3)_2$>** Isoamylen *n*, 1,2,2-Trimethylethylen *n*, Pental *n {Triv}*
isoandrosterone Isoandrosteron *n*
isoanethol Isoanethol *n*
isoanthraflavic acid **<$C_{14}H_8O_4$>** Dihydroxyanthrachinon *n*
isoantibody Isoantikörper *m*
isoantigen Isoantigen *n*
isoantipyrine Isoantipyrin *n*
isoascorbic acid Isoascorbinsäure *f*, Erythorbinsäure *f*, D-Araboascorbinsäure *f*, Isovitamin C *n*
isoasparagine **<$H_2NCH(CH_2COOH)CONH_2$>** Isoasparagin *n*, 2,4-Diamino-4-oxobuttersäure *f*
isobar 1. Isobar[e] *n*, isobarer Kern *m {Nukl}*; 2. Isobare *f*, Linie *f* gleichen Drucks *{Meteor, Thermo}*
group of isobars Isobarenschar *f {Thermo}*
isobarbituric acid Isobarbitursäure *f*
isobaric isobar[isch]; Isobar-
isobaric distillation isobare Destillation *f*
isobaric process isobarer Vorgang *m*, isobarer Prozeß *m*, Vorgang *m* bei konstantem Druck *m {Thermo}*
isobaric spin isobarer Spin *m*, Isospin *m*, Isotopenspin *m {Nukl}*
isobebeerine Isobebeerin *n*
isobenzane Isobenzan *n {Insektizid}*
isobenzofurane **<C_8H_6O>** Isobenzofuran *n*, Benzo[o]furan *n*
isobenzofurandion Phthalsäureanhydrid *n*
isobianthrone Isobianthron *n*
isoborneol **<$C_{10}H_{18}O$>** Isoborneol *n*, 2-*exo*-Bornol *n*
isobornyl acetate **<$CH_3COOC_{10}H_{17}$>** Isobornylacetat *n*, 2-*exo*-Bornylacetat *n*
isobornyl isovalerate Gynoval *n*, Iosobornylisovalerianat *n*
isobornyl salicylate Isobornylsalicylat *n*
isobornyl thiocyanoacetate **<$C_{10}H_{17}OOCCH_2SCN$>** Isobornylthiocyanacetat *n*
isobutane **<$HC(CH_3)_3$>** Isobutan *n*, *i*-Butan *n*,

2-Methylpropan *n* *{IUPAC}*, Trimethylmethan *n*

isobutane hydrate Isobutanhydrat *n* *{Clathrat}*

isobutanol Isobutylalkohol *m*, Isobutanol *n*, 2-Methylpropan-1-ol *n* *{IUPAC}*, Isopropylcarbinol *n*

isobutene <$(CH_3)_2C=CH_2$> Isobuten *n* *{obs}*, 2-Methylpropen *n* *{IUPAC}*, *asym*-Dimethylethylen *n*

isobutenyl <$(CH_3)_2C=CH$-> Isobutenyl- *{IUPAC}*, 2-Methyl-1-propenyl- *{obs}*

isobutyl Isobutyl- *{IUPAC}*, 2-Metyhylpropyl- *{obs}*

isobutyl acetate <$CH_3COOC_4H_9$> Isobutylacetat *n*, essigsaures Isobutyl *n*

isobutyl alcohol Isobutylalkohol *m*, Gärungsbutylalkohol *m*, 2-Methylpropan-1-ol *n*, Isopropylcarbinol *n*

isobutyl aldehyde <$(CH_3)_2CHCHO$> Isobutylaldehyd *m*, 2-Methylpropanal *n*

isobutyl benzoate <$C_6H_5COOCH_2CH(CH_3)_2$> Eglantin *n*, Isobutylbenzoat *n*, benzoesaures Isobutyl *n*, Benzoesäureisobutylester *m*

isobutyl bromide Isobutylbromid *n*

isobutyl carbinol <$(CH_3)_2CHCH_2CH_2OH$> Isobutylcarbinol *n*, *p*-Isoamylalkohol *m*, 3-Methylbutan-1-ol *n*

isobutyl chloride Isobutylchlorid *n*

isobutyl cinnamate Isobutylcinnamat *n*

isobutyl cyanoacrylate Isobutylcyanoacrylat *n*

isobutyl iodide Isobutyliodid *n*

isobutyl isobutyrate <$(CH_3)_2CHCOOCH_2CH(CH_3)_2$> Isobutylisobuttersäureester *m*

isobutyl isocyanate <$(CH_3)_2CHCH_2NCO$> Isobutylisocyanat *n*

isobutyl mercaptan Isobutylmercaptan *n*, 2-Methylpropan-1-thiol *n* *{IUPAC}*

isobutyl methyl ketone Isobutylmethylketon *n*, 4-Methylpentan-2-on *n* *{IUPAC}*

isobutyl nitrite <$(CH_3)_2CHCH_2NO_2$> Isobutylnitrit *n*

isobutyl oleate Tebelon *n*, Isobutyloleat *n*

isobutyl phenylacetate <$(CH_3)_2CHCH_2O$-$OCCH_2C_6H_5$> Isobutylphenylacetat *n*, Phenylsäurebutylester *m*

isobutyl propionate Isobutylpropionat *n*

isobutyl salicylate <$HOC_6H_4COOC_4H_9$> Salicylsäureisobutylester *m*, Isobutylsalicylat *n*

isobutyl stearate <$C_{22}H_{44}O_2$> Isobutylstearat *n*

isobutyl thiocyanate Isobutylrhodanid *n* *{obs}*, Isobutylthiocyanat *n*

isobutyl undecylenamide Isobutylundecylenamid *n*

isobutyl valerate <$(CH_3)_2CHCH_2OOC_5H_{10}$> Isobutylvalerianat *n*

isobutylamine <$(CH_3)_2CHCH_2NH_2$> Isobutylamin *n*, 1-Aminoisobutan *n*

isobutyl-*p*-aminobenzoate Cycloform *n* *{HN}*, Isobutylaminobenzoat *n*

isobutylene <$H_2C=C(CH_3)_2$> Isobutylen *n* *{obs}*, Isobuten *n*, 2-Methylpropen *n* *{IUPAC}*, *asym*-Dimethylethylen *n*

isobutylene bromide Isobutylenbromid *n*

isobutylene-isoprene copolymer Isobutylen-Isopren-Mischpolymerisat *n*, Butylkautschuk *m*, Butylgummi *m*, IIR

isobutylene-isoprene rubber Isobutylen-Isopren-Kautschuk *m*, Butylkautschuk *m*, Butylgummi *m*, IIR

isobutylic alcohol *s.* isobutyl alcohol

isobutylidene Isobutyliden *n*

isobutylidenediurea <$(CH_3)_2CHCH(NHCONH_2)_2$> Isobutylidendiharnstoff *m*, 1,1-Diureidoisobutan *n* *{Agri}*

isobutyraldehyde *s.* isobutyl aldehyde

isobutyric acid <$(CH_3)_2CHCOOH$> Isobuttersäure *f*, 2-Methylpropansäure *f*, Dimethylessigsäure *f*, 2-Methylpropionsäure *f*

isobutyric aldehyde *s.* isobutyl aldehyde

isobutyric anhydride <$[(CH_3)_2CHCO]_2O$> Isobuttersäureanhydrid *n*

isobutyronitrile <$(CH_3)_2CHCN$> Isobuttersäurenitril *n*, Isobutyronitril *n*, 2-Methylpropannitril *n*, Isopropylcyanid *n*, Isobutannitril *n*

isobutyryl <$(CH_3)_2CHCO$-> Isobutyryl-

isobutyryl chloride <$(CH_3)_2CHCOCl$> 2-Methylpropanoylchlorid *n*, Isobutyrylchlorid *n*

isocaffeine Isocoffein *n*

isocal[orific line] Isokale *f*, Linie *f* gleicher Heizwerte

isocamphane Isocamphan *n*, Isobornan *n*

isocamphoric acid Isocamphersäure *f*

isocamphoronic acid Isocamphoronsäure *f*

isocantharidine Isocantharidin *n*

isocaproic acid Isocapronsäure *f* *{obs}*, 4-Methylpentansäure *f* *{IUPAC}*

isocarb[on line] Linie *f* gleichen Kohlenstoffgehaltes *{Geol}*

isocarbamide Isocarbamid *n*

isoceti[ni]c acid Pentadecansäure *f*, Pentadecylsäure *f*, Isocetinsäure *f*

isocetyl laurate <$C_{11}H_{23}COOC_{16}H_{33}$> Isocetyllaurat *n*

isocetyl myristate <$C_{13}H_{27}COOC_{16}H_{33}$> Isocetylmyristat *n*

isocetyl oleate <$C_{17}H_{33}COOC_{16}H_{33}$> Isocetyloleat *n*

isocetyl stearate <$C_{17}H_{35}COOC_{16}H_{33}$> Isocetylstearat *n*

isochemical metamorphism Treptomorphismus *m* *{Geochem}*

isocholesterol Isocholesterin *n {Cholesterin-Lanosterin-Agnosterin-Gemisch}*
isochor[e] Isochore *f*, Isoplere *f {Linie konstanten Volumens im Diagramm}*
isochoric isochor, volumenkonstant *{Thermo}*
isochromene <C_9H_8O> 1*H*-2-Benzopyran *n*, Isochromen *n {Triv}*
isochromat[e] *s.* isochromatic 2.
isochromatic 1. gleichfarbig, isochrom, isochromatisch; farbempfindlich, orthochromatisch *{Photo}*; 2. isochromatische Kurve *f*, Isochromate *f*, Isochrome *f {Linie gleicher Farbe}*
isochromatic photograph Isochromatenaufnahme *f {Photo}*
isochromosome Isochromosom *n {Gen}*
isochrone 1. Isochrone *f*, halbkubische Parabel *f {Math, $y^2 = ax^3$}*; 2. Isochrone *f*, Linie *f* der Gleichzeitigkeit *f*; 3. Stabilitätskurve *f {Koll; Logarithmus der Gelzeit im Dreiecksdiagramm}*
isochronous isochron[isch], zeitgleich; taktgleich
isochronous curve Isochrone *f*; Geochrone *f {Geol}*
isochronous stress-strain curve isochrone Spannungs-Dehnungs-Kurve *f*
isochronous stress-strain diagram isochrones Spannungs-Dehnungs-Diagramm *n*
isochronous tensile-creep modulus isochroner Zug-Kriech-Modul *m*
isocinchomeronic acid Pyridin-2,5-dicarbonsäure *f*, Isocinchomeronsäure *f*
isocitrate dehydrogenase (NAD$^+$) *{EC 1.1.1.41}* Isocitratdehydrogenase (NAD$^+$) *f*
isocitrate dehydrogenase (NADP$^+$) *{EC 1.1.1.42}* Isocitratdehydrogenase (NADP+) *f*
isocitrate lyase *{EC 4.1.3.1}* Isocitratlyase *f*, Isocitra[ta]se *f*
isocitric acid Isocitronensäure *f*, 1-Hydroxypropan-1,2,3-tricarbonsäure *f*
isocolchicine Isocolchicin *n*
isocompound Isoverbindung *f*, isomere Verbindung *f {Stereochem}*
isocoproporphyrin Isocoproporphyrin *n*
isocorybulbine <$C_{21}H_{21}NO_4$> Isocorybulbin *n {Alkaloid aus Corydalis cava}*
isocorydine <$C_{20}H_{23}NO_4$> Isocorydin *n*, Artabotrin *n*, Luteanin *n*
isocoumaran Isocumaran *n*
isocoumaranone Isocumaranon *n*
isocoumarins Isoc[o]umarine *npl*
isocracking Isocrack-Verfahren *n {katalytische Hydrierung}*
isocratic isokrat, isokratisch
isocratic operation isokratische Arbeitsweise *f*
isocrotonic acid Isocrotonsäure *f*, *ß*-Crotonsäure *f*, *(Z)*-But-2-ensäure *f*, Allocrotonsäure *f*, *cis*-3-Methylacrylsäure *f*
isocrotonitrile Isocrotonsäurenitril *n*
isocryptoxanthin Isocryptoxanthin *n*
isocumene Isocumol *n*
isocyanate <RNCO; M^INCO> Isocyanat *n*; Isocyansäureester *m*
isocyanate generator Isocyanatlieferer *m*, Isocyanatgenerator *m*, Isocyanatfreisetzer *m*, behindertes Isocyanat *n*
isocyanate group <-NCO> Isocyanatgruppe *f*
isocyanate plastic Isozyanatplast *m {obs}*, Polyurethan *n*, PUR
isocyanate resin Isocyanatharz *n {DIN 55958}*, Polyisocyanatharz *n*
isocyanate rubber Urethankautschuk *m*, Polyurethankautschuk *m*
isocyanatomethane <H_3CNCO> Methylisocyanat *n*, Isocyanatomethan *n*
isocyanic acid <HNCO> Isocyansäure *f*
isocyanide <RNC;M^INC> Isonitril *n*, Isocyanid *n {IUPAC}*, Carbylamin *n {obs}*
isocyanin Isocyanin *n {Farb}*
isocyanurate Isocyanurat *n*
isocyanurate foam Isocyanurat-Schaumstoff *m*
isocyanuric acid <$(HNCO)_3$> Fulminursäure *f*, Isocyanursäure *f*
isocyclic 1. isocyclisch; 2. carbocyclisch, homocyclisch
isocyclic compounds 1. isocyclische Verbindungen *fpl*, Isocyclen *mpl*; 2. carbocyclische Verbindungen *fpl*, Carbocyclen *mpl*, homocyclische Verbindungen *fpl*
isocymene Metacymol *n*
isocytidine Isocytidin *n*
isocytosine Isocytosin *n*
isodecaldehyde <$C_9H_{19}CHO$> Isodecaldehyd *m*
isodecanoic acid Isodecanoinsäure *f {Isomerengemisch: Trimethylheptansäure, Dimethyloctansäure usw.}*
isodecanol <$C_{19}H_{21}OH$> Isodecylalkohol *m*, Isodecanol *n {Isomerengemisch}*
isodecene Isoden *n*, Tetrapropylen *n*, Propylentetramer[es] *n*
isodecyl chloride <$C_{10}H_{21}Cl$> Isodecylchlorid *n {Isomerengemisch}*
isodecyl octyl adipate Isodecyloctyladipat *n*
isodecyl pelargonate <$(CH_3)_2CH(CH_2)_7O$-$OC(CH_2)_7CH_3$> Isodecylpelargonat *n*, Pelargonsäureisodecylester *m*, Nonansäureisodecylester *m {Trib}*
isodehydroacetic acid Isodehydroacetsäure *f*
isodesmic isodesmisch *{Krist}*
simple isodesmic crystal einfach isodesmischer Kristall *m*
isodiaphere Isodiapher *n {Nukl}*
isodimorphism Isodimorphie *f*, Isodimorphismus *m {Krist}*
isodisperse isodispers *{löslich in Lösungen mit gleichem pH-Wert}*

isododecane Isododecan *n {Isomerengemisch, meist 2,2,4,6,6-Pentamethylheptan}*
isodose Isodose *f {Linie/Fläche gleicher Dosis}*
isodose recorder Isodosenschreiber *m*
isodrin <$C_{12}H_8Cl_6$> Isodrin *n {Insektizid}*
isodulcite Isodulcit *m*, Rhamnose *f*
isodurene Isodurol *n {obs}*, 1,2,3,5-Tetramethylbenzen *n {IUPAC}*
isodurenol Isodurenol *n {Triv}*, 2,3,4,6-Tetramethylphenol *n {IUPAC}*
isoduridine Isoduridin *n {Triv}*, 2,3,4,6-Tetramethylanilin *n*
isodurylic acid <$(CH_3)_3C_6H_2COOH$> 2,3,4,6-Tetramethylbenzoesäure *f*, Isodurylsäure *f {Triv}*
isodynamic isodynamisch
isodynamic enzyme *s.* isozyme
isodynamic exchange Topomerisierung *f*, isodynamischer Austausch *m {obs}*
isoelectric isoelektrisch
isoelectric focussing isoelektrische Fokussierung *f*, Elektrofokussierung *f*
isoelectric point isoelektrischer Punkt *m {pH = Amphoterladung}*, elektrisch neutraler Punkt *m*
isoelectronic isoelektronisch, isoster *{Valenz, Atombau}*
isoemetine <$C_{29}H_{44}N_2O_4$> Isoemetin *n*
isoemodin Rhabarberon *n*
isoenzyme *s.* isozyme
isoephedrine Isoephedrin *n*
isoerucic acid <$C_8H_{17}CH=CHC_{11}H_{22}COOH$> Brassidinsäure *f*, Isoerucasäure *f*, *trans*-Docos-13-ensäure *f*
isoestrone Isoöstron *n*
isoeugenol <$C_{10}H_{12}O_2$> Isoeugenol *n*, 4-Hydroxy-3-methoxy-1-propenylbenzen *n {IUPAC}*, 2-Methoxy-4-propenylphenol *n*
isoeugenol acetate Isoeugenolacetat *n*, Acetylisoeugenol *n*
isoeugenol ethyl ether <$C_3H_5(CH_3O)C_6H_3OC_2H_5$> 1-Ethoxy-2-methoxy-4-propenylbenzol *n*, Isoeugenolethylether *m*
isoeugenyl acetate *s.* isoeugenol acetate
isofebrifugin Isofebrifugin *n*
isofenchoic acid Isofenchosäure *f*
isoferulic acid Hesperitinsäure *f*, Isoferulasäure *f*, Kaffeesäure-4-methylether *m*
isofisetin Luteolin *n*
isoflavone <$C_{15}H_{10}O_2$> Isoflavon *n*, 3-Phenylchromon *n*
isoflavones Isoflavonoide *npl*, Isoflavone *npl*
isofluorphate Diisopropylfluorophosphat *n*, Isofluorphat *n {Triv}* DFP
isoflurane <$C_3H_2ClF_5O$> Isofluran *n {Pharm}*
isoform *Iso*-Form *n {Stereochem}*
isofulminate <M^IONC; RONC> Isofulminat *n*
isogen Isogen *n*
isogeny Isogenie *f*, Stoffgleichheit *f*
isogeronic acid Isogeronsäure *f*
isogladiolic acid Isogladiolsäure *f*
isoglucal Isoglucal *n*
isoglucose sirup Isoglucosesirup *m*
isoglutamine Isoglutamin *n*
isoglutathione Isoglutathion *n*
isogonal isogonal, gleichwinklig; winkeltreu
isogony Isogonie *f {Krist}*
isogram Isogramm *n*, Isolinie *f*, Isarithme *f*
isography Isographie *f*
isoguanine Isoguanin *n*
isohemagglutinin Isohämagglutinin *n*, Isonin *n*
isohemanthamine Isohämanthamin *n*
isohemip[in]ic acid Isohemipinsäure *f*, 4,5-Dimethoxyisophthalsäure *f*
isoheptane Isoheptan *n*, 2-Methylhexan *n {IUPAC}*
isohexane Isohexan *n {Isomerengemisch}*
isohexylnaphthazarin Isohexylnaphthazarin *n*
isohistidine Isohistidin *n*
isohomopyrocatechol Isohomobrenzcatechin *n*
isohumulinic acid Isohumulinsäure *f*
isohydria Isohydrie *f*
isohydric isohydrisch, korrespondierender pH-Wert, von gleichem pH-Wert *{mit gleicher Hydroniumkonzentration}*
isohydrobenzoin <$(C_6H_5CH(OH)\text{-})_2$> DL-*ms*-Hydrobenzoin *n*, Isohydrobenzoin *n*
isoindole Isoindol , 2*H*-Benzo[*c*]pyrrol *n*
isoindoledione Phthalimid *n*
isoindoline pigments Isoindolinpigmente *npl*
isoionic gleichionisch, isoionisch, isoelektrisch *{Elektrophorese}*
isokainic acid Isokainsäure *f*
isokinetic 1. isokinetisch; 2. Isotache *f {Meteor, Geogr}*
isokinetic sampling isokinetische Probenahme *f*
isokom Isoviskositätslinie *f*, Linie *f* gleicher Viskosität *f*
isolable isolierbar, rein darstellbar
isolate/to 1. isolieren, absondern, [ab]scheiden, rein darstellen *{Chem}*; 2. [ab]trennen, [ab]sperren *{Elek}*; 3. einkapseln, kapseln *{Tech}*; 4. isolieren; dämmen *{Thermo}*
isolated 1. abgeschieden, abgesondert *{Chem}*; 2. abgetrennt, abgesperrt; 3. alleinstehend; vereinzelt; 4. isoliert, gedämmt *{Thermo}*
isolated double bond isolierte Doppelbindung *f {C=C-Bindung}*
isolated glassy zones Glasinseln *fpl*
isolated reaction isolierte Reaktion *f*
isolating bladder Absperrblase *f*
isolating cock Absperrhahn *m*
isolating damper Regulierklappe *f*
isolating flap Absperrklappe *f*

isolating slide valve Absperrschieber *m* *{großer Nennweite}*
isolating stop valve Rohrbruchventil *n*
isolating switch Isolierschalter *m*, Trenner *m*, Trennschalter *m*, Hauptschalter *m* *{Elek}*
isolating valve Sperrventil *n*, Isolierventil *n*, Absperrhahn *m*
isolation 1. Isolation *f*, Isolierung *f*, Gewinnung *f*, Abtrennung *f*, Reindarstellung *f*; 2. Einkapselung *f*, Kapselung *f* *{Akustik}*; Isolation *f*, Dämmung *f* *{Thermo}*; 3. Trennung *f*, Abschaltung *f* *{Elek}*
isolation procedure Isolierungsmethode *f*
isolation switch Trennschalter *m*
isolation test Druckanstiegsmethode *f* *{zur Lecksuche}*
isolation valve Verschlußventil *n*, Absperrventil *n*
isolaureline Isolaurelin *n*
isoleucine <$H_3CCH_2CH(CH_3)CH(NH_2)CO\text{-}OH$> Isoleucin *n*, Ile, 2-Amino-3-methylvaleriansäure *f*, 2-Amino-3-methylpentansäure *f* *{IUPAC}*
isolimonene Isolimonen *n*
isolog[ous] isolog
isologues Isologe *npl* *{z.B. Phenol/Thiophenol/Selenophenol}*
isolysergic acid Isolysergsäure *f*
isolysine Isolysin *n*
isomalic acid Isoäpfelsäure *f*, Methyltartronsäure *f*
isomalt Isomalt *n*
isomaltitol <$C_{12}H_{24}O_{11}$> Isomaltit *m* *{Glucopyranosyldulat}*
isomaltol <$C_6H_6O_3$> Isomaltol *n* *{1-(3-Hydroxy-2-furyl)-ethanon}*
isomaltose Isomaltose *f*
isomaltulose Isomaltulose *f*
isomannide Isomannid *n*
isomenthone Isomenthon *n*
isomer Isomer *n*, Isomeres *n*, Isomere *n*
***cis-trans*-isomer** *cis-trans*-Isomer[es] *n*
conformational isomer Konformationsisomer[es] *n*, Konformer[es] *n*
constitutional isomer Konstitutionsisomer[es] *n*, Strukturisomer[es] *n*
mixture of isomers Isomergemisch *n*
optical isomer Spiegelbildisomer[es] *n*
positional isomer Stellungsisomer[es] *n*
topologic isomer Topomer[es] *n*, topologisches Isomer[es] *n* *{fluktuierende Bindungen}*
***trans*-bridged isomer** *trans*-Brückenisomer *n* *{Stereochem}*
isomerases *{EC 5}* Isomerasen *fpl*
isomeric isomer, isomerisch
isomeric change Isomerisierung *f*, Isomerisation *f*
isomeric pair Isomerenpaar *n*
isomeric polymer isomeres Polymer[es] *n*
isomeric shift chemische Verschiebung *f* *{Mößbauer-Effekt}*
isomerism Isomerie *f*
chain isomerism Kettenisomerie *f*
coordination isomerism Koordinationsisomerie *f*; Hydratisomerie *f*
dynamic isomerism dynamische Isomerie *f* *{Metamerie, Desmotropie, Tautomerie}*
geometric[al] isomerism geometrische Isomerie *f* *{Stereochem}*
optical isomerism optische Isomerie *f* *{Krist}*
position isomerism Stellungsisomerie *f*
possibility of isomerism Isomeriemöglichkeit *f*
stereo isomerism Stereoisomerie *f* *{cis-trans; (R)-(S)}*
isomerization Isomerisation *f*, Isomerisierung *f*, isomere Umwandlung *f*
isomerization equilibrium Isomerisierungsgleichgewicht *n*, Isomerisationsgleichgewicht *n*
isomerization polymerization Isomerisationspolymerisation *f*, Isomerisationspolyaddition *f*
isomerization process Isomerisationsverfahren *n*, Isomerisierungsverfahren *n*
isomerize/to isomerisieren; sich isomerisieren, isomerisiert werden
isomerizer Isomerisiergerät *n*
isomerose Isomerose *f* *{D-Fructose/D-Glucose-Gemisch}*
isomerous isomer
isometameric isometamer
isometheptene <$C_9H_{19}N$> Isomethepten *n* *{Pharm}*
isometric isometrisch, maßstabgerecht; längentreu, maßgleich; tesseral *{Krist}*; isochor *{Thermo}*
isometric process reibungsfreier Prozeß *m* bei konstantem Volumen *n* *{Thermo}*
isometric system Tesseralsystem *n* *{Krist}*, kubisches Kristallsystem *n*, reguläres System *n*, isometrisches System *n*
isometric view perspektivische Ansicht *f*
isomolecule nichtlineares Molekül *n*
isomorphic isomorph, gleichgestaltig
isomorphine Isomorphin *n*
isomorphism 1. Formgleichheit *f*, Gleichgestaltigkeit *f*, Isomorphie *f*, Homöomorphie *f* *{Krist}*; 2. Isomorphismus *m* , isomorphe Abbildung *f* *{Math}*
double isomorphism Isodimorphie *f* *{Krist}*
isomorphous gleichgestaltig, isomorph
isoniazid <$C_6H_7N_3O$> Isoniazid *n* *{WHO}*, Isonicotinsäurehydrazid *n* *{Pharm}*
isonicotinic acid <$C_6H_5NO_2$> Isonicotinsäure *f*, Pyridin-4-carbonsäure *f*
isonicotinic acid hydrazide <$C_6H_7N_3O$> Iso-

nicotinsäurehydrazid *n*, Isoniazid *n*, Pyridin-4-carbonsäurehydrazid *n*, INH
isonin *s.* isohemagglutinin
isonitrile Isonitril *n*, Isocyanid *n {IUPAC}*, Carbylamin *n {obs}*
isonitro *aci*-Nitro-
isonitroso compound Isonitroso-Verbindung *f*, Hydroxyimino-Verbindung *f*, Oxim *n*
5-isonitrosobarbituric acid Violursäure *f*
isononanoic acid <$C_9H_{18}O_2$> Isononansäure *f {Isomerengemisch, meist 3,5,5-Trimethylhexansäure}*
isononyl alcohol Isononylalkohol *m*, Isononanol *n {Isomerengemisch}*
isononyl acetate Isononylacetat *m*
isooctane <$(CH_3)_3CCH_2CH(CH_3)_2$> Isooctan *n*, 2,2,4-Trimethylpentan *n*
isooctene <C_8H_{16}> Isoocten *n {Isomerengemisch}*
isooctyl adipate Isooctyladipat *n*
isooctyl alcohol Isooctylalkohol *m*, Isooctanol *n {Triv}*, 6-Methylheptan-1-ol *n*, 2-Ethylhexan-1-ol *n {IUPAC}*
isooctyl decyl adipate Isooctyldecyladipat *n*, ODA *{PVC-Weichmacher}*
isooctyl decyl phthalate Isooctyldecylphthalat *n*, IODP *{PVC-Weichmacher}*
isooctyl ester Isooctylester *m*
isooctyl hydrocupreine <$C_{27}H_{40}N_2O_2$> Vuzin *n*
isooctyl isodecyl phthalate Isooctylisodecylphthalat *n*
isooctyl palmitate Isooctylpalmitat *n*
isooctyl thioglycolate Isooctylmercaptoacetat *n*, Isooctylthioglycolat *n*
isoodyssic acid Isoodyssinsäure *f*
isooleic acids Isoölsäuren *fpl*
isoosmotic isoosmotisch, isoton
isoparaffins Isoparaffine *npl*
isopelle tierin Isopelletierin *n*
isopentaldehydes Isopentaldehyde *mpl*
isopentane <$(CH_3)_2CHCH_2CH_3$> Isopentan *n*, 2-Methylbutan *n {IUPAC}*, Ethyldimethylmethan *n*, *i*-Pentan *n*
isopentanoic acids Isopentansäuren *fpl*
isopentyl alcohol <$(CH_3)_2CHCH_2CH_2OH$> Isopentylalkohol *m*, Isoamylalkohol *m*, Isopentanol *n*, 3-Methylbutan-1-ol *n*
isoperibolic calorimeter Isoperibol-Kalorimeter *n*
isoperimetric isoperimetrisch, von gleichem Umfang, umfangsgleich
isophorone <$C_9H_{14}O$> Isophoron *n*, 3,5,5-Trimethylcyclohex-2-en-1-on *n*
isophorone diisocyanate <$C_{12}H_{18}N_2O_2$> Isophorondiisocyanat *n*, IPDI
isophthalic acid <$C_6H_4(COOH)_2$> Isophthalsäure *f*, Benzol-1,3-dicarbonsäure *f*, Metaphthalsäure *f {obs}*, *m*-Phthalsäure *f {obs}*
isophthalimide Isophthalimid *n*
isophthaloyl chloride <$C_6H_4(COCl)_2$> Isophthaloylchlorid *n*, *m*-Phthalyldichlorid *n*
isophytol <$C_{20}H_{40}O$> Isophytol *m*
isopicric acid Isopikrinsäure *f*
isopiestic mit konstantem Druck *m*, mit gleichem Druck *m {Thermo}*, isopiestisch; isoton
isopimaric acid <$C_{20}H_{30}O_2$> Isopimarsäure *f*
isopiperic acid Isopiperinsäure *f*
isopleth Isoplethe *f {Linie gleichen Zahlenwertes}*; Isogame *f {Math}*
isopoly acid Isopolysäure *f*
isopoly anion Isopolyanion *n*
isopolyester Isopolyester *m {Isophthalsäure}*
isopolymerization Homopolymerisation *f*
isopolymolybdate Isopolymolybdat *n*
isopolytungstate Isopolywolframat *n*
isopral <$CCl_3CH(CH_3)OH$> Isopral *n*, Trichloroisopropanol *n*
isoprenaline *{EP, BP}* Isoprenalin *n*
isoprene <$H_2C=C(CH_3)CH=CH_2$> Isopren *n*, 2-Methyl-1,3-butadien *n*, *β*-Methyldivinyl *n {obs}*
isoprene caoutchouc *s.* isoprene rubber
isoprene rubber Isoprenkautschuk *m*, IR *{synthetisches Polyisopren}*
isoprene rule Isopren-Regel *f {Valenz}*
isoprenoids Isoprenoide *npl {aus Isopreneinheiten aufgebaut}*
isoprenylaluminium Isoprenylaluminium *n*
isopropalin <$C_{15}H_{23}N_3O_4$> **Isopropalin** *n*
isopropamide iodide <$C_{23}H_{33}IN_2O$> Isopropamidiodid *n*
isopropanol Isopropylalkohol *m {obs}*, Dimethylcarbinol *n*, Isopropanol *n {obs}*, Propan-2-ol *n {IUPAC}*
isopropanolamine <$CH_3CH(OH)CH_2NH_2$> 3-Hydroxypropylamin *n*, Isopropanolamin *n {obs}*, 1-Aminopropan-2-ol *n*
isopropenyl <$CH_2=C(CH_3)$-> Isopropenyl-
isopropenyl acetate <$CH_2=C(CH_3)OCOCH_3$> Isopropenylacetat *n*, Essigsäureisopropenylester *m*
isopropenyl chloride *s.* chloroprene
***m*-isopropenyl dimethylbenzyl isocyanate** *m*-Isopropenyldimethylbenzylisocyanat *n*
isopropenylacetylene <$H_2C=C(CH_3)C\equiv CH$> 2-Methylbut-1-en-3-in *n*, Isopropenylacetylen *n*
isopropyl <$(CH_3)CH$-> Isopropyl-
isopropyl acetate <$CH_3COOCH(CH_3)_2$> Isopropylacetat *n*, Essigsäureisopropylester *m*
isopropyl acetic acid <$(CH_3)_2CHCH_2CO-OH$> Isopropylessigsäure *f {obs}*, Isovaleriansäure *f {Triv}*, Isobaldriansäure *f {Triv}*, 3-Methylbutansäure *f {IUPAC}*
isopropyl alcohol <$(CH_3)_2CHOH$> Isopro-

pylalkohol *m*, *sec*-Propylalkohol *m*, Isopropanol *n*, Dimethylcarbinol *n*, Propan-2-ol *n* *{IUPAC}*, IPA
isopropyl antimonite <$[(CH_3)_2CHO]_3Sb$> Isopropylantimonit *n*
isopropyl bromide Isopropylbromid *n*, 2-Brompropan *n* *{IUPAC}*
isopropyl butyrate <$(CH_3)_2CHOOC_3H_7$> Buttersäureisopropylester *m*, Isopropylbutyrat *n*
isopropyl chloride <$CH_3CHClCH_3$> Isopropylchlorid *n*, 2-Chlorpropan *n* *{IUPAC}*
isopropyl-*m*-cresol Thymol *n*, Thymiansäure *f*, 2-Hydroxy-4-isopropyltoluol *n*
isopropyl-*o*-cresol <$(CH_3)_2CHC_6H_3(CH_3)OH$> Carvacrol *n*, Isopropyl-*o*-cresol *n*
isopropyl cyanide Isobuttersäurenitril *n*, 2-Cyanpropan *n*
isopropyl ether <$(CH_3)_2CHOCH(CH_3)_2$> Diisopropylether *m*, 2-Isopropoxypropan *n*
isopropyl iodide Isopropyliodid *n*, 2-Iodpropan *n* *{IUPAC}*
isopropyl isocyanate <$(CH_3)_2CHNCO$> Isopropylisocyanat *n*, 2-Isocyanatpropan *n*
isopropyl mercaptan <$(CH_3)_2CHSH$> 2-Thiolpropan *n*, Isopropylmercaptan *n*
isopropyl myristate Isopropylmyristat *n*
isopropyl nitrate <$(CH_3)_2CHNO_3$> Isopropylnitrat *n*, 2-Propanolnitrat *n*
isopropyl oleate Isopropyloleat *n*
isopropyl palmitate Isopropylpalmitat *n*
isopropyl percarbonate Diisopropylperoxycarbonat *n*, Isopropylpercarbonat *n*, IIP
isopropyl peroxydicarbonate Diisopropylperoxydicarbonat *n*, Isopropylperoxidicarbonat *n*, IIP
isopropyl titanate <$Ti[OCH(CH_3)_2]_4$> Tetraisopropyltitanat *n*
isopropylamine <$(CH_3)_2CHNH_2$> Isopropylamin *n*, 2-Aminopropan *n*
***p*-isopropylaminodiphenylamine** *N*-Isopropyl-*N*-phenyl-*p*-phenylendiamin *n*, Isopropylaminodiphenylamin *n*
isopropylaminoethanol Isopropylaminoethanol *m* *{60 % Isopropylethanolamin, 40 % Isopropyldiethanolamin}*
isopropylbenzene Cumol *n*, Cumen *n*, Isopropylbenzol *n*, Isopropylbenzen *n*
isopropylbenzoic acid Isopropylbenzoesäure *f*
***p*-isopropylbenzyl alcohol** Cuminol *n*
isopropylcarbinol *s.* isobutyl alcohol
isopropylidine acetone Mesityloxid *n*, 2-Methylpent-2-en-4-on *n* *{IUPAC}*
1-isopropyl-3-methyl-5-pyrazolyldimethylcarbamate <$C_{10}H_{17}N_3O_2$> Isopropylmethylpyrazolyldimethylcarbamat *n*, Isolan *n*
isopropylphenols Isopropylphenole *npl*
isopropyl-*N*-phenylcarbamate Isopropylphenylcarbamat *n*
isopropylthiogalactoside Isopropylthiogalactosid *n*, IPTG *{Gen}*
isopropyltoluene Cymol *n*, Camphogen *n*
isopulegol <$C_{10}H_{18}$> Isopulegol *n*
isopurpuric acid Isopurpursäure *f*
isopurpurin <$C_{14}H_8O_5$> Isopurpurin *n*, Anthrapurpurin *n*, Trihydroxyanthrachinon *n*
isopyromucic acid Isobrenzschleimsäure *f*
isopyronene Isopyronen *n*
isoquinocyclines Isochinocycline *npl*
isoquinoline <C_9H_7N> Isochinolin *n*, 3,4-Benzopyridin *n*, 2-Benzazin *n*, Benzo[*c*]pyridin *n*
isoquinoline alkaloids Isochinolin-Alkaloide *npl*
isoretinene Isoretinen *n*
isorhamnose Isorhamnose *f*
isorheic gleichviskos, von gleicher Viskosität *f* *{Koll}*
isoriboflavine Isoriboflavin *n*
isorotation Isorotation *f* *{Stereochem}*
isosaccharin Isosaccharin *n*
isosafrole <$C_{10}H_{10}O_2$> 1,2-Methylendioxy-4-propenylbenzol *n*, Isosafrol *n*
isosbestic point isosbestischer Punkt *m* *{Spek}*
isosceles gleichschenklig, isoskalar
isoserine <$HOOCCH(OH)CH_2NH_2$> Isoserin *n*
isosmotic isosmotisch, isoosmotisch, isotonisch
isosorbide <$C_6H_{10}O_4$> Isosorbid *n*, 1,4:3,6-Dianhydro-D-glucitol *n*
isosorbide dinitrate <$C_6H_8N_2O_8$> Isosorbiddinitrat *n* *{Expl, Pharm}*
isosorbide mononitrate <$C_6H_9NO_6$> Isosorbidmononitrat *n*
isosorbitol dinitrate *s.* isosorbide dinitrate
isospin *s.* isotopic spin
isostatic isostatisch, statisch bestimmt
isostatic mo[u]lding isostatisches Pressen *n* *{Kunst}*
isosteric isosterisch *{Enzym}*; isoster *{Chem}*, isoelektronisch *{Molekül}*; von konstantem spezifischen Volumen *n*, bei gleichem spezifischen Volumen *n* *{Thermo}*
isosterism Isosterie *f* *{Chem}*,
isostilbene <*cis* $C_6H_5CH{=}CHC_6H_5$> *(Z)*-1,2-Diphenylethylen *n*, Isostilben *n*, *cis*-Stilben *n*
isostrophanthic acid Isostrophanthsäure *f*
isostructural isostrukturell, strukturgleich, von gleicher Struktur *f*
isostrychnic acid Isostrychninsäure *f*
isostrychnine Isostrychnin *n*
isosuccinic acid Isobernsteinsäure *f*, 2-Methylpropandisäure *f* *{IUPAC}*
isosynthesis Isomersynthese *f*, Isosynthese *f* *{H_2 + CO; ThO_2-Katalysator}*
isotachophoresis Isotachophorese *f*
isotactic isotaktisch *{Chem}*
isotactic index Isotaxie-Index *m* *{in %; Polypropylen}*

isotactic polymer isotaktisches Polymer[es] *n*, isotaktischer Plast *m*
isotestosterone Isotestosteron *n*
isotetralin Isotetralin *n*
isotetracenones Isotetracenone *npl {tetracyclische Polyketide}*
isotherm 1. isotherm[isch]; 2. Isotherme *f {Kurve von Zuständen gleicher Temperatur}*
isotherm creep curve isotherme Kriechkurve *f*
isotherm of reaction Reaktionsisotherme *f*
isothermal 1. isothermisch, isotherm, temperaturkonstant, bei konstanter Temperatur *f*; 2. Isotherme *f*
isothermal annealing Perlitisieren *n {Met}*
isothermal calorimeter isothermes Kalorimeter *n*, Verdampfungskalorimeter *m*
isothermal change isotherme Zustandsänderung *f*, isotherme Umwandlung *f*
isothermal compression isotherme Kompression *f*, isotherme Verdichtung *f {Thermo}*
isothermal curve Isotherme *f*, Linie *f* gleicher Temperatur *f {Thermo}*
isothermal decomposition isotherme Zersetzung *f*
isothermal distillation isotherme Destillation *f*
isothermal expansion isotherme Expansion *f*, isotherme Gasentspannung *f {Thermo}*
isothermal flow isotherme Strömung *f*
isothermal line *s.* isothermal curve
isothermal magnetization isotherme Magnetisierung *f {Tieftemperatur}*
isothermal transformation diagram isothermes Zeit-Umwandlungs-Diagramm *n*, Zeit-Temperatur-Diagramm *n* für isotherme Umwandlungen *{Met}*
isothiazole <C_3H_3NS> Isothiazol *n*
isothiocyanate <RNCS; M'NCS> Isothiocyanat *n*; Isothiocyansäureester *m*; Sulfocarbimid *n*
isothiocyanic acid <HNCS> Isothiocyansäure *f*, Isorhodanwasserstoffsäure *f*
isotone Isoton *n {Atomkerne mit gleicher Neutronenzahl, aber unterschiedlicher Protonenzahl}*
isotonic isotonisch, isosmotisch, isoosmotisch, von gleichem osmotischen Druck *m*
isotonic solution isotone Lösung *f {Physiol; isoosmotisch mit Blut = 0,9 % NaCl}*
isotonic water isotones Wasser *n {natürliches Wasser mit 0,3 mol Salze/L = 770 k Pa}*
isotonicity Isotonie *f*
isotope 1. Isotopen-; 2. Isotop *n*
isotope abundance Isotopenhäufigkeit *f*
isotope abundance ratio Isotopenhäufigkeitsverhältnis *n*
isotope analysis Isotopenanalyse *f*
isotope chemistry Isotopenchemie *f*
isotope-dilution analysis Isotopen-Verdünnungsanalyse *f*
isotope-dilution method Isotopen-Verdünnungsmethode *f*
isotope effect Isotopieeffekt *m*, Isotopeneffekt *m*
isotope enrichment Isotopenanreicherung *f*
isotope-exchange reaction Isotopenaustausch-Reaktion *f*
isotope fractionation Isotopentrennung *f*
isotope geochemistry Isotopengeochemie *f*
isotope-labelled radiomarkiert
isotope measuring desk Isotopen-Meßplatz *m*
isotope production Isotopenherstellung *f*
isotope ratio Isotopenverhältnis *n*
isotope separation Isotopentrennung *f*
isotope separation process Isotopentrennvorgang *m*
isotope thickness ga[u]ge Isotopendickenmeßgerät *n*
isotope weight Isotopengewicht *n {obs}*, relative Isotopenmasse *f*
isotopic isotop; Isotopen-, Isotopie-
isotopic abundance Isotopenhäufigkeit *f*
isotopic age determination radiometrische Altersbestimmung *f*
isotopic composition Isotopen-Zusammensetzung *f*
isotopic compound Isotopenverbindung *f*, isotopenmarkierte Verbindung *f*
isotopic dilution analysis Isotopenverdünnungsanalyse *f*
isotopic element Element *n* mit mehreren Isotopen *npl*, Mischelement *n {Nukl}*
isotopic enrichment Isotopenanreicherung *f*
isotopic equilibrium Isotopengleichgewicht *n*
isotopic exchange reaction Isotopenaustauschreaktion *f*
isotopic indicator Leitisotop *n*; Isotopenindikator *m*
isotopic labeling Isotopenmarkierung *f*
isotopic mass Isotopengewicht *n {obs}*, relative Nuclidmasse *f*
isotopic mixture Isotopengemisch *n*
isotopic molecule markiertes Molekül *n*
isotopic number Proton-Neutron-Differenzzahl *f*, Neutronenüberschußzahl *f {Nukl}*
isotopic ratio Isotopenhäufigkeitsverhältnis *n*, Isotopenverhältnis *n*
isotopic spin Isotopenspin *m*, Isospin *m*, isobarer Spin *m {Nukl}*
isotopic tracer Isotopenindikator *m*, Leitisotop *n*
isotopic weight *s.* isotopic mass
isotopomer Isotopomer[es] *n*, isotopes Isomer[es] *n {z.B.* $H_2O/HOD/D_2O$*}*
isotrehalose Isotrehalose *f*
isotron 1. Isotron *n {Anlage zur Isotopentrennung nach dem Laufzeitprinzip}*; 2. *{HN}* Isotron *n {CFKW}*

isotropic[al] isotrop, isotropisch; Isotropen- *{Math, Phys}*
isotropical body isotrope Substanz *f*
isotropical exponent Isotropenexponent *m* *{DIN 3320, Thermo}*
isotropical material isotroper Werkstoff *m*
isotropy Isotropie *f {Math, Phys}*
isotropy factor Isotropiefaktor *m*
isotryptamine Isotryptamin *n*
isotubaic acid Isotubasäure *f*, Rotensäure *f*
isotypic[al] typengleich, isotyp *{Krist}*
isotypy Isotypie *f {Krist}*
isourea <$H_2NC{=}NH(OH)$> Isoharnstoff *n*, Pseudoharnstoff *m*
isovalent isovalent *{Chem}*
isovalerate Isovaleriansäureester *m*, Isovalerat *n*
isovalerianic *s.* isovaleric
isovaleric acid <$(H_3C)_2CHCH_2COOH$> Isovaleriansäure *f*, 3-Methylbutansäure *f* *{IUPAC}*, Isopropylessigsäure *f*, 3-Methylbuttersäure *f*
isovaleric aldehyde <$(H_3C)_2CHCH_2CHO$> Isovalerianaldehyd *m*, Baldrianaldehyd *m*, Isovaleriansäurealdehyd *m*, Valeral *n*, 3-Methylbutanal *n {IUPAC}*, 3-Methylbutyraldehyd *m*
isovaleryl chloride <$(CH_3)_2CHCH_2COCl$> Isovalerylchlorid *n*, 3-Methylbutanoylchlorid *n*
isovaline Isovalin *n*
isovanillic acid Isovanillinsäure *f*
isoviolanthrone Isoviolanthron *n*
isoxazoles <C_3H_3NO> Isoxazole *npl*
isoxazolidine *{obs}* *s.* isoxazoline
isoxazoline Isoxazolin *n*, Isoxazolidine *{obs}*
isozyme Isozym *n*, Isoenzym *n {Biochem}*
ISS *{ion scattering spectroscopy}* Ionenstreu-Spektroskopie *f*, LEIS-Spektroskopie *f*, ISS
issue/to 1. herauskommen, erscheinen; veröffentlichen, publizieren, herausgeben; 2. ausströmen, entweichen, abziehen *{z.B. Gase}*; ausfließen, auslaufen *{von Flüssigkeiten}*; 3. ausstellen *{z.B. ein Dokument}*; 4. aussenden, emittieren
issue from/to herrühren [von]; hervorgehen [aus]
issue in/to ergeben, resultieren
issue 1. Ausgabe *f*, Herausgabe *f*, Veröffentlichung *f*; 2. Emission *f*; 3. Ausfluß *m*, Austritt *m*, Abzug *m {von Gasen}*; Ablauf *m*, Auslauf *m*, Abgang *m {von Flüssigkeiten}*; 4. Streitobjekt *n*; Streitfrage *f*, Streitpunkt *m*, Problem *n*; 5. Resultat *n*, Ergebnis *n*; Erlös *m*
issue date Tag *m* der Veröffentlichung *f* *{Patent}*
itabirite Itabirit *m*, Eisenglimmerschiefer *m*
itacolumite Gelenkquarz *m*, Itacolumit *m*, Gelenksandstein *m {Min}*
itaconic acid <$H_2C{=}C(COOH)CH_2COOH$> Itaconsäure *f*, Methylenbernsteinsäure *f*, Prop-2-en-2,3-dicarbonsäure *f {IUPAC}*
Italian red Italienischrot *n*, Italienischer Okker *m {Pigmentfarbe aus Eisen(III)-oxid}*
itamalic acid <$HOCH_2CH(COOH)CH_2COOH$> Itamalsäure *f*
itatartaric acid <$C_5H_8O_6$> Itaweinsäure *f*
itch ointment Krätzsalbe *f {Pharm}*
item 1. Artikel *m {als Posten}*; 2. Posten *m*, Buchungsposten *m*; 3. Punkt *m {z.B. eines Programms}*, Item *m*; Position *f*; 4. Nachricht *f*; 5. Einzelheit *f*; Einzelgegenstand *m*, Stück *n*
itemize/to [einzeln] aufzählen, einzeln anführen, auflisten, spezifizieren
iterate/to iterieren, wiederholen; wiederholt vorbringen
iteration Wiederholung *f*, Iteration *f {EDV, Math}*
iteration method Iterationsverfahren *n*
iteration process Iterationsverfahren *n*
ITP *{inosine triphosphate}* Inosintriphosphat *n*
itrol Itrol *n*, Silbercitrat *n {Pharm}*
ittnerite Ittnerit *m {Min}*
I.U. *{international unit}* Internationale Einheit *f* *{WHO-Mengeneinheit für nichtsynthetisierte Antibiotika, Hormone und Vitamine}*, I.E.
IUB International Union of Biochemistry *{1955}*
IUBS International Union of Biological Sciences *{Paris, 1919}*
IUCr International Union of Crystallography *{Chester, GB; 1947}*
IUPAC *{International Union of Pure and Applied Chemistry, Oxford; 1919}* Internationale Union *f* für Reine und Angewandte Chemie *{Nachfolger der IACS}*
IUPAC name nach IUPAC-Regeln gebildeter Name *m*, systematischer Name *f* gemäß IUPAC
IUPAC rules IUPAC-Nomenklaturregeln *fpl*, IUPAC-Regeln *fpl*
IUPAP International Union of Pure and Applied Physics *{Göteborg; 1923}*
IUPhar International Union of Pharmacology *{Brussels, 1959/1963}*
IUVSTA International Union for Vacuum Science, Technique and Applications
Ivanov reaction Ivanoff-Reaktion *f*
ivory 1. elfenbeinern; Elfenbein-; 2. Elfenbein *n*
ivory black 1. Elfenbeinschwarz *n*; 2. gebranntes Elfenbein *n*, Knochenkohle *f*, Spodium *n*
ivory-colo[u]red elfenbeinfarbig
ivory nut Elfenbeinnuß *f {Bot}*
ivory paper Elfenbeinpapier *n*
ivory porcelain Elfenbeinporzellan *n*
vegetable ivory vegetabilisches Elfenbein *n*, Corozzanuß *f*, Elfenbeinnuß *f*, Corusconuß *f*, Steinnuß *f*
ixiolite Ixiolith *m {Min}*
Izod impact strength Schlagebiegfestigkeit *f*, Kerbschlagzähigkeit *f* nach Izod

Izod impact test Izod-Schlagversuch *m*, Dynstat-Schlagversuch *m*, Izod-Prüfung *f {Bestimmung der Schlagbiegefestigkeit}*

Izod notched impact strength Izod-Kerbschlagzähigkeit *f*

J

jaborandi [leaves] Jaborandiblätter *npl*, Pernambucoblätter *npl {Pilocarpus jaborandi Homes}*

jaborandi oil Jaborandiöl *n {aus Blättern}*

jacinth Hyacinth *m {Min}*

jack 1. Heber *m*, Hebebock *m*, Hebevorrichtung *f*, Hebewinde *f*, Winde *f*; Wagenheber *m {Auto}*; Pumpenbock *m {Öl}*; 2. Muttermodell *n {Keramik}*; 3. Klinkengehäuse *n*; Klinke *f {Elek}*; 5. Buchse *f*; 6. Fadenauswähler *m*, Wippe *f {Text}*

jack leg Überlaufleitung *f*

jack up Bohrhubinsel *f*, Hubplattform *f*, Hubinsel *f {Erdöl}*

jacket/to verkleiden, umkleiden, umhüllen, ummanteln

jacket 1. Hülle *f*, Umhüllung *f*; Umschlag *m*, Schutzumschlag *m*; Mantel *m*, Isolierung *f {Kabel}*; Haube *f*, Ummantelung *f*, Gehäuse *n {Tech}*; Auskleidung *f {Tech}*; 2. Gießrahmen *m*, Überwurfrahmen *m*, Formrahmen *m {Gieß}*; 3. Jacket *n {1. Erdölförder-Röhre; 2. Photo}*; 4. Manchon *m*, Filzschlauch *m {Pap}*

jacket cooling Mantelkühlung *f*

jacket copper Mantelkupfer *n*

jacket heating [system] Mantelheizung *f*

jacket sheet iron Mantelblech *n*

jacket tube Hüllrohr *n*, Mantelrohr *n*

jacketed bottom Dampfboden *m {Brau}*

jacketed lift pipe Mantelheber *m*

jacketed rotary shelf dryer Tellertrockner *m* mit beheizten Trockentellern

jacketed shelf Heizplatte *f*, Heizblech *n*

jacketed shelf dryer Heizplattentrockner *m*

jacketed siphon Mantelheber *m*

jacketed Soxhlet extractor Heiß-Exktraktor *m {Lab}*

jacketed thermocouple Mantelthermoelement *n*

jacketing Ummantelung *f*, Umhüllung *f*, Umkleidung *f*, Verkleidung *f*

Jacobian [determinant] Funktionaldeterminante *f*, Jacobi-Determinante *f*

Jacobian elliptic function Jacobische elliptische Funktion *f*, Jacobische Theta-Funktion *f*

jacobine <$C_{18}H_{25}NO_6$> Jacobin *n*

jacobsite Jakobsit *m {Min}*

Jacquard loom luboil Webstuhlöl *n*

jade 1. jade, jadegrün *{zartgrün}*, jaden; 2. Jade *m {Sammelbezeichnung für Nephrit, Jadeit und Chloromelanit; Min}*

jadeite Jadeit *m {Min}*

jag/to 1. zacken, auszacken, mit Zacken *mpl* versehen, zackig schneiden, kerben; 2. splittern, zersplittern

jag 1. Auszackung *f*, Zacken *m*, Zahn *m*, Kerbe *f*; 2. Scharte *f {unregelmäßige Vertiefungen}*; 3. Riß *m*

jagged ausgezackt, zackig; schartig; rissig

jaipurite Graukobalterz *n {obs}*, Jaipurit *m {Min}*

jalap Jalape *f*, Jalapenknolle *f*, harzige Jalapenwurzel *f {von Ipomoea oder Exogonium purga}*

jalap resin Jalapenharz *n*

jalap soap Jalapseife *f*

jalapic acid <$C_{17}H_{30}O_9$> Jalapinsäure *f*

jalapin <$C_{34}H_{56}O_{16}$> Jalapin *n*, Orizabin *n*

jalapinolic acid Jalapinolsäure *f*, 11-Hydroxyhexadecansäure *f*

jalpaite Jalpait *m {Min, $CuAg_3S_2$}*

jam/to 1. blockieren, hemmen, [ver]klemmen, einklemmen, einquetschen, festfressen, einkeilen; verstopfen, versperren; 2. drücken, pressen; 3. stören *{Radio}*

jam 1. Konfitüre *f*, Marmelade *f {Lebensmittel}*; 2. Klemmen *n*, Hemmen *n*, Blockieren *n*, Verklemmen *n*, Einklemmen *n*; Stockung *f*, Stau *m*, Rückstau *m*, Verkehrsstau *m*; 3. Störung *f {Radio}*

jamaicine Jamaicin *n {Isochinolinalkaloid aus Andirainermis}*

jamba oil Jambaöl *n {von Eruca sativa Mill.}*

jambulol <$C_{16}H_8O_9$> Jambulol *n*

jamesonite <$Pb_2Sb_2S_5$> Bergzundererz *n {obs}*, Querspießglanz *m {obs}*, Jamesonit *m {Min}*

jamming 1. Blockieren *n*, Hemmen *n*, Klemmen *n*, Verklemmen *n*, Einklemmen *n*, Festfressen *n {Tech}*; Papierstau *m {EDV}*; 2. Jamming *n*, Störsendung *f*, Störaussendung *f {Radio}*

Janus electrode Janus-Elektrode *f*

Janus green Janusgrün *n {Mikroskopie}*

japaconine <$C_{26}H_{41}NO_{10}$> Japaconin *n*

japaconitine <$C_{34}H_{49}NO_{11}$> Japaconitin *n*

japan/to mit Japanlack überziehen, schwarz streichen

japan 1. Japanlack *m*, Lack *m*, Asphaltlack *m*; 2. [japanische] Lackarbeit *f*

Japan agar *s.* Japanese gelatin

Japan camphor <$C_{10}H_{16}O$> Japancampher *m*, D-Campher *m*, (+)-Campher *m*

Japan lacquer Japanlack *m*

Japan peppermint oil japanisches Pfefferminzöl *n {Mentha arvensis}*

Japan tallow *s.* Japan wax

Japan varnish Japanlack *m*

Japan wax Japanwachs *n*, Japantalg *m {Pflanzenwachs von Rhus succedanea und R. vernicifluа}*
Japan wood Japanholz *n*
japaner's gilding Lackvergoldung *f*
Japanese gelatin Agar[-Agar] *m n*, Gelose *f*
Japanese paper Japanpapier *n*
Japanese tissue [paper] Japanseidenpapier *n*
japanic acid <$HCOOC(CH_2)_{19}COOH$> Japansäure *f*, Heneicosandisäure *f*
Japanic earth Catechin *n*, Catechu *n*
Japonic acid Japonsäure *f*
jar/to 1. erschüttern, rütteln, stoßen; rüttelverdichten *{Gieß}*; 2. knarren, quietschen; rasseln *{Akustik}*
jar 1. Gefäß *n*, Krug *m*, Standgefäß *n*, [weithalsige] Flasche *f*; Einmachglas *n*; Zellengefäß *n {Elek}*; 2. Erschütterung *f*, Stoß *m*; 3. Mißton *m {Akustik}*; 4. Jar *n {obs, = 1,11265 nF}*
jar diffusion Gefäßdiffusion *f*
jar mill Kugelmühle *f {Emailler}*
jargon 1. Jargon *m {Min}*; 2. Berufskauderwelsch *n*
jarosite Jarosit *m*, Antunit *m*, Cyprusit *m*, Pastreit *m*, Raimondit *m {Min}*
jarring piston Rüttelkolben *m*
jasmine Jasmin *m {Oleazeen-Gattung}*
jasmine aldehyde Jasminaldehyd *m*, Amylzimtaldehyd *m*
jasmine oil Jasminöl *n {aus Jasminum grandiflorum L. oder Jasminum officinale L.}*
yellow jasmine root Gelseminwurzel *f*
jasmone <$C_{11}H_{16}O$> Jasmon *n*
jasper 1. Jaspis *m {Min}*; 2. Pfeffer-und-Salz-Muster *n*; 3. *s.* jasperware
jasper agate Jaspisachat *m {Min}*
jasper-colo[u]red jaspisfarben
jasper opal Jaspisopal *m {Min}*
jasper pottery *s.* jasperware
blood-colo[u]red jasper Röteljaspis *m {Min}*
jasperated china Jaspisporzellan *n*
jasperware Jaspissteingut *n*, Jaspisware *f*, Jasperware *f {Keramik}*
jasponyx Jaspisonyx *m*, Jasponyx *m*, gebänderter Achat-Jaspis *m {Min}*
jatrorrhizine Iatrorrhizin *n {Alkaloid der Kolombowurzel aus Jateorhiza palmata (Lam.) Miers}*
jaulingite Jaulingit *m {Bernsteinart}*
jaune brilliant Brillantgelb *n {CdS}*
jaune d'or Goldgelb *n*, Martiusgelb *n*
Java cinnamon Javazimt *m*
Java plum Jambulfrucht *f {Bot}*
javanicin <$C_{15}H_{14}O_6$> Javanicin *n*
Javelle water Eau de Javelle *n*, Javellesche Lauge *f*, Javellesche Lösung *f*, Javel-Lauge *f {KClO-Lösung}*
Javelle's desinfecting liquor *s.* Javelle water
jaw 1. Backe *f {z.B. eines Backenbrechers}*; Klemmbacke *f*, Spannbacke *f*, Backe *f {des Futters}*; Formbacke *f {an Werkzeugen}*; 2. Klaue *f {Kupplung}*; 3. Schnabel *m {Schieblehre}*
jaw breaker Backenbrecher *m*
jaw crusher Backenbrecher *m*
jaw crushing Vorzerkleinern *n*
jean Jean *m {geköperter Baumwollstoff}*, Jeansstoff *m*
jecolein Jecolein *n {Lebertranglycerid}*
jecorin <$C_{105}H_{186}N_5P_3S$> Jecorin *n {Protein}*
jectruder Plasturformmaschine *f {kombiniertes Spritzgießen-Extrudieren}*
jefferisite Jefferisit *m {Min}*
jeffersonite Jeffersonit *m {Min}*
jellify/to gallertartig werden, zu Gelee *n* erstarren, gel[atin]ieren; in Gelee *n* überführen, gel[atin]ieren, zum Gelieren *n* bringen
jelling agent Geliermittel *n*, Gelierhilfe *f*, Eindicker *m*
jelly/to *s.* jellify/to
jelly Gallert *n*, Gallerte *f*; Gelee *n*, Sülze *f*; Gel *n*
jelly formation Gelbildung *f*
jelly-like gallertähnlich, gallertartig, gallertig; gelatinös; gelartig; salbenartig
jelly-like mass Gallertmasse *f*
jelly-like substance Gallertsubstanz *f*
jelly strength *{BS 647}* Gelierstärke *f {Leim}*
turn into jelly/to gelieren
jellying Gelbildung *f*
jellying agent *s.* jelling agent
Jena glass Jenaer Glas *n*
jenite Jenit *m {obs}*, Ilvait *m {Min}*
jenkinsite Jenkinsit *m {Min}*
jequiritin Abrin *n*
jeremejewite Jeremejewit *m {Min}*
jerk 1. Ruck *m*, ruckartige Bewegung *f*; Stoß *m*; Ruckung *f {in m/s^3}*; 2. Rattermarke *f {Drahtziehen}*; 3. Reflex *m {Med}*
jerkingly ruckweise, ruckartig; stoßartig; krampfhaft *{Med}*
jerky *s.* jerkingly
jersey [cloth] Jersey *m {Text}*
jervane Jervan *n*
jerva[sic] acid Jervasäure *f*, Chelidonsäure *f*, Pyran-4-on-2,6-dicarbonsäure *f*
jervine <$C_{27}H_{39}BO_3 \cdot 2H_2O$> Jervin *n*
jesaconitine <$C_{40}H_{51}NO_{12}$> Jesaconitin *n*
Jesuit tea Matèblätter *npl*
Jesuits' balsam Kopaivabalsam *m*, Kopaivaterpentin *n*
Jesuits' bark Chinarinde *f*, Jesuitenrinde *f*, Fieberrinde *f {von Cinchona-Arten}*
jet/to 1. ausströmen, hervorsprudeln, herausspritzen, herausschießen; 2. ausspeien, ausstoßen, ausschleudern; 3. druckspülen
jet 1. pechschwarz; 2. Strahl-; Düsen-; 3. Düse *f*, Strahldüse *f*, Verteilerdüse *f*; Gießkopf *m*

{Gieß}; 4. Strahl *m*, Düsenstrahl *m*; Strahltriebwerk *n*, Strahlmotor *m*; Strahlflugzeug, Düsenflugzeug *n*, Jet *m*; 5. Jet *m {Teilchenbündel, Nukl}*; 6. Gagat *m*, Jet[t] *m {ein Schmuckstein organischen Ursprungs}*; 7. Tiefschwarz *n*; Tiefschwarz *n*, Pechkohle *f {Farbstoff}*

jet agitator Strahlmischer *m*

jet assembly Düsenstock *m*, Düsensatz *m*

jet black 1. jettschwarz, pechschwarz, tiefschwarz; 2. Tiefschwarz *n {Farb}*

jet blender Strahlmischer *m*

jet burner Strahlbrenner *m*

jet cap Düsenhut *m {Vak}*

jet clearance Diffusionsspaltbreite *f*

jet clearance area Diffusionsspaltfläche *f*

jet condenser Einspritzkondensator *m*

jet cooler Einspritzkühler *m*

jet crushing Strahlzerkleinerung *f*

jet crystallizer Sprühkristallisator *m*

jet cutting Strahlschneiden *n {z.B. Plastschneiden mit Wasserstrahl}*

jet dryer Luftstromtrockenanlage *f*, Luftstromtrockner *m*, Düsentrockner *m*

jet efficiency Strahlwirkungsgrad *m {Vak}*

jet engine oil Flugmotorenöl *n*

jet-etching technique Strahlätzverfahren *n*

jet evaporation method *{ISO 4246}* Aufblasverfahren *n*

jet exhaust Dampfstrahler *m*, Wasserdampfstrahlsauger *m*, Dampfstrahlsauger *m*, Dampfstrahlvakuumpumpe *f*

jet flame Stichflamme *f*

jet fuel Düsenkraftstoff *m*, Turbinentreibstoff *m*, Düsentreibstoff *m {Flammpunkt 52 °C}*

jet glass Jettglas *n*

jet impact pulverizer Prallmühle *f*

jet mill Strahlmühle *f*, Luftstrahlmühle *f*, Jet-Mühle *f {für die Feinstzerkleinerung}*

jet mixer Strahlmischer *m*, Strahlapparatmischer *m*

jet mo[u]ld Spritzform *f {Kunst}*

jet mo[u]lding Spritzpreßverfahren *n*

jet mo[u]lding nozzle geheizte Spritzdüse *f*

jet nozzle Strahldüse *f*, Düse *f*

jet of liquid Flüssigkeitsstrahl *m*

jet of material freier Strahl *m*

jet pipe 1. Ausflußrohr *n*, Abflußrohr *n*; 2. Strahlrohr *n {Feuerwehr}*

jet propellant *s.* jet fuel

jet propulsion fuel Düsenkraftstoff *m*, Düsentreibstoff *m*, Flugturbinenkraftstoff *m*

jet propulsion spirit insolubles Normalbenzinlösliches *n*, Hartasphalt *m*

jet pulverizer Strahlprallmühle *f*

jet pump Ejektor *m {Tech}*; Strahlpumpe *f*, Strahlapparat *m*, Treibmittelpumpe *f {Vak}*

jet scrubber Düsenwäscher *m*, Strahlgaswäscher *m*, Strahlwäscher *m*

jet shape Düsenform *f*, Form *f* der Düse

jet solder method Spritzlötverfahren *n*

jet suction pump Saugstrahlpumpe *f*

jet tapper Abstichladung *f {Expl, Met}*

jet tube dryer Düsenrohrtrockner *m*

jet tube reactor Strahldüsenreaktor *m*

jet-type gas washer *s.* jet scrubber

jetant *s.* jet fuel

jetting 1. Pfahltreiben *n* mit Wasserspülung, Spülbohrverfahren *n*; 2. Würstchenspritzguß *m*, Freistrahlbildung *f*; Turbulenz *f {Kunst}*

jetty 1. jettähnlich, pechschwarz; 2. Landungsbrücke *f*; Hafendamm *m*; 3. Buhne *f*, Sturmflutsperrwerk *n*

Jew's pitch Asphalt *m*

jewel 1. Edelstein *m*, Juwel *m*; 2. Stein *m*, Lagerstein *m {z.B. in Uhren}*; 3. Eisenbahnlagermetall *n*

jewel[l]er's borax Juwelierborax *m*, Rindenborax *m*, oktaedrischer Borax *m*, Natriumtetraborat-5-Wasser *n*

jewel[l]er's red Polierrot *n {für Edelsteine}*

jewel[l]er's putty Juwelen-Polierpulver *n*

jewelry alloy Juwelier-Grundlegierung *f {korrosionsfeste Bronze}*

jig/to 1. waschen, setzen, absetzen *{Mineralaufbereitung}*; 2. am Werkstück *n* befestigen

jig 1. Baum *m {Ladegerät}*; 2. Setzmaschine *f*, Setzapparat *m {Mineralaufbereitung}*; Schüttelrutsche *f {Mineralaufbereitung}*; 3. Schablone *f {werkzeugführende Vorrichtung}*, Lehre *f*, [Ein-]Spannvorrichtung *f*, Aufspannvorrichtung *f*; 4. *s.* jig dyer

jig bed Setzbett *n {Mineralaufbereitung}*

jig dyer Jiggerfärber *m*, Färbejigger *m*, Breitfärbemaschine *f {Text}*

jig screen *s.* jigging screen

jig table Schüttelrätter *m*, Schwingrätter *m*

jigger 1. *s.* jig dyer; 2. Setzmaschine *f*, Setzkasten *m {Mineralaufbereitung}*; 3. Drehmaschine *f*, Überdrehmaschine *f {Keramik}*

jigging Setzen *n*; Setzarbeit *f*, Setzwäsche *f {Mineralaufbereitung}*

jigging machine Setzmaschine *n*

jigging screen Vibrationssieb *n*, Schüttelsieb *n*, Schwingsieb *n*, Setzsieb *n {Mineralaufbereitung}*

jigging trough Schüttelrinne *f*

job 1. Job *m*, Auftrag *m {EDV}*; 2. Arbeit *f*; Einzelauftrag *m*; Arbeitsplatz *m*; 3. Stellung *f*, Beruf *m*; 4. Geschäft *n*

job drawing Arbeitszeichnung *f*

job monitoring Arbeitsplatz-Überwachung *f*

job-press ink Akzidenzfarbe *f*

job-related injury Arbeitsunfall *m*

job status Auftragszustand *m*

jobbing ink Akzidenzfarbe *f*

jobbing varnish Universallack *m*

jodosterol Jodosterin *n*
jog 1. Stoß *m*, Rütteln *n*; 2. Versetzungssprung *m*, Sprung *m* in einer Versetzung *f* *{Krist}*
jog formation Sprungbildung *f*
johannite Johannit *m*, Uranvitriol *n* *{Min}*
johnstrupite Johnstrupit *m*, Mosandrit *m* *{Min}*
join/to 1. verbinden, aneinanderfügen, anschließen, fügen *{schweißen}*, ketten, koppeln, verknüpfen, zusammenfügen *{Tech}*; 2. angliedern, beitreten *{teilnehmen}*
join up/to anschließen
join Klebeverbindung *f*; 2. Fuge *f*, Verbindungsstelle *f*; 3. Verbindungslinie *f* *{Math}*; 4. Vereinigung *f*, Aggregat *n* *{Math}*
joinability Verbindbarkeit *f*; Zerlegbarkeit *f* *{z.B. von Behältern}*
joined part Fügeteil *n* *{Kleben, Schweißen}*
joiner's glue Tischlerleim *m*, Tierleim *m*, tierischer Leim *m*
joiner's putty Holzkitt *m*
joining 1. Füge-, Verbindungs-; 2. Aneinanderfügung *f* *{von Fügeteilen}*, Verbinden *n*, Koppeln *n*; Verbindung *f*; 3. Anschluß *m* *{Elek}*
joining element Verbindungselement *n*
joining flange Anschlußflansch *m*
joining line Verbindungslinie *f* *{Math}*
joining material Dichtstoff *m* *{DIN 4062}*
joining of plastics Plastfügen *n*
joining piece Anschlußstück *n*, Verbindungsstück *n*, Ansatzstück *n*
joining process Fügeverfahren *n*
joint 1. gemeinsam, gemeinschaftlich; Mit-; 2. Verbindung *f*, Verbindungsstelle *f*, Verbindungsstück *n*, Verbindungsnaht *f*; 3. Bindeglied *n*, Verbindungsstück *n* *{Tech}*; Muffe *f* *{Kabel}*; Fuge *f*, Verbindungsfuge *f*, Spalt *m* *{Elek}*; Gelenk *n*, Kupplung *f*; 4. Anschluß *m*; 5. Formteilung *f*, *{Gieß}*; 6. Schweißstoß *m*, Stoß *m* *{Schweißen}*; 7. Kluft *f* *{Geol}*; Trennfuge *f* *{Geol}*
joint adapter Übergangsstück *n*
joint aging time Nachverfestigungszeit *f* *{Erreichen der endgültigen Klebfestigkeit}*
joint area Klebfugenfläche *f*, Haftgrund *m*
joint box Verbindungsmuffe *f* *{Elek}*; Kabelkasten *m*, Muffengehäuse *n* *{Kabel}*
joint cement Vergußmasse *f*
joint conditioning time Nachhärtezeit *f* *{Duroplastwerkstoffe}*
joint filler *s.* joint filling agent
joint filler casting material Fugenvergußmasse *f* *{aus Plast}*
joint filling agent Fugenfüller *m*, Fugendichtungsmasse *f*, Dichtmittel *n*; Fugenspachtel *m*, Fugenmörtel *m*, Fugenvergußmasse *f*
joint glue Montageleim *m*, Klebstoff *m*
joint grease Dichtungsfett *n*
joint packing Flanschendichtung *f*
joint pipe Gelenkrohr *n*; Anschlußrohr *n*, Verbindungsrohr *n*
joint ring Dichtring *m*, Dichtungsring *m*
joint sealant *s.* joint filling agent
joint surface Klebfläche *f*, Haftgrund *m*
joint valve Verbindungsschieber *m*
ball-and-socket joint Kugelgelenk *n*
permanent joint unlösbare Verbindung *f*
universal joint Kardangelenk *n*
jointed 1. gegliedert; Glieder-; 2. knotig *{Bot}*
jointed belt conveyor Gliederbandförderer *m*
jointing 1. Verbindung *f*, Zusammenfügen *n*; Verfugen *n*, Ausfugen *n*; druckfeste Dichtung *f*; 2. Absonderung *f* *{Geol}*; Schlechtenbildung *f* *{bei Kohle}*
jointing compound *s.* joint filling agent
jointing filler *s.* join filling agent
jointing mortar Fugenmörtel *m*
jointing sleeve Verbindungsmuffe *f* *{Elek}*
jointless fugenlos, nahtlos; lückenlos
jointless floor Spachtelfußboden *m*
jointless flooring compound Bodenausgleichmasse *f*, Fußbodenausgleichmasse *f*, Bodenspachtelmasse *f*
Jolly balance Jollysche Federwaage *f*
jolt/to rütteln, stoßen, holpern; stauchen; rüttelverdichten *{Gieß}*
jolt Ruck *m*, Stoß *m*, Gerüttel *n*; Rüttelverdichtung *f* *{Gieß}*
jolting device Rüttelgerät *n* *{Dent}*
jolting machine Rüttelmaschine *f*
jolting table Rütteltisch *m* *{Gieß}*
Jominy test Stirnabschreckversuch *m*, Jominy-Test *m* *{Stahlhärten}*
Jones reductor Jones-Reduktionsröhre *f*
jordan [mill, refiner] Hydromühle *f*, Kegel[stoff]mühle *f*, Jordan-Kegel[stoff]mühle *f*, Jordan-Mühle *f* *{Pap}*
jordanite Jordanit *m* *{Min}*
jordisite Jordisit *m* *{Min}*
joseite Joseit *m*, Grünlingit *m* *{Min}*
josephinite Josephinit *m* *{Min}*
Josephson effect Josephson-Effekt *m*, Josephson-Tunneln *n* *{Supraleitung}*
joule Joule *n* *{SI-Einheit für Arbeit, Energie und Wärmemenge; 1J = 1N·m}*
Joule effect 1. Joule-Effekt *m*, Magnetostriktion *f*; 2. Joulesche Wärme *f*, Stromwärme *f*
Joule heat Stromwärme *f*, Joulesche Wärme *f*
Joule-Thomson coefficient Joule-Thomson-Koeffizient *m* *{Thermo}*
Joule-Thomson effect Joule-Thomson Effekt *m*, isenthalpischer Drosseleffekt *m* *{Temperaturänderung realer Gase bei Drosselung}*
Joulean heat *s.* Joule heat
journal 1. Achszapfen *m*, Lagerzapfen *m*, Wellenzapfen *m* *{Tech}*; Wellengleitlagersitz *m* *{Tech}*; 2. Zeitschrift *f*; Tageblatt *n*

journal bearing Traglager *n*, Zapfenlager *n*, Wellenzapfenlager *n*, Gleitzapfenlager *n*, Kugellager *n*; Radiallager *n*, Querlager *n*, Achslager *n*, Halslager *n {mit vorwiegend senkrechter Belastung}*
journal friction Zapfenreibung *f*
juddite Juddit *m*
judean pitch Asphalt *m*, Bergpech *n*, Erdpech *n*, Erdharz *n {Naturasphalt}*
judg[e]ment 1. Gutachten *n*; 2. Urteil *n*, Urteilsspruch *m*; Urteilskraft *f*; 3. Ansicht *f*
jug Krug *m*, Kanne *f*
juglone <$C_{10}H_6O_3$> Juglon *n*, Nucin *n*, 5-Hydroxy-1,4-naphthochinon *n*
juglonic acid Juglonsäure *f*
juice 1. Saft *m {z.B. von Früchten, Gemüse, Fleisch}*; 2. elektrischer Strom *m {Lab}*
juice-pump Saftheber *m*, Saftpumpe *f*
juicy saftig
julienite Julienit *m {Min}*
jump/to 1. springen; springen lassen; 2. emporschnellen *{z.B. Preise}*; 3. *{US}* entgleisen *{Zug}*
jump over/to überspringen
jump 1. Satz *m*, Sprung *m {EDV, Krist, Aero}*; 2. Übergang *m {Phys}*; 3. Auffahren *n*
jump mechanism Sprungmechanismus *m*
jumper 1. Bohrstange *f*, Stoßbohrer *m*; 2. Überbrückungsdraht *m*, Verbindungsdraht *m*; fliegender Anschluß *m*, provisorischer Anschluß *m {Elek}*; Starthilfekabel *n {Auto}*; 3. Ventilkegel *m {Auslaufventil}*
jumping 1. Sprung-; 2. Ausspringen *n*
jumping cloth Sprungtuch *n {Schutz}*
junction 1. Grenzfläche *f*, Berührungsstelle *f*, Berührungszone *f*; 2. Berührungspunkt *m {Math}*; 3. Knotenpunkt *m {z.B. benachbarter Molekülketten}*; Anschluß *m*, Verbindung *f*; 4. Knoten *m*, Knotenpunkt *m {Elek}*; Abzweig *m {von Leitern}*; 5. Lötstelle *f {Thermoelemente}*; Anschlußstelle *f*, Verbindungsstelle *f {z.B. Nieten, Schweißen}*; 6. Phasengrenzfläche *f {physikalische Chemie}*; 7. Übergang *m* , Übergangszone *f*; Sperrschicht *f {Halbleiter}*
junction box Verteilerkasten *m*, Verteilerdose *f*, Anschlußkasten *m*, Anschlußdose *f*, Abzweigkasten *m*, Abzweigdose *f {Elek}*
cold junction kalte Lötstelle *f*
junior cave Curiezelle *f*, Kleinzelle *f {Nukl}*
junipene Junipen *n*
juniper Wacholder *m {Bot}*
juniper berry Wacholderbeere *f {von Juniperus communis L.}*
juniper [berry] oil Wacholderöl *n*, Wacholderbeeröl *n {von Juniperus communis L.}*
juniper camphor Wacholdercampher *m*
juniper gum Wacholderharz *n*
juniper resin Wacholderharz *n*
juniper tar oil Cadeöl *n*, Wacholderteer *m*, Caddigöl *n*, Spanisch-Zedernteer *m*, Wacholderteeröl *n*
juniper wood oil Wacholderholzöl *n {Wacholderöl-Terpentin-Gemisch}*
juniperic acid <$C_{16}H_{32}O_3$> Juniperinsäure *f*, 16-Hydroxyhexadecansäure *f*
juniperol Juniperol *n*, Longiborneol *n*
junk 1. Abfall *m*, Abfallstoff *m {aus der Produktion}*; Ausschuß *m*; Altstoff *m*, Altmaterial *n*; Trödel *m*; 2. fehlerhafte Eingabe *f*, unsinnige Daten *pl*, falsche Eintragung *f {EDV}*; 3. großes Holzstück *n*; Klumpen *m*; 4. Grobstoff *m {Pap}*
Junkers water flow calorimeter Junkers-Kalorimeter *n*
justifiable vertretbar; zu rechtfertigen
justification 1. Justierung *f*; 2. Ausschließen *n*, Ausschluß *m {Druck}*; Randausgleich *m {Druck}*; 3. Begründung *f*, Rechtfertigung *f*; 4. Berechtigung *f*
jute 1. Jute[faser] *f {Corchorus olitorius und Corchorus capsularis}*; 2. Papierstoff *m* aus Altpapier
jute black Juteschwarz *n*
jute felt Jutefilz *m {DIN 16952}*
jute fiber Jutefaser *f*
jute linen Juteleinen *n*
jute packing Jutepackung *f*, Jutedichtung *f*
jute yarn Jutegarn *n*
juxtapose/to nebeneinanderstellen
juxtaposition Aneinanderlagerung *f*, Nebeneinanderstellen *n*, Nebeneinanderstellung *f*
juxtaposition twins Ergänzungszwillinge *mpl {Krist}*

K

K acid K-Säure *f*, 1-Amino-8-naphthol-4,6-disulfonsäure *f*
K electron K-Elektron *n {Elektron der K-Schale}*
K-electron capture K-Einfang *m*, K-Elektroneneinfang *m*, inverse Beta-Strahlung *f*
K meson K-Meson *n*, Kaon *n*
K series K-Serie *f {Spek}*
K-shell K-Schale *f {innerste Elektronenschale im Atom}*
K value 1. K-Wert *m*, Eigenviskosität *f {Kunst}*; 2. Kupferzahl *f {Zucker}*; 3. Wärmeleitfähigkeit *f*, thermische Leitfähigkeit *f*; 4. K-Wert *m {ein Molekülgrößenmaß}*
kaemmererite Kämmererit *m*, Chrom-Pennin *m*, Kemmerrit *m {Min}*
kaemperol <$C_{15}H_{10}O_6$> Kämpferol *n*, 3,5,7,4-Tetrahydroxyflavon *n*
kainit synthetischer Kainit *m { 30 % K_2SO_4}*

kainite 1. Kainit *m* {$MgSO_4 \cdot KCl \cdot 3H_2O$}; 2. Kainit *m* {*Gemisch von Kalirohsalzen mit 19-24 % KCl*}
kainosite Kainosit *m* {*Min*}
kairine <$C_{10}H_{13}NO$> Kairin *n*, 1,2,3,4-Tetrahydro-8-hydroxychinolin *n*
kairoline <$C_{10}N_{13}N$> Kairolin *n*, 1,2,3,4-Tetrahydro-1-methylchinolin *n*
kairomone Kairomon *n* {*Physiol*}
kaiser Kaiser *n*, reziproker Zentimeter *m* {*Spek; 1K = 1 cm*$^{-1}$}
Kaiser oil Kaiseröl *n*
kakoxene Kakoxen *m* {*Min*}
kalignost <$NaB(C_6H_5)_4$> Kalignost *n*, Natriumtetraphenylborat *n*
kalinite Kalialaun *m*, Pottasche-Alaun *m* {*Triv*}, Kalinit *m* {*Min*}
kallidine I Bradykinin *n*
Kalling's reagent Kalling-Ätzmittel *n* {*Met*}
kamacite Kamacit *m*, Balkeneisen *n* {*5 % Ni; Meteorit*}
kamala Kamala *f* {*Puder aus den Kapseln von Mallotus philippinensis (Lam.) Muell. Arg.*}
kamarezite Kamarezit *m* {*obs*}, Brochantit *m* {*Min*}
kampometer Kampometer *n* {*Strahlungswärme*}
kanamycin Kanamycin *n* {*Aminoglycosid-Antibiotika aus Streptomyces kanamyceticus*}
kanamycin kinase {*EC 2.7.1.95*} Kanamycinkinase *f*
kanamycin sulfate <$C_{18}H_{36}N_4O_{11} \cdot H_2SO_4$> {*USP, EP*} Kanamycinsulfat *n* {*Pharm*}
Kanavec method Kanavec-Verfahren *n* {*Fließfähigkeit von Duroplastformmassen*}
Kanavec plastometer Kanavec-Plastometer *n*, Fließhärtungsprüfer *m* nach Kanavec, Kanavec-Rotationsviskosimeter *n*
kanirin Kanirin *n*, Trimethylaminoxid *n*
kanosamine Kanosamin *n*
kanya butter Kanyabutter *f* {*aus Pentadesma butyraceum Sabine*}
kaolin <$Al_2O_3 \cdot 2SiO_2 \cdot 2H_2O$> Kaolin *m n*, Porzellanerde *f*, China Clay *m n*, Argilla *n*, weißer Bolus *m*, reiner Bolus *m*, weißer Ton *m*, reiner Ton *m*, Porzellanton *m*, Weißtonerde *f* {*Min*}; Schlämmkaolin *m*, geschlämmte Porzellanerde *f*, Kaolin *m n*
kaolinite Kaolinit *m* {*Min*}
kaon *s.* K meson
kapnometer Kapnometer *n*, Rauchdichtemesser *m*
kapok Kapokfaser *f* {*DIN 66001*}, Ceibawolle *f*, vegetabilische Wolle *f*, Bombaxwolle *f*, Pflanzendaune *f*, Pflanzenseide *f*, Kapok *m* {*Kapselwolle von Eriodendron anfractuosum*}
kapok oil Kapoköl *n* {*Samenöl*}
kappa-factor *s.* kappa number
kappa number Kappa-Zahl {*DIN 54357, Bleichungsmaß, mL 0,1 N KMnO*$_4$*/g trockner Zellstoff*}
karat {*US*} *s.* carat
karaya gum Karaya-Gummi *m n*, Sterkuliagummi *m n*, Indischer Tragant *m* {*meist von Sterculia urens Roxb.*}
karelianite Karelianit *m* {*Min*}
karite oil Karitéfett *n*
Karl Fischer reagent Karl-Fischer-Reagenz *n*, Karl-Fischer-Lösung *f* {*quantitative Wasser-Bestimmung mit I*$_2$*/SO*$_2$ *in CH*$_3$*OH/Pyridin*}
Karl Fischer technique Karl-Fischer-Methode *f* {*zur Wasserbestimmung*}, Karl-Fischer-Wasserbestimmung *f*
Karl Fischer titration *s.* Karl Fischer technique
karyinite Karyinit *m* {*Min*}
katharometer Katharometer *n*, Wärmeleitfähigkeits[meß]zelle *f*, Wärmeleitfähigkeitsdetektor *m*
kauri Kauriharz *n*, Kaurikopal *m*, Kaurigum *m*, Cowrikopal *m* {*von Agathis australis*}
kauri-butanol-number Kauri-Butanol-Wert *m*, Kauri-Butanol-Zahl *f* {*in mL Verdünner*}
kauri gum *s.* kauri
kava Kawa-Staude *f*, Polynesische Staude *f*, Polynesischer Busch *m*, Piper methysticum {*Lat*}; 2. Getränk *n* aus der Kawawurzel *f*
kava resin Kawaharz *n* {*von Piper methysticum G. Fost.*}
kavaic acid <$C_{13}H_{12}O_3$> Kawasäure *f*
kavain <$C_{14}H_{14}O_3$> Methysticin *n*, 5,6-Dihydro-4-methoxy-6-styrylpyran-2-on *n*
keep/to 1. behalten; 2. bewahren; aufbewahren, lagern {*Nahrung*}; erhalten; 3. einhalten {*z.B. eine Frist*}; 4. züchten, halten {*z.B. Tiere*}; 5. festhalten; 6. führen {*z.B. Waren*}; 7. sich halten
keep alive/to aufrechterhalten; am Leben *n* erhalten
keep away [from]/to abhalten; fernhalten
keep back/to einbehalten, zurückhalten, vorenthalten
keep going/to unterhalten {*z.B. Reaktion*}
keep off/to abhalten; wegbleiben
keep up/to instandhalten; aufrechterhalten; unterhalten; mitkommen, Schritt *m* halten; in Verbindung *f* bleiben
keeper Wächter *m*, Wärter *m*; Aufseher *m*
keeping Verwahrung *f*, Aufbewahren *n*; Obhut *f*; Unterhalt *m*
keeping properties Lagerbeständigkeit *f* {*Tech*}, Haltbarkeit *f* {*z.B. von Lebensmitteln*}
keeping quality *s.* keeping properties
kefir Kefir *m*
keg Packfaß *n*, Faß *m*, Fäßchen *n* {*20-40L*}; zylindrisches Biertransportfaß *n*, Keg *n* {*Brau*}
keilhauite Keilhauit *m*, Yttro-Titanit *m* {*Min*}
Kekulè formula Kekulè-Formel *f*, Kekulè'sche Benzolformel *f*

kelene <C_2H_5Cl> Kelen *n {HN}*, reines Ethylchlorid *n*
Kellogg equation Kelloggsche Gasgleichung *f {Thermo}*
Kellogg sulfuric acid alkylation Kellogg-Schwefelsäure-Alkylierung *f*
kelp 1. *{US}* Kelp *n*, Tang *m {Braunalgen Laminariales und Fucales in frischem Zustand}*; 2. *{GB}* Kelp *n {Seetangasche}*
kelp burner Salpetersieder *m*
kelp soda Vareksoda *f*
kelvin 1. Kelvin *n {SI-Basiseinheit der thermodynamischen Temperatur}*; 2. Kelvin *n*, Wärmevolt *n {obs, kWh}*
Kelvin absolute temperature scale *s.* Kelvin temperature scale
Kelvin effect Kelvin-Effekt *m*, Skineffekt *m*, Stromverdrängung *f*
Kelvin equation Kelvin-Gleichung *f {Thermo; Dampfdruck von Tröpfchen}*
Kelvin temperature scale Kelvin-Temperaturskale *f*, Kelvin-Skale *f {fundamentale thermodynamische Temperaturskale}*
kelyphite Kelyphit *m {Geol}*
kennel coal Mattkohle *f*, Kännelkohle *f*
kentrolite Kentrolith *m {Min}*
kephalin 1.*s.* cephalin; 2. Kephalin *n {lecithinartige Phosphatide}*
kerasin 1. Kerasin *n {Min}*; 2. <$C_{48}H_{39}NO_8$> Kerasin *n {Phrenosin-Cerebroid}*
keratin Keratin *n*, Hornstoff *m*, Hornsubstanz *f*
kermes 1. Kermes *m*, Kermesfarbstoff *m*, Kermesscharlach *m*; 2. Kermeseiche *f {Quercus coccifera L.}*, Scharlacheiche *f*; 3. Kermesit *m* , Rotspießglanz *m {Antimon(III)-oxidsulfid, Min}*; 4. Kermeskörner *npl*, Scharlachkörner *npl {von Quercus coccifera L.}*; Kermesschildlaus *f {getrocknete Weibchen}*
kermes berry Kermesbeere *f*, Kermeskörner *npl*, Scharlachkörner *npl {von Quercus coccifera L.}*
kermes grains *s.* kermes berry
kermes dye Kermes[farbstoff] *m*, Kermesscharlach *m*, Kermesrot *n*
kermes mineral Antimonzinnober *m*, Rotspießglanz *m {Triv}*, Kermesit *m {Min}*
kermes red *s.* kermes scarlet
kermes scarlet Kermesscharlach *m*, Kermesfarbstoff *m*, Kermesrot *n*
kermesic acid Kermessäure *f*, 1,2,3,4-Tetrahydroxy-2-methoxy-8-methylanthrachinon-5-carbonsäure *f*
kermesite <$2Sb_2S_3 \cdot Sb_2O_3$> Kermesit *m*, Antimonblende *f {obs}*, Antimonzinnober *m*, Rotspießglanz *m {Triv}*, Spießblende *f {Min}*
kernel 1. Atomrumpf *m*, Rumpf *m*; 2. Kern *m {Obst, Nuß}*; 3. Korn *n*, Samenkorn *n*; 4. Kernprogramm *n {EDV}*; 5. Systemkern *m {EDV}*; 6. Kern *m {Math}*
kernite Kernit *m*, Rasorit *m {Min}*
kerogen Kerogen *n*, Kerogen-Gestein *n*, Kerabitumen *n*, Petrologen *n {Geol}*
kerosene *s.* kerosine
kerosene burner Petroleumbrenner *m*
fine kerosene Kaiseröl *n*
kerosine 1. Kerosin *n*, Turbinenpetroleum *n*, Turbinenkraftstoff *m*, Flugturbinenkraftstoff *m*; Petroleum *n*, Petrol *n*; 2. Kerosin *n*, Leuchtpetroleum *n*, Leuchtöl *n {Leucht- und Heizpetroleum}*; 3. Weißöl *n*, Paraffinöl *n*, Paraffinum liquidum *{Pharm}*
kerotenes Kerotone *npl {CS_2-Unlösliches in Bitumen}*
Kerr cell Kerr-Zelle *f*, Karolus-Zelle *f*, Polarisationsschalter *m {eine Lichtsteuerzelle}*
Kerr constant Kerr-Konstante *f*
Kerr effect Kerr-Effekt *m*, elektrooptischer Kerr-Effekt *m*, elektrooptische Doppelbrechung *f*
Kerr magneto-optical effect magnetooptischer Kerr-Effekt *m*
Kerr shutter *s.* Kerr cell
kerstenite Kerstenit *m {Min}*
kessyl alcohol <$C_{15}H_{26}O_2$> Kessylalkohol *m*
kestose Kestose *f {Trisaccharid}*
ketal 1. Carbonylgruppe *f {obs}*; 2. <RR'C(OR'')(OR''')> Ketal *n*, Ketonacetat *n*
ketazin <$C_6H_{12}N_2$> Ketazin *n*
ketazine Ketazin *n*, Bisazimethylen *n {=C=N-N=C= Kondensationsprodukt von Ketonen mit Hydrazin}*
ketene <$H_2C=C=O$> Keten *n*
ketene diacetal <$CH_2=C(OC_2H_5)_2$> Diethoxyethylen *n*
ketenes <RR'C=C=O> Ketene *npl*
ketimine <R'R''C=NH> Ketimin *n*
ketine Ketin *n*, 2,5-Dimethylpyrazin *n*
keto acid Ketosäure *f*, Ketocarbonsäure *f*, Oxocarbonsäure *f*
keto alcohol Keto[n]alkohol *m*, Hydroxyketon *n*, Ketol *n*
keto aldehyde Keto[n]aldehyd *m*
keto-carbonyl group Ketocarbonylgruppe *f*
keto compound Keto[n]verbindung *f*
keto-enol equilibrium Keto-Enol-Gleichgewicht *n*
keto-enol tautomerism Keto-Enol-Tautomerie *f*
keto ester Keto[säure]ester *m*, Ketocarbon[säure]ester *m*
keto form Keto[n]form *f*
keto group <=C=O-> Ketogruppe *f*, Carbonylgruppe *f*, CO-Gruppe *f*
ketoacidosis Ketoazidose *f*, Ketosis *f*, Ketose *f {Med}*

ketoamine Ketoamin *n*
ketobenzotriazine Ketobenzotriazin *n*
ketogenesis Ketogenese *f*, Ketonkörperbildung *f*, Ketonkörperentstehung f*{Med, Biochem}*
ketogluconokinase *{EC 2.7.1.13}* Ketogluconokinase *f*
ketoglutarate Oxoglutarat *n*, Ketoglutarat *n* *{Ester oder Salz der Oxoglutarsäure}*
ketoglutaric dehydrogenase *{EC 1.2.4.2}* α-Ketoglutardehydrogenase *f*
ketoglutaric acid Ketoglutarsäure *f*, Oxoglutarsäure *f*, Oxopentandisäure *f* *{IUPAC}*; 2-Oxopentandisäure *f*, α-Ketoglutarsäure *f* *{Physiol}*
β-ketoglutaric acid <$CO(CH_2COOH)_2$> Acetondicarboxylsäure *f*, β-Ketoglutarsäure *f*
ketogulonic acid Ketogulonsäure *f*
ketoheptose Ketoheptose *f*
ketohexokinase *{EC 2.7.1.3}* Ketohexokinase *f*
ketohexose Ketohexose *f*
ketoimine *s.* ketonimine
2-ketoindoline Oxindol *n*
ketols <$RCOCH_2OH$> Ketole *npl*, Hydroxyketone *npl*, Ketonalkohole *mpl*
ketone <RCOR> Keton *n*
ketone-acids Ketonsäuren *fpl*, Ketocarbonsäure *f*, Oxocarbonsäure *f*
ketone alcohol *s.* ketols
ketone body Ketonkörper *m*, Acetonkörper *m* *{Physiol}*
ketone hydroperoxide Ketonhydroperoxid *n*
ketone imide Ketonimid *n*
ketone-like ketonartig
ketone oil Ketonöl *n*
ketone peroxide Ketonperoxid *n*
ketone resin Ketonharz *n*
ketone splitting Ketonspaltung *f*
ketonic ketonartig, ketonisch; Keton-
ketonic acid *s.* keto acid
ketonic cleavage Ketonspaltung *f*
ketonimin <R'R''C=NH> Ketimin *n*
ketonimine dyestuff Ketoniminfarbstoff *m*, Ketonimidfarbstoff *m*
ketonization Ketonisieren *n*
ketonuria Ketonurie *f* *{Med}*
ketopantoaldolase *{EC 4.1.2.12}* Ketopantoaldolase *f*
ketopantoic acid Ketopantosäure *f*
ketopentamethylene Ketopentamethylen *n*
ketopentose Ketopentose *f*
ketopinic acid Ketopinsäure *f*
ketopropane <CH_3COCH_3> Ketopropan *n*, Propan-2-on *n*, Aceton *n*, Dimethylketon *n*
α-ketopropionic acid *s.* pyruvic acid
ketose Ketose *f*, Keto[n]zucker *m*
ketostearic acid Ketostearinsäure *f*
6-ketostearic acid Lactarinsäure *f*
ketosugar Ketose *f*, Keto[n]zucker *m*
α-ketotetrahydronaphthalene <$C_{10}H_{10}O$> α-Keto-tetrahydronaphthalin *n*
9-ketoxanthene Xanthon *n*, Xanthenketon *n*, Dibenzopyron-γ-xanthon *n*
ketoxime 1. <=C=NOH> Acetoxim *n*; 2. <-CHNO-> Ketoxim *n*
kettle Kessel *m*, Kochkessel *m*, Siedekessel *m*, Wasserkessel *m*
kettle boiled oil Leinölfirnis *m*
Kevlar [aramid] fiber *{TM}* Kevlar-Faser *f*, Kevlar-Aramid-Faser *f* *{Faserverstärkung}*
key/to verkeilen, mittles Keils verbinden
key in/to einlesen, eintasten, eintippen
key 1. Schlüsselkomponente *f* *{Chem}*; 2. Schlüssel *m* *{Tech, EDV}* 3. Haftgrund *m*, Haftgrundlage *f*, Haftoberfläche *f*, Verankerungsgrund *m*; 4. Kennbegriff *m*, Ordnungsbegriff *m* *{EDV}*; 5. Feder *f*, Keil *m*, Splint *m* *{Tech}*; 6. Taste *f*, Drucktaste *f*; 7. Hahnküken *n*, Stopfen *m*
key board Tastatur *f*, Tastenfeld *n*, Tastenplatte *f*, Keyboard *n*, Eingabetastatur *f*
key chemical Grundchemikalie *f*, Grundstoff *m*, Schlüsselstoff *m*, Schlüsselprodukt *n*
key chemical species chemische Leitverbindungen *fpl*, charakteristische chemische Bestandteile *npl*
key coat Grundierung *f* *{Beschichtung}*
key component 1. Hauptkomponente *f*, Schlüsselkomponente *f*; 2. wichtigstes Zwischenprodukt *n*; 3. Schlüsselverbindung *f*, Schlüsselsubstanz *f* *{Biochem}*
key holder Hahnfassung *f* *{Lab}*
key ingredient Hauptbestandteil *m*, Schlüsselkomponente *f*
key player Schlüsselsubstanz *f*, Hauptbeteiligter *m* *{Kinetik}*
key position Schlüsselstellung *f*
key product Hauptprodukt *n*, Schlüsselprodukt *n*
key role Schlüsselrolle *f*
key steel Keilstahl *m*
keypad Kleintastatur *f* *{Fernbedienung eines Gerätes}*, Keypad *n*, Fernbedienung *f*; Tastaturblock *m*, Tastenblock *m* *{EDV}*; Block *m* *{Tastaturzone}*
keystone 1. Gewölbeschlußstein *m*; 2. Feinkies *m* *{Füllmittel}*
keyway Keilnut *f*, Keillängsnut *f*; Mitnehmernut *f*, Führungsleiste *f*
keyword Stichwort *n*; Schlüsselwort *n*
Keyes equation Keyes-Gleichung *f* *{Thermo}*
Keyes process Keyesches Verfahren *n*, Keyes-Verfahren *n* *{Dest; 100 % C_2H_5OH}*
khaki 1. khakibraun *n*, khakifarben, erdfarben, gelbbraun, khakifarbig; Khaki-; 2. Khaki *n*, Erdfarbe *f*, erdbraune Farbe *f*; 3. Khakistoff *m* *{gelbbrauner Stoff}*

khaki-colo[u]red *s.* khaki 1.
khellactone Khellacton *n*
khellin <$C_{14}H_{12}O_5$> Khellin *n*, Visammin *n* *{Pharm}*
khellinin Khellinin *n*
khellinone Khellinon *n*
khellinquinone Khellinchinon *n*
khellol Khellol *n*
KHP crystal KHP-Kristall *m*, Kaliumhydrophthalat-Kristall *m*
kibbler Grobmühle *f*, Schrotmühle *f*
kick/to stoßen; ausschlagen
kick out/to herausschlagen
kick 1. Rückstoß *m*, Rückschlag *m*; Kick *m* *{Erdöl}*; 2. Ausschlagen *n*
kick-off temperature Anspringtemperatur *f* *{bei einem katalytischen Prozeß}*
Kick's law Kicksches Gesetz *n*, Zerkleinerungsgesetz *n* nach Kick
kicker Kicker *m*, Zersetzungsbeschleuniger *m* *{leitet durch Herabsetzung der Zersetzungstemperatur Reaktionen ein}*
kid leather Glacéleder *n*, Ziegenleder *n*
kidney Niere *f*
kidney ore Nieren[eisen]erz *n*, roter [nierenförmiger] Glaskopf *m* *{Min}*
kidney remedy Nierenmittel *n* *{Pharm}*
kidney-shaped nierenförmig, nierig, reniform
kidney stone Nierenstein *m* *{eine Art Nephrit, Med}*
kier Beuchkessel *m* *{DIN 64990}*, Beuchfaß *n*, Bleichereikocher *m*, Bleichfaß *n* *{Text}*; Kocher *m* *{Pap}*
kier bleaching Packbleiche *f*
kier boiling Beuchen *n*, Beuche *f* *{Text}*
kieselgu[h]r Diatomeenerde *f*, Kieselgur *f*, Infusorienerde *f*, Berggur *f*
kieserite Kieserit *m*, Magnesiumsulfat-Monohydrat *n* *{Min}*
kieve Schlämmfaß *n*, Schüttelkasten *m* *{Met}*
kilderkin Fäßchen *n* *{bis 80 Liter}*
kill/to 1. schlachten, töten *{Agri}*; abtöten *{Mikroorganismen}*; 2. beruhigen *{Met}*; 3. übermastizieren, totmastizieren, totwalzen *{Gummi}*; 4. unerwünschte Eigenschaften des Materials unterdrücken *{Chem}*; 5. löschen *{z.B. einer Datei}*; 6. totpumpen *{Öl}*; 7. abwürgen *{Motor}*
killed steel beruhigter Stahl *m*, ruhig vergossener Stahl *m*
killinite Killinit *m* *{Min}*
kiln/to 1. ausdarren *{Brau}*; im Ofen *m* trocknen *{Lebensmittel}*; 2. brennen *{Keramik}*; 3. kalzinieren *{Austreiben von H_2O und CO_2}*
kiln 1. Brennofen *m*, Röstofen *m* *{Keramik}*; Kalzinierofen *m* *{Austreiben H_2O/CO_2}*; 2. Trockner *m*, Kammertrockner *m* *{Holz}*; 3. Trockenofen *m* Trockenkammer *f*, Kiln *m* *{Met, Min}*; 4. Darre *f*, Darrofen *m* *{Lebensmittel}*; 5. Kühlofen *m* *{Glas}*; 6. Regenerierofen *m*, Regenerator *m*, Kiln *m*, Katalysatorregenerator *m* *{Erdöl}*
kiln brick feuerfester Ziegel *m*
kiln car Trockenofenwagen *m*, Ofenwagen *m* *{Keramik}*
kiln-dried malt Darrmalz *n*
kiln-dried wood hochtemperaturgetrocknetes Holz *n*
kiln drying 1. Ofentrocknung *f*; 2. Darrarbeit *f*, Darren *n* *{Brau}*; 3. technische thermische Holztrocknung *f*, Verdampfungstrocknung *f*, Hochtemperaturtrocknung *f* *{Holz}*, Kammertrocknung *f*
kiln floor Abdarrhorde *f*, Rösthorde *f*, Darrboden *m*, Horde *f* *{Brau}*; Ofensohle *f*, Ofenboden *m* *{Keramik}*
kiln malt Darrmalz *n* *{Brau}*
kiloampere Kiloampere *n* *{= 1000 A}*
kilobit Kilobit *n* *{1024 Bit}*
kilocalorie große Kalorie *f*, Kilo[gramm]-kalorie *f* *{= 4,1858 J}*
kilocycles Kilohertz *n*
kilogram Kilogramm *n* *{SI-Basiseinheit der Masse}*
kilogram calorie *s.* kilocalorie
kilogram-equivalent [weight] Kilogramm-Äquivalent *n*, Kiloval *n*
kilogram-meter Meterkilogramm *n* *{= 9,80665 N·m}*
kilogram weight Kilopond *n* *{obs}*
kilogramme *{GB}* *s.* kilogram
kilohertz Kilohertz *n*
kilonem Kilonem *n* *{Nahrungsenergiewert; 1 L Milch = 667 kcal}*
kilopond Kilopond *n* *{obs}*
kilovolt Kilovolt *n* *{= 1000 V}*
kilowatt Kilowatt *n* *{= 1000 W}*
kilowatt hour Kilowattstunde *f* *{= 1000 Wh}*
kind 1. Art *f*; 2. Gattung *f*, Sorte *f*; 3. Wesen *n*, Art *f*
kind of flame Flammentyp *m*, Flammenform *f*
kind of stresses Beanspruchungsart *f*
kindle/to 1. entzünden, anfachen, anzünden, entflammen, sich entzünden; 2. leuchten
kindling 1. Entzünden *n*, Anzünden *n*, Anfachen *n*; 2. Anzündmaterial *n*, Anbrennholz *n*
kinematic kinematisch
kinematic fluidity kinematische Fluidität *f*, reziproke kinematische Viskosität *f* *{in s/m^2}*
kinematic viscosity kinematische Viskosität *f*, kinematische Zähigkeit *f*, Viskosität-Dichte-Verhältnis *n* *{in m^2/s}*
kinematics Kinematik *f*, Bewegungslehre *f*
kinetic kinetisch
kinetic chemicals Kühlgase *npl*

kinetic energy Bewegungsenergie *f*, kinetische Energie *f*; Geschwindigkeitsenergie *f* *{Kompressor}*
kinetic friction Bewegungsreibung *f*, dynamische Reibung *f*, kinetische Reibung *f*
kinetic quantity Bewegungsgröße *f*, lineares Moment *n*, Impuls *m* *{in kg·m/s}*
kinetic theory of gases kinetische Gastheorie *f*
kinetic theory of reactions Reaktionskinetik *f*
kinetic vacuum system dynamisches Vakuumsystem *n*, dynamische Vakuumanlage *f*
kinetic viscosity *s.* kinematic viscosity
kinetics Kinetik *f*, Bewegungslehre *f*
steady-state kinetics Kinetik *f* im stationären Zustand *m*
kinetical kinetisch
kinetin $<C_{10}H_9N_5O>$ Kinetin *n*, 6-Furfurylaminopurin *n*, Zeatin *n*
king's blue 1. Kobaltblau *n*, Kobaltultramarin *n*, Königsblau *n*, Leydenerblau *n* *{Cobaltaluminat}*; 2. S[ch]malte *f*, Blaufarbenglas *n* *{Cobalt(II)-kaliumsilicat}*
king's yellow Königsgelb *n*, Orpiment *n*, reines Auripigment *n* $\{As_2S_3\}$
kinins Kinine *npl* *{Physiol}*
kink 1. Kerbstelle *f* *{Krist}*; Knick *m*, Kink *m*, Kinke *f* *{Krist}*; 2. Klanke *f*, Seilkink *f*, Kink *f* *{Tech}*; 3. Schlinge *f* *{Text}*
kino [gum] Kinogummi *n*, Kinoharz *n*, Kino *n* *{eingetrockneter Saft aus Pterocarpus marsupium}*
kinoin $<C_{14}H_{12}O_6>$ Kinoin *n*
kinotannic acid Kinogerbsäure *f*
kinova Chinova *n*
Kipp's apparatus Kippscher Apparat *m*, Kippscher Gasentwickler *m*
Kipp['s gas] generator *s.* Kipp's apparatus
Kirchhoff's equation Kirchhoffsches Gesetz *n* *{Thermo}*
Kirchhoff's law [of radiation] Kirchhoffsches Strahlungsgesetz *n* *{Thermo}*
kirsch Kirschwasser *n*
Kirschner value Kirschner-Zahl *f*, Ki-Z *{Anteil flüchtiger Säuren im Fett}*
kish Eisenschaum *m* *{Met}*; Bleischlacke *f*, Bleikrätze *f* *{Met}*; Garschaum[-Graphit] *m*, primärer Graphit *m*, Primärgraphit *m* *{Met}*
kit 1. Ausrüstung *f*, Ausstattung *f*, Zubehör *n*; 2. Handwerkszeug *n*, Arbeitsgerät *n*; Werkzeugtasche *f*, Werkzeugkasten *m*, Ersatzteilkasten *m*; 3. Bausatz *m*; 4. hölzerne Wanne *f*; 5. Jungtierhaut *f* *{Gerb}*
kitol $<C_{40}H_{60}O_2>$ Kitol *n* *{Provitamin A}*
Kjeldahl determination Kjeldahl-Bestimmung *f*, Kjeldahlsche Stickstoffbestimmung *f*
Kjeldahl flask Kjeldahl-Kolben *m* *{Lab}*
Kjeldahl method Kjeldahlsche Stickstoffbestimmung *f*, Kjeldahl-Methode *f*
Kjeldahl nitrogen analysis *s.* Kjeldahl method
klaproth[ol]ite Klaprothit *m* *{Min}*
Klein's reagent Kleinsche Flüssigkeit *f* *{Cd-Borowolframat-Lösung zur Mineraltrennung}*
klipsteinite Klipsteinit *m* *{Min}*
knack 1. [erlernte] Geschicklichkeit *f*; 2. Trick *m*, Kunstgriff *m*; 3. Gewohnheit *f*
knead/to kneten, durchkneten, plastifizieren, plastizieren; massieren
kneadability Knetbarkeit *f*, Plasti[fi]zierbarkeit *f*
kneadable knetbar, plasti[fi]zierbar, plastisch
kneadable material pastöser Werkstoff *m*, plastisches Material *n*
kneader 1. Knetwerk *n*, Knetmaschine *f*, Knetapparat *m*, Kneter *m*, Mischmaschine *f*, Mischer *m*; Zerfaserer *m*, Zerfaserungsmaschine *f* *{Pap}*; Masseschlagmaschine *f* *{Keramik}*; 2. Knetgummi *n*
kneader arm *s.* kneading arm
kneader blade *s.* kneading arm
kneader housing Knetergehäuse *n*
kneader mixer Mischkneter *m*, Knetmischer *m*
kneader pump Knetpumpe *f*
kneading arm Knetschaufel *f*, Knetarm *m*, Knetrotor *m*, Mischschaufel *f*, Mischarm *m*, Mischerrotor *m*
kneading blade *s.* kneading arm
kneading cog Knetzahn *m*
kneading disk Knetscheibe *f*, Knetelement *n*
kneading machine Kneter *m*, Knetmaschine *f*, Knetwerk *n*, Knetapparat *m*, Mischmaschine *f*, Mischer *m*; Zerfaserer *m*, Zerfaserungsmaschine *f* *{Pap}*; Masseschlagmaschine *f* *{Keramik}*
kneading mill *s.* kneading machine
kneading section Knetgehäuse *n*
kneading shaft Knetwelle *f*
knebelite Knebelit *m*, Eisenknebelit *m* *{Min}*
knee 1. Kennlinienknick *m*, Knick *m* *{einer Kennlinie}*; 2. Konsole *f*, Winkeltisch *m*, Knietisch *m* *{Tech}*; 3. Knie *n*, Kniestück *n*, Rohrkrümmer *m*, Knierohr *n*, Krümmer *m*, Biegung *f*, Winkelrohrstück *n*
knife 1. Messer *n*, Schneidemesser *n*, Klinge *f*; 2. Schaber *m*, Schabemesser *n*, Abstreifer *m*, Abstreifmesser *n*, Rakel *f*
knife application Rakel[messer]auftrag *m*, Rakeln *n*, Spachteln *n*
knife blade Rakelblatt *n*
knife block Messerwelle *f*
knife carrying shaft Messerhaltewelle *f*
knife coat/to mit dem Abstreifmesser *n* aufstreichen, rakeln
knife coater *{US}* Rakelstreichmaschine *f*, Rakelauftragmaschine *f*, Walzenstreichmaschine *f*, Messerstreichmaschine *f*

knife coating Rakelstreichverfahren *n*, Aufrakeln *n*, Beschichten *n* mit Rakel *f*, Walzenstreichverfahren *n*
knife crusher Messerbrecher *m*
knife drum Messerwalze *f*
knife edge Schneide *f*, Messerschneide *f*; Waageschneide *f*, Schneide *f {z.B. an einer Analysenwaage}*
knife-edge seal Schneidendichtung *f*
knife-edge support Schneidenlager *n*
knife roll Messerwalze *f*, Mahlwalze *f*, Holländerwalze *f {Pap}*
knife-roll coater Walzenrakel *f*
knife scale Messerschale *f*
knife wheel chips Hackspäne *mpl*
knifing Aufziehen *n*, Aufspachteln *n {von viskosen Massen}*
knifing filler Spachtel *m*, Spachtelmasse *f*, Ausgleichsmasse *f*
knit/to 1. stricken, wirken; knüpfen; verstricken *{Text}*; 2. verbinden, zusammenfügen; 3. fest werden; 4. zusammenziehen, schrumpfen
knitted fabric Gewirke *n*, Gestrick *n*, Strickware *f*, Maschenware *f*, Häkelware *f*, Trikotagen *fpl {Text}*
knitted goods *s.* knitted fabric
knitting 1. maschinenbildend; Strick- ; 2. Strikken *n*, Wirken *n*; 3. Strickware *f*; Strickzeug *n*;
knitting frame oil Wirkmaschinenöl *n*
knives Zerkleinerungselemente *npl*; Holländermesser *npl*, Messer *npl {Pap}*
knob 1. Knauf *m*, Knopf *m*, Kugelknopf *m*; Bukkel *m*; [abgerundeter] Griff *m*; 2. Noppe *f*
knobby knotig, höckerig
knock/to 1. schlagen, stoßen; 2. pochen, klopfen *{Vergasermotor}*; flattern *{Ventil}*
knock off/to abziehen, nachlassen; abklatschen; abschlagen, wegschlagen, abstoßen; einstellen *{Arbeit}*
knock over/to umwerfen
knock 1. Stoß *m*, Schlag *m*, Schlagen *n {Tech}*; 2. Flattern *n {Ventil}*; 3. Klopfen *n {in Vergasermotoren}*
knock-out 1. Ausdrückvorrichtung *f*, Ausstoßer *m*, Auswerfer *m*; 2. Innenabfall *m*, Butzen *m {z.B. beim Stanzen}*
knock-out vessel Vorabscheider *m*, Tröpfchenabscheider *m*
knock rating 1. Octanzahl *f*, Klopfwert *m*, Klopffestigkeit *f*; 2. Klopfwertbestimmung *f*, Klopf[wert]prüfung *f*, Ermittlung *f* der Klopffestigkeit
knock-resistant klopffest
knock-stable klopffest
knockmeter Klopfmesser *m*, Klopfdetektor *m {Verbrennung}*
knot/to knüpfen, knoten, verknüpfen, verknoten, einen Knoten *m* machen; durch einen Knoten *m* verbinden, verknoten; sich verknoten, sich verwickeln
knot 1. Knoten *m*; Schleife *f*, Verschlingung *f*; 2. Knoten *m*, Knötchen *n {Materialfehler}*; Faserstoffknoten *m*, Batzen *m {Materialfehler, Pap}*; 3. Astknoten *m*; Knospe *f {Bot}*; 4. Knoten *m {chirale Molekülform mit 50 und mehr Atomen}*; 5. Tropfen *m*, Tropfenschliere *f*, Knoten *m {Glasfehler}*
knot tensile test Knoten-Zugversuch *m {Text}*
knotter Knotenfänger *m*, Splitterfang *m*, Knotenfang *m {Pap, Text}*
knotting 1. Vorsortierung *f {Pap}*; 2. schwerer Schellack *m*, Ästelack *m {alkoholische Schnellacklösung}*; 3. Versiegeln *n* von Aststellen *{Holz}*
knotting varnish Knotenlack *m*, Versiegelungslack *m*
knotty knotig, höckerig, knorrig; astig
knotty section Fladerschnitt *m*
knowledge Wissen *n*, Erkenntnis *f*, Kenntnis *f*; Nachricht *f*
Knowles cell Knowles-Element *n*
knuckle 1. Knöchel *m*; 2. Gelenk *n*, Gelenkverbindung *f*; Gelenkband *n*, Lappenband *n {mit Angel}*
Knudsen flow Knudsen-Strömung *f {zwischen laminarer und Molekularströmung}*, Übergangsströmung *f*; Diffusion *f* freier Moleküle, freie Molekularströmung *f*, thermische Molekularströmung *f*
Knudsen ga[u]ge Molekulardruckvakuummeter *n*, Knudsen-Vakuummeter *n*, [Knudsensches] Radiometer-Vakuummeter *n*
Knudsen number Knudsen-Zahl *f {freie/charakteristische Weglänge im Gas}*
Knudsen radiometer-vacuummeter *s.* Knudsen ga[u]ge
Knudsen rate of evaporation maximale Verdampfungsrate *f*, absolute Verdampfungsrate *f*
knurl/to rändeln
knurled-head screw Rändelschraube *f*
knurled knob Rändelknopf *m*
knurled mixing section Igelkopf *m*, Nockenmischteil *n {z.B. einer Schraube}*
knurled nut Rändelmutter *f {DIN 6303}*
knurled thumb screw Rändelschraube *f {DIN 464}*
knurling wheel Rändelrad *n*
ko-kneader *{TM}* Ko-Kneter *m*, Buss-Kneter *m {bewegliche Schnecke, feststehende Knetzähne}*
kobellite Kobellit *m {Min}*
Koch's acid **<$C_{10}H_4(NH_2)(SO_3H)_3$>** Koch-Säure *f*, Kochsche Säure *f*, 1-Naphthylamin-3,6,8-trisulfonsäure *f*
Koch's bacillus Tuberkelbazillus *m*
koechlinite Koechlinit *m {Min}*
koenenite Koenenit *m {Min}*

kogasin Kogasin *n*
KOH number KOH-Zahl *f {Gummi}*
Kohlrausch law Kohlrausch-Gesetz *n {Elektrolyt-Leitfähigkeit}*
kojic acid <$C_6H_6O_4$> Kojisäure *f*, 5-Hydroxy-2-hydroxymethyl-4*H*-pyran-4-on *n*
kokum-butter Kokumbutter *f {von Garcinia indica Choisy}*
kola [seed] Kola *f*, Kolanuß *f*
Kolbe electrolytic synthesis Kolbe-Elektrolyse-Methode *f*
Kolbe-Schmitt reaction Kolbe-Schmitt-Synthese *f*
Kolle culture flask Kolle-Schale *f*
komarite Komarit *m*, Conarit *m {Min}*
Kondo alloy Kondo-Legierung *f {Magnetismus}*
konimeter Konimeter *n*, Staubgehaltsmesser *m*
konimetric konimetrisch
koninckite Koninckit *m {Min}*
konometer *s.* konimeter
Kordofan gum Gummiarabikum *m n*, Kordofangummi *m n*
korynite Korynit *m*, Arsen-Antimon-Nickelkies *m {Min}*
kosin Kussin *n*
Kossel-Sommerfeld displacement law Kossel-Sommerfeldsches Verschiebungsgesetz *n*, Satz *m* der spektroskopischen Verschiebung *f*
koumiss Kumys *m*, Milchwein *m*
Koussin Koussin *n*, Kussin *n*
kousso [flowers] Koussoblüten *fpl*, Kussoblüten *fpl {Flores Brayerea anthelminthicae}*
Kovar Kovar *n {Leitwerkstoff aus 53,5 % Fe, 28,5 % Ni, 18 % Co}*
Kovar seal Glas-Kovar-Verschmelzung *f*
krablite Krablit *m {Min}*
Kraemer-Sarnow softening point Kraemer-Sarnow-Erweichungspunkt *m*, Erweichungspunkt KS *m*
Kraemer-Spilker distillation Kraemer-Spilker-Destillation *f {Erdöl}*
kraft Kraft[pack]papier *n {DIN 6730}*
kraft paper Kraftpackpapier *n*, Kraft-Papier *n*, braunes Packpapier *n*
kraft pulp Kraftzellstoff *m*, [hochfester] Sulfatzellstoff *m*
krameria Ratanhiawurzel *f {Pharm}*
krantzite Krantzit *m {Min}*
kraurite Kraurit *m {Min}*
Krebs [citric acid] cycle Citronensäurezyklus *m*, Tricarbonsäurezyklus *m*, Zitronensäurezyklus *m*, Citratcyclus *m*, [Szent-Györgyi]-Krebs-Zyklus *m*
kreittonite Kreittonit *m {Min}*
kremersite Kremersit *m {Min}*
Kremnitz white Kremnitzerweiß *n*, Kremserweiß *n {Bleiweiß}*
krennerite <(Au, Ag)Te_2> Krennerit *m*, Weiß-Sylvanerz *n {Min}*
Kroll process Kroll-Verfahren *n {$TiCl_4$ + 2 Mg; $ZrCl_4$ + 2 Mg}*
kryogenin 1. Tieftemperaturmittel *n*; 2. <$H_2NCO\ C_6H_4NHNHCONH_2$> Kryogenin *n {Pharm}*
kryptocyanine <$C_{25}H_{25}N_2I$> Kryptocyanin *n*, 1,1'-Diethyl-4,4'-carbocyaniniodid *n*
krypton *{Kr, element no. 36}* Krypton *n*
krypton liquefying plant Kryptonverflüssigungsanlage *f*
kuemmel Kümmel[branntwein] *m*
Kuhn length Kuhn-Länge *f {Polymer}*
kunzite Kunzit *m {Min}*
kurchatovium *{Ku, element no. 104}* Kurtschatowium *n {obs}*, Rutherfordium *n*, Eka-Hafnium *n {obs}*, Unnilquadrium *n {Unq; IUPAC}*
Kurrol's salt <$(KPO_3)_n$> Kurrolsches Salz *n*
kyanite Kyanit *m {obs}*, blauer Disthen *m {Min}*
kyanization Kyanisation *f*, Kyanisierung *f {Holzkonservierung mit Sublimat}*
kyanize/to kyanisieren *{Holz durch Sublimat-Tränkung}*
kyanizing *s.* kyanization
kynurenic acid <$C_{10}H_7NO_3$> Kynurensäure *f*, 4-Hydroxy-2-chinolincarbonsäure *f*
kynureninase *{EC 3.7.1.3}* Kynureninase *f*
kynurenine <$C_{10}H_{12}N_2O_3$> Kynurenin *n*, *o*-Aminophenazylaminoessigsäure *f*
kynurenine yellow Kynureningelb *n*
kynuric acid <$HOOCCONHC_6H_4COOH$> Kynursäure *f*, Oxanilsäure-2-carbonsäure *f*
kynurin <C_9H_7NO> Kynurin *n*, 4(1*H*)-Chinolin *n*
kyrosite Kyrosit *m {Min}*

L

L acid <$C_{10}H_6(OH)SO_3H$> L-Säure *f {Triv}*, 1-Naphthol-2-sulfonsäure *f*
L-capture L-Einfang *m*, Elektroneneinfang *m* zweiter Ordnung *f*
L-cathode L-Kathode *f*
L electron L-Elektron *n*
l-form (-)-Form *f*, linksdrehende Form *f*, Linksform *f*, *l*-Form *f {obs}*
L-shell L-Schale *f {eines Atoms}*
L-type L-Form *f*, linksdrehende Form *f*, chirale Form *f*; *(S)*-Form *f*, Linksform *f*
LAB *{linear alkyl benzenes}* geradkettige Alkylbenzene *npl*
lab 1. Labor[atorium] *n*; 2. *s.* lab ferment
lab coat Arbeitsanzug *m*, Laborkittel *m*
lab ferment *{EC 3.4.23.4}* Labferment *n*, Rennin *n*, Chymosin *n*

lab journal Laborjournal *n*, Versuchsprotokoll *n*
lab manual 1. Laborhandbuch *n*; 2. Labortagebuch *n*
lab research Laborforschung *f*
lab size Laboratoriumsmaßstab *m*
lab test Labor[atoriums]versuch *m*, Laborprüfung *f*, Labortest *m*
Labarraque's solution Eau de Labarraque *n*, Natronbleichlauge *f {Triv}*, Labarraquesche Flüssigkeit *f*, Labarraquesche Lauge *f {NaOCl-Lösung mit mehr als 2,4 % Cl}*
labdanes Labdane *npl {Diterpene}*
labdanolic acid Labdanolsäure *f*
labdanum La[b]danum *n*, La[b]dangummi *n*, La[b]danharz *n*, Citrusharz *n {von Citrus ladanifer oder C. laurifolius}*
labdanum oil La[b]danumöl *n {von Citrus ladanifer oder C. laurifolius}*
label/to 1. kennzeichnen, angeben, beschriften; auszeichnen, etikettieren, bekleben *{Etikett}*; 2. bezeichnen; einstufen; indizieren, beziffern; 3. markieren *{durch Einbau von besonderen Isotopen}*
label 1. Aufkleber *m*, Aufklebezettel *m*, Etikett *n {z.B. auf Behältern}*, Anhänger *m*; 2. Aufschrift *f*, Beschriftung *f*, Bezeichnung *f*; Indizierung *f*, Bezifferung *f*; Einstufung *f*; 3. Markierung *f {Nukl}*
label adhesive Etikettenklebstoff *m*, Klebstoff *m* für Etiketten *fpl*
label lacquer Etikettenlack *m*
labelled atom markiertes Atom *n {Anal}*
labelled compound markierte Verbindung *f {Anal}*
labelling 1. Beschriftung *f*, Kennzeichnung *f {z.B. von Verpackungen}*; Etikettieren *n*, Auszeichnen *n {mit Etikett versehen}*; 2. Bezeichen *n*; Einstufen *n*; Indizieren *n*, Beziffern *n*; 3. Markieren *n*, Markierung *f {Kenntlichmachung durch besondere Isotope}*
labelling technique Markierungstechnik *f {Isotope}*
labiate Lippenblütler *m {Bot}*
labile 1. labil, instabil *{Mech}*; schwankend, leicht störbar, nicht im Gleichgewicht *n*; nicht widerstandsfähig; 2. unsicher; 3. empfindlich *{z.B. gegen Säuren}*, unbeständig, zersetzlich
lability Labilität *f*, Unbeständigkeit *f*, Instabilität *f*
state of lability Labilitätszustand *m*
labor *{GB, US}* Arbeitsaufwand *m*, Arbeit *f*
labor cost Lohnkosten *pl*, Personalkosten *pl*
labor-intensive arbeitsaufwendig, personalaufwendig, personalintensiv
labor-saving 1. arbeitssparend; 2. Arbeitseinsparung *f*
laboratorial Labor-, Laboratoriums-
laboratory Labor[atorium] *n*, Versuchsraum *m*
laboratory accident Labor[atoriums]unfall *m*
laboratory apparatus Laboratoriumgerät *n*, Laborgerät *n*
laboratory assistant Laborant[in] *m* [f], Chemielaborant[in] *m* [f]
laboratory balance Analysenwaage *f*, Labor[atoriums]waage *f*
laboratory [ball] mill Labormühle *f*
laboratory bench Laboratoriumstisch *m*,- Labortisch *m*, Arbeitstisch *m*
laboratory chemicals Laborchemikalien *fpl*
laboratory chemicals disposal Laborchemikalienbeseitigung *f*, Entsorgung *f* der Laborchemikalien *fpl {Ökol}*
laboratory clamp Laborklemme *f*
laboratory climatic test cabinet Laborklimaschrank *m*
laboratory coat Laborkittel *m*
laboratory column Laborkolonne *f*
laboratory column with rotating belt Drehbandkolonne *f*
laboratory conditions Laborbedingungen *fpl*
laboratory consumables Verbrauchsmaterial *n {Lab}*
laboratory cooling chest Laborkühltruhe *f*
laboratory course Praktikum *n*, [chemisches] Praktikum *n {während des Studiums}*
laboratory crucible *{ISO 1772}* Labortiegel *m*
laboratory crusher Labormühle *f*
laboratory data processing Labordatenverarbeitung *f*
laboratory deep freezer Labortiefkühlgerät *n*
laboratory drains Laborabwasser *n*
laboratory drying oven Labor-Trockenschrank *m*, Labor-Trockenofen *m*
laboratory education Laborausbildung *f*, Laborübung *f*
laboratory equipment Labor[atoriums]einrichtung *f*, Laborausrüstung *f*, Laborausstattung *f*
laboratory examination Labortest *m*, Laboruntersuchung *f*, Laborprüfung *f*
laboratory experiment Laborversuch *m*, Laboratoriumsexperiment *n*
laboratory extruder Labor[meß]extruder *m*, Meßextruder *m*
laboratory findings Laborbefund *m*
laboratory fittings Armaturen *fpl* für das Labor, Laborarmaturen *fpl*
laboratory form Laborbeleg *m*
laboratory fume hood Laborabzugsgerät *n*
laboratory furnace Labor[atoriums]ofen *m*
laboratory furniture Labormöbel *pl*
laboratory glass chemisches Geräteglas *n*, Laborglas *n*
laboratory glassware Laborgeräte *npl* und -apparate *mpl* aus Glas

laboratory grade Labortypen *mpl {A, B und C - Radioaktivitätsstufung}*
laboratory grinder Labormühle *f*
laboratory hood Abzug[s]schrank *m*, Abzug *m*
laboratory incubator Laborbrutschrank *m*
laboratory installation Laboreinrichtung *f*
laboratory investigation Laborprüfung *f*, Laboruntersuchung *f*, Labortest *m*
laboratory manual 1. Laborhandbuch *n*; 2. Labortagebuch *n*
laboratory measuring equipment Laboratoriums-Meßgeräte *npl*
laboratory mixer Labormischer *m*
laboratory oven Laborofen *m*, Wärmeschrank *m*, Laborschrank *m*
laboratory pump Laborpumpe *f*
laboratory recorder Laborschreiber *m*
laboratory requisites Laborbedarf *m*
laboratory robot Laborroboter *m*
laboratory sample Laborprobe *f*, Laboratoriumsprobe *f {DIN 53525}*, Substanzprobe *f* für das Labor
laboratory scale *s.* laboratory size
laboratory shaker Laborschüttelapparat *m*
laboratory size 1. labortechnisch, labormäßig, im Labormaßstab; 2. Labor[atoriums]maßstab *m*
laboratory table Labortisch *m*, Arbeitstisch *m*
laboratory technician Chemotechniker[in] *m* [f], Laborant[in] *m* [f], Laborant *m*
laboratory test Labor[atoriums]versuch *m*, Laborprüfung *f*, Laboruntersuchung *f*, Labortest *m*
laboratory test sieve Laborprüfsieb *n*
laboratory trial Labor[atoriums]versuch *m*
laboratory truck *{US}* Labor[kraft]wagen *m*
laboratory utensils Laboratoriumsgeräte *npl*, Laborgeräte *npl*
laboratory ventilation Laborbelüftung *f*
laboratory wastes Laborabfälle *mpl*
laboratory water still Laborwasserdestilliergerät *n*
laboratory worker Laborhelfer[in] *m* [f]
laboratory yield Laborausbeute *f*
hot laboratory heißes Labor[atorium] *n {Nukl}*, radiochemisches Labor[atorium] *n*
laborer Hilfsarbeiter *m*, Arbeiter *m*
Labrador feldspar Labradorfeldspat *m*, Labradorstein *m*, Labradorit *m*; Radaunit *m*, Radanit *m*, Mauilith *m {Min}*
Labrador stone *s.* Labrador feldspar
labradorescence Labradorisieren *n*, Farbschillern *n {Krist, Albit-Anortith-Lamellen}*
labradorite *s.* Labrador feldspar
laburnine Laburnin *n {Alkaloid}*
labyrinth Labyrinth *n*
labyrinth condenser Labyrinthkondensator *m*, Labyrinthverdichter *m*
labyrinth joint Labyrinthverbindung *f*
labyrinth packing Labyrinthpackung *f*
labyrinth seal *s.* labyrinth gland
labyrinth[-type] gland Labyrinthdichtung *f*, Labyrinthspaltdichtung *f*, Labyrinthverschluß *m*, Labyrinthstopfbuchse *f*
labyrinth valve Labyrinthventil *n*
lac 1. Rohschellack *m*, Gummilack *m*; Schollenlack *m {von Coccus lacca auf Croton- und Ficus-Zweigen}*; 2. Tränkharz *n*, Imprägnierlack *m {US}*
lac dye Lac[k]dye *m n*, roter Lackfarbstoff *m*, Färberlack *m {aus Sekret oder Körper der weiblichen Schildlaus}*
lac ester Lackester *m*
lac extract Lackextrakt *m*
lac operone Lactose-Operon *n*, *lac*-Operon *n {Gen}*
lac varnish Firnislack *m*, Lackfirnis *m*
lacca *s.* shellac
laccaic acid B <$C_{24}H_{16}O_{12}$> Laccainsäure *f*, Lacksäure *f*, Naturrot 25 *n*
laccaine Laccain *n*
laccainic acid *s.* laccaic acid B
laccase *{EC 1.10.3.2}* Laccase *f*, Phenolase *f*, Urishioloxidase *f*
laccer[o]ic acid <$C_{31}H_{63}COOH$> Laccersäure *f*, Dotriacontansäure *f {IUPAC}*
laccol Laccol *n*, Urushinsäure *f*
laccolite Lakkolith *m*, Laccolith *m {Geol}*
lachnophyllic acid Lachnophyllumsäure *f*
lachnophyllum ester Lachnophyllumester *m*
lachrymator *{GB}* Augenreizstoff *m*, Tränenreizstoff *m*, Tränengas *n*
lachrymatory *{GB}* 1. tränenerregend; 2. Tränengas *n*
lachrymatory bomb *{GB}* Tränengasbombe *f*
lachrymatory gas generator *{GB}* Tränengasgenerator *m*
lack/to fehlen, mangeln an
lack Mangel *m*, Fehlen *n*, Nichtvorhandensein *n*
lack of air Luftmangel *m*
lack of oxygen Sauerstoffmangel *m*
lac[k]moid <$C_{12}H_9NO_4$> Lackmoid *n*, Lakmoid *n*, Resorcinblau *n*
lacmus *s.* litmus
lacquer/to lackieren
lacquer 1. Lack *m*, Firnis *m {physikalisch trocknender Klarlack}*; 2. Lackfarbe *f {aus pigmentiertem Lack}*; 3. Lackschicht *f {in der chinesischen und japanischen Lackkunst}*
lacquer auxiliary Lackhilfsmittel *n*
lacquer base Lackbasis *f*
lacquer coat Lackschicht *f*
lacquer coating Lackschicht *f*, Lacküberzug *m*; Schlußlack *m {z.B. für Kunstleder}*
lacquer enamel Farblack *m*, pigmentierter Lack *m*, Lackfarbe *f {DIN 55945}*
lacquer film Lackfilm *m*, Lackhaut *f*

lacquer for plastics Kunststofflack *m*, Lack *m* für Kunststoffe *mpl*
lacquer former Lackbildner *m*
lacquer layer Lackfilm *m*, Lackschicht *f*
lacquer mask Photolackmaske *f* *{Vak}*
lacquer remover Lackentferner *m*
lacquer sealer schnelltrocknender Lack *m*
lacquer solvent Lackverdünner *m*
brushing lacquer Streichlack *m*
protecting lacquer Schutzlack *m*
transparent lacquer Lasurlack *m*
lacquering by electrodeposition elektrostatische Lackierung *f*
lacquers and varnishes Lacke *mpl* *{Sammelbezeichnung}*
lacquerware Lackarbeiten *fpl* *{asiatische}*
lacrimator *{US}* Augenreizstoff *m*, Tränenreizstoff *m*, Tränengas *n*
lacrimatory *{US}* 1. tränenerregend; 2. Tränengas *n*
lacrimatory bomb *{US}* Tränengasbombe *f*
lacrimatory gas generator *{US}* Tränengasgenerator *m*
lacroixite Lacroixit *m* *{Min}*
lactacidogen Lactacidogen *n*
lactalbumin Lactalbumin *n*, Milchalbumin *n*
lactaldehyde Milchsäurealdehyd *m*
lactaldehyde dehydrogenase *{EC 1.2.1.22}* Lactaldehyddehydrogenase *f*
lactaldehyde reductase *{EC 1.1.1.77}* Lactaldehydreduktase *f*
lactaldehyde reductase (NADPH) *{EC 1.1.1.55}* Lactaldehydreduktase (NADPH) *f*
lactam Lactam *n*, Laktam *n* *{ein cyclisches Amid}*
β-lactam antibiotics β-Lactam-Antibiotika *npl*
lactam-lactim tautomerism Lactam-Lactim-Tautomerie *f*
lactam rearrangement Lactamumlagerung *f*
lactamase *{EC 3.5.2.6}* β-Lactamase *f*, Penicillinase *f* *{IUB}*, Cephalosporinase *f*
lactamic acid *s.* alanine
lactamide <$CH_3CH(OH)CONH_2$> Lactamid *n*, Milchsäureamid *n* *{Triv}*, 2-Hydroxypropanamid *n* *{IUPAC}*
lactamine *s.* alanine
lactaminic acid Lactaminsäure *f*
lactan Lactam *n*
lactarazulene Lactarazulen *n*
lactaric acid *{EC 3.2.1.23}* Lactarsäure *f*
lactarinic acid *{EC 3.2.1.23}* Lactarinsäure *f*, Stearinsäure *f*, Octadecansäure *f* *{IUPAC}*
lactase *{EC 3.2.1.23}* β-D-Galactosidase *f*, Lactase *f*
lactate <$CH_3CH(OH)COOR$ or $CH_3CH(OH)COOM^I$> Lactat *n*, Laktat *n*, milchsaures Salz *n* *{obs}*, Milchsäureester *m*
lactate dehydrogenase *{EC 1.1.1.27}* Lactatdehydrogenase *f*, LDH
lactate dehydrogenase (cytochrome} *{EC 1.1.2.3}* Lactatdehydrogenase (Cytochrom) *f*
lactate racemase *{EC 5.1.2.1}* Lactatracemase *f*, Lacticoracemase *f*
lactazam Lactazam *n* *{Ring mit -NHNHCO-Folge}*
lacteal milchartig, milchig; Milch-
lacteous milchartig, milchig; Milch-
lacthydroxamine acid Lacthydroxamsäure *f*
lactic Milch-
lactic acid <$CH_3CHOHCO_2H$> Milchsäure *f*, α-Hydroxypropionsäure *f*, Äthylidenmilchsäure *f* *{obs}*
lactic acid amide *s.* lactamide
lactic aldehyde Milchsäurealdehyd *m*
lactic anhydride <$CH_3CH(OH)COOCH(CH_3)COOH$> Milchsäureanhydrid *n*, 2-Hydroxypropansäureanhydrid *n*
lactic fermentation Milchsäuregärung *f*
lactic nitrile *s.* lactonitrile
ester of lactic acid Milchsäureester *m*
formation of lactic acid Milchsäurebildung *f*
salt of lacitc acid Lactat *n*
lactide 1. Lactid *n*, Dilactid *n* *{IUPAC}*, 3,6-Dimethyl-1,4-dioxacyclohexan-2,5-dion *n*; 2. Lactid *n* *{cyclisch $(R_2COCO)_2$}*
lactiferous milchhaltig; milchsaftführend, latexführend *{Bot}*
lactim Lactim *n* *{Ring mit -N=C(OH)-Folge}*
lactin 1. *s.* lactose; 2. *s.* lactim
lactitol Lactit *m*
lactobacillus *{pl. lactobacilli}* Lactobazillus *m*, Milchsäurebazillus *m* *{Bakt}*
lactobionic acid <$C_{12}H_{22}O_{12}$> Lactobionsäure *f*
lactobiose *s.* lactose
lactobutyrometer Lactobutyrometer *n*, Milchbutyrometer *n*, Milchfettmesser *m*
lactodensimeter Lactodensimeter *n*, Milchspindel *f*, Lactometer *n*, Galactometer *n*
lactoferrin Lactoferrin *n* *{Protein}*
lactoflavin Lactoflavin *n*, Riboflavin *n*, Vitamin B_2 *n* *{Triv}*
lactogen Prolactin *n*
lactogenic lactogen
lactogenic hormone lactogenes (luteotropes) Hormon *n*, LTH, Prolactin *n* *{IUPAC}*, PRL
lactoglobulin Lactoglobulin *n*
lactol Lactol *n* *{cyclische Hydroxyaldehyde und Hydroxyketone}*
lactolactic acid Dilactylsäure *f*
lactolide Lactolid *n*
lactometer *s.* lactodensimeter
γ-lactonase *{EC 3.1.1.25}* γ-Lactonhydroxyacylhydrolase *f*, Lactonase *f*
lactone Lacton *n* *{innerer Ester}*
lactonic Lacton-

lactonic acid 1. Lactonsäure *f*, Monolacton *n*; 2. <$HOCH_2(CHOH)_4COOH$> D-Galactonsäure *f*, D-Lactonsäure *f*
lactonic linkage Lactonbindung *f*
lactonitrile <$CH_3CH(OH)CN$> Lactonitril *n*, Milchsäurenitril *n*, 2-Hydroxypropannitril *n* *{IUPAC}*, Acetaldehydcyanhydrin *n*, Hydroxypropionitril *n*
lactonization Lactonbildung *f*, Lactonisierung *f*
lactophenine <$C_{11}H_{15}NO_3$> Lactophenin *n*, Lactyl-*p*-phenetidin *n*
lactoprene Lactopren *n* *{Acrylsäureester-Polymer}*
lactoprotein Lactoprotein *n*, Milcheiweiß *n*
lactosamine Lactosamin *n*
lactosazone Lactosazon *n*
lactose <$C_{11}H_{22}O_{11}·H_2O$> D-Galactopyranosyl-D-glucopyranose *f*, Lactose *f*, Laktose *f*, Milchzucker *m*, Lactobiose *f* *{Saccharum lactis}*
lactose synthase *{EC 2.4.1.22}* Laktosesynthase *f*
lactosone Lactoson *n*
lactoyl Lactyl-
lactoyl guanidine Alakreatin *n*
lactoyllact Lactylmilchsäure *f*
lactucarium Lactucarium *n* *{Pharm}*
lactulose Lactulose *f*, D-Galactopyranosyl-D-fructose *f* *{Disaccharid}*
lactylphenetidine *s.* lactophenine
ladanum *s.* labdanum
ladder 1. Leiter *f*, Sprossenleiter *f*; 2. Kettenglied *n* *{Elek}*; 3. Waschbrett *n*, Falten *fpl* *{Oberflächenfehler im Glas}*; 4. Laufmasche *f*, Fallmasche *f* *{Text}*
ladder polymer Leiterpolymer[es] *n*, Doppelstrangpolymer[es] *n*
ladder polysiloxane Leiterpolysiloxan *n*
ladder-proofing agent Maschenfestmittel *n* *{Text}*
lade/to laden, beladen
ladle/to schöpfen
ladle 1. Pfanne *f*, Gießpfanne *f* *{Gieß}*; 2. Kelle *f*, Schöpfkelle *f*, Schöpflöffel *m* *{Glas}*; 3. Löffel *m* *{Lab}*; 4. Gießlöffel *m*
ladle analysis Schmelzanalyse *f* *{Met}*
ladle carriage Gießwagen *m*
ladle cement Pfannenmörtel *m* *{Met}*
ladle sample Abstichprobe *f*, Schöpfprobe *f* *{Met}*
ladle truck Gießwagen *m*
laev[o] *s.* levo
lag/to 1. zögern, verzögern; 2. verkleiden, ummanteln
lag behind/to nacheilen *{Elek}*; zurückbleiben
lag 1. Nacheilung *f*, Nachlauf *m* *{Elek}*; 2. Verzögerung *f*, Verzug *m* *{zeitlich}*
lag phenomenon Verzögerungserscheinung *f*
thermal lag thermische Verzögerung *f*
time lag zeitliche Nacheilung *f*
lager [beer] Lagerbier *n*
lagged wärmeisoliert, isoliert
lagging 1. Wärmeschutz *m*, Wärmedämmung *f* *{DIN 4108}*; 2. Schalung *f*, Verschalung *f* *{Unterstützung von Steingewölben}*; 3. Dämmstoff *m*, Ummantelungsstoff *m*, wärmetechnischer Isolierstoff *m*; Wärmedämmschicht *f*; 4. Verschalung *f* *{Kabel}*; 5. Schalungsgerüst *n* *{Stahlbetontragwerke}*; Fanggerüst *n* *{Tunnelbau}*; 6. Verzugsholz *n*, Schalholz *n* *{Bergbau}*
lagonite Lagonit *m*, Sideroborin *m* *{Min}*
Lagrangian function Lagrange-Funktion *f*, Lagrangesche Funktion *f*
laid-open specification Offenlegungsschrift *f* *{Patent}*
laitance 1. Zementmilch *f*, Schlempeschicht *f*, Zementschlämme *f*, Zementschlamm *m*; 2. Ausblühen *n* *{Beton}*
lake 1. Farblack *m*, Lack *m*, Pigmentfarbe *f*, Lackfarbstoff *m* *{ein deckender Farbstoff}*; Beizenfarbstoff *m* *{Chem, Text}*; 2. See *m*, Binnensee *m*
lake collector Seigerungsmassesammler *m*
lake copper Kupfer *n* aus Lake-Superior-Erzen *npl* *{Elek}*
lake dye[stuff] Lackfarbstoff *m*, Lackfarbe *f*
lake former Lackbildner *m*
lake [iron] ore Eisensumpferz *n*, Raseneisenerz *n*, See-Erz *n* *{Min}*
lake orange Lackorange L *n*
lake pigment Lackpigment *n*, Pigmentfarbstoff *m*, Lackfarbstoff *m*, Verschnittfarbe *f*
Lalande cell Lalande-Edison-Element *n* *{Zn/CuO/NaOH-Primärelement}*
Lamb shift Lamb-Verschiebung *f* *{Spek}*
lambda Mikroliter *m* *{obs}*, Nanokubikmeter *m*
lambda particle Lambda-Teilchen *n*, Lambda-Hyperon *n*
lambda pipet[t]e *{US}* Mikrolitertransferpipette *f* *{Lab}*
lambda point Lambda-Kurve *f*, Lambda-Punkt *m*, Lambda-Phänomen *n* *{He bei 2,178 K/50 mbar}*
lambda window Lambda-Fenster *n* *{Verbrennung mit Dreiwege-Katalysator}*
lambert Lambert *n* *{obs; Maßeinheit der Helligkeit, = 3183,1 cd/m^2}*
Lambert-Beer law Lambert-Beersches Gesetz *n*, Bouguer-Lambert-Beersches Gesetz *n* *{Lichtbogenabsorption}*
Lambert's law Lambertsches Kosinus-Gesetz *n*, Lambertsches Gesetz *n*
lambertine Lambertin *n*
lambertite Lambertit *m* *{obs}*, Uranophan *m* *{Min}*
lambswool Lammwolle *f*, Lambswool *f* *{Text}*

lamella 1. Lamelle *f*, Blättchen *n* ; 2. Streifen *m* *{Krist}*; 3. Plättchen *n*, Spaltplättchen *n* *{Min}*
lamellar lamellar, blattförmig, blättchenförmig, blätt[e]rig, lamellenartig, tafelförmig, plattenförmig, schichtartig, geschichtet
lamellar classifier Lamellenklärer *m*
lamellar cleavage Blätterbruch *m*
lamellar cooler Lamellenkühler *m*
lamellar evaporator Lamellenverdampfer *m*
lamellar exchanger Lamellenwärmetauscher *m*
lamellar graphite cast iron Gußeisen *n* mit Lamellengraphit *m* *{GGL}*
lamellar perlite streifiger Perlit *m* *{Met}*
lamellar pyrites Blätterkies *m*, Markasit *m* *{Min}*
lamellar structure Lamellenstruktur *f*, Schichtgefüge *n*, Schichtstruktur *f*, Laminataufbau *m*
lamellar talc Talkglimmer *m* *{Min}*
lamellar tearing Terassenbruch *m* *{Krist}*
lamellar tube Lamellenröhre *f*
lamellate[d] lamellar, blattförmig, blättchenförmig, blätt[e]rig, lamellenartig, tafelförmig, plattenförmig, schichtartig, geschichtet
lamellated peat Blättertorf *m*
lamelliform *s.* lamellate[d]
lamellose *s.* lamellate[d]
lamina Blättchen *n*, Lamelle *f*, Plättchen *n*; dünne Schicht *f*; Feinblech *n* *{Met}*
laminar laminar, schichtenförmig, lamellenförmig; Schichten-, Laminar-
laminar flame laminare Flamme *f*
laminar flow laminare Strömung *f*, Laminarströmung *f*, Schichtenströmung *f*, Bandströmung *f*, Laminarbewegung *f*
laminaribiitol Laminaribiit *m*
laminaribiose <$C_{12}H_{22}O_{11}$> Laminaribiose *f* *{3-o-ß-D-Glucopyranosyl-D-glucose}*
laminarin Laminarin *n*, Laminaran *n*, Laminariose *f* *{Spiralen aus 1,3-Glucopyranosen}*
laminate/to 1. abblättern, abschuppen, in Blätter spalten; sich in Schichten aufspalten; 2. schichten, zu einem Schichtpaket zusammenpressen; zusammengautschen *{Pap}*; 3. lamellieren; 4. auswalzen *{zu einer dünnen Schicht}*; 5. beschichten, laminieren, befilmen; bekleben, kaschieren, ausfüttern, einkaschieren *{Text, Pap}*
laminate 1. Laminat *n*, Schicht[preß]stoff *m*, Verbundstoff *m*, geschichteter Werkstoff *m*; 2. Hartgewebe *n*
laminate mo[u]lding 1. Schichtpressen *n*, Schichtstoffpressen *n*, Schichtpreßverfahren *n*, Schichtstoffpreßverfahren *n*; 2. Schicht[stoff]preßteil *n*, Schichtstoff-Formteil *n*
laminate structure Laminataufbau *m*, Schichtgefüge *n*
laminated 1. lamellar, blätterförmig, blättrig; 2. geschichtet, zu einem Schichtpaket *n* zusammengepreßt, zusammengesetzt; 3. lamellenartig, plättchenartig, schuppig *{Glas}*; 4. ausgewalzt *{zu einer Schicht}*; 5. beschichtet, laminiert; beklebt, kaschiert *{DIN 16731}*
laminated board Schichtstofftafel *f*, Schichtstoffplatte *f*
laminated cloth Hartgewebe *n* *{Schichtstoff aus harzgetränkten Geweben}*
laminated composite Schicht[preß]stoff *m*, Laminat *n*, geschichteter Werkstoff *m*
laminated fabric *s.* laminated cloth
laminated film *s.* laminated foil
laminated foil Verbundfolie *f*, geschichtete Folie *f*, Kombinationsfolie *f*
laminated glass Schichtglas *n*, Verbund[sicherheits]glas *n*, Mehrscheiben[sicherheits]glas *n*, Mehrschichten[sicherheits]glas *n*
laminated material *s.* laminated composite
laminated panel *{ISO 1268}* Schichtstofftafel *f*, Schichtstoffplatte *f*, Verbundplatte *f*
laminated paper 1. Hartpapier *n* *{ein Schichtpreßstoff aus Harz und geschichtetem Papier}*; 2. kaschiertes Papier *n*, laminiertes Papier *n*, befilmtes Papier *n*, Schichtpapier *n*
laminated pipe Schichtpreßstoffrohr *n*
laminated plastic *s.* laminated composite
laminated plastic panel Schichtstoffplatte *f*
laminated plate *{ISO 1268}* Schichtstoffplatte *f*, Schichtstofftafel *f*
laminated pressboard *{IEC 763}* Schichtstoffpreßplatte *f*
laminated product Schichtstofferzeugnis *n*
laminated rolled tube Schichtstoffwickelrohr *n*
laminated safety [sheet] glass geschichtetes Sicherheitsglas *n*, Verbund[sicherheits]glas *n*, Mehrscheiben[sicherheits]glas *n*, Mehrschichten[sicherheits]glas *n*
laminated sheet Schicht[preßstoff]platte *f*, Schichtstofftafel *f*; Schichtfolie *f*
laminated structure *s.* laminate structure
laminated synthetic resin bonded sheet Hartgewebetafel *f*
laminated timber Schichtholz *n*
laminated tube Schichtstoffwickelrohr *n*
laminated wood Lagenholz *n*, Schichtholz *n*
laminating 1. Kaschier-, Laminier-; 2. Beschichten *n*, Beschichtung *f*, Laminieren *n*, Befilmen *n*; Kaschieren *n*, Bekleben *n* *{Pap}*; 3. Laminieren *n*, Schichten *n*, Schichtstoffherstellung *f*
laminating adhesive Kaschierklebstoff *m*, Laminierkleber *m*
laminating film Kaschierfolie *f*
laminating paste Kaschierpaste *f*, Laminierpaste *f*
laminating process Laminierverfahren *n*
laminating resin Laminierharz *n* *{Kunst}*
laminating sheet Schichtfolie *f*

laminating unit Doubliereinrichtung *f*, Laminator *m*, Kaschierwerk *n*, Kaschiervorrichtung *f*
laminating wax Kaschierwachs *n*
laminating web Preßbahn *f {Kunst}*
lamination 1. Beschichten *n*, Laminieren *n*, Befilmen *n*; Kaschieren *n*, Bekleben *n {Text, Pap}*; 2. Schichtenbildung *f*, Schichtung *f*; Lamination *f*, Laminierung *f {feine Sedimentgesteinschichtung}*; 3. Abschichtung *f*, schichtweise Trennung *f*; 4. Textur *f {Krist, Materialfehler}*; 5. Auswalzen *n {zu einer Schicht}*; Preßbahn *f*; 6. Doppelung *f {innere Trennung, Materialfehler}*; 7. Lamelle *f*, Blechlamelle *f {z.B. Trafoblech}*
lamination coating Kaschieren *n {Pap}*; Beschichten *n* über die Schneckenpresse *f*, Aufgießen *n* von Extrudat *n*
laminin Laminin *n*
laminography Schichtaufnahme *f*, Schichtbildaufnahme *f*; Tomographie *f*, Planigraphie *f {Radiol}*
laminose *s.* lamellar
LAMMA *{laser microprobe for material analysis}* Laser-Mikrospektralanalyse *f*, Laser-Mikrosonden-Spektralanalyse *f*
lamp Lampe *f*; Leuchte *f*
lamp furnace Lampenofen *m*
lamp glass Glaszylinder *m*
lamp [gravimetric] method Prüfung *f* mit Schwefellampe *f* nach Sandlar *{S-Bestimmung}*
lamp-kerosine *s.* lamp oil
lamp oil Lampenöl *n*, Leuchtöl *n*, Lampenpetroleum *n*, Leuchtpetroleum *n*, Kerosin *n {Leucht- und Heizpetroleum}*
lamp socket *s.* lampholder
lamp with condenser Beleuchtungslampe *f*
gas-filled lamp gasgefüllte Lampe *f*
halide lamp Halogenlampe *f*
Hefner lamp Hefner-Lampe *f*
pentane lamp Harcourt-Lampe *f*, Pentan-Brenner *m*
quartz lamp Quarzlampe *f*, Quecksilberdampflampe *f*
lampblack Lampenschwarz *n*, Lampenruß *m*; Flammruß *m {Gummi}*
lampbrush chromosome Lampenbürstenchromosom *n*
lampholder Röhrensockel *m*, Glühlampenfassung *f*, Lampenfassung *f*
lanacyl violet Lanacylviolett *n*
lanarkite Lanarkit *m {Min}*
lanatosides Lanatoside *npl*, Digilanide *npl {Typ A, B, C, D und E}*
lance 1. Blaslanze *f*, Sauerstofflanze *f*, Oxygenblaslanze *f {Met, Schweißen, Tech}*; 2. Stabspritze *f {Agri}*
lance ampoule Spießampulle *f*
lancelet Amphioxus *m*, Lanzettfischchen *n*
lanceolate lanzenförmig
Lancester plow type mixer Gegenstrom-Schaufeltellermischer *m*
land 1. Steg *m*, Grat *m*, Abquetschgrat *m {vom Werkstück}*; 2. Land *n {Gießform}*, Abquetschfläche *f {Werkzeug}*; 3. Anschlußfläche *f {des Leiterbildes}*, Kontaktfleck *m {Elek}*; 4. Land *n*; Boden *m*
land-based incineration Verbrennung *f* auf dem Festland *n {Ökol}*
Landé g factor Landé-Faktor *m*, gyromagnetischer Faktor *m*, gyromagnetisches Verhältnis *n*
landfill Mülldeponie *f*, Müllabladeplatz *m*, Deponie *f*, Müllgrube *f*
landfill leachate Mülldeponiesickerflüssigkeit *f {Ökol}*
Landoldt reaction Landoldtsche Zeitreaktion *f*
Landsberger apparatus Landsberger-Apparat *m {Molmassen-Bestimmung}*
lane Bahn *f {Chrom}*
langbanite Langbanit *m {Min, Ferro-Stibian}*
langbeinite Langbeinit *m {Min, $K_2Mg_2[SO_4]_3$}*
Langevin function Langevin-Funktion *f*
langley Langley *n {1 cal Sonnenstrahlung pro cm^2 = 41,84 J/m^2}*
Langmuir-Blodgett film Langmuir-Blodgett-Film *m*, amphiphite Monoschicht *f*
Langmuir-Dushman molecular ga[u]ge Langmuir-Dushmansches Molekularvakuummeter *n*
Langmuir isotherm Langmuirsche Adsorptionsisotherme *f*
Langmuir rate of evaporation maximale Verdampfungsrate *f*, absolute Verdampfungsrate *f*
Langmuir trough Langmuir Mulde *f*
Langmuir's film balance Langmuirsche Waage *f*
lanoceric acid <$C_{30}H_{60}O_4$> Lanocerinsäure *f*
lanolin[e] Lanolin *n*, [gereinigtes] Wollfett *n*, Wollwachs *n*
lanolin[e] acid Lanolinsäure *f*
crude lanolin[e] Rohlanolin *n*
lanopalmic acid <$C_{16}H_{32}O_3$> Lanopalminsäure *f*, 2-Hydroxyhexadecansäure *f*
lanostane <$C_{30}H_{54}$> Lanostan *n*
lanosterol <$C_{30}H_{50}O$> Lanosterin *n*, Kryptosterin *n*
lansfordite Landsfordit *m {Min}*
lantanuric acid Lantanursäure *f*
lanthana <La_2O_3> Lanthan[tri]oxid *n*, Lanthan(III)-oxid *n*
lanthanide *{obs}* *s.* lanthanoide
lanthanite <$La_2(CO_3)_3 \cdot H_2O$> Lanthanit *n*, Lanthancarbonat *n*
lanthanoide Lanthanoid *n*, Lanthanoidenelement *n*, Element *n* der Lanthanreihe *f {Ce bis Lu}*
lanthanoide contraction Lanthanoiden-Kontraktion *f*

lanthanoide crown ether complex Lanthan-Kronenetherkomplex *m*
lanthanoide group *s.* lanthanoide series
lanthanoide series Lanthanoidenreihe *f*, Lanthanoidengruppe *f*, Ln *{OZ 58-71}*
lanthanum *{La, element no. 57}* Lanthan *n*
lanthanum ammonium nitrate Lanthanammoniumnitrat *n*
lanthanum antimonide <LaSb> Lanthanantimonid *n*
lanthanum arsenide <LaAs> Lanthanarsenid *n*
lanthanum carbonate <$La_2(CO_3)_3 \cdot 8H_2O$> Lanthancarbonat *n*, Lanthinit *n*
lanthanum chloride Lanthanchlorid *n*
lanthanum fluoride <LaF_3> Lanthanfluorid *n*
lanthanum hydroxide <$La(OH)_3$> Lanthanhydroxid *n*
lanthanum nitrate <$La(NO_3)_3 \cdot 6H_2O$> Lanthannitrat *n*
lanthanum oxalalate Lanthanoxalat *n*
lanthanum oxide <La_2O_3> Lanthanoxid *n*
lanthanum phosphide <LaP> Lanthanphosphid *n*
lanthanum potassium sulfate Lanthankaliumsulfat *n*
lanthanum sesquioxide *s.* lanthanum oxide
lanthanum sulfate Lathansulfat *n*
lanthanum sulfide Lanthansulfid *n*
lanthanum trihydride <LaH_3> Lanthanhydrid *n*
lanthionine <$S(CH_2CH(NH_2)COOH)_2$> Lanthionin *n*, 3,3'-Thiodialanin *n*
lanthopine <$C_{23}H_{25}NO_4$> Lantol *n*, Lanthopin *n* *{Opium-Alkaloid}*
lantibiotics Lantibiotika *npl*
lantol *s.* lanthopine
lap/to 1. abtuschieren; 2. läppen; polieren, schleifen; 3. sich überlappen, übereinanderliegen, übereinanderlegen; 4. einwickeln, umwickeln *{z.B. Kabel}*, bewickeln, umspinnen *{mit Band}*; 5. umschlagen; 6. auflecken; in sich einsaugen
lap 1. Läppwerkzeug *n*; Polierscheibe *f*, Schleifscheibe *f* *{Glas}*; 2. Überstand *m*, Überlagerung *f*, Überlappung *f*, Überdeckung *f*, Übereinandergreifen *n*, Überschiebung *f*; 3. Falte *f* *{z.B. Quetschfalte, Preßfalte; Glasfehler}*; 4. Walzgrat *m*, Überwalzung *f*, Dopplung *f* *{durch Überwalzen, Met}*; 5. Wicklung *f*, Umwicklung *f*, Lage *f* *{Seil}*; 6. Pelz *m* *{mehrere Florschichten}*; Wickelwatte *f* *{Text}*
lap shear strength Überlappungsscherfestigkeit *f* *{Klebverbindung}*
lap-solvent sealing Überlappungskleben *n* *{mit Lösemitteln oder Lösemittelgemischen}*, Überlappungsquellschweißen *n*, chemisches Überlappungsschweißen *n*
lap time Anzugszeit *f* *{Klebstoff}*
lapachenole Lapachenol *n*
lapachoic acid Lapachol *n*, Tecomin *n*
lapachol <$C_{15}H_{14}O_3$> Lapachol *n*, Lapachosäure *f*, Tecomin *n*, Taiguinsäure *f*
lapachone <$C_{15}H_{14}O_3$> Lapachon *n*
lapathy root Grindwurzel *f*, Mönchsrhabarber *m* *{Rumex alpinis L.}*
lapis albus Calciumhexafluorosilicat *n*
lapis causticus verschmolzenes Kalium-Natriumhydroxid *n*
lapis divinus Kupferalaun *m*
lapis imperalis Silbernitrat *n*
lapis lazuli <$Na_3(NaS_3Al)Al_2(SiO_4)_3$> Lapislazuli *m*, Lazurit *m*, Lasurstein *m*, Lasurblau *n*, Azurblau *n*, Ultramarin *n*
lapis lunaris geschmolzenes Silbernitrat *n*
Laplace operator Laplace-Operator *m*, Laplacescher Operator *m*, Delta-Operator *m*
Laplacian transformation Laplace-Transformation *f* *{Integraltransformation}*
lappaconitine <$C_{32}H_{44}N_2O_8$> Lappaconitin *n*
lapped joint Falzverbindung *f*
lapping 1. Läppen *n* *{spanabhebende Bearbeitung mit losen Schleifmitteln}*; 2. Feinschleifen *n*, Schleifen *n*, Polieren *n*; 3. Legung *f* *{Bewegung der Legeschinen}*; Lapping *m* *{Text}*; 4. Umspinnung *f*, Bandumspinnung *f*, Bewicklung *f*
lapping abrasive Läppmittel *n*
lapping compound Läppöl *n*
lapping oil Läppöl *n*
lapping time Anzugszeit *f* *{Klebstoff}*
lapse 1. Verlauf *m*, Ablauf *m*; 2. Fehler *m*, Versehen *n*, Versäumnis *n*; 3. Abgleiten *n*, Abfall *m*
larch Lärche *f* *{Larix decidua}*
larch pitch Lärchenpech *n*
larch resin Lärchenbaumharz *n*
larchwood Lärchenholz *n* *{Larix decidua}*
larchwood oil Lärchenholzöl *n*
lard Schweinefett *n*, Schweineschmalz *n*, Schmalz *n*
lard oil Lardöl *n*, Specköl *n*, Schmalzöl *n*
lardaceous schmalzig, fettig
larderellite Larderellit *m* *{Min}*
lardy schmalzig, fettig
large groß; weit, geräumig, ausgedehnt, weitreichend; umfassend
large-angle grain boundary Großwinkelkorngrenze *f* *{ein Flächendefekt; Krist}*
large-area großflächig
large-area counter Großflächenzähler *m*
large-area melt filter Großflächen-Schmelzefilter *m n*
large calorie große Kalorie *f*, Kilokalorie *f* *{obs, 1kcal = 4,1868 kJ}*
large-capacity hochkapazitiv, hochleistungsfähig; Hochleistungs-; Groß-
large-capacity container Großcontainer *m*

large-capacity silo Großsilo *m n*
large-dial indicator Großanzeigegerät *n*
large-graded coal Grobkohle *f {30...150 mm; DIN 22005}*
large-grained grobkörnig
large ion Langevin-Ion *n {Meteor}*
large-leaved großblätterig
large mo[u]ld Großwerkzeug *n*
large-ring compound Großringverbindung *f*, makrocyclische Verbindung *f*, Ringverbindung *f* mit großer Gliederzahl *{> 13}*
large-scale großtechnisch, in großtechnischem Maßstab *m*, großindustriell; in großem Umfang *m*, in großem Maßstab *m*, ausgedehnt; Groß-, Massen-
large-scale balance Großwaage *f*
large-scale burning test Brandgroßversuch *m*
large-scale commercial plant Produktionsfabrik *f*, großtechnische Anlage *f*
large-scale experiment Großversuch *m*, Großexperiment *n*
large-scale manufacture *s.* large-scale production
large-scale operation Großbetrieb *m*
large-scale production Großproduktion *f*, Großfertigung *f*, Großserienfertigung *f*, Massenherstellung *f*, großtechnische Herstellung *f*
large-scale test Großversuch *m*
large-scale trial Großversuch *m*
large-size großformatig, groß; Groß-
large source starke Strahlenquelle *f*
large-space container Großraumbehälter *m*
large specimen Großprobe *f*
large-volume großvolumig
largely soluble weitgehend löslich
largeness Größe *f*
largin Largin *n*, Protalbinsilber *n*
laricic acid <$HOOCCH_2C(OH)(COOH)CH(COOH)(CH_2)_{15}CH_3$> Laricinsäure *f*, Agaricensäure *f*
laricinolic acid Laricinolsäure *f*
larixic acid Larixinsäure *f*, Maltol *n*
Larmor precession Larmor-Präzession *f {magnetische Dipole im Magnetfeld}*
larva *{pl. larvae}* Larve *f {Biol}*
larvacide *s.* larvicide
larvicidal activity larvenabtötende Wirksamkeit *f*
larvicide Larvenvertilgungsmittel *n*, Larvizid *n*, Larvengift *n*
LAS *{linear alkyl sulfonate}* lineares Alkylbenzolsulfonat *n*
laser Laser *m*
laser beam Laserstrahl *m*
laser-beam cutting Laserstrahlschneiden *n*, Laserschneiden *n {thermisches Schneiden}*
laser chemistry Laserchemie *f*
laser-controlled lasergesteuert
laser crystal Laserkristall *m*
laser cutting Laserschneiden *n {DIN 2310}*
laser desorption mass spectrometry Laser-Desorptionsmassenspektrometrie *f*, LD
laser diode Laserdiode *f*
laser disk Laserplatte *f*, Laserdisk *m*
laser Doppler anemometry Laser-Doppler-Anemometrie *f {Strömung}*
laser dye Laserfarbstoff *m*
laser excited atomic fluorescence spectrometry Laser-Atomfluoreszenz-Spektrometrie *f*, LAFS, LEAFS
laser flash photolysis Laserblitzlichtphotolyse *f*
laser impulse Laserimpuls *m*
laser-induced ionization laserinduzierte Ionisation *f*, laserinduzierte Ionisierung *f*
laser micro-analyser Laser-Mikroanalysator *m*
laser-microprobe mass analysis Laser-Mikrospektralanalyse *f*, Laser-Mikrosonden-Spektralanalyse *f*, LAMMA, LASMA
laser multiplier Laserverstärker *m*
laser photodetachment electron spectrometry Laserphotodetachment-Elektronspektrometrie *f*, LPES
laser pyrolysis Laserpyrolyse *f*
laser scanning microscopy Laser-Mikroskopie *f*
laser source Laseranregung *f*; Laserlichtquelle *f*
laser spectrometry Laserspektrometrie *f*
laser welding Laserstrahlschweißen *n*, Laserschweißen *n*, LA-Schweißen *n*
laserol Laserol *n*
laserone Laseron *n*
lash/to [fest]binden
lasionite Lasionit *m {obs}*, Wavellit *m {Min}*
last/to dauern, andauern; anhalten, halten, fortbestehen; [aus]reichen
last runnings Nachlauf *m*; Glattwasser *n {Nachwürze; Brau}*
lasting beständig, dauerhaft, haltbar
lasting effect Dauerwirkung *f*
lasubine <$C_{17}H_{25}NO_3$> Lasubin I *n*
latch 1. Riegel *m*; Falleisen *n*, Schnappschloß *n*; Sicherheitsschloß *n*; 2. Signalspeicher *m*, Latch *n*, Auffang-Flipflop *n {EDV}*; 3. Klinke *f*, Schaltklinke *f {Elek}*; Sperreinrichtung *f*, Feststelleinrichtung *f*, Arretiereinrichtung *f {Elek}*
latch mechanism Sperrklinke *f*
late main group element späteres Hauptgruppenelement *n*
late-occurring injuries Spätschäden *mpl {Radiation}*
latency 1. Latenz *f {Biol, Med}*; 2. Wartezeit *f {EDV}*

latensification Latensifikation *f*, Verstärkung *f* des latenten Bildes *n* *{Photo}*
latent latent, verborgen; gebunden
latent image intensification bath Verstärkungsbad *n* des latenten Bildes *n* *{Photo}*
latent heat latente Wärme *f*, bleibende Wärme *f*, gebundene Wärme *f*, Umwandlungswärme *f*, Umwandlungsenthalpie *f*
latent heat of fusion latente Schmelzenthalpie *f*, latente Schmelzwärme *f*
latent heat of sublimation latente Sublimationswärme *f*, latente Sublimationsenthalpie *f*
latent heat of vaporisation latente Verdampfungswärme *f*, latente Verdampfungsenthalpie *f*
latent image latentes Bild *n* *{Photo}*
latent solvent latentes Lösemittel *n*, latenter Löser *m*
lateral seitlich, lateral; Seiten-
lateral branch Nebenzweig *m*
lateral channel compressor Seitenkanalkompressor *m*
lateral deformation coefficient Querkontraktionszahl *f*
lateral delivery pipe Seitenabflußrohr *n*
lateral expansion Querdehnung *f*, Querbreitung *f* *{Kerbschlagbiegeversuch}*
lateral face Seitenfläche *f*
lateral feed device Seitenspeisevorrichtung *f*
lateral force Seitenkraft *f*
lateral line-shift seitliche Linienversetzung *f*, seitliche Linienverschiebung *f*
lateral oscillation Querschwingung *f*
lateral piping Abzweigstück *n*
lateral strength Querfestigkeit *f*
laterite Laterit *m* *{Geol}*
latex *{pl. latices}* 1. Latex *m*, Milchsaft *m*, Kautschukmilch *f* *{Hevea}*; 2. Latex *m*, Kunstharzdispersion *f*
latex adhesive Latexklebstoff *m*, Latexleim *m*
latex-casein adhesive Latex-Kasein-Klebstoff *m*
latex clarifying centrifuge Klärzentrifuge *f* für Kautschukmilch *f*
latex foam rubber Schaumgummi *m*, Latexschaum[gummi] *m*
latex former Tauchform *f* *{Gummi}*
latex mill Latexmühle *f*
latex paint Latexanstrich *m*, Latex[anstrich]farbe *f*
latex particle Latexteilchen *n*
latexometer Kautschukmilcharäometer *n*, Latexometer *n*
lathe 1. Drehbank *f*, Abdrehmaschine *f*, Drehmaschine *f*; 2. Metalldrückbank *f*, Treibumformmaschine *f*; 3. Drechslerbank *f*, Holzdrehmaschine *f*; Furnierschälmaschine *f*, Rundschälmaschine *f* *{Holz}*; 4. Lade *f*, Weblade *f*
lather/to schäumen, Schaum *m* bilden; einseifen
lather Schaum *m*, Seifenschaum *m*
lather booster Schaumverbesserer *m*
lather collapse Zusammenbruch *m* des Schaumes, Zusammensinken *m* des Schaumes
lather value Schaumzahl *f*, Schaumwert *m* *{Text}*
lathosterol Lathosterin *n*
latitude 1. Breite *f* *{Georgr}*; 2. Weite *f*, Spielraum *m*; Umfang *m*
degree of latitude Breitengrad *m*
latitudinal Breiten-
latrobite Latrobit *m* *{Min}*
lattice 1. Gitter *n* *{z.B. Reaktorgitter}*, Gitterwerk *n*, Anordnung *f* *{Tech}*; Kristallgitter *n*; 2. Verband *m* *{Math}*
lattice absorption Gitterabsorption *f* *{Krist}*
lattice absorption edge Gitterabsorptionskante *f*
lattice arrangement Gitterordnung *f*
lattice array Gitterordnung *f*
lattice bond Gitterbindung *f*
lattice complex Gitterkomplex *m*
lattice conductivity Gitterleitfähigkeit *f*
lattice configuration Gitterordnung *f*
lattice constant Gitterkonstante *f* *{Molekülverband}*, Gitterparameter *m* *{Krist}*
lattice cooling stack Lattengradierwerk *n*
lattice defect Gitter[bau]fehler *m*, Kristall[bau]fehler *m*, Gitterstörung *f*, Gitterdefekt *m*, Störstelle *f*, Gitterfehlstelle *f*, Gitterfehlordnung *f*
lattice dimensions Gitterabmessungen *fpl* *{z.B. Gitterabstand}*
lattice dislocation Gitterstörung *f*, Gitterversetzung *f* *{Krist}*
lattice distance Gitterabstand *m*, Gitterperiode *f*, Netzebenenabstand *m*
lattice distorsion Gitterstörung *f*, Gitterverzerrung *f* *{Krist}*
lattice electron Gitterelektron *n* *{Krist}*
lattice energy Gitterenergie *f*
lattice enthalpy Gitterenthalpie *f*, Gitterwärme *f* *{Krist}*
lattice fault *s.* lattice defect
lattice forces Gitterkräfte *fpl*
lattice formation Gitterverband *m*
lattice heat Gitterwärme *f*, Gitterenthalpie *f* *{Thermo}*
lattice imperfection *s.* lattice defect
lattice-like gitterförmig, gitterartig
lattice parameter Gitterkonstante *f*, Gitterparameter *m* *{Krist}*
lattice plane Gitterebene *f*, Netzebene *f* *{Krist}*
lattice point 1. Gitterbaustein *m*; 2. Gitterplatz *m*, Gitterstelle *f*
lattice position *s.* lattice site
lattice rearrangement Gitterverlagerung *f*
lattice relaxation Gitterrelaxation *f*

lattice scattering Gitterstreuung *f*
lattice site Gitterplatz *m*, Gitterstelle *f*
lattice spacing Gitterabstand *m*, Gitterperiode *f*, Netzebenenabstand *m*, Abstand der Netzebenen *fpl*
lattice spectrum Gitterspektrum *n*
lattice structure Gitter[auf]bau *m*, Gitterstruktur *f*
lattice unit Gittereinheit *f*
lattice vacancy Gitterfehlstelle *f*, Gitterleerstelle *f*, Gitterlücke *f*, Vakanz *f*, Gitterloch *n*
lattice vacant site *s.* lattice vacancy
lattice vibration Gitterschwingung *f {thermische Gitterbewegung}*
lattice wave Gitterwelle *f*
atomic lattice Atomgitter *n*
body-centered cubic lattice kubisch-raumzentriertes Gitter *n {Krist}*
closest packed hexagonal lattice hexagonal dichteste Kugelpackung *f*
cross lattice Kreuzgitter *n*
cubic lattice kubisches Gitter *f {Krist}*
homopolar lattice homöopolares Gitter *n*
metallic lattice metallisches Kristallgitter *n*
molecular lattice Molekülgitter *n {Krist}*
laubanite Laubanit *m {Min}*
laudanidine **<$C_{20}H_{25}NO_4$>** Laudanidin *n*, Tritopin *n*
laudanine *s.* laudanidine
laudanosine **<$C_{21}H_{27}NO_4$>** Laudaninmethylether *n*, Laudanosin *n*, *N*-Methyltetrahydropapaverin *n*
laudanosoline Laudanosolin *n*
laudanum Laudanum *n*, Opiumtinktur *f {Pharm}*
Laue back-reflection method Laue-Rückstrahlverfahren *n*
Laue diagram Laue-Diagramm *n {Krist}*
Laue method Laue-Verfahren *n*, Laue-Methode *f {Krist}*
Laue spots Laue-Flecke *mpl*
laughing gas **<N_2O>** Lachgas *n*, Stickstoffoxydul *n {obs}*, Lustgas *n {obs}*, Stickstoff(I)-oxid *n*, Distickstoffmonoxid *n*
laumontite Laumontit *m {Min}*
launching grease Stapellauffett *n*
launder 1. Rinne *f*, Gerinne *n {Mineralaufbereitung}*; 2. Schwemmrinne *f*; Förderrinne *f*, Rutsche *f {Bergbau}*; 3. Abstichrinne *f*, Gießrinne *f {Met}*
laundering Waschen *n {Text}*, Auswaschen *n*
heavy laundering Grobwäsche *f*
laundry 1. Wasch-; 2. Wäscherei *f*; Waschküche *f*; 3. Wäsche *f {Text}*
laundry blue Waschblau *n {Blauzusatz zur Verhinderung der Gelbfärbung}*
laundry detergents Waschmittel *npl*
laundry drains Wäschereiabwässer *npl*
laundry products Waschmittel *npl*
laundry soap Kernseife *f*
laundry waste Wäschereiabwässer *npl*
lauraldehyde **<$C_{12}H_{24}O$>** Lauraldehyd *m*, Laurinaldehyd *m*, Dodecylaldehyd *m*, Dodecanal *n {IUPAC}*
lauramide Lauramid *n*
laurane **<$C_{20}H_{42}$>** Lauran *n*
laurate Laurat *n*, Laurinsäureester *m {Salz oder Ester der Laurinsäure}*
laurate of ethoxyethylsulfonate of sodium **<$CH_3(CH_2)_{10}COOC_2H_4OC_2H_4SO_3Na$>** laurinsaures ethoxyethylsulfosaures Natrium *n*
laurate of ethylsulfonate of sodium **<$CH_3(CH_2)_{10}COOC_2H_4SO_3Na$>** laurinsaures ethylsulfosaures Natrium *n*
laurel 1. Lorbeer *m*, Lorbeerbaum *m {Laurus L.}*; 2. Laurel *n {Holz der chilenischen Laurelia-arten}*
laurel berries oil Lorbeerkernfett *n*
laurel camphor Japancampher *m*, Campher *m*, Kampfer *m*
laurel [leaves] oil Lorbeeröl *n*, Lorbeerfett *n*, Lorbeerbutter *f {aus Blättern}*
laurel wax 1. Myristin *n*, Myricawachs *n*, Myrtenwachs *n*, Myricatalg *m*; 2. Grünes Wachs *n*, Bayberrywachs *n*
volatile laurel oil Bayöl *n*
laureline **<$C_{19}H_{19}NO_3$>** Laurelin *n*
laurene **<$C_{10}H_{16}$>** Lauren *n*, Pinen *n {IUPAC}*
laurenone Laurenon *n*
Laurent's acid Laurent-Säure *f*, Laurentsche Säure *f*, Naphth-1-ylamin-5-sulfonsäure *f*
lauric acid **<$CH_3(CH_2)_{10}COOH$>** Laurinsäure *f*, Dodecansäure *f {IUPAC}*, *n*-Dodecylsäure *f*
lauric alcohol **<$CH_3(CH_2)_{10}CH_2OH$>** Laurylalkohol *m*, Dodecan-1-ol *n*, *n*-Dodecylalkohol *m {IUPAC}*, Laurinalkohol *m*
lauric aldehyde *s.* lauraldehyde
laurin **<$C_3H_5(CH_3(CH_2)_{10}COO)_3$>** Laurin *n*, Trilaurin *n*, Laurostearin *n*, Glycerintrilaurat *n*
laurinlactam **<$C_{12}H_{23}NO$>** Laurinlactam *n*, Laurolactan *n*, Azacyclotridecan-2-on *n*
laurionite Laurionit *m {Min}*
laurite Laurit *m {Min}*
laurodimyristine Laurodimyristin *n*
laurodistearin Laurodistearin *n*
lauroleic acid **<$C_{12}H_{22}O_2$>** Lauroleinsäure *f*, *(Z)*-9-Dodecensäure *f*
laurolene Laurolen *n*, 1,2,3-Trimethyl-1-cyclopenten *n*
laurone **<$(C_{11}H_{23})_2CO$>** Lauron *n*, Tricosan-12-on *n*
lauronitrile Lauronitril *n*
lauronolic acid Lauronolsäure *f*, 1,2,3-Trimethyl-2-cyclopenten-1-carbonsäure *f*
laurotetanine **<$C_{19}H_{21}NO_4$>** Laurotetanin *n*
lauroyl **<$CH_3(CH_2)_{10}CO$->** Lauroyl-

lauroyl chloride Lauroylchlorid *n*
lauroyl peroxide <$C_{24}H_{46}O_4$> Lauroylperoxid *n*, Dilauroylperoxid *n*, Didodecanoylperoxid *n* {*IUPAC*}
Laurus nobilis Lorbeer *m*, Lorbeerbaum *m*
lauryl 1. <$CH_3(CH_2)_{10}CO$-> Lauroyl-; 2. Dodecanoyl-; 3. <$CH_3(CH_2)_{10}CH_2$-> Dodecyl-, Lauryl-
lauryl alcohol Laurylalkohol *m*, Dodecan-1-ol *n*, *n*-Dodecylalkohol *m* {*IUPAC*}, Laurinalkohol *m*
lauryl aldehyde *s.* lauraldehyde
lauryl bromide <$C_{12}H_{25}Br$> Laurylbromid *n*, *n*-Dodecylbromid *n*, 1-Bromdodecan *n*
lauryl chloride Laurylchlorid *n*
lauryl mercaptan Laurylmercaptan *n* {*obs*}, Laurylthiol *n*, Dodecan-1-thiol *n* {*IUPAC*}
lauryl methacrylate Laurylmethacrylat *n*
lauryl pyridinium chloride <$C_5H_5NClC_{12}H_{25}$> Laurylpyridiniumchlorid *n*, 1-Dodecylpyridiniumchlorid *n*
laurylalanylglycine Laurylalanylglycin *n*
laurylamine <$CH_3(CH_2)_{11}NH_2$> Laurylamin *n*, Dodecylamin *n*
laurylglycine Laurylglycin *n*
laurylsulfonate of sodium <$CH_3(CH_2)_{10}$-CH_2OSO_3Na> Natriumlaurylsulfonat *n*, Fewa *n* {*Natriumsalz des Schwefelsäureesters des n-Dodecylalkohols*}
lautarite Lautarit *m* {*Min*}
lauter vat Klärbottich *m*, Läuterbottich *m* {*Brau*}
Lauth's violet Thionin *n*, Katalysin *n*, Lauthsches Violett *n*
lautite Lautit *m* {*Min*}
lava Lava *f* {*pl. Laven*}
lava-like lavaähnlich, lavaartig
lava rocks Lavagestein *n*
scoriaceous lava Schlackenlava *f*
vitreous lava Lavagas *n*, Glasachat *m*
Laval acid treatment Laval-Verfahren *n*
Laval valve Laval-Düse *f*
lavandulic acid Lavandulylsäure *f*
lavandulol Lavandulol *n*
lave/to waschen; baden; fließen
lavender 1. Lavendel *m* {*Bot*}; 2. Lavendelfarbe *f*; 3. Lavendelblüten *fpl*, Spikblüten *fpl* {*Bot*}
lavender blue Lavendelblau *n*
lavender-colo[u]red lavendelfarben
lavender flower oil Lavendelöl *n* {*von Lavandula angustifolia Mill.*}
lavender flowers Lavendelblüten *fpl* {*Bot*}
lavender oil Lavendelöl *n* {*Pharm*}
lavender spike oil Spiköl *n* {*von Lavndula latifolia (L. fil.)Medik.*}
lavender water Lavendelwasser *n*
lavenite Lavenit *m* {*Min*}
law 1. Gesetz *n*; 2. Grundsatz *m*, Regel *f*; 3. Theorem *n*, Lehrsatz *m*, Satz *m* {*Gesetz*}; Hauptsatz *m*
law of averages Mittelwertsatz *m*
law of causality Kausalitätsgesetz *n*, Kausalprinzip *n*
law of conservation of energy Energieerhaltungssatz *m*, Gesetz *n* der Energieerhaltung, erster Hauptsatz *m* der Thermodynamik
law of conservation of matter Gesetz *n* von der Erhaltung der Masse, Satz *m* von der Erhaltung der Masse
law of constant angles Gesetz *n* der konstanten Winkel {*Krist*}
law of constant heat summation Gesetz *n* der konstanten Wärmesummen, Hess'scher Satz *m*, Hess-Gesetz *n* {*Thermo*}
law of constant proportions Gesetz *n* der konstanten Proportionen, Gesetz *n* der konstanten Massenverhältnisse
law of contact series Gesetz *n* der Spannungsreihe {*Elektrochem*}
law of dilution Verdünnungsgesetz *n*
law of electrostatic attraction Coulombsches Gesetz *n*
law of equivalent proportions Gesetz *n* der reziproken Proportionen
law of gravitation Gravitationsgesetz *n*
law of mass action Massenwirkungsgesetz *n*, MWG, Reaktionsisotherme *f*, Gesetz *n* von Guldberg und Waage
law of mass attraction Massenanziehungsgesetz *n*
law of multiple proportions Gesetz *n* der multiplen Proportionen, Gesetz *n* der multiplen Massenverhältnisse
law of partial pressures *s.* Dalton's law
law of propagation of error Fehlerfortpflanzungsgesetz *n*
law of rational intercepts Gesetz *n* der rationalen Achsenabschnitte, Millersches Gesetz *n*, Rationalitätengesetz *n* {*Krist*}
law of similitude Ähnlichkeitsregel *f*
law of spectroscopic displacement Kossel-Sommerfeldsches Verschiebungsgesetz *n*, Satz *m* der spektroskopischen Verschiebung
law of thermodynamics Hauptsatz *m* der Wärmelehre
Law on Protection against the Misuse of Personal Data in Data Processing {*Federal Data Protection Law*} Datenschutzgesetz *n* {*BDSG*}
Law on the Constitution of Business Betriebsverfassungsgesetz *n*
Law on Units in Metrology Gesetz *n* über das Einheitenwesen {*Deutschland, 1969*}
lawful rechtmäßig, gesetzlich, zugelassen {*z.B. Maßeinheiten*}

lawrencite Lawrencit *m {Min}*
lawrencium *{Lr, element no. 103}* Lawrencium *n*
lawsone Lawson *n*, 2-Hydroxy-1,4-naphthochinon *n*
lawsonite Lawsonit *m {Min}*
laxative [mildes] Abführmittel *n*, Laxans *n*, Laxativum *n {Pharm}*
lay/to 1. legen; 2. verlegen *{z.B. Kabel, Rohre}*; 3. verseilen, schlagen *{ein Seil}*; 4. aufgipsen *{Glas}*; 5. auftragen *{Anstrichstoffe}*; 6. belegen, bedecken
lay bare/to bloßlegen
lay off/to ablegen
lay on/to auftragen
lay up/to lagern, ablegen
lay 1. Drall *m*, Schlag *m {Tech}*; 2. Oberflächenzeichnung *f {Bearbeitungsspuren}*; 3. Anlegemarke *f*, Marke *f*; 4. Lade *f*, Weblade *f {Text}*
lay-away pit Lohgrube *f*, Versenkgrube *f*, Versenk *n {Gerb}*
lay-up 1. Ablegen *n {z.B. von Papierbogen}*; 2. harzgetränktes Verstärkungsmaterial *n {Laminieren}*
layer/to [über]schichten
layer 1. Lage *f*, Schicht *f*, Film *m*; 2. Emulsionsschicht *f {Photo}*; 3. Schicht *f*, Band *n {Geol}*; Flötz *m {Bergbau}*; Lager *n {Bergbau}*; 4. Horizont *m*; 5. Ableger *m {Bot}*; 6. Blatt *n*
layer-corrosion Schichtkorrosion *f*
layer filtration Schichtenfiltration *f*
layer growth Schichtwachstum *n*
layer lattice Schichtengitter *n*, Schichtgitter *n {Krist}*
layer lattice lubricant anorganischer fester Schmierstoff *m*
layer lattice structure Schichtgitterstruktur *f*
layer-like schichtartig
layer lines Schichtlinien *fpl {Krist}*
layer mo[u]lding Pressen *n* mit Etagenwerkzeugen *npl*, Etagenwerkzeugpressen *n*
layer of adhesive Klebfilm *m*, verfestigte Klebschicht *f*
layer of scale Zunderschicht *f*
layer of tin foil Stanniolbelag *m*
layer polarizer Einschichtpolarisator *m*
layer separation Grenzschichtablösung *f*
layer silicate Phyllosilicat *n*
layer tablet Mehrschichttablette *f*
layer technique Überschichtungsverfahren *n*, Überschichtung *f*
layer thickness Schichtdicke *f*
absorbing layer absorbierende Schicht *f*
atmospheric layer atmosphärische Schicht *f*
height of layer Schichthöhe *f*
in layers schichtenweise
intermediate layer Zwischenschicht *f*
layered geschichtet, in Schichten *fpl*, laminiert
layered catalyst geschichteter Katalysator *m*
layered oxide Schichtoxid *n*
layered transition metal compound schichtförmige Übergangsmetallverbindung *f*
layering Überschichten *n*, Schichten *n*, Schichtung *f*; Schichtbildung *f*
layers Versatz *m {Gerb}*
layout 1. Anlage *f*, Anordnung *f*, Auslegung *f*, Plan *m*; 2. Übersichtsplan *m*, Grundrißanordnung *f*; Lageplan *m*; 3. Anreißen *n {Tech}*; 4. Schaltungsanordnung *f*, Entwurf *m*, Auslegung *f {Elek}*; Konstruktion *f*; 5. Layout *n*; Satzbild *n*, Satzanordnung *f {Typographie}*; 6. Zuschneideplan *m {Text}*
layout data Auslegungsdaten *pl*
layout sketch Aufstellungsskizze *f*, Entwurfsskizze *f*
lazuline [blue] Lazulinblau *n*
lazulite Lazulit *m*, Lasurspat *m*, Blauspat *m*, Tetragophosphit *m {Min}*
lazurite *s.* lapis lazuli
LCAO *{linear combination of atomic orbitals}* Methode *f* der Linearkombination *f* von Atomorbitalen *npl*, LCAO-Verfahren *n*
LCAO-MO Molekülorbital *n* aus linear kombinierten Atomorbitalen *npl*
LCD *{liquid crystal display}* Flüssigkristall-Anzeige *f*, LCD-Display *n*
LD-FTMS *{laser-desorption Fourier-transform mass spectroscopty}* Laserdesorption-Fourier-Transformations-Massenspektroskopie *f*
LDPE *{low density polyethylene}* Polyethylen *n* niedriger Dichte, PE-ND, Hochdruck-Polyethylen *n*, Polyethylen *n* weich
Le Chatelier's principle of least restraint Prinzip *n* des kleinsten Zwanges *m*, Le Chateliersches Prinzip *n*
Le Chatelier-Braun principle Le Chatelier-Braunsches Prinzip *n {Prinzip des kleinsten Zwanges}*
leach/to 1. [aus]laugen, auswaschen, herauslösen; ausziehen; extrahieren; 2. laugen *{Erze}*; 3. mikrobiell [aus]laugen, leachen *{Biotechnologie}*
leach out/to 1. auslaugen, auswaschen, herauslösen, ausziehen; extrahieren *{Feststoffe}*; 2. austreten
leach 1. Auslaugung *f*, Auswaschung *f*, Herauslösen *n*, Ausziehen *n*; Feststoffextraktion *f*, Fest-Flüssig-Extraktion *f*; 2. Laugen *n*, Laugung *f {Erze}*; mikrobielle Laugung *f*, biologische Laugung *f*, Bioleaching *n*, Biobergbau *m {biologische Erzaufbereitung}*; 3. Lauge *f*; 4. Auslaugbehälter *m*, Auslaugbottich *m*, Extraktionsgefäß *n*
leach-ion exchange flotation process Laugungs-Ionenflotationsverfahren *n {Erz}*
leach liquor Laugenlösung *f*; Extraktionsbrühe *f {Gerb}*

leach pit Laugegrube *f {Gerb}*
leachable laugungsfähig; auslaugbar, herauslösbar, auswaschbar
leachate Auszug *m {z.B. aus Drogen}*, Perkolat *n*; Auswaschungslösung *f*
leachate from landfills Deponiesickerflüssigkeit *f*
leached out ausgelaugt
leacher Auslauger *m*
leaching 1. Auslaugen *n*, Auswaschung *f*, Herauslösen *n*, Ausziehen *n*; Feststoffextraktion *f*, Fest-Flüssig-Extraktion *f*; 2. Laugen *n*, Laugung *f {Erze}*; mikrobielle Laugung *f*, biologische Laugung *f*, Bioleaching *n*, Biobergbau *m {biologische Erzaufbereitung}*
leaching bath Auslaugebad *n {Gerb}*
leaching effect Auswascheffekt *m*
leaching of nutrients Auswaschen *n* von Nährstoffen *mpl*
leaching pump Aussüßpumpe *f*
leaching tank Auslaugegefäß *n*, Reinigungstank *m {Met}*
leaching vat Laugebehälter *m*, Laugenfaß *n*
lead/to 1. führen, leiten; anführen; veranlassen; 2. mit Blei *n* verkleiden; 3. verbleien *{Tech}*; verbleien, mit Tetraethylblei *n* versetzen *{Kraftstoff}*; 4. voreilen *{Elek}*; 5. durchschießen *{Drucken}*
lead away/to abführen
lead back/to zurückführen
lead off/to ausführen
lead in/to einführen
lead over/to überleiten
lead through/to durchführen
lead 1. Blei *n {Pb, Element No. 82}; 2. Leitung f*, Führung *f*; Energieleitung *f*, Speiseleitung *f*, [elektrische] Leitung *f*, Stromzuleitung *f*, Feeder *m {Elek}*; Zulaufkanal *m*, Zufuhrkanal *m*, Zuleitungskanal *m*; 3. Transportweg *m {z.B. für den Aushub}*; 4. Steigung *f*, Ganghöhe *f {z.B. Gewinde, Schnecke}*; Steigung *f {Math}*; 5. Voreilen *n*, Voreilung *f {der Phase; Elek}*; Lead *n {Elek}*; 6. Vorhalt *m {Automation}*; 7. Bleisprosse *f*, Bleiprofil *n {Bleiverglasung}*; 8. Mine *f*, Bleistiftmine *f*; 9. Durchschußmaterial *n {Typographie}*
lead accumulator *s.* lead-acid accumulator
lead acetate 1. <$Pb(CH_3CO_2)_2 \cdot 3H_2O$> Blei(II)-acetat *n*, Bleidiacetat *n*, [neutrales] Bleiacetat *n*, Bleizucker *m {Triv}*, essigsaures Blei *n {obs}*; 2. <$Pb(CH_3COO)_4$> Bleitetraacetat *n*, Blei(IV)-acetat *n*
lead acetate ointment Bleizuckersalbe *f*
lead acetate test Bleiacetatprobe *f {Mineralöl}*
lead acetylsalicylate <$C_{18}H_{14}O_8Pb \cdot H_2O$> Bleiacetylsalicylat *n {Expl}*
lead-acid accumulator Bleiakkumulator *m*, Bleisammler *m*, Blei-Säure-Akkumulator *m*, Blei-Säure-Batterie *f*, Bleibatterie *f {Triv}*
lead-acid battery *s.* lead-acid accumulator
lead alkyls <PbR_4, $PbHR_3$ etc> Bleialkyle *npl*; Tetraalkylbleiverbindungen *fpl*
lead alloy Bleilegierung *f*
lead angle 1. Voreilwinkel *m {Elek}*; 2. Steigungswinkel *m {Schnecke, Gewinde}*
lead annealing bath Ausglühbad *n* aus geschmolzenem Blei *n {Met}*
lead anode Bleianode *f*
lead antimonate <$Pb_3(SbO_4)_2$> Bleiantimonat *n*, Blei(II)-antimonat(V) *n*, Neapelgelb *n {Triv}*
lead antimony alloy Bleiantimonlegierung *f*
lead antimony glance Bleiantimonerz *n {Triv}*, Blei-Antimonglanz *m {obs}*, Keeleyit *m {obs}*, Zinckenit *m {Min}*
lead antimony sulfide <$PbSb_2S_4$> Blei-Antimonsulfid *n*; Zinckenit *m {Min}*
lead arsenate 1. <$Pb_3(AsO_4)_2$> Blei(II)-orthoarsenat(V) *n*, Bleiarsenat *n*; 2. <$Pb_5(AsO_4)_3Cl$> Blei-Arsen-Apatit *m*, Flockenerz *n {obs}*, Mimetesit *m {Min}*
lead arsenite <$Pb(AsO_2)_2$> Bleiarsenit *n*
lead aryls <$PbAr_4$, $PbHAr_3$ etc> Bleiaryle *npl*; Tetraarybleiverbindungen *fpl*
lead ash Bleiasche *f*, Bleikrätze *f*, Bleischaum *m {Met}*
lead azide <$Pb(N_3)_2$> Bleiazid *n*, Blei(II)-azid *n*, Bleidiazid *n*
lead azoimide Blei(II)-azid *n*; Bleiazid *n*
lead-base babbitt Lagerweißmetall *n {10 - 15 % Sb, 2 - 10 % Sn, 0,2 % Cu; Rest Pb}*
lead-based priming paint *{BS 2523}* bleihaltiger Grundieranstrich *m*
lead basin Bleischale *f {Lab}*
lead bath Bleibad *n*
lead-bearing bleiführend
lead bismuth alloy Blei-Bismut-Legierung *f*
lead black Graphit *m*
lead block Bleiblock *m*; Trauzl-Block *m*, Bleimörser *m* nach Trauzl, Bleiblock *m* nach Trauzl *{zur Sprengstoffprüfung}*
lead block expansion Bleiblockausbauchung *f*, Bleiblockausbuchtung *f*, Trauzl-Blockausweitung *f {Sprengstoffprüfung}*
lead block [expansion] test Bleiblockprobe *f {Sprengstoffprüfung}*
lead body burden Bleibelastung *f {Toxikologie}*
lead borate <$Pb(BO_2)_2 \cdot H_2O$> Blei(II)-borat *n*
lead borate glass Bleiboratglas *n*
lead borosilicate Bleiborsilicat *n*
lead bottle Bleiflasche *f*
lead brick Bleiblock *m*, Bleibrikett *n*, Bleiziegel *m*, Bleibaustein *m {Strahlenschutz}*

lead bromate <$Pb(BrO_3)_2$> Blei(II)-bromat *n*

lead bromide <$PbBr_2$> Blei(II)-bromid *n*, Bleidibromid *n*

lead bronzes Bleibronzen *fpl* *{8 - 30 % Pb, 5 - 10 % Sn, Rest Cu}*

lead carbonate <$PbCO_3$> [neutrales] Bleicarbonat *n*, Blei(II)-carbonat *n*; Cerussit *m*, Bleispat *m* *{Min}*

lead carbonate ointment Bleiweißsalbe *f* *{Pharm}*

lead chamber Bleikammer *f* *{H_2SO_4-Herstellung}*

lead chamber crystals <$(NO)HSO_4$> Bleikammerkristalle *mpl*

lead chamber process Bleikammerverfahren *n* *{Schwefelsäuregewinnung}*

lead chloride <$PbCl_2$> [neutrales] Bleichlorid *n*, Blei(II)-chlorid *n*, Bleidichlorid *n*

lead chloride carbonate Bleihornerz *n* *{obs}*, Hornblei *n* *{obs}*, Phosgenit *m* *{Min}*

lead chlorite <$Pb(ClO_2)_2$> Blei(II)-chlorit *n*

lead chromate <$PbCrO_4$> neutrales Bleichromat *n*, Blei(II)-chromat(VI) *n*, Bleigelb *n*, Chromgelb *n*, Leipziger Gelb *n*, Pariser Gelb *n*, Königsgelb *n*, Neugelb *n*, Zitronengelb *n*, Kölner Gelb *n*

lead chromate-molybdate pigment *{ISO 3711}* Bleichromatmolybdatpigment *n*

lead chrome *s.* lead chromate

lead chrome green Chromgrün *n* *{ein Gemisch bestimmter Chromgelbsorten mit Berliner Blau}*, Deckgrün *n*, Ölgrün *n*, Russischgrün *n*, Englischgrün *n*, Seidengrün *n*, Zinnobergrün *n*

lead-coat/to verbleien

lead-coated verbleit *{Oberfläche}*

lead coating 1. Verbleiung *f*, Verbleien *n*; Umpressen *n* mit einem Bleimantel *{zur Vulkanisation von Gummi}*; 2. Bleischutzschicht *f*

lead colo[u]r Bleifarbe *f*, Bleigrau *n*

lead-colo[u]red bleifarben, bleigrau

lead-containing bleihaltig

lead content Bleigehalt *m*

lead covering Bleimantel *m*, Bleiumhüllung *f*

lead crucible Bleischmelztiegel *m* *{Met}*

lead crystal glass Bleikristall[glas] *n* *{> 24 % PbO}*

lead cut-out Bleisicherung *f* *{Elek}*

lead cyanamide Bleicyanamid *n*

lead cyanate <$Pb(OCN)_2$> Blei(II)-cyanat *n*, Bleidicyanat *n*

lead cyanide <$Pb(CN)_2$> Blei(II)-cyanid *n*, Bleidicyanid *n*

lead deposit Bleischlamm *m* *{Batterie}*

lead desilvering plant Bleientsilberungsanlage *f* *{Met}*

lead dichloride Bleidichlorid *n*, Blei(II)-chlorid *n*

lead dichlorite <$Pb(ClO_2)_2$> Blei(II)-chlorit *n*, Bleidichlorit *n*

lead dichromate <$PbCr_2O_7$> Blei(II)-dichromat(VI) *n*

lead difluoride <PbF_2> Blei(II)-fluorid *n*, Bleidifluorid *n*

lead dioxide <PbO_2> Bleidioxid *n*, Blei(IV)-oxid *n*, Bleisuperoxid *n* *{obs}*, Plumbioxid *n* *{obs}*

lead dioxide plate Bleioxidplatte *f* *{Akku}*

lead diperchlorate Blei(II)-perchlorat *n*, Bleidiperchlorat *n*

lead dish Bleischale *f* *{Lab}*

lead disilicate Bleidisilicat *n*, Blei(II)-silicat *n*, Bleifritte *f* *{Keramik}*

lead dithiocyanate Bleidithiocyanat *n*, Blei(II)-thiocyanat *n*

lead dross Bleiabgang *m*, Bleikrätze *f*, Bleischaum *m*

lead druse Bleidruse *f*

lead dryer Bleisikkativ *n*; Bleiborat *n*

lead dust Bleimehl *n*, Bleistaub *m*

lead emission Bleiabgabe *f*

lead equivalent Bleiäquivalent *n*, Bleigleichwert *m* *{Nukl}*

lead ethylhexoate Bleiethylhexoat *n*

lead factor Voreilfaktor *m* *{Elek}*

lead fittings Bleiarmaturen *fpl*

lead-fluoborate bath Bleifluoboratbad *n*

lead fluoride 1. <PbF_2> Blei(II)-fluorid *n*, Bleidifluorid *n*; 2. <PbF_4> Blei(IV)-fluorid *n*, Bleitetrafluorid *n*

lead fluosilicate <$PbSiF_6$> Bleisilicofluorid *n*, Blei(II)-hexafluosilicat *n*, Kieselfluorblei *n* *{obs}*

lead-fluosilicate bath Bleifluosilicatbad *n*

lead foil Bleifolie *f* *{bis 12 % Sn + 1 % Cu}*

lead formate <$Pb(CHOO)_2$> Blei(II)-formiat *n*

lead-free bleifrei, unverbleit, ohne Bleitetraethyl *n* *{Benzin}*

lead frit Bleifritte *f*, Bleidisilicat *n*, Blei(II)-silicat *n* *{Keramik}*

lead fume Bleidampf *m*, Bleirauch *m*, Flugstaub *m* *{der Bleiöfen}*

lead furnace Bleiofen *m*

lead fuse Bleisicherung *f* *{Elek}*

lead gasket Bleidichtung *f*

lead gasoline Bleibenzin *n*, bleihaltiges Benzin *n* *{Vergaserkraftstoff}*

lead glance Bleiglanz *m*, Bleisulfid *n*, Galenit *m* *{Min}*

lead glass Bleiglas *n*, Kristallglas *n* *{bleihaltiges Glas}*

lead glass counter Bleiglaszähler *m* *{Nukl}*

lead glaze Bleiglasur *f*, bleihaltige Glasur *f*

lead gleth Massicot *n* *{PbO}*

lead gravel Bleigrieß *m*

lead-gray bleigrau
lead grit Bleigrieß *m*
lead halides Bleihalogenide *npl {PbX_2, PbX_4}*
lead hardening Bleihärtung *f*
lead hexacyanoferrate(II) <$Pb_2Fe(CN)_6$> Blei(II)-hexacyanoferrat(II) *n*
lead hexacyanoferrate(III) <$Pb_3[Fe(CN)_6]_2$> Blei(II)-hexacyanoferrat(III) *n*
lead hexafluorosilicate <$PbSiF_6$> Blei(II)-hexafluorosilicat *n*
lead hydride <PbH_4> Bleiwasserstoff *m*, Blei(IV)-wasserstoff *m*, Plumban *n*
lead hydroxide <$Pb(OH)_2$> Bleihydroxid *n*, Blei(II)-hydroxid *n*
lead hyposulfite Bleihyposulfit *n {obs}*, Bleithiosulfat *n*
lead improving furnace Bleivergütungsofen *m*, Seigerofen *m {Met}*
lead-in 1. Zuführung *f*, Zuleitung *f {Elek}*; Durchführung *f {Wand, Mauer}*; 2. Anfahren *n {Roboter}*
lead-in cable Einführungskabel *n*
lead-in cone Einlaufkegel *m*
lead iodide <PbI_2> Bleiiodid *n*, Blei(II)-iodid *n*, Bleijodid *n {obs}*, Jodblei *n {obs}*
lead jacket Bleihülle *f*, Bleimantel *m*
lead joint Bleidichtung *f*
lead lanthanum zirconate titanate Bleilanthan-Zirconattitanat *n*, lanthandotiertes Bleizirconattitanat *n {Ferroelektrikum; PLZT}*
lead-like bleiartig
lead line Lotleine *f*; Anschlußleitung *f*, Zuführungsleitung *f*
lead-lined steel tank Bleifutterbehälter *m*
lead lining 1. Bleiauskleidung *f*; [dicke] Bleieinlage *f*, [dicke] Bleiauflage *f*, Verbleiung *f*, [dicke] Bleischutzschicht *f*; 2. Ausbleien *n*, Auskleiden *n* mit Blei *n*
lead linoleate <$(C_{17}H_{31}COO)_2Pb$> Bleilinoleat *n*, leinölsaures Blei *n {obs}*
lead lode Bleiader *f*, Bleigang *m {Bergbau}*
lead malate <$PbC_4H_6O_5$> Bleimalat *n*
lead manganate Bleimanganat *n*, mangansaures Blei *n {obs}*
lead meal Bleimehl *n*, Bleistaub *m*
lead melting furnace Bleischmelzofen *m*
lead metaarsenate <$Pb(AsO_3)_2$> Blei(II)-metaarsenat(V) *n*
lead metaborate <$Pb(BO_2)_2$> Blei(II)-metaborat *n*
lead metaphosphate <$Pb(PO_3)_2$> Bleimetaphosphat *n*, Blei(II)-metaphosphat *n*
lead metasilicate <$PbSiO_3$> Bleimetasilicat *n*, Blei(II)-metasilicat *n*
lead metatitanate <$PbTiO_3$> Blei(II)-metatitanat *n*
lead metavanadat <$Pb(VO_3)_2$> Blei(II)-metavanadat(V) *n*
lead molybdate <$PbMoO_4$> Blei(II)-molybdat(VI) *n*; Wulfenit *m*, Gelbbleierz *n {Min}*
lead monohydrogen phosphate *s.* dibasic lead phosphate
lead mononitroresorcinate <$PbO_2C_6H_3NO_2$> Bleimononitroresorcinat *n*
lead monoxide <PbO> Blei[mon]oxid *n*, Blei(II)-oxid *n*, Bleiglätte *f*, Bleiocker *m*, Massicot *m*, Bleischwamm *m*, Lithargyrum *n {Füllstoff}*
lead monoxide and glycerine cement Glyzerin-Bleiglätte-Kitt *m*
lead mount Bleifassung *f {Tech}*
lead naphthalenesulfonate <$Pb(C_{10}H_7SO_3)_2$> Bleinaphthalinsulfonat *n*
lead naphthenate Bleinaphthenat *n*
lead nitrate <$Pb(NO_3)_2$> Bleidinitrat *n*, Blei(II)-nitrat *n*, Bleisalpeter *m {Triv}*
lead nitrite <$Pb(NO_2)_2$> Blei(II)-nitrit *n*, Bleidinitrit *n*
lead ocher Bleiocker *m*, Massicot *m {PbO}*
lead ointment Bleisalbe *f*
lead oleate <$Pb(C_{18}H_{33}OO)_2$> Bleioleat *n*
lead ore Bleierz *n*
lead orthoarsenite <$Pb_3(AsO_4)_2$> Blei(II)-orthoarsenat(V) *n*
lead orthophosphate <$Pb_3(PO_4)_2$> Blei(II)-orthophosphat(V) *n*
lead orthosilicate <Pb_2SiO_4> Blei(II)-orthosilicat *n*
lead oxalate <PbC_2O_4> Bleidioxalat *n*, Blei(II)-oxalat *n*
lead oxide 1. Blei(IV)-oxid *n*, Bleidioxid *n*; 2. Blei(II)-oxid *n*, Bleimonoxid *n*, Bleiglätte *f*, Bleiocker *m*, Lithargyrum *n*, Massicot *m {Füllstoff}*
lead oxychloride Blei(II)-oxidchlorid *n*, Bleioxychlorid *n*, Englischgelb *n*, Kasseler Gelb *n*
lead packing Bleidichtung *f*, Bleipackung *f*
lead paint Bleifarbe *f {bleihaltiger Anstrichstoff}*
lead paper Blei[acetat]papier *n {H_2S-Nachweis}*
lead patenting bath Bleihärtebad *n*, Patentierbad *n {Met}*
lead pencil Bleistift *m*, Graphitstift *m*
lead peroxide <PbO_2> Blei(II)-oxid *n*, Bleidioxid *n*, Bleiperoxid *n {obs}*, Bleisuperoxid *n {obs}*
lead peroxide plate Bleioxidplatte *f*
lead persulfate <PbS_2O_8> Bleipersulfat *n*, Blei(II)-peroxidsulfat *n*
lead phosphate 1. <$Pb_3(PO_4)_2$> Blei(II)-orthophosphat *n*, Blei(II)-phosphat *n*; 2. <$Pb(PO_3)_2$> Blei(II)-metaphosphat *n*; 3. <$Pb_2P_2O_7$> Blei(II)-pyrophosphat *n*; 4. <$PbHPO_4$> Blei(II)-hydrogenphosphat *n*, Blei(II)-diorthophosphat *n*
lead phosphite <$PbPHO_3$> Blei(II)-phosphit *n*

lead phthalate <$Pb(C_6H_4COO)_2$> Bleiphthalat *n*
lead picrate <$C_{12}H_4N_6O_{14}Pb$> Bleipikrat *n* *{Expl}*
lead pig Bleiblock *m*, Bleibarren *m*, Bleimassel *f* *{Met}*
lead pigments Bleipigmente *npl*
lead pipe Bleiröhre *f*, Bleirohr *n*, Bleileitungsrohr *n*
lead pitch Schneckensteigung *f*, Schneckenganghöhe *f*
lead plaster <$(C_{17}H_{31}COO)_2Pb$> Bleilinoleat *n*, leinölsaures Blei *n* *{obs}*
lead plating Verbleiung *f*, Bleiüberzug *m*
lead poisoning Bleivergiftung *f*
lead powder Bleimehl *n*, Bleistaub *m*
lead protoxide <PbO> Blei(II)-oxid *n*, Bleimonoxid *n*, Lithargyrum *n*, Massicot *m*, Bleiokker *m*, Bleiglätte *f*
lead pyrophosphate <PbP_2O_7> Blei(II)-pyrophosphat *n*
lead quenching bath Bleihärtebad *n*, Patentierbad *n* *{Met}*
lead refining Bleiraffination *f*
lead regulus Bleikönig *m*, Bleiregulus *m* *{Anal}*
lead resinate <$(C_{19}H_{29}COO)_2Pb$> Bleiresinat *n*, harzsaures Blei *n* *{obs}*
lead-responsive bleiempfindlich
lead resistance Zuleitungswiderstand *m* *{Elek}*
lead roasting process Bleiröstprozeß *m*
lead-rubber apron Bleigummischürze *f* *{Strahlenschutz}*
lead salicylate Bleisalicylat *n*
lead salt-ether method Bleisalz-Ethermethode *f*
lead screen Bleischirm *m*
lead scum Abstrichblei *n*, Bleischaum *m* *{Met}*
lead seal Bleidichtung *f* *{Vak}*; Bleiplombe *f*, Plombe *f* *{Verschluß}*
lead sealing Plombieren *n*
lead selenide <PbSe> Blei(II)-selenid *n*; Selenblei *n* *{Min}*
lead sesquioxide <Pb_2O_3> Bleisesquioxid *n* *{obs}*, Blei(II,IV)-oxid *n*
lead sheath[ing] Bleimantel *m*, Bleihülle *f* *{Kabel}*
lead shield[ing] Bleiabschirmung *f*, Bleiburg *f*
lead shot Ausgleichschrot *m n*, Tarierschrot *m n*, Bleischrot *m n*, Schrotkugeln *fpl*
lead siccative Bleisikkativ *n*
lead silicate <$PbSiO_3$> Blei(II)-silicat *n*, Bleiglas *n*, Bleimetasilicat *n*
lead silicochromate Blei(II)-silicatchromat *n*
lead silicofluoride <$PbSiF_6$> Bleisilicofluorid *n*, Blei(II)-hexafluorosilicat *n*
lead-silver anode Bleisilberanode *f*
lead-silver babbitt Blei-Silber-Lagermetall *n* *{10 % Sb, 2,5 - 5 % Ag, < 5 % Sn, 0,2 % Cu, Rest Pb}*
lead silver telluride Tellursilberblei *n* *{obs}*, Sylvanit *n* *{Min}*
lead skim Abstrichblei *n* *{Met}*
lead slag Bleischlacke *f*
lead sleeve Bleimuffe *f*
lead slime Bleischlich *m*
lead smelter Bleischmelzofen *m*
lead smelting Bleiverhüttung *f*
lead smelting hearth Bleischmelzherd *m*
lead smoke Bleirauch *m*, Bleidampf *m*
lead-soap lubricant Bleiseife *f* *{Trib}*
lead solder Bleilot *n*, Lotblei *n*
lead solubility Bleilöslichkeit *f*, Bleilässigkeit *f* *{Keramik}*
lead spar Bleivitriol *n* *{obs}*, Bleiglas *n* *{obs}*, Anglesit *m* *{Min}*
lead sponge Bleischwamm *m*
lead stannate <$PbSnO_3 \cdot 2H_2O$> Blei(II)-stannat *n*
lead stearate <$Pb(C_{28}H_{35}O_2)_2$> Bleistearat *n*
lead storage battery *s.* lead-acid accumulator
lead styphnate <$C_6H_3N_3O_9Pb$> Bleitrinitroresorcinat *n*, Bleistyphnat *n*, Bleitrizinat *n*, TNRS *{Expl}*
lead subacetate <$2Pb(CH_3COO)_2 \cdot Pb(OH)_2$> Bleisubacetat *n*, Bleiessig *m*
lead subcarbonate Bleisubcarbonat *n*, basisches Bleicarbonat *n*, Bleihydroxidcarbonat *n*, Bleiweiß *n*
lead suboxide <Pb_2O> Bleioxydul *n* *{obs}*, Bleisuboxid *n*, Dibleimonoxid *n*
lead sugar *s.* lead acetate
lead sulfate Blei(II)-sulfat *n*; Anglesit *m* *{Min}*
lead sulfide <PbS> Blei(II)-sulfid *n*
lead sulfite <$PbSO_3$> Blei(II)-sulfit *n*
lead sulphocyanide *s.* lead thiocyanate
lead superoxide *s.* lead dioxide
lead susceptibility Bleiempfindlichkeit *f* *{Mineralöl}*
lead tannate Bleitannat *n*
lead tannate ointment Tanninbleisalbe *f* *{Pharm}*
lead telluride <PbTe> Bleimonotellurid *n*, Blei(II)-tellurid *n*; Tellurblei *n*, Altait *m* *{Min}*
lead tetraacetate <$Pb(CH_3COO)_4$> Bleitetraacetat *n*, Blei(IV)-acetat *n*
lead tetrachloride <$PbCl_4$> Bleitetrachlorid *n*, Blei(IV)-chlorid *n*
lead tetraethyl Bleitetraethyl *n*, Tetraethylblei *n*, Tetraethylplumban *n*, TEL
lead tetramethyl <$Pb(CH_3)_4$> Tetramethylplumban *n*, Bleitetramethyl *n*, Tetramethylblei *n*, TML
lead tetroxide <Pb_3O_4> Blei(II)-plum-

bat(IV) *n*, rotes Bleioxid *n {Triv}*, Blei(II)-orthoplumbat *n*, Mennige *f*
lead thiocyanate <$Pb(SCN)_2$> Blei(II)-thiocyanat *n*, Bleirhodanid *n {obs}*
lead thiosulfate <PbS_2O_3> Blei(II)-thiosulfat *n*, Bleihyposulfit *n {obs}*
lead-through Durchführung *f {Wand, Mauer}*
lead tile Bleiziegel *m {Nukl}*
lead-tin solder Blei-Zinn-Lot *n*
lead titanate <$PbTiO_3$> Blei(II)-titanat *n*
lead tree Bleibaum *m {Elektrochem}*
lead trinitroresorcinate Bleitrinitroresorcinat *n*
lead tube Bleiröhre *f*, Bleirohr *n*, Bleileitungsrohr *n*
lead tungstate <$PbWO_4$> Blei(II)-wolframat *n*, Scheelbleierz *n*, Wolframbleierz *n {obs}*, Stolzit *m {Min}*
lead vanadate <$Pb(VO_3)_2$> Blei(II)-metavanadat(V) *n*
lead vapo[u]r Bleidampf *m*
lead vein Bleiader *f*, Bleigang *m {Bergbau}*
lead vinegar Bleiessig *m*, basisches Bleiacetat *n*
lead vitriol Bleivitriol *n*, Bleisulfat *n*
lead waste Bleiabfälle *mpl*, Bleikrätze *f*
lead water Bleiwasser *n*, Goulardsches Wasser *n*, Aqua plumbi *{Pharm; 1 % Subacetat}*
lead wire 1. Bleidraht *m {Elek}*; 2. Pyrometerdraht *m*
lead wool Bleiwolle *f*
lead yellow *s.* lead chromate
lead-zinc accumulator Blei-Zink-Akkumulator *m*, Blei-Zink-Batterie *f*
lead-zinc storage battery *s.* lead-zinc accumulator
lead zirconate titanate <$PbTiZrO_3$> Blei(II)-titanatzirconat *n {Piezokristall}*
actinium lead *{obs}* Blei-207 *n*
angle of lead Voreilwinkel *m {Elek}*
antimonial lead Antimonblei *n*, Hartblei *n {6 - 28 % Sb}*
argentiferous lead Reichblei *n*
basic lead acetate solution Bleiessig *m*
basic lead carbonate <$2PbCO_3 \cdot Pb(OH)_2$> [basisches] Bleicarbonat *n*, Blei(II)-carbonathydroxid *n*, Blei(II)-hydroxidcarbonat *n*, Bleisubcarbonat *n*, Bleiweiß *n*, Carbonatbleiweiß *n {Triv}*
basic lead chloride 1. <$PbCl_2 \cdot PbO$> [basisches] Bleichlorid *n*, Blei(II)-oxidchlorid *n*, Bleioxychlorid *n {obs}*; 2. <$PbCl_2 \cdot 2PbO$> [dibasisches] Bleichlorid *n*, Blei(II)-oxidchlorid *n*
basic lead chromate <$PbCrO_4 \cdot PbO$> [basisches] Bleichromat *n*, Blei(II)-chromat(IV) *n*, Chromrot *n*, amerikanisches Vermillon *n*, Derbyrot *n*, Persisch Rot *n*, Viktoriarot *n*
basic lead silicate weißes Blei(II)-silicat *n*
basic lead sulfate <$PbSO_4 \cdot PbO$> weißes Blei(II)-sulfat *n*, Blei(II)-oxidsulfat *n*, basisches Blei(II)-sulfat *n*
black lead oxide <Pb_2O> Bleisuboxid *n*,- Dibleioxid *n*
brown lead Vanadinit *m*
brown lead oxide <PbO_2> Bleidioxid *n*, Blei(IV)-oxid *n*
commercial lead Handelsblei *n*
crude lead Rohblei *n*, Werkblei *n*
crystallized lead Bleifluß *m*
dibasic lead acetate <$Pb(CH_3CO_2)_2 \cdot 2Pb(OH)_2$> [dibasisches] Bleiacetat *n*
dibasic lead arsenate <$PbAsO_4$> [dibasisches] Bleiarsenat *n*, Blei(II)-oxidarsenit *n*
dibasic lead phosphate sekundäres Bleiphosphat *n {obs}*, Blei(II)-hydrogenphosphat *n*
green lead ore Grünbleierz *n*, Pyromorphit *m {Min}*
heavy lead ore Schwerbleierz *n {obs}*, Plattnerit *m {Min}*
iridescent lead sulfate Regenbogenerz *n {Min}*
monobasic lead acetate <$Pb(CH_3CO_2)_2 \cdot Pb(OH)_2$> [basisches] Bleiacetat *n*, Bleisubacetat *n {obs}*, Bleiessig *m {Triv}*
native lead antimony sulfides 1. <$PbSb_2S_4$> Zinckenit *m*; 2. <$Pb_4FeSb_6S_{14}$> Jamesonit *m {Min}*; 3. <$Pb_{13}CuSb_{17}S_{24}$> Meneghinit *m {Min}*
native lead molybdate Gelbbleierz *n*, gelber Bleispat *m*, Wulfenit *m {Min}*
native lead monoxide Massicot *m*, Bleiocker *m*
native lead selenide Clausthalit *m {Min}*
native lead sulfide Bleiglanz *m*, Galenit *m {Min}*
neutral lead chromate <$PbCrO_4$> *s.* lead chromate
red lead <Pb_3O_4> Blei(II,IV)-oxid *n*, Blei(II)-plumbat(IV) *n*, Blei(II)-orthoplumbat *n*, Mennige *f*
red lead ore Rotbleierz *n {obs}*, Krokoit *m {Min}*
red lead oxide <Pb_3O_4> Blei(II)-plumbat(IV) *n*, Dibleiplumbat *n*, Bleitetroxid *n*, Bleiorthoplumbat *n*, Blei(II,IV)-oxid *n*, Mennige *f*
red lead spar Rotbleierz *n*
tribasic lead arsenate <$Pb_3(AsO_4)_2$> [dreibasisches] Bleiarsenat *n*, Blei(II)-orthoarsenat(V) *n*
tribasic lead sulfate <$3PbO \cdot PbSO_4 \cdot H_2O$> dreibasisches Blei(II)-sulfat *n*
thorium lead *{obs}* Blei-208 *n*
yellow lead ore Gelbbleierz *n*, gelber Bleispat *m*, Wulfenit *m {Min}*
yellow lead oxide <PbO> Blei(II)-oxid *n*, Bleimonoxid *n*; Massicot *m*, Lithargyrum *n*, Bleiocker *m*, Bleiglätte *f {Min}*
yellow lead spar gelber Bleispat *m*, Gelbbleierz *n*, Wulfenit *m {Min}*

white lead ore Weißbleierz *n {obs}*, Cerussit *m {Min}*

lead(II)compound Blei(II)-Verbindung *f*, Plumboverbindung *f {obs}*

lead(II) salt Blei(II)-Salz *n*, Plumbosalz *n {obs}*

lead(II,IV)oxide Mennige *f*, Blei(II,IV)-oxid *n*

lead(IV)acid <H_2PbO_3; H_4PbO_4> Metableisäure *f*; Orthobleisäure *f*

lead(IV) compound Blei(IV)-Verbindung *f*, Plumbiverbindung *f {obs}*

lead(IV) oxide Plumbioxid *n {obs}*, Blei(IV)-oxid *n*, Bleidioxid *n*, Bleisuperoxid *n {obs}*

lead(IV) salt Blei(IV)-Salz *n*, Plumbisalz *n {obs}*

leaded bronze Bleibronze *f*

leaded gasoline *{US}* verbleiter Ottokraftstoff *m*, gebleiter Ottokraftstoff *m*, mit Tetraethylblei *n* versetzter Ottokraftstoff *m {DIN 51600}*, verbleites Benzin *n*, Bleibenzin *n*

leaded petrol *{GB}* *s.* leaded gasoline *{US}*

leaded zinc oxide Mischoxid *n {ZnO/PbO/PbSO₄-Gemisch}*

leaden 1. bleiern, aus Blei *n*; 2. bleifarbig, bleifarben; 3. Blei-

leader 1. Zwischenläufer *m*, Zwischenleinen *n*, Mitläufer *m {Gummi}*; 2. Vorlauf *m*, Vorspann *m {z.B. Magnetband}*; 3. Kopfsatz *m {EDV}*; Leitartikel *m {Drucken}*; 4. Vor-Vor-Seil *n {Freileitungen}*; 5. Bezugslinie *f {technische Zeichnung}*; 6. führendes Element *n {Tech}*; 7. Vorfertigtisch *m*, Vorschlichttisch *m {Met}*; Vorschlichtkaliber *n {Met}*; 8. Auspunktierung *f*; Führungspunkte *mpl*, punktierte Linie *f*; 9. Gipfeltrieb *m {Bot}*

leader sequence peptide Leitsequenz-Peptid *n {Protein}*

leadhillite Leadhillit *m {Min}*

leading 1. Blei[ein]fassung *f*; 2. Verbleiung *f {Kraftstoff}*; 3. Durchschießen *n {Drucken}*

leading edge führende Kante *f*, Vorderkante *f*, Steuerkante *f*

leading-in wire Einführungsdraht *m*

leading term Anfangsglied *n {Math}*

leadless bleifrei, unverbleit *{Kraftstoff}*

leady bleiartig, bleiern; Blei-

leaf *{pl. leaves}* 1. Blatt *n {Bot}*; 2. Folie *f*, Scheibe *f*, Blatt *n {Filter, Feder usw.}*; Blattfolie *f*, Brechfolie *f*; 3. Lamelle *f {der Irisblende}*; 4. Blatt *n*, Blätterstaub *m {Verunreinigung der Baumwolle}*; 5. Webschaft *m {Text}*

leaf aluminum Blattaluminium *n*

leaf agitator Blattrührer *m*

leaf colo[u]ring matter Blattpigment *n {Bot}*

leaf electrometer Blattelektrometer *n*

leaf fertilization Blattdüngung *f*

leaf filter Blattfilter *n*, Scheibenfilter *n*

leaf gold Blattgold *n*

leaf metal Blattmetall *n*, Folie *f*

leaf mould Lauberde *f*, Blumenerde *f*

leaf paddle impeller Rührstange *f* mit blattförmigen Paddeln

leaf silver Blattsilber *n*

leaf valve Blattventil *n*; Membranventil *n*

false leaf silver Metallsilber *n*

imitation leaf gold Glanzgold *n*

leaflet Blättchen *n*; Prospekt *m*, Werbeblatt *n*

leafy belaubt; blätterig; Laub-

leak/to 1. auslaufen, ausrinnen, durchsickern *{Flüssigkeiten}*; ausströmen, entweichen *{Gas}*; 2. lecken, leck sein, undicht sin, defekt sein; tropfen, tröpfeln *{Wasserhahn}*; 3. streuen *{Elek}*

leak 1. Leck *n*, Leckstelle *f*, Undichtheit *f {undichte Stelle}*; 2. Lecken *n*; Auslaufen *n {Flüssigkeit}*, Durchsickern *n*, Entweichen *n {Gas}*, Ausströmen *n*; 3. Verluststrom *m {Elek}*; Ableiten *n {Elek}*

leak checking Leckprüfung *f*

leak detection Lecknachweis *m*, Lecksuche *f*

leak detector Dichtheitsprüfgerät *n*, Lecksucher *m*, Lecksuchgerät *n*, Lecknachweisgerät *n*

leak detector head Lecksuchsonde *f*, Lecksuchröhre *f*

leak detector tube Lecksuchröhre *f*

leak-free dicht, leckfrei; vakuumdicht

leak hunting Lecknachweis *m*, Lecksuche *f*

leak indicator Leckanzeigegerät *n*

leak indicator spray Lecksuchspray *n*

leak-proof leckagefrei, leckfrei, dicht, vakuumdicht; lecksicher, leckgeschütz; wasserdicht

leak-proofness Dichtheit *f*, Undurchlässigkeit *f*

leak proving Lecksuche *f*, Dichtigkeitsprüfung *f*

leak rate Leckrate *f*

leak sealing material Leckdichtungsmaterial *n*

leak-sensing device Lecksucher *m*, Lecksuchgerät *n*

leak test Leckprüfung *f*, Lecksuche *f*, Prüfung *f* auf Leckstellen *fpl*

leak-test mass spectrometer Lecksuch-Massenspektrometer *n*

leak tester Leckprüfgerät *n*, Leckfinder *m*, Lecksucher *m*

leak testing Dichtigkeitsprüfung *f*, Lecksuche *f*, Leckprüfung *f*, Prüfung *f* auf Leckstellen *fpl*, Prüfung *f* auf Lecksicherheit *f*

leak-tight leckfrei, vakuumdicht, dicht; lecksicher, leckgeschützt

leak-tightness Dichtheit *f*, Undurchlässigkeit *f*

leak valve Gaseinlaßentil *n*, Dosierventil *n*

leakage 1. Lecken *n*; Auslaufen *n {Flüssigkeit}*, Ausströmen *n {Gase}*; 2. Schwund *m*, Verlust *m*; Leckage *f*, Leckverlust *m*, Sickverlust *m*; 3. Leckflüssigkeit *f*; Leckgas *n*; Leckluft *f*; 4. Durchbruch *m*, Schlupf *m {Ionenaustausch}*;

5. Streuung *f* {*Elek*}; 6. Neutronenausfluß *m*, Durchlaßstrahlung *f* {*Nukl*}; 7. Leck *n*, Undichtheit *f*, Undichtigkeit *f*

leakage current Leckstrom *m* {*im allgemeinen*}; Ableit[ungs]strom *m*; Selbstentladestrom *m*, Streustrom *m*, Irrstrom *m*, Fremdstrom *m*, vagabundierender Strom *m*; Kriechstrom *m*, parasitärer Strom *m*; Reststrom *m* {*Elektrolytkondensator*}

leakage detection Lecknachweis *m*, Lecksuche *f*

leakage flow Verlustströmung *f*, Leckströmung *f*, Leckstrom *m*

leakage gas flow Leckgasmenge *f*

leakage interception vessel Leckauffangbehälter *m*

leakage monitoring Leckageüberwachung *f*

leakage path 1. Kriechweg *m*, Kriechüberschlagweg *m* {*Elek*}; 2. Leckweg *m*, Sickerweg *m*

leakage proving Leckprüfung *f*

leakage radiation Durchlaßstrahlung *f* {*bei mangelhafter Abschirmung*}, Leckstrahlung *f*

leakage rate Leckrate *f* {*Vak*}

leakage tester Lecksucher *m*, Lecksuchgerät *n*, Leckprüfgerät *n*

leakage water Sickerwasser *n*

leakiness Undichtheit *f*, Undichtigkeit *f*; Leckanfälligkeit *f*

leaking leck, undicht

leaky leck, undicht; kaputt; unzuverlässig

lean 1. mager, arm {*Gas, Gemisch*}; 2. fettarm, mager {*Lebensmittel*}; 3. Mager-, Spar-

lean coal gasarme Kohle *f*

lean concrete Magerbeton *m*, Sparbeton *m*, Füllbeton *m*, magerer Beton *m* {*wenig Bindemittel*}

lean gas Armgas *n*, Schwachgas *n*, niederkaloriges Gas *n*

lean lime Wasserkalk *m*, hydraulischer Kalk *m*

lean material Magerungsmittel *n*

lean mixture mageres Gemisch *n*, armes Gemisch *n*, Spargemisch *n* {*Verbrennung*}

lean ore mageres Erz *n*, schwachkonzentriertes Erz *n*

lean solution regenerierte Waschlösung *f*

lean solvent dünnes Lösemittel *n*

leaning agent Magerungsmittel *n*

leap/to springen, schnellen

leap off/to abspringen

leap Satz *m*, Sprung *m*

leap year Schaltjahr *n*

lear Kanalkühlofen *m*, Kühlofen *m* {*Glas*}

least 1. am wenigsten; 2. kleinste; geringste, wenigste; 3. Mindest-

least-energy principle Prinzip *n* der kleinsten potentiellen Energie, Prinzip *n* der kleinsten Verrückungen, Prinzip *n* der virtuellen Verrückungen der Elastizitätstheorie *f* {*Phys*}

least squared error method Methode *f* der kleinsten Fehlerquadrate

least squares method Methode *f* der kleinsten Quadrate {*Ausgleichsrechnung*}

leather Leder *n*

leather apron Lederschürze *f*

leather black Lederschwarz *n*

leather board Faserleder *n*, [braune] Lederpappe *f*, Braunholzpappe *f*, Lederfaserpappe *f*

leather-bonding adhesive Lederkitt *m*, Lederklebstoff *m*, Klebstoff *m* für Leder *n*

leather cement *s.* leather bonding adhesive

leather-coating colo[u]r Lederdeckfarbe *f*

leather colo[u]r Lederfarbe *f*

leather-colo[u]red lederfarben

leather cuttings Leimleder *n*

leather dreches Lederbeizen *fpl*

leather dressing 1. Lederbereitung *f*, Lederzurichtung *f*; 2. Lederpflegemittel *n*

leather dressing oil Lederöl *n*

leather dubbing Lederfettöl *n*

leather finish Lederlack *m*

leather finishing Lederzurichtung *f*, Lederbereitung *f*

leather gasket Lederdichtung *f*, Lederpakkung *f*

leather glue Lederleim *m*, Hautleim *m*, Lederklebstoff *m* {*aus Lederabfällen*}

leather grain effect Ledernarbung *f*

leather grease Lederfett *n*

leather oil Lederfett *n*, Lederöl *n*

leather packing *s.* leather gasket

leather polish Lederwichse *f*

leather sealing Lederdichtung *f*

leather sheets Folienleder *n*

leather substitute Ledereratz *m*, Lederimitation *f*

leather tankage Lederabfalldünger *m* {*Agri*}

leather tanning Ledergerbung *f*

leather varnish Lederlack *m*

leather wheel Lederscheibe *f* {*Polieren*}

dressed leather Garleder *n*

high-class leather Qualitätsleder *n*

mountain leather Paligorskit *m* {*Min*}

oil-tanned leather Sämischleder *n*

untanned leather Rohleder *n*

leathercloth 1. Kunstleder *n*, Lerderaustauschstoff *m*, Ledereratzstoff *m*; Gewebekunstleder *n*; 2. Lederkleidung *f*

leatherette Kunstleder *n*

leatherlike material lederähnlicher Werkstoff *m*

leatherlike plastics sheeting homogenes Folienkunstleder *n*

leathery lederähnlich, lederartig, ledern

leave/to 1. verlassen, abfahren; abgehen {*z.B. von der Schule*}; 2. kündigen; aufgeben {*z.B. Arbeit*}; 3. abgeben; zurücklassen; 4. lassen; aussparen

leave out/to weglassen, auslassen
leaven/to [an]säuern, einsäuern, lockern, sauer werden lassen, zur Gärung *f* bringen; aufgehen lassen *{z.B. Teig}*
leaven 1. Gärmittel *n*, Gärstoff *m {Hefe}*; Teiglockerungsmittel *n*, Treibmittel *n*, Triebmittel *n {Backen}*; 2. Sauerteig *m*
leavening 1. Gär[ungs]stoff *m*, Gärmittel *n*; Treibmittel *n*, Triebmittel *n*, Teiglockerungsmittel *n*; 2. Ansäuern *n*, Einsäuern *n*, Säuerung *f {Teig}*; 3. Gehenlassen *n {Teig}*
leavening agent *s.* leaven
leaves *{sing. leaf}* 1. Laub *n*; 2. Geschirr *n*, Webgeschirr *n*, Schaftwerk *n {Text}*
leaving group austretende Gruppe *f {Kinetik}*
leaving salt Triebsalz *n*
Lebanon cedar oil Libanonzedernöl *n*
Leblanc [soda] process Leblanc-Verfahren *n {Sodagewinnung}*
lecanoric acid <$C_{16}H_{14}O_7$> Glabratsäure *f*, Lecanorsäure *f*, Diorsellinsäure *f {in Flechten}*
lecithalbumin Lecithalbumin *n*
lecithin level Lecithinspiegel *m {Physiol}*
lecithinase A *{EC 3.1.10.4}* Lecithinase A *f*, Phospholipase A_2 *n {IUB}*, Phosphatidase *f*, Phosphatidolipase *f*
lecithinase B *{EC 3.1.1.5}* Lecithinase B *f*, Lysolecithinase *f*, Phospholipase B *f*, Lysophospholipase *f {IUB}*
lecithinase C *{EC 3.1.4.3}* Lecithinase C *f*, Lipophosphodiesterase I *f*, Phospholipase C *f*
lecithinase D *{EC 3.1.4.4}* Lecithinase D *f*, Lipophosphodiesterase II *f*, Cholinphosphatase *f*, Phospholipase D *f {IUB}*
lecithins <$RCOOCH_2CH(CO-OR')CH_2OPO_4NR''_3$> Lecithine *npl*, Monoaminomonophospholipide *npl*, Phosphatidylcholine *npl*
Leclanché cell Leclanché-Element *n*, Leclanché-Zelle *f*, Kohle-Zink-Zelle *f*, Kohle-Zink-Element *n*
lecontite Lecontit *m {Min}*
lectins Lektine *npl {Proteine}*
lecture Vorlesung *f*; Referat *n*, Vortrag *m*
lecture demonstration Vorlesungsversuch *m*
lecture hall Hörsaal *m*, Vorlesungssaal *m*, Vortragssaal *m*, Vortragsraum *m*
lecture room *s.* lecture hall
interdisciplinary course of lectures Ringvorlesung *f*
lecturer Dozent *m*, Lektor *m*; Vortragender *m*
LED *{light emitting diode}* Leuchtdiode *f*, Lumineszenzdiode *f*
LED display LED-Leuchtanzeige *f*, Leuchtdiodenanzeige *f*, Leuchtziffernanzeige *f*
LED matrix Leuchtdiodenmatrix *f*
ledeburite Ledeburit *m*, *{Austenit-Cementit-Eutektikum Diagramm}*
ledene Leden *n*
ledic acid Ledsäure *f*
ledienoside Ledienosid *n*
ledum camphor <$C_{15}H_{26}O$> Ledol *n*, Ledumcampher *m*, Porschcampher *m*
LEED *{low-energy electron diffraction}* Beugung *f* langsamer Elektronen, Beugung *f* niederfrequenter Elektronen
leek-green lauchgrün
leer Kühlofen *m {Glas}*
lees 1. Bodenkörper *m*, Niederschlag *m*, Satz *m*, Sediment *n*, Bodenniederschlag *m*, Ablagerung *f*; Trub *m {beim Wein}*, Geläger *n*, Hefe *f*, Drusen *fpl {Bodensatz}*
potash from burnt lees of wine Drusenasche *f*
left links, linke; Links-
left hand 1. linke; 2. Linksschlag *m {Seil}*
left-hand thread Linksgewinde *n*
left-handed 1. links; Links-; 2. linksdrehend, (-)-drehend *{optische Aktivität}*
left-handed quartz Linksquarz *m {Min}*
left-handed system Linkssystem *n*
left-rotating linksdrehend, (-)-drehend *{Stereochem}*
leg 1. Bein *n {Med}*; Bein *n {Gestell}*, Fuß *m {Gerät}*; 2. Zweig *m {Meßbrücke}*; 3. Schenkel *m {U-Rohr, Thermoelement, Winkel usw.}*; 4. Strang *m {z.B. einer Rohrleitung}*
leg of spider Steg *m {z.B. im Spritzguß}*
legal gesetzlich; rechtsgültig; rechtlich, Rechts-
legal chemistry Gerichtschemie *f*, forensische Chemie *f*, gerichtliche Chemie *f*
legal entity juristische Person *f*
legal units of measurement gesetzliche Maßeinheiten *fpl*
legalize/to beurkunden, legalisieren, rechtskräftig machen
legible lesbar, ablesbar; leserlich
legislation Gesetzgebung *f*
legislative gesetzgebend; Gesetzgebungs-
legislative measure Gesetzgebungsmaßnahme *f*
legitimate rechtmäßig; gesetzlich; berechtigt, autorisiert
legume 1. Legumino-; 2. Hülsenfrüchte *fpl*
legumin Legumin *n*, Avenin *n*, Pflanzencasein *n*
leguminous plants Hülsenfrüchte *fpl*
lehr Kühlofen *m {Glas}*
lehrbachite Selenquecksilberblei *n*, Lehrbachit *m {Min}*
Leidenfrost phenomenon Leidenfrostsches Phänomen *n*
leifite Leifit *m {Min}*
Leipzig yellow Leipzigergelb *n*, Chromgelb *n*
Lemery's white precipitate weißes Quecksilberpräcipitat *n*, Mercuriammoniumchlorid *n {obs}*, Quecksilberchloridamid *n*, Amidoquecksilber(II)-chlorid *n*

lemma 1. Hilfssatz *m*, Lemma *n {Math}*; 2. Lemma *n*, Wortstelle *f*, Eintrag *m {Stichwort in einem Wörterbuch}*
lemniscate Schleifenlinie *f {liegende Acht}*, Lemniskate *f {Math}*
lemon 1. zitronengelb, zitronenfarben; 2. Zitrone *f*, Zitronenbaum *m {Bot}*; 3. Zitrone *f {Frucht des Zitronenbaums}*
lemon balm Zitronenmelisse *f {Melissa officinalis L.}*
lemon chrome Zitronengelb *n {$BaCrO_4$}*
lemon gras oil Lemongrasöl *n*, Indisches Grasöl *n*, Verbenaöl *n*, Zitronengrasöl *n {Cymbopogon citratus und C. flexuosus}*
lemon juice Zitronensaft *m {Lebensmittel}*
lemon oil Citronenöl *n*, Zitronenöl *n*, Zitrusöl *n*, Zitronenschalenöl *n*
lemon peel Zitronenschale *f*
lemon thyme oil Zitrothymöl *n*
lemon yellow 1. zitronengelb; 2. Barytgelb *n*, Ultramaringelb *n*, gelbes Ultramarin *n {$BaCrO_4$}*; 3. Chromgelb *n {$PbCrO_4$}*
candied lemon peel Zitronat *n {Lebensmittel}*
lemonade Limonade *f*, Zitronenlimonade *f*
lemonade powder Limonadenpulver *n*
lenacil **<$C_{13}H_{18}N_2O_2$>** Lencil *n {Herbizid}*
Lenard tube Lenard-Röhre *f*, Kathodenstrahlröhre *f* mit Lenard-Fenster
lengenbachite Lengenbachit *m {Min}*
length Länge *f*
length allowance Längentoleranz *f*
length between centers Spitzenabstand *m*
length dimension Längenmaß *n*
length distribution Längenverteilung *f*
length ga[u]ge Längenmaß *n {Instr}*
length of crack Rißlänge *f*
length of grip Klemmlänge *f*
length of heating-cooling channel Temperierkanallänge *f*
length preserving längentreu, äquidistant, abstandsgleich, abstandstreu
unit of length Längeneinheit *f*
lengthen/to dehnen, strecken, recken, verlängern, längen
lengthening Dehnung *f*, Verlängerung *f*, Längen *n*, Längenzunahme *f*
lengthening lever Verlängerungshebel *m*
lengthwise längs, der Länge *f* nach
lengthwise direction Längsrichtung *f*
lenitive 1. mildernd, schmerzlindernd; 2. Abführmittel *n*, Linderungsbalsam *m {Pharm}*
lenitive ointment Linderungssalbe *f {Pharm}*
Lennard-Jones potential Lennard-Jones-Potential *n*
lens 1. Linse *f {Opt, Geol, Elektronik}*; 2. Vergrößerungsglas *n*, Lupe *f*, Vergrößerungsline *f*, Brennglas *n*; Streuscheibe *f*, Lichtscheibe *f*; 3. Objektiv *n {Photo}*
lens aperture Linsenöffnung *f*, Öffnung *f* der Linse *f*
lens blooming Vergütung *f* optischer Gläser *npl*
lens coating 1. Entspiegelung *f*, Oberflächenvergütung *f {Reflexminderung}*; 2. reflexmindernder Belag *m*, Entspiegelungsschicht *f*, Antireflexbelag *m*, reflexmindernde Schicht *f*
lens curvature Linsenkrümmung *f*
lens equation Linsengleichung *f*
lens error Linsenfehler *m*
lens glass Linsenglas *n*
lens holder Objektivfassung *f*
lens mount Linsenfassung *f*, Einfassung *f* der Linse *f*; Objetivanschluß *m {Photo}*
lens opening Blendenöffnung *f*
lens power Stärke *f* einer Linse *{Opt}*
lens-shaped linsenartig, linsenförmig
lens tube Objektivfassung *f*
achromatic lens achromatische Linse *f*
aplanatic lens aplanatische Linse *f*
apochromic lens Apochromat *m*
biconcave lens bikonkave Linse *f*, doppeltkonkave Linse *f*
biconvex lens bikonvexe Linse *f*, doppeltkonvexe Linse *f*
bifocal lens bifokale Linse *f*
binary lens Zwillingslinse *f {Opt}*
convergent lens Sammellinse *f*, Positivlinse *f*, Linse *f* mit Sammelwirkung *f*
lenticular linsenförmig, lentikulär, linsenartig; Linsen-
lenticular astigmatism Linsenastigmatismus *m {Opt}*
lenticular gasket Linsendichtung *f*
lentiform *s.* lenticular
lentil Linse *f {Lens esculenta}*
lentil-sized linsengroß
lentine **<$C_6H_4(NH_2)_2 \cdot 2HCl$>** *m*-Diaminobenzolhydrochlorid *n*, Lentin *n*
leonhardite Leonhardit *m*, Laumontit *m {Min}*
leonhardtite Leonhardtit *m*, Starkeyit *m {Min}*
leonite Leonit *m {Min}*
leontin Leontin *n*, Caulosaponin *n*
leopoldite Leopoldit *m {obs}*, Sylvin *m {Min}*
lepargylic acid Lepargylsäure *f*, Azelainsäure *f*, Nonandisäure *f*, Heptandicarbonsäure *f*
lepidene **<$C_{28}H_{20}O$>** Lepiden *n*, Tetraphenylfuran *n*
lepidine **<$C_{10}H_9N$>** Lepidin *n*, 4-Methylchinolin *n*
lepidinic acid Lepidinsäure *f*
lepidokrocite Lepidokrokit *m*, Rubineisen *n {obs}*, Rubinglimmer *m {Min}*
lepidolite Lepidolith *m*, Schuppenstein *m {obs}*, Lithiumglimmer *m {Min}*
lepidomelane Eisenbiotit *m*, Ferro-Muskovit *m*, Lepidomelan *m {Min}*
lepidone **<$C_{10}H_9NO$>** Lepidon *n*

leptochlorite Leptochlorit *m {Min}*
leptometer Leptometer *n {Viskosität}*
lepton Lepton *n {Nukl}*
leptoside Leptosid *n*
lerbachite Lerbachit *m {Min}*
less kleiner; geringer, weniger; abzüglich
less hardener Härteunterschuß *m*
less than size Durchgang *m {Siebklassieren}*
lessen/to verkleinern; vermindern, verringern, herabmindern, [ab]schwächen; geringer werden, abnehmen
Lessing ring Lessing-Ring *m {Raschig-Ring mit Innensteg}*
lesson Lektion *f*; Unterrichtsstunde *f {als Lehrstoff}*
LET *{linear energy transfer}* lineares Energieübertragungsvermögen *n*, lineare Energieübertragung *f*, LET, LEÜ
let/to 1. lassen, zulassen, erlauben; 2. vermieten, verpachten
let down/to herablassen, herunterlassen
let drop/to abtropfen lassen
let in/to einlassen, hereinlassen; annehmen
let off/to ablassen *{Gas}*; abfeuern
let out/to 1. herauslassen; entwischen lassen; 2. vermieten
let stand/to abstehen lassen
let through/to durchlassen *{z.B. Licht}*
let Hindernis *n*
let-down gas Entspannungsgas *n*
let-down vessel Entspannungsgefäß *n*
let-go interlaminare Fehlstelle *f*, interlaminarer Fehler *m {Haftungsmangel}*
let-off stand Ablaufgestell *n*, Abwickelbock *m*
lethal letal, tödlich, todbringend
lethal amount Letaldosis *f*, tödliche Dosis *f*, letale Dosis *f*, LD, DL *{Med}*
lethal concentration tödliche Konzentration *f*
lethal dose 50 tödliche Dosis 50 *f*, letale Dosis 50 *f*, Letaldosis *f*, LD_{50} *{Toxikologie}*
lethality Sterblichkeit *f*
lethargy 1. Lethargie *f {Neutronen}*; 2. Lethargie *f*, Schlafsucht *f*, Stumpfheit *f*, Trägheit *f {Med}*
letter 1. Buchstabe *m*, alphabetisches Zeichen *n*; 2. Drucktype *f*; Schriftart *f*, 3. Brief *m*
letter acids Buchstabensäuren *fpl {Naphtylsulfonsäuren; A-Säure, B-Säure usw.}*
letter of intent Kaufabsichtserklärung *f*
letter printing ink Buchdruckfarbe *f*
letter symbols Buchstabenkennzeichnung *f*
lettering 1. Beschriftung *f {technischer Zeichnungen}*; 2. Schriftbild *n {Drucken}*
lettering device Beschriftungsgerät *n*
lettering machine Beschriftungsmaschine *f*
letterpress [printing] ink Buchdruckfarbe *f*
lettsomite Lettsomit *m*, Cyanotrichit *m {Min}*
lettuce opium Lactucarium *n*, Lattichopium *n {Latuca sativa}*
leucacene $<C_{54}H_{32}>$ Leukacen *n*
leucaniline $<CH(-C_6H_4NH_2)_3>$ Leukanilin *n*
leucaurine $<CH(-C_6H_4OH)_3>$ Leukaurin *n*, Triphenylolmethan *n*, Tris(4-hydroxyl)methan *n*
Leuchs anhydride Leuchssches Anhydrid *n*, Leuchsscher Körper *m*, Leuchs-Anhydrid *n*, Glycin-*N*-carbonsäureanhydrid *n*, 2,5-Dioxotetrahydrooxazol *n*
leuchtenbergite Leuchtenbergit *m {Min}*
leucine $<(H_3C)_2CHCH_2CH(NH_2)COOH>$ Leucin *n*, Leu, α-Aminoisocapronsäure *f*, 2-Amino-4-methylpentansäure *f {IUPAC}*
leucine aminopeptidase *{EC 3.4.11.1}* Aminopeptidase (Cytosol) *f*, Leucinaminopeptidase *f*
leucine aminotransferase *{EC 2.6.1.6}* Leucinaminotransferase *f*
leucine dehydrogenase *{EC 1.4.1.9}* Leucindehydrogenase *f*
leucinic acid $<C_5H_{10}(OH)COOH>$ Leucinsäure *f*, 2-Hydroxy-4-methylpentansäure *f {IUPAC}*
leucinimide $<C_{12}H_{22}N_2O_2>$ Leucinimid *n*, Leucylleucinimid *n*
leucinol Leucinol *n*
leucite $<K_2O{\cdot}Al_2O_3{\cdot}4SiO_2>$ Leucit *n {Min}*
leucitoid Leucitoid *n*
Leuckhart reaction Leuckhart-Reaktion *f*
leuco leuko-, weiß-, glänzend-; Leuko-, Weiß-
leuco base Leukobase *f {Reduktionsprodukt der Triarylmethanfarbstoffe}*
leuco-compound Leukoverbindung *f {farblose Reduktionsprodukte bestimmter Farbstoffe}*, Leukokörper *m*, Leuko-Derivat *n*
leuco dye Leukofarbstoff *m*
leuco form Leukoform *f*
leuco-vat dyestuff Leukoküpenfarbstoff *m*
leucoagglutinin Leukoagglutinin *n*
leucoalizarin Leukoalizarin *n*, Anthrarobin *n*, Desoxyalizarin *n*, Cignolin *n*
leucoatromentin Leukoatromentin *n*
leucoauramine Leukoauramin *n*
leucochalcite Leukochalcit *m*, Olivenit *m {Min}*
leucocyclite Leukocyclit *m*
leucocyte weißes Blutkörperchen *n*, Leukozyt *m*
leucocyte elastase Leukocytelastase *f*
leucodrin $<C_{15}H_{16}O_8>$ Proteacin *n*
leucoellagic acid Leukoellagsäure *f*
leucogallocyanin Leukogallocyanin *n*
leucoindigo Indigoweiß *n*, Leukoindigo *n*
leucoindophenol Leukoindophenol *n*
leucol yellow Leukolgelb *n*
leucoline $<C_9H_7N>$ Isochinolin *n*, Leukolin *n*, 2-Benzazin *n*
leucomaines Leukomaine *npl {Toxikologie}*
leucomalachite green $<C_6H_5CH(C_6H_4-N(CH_3)_2)_2>$ Leukomalachitgrün *n*
leucomelone Leucomelon *n*

leucometer Leukometer *n*, Weißgradmesser *m* *{Instr}*
leuconic acid $<C_5O_5>$ Leukonsäure *f*, Pentaoxocyclopentan *n*
leuconin Leukonin *n*
leucopelargonidin Leukopelargonidin *n*
leucophan[it]e Leukophan *m* *{Min}*
leucopterin $<C_6H_5N_5O_3>$ Leukopterin *n*
leucopyrite Leukopyrit *m* *{Min}*
leucoquinizarin Leukochinizarin *n*, Anthracen-1,4,9,10-tetrol *n*
leucorosaniline Leukorosanilin *n*
leucorosolic acid $<C_{20}H_{19}O_3>$ Leukorosolsäure *f*, *o*-Methylleucarin *n*
leucosapphire weißer Sapphir *m*
leucosin Leucosin *n* *{Protein}*
leucosphenite Leukosphenit *m* *{Min}*
leucotaxines Leukotaxine *npl* *{Mediator-Proteine}*
leucothioindigo Leukothioindigo *n*
leucothionine Leukothionin *n*
leucotil Leukotil *m* *{Min}*
leucotrienes Leukotriene *npl*
leucotrope $<C_{15}H_{18}NCl>$ Leukotrop *n*, Phenyldimethylbenzylammoniumchlorid *n*
leucovorin $<C_{20}H_{23}N_7O_7>$ Leucovorin *n*, Folinsäure *f*
leucoxene Leukoxen *m* *{Min}*
leucrose Leucrose *f*
leucyl $<C_4H_9CH(NH_2)CO\text{-}>$ Leucyl-, 2-Amino-4-methyl-1-oxopentyl- *{obs}*
leucylalanine Leucylalanin *n*
leucylalanylalanine Leucylalanylalanin *n*
leucylasparagine Leucylasparagin *n*
leucylaspartic acid Leucylasparaginsäure *f*
leucylcystine Leucylcystin *n*
leucylglycylalanine Leucylglycylalanin *n*
leucylglycylaspartic acid Leucylglycylasparaginsäure *f*
leucylleucine Leucylleucin *n*
leucylproline Leucylprolin *n*
leucyltransferase *{EC 2.3.2.6}* Leucyltransferase *f*
leucyltryptophan[e] Leucyltryptophan *n*
levan Lävan *n* *{Polyfructofuranose}*
levanase *{EC 3.2.1.65}* Levanase *f*
levarterenol Levarterenol *n*, Norepinephrin *n*
level/to 1. [ein]ebnen,planieren; abtragen, abgleichen, abflachen, einnivellieren *{der Oberfläche}*; 2. ausgleichen, nivellieren *{Titration}*; 3. egalisieren, egalfärben *{Text}*; 4. einen Füllstand *m* messen; 5. richten *{z.B. ein Blech}*
level off/to abflachen, verflachen; abschwächen; sich einspielen, sich einpegeln *{z.B. pH-Wert}*
level up/to nach oben ausgleichen, erhöhen
level 1. eben, horizontal, flach, waagerecht; ausgeglichen, ruhig; egal, gleichmäßig *{z.B. Verteilung}*; 2. Höhe *f*, Stand *m*, Niveau *n*, Level *n*, Pegel *m*; Füllhöhe *f*, Füllstand *m*, Spiegel *m*, Pegelstand *m*, Standhöhe *f* *{Flüssigkeit}*; 3. Horizontalebene *f*, Horizontale *f*; Horizont *m* *{Boden}*; 4. Stärke *f*, Pegel *m* *{Akustik}*; Grad *m*, Stufe *f*, Niveau *n*; 5. Gehalt *m*, Anteil *m*; Konzentration *f*; 6. Richtwaage *f*, Wasserwaage *f* *{Tech}*
level alarm Niveauwächter *m*
level bottle Standflasche *f*
level broadening Niveauverbreiterung *f* *{Spek}*
level control Niveauregler *m*; Niveauregelung *f*
level control switch Niveauschalter *m*
level controller Niveaukontrolle *f*, Niveauwächter *m*, Niveauregler *m*, Pegelregler *m*, Niveauüberwachung *f*
level density Termdichte *f* *{Spek}*
level diagram Termschema *n*, Termdiagramm *n*, Energieniveauschema *n*, Energieniveaudiagramm *n* *{Spek}*
level displacement Termbeeinflussung *f* *{Spek}*
level dyeing Egalfärben *n*, Egalisieren *n*, Egalisierung *f*
level dyeing auxiliary Egalisierhilfsmittel *n*
level dyeing property Egalfärbevermögen *n*
level ga[u]ge with conductivity transducer Füllstandsmesser *m* mit Leitfähigkeitsgeber *m*
level ga[u]ge with radioisotopes Füllstandsanzeiger *m* mit Radioisotopen *npl*
level indicator 1. Flüssigkeitsstandanzeiger *m*, Füllstandanzeiger *m*, Niveaumelder *m*, Füllstandmelder *m*, Füllstandsmesser *m*, Niveauindikator *m*, Pegelgeber *m*; Neigungsmesser *m*; Füllungsgradanzeiger *m* *{Bunker}*; 2. Stufenbezeichnung *f* *{EDV}*
level meter Pegelmesser *m*
level monitor Füllstandüberwachung *f*, Füllstandwächter *m*
level monitoring Füllstandüberwachung *f*
level monitoring device Niveauwächter *m*, Niveauregelung *f*, Niveaukontrolle *f*, Niveauüberwachung *f*, Füllstandüberwachung *f*
level monitoring unit *s.* level monitoring device
level of accuracy Vertrauensbereich *m*, Vertrauensmaß *n*, Meßunsicherheitsmaß *n*
level of precision Präzisionshöhe *f*, Genauigkeitsmaß *n*
level of significance statistische Sicherheit *f* *{Anal}*
level of stress Spannungsverlauf *m*, Spannungshöhe *f* *{Mechanik}*
level recorder Niveauschreiber *m*, Pegelschreiber *m*, Limnigraph *m*, Schreibpegel *m*
level regulator Niveauregler *m*
level schema Niveauschema *n*, Energieniveauschema *n*, Energieniveaudigramm *n*, Termdiagramm *n*, Termschema *n* *{Spek}*
level spacing Niveauabstand *m* *{Spek}*

level structure Termstruktur *f*
level systematics Termsystematik *f*
level transportation Waag[e]rechtförderung *f*
difference of level Niveauunterschied *m*
final level Endniveau *n*
height of level Niveauhöhe *f*
initial level Anfangsniveau *n*

levelling 1. Nivellierung *f {Titration}*; 2. Nivellierung *f*, Einnivellierung *f*, Planieren *n*, Einebnung *f {einer Oberfläche}*; 3. Egalisieren *n*, Egalisierung *f*; Egalfärbung *f {gleichmäßige Färbung}*; 4. Verlauf *m*; Vertreiben *n {Verteilen des Farbauftrags}*; 5. Horizontieren *n {Geodäsie}*; Höhenmessung *f*
levelling agent Egalisier[hilfs]mittel *n*, Egalisierungsmittel *n*, Egalisierer *m*; Verlaufmittel *n {z.B. Lacke}*
levelling blade Ausstreichmesser *n*
levelling bottle Niveauflasche *f {Orsat-Gerät}*
levelling bulb Niveaukugel *f*, Niveaubirne *f {Gasanalyse}*, Ausgleichskolben *m*, Niveaugefäß *n {Lab}*
levelling dyestuff Egalisierfarbstoff *m*
levelling power Egalisierungsvermögen *n*
levelling property Auftragseigenschaften *fpl*, Verteilungseigenschaften *fpl*, Vergleichmäßigungseigenschaften *f*, Verlauffähigkeit *f {z.B. von Lack}*
levelling screw Nivellierschraube *f*, Horizontierschraube *f*; Stellschraube *f {z.B. einer Waage}*, Fußschraube *f*

levelness Ebenheit *f*, Egalität *f*; Gleichmäßigkeit *f*, Egalität *f {Farb}*

lever 1. Schwinge *f*; 2. Hebel *m*, Hebelstange *f*, Brecheisen *n*, Hebelarm *m*, Hebebaum *m*, Heber *m*, Hebevorrichtung *f*
lever action Hebelwirkung *f*
lever arm Hebelarm *m*, Kurbelarm *m*
lever balance Hebelwaage *f*
lever lid tin Dose *f* mit Eindrückdeckel
lever safety-valve Hebelsicherheitsventil *n*, Sicherheitsventil *n* mit Hebelbelastung
lever scale Hebelwaage *f*
lever valve Hebelventil *n*
arm of a lever Hebelarm *m*

leverage 1. Hebelarm *m*, Hebelgestänge *n {Tech}*; 2. Hebekraft *f*, Hebelkraft *f*, Hebelübersetzung *f*, Hebelverhältnis *n*, Kraftübertragung *f {mittels Hebel}*; 3. Hebelwirkung *f*

leverierite Leverrierit *m {Min}*

levigate/to 1. zerreiben, verreiben, pulverisieren; 2. schlämmen, abschlämmen, auswaschen, dekantieren

levigation 1. Abschlemmen *n*, Schlämmen *n*, Auswaschen *n*, Dekantieren *n*; 2. Zerreiben *n*, Verreiben *n*, Pulverisieren *n*
levigation tank Abschlämmgefäß *n*

levitate/to 1. schweben lassen *{z.B. in Luft}*; 2. aufschwimmen

levitation 1. Aufschwimmen *n {Erze}*; 2. Heben *n*; Schweben *n {elektrodynamisches, elektromagentisches}*
levitation evaporation Schwebeverdampfen *n*
levitation melting Schwebeschmelzen *n*

levo links-; Links-
levo-acid Linkssäure *f*

levochamphor Linkscampher *m*

levogyrate quartz Linksquarz *m {Min}*

levogyration Linksdrehung *f*, Linkspolarisation *f {Stereochem}*

levogyrous linksdrehend, (-)-drehend *{Opt}*

levolactic acid Linksmilchsäure *f*

levomethylamino-ethanolcatechol Adrenalin *n*, Suprarenin *n*, Epinephrin *n*

levopimaric acid **<$C_{20}H_{30}O_2$>** Lävopimarsäure *f*

levopolarization Linkspolarisation *f*

levorotation Linksdrehung *f*

levorotatory linksdrehend, (-)-drehend, lävogyr *{Chem, Opt}*

levorphanol tartrate Levorphanoltartrat *n {Pharm}*

levotartaric acid Linksweinsäure *f*

levulic acid *s.* levulinic acid

levulin Lävulin *n*, Synanthrose *f*

levulinaldehyde Lävulinaldehyd *m*

levulinic acid **<$HOOCCH_2CH_2COCH_3$>** Lävulinsäure *f*, 4-Oxopentansäure *f*, Acetylpropionsäure *f*, γ-Ketovalenriansäure *f*
levulinic aldehyde Lävulinaldehyd *m*, 3-Acetylpropionaldehyd *m*

levulochloralose Lävulochloralose *f*

levulosan Lävulosan *n*

levulose **<$C_6H_{12}O_6$>** Lävulose *f*, Fructose *f*, Fruchtzucker *m*, Diabetin *n*, Schleimzucker *m*

levulosin Lävulosin *n*

levyine *s.* levynite

levyite *s.* levynite

levyne *s.* levynite

levynite Levyn *m {Min, Käfigzeolith}*

Lewis acid Lewis-Säure *f {Elektrophil, Elektronenakzeptor}*
Lewis base Lewis-Base *f {Nucleophil, Elektronendonor}*
Lewis formulae Lewis-Formeln *fpl {Valenz}*

lewisite 1. <$ClCH=CHAsCl_2$> Lewisit *n*, Chlorvinyldichlorarsin *n*, Dichlor-(2-chlorvinyl)-arsan *n {Kampfstoff}*; 2. Roméit *m {Min}*

Leyden jar Leidener Flasche *f*

lherzolyte Lherzolyth *m {Geol}*

liability 1. Verpflichtung *f*; Haftbarkeit *f*, Haftpflicht *f*, Haftung *f*; 2. Verbindlichkeit *f*, Schuld *f*; 3. Fähigkeit *f*, Neigung *f*
liability to crack Bruchanfälligkeit *f*
liability to explosion Explosionsgefährlichkeit *f*, Explosionsneigung *f*

liable haftbar, haftpflichtig
liable to contain explosion mixtures explosionsgefährdeter Raum *m {DIN 51953}*
liable to give trouble störanfällig, störempfindlich
liable to go wrong störanfällig, störempfindlich
liaison Bindung *f*, Verbindung *f*
liberatable freisetzbar
liberatable cyanide freisetzbare Cyanide *npl {Wasseranalyse}*
liberate/to 1. befreien *{z.B. von Verunreinigungen}*; freisetzen, entbinden, entwickeln *{z.B. Energie, Wärme}*; freisetzen, in Freiheit *f* setzen, abgeben *{chemische Verbindung}*; freisetzen, freilegen *{Nährstoffe im Boden}*; 2. aufschließen *{Erze}*; 3. entwickeln *{Chem}*
liberation 1. Befreiung *f {z.B. von Verunreinigungen}*; 2. Aufschließen *n {Erze}*; 3. Ausscheidung *f*, Freisetzung *f*, Freiwerden *n*, Entwickeln *n {z.B. Gase, Energie}*; Freisetzen *n*, Abgeben *n {chemische Verbindungen}*; Freilegen *n*, Freisetzen *n {Nährstoffe im Boden}*
liberation of energy Freisetzen *n* von Energie *f*, Freiwerden *n* von Energie *f*
liberator tank Entmetallisierungsbad *n {Elektrochem}*; Entkupferungsbad *n*
libethenite Libethenit *m*, Chinoit *m {Min}*
libi-dibi Dividivi *pl {gerbstoffreiche Hülsen von Caesalpinia coriaria (Jacq.) Willd.}*
licanic acid Licansäure *f*, Couepinsäure *f*, 4-Ketooctadeca-9,11,13-triensäure *f*
licence/to *{US}* genehmigen, bewilligen, berechtigen, befugen; Lizenz *f* erteilen, lizenzieren
licence *{GB}* 1. Genehmigung *f*, Erlaubnis *f*; 2. Schein *m*; 3. Lizenz *f*, Konzession *f*, Zulassung *f*, behördliche Genehmigung *f*
licence contract *{GB}* Lizenzabkommen *n*
licence fee *{GB}* Lizenzgebühr *f*
licenced lizenziert, genehmigt
licencer *{GB}* Lizenzgeber *m*
licencing Lizenzerteilung *f*
licencing agreement Lizenzabkommen *n*
licencing authority Genehmigungsbehörde *f*
licencing limit Freigrenze *f*
licencing procedure Genehmigungsverfahren *n*
licencing test Zulassungsprüfung *f*
license/to *{GB}* *s.* licence/to
license *{US}* *s.* licence
licensee Lizenznehmer *m*
licenser Lizenzgeber *m*, Konzessionserteiler *m*
lichen Flechte *f*, Lichen *m {Bot, Med}*
lichen colo[u]ring matter Flechtenfarbstoff *m*
lichen red Flechtenrot *n {Flechtenfarbstoff}*
lichen starch *s.* lichenin
lichen sugar Erythrit *m*
lichenic acid *s.* fumaric acid
lichenin Lichenin *n*, Flechtenstärke *f*, Moosstärke *f*, Reservecellulose *f*
lichesterinic acid <$C_{18}H_{31}O_2COOH$> Lichesterinsäure *f*
lick/to auflecken; schlecken, lecken
lick-roll process Pflatschen *n*
licorice Lakritze *f*, Süßholzsaft *m*, Lakritzensaft *m {von Glycyrrhiza glabra L.}*
licorice extract Süßholzextrakt *m*
licorice root Lakritzenholz *n*
licorice water Lakritzenwasser *n*
lid 1. Deckel *m*, Klappe *f*; 2. farbstoffbildende Entwicklung *f*, chromogene Entwicklung *f {Photo}*
lidded mit Deckel *m*, mit Klappe *f*; Deckel-, Klappen-
lidded drum Deckelfaß *n*
lidocaine <$(H_3C)_2C_6H_3NHCOCH_2N(C_2H_5)_2$> Lidocain *n*, α-Diethylaminoaceto-2,6-xylid *n*
liebenerite Liebenerit *m {Min}*
Liebig condenser Liebig-Kühler *m*, Liebigscher-Kühler *m*
Liebig method Liebig-Methode *f*, Liebigsches Verfahren *n {C-, H-Bestimmung}*
liebigite Liebigit *m*, Urano-Thallit *m {Min}*
lievrite Lievrit *m*, Ilvait *m {Min}*
life 1. Leben *n {Biol}*; 2. Lebendigkeit *f*, Lebenszyklus *m {Biol}*; Lebensdauer *f*, Haltbarkeit *f*, Dauerhaftigkeit *f*, Laufzeit *f {Tech}*
life cycle 1. Lebenszyklus *m {Biol}*; 2. Lebensdauer *f {Tech}*
life-destroying lebensvernichtend
life expectancy Lebenserwartung *f*
life fraction Lebensdaueranteil *m {bei Wechselbeanspruchung}*
life of die Düsenstandzeit *f*
life of furnace Schmelzreise *f*
life performance Langzeitverhalten *n*
life sciences Lebenswissenschaften *fpl*, Biowissenschaften *fpl*; Biologie *f*
life support system Lebenserhaltungssystem *n {z.B. Atemschutz}*; Life-Support-System *n {Tauchstation, Raumsonde usw.}*
life-sustaining lebenserhaltend
average life mittlere Lebensdauer *f*
mean life mittlere Lebensdauer *f*
service life Laufzeit *f*, Standzeit *f*, Lebensdauer *f*, Einsatzdauer *f*
lifeless unbelebt, leblos; tot
lifetime Lebensdauer *f*, Bestand *m {Elek, Nukl}*; Lastspielzahl *f {Werkstoffprüfung}*
lift/to 1. [hoch]heben, anheben, aufheben, hinaufheben, nach oben befördern, liften; 2. quellen, heben *{Bergbau}*; 3. lichten *{Anker}*
lift 1. Heben *n*, Aufheben *n*, Hochheben *n*, Anheben *n*; 2. Aufzug *m*, Fahrstuhl *m {Personen}*; Heber *m*, Hebevorrichtung *f*, Lift *m {Tech}*; Hebewerk *n {Schiff}*; 3. Abblättern *n*, Abplatzen *n*

{großflächiges Ablösen der Glasur, Keramik}; 4. Förderhöhe *f*; Hub *f {in mm; DIN 3320}*, Hubhöhe *f {Tech}*; 5. Sohlenhebung *f*, Sohlenauftrieb *m*, Sohlenblähung *f {Bergbau}*; 6. Abbaustrecke *f*, Sohlstrecke *f*, Grundstrecke *f {Bergbau}*; 7. Heben *n {der Kettfäden}*; 8. Ausstoß *m {Pressung, Kunst}*

lift and force pump Saug- und Druckpumpe *f*, doppeltwirkende Pumpe *f*

lift check valve Hubrückschlagventil *n*, Kugelventil *n*, Schwimmerventil *n*

lift conveyer Höhenförderer *m*

lift pipe Heber *m*

lift pump Hebpumpe *f*, Saugpumpe *f*

lift rope Aufzugsseil *n*

lift truck Hubwagen *m*, Hubkarren *m*

lift valve senkrecht öffnender Schieber *m*

equation of lift Auftriebsformel *f*

height of lift Hubhöhe *f*

lifter 1. Heber *m*, Hebedaumen *m*, Hebekopf *m*; 2. Nocken *m*, Dorn *m*, Riffel *m {z.B. auf Brechwalzen}*; 3. Mitnehmer *m {z.B. in Trockentrommeln}*; 4. Sandhaken *m*, Sandheber *m*, Aushebeband *n*, Winkelstift *m {Gieß}*

lifting 1. hebend; Hebe-; 2. Ausheben *n*, Heben *n*, Hochziehen *n*, Hochheben *n*, Anheben *n*, Aufheben *n*; Hebung *f*, Förderung *f*, Liften *n {z.B. des Katalysators beim Kracken}* 3. Abblättern *n*, Abplatzen *n {der Keramikglasur in großen Flächen}*; 4. Hochziehen *n*, Aufziehen *n*, Hochgehen *n {Anquellen/Ablösen des Anstrichs durch Lösemittel}*; 5. Rupfen *n {Pap}*

lifting apparatus Hebevorrichtung *f*, Hubvorrichtung *f*, Hebegerät *n*, Hebezeug *n*

lifting appliance Verladevorrichtung *f*, Hebezeug *n*

lifting bar Hubleiste *f*, Hebeleiste *f*, Mitnehmerleiste *f {z.B. in Trockentrommeln}*

lifting capacity Hebekraft *f*, Hubleistung *f*; Tragkraft *f*, maximale Traglast *f {z.B. eines Krans}*

lifting cart Hubtransportkarren *m*

lifting device Hebevorrichtung *f*, Hubvorrichtung *f*, Abhebevorrichtung *f*

lifting force Hubkraft *f*; [dynamischer] Auftrieb *m*, [hydrodynamischer] Auftrieb *m*, Auftriebskraft *f*

lifting gear Hebezeug *n*; Anschlagmittel *npl {z.B. Seile, Ketten}*

lifting magnet Hebemagnet *m*, Last[en]hebemagnet *m*, Hubmagnet *m*

lifting power 1. Hubkraft *f*, Hubleistung *f*, Hebekraft *f*, Tragfähigkeit *f*; Zugleistung *f {z.B. einer Presse}*; 2. Auftriebskraft *f*

lifting pump Hubpumpe *f*, Saugpumpe *f*

lifting screw 1. Hubschnecke *f*; Schneckenförderer *m*; 2. Aushebeschraube *f {Gieß}*

lifting tackle Hebezeug *n*; Flaschenzug *m*

ligancy Koordinationszahl *f*

ligand Ligand *m {Chem}*

ligand-field Ligandenfeld *n*

ligand-field stabilization energy Ligandenfeld-Stabilisierungsenergie *f*

ligand-field theory Ligandenfeldtheorie *f*, LFT *{Quantentheorie}*

ligand redistribution reaction Ligandenumverteilungsreaktion *f*

ligand replacement Ligandenaustausch *m*, Ligandensubstitution *f*

ligarine Ligroin *n*

ligase *{EC 6}* Ligase *f*, Synthetase *f {obs}*

ligasoid Flüssig-Gas-Kolloid *n*

light/to 1. zünden, anzünden, anstecken, anfeuern; 2. erleuchten, beleuchten; Licht *n* machen, mit Licht *n* versorgen

light 1. hell, licht; leicht; leichtersiedend *{Fraktion}*; niedrigbrechend *{Opt}*; dünnflüssig *{z.B. Öl}*; schwach; untergewichtig; oberflächlich; 2. Licht *n {400 - 770 nm}*; 3. Lampe *f*, Leuchte *f*; Kerze *f*; 4. Feuer *n*; 5. Fenster *n*; 6. Lichtöffnung *f*, Fensteröffnung *f*, Lichte *f*; Lichtschacht *m*, Lichthof *m*

light-absorbing lichtabsorbierend, lichtschlukkend

light absorption Lichtabsorption *f*

light-absorption detector Durchlichtmelder *m*

light-absorption smoke detector Durchlicht-Rauchmelder *m*

light-activated pesticide lichtaktivierbares Pestizid *n*

light ag[e]ing Lichtalterung *f*, Alterung *f* durch Lichteinwirkung *f*

light alloy Leichtmetallegierung *f {d < 3}*

light ash Flugasche *f*; leichte Soda *f {Glas}*

light-back Flammenrückschlag *m*

light ball Leuchtpatrone *f*, Leuchtkugel *f*, Leuchtrakete *f*, Leuchtzeichen *n*

light barrier Lichtschranke *f*, Lichtbarriere *f*

light beam 1. Licht[strahlen]bündel *m*, Lichtstrahl *m {Opt}*; 2. Lichtmarke *f*

light-beam oscillograph Lichtstrahloszillograph *m*

light-beam pyrolysis Lichtstrahlpyrolyse *f {zur Ermittlung kinetischer Parameter des thermischen Abbaus von Plastwerkstoffen}*

light-beam recorder Lichtstrahlschreiber *m*

light benzol Leichtbenzol *n*

light-body niedrigviskos *{Anstrichmittel}*

light bomb Leuchtbombe *f {Mil}*

light building board Leichtbauplatte *f*

light bulb Glühbirne *f*; Glühlampenkolben *m*

light bundle *s.* light beam

light-catalytically lichtkatalytisch, photokatalysiert

light chain leichte Kette *f {Immun}*

light-colo[u]red hellfarbig, licht

light component leicht[er]siedende Komponente *f*, niedrig[er]siedende Fraktion *f*, tiefsiedende Komponente *f*, Leicht[er]siedende *n*
light conductance Lichtleitwert *m {nach Hansen}*
light-conducting fiber Lichtleitfaser *f*, Lichtwellenleiter *m*
light corpuscle Lichtkorpuskel *f*
light crude [oil] Leichtöl *n*, leichtes Rohöl *n {niedrig viskos}*
light current 1. Schwachstrom *m*; 2. Lichtstrom *m*, Photostrom *m {Halbleiter}*
light density Densität *f*, photographische Dichte *f*
light-density material Leichtbaustoff *m*
light diffuser Lichtraster *m*, Raster *m*
light diffusive capacity Lichtzerstreuungsvermögen *n*
light diffusive power Lichtzerstreuungskraft *f*
light dispersive capacity Lichtzerstreuungsvermögen *n*
light dispersive power Lichtzerstreuungskraft *f*
light distillate leichtes Destillat *n*
light distillate fuel Leichtbenzin *n*
light duty detergent Leichtwaschmittel *n*
light efficiency Lichtausbeute *f*
light element leichtes Element *n {Chem}*
light emitting diode Leuchtdiode *f*, Lumineszenzdiode *f*, lichtemittierende Diode *f*, LED *f*
light end[s] Vorlauf *m {leichtsiedender Anteil}*
light energy Lichtenergie *f*
light excitation Lichtanregung *f {Spek}*
light exposure Belichtung *f {in lx·s}*
light-exposure test Belichtungsprüfung *f*
light-fast lichtstabil, lichtecht
light fastness Lichtechtheit *f*, Lichtbeständigkeit *f*
light-fastness testing Lichtechtheitsprüfung *f*
light filter Lichtfilter *m n*, Farbenfilter *m n*
light flux Lichtstrom *m {in lm}*
light fuel leichtflüchtiger Kraftstoff *m*, leichtsiedender Treibstoff *m*, Vergaserkraftstoff *m*
light fraction 1. leichte Fraktion *f*, niedrigsiedende Fraktion *f*, tiefsiedende Fraktion *f {Dest}*; 2. Leichtgut *n*
light gasoline *{US}* Leichtbenzin *n*, leichtes Benzin *n {Siedebereich 20-135 °C}*
light gray hellgrau, lichtgrau *{RAL 7035}*
light green 1. Hellgrün *n {Co-Ni-Zn-Ti-Oxide}*; 2. Parisgrün *n*, Methylgrün *n*, Lichtgrün SF *n {Triarylmethanfarbstoff}*
light guide Lichtführung *f*; Lichtleitkabel *n*, Lichtwellenleiter *m*, Lichtwellenleiterkabel *n*
light-heavy scale Leicht-Schwer-Waage *f*, Kontrollwaage *f*
light hydrocarbon leichter Kohlenwasserstoff *m*, niedrigsiedender Kohlenwasserstoff *m*, niederer Kohlenwasserstoff *m {z.B. Ethan, Propan, Butan}*
light hydrogen <^{1}H> leichter Wasserstoff *m*, Protium *m*
light-induced lichtinduziert
light intensity Beleuchtungsstärke *f*, Lichtintensität *f*, Lichtstärke *f {in cd; DIN 5031}*
of high light intensity lichtstark
of low light intensity lichtschwach
light-insensitive lichtunempfindlich, lichtbeständig
light isomerization Lichtisomerisation *f*, Photoisomerisation *f*
light metal Leichtmetall *n {d < 3}*
light-metal alloy Leichtmetallegierung *f*
light meter Belichtungsmesser *m*, Helligkeitsmesser *m*, Lichtstärkemesser *m*, Luxmeter *n {Photo}*
light microscope Auflichtmikroskop *n*, Lichtmikroskop *n*, optisches Mikroskop *n*
light mineral 1. helles Mineral *n*, lichtes Mineral *n*; 2. leichtes Mineral *n {d < 2,85}*
light naphtha *s.* light gasoline
light-negative lichtwiderständig *{mit negativem Lichtleitbeiwert}*
light oil Leichtöl *n*, leichtes Öl *n {Siedebereich 110 - 210 °C}*
light olefins leichte Olefine *npl*
light panel Leuchteinsatz *m*, Elektrolumineszenzplatte *f*
light path Lichtweg *m*
light period Leuchtdauer *f*
light-permeable lichtdurchlässig
light petrol *{GB}* Leichtbenzin *n*, leichtes Benzin *n {Siedebereich 20-135 °C}*
light petroleum Petrol[eum]ether *m {Siedebereich 40-70 °C}*
light petroleum extract *{ISO 659}* Petroletherauszug *m*
light-piping Lichtleitung *f*, Lichtrohr *n*
light polyglycol dünnflüssiges Polyglycol *n*
light-positive lichtleitend *{mit positivem Leitfähigkeitsbeiwert}*
light-probe technique Lichtsondentechnik *f*
light process oil helles Verfahrensöl *n*
light-proof lichtundurchlässig, undurchsichtig, lichtdicht; lichtbeständig, lichtecht
light pulse Lichtimpuls *m*
light quantity Lichtmenge *f {in lm·s}*
light quant[um] Lichtquant *n*, Photon *n*
light radiation Lichtstrahlung *f {400 - 770 nm}*
light ray Lichtstrahl *m*
light reaction Lichtreaktion *f*, lichtabhängige Reaktion *f {Photosynthese}*
light red silverore lichtes Rotgültigerz *n*, Proustit *m {Min}*
light-refraction power Lichtbrechungsvermögen *n*

light resistance Lichtbeständigkeit *f*, Lichtechtheit *f*
light-resistant lichtbeständig, lichtecht; lichtdicht *{z.B. Verpackung}*
light-resisting lichtecht, lichtbeständig
light respiration Lichtatmung *f*, Photorespiration *f* *{Biochem}*
light scattering Lichtstreuung *f*
light-scattering coefficient dichtebezogener Lichtstreukoeffizient *m* *{DIN 54500}*
light-scattering method Lichtstreuungsmethode *f* *{Molmassen-Bestimmung}*
light-scattering power Lichtzerstreuungsvermögen *n*
light section 1. leichtes Profil *n*, Leichtprofil *n* *{Met}*; 2. Lichtschnitt *m* *{Opt}*
light section microscope Lichtschnittmikroskop *n*
light-sensitive lichtempfindlich
light-sensitive layer lichtempfindliche Schicht *f* *{Photo}*
light-sensitive tube Photozelle *f*
light sensitivity Lichtempfindlichkeit *f*
light sensor Photozelle *f*
light sheet metal Leichtmetallblech *n*
light signal Lichtsignal *n*, Leuchtanzeige *f*
light-signal indicator panel Leuchtanzeigetableau *n*
light solvent leicht siedendes Lösemittel *n*, flüchtiges Lösemittel *n*
light source Lichtquelle *f*
monochromatic light source monochromatische Lichtquelle *f*
standard light source Strahlungsnormale *f* *{Opt}*
light spectrum Lichtspektrum *n*
light spot Lichtfleck *m*, Lichtpunkt *m*, Leuchtfleck *m*, Leuchtpunkt *m* *{Elektronik}*
light-spot galvanometer Lichtzeigergalvanometer *n*
light stability Lichtbeständigkeit *f*, Lichtstabilität *f*, Lichtunempfindlichkeit *f*
light-stability agent Lichtschutzmittel *n*, Lichtstabilisator *m*, Lichtschutzzusatz *m*
light-stabilized lichtstabilisiert
light stabilizer *s.* light-stability agent
light-stabilizing lichtstabilisierend
light-stabilizing effect Lichtstabilisatorwirkung *f*, Lichtschutzeffekt *m*, Lichtstabilisierwirkung *f*
light stop Blende *f* *{Opt}*
light test Belichtungsprüfung *f*; Lichtechtheitsprüfung *f*, Prüfung *f* auf Lichtechtheit *f*, Prüfung *f* auf Lichtbeständigkeit *f*
light-tight lichtdicht, lichtundurchlässig
light-track shell Lichtspurgeschoß *n* *{Mil}*
light transmission Lichtdurchlässigkeit *f*, Lichtdurchgang *m*, Lichttransmission *f*, Strahlendurchlässigkeit *f*, Lichttransparenz *f*
light-transmission factor Lichtleitwert *m* *{nach Hansen}*
light transmittance Lichtdurchlässigkeit *f*, Lichtdurchlaßgrad *m*, Transparenz *f*
light transmitter Lichtsender *m*, Lichtquelle *f*
light-transmitting lichtdurchlässig
light trap Lichtfalle *f*, Lichtschleuse *f*
light type magere Schrift *f* *{Drucken}*
light value Helligkeit *f*, Leuchtkraft *f*
light valve Lichtventil *n*; Spaltoptik *f* *{Mikroskop}*, Lichtmodulator *m*, Lichtschleuse *f*
light velocity Lichtgeschwindigkeit *f*
light water 1. Leichtwasser *n* *{H_2O, Nukl}*; 2. Schwerschaumwasser *n* *{H_2O/FKW/Polyoxyethylene-Gemisch zur Brandbekämpfung}*
light water reactor Leichtwasserreaktor *m* *{Nukl}*
light wave Lichtwelle *f*
light-weight 1. leicht[gewichtig]; Leicht-; 2. Tara *f*
light-weight aggregate Leichtzuschlag *m* *{DIN 4226}*
light-weight aggregate concrete Leichtzuschlagbeton *m*
light-weight building material Leichtbaustoff *m*
light-weight concrete Leichtbeton *m*
light-weight filler Leichtfüllstoff *m*
light weight [gas] concrete Gasbeton *m*, Leichtbeton *m*
light-weight material Leicht[bau]werkstoff *m*
light-weight metal Leichtmetall *n*
light year Lichtjahr *n* *{Längeneinheit der Astronomie = 9460528 Gm}*
light yellow Lichtgelb *n* *{Nb-Sb-Ti-Oxid bzw. Cr-Sb-Ti-Oxide}*
light yield Lichtausbeute *f*
absence of light Lichtausschluß *m*
action of light Lichteinwirkung *f*
circularly polarized light zirkular polarisiertes Licht *n*
cold light kaltes Licht *n*
elliptically polarized light elliptisch polarisiertes Licht *n*
linearly polarized light linear polarisiertes Licht *n*
partially linearly polarized light partiell linear polarisiertes Licht *n*
polarized light polarisiertes Licht *n*
lighted ausgeleuchtet
lighten/to 1. [sich] aufhellen; erleuchten, erhellen; 2. blinken, blitzen; 3. erleichtern, entlasten, leichter machen; ableichten, teilweise löschen *{Schiff}*
lightened silver Blicksilber *n*
lightening Aufhellen *n*, Aufhellung *f* *{Farbe}*

lightening power Aufhellvermögen *n*
lighter 1. Anzünder *m*, Feueranzünder *m*, Feuerzeug *n*; 2. Leichter *m {Küstenlastschiff}*
lighter fuel Feuerzeugbenzin *n*
lighting 1. Beleuchtung *f*; 2. Anzünden *n*, Zünden *n*; 3. Leuchten *n*, Brennen *n*
lighting circuit Lichtleitung *f*, Lichtstromkreis *m*; Lichtschaltung *f*
lighting device Anzünder *m*
lighting fitting *{GB}* Leuchte *f*, Beleuchtungskörper *m*
lighting fittings Beleuchtungsarmaturen *fpl*
lighting fixture *{US}* Leuchte *f*, Beleuchtungskörper *m*
lighting gas Leuchtgas *n*, Leichtgas *n*
lighting installation Beleuchtungsanlage *f*
lighting panel Beleuchtungstafel *f*
lighting-up cartridge Zündpatrone *f*
lighting-up gear Zündvorrichtung *f {Brenner}*
lighting-up means Zündmittel *n*
lighting-up oil Zündöl *n*
lighting-up rate Zündgeschwindigkeit *f*
lightness Helligkeit *f*, Leuchtkraft *f*
lightning 1. Blitz *m*, Blitzentladung *f*; 2. Blitzgespräch *n*
lightning arrester Blitzableiter *m*, Blitzschutz *m*, Blitzschutzanalge *f*; Überspannungsableiter *m*, Überspannungsschutzgerät *n*
lignans Lignane *npl {oxidativ gekuppelte p-Hydroxyphenylpropen-Einheiten}*
ligneous holzartig, holzig; Holz-
ligneous asbestos Holzamiant *m*, Holzasbest *m*, Hornblendeasbest *m*
ligneous fiber Holzfaser *f*
ligneous matter Holzteilchen *n*, Ligninkörper *m*
lignicidal holzzerstörend
lignification Verholzung *f*, Lignifizierung *f*
degree of lignification Verholzungsgrad *m*
ligniform amianthus *s.* ligneous asbestos
lignify/to verholzen, lignifizieren
lignin Lignin *n*, Holz[faser]stoff *m*
lignin sulfonates Ligninsulfonate *npl*
ligninases Ligninasen *fpl*
ligninsulfonic acid Ligninsulfonsäure *f*, Lignosulfonsäure *f*
lignite 1. Braunkohle *f*; verfestigte (erhärtete) Braunkohle *f*; 2. Xylit *m n*, Braunkohlenxylit *m n {Holzbestandteile de Braunkohle}*, Lignit *m*, Hylit *m n*, xylitische Braunkohle *f*, holzartige Braunkohle *f*, Weichbraunkohle *f {Geol, Bergbau}*
lignite A schwarze Braunkohle *f {73 - 76 % C; 14,65 - 19,3 MJ/kg}*
lignite B helle Braunkohle *f {65 - 73 % C; < 14,65 MJ/kg}*
lignite breeze Braunkohlenklein *n*
lignite briquet[te] Braunkohlenbrikett *n*
lignite carbonization Braunkohlenschwelung *f*
lignite coke Braunkohlenkoks *m*, Grudekoks *m*
lignite coking Braunkohlenschwelung *f*
lignite distillation gas Braunkohlenschwelgas *n*
lignite dust Braunkohlenstaub *m*, Braunkohlenlösche *f*
lignite low temperature coke Braunkohlenschwelkoks *m*
lignite oil Braunkohlenöl *n*
lignite pitch Braunkohlen[teer]pech *n*
lignite shale Braunkohlenschiefer *m {Min}*
lignite tar Braunkohlenteer *m*
lignite wax Montanwachs *n {Trennmittel}*
crude lignite Rohbraunkohle *f*
fibrous lignite Faserbraunkohle *f*
lignitic braunkohlenhaltig
lignitic earth Erdkohle *f*
lignocellulose Lignocellulose *f*, Holzfaserstoff *m*, Holzzellstoff *m {mit Lignin inkrustierte Cellulose}*
lignocellulosic fibres ligninbehaftete Cellulosefasern *fpl*
lignocellulosic material *{BS 1142}* ligninhaltiger Zellstoff *m*
lignoceric acid <$CH_3(CH_2)_{22}COOH$> Lignocerinsäure *f*, *n*-Tetracosansäure *f {IUPAC}*
lignoceryl alcohol <$C_{24}H_{49}OH$> Lignocerylalkohol *m*
lignone Lignon *n*
lignone sulfonate Lignonsulfonat *n*
lignose Lignose *f*
lignosulfate Lignosulfat *n*, Ligninsulfat *n*
lignosulfin Lignosulfin *n*
lignosulfite Lignosulfit *n*
lignosulfonic acid Lignosulfonsäure *f*, Ligninsulfonsäure *f*
lignum vitae Franzosenholz *n*, Guajakholz *n*, Pockholz *n*
ligroin[e] *{US}* Ligroin *n {Siedebereich 90-120 °C; d = 0,707 - 0,722 g/cm²}*; Petrol[eum]ether *m {Siedebereich 40-70 °C}*; Leichtbenzin *n*, Lackbenzin *n*, Testbenzin *n {Siedebereich 20-135 °C}*
ligroin[e] gas lamp Ligroingaslampe *f*
ligurite Ligurit *m {Min}*
ligustrin Syringin *n*, Lilacin *n*
like ähnlich, gleich; gleich-, -artig
likelihood Wahrscheinlichkeit *f*
likely wahrscheinlich
likeness Ähnlichkeit *f*, Gleichheit *f*
lilac colo[u]r Lila *n*
lilac-colo[u]red lila
lilac oil Fliederöl *n*
lilacin Lilacin *n*, Syringin *n*
lilagenin Lilagenin *n*
lillianite Lillianit *m {Min}*

lilolidine $<C_{11}H_{13}N>$ Lilolidin *n*, 1,2,5,6-Tetrahydro-4*H*-pyrrolochinolin *n*
lily 1. lilienweiß; rein; zart; 2. Lilie *f {Bot}*
Lima wood Limaholz *n*, Coulteriaholz *n*, Coulteria-Rotholz *n {von Caesalpinia tinctoria (H.B.K.) Benth.}*
limb 1. Glied *n {Med}*; 2. Ast *m {eines Baumes}*; 3. Rand *m*; 4. Schenkel *m {Phys, Geom, Elek, Tech}*; 4. Limbus *m {Gradkreis}*, [horizontaler] Teilkreis *m*, Horizontalkreis *m {Winkelmeßgerät}*; Gradbogen *m*; 5. Schenkel *m*, Flügel *m*, Flanke *f {einer Falte, Geol}*
limburgite Limburgit *m {Geol}*
lime/to 1. kalken, mit Kalk *m* düngen; 2. äschern *{Leder}*, schwöden *{Felle mit wertvollen Haaren und Wollen}*, Haare *npl* lockern, kälken; 3. scheiden *{Zucker-Rohsaft mit Kalkmilch reinigen}*; 4. kälken *{Stahl}*
lime 1. Kalk *m {Sammelbezeichnung für Ätzkalk, Äscherkalk, Kalkerde u.ä.}*; Kalkdünger *m*, Kalkdüngemittel *n {Agri}*; 2. Kalkbruch *m*; 3. Kalkung *f*, Kalken *n*; Äschern *n {Gerb}*; 4. Saure Limette *f*, Limonelle *f {Citrus aurantifolia}*; 5. Linde *f*, Lindenbaum *m {Tilia L.}*
lime acetate $<Ca(CH_3COO)_2>$ Calciumacetat *n*
lime ammonium nitrate Kalkammonsalpeter *m {Agri}*
lime-base grease Kalkfett *n {Trib}*
lime bath Kalkbad *n {Met}*
lime bin Kalksilo *m*
lime blue Kalkblau *n {mit Ultramarin abgetönte Kalkfarbe}*
lime boil Kalkbeuche *f*, Kalkäscher *m {Text}*
lime bucking lye Kalkbeuche *f*
lime-burning kiln Kalkbrennofen *m*
lime cement Kalkkitt *m*
lime cement mortar Kalkzementmörtel *m*
lime concrete Kalkbeton *m*, Kalk-Sand-Beton *m*
lime cream 1. Kalkbrei *m*, Schwöde *f*, Schwödebrei *m*, Schwödemasse *f {Gerb}*; 2. Kalkmilch *f {Zucker}*
lime crucible Kalktiegel *m*
lime crusher Kalkmühle *f*
lime defecation nasse Scheidung *f*, Kalkscheidung *f {Zucker}*
lime desulfurization plant *{GB}* Entschwefelungsanlage *f* mit Kalk *m {Met}*
lime desulfurizing plant *{US}* Entschwefelungsanlage *f* mit Kalk *m {Met}*
lime feldspar Kalkfeldspat *m*, Anorthit *m {Min}*
lime fertilizer Düngekalk *m*, Kalkdüngemittel *n*, Kalkdünger *m*
lime glass Kalkglas *n*, Natron-Kalk-Glas *n*
lime gravel Sandmergel *m*
lime grease Kalkfett *n*, Kalkseifenfett *n*, Calciumseifenfett *n*
lime harmotome Kalkharmotom *m {obs}*, Phillipsit *m {Min}*
lime hepar Kalkschwefelleber *f*
lime hydrate $<Ca(OH)_2>$ gelöschter Kalk *m*, Kalkhydrat *n {obs}*, Calciumhydroxid *n*, Löschkalk *m*
lime hypophosphite $<Ca(H_2PO_2)_2>$ Calciumhypophosphit *m*
lime juice 1. Limettenessenz *f*; 2. Scheidesaft *m {Zucker}*
lime kiln Kalk[brenn]ofen *m*
lime-kiln gas Kalkofengas *n*
lime-like kalkartig
lime liquor Äscherbrühe *f*, Kalkbrühe *f {Gerb}*
lime malm brick Kalksandstein *m*, Kalksandziegel *m*
lime marl kalkhaltiger Ton *m*, Kalkmergel *m {Geol}*
lime mica Kalkglimmer *m {obs}*, Margarit *m {Min}*
lime milk Kalkmilch *f*, Naßkalk *m {$Ca(OH)_2/H_2O$-Suspension}*
lime mortar Kalkmörtel *m {ein Luftmörtel}*
lime mud Kalkschlamm *m {Pap}*
lime-mud collector Scheideschlammsammler *m {Zucker}*
lime nitrogen $<CaNCN>$ Calciumcyanamid *n*, Kalkstickstoff *m*
lime nitrate Calciumnitrat *n*, Kalksalpeter *m*, Norgesalpeter *m*
lime oil Limettöl *n {aus Citrus aurantifolia}*
lime paint 1. Kalkfarbe *f {wäßrige Aufschlemmung von gelöschtem Kalk, DIN 55945}*; 2. Schwöde *f*, Schwödebrei *m*, Kalkbrei *m {Gerb}*
lime paste Kalkbrei *m*, Schwöde *f*, Schwödebrei *m {Gerb}*
lime pit 1. Kalkbruch *m*; 2. Löschgrube *f {für Kalk}*; 3. Äscher *m*, Äschergrube *f*, Kalkäscher *m*, Kalkgrube *f*, Schwödgrube *f {Gerb}*
lime powder 1. Kalkpulver *n*, Feinkalk *m {feingemahlener Branntkalk}*; 2. Staubkalk *m*, Kalkmehl *n*, luftgelöschter Kalk *m*, verwitterter Kalk *m {Löschkalk}*
lime precipitate Kalkniederschlag *m {Kalkfällung}*
lime process Äscherverfahren *n {Gerb}*
lime pyrolignite essigsaurer Kalk *m {Triv}*, Calciumacetat *n*, Graukalk *m {Triv}*
lime red Kalkrot *n*
lime resistance Kalkbeständigkeit *f*
lime salpetre Kalksalpeter *m*, Calciumnitrat *n*; Kalksalpeter *m*, Nitrocalcit *n {Min}*
lime sand Kalksand *m*
lime sandstone Kalksandstein *m {ein Bindebaustoff}*

lime saturator Kalksättiger *m*
lime scum Kalkschaum *m*, Kalkablagerung *f*
lime sediment Kalkniederschlag *m*, Saturationsschlamm *m*
lime silicate rock Kalksilicatgestein *n*
lime silo Kalksilo *m*
lime slag Kalkschlacke *f*
lime slaking Kalklöschen *n*
lime sludge 1. Kalkschlamm *m*; 2. Kalkfällungsschlamm *m*, Fäll[ungs]schlamm *m*
lime soap Kalkseife *f*, Calciumseife *f {Trib}*
lime-soda process Kalk-Soda-Verfahren *n {1. Wasserenthärtung; 2. Herstellung von Natriumhydroxid}*
lime soil Kalkboden *m*, Kalkerde *f*
lime sulfur Schwefelkalkbrühe *f {Agri}*
lime tank Äscherfaß *n {Gerb}*
lime trowel Kalkkelle *f*
lime vat Schwödfaß *n {Gerb}*
lime water 1. Kalkwasser *n*, Aqua calcariae *{Pharm}*; 2. Kalktünche *f*, Kalkbrühe *f {dünnflüssiger gelöschter Sumpfkalk zum Putzen}*
lime yellow Kalkgelb *n {Anstrichmittel aus gelöschtem Kalk und kalkbeständigen Pigmenten}*
air-slaked lime luftgelöschter Kalk *m*, verwitterter Kalk *m* $\{Ca(OH)_2 \cdot CaCO_3\}$
burnt lime <CaO> gebrannter Kalk *m*, Branntkalk *m*, Ätzkalk *m*, Luftkalk *m*
carbonate of lime <$CaCO_3$> Calciumcarbonat *n*, kohlensaurer Kalk *m*
caustic lime *s.* burnt lime
chloride of lime *s.* chlorinated lime
chlorinated lime <ClCaOCl> Chlorkalk *m*, Calciumchloridhypochlorit *n*, Calciumhypochlorit *n*, Bleichkalk *m*
cleanse with lime water/to schwöden *{Gerb}*
containing lime kalkhaltig
cream of lime 1. Schwöde *f*, Schwödebrei *m*, Kalkbrei *m {Gerb}*; 2. Kalkmilch *f {Zucker}*
fat lime reiner Branntkalk *m*
hydrated lime gelöschter Kalk *m*, Löschkalk *m*, Calciumhydroxid *n*, Kalkhydrat *n {obs}*
hydraulic lime hydraulischer Kalk *m*
quick lime *s.* burnt lime
slaked lime *s.* hydrated lime
sulfurated lime rohes Calciumsulfid *n*, technisches Calciumsulfid *n* $\{CaS/CaSO_4\}$
limed rosin gehärtetes Colophonium *n*
limeflux Äschersatz *m {Gerb}*
limelight Kalklicht *n*, Drummondsches Licht *n*, Drummondscher Brenner *m*
limene <$C_{12}H_{24}$> Limen *n*
limes Grenzwert *m*, Limes *m {Math}*
limestone <$CaCO_3$> Kalkstein *m*, Calciumcarbonat *n {Geol}*
limestone flux Kalk[stein]zuschlag *m {Met}*
limestone vein Kalkader *f*
limestone whiteware Kalksteingut *n*
argillaceous limestone Tonkalk *m {Min}*
bedded limestone Flözkalk *m*
bituminous limestone Stinkkalk *m {Min}*
coarse limestone Grobkalk *m*
fibrous limestone Faserkalk *m {Min}*
marly limestone Tonkalkstein *m*
limette oil Limettöl *n*
limettin <$C_{11}H_{14}O_4$> Limettin, 5,7-Dimethoxycoumarin *n*
limewash/to tünchen, weißen, ausweißen, weißeln
limewash Kalktünche *f*, Tünche *f*, Kalkfarbe *f*
limewash paint Kalkfarbe *f*, Tünchfarbe *f*
limewashing Abläuterung *f {Leder}*; Weißen *n*, Tünchen *n*
liming 1. Kalken *n*, Kalkung *f*; 2. Äschern *n {Leder}*, Schwöden *n {Felle mit wertvollen Haaren und Wollen}*; Kalkäschern *n*, Kalkbeuche *f {Text}*; 3. Scheidung *f*, Kalkung *f*
liming tub Äscherfaß *n {Gerb}*
limit/to begrenzen, einschränken
limit 1. Grenze *f*, Abgrenzung *f*, Begrenzung *f*, Limit *m*; 2. Grenzwert *m*, Schwellenwert *m*; Grenzmaß *n {Tech}*; 3. Limes *m {Math}*; Häufungsgrenze *f {Math}*
limit contact Grenz[wert]kontakt *m*
limit curve Grenzkurve *f*
limit detector Extremwertsucher *m*
limit law Grenzgesetz *n*
limit load Grenzbelastung *f*
limit of damped oscillation aperiodischer Grenzfall *m*
limit of detection Nachweisgrenze *f*, Erfassungsgrenze *f*
limit of elasticity Elastizitätsgrenze *f*
limit of error Fehlergrenze *f*
limit of experimental error Fehlergrenze *f*
limit of explosion Explosionsgrenze *f*
limit of integration Integrationsgrenze *f*
limit of measurement Meßgrenze *f*
limit of micro-cracking Mikrorißgrenze *f*
limit of proportionality Proportionalitätsgrenze *f*
limit of resolution Auflösungsgrenze *f*, Grenze *f* des Auflösungsvermögens *{Opt}*
limit of sensitivity Grenzempfindlichkeit *f*
limit of strain-hardening Kaltverfestigungsgrenze *f*
limit position Endlage *f*, Endstellung *f*
limit switch Endschalter *m*, Endlagenschalter *m*, Grenzwertschalter *m*, Endumschalter *m*
limit temperature Grenztemperatur *f*
limit theorem Grenzwertsatz *m {Math}*
limit value Grenzwert *m*
limit-value signal Grenzwertsignal *n*
permissible limit Toleranz *f*
limitable abgrenzbar

limitation Begrenzung *f*, Beschränkung *f*, Einschränkung *f*; Genze *f*
limited begrenzt, beschränkt
limited resistance bedingt beständig
limiter Begrenzer *m*, Limiter *m*; Spitzenwertbegrenzer *m*
limiting höchstzulässig; begrenzend; Grenz-
limiting angle Grenzwinkel *m*
limiting case Grenzfall *m*
limiting concentration Grenzkonzentration *f*, Verdünnungsgrenze *f*
limiting condition Grenzbedingung *f*, Grenzzustand *m*, Randbedingung *f*
limiting conductivity Grenzleitfähigkeit *f*, Äquivalentleitwert *m* bei unendlicher Verdünnung *f*
limiting current density Grenzstromdichte *f* *{in A/m^2, Polarographie}*
limiting density Gasdichte *f* bei unendlich kleinem Druck
limiting diffusion current Diffusionsgrenzstrom *m*, maximaler Diffusionsstrom *m*, Sättigungsstrom *m* *{Elektrochem}*
limiting elongation at break Grenzbruchdehnung *f*
limiting flow Grenzströmung *f*
limiting forepressure Vorvakuumbeständigkeit *f*, Vorvakuumgrenzdruck *m*, Grenzdruck *m* der Vorvakuumbeständigkeit
limiting frequency Grenzfrequenz *f*
limiting friction Reibungsgrenze *f*, höchster Reibbeiwert *m*
limiting-intrinsic viscosity number Staudinger-Index *m*, Grenzviskositätszahl *f* *{in m^3/kg, DIN 1342}*
limiting line Grenzlinie *f*
limiting mobility Grenzbeweglichkeit *f*
limiting molecular weight Grenzmolekulargewicht *n*
limiting particle size Grenzkorngröße *f* *{kleinste oder größte Korngröße}*
limiting pressure Grenzdruck *m*, Enddruck *m* *{Vak}*
limiting range of stress Wechselfestigkeit *f*, Dauerschwingfestigkeit *f* *{Dauerfestigkeit für die Mittelspannung Null}*
limiting ray Grenzstrahl *m*
limiting resistance Grenzwiderstand *m*, Begrenzungswiderstand *m*
limiting shear stress Grenzschubspannung *f*
limiting spectral resolving power maßgebende spektrale Auflösung *f* *{nach Kaiser}*
limiting speed Grenzdrehzahl *f*; Höchstgeschwindigkeit *f*
limiting state Grenzzustand *m*
limiting strain Grenzdehnung *f*
limiting stress Grenzspannung *f*
limiting structure Grenzstruktur *f*
limiting temperature Grenztemperatur *f*, Temperaturgrenzwert *m*
limiting term Grenzterm *m* *{Spek}*
limiting value Grenzwert *m*
limiting value control Grenzwertüberwachung *f*
limiting value of compressive strength Druckfestigkeitsgrenze *f*
limiting value signal Grenzwertmeldung *f*, Grenzwertsignal *n*
limiting values Limeswerte *mpl* *{Math}*
limiting velocity Grenzgeschwindigkeit *f*
limiting viscosity Grenzviskosität *f*, Viskositätsgrenze *f*
limiting viscosity number *s.* limiting-intrinsic viscosity number
limnic limnisch, im Süßwasser *n* entstanden, lakustrisch, lakusträr; See- *{Ökol}*
limnology Limnologie *f*, Binnengewässerkunde *f*
limocitrin Limocitrin *n*
limocitrol Limocitrol *n*
limonene <$C_{10}H_{15}$> Limonen *n*, *p*-Mentha-1,8-dien *n*, 4-Isopropenyl-1-methyl-cyclohex-1-en *n* *{IUPAC}*
limonin <$C_{26}H_{30}O_8$> Limonin *n*
limonite Limonit *m*, Bergbraun *n*, Braun[eisen]erz *n*, Rasen[eisen]erz *n*, Brauneisenstein *m*, Sumpferz *n*, Wiesenerz *n* *{Min}*
oolitic limonit Linsenerz *n* *{Min}*
limpid durchsichtig, [wasser]klar
limpidity Helle *f*, Klarheit *f*
limulus test Limulustest *m* *{Bakteriologie}*
limy kalkhaltig; kalkig, kalkartig
linaloe [wood] oil Linaloeöl *n*, Cayenne-Linaloeöl *n*, Bois de rose femelle *n* *{etherisches Öl verschiedener Bursera-Arten}*
linalool Linalool *n* *{(S)-Form}*, Coriandrol *n* *{(R)-Form}*; 3,7-Dimethyl-1,6-octadien-3-ol *n*
linalool oxide <$C_{10}H_{17}O_2$> Linaloolhydroxid *n*
linaloolene Linaloolen *n*
linalyl <$C_{10}H_{17}$-> Linalyl-, 2,6-Dimethylocta-2,7-dienyl-
linalyl acetate <$C_{10}H_{17}OOCCH_3$> Linalylacetat *n*, Bergamiol *n*, essigsaures Linalyl *n*
linalyl chloride Linalylchlorid *n*
linalyl formate <$C_{10}H_{17}OOCH$> Linalylformiat *n*
linalyl isobutyrate <$C_{10}H_{17}OOCCH(CH_3)_2$> Linalylisobutyrat *n*
linalyl propionate <$C_{10}H_{17}OOCCH_2CH_3$> Linalylpropionat *n*
linamarin <$C_{10}H_{17}NO_6$> Linamarin *n*, Phaseolunatin *n*, Acetocyanhydrin-*ß*-glucosid *n*
linamarin synthase *{EC 2.4.1.63}* Linamarinsynthase *f*
linarigenin Linarigenin *n*
linarin Linarin *n* *{Glucosid}*

linarite Bleilasur *f*, Kupferbleivitriol *n {obs}*, Linarit *m {Min}*
lindackerite Lindackerit *m {Min}*
lindane <$C_6H_6Cl_6$> Lindan *n*, γ-Hexachlorcyclohexan *n {Insektizid}*
Linde copper sweetening Linde-Kupfersüßung *f {Erdöl, Ton/$CuCl_2$-Gemisch}*
Linde cycle Lindescher Kreisprozeß *m*, Linde-Verfahren *n {Luftverflüssigung}*
Linde process *s.* Linde cycle
lindelofidine Lindelofidin *n*
Lindemann glass Lindemann-Glas *n {Li-Be-Borat}*
linden Linde *f {Tilia L.}*
linden oil Lindenöl *n*
linderazulene Linderazulen *n*
linderic acid Lindersäure *f*
lindesite Lindesit *m {obs}*, Urbanit *m {Min}*
lindgrenite Lindgrenit *m {Min}*
lindsayite Lindsayit *m {obs}*, Anorthit *m {Min}*
line/to 1. [aus]füttern, zustellen *{Met}*; ausschlagen *{z.B. Behälterinnenraum}*; auskleiden, verkleiden, ausfüttern; ausmauern; einfassen *{z.B. Bohrloch}*; 2. abfluchten, einfluchten; 3. bekleben, auskleben, auskaschieren, ausfüttern, [ein]kaschieren, laminieren; 4. [zusammen]gautschen *{Pap}*; 5. linieren, liniieren, strichziehen
line 1. Linie *f*, Strich *m*; Markierung *f*; 2. Leine *f {starke Schnur}*; 3. Zeile *f*, Reihe *f {Druck}*; 4. Gerade *f*, Großkreisbogen *m {Geometrie}*; 5. reines Flachsgarn *n {aus Hechelflachs}*; 6. Linie *f*, Strecke *f*; 7. Leitung *f {Telephon, Rohrleitung, Strom usw.}*; 7. Anlage *f {Tech}*; 8. Falte *f*, Runzel *f*
line blackening Linienintensität *f*, Linienschwärzung *f*
line blender Leitungsmischer *m*, Rohrmischer *m*
line block Strichklischee *n*, Strichätzung *f {Original-Druckplatte für den Buchdruck}*
line breadth Linienbreite *f {Spek}*
line-breadth method Linienbreitenmethode *f*
line broadening Linienverbreiterung *f {Spek}*
line coincidence Linienkoinzidenz *f*, Linienüberdeckung *f*, Überlagerung *f* von Linien *fpl*
line defect linienhafter Gitterfehler *n*, eindimensionale Gitterströmung *f {Krist}*
line density Linienintensität *f*, Linienschwärzung *f*; Liniendichte *f {Spek}*
line-density contour Linienkonturen *fpl*, Konturen *fpl* der Linien *fpl*
line displacement Linienverschiebung *f {Spek}*
line disturbance Netzstörung *f {Elek}*
line focus Strichfokus *m*, strichförmiger Fokus *m*, Götze-Fokus *m {Opt}*
line-focus tube Strichfokusröhre *f*
line-formula method lineare Formelschreibweise *f {Chem}*, Linearformel-Verfahren *n*
line heater Leitungswärmer *m {Chrom}*
line index Zeilenindex *m*
line integral Linienintegral *n*, Kurvenintegral *n {Math}*
line intensity Linienintensität *f*, Linienschwärzung *f {Spek}*
line interval Linienabstand *m*, Linienintervall *n*, Linienzwischenraum *m*
line of blisters Blasenzeile *f {Met}*
line of force Kraftlinie *f*, Flußlinie *f*
line of intersection Schnittlinie *f*
line of numbers Zahlenzeile *f*
line of reference Bezugslinie *f {Graph}*
line of rest Rastlinie *f {Krist}*
line of segregation Steigerungszone *f {Met}*
line of [vector] field Feldlinie *f*
line overlap Linienkoinzidenz *f*, Linienüberdeckung *f*, Überlagerung *f* von Linien
line pair Linienpaar *n {Spek}*
line pair used for analysis Analysenlinienpaar *n {Spek}*
line pressure Betriebsdruck *m*, Leitungsdruck *m*
line regulator Leitungsregulierer *m*
line resistance Leitungswiderstand *m*
line reversal Linienumkehr *f {Spek}*
line screen Raster *m {Spek}*
line shape Linienform *f*, Linienausbildung *f*, Linienkontur *f {Spek}*
line shift Linienverschiebung *f {Spek}*
line spectrum Linienspektrum *n*, Atomspektrum *n*
line splitting Linienaufspaltung *f*, Aufspaltung *f* der Spektrallinien *fpl*
line used for analysis Nachweislinie *f*, Analysenlinie *f*
line voltage Leitungsspannung *f*, Netzspannung *f*
line voltage fluctuation Netzspannungsschwankung *f*
line welding Nahtschweißung *f*
line width Linienbreite *f {Spek}*
absorption line Absorptionslinie *f {Spek}*
broken line gestrichelte Linie *f*
curved line krumme Linie *f*, gebogene Linie *f*, gewölbte Linie *f {Graph}*
dark line Fraunhofer-Linie *f*, Absorptionslinie *f*
dash-dotted line strichpunktierte Linie *f*
dashed line gestrichelte Linie *f*, unterbrochene Linie *f*
dotted line punktierte Linie *f*
emission line Emissionslinie *f {Spek}*
enhanced line verbreiterte Linie *{Spek}*
rich in lines linienreich *{Spek}*
series of lines Linienreihe *f {Spek}*
linear linear, geradlinig; Linear-; Längen-; Strich-

linear acceleration Linearbeschleunigung *f*
linear accelerator Linearbeschleuniger *m* *{Teilchenbeschleuniger}*
linear accelerator for electrons Elektronenlinearbeschleuniger *m*, Linearbeschleuniger *m* für Elektronen *npl*
linear alkyl benzene geradkettiges Alkylbenzol *n*, lineares Alkylbenzol *n*, LAB
linear alkyl sulfonate lineares Alkylsulfonat *n*, LAS
linear analytical curve *{US}* Eichkurvenlinearität *f*, Linearität *f* von Eichkurven
linear annulization lineare Anellierung *f*
linear calibration graph Eichkurvenlinearität *f*, Linearität *f* von Eichkurven
linear colloid Linearkolloid *n*
linear combination of atomic orbitals Linearkombination *f* von Atomorbitalen *npl* *{Valenz}*
linear correlation lineare Korrelation *f*, linearer Zusammenhang *m*, geradliniger Zusammenhang *m*
linear density 1. längenbezogene Masse *f*, Massenbelag *m*, Massenbehang *m* *{kg/m}*; 2. Liniendichte *f* *{Phys}*; 3. Titer *m* *{längenbezogene Masse, Text}*
linear dependence lineare Abhängigkeit *f*
linear differential equation lineare Differentialgleichung *f*
linear dispersion lineare Dispersion *f*
linear energy transfer lineare Energieübertragung *f*, lineares Energieübertragungsvermögen *n*, LET, LEÜ
linear equation lineare Gleichung *f*, Gleichung *f* ersten Grades *{Math}*
linear expansion Längenausdehnung *f*, Längsdehnung *f*
linear expansity thermischer linearer Ausdehnungskoeffizient *m*
linear extension Längenausdehnung *f*
linear interpolation lineare Interpolation *f*
linear low density polyethylene Polyethylene *n* niedriger Dichte *f* mit linearer Struktur *f*, LLDPE
linear macromolecule lineares Makromolekül *n*, unverzweigtes Makromolekül *n*, geradkettiges Makromolekül *n*, fadenförmiges Makromolekül *n*, Fadenmolekül *n*
linear measure Längenmaß *n*
linear measurement Längenmessung *f*, Streckenmessung *f*, Linearmessung *f*
linear molecular chain unverzweigte Molekülkette *f*, lineares Kettenmolekül *n*
linear molecule lineares Molekül *n*, gestrecktes Molekül *n*, stabförmiges Molekül *n*, ungewinkeltes Molekül *n* *{z.B.* CO_2*}*
linear momentum Impuls *m*, Bewegunsgröße *f*, lineares Moment *n* *{{in kg·m/s}*
linear motion drive Schiebedurchführung *f*
linear motor Linearmotor *m* *{Elek}*
linear path geradlinige Bahn *f*
linear phthalate Linearphthalat *n*
linear polarization lineare Polarisation *f*
linear polyethylene lineares Polyethylen *n*, unverzweigtes Polyethylen *n*
linear polymer lineares Polymer[es] *n*, eindimensionales Polymer[es] *n*, Linearpolymer[es] *n*
linear polysiloxane lineares Polysiloxan *n*
linear relationship lineare Beziehung *f*
linear smoke detector linearer Rauchmelder *m*
linear stopping power lineare Energieübertragung *f*, linearer Energietransfer *m*, lineares Bremsvermögen *n* *{Strahlen}*
linear superpolymer lineares Superpolymer *n*
linear thermal expansion lineare Wärmeausdehnung *f*
linear transformation lineare Transformation *f* *{Math}*
coefficient of linear expansion Längenausdehnungskoeffizient *m*, linearer Ausdehnungskoeffizient *m* *{Phys}*
linearise/to linearisieren
linearity Linearität *f*
linearization Linearisierung *f*
linearized linearisiert
linearly dependent linear abhängig
lined ausgekleidet; gefüttert; kaschiert, beklebt *{Pap}*; gedeckt, gegautscht *{Pap}*
lined tube ausgekleidetes Rohr *n*
linelaidic acid Linelaidinsäure *f*
linen 1. leinen; Leinen-, Leinwand-; 2. Leinen[gewebe] *n*, Leinwand *f*, Leinenstoff *m* *{Text}*; Weißware *f*, Weißzeug *n*, Wäsche *f* *{Text}*
linen [rag] paper Leinenpapier *n*
linen rags Leinenhadern *pl*, Leinenlumpen *mpl* *{Pap}*
liner 1. Auskleidung *f*, Ausfütterung *f*, Verkleidung *f* *{z.B. von Rohren, Behältern}*, Futter *n*, Mantel *m*, Einlage *f* *{Met}*; 2. Innensack *m*, Innenseele *f* *{Räder}*; 3. Überzugspapier *n*, Bezugspapier *n*, Deckschicht *f*, Decklage *f*, Deckbahn *f* *{Pap}* 4. Lagerschale *f*, Laufbüchse *f* *{Tech}*; 5. Füllstück *n*, Futterrohr *n* *{Nukl}*; Liner *m* *{gelochter Rohrstrang, Erdöl}*; 6. Scheider *m* *{Elek}*; 7. Mitläuferstoff *m*, Mitläufergewebe *n* *{Gummi}*; Dichtungsscheibe *f* *{Tech}*; 8. Einlegestreifen *m* *{Gieß, Kunst}*; 9. Strichzieher *m*, Schlepper *m* *{Farb}*; Kielpinsel *m* *{Farb}*; 10. Linienflugzeug *n*, Linienschiff *n* *{Transportmittel im Liniendienst eingesetzt}*
liner board 1. Deckenkarton *m*, kaschierter Karton *m* *{Pap}*; 2. Deckenbahn *f* *{Wellpappe}*
liniment Einreibemittel *n*, Liniment *n*, Salbe *f* *{Pharm}*
linin 1. Linin *n*, Oxychromatin *n* *{Zellkern}*; 2. Linin *n* *{Pharm; Linum catharticum}*

lining 1. Auskleidung *f*, Ausfütterung *f*, Verkleidung *f {z.B. von Rohren, Behältern}*; Beschlag *m*; Ausmauerung *f*; Zustellung *f*, Futter *n*, Panzerung *f {Met}*; 2. Einfassung *f {z.B. des Bohrlochs}*; 3. Belag *m*; 4. Bekleben *n*, Kaschieren *n*, Laminieren *n {Text, Pap}*; 5. Futterstoff *m*, Futter *n {Text}*; Abfüttern *n {Text}*; 6. Innensack *m {Rad}*; 7. Linierung *f*, Liniierung *f*, Strichziehen *n {Farb}*; 8. Auskleiden *n*; Ausmauern *n*; Zustellen *n*, Füttern *n {Met}*; Gautschen *n {Pap}*; 9. Mitläuferstoff *m*, Mitläufergewebe *n {Gummi}*; 10. *{US}* Tiegelglasur *f {Keramik, Glas}*
lining material Auskleidungswerkstoff *m*
lining material for repairs Ausbesserungsmasse *f {Öfen}*
lining wax Kaschierwachs *n*
acid lining saure Auskleidung *f {Met}*
acidproof lining säurefeste Auskleidung *f*
basic lining basische Auskleidung *f {Met}*
film for lining Auskleidefolie *f*
neutral lining neutrale Auskleidung *f {Met}*
refractory lining feuerfeste Auskleidung *f*
link/to 1. verbinden, verketten, verknüpfen; verkoppeln; 2. binden *{z.B. Farbstoff an die Unterlage}*, fixieren; 3. sich verbinden
link 1. Glied *n*, Kettenglied *n*, Zwischenglied *n*, Verbindungsglied *n*, Schake *f*; 2. Verbindung *f*; Ring *m*; Bindung *f {Chem}*; 3. Verbindungsleitung *f {EDV, Elek, Telefon}*; 4. Verbindungszweig *m*, Sehne *f*; 5. Verbindungsglied *n {mit Gelenk}*, Zwischenglied *n {Tech}*; Getriebeelement *n*, Getriebeglied *n {Tech}*
link belt Gliederriemen *m*
link stone Schakenstein *m*
linkage 1. [chemische] Bindung *f*; 2. Verbindung *f*, Verkettung *f*, Verknüpfung *f*; Kopplung *f {Tech, Gen}*; 3. Programmverbindung *f {EDV}*; 4. elektrische Durchflutung *f*, Amperewindungszahl *f {Elek}*; 5. Gelenkgetriebe *n*, Koppelgetriebe *n {Tech}*
linkage electron Bindungselektron *n*
linkage energy Bindungsenergie *f*
linkage force Bindungskraft *f*
linker Linker *m {Synthesehilfe für große Fragmente}*
linking 1. Bindung *f*; 2. Verbinden *n*, Verketten *n*; Verkoppelung *f {Tech}*; 3. Ketteln *n {Text}*; 4. Weitergabe *f* mit automatischer Kontrolle *f {Fertigumgsstraße}*
linking energy Bindungsenergie *f {Chem}*
linking machine Kettelmaschine *f {Text}*
linking process Verbindungsprozeß *m*
linnaeite Linneit *m {Kobaltnickelkies, Min}*
Linnean system Linnésches System *n {binäre Nomenklatur der Biologie}*
linocaffein Linocaffein *n*
linocinnamarin Linocinnamarin *n*
linoleate <$C_{17}H_{31}COOR$; $C_{17}H_{31}COOM^{I}$> Linoleat *n {Salz oder Ester der Linolsäure}*, Octadecadienat *n*
linoleate driers Linoleattrockenstoffe *mpl*
linoleic acid <$C_{18}H_{32}O_2$> Linolsäure *f*, Leinölsäure *f*, Octadeca-9,12-diensäure *f {IUPAC}*, Hanfsäure *f {obs}*
linolein[e] Linolein *n {Linolsäureglycerid}*
linolenic acid <$C_{17}H_{29}COOH$> Linolensäure *f*, Octadeca-9,12,15-triensäure *f {IUPAC}*
linolenin Linolenin *n {Linolensäureglycerid}*
linolenyl alcohol <$C_{18}H_{32}O$> Linolenylalkohol *m*, Octadeca-9,12,15-trienol *n*
linoleodistearin Linoleodistearin *n*
linoleone Linoleon *n*
linoleum Linoleum *n {DIN 18171}*
linoleum finish Teppichlack *m*
linoleyl alcohol Linoleylalkohol *m*, Octadeca-9,12-dienol *n*
linoleyltrimethylammonium bromide Linoeyltrimethylammoniumbromid *n*
linolic acid *s.* linoleic acid
linosite Linosit *m {Min}*
linotype metal Linotype-Legierung *f {83,5 % Pb, 13,5 % Sb, 3 % Sn}*
linoxy[li]n Linoxyn *n {Oxidations- und Polymerisationsprodukt des Leinöls}*
linseed Leinsamen *m {Linum usitatissimum}*
linseed cake Leinsamenpreßkuchen *m*, Leinkuchen *m*
linseed decoction Leinsamenabkochung *f*
linseed oil Leinöl *n*, Leinsaatöl *n*, Dicköl *n*
linseed oil cake *s.* linseed cake
linseed oil fatty acid Leinölfettsäure *f*
linseed oil meal *s.* linseed cake
linseed oil paint Leinölfarbe *f*
linseed oil putty Leinölkitt *m {Glaserkitt}*
linseed oil varnish Leinölfirnis *m*; Leinöllack *m*
boiled linseed oil Leinölfirnis *m*; Leinöllack *m*
raw linseed oil Rohleinöl *n*
solid oxidized linseed oil Linoxyn *n*
vulcanized linseed oil Ölkautschuk *m*
linseed standoil Leinöl-Standöl *n*
lint 1. entkörnte Rohbaumwolle *f*; Lint *m {Baumwollgewebe für Krankenhauszwecke}*; Scharpie *f {gezupfte Leinwand, Verbandsmaterial}*; 2. Fussel *m {Pap}*; Fluse *f {Text}*; 3. Papierstaub *m {Pap}*
linters Linters *mpl*, Baumwollinters *mpl*, Faserflug *m {der Baumwollsamenkerne}*, Streubaumwolle *f*
linuron Linuron *n {Herbizid}*
linusinic acid Linusinsäure *f*
liothyronine Liothyronin *n*
liothyronine sodium <$C_{15}H_{11}O_9NI_3Na$> Triiodthyroninnatrium *n*
lip 1. Ausguß *m {z.B. eines Becherglases}*; Gieß-

schnauze *f*, Schnauze *f {Gieß}*; Gießlippe *f {z.B. der Lackgießmaschine}*; 2. Auskragung *f*, Wulstaustrieb *m*; Rand *m {Kante}*; 3. Lippe *f {Tech}*; Lippe *f {Biol}*
lip gasket Lippendichtung *f*
lip pour Gießschnauze *f*
lip protection cream Lippenschutzcreme *f*
lip-type seal Radialdichtung *f*
lip washer Lippendichtung *f*
liparite 1. Liparit *m*, Rhyolith *m*, Paläorhyolit *m*, Quarzporphyr *m {Effusivgestein}*; 2. Liparit *m {Chrysokoll-Fluorit-Talk-Gemenge}*
liparoid fettähnlich
lipases Lipasen *fpl*
lipid[e] Lipid *n {Sammelbezeichnung für Fette und fettähnliche Stoffe}*
lipid bilayer Lipiddoppelschicht *f {Physiol}*
lipid catabolism Lipidkatabolismus *m*, Fettabbau *m {Physiol}*
lipid-lowering substances Lipidsenker *mpl*
lipid membrane Lipidmembran *f*
lipid metabolism Lipidstoffwechsel *m*
lipid-soluble lipidlöslich
nonsaponifiable lipid nicht verseifbares Lipid *n*
saponifiable lipid verseifbares Lipid *n*
lipoblast Fettzelle *f*, Lipoblast *m*
lipocatabolism *s.* lipid catabolism
lipochromes Lipochrome *npl*, Chromolipide *npl*, Carotinoide *npl*
lipoclasis Fettspaltung *f*, Lipolyse *f {Physiol}*
lipocyte Fettzelle *f*, Lipozyt *m*
lipogenesis Lipogenese *f {Physiol}*
lipogenous fettbildend
lipoic acid <$C_8H_{14}O_2S_2$> Liponsäure *f*, Thioctansäure *f*, Thioctsäure *f*, Thioctinsäure *f*
lipoid 1. fettähnlich, fettartig, lipoid; 2. Lipoid *n*, komplexes Lipid *n*, fettähnlicher Stoff *m*
lipoiodin Lipoiodin *n*, Ethyldiiodobrassidat *n*
lipolysis Fettspaltung *f*, Lipolyse *f {Physiol}*
lipolytic fettspaltend, lipolytisch *{Physiol}*
lipolytic agent Fettspalter *m*
lipometabolism Fetthaushalt *m*, Fettstoffwechsel *m*
liponamide Liponamid *n*, Thioctamid *n*
lipophile lipophil, fettaffin, fettfreundlich, in Fett löslich, sich mit Fett mischend
lipophilic *s.* lipophile
lipophobic lipophob, fettabstoßend, fettunverträglich
lipophore Chromatophor *m {lipochromhaltiger Chromophor im Gewebe}*
lipopolysaccharides Lipopolysaccharide *npl*
lipoproteid[e] *s.* lipoproteines
lipoprotein lipase *{EC 3.1.1.34}* Linoproteinlipase *f*
lipoproteins Lipoproteide *npl {obs}*, Proteolipide *npl {obs}*, Lipoproteine *npl*
liposoluble fettlöslich
liposome Liposom *n {kugelige Lipid-Doppelschichten}*
lipotropic agent lipotropisches Mittel *n {Physiol, z.B. Inositol}*
lipotropin Lipotropin *n*, lipotropes Hormon *n*
Lipowitz's alloy Lipowitz-Legierung *f {Sprinkler-Schmelzlegierung; 50 % Bi, 27 % Pb, 10 % Cd, 13 % Sn}*
lipoxidase *{EC 1.13.11.12}* Lipooxidase *f*, Lipooxigenase *f {IUB}*
lipped mortar Ausgußmörser *m*
liquate/to 1. [ab]darren; [ab]seigern, ausseigern, entmischen *{der Komponenten aus Rohmetall}*; sich ausscheiden, seigern *{aus Legierungen}*; 2. verflüssigen, schmelzen
liquated copper Darrkupfer *n*
liquation 1. Darren *n*, Abdarren *n*, Darrarbeit *f*; Seigern *n*, Abseigern *n*, Ausseigern *n*, Entmischen *n {Met}*; Seigerung *f {als unerwünschte Erscheinung}*; 2. Liquation *f*, liquide Entmischung *f {Geol, magmatischer Schmelzen}*
liquation hearth Seigerherd *m*; Abdörrofen *m*, Darrofen *m {Kupfer}*
liquation lead Seigerblei *n*
liquation process Seigerprozeß *m*
liquation residue Seigerrückstand *m*
liquation silver Werksilber *n {Met}*
liquation slag Seigerschlacke *f*
liquation vat Ausschwitzgefäß *n*, Seigerungsgefäß *n {Met}*
separate by liquation/to ausseigern
liquefaction 1. Flüssigmachung *n*, Verflüssigen *n*, Liquefaktion *f*; Schmelzen *n {Met}*; 2. Flüssigwerden *n*, Verflüssigung *f*
liquefaction of air Luftverflüssigung *f*
liquefaction of gases Gasverflüssigung *f*
liquefaction process Verflüssigungsverfahren *n*
coal liquefaction Kohleverflüssigung *f*
liquefiable gas verflüssigbares Gas *n*
liquefied air verflüssigte Luft *f*, Flüssigluft *f*
liquefied anhydrous ammonia verflüssigter wasserfreier Ammoniak *m*
liquefied gas Flüssiggas *n*
liquefied natural gas verflüssigtes Erdgas *n {meist CH_4}*, LNG
liquefied petroleum gas Flüssiggas *n {nur Kohlenwasserstoffe; meist Butan/Propan, DIN 51612}*, verflüssigtes Erd[öl]gas *n*, LPG
liquefier 1. Verflüssiger *m*, Verflüssigungsapparat *m*; 2. Kondensator *m*, Kondensatabscheider *m*
liquefy/to verflüssigen, flüssig machen; sich verflüssigen, flüssig werden; schmelzen *{Met}*
liquefying Verflüssigen *n*, Verflüssigung *f*
liquefying agent Verflüssigungsmittel *n*
liquefying column Luftzerlegungssäule *f*, Rektifiziersäule *f*, Verflüssigungssäule *f*

liquefying plant Verflüssigungsanlage *f*
liquefying point Tropfpunkt *m*
liquescent schmelzend, flüssig werden
liqueur Likör *m*
liquid 1. flüssig, tropfbar; dünnflüssig *{Öl}*; klar, durchsichtig; 2. Flüssigkeit *f*, flüssiger Körper *m*, tropfbarer Körper *m*; 3. flüssige Phase *f*, Liquidphase *f*; Schmelze *f*
liquid absorbing power Saugkraft *f*, Saugfähigkeit *f*
liquid absorption capacity Flüssigkeitsaufnahmevermögen *n*
liquid additive Flüssigadditiv *n*
liquid air flüssige Luft *f*, Flüssigluft *f*
liquid ammonia Flüssigammoniak *m*
liquid-bath furnace Schmelzbadofen *m*
liquid-borne in einer Flüssigkeit *f* schwebend
liquid carburizing Salzbadaufkohlen *n*, Badaufkohlen *n*, Salzbadzementieren *n*, Badzementieren *n*, Aufkohlen *n* in flüssigen Mitteln *npl*, Zementieren *n* in flüssigen Mitteln *npl {Met, 850 - 950 °C}*
liquid cell Flüssigkeitsküvette *f*
liquid chemical products *{ISO 2211}* flüssige Chemikalien *fpl*, flüssige chemische Erzeugnisse *npl*
liquid chlorine Flüssigchlor *n*
liquid chromatography Flüssigkeitschromatographie *f*, Flüssig-Chromatographie *f*
liquid chromatography analysis flüssigkeitschromatographische Analyse *f*
liquid circulation Flüssigkeitsumlauf *m*; Flottenumlauf *m {Text}*
liquid colo[u]r Flüssigfarbe *f*
liquid column Flüssigkeitssäule *f*
liquid-column ga[u]ge U-Manometer *n*, U-Rohrmanometer *n*
liquid-cooled flüssigkeitsgekühlt
liquid cooler Flüssigkeitskühler *m*
liquid cooling Flüssigkeitskühlung *f*
liquid crystal Flüssigkristall *m*, flüssiger Kristall *m*, kristalline Flüssigkeit *f*, anisotrope Flüssigkeit *f*, mesomorphe Flüssigkeit *f*
liquid crystal digital readout Flüssigkristall-Ziffernanzeige *f*
liquid crystal display Flüssigkristall-Anzeige *f*, Flüssigkristall-Anzeigeeinheit *f*, LC-Display *n*, LCD
liquid damping Flüssigkeitsdämpfung *f*
liquid density Flüssigkeitsdichte *f*
liquid detergent Flüssigwaschmittel *n*, flüssiges Waschmittel *n*
liquid dielectrics Isolierflüssigkeit *f {z.B. Transformator- oder Kabelöl}*
liquid distributor Flüssigkeitsverteiler *m {Dest}*
liquid-drop model Tröpfchenmodell *n {Nukl}*
liquid drying agent flüssiges Sikkativ *n*
liquid-effluent pump Abwasserpumpe *f*
liquid explosive flüssiger Sprengstoff *m*
liquid extinguishing agent flüssiges Löschmittel *n*
liquid feed point Verteilungsstelle *f {Dest}*
liquid-filled thermometer Flüssigkeitsthermometer *n*
liquid film Flüssigfolie *f*, Flüssigkeitsfilm *m*
liquid filter Flüssigkeitsfilter *n*
liquid flowmeter Flüssigkeitsströmungsmesser *m {Instr}*
liquid fruit product Fruchtsaft *m*
liquid fuel flüssiger Brennstoff *m {DIN 51 416}*; flüssiger Kraftstoff *m*; Flüssigtreibstoff *m {Raketen}*
liquid gas Flüssiggas *n {verflüssigte Kohlenwasserstoffe}*
liquid glue *{BS 745}* flüssiger Leim *m*
liquid hydrogen Flüssigwasserstoff *m*, flüssiger Wasserstoff *m {LH_2}*
liquid-impingement erosion Tropfenschlagerosion *f*, Aufprallerosion *f* durch Flüssigkeiten *fpl*, Wasserschlagerosion *f {Erosion durch Aufprall flüssiger Stoffe}*
liquid-in-glass thermometer Flüssigkeits-Glasthermometer *n*
liquid-in-metal thermometer Flüssigkeits-Metallthermometer *n*
liquid jet Flüssigkeitsstrahl *m*; Mischdüse *f* für Flüssigkeiten
liquid-jet pump Flüssigkeitsstrahlpumpe *f*
liquid-jet recorder Flüssigkeitsstrahl-Schreiber *m*
liquid layer Flüssigkeitsschicht *f*
liquid level Flüssigkeitsspiegel *m*, Flüssigkeitsstand *m*, Flüssigkeitsniveau *n*
liquid-level controller Niveaukontrolle *f*, Niveauregelung *f*, Pegelüberwachung *f*, Flüssigkeitsstandwächter *m*
liquid-level indicator Flüssigkeitsspiegelanzeige *f*, Flüssigkeitsstandsanzeiger *m*, Füllstandanzeiger *m {für Flüssigkeiten}*
liquid-level measuring instrument Flüssigkeitsstandmeßgerät *n*
liquid level monitor *s.* liquid-level controller
liquid-level sensing element Füllstandfühler *m*
liquid-liquid chemical reaction Flüssig-Flüssig-Reaktion *f*
liquid-liquid extraction Flüssig-Flüssig Extraktion *f*, Extraktion *f* flüssig-flüssig, Solventextraktion *f*, Extraktion *f* in flüssigen Systemen
liquid-liquid extraction plant Flüssig-Flüssig-Extraktionsanlage *f*, Extraktionsanlage *f* flüssig-flüssig
liquid-liquid interface Flüssig-Flüssig Grenzfläche *f*, Grenzfläche *f* flüssig-flüssig, Phasengrenze *f* flüssig-flüssig

liquid-liquid transition Flüssig-Flüssig-Übergang *m {Polymer}*
liquid-load factor F-Faktor *m {Dest}*
liquid lubricant flüssiger Schmierstoff *m*, Schmierflüssigkeit *f*
liquid magmatic liquidmagmatisch
liquid manure Düngejauche *f*, Gülle *f*, Mistjauche *f*, Flüssigmist *m {Agri}*
liquid measure Flüssigkeitsmaß *n {Phys}*
liquid-metal cooling Flüssigmetallkühlung *f*
liquid metal embrittlement Flüssigmetallversprödung *f*, Versprödung *f* durch flüssige Metalle *npl {z.B. an Schweiß- und Lötstellen}*, Lötbrüchigkeit *f*,
liquid-metal fuel cell Flüssigmetall-Brennstoffzelle *f {K-Bi-Salzzelle}*
liquid-metal nuclear fuel Flüssigmetallbrennstoff *{Nukl}*
liquid-metal pump Flüssigmetallpumpe *f*
liquid-metal ultra-high vacuum valve Ultrahochvakuumventil *n* mit Schmelzmetalldichtung *f*
liquid-metal vacuum valve Schmelzmetall-Vakuumventil *n*
liquid meter Flüssigkeitsmesser *m*, Durchflußmengenmesser *m* für Flüssigkeiten *fpl*, Mengenstrommesser *m* für Flüssigkeiten *fpl*
liquid mist removal Nebelabscheidung *f*
liquid mixing apparatus Flüssigkeitsmischapparat *m*
liquid mixture Flüssigkeitsgemisch *n*
liquid nitrogen flüssiger Stickstoff *m*, verflüssigter Stickstoff *m*, Flüssigstickstoff *m*
liquid-nitrogen cooled trap system Flüssigstickstoff-Kühlfallensystem *n {Vak}*
liquid nitrogen dispensing unit Nachfüllvorrichtung *f* für flüssigen Stickstoff
liquid-overflow alarm Flüssigkeitsüberlaufmelder *m*
liquid oxygen flüssiger Sauerstoff *m*, verflüssigter Sauerstoff *m*, Flüssigsauerstoff *m*, Lox
liquid-oxygen explosive Flüssigluft-Sprengstoff *m*
liquid-permeability testing Flüssigkeit-Durchlässigkeitsprüfung *f*
liquid permeameter Flüssigkeits-Durchlässigkeitsmeßgerät *n*
liquid petrol gas Flüssiggas *n*, verflüssigtes Erd[öl]gas *n*, LPG
liquid petroleum products flüssige Erdölprodukte *npl*
liquid phase 1. Flüssig[keits]phase *f*, flüssige Phase *f*; Sumpfphase *f {bei der Hochdruckhydrierung}*; 2. Trennflüssigkeit *f {Chrom}*
liquid-phase cracking Flüssigphasekracken *n*, Flüssigphase-Krackverfahren *n*, Kracken *n* in Flüssigphase, Kracken *n* in flüssiger Phase
liquid-phase hydrogenation Sumpfphase[n]hydrierung *f*, Hydrierung *f* in Sumpfphase *f*, Hydrierung *f* in flüssiger Phase *f*
liquid-phase oxidation Flüssigphasenoxidation *f*
liquid-phase process Sumpfverfahren *n {Hochdruckhydrierung}*, Flüssigphaseverfahren *n*
liquid phenolic resin Phenolflüssigharz *n*
liquid piston Flüssigkeitsring *m*
liquid pitch oil*s.* creosote
liquid polish Polierflüssigkeit *f*
liquid radioactive effluent radioaktive Abfallflüssigkeit *f*, radiaktive Abwässer *npl*
liquid radioactive waste *s.* liquid radioactive effluent
liquid-residue furnace Ofen *m* für flüssige Abfallreste *mpl*
liquid resin Flüssigharz *n*, Harzöl *n*, Kiefernöl *n*, Tallöl *n*
liquid resin blend Flüssigharzkombination *f*
liquid resin press mo[u]lding Naßpreßverfahren *n*
liquid resistance Flüssigkeitswiderstand *m*
liquid-ring [vacuum] pump Flüssigkeitsring-Vakuumpumpe *f*
liquid rosin Tallöl *n*, Kiefernöl *n*, Harzöl *n*, Flüssigharz *n*
liquid rubber Flüssigkautschuk *m*
liquid scintillation counter Flüssigkeits-Szintillationszähler *m*, Flüssigszintillationszähler *m*, Zähler *m* mit flüssigem Szintilator *m*
liquid scintillator Flüssigkeitsszintillator *m*
liquid seal Flüssigkeitsdichtung *f*, Flüssigkeitssperrung *f*, Flüssigkeitsverschluß *m {z.B. für Rührwerke}*, Absperrtopf *m*
liquid-seal pump Flüssigkeitsringpumpe *f*, Wasserringpumpe *f*
liquid-seal rotary compressor Flüssigkeitsringverdichter *m*
liquid-sealed mechanical pump flüssigkeitsgedichtete mechanische Pumpe *f*
liquid seal[ing] Flüssigkeitsverschluß *m*, hydraulischer Abschluß *m*
liquid silicone rubber Flüssigsiliconkautschuk *m*
liquid-sintering oven Schmelzsinterofen *m*
liquid slag flüssige Schlacke *f {Met}*
liquid-sulfur dioxide-benzene process Schwefeldioxid-Benzol-Extraktion *f {Erdöl}*
liquid soap flüssige Seife *f*
liquid-solid chemical reaction Flüssig-Fest-Reaktion *f*
liquid-solid chromatography Flüssig-Fest-Chromatographie *f*, Liquidus-Solidus-Chromatographie *f*, LSC, Flüssig-Adsorptionschromatographie *f*
liquid-solid equilibrium Fest-Flüssig-Gleichgewicht *n*

liquid solidification Erstarren *n* einer Flüssigkeit, Einfrieren *n*, Festwerden *n* einer Flüssigkeit, Gefrieren *n*
liquid state of matter flüssiger Aggregatzustand *m*
liquid sugar flüssige Raffinade *f*
liquid supply Flüssigkeitszufuhr *f*
liquid surface Flüssigkeitsoberfläche *f*
liquid tight seal flüssigkeitfester Verschluß *m*
liquid-vapo[u]r equilibrium Flüssigkeit-Dampf-Gleichgewicht *n*
liquid-vapo[u]r ratio Flüssigkeit-Dampf-Verhältnis *n*
liquid-vapo[u]r reaction Flüssig-Gas-Reaktion *f*
liquid waste Abfallflüssigkeit *f*, Abwässer *npl*, flüssige Abfallstoffe *mpl*, Flüssigabfall *m*
liquid-waste area sump Abwassersumpf *m*
liquid-waste concentration plant Eindikkungsanlage *f*
liquid-waste disposal system Abwasseraufbereitung *f*
liquid-waste evaporator [unit] Abwasserverdampfer *m*
liquid-waste filter Abwasserfilter *n*
liquid waste hold-up tank Abwasser[sammel]behälter *m*
liquid-waste pump Abwasserpumpe *f*
liquid-waste residues Abwasserrückstände *mpl*
liquid-waste thickening plant Eindickungsanlage *f*
ideal liquid ideale Flüssigkeit *f*
immiscible liquid nicht mischbare Flüssigkeit *f*
impermeable to liquids flüssigkeitsundurchlässig
level of liquid Flüssigkeitsstand *m*
miscible liquid mischbare Flüssigkeit *f*
Newtonian liquid Newtonsche Flüssigkeit *f*
optically void liquid optisch leere Flüssigkeit *f*
raising of liquids Flüssigkeitsförderung *f*
sealed liquids Flüssigkeitseinschlüsse *mpl*
water-white liquid wasserklare Flüssigkeit *f*, wasserhelle Flüssigkeit *f*

liquidification 1. Verflüssigen *n*, Verflüssigung *f*; Schmelzen *n {Met}*; 2. Flüssigwerden, Verflüssigung *f*
liquidity Dünnflüssigkeit *f*, flüssiger Zustand *m*
liquidus curve Liquiduskurve *f*, Liquiduslinie *f*, Löslichkeitskurve *f*, Flüssigkurve *f*, Flüssiglinie *f*
liquidus line *s.* liquidus curve
liquidus temperature Liquiduspunkt *m {oberer Schmelzpunkt}*
liquify/to *s.* liquefy
liquifying agent Verflüssigungsmittel *n*
liquor 1. Flüssigkeit *f*, wäßrige Lösung *f*; 2. Lauge *f {Tech}*; Brühe *f {Leder}*; Brauwasser *n {Brau}*; Kläre *f {Zucker}*; Flotte *f*, Bad *n {Text}*; Kochsäure *f*, Kochlauge *f {Pap}*; 3. alkoholisches Getränk *n*, geistiges Getränk *n*, Branntwein *m*; 4. Wasser *n {Kohlehydrierung}*; wäßriges Kondensat *n {Schwelung}*
liquor circulation Flottenzirkulation *f*, Flottenkreislauf *m {Text}*
liquor concentration Flottenkonzentration *f {Farb}*
liquor distributor Laugenverteiler *m {Pap}*
liquor finishing bath Vorzinnbad *n*
liquor [length] ratio Flottenverhältnis *n {Farb}*; Säureverhältnis *n*, Laugenverhältnis *n*
liquor recovery Ablaugengewinnung *f*, Ablaugenregeneration *f*, Laugenregeneration *f*
crude liquor Rohlauge *f*

liquorice Lakritze *f*, Lakritzensaft *m*, Süßholzsaft *m {von Glycyrrhiza glabra L.}*
liquoring bath Tauchbad *n*
liroconite Lirokonit *m*, Linsenerz *n {Min}*
liskeardite Liskeardit *m {Min}*
lisoloid Flüssig-in-Feststoff-Kolloid *n*; Gallerte *f*
Lissajous figures Lissajous-Figuren *fpl*, Lissajoussche Figuren *fpl*
lissamine dyestuff Lissaminfarbstoff *m*
list 1. Liste *f*, Aufstellung *f*; Tabelle *f*; Verzeichnis *n*; Katalog *m*; 2. Webekante *f*, Salband *n*, Randleiste *f*, Salkante *f*; 3. Schlagseite *f {Schiff}*
list of defects Fehlerkatalog *m*
list of duties *s.* list of requirements
list of requirements Anforderungskatalog *m*, Lastenheft *n*, Pflichtenheft *n*
list of suppliers Lieferantennachweis *m*, Lieferantenverzeichnis *n*
list pot Abtropfpfanne *f*

listing 1. Protokoll *n*, Ausdruck *m*, Auflistung *f*, Liste *f {EDV}*; 2. Webkante *f*, Salleiste *f*, Randleiste *f*, Salband *n {Text}*; 3. Brettkante *f*
listoform soap Listoformseife *f*
liter *{US}* Liter *m n*, l, L *{bis 1964: 1000,028 cm^3; SI-Einheit 1dm^3}*
liter flask Literkolben *m*
capacity in liters Literinhalt *m*
Mohr liter Mohr-Liter *m n {obs, = 1000,91 cm^3}*
weight per liter Litergewicht *n*

literature documentation Literaturdokumentation *m*, Literaturverfolgung *f*
literature search Literaturstudium *n*
litharge Bleiglätte *f*, Bleiocker *m*, Bleischwamm *m*, Lithargit *m {natürliches PbO, Min}*; Blei(II)-oxid *n*, Bleimonoxid *n*
litharge-glycerine cement Glycerin-Bleiglätte-Kitt *m*
litharge of gold Goldglätte *f*, gelbe Glätte *f*
litharge of silver Silberglätte *f*
black impure litharge Fußglätte *f*
hard litharge Frischglätte *f*

leaded litharge Bleisuboxid *n*, Dibleimonoxid *n*
lithia <Li_2O> Lithiumoxid *n*, Lithiummonoxid *n*, Lithion *n*
lithia feldspar Lithiumfeldspat *m {Min}*
lithia mica Lithiumglimmer *m*, Lithionglimmer *m*, Lepidolit *m {Min}*
lithionite Lithionit *m {Min}*
lithiophilite Lithiophilit *m {Min}*
lithiophorite Lithiophorit *m*; Allophytin *m {Min}*
lithium *{Li, element no. 3}* Lithium *n*
lithium acetate <$CH_3COOLi \cdot 2H_2O$> Lithiumacetat[-Dihydrat] *n*
lithium acetyl salicylate Apyron *n*, Grifa *n*, Lithiumacetylsalicylat *n*
lithium acetylide <Li_2C_2> Lithiumacetylid *n*, Lithiumcarbid *n*
lithium alcoholate Lithiumalkoholat *n*
lithium alkyl Lithiumalkyl *n*, Alkyllithium *n*
lithium aluminate <$LiAlO_2$> Lithiumaluminat *n*
lithium aluminium deuteride <$LiAlD_4$> Lithiumaluminiumdeuterid *n*, Lithiumtetradeuteroaluminat *n*
lithium aluminium hydride <$LiAlH_4$> Lithiumalanat *n*, Lithiumaluminiumhydrid *n*, Lithiumtetrahydridoaluminat *n {IUPAC}*
lithium amide <$LINH_2$> Lithiumamid *n*
lithium aryl Lithiumaryl *n*
lithium arsenate <$Li_3AsO_4 \cdot 0,5H_2O$> Lithiumorthoarsenat(V) *n*, Lithiumarsenat *n*
lithium azide <LiN_3> Lithiumazid *n*
lithium-base grease Lithiumfett *n*
lithium battery Lithiumbatterie *f {Li/LiI/Iod-Polyvinylpyridin}*
lithium benzoate <$LiC_7H_5O_2$> Lithiumbenzoat *n*
lithium bicarbonate <$LiHCO_3$> Lithiumbicarbonat *n*, Lithiumhydrogencarbonat *n {IUPAC}*
lithium borate *s.* litium metaborate and/or lithium tetraborate
lithium borate glass Lithiumboratglas *n*
lithium borohydride <$LiBH_4$> Lithiumborhydrid *n*, Lithiumboranat *n*, Lithiumhydridoborat *n*
lithium bromide <$LiBr$> Lithiumbromid *n*
lithium carbonate <Li_2CO_3> Lithiumcarbonat *n*
lithium cell 1. Lithium-Elektroysezelle *f*; 2. Lithium-Element *n {Elek}*
lithium chelate Lithiumchelat *n*
lithium chlorate <$LiClO_3$> Lithiumchlorat *n*
lithium chloride <$LiCl$> Lithiumchlorid *n*, Chlorlithium *n {obs}*
lithium chromate <Li_2CrO_4> Lithiumchromat *n*
lithium citrate <$C_3H_4(OH)(COOLi)_3 \cdot 4H_2O$> Lithiumcitrat *n*
lithium cobaltite <$LiCoO_2$> Lithiumcobaltit *m*
lithium complex soap [grease] Lithiumkomplexseifen-Schmierfett *n {Trib}*
lithium deuteride <LiD> Lithiumdeuterid *n*
lithium dichromate <$Li_2Cr_2O_7$> Lithiumdichromat(VI) *n*
lithium ethylate Lithiumethylat *n*
lithium ferrosilicon Lithiumferrosilicium *n*
lithium fluoride <LiF> Lithiumfluorid *n*
lithium fluoride crystal Lithiumfluorid-Kristall *m {Spek}*
lithium fluorophosphate <$LiF \cdot Li_3PO_4 \cdot H_2O$> Lithiumfluorophosphat *n*
lithium grease Lithiumfett *n*, Lithiumseifenfett *n*
lithium halides Lithiumhalogenide *npl*
lithium hexachloroplatinate(II) <$Li_2PtCl_6 \cdot 6H_2O$> Lithiumhexachloroplatinat(II) *n*
lithium hexafluorosilicate <$Li_2SiCl_6 \cdot 2H_2O$> Lithiumhexafluorosilicat *n*
lithium hydride <LiH> Lithiumhydrid *n*
lithium hydrogen carbonate <$LiHCO_3$> Lithiumhydrogencarbonat *n*, Lithiumbicarbonat *n {obs}*
lithium hydroxide <$LiOH$> Lithiumhydroxid *n*, Lithionhydrat *n*, Lithiumhydrat *n*
lithium-12-hydroxy grease Lithium-12-hydroxyfett *n*
lithium hydroxystearate <$LiO\text{-}OC(CH_2)_{10}CHOH(CH_2)_5CH_3$> Lithiumhydroxystearat *n*
lithium-12-hydroxystearate grease Lithium-12-hydroxystearat-Fett *n {Trib}*
lithium hypochlorite <$LiOCl$> Lithiumhypochlorit *n*
lithium iodate <$LiIO_3$> Lithiumiodat *n*
lithium iodide <$LiI \cdot 3H_2O$> Lithiumiodid[-Trihydrat] *n*, Jodlithium *n*
lithium lactate <$LiC_3H_5O_3$> Lithiumlactat *n*
lithium manganite <Li_2MnO_3> Lithiummanganit *n*
lithium metaborate [dihydrate] <$LiBO_2 \cdot 2H_2O$> Lithiummetaborat[-Dihydrat] *n*
lithium metasilicate <Li_2SiO_3> Lithiummetasilicat *n*, Lithiumtrioxosilicat *n*
lithium methoxide <$LiOCH_3$> Lithiummethylat *n*
lithium mica Lepidolith *m*, Lithionglimmer *m*, Lithiumglimmer *m {Min}*
lithium molybdate <Li_2MoO_4> Lithiummolybdat(VI) *n*
lithium myristate <$C_{13}H_{27}COOLi$> Lithiummyristat *n*
lithium niobate <$LiNbO_3$> Lithium-

niobat(V) *n*, Lithiummetaniobat *n*, Lithiumtrioxoniobat *n*

lithium nitrate <$LiNO_3$> Lithiumnitrat *n*

lithium nitride <Li_3N> Lithiumnitrid *n*, Stickstofflithium *n {obs}*

lithium nitrite <$LiNO_2{\cdot}H_2O$> Lithiumnitrit[-Hydrat] *n*

lithium ore Lithiumerz *n*

lithium orthoarsenate <$Li_3AsO_4{\cdot}0{,}5H_2O$> Lithiumarsenat *n*, Lithiumorthoarsenat(V)[-Hemihydrat] *n*

lithium orthophosphate <$2Li_3PO_4{\cdot}H_2O$> Lithiumorthophosphat(V) *n*, Lithiumphosphat *n*

lithium orthosilicate <Li_4SiO_4> Lithiumorthosilicat *n*, Lithiumtetraoxosilicat *n*

lithium oxide <Li_2O> Lithiumoxid *n*, Lithion *n*, Lithiummonoxid *n*

lithium perchlorate <$LiClO_4$> Lithiumperchlorat *n*

lithium peroxide <Li_2O_2> Lithiumperoxid *n*

lithium phosphate *s.* lithium orthophosphate

lithium quinate Urosin *n {Pharm}*

lithium ricinoleate <$LiOOC_{17}H_{32}OH$> Lithiumricinoleat *n*

lithium salicylate Lithiumsalicylat *n*

lithium silicate *s.* lithium metasilicate and/or lithium orthosilicate

lithium silicate glass Lithiumsilicatglas *n*

lithium silicide <Li_6Si_2> Lithiumsilicid *n*, Hexalithiumdisilicid *n*

lithium soap grease Lithiumseifen-Schmierfett *n*, Lithiumseifenfett *n {Trib}*

lithium stearate <$LiOOCC_{17}H_{35}$> Lithiumstearat *n*

lithium sulfate <$Li_2SO_4{\cdot}H_2O$> Lithiumsulfat[-Hydrat] *n*

lithium tantalate Lithiumtantalat *n*

lithium tetraborate <$Li_2B_4O_7{\cdot}5H_2O$> Lithiumtetraborat[-Pentahydrat] *n*

lithium tetrahydroborate <$LiBH_4$> Lithiumborhydrid *n*, Lithiumboranat *n*, Lithiumtetrahydridoborat *n {IUPAC}*

lithium titanate <Li_2TiO_3> Lithiumtitanat *n*

lithium tungstate <Li_2WO_4> Lithiumwolframat *n*

lithium urate Lithiumurat *n*

lithium vanadate <$LiVO_3{\cdot}2H_2O$> Lithiummetavanadat(V)[-Dihydrat] *n*, Lithiumvanadat *n*

lithium zirconate <Li_2ZrO_3> Lithiumzirconat *n*

lithium-zirconium silicate <$Li_2O{\cdot}ZrO_2{\cdot}SiO_2$> Lithiumzirconiumsilicat *n*

litho 1. Lithographie *f*, Steindruck *m*; 2. Lithographiepapier *n*, Steindruckpapier *n*; *{heute meist}* Offset[druck]papier *n*

litho oil lithographisches Öl *n*

lithocholic acid <$C_{24}H_{40}O_3$> Lithocholsäure *f*, 3-Hydroxycholansäure *f*

lithochromatics Chromolithographie *f*, Farbendruck *m*

lithocolla Steinkitt *m*, Steinleim *m*

lithograph/to lithographieren

lithograph *s.* litho 1.

lithographic lithographisch; Steindruck-

lithographic colo[u]r Lithographiefarbe *f*, Steindruckfarbe *f*; Plakatfarbe *f*

lithographic oil lithographisches Öl *n*

lithographic printing Steindruck *m*, lithographischer Druck *m*, Lithographie *f*

lithographic varnish Leinölfirnis *m*, lithographischer Lack *m*

lithography 1. Lithographie *f {Elektronik}*; 2. *s.* litho

lithol fast yellow GG Litholechtgelb GG *n*

lithol red Litholrot *n {Tobias-Säure/β-Naphthol}*

lithol scarlet Litholscharlach *n*

litholeine Litholein *n*

lithomarge Steinmark *n*, Wundererde *f*, Lithomarge *f {Min}*

lithomarge containing iron Eisensteinmark *n {Min}*

lithophone *s.* lithopone

lithophosphor Leuchtstein *m*

lithopone Lithopone *f*, Lithopon *n*, Zinkolithweiß *n*, Zinksulfidweiß *n*, Schwefelzinkweiß *n*, Patentzinkweiß *n*, Emailweiß *n*, Griffithweiß *n*, Knightsweiß *n*, Charltonweiß *n*, Orrs White *n*, Deckweiß *n {Weißpigment aus $BaSO_4$ und ZnS}*

cadmium lithopone Cadmiumlithopon *n {$BaSO_4$ + CdS}*

lithosiderite Lithosiderit *m*, Mesoiderit *m {Min, Meteorit}*

lithosphere Lithosphäre *f*, Gesteinshülle *f*, Gesteinskruste *f*, Gesteinsmantel *m {Geol; Oxosphäre 5 - 60 km; Plattentektonik bis 100 km}*

lithotype Lithotyp *m {Kohle; DIN 22005}*, Streifenart *f {der Steinkohlenlagerung}*

lithoxyl[e] versteinertes Holz *n*

litigation claims Haftungsforderungen *fpl*

litmopyrine Grifa *n*, Lithiumacetylsalicylat *n*

litmus Lackmus *m n*, Tournesol *n {obs}*

litmus blue Lackmusblau *n*

litmus indicator Lackmusindikator *m {Lab}*

litmus liquor Lackmustinktur *f*

litmus paper Lackmuspapier *n*

litmus solution Lackmustinktur *f*

litre *{GB}* *s.* liter *{US}*

litter Abfall *m*

litter bin Abfallgrube *f*

little-used metal Sondermetall *n*

Littrow arrangement Littrow-Anordnung *f*, Littrow-Aufstellung *f {Spek}*

Littrow grating spectrograph Littrow-Gitterspektrograph *m*

Littrow prism Prisma *n* in Littrow-Aufstellung *f* *{Spek}*
Littrow quartz spectrograph Littrow-Quarzspektrograph *m*
litz [wire] Drahtlitze *f*, Litzendraht *m*, Hochfrequenzlitze *f*
live 1. glühend *{Kohle}*; 2. lebend, lebendig; aktiv; 3. stromführend, stromdurchflossen, unter Strom *m* stehend, unter Spannung *f* stehend, spannungsführend *{Elek}*; 4. knisternd *{Feuer}*; hallig, mit Nachhall *m* *{Akustik}*; 5. mitlaufend *{Tech}*; 6. scharf *{z.B. Munition}*; 7. erzführend; 8. direkt, live, unmittelbar; Direkt-
live oil gashaltiges Öl *n*
live ore Schütterz *n*
live steam Direktdampf *m*, direkter Dampf *m*, gespannter Dampf *m*, Frischdampf *m*, überhitzter Dampf *m*
live virus vaccine Lebendvirusvakzine *f*
livestock feed Tierfutter *n*
liveingite Liveingit *m* *{Min}*
liveliness 1. Heftigkeit *f*; 2. Lebendigkeit *f*, Sprunghaftigkeit *f* *{von Wolle}*
liver 1. Leber *f*; 2. Welligkeit *f* *{Emailglasur}*
liver-brown leberbraun
liver-brown cinnabar Lebererz *n* *{Min}*
liver metabolism Leberstoffwechsel *m*
liver of sulfur Schwefelleber *f*, Hepar sulfuris *{technisches Kaliumsulfid}*
liver sugar Glykogen *n*
livering Eindicken *n*, Eindickung *f* *{Farb}*
living being Lebewesen *n*
living cells Frischzellen *fpl*
livingstonite Livingstonit *m* *{Min}*
lixivial salt Laugensalz *n*
lixiviate/to [aus]laugen, mit Lauge *f* behandeln, auswaschen, herauslösen, ausziehen, extrahieren
lixiviating tank Auslaugebehälter *m*
lixiviating vat Auslaugekasten *m*
lixiviation Auslaugung *f*, Auslaugen *n*, Laugung *f*, Auswaschen *n*, Herauslösen *n*, Ausziehen *n*, Extrahieren *n*, Extraktion *f*
lixiviation plant Lauge[n]anlage *f*, Auslaugeanlage *f*, Laugerei *f* *{Met, Erz}*
lixiviation residue Laugerückstand *m*
lixiviation vat Laugebottich *m*
lixivious laugenartig
lixivium Extrakt *m*, Lauge *f*
crude lixivium Rohlauge *f*
lizard stone Serpentinmarmor *m* *{Min}*
LNG *{liquified natural gas}* verflüssigtes Erdgas *n* *{meist CH_4}*
load/to 1. beladen, bepacken, beschweren; 2. aufladen, aufgeben, einfüllen, einschütten, einlegen, eintragen, einwerfen *{Füllgut}*; 3. füllen, beschicken, chargieren, speisen *{z.B. einen Hochofen}*; 4. belasten *{Elek}*; 5. verfälschen *{z.B. Wein}*; 6. laden *{EDV-Programm}*; 7. einlegen *{Photo}*
load 1. Last *f*, [mechanische] Belastung *f*; Beanspruchung *f* *{durch äußere Kräfte}*; 2. Ladung *f*, Füllung *f*, Charge *f*; Beschickung *f*, Beladung *f* *{Met}*; 3. Ladegut *n*, Frachtgut *n*, Fracht *f*; 4. Stromverbraucher *m*, Verbraucher *m* *{Elek}*; 5. Belastung *f* *{z.B. einer Energieanlage in kW}*; Last *f* *{z.B. der Belastungswiderstand eines Wandlers}*, Bürde *f* *{Elek}*; 6. Gerbsäuregehalt *m* *{Leder}*; 7. Beschwerungsmittel *n*, Erschwerungsmittel *n* *{Text}*; 8. Load *n* *{obs; 1. Raummaß = 1,4158 m^3; 2. Golderz-Gewicht = 725 kg}*; 9. Ladegewicht *n*
load alternation Lastwechsel *m*
load area Belastungsfläche *f*
load at break Bruchlast *f*, Bruchbelastung *f* *{Materialprüfung}*
load at failure Bruchlast *f*, Bruchbelastung *f* *{Materialprüfung}*
load at rupture *s.* load at failure
load-bearing tragend
load-bearing capacity Lastaufnahmefähigkeit *f*, Belastbarkeit *f*, Lastaufnahmevermögen *n*; Tragverhalten *n*, Tragfähigkeit *f*
load-bearing strength Tragfähigkeit *f*, Tragverhalten *{z.B. Lager}*
load capacity 1. Belastbarkeit *f*, Belastungsfähigkeit *f*; 2. Tragfähigkeit *f*; 3. Aufnahmefähigkeit *f* *{z.B. eines Containers}*; Einsatzmasse *f*; 4. Förderleistung *f*, Saugleistung *f*, Fördermenge *f*, Durchsatz *m*, Durchsatzmenge *f*
load-carrying capacity Belastbarkeit *f* *{DIN 50282}*, Druckaufnahmefähigkeit *f*, Lastaufnahmefähigkeit *f*, Lasttragfähigkeit *f* *{z.B. eines Ölfilms}*, Druckaufnahmevermögen *n* *{Trib}*
load-carrying equipment Förderanlage *f*
load change Laständerung *f*
load circuit Arbeitskreis *m*, Heizkreis *m*, Lastkreis *m* *{Elek}*
load-compensated lastkompensiert
load compensation Belastungsausgleich *m*
load cycle Lastspiel *n*, Lastzyklus *m*, Lastwechsel *m*, Belastungszyklus *m* *{Materialprüfung}*
load-cycle frequency Lastspielfrequenz *f*
load-cycle rate Lastspielzahl *f*
load-displacement curve Lastverformungskurve *f* *{Rißbruchzähigkeit}*
load-elongation curve Kraft-Längenänderungskurve *f*, Kraft-Verlängerungskurve *f*, Last-Dehnungskurve *f*
load evaporator Leistungsverdampfer *m*
load-extension curve *s.* load-elongation curve
load factor 1. Belastungsfaktor *m*, Belastung *f*, Belastungsgrad *m*, Belastungskoeffi-

zient *m*; Leistungsfaktor *m {Elek}*; 2. Nutzladefaktor *m {Transport}*
load feed Beschickung *f*
load fluctuation Belastungsschwankung *f*, Lastschwankung *f*, Belastungswechsel *m*
load frequency Lastfrequenz *f*
load impedance Verbraucherimpedanz *f*, Klemmscheinwiderstand *m {Elek}*
load per surface Flächenbelastung *f*
load period Betriebszeit *f*, Betriebsdauer *f*, Einsatzdauer *f*, Belastungsdauer *f*
load resistance Arbeitswiderstand *m*, Verbraucherwiderstand *m*, Lastwiderstand *m*; Außenwiderstand *m {Elek}*
load spectrum Belastungsfolgen *fpl*
load spectrum under service conditions Beanspruchungs-Charakteristik *f*
load test Belastungsprobe *f*, Belastungsversuch *m*; Druckerweichungsprüfung *f {Email}*
load test up to breaking Belastungsprobe *f* bis zum Bruch *m {Materialprüfung}*
load to fracture Bruchlast *f*, Bruchbelastung *f*, Bruchbeanspruchung *f {Materialprüfung}*
load variation Belastungsänderung *f*, Belastungswechsel *m {Elek}*; Lastwechsel *m*
axially symmetrical load drehsymmetrische Belastung *f*
dead load Belastung *f* durch Eigengewicht, ruhende Last *f*
dummy load künstliche Belastung *{Elek}*
loadability Belastbarkeit *f {Tech, Anal}*
loadable belastbar
loaded 1. beladen, belastet, beschwert *{mechanisch}*; 2. gefüllt *{Gefäß}*, füllstoffhaltig, mit Füllstoffen *mpl*; beschickt *{z.B. Hochofen}*; 3. belastet *{Elek}*; 4. eingetragen, eingelegt, aufgegeben, eingefüllt *{Füllgut}*; geladen *{EDV}*
loaded concrete Schwerbeton *m {Nukl}*
loaded ebonite *{BS 3164}* gefüllter Hartgummi *m*
loaded glass cloth harzgetränktes Glasseidengewebe *n*
loaded glass-fiber mat harzgetränkte Glasseidenmatte *f*
loaded roving harzgetränkter Roving *m*, harzgetränkter Glasfaserstrang *m {Laminiertechnik}*
loaded stream extinguisher [alkalisalzhaltiger] Feuerlöscher *m*
loaded valve Belastungsventil *n*
heavily loaded füllstoffreich
lightly loaded füllstoffarm
loader 1. Einfüller *m*, Zuführmaschine *f*, Beschickungsvorrichtung *f*; Ladegerät *n*, Lader *m*, Verlader *m*; 2. Zuschlag *m*, Zuschlagstoff *m*; Füllstoff *m*; Papierfüllstoff *m {Pap}*
loading 1. Beladen *n*, Beschicken *n*, Füllen *n*, Chargieren *n {von Gefäßen}*; 2. Aufladen *n*, Laden *n*, Einfüllen *n*, Aufgeben *n*, Einschütten *n*, Eintragen *n*, Einlegen *n*, Einwerfen *n {von Füllgut}*; 3. Beschweren *n*, Füllen *n {mit Füllstoffen}*; 4. Füllstoff *m*, Beschwerungsmaterial *n*; Beschwerungsmittel *n*, Erschwerungsmittel *n {Text}*; 5. Aufnahmemasse *f {Holzschutz}*; 6. Bespulung *f*, Pupinisierung *f {Elek}*; 7. Zusetzen *n*, Verschmieren *n {Tech}*; 8. Ladung *f*, Fracht *f*, Last *f*, Belastung *f*, Beladung *f*; Verladung
loading agent *s.* loading 4.
loading aperture Füllöffnung *f*
loading-bearing tragend
loading capacity Belastbarkeit *f*, Belastungsvermögen *n*, Ladefähigkeit *f*
loading cavity Füllraum *m*, Füllkammer *f*
loading chamber Füllkammer *f*, Füllraum *m*
loading chute Laderinne *f*, Laderutsche *f*, Ladeschurre *f*
loading curve Belastungskurve *f*
loading density Füllungsdichte *f*; Ladedichte *f*, Ladungsdichte *f*, Ladungskonzentration *f*; Belastungsdichte *f {Krist}*
loading funnel Füllstutzen *m*, Einfülltrichter *m*, Füllrumpf *m {Lab}*
loading hopper Füllbunker *m*, Aufgabetrichter *m*, Einschütttrichter *m*, Fülltrichter *m*, Beschickungstrichter *m*
loading of electrodes Elektrodenbelastung *f*
loading per unit area Flächeneinheitslast *f*
loading platform Laderampe *f*, Verladerampe *f*
loading plunger Füllkolben *m {Kunst, Gummi}*
loading point 1. Aufgabestelle *f*, [obere] Belastungsgrenze *f*; 2. Staupunkt *m*, Staugrenze *f {Dest}*
loading rack Laderampe *f*, Verladerampe *f*
loading ramp Laderampe *f*, Verladerampe *f*
loading rate Belastung *f {z.B. mit Wasserinhaltsstoffen}*
loading resistance Ballastwiderstand *m*
loading sequence Belastungsfolgen *fpl*
loading stage Belastungsschritt *m*
loading test Belastungsprüfung *f*, Belastungsversuch *m*, Belastungsprobe *f*, Probebelastung *f*
loading time Beanspruchungsdauer *f*, Belastungsdauer *f*, Belastungszeit *f*; Ladezeit *f*
loading tray Füllblech *n*, Fülltablett *n*, Füllvorrichtung *f {für Preßwerkzeuge}*, Siebplatte *f*
loading trough Einflußrinne *f*
loading vessel Beschwerungsküpe *f {Text}*
loading with metallic salts Metallbeschwerung *f*
range of loading Beanspruchungsbereich *m*
loadstone *s.* lodestone
loaf 1. Laib *m*; 2. Zuckerhut *m*; 3. Kuchen *m*, Tonklumpen *m {Keramik}*
loaf sugar Hutzucker *m {Lebensmittel}*
loam Lehm *m {Geol}*; Letten *m {Sammelbezeichnung für unreine, geschichtete Tone}*

loam cake Lehmkuchen *m*
loam casting Lehmformguß *m {Met}*
loam core Lehmkern *m {Gieß}*
loam lute Lehmkitt *m*
loam mill Lehmknetmaschine *f*; 2. Tonmühle *f*, Kleimühle *f {Keramik}*; 3. Formsandmaschine *f {Gieß}*
loam mortar Lehmmörtel *m*
loam mo[u]ld Lehmform *f {Gieß}*
loamy lehmartig, lehmhaltig, lehmig; Lehm-
loamy marl Lehmmergel *m*
loamy sand fetter Sand *m*, Klebsand *m {stark tonhaltiger Quarzsand}*
lobaric acid Lobarsäure *f*, Stereokaulsäure *f*
lobe 1. Lappen *m {Med}*; Ohrläppchen *n {Biol}*; 2. Flügel *m*, Lappen *m*, Nase *f {Tech}*; Daumen *m {des Dauemnrades}*; 3. Erhebung *f*, Höker *m {des Nockens}*
lobe[-rotor] pump Wälzkolbenpumpe *f*, Kapselpumpe *f*, Drehkolbenpumpe *f*
lobed impeller meter Ovalradzähler *m*
lobelanine Lobelanin *n {1-Methyl-2,6-diphenacylpiperidin}*
lobelia Lobelie *f*, Lobelienkraut *n {Glockenblumengewächs Lobelia inflata}*
lobelia tincture Lobelientinktur *f*
lobeline <$C_{22}H_{27}NO_2$> Lobelin *n*, Inflatin *n {Alkaloid einiger Lobelien-Arten}*
lobelinic acid Lobelinsäure *f*
lobster 1. hummerrot, krebsrot; 2. Hummer *m*
lobster back Segment[rohr]bogen *m*
local örtlich, lokal; Lokal-, Orts-
local action 1. Lokalwirkung *f*; 2. Selbstentladung *f {Batterie}*; 3. Lokalkorrosion *f*, Punktkorrosion *f*
local an[a]esthetic Lokalanästhetikum *n*, örtliches Betäubungsmittel *n {Med}*
local analysis Lokalanalyse *f*, Ortsanalyse *f*, Punktanalyse *f {Chem}*
local cell Lokalelement *n {Korr}*
local coefficient of heat transfer örtlicher Wärmeübergangskoeffizient *m {Thermo}*
local dose rate Ortsdosisleistung *f {in Gy/s}*
local embrittlement Lokalversprödung *f*
local enrichment örtliche Anreicherung *f*, lokale Anreicherung *f*
local value Stellenwert *m {Math}*
local yield lokales Fließen *n {Werkstoff}*
localization 1. [örtliche] Begrenzung *f*, Eingrenzung *f*, Lokalisierung *f*, Lokalisation *f*; 2. Ortung *f*, örtliche Bestimmung *f*, Ortsbestimmung *f*
localization theorem Lokalisierungssatz *m*
localize/to 1. eingrenzen, begrenzen, lokalisieren, örtlich festlegen; 2. suchen, aufspüren, orten *{eine Stelle, Lage genau bestimmen}*; 3.[sich] konzentrieren
localized bending örtlich begrenztes Biegen *n {von Plastumformteilen}*
localized corrosion Lokalkorrosion *f*, örtliche Korrosion *f*, Lochfraß *m*
locant Stellungsziffer *f {Stereochem}*, Lokant *m*
locaose Lokaose *f*
locate/to 1. eingrenzen, begrenzen, lokalisieren, örtlich festlegen; 2. suchen, aufspüren, orten *{eine Stelle, Lage genau bestimmen}*; 3.[sich] konzentrieren; 4. unterbringen *{z.B. Atome auf Zwischengitterplätzen}*
location 1. Stelle *f*, Ort *m*; Standort *m {z.B. einer Industrie, eines Unternehmens}*; 2. Platz *m {im allgemeinen}*; Bauplatz *m*; *{US}* Baugrundstück *n*, Flurstück *n*, Parzelle *f*; 3. Speicherplatz *m*, Arbeitsspeicherplatz *m {EDV}*; 4. Unterbringung *f {Atome auf Zwischengitterplätzen}*; 5. Positionierung *f*, Zentrierung *f*, Ausrichtung *f*, genaue Anordnung *f {Tech}*; 6. Fixierung *f*, Verdrehsicherung *f*; 7. Standortbestimmung *f*, Ortung *f*; Lokation *f {1. Navigation; 2. Stelle, wo gebohrt wird}*; 8. Begrenzung *f*, Eingrenzung *f*, Lokalisierung *f*
location of mistakes Fehlereingrenzung *f*
location of use Umgangsort *m {z.B. mit radioaktivem Material}*
locator 1. Suchgerät *n*; 2. Lokalisierer *m*, Positionsgeber *m {EDV}*
lock/to 1. [zu]schließen, verschließen, abschließen; zusperren, verriegeln; 2. hemmen; blockieren; 3. absperren, sperren, festsperren; 4. schleusen, durchschleusen
lock 1. Verschluß *m*; 2. Arretierung *f*, Verrastung *f*, Verriegelung *f*, Sperrung *f*; Sperreinrichtung *f*, Sperre *f*, Feststellvorrichtung *f*, Arretiereinrichtung *f {Tech}*; 3. Schloß *n {z.B. an Türen}*; 4. Schleuse *f {Tech}*; 5. Locke *f*; Büschel *n {z.B. Faserbüschel, Wollbüschel}*; Strähne *f*
lock chamber Schleusenkammer *f*
lock installation Schleusenanlage *f*
lock nut Gegenmutter *f*, Kontermutter *f*, Feststellmutter *f*; Feststellring *m*, Klemmvorrichtung *f*
lock plate Sicherungsblech *n*
lock plug return spring Rückstellfeder *f*
lock ring Verschlußring *m*, Spannringverschluß *m*
lock valve Schleusenventil *n*
lock washer Federring *m {Schraubensicherung}*
lockable arretierbar; verschließbar, abschließbar
locked verriegelt; verschlossen; arretiert
locked compound verschlossener Gebäudeteil *m {Sicherheit}*
locker [abschließbarer] Schrank *m*, Spind *m*; Schließfach *n*
locking 1. Riegel-, Sperr-; 2. Hemmung *f*, Verblockung *f*; Sperren *n*, Fixierung *f*, Arretieren *n*;

3. Schließen *n*, Verriegeln *n*, Verriegelung *f* *{z.B. von Spritzgießwerkzeugen}*

locking button Arretierungsknopf *m*

locking device Verriegelung *f*; Arretier[ungs]einrichtung *f*, Arretierung *f*, Feststelleinrichtung *f*, Feststellvorrichtung *f*, Sperre *f*, Sperreinrichtung *f*; Schraubensicherung *f*

locking force Werkzeugschließkraft *f*, Zuhaltedruck *m*, Werkzeugzuhaltedruck *m*, Zuhaltekraft *f*, Verriegelkraft *f*, Werkzeugzuhaltekraft *f*, Formzuhaltekraft *f* *{Gieß}*

locking lever Feststellhebel *m*

locking mechanism Arretiervorrichtung *f*, Sperrwerk *n*; Verriegelungssystem *n*, Verriegelung[seinrichtung] *f*, Zuhalteeinrichtung *f*, Maschinenzuhaltung *f*, Zuhaltemechanismus *m*

locking ring Klemmring *m*, Spannring *m*, Feststellring *m*, Schließring *m*

locking screw Arretierschraube *f*, Feststellschraube *f*, Sicherungsschraube *f*, Verschlußschraube *f*, Klemmschraube *f*, Verblockungsschraube *f*

locknit 1. maschenfest *{Text}*; 2. Charmeuse *f* *{Kettenwirkware}*

locomotive 1. fahrbar, ortsveränderlich, fortbewegungsfähig; 2. Lokomotive *f*, Lok *f*

locus 1. [genauer] Ort *m*; Örtlichkeit *f*; 2. geometrischer Ort *m*, Ortskurve *f*, geometrische Figur *f* *{Math}*; 3. Locus *m* *{Gen}*

achromatic locus achromatisches Gebiet *n*

geometrical locus geometrischer Ort *m*, Ortskurve *f*, geometrische Figur *f* *{Math}*

locust bean Johannisbrot *n* *{Ceratonia siliqua L.}*

lode 1. Erzader *f*, Erzgang *m*, erzführender Gang *m*, Mineralgang *m*, Mineralader *f*, Flöz *m*; 2. Deich *m*, Damm *m* *{aus Erdbaustoffen}*

lode seam Erzader *f*

lodestone **<Fe_3O_4>** Magneteisenstein *m*, Siegelstein *m* *{obs}*, Magneteisenerz *n*, Magnetit *m* *{Min}*

lodge/to 1. [sicher] deponieren; unterbringen, aufnemen; 2. stecken bleiben; sich festfressen; 3. Einspruch *m* erheben *{Patent}*

lodged grain Lagergetreide *n*; Lagerfrucht *f*

loellingite Arsenofferit *m*, Löllingite *m* *{Min}*

loess Löß *m* *{Geol}*

loeweite Löweit *m* *{Min}*

log/to 1. protokollieren, auflisten *{EDV}*; registrieren, aufzeichnen; 2. vermessen *{Bohrloch}*; 3. loggen *{mit dem Log messen}*; 4. zersägen

log 1. Baumklotz *m*, unbearbeiteter Baumstamm *m*, unbearbeiteter Holzstamm *m*, Stammblock *m*; Lang[nutz]holz *n*; 2. Logarithmus *m* *{Math}*; 3. Protokoll *n*, Ausdruck *m*, Auflistung *f*; 4. Bohrlochaufnahme *f*, Log *n* *{Erdöl}*; 5. Log *n* *{Meßgerät für Schiffe}*

log count rate meter logarithmischer Mittelwertmesser *m*

log-log plot doppeltlogarithmisches Diagramm *n*

log-paper Logarithmenpapier *n*

loganin **<$C_{17}H_{26}O_{10}$>** Loganin *n*

loganite Loganit *m*

logarithm Logarithmus *m* *{Math}*

Brigg's logarithm *s.* common logarithm

common logarithm Briggsscher Logarithmus *m*, dekadischer Logarithmus *m* *{Basis 10}*

decadic logarithm *s.* common logarithm

decimal logarithm *s.* common logarithm

Napierian logarithm natürlicher Logarithmus *m*, Napierscher Logarithmus *m* *{Basis e}*

natural logarithm *s.* Napierian logarithm

logarithmic logarithmisch

logarithmic chart logarithmische Darstellung *f*

logarithmic coordinate paper einfach logarithmisches Koordinatenpapier *n*

logarithmic count rate meter logarithmischer Mittelwertmesser *m*

logarithmic decrement logarithmisches Dekrement *n*

logarithmic extinction curve logarithmische Extinktionskurve *f*

logarithmic function Logarithmusfunktion *f*, logarithmische Funktion *f*

logarithmic graph paper Logarithmenpapier *n*, logarithmisches Zeichenpapier *n*, einfach logarithmisches Koordinatenpapier *m*

logarithmic plotting *s.* logarithmic chart

logarithmic scale logarithmische Skale *f*

logarithmic sector method logarithmisches Sektorverfahren *n* *{Spek}*

logarithmic table Logarithmentafel *f* *{Math}*

logging 1. Registrierung *f*, Aufzeichnung *f*; Protokollierung *f*, Auflistung *f* *{EDV}*; 2. Vermessen *n* *{Bohrloch}*; 3. Loggen *n* *{mit dem Log messen}*; 4. Zersägen *n*

logic 1. logisch; Logik-; 2. Logik *f* *{eine Grundwissenschaft}*; 3. Logik *f*, Verknüpfungen *fpl* *{EDV}*

logic circuit Logikschaltkreis *m*

logic diagram Funktionsplan *m*, Logikdiagramm *n*

logic function Logikfunktion *f*

logical logisch, folgerichtig; Logik-

logwood Blauholz *n*, Blutholz *n*, Campecheholz *n* *{Haematoxylum campechianum L.}*

logwood crystals **<$C_{10}H_{14}O_6{\cdot}3H_2O$>** Hämatoxylin *n*

logwood extract Blauholzextrakt *m* *{von Haematoxylum campechianum L.}*

logwood liquor Blauholztinktur *f* *{von Haematoxylum campechianum L.}*

loiponic acid **<$C_7H_{11}NO_4$>** Loiponsäure *f*, Piperidin-3,4-dicarbonsäure *f*

lomatiol Lomatiol *n*
lonchidite Lonchidit *m*
lone electron pair einsames Elektronenpaar *n*, freies Elektronenpaar *n {Valenz}*
long 1. lang; Lang-; 2. hochplastisch *{z.B. Ton}*
long-arm centrifuge Langarmzentrifuge *f*
long-chain langkettig *{z.B. Polymer}*; Ketten- *{Molekül}*
long-chain alcohol langkettiger Alkohol *m*
long-chain branching Langkettenverzweigung *f {Plastmoleküle}*
long-chain character Langkettigkeit *f*
long-chain molecule langkettiges Molekül *n*, Kettenmolekül *n*
long-distance gas Ferngas *n*
long-distance line Rohrfernleitung *f*, Fernleitung *f*
long-distance operation Fernantrieb *m*
long-duration test Dauerversuch *m*, Langzeitversuch *m*, Langzeittest *m*, Langzeitprüfung *f*
long-fibre[d] langfas[e]rig
long-flame coal langflammige [brennende] Steinkohle *f*
long-focus langbrennweitig
long-handed tool Fernbedienungsgerät *n*
long-lasting dauerhaft, langandauernd, langanhaltend; langlebig *{z.B. Batterie}*
long-life langlebig; Langzeit-
long-life preparation Dauerpräparat *n*
long-lived langlebig; Langzeit-
long malt Grünmalz *n*
long-neck flat-bottom flask Langhals-Stehkolben *m*
long-neck round-bottom flask Langhals-Rundkolben *m*
long-necked langhalsig
long-necked flask Langhalskolben *m {Lab}*
long oil 1. langölig, ölreich; 2. fetter Öllack *m*, fetter Lack *m*
long-oil alkyd fettiges Alkydharz *n*, langöliges Alkyd[harz] *n*, Langölalkydharz *n*
long-oil resin *s.* long-oil alkyd
long-path [gas] cell Langweggasküvette *f {Anal}*
long-reach nozzle Tauchdüse *f*, verlängerte Düse *f*
long residue Destillationsrückstand *m*, atmosphärischer Rückstand *m*, Topprückstand *m*
long-service stress Dauerbeanspruchung *f*
long-slot burner Langlochbrenner *m*
long-stretched langgestreckt
long-term langfristig, langwierig, langzeitig; Lang-, Langzeit-
long-term ag[e]ing Langzeitlagerung *f*, Dauerlagerung *f {Met}*
long-term behavio[u]r Zeitstandverhalten *n*, Langzeitverhalten *n*, Dauerstandverhalten *n*
long-term chemical resistance Chemikalien-Zeitstandverhalten *n*, Langzeitverhalten *n* von Chemikalien
long-term creep Langzeitkriechen *n*
long-term dielectric strength Dauerdurchschlagfestigkeit *f*, Langzeit-Durchschlagfestigkeit *f*
long-term durability Langzeitbeständigkeit *f*, Langzeithaltbarkeit *f*
long-term effect Langzeitwirkung *f*
long-term failure test under internal hydrostatic pressure Innendruck-Zeitstanduntersuchung *f*, Zeitstand-Innendruckversuch *m {z.B. von PVC-Rohren}*
long-term flexural strength Dauerbiegefestigkeit *f*
long-term heat ag[e]ing Dauerwärmelagerung *f*
long-term heat resistance Dauerwärmestabilität *f*, Dauerwärmebeständigkeit *f*, Dauertemperaturbelastungsbereich *m*, Dauertemperaturbeständigkeit *f*, Dauerwärmebelastbarkeit *f*
long-term internal pressure test for pipes Rohrinnendruckversuch *m {Langzeitversuch}*
long-term irradiation Langzeitbestrahlung *f*
long-term milling test Dauerwalz[en]test *m*
long-term performance Zeitstandverhalten *n*, Dauergebrauchseigenschaften *fpl*, Langzeitverhalten *n*, Dauerstandverhalten *n*
long-term properties Langzeiteigenschaften *fpl*
long-term resistance to internal hydrostatic pressure Innendruck-Zeitstandverhalten *n*, Innendruck-Zeitstandwert *m {z.B. von PVC-Rohren}*
long-term service temperature Dauergebrauchstemperatur *f*
long-term stability Langzeitstabilität *f*
long-term stress Dauerbelastung *f*, Langzeitbeanspruchung *f*, Langzeitbelastung *f*, Zeitstandbeanspruchung *f*
long-term temperature resistance Dauertemperaturbelastungsbereich *m*
long-term tensile stress Zeitstand-Zugbeanspruchung *f*
long-term test voltage Dauerprüfspannung *f*
long-term test[ing] Langzeitprüfung *f*, Langzeittest *m*, Langzeituntersuchung *f*, Langzeitversuch *m*, Dauerversuch *m*
long-term thermal stability Dauertemperaturbeständigkeit *f*, Dauerwärmebeständigkeit *f*, Dauerwärmestabilität *f*
long-term torsional bending stress Dauertorsionsbiegebeanspruchung *f*
long-term tracking resistance Kriechstromzeitbeständigkeit *f*
long-term weathering resistance Dauerwitterungsstabilität *f*
long test *s.* long-term test[ing]

long-time annealing Langzeitglühen *n*
long-time behavio[u]r Langzeitverhalten *n*
long-time burning oil Leuchtpetroleum *n*, Langzeitbrennöl *n*, Signalöl *n*
long-time corrosion test Langzeitkorrosionsversuch *m*
long-time creep behaviour Langzeitkriechverhalten *n* *{Kunst}*
long-time creep test Langzeitdauerstandsversuch *m*, Zeitstandversuch *m*
long-time deformation behaviour Langzeitdeformationsverhalten *n*, deformationsmechanisches Langzeitverhalten *n*
long-time high temperature tensile strength Langzeitwärmefestigkeit *f*
long-time oscillation test Dauerschwingversuch *m*
long-time performance Langzeitverhalten *n*
long-time rupture elongation Zeitbruchdehnung *f*
long-time service behavio[u]r Langzeitgebrauchsverhalten *n* *{Plastformteile}*
long-time storage test Dauerlagerversuch *m*
long-time test[ing] *s.* long-term test[ing]
long-tube evaporator Langrohrverdampfer *m*
long-tube vertical[-film] evaporator Langrohr[-Vertikal]verdampfer *m*, Vertikalrohrverdampfer *m*, Kletterfilmverdampfer *m*, Kestner-Verdampfer *m*

longevity lange Lebensdauer *f*; Langlebigkeit *f*
longibornane Longibornan *n*
longiborneol Longiborneol *n*
longifolene Longifolen *n*
longifolic acid Longifolsäure *f*
longitude Länge *f* *{Geographie}*
degree of longitude Längengrad *m*
longitudinal longitudinal, längs, in Längsrichtung *f*; Längs-
longitudinal acceleration Längsbeschleunigung *f*
longitudinal-arch kiln Ringofen *m* mit Längswänden *mpl*, Ringofen *m* mit Längsgewölbe *n* *{Keramik}*
longitudinal axis Längsachse *f*
longitudinal crack Längsriß *m*
longitudinal direction Längsrichtung *f*; Laufrichtung *f*, Maschinenrichtung *f* *{Pap}*
longitudinal expansion lineare Ausdehnung *f*, Längs[aus]dehnung *f*
longitudinal extension *s.* longitudinal expansion
longitudinal flow Längsströmung *f*
longitudinal induction Längsinduktion *f*
longitudinal magnetization Längsmagnetisierung *f*
longitudinal magnetoresistance Längsmagnetoresistenz *f*, longitudinale magnetische Widerstandsänderung *f*
longitudinal magnetostriction Längsmagnetostriktion *f*, longitudinaler Joule-Effekt *m*
longitudinal marks Linienmarkierungen *fpl*, Längsmarkierungen *fpl*
longitudinal mixing Axialvermischung *f*, Längsvermischung *f*, axiale Rückvermischung *f*
longitudinal movement Längsbewegung *f*
longitudinal oscillation Längsschwingung *f*, Longitudinalschwingung *f*
longitudinal section Längsschnitt *m*
longitudinal shrinkage Längenschrumpf *m*, Längenschwund *m*, Längskontraktion *f*, Längsschrumpfung *f*, Längsschwindung *f*
longitudinal stress Längsspannung *f*
longitudinal stretching Längs[ver]streckung *f* *{Kunst}*
longitudinal vibration Längsschwingung *f*, Longitudinalschwingung *f*
longitudinal view Längsansicht *f*
longitudinal wave Longitudinalwelle *f*, Längswelle *f*

longitudinally längs-; Längs-
longitudinally oriented längsgerichtet, längsverstreckt

look 1. Aussehen *n*, Anblick *m*; 2. Look *m* *{Text}*
look out ! Achtung !, Vorsicht ! *{Sicherheit}*

loom 1. Webmaschine *f*, [mechanischer] Webstuhl *m*; 2. Isolierschlauch *m*, nichtmetallisches Isolierrohr *n*
loom oil Webstuhlöl *n*, Spindelöl *n*

loop 1. Schlaufe *f*, Schleife *f*, Schlinge *f*; Öse *f*; 2. [geschlossener] Regelkreis *m*; Wirkungskette *f*, Wirkungsweg *m* *{Automation}*; 3. Ringleitung *f* *{Elek}*; 4. Loop *m n* *{Nukl}*; 5. Masche *f* *{Text}*; Henkel *m* *{im Henkelplüsch}*; 6. Krümmung *f*; 7. Schwingungsbauch *m* *{Phys}*
loop dryer *s.* loop-type dryer
loop galvanometer Schleifengalvanometer *n*
loop scavanging Umkehrspülung *f*, Schnürle-Spülung *f* *{Zweitaktmotoren}*
loop strength Knotenfestigkeit *f*, Schlingenfestigkeit *f*, Schlingen-Reißkraft *f* *{Text}*
loop tenacity Maschenfestigkeit *f*
loop-type dryer Hängetrockner *m*, Schleifentrockner *m*, Trocknergehänge *n*, Girlandentrockner *m*

loose 1. lose, locker; 2. frei, ungebunden; 3. spannungslos, schlaff; 4. schaltbar; mit [ungewolltem] Spiel *n*, mit [ungewolltem] totem Gang *m*; 5. unverfestigt, locker, lose *{Geol}*
loose connection Wackelkontakt *m* *{Elek}*
loose goods Schüttgut *n*
loose-leaf publication Loseblattausgabe *f*
loose mo[u]ld Handform *f* *{Gieß}*
loose-rock stratum Lockergesteinsschicht *f*
loose weight Schüttgewicht *n*

loosely crosslinked schwach vernetzt, weitmaschig vernetzt

loosely packed locker gepackt
loosen/to 1. locker machen, lockern; 2. lösen, losmachen, ablösen; abschrauben; 3. sich lokkern, sich lösen, locker werden, lose werden
loosen up/to auflockern, lockern *{z.B. chemische Bindung, Filterbett}*
loosening Lockerung *f*, Auflockerung *f*; Loslösung *f*
loparite Loparit *m {Min}*
lopezite Lopezit *m {Min}*
lophine <$C_{21}H_{16}N_2$> Lophin *n*, 2,4,5-Triphenyl-1*H*-imidazol *n*
lophoite Lophoit *m {obs}*, Rhidipolith *m {Min}*
lophophorine <$C_{13}H_{17}NO_3$> Lophophorin *n*, Methoxyanhalonin *n*
lorandite <$TlAsS_2$> Lorandit *m {Min}*
loranskite Loranskit *m {Min}*
Lorentz-Lorenz equation Lorentz-Lorenzsche Refraktionsgleichung *f*
Lorentz transformation Lorentz-Transformation *f*
Lorentz unit Lorentz-Einheit *f {Spek; in* $m^{-1} = eH/4\pi em$*}*
loretin <$C_9H_4INOH{\cdot}HSO_3$> Loretin *n*
lorry 1. fahrbare Sturzbühne *f {Bergbau}*; 2. *{GB}* Lastkraftwagen *m*, Lkw
Loschmidt constant Loschmidt-Konstante *f {= Anzahl der Teilchen je* cm^3 *eines idealen Gases bei 1,01325 kPa/0°C; =* $2{,}6873{\cdot}10^{19}/cm^3$*}*; s.a. Loschmidt number
Loschmidt number 1. Loschmidtsche Zahl *f {=* $2{,}6873{\cdot}10^{19}$*}*; 2. Avogadro-Zahl *f*, Avogadro-Konstante *f {Anzahl der elementaren Einheiten je Mol; =* $6{,}022{\cdot}10^{23}/mol$*}*
lose/to 1. abgeben, verlieren *{z.B. Energie, Farbe}*; 2. verpassen; 3. nachgehen *{z.B. Uhr}*
lose black colo[u]r/to abschwärzen
lose colo[u]r/to abfärben; verbleichen, verschießen, ausbleichen *{von Farben}*
losophan <$C_6HI(OH)CH_3$> Losophan *n*, Triiodometacresol *n*
loss/to abgeben, verlieren
loss 1. Verlust *m {im allgemeinen}*; 2. Schaden *m*; Ausschuß *m*, Verlust *m*; 3. Dämpfung *f*, Abnahme *f*; 4. Verlust *m*, Schwund *m*; 5. Ausfall *m*
loss angle Verlustwinkel *m {Elek}*
loss at red heat Glühverlust *m*, Abbrandverlust *m {Met}*
loss by evaporation Einzehrung *f*
loss by oxidation and volatilization Abbrand *m {Metallschmelze}*
loss determinated by submission to red heat Glühverlust *m*
loss due to leakage Leckverlust *m*
loss factor 1. [mechanischer] Verlustfaktor *m*; 2. [dielektrischer] Verlustfaktor *m*, [dielektrische] Verlustziffer *f*
loss from cooling Abkühlverlust *m*
loss in efficiency Leistungsverlust *m*
loss in mass Masseverlust *m*, Trockenverlust *m*
loss in weight Gewichtsverlust *m*, Masseverlust *m*, Abgang *m* an Gewicht
loss index [dielektrische] Verlustzahl *f*, Verlustziffer *f*
loss modulus Verlustmodul *m*, Viskositätsmodul *m*, Hysteresismodul *m*, imaginärer Modul *m*, phasenverschobener Modul *m {Chem}*
loss of adhesion Haftungseinbuße *f*
loss-of-coolant accident Kühlmittelverlustunfall *m*, Unfall *m* durch Kühlmittelverlust *{Nukl}*
loss of counts Verlustzahl *f*
loss of energy Energieverlust *m*
loss of head Förderdruckverlust *m*, [statischer] Druckverlust *m*
loss of heat Wärmeverlust *m*, Wärmeabgabe *f*
loss of heat rate Wärmeabgaberate *f {Physiol}*
loss of mass Masseverlust *m*
loss of material Substanzverlust *m*, Materialabtrag *m*
loss of power Leistungsverlust *m*, Kraftverlust *m*
loss of pressure Druckabfall *m*, Druckverlust *m*
loss of quality Qualitätseinbuße *f*
loss of strength Festigkeitseinbuße *f*
loss of suction[-side] flow Abreißen *n* der saugseitigen Strömung *f*
loss of weight Gewichtsabnahme *f*, Gewichtsverlust *m*
loss on drying Trocknungsverlust *m*
loss on heating Verlust *m* beim Erhitzen *n*, Verlust *m* nach dem Erhitzen
loss on ignition Glühverlust *m*
loss on stoving Einbrennverlust *m {Pulverlack}*
loss prevention Schadenverhütung *f*
loss tangent 1. [mechanischer] Verlustfaktor *m*; 2. [dielektrischer] Verlustfaktor *m*
loss through evaporation Verdampfungsverlust *m*, Verdunstungsverlust *m*
free of loss verlustfrei
total loss Gesamtverlust *m*
without loss verlustlos
Lossen rearrangement Lossen-Umlagerung *f*, Lossen-Abbau *m {RCONHOH zu* $R\text{-}NH_2$*}*
lost verloren, abgegeben
lost firing Glasurbrand *m*
lost-wax process Wachsausschelzverfahren *n*, Präzisionsguß *m*, Wachsguß *m*, Feinguß *m {Met}*
lot 1. Posten *m*, Fabrikationspartie *f*, Partie *f*; Charge *f {Text}*; 2. Los *n*, Fertigungslos *n*, Einzellos *n*; 3. Gelände *n*, Land *n*; Parzelle *f*, Bauplatz *m*; 4. Anteil *m*, Teil *m*; Menge *f*
lot tolerance percent defective Schlechtgrenze *f*, Qualitätsniveau *n* des Konsumenten *m*

lotion Lotion *f*, Schüttelmixtur *f {Pharm, Kosmetik}*

yellow lotion Sublimat-Kalkwasser *n*

lotoflavin <$C_{15}H_{10}O_6$> Lotoflavin *n*

loturine <$C_{12}H_{10}N_2$> Aribin *n*, Harman *n*, Loturin *n*

lotusin <$C_{28}H_{31}NO_6$> Lotusin *n*

loud lärmend, geräuschvoll, laut; auffallend, grell, knallig, schreiend, aufdringlich *{Farb}*

louver 1. Jalousie *f {einer Ventilationsöffnung}*; 2. Belüftungsklappe *f*, Luftschlitz *m*, Ventilationsöffnung *f*; 3. Raster *m {Elek}*; 4. Schallöffnung *f {z.B. bei Lautsprechern}*

louver classifier Jalousiesichter *m*

louver dryer Jalousietrockner *m*

lovage oil Maggikrautöl *n*, Liebstöckelöl *n {von Levisticum officinale}*

Lovibond tintometer Lovibond-Kolorimeter *n*, Lovibondsches Tintometer *n*, Tintometer *n* nach Lovibond *{Farbmeßgerät}*

low 1. tief, niedrig, Nieder-; gering; schwach, erschöpft, leer, entladen *{z.B. eine Batterie}*; leise, tief; schwach, gedrückt; 2. Tiefdruckgebiet *n*, Tief *n {Meteorologie}*; 3. L-Stellung *f {Automation}*

low-acid canned food Lebensmittelkonserve *f* mit einem pH-Wert > 4,5

low-alkali alkaliarm

low-alkali glass E-Glas *n*, alkaliarmes Glas *n*

low-alloy niedriglegiert

low alloy high tensile steel *{ISO 547}* niedriglegierter hochfester Stahl *m*

low alloy steel niedriglegierter Stahl *m*, Flußstahl *m*, Schmiedeeisen *n {≈1 % C, < 2 % Mn, < 4 % Ni, < 2 % Cr, < 0,6 % Mo, < 0,2 % V}*

low and medium level radioactive wastes Abfallstoffe *mpl* niedriger und mittlerer Radioaktivität *f*

low-angle neutron scattering Neutronenkleinwinkelstreuung *f*

low-angle X-ray scattering Kleinwinkelröntgenstreuung *f*

low-aperture objective lichtschwaches Objektiv *n*

low-ash kerogen aschearmes Kerogen *n*, Kerogen *n* mit niedrigem Aschegehalt *m*

low-boiler Niedrigsieder *m*, niedrigsiedendes Lösemittel *n*, flüchtiger Lackverdünner *m {70 - 100°C}*

low-boiling niedrigsiedend, tiefsiedend, leichtsiedend

low-boiling fractions Leichtöle *npl*, Leichtsiedende *n {Erdöl}*

low-boiling naphtha Leichtbenzin *n*, dünnflüssiges Öl *n*, leichtsiedendes Öl *n*

low-boiling solvent *s.* low-boiler

low-calorie fat substitute kalorienarmer Fettersatz[stoff] *m*

low-carbon niedriggekohlt, kohlenstoffarm, mit niedrigem Kohlenstoffgehalt *m*

low-carbon steel Halbweichstahl *m*, kohlenstoffarmer Stahl *m {ein weicher, unlegierter Stahl mit < 0,15 % C; DIN 1614}*

low-compression niedrig verdichtend

low-contrast kontrastarm *{Photo}*

low-cost kostengünstig, preiswert, preisgünstig, preiswürdig, billig

low-cost extender kostenverbilligendes Streckmittel *n*

low current-density discharge diffuse Entladung *f {Elek}*

low-cycle fatigue Kurzzeitermüdung *f {im Bereich niedriger Lastspielzahlen}*

low-cycle fatigue test niederfrequenter Dauerschwingversuch *m*, LCF-Versuch *m {mit niedrigen Lastspielzahlen}*

low-density niedrigdicht, [mit] niedriger Dichte *f*, mit niederer Dichte *f*

low-density polyethylene Hochdruck-Polyethylen *n*, PE weich, verzweigtes Polyethylen *n*, Polyethylen *n* niedriger Dichte, Polyethylen *n* niederer Dichte, PE-ND, Polyethylen weich *n*

low-emission emissionsarm

low-emulsifier emulgatorarm

low-energy energiearm, niedrigenergetisch, mit reduziertem Energiewert *m*, kalorienarm

low-energy electron diffraction Beugung *f* langsamer Elektronen *npl*, Beugung *f* niederenergetischer Elektronen *npl*, LEED *{5 - 500 eV}*

low-enriched niedrig angereichert, schwach angereichtert, leicht angereichert *{Nukl}*

low erucic acid rapeseed oil *{CAC STAN 123}* erucasäurearmes Rapsöl *n*

low-expansion alloy ausdehnungsarme Legierung *f*

low explosive Schießstoff *m*, deflagrierender Explosivstoff *m*, Treibstoff *m*, Schießmittel *n*

low-fat fettarm

low-fat milk Magermilch *f*

low-fermentation yeast Unterhefe *f {Brau}*

low-flux reactor Niederflußreaktor *m*, Reaktor *m* mit niedrigem Neutronenfluß *m*

low foamer wenig schäumendes Waschmittel *n*, schwach schäumendes Waschmittel *n*

low-foaming schwachschäumend

low frequency 1. niederfrequent; 2. Niederfrequenz *f {30 - 300 kH}*

low-frequency amplifier NF-Verstärker *m*, Niederfrequenzverstärker *m {Elek}*

low-friction friktionsarm

low-grade arm, mager, geringhaltig, minderhaltig, geringwertig, minderwertig, wertarm, von minderer Qualität *f*

low-grade coal minderwertige Kohle *f*, ballasthaltige Kohle *f*

low-grade fuel Mittelprodukt *n {Kohle}*
low-heat value unterer Heizwert *m*, niederer Heizwert *m*
low-inductance induktionsarm
low-inerta trägheitsarm
low-intensity intensitätsschwach
low-intensity magnetic separation Schwachfeld-Magnetscheidung *f*, Schwachfeldscheidung *f*
low-lead paint schwach bleihaltiger Anstrich *m*
low level L-Pegel *n {Elektronik}*
low-level radioactive waste regulation Verordnung *f* über schwach radioaktiven Abfall
low-level tank Tiefbehälter *m*
low-loss cold trap Kühlfalle *f* mit geringem Kühlmittelverlust *{Vak}*
low-lying quartet state niedrigenergetischer Quartettzustand *m {z.B. des CN-Radikals}*
low-maintenance wartungsarm
low-melting leicht schmelzbar, niedrigschmelzend, tiefschmelzend, leichtschmelzend, leichtschmelzbar, mit niedrigem Schmelzpunkt *m*
low-melting alloy Schmelzlegierung *f*, niedrig schmelzende Legierung *f*; Weichlot *n*
low-melting glass niedrigschmelzendes Glas *n {127 - 349 °C; enthält Se, Tl, As}*
low-melting[-point] metal niedrigschmelzendes Metall *n*
low-molecular niedermolekular, niedrigmolekular
low-molecular weight von geringer Molekülmasse *f*
low-noise geräuscharm, lärmarm, rauscharm *{z.B. Wiedergabe}*
low-odo[u]r geruchsarm
low-particulate condition hochstaubfreie Umgebung *f*, schwebeteilchenfreie Bedingungen *fpl*
low-pass filter Tiefpaßfilter *n*, Tiefpaß *m*
low-polarity schwach polar *{Lösemittel}*
low-power leistungsschwach, mit kleiner Leistung *f*, mit geringer Leistung *f*
low-power laser Mini-Laser *m*
low pressure 1. Niederdruck-; 2. Unterdruck *m*, Niederdruck *m*
low-pressure chamber Höhenkammer *f*, Unterdruckkammer *f*
low-pressure discharge Niederdruckentladung *f*, Niederdruckglimmentladung *f*
low-pressure foaming machine Niederdruckschäummaschine *f*
low-pressure injection mo[u]lding Niederdruckspritzgießen *n*
low-pressure laminate Niederdruckschichtstoff *m {2,8 MPa-Pressung}*
low-pressure lamp Niederdrucklampe *f*, Niederdruckleuchte *f*
low-pressure mercury vapo[u]r lamp Quecksilber-Niederdruckbrenner *m*, Quecksilber-Niederdrucklampe *f*, Hg-Niederdrucklampe *f*
low-pressure mo[u]lding compound Niederdruckformmasse *f*
low-pressure polyethylene Niederdruckpolyethylen *n*, Niederdruck-PE *n*
low-pressure polymerization Niederdruckpolymerisation *f*
low-pressure resin Kontaktharz *m*
low-pressure separator Niederdruckabscheider *m*
low-pressure stage Niederdruckstufe *f*
low-pressure switch Unterdruckschalter *m*
low-pressure tank Niederdruckkessel *m*
low-pressure test Unterdruckprüfung *f {z.B. der Verpackung}*
low-pressure vapo[u]rizer Niederdruckverdampfer *m*
low-pressure vessel Niederdruckkessel *m*
low-profile resin schrumpfarmes Harz *n*
low quartz Tiefquarz *m*, α-Quarz *m {< 573°C}*
low-reactivity niedrigaktiv, niedrigreaktiv, reaktionsträge, träge
low red heat Dunkelrotglut *f {550 - 700°C}*
low-residual-phosphorus copper desoxydiertes Kupfer *n {0,004 - 0,012 % P}*
low-resin harzarm
low-resistance niederohmig
low-shear scherungsarm
low-shrinkage schrumpfarm, schwindungsarm
low-shrinkage film-tape schrumpfarmes Folienbändchen *n*
low-shrinkage resin schrumpfarmes Harz *n*
low-slip schlupfarm
low-sodium content food salzarme Lebensmittel *npl*
low-solvent lösemittelarm
low-speed niedertourig
low-stress spannungsarm
low sudser wenig (schwach) schäumendes Waschmittel *n*
low-sulfur coal schwefelarme Kohle *f*
low-temperature Tieftemperatur-; Kälte-
low-temperature adsorber Tieftemperaturabsorber *m*
low-temperature ag[e]ing Kältelagerung *f*
low-temperature behavio[u]r Kälteverhalten *n*, Tieftemperaturverhalten *n*, Verhalten *n* bei Kälte *f*, Verhalten *n* bei tiefen Temperaturen *fpl*
low-temperature brittleness Tieftemperatursprödigkeit *f*, Kältesprödigkeit *f*
low-temperature brittleness point Kältesprödigkeitspunkt *m*
low-temperature carbonization Schwelung *f*, Schwelen *n {Kohleveredelung}*, Tieftemperaturverkokung *f*, Tiefverkokung *f*, Tieftemperaturentgasung *f*, Verschwelen *n*, Verschwelung *f*, Urdestillation *f*

low-temperature [carbonization] coke *s.*low-temperature coke
low-temperature carbonization gas Schwelgas *n*
low-temperature carbonization in fluidized bed Wirbelbettschwelung *f*
low-temperature carbonization of fines Staubschwelung *f*
low-temperature carbonization tar Steinkohlenschwefelteer *m*
low-temperature coke Schwelkoks *m*, Tieftemperaturkoks *m {500 - 750 °C}*
low-temperature coking Tieftemperaturverkokung *f*, Schwelung *f*, Schwelen *n*, Tieftemperaturentgasung *f {500 - 750 °C}*
low-temperature coking gasoline Schwelbenzin *n*
low-temperature corrosion Tieftemperaturkorrosion *f*
low-temperature curing Tieftemperaturhärtung *f*
low-temperature distillation Verschwelung *f*, Schwelen *n*, Schwelung *f*, Tieftemperaturverkokung *f*, Tieftemperaturentgasung *f*, Niedertemperaturentgasung *f*
low-temperature distillation gas Schwelgas *n*
low-temperature exposure Kältebelastung *f*
low-temperature flexibility Kälteelastizität *f*, Kälteflexibilität *f*, Tieftemperaturflexibilität *f*, Tieftemperaturbiegsamkeit *f*
low-temperature folding [endurance test] Kältefalzversuch *m*
low-temperature grease Tieftemperatur-Schmierfett *n*, Kältefett *n*
low-temperature hydrogenation Tieftemperaturhydrierung *f*
low-temperature impact resistant kaltschlagzäh
low-temperature impact strength Kälteschlagwert *m*, Kälteschlagzähigkeit *f*, Kälteschlagbeständigkeit *f*, Tieftemperatur-Schlagzähigkeit *f*, Tieftemperaturfestigkeit *f*
low-temperature installation Kälteanlage *f*
low-temperature insulating material Kältedämmstoff *m*
low-temperature limit Temperatur-Untergrenze *f*
low-temperature lubricating grease Tieftemperaturschmierfett *n*, Kältefett *n*
low-temperature oxidation Tieftemperaturoxidation *f*
low-temperature performance *s.* low-temperature properties
low-temperature plasticizer efficiency Kälteelastifizierungsvermögen *n*
low-temperature properties Kälteverhalten *n*, Kältebeständigkeit *f*, Tieftemperaturverhalten *n*, Tieftemperatureigenschaften *fpl*, Kälteeigenschaften *fpl*
low-temperature rectification Niedertemperaturfraktionierung *f*
low-temperature relaxation process Tieftemperaturrelaxationsvorgang *m {Polymer}*
low-temperature resistance Tieftemperaturbeständigkeit *f*, Tieftemperaturfestigkeit *f*, Kältebeständigkeit *f*, Kälte[stand]festigkeit *f*
low-temperature resistant kältezäh, kältefest, kältebeständig
low-temperature scrubbing Kaltwäsche *f*
low-temperature shock resistance Kälteschockfestigkeit *f*
low-temperature stability *s.* low-temperature resistance
low-temperature tar Schwelteer *m*, Urteer *m*, Primärteer *m*, Tieftemperaturteer *m*, TTT; Steinkohlen-Tieftemperaturteer *m*, Steinkohlenschwelteer *m*, Steinkohlenurteer *m*
low-temperature test chamber Kälteschrank *m*, Kältekammer *f*
low-temperature thermostat Kryostat *m*, Kältethermostat *m*
low-temperature toughness Kaltzähigkeit *f {DIN 17173}*
low-tension current Niederspannung *f {GB: < 250 V; US: < 120 V; VDE: < 1 kV}*
low-tension line Niederspannungsleitung *f*
low-tension steam Wrasen *m*
low tide Ebbe *f*
low tin lead bronze zinnarme Bleibronze *f*
low-toxicity schwach [radio]toxisch
low vacuum Grobvakuum *n*, geringes Vakuum *n {25-760 hPa}*
low-vacuum mercury vapo[u]r lamp Niederdruckquecksilberlampe *f*
low-valent species niedrigwertige Molekülarten *fpl*
low value niedrigster Wert *m*, Minimalwert *m*
low-vapo[u]r liquid Flüssigkeit *f* geringen Dampfdruckes *m*
low-viscosity niedrigviskos, leichtviskos, wenig viskos, von niedriger Viskosität *f*, dünnflüssig, niederviskos
low-viscosity index niederer Viskositätsgrad *m*, Dünnflüssigkeitszahl *f*
low-viscosity oil Öl *n* der L-Reihe
low-viscosity primer Einlaßgrund *m*, Einlaßgrundierung *f {für starkabsorbierende Flächen, wie z.B. Beton}*
low-viscous niedrigviskos, niederviskos, dünnflüssig, leichtviskos, wenig viskos, von niederer Viskosität *f*
low-voidage composites hohlraumarme Verbundmaterialien *npl*
low-volatile bituminous coal geringbituminöse Kohle *f {DIN 23003}*, niedrigflüchtige

bituminöse Kohle *f*, niedriggashaltige bituminöse Kohle *f {78-86 %C}*
low-volatile steam coal Eßkohle *f {DIN 22005}*, Magerkohle *f {10-14 % an Flüchtigem}*
low-volatility 1. niedrigflüchtig, schwerflüchtig; 2. Schwerflüchtigkeit *f*
low-voltage 1. niedervoltig; 2. *s.* low-tension current
low-voltage arc Niederspannungsbogen *m*, Niedervoltbogen *m*
low-voltage capillary-arc ion source Niedervolt-Kapillarbogen-Ionenquelle *f*
low-voltage current *s.* low-tension current
low-voltage electron diffraction *s.* low-energy electron diffraction
low-voltage fuse Niederspannungssicherung *f*
low-voltage spark Niederspannungsfunke *m*, Niederspannungsfunkenentladung *f*
low-warp niedrige Kettdichte *{Text}*
low-warpage verzugsarm
low-water Niedrigwasser *n*
low-water alarm Wassermangelsignalisieranlage *f*, Wassermangelsignalisierung *f*
low wine Lutter *m*, Vorlauf *m {Dest}*
low work function coating Schicht *f* niedriger Austrittsarbeit *f {Vak}*
lower/to 1. absenken, senken; herunterlassen, herablassen; 2. niedriger machen; 3. herabsetzen, reduzieren, ermäßigen *{z.B. Preise}*; 4. herunterdrücken, verringern *{z.B. Temperatur, Druck}*; schwächen; dämpfen; 5. einlassen *{z.B. Verrohrungen}*
lower unterer, niedriger; Unter-
lower bainite unterer Bainit *m*, Unterbainit *m*, Gefüge *n* der unteren Zwischenstufe *f*
lower boiling niedriger siedend, leichter siedend, leichtersiedend
lower boiling fraction Leichtsiedende *n*
lower calorific value unterer Heizwert *m*
lower consolute temperature untere kritische Lösungstemperatur *f*, untere kritische Mischungstemperatur *f {Thermo}*
lower edge Unterkante *f*
lower explosion limit untere Explosionsgrenze *f*
lower fatty acids niedere Fettsäuren *fpl*
lower heating value unterer Heizwert *m*
lower layer Unterschicht *f*
lower limit 1. unterer Grenzwert *m*, Untergrenze *f*; 2. untere Häufungsgrenze *f*, unterer Limes *m*, Limes inferior *m {Math}*
lower-oxygen acid sauerstoffärmere Säure *f*; Hyposäure *f*
lower part Unterstück *n*, Unterteil *n*
lower shelf Tieflage *f {Kerbschlagbiegeversuch}*
lower strength acid schwache Säure *f*
lower temperature limit Temperatur-Untergrenze *f*
lower toxic limit maximale Arbeitsplatzkonzentration *f*, MAK-Wert *m {schädlicher Gase, Dämpfe und Stäube}*
lower-valent halides Halogenide *npl* niedriger Valenzstufe *f*
lower yield point untere Streckgrenze *f {in Pa/m^2}*
lowerable bottom absenkbarer Boden *m*
lowering 1. Absenkung *f {z.B. des Grundwassers}*, Absenken *n*; Senken *n*; 2. Erniedrigung *f {z.B. der Temperatur}*; Schwächung *f*; Dämpfung *f*; 3. Reduzierung *f*
lowering of melting point Schmelzpunkterniedrigung *f {Thermo}*
lowering of vapour pressure Dampfdruckerniedrigung *f {Thermo}*
lowest unoccupied molecular orbital niedrigstes unbesetztes Molekülorbital *n*, LUMO
LOX *{liquid oxygen}* flüssiger Sauerstoff *m*, verflüssigter Sauerstoff *m*, Flüssigsauerstoff *m {Expl}*
lozenge 1. Raute *f*, Rhombus *m {gleichseitiges Parallelogramm}*; 2. Rhombuszeichen *n*, Zwischensummenzeichen *n {EDV}*
medicated lozenge Pastille *f*
LPG *{liquified petroleum gas}* Flüssiggas *n*, verflüssigtes Erdölgas *n*, LPG
LS coupling LS-Kupplung *f*, Russell-Saunders-Kopplung *f {Spek}*
LDS *s.* lysergic acid diethylamide
lube Schmierstoff *m*, Schmiermittel *n*
lube oil *{US}* Schmieröl *n {flüssiger Schmierstoff}*
lube oil additive *{US}* Schmierstoffzusatz *m*, Schmiermitteladditiv *n*
lube oil cut Schmierölschnitt *m {Mineralöl}*
lube oil for meters Zähleröl *n*
luboil *s.* lube oil
lubricant Schmierstoff *m*, Schmiermittel *n*, Schmiere *f*; Gleitmittel *n*, Gleitsubstanz *f*; Schmälzmittel *n*, Schmälze *f {Text}*
lubricant additive Schmiermittelzusatz *m*, Schmiermitteladditiv *n*
lubricant blend Gleitmittelgemisch *n*, Gleitmittelkombination *f*, Kombinationsgleitmittel *n*
lubricant bloom schmierige Formteiloberfläche *f {vom Gleitmittel herrührend}*
lubricant carrier Schmierstoffträger *m*
lubricant content Gleitmittelanteil *m*
lubricant exudation Ausschwitzen *n* des Gleitmittels; Ausschwitzen *n* des Schmälzmittels *{Text}*
lubricant film Gleitmittelfilm *m*
lubricant for use in vacuum Vakuumschmiermittel *n*

lubricant from coal tar Steinkohlenteer-Fettöl *n*
lubricant of standardized viscosity Normalschmieröl *n*
lubricant performance Gleitmittelverhalten *n*, Gleitmitteleigenschaften *fpl*
lubricant spraying Sprühschmierung *f* *{DIN 24271}*
lubricant sputtering Spritzschmierung *f* *{DIN 24271}*
lubricant testing Schmierstoff-Prüfung *f*
solid lubricant Starrschmiere *f*
lubricate/to [ein]schmieren, [ein]fetten, abschmieren; einölen, ölen; schmälzen *{Text}*
lubricated geschmiert
lubricated gasoline *{US}* Zweitaktgemisch *n*, Kraftstoff-Öl-Gemisch *n*
lubricated petrol *{GB}* Zweitaktgemisch *n*, Kraftstoff-Öl-Gemisch *n*
lubricated thermoplastic Thermoplast *m* mit gutem Gleitverhalten *n*, selbstschmierender Thermoplast *m*
lubricating 1. schmierend; Schmier-, Gleit-; 2. Einfetten *n*, Einschmieren *n*, Schmieren *n*; Schmälzen *n*, Spicken *n* *{Text}*
lubricating device Schmiergerät *n*, Schmiervorrichtung *f*
lubricating dichalcogenides Dichalkogenid-Gleitmittel *npl*, Festschmierstoffe *mpl* auf Dichalkogenidbasis *f* *{MCh_2, M=W, Mo, Ta, Nb; Ch=S, Se, Te}*
lubricating effect Gleitmittelverhalten *n*, Gleitwirkung *f*, Schmierkraft *f*, Schmier[mittel]-wirkung *f*, Schmiereffekt *m*
lubricating film Schmierfilm *m*, Schmier[mittel]schicht *f*
lubricating grease Schmierfett *n*, Schmiere *f*, Fließfett *n*
lubricating liquid Schmierflüssigkeit *f*
lubricating material Schmiermaterial *n*
lubricating oil Schmieröl *n* *{flüssiger Schmierstoff}*, Maschinenöl *n*, Motorenöl *n*
lubricating oil for large gas engines Großgasmaschinenöl *n*
lubricating oil with additives legiertes Schmieröl *n*
lubricating power Schmierfähigkeit *f*
lubricating properties Gleiteigenschaften *fpl*, Schmiereigenschaften *fpl*, Schmierfähigkeit *f*
lubricating stuff Schmiermittel *n*
lubricating value Schmierwert *m*
lubrication 1. Schmierung *f*, Abschierung *f*, Einfettung *f*, Fettung *f*; Ölung *f*; 2. Präparation *f* *{Behandlung mit Textilhilfsmitteln}*
lubrication oil Schmieröl *n*
lubricator 1. Schmiervorrichtung *f*, Schmiergerät *n*, Öler *m*; 2. Schmiermittel *n*, Schmierstoff *m*
lubricator glass Ölglas *n*
lubricity Schmierfähigkeit *f*, Schmiervermögen *n*, Schmierergiebigkeit *f*; Gleitfähigkeit *f*; Schlüpfrigkeit *f*, Lubrizität *f*
lubricity reducing agents Stoffe *mpl* zur Reibungserhöhung *f*
lubrification Schmieren *n*, Schmierung *f*
lucidification Hellwerden *n*
lucidol *{TM}* Lucidol *n*, Benzoylperoxid *n*, Benzoylsuperoxid *n*
luciferase *{EC 2.8.2.10}* Luciferinsulfotransferase *f*, Luciferase *f*
luciferin Luciferin *n* *{Leuchtprotein}*
lucinite Lucinit *m*, Varsicit *m* *{Min}*
lucite Lucit *n* *{Polymetacrylester}*
lucite window Luzitfenster *n* *{Spek}*
lucullite Lukullit *m* *{Min}*
ludlamite Ludlamit *m*, Lehnerit *m* *{Min}*
ludwigite Ludwigit *m* *{Min}*
lueneburgite Lüneburgit *m* *{Min}*
lug 1. Fahne *f*, Lötfahne *f* *{Elek}*; 2. Knagge *f* *{Tech}*; 3. Öse *f*, Öhr *n*, Ohr *n*, Auge *n* *{Tech}*; 4. Ansatz *m*, Vorsprung *m*, Nase *f* *{Tech}*; Ansatz *m*, Lappen *m* *{Gieß}*; 5. Schiebehöcker *m* *{Reißverschluß}*; 6. Kabelschuh *m*
Luggin capillary Luggin-Kapillare *f* *{Elektrochem}*
Luggin probe *s.* Luggin capillary
Lugol's solution Lugolsche Lösung *f* *{5 g I_2 + 10 g KI in 100 mL H_2O}*
lukewarm lauwarm, handwarm, überschlagen
Lumbang oil Lumbangöl *n*, Bankuöl *n*, Lichtnußöl *n*, Kerzennußöl *n* *{Samen des Aleurites moluccana}*
lumber Holz *n* *{Bauholz, Nutzholz, Grubenholz}*; Schnittholz *n*
lumber preservation Holzimprägnierung *f*
lumen 1. Lumen *n*, lm *{SI-Einheit des Lichtstromes, 1 lm = 1 cd·sr}*; 2. Lumen *n* *{Weite der Hohlräume; Biol, Tech}*
lumichrome Lumichrom *n* *{fluoreszierendes Riboflavin-Photolyseprodukt}*
lumiisolysergic acid Lumiisolysergsäure *f*
luminal *{TM}* Luminal *n*, Phenylethylbarbitursäure *f*
luminance 1. Leuchtdichte *f* *{in cd/m^2}*; 2. Helle *f*, Helligkeit *f*, Luminanz *f*
luminance factor *{BS 6044}* Remissionsgrad *m* *{in %}*
luminance meter Leuchtdichte-Meßgerät *n*
luminance temperature Temperatur *f* der Strahlung *f* des schwarzen Körpers *m*
luminesce/to lumineszieren, kalt leuchten
luminescence Lumineszenz *f*, Leuchtanregung *f*, kaltes Leuchten *n*, Nachleuchten *n*
luminescence analysis Lumineszenzanalyse *f*
luminescence excitation Lumineszenzanregung *f*

luminescence microscope Lumineszenzmikroskop *n*
luminescent lumineszierend, leuchtend, lumineszent; Lumineszenz-, Leucht-
luminescent cell Elektrolumineszenztafel *f*
luminescent center Lumineszenz-Zentrum *n* *{Krist}*
luminescent coating Leuchtanstrich *m*
luminescent dye Leuchtfarbe *f*
luminescent image Leuchtbild *n*
luminescent material Leuchtmaterial *n*
luminescent pigments fluoreszierende Pigmente *npl*, Leuchtpigmente *fpl*
luminescent screen Leuchtschirm *m*
luminiferous lichterzeugend; lichtspendend, lichtgebend, leuchtend
luminol $<C_8H_7N_3O_2>$ Luminol *n*, 5-Amino-2,3-dihydro-1,4-phthalazindion *n* *{cyclisches 3-Aminophthalsäurehydrazid}*
luminophore Luminophor *m*, Lumineszenzstrahler *m*; Leuchtstoff *m* *{sichtbarer Spektralbereich}*
luminosity 1. Leuchten *n*, Glanz *m*, Helligkeit *f*; 2. Helligkeit *f* *{als Hellbezugswert}*; 3. Leuchtwirkung *f*, Leuchterscheinung *f*, Lichterscheinung *f*; Leuchtfähigkeit *f*, Leuchtkraft *f*, Lichtstärke *f* *{in cd}*; 5. Strahlstärke *f* *{Nukl; Reaktionsrate pro Querschnitt}*
luminosity curve Helligkeitskurve *f*, Leuchtstärken-Verteilungskurve *f*
luminosity test of lamp kerosine Brenneigenschaften *fpl* von Leuchtpetroleum, Leuchtfähigkeit *f* von Leuchtpetroleum
overall luminosity Gesamtleuchtkraft *f*
luminous leuchtend, lichtgebend; glänzend; Leucht-, Licht-
luminous anode Leuchtanode *f*
luminous apparent reflectance richtungsabhängiges Reflexionsvermögen *n* *{Polymer}*
luminous bacteria Leuchtbakterien *npl*
luminous body Lichtkörper *m*
luminous coefficient *s.* luminous efficiency
luminous colo[u]r Leuchtfarbe *f*, phosphoreszierende Farbe *f*
luminous cone [of a flame] leuchtender Kegel *m* der Flamme *f*, Leuchtkegel *m*
luminous dial Leuchtzifferblatt *n*
luminous directional reflectance richtungsabhängiges Reflexionsvermögen *n*
luminous discharge Glimmentladung *f*
luminous effect Leuchtwirkung *f*, Lichteffekt *m*, Lichtwirkung *f*, Leuchterscheinung *f*, Lichterscheinung *f*
luminous efficacy photometrisches Strahlungsäquivalent *n*
luminous efficiency 1. Lichtausbeute *f* *{in lm/W}*; 2. Lichtleistung *f* *{einer Lichtquelle}*; 3. Hellempfindlichkeitsgrad *m*
luminous emittance *{obs}* *s.* luminous exitance
luminous energy 1. Lichtenergie *f*, Strahlungsenergie *f*; 2. Lichtmenge *f* *{Produkt aus Lichtstrom und Zeit in lm·s}*
luminous exitance Strahlungsflußdichte *f*, spezifische Lichtausstrahlung *f* *{in* lm/m^2*}*
luminous-flame burner Diffusionsbrenner *m*
luminous fluorescent paint fluoreszierende Anstrichschicht *f*
luminous flux Lichtstrom *m* *{die von einer Lichtquelle ausgestrahlte Leistung in lm}*
luminous flux density spezifische Lichtausstrahlung *f*, Leuchtdichte *f*, Beleuchtungsstärke *f* *{in lx}*
luminous intensity Leuchtkraft *f*, Helligkeit *f*, Lichtstärke *f* *{in cd DIN 5031}*; Beleuchtungsstärke *f* *{in lx}*
luminous paint Leuchtfarbe *f*, Fluoreszenzfarbe *f*, phophoreszierende Farbe *f*; Leuchtfarbenanstrich *m*
luminous phenomenon Leuchterscheinung *f*
luminous pigment Leuchtpigment *n*
luminous power 1. *s.* luminous intensity; 2. *s.* luminous efficacy
luminous quartz Leuchtquarz *m* *{Min}*
luminous reflectance Lichtreflexionsvermögen *n*, Reflexionsvermögen *n*, Reflexionsgrad *m* *{reflektierter Lichtstrom/auffallender Lichtstrom}*
luminous spar Leuchtspat *m* *{Min}*
luminous spot Lichtpunkt *m*
luminous stimulus Lichtreiz *m* *{Physiol}*
luminous substance Leuchtstoff *m*
luminous transmittance Lichtdurchlässigkeit *f*
lumirhodopsin Lumirhodopsin *n*
lumistanol Lumistanol *n*
lumisterol $<C_{28}H_{44}O>$ Lumisterin *n*, Lumisterol *n*
Lummer half-shadow prism Lummersches Halbschattenprisma *n*
Lummer-Gehrcke plate Lummer-Gehrcke-Platte *f* *{Phys}*
LUMO *{lowest unoccupied molecular orbital}* niedrigstes unbestztes Molekülorbital *n*, LUMO
lump 1. großstückig, grobstückig, derbstückig, stückig; 2. Brocken *m*, Klumpen *m*, Stück *n*; 3. Luppe *f* *{Met}*; 3. Ware *f* dritter Wahl *{Keramik}*; 4. Posten *m* *{Glas}*; 5. Verdickung *f*, verdickte Stelle *f* *{Pap, Glas, Text}*; 6. nicht appretierte Stückware *f* *{Text}*
lump coal Stückkohle *f* *{DIN 22005}*, Würfelkohle *f*
lump density Korndichte *f* *{Schüttgut}*
lump of material Gutbrocken *m*
lump ore Grubenklein *n*, Stückerz *n*, Stufenerz *n*
proportion of lump ore Stückgehalt *m* *{Erz}*

lump quartz Stückquarz *m*
lump starch Bröckelstärke *f*
lump sugar Würfelzucker *m*
lump-sum Pauschale *f*, Pauschalgebühr *f*, Pauschalsumme *f*
formation of lumps Klumpenbildung *f*
in lumps grobstückig, großstückig
little lump Klümpchen *n*
lumped fission products zusammengefaßte Spaltprodukte *npl*
lumpy 1. schwer, massig; grobstückig, klumpig, großstückig, derbstückig, stückig, Stück-; 2. klumpig; Klumpen-; 3. knollig *{z.B. Sand}*
lumpy material Stückgut *n*
lunar caustic Höllenstein *m*, Ätzstein *m*, Silbernitrat *n {97 - 98 % $AgNO_3$ / 2-3 % AgCl}*
lunar cornea geschmolzenes Silberchlorid *n*
lunar rocks Mondgestein *n*
lunarine Lunarin *n*
lung injurant Lungengift *n*
lung protector Atemschutzgerät *n*
Lunge nitrometer Lunge-Nitrometer *n*
lungwort Lungenkraut *n {Pulmonaria officinalis}*
lunnite Lunnit *m {Min}*
lupane Lupan *n*
lupanine <$C_{15}H_{24}N_2O$> Lupanin *n*
luparenol <$C_{15}H_{24}O$> Luparenol *n*
luparol <$C_{16}H_{26}O_2$> Luparol *n {Phenolether}*
luparone <$C_{13}H_{22}O_2$> Luparon *n {Hopfen-Keton}*
lupene Lupen *n*
lupeol Lupeol *n {Triterpenoid}*
lupeone Lupeon *n*
lupeose Lupeose *f*
lupetazin <$C_6H_{14}N_2$> Dimethylpiperazin *n*
lupetazin tartrate Lycetol *n*
lupetidine <$C_7H_{15}N$> Lupetidin *n*, 2,6-Dimethylpiperidin *n*
lupinane Lupinan *n*
lupinidine 1. <$C_8H_{15}NO_2$> Lupinidin *n {Alkaloid}*; 2. Spartein *n*
lupinin <$C_{29}H_{32}O_{16}$> Lupinin *n {Glucosid der Lupin-Arten}*
lupinine <$C_{10}H_{19}NO$> (-)-Lupinin *n*, 1-Hydroxymethyl-perhydrochinolizin *n {Lupinenalkaloid}*
lupininic acid Lupininsäure *f*
lupucarboxylic acid Lupucarbonsäure *f*
lupulic acid Lupulinsäure *f*, Hopfenbittersäure *f*
lupulin Lupulin *n*, Hopfenbitter *n*, Hopfenmehl *n*
lupuline hopfenähnlich
lupulinic acid <$C_{26}H_{38}O_4$> Lupulinsäure *f*, Hopfenbittersäure *f {α-Form: Humulon; ß-Form: Lupulon}*
lupulone Lupulon *n*, *ß*-Lupulinsäure *f {Brau}*
lupuloxinic acid Lupuloxinsäure *f*
lussatite Lussatit *m {Min}*
luster *{US}* 1. Glanz[effekt] *m*, Oberflächenglanz *m*, Schein *m*, Schimmer *m*; 2. Lüster *m*, Lüsterglasur *f {Keramik}*
luster colo[u]r Lüsterfarbe *f {Keramik}*
luster effect Glanzwirkung *f*, Glanzeffekt *m*
luster glaze Lüsterglasur *f*, Lüster *m {Keramik}*
luster pigment Glanzpigment *n*
lusterless glanzlos, matt, mattiert, stumpf
lusterwash Metallglanzfarbe *f*
lustre *{GB}* *s.*luster *{US}*
lustring plant Glanzappreturanlage *f {Text}*
lustrous glänzend, metallglänzend, schimmernd, strahlend, leuchtend; Glanz-
lute/to dichten, [ver]kitten
lute 1. Kitt *m*, Dichtungskitt *m*, Dichtungsmaterial *n*, Kittmasse *f*, Abdichtkitt *m*; 2. Gummidichtungsring *m*, Gummiring *m {für Flaschen und Gläser}*
lutecium *s.* lutetium
lutein 1. <$C_{40}H_{56}O_2$> Lutein *n*, Xanthophyll *n*, 3,3'-Dihydroxy-α-carotin *n*; 2. Lutein *n*, Gelbkörperfarbstoff *m*
luteinizing hormone luteinisierendes Hormon *n*, Lutropin *n*, LH, ICSH
luteinizing-hormone releasing hormone Lutropin-Follitropin-freisetzendes Hormon *n*, LH-FSH-RH
luteo compounds <$[M(NH_3)_6]X_3$ or $[M(NH_3)_6]X_2$> Luteo-Verbindungen *fpl {obs}*, Hexammincobalt-Verbindungen *fpl*
luteol Oxychlordiphenylchinoxalin *n*
luteole Luteol *n {Mais-Caroten}*
luteolin Luteolin *n*, Waugelb *n*, 3',4',5,7-Tetrahydroflavon *n*
luteolinidine Luteolinidin *n*
luteotropic hormone *s.* luteotropin
luteotropin Luteotropin *n*, Prolactin *n {IUPAC}*, luteotropes Hormon *n*, lactogenes Hormon *n*, LTH, PRL
lutetia <Lu_2O_3> Lutetiumoxid *n*
lutetium *{Lu, element no. 71}* Cassiopeium *n {obs; 1905 - 1949}*, Lutetium *n {IUPAC}*
lutidine Lutidin *n*, Dimethylpyridin *n*
lutidinic acid <$C_7H_5NO_4 \cdot H_2O$> Lutidinsäure *f*, Pyridin-2,4-dicarbonsäure *f*
lutidone <C_7H_9NO> Lutidon *n*, 2,4-Dimethyl-4(1*H*)-pyridinon *n*
luting 1. Dichtungsmaterial *n*, Dichtungskitt *m*, Dichtungsmasse *f*, Kitt *m*; 2. Verkitten *n*; 3. Gummi[dichtungs]ring *m {für Flaschen und Gläser}*
luting agent Dichtungskitt *m*, Kitt *m*, Dichtungsmasse *f*, Dichtungsmaterial *n*
luting clay Kitterde *f*, Klebkitt *m*
luting way Wachskitt *m*
lux Lux *n*, lx *{SI-Einheit der Beleuchtungsstärke, 1 lx = 1 lm/m^2}*

luxmeter Luxmeter *n*, Beleuchtungsstärke-Meßgerät *n*, Belichtungsmesser *m*
luxullian Luxullian *m {Geol}*
luzonite Luzonit *m {Min}*
LVI *{low-viscosity index}* niederer Viskositätsgrad *m*
lyases *{EC 4.1.1}* Lyasen *fpl*
lycetol Lycetol *n*, Dimethylpiperazintartrat *n*
lycine Lycin *n*, Betain *n {IUPAC}*, Oxyneurin *n*
lycoctonine **<$C_{25}H_{41}NO_7$>** Lycoctonin *n {Alkaloid}*
lycopene **<$C_{40}H_{56}$>** Lycopin *n*, Dicaroten *n {Naturfarbstoff in Tomaten und Hagebutten}*
lycopersene Lycopersen *n*
lycopersicine Lucopersicin *n*
lycophyll Lycophyll *n*
lycopin Lycopin *n*, Rubidin *n*, Dicaroten *n {Naturfarbstoff in Tomaten und Hagebutten}*
lycopodium 1. Bärlapp *m*, Lycopodium *n {Bot}*; 2. Bärlappsamen *m*, Bärlappsporen *fpl*, Hexenmehl *n*, Erdschwefel *m*, vegetabilischer Schwefel *m*, Blitzpulver *n {Gieß, Pharm}*
lycopodium dust *s.* lycopodium powder
lycopodium powder Blitzpulver *n*, Hexenmehl *n*, Bärlappsamen *m*, Bärlappsporen *fpl*, Erdschwefel *m*
lycorene Lycoren *n*
lycorine **<$C_{16}H_{17}NO_4$>** Lycorin *n*, Narcissin *n*
lycoxanthin Lycoxanthin *n*
lyddite Lyddit *n*, Melinit *n {Expl}*
Lydian stone *s.* lydite
lydite 1. Lydit *m {schwarzer Kieselschiefer}*, Probierstein *m {Triv}*, Basanit *m {Min}*; 2. unterkieseltes Vulkangestein *n {Geol}*
lye 1. Lauge *f*, Brühe *f*, Laugenflüssigkeit *f*; Alkalilauge *f*; 2. Extrakt *m*, Auszug *m*
lye bath Lauge[n]bad *n*
lye column Laugensäule *f {Pap}*
lye evaporator Laugenverdampfer *m*
lye hydrometer Laugenwaage *f*
lye of bisulfite Natriumbisulfitlauge *f {obs}*, Natriumhydrogendisulfitlauge *f*
lye of chromium oxide Chromoxydlauge *f {obs}*, Chromoxidlauge *f*, Chromiummonoxidlauge *f*
lye recovery Laugenregenerierung *f*
lye-resisting laugenwiderstandsfähig
lye tower Laugensäule *f {Pap}*
crude lye Rohlauge *f*
fast to lye laugenecht
Lyman band Lyman-Bande *f {Spek; H_2, 125-161 nm}*
Lyman limit Lyman-Grenze *f {Spek; 91,20 nm}*
Lyman series Lyman-Serie *f {Spek; H-Atom, 121,5-91,2 nm}*
lymph Lymphe *f {Med}*
lymph node Lymphdrüse *f*, Lymphknoten *m*
lymphatic gland *s.* lymph node
lymphocyte Lymphozyt *m*, Lymphzelle *f*
lymphotoxin Lymphotoxin *n*
lyogel Lyogel *n {dispersionsmittelreiches Kolloid}*
lyolysis Lyolyse *f*, Lyolysis *f*, Solvolyse *f {Chem}*
lyophile/to gefriertrocknen
lyophilic lyophil, lösemittelanziehend
lyophilization Gefriertrocknung *f*, Lyophilisation *f*, Lyophilisierung *f*, Sublimationstrocknung *f*, Tiefkühltrocknung *f*
lyophilize/to gefriertrocknen, lyophilisieren
lyophilized gefriergetrocknet
lyophilizer Gefriertrockenapparat *m*, Gefriertrocknungsanlage *f*, Campbell-Pressmann-Gefriertrockenapparat *m {Lab}*
lyophobic lyophob, lösemittelabstoßend
lyosol Lyosol *n*
lyosorption Lyosorption *f {Adsorption von Lösemittelmolekülen an suspendierten Teilchen}*
lyotropic lyotrop
lyotropic behavior *{Polymer}* lyotropes Verhalten *n*
lyotropic series lyotrope Reihe *f*, Hofmeistersche Ionenreihe *f*, Hofmeistersche Serie *f*
lyrostibnite Kermesit *m {Min}*
lysalbinic acid Lysalbinsäure *f*
lysergene Lysergen *n*
lysergic acid **<$C_{16}H_{16}N_2O_6$>** Lysergsäure *f {Grundkörper des LSD und einer Gruppe der Ergotalkaloide}*
lysergic acid diethylamide **<$C_{20}H_{25}N_3O$>** *N,N*-Dimethyllyserganid *n*, (+)-Lysergsäurediethylamid *n*, LSD
lysergide *s.* lysergic acid dimethylamide
lysergine Lysergin *n*
lysergol Lysergol *n*
lysidine **<$C_4H_8N_2$>** Lysidin *n*, Methylglyoxalidin *n*, Ethylenethenyldiamin *n*, 2-Methyl-2-imidazolin *n*
lysidine tartrate Lysidintartrat *n*
lysin Lysin *n {Immun}*
lysine **<$H_2N(CH_2)_4CH(NH_2)COOH$>** Lysin *n {eine essentielle Aminosäure}*, α-Diaminocapronsäure *f*, L-Lysin *n*, 2,6-Diaminohexansäure *f {IUPAC}*
lysine acetyltransferase *{EC 2.3.1.32}* Lysinacetyltransferase *f*
lysine dihydrochloride Lysindihydrochlorid *n*
lysine racemase *{EC 5.1.1.5}* Lysinracemase *f*
lysinogen Lysinogen *n*
lysis Lyse *f*, Lysis *f*, Abbau *m*, Zerfall *m*, Zerstörung *f {z.B. Zellauflösung}*
lysobacterium Lysobakterium *n*
lysogenic lysogen
lysogenization Lysogenisierung *f*
lysolecithin Lysolecithin *n*

lysolecithin acyltransferase *{EC 2.3.1.23}* Lysolecithinacyltransferase *f*
lysosome Lysosom *n*, Lysosom-Körperchen *n* *{Cytologie}*
lysozyme *{EC 3.2.1.17}* Lysozym *n*, *N*-Acetylmuramidase *f*
lysyltransferase *{EC 2.3.2.3}* Lysyltransferase *f*
lytic lytisch, lysierend
lyxitol Lyxit *m*
lyxoflavine <$C_{17}H_{20}N_4O_6$> Lyxoflavin *n*
lyxomethylitol Lyxomethylit *m*
lyxonic acid Lyxonsäure *f*
lyxosamine Lyxosamin *n*
lyxose <$HOCH_2(CHOH)_3CHO$> Lyxose *f*

M

M acid M-Säure *f*, 1-Amino-5-naphthol-7-sulfonsäure *f*
M capture M-Einfang *m*
M electron M-Elektron *n*
M series M-Serie *f*
M shell M-Schale *f*
MABS *{copolymer from methyl methacrylate-acrylonitrile-butadiene-styrene}* MABS-Polymerisat *n*
MAC *{maximum allowable concentration}* MAK-Wert *m*, maximale Arbeitsplatzkonzentration *f*
macadam Makadam *n*, Asphaltmakadam *n* *{Streu-, Misch- und Tränkmakadam}*
Macassar oil Makassaröl *n* *{Schleichera trijuga Willd. und S. oleosa Merr.; Kosmetik}*
maccaroni Nudelpulver *n* *{Schwarzpulver}*
mace Mazis *m*, Macis *m*, Muskatblüte *f* *{Myristica fragrans Houtt.}*
mace butter Muskatbutter *f*, Muskatfett *n*
mace oil Muskatöl *n*, Muskatbalsam *m*, Muskat[blüten]öl *n* *{aus dem Muskatnußsamenmantel}*
maceral Maceral *n*, Gefügebestandteil *m*, Aufbauelement *n*, Komponente *f* *{Kohle, DIN 22005}*
maceral group Maceralgruppe *f* *{Kohle, DIN 22020}*
macerate/to mazerieren, einweichen, [ein]wässern *{Lebensmittel}*; aufschließen *{z.B. Pflanzenteile}*; rösten *{Flachs}*; zerreißen, zerkleinern
macerate Schnitzelmaterial *n* *{Füllstoff}*
macerate mo[u]lding 1. Verpressen *n* von Schnitzelformmasse *f*, Verpressen *n* von Schnitzelpreßmasse *f*; 2. Preßteil *n* mit Schnitzelfüllstoff *m*
maceration 1. Mazerieren *n*, Mazeration *f*, Wässern *n*, Einweichung *f* *{Lebensmittel}*; Auslaugen *n*, Mazerierung *f* *{Rübenschnitzel}*; Aufschließen *n* *{z.B. Pflanzenteile}*; 2. Röste *f*, Rotte *f* *{Flachs}*; 3. Zerreißen *n*, Zerkleinern *n*; 4. Mazeration *f*, Mazerat *n* *{Pharm}*
maceration of horn Hornbeize *f*
maceration vat *s.* macerator
macerator Mazeriergefäß *n*, Aufquellgefäß *n*; Zerreißmaschine *f*, Zerreißwerk *n*, Reißwerk *n*
machaeric acid Machaersäure *f*
machaerinic acid Machaerinsäure *f*
Mache unit Mache-Einheit *f* *{obs; 1ME = 13,2 Bq}*
machinability Bearbeitbarkeit *f* *{spanende}*, Verarbeitungsfähigkeit *f*, Verarbeitbarkeit *f*, Zerspanbarkeit *f*, [maschinelle] Spanbarkeit *f*
free-cutting machinability spanabhebende Bearbeitbarkeit *f*
machinable bearbeitbar, verarbeitungsfähig, [zer]spanbar
machine/to 1. [maschinell, mechanisch] bearbeiten; spanen, zerspanen, abspanen, spanabhebend bearbeiten; 2. drucken
machine down/to verdünnen
machine 1. Maschine *f*; 2. Maschinerie *f*; 3. Mechanismus *m*, Vorrichtung *f* *{Tech}*; 4. Organisation *f*, Parteileitung *f*
machine and equipment manufacture Maschinen- und Apparatebau *m*
machine base Maschinenbett *n*, Gestell *n*, Maschinengestell *n*, Maschinenrahmen *m*, Maschinenständer *m*
machine breakdown Maschinenausfall *m*
machine capacity Maschinenbelegung *f*, Maschinenkapazität *f*, Maschinenauslastung *f*
machine casting Maschinenguß *m*
machine cycle 1. Maschinentakt *m*; 2. Operationszyklus *m* *{EDV}*
machine dimensions Raumbedarfsplan *m*
machine direction Arbeitsrichtung *f*, Warenlaufrichtung *f*; Laufrichtung *f*, Faserlaufrichtung *f*, Maschinenrichtung *f* *{Pap}*
machine dish-washer rinse aid Spülmaschinen-Spülmittel *n*
machine downtime Maschinenausfallzeit *f*, Maschinenstillstandzeit *f*
machine drive Maschinenantrieb *m*
machine for beating Klopfmaschine *f* *{Text}*
machine for carbonizing wool Karbonisierungsmaschine *f* *{Text}*
machine for hydroextraction Entwässerungszentrifuge *f* *{Text}*
machine for impregnating in rope form Strangimprägniermaschine *f* *{Text}*
machine for neutralizing Neutralisiermaschine *f*, Neutralisierungsmaschine *f*
machine for pre-setting Vorfixiermaschine *f* *{Text}*

machine for printing hanks Stranggarndruckmaschine *f*
machine for rinsing Spülmaschine *m {Text}*
machine for singeing Sengmaschine *f {Text}*
machine for spray printing Spritzdruckmaschine *f {Text}*
machine for sueding Schmirgelmaschine *f {Text}*
machine for thermo-setting Heißfixiermaschine *f {Text}*
machine for waxing Wachsmaschine *f*
machine frame Gestell *n*, Maschinenbett *n*, Maschinengestell *n*, Maschinenrahmen *m*, Maschinenständer *m*
machine hour rate Maschinenstundensatz *m*
machine hours counter Betriebsstundenzähler *m*
machine language Maschinensprache *f*, Objektcode *m*, Rechnersprache *f {EDV}*
machine life Maschinenlebensdauer *f*
machine lubricating oil Maschinenschmieröl *n*
machine-made maschinell hergestellt
machine malfunction Betriebsstörung *f*, Maschinenstörung *f*
machine movements Bewegungsabläufe *mpl*, Maschinenbewegungen *fpl*
machine oil Maschinenöl *n*, Maschinenschmieröl *n*
machine output Maschinenleistung *f*
machine paper Maschinenpapier *n*, Patentpapier *n*, Rollenpapier *n*
machine performance Maschinenverhalten *n*, Maschinenleistung *f*
machine platform Bühne *f*
machine productivity Maschinennutzungsgrad *m*
machine puddling Maschinenpuddeln *n*
machine-readable maschinenlesbar, maschinell lesbar
machine setting 1. Maschineneinstellung *f*; 2. Maschineneinstellgröße *f*, Maschineneinstellparameter *m*
machine stoppage Maschinenstillstand *m*
machine steel bearbeitbarer Stahl *m* *{< 0,3 % C}*
machine tool finish Werkzeugmaschinenlack *m*
machine unit 1. Anlagenaggregat *n*, Anlagenelement *n*; 2. Maschinenanlage *f*
machine utilization Maschinennutzung *f*
machine variable Maschinenstellgröße *f*, Maschinenstellwert *m*
machined [mechanisch, maschinell] bearbeitet; bedruckt
machinery 1. Maschinenpark *m*; 2. Triebwerk *n*; 3. Mechanismus *m {einer Reaktion}*
machinery-diagram konstruktives Fließbild *n*
machinery oil Maschinenöl *n*
machining 1. [mechanische, maschinelle] Bearbeitung *f*, Bearbeiten *n*; Abtragen *n {chemisches, elektrochemisches}*; Zerspanung *f*, Spanen *n*, spanende Formung *f*, spanabhebende Bearbeitung *f*; 2. Druck *m*, Drucken *n*, Druckvorgang *m*
machining allowance Verarbeitungstoleranz *f*, Bearbeitungszugabe *f*
machining brass Automatenmessing *n*
machining method Bearbeitungsmethode *f*
machining properties Bearbeitbarkeit *f*; Zerspanungseigenschaften *fpl*
machining time Durchlaufzeit *f*, Bearbeitungszeit *f*; Grundzeit *f*
Mackey test Mackey-Versuch *m {Autoxidationsgefahr von Ölen}*
mackled paper Abfallpapier *n*, Makulatur *f*, Schmitz *m*
Maclaurin['s]series Maclaurinische Reihe *f {Math; Taylor-Reihe für* $x_0 = 0$*}*
macle 1. Zwillingskristall *m*; 2. Chiastolith *m {Min}*
MacLeod ga[u]ge MacLeod-Druckmesser *m*, MacLeod-Vakuummeter *n*, Kompressionsvakuummeter *n*
macleyine Macleyin *n*, Protopin *n*
maclurin $<C_6H_3(OH)_2COC_6H_2(OH)_3>$ Maclurin *n*, Moringagerbsäure *f*, 2,3',4,4',6-Pentahydroxybenzophenon *n*
macro makro-, lang-, groß-; Makro-
macro-kjeldahl method *{ISO 332}* Kjeldahl-Verfahren *n {Anal}*
macroanalysis Makroanalyse *f {> 0,1 g}*
macroanalytical balance Analysenwaage *f {< 200 g Belastung; 0,1 mg Unsicherheit}*
macroapparatus Makroapparat *m*
macroaxis Makroachse *f*, Makrodiagonale *f {Krist}*
macrobiosis Langlebigkeit *f*, Makrobiose *f*
macrochemistry Makrochemie *f {Reaktionen in sichtbaren Größenordnungen}*; 2. Großchemie *f {Chemische Technologie in großem Maßstab}*
macrocrystalline makrokristallin, grobkristallin *{> 0,75 mm}*
macrocyclic makrozyklisch, makrocyclisch; Großring- *{> 11 Glieder}*
macrocyclic ketone makrocyclisches Keton *n*
macrocyclic oxopolyamine makrocyclisches Oxopolyamin *n*
macrocyclic polyamide makrocyclisches Polyamid *n*
macrodome Makrodoma *n {Krist}*
macroetch testing apparatus Tiefätzprüfgerät *n*, Tiefbeizprüfgerät *n*
macroetching Makroätzung *f*, Grobätzung *f*, makroskopische Ätzung *f*
macroexamination Grobuntersuchung *f*, Makrostrukturprüfung *f {Met}*
macrofloccule Makroflocke *f {Text}*

macroglobulin Makroglobulin *n* *{γ-Globulin mit 19S Svedberg-Einheiten}*
macrogol Makrogol *n*, Polyethylenglykol *n*, PEG
macrography Makrographie *f* *{Photo; M≈10:1}*; Grobgefügebild *n* *{Met}*
macrokinetics Makrokinetik *f*
macrolide Makrolid *n* *{makrocyclische Verbindung mit Lakton-Gruppierung}*
macrolide antibiotics Makrolide *npl*, Makrolid-Antibiotika *npl*
macrometeorology Makrometeorologie *f*
macromethod Makromethode *f*
macromolecular hochmolekular, makromolekular
macromolecular chain makromolekulare Kette *f*
macromolecular dispersion makromolekulare Lösung *f*
macromolecule Makromolekül *n*, Kettenmolekül *n*, Riesenmolekül *n* *{MG > 1000}*
cross-linked macromolecule vernetztes Makromolekül *n*
linear macromolecule Fadenmolekül *n*, Linearmolekül *n*, lineares Makromolekül *n*
rod-like macromolecule stäbchenförmiges Makromolekül *n*
spherical macromolecule kugelförmiges Makromolekül *n*
macromonomer Makromonomer[es] *n*
macron 1. Metron *n*, Sternweite *f*, Astron *n*, Siriometer *n* *{106 AE = 0,1495 Em}*; 2. Dehnungsstrich *m* *{Drucken}*
macronutrient Makronährelement *n* *{Bot; C, H, O, N, S, P, K, Mg, Ca, Fe}*
macrophage Makrophage *m*
macrophotography Makrophotographie *f* *{Nahaufnahmen mit bis zu 25facher Vergößerung}*
macropore Makropore *f*
macroporous *s.* macroreticular
macroradical Makroradikal *n* *{Polymer}*
macroreticular makroretikulär
macroreticular non-ionic resins makroporöses Neutralharz *n*
macroreticular structure makroporöses Gefüge *n* *{Polymer, Ionaustausch}*
macrorheology Makrorheologie *f* *{isotherme quasi-homogene Substanz}*
macrosample Makroschliff *m*
macroscopic makroskopisch, mit bloßem Auge wahrnehmbar, visuell
macroscopic property makroskopische Eigenschaft *f* *{Thermo}*
macroscopic state Makrozustand *m* *{Thermo}*
macroscopy Grobstrukturuntersuchung *f*
macrose *s.* dextran
macrosection Makroschliff *m* *{Met}*
macrostructur Makrostruktur *f*, Makrogefüge *n*, Grobgefüge *n*, Grobstruktur *f*; Gußstruktur *f* *{Met}*
maculanine Makulanin *n*, Kaliumamylat *n*
maculate gefleckt, voller Flecken, fleckig
madder/to mit Krapp *m* färben, mit Färberröte *f* färben
madder 1. Krapp *m*, Färberröte *f*, Färberrot *n*; 2. Krappfarbstoff *m*, Krapprot *n* *{von Rubia tinctorum L.}*; 3. Krappwurzel *f*
madder bleach Krappbleiche *f*
madder carmine Krappkarmin *n*
madder colo[u]r Krappfarbe *f*, Krapprot *n*
madder-colo[u]red krapprot
madder dye Krappfarbe *f*, Krappfarbstoff *m*, Krapprot *n*
madder-dyeing Krappfärben *n*
madder lake Färberröter *f*, Krapplack *m*
madder red Krapprot *n*, Alizarin *n*
madder root Krappwurzel *f*
madder yellow Krappgelb *n*, Xanthin *n*
red madder lake Krappkarmin *n*
Maddrell['s] salt Maddrellsches Salz *n* *{ein-Natriumpolyphosphat}*
madescent angefeuchtet
madia oil Madiaöl *n* *{Madia sativa Mol.; Kosmetik}*
Madras mica indischer Glimmer *m*, Madras Glimmer *m*
mafenide <$C_7H_{10}N_2O_6S$> Mafenid *n*, α-Aminotoluol-*p*-sulfonamid *n*
mafura butter *s.* mafura tallow
mafura tallow Mafuratalg *m* *{Trichilia emetica; Kosmetik}*
magazin paper Zeitschriftenpapier *n*
magdala red <$C_{30}H_{21}N_4Cl$> Magdalarot *n*, Naphthalinrot *n*
magenta 1. purpurrot, magenta; 2. Magenta *n*, Fuchsin *n*, Rosanilin[hydrochlorid] *n* *{eine Normfarbe}*
magenta acid Magentasäure *f*, Säurefuchsin *n*, Fuchsin S *n*
magic magisch
magic acid *{TM}* Supersäure *f* *{HSO_3F/SbF_5-Mischung}*
magic angle spinning Rotation *f* um den magischen Winkel
magic numbers magische Zahlen *fpl* *{Nukl; 8, 20, 28, 50, 82, 126}*
magma 1. Magma *n* *{Geol}*; 2. Masse *f*, Brei *m* *{Tech}*; Füllmasse *f* *{Zucker}*; Magma *n* *{Pharm}*
magmatic magmatisch *{Geol}*; Magma-
magmatic rock Magmagestein *n*, Magmatit *m*, Eruptivgestein *n*, Erstarrungsgestein *n*, Massengestein *n*
Magna-Flux [testing] magnetische Rißprüfung *f* *{Magnetpulververfahren}*, Magnetpulverprüfung *f*

magnalite Magnalit *n*, Aluminium-Kolbenlegierung *f* *{4 % Cu, 2 % Ni, 1,5 % Mg, Rest Al}*
magnalium Magnalium *n* *{Legierung aus 2 - 10 % Mg, 1,5 - 2 % Cu, Rest Al}*
magnesia Magnesia *f*, Bittererde *f*, Talkerde *f*, Magnesiumoxid *n*
magnesia alba Magnesia alba *f*, Magnesiumhydroxidcarbonat[-Pentahydrat] *n*, Magnesia carbonica *f*, Magnesiaweiß *n* *{Pharm}*
magnesia alum Magnesiaalaun *m* *{obs}*, Pickeringit *m* *{Min}*
magnesia bath Magnesiabad *n*
magnesia brick Magnesitziegel *m*
magnesia carbonate Magnesit *m*
magnesia cement Magnesiazement *m*, Sorelzement *m*, Magnesiamörtel *m*, Magnesiabinder *m*, Magnesitbinder *m*
magnesia glass Magnesiaglas *n* *{Glas mit 3 - 4 % MgO}*
magnesia hardness Magnesiahärte *f*, Magnesiumärte *f* *{eine Art Wasserhärte}*, Magnesiumionen *npl* *{Erdalkalien im Wasser}*
magnesia iron spinel Chlorospinell *m* *{Min}*
magnesia kainite Magnesiakainit *m*
magnesia lime stone Bitterkalk *m* *{obs}*, kristallin[isch]er Dolomit *m* *{Min}*
magnesia magma Magnesiamilch *f* *{Pharm}*
magnesia mica Magnesia-Glimmer *m*, Phlogopit *m* *{Min}*
magnesia mixture Magnesiamixtur *f* *{$MgCl_2/NH_4Cl/NH_3$-Mischung für As- und P-Nachweis}*
magnesia niger *{obs}* Pyrolusit *m*
magnesia red Magnesiarot *n* *{Farbstoff}*
magnesia soap Magnesiaseife *f*
magnesia usta gebrannte Magnesia *f*, kalzinierte Magnesia *f*, Magnesia usta *f* *{Pharm}*
magnesia white Magnesiaweiß *n*
burnt magnesia *s.* magnesia usta
containing magnesia magnesiahaltig, magnesiumoxidhaltig
hardness due to magnesia *s.* magnesia hardness
magnesial magnesiahaltig, magnesiumhaltig; Magnesia-, Magnesium-
magnesian magnesiahaltig, magnesiumhaltig; Magnesia-, Magnesium-
magnesian calcite Magnesiumcalcit *m* *{Min}*
magnesian lime Magnesiakalk *m* *{5-40 % MgO}*
magnesian limestone Dolomitkalkstein *m*, dolomitischer Kalkstein *m* *{< 10 % $MgCO_3$}*
magnesiochromite <$MgCr_2O_4$> Magnochromit *m* *{obs}*, Piko-Chromit *m* *{obs}*, Magnesiochromit *m* *{Min}*
magnesioferrite Magnoferrit *m* *{obs}*, Magnesioferrit *m* *{Min}*
magnesioludwigite Magnesioludwigit *m*
magnesite Magnesit *m*, Bitterspat *m*, Giobertit *m* *{Min}*
magnesite brick [feuerfester] Magnesitstein *m*, Magnesitziegel *m*, Magnesiastein *m*
magnesite mass Magnesitmasse *f*
magnesite spar Bitterspat *m*, Giobertit *m* *{Min}*
siliceous magnesite Kieselmagnesit *m* *{Min}*
magnesium *{Mg; element no. 12}* Magnesium *n*
magnesium acetate <$Mg(CH_3CO_2)_2{\cdot}4H_2O$> Magnesiumacetat *n*, essigsaures Magnesium *n* *{Triv}*
magnesium acetylacetonate <$Mg(C_5H_7OO)_2$> Magnesiumacetylacetonat *n*
magnesium agricultural lime Magnesiummergel *m* *{Agri}*
magnesium alkyl <R_2Mg> Magnesiumalkyl *n*, Dialkylmagnesium *n*
magnesium alkyl condensation Grignard-Reaktion *f*
magnesium alloy Magnesiumlegierung *f* *{Met}*
magnesium aluminate <$MgAl_2O_4$> Magnesiumaluminat *n*
magnesium amalgam Magnesiumamalgam *n*
magnesium amide <$Mg(NH_2)_2$> Magnesiumamid *n*
magnesium ammonium phosphate <$MgNH_4PO_4$> Magnesiumammoniumphosphat *n*, Ammoniummagnesiumphosphat *n*
magnesium anode Magnesiumanode *f* *{Korr}*
magnesium antimonide <Mg_3Sb_2> Magnesiumantimonid *n*
magnesium aryl <Ar_2Mg> Magnesiumaryl *n*
magnesium arsenate Magnesiumarsenat *n*
magnesium-base grease Magnesiumfett *n*
magnesium bicarbonate *{obs}* *s.* magnesium hydrogen carbonate
magnesium bisulfite *{obs}* Magnesiumhydrogensulfit *n*, Magnesiumbisulfit *n* *{obs}* sulfite
magnesium bomb Magnesiumbrennbombe *f* *{Expl}*
magnesium borate 1. <$Mg(BO_2)_2$> Magnesiumborat *n*, Magnesiummetaborat *n* *{IUPAC}*; Antifungin *n* *{Pharm}*; 2. <MgB_2O_6> Magnesiumorthoborat *n*
magnesium-boron fluoride Magnesiumborofluorid *n*
magnesium bromate <$Mg(BrO_3)_2{\cdot}6H_2O$> Magnesiumbromat *n*
magnesium bromide <$MgBr_2{\cdot}6H_2O$> Magnesiumbromid *n*
magnesium bronze Magnesiumbronze *f*
magnesium carbide <MgC_2 or MgC_3> Magnesiumcarbid *n*
magnesium carbonate <$MgCO_3$ or $MgCO_3{\cdot}3H_2O$> Magnesiumcarbonat *n*, kohlensaures Magnesium *n* *{obs}*; Magnesit *m* *{Min}*

magnesium casing incendiary bomb Brandbombe *f* mit Magnesiummantel *m*
magnesium cell Magnesiumelement *n {Elek}*
magnesium chlorate <$Mg(ClO_3)_2 \cdot 6H_2O$> Magnesiumchlorat[-Hexahydrat] *n*
magnesium chloride <$MgCl_2$ or $MgCl_2 \cdot 6H_2O$> Magnesiumchlorid *n*, Chlormagnesium *n {obs}*, salzsaures Magnesium *n {obs}*
magnesium chloropalladate <$MgPdCl_6$> Magnesiumhexachloropalladat(IV) *n*
magnesium chloroplatinate <$MgPtCl_6$> Magnesiumhexachloroplatinat(IV) *n*
magnesium chlorostannate <$MgSnCl_6$> Magnesiumhexachlorostannat(IV) *n*
magnesium chromate <$MgCrO_4 \cdot 7H_2O$> Magnesiumchromat *n*
magnesium citrate <$Mg_3(C_6H_5O_7)_2 \cdot 14H_2O$> Magnesiumcitrat *n*
magnesium-copper sulfide rectifier Magnesium-Kupfersulfid-Gleichrichter *m*
magnesium dioxide <MgO_2> Magnesiumdioxid *n*, Magnesiumsuperoxid *n {obs}*, Magnesiumperoxid *n {IUPAC}*
magnesium dust Magnesiumpulver *n {Expl}*
magnesium flashlight Magnesium[blitz]licht *n*
magnesium fluoride <MgF_2> Magnesiumfluorid *n*
magnesium fluosilicate <$MgSiF_6 \cdot 6H_2O$> Magnesiumfluosilicat *n*, Magnesiumhexafluorosilicat *n {IUPAC}*, Magnesiumfluat *n {Triv}*
magnesium formate <$Mg(CHO)_2 \cdot 2H_2O$> Magnesiumformiat[-Dihydrat] *n*
magnesium gluconate <$Mg(C_6H_{11}O_7)_2 \cdot 2H_2O$> Magnesiumgluconat *n*
magnesium glycerophosphate Magnesiumglycerophosphat *n*
magnesium hardness Magnesiumhärte *f*, Magnesiahärte *f*
magnesium hydride <MgH_2> Magnesiumhydrid *n*, Magnesiumwasserstoff *m*
magnesium hydrate *s.* magnesium hydroxide
magnesium hydrogen arsenate <$MgHAsO_4$> Magnesiumhydrogen[ortho]arsenat(V) *n*
magnesium hydrogen carbonate <$Mg(HCO_3)_2$> Magnesiumhydrogencarbonat *n*
magnesium hydrogen phosphate <$MgHPO_4 \cdot 3H_2O$> Magnesiumhydrogen[ortho]phosphat[-Trihydrat] *n*, sekundäres Magnesium[ortho]phosphat *n*
magnesium hydroxide <$Mg(OH)_2$> Magnesiumhydroxid *n*, Magnesiumhydrat *n {obs}*, Ätzmagnesia *f {Triv}*; Brucit *m {Min}*
magnesium hypochlorite solution Magnesiableichflüssigkeit *f*
magnesium hypophosphite <$Mg(H_2PO_2)_2$> Magnesiumhypophosphit *n*
magnesium iodide <MgI_2> Magnesiumiodid *n*
magnesium iron carbonate Magensiumeisencarbonat *n*
magnesium iron mica Magnesiaeisenglimmer *m*, Biotit *m {Min}*
magnesium lactate <$Mg(C_3H_5O_3)_2 \cdot 3H_2O$> Magnesiumlactat *n*
magnesium light Magnesium[blitz]licht *n*
magnesium lime Magnesiumkalk *m* *{> 20 % MgO}*
magnesium-manganese dioxide cell Magnesium-Mangandioxid-Element *n*, Magensium-Braunstein-Element *n*
magnesium marlstone Dolomitmergel *m*
magnesium methylate <$Mg(CH_3O)_2$> Magnesiummethylat *n*, Magnesiummethoxid *n*
magnesium mica Amberglimmer *m*, Magnesiaglimmer *m*, Phlogopit *m {Min}*
magnesium monel Magnesium-Monel *n*
magnesium nitrate <$Mg(NO_3)_2 \cdot 6H_2O$> Magnesiumnitrat[-Hexahydrat] *n*
magnesium nitride <Mg_3N_2> Stickstoffmagnesium *n {obs}*, Magnesiumnitrid *n*
magnesium oleate <$Mg(C_{18}H_{33}O_2)_2$> Magnesiumoleat *n*
magnesium organic compound Organomagnesiumverbindung *f*, magnesiumorganische Verbindung *f*
magnesium oxide <MgO> Magnesiumoxid *n*, gebrannte Magnesia *f*, Magnesia usta *f*, kaustische Magnesia *f*, calcinierte Magnesia *f*, Ätzmagnesia *f {Triv}*, Bittererde *f*, Talkerde *f*
magnesium oxychloride cement Sorelzement *m*, Magnesiabinder *m*, Magnesitbinder *m*, Magnesitzement *m*
magnesium palmitate <$Mg(C_{16}H_{31}O_2)_2$> Magnesiumpalmitat *n*
magnesium pectolite Walkerit *m*, Magnesiumpektolith *m {Min}*
magnesium perborate <$Mg(BO_3)_2 \cdot 7H_2O$> Magnesiumperborat[-Heptahydrat] *n*
magnesium perchlorate <$Mg(ClO_4)_2$> Magnesiumperchlorat *n*
magnesium permanganate <$Mg(MnO_4)_2 \cdot 6H_2O$> Magnesiumpermanganat(VII) *n*
magnesium peroxide <MgO_2> Magnesiumperoxid *n*, Magnesiumsuperoxid *n {obs}*, Magnesiumdioxid *n*
magnesium phosphate <$Mg_3(PO_4)_2 \cdot 8H_2O$> Magnesium[ortho]phosphat[-Octahydrat] *n*
magnesium potassium chloride <$KCl \cdot MgCl_2 \cdot 6H_2O$> Kaliummagnesiumchlorid[-Hexahydrat] *n*
magnesium potassium sulfate <$K_2SO_4 \cdot 2MgSO_4$> Kaliummagnesiumsulfat *n*
magnesium pyrophosphate <$Mg_2P_2O_7 \cdot 3H_2O$> Magnesiumpyrophosphat[-Trihydrat] *n*, Magnesiumdiphosphat[-Trihydrat] *n*

magnesium quicklime Magnesiumbranntkalk *m*

magnesium resinate Magnesiumresinat *n*

magnesium ribbon Magnesiumband *n*

magnesium ricinoleate <$Mg(OOCC_{17}H_{32}OH)_2$> Magnesiumricinoleat *n*

magnesium salicylate <$(HOC_6H_4COO)_2Mg\cdot 4H_2O$> Magnesiumsalicylat[-Tetrahydrat] *n*

magnesium silicate <$3MgSiO_3\cdot 5H_2O$> Magnesiumsilicat *n*

magnesium silicide Siliciummagnesium *n*, Magnesiumsilicid *n {Mg_2Si; MgSi}*

magnesium silicofluoride <$MgSiF_6\cdot 6H_2O$> Magnesiumsilicofluorid *n*, Magnesiumhexafluorosilicat[-Hexahydrat] *n*

magnesium-silver chloride cell Magnesium-Silberchlorid-Element *n*

magnesium stannide <Mg_2Sn> Magnesiumstannid *n*

magnesium stearate <$(C_{18}H_{31}O_2)_2Mg$> Magnesiumstearat *n*; Dolomol *n*

magnesium sulfate <$MgSO_4$> Magnesiumsulfat *n*

magnesium sulfide <MgS> Magnesiumsulfid *n*

magnesium sulfite <$MgSO_3\cdot 6H_2O$> Magnesiumsulfit[-Hexahydrat] *n*

magnesium superoxide <MgO_2> Magnesiumsuperoxid *n {obs}*, Magnesiumperoxid *n*

magnesium tape Magnesiumband *n*

magnesium tartrate <$(C_4H_4O_6)_2Mg\cdot 5H_2O$> Magnesiumtartrat[-Pentahydrat] *n*

magnesium tetraborate <MgB_4O_7> Magnesiumtetraborat *n*

magnesium tetrahydrogen phosphate *s.* monobasic magnesium phosphate

magnesium thiosulfate <$MgS_2O_3\cdot 6H_2O$> Magnesiumthiosulfat[-Hexahydrat] *n*

magnesium trisilicate <$Mg_2Si_3O_8\cdot 5H_2O$> Magnesium[meta]trisilicat[-Pentahydrat] *n*, Magnesiummetasilicat *n*

magnesium tungstate <$MgWO_4$> Magnesiumwolframat *n*

magnesium turnings Magnesiumdrehspäne *mpl*

magnesium wire Magnesiumdraht *m*

acid magnesium phosphate *s.* dibasic magnesium phosphate

basic magnesium carbonate <$3MgCO_3Mg(OH)_2\cdot 3H_2O$> basisch kohlensaure Magnesia *f*, Magnesiumhydroxidcarbonat[-Trihydrat] *n*

containing magnesium magnesiumhaltig

dibasic magnesium citrate <$MgHC_6H_5O_7\cdot 5H_2O$> Magnesiumhydrogencitrat[-Pentahydrat] *n*

dibasic magnesium phosphate <$MgHPO_4\cdot 3H_2O$> Magnesiumhydrogen[ortho]phosphat[-Trihydrat] *n*, sekundäres Magnesiumphosphat *n*

ethyl magnesium bromide <C_2H_5MgBr> Ethylmagnesiumbromid *n*, Grignard-Reagens *n*

hydrated magnesium lime Magnesiumlöschkalk *m*

hydrated magnesium sulfate <$MgSO_4\cdot 7H_2O$> Bittersalz *n*, Epsomsalz *n*

light magnesium carbonate <$4MgCO_3\cdot Mg(OH)_2\cdot 5H_2O$> leichtes Magnesiumcarbonat *n*, Magnesiumhydroxidcarbonat[-Pentahydrat] *n*, kohlensaures Magnesium leicht *n*, Magnesia alba levis *f*

mixed magnesium lime Magnesium-Mischkalk *m*

monobasic magnesium phosphate <$Mg(H_2PO_4)_2\cdot 3H_2O$> Magnesiumdihydrogenphosphat *n*, primäres Magnesiumphosphat *n*, Magnesiumtetrahydrogen[ortho]phosphat[Trihydrat] *n*

native magnesium iron carbonate Mesitinspat *m*, Ferro-Magnesit *m {Min}*

native magnesium sulfate Kieserit *m {Min}*

neutral magnesium phosphate *s.* tribasic magnesium phosphate

tribasic magnesium phosphate <$Mg_3(PO)_2\cdot 8H_2O$> Trimagnesium[ortho]phosphat[-Octahydrat] *n*, tertiäres Magnesiumphosphat *n*

magneson 1. <$C_{12}H_9N_3O_4$> Magneson *n {p-Nitrobenzolazoresorcin; Anal}*; 2. Magneson II *n {p-Nitrobenzolazo-1-naphthol}*

magnesyl <$-MgX$> Magnesyl-; Grignard-Radikal *n*

magnet Magnet *m*

magnet alloy Magnetlegierung *f*, permanentmagnetische Legierung *f {z.B. Alnico, Alcomax}*

magnet armature Magnetanker *m*

magnet core Magnetkern *m*

magnet for eyes Augenmagnet *m*, Augenmagnetsonde *f {Schutz}*

magnet interrupter Magnetunterbrecher *m*

magnet iron *s.* magnetic iron [ore]

magnet pole *s.* magnetic pole

magnet steel Magnetstahl *m*

magnet winding Magnetwicklung *f*

magnet yoke *s.* magnetic yoke

artificial magnet künstlicher Magnet *m*

bell-shaped magnet Glockenmagnet *m*

hand magnet Augenmagnet *m*, Augenmagnetsonde *f {Schutz}*

induced magnet induzierter Magnet *n*

inducing magnet induzierender Magnet *m*

natural magnet natürlicher Magnet *m*

nonpermanent magnet fremderregter Magnet *m*

permanent magnet permanenter Magnet *m*, Permanentmagnet *m*, Dauermagnet *m*

magnetic 1. magnetisch; Magnet-; 2. Magnetikum *n*, Magnetwerkstoff *m*, magnetischer Werkstoff *m*
magnetic agitator Magnetrührer *m {Lab}*
magnetic alloy Magnetlegierung *f*, magnetische Legierung *f*, Magnetwerkstoff *m*
magnetic amplifier Magnetverstärker *m*, magnetischer Verstärker *m*, Transduktorverstärker *m*
magnetic anisotropy magnetische Anisotropie *f*
magnetic annealing magnetisches Tempern *n {Met}*
magnetic axis Magnetachse *f*, Polachse *f*, magnetische Achse *f*
magnetic balance Magnetwaage *f*, [magnetische] Feldwaage *f*
magnetic ball-joint valve Kugelschliffmagnetventil *n*
magnetic bar Magnetstab *m*, Magnetanker *m*, Rühranker *m {Lab}*
magnetic [bar] stirrer Rührwerk *n* mit magnetischem Rührarm *m {Lab}*
magnetic brake Magnetbremse *f*
magnetic bubble Magnetblase *f*, Magnetdomäne *f*, Magnetbläschen *n {EDV}*
magnetic circular dichroism magnetischer Zirkulardichroismus *m*
magnetic clarifier magnetischer Klärapparat *m*
magnetic coil Magnetspule *f*
magnetic constant *s.* permeability of vacuum
magnetic contact Magnetkontakt *m*
magnetic core Magnetkern *m*, Ferritkern *m {EDV}*
magnetic crack detection Magnetpulverprüfung *f*, magnetische Rißprüfung *f {DIN 4113}*, Rißprüfung *f* nach dem Magnetpulververfahren
magnetic Curie temperature Curie-Temperatur *f*, Curie-Punkt *m*
magnetic cycle Magnetisierungszyklus *m*
magnetic density in space Raumdichte *f* des Magnetismus *m*, volumenbezogene Magnetisierung *f*
magnetic dipole magnetischer Dipol *m*, magnetisches Moment *n*
magnetic disk Magnetplatte *f {EDV}*
magnetic displacement magnetische Flußdichte *f*, magnetische Induktion *f {in T}*
magnetic double refraction magnetische Doppelbrechung *f*
magnetic elongation Magnetostriktion *f*, Joule-Effekt *m*
magnetic energy magnetische Energie *f*
magnetic entropy magnetische Entropie *f*
magnetic extracting device Magnet[ab]scheider *m {Aufbereitung}*
magnetic extraction Magnetscheidung *f*, magnetische Abscheidung *f*, Magnetsortieren *n {Erzaufbereitung}*
magnetic ferroelectric magnetisierbares Ferroelektrikum *n*
magnetic field Magnetfeld *n*, magnetisches Feld *n*
magnetic field intensity *s.* magnetic field strength
magnetic field strength magnetische Feldstärke *f*, Magnetfeldstärke *f {in A/m}*
magnetic filter Magnetfilter *n*
magnetic fire detector magnetischer Feuerdetektor *m*, magnetischer Feuermelder *m*
magnetic flaw detection magnetische Rißprüfung *f*, Magnetpulverprüfung *f*, Prüfung *f* nach dem Magnetpulververfahren *n*
magnetic flaw detection ink *{BS 4069}* Magnetpulver-Flüssigkeit *f {Materialprüfung}*
magnetic flaw detection powder *{BS 4069}* Magnetpulver *n* für Materialprüfung *f*
magnetic fluid magnetische Flüssigkeit *f*, Magnetfluid *n {z.B. Eisenpulver in Öl}*
magnetic flux magnetischer Fluß *m {DIN 1304}*, Magnetfluß *m*, Kraftlinienfluß *m*, Kraftlinienstrom *m*, [magnetischer] Induktionsfluß *m {in Wb}*
magnetic flux density magnetische Flußdichte *f {DIN 1325}*, magnetische Induktion *f {in T}*
magnetic gas cooling apparatus magnetischer Gaskühlungsapparat *m*
magnetic hysteresis magnetische Hysterese *f*
magnetic idling roll Magnetroller *m*
magnetic induction Magnetinduktion *f*, magnetische Induktion *f*, magnetische Kraftflußdichte *f*, magnetische Flußdichte *f {in Wb, DIN 1325}*
magnetic ink Magnetfarbe *f*, Magnettinte *f*, magnetische Druckfarbe *f*, magnetisierbare Tinte *f*
magnetic ink document Magnetbeleg *m*
magnetic intensity Magnetisierung *f*, magnetische Feldstärke *f {in A/m}*
magnetic iron [ore] Magnetit *m*, Magneteisenerz *n*, Magneteisenstein *m {Fe_3O_4, Min}*
magnetic iron oxide <Fe_3O_4> Eisenoxyduloxyd *n {obs}*, Eisen(II,III)-oxid *n*, Eisen(II,III)-tetroxoferrat(III) *n*; Magneteisenstein *m*, Magnetit *m*, Magneteisenerz *n {Min}*
magnetic lens magnetische Linse *f*, magnetische Elektronenlinse *f*
magnetic line of force magnetische Kraftlinie *f*, Magnetkraftlinie *f*, magnetische Feldlinie *f*
magnetic material magnetische Substanz *f*, magnetischer Werkstoff *m*, Magnetwerkstoff *m*, Magnetikum *n*
magnetic moment magnetisches Moment *n*, magnetisches Dipolmoment *n {in Wb·m bzw. J/T}*
magnetic multipole Magnetmultipol *m*, magnetischer Multipol *m*

magnetic nuclear moment magneticches Kerndipolmoment *n {in A·m²}*
magnetic nuclear resonance magnetische Kernresonanz *f*, paramagnetische Kernresonanz *f*, Kernspinresonanz *f*, Kerninduktion *f*, kernmagnetische Resonanz *f*
magnetic nuclear resonance spectrum magnetisches Kernresonanzspektrum *n*, paramagnetisches Kernresonanzspektrum *n*, kernmagnetisches Resonanzspektrum *n*
magnetic octupole moment magnetisches Oktupolmoment *n*
magnetic oil filter magnetisches Ölfilter *n*
magnetic ore separator magnetischer Erzscheider *m*
magnetic oxide magnetisches Oxid *n*
magnetic particle [flaw] detection Magnetpulverprüfung *f*, magnetische Rißprüfung *f*, Rißprüfung *f* nach dem Magnetpulververfahren *n*; Fluxen *n*
magnetic particle inspection *s.* magnetic particle [flaw] detection
magnetic permeability Permeabilität *f {in H/m}*
magnetic polarization 1. Magnetisierung *f*, magnetische Polarisation *f*, Eigenflußdichte *f {in T}*; 2. magnetisch induzierte optische Polarisation *f*
magnetic pole Magnetpol *m*, magnetischer Pol *m*
magnetic pole strength magnetische Polstärke *f {in Wb}*
magnetic potential magnetomotorische Kraft *f*
magnetic pulley magnetische Rolle *f*, Magnet[band]rolle *f {z.B. in Förderbändern}*
magnetic pump Magnetpumpe *f*
magnetic pyrite Magnetkies *m*, Pyrrhotin *m {Min}*, Magnetopyrit *m {obs}*
magnetic quadrupole lens magnetische Quadrupollinse *f*
magnetic quantum number Magnetquantenzahl *f*, Orientierungsquantenzahl *f*, Achsenquantenzahl *f*
magnetic recording medium 1. Material *n* für magnetische Aufzeichnungen *fpl*; 2. Magnettonträger *m {Akustik}*
magnetic refrigerator magnetischer Tieftemperaturkühler *m {≈ 0,2 K}*
magnetic reluctance magnetischer Widerstand *m*, Reluktanz *f {in A/Wb bzw. 1/H}*
magnetic reluctivity inverse magnetische Permeabilität *f {in m/H}*
magnetic remanence [magnetische] Remanenz *f {Geol}*
magnetic resonance magnetische Resonanz *f*
magnetic rotation Magnetorotation *f*, magnetische Drehung *f {der Polarisationsebene}*, Faraday-Effekt *m*
magnetic saturation magnetische Sättigung *f*, Sättigungsmagnetisierung *f*
magnetic scanning magnetische Abtastung *f {Spek}*
magnetic separation Magnetscheidung *f*, Magnetsortieren *n*, magnetische Abscheidung *f {magnetische Aufbereitung}*
magnetic separator Magnet[ab]scheider *m*
magnetic spectrograph Geschwindigkeits-Spektrograph *m {Intensitäts-Impuls-Beziehung}*
magnetic spectrometer Magnetspektrometer *n*
magnetic stirrer Magnetrührer *m*, magnetisches Rührwerk *n*
magnetic stirring bar magnetischer Rührstab *m*
magnetic storage Magnetspeicher *m*, magnetischer Speicher *m {EDV}*
magnetic storage film Magnetspeicherschicht *f*
magnetic strainer magnetisches Grobfilter *n*
magnetic stray field magnetisches Streufeld *n*
magnetic substrate magnetischer Träger *m*
magnetic susceptibility magnetische Suszeptibilität *f*
magnetic switch Magnetschalter *m*, Schütz *m {Elek}*
magnetic system Magnetsystem *n*
magnetic tape Magnetband *n {Tonband, Videoband usw.}*
magnetic tape cassette Magnetbandkassette *f*
magnetic thermometer magnetisches Thermometer *n {≤ bis 1K}*
magnetic transformation magnetische Umwandlung *f*
magnetic transition temperature Curie-Temperatur *f*, Curie-Punkt *m*
magnetic valve Magnetventil *n*
magnetic vector magnetischer Vektor *m*
magnetic vibrator elektromagnetischer Vibrator *m*, Magnetrüttler *m*
magnetic yoke Magnetjoch *n*, magnetisches Joch *n*
alternate magnetic field magnetisches Wechselfeld *n*
distribution of magnetic flux Kraftflußverteilung *f*
intensity of magnetic field *s.* magnetic field strength
non-uniform magnetic field ungleichförmiges Magnetfeld *n*
point of magnetic transformation magnetischer Umwandlungspunkt *m*
strength of magnetic field at saturation magnetische Sättigungsfeldstärke *f*
transverse magnetic field transversales Magnetfeld *n*, Quermagnetfeld *n*
variation of magnetic flux Kraftflußvariation *f*
magnetically magnetisch; Magnet-
magnetically controlled magnetgesteuert

magnetically controlled valve Magnetventil *n*
magnetically driven magnetisch angetrieben
magnetically hard magnetisch hart
magnetically operated valve Magnetventil *n*
magnetism Magnetismus *m*
line of magnetism Magnetisierungslinie *f*
remanent magnetism remanenter Magnetismus *m*
residual magnetism remanenter Magnetismus *m*
reversal of magnetism Ummagnetisierung *f*
magnetite <Fe''Fe'''[Fe'''O$_4$]> Magnetit *m*, Magneteisenerz *n*, Magneteisenstein *m*, Eisen(II,III)-oxid *n* *{Min}*; Eisen(II,III)-tetroxoferrat(III) *n*
magnetite black Magnetitschwarz *n*
earthy magnetite Eisenmohr *m* *{Min}*
magnetizability Magnetisierbarkeit *f*, Magnetisierfähigkeit *f*
magnetizable magnetisierbar, magnetisch erregbar
magnetization 1. Magnetisierung *f*; Magnetisierungsstärke *f* *{DIN 1325}*; 2. Magnetisieren *n*
magnetization curve Magnetisierungskurve *f*, Magnetisierungsschleife *f*, B-H-Kurve *f*
magnetization line Magnetisierungslinie *f*, Magnetisierungsschleife *f*
coefficient of magnetization Magnetisierungskoeffizient *m*
cycle of magnetization Magnetisierungszyklus *m*
direction of magnetization Magnetisierungsrichtung *f*
intensity of magnetization Magnetisierungsstärke *f*
magnetize/to magnetisieren, magnetisch machen
magnetizing Magnetisieren *n*, Magnetisierung *f*
magnetizing coil Magnetisierungsspirale *f*, Magnetisierungsspule *f*, Feldspule *f*
magnetizing winding Feldwicklung *f*
magnetoacoustic effect magnetoakustischer Effekt *m*
magnetocaloric magnetokalorisch
magnetocaloric effect magnetokalorischer Effekt *m*
magnetochemistry Magnetochemie *f*
magnetoelastic coupling magnetoelastische Kopplung *f* *{Festkörper}*
magnetoelectric magnetoelektrisch
magnetoelectric effect magnetoelektrischer Effekt *m* *{z.B. in $BaMnF_4$}*
magnetoelectricity 1. Magnetelektrizität *f* *{z.B. in Cr_2O_3}*; 2. magnetelektrische Induktion *f*
magnetofluid Magnetflüssigkeit *f* *{mit Newtonschem zu viskoplastischem Übergang}*
magnetograph Magnetograph *m*
magnetohydrodynamic hydromagnetisch; magnetohydrodynamisch
magnetohydrodynamic energy conversion magnetohydrodynamische Energiewandlung *f*
magnetohydrodynamics Magnetohydrodynamik *f*, MHD
magnetometer Magnetometer *n*, Magnetmesser *m*, Magnetfeldmeßgerät *n*
magnetometric titration magnetometrische Titration *f* *{Anal}*
magnetomotive force magnetomotorische Kraft *f*, magnetische Ringspannung *f*, Umlaufspannung *f*, magnetische Durchflutung *f* *{in A}*
magneton Magneton *n* *{1. Bohrsches Magneton = $1{,}165410^{-29}$ Vsm; 2. Weißsches Magneton = $1{,}85310^{-21}$ Erg/örsted; 3. Kernmagneton = $5{,}05010^{-27}$J/T}*
magnetooptic[al] magnetooptisch
magnetooptical effects magnetooptischer Effekt *mpl* *{Faraday-, Zeeman-, Majorana- und Cotton-Mouton-Effekt}*
magnetooptical Kerr effect magnetooptischer Kerr-Effekt *n*
magnetooptical rotation Magnetorotation *f*
magnetoplumbite <(Pb,Mn)$_2$Fe$_6$O$_{11}$> Magnetoplumbit *m* *{Min}*
magnetopyrite Pyrrhotin *m* *{Min}*
magnetoresistance Magnetoresistanz *f*, magnetische Widerstandsänderung *f*
magnetorotation Magnetorotation *f*, Faraday-Effekt *m*
magnetostatics Magnetostatik *f*
magnetostriction Magnetostriktion *f*, Joule-Effekt *m*
magnetostrictive magnetostriktiv; Magnetostriktions-
magnetostrictive [sonic] transducer magnetostriktiver Schallwandler *m*
magnetron Magnetron *n*, Hohlraumresonatorröhre *f*, Magnetfeldröhre *f*, Mikrowellenröhre *f* *{ein Höchstfrequenzgenerator}*
magnetron sputter-ion pump Ionenzerstäuberpumpe *f* vom Magnetrontyp *m*
magnetron vacuum ga[u]ge Magnetronvakuummeter *n*
magnification 1. Vergößerung *f*; 2. Abbildungsmaßstab *m*, Abbildungsfaktor *m*
magnification scale Vergrößerunsmaßstab *m*
actual magnification Eigenvergrößerung *f*
final magnification Endvergrößerung *f*
longitudinal magnification Längsvergrößerung *f*
real magnification Eigenvergrößerung *f*
magnifier 1. *s.* magnifying glass; 2. Verstärker *m* *{Elek}*
magnify/to vergrößern
magnifying apparарus Vergrößerungsgerät *n*
magnifying glass Vergrößerungsglas *n*, Brennglas *n*, Lupe *f*, Vergrößerungslinse *f*
magnifying lens *s.* magnifying glass

magnifying mirror Vergrößerungsspiegel *m*
magnifying power 1. Vergrößerung *f {förderliche Vergrößerung eines optischen Systems}*; 2. Winkelvergrößerung *f {bei subjektiv benutzten optischen Instrumenten}*
magnitude 1. Betrag *m*, Größe *f*, Norm *f*, Länge *f {Phys}*; 2. Absolutwert *m {Math}*; 3. Magnitude *f {Maßeinheit für die Stärke von Erdbeben}*; 4. Helligkeit *f {ein Maß für die Strahlung eines Himmelskörpers}*
order of magnitude Größenordnung *f*, Zehnerpotenz *f*
magnochromite Magnochromit *m {obs}*, Magnesiochromit *m {Min}*
magnoferrite Magnoferrit *m {obs}*, Magnesioferrit *m {Min}*
magnolite <Hg_2TeO_4> Magnolith *m {Min}*
magnon Magnon *n {quantisierte Spinwelle}*
Magnus salt Magnussches Salz *n*
mahogany 1. Mahagoni *n*, Mahagonibaum *m {Bot}*; 2. Mahagoniholz *n*; 3. Mahagonibraun *n {Farbe}*
mahogany acid Mahagonisäure *f {Erdöl-Sulfonsäuren}*
mahogany brown mahagonibraun
mahogany soap Mahagoni-Seife *f*, Petroleumsulfonat *n {Erzaufbereitung}*
Maillard reaction Maillard-Reaktion *f {Denaturierungsreaktion von reduzierenden Zuckern und Aminosäuren; Bräunung}*
main 1. hauptsächlich; Haupt-, Stamm-; 2. Hauptrohr *n*, Hauptleitung *f*, Hauptstrang *m*; 3. Hauptstrecke *f {Bergbau}*
main action Hauptwirkung *f*
main alkaloid Hauptalkaloid *n*
main axis Hauptachse *f {Krist}*
main beam 1. Hauptstrahl *m*; 2. *{GB}* Fernlicht *n*; 3. Deckenunterzug *m*, Stockwerkunterzug *m {meistens I-Profil}*
main busbar Hauptleitungsschiene *f*
main chain Hauptkette *f {Polymer}*
main characteristic Hauptmerkmal *m*
main circuit Hauptstromkreis *m*, Hauptstrombahn *f*
main component Hauptbestandteil *m*, Grundkomponente *f*, Hauptkomponente *f*
main conduit Hauptleitung *f*, Stammleitung *f*
main constituent Hauptbestandteil *m*, Grundbestandteil *m*, Hauptkomponente *f*
main control centre Leitstelle *f*
main control room Hauptsteuerwarte *f*
main coolant pipe Hauptkühlmittelleitung *f*
main cooling circuit Hauptkühlkreislauf *m*
main cooling loop Betriebskühlkreislauf *m*
main cooling system Primärkühlung *f*
main drive shaft Hauptantriebswelle *f*
main driving shaft Hauptantriebswelle *f*
main drying Haupttrocknung *f*
main feeder pump Druckerhöhungspumpe *f*
main fermentation Hauptgärung *f*
main field of use Hauptanwendungsgebiet *n*
main fields of research Forschungsschwerpunkte *mpl*
main flow Hauptströmung *f*
main flue Fuchs[kanal] *m*
main fraction Hauptfraktion *f*, Hauptlauf *m {Dest}*
main fuse Hauptsicherung *f {Elek}*
main gate valve Hauptabsperrarmatur *f*
main gear Hauptantrieb *m*
main group Hauptgruppe *f {Periodensystem}*
main line 1. Hauptleitung *f*; 2. Hauptanschluß *m*; 3. Hauptstrecke *f*
main part Hauptbestandteil *m*, Grundbestandteil *m*
main patent Hauptpatent *n*
main pipe line Hauptleitung *f*, Stammleitung *f*
main piping Haupt[rohr]leitung *f*
main polymer chain Polymerhauptkette *f*
main pressure line Betriebsdruckleitung *f*
main product Hauptprodukt *n*
main reaction Hauptreaktion *f {Chem}*
main screw Hauptschnecke *f*, Hauptspindel *f*, Mittelschnecke *f*, Zentralschnecke *f*, Zentralspindel *f*, Zentralwelle *f*
main series Hauptreihe *f {Periodensystem}*
main shaft 1. Hauptschacht *m*; 2. Antriebswelle *f*, Hauptwelle *f*
main sluice valve Hauptabsperrschieber *m*
main source Hauptquelle *f*
main stop valve Hauptabsperrventil *n*
main stream Hauptstrom *m*
main stress Hauptspannung *f {Prüfung}*
main subjekt 1. Hauptfach *n*; 2. Hauptbereich *m*, Hauptobjekt *n {z.B. einer Klassifikation}*
main switch Hauptschalter *m*, Netzanschlußschalter *m*
main vapo[u]rizer Hauptverdampfer *m*
mains 1. [Strom-]Netz *n*, Stromversorgungsnetz *n*, Leitungsnetz *n*, Versorgungsnetz *n*; 2. Steigleitung *f*
mains cable Netzkabel *n*
mains connection Netzanschluß *m {Elek}*
mains current Netzstrom *m*, Starkstrom *m*
mains frequency Netzfrequenz *f*
mains-operated netzbetrieben
mains power *s.* mains voltage
mains power failure Ausfall *m* der Stromversorgung *f*
mains-powered netzgespeist, mit Netzstromversorgung *f*
mains pressure Netzdruck *m*
mains supply Netzanschluß *m*
mains voltage Netzspannung *f*, Speisespannung *f*

mains voltage fluctuation Netzspannungsschwankung *f*
mains voltage stabilizer Netzspannungsgleichhalter *m*, Spannungsstabilisator *m*
mains water pressure Wassernetzdruck *m*
mains water supply Wasserversorgungsnetz *n*
maintain/to 1. [aufrecht]erhalten, halten *{z.B. eine Temperatur}*; beibehalten, einhalten *{einen Zustand}*; 2. instandhalten, pflegen, warten, unterhalten; 3. führen, pflegen, auf aktuellem Stand halten *{z.B. eine Datei}*
maintainability Wartbarkeit *f*, Wartungsfreundlichkeit *f*, Instandhaltbarkeit *f*
maintenance 1. Aufrechterhaltung *f {z.B. einer Temperatur}*; 2. Wartung *f*, Instandhaltung *f*, Pflege *f*, Unterhaltung *f*, Erhaltung *f*
maintenance cost Instandhaltungskosten *pl*, Wartungskosten *pl*, Unterhaltungskosten *pl*
maintenance engineer Betriebsingenieur *m*
maintenance expenses *s.* maintenance cost
maintenance-free wartungsfrei, wartungslos
maintenance-free operation wartungsfreier Betrieb *m*
maintenance instruction[s] Wartungsvorschriften *fpl*
maintenance personnel Wartungspersonal *n*
maintenance routine work Instandhaltungsarbeiten *fpl*, Wartung *f*
maisin Maisin *n {Protein im Mais}*
maize Mais *m*, Zea mays, Türkischer Weizen *m*, Kukuruz *m*, Welschkorn *n {Bot}*
maize gluten Maiskleber *m*
maize oil *{BP}* Maisöl *n*, Maiskeimöl *n*
maize protein staple Zeinfaser *f*
maize starch Maisstärke *f*
majolica Majolika *f {Mallorca-Töpferware}*
majolica pigment Majolikafarbe *f*
major 1. wichtig[er]; größer; bevorrechtigt; Haupt-; 2. *{US}* Hauptfach *n*
major-accident regulation Störfallverordnung *f*
major axis Hauptachse *f {Math}*
major chemical variables Haupteinflußgrößen *fpl* chemischer Art *f*
major component Hauptbestandteil *m*, Grundkomponente *f*, Grundbestandteil *m {Anal}*; Hauptkomponente *f*; Hauptinhaltsstoff *m*
major constituent *s.* major component
major end use Hauptverwendungszweck *m*
major gene Oligogen *n*
major group clements Hauptgruppenelemente *npl {Periodensystem}*
major histocompatibility complex Haupt-Histokompatibilitäts-Komplex *m*
major immunogene complex hauptimmunogener Komplex *m*
major reaction pathway Hauptreaktionsweg *m*
major research institute Großforschungseinrichtung *f*
major scientific facility Großforschungsanlage *f*
major specimen Großprobe *f*
major user Großverbraucher *m*
majority Großteil *m*, Mehrheit *f*, Majorität *f*
make/to 1. machen; 2. darstellen *{Chem}*; 3. erzeugen, fabrizieren, [an]fertigen, produzieren, herstellen
make a mo[u]ld/to einen Abdruck *m* herstellen
make acidic/to ansäuern
make available/to beistellen, bereitstellen
make 1. Ausführung *f*, Bauart *f*, Machart *f*, Version *f*, Typ *m*; Fabrikat *n*, Erzeugnis *n*, Produkt *n {einer Firma}*; 2. Herstellung *f*, Erzeugung *f*, Produktion *f*, Fabrikation *f*; 3. Ausstoß *m*, Produktionsmenge *f*, Produktion *f*; 4. Beschaffenheit *f*, Zustand *m*, Verfassung *f*; 5. Gasen *n*, Gasung *f {Wassererzeugung}*; 6. Ansprechen *n {Relais}*
make-shift 1. behelfsmäßig, provisorisch; Behelfs-, Ersatz-; 2. Behelf *m*, Notbehelf *m*
make-up 1. Aufmachung *f*; Schminke *f*, Schönheitsmittel *n*, Make-up *n {Kosmetik}*; 2. Ergänzung *f*, Auffüllung *f*; Ausgleich *m*; Nachdosierung *f*, Deckung *f* von Verlusten *mpl*; 3. Zusammensetzung *f*, Aufbau *m*; 4. Zusatzchemikalie *f*; Nachfüllmaterial *n*; 5. Ausgehen *n {Lagerstätte}*; 6. Umbrechen *n*, Umbruch *m*, Mettage *f {Drucken}*
make-up feed Nachspeisen *n*, Nachspeisung *f*
make-up gas 1. Frischgas *n*; Zusatzgas *n*, Spülgas *n*, Schönungsgas *n {Chrom}*
make-up piece Fassonrohr *n*, Formstück *n*
make-up valve Ausgleichschieber *m*
make-up water Zusatzwasser *n*, Zuschußwasser *n*
maker 1. Hersteller *m*, Produzent *m*, Herstellerfirma *f*; 2. Schöpfer *m {Pap}*; 3. Schließer *m*, Arbeitskontakt *m {Relais}*
making 1. Machen *n*; 2. Arbeit *f*; 3. Herstellung *f*, Produktion *f*, Fertigung *f*, Erzeugung *f*, Fabrikation *f*
Malabar tallow Malabartalg *m*, Butterbohnenfett *n*, Valeriafett *n*, Pineytalg *m {aus Samen von Vateria indica L.}*
malabsorption mangelhafte Absorption *f*
Malacca nut Malakkanuß *f*
Malacca tin Malakkazinn *m*
malachite **<$CuCO_3 \cdot Cu(OH)_2$>** Kupferspat *m {Triv}*, Atlaserz *n*, Malachit *m {Min}*
malachite green 1. Malachitgrün *n*, Benzalgrün OO *n*, Neugrün *n*, Viktoriagrün *n*, Bittermandelölgrün *n {Triphenylmethanfarbstoff}*; 2. Berggrün *n {gemahlener Malachit}*
calcareous malachite Kalkmalachit *m {Min}*
fibrous malachite Fasermalachit *m {Min}*

malacolite Malakolith *m {obs}*, Diopsid *m {Min}*
malacon Malakon *m*, Zirkenoid *m {Min}*
malakin <$C_2H_5OC_6H_4NHCOC_6H_4OH \cdot H_2O$> Malakin *n*, Salicylidenphenetidin *n*
malakon *s.* malacon
malamide <$H_2NCOCH_2CH(OH)CONH_2$> Malamid *n*, 2-Hydroxybutandiamid *n {IUPAC}*
malassimilation schlechte Assimilation *f*
malate Malat *n {Salz oder Ester der Äpfelsäure}*
 malate dehydrogenase *{EC 1.1.1.37}* Malatdehydrogenase *f*
 malate oxidase *{EC 1.1.3.3}* Malatoxidase *f*
 malate synthetase *{EC 4.1.3.2}* Malatsynthetase *f*
malathion <$C_{10}H_9O_6PS_2$> Malathion *n {Insektizid}*
Malayan camphor <$C_{10}H_{18}O$> (+)-Borneol *n*, Malayischer Campher *m*, Sumatracampher *m*, Bornylalkohol *m*, Borneocampher *m {aus Dryanops aromatica Gaertn.}*
maldistribution Fehlverteilung *f {z.B. in der Absorptionskolonne}*, Randgängigkeit *f*
maldonite Maldonit *m*, Wismutgold *n {Min}*
male 1. Außen- *{z.B. Gewinde}*; 2. männlich, positiv *{Tech}*; 3. männlich *{Biol}*; 4. Mann *m*; männliches Tier *n*
 male cone Kernschliff *m*
 male die Werkzeugpatrize *f*, Werkzeugstempel *m*, Positivform *f*, Patrize *f*, Stempel *m {Gummi, Kunst}*
 male joint Außenschliff *m*, Schliffhülse *f {Glas, Lab}*
 male mo[u]ld Patrize *f*, Stempel *m*, Stempelprofil *n*, Preßstempel *m*; Positivform *f*, positives Werkzeug *n*, positive Form *f*, Füllraum-Werkzeug *n {Streck- und Vakuumformen}*
 male mo[u]ld method Positivverfahren *n*
 male thread Außengewinde *n*
malealdehyde *s.* maleic anhydride
maleate Maleat *n {Salz oder Ester der Maleinsäure}*
 maleate hydratase *{EC 4.2.1.31}* Maleathydratase *f*
maleate isomerase *{EC 5.2.1.1}* Maleatisomerase *f*
maleic acid <$CO_2HCH{=}CHCO_2H$> Maleinsäure *f*, *cis*-Ethylen-1,2-dicarbonsäure *f*, (Z)-2-Butendisäure *f*
 maleic aldehyde Maleinaldehyd *m*
 maleic anhydride <$(COCH)_2O$> Maleinsäureanhydrid *n*, Furan-2,5-dion *n*, *cis*-Butendisäureanhydrid *n {Härter}*
 maleic hydrazide <$C_4H_4N_2O_2$> Maleinsäurehydrazid *n {obs}*, Maleinylhydrazin *n*
 maleic resin Maleinatharz *n*, Maleinsäureharz *n*
 ester of maleic acid Maleinsäureester *m*, Maleat *n*
 salt of maleic acid Maleat *n*
maleinimide <$C_4H_3NO_2$> Maleinimid *n*
malenoid Malenoid *n*, (Z)-Isomer[es] *n*
maletto bark Malettorinde *f*
 maletto tannin <$(C_{19}H_{20}O_9)_n$> Malettotannin *n*
maleylsulfathiazole Maleylsulfathiazol *n*
malformation Mißbildung *f*
malfunction Störung *f {Aussetzen einer Funktion}*, Betriebsstörung *f {Defekt}*; Fehler *m {Maschinenfehler}*
 malfunction indicator Störungsanzeige *f*, Störungsmeldegerät *n*
 malfunction signal Störanzeige *f*
malfunctioning Funktionsstörungen *fpl*
malic acid <$COOHCHOHCH_2COOH$> Äpfelsäure *f*, Hydroxybernsteinsäure *f*
 malic acid monoamide Malamidsäure *f*
 malic amide *s.* malamide
 malic dehydrogenase *s.* malate dehydrogenase
 salt of malic acid Malat *n*, Äpfelsäureester *m*, Hydroxysuccinat *n*
malignancy Bösartigkeit *f*, Malignität *f {Med}*
malignant bösartig *{Med}*; tückisch
maliadrite <Na_2SiF_6> Malladrit *m {Min}*
mallardite <$MnSO_4 \cdot 7H_2O$> Mallardit *m {Min}*
malleability 1. Verformbarkeit *f {unter Druck- und Stoßbeanspruchung}*, bruchlose Verformbarkeit *f*, Schmiedbarkeit *f*, Hämmerbarkeit *f*, Dehnbarkeit *f*, Streckbarkeit *f*; 2. Geschmeidigkeit *f*, Anpassungsfähigkeit *f*
malleable 1. verformbar, hämmerbar, streckbar, plastisch verformbar; 2. geschmeidig, schmiegsam, anpassungsfähig
 malleable brass Neumessing *n*
 malleable [cast] iron Temperguß *m*, schmiedbares Gußeisen *n*, Weicheisen *n*, hämmerbares Gußeisen *n*
 malleable pig iron Temperrohreisen *n*
malleabl[e]ize/to tempern, glühfrischen *{Met}*
mallein Mallein *n {Vakzin}*
mallet 1. Hammer *m {z.B. Holzhammer}*, Klopfholz *n*, Klöpfel *m*; 2. Klotz *m {Opt}*
mallotoxin Mallotoxin *n*, Rottlerin *n*
mallow Malve *f*, Malvenkraut *n {Bot}*
 mallow leaves Malvenblätter *npl*
malm 1. Malm *m {Geol}*; 2. weicher, kalkhaltiger Lehm *m*
malnutrition Unterernährung *f*, Fehlernährung *f*, unzureichende Ernährung *f {Physiol}*
malodor Gestank *m*, Geruchsbelästigung *f*, übler Körpergeruch *m*
malodorous übelriechend
malol <$C_{29}H_{46}(OH)COOH$> Malol *n*, Urson *n*, Ursolsäure *f*, Prunol *n*
malonaldehyde <$HOCH{=}CHCHO$> Malonaldehyd *m*
 malonaldehydic acid <$OHCCH_2COOH$> Malonaldehydsäure *f*, Formylessigsäure *f*

malonamic acid <$HOOCCH_2CONH_2$> Malonamidsäure *f*
malonamide <$H_2NCOCH_2CONH_2$> Malonamid *n*, Propandiamid *n*
malonamide nitrile Cyanoacetamid *n*
malonamidic acid *s.* malonamic acid
malonanilide Malonanilid *n*
malonate Malonat *n*, Malonester *m* *{Salz oder Ester der Malonsäure}*
malonic acid <$HOOCCH_2COOH$> Malonsäure *f*, Methandicarbonsäure *f*, Propandisäure *f* *{IUPAC}*
malonic acid diethyl ester <$H_2C(COOC_2H_5)_2$> Malonsäurediethylester *m*, Diethylmalonat *n*, Malonester *m* *{Triv}*
malonic acid monoethyl ester <$HOOCCH_2COOC_2H_5$> Monoethylmalonat *n*
malonic aldehyde *s.* malonaldehyde
malonic amide *s.* malonamide
malonic dinitrile *s.* malononitrile
malonic ester *s.* malonic acid diethyl
malonic mononitrile *s.* cyanoacetic acid
malononitrile <$CH_2(CN)_2$> Malonsäuredinitril *n*, Methylendicyanid *n*, Propandinitril *n*
malonuric acid Malonursäure *f*
malonyl <$-OCCH_2CO-$> Malonyl *n*
malonyl chloride Malonylchlorid *n*
malonyl urea Malonylharnstoff *m*, Barbitursäure *f*
maloyl <$-COCH_2CH(OH)CO-$> Maloyl *n*
malt/to malzen, mälzen, vermälzen, Malz *n* werden; mit Malz *n* versetzen
malt Malz *n*
malt barley Malzgerste *f*
malt beer Malzbier *n*, Karamelbier *n*
malt coffee Malzkaffee *m*
malt diastase Malzdiastase *f*, Maltin *n* *{Biochem}*
malt dust Darrstaub *m*
malt extract Malzauszug *m*, Malzextrakt *m*, Maltosesirup *m*
malt husks Malztreber *pl*
malt residuum Malztreber *pl*
malt silo Malzsilo *n*
malt spirit Getreidebranntwein *m*
malt sprout Malzkeim *m*
malt starch Malzstärke *f*
malt sugar Malzzucker *m*, Maltose *f*
malt vinegar Bieressig *m*, Malzessig *m*
malt whiskey Malzwhiskey *m* *{Gerstensud}*
brittle malt Glasmalz *n*
cured malt gedarrtes Malz *n*
high-kilned malt Färbemalz *n*
infusion of malt Malzaufguß *m*
maltase *{EC 3.2.1.20}* α-D-Glucosidase *f* *{IUB}*, Maltase *f* *{Biochem}*
malted bonbon Malzbonbon *m*
maltha Bergteer *m*, Erdteer *m* *{Min}*
malt[h]enes Malthene *npl*, Petrolene *npl* *{niedermolekularer Anteil des Bitumens}*
malting 1. Mälzerei *f*, Malzfabrik *f*; 2. Mälzen *n*, Mälzung *f*, Vermälzung *f*, Malzbereitung *f*
maltitol Maltit *m* *{Saccharid}*
maltobionic acid <$C_{12}H_{22}O_{12}$> Maltobionsäure *f*
maltobiose <$C_{12}H_{22}O_{11}\cdot H_2O$> Maltose *f*, Maltobiose *f*, Malzzucker *m*
maltodextrin Maltodextrin *n*, Amyloin *n*
maltol <$C_5H_6O_3$> Maltol *n*, Larixinsäure *f*, 2-Methyl-3-hydroxy-pyron *n*, 4-o-(α-D-Glucopyranosyl)-D-glucopyranose *f*, Glucose-α-glucosid *n*
maltonic acid Maltonsäure *f* *{obs}*, D-Gluconsäure *f*
maltooligosacccharide Malto-Oligosaccharid *n*
maltosazone <$C_{12}H_{14}O_7(=NNHC_6H_5)_4$> Maltosazon *n*
maltose *s.* maltobiose
maltulose Maltulose *f*
malvalic acid Malval[in]säure *f*
malvidin Malvidin *n* *{blaues Aglucon}*
malvin Malvin *n*
mammal Säugetier *n* *{Zool}*
mammary gland Brustdüse *f*, Milchdüse *f*
mammoth pump Mammutpumpe *f*, Drucklufttheber *m*, Luftheber *m*, Airlift *m*
mammotropin *s.* prolactin
man hole Mannloch *n*, Mann[einstieg]loch *n*, Einstiegöffnung *f*, Reinigungsöffnung *f*
man-hour Arbeitsstunde *f*
man-made fibre Chemiefaser *f*, Kunstfaser *f*; Chemiefaserstoff *m*
man-made leather Kunstleder *n*
man-made mineral fiber *{BS 5803}* künstliche Mineralfaser *f*
man power 1. Lohnarbeiter *mpl*; 2. Arbeitskraft *f*
man way Mannloch *n*, Einstiegöffnung *f*
manage/to 1. leiten, führen; lenken; 2. bewirtschaften, verwalten; 3. disponieren; 4. handhaben; umgehen mit, hantieren
manageable handlich; umgänglich, lenkbar
management 1. Betriebsführung *f*, Unternehmungsführung *f*, Geschäftsleitung *f*, Mangement *n*, Direktion *f*; 2. Verwaltung *f*; 3. Haltung *f* *{von Tieren}*; 4. Handhabung *f*
management board Vorstand *m*
manager 1. Betriebsführer *m*, Direktor *m*, Geschäftsführer *m*; Manager *m*; 2. Abteilungsleiter *m*, 3. Verwalter *m*
managing betriebsführend, geschäftsführend; leitend; verwaltend; wirtschaftlich
managing board Vorstand *m*
managing board member for engineering technisches Geschäftsleitungsmitglied *n*, technisches Vorstandsmitglied *n*

managing director Betriebsdirektor *m*
Manchester brown Manchesterbraun *n*, Bismarck-Braun *n*, Triaminoazobenzol *n*, Vesuvin *n* *{Farb}*
Manchester yellow Naphthylamingelb *n*, Martiusgelb *n*, Manchestergelb *n* *{Farb}*
mandarin 1. Mandarine *f*, Mandarinenbaum *m*, Mandarinenstrauch *m* *{Citrus nobilis}*; 2. Mandarine *f* *{Frucht}*
mandarin oil Mandarinenöl *n*
mandarin 6 *{US}* Orange II *n*, *ß*-Naphtholorange *n*
mandelamide <$C_6H_5CH(OH)CONH_2$> Mandelsäureamid *n*
mandelate racemase *{EC 5.1.2.2}* Mandelatracemase *f*
mandelic acid <$C_6H_5CHOHCOOH$> Mandelsäure *f*, α-Hydroxyphenylessigsäure *f*, Phenylglycolsäure *f*
mandelic amide Mandelsäureamid *n*
mandelic nitrile Mandelsäurenitril *n*
mandelonitrile Mandelsäurenitril *n*, Benzaldehydcyanhydrin *n*
mandelonitrile lyase *{EC 4.1.2.10}* Mandelonitrile-Benzaldehydlyase *f*, Mandelnitrillyase *f* *{Biochem}*
mandragora 1. Alraun *m*, Alraune *f*, Mandragora *f*; 2. Alraunwurzel *f*, Springwurzel *f* *{Mangragora officinalis}*
mandrake 1. Alraun *m*, Alraune *f* *{Mandragora officinalis}*; 2. Podophyllum *n*, Fußblatt *n*
mandrel 1. Dorn *m*, Richtdorn *m*, Spritzdorn *m*, Werkzeugdorn *m* *{Gum, Kunst}*; 2. Pfeife *f* *{Glas-Röhrenziehen}*
mandrel bend flexibility Dornbiegeelastizität *f*
mandrel bend test Dornbiegeprüfung *f*, Dornbiegeversuch *m* *{Materialprüfung}*
mandrel drawing Stopfenzug *m*, Stabziehen *n*, Stangenziehen *n* *{Met}*
mandrel flex test *s.* mandrel bend test
mandrel flexural testing *s.* mandrel bend test
maneb Maneb *n* *{Manganethylenbis(dithiocarbamidsäure)polymer; Fungizid}*
Mangabeira [rubber] Mangabeiragummi *m*, Mangabeirakautschuk *m*, Pernambukokautschuk *m* *{Hancornia speciosa Gomez}*
mangan blende <MnS> Manganblende *f* *{Min}*
mangan boride <MnB_2> Manganborid *n*
native mangan carbonate Rhodochrosit *m* *{Min}*
manganate Manganat *n* *{M'_3MnO_4 oder M'_2MnO_4}*
manganese <Mn, element no. 25> Mangan *n*
manganese abietate <$Mn(C_{20}H_{29}O_2)_2$> Manganabietat *n*
manganese acetate <$Mn(CH_3CO_2)_2 \cdot 4H_2O$> Mangan(II)-acetat[-Tetrahydrat] *n*, essigsaures Mangan *n* *{Triv}*
manganese alloys Manganlegierungen *fpl*
manganese alum Manganalaun *m*
manganese alumina Mangan-Tongranat *m*, Spessartin *m* *{Min}*
manganese ammonium phosphate <NH_4MnPO_4> Mangan(II)-ammoniumphosphat *n*
manganese ammonium sulfate <$MnSO_4 \cdot (NH_4)_2SO_4 \cdot 6H_2O$> Ammoniummangan(II)-sulfat[-Hexahydrat] *n*, Manganammoniumsulfat *n*
manganese arsenate <$Mn_3(AsO_4)_2$> Manganarsenat *n*, arsensaures Mangan *n* *{Triv}*
manganese bath method Manganbadmethode *f*
manganese binoxide *{obs}* *s.* manganese dioxide
manganese bister Manganbraun *n*, Manganbister *m n*, Mineralbister *m n*, Bisterbraun *n* *{Mangan(III)-oxidhydrat}*
manganese black Manganschwarz *n*, Zementschwarz *n* *{MnO_2-Farbpigment}*
manganese blue Manganblau *n*, Zementblau *n* *{Farb}*
manganese borate <MnB_4O_7> Mangan(II)-borat *n*, Mangantetraborat *n*
manganese-boron 1. Manganbor *n*; 2. Manganbronze *f* *{Cu 88 %, Sn 10 %, Mn 2 %}*
manganese bronze Manganbronze *f* *{1. 59 % Cu, 39 % Zn, 1,5 % Fe, 1 % Sn, 0,1 % Mn; 2. 66 % Cu, 23 % Zn, 3 % Fe, 4,5 % Al, 3,7 % Mn}*
manganese brown Manganbister *m n*, Manganbraun *n*, Mineralbister *m n*, Bisterbraun *n* *{Mangan(III)-oxidhydrat}*
manganese butyrate Manganbutyrat *n*
manganese carbide <Mn_3C> Mangancarbid *n*
manganese carbonate <$MnCO_3$> Mangan(II)-carbonat *n*, Manganokarbonat *n* *{obs}*, kohlensaures Mangan *n* *{Triv}*
manganese carbonyl 1. <$Mn(CO)_6$> Manganhexacarbonyl *n* 2. <$Mn_2(CO)_{10}$> Dimangandecacarbonyl *n*
manganese chloride 1. <$MnCl_2$> Mangan(II)-chlorid *n*, Clormangan *n* *{obs}*, Mangandichlorid *n*; 2. <$MnCl_3$> Mangantrichlorid *n*, Mangan(III)-chlorid *n*
manganese chromate Manganchromat *n*
manganese citrate <$Mn_3(C_6H_5O_7)_2$> Mangancitrat *n*
manganese copper *s.* manganese bronze
manganese cyclopentadienyl tricarbonyl <$C_5H_4Mn(CO)_3$> Cyclopentadienyl-mangantricarbonyl *n*
manganese dioxide <MnO_2> Mangandioxid *n*, Braunstein *m*, Mangan(IV)-oxid *n*, Mangansuperoxyd *n* *{obs}*
manganese dithion <MnS_2O_6> Mangan(II)-dithionat *n*, Mangan(II)-disulfat(V) *n*

manganese ethylenebis(thiocarbamate) *s.* maneb
manganese fluoride <MnF_2> Mangan(II)-fluorid *n*, Mangandifluorid *n*
manganese fluosilicate <$MnSiF_6 \cdot 6H_2O$> Mangansilicofluorid *n*, Kieselfluormangan *n* *{obs}*; Mangan(II)-hexafluorosilicat[-Hexahydrat] *n* *{IUPAC}*
manganese garnet Mangangranat *m*, Spessartin *m* *{Min}*
manganese gluconate <$Mn(C_6H_{11}O_7)_2 \cdot 2H_2O$> Mangan(II)-gluconat[-Dihydrat] *n*
manganese glycerophosphate Manganglycerophosphat *n*
manganese green Kasseler Grün *n*, Rosenstiehls Grün *n*, Mangangrün *n* *{$BaMnO_4$}*
manganese heptoxide <Mn_2O_7> Manganheptoxid *n*, Mangan(VII)-oxid *n*
manganese hexacyanoferrate(II) <$Mn_2[Fe(CN)_6]$> Mangan(II)-hexacyanoferrat(II) *n*
manganese hexafluorosilcate <$MnSiF_6$> Mangan(II)-hexafluorosilicat *n*
manganese hydrogen phosphate <$MnHPO_4 \cdot 3H_2O$> Mangan(II)-hydrogenphosphat(V)[-Trihydrat] *n* *{IUPAC}*, sekundäres Mangan[ortho]phosphat *n*
manganese hydroxide 1. <$Mn(OH)_2$> Mangan(II)-hydroxid *n*, Mangandihydroxid *n*; 2. <$Mn(OH)_3$> Mangan(III)-hydroxid *n*, Mangantrihydroxid *n*
manganese hypophosphite <$Mn(H_2PO_2)_2 \cdot H_2O$> Mangan(II)-hypophosphit *n*
manganese iodide <MnI_2> Mangan(II)-iodid *n*, Mangandiiodid *n*, Manganjodür *n* *{obs}*
manganese lactate <$Mn(C_3H_5O_3)_2 \cdot 3H_2O$> Mangan(II)-lactat *n*
manganese linoleate <$Mn(C_{17}H_{31}COO)_2$> Mangan(II)-linoleat *n*, leinölsaures Mangan *n* *{Triv}*
manganese monoxide <MnO> Mangan(II)-oxid *n*, Manganoxydul *n* *{obs}*, Mangan[mon]oxid *n*
manganese naphthenate Mangannaphthenat *n*
manganese nitrate <$Mn(NO_3)_2 \cdot 6H_2O$> Mangan(II)-nitrat[-Hexahydrat] *n*, Mangandinitrat *n*
manganese nodule Manganknolle *f* *{Geol}*
manganese oleate <$Mn(C_{17}H_{33}COO)_2$> Mangan(II)-oleat *n*
manganese ore Manganerz *n* *{Min}*
black manganese ore Schwarzmanganerz *n* *{Min}*
grey manganese ore Manganit *m* *{Min}*
manganese oxalate <$MnC_2O_4 \cdot H_2O$> Mangan(II)-oxalat[-Dihydrat] *n*
manganese oxides Manganoxide *npl*; *s.a.* manganese monoxide, manganese(II,III)oxide, manganese dioxide, manganese trioxide, manganese heptoxide, manganese(III)oxide
manganese peroxide *{obs}* *s.* manganese dioxide
manganese phosphate 1. <$Mn_3(PO_4)_2 \cdot 7H_2O$> Mangan(II)-phosphat *n*, phosphorsaures Manganoxydul *n* *{obs}*; 2. *s.* manganese hydrogen phosphate; 3. *s.* manganese pyrophosphate
manganese potassium sulfate <$Mn_2(SO_4)_3 \cdot K_2SO_4 \cdot 24H_2O$> Kaliummagnesium(III)-sulfat[-24-Wasser] *n*, Manganalaun *m* *{Triv}*
manganese preparation Manganpräparat *n*
manganese protoxide *s.* manganese monoxide
manganese pyrophosphate <$Mn_2P_2O_7$> Mangan(II)-pyrophosphat *n*, Mangan(II)-diphosphat *n*
manganese removal Manganentfernung *f*; Entmanganung *f* *{Wasser}*
manganese removal plant Entmanganungsanlage *f*
manganese resinate <$(C_{20}H_{29}O_2)_2Mn$> Mangan(II)-resinat *n*
manganese selenide Mangan(II)-selenid *n*
manganese sesquioxide <Mn_2O_3> Mangan(III)-oxid *n*, Mangansesquioxid *n*, Dimangantrioxid *n*; Psilomelan *m*, Hartmangan *n*, Braunit *m* *{Min}*
manganese silicate <$MnSiO_3$> Mangan(II)-metasilicat, Mangan(II)-trioxosilicat *n*
native manganese silicate Rhodonit *m* *{Min}*
manganese silicide Silicomangan *n*
manganese-silicon Mangansilicum *n* *{73-78 % Si}*
manganese soap Manganseife *f*
manganese spar 1. Rhodonit *m* *{ein Inosilicat}*; 2. Rhodochrosit *m*, Manganspat *m*, Himbeerspat *m* *{$MnCO_3$, Min}*
manganese stearate <$Mn(C_{17}H_{35}CO_2)_2$> Mangan(II)-stearat *n*
manganese steel Mangan[hart]stahl *m*, Hadfield-Stahl *m* *{≈ 12 % Mn}*
manganese sulfide <MnS> Mangan(II)-sulfid *n*; Alabandin *m* *{α-MnS, Min}*
manganese tetrachloride <$MnCl_4$> Mangantetrachlorid *n*, Mangan(IV)-chlorid *n*
manganese tetrafluoride <MnF_4> Mangantetrafluorid *n*, Mangan(IV)-fluorid *n*
manganese-titanium Mangan-Titan *n* *{38 % Mn, 29 % Ti, 8 % Al, 3 % Si, 22 % Fe; Met}*
manganese trifluoride Mangantrifluorid *n*
manganese trioxide <MnO_3> Mangantrioxid *n*, Mangansäureanhydrid *n*, Mangan(VI)-oxid *n*
manganese violet Manganviolett *n*, Nürnberger Violett *n*, Mineralviolett *n*

manganese vitriol Manganvitriol *n {Fauserit/Mallardit/Ilesit-Gemenge}*

manganese white Manganweiß *n*, Mangan(II)-carbonat *n {Farb}*

manganese zinc ferrite Mangan-Zink-Ferrit *m*

manganese zinc spar Manganzinkspat *m {obs}*, Mangan-Smithsonit *m {Min}*

basic manganese chromate <$2MnO{\cdot}CrO_3{\cdot}2H_2O$> [basisches] Mangan(II)-chromat *n*, Chrombraun *n*

black manganese dioxide <β-MnO_2> Pyrolusit *m*, Graubraunstein *m {Min}*

neutral manganese chromate <$MnCrO_4$> [neutrales] Mangan(II)chromat *n*

manganese(II) Mangano- *{obs}*, Mangan(II)-

manganese(II) compound Mangan(II)-Verbindung *f*, Manganoverbindung *f {obs}*, Manganoxydulverbindung *f {obs}*

manganese(II) ion Mangan(II)-ion, Manganoion *n {obs}*

manganese(II,III)oxide <Mn_3O_4> Mangan(II,III)-oxid *n*

manganese(III) Mangani- *{obs}*, Mangan(III)-

manganese(III) compound Mangan(III)-Verbindung *f*, Manganiverbindung *f {obs}*

manganese(III) hydroxide Mangan(III)-hydroxid *n*

manganese(III) oxide Mangansesquioxid *n*, Mangan(III)-oxid *n*, Dimangantrioxid *n*

manganese(III) phosphate <$Mn_2(PO_3)_6{\cdot}2H_2O$> Mangan(III)-metaphosphat[-Dihydrat] *n*, Mangan(III)-phosphat *n*

manganese(III) sulfate <$Mn_2(SO_4)_3$> Mangan(III)-sulfat *n*

manganese(IV)chloride Mangantetrachlorid *n*, Mangan(IV)-chlorid *n*

manganese(IV) oxide Mangandioxid *n*, Mangan(IV)-oxid *n*; Braunstein *m {Min}*

manganese(VI)oxide Mangansäureanhydrid *n*, Mangantrioxid *n*, Mangan(VI)-oxid *n*

manganic Mangan-, Mangan(III)-, Mangani- *{obs}*

manganic acid <H_2MnO_4> Mangansäure *f*

manganic anhydride <MnO_3> Mangansäureanhydrid *n*, Mangantrioxid *n*, Mangan(VI)-oxid *n*

manganic chloride <$MnCl_3$> Mangan(III)-chlorid *n*, Mangantrichlorid *n*

manganic compound Mangan(III)-Verbindung *f*, Manganiverbindung *f {obs}*

manganic fluoride Mangan(III)-fluorid *n*, Mangantrifluorid *n*

manganic hydroxide Mangan(III)-oxidhydroxid *n*, Manganmetahydroxid *n {MnO(OH)}*; Mangan(III)-oxidhydrat *n {$Mn_2O_3{\cdot}nH_2O$}*; Manganbraun *n*

manganic oxide <Mn_2O_3> Mangan(III)-oxid *n*, Dimangantrioxid *n*, Mangansesquioxid *n*

manganic oxide hydrate Mangan(III)-oxidhydrat *n {$Mn_2O_3{\cdot}nH_2O$}*; Mangan(III)-oxidhydroxid *n {MnO(OH)}*

manganic phosphate Manganiphosphat *n {obs}*, Mangan(III)-phosphat *n*

manganic potassium sulfate <$KMn(SO_4)_2$> Kaliummangan(III)-sulfat *n*

manganic salt Mangan(III)-Salz *n*, Manganisalz *n {obs}*

manganic sulfide <MnS_2> Mangandisulfid *n*

native manganic oxide hydrate Manganit *m {Min}*

native manganic sulfide Mangankies *m*, Hauerit *m {Min}*

manganicyanic acid <$H_3Mn(CN)_6$> Manganicyanwasserstoffsäure *f*, Hydrogenhexacyanomanganat(III) *n*

manganiferous manganhaltig

manganin Manganin *n {84 % Cu, 12 % Mn, 4 % Ni}*

manganite 1. <$M^I_2MnO_3$> Manganat(IV) *n*, Oxomanganat(IV) *n*; 2. <MnO(OH)> Graumanganerz *n {obs}*, Manganit *m {Min}*

manganocalcite Manganocalcit *m*, Mangan-Kalkspat *m {Min}*

manganocolumbite Mangano-Columbit *m*, Mangano-Niobit *m {Min}*

manganosite <MnO> Mangan(II)-oxid *n*, Manganosit *m {Min}*

manganospherite Manganosphärit *m {obs}*, Mangan-Siderit *m {Min}*

manganostibiite Manganostibiit *m {Min}*

manganotantalite Manganotantalit *m {Min}*

manganous Mangan-, Mangan(II)-, Mangano- *{obs}*

manganous acetate <$Mn(CH_3COO)_2{\cdot}4H_2O$> Manganoacetat *n {obs}*, Mangan(II)-acetat[-Tetrahydrat] *n*

manganous borate <MnB_4O_7> Manganoborat *n {obs}*, Mangan(II)-borat *n*, Mangan(II)-tetraborat *n*

manganous bromide <$MnBr_2$> Mangan(II)-bromid *n*, Mangandibromid *n*

manganous carbonate <$MnCO_2$> Manganocarbonat *n {obs}*, Mangan(II)-carbonat *n*

manganous chloride <$MnCl_2$> Mangan(II)-chlorid *n*, Mangandichlorid *n*, Manganochlorid *n {obs}*, Chlormangan *n {obs}*, Manganchlorür *n {obs}*

manganous chloride tetrahydrate <$MnCl_2{\cdot}4H_2O$> Mangan(II)-chlorid-Tetrahydrat *n*

manganous compound Mangan(II)-Verbindung *f*, Manganoverbindung *f {obs}*, Manganoxydulverbindung *f {obs}*

manganous fluoride <MnF_2> Mangan(II)-difluorid *n*, Mangandifluorid *n*

manganous hydrogen phosphate *s.* acid manganous orthophosphate

manganous hydroxide Mangan(II)-hydroxid *n*, Manganohydroxid *n {obs}*, Manganhydroxydul *n {obs}*, Managanoxydulhydrat *n {obs}*
manganous iodide **<$MnI_2 \cdot 4H_2O$>** Mangan(II)-iodid[-Tetrahydrat] *n*, Mangandiiodid *n*
manganous ion Mangan(II)-ion *n*, Manganoion *n {obs}*
manganous nitrate **<$Mn(NO_3)_2$>** Manganonitrat *n {obs}*, Mangan(II)-nitrat *n*
manganous oleate **<$Mn(C_{18}H_{33}O_2)_2$>** Manganooleat *n {obs}*, Mangan(II)-oleat *n*
manganous orthophosphate heptahydrate **<$Mn_3(PO_4)_2 \cdot 7H_2O$>** Mangan(II)-orthophosphat-Heptahydrat *n*, [dreibasisches] Mangan(II)-phosphat *n*
manganous oxide **<MnO>** Mangan(II)-oxid *n*, Manganmonoxid *n*
manganous salt Mangan(II)-Salz *n*, Manganosalz *n {obs}*, Manganoxydulsalz *n {obs}*
manganous sulfate Mangan(II)-sulfat *n*
manganous sulfide Mangan(II)-sulfid *n*
manganeous sulfite **<$MnSO_3$>** Mangan(II)-Sulfit *n*
acid manganous orthophosphate **<$MnHPO_4 \cdot 3H_2O$>** sekundäres Manganphosphat *n*, Mangan(II)-hydrogen[ortho]phosphat[-Trihydrat] *n*
native manganous carbonate Rhodochrosit *m*, Manganspat *m {Min}*
native manganous oxide Manganosit *m {Min}*
native manganous sulfide Manganblende *f {obs}*, Alabandin *m {Min}*
manganpectolite Manganpektolith *m {Min}*
mangiferin **<$C_{19}H_{18}O_{11}$>** Mangiferin *n*, Euxanthogen *n*
mangle/to 1. mangeln; 2. verstümmeln
mangle aufrechter Heizlufttrockner *m* mit endloser Kette *f {Keramik}*; Kalander *m*, Mange[l] *f*, Rolle *f {Pap, Text, Kunst}*
mangling machine Säuerpresse *f {Text}*
mango 1. Mangobaum *m {Bot}*; 2. Mango *m {Frucht von Mangifera indica}*
Mangold's acid Mangoldsche Säure *f*
mangrove Mangrovebaum *m {Rhizophora sp.}*; Manglebaum *m {Rhizophora mangle L.}*
mangrove bark Mangrove[n]rinde *f*, Manglerinde *f {von Rhizophora mangle L.}*
manhole Einsteigöffnung *f*, Einsteigschacht *m*, Kabelschacht *m*, Mann[einstieg]loch *n*, Mannloch *n*, Reinigungsöffnung *f*
manifest/to äußern, verkünden; offenbaren; sich zeigen; in ein Verzeichnis *n* aufnehmen
manifold/to vervielfachen, vervielfältigen, kopieren
manifold 1. mannigfach, mehrfach, vielfach, vielfältig; 2. Sammelleitung *f*, Sammelrohr *n*; 3. Verteilerrohr *n*, Verteilerstück *n*, Rohrverteiler *m*, Rohrverzweigung *f {Tech}*; Manifold *n {Rohrleitungen mit Schiebern, Erdöl}*; 4. Mannigfaltigkeit *f {Math}*
manihot Manihot *m*, Maniok *m*, Cassavastrauch *m {Manihot Mill. sp.}*
manihot oil Manihotöl *n*
manihot starch brasilianisches Arrowroot *n*, Tapiokastärke *f*
Manila copal Manila-Kopal *m {Agathis damara}*
Manila hemp Manila[hanf]faser *f*, Musafaser *f {Musa textilis}*
Manila paper Manilapackpapier *n*, Bastpapier *n*, Manila[kraft]papier *n*, Tauenpapier *n*
Manila rope Manilaseil *n*
manioc Maniok *m {Manihot esculenta Crantz}*, Kassawa *f*, Cassawa *f*; Kassavamehl *n*, Maniokmehl *n*, Tapioka *f {gereinigte Stärke aus Manihot esculenta Crantz}*
manipulable bedienbar
manipulate/to manipulieren; beeinflussen; handhaben, verfahren; behandeln; hantieren
manipulated variable *{US}* Stellgröße *f*
manipulation 1. Manipulation *f*; Beeinflussung *f*; 2. Bearbeitung *f*; 3. Bedienung *f*, Betätigung *f*; 4. Handhabung *f*
mechanical manipulation mechanische Verarbeitung *f*
manipulator Manipulator *m {Lab, Nukl, Tech}*
remote manipulator ferngesteuerter Greifer *m*
manna Manna *n f {pflanzliches Ausscheidungsprodukt}*; Eschenmanna *n f {Fraxinus ornus.}*
manna sugar Mannazucker *m*, Mannit *m*
mannan Mannan *n {D-Mannose-Polysaccharid}*
mannanase *{EC 3.2.1.25}* ß-D-Mannosidase *f*
manneotetrose Manneotetrose *f*
manner Art *f*, Weise *f*
Mannheim gold Kupfergold *n*, Mannheimer Gold *n*, Neugold *n*, Similor *n {Cu-Sn-Messing-Legierung}*
Mannich reaction Mannich-Reaktion *f {Amino-Aldehyd-Kondensation}*
mannide **<$C_6H_{10}O_4$>** Mannid *n {Mannitanhydrid}*
manninotriose Manninotriose *f*
mannitan **<$C_6H_{12}O_5$>** Mannitan *n*, D-1,4-Dihydromannit *m*
mannite *s.* mannitol
mannitol **<$C_6H_{14}O_6$>** Manitol *n*, Mannit *m*, Mannazucker *m*
mannitol dehydrogenase *{EC 1.1.1.67}* Mannitoldehydrogenase *f*
mannitol ester Mannitester *m*
mannitol hexanitrate **<$C_6H_8N_6O_{18}$>** Hexanitromannit *m*, Mannithexanitrat *n*, MHN *{Expl}*
mannitol kinase *{EC 2.7.1.57}* Mannitolkinase *f*
mannitol nitrate Nitromannit *m*
mannitose *s.* mannose

mannochloralose Mannochloralose *f*
mannogalactan Mannogalactan *n*
mannoheptonic acid <$C_7H_{14}O_8$> Mannoheptonsäure *f*
mannoheptose <$C_7H_{14}O_7$> Mannoheptose *f*
mannokinase *{EC 2.7.1.7}* Mannokinase *f*
mannomustine Mannomustin *n*
mannonic acid <$HOCH_2(CHOH)_4COOH$> Mannonsäure *f*
mannosaccharic acid Mannozuckersäure *f*
mannosamine Mannosamin *n*
mannosans <$(C_6H_{10}O_5)_n$> Mannosane *npl*
mannose <$C_6H_{12}O_6$> Mannose *f*
mannose issomerase *{EC 5.3.1.7}* Mannose-isomerase *f*
mannosidase *{EC 3.2.1.24/25}* Mannosidase *f*
mannotriose <$C_{18}H_{32}O_{16}$> Mannotriose *f*, Glucosegalactosegalactosid *n*
mannuronate reductase *{EC 1.1.1.131}* Mannuronatreduktase *f*
mannurone Mannuron *n*
mannuronic acid Mannuronsäure *f*
manocryometer Manokryometer *n {Schmelzpunkt-Druck-Messung}*
manograph Druckschreiber *m*
manometer Druckmesser *m*, Druckmeßgerät *n*, Manometer *n*
manometer leg Manometerschenkel *m*
manometer scale Manometerskale *f*
differential manometer Feindruckmesser *m*
gas manometer *s.* MacLeod ga[u]ge
mercury manometer Quecksilber-Manometer *n*
manometric manometrisch; Manometer-, Druck[messer]-
manometric equivalent Manometeräquivalent *n*
manometric head manometrische Förderhöhe *f*, Druckhöhe *f*
manometric method manometrisches Verfahren *n*, Manometermethode *f {Gasanalyse}*
manometric switch druckbetätigter Schalter *m*
manondonite Manondonit *m*
manoscope Manoskop *n {Gasanalyse}*
manostat Druckwächter *m*, Manostat *n*
mantle 1. Mantel *m*, Hülle *f {Tech}*; 2. Überform *f {Gieß}*
mantle filter Mantelfilter *n*
mantle sheet steel Manteleisen *n*
mantissa Mantisse *f {Math}*
manual 1. manuell, handbetrieben, handbetätigt; Hand-; 2. Handbuch *n*, Leitfaden *m*; Manual *n*, Bedienungsvorschrift *f*
manual actuation Handauslösung *f*
manual adjustment Handeinstellung *f*
manual control Handregelung *f*, nichtselbsttätige Regelung *f*; Handsteuerung *f*, nichtselbsttätige Steuerung *f*
manual insertion manuelles Bestücken *n*
manual manipulation Handbedienung *f*
manual operation Betrieb *m* von Hand *f*, Handbetrieb *m*; Handbedienung *f*, Bedienung *f* von Hand *f*
manual regulator Handregler *m*
manual release Handauslösung *f*
manual setting Handeinstellung *f*
manually manuell, handbetrieben, handbetätigt; Hand-
manually controlled handbetrieben, handgesteuert
manually operated handbedient, handbetätigt, manuell betätigt
manually operated valve Handventil *n*
manufacture/to anfertigen; fabrizieren, fertigen, herstellen, erzeugen, produzieren; verarbeiten
manufacture 1. Fabrikat *n*, Produkt *n*, Erzeugnis *n*; 2. Anfertigung *f*; Fabrikation *f*, Fertigung *f*, Produktion *f*, Herstellung *f*, Erzeugung *f*; serienmäßige Herstellung *f*, Konfektionieren *n*; Verarbeiten *n*, Verarbeitung *f*
manufacture engineering Fertigungstechnik *f*
manufacture of apparatus Apparatebau *m*
manufacture of man-made fiber Chemiefaserherstellung *f*
course of manufacture Herstellungsgang *m*
process of manufacture *s.* manufacturing process
stage of manufacture Verarbeitungsstufe *f*
manufactured [künstlich] hergestellt, technisch, Industrie-; angefertigt
manufactured gas Industriegas *n*, technisches Gas *n*, künstlich hergestelltes Gas *n*
manufacturer Fabrikant *m*, Hersteller *m*, Produzent *m*; Erzeuger *m*
manufacturing Herstellung *f*, Produktion *f*, Fertigung *f*, Erzeugung *f*, Fabrikation *f*
manufacturing activities *s.* manufacturing programe
manufacturing costs Fertigungkosten *pl*
manufacturing engineer Betriebsingenieur *m*
manufacturing engineering Fertigungstechnik *f*
manufacturing method Bearbeitungsmethode *f*, Herstellungsgang *m*, Herstellungsweise *f*
manufacturing process Produktionsprozeß *m*, Herstellungsverfahren *n*, Darstellungsverfahren *n*, Produktionsverfahren *n*; Verarbeitungsverfahren *n*, Verarbeitungsprozeß *m*
manufacturing programme Produktionsprogramm *n*, Fabrikationsprogramm *n*, Fabrikationsplan *m*, Fertigungsprogramm *n*
manure Dünger *m*, Dung *m*, Mist *m*, Stalldünger *m*; Düngemittel *n*
artificial manure Kunstdünger *m*
green manure Gründünger *m*

liquid manure Jauche *f*, Gülle *f*
manuring Düngen *n*, Düngung *f*
manuring salt Düngesalz *n*
many-angled vieleckig
many-colo[u]red farbenreich, bunt, vielfarbig, mehrfarbig
many-electron spectrum Mehrelektronenspektrum *n*
many-membered vielgliedrig
many-sided vielseitig
many-stage mehrstufig
many-step synthesis Mehrstufensynthese *f*
map 1. Karte *f*, Landkarte *f*; 2. Abbildung *f* *{Math}*
maple Ahorn *m* *{Acer L.}*
maple honey Ahornhonig *m*
maple juice Ahornsaft *m*
maple molasses Ahornmelasse *f*
maple sap Ahornsaft *m*
maple sugar Ahornzucker *m*
maple syrup Ahornsirup *m*
maple varnish Ahornlack *m*
mar/to zerkratzen, beschädigen *{durch Kratzen}*; stören, trüben; beeinträchtigen; entstellen
mar Kratzer *m* *{Lackoberfläche}*
mar resistance Kratzfestigkeit *f*, Nagelfestigkeit *f*
MAR (M.A.R.) mikroanalytisches Reagens *n*, Reagens *f* für die Mikroanalyse *f*
maraging steel martensitaushärtender Stahl *m*, Maraging-Stahl *m*
maranta Marantastärke *f*, Arrowrootstärke *f*
Maragoni effect Marragoni-Effekt *m* *{Flüssig-Flüssig-Grenzfläche}*
Marathon-Howard process Marathon-Howard-Verfahren *n* *{Pap}*
marbelizing Marmorierung *f*
marble 1. Marmor *m*, Calciumcarbonat *n* *{Geol}*; 2. Glaskugel *f* *{Glasfaserherstellung}*
marble cement Marmorzement *m*, Alaungips *m*
marble-colo[u]red marmorfarbig
marble glass Marmorglas *n*
marble gypsum Marmorgips *m*, Marmorzement *m*
marble-like marmorähnlich, marmorartig
marble lime Marmorkalk *m*
green marble Kalkglimmerschiefer *m* *{Min}*
ligneous marble Holzmarmor *m*
pisolitic marble Erbsensteinmarmor *m* *{Min}*
shining marble Glanzmarmor *m*
spotted marble Augenmarmor *m*
marble[ize]d marmoriert, gesprenkelt; durchwachsen *{z.B. Fleisch}*
marc 1. Trester *pl*, Treber *pl* *{Rückstände beim Keltern und Bierbrauen}*; 2. Extraktionsrückstand *m*
marc brandy Treberbranntwein *m*
marcasite <FeS_2> Markasit *m*, Stahlkies *m* *{Min}*
Marcusson flash point tester Flammpunktgerät *n* nach Marcusson
maretine <$CH_3C_6H_4NHNHCONH_2$> Maretin *n*
margaric acid <$CH_3(CH_2)_{15}COOH$> Margarinsäure *f*, *n*-Heptadecansäure *f*
margarine Margarine *f*
margarine fat Margarinefett *n*, Schmelzmargarine *f*, Margarineschmalz *n*
margarite <$CaAl_2(Si_2Al_2O_{10})(OH)_2$> Margarit *m*, Bergglimmer *m* *{Triv}*, Perlglimmer *m*, Clingmannit *m* *{obs}*, Diaphanit *m* *{Min}*
margarodite Margarodit *m* *{Min}*
margaron <$(C_{16}H_{33})_2O$> Margaron *n*, Dihexadecylether *m* *{IUPAC}*
margarosanite Margarosanit *m* *{Min}*
margin 1. Rand *m*, Grenze *f*; Saum *m*; 2. Randabstand *m* *{Tech}*; 3. Spielraum *m*, Spanne *f*; Marge *f*; 4. Steg *m* *{Druck}*
margin of flame Flammenrandzone *f*
margin of safety Sicherheitszuschlag *m*
marginal knapp, nicht mehr rentabel; Rand-, Grenz-
marginal coefficient Randkoeffizient *m*
marginal condition Randbedingung *f*, Randwert *m*
marginal fog Randschleier *m* *{Photo}*
marginal note Randanmerkung *f*, Randbemerkung *f*
marginal punched card Randlochkarte *f*
marginal sharpness Randschärfe *f* *{Opt}*
marginal stability Grenzwertestabilität *f*
marginal vibration Grenzschwingung *f*
marginal zone Randzone *f*
marignacite Marignacit *m* *{Min}*
marihuana *s.* marijuana
marijuana Marihuana *n*, Haschisch *m n* *{Cannabis indica Lam.}*
marinate/to marinieren, sauer einlegen
marine 1. marin *{Geol}*; Meer[es]-, See-; Schiffs-; 2. [Handels-]Flotte *f*; Marine *f*
marine antifouling coating Antifoulingschutzschicht *f*, Antifoulinganstrich *m* *{anwuchsverhindernde Unterwasserfarbe}*
marine blue 1. marineblau; 2. Marineblau *n*
marine chemistry Meereschemie *f*, Chemie *f* des Ozeans *n*
marine coating seewasserfeste Deckschicht *f*, meerwasserbeständige Schutzschicht *f*
marine diesel fuel Marine-Dieselkraftstoff *m*, Kraftstoff *m* für Schiffsdieselmotoren *mpl*
marine engine oil Marineöl *n*, Schiffsmaschinenöl *n*
marine finish Unterwasserlack *m*, seewasserbeständiger Lack *m*
marine fouling Fouling *n*, Anwuchs *m*, Bewuchs *m* *{Schädigung durch Meeresorganismen}*

marine glue Schiffsleim *m*, Marineleim *m*
marine mining Meeresbergbau *m*, mariner Bergbau *m*
marine optics Meeresoptik *f*
marine paint Schiffsanstrichmittel *n*, Schiffsfarbe *f*, seewasserfestes Anstrichmittel *n*, meerwasserbeständige Anstrichfarbe *f*
marine varnish Schiffsfirnis *m*
marjoram Majoran *m*, Meiran *m*, Mairan *m*, Wurstkraut *n* *{Origanum majorana L.}*
marjoram oil Majoranöl *n*, Meiranöl *n* *{etherisches Öl aus Origanum majorana L.}*
mark/to 1. markieren; anzeichnen, kennzeichnen, bezeichnen; auszeichnen, mit Preisen *mpl* versehen, notieren; 2. zensieren
mark off/to abgrenzen, trennen
mark 1. Fleck *m*, Spur *f*; 2. Marke *f*, Kennzeichen *n*, Markierung *f*, Kennzeichnung *f*; Merkmal *n*, Zeichen *n*, Merkzeichen *n*; Abdruck *m*; 3. Marke *f*, Fabrikat *n*, Sorte *f*; 4. Teilstrich *m*, Strichmarke *f*, Eichmarke *f*; 5. Note *f*, Zensur *f*, Punkt *m*
marked markiert; ausgeprägt, deutlich, auffallend
marker 1. Markiereinrichtung *f*; Markierungsstift *m*; 2. Anzeiger *m*; 3. Signiereinrichtung *f*; 4. Markierung *f*; Kennwert *m*, Eckwert *m* *{z.B. bei Leistungsangaben}*; 5. Markör *m* *{Agri}*; 6. Markersubstanz *f*, Markierungssubstanz *f*
marker colo[u]r Kennfarbe *f*
felt tip marker Filzschreiber *m*
market 1. Markt *m*, Marktplatz *m*; 2. Marktlage *f*, Marktwert *m*; 3. Absatz *m*
market research Absatzforschung *f*, Marktforschung *f*
market share Marktanteil *m*
marketable konkurrenzfähig, verkäuflich, absatzfähig, marktfähig
marketing Marketing *n* *{Absatzpolitik}*
marking 1. Kennzeichen *n*, Merkzeichen *n*; Kennzeichnung *f*, Bezeichnung *f*, Markierung *f*, Beschriftung *f*; 2. Anreißen *{Tech}*
marking ink Signiertinte *f*, Zeichentinte *f*; Glastinte *f*, Porzellantinte *f*; Wäsche-Zeichentinte *f*; Anreißfarbe *f*
marking nut Malakkanuß *f* *{Bot}*
marking off Färbung *f*, Farbabgabe *f*, Abschmutzung *f*; Abfärben *n*, Abflecken *n*, Abklatschen *n* *{bei fehlerhaften Färbungen}*
marking on products Produktkennzeichnung *f*
marking pencil Fettstift *m*
marking pin Signierstift *m*
marking template Beschriftungsschablone *f*
markogenic acid Markogensäure *f*
Markovnikov rule Markownikowsche Regel *f*, Markownikoffsche Regel *f*
Markush structure Markush-Formel *f*
marl 1. Mergel *m* *{Boden}*; 2. Wiesenkalk *m* *{Agri}*; 3. Glaukonit *m* *{Min}*
calcareous marl Kalkmergel *m*
vitrifiable marl Glasmergel *m*
marly mergelartig, mergelhaltig, mergelig *{Boden}*; Mergel-
marly clay Mergelton *m*, Tonmergel *m* *{Min}*
marly limestone Mergelkalk *m* *{Min}*
marly sandstone Mergelsandstein *m* *{Min}*
marmalade Marmelade *f* *{Lebensmittel}*
marmatite Eisenzinkblende *f* *{Triv}*, Marmatit *m* *{Min}*
marmolite Marmolith *m*, Antigorit *m* *{Min}*
marmoraceous marmorähnlich, marmorartig
marmoration Aderung *f* *{Marmor}*, Marmorierung *f*
marmoreal marmorähnlich, marmorartig
maroon 1. kastanienrot, maronenbraun, maron; 2. Signalrakete *f*; Feuerwerkskörper *m*
marproof kratzfest, nagelfest
marrow Mark *n*, Knochenmark *n*
Marseilles soap Marseiller Seife *f* *{harte Olivenöl-Soda-Seife}*
marsh 1. Marsch *f* *{Küsten-Schwemmboden}*; 2. Sumpf *m*, Morast *m*, Bruch *m* *{Geol}*
marsh gas Sumpfgas *n*, Grubengas *n* *{CH_4/CO_2}*
marsh gas detector Grubengasanzeiger *m*, Grubengasdetektor *m* *{Schutz}*
marsh ore Rasen[eisen]erz *n*, Sumpferz *n*, Limonit *m* *{Min}*
Marsh['s] test Marshsche Probe *f* *{As-Nachweis}*, Marshsche Arsenprobe *f*, Marsh-Test *m*
marshite Marshit *m* *{Min}*
marshmallow Eibisch *m* *{Althaea officinalis}*
marshmallow syrup Altheesirup *m*
Martens heat distortion temperature Martens-Zahl *f*, Martens-Grad *m*, Martens-Wert *m* *{Kunst}*
Martens heat resistance Formbeständigkeit *f* in der Wärme *f* nach Martens *{Kunst}*
Martens temperature *s.* Martens heat distortion temperature
martensite Martensit *m* *{Met}*
martensite formation Martensitbildung *f*
martensite point Martensitpunkt *m* *{in °C}*
martensite range Martensitbereich *m*
martensitic stainless steel martensitischer Edelstahl *m* *{11-18 % Cr, 0,1-1,2 % C}*
martensitic steel martensitischer Stahl *m*
martensitic structure Martensitgefüge *n*, martensitisches Gefüge *n*, martensitische Struktur *f*
martensitic transformation Martensitumwandlung *f*
Martin blower Martin-Gebläse *n*, Kapselhochdruckgebläse *n*
Martin steel Martin-Stahl *m*
martinite Martinit *m* *{Min}*
martite Martit *m* *{Min}*

Martius yellow Martiusgelb *n*, Manchestergelb *n*, Naphthalengelb *n*
marver Marbel[tisch] *m*, Marbeltisch *m*, Wälzplatte *f*, Motze *f {Glas}*
marzipan Marzipan *n*
mascagnine Mascagnin *m*, Mascagnit *m {Min}*
mascagnite Mascagnin *m*, Mascagnit *m {Min}*
mascara Wimperntusche *f {Kosmetik}*
masculine männlich
maser *{microwave amplification by stimulated emission of radiation}* Maser *m*, Mikrowellen-Laser *m*
mash/to [ein]maischen *{Brau}*; zermalmen, zerquetschen, zerdrücken, zu Brei *m* zerstampfen; mischen
mash in/to einmaischen *{Brau}*; einkneten
mash 1. Brei *m* , Pulpe *f {Pap}*; 2. Maische *f {Brau}*; 3. Mengenfutter *n*
mash agitator Maischrührwerk *n {Brau}*
mash copper Maische[koch]kessel *m*, Maischepfanne *f {Brau}*
mash filter Maischefilter *n*
mash liquor Maischwasser *n*
mash machine Maischrührwerk *n {Brau}*
mash stirrer Maischrührwerk *n {Brau}*
mash tub thermometer Bottichthermometer *n*, Maischthermometer *n {Brau}*
mash yeast Maischhefe *f*
masher 1. Maischebereiter *m*, Maischeapparat *m {Brau}*; 2. Quetsche *f*, Muser *m {Agri}*
mashing Maischen *n*, Einmaischen *n {Brau}*; Zerstampfen *n*
mashing temperature Maischtemperatur *f*
final mashing temperature Abmaischtemperatur *f {Brau}*
second mashing Aufmaischen *n {Zucker}*
mask/to 1. maskieren *{z.B. Kationen}*; 2. blokkieren, inaktivieren, unwirksam machen *{z.B. reaktionsfähige Gruppen}*; 3. abdecken, maskieren *{Photo, Farb, Tech}*; 4. verhüllen, tarnen
mask 1. Maske *f {EDV, Photo, Tech}*; 2. Abdekkung *f*, Kasch *m {Tech, Photo, Filmtechnik}*
masked element sequestriertes Element *n {Anal}*
masked line Blindlinie *f {Koinzidenzlinie}*
masked valve versunkenes Schnarchventil *n*
maskelynite Maskelynit *m {Min}*
masking 1. Maskierung *f*, Sequestierung *f {Chem}*; 2. Blockierung *f*, Inaktivierung *f {z.B. einer reaktionsfähigen Gruppe}*; 3. Maskierung *f {EDV}*; 4. Abdecken *n*, Maskieren *n {Farb, Photo, Tech}*
masking agent Maskierungsmittel *n*, maskierender Stoff *m*, Sequestierungsmittel *n {lösliche Metallkomplexe bildendes Mittel}*
masking coating *s.* masking lacquer
masking group schützende Gruppe *f*
masking lacquer Abdecklack *m {Photo}*
masking material Abdeckmittel *n*, Abdeckmaterial *n {z.B. beim Formätzen}*
masking perfume Deckparfüm *n*
masking pressure-sensitive adhesive tape Selbstklebeband *n* zum Oberflächenabdecken *{z.B. beim Lackieren}*
masking tape Abdeck[klebe]band *n*, Kleb[e]streifen *m*, [selbsthaftendes] Kreppband *n*
Masonite *{TM}* Masonit *n {Holzfaserplatte}*
Masonite process Masonit-Verfahren *n*, Explosionsverfahren *n {Pap}*
masonry cement Mauerwerkzement *m*
mass 1. Masse *f {in kg}*; 2. Menge *f*, Haufen *m*; Block *m*
mass absorption coefficient Massenabsorptionskoeffizient *m {in cm^2/g}*
mass abundance Konzentration *f* in Gewichtsprozenten *npl*
mass acceleration Massenbeschleunigung *f*
mass action Massenwirkung *f*
mass-analyzed ion-kinetic energy spectrometry massenanalysierte Ionenenergie-Spektrometrie *f*, MIKES *{Spek}*
mass attenuation coefficient Massenschwächungskoeffizient *m {in cm^2/g}*
mass balance Materialbilanz *f*, Mengenbilanz *f*, Massenbilanz *f*, Stoffbilanz *f*, Stoffgleichgewicht *n*
mass center Massemittelpunkt *m*; Schwerpunkt *m {Krist}*
mass colo[u]r Deckfarbe *f*, deckende Farbe *f*, deckender Anstrichstoff *m*
mass concentration Gewichtskonzentration *f*, Partialdichte *f {Chem, Phys}*
mass conservation Masse[n]erhaltung *f*
mass defect 1. Masse[n]defekt *m {Nukl}*; 2. Massenschwund *m*; 3. Packungseffekt *m {Krist}*
mass density Massendichte *f*, Dichte *f {in g/cm^3}*; Raumdichte *f* der Masse
mass diffusion Massendiffusion *f*
mass diffusion column Massendiffusionssäule *f*
mass diffusion screen Massendiffusionsschirm *m*
mass disappearance Masse[n]schwund *m*
mass-dyed spinngefärbt, düsengefärbt *{Text}*
mass-energy equation Masse-Energie-Gleichung *f*
mass-energy equivalence Masse-Energie-Äquivalenz *f*
mass equation Massengleichung *f*
mass equivalent Masse[n]äquivalent *n*
mass estimating Masse[n]bestimmung *f*, Masse[n]schätzung *f*, Berechnung *f* der Masse *f*
mass explosion risk Massen-Explosionsfähigkeit *f*, Massen-Explosionsgefährlichkeit *f*

mass extinction coefficient Massenschwächungskoeffizient *m {in cm^2/g}*
mass filter Massenfilter *n*
mass flow Masse[n]strom *m*, Masse[n]durchsatz *m*, Massen[durch]fluß *m*, Massenströmung *f {in kg/s}*
mass flow density Masse[n]flußdichte *f*, Masse[n]stromdichte *f {in $kg/(cm^2 \cdot s)$}*
mass flow rate Masse[n]durchsatz *m*, Massen[durch]fluß *m*, Mengendurchsatz *m*, Durchflußmenge *f*, Masse[n]strom *m*, Massenströmung *f {in kg/s}*
mass-flow to be discharged abzuführender Massenstrom *m {DIN 3320}*
mass flowmeter Masse[n]durchsatzmeßgerät *n*, Masse[n]strommesser *m*
mass formula Massenformel *f {Nukl}*
mass loss Masseschwund *m*, Masseverlust *m*
mass nucleus Massenkern *m*
mass number Masse[n]zahl *f*, Nukleonenzahl *f*, Kernmasse[n]zahl *f {Nukl}*
mass particle Masseteilchen *n*
mass peak Massenlinie *f*
mass per unit area Flächengewicht *n {DIN 53352}*, flächenbezogene Masse *f {in kg/m^2}*
mass per unit length längenbezogene Masse *f {DIN 2448}*, Titer *m {Text}*
mass per unit volume Massenkonzentration *f*
mass poisoning Massenvergiftung *f*
mass polymerization Blockpolymerisation *f*, Substanzpolymerisation *f*, Polymerisation *f* in Masse
mass-produce/to in Massenfertigung *f* herstellen
mass-produced goods Massenartikel *mpl*
mass product Masse[n]produkt *n*
mass production Massenproduktion *f*, Massenerzeugung *f*, Massenfabrikation *f*, Massenfertigung *f*, serienmäßige Herstellung *f*
mass proportion Massenanteil *m*
mass proportion of coarse material Grobgutmassenanteil *m*
mass proportion of fines Feingutmassenanteil *m*
mass range Massenbereich *m*
mass ratio Massenverhältnis *n*, Mengenverhältnis *n*
mass-related massenbezogen
mass resistivity Massewiderstand *m*, Leitwert-Dichte-Produkt *n {$S \cdot g/m^3$}*
mass scattering coefficient Masse[n]streukoeffizient *m*
mass spectrogram Massenspektrogramm *n*
mass spectrograph Massenspektrograph *m*
mass spectrometer Massenspektrometer *n*
mass spectrometer leak detector Massenspektrometer-Lecksuchgerät *n*
mass-spectrometric massenspektrometrisch
mass spectrometry Massenspektrometrie *f*
mass spectroscope Massenspektroskop *n*
mass spectroscopy Massenspektroskopie *f*
mass spectrum Massenspektrum *n*
mass stopping power Massenbremsvermögen *n {$J \cdot m^2/kg$}*
mass susceptibility spezifische Suszeptibilität *f*; magnetische Massen-Suszeptibilität *f {in %}*, Gramm-Suszeptibilität *f*
mass synchrometer Massensynchrometer *n*
mass throughput *s.* mass flowrate
mass-to-charge ratio Masse-Ladungs-Verhältnis *n {Spek}*
mass tone Vollton *m*, Purton *m {Pigment ohne Verschnittmittel}*
mass transfer Massentransport *m*, Stoffaustausch[prozeß] *m*, Stofftransport *m*, Stoffübertragung *f*; Stoffübergang *m {innerhalb einer Phase}*
mass transfer accompanied by reaction Stoffübergang *m* mit gleichzeitiger Reaktion *f*
mass transfer coefficient Stoffübergangskoeffizient *m*, Stoffübergangszahl *f {in $kg/(m^2 \cdot s)$}*
mass transfer equipment Stoffaustauscheinrichtungen *fpl*, Stoffübertragungseinichtungen *fpl*
mass transfer resistance Stoffaustauschwiderstand *m*
mass unit Masseeinheit *f {kg, g, t usw.}*
mass vaccination Massenimpfung *f*
mass velocity Massengeschwindigkeit *f {in $kg/(m^2 \cdot s)$}*
critical mass kritische Masse *f*
determination of mass Massebestimmung *f*
distribution of mass Masse[n]verteilung *f*
electrical mass filter elektrisches Massenfilter *n*
law of mass action Massenwirkungsgesetz *n*, MWG, Reaktionsisotherme *f {Chem}*
rate of mass transfer Stoffübergangsgeschwindigkeit *f {innerhalb einer Phase}*; Stoffübertragungsgeschwindigkeit *f {in kg/s}*
resistance to mass transfer Stoffdurchgangswiderstand *m*
sponge-like mass schwammige Masse *f*
velocity focusing mass spectrograph Massenspektrograph *m* mit Geschwindigkeitsfokussierung *f*
massecuit Füllmasse *f {Zucker}*
massicot <PbO> Massicot *m*, Bleiocker *m {Min}*
massive massiv; massig; schwer
massive ore Derberz *n*
master/to beherrschen; bewältigen; zügeln
master 1. Musterstück *n*, Muster *n*, Bezugs[form]stück *n*, Meisterstück *n {Tech}*; 2. Matrize *f* mit erhabenen Konturen *{Schallplatte}*; Vater-Platte *f*, Vater *m {erstes Negativ,*

Schallplatte}; 3. Prüflehre *f*, Vergleichslehre *f*, Kontrollehre *f {Tech}*; 4. Zwischenoriginal *n {Photo}*; 5. Druckform *f*; Kopiervorlage *f*
master alloy Vorlegierung *f*
master-and-slave control Kaskadensteuerung *f*
master batch Vormischung *f*, konzentrierte Vormischung *f*, Grundmischung *f*, Stammischung *f*, Masterbatch *m {Gummi}*; Ausgangsmaterial *n*
master controller Führungsregler *m*
master equation Energiebesetzungs-Grundgleichung *f {Atom}*
master file Zentralkartei *f*, Hauptdatei *f*, Stammdatei *f*, Bestandsdatei *f {EDV}*
master form Urmodell *n {Galvanotechnik}*
master ga[u]ge Vergleichslehre *f*, Prüflehre *f*, Kontrollehre *f {Tech}*
master key Hauptschlüssel *m*
master mechanic Vorarbeiter *m*
master model Abformmodell *n*, Modell *n* zum Abformen *n*
master record Stammsatz *m*, Stammeintrag *m*, Hauptsatz *m {EDV}*
master-slave computer system Host-Rechnersystem *n*, Master-Slave-Rechnersystem *n {ein Verbundsystem}*
master-slave control *s.* master-and-slave control
master-slave manipulator Greifmanipulator *m*, magische Hände *pl*, Parallelmanipulator *m*, Servomanipulator *m*
master steel pattern Tauchform *f {Gieß}*
master switch Hauptschalter *m*, Generalschalter *m*, Meisterschalter *m*, Schaltpult *n*
master terminal Leitstandterminal *n*
master valve Hauptschieber *m*, Absperrschieber *m*
mastering Mastering *n {erste Fertigungsstufe bei Compact Disks}*
masterwort oil Meisterwurzelöl *n {Peucedanum L.}*
mastic 1. Mastix *m*, Mastiche *n*, Gummi-Mastiche *n*, Resina-Mastiche *n*, Mastixharz *n {Harz von Pistacia lentiscus L.}*; 2. Mastix *m {Asphalt/Goudron-Gemisch für Straßenbelag}*; 3. *s.* mastic cement
mastic asphalt Gußasphalt *m*, Splittasphalt *m*, Asphaltmix *m*; Heißbitumen *m {z.B. als Dämmstoff}*
mastic cement Mastixkitt *m*, Steinkitt *m {Kalk, Sand, PbO, Leinöl}*
mastic gum *s.* mastic 1.
mastic liquor Mastixbranntwein *m {von Pistacia lentiscus L.}*
mastic oil Mastixöl *n {meist α-Pinen}*
mastic resin Mastixharz *n*
mastic varnish Mastixfirnis *m*
fasten with mastic/to ankitten

masticadienonic acid Masticadienonsäure *f*
masticate/to kneten, mastizieren *{Gummi}*
masticating Mastizieren *n {Gummi}*
mastication Mastikation *f*, Mastizieren *n {Gummi}*
masticator Mastikator *m*, Knetmaschine *f*, Gummikneter *m*, schwerer Innenmischer *m*, Plastifiziermaschine *f {Gummi, Kunst}*
masticatory Kaumasse *f {Pharm}*
masticin <$C_{20}H_{31}O$> Masticin *n {ß-Harz}*
mastichic acid <$C_{19}H_{31}COOH$> Mastichinsäure *f {α-Harz}*
masurium Masurium *n {obs}*, Technetium *n {Tc, Element Nr. 43}*
masut Rückstandsöl *n*, Masut *n {hochsiedender Naphtharückstand: 87 % C,12 % H, 1 % O}*
mat 1. blind, stumpf, matt[iert], glanzlos; 2. Matte *f*; 3. Abdeckung *f*, Kasch *m {Photo, Filmtechnik}*; 4. Stoffbahn *f*, Papierbahn *f*, Papiervlies *m*, Faserfilz *m {Pap}*; Matrizenpappe *f*, Prägekarton *m*, Maternpappe *f*; 5. Mater *f {Drukken}*; 6. Vlies *m {Text}*; 7. Filterhaut *f*; 8. *s.a.* matte
mat clear varnish Hartmattlack *m*, Mattklarlack *m*
mat coated paper Mattkunstdruckpapier *n*
mat etching agent Mattätzmittel *n*
mat finish Mattglanz *m*
mat glaze Mattglasur *f*, Mattsatinage *f*
matairesinol Matairesinol *n {ein Lignan}*
matairesinolic acid Matairesinolsäure *f*
matatabilactone Matatabilacton *n*
match/to 1. angleichen, [an]passen, abstimmen; vergleichen; 2. nachstellen; 3. nach Muster färben, nach Farbvorlage färben *{Text}*; 4. paaren, zusammenpassen
match 1. Lunte *f*, Zündschnur *f*; 2. Zündholz *n*, Streichholz *n*; 3. Ebenbild *n*, Gegenstück *n*
match cord Zündband *n*, Zündschnur *f*, Lunte *f*
match plate [doppelseitige] Modellplatte *f {Gieß}*
match wax Zündholzparaffin *n*, Match-Paraffin *n*
matched metal mo[u]lding Formpressen *n* mit aufeinanderpassenden Metallformen *f*
matched metal press mo[u]lding Heißpreßverfahren *n*, Heißpressen *n {Kunst}*
matched seal angepaßte Verbindung *f {Teile mit gleichen Ausdehnungskoeffizienten}*
matching 1. Färben *n* nach Muster *n*, Färben nach Vorlage *f*; 2. Anpassung *f {Elek}*; Nachstellung *f {Tech}*; 3. Vergleichsprozeß *m {EDV}*
matching condenser Abgleichkondensator *m {Elek}*
matching transformer Anpassungstransformator *m {Elek}*
maté 1. Mate *f*, Matestrauch *m {Ilex paraguayensis}*; 2. Paraguaytee *m*, Matetee *m*

mate/to ineinandergreifen, eingreifen, kämmen *{z.B. Zahnräder}*; zusammenpassen, paaren *{z.B. Einzelteile}*; verbinden *{Elek}*
mated materials Materialpaarungen *fpl*
material 1. materiell; stofflich; körperlich; 2. Material *n {Sammelbegriff für Rohstoffe, Werkstoffe, Hilfsstoffe, Betriebsstoffe, Teile, Baugruppen usw.}*; 3. Gut *n*; 4. Substanz *f*, Stoff *m*, Material *n*; Masse *f {Phys}*; 5. Verpackungsrohstoff *m*, Verpackungswerkstoff *m*
material-ablating effect materialabtragende Wirkung *f {Elektro- und Funkenerosion}*
material accountancy Materialbuchhaltung *f*
material accumulation Werkstoffanhäufung *f*, Materialanhäufung *f*
material balance Stoffbilanz *f*, Materialbilanz *f*
material behaviour Stoffverhalten *n*
material being ground Mahlgut *n {Produkt}*
material being weighed Wägegut *n*
material being welded Schweißgut *n*
material being wound up Wickelgut *n*
material characteristic values Werkstoffkennwerte *mpl*, Werkstoffeigenschaftswerte *mpl*
material combination Werkstoffpaarung *f*
material constant Materialkonstante *f*, Stoffwert *m*, Stoffkonstante *f*
material consumption Materialverbrauch *m*
material cost[s] Materialkosten *pl*
material couple *s.* material combination
material damage 1. Werkstoffschädigung *f {Kunst}*; 2. Sachschaden *m*
material damping Werkstoffdämpfung *f*
material defect Materialfehler *m*, Werkstoffehler *m*
material economy Materialausnutzung *f*
material expenditure Materialaufwand *m*
material failure Werkstoffversagen *n*
material flow Materialfluß *m*, Werkstofffluß *m*
material flowline Materialfluß *m {Ökon}*
material forming the body of porcelain Tonmasse *f*
material handling *{US}* Werkstoffverarbeitung *f*, Werkstoffbearbeitung *f*, Werkstoffbehandlung *f*
material intake Materialaufnahme *f*
material number Werkstoffnummer *f {DIN 17007}*
material of construction Konstruktionswerkstoff *m*
material of mo[u]ld Kokillenwerkstoff *m*, Werkstoff *m* der Elektrodenkokille *f*
material proof Sachbeweis *m*
material properties 1. Stoffeigenschaften *fpl*; 2. Werkstoffeigenschaften *fpl*
material requirements Materialbedarf *m*
material selection Werkstoffwahl *f*
Material Standards Werkstoffblätter *npl*, Stoffnormen *fpl*
material stress Materialbeanspruchung *f*
material temperature Massetemperatur *f*
material to be ground Mahlgut *n {Rohstoff}*
material to be transported Fördergut *n*
material transport blower Fördergebläse *n*
material wear Werkstoffabtrag *m*, Werkstoffverschleiß *m*
material well Füllraum *m*
added material Zusatzsubstanz *f*
consumption of material Werkstoffbedarf *m*
depleted material erschöpftes Material *n*, abgereichertes Material *{Nukl}*
fatigue of material Werkstoffermüdung *f*
feed of material Werkstoffzuführung *f*
materials 1. Zeug *n {z.B. Schreibzeug}*; 2. Nährstoffträger *mpl {in Düngemitteln}*
materials airlock Materialschleuse *f*
materials handling Materialtransport *m {innerbetrieblich}*, Material-Handling *n*; Fördertechnik *f*
materials in contact Werkstoffpaarungen *fpl {Korr}*
materials of variable composition wechselnde Werkstoffzusammensetzung *f*, schwankende Werkstoffzusammensetzung *f*
materials performance Werkstoffverhalten *n*, Werkstoffleistungsfähigkeit *f*
materials technology Werkstoffkunde *f*
materials testing Materialprüfung *f*, Materialuntersuchung *f*, Materialtest *m*, Werkstofftest *m*, Werkstoffprüfung *f*
materials testing equipment Materialprüfgerät *n*, Werkstoffprüfeinrichtung *f*, Werkstoffprüfapparat *m*
Materials Testing Institute Materialprüfanstalt *f*, MPA
materials testing laboratory Werkstoffprüflabor *n*
materials testing machine Werkstoffprüfmaschine *f {DIN 51220}*
materials testing reactor Materialprüfreaktor *m*, Materialprüfungsreaktor *m {Nukl}*
Materials Safety Data Sheets Sicherheitsdatenblätter *npl*, Gefahrstoffblätter *npl*
matezitol Matezit *m*
mathematical mathematisch
mathematican Mathematiker *m*
mathematics Mathematik *f*
maticin Maticin *n*
matico leaves Matikoblätter *npl {Piper angustifolium}*
matico camphor **<$C_{12}H_{16}O$>** Matikocampher *m*
matico oil Matiköl *n*
matildite **<$AgBiS_2$>** Matildit *m {Min}*
mating 1. Ineinandergreifen *n*, Kämmen *n {z.B.*

Zahnräder}; 2. Zusammenpassen *n*, Paaren *n* *{Tech}*
mating flange Gegenflansch *m*
mating surface Abquetschfläche *f {Kunst}*
mating surfaces Paßflächen *fpl*
matlockite <PbFCl> Matlockit *m {Min}*
matrass *{obs}* langhalsiger Kolben *m*
matricaria camphor Matricariacampher *m*
matricaria ester Matricariaester *m*
matricarianol Matricarianol *n*
matricaric acid Matricariasäure *f*
matricarin Matricarin *n*
matridine Matridin *n*
matrine <$C_{15}H_{24}N_2O$> Matrin *n*, Isolupanin *n*
matrinic acid Matrinsäure *f*
matrinidine Matrinidin *n*
matrix 1. Matrix *f*, Grundgerüst *n {Chem}*; Trägermatrix *f {Biotechnologie}*; 2. Matrix *f*, Grundmasse *f {einer Legierung, Met; in Eruptivgesteinen, Geol}*; 3. Einbettungsmasse *f*, Grundmasse *f*, Matrix *f {Keramik}*; 4. Bindemittel *n*, Binder *m {Chem; in Sedimentgesteinen, Geol}*; 5. Muttergestein *n {Min}*; Gangstein *m*, Gangart *f*, taubes Gestein *n*, Bergemittel *n*, Nichterz *n* *{Bergbau}*; 6. Matrize *f {EDV}*; 7. Mater *f*, Matrize *f*, Formeneinsatz *m*; Gießform *f*, Prägeform *f*, Preßform *f*, Stanzform *f*; 8. Matrix *f* *{Math}*
matrix cathode Matrixkathode *f*
matrix effect Matrixeffekt *m {Spek}*
matrix isolation Matrixisolationsmethode *f* *{Spek}*
matrix printer Mosaikdrucker *m*, Rasterdrukker *m*, Matrixdrucker *m*; Nadeldrucker *m*
matrix spectrophotometry Matrix-Spektrophotometrie *f*
skew symmetrical matrix schiefsymmetrische Matrize *f*
matt salt Ammoniumhydrogendifluorid *n*
matte 1. matt, stumpf, glanzlos; 2. Stein *m* *{künstlich erschmolzenes Gemisch von Metallsulfiden}*; 3. Abdeckung *f*, Kasch *m {Photo, Filmtechnik}*
matte dip Mattbrenne *f*, Mattierungslösung *f* *{Cu/Cu-Legierungen}*
concentrated matte Spurstein *m {Met}*
matted mattiert; struppig; verworren
matter 1. Materie *f*, Stoff *m*, Substanz *f*; Bestandteil *m*; 2. Material *n*, Werkstoff *m*, Stoff *m*; 3. Gegenstand *m*, Sache *f*; Angelegenheit *f*; 4. Satz *m*, Schriftsatz *m {Drucken}*; 5. Eiter *m* *{Med}*
matter transport Materialtransport *m*, Stofftransport *m*
conservation of matter *s.* mass conservation
structure of matter Aufbau *n* der Materie *f*
transformation of matter stoffliche Umwandlung *f*, chemische Veränderung *f*
volatile matter flüchtiger Bestandteil *m*
matting 1. Mattierung *f*, Mattieren *n*; 2. Verfilzen *n {Pap}*
matting agent Mattierungsmittel *n*
matting sand Mattiersand *m*
maturation Alterung *f*, Reifung *f*, Reifwerden *n*, Ausreifen *n {Biol, Geol}*
mature/to 1. reifen, reif werden, ausreifen; reifen lassen; 2. ablagern lassen, altern lassen *{Tech}*; 3. fällig werden
mature reif, ausgereift; fällig; schlagbar *{Holz}*
maturing 1. Reifeprozeß *m {Tech}*; Mauken *n*, Faulen *n*, Rotten *n {Keramik}*; 2. Nachbehandlung *f*
maturing temperature Garbrandtemperatur *f* *{keramische Klebstoffe}*
maturing time Reifezeit *f*, Reifungszeit *f {z.B. eines Harzansatzes}*; Nachhärtezeit *f {Kunst}*
maturity Reife *f*; Brennreife *f {Keramik}*
maucherite <$Ni_{11}As_8$> Maucherit *m {Min}*
mauleonite Mauleonit *m {obs}*, Leuchtenbergit *m {Min}*
mauve 1. malvenfarbig, hellviolett, lila; 2. Malvefarbe *f*, Mauve *n {basischer Azinfarbstoff}*
mauvein <$C_{27}H_{24}N_4$> Mauvein *n*, Perkins Mauve *n {basischer Azinfarbstoff}*
MAV *{maleic anhydride value}* Maleinsäureanhydridzahl *f*
maximal 1. maximal, höchst; Maximal-; 2. Maximale *f {Statistik}*
maximal value Höchstwert *m*, Maximalwert *m*
maximal work maximale Arbeit *f {Thermo}*
maximum 1. maximal; Höchst-, Größt-, Maximal-; 2. Maximum *n*, Höchstzahl *f*, Spitzenwert *m*, Höchstbetrag *m {Extremwert}*; Höchstgrenze *f*, Höchstmaß *n*, Höchstpunkt *m*
maximum accident pressure Unfalldruck *m*
maximum admissible water vapo[u]r pressure Wasserdampfverträglichkeit *f*
maximum allowable concentration maximale Arbeitsplatzkonzentration *f*, MAK-Wert *m* *{schädlicher Gase, Dämpfe und Stäube}*
maximum allowable stress values zulässige Festigkeitskennwerte *mpl*
maximum allowable working pressure maximal zulässiger Betriebsdruck *m*
maximum amplification Verstärkbarkeitsgrenze *f*
maximum amplitude Maximalamplitude *f*, Schwingungsbauch *m*
maximum-and-minimum thermometer Maximum-Minimum-Thermometer *n*
maximum backing pressure höchstzulässiger Vorvakuumdruck *m {10 % höherer Ansaugdruck als bei normalem Vorvakuum }*
maximum boost Höchstladedruck *m*
maximum brittleness Alterungsgrenze *f*
maximum capacity Maximalleistung *f*

maximum compression pressure Verdichtungsenddruck *m*
maximum concentration at the workplace *s.* maximum allowable concentration
maximum contaminant level höchstzulässige Verunreinigung *f* *{Ökol}*
maximum content Höchstgehalt *m*
maximum continuous operating temperature Dauerbetriebsgrenztemperatur *f*
maximum continuous rating maximale Dauerleistung *f*
maximum credible accident größter anzunehmender Unfall *m*, größtmöglicher Schadensfall *m*, größter denkbarer Unfall *m*, Katastrophenfall *m*, GAU *{Nukl}*
maximum cut-out Höchststromschalter *m*, Maximal[aus]schalter *m*, Überspannungsschalter *m*
maximum density Maximalschwärzung *f*, Endschwärzung *f* *{Photo}*
maximum density packing dichteste Packung *f*
maximum density sphere packing dichteste Kugelpackung *f*
maximum deviation Maximalabweichung *f*
maximum dose Höchstdosis *f*, Maximaldosis *f* *{Pharm}*; größte Gabe *f* *{Agri}*
maximum duty Höchstbelastung *f*
maximum efficiency Höchstleistung *f*
maximum equivalence conductance maximale Äquivalentleitfähigkeit *f*
maximum evaporation rate maximale Verdampfungsrate *f*, absolute Verdampfungsrate *f*
maximum forepressure höchstzulässiger Vorvakuumdruck *m* *{10 % über Ansaugdruck als das normale Vorvakuum}*
maximum hypothetical accident größter anzunehmender Unfall *m*, GAK
maximum immission concentration maximale Immissionskonzentration *f* *{Ökol}*
maximum intensity Intensitätsmaximum *n*
maximum limit *{CAC RS 71}* Grenzwert *m*, Höchstwert *m* *{Pestizidrückstände}*
maximum load Höchstbelastung *f*, Maximalbelastung *f*, Bruchbelastung *f*, Höchstlast *f*, Knicklast *f*, Grenzlast *f*
maximum of a curve Scheitelwert *m* einer Kurve *f*, Scheitelpunkt *m* einer Kurve *f*, Kulminationswert *m*
maximum operational service pressure Höchstbetriebsdruck *m*
maximum output Höchstleistung *f*, Maximalausbeute *f*, Maximalleistung *f*, Spitzenleistung *f*
maximum overpressure reduzierter maximaler Explosionsdruck *m*
maximum permissible höchstzulässig, maximal zulässig
maximum permissible annual intake Jahres-Aktivitätszufuhr *f* *{Radiol}*
maximum permissible body dose höchstzulässige Körperdosis *f*, Grenzwert *m* der Körperdosis *f* *{Radiol}*
maximum permissible concentration höchstzulässige Konzentration *f*, maximal zulässige [Schadstoff-]Konzentration *f*, Grenzkonzentration *f*
maximum permissible dose höchstzulässige Strahlendosis *f* *{Radiol; in J/kg}*
maximum permissible dose rate maximal zulässige Dosisleistung *f* *{in J/(kg·s)}*
maximum permissible service temperature zulässige Dauerwärmebeanspruchung *f*
maximum permitted error *{ISO 4788}* zulässiger Fehler *m*
maximum permitted overall error zulässiger Gesamtfehler *m*
maximum potential earthquake Sicherheitserdbeben *n*
maximum pressure Höchstdruck *m*, Maximaldruck *m*, Druck[ober]grenze *f*, Druckmaximum *n*, Druckspitze *f*
maximum range Maximalreichweite *f*
maximum rate duldbare Höchstmenge *f*, zulässige Höchstmenge *f*, zugelassene Höchstmenge *f*, Toleranz[dosis] *f*, Toleranzwert *m*
maximum rate of burning maximale Brenngeschwindigkeit *f* *{in m/s}*
maximum rate of pressure rise maximaler Druckanstieg *m* *{in bar/s}*
maximum reflectance maximaler Reflexionsgrad *m* *{DIN 22005}*
maximum safe value höchstzulässiger Wert *m*
maximum speed Maximalgeschwindigkeit *f*, Höchstgeschwindigkeit *f* *{in m/s}*; Höchstdrehzahl *f*, Drehzahlgrenze *f* *{in s^{-1}}*
maximum stress Höchstbeanspruchung *f*
maximum stress limit Oberspannung *f* der Dauerfestigkeit *f*
maximum surface stress in bend Biegefestigkeit *f*
maximum surface temperature *{BS 4683}* höchstzulässige Oberflächentemperatur *f* *{Expl}*
maximum temperature Höchsttemperatur *f*, Temperaturmaximum *n*
maximum temperature detector Wärmemaximalmelder *m*
maximum tensile stress Zugspannungsmaximum *n*, Höchstzugspannung *f*
maximum tolerable tensile strength Streckgrenze *f*
maximum valence Höchstwertigkeit *f*, höchste Wertigkeit *f*, Maximalvalenz *f*
maximum value Höchstwert *m*, Maximalwert *m*; Scheitelwert *m*, Spitzenwert *m*
maximum vapo[u]r pressure Siedemaximum *n*
maximum voltage Höchstspannung *f*, Maximalspannung *f* *{Elek}*

maximum weight Höchstgewicht *n*, Maximalgewicht *n*
maximum work maximale Arbeit *f {Thermo}*
maximum working pressure maximaler Arbeitsdruck *m {Thermo}*
maximum working temperature Einsatzgrenztemperatur *f*, Grenztemperatur *f*
point of maximum load Bruchgrenze *f*
maxwell Maxwell *n {obs, = 10 nWb}*
Maxwell-Boltzmann distribution function Maxwell-Boltzmannsche Verteilungsfunktion *f*
Maxwell bridge Maxwell-Brücke *f*, Maxwellsche Brücke *f {Induktivitätsmessung}*
Maxwell equal-area rule Maxwellsche Konstruktion *f {Thermo}*
Maxwell [field] equations Maxwellsche Gleichungen *fpl*, elektromagnetische Feldgleichungen *fpl*
Maxwell equation of flow Maxwell-Fließgleichung *f*
Maxwell relation 1. Maxwellsche Gleichungen *fpl*; 2. Maxwellsche Beziehungen *fpl {Thermo}*
Maxwellian distribution [of velocities] Maxwellsche Verteilung *f*, Maxwellsche Geschwindigkeitsverteilung *f {Thermo}*
mayonnaise 1. Mayonnaise *f {Lebensmittel}*; 2. Wasser-in-Öl-Emulsion *f {z.B. Pflanzenschutzmittel}*
mayer Mayer *n {obs, 1 J/°C}*
mazapilite Mazapilit *m {Min}*
mazarine blue Mazarinblau *n*
mazout *s.* masut
MBT *s.* mercaptobenzothiazole
MCA *s.* monochloroacetic acid
McLeod gauge *s.* MacLeod ga[u]ge
MCPA MCPA *{ISO}*, Methoxon *n {(4-Chlor-o-tolyloxy)essigsäure}*
MCPB MCPB *{ISO}*, 4-(4-Chlor-*o*-tolyloxy)buttersäure *f {Insektizid}*
MCPP Mecoprop *n*, 2-(4-Chlor-*o*-tolyloxy)propionsäure *f {Insektizid}*
MDA *p,p'*-Methylendianilin *n*, *p,p'*-Diaminodiphenylmethan *n*
MDI Methylendi-*p*-phenyldiisocyanat *n*, Diphenylmethan-4,4'-diisocyanat *n*
MEA 1. Monoethanolamin *n*, Ethanolamin *n*; 2. 2-Aminoethanthiol *n*
mead Met *m*, Honigwein *m*
meager mager; dürftig
meal 1. Mehl *n*, Grobmehl *n*, Schrotmehl *n*, Kernmehl *n {Lebensmittel}*; 2. Gesteinsmehl *n*, Pulver *n {Geol}*, Staub *m {Geol}*
coarse meal Grandmehl *n*
mealiness Mehlartigkeit *f*
mealy mehlartig, mehlig; mehlbedeckt; bleich
mean/to bedeuten; [vor]bestimmen
mean 1. mittlere; mittelmäßig, durchschnittlich; gering, ärmlich; niedrig; 2. Mittelwert *m*, Mittel *n*, Durchschnitt[swert] *m*; 3. Innenglied *n*, inneres Glied *n {einer Proportion}*; 4. Mittel *n*
mean activity coefficient mittlerer Aktivitätskoeffizient *m {Thermo}*
mean annual pH of precipitation durchschnittlicher pH-Wert *m* des Niederschlages
mean annual temperature Temperaturjahresmittel *n*
mean bulk density mittlere Schüttdichte *f*
mean calorie mittlere Kalorie *f {obs; 0-100°C/1 bar-Kalorie = 4,1897 J}*
mean catalytic amount rate mittlerer Katalysatordurchsatz *m {in mol/s²}*
mean copal Rosinenkopal *m*
mean current density mittlere Stromdichte *f {Elektrode in A/m²}*
mean deviation mittlere Abweichung *f*, durchschnittliche Abweichung *f {Statistik}*
mean diameter mittlerer Durchmesser *m*
mean error 1. Streuung *f {Statistik}*; 2. Meßfehler *m*, mittlerer Fehler *m*
mean filling factor mittlerer Füllfaktor *m*
mean free path mittlere freie Weglänge *f {Phys}*
mean free time [between collisions] mittlere freie Zeit *f* zwischen zwei Stößen *mpl {Thermo}*
mean grade mittlere Qualität *f*
mean ionic activity mittlere Ionenaktivität *f*
mean ionic activity coefficient mittlerer Ionen-Aktivitätskoeffizient *m {Thermo}*
mean ionic diameter mittlerer Ionendurchmesser *m*
mean ionic molality mittlere Ionenmolalität *f*
mean lethal dose mittlere Letaldosis *f*, Fünfzig-Prozent-Letaldosis *f {$LD_{50/x}$}*
mean life mittlere Lebensdauer *f {Verweilzeit im angeregten Zustand = 1,443 × Halbwertszeit}*
mean linear range mittlere lineare Reichweite *f*
mean mass range *{ISO}* mittlere Massenreichweite *f {in kg/m²}*
mean mass rate mittlerer Massenstrom *m {Physiol; in kg/s}*
mean molar activity coefficient mittlerer molarer Aktivitätskoeffizient *m {Elektrolyt}*
mean molecular weight mittleres Molekulargewicht *n*, mittlere relative Molekularmasse *f*
mean normal stress mittlere Normalspannung *f {Materialprüfung}*
mean of assembly Verbindungsmittel *n*
mean of attack Aufschlußmittel *n*
mean of conveying Transportmittel *n*
mean of escape Fluchthilfsmittel *n {Brandgefahr}*
mean of transportation Fördermittel *n*
mean position mittlere Lage *f*

mean pressure Mitteldruck *m*; mittlerer Arbeitsdruck *m*
mean proportional geometrisches Mittel *n*, geometrischer Mittelwert *m*
mean range mittlere Reichweite *f* *{Nukl}*
mean refractive index mittlerer Brechungsindex *m*
mean relative molecular mass mittlere relative Molekularmasse *f*
mean sea level Normal Null *n*, Seehöhe *f*, NN *{physikalisch definierte Bezugsfläche für Höhenangaben}*
mean sedimentation rate mittlere Sinkgeschwindigkeit *f*
mean shearing stress durchschnittliche Scherspannung *f*, durchschnittliche Schubspannung *f*, mittlere Scherspannung *f*, mittlere Schubspannung *f* *{Klebverbindungen}*
mean size mittlere Größe *f*
mean specific heat mittlere spezifische Wärmekapazität *f* *{in J/(K·kg)}*, mittlere spezifische Wärme *f* *{obs}*
mean square Varianz *f* *{Statistik}*
mean-square deviation mittlere quadratische Abweichung *f*, Standardabweichung *f* *{Statistik}*
mean-square error mittlerer quadratischer Fehler *m*, mittleres Fehlerquadrat *n*
mean-square value quadratischer Mittelwert *m*; Effektivwert *m* *{Elek}*
mean strength Durchschnittsfestigkeit *f*, mittlere Festigkeit *f*
mean stress mittlere Spannung *f*, Mittelspannung *f* *{oktaedrische Normalspannung, Dauerschwingversuch}*
mean temperature Durchschnittstemperatur *f*, mittlere Temperatur *f*, Mitteltemperatur *f*, Temperaturmittelwert *m*
mean temperature difference mittlere Temperaturdifferenz *f* *{Wärmetauscher}*
mean tensile strain Formänderungsfestigkeit *f*
mean-time between failures mittlerer Ausfallabstand *m*, mittlere Zeit *f* zwischen Ausfällen *mpl*, mittlere fehlerfreie Arbeitszeit *f*, mittlere Betriebszeit *f*
mean time to failure mittlere Zeit *f* bis zum ersten Fehler, mittlere Ausfallzeit *f*
mean-time value zeitlicher Mittelwert *m*, Zeitmittelwert *m*
mean value Durchschnitt[swert] *m*, Mittelwert *m*, arithmetisches Mittel *n*
mean-value meter Mittelwertmeßgerät *n*
mean value theorem Mittelwertsatz *m*
mean velocity Durchschnittsgeschwindigkeit *f*, mittlere Geschwindigkeit *f*
mean voidage mittlerer Hohlraumanteil *m*
mean volume mittleres Volumen *n* *{pl. Volumina}*
mean volume rate mittlerer Volumenstrom *m* *{Physiol; in m^3/s}*
root mean square value quadratischer Mittelwert *m*; Effektivwert *m* *{Elek}*
running mean gleitender Mittelwert *m*
meaning Bedeutung *f*, Sinn *m*
meaningless bedeutungslos, sinnlos
measles Masern *pl* *{Med}*
measles vaccine Masernimpfstoff *m* *{Pharm}*
German measles Röteln *pl* *{Med}*
measurable meßbar
measurable variable Meßgröße *f*
measure/to 1. messen, Maß *n* nehmen; 2. [ab]messen, ausmessen, zumessen, bemessen; 3. eichen; 4. vermessen; 5. beurteilen
measure again/to nachmessen
measure 1. Maß *n* *{z.B. Meßgefäß}*; Mensur *f*, Meßzylinder *m* *{Lab}*; 2. Maßeinheit *f*, Maß *n*; 3. Maßnahme *f*, Maßregel *f*; 4. Maß *n*, Ausmaß *n*; Format *n*; 5. Teiler *m*, Faktor *m* *{Math}*; 6. Schicht *f*, Lager *n* *{Geol}*
measure of capacity Hohlmaß *n*, Raummaß *n*, Volumenmaß *n*
measure of contraction Schwundmaß *n* *{Met}*
measure of shrinkage Schrumpfmaß *n*
measured [ab]gemessen
measured backstreaming rate gemessene Rückströmungsrate *f*
measured data Meßdaten *pl*, Meßergebnisse *npl*
measured pumping speed gemessenes Saugvermögen *n*
measured quantity Meßgröße *f*, gemessener Wert *m*
measured value Meßwert *m*, gemessener Wert *m*
measured-value transducer Meßwertwandler *m*
measured-value processing Meßdatenverarbeitung *f*, Meßwertverarbeitung *f*
measurement 1. Messen *n*, Messung *f*; Ausmessung *f*, Vermessung *f*; 2. Maßsystem *n*; 3. Maß *n*, Abmessung *f*
measurement amplifier Meßverstärker *m*
measurement and control Regeltechnik *f*
measurement bridge Meßbrücke *f*
measurement by volume Volumenmessung *f*
measurement channel Meßkanal *m*
measurement element Meßglied *n*
measurement in chequerboard fashion Netzmessung *f*
measurement of conductance Leitfähigkeitsmessung *f*
measurement of flow Durchflußmessung *f*
measurement of length Längenmessung *f*
measurement of pressure Druckmessung *f*
measurement of temperature Temperaturmessung *f*

measurement of time Zeit[dauer]messung *f*
measurement probe Meßgeber *m*
measurement sensitivity Meßempfindlichkeit *f*
measurement technique Meßtechnik *f*
measurement time Meßzeit *f*; Meßdauer *f*
measurement ton Raumtonne *f {US: 40 cb ft = 1,13268 m^3}*
measurement transducer Meßwertgeber *m*
measurement uncertainty Meßunsicherheit *f*
measurement traverse Netzmessung *f*
actual measurement Ist-Maß *n*
method of measurement Meßverfahren *n*
range of measurement Meßbereich *m*
result of measurement Meßergebnis *n*
take measurements/to messen, Maß *n* nehmen
unit of measurement Maßeinheit *f*

measures 1. Maßsystem *n*; 2. kohleführende Schichten *fpl {Bergbau}*

measuring 1. Meß-; 2. Messung *f*, Messen *n*; Ausmessung *f*, Vermessung *f*
measuring accuracy Meßgenauigkeit *f*, Meßunsicherheit *f*
measuring amplifier Meßverstärker *m*
measuring and control equipment Meß- und Kontrolleinrichtung *f*, Meß-, Steuerungs- und Regeleinrichtung *f*
measuring and control instruments Meß-, Steuerungs- und Regelgeräte *npl*, MSR-Geräte *npl {Leittechnik}*
measuring and testing equipment Meß- und Prüfgeräte *npl*
measuring apparatus Meßapparat *m*, Meßgerät *n*, Meßvorrichtung *f*, Meßinstrument *n*
measuring arrangement Meßanordnung *f*
measuring beaker Meßbecher *m {Lab}*
measuring bridge Meßbrücke *f {Elek}*
measuring buret[te] Meßbürette *f*
measuring cans Meßbecher *m*
measuring capacitor Meßkondensator *m*
measuring cell Meßzelle *f*, Meßküvette *f*
measuring cell capacitance Meßzellenkapazität *f*
measuring chain Meßkette *f*
measuring chamber Meßkammer *f*
measuring circuit Meßkreis *m*
measuring column Meßkammerführungsrohr *n*
measuring converter Meßwandler *m*, Meß[wert]umsetzer *m*
measuring cup Meßbecher *m*, Meßkelch *m*
measuring cylinder Meßzylinder *m*, Maßzylinder *m*, Meßglas *n*, Mensur *f {Lab}*
measuring data Meßdaten *pl*, Meßwerte *mpl*
measuring desk Meßpult *n*, Meßplatz *m*
measuring device Meßvorrichtung *f*, Meßeinrichtung *f*, Meßapparatur *f*
measuring dome Meßdom *m {Vak}*
measuring electrode Meßelektrode *f*, Indikatorelektrode *f*
measuring element Meßwerk *n*, Meßglied *n*
measuring equipment Meßeinrichtung *f*, Meßausrüstung *f*, Meßanlage *f*, Meßapparatur *f*
measuring error Meßfehler *m*, wahrer Fehler *m*
measuring fault Meßfehler *m*
measuring flask Meßkolben *m*, Maßkolben *m*, Meßflasche *f*
measuring fluid Meßflüssigkeit *f*
measuring ga[u]ge Meßlehre *f*
measuring glass Mensurglas *n*, Meßglas *n*
measuring head Meßkopf *m*, Meßsonde *f*
measuring hole Meßöffnung *f*
measuring instrument Meßgerät *n*, Meßinstrument *n*, Meßwerkzeug *n*, Meßapparat *m*
measuring instrument transformer Meßwandler *m*
measuring jar *s.* measuring glass
measuring junction Thermoelement-Meßstelle *f*, Lötstelle *f* eines Thermoelementes *n*, Meßpunkt *m* eines Thermoelementes *n*
measuring location Meßort *m*
measuring magnifier Meßlupe *f {Opt}*
measuring means Meßglied *n*, Meßmittel *n*
measuring method Meßmethode *f*, Meßverfahren *n*
measuring microphone Meßmikrophon *n*
measuring microscope Meßmikroskop *n*; Ablesemikroskop *n*
measuring nozzle Meßdüse *f*
measuring of capillary viscosity Kapillarviskosimetrie *f*
measuring of dielectric constant Dekametrie *f*, Dielektrizitätszahlmessung *f*
measuring of temperature Temperaturmessung *f*
measuring pick-up Meßwertgeber *m*
measuring pipet[te] Meßpipette *f*, Teilpipette *f*, Meßheber *m*
measuring point 1. Meßpunkt *m*; 2. Meßstelle *f*, Meßort *m*
measuring point selector Meßstellenumschalter *m*
measuring position Meßplatz *m*
measuring principle Meßprinzip *n*
measuring procedure Meßmethode *m*, Meßverfahren *n*
measuring quantity Meßgröße *f*
measuring range Meßbereich *m*
measuring rectifier Meßgleichrichter *m*
measuring resistance Meßwiderstand *m*, Meßresistanz *f*
measuring resistor Meßwiderstand *m {Bauteil}*
measuring result Meßergebnis *n*
measuring rod Maßstab *m*
measuring rule Maßstab *m*, Strichmaß *n*

measuring scoop Meßlöffel *m*, Dosierlöffel *m*, Meßschaufel *f {Lab}*
measuring section Meßstrecke *f*
measuring sensitivity Meßempfindlichkeit *f*
measuring spoon *s.* measuring scoop
measuring station Meßstelle *f*, Meßpunkt *m*, Meßort *m*, Warte *f*
measuring stick Maßstab *m*
measuring system 1. Meßsystem *n*, Meßmethode *f*, Meßverfahren *n*; 2. Meßwerk *n*
measuring table Meßtisch *m*
measuring tank Meßbehälter *m*
measuring tape Maßband *n*, Meßband *n*, Bandmaß *n*
measuring technique Meßverfahren *n*
measuring time Meßdauer *f*, Meßzeit *f*
measuring tool Meßwerkzeug *n*
measuring transducer Meßumformer *m*, Transducer *m*, Wandler *m {Elek}*
measuring transformer Meßwandler *m*, Meßtransformator *m*
measuring transmitter Meß[größen]umformer *m*, Meß[größen]wandler *m*
measuring tube Meßröhre *f*, Meßrohr *n*
measuring tube for analyzer Analyse-Meßschlauch *m*
measuring uncertainty Meßunsicherheit *f*
measuring unit 1. Maßeinheit *f*, physikalische Einheit *f*; 2. Meßfühler *m*; 3. Meßgerät *n*, Meßeinrichtung *f*
measuring vessel Meßgefäß *n*, Meßbehälter *m*
absorbance measuring instrument Extinktionsmeßgerät *n {Anal}*
accurate measuring Präzisionsmessung *f*
compensating measuring device Kompensationsmeßeinrichtung *f*
moisture measuring probe Feuchtemeßsonde *f*
precision measuring instrument Präzisionsmeßgerät *n*, Präzisionsmeßinstrument *n*
real measuring value wahrer Meßwert *m*
universal measuring equipment Universalmeßeinrichtung *f*
meat Fleisch *n*
meat extract Fleischextrakt *m*
meat juice Fleischsaft *m*
meat marking ink Fleischstempelfarbe *f*
meat meal Fleischmehl *n*
meat peptone Fleischpepton *n*
meat products Fleischprodukte *npl*
meat sugar *s.* inositol
canned meat Dosenfleisch *n*, Büchsenfleisch *n*, Fleischkonserve *f*
pickled meat Pökelfleisch *n*
preserved meat Fleischkonserve *f*
smoked meat Rauchfleisch *n*
mecamylamine hydrochloride <$C_{11}H_{21}N \cdot HCl$> Mecamylamin *n*, Methylaminoisocamphan-Hydrochlorid *n {Pharm}*
mecarbam Mecarbam *n {Insektizid}*
Mecca balsam Mekkabalsam *m {Commiphora opobalsamum (L.) Engl.}*
mechanic Maschinist *m*; Mechaniker *m*, Monteur *m*; Industriemechaniker *m*, Mechaniker *m {Schlosser}*, Maschinenschlosser *m*
mechanical 1. mechanisch, maschinell; Motor-, Maschinen-; 2. handwerklich
mechanical adhesion mechanische Haftung *f*, mechanische Haftkraft *f*
mechanical agitator mechanisch betätigtes Rührwerk *n*
mechanical alloying mechanisches Legieren *n*
mechanical atomizer Druckzerstäuber *m*
mechanical balance 1. mechanische Waage *f*; 2. Massenausgleich *m*
mechanical behavio[u]r Festigkeitsverhalten *n*
mechanical bias mechanische Vorspannung *f*
mechanical birefringence Spannungsdoppelbrechung *f {Opt}*
mechanical blowing unit Begasungsanlage *f*, Direktbegasungsanlage *f*
mechanical classifier Klassiermaschine *f*
mechanical constant mechanische Werkstoffkenngröße *f*, mechanischer Werkstoffkennwert *m*
mechanical decomposition mechanischer Abbau *m {Kunst; Spritzgießen/Extrudieren}*
mechanical degradation mechanischer Abbau *m*
mechanical dewaxing mechanische Entparaffinierung *f {Erdöl}*
mechanical draft *{US}* Fremdbelüftung *f*; künstlicher Zug *m*, Saugzug *m*
mechanical draft cooling tower *{US}* Ventilatorkühlturm *m*
mechanical draught *{GB}* *s.* mechanical draft
mechanical drawing 1. Düsenziehverfahren *n {Glasfasern}*; 2. mechanisches Zeichnen *n*
mechanical dressing maschinelle Aufbereitung *f*
mechanical dressing process Trockenaufbereitung *f*
mechanical dust collection mechanische Entstaubung *f*
mechanical dust extractor mechanischer Entstauber *m*
mechanical electroplating Plattierung *f* mit bewegten Kathoden *fpl*
mechanical engineering Maschinenbau *m*
mechanical equation of state mechanische Zustandsgleichung *f*
mechanical equivalent [of heat] Arbeitsäquivalent *n*, mechanisches Wärmeäquivalent *n {1 cal = 4,182 J}*
mechanical equivalent [of light] mechanisches Lichtäquivalent *n {0,147 mW/lm}*

mechanical filter Hordenfilter *m n*
mechanical flue gas purifier mechanischer Rauchgasreiniger *m*
mechanical foaming mechanische Schaumstoffherstellung *f*
mechanical frothing Schaumschlagverfahren *n {PVC-Herstellung}*
mechanical handling appliance Fördergerät *n*
mechanical linkage Hebelsystem *n*
mechanical liquid separation mechanische Flüssigkeitsabtrennung *f*
mechanical loading mechanische Beanspruchung *f*
mechanical mixture Gemenge *n*, Gemisch *n*, Mischung *f*
mechanical precipitator mechanisches Filter *m n*
mechanical process engineering mechanische Verfahrenstechnik *f*
mechanical properties mechanische Eigenschaften *fpl*, mechanische Werkstoffeigenschaften *fpl {Festigkeit}*, mechanisches Niveau *n*, mechanische Werte *mpl*
mechanical puddling Maschinenpuddeln *n*
mechanical pulp mechanischer Holzschliff *m*, mechanischer Holzstoff *m*, Holzzellstoff *m*, Holzmasse *f*, Schleifmasse *f*
mechanical pump mechanische Pumpe *f*
mechanical refining device mechanisches Aufbereitungsgerät *n {Met, Min}*
mechanical refrigeration Kompressionskühlung *f*, Maschinenkühlung *f*
mechanical register mechanisches Zählwerk *n*
mechanical seal Gleitringdichtung *f*, Schleifringdichtung *f*, mechanische Wellenabdichtung *f*
mechanical separation mechanische Trennung *f*, mechanisches Trennverfahren *n*
mechanical shaker Schüttelmaschine *f*
mechanical stability mechanische Festigkeit *f*, mechanische Stabilität *f*
mechanical stage Kreuztisch *m*, verstellbarer Objektivträger *m*
mechanical stirrer mechanisches Rührwerk *n*
mechanical strength mechanische Festigkeit *f*
mechanical stripping Abziehen *n*, Abschleifen *n*
mechanical testing [of materials] mechanische Werkstoffprüfung *f*, mechanische Prüfung *f*
mechanical thickener mechanischer Eindikker *m*
mechanical treatment mechanische Aufbereitung *f {Met, Min}*
mechanical twin Deformationszwilling *m {Krist, Met}*
mechanical unit mechanische Maßeinheit *f {m, kg, s}*
mechanical vapo[u]r diffusion pulsierende Metalldampfdiffusion *f*
mechanical welding maschinelles Schweißen *n*
mechanical wood [mechanischer] Holzschliff *m*, [mechanischer] Holzstoff *m*, Holzmasse *f*, Schleifmasse *f*, Holzzellstoff *m*, Schleifmasse *f*
mechanical wood pulp paper holzschliffhaltiges Papier *n*, Holzschliffpapier *n*
mechanically mechanisch, maschinell; Maschinen-
mechanically controlled mechanisch betätigt, mechanisch gesteuert
mechanician Mechaniker *m*, Monteur *m {Elek}*
mechanics Mechanik *f*, Bewegungslehre *f*
mechanics of rigid bodies Mechanik *f* fester Körper *mpl*
mechanism 1. Mechanismus *m*, mechanische Vorrichtung *f {Tech}*; 2. Getriebe *n {Tech}*; 3. Mechanismus *m*, Ablauf *m*, Wirkungsweise *f*
mechanism of action Wirkungsweise *f*, Wirkungsmechanismus *m {Kinetik}*
mechanist Maschinist *m*, Mechaniker *m*
mechanization Mechanisierung *f*
mechanize/to mechanisieren
mechanocaloric effect mechanokalorischer Effekt *m {flüssiges He}*
mechanochemical mechano chemisch
mechanochemical cross-linkage mechanochemische Vernetzung *f {Polymer}*
mechanochemical decomposition mechanochemischer Abbau *m {Polymer}*
mechanochemical effect mechanochemischer Effekt *m {Formänderung von photoelektrolytischen Gelen und kristallinen Polymeren durch die chemische Umgebung}*
mechanochemistry Mechanochemie *f*
mechanophotochemistry Mechanophotochemie *f*
mechlorethamine<$CH_3N(CH_2CH_2Cl)_2$> Mechlorethamin *n*, Methyl-bis(2-chlorethyl)amin *n*
meclozine <$C_{25}H_{27}N_2Cl$> Meclozin *n {Pharm}*
mecocyanine <$C_{27}H_{30}O_{16}Cl$> Mekocyanin *n {Anthocyan}*
meconic acid Mekonsäure *f*, Mohnsäure *f*, Opiumsäure *f*, Hydroxychelidonsäure *f*, 3-Hydroxy-4-oxo-1,4-pyran-2,6-dicarbonsäure *f {IUPAC}*
meconidin <$C_{21}H_{23}NO_4$> Mekonidin *n*
meconin <$C_{10}H_{10}O_4$> Opianyl *n*, 6,7-Dimethyloxyphthalid *n*, Mekonin *n*
meconinic acid <$HOCH_2C_6H_2(OCH_3)_2CO$-OH> Mekoninsäure *f*, 1,2-Dimethoxy-3-carbonyl-4-methanolbenzol *n*
mecoprop Mecoprop *n {ISO}*, MCPP *{Insektizid}*, 2-(4-Chlor-2-methylphenoxy)propionsäure *f*
media *{pl. medium}* Medium *n*, Mittel *n*, Träger *m*
media effect Lösemittelwirkung *f*
media migration Filtermediumverschleppung *f*

medial lethal dose *s.* median lethal dose
median 1. mittlere; Mittel-; Median- *{Statistik}*; 2. Seitenhalbierende *f*, Mittellinie *f*, Mediane *f* *{Geometrie}*; 3. Zentralwert *m*, Medianwert *m*, Median *m* *{Statistik, Math}*
median effective dose mittlere effektive Dosis *f*, ED 50
median lethal dose mittlere tödliche Dosis *f*, mittlere Letaldosis *f*, halbletale Dosis *f*, semiletale Dosis *f*, Fünfzig-Prozent-Dosis *f* *{Med}*
median lethal time 1. mittlere Absterbedauer *f* *{50 % der Mikroben}*; 2. mittlere Totzeit *f* *{Nukl, Instr}*
median perpendicular Mittelsenkrechte *f*
median value *s.* median 3.
median wavelength of a filter Filterschwerpunkt *m* *{Opt}*
mediate/to vermitteln, sich dazwischen schieben; durch Vermittlung *f* zustande bringen; Mittelwert *m* bilden
mediation Interpolation *f* *{Math}*
mediator Vermittler *m*; Beschleuniger *m* *{Kinetik}*
medical medizinisch, ärztlich; Sanitäts-
medical check-up [ärztliche] Untersuchung *f*
medical electrolysis Galvanisation *f*, Galvanotherapie *f*
medical formula Arzneiformel *f*
medical gas cylinder *{ISO 407}* medizinische Gasflasche *f*
medical grade benzine Wundbenzin *n*
medical jurisprudence forensische Medizin *f*, Gerichtsmedizin *f*
medical man Arzt *m*, Heilberufler *m*
medical plant Arzneipflanze *f*, Heilpflanze *f*
medical radiography medizinische Radiographie *f*
medical radiology medizinische Radiologie *f*
medical science Heilkunde *f*, Medizin *f*
medicament Arznei *f*, Heilmittel *n*, Medikament *n*, Medizin *f* *{Med, Pharm}*
medicate/to chemisch desinfizieren
medicated heilkräftig, Arzneistoffe enthaltend; antiseptisch; medizinisch; Heil-, Medizin-
medicated cotton wool imprägnierte Verbandswatte *f*
medicated soap Arzneiseife *f*, medizinische Seife *f*, Sapo medicatus
medicinal 1. heilkräftig, heilsam, medizinisch, medizinal, Medizinal-; arzneilich, Arznei-; 2. synthetisches Produkt *n* *{Pharm}*
medicinal chemistry medizinische Chemie *f*
medicinal drugs Medikamente *npl*, Heilmittel *npl*
medicinal herbs Heilkräuter *npl*, Heilpflanzen *fpl* *{Pharm}*
medicinal paraffin flüssiges Paraffin *n*
medicinal plant Arzneipflanze *f*, Heilkraut *n* *{Pharm}*
medicinal substance Arzneistoff *m*
medicinal white oil Paraffinum liquidum, medizinisches Weißöl *n*, Medizinöl *n*, Öl *n* für medizinische Zwecke *mpl*
medicine 1. Medikament *n*, Mittel *n*, Heilmittel *n*, Arznei *f* *{Pharm}*; 2. Medizin *f*, Heilkunde *f*
medicine bottle Arzneiflasche *f*, Medizinflasche *f*, Vial *n*
medicine capsule Arzneikapsel *f* *{Pharm}*
medicine dropper Tropfenzähler *m*
medicine glass Medizinglas *n*
medicine grade white oil *s.* medical white oil
medicine measure medizinisches Meßgefäß *n*
medicine measuring spoon *{BS 3221}* Medizin-Dosierlöffel *m*
medicine vial *s.* medicine bottle
forensic medicine forensische Medizin *f*, gerichtliche Medizin *f*, Gerichtsmedizin *f*
physical medicine physikalische Medizin *f*
medicobotanical medizinisch-botanisch
medicochemical medizinisch-chemisch
medicolegal gerichtsmedizinisch
medinal Diethylbarbitursäure *f*, Medinal *n*
medium 1. durchschnittlich, mittlere; Mittel-, Durchschnitts-; 2. Medium *n*, Mittel *n*, Stoff *m*, Träger *m*; 3. Lösemittel *n*; 4. Medium *n*, Nährmedium *n*, Nährsubstrat *n* *{Biotechnologie}*; 5. Bindemittel *n*; Bindemittellösung *f* *{Farb}*
medium-board mittelharte Holzfaserplatte *f* *{DIN 68 753}*, halbharte [Faser-]Platte *f*
medium-bodied oil mittelviskoses Öl *n*
medium-boiling solvent Mittelsieder *m*, mittelsiedendes Lösemittel *n*
medium carbon steel Stahl *m* *{0,15-0,30 % C}*
medium cherry red heat mittlere Rotglut *f* *{≈ 750°C}*
medium-coarse mittelgrob
medium drawing Mittelzug *m*
medium equilibrium Schmelzgleichgewicht *n*
medium-expansion [air] foam Mittelschaum *m*
medium-fine mittelfein
medium fit Bewegungssitz *m*, Übergangspassung *f* *{Tech}*
medium for transmission of energy Energieträger *m*
medium frequency Mittelfrequenz *f* *{300 kHz - 3 MHz}*
medium gasoline *{US}* Mittelbenzin *n*
medium [hard] board halbharte [Faser-]Platte *f*, mittelharte Holzfaserplatte *f*
medium-heavy oil Mittelöl *n*
medium heavy-petrol *{GB}* Mittelbenzin *n*
medium-impact mittelzäh
medium ladle Zwischenpfanne *f* *{Vak}*

medium-molecular mittelmolekular
medium-oil alkyde mittelöliges Alkydharz *n*
medium-oil varnish halbfetter Öllack *m*, mittelfetter Öllack *m*
medium period mittlere Periode *f* *{Periodensystem}*
medium-pressure hydrogenation Mitteldruckhydrierung *f*
medium ring mittelgroßer Ring *m* *{8-11 C-Atome}*
medium runs mittlere Serien *fpl*
medium setting cement Mittelbinder *m*
medium size Mittelgröße *f*
medium solid Trübefeststoff *m*
medium-solid lacquer Medium-Solid-Lack *m*
medium-solvent extract mittelschwerer Solventextrakt *m*
medium-speed mittelschnellaufend *{70...300 rpm}*
medium-thickness sheet[ing] mitteldicke Endlosfolie *f*, mitteldicke Folienbahn *f* *{Kunst}*
medium vacuum Feinvakuum *n* *{0,1...100 Pa}*
medium-viscosity mittelzäh, mittelviskos, von mittlerer Viskosität *f*
medium viscosity index *{MVI}* mittlerer Viskositätsindex *m*
medium-volatile bituminous coal Fettkohle *f* *{69...78 % C}*, mittelbituminöse Kohle *f* *{DIN 23003}*
medium-voltage range Mittelspannungsbereich *m* *{250-650 V}*
medium voltage spark excitation Mittelspannungs-Funkenanregung *f*
medium waves Mittelwellen *fpl* *{100-1000 m}*
complete medium Vollkultur *f* *{Biol}*

medroxyprogesterone acetate <$C_{24}H_{34}O_4$> Medroxyprogesteronacetat *n* *{Kontrazeptivum}*

medrylamine Medrylamin *n*

medulla Mark *n* *{Holzstamm}*, Markröhre *f*; Markkanal *m* *{Baumwolle}*; Mark *n*, Knochenmark *n*

medullary markartig; Mark-
medullary substance Marksubstanz *f*

meerschaum Meerschaum *m*, Sepiolith *m* *{ein Phyllosilicat}*

meet/to 1. [zusammen]treffen, aufeinandertreffen; begegnen, entgegentreten; stoßen auf; 2. [zufällig] finden; 3. einhalten *{z.B. Grenzwerte, Fristen}*; 4. bezahlen *{z.B. Rechnungen, Gebühr}*

meeting 1. Einhaltung *f* *{z.B. Grenzwerte, Fristen}*; 2. Tagung *f*, Sitzung *f*; Treffen *n*; Zusammenkunft *f*, Versammlung *f*

mega 1. Meg-, Groß-, groß- *{in Zusammenhängen}*; 2. Mega-, M *{SI-Vorsatz, 10^6}*; 3. Mega-Einheit *f* *{Penicillin: 600 mg}*

megabar Megabar *n*, Mbar *{100 GPa}*

megabit Megabit *n*, Mb *{1 048 576 Bit}*

megabyte Megabyte *n*, MB *{1 048 576 Byte; 2^{24} Bit}*

megacycle Megahertz *n*, MHz

megaelectronvolt Megaelektronenvolt *n*, MeV *{atomare Energieeinheit, 0,16022 pJ}*
megaelectronvolt-curie Megaelktronenvolt-Curie *n* *{Radioaktivitäts-Leistungseinheit; 5,92777 mW}*

megahertz Megahertz *n*, MHz

megaohm *s.* megohm

megapascal Megapascal *n*, MPa *{$10^6 N/m^2$}*

megaphen Megaphen *n*

megarrhizin Megarrhizin *n* *{Glucosid}*

megaton Megatonne *f* *{Expl; 10^6 m^3 TNT je 1 kcal/g; 4,18 pJ}*

megavolt Megavolt *n*, MV *{$10^6 V$}*

megawatt Megawatt *n*, MW *{1 MJ/s}*

megger *s.* megohmmeter

megestrol accetate <$C_{24}H_{32}O_4$> Megestrolacetat *n* *{Kontrazeptivum}*

megohm Megohm *n* *{exakt: Megaohm; 10^6 Ohm}*

megohmmeter Megohmmeter *n*, Megger *m*, Kurbelinduktor *m* *{Isolationsmeßgerät}*

meionite Mejonit *m*, Meionit *m*, Tetraklasit *m* *{Min}*

Meissner type cold trap Meißner-Falle *f*

MEK *{methyl ethyl ketone}* Methylethylketon *n*, 2-Butanon *n*
MEK dewaxing process MEK-Entparaffinierung *f* *{Erdöl}*

Meker burner Méker-Brenner *m*, Siebbrenner *m* *{Lab}*

melaconit Melakonit *m*, Schwarzkupfererz *n* *{obs}*, Tenorit *m* *{Min}*

meladurea Rohzuckerdicksaft *m*

melam <$C_6H_8N_{11}$> Melam *n*

melamazine Melamazin *n*

melamine Melamin *n*, Cyanursäuretriamid *n*, Tricyansäuretriamid *n*, 2,4,6-Triamino-*sym*-triazin *n*
melamine adhesive *s.* melamin-resin adhesive
melamine-formaldehyde mo[u]ldings *{ISO 4614}* Melaminharz-Formmassen *fpl*
melamine-formaldehyde resin Melamin[formaldehyd]harz *n*
melamine mo[u]lding material Melaminharz-Formmasse *f*
melamine plastics *{BS 3167}* Melaminharz-Formmassen *fpl*
melamine resin Melaminharz *n*
melamine-resin adhesive Melaminharzklebstoff *m*, Klebstoff *m* auf Melaminbasis *f*
melamine-resin glue *{US}* *s.* melamin-resin adhesive

melampyrine Dulcitol *n*, Melampyrin *n*, Melampyrit *m* *{Zuckeralkohol}*

melampyritol *s.* melampyrine

melange 1. Mélange *f*, Mischung *f* *{Geol}*; 2. Melangegarn *n*, Meliergarn *n*, meliertes Garn *n*, Mischgarn *n* *{Text}*
melange effect Melangeeffekt *m* *{Text}*
melange printing Vigoureuxdruck *m* *{Text}*
melaniline Melanilin *n*, Diphenylguanidin *n*
melanin[e] <$C_{77}H_{98}N_{14}O_{33}S$> Melanin *n* *{Chromoprotein}*
melanit Melanit *m*, Schorlomit *m* *{Min}*
melanocerite Melanocerit *m* *{Min}*
melanochroite Melanochroit *m*, Phönizit *m*, Phoenikochroit *m* *{Min}*
melanocyte Melanocyt *m*, Pigmentzelle *f*
melanocyte-stimulating hormone melanocytenstimulierendes Hormon *n*, Melanotropin *n*, Intermedin *n*, MSH
melanogallic acid Melangallussäure *f*
melanoidin[e] Melanoidin *n* *{dunkel gefärbte Verbindung aus reduzierenden Zuckern und Aminosäuren}*
melanolite Melanolith *m*, Delessit *m* *{Min}*
melanophlogite Melanophlogit *m* *{Min}*
melanophore hormone *s.* melanotropin
melanothallite Melanothallit *m* *{Min}*
melanotropin Melanotropin *n*, melanocytenstimulierendes Hormon *n*, MSH, Intermedin *n*
melanterite <$FeSO_4 \cdot 7H_2O$> Melanterit *m*, Atramentstein *m* *{obs}*, Eisenvitriol *n* *{Min}*
melanureic acid Melanurensäure *f*
melaphyre Melaphyr *m* *{Geol}*
melatonin Melatonin *n* *{N-Acetyl-5-methoxytryptamin}*
Meldola blue Meldolablau *n*, Echtneublau 3R *n*
meldometer Meldometer *n*, Schmelzpunktmesser *m*
melem <$(C_6H_6N_{10})_n$> Melem *n*
melene <$C_{30}H_{60}$> Melen *n*, Triaconten *n* *{IUPAC}*
meletin Quercetin *n*
melezitose <$C_{18}H_{32}O_{16}$> Melicitose *f* *{Trisaccharid}*
melibiase *{EC 3.2.1.22}* Melibiase *f*, α-D-Galactosidase *f* *{IUB}*
melibiitol Melibiit *m*
melibionic acid Melibionsäure *f*
melibiosazone Melibiosazon *n*
melibiose <$C_{12}H_{22}O_{11}$> Melibiose *f* *{Disaccharid}*
melibiosone Melibioson *n*
melibiulose Melibiulose *f*
melicitose *s.* melezitose
melidoacetic acid Melidoessigsäure *f*
melilite Melilith *m* *{Min}*
melilot Steinklee *m* *{Bot}*
melilotic acid <$HOC_6H_5CH_2CH_2COOH$> Melilotsäure *f*, *o*-Hydroxycumarsäure *f*, 2-Hydroxybenzolpropansäure *f*
melilotin Melilotin *n*
melilotol Melilotol *n*
melinex foil Mylarfolie *f*
melinex window Mylarfenster *n*
melinite 1. Melinit *m* *{Min}*; 2. Melinit *n* *{Expl}*
melinonine Melinonin *n*
meliphanite Melinophan *m* *{Min}*
melissa oil Melissenöl *n* *{Melissa officinalis L.}*
melissic acid <$C_{29}H_{59}COOH$> Melissinsäure *f* *{Triv}*, Triacontansäure *f* *{IUPAC}*
melissic alcohol Triacontan-1-ol *n*, Melissylalkohol *m* *{Triv}*, Myricylalkohol *m* *{Triv}*
melissic palmitate Triacontylpalmitat *n*, Palmitinsäure-Triacontylester *m*
melissone Melisson *n*
melissyl alcohol 1. *s.* melissic alcohol; 2. Hentriacontan-1-ol *n*
meliternin Meliternin *n*
melitose <$C_{12}H_{22}O_{11}$> Melitose *f* *{Disaccharid}*
melitriose Melitriose *f*, Raffinose *f*, Gossypose *f* *{Trisaccharid}*
melittin <$C_{131}H_{229}N_{39}O_{31}$> Melittin *n* *{Bienengift-Polypeptidamid}*
melizitose Melicitose *f*
melleable schmiedbar
melleable cast iron Temperguß *m* *{DIN 1692}*
melleable iron schmiedbarer Guß *m*, schmiedbares Eisen *n*
mellein Mellein *n*
melleous honigähnlich
mellimide Mellimid *n*
mellite 1. Mellit *m*, Honigstein *m*, Honigtopas *m* *{Triv}*, Melichromharz *n* *{Min}*; 2. Honigpräparat *n* *{Pharm}*
mellitene Melliten *n*, Hexamethylbenzol *n*
mellitic acid <$C_6(COOH)_6$> Mellithsäure *f*, Honigsteinsäure *f*, Benzolhexacarbonsäure *f*, Benzenhexacarbonsäure *f* *{IUPAC}*
mellitol Mellitol *n*
mellitose *s.* melezitose
mellon[e] <C_9H_{13}> Mellon *n*
mellophanic acid <$C_{19}H_6O_8$> Mellophansäure *f*, Benzoltetracarbonsäure *f*
mellow mürbe *{Malz}*; reif, saftig *{Frucht}*; süffig *{Getränk}*; abgelagert, mild *{z.B. Wein}*; voll, warm, weich *{z.B. Farbe, Ton}*; reich, schwer *{Boden}*; zart, dezent *{Licht, Farbton}*; weich *{Geschmack}*
melon <$(C_6H_3N_9)_n$> Melon *n*
melon [seed] oil Melonen[samen]öl *n*
melonite <$NiTe_2$> Melonit *m*, Tellur-Nickel *n*
Melotte fusible alloy Melotte-Metall *n*, D'Arcet-Legierung *f*
melphalan <$C_{13}H_{18}Cl_2N_2O_2$> Melphalan *n* *{Insektizid}*
melt/to schmelzen, einschmelzen, abschmelzen, niederschmelzen, zum Schmelzen *n* bringen; zum Schmelzen *n* kommen; sich auflösen, zer-

fließen, zergehen; zerlassen *{Fett}*; umlösen *{Zucker}*

melt completety/to garschmelzen *{Met}*

melt down/to einschmelzen, niederschmelzen, weichfeuern, zusammenschmelzen *{Met}*

melt off/to abschmelzen, abseigern

melt out/to abschmelzen *{Durchführungen}*; ausschmelzen; schmelzen *{Biochem}*

melt throug/to durchschmelzen

melt together/to zusammenschmelzen

melt 1. Schmelze *f*, Schmelzfluß *m {Magma}*; Schmelze *f*, aufgeschmolzene Formmasse *f*, Charge *f {Tech}*; Einsatz *m {Glas}*; Masse *f {Kunst}*; 2. Schmelzen *n*, Einschmelzen *n {z.B. von Schrott}*; 3. Schmelzgut *n*

melt-back method Rückschmelzverfahren *n*

melt characteristic Schmelzcharakteristik *f*, Schmelzeigenschaften *fpl*

melt degassing unit Schmelzeentgasung *f*

melt devolatilization unit Schmelzeentgasung *f*

melt elasticity Schmelzelastizität *f*

melt exit temperature Masseaustrittstemperatur *f*

melt extrusion Schmelzextrusion *f*, Schmelzspinnen *n*, Spinnen *n* aus der Schmelze *f*, Erspinnen *n* aus der Schmelze *f {Kunst, Text}*

melt filtration Schmelzfiltrierung *f*

melt filtration unit Rohmaterialfilter *n*, Schmelzefilter *n*, Schmelzenfiltereinrichtung *f*, Schmelzenfilterung *f*

melt flow behaviour Schmelzfließverhalten *n*

melt flow index *s.* melt index

melt flux Schmelzfluß *m*

melt-grown crystals Schmelzlinge *mpl*

melt head Abschmelzkopf *m*

melt index Fließindex *m*, Schmelzindex *m {Anzahl g bei 190°C durch 2,0955 mm Düse in 100 min durch 2,16 kg preßbarer Kunststoff}*

melt injection Schmelzespritzgießen *n*, Schmelzespritzgießverfahren *n*

melt layer Schmelzeschicht *f*

melt lubrication Schmelzflußschmierung *f*

melt metering unit Schmelzedosierung *f*

melt point Schmelzpunkt *m*, Fusionspunkt *m*, Fließpunkt *m*, Schmelztemperatur *f {in K}*

melt pressure Massedruck *m*, Schmelzedruck *m*

melt pressure sensor Massedruckaufnehmer *m*, Massedruckgeber *m*

melt spinning *s.* melt extrusion

melt-spun schmelzgesponnen *{Elementarfaden}*

melt stage Schmelzzustand *m*, Schmelzphase *f*

melt stock cathode Abschmelzkathode *f*

melt strand Massestrang *m*, Schmelzestrang *m*

melt stream Produktstrom *m*, Schmelzestrom *m*

melt strength at break Schmelzbruchfestigkeit *f*

melt temperature Formmassetemperatur *f*, Schmelzetemperatur *f*, Spritzguttemperatur *f*, Massetemperatur *f {Kunst}*

melt viscosity Schmelzviskosität *f*

melt vortex Schmelzwirbel *m*

crude melt Rohschmelze *f*

difficult to melt schwer schmelzbar

meltability Schmelzbarkeit *f*

meltdown slag Einschmelzschlacke *f*

melted geschmolzen, aufgeschmolzen, schmelzflüssig

melted asphalt Gußasphalt *m*

melted[-down] fat Schmalz *n*, ausgelassenes Fett *n*

melter 1. Schmelzofen *m*, Schmelzvorrichtung *f*; Schmelzwanne *f*, Schmelzteil *m {des Wannenofens}*, Schmelzraum *m {Glas}*; 2. Schmelzer *m {Arbeiter}*

melting 1. zart; Schmelz-; 2. Schmelzen *n*, Schmelzung *f*, Schmelzprozeß *m*; Schmelzaufschluß *m*; 3. Schmelze *f*; 4. Schmelzen *n {DNA-Denaturierung}*

melting area Schmelzraum *m*, Schmelzteil *m*, Schmelzzone *f {Glas}*

melting bath Schmelzbad *n*, Schmelzsumpf *m*

melting behavio[u]r Schmelzverhalten *n*

melting cement Schmelzkitt *m*

melting centrifuge Schmelzschleuder *f*

melting charge Schmelzgut *n*

melting compound Schmelzlack *m*, Kompoundlack *m*

melting cone Brennkegel *m*, Schmelzkegel *m*, Seger-Kegel *m*

melting crucible Schmelztiegel *m*

melting diagram Schmelzdiagramm *n*

melting down Niederschmelzen *n*, Einschmelzen *n*, Zusammenschmelzen *n*

melting electrode Abschmelzelektrode *f*, selbstverzehrende Elektrode *f*

melting-element temperature ga[u]ge Schmelzkörper-Temperaturanzeiger *m*

melting end Schmelzraum *m*, Schmelzzone *f*, Schmelzteil *m {Glas}*

melting enthalpy Schmelzenthalpie *f*

melting flask Einschmelzkolben *m*

melting flow Schmelzestrom *m*

melting furnace Schmelzofen *m*

melting heat Schmelzwärme *f*

melting kettle Schmelzkessel *m {Pharm}*

melting litharge Schichtglätte *f*

melting loss Abbrand *m {Metallverlust}*

melting of slags Schlackenverschmelzung *f*

melting operation Schmelzgang *m*

melting-out process Ausschmelzverfahren *n*

melting-out temperature Schmelztemperatur-

bereich *m {Dissoziation von DNA/DNA- und DNA/RNA-Strängen}*
melting pan Klärpfanne *f*, Schmelzpfanne *f*
melting plant Schmelzanlage *f*; Schmelzerei *f*, Schmelzhütte *f*, Schmelze *f {Industriebetrieb}*
melting plug Schmelzeinsatz *m*, Schmelzstöpsel *m*, Schmelzpfropfen *m*
melting point Schmelzpunkt *m*, Erstarrungspunkt *m*, Gefrierpunkt *m*, Verflüssigungspunkt *m*, Fusionspunkt *m*, Fließpunkt *m*, Schmelztemperatur *f {in K}*
melting point apparatus Schmelzpunktbestimmungsapparat *m*, Schmelzpunktbestimmungsgerät *n*, Schmelzpunktgeber *m*
melting point capillary Schmelzpunktröhrchen *n*, Schmelzpunktkapillare *f*
melting point curve Schmelzkurve *f*, Schmelzlinie *f*
melting point depression Schmelzpunktdepression *f*, Schmelzpunkterniedrigung *f*
melting point determination Schmelzpunktbestimmung *f*
melting point determination tube *s.* melting point tube
melting point diagram Schmelzdiagramm *n*
melting point pressure curve Schmelzdruckkurve *f*
melting point recorder Schmelzpunktschreiber *m*
melting point testing apparatus Erweichungspunktbestimmungsgerät *n*
melting point tube Schmelzpunktröhrchen *n*, Schmelzpunktbestimmungsrohr *n*, Schmelzpunktkapillare *f*, Schmelzpunkt-Bestimmungsröhrchen *n*
melting pool Schmelzbad *n*, Schmelzsumpf *m*
melting pot Schmelztiegel *m*, Schmelzkessel *m*, Schmelztopf *m {Met}*; Glashafen *m {Glas}*; Gießtiegel *m {Typographie}*; Lötschale *f*
melting pressure Schmelzdruck *m*
melting process Schmelzverfahren *n {Met}*; Aufschmelzvorgang *m*
melting proteins Schmelzproteine *npl {DNA-Helix}*
melting range Schmelzbereich *m*, Schmelzintervall *n*; Gießbereich *m*
melting salt Schmelzsalz *n {körniger Temperaturindikator, Plastverarbeitung}*
melting section Plastifizierzone *f*
melting stock Beschickungsgut *n*, Beschikkungsmaterial *n*, Schmelzgut *n*; Abschmelzstab *m*
melting stove Schmelzherd *m*
melting tank Schmelzkessel *m*; Schmelzwanne *f*, Glasschmelzwanne *f*
melting temperature Schmelzhitze *f*, Schmelztemperatur *f*; 2. Schmelztemperatur *f {50 % Denaturierung der DNA-Doppelhelices}*
melting under white slag Schmelzen *n* ohne Oxidation *f {Met}*
melting viscosity Schmelzviskosität *f*
melting zone Schmelzzone *f*; Plastifizierzone *f*
having a high melting point hochschmelzend
high melting hochschmelzend
incongruent melting point inkongruenter Schmelzpunkt *m*
lowering of the melting point Schmelzpunkterniedrigung *f*
mixed melting point Mischschmelzpunkt *m*
melubrin Melubrin *n*, phenyl-dimethyl-pyrazolaminomethansulfonsaures Natrium *n*
member 1. Element *n {einer Menge; Math}*; Term *m*, Seite *f {einer Gleichung; Math}*; 2. Glied *n {Tech, Automatisation, Math, Med}*; 3. Mitglied *n {z.B. einer Organisation}*; Bestandteil *m*; 4. Teil *n*, Konstruktionsteil *n {Tech}*; 5. Stab *m {Mech}*
structural member struktureller Bestandteil *m*
membership Mitgliedschaft *f*
membrane Membran[e] *f*, [dünne] Wand *f*, Häutchen *n*, Scheidewand *f*, Diaphragma *n*
membrane capacity Membrankapazität *f {in F; Physiol}*
membrane carrier protein Membrantransport-Protein *n*, membrangebundenes Transportprotein *n*; Carrier-Protein *n*
membrane conductance Membranleitfähigkeit *f {Physiol}*
membrane diffusion Membrandiffusion *f*, Trennwanddiffusion *f*; Osmose *f*
membrane electrode Membranelektrode *f {Anal}*
membrane equilibrium Membrangleichgewicht *n {Chem}*; Donnan-Gleichgewicht *n {Physiol}*
membrane filter Membranfilter *n*, Ultrafilter *n*, Filtermembrane *f*; Membranfiltergerät *n*
membrane fluidity Membranfluidität *f*, laterale Membrandiffusion *f {Zelle}*
membrane lipid Membranlipid *n*
membrane mimetic agents membrananaloge Substanzen *fpl*
membrane osmometry Membranosmometrie *f*
membrane permeability Membrandurchlässigkeit *f {in m/s}*
membrane potential Membranpotential *n*, Membranpotentialdifferenz *f {Physiol}*
membrane protein Membranprotein *n*
membrane pump Balgpumpe *f*, Membranpumpe *f*
membrane reactor katalytischer Membranbioreaktor *m*
membrane resistance Membranwiderstand *m {Physiol}*
membrane resting potential Membranruhepotential *n {Physiol}*

membrane separation Membrantrennung *f*
membrane vacuum manometer Membranvakuummeßgerät *n*, Membranvakuummeter *n*, Membranmanometer *n* für Vakuummessungen *fpl*
membrane valve Membranventil *n*
compound membrane mehrschichtige Membran *f*
fibrous membrane Faserhaut *f*
intercellular membrane interzelluläre Membran *f*
semipermeable membrane halbdurchlässige Membran *f*, semipermeable Membran *f*
membranous filter Membranfilter *n*
memo[randum] 1. Notiz *f*, Aktennotiz *f*, Aktenvermerk *m*, Niederschrift *f*, Aufzeichnung *f*; 2. Memorandum *n*, Note *f*
memory 1. Speicher *m {EDV}*; 2. Gedächtnis *n*
memory alloy Memory-Legierung *f*, Metall *n* mit Formgedächtnis *n*
memory capacitor Speicherkondensator *m*
memory effect 1. Elastizitätsverzögerung *f*, elastische Nachwirkung *f {Tech, Phys}*; 2. Erinnerungseffekt *m*, Memory-Effekt *m*, [Form-]Gedächtniseffekt *m {Nukl, Kunst}*; 3. Speichereffekt *m*, Strangaufweitung *f {Extrusion}*
memory line Markierungsstreifen *m*
menac[c]anite Menaccanit *m {Min}*
menadiol Menadiol *n*
menadione <$C_{11}H_8O_2$> Menadion *n*, Vitamin K_3 *n {Triv}*, 2-Methyl-1,4-naphthochinon *n*
menakanite Menaccanit *m {Min}*
menaphthylamine <$C_{10}H_7CH_2NH_2$> Menaphthylamin *n*
menaphthylbromide <$C_{10}H_7CH_2Br$> Menaphthylbromid *n*
Mendel's law Mendelsches Gesetz *n*, Mendelsche Regeln *fpl {Gen}*
Mendeleev chart Periodensystem *n*
Mendeleev Chemical Society Allunionsgesellschaft *f* für Chemie *f {UdSSR}*
Mendeleev law Periodengesetz *n*
mendelevium *{Md, element no. 101}* Mendelevium *n*, Eka-Thulium *n {obs}*, Unnilunium *n {IUPAC}*, Unu
mending Ausbessern *n*, Flicken *n*, Stopfen *n*; Flickstelle *f*, Reparaturstelle *f*
mending pressure-sensitive adhesive tape Selbstklebeband *n* für Reparaturzwecke *mpl*
mendipite Mendipit *m {Min}*
mendozite Mendozit *m {Min}*
meneghinite Meneghinit *m {Min}*
mengite Mengit *m {Niobit/Monazit-Gemenge}*
menhaden oil Menhadenöl *n*, Menhadentran *m {Fischöl aus Brevoortia tyrannus Latrobe}*
menilite Knollenopal *m {Triv}*, Menilit *m {Min}*, Leberopal *m {obs}*
meniscus *{pl. menisci}* 1. Zwiebel *f*, Blattwurzel *f {beim Vertikalziehen von Glas}*; 2. Meniskus *m {Oberflächenwölbung einer Flüssigkeit in einer Röhre}*; 3. Meniskus *m*, Meniskuslinse *f {Opt}*
meniscus reader Meniskusvisierblende *f {Titration}*
menisperine Menisperin *n*
menispermine <$C_{18}H_{24}N_2O_2$> Menispermin *n*
menstrual pad Monatsbinde *f*
menstruum Lösemittel *n*, Extraktionsmittel *n {für Drogenauszüge}*; Arzneimittelträger *m {Pharm}*
mensuration analysis Maßanalyse *f*, volumetrische Analyse *f*, Volumetrie *f*, Titrieranalyse *f*, Titrimetrie *f*
mentha camphor 1-Menthol *n {IUPAC}*
menthadienedione Thymochinon *n*
menthadieneone Carvon *n*
menthadienes <$C_{10}H_{16}$> Menthadiene *npl {Terpine, Terpinolen, Phellandren, Limonen}*
menthane Menthan *n*, Terpan *n*, 4-Isopropyl-1-methylcyclohexan *n {IUPAC}*, Hexahydrocymol *n*
menthanediamine *p*-Menthan-1,8-diamin *n*
menthanediol <$C_{10}H_{20}O_2$> 1,8-Terpin *n*
menthan-2-ol <$C_{10}H_{20}O$> Menthan-2-ol *n*, Carvomenthol *n*
menthan-3-ol <$C_{10}H_{20}O$> Menthan-3-ol *n {IUPAC}*, 3-Hydroxymethan *n*
menthanone Menthanon *n*
***p*-menthan-3-one** *p*-Menthan-3-on *n*, Menthon *n*
menthene <$C_{10}H_{18}$> Menthen *n*
menthenol Menthenol *n*
menthen-3-ol <$C_{10}H_{18}O$> Menthen-3-ol *n*, Pulegol *n*, 2-Isopropyliden-5-methylcyclohexanol *n*
menthenone <$C_{10}H_{16}O$> Menthenon *n {z.B. Pulegon}*
menthofuran Menthofuran *n*
menthol <$C_{10}H_{20}$> Menthol *n*, 3-Hydroxymenthan *n*, Menthan-3-ol *n*, Hexahydrothymol *n*, Menthacampher *m*, Pfefferminzölcampher *m*, 1-Methyl-4-isopropylcyclohexan-3-ol *n*
menthol salicylate *s.* menthyl salicylate
menthol valerate <$(CH_3)_2CHCH_2CO$-$OC_{10}H_{19}$> Menthylisovalerat *n*, Isovaleriansäurementholester *m*, Validol *n*
mentholide Mentholid *n*
menthonaphthene *s.* menthane
menthone <$C_{10}H_{18}O$> Terpan-3-on *n*, 2-Isopropyl-5-methylcyclohexanon *n {IUPAC}*, 1-Methyl-4-isopropylcyclohexan-3-on *n*, Menthon *n*, *p*-Menthan-3-on *n*
menthonol Menthonol *n*
menthospirine Menthospirin *n*
menthyl <$C_{10}H_{19}$-> Menthyl-
menthyl acetate <$C_{10}H_{19}OOCH_3$> Menthylacetat *n*, Essigsäurementholester *m*
menthyl isovalerate *s.* menthol valerate

menthyl lactate Menthyllactat *n*
menthyl nitrobenzoate Menthylnitrobenzoat *n*
menthyl salicylate $<HOC_6H_4COOC_{10}H_{19}>$ Menthylsalicylat *n*, Mentholsalicylsäureester *m*, Salicylsäurementholester *m*
menthylamine Menthylamin *n*, 3-Aminomenthan *n*
menthylamine hydrochloride Menthylaminhydrochlorid *n*
mention/to anführen, erwähnen
menyanthin $<C_{33}H_{50}O_{14}>$ Menyanthin *n*, Celastin *n*
menyanthol $<C_7H_{11}O_2>$ Menyanthol *n*
MEP *{methyl ethyl pyridine}* $<CH_3(C_5H_3N)C_2H_5>$ 2-Methyl-5-ethylpyridin *n*, Aldehydin *n {Triv}*, Aldehydcollidin *n*, 5-Ethyl-2-pikolin *n*
meperidine hydrochloride $<C_{15}H_{21}NO_2 \cdot HCl>$ Demerol *n {HN}*, Meperidinhydrochlorid *n*
mephenesin Mephenesin *n*
mephentermine Mephentermin *n*
mephenytoin Mephenytoin *n*
mephitic mephitisch, giftig, verdorben, verfault, schädlich
meprobamate $<H_3CCH_2CH_2C(CH_3)(CH_2OCONH_2)_2>$ Meprobamat *n {2-Methyl-2-propylpropan-1,3-diol, Pharm}*
mepyramine maleate *{BP}* Pyrilaminmaleat *n*, Mepyraminmaleat *n*
mer- mer- *{Strukturpräfix: Teil-; meridional}*
mer monomere Einheit *f*, Struktureinheit *f {Polymer}*
meralluride $<C_9H_{16}HgN_2O_6>$ Merallurid *n {Pharm}*
merbromin $<C_{20}H_8Br_2HgNa_2O_6>$ Mercurochrom *n {HN}*, Dibromhydroxyquecksilber-Fluorescein-Natrium *n*
mercaptal 1. $<=C(OR)SR'>$ Thioacetal *n*; 2. $<=C(SR)_2>$ Dithioacetal *n*
mercaptamine Mercaptamin *n*, 2-Aminoethanthiol *n*
mercaptan 1. Mercaptan *n {Erdöl}*; Thioalkohol *m {R-SH}*, Thiol *n*, Alkylsulfhydrat *n {obs}*; 2. $<CH_3CH_2SH>$ Ethanthiol *n*
mercaptan sulfur content Mercapto-Schwefelgehalt *m {Gummi}*
mercaptide Metallthiolat *n {IUPAC}*, Mercaptid *n {Salz eines Thioalkohols}*; Sulfid *n*
mercapto $<-SH>$ Sulfhydryl-, Mercapto-, Thio-
mercaptoacetic acid $<HSCH_2COOH>$ Mercaptoessigsäure *f*, Thioglycolsäure *f*
2-mercaptoaniline 2-Mercaptoanilin *n*
mercaptobenzimidazole Mercaptobenzimidazol *n*
2-mercaptobenzoic acid Thiosalicylsäure *f*
2-mercaptobenzothiazole $<C_7H_5NS_2>$ Mercaptobenzothiazol *n*, 3*H*-Benzothiazol-2-thion *n {Gummi}*
mercaptodimethur Mercaptodimethur *n {Insektizid}*
2-mercaptoethanol $<HSCH_2CH_2OH>$ 2-Mercaptoethanol *n*
β-mercaptoethylamine $<HSCH_2CH_2NH_2>$ β-Mercaptoethylamin *n*
2-mercapto-4-hydroxypyrimidine Thiouracil *n*
mercaptol[e] Mercaptol *n*, Thioacetal *n {Kondensationsprodukt aus Merkaptanen und Ketonen}*
mercaptomethane $<CH_3SH>$ Methylmercaptan *n*, Methanthiol *n*, Methylsulfhydrat *n*
mercaptopurine $<C_5H_4N_4S \cdot H_2O>$ Mercaptopurin *n*, Purin-6-thiol *n*
mercaptoquinoline Mercaptochinolin *n*
mercaptosuccinic acid $<HOOCCH(SH)CH_2COOH>$ Thioäpfelsäure *f*
2-mercaptothiazoline $<HSC_2H_4NS>$ Mercaptothiazolin *n*
mercapturic acid Mercaptursäure *f*
mercerization Merzerisation *f*, Mercerisierung *f*; Laugen *n {Text; Bad in NaOH}*
mercerization auxiliary Mercerisierungshilfsmittel *n {Text}*
mercerize/to merzerisieren, laugen *{Text}*
mercerizing Merzerisieren *n*, Laugen *n {Text}*
mercerizing agent Mercerisierungshilfsmittel *n {Text}*
mercerizing assistant *s.* mercerizing agent
merchandise Ware *f*, Handelsgut *n*
merchant 1. Handels-; 2. Kaufmann *m*; Großhändler *m*
merchant bar [iron] Handelseisen *n*; Stabeisen *n*, Stabstahl *m {z.B. Rund-, Profil-, Flachstahl}*
merchant iron Raffinierstahl *m*, Gerbstahl *m*, Paketstahl *m*
merchant lead Weichblei *n {Met}*
mercuration *s.* mercurization
mercurial 1. merkurial *{Med}*; quecksilberartig, quecksilberhaltig; unbeständig; lebhaft; Quecksilber-; 2. Quecksilbermittel *n*, Quecksilberpräparat *n {Pharm}*
mercurial balsam Quecksilberbalsam *m {Pharm}*
mercurial condensor ga[u]ge Quecksilbervakuummeter *n*
mercurial gilding Quecksilbervergoldung *f*, Amalgamvergoldung *f*
mercurial grey copper Freibergit *m {Min}*
mercurial horn ore *s.* calomel
mercurial level Quecksilberstand *m*
mercurial nickel plating Quecksilbervernickelung *f*
mercurial ointment Quecksilbersalbe *f {Pharm}*
mercurial plaster Quecksilberpflaster *n*
mercurial poisoning Quecksilbervergiftung *f*

mercurial preparation Quecksilbermittel *n*, Quecksilberpräparat *n {Pharm}*
mercurial pressure Quecksilberdruck *m*
mercurial remedy Quecksilbermittel *n*, Quecksilberpräparat *n {Pharm}*
mercurial soap Quecksilberseife *f*
mercurial solution Quecksilberwasser *n*
mercurial soot Quecksilberruß *m*, Stupp *f*
mercurial thermometer Quecksilberthermometer *n*
mercurialism Quecksilbervergiftung *f*, Merkurialismus *m*, Hydrargyrose *f*, Hydrargyrie *f*, Hydrargyrismus *m*
mercurialization Quecksilberbehandlung *f*; Quecksilbersättigung *f*
mercuric Quecksilber-, Quecksilber(II)-, Mercuri- *{obs}*
mercuric acetate <$Hg(CH_3CO_2)_2$> Mercuriacetat *n {obs}*, Quecksilberdiacetat *n*, Quecksilber(II)-acetat *n*
mercuric acetylide <$HgC_2 \cdot 1/3H_2O$> Quecksilber(II)-acetylid *n*
mercuric ammonium chloride <$HgNH_2Cl$> Mercuriammoniumchlorid *n {obs}*, Quecksilber(II)-chloridamid *n*, Amidoquecksilber(II)-chlorid *n*, weißes Quecksilberpräzipitat *n*
mercuric arsenate <$Hg_3(AsO_4)_2$> Merkuriarsentat *n {obs}*, Quecksilber(II)-arsenat(V) *n*
mercuric barium iodide <$HgI_2 \cdot BaI_2 \cdot 5H_2O$> Merkuribariumjodid *n {obs}*, Quecksilber(II)-bariumiodid[-Pentahydrat] *n*
mercuric benzoate <$Hg(C_7H_5O_2)_2 \cdot H_2O$> Quecksilber(II)-benzoat[-Hydrat] *n*, Mercuribenzoat *n {obs}*
mercuric bichromate <$HgCr_2O_7$> Quecksilber(II)-dichromat *n*
mercuric bromide <$HgBr_2$> Quecksilber(II)-bromid *n*, Quecksilberdibromid *n*
mercuric carbolate Quecksilberphenolat *n*
mercuric carbonate <$HgCO_3$> Quecksilber(II)-carbonat *n*
mercuric chloride <$HgCl_2$> Quecksilber(II)-chlorid *n*, Quecksilberdichlorid *n*, Mercurichlorid *n {obs}*, Sublimat *n*
mercuric chloride solution Sublimatlösung *f {Pharm}*
mercuric chloroiodide Quecksilberchloroiodid *n*, Quecksilber(II)-chloridiodid *n*
mercuric chromate <$HgCrO_4$> Mercurichromat *n {obs}*, Quecksilber(II)-chromat *n*
mercuric compound Mercuriverbindung *f {obs}*, Quecksilber(II)-Verbindung *f*
mercuric cuprous iodide <$HgI_2 \cdot CuI$> Quecksilber(II)-Kupfer(I)-iodid *n*, Kupfer(I)-Quecksilber(II)-iodid *n*
mercuric cyanide <$Hg(CN)_2$> Quecksilberdicyanid *n*, Mercuricyanid *n {obs}*, Cyanquecksilber *n {obs}*, Quecksilber(II)-cyanid *n {IUPAC}*
mercuric ferrocyanide *s.* mercury hexacyanoferrate(II)
mercuric fluoride <HgF_2> Quecksilber(II)-fluorid *n*, Quecksilberdifluorid *n*, Mercurifluorid *n {obs}*
mercuric fluorosilicate *s.* mercury hexafluorosilicate
mercuric fulminate <$Hg(ONC)_2 \cdot 0,5H_2O$> Knallquecksilber *n {Triv}*, Platzquecksilber *n {obs}*, Quecksilber(II)-fulminat *n {Expl}*
mercuric hydrogen arsenate <$HgHAsO_4$> Quecksilber(II)-hydrogenarsenat(V) *n*
mercuric hydroxide <$Hg(OH)_2$> Quecksilber(II)-hydroxid *n*
mercuric iodate <$Hg(IO_3)_2$> Quecksilber(II)-iodat *n*, Quecksilberdiiodat *n*
mercuric iodide <HgI_2> Quecksilber(II)-iodid *n*, Quecksilberdiiodid *n*, Mercurijodid *n {obs}*
mercuric lactate <$Hg(C_3H_5O_3)_2$> Mercurilactat *n {obs}* Quecksilber(II)-lactat *n*
mercuric nitrate <$Hg(NO_3)_2 \cdot 8H_2O$> Mercurinitrat *n {obs}*, salpetersaures Quecksilberoxyd *n {obs}*, Quecksilber(II)-nitrat[-Octahydrat] *n*, Quecksilberdinitrat *n*
mercuric oleate <$Hg(C_{17}H_{33}COO)_2$> Quecksilber(II)-oleat *n*
mercuric oxide <HgO> Quecksilber(II)-oxid *n*, Mercurioxid *n {obs}*
mercuric oxybromide <$HgBr_2 \cdot HgO$> Quecksilber(II)-oxidbromid *n*
mercuric oxychloride <$HgCl_2 \cdot HgO$> Quecksilber(II)-oxidchlorid *n*
mercuric oxycyanide <$Hg(CN)_2 \cdot HgO$> Quecksilberoxycyanid *n {obs}*, Quecksilber(II)-oxidcyanid *n*
mercuric oxyfluoride <$HgF_2 \cdot HgO$> Quecksilber(II)-oxidfluorid *n*
mercuric oxyiodide <$HgI_2 \cdot HgO$> Quecksilber(II)-oxidiodid *n*
mercuric phen[ol]ate Mercuriphenolat *n*, *{obs}* Quecksilber(II)-phenolat *n*
mercuric phenoxide *s.* mercuric phen[ol]ate
mercuric phosphate <$Hg_3(PO_4)_2$> Mercuriphosphat *n {obs}*, Quecksilber(II)-[ortho]phosphat(V) *n*
mercuric porphin chelate Quecksilberporphinchelat *n*
mercuric potassium cyanide <$K_2Hg(CN)_4$> Kaliumtetracyanomercurat(II) *n {IUPAC}*, Kaliumquecksilber(II)-cyanid *n*
mercuric potassium iodide <K_2HgI_4> Kaliumtetraiodomercurat(II) *n {IUPAC}*, Kaliumquecksilber(II)-iodid *n*, Quecksilber(II)-kaliumiodid *n*; Mayers Reagens *n {Anal}*
mercuric resinate Quecksilberresinat *n*, harzsaures Quecksilber *n*

mercuric rhodanide <$\mathbf{Hg(SCN)_2}$> Mercurirhodanid *n {obs}*, Quecksliber(II)-thiocyanat *n*
mercuric salicylate Mercurisalicylat *n {obs}*, Quecksilber(II)-salicylat *n*
mercuric selenide <$\mathbf{HgSe}$> Quecksilber(II)-selenid *n*
mercuric silver iodide <$\mathbf{Ag_2HgI_4}$> Silbertetraiodomercurat(II) *n*, Quecksilber(II)-Silber(I)-iodid *n*
mercuric stearate Quecksilberstearat *n*
mercuric subsulfate <$\mathbf{HgSO_4 \cdot 2HgO}$> Quecksilber(II)-oxidsulfat *n*
mercuric succinimide Quecksilbersuccinimid *n*
mercuric sulfate <$\mathbf{HgSO_4}$> Mercurisulfat *n {obs}*, Quecksilber(II)-sulfat *n*
mercuric sulfate ethylenediamine Sublamin *n*
mercuric sulfide <$\mathbf{HgS}$> Quecksilber(II)-sulfid *n*, Mercurisulfid *n {obs}*
mercuric-thallium nitrate Thallium(I)-Quecksilber(II)-nitrat *n*
mercuric thiocyanate <$\mathbf{Hg(SCN)_2}$> Mercurithiocyanat *n {obs}*, Qecksilber(II)-thiocyanat *n*, Mercurirhodanid *n {obs}*
red mercuric oxide [rotes] Quecksilberoxid *n {monoklin}*
black mercuric sulfide Meta-Cinnabarit *m {Min}*, Quecksilbermohr *m {obs}*
red mercuric sulfide Zinnober *m*, Cinnabarit *m {Min}*
yellow mercuric oxide [gelbes] Quecksilberoxid *n {tetragonal}*

mercuricide Lithiumquecksilber(II)-iodid *n*
mercuricyanic acid <$\mathbf{H_2Hg(CN)_4}$> Mercuricyanwasserstoffsäure *f {obs}*, Quecksilber(II)-cyanwasserstoffsäure *f*, Dihydrogentetracyanomercurat(II) *n*
mercuride <$\mathbf{R_2Hg}$> Quecksilberorganyl *n*
mercuriferous quecksilberführend, quecksilberhaltig
mercurification 1. Quecksilbergewinnung *f*; 2. Amalgambildung *f*
mercurimetric method *{ISO}* mercurimetrisches Verfahren *n {Anal, Cl-Bestimmung mit* $Hg(NO_3)_2$*}*
mercurisaligenin Mercurisaligenin *n*
mercurisulfite <$\mathbf{M'_2[Hg(SO_3)_2]}$ Sulfitomercurat(II) *n*, Disulfitomercurat(II) *n*
mercurization Mercurierung *f {Einführung von Hg in organische Verbindungen}*
mercurize/to mercurieren *{Quecksilber in organische Verbindungen einführen}*
mercurobutol Mercurobutol *n*
mercurochrome <$\mathbf{C_{20}H_8O_6Br_2HgNa_2}$> *{TM}* Merbromin *n {HN}*, Mercurochrom *n*, Dibromhydroxymercurifluorescein-Natrium *n*
mercurometry Mercurometrie *f*, mercurometrische Titration *f {Anal; $HgNO_3$-Lösung}*
mercurophen Mercurophen *n*
mercurous Quecksilber-, Quecksilber(I)-, Mercuro- *{obs}*
mercurous acetate <$\mathbf{HgCH_3CO_2}$> Quecksilberoxydulacetat *n {obs}*, Mercuroacetat *n {obs}*, Quecksilber(I)-acetat *n*
mercurous acetylide <$\mathbf{Hg_2C_2}$> Quecksilber(I)-acetylid *n*
mercurous arsenite <$\mathbf{Hg_3AsO_3}$> Quecksilber(I)-arsenit *n*, Quecksilber(I)-arsenat(III) *n*
mercurous azid <$\mathbf{HgN_3}$> Quecksilber(I)-azid *n*
mercurous bromate <$\mathbf{HgBrO_3}$> Quecksilber(I)-bromat *n*
mercurous bromide <$\mathbf{Hg_2Br_2}$> Quecksilber(I)-bromid *n*
mercurous carbonate <$\mathbf{Hg_2CO_3}$> Quecksilber(I)-carbonat *n*
mercurous chlorate <$\mathbf{HgClO_3}$> Quecksilber(I)-chlorat(V) *n*
mercurous chloride <$\mathbf{Hg_2Cl_2}$> Mercurochlorid *n {obs}*, Quecksilberchlorür *n {obs}*, Quecksilber(I)-chlorid *n {IUPAC}*, Kalomel *n*
mercurous chromate <$\mathbf{Hg_2CrO_4}$> Mercurochromat *n {obs}*, Chromzinnober *m*, Quecksilber(I)-chromat *n*
mercurous compound Quecksilber(I)-Verbindung *f*, Mercuroverbindung *f {obs}*
mercurous cyanide Quecksilber(I)-cyanid *n*, Quecksilbercyanür *n {obs}*
mercurous fluoride <$\mathbf{Hg_2F_2}$> Quecksilber(I)-fluorid *n*
mercurous iodate <$\mathbf{HgIO_3}$> Quecksilber(I)-iodat *n*
mercurous iodide <$\mathbf{Hg_2I_2}$> Quecksilber(I)-iodid *n*, Mercurojodid *n {obs}*
mercurous iodobenzene-*p*-sulfonate Anogen *n*
mercurous nitrate <$\mathbf{Hg_2(NO_3)_2 \cdot 2H_2O}$> Mercuronitrat *n {obs}*, Quecksilber(I)-nitrat[-Dihydrat] *n*, Quecksilberoxydulnitrat *n {obs}*
mercurous oxide <$\mathbf{Hg_2O}$> Quecksilber(I)-oxid *n*, Quecksilberoxydul *n {obs}*, Mercurooxyd *n {obs}*
mercurous phosphate <$\mathbf{Hg_3PO_4}$> Mercurophosphat *n {obs}*, Quecksilber(I)-[ortho]phosphat(V) *n*
mercurous potassium cyanide Kaliumquecksilber(I)-cyanid *n*
mercurous salicylate <$\mathbf{Hg(HOC_6H_4COO)_2}$> Quecksilberoxydulsalizylat *n {obs}*, Quecksilber(I)-salicylat *n*
mercurous salt Quecksilber(I)-Salz *n*
mercurous sulfate <$\mathbf{Hg_2SO_4}$> Mercurosulfat *n {obs}*, Quecksilber(I)-sulfat *n*
mercurous sulfide <$\mathbf{Hg_2S}$> Quecksilber(I)-sulfid *n*
mercurous thiocyanate <$\mathbf{HgSCN}$> Quecksilber(I)-rhodanid *n {obs}*, Quecksilber(I)-thiocyanat *n*

native mercurous chloride Kalomel *n*, Hornquecksilber *n*, Quecksilberspat *m* *{Min}*

mercury *{Hg, element no. 80}* Quecksilber *n*

mercury alkyl <R_2Hg; $RHgR'$> Quecksilber[di]alkyl *n*, Alkylquecksilber *n*, Dialkylquecksilber *n*

mercury alkylide <HgR_2> Dialkylquecksilber *n*, Quecksilberdialkyl *n*

mercury alloy Amalgam *n*, Quecksilberlegierung *f*

mercury amalgam *s.* mercury alloy

mercury amide chloride <H_2NHgCl> Quecksilberchloridamid *n*

mercury antimony sulfide Quecksilberantimonsulfid *n*

mercury arc Quecksilberlichtbogen *m*

mercury-arc convertor Quecksilberdampf-Stromrichter *m*

mercury-arc rectifier equipment Quecksilber[dampf]gleichrichter *m* *{Elek}*

mercury arylides <$ArHgAr$; $ArHgAr'$> Diarylquecksilber *n*, Quecksilberdiaryl *n*

mercury barometer Quecksilberbarometer *n*

mercury bath Quecksilberbad *n*

mercury bichloride *{obs}* *s.*mercury dichloride

mercury biiodide *s.* mercury diiodide

mercury bucket Schwarzbottich *m*

mercury bulb Quecksilberkapsel *f*

mercury cathode 1. Quecksilberkathode *f* *{Gleichrichter, Lampe}*; 2. Quecksilber-Tropfelektrode *f* *{Polarographie}*

mercury-cathode process *s.* mercury-cell process

mercury cell 1. Quecksilberzelle *f*, Amalgamzelle *f*, Hg-Zelle *f* *{Elektrolyse}*; 2. *s.* mercury oxide cell

mercury-cell process Quecksilberverfahren *n*, Amalgamverfahren *n* *{Cl-Elektrolyse}*

mercury check valve Quecksilberdruckventil *n* *{Lab}*

mercury chloride Quecksilberchlorid *n*

mercury circuit breaker Quecksilberkippschalter *m* *{Elek}*

mercury column Quecksilberfaden *m*, Quecksilbersäule *f* *{in mm Hg}*

mercury compound Quecksilberverbindung *f*

mercury contact Quecksilberkontakt *m*

mercury content Quecksilbergehalt *m*

mercury coulometer Stichzähler *m* *{Elek}*

mercury cup 1. Quecksilberbecher *m* *{Elek}*; 2. Quecksilberkugel *f* *{Thermometer}*

mercury cut-off Quecksilberverschlußventil *n*

mercury cyanide <$Hg(CN)_2$> Quecksilber(II)-cyanid *n*, Quecksilberdicyanid *n*

mercury dibromide <$HgBr_2$> Quecksilber(II)-bromid *n*, Quecksilberdibromid *n*

mercury dichloride <$HgCl_2$> Quecksilberdichlorid *n*, Quecksilber(II)-chlorid *n*, Sublimat *n*

mercury dichromate <$HgCr_2O_7$> Quecksilber(II)-dichromat *n*

mercury dicyanide oxide *s.* mercuric oxycyanide

mercury diethyl <$Hg(C_2H_5)_2$> Quecksilberdiethyl *n*, Diethylquecksilber *n*

mercury diffusion pump Quecksilber-Diffusionspumpe *f*, Quecksilberpumpe *f*, Diffusionspumpe *f* mit Quecksilberfüllung *f*

mercury difluoride <HgF_2> Quecksilber(II)-fluorid *n*, Quecksilberdifluorid *n*

mercury diiodide <HgI_2> Quecksilber(II)-iodid *n*, Mercurijodid *n* *{obs}*, Quecksilberdiiodid *n*

mercury dimethyl <$Hg(CH_3)_2$> Quecksilberdimethyl *n*, Dimethylquecksilber *n*

mercury discharge tube Quecksilberdampfröhre *f* *{Gasentladungsröhre}*

mercury dropping electrode Quecksilber-Tropfelektrode *f* *{Polarometrie}*

mercury ejector pump Quecksilberdampfstrahlpumpe *f*, Quecksilberejektorpumpe *f*

mercury electrode Quecksilber-Elektrode *f*

mercury electrolytic cell Quecksilberzelle *f*, Amalgamzelle *f*, Hg-Zelle *f* *{Elektrolyse}*

mercury filling Quecksilberfüllung *f*

mercury filter Quecksilberfilter *n* *{Lab}*

mercury fulminate <$Hg(ONC)_2$> Knallquecksilber *n*, Quecksilber(II)-fulminat *n*, knallsaures Quecksilber *n* *{Expl}*

mercury furnace Quecksilberofen *m*

mercury ga[u]ge Quecksilbermanometer *n*

mercury glidin Quecksilberglidin *n*

mercury halide Halogenquecksilber *n*

mercury hexacyanoferrate(II) <$Hg[Fe(CN)_6]$> Quecksilber(II)-hexacyanoferrat(II) *n*

mercury hexafluorosilicate <$HgSiF_6$> Quecksilber(II)-hexafluorosilicat *n*

mercury-in-glass thermometer Quecksilberthermometer *n*

mercury intensifier Sublimatverstärker *m*, Quecksilberverstärker *m* *{Photo}*

mercury lamp Quecksilber[dampf]lampe *f*, Quecksilberdampfbrenner *m*

mercury level manometer U-Rohr-Manometer *n*

mercury manometer Quecksilbermanometer *n*

mercury meter Quecksilberzähler *m* *{Elek}*

mercury monochloride <Hg_2Cl_2> Quecksilber(I)-chlorid *n*, Kalomel *n*, Mercurochlorid *n* *{obs}*

mercury naphthenate Quecksilbernaphthenat *n*

mercury naphtholate Naphtholquecksilber *n*

mercury nitrate Quecksilbernitrat *n* *{$HgNO_3 \cdot 2H_2O$ oder $Hg(NO_3)_2$}*

mercury nitrate test Quecksilbernitratversuch *m {DIN 50911}*

mercury nitride <Hg_3N_2> Quecksilber(II)-nitrid *n {Expl}*

mercury ointment Quecksilbersalbe *f {Pharm}*

mercury ore Quecksilbererz *n {Min}*

mercury oxide Quecksilberoxid *n*

mercury oxide cell Quecksilberoxidelement *n*

mercury peptonate Quecksilberpeptonat *n*

mercury perchloride *s.* mercuric chloride

mercury pernitrate *s.* mercuric nitrate

mercury peroxide <HgO_2> Quecksilberperoxid *n*

mercury persulfate *s.* mercuric sulfate

mercury phenolate Phenolquecksilber *n*

mercury phenoxide Phenolquecksilber *n*

mercury-*p*-phenyl thionate <$HOC_6H_4SO_3Hg$> *p*-Phenylquecksilberthionat *n*, Hydrargyrol *n*

mercury phosphate Quecksilberphosphat *n* *{Hg_3PO_4 oder $Hg_3(PO_4)_2$}*

mercury point lamp Quecksilberpunktlampe *f*

mercury poisoning Quecksilbervergiftung *f*

mercury-pool cathode Quecksilberkathode *f* *{Gasentladung}*

mercury potassium cyanide <$K_2Hg(CN)_4$> Quecksilber(II)-kaliumcyanid *n*, Kaliumquecksilber(II)-cyanid *n*, Kaliumtetracyanomercurat(II) *n*

mercury potassium iodide solution Touletsche Lösung *f {d = 3,17; Min}*, Channingsche Lösung *f*

mercury precipitate Quecksilberniederschlag *m*, Quecksilberpräzipitat *n*

mercury pressure Quecksilberdruck *m*, Quecksilbersäule *f {in mm Hg}*

mercury pressure ga[u]ge Quecksilbermanometer *n*

mercury process Quecksilberverfahren *n*

mercury protoacetate *s.* mercurous acetate

mercury protochloride *s.* mercurous chloride

mercury protoiodide *s.* mercurous iodide

mercury protoxide *s.* mercurous oxide

mercury pump Quecksilberpumpe *f*, Quecksilber-Diffusionspumpe *f*, Diffusionspumpe *f* mit Quecksilberfüllung *f*

mercury purification apparatus Quecksilberreinigungsapparat *m*

mercury rectifier *s.* mercury vapo[u]r rectifier

mercury relay Quecksilberrelais *n*

mercury safety valve Quecksilberrückschlagventil *n*

mercury salicylarsenite Enesol *n*

mercury salicylate Quecksilber(II)-salicylat *n*, Mercurisalizylsäureanhydrid *n {obs}*

mercury salt Quecksilbersalz *n*

mercury seal Quecksilberverschluß *m*, Quecksilber[ab]dichtung *f {z.B. an Rührwerken}*

mercury-seal agitator Rührwerk *n* mit Quecksilberverschluß *m*

mercury-sealed stopcock Absperrhahn *m* mit Quecksilberabdichtung *f*, Quecksilberverschlußhahn *m*

mercury selenide <HgSe> Selenquecksilber *n*, Quecksilber(II)-selenid *n*

mercury solution Quecksilberlösung *f*

mercury stearate *s.* mercuric stearate

mercury subchloride *s.* mercurous chloride

mercury succinimide Quecksilbersuccinimid *n*

mercury sulfate Quecksilbersulfat *n {Hg_2SO_4 und $HgSO_4$}*

mercury sulfide Quecksilbersulfid *n {Hg_2S und HgS}*

mercury sulfide selenide Quecksilberselenidsulfid *n {Hg(S, Se)}*

mercury switch Quecksilber[kipp]schalter *m*

mercury tannate Quecksilber(I)-tannat *n*

mercury telluride <HgTe> Quecksilber(II)-tellurid *n*

mercury tetraborate <HgB_4O_7> Quecksilber(II)-tetraborat *n*

mercury thermometer Quecksilberthermometer *n*

mercury thiocyanate Quecksilber(II)-rhodanid *n*, Quecksilber(II)-thiocyanat *n*

mercury thread Quecksilberfaden *m {Thermometer}*

mercury tong[s] Quecksilberzange *f*

mercury trap Quecksilberfalle *f*

mercury trough Quecksilberwanne *f*

mercury vapo[u]r Quecksilberdampf *m*

mercury vapo[u]r diffusion pump Quecksilber-Diffusionspumpe *f*, Quecksilberpumpe *f*, Diffusionspumpe *f* mit Quecksilberfüllung *f*

mercury vapo[u]r jet diffusion pump Quecksilberdampfstrahlpumpe *f*

mercury vapo[u]r lamp Quecksilberdampflampe *f*, Quecksilberdampfbrenner *m*

mercury vapo[u]r pump Quecksilber-Diffusionspumpe *f*, Quecksilberpumpe *f*, Diffusionspumpe *f* mit Quecksilberfüllung *f*, Quecksilberhochvakuumpumpe *f*

mercury vapo[u]r rectifier Quecksilber[dampf]gleichrichter *m*

mercury vapo[u]r stream Quecksilberdampfstrom *m*

mercury vitriol Quecksilbervitriol *n*

mercury(I) azide <HgN_3> Quecksilber(I)-azid *n*

mercury(I) chloride Quecksilber(I)-chlorid *n*, Kalomel *n*, Mercurochlorid *n {obs}*

mercury(I) compound Quecksilber(I)-Verbindung *f*, Mercuroverbindung *f {obs}*

mercury(II) chloride Quecksilber(II)-chlorid *n*, Mercurichlorid *n {obs}*, Sublimat *n*

mercury(II) compound Mercuriverbindung *f* *{obs}*, Quecksilber(II)-Verbindung *f*

mercury(II) perbenzoate Quecksilber(II)-perbenzoat *n*
ammoniated mercury <H_2NHgCl> Quecksilberamidchlorid *n*
black mercury oxide *s.* mercurous oxide
black mercury sulfide Mineralmohr *m {Triv}*, Meta-Cinnabarit *m {Min}*, Quecksilbermohr *m {Hg_2S}*
coating of mercury Quecksilberauflage *f*
colloidal mercury kolloidales Quecksilber *n*
containing mercury quecksilberhaltig
corrosive mercury chloride <$HgCl_2$> Quecksilberdichlorid *n*, Sublimat *n*, Quecksilber(II)-chlorid *n {IUPAC}*, Mercurichlorid *n {obs}*
dibenzyl mercury <$Hg(C_7H_7)_2$> Dibenzylquecksilber *n*, Quecksilberdibenzyl *n*
dibiphenyl mercury <$Hg(C_6H_4C_6H_5)_2$> Dibiphenylquecksilber *n*, Quecksilberdibiphenyl *n*
dibutyl mercury <$Hg(C_4H_9)_2$> Dibutylquecksilber *n*, Quecksilberdibutyl *n*
diethyl mercury <$Hg(C_2H_5)_2$> Diethylquecksilber *n*, Quecksilberdiethyl *n*, Quecksilberethid *n*
dimethyl mercury <$(CH_3)_2Hg$> Dimethylquecksilber *n*, Quecksilberdimethyl *n*, Quecksilbermethid *n*
dinaphtyl mercury <$Hg(C_{10}H_7)_2$> Dinaphtylquecksilber *n*, Quecksilberdinaphtyl *n*, Quecksilbernaphtid *n*
diphenyl mercury <$Hg(C_6H_5)_2$> Diphenylquecksilber *n*, Quecksilberdiphenyl *n*, Quecksilberphenid *n*
dipropyl mercury <$Hg(C_3H_7)_2$> Dipropylquecksilber *n*, Quecksilberdipropyl *n*
ditolyl mercury <$Hg(C_7H_7)_2$> Ditolylquecksilber *n*, Quecksilberditolyl *n*
dropping mercury electrode Quecksilber-Tropfelektrode *f*
ethyl mercury chloride <C_2H_5HgCl> Ethylquecksliberchlorid *n*
fulminating mercury *s.* mercury fulminate
high-pressure mercury discharge tube Quecksilberhochdruck-Entladungsröhre *f*
high-pressure mercury vapo[u]r lamp Quecksilberhochdrucklampe *f*
methyl mercury chloride <CH_3HgCl> Methylquecksilberchlorid *n*
mild mercury chloride <Hg_2Cl_2> Mercurochlorid *n {obs}*, Kalomel *n*, Quecksilber(I)-chlorid *n {IUPAC}*
native mercury Jungfernquecksilber *n*, Quecksilbergut *n*
native mercury sulfide selenide Onofrit *m {Min}*
phenyl mercury chloride <C_6H_5HgCl> Phenylquecksilberchlorid *n*
red mercury oxide *s.* mercurous oxide
red mercury sulfide Zinnober *m {Triv}*, [rotes] Quecksilbersulfid *n*, Cinnabarit *m {Min}*
yellow mercury oxide *s.* mercurous oxide
Mergal *{TM}* Mergal *n*
merge/to verschmelzen; zusammenschließen
merger Fusionierung *f*, Fusion *f*; Verschmelzung *f*, Zusammenschluß *m*
merging 1. Vereinigung *f*; 2. Mischen *n {EDV}*; 3. Merging *n {Phys}*; 4. Überdeckung *f*, Verschmelzung *f {Radar}*
meridional 1. meridional, tangentional *{Opt}*; 2. nord-südlich verlaufend *{Geographie}*
meridional flux Meridionaltransport *m*
meridional focal line meridionale Brennlinie *f {Opt}*
meridional section Achsenschnitt *m {Math}*
merit number Gütefaktor *m*, Gütezahl *f {Stahl}*
merochrome zweifarbiger Kristall *m*
merocrystalline hypokristallin[isch], feinstkristallin[isch]
merocyanine Merocyanin *n {Farb}*
merohedral merosymmetrisch *{Krist}*
merolignin Merolignin *n*
meromorphic meromorph *{Math}*
meromyosin Meromyosin *n*
meroquinene Merochinen *n*
merosinigrin Merosinigrin *n*
merotropism Merotropie *f*
merotropy Merotropie *f*
meroxene Magnesium-Biotit *m {obs}*, Meroxen *m {Min}*
Merrifield technique Merrifield-Technik *f {Festphasen-Peptidsynthese}*
Merrington effect Strangaufweitung *f {DIN 1342}*
merron Proton *n*
mersalyl <$C_{13}H_{16}NO_6Hg$> Mersalyl *n {Pharm}*
mersol soap Mersolat *n*
Mersolate *{TM}* Mersolat *n {Alkylsulfonat-Tensid}*
mesa 1. Mesa *f*, Tisch *m {Halbleiter}*; 2. Tafelland *n*, Tafelrestberg *m {Geol}*
mesa burning Mesa-Abbrand *m {Expl}*
mesaconic acid <$HOOC(CH_3)C{=}CHCOOH$> Mesaconsäure *f*, Methylfumarsäure *f*, *trans*-Methylbutendicarbonsäure *f {IUPAC}*
mesantenic acid Mesantensäure *f*
mescaline <$C_{11}H_{27}NO_3$> Mescalin *n*, Mezcalin *n*, 3,4,5-Trimethoxy-*ß*-phenethylamin *n*
mesembran Mesembran *n*
mesembrene <$C_{28}H_{56}$> Mesembren *n*
mesembrine <$C_{17}H_{23}NO_3$> Mesembrin *n*
mesembrol Mesembrol *n*
mesh/to ineinandergreifen, eingreifen, kämmen; passen [zu]
mesh 1. Masche *f {Sieb}*, Sieböffnung *f*, Siebmasche *f*; 2. Maschenzahl *f*, Siebnummer *f*;

3. Eingriff *m {Verzahnung}*, Ineinandergreifen *n {Tech}*
mesh bottom Siebboden *m*
mesh circuit Deltaschaltung *f*, Dreieckschaltung *f {Elek}*
mesh effect Gitterstruktur *f {Krist}*
mesh number Maschenzahl *f*, Siebnummer *f*
mesh screen Maschensieb *n*
mesh sieve Maschensieb *n*
mesh size Maschengröße *f*, Maschenweite *f {DIN 4188}*
mesh width Maschenweite *f*, Maschengröße *f*
meshing 1. Drahtgewebe *n*; 2. Eingriffsverhältnisse *npl {Getriebe}*
mesic atom *s.* mesonic atom
mesidine <$C_9H_{13}N$> Mesidin *n*, 2,4,6-Trimethylanilin *n*
mesitene lactone Mesitenlacton *n*, Dimethylcoumalin *n*
mesitilol *s.* mesitylene
mesitine [spar] Mesitit *m*, Mesitinspat *m*, Ferro-Magnesit *m {Min}*
mesitite Mesitit *m*, Mesitinspat *m*, Ferro-Magnesit *m {Min}*
mesitoic acid Mesitoesäure *f*, Mesitylen-2-carbonsäure *f*, 2,4,6-Trimethylbenzoesäure *f*
mesitol Mesitol *n*, Mesitylalkohol *m*, 2,4,6-Trimethylphenol *n {IUPAC}*
mesitonic acid Mesitonsäure *f*
mesityl <$(CH_3)_3C_6H_2$-> Mesityl-
mesityl alcohol *s.* mesitol
mesityl aldehyde Mesit[yl]aldehyd *m*
mesityl oxide <$(CH_3)_2C{=}CHCOCH_3$> Mesityloxid *n*, 2-Methylpent-2-en-4-on *n {IUPAC}*, 4-Methylpent-3-en-2-on *n*, Methylisobutylenketon *n*, Isopropylidenaceton *n*
mesitylene <$C_6H_3(CH_3)_3$> Mesitylen *n*, *sym*-Trimethylbenzol *n*, 1,3,5-Trimethylbenzen *n {IUPAC}*
mesitylene alcohol *s.* mesitol
mesitylenecarboxylic acid 2,4,6-Isodurylsäure *f*
mesitylenic acid *s.* mesitylinic acid
mesitylic acid *s.* mesitylinic acid
mesitylinic acid <$(CH_3)_2C_6H_3COOH$> Mesitylensäure *f*, 3,5-Dimethylbenzoesäure *f*
mesitylol *s.* mesitylene
meso atom *s.* mesonic atom
meso form Mesoform *f*, *meso*-Form *f*
mesobilirubin <$C_{33}H_{40}N_4O_6$> Mesobilirubin *n*
mesobilirubinogen <$C_{33}H_{44}N_4O_6$> Mesobilirubinogen *n*
mesobiliverdin <$C_{28}H_{38}N_4O_6$> Mesobiliverdin *n*
mesochlorine Mesochlorin *n*
mesocolloid Mesokolloid *n {0,0025-0,025 mm Länge}*
mesocorydaline Mesocorydalin *n*
mesoerythritol Mesoerythrit *m*
mesohem Mesohäm *n*
mesoinositol Mesoinosit *m*, Myoinosit *m*
mesoionic compounds mesoionische Verbindungen *fpl*, sydnonartige Verbindungen *fpl*
mesolite Mehlzeolith *m {obs}*, Mesolith *m*, Poonahlit *m {Min}*
mesomeric mesomer; Mesomerie-
mesomeric effect Mesomerieeffekt *m*, mesomerer Effekt *m*, elektromerer Effekt *m*, M-Effekt *m*
mesomeric energy Mesomerieenergie *f*, Delokalisationsenergie *f*, Resonanzenergie *f*, Konjugationsenergie *f {Valenz}*
mesomerism Mesomerie *f*, Resonanz *f*, Strukturresonanz *f*
mesomorphic mesomorph *{Krist}*
mesomorphous 1. mesomorph; 2. turbostratisch
meson Meson *n*, Mesotron *n*, [mittel]schweres Elektron *n {Nukl}*
μ-meson *s.* muon
π-meson *s.* pion
meson capture Mesoneneinfang *m*
meson decay Mesonenzerfall *m*
meson field Mesonenfeld *n*, Kernfeld *n*
mesonic mesonisch
mesonic atom Mesonenatom *n*, Mesoatom *n*, mesonisches Atom *n*, mesisches Atom *n {Muon anstelle Elektron in der Hülle}*
mesonic level Mesonterm *m*
mesonic molecule mesonisches Molekül *n*, Mesonenmolekül *n*, mesisches Molekül *n*
mesonic term Mesonterm *m*
mesophase Mesophase *f*, mesomorphe Flüssigkeit *f*, kristalline Flüssigkeit *f*, anisotrope Flüssigkeit *f*; flüssiger Kristall *m*, Flüssigkristall *m*
mesoperiodate <M'_3IO_5> Pentoxoperiodat(VII) *n*, Mesoperiodat *n*
mesoperrhenate <M'_3ReO_5> Pentoxorhenat(VII) *n*, Mesoperrhenat *n*
mesophilic mesophil *{25-40°C, Bakterien}*
mesophylline Mesophyllin *n*
mesophyrrochlorine Mesophyrrochlorin *n*
mesoporphyrine Mesoporphyrin *n*
mesoporphyrinogene Mesoporphyrinogen *n*
mesorcin[ol] <$C_9H_{12}O_2$> Mesorcin *n*, 2,4-Dihydroxytrimethylbenzol *n {IUPAC}*
mesosiderite Mesosiderit *m*, Lithosiderit *m {Meteorit}*
mesosphere 1. Mesosphäre *f {Meteorologie; 45-55 bis 80-95 km Höhe}*; 2. Mesozone *f {Geol; 700-900 °C}*
mesotan <$HOC_6H_4COOCH_2OCH_3$> Mesotan *n*, Salicylsäuremethoxymethylester *m*
mesotartaric acid *meso*-Weinsäure *f*, Mesotartarsäure *f*, Antiweinsäure *f {Triv}*
mesotartrate Mesotartrat *n*
mesothermal mesothermal, mittelthermal *{Min, 200-300 °C}*

mesothorium Mesothorium *n {historische Bezeichnung für die natürlichen Isotope Ra-228 und Ac-228 der Thorium-Zerfallsreihe}*
mesothorium-I Mesothorium-I *n {obs}*, Radium-228 *n*
mesothorium-II Mesothorium-II *n {obs}*, Actinium-228 *n*
mesotron *s.* meson
mesotrophic mesotroph *{Ökol}*
mesotropism Mesotropie *f*
mesotype Mesotyp *m {obs; Gruppenbezeichnung für Natrolith, Mesolith, Skolezit usw.}*
mesoxalaldehydic acid Mesoxalaldehydsäure *f*
mesoxalic acid **<$HOOCCOCOOH \cdot H_2O$>** Mesoxalsäure *f*, Ketomalonsäure *f*, Oxomalonsäure *f*, 2-Oxopropandisäure *f {IUPAC}*
mesoxalonitrile **<$HOOC(CO)_2CN$>** Mesoxalonitril *n*
mesoxalyl **<-COCOCO->** Mesoxalyl-
mesoxalylurea Mesoxalylharnstoff *m*, Alloxan *n*
mesoxophenin Mesoxophenin *n*
mesoyohimbine Mesoyohimbin *n*
message 1. Nachricht *f*, Mitteilung *f*; Botschaft *f*; 2. Meldung *f*; 3. Message *f*, Information *f*, Nachricht *f {EDV}*
messelite Messelith *m*, Neomesselith *m {Min}*
messenger 1. Bote *m*, Kurier *m*; 2. *{US}* Rückholseil *n {Forstw}*
messenger ribonucleic acid Boten-Ribonucleinsäure *f*, Boten-RNA *f*, Messenger-Ribonucleinsäure *f*, m-RNA, m-RNS
messenger RNA *s.* messenger ribonucleic acid
mesylate *s.* methylsulfonate
mesylchloride **<CO_3SO_2Cl>** Mesylchlorid *n*, Methylsulfonylchlorid *n*
meta 1. meta-, Meta-; metaständig, *m*-ständig, in Meta-Stellung *f*, in *m*-Stellung *f*, in 1,3-Stellung *f {Benzolring}*; 2. wasserärmere Form f *{Säuren}*
meta acid Metasäure *f*, wasserärmere Säure *f*
meta compound Meta-Verbindung *f*, *m*-Verbindung *f*
meta-directing metadirigierend *{Chem}*
meta position Meta-Stellung *f*, *m*-Stellung *f*
metaacetaldehyde **<$(OCHCH_3)_n$>** Metaldehyd *m {Polymer des Acetaldehyds}*; Hartspiritus *m*
metaacetone Diethylketon *n*, Pentan-3-on *n*
metabiosis Metabiose *f {Ökol}*
metabisulfite Metabisulfit *n*, Disulfit *n*
metabolic metabolisch; Stoffwechsel-
metabolic abnormality Stoffwechselanomalie *f*
metabolic block Stoffwechselblockade *f*
metabolic defect *s.* metabolic disease
metabolic disease Stoffwechselerkrankung *f*, Stoffwechselstörung *f*, Stoffwechseldefekt *m*
metabolic disorder *s.* metabolic disease
metabolic fate *s.* metabolic pathway
metabolic inhibition Stoffwechselblockierung *f*
metabolic intermediate Stoffwechselzwischenprodukt *n*
metabolic pathway Stoffwechselweg *m*, Stoffwechselablauf *m*, Stoffwechselbahn *f*
metabolic poison Stoffwechselgift *n*
metabolic process Stoffwechselablauf *m*, Stoffwechselvorgang *m*
metabolic product *s.* metabolite
metabolic rate Stoffwechselgröße *f*, Stoffumsatz *m {Physiol}*
metabolic reaction Stoffwechselreaktion *f*
metabolic regulation Stoffwechselregulation *f*
metabolism Metabolismus *m*, Stoffwechsel *m {Biochem}*
disordered metabolism gestörter Stoffwechsel *m*, Stoffwechselanomalie *f*
general metabolism Gesamtstoffwechsel *m*
intermediary metabolism intermediärer Stoffwechsel *m*, Zwischenstoffwechsel *m*
regenerative metabolism Regenerationsstoffwechsel *m*
reversible metabolism umkehrbarer Stoffwechsel *m*
metabolite Metabolit *m*, Stoffwechselprodukt *n*, Stoffwechselzwischenprodukt *n*
metaborate **<$M'BO_2$>** Metaborat *n*, Dioxoborat *n {IUPAC}*
metaboric acid Metaborsäure *f*, Dioxoborsäure *f {IUPAC}*
metabrushite Metabrushit *m {Min}*
metacarbonic acid **<H_2CO_3>** Metakohlensäure *f*
metacasein Metacasein *m {Physiol}*
metacetonate Propionat *n {Salz oder Ester der Propionsäure}*
metacetone *s.* metaacetone
metachloral **<CCl_3CHO>** Metachloral *n*
metachromasy Metachromasie *f*
metachromatism Metachromasie *f*
metachrome Metachrom-
metachrome dye Metachromfarbe *f*
metachrome mordant Metachrombeize *f*
metachrome red Metachromrot *n*
metachrome yellow **<$C_{13}H_8N_3O_5Na$>** Metachromgelb *n*, Alizaringelb GG *n*
metacinnabarite **<HgS>** Metacinnabarit *m*, Metazinnober *m {Min}*
metacolumbate **<$M'NbO_3$>** Metaniobat *n*, Trioxoniobat(V) *n*
metacrolein **<$(CH_2{=}CHO)_3$>** Metacrolein *n*
metacrystalline metakristallin *{Geol}*
metacycline Metacyclin *n*
metacyclophane Metacyclophan *n {Ansa-Verbindung}*
metadiazine *s.* pyrimidine
metaferric oxide Metaeisenoxid *n*

metafiltration cascade Kaskadenfilter *m n*
metaformaldehyde <$(CH_2O)_3$> Metaformaldehyd *m*, α-Trioxymethylen *n*, 1,3,5-Trioxan *n* *{IUPAC}*
metagallic acid Metagallussäure *f*
metahalloysite Meta-Halloysit *m*, Alumyt *m* *{Min}*
metahydrate sodium carbonate <$Na_2CO_3 \cdot H_2O$> Natriumcarbonatmonohydrat *n*; Thermonatrit *m* *{Min}*
metaiodate <$M'IO_3$> Metaiodat *n*, Iodat(V) *n*, Trioxoiodat(V) *n* *{IUPAC}*
metakaolin Metakaolin *m n*
metal Metall *n*; Legierung *f*
metal abietate Metallabietat *n*
metal acetylide Metallacetylid *n*, Metallcarbid *n*
metal adhesive Metallklebstoff *m*, Klebstoff *m* für Metallverbindungen *fpl*
metal adhesive joint Metallklebverbindung *f*
metal alkyl Metallalkyl *n*, Alkylmetallverbindung *f*
metal alloy Metallegierung *f*
metal amide Metallamid *n* *{$M'NH_2$}*
metal ammonia compound Metallammoniakverbindung *f*
metal-arc welding Metall-Lichtbogen-Schweißung *f*
metal azide <$M'N_3$> Metallazid *n*
metal bath Metallbad *n*, Schmelzbad *n*, Metallschmelze *f*
metal bellows seal Metallbalgdichtung *f*
metal bond metallische Bindung *f*, Metallbindung *f*
metal bonding Metallkleben *n*, Metallverklebung *f*, Metallverleimung *f*
metal-braided metallumsponnen, metallumklöppelt
metal carbide Metallcarbid *n*
metal carbonyl Metallcarbonyl *n*
metal carboxide Metallcarbonyl *n*
metal casting Gußstück *n*
metal ceramics Metallkeramik *f*, Cermet *n*
metal chelate [complex] Metallchelatkomplex *m*, Metallchelatverbindung *f*, Metallchelat *n*
metal chips Metallabfall *m*, Metallspäne *mpl*, Metallbohrspäne *mpl*
metal clamp Metallklemme *f*
metal clamped splice Preßklemme *f*
metal clusters compounds Metallcluster-Verbindungen *fpl* *{mit 2 oder mehr direkt verknüpften Metallatomen}*
metal-coated metallisiert, mit Metall überzogen
metal coating 1. Metallbelag *m*, Beschichtungsstoff *m* für Metalle *npl*; 2. Metallisieren *n*, Metallüberzug *m*, metallische Schutzschicht *f*
metal-coating of plastics Kunststoffmetallisierung *f*
metal colo[u]r Metallfarbe *f*
metal-colo[u]red metallfarbig
metal colo[u]ring Metallochromie *f*, Metallfärbung *f*
metal complex dyes Metallkomplexfarben *fpl*
metal complex pigments Metallkomplexpigmente *npl*
metal composition Mischmetall *n*
metal compound intermetallische Phase *f*, intermetallische Verbindung *f*, metallische intermediäre Phase *f*
metal conditioner Reaktionsprimer *m*
metal-containing adhesive metallgefüllter Klebstoff *m*
metal-containing plastic metallgefüllter Plast *m*, Plast *m* mit Metallfüllstoff *m*
metal content[s] Metallgehalt *m*
metal cutting 1. spanabhebend; 2. spanabhebende Metallbearbeitung *f*, Spanen *n*, spanende Formung *f*, Zerspanung *f*
metal-cutting material Schneidmetall *n*
metal cyanide Metallcyanid *n*
metal de-oiling Metallentfettung *f*
metal deactivator Metallde[s]aktivator *m* *{Trib}*
metal degassing Metallentgasung *f*
metal degreasing Metallentfettung *f*
metal deposit Metallniederschlag *m*, Metallüberzug *m*, metallische Überzugsschicht *f*, metallische Schutzschicht *f*
metal-diaphragm filter Metallmembranfilter *n*
metal-diaphragm seal Metallmembrandichtung *f*
metal distribution ratio Niederschlagsverteilungsverhältnis *n* *{Galvanik}*
metal-donor bond Metall-Donatorverbindung *f*
metal dust Metallstaub *m*
metal effect finish Metalleffektlack *m*
metal electrode Metallelektrode *f*
metal exchange rate Metallaustauschgeschwindigkeit *f*
metal extraction Metallgewinnung *f*; Metallextraktion *f* *{mittels Mikroorganismen}*
metal fatigue testing Dauerschwingfestigkeitsversuch *m*
metal-filament lamp Metallfadenlampe *f*, Metalldrahtlampe *f*
metal filings Feilspäne *mpl*, Metallspäne *mpl*, Metallkrätze *f*
metal film Metallschicht *f*, Metallüberzug *m*
metal fire Metallbrand *m*
metal-fixed epoxy metallgefülltes Epoxidharz *n*
metal flexible conduit Metallschlauch *m*
metal foil Blattmetall *n*, Metallfolie *f*
metal foundry Metallgießerei *f*

metal-free matrix metallfreie Grundsubstanz *f*
metal-free phthalocyanine metallfreies Phthalocyanin *n*
metal fulminate Metallfulminat *n*
metal gasket Metalldichtung *f*
metal gauze Metallgewebe *n*
metal grain Metallkorn *n*
metal halide Metallhalogenid *n*
metal halide lamp Halogenlampe *f*
metal hose Metallschlauch *m*
metal hydride Metallhydrid *n*
metal hydroxide Metallhydroxid *n*
metal impurity Begleitmetall *n*, metallische Verunreinigung *f*
metal indicator Metallindikator *m*
metal ion Metallion *n*
metal ketyl Metallketyl *n {Keton-Anion}*
metal lacquer Metallack *m*
metal matrix Metallmatrize *f*
metal-melting furnace Metallschmelzofen *m*
metal mercaptan Mercaptid *n*, Thiolat *n*
metal mirror Metallspiegel *m*
metal mixture Metallmischung *f*
metal-organic chemical vapo[u]r deposition metallorganische Dampfphasenbeschichtung *f {gedruckte Schaltung}*
metal oxide Metalloxid *n*
metal oxidizer explosive Metall-Oxidator-Sprengmittel *n*, MOX
metal passivator Metallpassivator *m*, Passivator *m*, Passivierungsmittel *n {Met}*
metal physics Metallphysik *f*
metal pick-up Metallaufnahme *f {von Lebensmitteln}*
metal-plated metallisiert, mit Metall *n* überzogen
metal-plated plastic durch Metallschicht *f* oberflächenveredelter Kunststoff *m*
metal plating 1. Elektroplattieren *n*, Galvanisieren *n*, Galvanoplastik *f*, Galvanoformung *f {Überzüge}*, galvanisches Beschichten *n*; 2. Metallauflage *f*, Metallüberzug *m*
metal-plating bath Metallisierbad *n*
metal-polymer-composite sheeting Metall-Plast-Verbundfolie *f*
metal powder Metallpulver *n*, metallisches Pulver *n*
metal-powder flame cutting Metallpulver-Brennschneiden *n {DIN 2310}*
metal-powder fusion cutting Metallpulver-Schmelzschneiden *n {DIN 2310}*
metal primer Metallgrundierung *f*
metal printing Argentindruck *m*
metal processing Metallverarbeitung *f*, Metallbearbeitung *f*
metal production Metallgewinnung *f*
metal pyrometer Metallpyrometer *n*
metal recovery Metallrückgewinnung *f*, Wiederaufbereitung *f* von Metall
metal release Metallfreisetzung *f {Email}*
metal residue Metallrückstand *m*
metal sample metallische Probe *f*, Metallprobe *f*
metal scrap Bruchmetall *n*, Schrott *m*
metal screen Metallsieb *n*, Drahtsieb *n*
metal screening Metallgewebe *n*, Drahtgewebe *n*
metal seal Metalldichtung *f*
metal-sealed metallgedichtet *{Vak}*
metal separator Metallabscheidegerät *n*
metal shadowing Metallbeschattung *f {Vak}*
metal-sheathed cable metallabgeschirmte Leitung *f*
metal sheet Blech *n*
metal shield Panzer *m {Schutz}*
metal single crystal Metalleinkristall *m*
metal slag Metallschlacke *f*
metal soap Metallseife *f*
metal solution metallhaltige Lösung *f*
metal solvent Metall-Lösemittel *n {für gedruckte Schaltungen}*
metal spinning Metalldrücken *n*, Drücken *n*
metal splinter Metallsplitter *m*
metal spray Metallspritzer *m {Schweißen}*
metal-spray process Metallspritzverfahren *n*, Metallspritzen *n*, Spritzmetallisieren *n*, Flammspritzen *n*
metal spraying *s.* metal-spray process
metal-spun metallumsponnen
metal strapping Bandeisen *n {für Verpackungen}*
metal-substrate complex Metall-Substrat-Komplex *m {Biochem}*
metal sulfide Metallsulfid *n*
metal thermometer Metallthermometer *n*
metal-to-glass seal Glas-Metall-Verschmelzung *f*, Glas-Metall-Einschmelzung *f*, Metall-Glas-Kitt *m*
metal-to-metal adhesive Metallklebstoff *m*, Klebstoff *m* für Metallverbindungen *f*
metal-to-metal bonding Metallkleben *n*
metal-to-rubber bonding Gummi-Metall-Verbindung *f*
metal vapo[u]r Metalldampf *m*
metal vapo[u]r lamp Metalldampflampe *f*, Metalldampfleuchte *f*
metal vapo[u]rising plant Aufdampfanlage *f*
metal waste Metallkrätze *f*
metal-wire cloth Metallgewebe *n*
metal working 1. metallverarbeitend, eisenverarbeitend; 2. [spanlose] Metallbearbeitung *f*
metal working compounds Metallbearbeitungs-Hilfsstoffe *mpl {z.B. Ziehseifen}*
metal working fluid Metallbearbeitungs-

medium n, Metallbearbeitungsöl n, Kühlschmierstoff m
metal working grease Metallbearbeitungsfett n
metal working lubricant Metallbearbeitungsöl n, Schmiermittel n zur Metallbearbeitung f
metal working oil Metallbearbeitungsöl n
added metal Zusatzmetall n
base metal unedles Metall n
crude metal Rohmetall n
deposition of metal Metallabscheidung f
light [weight] metal Leichtmetall n
like metal metallähnlich
phosphate-base metal adhesive Metallklebstoff m auf Phosphatbasis f
silicate-base metal adhesive Metallklebstoff m auf Silicatbasis f
metalation Metallierung f *{Chem}*
metalbumin Metalbumintal %metallähnlich
metalammine Metallammoniakverbindung f *{$M(NH_3)_n$}*
metalation Metallierung f *{Chem}*
metalbumin Metalbumin n, Paralbumin n
metaldehyde <$(OCHCH_3)_n$> Metaldehyd n *{Polymer des Acetaldehyds; n>4}*
metalescent coating Plastbeschichtung f mit Metalleffekt m
metallaborane cluster Metallborancluster m
metallacyclobutene Metallcyclobuten m, Cyclobuten-Metallkomplex m
metallacylopentadiene complex Metallcyclopentadienylkomplex m, Metallacen n, Cyclopentadienyl-Metallkomplex m
metallaheteroborane cluster Metallheteroborancluster m
metallation Metallierung f *{Einführen von Metallatomen in andere Verbindungen}*
metallic 1. metallisch, metallen, metallähnlich, metallartig, aus Metall n; Metall-; 2. Metallfaser f *{Faserstoff aus Metall, plastbeschichtetem Metall oder metallbeschichtetem Kunststoff}*; Metallgarn *{Text}*
metallic alloy Metallegierung f
metallic antimony Antimonmetall n, metallisches Antimon n
metallic arsenic Arsenmetall n, metallisches Arsen n
metallic ashes Metallasche f
metallic azide <$M'N_3$> Metallazid n
metallic ball valve Kugelhahn m *{DIN 3357}*
metallic bath Metallbad n
metallic bismuth Bismutmetall n, metallisches Bismut n, Wismutmetall n *{Triv}*
metallic bond Metallbindung f, metallische Bindung f *{Valenz}*
metallic brush Metallpinsel m
metallic calx Metallkalk m
metallic carbide Metallcarbid n
metallic carbonyl s. metal carbonyl
metallic coating Metallauskleidung f, metallische Schutzschicht f, Metallüberzug m
metallic colo[u]r Metallfarbe f
metallic colo[u]ring Metallfärbung f
metallic composition Metallmischung f
metallic compound Metallverbindung f *{Chem}*
metallic conductance metallische Leitung f
metallic conductivity metallische Leitfähigkeit f
metallic content[s] Metallgehalt m
metallic copper metallisches Kupfer n, Kupfermetall n
metallic dust Flugstaub m
metallic effect lacquer Metalliclack m
metallic elements *{ISO 4883}* metallische Elemente npl *{Anal}*
metallic fiber 1. Metallfaser f *{Faserstoff aus Metall, plastbeschichtetem Metall oder metallbeschichtetem Kunststoff}*; 2. Metallfaserstoff m, metallischer Faserstoff m
metallic foil Metallfolie f, Metallband n
metallic glass metallisches Glas n, amorphes Metall n, Metglas n
metallic hydride Metallhydrid n, metallartiges Hydrid n
metallic hydrogen metallischer Wasserstoff m *{Höchstdruck-Modifikation}*
metallic ion Metallion n
metallic lattice Metallgitter n, metallisches Gitter n *{Krist}*
metallic lining Metallfutter n
metallic linkage metallische Bindung f, Metallbindung f *{Valenz}*
metallic lustre 1. Metallglanz m, metallischer Glanz m; 2. Metallglanz m *{Min}*
metallic materials *{ISO}* metallische Werkstoffe mpl *{chirurgische Implantate}*
metallic mirror Metallspiegel m
metallic mixture Metallgemisch n; Metallmischung f, Speise f *{Met}*
metallic molybdenum Molybdänmetall n, metallisches Molybdän n
metallic mordant metallische Beize f, basische Beize f, Metallbeize f *{Text}*
metallic mortar Metallmörtel m *{Nukl; Keramikbinder mit Bleipulver}*
metallic ore Metallerz n
metallic oxide Metalloxid n
metallic oxide cathode Metalloxidkathode f
metallic packing Metalldichtung f, Metallpakkung f
metallic paint 1. Metallfarbe f, Metall[schutz]anstrich m; 2. Metallpigmentfarbe f
metallic paper 1. Metallpapier n, Metallschichtpapier n; 2. Metallschreibstift-Papier n, Omskriptpapier n *{z.B. ZnO-beschichtet für Ag-Griffel}*

metallic phosphorus metallischer Phosphor *m* *{kubische, rhomboedrische und orthorhombische schwarze Modifikation}*
metallic pigment Metallfarbkörper *m*, Metallpigment *n*, metallisches Pigment *n*; Metalleffekt-Pigment *n*, Metallpulver *n* *{Al-Buntmetallflokken}*
metallic powder Metallpulver *n*
metallic precipitate Metallniederschlag *m*
metallic printing Bronzedruck *m* *{Druck}*
metallic property Metalleigenschaft *f*
metallic radius Radius *m* im Metallgitter *n*, metallischer Radius *m* *{Valenz}*, Atomradius *m* bei metallischer Bindung *f*
metallic rectifier Metallgleichrichter *m*, Trokkengleichrichter *m*, Plattengleichrichter *m* *{Elek}*
metallic regulus Metallkönig *m*
metallic silver bar electrode Silberstabelektrode *f*
metallic soap Metallseife *f* *{Schwermetall-Fettsäureester}*
metallic sodium metallisches Natrium *n*, Natriummetall *n*
metallic solution Metallbad *n*
metallic state metallischer Zustand *m*, Metallzustand *m*
metallic stearates Schwermetallstearat *n*
metallic strip Metallfolie *f*, Metallband *n*
metallic substrate Metallunterlage *f*
metallic sulfide Metallsulfid *n*
metallic thermometer Stabausdehnungs-Thermometer *n*
metallic thread *s.* metallic fiber
metallic tissue Metallgewebe *n*
metallic titanium Titanmetall *n*, metallisches Titan *n*
metallic-toning bath Metalltonbad *n* *{Photo}*
metallic uranium Uranmetall *n*

metallicity metallische Eigenschaft *f*, Metallartigkeit *f*, Metallizität *f*, metallischer Charakter *m*

metalliferous erzführend, erzhaltig, metallführend *{Bergbau}*; metallhaltig

metalliform metallähnlich, metallförmig

metallin Metallin *n*

metalline metallähnlich, metallartig, metallen; mit Metallsalzen *npl* imprägniert

metallization 1. Metallisierung *f*, Metallisieren *n* *{Kunst}*; 2. Metallspritzverfahren *n*, Spritzmetallisieren *n*, Flammspritzen *n*; 3. Metallisation *f*, Vererzung *f* *{Umwandlung in metallische Modifikationen}*
metallization by burning in Einbrennmetallisierung *f*

metallize/to 1. metallisieren *{Kunst}*; 2. spritzmetallisieren; 3. sich in die metallische Form *f* umwandeln, sich in die metallische Modifikation *f* umwandeln

metallized dye Metallkomplexfarbstoff *m*, metallisierter Farbstoff *m*
metallized-paper capacitor metallbedampfter Papierkondensator *m*
metallized plastic metallisierter Kunststoff *m*, metallbeschichteter Plast *m*
metallized polycarbonate film capacitor *{IEC 384}* metallbedampfter Polycarbonat-Kondensator *m* *{Elek}*
metallized wood metallimprägniertes Holz *n* *{Elek}*

metallizing Metallisieren *n*, Metallisierung *f*; Metallspritzen *n*, Spritzmetallisieren *n*, Metallspritzverfahren *n*, Flammspritzen *n*; Metallbedampfung *f*

metallo-organic metallorganisch, organometallisch; Organometall-
metallo-organic pigment halbmineralisches Pigment *n*, metallorganisches Pigment *n*, Organometallpigment *n*

metallocene <$M(\text{-eta-}C_5H_5)_n$> Metallocen *n*, Cyclopentadienylid *n*, Bis(eta-cyclopentadienyl)-Komplex *m*

metallochemistry Metallchemie *f*

metallochrome *s.* metallochromy

metallochromy Metallfärbung *f* *{Galvanik}*, Metallochromie *f*

metallocycles Metallringverbindungen *fpl*, Metallheterocyclen *mpl*

metalloenzyme Metall[o]enzym *n* *{Metallproteid}*

metallographic metallographisch, metallkundlich
metallographic determination metallographische Bestimmung *f*
metallographic examination Metalluntersuchung *f*, metallographische Untersuchung *f*
metallographic picture Schliffbild *n* *{Met}*
metallographic section metallographischer Schliff *m*, Schliffbild *n* *{Met}*

metallography 1. Metallographie *f*, Metallkunde *f*, Metallogie *f* *{Herstellung, Eigenschaften, Verwendung usw. von Metallen}*; 2. Metallographie *f*, Metallbeschreibung *f* *{Mikrostrukturuntersuchung}*

metalloid 1. metallartig, metalloid; 2. Halbmetall *n*; 3. Nichtmetall *n*, Metalloid *n* *{obs}*; 4. Alkali- und Erdalkalimetalle *npl* *{obs}*; 5. Legierungsbildner *m* für Eisen und Stahl

metalloplastic galvanoplastisch

metalloporphyrine Metallporphyrin *n*

metalloprotein Metall[o]protein *n*

metallothionein Metallothionein *n* *{Protein}*

metallurgic[al] metallurgisch, hüttenmännisch; Hütten-
metallurgical coke Hüttenkoks *m*, Hochofenkoks *m*, Zechenkoks *m*, metallurgischer Koks *m*, verhüttungsfähiger Koks *m*

metallurgical dust Metallhüttenstaub *m*

metallurgical engineering Hüttentechnik *f*

metallurgical fume Hüttenrauch *m*

metallurgical operations Verhüttung *f {Met}*

metallurgical plant Hüttenwerk *n*, Hütte *f*

metallurgical smoke Hüttenrauch *m*

metallurgist Metallurg[e] *m*, Hütteningenieur *m*

metallurgy Metallurgie *f*, Hüttenwesen *n*, Metallgewinnung *f*; Hüttenkunde *f*, Metallkunde *f*, Erzscheidekunde *f*

metalorganic organometallisch, metallorganisch; Organometall-

metalorganic compounds <MR_n> organometallische Verbindungen *fpl*

metamer Metamer[es] *n {Isomerie}*

metameric metamer

metamerism Metamerie *f {eine Form der Strukturisomerie}*

metamery *s.* metamerism

metamict isotropisiert *{Krist}*, metamikt, pyrognomisch *{Min}*

metamorphic metamorph[isch] *{Geol}*

metamorphic rock metamorphes Gestein *n*, Metamorphit *m*, Umwandlungsgestein *n*

metamorphism Metamorphismus *m {Geol}*

metamorphosis 1. Metamorphose *f*, Gestaltsveränderung *f*, Wandlung *f*; Verwandlung *f*; Umwandlung *f {Biol}*; 2. *s.* metamorphism

metanephrine Metanephrin *n {Biochem}*

metanethol Metanethol *n*

metanicotine Metanicotin *n*

metanil yellow Metanilgelb *n*, Viktoriagelb O *n*, Tropäolin G *n*

metanilic acid <$H_2NC_6H_4SO_3H$> Metanilsäure *f*, *m*-Aminobenzensulfonsäure *f {IUPAC}*

metaniobate <$M'NbO_3$> Metaniobat(V) *n*, Trioxoniobat(V) *n*

metapeptone Metapepton *n*

metaperiodate <$M'IO_4$> Metaperiodat *n*, Tetroxoperiodat(VII) *n*

metaperrhenate <$M'ReO_4$> Metaperrhenat *n*, Tetroxorhenat(VII) *n*

metaphen Metaphen *n*

metaphenylene blue Metaphenylenblau *n*

metaphenylenediamine <$(NH_2)_2C_6H_4$> 1,3-Diaminobenzol *n*, Metaphenylendiamin *n {Epoxidharzhärter}*

metaphosphate <$M'PO_3$> Metaphosphat *n {Salz oder Ester der Metaphosphorsäure}*

metaphosphinic acid Metaphosphinsäure *f*

metaphosphoric acid <$(HPO_3)_n$> Metaphosphorsäure *f*

metapilocarpine Metapilocarpin *n*

metaplasm Metaplasma *n {Biol}*

metaplumbate <M'_2PbO_3> Trioxoplumbat(IV) *n*, Metaplumbat(IV) *n*

metaprotein Metaprotein *n*

metapyroracemic acid Metabrenztraubensäure *f*

metaraminol bitartrate <$C_9H_{13}NO_2C_4H_6O_6$> Metaraminolbitartrat *n*

metargon Argon-38 *n*

metartrose <$C_{315}H_{504}N_{90}O_{106}S$> Metartrose *f {Weizenprotein-Spaltprodukt}*

metasaccharic acid Metazuckersäure *f*

metasaccharin Metasaccharin *n*

metasaccharonic acid Metasaccharonsäure *f*

metasaccharopentose Metasaccharopentose *f*

metasilicate <M'_2SiO_3> Metasilicat *n*, Trioxosilicat *n {IUPAC}*

metasilicic acid Metakieselsäure *f*, Trioxokieselsäure *f {IUPAC}*

metasome Metasom *n*, Gastmineral *n*, Verdrängendes *n {Geol, Min}*

metasomatic metasomatisch

metasomatic transformation *{ISO 710}* metasomatische Gesteinsumwandlung *f*, Verdrängungserzbildung *f {Geol}*

metastability Metastabilität *f*

metastable metastabil, halbbeständig, labil, nicht beständig

metastable ion metastabiles Ion *n {Spek}*

metastable phase metastabile Phase *f {Thermo}*

metastable state metastabiler Zustand *m*

metastannic acid Metazinnsäure *f {α-Form H_2SnO_3; β-Form: $H_{10}Sn_5O_{15}$}*

metastatic election metastatisches Elektron *n {Nukl}*

metastyr[ol]ene <$(C_8H_8)_n$> Metastyrol *n*

metatantalate <$M'TaO_3$> Trioxotantalat(V) *n*, Metatantalat(V) *n*

metatartaric acid Metaweinsäure *f*

metatellurate <M'_2TeO_4> Tetroxotellurat(VI) *n*, Metatellurat(VI) *n*

metathesis Metathese *f*, Metathesis *f*, doppelte Umsetzung *f*, doppelter Umsatz *m*, Wechselumsetzung *f*, Wechselzersetzung *f {Chem}*

metathesis polymerization Metathesepolymerisation *f*, doppelte Umsetzpolymerisation *f {z.B. von Cyclohexan}*

metathioarsenite <$M'AsO_2$> Dithioarsenat(III) *n*, Metathioarsenat(III) *n*

metathiostannate <M'_2SnS_3> Trithiostannat(IV) *n*, Metathiostannat *n*

metatitanic acid Metatitansäure *f*

metatorbernite Metatorbernit *m {Min}*

metatungstic acid <$H_6[H_2W_{12}O_{40}]$> Metawolframsäure *f*, Dihydrogendodecawolframsäure *f*

metavanadate <$M'VO_3$> Metavanadat *n*, Trioxovanadat(V) *n*

metaxite Metaxit *m {Min}*

metaxylene Metaxylol *n*

metaxylidine Metaxylidin *n*

metazeunerite Metazeunerit *m {Min}*

metazirconate **<M'_2ZrO_3>** Trioxozirconat(IV) *n*, Metazirconat(IV) *n*
meteloidine Meteloidin *n*
meteor Meteor *m*, Meteorleuchten *n*, Sternschnuppe *f* *{Triv}*
meteor-like meteorähnlich
meteor trail Meteorschweif *m*, Meteorschwanz *m*
meteoric meteorisch; Meteor-
meteoric ionization meteorische Ionisation *f*
meteoric iron Meteoreisen *n*, Eisenmeteorit *m*, Siderit *m* *{Geol}*
meteoric stone Meteorstein *m*, Aerolith *m*, Steinmeteorit *m*
meteoric water meteorisches Wasser *n* *{Grundwasser atmosphärischen Ursprungs}*
meteorite Meteorit *m*
meteorograph Meteorograph *m* *{Baro-Thermo-Hydrograph}*
meteorologic[al] meteorologisch, wetterkundlich; Wetter-
meteorological chart *{US}* Wetterkarte *f*
meteorological map [synoptische] Wetterkarte *f*
meteorological observation Wetterbeobachtung *f*
meteorology Meteorologie *f*, Wetterkunde *f*, Witterungskunde *f*
meter/to messen; abmessen, dosieren, zuteilen, zumessen
meter 1. Meßgerät *n*, Meßinstrument *n*; 2. Meßuhr *f*, Zähluhr *f*, Messer *m*, Zähler *m*, Zählwerk *n* *{Elek, Tech}*; 3. *{US}* Meter *m n* *{SI-Basiseinheit der Länge, = 1 650 763,73 Wellenlängen des $2p_{10}$-$5d_5$-Überganges in ^{86}Kr}*
meter amplifier Meßverstärker *m*
meter bar 1. glatte Stabrakel *f*; Meßstab *m* *{Gasmesser}*
meter board Zählertafel *f* *{Elek}*
meter bridge Schleifdrahtbrücke *f*, Wheatstone-Brücke *f*
meter-candle Lux *n*, lx *{abgeleitete SI-Einheit für die Beleuchtungsstärke}*
meter cell Meterküvette *f* *{Lab}*
meter-kilogram *{US}* 1. Meterkilogramm *n* *{Arbeitseinheit, 1 m·kg = 9,80665 J}*; 2. Kilogramm-Meter *n* *{Einheit des Drehmoments}*
meter-kilogram-second-ampere system Meter-Kilogramm-Sekunde-Ampere-System *n*, MKSA-System *n*, Giorgie-System *n*
meter movement Meßwerk *n*
meter oil Instrumentenöl *n*, Meßwerköl *n*
meter reading Zählerablesung *f*
meter recorder Meterzähler *m* *{Kunst}*
meter rectifier Meßgleichrichter *m*
meter shunt Meß-Nebenschluß-Widerstand *m* *{Elek}*
metering Dosieren *n*, Zumessen *n*, Zudosieren *n*, Zuteilen *n*; Messen *n*; Vermessen *n*, Abmessen *n*; Abteilen *n*
metering and mixing unit Dosiermischmaschine *f*, Dosier- und Mischmaschine *f*
metering appliance Meßanlage *f*
metering clockwork Meßuhr *f*, Zähluhr *f*
metering conveyor dosierendes Förderband *n*
metering cylinder Dosierzylinder *m*
metering device Abmeß-Vorrichtung *f*; Dosiereinrichtung *f*, Dosiergerät *n*
metering equipment Meßausrüstung *f*
metering-mixing unit Dosiermischmaschine *f*, Dosier- und Mischmaschine *f*
metering orifice Meßblende *f*
metering performance Dosierleistung *f*
metering plant Meßeinrichtung *f*
metering point Dosierstelle *f*
metering pump Dosier[ungs]pumpe *f*, Zuteilpumpe *f*, Zumeßpumpe *f*
metering rod glatte Stabrakel *f*
metering screw Zuteilschnecke *f*, Dosierschnecke *f*; Dosierschraube *f*, Regulierschraube *f*
metering section Ausbringungszone *f*, Ausstoßteil *m*, Ausstoßzone *f* *{Extruder}*, Austragsbereich *m*, Austragszone *f*, Austragsteil *m*, Pumpzone *f*
metering stroke Dosierhub *m*, Dosierweg *m*
metering tank Dosiergefäß *n*, Dosiertank *m*
metering unit Dosierwerk *n*, Dosieraggregat *n*, Dosiergerät *n*, Dosierelement *n*, Dosiereinheit *f*
metering valve Dosierschieber *m*, Dosierventil *n*
metering zone Ausstoßzone *f*, Homogenisier[ungs]zone *f* *{eines Extruders}*
methabenzthiazuron Methabenzthiazuron *n* *{Insektizid}*
methacetin **<$CH_3CONHC_6H_4OCH_3$>** Methacetin *n*, Acetanisidin *n*, *p*-Methoxyacetanilid *n*
methacholine Methacholin *n*
methacrolein **<$H_2C=C(CH_3)CHO$>** Methacrolein *n*, Methacrylaldehyd *m*
methacrylaldehyde **<$H_2C=C(CH_3)CHO$>** Methacrolein *n*, Methacrylaldehyd *m*
methacrylamid **<$H_2C=C(CH_3)CONH_2$>** Methacrylsäureamid *m*
methacrylate Methacrylat *n*, Methacrylsäure *f*
methacrylate ester **<$H_2C=C(CH_3)COOR$>** Methacrylatester *m*, Methacrylsäureester *m*
methacrylatochromic chloride **<$C_4H_6Cl_2Cr_2O_2$>** Methacrylatochromichlorid *n*
methacrylic acid **<$H_2C=C(CH_3)COOH$>** Methacrylsäure *f*, 2-Methylpropensäure *f* *{IUPAC}*
β-methacrylic acid *s.* crotonic acid
methacrylic ester Methacrylsäureester *m*, Methacrylatester *m*

methacrylic methylester <$H_2C=C(CH_3)CO$-OCH_3> Methacrylsäuremethylester *m*, Methylmethacrylat *n*
methacrylonitrile <$H_2C=C(CH_3)CN$> Methacrylsäurenitril *n*, 2-Methylprop-2-ennitril *n* *{IUPAC}*
methacryloyl chloride <$H_2C=C(CH_3)COCl$> Methacryloylchlorid *n*
methadonhydrochloride <$C_{21}H_{27}NO·HCl$> Methadon *n*, 6-Di-amino-4,4'-diphenylheptan-3-on-chlorid *n*, Amidon *n*, Dolophin *n*
methal *s.* myristic alcohol
methamphetamine Methamphetamin *n*
methamphetamine hydrochloride Methamphetaminhydrochlorid *n*
methanal <HCHO> Formaldehyd *m*, Methanal *n*
methanamide <$HCHNH_2$> Formamid *n*, Ameisensäureamid *n*, Methanamid *n*
methanation Methanisierung *f {CO durch katalytisches Hydrieren}*
methane <CH_4> Methan *n*, Methangas *n*, Sumpfgas *n {Chem}*; Grubengas *n*, Grubenwetter *n*, Schlagwetter *n {Bergbau}*
methane acid <HCOOH> Ameisensäure *f*, Methansäure *f {IUPAC}*
methane activation Methanaktivierung *f*
methane alcohol <CH_3OH> Methanol *n*, Methylalkohol *m*
methane amide <$HCONH_2$> Methanamid *n*, Ameisensäureamid *n*, Formamid *n {IUPAC}*
methane chloride <CH_3Cl> Methylchlorid *n*, Methanchlorid *n*
methane detector Grubengasanzeiger *m*, Grubengasdetektor *m*, Schlagwetterdetektor *m*, Methanspürgerät *n*, Methanometer *n {CH_4-Nachweis/Bestimmung}*
methane hydroperoxide Methanhydroperoxid *n*
methane phosphonic acid <$CH_3PO(OH)_2$> Methylphosphonsäure *f*
methane reforming Methanspaltung *f*
methane series Alkane *npl*
methanecarboxylic acid <CH_3COOH> Essigsäure *f*, Ethansäure *f*, Methancarbonsäure *f*
methanediamine <$CH_2(NH_2)_2$> Methandiamin *n*
methanedicarboxylic acid <$CH_2(COOH)_2$> Malonsäure *f*, Propandisäure *f {IUPAC}*, Methandicarbonsäure *f*
methanedisulfonic acid <$CH_2(SO_3H)_2$> Methylendisulfonsäure *f*, Methandisulfonsäure *f*, Methionsäure *f*
methanesiliconic acid <CH_3SiOOH> Methansiliconsäure *f*
methanesulfonic acid <CH_3SO_2OH> Methansulfonsäure *f*
methanesulfonyl chloride <CH_3SO_2Cl> Methansulfonylchlorid *n*, Mesylchlorid *n*
methanethial <$H_2C=S$> Thioformaldehyd *m*, Methanthial *n {IUPAC}*
methanethiol <CH_3SH> Methylmercaptan *n*, Methanthiol *n {IUPAC}*
methanization Methanisierung *f {katalytisches Hydrieren von CO}*
methanogenesis Methangasbildung *f*, Methanerzeugung *f*
methanogenic methanogen, methanbildend
methanogenic bacteria Methanbakterien *fpl*, methanogene Bakterien *fpl {z.B. in Kläranlagen}*
methanogens *s.* methanogenic bacteria
methanoic acid <HCOOH> Ameisensäure *f*, Methansäure *f {IUPAC}*
methanol <CH_3OH> Methanol *n {IUPAC}*, Methylalkohol *m*, Holzgeist *m {obs}*, Carbinol *n {obs}*, Methylhydroxid *n*
methanol solution methanolische Lösung *f*
methanolate <$M'OCH_3$> Methanolat *n*, Methoxid *n*, Methylat *n*
methanolic methylalkoholisch, methanolisch
methanolic potassium hydroxide solution *{BS 684}* methanolische Kalilauge *f*, Methanol-Kaliumhydroxid-Lösung *f*
methanolisation Methanolisierung *f {CO, CO_2 und H_2 in CH_3OH}*
methanometer *s.* methane detector
methanoyl <HCOO-> Methanoyl-, Formoyl, Formyloxy- *{IUPAC}*
met[h]azonic acid Methazonsäure *f*
methemoglobin Met-Hämoglobin *n*, Hämiglobin *n*
methenamine *{USP}* <$(CH_2)_6N_4$> Hexamin *n*, Hexamethylentetramin *n*, Urotropin *n*
methene <$-CH_2-$> Methylen-, Methen-, Carben-
methenedisulfonic acid *s.* methanedisulfonic acid
methenyl 1. <=CH-> Methin-; 2. <≡CH> Methylidin-; 3. <$C_{10}H_{17}$-> Menthenyl-
methenyl bromide <$CHBr_3$> Tribrommethan *n*, Bromoform *n*
methenyl chloride <$CHCl_3$> Trichlormethan *n*, Chloroform *n*
methenyl iodide <CHI_3> Triiodmethan *n*, Iodoform *n*
methicillin <$C_6H_3(OCH_3)CO$> Methicillin *n* *{Antibiotikum}*
methide <$M'CH_3$> Methid *n*, Methylmetallverbindung *f*
methine <=CH-> Methin-
methine bridge Methinbrücke *f {Valenz}*
methine dye Methinfarbstoff *m*
methiodal sodium <$NaCH_2O_3S·NaI$> Natriumiodmethansulfat *n*, Methiodalnatrium *n*
methionic acid <$CH_2(SO_3H)_2$> Methionsäure *f*, Methylidendisulfonsäure *f*, Methandisulfonsäure *f*

methionine <$H_3CSCH_2CH_2CH(NH_2)COOH$> Methionin *n*, α-Amino-4-methylmercaptobuttersäure *f*, 2-Amino-4-methylthiobuttersäure *f* *{IUPAC}*

method Methode *f*, Technik *f*, Verfahren *n*, Verfahrensweise *f*, Arbeitsweise *f*

method in the laboratory Labor[atoriums]verfahren *n*, Labormethode *f*

method in which a carrier substance has been added to the pellet containing the sample Bläserpastillenmethode *f* *{Pulverspektralanalyse}*

method of application 1. Art *f* des Auftragens; 2. Anwendungsweise *f*, Anwendungsverfahren *n*, Applikationsverfahren *n*

method of approximation Näherungsmethode *f*, Näherungsverfahren *n*

method of calculation Berechnungsverfahren *n*

method of counting Zählverfahren *n*

method of determination Bestimmungsmethode *f*, Bestimmungsverfahren *n*

method of installation Einbaumethode *f*

method of least squares Methode *f* der kleinsten Quadrate *{Ausgleichsrechnung}*

method of measurement Meßverfahren *n*, Meßmethode *f*

method of measuring Meßmethode *f*, Meßverfahren *n*

method of mixtures Mischungsverfahren *n* *{Schmelzwärmebestimmung}*

method of notation Bezeichnungsweise *f*, Nomenklaturverfahren *n*

method of operation Betriebsweise *f*

method of polymerization Polymerisationstechnik *f*

method of porosity determination Porositätsbestimmungsmethode *f*

method of preparation Herstellungsverfahren *n*, präparative Methode *f*, Darstellungsverfahren *n*

method of sealing Dicht[ungs]system *n*

method of separation Trennmethode *f*, Trennverfahren *n*

method of testing Versuchstechnik *f*

method of the experiment Versuchsdurchführung *f*

method of working Arbeitsweise *f*

indirect method indirektes Verfahren *n*

methodical methodisch, planmäßig, systematisch

methodology Methodik *f*

methose <$C_6H_{12}O_6$> Methose *f*

methotrexate <$C_{20}H_{22}N_8O_5$> Methotrexat *n* *{Folsäureantagonist}*

methoxide <CH_3OM'> Methylat *n*, Methoxid *n*

methoxsalen <$C_{12}H_8O_4$> Xanthotoxin *n*, Maladinin *n*, Oxsoralen *n*

methoxy derivative Methoxyderivat *n*

methoxy determination Methoxylbestimmung *f*

methoxy group Methoxygruppe *f*, Methoxylgruppe *f*, Methoxylrest *m* *{-OCH_3}*

methoxyacetic acid <CH_3OCH_2COOH> Methoxyessigsäure *f*

***p*-methoxyacetophenone** *p*-Methoxyacetophenon *n*, Acetylanisol *n*

***p*-methoxybenzaldehyde** <$H_3COC_6H_4CHO$> *p*-Methoxybenzaldehyd *m*, Anisaldehyd *m*, Aubépine *n*

methoxybenzene <$CH_3OC_6H_5$> Anisol *n*, Methoxybenzen *n* *{IUPAC}*, Methylphenylether *m* *{IUPAC}*

***p*-methoxybenzoic acid** <$H_3COC_6H_4COOH$> *p*-Methoxybenzoesäure *f*, Anissäure *f*

3-methoxybutanol <$CH_3CH(OCH_3)$-CH_2CH_2OH> 3-Methoxybutanol *n*

methoxybutyl acetate <$CH_3COOCH_2CH_2CH$-$(CH_3)OCH_3$> Methoxybutylacetat *n*, Butoxyl *n*

methoxychlor <$C_{16}Cl_3H_{15}O_2$> Methoxychlor *n* *{Insektizid; Methoxy-DDT}*

7-methoxycoumarin Herniarin *n*

methoxyethyl acetyl ricinoleate Methoxyethylacetylricinoleat *n*

methoxyethyl oleate <$CH_3OCH_2CH_2O$-$OCC_{17}H_{33}$> Methoxyethyloleat *n*

methoxyethyl ricinoleate Methoxyethylricinoleat *n*

methoxyethyl stearate <$CH_3OCH_2CH_2O$-$OCC_{17}H_{35}$> Methoxyethylstearat *n*

2-methoxyethylmercury acetate Methoxyethylquecksilberacetat *n*

methoxyl determination Methoxylbestimmung *f*

methoxyl group Methoxylgruppe *f*, Methoxylrest *m* *{-OCH_3}*

methoxylation Methoxylierung *f*

methoxylmethyl salicylate Mesotan *n*

methoxymethane <H_3COCH_3> Dimethylether *m*, Methylether *m*, Methoxymethan *n*

4-methoxy-4-methylpentan-2-ol <$CH_3C(CH_3)$-$(OCH_3)CH_2CH(OH)CH_3$> 4-Methoxy-4 -methylpentan-2-ol *n*

4-methoxy-4-methylpentan-2-one <$CH_3C(CH_3)(OCH_3)CH_2COCH_3$> 4-Methoxy-4-methylpentan-2-on *n*

methoxyphedrine Methoxyphedrin *n*

methoxyphenamine Methoxyphenamin *n*

methoxyphenylacetic acid <$C_9H_{10}O_3$> Methoxyphenylessigsäure *f* *{Na-Reagent}*

***p*-methoxyphenylacetone** <$H_3COC_6H_4CH_2$-$COCH_3$> Anisaceton *n*, *p*-Methoxyphenylaceton *n*

***p*-methoxypropenylbenzene** *p*-Methoxypropenylbenzol *n*, Anethol *n*

methoxypropionic acid Methoxypropionsäure *f*

3-methoxypropylamine <$CH_3O(CH_2)_3NH_2$> 3-Methoxypropylamin *n*

methoxytriglycol acetate <$CH_3COO(C_2H_4O)_3$-CH_3> Methoxytriethylenglycolacetat *n*, Methoxytriglycolacetat *n*

methronic acid Methronsäure *f*

methronol Methronol *n*

methyl <-CH_3> 1. Methyl-; 2. Methylradikal *n*, Methylgruppe *f*

methyl abietate <$C_{19}H_{29}COOCH_3$> Methylabietat *n*

methyl acetate Methylacetat *n*, essigsaures Methyl *n {obs}*, Essigsäuremethylester *m*

methyl acetoacetate <$H_3CCOCH_2OOCH_3$> Methylacetoacetat *n*

methyl acetone Methylaceton *n {Methanol/Aceton/Ethylacetat-Gemisch}*

methyl acetylricinoleate Methylacetylricinoleat *n*

methyl acetylsalicylate <$C_6H_4(OCOCH_3)_2$> Methylacetylsalicylat *n*

methyl acrylate <CH_2=$CHCOOCH_3$> Methylacrylat *n*, Acrylsäuremethylester *m*

methyl alcohol <CH_3OH> Methylalkohol *m*, Holzgeist *m*, Methanol *n*, Carbinol *n {IUPAC}*

methyl alcoholic methylalkoholisch, methanolisch

methyl aldehyde *s.* formaldehyde

methyl allyl chloride Methylallylchlorid *n*

methyl anol <$CH_3C_6H_{10}OH$> Methylcyclohexanol *n*, Methylhexalin *n*, Hexahydrocresol *n*

methyl anon <$C_7H_{12}O$> Methylcyclohexanon *n* Methylanon *n*

methyl anthranilate <$H_2NC_6H_4COOCH_3$> Anthranilsäuremethylester *m*, Methylanthranilat *n*

methyl anthranilate of methyl <H_3CO-$COC_6H_4NHCH_3$> methylanthranilsaures Methyl *n*, Methylanthranilsäuremethylester *m*

methyl arachidate <$CH_3(CH_2)_{18}COOCH_3$> Methylarachidat *n*, Arachidinsäuremethylester *m*, Methyleicosanoat *n {IUPAC}*

methyl azide <CH_3N_3> Methylazid *n*, Azoimidmethan *n*, Methylazoimid *n*

methyl behenate <$CH_3(CH_2)_{20}COOH$> Methylbehenat *n*, Methyldocosanoat *n*

methyl benzenediazoate Methylbezendiazoat *n*

methyl benzoate <$C_6H_5CO_2CH_3$> Methylbenzoat *n*, benzoesaures Methyl *n {obs}*, Benzoesäuremethylester *m*

α-methyl benzyl ether <$[C_6H_5CH(CH_3)]_2O$> Methylbenzylether *m*

methyl benzyl ketone Methylbenzylketon *n*

methyl blue Methylblau *n {Anal; Indikator}*

methyl borate <$B(OCH_3)_3$> Trimethoxybor *n*, Borsäuretrimethylester *m*

methyl bromide <CH_3Br> Methylbromid *n*, Brommethan *n {IUPAC}*, Monobrommethan *n*, Brommethyl *n {obs}*

methyl bromoacetate <$BrCH_2COOCH_3$> Methylbromacetat *n*

methyl-*tert*-butyl ether <$(CH_3)_2COCH_3$> Methyl-**tert**-butylether *m*

methyl-*tert*-butyl ketone <$CH_3COCH(CH_3)_2$> Methyl-*tert*-butylketon *n*, 2,2-Dimethylbutan-3-on *n*, Trimethylaceton *n*, Pinakolon *n*

methyl butyrate <$C_3H_7CO_2CH_2$> buttersaures Methyl *n {obs}*, Methylbutyrat *n*, Buttersäuremethylester *m*

methyl camphorate Camphersäuremethylester *m*

methyl caoutchouc Methylkautschuk *m*

methyl caprate <$CH_3(CH_2)_8CO_2CH_3$> caprinsaurer Methylester *m*, Methylcaprat *n*, Caprinsäuremethylester *m*, Methyldecanoat *n {IUPAC}*

methyl caproate <$CH_3(CH_2)_4COOCH_3$> Capronsäuremethylester *m*, Methylhexanoat *n*

methyl caprylate <$CH_3(CH_2)_6COOCH_3$> Methylcaprylat *n*, Methyloctanoat *n {IUPAC}*

methyl carbamate Methylurethan *n*, Urethylan *n*

methyl carbazole Methylcarbazol *n*

methyl carbonate <$CO(OCH_3)_2$> Methylcarbonat *n*, Methylcarbonsäureester *m*

methyl cellosolve Methylcellosolve *n {Methylglycolether}*

methyl cerotate <$CH_3(CH_2)_{24}COOCH_3$> Methylcerotat *n*, Methylhexacosanoat *n*

methyl chloride <CH_3Cl> Methylchlorid *n*, Chlormethan *n {IUPAC}*, Monochlormethan *n*, Chlormethyl *n*

methyl chloroacetate <$ClCH_2COOCH_3$> Methylchloracetat *n*

methyl chloroform <CH_3CCl_3> 1,1,1-Trichlorethan *n*, Ethenylchlorid *n*

methyl chloroformate <$ClCOOCH_3$> Methylchlorformiat *n*

methyl chlorosulfonate <$ClSO_3CH_3$> Chlorsulfonsäuremethylester *m*

methyl cinnamate <C_6H_5CH=$COOCH_3$> Methylcinnamat *n*, Zimtsäuremethylester *m*

methyl compound Methylverbindung *f*

methyl cyanate <$NCOCH_3$> Methylcyanat *n*

methyl cyanide <H_3CCN> Acetonitril *n*, Methylcyanid *n*, Cyanmethyl *n*

methyl cyanoacetate <$NCCH_2COOCH_3$> Methylcyanacetat *n*

methyl cyanoformate <$NCCOOCH_3$> Methylcyanformiat *n*

methyl decalone Methyldecalon *n*

methyl dichloroacetate <$Cl_2CHCOOCH_3$> Methyldichloracetat *n*

methyl dichlorostearate <$C_{17}H_{33}Cl_2CO$-OCH_3> Methyldichlorstearat *n*

methyl diiodosalicylate Sanoform *n {HN}*

methyl disulfide <H_3CS-SCH_3> Methyldithiomethan *n*, Dimethyldisulfid *n*

methyl eosin Methyleosin *n*
methyl ester <$RCOOCH_3$> Methylester *m*
methyl ether <CH_3OCH_3> Dimethylether *m*, Holzether *m {obs}*, Methoxymethan *n {IUPAC}*
methyl ethyl ether <$CH_3OC_2H_5$> Methoxyethan *n*, Methylethylether *m*
methyl ethyl ketone <$CH_3COCH_2CH_3$> Methylethylketon *n*, Ethylmethylketon *n*, Butan-2-on *n {IUPAC}*
methyl ethyl ketone dewaxing MEK-Entparaffinierung *f*, Methylethylketon-Entparaffinierung *f {Erdöl}*
methyl fluoride <CH_3F> Methylfluorid *n*, Fluormethan *n*
methyl fluorosulfonat <H_3CSO_2OF> Methylfluorosulfonat *n*
methyl formate <CH_3COOH> Methylformiat *n*, ameisensaures Methyl *n {obs}*, Ameisensäuremethylester *m*
methyl fructopyranoside Methylfructopyranosid *n*
methyl furoate <$C_4H_3OCOOCH_3$> Methylfuroat *n*
methyl gallate <$C_6H_2(OH)_3COOCH_3$> Methyl-3,4,5-trihydroxobenzoat *n*, Gallicin *n*, Gallussäuremethylester *m*
methyl gentiobiose Methylgentiobiose *f*
α-methyl glucoside α-Methylglucosid *n*
methyl glycol <$CH_3CHOHCH_2OH$> Methylglycol *n*, Glycolmonomethylether *m*, 1,2-Dihydroxypropan *n {IUPAC}*, Propan-1,2-diol *n*
methyl glycol acetate <$CH_3OCH_2CH_2CO_2CH_3$> Methylglycolacetat *n*, essigsaures Methylglycol *n*
methyl glycoside <$C_7H_{14}O_6$> Methylglykosid *n*
methyl green methylgrün *n*
methyl group <$-CH_3$> Methyl-; Methylgruppe *f*, Methylradikal *n*
methyl group acceptor Methylgruppenakzeptor *m*
methyl group donor Methylgruppendonor *m*
methyl group transfer Methylgruppenübertragung *f*
methyl halide Methylhalogenid *n*, Halogenmethan *n {IUPAC}*
methyl heneicosanoate <$CH_3(CH_2)_{19}COOCH_3$> Methylheneicosanoat *n*
methyl heptadecanoate <$CH_3(CH_2)_{15}COOCH_3$> Methylheptadecanoat *n*, Methylmargarat *n*, Margarinsäuremethylester *m*
methyl heptyl ketone Methylheptylketon *n*
methyl hexyl ketone <$CH_3CH_2CH_2CH_2CH_2CH_2COCH_3$> Octan-2-on *n {IUPAC}*, Methylhexylketon *n*
methyl hydrate *s.* methanol
methyl hydride Methan *n*
methyl hydrocupreine Mydrochinin *n*
methyl hypochlorite Methylhypochlorit *n*
methyl inositol Mytilit *m*
methyl iodide <CH_3I> Methyliodid *n*, Iodmethan *n*, Monoiodmethan *n*, Jodmethyl *n {obs}*
methyl isoamyl ketone <$CH_3COCH_2CH_2CH(CH_3)_2$> 5-Methylhexan-2-on *n {IUPAC}*, Methylisoamylketon *n*, MIAK
methyl isobutyl ether <$CH_3OCH_2CH_2CH(CH_3)_2$> Methylisobutylether *m*
methyl isobutyl ketone <$(CH_3)_2CHCH_2COCH_3$> Methylisobutylketon *n*, MIBK, 4-Methyl-pentan-2-on *n*, Hexon *n*
methyl isocyanate <H_3CNCO> Methylisocyanat *n*, MIC
methyl isocyanide <H_3CNC> Methylcarbylamin *n*, Methylisonitril *n*, Methylisocyanid *n*
methyl isopropenyl ketone <$CH_3COC(CH_3)=CH_2$> Methylisopropenylketon *n*
methyl isopropyl ketone <$CH_3COCH(CH_3)_2$> 3-Methylbutan-2-on *n*, Methylisopropylketon *n*
methyl isothiocyanate <CH_3NCS> Methylsenföl *n*, Methylisothiocyanat *n*
methyl lactate <$CH_3CH(OH)COOCH_3$> Milchsäuremethylester *m*, Methyllactat *n*
methyl laurate <$CH_3(CH_2)_{10}COOCH_3$> Laurinsäuremethylester *m*, Methyllaurat *n*
methyl lauroleate <$CH_3CH_2CH=CH(CH_2)_7COOCH_3$> Methyllauroleat *n*
methyl lignocerate <$CH_3(CH_2)_{22}COOCH_3$> Methyllignocerat *n*, Methyltetraconasoat *n {IUPAC}*
methyl linoleate <$C_{19}H_{34}O$> Methyllinolenat *n*, Octadeca-9,12-diensäuremethylester *m {IUPAC}*
methyl linolenate <$C_{19}H_{32}O_2$> Methyllinoleat *n*, Octadeca-9,12,15-triensäuremethylester *m {IUPAC}*
methyl malonate Methylmalonat *n*
methyl mannopyranoside Methylmannopyranosid *n*
methyl margarate *s.* methyl heptadecanoate
methyl methacrylate <$H_2C=C(CH_3)COOCH_3$> Methylmethacrylat *n*, Methacrylsäuremethylester *m*
methyl mustard oil Methylsenföl *n*, Methylisothiocyanat *n*
methyl myristate <$CH_3(CH_2)_{12}COOCH_3$> Methylmyristat *n*, Methyltetradecanoat *n*
methyl myristoleate <$CH_3(CH_2)_3CH=CH(CH_2)_7COOCH_3$> Methylmyristoleat *n*, *cis*- Tetradec-9-ensäuremethylester *m*
methyl naphthyl ketone Methylnaphthylketon *n*, Naphthylmethylketon *n*
methyl nitrate <H_3CONO_2> Methylnitrat *n {Expl}*
methyl nitrite <CH_3NO_2> Methylnitrit *n*
methyl nitrobenzoate Methylnitrobenzoat *n*

methyl nonadecanoate <$CH_3(CH_2)_{17}$-$COOCH_3$> Methylnonadecanoat *n* *{IUPAC}*
methyl nonanoate <$CH_3(CH_2)_7COOCH_3$> Methylnonanoat *n* *{IUPAC}*, Methylpelargonat *n*
methyl nonyl ketone <$CH_3CO(CH_2)_8CH_3$> Methylnonylketon *n*, Undecan-2-on *n* *{IUPAC}*
methyl number Methylzahl *f*
methyl octanoate Methylcaprylat *n*, Methyloctanoat *n* *{IUPAC}*
methyl oleate <$CH_3(CH_2)_{16}COOCH_3$> Methyloleat *n*
methyl orange Methylorange *n* *{Azofarbstoff}*, Goldorange *n*, Orange III *n*, Helianthin B *n* *{Natriumsalz}*
methyl oxalate <$(-COOCH_3)_2$> Methyloxalat *n*, Oxalsäuredimethylester *m*
methyl oxide *s.* dimethyl ether
methyl palmitate <$CH_3(CH_2)_{14}COOCH_3$> Methylhexadecanoat *n* *{IUPAC}*, Methylpalmitat *n*
methyl pentachlorostearate Methylpentachlorstearat *n*
methyl pentadecanoate <$CH_3(CH_2)_{13}CO$-OCH_3> Methylpentadecanoat *n*
methyl perchlorate <CH_3ClO_4> Methylperchlorat *n*
methyl phenyl acetate <$C_6H_5CH_2COOCH_3$> Methylphenylacetat *n*
methyl phenyl ether <$C_6H_5OCH_3$> Anisol *n*, Methoxybenzol *n*, Methylphenylether *m*
methyl phenyl hydrazine Methylphenylhydrazin *n*
methyl phenyl ketone <$CH_3COC_6H_5$> Methylphenylketon *n*, Acetylbenzen *n*, Acetophenon *n*
methyl phenyl nitrosamine <$C_6H_5N(CH_3)$-$N=O$> Methylphenylnitrosamin *n*
methyl phenyl silicone Methylphenylsilicon *n*, Methylphenylsiloxan *n*
methyl phosphate <$CH_3PO_2(OH)_2$> Methylphosphorsäure *f*
methyl phthalyl ethyl glycolate <$C_2H_5OOCCH_2OOCC_6H_4COOCH_3$> Methylphthalylethylglykolat *n*
methyl picramide <$CH_3C_6H(NH_2)(NO_2)_3$> Methylpikramid *n*
methyl picrate <$C_7H_5N_3O_7$> Trinitroanisol *n*, 2,4,6-Trinitrophenylmethylether *m* *{Expl}*
methyl potassium <CH_3K> Methylkalium *n*
methyl propionate <$C_2H_5COOCH_3$> Methylpropionat *n*
methyl propyl ether <$C_3H_7OCH_3$> Methylpropylether *m*
methyl propyl ketone <$CH_3CO(CH_2)_2CH_3$> Methylpropylketon *n*, Pentan-2-on *n*
methyl pyruvate <$CH_3COCOOCH_3$> Brenztraubensäuremethylester *m*, Methylpyruvat *n*
methyl quinizarin Methylchinizarin *n*, Methyl-1,4-dihydroxychinon *n*
methyl radical Methylradikal *n* *{$\cdot CH_3$}*; Methylgruppe *f* *{$-CH_3$}*, Methyl *n*
methyl red Methylrot *n*, *p*-Dimethylaminoazobenzol-*o*-carbonsäure *f*, Anthranilsäureazodimethylanilin *n*
methyl ricinoleate <$CH_3(CH_2)_5CHOHCH_2$-$CH=CH(CH_2)_7CO_2CH_3$> Methylricinoleat *n*
methyl rubber Methylkautschuk *m*
methyl salicylate <$HOC_6H_4COOCH_3$> Methylsalicylat *n*, Salicylsäuremethylester *m*, künstliches Gaultheriaöl *n* *{Triv}*
methyl silicate Methylsilicat *n*
methyl silicone Methylsilicon *n*, Methylsiloxan *n*
methyl silicone oil Methylsiliconöl *n*, Methylsiloxanöl *n*
methyl silicone resin Methylsiliconharz *n*, Methylsiloxanharz *n*
methyl silicone rubber Methylsiliconkautschuk *m*, Methylsiloxankautschuk *m*
methyl stearate <$CH_3(CH_2)_{16}COOCH_3$> Methylstearat *n*, Methyloctadecanoat *n*
methyl styryl ketone Benzilidenaceton *n*
methyl sulfate Dimethylsulfat *n*, Schwefelsäuredimethylester *m*
methyl sulfide <$S(CH_3)_2$> Dimethylsulfid *n*
methyl sulfoxide <$(CH_3)SO$> Dimethylsulfoxid *n*
methyl tartrate Methyltartrat *n*
methyl telluride <$Te(CH_3)_2$> Dimethyltellurid *n*
methyl tetradecanoate *s.* methyl myristate
methyl tetralone Methyltetralon *n*
methyl thiocyanate <CH_3SCN> Methylrhodanid *n*, Methylthiocyanat *n*
methyl tricosanoate <$CH_3(CH_2)_{21}COOCH_3$> Methyltricosanoat *n*
methyl tridecanoate <$CH_3(CH_2)_{11}COOCH_3$> Methyltridecanoat *n*
β-methyl umbelliferone <$C_{10}H_8O_3$> Herniarin *n*, Methylumbelliferon *n*, 7-Hydroxy-4-methylcumarin *n*
methyl undecanoate <$CH_3(CH_2)_9COOCH_3$> Methylundecanoat *n*
methyl undecyl ketone Methylundecylketon *n*
5-methyl uracil Thymin *n*, 5-Methyluracil *n*
methyl urethane Methylurethan *n*, Urethylan *n*
methyl vinyl ether Methylvinylether *m*, Vinylmethylether *m*
methyl vinyl ketone <$CH_3COCH=CH_2$> Methylvinylketon *n*, But-3-en-2-on *n* *{IUPAC}*
methyl violet <$C_{25}H_{30}N_3Cl$> Methylviolett *n*, Violett R *n*, Hexamethyl-*p*-rosanilinchlorid *n*
***N*-methylacetamide <$H_3CCONHCH_3$>** *N*-Methylacetamid *n*

methylacetanilide <$C_6H_5N(CH_3)COCH_3$> Methylacetanilid *n*, Exalgin *n*

methylacetic acid <CH_3CH_2COOH> *s.* propionic acid

methylacetophenone <$CH_3C_6H_4COCH_3$> Methylacetophenon *n*

methylacetyl <CH_3COCH_3> Dimethylketon *n*, Aceton *n*, Ketopropan *n*, Propan-2-on *n {IUPAC}*

methylacetylene <$CH_3C{\equiv}CH$> Propin *n {IUPAC}*, Allylen *n*, Methylacetylen *n*, Methylethin *n*

***β*-methylacrolein** <$CH_3CH{=}CHCHOH$> 3-Methylacrolein *n*, But-2-enal *n*, Crotonaldehyd *m*

methyladipic acid <$HOOC(CH_2)_3CH(CH_3)COOH$> Methyladipinsäure *f*

methylal <$CH_3OCH_2OCH_3$> Methylal *n*, Dimethylformal *n*, Dimethoxymethan *n {IUPAC}*, Formaldehyddimethylacetal *n*

methylaluminium sesquibromide <$(CH_3)_3Al_2Br_3$> Methylaluminiumsesquibromid *n*, Trimethylaluminiumtribromid *n*

methylamine <CH_3NH_2> Methylamin *n*, Monomethylamin *n*, Aminomethan *n*

methylamine hydrochloride Methylaminhydrochlorid *n*

methylamine nitrate <$H_3CNH_2HNO_3$> Methylaminnitrat *n {Expl}*

methylaminoacetic acid <CH_3NHCH_2COOH> Sarkosin *n*, *N*-Methylglycin *n*

methylaminophenol <$H_2NC_6H_4OCH_3$> Methylaminophenol *n*, Anisidin *n {IUPAC}*, Methoxyanilin *n*

***N*-methyl-*p*-aminophenol** <$CH_3NHC_6H_5OH$> *N*-Methyl-*p*-aminophenol *n*, *p*-Hydroxymethylanilin *n*, Rhodol *n*

methylamyl acetate <$CH_3COOCH(CH_3)CH_2CH(CH_3)_2$> Methylamylacetat *n*, 4-Methylpentan-2-ol *n {IUPAC}*, *sec*-Hexylacetat *n*

methylamyl alcohol Methylamylalkohol *m {Triv}*, 4-Methylpentan-2-ol *n {IUPAC}*, Methylisobutylcarbinol *n*, MIBC

methyl-*n*-amyl ketone <$CH_3(CH_2)_4COCH_3$> Methylamylketon *n {Triv}*, Heptan-2-on *n {IUPAC}*

methylamylcarbinol *s.* methylamyl alcohol

methyl-*n*-amylcarbinol <$CH_3(CH_2)_4CH(OH)CH_3$> Heptan-2-ol *n*

***N*-methylaniline** <$CH_3NHC_6H_5$> *N*-Methylanilin *n*, Methylaminobenzol *n*, *N*-Monoethylanilin *n*

methylanthracene <$C_{15}H_{12}$> Methylanthracen *n*

2-methylanthraquinone <$C_{15}H_{10}O_2$> 2-Methylanthrachinon *n*, Tectochinon *n*

methylarsine <CH_3AsH_2> Methylarsin *n {IUPAC}*, Arsinomethan *n*

methylarsonic acid <$CH_3AsO(OH)_2$> Methylarsonsäure *f*

methylate/to 1. methylieren *{Methylgruppe einführen}*; 2. vergällen, denaturieren *{mit CH_3OH}*

methylate <CH_3OM'> Methylat *n*, Methoxid *n*

methylated methyliert; denaturiert, vergällt *{mit CH_3OH- Lebensmittel}*

methylated spirit denaturierter Alkohol *m*, denaturierter Methylalkohol *m*

capable of being methylated methylierbar

methylation 1. Methylierung *f {Einführung der Methylgruppe[n] in chemische Verbindungen}*; 2. Denaturierung *f*, Vergällung *f {mit Methanol oder anderen Mitteln}*

methylation plant Methylieranlage *f*

methylatropine nitrate Eumydrin *n*

methylbenzanthracene Methylbenzanthracen *n*

methylbenzene <$C_6H_5CH_3$> Toluol *n*, Toluen *n*, Methylbenzen *n*

methylbenzoic acid <$CH_3C_6H_4COOH$> Toluylsäure *f*, Methylbenzoesäure *f*, Methylbenzolcarbonsäure *f*

methylbenzol *s.* methylbenzene

methylbenzophenanthrene Methylbenzphenanthren *n*

methylbenzoylacetone Methylbenzoylaceton *n*

methyl-*o*-benzoylbenzoate<$C_6H_5CH(CH_3)OOCCH_3$> Methyl-*o*-benzoylbenzoat *n*

α-methylbenzylamine <$C_6H_5CH(CH_3)NH_2$> α-Methylbenzylamin *n*

methylbenzylchloride <$C_6H_5CH(CH_3)Cl$> Methylbenzylchlorid *n*

α-methylbenzyldiethanolamine <$C_6H_5CH(CH_3)N(C_2H_4OH)_2$> α-Methylbenzyldiethanolamin *n*

α-methylbenzyldimethylamine <$C_6H_5(CH_3)N(CH_3)_2$> α-Methylbenzyldimethylamin *n*

methylbenzylglyoxime Methylbenzylglyoxim *n*

methylbismuthin <CH_3BiH_2> Methylbismuthin *n*

α-methylbivinyl <$CH_2{=}CHCH{=}CHCH_3$> 1-Methylbutadien *n*, 1-Methyldivinyl *n*, Penta-1,3-dien *n*, Piperylen *n*

2-methylbutanal <$(CH_3)_2CHCH_2CHO$> 2-Methylbutanal *n*, Methylbutyraldehyd *m*, Isovaleraldehyd *m*, Isoamalyaldehyd *m*

2-methylbutane <$CH_3CH_2CH(CH_3)_2$> 2-Methylbutan *n {IUPAC}*, Isopentan *n*, Ethyldimethylethan *n*

3-methylbutanoic acid <$(CH_3)_2CHCH_2COOH$> 3-Methylbutansäure *f*, Isopropylessigsäure *f*, Isovaleriansäure *f*, Isobaldriansäure *f*

methylbutanol Methylbutanol *n*

methylbutene Methylbuten *n*

***cis*-methylbutenedioic acid** <$HOOCC(CH_3)CH{=}COOH$> Methylmaleinsäure *f*, *cis*-Methylbutendisäure *f*, Citraconsäure *f*

methylbutenedioic anhydride Citraconsäureanhydrid *n*

***cis*-2-methyl-2-butenoic acid** <$CH_3CH{=}C(CH_3)$-

COOH> *cis*-2-Methylbut-2-ensäure *f*, 2-Methylisocrotonsäure *f*, Angelikasäure *f {Triv}*
methylbutenol Methylbutenol *n*
methylbutylacetic acid Methylbutylessigsäure *f*
methylbutylbenzene Methylbutylbenzol *n*
methylbutynol <$HC{\equiv}CC(OH)(CH_3)_2$> Methylbutinol *n*, 2-Methylbut-3-in-2-ol *n*
2-methylbutyraldehyde *s.* 2-methylbutanal
methylcarbinol Methylcarbinol *n*, Ethanol *n*, Ethylalkohol *m*
methylcarbylamine *s.* methyl isocyanide
methylcellulose Methylcellulose *f*, Cellulosemethylester *m {wasserlöslicher Celluloseether}*, MC, Zellkleister *m*
2-methyl-4-chlorophenoxyacetic acid <$Cl(CH_3)C_4H_3OCH_2COOH$> 2-Methyl-4-chlorphenoxyessigsäure *f*, MCPA
methylchlorophenoxypropionic acid Methylchlorphenoxypropionsäure *f*, Mecoprop *n*
methylchlorosilane <CH_3SiH_2Cl> Methylchlorsilan *n*
methylcholanthrene <$C_{21}H_{16}$> Methylcholanthren *n*
methylclothiazide Methylclothiazid *n*
methylcoumarin <$C_{10}H_8O_2$> Methylcumarin *n*
***cis*-α-methylcrotonic acid** <$CH_3CH{=}C(CH_3)COOH$> Angelicasäure *f*, *cis*-α-Methylcrotonsäure *f*
methylcyclohexane <$C_6H_{11}CH_3$> Methylcyclohexan *n*, Hexahydrotoluen *n {Lösemittel}*
methylcyclohexanol <$CH_3C_6H_{10}OH$> Methylcyclohexanol *n*, Methylhexalin *n*, Heptalin *n {obs}*, Hexahydrokresol *n*, Hexahydromethylphenol *n*
methylcyclohexanone <$CH_3C_5H_9CO$> Methylcyclohexanon *n*, Methylanon *n {Isomeren-Mischung}*
methylcyclohexanone glyceryl acetal Methylcyclohexanonglycerylacetal *m*
1-methylcyclohexene <C_7H_{12}> 1-Methylcyclohexen *n*
6-methyl-6-cyclohexene carboxaldehyde Methylcyclohexencarboxaldehyd *m*
methylcyclohexyl isobutyl phthalate Methylcyclohexylisobutylphthalat *n*
methylcyclohexyladipate Methylcyclohexyladipat *n*
***N*-methylcyclohexylamine** <$C_6H_{11}NHCH_3$> *N*-Methylcyclohexylamin *n*
3-methylcyclopentadecanone Muskon *n*
methylcyclopentadiene dimer <$C_{12}H_{16}$> Methylcyclopenta-1,3-dien *n {IUPAC}*, Methylcyclopentadiendimer *n*
methylcyclopentane <$C_5H_9CH_3$> Methylcyclopentan *n*
5-methylcytosine <$C_5H_7N_3O$> 7-Methylcytosin *n*, 5-Methyl-2-oxy-4-aminopyrimidin *n*
methyldichloroarsine <CH_3AsCl_2> Methyldichlorasin *n*, Methylarsendichlorid *n*
methyldichlorosilane <CH_3SiHCl_2> Methyldichlorsilan *n*
methyldiethanolamine <$CH_3N(C_2H_4OH)_2$> Methyldiethanolamin *n*
methyldiethylamine <$CH_3(C_2H_5)_2N$> Methyldiethylamin *n*
methyldioxolane <$C_4H_7O_2$> Methyldioxolan *n*
5-methyl-2,6-dioxytetrahydropyrimidine 5-Methyl-2,4-dioxypyrimidin *n*, Thymin *n*, 2,5-Dihydroxy-5-methylpyrimidin *n*, 5-Methyluracil *n*
methyldiphenylamine <$C_6H_5N(CH_3)C_6H_5$> Methyldiphenylamin *n*, Diphenylmethylamin *n*
methylene 1. <$-CH_2-$> Methylen *n*, Carben *n*; 2. Methylenradikal *n*, Carben *n {=CH₂}*
methylene aminoacetonitrile Methylenaminoacetonitril *n*
methylene blue <$C_{16}H_{18}N_3SCl{\cdot}3H_2O$> Methylenblau *n*, Tetramethylthioninchlorid *n*
methylene bridge Methylenbrücke *f {Stereochem}*
methylene bromide <CH_2Br_2> Methylenbromid *n*, Dibrommethan *n {IUPAC}*
methylene butanedioic acid <$CH_2{=}C(COOH)CH_2COOH$> Itaconsäure *f*
methylene chloride <CH_2Cl_2> Methylenchlorid *n*, Dichlormethan *n*
methylene chlorobromide <CH_2BrCl> Bromchlormethan *n*, Methylenchlorbromid *n*, Methylenbromidchlorid *n*
methylene cyanide <$CH_2(CN)_2$> Dicyanmethan *n*, Methylencyanid *n*, Malonitril *n*
methylene diacetamide <$CH_2(CH_3CONH)_2$> Methylendiacetamid *n*
4,4'-methylene dianiline Methylendianilin *n*, *p,p'*-Diaminophenylmethan *n*
methylene digallic acid Methylendigallussäure *f*
methylene diol <$CH_2(OH)_2$> Formaldehydhydrat *n*
methylene di-*p*-phenylene isocyanate Diphenylmethan-4,4'-diisocyanat *n*
methylene disulfonic acid <$CH_2(SO_3H)_2$> Methandisulfonsäure *f*, Methionsäure *f*, Methylidendisulfonsäure *f*
methylene ditannin Methylenditannin *n*, Tanoform *n {HN}*
methylene glutaronitrite <$NCC_2H_4C({=}CH_2)CN$> Acrylnitrildimer[es] *n*, 2,4-Dicyanbut-1-en *n*
methylene glycol Methylenglycol *n*
methylene green Methylengrün *n*
methylene group Methylengruppe *f*, Methylenbrücke *f {-CH₂-}*
methylene imine <$H_2C{=}NH$> Methylenimin *n*

methylene iodide <CH_2I_2> Methyleniodid *n*, Diiodmethan *n*

methylene oxide <HCHO> Formaldehyd *m*, Methanal *n*

methylene protocatechuic acid <$C_6H_3(CH_2)OO)COOH$> Piperonylsäure *f*

methylene protocatechuic aldehyde <$C_6H_3(CH_2)OO)CHO$> Piperonal *n*, Heliotropin *n*, Piperonylaldehyd *m*, 3,4-Methylendioxybenzaldehyd *m*

methylene saccharic acid Methylenzuckersäure *f*

methylene succinic acid Itaconsäure *f*

methylene sulfate Methylensulfat *n*

methylene violet Methylenviolett *n*

***N,N'*-mehtylenebisacrylamide** Methylenbisacrylamid *n*

methylergonovine maleate <$C_{20}H_{25}N_3O_2$-$C_4H_4O_4$> Methylergonovinmaleat *n*

methylethylacetylene Valerylen *n*, Pent-2-in *n* *{IUPAC}*

methylethylcarbinol <CH_3CH_2CHOH-CH_3> Metylethylcarbinol *n*, *sec*-Butylalkohol *m*, Butan-2-ol *n*

methylethylethylene <CH_3CH_2CH=$CHCH_3$> 1-Methyl-2-ethyleth[yl]en *n*, Pent-2-en *n*, *n*-Amyl-2-en *n*

methylethylphenanthrene Methylethylphenanthren *n*

methylethylphenol <$HO(H_3C)C_6H_3C_2H_5$> Methylethylphenol *n*

methylethylpyridine Methylethylpyridin *n*

methylethylpyrrole Methylethylpyrrol *n*

methyleugenol <$(H_3CO)_2C_6H_3CH_2CH$=CH_2> 1,2-Dimethoxy-4-allylbenzol *n*, Eugenylmethylether *m*, Methyleugenol *n*

***N*-methylformanilide <O=H-$N(CH_3)C_6H_5$>** *N*-Methylformanilid *n*, *N*-Methyl-*N*-phenylformamid *n*

methylfumaric acid Mesaconsäure *f*, Methylfumarsäure *f*

2-methylfuran <$C_4H_3OCH_3$> 2-Methylfuran *n*, Silvan *n*

***N*-methylglucamine** *N*-Methylglucamin *n*

***N*-methylglycine <H_3CNHCH_2COOH>** Methylglycin *n*, *N*-Methylaminoessigsäure *f*, Sarcosin *n*

methylglycocyamidine <$C_4H_7N_3O$> Creatinin *n*

methylglyoxal <CH_3COCHO> Methylglyoxal *n*, Acetylformaldehyd *m*, 2-Oxopropanal *n*, Brenztraubensäurealdehyd *m*

methylguanidine <H_3CN=$C(NH_2)_2$> Methylguanidin *n*

methylguanidineacetic acid <$C_4H_9N_3O_2$> *N*-Methylguanidinoessigsäure *f*, Kreatin *n*

methylguanidoacetic acid Kreatin *n*

methylhemin Methylhämin *n*

methylheptane Methylheptan *n*

2-methylheptane *s.* isooctane

3-methylheptane <$C_2H_5CH(CH_3)$-$(CH_2)_3CH_3$> 3-Methylheptan *n*

4-methylheptan <$CH_3(CH_2)_2CH(CH_3)(CH_2)_2$-$CH_3$> 4-Methylheptan *n*, Methyldipropylmethan *n*

methylheptenone <$(CH_3)_2C$=$CH(CH_2)_2COCH_3$> 6-Methylhept-5-en-2-on *n*

methylhexalin *{TM}* Methylhexalin *n*, Methylcyclohexanol *n*, Hexahydrokresol *n*

methylhexane Heptan *n*, Methylhexan *n*

methylhexaneamine Methylhexanamin *n*

methylhydrazine <CH_3NHNH_2> Monomethylhydrazin *n*, Methylhydrazin *n*

5-methylhydroquinone 5-Methylhydrochinon *n*

methylhydroxyacetophenone Methylhydroxyacetophenon *n*

methylhydroxybutanone <$(CH_3)_2C(OH)COCH_3$> 3-Methyl-3-hydroxybutan-2-on *n*, Methylhydroxybutanon *n*

methyl-12-hydroxystearate <$C_{17}H_{34}(OH)COO$-CH_3> Methylhydroxystearat *n*

3-methylindole Skatol *n*, 3-Methylindol *n*

β-methylindone *s.* 3-methylindole

methylionone <$C_{14}H_{22}O$> Methylionon *n*

methylisoeugenol Methylisoeugenol *n*, Propenylguaiacol *n*

4-methylisophthalic acid <$H_2NC_6H_2(CO$-$OH)_2$> Xylidinsäure *f*

methylisopropylbenzene Methylisopropylbenzol *n*

methylisopropylcarbinol <$(CH_3)_2CHCHOHCH_3$> Methylisopropylcarbinol *n*

methylisopropylnaphthalene Methylisopropylnaphthalin *n*

methylisopropylphenanthrene Methylisopropylphenanthren *n*

methylisopropylphenol Methylisopropylphenol *n*

methylisoquinoline Methylisochinolin *n*

methyljuglone Plumbagin *n*

methylketol Methylketol *n*

methyllithium <CH_3Li> Methyllithium *n*

methylmagnesium bromide <CH_3MgBr> Methylmagnesiumbromid *n*

methylmagnesium chloride <CH_3MgCl> Methylmagnesiumchlorid *n*

methylmagnesium iodide <CH_3MgI> Methylmagnesiumiodid *n*

methylmaleic acid Citraconsäure *f*, Methylmaleinsäure *f*, *cis*-Methylbutendisäure *f*

methylmaleic anhydride Citraconsäureanhydrid *n*, Methylmaleinsäureanhydrid *n*

methylmalonic acid Methylmalonsäure *f*

methylmercaptan <CH_3SH> Methylmercaptan *n*, Methylsulfhydrat *n* *{obs}*, Methanthiol *n*

methylmorphine Codein *n*

N-methylmorpholine N-Methylmorpholin *n*
methylnaphthalene <$C_{10}H_7CH_3$> Methylnaphthalen *n*, Methylnaphthalin *n*
methylnaphthalene sulfonic acid Methylnaphthalinsulfonsäure *f*
2-methyl-1,4-naphthaquinone <$C_{11}H_8O_2$> 2-Methyl-1,4-naphthachinon *n*, Menadion *n*, Vitamin K_3 *n {Triv}*
methylnaphthoquinone Methylnaphthochinon *n*
methylnitroglycol Propylenglycoldinitrat *n*
methylnitropropanediol dinitrate Nitromethylpropanedioldinitrat *n*
methylnonylacetaldehyde <$CH_3(CH_2)_8$-$CH(CH_3)CHO$> Methylnonylacetaldehyd *m*, Methylundecanal *n*, Aldehyd-C-12 *m*, MNA
methylol dimethylhydantoin Methyloldimethylhydantoin *n*, Dimethylhydantoinformaldehyd *m*
methylol melamine Methylolmelamin *n*
methylol methylene urea Methylolmethylenharnstoff *m*
methylol riboflavin Methylolriboflavin *n*
methylol urea <$H_2NCONHCH_2OH$> Methylolharnstoff *m*, Hydroxymethylharnstoff *m*
methyloxytetrahydroquinoline Kairin *n*
methylpentadiene <C_6H_{10}> Methylpentadien *n*
2-methylpentaldehyde Methylpentaldehyd *m*
methylpentanal Methylpentanal *n*
2-methylpentane 2-Methylpentan *n*
3-methylpentane 3-Methylpentan *n*
methylpentanediols Methylpentandiole *npl*
2-methylpentanol 2-Methylpentanol *n*
2-methylpent-1-ene<$H_2C=C(CH_3)CH_2$-CH_2CH_3> 1-Methyl-2-propylethylen *n*, 1-Methylpenten *n*
3-methylpent-1-yn-3-ol <$HC\equiv CC(OH)(CH_3)$-CH_2CH_3> Methylparafynol *n*, 3-Methylpent-1-in-3-ol *n*
methylphenanthrene Methylphenanthren *n*
methylphenanthrene quinone Methylphenanthrenchinon *n*
methylphenethylamine sulfate Methylphenethylaminsulfat *n*, Amphetaminsulfat *n*
methylphenobarbital Methylphenobarbital *n*
methylphenol Kresol *n*, Methylphenol *n*, Hydroxytoluol *n*
methylphenylcarbinol acetate <$C_6H_5CH(CH_3)$-$COOCH_3$> Methylphenylcarbinolacetat *n*, α-Methylbenzylacetat *n*
methylphenyldichlorosilane <$CH_3(C_6H_5)SiCl$> Methylphenyldichlorsilan *n*
methylphenylurethane <$C_{10}H_{13}O_2N$> Methylphenylurethan *n {Expl}*
methylphloroglucinol <$CH_3C_6H_2(OH)_3$> Methylphloroglycin *n*, 2,4,6-Trihydroxytoluol *n*
methylphosphine <CH_3PH_2> Methylphosphin *n*
methylphosphonyl dichloride <CH_3POCl_2> Methylphosphonyldichlorid *n*
methylphosphoric acid <$CH_3H_2PO_4$> Methyl[ortho]phosphorsäure *f*
methylphytylnaphthoquinone Methylphytylnaphthochinon *n*
N-methylpiperazin Methylpiperazin *n*
2-methylpiperidine 2-Pipecolin *n*
methylpropylcarbinol <$CH_3CH_2CH_2CH(OH)CH_3$> Methylpropylcarbinol *n*, Pentan-2-ol *n*
methylpropylbenzene <$(CH_3)_2CHC_6H_4CH_3$> Cymen *n*, *p*-Cymol *n*, Isopropyltoluol *n*
4-methylpurpuroxanthin Rubiadin *n*
methylpyrazolecarboxylic acid Methylpyrazolcarbonsäure *f*
methylpyridine <C_6H_7N> Methylpyridin *n*, Pikolin *n*, Picolin *n*
methylpyridinium hydroxide Methylpyridiniumhydroxid *n*
N-methylpyrrole <$C_4H_4NCH_3$> N-Methylpyrrol *n*
N-methylpyrrolidine <$C_5H_{11}N$> Methylpyrrolidin *n*
methyl-2-pyrrolidone <C_5H_9NO> N-Methylpyrrolidon *n*, 1-Methyl-pyrrolidin-2-on *n*
α-methylquinoline Chinaldin *n*, 2-Methylchinolin *n*
γ-methylquinoline Lepidin *n*, 4-Methylchinolin *n*
methylreductinic acid Methylreductinsäure *f*
methylreductone Methylredukton *n*
4-methylresorcinol <$CH_3C_6H_3(OH)_2$> Kresorcin *n*
5-methylresorcinol <$CH_3C_6H_3(OH)_2$> 5-Methylresorcin *n*, Orcin *n*, 3,5-Dihydroxytoluol *n*
methylrosaniline Methylrosanilin *n*
methylsalicylic acid Kresotinsäure *f*, Methylsalicylsäure *f*
methylsilane <CH_3SiH_3> Methylsilan *n*
methylsodium <CH_3Na> Methylnatrium *n*
methylstearic acid Methylstearinsäure *f*
methylstyrene <$C_6H_5C(CH_3)=CH_2$> Methylstyrol *n*, Vinyltoluol *n*
methylsuccinic acid <$HOOCCH(CH_3)CH_2CO$-OH> Methylsuccinsäure *f*, Methylbernsteinsäure *f*, Methylbutandisäure *f {IUPAC}*, Brenzweinsäure *f*
methylsulfonal Sulfonal *n*, Diethylsulfondimethylmethan *n*
methylsulfuric acid <CH_3OSO_2OH> Methylhydrogenschwefelsäure *f*
methyltannin Methylotannin *n*
methyltaurine Methyltaurin *n*
methyltetracosanoate *s.* methyl lignocerate
2-methyltetrahydrofuran <$C_4H_7CH_3$> 2-Methyltetrahydrofuran *n*
methyl-2-thienylketone Methylthienylketon *n*, 2-Acetylthiophen *n*
methylthionine chloride *s.* methylene blue

methylthiouracil <$C_5H_6N_2OS$> 6-Methyl-2-thiouracil *n* *{Pharm}*
methylthymol blue Methylthymolblau *n*, Bromphenolblau *n*
methyltoluene sulfonate <$CH_3C_6H_4SO_3CH_3$> Methyltoluolsulfonat *n*
methyl-*o*-toluidine <$CH_3C_6H_4NHCH_3$> Methyl-*o*-toluidin *n*
methyltrichlorosilane <CH_3SiCl_3> Methyltrichlorsilan *n*
methyltrihydroxyanthraquinone Methyltrihydroxyanthrachinon *n*
methyltrinitrophenylnitramine Methyltrinitrophenylnitramin *n*
methylvinyldichlorosilane <$(CH_3)(C_2H_3)$-$SiCl_2$> Methylvinyldichlorsilan *n*
2-methyl-5-vinylpyridine<$CH_3C_5H_3NCH=CH_2$> Methylvinylpyridin *n*
methylxanthogenic acid Methylxanthogensäure *f*
methymycin Methymycin *n*
methysticine Methysticin *n*, Kawahin *n*, Kavain *n*
methysticol Methysticol *n*
meticillin Meticillin *n* *{Antibiotikum}*
meticulous sorgfältig, genau, bis ins Kleinste *n* festgelegt; penibel, übergenau
metiram Metiram *n* *{Fungizid}*
metisazone Metisazon *n*
metixene Metixen *n* *{Antiparkinsonmittel}*
metobromurone Metobromuron *n* *{Herbizid}*
metofenazate Metofenazat *n* *{Pharm}*
metol *{TM}* Metol *n*, Monomethyl-*p*-aminophenolsulfat *n*, 4-(Methylamino)phenolsulfat *n*
metoleic acid Metoleinsäure *f*
metonal Metonal *n*
metoquinone <$C_{20}H_{24}N_2O_4$> Metochinon *n*
metoryl Methylpropylether *m*
metoxazine Metoxazin *n*
metozine Metozin *n*
metre *{GB}* *s.* meter *{US}*
metric 1. metrisch; 2. Metrik *f* *{eine Funktion}*
metric carat metrisches Karat *n*, Karat *n* *{200 mg}*
metric centner *{US}* 1. Zentner *m* *{obs; 50 kg}*; 2. Quintal *n* *{100 kg}*
metric grain *{US}* metrisches Gewichtskorn *n* *{50 mg}*
metric line *{US}* Millimeter *m*
metric graph paper Millimeterpapier *n*
metric measures Metersystem *n*
metric system Dezimalsystem *n*, metrisches System *n*
metric taper fine thread metrisches kegeliges Feingewinde *n* *{DIN 8507}*
metric-technical unit of mass Hyl *n* *{obs; =9,80665 kg}*
metric thread metrisches Gewinde *n*
metric ton Tonne *f* *{Masseneinheit, 1 t=1000 kg}*
metric unit metrische Einheit *f*
metric waves Meterwellen *fpl* *{30-300 MHz}*
metriol Metriol *n*
metriol trinitrate <$C_5H_9O_9N_3$> Metrioltrinitrat *n* *{Expl}*
metrological metrologisch, meßkundlich
metrology Metrologie *f* *{Lehre von den Maßen und Gewichten}*
mevaldic acid <$OHCCH_2C(OH)(CH_3)CH_2CO$-OH> Mevaldsäure *f*, 3-Hydroxy-3-methylglutaraldehydsäue *f*
mevalonic acid <$HOCH_2CH_2C(OH)(CH_3)$-CH_2COOH> Mevalonsäure *f*, 3,5-Dihydroxy-3-methylvaleriansäure *f*
mevalonic lactone Mevalonolacton *n*
mexacarbate <$C_{12}H_{18}N_2O_2$> Mexacarbat *n* *{Insektizid}*
Mexican scammony resin Scammoniumharz *n* *{Convolvulus Scammonia}*
meyerhofferite Meyerhofferit *m* *{Min}*
meymacite Meymacit *m* *{Min}*
mezcaline Mezcalin *n*, Mescalin *n*, 3,4,5-Trimethoxy-*ß*-phenetylamin *n*
mezereon Seidelbast *m*, Heideröschen *n*, Kellerhals *m*, Steckbeere *f* *{Daphne mezereum}*
mezereon bark Seidelbastrinde *f* *{Daphne mezereum}*
MF resin *s.* melamine-formaldehyde resin
mfp *{mean free path}* mittlere freie Weglänge *f*
MHA *{maximum hypothetical accident}* GAU, größter anzunehmender Unfall *m*
miargyrite Miargyrit *m*, Silberantimonglanz *m* *{Triv}*, Hypargyrit *m* *{Min}*
miascite Miascit *m* *{Min}*
miasma Miasma *n* *{Bodenausdünstung}*, Gifthauch *m*
miazine Miazin *n*, 1,3-Diazin *n*, Pyrimidin *n*
MIBK *s.* methyl isobutyl ketone
mica Glimmer *m*, Mika *m f*, Marienglas *n*, Frauenglas *n*, Fraueneis *n*, Selenit *m*, Jungfernglas *n* *{Elek, Min}*
mica condenser Glimmerkondensator *m*
mica flake Glimmerplättchen *n* *{Min}*; Spaltglimmer *m*
mica foil Glimmerfolie *f*
mica insulation Glimmerisolation *f*
mica platelet Glimmerplättchen *n*
mica schist Glimmerschiefer *m* *{Geol}*
mica sheet Glimmerplatte *f*, Glimmerscheibe *f*; Glimmerfolie *f*
mica slate Glimmerschiefer *m* *{Geol}*
mica spectacles Glimmerbrille *f*
mica-to-metal seal Metall-Glimmer-Verbindung *f*
mica window Glimmerfenster *n* *{Vak}*
amber mica Phlogopit *m* *{Min}*

black mica Magnesiaglimmer *m*, schwarzer Glimmer *m*
colorless mica Katzensilber *n {Min}*
common mica Silberglimmer *m {Min}*
containing mica glimmerhaltig
potash mica *s.* muscovite
pressed mica Preßglimmer *m*, Mikanit *n*
ruby mica *s.* muscovite
micaceous glimmerhaltig; glimmerartig, glimmerig; Glimmer-
micaceous cerussite Bleiglimmer *m {Min}*
micaceous clay Glimmerton *m*, Illit *m {Min}*
micaceous copper Kupferglimmer *m {Triv}*, Chalkophyllit *m {Min}*
micaceous iron ore Eisenglimmer *m {Triv}*, Lepidomelan *m {Min}*
micaceous iron oxide Eisenglimmer *m {glimmerartig-grobkristallines Eisenoxid}*
micanite Mikanit *n {Isolierwerkstoff aus Glimmer und Bindemittel}*
micellar mizellar; Mizellar-
micellar colloid Mizellkoloid *n*, Assoziationskolloid *n*
micellar flooding Mikroemulsions-Ausschwemmen *n {Erdöl}*
micellar string Mizellarstrang *f*
micelle Mizelle *f*, Mizell *n*, Micell *n {Chem, Bot}*
micelle formation Micellenbildung *f*
micellization Mizellenbildung *f*
Michael reaction Michael-Reaktion *f*, Michael-Addition *f {nucleophile Methylenaddition zu RCH=CHX, X=O oder CN}*
michaelsonite Michaelsonit *m {obs}*, Erdmannit *n {Min}*
Michell pressure bearing Michell-Drucklager *n*
Michie sludge test Michie-Test *m*, Michie-Sludgetest *m {Mineralöl}*
Michler's base Michlers Base *f*, Tetrabase *f*
Michler's hydrol <$[(CH_3)_2NC_6H_4]_2CHOH$> Michler's Hydrol *n*, Bis(4-dimethylaminophenyl)methanol *n*
Michler's ketone <$[(CH_3)_2NC_6H_4]_2CO$> Michlers Keton *n*, Tetramethyldiaminobenzophenon *n*, 4,4'-Bis(dimethylamino)benzophenon *n {IUPAC}*
micrinite Mikrinit *m {Mazeral der Steinkohle; Fusain/Vitrain-Übergang}*
micro Mikro-, *{SI-Vorsatz für 10^{-6}}*; 2. klein, winzig
micro-Brownian motion Mikro-Brownsche Molekularbewegung *f*
microamperemeter Mikroamperemeter *n*
microanalysis Mikroanalyse *f {1 bis 10 mg}*
microanalysis balance Mikroanalysenwaage *f*, Mikrowaage *f*
microanalytic[al] mikroanalytisch
microanalytical reagent mikroanalytisches Reagens *n*, Reagens *n* für die Mikroanalyse
microapparatus Mikroapparat *m*
microautoradiography Mikroautoradiographie *f*
microbalance Mikrowaage *f*, Mikroanalysenwaage *f*
microballoon *{TM}* Mikrohohlperle *f {kleiner, gasgefüllter Hohlraum}*; Mikroball *m {zum Flüssigkeitsabschluß an Oberflächen}*
microbar Mikrobar *n {Druckeinheit, =0,1 Pa}*
microbarograph Mikrobarograph *m*
microbe Kleinlebewesen *n*, Mikroorganismus *m*, Mikrobe *f*
microbe culture Mikrobenzüchtung *f*
microbeam Feinstrahl *m*, Mikrostrahl *m*
microbeam of X-rays Mikroröntgenstrahl *m*
microbeam technique Feinstrahlmethode *f*
microbial mikrobiell *{durch Mikroben hervorgerufen}*; Mikroben-
microbial biochemistry Biochemie *f* der Mikroben *fpl*
microbial desulfuration mikrobielle Entschwefelung *f {Kohle}*
microbial saccharification mikrobielle Verzuckerung *f*
microbial technology Fermentationstechnik *f*
microbian *s.* microbial
microbic *s.* microbial
microbicidal mikrobizid, Mikroorganismen *mpl* abtötend
microbicide 1. mikrobizid, Mikroben *fpl* abtötend; 2. mikrobizides Mittel *n*, Mikroorganismen *mpl* abtötendes Mittel *n*, Konservierungsmittel *n*
microbicide liquid soap mikrobizide Flüssigseife *f {Med}*
microbin Mikrobin *n*
microbiologic[al] mikrobiologisch
microbiological attack *{BS 3175}* mikrobiologischer Angriff *m*
microbiological culture medium mikrobiologische Kultur *f*
microbiological deterioration *{BS 6085}* mikrobiologische Zersetzung *f*
microbiological examination *{BS 4285, ISO 6887}* mikrobiologische Untersuchung *f*
microbiologist Mikrobiologe *m*
microbiology Mikrobiologie *f*, Bakteriologie *f*
microbioscope Bakterienmikroskop *n*
microbomb Mikrobombe *f {Lab}*
microbore HPLC Kapillar-Hochleistungschromatographie *f*
microbore liquid chromatography Kapillarflüssigkeitschromatographie *f* mit Mikrosäulen *fpl*
microburet[te] Mikrobürette *f*, Feinbürette *f*, Bankbürette *f {Lab}*
microburner Mikrobrenner *m*

microcalorimetry Mikrokalorimetrie *f*
microcapillary Mikrokapillare *f*
microcapsule Mikrokapsel *f*
microcell 1. Mikroküvette *f*; 2. Lokalelement *n* *{sehr kleines Korrosionselement}*
microcellular mikroporös
microcellular rubber Moosgummi *m n*, Porengummim *n*, mikroporöses Gummi *n*
microchemical mikrochemisch *{kleine Mengen}*; mikroskopisch-chemisch
microchemical analysis mikrochemische Analyse *f* *{1-10 mg}*
microchemistry Mikrochemie *f* *{mg- und Mikroliterbereich}*; mikroskop-gestützte Feinanalyse *f*
microcidin Mikrocidin *n*
microcline Mikroklin *m*, gemeiner Feldspat *m*, Amazonit *m* *{Min}*
microcomponent Mikrokomponente *f*, Mikrobestandteil *m*, mikropetrographischer Bestandteil *m*
microcosmic salt <$NaNH_4HPO_4 \cdot 4H_2O$> Phosphorsalz *n*, Natriumammoniumhydrogenphosphat-4-Wasser *n*, Ammoniumnatriumhydrogen-Orthophosphat-Tetrahydrat *n*
microcosmic [salt] beat Phosphorsalzperle *f* *{Anal}*
microcrack Mikroriß *m* *{Met}*
microcrystal Mikrokristall *m*
microcrystalline mikrokristallin[isch], feinkristallin[isch]
microcrystalline wax mikrokristallines Paraffin *n*, mikrokristallines Paraffinwachs *n*, mikrokristallines Wachs *n*, Mikrowachs *n*, Mikroparaffin *n*
microcurie Mikrocurie *n* *{obs, 1 µCi=37 MBq}*
microdensitometer Mikrodensitometer *n*, Mikrodichtemesser *m*
microdiffusion analysis isotherme Detsillation *f* *{Anal}*, Mikrodiffusionsanalyse *f*
microdistillation Mikrodestillation *f*
microdosimetry Mikrodosimetrie *f*
microelectrophoresis Mikroelektrophorese *f*
microelement Mikroelement *n*, Mikronährstoff *m*, Spurenelement *n* *{Agri}*
microemulsion Mikroemulsion *f*
microencapsulation Mikroverkapselung *f*, Mikroeinkapselung *f*, Verprillung *f* *{Einschluß in Mikrokapseln}*
microestimation Mikrobestimmung *f*
microextractor Mikroextraktor *m*
microfan Kleinstlüfter *m*
microfarad Mikrofarad *n* *{= $10^{-6}F$}*
microfibril Mikrofibrille *f*
microfiche Mikrofiche *n m* *{Mikroplanfilm, meist DIN A6}*, Mikrofilmblatt *n* *{Photo}*
microfilm Mikrofilm *m* *{Photo}*
microfilter Mikrofilter *n*
microfinish Feinstbearbeitung *f*
microflaw Haarriß *m*
microfloccule Mikroflocke *f*
microfoam Mikroschaum *m* *{Kunst, Text}*
microfoam rubber Mikroschaumgummi *m*
microform Mikroform *f* *{Material, auf dem Mikrobilder sind}*
microfractography Mikrofraktographie *f*, Bruchflächenschliffbilder *npl*
microgel Mikrogel *n*
microglobulin β_2-Mikroglobulin *n*
microgram[me] Mikrogramm *n* *{1 g = 10^{-9} kg}*
microgramme method Mikrogramm-Methode *f*, Ultramikroanalyse *f*
micrograph 1. Schliffbild *n* *{Met}*; 2. Mikroaufnahme *f*, Mikrophotographie *f*, mikroskopische Aufnahme *f* *{Photo}*
micrograph of section Schliffbild *n* *{Met}*
micrograph test Schliffbilduntersuchung *f*
micrographic mikrographisch
micrographic determination *{ISO 643}* mikrographische Bestimmung *f*, Schliffbildanalyse *f* *{Stahl}*
micrographic method *{ISO 5949}* mikrographisches Verfahren *n*, Schliffbildmethode *f* *{Stahl}*
micrography Mikrographie *f*
microgravity Fastschwerelosigkeit *f*
microgravity research Forschung *f* im [annähernd] schwerelosen Raum *m* *{z.B Kristallzüchtung}*
microhardness Mikrohärte *f* *{Met}*
microhardness ball indentor Mikrohärteprüfer *m*
microhardness tester Mikrohärteprüfer *m*
microhardness testing Mikrohärteprüfung *f*
microheterochromatic mikroheterochromatisch
microkinetics Mikrokinetik *f*
microlite 1. Mikrolith *m* *{Min}*; 2. Mikrolith *m* *{Feinstkristalle in vulkanischen Gläsern}*; 3. polarisierende Feinkristalle *mpl*
microliter *{US}* Mikroliter *m* *{$10^{-9}m^3$}*
microliter syringe Mikroliterspritze *f* *{Lab}*
microlithography Mikrolithographie *f* *{gedruckte Schaltungen}*
microlithotype Microlithotyp *m* *{z.B. der Kohle}*, Streifenart *f* *{z.B. Steinkohle mit Streifen > 50 m; DIN 22005}*
microlitre *{GB}* *s.* microliter *{US}*
micromanipulator Mikromanipulator *m*, Feinmanipulator *m* *{Lab}*
micromanometer Feindruckmanometer *n*, Mikromanometer *n*
micromerograph Mikromerograph *m*
micromerol <$C_{33}H_{52}O_2$> Mikromerol *n* *{Alkohol aus Micromeria chamissonis}*
micromesh 1. feinmaschig; Micromesh-, Mikromaschen-; 2. Mikromasche *f*
micromesh sieve Mikromaschensieb *n*, feinmaschiges Sieb *n*

micrometer 1. Mikrometer *n {Meßmikroskop}*; 2. *{US}* Mikrometer *m n {=*10^{-6} *m}*
micrometer cal[l]iper Feinmeßlehre *f*, Meßschraube *f*, Feinstellschraube *f*, Schraublehre *f {Genauigkeit ≈0,01 mm}*
micrometer eye-piece Mikrometerokular *n*, Feinmeßokular *n*, Meßokular *n*
micrometer screw Meßschraube *f*, Mikrometerschraube *f*
micromethod Mikromethode *f*
micrometre *{GB}* *s.* micrometer *{US}*
micrometric mikrometrisch
micrometric eyepiece Meßokular *n*, Feinmeßokular *n*, Mikrometerokular *n*
micrometric ga[u]ge Feineinstellschraube *f*, Mikrometerschraube *f*
micrometry Mikrometrie *f*
micromicro *{obs}* *s.* pico
micromicrofarad Picofarad *n*
micromicron *{obs}* Mikromikron *n {obs}*; Picometer *m n*
micromillimeter *{obs}* Millimikron *n {obs}*; Nanometer *m n*
microminiature extrem klein; Mikrominiatur-
microminiature circuit Mikrominiaturschaltung *f {Elektronik}*
micromole Mikromol *n {=* 10^{-6} *mol}*
micron 1. Mikron *n {obs}*, Mikrometer *m n {=* 10^{-6} *m}*; 2. Mikron *n {mikroskopisch sichtbares Schwebeteilchen, 200-10000 nm}*
micron of mercury Mikrometer *m n*, Quecksilbersäule *f {obs; 0,133322387415 Pa}*
amicron unsichtbares Feinstschwebeteilchen *n {< 5 nm}*
submicron submikronisches Kolloid *n {5-200 nm}*
Micronaire value Micronaire-Wert *m {Kennzahl für die Faserfeinheit}*
micronitrometer *{BS 1428}* Mikronitrometer *n {Pregl-Bauweise}*
micronize/to mikronisieren, feinstzerkleinern *{< 0,005 mm}*
micronized pigment mikronisiertes Pigment *n*, feinstzerteiltes Pigment *n*
Micronizer Micronizer *m*, Micronizer-Mühle *f {Feinstmahlvorrichtung}*
Micronizer jet mill Micronizer-Mühle *f*, Micronizer *m {Spiralstrahlmühle}*
micronizing Mikronisieren *n {Feinstvermahlung}*
micronotch Mikrokerbe *f*
micronutrient Mikronährstoff *m*, Mikroelement *n*, Spurennährstoff *m*, Spurenelement *n {Physiol}*
microorganism Mikroorganismus *m*, Kleinlebewesen *n*, Mikrobe *f {z.B. Bakterien, Hefen}*
microorganisms resistance Beständigkeit gegen Mikroben *fpl*, Widerstandsfähigkeit *f* gegen Mikroorganismen *mpl {Kunst,Text}*
microparaffin *s.* microcrystalline wax
microperthite Mikro-Perthit *m {Min}*
microphage Mikrophage *m*
microphotograph Mikrobild *n*, Mikrophotographie *f*, Mikroaufnahme *f*, mikroskopische Aufnahme *f*
microphotographic mikrophotographisch
microphotography Mikrophotographie *f*
microphotometer Mikrophotometer *n*, Densitometer *n*
microphotometer for spectroscopy Spektrallinienphotometer *n*, Spektralphotometer *n*, Spektrenphotometer *n*, Photometer *n*
microphyllic acid Microphyllinsäure *f*
micropipet[te] Mikropipette *f {< 0,5 mL}*
micropitting Graufleckigkeit *f {Abnutzung}*
micropolariscope Mikroskop *n* mit Polariskop *n*
micropolishing Mikropolieren *n*
micropore Mikropore *f*
microporosity Feinporosität *f*, Mikroporosität *f*
microporous mikroporös, feinporig
micropressure ga[u]ge Minimeter *n*
microprobe Mikrosonde *f {Anal, Spek}*
microradiograph Mikroröntgenbild *n*
microreaktion Mikroreaktion *f*, mikroskopgestützte Reaktion *f {Anal, z.B. Tüpfelanalyse}*
microreflectance Mikroreflexion *f {DIN 54501}*
microrheology Mikrorheologie *f {DIN 1342}*
microscale test Kleinversuch *m*
microscopal mikroskopisch, mit dem Mikroskop *n*
microscopal examination mikroskopische Untersuchung *f*
microscope/to mikroskopieren, mikroskopisch untersuchen
microscope Mikroskop *n*
microscope desk Mikroskopiertisch *m*
microscope image Mikroskopbild *n*
microscope ojective Mikroskopobjektiv *n*
microscope slide Objektglas *n*, Objektträger *m*, Mikroskopobjektträger *m*
microscope slide box Objektträgerkasten *m*
microscope test *s.* microreaction
binocular microscope binokulares Mikroskop *n*
compound microscope mehrlinsiges Mikroskop *n*, zusammengesetztes Mikroskop *n*
electron microscope Elektronenmikroskop *n*
fluorescence microscope Fluoreszenzmikroskop *n*
ion microscope Ionenmikroskop *n*
reflecting microscope Spiegelmikroskop *n*
scanning electron microscope Rasterelektronenmikroskop *n*
scanning tunneling microscope Rastertunnelmikroskop *n*

ultramicroscope Ultramikroskop *n*
ultraviolet microscope Ultraviolettmikroskop *n*
microscopic mikroskopisch; mikroskopisch klein, verschwindend klein
microscopic concentration mikroskopische Konzentration *f*
microscopic eyepiece Okularglas *n*
microscopic slide *s.* microscope slide
microscopic stain Färbemittel *n* für Mikroskopie *f*
microscopical mikroskopisch; Mikroskop-
microscopical examination *{ISO 7542}* mikroskopische Untersuchung *f*
microscopical stain Mikrofarbstoff *m*
microscopical testing Mikroskopieren *n*
microscopy Mikroskopie *f*
microsecond Mikrosekunde *f {=0,001 s}*
microsensor Mikrosensor *m*, Spurenanzeiger *m {Anal}*
microseparation Mikrotrennung *f*, Spurentrennung *f*
microsieving Mikrosiebung *f*
microslip Feingleitung *f {Krist}*
microsommite Mikrosommit *m {Min}*
microspectrograph Mikrospektrograph *m*
microspectrophotometer Mikrospektrophotometer *n*
microspectroscope Mikrospektroskop *n*, Mikroskop-Spektroskop-Kombination *f*
microsprayer Feinzerstäuberpumpe *f*
microstand Mikrostativ *n*
microstate Mikrozustand *m*, mikroskopischer Zustand *m {Thermo}*
microstrainer Feinsieb *n*, Mikrosieb *n*
microstructural Feingefüge-, Mikrostruktur-
microstructural degradation Feingefügeverschlechterung *f*
microstructure Feingefüge *n*, Feinstruktur *f*, Mikrogefüge *f*, Mikrostruktur *f*, Kleingefüge *n*
microstructure characteristics Gefügeeigenschaften *fpl*, Struktureigenschaften *fpl*
microsublimation Mikrosublimation *f*
microswitch Kontaktschalter *m*, Mikroschalter *m*, Kleinschalter *m {Elek}*
microtacticity Mikrotaktizität *f*
microtesting equipment Mikroprüfgeräte *npl*
microtitration Mikrotitration *f {Anal}*
microtome Dünnschnittgerät *n*, Mikrotom *n*
microtome blade Mikrotommesser *n*
microtome cut Mikrotomschnitt *m*, Dünnschnitt *m*
microtome section Dünnschnitt *m*, Querschliff *m*
microtomy Dünnschnittverfahren *n*, Mikrotomie *f*, Herstellen *n* von Mikrotomproben *fpl*
microtron Mikrotron *n {Elektronen-Kreisbeschleuniger für 1-10 MeV}*
microtube Mikroröhre *f*
microturbulence Mikroturbulenz *f*
microvalve Mikroventil *n*
microvitrain Mikrovitrit *m*, Mikrovitrain *m*
microvolt Mikrovolt *n {=10^{-6} V}*
microvolumetric mikrovolumetrisch
microwave Mikrowelle *f*, Höchstfrequenzwelle *f {1-100 GHz}*; Ultrakurzwelle *f {1-150 mm}*
microwave breakdown Mikrowellendurchschlag *m*
microwave dielectrometer Mikrowellendielektrometer *n*
microwave discharge Mikrowellenentladung *f*
microwave dryer Hochfrequenztrockner *m*, Mikrowellentrockner *m*
microwave heater Mikrowellenheizgerät *n*
microwave heating cabinet Mikrowellenheizkammer *f*
microwave heating equipment *{IEC 519}* Mikrowellenheizgerät *n*
microwave oven Mikrowellenofen *m {Met}*; Mikrowellenherd *m*, Mikrowellengerät *n {Haushalt}*
microwave region Mikrowellenbereich *m {1-100 GHz}*
microwave spectrometer Mikrowellen-Spektrometer *n*
microwave spectroscopy Mikrowellenspektroskopie *f*
microwave spectrum Mikrowellenspektrum *n*
microwave technique Mikrowellentechnik *f*
microwax s. microcrystalline wax
microzoon Kleinlebewesen *n*
mid mittlere; mitten in; Mittel-
mid-boiling point mittlerer Siedepunkt *m*
mid-continent oil Midkontinentöl *n*, Midcontinent-Erdöl *n {Erdöl der Mittelstaaten der USA}*
mid-perpendicular Mittelsenkrechte *f*
mid point Mittelpunkt *m*
mid-point of cycle Zyklusmitte *f*
mid-point viscosity Mittelpunktviskosität *f*
mid-vertical Mittelsenkrechte *f*
middle conductor Mittelleiter *m {Elek}*
middle distillate Mitteldestillat *n*, mittleres Destilat *n {175 - 488°C}*
middle fraction Mittellauf *m*, Mittelfraktion *f*, mittlere Fraktion *f {Dest}*
middle juice Mittelsaft *m {Zucker}*
middle oil Mittelöl *n {Teerfraktion}*
middle piece Mittelstück *n*
middle runnings *s.* middle fraction
middling 1. mittelgroß; mittelmäßig, leidlich; 2. Mittelsorte *f*
middlings 1. Mittelsorte *f {Waren zweiter oder dritter Wahl}*; 2. [klassiertes] Zwischengut *n*, Mittelgut *n {z.B. Kohle nach DIN 22005}*; Mittelprodukt *n {z.B. mineralischer Brennstoff}*;

3. Zwischenprodukt *n {Lebensmittel}*; 4. Weizen-Mittelkorn *n*
midget 1. klein, winzig; Kleinst-; 2. Zwerg *m*, Knirps *m*
midget mo[u]lder Kleinstspritzgießmaschine *f*
midget-step switch Zwergstufenschalter *m*
midway halbwegs
miedziankite Miedziankit *m {Min}*
miersite Miersit *m {Min}*
MIG welding MIG-Schweißen *n*, Metall-Inertgas-Schweißen *n*
migma Migma *n {Geol}*
mignonette 1. resedagrün; 2. Reseda *f*, Resede *f*, Färbergras *n {Resedaceae}*
mignonette green Resedagrün *n*
mignonette oil Resedaöl *n*
migrate/to wandern, migrieren
migration Migration *f*, Wanderung *f*, Stoffwanderung *f*, Ortswechsel *m*, Platzwechsel *m*, Verschiebung *f {Chem, Ökol}*; Kriechen *n {Vak}*
migration chamber Elektrophoresekammer *f*
migration current elektrostatischer Zusatzstrom *m {Polarographie}*
migration fastness Beständigkeit *f* gegen Farbwanderung
migration length Wanderlänge *f*, Migrationslänge *f {Nukl}*
migration loss Wanderungsverlust *m*
migration of alkyl groups Alkylwanderung *f*
migration of halogen atoms Halogenwanderung *f*
migration of ions Ionenwanderung *f*
migration of plasticizers Weichmacherwanderung *f*
migration protector Kriechschutz *m*
migration tendency Wanderungstendenz *f*
migration tube Ionenwanderungsrohr *n {H-förmig}*
migration velocity Wanderungsgeschwindigkeit *f*, Migrationsgeschwindigkeit *f*
direction of migration Wanderungssinn *m {Ionen}*
sense of migration Wanderungssinn *m {Ionen}*
migratory Wander-; Zug-
migratory staining Ausbluten *n {Gummi}*
mikado yellow Mikadogelb *n*
mike *{US}* Mikrozoll *m*, Mikroinch *n {=25,4 nm}*
mil 1. mL *{obs; 0,001 L}*; 2. Mil *n {Dickenmaß; 0,0254 mm}*; 3. Mil *n {Winkelmaße; 0,001 rad = 0,0572958° oder 0,001 eines rechten Winkels = 0,09° oder 1/6400 des Vollkreises = 0,5625°}*
milarite Milarit *m {Min}*
mild mild, sanft, schonend; gelinde, leicht
mild ale leichtes Bier *n*, schwach gehopftes Bier *n*
mild ale malt dunkles Malz *n*, Münchener Malz *n*
mild alloy Flußstahl *m*, Schmiedeeisen *n*, weicher Stahl *m*, Weichstahl *m {C-arme, schwachlegierte Stähle; C < 0,25 %}*
mild mercury chloride *s.* mercurous chloride
mild oxidation milde Oxidation *f*, schonende Oxidation *f*
mild steel *s.* mild alloy
mild unalloyed steel weicher unlegierter Stahl *m {DIN 1624}*
mildew/to modern; Stockflecken *mpl* bekommen, stockfleckig werden, Schimmelflecken *mpl* bekommen
mildew 1. Mehltau *m {schimmelartiger, weißer Überzug auf Blättern aus dem Myzel der Mehltaupilze}*; 2. Moder *m*, Schimmel *m {von Schimmelpilzen gebildeter Belag}*, Kahm *m*, Kahmhaut *f {durch hefeähnliche Pilze gebildete Haut}*
mildew-resistant schimmelfest, schimmelbeständig, schimmelwiderstandsfähig
mildew-resistant paint Schimmelschutzanstrich *m*
mildewed schimmelfleckig, moderig
mile Meile *f {obs}*
international mile internationale Meile *f {obs; = 1,609344 km}*
geographical mile *s.* international mile
nautical mile Seemeile *f {obs; = 1,85200 km}*
U.S. statute mile gesetzliche Meile *f {obs; = 1,609347 km}*
mileage 1. Meilenlänge *f*, Meilenzahl *f*; 2. Kilometerleistung *f {zurückgelegte Fahrstrecke in km oder m}*; 3. spezifische Anstrichstoffauftragsmenge *f*
milfoil Schafgarbe *f*, Sumpfgarbe *f {Achillea millefolium}*
milfoil oil Schafgarbenöl *n*
milk 1. Milch *f {Säugetiere}*; 2. Milchsaft *m*, Latex *m {Pflanzen}*; Pflanzenmilch *f {Samen}*; Kokosmilch *f*; 3. Milch *f {Suspension, z.B. Stärke, Kalk}*
milk acid *s.* lactic acid
milk agaric Milchpilz *m*
milk albumin Lactalbumin *n*, Milchalbumin *n*
milk cheese Vollmilchkäse *m*
milk condensing plant Kondensmilchfabrik *f*, Milchkondensieranlage *f*
milk fat Milchfett *n*, Butterfett *n*
milk fermentation Milchgärung *f*
milk glass Milchglas *n*
milk ice einfaches Speiseeis *n*
milk indicator Milchindikator *m*
milk lactose *s.* milk sugar
milk of almond Mandelmilch *f {6 % in H_2O}*
milk of barium Bariumhydroxidlösung *f*
milk of lime Kalkmilch *f*, Kalkwasser *n*, Weiße *f*
milk of magnesia Magnesiamilch *f {Pharm}*

milk of sulfur Schwefelmilch *f*, gefällter Schwefel *m*
milk opal Milchopal *m*, Hydrophan *m*
milk pasteurizer Milchpasteurisierapparat *m*, Milcherhitzer *m*, Milcherhitzungsapparat *m*
milk powder Milchpulver *n*, Trockenmilch *f*
milk preserves Milchdauerwaren *fpl*, Dauermilchwaren *fpl*
milk product Milchprodukt *n*, Milcherzeugnis *n*
milk protein Milcheiweiß *n*
milk serum Milchserum *n*, Molke *f*, Käsewasser *n*, Molken *m*
milk serum protein Molkenprotein *n*, Milchserumprotein *n*
milk solids Milchtrockenmasse *f*
milk sugar Milchzucker *m*, Lactobiose *f*, Laktose *f*, Lactose *f*
milk test bottle Butyrometer *n*, Buttermesser *m*, Milchprober *m*
milk white 1. milchweiß; 2. Milchweiß *n*
milk-white agate Milchachat *m {Min}*
milk-white opal Milchopal *m {Min}*
acid of milk *s.* lactic acid
butter-milk Buttermilch *f*
canned milk Dosenmilch *f*
condensed milk Kondensmilch *f*
curdled milk Sauermilch *f*
dried milk Trockenmilch *f*, Milchpulver *n*
dry milk *s.* dried milk
evaporated milk Dosenmilch *f*, evaporierte Milch *f*
fat milk Vollmilch *f*
pasteurized milk pasteurisierte Milch *f {60°C/30 min}*
skimmed milk Magermilch *f*, abgerahmte Milch *f*
sterilized milk sterilisierte Milch *f*, keimfreie Milch f*{100°C/45-60 min}*
UHT milk uperisierte Milch *f*, H-Milch *f*, UP-Milch *f {132-138C/2 s}*
vegetable milk Pflanzenmilch *f {z.B. Sojamilch}*

milkiness [milchige] Trübung *f*, Milchigkeit *f*; Kreiden *n {von Anstrichschichten}*

milking booster Spannungserhöher *m*
milking grease Melkfett *n*

milky milchig, milchartig; milchhaltig, milchreich; milchig matt; milchlässig *{Butter}*
milky quartz Milchquarz *m {Min}*

mill/to 1. mahlen, vermahlen, zermahlen; brechen, in einer Mühle *f* zerkleinern *{Erz}*; 2. fräsen *{Tech}*; 3. walken *{Leder, Text}*; 4. walzen *{Met}*; pilieren, in dünne Plättchen *n* [aus]walzen *{Seife}*; 5. walzen, auf dem Walzwerk *n* mischen *{Kautschuk}*; 6. schälen, enthülsen *{z.B. Getreide}*; 7. konchieren, auf der Konche *f* vermengen *{Schokolade}*; 8. schaumig schlagen; 9. rändeln *{z.B. Münzen}*

mill 1. Mühle *f {Gebäude, Betrieb}*; 2. Mühle *f*, Zerkleinerungsmaschine *f*; Aufbereitungsanlage *f*, Brechanlage *f*, Zerkleinerungsmaschine *f {Erz}*; 3. Walzwerk *n {Met, Gummi}*; 4. Walke *f*, Walkmaschine *f {Text}*
mill balls [for stirrer] Mahlperlen *fpl* [für Rührwerke]
mill base Mahlgut *n {Farbstoff}*
mill broke Ausschußpapier *n*, Kollerstoff *m*, Ausschuß *m {Pap}*
mill cake Preßkuchen *m*, Ölkuchen *m*
mill chamber Mahlkammer *f*
mill discharge Mühlenaustrag *m*
mill drying Mahltrocknung *f*, Mahltrocknen *n*
mill dust Mehlstaub *m*, Mühlenstaub *m*
mill for drugs Drogenmühle *f {Pharm}*
mill for wet grinding Naßmühle *f*
mill iron Puddelroheisen *n*
mill mixer Kugelmühle *f*
mill product Mahlprodukt *n*
mill pulp Mühlensumpf *m*
mill scale Walzzunder *m*, Walzsinter *m*, Walzhaut *f {Met}*; Glühspan *m*, Hammerschlag *m {Schmieden}*
mill shell Mahltrommel *f*
mill shrinkage Walzschrumpfung *f {Kunst}*
mill test certificate Werkzeugnis *n*
mill train Walzstraße *f*, Walzstrecke *f*
assay mill Labormühle *f*, Probenmühle *f*
attrition mill Attritor *m {Rührwerkkugelmühle mit Perlen/Sand}*
ball mill Kugelmühle *f*
contrarotation ball-race-type pulverizing mill Federkraft-Kugelmühle *f*
fluid energy mill Strahlmühle *f*
pebble mill *s.* ball mill
sand mill Sandmühle *f*

millboard 1. dichte Pappe *f*, Maschinenpappe *f*, graue Wickelpappe *f {z.B. Buchbinderpappe}*; 2. Papp-Buchdecke *f*

milled cereal products *{ISO 6644}* Getreidemühlenerzeugnisse *npl*, Getreidemahlprodukte *npl*
milled fiber Kurzfaser *f*, geschnittene Faser *f*
milled glass fiber gemahlene Glasfaser *f*
milled grain *{ISO 6540}* gemahlenes Getreide *n*, gemahlene Körner *npl*
milled peat Frästorf *m*
milled rice geschälter Reis *m*
milled sheet Fell *n*

Miller [crystal] indices Miller-Indices *mpl*, Millersche Indices *mpl {Krist}*

millerite <NiS> Millerit *m*, Haarkies *m {obs}*, Nickelkies *m {obs}*, Trichopyrit *m {Min}*

millet Hirse *f {Bot}*

milli Milli-, *m {SI-Vorsatz für 10^{-3}}*

milliampere Milliampere *n {= 0,001 A}*
milliard *{GB}* Milliarde *f {1 000 000 000}*
millibar Millibar *n {obs}*, Hektopascal *n*
millibarn Millibarn *n {Nukl, Wirkungsquerschnitt, =* 10^{-31} m^2*}*
millicurie Millicurie *n {obs, Radioaktivität einer Substanz, 1 mCi = 37 MBq}*
milligram balance Mikrowaage *f*
milligram percent Milligrammprozent *n {Konzentrationsmaß, mg pro 100 mL}*
milligram[me] Milligramm *n {1mg =* 10^{-6} *kg}*
milliliter *{US}* Milliliter *m n {1 ml = 0,001* m^3*}*
millilitre *{GB}* *s.* milliliter *{US}*
millimeter *{US}* Millimeter *m n {1mm = 0,001 m}*
millimeter graph paper Millimeterpapier *n*
millimeter waves Millimeterwellen *fpl {30-300 GHz}*
millimetre *{GB}* *s.* millimeter *{US}*
millimicron *{obs}* Millimikrometer *m n {obs}*, Nanometer *m n*
millimole Millimol *n {1mmol = 0,001 mol}*
milling 1. Fräsen *n {Tech}*; 2. Mahlen *n*, Einmahlen *n*, Vermahlen *n*; Grobzerkleinern *n*, Brechen *n {Erz}*; 3. Fräsen *n {Tech}*; 4. Rändeln *n {z.B. Münzen, Muttern}*; 5. Walken *n {Leder, Text}*; 6. Walzen *n {Met}*; 7. Schälen *n {z.B. Getreide}*; 8. Verarbeiten *n*, Verarbeitung *f {Lebensmittel}*
milling ball Mahlkugel
milling cycle Mahlgang *m*
milling effect Mahlwirkung *f*
milling machine 1. Fräsmaschine *f*, Fräswerk *n*; 2. Poliermaschine *f*; 3. Walke *f*, Walkmaschine *f {Text, Leder}*; Brechmaschine *f {Text}*; 4. Erzbrecher *m*
milling ore Pocherz *n {aufzubereitendes Erz}*
milling process Mahlverfahren *n*
milling technique Mahlverfahren *n*
milling temperature Walztemperatur *f*
milling test Walztest *m*
milling time 1. Walzdauer *f*; 2. Mahldauer *f*, Mahlzeit *f*
milling wax Fräswachs *m {Dent}*
milling yellow Chromgelb D *n*, Acidolchromgelb G *n*, Anthracengelb BN *n*
chemical milling chemisches Fräsen *n*, chemisches Abtragen *n*
fast to milling walkecht
millinormal millinormal *{0,001 N Lösung}*
million Million *f {1 000 000}*
millionth [part] Millionstel *n*
millipoise Millipoise *n {obs, Viskositätseinheit, 1mP = 0,0001* $N{\cdot}s/m^2$*}*
millipore filter Ultrafilter *m n*, Membranfilter *m n*; Millipore-Filter *m n {5-8000 nm}*
milliroentgen Milliröntgen *n {obs, Einheit der Ionendosis, 1 mR = 0,258 C/kg}*
millisecond Millisekunde *f {1 ms = 0,001 s}*
millivolt Millivolt *n {1 mV = 0,001 V}*
Millon's base <$(HOHg)_2NH_2OH$> Millonsche Base
Millon's reagent Millons-Reagens *n {Protein-Nachweis, Hg+*HNO_3*}*
Mills-Packard chamber Mills-Packardsche Bleikammer *f {Schwefelsäureherstellung}*
Milori blue Miloriblau *n {rötliches Berliner Blau}*
mimeograph ink Mimeograph[en]druckfarbe *f*
mimetic mimetisch
mimetic diagram Blindschaltbild *n*, Übersichtsschaltbild *n*, Leuchtschaltbild *n {z.B. für Schaltwarten}*; Fließbild *n*, Schaltschema *n*
mimetite Mimetesist *m*, Arsenbleierz *n {obs}*, Mimetit *m {Min}*
mimic/to nachbilden; nachmachen, nachahmen
mimic mimisch; nachahmend; Schein-
mimic diagram *s.* mimetic diagram
mimosa bark Mimosarinde *f {Gerbrinden mehrerer Acacia-Arten}*
mimosine <$C_8H_{10}N_2O_4$> Mimosin *n {Toxin aus Leucaena glauca}*
minasragrite Minasragrit *m {Min}*
mince/to zerhacken, zerkleinern, durchdrehen
minced meat Hackfleisch *n*
mincer *{GB}* Fleischwolf *m*, Fleischhacker *m*
mind/to achten auf, aufpassen
bear in mind/to berücksichtigen
mine 1. Bergwerk *n*, Mine *f*, Zeche *f*, Grube *f {Bergbau}*; 2. Mine *f {Expl}*; 3. *{GB}* Eisenerz *n*
mine coal Förderkohle *f*, Zechenkohle *f*
mine damp *s.* mine gas
mine dust Grubenstaub *m*, Gesteinsstaub *m*
mine explosion Grubenexplosion *f*
mine gas Grubengas *n*, Schlagwetter *npl*, schlagende Wetter *npl {Bergbau}*
mine-gas detector Grubengasanzeiger *m*, Grubengasdetektor *m {Schutz}*
mine-run salt Rohsalz *n*; Kalirohsalz *n {Agri}*
mine ventilation Grubenbewetterung *f*
mineable abbauwürdig
miner 1. Abbaumaschine *f*, Gewinnungsmaschine *f {Bergbau}*; 2. Bergarbeiter *m*, Bergmann *m*, Grubenarbeiter *m*, Schachtarbeiter *m {Bergbau}*
miner's lamp Grubenlampe *f*, Davy-Lampe *f*, Sicherheitslampe *f*, Wetterlampe *f {Bergbau}*
mineral 1. mineralisch; anorganisch; Mineral-; 2. Mineral *n*; Erz *n*
mineral acid Mineralsäure *f*, anorganische Säure *f*
mineral adhesive Wasserglas *n*, Natriumsilicat *n*
mineral alkali anorganische Base *f*
mineral analysis Mineralanalyse *f*

mineral beneficiation Mineralaufbereitung *f*, Mineralanreicherung *f*
mineral black Mineralschwarz *n*, Grubenschwarz *n*, Erdschwarz *n*, Schieferschwarz *n*, Ölschwarz *n* *{ein Farbpigment}*
mineral blue 1. Mineralblau *n*, Kupferblau *n* *{ein basisches Kupfercarbonat als blaues Pigment}*; 2. Mineralblau *n* *{$CaSO_4$/$BaSO_4$-Berliner Blau}*
mineral butter Antimonbutter *f*
mineral caoutchouc Elaterit *m*, Erdharz *n*, Erdpech *n*
mineral carbon Graphit *m*
mineral chameleon *s.* potassium permanganate
mineral charcoal Fusain *m*, Fusit *m*, Faserkohle *f*, mineralische Holzkohle *f*, fossile Holzkohle *f*, natürliche Holzkohle *f*
mineral chemistry Mineralchemie *f*, mineralogische Chemie *f*
mineral coal Mineralkohle *f*, Naturkohle *f*, mineralisch Kohle *f*, fossile Kohle *f*, natürliche Kohle *f*
mineral colo[u]r Erdfarbe *f*, Mineralfarbe *f*
mineral colo[u]ring matter Mineralfarbstoff *m*
mineral content[s] 1. Mineral[stoff]gehalt *m*; 2. Mineralsalzgehalt *m* *{Wasser}*
mineral cotton *s.* mineral wool
mineral dressing Mineralaufbereitung *f*, bergmännische Aufbereitung *f*, bergbauliche Aufbereitung *f* *{Mineralien}*, Anreicherung *f* *{Erze}*
mineral dust Gesteinsstaub *m*
mineral dye anorganisches Pigment *n*
mineral fat *s.* petrolatum
mineral fertilizer mineralischer Dünger *n*, Kunstdünger *m*
mineral fiber *{US}* Mineralfaser *f*, mineralische Faser *f*, Gesteinsfaser *f*; Mineralfaserstoff *m*
mineral fibre *{GB}* *s.* mineral fiber *{US}*
mineral filler Gesteinsmehl *n*, mineralischer Füllstoff *m*
mineral filler best general mineralischer Füllstoff *m* zur Verbesserung allgemeiner Eigenschaften
mineral filler best heat resistance mineralischer Füllstoff *m* zur Erhöhung *f* der Wärmebeständigkeit *f*
mineral filler best moisture resistance mineralischer Füllstoff *m* zur Verbesserung *f* der Feuchtebeständigkeit *f*
mineral filler high electric mineralischer Füllstoff *m* zur Verbesserung *f* der elektrischen Eigenschaften *fpl*
mineral flax Faserasbest *m*
mineral green 1. Scheeles Grün *n* *{Cu-Arsenit}*, Malachitgrün *n*, Erdgrün *n* *{mit Kalk}*; 2. Neugrün *n*, Viktoriagrün B *n* *{Cu-Carbonat}*
mineral insulating oil *{BS 148}* mineralisches Isolieröl *n* *{Elek}*
mineral jelly *s.* petrolatum
mineral lubricating oil Mineralschmieröl *n*, mineralisches Schmieröl *n*
mineral matter Mineralstoff *m*, Mineralsubstanz *f*, Mineralgehalt *m* *{z.B. Kohle nach DIN 22005}*, Mineralmasse *f*, mineralisches Material *n*
mineral-matter free aschenfrei, mineral[stoff]frei
mineral mordant Mineralbeize *f*
mineral naphtha Bergnaphtha *f n*, Bergöl *n*
mineral oil 1. Mineralöl *n*, mineralisches Öl *n*, Erdöl *n*, Steinöl *n*; 2. medizinisches Öl *n*
mineral oil plant *s.* mineral oil refinery
mineral oil processing Mineralölverarbeitung *f*
mineral oil refinery Erdölanlage *f*, Ölraffinerie *f*, Erdöl-Raffinerie *f*
mineral oil reservoir Erdöllager *n*
mineral orange 1. Mineralorange *n*; 2. rotes Bleioxid *n*, Mennige *f*
mineral pigment Erdfarbe *f*, Erdpigment *n*, Farberde *f* *{anorganisches Naturpigment}*
mineral pitch Asphalt *m*, Bergharz *n*, Asphaltpech *n*, Asphaltteer *m*, Erdpech *n*, Erdharz *n* *{Naturasphalt}*
mineral powder Gesteinsmehl *n*
mineral purple *{US}* Ocker *m*; Goldpurpur *m*
mineral-reinforced thermoplastic mineralisch verstärkter Thermoplast *m*
mineral resin organisches Mineral *n*
mineral rubber Mineralkautschuk *m*; Gilsonit *m*
mineral spirit[s] Lösungsbenzin *n*, Lackbenzin *n* *{Verschnittlöser}*
mineral spring Mineralquelle *f*; Heilquelle *f*
mineral streak Strichfarbe *f*
mineral tallow Erdtalg *m*, Erdwachs *n*, Bergtalg *m*, Hattchetin *m* *{Min}*; Mineralfettwachs *n*
mineral tanning Mineralgerbung *f*
mineral tar Erdteer *m*, Bergteer *m* *{natürlicher Erdöl-Verdunstungsrest}*
mineral turpentine White Spirit *m*, Testbenzin *n*
mineral vein Erzader *f*, Mineralgang *m*
mineral violet Mineralviolett *n*, Nürnberger Violett *n*, Manganviolett *n*
mineral water Mineralwasser *n*
mineral wax Bergwachs *n*, Ceresin *n*, Erdwachs *n*, Ozokerit *m* *{ein Mineralwachs}*
mineral white Mineralweiß *n*, Permanentweiß *n*
mineral wool Steinwolle *f*, Bergwolle *f*, Schlackenwolle *f*, Mineralwolle *f*
mineral wool blanket Schlackenwollmatte *f*
mineral yeast Mineralhefe *f*, Trockenfutterhefe *f*, Futterhefe *f*
mineral yellow Kaisergelb *n*, Patentgelb *n*
acidulous mineral water Säuerling *m*

refined mineral oil Mineralölraffinat *n*
mineralizable vererzbar
mineralization Mineralisation *f*, Mineralisierung *f*, Vererzung *f {Geol, Min}*; Mineralisierung *f {mikrobieller Abbau organischer Stoffe zu anorganischen}*
mineralize/to mineralisieren, vererzen; petrifizieren
mineralizer Vererzungsmittel *n*, Mineralisator *m {Geol, Min}*
mineralogical mineralogisch
mineralography 1. beschreibende Mineralogie *f*; 2. mikroskopische Mineralaufnahme *f*
mineralogy Mineralogie *f*, Mineralkunde *f*, Gesteinskunde *f*
minerite Minerit *m {Verwachsungen mit > 20 % Sulfiden und > 50 % anderen Mineralien, DIN 22005}*
minette Minette *f {Min, Geol}*
mingle/to sich vermischen; vermengen *{fester Stoffe}*, zusammenmischen, [ver]mischen; verschmelzen; verwirbeln *{Text}*
mingler Maischtrog *m*, Maischrührwerk *n*; Maische *f {Zucker}*
mingling Vermengen *n {fester Stoffe}*, Vermischen *n*, Zusammenmischen *n*; Verwirbeln *n {Text}*; Verschmelzen *n*
miniature Miniatur-, Klein-, Zwerg-
miniature camera Kleinbildkamera *f*
miniature fuse Kleinsicherung *f {Elek}*
miniature ga[u]ge Miniaturmeßröhre *f*
miniature specimen Kleinprobe *f*
minicomputer Klein-Computer *m*, Minicomputer *m*, Minirechner *m*
minilaser Mini-Laser *m*
minimal [aller]kleinste, [aller]geringste, minimal; Minimal-
minimal equation Minimalgleichung *f*
minimal polynomial Minimalpolynom *n*
minimax concept Minimaxkonzept *n*
minimize/to minimieren, das Minimum anstreben, das Minimum erreichen, auf das Kleinstmaß zurückführen, auf ein Mindestmaß verringern, auf ein Mindestmaß reduzieren, klein halten
minimizing of waste Abfallminimierung *f*
minimum 1. Mindest-, Minimal-, Minimum-; 2. Minimum *n*, Kleinstwert *m {ein Extremwert}*; 3. Mindestbetrag *m*
minimum content Minimalgehalt *m*
minimum critical heat flux ratio Sicherheit *f* gegen Durchbrennen *n*
minimum current Minimalstrom *m*
minimum cut-out Minimalausschalter *m*
minimum detectable leak kleinstes nachweisbares Leck *n {Vak}*
minimum detectable pressure range kleinste nachweisbare Druckänderung *f {Vak}*
minimum deviation kleinste Strahlenablenkung *f*, Minimum *n* der Ablenkung *f*
minimum efficiency Mindestleistung *f*
minimum excitation voltage Mindestanregungsspannung *f*
minimum explosive concentration untere Explosionsgrenze *f*
minimum film-forming temperature *{ISO 2115}* untere Filmbildungstemperatur *f {Polymer}*
minimum flow control Mindestmengenreglung *f*
minimum ignition energy Mindestzündenergie *f*
minimum ionization minimale Ionisation *f*
minimum output Mindestleistung *f*
minimum pre-set value Meßwerteinstellwert *m*
minimum pressure Mindestdruck *m*
minimum quantity Mindestmenge *f*
minimum requirement Mindestanforderung *f*
minimum thermometer Minimum-Thermometer *n*
minimum value Minimalwert *m*, Kleinstwert *m*, Tiefstwert *m*
minimum voltage Minimalspannung *f {Elek}*
minimum work Mindestarbeit *f*
minimum yield point Mindeststreckgrenze *f*
minimum yield point at elevated temperature Mindeswarmstreckgrenze *f*
mining 1. Bergbau *m*, Abbau *m*, Gewinnung *f*, Förderung *f {von Bodenschätzen}*; 2. Bergbau *m*, Grubenbau *m*, Bergwesen *n*
mining chemical Bergbauchemikalie *f*
mining explosive Bergbausprengmittel *n*, Bergbausprengstoff *m*
mining industry Montanindustrie *f*
mining method Abbaumethode *f*
open-cast mining Tagebau *m*
minioluteic acid **<$C_{14}H_{24}O_3(COOH)_2$>** Minioluteinsäure *f {Penicillium minioluteum}*
Ministry of Agriculture Landwirtschaftsministerium *n*
Ministry of Food, Agriculture and Forestry Ministerium *n* für Ernährung *f*, Landwirtschaft *f* und Forstwirtschaft *f*
minium **<Pb_3O_4>** Bleimennige *f*, Bleirot *n*, Kristallmennige *f*, Malermennige *f*, Mennige *f*, Mineralorange *n*, Minium *n*, Orangemennige *f*, Pariser Rot *n*, rotes Bleioxid *n*, Sandix *n*, Saturnrot *n*
minium-colo[u]red mennigefarben
minivalence niedrigste Valenz *f {eines Elementes}*
mink fat Nerzöl *n*
minol Minol *n {explosives Gemisch aus $TNT/NH_4NO_3/Al$}*
minor 1. kleiner, geringer; minder, sekundär;

2. Minor *m*, Unterdeterminante *f*, Subdeterminante *f {Math}*; 3. *{US}* Nebenfach *n*
minor component Begleitstoff *m*, Nebenbestandteil *m*
minor constituent Nebenbestandteil *m {Anal}*; Begleitstoff *m*
minor determinant Unterdeterminante *f*, Minor *m {Math}*
minor element 1. Nebenbestandteil *m {Anal}*; Begleitstoff *m*; 2. Spurenelement *n*, Mikroelement *n*, Mikronährstoff *m {Physiol}*
minor histocompatibility complex Neben-Histokompatibilitätskomplex *m {Immun}*
minority Minderheit *f*, Minorität *f*
mint Minze *f {Mentha}*
mint camphor Menthol *n*
minus 1. minus, weniger; negativ; 2. Minus *n*; 3. Minuszeichen *n*
minus material Feinkorn *n*, Unterkorn *n*, Siebfeines *n*, Feingut *n*, Sichtfeines *n*
minus sign Minuszeichen *n {Math}*
minus value indicator Minusanzeige *f {Instr}*
minute 1. fein; klein, winzig; sehr genau; 2. Minute *f {gesetzliche SI-fremde Einheit der Zeit, 1 min = 60 s}*; 3. Minute *f*, Bogenminute *f {gesetzliche SI-fremde Einheit des ebenen Winkels, 1' = 0,016666°}*; 4. Augenblick *m*
minute hand Minutenzeiger *m*
miotic 1. miotisch, pupillenverenge[r]nd; 2. Miotikum *n*, pupillenverenge[r]ndes Mittel *n {Pharm}*
mirabilite Wundersalz *n {Triv}*, Glaubersalz *n*, Mirabilit *m {Min}*
mirbane essence *s.* mirbane oil
mirbane oil Mirbanöl *n*, Mirbanessenz *f*, unechtes Bittermandelöl *n*, Nitrobenzol *n*
mire Schlamm *m*; Sumpf *m*; schlammige Stelle *f*
mirror/to [ab]spiegeln
mirror finish/to hochglanzpolieren
mirror Spiegel *m*
mirror amalgam Spiegelamalgam *n {77 % Hg, 23 % Sn}*
mirror bronze Spiegelbronze *f*
mirror coating Verspiegelung *f*, Spiegelbelag *m*, Reflexbelag *m*, Spiegelschicht *f*
mirror finish Hochglanz *m*, Hochglanzpolitur *f*
mirror foil Spiegelfolie *f*
mirror galvanometer Spiegelgalvanometer *n*
mirror glass Spiegelglas *n*
mirror image Spiegelbild *n*
mirror-image function Spiegelbildfunktion *f*
mirror-image isomer Spiegelbildisomer *n*, Enantiomeres *n*, optischer Antipode *m {Stereochem}*
mirror-inverted spiegelbildlich
mirror lining Verspiegelung *f*, Spiegelbelag *m*, Spiegelschicht *f*
mirror microscope Spiegelmikroskop *n*
mirror monochromator Spiegelmonochromator *m*
mirror nuclei Spiegelkerne *mpl {Nukl}*
mirror-panelled spiegelverkleidet
mirror plane [of symmetry] Spiegelebene *f*
mirror reflection Spiegelreflexion *f*, spiegelnde Reflexion *f*, regelmäßige Reflexion *f*, gerichtete Reflexion *f*
mirror symmetry Spiegelsymmetrie *f {Phys}*
concave mirror Hohlspiegel *m*, Sammelspiegel *m*, Vergrößerungsspiegel *m*, Konkavspiegel *m*
convex mirror Konvexspiegel *m*, Verkleinerungsspiegel *m*
plane mirror ebener Spiegel *m*
mirroring Verspiegelung *f*, Spiegelbelag *m*, Spiegelschicht *f*, Reflexbelag *m*
mirrorstone 1. *s.* mica; 2. muscovite
miry schlammig, schmutzig, voller Schlamm; schlammhaltig
misadjustment Fehleinstellung *f*
misalign/to schlecht ausrichten, schlecht fluchten
misaligned nicht fluchtend, schlecht ausgerichtet
misalignment Fluchtungsfehler *m*, Nichtfluchten *n*; Versatz *m {z.B. von Wellen}*
miscalculation Rechenfehler *m*; falsche Berechnung *f*, falsche Rechnung *f*
miscella Miscella *f {mit Fett beladenes Extraktionsmittel}*
miscellaneous verschiedenartig, divers, vermischt, gemischt; vielseitig
misch metal Mischmetall *n*, Cer-Mischmetall *n {Seltenerdenmetall-Legierung}*
miscibility Mischbarkeit *f*
miscibility gap Mischungslücke *f {Chem}*
miscible mischbar
completely miscible vollkommen mischbar
misclassified material Fehlaustrag *m*, Fehlgut *n*
misclassified particle[s] Fehlkorn *n*
misconnect/to falsch anschließen
misdirect/to fehlleiten
mishap Betriebsstörung *f*, Panne *f*, leichter Unfall *m*; Unglück *n*
misinterpretation Mißdeutung *f*, falsche Erklärung *f*
mislead/to fehlleiten, irreführen
misnomer Fehlbezeichnung *f*, Fehlbenennung *f*, falscher Name *f*, irreführender Name *m {Nomenklatur}*
mispickel <FeAsS> Mispickel *m*, Giftkies *m {obs}*, Arsenkies *m*, Arsenopyrit *m {Min}*
misplaced material Fehlaustrag *m {Sieb}*, Fehlgut *n {Screening; DIN 22005}*
misplaced particles Fehlkorn *n {Sieb}*
misplaced size Fehlkorn *n {Sieb}*
misplaced undersize Unterkorn *n {Sieb}*

misread/to verlesen, falsch lesen; deuten
miss/to 1. fehlen; 2. verfehlen, vorbeitreffen; 3. fehlschlagen, mißglücken; 4. versagen; 5. aussetzen
missile 1. Geschoß *n*, Wurfgeschoß *n*; 2. Fernlenkgeschoß *n*, Flugkörper *m*, Fluggerät *n* *{Mil}*
missile protection Splitterschutz *m*, Trümmerschutz *m*
air-to-underwater missile Luft-Unterwasser-Rakete *f*
surface-to-air missile Boden-Luft-Rakete *f*
surface-to-surface missile Boden-Boden-Rakete *f*
missiles umherfliegende Bruchstücke *npl*
missing 1. abwesend, fehlend; 2. Zündaussetzer *m*, Zündungsaussetzer *m*
mist 1. leichter Nebel *m*, feuchter Dunst *m*; 2. Beschlag *m* *{feuchter Niederschlag}*; 3. Nebel *m* *{Farb, Druck}*
mist eliminating Entnebeln *n*
mist elimination Entnebelung *f*
mist eliminator Nebelabscheider *m*, Entnebelungsanlage *f*; Tröpfchenabscheider *m* *{Dest}*
mist extractor Öltropfenfalle *f* *{Fett}*
mist flow Nebelströmung *f*
mist-like nebelartig
eliminate mist/to entnebeln
formation of mist Nebelbildung *f*
mistake Fehler *m*; Fehlgriff *m*; Irrtum *m*
misusage falsche Behandlung *f*, schlechte Behandlung *f*
misuse/to mißbrauchen, falsch verwenden; mißbrauchen
misuse 1. Mißbrauch *m*, falsche Verwendung *f* *{z.B. von Arzneimitteln}*; 2. Mißhandlung *f*
mite killer Akarizid *n*, Mitizid *n* *{milbentötendes Mittel}*
miter 1. Fuge *f*; Gehre *f*, Gehrung *f*, Gehrfuge *f* *{Tech}*; 2. Gefüge *n*
miter valve Eckventil *n*, Winkelventil *n*, Kegelventil *n*; Schrägventil *n*
miticide Mitizid *n*, Akarizid *n*, Milbengift *n*
mitigant mildernd, lindernd; besänftigend
mitigate/to lindern, mildern; besänftigen
mitigation Linderung *f*, Milderung *f*; Besänftigung *f*
mitis green Mitisgrün *n*, Schweinfurter Grün *n* *{Kupferarsenitacetat}*
mitochondrium Mitochondrium *n* *{im Zellplasma}*
mitomycin c <$C_{15}H_{18}N_4O_5$> Mitomycin *n* *{ein Antineoplastikum}*
mitosis indirekte Zellkernteilung, Mitose *f*
mitotic mitotisch; Mitose-
mitotic poison Mitosegift *n*, Mitosehemmer *m*, Antimitotikum *n*
mitragyn[in]e <$C_{23}H_{30}N_2O_4$> Mitragynin *n*
mitraphyllol Mitraphyllol *n*
mitraversine Mitraversin *n*
Mitscherlich's law of isomorphism Mitscherlichs Isomorphieregel *f* *{Krist}*
mix/to 1. mischen, vermischen, zusammenmischen; [ver]mengen *{Feststoffe}*; verrühren *{Flüssigkeiten}*; anrühren *{Feststoffe mit Flüssigkeiten}*; 2. kneten *{z.B. Teig}*; 3. melangieren *{Text}*; 4. kreuzen *{Biol}*; 5. legieren *{Met}*; 6. melieren *{Abnutzung}*
mix in/to einrühren
mix up/to durchmischen, vermischen; durcheinanderbringen
mix with/to beimengen, zumischen
mix Gemisch *n*, Mischung *f* *{Tech}*
mixable mischbar
mixed 1. gemischt, vermischt; vermengt, gemengt *{Feststoffe}*; verrührt *{Flüssigkeiten}*; angerührt *{Feststoffe mit Flüssigkeiten}*; 2. legiert *{Met}*; 3. gekreuzt *{Biol}*; 4. melangiert *{Text}*; 5. geknetet *{Teig}*
mixed acid Mischsäure *f* *{meistens Salpeterschwefelsäure, Nitriersäure}*
mixed adhesive Zweikomponentenkleber *m*, Reaktionskleber *m*, Mischklebstoff *m*
mixed aniline point Mischanilinpunkt *m* *{Erdöl}*
mixed-base grease Komplex-Fett *n*, Mischseifen-Schmiermittel *n*
mixed-base oil gemischtbasisches Öl *n*, Mischöl *n*, Öl *n* auf gemischter Basis *f*
mixed bed Mischbett *n*
mixed-bed deionizer *s.* mixed-bed ion exchanger
mixed-bed demineralizer Mischbettentsalzungsanlage *f*, Mischbett-Vollentsalzungsanlage *f*
mixed-bed filter Mischbettfilter *n*
mixed-bed ion exchanger Mischbett-Ionenaustauscher *m*, Mischbett-Entionisieranlage *f*
mixed bleaching Mischbleichen *n*
mixed calorific value Mischheizwert *m*
mixed carbide Mischcarbid *n*, Mehrkomponentencarbit *n*
mixed colo[u]r Mischfarbe *f* *{Erscheinung}*
mixed crystal Mischkristall *m*
mixed-crystal alloy Mischkristallegierung *f*
mixed culture Mischkultur *f* *{Bio}*
mixed ester <R-COO-R'> gemischter Ester *m*
mixed ether <R-O-R'> gemischter Ether *m*
mixed fertilizer Mischdünger *m*, Kombinationsdünger *m* *{Agri}*
mixed-film lubrication Misch[film]schmierung *f*, Schmierung *f* im Mischreibungsgebiet
mixed-flow agitator Rührwerk *n* mit zusammengesetzten Strömungen
mixed-flow impeller Mischflußschnellrührer *m*, Mischfluß-Schnellrührwerk *n*, Mischfluß-Kreiselmischer *m*

mixed fracture Mischbruch *m*
mixed friction Mischreibung *f*
mixed gas Mischgas *n*, Halbwassergas *n*, Formiergas *n* *{H_2/N_2-Gemisch}*
mixed-gas burner Mischgasbrenner *m*
mixed glue Mischklebstoff *m*, Reaktionskleber *m*, Zweikomponentenkleber *m*
mixed ketone <R-CO-R'> gemischtes Keton *n*
mixed lubricant Mischschmierstoff *m*, Mischschmiermedium *n*; Mischgleitmittel *n*
mixed lubrication Mischschmierung *f*, Vollschmierung *f*
mixed metal Mischmetall *n*
mixed nitric and sulphuric acid Mischsäure *f*, Salpeterschwefelsäure *f*, Nitriersäure *f*
mixed oxide Mischoxid *n*, Doppeloxid *n*, gemischtes Oxid *n*
mixed oxide fuel Mischoxidbrennstoff *{Nukl}*
mixed phase Mischphase *f*, Gemischtphase *f*, gemischte Phase *f*
mixed-phase cracking Gemischtphase-Krackverfahren *n* *{Kracken in gemischter flüssiger und dampfförmiger Phase}*
mixed-phase flow Mischphasen-Strömung *f*, mehrphasige Strömung *f*
mixed-polyelectrode potential Mischpotential *n*
mixed polymerization Mischpolymerisation *f*, Copolymerisation *f*
mixed potential Mischpotential *n*
mixed process Halbtrockenverfahren *n* *{Beton}*
mixed salt Mischsalz *n* *{z.B. $KNaNH_4PO_4$}*
mixed-soap grease gemischtbasisches Schmierfett *n*
mixed valence Mischwertigkeit *f*, Mischvalenz *f*
series of mixed crystals Mischkristallreihe *f*

mixer 1. Mischapparat *m*, Mischer *m*, Mischmaschine *f*, Rührer *m*, Rührwerk *n*, Rührmaschine *f*; Kneter *m*, Knetwerk *n*, Knetmaschine *f*; 2. Mischbehälter *m*, Mischgefäß *n*, Mixer *m*; 3. Mischpult *n* *{Elektronik}*; 4. Mischer *m*, Mixer *m* *{Mischpultbediener}*; 5. Löser *m* *{Keramik}*
mixer platform Mischerbühne *f*
mixer-settler [extractor] Mischabsetzer *m*, Mischer-Abscheider *m*, Mischer-Scheider-Extraktor *m*, Misch-Trenn-Behälter *m*
mixer-settler tower Turmextrator *m*
mixer with agitator Rührwerkmischer *m*
continuous mixer Fließmischer *m*
double motion mixer gegenläufiges Doppelrührwerk *n*
fluidized bed mixer Fließbettmischer *m*
high-speed mixer Schnellmischer *m*
impeller mixer Kreiselmischer *m*
intensive mixer Innenmischer *m*

mixing 1. Mischen *n*, Mischung *f*, Vermischen *n*; Vermengen *n* *{Feststoffe}*; Verrühren *n* *{Flüssigkeiten}*; Anrühren *n* *{Feststoffe mit Flüssigkeiten}*; 2. Kneten *n* *{z.B. Teig}*; 3. Verschneiden *n* *{Lebensmittel}*; 4. Melangieren *n* *{Text}*; 5. Legieren *n* *{Met}*; 6. Kreuzen *n* *{Biol}*
mixing and granulating machine Misch- und Granuliermaschine *f* *{Kunst}*
mixing apparatus Mischapparat *m*, Mischer *m*, Mischmaschine *f*, Rührer *m*, Rührwerk *n*; Kneter *m*, Knetmaschnine *f*, Knetwerk *n*
mixing basin Mischbecken *n*
mixing beater Mischholländer *m*
mixing bell Mischkugel *f*
mixing blade Mischarm *m*, Mischflügel *m*; Rühr[er]schaufel *f*, Rühr[er]flügel *m*; Knetschaufel *f*
mixing by liquid jets Strahlmischung *n*
mixing chamber Mischkammer *f*, Mischraum *m*; Knettrog *m* *{Innenmischer}*
mixing cock Mischhahn *m*
mixing coefficient Mischungsbeiwert *m*, Mischungskoeffizient *m*
mixing condenser Mischverdichter *m*
mixing cone Mischtrichter *m*
mixing container Mischgefäß *n*
mixing control Mischregler *m*
mixing cylinder Mischzylinder *m*
mixing device Rührvorrichtung *f*, Mischvorrichtung *f*
mixing distributor Mischverteiler *m*
mixing drum Mischtrommel *f*
mixing dump Mischhalde *f*
mixing efficiency Mischgüte *f* *{eines Extrudats}*; Homogenisierungsausbeute *f* *{Nukl}*
mixing element Mischelement *n*, Rührorgan *n*; Knetorgan *n*
mixing gap Knetspalt *m*
mixing head Mischkopf *m*
mixing house Mischhaus *n* *{Sprengstoffe}*
mixing installation Mischanlage *f*
mixing jar Anmischbecher *m* *{Dent}*
mixing jet Mischdüse *f*
mixing kettle Rührwerkskessel *m*
mixing line Mischstrecke *f*
mixing machine Mischmaschine *f*
mixing mill Mischmühle *f*, Mischwalzwerk *n*, Walzenmischer *m* *{Kunst, Gummi}*
mixing nozzle Mischdüse *f*
mixing of raw materials Gattieren *n* der Rohmaterialien
mixing operation Mischungsvorgang *m*; Rührvorgang *m*
mixing plant Mischanlage *f*
mixing power Mischvermögen *n*
mixing process Mischprozeß *m*, Mischvorgang *m*, Mischen *n*; Rührvorgang *m*
mixing proportion Mischungsverhältnis *n*
mixing pump Mischpumpe *f*

mixing ratio Mischungsverhältnis *n*
mixing rod Rührstab *m*, Mischstab *m*
mixing rolls Mischwalzwerk *n*, Walzenmischer *m {Kunst, Gummi}*
mixing rule Mischungsregel *f {Chem}*
mixing screw Mischschnecke *f*; Knetschnecke *f*
mixing spatula Anmischspatel *m {Dent}*
mixing stockpiles Haldenvermischung *f*
mixing tank Mischbehälter *m*, Mischbottich *m*
mixing tee Misch-T-Stück *n*
mixing time Misch[ungs]zeit *f*, Mischdauer *f*; Komponentenmischzeit *f {Polyurethanschaumstoff}*
mixing trough Mischbottich *m*
mixing tube Mischrohr *n*
mixing unit Mischbatterie *f*
mixing valve 1. Mischschieber *m*, Mischventil *n*, Mischregler *m*; 2. Mischröhre *f {Elek}*
mixing vat Anmachbottich *m*
mixing vessel Misch[er]behälter *m*, Mischgefäß *n*, Mischbottich *m*, Mischkessel *m*; Rühr[erk]kessel *m*, Rühr[werk]behälter *m*; Ansatzbehälter *m {Pharm}*
mixing water Anmachwasser *n {Keramik}*
heat of mixing Mischungswärme *f*
incapable of mixing nicht mischbar
mixite Mixit *m {Min}*
mixplaster Plastizieraggregat *n* mit Misch-Schmelz-Reaktor
mixture 1. Gemisch *n*, Mischung *f*; Gemenge *n {von Feststoffen}*; 2. Mixtur *f {Pharm}*; 3. Mischgewebe *n*, Mischware *f*, Melangegewebe *n {Text}*; Fasermischung *f {Text}*; 4. Mischen *n*, Vermischung *f*, Durchmischung *f*; Vermengung *f {von Feststoffen}*; Beimischung *f*
mixture of finely-divided solids with water Brei *m*, Schlamm *m*
mixture of isotopes Isotopengemisch *n*
mixture rule Mischungsregel *f*
mixture shutter Gemischklappe *f*
combustible mixture brennbares Gemisch *n*
composition of a mixture Mischungsverhältnis *n*
constant boiling mixture konstant siedendes Gemisch *n*, azeotrope Mischung *f {Dest}*
constituent part of mixture Gemengeanteil *m*
electrostatic mixture elektrostatisches Mischen *n*
eutectic mixture eutektisches Gemisch *n*
freezing mixture Kältemischung *f*
ingredient of a mixture Gemengeanteil *m*
law of mixture Mischungsregel *f*
rule of mixtures Mischungsregel *f*
mizzonite Mizzonit *m {Min}*
MKS system MKS-System *n*, Meter-Kilogramm-Sekunde System *n {IEC; 1938}*
MLA *{mixed lead alkyls}* Bleialkylgemisch *n*, Bleialkylmischung *f*
mmf *{mineral-matter free}* aschenfrei, mineral[stoff]frei
MO *{molecular obital}* Molekularorbital *n*
mobile beweglich, ortsbeweglich, ortsveränderlich; versetzbar, bewegbar, mobil; verstellbar; fahrbar; dünnflüssig; Bewegungs-
mobile film Mischfilm *m*
mobile film column Mischfilmkolonne *f*
mobile film distillation Mischfilmdestillation *f*
mobile film drum Mischfilmtrommel *f*
mobile phase mobile Phase *f*, bewegliche-Phase *f*, Fließmittel *n {Chrom}*
mobile shutter Schieber *m {Absperrorgan}*
mobility 1. Beweglichkeit *f*, Mobilität *f {Elek; in $m^2/S{\cdot}V$}*; 2. Leichtflüssigkeit *f*
mobility equation Beweglichkeitsgleichung *f*
mobility tensor Beweglichkeitstensor *m*
limitation of mobility Beweglichkeitsgrenze *f {Krist}*
mobilization Mobilisierung *f {Biochem}*; Mobilisation *f {Geol}*
mobilometer Mobilometer *n*, Viskositätsmesser *m*
mocha [stone] Mokkastein *m*, Baumachat *m*, Baumstein *m {Min}*; Moosachat *m {Min}*
mochras Malabargummi *m n*
mochyl alcohol **<$C_{26}H_{46}O$>** Mochylalkohol *m*
mock gold *s.* pyrite
mock lead *s.* spharite
mock leno weave Scheindreherbindung *f*
mock silver Britanniametall *n*
mock-up 1. Attrappe *f*, Nachbildung *f*, Modell *n*, Lehrmodell *n*; 2. Baumodell *n*; 3. Stärkeband *n*, Stärkemuster *n {Buchbinderei}*; 4. einfache Gipsform *f*
modacrylic fibre Modacrylfaser *f*, modifizierte Acrylfaser *f*; Modacrylfaserstoff *m*
modal fibre Modalfaser *f {Viskosespezialfaser}*
mode 1. Erscheinungsform *f*, Form *f*, Art *f*, Weise *f*; 2. Schwingungsfreiheitsgrad *m {z.B. der Moleküle}*; 3. Betriebsart *f*; Modus *m*, Arbeitsweise *f*, Betriebsweise *f*, Mode *m f {Elek, EDV, Tech}*; 4. Wellentyp *m {in Welellenleitern}*; Schwingungsmode *m f*, Schwingungstyp *m*, Schwingungsform *f {Elek}*; 5. [quantitative] Zusammensetzung *f {Geol}*; 6. Modalwert *m*, Modus *m*; Gipfelwert *m {Statistik}*
mode of action Wirkungseise *f*, Wirkungsart *f*, Wirkungsprinzip *n*, Verhaltensprinzip *n*
mode of administration Applikationsart *f*, Art *f* der Verabreichung *f*
mode of decay Zerfallsart *f*
mode of formation Bildungsweise *f*
model/to modellieren, [nach]bilden; formen, gestalten
model 1. Modell *n {Math}*; 2. Bauart *f*, Konstruktion *f*, Ausführung *f*; Typ *m*, Type *f*; 3. Modell *n*, Vorlage *f*, Muster *n*; Schablone *f*

model compound Modellverbindung *f*
model computation Modellrechnung *f*
model concepts Modellvorstellungen *fpl*
model number Modellnummer *f {Instr}*
model scale Modellmaßstab *m*
model test Modelluntersuchung *f*, Modellversuch *m*
space-lattice model Kugel-Draht-Raummodell *n {Krist}*
model[l]ing Modellieren *n*, Modellierung *f*, Modellbildung *f*, Nachbildung *f*
modelling clay Knetmasse *f {Krist}*
modelling material Knetmasse *f {Keramik}*
modelling paste Urmodellpaste *f*
modem Modem *n {EDV}*
moderate/to 1. mildern, lindern; 2. beruhigen, mäßigen; 3. moderieren, ermäßigen, verlangsamen, [ab]bremsen *{Nukl}*
moderate gemäßigt, mäßig
moderate heat mäßige Wärme *f*
moderate-sulfur coal Kohle *f* mit mittleren Schwefelgehalt *m {0,75 - 2,5 % S}*
moderating material Bremssubstanz *f*, Moderator *m*, Neutronenmoderator *m {Nukl}*
moderately coarse mittelgrob
moderately fine mittelfein
moderately weak acid mittelstarke Säure *f*
moderation Abbremsung *f {Nukl}*, Mäßigung *f*, Milderung *f*, Moderierung *f {Nukl}*, Verlangsamung *f*
moderator *s.* moderating material
modern modern, zeitgemäß, neuzeitlich; heutig
modifiable abwandelbar, modifizierbar
modification 1. Modifikation *f {Zustandsform eines Stoffes}*; 2. Modifizierung *f*, Abänderung *f*, Abwandlung *f {z.B. eines Verfahrens}*; 3. Veredelung *f {Gieß}*; 4. Profilverschiebung *f {Tech}*
modifications Umbauten *fpl*
modified modifiziert, abgeändert, abgewandelt; verändert; eingeschränkt
modified acryl fiber Modacrylfaser *f*, Modacrylfaserstoff *m*
modified cross-section fiber Profilfaser *f*
modified natural polymer Polymer[es] *n* aus abgewandelten Naturstoffen
modified plastic modifizierter Plast *m*
modified resin modifiziertes Harz *n*
modified soda abgewandelte Soda *f {$Na_2CO_3/NaHCO_3$-Mischung}*
modified starch modifizierte Stärke *f*
modifier 1. Modifikator *m*, Modifier *m {Viskosespinnbad}*; 2. Modifikationsmittel *n*; 3. Regler *m*, regelndes Reagens *n*, regelndes Mittel *n {Polymerisation}*; 4. belebendes Mittel *n*, aktivierendes Mittel *n*, regelndes Schwimmittel *n {Erzaufbereitung}*; 5. Modifizierfaktor *m {EDV}*; 6. allosterischer Effektor *m {Biochem}*
modify/to modifizieren, abändern, abwandeln; ändern, verändern; einschränken
modifying agent *s.* modifier
modular 1. modular, in Modulbauweise; Modul- *{Elektronik}*; 2. bausteinartig; Baukasten-, Standard-
modular construction 1. Baukastenkonstruktion *f*, Baukastensystem *n*, Bausteinsystem *n {Tech}*; 2. Modulbauweise *f*
modular design *s.* modular construction
modular equation Modulargleichung *f*
modular function Modulfunktion *f*
modular principle Baukastenprinzip *n*
modular range Baukastenreihe *f*, Baukastenprogramm *n {Gerätesatz}*
modular system *s.* modular construction
modulate/to anpassen, einstellen; abstimmen, modulieren, aussteuern, modeln
modulated beam photometer Photometer *n* mit moduliertem Lichtstrahl *m*
modulation Anpassung *f*, Einstellen *n*; Abstimmung *f*, Aussteuerung *f*, Modulation *f*
modulation control Modulationsregler *m*
modulation frequency Modulationsfrequenz *f {Spek}*
modulator Modulator *m*
modulator crystal Modulatorkristall *m*
module 1. Modul *m*, Baustein *m {Elektronik}*; 2. Strukturblock *m*, Modul *m {EDV}*; 3. Modul *m {Kennziffer/Maßzahl; Phys, Tech}*; 4. Modul *m {Math}*
modulus 1. Modul *m*, Spannungswert *m*; 2. Modul *m {Kennziffer/Maßzahl; Phys, Tech}*; 3. Absolutbetrag *m*, Absolutwert *m {Math}*
modulus flexure Elastizitätsmodul *m*, E-Modul *m*, Youngscher Elastizitätsmodul *m*, Elastizitätsmodul *m* berechnet aus dem Biegeversuch *m*
modulus of elasticity Elastizitätsmodul *m*, E-Modul *m*, Youngscher Elastizitätsmodul *m*, Elastizitätszahl *f*
modulus of elasticity in shear *s.* modulus of rigidity
modulus of elasticity in tension Zug-E-Modul *m*, Zug-Elastizitätsmodul *m*
modulus of resilience Kerbschlagzähigkeitsmodul *m*
modulus of rigidity Torsionsmodul *m*, Scher[ungs]modul *m*, Gleitmodul *m*, Schubmodul *m {Mech}*
modulus of rupture [in bending] Bruchmodul *m*, Biegefestigkeit *f*
modulus of rupture in torsion Torsionsfestigkeit *f*, Torsionsbruchmodul *n*
modulus of torsion[al shear] Torsionsmodul *m*
modulus of transverse elasticity Gleitmodul *m*
bulk modulus *s.* compression modulus

compression modulus Elastizitätsmodul *m* aus Druckversuchen *mpl*
shear modulus *s.* modulus of elasticity in shear
Young's modulus [of elasticity] *s.* modulus of elasticity
mohagony sulfonate <$(R)(R')C_6H_3SO_3CH_3$> Petroleumsulfonat *n*
mohair Mohair *m*, Mohär *m*, Mohärwolle *f {von Angoraziegen}*
Mohr's balance Mohrsche Waage *f*, Mohr-Westphalsche Waage *f {Dichtebestimmung von Flüssigkeiten}*
Mohr's circle *s.* Mohr's stress cycle
Mohr's clip Quetschhahn *m*, Schlauchklemme *f* nach Mohr
Mohr's liter Mohrscher Liter *m {Gasanalyse; = 1,002 L}*
Mohr's measuring pipet[te] Mohrsche Pipette *f {Lab}*
Mohr's pinchcock clamp Quetschhahn *m*, Schlauchklemme *f* nach Mohr
Mohr's salt <$(NH_4)_2SO_4 \cdot 6H_2O$> Mohrsches Salz *n*, Ammoniumferrosulfat *n*, Ammoniumeisen(II)-sulfat-Hexahydrat *n*
Mohr's stress cycle Mohrscher Spannungskreis *m {graphische Darstellung des Spannungszustandes an einem Materialpunkt}*
Mohs' hardness [number] Mohs-Härte *f*, Mohssche Härte *f {1 bis 10}*
Mohs' scale [of hardness] Mohssche Härteskale *f*, Härtesakle *f* nach Mohs, Mohs-Skale *f*
moiety 1. Teil *m*, Anteil *m*, Komponente *f {Chem}*; 2. Baueinheit *f*; 3. Hälfte *f*
moiré 1. Moiré *m n {störendes Muster im Raster-Druck}*; 2. Moiré *m n {Text}*; 3. Überlagerungsstörung *f {Tech}*
moiré effect Moiréstreifen *mpl*, Moiréeffekt *m*, Moiré *m n*
moiré method Moirémethode *f*, Streifenverfahren *n* für Deformationsmessungen *fpl*
moiré pattern *s.* moiré effect
moissanite Moissanit *m {Min}*
moist feucht; naß; grubenfeucht, bergfeucht *{Bergbau}*
moist chamber [culture dish] Feuchtkammer *f*, feuchte Kammer *f {Bakt}*
moisten/to anfeuchten, befeuchten, feucht machen, nässen, naß machen, benetzen, besprengen; feucht werden
moistenable benetzbar, befeuchtbar
moistener Befeuchter *m*, Befeuchtungsgerät *n*, Anfeuchter *m*
moistening Anfeuchten *n*, Befeuchten *n*, Benetzen *n*; Annässen *n*, Anteigen *n*
moistening agent Befeuchtungsmittel *n*
moistening apparatus *s.* moistener
moistening chamber Befeuchtungskammer *f*, Feuchtkammer *f*
moistening power Benetzungsfähigkeit *f*
moisture 1. Feuchtigkeit *f*, Feuchte *f*; Nässe *f*; 2. Feuchtigkeitsgehalt *m*, Feuchtegehalt *m*, Feuchteanteil *m {in %}*
moisture adsorption Feuchtigkeitsaufnahme *f*
moisture and ash free wasser- und aschefrei *{Anal}*
moisture balance Feuchtigkeitswaage *f*
moisture barrier Feuchtigkeitssperre *f*
moisture barrier property feuchteabstoßende Eigenschaft *f*
moisture content Feuchtigkeitsgehalt *m*, Feuchtegehalt *m {Bodenkennwert}*
moisture control Feuchtigkeitsregelung *f*
moisture determination apparatus *s.* moisture meter
moisture expansion Feuchtigkeitsausdehnung *f*, Quellen *n*
moisture-free weight Trockenmasse *f {Pap}*, Darrmasse *f {Pap}*, Darrgewicht *f {obs}*
moisture holding capacity Wasserhaltevermögen *n {Kohle bei 30°C/97 % Luftfeuchte; DIN 22005}*
moisture in fuel Brennstoffeuchtigkeit *f*
moisture indicator Feuchteanzeiger *m*
moisture laden air feuchte Luft *f*, Feuchtluft *f*, mit Feuchtigkeit *f* beladene Luft *f*
moisture loss Feuchtigkeitsverlust *m*
moisture measurer Feuchteprüfer *m {Text}*
moisture measuring instrument Feuchtemeßgerät *n*, Feuchtigkeitsmesser *m*
moisture meter Feuchtemesser *m*, Feuchtigkeitsanzeiger *m*
moisture permeability Feuchtedurchlässigkeit *f*
moisture pick-up Feuchtigkeitsaufnahme *f*
moisture-proof feuchtigkeitsundurchlässig, feuchtigkeitsbeständig; wasserdampfdicht, wasserdampfundurchlässig
moisture-proof container feuchtigkeitsgeschützter Behälter *m*
moisture-repellent hydrophob, feuchteabweisend, feuchtigkeitsabweisend
moisture-repellent additive wasserabweisender Zusatz *m {Löschpulver}*
moisture resistance Feuchteresistenz *f*, Feuchtebeständigkeit *f*, Feuchtigkeitsfestigkeit *f*, Feuchtefestigkeit *f*
moisture-resistant feuchtigkeitsbeständig, feuchtigkeitsgeschützt, feuchtigkeitsundurchlässig; wasserdampfdicht
moisture-sensitive feuchtigkeitsempfindlich
moisture separation Feuchtigkeitsabscheidung *f*, Wasserabscheidung *f*, Dampfabscheidung *f*
moisture separator Wasserabscheider *m*, Feuchtigkeitsabscheider *m*, Dampfabscheider *m*
moisture test Naßprobe *f*

moisture tester Feuchtigkeitsprüfer *m*, Feuchtigkeitsmesser *m*, Feuchtigkeitsmeßgerät *n*
moisture trap 1. Feuchtfänger *m*; 2. Tasche *f*
moisture-vapo[u]r transmission [rate] Wasserdampfdurchlässigkeit *f*
amount of moisture Feuchtigkeitsgehalt *m*
bound moisture gebundene Feuchtigkeit *f*
critical moisture content kritische Gutfeuchte *f*
deposit of moisture Feuchtigkeitsniederschlag *m*
free moisture freier Wassergehalt *m*
normal moisture content Normalwassergehalt *m*
percentage of moisture Feuchtigkeitsgehalt *m*, Feuchtegehalt *m*, Naßgehalt *m*; Wassergehalt *m*
moisturize/to feucht halten; anfeuchten, Feuchtigkeit *f* spenden
moisturizer Feuchthaltemittel *n*
Mojonnier fat test Mojonnier-Test *m {zur Bestimmung von Fett- und Wassergehalt}*
Mojonnier solids test Mojonnier-Test *m {Trokkensubstanzbestimmung}*
Mojonnier-type fat extraction flask Mojonnier-Extraktionskolben *m*
molal molal, gewichtsmolar *{bezogen auf Masse der Lösung, mol/kg}*
molal boiling-point[-elevation] constant molale Siedepunktserhöhung *f*, molare Siedepunktserhöhung *f*, molekulare Siedepunktserhöhung *f*, ebullioskopische Konstante *f*
molal freezing-point[-depression] constant molale Gefrierpunktserniedrigung *f*, molare Gefrierpunktserniedrigung *f*, molekulare Gefrierpunktserniedrigung *f*, kryoskopische Konstante *f*
molal solution molale Lösung *f* *{mit 1 mol/1 kg Lösung}*
molality Molalität *f*, kg-Molarität *f*, Kilogramm-Molarität *f {Chem}*
molar molar, stoffmengenbezogen; Molar-, Mol- *{in mol/L}*
molar absorbancy index *s.* molar extinction coefficient
molar absorptivity stoffmengenbezogener Absorptionskoeffizient *m*; molarer Extinktionskoeffizient *m {Kolorimetrie}*
molar concentration molare Konzentration *f*, Molarität *f*, Liter-Molarität *f*, Volumenmolarität *f*, Stoffmengenkonzentration *f {in mol/L}*
molar conductance molare Leitfähigkeit *f*, molares Leitvermögen *n {in* $S{\cdot}m^2/mol$*}*
molar conductivity molare Leitfähigkeit *f*
molar depression of freezing point *s.* molal freezing-point[-depression] constant
molar dispersivity Mol[ekul]ardispersion *f*
molar elevation of boiling point *s.* molal-boiling-point[-elevation] constant
molar entropy molare Entropie *f*
molar extinction coefficient molarer Extinktionskoeffizient *m*
molar fraction Molenbruch *m*
molar heat [capacity] Molwärme *f*, Molekularwärme *f*
molar latent heat molare Verdampfungsenthalpie *f {in J/mol}*
molar magnetic rotation molares magnetisches Dreh[ungs]vermögen *n*
molar parachor Parachor *n*
molar polarizability Mol[ekular]polarisierbarkeit *f*
molar polarization Mol[ekular]polarisation *f*
molar quantities Molargrößen *fpl*
molar quantum Molquant *n*
molar ratio Molverhältnis *n*
molar refraction *s.* molar refractivity
molar refractivity Molrefraktion *f*, Molekularrefraktion *f*, Molekularbrechungsvermögen *n {Opt}*
molar rotation molare Drehung *f*
molar rotatory power molares Dreh[ungs]vermögen *n*
molar solution [volumen]molare Lösung *f*, m-Lösung *f*, Mollösung *f*
molar susceptibility molare Suszeptibilität *f*, Molsuszeptibilität *f*
molar translational energy molare Translationsenergie *f*
molar volume Molvolumen *n*, stoffmengenbezogenes Volumen *n*, molares Volumen *n* *{in* m^3/mol*}*
molar weight Mol[ar]gewicht *n*, Molmasse *f*, molare Masse *f*, stoffmengenbezogene Masse *f*
molarity Molarität *f*, Liter-Molarität *f*, molare Konzentration *f*, Stoffmengenkonzentration *f* *{im mol/L}*
molasses 1. Melasse *f*, Zuckerdicksaft *m*, Ablauf *m {Zucker}*; 2. Melassesirup *m*, [dicker] Sirup *m*, [schwarzbrauner] Sirup *m*
molasses fodder Melassefuttermittel *n*
molasses-forming substance Melassebildner *m*
molasses mash Melassemaische *f*
molasses pulp Melasseschnitzel *mpl*
molasses pump Melassepumpe *f {Zucker}*
molasses sugar Melassezucker *m*
molasses wash Melassemaische *f*
mold/to *s.* mould/to
mole 1. Mol *n*, mol *{SI-Basiseinheit der Stoffmenge mit gleich vielen Teilchen wie 0,012 kg* ^{12}C*}*; 2. Gramm-Molekül *n {obs; Masseneinheit in g des Molekulargewichtes}*
mole fraction Molenbruch *m {Konzentrationsmaß}*, Stoffmengenanteil *m*
mole percent Molprozent *n*, Mol- %
mole ratio Molverhältnis *n*, Stoffmengenverhältnis *n*

molecular molekular; Molekular-, Molekül-
molecular abundance molekulare Häufigkeit *f* *{Nukl}*; Stoffmengenanteil *m*, Molenbruch *m* *{Konzentrationsmaß}*
molecular adhesion Moleküladhäsion *f*
molecular aggregate Molekülaggregat *n*, molekulares Aggregat *n*
molecular air pump Molekularluftpumpe *f*
molecular arrangement Molekülanordnung *f*, Molekularanordnung *f*
molecular association molekulare Assoziation *f*, Molekülassoziation *f*
molecular asymmetry Molekülasymmetrie *f*
molecular attraction Molekularanziehung *f*, intermolekulare Anziehung *f*, zwischenmolekulare Anziehung *f*, Molekularattraktion *f*
molecular beam Molekularstrahl *m*, Molekülstrahl *m*
molecular beam epitaxy Molekularstrahlepitaxie *f*
molecular beam method Molekularstrahlmethode *f*
molecular beam source Molekularstrahlquelle *f*
molecular biology Molekularbiologie *f*
molecular bond Molekülbindung *f*
molecular calculation Molekülmassebestimmung *f*
molecular chain Molekülkette *f*
molecular chain axis Molekülkettenachse *f*
molecular cleavage Molekülspaltung *f*
molecular cluster Molekülaggregat *n*, Molekülkomplex *m*
molecular collision molekularer Stoß *m*, Molekülstoß *m*, Molekülzusammenstoß *m*
molecular colloid Molekülkolloid *n*
molecular complex Molekülkomplex *m*
molecular compound Molekülverbindung *f*, Molekularverbindung *f*
molecular conductance Leitwert *m* bei Molekularströmung
molecular conductivity molekulare Leitfähigkeit *f*, molekulares Leitvermögen *n*, Molekularleitfähigkeit *f* *{in* $S{\cdot}m^2/mol$*}*
molecular constant Molekülkonstante *f*
molecular conversion Molekülumlagerung *f*
molecular crystal Molekülkristall *m*
molecular depression [of freezing point] molekulare Gefrierpunktserniedrigung *f*, molale Gefrierpunktserniedrigung *f*, molare Gefrierpunktserniedrigung *f*, kyroskopische Konstante *f*
molecular diagram Molekulardiagramm *n* *{mit Form, Ionenradien, Bindungswinkel usw.}*
molecular diameter Moleküldurchmesser *m* *{gemäß Sutherland- oder van der Waals-Gleichung, thermischer Leitfähigkeit usw.}*
molecular diffusion Molekulardiffusion *f*, molekulare Diffusion *f*
molecular dipole Dipolmolekül *n*
molecular disentanglement Molekülkettenentschlingen *n*, Molekülkettenentknäulen *n*
molecular dispersion Molekulardispersion *f* *{Molekularmasse x spezifische Rotation}*
molecular dissymmetry Molekularasymmetrie *f*, Molekülasymmetrie *f* *{Stereochem}*
molecular distillation Kurzwegdestillation *f*, Molekulardestillation *f*, Kurzwegfraktionierung *f*, Hochvakuumdestillation *f*
molecular drag ga[u]ge Molekularvakuummeter *n*
molecular drag pump *{US}* Molekularluftpumpe *f*, Molekularpumpe *f*
molecular effect Molekularwirkung *f*
molecular effusion Molekularausströmung *f*, Molekulareffusion *f*
molecular eigenfunction Moleküleigenfunktion *f*
molecular electronics Molekularelektronik *f*
molecular elevation [of boiling point] molale Siedepunktserhöhung *f*, molare Siedepunktserhöhung *f*, molekulare Siedepunktserhöhung *f*, ebullioskopische Konstante *f*
molecular energy Molekularenergie *f*
molecular entanglement Molekülkettenverschlingung *f*, Molekülverknäuelung *f*
molecular equation chemische Gleichung *f*
molecular evaporator Kurzwegverdampfer *m*
molecular excitation Molekülanregung *f*
molecular fission Molekülspaltung *f*, Molekularzertrümmerung *f*
molecular flow Molekularströmung *f*
molecular force Molekularkraft *f*, zwischenmolekulare Kraft *f*
molecular formula Molekülformel *f*, Molekularformel *f*
molecular free path molekulare freie Weglänge *f*, freie Weglänge *f* der Moleküle *npl*
molecular frequncy molekulare Schwingungsfrequenz *f*
molecular friction Molekularreibung *f*
molecular ga[u]ge Molekularvakuummeter *n*
molecular group Molekülgruppe *f*
molecular heat Molarwärme *f*, Molekularwärme *f*, molare Wärmekapazität *f* *{in* $J/K{\cdot}mol$*}*
molecular heat of vaporization latente Verdampfungswärme *f*, latente Verdampfungsentropie *f*, mol[ekul]are Verdampfungswärme *f*
molecular lattice [structure] Molekülgitter *n*
molecular law Knudsensches Gesetz *n*
molecular layer Molekülschicht *f*, molekulare Schicht *f*, Monomolekularschicht *f*
molecular leak Molekularleck *n* *{Vak}*
molecular magnet Elementarmagnet *m*
molecular magnetism Molekularmagnetismus *m*
molecular mass Molekülmasse *f* *{in* kg/mol*}*,

molekulare Masse *f {DIN 3320}*, Molekularmasse *f*
molecular mobility Molekülbeweglichkeit *f*
molecular model Molekülmodell *n*
molecular movement Molekularbewegung *f*
molecular orbital Molekülorbital *n*, Molekularorbital *n*, molekulares Orbital *n*, MO
molecular orbital approximation MO-Näherung *f {Valenz}*
molecular orbital calculation MO-Rechnung *f*, Molekülorbitalrechnung *f*
molecular orientation molekulare Ausrichtung *f*, Molekülorientierung *f*
molecular polarity Molekülpolarität *f*
molecular polarization Molpolarisation *f*, molare Polarisation *f*, Molarpolarisation *f*
molecular pressure Molekulardruck *m*
molecular ray *s.* molecular beam
molecular rearrangement Molekülumlagerung *f*
molecular recoil Molekülrückstoß *m*
molecular refraction Molekularbrechungsvermögen *n*, Molekularrefraktion *f*, Molrefraktion *f*
molecular refractivity *s.* molecular refraction
molecular repulsion Molekularabstoßung *f*
molecular rotation Molekulardrehung *f*, molekulare Drehung *f*, Molekularrotation *f {Molekularmasse x spezifische Drehung}*
molecular rotation spectrum Molekularrotationsspektrum *n*
molecular-sandwich Sandwich-Molekül *n {Stereochem}*
molecular scattering Molekularstreuung *f*
molecular sieve Molekularsieb *n*, Molekülsieb *n*
molecular sieve baffle Adsorptionsfalle *f*
molecular sieve trap Molekularsieb-Falle *f*
molecular sink Molekülsenke *f*
molecular solution molekulare Lösung *f*, echte Lösung *f*
molecular solution volume molares Lösungsvolumen *n {V(1M Lösung)-V(Lösemittel) pro L}*
molecular spectrum Molekülspektrum *n*, Bandenspektrum *n*
molecular speed Molekulargeschwindigkeit *f*
molecular spin orbital molekulares Spinorbital *n {Valenz}*
molecular spiral Molekularspirale *f*
molecular state Molekularzustand *m*
molecular still Molekulardestillierapparat *m*, Kurzwegdestillierapparat *m*
molecular structure Molekülaufbau *m*, Molekularstruktur *f*, Molekülstruktur *f*, Molekularaufbau *m*, Molekülgebilde *n*
molecular symmetry Molekülsymmetrie *f*
molecular transformation Molekülumlagerung *f*
molecular vacuum pump Molekularvakuumpumpe *f*
molecular vapo[u]rization Dünnschichtverdampfung *f*
molecular velocity Molekülgeschwindigkeit *f*
molecular volume Molvolumen *n*, molares-Volumen *n*, stoffmengenbezogenes Volumen *n {in m^3/mol}*
molecular wave function molekulare Wellenfunktion *f*, Molekülwellenfunktion *f*
molecular weight relative Molekülmasse *f*, Molekulargewicht *n {obs}*
molecular-weight determination Bestimmung *f* der relativen Molekülmasse *f*, Molekulargewichtsbestimmung *f {obs}*
molecular-weight distribution Molekulargewichtsverteilung *f*, Verteilung *f* der relativen Molekülmassen *fpl {Polymer}*
molecular-weight distribution curve Molekulargewichtsverteilungskurve *f*, Verteilungskurve *f* der relativen Molekülmassen *fpl*
molecular-weight fractionation Molekülmassefraktionierung *f*, Fraktionierung *f* der relativen Molekülmassen *fpl*
empirical molecular formula Bruttoformel *f*
linear molecular chain Fadenmolekül *n*
of high molecular weight hochmolekular
molecularity Molekularität *f*, Molekularzustand *m {einer Reaktion}*; Reaktionsmolekularität *f*
molecule Molekül *n*, Molekel *f*
molecule chain length Molekülkettenlänge *f*
molecule formation Molekülbildung *f*
molecule length Moleküllänge *f*
molecule segment Molekülsegment *n*
activated molecule aktiviertes Molekül *n*
compound molecule Molekülverbindung *f*
core of a molecule Molekülrumpf *m*
diatomic molecule zweiatomiges Molekül *n*
elementary molecule Elementmolekül *n {z.B. H_2, O_2, Cl_2}*
excited molecule angeregtes Molekül *n*, energiereiches Molekül *n*
gram molecule *s.* mole
homopolar molecule homopolares Molekül *n {z.B. H_2}*
isosteres molecule isosteres Molekül *n*, elektronenanaloges Molekül *n*
nonpolar molecule unpolares Molekül *n*
oriented molecule ausgerichtetes Molekül *n*, orientiertes Molekül *n*
saturated molecule [ab]gesättigtes Molekül *n {Valenz}*
tetraatomic molecule vieratomiges Molekül *n*
triatomic molecule dreiatomiges Molekül *n*
unsaturated molecule ungesättigtes Molekül *n {Valenz}*
vibration of a molecule Molekülschwingung *f*

moler Moler *m*, Molererde *f* *{Diatomeenerde}*
moler insulation brick Isolierstein *m* aus Moler *m*
Mollier chart Mollier-Diagramm *n*, Enthalpie-Entropie-Diagramm *n* *{Thermo}*
Mollier diagram *s.* Mollier chart
mollisin Mollisin *n*
molluscacide *s.* mollus[ci]cide
mollus[ci]cide Molluskizid *n* *{Biozid zur Weichtierbekämpfung}*
Molotov cocktail Molotow-Cocktail *m* *{Benzin-Flaschenbombe}*
molten geschmolzen, aufgeschmolzen, schmelzflüssig
molten bath Schmelze *f*, Schmelzbad *n* *{Met}*
molten bath electrolysis Schmelzflußelektrolyse *f*
molten bath spraying Schmelzbadspritzen *n* *{DIN 32530}*
molten bead extrudierter Zusatzwerkstoff *m* *{Extrusionsschweißen}*
molten charge warmer Einsatz *m*, Schmelze *f* *{Met}*
molten electrolyte Badschmelze *f*
molten extrudate Extrudat *n* im Schmelzezustand *m*
molten film Schmelzschicht *f*, aufgetragene Schmelzklebstoffschicht *f*
molten mass Schmelzgut *n*
molten material Schmelzgut *n*
molten metal Metallschmelze *f*, schmelzflüssiges Metall *n*
molten metal dyeing Schmelzbadfärben *n*, Metallbadfärben *n*, Färben *n* im Metallbad *n*
molten pool Schmelzsumpf *m*, Schmelzbad *n* *{Met}*
molten rock Schmelzfluß *m*, Schmelze *f* *{Geol}*
molten-salt carburizing Salzbadaufkohlen *n*, Badaufkohlen *n*, flüssige Aufkohlung *f*, Salzbadzementieren *n*, Badzementieren *n*, Aufkohlen *n* im Salzbad *n*, Aufkohlen *n* in flüssigen Mitteln *npl* *{Met}*
molten-salt breeder reactor Salzschmelzenbrüter *m* *{Nukl}*
molten-salt reactor Salzschmelzenreaktor *m* *{Nukl}*
molten tube Schmelzeschlauch *m*
molten zone aufgeschmolzene Zone *f*, Schmelzzone *f*
moly 1. molybdänhaltig; Molybdän-; 2. Molybdändisulfid *n* als Schmiermittel *n*
moly-manganese ceramic-to-metal seal Metall-Keramik-Verbindung *f* nach dem Molybdän-Mangan-Verfahren *n* *{Vak}*
moly-sulfide agent *s.* moly-sulfide grease
moly-sulfide grease MoS_2-haltiges Schmiermittel *n*
molybdate <M'_2MoO_4> molybdänsaures Salz *n* *{obs}*, Tetraoxomolybdat(VI) *n*, Molybdat(VI) *n*
molybdate fiery red Mineralfeuerrot *n*
molybdate orange Molybdatorange *n*, Molybdänorange *n* *{mit 5 % Bleimolybdat}*
molybdena Molybdänoxid-Katalysatorgemisch *n*
molybdenite <MoS_2> Molybdänit *m*, Molybdänglanz *m* *{Min}*
molybdenous Molybdän-, Molybdän(II)-
molybdenous compound Molybdän(II)-Verbindung *f*
molybdenous salt Molybdän(II)-Salz *n*
molybdenum *{Mo, element no. 42}* Molybdän *n*
molybdenum alloy Molybdänlegierung *f*
molybdenum anhydride <MoO_3> Molybdänsäureanhydrid *n*, Molybdän(VI)-oxid *n*, Molybdäntrioxid *n*
molybdenum blue <Mo_3O_8> [blaues] Molybdän(V, VI)-oxid, Molybdänblau *n* *{Sammelbezeichnung für blaue Molybdänoxide}*
molybdenum blue spectrophotometric method Molybdänblau-Spektrophotometrie *f* *{P-Bestimmung}*
molybdenum boat Molybdänschiffchen *n*
molybdenum carbide Molybdäncarbid *n* *{Mo_2C und MoC}*
molybdenum carbonyl <$Mo(CO)_6$> Molybdänhexacarbonyl *n*
molybdenum chlorides Molybdänchloride *npl* *{$MoCl_2$, $MoCl_3$, $MoCl_4$, $MoCl_5$}*
molybdenum content Molybdängehalt *m*
molybdenum dichloride <$MoCl_2$> Molybdän(II)-chlorid *n*, Molybdändichlorid *n*
molybdenum dihydroxytetrabromide <$Mo_3Br_4(OH)_2$> Molybdän(II)-dihydroxytetrabromid *n*
molybdenum dihydroxytetrachloride <$Mo_3Cl_4(OH)_2$> Molybdän(II)-dihydroxytetrachlorid *n*
molybdenum diiodide Molybdändiiodid *n*, Molybdän(II)-iodid *n*
molybdenum dioxide <MoO_2> Molybdändioxid *n*, Molybdän(IV)-oxid *n*
molybdenum disilicide <$MoSi_2$> Molybdändisilicid *n*
molybdenum disulfuide <MoS_2> Molybdändisulfid *n*, Molybdän(IV)-sulfid *n*
molybdenum filament Molybdänfaden *m*
molybdenum glance Molybdänglanz *m*, Molybdänit *m* *{Min}*
molybdenum glass Molybdänglas *n*
molybdenum metal Molybdänmetall *n*
molybdenum orange *s.* molybdate orange
molybdenum oxides Molybdänoxide *npl* *{Mo_2O_3, MoO_2, MoO_3}*
molybdenum oxybromide <MoO_2Br_2> Molybdän(VI)-dioxiddibromid *n*, Molybdändioxybromid *n*

molybdenum oxytetrachloride <$MoOCl_4$> Molybdän(VI)-oxidtetrachlorid *n*
molybdenum oxytetrafluoride <$MoOF_4$> Molybdän(VI)-oxidtetrafluorid *n*
molybdenum pentachloride <$MoCl_5$> Molybdänpentachlorid *n*, Molybdän(V)-chlorid *n*
molybdenum-reinforced nickel base alloy molybdänverfestigte Nickelbasislegierung *f*
molybdenum sesquioxide <Mo_2O_3> Molybdänsesquioxid *n*, Molybdän(III)-oxid *n*
molybdenum sesquisulfide <Mo_2S_3> Molybdän(III)-sulfid *n*, Molybdänsesquisulfid *n*
molybdenum silicide Siliciummolybdän *n* *{Met; 60 % Mo, 30 % Si, 10 % Fe}*
molybdenum silver Molybdänsilber *n*
molybdenum steel 1. Molybdänstahl *m {10 % Mo, 1,5 % C}*; 2. molybdänhaltiger Stahl *m* *{< 1,5 % Mo}*
molybdenum sulfides Molybdänsulfide *npl* *{Mo_2S_3, MoS_2, MoS_3, MoS_4}*
molybdenum tetrabromohydroxide *s.* molybdenum dihydroxytetrabromide
molybdenum tetrasulfide <MoS_4> Molybdän(VIII)-sulfid *n*, Molybdäntetrasulfid *n*
molybdenum trioxide <MoO_3> Molybdäntrioxid *n*, Molybdänsäureanhydrid *n*, Molybdän(VI)-oxid *n*
molybdenum trisulfide <MoS_3> Molybdäntrisulfid *n*, Molybdän(VI)-sulfid *n*
molybdenyl 1. <$-MoO_2-$> Molybdenyl-; 2. <$=MoO=$> Molybdenyl-
molybdenyl dichloride <$MoO_2Cl_2 \cdot H_2O$; $MoO(OH)_2Cl_2$> Molybdenyldichloridhydrat *n*, Molybdändioxiddichlorid[-Hydrat] *n*; Molybdenyldihydroxiddichlorid *n*
molybdic Molybdän- *{höherwertige Mo-Verbindung}*; Molybdän(III)-; Molybdän(VI)-
molybdic acid <H_2MoO_4> Molybdän(VI)-säure *f*, Tetraoxomolybdänsäure *f*
molybdic anhydride Molybdänsäureanhydrid *n*, Molybdäntrioxid *n*, Molybdän(VI)-oxid *n*
molybdic ocher 1. Molybdänocker *m*, Molybdit *m {MoO_3; Min}*; 2. Ferrimolybdit *m {Eisen(III)-molybdat(V)}*
molybdic oxide *s.* molybdenum trioxide
salt of molybdic acid Molybdat(VI) *n*
molybdite Molybdit *m*, Molybdänocker *m {Min}*
molybdomenite <$PbSeO_3$> Bleisenit *m {obs}*, Molybdomenit *m {Min}*
molybdophosphate <$M'_3[P(Mo_3O_{10})_4]$> Molybdatophosphat *n*, Dodecamolybdatophosphat(V) *n*
molybdophosphate photometric method Molybdatophosphat-Photometrie *f {P-Bestimmung}*
molybdophyllite Molybdophyllit *m {Min}*
molybdosodalite Molybdosodalith *m {Min}*
molybdous Molybdän-, Molybdän(II)-
molybdous compound Molybdän(II)-Verbindung *f*
molybdous salt Molybdän(II)-Salz *n*
molybdyl *s.* molybdenyl
molysite Molysit *m {Min}*
moment 1. Augenblick *m*, Moment *m n {Phys, Math, Statistik}*; 2. Bedeutung *f*
moment of area Flächenträgheitsmoment *m*, Flächenmoment *m* zweiten Grades *m {in m^4}*
moment of force Kraftmoment *n {in $N \cdot m$}*
moment of inertia Trägheitsmoment *n* *{in $kg \cdot m^2$}*
moment of momentum Bahndrehimpuls *m*, Drehimpuls *m*, Impulsmoment *n*, Drall *m {in $kg \cdot m^2/s$}*
moment of rotation Drehmoment *n {in $N \cdot m$}*
moment-resisting biegungsfest
magnetic moment magnetisches Moment *n {in $A \cdot m^2$}*
momentary momentan, augenblicklich; kurzzeitig
momentum Bewegungsgröße *f {in $kg \cdot m/s$}*, Impuls *m*, Moment *n {in $kg \cdot m/s$}*; Stoßkraft *f*, Wucht *f*, Triebkraft *f*, bewegende Kraft *f {Tech}*
momentum and energy exchange Impuls- und Energieaustausch *m*
momentum change Impulsänderung *f*
momentum conservation Impulserhaltung *f*
momentum distribution Impulsverteilung *f*
momentum equation *s.* momentum principle
momentum principle Impulssatz *m*, Impulserhaltungssatz *m*
momentum separator Prall[ab]scheider *m*
momentum space Impulsraum *m {Phys}*
momentum space integral Impulsraumintegral *n*
momentum space representation Impulsraumdarstellung *f*
momentum transfer Impulsübertragung *f*
momentum transfer collision Stoß *m* mit Impulsübertragung *f*
angular momentum *s.* spin
linear momentum lineares Moment *n*
magnetic momentum magnetisches Moment *n*
static momentum statisches Moment *n*
MON *{motor octane number}* Motoroctanzahl *f*, MOZ
monacetin *s.* monoacetin
monad 1. Monade *f {primitiver einzelliger Organismus}*; 2. einwertiges Element *n*, einwertiges Atom *n*, einwertiges Radikal *n*, einwertige Atomgruppe *f {Valenz}*; 3. Einheit *f*, Unteilbares *{Philosophie}*
monarda oil Monardaöl *n*
monardin Monardin *n {Terpen}*
Monastral blue Monastralblaupigment *n* *{Cu-Phthalocyanin}*
monatomic monoatomar, einatomig

monatomicity Einatomigkeit *f {z.B. He, Ne}*
monaxial einachsig
monazite <$Ce(PO_4)$> Turnerit *n {hydrothermaler Monazit}*, Monazit *m {Min}*
monazite sand Monazitsand *m {Min}*
Mond gas Mond-Gas *n {Gasgemisch aus überhitztem Dampf und Kohle}*
Mond process 1. Mond-Verfahren *n*, Mond-Prozeß *m {Ni-Gewinnung durch Carbonylierung}*, Mond-Niederdruckcarbonylverfahren *n*; 2. Mond-Gas[gerator]verfahren *n*
Monel [metal] Monel *n*, Monelmetall *n {Korr; 67 % Ni, 28 % Cu, 1-2 % Mn, 1,9-2,5 % Fe}*
monergol Monergol *n {homogenes Flüssig-Treibmittel}*
monesia bark Monesiarinde *f*
monesin Monesin *n*
monetite Monetit *m {Min}*
money paper Banknotenpapier *n*
monimolite Monimolit[h] *m*, Bindeheimit *m {Min}*
monistic compound nichtdissoziierende Verbindung *f {z.B. Zucker}*
monite Monit *m {Min}*
monitor/to abhören, mithören; überwachen, kontrollieren
monitor 1. Überwachungsgerät *n*, Überwachungsinstrument *n*, Fernsichtgerät *n*, Monitor *m*, Kontrollgerät *n*; Warngerät *n*; 2. Wächter *m {Elek}*; 3. Monitor *m {Bildschirm; EDV}*
monitor crystal Kontrollkristall *m*
monitoring Überwachung *f*, Kontrolle *f*; Betriebsüberwachung *f*
monitoring appliance Überwachungsvorrichtung *f*
monitoring camera Überwachungskamera *f*
monitoring device Überwachungseinrichtung *f*, Überwachungselement *n*, Überwachungsarmatur *f*, Überwachungsorgan *n*
monitoring equipment Überwachungseinrichtung *f*, Überwachungsgeräte *npl*
monitoring instrument Überwachungsgerät *n*, Kontrollgerät *n*, Meßgerät *n*
monitron Monitron *n {Nukl}*
monkey spanner *s.* monkey wrench
monkey wrench Universalschraubenschlüssel *m*
monkshood Akonit *m*, Eisenhut *m {Bot, Pharm}*
Monnier-Williams method Monnier-Williams-Methode *f {SO_2-Bestimmung in Zucker}*
mono 1. allein, einzeln, einzig; ein-, mon-, Mon[o]-; 2. monophonisch *{Akustik}*
monoacetate Monoacetat *n*
monoacetin <$C_3H_5(CO_2CH_3)(OH)_2$> Monoacetin *n*, Glycerinmonoacetat *n*, Glycerolmonoacetat *n*, Acetin *n {Triv}*
monoacid 1. einsäurig, einbasig, einwertig; 2. Monohydrogen-, Hydrogen- *{Salz}*
monoacid phosphate <M'_2HPO_4> Monohydrogenphosphat *n*, Hydrogenorthophosphat *n*, sekundäres Phosphat *n*
monoalkylbenzenes <RC_6H_5> Monoalkylbenzole *npl*
monoalkyltin chloride Monoalkylzinnchlorid *n*
monoalkyltin compound Monoalkylzinnverbindung *f*
monoalkyltin stabilizer Monoalkylzinnstabilisator *m*
monoalkyltin thioglycolate Monoalkylzinnthioglycolsäureester *m*
monoamide Monoamid *n*
monoamine Monoamin *n*
monoamine oxidase *{EC 1.4.3.4}* Aminoxidase (Flavin) *f {IUB}*, Tyraminoxidase *f*, Tyraminase *f*, Adrenalinoxidase *f*, Monoaminoxidase *f*
monoamino acid <$H_2NRCOOH$> Monoaminosäure *f*
monoaminomesitylene <$H_2NC_6H_2(CH_3)_3$> Monoaminomesitylen *n*
monoammonium phosphate <$NH_4H_2PO_4$> Monoammoniumphosphat *n*, primäres Ammoniumphosphat *n*, Ammoniumdihydrogen[ortho]-phosphat *n*
monoanion einatomiges Anion *n {z.B. Cl^-}*
monoatomic einatomig, monoatomar
monoatomic layer einatomare Schicht *f*
monoatomicity Einatomigkeit *f {z.B. He, Ne, Ar}*
monoaxially monoaxial, einachsig
monoaxially drawn film monoaxial gereckte Folie *f*, uniaxial gereckte Folie *f*
monoaxially stretched film tape einachsig gerecktes Folienband *n*
monoazo dye Monoazofarbstoff *m*
monobarium silicate Monobariumsilicat *n*
monobasic 1. einbasig, einbasisch, einwertig, einprotonig *{Säure}*; 2. einbasig, monobasisch, einsäurig, einwertig *{Base oder basisches Salz}*
monobasic acid einbasische Säure *f*
monobasic ammonium phosphate <$NH_4H_2PO_4$> Monoammoniumphosphat *n*, Ammoniumdihydrogenphosphat *n*
monobasic barium phosphate <$BaH_4(PO_4)_2$> Bariumtetrahydrogenphosphat(V) *n*
monobasic calcium phosphate <$Ca(H_2PO_4)_2{\cdot}H_2O$> Monocalciumhydrogenphosphat *n*, Calciumdihydrogenphosphat(V) *n*
monobasic lead acetate <$Pb_2O(CH_3COO)_2$> Blei(II)-oxidacetat *n*
monobasic lead arsenate <$PbH_4(AsO_4)_2$> Monoblei[ortho]arsenat(V) *n*, Blei(II)-tetrahydrogenorthoarsenat *n*
monobasic lithium phosphate <LiH_2PO_4> Lithiumdihydrogen[ortho]phosphat(V) *n*
monobasic magnesium phosphate

$<Mg(H_2PO_4)_2>$ einbasisches Magnesiumphosphat *n*, Monomagnesiumphosphat *n*, Magnesiumdihydrogen[ortho]phosphat(V) *n*
monobasic phosphate $<M'H_2PO_4>$ primäres Phosphat *n*, Dihydrogenorthophosphat(V) *n*
monobasic potassium phosphate $<KH_2PO_4>$ Kaliumdihydrogen[ortho]phosphat(V) *n*, Monokaliumphosphat *n*
monobasic sodium hypophosphite $<NaH_2PO_4>$ Natriumhypophosphit *n*, Natriumdihydrogenphosphat(III) *n*
monobasic sodium phosphate $<NaH_2PO_2>$ Mononatriumphosphat *n*, Natriumdihydrogen[ortho]phosphat(V) *n*
monobath Einbad *n*, Monobad *n* *{Photo}*
monobenzone $<C_{13}H_{12}O_2>$ Monobenzon *n*, *p*-Benzyloxyphenol *n*
monobenzylidene acetone $<C_6H_5CH=CH-COCH_3>$ Monobenzyliden-Aceton *n*, Methylstyrylketon *n*
monoblock pump Einblockpumpe *f*
monobromated camphor Bromcampher *m*, Monobromcapher *m*
monobromethane 1. $<C_2H_5Br>$ Ethylbromid *n*, Bromethan *n*; 2. $<CH_3Br>$ Methylbromid *n*, Brommethan *n*
monobromobenzene $<C_6H_5Br>$ Monobrombenzol *n*, Brombenzol *n*
monobromoisovaleryl urea Monobromisovalerylharnstoff *m*
monobromopropionic acid Monobrompropionsäure *f*
monocalcium phosphate $<Ca(PO_4H_2)_2 \cdot H_2O>$ Monocalciumphosphathydrat *n*, Calciumdihydrogen[ortho]phosphat(V) *n*
monocaproin Monocaproin *n*
monocarboxylic acid $<RCOOH>$ Monocarbonsäure *f*, einbasige Carbonsäure *f*
monocarboxylic acid ester $<RCOOR'>$ Monocarbonsäureester *m*
monocell Monozelle *f*, galvanisches Element *n*
monocellular einzellig
monocellular organism Einzeller *m*
monochlorhydrate Monochlorhydrat *n*
monochloroacetic acid $<ClCH_2COOH>$ Monochloressigsäure *f*, Chlorethansäure *f*, Chloressigsäure *f*
monochloroamine $<NH_2Cl>$ Monochloramin *n*
monochlorobenzene $<C_6H_5Cl>$ Monochlorbenzol *n*, Chlorbenzen *n*
monochlorodifluoromethane $<CHCl_2F>$ Chlordifluormethan *n*
monochloroethane $<C_2H_5Cl>$ Monochlorethan *n*, Ethylchlorid *n*, Chlorethan *n*, Chlorethyl *n*
monochlorohydrin Monochlorhydrin *n*
monochloromethane $<CH_3Cl>$ Monochlormethan *n*, Chlormethan *n*, Methylchlorid *n*, Chlormethyl *n*
monochloropentafluoroethane $<C_2ClF_5>$ Chlorpentafluorethan *n*
monochlorosilan $<SiH_3Cl>$ Monochlorsilan *n*, Chlorsilan *n*
monochloroparaffin Monochlorparaffin *n*, Monochloralkan *n*, monochlorierter Paraffinkohlenwasserstoff *m*
monochroic monochrom, einfarbig
monochromatic einfarbig, monochrom; monochromatisch *{Phys}*
monochromatic filter Monochromator *m*, Strahlungsfilter *n* *{Spek}*
monochromatization Monochromatisierung *f* *{Strahlung}*
monochromator Monochromator *m*, Strahlungsfilter *n* *{Spek}*
monochrome monochrom, einfarbig; Schwarzweiß- *{Photo}*
monochrome visual display unit Schwarzweiß-Sichtgerät *n* *{EDV}*
monochrome yellow Monochromgelb *n*
monochromic monochrom, einfarbig
monoclinic monoklin, monoklinisch *{Krist}*
monoclinic macrolattice monoklines Makrogitter *n* *{teilkristalline Thermoplaste}*
monoclinic sulfur monokliner Schwefel *m*, *ß*-Schwefel *m*
monoclonal antibody monoklonaler Antikörper *m* *{Gen}*
monocrotalic acid Monocrotal[in]säure *f*
monocrotaline Monocrotalin *n*
monocrotic acid Monocrot[in]säure *f*
monocrystal Einkristall *m*, Monokristall *m*
monocrystal point Einkristallspitze *f*
monocrystalline wire Einkristalldraht *m*
monocular einäugig *{Opt}*
monocyclic einringig, monocyclisch, monozyklisch
monodentate einzähnig, einzählig *{Komplexchemie}*
monodeuteriobenzene $<C_6H_5D>$ Monodeuteriobenzol *n*, Monodeuterobenzol *n*, Benzol-d *n*
monodisperse monodispers, homodispers, isodispers *{Dispersion gleichartiger Partikel}*
monoenergetic monoenergetisch; von gleichem Energieniveau
monoenergetic ion source monokinetische Ionenquelle *f*
monoester $<RCOOR'>$ Monoester *m*
monoethanolamine $<HOCH_2CH_2NH_2>$ Monoethanolamin *n*, *ß*-Hydroxyethylamin *n*, Aminoethylalkohol *m*, 2-Aminoethan-1-ol *n* *{IUPAC}*
monoethenoid fatty acid einfach ungesättigte Fettsäure *f*, Monoolefincarbonsäure *f*
monoethylin $<C_3H_5(OH)_2OC_2H_5>$ Monoethylin *n*, Glycerinmonoethylester *m*

monofil[ament] 1. monofil *{aus einem Elementarfaden bestehend}*; 2. Monofil *n*, Monofil[ament]garn *n*, monofile Seide *f {aus einem Elementarfaden}*, Einzelfaden *m*
monofilament extrusion Monofilextrusion *f*, Fadenextrusion *f*
monofluoride Monofluorid *n*
monofluorophosphoric acid <H_2PO_3F> Monofluorphosphorsäure *f*
monoformin <$C_3H_5(OH)_2COOH$> Monoformin *n*, Glycerylmonoameisensäureester *m*
monofunctional monofunktionell
monogermane <GeH_4> Monogerman *n*, German *n*, Germaniumtetrahydrid *n*
monoglyceride <$C_3H_5(OH)_2COOR$> Monoglycerid *n*
monograph[ic publication] Monographie *f*
monohalide <RX; M'X> Monohalogenid *n*
monoheteroatomic monoheteroatomig
monohydrate Monohydrat *n*
monohydrate crystal <$Na_2CO_3 \cdot H_2O$> Natriumcarbonathydrat *n*, Sodamonohydrat *n*
monohydric 1. einwertig, mit einer Hyroxylgruppe *f {OH-Grupe}*, sekundär *{Valenz}*; einfachsauer; 2. Monohydrogen-, Hydrogen- *{Salz}*
monohydric alcohol <ROH> einwertiger Alkohol *m*
monohydric phenol <ArOH> einwertiges Phenol *n*
monohydride Monohydrid *n*
monohydrochloride Monochlorhydrat *n {Pharm}*
monohydrogen 1. Monohydrogen-, Hydrogen-; 2. <H> Monowasserstoff *m*, atomarer Wasserstoff *m*, einatomiger Wasserstoff *m*
monohydrogen phosphate <M'_2HPO_4> sekundäres Phosphat *n*, Monohydrogenphosphat *n*, Hydrogenorthophosphat *n*, Hydrogenmonophosphat(V) *n*
monohydrogen potassium phosphate <K_2HPO_4> Dikaliumhydrogenorthophosphat(V) *n*
monohydroxy compound <ROH; M'OH> Monohydroxyverbindung *f*
monoiodide <RI; ArI; M'I> Monoiodid *n*
monoiodoethane <CH_3CH_2I> Ethyliodid *n*, Iodethan *n {IUPAC}*, Iodethyl *n*
monoisotopic monoisotop
monoisotopic element Reinelement *n*, isotopenreines Element *n*, mononuklidisches Element *n*
monoketone <RCOR> Monoketon *n*
monolaurin Monolaurin *n*
monolayer Monoschicht *f*, monomolekulare Schicht *f*, monomolekularer Film *m*, Monomolekularfilm *m*
monolayer capacity Sättigungswert *m* bei monomolekularer Bedeckung *f*
monolayer coverage Monoschichtbedeckung *f*
monolayer evaporation Monoschichtverdampfung *f*
monolayer time Wiederbedeckungszeit *f* für monomolekulare Bedeckung *f*, Wiederbedekkungszeit *f* für monomolekulare Beschichtung *f*
monolupine <$C_{16}H_{22}N_2O$> Monolupin *n*
monomer 1. monomer; 2. Monomer[es] *n*, monomere Substanz *f {Chem}*; 3. Grundmolekül *n {Kunst}*
monomer casting Monomergießen *n {Polyamid}*
monomer concentration Monomerkonzentration *f*
monomer molecule Monomermolekül *n*
monomer radical Monomerradikal *n*
monomer sequence distribution Monomersequenzverteilung *f*, Monomerordnungsverteilung *f*
monomer-soluble monomerlöslich
monomer unit Monomerbaustein *m*, Monomereinheit *f*, monomere Einheit *f*
monomeric monomer; Monomer-
monomeric plasticizer Monomerweichmacher *m*
monomeride Monomer *n*
monomerism Monomerie *f*
monomery Monomerie *f*
monometallic monometallisch
monomethylamine <CH_3NH_2> Monomethylamin *n*, Methylamin *n*, Aminomethan *n*
monomethylaniline <$C_6H_5NHCH_3$> Monomethylanilin *n*, Methylanilin *n*
monomethylol urea Monomethylolharnstoff *m*
monometric isometrisch
monomineralic monomineralisch *{Geol}*
monomolecular einmolekular, monomolekular, unimolekular
monomolecular adsorption monomolekulare Adsorption *f*, Monoschichtadsorption *f*
monomolecular film *s.* monomolecular layer
monomolecular layer monomolekulare Schicht *f*, Monoschicht *f*, monomolekularer Film *m*, Monomolekularfilm *m*
monomolecular reaction monomolekulare Reaktion *f*, unimolekulare Reaktion *f*
monomorphic monomorph, gleichgestaltig; kategorisch *{Math}*
monomorphous monomorph *{Krist}*
monomyristin Monomyristin *n*
mononitrate <$RONO_2$; $M'NO_3$> Mononitrat *n*
mononitrobenzene <$C_6H_5NO_2$> Mononitrobenzol *n*, Nitrobenzol *n*
mononitrophenol <$HOC_6H_4NO_2$> Mononitrophenol *n*
mononuclear 1. einkernig *{Biol}*; 2. einringig
mononucleotide Mononucleotid *n*
mononuclidics Reinelemente *npl {IUPAC}*

monoolein <$C_{17}H_{31}COOC_3H_5(OH)_2$> Glycerin-1-oleat *n*, Monoolein *n*
monoorganosilane <$RSiH_3$, $ArSiH_3$> Monoorganosilan *n*
monoorganotin compound <$RSnX_3$, $ArSnX_3$> Monoorganozinn-Verbindung *f*
monopalmitin <$C_{15}H_{31}COOCH_2CH(OH)CH_2OH$> Glycerylpalmitat *n*, Monopalmitin *n*
monoperphthalic acid <$HOOCC_6H_4CO(OOH)$> Monoperphthalsäure *f*, Phthalmonopersäure *f*
monophase einphasig; Einphasen-
  monophase system Einphasensystem *n*
monophenetidine citrate Monophenetidincitrat *n*
monophosphate Monophosphat *n*
monophosphothiamine Monophosphothiamin *n*
monopole [magnetischer] Monopol *m*
  monopole partial pressure analyzer Monopol-Partialdruckanalysator *m*
  monopole mass spectrometer Monopolspektrometer *n*
monopoly Monopol *n*, Monopolgesellschaft *f*
monopotassium L-glutamate <$KOOC(CH_2)_2CHNH_2COOH \cdot H_2O$> Kaliumglutamat *n*, Monokalium-L-glutamat *n*
  monopotassium phosphate <KH_2PO_4> Monokaliumphosphat *n*, Kaliumdihydrogen[ortho]phosphat *n*, primäres Kaliumorthophosphat *n*
monopropellant Monotreibstoff *m*, Einfach-Raketentreibstoff *m*, Raketenmonotreibstoff *m*
monorefringent optisch isotrop
monorhein Monorhein *n*
monorheinanthrone Monorheinanthron *n*
monosaccharide <$C_nH_{2n}O_n$> Monosa[c]charid *n*, Einfachzucker *m*
monosaccharose Monosaccharose *f*, Monosucrose *f* *{Rohrzucker, Rübenzucker}*
monose Monosa[c]charid *n*, Monose *f*, Einfachzucker *m*
monosilane <SiH_4> Monosilan *n*, Silan *n* *{IUPAC}*
monosilicate Monosilicat *n*
monosize[d] particles gleichgroße Teilchen *npl*
monosodium carbonate <$NaHCO_3$> Mononatriumcarbonat *n*, Natriumhydrogencarbonat *n*
  monosodium citrate Mononatriumcitrat *n*
  monosodium glutamate <$NaOOCCH_2CH_2CH(NH_2)COOH$> Mononatriumglutam[in]at *n*, Natriumglutamat *n*
  monosodium phosphate <NaH_2PO_4> Mononatriumphosphat *n*, Natriumdihydrogen[ortho]phosphat *n*, primäres Natriumphosphat(V) *n*
  monosodium salt Mononatriumsalz *n*
  monosodium succinate <$COOHCH_2CH_2COONa$> Mononatriumsuccinat *n*
  monosodium sulfate <$NaHSO_4$> Mononatriumsulfat *n*, Natriumhydrogensulfat(VI) *n*
  monosodium sulfite <$NaHSO_3$> Mononatriumsulfit *n*, Natriumhydrogensulfit(IV) *n*
monosome Monosom *n* *{1. Einzel-mRNA-Ribosomkomplex; 2. homologfreies Chromosom}*
monostearin <$C_{17}H_{35}COOC_3H_5(OH)_2$> Monostearin *n*, Glycerolmonostearat *n*, Glycerylmonostearat *n*
monosubstituted monosubstituiert, einfach substituiert
  monosubstituted product Monosubstitutionsprodukt *n*, monosubstituiertes Produkt *n*
monosulfide <R-S-R; M'_2S> **Monosulfid** *n*
  monosulfide bridge Monosulfidbrücke *f*
  monosulfide crosslink Monosulfidbrücke *f*
  monosulfide equivalent Monosulfidwert *m* *{I_2-Titration zur Sulfid-/Polysulfidtrennung}*
monosulfonic acid Monosulfonsäure *f*
monoterpene <$C_{10}H_{16}$> Monoterpen *n*
monothioglycerol <$CH_2(OH)CH(OH)CH_2SH$> 1-Thioglycerol *n*, Monothioglycerol *n*
monotonic monoton, einförmig, eintönig
  monotonic decrease monotone Abnahme *f*
  monotonic increase monotone Zunahme *f*
monotonous monoton, einförmig, eintönig
monotony Monotonie *f*, Eintönigkeit *f*
monotrophic 1. monophag, monotroph *{Physiol}*; 2. monotroph *{Krist}*
monotropic monotrop, einseitig umwandelbar *{Modifikationen}*
monotropy Monotropie *f*, einseitige Umwandelbarkeit *f* *{von Modifikationen}*
monotungsten carbide <WC> Monowolframcarbid *n*
monotype metal Monometall *n*, Monotype-Legierung *f* *{76-80 % Pb, 15-16 % Sb, 5-8 % Sn}*
monouranium hexafluoride uninegative ion <UF_6^-> Hexafluorouranat(V)-ion *n*
monovalence Einwertigkeit *f* *{Chem}*
monovalency Einwertigkeit *f* *{Chem}*
monovalent einwertig, monovalent
  monovalent alcohol einwertiger Alkohol *m*
monovariant monovariant, univariant, einfachfrei, mit einem Freiheitsgrad *m*
monovinylacetylen <$HC{\equiv}C\text{-}CH{=}CH_2$> Vinylacetylen *n*, Monovinylacetylen *n*, Vinylethin *n*, Mova *n*, But-1-en-3-in *n*
monoway valve Einwegventil *n*
monoxide Monoxid *n*
monrolite Monrolith *m* *{obs}*, Sillimanit *m* *{Min}*
montan resin Montanharz *n*
  montan wax Montanwachs *n*
  montan wax pitch Montanwachspech *n*
  montan wax size Montanwachsleim *m* *{Pap}*
montanic acid <$C_{27}H_{55}COOH$> Montansäure *f*, Octacosansäure *f*, Heptacosancarbonsäure *f*

montanic acid ester Montansäureester *m*
montanin Montanin *n {Desinfektionsmittel,* H_2SiF_6*}*
montanite Montanit *m {Min}*
montanol *s.* montanyl alcohol
montanone *s.* montanyl ketone
montanyl alcohol Montanylalkohol *m*, Nonacosan-1-ol *n*, Montanol *n*
montanyl ketone Montanylketon *m*, Montanon *n*
montebrasite Montebrasit *m {Min}*
montejus Druckbirne *f*, Druckfaß *n*, Montejus *m*, Saftheber *m*, Saftpumpe *f*, Druckbehälter *m*, Säuredruckvorlage *f*
montmorillonite Walkton *m*, Montmorillonit *m {Min}*
montroydite Montroydit *m {Min}*
monuron Monuron *n*, 3-(4-Chlorphenyl)-1,1-Dimethylharnstoff *m {Herbizid}*
Monypenny Strauss test Monypenny-Strauß-Probe *f*, Monypenny-Strauß-Test *m {Cu in* H_2SO_4*}*
Mooney plasticity Mooney-Plastizität *f {Gummi}*
Mooney unit Mooney-Grad *m {Gummi; Platte bei 100°C mit 2 Drehungen pro min}*
Mooney viscosity Mooney-Viskosität *f {Gummi}*
moonstone Hekatolith *m {obs}*, Fischauge *n {obs}*, Mondstein *m {Min}*
moor 1. Moor *n*, Mineralmoor *n {organischer Naßboden}*; 2. Heideland *n*, Luch *n*, Bruch *m*, Fenn *n*, Loh *n*, Filz *m {Boden}*
moor coal Moor[braun]kohle *f*
moor peat Hochmoortorf *m*
Moore filter Tauchnutsche *f*, Moore-Filter *m n*
mop Schwabbelscheibe *f*, Webstoffscheibe *f*, Polierläppchenscheibe *f*, Mop *m*
mopoil Mopöl *n*
moraine Moräne *f {Geol}*
morbid krankhaft, morbid; pathologisch
morbidity 1. Kränklichkeit *f*, Krankhaftigkeit *f*, Morbidität *f*; 2. Erkrankungsziffer *f*, Krankenstand *m*
mordant/to beizen; fixieren *{Farb}*
mordant 1. beißend, kaustisch, scharf, schneidend; 2. Beize *f*, Beizmittel *n*, Beizstoff *m {Chem, Text}*; Mordent *m*, Farbbeize *f {Farb}*; Kaustikum *n*, Ätzmittel *n {Chem}*
mordant action Beizkraft *f*, Beizwirkung *f*
mordant auxiliary Beizhilfsmittel *n*
mordant colo[u]r Beizfarbe *f*
mordant dye[stuff] Beizenfarbstoff *m*, adjektiver Farbstoff *m*, beizenfärbender Farbstoff *m*
mordant printing Beizendruck *m*
mordant rouge Rotbeize *f {Text; Al-Diacetat}*
mordant yellow Beizengelb *n*
dyeing on a mordant beizenfärbend
preliminary mordant Vorbeize *f*
weak mordant Vorbeize *f*
mordanting Beizen *n*, Beizung *f*; Fixieren *n {Farb}*
mordanting assistent *s.* mordant auxiliary
mordanting bath Beizbad *n*
mordenite Ashtonit *m {obs}*, Arduinit *m*, Steel[e]it *m {obs}*, Pseudo-Natrolith *m*, Mordenit *m*, Ptilolith *m {Min}*
morenosite <$NiSO_4 \cdot 7H_2O$> Epimillerit *m*, Gapit *m {obs}*, Morenosit *m*, Nickelvitriol *n*, Nikkel(II)-sulfat-Heptahydrat *n {Min}*
morganite Morganit *m*, Rosaberyll *m*, Cäsium-Beryll *m {Min}*
morin <$C_{15}H_{10}O_7$> Morin *n*, 2',3,4',5,7-Pentahydroxyflavon *n*
morinda Morinde *f {Bot}*
morindin Morindin *n*
morindone Morindon *n*
moringa nut Behennuß *f*
moringa oil Behenöl *n*, Moringaöl *n*
moringatannic acid Moringagerbsäure *f*
moringine Moringin *n*
morinite Morinit *m*, Jezekit *m {Min}*
morion Morion *m {dunkler Rauchquarz}*
morocco [leather] Saffian[leder] *n*, Marokkoleder *n*, Moroquin *m n {feines, genarbtes Ziegenleder}*
morolic acid Morolsäure *f*
moroxite Morochit *m {obs}*, Moroxit *m {Min}*
morphan Morphan *n*
morphanthridine Morphanthridin *n*
morphenol Morphenol *n*
morphia *s.* morphine
morphic acid Morphinsäure *f*
morphigenine Morphigenin *n*
morphimethine Morphimethin *n*
morphinan Morphinan *n*
morphine <$C_{17}H_{19}NO_3 \cdot H_2O$> Morphin *n*, Morphinum *n*, Morphium *n {Pharm}*
***p*-morphine** Thebain *n*
morphine acetate Morphinacetat *n*
morphine asinate Morphinasinat *n*
morphine benzoate Morphinbenzoat *n*
morphine hydrochloride Morphinhydrochlorid *n*
morphine meconate <$(C_{17}H_{19}NO_3)_2C_7H_4O_7 \cdot 5H_2O$> mekonsaures Morphin *n*, Morphinbimekonat *n*
morphine methyl ether Codein *n*
morphine methylbromide Morphosan *n*
morphine poisoning Morphinismus *m*, Morphiumvergiftung *f {Med}*
morphine sulfate Morphinsulfat *n*
morphine valerate Morphinvalerianat *n*
morphinism *s.* morphine poisoning
morphinone <$C_{17}H_{17}NO_3$> Morphinon *n*
morphinum *s.* morphine

morphism Morphismus *m {Math}*
morphium *s.* morphine
morphol Morphol *n*, Phenanthren-3,4-diol *n*, 3,4-Dihydroxyanthracen *n*
morpholine **<$HN(CH_2CH_2)_2O$>** Morpholin *n*, Tetrahydro-1,4-oxazin *n*
morphologic[al] morphologisch
morphological change Formveränderung *f*, Gestaltveränderung *f*
morphology Formenlehre *f*, Morphologie *f*
morpholone Morpholon *n*
morpholquinone Morpholchinon *n*
morphoran Morphoran *n*
morphosane **<$C_{17}H_{19}NO_3 \cdot CH_3Br$>** Morphosan *n*
morphothebaine Morphothebain *n*
morphotropism Morphotropie *f {Krist}*
mortal 1. tödlich; sterblich; Tod-, Todes-; 2. Sterblicher *m*
mortality 1. Mortalität *f*, Sterblichkeit[sziffer] *f*; 2. Menschheit *f*
mortar 1. Mörtel *m*, Speis *m*; 2. Mörser *m*; Reibschale *f*
mortar mill Mörtelmühle *f*, Mörtelmischer *m*
mortar of cement Zementmörtel *m*
mortar sand Mörtelsand *m*
acid-proof mortar Säuremörtel *m*
hard mortar Steinmörtel *m*
non-hydraulic mortar Luftmörtel *m*
quickly hardening mortar schnellbindender Mörtel *m*
water mortar hydraulischer Mörtel *m*
morvenite Morvenit *m {obs}*, Harmotom *m {Min}*
mosaic Mosaik *n*
mosaic gold 1. Muschelgold *n*, Musivgold *n*, Mosaikgold *n*, Malergold *n {SnS_2}*; 2. Musivgold *n*, Mosaikgold *n {eine Messingsorte}*
mosaic silver Musivsilber *n {Sn-Bi-Amalgam}*
mosaic structure Mosaikstruktur *f*, Mosaiktextur *f*, Mosaikbau *m {Krist}*
mosandrite Johnstrupit *m*, Rinkolit *m*, Mosandrit *m {Min}*
mosandrium Mosandrium *n {obs; Sm-Gd-Gemisch}*
moschus Moschus *m*
Moseley formula Moseleysche Formel *f {Spek}*
Moseley series Moseleysche Reihe *f*
Moseley spectrum Moseleysches Spektrum *n*
Moseley's law Moseleysches Gesetz *n {Röntgenlinienverschiebung}*
mosesite Mosesit *m {Min}*
moslene **<$C_{10}H_{16}$>** Moslen *n {Terpen}*
mosquito repellent Mückenvertreibungsmittel *n*, Mücken[schutz]mittel *n*
moss 1. Moos *n {Bot}*; 2. Torfmoor *n*, Moor *n*
moss agate Moosachat *m {Min}*
moss gold Goldstaub *m*, Goldblättchen *npl*, Goldkörner *npl {Geol}*
moss green 1. moosgrün *{RAL 6005}*; 2. Moosgrün *n*, Schweinerfurter Grün *n {Kupferarsenitacetat}*
moss silver Silberplättchen *npl*, Silberkörner *npl {Geol}*
moss starch Flechtenstärkemehl *n*, Lichenin *n*
mossite Mossit *m {Min}*
mossy zinc Zinkgranulat *n*
most 1. höchst, ganz; am meisten; 2. meiste; größte, höchste
most probable velocity wahrscheinlichste Geschwindigkeit *f* [der Moleküle] *{Thermo}*
most sensitive line Hauptnachweislinie *f*
most suitable optimal; besonders geeignet
moth Motte *f*; Nachtfalter *m {Zool}*
moth ball Mottenkugel *f*
moth powder Mottenpulver *n*
moth repellent *s.* mothproofing agent
mothproof mottensicher, mottenfest, mottenecht, mottenbeständig
mothproofing Mottenechtausrüstung *f*, Mottenschutz-Appretur *f*
mothproofing agent Mottenschutzmittel *n*, Mottenmittel *n*
mother 1. Mutter-; 2. Mutter *f {Tech}*
mother blank Mutterblech *n*, Kathodenblech *n {Galv}*
mother cask Essigbildner *m*, Mutterfaß *n*
mother cell Mutterzelle *f*, Stammzelle *f*
mother crystal Mutterkristall *m*
mother liquid *s.* mother liquor
mother liquor Stammlösung *f*, Ausgangslösung *f*, Urlösung *f*, Mutterlösung *f*
mother lye *s.* mother liquor
mother of pearl Perlmutter *f*, Perlmutt *n*
mother substance Muttersubstanz *f*, Grundsubstanz *f*, Stammkörper *m*, Grundkörper *m*
mother tincture Urtinktur *f*
mother vat Mutterfaß *n*
mother yeast Mutterhefe *f*
motility Beweglichkeit *f*
motion 1. Bewegung *f*, Gang *m {Phys}*; Gang *m {einer Maschine}*; 2. körperliche Bewegung *f*, Geste *f*; 3. Stuhlgang *m {Med}*
motion equation Bewegungsgleichung *f*
motion-picture film Kinefilm *m*, Cinefilm *m {DIN 15580}*
alternate back-and-forward motion hin- und hergehende Bewegung *f*
anticlockwise motion Gegenlauf *m*
center of motion Drehpunkt *m*
characteristic motion Eigenbewegung *f*
constrained motion erzwungene Bewegung *f {Mech}*
motionless bewegungslos, regungslos, still, unbeweglich, unbewegt

motionless mixer Mischer *m* mit feststehenden Mischelementen *npl*, statischer Mixer *m*
motive Anlaß *m*, Beweggrund *m*, Motiv *n*
motive gas Schiebegas *n*
motive power Antriebskraft *f*, bewegende Kraft *f*, Triebkraft *f*
motive pressure Treibdruck *m*
motive steam Treibdampf *m*
motley buntscheckig, bunt
motley clay Buntton *m*
motor 1. Motor *m {Tech}*; 2. Antriebmaschine *f*, Triebwerk *n {z.B Elektromotor}*; 3. Muskel *m*; motorischer Nerv *m {Med}*; 4. *{GB}* Kraftfahrzeug *n*
motor benzol Motorenbenzol *n*
motor driven mit Motorantrieb, motorgetrieben, motorbetrieben, motorisch angetrieben
motor fuel Motor[en]kraftstoff *m*, Treibstoff *m*; *{US}* Motorenbenzin *n*, Vergaserkraftstoff *m*, Ottokraftstoff *m*
motor gas Schwachgas *n*, Kraftgas *n*, Treibgas *n*
motor gasoline *{GB}* Motor[en]benzin *n*, Fahrbenzin *n*, Kraftstoff *m*; Ottokraftstoff *m*, Vergaserkraftstoff *m*
motor octane number Motoroctanzahl *f*, MOZ *{Research-F_2-Verfahren}*
motor oil Motorenöl *n*, Schmieröl *n*; Treiböl *n*, Dieselöl *n*
motor oil tests in bench engines Motoröluntersuchungen *fpl* in Prüfstandmotoren *mpl*
motor polish Autopolitur *f*
motor power Motorleistung *f {in W}*
motor speed Motordrehzahl *f*
motor spirit *{GB}* Motor[en]benzin *n*, Fahrbenzin *n*, Kraftstoff *m*; Ottokraftstoff *m*, Vergaserkraftstoff *m*
alternating-current motor Wechselstrommotor *m*
direct-current motor Gleichstromelektromotor *m*
geared motor Getriebemotor *m*
knock-resistant motor spirit klopffester Kraftstoff *m*
polyphase motor Mehrphasenmotor *m*
premium grade motor spirit Super-Kraftstoff *m*
regular grade motor spirit Normal-Kraftstoff *m*
mottle/to sprenkeln, marmorieren, betupfen, abtupfen
mottle Marmormuster *n*, Farbschwankungen *fpl*; Sprenkelung *f*, Fleckigkeit *f*
mottled geflammt *{Holz, Keramik}*, gefleckt, fleckig, gesprenkelt, marmoriert, maseriert, gemasert
mottled clay Buntton *m {Min}*
mottled sandstone Buntsandstein *m {Geol}*
mottles Marmorierung *f*
mottling 1. Betupfen *n*, Abtupfen *n*, Marmorieren *n*; 2. Aderung *f*, Marmorierung *f*, Maserung *f*, Sprenkelung *f {Holz, Keramik, Farb}*; Fleckenbildung *f*; 3. Faulbruch *m {Temperguß}*; 4. Tupfeffekt *m {ungleichmäßiges Beschichtungseindringen in Trägermaterial}*
mottramite Cupro-Descloizit *m {obs}*, Mottramit *m {Min}*
mould/to 1. formen, gestalten, modellieren; 2. formpressen, pressen *{Kunst}*; 3. formen, abformen, einformen, Formen herstellen, Formen bauen, gießen *{Gieß}*; 4. in Formen vulkanisieren *{Gummi}*; 5. schöpfen *{Pap}*; 6. kneten *{Teig}*; 7. [ver]schimmeln, schimm[e]lig werden, stocken
mould in/to einpressen
mould 1. Schimmel *m*, Moder *m {Fäulnis, Verwesung}*; Schimmelpilz *m*; 2. Form *f*, Gießform *f*, Gußform *f*; Form *f*, Werkzeug *n*, Preßform *f*, Preßgesenk *n*, Preßwerkzeug *n {Kunst}*; Vulkanisierform *f {Gummi}*; Schöpfform *f*, Schöpfrahmen *m {Pap}*; 3. Schablone *f*; 4. Mater *f*, Matrize *f {Druck}*; 5. Gartenerde *f*, Modererde *f*, Düngeerde *f*; 6. Abguß *m*; 7. Modell *n*
mould casting Formguß *m*
mould cavity 1. Formhohlraum *m {Gieß}*; Spritzgießgesenk *n*, Einarbeitung *f*, Spritzgießkavität *f*, Werkzeugkontur *f*, Formnest *n*, Formhohlung *f*; 2. Matrize *f {Druck}*
mould charge Füllmaterial *n*, Füllgut *n*, Beschickung *f*
mould composition Formstoff *m*
mould cooling medium Werkzeugkühlmedium *n*
mould dope Formeneinstreichmittel *n*, Formenschmiermittel *n*
mould filling Formzeugfüllung *f*, Formenfüllung *f {Kunst}*
mould-filling pressure Formfülldruck *m*
mould-filling process Werkzeugfüllvorgang *m*
mould formation Schimmelbildung *f*
mould growth Schimmelbildung *f*
mould-heating medium Werkzeugheizmedium *n*
mould-like schimmelartig
mould lubricant Form[en]einstreichmittel *n*, Form[en]trennmittel *n*, Trennmittel *n {Chem}*; Kokillenschmiere *f {Gieß}*
mould mark durch das Werkzeug *n* verursachte Fehl[er]stelle *f*, Markierung *f* des Werkzeuges *n*; Formennaht *f*, Trennfuge *f {Glas}*
mould material Werkzeugwerkstoff *m*, Formwerkstoff *m*
mould-parting agent Form[en]trennmittel *n*
mould-parting line Trennfuge *f* der Form *f*, Naht *f* der Form *f*, Formtrennlinie *f*

mould-parting surface Formteilebene *f*, Formteilung *f*
mould powder Abdeckpulver *n {Gieß}*
mould press Formpresse *f*
mould pressure Preßdruck *m*
mould-release agent Trennmittel *n* für Formen, Form[en]trennmittel *n*, Entformungsmittel *n*, Form[en]einstreichmittel *n*, Form[en]einsprühmittel *n*
mould-release medium Werkzeugtrennmittel *n*, Entformungsmittel *n*, Form[en]trennmittel *n*, Form[en]einstreichmittel *n*, Gleitmittel *n*
mould sealant Formversiegler *m*
mould servicing and maintenance Werkzeugwartung und -instandhaltung *f*
mould shrinkage Formenschwindmaß *n*, Werkzeugschwindmaß *n {Polymere}*
mould wax Trennwachs *n*, Werkzeugtrennwachs *n*, Form[en]trennwachs *n {Entformungshilfsmittel}*

mouldability Formbarkeit *f*, Verformbarkeit *f*, Plastizität *f*; Preßbarkeit *f*

mouldable bildsam, formbar, verformbar; verpreßbar
easily mouldable knetbar

moulded article Formkörper *m*, Formartikel *m*, Formling *m*, Formteil *n*; Preßteil *n*; Spritzgußteil *n*
moulded brake lining urgeformter Bremsbelag *m*
moulded cathode gepreßte Kathode *f*
moulded cylinders of [activated char]coal Formkohle *f*
moulded fiber board Hartfaserplatte *f*
moulded foam Formschaumstoff *m*
moulded glass Preßglas *n*
moulded goods Formartikel *mpl*, Formteile *npl*
moulded hose urgeformter Schlauch *m*
moulded-in eingepreßt, eingespritzt, umspritzt
moulded-in stress eingefrorene innere Spannung *f*, Spannungseinschluß *m*, Eigenspannung *f {beim Urformen entstandene innere Spannung}*
moulded insulating material Isolierpreßstoff *m*
moulded-on angeformt, angegossen, angespritzt
moulded part *s.* moulded article
moulded part from chips Spanholzformteil *n*
moulded peat Streichtorf *m*
moulded phenolic material Phenoplast-Preßstoff *m*
moulded piece Formstück *n*, Formteil *n*, Formkörper *m*, Formling *m*; Preßling *m*, Preßteil *n*; Spritzpreßling *m*, Spritzgußteil
moulded-plastic material Preßmasse *f {Kunst}*
moulded sample gepreßte Probe *f*
moulded-thermoplastic article Thermoplastformteil *n*, Thermoplasturformteil *n*
moulded-thermoset resin Preßstoff *m*
moulded-thermosetting article Duroplastformteil *n*, Duroplasturformteil *n*
moulded tube urgeformter Schlauch *m*

moulder/to zerbröckeln, verfallen; [ver]modern

moulder 1. Former *m*, Gießer *m*; Formenbauer *m {Gieß}*; 2. Schöpfer *m {Pap}*; 3. Formfräsmaschine *f*, Profilfräsmaschine *f*, Kehlmaschine *f {Hohlkehlen}*

moulder's black Gießereischwärze *f*

moulding 1. Formen *n*, Gestalten *n*, Formgebung *f*; Plasturformen *n {in geschlossenen Werkzeugen}*; Abformen *n*, Formpressen *n*, Herstellung *f* von Formartikeln, Herstellung *f* von Formteilen; Vulkanisation *f* in Formen *fpl {Gummi}*; Schöpfen *n {Pap}*; 2. Formartikel *m*, Formteil *n*; Preßling *m*, Preßteil *n*; 3. Formverfahren *n*; 4. Schimmeln *n*, Verschimmeln *n*, Schimmelbildung *f*
moulding batch Formmasse *f*
moulding board 1. Formplatte *f*, Knetbrett *n*; 2. geharzte Pappe *f*
moulding clay Formerde *f*, Formerton *m*, Formton *m {Gieß}*
moulding composite Formmassemischung *f*
moulding composition Preßmasse *f*, Preßmischung *f*, Formmasse *f*; Abgußmasse *f*
moulding compound Abgußmasse *f*, Spritzgießmaterial *n*; Formmasse *f*, Preßmasse *f*, Preßmischung *f {Warmpressen}*
moulding cycle Preßvorgang *m*, Preßzyklus *m*, Fertigungszyklus *m*, Arbeitstakt *m*, Arbeitszyklus *m*, Formzyklus *m*, zyklischer Prozeßablauf *m*; Spritztakt *m*, Spritzzyklus *m*
moulding defect Spritzgießfehler *m*, Preßfehler *m*, Urformfehler *m {an Formteilen}*
moulding fault *s.* moulding defect
moulding flask Gußflasche *f*
moulding grease Kokillenschmiere *f {Gieß}*; Form[en]schmiermittel *n {Glas}*
moulding loam Formlehm *m {ein Formstoff}*
moulding material Formstoff *m {Gieß}*; Formmasse *f*, Preßmasse *f {härtbare Kunststoffmasse für Warmpressen}*
moulding oil Formenöl *n*; Entschalungsöl *n*
moulding plaster Modellgips *m*
moulding plug Preßstempel *m*, Patrize *f*, Stempel *m*, Stempelprofil *n*
moulding powder Preßpulver *n*, pulvrige Preßmasse *f*, pulvrige Formmasse *f*
moulding press Presse *f*, Form[teil]presse *f*, Plastpresse *f*, Kunststoffpresse *f*; Vulkanisierpresse *f {Gummi}*
moulding pressure Preßdruck *m*, Preßkraft *f*, Verarbeitungsdruck *m*
moulding process Form[gebungs]verfahren *n*, Formgebungsprozeß *m*, Formteilherstellung *f*,

Umformvorgang *m*, Formbildungsvorgang *m* *{Gieß, Kunst}*
moulding properties Formbarkeit *f*, Verformbarkeit *f*, Plastizität *f*; Preßbarkeit *f*
moulding resin Preßharz *n*
moulding sand Formsand *m*, Gieß[erei]sand *m*, Klebsand *m*; Modellsand *m*
moulding shrinkage Formschrumpf *m*, Formschwindung *f*, Formschwund *m*, Verarbeitungsschrumpf *m*, Verarbeitungsschwindung *f*; Formenschwindmaß *n* *{für die Schrumpfung eines Formteils}*
moulding stresses Verarbeitungsspannungen *fpl*
moulding temperature Umform[ungs]temperatur *f*, Verformungstemperatur *f*, Urformtemperatur *f*
moulding wax Bossierwachs *n* *{Bildhauerei}*
dressing of the moulding sand Aufbereitung *f* des Formsandes
fabric-filled moulding compound Cordpreßmasse *f*
fast-curing moulding compound Schnellpreßmasse *f*
high-frequency moulding Pressen *n* mit Hochfrequenzvorwärmung
high-pressure moulding Pressen *n* unter hohem Druck
laminated moulding Formstück *n* aus Schichtstoff

mouldy schimmelig, mod[e]rig
mouldy peat Modertorf *m*
mouldy smell Modergeruch *m*
become mouldy/to schimmeln
slightly mouldy angeschimmelt

moulting hormone Häutungshormon *n*, Verpuppungshormon *n*, Insektenhormon *n*

mount/to 1. zusammensetzen, montieren, einbauen, anbauen; 2. montieren, aufbauen, aufstellen; 3. einrahmen *{z.B. Dias}*, rahmen; 4. aufklotzen *{Druck}*; aufziehen *{z.B. Bild}*; 5. spannen, einspannen, aufspannen, festspannen *{Tech}*; 6. fassen; 7. [an]steigen

mount 1. Fassung *f*; 2. Gestell *n*; Unterlage *f*; 3. Spannleiste *f*; 4. Berg *m*; 5. Träger *m*, Objetträger *m*; 6. Aufziehkarton *m*

mountain Berg *m* *{Geol}*
mountain ash Eberesche *f*, Vogelbeerbaum *m*, Krammetsbeere *f* *{Sorbus aucuparia L.}*
mountain balm Bergbalsam *m* *{Eriodictyon}*
mountain blue <$2CuCO_3 \cdot Cu(OH)_2$> Azurit *m*, Bergblau *n*, Bergasche *f*, Azurstein *m*, Chessylit[h] *m*, Kupferlasur *f* *{Min}*
mountain butter *s.* halotrichite
mountain chalk Bergkreide *f*
mountain cork Bergkork *m*, Korkasbest *m* *{Min}*
mountain crystal Bergkristall *m*
mountain elm Bergulme *f*, Bergrüster *f*
mountain flax Amiant *m*, Bergflachs *m*, Bergholz *n*
mountain flour Berggur *f*, Bergmehl *n*
mountain green Berggrün *n*, Kupfergrün *n*, Malachit *m*, grüne Berglasur *f*
mountain leather Bergleder *n* *{zäher Asbest}*
mountain milk Bergmilch *f*, Mondmilch *f*, Mehlkreide *f* *{feinpulvriges Aragonit/Kalkspat-Gemisch}*
mountain peat Bergtorf *m*
mountain-pine oil Latschenkiefernöl *n*
mountain soap Erdseife *f*, Bergseife *f*, Oropion *n* *{Min, Bol oder Saponit}*
mountain tallow Bergtalg *m*, Bergwachs *n*, Hatchettin *m* *{Kohlenwasserstoffgemenge, Min}*
mountain tinder Bergzunder *m*
mountain wood Bergholz *n*, holziger Bergflachs *m* *{zäher brauner Asbest}*
mountain yellow Berggelb *n*
ligneous mountain flax holziger Bergflachs *m* *{zäher brauner Asbest}*

mounted 1. Anbau-; 2. montiert, eingebaut, angebaut; 3. aufgebaut, aufgestellt; 4. [ein]gerahmt; 5. aufgespannt, festgespannt, fest angebracht, befestigt *{Tech}*; 6. aufgeklotzt *{Drukken}*

mounting 1. Einbau *m*, Montage *f*, Anbau *m*; 2. Montierung *f*, Aufstellung *f*, Anordnung *f*; 3. Halterung *f*; Gestell *n*; 4. Rahmen *n*, Einrahmen *n* *{z.B. von Dias}*; Fassung *f*, Einfassung *f*; 5. Aufstecken *n* *{Tech}*; Klemmfeststellung *f* *{Tech}*; 6. Befestigen, Festspannen *n*, Aufspannen *n* *{Tech}*; Fixierung *f* *{z.B. ein Präparat}*; 7. Beschlag *m*, Beschlagteil *n*; 8. Aufstieg *m*; 9. Aufziehen *n*

mounting board Aufziehkarton *m*
mounting flange Befestigungsflansch *m*
mounting frame Montagerahmen *m*; Aufbauplatte *f*, Grundplatte *f*
mounting of optical instruments Fassung *f* optischer Instrumente *npl*
mounting panel Grundbrett *n*
mounting plate Aufspannplatte *f*, Befestigungsplatte *f* *{Kunst}*; Grundplatte *f*, Montageplatte *f* *{Tech}*

mountings 1. grobe Armatur *f*; 2. Beschläge *fpl*, Beschlagteile *npl*

mousse 1. gefrorene Schaumspeise *f* *{Lebensmittel}*; 2. Aufbauschaum *m* *{Kosmetik}*
mousse hair-care product Haarpflegeschaum *m*
mousse products Schaumprodukte *npl* *{Kosmetik}*

mouth 1. Öffnung *f*, Loch *n*; 2. Abstichloch *n*, Stichloch *n*, Abstichöffnung *f* *{Gieß, Met}*; 3. Mündung *f*, Mundloch *n* *{Bergbau}*; 4. Mund *m*, Mundstück *n*; Maul *n* *{Tech}*;

5. Mund *m {Biol}*; 6. Einmündung *f*, Mündung *f {Fluß}*; 7. Gicht *f {Formöffnung}*
mouth blowpipe Lötrohr *n*
mouth guard Mundschutz *m {Schutz}*
mouth rinse Mundspülung *f {Kosmetik}*
mouth rinsing agent Mundwasser *n*, Mundspülmittel *n {Kosmetik}*
mouthwash *s.* mouth rinsing agent
movability Beweglichkeit *f*, Verschiebbarkeit *f*, Verstellbarkeit *f*
movable beweglich, mobil, fahrbar, bewegbar, verschiebbar, verstellbar
movable bearing Loslager *n*
movable collar drehbare Manschette *f {Bunsenbrenner}*
movable shelf fahrbares Regal *n*
movable stand [for optical bench] Reiter *m* [einer optischen Bank]
move/to 1. wandern *{z.B. im Chromatogramm}*; 2. bewegen, fortbewegen, verschieben, verlagern, versetzen; rücken; 3. befördern; 4. abführen *{Med}*
move to and from/to hin- und herbewegen
moveable *s.* movable
movement 1. Bewegung *f*, Lauf *m {einer Maschine}*; 2. Stuhlgang *m {Med}*; 3. Bewegung *f*, Gang *m*, Verschiebung *f {Phys}*; 4. Einfluß *m*, Bewegung *f {Statistik}*
direction of movement Bewegungsrichtung *f*
freedom of movement Bewegungsfreiheit *f*
moving 1. mobil, versetzbar, bewegbar, fahrbar, verschiebbar, verstellbar; 2. Verlegen *n*, Versetzen *n*; 3. Förderung *f*; 4. Bewegung *f*
moving bed Wanderbett *n*, Bewegtbett *n {technische Reaktionsführung}*
moving-bed catalytic cracking Fließbett-Katalyse *f*, Wanderbett-Krackanlage *f {Erdöl}*
moving-bed process Fließbettverfahren *n*, Bewegtbettverfahren *n*
moving-boundary electrophoresis wandernde Grenzflächen-Elektrophorese *f*, freie Elektrophorese *f*
moving carriage Arbeitsschlitten *m*, Schlitten *m*
moving coil Drehspule *f {Elek}*; Schwingspule *f*, Tauchspule *f*
moving-coil ammeter Drehspulenstrommesser *m*
moving-coil galvanometer Drehspulgalvanometer *n*
moving-coil instrument Drehspulinstrument *n*
moving-coil mirror galvanometer Drehspulspiegelgalvanometer *n*
moving-coil oscillograph Schleifenoszillograph *m*
moving-coil voltmeter Drehspulspannungsmesser *m*, Drehspulvoltmeter *n*
moving components bewegte Einbauten *pl*
moving-fire kiln Ofen *m* mit wanderndem Feuer *n*, Ofen *m* mit fortschreitendem Feuer *n*
moving fluid Strömungsmedium *n*
moving-fluid[ized] bed Fließbett *n*, Wirbelbett *n*
moving-magnet galvanometer Nadelgalvanometer *n*, Drehmagnetgalvanometer *n*
moving-magnet voltmeter Drehspulspannungsmesser *m*, Drehspulvoltmeter *n*
moving part bewegliches Teil *n*
moving phase mobile Phase *f*, bewegliche Phase *f {Chrom}*
moving-plate spectrum Fahrspektrogramm *n {Intensitäts-Zeit-Spektrogramm}*
moving-product dryer Rieseltrockner *m*, Schwebetrockner *m*, Trockner *m* mit bewegtem Gut *n*
movrine Movrin *n*
mowra[h] butter *s.* mowra[h] fat
mowra[h] fat Mowra[h]butter *f*, Mowra[h]öl *n {Bassia butyra ceae}*
mowra[h] oil *s.* mowra[h] fat
MOX *{US, metal oxidizer explosive}* Metall-Sauerstoffträger-Sprengmittel *n*
MPK *s.* methyl propyl ketone
MSDS *s.* Materials Safety Data Sheets
MSLD *{mass spectrometer leak detector}* Massenspektrometer-Lecksuchgerät *n*
MTBE *{methyl tert-butyl ether}* Methyl-*tert*-butylether *m*
MTBF *s.* mean time between failures
mu meson *s.* muon
mu oil 1. Tung Öl *n*, China-Holzöl *n*, [chinesisches] Holzöl *n {Samen von Aleurites fordii Hemsl.}*; 2. japanisches Tungöl *n {Samen von Aleurites cordata (Thunb.) R. Br. ex Steud.}*
mucamide Mucamid *n*
mucedine Mucedin *n*
mucic Schleim-
mucic acid <$HOOC(CHOH)_4COOH$> Schleimsäure *f*, Mucinsäure *f*, Tetrahydroxyadipinsäure *f*, 2,3,4,5-Tetrahydroxyhexandisäure *f*, Galactarsäure *f {obs}*
muciferous schleimbildend
mucigen Mucigen *n*
mucigenous schleimbildend
mucilage Mucilago *n*, Schleim *m*, Pflanzenschleim *m*, Schleimstoff *m*; Gummilösung *f*, Leim *m*
mucilaginous schleimig, seimig, schleimhaltig
mucilaginous glucose Schleimzucker *m*
mucin Mucin *n {Glycoproteid}*
mucin sugar *s.* fructose
mucinogen Mucinogen *n*
muck 1. Schmutz *m*; 2. Mist *m*, Dung *m*, Stalldünger *m*; 3. hereingeschossenes Gestein *n {Bergbau}*; Abfallerz *n*
muck drum Schlammfänger *m*

mucobromic acid <OHCCBr=CBrCOOH> Mucobromsäure *f*, 4-Aldo-2,3-dibrombut-2-ensäure *f*
mucocellulose Schleimzellstoff *m*
mucochloric acid <$OHCCCl=CClCO_2H$> Mucochlorsäure *f*, 4-Aldo-2,3-dichlorbut-2-ensäure *f*
mucoid 1. schleimartig; 2. Mucoid *n {Glycoproteid}*
mucoidin Mucoidin *n*
mucoinositol Mucoinosit *m*
mucoitin sulfate *s.* mucoitinsulfuric acid
mucoitinsulfuric acid Mucoitinschwefelsäure *f {Mucopolysaccharid}*
mucolactonic acid <$C_6H_6O_4$> Mucomilchsäure *f*
mucolytic schleimlösend *{Med}*
muconic acid <HOOCCH=CHCOOH> Muconsäure *f*, Hexa-2,4-diendisäure *f*
mucopeptide Mucopeptid *n*
mucopolysaccharide Mucopolysaccharid *n*
mucoprotein Mucoprotein *n*, Mucoproteid *n*
mucosa *{pl. mucosae}* Schleimhaut *f {Med}*
mucosin Mucosin *n*
mucous schleimig, mukös *{Med}*; Schleim-
mucous membrane Schleimhaut *f*
mucous secretion Schleimabsonderung *f*
mucus Schleim *m*
mucusane Mucusan *n*
mud 1. Schlamm *m*, Schlick *m {Geol}*; 2. Spülung *f*, Spülschlamm *m*, Bohrspülung *f*, Bohrschlamm *m*, Mud *m {schlammartige Bohrflüssigkeit; Erdöl}*; Trübe *f*, Schwertrübe *f*, Dicktrübe *f {Mineralaufbereitung}*; 3. Schmutz *m*
mud box Schlammkasten *m*, Reinigungskasten *m*
mud cap Auflegerladung *f {Expl}*
mud coal Schlammkohle *f*
mud cock Schlammablaßhahn *m*, Schlammreinigungshahn *m*, Schmutzhahn *m*
mud collector Schlammsammler *m*
mud-cracking netzförmige Haarrisse *mpl*
mud drum Schlammsammler *m*
mud filter Schlammfilter *n*
mud hog *{US}* Brecher *m* mit rotierendem Schwinghammer *m*
mud pump Schlammpumpe *f {Abwasser}*; Spülpumpe *f {Rotary-Bohranlage; Erdöl}*
mud separator Schlammabscheider *m*
mud valve Schlammventil *n {Zucker}*
mud water pump Schlammwasserpumpe *f {Zucker}*
accumulation of mud Verschlammung *f*
deposit of mud Schlammablagerung *f*
mudaric acid <$C_{30}H_{46}O_3$> Mudarsäure *f*
mudarin Mudarin *n*
muddy lehmig, schlammig, voller Schlamm *m*, schmutzig; trübe; dunkel; schlammhaltig; Schlamm-
muddy ground Schlammboden *m*
muddy water Schlammwasser *n*
muff 1. Muffe *f {Tech}*; 2. Muff *m*
muff coupling Muffenkupplung *f*
muff dyeing Hülsenlosfärben *n {Text}*
muffle/to 1. [ab]dämpfen *{Akustik}*; 2. warm einhüllen, warm umhüllen
muffle Muffel *f {Met, Keramik}*
muffle burner Muffelbrenner *m*
muffle furnace Muffelofen *m*, Glühretorte *f*; Muffelfeuerung *f*
muffle kiln Muffelofen *m*
muffle roaster Muffelofen *m*
muffle tunnel kiln Muffeltunnelofen *m*
muffle-type furnace Muffelofen *m*
cast iron muffle Muffel *f* aus Eisen *m*
double muffle furnace Doppelmuffelofen *m*
fire clay muffle Muffel *f* aus Schamotte *m*
gas-fired muffle furnace Gasmuffelofen *m*
muffled dumpf, abgedämpft *{Akustik}*; warm umhüllt, warm eingehüllt
muffler 1. Schalldämpfer *m*, Geräuschdämpfer *m*; *{US}* Auspufftopf *m {Auto}*; 2. *{US}* Löschrohr *n {Elektronik}*
muffling Abdämpfung *f*, Dämpfung *f {Akustik}*
mug Krug *m*, Becher *m*
mugwort Beifuß *m*, Edelraute *f {Artemisia vulgaris}*
mugwort oil Beifußöl *n*
mulberry [tree] Maulbeerbaum *m {Morus L.}*
mulch/to mulchen
mulch Abdeckdünger *m*
muller 1. Laufstein *m*, Koller *m*, Tellerreiber *m*, Reibstein *m*, Mahlwalze *f*, Läufer *m*; Zerkleinerungsorgan *n*, Brechwerkzeug *n {Mineralaufbereitung}*; 2. Mischkollergang *m*; Fomstoffmischer *m {Gieß}*
muller mixer Mischkollergang *m*, Rollquetscher *m*, Kollermischer *m*, Gegenstrom-Tellermischer *m*
mulling time Kollerzeit *f*
mullite Mullit *m*, Porcelainit *m {Min}*
mullite porcelain Mullitporzellan *n*
mulse Honigwein *m*, honiggesüßter Wein *m*
multi multi, mehrfach, viel; Multi-, Viel-
multialloy bronze Mehrstoffbronze *f*
multiangular vieleckig
multiaxial mehrachsig
multibeam oscilloscope Mehrstrahl-Elektronenstrahl-Oszilloskop *n*
multiblock copolymer Mehrfachblock-Copolymerisat *n*, Mehrfachblock-Mischpolymerisat *n*
multicellular mehrzellig, vielzellig, multizellulär, wabenförmig; Waben-
multicellular anode wabenförmige Anode *f*
multicellular mechanical dust separator Wabenfilter *m*, Vielzellenentstauber *m*

multicellular mechanical precipitator Wabenfilter *n*, Vielzellenabscheider *m*
multicellular voltmeter Multizellularvoltmeter *n*, Multizellularelektrometer *n*
multicentered polyzentrisch; Mehrzentren-, Vielzentren-
multicentered bond[ing] Mehrzentrenbindung *f*, Vielzentrenbindung *f* *{Valenz}*
multicentered reaction Mehrzentrenreaktion *f*
multichamber Mehrkammer-
multichamber centrifuge Kammerzentrifuge *f*, Mehrkammerzentrifuge *f*
multichamber kiln Mehrkammerofen *m*
multichamber mill Mehrkammermühle *f*
multichamber thickener Mehrkammer-Eindikker *m*
multichannel mehrkanalig; Mehrkanal-
multichannel equipment Mehrstrahlgerät *n*
multichannel recorder Mehrfachregistriergerät *n*, Schreibstreifengerät *n*, Mehrkanalschreiber *m*
multichannel spectrometer Vielstrahlspektrometer *n*, Vielkanalspektrometer *n*, Polychromator *m*
multicircuit switch Serienschalter *m* *{Elek}*
multicoil condenser Mehrfachspiralkühler *m*, Rohrschlangenkondensator *m*
multicolo[u]r vielfarbig, mehrfarbig, bunt, polychrom; Mehrfarben-, Vielfarben-
multicolo[u]r finish Mehrfarbenlack *m*, Multicolor-Lack *m*
multicolo[u]r printing Mehrfarbendruck *m*, Farbendruck *m*, Chromdruck *m*
multicolo[u]r recorder Mehrfarbenschreibgerät *n*
multicolo[u]r x-y recorder Mehrfarben-X-Y-Schreiber *m*
multicolo[u]red vielfarbig, mehrfarbig, bunt, polychrom
multicompartment Mehrkammer-; Mehrzellen-, Vielzellen-
multicompartment drum filter Trommelsaugfilter *n*, Trommelzellenfilter *n*
multicompartment mill Mehrkammer[rohr]mühle *f*, Verbund[rohr]mühle *f*
multicomponent Vielkomponenten-, Mehrkomponenten-, Mehrstoff-, Vielstoff-
multicomponent alloy Mehrstofflegierung *f*
multicomponent balance Mehrkomponentenwaage *f*
multicomponent distillation Mehrkomponentendestillation *f*, Destillation *f* eines Mehrkomponentengemischs *n*
multicomponent equilibrium Mehrstoffgleichgewicht *n*
multicomponent mixture Mehrstoffgemisch *n*, Vielstoffgemisch *n*, Mehrkomponentengemisch *n*
multicomponent reactive liquid Mehrkomponenten-Reaktionsflüssigkeit *f*, reaktionsfähige Mehrkomponenten-Flüssigkeit *f*
multicomponent spraying Mehrkomponentenspritzen *n*, Mehrkomponentensprühen *n*
multicomponent system Mehrkomponentensystem *n*, Mehrstoffsystem *n*, polynäres System *n*
multiconductor Vielfachleiter *m* *{Elek}*
multicore mehradrig, vieladrig; Mehrleiter-
multicore cable Mehrleiterkabel *n*, mehradrige Leitung *f*
multicored tile Hohlziegel *m*, Lochziegel *m*
multicyclone Multiklon *m*, Multizyklon *m* *{Gasgegen-/Staubgleichstrom-Scheider}*
multicylinder dryer Mehrzylindertrockner *m*
multidaylight injection mo[u]lding Etagenspritzen *n*
multideck screen Etagensieb *n*, Mehrdeckersiebmaschine *f*
multidentate mehrzähnig, vielzähnig, mehzählig *{Komplexchemie}*
multidentate anion mehrzähniges Anion *n*
multidimensional mehrdimensional, vieldimensional
multienzyme Multienzym-
multienzyme complex Multienzymkomplex *m*
multienzyme system Multienzymsystem *n*
multiflame burner Mehrfachbrenner *m*
multiflighted screw *{US}* mehrgängige Schnekke *f* *{Extruderschnecke}*
multiform vielförmig, vielgestaltig, multiform
multifuel-type burner kombinierter Brenner *m*, Universalbrenner *m*
multifunctional polyfunktionell, mehrfunktionell; Mehrzweck-, Multifunktions-, Mehrfachfunktions-
multifunctional cleaner Mehrzweckreiniger *m*
multigrade Mehrbereichs-
multigrade oil Mehrbereichsöl *n*
multigrade engine oil Mehrbereichsmotorenöl *n*
multigrade motor oil Mehrbereichsmotorenöl *n*
multigroup theory Multigruppentheorie *f*, Gruppendiffusionstheorie *f*
multilaminate Vielschichtlaminat *n*
multilayer 1. mehrlagig, vielschichtig, mehrschichtig; Mehrschicht[en]-, Mehrlagen-; 2. Mehrfachschicht *f*, Vielfachschicht *f*; 3. multimolekulare Schicht *f*, Multimolekularfilm *m* *{Chem}*; 4. Schichtpaket *n*; Mehrlagenverdrahtung *f*, Mehrebenenverdrahtung *f* *{Elektronik}*
multilayer adsorption Mehrschichtenadsorption *f*
multilayer capacitor Mehrfach-Dünnschicht-Kondensator *m*, Mehrschichtkondensator *m*

multilayer coating Mehrfachbeschichtung *f*, Mehrschichtvergütung *f*
multilayer compound Mehrschichtverbund *m*
multilayer film Mehrschichtverbundfolie *f*, Mehrschichtfolie *f*, Verbundfolie *f*
multilayer filter Mehrfachschichtfilter *n*, Mehrschicht[en]filter *n*, Filter *n* mit mehreren Schichten *fpl*
multilayer glass Verbundglas *n*
multilayer membrane Mehrschichtmembran[e] *f*
multilayer particle Mehrschichtteilchen *n*
multilayered mehrschichtig, vielschichtig, mehrlagig; Mehrschicht[en]-, Mehrlagen-
multilayered thin-film Mehrschichtverbundfolie *f*, Mehrschichtfolie *f*, Verbundfolie *f*
multilayered thin-film capacitor Mehrfach-Dünnschicht-Kondensator *m*, Mehrschichtkondensator *m*
multilimb vacuum receiver Destilliereuter *n*, Destilliervorlage *f* nach Bredt
multimembered ring vielgliedriger Ring *m*
multimeter Vielfachmeßinstrument *n*, Multimeter *n*, Vielfachmeßgerät *n*, Universalmeßinstrument *n*, Universalmesser *m*, Vielbereichsinstrument *n*, Mehrbereichsinstrument *n*
multimodal vielgipfelig, multimodal *{Statistik}*
multinozzle Mehrfachdüse *f*
multinuclear mehrkernig, vielkernig, polynuklear; Mehrkern-, Vielkern- *{Stereochem}*
multinuclear nuclear magnetic resonance Mehrkern-Kernspinresonanz *f*
multinutrient fertilizer Mehrnährstoffdünger *m*, Kombinationsdünger *m*
multipack Sammelpackung *f*, Mehrstückpakkung *f*, Multipack *n*
multipart mehrteilig
multipass clarifier bowl Tellerzentrifuge *f* zur Emulsionstrennung *f*
multipass dryer Bahnentrockner *m*
multipen recorder Mehrspurschreiber *m*
multiphase mehrphasig; Mehrphasen-
multiphase converter Mehrphasenumformer *m {Elek}*
multiphase current Mehrphasenstrom *m {Elek}*
multiphase flow Mehrphasenströmung *f*, mehrphasige Strömung *f*
multiphase system Mehrphasensystem *n*, mehrphasiges System *m*, heterogenes System *n*
balanced multiphase system angeglichenes Mehrphasensystem *n*
multiphoton absorption Multiphotonabsorption *f*, Mehrphotonenabsorption *f*
multiphoton ionization Mehrphotonenionisation *f {Spek}*
multipiston pump Mehrkolbenpumpe *f {DIN 24271}*
multiplaten press *{US}* Etagenpresse *f*, Plattenpresse *f*
multiple 1. vielfach, mehrfach, multipel, vielfältig; Viel[fach]-, Mehr[fach]-; 2. Vielfaches *n*, Mehrfaches *n*, Multiples *n*; 3. Mehrfachapparat *m*, Vielfachapparat *m*
multiple-beam interferometry Vielstrahlinterferometrie *f*, Mehrstrahlinterferometrie *f*
multiple-beam method Mehrstrahlverfahren *n*, Vielstrahlverfahren *n*
multiple-beam paddle mixer *s.* multiple-paddle mixer
multiple-belt-conveyor vacuum drier Mehrfachumlaufband-Vakuumtrockner *m*
multiple bond Mehrfachbindung *f*, mehrfache Bindung *f*
multiple charge Mehrfachladung *f*
multiple coating Mehrfachbeschichtung *f*, Überschichtung *f {Farb}*
multiple-coil condenser Intensivkühler *m*
multiple collision Vielfachstoß *m*
multiple-crucible method Mehrtiegelverfahren *n*
multiple cyclone Mehrfachzyklon *m*, Vielfachzyklon *m*, Zyklonbatterie *f*
multiple-cyclone collector Multiklon[ab]scheider *m*, Mehrfachwirbelabscheider *m*, Multizyklon *m*, Multiklon *m*
multiple-cyclone separator *s.* multiple-cyclone collector
multiple decay Mehrfachzerfall *m*, Dualzerfall *m*, [radioaktive] Verzweigung *f*, dualer Zerfall *m*, verzweigter Zerfall *m {Nukl}*
multiple edge Mehrfachkante *f {Graphentheorie}*
multiple-effect evaporator Mehrfachverdampfer *m*, Mehrstufenverdampfer *m*, Mehrkörperverdampfer *m*, Kaskadenverdampfer *m*
multiple electrode Mehrfachelektrode *f*, mehrfache Elektrode *f*
multiple excitation Mehrfachanregung *f {Spek}*
multiple-frequency phase fluorometry Mehrfrequenz-Phasenfluorimetrie *f*
multiple-graded glass seals Schachtelhalm *m*, Übergangsglasrohr *n*
multiple granulation Mehrfachgranulierung *f*, mehrfache Granulierung *f*
multiple-grid tube *{US}* Mehrgitterröhre *f*
multiple-grid valve Mehrgitterröhre *f*
multiple-hearth dryer Tellertrockner *m*
multiple-hearth furnace Etagenofen *m*, Mehretagen-Röstofen *m*, mehretagiger Ofen *m*; mehrherdiger Ofen *m*
multiple-hearth roaster Etagenröstofen *m*, Mehretagenröstofen *m*, mehretagiger Röstofen *m*; mehrherdiger Röstofen *m*

multiple-lens condenser Rasterlinsen-Kondensor *m* *{Opt}*
multiple measuring instrument Multimeter *n*, Vielfachmeßgerät *n*, Vielfachmeßinstrument *n*, Universalmesser *m*, Mehrbereichsinstrument *n*
multiple-opening press Etagenpresse *f*
multiple-output direct-reading simultane Direktanzeige *f*
multiple-paddle agitator *s.* multiple-paddle mixer
multiple-paddle mixer Mehrbalkenrührwerk *n*, Rührwerk *n* mit Mischstrombrecher *m*, Mehrbalkenmischer *m*
multiple-part adhesive Mehrkomponentenklebstoff *m*
multiple-plate freezer Mehrplattengefrieranlage *f*, Mehrplatten[schnell]gefrierapparat *m*
multiple polarogram Mehrstufenpolarogramm *n*
multiple processing Mehrfachverarbeitung *f* *{wiederaufbereiteter Thermoplaste}*
multiple proportions multiple Proportionen *fpl*, Daltonsches Gesetz *n*
multiple-purpose Mehrzweck-
multiple-recycling process Mehrfachumwälzung *f*
multiple scatter[ing] Vielfachstreuung *f*, Mehrfachstreuung *f*
multiple-screw extruder Mehrschneckenextruder *m*, Mehrschneckenpresse *f*
multiple-shield high-velocity thermocouple Absaugpyrometer *n* mit Strahlungsschutz *m*
multiple-sliding vane rotary pump Vielschieberpumpe *f*
multiple slip Mehrfachgleitung *f* *{Krist}*
multiple-stage mehrstufig; Mehrstufen-
multiple-stage centrifugal pump Mehrstufenkreiselpumpe *f*
multiple-stage compressor mehrstufiger Verdichter *m*, Mehrstufenverdichter *m*, Mehrstufenkompressor *m*
multiple-stage demagnetization Mehrstufenentmagnetisierung *f*
multiple-stor[e]y cooler Tellerkühler *m*
multiple system monopolare Schaltung *f*, Parallelschaltung *n* der Platten *fpl* *{Akku}*
multiple thread 1. multifil, polyfil *{Text}*; 2. mehrgängiges Gewinde *n*
multiple-thread screw mehrgängige Schnecke *f* *{Extruderschnecke}*
multiple-tube cooler Rohrbündelkühler *m*
multiple-tube filter Kerzenfilter *n*
multiple unit 1. Multieinheit *f* *{Tech}*; 2. Verbundröhre *f* *{Elektronik}*
multiple-unit cyclone Mehrfachzyklon *m*, Vielfachzyklon *m*, Zyklonbatterie *f*
multiple-vane pump Vielschieberpumpe *f*
multiple-way stopcock Vielwegehahn *m*
multiple-wire system Mehrleitersystem *n*
integral multiple ganzes Vielfaches *n*
least common multiple kleinstes gemeinsames Vielfaches *n*
odd multiple ungerades Vielfaches *n*
multiplet Multiplett *n* *{Atom, Spek, Nukl}*
multiplet component Multiplettanteil *m*
multiplet intensity rule Intensitätsregel *f* für ein Multiplett *n* *{Spek}*
multiplet level *s.* multiplet term
multiplet spectrum Multiplettspektrum *n*
multiplet splitting Multiplettaufspaltung *f*
multiplet structure Multiplettstruktur *f*
multiplet term Multiplettniveau *n*, Multiplett-Term *m* *{Spek}*
multiplex 1. mehrfach, vielfach; 2. Multiplexverfahren *n*, Vielfachübertragung *f*, Multiplexbetrieb *m*, Multiplexen *n* *{EDV}*; 2. Multiplexwalze *f* *{Lebensmittel}*
multiplicand Multiplikand *m* *{Math}*
multiplication 1. Multiplikation *f* *{Math}*; 2. Vermehrung *f*, Multiplikation *f* *{Nukl}*; 3. Vermehrung *f*, Propagierung *f* *{Mikroben}*
multiplication constant 1. Multiplikationsfaktor *m*, Multiplikationskonstante *f* *{Math}*; 2. [effektiver] Multiplikationsfaktor *m*, Vermehrungsfaktor *m*, Reproduktionsfaktor *m* *{Nukl}*
multiplication factor 1. Multiplikationsfaktor *m* *{Math}*; 2. [effektiver] Multiplikationsfaktor *m*, Vermehrungsfaktor *m*, Reproduktionsfaktor *m* *{Nukl}*
multiplication of power Kraftvervielfachung *f*
multiplication theorem Multiplikationstheorem *n*
sign of multiplication Malzeichen *n*, Multiplikationszeichen *n* *{Math}*
multiplicative vervielfältigend, vervielfachend, multiplikativ
multiplicity 1. Vielfältigkeit *f*, Vielfalt *f*; 2. Mehrwertigkeit *f*, Vielwertigkeit *f* *{Chem}*; 3. Vielfachheit *f*, Multiplizität *f* *{Math}*; 4. Multiplizität *f*, Mannigfaltigkeit *f* *{Spek}*; 5. Zähligkeit *f* *{Krist}*
multiplier 1. Multiplikator *m* *{Math}*; 2. Verstärker *m*, Vervielfacher *m* *{Phys, Elek}*; 3. Multipliziereinrichtung *f*, Multiplikator *m*, Multiplizierer *m* *{EDV}*
multiplier phototube *{US}* Vervielfacherphotozelle *f*, Sekundärelektronen-Vervielfacher *m*
multiply/to 1. multiplizieren, malnehmen *{Math}*; 2. [sich] vermehren; vervielfachen, vervielfältigen
multiply 1. mehrschichtig, mehrlagig; Mehrschichten-; Mehrlagen-; 2. Vielschichtsperrholz *n*
multiply paper Mehrlagenpapier *n*
multiply paper sack Mehrlagenpapiersack *m*

multiply yarn mehrsträhniges Garn *n {Verstärkung für Laminate}*

multiplying multiplikativ, vervielfachend, multiplizierend

multiplying affix *{IUPAC}* multiplikatives Zahlwort *n*, vervielfachender Zusatz *m*, Multiplikativzahl *f*; vervielfachendes Präfix *n*, vervielfachender Vorsatz *m {Nomenklatur}*

multiplying factor 1. Multiplikator *m {Math}*; 2. Bereichsfaktor *m {Instr}*

multiplying ga[u]ge Vervielfachungsmanometer *n*

multipoint 1. mehrschneidig *{Werkzeug}*; 2. Vielpunktsteuerung *f*, Multipunktsteuerung *f*

multipoint gating 1. mehrfaches Angießen *n*, Mehrstellenangießen *n*; Vielpunktangußsystem *n {Kunst}*; 2. Vielpunkteinlaufsystem *n {Gieß}*; 3. vielfaches Ausblenden *n*, mehrfaches Austasten *n {Elektronik}*

multipoint metering Mehrstellendosierung *f*

multipoint pen-recorder *s.* multipoint recorder

multipoint recorder Mehrfachpunktschreiber *m*, Mehrfachregistriergerät *n*, Punktdrukker *m*

multipolar mehrpolig, vielpolig, multipolar

multipolarity Multipolordnung *f*

multipole 1. mehrpolig; 2. Multipol *m*

multipole field Multipolfeld *n*

multipole potential Multipolpotential *n*

multipole radiation Multipolstrahlung *f*

multipole transition Multipolübergang *m*

multipurpose polyfunktionell, universell; Vielzweck-, Mehrzweck-, Mehrbereichs-, Universal-

multipurpose computer Universalrechner *m*, Mehrzweckcomputer *m*

multipurpose furnace Mehrzweckofen *m*

multipurpose gasoline additive Mehrzweck-Kraftstoffadditiv *m*

multipurpose machine Universalmaschine *f*

multipurpose oil Mehrzwecköl *n*

multipurpose reactor Mehrzweckreaktor *m {Nukl}*

multipurpose research reactor Mehrzweck-Forschungsreaktor *m*, MZFR

multipurpose screw Universalschnecke *f*, Mehrzweckschnecke *f {Extruder}*

multipurpose source unit Vielfachanregungsgerät *n*, Multisource *f {Spek}*

multirange measuring instrument Vielfachmeßgerät *n*, Vielfach[meß]instrument *n*, Mehrbereich[smeß]instrument *n*, Vielbereichmeßinstument *n*

multirotation Multirotation *f*, Mutarotation *f {Chem}*

multiscaler Vielfachzähler *m*

multiscrew extruder Mehrschneckenpresse *f*, Vielschneckenmaschine *f*

multishaft mehrwellig

multisource unit *s.* multipurpose source unit

multispeed 1. Mehrlauf-; Mehrgang-; 2. Mehrfachgeschwindigkeit *f*

multistage vielstufig, mehrstufig; Mehrstufen-

multistage compression mehrstufige Verdichtung *f*, mehrstufige Kompression *f*, Mehrstufenverdichtung *f*

multistage deaerator Mehrstufenentgaser *m*

multistage degassing Vielstufenentgasung *f*

multistage evaporation Mehrstufenverdampfung *f*

multistage evaporator Mehrstufenverdampfer *m*, Mehrkörperverdampfer *m*, mehrstufiger Verdampfer *m*

multistage-impulse ribbon blender MIG-Rührer *m*

multistage mass spectrometry Mehrstufen-Massenspektrometrie *f*

multistage multiplier Kaskadenvervielfacher *m*

multistage pump mehrstufige Pumpe *f*, Mehrstufenpumpe *f*

multistage rocket [Mehr-]Stufenrakete *f*, mehrstufige Rakete *f*

multistage screw Stufenschnecke *f*

multistage separation Mehrstufentrennung *f*

multistart thread mehrgängiges Gewinde *n*

multistep mehrstufig, vielstufig; Mehrstufen-

multistep reduction gear Stufengetriebe *n*

multistrand die Vielfachstrangdüse *f*

multitube heat exchanger Mehrröhren-Wärmetauscher *m*

multitube revolving dryer Röhrentrockner *m*

multivalence Mehrwertigkeit *f*, Vielwertigkeit *f {Chem}*

multivalent vielwertig, mehrwertig, polyvalent *{Chem}*

multivalent cation mehrwertiges Kation *n*, Kation *n* mit verschiedenen Valenzzuständen *mpl*

multivector Multivektor *m*, p-Vektor *m*, vollständig alternierender Vektor *m {Phys}*

multivibrator Flip-Flop-Schaltung *f*, astabile Kippschaltung *f*, Multivibrator *m*

multivitamin preparation Multivitaminpräparat *n*

multiwire mehradrig; Vieldraht-, Mehrdraht-

multiwire-counter tube Vieldrahtzählrohr *n*

multizone reactor Mehrzonenreaktor *m {Nukl}*

mundic *s.* pyrite

munduloxic acid Munduloxsäure *f*

Muntz metal Muntzmetall *n {58-61 % Cu, 38-41 % Zn, <1 % Pb}*

muon My-Meson *n*, Myon *n*, Mü-Meson *n*, Mü-Teilchen *n*

muon capture Myoneneinfang *m*

muon level crossing spectroscopy Myon-Niveaukreuzungs-Spektroskopie *f {Strahlenchemie}*

muon-pair production Myonenpaarerzeugung *f*
muonic atom Müon-Atom *n*, Myon-Atom *n* *{1 Myon statt Elektron in der Schale}*
muonium Myonium *n* *{H-ähnliches Myon-Elektronenpaar}*
muramic acid <$C_9H_{17}NO_7$> Muraminsäure *f*, Muramsäure *f*, 2-Amino-2-desoxy-3-*o*-(α-D-carboxyethyl)-D-glycose *f*
muramidase *{EC 3.2.1.17}* Mucopeptidglycohydrolase *f*, Muramidase *f*, Lysozym *n* *{IUB}*
murchisonite Murchisonit *m* *{Min}*
murein Murein *n*, Peptidoglykan *n* *{Biochem}*
murein lipoprotein Mureinlipoprotein *n* *{Bakt}*
murex <$C_{16}H_8N_2O_2Br_2$> Dibromindigotin *n*, Tyrianpurpur *n* *{Triv}*, Murex *n*
murexan Uramil *n*
murexide <$C_8H_4N_5O_6NH_4 \cdot H_2O$> Murexid *n*, [saures] Ammoniumpurpurat *n*, purpursaures Ammonium *n*, Ammonpurpurat *n*, Purpurcarmin *n*
murexide assay Murexidprobe *f* *{Anal; Harnstoff}*
murexide test *s.* murexide assay
murexine Murexin *n*
muriate 1. Metallchlorid *n*, Muriat *n* *{obs}*; 2. Chlorid *n* *{Tech}*; 3. Kaliumchlorid *n* *{in Düngemittelanalysen}*
muriate of potash *{obs}* *s.*potassium chloride
muriate of soda *{obs}* *s.* sodium chloride
muriatic acid Salzsäure *f* *{Tech}*
oxygenated muriatic acid *{obs}* *s.*chlorine
muromontite Muromontit *m* *{obs}*, Allanit *m* *{Min}*
muropeptide Muropeptid *n*
muscarine <$C_8H_{19}NO_3$> Muscarin *n*, Hydroxycholin *n* *{Alkaloid aus Amanita muscaria}*
muscarone Muscaron *n*
muscarufin 1. <$C_{25}H_{16}O_9$> Muscarufin *n* *{Orange-Farbstoff}*; 2. <$C_{25}H_{16}O_5$> Muscarufin *n* *{Glucosid aus Amanita muscaria}*
muscle 1. Muskel-; 2. Muskel *m*; Muskulatur *f*
muscle adenylic acid Muskeladenylsäure *f*, 5'-Adenylsäure *f*, Adenosin-5'-monophosphorsäure *f*, Adenosin-5'-monophosphat *n*
muscle extract Muskelextrakt *m*
muscle fibrin Syntonin *n*
muscle hemoglobin *s.* myoglobin
muscle phosphorylase *{EC 2.4.1.1}* Amylophosphorylase *f*, Polyphosphorylase *f*, Muskelphosphorylase *f* *{Triv}*, Phosphorylase *f* *{IUB}*
muscle pigment Muskelfarbstoff *m*
muscle sugar Inosit *m*
muscone <$C_{16}H_{30}O_6$> Muscon *n*, 3-Methylcyclopentadecanon *n* *{Sekretinhaltsstoff der männlichen Moschustiere}*
muscovado Muskovado *f*, Farin[zucker] *m*, brauner Rohzucker *m*
muscovite weißer Glimmer *m* *{Triv}*, Moskauer Glas *n* *{Triv}*, Russisches Glas *n* *{Triv}*, Kaliglimmer *m* *{obs}*, Phengit *m*, Silberglimmer *m* *{Triv}*, Muskovit *m* *{Min}*
muscular muskulös; Muskel-
musculine Muskulin *n*
mush Brei *m*; *{US}* Maismehlbrei *m*
mushroom 1. Pilz-; 2. Pilz *m* *{meistens eßbarer}*; Champignon *m* *{Agaricus campestris}*
mushroom burner Pilzbrenner *m*
mushroom insulator Pilzisolator *m* *{Elek}*
mushroom mixer Pilzmischer *m*, schrägstehender Trommelmischer *m*, Dragierkessel *m*
mushroom poisoning Pilzvergiftung *f*
mushroom stone Schwammstein *m*
mushroom valve [pilzförmiges] Tellerventil *n*, Schnarchventil *n*, Schnüffelventil *n*, Muschelschieber *m*
musk Moschus *m*, Bisam *m*
musk ambrette <$C_{12}H_{16}N_2O_5$> Ambrettemoschus *m*, 2,6-Dinitro-3-methoxy-4-*tert*-butyltoluol *n*
musk fragrance Moschusaroma *n*
musk ketone <$C_{14}H_{18}N_2O_5$> Ketonmoschus *m*, Moschusketon *n*, Moschus C *m*
musk root Sumbulwurzel *f* *{Ferula Sumbul und F. suaveolens}*
musk seed Moschuskörner *npl*, Abelmoschuskörner *npl* *{aus Abelmoschus moschatus Medik.}*, Bisamkörner *npl*, Ambrettekörner *npl*
musk seed oil Moschuskörneröl *n*
musk xylol <$C_{12}H_{15}N_3O_6$> Xylolmoschus *m*, 1,3-Dimethyl-5-*tert*-butyl-2,4,6-trinitrobenzen *n*
artifical musk *s.* musk ambrette
vegetable musk *s.* musk seed
muskine *s.* muscone
muskone *s.* muscone
muslin 1. *{US}* Musselin *m*, Mousseline *m* *{Text}*; 2. *{GB}* Mull *m* *{Text}*
muslin polishing wheel Nesselpolierscheibe *f*
must 1. Most *m*, Traubenmost *m*; 2. Kartoffelsaft *m*; 3. Moder *m*, Schimmel *m*
must ga[u]ge Mostwaage *f*, Mostaräometer *n*, Oechsle-Waage *f*
mustard 1. Senf *m*, Speisesenf *m*, Mostrich *m*; 2. Senfgas *n*, Mustardgas *n*, Lost *m*, Yperit *n*
mustard gas Senfgas *n*, Mustardgas *n*, Gelbkreuz *n*, Lost *m*, Yperit *n* *{2,2-Dichlordiethylsulfid}*
mustard-gas detector Senfgaswarngerät *n*, Yperitanzeigegerät *n* *{Schutz}*
mustard-gas sulfone Senfgassulfon *n*
mustard oil 1. Senföl *n*, etherisches Senföl *n* *{meist Allylisothiocyanat}*; 2. Acrinylisothiocyanat *n*; 3. Isothiocyanat *n*, Sulfocarbimid *n* *{CH_3NCS, C_2H_5NCS, C_3H_7NCS usw.}*
artificial mustard oil <$SCNCH_2CH{=}CH_2$> künstliches etherisches Senföl *n*,

Allylisothiocyanat *n*, Isosulfocyanallyl *n*, Allylsenföl *n*
black mustard oil Schwarzsenföl *n*
cyanated mustard oil Cyansenföl *n*
mustard seed Senfkörner *npl*
mustard seed oil Senföl *n*
black mustard Schwarzsenf *m*
ground mustard Senfpulver *n*
white mustard Weißsenf *m*
yellow mustard Weißsenf *m*
mustine hydrochloride *{BP}* Mustinhydrochlorid *n*, Methylbis-(ß-chlorethyl)aminchlorid *n*
musty moderig, muffig; schimmelartig, Schimmel-; schimmelig, vermodert; veraltet
mutagen Mutagen *n*, mutationsauslösendes Agens *n* *{Biochem}*
mutagenesis Mutagenese *f*
mutagenicity Mutagenität *f*, mutationsauslösende Wirkung *f* *{Biochem}*
mutamer Mutarotationsisomer[es] *n*
mutant Mutante *f*, Mutant *m* *{durch Mutation entstandene Variante}*
mutant protein mutiertes Protein *n* *{Gen}*
mutarotase *{EC 5.1.3.3}* Mutarotase *f*, Aldose-1-epimerase *f* *{IUB}*
mutarotation Mutarotation *f*, Multirotation *f* *{Opt, Stereochem}*
mutase Mutase *f* *{Biochem}*
mutation Genänderung *f*, Genveränderung *f*, Mutation *f* *{Biol}*
mutation rate Mutationsgeschwindigkeit *f*
mutatochrome Mutatochrom *n*
mutator gene Mutatorgen *n*
mutatoxanthin Mutatoxanthin *n*
mutein mutiertes Protein *n* *{Gen}*
muthmannite Muthmannit *m* *{Min}*
Muthmann's liquid **<Br_2HC-$CHBr_2$>** Muthmannsche Lösung *f*, Acetylentetrabromid *n*, 1,1,2,2-Tetrabromethan *n*
muton Muton *n* *{Gen}*
mutton 1. Hammelfleisch *n* *{Lebensmittel}*; 2. Geviert *n* *{Drucken}*
mutton tallow Hammeltalg *m*, Hammelfett *n*
mutton fat Hammelfett *n*, Hammeltalg *m*
mutual gegenseitig, wechselseitig, beiderseitig; Wechsel-
mutual admittance gegenseitige Admittanz *f*, wechselseitiger Scheinleitwert *m*, gegenseitiger komplexer Leitwert *m* *{Elek}*
mutual action Synergismus *m*
mutual conductance Transkonduktanz *f*
mutual inductance Gegeninduktivität *f*, Gegeninduktivitätskoeffizient *m* *{Elek}*
mutual inductivity Gegeninduktion *f*, gegenseitige Induktion *f* *{Elek}*
mutual interference gegenseitige Überlagerung *f*, gegenseitige Interferenz *f*
mutual potential energy Wechselwirkungsenergie *f*
mutual solubility gegenseitige Löslichkeit *f*
MVC Monovinylchlorid *n*
MVI *{medium viscosity index}* mittlerer Viskositätsindex *m*
myanesin Myanesin *n*
mycaminitol Mycaminit *m*
mycaminose Mycaminose *f*, 3,6-Didesoxy-3-dimethylamino-D-glucose *f*
mycarose Mycarose *f*
mycelium Myzelium *n*, Myzel *n*, Pilzgeflecht *n* *{Biol}*
mycetism Pilzvergiftung *f* *{Med}*
mycobacterium Mycobakterium *n*
mycobactin Mycobactin *n*
mycocerosic acid Mycocerosinsäure *f*
mycoctonine Mycoctonin *n*
mycodextrane **<$(C_6H_{10}O_5)_n$>** Mycodextran *n*
mycogalactan Mycogalactan *n*
mycoine Mykoin *n*
mycol Mycol *n*
mycolipenic acid **<$C_{27}H_{52}O_2$>** Mycolipensäure *f*, (+)2,4,6-Trimethyltetrakos-2-ensäure *f*
mycology Mykologie *f*, Pilzkunde *f*
mycomycin **<$C_{13}H_{10}O_2$>** Mycomycin *n*
mycophenolic acid **<$C_{17}H_{20}O_6$>** Mycophenolsäure *f* *{Antibiotikum}*
mycoporphyrin Penicilliopsin *n*
mycoprotein Mycoprotein *n*
mycosamine Mycosamin *n* *{ein Aminozucker}*
mycose **<$C_{12}H_{22}O_{11}\cdot H_2O$>** Mycose *f*, α,α-Trehalose *f*
mycosis Pilzkrankheit *f* *{Med}*
mycosterol **<$C_{30}H_{48}O_2$>** Mycosterin *n*, Pilzsterin *n*, Mycosterol *n*
mycotoxin Mycotoxin *n*, Pilzgift *n*
mycoxanthin Mycoxanthin *n* *{Algencarotenoid}*
mydatoxin **<$C_6H_{13}NO_2$>** Mydatoxin *n* *{Fleischgift, Ptomain}*
mydine **<$C_9H_{11}NO_2$>** Mydin *n* *{Ptomain aus Fleisch, Typhusbazillen etc.}*
mydriasine Mydriasin *n*
mydriatic 1. pupillenerweiternd; 2. Mydratikum *n*, pupillenerweiterndes Mittel *n* *{Pharm}*
mydriatine Mydriatin *n*
myelin[e] 1. Myelin *n* *{Biochem}*; 2. Nakrit *m* *{Min}*
myelin[e]-associated glycoprotein myelingebundenes Glycoprotein *n*
myeloid markartig; Mark-, Knochenmark-
myeloperoxidase Myeloperoxidase *f* *{Biochem}*
mykonucleic acid **<$C_{36}H_{52}N_{14}O_{14}2P_2O_5$>** Mykonucleinsäure *f* *{Hefe}*
Mylar *{TM}* Mylar *n* *{Polyesterfaserstoff aus Polyethylenglycolterephthalat}*
Mylar window *{US}* Mylarfenster *n*
mylonite Mylonit *m* *{Geol}*

myogen Myogen *n {Muskelalbumin}*
myoglobin Myoglobin *n*, Muskelfarbstoff *m*, Myohämoglobin *n*
myoh[a]ematin Myohämatin *n*
myoinosamine Myoinosamin *n*
myokinase Myokinase *f {Biochem}*
myosin Myosin *n*, Muskeleiweiß *n {Muskelprotein}*
myosmine Myosmin *n*
myoxanthim Myoxanthim *n {Lipochrom aus Rivularia nitida}*
myrcene <$C_{10}H_{26}$> Myrcen *n*, Myrzen *n*
α-myrcene <$H_2C=CH-C(=CH_2)CH_2CH_2CH_2-C(CH_3)C=CH_2$> α-Myrcen *n*, 2-Methyl-6-methylenocta-1,7-dien *n*
β-myrcene <$(CH_3)_2C=CHCH_2CH_2-C(=CH_2)CH=CH_2$> β-Myrcen *n*, 7-Methyl-3-methylenocta-1,6-dien *n*
myrcenol Myrcenol *n*
myrental Myrental *n*
myrica wax Myricawachs *n*, Myrikatalg *m*, Myrtenwachs *n*, Bayberrytalg *m {von Myrica-Arten}*, Grünes Wachs *n*
myricetin <$C_{15}H_{10}O_8$> Myricetin *n*
myricin <$C_{29}H_{61}COOC_{16}H_{31}$> Myricin *n*, Myricylpalmitat *n*, Melissylpalmitat *n {ungenaue Bezeichnung für die Palmitinsäureester von Triacontan-1-ol und Hentriacontan-1-ol}*
myricyl <$C_{30}H_{61}$-> Myricyl-, Triacontyl- *{IUPAC}*
myricyl alcohol Myricylalkohol *m*, Melissylalkohol *m {Bezeichnung für Triacontan-1-ol oder Hentriacontan-1-ol}*
myricyl palmitate *s.* myricin
myristamide <$CH_3(CH_2)_{12}CONH_2$> Tetradecanamid *n*
myristic acid <$CH_3(CH_2)_{12}COOH$> Myristinsäure *f*, Tetradecansäure *f {IUPAC}*
myristic ketone <$(C_{13}H_{27})_2CO$> Tridecylketon *n {IUPAC}*, Heptacosan-14-on *n {IUPAC}*, Myriston *n*
myristica oil Muskatnußöl *n*, ätherisches Muskatöl *n*, Oleum Myristicae expressum
myristicin <$C_{11}H_{12}O_3$> Myristicin *n*, 1-Allyl-3-methoxy-4,5-methylendioxybenzol *n*, 1-Methoxy-2,3-methylendioxy-5-(2-propenyl)benzol *n*
myristicin aldehyde Myristicinaldehyd *m*, 5-Methoxy-3,4-methylendioxybenzaldehyd *m*
myristicin glycol Myristicinglycol *n*
myristicinic acid Myristicinsäure *f*, 5-Methoxy-3,4-methylendioxybenzencarbonsäure *f*
myristicol <$C_{10}H_{16}O$> Myristicol *n*
myristin Myristin *n {Triv}*, Trimyristin *n*, Glycerintrimyristat *n*, Glyceryltetradecanoat *n {IUPAC}*
myristoleic acid <$C_{13}H_{25}COOH$> Myristoleinsäure *f*, (Z)-Tetradec-9-ensäure *f*
myristolic acid Myristolsäure *f*
myristone *s.* myristic ketone
myristoyl <$CH_3(CH_2)_{12}CO$-> Myristoyl-, Tetradecanoyl- *{IUPAC}*
myristoyl peroxide <$(C_{13}H_{27}CO)_2O_2$> Myristoylperoxid *n*
myristyl alcohol Myristylalkohol *m*, Tetradecan-1-ol *n {IUPAC}*
myristyl chloride Tetradecylchlorid *n*
myristyl mercaptan Tetradecylthiol *n*
myristyldimethylamine <$CH_3(CH_2)_{13}N(CH_3)_2$> Myristyldimethylamin *n {Korr}*
myrobalan Myrobalane *f {Terminalia-Arten; Phyllanthus- oder Prunus cerasifera}*
myrobalan extract Myrobalanextrakt *m {Leder}*
myronic acid <$C_{10}H_{19}NO_{10}S_2$> Myronsäure *f*
myrosase *s.* myrosinase
myrosin[ase] *{EC 3.2.3.1}* Sinigrinase *f*, Myrosinase *f*, Myrosin *n*, Thioglucosidase *f {IUB}*
myroxin <$C_{23}H_{36}O$> Myroxin *n*
myrrh Myrrhe *f*, Myrrhenharz *n {Commiphora-Arten}*
myrrh balm Myrrhenbalsam *m*
myrrh gum Myrrhe *f*, Myrrhenharz *n*
myrrh oil Myrrhenöl *n*
myrrh tincture Myrrhentinktur *f*
myrrhin[e] Myrrhin *n*
myrrholic acid <$C_{17}H_{22}O_5$> Myrrholsäure *f*
myrtanol Myrtanol *n*
myrtenal <$C_{10}H_{14}O$> Myrtenal *n*, 6,6-Dimethyl-2-methanoylbicyclo[1,1,3]hept-2-en *n {IUPAC}*, Myrtenaldehyd *m*, 2-Pinen-10-al *n*
myrtenic acid <$C_{10}H_{14}O_2$> Myrtensäure *f*, 6,6-Dimethylbicyclo[1,1,3]hept-2-en-2-carbonsäure *f {IUPAC}*
myrtenic aldehyde *s.* myrtenal
myrtenol <$C_{10}H_{16}O$> Myrtenol *n*, 6,6-Dimethyl-2-hydroxymethylbicyclo[1,1,3]hept-2-en *n*
myrticolorin Myrticolorin *n*, Rutin *n*, Quercetin-3-rutinosid *n*, Violaquercitrin *n*
myrtillidin <$C_{16}H_{13}O_7^+$> Myrtillidin *n*, 3,3',4',5,7-Pentahydroxy-5-flavilium *n*
myrtillin chloride <$C_{22}H_{23}O_{12}Cl$> Myrtillinchlorid *n {Myrtillidin-Galactosidchlorid}*
myrtillogenic acid Myrtillogensäure *f*
myrtle Immergrün *n*, Myrte *f {Myrtaceae}*
myrtle green Myrtengrün *n*
myrtle oil Myrtenöl *n {etherisches Öl aus Myrtus communis L.}*
myrtle wax Myristin *n*, Myrtenwachs *n*, Myricatalg *m*, Bayberrywachs *n*, Grünes Wachs *n*, Kapbeerenwachs *n*
essence of myrtle berries Myrtenessenz *f {Pharm}*
myrtol Myrtol *n {Myrtenölfraktion 160-180°C}*
mytilite *s.* mytilitol

mytilitol <$C_6H_5(OH)_6CH_3$> C-Methylinositol *n*, Pentahydroxymethoxybenzol *n*, Mytilit *m*
mytilotoxin <$C_6H_{15}NO_2$> Mytilotoxin *n*
myxobacteria Myxobakterien *npl*
myxophyceae Spaltalgen *fpl*, Cyanophyzeen *fpl*, Phycochromazeen *fpl*
myxoxanthinophyll <$C_{46}H_{66}O_7$> Myxoxanthophyll *n {Algenpigment}*

N

n n-, Normal- *{Stereochem}*
N electron N-Elektron *n {Spek}*
N shell N-Schale *f {Atom; Hauptquantenzahl 4}*
N-terminal N-endständig, N-terminal *{Valenz}*
nabam *{ISO}* Nabam *n {Fungizid, (NaSSNHCH$_2$-)$_2$}*
nabla operator Nabla-Operator *m*, Atled-Operator *m {Math}*
NaCl-crystal NaCl-Kristall *m*, Steinsalz-Kristall *m {Spek}*
nacre Perlmutt *n*, Perlmutter *f {Zool}*
nacreous perlmutt[er]glänzend, mit Perlmutt[er]glanz, perlmutt[er]ähnlich, perlmuttartig; perlmuttern, aus Perlmutt[er] bestehend; Perlmutt-, Perlmutter-
nacreous effect Perlmutteffekt *m*
nacreous luster Perlmutt[er]glanz *m {Min}*
nacreous particle *s.* nacreous pigment
nacreous pigment Fischsilberpigment *n*, Perlglanzpigment *n*, Perl[mutt]pigment *n*, Perlmutter-Pigmentteilchen *npl {Glanzpigment}*
nacrite Nakrit *m {Min}*
NAD$^+$ *{oxidized nicotinamide adenine dinucleotide}* Nicotinamid-adenin-dinucleotid *n*, Diphosphopyridinnukleotid *n {obs}*, Codehydrase I *f*, Koferment I *n {obs}*, DPN
NAD$^+$ kinase *{EC 2.7.1.23}* DPN-Kinase *f*, NAD$^+$-Kinase *f {IUB}*
NAD$^+$ nucleosidase *{EC 3.2.2.5}* NADase *f*, DPNase *f*, DPN-Hydrolase *f*, NAD$^+$-Nucleosidase *f {IUB}*
NAD$^+$ pyrophosphatase *{EC 3.6.1.22}* NAD$^+$-Pyrophosphatase *f*
NAD$^+$ synthetase *{EC 6.3.1.5}* NAD$^+$-Synthetase *f*
NADH *{reduced nicotinamide adenine dinucleotide}* Nicotinamid-adenin-dinucleotid *n {reduzierte Form}*
NADH dehydrogenase *{EC 1.6.99.3}* Cytochrom-c-Reduktase *f*, NADH-Dehydrogenase *f {IUB}*
NADH kinase *{EC 2.7.1.86}* NADH-Kinase *f*
nadorite Ochrolith *m {obs}*, Nadorit *m {Min}*
NADP$^+$ *{nicotinamide adenine dinucleotide phosphate}* Nicotinamid-adenin-dinucleotid-phosphat *n*, Triphosphopyridinnucleotid *n {obs}*, TPN, Cohydrogenase II *n*, Koferment II *n {obs}*, Codehydrase II *f*
NADPH *{reduced nicotinamide adenine dinucleotide phosphate}* Nicotinamid-adenin-dinucleotid-phosphat *n {reduzierte Form}*
NADPH dehydrogenase *{EC 1.6.99.1}* NADPH-Diaphorase *f*, NADPH-Dehydrogenase *f {IUB}*
naegite Naëgit *m {Min}*
nagyagite Blättertellurerz *n {obs}*, Graugolderz *n {obs}*, Tellurglanz *m {Triv}*, Nagyagit *m {Min}*
NaI-crystal NaI-Kristall *m*, Natrium-Iodid-Kristall *m {Spek}*
nail/to [fest]nageln, annageln; benageln, mit Nägeln beschlagen
nail Nagel *m*
nail-holding property Nagelbarkeit *f*
nail iron Nageleisen *n*
nail lacquer Nagellack *m {Kosmetik}*
nail-lacquer remover Nagellackentferner *m*
nail polish Nagelpolitur *f*, Nagelpoliermittel *n {Kosmetik}*
nail-polish remover Nagellpoliturentferner *m*
nail-varnish remover Nagellackentferner *m*
nailable nagelbar
nailable plastic nagelbarer Kunststoff *m*
NaK Natriumkalium *n {78 %K/22 %Na; 56 %K/44 %Na}*
naked bloß, unbewaffnet, nackt *{Auge}*; blank *{Draht}*; offen *{z.B. Feuer}*; kahl *{z.B. Wand}*
naked-flame burner Brenner *m* mit offener Flamme *f*
naked light offenes Feuer *n*, offene Flamme *f*
with the naked eye mit bloßem Auge
nakrite Nakrit *m {Min}*
naled <$C_4H_7Br_2Cl_2O_4$> Naled *n {Insektizid}*
nalidixic acid <$C_{12}H_{12}N_2O_3$> Nalidixinsäure *f {Antibiotikum}*
nalorphine <$C_{19}H_{21}NO_3$> Nalorphin *n*, *N*-Allylnormorphin *n*
naloxone hydrochloride <$C_{19}H_{21}O_4N{\cdot}HCl$> Naloxonhydrochlorid *n {Pharm}*
namakochrome Namakochrom *n*
name/to nennen; benennen, bezeichnen; ernennen
name Name *m*; Benennung *f {Chem}*
name of chemical chemische Benennung *f*
name-plate Firmenschild *n*, Typenschild *n*, Fabrikschild *n*, Leistungsschild *n*
fusion name Anellierungsname *m*, Verschmelzungsname *m*
semisystematic name halbsystematischer Name *m*, Halbtrivialname *m*
systematic name systematischer Name *m*, IUPAC-Bezeichnung *f*

trivial name Trivialname *m*, umgangssprachliche Benennung *f*, unsystematischer Name *f*; historische Benennung *f*

nameplate capacity Nennleistung *f*, Auslegungsleistung *f* *{theoretische Produktionsauslastung}*

nameplate figures Typenschildangaben *fpl*

nameplate rating *s.* nameplate capacity

nandinine <$C_{19}N_{19}NO_3$> Nandinin *n* *{Diisochinolin-Alkaloid}*

nanoammeter Nanoamperemeter *n*

nanogram Nanogramm *n* *{*10^{-12} *kg}*

nanometer Nanometer *n* *{*10^{-9} *m}*

nanosecond Nanosekunde *f* *{*10^{-9} *s}*

nantokite Nantokit *m*, Cuprochlorid *n* *{Min}*

napalm Napalm *n* *{1. Geliermittel für Brandbomben; 2. Al-Seife-Benzingelee}*

napalm bomb Napalmbombe *f*

napelline <$C_{20}H_{30}N(OH)_3$> Napellin *n*

Naperian logarithm natürlicher Logarithmus *m*, Napierscher Logarithmus *m* *{Basis e}*

naphazoline nitrate *{BP}* <$C_{14}H_{14}N_2HNO_3$> Naphazolinnitrat *n*

naphtha 1. Petrolether *m*, Benzin *n* *{für technische Zwecke oder als Reformingstock}*; 2. Schwerbenzin *n*, Naphtha *n f* *{90-200°C-Fraktion}*; Ligroin *n*

naphtha reforming Benzinreformierung *f*

naphtha residue Erdölrückstand *m*

crude naphtha Rohnaphtha *n*, Rohpetroleum *n*

distillation product of naphtha Erdöldestillat *n*

native naphtha *s.* crude naphtha

naphthacene <$C_{18}H_{12}$> Naphthacen *n*, Tetracen *n*, Ruben *n*

naphthacene quinone Naphthacenchinon *n*

naphthacetol 4-Acetamidonaphth-1-ol *n*

naphthacridine <$C_{21}H_{13}N$> Naphthacridin *n*, Dibenzacridin *n*

naphthacridinedione Anthrachinonacridin *n*

naphthacyl black Naphthacylschwarz *n*

naphthalane Naphthalan *n*, Perinaphthopyran *n*

naphthaldazine Naphthaldazin *n*

naphthaldehyde <$C_{10}H_7CHO$> Naphthaldehyd *m*, Naphthoealdehyd *m*

naphthaldehydic acid Naphthaldehydsäure *f*

naphthalene <$C_{10}H_8$> Naphthalin *n*, Naphthalen *n*

naphthalene black Säureschwarz *n*

naphthalene black AB Säureschwarz 4BN *n*

naphthalene blue Naphthalinblau *n*

naphthalene camphor Naphthalincampher *m*

naphthalene derivative Naphthalinderivat *n*

naphthalene dyestuff Naphthalinfarbstoff *m*

naphthalene-formaldehyd resin Naphthalin-Formaldehyd-Harz *n*

naphthalene green V Naphthalingrün V *n*

naphthalene indigo Naphthalinindigo *m*

naphthalene oil Naphthalinöl *n*

naphthalene red Naphthalinrot *n*, Magdalarot *n*

naphthalene separator Naphthalinabscheider *m*

naphthalene sulfochloride <$C_{10}0H_7SO_2Cl$> Naphthalinsulfochlorid *n* *{α- und β-Form}*

naphthalene yellow <$C_{10}H_5(NO_2)_2OH$> Naphthalingelb *n*, 2,4-Dinitronaphth-1-ol *n* *{als Ca-, Na- oder* NH_4*-Salz Martiusgelb}*

naphthalenecarboxylic acid <$C_{10}H_7COOH$> Naphthoesäure *f*, Naphthalincarbonsäure *f* *{α- und β-Form}*

naphthalenediamine <$C_{10}H_6(NH_2)_2$> Diaminonaphthalin *n*, Naphthylendiamin *n*, Naphthalindiamin *n*

naphthalene-2-diazonium salt <$C_{10}H_7N_2X$> Naphthalen-2-diazoniumsalz *n*

naphthalene-1,8-dicarboxylic acid <$C_{10}H_6(COOH)_2$> Naphthalin-1,8-dicarbonsäure *f* *{IUPAC}*, Naphthalsäure *f*, *peri*-Naphthalindicarbonsäure *f*

naphthalen-2,6-dicarboxylic acid <$C_{10}H_6(COOH)_2$> Naphthalin-2,6-dicarbonsäure *f* *{IUPAC}*, *amphi*-Naphthalindicarbonsäure *f*

naphthalene-1,5-diisocyanate <$C_{10}H_6(NCO)_2$> Naphthalin-1,5-diisocyanat *n*

naphthalene-1,2-diol <$C_{10}H_6(OH)_2$> 1,2-Dihydroxynaphthalin *n*, Naphthobrenzcatechin *n*

naphthalene-1,3-diol 1,3-Dihydroxynaphthalin *n*, Naphthoresorcin *n*

naphthalenedisulfonic acid <$C_{10}H_6(SO_3H)_2$> Naphthalindisulfonsäure *f* *{α- und β-Form}*

α-naphthalenedisulfonic acid <$C_{10}H_6(SO_3H)H_2$> α-Naphthalindisulfonsäure *f*, Naphthalin-2,7-disulfonsäure *f*

***β*-naphthalenedisulfonic acid** <$C_{10}H_6(SO_3H)_2$> ß-Naphthalindisulfonsäure *f*, Naphthalin-2,6-disulfonsäure *f*

naphthalene-1,5-disulfonic acid <$C_{10}H_6(SO_3H)_2$> Naphthalin-1,5-disulfonsäure *f*

naphthalene-1,6-disulfonic acid <$C_{10}H_6(SO_3H)_2$> Naphthalin-1,6-disulfonsäure *f*

naphthalenesulfonic acid <$C_{10}H_7SO_3H$> Naphthalinsulfonsäure *f* *{α- und β-Form}*

naphthalenesulfonyl chloride *s.* naphthalene sulfochloride

naphthalenetetracarboxylic acid <$C_{10}H_4(COOH)_4$> Naphthalintetracarbonsäure *f*

naphthalenediols <$C_{10}H_6(OH)_2$> Naphthalendiole *npl*, Dihydroxynaphthaline *npl* *{10 Isomere}*

naphthalenediones <$C_{10}H_8O_2$> Naphthochinone *npl* *{1,4-, 1,2- und 2,6-(amphi)-Form}*

naphthalenethiol Thionaphthol *n*

naphthalenic acid Naphthalinsäure *f*

1,8-naphthalic acid <$C_{10}H_6(COOH)_2$> Naphthalsäure *f*, Naphthalen-1,8-dicarbonsäure *f*
naphthalide 1. <$C_{10}H_7M'$> Naphthalid *n*; 2. Naphthylaminderivat *n* *{obs}*
naphthalidine <$C_{10}H_7NH_2$> Naphthylamin *n* *{α- und β-Form}*
naphthalimide Naphthalimid *n*
naphthalin *s.* naphthalene
naphthaline green Naphthalingrün V *n*, Eriogrün extra *n*
naphthalol Naphthalol *n*, Betol *n*, Salicylsäure-β-naphthylester *m*
naphthamide <$C_{10}H_7CONH_2$> Naphthalincarbonamid *n*
naphthamine Naphthamin *n*, Hexamethylentetramin *n*
naphthane Naphthan *n* *{obs}*, Bicyclo[0,4,4]-decan *n*, Dekalin *n* *{Triv}*
naphthanene Naphthanen *n*
naphthanisol Naphthanisol *n*
naphthanol Naphthanol *n*
naphthanthracene Naphthanthracen *n*
naphthanthracridine Naphthanthracridin *n*
naphthanthraquinone Naphthanthrachinon *n*
naphthanthroxanic acid Naphthanthroxansäure *f*
naphtharson Naphtharson *n*
naphthasulfonate Naphthasulfonat *n*
naphthazarine Naphthazarin *n*
naphthazin[e] <$(C_{10}H_6{=}N\text{-})_2$> Azinodinaphthylen *n*, Anthrapyridin *n*, Naphthazin *n*
naphthazole Benzindol *n*
naphthenate Naphthenat *n*
naphthene 1. <C_nH_{2n}> Naphthen *n*, Cycloalkan *n*; 2. Naphthalenringsystem *n*
naphthene-base petroleum naphthen[bas]isches Erdöl *n*, naphthen[bas]isches Rohöl *n*, Naphthenerdöl *n*, Erdöl *n* auf Naphthenbasis *f*
naphthenic naphthenartig, naphthenisch, gesättigt alicyclisch *{vorwiegend gesättigte Ringe enthaltend}*
naphthenic acid <$C_6H_{11}COOH$> Hexahydrobenzoesäure *f*, Naphthensäure *f*
naphthenic acides <$C_nH_{2n-1}COOH$> Naphthensäuren *fpl*
naphthenic crude [oil] *s.* naphthene-base petroleum
naphthenic hydrocarbons *s.* naphthene-base petroleum
naphthenic oil *s.* naphthene-base petroleum
naphthhydrindene Naphthhydrinden *n*
naphthidine Naphthidin *n*
naphthimidazole Naphthimidazol *n*
naphthindazole Naphthindazol *n*
naphthindene <$C_{13}H_{10}$> Naphthinden *n*
naphthindigo Naphthindigo *n*, Naphthalenindigo *n*
naphthindole Naphthindol *n*
naphthindoline Naphthindolin *n*
naphthindone Naphthindon *n*
naphthindoxyl Naphthindoxyl-
naphthionate Naphthionat *n*
naphthionic acid <$H_2NC_{10}H_6SO_3H$> Naphthionsäure *f*, Naphth-1-ylamin-4-sulfonsäure *f*
naphthisatin Naphthisatin *n*
naphthisatin chloride Naphthisatinchlorid *n*
naphthoacridine Naphthoacridin *n*
naphthocarbostyril Naphthocarbostyril *n*
naphthochromanone Naphthochromanon *n*
***meso*-naphthodianthrene** <$C_{28}H_{14}$> *meso*-Naphthodianthren *n*
naphthofluorene <$C_{21}H_{14}$> Naphthofluoren *n*
naphthofuchsone Naphthofuchson *n*
naphthofuran Naphthofuran *n*
naphthohydroquinone Naphthohydrochinon *n*
naphthoic acid <$C_{10}H_7COOH$> Naphthoesäure *f*, Naphthalincarbonsäure *f* *{α- und β-Form}*
naphthoic aldehyde *s.* naphthaldehyde
naphthol <$C_{10}H_7OH$> Naphthol *n*, Hydroxynaphthalin *n*, Oxynaphthalin *n* *{obs}*
α-naphthol <$C_{10}H_7OH$> α-Naphthol *n*, 1-Hydroxynaphthalen *n*, Naphth-1-ol *n*
***β*-naphthol** <$C_{10}H_7OH$> *β*-Naphthol *n*, 2-Hydroxynaphthalen *n*, Naphth-2-ol *n*
naphthol allyl ether Naphtholallylether *m*
naphthol benzoate Naphtholbenzoat *n*, Naphthylbenzoat *n*, Benzoylnaphthol *n*
naphthol black Naphtholschwarz *n*
naphthol blue Naphtholblau *n*, Meldolablau *n*
naphthol dye[stuff] Naphtholfarbstoff *m* *{Azoentwicklungsfarbstoff}*
naphthol ethyl ether Naphthylether *m*, Nerolin *n*
naphthol green B Naphtholgrün *n* *{1. Grün PLX; 2. komplexes Fe-Na-Salz der 2-Nitroso-1-naphthol-4-sulfonsäure}*
naphthol orange Naphtholorange *n*, Tropeolin *n* *{R-N=N-*$C_6H_4SO_3H$*}*
α-naphthol orange α-Naphtholorange *n*, Orange I *n*, Tropeolin 000 *n*, 1,2-Naphtholorange *n* *{Na-Salz der α-Naphtholazobenzen-4-sulfonsäure}*
***β*-naphthol orange** *β*-Naphtholorange *n*, Orange II *n*, Mandarin *n* *{Na-Salz der β-Naphtholazobenzen-4-sulfonsäure}*
naphthol salicylate Naphtholsalicylat *n*
naphthol solution Naphthollösung *f*
naphthol sulfonate Naphtholsulfonat *n*
naphthol yellow Naphtholgelb *n*, 2,4-Dinitronaphthol-1-sulfonsäure *f*
naphtholcarboxylic acid <$C_{10}H_6(OH)COOH$> Oxynaphthoesäuren *fpl*, Naphtholcarbonsäuren *fpl*
naphtholdisulfonic acid Naphtholdisulfonsäure *f* *{F- und S-Form}*
naphtholphthaleine Naphtholphthalein *n*

α-**naphtholphthaleine** <$C_{28}H_{18}O_4$> α-Naphtholphthalein *n*
naphtholsulfonic acid <$HOC_{10}H_6SO_3H$> Naphtholsulfonsäure *f* *{14 Isomere}*
1-naphthol-4-sulfonic acid Neville[-Winter]-Säure *f* *{Triv}*, Naphth-1-ol-4-sulfonsäure *f*
2-naphthol-6-sulfonic acid Schäffersche Säure *f* *{Triv}*, Naphth-2-ol-6-sulfonsäure *f*
naphthol-7-sulphonic acid β-Naphtholsulfonsäure *f*, F-Säure *f* *{Triv}*, Naphth-2-ol-7-sulfonsäure *f*, Casella-Säure *f* *{Triv}*
2-naphthol-8-sulfonic acid Bayersche Säure, Bayer-Säure *f*, Croceinsäure *f*, Naphth-2-ol-8-sulfonsäure *f*
naphthonitrile <$C_{10}H_7CN$> Naphthonitril *n*, Naphthylcyanid *n* *{IUPAC}*
naphthophenanthrene Dibenzanthracen *n*
naphthophenazine Naphthophenazine *n*, Phenonaphthazin *n*
naphthophenofluorindine Naphthophenofluorindin *n*
naphthopicric acid Naphthopikrinsäure *f*
naphthopiperazine Naphthopiperazin *n*
naphthopurpurin Naphthopurpurin *n*
naphthopyrane Naphthopyran *n*
naphthopyrazine Naphthopyrazin *n*
naphthopyrocatechol Naphthobrenzcatechin *n*
naphthopyrone Naphthopyron *n*
naphthoquinaldine <$C_{13}H_8N$-CH_3> Naphthochinaldin *n*
naphthoquinhydrone Naphthochinhydron *n*
naphthoquinoline <$C_{13}H_9N$> Naphthochinolin *n*
naphthoquinone <$C_{10}H_6O_2$> Dihydrodioxonaphthalin *n*, Naphthochinon *n*
α-**naphthoquinone** α-Naphthochinon *n*, 1,4-Naphthochinon *n*
β-**naphthoquinone** β-Naphthochinon *n*, 1,2-Naphthochinon *n*
naphthoresorcinol <$C_{10}H_8O_2$> 1,3-Dihydroxynaphthalin *n* *{IUPAC}*, Naphthoresorcin *n*
naphthostyrile Naphthostyril *n*
naphthotetrazines <$C_{10}H_6N_4$> Naphthotetrazine *npl*
naphthotetrazole Naphthotetrazol *n*
naphthothianthrene Naphthothianthren *n*
naphthothiazine Naphthothiazin *n*
naphthothiazoles <$C_{11}H_7NS$> Naphthothiazole *npl*
naphthothioflavone Naphthothioflavon *n*
naphthothioindigo Naphthothioindigo *n*
naphthothioxole Naphthothioxol *n*
naphthotriazines <$C_{11}H_7N_3$> Naphthotriazine *npl*
naphthotriazole Naphthotriazol *n*
naphthoxazine Naphthoxazin *n*, Phenoxazin *n* *{IUPAC}*
naphthoxazole Naphthoxazol *n*
naphthoyl chloride <$C_{10}H_7COCl$> Naphthoylchlorid *n*
naphthoylbenzoic acid Naphthoylbenzoesäure *f*
naphthoylpropionic acid Naphthoylpropionsäure *f*
naphthoyltrifluoroacetone Naphthoyltrifluoraceton *n*
naphthuric acid Naphthursäure *f*
naphthyl <$C_{10}H_7$-> Naphthyl-; Naphthylgruppe *f*, Naphthylrest *m*
naphthyl alcohol *s.* naphthol
naphthyl benzoate <$C_{10}H_7COOC_6H_5$> Naphthylbenzoat *n*, Naphtholbenzoat *n*
naphthyl blue Naphthylblau *n*
naphthyl chloride Chlornaphthalin *n*, Naphthylchorid *n*
naphthyl cyanide Naphthonitril *n*, Naphthylcyanid *n*
naphthyl ether <$(C_{10}H_7)_2O$> Naphthylether *m*
α-**naphthyl ethyl ether** <$C_{10}H_7OC_2H_5$> α-Naphthylethylether *m*
β-**naphthyl ethyl ether** <$C_{10}H_7OC_2H_5$> β-Naphtholethylether *m*, Ethyl-2-naphthylether *m* *{IUPAC}*, Nerolin neu *n*
naphthyl isocyanate <$C_{10}H_7NCO$> Naphthylisocyanat *n*
naphthyl ketone <$(C_{10}H_7)CO$> Naphthylketon *n*
naphthyl mercaptan Thionaphthol *n*
1-naphthyl methyl bromide 1-Brommethylnaphthylen *n*
naphthyl methyl ether <$C_{10}H_7OCH_3$> Naphthylmethylether *m*
β-**naphthyl methyl ether** β-Naphtholmethylether *m*, Nerolin *n*, Methyl-2-naphthylether *m* *{IUPAC}*
naphthyl methyl ketone <$C_{10}H_7COCH_3$> Naphthylmethylketon *n*, Acetonaphthon *n*
1-naphthyl-*N*-methylcarbamate <$C_{10}H_7OCONHCH_3$> 1-Naphthyl-*N*-methylcarbamat *n*
naphthyl salicylates <$HOC_6H_4COOC_{10}H_7$> Naphthalole *npl*, Naphthylsalicylate *npl*
β-**naphthyl salicylate** β-Naphtholsalicylat *m*, Salicylsäurenaphthylester *m*, Naphtholsalol *n*, Naphthalol *n*, Salinaphthol *n*, Betol *n*
naphthylamine <$C_{10}H_7NH_2$> Naphthylamin *n*, Aminonaphthalin *n*, Aminonaphthalen *n*
α-**naphthylamine** α-Naphthylamin *n*, 1-Aminonaphthalin *n*
β-**naphthylamine** β-Naphthylamin *n*, 2-Aminonaphthalin *n*
naphthylamine hydrochloride <$C_{10}H_7NH_2 \cdot HCl$> Naphthylaminchlorhydrat *n*
naphthylamine monosulfonic acids <NH_2-$C_{10}H_6SO_3H$> Naphthylamin[mono]sulfonsäuren *fpl*, Aminonaphthalen[mono]sulfonsäuren *fpl* *{20 Isomere}*

naphthylamine red Naphthylaminrot *n*
naphthylamine yellow Naphthylamingelb *n*
naphthylaminedisulfonic acids <$H_2NC_{10}H_5(SO_3H)_2$> Naphthylamindisulfonsäuren *fpl {20 Isomere}*
1-naphthylamine-4-sulfonic acid Naphthionsäure *f*
1-naphthylamine-6-sulfonic acid Clevesäure *f*
2-naphthylamine-1-sulfonic acid <$C_{10}H_6(NH_2)SO_3H$> 2-Naphthylamin-1-sulfonsäure *f*, Tobiassäure *f {Triv}*
naphthylaminetrisulfonic acids <$H_2NC_{10}H_4(SO_3H)_3$> Naphthylamintrisulfonsäuren *fpl {10 Isomere}*
naphthylene sulfonylide Naphthylensulfonylid *n*
naphthylenediamines <$C_{10}H_6(NH_2)_2$> Diaminonaphthaline *npl*, Naphthylendiamine *npl*
naphthylphenylamine <$C_{10}H_7NHC_6H_5$> Naphthylphenylamin *n*
***N*-1-naphthylphthalamic acid** <$C_{10}H_7NHCOC_6H44COOH$> Naphthylphthalamidsäure *f*
naphthylthiorea Naphthylthioharnstoff *m*
α-naphthylthiourea <$C_{10}H_7NHCSNH_2$> Naphthylthioharnstoff *m*, ANTU
naphthyltrichlorosilane <$C_{10}H_7SiCl_3$> Naphthyltrichlorsilan *n*
naphthyridine <$C_8H_6N_2$> Naphthyridin *n*, 1,8-Benzodiazin *n*
naphtolation bath Naphtolgrundieranlage *f*, Naphtolieranlage *f {Text}*
naphite 1,3,5-Trinitronaphthalin *n {Expl}*
napkin 1. Serviette *f*; 2. *{GB}* Windel *f*
napkin paper Serviettenpapier *n*
napkin ring test Verdrehversuch *m* an stumpfgeklebten dünnwandigen Zylindern *mpl*, Scherversuch *m* an stirnseitig geklebten dünnen Metallzylindern *npl {Scherfestigkeitsprüfung}*
Naples red Neapelrot *n*
Naples yellow Neapelgelb *n*, Antimongelb *n {Bleiantimonat(V)}*
napless finish Kahlappretur *f*, Kahlausrüstung *f {Text}*
napoleonite Napoleonit *m*, Corsit *m {Min}*
nappa [leather] Nappa *n {pflanzlich übersetztes Glacéleder}*, Nappaleder *n*
napped leather Samtkalbleder *n*, Plüschleder *n*, Dänischleder *n*
napping 1. Strichausrüstung *f {Text}*; 2. Velourieren *n*, Velourisieren *n {Text}*; 3. Samtausrüstung *f {Text}*
napping mill Rauhmaschine *f {Text}*
narcein[e] <$C_{23}H_{27}NO_8 \cdot 3H_2O$> Narcin *n*
narceonic acid Narceonsäure *f*
narcine Narcin *n*
narcissamine Narcissamin *n*
narcissidine Narcissidin *n*
narcissine Narcissin *n*, Lycorin *n*
narcotic 1. betäubend, narkotisch [wirkend]; 2. Betäubungsmittel *n*, Narkotikum *n*, Narkosemittel *n {Med, Pharm}*; 3. Rauschgift *n {Pharm}*
Narcotic act *{US}* Betäubungsmittelgesetz *n {Harrison Act}*
narcotine *{obs}* *s.* noscapine
narcotization Narkotisierung *f*
narcotize/to narkotisieren, betäuben
narcotizing narkotisierend, betäubend
narcotoline Narcotolin *n*
naringenin <$C_{15}H_{12}O_5$> Naringenin *n*, 4',5,7-Trihydroxyflavon *n*
naringeninic acid Naringeninsäure *f*
naringin <$C_{21}H_{26}O_{11}$> Aurantiin *n*, Naringin *n*
narrow/to 1. sich verengen; verengen, einengen; 2. beschränken; 3. mindern, abschlagen, abmaschen, abnehmen *{Maschen}*
narrow down/to einengen *{Lösung}*
narrow schmal, eng; knapp; dürftig; beschränkt; genau
narrow film Schmalfilm *m {Photo}*
narrow-meshed engmaschig *{Text}*
narrow-neck[ed] enghalsig; Enghals- *{Lab}*
narrow-necked boiling flask *{ISO 1773}* Enghalssiedekolben *m {Lab}*
narrow-necked bottle Enghalsflasche *f*
narrow-necked flask Enghalskolben *m {Lab}*
narrow-spectrum antibiotic hochspezifisches Antibiotikum *n*
narrowing Einengung *f*, Verengung *f*, Verjüngung *f*; Beschränkung *f*
narrowing cross-section Querschnittsverengung *f*
narrowing flow channel Querschnittsverengung *f*
narrowing runner Querschnittsverengung *f*
nartazine Nartazin *n*
narwedine Narwedin *n*
nasal decongestant spray Nasenschleim-Lösespray *m*
nascency Entstehungszustand *m*
nascent entstehend, im Entstehen begriffen, freiwerdend, naszierend, in statu nascendi *{Chem}*
nascent hydrogen naszierender Wasserstoff *m*, atomarer Wasserstoff *m*
nascent state Entstehungszustand *m*
nasonite Nasonit *m {Min}*
nasturtium Kapuzinerkresse *f {Bot}*
natalensine Natalensin *n*
nataloin <$C_{34}H_{38}O_{15}$> Nataloin *n*
National Agricultural Chemicals Association *{US}* Nationaler Verband *m* für Agrochemikalien
National Bureau of Standards *{US}* Nationales Normungsamt *n*

National Fire Protection Agency *{US}* Nationale Brandschutzbehörde *f {Batterymarch Park, Quincy, MA}*
national gas outlet zylindrisches Rohraußengewinde *n*; *{US}* Anschlußgewinde *n* für Gasflaschenventile *npl*
National Institute for Occupational Safety and Health *{US}* Nationalinstitut *n* für Arbeitssicherheit *f* und Gewerbehygiene *f*
National Physical Laboratory *{GB}* Nationallaboratorium *n* für Physik *f {englisches Pendant zur Physikalisch-Technischen Bundesanstalt}*
native 1. bergfein *{Bergbau}*; 2. gediegen *{Mineral}*; 3. natürlich, nativ; Natur-; 4. einheimisch; 5. angeboren; 6. Mutter-; Geburts-; Heimat-
native asphalt Naturasphalt *m*, natürlicher Asphalt *m*
native cellulose native Cellulose *f*, unbehandelte Cellulose *f*
native compound natürliche Verbindung *f*, in der Natur *f* vorkommende Verbindung *f*
native copper Bergkupfer *n*, gediegen[es] Kupfer *n*
native element frei vorkommendes Element *n*
native gold gediegenes Gold *n*, Berggold *n*
native lignin Protolignin *n*
native rock gewachsener Fels *m*; Ganggestein *n*
native starch native Stärke *f*
native substance Naturstoff *m*
natriuretic Natriuretikum *n {Pharm}*
natroalunite Almerit *m {obs}*, Alumian *m*, Natrium-Alunit *m*, Natroalunit *m {Min}*
natroborocalcite Natroborocalcit *m {obs}*, Ulexit *m {Min}*
natrocalcite Natrocalcit *m {Min}*
natrochalcite Natrochalcit *m {Min}*
natrolite Natrolith *m*, Faserzeolith *m {Triv}*, Haarzeolith *m {Triv}*, Nadelzeolith *m {obs}*, Soda-Mesolith *m {Min}*
natron Natursoda *f {5 % Na_2CO_3, 13 % NaCl, 31 % Na_2SO_4, 10 % SiO_2 u.a.}*
natrophilite Natrophilit *m {Min}*
natsyn *{TM}* Natsyn *n {cis-1,4-Polyisopren}*
Natta catalyst Ziegler-Natta-Katalysator *m*
natural 1. gesetzmäßig *{Chem}*; 2. im Naturzustand *m*; roh *{z.B. Wolle}*; 3. natürlich, naturgemäß, nativ; Natur-; 4. angeboren; 5. wirklich; Eigen- *{Elek, Phys}*
natural abundance natürliche Isotopenzusammensetzung *f*, natürliches Nuklidverhältnis *n*
natural ageing natürliches Altern *n*, Kaltauslagerung *f*, Kaltauslagern *n {Met}*; natürliche Alterung *f*
natural asphalt Naturasphalt *m*, natürlicher Asphalt *m {DIN 55946}*
natural background [radiation] natürlicher Strahlenpegel *m*, natürliche Strahlenexposition *f*, natürliche Strahlung *f*
natural barium sulfate <$BaSO_4$> Bariumsulfat *n*, Baryt *m*, Schwerspat *m {Min}*
natural base Alkaloid *n*
natural-based cleaning agents biologische Reinigungsmittel *npl {Ökol}*
natural biopolymer natrürliches Biopolymer *n*
natural brimstone Naturbims *m*
natural cement natürlicher Zement *m*, Naturzement *m*
natural chalk Naturkreide *f*
natural circulation natürlicher Umlauf *m*, Naturumlauf *m*
natural-circulation boiler Durchlaufkessel *m*, Naturumlaufkessel *m*
natural coke Taubkohle *f*, Kohlenblende *f*, Glanzkohle *f*; ausgeglühte Kohle *f*
natural colo[u]r Eigenfarbe *f*, Naturfarbe *f*
natural-colo[u]red naturfarben
natural constant Naturkonstante *f*
natural convection Eigenkonvektion *f*, freie Konvektion *f*, natürliche Konvektion *f*
natural dome natürliches Gewölbe *n {im Pulverbett}*
natural draft *{US}* natürlicher Zug *m*, natürlicher Luftzug *m*, Naturzug *m*, Selbstzug *m*
natural draft cooling tower Kühlturm *m* mit natürlichem Zug *m*, Kühlturm *m* mit Selbstzug *m*, selbstbelüfteter Kühlturm *m*, Kaminkühlturm *m*
natural draft wet cooling Naturzugrückkühlung *f*
natural draught *{GB}* *s.* natural draft *{US}*
natural drying Lufttrocknung *f*
natural dye[stuff] Naturfarbstoff *m*, natürlicher Farbstoff *m*, Naturfarbe *f*
natural electrode shape natürliche Elektrodenform *f*
natural element natürliches Element *n*
natural environment radiation natürliche Umgebungsstrahlung *f*
natural exposure test Freilagerversuch *m*
natural fat Naturfett *m*, natürliches Fett *n*
natural fiber Naturfaser *f*
natural frequency Eigenfrequenz *f*
natural frequency in bending Biegeeigenschwingung *f*
natural gas 1. Erdgas *n*, Naturgas *n*; 2. Helium *n*
natural-gas extraction Erdgasförderung *f*
natural-gas pipeline Erdgas[rohr]leitung *f*, Erdgaspipeline *f*
natural-gas well Erdgasquelle *f*
natural gasoline Natur[gas]benzin, Erdgasbenzin *n*, Rohrkopfbenzin *n*, Casinghead-Benzin *n {aus Erdgas abgetrennte Flüssigkeitsbestandteile}*

natural glass mineralisches Glas *n {Geol}*
natural immunity natürliche Immunität *f*, ererbte Immunität *f*
natural latex Natur[kautschuk]latex *m*, Kautschukmilch *f*
natural law Naturgesetz *n*
natural line-breadth natürliche Linienbreite *f*
natural linewidth natürliche Linienbreite *f*
natural logarithm natürlicher Logarithmus *m*, Napierscher Lagarithmus *m*
natural mica Rohglimmer *m {Min}*
natural mineral water naturbelassenes Mineralwasser *n*
natural number natürliche Zahl *f*
natural occurring raw material natürlich vorkommendes Rohmaterial *n*
natural oils Naturfette *npl*, natürliche Fette *npl {tierische und pflanzliche}*
natural oscillation Eigenschwingung *f*
natural period Eigenperiodenlänge *f*, Eigenperiodendauer *f {in s}*
natural period of vibration Eigenperiode *f*
natural pest control agents natürliche Schädlingsbekämpfung *f*
natural phenomenon Naturerscheinung *f*
natural plastic plastischer Naturstoff *m*
natural power Naturkraft *f*
natural process Naturerscheinung *f*
natural product Naturprodukt *n*, Naturstoff *m*
natural purification of surface waters Selbstreinigung *f* des Oberflächenwassers *n {Ökol}*
natural radiation Eigenstrahlung *f*
natural radiation exposure natürliche Strahlenbelastung *f*, natürliche Strahlenexposition *f*
natural radioactivity natürliche Radioaktivität *f*
natural raw potassic salt Kalisalz *n {Geol}*
natural resin Naturharz *n*, natürliches Harz *n*
natural rock asphalt Asphaltgestein *n {mineralreicher Naturasphalt; DIN 55946}*
natural rubber Naturgummi *m*, Naturkautschuk *m*, NK
natural rubber latex Natur[kautschuk]latex *m*
natural rubber latex adhesive Natur[kautschuk]latexklebstoff *m*
natural science Naturwissenschaft *f*, Naturforschung *f*, Naturkunde *f*
natural seasoning Lufttrocknung *f*, natürliche Trocknung *f {z.B. von Holz}*
natural selection natürliche Auslese *f*, natürliche Zuchtwahl *f {Biol}*
natural silk Naturseide *f*, Raupenseide *f*, Reinseide *f*, echte Seide *f*, rohe Seide *f*, Rohseide *f*
natural size natürliche Größe *f*, volle Größe *f*, Ist-Größe *f*, Originalgröße *f*; natürlicher Maßstab *m*
natural state Naturzustand *m*
natural stearite Naturspeck[stein] *m*, Talk *m*
natural steel Wolfsstahl *m*, Schmelzstahl *m*, Rennstahl *m*
natural stone Naturstein *m*
natural strain logarithmiertes Formänderungsverhältnis *n*
natural substance Naturstoff *m*, Naturprodukt *n {Chem, Lebensmittel}*
natural tannin Naturgerbstoff *m*, natürlicher Gerbstoff *m*
natural uranium Natururan *n {99,3 % U-238, 0,7 % U-235, Spuren U-234}*
natural-uranium reactor Natururanreaktor *m*, Reaktor *m* mit natürlichem Uran *n*
natural-uranium graphite reactor Natururan-Graphit-Reaktor *m*
natural vibration Eigenschwingung *f*
natural water Rohwasser *n*, Niederschlagswasser *n*, natürliches Wasser *n*, in der Natur vorkommendes Wasser *n {Ökol}*
natural weathering Naturbewitterung *f*
natural weathering test Freibewitterungsprüfung *f*, Freibewitterungsversuch *m*, Freiluftversuch *m*, Freilagerversuch *m*
source of natural gas Erdgasvorkommen *n*
naturalist 1. naturalistisch; 2. Naturforscher *m*, Naturkundiger *m*; Naturfreund *m*
naturally natürlich; von Natur aus
naturally occurring in der Natur vorkommend
naturally weathered freibewittert
nature 1. Natur *f*; 2. Natur *f*, Beschaffenheit *f*, Eigenart *f*, Wesen *n*
nature of a charge Ladungssinn *m*
nature of surface Oberflächenbeschaffenheit *f*
law of nature Naturgesetz *n*
true to nature naturgetreu
naught Null *f*; Nichts *n*
naumannite <Ag_2Se> Selensilber *n {obs}*, Naumannit *m {Min}*
nausea Brechreiz *m*, Übelkeit *f*; Ekel *m*
nauseating ekelerregend
nauseous ekelhaft, widrig, widerlich, widerwärtig *{z.B. Geruch}*, ekelerregend, übel, Übelkeit *f* erregend
nautical chain nautische Kette *f {= 4,572m}*
nautical mile Seemeile *f {BG: 1,8282km, Admiralitätsmeile: 1,853181km, US: 1,85329km, international: 1,852km}*
naval See-; Marine-; Schiffs-
naval brass *s.* naval bronze
naval bronze Admiralitätsbronze *f {Korr; 60-62 % Cu, 37-39 % Zn, 0,75-1,0 % Sn}*
naval store 1. Kalfatermasse *f*; 2. Kienholzdestillationsprodukte *npl*
Navier-Stokes equation Navier-Stokes-Gleichung *f {DIN 1342}*
navy Marine-
navy blue Marineblau *n*

navy heavy Schiffsbunkeröl C *n*
NBR *s.* nitrite-butadien rubber
NBS *s.* National Bureau of Standards *{US}*
NC Nitrocellulose *f*, Schießbaumwolle *f*, Kollodiumwolle *f*
Nd-YAG-laser *{neodymium-doped yttrium aluminium garnet laser}* Nd-YAG-Laser *m*
NDGA s. nordihydroguaiaretic acid
near nah[e]
near-edge X-ray absorption fine structure absorptionskantennahe Röntgenfeinstruktur *f*
near-gravity material Grenzkorn *n {Sichtung innerhalb 100kg/m³; DIN 22005}*
near-infrared [radiation] naher Infrarotbereich *m*, nahes Infrarot[gebiet] *n*, nahes IR-Gebiet *n {750-3000nm}*
near-mesh material Grenzkorn *n {DIN 22019}*
near-mesh [sizes of] particles Grenzkorn *n*, Siebgrenzkorn *n {von der Maschenweite nur geringfügig abweichende Teilchen-Größen}*
near-size material Grenzkorn *n {Sichtung-innerhalb 0,25 mm; DIN 22005}*
near the surface oberflächennah
near-ultraviolet [radiation] naher Ultraviolettbereich *m*, naher UV-Bereich *m {= 200-400 nm}*, nahes Ultraviolett[gebiet] *n*, Quarz-UV *n*, Quarz-UV-Bereich *m*
nearing bracket Lagerarm *m*, Lagerbock *m*
neat cement [grout] Zementleim *m*
neat soap Seifenleim *m*
neatness 1. Glätte *f {des Rohseidenfadens}*; 2. Sauberkeit *f*
neatsfood oil Rinderklauenöl *n*, Rinderfußöl *n*, Ochsenklauenöl *n*, Klauenöl *n*, Oleum tauripedum *n*
nebula Nebel *m {Astr}*
nebular Nebel-, Nebular-
nebular line Nebellinie *f {Spek, Astr}*
nebularine Nebularin *n*
nebulize/to zerstäuben, versprühen, sprühen, verstäuben *{Flüssigkeiten}*; aerosolieren, vernebeln
nebulizer 1. Zerstäuber *m {z.B. des Brenners}*; 2. Atomiseur *m*, Stäuber *m*, Nebelgerät *n*, Nebelblaser *m*
nebulizer capillary Zerstäuberkapillare *f*
nebulizer chamber Zerstäuberkammer *f*
nebulizer with trap for coarse drops Rücklaufzerstäuber *m*
necessary notwendig, erforderlich *{z.B. Bedingungen}*
necessary article Bedarfsgegenstand *m*
necessitate/to erfordern, notwendig machen
necessity Notwendigkeit *f*; Bedürfnis *n*
neck down/to verstrecken *{Fasern}*
neck 1. Hals *m*; 2. Zapfen *m {Walze}*, Laufzapfen *m*; 3. Hals *m*, Kehle *f {Tech}*; 4. Ausguß *m*; Füllansatz *m*; 5. Schlotfüllung *f*, Schlotgang *m*, Neck *m*, Stielgang *{Geol}*; 6. Durchlaß *m {Glas}*; Flaschenhals *m*, Hals *m {Glas}*; 7. Konus *m {Drucken}*
neck and base flash Abquetschlinge *mpl*
neck graduation Halsteilung *f*
neck grease Walzenfett *n*
neck groove Halskerbe *f*
neck-in Randeinzug *m {Extrusion}*
neck journal bearing Halslager *n*
neck mo[u]ld 1. Mündungsform *f*, Halswerkzeug *n*, Kopfform *f*, Halsring *m*, Randform *f {Glas}*; 2. Säulenhals *m*
neck of a converter Hals *m* der Bessemerbirne *f*
neck of pore Porenhals *m {Met}*
neck pinch-off Halsquetschkante *f*
neck section Halspartie *f*
necking 1. Aushalsung *f*, Halsbildung *f*, Querschnittsverminderung *f*, Verengung *f*, Einschnürung *f*, Einschnüren *n*, Dimensionsverminderung *f*; 2. Säulenhlas *m*, Hals *m*
necking down Verstreckung *f*
necrobiosis Nekrobiose *f*, Zellenabsterben *n*
necrobiotic nekrobiologisch
necrosamine Necrosamin *n*
necrosis Nekrose *f*, Gewebeabsterben *n*
nectar Nektar *m {Bot}*
necton Nekton *n {aktive schwimmende Klein-Wassertiere}*
need/to müssen, brauchen; benötigen, bedürfen
need 1. Notwendigkeit *f*; 2. Mangel *m*, Not *f*, Bedarf *m*; 3. Bedürfnis *n*
need for capital investment Investitionsbedarf *m*
needle 1. Nadel *f*; 2. Nadelkristall *m*; 3. Zeiger *m {Tech}*; 4. Plunger *m*, Stempel *m*, Stößel *m*, Treiber *m {Glas}*
needle antimony Antimonglanz *m*, Antimonit *m {Min}*
needle bearing Nadellager *n {DIN 617/618}*
needle coal Faserkohle *f*
needle deflection Zeigerausschlag *m*
needle deviation Zeigerausschlag *m*
needle electrode Spitzenelektrode *f*
needle galvanometer Nadelgalvanometer *n*, Zeigergalvanometer *n*
needle iron ore Nadeleisenerz *n*, Goethit *m {Min}*
needle lubricator Nadelschmierer *m*, Nadelöler *m*, Nadelschmiergerät *n*, Tropföler *m*
needle mo[u]ld Nadelform *f*
needle nozzle Nadeldüse *f {Kunst, Gummi}*
needle ore Nadelerz *n {obs}*, Aikinit *m {Min}*
needle penetration Nadelpenetration *f {Wachsprüfung}*
needle probe Nadelsonde *f*
needle pyrometer Einstichpyrometer *n*

needle roller Nadelwalze *f*, Nadel *f {Wälzelement}*
needle seal nozzle Nadelverschlußdüse *f*
needle shape Nadelform *f*
needle-shaped nadelförmig, nadelartig, nadelig; Nadel-
needle-shaped particle nadelförmiges Teilchen *n*
needle shut-off mechanism Nadelventilverschluß *m*, Nadelverschlußsystem *n*, Schließnadel *f*
needle shut-off nozzle Nadelverschlußdüse *f*
needle spar Nadelspat *m*, Aragonit *m {Min}*
needle-stich tear strength Nadelausreißfestigkeit *f*, Nadelausreißwiderstand *m*
needle stone 1. Nadelstein *m {obs}*, Millerit *m {ß-NiS, Min}*; 2. Nadelzedith *m*, Natrolith *m*; 3. Nadelquarz *m*, strahliger Quarz *m {Min}*
needle tear resistance Nadelausreißwiderstand *m*, Nadelausreißfestigkeit *f*
needle tear strength Nadelausreißfestigkeit *f*, Nadelausreißwiderstand *m*
needle tin Nadelzinnerz *n {Min}*
needle-type heat exchanger Nadelwärmeaustauscher *m*
needle-type [shut-off] nozzle Nadelverschlußdüse *f*
needle valve 1. Schwimmernadelventil *n*; Nadelventil *n {z.B. bei Dieselmotoren}*; 2. Düsennadel *f {Tech}*
needle valve nozzle Nadelverschluß[spritz]düse *f*
needle zeolite Nadelzeolith *m*, Nadelstein *m*, Natrolith *m {Min}*
needled genadelt *{z.B. Filz nach DIN 16952}*; gesteppt *{Text}*
needled felt Nadelfilz *m*
Néel ferromagnetism Ferrimagnetismus *m*
Néel point Néel-Temperatur *f*
Néel temperature Néel-Temperatur *f*
Néel wall Néel-Wand *f {Magnetismus}*
neem oil Margosaöl *n*, Nimöl *n*, Neemöl *n {aus Samen von Antelaea azadirachta}*
negative 1. negativ; verneinend; optisch einachsig negativ *{Krist}*; in Senkung begriffen, in Absenkung begriffen *{Geol}*; 2. Negativ *n {Photo}*; 3. Verneinung *f*; 4. negative Größe *f {Math}*
negative bias negative Vorspannung *f {Elek}*
negative catalysis negative Katalyse *f*, Antikatalyse *f*, Reaktionshemmung *f*
negative catalyst negativer Katalysator *m*, Antikatalysator *m*
negative chemical ionization mass spectrometry chemische Negativionen-Massenspektrometrie *f*
negative-colo[u]r film Negativfarbfilm *m*
negative conductance negativer Wirkleitwert *m*
negative cotton schwachnitrierte Cellulose *f {Photo}*
negative crystal 1. Negativkristall *m*, negativer Kristall *m*; 2. Hohlkristall *m*
negative developer Negativentwickler *m {Photo}*
negative die Negativform *f {Kunst, Gummi}*
negative electrode Kathode *f*, negative Elektrode *f*
negative glow negatives Glimmlicht *n*
negative-ion vacancy Anionenfehlstelle *f {Krist}*
negative lens Konkavlinse *f*, Zerstreuungslinse *f*, Divergenzlinse *f*
negative matrix Negativ *n*, Patrize *f {Galvanotechnik}*
negative mineral negativ einachsiger Kristall *m*
negative mirror Zerstreuungsspiegel *m {Opt}*
negative paper Negativpapier *n {Photo}*
negative plate Minuselektrode *f*, Minusplatte *f*, negative Platte *f {Batterie}*
negative pole Minuspol *m*, negativer Pol *m*
negative pressure Unterdruck *m {<101325 Pa}*
negative proton Antiproton *n*
negative ray Kathodenstrahl *m*
negative sign Minuszeichen *n*, negatives Vorzeichen *n {Math}*
negative slope negativer Anstieg *m*
negative temperature negative Temperatur *f {Thermo}*
negative temperature coefficient resistor NTC-Widerstand *m*
negative terminal negativer Pol *m*, Minuspol *m {Batterie}*
negative thixotropy Antithixotropie *f {DIN 1342}*, Rheopexie *f {DIN 1342}*, negative Thixotropie *f*
negative valence negative Wertigkeit *f {Chem}*
negatively charged negativ geladen
negativity Negativität *f {Elek}*
negatron 1. Negatron *n*, negatives Elektron *n*, negativ geladenes Elektron *n*; 2. Negatron *n {Röhre mit fallender Kennlinie}*
negentropy Negentropie *f*, negative Entropie *f {Informationstheorie}*
neglect/to vernachlässigen, unbeachtet lassen; versäumen
neglect Vernachlässigung *f*; Nachlässigkeit *f*
neglected unberücksichtigt, vernachlässigt; versäumt
negligeable s. negligible
negligence Fahrlässigkeit *f*; Nachlässigkeit *f*
negligent achtlos, gleichgültig, fahrlässig; nachlässig
negligible belanglos, vernachlässigbar, unbedeutend, zu vernachlässigen

neighbo[u]rhood Nachbarschaft *f*, Umgebung *f*
neighbo[u]ring angrenzend, anstoßend, benachbart, nachbarständig, vizinal; Nachbar-
neighbo[u]ring atom Nachbaratom *n*
neighbo[u]ring group participation Nachbargruppeneffekt *m*
neighbo[u]ring position Nachbarstellung *f* *{z.B. Moleküle}*
Nelson [diaphragm] cell Nelson-Zelle *f {Chlor-alkali-Elektrolyse}*
nemalite Nemalith *m*, Nematolith *m {Min}*
nemaphyllite Nemaphyllit *m {Min}*
nematic nematisch *{flüssige Kristalle}*
nematicidal nematizid, nematozid
nematicidal agent nematizides Mittel *n*, nematozides Mittel *n*, Wurmmittel *n*, Nematodizid *n*, Nematizid *n {Mittel gegen Fadenwürmer}*
nematicide s. nematicidal agent
nematocidal nematozid, nematizid
nematocide s. nematicidal agent
nemotin Nemotin *n*
nemotinic acid Nemotinsäure *f*
neoabietic acid Neoabietinsäure *f*
neoagarobiose Neoagarobiose *f*
neoagarobitol Neoagarobit *m*
neoamyl alcohol Neoamylalkohol *m*
neoarsphenamine <$C_{12}H_{11}N_2O_2As_2(CH_2)OSONa$> Neoarsphenamin *n*
neoaspartic acid Neoasparaginsäure *f*
neobotogenin Neobotogenin *n*
neocarine Procainhydrochlorid *n {Pharm}*
neocarthamin Neocarthamin *n*
neocerotic acid <$C_{24}H_{49}COOH$> Neocerotinsäure *f*
neochlorogenic acid Neochlorogensäure *f*
neocinchophen Neocinchophen *n*
neococcin Neucoccin *n*
neocolemannite Neocolemannit *m {Min}*
neocuproine <$C_{14}H_{12}N_2$> Neocuproin *n*, 2,3-Dimethyl-1,10-phenanthrolin *n*
neocyanine Neocyanin *n*, Allocyanin *n*
neodiarsenol Neodiarsenol *n*
neodymia <Nd_2O_3> Neodymoxid *n*
neodymium *{Nd, element no. 60}* Neodym *n* *{obs; bis 1975}*, Neodymium *n {IUPAC}*
neodymium acetate <$Nd(CH_3COO)_3 \cdot H_2O$> Neodymiumacetat *n*
neodymium ammonium nitrate <$Nd(NO_3)_3 \cdot 2NH_4NO_3 \cdot 4H_2O$> Neodymiumammoniumnitrat *n*, Ammoniumneodymiumnitrat *n*
neodymium bromate <$Nd(BrO_3)_3$> Neodymiumbromat *n*
neodymium bromide <$NdBr_3$> Neodymiumbromid *n*
neodymium carbide <NdC_2> Neodymiumcarbid *n*
neodymium chloride <$NdCl_3$> Neodymiumchlorid *n*
neodymium citrate Neodymiumcitrat *n*
neodymium fluoride <NdF_3> Neodymiumfluorid *n*
neodymium glass laser Neodymglas-Laser *m*, Nd-Laser *m*
neodymium hydroxide <$Nd(OH)_3$> Neodymhydroxid *n*
neodymium iodide <NdI_3> Neodymiumiodid *n*
neodymium-iron-boron magnet Neodymium-Eisen-Bor-Magnet *m {$Nd_2Fe_{14}B$; Permanentmagnet mit höchstem Energieprodukt}*
neodymium-liquid laser Neodymium-Flüssiglaser *m*
neodymium nitrate <$Nd(NO_3)_3 \cdot 6H_2O$> Neodymiumnitrat[-Hexahydrat] *n*
neodymium oxalate <$Nd_2(C_2O_4)_3 \cdot 10H_2O$> Neodymiumoxalat[-Decahydrat] *n*
neodymium oxide <Nd_2O_3> Neodymoxid *n* *{obs}*, Neodymiumoxid *n*
neodymium phosphate <$NdPO_4$> Neodymiumphosphat *n*
neodymium sulfate <$Nd_2(SO_4)_3 \cdot 8H_2O$> Neodymiumsulfat *n*
neodymium sulfide <Nd_2S_3> Neodymiumsulfid *n*
neoergosterol Neoergosterin *n*
neogen Neogen *n {Met; 58 % Cu, 27 % Zn, 12 % Ni, 2 % Sn, 0,5 % Al, 0,5 % Bi}*
neoglycerol Neoglycerin *n*
neohecogenin Neohecogenin *n*
neohexane Neohexan *n {obs}*, 2,2-Dimethylbutan *n {IUPAC}*
neohexane alkylation Neohexanalkylierung *f* *{Erdöl}*
neoinosamine Neoinosamin *n*
neoinositol Neoinosit *m*
neolactose Neolactose *f*
neolan blue *{TM}* Neolanblau *n*
neoline <$C_{27}H_{39}NO_6$> Neolin *n*
neolite Neolith *m {Min}*
neolithic neolithisch, jungsteinzeitlich
neolithic period Jungsteinzeit *f*, Neolithikum *n {Geol}*
neomenthol Neomenthol *n*
neomycin Neomycin *n {Antibiotikum}*
neon *{Ne, element no. 10}* Neon *n*
neon discharge tube Neonröhre *f {Elek}*
neon-helium laser Neon-Helium-Laser *m*
neon indicator Neonindikator *m*
neon lamp Neonlampe *f*
neon light[ing] Neonlicht *n*; Neonbeleuchtung *f*
neon liquefier Neonverflüssigungsanlage *f*, Neonverflüssigungsmaschine *f*
neon tube Neonröhre *f*, Neonlampe *f*
neonicotine Anabasin *n*
neopelline <$C_{32}H_{45}NO_8$> Neopellin *n*
neopentane Neopentan *n {obs}*,

2,2-Dimethylpropan *n {IUPAC}*, Tetramethylmethan *n*
neopentanoic acid Trimethylessigsäure *f*
neopentyl Neopentyl-, 2,2-Dimethylpropyl-
neopentyl alcohol Neopentylalkohol *m*, 2,2- Dimethylpropanol *n {IUPAC}*
neopentyl bromide Neopentylbromid *n*, 2,2-Dimethylpropylbromid *n {IUPAC}*
neopentyl glycol <$(H_3C)_2C(CH_2OH)_2$> Neopentylglycol *n*, 2,2-Dimethylpropan-1,3-diol *n {IUPAC}*
neopentyl rearrangement Neopentyl-Umlagerung *f*
neopentylpolyol ester Neopentylpolyolester *m*
neophan glass Neophenglas *n {Nd_2O_3-haltig}*
neophyl chloride Neophylchlorid *n*
neophytadiene Neophytadien *n*
neopine Neopin *n*
neoplasm Geschwulstbildung *f*, Neoplasma *n*
neoprene Neopren *n*, Polychloropren *n*, Poly-2-chlorbuta-1,3-dien *n {Elastomer aus Chloropren}*
neoprene rubber Neoprenkautschuk *m*, Chloroprengummi *n*, Neoprengummi *n*
neoprene rubber phenolic resin adhesive Klebstoff *m* auf Neoprengummi-Phenolharzbasis *f*
Neosalvarsan *{TM}* <$C_{12}H_{14}N_2O_4SAs_2Na$> Neosalvarsan *n {Pharm}*, Neoarsphenamin *n*
neoreserpic acid Neoreserpsäure *f*
neoretinene Neoretinen *n*
neosamine Neosamin *n*
neosine Neosin *n {Biochem}*
neostigmin bromide <$C_{12}H_{19}N_2O_2Br$> Prostigmin *n*, Neostigminbromid *n {Pharm}*
neostrychnine <$C_{21}H_{22}N_2O_2$> Neostrychnin *n*
neotantalite Neotantalit *m {obs}*, Mikrolith *m {Min}*
neoteben Neoteben *n*
neotrehalose Neotrehalose *f*
neotridecanoic acid <$C_{12}H_{25}COOH$> Neotridecansäure *f*
neotype Neotyp *m {obs}*, Barium-Calcit *m {Min}*
neotyrosine Neotyrosin *n*
Neozoic 1. neozoisch; 2. Neuzeit *f*, Neozoikum *n {Geol}*
NEPA *{National Environmental Policy Act}* Nationales Umweltgesetz *n {US}*
nepetalic acid Nepetalsäure *f*
nepetalinic acid Nepetalinsäure *f*
nepetic acid Nepetsäure *f*
nepetolic acid Nepetolsäure *f*
nepetonic acid Nepetonsäure *f*
nepheline Pseudo-Sommit *m {obs}*, Elàolith *m*, Fettstein *m {Triv}*, Nephelin *m {Min}*
nephelinic nephelinartig

nephelinite Nephelinit *m*, Nephelinbasalt *m {Min}*
nephelite s. nepheline
nephelometer Nephelometer *n*, Trübungsmesser *m {Chem}*; Tyndallmeter *n*, Streulichtmesser *m*
nephelometric nephelometrisch
nephelometric analysis Nephelometrie *f*, Turbidimetrie *f*, Trübungsmessung *f {Chem}*; Tyndallometrie *f*, Streulichtmessung *f {Opt}*
nephelometric analyzer nephelometrisches Analysiergerät *n {Instr, Lab}*
nephelometric method *s.* nephelometric analysis
nephrite Nephrit *m*, Beilstein *m {obs}*, Nierenstein *m {Triv}*, Jade *m {Min}*
nephritic Nierenmittel *n {Pharm}*
nephritic wood Grießholz *n*
nephrosteranic acid Nephrosteransäure *f*
nephrosterinic acid Nephrosterinsäure *f*
nephrotoxic nephrotoxisch, nierenschädigend
nepodin <$C_{13}H_{12}O_3$> 2-Acetyl-1,8-dihydroxy-3-methylnaphthalin *n*, Nepodin *n*
nepouite Nepouit *m {Min}*
Neptune Neptun *m {Astr}*
neptune blue Neptunblau *n*
neptunite Carlosit *m {obs}*, Neptunit *m {Min}*
neptunium *{Np, element no. 93}* Neptunium *n*, Eka-Promethium *n {obs}*
neptunium dioxide <NpO_2> Neptuniumdioxid *n*, Neptunium(IV)-oxid *n*
neptunium [decay] series Neptunium-Zerfallsreihe *f*
neptunyl <NpO_2^{2+}> Neptunyl-; Neptunylradikal *n*
Neral *{TM}* Neral *n*, Citral B *n*, *ß*-Citral *n {ein Terpenaldehyd}*
neriantin Neriantin *n {Glucosid im Nerium oleander}*
Nernst approximation formula Nernstsche Näherungsformel *f {Thermo}*
Nernst bridge Nernstsche Brücke *f {Elek}*
Nernst burner Nernst-Brenner *m*
Nernst diffusion layer Nernstsche Diffusionsschicht *f*
Nernst distribution law Nernstscher Verteilungssatz *m*, Nernstsches Verteilungsgesetz *n {Chem}*
Nernst effect Nernst-Effekt *m*, inverser Ettingshausen-Effekt *m*, Ettingshausen-Nernst-Effekt *m {thermomagnetischer Effekt}*
Nernst equation Nernstsche Gleichung *f {Elektrochemie}*
Nernst filament Nernst-Stift *m {Spek}*
Nernst glower 1. Nernst-Stift *m {Spek}*; 2. Nernst-Lampe *f*, Nernst-Brenner *m {Spek}*
Nernst heat theorem Nernstscher Wärmesatz *m*, Nernstsches Wärmetheorem *n {Thermo}*
Nernst lamp Nernst-Lampe *f*, Nernst-Brenner *m {Spek}*

Nernst rod Nernst-Stift *m {Spek}*
Nernst theory Nernstsches Verteilungsgesetz *n*, Nernstscher Verteilungssatz *m*; Nernstsche Regel *f*
Nernst unit Nernst-Einheit *f {Volumenstrom; = 1L/s}*
nero-antico Nero antico *m*, schwarzer Porphyr *m {Min}*
nerol <$(CH_3)_2C=CHCH_2CH_2C(CH_3)=CH\text{-}CH_2OH$> Nerol *n*, 3,7-Dimethylocta-2,6-dien-1-ol *n*
neroli camphor Nerolicampher *m*
neroli oil Neroliöl *n*, Pomeranzenblütenöl *n {von Citrus aurantium L. ssp. aurantium}*
nerolidol <$C_{15}H_{25}O$> Nerolidol *n*, Peruviol *n {Pharm, Chem}*
nerolin Nerolin *n {in der Parfümerie verwendete 2-Alkoxy-naphthalene}*
nerve 1. Nerv *m {des Kautschuks}*; 2. Nerv *m*; Sehne *f {Med}*
nerve cell Nervenzelle *f*
nerve gas Nervengas *n {Nervengift}*
nerve poison Nervengift *n {meist Gas}*
nervon[e] <$C_{48}H_{91}NO_8$> Nervon *n {ein Cerebrosid}*
nervonic acid <$CH_3(CH_2)_7CH=CH(CH_2)_{13}CO\text{-}OH$> Nervonsäure *f*, Selachensäure *f*, *(Z)*-Tetracos-15-säure *f {IUPAC}*
nervous nervös, ängstlich; kräftig; Nerven-
nervous depressant Nervenberuhigungsmittel *n {Pharm}*
nervous disease Nervenleiden *n {Med}*
nervous irritation Nervosität *f*
nervous system Nervensystem *n*
autonomic nervous system autonomes Nervensystem *n*, vegetatives Nervensystem *n*
central nervous system Zentralnervensystem *n*
parasympathetic nervous system parasympathisches Nervensystem *n*
peripheral nervous system peripheres Nervensystem *n*
sympathetic nervous system sympathisches Nervensystem *n*
neryl alcohol <$C_{10}H_{17}OH$> Nerylalkohol *m*
nesidioblasts Inselzellen *fpl*
nesquehonite Nesquehonit *m {$MgCO_3 \cdot 3H_2O$ aus Anthrazitgruben bei Lansford}*
Nessler cylinder Neßler-Zylinder *m {Kolorimetrie}*
Nessler tube *s.* Nessler cylinder
Nessler's reagent Nessler-Reagens *n*, Nesslers Reagens *n {Quecksilberiodidlösung zum Nachweis von Ammoniak}*
nest 1. Satz *m {z.B. gleicher Geräte}*; 2. Nest *n {Biol}*; Nest *n*, Putze *f {Geol}*; 3. Unterlage *f {Glas}*; 4. Bündel *n {z.B. von Rohren}*
nest of sieves Siebsatz *m*
nest of tubes Rohrbündel *n*
nested electrode Elektrodenpaket *n*
net 1. netto; Netto-, Rein-; 2. Netz *n*, Gewebe *n*, Gitter *n {maschiges Gebilde, Schutzvorrichtung}*; 3. Netz *n {Tech, Elek}*; 4. Badgruppe *f {Galvanotechnik}*
net balance Reinertrag *m*, Überschuß *m {Ökon}*
net calorific value unterer Heizwert *m {obs}*, spezifischer Heizwert *m {in J/kg oder J/m^3; DIN 5499}*
net density Reindichte *f*
net efficiency Nutzleistung *f*, Nutzeffekt *m*, Nettowirkungsgrad *m*, Gesamtwirkungsgrad *m*
net energy Nutzenergie *f*
net evaporation Nettoverdampfungsziffer *f*
net evaporation rate effektive Verdampfungsrate *f*
net gain 1. Reingewinn *m {Ökon}*; 2. Gesamtverstärkung *f {Elek}*
net heat of combustion untere Verbrennungswärme *f {obs}*, unterer Brennwert *m {obs}*, unterer Heizwert *m {obs}*, spezifischer Heizwert *m {in J/kg oder J/m^3*; DIN 5499}
net heat rate Nettowärmeverbrauch *m*
net heating value s. net calorific value
net increase Netto-Zugang *m*, Netto-Zunahme *f*
net load Nettolast *f*
net plane Gitterebene *f*, Netzebene *f {Krist}*
net positive suction head erforderliche Zulaufhöhe *f*, größtmögliche Saughöhe *f*, Mindestsaughöhe *f*, Haltedruck *m {Tech}*; NPSH-Wert *m {Kenngröße der Kavitationsempfindlichkeit in Kreiselpumpen}*
net power Nettoleistung *f*
net profit Reingewinn *m {Ökon}*
net pumping speed effektives Saugvermögen *n*, wirksames Saugvermögen *n*
net section Nettoquerschnitt *m {in m^2}*
net-shaped netzförmig
net-shaped electrode Netzelektrode *f*
net transport Nettotransport *m*
net weight Füllgewicht *n*, Nettogewicht *n*, Reingewicht *n*
net yield Reingewinn *m*
nettle Nessel *f {Bot, Urtica}*
nettle poison Nesselgift *n*
nettle-rash Nesselfieber *n*
nettle silk Nesselseide *f*, Mouliné[zwirn] *m*, Moulinierseide *f*, Spaltgarn *n*, Mulinee *m {Text}*
network 1. Netzwerk *n*, Netz *n*; 2. Leitungsnetz *n*, Stromversorgungsnetz *n*, Stromnetz *n {Elek}*; 3. Vernetzung *f*; 4. Zellen *fpl*, Zellenform *f {Mikrogefüge}*
network diagram Netzplan *m*
network-like netzartig
network of mains Leitungsnetz *n*
network point Vernetzungspunkt *m*

network polymer Netzpolymer *n*
network structure Netz[werk]struktur *f*
Neuberg blue Neubergblau *n {Azurit-Preußisch-Blau-Mischung}*
Neuburg ester <$C_6H_{13}O_9P$> Fructose-6-dihydrogenphosphat *n*, Neuburg-Ester *m {Biochem}*
Neuburg siliceous chalk Neuburger Kieselkreide *f {Min}*
Neuburg siliceous whiting Neuburger Kieselweiß *n*
neuraltheine Neuralthein *n*
neuraminic acid <$C_9H_{17}NO_8$> Neuraminsäure *f {Aminozucker}*
neuraminidase *{EC 3.2.1.18}* Neuraminidase *f*
neuridin Neuridin *n*
neurine <$CH_2CHN(CH_3)_3OH$> Neurin *n*, Trimethylvinylammoniumhydroxyd *n {Leichengift}*
neurobiology Neurobiologie *f*
neurochemical signal neurochemisches Signal *n {Biochem}*
neurochemistry Neurochemie *f*
neurocyte Nervenzelle *f*, Neuron *n*
neurodine <$C_5H_{19}N_2$> Neurodin *n*
neuroelectric signal neuroelektrisches Signal *n {Bioelektrochemie}*
neuroendocrine toxin neuroendokrines Toxin *n*
neurofebrin Neurofebrin *n*
neurofibril Nervenfibrille *f*, Mikrofilament *n {Med}*
neurohormone Neurohormon *n*
neurohumor Neuronenmediator *m {z.B. Acetylcholin}*
neurokeratin Neurokeratin *n*
neurokinines Neurokinine *npl {Oligopeptid}*
neuroleptic Neuroleptikum *n*, Antipsychotikum *n {Pharm}*
neurology Nervenheilkunde *f*, Neurologie *f*
neurolysis Neurolyse *f*
neuromedin B Neuromedin B *n {Oligopeptid}*
neuron[e] Neuron *n*, Nervenzelle *f*
neuroparalysis Nervenlähmung *f {Med}*
neuropeptide Y Neuropeptid Y *n {Oligopeptid}*
neuropeptides Neuropeptide *npl*
neurophysins Neurophysine *npl {Trägerproteine}*
neurophysiology Neurophysiologie *f*
neuroplasm Neuroplasma *n*
neurosporene Neurosporin *n*
neurotensin Neurotensin *n {Oligopeptid}*
neurotoxicity Neurotoxizität *f*
neurotoxin Nervengift *n*, Neurotoxin *n*
neurotransmitter Neurotransmitter *m {Physiol}*
neurotropine Neurotropin *n*
neuton Neuton *n {Periodensystem}*; Neutron *n*
neutral 1. neutral; inaktiv; ungeladen; Neutral-; 2. Null-Leiter *m {Schutz in Netzen mit Nullung}*; Neutralleiter *m*, Sternpunktleiter *m*, Mittelpunktleiter *m {Drehstrom-Vierleitersystem}*; 3. Erdpunkt *m*, Sternpunkt *m {Elek}*; 4. Leerlaufstellung *f*
neutral atmosphere neutrale Atmosphäre *f*, neutrale Umgebung *f {nicht reduzierend, nicht oxidierend}*
neutral atom neutrales Atom *n*, ungeladenes Atom *n*
neutral axis 1. neutrale Zone *f {Elek}*; 2. Spannungsnullinie *f*, neutrale Achse *f*, Schwerelinie *f*
neutral beam neutraler Teilchenstrahl *m*, Strahl *m* ungeladener Teilchen *npl*
neutral blue Neutralblau *n*
neutral compound neutrale Verbindung *f {ohne basische oder saure Reaktion}*
neutral conductor s. neutral [phase] conductor
neutral [density] filter Graufilter *n*, Neutralfilter *n {Photo}*
neutral element Edelgas *n*
neutral fat Neutralfett *n*
neutral lead *s.* neutral [phase] conductor
neutral meson Neutretto *n {obs}*, neutrales Meson *n*
neutral molecule neutrales Molekül *n*, ungeladenes Molekül *n*
neutral oil Neutralöl *n*, neutrales Öl *n {aus entparaffiniertem Erdöl; Flammpunkt 143-160°C}*
neutral [phase] conductor 1. Null-Leiter *m {Schutz in Netzen mit Nullung}*; 2. Neutralleiter *m*, Mittelpunktleiter *m*, Sternpunktleiter *m {Drehstrom-Vierleitersystem}*
neutral point 1. Neutralpunkt *m {Chem; pH 7.00}*; 2. Erdpunkt *m*, Sternpunkt *m {Elek}*; 3. neutraler Punkt *m*, Neutralpunkt *m {Tech}*; 4. Fluchtpunkt *m {Math}*; 5. Fließscheide *f {Met}*
neutral position Nullstellung *f*, Ruhelage *f*, Neutralstellung *f {Pumpe}*, Ruhestellung *f*
neutral reaction Neutralreaktion *f {pH 7.00}*
neutral red <$C_{14}H_{16}N_4$> Neutralrot *n*, Toluylenrot *n {ein Redoxindikator}*
neutral salt Neutralsalz *n*, neutrales Salz *n*, normales Salz *n*, Normalsalz *n {Chem}*
neutral salt effect Natursalzeffekt *m*, Neutralsalzwirkung *f {Acidimetrie}*
neutral soap Neutralseife *f*
neutral solution neutrale Lösung *f {pH 7.00}*
neutral steamer Neutraldämpfer *m {Text}*
neutral tint Neutralfarbe *f*, Naturalfarbe *f*
neutral violet <$C_{14}H_{15}N_4Cl$> Neutralviolett *n*
neutral wedge [filter] Graukeil *m {Opt}*
neutral wire s. neutral [phase] conductor
neutrality Neutralität *f*
neutralization 1. Neutralisieren *n*, Neutralisierung *f*, Neutralisation *f*; Entsäuerung *f {z.B. bei der Ölraffination}*; 2. Absättigung *f*; Entkopplung *f {Elek}*

neutralization bath Neutralisierungsbad *n* *{Photo}*
neutralization enthalpy Neutralisationswärme *f*, Neutralisationsenthalpie *f* *{Thermo}*
neutralization number Neutralisationszahl *f*, NZ *{in mg KOH/1 g Probe}*
neutralization pit Neutralisationsgrube *f*
neutralization plant Neutralisieranlage *f*
neutralization tank Neutralisierbehälter *m*
neutralization value s. neutralization number
neutralization vessel Neutralisiergefäß *n*
heat of neutralization Neutralisationswärme *f*, Neutralisierungswärme *f*
neutralize/to neutralisieren; abstumpfen; entkoppeln *{Elek}*; nullen *{Elek}*; für neutral erklären
neutralizer 1. Neutralisationsmittel *n*, Neutralisierungsmittel *n*; 2. Neutralisator *m*, Neutralisationsbehälter *m*; Neutralisationsanlage *f*
neutralizing agent Neutralisationsmittel *n*, Neutralisierungsmittel *n*
neutralizing power Neutralizationsvermögen *n* *{z.B. Ölraffination}*
neutralizing rinse Neutralisierspülung *f* *{Galvanotechnik}*
neutralizing titration Neutralisationstitration *f*
neutretto Neutretto *n* , Ny-Meson *n*
neutrino Neutrino *n* *{Nukl}*
neutron Neutron *n* *{Nukl}*
neutron absorber Neutronenfänger *m*, Neutronenabsorber *m*
neutron-absorbing neutronenabsorbierend
neutron-absorbing glass plate neutronenabsorbierende Glasplatte *f*
neutron absorption Neutronenabsorption *f*, Neutroneneinfang *m*
neutron activation analysis Neutronenaktivierungsanalyse *f*, NAA *{Chem}*
neutron age Neutronenalter *n*, Fermi-Alter *n* *{Kenngröße für Neutronen-Bremsung}*
neutron albedo Neutronenalbedo *n*
neutron-alpha reaction Neutronen-Alpha-Reaktion *f* *{(n,α)-Reaktion}*
neutron attenuation Neutronenabschwächung *f*, Neutronenbremsung *f*
neutron beam Neutronenbündel *n*, Neutronenstrahl *m*
neutron binding energy Neutronenbindungsenergie *f*
neutron bombardment Neutronenbeschießung *f*, Neutronenbeschuß *m*, Neutronenbestrahlung *f*
neutron breeder reactor Brutreaktor *m*, Brüter *m* *{Nukl}*
neutron bullet Neutronengeschoß *n*
neutron capture Neutroneneinfang *m*, Neutronenstrahlungseinfang *m*
neutron capture gamma spectroscopy Neutroneneinfang-Gammaspektroskopie *f*
neutron count rate Neutronenzählrate *f*
neutron counter Neutronenzähler *m*, Neutronenzählrohr *n*
neutron cross section Neutronenquerschnitt *m*, Wirkungsquerschnitt *m* für Neutronen
neutron current Neutronenstrom *m*
neutron current density Neutronenstromdichte *f*
neutron decay Neutronenzerfall *m*
neutron deficiency core Neutronen-Mangelkern *m*
neutron density s. neutron number density
neutron density distribution Neutronendichteverteilung *f*
neutron detection Neutronennachweis *m*
neutron diffraction Neutronenbeugung *f*
neutron diffraction pattern Neutronenbeugungsaufnahme *f*, Neutronenbeugungsbild *n*, Neutronogramm *n*
neutron diffusion Neutronendiffusion *f*
neutron dosage measurement Neutronendosismessung *f*
neutron efficiency Neutronenausbeute *f*
neutron embrittlement s. neutron-induced embrittlement
neutron emission Neutronenemission *f*
neutron energy Neutronenenergie *f*
neutron excess core Neutronen-Überschußkern *m*
neutron flux Neutronenfluß *m*
neutron flux density Neutronenflußdichte *f* *{in* $q/(m^2{\cdot}s)$*}*
neutron flux measurement Neutronenflußmessung *f*
neutron-gamma reaction Neutronen-Gamma-Reaktion *f* *{(n,γ)-Reaktion}*
neutron generator Neutronengenerator *m*, Neutronenerzeuger *m*
neutron hardening Neutronenhärtung *f*, Härtung *f* des Neutronenspektrums
neutron-induced embrittlement Neutronenversprödung *f* *{Met}*
neutron irradiation Neutronenbestrahlung *f*
neutron monitor Neutronenüberwachungsgerät *n*
neutron number Neutronenzahl *f*, N
neutron number density Neutronenzahldichte *f* *{in* $1/m^3$*}*
neutron optics Neutronenoptik *f*
neutron physics Neutronenphysik *f*, Neutronik *f*
neutron poison Neutronengift *n*, Reaktorgift *n*
neutron polarization Neutronenpolarisation *f*
neutron probe Neutronensonde *f*
neutron-proton reaction Neutron-Proton-Reaktion *f* *{(n,p)-Reaktion}*

neutron radiation Neutronenstrahlung *f*
neutron radiography Neutronenradiographie *f*, Neutrographie *f*
neutron reflector Neutronenreflektor *m*
neutron release Neutronenfreisetzung *f*
neutron resonance Neutronenresonanz *f*
neutron scattering Neutronenstreuung *f*, Streuung *f* langsamer Neutronen
neutron shield Neutronenschutz *m*, Neutronenschirm *m*, Neutronenabschirmung *f*
neutron shielding Neutronenabschirmung *f*, Neutronenschutz *m*
neutron source Neutronenquelle *f*
neutron spectrometer Neutronenspektrometer *n*
neutron spectroscopy Neutronenspektroskopie *f*
neutron spectrum Neutronenspektrum *n*
neutron-transparent neutronendurchlässig
neutron treatment Neutronenbehandlung *f*
neutron wave length Neutronenwellenlänge *f*
neutron well logging Neutronen-Bohrlocherkundung *f*
neutron yield Neutronenausbeute *f*, Neutronenergiebigkeit *f*
cold neutrons kalte Neutronen *npl {0,01-5 meV}*
delayed [fission] neutron verzögertes Spaltneutron *n*
delayed neutron emission verzögerte Neutronenemission *f*
epithermal neutrons epithermische Neutronen *npl {0,5-1000 eV}*
excess neutron Überschußneutron *n*
fast neutron flux Schnellneutronenfluß *m*
high-energy neutrons Neutronen *npl* hoher Energie, schnelle Neutronen *npl {0,1-50 MeV}*
high-speed neutrons s. high-energy neutrons
intermediate neutrons mittelschnelle Neutronen *npl {1-100 keV}*
loss of neutrons Neutronenverlust *m*
multiplicity of neutrons Neutronenvervielfachung *f*
relativistic neutrons relativistische Neutronen *npl {>50 MeV}*
secondary neutron Sekundärneutron *n*
slow neutrons langsame Neutronen *npl {0-1 keV}*
thermal neutrons thermische Neutronen *npl {0,005-0,5 eV}*
ultracold neutrons ultrakalte Neutronen *npl {25-30000 meV; 7-2200 ms}*
Neville and Winther's acid Neville-und-Winthersche Säure *f*, Neville-Winther-Säure *f*, Naphth-1-ol-4-sulfonsäure *f*
new 1. neu; frisch; unerfahren; 2. Neu-
new beer Jungbier *n*, grünes Bier *n*
new blue 1. Neublau *n*, Ultramarinblau *n*; 2. Meldola-Blau *n*
new formation Neubildung *f*
new fuchsin <$C_{27}H_{23}N_3 \cdot HCl$> Neufuchsin *n*
new green Neugrün *n*, Schweinfurter Grün *n*
new paint film Neuanstrich *m*
new red Neurot *n*
new yellow Neugelb *n*
newly developed neuentwickelt
newton Newton *n {SI-Einheit der Kraft, $1\ N = 1\ kg \cdot m/s^2 = 1\ J/m$}*
Newton's alloy Newton-Legierung *f*, Newton-Metall *n {50 % Bi, 31 % Pb, 19 % Sn; 95°C}*
Newton's law of cooling Newtosches Abkühlungsgesetz *n*
Newton's laws of motion Newtonsche Bewegungsgesetze *npl*
Newton's metal s. Newton's alloy
Newton's rings Newtonsche Ringe *mpl {Opt}*
Newtonian behavio[u]r Newtonsches Verhalten *n {Rheologie}*
Newtonian dashpot Newtonsches Dämpfungsglied *n {DIN 13342}*
Newtonian flow Newtonsches Fließen *n*, reinviskoses Fließen *n*, Newtonsche Strömung *f*
Newtonian fluid Newtonsche Flüssigkeit *f*
Newtonian friction law Newtonsches Reibungsgesetz *n*
Newtonian liquid Newtonsche Flüssigkeit *f*
Newtonian potential Newtonsches Potential *n*
ngai-camphor Ngai-Campher *m {L-Borneol}*, Blumeacampher *m {aus Blumea balsamifera (L.)DC.}*
niacin <C_5H_4NCOOH> Niacin *n*, Nicotinsäure *f*, Pyridin-3-carbonsäure *f*
niacinamide <$C_5N_4NCONH_2$> Nicotinamid *n*, Nicotinsäureamid *n*, Pyridin-3-carbonsäureamid *n*, Niazinamid *n {Antipellagra-Vitamin}*
niagara dyes Trypanfarben *fpl*
nialamide <$C_{16}H_{18}N_4O_2$> Nialamid *n*
niaouli oil Niaouliöl *n {aus Melaleuca viridiflora Soland. ex Gaertn.}*
nib-glycerin trinitrate Nitroisobutylglycerintrinitrat *n*, NIBTN *{Expl}*
niccolate Niccolat *n*, Nickelat *n*
niccolic Nickel(III)-
niccolite <NiAs> Nickelin *m*, Arsennickel *n {obs}*, Rotnickelkies *m*, Kupfernickel *n*, Niccolit *m*, Nickolin *m {Min}*
niccolous Nickel(II)-
Nichrome *{TM}* Nichrom *n {60 % Ni, 25 % Fe, 15 % Cr}*
Nichrome wire Nichromdraht *m {80 % Ni, 20 % Cr; Lab}*
nick 1. Nute *f*; Kerbe *f*, Einkerbung *f*, Schlitz *m {Tech}*; 2. Scharte *f*; 3. Signatur *f {Drucken}*; Einzelstrangbruch *m*, Nick *m {Gen}*
nick-bend test Kerbbiegeversuch *m*

nick-break test *{US}* Kerbschlagbiegeversuch *m*
nick-translation probe Nick-Translationssonde *f {radioaktive DNA; Gen}*
nickase Nickase *f {Einzelstrangbruch-Enzym}*
nickel/to vernickeln, mit Nickel überziehen
nickel-plate/to vernickeln
nickel *{Ni, element no. 28}* Nickel *n*
nickel acetate <$Ni(CH_3CO_2)_2 \cdot 4H_2O$> Nickelacetat *n*, essigsaures Nickel *n*
nickel acid fluoride <$NiF_2 \cdot 5HF$> Nickelhydrogenfluorid *n*
nickel-aluminium bronze Nickel-Aluminiumbronze *f {8-10 % Al, Ni-Zusatz; Korr}*
nickel-alloy steel Nickelstahl *m*, nickellegierter Stahl *m*
nickel alumide Nickelalumid *n {Spray-Cermet}*
nickel ammonium chloride <$NiCl_3 \cdot NH_4Cl \cdot 6H_2O$> Nickelammoniumchlorid *n*
nickel ammonium compound Nickelammoniumverbindung *f*
nickel ammonium nitrate <$Ni(NO_3)_2 \cdot 4NH_3 \cdot 2H_2O$> Nickelammoniumnitrat *n*
nickel ammonium sulfate <$NiSO_4 \cdot (NH_4)_2SO_4 \cdot 6H_2O$> Nickelammoniumsulfat *n*, Nickel(II)-ammoniumsulfat[-Hexahydrat] *n*
nickel anode Nickelanode *f*
nickel arsenate <$Ni_3(AsO_4)_2 \cdot 8H_2O$> Nickelarsenat(V) *n*
nickel arsenic glance Nickelglanz *m*
nickel arsenide <$NiAs$> Arsennickel *n {obs}*, Nickelin *m*, Rotnickelkies *m*, Niccolit *m {Min}*
nickel-base superalloy Nickelbasis-Superlegierung *f*
nickel bath Vernickelungsbad *n*
nickel bloom Nickelblüte *f*, Annabergit *m {Min}*
nickel boron Nickel-Bor *n*
nickel brass Neusilber *n*
nickel bromide <$NiBr_2$> Nickel(II)-bromid *n*
nickel bronze Nickelbronze *f {88 % Cu, 5 % Sn, 5 % Ni, 2 % Zn}*
nickel-cadmium battery Nickel-Cadmium-Akkumulator *m*
nickel-cadmium button cell Nickel-Cadmium-Knopfzelle *f {Elek}*
nickel-cadmium cylindrical cell Nickel-Cadmium-Stabzelle *f {Elek}*
nickel [capillary] pyrites Nickelkies *m {obs}*, Haarnickelkies *m*, Millerit *m {Min}*
nickel carbide Nickelcarbid *n*
nickel carbonate <$NiCO_3$> Nickelcarbonat *n*
nickel carbonyl <$Ni(CO)_4$> Nickeltetracarbonyl *n*
nickel chelate Nickelchelat *n*
nickel chloride <$NiCl_2$, $NiCl_2 \cdot 6H_2O$> Nickelchlorid *n*, Nickel(II)-chlorid *n {IUPAC}*, Chlornickel *n {obs}*, Nickelochlorid *n {obs}*
nickel chloride hexammine <$[Ni(NH_3)_6]Cl_2$> Hexamminnickel(II)-chlorid *n*
nickel-chromium steel Nickel-Chrom-Stahl *m {0,2-3,75 % Ni, 0,3-1,5 % Cr}*
nickel-clad steel tank Stahlgefäß *n* mit Nickelauskleidung *f*
nickel coating Nickelüberzug *m*
nickel cobalt alloy Nickel-Cobalt-Legierung *f*
nickel copper Nickelkupfer *n*
nickel crucible Nickeltiegel *m*
nickel cyanide <$Ni(CN)_2 \cdot 4H_2O$> Nickelcyanid *n*, Nickel(II)-cyanid[-Tetrahydrat] *n*
nickel cyanide complexes Nickelcyanidkomplexe *mpl* {$[Ni(CN)_4]^{2-}$, $[Ni(CN)_5]^{3-}$, $[Ni(CN)_6]^{4-}$, $[Ni(CN)_4]^{4-}$}
nickel dibutyldithiocarbamate <$Ni[SC(S)N(C_4H_9)_2]_2$> Nickeldibutyldithiocarbamat *n*
nickel dimethylglyoxime <$Ni[(CH_3)_2(CNO)_2H]_2$> Nickeldimethylglyoxim *n*, Nickeldiacetyldioxim *n*
nickel electrode Nickelelektrode *f*
nickel filings Nickelfeilspäne *mpl*
nickel flashing Tauchvernickeln *n*, Sudvernikkeln *n*
nickel flashing bath Schnellnickelbad *n {Galvanotechnik}*
nickel formate <$Ni(COOH)_2 \cdot 2H_2O$> Nikkel(II)-formiat[-Dihydrat] *n*
nickel glance <Ni_2AsS> Nickelglanz *m {Min}*
nickel green Nickelgrün *n {obs}*, Annabergit *m {Min}*
nickel gymnite Nickelgymnit *m {Min}*
nickel hardening method Nickelhärtungsverfahren *n*
nickel hexafluorosilicate <$NiSiF_6 \cdot 6H_2O$> Nickel(II)-hexafluorosilicat[-Hexahydrat] *n*
nickel hydroxide Nickelhydroxid *n* {$Ni(OH)_2$; $Ni(OH)_3$}
nickel iodate Nickeliodat *n*
nickel iodide <NiI_2> Nickel(II)-iodid *n*
nickel iodide hexammine <$[Ni(NH_3)_6]I_2$> Hexamminnickel(II)-iodid *n*
nickel iron Nickeleisen *n*
nickel-iron battery Nickel-Eisen-Batterie *f*, NiFe-Akkumulator *m*, Edison-Batterie *f*
nickel-like nickelartig
nickel lining Nickelauskleidung *f*
nickel manganese Nickelmangan *n*
nickel matte Nickelstein *m*
nickel monoxide Nickel(II)-oxid *n*, Nikkel[mon]oxid *n*
nickel-molybdenum iron Nickel-Molybdän-Eisen *n {Met; 20-40 % Mo, <60 % Ni}*
nickel-molybdenum steel Nickel-Molybdän-Stahl *m {0,2-0,3 % Mo, 1,65-3,75 % Ni}*

nickel mordant Nickelbeize *f*
nickel mounting Nickelbeschlag *m*
nickel nitrate <$Ni(NO_3)_2 6H_2O$> Nickelnitrat *n*, Nickel(II)-nitrat[-Hexahydrat] *n*
nickel nitrate tetrammine <$[Ni(NH_3)_4](NO_3)_2$> Tetramminnickel(II)-nitrat *n*
nickel ocher Nickelocker *m {obs}*, Annabergit *m*, Nickelblüte *f {Min}*
nickel oleate <$Ni(C_{17}H_{33}COO)_2$> Nickeloleat *n*
nickel ore Nickelerz *n {Min}*
nickel orthoarsenate <$Ni_3(AsO_4)_2$> Nikkel(II)-arsenat(V) *n*
nickel orthophosphate <$Ni_3(PO_4)_2$> Nikkel(II)-orthophosphat *n*, Trinickelphosphat *n*
nickel oxalate Nickeloxalat *n*
nickel oxides Nickeloxide *npl {NiO; Ni_2O_3; Ni_3O_4; NiO_2; NiO_4}*}
nickel pellets Nickelschrot *m*, Nickelkugeln *fpl*
nickel peroxide 1. *s.* nickel sesquioxide; 2. <NiO_2> Nickelperoxid *n*
nickel phosphate <$Ni_3(PO_4)_2 \cdot 7H_2O$> Nikkel(II)-orthophosphat[-Heptahydrat] *n*, Trinickelphosphat *n*
nickel-plated vernickelt
nickel plating 1. Nickelüberzug *m {elektrochemisch hergestellt}*, Nickel[schutz]schicht *f*; 2. [elektrochemisches] Vernickeln *n*, [galvanische] Vernickelung *f*
nickel plating bath 1. Nickelbad *n*; 2. Nickelelektrolyt *m*, Vernickelungselektrolyt *m*
nickel plating of sheet zinc Zinkblechvernick[e]lung *f*
nickel plating of zinc Zinkvernickelung *f*
nickel potassium cyanide <$K_2[Ni(CN)_4]$> Kaliumtetracyanonickelat(II) *n*
nickel powder Nickelpulver *n*
nickel protoxide s. nickel monoxide
nickel pyrites Nickelkies *m {obs}*, Millerit *m*, Haarnickelkies *m {Min}*
nickel quinaldinate Nickelchinaldinat *n*
nickel resinate Nickelresinat *n*
nickel-rhodium Nickel-Rhodium *n {25-80 % Rh, Rest Ni, Spuren Pt, Ir, Mo, W, Cu; Korr}*
nickel salt Nickelsalz *n*
nickel sesquioxide <Ni_2O_3> Nickel(III)-oxid *n*, Nickelsesquioxid *n*, Dinickeltrioxid *n*
nickel sheet Nickelblech *n*
nickel shot Nickelschrot *m*
nickel silicate Nickelsilicat *n*
nickel silver Neusilber *n*, Argentan *n*, Alpaka *n {obs}*, Chinasilber *n {46-63 % Cu, 6-30 % Ni, 18-36 % Zn}*
nickel silver alloy Elektrum *n {52 % Cu, 25 % Ni, 23 % Zn}*
nickel speiss Nickelspeise *f {obs}*, Maucherit *m {Min}*
nickel steel Nickelstahl *m*, Nickelflußeisen *n {<9 % Ni}*
nickel steel casting Nickelstahlguß *m*
nickel stibine Ullmannit *m {Min}*
nickel striking bath Vorvernickelbad *n*
nickel sulfantimonide <NiSbS> Nickelantimonschwefel *m*
nickel sulfate <$NiSO_4$> Nickel(II)-sulfat *n*
nickel sulfate heptahydrate <$NiSO_4 \cdot 7H_2O$> Nickel(II)-sulfat-Heptahydrat *n*, Nickelvitriol *n*; Morenosit *m {Min}*
nickel sulfide <NiS> Nickel(II)-sulfid *n*
nickel superoxid <NiO_4> Nickelsuperoxid *n*
nickel telluride <$NiTe_2$> Tellurnickel *n*; Melonit *m {Min}*
nickel tetracarbonyl <$Ni(CO)_4$> Nickeltetracarbonyl *n*
nickel-titanium Nickel-Titan *n {Met}*
nickel-titanium yellow Nickeltitangelb *n*
nickel-vanadium steel Nickel-Vanadium-Stahl *m {1,5 % Ni}*
nickel vessel Nickelgefäß *n*
nickel vitriol Nickelvitriol *n*, Morenosit *m*, *{Nickel(II)-sulfat-7-Wasser, Min}*
nickel yellow Nickelgelb *n {$Ni_3(PO_4)_2$}*
nickel-zinc accumulator Nickel-Zink-Akkumulator *m {Elek}*
ammoniated nickel nitrate <$[Ni(NH_3)_4(H_2O)_2](NO_3)_2$> Diaquatetrammin-nickel(II)-nitrat *n*
black nickel coating Schwarznickelüberzug *m*
black nickel oxide s. nickel sesquioxide
boiling nickel bath Nickelsud *m*
colloidal nickel kolloidales Nickel *n*
containing nickel nickelhaltig
diaquatetrammine nickel nitrate s. ammoniated nickel nitrate
double nickel salt s. nickel ammonium sulfate
finely divided nickel feinverteiltes Nickel *n*
green nickel oxide s. nickel monoxide
hard nickel plating Hartvernickelung *f*
hot nickel plating Sudvernick[e]lung *f*, Tauchvernick[e]lung *f*
native hydrated nickel silicate Alipit *m {obs}*, Röttisit *m {Min}*
native nickel sulfantimonide Nickelantimonglanz *m {obs}*, Ullmannit *m {Min}*
pure nickel Reinnickel *n*
solid nickel plating Solidvernicklung *f*
single nickel salt s. nickel sulfate

nickelic Nickel-, Nickel(III)-
nickelic compound Nickel(III)-Verbindung *f*
nickelic hydroxide <$Ni(OH)_3$> Nickel(III)-hydroxid *n*
nickelic oxide <Ni_2O_3> Nickel(III)-oxid *n*, Dinickeltrioxid *n*, Nickelsesquioxid *n*

nickelic salt Nickel(III)-Salz *n*
nickelicyanic acid <$HNi(CN)_4$> Nickelicyanwasserstoffsäure *f*, Hydrogentetracyanonickelat(III) *n*
nickeliferous nickelhaltig
nickeliferous steel s. nickel steel
nickeline 1. <NiAs> Kupfernickel *n*, Rotnickelkies *m*, Niccolit *m*, Nickelin *m*, Arsennickel *n* *{obs}*, Nickolin *m* *{Min}*; 2. Nickelin *n* *{80 % Cu, 20 % Ni}*; 3. Nickelin *n* *{56 % Cu, 31 % Ni, 13 % Zn}*
nickeling Vernickeln *n*
hot contact nickeling Kontaktansiedevernicklung *f*
light nickeling Leichtvernicklung *f*
rapid nickeling Schnellvernicklung *f*
nickelocyanic acid <$H_2Ni(CN)_4$> Nickelocyanwasserstoffsäure *f*, Hydrogentetracyanonickelat(II) *n*
nickelous Nickel-, Nickel(II)-
nickelous compound Nickel(II)-Verbindung *f*
nickelous hydroxide <$Ni(OH)_2$> Nickel(II)-hydroxid *n*
nickelous nickelic oxide <Ni_3O_4> Nickel(II, III)-oxid *n*, Nickelonickeloxid *n* *{obs}*, Trinickeltetroxid *n*
nickelous oxide <NiO> Nickel(II)-oxid *n*, Nickelmonoxid *n*
nickelous salt Nickel(II)-Salz *n*, Nickeloxydulsalz *n* *{obs}*
Nicol [prism] Nicolsches Prisma *n*, Nicol-Prisma *n*, Nicol *n* *{Opt}*
nicomorphine Nicomorphin *n*
nicopholine Nicopholin *n*
nicotein[e] <$C_{10}H_{12}N_2$> Nicotein *n*
nicotianine Nicotianin *n*
nicotimine Nicotimin *n*
nicotinamidase *{EC 3.5.1.19}* Nicotinamidase *f*
nicotinamide <$C_5H_4NCONH_2$> Nicotinamidase *f*, Nicotin[säure]amid *n*, Pyridin-3-carbonsäureamid *n*
nicotinamide adenine dinucleotide Nicotinamid-adenin-dinucleotid *n*, NAD^+ *n*, Diphosphopyridinnucleotid *n* *{obs}*, DPN, Coenzym 1 *n* *{obs}*
nicotinamide adenine dinucleotide phosphate Nicotinsäureamid-adenin-dinucleotidphosphat *n*, NADP+, Triphosphopyridinnucleotid *n* *{obs}*, TPN, Coenzym 2 *n* *{obs}*
nicotinamide methyltransferase *{EC 2.1.1.1}* Nicotinamidmethyltransferase *f*
nicotinamide mononucleotide Nicotinamidmononucleotid *n*
nicotinamide phosphoribosyltransferase *{EC 2.4.2.12}* NMN-Phosphoryltransferase *f*, Nicotinamid-Phosphoribosyltransferase *f* *{IUB}*
nicotinate dehydrogenase *{EC 1.5.1.13}* Nicotinatdehydrogenase *f*
nicotinate methyltransferase *{EC 2.1.1.7}* Nicotinatmethyltransferase *f*
nicotin[e] Nikotin *n*, Nicotin *n*, *(S)*-3-Methylpyrrolidin-2-ylpyridin *n*, *β*-Pyridyl-α-*N*-methylpyrrolidin *n*
nicotine content Nicotingehalt *m*
nicotine dehydrogenase *{EC 1.5.99.4}* Nicotindehydrogenase *f*
nicotine poisoning Nicotinvergiftung *f*, Nicotinismus *m*, Nicotinintoxikation *f* *{Med}*
nicotine salts Nicotinsalze *npl* *{Hydrochlorid, Salicylat, Sulfat, Tartrat}*
free from nicotine nikotinfrei
sensitive to nicotine nikotinempfindlich
with a low nicotine content nikotinarm
nicotinic acid <C_5NH_4COOH> Nicotinsäure *f*, *β*-Pyridincarbonsäure *f*, Pyridin-3-carbonsäure *f*, Niacin *n*
nicotinic methylbetaine <$C_7H_7NO_2$> Trigonellin *n*
nicotinism s. nicotine poisoning
nicotinonitrile Nikotinsäurenitril *n*
nicotinuric acid Nicotinursäure *f*
nicotinyl alcohol Nicotinylalkohol *m*, Nikotinalkohol *m*, 3-Pyridinmethanol *n*
nicotyrine Nicotyrin *n*
niello 1. Schwarzschmelz *m*, Niello *n* *{Cu-, Ag-, Pb-Sulfide auf Au und Ag}*; 2. Nielloarbeit *f*, Niello *n* *{Gold- und Silberschmiedekunst}*
niello silver Blausilber *n* *{Ag-Cu-Pb-Bi-Legierung}*
NiFe accumulator s. nickel-iron battery
nigella seeds Schwarzkümmel *m* *{Nigella sativa L.}*
nigericine Nigericin *n*
nigerose Nigerose *f*
night Nacht *f*
night-blindness Nachtblindheit *f* *{Med}*
night blue Nachtblau *n*
night shift Nachtschicht *f*
nightshade Nachtschatten *m* *{Solanaceae}*
deadly nightshade Tollkirsche *f* *{Atropa belladonna L.}*
nigraniline <$C_{38}H_{27}N_3$> Nigranilin *n*, Nigrosin *n*
nigrine Nigrin *n*, Eisen-Rutil *m* *{Min}*
nigrometer Nigrometer *n* *{Kohleschwarz-Messung}*
nigrosine <$C_{38}H_{27}N_3$> Nigrosin *n*, Anilinschwarz *n*, Nigranilin *n* *{Azinfarbstoff}*
nigrosines Nigrosinfarbstoffe *mpl*
nigu Nitroguanidin *n*
NIH *{National Institutes of Health; bis 1930 Hygienic Laboratory}* Nationales Gesundheitsinstitut *n* *{US; Bethesda, MD}*
nikethamide <$C_5NH_4CON(C_2H_5)_2$> Nikethamid *n*, Nizethamid *n*, Pyridin-3-carbonsäurediethylamid *n*, Coramin *n*

nil 1. nichts; null; 2. Null[variante] *f*, Nullversuch *m*; Nullfläche *f {Agri}*
nil-ductility transition Sprödbruchübergang *m*, Übergang *m* vom zähen zum spröden Bruch *m {Met}*
nil-ductility transition temperature Sprödbruchübergangstemperatur *f*, Übergangstemperatur *f* vom zähen zum spröden Bruch *m*
nile Nile *n*, Prozent *n {Reaktivitätsänderung}*
nile blue 1. nilblau; 2. Nilblau *n*
ninhydrine **<$C_9H_6O_4$>** Ninhydrin *n*, Triketoindanhydrat *n*, Indan-1,2,3-trionhydrat *n*, 2,2'-Dihydroxy-1*(H)*-inden-1,3(2*H*)-dion *n*
ninhydrine reaction Ninhydrinreaktion *f {Protein-, Peptid- und Aminosäure-Nachweis}*
niobate Niobat *n {M'NbO_3}*
niobe oil **<$C_6H_5COOCH_3$>** Niobeöl *n*, Methylbenzoat *n*, Benzoesäuremethylester *m*
niobic Niob-, Niobium-, Niob(V)-
niobic acid **<$Nb_2O_5 \cdot xH_2O$>** Niob[ium]säure *f*, Niob[ium]pentoxidhydrat *n {$HNbO_3$; $H_8Nb_6O_{19}$}*
niobic anhydride **<Nb_2O_5>** Niob[ium]pentoxid *n*, Niob(V)-anhydrid *n*
niobic compound Niob(V)-Verbindung *f*, Niobium(V)-Verbindung *f {IUPAC}*
niobic oxide s. niobium pentoxide
niobite **<(Fe, Mn)Nb_2O_6>** Niobit *m {Min}*
niobium *{Nb, element no. 41}* Niob *n {Triv}*, Niobium *n {IUPAC}*, Columbium *n {obs; seit 1944}*
niobium carbide **<NbC>** Niobiumcarbid *n*
niobium dioxide **<NbO_2>** Niobiumdioxid *n*
niobium diselenide **<$NbSe_2$>** Niobiumdiselenid *n*
niobium hydride **<NbH>** Niobwasserstoff *m*, Niobiumhydrid *n*
niobium pentachloride **<$NbCl_5$>** Niobium(V)-chlorid *n*, Niobiumpentachlorid *n*
niobium pentafluoride **<NbF_5>** Niobiumpentafluorid *n*, Niobium(V)-fluorid *n*
niobium pentoxide Niobiumpentoxid *n*, Niobium(V)-oxid *n*
niobium silicide **<$NbSi_2$>** Niobiumsilicid *n*
niobium-tin **<Nb_3Sn>** Niobiumzinn *n {Supraleiter}*
niobium-titanium Niobiumtitan *n {Magnetismus}*
niobium-uranium Niobiumuran *n {Nukl; 80 % Nb, 20 % U}*
niobous Niob-, Niobium-, Niob(III)-
niobous compound Niob(III)-Verbindung *f*
nioxime Nioxim *n*, Cyclohexan-1,2-diondioxim *n*
nip /to 1. kneifen, zwicken, beißen; 2. abkneifen, abzwicken *{Tech}*; 3. klemmen; 4. schädigen, kaputt machen *{z.B. durch Wind, Frost}*
nip 1. Berührungsstelle *f*, Berührungslinie *f*; 2. Einzugswinkel *m {Walzenbrecher}*; 3. Walzenspalt *m*, Quetschspalt *m*, Spalt *m {Formwalzen}*; 4. Abkneifen *n*, Kneifen *n*, Abzwicken *n*; 5. Klemmen *n*; 6. Biß *m*
nip roller Haltewalze *f*, Andruckwalze *f*, Preßwalze *f {Kunst, Gummi}*
nip rolls Abquetschwalzen *fpl*, Abquetschwalzenpaar *n*, Quetschwalzenpaar *n*, Spaltwalzenpaar *n*, Abzug *m {Extrusion}*; Zweiwalzen[feucht]kalander *m*, Feuchtglättwerk *n {Pap}*
nipecotic acid **<$C_5H_9NHCOOH$>** Nipecotinsäure *f*
Niphos process Niphos-Verfahren *n {Korr}*
nippers Beißzange *f*, Kneifzange *f*, Hebezange *f*, Lastengreiferzange *f*; Pinzette *f*
nipple 1. Nippel *m*, Schmiernippel *m {Tech}*; 2. Entlüftungsventil *n*, Entlüfter *m {z.B. an Heizungen}*; 3. Sauger *m*
nirvanine Nirvanin *n*
nirvanol Nirvanol *n*
niter *{US}* *s.* potassium nitrate
niter bath Salpeterbad *n*
niter bed Salpeterablagerung *f {Geol}*
niter cake *s.* sodium sulfate
niter efflorescence Salpeterblumen *fpl*
niter paper Salpeterpapier *n*
niter pot Salpeterhafen *m*
niton Niton *n {obs}*, Radon *n*
nitralizing bath geschmolzenes Natriumnitratbad *n {500°C; Stahlblech}*
nitramide **<H_2NNO_2>** Nitramid *n*, Nitrylamid *n*, Imidosalpetersäure *f*
nitramine Nitramin *n*, Pikrylmethyl *n {Indikator pH 10,5}*
nitranilic acid **<$C_6H_2N_2O_8$>** Nitranilsäure *f*, 2,5-Dihydroxy-3,6-dinitrobenzochinon *n*
nitraniline s. nitroaniline
nitrate/to nitrieren, mit Salpetersäure *f* behandeln
nitrate 1. <M'NO_3> Nitrat *n*, salpetersaures Salz *n*; 2. <$RONO_2$> Nitrat *n*; 3. Salpeterdünger *m*, Nitratdünger *m {Agri}*
nitrate fertilizer Nitratdünger *m*, Salpeterdünger *m {Agri}*
nitrate film Nitratfilm *m {Photo}*
nitrate mordant Nitratbeize *f*
nitrate nitrogen Nitratstickstoff *m*
nitrate nitrogen content Nitratstickstoffgehalt *m {Kunstdünger}*
nitrate of lime Kalksalpeter *m {Agri}*, Calciumnitrat *n*
nitrate of potash Kalisalpeter *m {Agri}*, Kaliumnitrat *n*
nitrate of soda Nitratsalpeter *m {Agri}*, Natriumnitrat *n*
nitrate of soda-potash Rohchilesalpeter *m {Agri}*
nitrate plant Nitratanlage *f*

nitrate reductase *{EC 1.7.99.4}* Nitratreduktase *f*
nitrated cellulose Collodium *n*, Colloxylin *n*, Collodion *n*, Cellulosenitrat *n*
nitrated paper Nitrierkrepp *m*, Nitrierrohstoff *m*
nitrated steel nitrierter Stahl *m*
nitratine Nitratin *m {obs}*, Natronsalpeter *m*, Nitronatrit *m {Min}*
nitrating acid Nitriersäure *f*, Salpeterschwefelsäure *f*, Mischsäure *f*, Nitriergemisch *n {konzentrierte Salpeter- und Schwefelsäure}*
nitrating agent Nitriermittel *n*, Nitrierungsmittel *n*
nitrating apparatus Nitrierapparat *m*, Nitriertopf *m*, Nitrator *m*, Nitrierer *m*
nitrating mixture s. nitrating acid
nitrating plant Nitrieranlage *f*
nitrating process Nitrierungsvorgang *m*
nitrating temperature Nitriertemperatur *f*
nitrating vessel Nitriertopf *m*, Nitriergefäß *n*
duration of the nitrating process Nitrierdauer *f*
nitration Nitrierung *f*, Nitrieren *n {Einführung einer Nitrogruppe NO_2^-}*
nitration furnace Nitrierofen *m {Met}*
nitration paper *s.* nitrated paper
nitration plant Nitrationsanlage *f*
nitration product Nitrierungsprodukt *n*
degree of nitration Nitrierungsgrad *m*
depth of nitration Nitriertiefe *f {Met}*
stage of nitration Nitrierungsstufe *f*
nitrator Nitrierapparat *m*, Nitriertopf *m*, Nitriergefäß *n*, Nitrierer *m*, Nitrator *m*
Nitrazine yellow Nitrazingelb *n {Indikator, pH 6,5}*
nitre *{GB}* *s.* potassium nitrate
nitrene Nitren *n {monovalent gebundenes N-Atom mit Elektronensextett}*
nitrenium ion Nitrenium-Ion *n*
nitric salpetersauer; Stickstoff-, *{meist}* Stickstoff(V)-
nitric acid <HNO_3> Salpetersäure *f*, Aqua fortis *{Lat}*, Scheidewasser *n*, Ätzwasser *n*
nitric acid bath Salpetersäurebad *n*
nitric acid plant Salpetersäureanlage *f*
nitric acid vapo[u]r Salpetersäuredampf *m*
nitric anhydride Distickstoffpentoxid *n*, Salpetersäureanhydrid *n*
nitric ester <$RONO_2$> Salpetersäureester *m*
nitric ether <$C_2H_5ONO_2$> Salpeterether *m*, Ethylnitrat *n*, Salpetersäureethylester *m*
nitric oxide <NO> Stickstoffoxid *n*, Stickstoffmonoxid *n*, Stickstoff(II)-oxid *n*, Stickoxid *n*
nitric-oxide reductase *{EC 1.7.99.2}* Stickoxidreductase *f*
containing nitric acid salpetersäurehaltig
ester of nitric acid <$RONO_2$> Salpetersäureester *m*
red fuming nitric acid rauchende Salpetersäure *f {86 % HNO_3 + N_2O_4}*
salt of nitric acid <M'NO_3> Nitrat *n*, salpetersaures Salz *n {obs}*
white fuming nitric acid weiße rauchende Salpetersäure *f {97,5 % HNO_3, 2 % H_2O, Ni_2O_4}*
nitricamide Nitramid *n*, Imidosalpetersäure *f*
nitridation 1. Nitrierung *f*, Nidridhärten *n*, Nitrierhärten *n*, Stickstoffhärten *n {Met}*; 2. Aufsticken *n*, Versticken *n {unerwünschter Vorgang, Met}*; 3. Nitridation *f {Oxidationsanalogie in NH_3}*
nitridation hardness Nitrierungshärte *f*
nitride/to nitrieren, nitrierhärten, stickstoffhärten, nitridhärten *{Met}*
nitride Nitrid *n*
nitrided nitriergehärtet, gasnitriert *{Met}*
nitrided layer Nitrierschicht *f*, nitrierte Schicht *f*, nietrierte Randschicht *f*, nitrierter Rand *m*
nitrided steel Nitrierstahl *m*, nitrierter Stahl *m*, nitriergehärteter Stahl *m*
nitrided surface hardness Nitrierhärte *f*
nitriding Nitridieren *n*, Nitrierhärten *n*, Aufstikken *n*, Nitrieren *n*, Nitrierung *f {Met}*
nitriding action Nitrierwirkung *f*, nitrierende Wirkung *f {Met}*
nitriding agent Nitriermittel *n {Met}*
nitriding furnace Nitrierofen *m {Met}*
nitriding process Nitrierhärteverfahren *n*, Nitrierhärtung *f {Met}*
nitriding tower Nitrierturm *m {H_2SO_4-Herstellung}*
nitrifiable nitrierbar
nitrification 1. Nitrierung *f*, Nitrifizierung *f {Oxidation von NH_3 durch autotrophe Bakterien}*; 2. Salpeterbildung *f*, Salpeterentstehung *f*
nitrification plant Nitrifizieranlage *f*
nitrify/to nitrieren, nitrifizieren *{Bakterien}*
nitrifying nitrierend, nitrifiziernd *{Bakterien}*
nitrifying bacteria nitrifizierende Bakterien *npl*, Nitrifikationsbakterien *npl*, Nitrobakterien *npl*, Nitrifikanten *mpl {ein Sammelname für Nitrit- und Nitratbakterien}*
nitilase *{EC 3.5.5.1}* Nitrilase *f*
nitrile <RCN> Nitril *n*, Alkylcyanid *n*
nitrile base Nitrilbase *f*, tertiäres Amin *n*
nitrile-butadien rubber Nitrilkautschuk *m*, Butadien-Acrylnitrilkautschuk *m*, NBR
nitrile group Nitrilgruppe *f {-CN}*
nitrile rubber s. nitrile-butadien rubber
nitrile-rubber latex Nitrillatex *m*
nitrile-rubber-phenolic-resin adhesive Klebstoff *m* auf Nitrilgummi-Phenolharzbasis *f*
nitrile-silicone rubber Nitril-Silikonkautschuk *m*, NSR

nitrilotriacetic acid <$N(CH_2COOH)_3$> Nitrilotriessigsäure *f*, NTE

nitrilotriacetonitrile <$N(CH_2CN)_3$> Nitrilotriacetonitril *n*

nitrine <N_3> Nitrin *n {hypothetisches Ozon-Analogon}*

nitrite <$M'NO_2$> 1. Nitrit *n*, salpetrigsaures Salz *n*; 2. <RONO> Nitrit *n*, Salpetrigsäureester *m*

nitrite-free nitritfrei *{Lebensmittel}*

nitrite pickling salt Nitritpökelsalz *n*

nitrite reductase *{EC 1.7.99.3}* Nitritreduktase *f*

nitro Nitro-; Nitrogruppe *f*, Nitrorest *m {-NO_2}*

nitro body Nitrokörper *m {Biochem}*

nitro compounds Nitroverbindungen *fpl*

nitro explosive Nitrosprengstoff *m*, Nitroglycerinsprengstoff *m*

nitro group <-NO_2> Nitrogruppe *f*

nitro-isonitro tautomerism Nitro-Isonitro-Tautomerie *f*

nitroacetanilide <$O_2NC_6H_4NHCOCH_3$> Nitroacetanilid *n*

nitroacetic acid <O_2NCH_2COOH> Nitroessigsäure *f*

nitroacetophenone Nitroacetophenon *n*

nitroalcohol <O_2NROH> Nitroalkohol *m*

nitroalkane <RNO_2> Nitroalkan *n*, Nitroparaffin *n*

nitroaminophenol <$O_2NNHC_6H_5$> Nitroaminophenol *n*

4-nitro-2-aminophenolmethyl ether <$O_2NC_6H_3(NH_2)OCH_3$> 4-Nitro-2-aminophenolmethylether *m*, *m*-Nitroanisidin *n*

5-nitro-2-aminophenolmethyl ether <$O_2NC_6H_3(NH_2)OCH_3$> 5-Nitro-2-aminophenolmethylether *m*, *p*-Nitroanisidin *n*

nitroaniline Nitranilin *n {Triv}*, Nitroanilin *n*, Aminonitrobenzen *n*, Aminonitrobenzol *n {p-, m- und o-Form}*

nitroaniline orange Nitranilinorange *n*

nitroaniline red Nitranilinrot *n*

nitroanilinesulfonic acid Nitranilinsulfonsäure *f*

nitroanisole <$O_2NC_6H_4OCH_3$> Nitroanisol *n*, Methoxynitrobenzol *n*

nitroanthraquinone Nitroanthrachinon *n*

nitrobacteria 1. nitrifizierende Bakterien *npl*, Nitrifikationsbakterien *npl*, Nitrobakterien *npl {Nitrit- und Nitratbakterien}*; 2. Nitratbakterien *npl*, Nitratbildner *mpl*

5-nitrobarbituric acid Dilitursäure *f*

nitrobarite <$Ba(NO_3)_2$> Barytsalpeter *m {obs}*, Nitrobarit *m {Min}*

nitrobenzaldehyde <$OHCC_6H_4NO_2$> Nitrobenzaldehyd *m {m-, o- und p-Form}*

nitrobenzene <$C_6H_5NO_2$> Nitrobenzen *n*, Nitrobenzol *n*, Mirbanöl *n*

***p*-nitrobenzeneazoresorcinol** Nitrobenzolazoresorcinol *n*

nitrobenzenediazonium chloride Nitrobenzoldiazoniumchlorid *n*

6-nitrobenzimidazol Nitrobenzimidazol *n*

nitrobenzoic acid <$C_6H_4NO_2COOH$> Nitrobenzoesäure *f*, Nitrobenzencarbonsäure *f {o-, m- und p-Form}*

nitrobenzoyl chloride <$O_2NC_6H_4COCl$> Nitrobenzoylchlorid *n {o-, m- und p-Form}*

nitrobenzyl cyanide <$O_2NC_6H_4CH_2CN$> *p*-Nitro-α-tolunitril *n*, Nitrobenzylcyanid *n*

***o*-nitrobiphenyl** <$C_6H_5C_6H_4NO_2$> *o*-Nitrobiphenyl *n*, *o*-Nitrodiphenyl *n*

nitrobromoform <CBr_3NO_2> Brompikrin *n*

nitrocellulose <$[C_6H_7O_5(NO_2)_3]_x$> Nitrocellulose *f {obs}*, Cellulosenitrat *n*, Schießbaumwolle *f*, Collodiumwolle *f*, Cellulosesalpetersäureester *m*, Nitratcellulose *f {Expl}*

nitrocellulose coating colo[u]r Nitrocellulosedeckfarbe *f*

nitrocellulose lacquer Nitrocelluloselack *m*, Nitrolack *m*, NC-Lack *m*

nitrocellulose rayon Nitroseide *f*

nitrocementation Gascyanieren *n*, Carbonitrieren *n*, Trockencyanieren *n {Met}*

nitrochlorobenzene <$ClC_6H_4NO_2$> Nitrochlorbenzol *n*, Chlornitrobenzol *n {m-, o- und p-Form}*

nitrochloroform <CCl_3NO_3> Chlorpikrin *n*

nitrochlorotoluene Nitrochlortoluol *n*

nitrocinnamic acid Nitrozimtsäure *f*

nitrocopper Nitrokupfer *n*

nitrocotton *s.* nitrocellulose

nitrocymene Nitrocymol *n*

2-nitro-1,4-dichlorobenzene <$Cl_2C_6H_3NO_3$> 1,4-Dichlor-2-nitrobenzol *n*

nitrodiphenyl *s.* nitrobiphenyl

***o*-nitrodiphenylamine** <$C_6H_5NHC_6H_4NO_2$> *o*-Nitrodiphenylamin *n*

nitroerythrol <$C_4H_6(NO_3)_4$> Tetranitroerythrit *n*, Erythroltetranitrat *n {Expl}*

nitroethane <$C_2H_5NO_2$> Nitroethan *n {Expl}*

2-nitro-2-ethylpropane-1,3-diol dinitrate <$C_5H_9N_3O_8$> Nitroethylpropandioldinitrat *n {Expl}*

nitrofatty acid <$O_2NRCOOH$> Nitrofettsäure *f*

nitroform[e] <$HC(NO_2)_3$> Nitroform *n*, Trinitromethan *n {Expl}*

nitrofural Nitrofural *n*

nitrofurantoin <$C_8H_6N_4O_5$> Nitrofurantoin *n*

nitrofurazone Nitrofurazon *n*

nitrogelatin Nitrogelatine *f*, Sprenggelatine *f*, Sprenggallerte *f*

nitrogen *{N, element no. 7}* Stickstoff *m*, Nitrogenium *n*

nitrogen balance Stickstoffbilanz *f {Physiol}*

nitrogen base Stickstoffbase *f*, stickstoffhaltige Base *f*
nitrogen blanket Stickstoffdichthemd *n*, Stickstoffpolster *n*
nitrogen bridge Stickstoffbrücke *f {Valenz}*
nitrogen bromide <NBr_3> Bromstickstoff *m*, Stickstofftribromid *n*
nitrogen case hardening Stickstoffhärten *n*, Nitrierhärten *n*, Nitrieren *n*, Nitridhärten *n*, Aufsticken *n {Met}*
nitrogen chloride <NCl_3> Chlorstickstoff *m*, Stickstofftrichlorid *n*
nitrogen-containing stickstoffhaltig
nitrogen-containing acid Stickstoffsäure *f*
nitrogen content Stickstoffgehalt *m*
nitrogen-content analyzer Stickstoff-Meßgerät *n*
nitrogen cushion Stickstoffpolster *n*
nitrogen cycle Stickstoffkreislauf *m*
nitrogen determination Stickstoffbestimmung *f*
nitrogen dioxide <NO_2> Stickstoffdioxid *n*, Stickstoff(IV)-oxid *n*
nitrogen equivalent Stickstoffäquivalent *n {Biochem; 1gN_2 = 6,25g Protein}*
nitrogen excretion Stickstoffausscheidung *f*
nitrogen fertilizer Stickstoffdünger *m*
nitrogen fixation Stickstoffbindung *f*, Stickstoffixierung *f*, Bindung *f* des atmosphärischen Stickstoffs *m {Biochem}*
nitrogen-fixing stickstoffbindend, stickstoffixierend
nitrogen-fixing plant Stickstoffsammler *m {Bot}*
nitrogen fluoride <NF_3> Stickstofffluorid *n*, Stickstofftrifluorid *n*
nitrogen halide Stickstoffhalogenverbindung *f*, Stickstoffhalogenid *n*
nitrogen-hardening Nitrierhärten *n*, Stickstoffhärtung *f*, Nitridhärten *n*, Nitrieren *n {Met}*
nitrogen-hardening process Nitrierhärteverfahren *n*
nitrogen hydrides Stickstoffwasserstoff-Verbindungen *fpl {H_2NNH_2, HN_3, N_3H_5}*
nitrogen iodide <NI_3> Jodstickstoff *m {obs}*, Stickstofftriiodid *n*
nitrogen liquefier Stickstoffverflüssigungsanlage *f*
nitrogen metabolism Stickstoffstoffwechsel *m*
nitrogen molecule Stickstoffmolekül *n*, Dinitrogen *n*
nitrogen monoxide <N_2O> Distickstoffoxid *n*, Lachgas *n {Triv}*, Stickoxydul *n {obs}*
nitrogen oxides Stickstoffoxide *npl*
nitrogen oxychloride <$NOCl$> Nitrosylchlorid *n*, Stickstoffoxidchlorid *n*
nitrogen oxyfluoride <NOF> Nitrosylfluorid *n*, Stickstoffoxidfluorid *n*
nitrogen pentoxide <N_2O_5> Distickstoffpentoxid *n*, Salpetersäureanhydrid *n*
nitrogen percentage Stickstoffgehalt *m*
nitrogen permeability Stickstoffdurchlässigkeit *f*
nitrogen peroxide <NO_2> Stickstoffdioxid *n*
nitrogen recondenser Stickstoffrückverflüssiger *m*
nitrogen sesquioxide <N_2O_3> Distickstofftrioxid *n*, Salpetrigsäureanhydrid *n*
nitrogen silicide Stickstoffsilicid *n*
nitrogen sulfide 1. <N_4S_4> Schwefelstickstoff *m*; 2. <N_2S_5> Distickstoffpentasulfid *n*
nitrogen tetroxide <N_2O_4> Distickstofftetroxid *n*, Stickstofftetroxid *n*
nitrogen trichloride <NCl_3> Stickstofftrichlorid *n*
nitrogen trifluoride <NF_3> Stickstofftrifluorid *n*
nitrogen triiodide <NI_3> Stickstofftriiodid *n*
nitrogen trioxide <N_2O_3> Distickstofftrioxid *n*, Salpetrigsäureanhydrid *n*
containing nitrogen stickstoffhaltig
enzymatic nitrogen fixation enzymatische Stickstoffixierung *f*
free from nitrogen stickstofffrei
symbiontic nitrogen fixation symbiontische Stickstoffixierung *f*
total nitrogen Gesamtstickstoff *m*
nitrogenase *{EC 1.18.2.1}* Nitrogenase *f*
nitrogenation Düngung *f* durch Berieseln mit schwach ammoniakalischem Wasser
nitrogenizing plant Nitrogenieranlage *f {Berieselungsanlage mit NH_3/H_2O; Agri}*
nitrogenous stickstoffhaltig, Stickstoff enthaltend; Stickstoff-
nitrogenous compound stickstoffhaltige Verbindung *f*
nitrogenous fertilizer Stickstoffdünger *m*, Stickstoffdüngemittel *n*
nitroglycerin <$O_2NOCH_2CH(ONO_2)CH_2O\text{-}NO_2$> Nitroglycerin *n*, Glyceroltrinitrat *n*, Glycerintrinitrat *n*, Sprengöl *n*, Glonoin *n {Expl}*
nitroglycerol *s.* nitroglycerin
nitroglycide <$C_3H_5N_2O_4$> Nitroglycid *n*, Ethylenglyocoldinitrat *n*, EGDN
nitroglycol <$(CH_2ONO_2)_2$> Nitroglycol *n*, Ethylendinitrat *n {Expl}*
nitroguanidine <$H_2NC(NH)NHNO_2$> Nitroguanidin *n {Expl}*
nitrohydrochloric acid Aqua regia *{Lat}*, Königswasser *n*, Salpetersalzsäure *f*, Goldscheidewasser *n {HCl/HNO_3}*
nitroisobutylglycerol trinitrate <$O_2NC(CH_2ONO_2)_3$> Nitroisobutylglycerintrinitrat *n*, NIBTN *{Expl}*
nitroleum *s.* nitroglycerin
nitrolic acid <$RC(NOH)NO_2$> Nitrolsäure *f*

nitrolim[e] <$CaNCN$> Calciumcyanamid *n*, Kalkstickstoff *m {Agri}*
nitromagnesite Magnesiasalpeter *m*, Nitromagnesit *m {Min}*
nitromannite Mannithexanitrat *n*
nitromannitol Mannithexanitrat *n*
nitromersol Nitromersol *n*
nitrometal Nitrometall *n {Metalloxid-NO-Additionsverbindung}*
nitrometer Azotometer *n*, Nitrometer *n*
nitromethane <CH_3NO_2> Nitromethan *n*
nitromethylaniline Nitromethylanilin *n*
nitromethylanthraquinone Nitromethylanthrachinon *n*
nitromethylnaphthalene Nitromethylnaphthalin *n*
nitromethylpropane Nitromethylpropan *n*
nitromethylpropanediol <$C_4H_7N_3O_8$> Nitromethylpropandiol *n {Expl}*
nitromuriatic acid *{obs} s.* aqua regia
nitron <$C_{20}H_{16}N_4$> Nitron *n*, Diphenylendianilo-dihydrotriazol *n*
nitronaphthalene <$C_{10}H_7NO_2$> Nitronaphthalin *n*, Nitronaphthalen *n*
  nitronaphthalene sulfonic acid Nitronaphthalinsulfonsäure *f*
  nitronaphthalene trisulfonic acid Nitronaphthalintrisulfonsäure *f*
nitronaphthoquinone Nitronaphthochinon *n*
nitronic acid <$=N(=O)OR$> Nitronsäure *f*
nitronitroso dye Nitronitrosofarbstoff *m*
nitronitrosobenzene Nitronitrosobenzol *n*
nitronium ion <NO_2^+> Nitroniumion *n*, Nitrylkation *n {IUPAC}*
  nitronium perchlorate <NO_2CO_4> Nitroniumperchlorat *n*
nitroparaffins <$C_nH_{2n+1}NO_2$> Nitroparaffine *npl*, Nitroalkane *f*
nitropentaerythrol <$C_5H_{11}O_4NO_3$> Nitropentaerythrol *n*, Pentaerythrolmononitrat *n*
nitrophenetole <$NO_2C_6H_4OC_2H_5$> Nitrophenetol *n {m-, o- und p-Form}*
nitrophenide <$(O_2NC_6H_4)_2S$> Nitrophenid *n*
nitrophenol <$HOC_6H_4NO_2$> Nitrophenol *n {m-, o- und p-Form}*
***p*-nitrophenylacetic acid** <$O_2NC_6H_4CH_2COOH$> *p*-Nitrophenylessigsäure *f*
nitrophenylacetylene Nitrophenylacetylen *n*
nitrophenylcarbamyl chloride Nitrophenylcarbamylchlorid *n*
4-nitrophenylenediamin <$(H_2N)_2C_6H_3NO_2$> 4-Nitro-1,3-phenylendiamin *n*
***p*-nitrophenylhydrazine** <$H_2NNHC_6H_4NO_2$> *p*-Nitrophenylhydrazin *n*
***o*-nitrophenylpropiolic acid** <$C_9H_5NO_4$> *o*-Nitrophenylpropiolsäure *f*
nitrophilous nitrophil
nitropropane Nitropropan *n*
  1-nitropropane <$CH_3CH_2CH_2NO_2$> 1-Nitropropan *n*
  2-nitropropane <$CH_3CH(NO_2)CH_3$> 2-Nitropropan *n*
1-nitropropene <$CH_3CH=CHNO_2$> 1-Nitropropen *n*
nitroprussiate *s.* nitroprusside
nitroprusside <$M'_2[Fe(CN)_5NO]$> Nitroprussid *n*, Nitroprussiat *n*, Pentacyanonitrosylferrat(III) *n*
nitropyrene Nitropyren *n*
nitropyridine Nitropyridin *n*
nitroquinoline <$C_9H_6N(NO_2)$> Nitrochinolin *n*
nitroquinone Nitrochinon *n*
nitrosaccharose Knallzucker *m*, Nitrosaccharose *f*
***m*-nitrosalicylic acid** <$O_2NC_6H_3(OH)COOH$> *m*-Nitrosalicylsäure *f*, 3-Nitro-2-hydroxybenzoesäure *f*
nitrosamine <$RR'NNO$; $ArAr'NNO$> Nitrosamin *n*
  nitrosamine red Nitrosaminrot *n*
nitrosation Nitrosierung *f {Einführung von -NO in organische Verbindungen}*
nitrose Nitrose *f*, nitrose Säure *f {$NOHSO_4$ in H_2SO_4}*
nitrosilk Nitroseide *f*
nitrosite <$=C(ONO)C(=NOH)-$> Nitrosit *n*
nitroso <$-NO$> 1. Nitroso-; 2. Nitrosogruppe *f*
  nitroso compound Nitrosoverbindung *f*
  nitroso dye Nitrosofarbstoff *m*
  nitroso-isonitroso tautomerism Nitroso-Isonitroso-Tautomerie *f*
  nitroso rubber Nitrosokautschuk *m*
nitrosoamine 1. <NH_2RNO> Nitrosoamin *n*; 2. <$=NNO$> *N*-Nitrosoamin *n*
nitrosoaniline <$H_2NC_6H_4NO_2$> Nitrosoanilin *n*
nitrosobase Nitrosobase *f*
nitrosobenzene <C_6H_5NO> Nitrosobenzol *n*, Nitrosobenzen *n*
nitrosobutane Nitrosobutan *n*
***N*-nitrosodimethylamine** <$(CH_3)_2N=NO$> Dimethylnitrosamin *n*, Nitrosodimethylamin *n*, DMN
nitrosodimethylaniline Dimethylnitrosoanilin *n*, Nitrosodimethylanilin *n*
***N*-nitrosodiphenylamine** <$(C_6H_5)_2NNO$> *N*-Nitrosodiphenylamin *n*, Diphenylnitrosamin *n {Gummi}*
nitrosoethane <C_2H_5NO> Nitrosoethan *n*
nitrosoguanidine <$ONNHC(NH)NH_2$> Nitrosoguanidin *n*
nitrosohydroxylamine Nitrosohydroxylamin *n*
nitrosoindoxyl <$C_8H_6N_2O_2$> Isatoxim *n*
nitrosomethyl urethane <$ONN(CH_3)COOC_2H_5$> Nitrosomethylurethan *n*
nitrosomethyltoluidine Nitrosomethyltoluidin *n*

nitrosomethylurea <$NH_2CON(NO)CH_3$> *N*-Nitroso-*N*-methylharnstoff *m*, Methylnitrosoharnstoff *m*
nitrosonaphthol <$C_{10}H_6(NO)OH$> Nitrosonaphthol *n*
nitrosophenol <NOC_6H_4OH> Nitrosophenol *n* *{o-, m- und p-Form}*
nitrosophenyl hydrazine Nitrosophenylhydrazin *n*
_N_-nitroso-_N_-phenyl hydroxylamine <C_6H_5-$N(OH)NO$> Cupferron *n*, *N*-Nitroso-*N*-phenylhydroxylamin *n*
nitrosoresorcinol Nitrosoresorcin *n*
nitrososulfuric acid Nitrososchwefelsäure *f*, Nitrosylhydrogensulfat *n*
nitrosotoluene <$C_6H_4(NO)CH_3$> Nitrosotoluol *n*
nitrosourethane Nitrosourethan *n*
nitrostarch <$(C_6H_7N_3O_9)_n$> Nitrostärke *f*, Stärkenitrat *n* *{Expl}*
nitrosteel Nitrierstahl *m*
β-nitrostyrene <$C_6H_5CH{=}CHNO_2$> Nitrostyrol *n*
nitrosugar Nitrozucker *m* *{Expl}*
nitrosulfamide <H_2NSO_2NHNO> Nitrosulfamid *n*
nitrosulfathiazole Nitrosulfathiazol *n*
nitrosulfonic acid Nitrosulfonsäure *f*, Nitrosylschwefelsäure *f*, Nitrosylhydrogensulfat *n*, Nitrose *f* *{Techn}*
nitrosyl <-NO> 1. Nitrosyl-; 2. Nitrosylgruppe *f*
nitrosyl bromide <$NOBr$> Nitrosylbromid *n*, Stickstoffoxidbromid *n*
nitrosyl chloride <$NOCl$> Nitrosylchlorid *n*, Stickstoffoxidchlorid *n*, Chlorid *n* der salpetrigen Säure *f* *{obs}*
nitrosyl fluoride <NOF> Nitrosylfluorid *n*, Stickstoffoxidfluorid *n*, Fluorid *n* der salpetrigen Säure *f*
nitrosyl hydrogensulfate <$ONHSO_4$> Nitrosylschwefelsäure *f* *{obs}*, Nitrosylhydrogensulfat *n*
nitrosyl perchlorate <$NOClO_4$> Nitrosylperchlorat *n*
nitrosyl sulfuric acid Nitrosylschwefelsäure *f* *{obs}*, Nitrosylhydrogensullfat *n*
nitrosyl trifluoride <NOF_3> Nitrosyltrifluorid *n*, Stickstofftrifluoridoxid *n*
nitrosynthetic lacquer Kombinationslackfarbe *f*
nitrotartaric acid Nitroweinsäure *f*
nitrotoluene <$H_3CC_6H_4NO_2$> Nitrotoluol *n* *{o-, m- und p-Form}*
nitrotoluene sulfonic acid Nitrotoluolsulfonsäure *f*
nitrotoluidine <$C_6H_3(NH_2)(NO_2)CH_3$> Nitrotoluidin *n*
nitrotrifluoromethylbenzonitrile Nitrotrifluormethylbenzonitril *n*
nitrourea <$O{=}C(NH_2)NHNO_2$> Nitroharnstoff *m* *{Expl}*
nitrourethane <$O_2NNHCOOC_2H_5$> Nitrourethan *n*
nitrous 1. nitros, nitrosehaltig *{Stickoxid enthaltend}*; 2. salpeterhaltig, salpetrigsauer; salpetrig, salpeterartig; Salpeter-; 3. Stickstoff-, *{meistens}* Stickstoff(III)-
nitrous acid <HNO_2> salpetrige Säure *f*, Salpetrigsäure *f*
nitrous anhydride <N_2O_3> Distickstofftrioxid *n*, Salpetrigsäureanhydrid *n* *{obs}*, Stickstoffsesquioxid *n*, Stickstoff(III)-oxid *n*
nitrous compounds *{ISO 1981}* Stickstoff(II)-Verbindungen *fpl*
nitrous earth Salpetererde *f*
nitrous ester Ester *m* der salpetrigen Säure *f*
nitrous ether <$C_2H_5NO_2$> Salpetrigsäureethyleter *m*, Ethylnitrit *n*, Nitroethan *n*
nitrous fumes nitrose Gase *npl*, Nitrosedämpfe *mpl* *{NO/N_2O_4-Gemisch}*
nitrous oxide <N_2O> Distick[stoff]oxid *n*, Dinitrogenoxid *n* *{IUPAC}*, Stick[stoff]oxydul *n* *{obs}*, Stickstoff(I)-oxid *n*, Lachgas *n* *{Pharm}*, Lustgas *n* *{Pharm}*
nitrous poisoning Nitrosevergiftung *m*
5-nitrovanillin Hydroxy-3-methoxy-5-nitrobenzaldehyd *m*
nitroxanthic acid *s.* picric acid
nitroxyl chloride *s.* nitryl chloride
nitroxyl fluoride *s.* nitryl fluoride
nitroxylene <$O_2NC_6H_3(CH_3)_2$> Nitroxylen *n*, Nitroxylol *n*, Dimethylnitrobenzol *n*
nitryl azide <NO_2N_3> Nitrylazid *n*
nitryl chloride <$ClNO_2$> Nitroniumchlorid *n*, Nitrylchlorid *n*
nitryl fluoride <FNO_2> Nitrylfluorid *n*
nivalic acid <$C_{20}H_{26}O_6$> Nivalsäure *f*
niveau Niveau *n*, Bezugslinie *f*; Höhenlage *f* *{z.B. Wasserstand}*
nivenite Nivenit *m* *{Min}*
Nixie tube Nixie-Rohr *n*, Nixie-Röhre *f* *{ziffernanzeigende Röhre}*
NLGI *{National Lubricating Grease Institute}* Nationales Schmierstoff-Institut *n* *{US}*
NLGI consistency grade NLGI-Konsistenzklassifikation *f* *{Schmierstoffe}*
NLGI number NLGI-Zahl *f* *{Kegeleindringprüfung, Schmiermittel}*
NMN adenyltransferase *{EC 2.7.7.1}* NAD^+-**Pyrophosphorylase** *f*, NMN-Adenyltransferase *f* *{IUB}*
NMN nucleosidase *{EC 3.2.2.14}* NMN-Nucleosidase *f*
NMR kernmagnetische Resonanz *f*, magnetische Kernresonanz *f*, Kernspinresonanz *f*, NMR *{Nukl}*

NMR spectrum magnetisches Kernresonanzspektrum *n*, kernmagnetisches Resonanzspektrum *n*, NMR-Spektrum *n*
no-bond resonance Hyperkonjugation *f*
no-effect level for test animals höchste, Versuchstiere nicht schädigende Schadstofftagesdosis *f*
no-fines concrete haufwerkporiger Beton *m*
no-load 1. Leerlauf *m*, Leergang *m {z.B. einer Maschine}*; 2. Leerlast *f {Elek}*
no-load current Leerlaufstrom *m*
no-load voltage Leerlaufspannung *f*
no-pressure resin drucklos härtendes Harz *n*
no-volt[age] release Nullspannungsauslöser *m*, Nullausschalter *m*, Nullauslöser *m*
NO_x emission regulations Stickoxidemission-Verordnungen *fpl*
NOAA *{National Oceanic and Atmospheric Administration}* Nationale Meeres- und Luftbehörde *f {US}*
Noack evaporation loss Verdampfungsverlust *m* nach Noack
nobelium *{No, element no. 102}* Nobelium *n*, Eka-Ytterbium *n {obs}*
noble edel *{Chem}*
noble fission gas Spaltedelgas *n {Nukl}*
noble gas Edelgas *n {He, Ne, Ar, Kr, Xe, Rn}*
noble gas compounds Edelgasverbindungen *fpl {seit 1962}*
noble gas configuration Edelgaskonfiguration *f*
noble-gas fission product Spaltedelgas *n*, edelgasförmiges Spaltprodukt *n {Nukl}*
noble-gas shell Edelgasschale *f {Valenz}*
noble metal Edelmetall *n*, edles Metall *n*
nocuity Schädlichkeit *f*
nocuous giftig, schädlich
nodal nodal; Knoten-
nodal line Knotenlinie *f {stehende Welle}*
nodal point 1. Knotenpunkt *m {Opt, Akustik, Phys}*; 2. Schwingungsknoten *m {Phys}*; Knoten *m {{Phys}*
noddy knollig *{Min}*; knotenförmig, knotenartig, nodös, knotig; Knoten-
node 1. Wurzelknoten *m {Bot}*; 2. Knoten *m {Tech}*; 3. Knotenpunkt *m {Math, Elek, Phys}*; 4. Gichtknoten *m {Med}*
nodular knollig *{Min}*; knotenförmig, knotenartig, nodös, knotig; Knoten-
nodular cast iron Kugelgraphitgußeisen *n*, Kugelgraphit[grau]guß *m*, sphärolithischer Grauguß *m*, globularer Grauguß *m*, Sphäroguß *m*, GGG
nodular cemenite kugeliger Cementit *m {Met}*
nodular graphite Kugelgraphit *m*, Globulargraphit *m*, Sphärographit *m {DIN 1693}*
nodular graphite cast iron *{ISO 1083}* *s.* nodular cast iron
nodular iron ore Knoteneisenerz *n {Min}*
nodular powder abgerundetes Pulver *n {Stereochem}*
nodule 1. Blase *f {Glas}*; 2. Klümpchen *n {Med}*; 3. Knolle *f*, Knöllchen *n {z.B. Wurzelknolle}*; 4. Knospe *f {Galvanisieren}*: 5. Knollen *m*, Knolle *f*, Niere *f {Geol}*
nodulize/to kugelsintern *{Metallpulver}*; pelletisieren, pelletieren, zu Pellets *npl* formen, zu Kügelchen *npl* formen
nodulizing Agglomerieren *n*, Agglomerierung *f*, Agglomeration *f {Met}*
noise 1. [lautes] Geräusch *n*, Lärm *m {Akustik}*; 2. Rauschen *n*, Rauschstörung *f*, Störgeräusch *n*; 3. Störgröße *f {Automation}*
noise abatement Geräuschbekämpfung *f*, Lärmbekämpfung *f*
noise abatement regulations Lärmbekämpfungsvorschriften *fpl*
noise background Rauschuntergrund *m*
noise ban Lärmverbot *n*
noise damping Entdröhnen *n*, Schalldämpfung *f*
noise disturbance Lärmbelästigung *f*
noise intensity *s.* noise level
noise level Geräuschniveau *n*, Lärmemissionswert *m*, Geräuschpegel *m*, Lärmpegel *m*, Schallpegel *m*; Rauschpegel *m*, Störpegel *m*, Lärmintensität *f*
noise pollution Lärmimmission *f*; Lärmbeeinträchtigung *f*, unerwünschte Lärmimmission *f {Ökol}*
noise prevention Lärmschutz *m*
noise reduction Schallpegelreduzierung *f*, Geräuschreduzierung *f*, Lärmminderung *f*, Schalldämpfung *f*; Rauschunterdrückung *f*, Geräuschdämpfung *f*
noise reduction measures Geräuschdämpfungsmaßnahmen *fpl*, Lärmminderungsmaßnahmen *fpl*
noise suppression *s.* noise reduction
noiseless geräuschlos, ruhig; rauschfrei, rauscharm
noisy lärmend, geräuschvoll, laut; geräuschintensiv; verrauscht, rauschbehaftet, rauschend
nomenclature Nomenklatur *f*; Terminologie *f*
chemical nomenclature chemische Nomenklatur *f*
Geneva nomenclature Genfer Nomenklatur *f {systematische Benennung}*
Geneva system of nomenclature Genfer Nomenklatursystem *n*
nominal 1. nominal, nominell; Nenn-, Soll-, Nominal-; 2. [ganz] gering; 3. Namens-
nominal balance Sollbetrag *m {Ökon}*
nominal bore Nennweite *f*
nominal capacity Nenninhalt *m*; Nennlast *f*
nominal current Nennstrom *m {Elek}*

nominal diameter Nenndurchmesser *m*
nominal dimension Nennmaß *n*, Sollmaß *n*
nominal elongation Nenndehnung *f*
nominal load Nennlast *f*
nominal output Nennleistung *f*
nominal pipe size Rohrnennweite *f*
nominal pressure Nenndruck *m*
nominal rating Nennleistung *f*, Nominalleistung *f*
nominal size Nennmaß *n*, Sollmaß *n*, Nenngröße *f*
nominal speed Nenndrehzahl *f*
nominal strain Nenndehnung *f*
nominal throughput Nenndurchsatz *m*, Nennsaugleistung *f*
nominal torque Nenndrehmoment *n*
nominal value Nennwert *m*, Nominalwert *m*
nominal viscosity Nennviskosität *f*
nominal voltage Nennspannung *f*
nominal volume Nennvolumen *n*
nominal width Nennweite *f*
nominally nominell, nominal; Nominell-, Soll-, Nenn-
nomogram *s*. nomograph
nomograph Nomogramm *n {z.B. Funktionsleiter, Netztafel; Math}*
nomography Nomographie *f*
non nicht-, un-
non-air-inhibited [polyester] finish glänzend auftrocknender Lack *m {auf Polyesterbasis}*
non-alkali alkalifrei
non-alloy[ed] steel unlegierter Stahl *m*
non-Newtonian nicht-Newtonsch(e, er, es), strukturviskos
non-Newtonian behaviour nicht-Newtonsches Verhalten *n {Rheologie}*
non-Newtonian flow nicht-Newtonsches Fließen *n*, viskoelastisches Fließen *n*
non-Newtonian fluid nicht-Newtonsche Flüssigkeit *f*
non-Newtonian liquid nicht-Newtonsche Flüssigkeit *f*
non-Newtonian medium nicht-Newtonsches Medium *n*
non-Newtonian viscosity nicht-Newtonsche Viskosität *f*, Strukturviskosität *f*
non-nitrogenous stickstofffrei, nicht stickstoffhaltig
non-operational betriebsunfähig, nicht betriebsfähig
non-organic anorganisch; unorganisch
non-oriented orientierungsfrei, nicht ausgerichtet
non-oscillating schwingungsfrei
non-soap grease seifenfreies Schmiermittel *n*, nichtseifenverdicktes Schmierfett *n*
non-tin stabilized nicht zinnstabilisiert
non-university research institutions außeruniversitäre Forschungseinrichtungen *fpl*; Großforschungsanlagen *fpl*
non-utilized unausgelastet
nonabrasive abriebfest
nonabrasive quality Abriebfestigkeit *f*
nonabrasiveness Abriebfestigkeit *f*
nonabsorbent nichtsaugend
nonacarbonyldiiron <$Fe_2(CO)_9$> Dieisennonacarbonyl *n*
nonacosane <$C_{29}H_{60}$> Nonacosan *n*
nonactinic unaktinisch, inaktinisch *{Photo}*
nonadditive oil zusatzfreies Öl *n*
nonadditivity Nichtadditivität *f*
nonadecane <$C_{19}H_{40}$> Nonadecan *n*
nonadecan-1,19-diol <$HO-(CH_2)_{19}OH$> Nonadecan-1,19-diol *n*
nona-3,8-dienic acid Nona-3,8-diensäure *f*
nonadien-1-ol Nonadien-1-ol *n*
nonadilactone Nonadilacton *n*
nonag[e]ing alterungsbeständig, alterungssicher, nichtalternd
nonageing road tar alterungsbeständiges Straßenpech *n {DIN 55946}*
nonageing steel alterungsbeständiger Stahl *m*
nonagon Neuneck *n {Math}*
nonalcoholic beverage alkoholfreies Getränk *n*, nichtalkoholisches Getränk *n*
nonaldecanoic acid Nonaldecansäure *f*
nonamethylene glycol Nonamethylenglycol *n*
nonanal <$C_8H_{17}CHO$> Nonanal *n*, Pelargonaldehyd *m {Triv}*
nonane <C_9H_{20}> Nonan *n*
nonanoic acid Pelargonsäure *f*, Nonansäure *f*, *n*-Nonylsäure *f*
nonanone <$C_{19}H_{18}O$> Nonanon *n*
nonanoyl <$CH_3(CH_2)_7CO$-> Pelargonyl-
nonappearance Nichterscheinen *n*
nonaqueous nichtwäss[e]rig, wasserfrei, nichtwäßrig; kristallwasserfrei
nonaqueous cellulose solvents wasserfreie Celluloselösemittel *npl*
nonassembly adhesive Klebstoff *m* für nicht hochbeanspruchte Verbindungen *fpl*
nonatriacontane <$C_{39}H_{80}$> Nonatriacontan *n*
nonbaking coal Magerkohle *f*
nonbenzoid nichtbenzoid *{Valenz}*
nonbiodegradable polymer biologisch nicht abbaubares Polymer *n*, [abbau]resistentes Polymer *n*, biochemisch schwer abbaubares Polymer[es] *n*
nonbituminous coal Magerkohle *f*
nonbleeding nichtauslaufend, überspritzecht
nonbreakable packing bruchsichere Verpackung *f*
noncaking coal nichtbackende Kohle *f*
noncalendered matt *{Papier}*
noncapacitive kapazitätsfrei *{Elek}*

noncarbonaceous kohlefrei
noncellular nichtzellular, nichtzellig, zellenlos, porenlos
noncellular mo[u]lded part porenloses Formteil *n* *{Kunst}*, nichtgeschäumtes Formteil *n*
noncellulosic fiber cellulosefreier Faden *m*
noncellulosic yarn cellulosefreies Garn *n*
noncentrifugal sugar nichtkristallisierter Zucker *m*, Füllmassenzucker *m*
nonclinkering schlackenfrei *{Kohle}*
nonclogging pump Freistrompumpe *f*, Kanalradpumpe *f*
noncombustible nichtbrennbar, unbrennbar, unverbrennbar *{z.B. SiO_2, H_2O, CO_2}*
noncombustible gas nichtbrennbares Gas *n* *{DIN 8541}*
noncondensable gas nichtkondensierbares Gas *n*, permanentes Gas *n* *{Thermo}*
nonconducting nichtleitend, dielektrisch
nonconducting composition Isolationsstoff *m*, Isoliermasse *f*
nonconducting material Isoliermittel *n*, Wärmeschutzmasse *f*
nonconductive *s.* nonconducting
nonconductor Nichtleiter *m*, Isolator *m*, Dielektrikum *n*
noncongealable kältebeständig, nichtgefrierbar
nonconsolute beschränkt mischbar
nonconsumable electrode Permanentelektrode *f*, nichtabschmelzbare Elektrode *f*, Dauerelektrode *f*
noncontact thermometer Strahlungspyrometer *n*; berührungsloses Thermometer *n*
noncontact[ing] berührungslos, kontaktlos, berührungsfrei
noncorrodibility Rostbeständigkeit *f*, Korrosionsbeständigkeit *f*
noncorrodible *s.* noncorrosive
noncorroding *s.* noncorrosive
noncorrosive korrosionsfrei, nichtkorrodierend, korrosionsbeständig, rostbeständig, korrosionsfest, nichtkorrosiv, nicht korrodierbar, korrosionsresitent
noncrawling nichtverlaufend
noncreasing knitterfest, knitterecht, knitterfrei, knitterarm *{Text}*
noncrystalline nichtkristallin, amorph, gestaltlos, formlos
noncrystallizing kristallisationsstabil, kristallisationsbeständig, kristallisationsfrei, nichtkristallisierend
nondecylic acid <$C_{18}H_{37}COOH$> Nondecylsäure *f*, Nonadecansäure *f*
nondeposit bottle Einwegflasche *f*
nondestructive zerstörungsfrei, nichtzerstörend *{z.B. Prüfverfahren}*
nondestructive assay techniques zerstörungsfreie Analysetechniken *fpl*
nondestructive materials testing zerstörungsfreie Werkstoffprüfung *f*
nondestructive radiographic testing zerstörungsfreie Werkstoffprüfung *f* mit Röntgenstrahlen *mpl*
nondestructive test[ing] zerstörungsfreies Prüfverfahren *n*, zerstörungsfreie Prüfung *f*, zerstörungsfreies Prüfen *n*
nondestructive testing of materials zerstörungsfreie Werkstoffprüfung *f*
nondetectable nichtnachweisbar *{Anal}*
nondetectable level nichtnachweisbare Konzentration *n*
nondiaphanous lichtundurchlässig
nondimensional dimensionslos, unbenannt
nondimensional quantity absoluter Zahlenwert *m*
nondrinkable water Nutzwasser *n*, Brauchwasser *n*
nondrying oil nichttrocknendes Öl *n*
nondurable plastics nichtbeständige Kunststoffe *mpl*, unbeständige Kunststoffe *mpl*
nondusting staubfrei
nonelastic nichtelastisch, unelastisch
nonelectrolyte Nichtelektrolyt *m*, Anelektrolyt *m*
nonene <C_9H_{18}> Nonylen *n*, Nonen *n*
nonequilibrium Ungleichgewicht *n*, Nichtgleichgewicht *n*
nonequilibrium state Nichtgleichgewichtszustand *m*, Ungleichgewichtszustand *m*
nonequilibrium thermodynamics Nichtgleichgewichts-Thermodynamik *f*
nonessential amino acids nichtessentielle Aminosäuren *fpl*
nonexplosive explosionssicher, nichtexplosiv
nonfat[ty] fettfrei
nonfelting nichtverfilzend, nichtfilzend
nonferrous nichteisenhaltig, eisenfrei; Nichteisen-, NE-
nonferrous alloy NE-Legierung *f*, Nichteisenlegierung *f*
nonferrous metal Buntmetall *n*, NE-Metall *n*, Nichteisenmetall *n*
nonferrous metal alloy Buntmetall-Legierung *f*
nonfibrous nichtfaserig
nonfilterable unfiltrierbar
nonflam film Sicherheits-Cinefilm *m*
nonflammability Unbrennbarkeit *f*, Nichtbrennbarkeit *f*, Nichtentflammbarkeit *f*
nonflammable flammwidrig, nichtflammbar, flammbeständig, nichtbrennbar, nichtentzündlich, unentflammbar
nonflocculating resin nicht[aus]flockendes Harz *n*

nonfoaming nichtschäumend
nonfusible nichtschmelzbar
nongasifiable nichtvergasbar
nongassing coal gasarme Kohle *f*
nonheat-treatable nicht aushärtbar
nonhomogeneous nichthomogen, inhomogen, durchwachsen
nonhydrolizable nichthydrolysierbar
nonhygroscopic hydrophob
nonideal gas nichtideales Gas *n {Thermo}*
nonindicating nichtanzeigend
noninductive induktionsfrei, induktivitätslos, selbstinduktionsfrei *{Elek}*
noninflammability Unbrennbarkeit *f*, Nichtentflammbarkeit *f*, Flammwidrigkeit *f*, Unentflammbarkeit *f*, Flammbeständigkeit *f*
noninflammable nichtbrennbar, nichtentflammbar, nicht feuergefährlich, unbrennbar, nichtentzündbar
nonionic 1. nichtionogen, nichtionisch, ioneninaktiv, nichtionisierend; 2. nichtionogener [grenzflächenaktiver] Stoff *m*, nichtionogenes Tensid *n*
nonionic agents nichtionogener [grenzflächenaktiver] Stoff *m*, nichtionogenes Tensid *n*
nonionic compound nichtionische Verbindung *f*
nonionic detergent *s.* nonionic surfactant
nonionic emulsifier nichtionogener Emulgator *m*
nonionic surfactant nichtionisches Tensid *n*, nichtionogenes Tensid *n*
nonisothermal nichtisotherm
nonisothermal process nichtisothermer Prozeß *m {Thermo}*
nonleaking leckagefrei
nonlinear nichtliear
nonlinear crystal nichtlinearer Kristall *m*; anisotroper Kristall *m*
nonlinear dependence nichtlineare Abhängigkeit *f*
nonlinear molecule nichtlineares Molekül *n*, verzweigtes Molekül *n*
nonlinearity Nichtlinearität *f*
nonlocalized bond delokalisierte Bindung *f {Valenz}*
nonluminous nichtleuchtend
nonluminous discharge stille Entladung *f*, Dunkelentladung *f*
nonluminous flamme nichtleuchtende Flamme *f*
nonmagnetic antimagnetisch, unmagnetisch, nichtmagnetisch
nonmagnetic coating unmagnetische Beschichtung *f*
nonmagnetic ionization ga[u]ge Ionisationsvakuummeter *n* ohne Magnet *m*
nonmagnetic material nichtmagnetischer Werkstoff *m*
nonmagnetic spectrometer eisenloses Spektrometer *n*
nonmarring kratzfest
nonmeltable unschmelzbar
nonmetal Nichtmetall *n*
nonmetallic nichtmetallisch
nonmetallic element Metalloid *n*
nonmetallic inclusion nichtmetallischer Einschluß *m {Met}*
nonmigrating wanderungsbeständig, nichtwandernd
nonmiscibility Nichtmischbarkeit *f*
nonmiscible unmischbar, nichtmischbar
nonoic acid Nonansäure *f*, Pelargonsäure *f*, *n*-Nonylsäure *f*
nonose Nonose *f {ein Monosaccharid}*
nonotoxic ungiftig, atoxisch, giftfrei
nonoxidizable nichtoxidierbar
nonoxidizing nichtoxidierend
nonoxidizing annealing oil Blankhärteöl *n*
nonpacking powder nichtklumpendes Pulver *n*
nonperiodic nichtperiodisch, unperiodisch, aperiodisch
nonpersistent nichtpersistent, nicht andauernd
nonpersistent war gas *{e.g. GB}* vorrübergehend wirksames Kampfgas *n {<10 min}*
nonplasticized weichmacherfrei *{Kunst}*
nonpoisonous ungiftig, giftfrei, atoxisch
nonpolar nichtpolar *{Phys}*; unpolar *{Lösemittel}*
nonpolar bond Atombindung *f*, unpolare Bindung *f*, kovalente Bindung *f*, Elektronenbindung *f*, homöopolare Bindung *f {Valenz}*
nonpolar linkage *s.* nonpolar bond
nonpolar plastic unpolarer Plast[werkstoff] *m*
nonpolar solvent unpolares Lösemittel *n*
nonpolarizable unpolarisierbar
nonpolarized unpolarisiert, neutral
nonporous nichtporös, porenfrei, porenlos
nonpositive displacement pump Turbopumpe *f*
nonprescription nichtapothekenpflichtig, nichtrezeptpflichtig, frei *{Pharm}*
nonprescription products nichtrezeptpflichtige Erzeugnisse *npl*
nonpressure pipeline Freispiegelleitung *f*
nonproductive time Stillstandzeit *f*, Stehzeit *f*, Totzeit *f*, Nebenzeit *f*
nonproprietary information nichtwortgeschützte Kenntnisse *fpl*, freie Kenntnisse *fpl*
nonprotein 1. eiweißfrei; 2. Nichteiweißstoff *m*
nonprotein nitrogen Nichteiweiß-Stickstoff *m {Biochem}*
nonprotein toxin eiweißfreies Toxin *n*
nonpulpy nectar fruchtfleischloses Fruchtgetränk *n*
nonradiative strahlungslos, strahlungsfrei
nonradical nichtradikalisch
nonradioactive nichtradioaktiv

nonradioactive tracer *{ISO 2975}* nichtradioaktives Leitisotop *n* *{Anal}*
nonreactive unempfindlich; reaktionsunfähig, nichtreaktionsfähig *{Chem}*
nonreactivity Unempfindlichkeit *f*; Reaktionsunfähigkeit *f* *{Chem}*
nonrefrigerated isolation trap ungekühlte Dampfsperre *f* *{Zeolithfalle}*
nonrelativistic approximation nichtrelativistische Näherung *f*
nonrepeatable nichtreproduzierbar
nonresinous harzfrei
nonreturn Einweg-
nonreturn flap Rückschlagklappe *f*
nonreturn valve Rückschlagventil *n*; Sperrventil *n*
nonreturn valve stop Rückströmsperre *f*, Rücklaufsperre *f*, Rückstausperre *f*
nonreturnable Einweg-
nonreturnable bottle Einwegflasche *f*
nonreversible nicht umkehrbar, nicht rückläufig, irreversibel
nonrigid plastic weich[elastisch]er Plast *m* *{ASTM; $E < 345\ MN/m^2$}*
nonrusting nichtrostend, rostfrei, rostbeständig, unverrostbar
nonscaling 1. zunderbeständig, zunderfest, zunderfrei *{Met}*; 2. weich *{Wasser}*
nonscaling property Zunderbeständigkeit *f*
nonseparable nichtseparierbar; nichtteilbar
nonsettable nichtabsetzbar, nicht absetzbar *{Koll}*
nonshattering splitterfrei, splitterfest, unzerbrechlich
nonshrinkable 1. nichtschrumpfend, schrumpffrei, nichtkrumpfend, krumpffrei, nicht einlaufend *{Text}*; 2. nicht schwindend *{Keramik}*
nonshrink[ing] *s.* nonshrinkable
nonskid gleitsicher, rutschfest, rutschhemmend, gleithemmend, trittfest, mit Gleitschutz; Gleitschutz-
nonskid coating gleithemmende Beschichtung *f*, Rutschfestbeschichtung *f*
nonskid flooring rutschfester Bodenbelag *m*, rutschsicherer [Fuß-]Bodenbelag *m*
nonskid properties Rutschfestigkeit *f*
nonskidding agent Gleitschutz *m*
nonslip 1. gleitsicher, rutschfest, rutschhemmend, gleithemmend, trittfest, gleitfest, schiebefest; Gleitschutz-; 2. schlupffrei *{Elek}*
nonslip material rutschfestes Material *n*, rutschsicheres Material *n* *{Gleitschutz}*
nonsolvating nichtgelierend
nonsolvent Nichtlösungsmittel *n*, Nichtlöser *m*, inaktiver Löser *m*, inaktives Lösemittel *n*
nonstaining nichtverfärbend, nichtfärbend
nonstaining antioxidant nichtfärbendes Antioxidans *n*, nichtfärbendes Antioxidationsmittel *n*
nonstandard nichtgenormt
nonstandardized mo[u]lding compound nicht typisierte Plastformmasse *f*
nonstationary nichtstationär, nichtsynchron
nonstationary flow nichtstationäres Fließen *n*, nichtstationäres Strömen *n*
nonsteady flow *s.* nonstationary flow
nonstick nicht[an]haftend, adhäsionshemmend, abhäsiv, antiadhäsiv, haftabweisend, abweisend; Antihaft-, Antikleb-
nonstick coating Abhäsivbeschichtung *f*, Antihaftbelag *m*, Antihaftüberzug *m*, Antihaft-Beschichten *n*
nonstick effect Antiklebewirkung *f*
nonstick properties Trenneigenschaften *fpl*, Trennfähigkeit *f*, Trenn[mittel]wirkung *f*
nonstructural adhesive Klebstoff *m* für nicht hochbeanspruchte Verbindungen *fpl*
nonsulfur schwefelfrei
nonswelling quellfest
nonterrestrial isotopic abundance außerirdische Isotopenhäufigkeit *f*
nontoxic nichttoxisch, nicht gesundheitsschädlich, nicht giftig, ungiftig, untoxisch
nontoxicity Ungiftigkeit *f*
nontransparency Undurchsichtigkeit *f*
nontransparent nichttransparent, undurchsichtig
nontreated steel unbehandelter Stahl *m*
nontronite Nontronit *m*, Ferri-Montmorillonit *m* *{Min}*
nonuniform nicht gleichmäßig, ungleichmäßig, ungleichförmig; uneinheitlich
nonuniform strain ungleichmäßige Deformation *f*
nonuniformity Ungleichförmigkeit *f*, Ungleichmäßigkeit *f*; Uneinheitlichkeit *f*
nonvolatile nichtflüchtig, schwerflüchtig *{Chem, EDV}*
nonvolatile ether extract *{ISO 1108}* nichtflüchtiger Etherauszug *m*
nonvolatile matter nichtflüchtiger Stoff *m*, nichtflüchtige Bestandteile *mpl*, Nichtflüchtiges *n* *{Farben; ISO 3251}*
nonvolatilized getter Sorptionsgetter *m*
nonvortical wirbelfrei *{Strömung}*
nonwarping properties Verzugsfreiheit *f*
nonwearing verschleißfest, verschleißfrei
nonworkable unverformbar
nonwoven nichtgewebt
nonwoven fabric Faservlies *n*, Fasergewirre *n*, Vliesware *f*, Nadelfiz *m*, Textilverbundstoff *m* *{ungewebte Textilien}*
nonwoven unidirectional [fiberglass] mat Endlosmatte *f* mit parallel liegenden Glasseiden-Spinnfäden *mpl*

nonyellowing nichtvergilbend, vergilbungsbeständig, vergilbungsfrei, gilbungsstabil
nonyl <C_9H_{19}-> Nonyl-, Nonan-
n-nonyl acetate <$CH_3COO(CH_2)_8CH_3$> *n*-Nonylacetat *n*
n-nonyl alcohol <$CH_3(CH_2)_7CH_2OH$> *n*-Nonylalkohol *m*, Nonan-1-ol *n*, Pelargonalkohol *m* *{Triv}*
nonyl aldehyde Nonylaldehyd *m*, Pelargonaldehyd *m {Triv}*, Nonanal *n {IUPAC}*
nonyl bromide <$C_9H_{19}Br$> Nonylbromid *n*
nonyl chloride <$C_9H_{19}Cl$> Nonylchlorid *n*
γ-nonyl lactone <$CH_3(CH_2)_4CH(CH_2)_2$-$C(O)O$> 4-Hydroxynonansäure *f*, γ-Nonyllacton *n*
nonyl nonaoate <$C_9H_{19}OOCC_8H_{17}$> Nonylpelargonat *n {Triv}*, Nonylnonanoat *n*, Nonylnonansäureester *m*
nonyl thiocyanate <$C_9H_{19}SCN$> Nonylrhodanid *n*, Nonylthiocyanat *n*
nonylamine <$C_9H_{19}NH_2$> Nonylamin *n*
nonylbenzene Nonylbenzol *n*, 1-Phenylnonan *n*
nonylene *s.* nonane
nonylic acid *s.* nonanoic acid
nonylphenol Nonylphenol *n*
nonyne <$CH_3(CH_2)_6C{\equiv}CH$> Heptylacetylen *n*, Nonin *n*
nootkatone <$C_{15}H_{22}O$> Nootkaton *n {Sesquiterpen}*
nopadiene Nopadien *n*, Nopen *n*
nopene Nopadien *n*, Nopen *n*
nopinane Nopinan *n*
nopinene <$C_{10}H_{16}$> Nopinen *n*, *ß*-Pinen *n*
nopinic acid Nopinsäure *f*
nopinol Nopinol *n*
nopinone Nopinon *n*
nopol *{TM}* Nopol *n*
noradrenaline <$(HO)_2C_6H_3CH(OH)CH_2NH_2$> Noradrenalin *n*, Norepinephrin *n*
norapomorphine Norapomorphin *n*
noraporphine Noraporphin *n*
noratropine Noratropin *n*
Norbide *{TM}* Borcarbid *n {B₆C}*
norbixin <$HOOC(CH{=}CHCH_3{=}CH)_4CH{=}CHCOOH$> Norbixin *n*
norbornadiene Norbornadien *n*, 8,9,10-Tribornadien *n*
norbornane Norbornan *n*, Bicyclo[2,2,1]heptan *n*, 8,9,10-Tribornan *n*
norbornene Norbornen *n*, Bicyclo[2,2,1]hept-2-en *n*
5-norbornene-2-methanol <$C_7H_9CH_2OH$> 5-Norbornen-2-methanol *n*, 2-Hydroxymethyl-5-norbornen *n*
5-norbornene-2-methyl acrylate <$(C_3H_4O_2)_4$> 5-Norbornen-2-methylacrylat *n*
norborneol Norborneol *n*
norcamphane Norcamphan *n*, Trinorboran *n* *{IUPAC}*
norcamphene Norcamphen *n*
norcamphidine Norcamphidin *n*
norcamphor Norcampher *m*
norcamphoric acid Norcamphersäure *f*
norcarane <C_7H_{12}> 8,9,10-Trinorcaran *n*, Norcaran *n*, Bicyclo[4,1,0]heptan *n*
norcaryophyllenic acid Norcaryophyllensäure *f*
norcodeine Norcodein *n*
norcorydaline Norcorydalin *n*
nordenskioldine Nordenskiöldin *m {Min}*
nordesoxyephedrine Nordesoxyephedrin *n*
Nordhausen acid Oleum *n*, Nordhäuser Vitriolöl *n*, rauchende Schwefelsäure *f*
nordihydroguaiaretic acid <$C_{18}H_{22}O_4$> Nordihydroguajaretsäure *f*, NDGA
nordihydroguairetic propylgallate Nordihydroguajaretpropylgallat *n {Antioxidans natürlicher Herkunft}*
nordmarkite Nordmarkit *m*, Mangan-Staurolith *m {Min}*
norecgonine Norecgonin *n*
norephedrine <$C_6H_5CH(OH)CH(NH_2)CH_3$> Phenylpropanolamin *n*, Norephedrin *n*, 2-Amino-1-phenylpropan-1-ol *n*
norepinephrine *s.* noradrenaline
norethindrone <$C_{20}H_{26}O_2$> Norethindron *n* *{Pharm}*
norethisterone *{BP}* Norethindron *n*
Norge salpeter Norgesalpeter *m {technisches Calciumnitrat; Agri}*
norgeranic acid Norgeraniumsäure *f*
norgestrel <$C_{21}H_{28}O_2$> Norgestrel *n {synthetisches Hormon}*
norhydrastinine Norhydrastinin *n*
norhyoscyamine Norhyoscyamin *n*
noria Becherwerk *n*, Wasserhebewerk *n*
norite Norit *m {Geol}*
norleucine <$CH_3(CH_2)_3CH(NH_2)COOH$> Norleucin *n*, α-Amino-*n*-capronsäure *f*, α-Amino-α-butylessigsäure *f*, 2-Aminohexansäure *f* *{IUPAC}*
norm Norm *f*, Regel *f*
normal 1. normal, normgerecht, ordentlich; regelmäßig, regelrecht; senkrecht *{Math}*; gewöhnlich, üblich; Normal-; 2. Normale *f*, Senkrechte *f {Math}*; 3. normaler Zustand *m*; 4. unverzweigt, normal, geradkettig *{Stereochem}*; 5. normal *{Lösung; Anal}*
normal acceleration Normalbeschleunigung *f*, Radialbeschleunigung *f*, Zentripetalbeschleunigung *f {Phys}*
normal acid Normalsäure *f*
normal atmosphere normaler Atmosphärendruck *m*, Normdruck *m {101325 N/m²}*
normal benzine Normalbenzin *m {65-95°C; d=0,695-0,705}*

normal bonded-phase chromatography Normalphasen-Chromatographie *f {stationäre Phase polar/ mobile Phase unpolar}*
normal breakdown forepressure "normaler Durchbruchs"-Vorvakuumdruck *m*
normal butane <C_4H_{10}> Normalbutan *n*, *n*-Butan *n*
normal calomel electrode Normalkalomelelektrode *f*, Kalomelnormalelektrode *f*, Normalkalomelhalbzelle *f*
normal candle Normalkerze *f {obs; z.B. Hefner-Kerze, Violle}*
normal capacity Normalleistung *f*, Nennleistung *f*
normal complex Normalkomplex *m*, Anlagerungskomplex *m*
normal concentration Normalkonzentration *f*, einnormale Lösung *f*
normal condition of gas Normalzustand *m* von Gas *{Physik: 0°C/101325 Pa; American Gas Association: 15,55°C/103587 Pa; Compressed Gas Institute: 20°C/101325 Pa; Technik: 20°C/98066,5 Pa}*
normal conditions Normalbedingungen *fpl*, Standardbedingungen *fpl*
normal decane <$C_{10}H_{22}$> Normaldecan *n*, *n*-Decan *n*
normal density Norm[al]dichte *f*
normal dispersion normale Dispersion *f*
normal distribution Normalverteilung *f*, Gauß-Verteilung *f {Statistik}*
normal dodecane <$C_{12}H_{26}$> Normaldodecan *n*, *n*-Dodecan *n*
normal doeicosane <$C_{22}H_{46}$> Normaldoeicosan *n*, *n*-Doeicosan *n*
normal eicosane <$C_{20}H_{22}$> Normaleicosan *n*, *n*-Eicosan *n*
normal electrode Normalelektrode *f*, Standardelektrode *f*
normal electrode potential of a metal Normalpotential *n* eines Metalls
normal element Normalelement *n {Elek}*
normal energy level Grundzustand *m*, Normalzustand *m*, unangeregter Zustand *m*
normal error distribution [curve] Gaußsche Fehlerkurve *f*, Gauß-Kurve *f* der Fehlerverteilung *f*, Gaußsche Glockenkurve *f* der Fehler *mpl {Statistik}*
normal fluid Normalfluid *n {He-II-Komponente}*
normal force Normalkraft *f*
normal forepressure Vorvakuumdruck *m {am Vorvakuumstutzen einer Treibmittelpumpe}*
normal glass Normalglas *n {$6SiO_2{\cdot}CaO{\cdot}Na_2O$}*
normal glow discharge normale Glimmentladung *f*
normal heneicosane <$C_{21}H_{44}$> Normalheneicosan *n*, *n*-Heneicosan *n*
normal heptane <C_7H_{16}> Normalheptan *n*, *n*-Heptan *n*
normal heptylic acid <$CH_3(CH_2)_5COOH$> Normalheptylsäure *f*, Oenanthsäure *f {Triv}*, *n*-Heptansäure *f {IUPAC}*
normal hexane <C_6H_{14}> Normalhexan *n*, *n*-Hexan *n*
normal hydrocarbon Normalkohlenwasserstoff *m*, geradkettiger Kohlenwasserstoff *m*, unverzweigter Kohlenwasserstoff *m*
normal hydrogen electrode Normalwasserstoffelektrode *f*, Wasserstoffnormalelektrode *f*
normal impact 1. normal[schlag]zäh, normalschlagfest, normalstoßfest; 2. Normaleinfall *m*, senkrechtes Auftreffen *n*
normal impedance freie Impedanz *f {Elek; äußere Impedanz = 0}*
normal induction Höchstinduktion *f* bei reiner Wechselmagnetisierung *f*
normal line Normale *f*, Senkrechte *f {Math}*; Einfallslot *n*
normal load Normalbelastung *f*
normal magnetization Höchstmagnetisierung *f* bei reiner Wechselmagnetisierung *f*
normal mode of vibration Normalschwingung *f*
normal nonane <C_9H_{20}> Normalnonan *n*, *n*-Nonan *n*
normal operating conditions Normalzustand *m*, normale Betriebsbedingungen *fpl*
normal output Nennleistung *f*, Normalleistung *f*
normal pentadecane <$C_{15}H_{32}$> Normalpentadecan *n*, *n*-Pentadecan *n*
normal pentane <C_5H_{12}> Normalpentan *n*, *n*-Pentan *n*
normal plane Normalebene *f {Math}*
normal position Grundstellung *f*, Ruhelage *f*; Gebrauchslage *f {z.B. eines Meßgerätes}*; normale Lage *f*, normale Lagerung *f*
normal potassium pyrphosphate <$K_4P_2O_7{\cdot}3H_2O$> Tetrakaliumpyrophosphat[-Trihydrat] *n*
normal potential Normalpotential *n*
normal pressure Norm[al]druck *m*, Standarddruck *m*, Normalluftdruck *m {Physik: 101325 Pa; Technik: 98066,5 Pa}*
normal probability curve Gauß-Kurve *f*, Normalverteilungskurve *f {Statistik}*
normal saline blutisoton, physikalisch normal *{0,9 % NaCl-Lösung}*
normal salt Normalsalz *n*, normales Salz *n*, neutrales Salz *n*, Neutralsalz *n {Chem}*
normal silver-silver chloride electrode Normal-Silber-Silberchlorid-Elektrode *f*
normal solution Normallösung *f*, normale Lösung *f*, *N*-Lösung *f {Chem; z.B.*

5,85 % NaCl}; isotonische Lösung *f {Med, Biol; 0,9 % NaCl}*

normal spectrum Beugungsspektrum *n*, Normalspektrum *n*, Gitterspektrum *n*

normal speed Normalgeschwindigkeit *f*, Betriebsdrehzahl *f*

normal state Normalzustand *m*, Grundzustand *m*, Grundniveau *n*, Grundterm *m {Atom}*

normal strength Normalstärke *f*

normal stress Normalbeanspruchung *f*, Normalspannung *f {senkrecht zum Querschnitt}*

normal temperature Norm[al]temperatur *f*; Zimmertemperatur *f*, Raumtemperatur *f*

normal temperature and pressure [conditions] Normalzustand *m {Technik: 20°C/98066,5 Pa}*, [physikalischer] Normzustand *m {0°C/101325 Pa}*

normal-temperature grease Normaltemperatur-Schmierfett *n*

normal tension Normalspannung *f*

normal tetracontane <$C_{40}H_{82}$> Normaltetracontan *n*, *n*-Tetracontan *n*

normal tetradecane <$C_{14}H_{30}$> Normaltetradecan *n*, *n*-Tetradecan *n*

normal torque Normaldrehmoment *n*

normal tricontane <$C_{30}H_{62}$> Normaltricontan *n*, *n*-Tricontan *n*

normal tridecane <$C_{13}H_{28}$> Normaltridecan *n*, *n*-Tridecan *n*

normal twin Normalzwilling *m {Krist}*

normal undecane <$C_{11}H_{24}$> Normalundecan *n*, *n*-Undecan *n*

normal uranium *s.* native uranium

normal voltage Normalspannung *f {Elek}*

normal water Standard-Meereswasser *n*, Normal-Seewasser *n*, Kopenhagener Wasser *n {Halogenidgehalt 1,93-1,95 %}*

normality 1. Normalität *f {Konzentrationsmaß, Gramm-Äquivalentgewicht pro Liter}*; 2. Normalzustand *m*

normalization 1. Normal[isierungs]glühen *n*, Normalisieren *n*, normalisierendes Glühen *n {Met}*; 2. Normenaufstellung *f*, Normung *f*; 3. Homogenisieren *n {Milch}*

normalization furnace Normalisierofen *m*, Normalglühofen *m {Met}*

normalize/to 1. normalglühen, normalisierend glühen, spannungsfrei glühen, normalisieren *{Met}*; 2. normieren *{Math}*

normalized 1. genormt, normiert; 2. normalgeglüht, normalisiert *{Met}*

normalized steel normalgeglühter Stahl *m*

normalizing 1. Normal[isierungs]glühen *n*, Normalisieren *n*, normalisierendes Glühen *n {Met; 500°C}*; 2. Normieren *n {Math}*

normally normalerweise, gewöhnlich; normal-

normally flammable normalentflammbar

normally reactive normalaktiv

normenthane Isopropylcyclohexan *n*

normethadone Normethadon *n*, Methylestrenolon *n {Pharm}*

normorphine Normorphin *n*

normuscarine Normuscarin *n*

normuscarone Normuscaron *n*

normuscone Normuscon *n*

nornarceine Nornarcein *n*

nornicotine <$C_9H_{12}N_2$> 3-(2-Pyrrolidinyl)pyridin *n*, Nornicotin *n*

noropianic acid <$C_8H_6O_5$> Noropiansäure *f*, 5,6-Dihydroxy-1,2-phthalaldehydsäure *f*

norpinic acid <$C_8H_{20}O_4$> Norpinsäure *f*, 2,2-Dimethylcyclobutan-1,3-dicarbonsäure *f*

norprogesterone Norprogesteron *n*

norpseudotropine Pseudonortropin *n*

norsolanellic acid <$C_{22}H_{32}O_{12}$> Norsolanellsäure *f*, Biloidansäure *f*

northebaine Northebain *n*

Northern blot analysis Northern blotting *n {RNA-Identifikation}*

northern lights Nordlicht *n {Geol}*

northupite Northupit *m {Min}*

nortricyclene Nortricyclen *n*

nortriptyline hydrochloride *{USP, BP}* <$C_{19}H_{21}N·HCl$> Nortriptylinhydrochlorid *n*

nortropane <$C_7H_{13}N$> Nortropan *n*, 8-Azabicyclo[3.2.1]octan *n*

nortropine Nortropin *n*

nortropinone Nortropinon *n*, 8-Azabicyclo[3.2.1]octan-2-on *n*

norvaline <$CH_3CH_2CH_2CH(NH_2)COOH$> Norvalin *n*, 2-Aminopentansäure *f {IUPAC}*

norvaline amide <$CH_3CH_2CH_2CH(NH_2)CONH_2$> Norvalinamid *n*, 2-Aminopentansäureamid *n*

Norwegian salpeter *s.* Norge salpeter

noscapine <$C_{22}H_{23}NO_7$> Noscapin *n*, Narcosin *n*, L-α-Narcotin *n*

nose 1. Nase *f*, Ansatz *m*, Vorsprung *m {Tech}*; 2. Spitze *f {Tech}*; 3. Arbeitswanne *f*, Läuterwanne *f {Glas}*; 4. Speiserkopf *m*, Speiserbecken *n {Glas}*; 5. Konvertermund *m*, Konverteröffnung *f*, Konverterhut *m {Met}*; 6. Schneidenekke *f {Werkzeug}*; 7. Nase *f*; Schnabel *m*; Schnauze *f {Biol}*

nose-irritant niesenerregendes Mittel *n*, Nasen-Rachen-Reizstoff *m*

nose key Nasenkeil *m*

nose piece 1. Pfeifenkpf *m*, Pfeifenende *n {Glas}*; 2. Revolver *m*, Objektivwechsler *m*, Objektivrevolver *m {Mikroskop}*; 3. Mundstück *n {Schlauch}*; 4. Nasensteg *m {Schutzbrille}*

nosean[ite] Nosean *m*, Noselith *m*, Natron-Hauyn *m {Min}*

not nicht; un- *{s.a. non}*

not aged ungealtert

not consistent with im Widerspruch stehen mit

not containing lubricant gleitmittelfrei
not detectable nicht nachweisbar
not resistant unbeständig, nichtbeständig
not sensitive to oxidation oxidationsunempfindlich
not tight undicht
notation 1. Definitionsweise *f*, Formel *f* *{Chem}*; 2. Bezeichnungsweise *f*, Notation *f*, Notierung *f*, Schreibweise *f {EDV}*; Schreibweise *f {Math}*; 3. *{US}* Aufzeichnung *f*
notation system Bezeichnungssystem *n*, Notationssystem *n*
notch/to [ein]kerben, auszacken, einfeilen, einschneiden, falzen, kimmen
notch 1. Kerbe *f*, Auskerbung *f*, Aussparung *f*, Einfeilung *f*, Einkerbung *f*, Einschnitt *m*, Schlitz *m*, Kimme *f*, Nute *f*, Scharte *f*; 2. Rast *f* *{Tech}*; 3. Stellung *f {Elek}*; 4. Meßblende *f*
notch acuity Kerbschärfe *f*
notch-bend test Kerbbiegeversuch *m*
notch brittleness Kerbsprödigkeit *f*
notch ductility Kerbzähigkeit *f {in %}*
notch effect Kerbwirkung *f {Festigkeitslehre}*
notch factor Kerbeinflußzahl *f*, Kerbwirkungszahl *f*, Kerbwirkungsfaktor *m*
notch-impact resistance Kerbschlagzähigkeit *f*
notch-impact strength Kerbschlagzähigkeit *f*
notch-impact test Kerbschlagprobe *f*
notch-impact toughness Kerbschlagzähigkeit *f*, Kerbfestigkeit *f*, Kerbzähigkeit *f*
notch plate V-Meßblende *f*
notch root Kerbgrund *m*
notch-rupture strength Kerbfestigkeit *f*
notch sensitivity Kerbempfindlichkeit *f*
notch shape Kerbform *f*
notch strength Kerbfestigkeit *f*
notch-tensile strength Kerbzugfestigkeit *f*
notch toughness Kerbzähigkeit *f*
notched [an]gekerbt, eingekerbt, zackig
notched bar 1. Kerbschlagprobe *f*, [gekerbte] Probe *f {Met}*; 2. Platine *f {Text}*
notched-bar bend test Kerbfaltversuch *m*
notched-bar bending test Kerbschlagbiegeversuch *m*, Einkerbbiegeversuch *m*
notched-bar impact bending test Kerbschlagbiegeversuch *m*
notched-bar impact resistance *s.* notched-bar impact strength
notched-bar impact strength Kerbschlagzähigkeit *f*, Kerbschlagfestigkeit *f*
notched-bar impact test Kerbschlagversuch *m*, Kerbschlagprobe *f*, Kerbzähigkeitsprüfung *f*
notched-bar impact value *s.* notched-bar impact strength
notched-bar tensile test Kerbzugprobe *f*, Kerbzugversuch *m*
notched-bar [test] toughness Kerbzähigkeit *f*, Kerbschlagzähigkeit *f*
notched-bend[ing] test Kerbbiegeversuch *m*, Kerbfaltprobe *f*
notched-impact strength Kerbschlagfestigkeit *f*, Kerbschlagzähigkeit *f*
notched-impact test specimen Kerbschlagprobe *f*
notched-pipe tensile test *s.* notched-tube tensile test
notched specimen Kerbprobe *f*
notched-tensile impact strength Kerbschlagzugzähigkeit *f*, Kerbschlagzugfestigkeit *f*
notched-tube tensile test Rohrkerbzugprobe *f*, Rohrkerbzugversuch *m*
notching 1. Schaltvorgang *m {impulsweise}*; 2. Ausklinken *n {Tech}*; 3. Holzverbindung *f* durch Formung *f* der Berührungsflächen *fpl* *{z.B. Verkämmung, Überblattung}*; 4. Terassen-Stufenbau *m*
note/to 1. bemerken, beachten; 2. aufzeichnen, notieren; 3. anmerken
note 1. Note *f*; 2. Ton *m*; 3. Zeichen *n*; 4. Bemerkung *f*; Vermerk *m*, Anmerkung *f*; 5. Aufzeichnung *f*, Notiz *f*
notebook Notizbuch *n*
noteworthy beachtenswert, bemerkenswert
notice/to bemerken, wahrnehmen; beobachten; aufpassen; beachten; erwähnen; rezensieren
notice 1. Bemerkung *f*; 2. Notiz *f*, Anzeige *f*, Nachricht *f*; Vermerk *m*; 3. Kenntnis *f*, Beachtung *f*; 4. Besprechung *f {z.B. eines Buches}*; 5. Kündigung *f*, Kündigungsfrist *f*
noticeable bemerkenswert; bemerkbar, wahrnehmbar
notifiable meldepflichtig, anzeigepflichtig
notify/to benachrichtigen, [offiziell] unterrichten; melden, berichten
notion Begriff *m*, Vorstellung *f*, Idee *f*
nought Null *f*
nourish/to [er]nähren; düngen
nourishing nahrhaft, nährend; Nähr-
nourishment 1. Ernährung *f*, Nährmittel *n*, Nahrung *f*; 2. Uferanschwemmung *f*, Uferanlagerung *f {Geol}*; 3. Auffüllen *n {Hydrologie}*
nova Nova *f*, Neuer Stern *m {Astr}*
novaculite Wetzschiefer *m {Triv}*, Novaculit *m* *{Geol}*
novain *s.* carnitine
novel neuartig, neu; überraschend
novelty Neuheit *f*; Neu[art]igkeit *f*; etwas Neuartiges *n*, Seltsames *n*; Neuheiten *fpl*
noviose Noviose *f*
novobiocin $<C_{31}H_{36}O_{11}N_2>$ Novobiocin *n {Antibiotikum aus Streptomyces niveus}*
Novocaine *{TM}* Novocain *n*, Procainhydrochlorid *n {p-Aminobenzoyl-diethylaminoethanol-Hydrochlorid}*

novolak [resin] Novolak *m*, Novolakharz *n*
nox Nox *n {obs; Dunkelbeleuchtungsstärke 1 nx = 0,001 lx}*
noxious schädlich, gesundheitlich abträglich
noxious fumes schädliche Dämpfe *mpl*, schädliche Ausdünstungen *fpl*
noxious gas schädliches Gas *n*
noxious matter Schadstoff *m*, schädliche Substanz *f*
noxious smelling übelriechend
nozzle 1. Düse *f*; 2. Mundstück *n*; 3. Stutzen *m*, Abzweigstutzen *m*, Ansatzrohr *n*; 4. Strahldüse *f*, Strahlrohr *n {Feuerlöscharmatur}*; 5. Zapfhahn *m*, Zapfventil *n {Auto}*; 6. Ausflußöffnung *f*, Ausgußschnauze *f*, Schnauze *f*; Schlauchtülle *f*
nozzle adapter Angußbuchsenhalter *n*, Düsenpaßstück *n*, Düseneinsatzstück *n {Kunst}*
nozzle aperture Düsenbohrung *f*, Düsenöffnung *f*
nozzle assembly Düsenstock *m*, Düsensatz *m*
nozzle atomization Düsenversprühung *f*, Verdüsen *n*; Düsenzerstäubung *f {von Feststoffen}*
nozzle atomization machine Verdüsungsmaschine *f {PU-Schaumstoffherstellung}*
nozzle block 1. Düsenblock *m*; 2. Kopfring *m {Met}*
nozzle brick Brennerstein *m*, Lochstein *m*
nozzle burner Düsenbrenner *m*
nozzle clearance Diffusionsspaltbreite *f*
nozzle-clearance area Diffusionsspaltfläche *f {Vak}*
nozzle dimensions Düsenabmessungen *fpl*
nozzle discharge disc centrifuge Düsenaustrags-Tellerzentrifuge *f*, Tellerzentrifuge *f* mit Düsenaustrag *m*, Ventiltellerzentrifuge *f*
nozzle dryer Düsentrockner *m {Text}*
nozzle-enrichment process Düsenanreicherungsverfahren *n {Nukl}*
nozzle flow Düsenströmung *f*
nozzle jet Düsenstrahl *m*
nozzle material Düsenbaustoff *m*, Düsenwerkstoff *m*
nozzle meter Düsenmesser *m*
nozzle mixing burner Kreuzstrombrenner *m*
nozzle mouth Düsenmund *m*, Düsenmündung *f*
nozzle of a blowpipe Lötrohrspitze *f*
nozzle opening *s.* nozzle mouth
nozzle orifice *s.* nozzle mouth
nozzle pipe Düsenstock *m*
nozzle process *s.* nozzle-enrichment process
nozzle pulverizer Strahlprallmühle *f*
nozzle section Düsenquerschnitt *m*
nozzle shut-off device Düsenverschluß *m {Spritzgießen}*
nozzle stroke Düsenhub *m*
nozzle stub *{US}* Rohrstutzen *m*, Stutzen *m*
nozzle-tube dryer Düsenrohrtrockner *m*
nozzle valve Düsenventil *n*
calibrated nozzle Meßdüse *f*
NPK fertilizer NPK-Dünger *m*, Stickstoff-Phosphor-Kalium-Dünger *m*, Volldünger *m*
NPL *{National Physical Laboratory}* Physikalisches Staatslaboratorium *n {GB, Teddington}*
NPSH *s.* net positive suction head
NQR Kernquadrupolresonanz *f*, NQR
NQR spectroscopy NQR-Spektroskopie *f*, Kernquadrupolresonanz-Spektroskopie *f*
NR *{natural rubber}* Naturkautschuk *m*
NSR *{nitrile silicon rubber}* Nitrilsiliconkautschuk *m*
NTC resistor *{negative temperature coefficient resistor}* NTC-Widerstand *m*
NTP *s.* normal temperature and pressure [conditions]
nuance Nuance *f*, Schattierung *f*
nucin Nucin *n*, Juglon *n*
nuclear kerntechnisch; atomgetrieben; nuklear; Kern-, Atom-
nuclear activation analysis Kernaktivierungsanalyse *f*
nuclear adiabatic demagnetization adiabatische Kernmagnetisierung *f {Kryogenik}*
nuclear age Atomzeitalter *n*
nuclear age determination radioaktive Altersbestimmung *f {Anal, Geol}*
nuclear alignment Kernausrichtung *f*, Kernorientierung *f*
nuclear angular momentum Kernspin *n*
nuclear-based heat production Erzeugung *f* nuklearer Wärme *f*
nuclear battery Isotopenbatterie *f {Elek}*
nuclear bombardment Kernbeschießung *f*, Kernbeschuß *m*, Kernbombardement *n*
nuclear capture Kerneinfang *m*
nuclear chain reaction Kettenreaktion *f*
nuclear characteristics nukleare Kenngrößen *fpl*
nuclear charge Kernladung *f*
nuclear charge distribution Kernladungsverteilung *f*
nuclear charge number Kernladungszahl *f*, Atomnummer *f*, Ordnungszahl *f*, OZ *{Periodensystem}*
nuclear chemistry Kernchemie *f*, Nuklearchemie *f*
nuclear collision Kernstoß *m*, Kernzusammenstoß *m*
nuclear component Kernbestandteil *m*
nuclear decay Kernzerfall *m*, Kernumwandlung *f*
nuclear decay mode Kernzerfallsart *f*
nuclear demagnetization *s.* nuclear adiabatic demagnetization
nuclear density Atomkerndichte *f*, Dichte *f* der Kernmaterie *f*

nuclear dimorphism Kerndimorphismus *m*
nuclear disintegration Kernzerfall *m*, Kernumwandlung *f*
nuclear disruption Kernbruch *m*, Kernzersplitterung *f*
nuclear division Kernteilung *f*
nuclear DNA Kern-DNA *f {Gen}*, Desoxyribonucleinsäure *f* im Zellkern *m*
nuclear electricity generation Stromerzeugung *f* im Kernkraftwerk *n*, Atomstromerzeugung *f*, nukleare Stromerzeugung *f*
nuclear emulsion Photoemulsion *f {Nukl}*, Kernspurenemulsion *f {Photo}*
nuclear energy Atomenergie *f*, Kernenergie *f*, Atomkernenergie *f*, Nuklearenergie *f*
nuclear energy level Kernenergieniveau *n*, Kernniveau *n*, Kernterm *m*
nuclear energy level diagram Kernenergie-Niveaudiagramm *n*
nuclear energy rocket Kernrakete *f*
nuclear engineering Kerntechnik *f*, Kernenergietechnik *f*, Nukleartechnik *f*
nuclear envelope Kernhülle *f {Biol}*
nuclear equation Kernreaktionsgleichung *f*
nuclear evaporation Kernverdampfung *f*
nuclear excitation Kernanregung *f*
nuclear explosion Kernexplosion *f*, Kernsprengung *f*
nuclear facility kerntechnische Anlage *f*
nuclear fast red Kernechtrot *n*
nuclear ferromagnetism Kernferromagnetismus *m*
nuclear field Kernfeld *n*, nukleares Feld *n*
nuclear fission [gesteuerte] Kernspaltung *f*, Atomkernspaltung *f*, Spaltung *f* des Atomkerns *m*, Atomzertrümmerung *f*, Fission *f*
nuclear fission energy Kernspaltungsenergie *f*
nuclear force Kernkraft *f*, Kernfeldkraft *f*
nuclear formula Kernregel *f*
nuclear fragment Kernbruchstück *n*, Kernsplitter *m*
nuclear fragmentation Kernfragmentation *f*, Kernzersplitterung *f*
nuclear fuel Kernbrennstoff *m*, nuklearer Brennstoff *m*, Spaltstoff *m*
nuclear fuel carbide Kernbrennstoffcarbid *n*
nuclear fuel pellet Kernbrennstofftablette *f*
nuclear fuel reprocessing Kernbrennstoff-Wiederaufbereitung *f*
nuclear fusion Kernfusion *f*, Kernverschmelzung *f*
nuclear grade nukleare Reinheit *f*, nukleare Qualität *f*, Nuklearqualität *f*
nuclear ground state Kerngrundzustand *m*, stabiler Nuclidzustand *m*
nuclear hexadecapole moment Kernhexadekapolmoment *n*
nuclear impact Kernstoß *m*
nuclear induction Kerninduktion *f*
nuclear induction spectrograph Kerninduktionsspektrograph *m*
nuclear industry Kernindustrie *f*, kerntechnische Industrie *f*, Atomindustrie *f*, Nuklearindustrie *f*
nuclear interaction Kernwechselwirkung *f {Spek}*
nuclear isobar Kernisobar *n*
nuclear isomer Kernisomer[es] *n*
nuclear isomerism Kernisomerie *f*
nuclear law Kernenergierecht *n*
nuclear laser Kernstrahlenlaser *m*
nuclear level Kernniveau *n*, Kernenergieniveau *n*
nuclear magnetic kernmagnetisch
nuclear magnetic logging kernmagnetisches Bohrlochmessen *n*
nuclear magnetic moment magnetisches Kernmoment *n*
nuclear magnetic resonance kernmagnetische Resonanz *f*, magnetische Kernresonanz *f*, Kernspinresonanz *f*, Kerninduktion *f*, NMR
nuclear magnetic resonance spectrograph magnetischer Kernresonanzspektrograph *m*, NMR-Spektrograph *m*
nuclear magnetic resonance spectrometer magnetisches Kernresonanzspektrometer *n*, NMR-Spektrometer *n*
nuclear magnetic resonance spectroscopy magnetische Kernresonanzspektroskopie *f*, NMR-Spektroskopie *f*
nuclear magnetic resonance study magnetische Kernresonanzuntersuchung *f*, NMR-Untersuchung *f*
nuclear magneton Kernmagneton *n {Einheit des magnetischen Dipolmoments von Atomkernen, in* $A{\cdot}m^2$ *oder* $\mu_K = 5{,}05{\cdot}10^{-27}$ *J/T}*
nuclear mass Kernmasse *f*
nuclear material spaltbares Material *n*, Spaltstoff *m*
nuclear material flow Spaltstofffluß *m*
nuclear material inventory Spaltstoffinventar *n*
nuclear material control Kernmaterialkontrolle *f*
nuclear matter Kernmaterie *f*
nuclear medicine Nuklearmedizin *f*
nuclear membrane Kernmembran *f {Biol}*
nuclear metallurgy Kernmetallurgie *f*
nuclear model Kernmodell *n*, Modell *n* des Atomkerns
nuclear molecule Kernmolekül *n*
nuclear moment Kernmoment *n*
nuclear number Massenzahl *f*, Nukleonenzahl *f*
nuclear octupole moment Kernoktopolmoment *n*

nuclear orientation Kernausrichtung *f*, Kernorientierung *f*
nuclear paramagnetic resonance kernparamagnetische Resonanz *f*
nuclear particle Kernteilchen *n*, Kernbaustein *m*, Nukleon *n*
nuclear photodisintegration Kernphotozerfall *m*
nuclear photoeffect Kernphotoeffect *m*
nuclear physicist Atomphysiker *m*, Kernphysiker *m*
nuclear physics Atomphysik *f*, Kernphysik *f*
nuclear pile Kernreaktor *m*, Atommeiler *m*
nuclear poison Neutronengift *n*, Reaktorgift *n* *{Nukl}*
nuclear polarization Kernpolarisation *f*
nuclear polymerism Kernpolymerie *f*
nuclear potential Kernpotential *n*
nuclear power Atomkraft *f*, Kernkraft *f {als Energiequelle}*; nutzbare Kernenergie *f*
nuclear power plant 1. Kernkraftwerk *n*, Atomkraftwerk *n*, KKW; 2. nukleares Triebwerk *n {Rakete}*
nuclear power unit Kernkraftwerksblock *m*
nuclear precession Präzession *f* des Atomkerns *m*, Kernpräzession *f*
nuclear property Kerneigenschaft *f*
nuclear protein Zellkern-Protein *n*
nuclear proton Kernproton *n*
nuclear purity 1. nuklearrein; 2. Kernreinheit *f*, Nuklearreinheit *f*
nuclear quadrupole coupling Kernquadrupolkopplung *f*, Kernquadrupol-Wechselwirkung *f*
nuclear quadrrupule moment Kernquadrupolmoment *n {in* m^2*}*
nuclear quadrupole resonance Kernquadrupolresonanz *f*
nuclear radiation Kernstrahlung *f*
nuclear radius Kernhalbmesser *m*, Kernradius *m*
nuclear reaction Kernreaktion *f*, Kernprozeß *m*
nuclear reaction equation Kernreaktionsgleichung *f*
nuclear reactor Atomreaktor *m*, Kernreaktor *m*
nuclear rearrangement Kernumgruppierung *f*
nuclear region Kernnähe *f*
Nuclear Regulatory Commision Kernenergie-Aufsichtsbehörde *f {US; 1975}*
nuclear relaxation Kernrelaxation *f {Spek}*
nuclear research Kernforschung *f*, Nuklearforschung *f*
nuclear research center Kernforschungsanlage *f*, Kernforschungszentrum *n*
nuclear resonance Kernresonanz *f*
nuclear resonance energy Kernresonanzenergie *f*
nuclear resonance fluorescence Kernresonanzfluoreszenz *f*
nuclear resonance spectroscopy Kernresonanzspektroskopie *f*
nuclear RNA Kern-RNA *f {Gen}*, Ribonucleinsäure *f* im Zellkern *m*
nuclear safeguards Spaltstoffflußkontrolle *f*
Nuclear Safety Standards Committee Kerntechnischer Ausschuß *m {Deutschland}*
nuclear sap Kernsaft *m*, Kerngrundsubstanz *f*, Karyolymphe *f {Biochem}*
nuclear scattering Kernstreuung *f*
nuclear shell Kernschale *f*
nuclear shell model Kernschalenmodell *n*
nuclear size Atomkerngröße *f*
nuclear spallation Kernzersplitterung *f*, Spallation *f*
nuclear species *s.* nuclide
nuclear spectroscopy Kernspektroskopie *f*
nuclear spectrum Kernspektrum *n*
nuclear spin Kernspin *m*, Kerndrall *m*, Kerndrehung *f*, Kerndrehimpuls *m*
nuclear spin coupling Kernspinkopplung *f*
nuclear spin quantum number Kernspinquantenzahl *f*
nuclear spontaneous reaction radioaktiver Zerfall *m*
nuclear stain Kernfarbstoff *m {Anfärbung von Zellkernen zum Mikroskopieren}*
nuclear state Kernzustand *m*
nuclear structure Kernaufbau *m*, Kernstruktur *f*
nuclear substitution product kernsubstituiertes Produkt *n {organische Chemie}*
nuclear susceptibility Kernsuszeptibilität *f*
nuclear symmetry Kernsymmetrie *f*
nuclear synthesis Kernsynthese *f*, Nucleosynthese *f*
nuclear technology Atomtechnik *f*, Kerntechnik *f*, Kerntechnologie *f*
nuclear test Atomversuch *m*
nuclear test methods Atomtestverfahren *n*
nuclear testing ground Atomversuchsgelände *n*
nuclear trace emulsion *s.* nuclear emulsion
nuclear transformation Kernumwandlung *f*
nuclear transition Kernübergang *m*
nuclear transmutation Kernumwandlung *f*
nuclear war Atomkrieg *m*, Kernwaffenkrieg *m*
nuclear waste radioaktiver Abfall *m*, radioaktive Abfälle *mpl*, Atommüll *m*
nuclear waste disposal Entsorgung *f*
nuclear weapon Atomwaffe *f*, Kernwaffe *f*, Kernsprengkörper *m*
nuclear winter nuklearer Winter *m {Ökol}*
nuclear yield nukleare Ausbeute *f {z.B. in Mt TNT}*

nuclear Zeeman effect nuklearer Zeeman-Effekt *m*
artificial nuclear transformation künstliche Kernumwandlung *f*
enforced nuclear transformation erzwungene Kernumwandlung *f*
spectroscopic nuclear quadrupole moment *{IUPAC}* spektrokopisches Kerquadrupolmoment *n* *{in $C{\cdot}m^2$}*
nuclease Nuclease *f*, nukleolytisches Enzym *n* *{Biochem}*
nucleate/to 1. als Keim *m* wirken, als Kristall[isations]keim *m* wirken; Keime *mpl* bilden, Kristall[isations]keime bilden *{aus eigenem/fremdem Material}*; 2. einleiten, auslösen, initiieren, starten, in Gang *m* bringen *{einer Reaktion}*
nucleate boiling Blasensieden *n*, Bläschenverdampfung *f*, Blasenverdampfung *f*, Keimsieden *n*
nucleate pool boiling freies Blasensieden *n*
nucleating agent *s.* nucleation agent
nucleating effect Nukleierungswirkung *f*
nucleating process Nukleierungsvorgang *m*
nucleation 1. Keimbildung *f*, Kristall[isations]keimbildung *f*; Kernbildung *f*, Kristall[isations]kernbildung *f* *{aus eigenem/fremdem Material}*; 2. Zellbildung *f* *{in Schaumstoffen}*; 3. Einleitung *f*, Auslösung *f*, Anregung *f*, Initiierung *f* *{einer Reaktion}*
nucleation agent Keimbildner *m*, keimbildendes Mittel *n*, keimbildender Zusatz *m*; Nukleierungs[hilfs]mittel *n* *{für feinzellige Schaumstoffe}*
nucleic acid Nucleinsäure *f* *{Biochem}*; Nucleotidpolymer[es] *n*
nucleic acid base Nucleinsäurebase *f*
nucleic acid catabolism Nucleinsäureabbau *m*
nucleic acid core Nucleinsäurekern *m* *{Virus}*, nucleinsäurehaltiger Viruskern *m*
nuclein 1. Nuclein *n*, Nucleinprotein *n*; 2. Nucleinsäure *f*
nucleination Nukleinisierung *f*
nucleinic acid *{obs}* *s.* nucleic acid
nucleide Nucleid *n*, Metall-Nucleinsäure-Verbindung *f*
nucleoalbumin n Nucleoalbumin *n*, Paranuclein *n*, Pseudonuclein *n*, Phosphoglobulin *n*
nucleobase Nucleobase *f* *{Biochem}*
nucleocapsid Nucleocapsid *n* *{Virus}*
nucleofuge austretende Gruppe *f*, Abgangsgruppe *f*, nucleofuge Atomgruppe *f*
nucleogenesis Nukleogenese *f* *{Astr}*, natürliche Kernbildung *f* *{Nukl}*
nucleolar associated chromatin zellkerngebundenes Chromatin *n*
nucleolus Nukleolus *m*, Kernkörperchen *n* *{Biol}*
nucleon Kernteilchen *n*, Nukleon *n*, Kernbaustein *m* *{Proton, Neutron}*
nucleon number Nukleonenzahl *f*, Massenzahl *f*
evaporation nucleon Ausdampfnukleon *n*
nucleonics Kerntechnologie *f*, Kerntechnik *f*, Nukleonik *f* *{angewandte Kernwissenschaft}*
nucleonium Nucleonium *n*, Kern-Antikern-Bindungszustand *m*
nucleophilic nucleophil *{Chem}*, elektronenspendend *{Valenz}*
nucleophilic addition nucleophile Addition *f*
nucleophilic rearrangement nucleophile Umlagerung *f*
nucleophilic substitution nucleophile Substitution *f*
nucleoplasm Kernplasma *n*, Karyoplasma *n*, Zellkernplasma *n*
nucleoplasmatic ratio Kern-Plasma-Relation *f*
nucleoprotein Kernprotein *n*, Nucleoproteid *n* *{obs}*, Nucleoprotein *n*, Kerneiweißkörper *m*
nucleosidase *{EC 3.2.2.1}* Nukleosidase *f* *{IUB}*, Purinnucleosidase *f*
nucleoside Nucleosid *n*
nucleoside kinase Nucleosidkinase *f*
nucleoside ribosyltransferase *{EC 2.4.2.5}* Nucleosidribosyltransferase *f*
nucleoside transferase Nukleosidtransferase *f*
nucleoside triphosphatase *{EC 3.6.1.15}* Nucleosidtriphosphatase *f*
nucleoside triphosphate Nuclesidtriphosphat *n*
nucleosidediphosphatase *{EC 3.6.1.6}* Nucleosiddiphosphatase *f*
nucleoside-5'-diphosphate Nucleosid-5'-diphosphat *n*
nucleoside-3'-monophosphate Nucleosid-3'-monophosphat *n*
nucleoside-5'-monophosphate Nucleosid-5'-monophosphat *n*
nucleosine Nukleosin *n*
nucleotidase *{EC 3.1.3.31}* Nucleotidase *f*
3'-nucleotidase *{EC 3.1.3.6}* 3'-Nucleotidase *f*
5'-nucleotidase *{EC 3.1.3.5}* 5'-Nucleotidase *f*
nucleotide Nucleotid *n*, Nucleosidphosphat *n*
nucleotide pair Nucleotidpaar *n*
nucleotide polymer Nucleinsäure *f*, Nucleotidpolymer[es] *n*
nucleotide sequence Nucleotidsequenz *f*
nucleotide sequencing Nucleotidsequenz-Analyse *f*
nucleotide triplet Nucleotidtriplett *n* *{Gen}*
nucleotide unit Nukleotid-Einheit *f*
nucleus *{pl. nuclei}* 1. Kern *m*, Atomkern *m*, Nukleus *m*; 2. Kern *m*, Ring *m* *{organische Chem}*; 3. Nucleus *m*, Zellkern *m* *{Biol}*; 4. Kristall[isations]kern *m*; Kristall[isations]keim *m*; 5. Systemkern *m*, Kern *m* *{EDV; modulares Betriebssystem}*; 6. Blasenkeim *m* *{Phys}*
nucleus crystal Keimkristall *m*

nucleus formation 1. Keimbildung *f*, Kristall[isations]keimbildung *f*; Kernbildung *f*, Kristall[isations]kernbildung *f* *{aus eigenem/fremdem Material}*; 2. Einleiten *n*, Auslösen *n*, Anregen *n*, Initiieren *n* *{einer Reaktion}*
nucleus of condensation Kondensationskern *m*
alicyclic nucleus gesättigter Kohlenstoffring *m*, alicyclischer Kohlenstoffring *m*
artificial radioactive nucleus künstlich radioaktiver Kern *m* *{Nukl}*
benzene nucleus Benzolkern *m* *{Valenz}*
condensed nucleus kondensierter Kern *m* *{Chem}*
even-even nucleus Kern *m* mit geradzahliger Anzahl *f* von Protonen *npl* und Neutronen *npl*, gg-Kern *m* *{Nukl}*
excited nucleus angeregter Kern *m*, aktivierter Kern *m*
heterocyclic nucleus heterocyclischer Kern *m*
homocyclic nucleus isocyclischer Kern *m*
odd-odd nucleus Kern *m* mit ungradzahliger Anzahl *f* von Protonen *npl* und Neutronen *npl*, uu-Kern *m* *{Nukl}*
nuclide Nuklid *n*, Nuclid *n*, Kernart *f*
nuclide specific lung counter nuklidspezifischer Lungenzähler *m* *{Med, Nukl}*
nude nackt, bloß
nude ga[u]ge Einbausystem *n*, Eintauchsystem *n* *{Ionisationsvakuummeters}*
nude ion ga[u]ge Eintauchionenquelle *f*
nude omegatron mass spectrometer Einbau-Omegatron-Massenspektrometer *n*
nude system Eintauchsystem *n*
nudic acid Nudinsäure *f*
nugget Klumpen *m*, Nugget *n*
nugget of gold Goldklumpen *m*
nuisance 1. Plage *f*; 2. Belästigung *f*; 3. grober Unfug *m* *{Logik}*
nuisance level Immissionsspegel *m*, Immissionen *fpl*
null 1. nichtig, ungültig; nichtssagend; Null-; 2. Null *f* *{Math}*; 3. Nullstelle *f* *{Math}*
null-balance instrument Ausgleich[meß]instrument *n*
null electrode Nullelektrode *f*
null indicator Nullindikator *m*, Abgleichindikator *m*, Nullanzeigegerät *n*, Nullinstrument *n*
null instrument *s.* null indicator
null matrix Nullmatrix *f*, Nullmatrize *f* *{Math}*
null method Nullpunktmethode *f*
null operator Nulloperator *m*
null-setting device Nullabgleichgerät *n*, Nullanzeigegerät *n*, Nullindikator *m*, Nullinstrument *n*
null valence Nullvalenz *f*, Nullwertigkeit *f*
nullification Nullabgleich *m*
nullisomic nullisom *{Gen}*
nullity Nichtigkeit *f*, Ungültigkeit *f* *{z.B. eines Patents}*
number/to 1. zählen, aufzählen; 2. beziffern *{Math}*; benummern, numerieren; 3. rechnen
number 1. Zahl *f*; 2. Anzahl *f*, Menge *f*; 3. Nummer *f*; Kennzahl *f*, Kennziffer *f*, Ziffer *f*; 4. Nummer *f*, Feinheit *f*, Titer *m* *{Feinheitsbezeichnung}*
number average Zahlenmittel *n*
number-average degree of polymerization anzahlgemittelter Polymerisationsgrad *m*
number-average molecular weight Molekulargewicht-Zahlenmittel *n* *{Polymer}*
number density of molecules Moleküldichte *f*
number density of [particles] Partikeldichte *f*, Teilchendichte *f* *{Anzahl pro m^3}*
number distribution Anzahlverteilung *f*
number fraction of rings Ringanteil *m* *{Polymer}*
number label Nummernetikett *n*
number of breaking stress cycles Bruchlastspielzahl *f*
number of collisions on a wall Flächenstoßhäufigkeit *f*, Stoßzahlverhältnis *n*, mittlere Wandstoßzahl *f* pro Zeit- und Flächeneinheit *f*, mittlere spezifische Wandstoßrate *f* *{Thermo}*
number of cycles 1. Taktzahl[en] f[pl]; 2. Chargenzahl *f* *{Zucker}*
number of cycles of load stressing Lastwechselzahl *f*, Lastspielzahl *f*
number of dry cycles Trockenlaufzahl *f*; Anzahl *f* der Leerlaufzyklen *mpl*
number of load cycles Lastspielzahl *f*, Lastwechselzahl *f*
number of plates Bodenzahl *f* *{Dest}*
number of revolutions Drehzahl *f*, Drehfrequenz *f*, Umdrehungszahl *f*, Tourenzahl *f*, Umlaufzahl *f*
number of stages Stufenzahl *f*
number of starts Gängigkeit *f*
number of stress cycles Lastspielzahl *f*, Lastwechselzahl *f*
number of turns Windungszahl *f* *{Elek}*
number of vibrations Schwingungszahl *f*, Schwingspielzahl *f*
number of vibrations to failure Bruchschwingspielzahl *f*
number system Zahlensystem *n*
complex number komplexe Zahl *f*
conjugated complex number konjugiert komplexe Zahl *f*
even number gerade Zahl *f*
fractional number gebrochene Zahl *f*, Bruchzahl *f*
imaginary number imaginäre Zahl *f*
irrational number irrationale Zahl *f*
highest number Höchstzahl *f*
maximum number Höchstzahl *f*

oxidation number Oxidationszahl *f {Valenz}*
rational number rationale Zahl *f*
wave number Wellenzahl *f {Spek}*
numbering 1. Bezifferung *f {Math}*; 2. Numerierung *f*; Durchnumerierung *f*, fortlaufende Numerierung *f*
numeral 1. Ziffer *f {ein Stellungssymbol; Chem}*, Zahlzeichen *n*, Zahlsymbol *n*; 2. Zahl *f*; 3. Zahlwort *n*
numeral key Zifferntaste *f {EDV}*
numeral ratio Zahlenverhältnis *n*
numeration 1. Bezifferung *f*; Numerierung *f*; 2. Zählung *f*
numerator Zähler *m {eines Bruches}*
numeric numerisch *{EDV, Math}*
numeric display Ziffernanzeige *f*
numeric key Zahlentaste *f {EDV}*
numeric keypad Zifferntastatur *f*, Zehnerblock *m*, numerische Tastatur *f {EDV}*
numerical numerisch, zahlenmäßig; Zahl[en]-
numerical equation numerische Gleichung *f*, Zahlengleichung *f {Math}*
numerical example Zahlenbeispiel *n*
numerical index Zahlenindex *m*
numerical value Zahlenwert *m*, numerischer Wert *m*
numerical value equation Zahlenwertgleichung *f*
numerometry Numerometrie *f {Titration}*
nupharine <$C_{18}H_{24}N_2O_2$> Nupharin *n {Alkaloid}*
Nuremberg violet Manganviolett *n*, Nürnberger Violett *n*, Mineralviolett *n*
Nusselt's number Nusselt-Zahl *f {dimensionslose Kennzahl des Wärmeüberganges fest/fluid}*
nut 1. Schraubenmutter *f*, Mutter *f {Tech}*; 2. Nuß *f {Lebensmittel}*; 3. Halbquadrat *n*, Halbgeviert *n {Drucken}*
nut-blocking adhesive Klebstoff *m* zur Schraubensicherung *f*, mutternsichernder Klebstoff *m*
nut coal Nußkohle *f*
nut iron Gewindeeisen *n*, Muttereisen *n*
nut mordant Nuß[baum]beize *f*
nut oil Nußöl *n*
clamping nut Haltemutter *f*
retaining nut Haltemutter *f*
nutgall Galle *f*, Gallapfel *m {Bot, Leder}*
nutmeal Nußkernmehl *n*
nutmeg Muskatnuß *f {Myristica fragrans Houtt.}*
nutmeg butter Muskat[nuß]butter *f*, Muskatbalsam *m*, Muskatfett *n*; Muskat[nuß]öl *n*, Oleum Myristicae expressum *{Pharm}*
nutmeg oil *s.* nutmeg butter
nutrient 1. nährend, nahrhaft; Nähr-; 2. Nährstoff *m*, Nahrungsstoff *m*, Nährsubstanz *f*, Nährmittel *n*
nutrient balance Nährstoffbilanz *f {Physiol}*
nutrient bottle Nährbodenflasche *f {Bakt, Lab}*
nutrient content[s] Nährstoffgehalt *m*
nutrient fat Speisefett *n*
nutrient liquid Nährflüssigkeit *f*
nutrient medium Nährboden *m*, Nährmedium *n {Bakterien}*
nutrient solution Nährlösung *f*
nutrient utilization Nährstoffausnutzung *f*
nutrient yeast Nährhefe *f*
nutrition 1. Ernährung *f*; 2. Nahrung *f*
nutrition chemistry Nahrungsmittelchemie *f*
nutrition science Ernährungslehre *f*, Ernährungswissenschaft *f*, Nahrungsmittelkunde *f*
nutritional die Ernährung *f* betreffend, ernährungsmäßig; Ernährungs-, Nahrungs-, Nähr-
nutritional contents Nährgehalt *m*
nutritional deficiency Ernährungsmangel *m*
nutritional requirements Nahrungsbedarf *m*, Nährstoffbedarf *m*, Nährstoffansprüche *mpl*
nutritional supplement Nahrungsmittelzusatz *m*; Futtermittelzusatz[stoff] *m*, Futterzusatz *m*
nutritious nahrhaft, nährend *{Lebensmittel}*; nährstoffreich *{Futter}*
nutritiousness Nahrhaftigkeit *f*
nutritive 1. nahrhaft, nährend *{Lebensmittel}*, nährstoffreich *{Futter}*; Ernährungs-, Nahrungs-, Nähr-; 2. Nährstoff *m*, Nahrungsstoff *m*, Nährsubstanz *f*, Nährmittel *n*
nutritive liquid Nährflüssigkeit *f*
nutritive preparation Nährpräparat *n*
nutritive salt Nährsalz *n*
nutritive solution Nährlösung *f*
nutritive substance Nährstoff *m*, Nahrungsmittel *n*, Nährsubstanz *f*, Nährungsmittel *n*
nutritive value Nährwert *m*
nutritive yeast Nährhefe *f*
nutrose Nutrose *f*
nuts Nußkohle *f*
nutsch [filter] Nutschen-Filter *n*, Nutsche *f*, Filternutsche *f {Lab}*
nux vomica Brechnuß *f*, Krähenauge *n {Strychnous nux-vomica L.}*
nyctal Nyctal *n*
Nydrazid <$C_6H_7NO_3$> Isoniazid *n*, Isonicotinsäurehydrazid *n*, Nydrazid *n {HN}*
nylon <$(C_6H_{11}NO)_n$> Nylon *n {Sammelname faserbildende Polyamide}*
nylon 6 Polycaprolactam *n*
nylon 11 Rilsan *n*
nylon 12 Vestamid *n*
nylon 66 Hexamethylendiamin-Adipinsäure-Polymer *n*
nylon bristles Nylonbürsten *fpl*
nylon fabric Nylongewebe *n {Text}*
nylon fiber Nylonfaser *f*
nylon flake Nylonschnitzel *n m*
nylon gauze filter *{GB}* Nylongazefilter *m*

nylon gaze filter *{US}* Nylongazefilter *m*
nylon monofilament Nyloneinzelfaden *m*
nylon mo[u]lding powders Nylonpreßpulver *n*
nylon plastic Nylonkunststoff *m*, Polyamidkunststoff *m*
nylon-reinforced nylonverstärkt
nylon-salt Hexamethylenammoniumadipat *n*
nylon yarn Nylongarn *n {Text}*
Nystatin <$C_{47}H_{75}NO_{17}$> Nystadin *n*, Fungicidin *n*, Mycostatin *n*
nytril Nytril *n*, Nytrilfaser *f {Vinylacetat-Vinylidendinitril-Copolymer}*

O

***o*-compound** Orthoverbindung *f*, *o*-Verbindung *f*
***o*-position** Orthostellung *f {Chem}*
O-ring O-Ring *m*, Runddichtring *m*
O-ringgasket O-Ring-Dichtung *f*
O electron O-Elektron *n {Hauptquantenzahl 5}*
O shell O-Schale *f {Atom; Hauptquantenzahl 5}*
oak 1. Eichen-; 2. Eiche *f*, Eichenbaum *m {Quercus}*; 3. Eichenholz *n*
oak apple Gallapfel *m*, Eichengalle *f*, Laubapfel *m {Bot}*
oak bark Eichenrinde *f {Gerb}*
oak bark for tanning Lohrinde *f*
oak dust Eichenholzmehl *n*
oak extract Eichenholzextrakt *m*
oak gall *s.* oak apple
oak red <$C_{28}H_{22}O_{11}$> Eichenrot *n*
oaktannin 1. <$C_{31}H_{50}O_4$> Quercinsäure *f*; 2. <$C_{28}H_{28}O_{14}$> Quercitanninsäure *f*
oakum Dichtwerg *n*, Kalfaterwerg *n*, geteerter Hanf *m*
oast Darre *f*; Hopfendarre *f {Brau}*
oast house Hopfentrockenkammer *f*, Hopfendarre *f {Brau}*
oat 1. Hafer-; 2. Hafer *m {Avena}*
oat crusher Haferquetsche *f*
oat flakes Haferflocken *fpl*
oat groats Hafergrütze *f*
oat starch Haferstärke *f*
oatmeal Hafermehl *n*, Hafergrieß *m*
oats Hafer *m*, Saat-Hafer *m {Avena sativa L.}*
Quaker's oats Haferflocken *fpl*
obese adipös, dick, beleibt, fettleibig
obesity Fettsucht *f*, Fettleibigkeit *f {Med}*
object/to Einspruch *m* erheben, Einwendungen *fpl* machen; beanstanden, reklamieren, zurückweisen; einwenden
object 1. Gegenstand *m*, Ding *n*, Objekt *n*; Objekt *n {Mikroskopie}*; Aufnahmegegenstand *m {Photo}*; 2. Anlage *f {Automation}*; 3. Ziel *n*, Zweck *m*
object carrier Objekthalter *m*
object clamp Objektklammer *f*
object colo[u]r Körperfarbe *f {DIN 5033}*, Oberflächenfarbe *f*, Aufsichtfarbe *f*
object finder Objektsucher *m*
object gate Objektschleuse *f {Mikroskop}*
object glass Objektiv *n*; Fernrohrobjektiv *n*
object holder Objekthalter *m*
object plane Objektebene *f {Opt}*
object-preserving objekttreu
object to be examined Untersuchungsobjekt *n*
objection 1. Einwendung *f*, Einwand *m*, Einspruch *m*; 2. Beanstandung *f*, Reklamation *f*
objectionable 1. nicht einwandfrei, zu beanstanden; fragwürdig; 2. störend, unangenehm, schlecht, aufdringlich, widerlich, widerwärtig, ekelerrregend, übel *{Geruch}*
objective 1. objektiv, sachlich, tatsächlich; 2. Objekts-; Objektiv-; Ziel-; 3. Objektiv *n*; 4. Ziel *n*, Zielsetzung *f*; 5. Zweck *m*
objective diaphragm Objektivblende *f*
objective lens Objektivlinse *f*
oblate/to abplatten, abflachen
oblate abgeplattet, abgeflacht
oblate ellipsoid abgeplattetes Umdrehungsellipsoid *n*
oblate spheroid abgeplattetes Rotationsellipsoid *n*
oblateness Abplattung *f*, Abflachung *f*
obligation Verbindlichkeit *f*; Verpflichtung *f*; Obligation *f*
obligatory bindend, obligatorisch, zwangsläufig
oblique 1. schief, schräg, schrägwinklig; mittelbar; monoklin *{Krist}*; 2. Schrägstrich *m {EDV}*;
oblique-angled schiefwinklig; nichtrechtwinklig, stumpfwinklig, spitzwinklig *{Math}*
oblique-angular schiefwinklig
oblique axis Schrägkoordinaten *fpl*
oblique draft ga[u]ge Schrägrohrzugmesser *m*
oblique [extruder] head Schräg[spritz]kopf *m*
oblique-incidence coating Schrägbedampfung *f*, Beschatten *n*, Beschattung *f*
oblique magnetization Schrägmagnetisierung *f*
oblique rotating [beam-splitting] mirror Taumelspiegel *m*
oblique set valve Schrägsitzventil *n*
oblique sputtering Schrägbedampfung *f*
oblique system monoklines System *n {Krist}*
oblique-to-grain wood bonding Holzklebung *f* schräg zur Faserrichtung *f*, geschäftete Holzklebverbindung *f*
oblique tube Schrägrohr *n*
oblique viewing tube Schrägeinblicktubus *m*
obliquely schräg, schief, schiefwinklig, schrägwinklig
obliquely incident light Seitenlicht *n*
obliquity Schräge *f*, Schiefe *f*, Schiefstellung *f*; Schrägheit *f*; Schräglage *f*, Schrägstellung *f*

obliquity of axes Achsenneigung *f*
obliterate/to auslöschen, austilgen, ausradieren; verwischen; verwaschen *{Photo}*
obliteration Porenverstopfung *f*
oblong 1. länglich; rechteckig *{Math}*; 2. Rechteck *n {Math}*; Oblong *n {Pharm}*
oblong ellipsoid gestrecktes Rotationsellipsoid *n*
oblong mesh rechteckige Siebmasche *f*
oblong size Langformat *n*
oblong spheroid *s.* oblong ellipsoid
obnoxious übelriechend, unangenehm riechend, widerlich riechend; widerwärtig
obnoxious gas eliminator Abfuhr *f* für übelriechende Gase *npl*
obscuration Verdunkelung *f*, Abdeckung *f*, Abdunkelung *f*
obscure dunkel, finster, unklar, obskur
obscured glass durchscheinendes Glas *n*
obscurity 1. Dunkelheit *f*; 2. Unbekanntheit *f*
observable 1. wahrnehmbar, beobachtbar; 2. Observable *f {Phys}*
observable quantity meßbare Größe *f*, beobachtbarer Parameter *m*
observation 1. Beobachtung *f*, Wahrnehmung *f*, Observation *f*; 2. Beobachtungsprozeß *m*; 3. Beobachtungswert *m*
observation data Beobachtungsergebnis *n*
observation error Beobachtungsfehler *m*
observation glass Schauglas *n*, Beobachtungsfenster *n*, Einblickfenster *n*
observation hole Schauloch *n*, Schauöffnung *f*
observation period Beobachtungsdauer *f*
observation pipe Beobachtungsrohr *n*
observation point Beobachtungsstelle *f*, Meßstelle *f*
observation port *s.* observation hole
observation tube Beobachtungsrohr *n*
observation window Beobachtungsfenster *n*, Schauglas *n*, Einblickfenster *n*
error of observation Beobachtungsfehler *m*
observational method Beobachtungsmethode *f*
observe/to beobachten, wahrnehmen, observieren; merken, bemerken; 2. einhalten *{z.B. Grenzwerte, Pflichten}*, befolgen; 3. bewahren
observed value Beobachtungswert *m*
observer Beobachter *m*
obsidian Obsidian *m*, Glasachat *m*, Glaslava *f*
obstacle Hindernis *n*, Hemmnis *n*
obstruct/to versperren, blockieren, verstopfen, verschließen, abdichten; hemmen, hindern, behindern
obstruction Verstopfung *f*, Versperrung *f*; Hinderung *f*, Obstruktion *f*; Hindernis *n*
obtain/to 1. erhalten, bekommen, erlangen, erwerben, gewinnen *{z.B. bei einer Reaktion}*, darstellen *{Chem}*; sich beschaffen; 2. bestehen, herrschen
obtaining Darstellung *f {Substanzen}*
obtainment Gewinnung *f {Substanzen}*
obturation Verschließung *f*, Versperrung *f*, Verstopfung *f*
obtusatic acid Obtusatsäure *f*
obtuse stumpf *{Math}*; dumpf; stupide
obtuse angle stumper Winkel *m {Math}*
obtuse-angled stumpfwinklig
obtuse bisectrix stumpfwinklige Bisektrix *f {Krist}*
obtusifolin Obtusifolin *n*
obtusilic acid Obtusilsäure *f*
obviate/to vermeiden, verhüten, vorbeugen; umgehen; erübrigen
obvious deutlich, klar, eindeutig; offenbar, offensichtlich, selbstverständlich, augenscheinlich
obviousness Augenscheinlichkeit *f*, Selbstverständlichkeit *f*; Eindeutigkeit *f*
occasion/to veranlassen; verursachen, bewirken
occasion 1. Anlaß *m*, Gelegenheit *f*; 2. Veranlassung *f*; 3. Ursache *f*, Anlaß *m*
occasional gelegentlich; Gelegenheits-; Gebrauchs-
occlude/to 1. okkludieren, absorbieren, einschließen, abschließen; 2. abdecken, abschatten *{Opt}*
occluded gas eingeschlossenes Gas *n*, okkludiertes Gas *n*
occlusion 1. Abschließung *f*, Absorption *f*, Einschluß *m*, Okklusion *f {Chem}*; 2. Lösen *n {Chem}*; 3. Aufsaugen; Aufzehrung *f*, Einsaugung *f*
occlusion capacity Okklusionsvermögen *n*
occlusion of gases Blasenbildung *f {Chem}*
occlusion spray Okklusionsspray *n {Dent}*
occult mineral verdecktes Mineral *n*
occupancy 1. Besetzung *f*, Belegung *f*; 2. Besetzungsgrad *m {Phys}*
occupancy of orbitals Besetzung *f* der Schalen *fpl*, Auffüllung *f* der Schalen *fpl {Atom}*
occupation 1. Belegung *f*, Besetzung *f*; 2. Beschäftigung *f*; 3. Beruf *m*; Gewerbe *n*
occupation rule Besetzungsvorschrift *f*
occupational Berufs-
occupational exposure berufliche Belastung *f*, berufsbedingtes Ausgesetztsein *n*
occupational hazard Berufsrisiko *n*
occupational health chemistry Chemie *f* der beruflichen Gesundheitsgefährdung *f*
occupational health hazard berufliche Gesundheitsgefährdung *f*
occupational illness Berufskrankheit *f*
occupational injury Berufsunfall *m*, berufsbedingte Verletzung *f*
occupational medicine Arbeitsmedizin *f*
occupational radiation dose berufsbedingte Strahlendosis *f*

occupational radiation exposure berufsmäßige Stahlenbelastung *f*, berufsbedingte Strahlenbelastung *f*
occupational safety Arbeitsschutz *m*
Occupational Safety and Health Act *{US, 1970}* Gesetz *n* über Arbeitsschutz *m* und Gewerbehygiene *f*
Occupational Safety and Health Administration *{US}* Amt *n* für Arbeitsschutz *m* und Gewerbehygiene *f*, OSHA
occupy/to 1. bekleiden *{z.B. einen Posten}*; 2. beschäftigen; 3. besitzen; 4. einnehmen *{Platz}*; besetzen
occur/to vorkommen, auftreten, erscheinen, vorfallen, eintreten, sich abspielen, sich ereignen
occurence Vorkommen *n*, Auftreten *n*; Vorkommnis *n*, Begebenheit *f*, Ereignis *n*, Geschehen *n*
occuring Vorkommen *n*, Auftreten *n*
naturally occuring natürlich vorkommend
ocean 1. Ozean-, See-, Meeres-; 2. Ozean *m*, Weltmeer *n*
ocean bill of loading Seefrachtbrief *m*
ocean bed Meeresboden *m*, Meeresgrund *m*
ocean dumping Endlagerung *f* von radioaktiven Abfallstoffen *mpl* im Meer *n*, Verklappung *f*, Verbringen *n* von Abfällen *mpl* auf die hohe See *f*
ocean floor *s.* ocean bed
ocean incineration [site] Verbrennung *f* auf hoher See *f*
ocean techniques Meerestechnik *f*
ocean water Meerwasser *n*
oceanic ozeanisch; Meeres-, See-
oceanic sediments Meeressedimente *npl* *{Geol}*, maritime Sedimente *npl*
oceanium *{obs}* *s.* hafnium
oceanography Meereskunde *f*, Ozeanographie *f*
ocher *{US}* Ocker *m* *{Min}*
ocher-red rötlicher Ocker *m*, Nürnberger Rot *n*, Preußischrot *n*
ocher-yellow 1. ockergelb; 2. Goldocker *m*, Casseler Goldgelb *n*
antimony ocher *s.* stibiconite
bismuth ocher Bismuthocker *m*, Bismit *m* *{Min}*
calcareous ocher Kalkocker *m* *{Min}*
containing ocher ockerhaltig
molybdic ocher *s.* molybdite
nickel ocher *s.* annabergite
red ocher *s.* hematite
telluric ocher *s.* tellurite
tungstic ocher *s.* tungstite
yellow ocher Berggelb *n*, Gelberde *f*; Limonit *m* *{Min}*; Selwynit *m*
ocherous ockerfarben, erdgelb; ockerhaltig
ochratoxin A Ochratoxin A *n*
ochre *{GB}* *s.* ocher
ochreous erdgelb, ockerfarben; ockerhaltig
β-ocimene β-Ocimen *n*, 3,7-Dimethylocta-1,3,6-trien *n*
OCR optische Zeichenerkennung *f* *{EDV}*
OCR-A OCR-A-Schrift *f* *{EDV}*
OCR-B OCR-B-Schrift *f* *{EDV}*
ocreine Ocrein *n*
octaamylose Octaamylose *f*
octabasic achtbasisch
octachlor Octachlor *n*
octachlorocyclopentane Octachlorcyclopentan *n*
octachloronaphthalene <$C_{10}Cl_8$> Octachlornaphthalin *n*
octacosane <$C_{27}H_{56}$> Octacosan *n*
octacosanoic acid <$C_{27}H_{55}COOH$> Montansäure *f* *{Triv}*, Octacosansäure *f*
octacosanol Octacosanol *n*
octadeca-9,12-dienoic acid Octadeca-9,12-diensäure *f*, Linolsäure *f*, Leinölsäure *f*
octadecane <$C_{18}H_{38}$> Octadecan *n*
octadecanal Octadecanal *n*, Stearaldehyd *m*
***n*-octadecanoic acid** <$C_{17}H_{35}COOH$> Octadecansäure *f*, Stearinsäure *f*
1-octadecanol <$C_{18}H_{37}OH$> Octadecylalkohol *m*, Stearylalkohol *m*, Octadecan-1-ol *n*
octadecatrienoic acid <$C_{17}H_{29}COOH$> Octadecatriensäure *f*
***(Z,Z,Z)*-9,12,15-octadecatrienoic acid** α-Linolensäure *f*
***(Z,Z,Z)*-6,9,12-octadecatrienoic acid** γ-Linolensäure *f*
9,11,13-octadecatrienoic acid Eleostearinsäure *f*
1-octadecene <$C_{18}H_{36}$> Octadecen *n*
***(E)*-9-octadecenoic acid** *(E)*-Octadec-9-ensäure *f*, Elaidinsäure *f*
***(Z)*-9-octadecenoic acid** *(Z)*-Octadec-9-ensäure *f*, Ölsäure *f*, Oleinsäure *f*
***(Z)*-11-octadecenoic acid** *(Z)*-Octadec-11-ensäure *f*, Vaccensäure *f*
9-octadecen-1-ol Oleinalkohol *m*
***n*-octadecylalcohol** <$C_{18}H_{37}OH$> Octadecylalkohol *m*, Stearylalkohol *m*, Octadecan-1-ol *n*
octadecyl bromide Octadecylbromid *n*
octadecyl isocyanate <$CH_3(CH_2)_{16}CH_2NCO$> Octadecylisocyanat *n*
octadecenylaldehyde Octadecenylaldehyd *m*
octadecylene <$C_{18}H_{36}$> Octadecylen *m*, Anthemen *n*
octadecyne <$CH_3(CH_2)_{15}C{\equiv}CH$> Octadecin *n*
6-octadecynoic acid Taririnsäure *f*, Octadec-6-insäure *f*
9-octadecynoic acid Stearolsäure *f*, Octadec-9-insäure *f*
1,4-octadiene <C_8H_{14}> Conylen *n*
octafluoro-2-butene <$CF_3CF{=}CFCF_3$> Perfluorobut-2-en *n*, Octafluorbut-2-en *n*

octafluorocyclobutane <C_4F_8> Octafluorcyclobutan *n*
octafluoropropane <C_3F_8> Octafluorpropan *n*, Perfluorpropan *n*
octagon 1. Achteck *n*, Oktagon *n {Math}*; 2. Achtkant *m n {Tech}*
octagon bar Achtkantstab *m*
octagonal achteckig, achtkantig; Achtkant-, Achteck-
octagonal column Achtecksäule *f*
octahedral achtflächig, oktaedrisch *{Krist}*
octahedral borax <$Na_4B_2O_7 \cdot 5H_2O$> Juwelierborax *m*, oktaedrischer Borax *m*, Natriumtetraborat[-Pentahydrat] *n*
octahedral symmetry Oktaedersymmetrie *f {Krist}*
octahedrite Oktaedrit *m {Min}*
octahedron Oktaeder *n*, Achtflächner *m {Krist}*
octahedron structure Oktaederstruktur *f*
octahydrate Octahydrat *n*
octahydroanthracene Okthracen *n*, 1,2,3,4,5,6,7,8-Octahydroanthracen *n*
octahydronaphthalene Oktalin *n*, Octahydronaphthalin *n*
octahydrophenanthrene Oktanthren *n*, 1,2,3,4,5,6,7,8-Octahydrophenanthren *n*
octalene <$C_{14}H_{12}$> Octalen *n*, [4n]-Annuleno[4n]annulen *n*
octamethyl lactose Octamethyllactose *f*
octamethyl pyrophosphoramide Octamethylpyrophosphoramid *n*
octamethyl sucrose Octamethylsaccharose *f*
octamylamine Octamylamin *n*
octanal <$C_7H_{15}CHO$> Octanal *n*, Caprylaldehyd *m*, Octylaldehyd *m*
octane Oktan *n*, Octan *n*
***n*-octane** <$CH_3(CH_2)_6CH_3$> Normaloctan *n*, *n*-Octan *n*, Oktan *n*
octane enhancer Octanzahlverbesserer *m*
octane index Octanindex *m {0,5 CROZ + MOZ}*
octane number Octanzahl *f*, Klopfwert *m {Kennzahl für Klopffestigkeit von flüssigen Kraftstoffen}*
octane number clear Octanzahl *f* von unverbleitem Benzin *n {Fl}*
octane number leaded Octanzahl *f* von verbleitem Benzin *n {Fl}*
octane number of blends Mischoctanzahl *f*
octane number unleaded *s.* octane number clear
octane rating 1. Octanwert *m*, Octanzahl *f*, Octanziffer *f*, Klopfwert *m {Kennzahl für Klopffestigkeit von flüsigen Kraftstoffen}*; 2. Octanzahlbestimmung *f*, OZ-Bestimmung *f*
octane requirement Octanzahlanforderung *f*, Octanzahlbedarf *m*
1,8-octanedicarboxylic acid <$HOOC(CH_2)_8COOH$> Octan-1,8-dicarbonsäure *f*, Decandisäure *f*, Sebacinsäure *f {Triv}*
octanedioic acid Korksäure *f*, Suberinsäure *f*, Octandisäure *f*, Hexan-1,6-dicarbonsäure *f*
***n*-octanoic acid** <$CH_3(CH_2)_6COOH$> Octylsäure *f*, Octansäure *f*, Heptan-1-carbonsäure *f*, *n*-Caprylsäure *f {Triv}*
1-octanol <$C_8H_{17}OH$> Octanol *n*, Octan-1-ol *n*, Octylalkohol *m*, primärer Caprylalkohol *m*, 1-Hydroxyoctan *n*
2-octanol Octan-2-ol *n*, sekundärer Caprylalkohol *m*
octanol dehydrogenase *{EC 1.1.1.73}* Octanoldehydrogenase *f*
2-octanone <$C_6H_{13}COCH_3$> Octan-2-on *n*, Hexylmethylketon *n*
3-octanone <$C_5H_{11}COC_2H_5$> Octan-3-on *n*, Pentylethylketon *n*
4-octanone <$(C_4H_9)_2CO$> Dibutylketon *n*, Octan-4-on *n*
octanoyl chloride Octanoylchlorid *n*
octant 1. Oktant *m {Chem, Math}*; 2. Oktant *m {Winkelmeßgerät}*
octanthrene Octanthren *n*
octanthrenol Octanthrenol *n*
octanthrenone Octanthrenon *n*
octastearyl sucrose Octastearylsaccharose *f*
octatomic achtatomig
octatea oil Ocateaöl *n {Octatea cymbarum}*
octatrienol Octatrienol *n*
octavalence Achtwertigkeit *f*
octavalent achtwertig, achtbindig, octavalent
1-octene <$CH_3(CH_2)_5CH=CH_2$> Capryl-1-en *n*, Oct-1-en *n*, Octyl-1-en *n*
octet 1. Oktett *n*, Achtergruppe *f*, Achtergruppierung *f*, Achterschale *f {Atom}*; 2. Acht-Bit-Byte *n*, Oktett *n {EDV}*
octet rule Oktettregel *f {Valenz}*
octet shell Achterschale *f {Atom}*
octhracene Okthracen *n*
octhracenol Okthracenol *n*
octhracenone Okthracenon *n*
octivalent *s.* octavalent
octoate Octoat *n*
octodecanoic acid Stearinsäure *f*, Octadecansäure *f*
octodecanoyl Stearyl-
octogen <$C_4H_8N_8O_6$> Octogen *n*, Cyclotetramethylentetramin *n*
octoil Ethylhexylphthalat *n {Vak}*
octopamine <$C_8H_{11}NO_2$> Octopamin *n*
octopine Octopin *n*
octopine dehydrogenase *{EC 1.5.1.11}* Octopindehydrogenase *f*
octopole excitation Oktopolanregung *f*
octopole transition Oktopolübergang *m*
octosan Octosan *n {acetylierter Rohrzucker}*

octose Octose *f*, Oktose *f {Monosaccharid mit 8 C-Atomen}*
octovalent *s.* octavalent
octupole excitation Oktopolanregung *f {Spek}*
octupole transition Oktopolübergang *m {Spek}*
octyl <C_8H_{17}-> Octyl-
***n*-octyl acetate** <$CH_3CO_2(CH_2)_7CH_3$> *n*-Octylacetat *n*, Caprylylacetat *n {Triv}*, Octansäuremethylester *m*
octyl acrylate Octylacrylat *n*
***n*-octyl alcohol** <$CH_3(CH_2)_6CH_2OH$> *n*-Octylalkohol *n*, Octan-1-ol *n*, Caprylalkohol *m*, Heptylcarbinol *n*
***n*-octyl aldehyde** *n*-Octylaldehyd *m*, Caprylaldehyd *m*, Octanal *n*
***n*-octyl bromide** <$CH_3(CH_2)_7Br$> *n*-Octylbromid *n*, Caprylbromid *n*, 1-Bromoctan *n*
***n*-octyl chloride** <$CH_3(CH_2)_7Cl$> Caprylchlorid *n*, 1-Chloroctan *n*, *n*-Octylchlorid *n*
octyl gallate *{BS 684}* <$C_{15}H_{22}O_{15}$> Octyl-3,4,5-trihydroxybenzoat *n*, Octylgallat *n*
2-octyl iodide <$CH_3(CH_2)_5CHICH_3$> 2-Octyliodid *n*, sekundäres Capryliodid *n*
***n*-octyl mercaptan** <$C_8H_{17}SH$> *n*-Octanthiol *n*, *n*-Octylmercaptan *n*
***tert*-octyl mercaptan** 2,2,4-Trimethylpentan-2-thiol *n*
***n*-octyl methacrylate** Octylmethacrylat *n*
octyl nitrite <$C_8H_{17}NO_2$> Octylnitrit *n*
octyl phenol <$C_8H_{17}C_6H_4OH$> Octylphenol *n*, Diisobutylphenol *n*
octyl trichlorosilane <$C_8H_{17}SiCl_3$> Octyltrichlorosilan *n*
octylamine <$CH_3(CH_2)_7NH_2$> Octylamin *n*, 1-Aminooctan *n*
***n*-octylbicycloheptenedicarboximide** <$C_8H_{17}NC_9H_8O_2$> *n*-Octylbicycloheptendicarboximid *n {Insektizid}*
***n*-octyl-*n*-decyl adipate** Octyldecyladipat *n*, NODA
***n*-octyl-*n*-decyl phthalate** *n*-Octyl-*n*-decylphthalat *n*
octylene <C_8H_{16}> Octylen *n*, Octen *n*
octylene glycol titanate Octylenglycoltitanat *n*
octylene oxide Octylenoxid *n*
octylic acid Octylsäure *f*, Caprylsäure *f*, Heptan-1-carbonsäure *f*, Octansäure *f*
***p*-*tert*-octylphenoxy polyethoxyethanol** Octylphenoxypolyethoxyethanol *n*
***p*-octylphenylsalicylate** <$C_6H_4(OH)CO$-$OC_6H_4C_8H_{17}$> *p*-Octylphenylsalicylat *n*
octyltin Octylzinn *n*
octyltin carboxylate Octylzinncarboxylat *n*
octyltin isooctylthioacetate Octylzinn-Isooctylthioacetat *n*
octyltin mercaptide Octylzinnmercaptid *n*
octyltin stabilizer Octylzinnstabilisator *m*
octyltin trichloride <$C_8H_{17}SnCl_3$> Octylzinntrichlorid *n*
1-octyne Capryliden *n*, Oct-1-in *n*, Hexylacetylen *n*
ocular 1. sichtbar; mit dem Auge; Augen-; 2. Okular *n {Opt}*
OD 1. Außendurchmesser *m*; 2. Außenabmessungen *fpl*; 3. optische Dichte *f*, Schwärzung *f {Photo, Opt}*
odd 1. unpaarig, ungerade, ungeradzahlig *{Math}*; einzeln; 2. schief; 3. nichtgenormt; 4. überzählig
odd-carbon structure ungerade Kohlenstoffanzahl *f* im Molekül *n {Polymer}*
odd-even nucleus Atomkern *m* mit ungerader Protonenzahl *f* und gerader Neutronenzahl *f*, ug-Kern *m {Nukl}*
odd-number[ed] ungeradzahlig
odd-odd nucleus Atomkern *m* mit ungerader Protonen- und Neutronenzahl *f*, uu-Kern *m {Nukl}*
odd term ungerader Term *m {Spek}*
odometer 1. Meßrad *n*; Wegstreckenzähler *m*; 2. Ödometer *n*, Kompressions[durchlässigkeits]gerät *n*
odontolite Zahntürkis *m {obs}*, Odontolith *m {Min}*
odor *{US}* Geruch *m*
odor masking agent Geruchsüberdecker *m*
odor molecule Geruchsmolekül *n*
odor permeability Aromadurchlässigkeit *f*
odor-reducing geruchsmindernd, geruchsunterdrückend
odor-removal apparatus Desodoriergerät *n*, Geruchsbeseitigungsgerät *n*
odorant Odorans *n*, Odor[is]ierungsmittel *n*, Odoriermittel *n*
odoriferous wohlriechend, duftend, aromatisch
odoriferous compound Odoriermittel *n {DIN 51855}*, Odor[is]ierungsmittel *n*, Odorans *n*
odoriferous substance Geruchsstoff *m {Oberbegriff für Riech- und Duftstoffe}*
odorimetry Geruchsmessung *f*, Odorimetrie *f*, Olfaktometrie *f*
odorless duftlos, geruchfrei, geruchlos, nichtriechend, geruchsneutral
odorous duftig, wohlriechend, aromatisch
odorous compounds aromatische Verbindungen *fpl {Kosmetik}*
odorous substance Geruchsstoff *m {Oberbegriff für Riech- und Duftstoffe}*
odorproof aromadicht
odour *{GB}* *s.* odor *{US}*
odyssic acid Odyssinsäure *f*
odyssin Odyssin *n*
oellacherite Baryt-Glimmer *m {obs}*, Bergglimmer *m {Triv}*, Barium-Muskovit *m*, Öllacherit *m {Min}*

oenanthal <$CH_3(CH_2)_5CHO$> Önanthal *n*, *n*-Heptylaldehyd *m*, Önanthaldehyd *m*, *n*-Heptanal *n*
oenanthic acid *s.* *n*-heptanoic acid
oenanthic ether <$CH_3(CH_2)_5COOC_2H_5$> Önanthsäureethylester *m*, Önanthether *m*, Weinhefenöl *n*
oenanthine Önanthin *n*
oenanthotoxin <$C_{17}H_{22}O_2$> Oenanthotoxin *n*
oenological weinkundlich, önologisch
oenometer Önometer *n*, Weinwaage *f* *{Aräometer zur Alkoholbestimmung}*
oersted Oersted *n* *{obs; Magnetfeldstärke-Einheit, 1 Oe = 79,58 A/m}*
oestradiol <$C_{18}H_{24}O_2$> Östradiol *n*
oestradiol 6β-monooxygenase *{EC 1.14.99.11}* Östradiol-6β-monooxygenase *f*
oestriol Östriol *n*, Estriol *n* *{Physiol}*
oestrogen Östrogen *n*, Estrogen *n*, östrogenes Hormon *n*, Follikelhormon *n*
oestrogenic östrogen, estrogen, brunstauslösend
oestrone <$C_{18}H_{22}O_2$> Östron *n*, Estron *n*
of higher atomic valence höheratomig
of higher valency höherwertig
off 1. Weg-, Ab-, Fern-; 2. geschlossen; abgeschaltet, aus[geschaltet]
off-center außermittig, unmittig, exzentrisch
off-center position Unmittigkeit *f*
off-flavor Beigeschmack *m*, Off-Flavour *m* *{Geschmacks- und/oder Geruchsfehler bzw. -abweichung}*
off-gas Abgas *n*
off-line Off-line-; selbständig [betrieben], rechnerunabhängig [arbeitend]
off-loading Entladen *n*, Abladen *n*
off-period Haltezeit *f*, Verweilzeit *f*, Aufenthaltszeit *f*; Brennpause *f* *{Lichtbogen}*; Sperrzeit *f* *{z.B. bei Gleichrichtern}*
off-position Nullstellung, Abschaltstellung *f*, Ausschaltstellung *f*, "Aus"-Stellung *f*
off-site chemical drains Chemieabtransport *m*
off-site low-salt-content liquid waste salzarmer Abtransport *m*
off-site high-salt-content liquid waste salzhaltiger Abtransport *m*
off-site saponaceous liquid waste seifiger Abtransport *m*
off-sites Nebenanlagen *fpl*
off-take Entnahme *f*
offal timber Abfallholz *n*
offer/to [an]bieten; offerieren
offer 1. Angebot *n*, Offerte *f*; 2. Antrag *m*
office 1. Büro *n*; 2. Amt *n*, Ministerium *n*; 3. Schalter *m*; 4. Filiale *f*; 5. Aufgabe *f*, Dienst *m*
office computer Bürorechner *m*, Bürocomputer *m* *{Anlage der mittleren Datentechnik}*
office equipment Bürogeräte *npl*, Büromaschinen *fpl*
office furniture Büromöbel *pl*
Office of Industrial Affairs Gewerbeaufsichtsamt *n* *{Deutschland}*
office of toxic substances Giftstoffzentrale *f*
official 1. offizinal, offizinell *{Arzneimittel}*; 2. offiziell, amtlich, behördlich; Amts-; 3. Beamter *m*
official weight Arzneigewicht *n*
officially approved Inspection Agency Technischer Überwachungsverein *m*
offset 1. abgesetzt; gekröpft; ausgeglichen; 2. Absatz *m*; 3. Versatz *m* *{an Bauteilen, bei Glasformen, an Gußstücken}*; 4. Staffelung *f* *{Tech}*; 5. Proportionalabweichung *f* *{bleibende Regelabweichung}*; 6. Offsetdruck *m*, Offset *m* *{Flachdruck}*; 7. Abliegen *n*, Abfärben *n*; 8. Kröpfen *n*, Abbiegen *n*; 9. Ausgleichen *n*
offset [printing] ink Offset[druck]farbe *f*, Umdruckfarbe *f*
offset process Offsetverfahren *n* *{Druck}*
offset yield strength Dehngrenze *f*, Ersatzstreckgrenze *f*
offset yield stress Dehnspannung *f*
offshore 1. küstennah; ablandig; seewärts, von der Küste her/ab; 2. Schelf *m* unterhalb der tiefsten Brandungseinwirkung
offshore plattform Bohrplattform *f*
OFHC copper *{oxygen-free high-conductivity copper}* sauerstofffreies Kupfer *n* hoher Leitfähigkeit *f*, OFHC-Kupfer *n*
ohm Ohm *n* *{SI-Einheit des elektrischen Widerstandes, = V/A}*
acoustical ohm akustisches Ohm *n* *{= 0,1 $MN{\cdot}s/m^3$}*
international ohm internationales Ohm *n* *{obs, = 1,00049 Ohm}*
mechanical ohm mechanisches Ohm *n* *{= 0,001 NS/m}*
reciprocal ohm Siemens *n*
true ohm Quecksilber-Ohm *n* *{obs; 106,3 cm Hg-Faden von 1 mm^2}*
Ohm's law Ohmsches Gesetz *n*
ohmage Gleichstromwiderstand *m*
ohmic ohmisch, ohmsch
ohmic drop [of voltage] ohmscher Spannungsabfall *m*, IR-Abfall *m*
ohmic loss ohmscher Verlust *m*, Stromwärmeverlust *m*
ohmic overvoltage ohmscher Spannungsabfall *m*
ohmic resistance ohmscher Widerstand *m*, Gleichstrom-Widerstand *m*
ohmmeter Ohmmeter *n*, Widerstandsmesser *m*
oil/to 1. [ein]ölen, einfetten; schmieren; 2. fetten, abölen *{Gerb}*; 3. schmälzen *{Text}*
oil 1. Öl *n* *{z.B. Speiseöl, Heizöl}*; 2. Erdöl *n*; 3. Tran *m*, Tranöl *n*
oil absorption 1. Ölabsorption *f*, Absorption *f*

in Öl *n*; 2. Ölzahl *f*, Ölbedarf *m*, Ölaufnahme *f* *{Anstrichmittel}*
oil absorption capacity Ölaufnahmefähigkeit *f*, Ölabsorptionsvermögen *n*
oil absorption value Ölzahl *f {Anstrichmittel}*
oil acidimeter Ölacidimeter *n*
oil additive Additiv *n*, Ölzusatzmittel *n*
oil aerometer Ölaerometer *n*, Ölwaage *f*, Öldichte-Meßgerät *n*
oil atomizer Ölzerstäuber *m*, Öldüse *f*
oil backstreaming Ölrückströmung *f {Vak}*
oil baffle sheet Ölfangblech *n {Vak}*
oil barrel Ölfaß *n*
oil-base mordant Ölbeize *f*
oil-base paint Ölfarbe *f*, Ölanstrichfarbe *f*
oil basin Ölbehälter *m*
oil bath Ölbad *n {Lab}*
oil black Ölruß *m*, Ölschwarz *n*, Lampenruß *m*, Rußschwarz *n*
oil bleaching Ölbleiche *f {Text}*
oil-bearing erdölhaltig, erdölführend
oil binder Ölbinder *m {bei Ölschäden}*
oil-binding agent Ölbindemittel *n*
oil-binding property Ölbindevermögen *n*
oil blends Ölmischungen *fpl*
oil bomb Napalmbombe *f*
oil boom Ölstopschlauch *m*, Ölsperrponton *n*
oil-bound casein point Ölkaseinfarbe *f*
oil-bound distemper Ölbasis-Temperafarbe *f*
oil burner Ölbrenner *m*
oil burning 1. ölgefeuert; 2. Ölfeuerung *f*
oil-burning furnace Ölflammofen *m*
oil cake Ölkuchen *m*, Preßkuchen *m*
oil can Ölkanne *f*, Schmierkanne *f*
oil carbon Ölkohle *f*
oil catcher Ölfänger *m*, Ölfang *m*, Ölabscheider *m*, Ölausscheider *m*
oil centrifuge Entölungszentrifuge *f*
oil chalk Ölkreide *f*
oil chemistry Erdölchemie *f*
oil clarifier Ölreiniger *m*
oil cleaner Ölreiniger *m*
oil coke Petro[leum]koks *m*, Ölkoks *m*
oil colo[u]r Ölfarbe *f*
oil-colo[u]r pencil Ölfarbstift *m*
oil compatibility Ölverträglichkeit *f*
oil-conditioning plant Ölaufbereitungsanlage *f*
oil containing naphthenic acid saures Öl *n*
oil content Ölgehalt *m*
oil content in twostroke mixtures Schmierölgehalt *m* in Zweitaktmischungen
oil-cooled apparatus ölgekühlter Apparat *m*
oil cooler Ölkühler *m*
oil-cooling unit Ölkühler *m*
oil-creep barrier Kriechsperre *f*, Ölkriechsperre *f*
oil creepage Ölkriechen *n {Vak}*
oil crusher Ölmühle *f*, Ölwerk *n*
oil crust Ölkruste *f*
oil cup Ölgefäß *n*, Schmierbüchse *f*, Schmiervase *f*; Ölbehälter *m {Viskosimeter}*; Petroleumgefäß *n {Flammpunktprüfer}*
oil deodorization Öldesodorisierung *f*
oil deodorizer Öldesodoriseur *m*
oil deposit 1. Erdöllagerstätte *f*, Erdölvorkommen *n {Geol}*; 2. Ölrückstand *m*, Ölschlamm *m* *{Motor}*
oil-diffusion pump Öldiffusionspumpe *f*
oil distilling process Öldesillationsverfahren *n*
oil dregs Ölrückstand *m*
oil dressing Fettappretur *f {Leder}*
oil ejector [pump] Öldampfstrahlpumpe *f*; Ölsaugstrahlpumpe *f*, Ölsaugstrahler *m*, Ölejektor *m*
oil enamel Öllack *m*
oil evaporizer Ölreiniger *m*
oil expeller Ölpresse *f*
oil-extended ölverstreckt, ölgestreckt, ölplastiziert, ölhaltig *{z.B. Kautschuk}*
oil-extended rubber ölverstreckter Kautschuk *m*, ölplastizierter Kautschuk *m*
oil extraction Ölextraktion *f*, Ölgewinnung *f*
oil extractor Ölextraktor *m*, Ölschleuder *f*
oil fatty acid Ölfettsäure *f*
oil-field production chemicals Hilfsstoffe *mpl* für Erdölgewinnung
oil film Ölfilm *m*, Ölhaut *f*, Schmierfilm *m*, Ölhäutchen *n*
oil filter Ölfilter *n*, Ölreinigungsvorrichtung *f*, Schmierölfilter *n*
oil-finishing tank Behälter *m* zum Nachbehandeln in Öl *{Gerb}*
oil-fired ölgefeuert, ölbeheizt, ölgeheizt, mit Ölfeuerung, öltemperiert
oil-fired furnace ölgeheizter Ofen *m*, Petroleumfeuerung *f*
oil firing Ölfeuerung *f*
oil-flotation process Ölschwemmverfahren *n*
oil for processing metals Metallbearbeitungsöl *n*
oil-forming ölbildend
oil fraction Ölschnitt *m {Dest}*
oil-free öfrei
oil from coal Kohleöl *n*
oil from coal plant Anlage *f* zur Gewinnung von Öl aus Kohle
oil fuel Heizöl *n*
oil fume Öldunst *m*
oil furnace Ölfeuerung *f*
oil gas Ölgas *n*, Erdölgas *n*
oil-gas generator Fettgasgenerator *m*, Ölgasgenerator *m {Erdöl-Dampf-Verfahren}*
oil gasification Ölvergasung *f*, Erdölvergasung *f*
oil gilding Ölvergoldung *f*
oil-graphite Ölgraphit *n*

oil hardening Ölhärten *n*, Ölhärtung *f*, Härten *n* in Öl *n* *{Met}*
oil-hardening bath Ölhärtungsbad *n* *{Met}*
oil-heated ölbeheizt, öltemperiert, ölgeheizt, mit Öl *n* geheizt, mit Öl *n* beheizt
oil hydrogenation Ölhärtung *f*, Härtung *f* von Ölen *{Lebensmittel}*
oil hydrometer Ölwaage *f*
oil-immersed 1. unter Öl; Öl-; 2. ölgetaucht, ölüberlagert, ölumspült, in Ölbad getaucht
oil-immersed switch Ölschalter *m*
oil-immersed vane pump in Öl *n* eintauchende Flügelpumpe *f*, Öltauchflügelpumpe *f* *{Plastverarbeitungsmaschinen}*
oil-immersion objective Ölimmersionsobjektiv *n* *{Opt}*
oil-impregnated ölgetränkt, mit Öl getränkt, ölimprägniert
oil-in-water emulsion Öl-in-Wasser-Emulsion *f*
oil-in-water formulation Öl-in-Wasser-Zubereitung *f* *{Pharm}*
oil industry Erdölindustrie *f*, petrochemische Industrie *f*
oil interceptor Ölabscheider *m*
oil jacket Öl[heiz]mantel *m*, ölgespeister Heizmantel *m*, umhüllendes Ölbad *n*
oil joint Ölabdichtung *f*
oil lamp Petroleumlampe *f*
oil leather Sämischleder *n*, Ölleder *n*, ölgares Leder *n*
oil length Ölgehalt *m* *{in Gallonen bezogen auf 45,3 kg Harz}*, Verhältnis *n* Öl/Harz; Fettigkeit *f* *{Anstrichmittel}*, Pfündigkeit *f* *{in der klassischen Ölkopallacktechnik}*
oil mill Ölmühle *f*, Ölwerk *n*
oil-modified ölmodifiziert *{z.B. Harz}*
oil mordant Netzbeize *f*, Ölbeize *f* *{Text}*
oil mud Ölschlamm *m*, Ölrückstand *m*
oil of absinthe Wermutöl *n*
oil of amyris Westindisches Sandelholzöl *n* *{etherisches Öl aus Amyris blamifera L.}*
oil of anthos Rosmarinöl *n*
oil of apple Pentylvalerat *n*
oil of artifical almond Benzaldehyd *m*
oil of bananas Pentylacetat *n*
oil of bay echtes Bayöl *n* *{Pimenta racemosa (Mill.) J.W. Moore}*
oil of bitter almond *s.* almond oil
oil of Brazil nut Paranußöl *n*, Brasilnußöl *n* *{Samen der Bertholletia excelsa Humb. et Bonpl.}*
oil of cananga Ylang-Ylang-Öl *n*, Ilang-Ilang-Öl *n*, Maccarblütenöl *n*, Orchideenöl *n*, Canangaöl *n* *{Cananga odorata}*
oil of candlenuts Lumbangöl *n*
oil of celery seed Sellerieöl *n* *{Samen von Apium graveolens L.}*
oil of checkerberry Gaultheriaöl *n*
oil of chinawood Tungöl *n*
oil of cinnamon leaf Zimtblätteröl *n*
oil of clove bud Nelkenknospenöl *n*
oil of cloves Nelkenöl *n*, Gewürznelkenöl *n* *{Syzygium aromaticum (L.) Merr. et L.M. Perry}*
oil of cognac Ethylhexylether *m*
oil of East Indian sandalwood *{BS 2999}* Ostindisches Sandelholzöl *n* *{Santalum album L.}*
oil of flaxseed Leinöl *n*
oil of Florence Olivenöl *n*
oil of gingelly Sesamöl *n*
oil of lavander Lavendelöl *n*
oil of lemon Zitronenschalenöl *n*
oil of lemongrass Lemongrasöl *n* *{Cybopogon-Arten}*
oil of maize Maisöl *n*
oil of mandarin *{BS 2999}* Mandarinöl *n* *{Citrus nobilis}*
oil of melissa Melissenöl *n*
oil of mirbane Nitrobenzol *n*
oil of orange Orangenschalenöl *n*, Pomeranzenschalenöl *n*
oil of orange blossoms Neroliöl *n*, Orangenblütenöl *n*
oil of parsley [seed] Petersilienöl *n* *{etherisches Öl der Frucht von Petroselinum crispum (Mill.) Nam. ex A.W. Hill.}*
oil of pears Pentylacetat *n*
oil of pennyroyal Poleiöl *n* *{Poleiminze, Mentha pulegium L.}*
oil of peppermint Pfefferminzöl *n* *{Mentha piperita}*
oil of pimento berry Pimentöl *n*, Neugewürzöl *n* *{Samen der Pimenta dioica}*
oil of pimento leaf *{BS 2999}* Nelkenpfefferöl *n*
oil of pineapple Ethylbutanoat *n*, Ethylbuttersäureester *m*
oil of pinetar Nadelholz-Teeröl *n*
oil of ricinus Castoröl *n*, Rizinusöl *n*
oil of rosemary *{BS 2999}* Rosmarinöl *n*
oil of rosewood Rosenholzöl *n*, Cayenne-Linaloeöl *n* *{Ocotea caudata Mez.}*
oil of sage Salbeiöl *n* *{Salvia officinalis oder S. sclarea}*
oil of shaddock Grapefruitöl *n*, Pampelmusenöl *n*
oil of spearmint Krauseminzöl *n* *{Mentha spicata L.}*
oil of spike lavender Spiklavendelöl *n*, Nardenöl *n*, Spiköl *n* *{etherisches Öl der Blüten von Lavandula latifolia Medik.}*
oil of turpentine Terpentinöl *n*
oil of vetiver Vetiveröl *n* *{Vetiveria zizanioides (L.) Nash}*

oil of Virginian cedarwood *{BS 2999}* amerikanisches Zedernholzöl *n*
oil of vitriol Vitriolöl *n*, Vitriolsäure *f*, Schwefelsäure *f {konzentriert}*
oil of wintergreen Methylsalicylat *n*, Salicylsäuremethylester *m*
oil orange <$C_6H_5NNC_{10}H_6OH$> Sudan 1 *n*, Carminnaphthen *n*
oil paint Ölfarbe *f*
oil paper Ölpapier *n*
oil paste Konzentrat *n*, Ölpaste *f {Farb}*
oil permeability Öldurchlässigkeit *f*
oil pollution Ölpest *f*
oil press Ölpresse *f*
oil pressing Ölschlagen *n*
oil-pressure ga[u]ge Öldruckanzeiger *m*, Schmierstoffdruckmesser *m*, Ölmanometer *n*
oil primer Ölgrundierung *f*
oil priming Ölgrundierung *f*, Ölgrundieren *n*
oil processing Ölverarbeitung *f*, Erdölverarbeitung *f*
oil producer Erölproduktionsbohrung *f*, Erdölförderbohrung *f*, Fördersonde *f*
oil-producing country Öl[liefer]land *n*, ölproduzierendes Land *n*; OPEC-Land *n*
oil product Erdölprodukt *n*
oil production Erdölförderung *f*, Erdölgewinnung *f*
oil-production platform Erdölbohrturm *m*, Bohrturm *m*
oil-proof ölbeständig, ölundurchlässig
oil pump Ölpumpe *f*
oil purification Ölreinigung *f*
oil purifier Ölfiltereinrichtung *f*, Ölreinigungseinrichtung *f*, Ölreiniger *m*
oil quenching Ölabschreckung *f*, Ölabschrekken *n {Met}*
oil-reactive resin ölreaktives Kunstharz *n*, ölreaktives Harz *n*
oil reclaimer Altölaufbereitungsanlage *f*, Ölrückgewinnungseinrichtung *f*
oil recovery Ölrückgewinnung *f {z.B. aus dem Wasser}*
oil-recovery factor Entölungsgrad *m*
oil-recovery plant Ölrückgewinnungsanlage *f*
oil rectifier Ölrückgewinnungsanlage *f*
oil red Sudan III *n*
oil refinery Erdölraffinerie *f*
oil refining Erdölverarbeitung *f*, Mineralölverarbeitung *f*, Ölraffination *f*, Ölraffinierung *f*
oil regenerating plant Ölregenerieranlage *f*
oil-removal plant Entölungsanlage *f*
oil-removal filter Entölungsfilter *n*
oil requirement Öl[mengen]bedarf *m*, Ölverbrauch *m*
oil reservoir 1. Erdöllagerstätte *f*, Ölanreicherung *f*, Ölansammlung *f {Geol}*; 2. Ölbehälter *m*, Ölkammer *f*
oil residue Ölrückstand *m*, Ölschlamm *m*
oil resin Ölharz *n*
oil resistance Ölbeständigkeit *f*, Ölfestigkeit *f*
oil-resistant ölbeständig, ölfest
oil sand Ölsand *m {Geol}*
oil seal Öldichtung *f {z.B. Simmerring}*, Ölabdichtung *f*, Ölverschluß *m*
oil sediment Ölsatz *m*, Ölschlamm *m*
oil-seed Samen *m* einer Ölfrucht *f*, Ölsaat *f*
oil-seed residue Ölkuchen *n*, Preßkuchen *m {Rückstände der pflanzlichen fetten Öle}*
oil separation Ölabscheidung *f*
oil-separation plant Entölungsanlage *f*
oil-separation tendency Ölabscheidung *f {Trib}*
oil shale bituminöser Schiefer *m*, Ölschiefer *m*, Bitumenschiefer *m {Geol}*
oil siccative Öltrockner *m*
oil-sight glass Ölstandsschauglas *n*, Ölstandsauge *n*
oil skin 1. Ölhaut *f {Text}*; 2. Ölzeug *n {Arbeitsbekleidung}*
oil slag Ölschlacke *f*
oil slick *{US}* Öllache *f*, Ölfläche *f {Ökol}*
oil sludge Ölschlamm *m*
oil smoke Öldampf *m*
oil soap Ölseife *f*
oil-soluble öllöslich
oil-soluble dye[stuff] mineralöllöslicher Farbstoff *m*, Sudanfarbstoff *m*, Ceresfarbstoff *m*, Oleosolfarbe *f*
oil-soluble resin öllösliches Harz *n*
oil spill Ölauslauf *m*, Ölverschütten *n {Ökol}*
oil spot Ölfleck *m*
oil spray Ölstaub *m*
oil-spray arrester Ölfangblech *n {Vak}*
oil stability Ölbeständigkeit *f*
oil stain 1. Ölfleck *m*; 2. Ölbeize *f {Farb}*
oil strainer Ölfiltereinrichtung *f*, Ölsieb *n*, Schmierölfilter *n*
oil stripper Ölreiniger *m*
oil-submerged 1. unter Öl; Öl-; 2. ölüberlagert, ölgetaucht, ölumspült, in Ölbad getaucht
oil substitute Ölersatz *m*
oil suck-back Ölrückfluß *m {Vak}*
oil tanker Öltanker *m*, Öltankschiff *n*
oil-tanned sämischgar, *{im erweiterten Sinne}* fettgar
oil tanning Sämischgerbung *f {Leder}*
oil tester Ölprüfer *m*
oil testing Ölprüfung *f*, Öltesten *n*
oil-testing centrifuge Ölprüfungszentrifuge *f*
oil-testing machine Ölprüfmaschine *f*
oil-tight öldicht *{mechanische Verbindung}*
oil-tracking paper Ölpauspapier *n*
oil-transfer pump Ölförderpumpe *f*
oil trap Erdölfangstruktur *f*, Ölfalle *f*, Erdöl-

falle *f {Geol}*; 2. Entöler *m*, Ölfänger *m*, Ölabscheider *m*
oil-treating plant Ölaufbereitungsanlage *f*
oil tube Ölleitung *f*
oil vapo[u]r Öldampf *m*, Öldunst *m*, Ölstaub *m*
oil-vapo[u]r-jet pump Öldampfstrahlpumpe *f*
oil-vapo[u]r pump Öltreibdampfpumpe *f*
oil varnish Ölfirnis *m*, Öllack *m*
oil weir Ölschütz *m*
oil well 1. Ölquelle *f*, Erdölquelle *f*; 2. Erdölbohrung *f*, Erdölbohrloch *n*, Ölbrunnen *m*, Ölbohrung *f*
oil-well cement Ölquellenzement *m*
oil-well stimulants Erdölförderungs-Stimulationsmittel *npl*
oil white Ölweiß *n*
oil with high igniting temperature schwerentflammbares Öl *n*
aromatic oil Duftöl *n*
bodied oil Dicköl *n*
boiled oil Ölfirnis *m*
coat of oil paint Ölfarbenanstrich *m*
cold test oil kältebeständiges Öl *n*
containing oil ölhaltig
crude oil *{US}* Erdöl *n*
distilled oil etherisches Öl *n*
drying oil trocknendes Öl *n*
edible oil *{US}* Speiseöl *n*
essential oil etherisches Öl *n*
fatty oil nichtflüchtiges Öl *n*
fixed oil gehärtetes Öl *n*
frost-resisting oil kältebeständiges Öl *n*
full-gloss oil paint glänzende Ölfarbe *f*
gas from oil gasification Ölspaltgas *n*
hardened oil gehärtetes Fett *n*
heat-resisting oil paint hitzebeständige Ölfarbe *f*
high-vacuum oil pump Hochvakuumölpumpe *f*
lubricating oil Schmieröl *n*
mineral oil Mineralöl *n*, mineralisches Öl *n*
residual oil Restöl *n*, Rückstandsöl *n {Erdöl, Dest}*
solid oil stearinhaltiges Fett *n*
straight-cut oil Direktdestillat *n* in engen Siedegrenzen, Siedegrenzenbenzin *n {Erdöl, Dest}*
undercoat oil paint Ölvorstreichfarbe *f*
volatile oil etherisches Öl *n*, flüchtiges Öl *n*
oilcloth Wachstuch *n*, Öltuch *n {Text}*
oilcloth varnish Wachstuchlack *m*
oiled geölt; geschmiert
oiled paper Ölpapier *n*
oiled silk Ölseide *f*
oiler 1. Öler *m {Gerät nach DIN 3410}*; 2. Ölkanne *f*, Schmierkanne *f*; 3. Schmierwart *m*, Schmierer *m {Person}*; 4. Öltanker *m*; 5. *{US}* Fördersonde *f*, Erdölproduktionsbohrung *f*, Förderbohrung *f*
oilfield Ölfeld *n*, Erdölfeld *n*
oilfoot Ölbodenzusatz *m*, Ölteig *m*
oiliness 1. Fettigkeit *f*, Öligkeit *f*; Schlüpfrigkeit *f*; 2. Schmierfähigkeit *f*, Schmiergüte *f*, Schmierwert *m*, Schmierergiebigkeit *f*; 3. Peroxidranzigkeit *f*, altöliger Geschmack *m {ranziger Fette; Lebensmittel}*; 4. Verölung *f {Tech}*
oiling 1. Ölen *n*, Einfetten *n*, Schmieren *n*; 2. Verölung *f {z.B. von Zündkerzen}*; 3. Schmälzen *n*, Spicken *n {Text}*
oiling apparatus Schmälzapparat *m {Text}*
oilnigrosine **<$C_{30}H_{23}N_5$>** Nigrosin Base *f*, spiritlösliches Nigrosin *n*, Nigrosin-Fettfarbe *n*
oilometer Ölmesser *m*, Ölwaage *f*, Oleometer *n*
oilproof öldicht, ölbeständig, ölundurchlässig, ölfest
oilstone Ölstein *m*, Ölwetzstein *m*, Abziehstein *m*
oily ölig, ölartig; schmierig, verschmiert; ölhaltig; Öl-
oily mordant Ölbeize *f {Text}*
oily scum Ölschaum *m*
oily soil öliger Schmutz *m*
oily taste Ölgeschmack *m*
ointment Salbe *f {Pharm}*
ointment agitator Salbenrührwerk *n*
ointment base Salbengrundlage *f*
ointment for burns Brandbalsam *m*
ointment for wounds Wundsalbe *f*
ointment mill Salbenmischer *m*
oiticica oil Oiticika-Öl *n {Licania rigida Benth.}*
old alt; Alt-
old concrete Altbeton *m*
old fustic [echtes] Gerbholz *n*, echter Fustik *m*, alter Fustik *m {Chlorophora tinctoria Gaud.}*
old gold Altgold *n {Bronzepulver; Farb}*
old metal Altmetall *n*
oldhamite Oldhamit *m {Min}*
oleaginous ölartig, ölig; ölhaltig; Öl-
oleaginous seeds Ölsaat *f*, Samen *m* einer Ölfrucht *f*, ölhaltiger Samen *m*
oleamide **<(Z)-$CH_3(CH_2)_7CH{=}CH(CH_2)_7CNH_2$>** Oleamid *n*
oleander Oleander *m*, Rosenlorbeer *m {Nerium oleander L.}*
oleandomycin **<$C_{35}H_{61}NO_{12}$>** Oleandomycin *n*
oleandrin **<$C_{30}H_{46}O_9$>** Oleandrin *n*
oleandronic acid Oleandronsäure *f*
oleandrose Oleandrose *f*
oleanol **<$C_{29}H_{48}O$>** Oleanol *n*
oleanolic acid Caryophyllin *m*, Oleanolsäure *f*
oleanomycin Oleanomycin *n*
oleanone Oleanon *n*
oleate Oleat *n*, Ölsäureester *m*, ölsaures Salz *n*
oleate hydratase *{EC 4.2.1.53}* Oleathydratase *f*
olefiant gas Ethen *n*, Ethylen *n*

olefin <C_nH_{2n}> Olefin *n*, Alken *n* *{IUPAC}*, Ethylenkohlenwaserstoff *m*
olefin acid Acrylsäure *f*
olefin alcohol <$C_nH_{2n-1}OH$> Olefinalalkohol *m*, Alkenol *n*
olefin aldehyde <$C_nH_{2n-1}CHO$> Olefinaldehyd *m*, Alkenalaldehyd *m*, Alkenal *n*
olefin copolymer Alkencopolymer[es] *n*, Olefincopolymer[es], Olefinmischpolymerisat *n* *{z.B. Butylen/Propylen}*
olefin fibers Olefinfasern *fpl*
olefin halide Olefinhalogenid *n*
olefin ketone <$C_nH_{2n-1}CO$> Olefinketon *n*, Alkenketon *n*, Alkenon *n*
olefin metal complex Olefinmetallkomplex *m*, Metall-*pi*-Alkenkomplex *m*
olefin metathesis Olefinmetathese *f*, Olefinindisproportionierung *f*
olefin oligomer Olefinoligomer *n* *{Dimer, Trimer, Tetramer}*
olefin-oxid polymerization Olefinoxidpolymerisation *f*
olefin polymer Olefinpolymerisat *n*
olefin resin *s.* olefin polymer
olefin sulfonates Olefinsulfonate *npl* *{Detergentien}*
olefine s. olefin
olefinic olefinisch; Olefin-; Alken-
oleic acid <$CH_3(CH_2)_7CH=CH(CH_2)_7CO_2H$> Ölsäure *f*, Oleinsäure *f*, Elainsäure *f*, *cis*-Octadec-9-ensäure *f*
oleic acid ester <$C_{18}H_{35}OOCR$> Ölsäureester *m*
oleic acid nitrile <$CH_3(CH_2)_7CH=CH-(CH_2)_7CN$> Oleinsäurenitril *n*
oleic acid soap Ölseife *f*
oleic alcohol <$C_{18}H_{35}OH$> Oleinalkohol *m*
containing oleic acid ölsäurehaltig
oleiferous ölhaltig, ölliefernd; Öl- *{z.B. Samen}*
olein 1. <$(C_{17}H_{33}COO)_3C_3H_5$> (9*Z*)-Glyceroltrioctadec-9-enoat *n*, Olein *n*, Glyceroltrioleat *n*, Triolein *n*; 2. Olein *n*, Elain *n*, Stearinöl *n*, technische Ölsäure *f*, rohe Ölsäure *f* *{Fettsäurengemisch bei Destillation von saurem Fetthydrolysat}*; 3. sulfatiertes Öl *n*; 4. Glycerid *n* der Ölsäure *f* *{Monoolein, Diolein}*
oleinic acid *s.* oleic acid
oleo oil Olein-Palmitin-Gemisch *n* *{aus kaltgepreßtem Talg}*
oleochemicals Ölprodukte *npl* *{aus biologischen Fetten und Ölen}*
oleodipalmitin Oleodipalmitin *n*
oleodistearin Oleadistearin *n*
oleograph Öldruck *m*, Ölfarbendruck *m*
oleography Öl[farben]druck *m*
oleomargarin[e] 1. Margarine *f*; 2. Oleo *n*, Oleomargarin *n*, Rinderweichfett *n* *{Lebensmittel}*
oleometer 1. Oleometer *n*, Ölmesser *m*, Ölwaage *f* *{Öldichtemesser}*; 2. Oleometer *n* *{Ölanteil-Meßgerät}*
oleone Oleon *n*
oleopalmitostearin Oleopalmitostearin *n*
oleophilic oleophil, ölanziehend
oleophobic oleophob, ölabweisend
oleophobizing Oleophobierung *f*
oleoresin Fettharz *n*, Ölharz *n*, Oleoresin *n*, Weichharz *n* *{etherische Öl/Harz-Mischung}*
oleoresinous Ölharz-, Öl-Naturharz-
oleoresinous compounds Öl-Naturharz-Dichtungsmasse *f*
oleoresinous varnish Ölharzlack *m*, Harz-Öl-Lack *m*, Öl-Naturharz-Lack *m*
oleostearic acid Oleostearinsäure *f*
oleostearin Rinderstearin *n*
oleoyl chloride <$CH_3(CH_2)_7CH=CH(CH_2)_7-COCl$> *cis*-Octadec-9-enoylchlorid *n*, Oleoylchlorid *n*
oleum rauchende Schwefelsäure *f*, Nordhauser Schwefelsäure *f*, Oleum *n*
oleum refining Oleumraffination *f*, Naßraffination *f*
oleyl alcohol Oleylalkohol *m*, *cis*-Octadec-9-en-1-ol *n*
oleyl ethanesulfonic acid Oleylethansulfonsäure *f*
oleyl sodium sulfate Oleylnatriumsulfat *n*
olfactometry Geruchsbestimmung *f*, Geruchsmessung *f*, Odorimetrie *f*
olfactory examination Geruchsprobe *f*, Geruchsuntersuchung *f* *{Lebensmittel}*
olibanum Weihrauch *m*, Olibanum *n* *{Gummiharz von Boswellia-Arten}*
olibanum oil Olibanöl *n*
olides Olide *npl* *{Lactone}*
oliensis spot test Oliensis-Spot-Test *m* *{Verträglichkeit von Destillations- mit Oxidationsbitumen}*
oligoclase Oligoklas *m*, Soda-Spodumen *m* *{Min}*
oligodeoxynucleotide Oligodesoxynucleotid *n* *{z.B. d(ATGCAT)$_2$}*
oligodeoxyribonucleotide Oligodesoxyribonucleotid *n* *{Gen}*
oligodynamic effect oligodynamische Wirkung *f* *{von Stoffen in geringer Menge, z.B. Ag als Sterilmacher}*
oligoethylene glycol Oligoethylenglycol *n*
oligogalacturonide lyase *{EC 4.2.2.6}* Oligogalacturonidlyase *f*
oligo-1,6-glucosidase *{EC 3.2.1.10}* Isomaltase *f*, Grenzdextrinase *f*, Oligo-1,6-glucosidase *f* *{IUB}*
oligomer Oligomer[es] *n* *{Dimer, Trimer, Tetramer usw., bis = 12}*
oligomeric oligomer

oligomeric protein oligomeres Protein *n* *{z.B. rho-Faktor bei DNA-Transkription}*
oligomerization Oligomerisation *f*, Oligomerbildung *f*
oligomerize/to oligomerisieren
oligomerous oligomer
oligomycin Oligomycin *n* *{Polyenantibiotikum}*
oligonspar Oligonspat *m*, Mangan-Siderit *m* *{Min}*
oligonucleotidase *{EC 3.1.13.3}* Oligonucleotidase *f*
oligonucleotide Oligonucleotid *n*, Oligonukleotid *n* *{Biochem, 2-20 Nucleotide}*
oligopeptide Oligopeptid *n* *{<10 Aminosäuren}*
oligoribonucleotide Oligoribonucleotid *n* *{z.B. T4-RNA-Ligase}*
oligosaccharide Oligosaccharid *n* *{2-10 Einheiten}*
oligotrophic nährstoffarm, oligotroph *{Ökol; relativ O_2-reich}*
olivacine Olivacin *n*
olive 1. olivgrün, olivenfarben, olivenfarbig; Olivgrün *n*; 2. Ölbaum *m*, Olivenbaum *m* *{Olea europaea L.}*
olive-green 1. olivgrün, olivfarben, olivenfarbig; 2. Olivgrün *n*
olive kernel oil Olivenkernöl *n*
olive oil Olivenöl *n* *{von Olea europaea L.}*
olive ore Olivenerz *n*, Olivenit *m* *{Min}*
olive tree Ölbaum *m*, Olivenbaum *m* *{Olea europaea L.}*
lowest grade of olive oil Höllenöl *n*
olivenite Olivenit *m*, Olivenerz *n*, Olivenkupfer *n*, Leukochalcit *m* *{Min}*
olivetol **<$C_5H_{11}C_6H_3(OH)_2$>** Olivetol *n*, 5-Pentylresorcin *n*
olivetoric acid Olivetorsäure *f*
olivine Olivin *m*, Chrysolith *m*, Peridot *m*, Olivinoid *m* *{Min}*
omega hyperon Omegahyperon *n*, Omegateilchen *n* *{Nukl; 1672 MeV}*
omega particle *s.* omega hyperon
omegameson Omegameson *n* *{Nukl; 783 MeV}*
omegatron Omegatron *n* *{Laufzeit-Massenspektrometer}*
omegatron ga[u]ge Vakuummeter *n* nach dem Omegatronprinzip
omission Unterlassung *f*, Versäumnis *n*; Auslassung *f*, Weglassung *f*
omit/to auslassen, weglassen; unterlassen, versäumen
ommochrome Ommochrom *n* *{Tierpigment}*
omphacite Omphacit *m* *{Min}*
on 1. auf, an *{Ort}*; 2. an *{Zeit}*; 3. geöffnet, auf; angestellt, eingeschaltet, ein
on a batch basis chargenweise
on all sides allseitig
on an industrial scale in großtechnischem Maßstab *m*
on both sides doppelseitig, beidseitig
on-line on-line, rechnerabhängig, angeschlossen, prozeßgekoppelt, direktgekoppelt, in Verbindung *f* arbeitend *{EDV}*; mitlaufend, schritthaltend; während der Fertigung *f*; Online-
on-line analysis automatische, prozeßbegleitende Analyse *f*
on-line operation Online-Betrieb *m*, prozeßgekoppelter Betrieb *m*
on-line viscosymetry Online-Viskosimetrie *f*, durchgängige Viskositätsmessung *f*
on-off control Zweipunktregelung *f*, Auf-Zu-Regelung *f*
on-off controller *{US}* Zweipunktregler *m*
on-off switch Ein-Aus-Schalter *m*, Zweistellungsschalter *m*
on-period Laufzeit *f*, Laufdauer *f*; Brenndauer *f* *{Lichtbogen}*; Stromzeit *f* *{Schweißen}*
on-site in situ, an Ort *m* und Stelle *f*, vor Ort *m*, intern
on-stream prozeßbegleitend; Prozeß-
on-stream analyse/to im Strom *m* analysieren
on-stream analysis Prozeßanalysentechnik *f*, automatische, prozeßbegleitende Analyse *f* *{stömender Medien}*
on-stream time tatsächliche Betriebszeit *f*, wahre Einsatzdauer *f*
on-time Betriebszeit *f*, Einschaltdauer *f*
once einmal
once-through cooling Durchflußkühlung *f*, Durchlaufkühlung *f*
once-through forced flow Zwangsdurchlauf *m*
once-through operation einmaliger Durchsatz *m*
once-through take-out Einwegbeschickung *f*
oncogenesis Tumorbildung *f* *{Med}*
oncogenic tumorbildend, tumorinitiiernd, geschwulstbildend, onkogen, krebserzeugend, krebsauslösend
oncogenicity Onkogenität *f*
oncogenous *s.* oncogenic
oncolytic tumorzellenzerstörend, krebszerstörend
oncotic onkotisch, kolloid-osmotisch; plasmaosmotisch *{Physiol}*
onctuous ölig
ondograph Wellenschreiber *m* *{Elek}*
ondulation Welligkeit *f*
one 1. ein[e]; 2. Eins *f*
one-and-a-half bond Eineinhalbbindung *f*, anderthalbfache Bindung *f*, Hybridbindung *f*, Anderthalbfachbindung *f* *{Valenz}*
one-bath tanning Einbadgerbung *f* *{Gerb}*
one-carbon fragment C_1-Bruchstück *n*, Ein-Kohlenstoff-Fragment *n*
one-coat paint Einschichtlack *m*

one-coat system Einschichtsystem *n*
one-component adhesive Einkomponentenkleber *m*
one-component compound Einkomponentenmasse *f*
one-component system Einkomponentensystem *n*, Einstoffsystem *n*
one-digit einstellig *{Math}*
one-dimensional eindimensional
one-dimensional lattice eindimensionales Gitter *n {Krist}*
one-dimensional paper chromaatography eindimensionale Papierchromatographie *f*
one-electron atom Einelektronenatom *n {H, He^+, Li^{2+}}*
one-electron bond Einelektronenbindung *f*
one-electron orbital Einelektronenorbital *n*
one-electron oxidation Einelektronenoxidation *f*
one-electron reduction Einelektronenreduktion *f*
one-electron state Einelektronenzustand *m*
one-electron transfer [process] Einelektronen-Austauschreaktion *f {Radikale}*
one-face centered einseitig flächenzentriert *{Krist}*
one-factor-at-a-time method Ein-Faktor-Methode *f {bei Optimierung}*
one-figure einstellig *{Math}*
one-fire colo[u]r Monobrandfarbe *f*
one-floor kiln Einhordendarre *f {Brau}*
one-flow cascade cycle OFC-Verfahren *n*, Kaskadenkreislauf *m* mit Kältemittelgemisch *n {Erdgas}*
one-fluid cell Flüssigkeitselement *n {Elek}*
one-jig process Durchfahrtechnik *f {Galvanik}*
one-layer filter Einfachfilter *n*
one-man operation Einmannbedienung *f*
one-mark pipette Vollpipette *f* mit einer Marke *f {Lab}*
one-mark volumetric flask *{ISO 1042}* Maßkolben *m* mit einer Marke *f {Lab}*
one-off production Einzel[an]fertigung *f*, Stückproduktion *f*
one-pack einkomponentig
one-pack adhesive Einkomponentenklebstoff *m*, Einkomponentenkleber *m*
one-pack silicone rubber Einkomponenten-Siliconkautschuk *m*
one-pack system Einkomponentensystem *n*
one-part adhesive Einkomponentenklebstoff *m*
one-phase system Einphasensystem *n*
one-piece einteilig
one-piece goggles einteilige Schutzbrille *f*
one-point determination Ein-Punkt-Bestimmung *f {Messung}*
one-pot reaction Einstufenreaktion *f*, Eintopfreaktion *f {ohne Isolierung der Zwischenprodukte}*
one-pot synthesis Einstufensynthese *f*
one-shot process Einstufenverfahren *n*, Einstufenherstellung *f {Polyurethan}*
one-side coating einseitige Beschichtung *f {von Trägermaterial}*
one-sided einseitig
one-stage einstufig; Einstufen-
one-stage resin Resol *n*, Harz *n* im A-Zustand *m*, Phenolharz *n* im A-Zustand *m*, Harz *n* im Resolzustand *m*
one-step einstufig; Einstufen-
one-step resin *s.* one-stage resin
one-time radiation exposure of the entire body einmalige Ganzkörperbestrahlung *f*
one-to-one umkehrbar eindeutig; Eineindeutig- *{Math}*
one-trip container Einwegbehälter *m*, Einwegcontainer *m {Frachtbehälter}*
one-trip drum Einwegbehälter *m*, Einwegdrum *f {Metallfaß}*
one-way stopcock Einweg[absperr]hahn *m*
one-way valve Rückschlagventil *n*, Rückströmventil *n*, Rückstausperre *f*, Rücklaufsperre *f*, Rückströmsperre *f*
onegite Onegit *m {Min}*
oneness 1. Einheit *f*; 2. Einzelheit *f*; 3. Identität *f*
onion 1. Zwiebel *f {Allium cepa L.}*; 2. Zwiebel *f*, Blattwurzel *f*, Fuß *m* des Blattes *n {Glas}*
onion oil Zwiebelöl *n*
onium ion <EH_n^+> Onium-Ion *n {z.B. H_3O^+, NH^{4+}, AsH^+}*
onium structure Oniumstruktur *f {Chem}*
onocerin <$C_{30}H_{28}(OH)_2$> Onocerin *n*, Onocol *n*
onocol *s.* onocerin
onofrite Merkurglanz *m {obs}*, Onofrit *m*, Selenschwefelquecksilber *n {Min}*
ononetin Ononetin *n*
ononin <$C_{25}H_{26}O_{11}$> Ononin *n*
ononitol Ononit *m*
ONPG *o*-Nitrophenylgalactosid *n*
Onsager equation Onsager-Gleichung *f {Elektrochem}*
Onsager reciprocal relations Onsager-Relationen *fpl*, Onsagerische Reziprozitätsregeln *fpl {Thermo}*
onset 1. Beginn *m*, Einsetzen *n*, Einsatz *m {z.B. einer Reaktion}*; 2. Anlauf *m {Tech}*; 3. Angriff *m*; 4. Ausbruch *m*, Anfall *m {Med}*
onset of hot shortness Warmbruchbeginn *m {Met}*
ontogenesis Ontogenie *f*, Ontogenese *f {Biol}*
onyx Onyx *m {Min}*
onyx-agate Onyxachat *m {Min}*
onyx-marble Onyxmarmor *m {Min}*
oolite Oolith *m {aus zahlreichen Ooiden zusammengesetztes Gestein, Geol}*

oolite formation Oolithformation *f* *{Geol}*
oolite limestone Oolithischer Kalk *m*
oolitic oolithisch; Oolith[en]-
oolitic hematite Hirseerz *n* *{Min}*
oolitic iron stone Eisenoolith *m* *{Min}*
oolitic ore Linsenerz *n*, Lirokonit *m* *{Min}*
oolitiferous oolithhaltig
ooporphyrine Ooporphyrin *n*
oosporein Oosporein *n*
ootide Ootid *m*
ooze/to sickern, durchsickern
ooze out/to durchsickern, herausströmen, langsam auslaufen
ooze 1. Beize *f*, Gerb[stoff]brühe *f* *{Gerb}*; 2. Schlamm *m*, Schlick *m*
ooze leather Lohbrühleder *n*
oozer *{US}* undichte Dose *f*
oozing Durchsickern *n*
oozy schlammig, schlammhaltig; schlickerig *{Erdöl}*
opacifier Trübungsmittel *n* *{Chem, Glas}*
opacifying power Deckvermögen *n*, Deckfähigkeit *f*, Deckkraft *f*
opacisation Mattieren *n*, Undurchsichtigmachen *n*
opacity 1. Deckfähigkeit *f*, Deckkraft *f*, Deckvermögen *n* *{eines pigmentierten Stoffes}*; 2. Lichtundurchlässigkeit *f*, Opazität *f*, Undurchsichtigkeit *f* *{Photo, Licht}*; 3. Trübung *f* *{Chem, Glas}*; 4. Lasurfähigkeit *f* *{Tech}*; 5. Opazität *f* *{Text, Pap}*
opal Opal *m* *{Silicium(IV)-oxid, Min}*
opal agate Opalachat *m*, Achatopal *m* *{Min}*
opal allophane Opalallophan *m*, Schrötterit *m* *{Min}*
opal blue Opalblau *n*
opal glass Opalglas *n* *{Trübglas}*; trübes Glas *n*, Trübglas *n* *{Sammelbegriff für Milchglas, Alabasterglas, Opakglas, Opal[eszenz]glas}*
opal jasper Opaljaspis *m*, Jaspopal *m* *{Min}*
opal matrix Opalmutter *f*
opal varnish Opalfirnis *m*
brown opaque opal Leberopal *m* *{obs}*, Menelit *m* *{Min}*
ligneous opal Holzopal *m* *{Min}*
transparent opal Hydrophan *m* *{Min}*
opalesce/to opaleszieren, opalisieren, bunt schillern
opalescence Opaleszenz *f*, Opalglanz *m* *{Farbenspiel des Opals}*, Opalisieren *n*, Opaleszieren *n*, Schillern *n* *{Chem, Min}*
opalescent opaleszierend, opalisierend, schillernd; trüb, milchig
opaline 1. opalartig, bunt schillernd; Opal-; 2. trübe, milchig; 3. Opalinglas *n* *{ein Trübglas}*; 4. mit Ton verunreinigter Gips *m*
opaline luster Opalglanz *m*
opalize/to *s.* opalesce/to
opaque 1. undurchsichtig, nichttransparent, nicht durchscheinend, opak; optisch dicht, lichtundurchlässig; milchig, trüb; 2. gedeckt *{Farbton; Text}*; [gut] deckend, deckfähig *{Anstrich}*; 3. Dunkel *n*; 4. Abdecklack *m*
opaque coating deckende Überzugsschicht *f*
opaque colo[u]r Deckfarbe *f*, Lasurfarbe *f*
opaque enamel Opakemail *n*
opaque green Deckgrün *n*
opaque liquid trübe Flüssigkeit *f*
opaque pigment Deckfarbe *f*
opaque quartz Quarzgut *n*
opaque to heat wärmeundurchlässig
opaque white Deckweiß *n*
opaqueness Undurchsichtigkeit *f*, Lichtundurchlässigkeit *f*, Opazität *f*; Trübung *f*
open/to 1. öffnen, aufmachen; 2. durchbrechen, aufsperren; 3. eröffnen, erschließen, aufschließen, ausrichten *{z.B. Lagerstätten}*; 4. beginnen; 5. räumen *{Bohrloch}*; auffahren *{Bergbau}*;
open 1. offen, unterbrochen, getrennt *{z.B. Stromkreis}*; 2. offen, geöffnet, auf; eröffnet; zugänglich; 3. offen, frei; schneefrei, frostfrei; 4. begonnen
open-air bleaching Luftbleiche *f*
open and closed-loop control Steuer-und-Regel-Einrichtung *f*, Steuerungen *fpl* und Regelungen *fpl*
open annealing oven Blauglühofen *m*, Schwarzglühofen *m* *{Met}*
open area 1. Öffnungsverhältnis *n* *{Dest}*; 2. offene Fläche *f*; offene Siebfläche *f* *{Mineralaufbereitung}*
open assembly time offene Wartezeit *f* *{Kleben}*
open bubble offene Oberflächenblase *f*, offene Blase *f* an der Oberfläche *{z.B. an Preßteilen}*; aufgeplatzte Blase *f*
open burning coal Gasflammkohle *f*, Flammkohle *f* *{32-26 % Flüchtiges}*
open-cast mining Tagebauförderung *f*, Tagebaubetrieb *m*, Förderung *f* im Tagebau
open-cell 1. offenzellig, offenporig; 2. offene Zelle *f*, offene Pore *f*
open-cell cellular material offenzelliger Schaumstoff *m* *{z.B. Schwammgummi}*
open-cell character Offenporigkeit *f*
open-cell foam offenporiger Schaumstoff *m*, offenzelliger Schaumstoff *m*
open-chain offenkettig, mit offener Kette *{Stereochem}*
open-chain hydrocarbon offenkettiger Kohlenwasserstoff *m*, alicyclischer Kohlenwasserstoff *m*, aliphatischer Kohlenwasserstoff *m*
open circuit 1. offener Stromkreis *m*,

unterbrochener Stromkreis *m {Elek}*; 2. Leerlaufzustand *m*, Leerlauf *m*; 3. offener Kreislauf *m*
open-circuit impedance Leerlaufimpedanz *f*
open-circuit mill Durchlaufmühle *f*
open-circuit potential elektromotorische Kraft *f*, Ruhespannung *f*
open-circuit principle Durchlaufprinzip *n {Arbeitsprinzip im offenen Kreislauf}*
open-circuit voltage Leerlaufspannung *f*; elektromotorische Kraft *f*, Ruhespannung *f {Batterie}*
open conductance Leitwert *m* des geöffneten Ventils *{Vak}*
open-cup flash point Flammpunkt *m* im offenen Tiegel
open-cup flash-point tester Flammpunktgerät *n* mit offenem Tiegel
open-cycle offener Kreislauf *m {Thermo}*
open-door design Konstruktion *f* mit Änderungsmöglichkeiten
open-ended offen *{z.B. System}*; nach oben hin nicht begrenzt *{z.B. eine Skale}*
open-ended spanner Gabelschlüssel *m*, Maulschlüssel *f*
open filter offenes Filter *n*
open fire offenes Feuer *n*, offene Flamme *f*
open fire kiln Rauchdarre *f {Brau}*
open-flame brazing Flammlöten *n*
open-flame carbon arc lamp *{BS 2782}* nackte Kohlebogenlampe *f*
open-flame soldering Flammlöten *n*
open-flash point Flammpunkt *m* im offen-Tiegel
open gassing coal Gasflammkohle *f*
open-hearth furnace Siemens-Martin-Ofen *m*, SM-Ofen *m*; Herdofen *m*
open-hearth iron Martin[fluß]eisen *n*
open-hearth pig iron Stahlroheisen *n*, Siemens-Martin-Roheisen *n*, Stahleisen *n {zur Stahlerzeugung im Siemens-Martin-Verfahren}*
open-hearth practice Siemens-Martin-Verfahren *n*, SM-Verfahren *n*, Herdfrischverfahren *n*
open-hearth process Siemens-Martin-Verfahren *n*, SM-Verfahren *n*, Herdfrischverfahren *n*
open-hearth refining Herdfrischen *n*
open-hearth steel Siemens-Martin-Stahl *m*, SM-Stahl *m*, Martinstahl *m*, Herdfrischstahl *m*
open line Leitungsunterbrechung *f*
open loop 1. offen, rückführungslos, ohne Rückführung *f* arbeitend *{Regelkreis}*; 2. Regelstrecke *f*, offene Wirkungskette *f*, offener Wirkungskreis *m {Automation}*; 3. Zweiplattenwerkzeug *n*, Doppelplattenwerkzeug *n*, Einetagenwerkzeug *n*
open-loop control circuit offener Steuerkreis *m*, rückführungsloser Steuerkreis *m*
open-mesh offenmaschig, grobmaschig *{Text}*
open-mesh absorbent boom Netzschlauch *m {Schutz}*
open mill offene Mischwalze *f*, Walzenmischer *m {Kunst, Gummi}*
open-packed structure orthogonal-hexagonale Anordnung *f {Krist}*
open-path distillation Kurzwegdestillation *f*
open-path still Kurzwegdestillationsanlage *f*
open-pit ore mining Erztagebau *m*
open porosity Offenporigkeit *f*
open position Öffnungsstellung *f*
open pot offener Hafen *m {Glas}*
open sand gut gasdurchlässiger [Form-] Sand *m*, Formsand *m* mit hoher Gasdurchlässigkeit *f*
open sand filter offenes Sandfilter *n*
open side press einhüftige Presse *f*, einseitig offene Presse *f*, Maulpresse *f*, Schwanenhalspresse *f {Gummi}*
open sieve area freie Siebfläche *f*
open steam direkter Dampf *m*, Direktdampf *m*, Frischdampf *m*
open steam cur[ing] Freidampfheizung *f*, Freidampfvulkanisation *f*, Vulkanisation *f* in offenem Dampf *m {Gummi}*
open-surface cooler Rieselkühler *m*
open-surface degassing Rieselentgasung *f*
open-top can Falzdeckeldose *f*, offene Konservendose *f*
open-topped vessel offenes Gefäß *n*, offener Behälter *m*
open-tubular [capillar] chromatography offene Kapillarchromatographie *f*
open-work 1. durchbrochen; 2. Durchbruch *m*; 3. Ajourstoff *m*, Ajourwirkware *f*, Petineware *f {Text}*
open-wove bandage Mullbinde *f*
opener Klopfwolf *m*, Reißwolf *m*, Baumwollöffner *m {Text}*
opening 1. Loch *n*, Öffnung *f*; Spalt *m*, Lücke *f*; Mündung *f {Rohr}*; Mundloch *n {Bergbau}*; 2. Öffnen *n {Tech, Text}*; Auseinandernehmen *n {Gußform}*; 3. Grubenbau *m*; 4. Apertur *f {Opt}*; 5. Einleiten *n*; 6. Eröffung *f*
opening for filling Einfüllöffnung *f*
opening of a double bond Aufbrechen *n* einer Doppelbindung *f {Valenz}*
opening time Öffnungszeit *f {Ventil, DIN 3320}*
operability 1. Funktionsfähigkeit *f*, Betriebsbereitschaft *f*; 2. Bedienbarkeit *f*
operable 1. betriebsbereit, betriebsfähig, betriebsklar, betriebsfertig; 2. durchführbar; 3. beweglich; 4. ablaufbereit, ablauffähig *{Programm}*; 5. bedienbar
operate/to 1. arbeiten, funktionieren; 2. betätigen, handhaben, bedienen; fahren *{eine Anlage}*; 3. betreiben, leiten; steuern; 4. benutzen; 5. zusammenwirken; 6. operieren *{Med}*
operating accident Betriebsunfall *m*

operating characteristic 1. Betriebsdaten *pl*, Betriebsparameter *mpl*, Betriebseigenschaften *fpl*; 2. Belastungscharakteristik *f*, Belastungskennlinie *f*; 3. Annahmekennlinie *f*, Operationscharakteristik *f*, OC-Kurve *f* *{Statistik}*
operating conditions Arbeitsbedingungen *fpl*, Betriebsbedingungen *fpl*, Bedienungsbedingungen *fpl*, Betriebsdaten *pl*
operating console Schaltpult *n*, Arbeitskonsole *f*
operating control 1. Betriebsüberwachung *f*, Ablaufsteuerung *f*; 2. Bedienungselement *n*, Bedienteil *n*
operating costs Unterhaltskosten *pl*, Betriebsaufwand *m*, Betriebskosten *pl*
operating crew Bedienungsmannschaft *f*, Bedienungspersonal *n*
operating current Betriebsstrom *m*, Arbeitsstrom *m*
operating curve Arbeitskennlinie *f*
operating cycle Arbeitsablauf *m*, Arbeitszyklus *m*, Arbeitstakt *m*
operating data Betriebsdaten *pl*, Betriebsergebnisse *npl*
operating deck Bedienungsbühne *f*, Arbeitsfläche *f*, Arbeitsplattform *f*, Arbeitsbühne *f*
operating diagram Betriebsplan *m*
operating efficiency Betriebswirkungsgrad *m*
operating engineer Betriebsingenieur *m*
operating error Fehlbedienung *f*, Bedienungsfehler *m*
operating expenses Betriebsunkosten *pl*
operating figures Betriebskennzahlen *fpl*
operating floor *s.* operating deck
operating fluid Pumpentreibmittel *n*, Pumpenöl *n*
operating-fluid loop Arbeitsmittelkreislauf *m*
operating forepressure Vorvakuumdruck *m* *{am Vorvakuumstutzen einer Treibmittelpumpe}*
operating in cycles periodisch arbeitend
operating in parallel parallelarbeitend
operating in series seriengeschaltet
operating instructions Betriebsvorschrift *f*, Betriebsanweisung *f*, Betriebsanleitung *f*, Bedienungsvorschrift *f*, Bedienungsanleitung *f* *{DIN 8418}*
operating lever Bedienungshebel *m*, Betätigungshebel *m*
operating licence *{GB}* Betriebserlaubnis *f*
operating license *{US}* Betriebserlaubnis *f*
operating line Arbeitskurve *f*, Arbeitskennlinie *f*, Betriebslinie *f*, Austauschgerade *f* *{Rektifikation}*, Bilanzlinie *f* *{McCabe-Thiele-Diagramm z.B. für Destillation, Extraktion}*
operating load Betriebsbeanspruchung *f*
operating material Betriebsmaterial *n*
operating mechanism Bewegungsvorrichtung *f*, Stellantrieb *m* *{z.B. eines Ventils}*
operating mode Betriebsart *f*, Betriebsweise *f*
operating panel Schalttafel *f*
operating period Betriebsdauer *f*, Betriebszeit *f*
operating personnel Betriebspersonal *n*, Bedienungsmannschaft *f*, Bedienungspersonal *n*
operating platform *s.* operating deck
operating point Arbeitspunkt *m* *{Elek}*
operating position Arbeitsstellung *f*
operating pressure Arbeitsdruck *m*, Betriebsdruck *m* *{DIN 3320}*
operating principle Funktionsprinzip *n*, Arbeitsprinzip *n*
operating pulpit Steuerbühne *f*
operating range 1. Arbeitsbereich *m*, Betriebsbereich *m*, Leistungsfahrbreite *f*; 2. Stellbereich *m*, Regelbereich *m*
operating sequence Funktionsablauf *m*; Arbeitsablauf *m*
operating-sequence display Funktionsablaufanzeige *f*
operating speed 1. Arbeitsdrehzahl *f*, Betriebsdrehzahl *f*; 2. Arbeitsgeschwindigkeit *f*
operating staff Bedienungspersonal *n*
operating switch Bedienungsschalter *m*
operating system 1. Betriebssystem *n*, Operationssystem *n* *{EDV}*; 2. Betätigungssystem *n*
operating temperature Betriebstemperatur *f*, Einsatztemperatur *f*, Arbeitstemperatur *f*
operating-temperature range Betriebstemperaturbereich *m*, Einsatztemperaturbereich *m*, Temperatur-Anwendungsbereich *m*, Temperatur-Einsatzbereich *m*
operating test Betriebsversuch *m*
operating time 1. Betriebszeit *f*, Betriebsdauer *f*, Laufzeit *f*; 2. Arbeitszeit *f*; 3. Schließzeit *f*; Ausschaltdauer *f*, Einschaltdauer *f*; 4. Wirkzeit *f*; Kommandozeit *f* *{EDV}*
operating transient instationärer Betriebszustand *m*
operating trouble Betriebsstörung *f*
operating valve Steuerschieber *m*
operating voltage Betriebsspannung *f*
operation 1. Vorgang *m*; Arbeits[vor]gang *m*, Arbeitsoperation *f* *{Arbeitsablauf am Arbeitsplatz}*; 2. Arbeitsweise *f*, Funktionsbeschreibung *f*; Wirkung *f*, Wirkungsweise *f*; 3. Betätigung *f* *{durch Stellglied}*; 4. Bedienung *f*, Betrieb *m*, Handhabung *f*; Steuerung *f*; 5. Eingriff *m* *{Med}*; 6. Gang *m*, Lauf *m* *{einer Maschine}*; Laufen *n*, Betrieb *m*, Gang *m* *{Tech}*; 7. Prozeß *m*, Verfahren *n*; Vorgang *m*; 8. Operation *f* *{EDV, Math}*; 9. Betriebsweise *f*, Betriebsart *f* *{Elek, Tech}*; 10. Ansprechen *n*, Anziehen *n* *{Relais}*; Schaltspiel *n*; 11. Abarbeiten *n* *{z.B. eines Programms}*
operation accident Bedienungsunfall *m*
operation circuit Steuerkreis *m*

operation control 1. Operationssteuerung *f*; 2. Betriebskontrolle *f*
operation cycle Betriebsablauf *m*, Betriebszyklus *m*; Arbeitstakt *m {Vak}*
operation temperature Betriebstemperatur *f*
operation hour Betriebsstunde *f*
batch operation Chargenbetrieb *m*, schubweiser Betrieb *m*, losweiser Betrieb *m*
continuous operation Dauerbetrieb *m*
cyclic operation periodischer Vorgang *m*
intermittent operation Stoßbetrieb *m*, Unterbrechungsbetrieb *m*
mathematical operation mathematische Operation *f*

operational 1. betrieblich, betriebsbedingt; Betriebs-, Operations-; 2. betriebsfähig, betriebsklar, betriebsfertig
operational altitude Betriebshöhe *f*
operational analysis 1. Verfahrensanalyse *f*; 2. Operatorenrechnung *f*, Operatorenkalkül *n {Math}*
operational area Betriebsbereich *m*
operational characteristics Betriebskennwerte *mpl*
operational check Funktionsprüfung *f*, Funktionskontrolle *f*
operational equipment Betriebsausrüstung *f*
operational error Bedienungsfehler *m*
operational expenses Betriebskosten *pl*
operational factors Betriebseinflüsse *mpl*
operational-fire protection measures betriebliche Brandschutzmaßnahmen *fpl*
operational loss Betriebsverlust *m*
operational procedure Betriebsablauf *m*, Betriebstechnik *f {als praktisches Verfahren}*, Betriebsweise *f*
operational process Betriebsverlauf *m*, Betriebsverfahren *n*
operational readiness Betriebsbereitschaft *f*, Funktionsbereitschaft *f*
operational reliability Betriebszuverlässigkeit *f*, Betriebssicherheit *f*
operational requirement Betriebserfordernis *n*
operational research Unternehmensforschung *f*, Operationsforschung *f*, [betriebliche] Verfahrensforschung *f*
operational risk Betriebsrisiko *n*
operational safety Betriebssicherheit *f*
operational software Betriebssoftware *f {EDV}*
operational speed wirksames Saugvermögen *n {Vak}*

operations research 1. Verfahrensuntersuchung *f*; 2. Einsatz- und Planungsforschung *f*, Operations Research *n*
operations room Schaltwarte *f*
operations desk Schaltpult *n*
sequence of operations Arbeitsablauf *m*

operative 1. betriebsklar, betriebsbereit, betriebsfertig; artbeitend, in Betrieb, eingeschaltet; operativ; 2. Bedienungspersonal *n {an der Maschine}*; [Fabrik-]Arbeiter *m*

operator 1. Bedienungsmann *m*, Bediener *m*, Operator *m*, Operateur *m {EDV}*; Bedienungsperson *f {an einer Maschine}*; 2. Techniker *m*, Betriebstechniker *m*; 3. Betreiber *m*; 4. Operator *m*, Operationszeichen *n {Math}*; 5. Stellelement *n {Automation}*; 6. Operateur *m {Med}*; 7. Operator *m {Chromosomenbereich}*
operator gen Operatorgen *n {Gen}*
operator panel Bedienungskonsole *f*, Bedientableau *n*, Bedientafel *f*, Bedienungsfeld *n*, Bedienungsfront *f*, Bedienungspult *n*
operator sequences Operatorsequenzen *fpl {Gen}*

operon Operon *n {Funktionseinheit aus benachbarten Cistronen; Gen}*
ophelic acid <$C_{13}H_{20}O_{10}$> Opheliasäure *f*
opheline kinase *{EC 2.7.3.7}* Ophelinkinase *f*
ophicalcite Ophicalcit *m {Geol}*
ophiotoxin <$C_{17}H_{26}O_{10}$> Ophiotoxin *n*
ophioxylin <$C_{16}H_{13}O_6$> Ophioxylin *n*
ophite Ophit *m*, Schlangenstein *m {ein Serpentin, Min}*
ophthalmology Augenheilkunde *f*
opiane Opian *n*
opianic acid <$(CH_3O)_2C_6H_2CHO(COOH)$> Opiansäure *f*, 6-Formyl-2,3-dimethoxybenzoesäure *f*
opianine <$C_{22}H_{23}NO_7$> Narcotin *n*, Noscapin *n*
opianyl <$C_{10}H_{10}O_4$> Meconin *n*, 6,7-Dimethoxyphthalid *n*
opiate 1. Opiat *n {opiumhaltiges Arzneimittel}*; 2. Schlafmittel *n*; 3. Beruhigungsmittel *n*, Tranquilizer *m*
opiate drugs opiumhaltige Betäubungsmittel *npl*
opiated syrup Opiumsirup *m*
opinion Meinung *f*, Ansicht *f*
opioid analgesic opioides Analgetikum *n {Pharm}*
opium Opium *n {eingetrockneter Milchsaft der Früchte von Papaver somniferum L.}*
opium addict Opiumsüchtiger *m*
opium alkaloid Opiumalkaloid *n {z.B. Morphin, Narcotin, Codein}*
opium plaster Opiumpflaster *n*
opium water Opiumwasser *n*
extract of opium Opiumextrakt *m*
tincture of opium Opiumtinktur *f*

opopanax Panaxgummi *n*, Opopanax *m {Pastinaca opopanax}*
opopanax oil Opopanaxöl *n*

oppose/to 1. gegenüberstellen; 2. bekämpfen, sich widersetzen; entgegentreten; 3. entgegenrichten, entgegensetzen

opposed 1. entgegengesetzt; Gegen-; 2. ekliptisch, verdeckt *{Stereochemie}*
opposed force Gegenkraft *f*
opposing gegensinnig; Gegen-
opposing force Gegenkraft *f*
opposite 1. gegenüber[liegend], gegenüberstehend; 2. entgegengesetzt, ungleichnamig *{Elek}*; entgegengesetzt [gerichtet]; Gegen-; 3. entsprechend
opposite angle Gegenwinkel *m*
opposite reaction Rückreaktion *f*, Gegenreaktion *f*
opposite side 1. gegenüberliegende Seite *f*, Gegenseite *f*; 2. Gegenkathete *f {Math}*
oppositely charged entgegengesetzt geladen *{Elek}*
oppositely directed gegenläufig
opposition 1. Einspruch *m {z.B. beim Patent}*; 2. Phasenopposiotion *f*, Gegenphase *f {Phys, Elek}*; 3. Gegenüberstellung *f*; 4. Gegensatz *m*; 5. Widerstand *m*
opsin kinase *{EC 2.7.1.97}* Opsinkinase *f*
opsonin Opsonin *n {Immun; Blutserumbestandteil}*
opsopyrrole Opsopyrrol *n*
optic 1. optisch; 2. visuell, [augen]optisch; Seh-, Gesichts-, Sicht- *{Physiol}*
optical optisch *{Opt}*; Seh-
optical aberration Abbildungsfehler *m {Opt}*
optical activity optische Aktivität *f {Stereochem}*
optical anisotropy optische Anisotropie *f*
optical anomaly optische Anomalie *f {molare Refraktion}*
optical antipode optischer Antipode *m*, Enantiomer *n*
optical axis 1. optische Achse *f {Krist; Symmetrieachse abbildender Systeme}*; 2. Linsenachse *f*; 3. Sehachse *f*
optical bench optische Bank *f*
optical bleaching optisches Bleichen *n {Photochromie}*; optisches Aufhellen *n*, Weißtönen *n {Text}*
optical bleach[ing agent] optischer Aufheller *m*, optisches Bleichmittel *n*, optisches Aufhellungsmittel *n*, Weißtöner *m {Text}*
optical brightener *s.* optical bleach[ing agent]
optical cable Lichtwellenleiterkabel *n*, Lichtleiterkabel *n*, Glasfaserkabel *n*
optical character recognition optische Zeichenerkennung *f*, Klarschriftlesen *n {EDV}*
optical coincidence card Sichtlochkarte *f*
optical crystal optischer Kristall *m*
optical density 1. optische Dichte *f*, Schwärzung *f {Opt, Photo}*; 2. Extinktion *f {Krist}*
optical detector optischer Melder *m {Feuer}*
optical disk Bildplatte *f {EDV}*
optical dispersion optische Dispersion *f*, Dispersion *f*
optical filter optisches Filter *n*, Lichtfilter *n {Photo}*
optical-fluid-flow measurment optische Strömungsmessung *f*
optical glass Linsenglas *n*, optisches Glas *n {Glas zur Herstellung von Linsen und Spiegeln}*
optical image optisches Bild *n*, optische Abbildung *f*
optical isomer optisches Isomer *n*, Spiegelbildisomer *n*, Enantiomer *n*, optischer Antipode *m {Stereochem}*
optical material optisch wirksamer Stoff *m*
optical material moisture meter optischer Materialfeuchtemesser *m*
optical microscope Lichtmikroskop *n*
optical microscopy Lichtmikroskopie *f*
optical path 1. Lichtweg *m*, Strahlengang *m {durch das Gerät}*; 2. optische Weglänge *f {Produkt aus Brechzahl und im jeweiligen Medium durchlaufener Strecke}*; 3. Ziellinie *f*, Zielachse *f*, Visierlinie *f*, Sichtlinie *f*
optical pathlength optische Weglänge *f*
optical phenomenon Lichterscheinung *f*
optical plastic optischer Kunststoff *m*
optical properties optische Eigenschaften *fpl {Werkstoffe}*
optical pumping optisches Pumpen *n*
optical pyrometer optisches Pyrometer *n*, Glühfadenpyrometer *n*, Strahlungshitzemesser *m*
optical reader printing ink Belegleserfarbe *f*
optical refractive power Lichtbrechungsvermögen *n*
optical resolution Antipodentrennung *f*
optical rotatory dispersion spezifische Rotation *f*, optische Rotationsdispersion *f*
optical rotation optische Drehung *f*
optical smoke detector optischer Rauchmelder *m*
optical testing optische Prüfung *f* von Werkstoffeigenschaften
optical thickness ga[u]ge optisches Dickenmeßgerät *n*
optical thin-film monitor optisches Schichtdickenmeßgerät *n*
optically optisch
optically absorptive lichtschluckend
optically active optisch aktiv *{Stereochem}*
optically dense optisch dicht
optically inactive optisch inaktiv *{Stereochem}*
optically negative optisch negativ
optically opposite form Antipode *m*, Spiegelbildisomer *n*, Enantiomer *n*, optisches Isomer *n*
optically positive optisch positiv
optically pure optisch rein
optically sensitive lichtempfindlich

optically stimulatet electron emission optisch angeregte Oberflächenemission *f*
optician Optiker *m*
optics 1. Lehre *f* vom Licht *n*, Optik *f*; 2. optisches System *n*, Optik *f*; 3. optische Eigenschaften *fpl*
optics coating Oberflächenvergütung *f* optischer Elemente *npl*
optics filming Vergütung *f* optischer Gläser *npl*
optimal optimal, bestmöglich; Optimal-, Best-
optimality 1. Optimalitäts-; 2. Optimalität *f*
optimality principle Optimalitätsprinzip *n*
optimeter Optimeter *n {mechanisch-optischer Feinzeiger}*
optimization Optimierung *f*, Optimalisierung *f*
optimization of functions Funktionenoptimierung *f*
optimization of parameters Parameteroptimierung *f*
optimum 1. optimal, günstig, bestmöglich; Optimal-, Best-; 2. Bestwert *m*; Optimum *n*, Optimalwert *m*
optimum output Bestleistung *f*
optimum temperature Optimaltemperatur *f*
option 1. Option *f*, Wahlmöglichkeit *f*; 2. Zusatzeinrichtung *f {EDV}*
optional wahlweise, optionell, optional; Zusatz-
optocoupler Optokoppler *m*, optoelektronisches Koppelelement *n*, Lichtkoppler *m*
optoelectronic optoelektronisch
optoelectronics Optoelektronik *f*
optogalvanic spectroscopy optogalvanische Spektroskopie *f*
optoquinic acid Optochinsäure *f*
oral 1. oral, durch den Mund *f {verabreichbar, wirksam; Pharm}*; Mund-; 2. mündlich
oral care product Mundpflegemittel *n*
oral contraceptive Antibabypille *f*
oral hygiene product Mundhygieneprodukt *n*
oral suction Ansaugen *n* mit dem Mund *m*, Mundvakuum *n*
orange 1. orange, orangenfarben, orangenfarbig *{597-622 nm}*; 2. Orange *f {Zitrusfrucht}*
orange I **<$HO_3SC_6H_4NNC_{10}H_6OH$>** Orange I *n*, α-Naphtholorange *n*
orange II **<$HO_3SC_6H_4NNC_{10}H_6OH$>** Orange II *n*, *β*-Naphtholorange *n*
orange III Methylorange *n*, Tropaeolin D *n*, Helianthin B *n*
orange IV **<$NaO_3SC_6H_4NNC_6H_4NHC_6H_5$>** Orange IV *n*, Orange N *n*, GS, Diphenylaminorange *n*, Neugelb extra *n*, Säuregelb D *n*, DMP, Tropäolin OO *n*
orange bitter Pomeranzenlikör *m*
orange-blossom oil Orangenblütenöl *n*
orange cadmium *{US}* Cadmiumsulfid *n*
orange chrome **<$PbO \cdot PbCrO_4$>** Chromorange *n*
orange-colo[u]red orange, orangenfarben, orangenfarbig, rotgelb
orange filter Orangefilter *n {Photo}*
orange-flower oil Neroliöl *n*, Pomeranzenblütenöl *n*, Orangenblütenöl *n {Citrus aurantium L. ssp. aurantium}*
orange juice Apfelsinensaft *m*, Orangensaft *m*
orange ketone *{US}* Methylnaphthylketon *n*
orange L Brillant ponceau G *n*, Brillant ponceau RR *n*
orange lead *s.* orange mineral
orange mineral Mineralorange *n*, Orangemennige *f*, Pariser Rot *n*, Saturnzinnober *m*, Bleimennige *f*, Bleirot *n*, Kristallmennige *f*, Minium *n*, Sandix *n*, Malermennige *f {Blei(II, IV)-oxid}*
orange minium *s.* orange mineral
orange ocher Orangeocker *m*
orange oxide *s.* uranium trioxide
orange peel *{USP, BP}* Orangenschale *f {getrocknet}*
orange peel [effect] Apfelsinenschaleneffekt *m {an Formteilen}*, Apfelsinenschalenstruktur *f*, Apfelsinenschalenhaut *f*, apfelsinenschalenartige Oberfläche *f {Oberflächenfehler}*; Spritznarben *fpl {Spritzlackierung}*
orange peel oil Apfelsinenschalenöl *n*, Orangenschalenöl *n*
orange peel oil bitter bitteres Pomeranzenschalenöl *n {Citrus aurantium L.ssp. aurantium}*
orange peel oil sweet süßes Pomeranzenschalenöl *n*, Portugalöl *n {Citrus sinensis (L.) Pers.}*
orange peeling *s.* orange peel [effect]
orange R **<$O_2NC_6H_4NNC_6H_3(OH)COOH$>** Orange R *n*, Alizaringelb R *n*
orange seed oil Orangensamenöl *n*
orange shellac Orangeschellack *m*
orange yellow Orangegelb *n*
orangite **<$2ThSiO_4 \cdot 3H_2O$>** Orangit *m {Min}*
orb-ion pump Orbitronvakuumpumpe *f*, Orbitronionenpumpe *f*
orbit Bahn *f*, Umlaufbahn *f {elliptische oder kreisförmige}*, Orbit *m {Nukl, Aero, Astr, Raumfahrt}*
orbit of the electron Elektronenumlaufbahn *f*, Umlaufbahn *f* des Elektrons *n {Atom}*
orbital 1. orbital; Bahn-, Umlaufbahn-; 2. Orbital *n {Atom}*
orbital angular momentum Bahndrehimpuls *m*, Orbitaldrehimpuls *m {Atom}*
orbital angular momentum quantum number Orbitaldrehimpul-Quantenzahl *f*
orbital diameter Bahndurchmesser *m {Atom}*
orbital electron Orbitalelektron *n*, Bahnelektron *n*, Hüllenelektron *n*, Außenelektron *n*
orbital magnetic moment [magnetisches] Bahnmoment *n*, Orbitalmoment *n*

orbital moment components Orbitalmomentanteile *mpl*, Bahnmomentanteile *mpl*
orbital momentum Bahn[dreh]impuls *m*, Orbitaldrehimpuls *m*
orbital motion Orbitalbewegung *f*, Bahnbewegung *f*, Umlaufbewegung *f* *{Atom}*
orbital path Umlaufbahn *f*
orbital pattern Umlaufmuster *n*
orbital plane Bahnebene *f*
orbital properties of atoms peripherische Eigenschaften *fpl* der Atome *npl*
orbital quantum number azimuthale Quantenzahl *f*, Azimuthalquantenzahl *f*, sekundäre Quantenzahl *f*, Orbitaldrehimpuls-Quantenzahl *f*
orbital radius Bahnradius *m*, Orbitalradius *m* *{Maxiumum der Radialverteilung}*
orbital revolution Bahnumdrehung *f*
orbital symmetry Orbitalsymmetrie *f* *{Valenz}*
orbital theory Orbitaltheorie *f*
orbital transition Bahnübergang *m* *{Elektron}*
orbital velocity Bahngeschwindigkeit *f* *{Atom}*
orbital wave function Wellenbahnfunktion *f* *{Atom}*
antibonding orbital antibindendes Orbital *n*
atomic orbital Atomorbital *n*
bonding orbital bindendes Orbital *n*
d orbital d-Orbital *n*, Doppelhantel-Orbital *n*
hybrid orbital Hybridorbital *n*
linear combination of atomic orbitals Linearkombination *f* von Atomorbitalen *npl*, LCAO-Methode *f*
molecular orbital Molekürorbital *n*
overlapping orbitals überlappende Orbitale *npl*, Orbitalüberlappung *f*
p orbital p-Orbital *n*, sphärisches Orbital *n*
s orbital s-Orbital *n*, hantelförmiges Orbital *n*
sp orbital sp-Orbital *n*
sp^2 orbital sp^2-Orbital *n*
sp^3 orbital sp^3-Orbital *n*
orbitally degenerate bahnentartet *{Atom}*
orbitron ionization ga[u]ge Orbitron-Ionisationsvakuummeterröhre *f*
orbitron vacuum pump Orbitronvakuumpumpe *f*, Orbitronionenpumpe *f*
orcein <$C_{28}H_{24}O_7N_2$> Orcein *n*, Orzein *n*, Flechtenrot *n* *{Farbstoff}*
orchil Orseille *f*, Orchilla *f*, Französischer Purpur *m* *{aus Färberflechtearten}*
orchil extract Orseilleextrakt *m*
orcin[ol] <$H_3CC_6H_3(OH)_2$> Orcin *n*, Orzin *n*, 5-Methylbenzol-1,3-diol *n*, *m*-Dihydroxytoluol *n*, 5-Methylresorcin *n*
orcinol 2-monooxygenase *{EC 1.14.13.6}* Orcinolhydroxylase *f*, Orcinol-2-monooxygenase *f* *{IUB}*
orcyl aldehyde Orcylaldehyd *m*
order/to 1. anweisen, befehlen; 2. bestellen; 3. ordnen, anordnen; 4. verordnen *{Med}*; 5. bestimmen
order 1. Bestellung *f*, Auftrag *m*; Fertigungsauftrag *m*; 2. Befehl *m*, Anweisung *f*; 3. Ordnung *f* *{Chem, Phys, Biol, Krist}*; 4. Anordnung *f*; Reihenfolge *f*; 5. Rang *m*, Reihe *f*
order-disorder transformation Ordnung-Unordnung-Umwandlung *f* *{Krist, Met}*
order-disorder transition *s.* order-disorder transformation
order form Bestellschein *m*
order-isolating diaphragm Ordnungsblende *f*
order isolation Ordnungsisolierung *f*
order of a grating Gitterordnung *f*, Ordnung *f* des Gitters *n* *{Spek}*
order of interference Beugungszahl *f* *{Opt}*
order of magnitude Größenordnung *f*
order of phase transition Ordnung *f* eines Phasenüberganges *m*, Ordnung *f* einer Phasenumwandlung *f* *{Thermo}*
order of reaction Reaktionsordnung *f*, Grad *m* der Reaktion *f*
order of spectrum Spektralordnung *f*, spektrale Ordnung *f*
order parameter Ordnungsparameter *m*
order-pick container Kommissionierbehälter *m*
order-picking warehouse Kommissionierlager *n*
reaction order Reaktionsordnung *f*, Ordnung *f* einer Reaktion *f*
ordered fluid geordnete Flüssigkeit *f*, strukturierte Flüssigkeit *f*, Flüssigkeitsstruktur *f*
ordered polymer system geordnetes Polymersystem *n*
ordering transition Ordnungsumwandlung *f*
orderly 1. ordentlich, regulär, geordnet; ruhig; methodisch, systematisch; 2. Melder *m*; 3. Krankenwärter *m*
ordinal number Ordinalzahl *f*, Ordnungszahl *f*, Kernladungszahl *f*, Protonenzahl *f* *{Periodensystem}*
ordinance Verordnung *f*
ordinary gewöhnlich, gemein, üblich, gängig
ordinary ceramics Grobkeramik *f*
ordinary glass Normalglas *n*
ordinary lime Luftmörtel *m*
ordinary mortar Luftmörtel *m*
ordinary pipet[te] Vollpipette *f* *{Lab}*
ordinary ray ordentlicher Strahl *m* *{Krist}*
ordinary soap Kernseife *f*
ordinary steel Massenstahl *m*
ordinary temperature Zimmertemperatur *f*, Raumtemperatur *f*, gewöhnliche Temperatur *f* *{15-20°C}*
ordinate [axis] Ordinate[nachse] *f*, Y-Achse *f* *{Math}*
ordination number *s.* atomic number

ore Erz *n*, Erzmineral *n*
ore and fluxes Gattierung *f*, Möller *m*
ore assayer Hüttenchemiker *m*
ore assaying Erz-Probieranalyse *f*
ore-bearing erzführend, erzhaltig
ore benefication Erzaufbereitung *f*
ore bin Erztasche *f {beim Möllern}*, Erzbunker *m*
ore body Erzstock *m*, Erzkörper *m*, natürliche Erzmasse *f {Bergbau}*
ore breaker Erzbrecher *m*
ore-breaking plant Erzzerkleinerungsanlage *f*
ore briquette Erzpreßstein *m*, Erzziegel *m*, Erzbrikett *n*
ore briquetting Erzbrikettierung *f*
ore bunker Erzbunker *m*; Erztasche *f*
ore burdening Erzmöllerung *f*
ore calcining furnace Erzbrennofen *m*
ore charge Erzgicht *f*
ore colo[u]r Erzfarbe *f*
ore concentration plant Erzanreicherungsanlage *f*, Erzaufbereitungsanlage *f*
ore crusher [plant] Erzzerkleinerungsanlage *f*, Erzbrecher *m*, Erzquetsche *f*, Erzstampfwerk *n*, Erzpochwerk *n*
ore-crushing Erzzerkleinerung *f*
ore deposit Erzlagerstätte *f*, Erzlager *n*, Erzvorkommen *n*
ore dressing Erzaufbereitung *f*, Anreicherung *f* der Erze *npl*, Aufbereitungsverfahren *n*
ore dressing plant *{GB}* Erzaufbereitungsanlage *f*, Erzanreicherungsanlage *f*
ore dust Erzstaub *m*, Mulm *m*
ore flotation Schwimmaufbereitung *f* von Erz *n*, Erzflotation *f*
ore formation Erzformation *f*
ore gangue Erzgangart *f*
ore-grade abbauwürdig *{Mineral}*
ore-grading machine Erzklassierungsmaschine *f*
ore grinder Erzzerreiber *m*
ore grinding Erzmahlung *f*
ore hearth Schmelzofen *m*, Herdofen *m*
ore-leaching pit Erzlaugegrube *f*
ore-leaded age Uran-Blei-Altersbestimmung *f {Geol; U-325/Pb-207: U-238/Pb-206}*
ore lode Erzader *f*
ore mine Erzbergwerk *n*, Erzgrube *f*
ore mining Erzförderung *f*, Erzgewinnung *f*, Erzbergbau *m*
ore pocket Erzbunker *m*, Erztasche *f*, Erznest *n {beim Möllern}*
ore process Erzfrischverfahren *n*
ore puddling Erzpuddeln *n*
ore pulp Erztrübe *f*
ore roasting Erzröstung *f*
ore-roasting oven Erzröstofen *m*
ore screener Erzscheider *m*
ore screener Erzsieb *n*
ore separator Erzscheider *m*
ore-sintering oven Erzsinterofen *m*
ore-sizing machine Erzklassierungsmaschine *f*
ore slag Erzschlacke *f*
ore slime Erzschlamm *m*, Pochschlich *m*; Erzschlämme *mpl {Geol}*
ore sludge *s.* ore slime
ore smelting Erzschmelzen *n*, Erzverhüttung *f {Met}*
ore-smelting furnace Erzschmelzofen *m*
ore-smelting hearth Erzschmelzherd *m*
ore vein Erzader *f*
ore washing Erzwäsche *f*, Waschen *n* der Erze *npl*
addition of ore Erzzusatz *m*
calcined ore geröstetes Erz *n*
dressed ore Erzschlich *m*
easily fusible ore leicht schmelzbares Erz *n*
easily reducible ore leicht reduzierbares Erz *n*
enrichment of ore Erzanreicherung *f*
graded ore Stufenerz *n*
orexin Orexin *n*
Orford process Orford-Verfahren *n*, Kopf- und Bodenschmelzen *n {getrennte Gewinnung von Cu und Ni}*
organ 1. Organ *n {Med}*; 2. Mittel *n*, Werkzeug *n*
organ exposure Organbelastung *f*
organelle Organelle *f*, Organell *n {Cytologie}*
organic organisch; kohlenstoffhaltig; organismenbezogen
organic acid organische Säure *f*
organic alkali Alkaloid *n*
organic analysis organische Analyse *f*
organic base organische Base *f*
organic chemical organische Chemikalie *f*, Organochemikalie *f*
organic-chemical organisch-chemisch
organic chemist Organiker *m*, Organochemiker *m*
organic chemistry organische Chemie *f*
organic coating organische Schutzschicht *f*, organischer Überzug *m*, organischer Anstrich *m {Korr}*
organic compound organische Verbindung *f*, organisches Präparat *n*
organic cooled reactor organisch gekühlter Reaktor *m {Nukl; mit organischem Kühlmittel}*
organic dye organischer Farbstoff *m*
organic electrolyte cell organisches galvanisches Element *n*
organic electrochemistry organische Elektrochemie *f*
organic geochemistry organische Geochemie *f*
organic glass organisches Glas *n*
organic material organischer Stoff *m*

organic matter organischer Stoff *m*, organische Substanz *f*
organic metal organisches Metall *n*
organic moderated reactor organisch moderierter Reaktor *m*, Reaktor *m* mit organischem Moderator *m {Nukl}*
organic peroxide organisches Peroxid *n*
organic pigment organisches Pigment *n*
organic portion organischer Anteil *m*, organischer Bestandteil *m {z.B. in Siliconen}*
organic protective coating organische Beschichtung *f {Korr}*
organic quantitative analysis quantitative organische Analyse *f*
organic radical Organorest *m*, organisches Radikal *n*
organic rock biogenes Gestein *n*, organogenes Gestein *n*, Biolith *m {Min}*
organic SIMS organische Sekundärionen-Massenspektrometrie *f*
organic soil Moorboden *m {>30 % organisches Material}*
organic solid organischer Festkörper *m*
organic solvent organisches Lösemittel *n*
organics 1. organische Verbindungen *fpl*; 2. organische Abwasserinhaltsstoffe *mpl*; organische Schmutzstoffe *mpl {Ökol}*
organism Lebewesen *n*, Organismus *m*
organization 1. Organisation *f*; 2. Einrichtung *f*; 3. Bau *m*, Aufbau *m*
organize/to organisieren; bilden; aufbauen; einrichten; [sich] zusammenschließen
organoactinides Organoactinidenverbindungen *fpl*, organisches Actinidenverbindungen *fpl*
organoarsenic compounds Organoarsenverbindungen *fpl*, organische Arsenverbindungen *fpl {$RAsH_2$, R_2AsH, R_3As, $RAsX_2$ usw.}*
organoberyllium compounds berylliumhaltige organische Verbindungen *fpl*, berrylliumorganische Verbindungen *fpl*, Organoberylliumverbindungen *fpl {C-Be-Bindung}*
organoboron compounds bororganische Verbindungen *fpl*, organische Borverbindungen *fpl*, Organoborverbindungen *fpl*
organocadmium compounds cadmiumhaltige organische Verbindungen *fpl*, organische Cadmiumverbindungen *fpl*, Organocadmiumverbindungen *fpl*
organoclay Organopolysilicat *n*, organmineralischer Ton *m*
organochloride pesticide residue Chlorkohlenwasserstoff-Pestitizidrückstand *m*
organogel Organogel *n*
organography 1. organographisch *{Med}*; 2. Organbeschreibung *f*, Organographie *f {Med}*
organoleptic organoleptisch, sinnesphysiologisch, sensorisch *{Lebensmittel, Pharm}*
organoleptic test[ing] Sinnesprüfung *f*, Organoleptik *f*, sensorische Analyse *f*, sensorische Untersuchung *f*, organoleptische Prüfung *f {Lebensmittel}*
organolithium compounds lithiumhaltige organische Verbindungen *fpl*, organische Lithiumverbindungen *fpl*, Organolithiumverbindungen *fpl*
organolithium reagent lithiumhaltiges organisches Reagens *n*
organomagnesium compounds Organomagnesiumverbindungen *fpl*, Grignard-Verbindungen *fpl*
organomercury compounds quecksilberhaltige organische Verbindungen *fpl*, organische Quecksilberverbindungen *fpl*, Organoquecksilberverbindungen *fpl*
organometal Organometall *n*
organometallic metallorganisch, organometallisch
organometallic compound metallhaltige organische Verbindung *f*, metallorganische Verbindung *f*, organometallische Verbindung *f*, Organometallverbindung *f*
organophosphorus compounds phosphorhaltige organische Verbindungen *fpl*, organische Phosphorverbindungen *fpl*, Organophosphorverbindungen *fpl*
organopolysiloxane Organopolysiloxan *n*, Polyorganosiloxan *n*, organisches Polysiloxan *n*, polymeres Organosiloxan *n*
organosilanediol Organosilandiol *n*
organosilicon compounds siliciumhaltige organische Verbindungen *fpl*, siliciumorganische Verbindungen *fpl*, Organosiliciumverbindungen *fpl*; Organosilane *npl*
organosiloxane Organosiloxan *n*, organisches Siloxan *n*, Organosiliciumoxid *n*, siliciumorganisches Oxid *n*
organosol Organosol *n {Suspension in organischem Lösemittel}*
organosulfur compounds schwefelhaltige organische Verbindungen *fpl*, organische Schwefelverbindungen *fpl*, Organoschwefelverbindungen *fpl*
organotin compounds zinnhaltige organische Verbindungen *fpl*, Organozinnverbindungen *fpl*, zinnorganische Verbindungen *fpl {Plaststabilisator}*
organotin stabilizer Organozinnstabilisator *m*
organotitanosiloxane Organotitansiloxan *n {mit Si-O-Ti-Bindungen}*
orient[ate]/to orientieren, ausrichten, richten; gleichrichten *{z.B. Fasern}*; recken
orient[at]ed short-fiber reinforcement orientierte Kurzfaserverstärkung *f {Kunst}*
orientation 1. Orientierung *f*, [räumliche] Ausrichtung *f {Chem, Math, Met, Krist}*; 2. Ortung *f*, Ortsbestimmung *f {für Substituenten}*; Lenkung *f*; 3. Einregelung *f {Gefüge}*

orientation birefringence Orientierungsdoppelbrechung *f*
orientation dependence Orientierungsabhängigkeit *f*
orientation effect Orientierungserscheinung *f*, Richtungseffekt *m*
orientation of films Folienrecken *n*, Folienstrecken *n {zur Erhöhung der Festigkeit}*
orientation relation Orientierungsbeziehung *f*
orientation-responsive orientierungsabhängig
orientation-sensitive orientierungsabhängig
of same orientation gleichgerichtet
preferred orientation bevorzugte Richtung *f*
oriented ausgerichtet, orientiert, gerichtet; gleichgerichtet, gereckt *{Fasern}*
oriented grain gerichtetes Korn *n {Met}*
oriented graph gerichteter Graph *m {Math}*
oriented overgrowth orientiertes Aufwachsen *n {Krist}*
oriented steel kornorientierter Stahl *m*
orifice 1. kleine Öffnung *f*, enge Öffnung *f*; 2. Mündung *f*, Einmündung *f*, Austritt *m*, Auslaßöffnung *f {z.B. einer Düse}*, Ausguß *m*, Gießloch *n*; 3. Düse *f*; 4. Mundstück *n*; 5. Blende *f {Photo}*; Meßblende *f*; 6. Sieblochung *f*, Bohrung *f*, Öffnung *f*, Lochweite *f {Sieb}*
orifice disc Meßblende *f*
orifice equation Durchflußgleichung *f*, Blendengleichung *f {Meßblende}*
orifice flow meter Blendenströmungsmesser *m*
orifice ga[u]ge *s.* orifice disc
orifice mixer Lochscheibenmischer *m*, Blendenmischer *m*, Mischblende *f*
orifice plate Normblende *f*, Meßblende *f*, Drosselblende *f*, Drosselscheibe *f*, Stauring *m {Mengenstrommessung}*
orifice viscosimeter Auslaufviskosimeter *n*
origan[um] Dostkraut *n*, Dost *m {Origanum vulgare L.}*
origanum oil Dostenöl *n*, Wohlgemutöl *n*, Origanumöl *n {etherisches Öl aus Origanum}*
origin 1. Nullpunkt *m*, Ursprung *m {Koordinatensystem}*; Anfang *m*, Anfangspunkt *m {Math}*; Startfleck *m*, Startpunkt *m {Chrom}*; 2. Herkunft *f*, Abkunft *f*, Abstammung *f*; 3. Entstehen *n*, Entstehung *f {Geol}*; 4. Quelle *f*, Ausgangspunkt *m*, Ursprung *m*
origin distortion Nullpunktanomalie *f*
origin of coordinates Koordinatenursprung *m*
origin of crude oil Erdölentstehung *f*
origin of damage Schadenentstehung *f*; Entstehung *f* von Schädigungen *fpl*
mode of origin Entstehungsart *f*
original 1. original, anfänglich, ursprünglich; Ausgangs-, Anfangs-, Original-; Grund-; 2. Original *n*, Vorlage *f*, Urmuster *m*
original application Erstanmeldung *f {Patent}*
original assay Originalbestimmung *f {Anal}*
original constituent Ausgangsprodukt *n*
original container Originalbehälter *m*
original cross-section Anfangsquerschnitt *m*, Ausgangsquerschnitt *m*, ursprünglicher Querschnitt *m*
original equipment Erstausrüstung *f*, Erstausstattung *f*, Grundausrüstung *f*
original gravity Stammwürzegehalt *m*,- Ballinganzeige *f {Brau}*
original length Ausgangslänge *f*
original material Ausgangsmaterial *n*, Ausgangsstoff *m*, Ausgangssubstanz *f*, Ursubstanz *f*
original monomer content Ausgangsmonomergehalt *m {Polymer}*
original notch Anfangskerbe *f*
original pack[ing] Originalverpackung *f*, Originalpackung *f*
original position Ausgangsposition *f*, Ausgangsstellung *f*; Grundstellung *f*
original product Ausgangsprodukt *n*
original sample Ausgangsprobe *f*
original solution Stammlösung *f*, Ausgangslösung *f*, Urlösung *f*, Mutterlösung *f*, Ansatzlösung *f*
original state Ausgangszustand *m*, Urzustand *m*, Anfangszustand *n*
original strength Ausgangsfestigkeit *f*
original substance Ausgangssubstanz *f*, Ursubstanz *f*
original temperature Ausgangstemperatur *f*
original titer Urtiter *m {Anal}*
original volume Anfangsvolumen *n*
original weight Ausgangsgewicht *n*
original wort Stammwürze *f {Brau}*
originally weight-in quantity Einwaage *f*, eingewogene Menge *f {Anal}*
originate/to entstehen, entspringen; hervorgehen [aus]; ins Leben *n* rufen; verursachen
originating firm Herstellerfirma *f*
orizabin Jalapin *n*
orlean 1. Orlean *m*, Annatto *m n*, Methylgelb *n*, Buttergelb *n*, Bixin *n*; 2. Orléans *m {Text}*
orlon *{TM}* Orlon *n {Polyacrylnitril}*
ormolu 1. Malergoldfarbe *f*, Mosaikgold *n*, Musivgold *n {Zinn(IV)-sulfid}*; 2. Musivgold *n*, Muschelgold *n*, Mosaikgold *n {eine Messingsorte}*
ormolu varnish Goldlackimitation *f*
ormosine Ormosin *n*
ormosinine <$C_{20}H_{33}N_2$> Ormosinin *n*
ornament/to verzieren, schmücken, bemustern
ornament marble Ornamentmarmor *m*
ornamental dekorativ, schmückend, zierend, Zier-; ornamental, Ornament-
ornamental glass Kunstglas *n*
ornithine <$NH_2(CH_2)_3CH(NH_2)COOH$> Orni-

thin *n*, 2,5-Diaminopentansäure *f {IUPAC}*, α,δ-Diaminovaleriansäure *f*
ornithine carbamoyl transferase *{EC 2.1.3.3}* Ornithincarbamoyltransferase *f*
ornithine cycle Ornithinzyklus *m*, Harnstoffzyklus *m*, Krebs-Henseleit-Zyklus *m*, Argingin-Harnstoff-Zyklus *m {Physiol}*
ornithine cyclodeaminase *{EC 4.3.1.12}* Ornithincyclodesaminase *f*
ornithine decarboxylase *{EC 4.1.1.17}* Ornithindecarboxylase *f*
ornithine-oxo-acid amino-transferase *{EC 2.6.1.13}* Ornithin-Oxosäuren-Aminotransferase *f*
ornithine racemase *{EC 5.1.1.12}* Ornithinracemase *f*
ornithuric acid Ornithursäure *f*
oroberol <$C_8H_{14}O_8$> Oroberol *n*
orobol <$C_{15}H_{10}O_6$> Orobol *n*
oroboside Orobosid *n {Glucosid aus Orobus tuberosus}*
orogenesis Gebirgsbildung *f*, Orogenese *f {Geol}*
orotate reductase *{EC 1.3.1.14}* Orotatreduktase *f*
orotic acid <$C_5H_4N_2O_4$> Orotsäure *f*, Uracil-4-carbonsäure *f*, 1,2-Dihydroxypyrimidin-4-carbonsäure *f {IUPAC}*
orotidine phosphate Orotidinphosphat *n*
orotidine-5'-phosphate decarboxylase *{EC 4.1.1.23}* Orotidin-5'-phosphatdecarboxylase *f*
orotidylic acid Orotidylsäure *f*
oroxylin A <$C_{16}H_{12}O_5$> Oroxylin A *n*, 5,7-Dihydroxy-6-methoxyflavon *n*
orphenadrine <$C_{18}H_{23}NO$> Orphenadrin *n*
orphenadrine citrate *{USP, BP}* Orphenadrincitrat *n*, Disipal *n {Pharm}*
orphenadrine hydrochloride Orphenadrinhydrochlorid *n*
orpiment Auripigment *n*, Operment *n*, Rauschgelb *n*, Reißgelb *n {As_2S_3, Min}*
red orpiment Rauschrot *n*, Realgar *m {Min}*
Orr's white Charltonweiß *n*, Barytzinkweiß *n*, Lithopon *n*, Lithopone *f*, Deckweiß *n {Pigment}*
orris oil Irisöl *n*, Veilchenwurzelöl *n {etherisches Öl des Rhizoms von Iris pallida}*
orris [root] Veilchenwurzelpulver *n {Iris florentina, I. germanica, I. pallida}*
Orsat [apparatus] Orsat-Apparat *m*, Orsat-Gerät *n*, Rauchgasprüfer *m* nach Orsat, Gasanalyseapparat *m* nach Orsat *{Volumetrie}*
Orsat gas analyser *s.* Orsat [apparatus]
orseille Orseille *f*, Orchilla *f*, Französischer Purpur *m {Farbstoff aus Färberflechten}*
orseille weed Färberflechte *f*, Färbermoos *n*
orse[i]llin Orseillin *n*, Roccellin *n*
orselle *s.* orseille
orsellinate Orsellinat *n*
orsellinate decarboxylase *{EC 4.1.1.58}* Orsellinatdecarboxylase *f*
orsellinate-depside hydrolase *{EC 3.1.1.40}* Orsellinatdepsidhydrolase *f {IUB}*, Lecanoathydrolase *f*
orselli[ni]c acid <$CH_3C_6H_2(OH)_2COOH$> Orsellinsäure *f*, 2,4-Dihydroxy-6-methylbenzoesäure *f*
ester of orsellinic acid Orsellinat *n*
salt of orsellinic acid Orsellinat *n*
orthamine *s. o*-phenylenediamine
orthanilic acid <$H_2NC_6H_4SO_3H$> Orthanilsäure *f*, *o*-Aminobenzensulfonsäure *f*
orthite Orthit *m*, Allanit *m*, Cer-Epidot *m {Min}*
ortho 1. orthoständig, *o*-ständig, in *ortho*-Stellung *f*, in *o*-Stellung, in 1,2-Stellung; ortho-; 2. orthochromatisch *{Photo}*; 3. *ortho*-Form *f {maximaler H_2O-Gehalt}*
ortho acid 1. Orthosäure *f*, *o*-Säure *f {H_2O-reichste Form}*; 2. *ortho*-Säure *f*, 1,2-Säure *f*
ortho compound Orthoverbindung *f*, *o*-Verbindung *f*, 1,2-Verbindung *f {Aromaten}*
ortho-directing in *ortho*-Stellung *f* dirigierend, orthodirigierend *{Chem}*
ortho-form Orthoform *f {1. 1,2-Stellung; 2. wasserreichste Form}*
ortho-fused orthokondensiert, orthoanelliert *{Stereochem}*
ortho-and-perifused ortho-peri-anelliert *{Stereochem}*
ortho-para conversion Ortho-Para-Umwandlung *f {Chem}*
ortho position Orthostellung *f*, *o*-Stellung *f*; 1,2-Stellung *f {Aromaten, Stereochem}*
orthoacetic acid Orthoessigsäure *f*
orthoaluminate <M'_3AlO_3> Orthoaluminat *n*
orthoantimonic acid <$H_3SbO_4·2H_2O$; $H[Sb(OH)_6]$> Orthoantimonsäure *f*, Antimon(V)-säure *f*
orthoarsenic acid <H_3AsO_4> Orthoarsensäure *f*, Arsen(V)-säure *f*
orthoaxis Orthoachse *f*, Orthodiagonale *f {Krist}*
orthobaric density orthobarische Dichte *f {Flüssigkeits-/gesättigte Dampfdichte}*
orthoboric acid <$B(OH)_3$> Orthoborsäure *f*, Monoborsäure *f*, Trioxoborsäure *f*, Borsäure *f*
orthobituminous coal orthobituminöse Kohle *f*
orthocarbonic acid <H_4CO_4> Orthokohlensäure *f*
orthocarbonic ester <$C(OR)_4$> Orthokohlensäureester *m*
orthochromatic 1. orthochromatisch, farbrichtig *{Photo; nicht rot-orange-empfindlich}*; 2. orthochromatisch, normalfärbend *{Biol}*
orthochromatic plate Orthochromplatte *f*
orthochromatin Orthochromatin *n*
orthoclase Orthoklas *m*, Orthose *f*, Alkalifeldspat *m {Min}*

orthoclase porphyry Ortho[klas]porphyr *m*, Orthophyr *m* *{Min}*
orthodiagonal orthodiagonal *{Krist}*
orthodiagonal axis Orthoachse *f*, Orthodiagonale *f* *{Krist}*
orthoferrosilite <$FeSiO_3$> Orthoferrosilit *m*
orthoformate <$HC(OR)_3$> Orthoameisensäuretriethylester *m*, Triethylorthoformiat *n*
orthoformic acid <H_4CO_3> Orthoameisensäure *f*
orthoformic ester *s.* orthoformate
orthogonal orthogonal, rechtwinklig, rechteckig, rechtwinklig
orthogonal anisotrop orthotrop
orthogonal body orthogonaler Körper *m*
orthogonal crystal orthogonaler Kristall *m*
orthogonal matrix orthogonale Matrix *f* *{Math}*
orthogonal vector orthogonaler Vektor *m*
orthogonality Orthogonalität *f*, Rechteckigkeit *f*, Rechtwinkligkeit *f*
orthogonality relation Orthogonalitätsrelation *f*
orthogonalization process Orthogonalisierungsprozeß *m* *{Math}*
orthographic projection orthographische Projektion *f* *{Krist}*
orthohelium Orthohelium *n* *{mit parallelen Elektronenspins}*
orthohexagonal axes orthohexagonale Achsen *fpl* *{Krist}*
orthohydrogen Orthowasserstoff *m*, *ortho*-Wasserstoff *m* *{mit parallelem Kernspin}*
orthokinetic in gleicher Richtung wandernd
orthomorphic projection winkelgetreue Abbildung *f*
orthonitric acid <H_3NO_4> Orthosalpetersäure *f*
orthonitrogen Orthostickstoff *m*, *o*-Stickstoff *m*, *ß*-Stickstoff *m* *{mit parallelen Kernspins}*
orthoperiodic acid <H_5IO_6> Hexaiod(VII)-säure *f*, Orthoperiodsäure *f*
orthophosphoric acid <H_3PO_4> Orthophosphorsäure *f*, Monophosphorsäure *f*, [gewöhnliche] Phosphorsäure *f*
orthophosphorous acid <H_3PO_3> Orthophosphonsäure *f*, Phosphor(III)-säure *f*
orthoploidy Orthoploidie *f*
orthopositronium Orthopositronium *n* *{e^+-e^--Paar mit parallelen Spins}*
orthoprism Orthoprisma *n* *{Krist}*
orthorhombic orthorhombisch, orthometrisch *{Krist}*; trimetrisch
orthoscopic verzerrungsfrei
orthosilicate <M'_4SiO_4> Orthosilicat *n*, Tetroxosilicat *n*
orthosilicic acid <H_4SiO_4> Orthokieselsäure *f*, Tetroxokieselsäure *f*, Monokieselsäure *f*
ester of orthosilicic acid Orthosilicat *n*
salt of orthosilicic acid *s.* orthosilicate
orthosilicoformic acid Orthosiliciumameisensäure *f*
orthostannic acid <H_4SnO_4> Tetroxozinnsäure *f*, Orthozinnsäure *f*
orthotelluric acid <H_6TeO_6> Hexoxotellursäure *f*, Orthotellursäure *f*
orthotropic[al] material orthotroper Werkstoff *m*
orthotropy Orthotropie *f* *{Phys}*
orthotungstic acid <H_2WO_4> gelbe Wolframsäure *f*
orthovanadate <M'_3VO_4> Vanadat(V) *n*, Tetroxovanadat(V) *n*, Orthovanadat *n*
ortizon <$CO(NH_2)_2 \cdot H_2O_2$> Ortizon *n*, Hyperol *n*
Orton rearrangement Orton-Umlagerung *f* *{N-Halogenarylamine in 1,2- und 1,4-Halogenarylamine}*
osamine Osamin *n* *{Substitution von OH durch NH_2 in Zuckern}*
osazone <$C_6H_5NHN=CHC(R)=NNHC_6H_5$> Osazon *n*
oscillate/to in Schwingungen *fpl* versetzen; oszillieren, pendeln, schwingen, vibrieren; schwingen lassen, pendeln lassen, hin und her schwenken, hin und her bewegen
oscillating agitator Schwingrührwerk *n*
oscillating chute Schüttelrinne *f*, Schüttelrutsche *f*
oscillating circuit Schwingkreis *m* *{Elek}*
oscillating conveyor *{US}* Schwingförderer *m*, Vibrationsförderer *m*, Förderrrutsche *f*
oscillating crystal Schwingquarz *m*, Steuerquarz *m* *{als frequenzbestimmendes Element}*
oscillating crystal method Schwingkristallmethode *f*, Schwenkverfahren *n* *{ein Drehkristallverfahren}*
oscillating disk curemeter *{ISO 3417}* Schwingcurometer *n* *{Bestimmung der Vulkanisationskurve von Elastomeren}*
oscillating disk viscosimeter Schwingviskosimeter *n* *{Gasviskosität}*
oscillating displacement pump oszillierende Verdrängerpumpe *f* *{DIN 24271}*
oscillating grate Schüttelrost *m*
oscillating grate oven Hubofen *m*
oscillating grate spreader Schwingrost *m*
oscillating mill Schwingmühle *f*, schwingende Kugelmühle *f*
oscillating-piston fluid meter Volumenzähler *m* mit Ringkolben *m*, Ringkolbenzähler *m*
oscillating-piston liquid meter *s.* oscillating-piston fluid meter
oscillating quartz crystal Schwingquarz *m*, Steuerquarz *m* *{als frequenzbestimmendes Element in Oszillatoren}*

oscillating screen 1. Schwingsieb *n*, Rüttelsieb *n*, Vibrationssortierer *m*, Vibratorsieb *n*; 2. Flachwurfsieb *n*, Planschwingsiebmaschine *f*
oscillating-screen centrifuge Schwingsiebzentrifuge *f*, Schwingsiebschleuder *f*
oscillating shutter Schwingblende *f*
oscillating table Schüttelherd *m*, Schüttelhorde *f* *{Mineralaufbereitung}*
oscillating twisting machine Torsionsschwinggerät *n*
oscillating-vane vacuum ga[u]ge Reibungsvakuummeter *n*
oscillation 1. Oszillation *f*, Schwingung *f* *{Phys}*; 2. Ladungswechsel *m* *{Elek}*; 3. Schwanken *n*, Pendeln *n*, Oszillieren *n* *{z.B. eines Meßwertes}*; 4. Vibration *f* *{Mech}*
oscillation amplitude Schwingungsausschlag *m*, Schwingungsamplitude *f*, Amplitude *f* der Schwingungen *fpl*, Schwingungsweite *f*
oscillation amplitude limit Grenzamplitude *f*
oscillation energy Schwingungsenergie *f*
oscillation frequency Schwingungsfrequenz *f*, Frequenz *f*, Schwingungszahl *f*
oscillation period Schwingungsperiode *f*, Schwingungsdauer *f*
oscillation phase Schwingungsphase *f*
oscillation time *s.* oscillating period
oscillation torsion test Drehschwingversuch *m*
aperiodic oscillation aperiodische Schwingung *f*
center of oscillation Schwingungszentrum *n*
continuous oscillation gleichförmige Schwingung *f*, ungedämpfte Schwingung *f*
damped oscillation gedämpfte Schwingung *f*
oscillational Schwingungs-
oscillator 1. Oszillator *m*, Schwingungserzeuger *m*; 2. Oszillator *m*, Schwinger *m*
oscillator frequency Oszillatorfrequenz *f*
oscillator tube Oszillatorröhre *f*
piezoelectric oscillator piezoelektrischer Oszillator *m*
oscillatory oszillatorisch, oszillierend, schwingungsfähig, schwingend; Schwingungs-, Schwing-
oscillatory [ball] mill Schwingmühle *f*, schwingende Kugelmühle *f*
oscillatory circuit Schwingkreis *m* *{Elek}*
oscillatory discharge oszillierende Entladung *f*
oscillatory flow birefringence oszillierende Strömungsdoppelbrechung *f*
oscillatory impulse Schwingungserregung *f*
oscillatory instability Schwingungsinstabilität *f*
oscillatory reaction schwingende Reaktion *f*, oszillierende Reaktion *f*, periodische Reaktion *f* *{Kinetik}*
oscillogram Oszillogramm *n*
oscillograph Oszillograph *m*; Lichtstrahloszillograph *m*
cathode-ray oscillograph Kathodenstrahloszillograph *m*
double-wire loop oscillograph Zweischleifenoszillograph *m*
electrostatic oscillograph elektrostatischer Oszillograph *m*
oscillographic polarography Oszillationspolarographie *f*, oszillographische Polarographie *f*
oscillometric titration oszillometrische Titration *f* *{Konduktometrie}*
oscillometry Hochfrequenztitration *f*, Oszillometrie *f* *{Anal}*
oscilloscope Oszilloskop *n*, Elektronenstrahloszilloskop *n*
oscine **<$C_8H_{13}NO_2$>** Oscin *n*, Skopolin *n*, 3,7-Oxidotropan-6-ol *n*
osculating plane Schmieg[ungs]ebene *f*, Oskulationsebene *f* *{Math}*
osculation Oskulation *f* *{bei Kurven zweiter Ordnung}*, Berührung *f* *{Math}*
OSEE *{optically stimulated electron emission}* optisch angeregt Elektronenemission *f*
OSHA *{Occupational Safety and Health Administration}* Amt *n* für Arbeitsschutz *m* und Gewerbehygiene *f* *{US}*
OSHA workplace regulation Arbeitsplatzverordnung *f* des US-Amtes für Arbeitsschutz und Gewerbehygiene
Oslo crystallizer Oslo-Kristallisator *m* *{mit Strömungssichtung}*
osmane Osman *n*
osmate **<M'_2OsO_4>** Osmat(VI) *n*, Tetroxoosmat(VI) *n*
osmenate **<$M'_2[OsO_4(OH)_2]$>** Osmenat(VIII) *n*, Perosmat *n*
osmic Osmium- *{höherwertiges Osmium, meist Os(VI) oder Os(VIII)}*
osmic acid **<H_2OsO_4>** 1. Osmiumsäure *f*, Tetroxoosmium(VI)-säure *f*; 2. Osmiumtetroxid *n*, Osmium(VIII)-oxid *n* *{unkorrekt, s. osmic acid anhydride}*
osmic acid anhydride **<OsO_4>** Osmiumtetroxid *n*, Osmium(VIII)-oxid *n*; Osmiumsäure *f* *{unkorrekt}*
osmic compound Osmium(VI)-Verbindung *f*; Osmium(VIII)-Verbindung *f*
ester of osmic acid Osmat *n*
salt of osmic acid *s.* osmate
osmiridium Osmiridium *n*, Iridosmium *n*, Newjanskit *m* *{10-77 % Ir, 17-80 % Os, 0-10 % Pt, 0-17 % Rh, 0-9 % Ru; Spuren Fe, Ca, Pd; Min}*
osmious *s.* osmous
osmium *{Os, element no. 76}* Osmium *n*
osmium alloy Osmiumlegierung *f*

osmium ammonium chloride <$(NH_4)_2OsCl_6$> Ammoniumhexachloroosmmat(VI) *n*

osmium content Osmiumgehalt *m*

osmium dichloride <$OsCl_2$> Osmiumdichlorid *n*, Osmium(II)-chlorid *n*

osmium dioxide <OsO_2> Osmiumdioxid *n*, Osmium(IV)-oxid

osmium disulfide <OsS_2> Osmiumdisulfid *n*, Osmium(IV)-sulfid *n*

osmium filament Osmiumfaden *m*

osmium lamp Osmiumlampe *f*

osmium monoxide <OsO> Osmium(II)-oxid *n*, Osmiummonoxid *n*, Osmiumoxydul *n* *{obs}*

osmium octofluoride <OsF_8> Osmiumoctofluorid *n*, Osmium(VIII)-fluorid *n*

osmium potassium hexychloride(III) <K_3OsCl_6> Trikaliumhexachloroosmat(III) *n*

osmium potassium hexachloride(IV) <K_2OsCl_6> Dikaliumhexachloroosmat(IV) *n*

osmium peroxide *s.* osmium tetroxide

osmium protoxide *s.* osmium monoxide

osmium tetrachloride <$OsCl_4$> Osmiumtetrachlorid *n*, Osmium(IV)-chlorid *n*

osmium tetrafluoride <OsF_4> Osmiumtetrafluorid *n*, Osmium(IV)-fluorid *n*

osmium tetrasulfide <OsS_4> Osmiumtetrasulfid *n*, Osmium(VIII)-sulfid *n*

osmium tetroxide <OsO_4> Osmiumperoxid *n*, Osmiumtetroxid *n*, Osmium(VIII)-oxid *n*, Osmiumsäureanhydrid *n*

osmium trichloride <$OsCl_3$> Osmiumtrichlorid *n*, Osmium(III)-chlorid *n*

containing osmium osmiumhaltig

osmocene <$(C_5H_5)_2Os$> Osmocen *n*, Dicyclopentadienylosmium *n*, Bis(cyclo)pentadienylosmium *n*

osmocyanide <$M'_4[Os(CN)_6]$> Hexacyanoosmat(II) *n*

osmolality Osmolalität *f* *{molare Gesamtkonzentration gelöster Stoffe je kg Lösemittel}*

osmolarity Osmolarität *f* *{molare Gesamtkonzentration gelöster Stoffe je L Lösung}*

osmole Osmol *n* *{Osmolarität einer idealen 1M Lösung}*

osmometer Osmometer *n* *{Molekularmassen-Bestimmung}*

osmometry Osmometrie *f*

osmondite Osmondit *m* *{Min}*

osmose Osmose *f*

osmosis Osmose *f*

osmosis apparatus Osmoseapparat *m*

electro-osmosis Elektroosmose *f*

reverse osmosis Umkehrosmose *f*, Ultrafiltration *f*

osmotic osmotisch

osmotic coefficient osmotischer Koeffizient *m* *{Thermo}*

osmotic diffusion pump osmotische Diffusionspumpe *f*

osmotic equilibrium osmotisches Druckgleichgewicht *n*

osmotic equivalent osmotisches Äquivalent *n*

osmotic fragility Erythrocytenfragilität *f* *{Physiol}*

osmotic membrane osmotische Membrane *f*

osmotic pressure osmotischer Druck *m*

osmotic separator osmotische Wand *f*

osmotic swelling Neutralsalzquellung *f* *{Gerb}*

osmous Osmium- *{niederwertigem Osmium entsprechend}*

osmous compound Osmium(II)-Verbindung *f*

osmous chloride *s.* osmium dichloride

osmous sulfite <$OsSO_3$> Osmium(II)-sulfit *n*

osone <$RCOCHO$> α-Ketoaldehyd *m*, Oson *n*

osotriazole <$C_2N_3H_3$> Osotriazol *n*, 1,2,3-Triazol *n*

ossein Ossein *n*, Knochengallerte *f*, Rohkollagen *n*

ossification Ossifikation *f*, Verknöcherung *f*

osteoblast Osteoblast *m*, knochenbildende Zelle *f*

osteochemistry Osteochemie *f*

osteocyte Knochenzelle *f*

osteogenesis Knochenbildung *f*, Osteogenese *f*

osteogenous knochenbildend

osteogeny Knochenbildung *f*, Osteogenese *f*

osteolite Osteolith *m* *{ein Phosphorit, Min}*

osteolysis Knochenauflösung *f*, Osteolyse *f*

osthenol Osthenol *n*

osthole Osthol *n* *{Methoxycumarinderivat}*

ostholic acid Ostholsäure *f*

ostracite Muschelversteinerung *f*

ostranite Ostranit *m* *{Min}*

ostreasterol Ostreasterin *n*

ostruthin <$C_{19}H_{22}O_3$> Ostruthin *n*

ostruthol Ostruthol *n*

Ostwald dilution law Ostwaldsches Verdünnungsgesetz *n* *{Elektrolyt}*

Ostwald process Ostwald-Verfahren *n* *{HNO_3-Gewinnung durch NH_3-Oxidation}*

Ostwald ripening Ostwald-Reifung *f* *{Koll}*

Ostwald rule Ostwaldsche Stufenregel *f* *{Modifikationen}*

Ostwald theory of indicators Ostwaldsche Indikatortheorie *f*

Ostwald viscosimeter Ostwald-Viskosimeter *n*, Ostwaldsches Kapillarviskosimeter *n*

Ostwald U-tube Ostwaldsche U-Röhre *f*

osyritrin <$C_{27}H_{30}O_{17}$> Osyritrin *n*

otavite <$CdCO_3$> Otavit *m* *{Min}*

oticica oil Oticica-Öl *n*

otobain <$C_{20}H_{29}O_4$> Otobain *n*, Otobit *n* *{Min}*

OTTO *{once-through take-out}* Einwegbeschickung *f*

Otto [carburettor] engine Ottomotor *m* *{DIN 1940}*
Otto cycle Otto-Verfahren *n*, Gleichraumprozeß *m*
ottrelite Ottrelith *m* *{Min}*
ouabain **<$C_{29}H_{44}O_{12}\cdot 8H_2O$>** Ouabain *n*, g-Strophantin *n*, Gratus-Strophantin *n* *{Glycosid aus Strophantus gratus}*
ounce Unze *f* *{1. Handelsgewichts-Unze 1oz = 98,3495 g; 2. Troy-Unze, Apotheker-Unze 1 oz ap = 31,1034768 g}*
ounce metal Unzen-Metall *n* *{1 oz Pb, 1 oz Sn, 1 oz Zn pro 1 lb Cu}*
fluid ounze Flüssig-Unze *f* *{US: 29,5735 mL; GB: 28,4131 mL}*
out aus, abgeschaltet, ausgeschaltet; aus, außer Betrieb; draußen, heraus; erschienen *{Buch}*; zu Ende
out-of-action außer Betrieb, aus
out-of-commission außer Betrieb, aus
out-of-order gestört, außer Betrieb *m*
out-of-phase phasenverschoben, außer Phase *f*
out-of-phase current Blindstrom *m*
out-of-roundness Unrundheit *f*
out-of-service außer Betrieb, aus
put out of action/to außer Betrieb *m* setzen
outage 1. Ausfall *m* *{einer Anlage}*, Stillstand *m*, Unterbrechnung *f*; Betriebsausfall *m*, Betriebsstörung *f*; 2. Außerbetriebszeit *f*, Stillstandzeit *f*; 3. Schwund *m* *{qunatitativer}*
outage for overhaul Betriebsunterbrechung *f* zu Überholungszwecken
outage time Ausfallzeit *f*, Stillstandszeit *f*; Nebenzeit *f*
outbalance/to überwiegen, übertreffen
outbreak Ausbruch *m*
outbreak of fire Brandausbruch *m*, Feuerausbruch *m*, Brandentstehung *f*
outbreathing Entweichen *n* von Dämpfen *mpl*
outburst 1. Ausbruch *m*, Eruption *f* *{Geol}*; anstehende Ader *f*, Zutageliegen *n*, Zutagestreichen *n* *{Bergbau}*
outcrop 1. Ausstrich *m*, Ausgehendes *n*, Ausbiß *m* *{Geol}*; 2. Anstehen *n*, Ausstreichen *n*, Ausgehen *n*, Zutagetreten *n*, Zutageliegen *n* *{Bergbau}*; 3. Aufschluß *m* *{Geol}*
outdoor außenseitig; freistehend; draußen, im Freien *n*, außer dem Haus *n*; Außen-
outdoor air Außenluft *f*
outdoor durability Außenbeständigkeit *f*, Witterungsbeständigkeit *f*, Wetterbeständigkeit *f*, Wetterfestigkeit *f*, Außenbewitterungsbeständigkeit *f*
outdoor exposure *s.* outdoor weathering
outdoor-exposure corrosion test *{ISO 7441}* Freiluftkorrosionsprüfung *f*, Naturbewitterungsversuch *m*
outdoor installation Frei[luft]anlage *f*, Anlage *f* im Freien *n*
outdoor paint Außen[anstrich]farbe *f*, Außenanstrichmittel *n*, Anstrichstoff *m* für außen
outdoor plant *s.* outdoor installation
outdoor resistance *s.* outdoor durability
outdoor-seacoast weathering [langzeitige] Seeklimabewitterung *f*
outdoor storage Freilagerung *f*, Lagerung *f* im Freien *n*
outdoor-tropical weathering [langzeitige] Tropenklimabewitterung *f*
outdoor unit *s.* outdoor installation
outdoor use Außeneinsatz *m*, Außenanwendung *f*, Außenverwendung *f*; Freiluftbetrieb *m*
outdoor weathering Frei[luft]bewitterung *f*, [langzeitige] Außenbewitterung *f*, Bewitterung *f*, Freibewitterung *f*, Naturbewitterung *f*
outdoor-weathering performance Freibewitterungsverhalten *n*
outdoor-weathering resistance *s.* outdoor durability
outdoor-weathering station Freibewitterungsstation *f*, Freibewitterungsstand *m*, Freiluftbewitterungsanlage *f*, Freiluftprüfstand *m*
outdoor-weathering test Außenbewitterungsversuch *m*, Frei[luft]bewitterungsprüfung *f*, Freibewitterungsversuch *m*
outer 1. äußerer; Außen-; 2. [geerdeter] Außenleiter *m* *{Elek}*
outer casing Außenmantel *m*; Mantel *m*, Futtermauer *f*
outer conductor [geerdeter] Außenleiter *m*
outer cone of a flame Außenkonus *m* der Flamme *f*
outer container Außenbehälter *m*
outer crucible Außentiegel *m*
outer crust Gußhaut *f*, Gußrinde *f*
outer diameter Außendurchmesser *m*
outer electron Außenelektron *n*, kernfernes Elektron *n*
outer fiber strain Randfaserdehnung *f*
outer fiber zone Randfaserbereich *m*
outer layer Randschicht *f*
outer-metal coating Außenmetallisierung *f*
outer orbit Außenbahn *f* *{Atom}*
outer orbital complex Außenorbitalkomplex *m*
outer potential äußeres Potential *n*, Volta-Potential *n*
outer sheath of a flame Außenkonus *m* der Flamme *f*
outer shell Außenschale *f*, äußere Schale *f*, Valenzschale *f*
outer-shell electron Valenzelektron *n*; Leitungselektron *n*
outer-shell p families p-Außenschalengruppe *f*
outer-shell s families s-Außenschalengruppe *f*
outer space 1. Kosmos *m* außerhalb des Son-

nensystems; 2. Weltraum *m* außerhalb der Erdatmosphäre *f*

outer surface Außen[ober]fläche *f*, äußere Oberfläche *f*

outer tube Außenrohr *n*

outer-water cooling jacket äußere Wasserkühlung *f*

outer zone Randzone *f*

outermost shell Außenschale *f*, äußere Schale *f*, Valenzschale *f {Atom}*

outfall 1. Abwasserablauf *m*, Abwasserauslauf *m {eines Betriebes}*; Abfluß *m {eines Staudammes}*; 2. Einleitungsstelle *f {Abwässer}*, Abwassereinleitungsstelle *f*, Mündung *f {Abwasserkanal}*; Einmündung *f {eines Flusses}*; 3. Hauptsammler *m*, Hauptdrän *m {Agri}*; 4. Vorfluter *m*; 5. Ableitungskanal *m*

outfit 1. Ausrüstung *f {mit Geräten}*, Geräteausrüstung *f*, Apparatur *f*, Ausstattung *f*, Einrichtung *f*; 2. Ausstattung *f {mit Werkzeugen}*, Werkzeugbestückung *f*

outflow 1. Abfluß *m*, Ablauf *m*, ablaufende Flüssigkeit *f*, abfließende Flüssigkeit *f*; 2. Ausfließen *n*, Ausströmen *n*, Abfließen *n*, Ablaufen *n*, Auslaufen *n*, Herausfließen *n*; 3. Absonderung *f*, Ausfluß *m {Med}*

outflow of product Produktaustritt *m*

outflow rate Ausströmrate *f*

outflow time Auslaufzeit *f*

outflow velocity Ausflußgeschwindigkeit *f*, Ausströmgeschwindigkeit *f*

outflowing ausfließend, ausströmend, effluent, auslaufend

outgas/to als Gas *n* austreten, ausgasen, entgasen

outgassing Entgasen *n*, Ausgasen *n*, Entgasung *f {Chem, Elektronik}*; Gasabgabe *f*, Gasentwicklung *f {Vak}*

outgoing air Abluft *f*

outlay Ausgaben *fpl*, Betriebskosten *pl*

outlet 1. Mundloch *n {Bergbau}*; Einleitungsstelle *f*, Mündung *f {Abwasserkanal, Fluß usw.}*; Ablaßöffnung *f*, Ablauf *m {Öffnung}*, Auslaßöffnung *f*, Austrag *m*, Austrittstelle *f*, Abflußmöglichkeit *f*, Abzug *m*, Auspuff *m*, Auspufföffnung *f*; 2. Ablaß *m*, Auslaß *m*, Austritt *m {z.B. eine ablaufende Flüssigkeit}*; 3. Ableitungsgraben *m {Agri}*; 4. Auswurfbogen *m*, Auswurfkrümmer *m*, Blaskopf *m {Agri}*; 5. Absatzmöglichkeit *f*, Absatzmarkt *m*, Absatzgebiet *n*; Verwendungsmöglichkeit *f*; 6. Anschluß *m {Elek}*

outlet adapter Übergangsstück *n*

outlet aperture Austrittsöffnung *f*, Austrittsfenster *n*

outlet area [size] Austrittsquerschnitt *m*

outlet box Anschlußkasten *m {Elek}*

outlet cock Ausflußhahn *m*

outlet drain Ablauf *m*, Abfluß *m*, ablaufende Flüssigkeit *f*, abfließende Flüssigkeit *f*

outlet flange Vorvakuumanschluß *m*

outlet-gas temperature Gasaustrittstemperatur *f*

outlet hole *s.* outled orifice

outlet hopper Ablauftrichter *m*, Schütttrichter *m*

outlet jet Ausflußdüse *f*

outlet nominal size Austrittsnennweite *f {Ventil; DIN 3320}*

outlet nozzle Austrittsstutzen *m*

outlet orifice Ausgangsöffnung *f*, Auslaßöffnung *f*, Austrittsöffnung *f*

outlet piece Vorstoß *m*

outlet pipe Ausflußrohr *n*, Entnahmerohr *n*, Auslaßrohr *n*, Abblasrohr *n*, Dunstrohr *n*, Auspuffleitung *f {rotierende Pumpe}*

outlet plate Abnahmeboden *m {Kolonne}*

outlet port Auslaßöffnung *f*, Austrittsöffnung *f*, Austrittsschlitz *m*

outlet port-hole Ausgangsöffnung *f*, Auslaßrohr *n*, Abblasrohr *n*, Dunstrohr *n*, Dunstleitung *f {rotierende Pumpe}*

outlet pressure Verdichtungsdruck *m*, Auspuffdruck *m*, Ausstoßdruck *m*, Entnahmedruck *m*, Austrittsdruck *m*

outlet side Austrittsseite *f*

outlet temperature Ausgangstemperatur *f*, Auslauftemperatur *f*, Austrittstemperatur *f*, Ausstoßtemperatur *f*, Ablauftemperatur *f*

outlet tray Abnahmeboden *m {Kolonne}*

outlet trough Abflußrinne *f*

outlet tube Abflußrohr *n*, Ablaufrohr *n*, Ablaßrohr *n*, Auslaufrohr *n*; Endröhre *f*, Ausgangsröhre *f*, Entbindungsröhre *f*

outlet valve Abflußventil *n*, Abzugsventil *n*, Austrittsventil *n*, Ablaufventil *n*, Auslaßventil *n*, Austragventil *n*, Leerventil *n*

outlet window Austrittsöffnung *f*, Austrittsfenster *n*

outlier 1. Ausreißer *m {Statistik}*; 2. Restberg *m*, Auslieger *m*, Zeugenberg *m*, Vorberg *m*, Inselberg *m*, Einzelberg *m {Geol}*; 3. Deckscholle *f {Geol}*

outline/to entwerfen, skizzieren; umreißen, in groben Zügen *mpl* darstellen

outline 1. Entwurf *m*, Abriß *m*, Skizze *f*; Überblick *m*; 2. Umriß *m*, Umrißlinie *f*, Kontur *f*; Rahmen *m*; 3. Kante *f {technisches Zeichnen}*

outline agreement Rahmenabkommen *n*, Rahmenvertrag *m*

outmatch/to übertreffen

output 1. Arbeitsleistung *f*, Arbeitsergebnis *n*, Ertrag *m*, Erzeugungsmenge *f*, Nutzleistung *f*; Produktion *f*, Ausstoß *m*, Ausbeute *f {eines Fertigungssystems}*; Ausstoßleistung *f*; Fördermenge *f*, Förderleistung *f {einer Pumpe}*; Förder-

leistung *f*, Förderquantum *n*, Förderung *f {Bergbau}*; Ausbeute *f {z.B. einer Reaktion}*; Ausbringung *f {z.B. bei der Aufbereitung}*; Durchsatz *m*, Durchsatzmenge *f {z.B. eines Hochofens}*; 2. Ausgabedaten *pl {EDV}*; 3. Ausgabeeinheit *f*, Ausgabegerät *n {EDV}*; 4. Ausgabe *f*, Output *m {EDV}*; Response *f*, Output *m*, Ausgabe *f {Phys}*; 5. *Ausgang m {Elek, Elektronik}*; 6. Abtrieb *m*, Abtriebsleistung *f {Tech}*; 7. Ausgang *m {z.B. an einem Gerät}*
output capacitance Ausgangskapazität *f {Elek}*
output capacity Leistungsfähigkeit *f*, Leistungsvermögen *n*; Produktionskapazität *f*
output channel Ausflußkanal *m*; Ausgabekanal *m*, Ausgangskanal *m {EDV}*
output current Ausgangsstrom *m*
output electrode Abnahmeelektrode *f*, Ausgangselektrode *f*
output facility Ausgabemöglichkeit *f {EDV}*
output impedance Ausgangsimpedanz *f*
output losses Austrittsverluste *mpl*
output maximum Leistungsmaximum *n*
output meter Leistungsmesser *m*
output power Ausgangsleistung *f*
output quantity Ausgangsgröße *f*, Regelgröße *f*
output rate Ausstoßvolumen *n*, Durchsatzvolumen *n*, Ausstoß *m*, Ausstoßleistung *f*, Förderleistung *f*, Durchsatzleistung *f*, Durchsatzmenge *f {Techn}*; Ausgabegeschwindigkeit *f {EDV}*
output-rate curve Ausstoßkennlinie *f*
output side Ausgabeseite *f*
output signal Ausgangssignal *n*
output slit Austrittsspalt *m*, Ausgangsspalt *m*, Austrittsschlitz *m*
output terminal Entnahmebüchse *f*; Ausgangsanschluß *m {EDV}*
output unit 1. Ausgabegerät *n*, Ausgabeeinheit *f*; 2. Stückzähler *m*
output variable Ausgangsgröße *f*, Ausgangsveränderliche *f*, [veränderliche] Ausgabegröße *f*
output volume Ausstoßvolumen *n*, Produktionsvolumen *n*, Ausbeutevolumen *n*; Leistungsvolumen *n*
continuous output Dauerleistung *f*
outset 1. Anfang *m*, Beginn *m*; 2. Schachtkranz *m {Bergbau}*
outside 1. außerhalb [befindlich], auswärtig, extern; maximal; außen, äußerlich, Außen-; 2. Äußere *n*, Außenseite *f*
outside air Außenluft *f*
outside coating Außenbeschichtung *f*
outside diameter 1. Außendurchmesser *m*; 2. *{US}* Kopfkreis *m*, Kopfkreisdurchmesser *m {Zahnrad}*
outside dimension Außenabmessung *f*, Außenmaß *n*
outside pipe diameter Rohraußendurchmesser *m*
outside pipeline Außen[rohr]leitung *f*
outside pressure Außendruck *m*
outside temperature Außentemperatur *f*
outside thread Außengewinde *n*
outside tubular seal Außenanglasung *f*
outside use Außeneinsatz *m*, Außenverwendung *f*, Freiluftbetrieb *m*
outward 1. äußere; äußerlich, außen; Außen-; 2. auslaufend, ausgehend
outward electrode Außenelektrode *f*
outweigh/to überwiegen, aufwiegen
ouvarovite Chrom-Granat *m*, Uwarowit *m {Min}*
ova-lecithin Lecithin ex ovo *n*, Ovolecithin *n*, Eierlecithin *n*
oval 1. eirund, eiförmig, oval, länglichrund; 2. Oval *n*, Eikurve *f*, Eilinie *f {Math}*
oval gear meter Ovalradzähler *m*
oval section anode Knüppelanode *f*
ovalbumin Ovalbumin *n*, Eialbumin *n*
ovalene <$C_{32}H_{14}$> Ovalen *n*
ovanene Ovanen *n*
oven 1. Ofen *m {Tech}*; Brennofen *m {Keramik}*; 2. Bratofen *m*, Backofen *m*; 3. Trockenofen *m*; Trockenschrank *m {Lab}*
oven-baked enamel eingebrannte Lackschicht *f*
oven charge Ofenfüllung *f*
oven-dry weight Darrgewicht *n*
oven drying 1. Ofentrocknung *f*; 2. technische thermische Holztrocknung *f*, Verdampfungstrocknung *f*, Kammertrocknung *f*, Hochtemperaturtrocknung *f {Holz}*; 3. Trocknung *f* im Trockenschrank *m {Lab}*
oven floor Ofensohle *f*
oven for evaporating Eindampfgefäß *n*
oven soot Ofenruß *m*
oven-type furnace Industrieofen *m {DIN 24201}*, Ofen *m {Tech, Met}*
overabundant übermäßig; überschüssig, überzählig
overacidification Übersäuerung *f {Med}*
overacidify/to übersäuern
overactivity Überfunktion *f {Physiol}*
overageing Überaltern *n*, Überalterung *f {Met}*
overall 1. gesamt, brutto; Gesamt-; 2. Overall *m*, Monteuranzug *m*, Arbeitsanzug *m*; Kittelschürze *f*
overall coefficient Stoffdurchgangszahl *f*
overall coefficient of heat transfer Wärmedurchgangszahl *f {DIN 4108}*
overall conversion Gesamtumsatz *m*
overall costs Gesamtkosten *fpl*
overall effect Gesamtwirkung *f*
overall efficiency Gesamtwirkungsgrad *m {Elek}*; Totalnutzeffekt *m*
overall enrichment per stage Gesamtanreicherungsfaktor *m* je Stufe *f*

overall length 1. Gesamtlänge *f*; 2. größte äußere Länge *f*
overall mass transfer coefficient Stoffdurchgangszahl *f*, Stoffdurchgangskoeffizient *m*
overall pumping speed effektives Saugvermögen *n*, wirksames Saugvermögen *n* *{Vak}*
overall reaction Bruttoreaktion *f*, Gesamtreaktion *f*
overall temperature Gesamttemperaturniveau *n*
overall test Hüllentest *m*, Haubenlecksuchverfahren *n*, Haubenleckprüfung *f*
overall thermal efficiency thermischer Gesamtwirkungsgrad *m*
overall yield Gesamtausbeute *f*
overbalance/to überwiegen; umkippen
overbased soap überalkalisierte Metallseife *f*
overbased sulfonate überalkalisiertes Sulfonat *n* *{Trib}*
overburden/to über[be]laden, überlasten; überwältigen
overburden 1. Abraumgut *n*, Abraum *m*; Deckgebirge *n* *{Tagebau}*; 2. Hangendes *n* *{Bergbau}*; 3. Übermöllerung *f* *{Met}*
overburn/to überbrennen, totbrennen *{Kalk}*
overburning Totbrennen *n* *{Kalk}*
overcharge/to überlasten; überfüllen, überladen
overcharge Überlastung *f*
overcoat Deckschicht *f*
overcolo[u]r/to überfärben
overcome/to beheben, bewältigen; überwinden; überwältigen
overcool unterkühlen
overcure 1. Überhärtung *f*, Überhärten *n* *{z.B. Kunststoff, Anstriche}*; 2. Nachvulkanisation *f*, Übervulkanisieren *n*, Übervernetzung *f* *{Kautschuk}*
overcure resistance Beständigkeit *f* gegen Überhärtung *f*
overcuring 1. Überhärtung *f*, übermäßiges Härten *n* *{z.B. Kunststoff, Anstriche}*; 2. Übervulkanisation *f*, Übervernetzung *f* *{Gummi}*
overcurrent Über[last]strom *m* *{Elek}*
overcurrent protective device Überstromschutzvorrichtung *f*
overcurrent relay Überstrom[auslösungs]relais *n*, Maximalstromrelais *n*, Höchststromrelais *n* *{Überlastungsschutz}*
overdevelopment Überentwicklung *f* *{Photo}*
overdry/to übertrocknen, zu lange trocknen
overdye/to überfärben, zu stark färben
overestimate Überschätzung *f*, Überwertung *f*
overevaluation Überbewertung *f*
overexpose/to überbelichten *{Photo}*
overexposure Überbelichtung *f*, Überexponierung *f* *{Photo}*
overfall 1. Überfall *m*, Überlauf *m*, Überlaufgut *n*; Siebüberlauf *m* *{beim Siebklassieren}*; Klarflüssigkeit *f* *{beim Hydroklassieren}*; 2. Überlaufvorrichtung *f*
overfeed fuel bed Brennstoffschicht *f* mit Oberfeuerung
overfeed[ing] Überdosierung *f*, Überfütterung *f*; Überbelastung *f*
overferment/to übergären
overflow/to überlaufen, überfließen, überquellen, überströmen, überschwemmen
overflow 1. Überlauf *m*, Überlaufgut *n*; Siebrückstand *m*, Siebüberlauf *m*, Überkorn *n*, Grobgut *n* *{beim Siebklassieren}*; Klarflüssigkeit *f* *{beim Hydroklassieren}*; 2. Überlaufvorrichtung *f*; 3. Überlauf *m*, Überfließen *n*, Überströmung *f*; 4. Formenaustrieb *m*, Austrieb *m* *{Gieß}*; Schwimmhaut *f*, Resthaut *f* an der Trennstelle *f* *{HF-Schweißen}*; 5. Kapazitätsüberschreitung *f*, Bereichsüberschreitung *f*
overflow alarm Überlaufwasserstandsmelder *m*
overflow centrifuge Überlaufzentrifuge *f*
overflow mill Überlaufmühle *f*
overflow nozzle 1. Überstromdüse *f*, Überlaufdüse *f*; 2. Tauchrohr *n* *{im Hydrozyklon}*
overflow opening *s.* overflow orifice
overflow orifice Ausflußöffnung *f*, Austriebsöffnung *f* *{Schutz}*
overflow pipe Überlaufrohr *n*, Überlaufstutzen *m*, Überströmrohr *n*
overflow tank Überlaufbehälter *n*
overflow trap Überlaufauslaß *m*, Überlaufventil *n*
overflow tube *s.* overflow pipe
overflow valve Überlaufventil *n*, Überströmventil *n*
overglaze Aufglasur *f*, Überglasur *f*, zweite Glasur *f* *{Keramik}*
overglaze colo[u]r Aufglasurfarbe *f*, Überglasurfarbe *f* *{Keramik}*; Schmelzfarbe *f*, Muffelfarbe *f*; Emailfarbe *f*
overgrind/to totmahlen, übermahlen
overground 1. totgemahlen; 2. über dem Erdboden *m*
overgrowth Überwachsung *f* *{Krist}*
overhanging überhängend; fliegend angeordnet
overhaul/to 1 überholen, reparieren, wieder instandsetzen; 2. untersuchen, überprüfen, durchsehen
overhaul 1. Überholung *f*, Reparatur *f*, Instandsetzung *f*; 2. Untersuchung *f*, Revision *f*, Prüfung *f*, gründliche Überprüfung *f*
overhauling 1. Instandsetzung *f*, Überholung *f*, Reparatur *f*; 2. Untersuchung *f*, gründliche Überprüfung *f*, Revision *f*
in need of overhauling überholungsbedürftig
overhead 1. oben, oberirdisch, über uns; Hoch-, Ober-; 2. Kopfprodukt *n*, Überkopfprodukt *n* *{Dest}*; Topprodukt *n* *{Erdöldestillation}*; 3. Vorlauf *m*

overhead chain conveyor Kreisförderer *m*
overhead conveyer Hängebahn *f*, Gehängeförderer *m*
overhead conveyer trolley Hängebahnlaufkatze *f {Tech}*
overhead costs Gemeinkosten *pl*, allgemeine Unkosten *pl*
overhead expenses *s.* overhead costs
overhead guard Schutzdach *n*
overhead handling bodenfreie Beförderung *f*
overhead line Freileitung *f*
overhead pipe junction Stichrohrbrücke *f*
overhead pipelines Rohrbrücke *f*
overhead product Kopfdestillat *n*, Überkopfprodukt *n {Dest}*; Topprodukt *n {Erdöldestillation}*
overhead reservoir Hochbehälter *m*
overhead tank Hochbehälter *m*
overheat/to überhitzen, überwärmen, überheizen; verbrennen *{Met}*
overheating 1. Heißlaufen *n*; 2. Wärmestau *m*, Wärmestauung *f*, 3. Überhitzung *f*, Überheizung *f*, Überwärmung *f*; Verbrennen *n {Met}*
overheating of material Materialüberhitzung *f*
overlap/to 1. sich überschneiden; 2. überragen; 3. überlappen *{z.B. Orbitale}*, überlagern *{z.B. Wellen}*, überdecken, über[einander]greifen, überschieben
overlap 1. Überlagerung *f*, Überlappung *f*, Überdeckung *f*, Übereinandergreifen *n*, Überschiebung *f {Chem, Tech}*; 2. Überschneidung *f*; 3. übergelaufenes Schweißgut *n {Schweißen}*
overlap integral Überlappungsintegral *n*
overlap model Überlappungsmodell *n {Orbitale}*
overlapping 1. überlappend; 2. Überdecken *n*, Überlagerung *f*, Überlappung *f*, Übereinandergreifen *n {Chem, Tech}*; 3. Überschneiden *n*; 4. Überragen *n*
overlapping by a band Bandüberlagerung *f*
overlapping of orbitals Überlappung *f* von Orbitalen *npl*
overlay/to 1. überschichten; überziehen; 2. überlagern, überlappen, [teilweise] überdecken, übereinandergreifen
overlay 1. Deckschicht *f*, Belag *m*, Überzug *m*; Dekorfolie *f*; 2. Auflage *f*; Transparentauflage *f {beim Zeichnen}*; 3. Lagergleitschicht *f*, Laufschicht *f {des Lagers}*; 4. Überlagerung *f*, Überlappen *n*, [teilweise] Überdeckung *f*, Übereinandergreifen *n*; 5. Einblendung *f*; 6. Zurichtung *f* von oben *{Druck}*; Zurichtebogen *m {Druck}*
overlay mat Oberflächenvlies *n {Glasfiber}*
overlay welding Schweißplattierung *f*, Auftragsschweißen *n*
overload/to überlasten, überbelasten, überladen
overload 1. Überbelastung *f*, Überlastung *f*,- Arbeitsüberlastung *f*, Überbeanspruchung *f*; 2. Überladung *f*, Mehrbelastung *f*, Überlast *f*; 3. Überstrom *m{Elek}*
overload capacity Überlastbarkeit *f*, Überlastungsfähigkeit *f*, Überbelastbarkeit *f*
overload current Überstrom *m*; Stoßstrom *m {Batterieprüfung}*
overload protection Überlastschutz *m*, Überlastungsschutz *m*; Überstromschutzvorrichtung *f*
overload relay Überstromrelais *n*
overload release Überlastauslöser *m*, Überstromauslöser *m*
overload signal Überlastanzeige *f*
overload test according to regulation Überlastprüfung *f* gemäß Regelwerk *n*
overlying darüberliegend, überlagernd; Deck-
overmasticate/to übermastizieren, totwalzen
overmasticated compound übermastizierte Mischung *f {Gummi}*
overnight 1. über Nacht; Nacht-; 2. am Abend vorher
overnight shutdown Nachtabschaltung *f*
overoxidation Überoxidierung *f*, Überoxidation *{Chem}*; Überfrischen *n*, Überfrischung *f*, Überoxidation *f*, Überoxidierung *f {Met}*
overplus Überschuß *m*
overpoled copper überraffiniertes Kupfer *n*, überpoltes Kupfer *n*
overpotential Überspannung *f {z.B. elektrochemische, elektrolytische}*, irreversible Polarisation *f*, Überpotential *n*
overpressure Überdruck *m*
overpressure method Überdruckverfahren *n {Vak}*
overpressure testing method Überdruckdichtheitsprüfung *f*
overpressure valve Sicherheitsventil *n*, Überdruckventil *n*
overpressurization Überdruckbildung *f*
overprint/to überdrucken, bedrucken; aufdrukken
overprint 1. Aufdruck *m {Druck}*; 2. Überdruck *m {Deckdruck}*
overprint varnish Überdrucklack *m*, Überzugslack *m*
overproduction Überproduktion *f*; vermehrte Bildung *f {Physiol}*; Überförderung *f {z.B. Ölförderung}*
overproof spirits überprozentiger Branntwein *m {> 57,10 Vol- %}*
overrefined übergar *{Met}*
overrefining Überraffinieren *n {Erdöl, Dest}*
overrelaxation Überrelaxation *f*
method of overrelaxation Überrelaxationsmethode *f*
override/to überschreiten; überwinden, überholen; beiseite schieben; sich schieben [über], aufgleiten

override event marker Grenzwertüberschreitungsanzeige *f*

overroasting Totrösten *n*

overrun/to 1. überfließen, überlaufen, überschwemmen; 2. überwuchern; 3. überrollen; 4. überlaufen *{Tech}*; 5. übertreffen

overs 1. Siebrückstand *m*, Siebgrobes *n*, Überkorn *n*, Siebüberlauf *m {Siebanalyse}*; 2. Druckzuschuß *m*

oversaturate 1. übersättigen *{Chem}*; 2. übersaturieren *{Lebensmittel}*

oversaturated vapour übersättigter Dampf *m*

oversaturation 1. Übersättigung *f*, Übersättigen *n {z.B. von Lösungen}*; 2. Übersaturation *f {Zuckerherstellung}*

oversecretion Überproduktion *f {der Drüsen}*

oversize 1. Siebrückstand *m*, Siebüberlauf *m*, Grobkorn *n*, Überkorn *n*, Grobgut *n {Siebanalyse}*; 2. Übergröße *f*, Übermaß *n {Überdimensionierung}*

oversize material *s.* oversize 1.

oversize particle *s.* oversize 1.

oversize product Rückstand *m {beim Sieben}*, Siebrückstand *m*, Siebüberlauf *m*

oversized überdimensioniert

oversized particles Rückstand *m {beim Sieben}*, Siebrückstand *m*, Siebüberlauf *m*

overspeed Übergeschwindigkeit *f {Tech}*; Schleuderdrehzahl *f*, Überdrehzahl *f {Elek, Tech}*

overspeed monitor Drehzahlwächter *m*

oversteering Übersteuerung *f*

overstrained steel kaltverformter Stahl *m*

overstress/to überbeanspruchen

overstress[ing] Überbeanspruchung *f*

overstretch Überrecken *n*, Überstrecken *n {z.B. von Folien, Bändchen, Fasern}*

overtake/to erreichen, einholen; überholen; überwältigen

overtanned totgegerbt, übergerbt

overtime Überstunden *fpl*

overtime work Mehrarbeit *f*

overtone Deckfarbe *f*, deckende Farbe *f*, deckender Anstrichstoff *m*

overturnable hopper kippbarer Einfülltrichter *m*

overvoltage Überspannung *f {z.B. elektrolytische, elektrochemische}*, irreversible Polarisation *f*, Überpotential *n*

overvoltage protection Überspannungsschutz *m*

overweight Übergewicht *n*, Mehrgewicht *n*

overwork übermäßige Arbeit *f*, Arbeitsüberlastung *f*, Überarbeitung *f*; Mehrarbeit *f*, Überstunden *fpl*

ovicide Ovizid *n*, Eiergift *n {eiabtötendes Schädlingsbekämpfungsmittel}*

ovocyte Eizelle *f*

ovoglobulin Ovoglobulin *n*

ovoid eiförmig, ovoidisch, ovoid, ovaloid

ovokeratin Ovokeratin *n*

ovolarvicide Ovolarvizid *n*

ovomucin Ovomucin *n*

ovoplasm Eiplasma *n*

ovovitellin Ovovitellin *n {Phosphorproteid}*

ovulation Ovulation *f*, Eiausstoßung *f*

ovulation inhibitor Ovulationshemmer *m*, Antifertilitätspräparat *n {Pharm}*

oxadiazoles Oxadiazole *npl*

oxalacetic acid <$HOOCCOCH_2COOH$> Oxalessigsäure *f*, Oxymaleinsäure *f {obs}*, 2-Oxobutandisäure *f*, 2-Oxobernsteinsäure *f*, Ketobernsteinsäure *f*

oxalacetic ester <$H_5C_2OOCCOCH_2COOC_2H_5$> Oxalessigsäurediethylester *m*

oxalaldehyde <$OHC{-}CHO$> Glyoxal *n*, Oxalaldehyd *m*, Ethandial *n*, Oxalsäuredialdehyd *m*

oxalaldehydic acid <$OHCCOOH$> Glyoxylsäure *f*, Glyoxalsäure *f*, Oxoethansäure *f*, Oxoessigsäure *f*, Ethanalsäure *f*

oxalamide *s.* oxamide

oxalate <$M'_2C_2O_4$; $(ROOC{-})_2$> Oxalat *n {Oxalsäureester oder Oxalsäuresalz}*

oxalate chelate Oxalatchelat *n*

oxalate CoA-transferase *{EC 2.8.3.2}* Succinyl-*β*-ketoacyl-CoA-transferase *f*, Oxalat-CoA-transferase *f {IUB}*

oxalate complex Oxalatkomplex *m*

oxalate decarboxylase *{EC 4.1.1.2}* Oxalatdecarboxylase *f*

oxalate developer Oxalatentwickler *m {Photo}*

oxalate oxidase *{EC 1.2.3.4}* Oxalatoxidase *f*

oxalatochromate(III) <$M'_3[Cr(C_2O_4)_3]$> Trioxalatochromat(III) *n*

oxalatocobaltate(III) <$M'_3[Co(C_2O_4)_3]$> Trioxalatocobaltat(III) *n*

oxalatoferrate(II) <$M'_2[Fe(C_2O_4)_2]$> Dioxalatoferrat(II) *n*

oxalatoferrate(III) <$M'_3[Fe(C_2O_4)_3]$> Trioxalatoferrat(III) *n*

oxalcitraconic acid Oxalcitraconsäure *f*

oxaldehyde *s.* oxalaldehyde

oxalene <$-N{=}C{-}C{=}N-$> Oxalen *n*

oxalene diuramidoxime Oxalendiuramidoxim *n*

oxalic acid <$HOOCCOOH$> Oxalsäure *f*, Kleesäure *f {Triv}*, Ethandisäure *f {IUPAC}*, Dicarboxylsäure *f*

oxalic acid dianilide *s.* oxanilide

oxalic acid diethylester <$(-COOC_2H_5)_2$> Oxalsäurediethylester *m*

oxalic acid monoamide <$HOOCCONH_2$> Oxamidsäure *f*, Aminooxoessigsäure *f*, Oxalsäuremonoamid *n*

oxalic acid monoanilide <$HOOCCONHC_6H_5$> Oxanilsäure *f*, Phenyloxaminsäure *f*, Oxalsäuremonoanilid *n*

ester of oxalic acid <$(ROOC-)_2$> Oxalat *n*, Oxalsäurediester *m*
salt of oxalic acid <$M'_2C_2O_4$> Oxalat *n*
oxalic ester *s.* oxalic acid diethylester
oxalic monoureide <$H_2NCONHOCCOOH$> Oxalursäure *f*, Ethansäuremonoureid *n*
oxalimide Oximid *n*
oxalite Oxalit *m*, Humboldtin *m* *{Min}*
oxaloacetase *{EC 3.7.1.1}* Oxaloacetase *f*
oxaloacetate decarboxylase *{EC 4.1.1.3}* Oxalacetatdecarboxylase *f*
oxaloacetate tautomerase *{EC 5.3.2.2}* Oxalacetattautomerase *f*
oxaloacetic acid <$HOOCCOCH_2COOH$> Oxalessigsäure *f*, 2-Oxobernsteinsäure *f*, Ketobernsteinsäure *f*, Oxymaleinsäure *f* *{obs}*, 2-Oxobutandisäure *f*
oxaloacetic transaminase Oxalessigsäuretransaminase *f* *{Biochem}*
oxalomalate lyase *{EC 4.1.3.13}* Oxalomalatlyase *f*
oxalonitrile <$(-CN)_2$> Dicyan *n*, Oxalsäurenitril *n*
oxalosuccinic acid Oxal[o]bernsteinsäure *f*, 1-Oxopropan-1,2,3-tricarbonsäure *f*
oxaluric acid <$H_2NCONHOCCOOH$> Oxalursäure *f*, Ethandisäuremonoureid *n*
oxalyl <-OCCO-> Oxalyl-, Ethandioyl-
oxalyl-CoA decarboxylase *{EC 4.1.1.8}* Oxalyl-CoA-decarboxylase *f*
oxalyl-CoA synthetase *{EC 6.2.1.8}* Oxalyl-CoA-synthetase *f*
oxalyl chloride <ClOCCOCl> Oxalylchlorid *n*, Oxalsäuredichlorid *n*
oxalyldihydrazide photometric method photometrische Metallanalyse *f* mit Oxalyldihydrazin *n* *{Cu-Bestimmung}*
oxalylurea 1. <$C_3H_2N_2O_3$> Oxalylharnstoff *m*, Parabansäure *f*, 2,4,5-Imidazoltrion *n*; 2. <$H_2NCONHOCCOOH$> Oxalursäure *f*, Ethandisäuremonoureid *n*
oxamethane $C_2O_2NH_2(C_2H_5OH)$> Oxamethan *n*, Acetyloxamid *n*, Ethyloxamat *n*
oxamic acid <$H_2NOCCOOH$> Oxaminsäure *f*, Oxamidsäure *f*, Oxalsäuremonamid *n*
oxamide <$H_2NOCCONH_2$> Oxalamid *n*, Oxamid *n*, Ethandiamid *n*, Oxalsäurediamid *n*
oxamine blue Oxaminblau *n*
oxamine dye Oxaminfarbstoff *m*
oxamine green G Oxamingrün G *n*, Azidingrün 2G *n*
oxaminic acid *s.* oxamic acid
oxammonium *s.* hydroxylamine
oxamycin Oxamycin *n*
oxanamide Oxanamid *n*
oxane Ethylenoxid *n*
oxanilic acid <$HOOCCONHC_6H_5$> Oxanilsäure *f*, Oxalsäuremonoanilid *n*, Phenyloxamsäure *f*
oxanilide <$(-CONHC_6H_5)_2$> Oxanilid *n*, Oxalsäuredianilid *n*
oxanthranol Oxanthranol *n*
oxanthrol <$C_{14}H_{10}O_2$> Anthrahydrochinon *n*, Oxanthranol *n*
oxanthrone Oxanthron *n*
oxazine Oxazin *n* *{sechsgliedrige Heterocyclen mit 1 O- und 1 N-Atom im Ring}*
oxazine dye Oxazinfarbstoff *m*, Phenoxazinfarbstoff *m*
oxazole <C_3H_3NO> Oxazol *n*
oxazolidine <C_3H_7NO> Oxazolidin *n*, Tetrahydrooxazol *n*
oxazolidone Oxazolidon *n*
oxazoline <C_3H_5NO> Oxazolin *n*, Dihydrooxazid *n*
2-oxazolidone <$C_3H_5NO_2$> 2-Oxazolidon *n*
oxazolone Oxazolon *n*, Oxazolinon *n* *{Oxoderivat des Oxazolins}*
oxdiazine Oxdiazin *n*
oxdiazole <$C_2H_2N_2O$> Oxdiazol *n*, Furazan *n* *{IUPAC}*, Furodiazol *n*, Azoxazol *n*
oxepane Oxepan *n*
oxepin Oxepin *n*
oxetane <C_3H_6O> Oxetan *n*, Trimethylenoxid *n*, 1,3-Epoxypropan *n*
oxetone <$C_7H_{12}O_2$> Oxeton *n* *{1,6-Dioxaspiro[4.4]nonan}*
oxid slag Oxidschlacke *f*
oxidable oxidierbar, oxidationsfähig
oxidant 1. Oxidationsmittel *n*, Oxidans *n* *{pl. Oxidantien}*, oxidierendes Agens *n* *{Chem}*; 2. Sauerstoffträger *m*, Oxidator *m* *{bei Raketentreibstoffen}*
oxidase Oxidase, Oxydase *f* *{oxidierendes Ferment}*
oxidation Oxidation *f*, Oxidieren *n*, Oxydation *f* *{obs}*; Frischen *n* *{Met}*
oxidation and reduction cell Oxidation-Reduktion-Batterie *f*
oxidation apparatus Oxidationsapparat *m*, Oxidator *m*
oxidation base Oxidationsbase *f* *{Farb}*
oxidation black Oxidationsschwarz *n*, Hängeschwarz *n* *{Text}*
oxidation bleach[ing] Oxidationsbleiche *f*; Sauerstoffbleiche *f* *{Text}*
oxidation behaviour Oxidationsverhalten *n*
oxidation by air Luftoxidation *f*
oxidation chamber Oxidationsraum *m*
oxidation degradation oxidativer Abbau *m*
oxidation discharge Ätzen *n* mit Oxidationsmittel *npl* *{Text}*
oxidation inhibitor Oxidationsinhibitor *m*, Oxidationsverhinderer *m*, Antioxygen *n*, Antioxidans *n*, Antioxidationsmittel *n*

oxidation number Oxidationsstufe *f*; Oxidationszahl *f*
oxidation potential Oxidationspotential *n*
oxidation process 1. Oxidationsprozeß *m*, Oxidationsvorgang *m*, Oxidieren *n*; 2. oxidatives Süßungsverfahren *n*, Oxidationsverfahren *n* *{Umwandlung von Thiolen}*
oxidation product Oxidationsprodukt *n*
oxidation-reduction Oxidoreduktion *f*, Oxidation-Reduktion *f* *{Zusammensetzungen s. auch redox-}*
oxidation-reduction catalyst Oxidations-Reduktions-Katalysator *m*
oxidation-reduction cell Oxidations-Reduktions-Kette *f*, Redoxkette *f*
oxidation-reduction electrode Oxidations-Reduktions-Elektrode *f*, Redoxelektrode *f*
oxidation-reduction indicator Oxidations-Reduktions-Indikator *m*, Redoxindikator *m*
oxidation-reduction pair Oxidations-Reduktions-Paar *n*, Redoxpaar *n*
oxidation-reduction potential Oxidations-Reduktions-Potential *n*, Redoxpotential *n*
oxidation-reduction reaction Oxidations-Reduktions-Reaktion *f*, Redoxreaktion *f*, Reduktions-Oxidations-Reaktion *n*
oxidation-reduction titration Oxidations-Reduktions-Titration *f*, Redoxtitration *f*
oxidation resistance 1. Oxidationsbeständigkeit *f*, Beständigkeit *f* gegen oxidative Einflüsse *mpl*, Oxidationsstabilität *f*; 2. Alterungsverhalten *n*, Alterungsbeständigkeit *f* *{Trib}*
oxidation resistant oil alterungsbeständiges Öl *n* *{Trib}*
oxidation sensitivity Oxidationsanfälligkeit *f*, Oxidationsempfindlichkeit *f*
oxidation stability *s.* oxidation resistance
oxidation stability test for motor benzene Harzbildner-Test *m* *{Kraftstoff}*
oxidation stage *s.* oxidation state
oxidation state Oxidationszustand *m*, Oxidationsstufe *f*, Oxidationsgrad *m*, Oxidationszahl *f*, Oxidationswert *m*; Ladungswert *m*
oxidation step *s.* oxidation state
oxidation value Oxiationswert *m* *{Öl}*, Oxidationszahl *f* *{Öl; g* $K_2Cr_2O_7$ *pro 100g Probe in* CCl_4/CH_3COOH*}*
oxidation zone Oxidationsgebiet *n*, Verbrennungszone *f*
anodic oxidation anodische Oxidation *f*
biological oxidation biologische Oxidation *f*
capable of oxidation oxidationsfähig, oxidierbar
catalytic oxidation katalytische Oxidation *f*
degree of oxidation Oxidationsgrad *m*, Oxidationsstufe *f*
oxidative oxidativ
oxidative breakdown oxidativer Abbau *m*, Abbau *m* durch Oxidation *f*
oxidative coupling oxidative Kupplung *f*
oxidative deamination oxidative Desaminierung *f*
oxidative decomposition oxidativer Abbau *m*, Abbau *m* durch Oxidation *f*
oxidative degradation oxidativer Abbau *m*, oxidative Degradation *f*, Abbau *m* durch Oxidation *f*
oxidative demethylation oxidative Demethylierung *f*, Demethylierung *f* durch Oxidation *f*
oxidative phosphorylation oxidative Phosphorylierung *f* *{Physiol}*
oxidative pyrolization oxidative Pyrolysierung *f*, Pyrolisieren *n* durch Oxidation *f*
oxidative reorganization oxidative Umstrukturierung *f* *{Physiol}*
oxidative stability 1. Oxidationsbeständigkeit *f*, Beständigkeit *f* gegen oxidative Einflüsse *mpl*, Oxidationsstabilität *f*; 2. Alterungsbeständigkeit *f* *{Trib}*
oxidative wear Oxidationsverschleiß *m*, Tribooxidation *f*
oxide Oxid *n*, Oxyd *n* *{obs}*
oxide blue Kobaltblau *n* *{Keramik}*
oxide brown Oxidbraun *n*
oxide cathode Oxid[schicht]kathode *f*
oxide-ceramic oxidkeramisch
oxide-ceramic stamping mass oxidkeramische Stampfmasse *f*
oxide ceramics oxidkeramische Erzeugnisse *npl*, Oxidkeramik *f*; oxidkeramische Stoffe *mpl*
oxide-coated mit Oxid überzogen
oxide-coated cathode Oxidschichtkathode *f*
oxide coat[ing] 1. Oxidschicht *f*, oxidische Deckschicht *f*, Oxidüberzug *m*, Oxidbeschlag *m* *{spontan entstanden}*; 2. Oxidschutzschicht *f*, oxidische Schutzschicht *f* *{künstlich erzeugt oder verstärkt}*
oxide colo[u]r Oxidfarbe *f*
oxide-dispersion strengthened alloy oxiddispersionsfeste Legierung *f*
oxide dross Oxidkrätze *f* *{Met}*, oxidische Metallschlacke *f*
oxide electrode Oxidelektrode *f*
oxide film Oxidbelag *m*, Oxidhaut *f*, Oxidfil *m*, dünne Oxidschicht *f*
oxide-forming oxidbildend
oxide-free oxidfrei, zunderfrei *{Oberfläche}*
oxide inclusion Oxideinschluß *m* *{Gieß}*
oxide layer Oxidschicht *f*, Oxidationschicht *f*, Oxidbelag *m*, Oxidfilm *m*
oxide nuclear fuel Kernbrennstoffoxid *n*, oxidischer Kernbrennstoff *m* *{UO_2, PuO_2 usw.}*
oxide of calamine Zinkkalk *m*, Zinkocker *m*

oxide of mercury cell Quecksilberoxidelement *n {Elek}*
oxide scale Glühspanschicht *f*
oxide skin Oxidhaut *f*, Oxidfilm *m*, dünne Oxidschicht *f*, dünner Oxidbelag *m*
oxide spalling Oxidabbröckeln *n {Met}*
oxide yellow Oxidgelb *n*
acid[ic] oxide saures Oxid *n*
amphoteric oxide amphoteres Oxid *n*
basic oxide basisches Oxid *n*
film of oxide Oxidhaut *f*, Oxidfilm *m*, dünne Oxidschicht *f*, dünner Oxidbelag *m*
higher oxide höherwertiges Oxid *n*
layer of oxide *s.* oxide layer
lower oxide niedrigeres Oxid *n*, Oxydul *n {obs}*
oxidimetric oxidimetrisch
oxidimetry Oxidimetrie *f*, Redoxanalyse *f*
oxiding atmosphere oxidierende Atmosphäre *f*
oxidizability Oxidationsfähigkeit *f*, Oxidierbarkeit *f*
oxidizable oxidationsfähig, oxidierbar, oxidabel, zur Oxidation *f* fähig
easily oxidizable leicht oxidierbar
oxidize/to oxidieren, in ein Oxid *n* verwandeln; oxidieren, totglühen *{z.B. UO_2}*, verzundern *{Chem, Met}*; frischen *{Met}*
oxidize anodically/to eloxieren, anodisieren
oxidize back/to zurückoxidieren *{Anal}*
oxidize electrolytically/to eloxieren
oxidized bitumen Oxidationsbitumen *n*, geblasenes Bitumen *n {DIN 55946}*
oxidized cellulose oxidierte Cellulose *f*, Oxycellulose *f*
oxidized flavor Oxidationsgeschmack *m*
oxidized inseed oil oxidiertes Leinöl *n*
oxidized microcrystalline wax oxidiertes Paraffinwachs *n*
oxidized oil Dicköl *n*
oxidized surface Oxidhaut *f*, Oxidbelag *m*, Oxidfilm *m {eine dünne Oxidschicht}*
oxidized turpentine geblasenes Terpentin *n*
oxidizer 1. Oxidationsmittel *n*, Oxidans *n {Chem}*; 2. Sauerstoffträger *m*, Oxidator *m {in Raketentreibstoffen}*
oxidizing 1. oxidierend, oxidativ; Oxidations-; 2. Oxidieren *n*
oxidizing action Oxidationswirkung *f*, oxidierende Wirkung *f*, oxidative Wirkung *f*
oxidizing agent 1. Oxidationsmittel *n*, Oxidans *n {Chem}*; 2. Sauerstoffträger *m*, Oxidator *m {Raketentreibstoff}*
oxidizing atmosphere oxidierende Atmosphäre *f*
oxidizing catalyst Oxidationskatalysator *m*
oxidizing effect Oxidationswirkung *f*
oxidizing flame Oxidationsflamme *f*, oxidierende Flamme *f*
oxidizing furnace Oxidationsofen *m*
oxidizing oven Oxidationsofen *m*
oxidizing process Oxidationsprozeß *m*, Oxidieren *n {Chem}*; Frischverfahren *n {Met}*
oxidizing roasting oxidierendes Rösten *n*, oxidierende Röstung *f {Met}*
oxidizing slag Oxidationsschlacke *f*, Frischschlacke *f {Met}*
oxidizing substance 1. Oxidationsmittel *n*, Oxidans *n {Chem}*; 2. Sauerstoffträger *m*, Oxidant *m {Raketentreibstoff}*
strongly oxidizing stark oxidierend, stark oxidativ
oxido-reductase Oxidoreduktase *f {Biochem}*
oxime <=C=NO> Oxim *n*
oximide <$HN=(OC)_2$> Oximid *n*
oximinoketone <RCOC=NOH> Oximinoketon *n*
oximinotransferase *{EC 2.6.3.1}* Transoximinase *f*, Oximinotransferase *f {IUB}*
oxinate Oxinat *n*
oxindigo Oxindigo *n*
oxindole <C_8H_7NO> Oxindol *n*, 2-Oxoindolin *n*
oxine Oxin *n*, 8-Hydroxychinolin *n*, 8-Chinolinol *n*
oxirane 1. Oxiran *n*, Epoxid *n {eine heterocyclische Verbindung}*, Olefinoxid *n*, Alkenoxid *n*; 2. <C_2H_3O> Oxiran *n*, Ethylenoxid *n*, 1,2-Epoxyethan *n*
oxirene <C_2H_2O> Oxacyclopropen *n*
oxo acids 1. Oxosäuren *fpl*, Sauerstoffsäuren *fpl {mit koordinativ gebundenem O}*; 2. Ketosäuren *fpl*
oxo compounds Oxoverbindungen *fpl*
oxo-cyclo tautomerism Oxo-Cyclo-Tautomerie *f {Kohlenhydrate}*
oxo group <-O-> Oxogruppe *f {Stereochem}*
oxo process 1. Oxosynthese *f*, Hydroformylierung *f*, Oxo[synthese]prozeß *m*; 2. Oxo[synthese]reaktion *f*, Roelen-Reaktion *f*, Oxo[synthese]prozeß *m*
oxoadrenochrome Oxoadrenochrom *n*
oxoaristic acid Oxoaristsäure *f*
2-oxobutanedioic acid *s.* oxaloacetic acid
2-oxobutyrate synthase *{EC 1.2.7.2}* 2-Oxobutyratsynthase *f*
2-oxochroman Melilotol *n*
oxoethanoic acid <OHCCOOH> Glyoxylsäure *f*, Oxoethansäure *f*, Oxalaldehydsäure *f*, Ethanalsäure *f*, Oxoessigsäure *f*
oxoglutarate dehydrogenase *{EC 1.2.4.2}* α-Ketoglutardehydrogenase *f*, Oxoglutaratdehydrogenase *f {IUB}*
2-oxoglutarate synthase *{EC 1.2.7.3}* 2-Oxoglutaratsynthase *f*
4-oxoheptanedioic acid <$OC(CH_2CH_2COOH)_2$> Acetondiessigsäure *f*, Hydrochelidonsäure *f*, 4-Oxoheptandisäure *f {IUPAC}*

2-oxohexamethyleneimine *s.* caprolactam
oxohydrindene <C_9H_8O> Indanon *n*
3-oxolaurate decarboxylase *{EC 4.1.1.56}* 2-Oxolauratdecarboxylase *f*
oxolinic acid Oxolinsäure *f {Antibiotika}*
oxomalonic acid <$OC(COOH)_2 \cdot H_2O$> Mesoxalsäure *f*, Ketomalonsäure *f*, 2-Oxomalonsäure *f*, Dihydroxymalonsäure *f*, 2-Oxopropandisäure *f*
oxomenthane Menthanon *n*
3-oxomenthane <$C_{10}H_{18}O$> Menthon *n*, 3-Terpanon *n*
oxomenthene <$C_{10}H_{16}O$> Menthenon *n*
oxomethane <HCHO> Formaldehyd *m*, Methanal *n*, Oxomethan *n*
oxone *{TM}* Oxon *n {enthält $KHSO_5$}*
oxonic acid Oxonsäure *f*
oxonite Oxonit *n {Expl; Pikrinsäure in HNO_3}*
oxonium <H_3O^+> Oxonium *n {obs}*, Hydroniumion *n*, hydratisiertes Proton *n*
oxonium compound <$[R_2OH]^+X^-$> Oxoniumverbindung *f {obs}*, Hydroniumverbindung *f*
oxonium salt Oxoniumsalz *n*
oxooctanthrene Octanthrenon *n*
oxoocthracene Octhracenon *n*
2-oxopantoate reductase *{EC 1.1.1.169}* 2-Oxopantoatreduktase *f*
4-oxopentanal <$CH_3COCH_2CH_2CHO$> 4-Oxopentanal *n*, Lävulinaldehyd *m*, 3-Acetylpropylaldehyd *m*
oxopentanoic acid <$CH_3COCH_2CH_2COOH$> Lävulinsäure *f*, 4-Oxopentansäure *f*, 3-Acetylpropionsäure *f*
oxophenarsine <$HOC_6H_3(NH_2)AsO$> Oxophenarsin *n*, 3-Amino-4-hydroxyarsenobenzol *n*
4-oxoproline reductase *{EC 1.1.1.104}* 4-Oxoprolinreduktase *f*
oxopropanedioic acid <$OC(COOH)_2 \cdot H_2O$> 2-Oxomalonsäure *f*, 2-Oxopropandisäure *f*, Dihydroxymalonsäure *f*, Mesoxalsäure *f*, Ketomalonsäure *f*
oxosilane Siloxan *n*
oxozone <O_4> Oxozon *n*, Tetraoxygen *n*
oxozonide <$R_2C(O{=}O)\text{-}(O{=}O)CR_2$> Oxozonid *n*
oxthiane Oxthian *n*
oxthiazole Oxthiazol *n*
oxthine Oxthin *n*
oxthiole Oxthiol *n*
oxtriphylline Oxtriphyllin *n*
oxy 1. sauerstoffhaltig; Oxy-; 2. hydroxidhaltig; Hydroxy- *{vorwiegend organische Chemie}*
oxy acid Oxosäure *f*, Sauerstoffsäure *f*, Oxocarbonsäure *f*
oxy-arc cutting Sauerstoff-Lichtbogen-Schneiden *n*, Sauerstoff-Lichtbogen-Trennen *n*, Oxy-arc-Brennschneiden *n*
oxy compound Oxyverbindung *f*
oxy-laser cutting Laser-Brennschneiden *n*
oxyacetic acid *{obs}* s. glycolic acid
oxyacetone <$HOCH_2COCH_3$> 1-Hydroxypropanon *n*
oxyacetylene burner 1. Acetylenbrenner *m*, Oxy-Acetylen-Schneidbrenner *m*, Acetylen-Sauerstoff-Brennschneider *m {zum autogenen Brennschneiden}*; 2. Acetylenbrenner *m* Oxy-Acetylen-Schweißbrenner *m*, Acetylengebläse *n*
oxyacetylene cutting autogenes Brennschneiden *n*, Autogenbrennschneiden *n*, Acetylen-Sauerstoff-Brennschneiden *n*
oxyacetylene torch Acetylengebläse *n*, Acetylenbrenner *m*, Oxy-Acetylen-Schweißbrenner *m*
oxyammonia *s.* hydroxylamine
oxyanthracene *s.* anthrol
***o*-oxybenzaldehyde** <HOC_6H_4COOH> Salicylaldehyd *m*, *o*-Hydroxybenzaldehyd *m*
oxybutyric aldehyde *s.* aldol
oxycalorimeter Kalorimeterbombe *f*, Sauerstoffkalorimeter *m*
oxycamphor Oxycampher *m*
oxycellulose Oxycellulose *f*, oxidierte Cellulose *f*
oxychloride 1. Oxidchlorid *n*; 2. Hypochlorid *n*
oxychloride cement Sorelzement *m*, Magnesiumoxidchlorid-Zement *m*
oxychlorination Oxychlorierung *f*
oxycymol <$(CH_3)_2CHC_6H_3(CH_3)OH$> Carvacrol *n {IUPAC}*, Oxycymol *n*, Isopropyl-*o*-kresol *n*, 2-Hydroxy-*p*-cymen *n*, 2-Cymophenol *n*
oxydiacetic acid *s.* oxydiethanoic acid
oxydiethanoic acid <$O(CH_2COOH)_2$> Diglycolsäure *f*, Oxidiethansäure *f*, Oxydiessigsäure *f*
oxyethylsulfonic acid <$HOCH_2CH_2SO_3H$> Isäthionsäure *f*, 2-Hydroxyethan-1-sulfonsäure *f*
oxygen *{O, element no. 8}* Sauerstoff *m*
oxygen absorbent Sauerstoffänger *m*
oxygen absorption Sauerstoffaufnahme *f*
oxygen-acetylene cutting Acetylen-Sauerstoff-Brennschneiden *n*, autogenes Brennschneiden *n*, Autogenbrennschneiden *n*
oxygen acid Sauerstoffsäure *f*, Oxosäure *f*, Oxocarbonsäure *f*
oxygen analyzer Sauerstoffmesser *m*, Sauerstoffprüfer *m*
oxygen attack Sauerstoffangriff *m {Korrosion}*
oxygen balance Sauerstoffwert *m*, Sauerstoffbilanz *f {Expl; in %}*
oxygen-bearing valve sauerstoffberührtes Ventil *n*
oxygen-bomb calorimeter Kalorimeterbombe *f*, Sauerstoffkalorimeter *n*
oxygen-bomb test apparatus Sauerstoffbomben-Alterungsprüfgerät *n*
oxygen bottle Sauerstoff[-Druckgas]flasche *f*
oxygen-breathing apparatus *{US}* Sauerstoffatemgerät *n*
oxygen bridge Sauerstoffbrücke *f {Chem}*

oxygen carrier Sauerstoff[über]träger *m*
oxygen compound Sauerstoffverbindung *f*
oxygen compressor lubricant Sauerstoffkompressoren-Schmiermittel *n*
oxygen concentration Sauerstoffkonzentration *f*
oxygen content Sauerstoffgehalt *m*
oxygen-converter steel Sauerstoff-Konverterstahl *m*
oxygen cutting autogenes Schneiden *n*, [Sauerstoff-]Brennnschneiden *n*
oxygen cycle Sauerstoffkreislauf *m {Ökol}*
oxygen cylinder Sauerstoffbombe *f*, Sauerstoff[-Druckgas]flasche *f*, Sauerstoffzylinder *m*
oxygen debt Sauerstoffschuld *f*, Sauerstoffunterschuß *m {Physiol}*
oxygen deficiency 1. Sauerstoffmangel *m*; 2. Sauerstoffdefizit *n {qunatitativ}*; Sättigungsdefizit *n {Wasser}*
oxygen-deficient sauerstoffarm
oxygen demand Sauerstoffverbrauch *m*, Sauerstoffbedarf *m*; Sauerstoffbedarfswert *m {quantitativ}*
oxygen depletion Sauerstoffverarmung *f {Ökol}*
oxygen detection Sauerstoffnachweis *m*
oxygen difluoride <OF_2> Sauerstoffdifluorid *n*
oxygen displacement Sauerstoffverschiebung *f*
oxygen electrode Sauerstoffelektrode *f*
oxygen-enriched mit Sauerstoff *m* angereichert, sauerstoffbeladen
oxygen evolution Sauerstofffreisetzung *f*, Sauerstoffabscheidung *f*, Sauerstoffentwicklung *f*
oxygen-evolution test Sauerstoff-Freisetzungsprobe *f*
oxygen formation Sauerstoffbildung *f*, Sauerstofffreisetzung *f*, Sauerstoffabscheidung *f*
oxygen-free sauerstofffrei
oxygen-free high-conductivity copper sauerstofffreies Kupfer *n* hoher Leitfähigkeit *f*, OFHC-Kupfer *n*, Reinstkupfer *n*, Leitfähigkeitskupfer *n*
oxygen generator Sauerstofferzeuger *m*, Sauerstoffgenerator *m*, Sauerstoffentwickler *m*, Sauerstoffgewinnungsapparat *m*
oxygen-hydrogen welding Knallgasschweißen *n*
oxygen index Sauerstoffindex *m {Plastbrandverhalten}*
oxygen ingress Sauerstoffeinbruch *m*
oxygen inhaling apparatus Sauerstoff[atmungs]gerät *n*, Sauerstoffinhalator *m*, Sauerstoffrettungsgerät *n*
oxygen inleakage Sauerstoffeinbruch *m*
oxygen inlet tube Sauerstoffzuleitungsröhre *f*
oxygen jet Sauerstoffstrahl *m*
oxygen lance Sauerstofflanze *f*, Blaslanze *f*, Oxygenblaslanze *f {Tech, Met, Schweißen}*
oxygen leak detector Sauerstofflecksuchgerät *n*
oxygen liquefier Sauerstoffverflüssigungsanlage *f*
oxygen mask Sauerstoffmaske *f*
oxygen meter Sauerstoffmesser *m*
oxygen outlet tube Sauerstoffableitungsröhre *f*
oxygen overvoltage Sauerstoffüberspannung *f {Elektrolyse}*
oxygen permeability Sauerstoffdurchlässigkeit *f*
oxygen plant Sauerstoff[gewinnungs]anlage *f*
oxygen point 1. Sauerstoff[siede]punkt *m {IPTS-68: -182,962°C}*; 2. Tripelpunkt *m* des Sauerstoffs *m {ITS-90: 54,3584 K}*
oxygen pole Sauerstoffpol *m*, Anode *f*
oxygen pressure Sauerstoffdruck *m*
oxygen producer Sauerstofferzeuger *m*, Sauerstoffgenerator *m*, Sauerstoffentwickler *n*
oxygen release Sauerstoffabspaltung *f*, Freiwerden *n* von Sauerstoff *m*
oxygen removal Sauerstoffentzug *m*, Sauerstoffbeseitigung *f*
oxygen requirement Luftbedarf *m*, Sauerstoffverbrauch *m*
oxygen respirator *{US}* Sauerstoffapparat *m*, Sauerstoffatemgerät *n {Sauerstoffmaske}*
oxygen scavanger Sauerstoffaufnehmer *m*
oxygen sensitivity Sauerstoffempfindlichkeit *f*
oxygen separator Sauerstoffabscheider *m*
oxygen standard sauerstoffbezogene Atommasse *f {obs; 0 = 16}*
oxygen steelmaking process Sauerstoff-Konverterverfahren *n*
oxygen takeup Sauerstoffaufnahme *f*
oxygen vulcanization Vernetzung *f*, Molekülverkettung *f*, Cyclisierung *f {Gummi}*
absence of oxygen Sauerstoffausschluß *m*
active oxygen <O_3> Ozon *n*; Trioxygen *n*
circulating oxygen Blutsauerstoff *m {Physiol}*
containing oxygen sauerstoffhaltig
di-oxygen Dioxygen *n*; Sauerstoffmolekül *n*, molekularer Sauerstoff *m*
dissolved oxygen gelöster Sauerstoff *m {Ökol}*
enriching with oxygen Sauerstoffanreicherung *f*
generation of oxygen Sauerstoffentwicklung *f*, Sauerstoffabgabe *f*

oxygenase Oxygenase *f*, Atmungsferment *n {Biochem}*

oxygenate/to mit Sauerstoff *m* sättigen; mit Sauerstoff *m* anreichern, Sauerstoff eintragen; mit Sauerstoff *m* verbinden, oxidieren, oxydieren *{obs}*, oxygenieren *{molekularen Sauerstoff in organische Verbindungen einführen}*

oxygenated sauerstoffgesättigt; sauerstoffbeladen, mit Sauerstoff *m* angereichert; oxidiert
oxygenated [motor] fuel sauerstoffhaltiger Kraftstoff *m* *{z.B. CH_3OH, C_2H_5OH}*
oxygenated water 1. sauerstoffhaltiges Wasser *n*, sauerstoffbeladenes Wasser *n*, sauerstoffgesättigtes Wasser *n*; 2. <H_2O_2> Wasserstoffperoxid *n*
oxygenation Sättigung *f* mit Sauerstoff; Sauerstoffanreicherung *f*, Sauerstoffeintragen *n*; Oxidation *f*, Oxydation *f {obs}*, Oxygenierung *f {Einführung von molekularem Sauerstoff in organische Verbindungen}*
oxygenator 1. Oxygenierapparat *m {zum Einführen von molekularem Sauerstoff in organische Verbindungen}*; 2. Sauerstoffapparat *m* für direkte Blutbeladung *f {Med}*
oxygenic 1. sauerstoffhaltig; aus Sauerstoff *m* bestehend, oxidisch; Sauerstoff-; 2. sauerstoffähnlich
oxyhalides Oxidhalogenide *npl {z.B. UO_2F_2}*
oxyhemoglobin Oxyhämoglobin *n*, Hämatoglobin *n {Chem, Biol}*
oxyhydrochlorination Oxohydrochlorierung *f*
oxyhydrogen blowpipe Knallgasgebläse *n*, Knallgasbrenner *m*
oxyhydrogen burner Knallgasgebläse *n*, Knallgasbrenner *m*
oxyhydrogen cell Knallgaszelle *f*, Knallgaselement *n*
oxyhydrogen flame Knallgasflamme *f*
oxyhydrogen gas Knallgas *n*
oxyhydrogen gas monitoring Knallgasüberwachung *f {Expl}*
oxyhydrogen light Knallgaslicht *n*
oxyhydrogen torch *s.* oxyhydrogen blowpipe
oxyhydrogen welding Knallgasschweißung *f*, Sauerstoffschweißung *f*, Wasserstoff-Sauerstoff-Schweißung *f*
formation of oxyhydrogen gas Knallgasbildung *f*
oxyisobutyric nitrile <$(CH_3)_2C(OH)CN$> Acetoncyanhydrin *n*, 2-Methylacetonitril *n*, α-Hydroxyisobutylnitril *n*
oxyluciferin Oxyluciferin *n {Biochem}*
oxyluminescence Chemolumineszenz *f {bedingt durch Oxidation}*
oxymalonic acid <$HOOCCH(OH)COOH$> Hydroxymalonsäure *f*, Tartronsäure *f*, Hydroxypropandisäure *f*
oxymel Essighonig *m*, Oxymel *n*, Sauerhonig *m {80 % Honig, 10 % CH_3COOH, 10 % H_2O; Pharm}*
oxymercuration Oxymercurierung *f*, Herstellung *f* quecksilberorganischer Verbindungen *fpl*
oxymeter Oxymeter *n {O_2-Sättigung im Blut; Spektralphotometrie}*
oxymethylene *s.* formaldehyde
oxyneurine *s.* betain
oxynitroso radical <-ONO> Nitrosooxoradikal *n*
oxypolygelatin Oxypolygelatine *f*
oxyproline Oxyprolin *n {obs}*, 4-Hydroxypyrolin *n*, 4-Hydroxypyrrolidin-2-carbonsäure *f*
oxypurine <$C_5H_4N_4O_2$> Xanthin *n*, 2,6-Dioxopurin *n*
oxyquercetin Myricetrin *n*
oxysalt 1. Oxidsalz *n*; basisches Salz *n*; 2. Oxosalz *n {Salz einer Oxosäure}*
oxysulfuric acid Oxyschwefelsäure *f*
oxytetracycline <$C_{22}H_{24}N_2O_9{\cdot}2H_2O$> Oxytetracyclin *n*, Terramycin *n {Pharm}*
oxythiamine Oxythiamin *n*
oxytocin <$C_{43}H_{66}N_2O_{12}S_2$> Oxytocin *n*, α-Hypophamin *n*
oxytocinase Oxytocinase *f {Biochem}*
oxytoxin Oxytoxin *n*
ozalid paper *{TM}* Ozalidpapier *n {Trockenlichtpausverfahren}*
ozocerite *s.* ozokerite
ozokerite Ozokerit *m*, Erdwachs *n*, Ceresin *n*, Bergwachs *n*, Bergtalg *m*, Mineralwachs *n {Min}*
ozonation Ozon[is]ierung *f*, Ozonung *f*, Ozonbehandlung *f*
ozonator Ozonerzeuger *m*, Ozongenerator *m*, Ozonator *m*
ozone <O_3> Ozon *n*, Trisauerstoff *m*
ozone annihilation Ozonzerstörung *f {Ökol}*
ozone apparatus Ozonapparat *m*, Ozonisierapparat *m*, Ozon[ier]gerät *n*, Ozonisator *m*
ozone bleach Ozonbleiche *f*
ozone content Ozongehalt *m*
ozone cracking Ozonbrüchigkeit *f*, Ozonrißbildung *f {Gummi}*
ozone depletion Ozonverarmung *f {Ökol}*
ozone formation Ozonbildung *f*, Ozonentwicklung *f*
ozone generation Ozonentwicklung *f*, Ozonerzeugung *f*
ozone generator Ozonentwickler *m*, Ozonerzeuger *m*, Ozongenerator *m*, Ozonator *m*, Ozon[is]ator *m*
ozone hole Ozonloch *n {Atmosphäre}*
ozone layer Ozonschicht *f*, Ozonosphäre *f {Geophysik; 10-50 km Höhe, Maximum 20-25 km}*
ozone paper Ozon[reagens]papier *n*, Iodkalistärkepapier *n {Reagenzpapier}*
ozone plant Ozonanlage *f*, Ozonisieranlage *f {Wasser}*
ozone production Ozonentwicklung *f*, Ozonerzeugung *f*
ozone resistance Ozonbeständigkeit *f*, Ozonfestigkeit *f {Kunst, Gummi}*

ozone test paper *s.* ozone paper
ozone tube Ozonröhre *f*
ozone water Ozonwasser *n*, ozonisiertes Wasser *n*
containing ozone ozonhaltig
generating ozone ozonerzeugend
producting ozone ozonerzeugend
ozonic ozonartig; ozonhaltig; Ozon-
ozonide Ozonid *n*, Ozonolyseprodukt *n*
ozoniferous ozonerzeugend; ozonhaltig
ozonification Ozonisierung *f*, Verwandlung *f* in Ozon *n*; Behandlung *f* mit Ozon *f*, Ozonation *f*
ozonization Ozonisierung *f*, Ozonisation *f*; Ozonation *f*, Ozonbehandlung *f*
ozonization of air Luftozonisierung *f*
plant for ozonization of air Luftozonisierungsanlage *f*
ozonizator Ozonisator *m*, Ozonerzeuger *m*, Ozongenerator *m*
ozonize/to 1. mit Ozon *n* behandeln, mit Ozon *n* anreichern; 2. ozonisieren, in Ozon *n* verwandeln; sich in Ozon *n* verwandeln
ozonized oxygen Ozonsauerstoff *m*
ozonizer Ozonerzeuger *m*, Ozonisator *m*, Ozongenerator *m*
ozonolysis Ozonolyse *f*, Ozon[id]spaltung *f*, Ozonabbau *m*
ozonolytic deavage ozonolytische Spaltung *f*, Spaltung *f* durch Ozon *n*; Ozonidspaltung *f*
ozonometer Ozonometer *n*, Ozonmesser *m*
ozonometric ozonometrisch
ozonometry Ozonmessung *f*, Ozonometrie *f*
ozonoscope Ozonoskop *n*
ozonosphere Ozonosphäre *f*, Ozonschicht *f* *{Geophysik; 10-50 km Höhe, Maximum 20-25 km}*
ozotetrazone <$C_2H_2N_4$> *vic*-Tetrazin *n*, 1,2,3,4-Tetrazin *n* *{IUPAC}*, Ozotetrazon *n* *{Triv}*

P

p.a. *{pro analysis}* analysenrein
***p*-acid** *para*-Säure *f*
***p*-compound** *para*-Verbindung *f*
***p*-conductor** *p*-Leiter *m* *{Halbleiter}*
P electron P-Elektron *n*
P shell P-Schale *f* *{Atom, Hauptquantenzahl 6}*
PABA *s. p*-aminobenzoic acid
pace 1. Tempo *n*, Geschwindigkeit *f*; 2. Schritt *m* *{als Einheit}*, Schrittlänge *f*
pachnolite Pachnolith *m* *{Min}*
pachymic acid Pachymsäure *f*
pack/to 1. [ab]dichten *{Tech}*; tamponieren *{Bohrloch abdichten}*; 2. abpacken, einpacken, emballieren, verpacken, packen *{Produkte}*; 3. packen, verdichten *{EDV}*; zusammenpressen, zusammendrängen, [voll]pferchen; 4. packen *{z.B. Chrom}*; [mit Füllstoffen] füllen *{z.B. Kolonne, Säule}*; 5. einpacken, verpacken, einbetten, umgeben *{Met}*; versetzen *{Bergbau}*
pack 1. Ballen *m*, Packen *m*, Gebund *n*, Bund *n*, Pack *m*; 2. Bündel *n*, Satz *m* *{Pap}*; 3. Packung *f* *{abgepackte Menge}*, Packmenge *f*; Packung *f* *{Packgut und Verpackung}*; 4. Verpackungsmaterial *n*, Packstoff *m*; 5. Gesichtspackung *f* *{Kosmetik}*; 6. Einbau *m*, Einbauten *mpl* *{Tech}*; 7. Packeis *n*; 8. Stapel *m* *{EDV}*; 9. Versatz *m*, Bergeversatz *m*, Versatzgut *n* *{Bergbau}*; 10. Pack *m* *{Einheit bei der Apparatfärbung}*
pack carburizing Aufkohlen *n* in festen Kohlungsmitteln *npl*, Pulveraufkohlen *n*, Kastenaufkohlen *n*, Zementieren *n* in festen Einsatzmitteln *npl*, Zementieren *n* in festem Einsatz *m*, Pulverzementieren *n* *{Met}*; Kasten-Einsatzhärteverfahren *n* *{Met}*
pack cementation Aufkohlen *n* in festen Kohlungsmitteln *npl*, Pulveraufkohlen *n*, Kastenaufkohlen *n*, Zementieren *n* in festen Einsatzmitteln *npl*, Zementieren *n* in festem Einsatz *m*, Pulverzementieren *n* *{Met}*
pack dyeing trough Ballenfärbeküpe *f* *{Text}*
pack fong *s.* nickel silver
pack hardening *s.* pack cementation
pack-hardening process *s.* pack carburizing
package/to abpacken, verpacken, einpacken, paketieren
package 1. Paket *n*, Packstück *n*, Kollo *n*; 2. Einpacken *n*, Verpacken *n*; 3. Packung *f* *{abgepackte Menge}*; 4. Verpackung *f*, Emballage *f*, Verpackungsmaterial *n*; 5. Packung *f* *{Packgut und Verpackung}*; 6. Packen *m*, Gebund *n*, Ballen *m*, Pack *m*; 7. Pack *m*, Wickelkörper *m*, Garnkörper *m* *{Text}*; Spule *f* *{Text}*; 8. Bauteilgruppe *f*, Montagegruppe *f*, Baueinheit *f*, Montagesatz *m*, Baugruppe *f* *{Tech, Elektronik}*; 9. Gebinde *n* *{verschließbarer Flüssigkeitsbehälter}*
package-irradiation plant Bestrahlungsanlage *f* für verpackte Gegenstände *mpl*
package weight Verpackungsgewicht *n*
deceptive package Mogelpackung *f*
packaged verpackt; kompakt, Kompaktbau- *{Elektronik}*; ortsbeweglich *{Nukl}*
packaged pumping system betriebsfertiger Pumpenstand *m*
packaged shipment Packgutlieferung *f*, Sendung *f* von Packgut *n*
packaging Abpackung *f*, Verpacken *n*, Einpacken *n*
packaging adhesive Verpackungsklebstoff *m*
packaging bag Abpackbeutel *m*
packaging felt Packfilz *m*
packaging film Verpackungsfolie *f*
packaging material Packstoff *m*, Verpackungsmaterial *n*, Verpackung *f*, Emballage *f*

packaging plant Abfüllbetrieb *m*, Verpackungsanlage *f*
packaging scale Abfüllwaage *f*
packaging tape Verpackungsband *n*
commercial packaging handelsübliche Verpackung *f*
packed-bubble column Sumpfreaktor *m*
packed [distillation] column Füllkörperkolonne *f*, Füllkörpersäule *f*
packed scrubber Füllkörperrieselturm *m*
packed tower Füll[körper]turm *m*, Füllkörpersäule *f*, Füllkörperkolonne *f {Destillation, Absorption}*
packed tube Füllkörperrohr *n*
packed valve Stopfbuchsenventil *n*, Ventil *n* mit Stopfbuchse *f*
packet 1. gerichtetes Korn *n {Met}*; 2. Pakken *m*, Gebund *n*, Bund *n*, Ballen *m*, Pack *m*; 3. Paket *n {für EDV-Paketvermittlung}*, Datenpaket *n {EDV}*
packing 1. Packen *n*, Verpacken *n*, Abpacken *n*, Einpacken *n {von Produkten}*; 2. Packen *n {Chrom}*; Füllen *n {mit Füllstoff}*; 3. Füllung *f*, Füllmaterial *n*, Füllkörper *m {Chem}*; Zwischenfüllung *f*, Ausfüllung *f*, Füllung *f {Tech}*; 4. Einbetten *n*, Umgeben *n*, Einpacken *n*, Verpacken *n {Met}*; 5. Packung *f*, Kugelpackung *f {Krist}*; 6. Verpackung *f*, Verpackungsmaterial *n*, Emballage *f*; 7. Dichten *n*, Abdichten *n*; Abdichtung *f*, Packung *f*; Tamponage *f {Bohrlöcher}*; 8. Dichtungselement *n*, Dichtung *f {Bauelement}*; Manschette *f*, Manschettendichtung *f*; Dichtungsmittel *n*; 9. Liderung *f {Pumpen}*; 10. Abstandselement *n*; 11. Versatz *m*, Bergeversatz *m {Bergbau}*
packing apparatus Preßgerät *n*
packing cardboard Dichtungspappe *f*
packing case Versandkiste *f*, Versandschachtel *f*
packing cloth Packleinen *n*, Packleinwand *f*
packing component Packungsanteil *m {Phys}*
packing density 1. Packungsdichte *f {allgemein}*; 2. Fülldichte *f*, Rütteldichte *f*, Rüttelgewicht *n*, Packungsdichte *f {Füllstoffe}*; 3. Lagerungsdichte *f {Min}*; 4. Bauelementdichte *f*, Pakkungsdichte *f {Elektronik}*
packing disk Dichtungsscheibe *f*
packing drum Dichtungswalze *f*
packing effect Packungseffekt *m*, Massendefekt *m {Phys, Nukl}*
packing factor Packungsfaktor *m*
packing film Verpackungsfolie *f*
packing fluid Sperrflüssigkeit *f*
packing for fractionating columns Kolonnenfülllung *f*
packing fraction Packungsteil *m {Nukl}*
packing grease Dichtungsfett *n {Vak}*
packing hemp Dichtwerg *n*
packing joint Dichtungsfuge *f*, Flanschendichtung *f*
packing lacquer Emballagelack *m*
packing liquid Sperrflüssigkeit *f*
packing material 1. Dicht[ungs]material *n*, Dicht[ungs]werkstoff *m*, Dicht[ungs]mittel *n*; Pack[ungs]werkstoff *m*, Packungsmaterial *n*; Ausfüllstoff *m*, Füllmaterial *n*, Füllstoff *m*, Füllung *f*; 2. Einpackmittel *n*, Einbettungsmittel *n*, Einbettungswerkstoff *m*, Einbettungsmasse *f {Met}*; 3. Verpackungsmaterial *n*, Verpackung *f*, Emballage *f*
packing paper Packpapier *n*
packing phase Kompressionsphase *f*, Kompressionszeit *f*, Verdichtungsphase *f*
packing piece Distanzring *m*
packing pressure Verdichtungsdruck *m*
packing profile Verdichtungsprofil *n*
packing ring Dicht[ungs]ring *m*, Buchsring *m*, Dichtungsscheibe *f*, Manschette *f*
packing sheet Packtuch *n*
packing standard Verpackungsnorm *f*
packing supports Stützspiralen *fpl*, Wilson-Wendeln *fpl {Dest, Lab}*
packing time Kompressionszeit *f*
packing tower Füllkörperkolonne *f*, Füllkörpersäule *f*
packing unit Verpackungseinheit *f*
packing valve Dichtungsklappe *f*
packing washer Abdichtungsring *m*
height of packing Schichthöhe *f*
packingless vacuum valve stopfbuchsloses Vakuumventil *n*
packings Füllkörper *mpl*
packless dichtungslos
packless valve stopfbuchsloses Ventil *n*
pad/to 1. polstern; wattieren, pikieren *{Text}*; 2. [auf]klotzen, foulardieren *{Text}*
pad 1. Bausch *m*, Tampon *m*; Ballen *m {zum Schnellackpolierauftrag}*; 2. Einlage *f*; Kissen *n*, Polster *n*, Unterlage *f*, Auflage *f*, Matte *f*, Puffer *m {Text}*; Farbkissen *n {Druck}*; Schulterpolster *n {Text}*; Schmierkissen *n {Tech}*; 3. Foulard *m*, Klotzmaschine *f*, Breitfärbemaschine *f {Text}*; 4. Anschlußfläche *f {des Leiterbildes}*, Kontaktfleck *m {Elek}*; 5. [Serien-]Trimmerkondensator *m*, Padding-Kondensator *m {Elek}*; 6. Tastaturblock *m*, Tastenblock *m {EDV}*; 7. Füllzeichen *n {DIN 44302}*, Pad *n { EDV}*; 8. Klotz *m {Verglasung}; 9. Ballen m {Fuß}*; Pfote *f*; 10. Maschinenunterbau *m*; 11. schwache Erhöhung *f {Kontur, Profil}*
pad bath Klotzbad *n {Klotzfärben}*
pad lubrication Polsterschmierung *f*, Schmierkissen-Schmierung *f*, Dochtschmierung *f*
pad saw Fuchsschwanz *m*, Stichsäge *f*, Lochsäge *f*
pad-steam technique Klotzdämpfverfahren *n*

pad-type thermocouple aufgelötetes Thermoelement *n {mit Plättchen}*
padder Foulardiermaschine *f*, Foulard *m*, Klotzmaschine *f*, Breitfärbemaschine *f {Text}*
padding 1. Polsterwatte *f*, Wattierung *f*; Polsterung *f*; Klotzung *f {Verglasung}*; 2. Klotzen *n*, Aufklotzen *n*, Foulardieren *n*, Klotzverfahren *n {Text}*; 3. Oberflächenfärbung *f {Pap}*; Kalanderfärbung *f*, Oberflächenfärbung *f* im Kalander *m {Pap}*; 4. Auftragschweißen *n*
padding machine Klotzmaschine *f*, Foulard *m*, Foulardiermaschine *f*, Breitfärbemaschine *f {Text}*
padding mangle *s.* padding machine
padding process 1. Klotzen *n*, Foulardieren *n*, Klotzverfahren *n {Text}*; 2. Oberflächenfärbung *f {Pap}*
padding trough Imprägniertrog *m*
paddle 1. Paddel *n*, Schaufel *f*, Flügel *m*, Blatt *n*, Schaufelblatt *n*; 2. Knetarm *m*, Rührarm *m*, Rührschaufel *f {Rühr- bzw. Mischelement}*; 3. Haspel *f m*, Haspelgeschirr *n {Gerb}*
paddle aerator Schaufelentlüfter *m*
paddle agitator Paddelrührwerk *n*, Schaufelrührwerk *n*, Schaufelmischer *m*, Paddelmischer *m*, Paddelrührer *m*, Schaufelrührer *m*, Blattrührer *m*
paddle dryer Schaufeltrockner *m*
paddle dyeing machine Paddel-Färbemaschine *f*, Schaufelradfärbemaschine *f {Text}*
paddle mixer *s.* paddle agitator
paddle pit Haspelgrube *f {Gerb}*
paddle stirrer Schaufelrührer *m*, Paddelrührer *m*
paddle vat Rührtrommel *f {Gerb}*
paddle wheel Schaufelrad *n*, Paddelrad *n*
paddle-wheel fan Zentrifugalventilator *m*
paddling tank Rührtrommel *f {Gerb}*
page Seite *f*; Blatt *n*
page printer Blattschreiber *m*
pagoda stone Pagodenstein *m*, Bildstein *m {Min}*
pagodite *s.* pagoda stone
PAH *{polycyclic aromatic hydrocarbon}* polycyclischer aromatischer Kohlenwasserstoff *m*
pail Kübel *m*, Eimer *m {als Werkzeug}*
pain Schmerz *m*
pain-blocking chemical schmerzunterdrückende Substanz *f*, schmerzbetäubende Substanz *f*, schmerzstillende Substanz *f*
pain-killer Schmerzbetäubungsmittel *n*, Schmerz[linderungs]mittel *n*, schmerzstillendes Mittel *n*, schmerzbetäubendes Mittel *n*, schmerzlinderndes Mittel *n {Pharm}*
pain reliever *s.* pain-killer
relief of pain Schmerzlinderung *f*
paint/to 1. [an]malen, [an]streichen, malen, tünchen; lackieren; 2. schwöden *{Gerb}*

paint 1. [pigmentierter] Anstrichstoff *m*, Anstrichfarbe *f*, Farbe *f*, Anstrichmittel *n*, Lack *m*, Lackfarbe *f*; 2. Anstrich *m*, Anstrichschicht *f*
paint additive Farbenzusatz *m*, Anstrichmittelzusatz *m*, Lackadditiv *n*
paint agitator Farbenrührwerk *n*, Farbenmischer *m*
paint and lacquer 1. Lack- und Farben-; 2. Farben *fpl* und Lacke *mpl*, Anstrichstoffe *mpl {DIN 29597}*
paint and varnish *s.* paint and lacquer
paint auxiliary Lackhilfsmittel *n*
paint bath Farbbad *n*
paint binder Farb[en]bindemittel *n*, Anstrichstoffbindemittel *n*
paint-coagulating equipment Lack-Koaguliergerät *n*
paint coat [Farb-]Anstrich *m*, Anstrichschicht *f*
paint compatibility Farbenverträglichkeit *f*
paint curing oven Lackmuffelofen *m*
paint dip Farbbad *n*
paint driers Trockenstoffe *mpl*, Trockenmittel *npl*, Sikkative *npl*
paint film Anstrichfilm *m*, Lackierung *f*, Anstrich *m*, Lackfilm *m*, Lackschicht *f*
paint-film defect Lackierungsdefekt *m*, Anstrichfehler *m*, Anstrichmangel *m*
paint-film quality Beschichtungsqualität *f*, Qualität *f* des Anstrichs *m*
paint-film structure Anstrichaufbau *m*
paint-film surface Lackoberfläche *f*
paint for cocooning Kokonisierlack *m*, fadenziehender Plastlack *m*, fadenziehender Einspinnlack *m*, fadenziehender Lack *m {bildet entfernbare Schutzhaut}*
paint for outside use Außen[anstrich]farbe *f*
paint formulation Anstrichformulierung *f*
paint-grinding machine Farbzerkleinerungsmaschine *f*, Farbmühle *f*
paint-hardness tester Lack-Härteprüfer *m*
paint industry Farbenindustrie *f*, Lackindustrie *f*
paint material Anstrichmasse *f*
paint mill Farbmühle *f*
paint mixer Farbenmischzylinder *m*, Farbenmischer *m*
paint oil Farbverdünnungsöl *n*
paint pouring Schichtbildung *f* durch Gießen *n*
paint remover Abbeizmittel *n*, Farb[en]abbeizmittel *n*, Ablösemittel *n*, Farbentferner *m*, Lackentferner *m*
paint-removing agent *s.* paint remover
paint residues Farbreste *mpl*, Lackreste *mpl*
paint resin Lackharz *n*, Lackbindemittel *n*, Lackrohstoff *m*
paint roller Farbrolle *f*, Farbwalze *f*, Farbroller *m*, Malerwalze *f*

paint shop Lackiererei *f*; Lackierstraße *f*
paint slips Malschlicker *mpl*
paint solids content Lackfeststoffgehalt *m*
paint solvent Lacklösemittel *n*, Lösemittel *n* *{für Farbstoffe}*
paint spraying Farbspritzen *n*
paint-spraying bulb Farbbombe *f*
paint-spraying can Lacksprühdose *f*
paint-spraying gun Farbspritze *f*, Farbspritzpistole *f*
paint-spraying system Lackierspritzverfahren *n*
paint-spreading agent Farbegalisierungsmittel *n*
paint stripper [formulation] Farb[en]ablöser *m*, Anstrichentferner *m*, Ablösemittel *n*, Farbentferner *m*, Lackentferner *m*, Abbeizmittel *n*
paint-stripping agent *s.* paint stripper [formulation]
paint surface Anstrichoberfläche *f*, Lackoberfläche *f*
paint system Anstrich[mittel]system *n*, Lacksystem *n*
paint testing equipment Anstrichprüfapparatur *f*, Anstrichprüfeinrichtung *f*, Anstrichprüfgeräte *npl*
paint thinner Farbverdünner *m*, Farbverdünnungsmittel *n*
paint vehicle 1. Farb[en]bindemittel *n*, Anstrichstoffbindemittel *n*; 2. Bindemittellösung *f*
coat of paint Anstrich *m*, Anstrichschicht *f*
finish paint Deckanstrich *m*
fire-proof paint feuerfeste Farbe *f*
heavily loaded paint hochpigmentierter Lack *m*
tropical paint Tropenfarbe *f*
paintability Lackierbarkeit *f*, Bemalbarkeit *f*
paintable lackierfähig, bemalbar
painter's colo[u]r Malerfarbe *f*
painter's glazing Malerglasur *f*
painter's gold Malergold *n*, Malergoldfarbe *f*, Goldbronze *f*
painter's priming Malergrundierung *f*
painter's tool Anstreichgerät *n*
painter's varnish Malerfirnis *m*
painting 1. Bild *n*, Gemälde *n*; 2. Anstrich *m*, Aufbringen *n* *{des Anstrichstoffes}*, Auftragen *n*, Auftragsverfahren *n*, Anstreichen *n*, Streichen *n*, Lackieren *n*; 3. Schwöden *n*, Schwöde *f* *{Gerb}*
painting defect Lackfehler *m*, Fehler *m* in der Anstrichschicht *f*
painting medium Anstrichmittel *n*
painting system Anstrichsystem *n*, Anstrichaufbau *m*
painting trial Beschichtungsversuch *m*
waterproof painting wasserfester Anstrich *m*
weatherproof painting wetterfester Anstrich *m*
pair/to 1. paaren *{z.B. Elektronen, Nukleonen}*; sich paaren, ein Paar *n* bilden, paarweise zusammentreten, zu einem Paar *n* zusammentreten, sich paarweise vereinigen; 2. paarweise anordnen, paarig anordnen, in Paare *npl* ordnen; 3. doppelt einsetzen
pair 1. Paar *n*; 2. Doppelader *f*, Adernpaar *n*, paarverseilte Leitung *f*
pair annihilation Paarvernichtung *f*, Zerstrahlung *f*, Paarzerstrahlung *f*, Annihilation *f* *{Nukl}*
pair conversion Paarumwandlung *f*
pair creation Paarbildung *f*, Paarerzeugung *f* *{Nukl}*
pair formation *s.* pair production
pair production Paarbildung *f*, Paarerzeugung *f* *{e^-e^+-Paar aus γ-Quanten}*
in pairs paarweise
paired gepaart
paired electrons paarweise auftretende Elektronen *npl*
pairing Paarung *f*, Paarbildung *f* *{z.B. von Elektronen, Nukleonen}*
pairing energy Paarungsenergie *f* *{Nukl}*
palagonite Palagonit *m* *{Geol}*
palatability Wohlgeschmack *m*, Schmackhaftigkeit *f* *{Lebensmittel}*
palatable schmackhaft, wohlschmeckend; angenehm
palatine red <$C_{18}H_{12}N_2O_7S_2Na_2$> Palatinrot *n*, Naphtorubin *n*
palatinite Palatinit *m* *{Min}*
pale 1. blaß, bleich, fahl weißlich; 2. Pfahl *m*; Zaunpfahl *m*, Zaunlatte *f*; 3. Grenze *f*
pale blue fahlblau, lichtblau, blaßblau
pale brown blaßbraun
pale green hellgrün, blaßgrün, lichtgrün
pale oil helles Öl *n*, Pale Oil *n* *{blaßgelb raffiniertes Schmieröldestillat}*
pale shade pastellfarbene Farbtönung *f*
pale yellow blaßgelb, fahlgelb, mattgelb, falb
paleness Fahlheit *f*, Farblosigkeit *f*
paleolithic Paläolithikum *n* *{10000 bis 2500000 Jahre}*
paleomagnetism Paläomagnetismus *m*
paleozoic Paläozoikum *n* *{250 - 600 Millionen Jahre}*
palette Palette *f*, Farbenteller *m*
palingenesis Palingenese *f*, Palingenesis *f*, Palingenesie *f* *{Geol, Biol}*
palisander-wood oil Palisanderholzöl *n*
palite <$ClCOOCH_2Cl$> Palit *n*, Chlormethylchloroformiat *n*
Pall ring Pall-Ring *m* *{Füllkörper; Dest}*
palladate Palladat *n*
palladic Palladium-, Palladium(IV)-
palladic acid Palladiumsäure *f*
palladic compound Palladium(IV)-Verbindung *f*

palladic oxide Palladium(IV)-oxid *n*, Palladiumdioxid *n*
palladichloride <M'_2PdCl_6> Hexachloropalladat(IV) *n*
palladinized asbestos Palladiumasbest *m*
palladinizing bath Palladiumbad *n*
palladious Palladium-, Palladium(II)-
palladious compound Palladium(II)-Verbindung *f*
palladious oxide Palladium(II)-oxid *n*
palladium *{Pd, element no. 46}* Palladium *n*
palladium alloy Palladiumlegierung *f*
palladium amalgam <PdHg> Palladiumamalgam *n*; Potarit *m {Min}*
palladium asbestos Palladiumasbest *m*
palladium-barrier ionization ga[u]ge Palladium-Wasserstoff-Ionisationsvakuummeter *n*
palladium-barrier leak detector Palladium-Wasserstoff-Lecksucher *m*, Palladiumlecksuchgerät *n*
palladium black Palladiummohr *m*, Palladiumschwarz *n*
palladium chloride <$PdCl_2$> Palladiumdichlorid *n*, Palladium(II)-chlorid *n*
palladium dibromide <$PdBr_2$> Palladiumdibromid *n*, Palladium(II)-bromid *n*
palladium dichloride <$PdCl_2 \cdot 2H_2O$> Palladiumdichlorid[-Dihydrat] *n*, Palladium(II)-chlorid *n*
palladium dicyanide <$Pd(CN)_2$> Palladiumdicyanid *n*, Palladium(II)-cyanid *n*
palladium diiodide <PdI_2> Palladiumdiiodid *n*, Palladium(II)-iodid *n*, Palladiumjodür *n {obs}*
palladium dinitrate <$Pd(NO_3)_2$> Palladiumdinitrat *n*, Palladium(II)-nitrat *n*
palladium dioxide Palladiumdioxid *n*, Palladium(IV)-oxid *n*
palladium disulfide <PdS_2> Palladiumdisulfid *n*, Palladium(II)-sulfid *n*
palladium family Palladiumfamilie *f {5. Periode/8. Gruppe: Ru, RH und Pd}*
palladium gold Palladgold *n*, Palladiumgold *n {<10 %Pd}*, Porpezit *m {Min}*
palladium hydride Palladiumwasserstoff *m*, Palladiumhydrid *n*
palladium-hydrogen leak Palladium-Wasserstoff-Leck *n*
palladium hydroxide <$Pd(OH)_2$> Palladiumhydroxid *n*
palladium-leak detector Palladiumlecksuchgerät *n*, Palladium-Wasserstoff-Lecksucher *m*
palladium monosulfide <PdS> Palladiummonosulfid *n*, Palladium(II)-sulfid *n*
palladium monoxide <PdO> Palladium(II)-oxid *n*, Palladiumoxydul *n {obs}*, Palladiummonoxid *n*
palladium oxide 1.<PdO> Palladium(II)-oxid *n*, Palladiummonoxid *n*; 2.<PdO_2> Palladium(IV)-oxid *n*, Palladiumdioxid *n*
palladium silicide Palladiumsilicid *n*
palladium sponge Palladiumschwamm *m*
palladium subsulfide <Pd_2S> Dipalladiummonosulfid *n*
palladium sulfate <$PdSO_4 \cdot 2H_2O$> Palladium(II)-sulfat[-Dihydrat] *n*
palladium tube Palladiumrohr *n {Lab, Glasrohr mit Pd-Aspest oder Pd-Schwamm}*
colloidal palladium kolloides Palladium *n*
palladous Palladium-, Palladium(II)-
palladous bromide <$PdBr_2$> Palladium(II)-bromid *n*, Palladiumbromür *n {obs}*
palladous chloride <$PdCl_2 \cdot 2H_2O$> Palladium(II)-chlorid[-Dihydrat] *n*, Palladochlorid *n {obs}*
palladous compounds Palladium(II)-Verbindungen *fpl*
palladous hydroxide Palladium(II)-hydroxid *n*, Palladohydroxid *n {obs}*
palladous iodide <PdI_2> Palladium(II)-iodid *n*, Palladiumjodür *n {obs}*, Palladiumdiiodid *n*
palladous oxide Palladium(II)-oxid *n*, Palladiumoxydul *n {obs}*, Palladiummonoxid *n*
palladous salt Palladium(II)-Salz *n*, Palladiumoxydulsalz *n {obs}*
pallamine kolloidales Palladium *n*
pallas Pallas *n {Au-Pd-Pt-Legierung}*
pallasite Pallasit *m {Meteorit aus Olivin in Ni-Fe-Schwamm}*
pallet 1. Ladepritsche *f*, Palette *f*, Stapelplatte *f {Transport}*; 2. Strohmatte *f*, Strohlager *n*; 3. Krücke *f {optisches Glas}*; 4. Montagefläche *f*, Palette *f {z.B. des Spacelabs}*; 5. Handprägestempel *m*; Filete *f {Buchbinderei}*
palletisation Pallettierung *f {von Ladungen}*
palliative Palliativum *n*, Linderungsmittel *n {Pharm}*
palliative balsam Linderungsbalsam *m {Pharm}*
palm 1. Palme *f {Aceraceae} f*; 2. Handfläche *f*; 3. Handbreite *f*
palm butter *s.* palm oil
palm grease *s.* palm oil
palm-kernel oil *s.* palm-nut oil
palm-nut meal Palmkernmehl *n*
palm-nut oil Palmkernöl *n*, Palmkernfett *n {Elaeis guineensis Jacq.}*
palm oil Palmbutter *f*, Palmöl *n*, Palmfett *n {aus fementiertem Fruchtfleisch von Elaeis guineensis und E. melanococca}*
palm-oil soap Palmölseife *f*
palm starch Palmenstärke *f*, Palm[en]sago *m*, Sagostärke *f*
palm toddy Palmbranntwein *m*

palm wax Palmwachs *n {aus Ceroxylin andicola}*
palmarosa oil Palmarosaöl *n {von Cymbopogon martinii (Roxb.) Stapf}*
palmate rubine Palmatrubin *n*
palmatine Palmatin *n*
palmellin Palmellin *n {Algenfarbstoff}*
palmerite Palmerit *m {obs}*, Tanakarit *m {Min}*
palmic *s.* palmitic
palmierite Pamierit *m {Min}*
palmitate <**M'OOCC$_{15}$H$_{31}$; ROOCC$_{15}$H$_{31}$**> Palmitat *n*, Cetylat *n*, Hexadecanoat *n {IUPAC}*
palmitic acid <**CH$_3$(CH$_2$)$_{14}$CO$_2$H**> Palmitinsäure *f*, *n*-Hexadecylsäure *f*, Cetylsäure *f*, Hexadecansäure *f*
palmitic aldehyde Palmitylaldehyd *m*
palmitic cyanide *s.* palmitonitrile
palmitin 1.<$C_3H_5(C_{15}H_{31}COO)_3$> Palmitin *n*, Palmitinsäureglycerylester *m*, Tripalmitin *n*, Glyceryltripalmitat *n*; 2. Palmitinsäureglycerid *n*
palmitin candle Palmitinkerze *f*
palmitin soap Palmitinseife *f*
palmitodichlorohydrin Palmitodichlorhydrin *n*
palmitodilaurin Palmitodilaurin *n*
palmitodiolein Palmitodiolein *n*
palmitodistearin Palmitodistearin *n*
palmitolei[ni]c acid Palmitoleinsäure *f*, *(Z)*-Hexadec-9-en-säure *f*, Zoomarinsäure *f*
palmitolic acid <**C$_{15}$H$_{27}$COOH**> Palmitolsäure *f*, Hexadec-7-insäure *f*
palmitone <**C$_{31}$H$_{62}$O**> Hentriacontan-16-on *n*, Palmiton *n*
palmitonitrile <**C$_{15}$H$_{31}$CN**> Palmylcyanid *n*, Palmsäurenitril *n*
palmitostearoolein Oleopalmitostearin *n*
palmitoyl-CoA hydrolase *f {EC 3.1.2.2}* Palmitoyl-CoA-hydrolase *f*
palmityl Palmityl-
palmityl alcohol <**C$_{16}$H$_{33}$OH**> Hexadecylalkohol *m*, Hexadecan-1-ol *n*
palmitylalanine Palmitylalanin *n*
palmkernel oil *s.* palm-nut oil
paltreubine Paltreubin *n*
palustric acid <**C$_{20}$H$_{30}$O$_2$**> Abieta-8,13-dien-18-carbonsäure *f*
palustrol <**C$_{15}$H$_{26}$O**> Palustrol *n {Sesquiterpen}*
palynology Palynologie *f {Wissenschaft von Pollen und Sporen, neuerdings auch von anderen Mikrofossilien}*
palytoxin Palytoxin *n {von Palythoa}*
pamaquine naphthoate <**C$_{42}$H$_{45}$N$_3$O$_7$**> Pamquinnaphthoat *n*
pamoic acid Pamoasäure *f*, Embonsäure *f*
PAN *s.* polyacrylonitrile
pan 1. Pfanne *f*, Mulde *f*, Trog *m*, Schale *f*, Schüssel *f*, Wanne *f*; 2. Waagschale *f*, Schale *f*; 3. Siedepfanne *f*, Pfanne *f {zur Speisezubereitung}*; 4. Kessel *m*, Vulkanisierkessel *m*, Vulkanisationskessel *m {Gummi}*; 5. Holländertrog *m*, Stoffwanne *f {Pap}*; 6. Backtrog *m*, Backmulde *f*; 7. Kühlwagen *m {Glas}*; 8. Platte *f {eines Plattenförderers}*
pan acid Pfannensäure *f*
pan arrest Schalenarretierung *f {Waage}*
pan balance Schalenwaage *f*
pan breeze Grus *m*
pan conveyer Trogbandförderer *m*
pan crusher Kollergang *m*
pan dryer Trockenpfanne *f*
pan filter Nutschenfilter *n*; Panfilter *n*, Panglas *n*
pan grinder *s.* pan mill
pan mill Kollergang *m*, Kollermühle *f*, chilenische Mühle *f*, Stoßblockmühle *f*, Blockmühle *f*
pan mixer Kollergang *m*, Kollermühle *f*, Stoßblockmühle *f*, Blockmühle *f*, Tellermischer *m*; Trogmischer *m {Beton}*
pan mill mixer Mörtel[misch]maschine *f*, Pfannenmischer *m*, Tellermischer *m*, Mischkollergang *m*
pan for weights Waagschale *f*
pan room 1. Scheidepfannenhaus *n {Zucker}*; 2. Siederei *f {Seife}*
pan scale Pfannenstein *m*
panabase <**4Cu$_2$S(Sb, As)$_2$S$_3$**> Panabas *m*, Tetraedrit *m {Min}*
panacon <**C$_{22}$H$_{19}$O$_8$**> Panacon *n*
Panama bark Panamarinde *f*, Quillajarinde *f*, Seifenrinde *f {von Quillaja saponaria Mol.}*
panaquinol <**C$_{12}$H$_{25}$O$_9$**> Panachinol *n {Ginsengbitter; Panax quinquefolium}*
panary fermentation Brotgärung *f*
panchromatic panchromatisch, empfindlich für alle Farben *fpl {Photo}*
panchromatism Panchromasie *f {Photo}*
panchromium *{obs}* *s.* vanadium
panclastite Panklastit *n {Expl; N_2O_4 in CS_2}*
pancreas Bauchspeicheldrüse *f*, Pankreas *f {Med}*
pancreatic Pankreas-
pancreatic amylase Pankreasamylase *f*, Amylopsin *n*
pancreatic diastase Pankreasdiastase *f*
pancreatic enzymes Pankreasenzyme *npl*, Enzyme *npl* der Bauchspeicheldrüse *f*
pancreatic juice Bauchspeichel *m*, Pankreassaft *m*
pancreatic lipase Pankreaslipase *f*, Verdauungslipase *f*
pancreatin Pankreatin *n {Pankreashormongemisch}*
pancreatolipase *s.* pancreatic lipase
pancreozymin Pankreozymin *n*, Cholecystokinin *n {Gewebehormon}*
pandermite Pandermit *m {Min}*

pane 1. [dünne] Platte *f*, Tafel *f*; 2. Glasscheibe *f*, Fenster[glas]scheibe *f*; 3. Finne *f*, Pinne *f* *{Hammer}*
panel 1. Schalttafel *f*, Schaltkasten *m* *{Elek}*; Frontplatte *f* *{Tech}*; 2. Pane[e]l *n*, Platte *f*, Tafel *f* *{Elektronik}*; 3. Titelschild *n* *{Buch}*; 4. Tafel *f*, Feld *n* *{der Täfelung}*; 5. [Tür-]Füllung *f*; 6. Paneel *n* *{furnierte Spanplatte}*; 7. Panel *n* *{repräsentative Personengruppe, Statistik}*; 8. Stoffbahn *f*, [Stoff-]Strei fen *m{Text}*
panel board 1. Schalttafel *f*, Füllbrett *n*, Schaltbrett *n* *{Elek}*; 2. gehärtete Pappe *f*, Hartpappe *f*
panel discussion öffentliche Diskussion *f*; Podiumsdiskussion *f*, Podiumsgespräch *n*
panel mo[u]ld Paneelform *f* *{Kunst}*
panel mounting 1. Einschubrahmen *m*; 2. Paneelmontage *f*, Tafeleinbau *m* *{Elektronik}*
panel report Podiumsbericht *m*
panel[l]ed verkleidet, getäfelt
panel[l]ing Fachwerk *n*, Täfelung *f*, Paneelierung *f* *{Wandbekleidung aus einzelnen Feldern}*
panitol Panit *m*
panose Panose *f* *{Trisaccharid}*
panothenate synthetase *{EC 6.3.2.1}* Panothenatsynthetase *f*
pansy Stiefmütterchenblätter *npl* *{Violaceae}*
pantetheine Pantethein *n*
pantetheine kinase *{EC 2.7.1.34}* Pantetheinkinase *f*
pantethine **<$C_{22}H_{42}N_4O_8S_2$>** Pantethin *n*
panthenol *{USAN}* *s.* pantothenol
pantoate Pantoat *n*
pantoate dehydrogenase *{EC 1.1.1.106}* Pantoatdehydrogenase *f*
pantocain Pantokain *n* *{Pharm}*
pantograph 1. Pantograph *m*, Storchschnabel *m* *{Zeichengerät zum Vergößern oder Verkleinern}*; 2. Scherenstromabnehmer *m*; Bahnstromabnehmer *m* *{Elek}*
pantoic acid **<$HOOCCH(OH)C(CH_3)_2$-CH_2OH>** Pantoinsäure *f* *{Biochem}*
pantomorphism Pantomorphismus *m* *{Krist}*
pantonine Pantonin *n*
pantotheine Pantothein *n*
pantothenase *{EC 3.5.1.22}* Pantothenatamidohydroloase *f*, Pantothenase *f* *{IUB}*
pantothenate synthetase *{ECG 6.3.2.1}* Pantothenatsynthetase *f*
pantothenic acid **<$HOCH_2C(CH_3)_2CHOH$-$CONHCH_2CH_2COOH$>** Pantothensäure *f*, Vitamin B_5 *n* *{Triv}*
pantothenol **<$HOCH_2C(OH)(CH_3)CHOH$-$CONHCH_2CH_2COOH$>** Pantothenol *n*, D(+)-Pantothenylalkohol *m*
pantothine Pantothin *n*
pap Papp *m*, Brei *m*; Buchbinderkleister *m*
papain *{EC 3.4.22.2}* Papain *n*, Caricin *n*, Pflanzenpepsin *n* *{Triv}*, Papayotin *n* *{Endopeptidase aus Carica papaya L.}*
papaver 1. Mohn *m*, Mohnblume *f* *{Papaver somniferum L. oder P. rhoeas L.}*; 2. Mohnköpfe *mpl* *{Samenkörper des Mohns}*
papaveric acid **<$C_{16}H_{13}NO_7$>** Rhoeadinsäure *f*, Papaversäure *f*
papaverine **<$C_{20}H_{21}NO_4$>** Papaverin *f*, 1-(3'-4'-Dimethoxybenzyl)-6-7-Dimethoxyisochinolin *n* *{Opiumalkaloid}*
papaveroline **<$C_{16}H_{13}NO_4$>** Papaverolin *n*, Tetrahydroxybenzylisochinolin *n*
papaya 1. Papaya *f*, Papaye *f*, Melonenbaum *m* *{Carica papaya L.}*; 2. Papayafrucht *f* *{des Melonenbaums}*
papayotin *s.* papain
paper 1. Papier *n*; 2. Papier *n*, Dokument *n*, schriftliche Unterlage *f*; 3. Akten *fpl*; 4. Wertpapier *n* *{Ökon}*; 5. Vortrag *m*, Arbeit *f*; schriftliche [Examens-]Arbeit *f*; 6. Zeitung *f*
paper additives Papierhilfsstoffe *mpl*
paper auxiliaries Papierhilfsstoffe *mpl*
paper bag Tüte *f*, Papierbeutel *m*, Papiersack *m*
paper band Papierstreifen *m*
paper-based laminate Hartpapier[laminat] *n*, Papierschichtstoff *m*
paper board Pappe *f*, Vollpappe *f*; Karton *m*
paper carrier Papierunterlage *f*
paper chart feed Papiervorschub *m*
paper chromatogram Papierchromatogramm *n*
paper chromatography Papierchromatographie *f*
paper chromatography jar Papierchromatographiekammer *f*
paper cloth Papiergewebe *n*
paper coal Papierkohle *f*, Blätterkohle *f*
paper coating Oberflächenleimung *f*, Schutzdecke *f* *{Pap}*
paper colo[u]rs Papieranilinfarben *fpl*
paper cover Umschlag *m* *{Pap}*
paper cup Papierbecher *m*
paper disk Papierscheibe *f*
paper electrochromatography Papier-Elektrochromatographie *f*
paper electrophoresis Papierelektrophorese *f* *{Chem}*
paper filler Papierfüllstoff *m*
paper filter Papierfilter *n*
paper finishing Papierveredelung *f*, Papierausrüstung *f*, Fertigstellung *f* des Papiers *n*
paper hand towel Papierhandtuch *n*
paper industry Papierindustrie *f*
paper lacquer Papierlack *m*
paper-like papierähnlich; Papier-
paper-like film papierähnliche Folie *f*, Papierfolie *f*

paper-like [plastic] film papierähnliche Plastfolie *f*, Plastfolie *f* mit papierähnlichen Eigenschaften *fpl*
paper-like polyethylene film HM-Folie *f*, Folie *f* aus hochmolekularem Polyethylen *n*
paper manufacture Papierfabrikation *f*
paper mat filter Papierlufttrommelfilter *n*, Rollmattenluftfilter *n*
paper mill Papierfabrik *f*; Papiermühle *f*
paper processing Papierveredelung *f*, Papierausrüstung *f*, Fertigstellung *f* des Papiers *n*
paper pulp 1. Papierzellstoff *m*, Zellstoff *m* für die Papierindustrie *f*; 2. Papiermasse *f*, Papierbrei *m*, Ganzzeug *n*, Ganzstoff *m*, [fertiger] Papierstoff *m*; Papierrohstoff *m*, Faserrohstoff *m*, Papierfaserstoff *m {Rohstoff für die Papiererzeugung}*; Altpapierstoff *m*; Faserhalbstoff *m*, Halbzeug *n*, Halbstoff *m*
paper-pulp thickener Papierbreieindicker *m*
paper recorder Papierschreiber *m*
paper sack Papiersack *m*
paper size Papierformat *n*
paper sizing Papierleimung *f*
paper spar Blättercalcit *m*
paper stock *s.* paper pulp
paper strip Papierstreifen *m*
paper tape Lochstreifen *m {EDV}*; Papierband *n {EDV}*
paper tape chemical analyzer Papierstreifen-Analysengerät *n*
paper testing Papierprüfung *f*
paper-testing equipment Papierprüfgeräte *npl*, Papierprüfeinrichtung *f*, Papierprüfapparatur *f*
paper towel Papierhandtuch *n*
paper varnish Papierlack *m*
paper web Papierbahn *f*, Stoffbahn *f*, Papiervlies *n*, Faserfilz *m*
paper-working papierverarbeitend
paper yarn Papiergarn *n*
absorbent paper Fließpapier *n*
airproof paper luftdichtes Papier *n*
antitarnish paper rostschützendes Papier *n*
ascending paper chromatography aufsteigende Papierchromatographie *f*
black-out paper lichtdichtes Papier *n {Photo}*
blotting paper Fließpapier *n*
descending paper chromatography absteigende Papierchromatographie *f*
papermaking Papierherstellung *f*, Papiererzeugung *f*, Papierfabrikation *f*, Papiermachen *n*
papermaking auxiliary Papierhilfsmittel *n*
paperweight 1. Papiermasse *f*; 2. Papierbeschwerer *m*, Briefbeschwerer *m*
Papin's digester Papinscher Topf *m*
paprika 1. Paprika *m*, Paprikapflanze *f {Capsicum frutescens}*; 2. Paprika *m {Frucht von Capsicum fructescens}*; 3. Paprika *m {Gewürz aus der getrockneten Paprikafrucht}*
paprika oil Paprikaöl *n*
papyraceous papierartig
papyrine Papyrin *n*, künstliches Pergamentpapier *n*
para 1. paraständig, *p*-ständig, in *para*-Stellung, in *p*-Stellung, in 1,4-Stellung *f {Aromaten}*; *para-*, *p-*; 2. antiparallel *{Nukl, z.B. para-*H_2*}* 3. polymerisiert *{z.B. Paraldehyd}*
para acid *para*-Säure *f {Stereochem}*
para blue Parablau *n*
para compound *para*-Verbindung *f*
para-directing paradirigierend, in *para*-Stellung *f* dirigierend
para form *para*-Form *f {Chem}*
para-laurionite Paralaurionit *m {Min}*
para position *para*-Stellung *f*, *p*-Stellung *f*, 1,4-Stellung *f*, Parastellung *f*
para rubber Paragummi *n*, Parakautschuk *m*
para rubber oil Paragummiöl *n*
para-state Parazustand *m {Nukl}*
para-Vivianite Paravivianit *m {Min}*
paraacetaldehyde *s.* paraldehyde
parabanic acid <$C_3H_2N_2O_3$> Parabansäure *f*, Oxalylharnstoff *m*, Imidazolidin-2,4,5-trion *n*
parabola Parabel *f {Math}*
parabolic parabolisch; Parabel-
parabolic law Parabelfunktion *f*, parabolische Abhängigkeit *f*
parabolic mirror *s.* paraboloidal reflector
parabolic nozzle Drosseldüse *f* in Parabelform *f*, Meßdüse *f* in Parabelform *f*
paraboloid Paraboloid *n {Math}*
paraboloid of revolution Rotationsparaboloid *n*, Umdrehungsparaboloid *m*
paraboloidal reflector Parabolspiegel *m*, parabolischer Spiegel *m*
parabuxin <$C_{24}H_{48}N_2O$> Parabuxin *n {Alkaloid}*
paracasein Paracasein *n*, [gefälltes] Casein *n*, unlösliches Casein *n*
paracetamol *{EP, BP}* Paracetamol *n*, Acetaminophen *n*, 4-Acetylaminophenol *n*
parachor Parachor *m n {Thermo; = 0,78 x kritisches Volumen}*
parachromatin Parachromatin *n {Gen}*
parachromatosis Farbverlust *m*
paraconic acid <$C_5H_6O_4$> Tetrahydro-5-oxofuran-5-carbonsäure *f*, Itamalsäurelacton *n*, Paraconsäure *f*
paracotoin <$C_{12}H_8O_4$> Paracotoin *n*
paracrystal 1. Parakristall *m {kristallähnlicher Körper mit nur annähernder Gitterperiodizität}*; 2. Metakristall *m*; 3. Flüssigkristall *m*, flüssiger Kristall *m*
paracyanogen <$(CN)_5$> Paracyan *n*
paracyclophane Paracyclophan *n*

paraffin/to paraffinieren, mit Paraffin *n* behandeln

paraffin 1. [festes] Paraffin *n*, Festparaffin *n*, Paraffinwachs *n*; 2. Paraffinkohlenwasserstoff *m*, gesättigter Kohlenwasserstoff *m*, Alkan *n*; 3. Petroleum *n*, Kerosin *n*, Leuchtöl *n*

paraffin base oil paraffinbasisches Öl *n*, Paraffinbasisöl *n*, Paraffinöl *n*

paraffin bath Paraffinbad *n*

paraffin candle Paraffinkerze *f*

paraffin distillate Paraffindestillat *n*

paraffin emulsion Paraffinemulsion *f*

paraffin hydrocarbon $<C_nH_{2n+2}>$ Paraffinkohlenwasserstoff *m*, gesättigter Kohlenwasserstoff *m*, Alkan *n*; Grenzkohlenwasserstoff *m*

paraffin impregnation Paraffintränkung *f*

paraffin jelly Vaselin *n*, Vaseline *f*

paraffin lubricating oil Paraffinschmieröl *n*

paraffin oil 1. Paraffinöl *n*, Steinöl *n*, Naphtha *n*; 2. flüssiges Paraffin *n*, Paraffinum liquidum, Weißöl *n*, Vaselingöl *n {Pharm}*; 3. [Leucht-]Petroleum *n*, Leuchtöl *n*, Kerosin *n*

paraffin ointment Paraffinsalbe *f*

paraffin paper Paraffinpapier *n*, paraffiniertes Papier *n*

paraffin rash Paraffinkrätze *f*

paraffin residue Paraffinrest *m {Chem}*

paraffin scale[s] Paraffinschuppen *fpl*, Schuppenparaffin *n*

paraffin series $<C_nH_{2n+2}>$ Paraffinreihe *f*, Alkanreihe *f*

paraffin stove Paraffinofen *m {Lab}*

paraffin varnish Paraffinlack *m*

paraffin wax [festes] Paraffin *n*, Festparaffin *n*, Paraffinwachs *n {Erdölwachs}*

coat with paraffin/to paraffinieren, mit Paraffin *n* überziehen

crude paraffin Rohparaffin *n*

liquid paraffin *{BP}* Paraffinöl *n*

native paraffin Erdwachs *n*

plug of paraffin wax Paraffinpfropfen *m*

soft paraffin Weichparaffin *n*

solid paraffin Erdwachs *n*

wax with paraffin/to *s.* coat with paraffin/to

white soft paraffin *s.* petrolatum

paraffinic paraffinisch; Paraffin-

paraffinic acid Paraffinsäure *f*

paraffinic oil paraffinbasisches Öl *n*, Paraffinbasisöl *n*, Paraffinöl *n*

paraffinicity Paraffinanteiligkeit *f*, Paraffingehalt *m {Rohöl}*

paraffining Paraffinieren *n*

paraffinum liquidum flüssiges Paraffinöl *n*, Paraffinum liquidum, Weißöl *n {< 70 mPa·s; Pharm}*

paraffinum subliquidum flüssiges Paraffinöl *n*, Paraffinum liquidum, Weißöl *n {> 100 mPa·s; Pharm}*

Paraflow Paraflow *n {HN Stockpunkterniedriger für paraffinbasische Schmieröle}*

paraform[aldehyde] $<(CH_2O)_n{\cdot}H_2O>$ Paraformaldehyd *m*, Trioxymethylen *n*, Paraform *n*, 1,3,5-Trioxan *n*

parafuchsin Parafuchsin *n*, Paramagenta *n*, Pararosanilinchlorid *n*

paragenesis Paragenese *f {Geol}*

paragenetic paragenetisch *{Geol}*

paraglobulin Paraglobulin *n*, Fibr[in]oplastin *n*

paragonite Paragonit *m*, Natronglimmer *m {Min}*

Paraguay tea Paraguay-Tee *m*, Matèblätter *npl {Tee}*

parahelium Parahelium *n {antiparallele Elektrospins}*

parahopeite Para-Hopeit *m {Min}*

parahydrogen Parawasserstoff *m*, *para*-Wasserstoff *m*, *p*-Wasserstoff *{antiparallele Kernspins}*

paralactic acid Paramilchsäure *f*, Fleischmilchsäure *f*, Rechtsmilchsäure *f*, L(+)-Milchsäure *f (S)*-Milchsäure *f*

paralbumin Paralbumin *n*

paraldehyde $<C_6H_{12}O_3>$ Paraldehyd *m*, Paracetaldehyd *m*, 2,4,6-Trimetyl-1,3,5-trioxan *n*

paraldol $<C_8H_{16}O_4>$ Paraldol *n*, Aldoldim[er]es *n*

parallactic parallaktisch

parallax Parallaxe *f {Opt, Astr}*

parallax compensation Parallaxenausgleich *m*

free from parallax parallaxenfrei

parallel 1. parallel, gleichlaufend, gleichläufig; parallel geschaltet *{Elek}*; Parallel-; 2. vergleichbar, entsprechend; 3. Parallele *f*; Breitenkreis *m*; 4. Distanzblock *m*; 5. Gegenstück *n*; 6. Vergleich *m*

parallel arrangement Parallelschaltung *f*

parallel bands Parallelbanden *fpl {Spek}*

parallel beam Parallelstrahl *m*

parallel circuit Parallel[strom]kreis *m*, Nebenschlußstromkreis *m*, parallel geschalteter Stromkreis *m {Elek}*

parallel-connected nebeneinander geschaltet, parallel geschaltet *{Elekt}*

parallel connection Nebeneinanderschaltung *f*, Parallelschaltung *f {Elek}*

parallel connexion *s.* parallel connection

parallel coupling *s.* parallel connection

parallel displacement Parallelverschiebung *f*, Translation *f {Math}*

parallel experiment Parallelversuch *m*

parallel flow 1. Parallelstrom *m {Elek}*; 2. Gleichstrom *m {Fluid}*

parallel-flow gas burner Parallelstrom-Gasbrenner *m*

parallel-flow heat exchanger Gleichstromwärmeaustauscher *m*
parallel-flow principle Gleichstromprinzip *n*
parallel growth s.parallel intergrowth
parallel guide Parallelführung *f {Tech}*
parallel intergrowth parallele Verwachsung *f {Krist}*
parallel internal screw thread zylindrisches Innengewinde *n*
parallel line Parallele *f {Math}*; Parallelleitung *f*, Nebenschlußleitung *f {Elek}*
parallel mat Trommelmatte *f*, Parallelmatte *f {aus Glaselementarfäden}*
parallel-plate visco[si]meter Parallelplattenviskosimeter *n*
parallel reaction Parallelreaktion *f*, Nebenreaktion *f*
parallel resistance Parallelwiderstand *m*
parallel resonance Parallelresonanz *f*, Stromresonanz *f*, Sperresonanz *f {Elek}*
parallel-serial converter Parallel-Serien-Umsetzer *m {EDV}*
parallel shift Parallelverschiebung f*{Math}*
parallel slide valve Parallelschieber *m*
parallel working Parallelbetrieb *m*
connect in parallel/to parallel schalten *{Elek}*
run parallel/to parallel laufen
parallelepiped Parallelepiped[on] *n*; Spat *m*, Parallelflächner *m*
parallelism Parallelität *f*, Gleichlauf *m*, Parallelismus *m*
parallelogram Parallelogramm *n*, Rhomboid *n {Math}*
parallelogram of forces Kräfteparallelogramm *n*
parallelosterism Parallellosterismus *m {Krist}*
paraluminite **<$2Al_2O_3 \cdot SO_3 \cdot 15H_2O$>** Paraluminit *m {Min}*
paralysis Lähmung *f*, Paralyse *f {Med}*; Blockierung *f*, Sperrung *f*, Verriegelung *f {Elek, Tech}*
paralyzation *s.* paralysis
paralyze/to lähmen, paralysieren *{Med}*; lahmlegen, blockieren, sperren, verriegeln *{Tech, Elek}*
paralyzer 1. Raktionshemmer *m*, Katalysatorgift *n*; 2. Paralytikum *n*, paralysierendes Mittel *n {Pharm}*
param **<NCNC(=NH)NH_2>** Cyanguanidin *n*, Dicyandiamid *n*
paramagnetic 1. paramagnetisch; 2. paramagnetischer Stoff *m*, Paramagnetikum *n*, paramagnetische Substanz *f*
paramagnetic analytical method paramagnetische Flüssigkeitsanalyse *f*
paramagnetic cooling adiabatische Demagnetisierung *f*
paramagnetic cooling salt paramagnetisches Kühlsalz *n*
paramagnetic Farday effect paramagnetischer Faraday-Effekt *m {Opt}*
paramagnetic resonance absorption paramagnetische Resonanzabsorption *f*
paramagnetic spectrum paramagnetisches Spektrum *n*
paramagnetic susceptibility paramagnetische Suszeptibilität *f*
paramagnetism Paramagnetismus *m*
paramandelic acid Paramandelsäure *f*, DL-Mandelsäure *f*
paramecium Pantoffeltierchen *n {Zool}*
parameter 1. Parameter *m {Math}*; 2. Parameter *m*, Gitterkonstante *f {Krist}*
paramethadione **<$C_7H_{11}NO_3$>** Paramethadion *n {Parm}*
parametric parametrisch; Parameter-
parametric equation Parametergleichung *f {Math}*
parametric representation of a function Parameterdarstellung *f* einer Funktion *f*
parametrization technique Parametrierungstechnik *f*
paramine brown Paraminbraun *n*
paramorphic paramorph *{Krist}*
paramorphine Paramorphin *n*, Thebain *n {Opiumalkaloid}*
paramorphism 1. Allomorphismus *m {obs}*, Paramorphose *f {Min; eine Form der Pseudomorphose}*; 2. Molekularumstrukturierung *f*
paramorphous paramorph *{Krist}*
paramucosin Paramucosin *n*
paranaphthalene *{obs}* Anthracen *n*, *para*-Naphthalen *n {obs}*
paranitraniline **<$H_2NC_6H_4NO_2$>** Paranitranilin *n*
paranuclein Paranuklein *n*
parapectic acid **<$C_{24}H_{34}O_2$>** Parapektinsäure *f*
parapeptone Parapepton *n*, Syntonin *n*
parapet Geländer *n*, Brüstung *f {Schutzeinfassung}*
parapositronium *para*-Positronium *n*, Parapositronium *n {spinantiparalleles e^+e^--Paar}*
paraquat *{ISO}* Paraquat *n {Herbizid, 1,1-Di-methyl-4,4-bipyridyldiylium}*
pararosaniline Pararosanilin *n*
pararosolic acid Pararosolsäure *f*, *p*-Rosolsäure *f*, Aurin *n*, Corallin *n*
parartrose **<$C_{120}H_{192}N_{30}O_{40}S$>** Parartrose *f {Weizen-Protease}*
parasite 1. parasitär; 2. Parasit *m*, Schmarotzer *m {Ökol}*
parasite current *s.* parasitic current
parasitic 1. parasitär, parasitisch, parasitenartig, schmarotzend; Parasiten-; 2. Parasit *m*, Schmarotzer *m {Ökol}*
parasitic current Kriechstrom *m*, Störstrom *m*, parasitärer Strom *m {Elek}*

parasitic disease Parasitenbefall *m*
parasiticide Antiparasitikum *n*, Parasitizid *n*, parasitentötendes Mittel *n*, parasitotrophes [Arznei-]Mittel *n*, schmarotzerbekämpfende Substanz *f*
parasitize/to parasitieren, schmarotzen
parasitology Parasitologie *f*, Parasitenkunde *f*
parasorbic acid <$C_6H_8O_2$> Parasorbinsäure *f*, Hex-2-en-5,1-olid *n*, Heptenolacton *n*
parastilbite Parastilbit *m {obs}*, Epidesmin *m {Min}*
paratacamite Atelit *m {obs}* Paratacamit *m {Min}*
paratartaric acid Paraweinsäure *f*, (+/-)Weinsäure *f*, razemische Weinsäure *f*, Traubensäure *f*
parathiazine Parathiazin *n*
parathion <$S=P((OC_2H_5)_2)C_2H_4NO_2$> Parathion *n*, Diethyl-*p*-nitrophenylthiophosphat *n*, E 605 *{Insektizid}*
parathyroid hormone Nebenschilddrüsenhormon *n*, Parathormon *n*, Parathyrin *n*
paratitol Paratit *m*
paratrophic paratroph
paratyphoid vaccine Paratyphusvakzine *f*
paraxanthine <$C_7H_8N_4O_2$> Paraxanthin *n*, Eblanin *n*, 1,7-Dimethylxanthin *n*, Urotheobromin *n*
paraxial paraxial *{Photo}*
parboil/to abbrühen, brühen, ankochen, halb kochen, nicht gar kochen; erhitzen
parcel/to [in Pakete] packen; bündeln
parcel 1. Bündel *n*, Ballen *m*; Paket *n*; 2. Posten *m*, Partie *f*; 3. Los *n {Holz}*
parcel plating 1. Teil-Elektroplattierung *f*; 2. partieller [galvanischer] Überzug *m*, teilweiser [galvanischer] Überzug *m*
parcel plating bath Teilgalvanisierbad *n*
parch/to ausdörren, dörren; leicht rösten
parchment Pergament *n*, Schreibpergament *n {Ziegen-/Schaffelle}*
parchment colo[u]r Pergamentfarbe *f*
parchment glue Pergamentleim *m*
parchment paper [echtes] Pergamentpapier *n*, Echtpergamentpapier *n*, Kunstpergament *n*, Pergamentersatz *m*, Papyrin *n*, Säurepergament *n*, vegetabilisches Pergament *n {Pap}*
imitation parchment Pergamin *n*
vegetable parchment *s.* parchment paper
parchmentize/to pergamentieren
pare/to [ab]schälen, abrinden; [be]schneiden
pareira Pareirawurzel *f {Chondodendron tomentosum; Pharm}*
parent 1. Stamm-; 2. Stamm *m*; 3. Vorgänger *m {binärer Baum}*; 4. Muttersubstanz *f*, Ausgangselement *n {Zerfallsreihe}*, Anfangsglied *n {Nukl}*; 5. Muttersubstanz *f*, Grundsubstanz *f*, Grundstoff *m*, Ausgangsstoff *m*
parent acid Stammsäure *f*
parent atom Ausgangsatom *n*, Mutteratom *n*
parent cell Mutterzelle *f*, Stammzelle *f*
parent company Muttergesellschaft *f*, Stammbetrieb *m {Ökon}*
parent compound Stammsubstanz *f*, Stammverbindung *f*, Ausgangsverbindung *f*
parent element Ausgangselement *n {Zerfallsreihe}*, Muttersubstanz *f*, Mutterelement *n*, Anfangsglied *n {Nukl}*
parent isotope Ausgangsisotop *n*, Mutterisotop *n*
parent lattice Hauptgitter *n {Krist}*
parent material Ausgangsmaterial *n*
parent metal Grundwerkstoff *m {DIN 50 162}*, Grundmetall *n {Tech, Schweißen}*
parent name Stammverbindungsname *m*
parent nuclide Ausgangsnuklid *n*
parent patent Hauptpatent *n*
parent population Grundgesamtheit *f {Statistik}*
parent solution Stammlösung *f*
parent state Ausgangszustand *m*, Grundzustand *m*
parent substance Stammsubstanz *f*, Muttersubstanz *f*, Stammkörper *m*, Grundsubstanz *f*, Ausgangssubstanz *f*, Ausgangsstoff *m*, Grundstoff *m*
parent yeast Mutterhefe *f*
parenthesis runde Klammer *f*, Rundklammer *f*, Parenthese *f*
pargasite Pargasit *m {Min}*
parget Kalkanwurf *m*, Verputz *m*, Putz *m*, Bewurf *m*
paridin <$C_{16}H_{28}O_7$> Paridin *n {Glucosid aus Paris quadrifia}*
parietic acid *s.* chrysophanic acid
parietin Parietin *n*, Physciasäure *f*, Physcion *n*
pariglin <$C_{18}H_{30}O_6$> Smilacin *n*, Pariglin *n*
parillic acid Parillin *n*
parillin <$C_{40}H_{70}O_{18}$> Parillin *n*, Salseparisin *n*
parinaric acid <$C_{18}H_{28}O_2$> Octadeca-9,11,13,15-tetraensäure *f*, Parinarsäure *f*
parings Schabsel *npl*, Schnitzel *npl*, Späne *mpl*; Schalen *fpl*
parings of skin Leimleder *n*
Paris black Pariser Schwarz *n*, Lampenschwarz *n*
Paris blue Berliner Blau *n*, Pariser Blau *n {$Fe_2[Fe(CN)_6]_3$}*
Paris green Pariser Grün *n*, Kaisergrün *n*, Königsgrün *n*, Schweinfurter Grün *n {Kupferarsenitacetat}*
Paris lake Pariser Lack *m*
Paris violet Methylviolett *n*
Paris white Pariser Weiß *n {feingemahlene Kreide}*
Paris yellow Kaisergelb *n*, Pariser Gelb *n {Bleichchromat}*
parisite Parisit *m {Min}*

parison 1. Rohling *m*, Vorpreßling *m*, Rohrstück *n*, Schlauchabschnitt *m*, Schlauchstück *n*, Schlauchvorformling *m*, schlauchförmiger Vorformling *m* *{Kunst}*; 2. Külbel *m*, Kölbel *m* *{Glas}*
parison coextrusion die Koextrusionsschlauchkopf *m*
parison mo[u]ld *{US}* Kübelform *f*, Vorform *f* *{Glas}*
parity Parität *f*
parity change Paritätsänderung *f*
parity conservation Paritätserhaltung *f*
parity selection rule Paritätsauswahlregel *f*
Park's process *s.* Parkerizing
parkerize/to parkerisieren
Parkerizing *{TM}* Parkerisieren *n* *{Phosphatierung von Metalloberflächen}*
Parkes process Parkes-Prozeß *m*, Parkes-Verfahren *n*, Parkesieren *n* *{AG-Gewinnung aus Rohblei durch Zn-Destillation}*
parodontosis Parodontose *f*, Paradentose *f*
paromamine Paromamin *n*
paromose Paromose *f*
paroxazine Paroxazin *n*, 2*H*-1,4-Oxazin *n*
paroxypropione Paroxypropion *n*
parquetry sealing Parkettbodenversiegelung *f* *{Kunstharzlack}*
parrot green Papageiengrün *n*, Schweinfurter Grün *n* *{Kupferarsenitacetat}*
parsley Petersilie *f* *{Petroselinum crispum (Miller) Nym. ex A.W. Hill}*
parsley camphor Apiol *n*
parsley fruit Petersilienfrucht *f*, Petersiliensamen *m* *{Fructus petroselini}*
parsley leaves oil Petersilienöl *n*
parsley oil Petersilien[saat]öl *n*
part/to scheiden *{z.B. unedle Metalle von edlen}*; abtrennen, trennen, absondern; teilen, zerteilen, einteilen
part 1. Einzelteil *n*, Teil *n*, Werkstück *n*, Formkörper *m*, Formteil *n* *{Tech}*; 2. Part *n* *{genormte Einheit; Elektonik}*; 3. Anteil *m*; Teil *m n*, Abschnitt *m*; 4. Lieferung *f*, Fortsetzung *f* *{Druck}*
part delivery safety mechanism Ausfallsicherung *f*
part drawing Formteilzeichnung *f*, Produktionsteilzeichnung *f*
part-full teilweise voll; teilweise geleert
part quality Formteilqualität *f*, Teilqualität *f*
part shrinkage Formteilschwindung *f*
part surface Formteiloberfläche *f*
part tolerances Formteiltoleranzen *fpl*
part volume Formteilvolumen *n*
part weight Formteilmasse *f*, Formteilgewicht *n*
partial 1. partiell, teilweise, unvollkommen, unvollständig, partial; Partial-, Teil-; 2. Teilton *m*, Partialton *m* *{Akustik}*
partial body exposure Teilkörperdosis *f* *{Nukl}*
partial boiling Halbkochen *n*, Souplieren *n* *{Seide}*
partial carbonizer Schwelzylinder *m*
partial charring Ankohlen *n*
partial condensation Teilkondensation *f*
partial construction permit Teilerrichtungsgenehmigung *f*
partial cross-section Partialquerschnitt *m*
partial crystallinity Teilkristallinität *f*
partial dedusting Teilentstaubung *f*
partial degree of association teilweise Assoziation *f* *{Kinetik}*
partial demineralisation Teilentsalzung *f*
partial discharge Teilentladung *f* *{Elek}*
partial dislocation Teilversetzung *f* *{Krist}*
partial ester Partialester *m*
partial failure Teilausfall *f*, teilweiser Ausfall *m* *{eines Systems}*
partial fraction Partialbruch *m* *{Math}*
partial fraction rule Partialbruchregel *f* *{Math}*
partial gelation Vorgelierung *f*, Angelieren *n*
partial heat of explosion partielle Explosionswärme *f*
partial load Teilladung *f*, Teillast *f*
partial measure ga[u]ge Partialdruckmeßgerät *n*
partial molal quantity partielle molare Größe *f* *{Thermo}*
partial molar volume partielles molares Volumen *n* *{Thermo}*
partial plastification Anplastifizieren *n*
partial plating Teilgalvanisierung *f*
partial pressure Partialdruck *m*, Teildruck *m* *{Thermo}*
partial pressure analyzer Partialdruckanalysator *m*
partial pressure measuring device Partialdruckmeßgerät *n* *{Vak}*
partial pressure sensitivity Partialdruckempfindlichkeit *f* *{Vak}*
partial pressure vacuum ga[u]ge Partialdruckvakuummeter *n*
partial reaction Teilreaktion *f*
partial reduction Halbreduktion *f* *{Met}*
partial roasting oven Teilröstofen *m*
partial separation Teilabscheidung *f*
partial specific volume spezifisches Partialvolumen *n*, massebezogenes Teilvolumen *n* *{eines Einzelmoleküls}*
partial vacuum Teilvakuum *n*, Unterdruck *m*
partial valence Partialvalenz *f*, Nebenvalenz *f*, Hilfsvalenz *f*; Partialwertigkeit *f*
partial vapo[u]r pressure Dampfteildruck *m*, Partialdampfdruck *m*, Teildampfdruck *m* *{Thermo}*

partial view Teilansicht *f*
partial vulcanization Anvulkanisieren *n*
partial water vapo[u]r pressure Wasserdampfpartialdruck *m*, Wasserdampfteildruck *m*
decomposition into partial fractions Partialbruchzerlegung *f {Math}*
ultimate partial pressure Endpartialdruck *m*
partially zum Teil *n*, teilweise, halb
partially crosslinked thermoplastic teilvernetzter Thermoplast *m*, partiell-vernetzter Thermoplast *m*
partially crystalline teilkristallin
partially crystalline plastic teilkristalliner Kunststoff *m*
partially oxidized teiloxidiert
participant Teilnehmer *m*
participate/to sich beteiligen, teilnehmen
participation Beteiligung *f*, Mitwirkung *f*, Teilnahme *f*
particle 1. Teilchen *n*, Partikel *n*, Korpuskel *f n*; 2. Korn *n*, Masseteilchen *n*, Körnchen *n*, Kornpartikel *n*, Pulverkorn *n*, Pulverteilchen *n*; 3. Punktmasse *f*, Massepunkt *m*, Materialpunkt *m*, materieller Punkt *m*
particle absorption Teilchenabsorption *f*
particle accelerator Teilchenbeschleuniger *m*
particle analyzer Partikelanalysengerät *n*
particle bed Partikelschüttung *f*
particle board Spanplatte *f {DIN 68761}*, Holzspanplatte *f {plastgebundene Holzabfälle}*
particle-board binder Klebstoff *m* für Spanplattenherstellung *f*
particle bombardment Teilchenbeschuß *m*
particle characteristics Kornbeschaffenheit *f*
particle charge Teilchenladung *f*
particle classification Teilchenklassierung *f {Pulvermetellurgie}*
particle cloud Teilchenwolke *f*
particle collective Partikelkollektiv *n*, Teilchenkollektiv *n*
particle counter Teilchenzähler *m {Nukl}*
particle current Teilchenstrom *m*
particle-current density Teilchenstromdichte *f*
particle density Teilchendichte *f*, Feststoffdichte *f {Sedimentation}*; Korndichte *f*
particle-density analysis Korndichteanalyse *f {DIN 22018}*
particle-density distribution Korndichteverteilung *f {DIN 22018}*
particle detection Teilchennachweis *m*, Strahlungsnachweis *m*
particle diameter Teilchendurchmesser *m*
particle distribution Teilchenverteilung *f*
particle energy Teilchenenergie *f*
particle filter Filter *n* für Festkörperteilchen *npl*
particle flow Teilchenfluß *m*
particle-flux density Teilchenflußdichte *f {in $m^{-2}s^{-1}$}*
particle formation Teilchenbildung *f*
particle impact Teilchenstoß *m*
particle-induced X-ray emission protoneninduzierte Röntgenemission *f {Anal}*
particle interface Partikelgrenzfläche *f*
particle momentum Teilchenimpuls *m*
particle motion Teilchenbewegung *f*
particle movement Teilchenbewegung *f*
particle-number density Teilchenzahldichte *f*
particle porosity Kornporosität *f*
particle-scattering factor Teilchenstreufaktor *m {Anal, Opt}*
particle shape Kornform *f*, Korngestalt *f*; Partikelform *f*, Teilchenform *f*, Teilchengestalt *f*
particle size Teilchengröße *f*, Partikelgröße *f*, Teilchendurchmesser *m*; Korngröße *f*, Korndurchmesser *m*, Kornfeinheit *f*, Körnung *f*; Stückgröße *f {gröberes Material}*; Tröpfchengröße *f*
particle-size analyser Teilchengrößeanalysator *m {z.B. Pulverteilchen}*; Korngrößeanalysator *m*, Feinheitsgradanalysiergerät *n*
particle-size analysis Feinheitsanalyse *f*, Korngrößenanalyse *f*; Teilchengrößebestimmung *f*, Teilchengrößenanalyse *f {z.B. Pulverteilchen}*
particle-size apparatus Teilchengrößenbestimmungsgerät *n {z.B. Pulverteilchen}*; Korngrößenbestimmungsapparat *n*, Gerät *n* zur Feinheitsgradbestimmung
particle-size determination [system] Partikelgrößenbestimmung *f*, Teilchengrößenbestimmung *f {z.B. Pulverteilchen}*; Korngrößenbestimmung *f*
particle-size distribution Korn[größen]verteilung *f*, Kornzusammensetzung *f*; Partikelgrößenverteilung *f*, Teilchen[größen]verteilung *f*
particle-size measurement 1. Partikelgrößenbestimmung *f*, Teilchengrößenbestimmung *f {z.B. Pulverteilchen}*; Korngrößenmessung *f*, Messung *f* der Kornfeinheit, Körnungsbestimmung *f*; 2. Granulometrie *f*
particle-size range Korngrößenbereich *m*, Körnungsbereich *m*, Kornklasse *f*, Kornspektrum *n*, Körnungspanne *f*, Teilchengrößenbereich *m*
particle stress Teilchenbeanspruchung *f*
particle structure Kornform *f*, Kornstruktur *f*, Teilchenstruktur *f*
particle surface Kornoberfläche *f*, Teilchenoberfläche *f*
particle technology Partikeltechnologie *f*
particle trajectory Teilchen[flug]bahn *f*
particle velocity Teilchengeschwindigkeit *f*
accelerated particle beschleunigtes Teilchen *n*
alpha particle Alphateilchen *n*
antiparticle Antiteilchen *n {Nuk}*

beta-particle Betateilchen *n {Elektron oder Positron}*
compression of particles Teilchenzusammenpressung *f*
elementary particle Elementarteilchen *n*
ionizing particle ionisierendes Teilchen *n*
mean particle diameter mittlerer Teilchendurchmesser *m*
number of particles Teilchenzahl *f*
scattered particle Streuteilchen *n*
subatomic particle subatomares Teilchen *n*, Elementarteilchen *n*
particles in suspension Schwebestoff *m*
particular 1. ausgeprägt, besonders, partikulär; 2. Einzelheit *f*, Nähere *n*
particular case Einzelfall *m*, Sonderfall *m*
particularity 1. Besonderheit *f*, Eigentümlichkeit *f*; 2. Genauigkeit *f*
particularize/to partikularisieren, spezifizieren, ausführlich angeben, einzeln aufführen
particulate 1. partikulär, aus [einzelnen] Teilchen *n* bestehend, einzeln; dispers; 2. [Dispersions-]Teilchen *n {z.B. Schmutzteilchen}*, Feststoffteilchen *n*
particulate filter Feinstfilter *n*; Rußfilter *n {z.B. für Dieselmotoren}*
particulate matter [Dipersions-]Teilchen *n*, Stoffteilchen *n*, Schwebstoffteilchen *n {z.B. Schmutzteilchen}*; Feststoffteilchen *n*
particulate system disperses System *n*
parting 1. Lösen *n*, Ablösen *n {von Schichten}*, Trennen *n*; 2. Trennen *n*, Teilen *n*, Abtrennen *n*; 3. Abscheidung *f*, Scheiden *n {Trennen unedler Metalle von edlen}*; 4. selektive Korrosion *f*; 5. kleine Kluft *f {z.B. in Kohle, Gestein}*; 6. Zwischenlage *f*, Gesteinsmittel *n*, Zwischenlage *f {Bergbau}*
parting acid Scheidesäure *f {HNO_3 bestimmter Konzentration, Met}*
parting agent Trennmittel *n {für Formen}*, Form[en]einstreichmittel *n*, Formentrennmittel *n*; Gleitmittel *n*
parting compound *s.* parting agent
parting device Scheidevorrichtung *f {Met}*
parting furnace Scheideofen *m {Met}*
parting line Formtrennaht *f*, Formennaht *f*, Teilungslinie *f*, Teilfuge *f*, Trennfuge *f*, Trennlinie *f*
parting plant Scheideanlage *f {Met}*
parting process Scheideverfahren *n {Met}*
parting silver Scheidesilber *n*
parting surface Formteilung *f*, Formteilebene *f*, Werkzeugteilungsebene *f*, Werkzeugtrennfläche *f*, Formtrennfläche *f*, Trennfläche *f*, Teilungsfuge *f*, Formtrennebene *f*, Teilungsfläche *f*, Teilungsebene *f*
parting vessel Scheidegefäß *n {Lab, Met}*
partition 1. Teilung *f*, Unterteilung *f*; Teilen *n*, Trennen *n*; Abteilen *n*; Verteilen, Aufteilen; 2. Partition *f {Math}*; 3. Fach *n*, Abteilung *f*; 4. Scheidewand *f*, Trenneinsatz *m*, Zwischenboden *m*, Zwischenwand *f*, Membran *f*
partition chromatograph Säulenchromatograph *m*
partition chromatography Verteilungschromatographie *f*, Trennungschromatographie *f*
partition coefficient 1. Verteilungskoeffizient *m*, Verteilungskonstante *f*; 2. Segregationskonstante *f*, Abscheidungskonstante *f*, Verteilungskoeffizient *m {Zonenschmelztheorie}*
partition function *{IUPAC}* Verteilungsfunktion *f*
partition law Nernstches Verteilungsgesetz *n*
partition factor Trennfaktor *m*
partition line Trennfuge *f*
partition wall Trennwand *f*, Zwischenwand *f*, Scheidewand *f*, Membran *f*
semipermeable partition halbdurchlässige Scheidewand *f*
partly teilweise, zum Teil *m*, teils; teil-
partly automated teilautomatisiert
partly branched teilverzweigt
partly crosslinked teilvernetzt, teilweise vernetzt
partly dissolved angelöst
partly etherified partiellverethert
partly evacuated teilevakuiert
partly filled teilgefüllt
partly full teilgefüllt
partly fused angeschmolzen
partly gelled angeliert, vorgeliert
partly heated teilbeheizt
partly methylated partiellmethyliert
partly saponified teilverseift
partly skimmed milk powder teilentrahmtes Milchpulver *n*
partly used angebrochen *{Packung}*
parts 1. Teile *npl*, Einzelteile *npl*, Werkstükke *npl*; 2. Anteile *mpl*
parts by volume Raumteile *npl*, Volumenteile *npl*
parts by weight Gewichtsteile *npl*, Massenteile *npl*
parts counter Stückzähler *m*
parts counting device Stückzähler *m*
parts list Stückliste
parts-per-billion level Nano-Konzentrationsbereich *m {10^{-9}, z.B. ng/ml, Anal}*
parts-per-million level Mikro-Konzentrationsbereich *m {10^{-6} z.B. mg/L, Anal}*
parts-per-quadrillion level Fermento-Konzentrationsbereich *m {10^{-15}, z.B. pg/L, Anal}*
parts-per-trillon level Pico-Konzentrationsbereich *m {10^{-12}, z.B. ng/L, Anal}*
parts subject to wear Verschleißteile *npl*
parts to be joined Fügeteile *npl*
consisting of several parts mehrteilig

Partz cell Partz-Element *n {Zn-Hg/MgSO$_4$-C/K$_2$Cr$_2$O$_7$; 2,06V}*
parvoline <$C_9H_{13}N$> Parvolin *n*
α-parvoline 2-Ethyl-3,5-dimethylpyridin *n*
β-parvoline *s.* parvuline
parvuline 2,3,4,5-Tetramethylpyridin *n*
pascal Pascal *n {SI-Druckeinheit, 1 Pa = 1 N/m^2}*
Pascal law Pascalsches Gesetz *n*, Druckfortpflanzungsgesetz *n*
Paschen series Paschen-Serie *f*, Ritz-Paschen-Serie *f {Termschema des H-Atoms}*
pascoite Pascoit *m {Min}*
pass/to 1. vorbeigehen, vorwärtsgehen, vorwärtsfahren, vorbeifahren; überholen *{Auto}*; 2. gehen, gleiten lassen; 3. fließen, fließen lassen; 4. sich ereignen, vorkommen; 5. durchfließen, durchströmen *{z.B. eine Leitung}*; passieren *{durch ein Sieb streichen; einen Anlagenteil}*; durchlaufen, hindurchgehen; 6. übergehen *{z.B. in einen anderen Zustand}*; 7. verschwinden; 8. bestehen *{z.B. ein Examen}*; 9. durchgehen, angenommen werden, annehmen
pass by/to verstreichen, verbringen *{Zeit}*
pass over/to übergehen, überleiten
pass through/to 1. [hin]durchleiten; 2. passieren, hindurchgehen, hindurchtreten, duchfließen, [hin]durchfallen *{z.B. durch ein Sieb}*, [hin]durchlaufen *{Filter}*, durchsickern, durchströmen
pass 1. Durchgang *m*, Passage *f*; 2. Durchlauf *m {geschlossener Arbeitszyklus}*; 3. Sattel *m*, [Gebirgs-]Paß *m*, Joch *n {Geogr}*; 4. Zug *m {Drahtziehen}*; 5. Stich *m {einmaliger Walzdurchgang}*; 6. Kaliber *n {zwischen Walzenpaaren}*; 7. Einzug *m {Weben}*; 8. Lage *f*, Schweißlage *f*
pass-band Durchlässigkeitsgebiet *n*, Durchlaßbereich *m {Opt, Elek}*; Durchlaßband *n {Elek}*
pass-band width Durchlaßbreite *f*
pass-template drawing Kalibrierungszeichnung *f*
passage 1. Durchfluß *m {im allgemeinen}*; Durchgang *m*, Durchlauf *m*, Durchlaß *m*, Durchzug *m*; 2. Übergang *m*; 3. Mahlgang *m {Mahlschrotung}*; 4. Durchtritt *m {von Elektronen}*; 5. Kanal *m {Tech}*; 6. Passage *f {Textilfärben; enge Durchfahrt; Überfahrt}*
passage furnace Durchziehofen *m*
passage of gases Durchblasen *n* von Gasen *npl*
passage of melt Schmelze[strom]führung *f*
passage to the limit Grenzübergang *m {Math}*
passage valve Durchlaufventil *n*
circular passage Rundkanal *m*
passing through zero Nulldurchgang *m*, Durchgang *m* durch den Nullpunkt
passivate/to passivieren *{Metalle}*
passivating Passivieren *n*, Passivierung *f*, Passivation *f*, Oberflächenpassivierung *f*
passivating agent Passivierungsmittel *n*, Passivator *m {für Metalle}*
passivating dip Passivierbad *n*
passivation Passivierung *f*, Passivation *f*, Oberflächenpassivierung *f*
passivation potential Passivierungspotential *n*
passivator *s.* passivating agent
passive passiv, inaktiv
passive-active cell Aktiv-Passiv-Zelle *f*, Aktiv-Passiv-Lokalelement *n*, Aktiv-Passiv-Kurzschlußstelle *f {Korr}*
passive electrode passive Elektrode *f*; Niederschlagselektrode *f {Elektrofilter}*
passive hardness Abnutzungshärte *f*
passive immunity passive Immunität *f*
passive infrared detector Passiv-Infrarotmelder *m {Schutz}*
passive safeguard passive Sicherheitseinrichtung *f*
passiveness Passivität *f*, passiver Zustand *m*
passivity Passivität *f*, passiver Zustand *m*
passivization *s.* passivation
password Paßwort *n*, Kennwort *n {Datenschutz}*
paste/to 1. anschlämmen; anteigen, anpasten, anreiben, anrühren; 2. [be]kleben, kaschieren, kleistern, pappen, leimen; 3. pastieren *{Akku-Platten}*; 4. anstreichen
paste on/to aufkleben, aufkleistern
paste together/to verkitten; zusammenkleben *{Pap}*
paste 1. Brei *m {Pap; Zement}*; Paste *f {Kunst, Pharm}*; 2. Teig *m*, teigartige Masse *f*, breiige Masse *f*, formbare Masse *f {Keramik}*; 3. Klebematerial *n {nichtfadenziehende pastöse Leimlösung}*, Kleister *m {DIN 16920}*; 4. Straß *m*, Mainzer Fluß *m {Glas}*; 5. verdickter Elektrolyt *m*; 6. Teigware *f*, Pastaware *f*, Fruchtpaste *f {Lebensmittel}*; 7. Pulverrohmasse *f {Expl}*
paste agitator Pastenrührwerk *n*
paste carburizing Pastenzementierung *f {Met}*
paste dipping [process] Pastentauchverfahren *n*
paste-extender resin Pastenverschnittharz *n*
paste extrusion Pastenextrusion *f {Kunst}*
paste filler Füllstoffpaste *f*
paste for making mechanically blown foam Schlagschaumpaste *f*
paste formulation Pastenrezeptur *f*, Pastenansatz *m*
paste-grinding machine Pastenanreibemaschine *f*
paste ink Pigmentpaste *f*, Druckfarbenpaste *f*, Farbpaste *f {z.B. für Kugelscheiber}*
paste-like breiartig, pastös, pastenförmig, pastos, teigig

paste-making 1. pastenbildend, verpastbar; 2. Pasten[zu]bereitung *f*
paste-making grade Pastentyp *m {Kunst}*
paste-making polymer Pastenpolymerisat *n*
paste-making PVC Pasten-PVC *n*, PVC-Pastentyp *m*
paste mill Pastenmischer *m*, Kneter *m*
paste mixer Pastenmischer *m*, Kneter *m*
paste mixing Verpastung *f*
paste mo[u]ld *{US}* gepastete Fertigform *f*; graphit[is]ierte Tauchform *f {kohle-gefuttertes Werkzeug}*, Drehkübelform *f {Glas}*
paste paint 1. Farbpaste *f*, Pastafarbe *f {kann ohne Zusatzmittel verarbeitbar}*; 2. Farkonzentrat *n {erfordert vor Gebrauch Zusatzmittel}*
paste polymer Pastenpolymerisat *n*
paste preparation Pastenherstellung *f*
paste processing Pastenverarbeitung *f*
paste resin Pastenharz *n*, Harzpaste *f*, pastenförmiges Harz *n*
paste solder Lötpaste *f*
paste technology Pastenverarbeitung *f*
paste viscosity Pastenviskosität *f*
make into a paste/to aufschlämmen
pasteboard 1. leicht, gehaltlos; Papp-; 2. kaschierte Pappe *f*, geklebter Karton *m*, Klebekarton *m {Pap}*; Schichtenpappe *f {Pap}*
pasteboard box Klebekarton *m*, Pappschachtel *f*
pasted plate pastierte Platte *f*, Masse-Platte *f {Bleiakkumulator}*
pastel 1. Pastell-; 2. Pastell *n {ein Farbton}*; Pastellpaste *f*, Pastellstift *m {Farbstift}*; 3. Pastelltechnik *f*; 4. Waid *m*, Färberwaid *m*, Färberwau *m {Isatis tinctoria}*
pastel colo[u]r Pastellfarbe *f*
pastel fixative Pastellfixativ *n*
pastel green weißgrün
pastel orange pastellorange
pastel shade Pastellton *m {Farbton}*
Pasteur effect Pasteur-Effekt *m {Hemmung der Gärung durch Sauerstoffgaben}*
Pasteur flask Pasteurkolben *m {Lab}*
Pasteur pipet[te] Pasteur-Pipette *f*
pasteurization Pasteurisieren *n*, Pasteurisierung *f*, Pasteurisation *f {65°C/30 min}*
pasteurize/to pasteurisieren, sterilisieren
pasteurized pasteurisiert
pasteurizer Pasteurisator *m*, Pasteurisierapparat *m*
pasteurizing plant Pasteurisieranlage *f*
pastil[le] Pastille *f {Pharm}*
pasting 1. Anpasten *n*, Anteigen *n*, Anreiben *n*, Anrühren *n*; 2. Kleben *n*, Kaschieren *n*, Leimen *n {Pap}*; 3. Pastieren *n {Akkuplatten}*; 4. Aufkleben *n*, Klebetrocknung *f {Gerb}*; 5. Kaschierpapier *n*, Überzugspapier *n*
pasting auxiliary Anteigemittel *n*
pasting press Klebepresse *f*
pasting process Pasten *n*, Pasting-Verfahren *n {Tech}*; Klebetrockenverfahren *n {Gerb}*
pasty breiartig, breiig, pappig, teigig, pastenartig, pastös, pastig; salbenartig konsistent *{DIN 51750}*; klebrig, kleisterig
patch/to 1. flicken, ausflicken, ausbessern *{Text, Met, Tech}*; 2. [vorübergehend] zusammenschalten *{Elek}*; 3. ändern, punktuell verbessern *{EDV-Programm}*; direkt korrigieren *{Software}*
patch 1. Pflaster *n {Med}*; 2. Fleck *m*, Flikken *m*; 3. Flickstelle *f*, ausgebesserte Stelle *f*; 4. Flickmasse *f {Met}*; 5. Korrekturroutine *f {EDV}*
patching compound Reparaturmasse *f {Reifen}*; Flickmasse *f {Met}*
patchoulene **<$C_{15}H_{24}$>** Patschulen *n {Sesquiterpen}*
patchouli 1. Patsch[o]uli *n {Pagostemon patchouli (Labiatae)}*; 2. Patsch[o]uliparfüm *n*
patchouli alcohol **<$C_{15}H_{25}OH$>** Patsch[o]ulialkohol *m*
patchouli oil Patsch[o]uliöl *n {Pogostemon cablin (Blanco) Benth.}*
patent/to 1. patentieren, gesetzlich schützen *{Erfindung}*; 2. patentieren *{Tech}*
patent 1. patentiert; Patent-; 2. Patent *n*, patentierte Erfindung *f*; Patent *n*, Patenturkunde *f*
patent act Patentgesetz *n*
patent agent *{GB}* Patentanwalt *m {zugelassener Vertreter}*; *{US}* Patentvertreter *m {ohne volle Rechte eines Patentanwalts}*
patent annuity Patentgebühr *f* pro Jahr *n*
patent applicant Patentanmelder *m*, Antragsteller *m* eines Patents *n*
patent application Patentanmeldung *f*, Patentgesuch *n*
patent application published for opposition Auslegeschrift *f*
patent attorney *{US}* Patentanwalt *m {zugelassener Vertreter}*
patent blue Patentblau *n {Redoxindikator; phenolierte Rosanilinsulfonsäure}*
patent claim Patentanspruch *m {Anspruch aus einem Patent}*
patent document Patentschrift *f*
patent drawing Patentzeichnung *f {DIN 199}*
patent examination Patentprüfung
patent exploitation Patentverwertung *f*
patent fastener Druckknopf *m*, Patentknopf *m*
patent fee Patentgebühr *f*
patent fuel Brikett *n*
patent grant Patenterteilung *f*
patent in suit Klagepatent *n*
patent infringement Patentverletzung *f*
patent-infringing patentverletzend
patent law Patentgesetz *n*

patent leather Lackleder *n*
patent-leather enamel Glanzlederlack *m*
patent legislation Patentgesetzgebung *f*, Patentrecht *n*
patent of addition Zusatzpatent *n*
patent office Patentamt *n*
patent opposition Patenteinspruch *m*
patent pending angemeldetes Patent *n*
patent plaster Edelputz *m*, Feinputz *m*
patent plate glass Spiegelglas *n*
patent procedure Patentverfahren *n*
patent register Patentregister *n*
patent right Patentrecht *n*, Schutzrecht *n*
patent rolls Patentregister *n*, Patentverzeichnis *n*
patent specification Patentbeschreibung *f*, Patentschrift *f*
patent suit Patentklage *f*, Patentprozeß *m*
patent yellow Patentgelb *n*, Englischgelb *n* *{$PbP \cdot PbCl_2$}*
chrome-tanned patent leather Chromlackleder *n*
expired patent abgelaufenes Patent *n*
filed patent angemeldetes Patent *n*
foreign patent Auslandspatent *n*
protection of a patent Patentschutz *m*
subject matter of a patent Patentgegenstand *m*
patentable patentfähig, patentierbar, patentwürdig
patentable investion patentierbare Erfindung *f*
patented 1. gesetzlich geschützt *{durch Patent}*, patentiert; 2. patentiert *{Tech}*
patented at home and abroad patentiert im In- und Ausland *n*
patented steel wire patentiert-gezogener Stahldraht *m*
patentee Patentinhaber *m*, Patentträger *m*
patenting bath Patentierbad *n* *{Met}*
patentor Patentgeber *m*
paternoster-type conveyor Paternosteranlage *f*
path 1. Weg *m* *{z.B. einer Reaktion}*; 2. Weg *m*, Bahn *f*, Flugbahn *f*; Fließweg *m*, Strömungsweg *m*; Wegstrecke *f*, Weglänge *f*; 3. Pfad *m*, Schlange *f* *{Math}*
path difference Gangunterschied *m* *{Opt}*
path-length distribution Weglängenverteilung *f*
path of electrons Elektronenbahn *f*
path of the rays Strahlengang *m*
path reversal Bahnumkehr *f*
path spin Bahndrehimpuls *m* *{Atom}*
average free path mittlere freie Weglänge *f*
mean free path mittlere freie Weglänge *f*
pathogenic krankheitserregend, pathogen, krankheitserzeugend
pathological pathologisch *{Med}*
pathologist Pathologe *m* *{Med}*
pathology Pathologie *f*, Krankheitslehre *f* *{Med}*
comparative pathology vergleichende Pathologie *f*
general pathology allgemeine Pathologie *f*
physiological pathology physiologische Pathologie *f*
pathometabolism Pathometabolismus *m*, Stoffwechselstörung *f*, Stoffwechselentgleisung *f*, krankhafter Stoffwechsel *m*
pathophysiology pathologische Physiologie *f*
pathway Weg *m* *{Stoffwechsel}*
patina Edelrost *m*, Patina *f*
cover with patina/to patinieren
patination apparatus Patinierapparat *m* *{zum Beschichten}*
patrinite Patrinit *m* *{obs}*, Aikinit *m* *{Min}*
patrix *{pl. patrices}* Patrize *f*, Stempel *m*, Stempelprofil *n*, Preßstempel *m*
patronite <$V(S_2)_2$> Patronit *m* *{Min}*
pattern 1. Muster *n*, Probe *f*, Vorlage *f*; Modell *n*; 2. Form *f* *{Gieß}*; Schablone *f*; Lehre *f* *{Instr}*; 3. Dekor *n m* *{Keramik}*; Design *n*, Musterzeichnung *f* *{Text}*; Profil *n* *{der Lauffläche}*, Schnittmuster *n* *{Reifen}*; 4. Leiterbild *n*, Bild *n* *{gedruckte Schaltung}*; Punktbild *n* *{numerische Steuerung}*; 5. Verlauf *m* *{z.B. Temperatur-, Druck- usw.}*; 6. Vorbild *n*
pattern analysis Bildanalyse *f*, Musteranalyse *f* *{z.B. bei der Fernerkundung}*
pattern of damage Schädigungsmuster *n*
pattern recognition Bilderkennung *f*; Modellzuordnung *f*, Mustererkennung *f*, Musterzuordnung *f*
pattern sheet gemusterter Oberflächenbogen *m*, gemusterter Deckbogen *m* *{von dekorativen Schichtstoffen}*
pattern varnish Modellack *m*
Pattinson process Pattinson-Verfahren *n*, Pattinsonieren *n* *{Ag-Gewinnung aus Werkblei}*
patulin <$C_7H_6O_4$> Patulin *n*, Clavacin *n*, Clavatin *n*, Claviformin *n*, Penicidin *n* *{Antibiotikum}*
paucidisperse paucidispers *{disperses System mit wenig Teilchen}*
paucine <$C_{27}H_{38}N_5O_5$> Paucin *n*
Paul quadrupole spectrometer Quadrupol-Massenspektrometer *n* nach Paul
Pauli [exclusion] principle Pauli-Prinzip *n*, [Paulisches] Ausschließungsprinzip *n*, Pauliverbot *n* *{Nukl}*
Pauling concentrator Pauling-Eindicker *m*
Pauling rule Paulingsche Regel *f* *{Krist, Valenz}*
pause/to innehalten, pausieren, anhalten, halten, unterbrechen
pause Pause *f*, Anhalt *m*, Haltezeit *f*, Unterbrechung *f*
pavement grouting Pflastervergußmasse *f*
pavine <$C_{20}H_{23}NO_4$> Pavin *n*, 2,4-Dihydropapaverin *n*

paving block Gehwegplatte *f*, Bodenbelagplatte *f*, Steinplatte *f* für Bodenbelag *m*
paving brick Pflasterstein *m*, Straßenklinker *m*
paving stone *s.* paving block
pawl Klinke *f*, Sperrklinke *f*, Schaltklinke *f* *{Tech}*
pawl coupling Klinkenkupplung *f*
pawl release Klinkenauslösung *f*
pawl with roller Klinke *f* mit Rolle *f*
pay 1. Bezahlung *f*, Entlohnung *f*; Lohn *m*, Gehalt *n*; 2. abbauwürdiges Gelände *n*, abbauwürdiger Boden *m*
pay-off Abspulen *n*, Abwickeln *n*, Abrollen *n* *{z.B. einer Plastfolie}*, Abhaspeln *n*
pay ore abbauwürdiges Erz *n*
payment Zahlung *f*, Bezahlung *f*, Begleichung *f*; Lohn *m*
payout time Abschreibungszeit *f*
paytine <$C_{21}H_{24}N_2O$> Paytin *n*
PbO and glycerine cement Glycerin-Bleiglätte-Kitt *m*
pbw *{parts by weight}* Massenteil *n*, Gewichtsteil *n*
PBX *{plastic bonded explosive}* kunststoffgebundene Sprengstoffmischung *f*
PCAH *{polycylic aromatic hydrocarbon}* polycyclischer aromatischer Kohlenwasserstoff *m*, PAK
PCB 1. *{printed circuit board}* Leiterplatte *f*, Elektrolaminat *n*; 2. *{polychlorinated biphenyls}* polychlorierte Biphenyle *npl*
PE 1. *{polyethylene}* Polyethylen *n*; 2. *{plastic explosive}* kunststoffgebundene Sprengstoffmischung *f*
PE-C *{chlorinated polyethylene}* chloriertes-Polyethylen *n*, Chlorpolyethylen *n*
pea 1. Erbse *{Schmetterlingsblütler, Hülsenfrucht}*; 2. kleines Erzstück *n*, kleines Kohlestück *n*
pea coal Erbskohle *f*, Gießkohle *f*, Perlkohle *f* *{14,3-20,6 mm}*
pea-like erbsenförmig
pea ore Bohnerz *n*, Erbsenerz *n* *{Min}*
pea-shaped erbsenförmig
pea-sized erbsengroß
peach 1. Pfirsich *m*, Pfirsichbaum *m* *{Prunus persica}*; 2. Pfirsich *m* *{Frucht}*
peach aldehyde γ-Undecalacton *n*
peach blossom colo[u]r Pfirsichblütenfarbe *f*
peach-colo[u]red pfirsichfarben
peach-kernel oil Pfirsichkernöl *n*
peacock ore Bornit *m*, Buntkupfererz *n*, Buntkupferkies *m*, Pflaumenaugenkupfer *n* *{Min}*
peak 1. Spitzen-, Höchst-, Scheitel-; 2. Höchstwert *m*, Maximum *n*, Scheitelwert *m*; 3. Scheitelpunkt *m*, Gipfelpunkt *m* *{z.B. einer Kurve}*; 4. Zacke *f*, spitzes Signal *n*, Spitze *f*, Peak *m* *{Anal, Elek}*; 5. Erhebung *f* im Mikroprofil einer Oberfläche, Rauhigkeitspeak *m*, Rauhigkeitsspitze *f*; 5. Bergspitze *f*, Peak *m*, Pik *m* *{Geol}*
peak amplitude Maximalausschlag *m*, maximale Amplitudenweite *f*
peak clipping Spitzengleichrichtung *f*
peak current Spitzenstrom *m*, Scheitelstrom *m*
peak efficiency höchste Wirksamkeit *f*
peak enthalpimetry thermochemische Spitzenwertmessung *f* *{Anal}*
peak factor Scheitelfaktor *m*, Spitzenfaktor *m*
peak load Spitzenbelastung *f*, Belastungsspitze *f*, Höchstbelastung *f*, Spitzenlast *f*, Lastspitze *f*; Stromspitze *f*
peak memory Spitzenspeicher *m*
peak of a pulse Impulsspitze *f*
peak of a wave Scheitel *m* einer Welle *f*
peak output Höchstleistung *f*, Spitzenleistung *f*
peak power *s.* peak load
peak pressure Druckmaximum *n*, Druckspitze *f*, höchster Druck *m*
peak temperature Temperaturspitze *f*, Temperaturmaximum *n*, höchste Temperatur *f*
peak-to-peak amplitude Doppelamplitude *f*
peak-to-valley height Rauhtiefe *f* *{Fügeteiloberflächen}*
peak-to-valley value Rauhwert *m*
peak value Höchstwert *m*, Spitzenwert *m*,-Gipfelwert *m*, Schwellenwert *m*, Größtwert *m* *{Phys}*; Scheitelwert *m* *{Math}*
peak value of voltage Scheitelwert *m* der Wechselspannung *f*, Scheitelspannung *f*
peak velocity Spitzengeschwindigkeit *f*
peak voltage Spannungshöchstwert *m*, Spitzenspannung *f* *{Elek}*
peak voltmeter Spitzenspannungsmeßgerät *n*, Spitzenspannungsmesser *m*
peak width Peak-Breite *f* *{Chrom}*
peaking 1. Spitzenwertbildung *f*; 2. Spitzenlastbetrieb *m* *{Elek}*; 3. Impulsversteilerung *f* *{Elektronik}*
peaking factor Heißstellenfaktor *m*
peanut Erdnuß *f* *{Arachis hypogaea L.}*
peanut cake Erdnußpreßkuchen *m*
peanut-hull meal Erdnußschalenmehl *n*
peanut oil Erdnußöl *n*, Arachisöl *n*
pear 1. Birne *f*, Birnenbaum *m* *{Bot}*; 2. Birne *f* *{Frucht des Birnenbaums}*
pear oil Birnenether *m*, Amylacetat *n*, Birnenöl *n*, Essigsäureamylester *m*
pear-shaped birnenförmig
pear-shaped distilling flask birnenförmiger Destillierkolben *m*, Spitzkolben *m* *{Dest, Lab}*
pear vinegar Birnenessig *m*
pearceite Pearceit *m* *{Min}*
pearl Perle *f*
pearl ash Perlasche *f*, Holzkohlenasche *f* *{Roh-Kaliumcarbonat aus Pottasche}*
pearl-colo[u]red perlfarben

pearl effect Fischsilbereffekt *m*
pearl essence [pigment] Fischsilber *n*, Fischschuppenessenz *f*, Perl[en]essenz *f*, Essence d'Orient *{Beschichten}*, Fischsilberpigment *n*
pearl form Perlform *f*
pearl-like perlartig
pearl mica Perlglimmer *m*, Margarit *m {Min}*
pearl polymerization Perlpolymerisation *f*, Suspensionspolymerisation *f*
pearl powder Perlweiß *n*
pearl shell Perlmutter *f*
pearl sinter Perlsinter *m {obs}*, Opalsinter *m {Min}*
pearl spar Perlspat *m {Aragonit/Dolomit-Gemenge}*
pearl white 1. Perlweiß *n*, Wismutweiß *n*, Spanischweiß *n {Bismutoxidnitrat}*; 2. Perlweiß *n*, Schminkweiß *n {Bismutoxidchlorid}*; 3. Industriegips *m {durch Fällung gewonnen}*; 4. Lithopon *n*; 5. s. pearl essence [pigment]
pearlescent perlmutterglänzend *{Kosmetik}*
pearlescent coating Plastbeschichtung *f* mit Perlmutteffekt *m*
pearlescent pigment perlmutterfarbiges Pigment *n*
pearling Perlen *n*
pearlite 1. Perlit *m {lamellares Fermit-Cementit-Aggregat}*; 2. Perlit m, Perlstein *m {Geol}*
pearlitic perlitisch *{Met}*
pearlitic melleable iron perlitisches schmiedbares Eisen *n*
pearly 1. perl[en]artig; 2. perlengeschmückt; 3. perlmutterglänzend, perlmutterähnlich, perlmutterartig, mit Perlmutterglanz *m*; Perlmutter- Perlmutt-; 4. gekörnt
pearly luster Perlenglanz *m*, Perlmutt[er]glanz *m {Min}*
peastone Erbsenstein *m*, Pisolith *m {Min}*
peat Torf *m {DIN 22005}*
peat ashes Torfasche *f*
peat coal Torfkohle *f {Torf/Lignit-Mischform}*; verkohlter Torf *m*
peat dust Torfmull *m*, Torfstaub *m*
peat gas Torfgas *n*
peat mo[u]ld Torferde *f*
peat tar Torfteer *m*
peat water Moorwasser *n*
peat wax Mona-Wachs *n*, Torfwachs *n*
containing peat torfhaltig
fibrous peat Fasertorf *m*, Wurzeltorf *m*
powdered peat Torfmehl *n*
peaty torfartig, torfig; torfhaltig
peaty odor Torfgeruch *m*
peaty soil Moorerde *f*
pebble 1. Kiesel[stein] *m*, grober Kies *m {4-64 mm}*, Geröll *n*, Korn *n*; 2. Wärmestein *m*, Pebble *n*, Steinkugel *f {für Wärmesteinerhitzer}*, körnige Trägersubstanz *f*
pebble bed Kugelschüttung *f*, Wärmesteinschüttung *f {im Wärmesteinerhitzer}*
pebble-bed high-temperatur reactor Kugelhaufen-Hochtemperatur-Reaktor *m {Nuk}*
pebble-bed reactor Kugelhaufenreaktor *m*, Pebble-Reaktor *m {Nukl}*
pebble-bed sintering Wirbelsintern *n*
pebble coal Torfbraunkohle *f*
pebble filter Kieselfilter *n*, Kiesfilter *n*
pebble heater Kieselmassewärmer *m*, Wärmesteinhitzer *m*, Pebble-Heater *m {Wärmeaustauscher mit Kieselfüllung}*
pebble mill Kugelmühle *f {mit Steinfüllung}*, Flintstein[kugel]mühle *f*, Pebble-Mühle *f*
pebble powder 1. Kieselpulver *n*; 2. gewürfeltes Schwarzpulver *n {Expl}*
pebble recuperator *s.* pebble heater
pounded pebbles Kieselmehl *n*
pabbly körnig *{Sand}*, kieselig, steinig
pebbly ground Kieselgrund *m*
peck Peck *n {Hohlmaß; US: 1 pk = 8,80976754127 L; GB: 1 pk = 0,09218 L}*
peckhamite Peckhamit *m {Min}*
Peclet number Pecletsche Zahl *f {Übertragungsgemaß von Pilotanlagen auf großtechniche Ausführungen}*
pectate lyase *{EC 4.2.2.2}* Pektatlyase *f*
pectic pektinsauer, pektisch; Pektin-
pectic acid **<$C_{17}H_{24}O_{16}$>** Pektinsäure *f*, Poly-D-galacturonsäure *f*
pectin Pektin *n*, Pektinsubstanz *f {pflanzliche Heteropolysaccharide}*; Pektin *n*, Pflanzengallerte *f {Methylester von Polygalacturonsäuren}*
pectin depolymerase *s.* pectinase
pectin lyase *{EC 4.2.2.10}* Pectinlyase *f*
pectin sugar **<$C_5H_{10}O_5$>** Pektinose *f*, L-Arabinose *f*
pectinase *{EC 3.2.1.15}* Pektindepolymerase *f*, Polygalacturonase *f {IUB}*, Pektinase *f*, Pektolase *f*
pectinate Pektinat *n {Salz oder Ester der pektinigen Säure}*
pectinose **<$C_5H_{10}O_5$>** L-Arabinose *f*, Pektinose *f*
pectolite Pektolith *m*, Stellit *m {Min}*
pectolytic pektinspaltend, pektinabbauend, pekt[in]olytisch
pectoral tea Brusttee *m {Pharm}*
pectose Pektose *f {Polysaccharid}*
pectosinic acid **<$C_{32}H_{23}O_{31}$>** Pektosinsäure *f*
peculiar 1. besonders; eigenartig, seltsam; eigentümlich; 2. Akzent *m*, Akzentbuchstabe *m {Drucken}*
peculiarity Besonderheit *f*; Eigenart *f*, Eigenschaft *f*; Eigentümlichkeit *f*
pedal 1. fußbetätigt, fußgesteuert, mit Fußantrieb; 2. Fußhebel *m*, Pedal *n*
pediatrics Pädiatrie *f*, Kinderheilkunde *f*

peel/to schälen, enthülsen; abschälen, ablösen *{z.B. eine Folie}*; entrinden, schälen; sich ablösen, abplatzen, abblättern, abbröckeln, abspringen; abstreifen

peel-off/to abblättern, sich abschälen, abspringen, abplatzen, sich ablösen

peel 1. Schale *f {z.B. von Früchten}*; 2. Pelle *f*; 2. Schülpe *f*, Narbe *f {Gußfehler}*

peel force Schälkraft *f*

peel [of a fruit] Fruchtschale *f*

peel-off coating Abdecklack *m*

peel paint abziehbarer Farbanstrich *m*, Abziehlackanstrich *m*, Transportlackanstrich *m {für zeitweisen Korrosionsschutz}*

peel print *s.* peel paint

peel resistance 1. Schälwiderstand *m* , Schälfestigkeit *f*, Abschälfestigkeit *f*; 2. Haftfestigkeit *f {galvanisierter Gegenstände}*; 3. Ablösefestigkeit *f*, Schälfestigkeit *f {Kunst}*

peel strength *s.* peel resistance

peel stress Schälbeanspruchung *f*, Schälbelastung *f*

peel test Schälversuch *m*, Ablöseversuch *m {z.B. Klebverbindungen}*

balanced peel Beschickschwengel *m*, Chargierschwengel *m*

peeler centrifuge Schälzentrifuge *f*

peeling 1. Abblättern *n*, Abbplatzen *n {z.B. bei Glasuren, Begußmassen, Ziegelmassen}*; 2. Ablösen *n {Niederschlag}*; 3. Schälen *n*

peeling [flexure] test Schälversuch *m*, Schälprüfung *f*, Abschälprüfung *f*, Abhebeprüfung *f*

peeling method Schälmethode *f*

peeling process Schälverfahren *n*

peeling strength *s.* peel resictance

laquer peeling Abschälen *n* des Lackes

peep teilweise Ansicht *f*

peephole Schauloch *n*, Schauöffnung *f*

PEG *{poly(ethylene glycol)}* Polyethylenglycol *n*, Poly(oxyethylen) *n*, Poly(ethylenoxid) *n*

PEG ester *{polyethylene glycol ester}* Polyethylenglycolester *m*, Polyoxyethylenester *m*

PEG 200 *{low-molecular weight polyethylene glycol}* niedermolekulares Polyethylenglycol *n*, Polyethylenglycol *n* mit geringer Molekülmasse *f*

PEG 4000 *{high-molecular weight polythylene glycol}* hochmolkulares Polyethylenglycol *n*, Polyethylenglycol *n* mit hoher Molekülmasse

peg 1. Dübel *m*, Holznagel *m*; Wanddübel *m*; 2. Splint *m*, Stift *m*, Zapfen *m*; 3. Pflock *m*

peg for drawing boards Heftzwecke *f*, Reißzwecke *f*

peg impactor mill Stiftmühle *f*

peg stirrer hakenförmiges Rührelement *n*

peg-type baffle hakenförmiges Rührwerksleitblech *n*

peganite Peganit *m*, Variscit *m {Min}*

pegging rammer Dämmholz *n*, Spitzstampfer *m {für die Formerei, Gieß}*

pegmatite Pegmatit *m*, Ganggranit *m {Geol}*

pegmatitic pegmatitartig *{Geol}*

pegmatoid pegmatitartig *{Geol}*

pegmatolite Pegmatolith *m {obs}*, Orthoklas *m {Min}*

PEHD *{polyethylene high density}* Niederdruckpolyethylen *n*

PEHP *{polyethylene high pressure}* Hochdruckpolyethylen *n*

pelargonaldehyde <$CH_3(CH_2)_7CHO$> Pelargonaldehyd *m*, *n*-Nonylaldehyd *m*, *n*-Nonanal *n*

pelargonate Pelargonat *n {Salz oder Ester der Pelargonsäure}*

pelargone 1. <$(C_8H_{17})_2CO$> Pelargon *n*, Dioctylketon *n*, Nonylon *n*, Heptadecan-9-on *n {IUPAC}*; 2. <$C_{15}H_{22}O_2$> (1*R*)-Furopelargon *n*

pelargonic pelargonsauer

pelargonic acid <$CH_3(CH_2)_7CO_2H$> Pelargonsäure *f*, *n*-Nonylsäure *f*, Nonansäure *f*

pelargonic alcohol <$CH_3(CH_2)_7CH_2OH$> Nonylalkohol *m*, *n*-Nonanol *n*

pelargonic ether Pelargonether *m*

pelargonidin <$C_{15}H_{10}O_5 \cdot HCl$> Pelargonidin *n*, Tetrahydroxyflaviliumchlorid *n*

pelargonidin glucoside Pelargonin *n*

pelargonin <$C_{37}H_{30}O_{15} \cdot HCl$> Pelargonin *n*

pelargononitrile <$C_9H_{19}CN$> Nonannitril *n*

pelargonyl <C_9H_{19}-> Pelargonyl-, Nonanoyl- *{IUPAC}*

pelargonyl chloride <$CH_3(CH_2)_7COCl$> Pelargonylchlorid *n*, *n*-Nonanoylchlorid *n*

pelentanoic acid Pelentansäure *f*

Peligot tube Peligotröhre *f {$CaCl_2$-U-Rohr}*

pellagra Pellagra *n {Med}*

pellet/to *s.* pelletize/to

pellet 1. kug[e]liges Granulat[korn] *n*, Pellet *n*, Kugel *f*, Kügelchen *n*, Granalie *f*, Körnchen *n*; 2. Tablette *f*, Preßling *m {Spek, Nukl, Brennmaterial, Kunst}*; 3. Pellet *n*, Sinterkörper *m {Preßling oder Granulat}*; 4. Pille *f*, Tablette *f {Pharm}*; 5. Pille *f*, Pastille *f {Elektronik}*; 6. Plätzchen *n*; 7. Pellet *n*, Krümel *m n {Gummi}*; 8. Rußperle *f*, Korn *n {Gummi}*

pellet consolidation Pelletverfestigung *f*

pellet-cooling unit Granulatkühlvorrichtung *f*

pellet die for forming electrodes Elektrodenpreßgesenk *n*

pellet dryer Granulatschleuder *f*, Granulattrokkenvorrichtung *f*

pellet mill Granulator *m*, Granulierapparat *m*, Pellet[is]iermaschine *f*

pellet powder *{GB}* rundiertes Schwarzpulver *n {Expl}*

pellet pre-heating unit Granulatvorwärmer *m*

pellet press Tablettenpresse *f*, Tablett[is]iermaschine *f*; Körnerpresse *f*

pellet size Granulatgröße *f*, Tablettengröße *f*

pelletierine <$C_8H_{15}NO$> Pelletierin *n*, Punicin *n*

pelletierine tannate Pelletierintannat *n*

pelleted *s.* pelletized

pelleting *s.* pelletizing

pelletization 1. Granulierung *f*; 2. Pellet[is]ieren *n {Stückigmachen von Erz}*; 3. Zerkleinern *n {Kunst}*

pelletize/to 1. zerkleinern; pellet[is]ieren, zu Pellets formen, zu Kügelchen formen, rollgranulieren *n*, stückigmachen; 2. körnen, perlen; 3. tablettieren; 4. zu Krümeln *mpl* verarbeiten *{z.B. Ruß}*; 5. pellet[is]ieren, kugelsintern *{Erz, Nukl}*; 6. pillieren *{Saatgut}*

pelletized [carbon] black Perlruß *m*, geperlter Ruß *m {Gummi}*

pelletized fuel Tablettenbrennstoff *m*, Brennstofftablette *f*, Kernbrennstofftablette *f {Nukl}*

pelletizer 1. Granulator *m*, Granulierapparat *m*, Pellet[is]iermaschine *f*; 2. Zerkleinerer *m*, Schneidgranulator *m*, Zerkleinerungsmaschine *f*, Zerkleinerungsaggregat *n*, Zerkleinerungsanlage *f {z.B. für Erz}*; 3. Pelletizer *m {Chem, Met}*; 4. Tablettiermaschine *f*, Tablettenpresse *f*, Tablettierpresse *f {für Formmasse}*

pelletizing 1. Zerkleinerung *f*; Pellet[is]ierung *f*, Rollgranulieren *n*; 2. Tablettieren *n*, Tablettierung *f*, Tablettenherstellung *f {aus Formmasse}*; 3. Körnen *n*, Perlen *n*; 4. Pellet[is]ierung *f*, Kugelsintern *n {Erz, Nukl}*; 5. Pillieren *n {von Saatgut}*

pelletizing conveyor [belt] Pelletierband *n*

pelletizing die Granulierplatte *f*, Granulierdüse *f*, Granulierkopf *m*, Granulierwerkzeug *n*, Granulierlochplatte *f*, Lochdüse *f*

pelletizing disk Tablettierscheibe *f*, Pelletierteller *m {Pharm}*

pelletizing drum Tablettiertrommel *f {Pharm}*; Pellet[is]iertrommel *f*, Granuliertrommel *f*

pelletizing medium Bindemittel *n*

pelletizing machine 1. Pellet[is]iermaschine *f*, Granulierapparat *m*, Granulator *m*; 2. *{GB}* Tablettenpresse *f*, Tablettenmaschine *f {Pharm}*

pelletizing of sample powder Brikettierung *f* von Pulverproben *fpl*

pelletizing plate Pelletierteller *m*, Tablettierscheibe *f {Pharm}*

pelletizing press Tablettenpresse *f*, Tablett[is]iermaschine *f*

pelletizing property Tablett[is]ierfähigkeit *f*

pellicle 1. Häutchen *n*, Überzug *m*, Film *m*, *{Tech}*; Abziehemulsionsschicht *f*, Strippingemulsion *f*, selbsttragende Emulsion *f {Nukl, Photo}*; 2. Membran *f {Biol}*

pellicle of oxygen Oxidhäutchen *n*

pellicular electronics Folienelektronik *f*

pellitorine Pellitorin *n*

pellotine <$C_{13}H_{19}NO_3$> Pellotin *n*

pellucid durchsichtig, lichtdurchlässig, klar, pelluzid *{Min}*

pellucidly übersichtlich

peloconite Pelokonit *m {obs}*, Wad *m {Min}*

pelopium *{obs}* unreines Niobium *n*

peloponium *{obs}* *s.* niobium

pelt 1. Fell *n*, Pelz *m*, Tierpelz *m*; 2. Blöße *f*, enthaarte Haut *f {Gerb}*

Peltier effect Peltier-Effekt *m*

Peltier trap Peltier-Falle *f*, Peltier-Baffle *n {thermoelektrische Falle}*

peltry Rauchwaren *f*, Pelzwerk *n*

pen 1. Pferch *m*, Hürde *f*; Box *f*, Bucht *f*, Verschlag *m*; Ställchen *n {Agri}*; 2. Schreibfeder *f*, Feder *f*; Schreibstift *m*, Aufzeichnungsstift *m*, Registrierstift *m*; Zeichenstift *m*, Stift *m {EDV}*

pen recorder Linienschreiber *m*, Meßschreiber *m*, schreibendes Registriergerät *n*

penacyl bromide Penacylbromid *n*

penaldic acid Penald[in]säure *f {allgemein für ein Penicillinspaltprodukt der Formel RCONH-CH(COOH)CHO}*

penalty 1. Straf-; 2. Strafe *f*, Pönale *f*, Konventionalstrafe *f*; 3. Strafmaß *n*

pencatite Pencatit *m {Calcit/Brucit-Gemenge, Min}*

pencil 1. Stift *m*, Bleistift *m*, Schreibstift *m*, Zeichenstift *m*; Farbstift *m*; 2. [feiner] Pinsel *m*, Malpinsel *m*; 3. Bündel *n*, Strahlenbündel *n*; 4. Lichtbüschel *n*, Bündel *n*; 5. Bündel *n {z.B. Faser-, Asbestfaser-}*; 6. einparametrige Kurvenschar *f*, Büschel *n {Math}*

pencil carbon Handdurchschreibepapier *n*

pencil dosimeter Stabdosimeter *n {Nukl}*

pencil electrode stabförmige Elektrode *f*, Stabelektrode *f*, Stiftelektrode *f*

pencil for marking glass Fettstift *m*

pencil hardness Bleistiftritzhärte *f {Kunst}*

pencil lead Bleistiftgraphit *m*

pencil of rays Strahlenbündel *n*, Strahlenbüschel *n*

pencil slate Griffelschiefer *m*

pencil slipping Stäbchengleitung *f {Krist}*

pendent hängend, überhängend; schwebend

pending patent angemeldetes Patent *n*

pendular Pendel-

pendular motion Pendelbewegung *f*, Pendeln *n*

pendulate/to pendeln

pendulous hängend, schwingend

pendulum 1. Pendel *n*; Schlagpendel *n*, Perpendikel *n*; 2. Pendelhammer *m*, Schlaghammer *m*

pendulum centrifuge Pendelzentrifuge *f*

pendulum bucket conveyor Pendelbecherwerk *n*, Schaukelbecherwerk *n*

pendulum damping test Pendelhärteprüfung *f*, Pendeldämpfungsprüfung *f*

pendulum governor Pendelregler *m*, Fliehkraftregler *m*, Zentrifugalregulator *m*, fliehkraftgesteuerter Drehzahlregler *m*
pendulum hammer Pendelhammer *m*
pendulum hardness Pendelhärte *f*
pendulum-hardness test Pendelhärtetest *m*, Pendeldämpfungsprüfung *f*
pendulum-hardness tester Pendelhärteprüfer *m*, Pendelhärteprüfgerät *n*
pendulum-hardness testing machine Pendelhärteprüfgerät *n*, Pendelhärteprüfer *m*
pendulum-impact test Pendelschlagversuch *m*
pendulum-impact tester Pendelhammergerät *n*, Pendelschlagwerk *n*
pendulum mill Pendelmühle *f*, Pendelwalzenmühle *f {Met}*
pendulum motion Pendelbewegung *f*
pendulum-type movement gate valve Pendelschieberventil *n*
ballistic pendulum ballistisches Pendel *n*
conical pendulum kegelförmiges Pendel *n*
mathematic [simple] pendulum mathematisches [einfaches] Pendel *n*
physical [compound] pendulum physikalisches [zusammengesetztes] Pendel *n*
penetrability Durchdringbarkeit *f*, Durchfärbbarkeit *f {Text}*, Durchlässigkeit *f*
penetrable durchdringbar, durchgängig, durchlässig
penetrableness *s.* penetrability
penetrant 1. Eindringmedium *n {Materialprüfung}*; 2. Penetriermittel *n*, Penetrationsverbesserer *m*, Eindringmedium *n {Chem}*
penetrant flaw detection Farbeindringprüfung *f {Feststellung von Haarrissen}*
penetrant inspection Eindringprüfung *f {Materialprüfung}*
penetrant testing Eindringverfahren *n {DIN 54152}*
penetrate/to 1. durchdringen, durchsetzen; durchdringen, durchfärben *{Text}*; 2. eindringen, vordringen; 3. penetrieren; 4. durchtränken; 5. durchbeißen *{Gerbstoff}*; durchschlagen *{Farbstoff}*
penetrating eindringend, durchdringend, stechend, scharf *{z.B. Geruch}*
penetrating depth Eindringtiefe *f*
penetrating oil rostlösendes Öl *n*
penetrating power Durchdringungsvermögen *f*, Durchdringungskraft *f*, Durchdringungsfähigkeit *f {z.B. Röntgenstrahlen}*; Durchfärbevermögen *n {Text}*
penetration 1. Eindringen *n*; Penetration *f*, Durchdringung *f*, Durchwandern *n*; Tränkung *f*, Durchtränkung *f*, Imprägnierung *f*; 2. Durchfärben *n*, Durchdringen *n*; Tränken *n*, Durchtränken *n*; Aufziehen *n {einer Flüssigkeit}*; 3. Eindringungsvermögen *n*, Eindringtiefe *f*, Tiefenwirkung *f {z.B. eines Abbeizmittels}*; Durchdringung *f*, Durchsetzung *f {Tech}*; 4. Durchführung *f {z.B. von elektrischen Leitungen durch eine Wand}*; 5. Anschlagstärke *f {Drucker}*; 6. Penetration *f*, Konsistenz *f {Weichheitsgrad eines Fettes}*; 7. Vereisen *n*, Vererzen *n*, Pentration *f {von Form- oder Kernsand, Gußfehler}*; *8. Durchbruch m {Reaktorbehälter}; 9. Einbrand m {Schweißen}; 10. Schlupf m {Ionenaustausch}*
penetration by water Wasserdurchlässigkeit *f {Gewebe}*
penetration capacity Durchdringungsfähigkeit *f*
penetration complex Durchdringungskomplex *m {Chem}*
penetration dyeing Durchfärbung *f*
penetration energy Durchstoßarbeit *f*
penetration index Penetrationsindex *m*, Penetrometerzahl *f*
penetration isolation valve Durchdringungsventil *n*
penetration power Eindringvermögen *n*
penetration test Durchstoßprüfung *f*, Durchstoßversuch *m {z.B. an Folien oder Geweben}*
penetration tester Eindringtiefenmesser *m*
penetration twins Durchdringungszwillinge *mpl*, Durchwachsungszwillinge *mpl*, Penetrationszwillinge *mpl {Krist}*
penetration value *{BS 684}* Penetrationsindex *m*, Eindringungskennwert *m {Fettprüfung}*
total penetration energy [at failure] Durchstoßfestigkeit *f*
penetrative durchdringend, scharf *{z.B. Geruch}*; durchgreifend
penetrative dyeing agent Durchfärbemittel *n*
penetrative effect Tiefenwirkung *f*
penetrative power Durchschlagskraft *f*
penetrator Eindringkörper *m*, Prüfspitze *f {Härteprüfung}*
penetrometer Penetrationsmesser *m*, Härtemesser *m*, Penetrometer *n*
penetrometry Penetrometrie *f*, Härtemessung *f {thermomechanische Analyse}*
penetron Penetron *n {obs}*, Meson *n*
penfieldite Penfieldit *m {Min}*
penicidin *s.* patulin
penicillamine **<$HSC(CH_3)_2CH(NH_2)COOH$>** Penicillamin *n*, *β,β*-Dimethylcystein *n*, *β*-Thiolvalin *n*, 2-Amino-3-mercapto-3-methylbuttersäure *f*
penicillanic acid Penicillansäure *f*
penicillic acid **<$C_8H_{10}O_4$>** Penicillsäure *f*, 3-Methoxy-5-methyl-4-oxohexa-2,5-diensäure *f*
penicillin Penicillin *n {Antibiotika mit dem Grundgerüst Penam (Thiazolidin-β-Lactamring)}*
penicillin amidase *{EC 3.5.1.11}* Penicillinamidase *f*

penicillin-fast penicillinresistent
penicillin flask Penicillinkolben *m*
penicillin-resistant penicillinresistent
penicillin unit Penicillin-Einheit *f {obs; = 598,8 ng der Second International Preparation}*
penicillin V Phenoxymethylpenicillin *n*
insensitive to penicillin penicillinunempfindlich
resistant to penicillin penicillinresistent
sensitive to penicillin penicillinempfindlich
penicillinase *{EC 3.5.2.6}* Cephalo Sporinase *f*, Penicillinase *f {IUB}*, *ß*-Lactamase *f {Biochem}*
penicilliopsin <$C_{30}H_{22}O_8$> Penicilliopsin *n*, Mykoporphyrin *n*
penicilloic acid Penicillo[in]säure *f*
penillic acid <$C_{14}H_{22}N_2O_4S$> Penillsäure *f*
penilloaldehyde Penilloaldehyd *m*
penilloic acid Penillosäure *f*
penillonic acid Penillonsäure *f*
pennin[it]e Pennin *m {Min}*
Penning ga[u]ge Philips-Vakuummeter *n*, Penning-Vakuummeter *n {Kaltkathoden-Ionisationsvakuummeter}*
Penning ionization Penning-Ionisation *f {durch metastabile Atome}*
Penning-type pump Ionenzerstäuberpumpe *f*
pennite Pennit *m {obs}*, Hydro-Dolomit *m {Min}*
pennol Pennol *n*
pennone <$(CH_3)_3C(CH_3)_2COCH_3$> Pennon *n*, Tetramethylpentan-2-on *n*
pennyhead stopper Lappengriffstopfen *m*
pennyroyal oil 1. *{US}* Pennyroyalöl *n*, Amerikanisches Poleiöl *n {aus Hedeoma pulegioides (L.) Pers.}*; 2. *{Europe}* Poleiöl *n {aus Mentha pulegium L. - Pharm, Chem}*
pennyweight Pennyweight *n {Edelmetallgewicht; US, GB: 1 dwt = 1,5517384 g}*
Pensky-Martens closed cup method Pensky-Martens-Flammpunktprüfung *f* im geschlossenen Apparat *m*
Pensky-Martens [closed] tester Pensky-Martens-Flammpunktgerät *n {geschlossener Tiegel}*, [geschlossener] Flammpunktprüfer *m* nach Pensky-Martens
Pensky-Martin closed test *s.* Pensky-Martens closed cup method
pentaamino Pentaamino- *{IUPAC}*
pentabasic 1. fünfbasisch, fünfwertig, fünfprotonig *{Säure}*; 2. fünfsäurig, fünfwertig *{Base oder basisches Salz}*
pentaborane Pentaboran *n {D_5H_9 oder B_5H_{11}}*
pentabromobenzene <C_6HBr_5> Pentabrombenzol *n*, Benzolpentabromid *n*
pentacarbocyclic pentacarbocyclisch
pentacene <$C_{22}H_{14}$> 2,3,4,7-Dibenzoanthracen *n*, Pentacen *n*, Dibenzo[bi]anthracen *n*
pentacetylglucose Pentacetylglucose *f*
pentachloroaniline <$C_6Cl_5NH_2$> Pentachloranilin *n*
pentachlorobenzene <C_6HCl_5> Pentachlorbenzol *n*, Benzolpentachlorid *n*
pentachloroethane <$CHCl_2CCl_3$> Pentachlorethan *n*, Pentalin *n*
pentachloronitrobenzene <$C_6Cl_5NO_2$> Pentachlornitrobenzol *n*
pentachlorophenol <C_6Cl_5OH> Pentachlorphenol *n*, PCP *{Herbizid}*
pentachlorophenyl laurate *{BS 4024}* Pentachlorphenyllaurat *n*
pentachlorothiophenol <C_6Cl_5SH> Pentachlorthiophenol *n*
pentacontane <$C_{50}H_{102}$> Pentacontan *n*
pentacosane <$C_{25}H_{52}$> Pentacosan *n*
pentacosanoic acid <$CH_3(CH_2)_{23}COOH$> Pentacosansäure *f*, Tetracosancarbonsäure *f*
pentacovalent koordinativ fünfwertig *{Chem}*
pentacyanic acid Pentacyansäure *f*
pentacyanonitrosylferrate(III) *s.* nitroprusside
pentadecane <$C_{15}H_{32}$> Pentadecan *n*
pentadecanecarboxylic acid *s.* palmitic acid
pentadecanoic acid <$CH_3(CH_2)_{13}CO_2H$> Pentadecansäure *f*, *n*-Pentadecylsäure *f*, Isocentinsäure *f*
pentadecanol <$C_{15}H_{31}OH$> Pentadecanol *n*, *n*-Pentadecylalkohol *m*
pentadentate fünfzähnig, fünfzählig *{Komplexchemie}*
pentadentate ligand fünfzähniger Ligand *m {Komplexchemie}*
pentadiene <C_5H_8> Pentadien *n*
1,2-pentadiene <$H_2C=C=CHCH_2CH_3$> Ethylallen *n*, Penta-1,2-dien *n*
1,3-pentadiene <$H_2C=CHCH=CHCH_3$> α-Methylbivinyl *n*, Piperylen *n*, Penta-1,3-dien *n*
1,4-pentadiene <$(H_2C=CH)_2CH_2$> Penta-1,4-dien *n*
pentaerythrite *s.* pentaerythritol
pentaerythritol <$C(CH_2OH)_4$> Pentaerythrit *n*, Pentaerythrol *n*
pentaerythritol ester Pentaerythritester *m*
pentaerythritol tetranitrate <$C(CH_2ONO_2)_4$> Pentaerythrit-Tetranitrat *n*, Pentrit *n*, Nitropenta *n*, PETN *{Expl}*
pentaerythritol tetrastearate <$C(CH_2OOCC_{17}H_{35})_4$> Pentaerythrit-Tetrastearat *n*
pentaerythritol trinitrate <$C_5H_9N_3O_{10}$> Pentaerythrit-Trinitrat *n {Expl}*
pentaethylbenzene <$C_6H(C_2H_5)_5$> Pentaethylbenzol *n*
pentafluoroguanidine Pentafluorguanidin *n*
pentaglucose *s.* pentose
pentaglycerol Pentaglycerin *n*, Trimethylolethan *n*

pentagon 1. Fünfeck *n*, Pentagon *n* *{Math}*; 2. Fünfkant *m n* *{Tech}*
pentagon dodecahedron Pentagondodekaeder *n*
pentagon icositetrahedron Pentagonikositetraeder *n*
pentagonal fünfeckig, fünfkantig, pentagonal
pentagonal hemihedral pentagonalhemiedrisch
pentahedral fünfflächig, pentaedrisch
pentahedron Fünfflächner *m*, Pentaeder *n*
pentahomoserine Pentahomoserin *n*
pentahydrate Pentahydrat *n*
pentahydric fünfwertig, mit fünf Hydroxylgruppen *fpl*
pental *{TM}* Pental *n* *{Trimethylethylen}*
pentalene <C_8H_6> Pentalen *n*
pentaline Pentalin *n*, Pentachlorethan *n* *{IUPAC}*
pentamer Pentamer[es] *n*
pentamethonium Pentamethonium *n*, Pentamethylen-1,5-bis-(trimethylammonium) *n* *{IUPAC}*
pentamethylbenzene <$C_6H(CH_3)_5$> Pentamethylbenzol *n*
pentamethylene 1. <C_5H_{10}> Pentamethylen *n*, Cyclopentan *n*; 2. <-$(CH_2)_5$-> Pentan-1,5-diyl *n*
pentamethylene bromide <$Br(CH_2)_5Br$> Pentamethylenbromid *n*, 1,5-Dibrompentan *n* *{IUPAC}*
pentamethylene sulfide Pentamethylensulfid *n*
pentamethylenediamine Pentamethylendiamin *n*, Cadaverin *n*, Pentan-1,5-diamin *n* *{IUPAC}*
pentamethyleneimine *s.* piperidine
pentamethylenetetrazole <$C_6H_{10}N_4$> Pentamethylentetrazol *n*
pentamethylglucose Pentamethylglucose *f*
pentamethylphenol <$C_6(CH_3)_5OH$> Pentamethylphenol *n*
pentanal <$CH_3(CH_2)_3CHO$> Pentanal *n*, *n*-Valeraldehyd *m*
pentane Pentan *n*
pentane candle Pentankerze *f* *{obs, Lichtstärkeeinheit ≈ 1cd}*
pentane cylinder Pentanflasche *f*, Pentanzylinder *m*
pentane-insoluble pentanunlöslich
pentane insolubles Hartasphalt *m*
pentane lamp Pentanbrenner *m*, Pentanlampe *f* *{Opt}*
pentane normal thermometer Pentannormalthermometer *n*
pentane tank Pentanbehälter *m*
pentane thermometer *s.* pentane normal thermometer
***iso*-pentane** <$CH_3CH_2CH(CH_3)_2$> 2-Methylbutan *n*, *iso*-Pentan *n*
***n*-pentane** <C_5H_{12}> Pentan *n*, Normalpentan *n*, *n*-Pentan *n*
***n*-pentane insolubles** Normalbenzinunlösliches *n*
1,5-pentanediamine <$H_2N(CH_2)_5NH_2$> Cadaverin *n*, Pentan-1,5-diamin *n*
pentanedioic acid <$HOOC(CH_2)_3COOH$> Glutarsäure *f*, Pentandisäure *f* *{IUPAC}*
pentane-2,3-dione Acetylpropionyl *n*, Pentan-2,3-dion *n*
pentane-2,4-dione <$CH_3COCH_2COCH_3$> Acetylaceton *n*, Pentan-2,4-dion *n*
pentane-1,5-diol<$C_5H_{10}(OH)_2$> Pentan-1,5-diol *n*
pentanepentol <$HOCH_2(CHOH)_3CH_2OH$> Pentanpentol *n*
1-pentanethiol <$C_5H_{11}SH$> Pentanthiol *n*, Pentylmercaptan *n*
pentanoic acid <$CH_3(CH_2)_3COOH$> Valeriansäure *f*, Pentansäure *f* *{IUPAC}*
pentanol <$C_5H_{11}OH$> Pentanol *n*, Amylalkohol *m*, Pentylalkohol *m*
1-pentanol Pentan-1-ol *n*, *p*-Amylalkohol *m*, normaler Amylalkohol *m*, Butylcarbinol *n*
2-pentanol Pentan-2-ol *n*, *sec*-Amylalkohol *m*, *sec*-Pentylalkohol *m*
3-pentanol <$(CH_3CH_2)_2CHOH$> Pentan-3-ol *n*
pentanone <$C_5H_{10}O$> Pentanon *n*
2-pentanone Pentan-2-on *n*, Methylpropylketon *n*
3-pentanone Pentan-3-on *n*, Diethylketon *n*
pentanuclear complex fünfkerniger Komplex *m*
pentapeptide Pentapeptid *n* *{Peptid mit fünf Aminosäureeinheiten}*
pentaphene Pentaphen *n*
pentaphenylphosphorus <$P(C_6H)_5$> Pentaphenylphosphor *m*
pentasilane <Si_5H_{12}> Pentasilan *n*
pentasodium triphosphate <$Na_5P_3O_{10}$> Natriumtriphosphat *n*
pentasulfide Pentasulfid *n*
pentathionate <$M'_2S_5O_6$> Pentathionat *n*
pentathionic acid <$H_2S_5O_6$> Trithiodischwefelsäure *f*, Pentathionsäure *f*
salt of pentathionic acid Pentathionat *n*
pentatomic fünfatomig
pentatriacontane <$C_{35}H_{72}$> Pentatriacontan *n*
18-pentatriacontanone Stearon *n*, Pentatriacontan-18-on *n*
pentavalence Fünfwertigkeit *f*
pentavalent fünfwertig
pentazane *s.* pyrolidine
pentazine Pentazin *n*
pentels *{IUPAC}* Pentele *npl*, 5B-Elemente *npl*, Stickstoff-Phosphorgruppe *f* *{Periodensystem; N, P, As, Sb, Bi}*
pentene Penten *n*, Amylen *n*

1-pentene <$CH_3CH_2CH_2CH=CH_2$> Pent-1-en *n*, *n*-Amylen *n*, Propylethylen *n*
2-pentene <$CH_3CH_2CH=CHCH_3$> Pent-2-en *n* *{IUPAC}*, Ethylmethylethylen *n*, Isoamylen *n*
2-pentenedioic acid <$HOOCCH_2CH=CHCOOH$> Prop-2-endicarbonsäure *f*, Glutaconsäure *f*
pentenol <$C_5H_{10}O$> Pentenol *n*
1-penten-3-ol Pent-1-en-3-ol *n*, Ethylvinylcarbinol *n*
3-penten-2-ol Pent-3-en-2-ol *n*, Dimethylpropenylcarbinol *n*
4-penten-1-ol Pent-4-en-1-ol *n*, *β*-Allylethylalkohol *m*
4-penten-2-ol Pent-4-en-2-ol *n*, Allylmethylcarbinol *n*
pentetrazole Pentetrazol *n*, 1,5-Pentamethylentetrazol *n*, Corazol *n*
penthiazolidine Penthiazolidin *n*
penthiazoline Penthiazolin *n*
penthiofurane Penthiophen *n*
penthiophene Penthiophen *n*
penthrite *s.* pentaerythritol tetranitrate
pentiformic acid <$CH_3(CH_2)_4CO_2H$> *n*-Capronsäure *f*, Hexylsäure *f*, *n*-Hexansäure *f*
pentine *s.* pentyne
pentite *s.* pentitol
pentitol <$HOCH_2(CHOH)_3CH_2OH$> Pentit *n*, Pentitol *n*
pentlandite Pentlandit *m*, Eisennickelkies *m* *{Min}*
pentobarbital <$C_{11}H_{18}N_2O_3$> Pentobarbital *n*, Pentabarbiton *n*
pentol <$HC\equiv CCH=CHCH_2OH$> Pent-2-en-4-in-1-ol *n*
pentolite Pentolit *m*
pentonic acids <$HOCH_2(CHOH)_3COOH$> Pentonsäuren *fpl*
pentosan Pentosan *n* *{aus Pentosen aufgebaute Polysaccharide oder Hemicellulosen}*
pentose Pentose *f* *{Monosaccharid mit 5 C-Atomen}*
pentose cycle Pentosezyklus *m* *{Biochem}*
pentose isomerase Pentoseisomerase *f*
pentose phosphate pathway Pentosephosphatweg *n* *{Physiol}*
pentoside Pentosid *n*, Pentosenucleosid *n* *{Biochem}*
pentoxazol Pentoxazol *n*, 4*H*-1,3-Oxazin *n*
pentoxide Pentoxid *n*, Pentaoxid *n*
pentrite *s.* pentaerythritol tetranitrate
pentulose Pentulose *f*
pentyl <C_5H_{11}-> Amyl-, Pentyl- *{IUPAC}*
pentyl acetate <$CH_3COOC_5H_{11}$> Pentylacetat *n*, Amylacetat *n*, Essigsäureamylester *m*,- Essigsäurepentylester *m*
pentyl alcohol <$C_5H_{11}OH$> Pentylalkohol *m*, Amylalkohol *m*, Pentan-1-ol *m*, Fuselöl *n* *{Triv}*
pentyl aldehyde <$CH_3(CH_2)_3CHO$> Pentylaldehyd *m*, Pentan-1-al *n*, Valeraldehyd *m*
pentyl bromide <$C_5H_{11}Br$> 1-Brompentan *n*, Pentylbromid *n*
pentyl chloride <$C_5H_{11}Cl$> 1-Chlorpentan *n*, Pentylchlorid *n*
pentyl cyanide <$C_5H_{11}CN$> Capronitril *n*, Pentylcyanid *n* *{IUPAC}*
pentyl ether <$(C_5H_{11})_2O$> Pentyloxypentan *n*
pentyl hydrate *s.* pentyl alcohol
pentyl iodide <$C_5H_{11}I$> 1-Iodpentan *n*, Pentyliodid *n*
pentyl ketone <$(C_5H_{11})_2CO$> Dipentylketon *n*, Undecan-6-on *n*
pentyl nitrate <$C_5H_{11}ONO_2$> Pentylnitrat *n*
pentyl nitrite Amylnitrit *n*, Pentylnitrit *n*
pentyl oxide *s.* pentyl ether
pentylamin <$C_5H_{11}NH_2$> Amylamin *n*, Pentylamin *n*
pentylenetetrazol <$C_6H_{10}N_4$> Pentylentetrazol *n* *{Pharm}*
pentylformic acid <$CH_3(CH_2)_4CO_2H$> *n*-Capronsäure *f*, *n*-Hexansäure *f*, Hexylsäure *f*
pentyne <C_5H_8> Pentin *n*
1-pentyne <$HC\equiv CCH_2CH_2CH_3$> Pent-1-in *n*, Propylacetylen *n*
2-pentyne <$H_3CC\equiv CCH_2CH_3$> Pent-2-in *n*, Methylethylacetylen *n*, Ethylmethylacetylen *n*
penultimate unit vorletztes Glied *n*, vorletztes Kettenglied *n* *{Polymerkette}*
penumbra Halbschatten *m*
penumbral region Halbschattenbereich *m* *{Vak}*
PEO *{poly(ethyleneoxide)}* Poly(ethylenoxid) *n*
peonine Päonin *n*
peonol <$C_9H_{10}O_3$> Päonol *n*, 2-Hydroxy-4-methoxyacetophenon *n*
peony [flower] Päonie *f*, Pfingstrose *f* *{Paeonia officinalis L.}*
pepper Pfeffer *m* *{Gewürz aus getrockneten Früchten von Piper-Arten}*
pepper alkaloid Pfefferalkaloid *n*
pepper oil Pfefferöl *n*
season with pepper/to [ein]pfeffern *{Lebensmittel}*
peppermint Pfefferminze *n* *{Mentha piperita L.}*
peppermint brandy Pfefferminzschnaps *m*
peppermint camphor *s.* menthol
peppermint oil Pfefferminzöl *n* *{etherisches Öl von Mentha piperita L.}*
peppermint scent Pfefferminzgeruch *m*
peppermint smell Pfefferminzgeruch *m*
peppery pfefferartig; gepfeffert, scharf, beißend; hitzig
pepsin *{EC 3.4.23.1}* Pepsin *n*
containing pepsin pepsinhaltig

pepsinogen Pepsinogen *n {Enzymvorläufer}*
peptidase a *{EC 3.4.11.11}* Aminopeptidase *f {IUB}*, Peptidase a *f {Biochem}*
peptidase A *{EC 3.4.23.6}* Penicillopepsin *n*, Peptidase A *f*, Mikroben-Carboxylproteinase *f*
peptidase P *{EC 3.4.15.1}* Kinase II *f*, Carboxycathepsin *n*, Peptidylcarboxyamidase *f {IUB}*
peptide Peptid *n {2-10 Aminosäuren in Amidbindung -CONH-}*
peptide analysis Peptidanalyse *f*
peptide bond Peptidbindung *f*, peptidische Verknüpfung *f*, peptidartige Bindung *f {RCONHR}*
peptide chain Peptidkette *f*, Peptidgerüst *n*
peptide formation Peptidbildung *f*
peptide hormone Peptidhormon *n*
peptide hydrolysis Peptidhydrolyse *f*
peptide linkage *s.* peptide bond
peptide separation Peptidtrennung *f*
peptide synthesis Peptidsynthese *f*
poly-peptide Polypeptid *n {10-100 Aminosäuren in Amidbindung -CONH-}*
synthetic peptide synthetisches Peptid *n*
peptidoglycan Peptidoglykan *n*, Murein *n {Polysaccharid-Peptid-Komplex der Bakterienzellwand}*
peptidoglycan endopeptidase *{EC 3.4.99.17}* Peptidoglykanendopeptidase *f*
peptidyl puromycin Peptidylpuromycin *n*
peptidyltransferase *{EC 2.3.2.12}* Peptidyltransferase *f*
peptization 1. Peptisieren, Peptisierung *f*, Gel-Sol-Umwandlung *f*, Gel-Sol-Übergang *m {Kolloid}*; 2. Peptisieren *n*, Peptisation *f*, Plastizierung *f*, Abbau *m* mit Peptisiermitteln, Erweichung *f* mit Peptisiermitteln *{Gummi}*
peptize/to 1. peptisieren *{Kolloid}*; 2. peptisieren, mit Peptisierungsmitteln *npl* erweichen, mit Peptisierungsmitteln *npl* abbauen *{Gummi}*
peptizer 1. Peptisier[ungs]mittel *n*, Peptisationsmittel *n*, Peptisator *m {Kolloid}*; 2. Peptisier[ungs]mittel *n*, chemisches Plastizier[ungs]mittel *n*, chemisches Abbaumittel *n*, Plastikator *m*
peptizing *s.* peptization
peptizing agent *s.* peptizer
peptolysis Peptolyse *f {Peptonhydrolyse zu Aminosäuren}*
peptone Pepton *n {hochmolekulares Spaltprodukt aus Eiweißstoffen}*
peptonic peptonhaltig
peptonization Peptonisation *f*, Peptonisierung *f*
peptonize/to peptisieren, peptonisieren, in Pepton *n* verwandeln
peptonoid peptonartig
peptotoxine Peptotoxin *n {Ptomaine}*
per pro, per, durch, für
per annum jährlich
per capita consumption Pro-Kopf-Verbrauch *m*
per thousand Promille *n*
peracetic acid <CH_3COO_2H> Peressigsäure *f*, Peroxyethansäure *f*, Peroxyessigsäure *f*
peracid 1. [anorganische] Persäure *f*, Übersäure *f*; 2. Peroxosäure *f {anorganisch}*; 3. Peroxysäure *f {organisch}*
peradipic acid Peradipinsäure *f*
peralcohol <ROOH> Peralkohol *m*, Peroxyalkohol *m*
perbenzoic acid <$C_6H_5C(=O)OOH$> Perbenzoesäure *f*, Peroxybenzoesäure *f*, Benzopersäure *f*
perborate <$M'BO_4$> Perborat *n*, Peroxoborat *n*
perboric acid <HBO_4> Perborsäure *f*, Peroxoborsäure *f*
ester of perboric acid <$R\text{-}OBO_3$> Perborat *n*, Peroxoborat *n*
perbromic acid <$HBrO_4$> Perbromsäure *f*
perbutyric acid Perbuttersäure *f*, Butterpersäure *f*
percaine Percain *n*
percarbonate <M'_2CO_4; $M'_2C_2O_6$> Percarbonat *n*, Peroxocarbonat *n {Bleichmittel}*
percarbonic acid 1. <H_2CO_4> Perkohlensäure *f*, Peroxokohlensäure *f*; 2. <$H_2C_2O_6$> Peroxodikohlensäure *f*
perceivabel merklich, wahrnehmbar; erkennbar
perceive/to wahrnehmen, merken; erkennen
perceived heat fühlbare Wärme *f*
percent vom Hundert *n*, vH, Prozent *n*, Hundertstel *n*
percent by volume volum[en]prozentig; Volum[en]prozent *n*, Vol.- %
percent by weight gewichtsprozentig; Gewichtsprozent *n*, Massenprozent *n*
percent defective Ausschußanteil *m*, Fehlerquote *f {Probenahme}*
percent in weight *s.* percent by weight
percent less than size Durchgang *m* in Prozent *n {Sieben}*
percentage 1. Prozentgehalt *m*, prozentualer-Gehalt *m*; 2. prozentualer Anteil *m*, Hundertsatz *m*, Prozentsatz *m*
percentage conversion prozentualer Umsatz *m*
percentage error prozentualer Fehler *m {Anal}*
percentage increase prozentuale Zunahme *f*
percentage light transmission Lichtdurchlässigkeitszahl *f*
percentage [of] purity Reinheitsgrad *m*
percentage turnover prozentualer Umsatz *m*
percentile Perzentil *n {Statistik}*
perceptible wahrnehmbar, fühlbar, perzeptibel
perceptibility Wahrnehmbarkeit *f*, Wahrnehmungsvermögen *n*
perception Wahrnehmung *f {eines Reizes}*,

Perzeption *f*, Empfindung *f*, Empfindungsvermögen *n*, Wahrnehmungsvermögen *n*
limit of perception Wahrnehmungsgrenze *f*
perching 1. Schlichten *n {Leder, Fell}*; 2. Warenvorkontrolle *f*, Gewebeschauen *n {Fehlersuche; Text}*
perching stand Reckrahmen *m {Leder}*
perchlorate <$M'ClO_4$> Perchlorat *n*, Chlorat(VII) *n*, überchlorsaures Salz *n {Triv}*
perchlorate explosive Perchloratsprengstoff *n*
perchlorether <$C_2Cl_5OC_2Cl_5$> Perchlorether *m*
perchloric acid <$HClO_4$> Perchlorsäure *f*, Tetraoxochlorsäure *f*
perchloric anhydride <Cl_2O_7> Chlorheptoxid *n*, Perchlorsäureanhydrid *n*, Chlor(VII)-oxid *n*
monohydrated perchloric acid <$[H_3O]^+$-ClO_4> Oxoniumperchlorat *n*, Perchlorsäuremonohydrat *n*
salt of perchloric acid <$M'ClO_4$> Perchlorat *n*, Chlorat(VII) *n*
perchlorinated perchloriert
perchlorobenzene <C_6Cl_6> Perchlorbenzol *n*, Hexachlorbenzol *n*, Benzolhexachlorid *n*
perchlorobenzophenone Perchlorbenzophenon *n*
perchloroethane <C_2Cl_6> Perchlorethan *n*, Hexachlorethan *n*
perchloroethylene <C_2Cl_4> Tetrachloroethylen *n*, Perchlorethylen *n*, Perchlorethen *n*
perchloromethyl mercaptan <CCl_3SH> Perchlormethylmercaptan *n*, Trichlormethanthiol *n*
perchloropentacyclodecane <$C_{10}Cl_{12}$> Perchlorpentacyclodecan *n*
perchloryl benzene <$C_6H_5ClO_3$> Perchlorylbenzol *n*
perchloryl fluoride <ClO_3F> Perchlorylfluorid *n*
perchromate <M'_3CrO_8> Perchromat *n*, Peroxochromat *n*
perchromic acid <H_3CrO_8> Perchromsäure *f*, Peroxochromsäure *f*
salt of perchromic acid Perchromat *n*, Peroxochromat *n*
Perco copper sweetening Perco-Kupfersüßung *f {mit Kupfersulfat und Natriumchlorid}*
Perco HF alkylation Perco-HF-Alkylierung *f {mit HF bei niedrigen Temperaturen}*
percolate/to filtern, durchseihen, filtrieren, kolieren, perkolieren, läutern; versickern, einsikkern, durchsickern, aussickern, sickern; durchsickern lassen, durchlaufen lassen
percolating filter Tropfkörperanlage *f*, Tropffilter *n*, *{biologische Reinigung von Abwässern}*, biologischer Rasen *m*
percolating water Sickerwasser *n*
percolation Durchsickern *n*, Sickern *n*, Einsikkern *n*, Versickern *n*, Durchlaufen *n*; Durchsickernlassen *n*; Perkolation *f*, Perkolieren *n*, Filtern *n*, Durchseihen *n*; Durchschlämmung *f*
percolation range Sickerungsstrecke *f*
percolation vessel Filtriergefäß *n*, Perkolator *m*
percolator Perkolator *m*, Filtrierbeutel *m*, Filtriersack *m*, Filtriertuch *m*, Seiher *m*
percussion 1. Schlag *m*, Gegeneinanderschlagen *n*; 2. Erschütterung *f*; 3. Stoß *m*; 4. Percussion *f {Med}*
percussion cap Zündhütchen *n*, Zündkapsel *f*, Anzündhütchen *n*, Sprengkapsel *f*, Perkussionshütchen *n {Expl}*
percussion crusher Prallbrecher *m*, Schlagbrecher *m*
percussion cup *s.* percussion cap
percussion force Durchschlagkraft *f*
percussion fuse Aufschlagzünder *m*, Schlagzünder *m*
percussion mill Prallmühle *m*
percussion powder Knallpulver *n {Expl}*
percussion primer Perkussionszünder *m*, Aufschlagzünder *m {Expl}*
percussion priming Perkussionszündung *f*, Aufschlagzündung *f*, Stoßzündung *f {Expl}*
percussion table Stoßherd *m*, Planherd *m {Met}*
percussion wave Stoßwelle *f {Explosion}*
sensitivity to percussion Schlagempfindlichkeit *f*
percussive force Perkussionskraft *f*, Stoßkraft *f*
percutaneous perkutan
percylite Percylit *m {Min}*
perdeuterio-*p*-dichlorobenzene <$C_6D_4Cl_2$; $C_6H_4Cl_2$-d_4> Perdeuterio-*p*-dichlorbenzol *n*
perdistillation Destillation *f* durch eine Dialysemembran *f*
perdistillation plant Destillieranlage *f* mit halbdurchlässiger Membran *f*
pereirine Pereirin *n*
perester *s.* peroxyester
perezone Perezon *n*, Pipitzahoinsäure *f {Benzochinonderivat}*
perfect/to vervollkommnen, ausarbeiten; vollenden: optimieren
perfect einwandfrei, fehlerfrei, fehlerlos; perfekt; vollendet; vollkommen
perfect combustion vollständige Verbrennung *f*
perfect condition Idealzustand *m*
perfect crystal Idealkristall *m*, idealer Kristall *m*, Idealstruktur *f*
perfect dielectric verlustloser Isolator *m*
perfect gas ideales Gas *n*, Idealgas *n {Phys}*
perfect fluid vollkommene Flüssigkeit *f*, viskositätsfreies Fluid *n*, ideale Flüssigkeit *f*
perfect pump ideale Pumpe *f {mit konstantem Saugvermögen im gesamten Druckbereich}*

perfect plate theoretischer Boden *m*, idealer Boden *m* *{theoretische Trennstufe; Dest}*
perfect solution ideale Lösung *f* *{Thermo}*
perfect vacuum absolutes Vakuum *n*
perfecting engine 1. Kegel[stoff]mühle *f*, Jordan-Kegel[stoff]mühle *f*, Reinigungsmaschine *f* *{Pap}*; 2. Refiner *m*, Stoffaufschläger *m*, Ganzstoffmahlmaschine *f*
perfection Perfektion *f*, Vervollkommnung *f*, Vollkommenheit *f*
perfluoro-2-butene <C_4F_8> Octafluorobut-2-en *n*, Perfluorobuten *n*
perfluorocarbon compounds Perfluorkohlenstoffe *mpl*, Perfluorkohlenwasserstoffe *mpl*
perfluorocryptand Fluorkryptand *m*
perfluoroethylene *s.* tetrafluoroethylene
perfluoropolyalkyl ether Perfluorpolyalkylether *m*
perfluoropropane <C_3F_8> Octafluorpropan *n*, Perfluorpropan *n*
perforate/to perforieren, durchbohren, durchlöchern, lochen
perforated löcherig, perforiert, durchbrochen
perforated basket gelochte Trommel *f*, Lochtrommel *f*, Siebtrommel *f* *{Siebzentrifuge}*
perforated basket centrifuge Sieb[trommel]zentrifuge *f*, Siebschleuder *f*
perforated belt Lochband *n*
perforated bottom Durchschlagboden *m*, Nadelboden *m*, Siebboden *m*
perforated bottom plate Siebboden *m*
perforated bowl Siebtrommel *f*, Lochtrommel *f* *{Siebzentrifuge}*
perforated brick Hohlziegel *m*, Lochziegel *m*
perforated cone Siebkonus *m*
perforated cup Ambergsieb *n*
perforated die Lochdüse *f*
perforated disc Lochscheibe *f*, Ringlochplatte *f*
perforated drum dryer Lochtrommeltrockner *m*, Siebtrommeltrockner *m*
perforated glass-fiber felts Glasvlieslochbahnen *fpl*
perforated metal gelochtes Metall *n*, gelochte Metallplatte *f*, Lochplatte *f*
perforated metal ladle durchlöcherter Metalllöffel *m*
perforated orifice plate Lochblende *f*
perforated paper tape Lochstreifen *m*
perforated partition gelochte Trennwand *f* *{einer Kugelmühle}*
perforated pickling basket Beizsieb *n* *{Galvanotechnik}*
perforated plate 1. Lochblech *n*, Lochplatte *f*, Siebblech *n*, gelochtes Blech *n*; 2. Siebboden *m*, gelochter Austauschboden *m* *{Dest}*; 3. Siebplättchen *n* *{Lab}*
perforated plate column Destillationskolonne *f* mit Siebboden *m*
perforated plate distributor Lochtellerverteiler *m*
perforated plate sieve Lochblechsieb *n*
perforated porcelain plate Wittsche Scheibe *f* *{Lab}*
perforated screen Lochblende *f*
perforated tray Schlitzboden *m*, Siebboden *m* *{Rektifizierkolonne}*
perforated wall centrifuge Lochwandzentrifuge *f*
perforating machine Perforiermaschine *f*, Lochmaschine *f*, Lochstanze *f*
perforation 1. Durchlochung *f*, Perforation *f*, Perforierung *f*, Lochung *f*; 2. Durchbruch *m* *{Reaktorbehälter}*; 3. Sieblochung *f*, Bohrung *f*, Lochweite *f*, Öffnung *f* *{Sieb}*
perforator 1. Perforator *m* *{zur kontinuierlichen Extraktion}*; Perforiergerät *n* *{Erdöl}*; 2. Locher *m* *{EDV}*, Lochvorrichtung *f*
perform/to verrichten, ausführen, bewerkstelligen, leisten, zustande bringen, durchführen
performance 1. Ausführung *f*, Erfüllung *f*, Durchführung *f*, Verrichten *n*; 2. Verhalten *n*, Betriebsverhalten *n*, Wirkungsweise *f*; 3. Kraft *f*, Stärke *f*, Leistung *f*; Leitungsfähigkeit *f*, Leistungsniveau *n*, Leistungsvermögen *n*, Leistungsgrad *m* *{Tech}*; 4. Nutzeffekt *m* *{Tech}*
performance characteristics Betriebsverhalten *n*, Funktionskennwerte *mpl*, Leistungskennwerte *mpl*; Gebrauchseigenschaften *fpl*
performance check Funktionskontrolle *f*
performance coefficient Leistungsfaktor *m*, Leistungszahl *f*
performance criterion Leistungsindex *m*, Leistungskriterium *n*
performance data Leistungsdaten *pl*, Leistungsangaben *fpl* *{einer Maschine}*
performance-enhancing substance Leistungssteigerungsmittel *n*
performance features Leistungsmerkmale *npl*
performance level Leistungsbereich *m*, Leistungsniveau *n*
performance limit Leistungsgrenze *f*
performance requirements Funktionsanforderungen *fpl*
performance test[ing] 1. Funktionsprüfung *f*, Leistungsprüfung *f*; 2. Eignungsprüfung *f*, Gebrauchsfähigkeitsprüfung *f*
performance-to-weight ratio Leistungsgewicht *n*
top performance Spitzenleistung *f*
performic acid <HCOOOH> Perameisensäure *f*, Peroxyameisensäure *f*, Permethansäure *f*, Formylhydroperoxid *n*

performic acid oxidation Perameisensäureoxidation *f*
perfume/to parfümieren; duften; mit Duft *m* erfüllen
perfume 1. Duftstoff *m*, Riechstoff *m*, Parfüm *n*; 2. Duft *m*, Wohlgeruch *m*, Duftnote *f*
perfumed wohlriechend; parfümiert; Parfüm-
perfuming Geruchsbehandlung *f*, Parfümieren *n*, Parfümierung *f*
perfuming pan Rauchpfanne *f*
perfuse/to übergießen, durchtränken, begießen
perfusion Perfusion *f*
perfusion system Perfusionssystem *n*
pergenol Pergenol *n {Na-Peroxoborat/Weinsteinmischung für H_2O_2}*
perhydrate 1. Perhydrat *n*, Peroxohydrat *n*; 2. Ortizon *n {H_2O_2-Harnstoff}*
perhydrocarotene Perhydrocarotin *n*
perhydrogenate/to perhydrieren
perhydrogenize/to perhydrieren
perhydroindole Perhydroindol *n*
Perhydrol 1. Perhydrol *n {30 %iges säurefreies H_2O_2}*; 2. Perhydrol *n {z.B. $N{\equiv}N(OH)_2$}*
perhydrolycopene Perhydrolycopin *n*
perhydronaphthalene Perhydronaphthalin *n*
perhydroretene Retenperhydrid *n*
perhydrous coal wasserstoffreiche Kohle *f*, Kohle *f* mit hohem Wasserstoffgehalt *m*
periacenaphthindane Periacenaphthindan *n*
periclas[it]e Periklas *m {Min}*
pericline Periklin *m {Min}*
pericondensed perikondensiert
pericyclic perizyklisch, pericyclisch
pericyclic process pericyclischer Prozeß *m {Chem}*
pericyclic reaction pericyclische Reaktion *f {Chem}*
pericyclocamphane Pericyclocamphan *n*
peridot Peridot *m {HN für Olivin}*, Edler Olivin *m {Min}*
perikinetic perikinetisch *{Brownsche Bewegung betreffend}*
perilla alcohol <$C_{10}H_{16}O_4$> Perillaalkohol *m*
perilla oil Perillaöl *n {von Perilla frutescens (L.) Britt. und P. arguta Benth.}*
perillaldehyde Perillaaldehyd *m*, 4-Isopropenylcyclohex-1-en-1-carbaldehyd *m {IUPAC}*
perillene Perillen *n*
perillic acid Perillasäure *f*, 4-Isopropyl-cyclohex-1-en-1-carbonsäure *f*
perillic alcohol <$C_{10}H_{16}O_4$> Perillaalkohol *m*
perillic aldehyde *s.* perillaldehyde
perimeter 1. Umfang *m {Math}*; äußere Begrenzung *f*; 2. Perimeter *m*, Umkreis *m*, äußere Begrenzungslinie *f*
perimidine <$C_{11}H_6N_2$> Perimidin *n*
perimidone Perimidon *n*
perimorph perimorph *{Krist}*
perinaphthane Perinaphthan *n*
perinaphthanone Perinaphthanon *n*
perinaphthoxazine Perinaphthoxazin *n*
period 1. Periode *f {Periodensystem}*; 2. Periode *f*, Dauer *f*, Zeit *f*, Zeitraum *m*, Zeitspanne *f*, Zeitabschnitt *m*; 3. Periodendauer *f*, Schwingungsdauer *f {Elek}*
period in contact Verweilzeit *f*
period of aging Alterungszeit *f {Kunst}*
period of decay Abklingzeit *f*, Halbwertzeit *f*
period of guarantee Gewährleistungszeit *f*, Garantiezeit *f*, Garantiefrist *f*, Garantiedauer *f*
period of oscillation Schwingungsdauer *f*, Schwingungszeit *f*, Schwingungsperiode *f*
period of service Betriebsperiode *f*
period of slow combustion Schwelperiode *f*
period of unloading Löschfrist *f*
period of use Benutzungsdauer *f*
period of usefulness Ausnutzungsdauer *f*
gold period Goldperiode *f {Os, Ir, Pt, Au}*
half a period halbe Periode *f*
iron period Eisenperiode *f {Mn, Fe, Co, Ni}*
long period lange Periode *f {Periodensystem; 6., 7. und 8. Periode}*
medium period mittlere Periode *f {Periodensystem; 4. und 5. Periode}*
platinum period Platinelemente *npl {Os, Ir, Pt, Au und Hg}*
short period kleine Periode *f {Periodensystem; 2. und 3. Periode}*
silver periode Silberelemente *npl {Ru, Rh, Pd, Ag und Cd}*
transitional period Übergangselemente *npl*
uranium period siebente Periode *f {Periodensystem}*
periodate <$M'IO_4$> Periodat *n {Chem}*
periodate degradation Periodatabbau *m*
periodic 1. regelmäßig, regelmäßig wiederkehrend, periodisch; periodisch arbeitend *{z.B. Ofen}*; 2. Überiod- *{obs}*, Period- *{Chem}*
periodic acid <$HIO_4{\cdot}2H_2O$; H_5IO_6> Perjodsäure *f {obs}*, Periodsäure *f*, Überiodsäure *f*
periodic annealing oven Kreislaufglühofen *m*
periodic arrangement periodische Anordnung *f*, natürliche Anordnung *f*, Periodensystem *n*
periodic boundary condition Randbedingung *f* der Periodizität
periodic chart Tabelle *f* des Periodensystems *n {der Elemente}*
periodic properties periodische Eigenschaften *fpl*
periodic system [of the elements] Periodensystem *n* [der Elemente], PSE, periodisches System *n {obs}*, natürliches System *n* [der Elemente]

periodic table [of the elements] 1. Tabelle *f* des Periodensystems *n* [der Elemente], Tafel *f* des Periodensystems [der Elemente]; 2. Periodensystem *n* [der Elemente], PSE
periodic term periodisch wiederkehrender Wert *m*, periodisch wiederkehrender Ausdruck *m*
periodic volume Periodizitätsvolumen *n*
salt of periodic acid <M'IO_4> Periodat *n*
periodical 1. abwechselnd, periodisch; regelmäßig wiederkehrend, regelmäßig erscheinend; 2. Zeitschrift *f*, Zeitung *f*
periodical inspection wiederkehrende Prüfung *f*
periodically recharge wiederholtes Auswechseln *n*, periodisches Nachfüllen *n*
periodicity 1. Periodizität *f*, periodischer Charakter *m*, periodisches Auftreten *n*; 2. Frequenz *f*, Periodenzahl *f {Elek}*; 3. Stellung *f* im Periodnesystem *n {der Elemente}*
periodicity condition Periodizitätsbedingung *f*
degree of periodicity Periodizitätsgrad *m*
peripheral 1. peripher, am Umfang *m*; kernfern *{Atom}*; Rand-, Umfangs-, Periferie-; 2. Peripherie *f*, Peripheriebaustein *m*, Peripheriebauteil *n*, Peripheriegerät *n*, periphere Einheit *f {EDV}*
peripheral annulus disc centrifuge Ringspalt-Tellerzentrifuge *f*
peripheral charging cone Randschüttkegel *m*
peripheral elctron Valenzelektron *n*, kernfernes Elektron *n*
peripheral equipment Peripheriegeräte *npl {EDV}*
peripheral layer Randschicht *f*
peripheral speed *s.* peripheral velocity
peripheral unit periphere Einheit *f*, Peripheriegerät *n*, Peripheriebauteil *n*, Peripheriebaustein *m*, Anschlußgerät *n {EDV}*
peripheral velocity Umfangsgeschwindigkeit *f*, Umkreisgeschwindigkeit *f*
peripheral stress Umfangsspannung *f*
peripheric peripherisch
periphery 1. Peripherie *f*, Rand *m*; Umkreis *m*; 2. Peripherie *f {EDV}*; 3. Oberfläche *f*, Peripherie *f {Math}*; Umfang *m {Math}*
periplocin <$C_{30}H_{48}O_{12}$> Periplocin *n*
periplogenin Periplogenin *n*
perishable [leicht] verderblich
perished abgestanden *{Stahl}*
perishing of rubber Unbrauchbarwerden *n* des Gummis *m*
peristaltic Peristaltik *f {Med}*
peristaltic pump Rollkolbenpumpe *f*, Schlauchpumpe *f*, peristaltische Pumpe *f*
Peristaltin <$C_{14}H_{18}O_8$> Peristaltin *n {Glucuosid der Rinde von Rhamnus purshiana}*
peristerite Peristerit *m*, Kanadischer Mondstein *m {Min}*
peritectic 1. peritektisch; 2. Peritektikum *n {Met}*
peritectic point peritektischer Punkt *m*
peritectic system Peritektikum *n*
peritectic temperature peritektische Temperatur *f*
peritectoid Peritektoid *n*
periwinkle Immergrün *n {Vinca minor L.}*
Perkin's reaction Perkinsche Reaktion *f*, Perkin-Reaktion *f {Kondensation zu Zimtsäurederivaten}*
Perkin's rearrangement Perkinsche Umlagerung *f*
Perkin's violet *s.* mauvein
perlite 1. Perlit *m {obs}*, Fiorit *m*, Perlstein *m {Geol}*; 2. Perlit *m {lamellares Ferrit/Cementit-Aggregat}*
perlite structure Perlitgefüge *n*
Permalloy *{TM}* Permalloy *n {Magnetlegierung mit 30-80 % Ni und Fe}*
permanence 1. Haltbarkeit *f*, Dauerhaftigkeit *f*, Beständigkeit *f*, Festigkeit *f {z.B. von Kunststoffen, Klebeverbindungen}*; 2. Permanenz *f {Math, Phys, Magnet}*
permanent beständig, dauerhaft, bleibend, haltbar; ständig, dauernd, anhaltend, bleibend, permanent; fortdauernd, durchgehend; [mechanisch] unlösbar, mechanisch nichtlösbar; Dauer-
permanent contact Dauerkontakt *m*
permanent deformation bleibende Verformung *f*, bleibende Gestaltsänderung *f*, Dauerverformung *f*, Formänderungsrest *m*, Verformungsrest *m*
permanent extension bleibende Dehnung *f*
permanent finishing 1. Hochveredlung *f*, Permanentappretur *f*, Permanentausrüstung *f {Text}*; 2. Hochveredlungsmittel *n*, Permanentappretur *f {Text}*
permanent flexibility Dauerelastizität *f*
permanent gas permanentes Gas *n*, nichtkondensierbares Gas *n*
permanent green Permanentgrün *n {Mischpigment aus $BaSO_4$/Chromoxidhydratgrün}*
permanent hardness bleibende Härte *f*, permanente Härte *f*, Resthärte *f {Wasser}*
permanent ink dokumentenfeste Tinte *f*
permanent load Dauerbelastung *f*, konstante Belastung *f*, bleibende Belastung *f*
permanent magnet Dauermagnet *m*, Permanentmagnet *m*
permanent-magnet steel Dauermagnetstahl *m*, DM-Stahl *m*
permanent-magnetic permanentmagnetisch
permanent magnetism permanenter Magnetismus *m*
permanent mo[u]ld Dauer[gieß]form *f {meistens metallisch}*, Kokille *f*

permanent-press Permanent-Preß-Ausrüstung *f*, Ausrüstung *f* mit PP-Effekt *{Text}*
permanent properties Dauereigenschaften *fpl*
permanent record Daueraufzeichnung *f*, durchgehende Aufzeichnung *f*
permanent red Permanentrot *n {Azofarbstoff}*
permanent set 1. bleibende Verformung *f*, bleibende Gestaltsänderung *f*, Dauerverformung *f*, Formänderungsrest *m*, Verformungsrest *m*; 2. bleibende Dehnung *f*, Dehnungsrest *m*; 3. permanente Fixierung *f*, bleibende Fixierung *f*, Dauerfixierung *f {Text}*
permanent set apparatus Dauerzugapparat *m*
permanent stability Dauerstandfestigkeit *f*
permanent storage Langzeitlagerung *f*
permanent stress Dauerbeanspruchung *f*
permanent use Dauereinsatz *m*, Dauergebrauch *m*
permanent waste disposal *{US}* Abfallendlagerstätte *f*
permanent wave preparation Dauerwellenpräparat *n {Kosmetik}*
permanent white Permanentweiß *n*, Schwerspat *m*, Blanc fixe *n*, Barytweiß *n {gefälltes $BaSO_4$}*
permanently antistatic dauerantistatisch
permanently finished hochveredelt
permanently flexible dauerplastisch, dauerelastisch
permanently installed window cleaning equipment Fassadenaufzug *m*
permanganate <M'MnO₄> Permanganat *n*, Manganat(VII) *n*
permanganate index Permanganatzahl *f {Anal}*
permanganate titration manganometrische Titration *f*, Titration *f* mit Permanganat *n {Anal}*
permanganic acid Permangansäure *f*, Übermangansäure *f*
permeability Druchlässigkeit *f*, Durchdringbarkeit *f*, Permeabilität *f {Phys}*; Durchströmbarkeit *f*; Gasdurchlässigkeit *f*, Durchlässigkeit *f {von Formsand; Met}*; Magnetisierungszahl *f*, Permeabilität *f {in H/m, DIN 1325}*
permeability behavio[u]r Permeabilitätsverhalten *n*
permeability coefficient Permeabilitätswert *m*, Permeabilitätskoeffizient *m*, Durchlässigkeitsbeiwert *m*, Durchlässigkeitsziffer *f*; hydraulische Leitfähigkeit *f*
permeability fineness tester Durchlässigkeitsmesser *m {Instr}*
permeability for water Wasserdurchlässigkeit *f*
permeability method Durchströmungsverfahren *n*
permeability resistance Durchströmungswiderstand *m*
permeability test Durchlässigkeitsversuch *m*, Gasdurchlässigkeitsprüpfung *f {Formsand}*
permeability to air Luftdurchlässigkeit *f*
permeability to gas[es] Gasdurchlässigkeit *f*
permeability to light Lichtdurchlässigkeit *f*
permeability to liquids Flüssigkeitsdurchlässigkeit *f*
permeability to water vapo[u]r Wasserdampfdurchlässigkeit *f*
change of permeability Permeabilitätsänderung *f*
reversible permeability reversible Permeabilität *f*, umkehrbare Permeabilität *f*
permeable durchdringbar, durchlässig, durchströmbar, permeabel; undicht
permeable membrane durchlässige Membrane *f*, permeable Membrane *f*
permeable to air luftdurchlässig
permeable to light rays lichtdurchlässig
permeable to X-rays röntgenstrahldurchlässig
permeameter 1. Durchlässigkeitsmesser *m*, Durchlässigkeitsprüfgerät *n*; 2. Permeabilitätsmeßgerät *n*, Permeameter *n {Magnet}*
permeametry Durchströmungsmessung *f*, Durchlässigkeitsmessung *f*, Permeabilitätsmessung *f*
permeance 1. magnetische Leitfähigkeit *f*, Permeanz *f {in H}*; 2. Magnetisierungszahl *f*; 3. Durchlässigkeit *f {z.B. für Dämpfe}*
permease Permease *f {Biochem}*
permeate/to durchdringen, durchsetzen, permeieren; imprägnieren, tränken *{Text}*
permeation 1. Durchdringung *f*, Permeation *f {Chem, Phys}*; 2. Imprägnierung *f*, Tränkung *f {Text}*
permenorm alloy Permenorm-Legierung *f {50 % Ni, 50 % Fe}*
permethanoic acid *s.* peroxyformic acid
permissible erlaubt, zulässig
permissible circumferential stress ertragbare Umfangsspannung *f*, zulässige Umfangsspannung *f*
permissible deformation zulässige Deformation *f*, zulässige Verformung *f*
permissible deviation zulässige Abweichung *f*
permissible dose maximal zulässige Äquivalentdosis *f*, Toleranzdosis *f {Radiologie}*
permissible dose limit zulässige Dosisgrenze *f*
permissible error zulässiger Fehler *m*
permissible explosive Wettersprengstoff *m*, Sicherheitssprengstoff *m {Bergbau}*
permissible exposure limit zulässige Arbeitsplatzkonzentration *f*
permissible limit of impurities Zulässigkeitsgrenze *f* der Verunreinigungen *fpl*
permissible stress zulässige Spannung *f*, zulässige Beanspruchung *f*
permissible variation zulässige Abweichung *f*

permission Bewilligung *f*, Konzession *f*, Erlaubnis *f*, Genehmigung *f*
permit Genehmigung *f*, Genehmigungsschein *m*, Zulassungsbescheid *m {z.B. Produktionserlaubnis}*
permittance Kapazitanz *f {in F}*, Kapazitätswert *m*
permitted erlaubt, gestattet, geduldet, zugelassen
permitted transition erlaubter Übergang *m*
permittivity Dielektrizitätskonstante *f {in F/m}*, Permittivität *f*, Kapazitivität *f {bei linearen Dielektrika}*
permittivity measuring set Dielektrizitätskonstanten-Meßgerät *n*
permonosulfuric acid <H_2SO_5> Perschwefelsäure *f*, Peroxomonoschwefelsäure *f*, Carosche Säure *f*
permselectivity Permselektivität *f {Ionenaustausch in einer Richtung}*
permutation 1. Permutation *f {Math}*; 2. Vertauschung *f*
permutations and combinations Anzahlfunktionen *fpl*
permute/to permutieren *{Math}*; vertauschen
permutit *{TM}* Permutit *n {Ionenaustauscher}*
Pernambuco rubber Pernambukokautschuk *m*
Pernambuco wood Pernambukholz *n*, Martinsholz *n {Holz von Caesalpinia echinata Lam.}*
pernigraniline Pernigranilin *n*
pernitric acid *s.* peroxonitric acid
pernitrosocamphor Pernitrosecampher *m*
peroctoate Peroctoat *n*
peronine <$C_{24}H_{25}NO_3HCl$> Benzylmorphinhydrochlorid *n*, Peronin *n*
peropyrene Peropyren *n*
perosmic oxide <OsO_4> Osmiumtetroxid *n*, Osmium(VIII)-oxid *n*
peroxidase Peroxidase *f {Biochem}*
peroxidation Oxidation *f* zum Peroxid *n*, Peroxidierung *f*
peroxide Peroxid *n*, Superoxid *n {obs}*; Wasserstoffperoxid *n*, Hydrogenperoxid *n {H_2O_2}*
peroxide bleaching Oxidationsbleiche *f*; Peroxidbleiche *f {Text}*
peroxide bleaching bath Peroxidbleichbad *n {Text}*
peroxide catalysis Peroxidkatalyse *f*
peroxide catalyst peroxidischer Härter *m*
peroxide concentration Peroxidkonzentration *f*
peroxide crosslinkage peroxidische Vernetzung *f*
peroxide crosslinking peroxidisch-vernetzend; peroxidische Vernetzung *f*
peroxide cure Peroxidvulkanisation *f*, Vulkanisation *f* mit Peroxid *n*
peroxide decomposer Peroxidzersetzer *m*
peroxide decomposition Peroxidzerfall *m*, Peroxidzersetzung *f*
peroxide group <-O-O> Peroxidgruppe *f*
peroxide-free peroxidfrei
peroxide molecule Peroxidmolekül *n*
peroxide number Peroxidzahl *f*, Peroxidwert *m {Fett, Öl}*
peroxide paste Peroxidpaste *f {Härter für ungesättigte Polyesterharze}*
peroxide radical Peroxidradikal *n*
peroxide rearrangement Peroxid-Umlagerung *f*
peroxide sediment Superoxidschlamm *m*, Peroxidschlamm *m*
peroxide suspension Peroxidsuspension *f*
peroxide value Peroxidzahl *f*, Peroxidwert *m {Fett, Öl}*
peroxide vulcanization Peroxidvulkanisation *f*, Vulkanisation *f* mit Peroxid *n*
peroxide vulcanized rubber peroxidvulkanisiertes Gummi *n*
fastness to peroxide bleaching Peroxidbleichechtheit *f {Text}*
formation of peroxide Peroxidbildung *f*
peroxidize/to übersäuern, peroxidieren; epoxidieren
peroxo-group <-O-O> Peroxogruppe *f*
peroxoacid Peroxosäure *f*
peroxocobaltic complex Perooxocobaltkomplex *m*
peroxophosphoric acid <$H_4P_2O_8$> Peroxodiphosphorsäure *f*
peroxodisulfuric acid <$H_2S_2O_8$> Peroxodischwefelsäure *f*, Peroxoschwefelsäure *f*
peroxomonophosphoric acid <H_3PO_5> Peroxomonophosphorsäure *f*
peroxomonosulfuric acid <H_2SO_5> Peroxomonoschwefelsäure *f*, Carosche Säure *f*
peroxonitric acid <HNO_4> Peroxosalpetersäure *f*
peroxy acid 1. Persäure *f*, Peroxysäure *f*; 2. Peroxosäure *f*
peroxy compound 1. Peroxyverbindung *f*; 2. Peroxoverbindung *f*
peroxy derivative Peroxyderivat *n*
peroxy salt Persalz *n*, Peroxosalz *n*
peroxyacetic acid <CH_3COOOH> Peressigsäure *f*, Peroxyethansäure *f*, Peroxyessigsäure *f*, Acetylwasserstoffperoxid *n*
peroxybenzoic acid <C_6H_5COOOH> Perbenzoesäure *f*, Perbenzolcarbonsäure *f*, Benzopersäure *f*, Peroxybenzoesäure *f {obs}*
peroxyborate Perborat *n*, Peroxyborat *n {obs}*, Peroxoborat *n*
peroxyboric acid Perborsäure *f*, Peroxoborsäure *f*, Überborsäure *f*
peroxybutyric acid Butterpersäure *f*, Peroxybuttersäure *f*

peroxycarbonic acid Perkohlensäure *f*, Überkohlensäure *f*, Peroxokohlensäure *f*, Peroxykohlensäure *f* *{obs}*
peroxychromic acid Perchromsäure *f*, Peroxochromsäure *f*, Peroxychromsäure *f* *{obs}*
peroxydicarbonate Peroxydicarbonat *n*
peroxydiphosphoric acid <$H_4P_2O_8$> Perdiphosphorsäure *f*, Peroxodiphosphorsäure *f*, Peroxydiphosphorsäure *f* *{obs}*
peroxydisulfuric acid <$H_2S_2O_8$> Perdischwefelsäure *f*, Peroxodischwefelsäure *f*, Peroxydischwefelsäure *f* *{obs}*
peroxydol Peroxydol *n* *{Na-Peroxoborat}*
peroxyformic acid <HCOOOH> Perameisensäure *f*, Permethansäure *f*, Peroxyameisensäure *f*, Formylhydroperoxid *n*
peroxygen Peroxid *n*, Superoxid *n* *{obs}*
peroxygen chemicals Peroxide *npl*, Superoxide *npl* *{obs}*
peroxygenation Peroxygenierung *f*
peroxyhexanoic acid <$C_5H_{11}COOOH$> Peroxyhexansäure *f*, Perhexansäure *f*
peroxymonosulfuric acid <H_2SO_5> Peroxomonoschwefelsärue *f*, Carosche Säure *f*
peroxyphosphate <M'_3PO_5> Peroxophosphat *n*, Peroxyphosphat *n* *{obs}*
peroxypropionic acid <C_2H_5COOOH> Perpropionsäure *f*, Peroxypropionsäure *f*
peroxysulfate 1. <$M'_2S_2O_8$> Perdisulfat *n*, Peroxodisulfat *n*, Peroxydisulfat *n* *{obs}*; 2. <M'_2SO_5> Persulfat *n*, Peroxomonosulfat *n*, Peroxymonosulfat *n* *{obs}*
peroxysulfuric acid <H_2SO_5> Carosche Säure *f*, Perschwefelsäure *f*, Peroxomonoschwefelsäure *f*
ester of peroxysulfuric acid Peroxysulfat *n*
salt of peroxysulfuric acid Peroxosulfat *n*
peroxytrifluoroacetic <CF_3COOOH> Trifluoroperoxyessigsäure *f*, Trifluoroperessigsäure *f*
perpendicular 1. senkrecht, lotrecht, perpendikular; orthogonal *{Math}*; 2. Senkrechte *f*, Lot *n*, Lotgerade *f*
perpendicular line Senkrechte *f*, Vertikale *f*, Lotlinie *f*
perphenazine Perphenazin *n* *{Neuroleptikum, Antiemetikum}*
perphthalic acid Perphthalsäure *f*
perpropionic acid <CH_3CH_2COOOH> Perpropionsäure *f*, Peroxypropansäure *f*
perrhenate <$M'ReO_4$> Perrhenat *n*, Rhenat(VII) *n*
perrhenic acid <$HReO_4$> Perrheniumsäure *f*, Überrheniumsäure *f*, Rhenium(VII)-säure *f*
perruthenate Perrutheniat *n*
Perrin equation Perrin-Gleichung *f* *{Koll}*
perry Birnenwein *m*, Birnencider *m*
persalt Persalz *n* *{Chem}*
perseulose <$C_7H_{14}O_7$> Perseulose *f*, *galacto*-Heptulose *f*
perseverance Ausdauer *f*, Beharrlichkeit *f*
persevere/to beharren
Persian berry Kreuzdornbeere *f* *{Frucht von Rhamnaceae}*
Persian brown Persischbraun *n*
Persian Gulf red Persischrot *n* *{Eisenoxid}*
Persian red Persischrot *n*, Chromrot *n*, Chromzinnober *m* *{basisches Blei(II)-chromat schwankender Zusammensetzung}*
persic oil Pfirsichkernöl *n*
persico[t] Persiko *m* *{Likör}*
persist/to beharren, anhalten; fortbestehen, bestehen bleiben; beständig sein, stabil sein, persistent sein
persistence 1. Persistenz *f* *{Chem, Ökol, Phys}*; 2. Beständigkeit *f*, Stabilität *f*, Persistenz *f* *{z.B. von Bioziden}*; 3. Beharrlichkeit *f*, Beharrungszustand *m*, Trägheit *f*; 4. Nachleuchten n, Nachglühen *n*
persistence characteristic Abklingcharakteristik *f*
persistent ausdauernd, beharrlich; beständig, stabil, persistent *{z.B. Biozide}*; anhaltend, nachhaltig
persistent lines Grundlinien *fpl*, Nachweislinien *fpl*, Restlinien *fpl* *{Spek}*, letzte Linien *fpl* *{de Gramont}*, beständige Linien *fpl* *{Hartley}*
persistent nerve gas persistentes Nervengas *n* *{z.B. VX}*
persistent war gas persistentes Kampfgas *n* *{>10 min im Freien}*
persistent spectrum Grundspektrum *n*
person in charge beauftragte Person *f*
personal 1. privat; 2. äußere; 3. personenbezogen *{EDV}*; 4. persönlich; Personal-, Personen-
personal care products Körperpflegemittel *npl* *{Kosmetik}*
personal dose Personendosis *f*, Individualdosis *f* *{Radiologie}*
personal equation personenbedingter systemischer Fehler *m*, persönliche Gleichung *f*, persönlicher Fehler *m* *{Messen}*
personal eye-protector Augenschutzgerät *n*, Augenschutz *m* *{z.B. eine Brille}*
personal hygiene Körperpflege *f*
personal monitoring Strahlungsüberwachung *f* des Betriebspersonals *n*, individuelle Überwachung *f* *{Nukl}*
personal photographic dosemeter Personalstrahlenschutzplakette *f*, Personalfilmdosimeter *n*, Personalfilmplakette *f* *{Radiol}*
personify/to verkörpern, personifizieren
personnel *{GB}* 1. Personen-, Personal-; 2. Belegschaft *f*; Personal *n*; Mannschaft *f*
personnel expenditure Personalaufwand *m*
personnel lock Personenschleuse *f*

personnel protection system Personenschutzanlage *f*
personnel radiation protection Personenstrahlenschutz *m*
personnel safety Personenschutz *m*
persorption Adsorption *f* in Poren *fpl*, Persorption *f*
Persoz's solution Persoz-Reagens *n {Seide-Nachweis; 10 g $ZnCl_2$, 2 g Zn in 100ml H_2O}*
perspective 1. perspektivisch, perspektiv; Perspektiv-; 2. Perspektive *f*
perspective view perspektivische Ansicht *f*
Perspex Perspex *n*, Plexiglas *n {ein Polymethylmethacrylat}*
perspiration Ausdünstung *f*, Schweiß *m*, Schweißbildung *f*; Schwitzen *n*
perspiration fastness Schweißechtheit *f {Text}*
perspiration-resistant schweißecht *{Text}*
perspiration resistance Schweißechtheit *f {Leder}*
perspire/to ausdünsten, schwitzen
perstoff **$<ClCOOCCl_3>$** Diphosgen *n*, Trichlormethylchlorformiate *n*
persuccinic acid Perbernsteinsäure *f*
persulfate *s.* peroxysulfate
persulfocyanic acid Persulfocyansäure *f*
persulfomolybdic acid Persulfomolybdänsäure *f*
persulfuric acid 1. $<H_2SO_5>$ Perschwefelsäure *f*, Peroxomonoschwefelsäure *f*, Carosche Säure *f*; 2. $<H_2S_2O_8>$ Peroxodischwefelsäure *f*, Perschwefelsäure *f*
perthiocarbonic acid **$<H_2CS_4>$** Perthiokohlensäure *f*
perthite Perthit *m {Min}*
perthitic perthitähnlich
pertinent angemessen, passend, entsprechend; sachgemäß, sachdienlich
perturbation 1. Störung *f*, Perturbation *f {Phys, Math, Astr}*; 2. Beunruhigung *f*, Schwankung *f*
perturbation calculation Störungsrechnung *f*
perturbation energy Störungsenergie *f*
perturbation-insensitive störungsunempfindlich
perturbation method Störungsmethode *f {Untersuchung schneller Reaktionen}*
perturbation-sensitive störungsempfindlich
perturbation theory Störungstheorie *f {Quantentheorie}*
perturbing Stören *n*; Beunruhigen *n*
perturbing current Störstrom *m*
perturbing element Störelement *n*, störendes Element *n*
perturbing influence Störeinfluß *m*
perturbing intensity Störintensität *f*
perturbing pulses Störimpulse *mpl*
Peru balsam Perubalsam *m*, Peruanischer Balsam *m*, Indischer Balsam *m*, Indianischer Wundbalsam *m {von Myroxylon balsamum (L.) Harms var. pereirae }*
peruol Peruol *n*, Benzylbenzoat *n*
Peruvian balsam *s.* Peru balsam
Peruvian bark Calisaya-Chinarinde *f*, Fieberrinde *f*, Peruvianische Rinde *f*, Königschinarinde *f {von Chinchona L. calisaya Wedd.}*
extract of Peruvian bark Calisaya-Chinarindenextrakt *m*
peruvin Peruvin *n*, Zimtalkohol *m*, 3-Phenylprop-2-en-1-ol *n {IUPAC}*
peruviol Peruviol *n*, Nerolidol *n*
pervade/to durchdringen
pervaporation Pervaporation *f {Chem}*, Verdunstung *f* durch Membranen *fpl*
pervaporation plant Verdampfungsanlage *f* mit halbdurchlässiger Membrane *f*
pervious durchlässig, durchdringbar, permeabel, undicht *{Tech}*
pervious to water wasserdurchlässig
perviousness Durchlässigkeit *f*, Durchdringbarkeit *f*, Permeabilität *f*; Gasdurchlässigkeit *f {Formsand; Gieß}*
pervitin Pervitin *n*, Methamphetamin *n*
perylene **$<H_8C_{10}=C_{10}H_8>$** Perylen *n*, 1,1',8,8'-Binaphthylen *n*
perylene quinone Perylenchinon *n*
pest 1. Schädling *m*, Ungeziefer *n*, Insekt *n*, Schadorganismus *m {Biol}*; 2. Pest *f*, Plage *f {Med}*
pest control Schädlingsbekämpfung *f {Agri}*
pest control product Schädlingsbekämpfungsmittel *n*, Pflanzenbehandlungsmittel *n*, Pestizid *n*
pest repellent Insektenabwehrmittel *n*, insektenvertreibendes Mittel *n*, Repellent *n {Ökol, Agri}*
pesticide Schädlingsbekämpfungsmittel *n*,-Pflanzenbehandlungsmittel *n*, Biozid *n*, Pestizid *n*
pesticide formulations Pestizid-Zubereitung *f*
pesticide residue Pestizidrückstand *m*, Schädlingsbekämpfungsmittel-Rückstand *m*
pestilence Pestilenz *f*, Pest *f*, Seuche *f {Med}*
pestilential 1. verderblich; 2. abscheulich, widerwärtig; 3. verpestend, ansteckend; Pest-
pestle/to stampfen, stoßen, zerreiben
pestle Stößel *m*, Mörserkeule *f*, Reiber *m*, Pistill *n {Lab}*
PET 1. *{poly(ethylene terephthalate)}* Polyethylenterephthalat *n*; 2. *{positron emission tomography}* Positronenemissions-Tomographie *f*
pet cock *{GB}* Probierhahn *m*, Kondenswasserhahn *m*, Kompressionshahn *m*; Wasserablaßhahn *m*, Wasserstandshahn *m*
peta Peta- *{SI-Vorsatz, $=10^{15}$}*
petalite Petalit *m {Min}*
Peterson concentrator Peterson-Eindicker *m*
petitgrain feinkörnig

petitgrain oil Bitterorangenöl *n {aus Citrus bigardia}*
petitgrain citronier oil Citronieröl *n {aus Citrus medica}*
PETN *{pentaerythritol tetranitrate}* Pentaerythrit-Tetranitrat *n*, Penta *n {Expl}*
PETP *s.* PET 1.
Petrey stand Petrey-Tisch *m*
Petri [culture] dish Petri-Schale *f*
Petri dish bottom Petri-Unterschale *f*
Petri dish top Petri-Oberschale *f*, Petri-Dekkel *m*
petrifaction Petrefakt *n*, Versteinerung *f*
petrifiable versteinerungsfähig
petrified versteinert
petrify/to versteinern, petrifizieren
petrifying Versteinern *n*, Petrifizieren *n*
PETRIN *{pentaerythritol trinitrate}* Pentaerythrit-Trinitrat *n*, Penta *n {Expl}*
petrochemical 1. petrochemisch, petrolchemisch; 2. Petro[l]chemikalie *f*, Mineralölerzeugnis *n*, Erdölchemikalie *f {chemisches Produkt auf Erdölbasis}*
petrochemical feedstocks petrochemikalisches Einsatzmaterial *n {Ausgangsmaterial petrotechnologischer Prozesse, z.B. Ethan, Butan}*
petrochemical industry Petrochemie *f*, Erdölchemie *f*
petrochemistry Erdölchemie *f*, Petrochemie *f*
petrograd standard *{GB}* Petersburger Holzmaß *n {= 4,672 m^3}*
petrographic[al] petrographisch *{Geol}*
petrol *{GB}* Benzin *n*, Treibstoff *m*, Ottokraftstoff *m*, Vergaserkraftstoff *m*, Motorenbenzin *n*
petrol coke Petrolkoks *m*
petrol engine Benzinmotor *m*, Ottomotor *m*
petrol separator *{GB}* Benzinabscheider *m*
petrol subsitute Benzinersatz *m*
petrol trap *{GB}* Benzinabscheider *m*
petrol vapo[u]r Benzindampf *m*
heavy petrol Schwerbenzin *n*
medium heavy petrol Mittelbenzin *n*
petrolatum Petrolat[um] *n*, Rohvaselin *n*, Rohvaseline *f*
petrolatum albumin weißes Petrolatum *n {Pharm}*
petrolatum liquidum Mineralöl *n*
petrolatum stock *{US}* Naturvaseline *f*, Rohvaseline *f*
petroleum Erdöl *n*, Petrol[eum] *n*, Mineralöl *n*, Steinöl *n*, Rohöl *n*
petroleum asphalt Erdölasphalt *m*, Petroleumasphalt *m {Rückstand des Trinidadöls}*
petroleum-based auf Erdölbasis *f*, erdölstämmig
petroleum benzin *{US}* Petrolether *n*, Waschbenzin *n*, Leichtbenzin *n {Siedebereich 35-80°C; DIN 51630}*
petroleum chemistry Erdölchemie *f*, Petrolchemie *f*, Petrochemie *f*
petroleum coke Ölkoks *m*, Petrolkoks *m*
petroleum cracking process Petroleumkrackverfahren *n*
petroleum displacement ratio Entölungsgrad *m {Lagerstätte}*
petroleum distillate Erdöldestillat *n*
petroleum engine Petrolmotor *m*
petroleum ether Leichtbenzin *n*; Petrol[eum]ether *m {DIN 51630}*, Gasolin *n {Siedebereich 40-60°C}*
petroleum extraction Erdölförderung *f*
petroleum fractions Erdölfraktionen *fpl {Cymogen, Petrolether, Ligroin, Benzin, Kerosin usw.}*
petroleum gas Petroleumgas *n*, Erdöl[begleit]gas *n*, Ölbegleitgas *n*
petroleum grease Petroleumfett *n*, mineralische Schmieröle *npl {>300°C Siedepunkt}*
petroleum heavy ends schwerflüchtiges Ende *n {höchstsiedender Anteil einer Erdölfraktion}*
petroleum hydrocarbon Benzinkohlenwasserstoff *m*, Erdölkohlenwasserstoff *m*
petroleum industry Erdölindustrie *f*, Mineralölwirtschaft *f*, petro[l]chemische Industrie *f*
petroleum isomerization process Rohölisomerisierung *f {katalytisches Hydrieren}*
petroleum jelly Petrolat[um] *n*, Rohvaselin *n*, Rohvaseline *f*
petroleum naphta Naphta *n {C_6H_{14} bis C_7H_{28}; Siedebereich 70-90°C}*
petroleum oil Öl *n* auf Erdölbasis *f*, mineralisches Öl *n*
petroleum ointment *s.* petrolatum
petroleum pitch Petroleumasphalt *m*, Petrolpech *n*, Erdölpech *n*
petroleum plant Erdölanlage *f*, Erdölraffinerie *f*, Ölraffinerie *f*
petroleum product Erdölerzeugnis *n*, Mineralölerzeugnis *n*, Erdöl[folge]produkt *n*
petroleum refining Erdölverarbeitung *f*, Mineralölverarbeitung *f*, Erdölraffination *f*
petroleum refining plant Erdölraffinerie *f*, Erdölanlage *f*, Ölraffinerie *f*
petroleum residue Erdölrückstand *m*, Erdölresiduum *n*
petroleum spirit 1. Lösungsbenzin *n*, Ligroin *n*, Spezialbenzin *n {C_7H_{16} bis C_8H_{18}, Siedebereich 90-120°C, Verschnittlöser}*; 2. Lackbenzin *n*, Testbenzin *n {Farb}*; Wundbenzin *n {Pharm}*
petroleum spirit for analytical purpose Normalbenzin *n* für analytische Zwecke *mpl*
petroleum spirit insolubles Normalbenzinunlösliches *npl*

petroleum stove Petroleumkochapparat *m*, Petroleumkocher *m*
petroleum sulfonate Petroleumsulfonat *n*, Petrolsulfonat *n*, Mahagoni-Sulfonat *n*
petroleum tar Erdölteer *m*
petroleum wax Erdölwachs *n*, Erdölparaffin *n*, Paraffinwachs *n* aus Erdöl *n*
containing petroleum erdölhaltig, petroleumhaltig
crude petroleum Rohpetroleum *n*, Rohöl *n*, Erdöl *n*
heating with petroleum Petroleumheizung *f*
petrolic acid Petrolsäure *f*
petroliferous [erd]ölhaltig, [erd]ölführend
petroline Petrolin *n {Paraffin aus indischem Erdöl destilliert}*
petrolize/to petrolisieren, mit Petroleum behandeln
petrology Gesteinskunde *f*, Petrologie *f {Teil der Petrographie}*
petrophysical gesteinsphysikalisch
petroporphyrin Petroporphyrin *n*
petroselaidic acid Petroselaidinsäure *f*
petroselinic acid **<$CH_3(CH_2)_{10}CH{=}CH(CH_2)_4COOH$>** Petroselinsäure *f*, *cis*-Octadec-6-ensäure *f*
petrosilane <$C_{20}H_{42}$> Petrosilan *n*, Eicosan *n {IUPAC}*
petzite <Ag_3AuTe_2> Petzit *m {Min}*
peucedanin <$C_{16}H_{24}O_4$> Peucedanin *n*, Imperatorin *n*
pewter 1. zinnern, aus Zinn *n*; 2. Pewter *n {Kunstgußlegierungen mit 75-83 % Sn, < 20 % Pb, < 7 % Sb, < 4 % Cu}*; 2. Zinnasche *f {Poliermittel}*; 3. Zinngefäß *n*
pewter for soldering Lötzinn *n*
British pewter englisches Pewter *n {> 90 % Sn, < 0,5 Pb, Rest Cu, Sb, Bi}*
hard pewter Hartzinn *n*, Schüsselzinn *n*
pewterware Pewterware *f*, Zinngerät *n*
PF *{phenol-formaldehyde resin}* Phenol-Formaldehyd-Harz *n*
Pfund series Pfund-Serie *f {H-Atomspektrum, n > 5}*
PG *{poly(propylene glycol)}* Poly(propylenglycol) *n*
pH pH, pH-Wert *m*, Wasserstoffexponent *m*
pH determination pH-Messung *f*
pH electrode pH-Elektrode *f*
pH gradient pH-Gradient *m*
pH measurement pH-Messung *f*
pH meter pH-Meßgerät *n*, pH-Meter *n*, pH-Messer *m {Instr, Lab}*
pH metering plant pH-Meßanlage *f*
pH optimum pH-Optimum *n*
pH recorder pH-Geber *m {Instr, Lab}*
pH scale pH-Skale *f*
pH value pH-Wert *m*, pH, Wasserstoff[ionen]exponent *m*
determination of pH value pH-Messung *f*
phacolite Phakolith *m {Chabasit-Abart, Min}*
phage Phage *m*, Bakteriophag[e] *m*
phage splitting Phagenspaltung *f*
phagocyte Phagozyt *m*
phagocytolysis Phagozytenzerfall *m*
phagocytosis Phagocytose *f*
pharmaceutic[al] 1. pharmazeutisch; 2. Arznei *f*, Arzneimittel *n*, Pharmazeutikum *n*
pharmaceutical chemistry pharmazeutische Chemie *f*, Pharmakochemie *f*, Heilmittelchemie *f*
pharmaceutical graduate Apothekermensur *f*
pharmaceutical industry Arzneimittelindustrie *f*, Pharmaindustrie *f*
pharmaceutical legislation Arzneimittelgesetz *n*
Pharmaceutical Manufacturing Association Verband *m* der Pharmahersteller *mpl {US}*
pharmaceutical product Medikament *n*, pharmazeutisches Erzeugnis *n*, Pharmapräparat *n*
pharmaceuticals Apothekerwaren *fpl*
pharmaceutics Arzneimittelkunde *f*, Pharmazeutik *f*
pharmaceutist Apotheker *m*; Pharmazeut *m*
pharmacist Apotheker *m*; Pharmazeut *m*
pharmacochemistry Pharmakochemie *f*
pharmacodynamics Pharmakodynamik *f*
pharmacokinetics Pharmakokinetik *f*
pharmacolite Pharmakolith *m*, Pharmakit *m {$CaHAsO_4 \cdot 2H_2O$, Min}*
pharmacologic[al] pharmakologisch
pharmacological research Arzneimittelforschung *f*
pharmacologist Pharmakologe *m*
pharmacology Pharmakologie *f*, Arzneimittelkunde *f*, Arzneimittellehre *f*
pharmacomania Arzneimittelsucht *f {Med}*
pharmacop[o]eia Pharmakopöe *f*, amtliches Arzneibuch *n {Deutsches Arzneibuch, British Pharmacopoeia, National Formulary usw.}*
pharmacosiderite Würfelerz *n {obs}*, Pharmakosiderit *m {Min}*
pharmacy 1. Apotheke *f*; 2. Arzneimittelkunde *f*, Pharmazie *f*
phase 1. Phase *f {Chem, Astr, Elek, Phys, Biol}*; 2. Argument *n {Math}*
phase advance Phasenvoreilung *f {Elek}*
phase angle Phasenwinkel *m {Elek}*
phase-angle meter Phasenwinkel-Meßgerät *n*
phase balance Phasengleichheit *f {Phys}*
phase behavio[u]r Phasenverhalten *n*
phase boundary Phasengrenze *f {Phys}*
phase-boundary layer Phasengrenzschicht *f*, Phasengrenzfläche *f*
phase-boundary potential Phasengrenzpotential *n*

phase change Phasenänderung *f*, Phasenumwandlung *f*, Phasenübergang *m*
phase coalescence Phasenauflösung *f {Met}*
phase coincidence Phasengleichheit *f*, Phasenübereinstimmung *f*
phase-contrast image Phasenkontrastbild *n*
phase-contrast method Phasenkontrastverfahren *n {Mikroskopie}*
phase-contrast microscope Phasenkontrastmikroskop *n {Instr}*
phase constant Phasenkonstante *f {Elek}*; Phasenkoeffizient *m*, Phasenbelag *m {Elek}*; Phasenmaß *n*, Winkelmaß *n {Elek}*
phase current Phasenstrom *m*
phase decomposition Phasenzerfall *m {Met}*
phase-dependent phasenabhängig
phase diagram Phasendiagramm *n*, Zustandsdiagramm *n*, Zustandsschaubild *n*
phase difference Phasendifferenz *f*, Phasenunterschied *m*; Phasenverschiebungswinkel *m*, Phasenwinkel *m*; Gangunterschied *m*, Gangdifferenz *f {eines Signals}*
phase-difference microscope Phasenkontrastmikroskop *n*
phase displacement Phasenverschiebung *f*, Phasenunterschied *m*
phase equilibrium Phasengleichgewicht *n*, Gleichgewicht *n* der Phasen *fpl {Thermo}*
phase grating Phasengitter *n*
phase indicator Phasenanzeiger *m {Elek}*
phase interface Phasengrenzfläche *f*
phase lag Phasennacheilung *f*, Phasenverzögerung *f*
phase lead Phasenvoreilung *f*
phase-meter Phasenmesser *m*, Leistungsfaktormesser *m {Elek}*
phase partition Phasentrennung *f*
phase pattern Phasendiagramm *n*, Zustandsdiagramm *n*, Zustandsschaubild *n*
phase range Phasenbreite *f*
phase relation Phasenbeziehung *f*
phase retardation Phasenverzögerung *f*; Phasenlaufzeit *f*
phase reversal Phasenumschlag *m*, Phasenumwandlung *f*, Phasenumkehr *f {Koll}*
phase reversal of emulsion Emulsionsentmischung *f*
phase reversal point Phasenumschlagpunkt *m*
phase rule [Gibbsche] Phasenregel *f*, [Gibbsches] Phasengesetz *n*
phase-sensitive phasenempfindlich
phase separation Phasenentmischung *f*, Phasentrennung *f*
phase shift Phasenverschiebung *f*, Phasendrehung *f*; Phasenverschiebungswinkel *m {Elek}*
phase solubility analysis Phasenlöslichkeitsanalyse *f*
phase space Phasenraum *m*, Gamma-Raum *m {Phys}*
phase stability Phasenstabilität *f*
phase titration Phasentitration *f*, Zwischenphasentitration *f {Anal}*
phase-transfer catalysis Phasen-Transfer-Katalyse *f*
phase transformation Phasenübergang *m*, Phasentransformation *f*, Phasenumwandlung *f*
phase transition *s.* phase transformation
phase-transition point Phasenwechselpunkt *m*
difference of phases Phasenunterschied *m*
dispersed phase Dispersionsphase *f*, disperse Phase *f*
in phase phasengleich
initial phase Anfangsphase *f*
interconnection of phases Phasenverkettung *f*
interlinking of phases Phasenverkettung *f*
intermediate phase Zwischenphase *f*
number of phases Phasenzahl *f*
out of phase außer Phase
phased 1. abgestuft; gestaffelt; 2. phasengesteuert
phasedown Außerkraftsetzen *n*, Ausschalten *n*
phaseolunatin <$C_{10}H_{17}NO_6$> Phaseolunatin *n*
phasotron Phasotron *n*, frequenzmoduliertes Zyklotron *n*, Synchrozyklotron *n {Teilchenbeschleuniger}*
phasotropy Phasotropie *f {dynamische Isomerie des H}*
phellandral Phellandral *n*, 4-Isopropylcyclohex-1-encarbonal *n*
phellandrene <$C_{10}H_{16}$> Phellandren *n*
α-phellandrene <$C_{10}H_{16}$> α-Phellandren *n*, 4-Isopropyl-1-methylcyclohexa-1,3-dien *n*, *p*-Mentha-1,5-dien *n*
β-phellandrene <$C_{10}H_{16}$> β-Phellandren *n*, 4-Isopropyl-1-methylencyclohex-2-enin *n*
phellandric acid Phellandrinsäure *f*
phellonic acid Phellonsäure *f*, 22-Hydroxydocosansäure *f*
phenacemide <$C_6H_5CH_2CONHCONH_2$> Phenacemid *n*
phenacetein *s.* phenacetolin
phenacetin <$H_5C_2OC_6H_4NHCOCH_3$> Phenacetin *n*, *p*-Acetphenetidin *n*, 4-Ethoxyacetanilid *n*
phenacetolin <$C_{16}H_{12}O_2$> Phenacetolin *n*
phenacetornithuric acid Phenacetornithursäure *f*
phenaceturic acid <$C_6H_5CH_2CONHCH_2COOH$> Phenacetursäure *f*, Phenacetylglykokoll *n*, Acetylphenylglycin *n*, Phenacetaminoessigsäure *f*
phenacite Phenakit *m {Be_2SiO_4, Min}*
phenacyl <$C_6H_5COCH_2$-> Phenacyl-
phenacyl alcohol <$C_6H_5CH_2COCH_2OH$> Phenacylalkohol *m*, α-Hydroxyacetophenon *n*

phenacyl bromide <$C_6H_5COCH_2Br$> Phenacylbromid *n*, α-Bromacetophenon *n*

phenacyl fluoride <$C_6H_5COCH_2F$> Phenacylfluorid *n*, α-Fluoracetophenon *n*

phenacylamine Phenacylamin *n*

phenakite Phenakit *m {Be_2SiO_4, Min}*

Phenamine *{TM}* Phenamin *n*

Phenamine blue *{TM}* Phenaminblau *n*

phenanthrahydroquinone <$C_{14}H_8(OH)_2$> Phenanthrahydrochinon *n*, Dihydroxyphenanthren *n*

phenanthrene <$C_{14}H_{10}$> Phenanthren *n*, *o*-Diphenylenethylen *n*, Phenanthrin *n {Chem, Nukl}*

phenanthrene dibromide Phenanthrendibromid *n*

phenanthrenedion *s.* phenanthrenequinone

phenanthrenehydroquinone *s.* phenanthrenequinone

phenanthrenequinone <$C_{14}H_8O_2$> 9,10-Phenanthrenchinon *n*, 9,10-Dihydro-9,10-dioxophenanthren *n*

phenanthrenesulfonic acid Phenanthrensulfonsäure *f*

phenanthridine <$C_{13}H_9N$> Benzo[c]chinolin *n*, Phenanthridin *n*, 3,4-Benzochinolin *n*

phenanthridinone <$C_{13}H_8NO$> Phenanthridinon *n*

phenanthrol <$C_{14}H_9OH$> Phenanthrol *n*, Hydroxyphenanthren *n*

phenanthrolines <$C_{12}H_8N_2$> Phenanthroline *npl {iso-, ortho-, meta- und para-Form}*

phenanthrone <$C_{14}H_{10}O$> Phenanthron *n*

phenanthrophenazine <$C_{20}H_{12}N_2$> Phenophenanthrazin *n*

phenanthroylpropionic acid Phenanthroylpropionsäure *f*

phenanthrylamine <$C_{14}H_9NH_2$> Phenanthrylamin *n*

phenarsazine Phenarsazin *n*, Phenazarsin *n*

phenarsazine chloride <$C_{12}H_9AsClN$> Diphenylaminchlorarsin *n*, Phenarsazinchlorid *n*, 10-Chlor-5,10-dihydrophenarsazin *n*

phenate <C_6H_5OM'> Phenolat *n*, Phenat *n*

phenate of lime Carbolkalk *m*

phenazine <$(C_6H_4N)_2$> Phenazin *n*, Dibenzopyrazin *n*, Dibenzoparadiazin *n*, Azophenylen *n*

phenazine methosulfate Phenazinmethosulfat *n*

phenazone 1. <$C_{12}H_8N_2$> Phenazon *n*, 1-Phenyl-2,3-dimethyl-5-pyrazolon *n*; 2. Antipyrin *n {obs}*

phenazonium hydroxide <$C_{12}H_9N^+OH^-$> Phenazoniumhydroxid *n*

phencyclidine Phenylcyclidin *n*

pheneserine Pheneserin *n*

phenethyl <$C_6H_5CH_2CH_2$-> Phenethyl-, Phenylethyl-

phenetidine <$H_2NC_6H_4OC_2H_5$> Phenetidin *n*, Aminophenolethylether *m*, Aminophenetol *n*, Ethoxyanilin *n*

***m*-phenetidine** *m*-Phenetidin *n*, *m*-Amionphenolethylether *m*, 3-Aminophenetol *n*

***o*-phenetidine** *o*-Phenetidin *n*, 2-Aminophenetol *n*, *o*-Aminophenolethylether *m*

***p*-phenetidine** Paraphenetidin *n*, *p*-Aminophenolethylether *m*, 4-Aminophenetol *n*

phenetole <$C_6H_5OC_2H_5$> Phenetol *n*, Ethylphenylether *m*, Ethoxybenzol *n {IUPAC}*

***p*-phenetolecarbamide** <$C_2H_5OC_6H_4NHCONH_2$> *p*-Phenethylcarbamid *n*, Dulcin *n*

phenetylene *s.* styrene

phengite Fensterglimmer *m {Triv}*, Phengit *m {Mg-/Fe-haltiger Muskovit, Min}*

phenic acid Phenol *n*, Hydroxybenzol *n*, Phenylsäure *f {obs}*; Carbolsäure *f {wäßrige Lösung}*

phenicin Phönizin *n*, 2,2'-Dihydroxy-4,4'-ditoluchinon *n*

phenindamine tartarte Phenindamintartrat *n*

phenindione <$C_{15}H_{10}O_2$> 2-Phenylindan-1,3-dion *n*, Phenindion *n*

pheniramine maleate <$C_{16}H_{20}N_2 \cdot C_4H_4O$> Pheniraminmaleat *n*

phenixin *s.* carbon tetrachloride

phenmethylol <$C_6H_5CH_2OH$> Benzylalkohol *m*, Phenylcarbinol *n*

phenmorpholine Phenmorpholin *n*

phenobarbital <$C_{12}H_{12}N_2O_3$> Phenobarbital *n*, Luminal *n*, Lepinal *n*, Gardenal *n*, 5-Ethyl-5-Phenylbarbitursäure *f*, Phenylethylbarbitursäure *f*

phenobarbitone *s.* phenobarbital

phenocoll <$C_2H_5OC_6H_4NHCOCH_2NH_2$> Phenokoll *n*, Phenamin *n*

phenocoll chloride Phenokollchlorid *n*

phenocoll salicylate Phenokollsalicylat *n*

phenocryst Einsprengling *m {größerer Einzelkristall in magmatischen Gesteinen}*

phenocrystalline phaneritisch *{Geol}*

phenocyanin Phenocyanin *n*

phenol <C_6H_5OH> Phenol *n*, Hydroxybenzol *n*, Carbol *n*, Oxybenzol *n {obs}*; Carbolsäure *f {wäßrige Lösung}*

phenol aceteine Phenolacetein *n*

phenol apparatus Phenolapparat *m*

phenol-base adhesive Phenolharzklebstoff *m*, Klebstoff *m* auf Phenolbasis

phenol blue <$C_{14}H_{14}N_2O$> Phenolblau *n*

phenol coefficient Phenolkoeffizient *m {Antisepsis-Maß}*

phenol content Phenolgehalt *m*

phenol-[cresol]formaldehyde synthetic resins Phenol[cresol]formaldehydkunstharze *npl*

phenol dye Phenolfarbstoff *m*

phenol-formaldehyde condensate Phenol-Formaldehyd-Kondensat *n*

phenol-formaldehyde condensation resin Phenolformaldehydharz *n*, PF-Harz *n*

phenol-formaldehyde oligomer Phenolformaldehydoligomer[es] *n*
phenol-formaldehyde resin Phenolformaldehydharz *n*, PF-Harz *n*, Phenolformaldehydkondensat *n*
phenol-furfural resin Phenolfurfuralharz *n*
phenol glycoside Phenolglykosid *n*
phenol homolog[ue] Phenolhomologe[s] *n*
phenol hydroxyl Phenolhydroxyl *n*
phenol hydroxylase *{EC 1.14.13.7}* Phenolhydroxylase *f*, Phenol-2-monooxygenase *f {IOB}*
phenol-modified phenolmodifiziert
phenol novolak Phenolnovolak *m*
phenol ointment Carbolsalbe *f {Pharm}*
phenol red Phenolrot *n*, Phenolsulfonphthalein *n*
phenol resin Phenolharz *n*
phenol-resin glue *{US}* Phenolharzklebstoff *m*, Phenolharzleim *m*, Phenolkleber *m*
phenol resol Phenolresol *n*
aqueous solution of phenol Carbolwasser *n*, Carbolsäure *f {Pharm}*
phenolarsonic acid Phenolarsonsäure *f*
phenoldisulfonic acid **<$HOC_6H_3(SO_3H)_2$>** Phenoldisulfonsäure *f*
phenolphthalein **<$C_{20}H_{14}O_4$>** Phenolphthalein *n*
phenolphthalein paper Phenolphthaleinpapier *n*
phenolsulfonate Phenolsulfonat *n*
phenolsulfonephthalein Phenolsulfonphthalein *n*, Phenolrot *n*
phenolsulfonic acid Phenolsulfonsäure *f*, Hydroxybenzolsulfonsäure *f*
phenolate Phenolat *n*, Phenoxid *n {Salz der Phenole}*
phenolic phenolhaltig; phenolisch; Phenol-
phenolic adhesive Phenolharzklebstoff *m*, Phenolharzleim *m*, Phenolkleber *m*
phenolic aniline resin Phenol-Anilin-Harz *n*
phenolic cement Phenolharzklebstoff *m*, Phenol[harz]kleber *m*, Phenolharzklebekitt *m*
phenolic engineering resin technisches Phenolharz *n*
phenolic foam Phenolharzschaumstoff *m*, Phenolschaumstoff *m*, Phenol[harz]schaum *m*
phenolic glue *{US}* Phenolharzklebstoff *m*, Phenolharzleim *m*, Phenolkleber *m*
phenolic glue film Phenolharzklebfolie *f* mit Trägerwerkstoff *m*
phenolic laminate Phenolharzlaminat *n*
phenolic laminated sheet Phenolharzschichtstoff *m*
phenolic material Phenolharz-Werkstoff *m*
phenolic mo[u]lding composition Phenoplast-Formmasse *f*, Phenolharz-Preßmasse *f*, Phenolharzpreßmischung *f*, Phenolharzformmasse *f*
phenolic mo[u]lding compound *s.* phenolic mo[u]lding composition
phenolic paper laminate Phenolharz-Hartpapier *n*
phenolic plastic Phenolharzkunststoff *m*, Phenoplast *m*
phenolic resin Phenolharz *n*, Phenoplast *m*
phenolic resin adhesive Phenolharzklebstoff *m*, Phenolharzleim *m*, Phenolkleber *m*
phenolic varnish Phenolharzlack *m*
phenomena *s.* phenomenon
phenomenological phänomenologisch
phenomenological effect phänomenologischer Effekt *m {deformationsmechanisches Verhalten der Plastwerkstoffe}*
phenomenon *{pl. phenomena}* Erscheinung *f*, Phänomen *n*
accompanying phenomenon Begleiterscheinung *f*, Nebenerscheinung *f*
aperiodic phenomenon aperiodischer Vorgang *m*
attendant phenomenon Begleiterscheinung *f*, Nebenerscheinung *f*
reverse phenomenon Umkehrerscheinung *f {Photo}*
phenon **<C_6H_5COR>** Phenon *n*, Alkylphenon *n*
phenonaphthacridine Phenonaphthacridin *n*
phenonaphthazine Phenonaphthazin *n*, Naphthophenazin *n*, Benzophenazin *n*
phenonium ion Phenoniumion *n*, Benzeniumion *n*
phenophenanthrazine Phenophenanthrazin *n*
phenophosphazinic acid Phenophosphazinsäure *f*
phenopiazine *s.* quinoxaline
phenoplast Phenoplast *m*, Phenolharzkunststoff *m*
phenoplastic Phenoplast-; Phenoplast *m*, Phenolkunstharzstoff *m*
phenoplastic mo[u]lding material Phenoplastformmasse *f*
phenopromethamine Phenylpropylmethylamin *n*
phenopyrine Phenopyrin *n*
phenoquinone **<$C_{18}H_{16}O_4$>** Phenochinon *n*
phenosafranine **<$C_{18}H_{15}N_4Cl$>** Phenosafranin *n*
phenose **<$C_6H_6(OH)_6$>** Phenose *f*, Hexahydroxycyclohexan *n {IUPAC}*
phenoselenazine **<$C_{12}H_9NSe$>** Phenoselenazin *n*, Selenodiphenylamin *n*
phenosolvan extraction Phenosolvanverfahren *n {Abwasserreinigung}*
phenostal **<$(-COOC_6H_5)_2$>** Phenostal *n*, Diphenyloxalat *n*, Diphenyloxalsäureester *m*
phenothiazine **<$C_{12}H_9NS$>** Phenothiazin *n*, Phenthiazin *n*, Thiodiphenylamin *n*
phenothioxin Phenoxthin *n*
phenotype Phänotyp[us] *m*, Erscheinungsform *f*
phenotypic phänotypisch
phenoxarsine **<$C_{12}H_9AsO$>** Phenoxarsin *n*

phenoxaselenin <$C_{12}H_8OSe$> Phenoxaselenin *n*
phenoxatellurin <$C_{12}H_8OTe$> Phenoxatellurin *n*
phenoxathiin Phenox[a]thiin *n*
phenoxazine <$C_{12}H_9NO$> Phenoxazin *n*, Naphthoxazin *n*
phenoxide Phenolat *n*, Phenoxid *n*
phenoxin Kohlenstofftetrachlorid *n*, Tetrachlorkohlenstoff *m*, Tetrachlormethan *n*
phenoxy <C_6H_5O-> Phenoxy-
phenoxy radical Phenoxy-Radikal *n*
phenoxy resin Phenoxyharz *n*
phenoxyacetaldehyde <$C_6H_5CH_2CHO$> Phenoxyacetaldehyd *m*
phenoxyacetic acid <$C_6H_5OCH_2COOH$> Phenoxyessigsäure *f*, *O*-Phenylglycolsäure *f*
phenoxyacetone <$C_6H_5OCH_2COCH_3$> Phenacetol *n*, Phenoxyaceton *n*
phenoxyacetylene Phenoxyacetylen *n*
phenoxybenzamine hydrochloride <$C_{18}H_{22}ON$-$Cl \cdot HCl$> Phenoxybenzaminhydrochlorid *n*
phenoxybenzene <$C_6H_5OC_6H_5$> Diphenylether *m*, Phenoxybenzol *n*
phenoxyethanol <$C_6H_5OCH_2CH_2OH$> Phenoxyethylalkohol *m*, Phenoxyethanol *n*, 1-Hydroxy-2-phenoxyethan *n*
phenoxymethylpenicillin potassium <$C_{16}H_{17}N_2O_5KS$> Kaliumphenoxymethylpenicillin *n*, Penicillin V *n*
phenoxypropanediol <$C_6H_5OCH_2CH(OH)CH_2OH$> 1-Phenoxypropan-2,3-diol *n*
phenoxypropyl bromide Phenoxypropylbromid *n*
phenpiazine *s.* quinoxaline
phenselenazine *s.* phenoselenazine
phenselenazone Phenselenazon *n*
phenthiazine *s.* phenothiazine
phentolamine hydrochloride <$C_{17}H_{19}N_2O \cdot HCl$> Phentolaminhydrochlorid *n*
phentolamine mesylate <$C_{17}H_{19}N_3O \cdot CH_4SO_3$> Regitin *n*, Phentolaminmesylat *n* *{Pharm}*
phentriazine <$C_7H_5N_3$> 1,2,3-Benzotriazin *n*, Phentriazin *n*
phenyl <C_6H_5-> Phenyl-
phenyl acetate <$CH_3COOC_6H_5$> Phenylacetat *n*, Essigsäurephenylester *m*
phenyl azide Phenylazid *n*, Triazobenzol *n*
phenyl benzoate <$C_6H_5COOC_6H_5$> Phenylbenzoat *n*
phenyl bromide <C_6H_5Br> Brombenzol *n*, Phenylbromid *n*
phenyl brown Phenylbraun *n*
phenyl carbonate Diphenylcarbonat *n*
phenyl chloride <C_6H_5Cl> Chlorbenzol *n*, Phenylchlorid *n*
phenyl chloroform <$C_6H_5CCl_3$> Benzotrichlorid *n*, Phenylchloroform *n*, α-Trichlortoluen *n*
phenyl cyanate <C_6H_5OCN> Phenylcyanat *n*
phenyl cyanide <C_6H_5CN> Benzonitril *n*, Cyanbenzol *n* *{obs}*
phenyl diethanolamine <$C_6H_5N(C_2H_4OH)_2$> Phenyldiethanolamin *n*
phenyl disulfide <$(C_6H_5S$-$)_2$> Phenyldisulfid *n*, Phenyldithiobenzol *n* *{IUPAC}*
phenyl ester Phenolester *m*, Phenylester *m*
phenyl ether <$(C_6H_5)_2O$> Phenolether *m*, Diphenyloxid *n*
phenyl ethyl ether Phenylethylether *m*, Phenetol *n*
phenyl ethyl ether acetate Phenylethyletheracetat *n*
phenyl fatty acid Phenylfettsäure *f*
phenyl fluoride <C_6H_5F> Fluorbenzol *n*, Phenylfluorid *n*
phenyl glycidyl ether <$H_2COCHCH_2OC_6H_5$> 1,2-Epoxy-3-phenoxypropan *n*, Phenylglycidether *m*, PGE
phenyl iodochloride Phenyliodidchlorid *n*
phenyl isocyanate <C_6H_5NCO> Phenylisocyanat *n*, Phenylcarbimid *n*
phenyl ketone Phenylketon *n*, Benzophenon *n*
phenyl malonate Phenylmalonat *n*
phenyl mercaptan <C_6H_5SH> Thiophenol *n*
phenyl methyl ketone <$C_6H_5COCH_3$> Acetophenon *n*, Phenylmethylketon *n*, Hypnon *n*, Acetylbenzol *n*, Methylphenylketon *n*
phenyl mustard oil <C_6H_5NCS> Phenylsenföl *n*, Phenylisothiocyanat *n*, Isothiocyansäurephenylester *m*, Phenylthiocarbonimid *n*, Thiocarbanil *n*
phenyl orange Phenylorange *n*
phenyl oxide <$C_6H_5OC_6H_5$> Phenyloxid *n*, [synthetisches] Geranium *n*, Diphenylether *m*
phenyl *n*-propyl ketone Butyrophenon *n*
phenyl radical Phenylrest *m*, Phenylradikal *n* *{$C_6H_5 \cdot$}*
phenyl ring Phenylring *m*
phenyl salicylate <$HOC_6H_4COOC_6H_5$> Salicylsäurephenylester *m*, Phenylsalicylat *n*, Salol *n*
phenyl tolyl ketone <$C_6H_5COC_6H_4CH_3$> Methylbenzophenon *n*, Tolylphenylketon *n* *{3 Isomere}*
***N*-phenyl urethane** <$H_5C_2OCONHC_6H_5$> Ethylphenylcarbamat *n*, Phenylurethan *n*, Euphorin *n*
phenylacetaldehyde <$C_6H_5CH_2CHO$> Phenylacetaldehyd *m*, α-Tolualdehyd *m*, Hyacinthenaldehyd *m*, Hyacinthin *n*
phenylacetamide <$C_6H_5CH_2CONH_2$> Phenylacetamid *n*
***N*-phenylacetamide** <$C_6H_5NHCOCH_3$> *N*-Phenylacetamid *n*, Acetanilid *n*
phenylacetic acid <$C_6H_5CH_2CO_2H$> Phenylessigsäure *f*, 1'-Tolylsäure *f*, 1'-Toluencarbonsäure *f*, 2-Phenylethansäure

phenylacetone $<C_6H_5CH_2COCH_3>$ Phenylaceton *n*, 1-Phenylpropan-2-on *n*
phenylacetonitrile Phenylacetonitril *n*, Benzylcyanid *n*, Phenylessigsäurenitril *n*
phenylaceturic acid Phenylacetursäure *f*
phenylacetyl chloride $<C_6H_5CH_2COCl>$ Phenylessigsäurechlorid *n*
phenylacetylene $<C_6H_5C{\equiv}CH>$ Phenylacetylen *n*
phenylacridine Phenylacridin *n*
phenylacrolein Phenylakrolein *n*
β-phenylacrylic acid $<C_6H_5CH{=}CHCOOH>$ *trans*-Zimtsäure *f*, Zinnamsäure *f*, β-Phenylacrylsäure *f*, *trans*-Phenylprop-3-ensäure *f*
phenylalanine $<H_5C_6CH_2CH(NH_2)COOH>$ Phenylalanin *n*, Phe, α-Amino-β-phenylpropionsäure *f*
phenylaldehyde *s.* benzaldehyde
phenylamine $<C_6H_5NH_2>$ Anilin *n*, Phenylamin *n*, Aminobenzol *n*
phenylaminoazobenzene Phenylamidoazobenzol *n*
phenylaminonaphtholsulfonic acid Phenylaminonaphtholsulfonsäure *f*
phenylaniline Diphenylamin *n*, *N*-Phenylaminobenzol *n*
phenylarsine Phenylarsin *n*
phenylarsonic acid Phenylarsinsäure *f*
phenylate/to phenylieren
phenylated polypyromellitimidine phenyliertes Polypyromellitimidin *n*
phenylation Phenylierung *f*
phenylation plant Phenylieranlage *f*
phenylbenzoquinone Phenylbenzochinon *n*
phenylborane $<C_6H_5BH_2>$ Phenylboran *n* *{Anilin-Isologes}*
phenylboric acid $<C_6H_5B(OH)_2>$ Phenylborsäure *f*, Benzolboronsäure *f*
phenylbutadiene Phenylbutadien *n*
phenylbutanoic acid $<C_{10}H_{12}O_2>$ Phenylbuttersäure *f*, Phenylbutansäure *f* *{IUPAC}*
phenylbutazone $<C_{19}H_{20}N_2O_2>$ Phenylbutazon *n*
1-phenylbutene-2 $<C_6H_5CH_2CH{=}CHCH_3>$ 1-Phenylbut-2-en *n*
phenylbutynol $<HC{\equiv}CC(C_6H_5)(OH)CH_3>$ 3-Phenylbut-1-yn-3-ol *n*, Phenylbutynol *n*
phenylcacodyl Phenylkakodyl *n*
phenylcaproic acid Phenylcapronsäure *f*
phenylcarbamic acid $<C_6H_5NHCOOH>$ Carbanilsäure *f*, Phenylcarbamidsäure *f*
phenylcarbethoxypyrazolone Phenylcarbethoxypyrazolon *n*
phenylcarbinol $<C_6H_5CH_2OH>$ Benzylalkohol *m*, Phenylcarbinol *n*
1-phenyl-3-carbohydroxy-5-pyrazolone $<C_{10}H_8N_2O_3>$ 1-Phenyl-3-carboxypyrazolon(5) *n*
phenylcarbylamine Phenylcarbylamin *n*, Phenylisocyanid *n*
phenylchlorosilane Phenylchlorsilan *n*
phenylcyclohexane $<C_{12}H_{16}>$ Hexahydrodiphenyl *n*, Phenylcyclohexan *n*
2-phenylcyclohexanol 2-Phenylcyclohexanol *n*
phenyldiamine Phenyldiamin *n*, Diaminobenzol *n*
phenyldicarbinol *s.* xylenediol
phenyldimethylpyrazolone $<C_{11}H_{12}N_2O>$ Phenyldimethylpyrazolon *n*, Antipyrin *n*
phenyldimethylpyrazolone salicylate $<HOC_6H_4COOHC_{11}H_{12}N_2O>$ Phenyldimethylpyrazolonsalicylat *n*
phenyldimethylurea Phenyldimethylharnstoff *m*
phenyldithiocarbamate Phenyldithiocarbamat *n*
phenyldithiocarbamic acid Phenyldithiocarbaminsäure *f*
phenylene $<-C_6H_4->$ Phenylen-
phenylene blue Phenylenblau *n*, Indamin *n*
phenylene brown Phenylenbraun *n*
phenylene diamine $<H_2NC_6H_4NH_2>$ Phenylendiamin *n* *{IUPAC}*, Diaminobenzol *n* *{ortho-, meta- und para-Form}*
phenylene diazosulfide Phenylendiazosulfid *n*
phenylene disulfide Phenylendisulfid *n*
phenylene residue Phenylenrest *m*
phenylene sulfonylide Phenylensulfonylid *n*
phenylene urea $<C_7H_6N_2O>$ Phenylenharnstoff *m*
phenylene-1,4-diisocyanate $<OCNC_6H_4NCO>$ Phenylen-1,4-diisocyanat *n*
phenylenedithiol $<C_6H_4(SH)_2>$ Benzoldithiol *n*, Phenylendithiol *n*
phenylethane Ethylbenzol *n* *{IUPAC}*, Phenylethan *n*
phenylethane nitrile $<C_6H_5CH_2CN>$ Phenylethannitril *n*
α-phenylethanol $<C_6H_5CH(OH)CH_3>$ α-Phenylethanol *n*
β-phenylethanol $<C_6H_5CH_2CH_2OH>$ Phenylethylalkohol *m*, β-Phenylethanol *n*
phenylethanolamine $<C_6H_5NHCH_2CH_2OH>$ Phenylethanolamin *n*
phenylethyl $<C_6H_5C_2H_4->$ Phenylethyl-
phenylethyl acetate $<CH_3CO_2CH_2CH_2C_6H_5>$ Phenylethylacetat *n*, essigsaures Phenylethyl *n*
phenylethyl alcohol $<C_6H_5CH_2CH_2OH>$ Phenylethylalkohol *m*, 2-Phenyl-2-ethanol *n*, Benzylcarbinol *n*
phenylethyl anthranilate Phenylethylanthranilat *n*
phenylethyl formamide Phenylethylformamid *n*
2-phenylethyl isobutyrate $<(CH_3)_2CHCOOCH_2CH_2C_6H_5>$ Phenylethylisobutyrat *n*, Phenethylisobutyrat *n*

phenylethyl phenyl acetate <$C_6H_5CH_2COO(CH_2)_2C_6H_5$> Phenylethylphenylacetat *n*
2-phenylethyl propionate <$C_2H_5COOCH_2CH_2C_6H_5$> Phenylethylpropionat *n*
phenylethylacetic acid <$C_2H_5CH(C_6H_5)COOH$> Phenylethylessigsäure *f*, 2-Phenylbutansäure *f {IUPAC}*
phenylethylamine <$H_2NCH_2CH_2C_6H_5$> Phenylethylamin *n {IUPAC}*, Aminoethylbenzol *n*, 1-Amino-2-phenylethan *n*
phenylethylbarbituric acid <$C_{12}H_{12}N_2O_3$> Phenylethylbarbitursäure *f*
phenylethylene Phenylethylen *n*, Styren *n*, Styrol *n*, Vinylbenzol *n*
***N*-phenylethylethanolamine** <$C_6H_5N(C_2H_5)CH_2CH_2OH$> Phenylethylethanolamin *n*
phenylfluoroform <$C_6H_5CF_3$> Phenylfluoroform *n*, Trifluoromethylbenzol *n*
phenylfluorone Phenylfluoron *n*
phenylformamide Formanilid *n*
phenylformic acid <C_6H_5COOH> Benzoesäure *f*, Benzencarbonsäure *f*
***N*-phenylglycine** <$H_5C_6NHCH_2COOH$> *N*-Phenylglycin *n*, Anilinoessigsäure *f*, Phenylglykokoll *n*
phenylglycocoll *s.* *N*-phenylglycine
phenylglycolic acid Phenylglycolsäure *f*, Mandelsäure *f*
phenylheptatrienal Phenylheptatrienal *n*
phenylhydrazine <$C_6H_5NHNH_2 \cdot 0,5H_2O$> Phenylhydrazin *n*, Hydrazobenzol *n*
phenylhydrazinesulfonic acid <$HSO_3C_6H_4NHNH_2$> Phenylhydrazinsulfonsäure *f*
phenylhydrazone Phenylhydrazon *n*
phenylhydroxylamine <C_6H_5NHOH> Phenylhydroxylamin *n*
phenylisopropylamine Phenylisopropylamin *n*
phenylisopropylamine sulfate Phenylisopropylaminsulfat *n*
phenylisothiocyanate <C_6H_5NCS> Phenylisothiocyanat *n*, Phenylsenföl *n*
phenyllithium <C_6H_5Li> Phenyllithium *n*
phenylmagnesium bromide <C_6H_5MgBr> Phenylmagnesiumbromid *n*
phenylmagnesium chloride <C_6H_5MgCl> Phenylmagnesiumchlorid *n*
phenylmercuric acetate <$C_6H_5MgOOCH_3$> Phenylquecksilberacetat *n*, Phenylmerkuriacetat *n {obs}*, PMAS, PMA
phenylmercuric borate <$(C_6H_5Hg)_2BO_3H$> Phenolmerkuriborat *n {obs}*, Phenylquecksilberborat *n*
phenylmercuric chloride <C_6H_5HgCl> Phenylmerkurichlorid *n {obs}*, Phenylquecksilberchlorid *n*
phenylmercuric hydroxide <C_6H_5HgOH> Phenylmerkurihydroxyd *n {obs}*, Phenylquecksilberhydroxid *n*
phenylmercuric naphthenate Phenylmerkurinaphthenat *n {obs}*, Phenylquecksilbernaphthenat *n*
phenylmercuric propionate <$C_6H_5HgOCOCH_2CH_3$> Phenylmerkuripropionat *n {obs}*, Phenylquecksilberpropionat *n*
phenylmercuriethanolammonium acetate <$[(HOC_2H_4)NH_2(C_6H_5Hg)]OOCCH_3$> Phenylmerkuriäthanolammoniumacetat *n {obs}*, Phenylquecksilberethanolammoniumactetat *n*
phenylmethan *s.* toluene
phenylmethyl silicone Phenylmethylsilicon *n*
phenylmethyl vinyl polysiloxane Phenylmethyl-vinylpolysiloxan *n*
phenylmethylamine <$C_6H_5CH_2NH_2$> Benzylamin *n*
***N*-phenylmethylethanolamine** <$C_6H_5N(CH_3)CH_2CH_2OH$> Phenylmethylethanolamin *n*
1-phenyl-3-methylpyrazol<$C_{10}H_{10}N_2$> 1-Phenyl-3-methylpyrazol *n*
1-phenyl-5-methylpyrazol <$C_{10}H_{10}N_2$> 1-Phenyl-5-methylpyrazol *n*
phenylmethylpyrazolone <$C_{10}H_{19}N_2O$> Phenylmethylpyrazolon *n*
1-phenyl-3-methylpyrazolone 1-Phenyl-3-methylpyrazolon *n*
1-phenyl-3-methyl-5-pyrazolone 1-Phenyl-3-methyl-5-pyrazolon *n*, 3-Methyl-1-phenyl-2-pyrazolin-5-on *n*
***N*-phenylmorpholine** *N*-Phenylmorpholin *n*
***N*-phenylnaphthylamine**<$C_{10}H_8NHC_6H_5$> *N*-Phenylnaphthylamin *n*
phenylnitroethane Phenylnitroethan *n*
phenylnitromethane Phenylnitromethan *n*
phenylone Phenylon *n*, Antipyrin *n*
phenylosazone Phenylosazon *n*
phenyloxamic acid <$HOOCCONHC_6H_5$> Oxanilsäure *f*
phenylparaconic acid <$C_{11}H_{20}O_4$> Phenylparaconsäure *f*
phenylpentadienal Phenylpentadienal *n*
phenylphenazonium dye Phenylphenazoniumfarbstoff *m*
phenylphenol <$C_6H_5C_6H_4OH$> Phenylphenol *n {meta-, ortho und para-Form}*
phenylphosphine <$C_6H_5PH_2$> Phenylphosphin *n*
phenylphosphinic acid <$C_6H_5P(OH)_2$> Phenylphosphinsäure *f*, *prim*-Benzolphosphinsäure *f*
phenylphosphonic acid <$C_6H_5PO_3H_2$> Phenylphosphonsäure *f*, Benzolphosphonsäure *f*
phenylpiperazine Phenylpiperazin *n*
phenylpiperidine Phenylpiperidin *n*
phenylpolyenal Phenylpolyenal *n*

phenylpropanolamine <$C_9H_{13}ON$> Phenylpropanolamin *n*
phenylpropanolamine hydrochloride Phenylpropanolaminhydrochlorid *n*, Norephedrin *n*
3-phenylpropenal Zimtaldehyd *m*, 3-Phenylpropenal *n*
phenylpropiolic acid <$C_6H_5C{\equiv}COOH$> Phenylpropiolsäure *f*, Phenylpropinsäure *f {IUPAC}*
phenylpropionate Phenylpropionat *n*
2-phenylpropionic acid <$C_6H_5CH(CH_3)COOH$> Hydratropsäure *f*, 2-Phenylpropionsäure *f*, 2-Phenylpropansäure *f {IUPAC}*
3-phenylpropionic acid <$C_6H_5CH_2CH_2COOH$> Hydrozimtsäure *f*, 3-Phenylpropionsäure *f*, 3-Phenylpropansäure *f*
phenylpropyl acetate <$C_6H_5(CH_2)_3OOCCH_3$> Phenylpropylacetat *n*,
phenylpropyl alcohol <$C_6H_5CH_2CH_2CH_2OH$> Phenylpropylalkohol *m*, 3-Phenylpropan-1-ol *n*, Phenylethylcarbinol *m*
phenylpropyl aldehyde <$C_6H_5CH_2CH_2CHO$> Phenylpropylaldehyd *m*, 3-Phenylpropan-2-al *n*
phenylpropyl siloxane Phenylpropylsiloxan *n*
***sec*-phenylpropyl alcohol** <$C_6H_5CH_2CHOH CH_3$> *sec*-Phenylpropylalkohol *m*, 3-Phenylpropan-2-ol *n*
phenylpropylmalonic acid Phenylpropylmalonsäure *f*
phenylpropylmethylamine Phenylpropylmethylamin *n*
1-phenylpyrazolidin-3-one <$C_9H_{10}N_2O$> 1-Phenylpyrazolidin-3-on *n*
phenylpyridine <C_6H_5-C_5H_4N> Phenylpyridin *n {3 Isomere}*
phenylpyruvic acid <$C_6H_5CH_2COCOOH$> Phenylpyruvinsäure *f*, Phenyl-2-oxopropionsäure *f*, Phenyl-α-ketopropansäure *f*, Phenylpyruvat *n*
phenylserine Phenylserin *n*
phenylsilicone Phenylsilicon *n*, Phenylsiloxan *n*
phenylsilicone chloride <$C_6H_5SiCl_3$> Phenylsiliciumchlorid *n*
phenylsulfamic acid <$C_6H_5NHSO_3H$> Phenylsulfaminsäure *f*, Phenylsulfamidsäure *f*
phenylsulfuric acid <$C_6H_5OSO_3H$> Phenylschwefelsäure *f*
phenylthiohydantoic acid <$C_6H_5N{=}C(NH_2)SCH_2COOH$> Phenylthiohydantoinsäure *f*, Phenyliminocarbaminthioglycolsäure *f*
phenyltoluenesulfonate Phenyltoluolsulfonat *n*
phenyltrichlorosilane <$C_6H_5SiCl_3$> Phenyltrichlorsilan *n*
phenylurea Phenylharnstoff *m*, *N*-Phenylurethan *n*
phenylvaleric acid Phenylvaleriansäure *f*
phenytoin <$C_{15}H_{12}N_2O_2$> 5,5-Diphenylhydantoin *n*
pheochlorophyll Phäochlorophyll *n*
pheophorbide <$C_{31}H_{11}N_4(COOH)_2COOCH_3$> Phäophorbid *n*
pheophorbine Phäophorbin *n*
pheophytine Phäophytin *n*
pheoporphyrin Phäoporphyrin *n*
pheromone Pheromon *n*, Ektohormon *n*
phial Flakon *m n*, kleine Flasche *f*, Medizinglas *n*, Phiole *f*
philadelphite Philadelphit *m {Min}*
Philipp test Philipp-Test *m {Mineralöl}*
Philips ionization ga[u]ge Kaltkathodenvakuummeter *n*, Philips-Vakuummeter *n*, Penning-Vakuummeter *n*
phillipsite Phillipsit *m*, Calciharmotom *m {Min}*
philosopher's stone Stein *m* der Weisen *mpl {Alchemie}*
philosopher's wool Philosophenwolle *f {obs}*, Zinkoxid *n {faserig}*, Zinkblumen *fpl*
philosophical chemistry theoretische Chemie *f*
phlegmatize/to phlegmatisieren
phlobaphene Phlobaphen *n*, Gerbstoffrot *n*, Gerberrot *n {Oxidationsprodukt von Gerbstoffen}*
phlogistic entzündlich
phlogisticated air Stickstoff *m {Alchemie}*
phlogiston Phlogiston *n*, Feuerstoff *m*, Feuermaterie *f {Phlogistontheorie}*
phlogiston theory Phlogistontheorie *f*
phlogopite Amberglimmer *m {Triv}*, Magnesia-Glimmer *m*, Phlogopit *m {Min}*
phloretic acid *s.* phloretinic acid
phloretin <$(OH)_3C_6H_2COCH_2CH_2CH_2$-$C_6H_4OH$> Phloretin *n*
phloretinic acid <$HOC_6H_4CH_2CH_2COOH$> 3-(4-Hydroxyphenyl)propansäure *f*, Phloretinsäure *f*
phlorhizin *s.* phlori[d]zin
phlori[d]zin Phloridzin *n*, Phlorhizin *n {Glycosid}*
phloroacetophenone Phloroacetophenon *n*
phloroglucin[ol] <$C_6H_3(OH)_3{\cdot}2H_2O$> Phloroglucinol *n*, 1,3,5-Triohydroxybenzol *n*, Benzol-1,3,5-triol *n*
phloroglucite *s.* phloroglucitol
phloroglucitol <$C_6H_{12}O_3$> Methylentriol *n*, Cyclohexan-1,3,5-triol *n*, Hexahydrophloroglucinol *n*
phlorol <$HOC_6H_4C_2H_5$> *o*-Ethylphenol *n*, Phlorol *n*
phlorone <$(\text{-}CH{=}C(CH_3)CO)_2$> 2,5-Dimethyl-1,4-benzochinon *n*, Phloron *n*
phlorose α-D-Glucose
phloxin Tetrabromidfluorfluorescein *n*, Phloxin *n {Indikator}*
phocenin <$C_3H_5(OOCC_4H_9)_3$> Trivalerin *n {Triv}*, Glycerinvaleriansäureester *m*, Phocaenin *n*
pholerite Pholerit *m {Min}*

phon Phon *n {subjektiv empfundene Lautstärke bezogen auf 0,020 mPa bei 1 kHz}*

phonochemistry Phonochemie *f*

phonolite Phonolith *m*, Klingstein *m {Geol}*

phonometry Phonometrie *f*

phonon Phonon *n {Krist}*; Schallquant *n {Phys}*

phonon entropy Schallquantenentropie *f {Phys}*

phorate $<C_7H_{17}O_2PS_2>$ Phorat *n {Insektizid}*

phorone $<(CH_3)_2C=CHCOCH=C(CH_3)_2>$ Phoron *n*, 2,6-Dimethylhepta-2,5-dien-4-on *n*, Diisopropylidenaceton *n*

phoronic acid Phoronsäure *f*

phoryl resin Phorylharz *n {Phenol-Phosphorylbasis}*

phosgenation Phosgenieren *n*, Phosgenierung *f*

phosgene $<COCl_2>$ Phosgen *n*, Carbonylchlorid *n*, Kohlen[stoff]oxidchlorid *n*, Kohlensäuredichlorid *n*

phosgene decomposition Phosgenzerfall *m*

phosgene formation Phosgenbildung *f*

phosgene generator Carbonylchloridgenerator *m*, Phosgengenerator *m*

phosgenite Hornbleierz *n {obs}*, Phosgenit *m {obs}*, Bleihornerz *n {Min}*

phosphagen $<HOOCCH_2N(CH_3)C=NHNHPO(OH)_2>$ Phosphagen *n*, Kreatinphosphorsäure *f*

phosphane *s.* phosphine

phosphanthrene Phosphanthren *n*

phosphatase Phosphatase *f*, Phosphomonoesterase *f*

acid phosphatase saure Phosphatase *f*

alkaline phosphatase alkalische Phosphatase *f*

phosphate/to phosphatieren *{Phosphatschicht als Rostschutz aufbringen}*

phosphate acidity Phosphatacidität *f*

phosphate bath Phosphatbad *n {Met}*

phosphate-bearing phosphathaltig, phosphatführend

phosphate bond Phosphatbindung *f {Biochem}*

phosphate buffer Phosphatpuffer *m {Anal}*

phosphate chalk Phosphatkreide *f*

phosphate coating 1. Phosphatüberzug *m*, Phosphatfilm *m*, Phosphat-Schutzschicht *f*; 2. Phosphatieren *n {Rostschutzverfahren für Metalloberflächen}*

phosphate desulfurization Schwefelwasserstoff-Entfernung *f {mit Trikaliumphosphat}*

phosphate ester $<ROP(O)(OH)_2>$ Phosphatester *m*

phosphate fertilizer Phosphatdüngemittel *n*, Phosphatdünger *m*

phosphate-free phosphatfrei *{Tensid}*

phosphate-free detergent phosphatfreies Waschmittel *n*

phosphate glass Phosphatglas *n*

phosphate of lime *s.* apatite

phosphate plasticizer Phosphat-Weichmacher *m*

phosphate powder phosphathaltiges Backpulver *n {$M'H_2PO_4$}*

phosphate replacement Phosphatersatzstoff *m {Tensid}*

phosphate restriction Phosphatbeschränkung *f {Waschmittel}*

phosphate rock Phosphaterz *n*

phosphate slag Thomas-Schlacke *f*, Calciumsilicatschlacke *f {P-Herstellung im Elektroofen}*

phosphate transfer Phosphatübertragung *f {Biochem}*

phosphate treatment Phosphatreinigung *f*, Enthärtung *f* mit Phosphat *n*, Trinatriumphosphatverfahren *n*

energy-rich phosphate bond energiereiche Phosphatbindung *f {Biochem}*

high-temperature phosphate Glühphosphat *n*

primary phosphate $<M'H_2PO_4>$ primäres Phosphat *n*, Dihydrogenphosphat *n*

secondary phosphate $<M'_2HPO_4>$ sekundäres Phosphat *n*, Monohydrogenphosphat *n*

tertiary phosphate $<M'_3PO_4>$ tertiäres Phosphat *n*

phosphates Phosphate *npl {1. Salz der Phosphorsäuren; 2. Ester der Phosphorsäuren}*

phosphatic phosphathaltig, phosphatisch

phosphatide Phosphatid *n*, Phospholip[o]id *n*

phosphatidyl choline $<C_8H_{17}O_5NRR'>$ Phosphatidylcholin *n*, Lecithin *n*

phosphatidyl ethanolamine Phosphatidylethanolamin *n {Glycerolipid}*

phosphatidyl serine Phosphatidylserin *n {Glycerolipid}*

phosphatiferous phosphatführend

phosphating Phosphatierung *f*, Phosphatieren *n {Rostschutz von Metalloberflächen}*

phosphating agent Phosphatiermittel *n {Beschichten}*

phosphatization Phosphatierung *f*, Phosphatieren *n {Rostschutz von Metalloberflächen}*

phosphatize/to phosphatieren *{Phosphatschicht als Korrosionsschutz aufbringen}*

phosphazide $<R_3P=NN=NR>$ Phosphazid *n*

phosphazine $<R_3P=NN=CR_2>$ Phasphazin *n*

phosphazobenzene Phosphazobenzol *n*

phosphene $<C_4H_5P>$ Phosphen *n*, Phosphuran *n*

phosphenic acid Phosphensäure *f*

phosphenyl $<=PC_6H_5>$ Phosphenyl-

phosphenyl chloride $<C_6H_5PCl_2>$ Phosphenylchlorid *n*

phosphenylic acid $<C_6H_5P(O)(OH)_2>$ Phosphenylsäure *f*

phosphide $<M'_3P>$ Phosphid *n*

phosphine $<PH_3>$ Phosphin *n*, Monophosphan *n*, Phosphor(III)-hydrid *n*, Phosphorwasserstoff *m*

liquid phosphine <P_2H_4> Diphosphan *n*

solid phosphine <$P_{12}H_6$> fester Phosphorwasserstoff *m*

phosphines <RPH_2, RR'PH, RR'R''P> phosphororganische Verbindungen *fpl*, Organophosphorverbindungen *fpl*

phosphinic acid <$H_2PO(OH)$> Phosphinsäure *f*, hypophosphorige Säure *f* *{obs}*

phosphite <M'_3PO_3> Phosphit *n*, phosphorigsaures Salz *n* *{obs}*, Phosphat(III) *n*, Phosphonat *n*

phosphite ester <$P(OR)_3$> Phosphorigsäureester *m* *{obs}*, Phosphonsäureester *m*, Phosphor(III)-säureester *m*

phosphoarginine Phosphoarginin *n*

phosphobacterium Leuchtbakterium *n*

phosphocerite Phosphocerit *m* *{obs}*, Monazit *m* *{Min}*

phosphocholine Phosphocholin *n*

phosphocreatine <$HOOCCH_2N(CH_3)C(=NH)$-$NHPO_3H$> Phosphokreatin *n*, Kreatinphosphat *n*

phosphodiester <$O_2P(OR)_2$> Phosphodiester *m* *{Biochem}*

phosphodiesterase I *{EC 3.1.4.1}* 5'-Exonuclease *f*, Phosphodiesterase I *f* *{Biochem}*

phosphoenolpyruvic acid <$H_2C=C(OPO_3H)CO$-OH> Phospho-enol-brenztraubensäure *f*

1-phosphofructokinase *{EC 2.7.1.56}* 1-Phosphofructokinase *f*

6-phosphofructokinase *{EC 2.7.1.11}* 6-Phosphofructokinase *f*

phosphoglucoisomerase *{EC 5.3.1.9}* Phosphohexoisomerase *f*, Phosphoglucoisomerase *f*, Glucosephosphatisomerase *f* *{IUB}*

phosphoglucomutase *{EC 2.7.5.1}* Phosphoglucomutase *f*

6-phosphogluconic acid 6-Phosphogluconsäure *f*

phosphoglyceraldehyde Phosphoglycerinaldehyd *m*

phosphoglycerate kinase *{EC 2.7.2.3}* Phosphoglyceratkinase *f*

2-phosphoglyceric acid <HO-$OCCH(OPO_3H)CH_2OH$> 2-Phosphoglycerinsäure *f*, Glycerin-2-phosphorsäure *f*, Glycerophosphorsäure *f*

3-phosphoglyceric acid <HO-$OCCH(OH)CH_2OPO_3H_2$> 3-Phosphoglycerinsäure *f*, Glycerin-3-phosphorsäure *f*, Glycerophosphorsäure *f*

phosphoglyceromutase *{EC 2.7.5.3}* Phosphoglyceratmutase *f*

phosphohomoserine Phosphohomoserin *n*

phosphoketolase *{EC 4.1.2.9}* Phosphoketolase *f*

phospholipase A_1 *{EC 3.1.1.32}* Phospholipase A_1 *f*

phospholipase A_2 *{EC 3.1.1.4}* Lecithinase A *f*, Phosphatidase *f*, Phosphatidolipase *f*, Phospholipase A_2 *f* *{IUB}*

phospholipase C *{EC 3.1.4.3}* Lipophosphodiesterase I *f*, Lecithinase C *f*, Phospholipase C *f* *{IUB}*

phospholipase D *{EC 3.1.4.4}* Lipophosphodiesterase II *f*, Lecithinase D *f*, Cholinphosphatase *f*, Phospholipase D *f*

phospholipid[e] Phospholip[o]id *n*, Phosphatid *n*

phosphomolybdic acid <$H_3[P(Mo_3O_{10})_4]\cdot 12H_2O$> Phosphormolybdänsäure *f*, Tetrakistrimolybdatophosphorsäure *f*, Dodecamolybdatophosphorsäure *f*

phosphonic acid <$HPO(OH)_2$> Phosphonsäure *f* *{tautomer mit P(OH)₃}*

phosphonitrile dichloride <$PNCl_3$> Phosphonitrildichlorid *n* *{Polymer}*

phosphonium <$[PH_4^+]$-> Phosphonium *n*

phosphonium base Phosphoniumbase *f*

phosphonium chloride <$[PH_4]Cl$> Phosphoniumchlorid *n*

phosphonium iodide <$[PH_4]I$> Phosphoniumiodid *n*, Iodphosphonium *n*

phosphonium perchlorat <$[PH_4]ClO_4$> Phosphoniumperchlorat *n*

phosphonous acid <$HP(OH)_2$> hypophosphorige Säure *f* *{obs}*, Phosphor(I)-säure *f*, Phosphinsäure *f*

phosphopenia Phosphormangel *m*

phosphoproteide Phosphorproteid *n*, Phosphoprotein *n*

phosphoprotein Phosphoprotein *n*, Phosphorproteid *n* *{obs}*

phosphor phosphoreszierender Stoff *m*, nachleuchtender Stoff *m*, Luminophor *m*; Phosphor *m* *{Opt}*

phosphor bronze Phosphorbronze *f* *{82 - 94 % Cu, 9,5-10,8 % Sn, 1-2 % Zn, 0,01-0,1 % P}*

phosphor steel Phosphorstahl *m*

phosphor tin Phosphorzinn *n* *{< 5 % P, Met}*

phosphorate/to mit Phosphor *m* verbinden, phosphorisieren

phosphorated oil Phosphoröl *n* *{Pharm}*

phosphorchalcite Phosphorchalcit *m* *{Min}*

phosphoresce/to phosphoreszieren, nachleuchten

phosphorescence Phosphoreszenz *f*, Postlumineszenz *f* *{nichtthermisches Leuchten}*

phosphorescence spectrum Phosphoreszenzspektrum *n*

phosphorescent phosphoreszierend, nachleuchtend

phosphorescent paint Leuchtfarbe *f*

phosphorescent pigments phosphoreszierende

Pigmente *npl*, nachleuchtende Pigmente *npl*, Leuchtstoffe *mpl*, Luminophore *mpl*
phosphorescent stone Leuchtstein *m*
phosphorescent substance *s.* phosphorescent pigments
phosphoret[t]ed hydrogen *{obs}* *s.* phosphin
phosphoribitol Phosphoribit *m*
phosphoribomutase Phosphoribomutase *f*
phosphoribose Phosphoribose *f*
phosphoribosylamine Phosphoribosylamin *n* *{Biochem}*
phosphoric 1. phosphorhaltig; Phosphor- *{meistens Phosphor(V)-}*; 2. phosphoreszierend
phosphoric acids Phosphorsäuren *fpl* *{im allgemeinen}*
phosphoric acid ester Phosphorsäureester *m*
phosphoric acid plant Phosphorsäureanlage *f*
phosphoric anhydride <P_2O_5> Phosphorsäureanhydrid *n*, Phosphorpentoxid *n*, Phosphor(V)-oxid *n*
phosphoric bromide Phosphorpentabromid *n*, Phosphor(V)-bromid *n*
phosphoric chloride Phosphorpentachlorid *n*, Phosphor(V)-chlorid *n*
phosphoric ester Phosphorsäureester *m*, Ester *m* der Phosphorsäure *f*
phosphoric iodide Phosphor(V)-iodid *n*, Phosphorpentaiodid *n*
phosphoric oxide Phosphorpentoxid *n*, Phosphorsäureanhydrid *n*, Phosphor(V)-oxid *n*
phosphoric pig iron Phosphorroheisen *n*
phosphoric sulfide Phosphorpentasulfid *n*, Phosphor(V)-sulfid *n*
ester of phosphoric acid Phosphorsäureester *m*
***meta*-phosphoric acid <HPO_3>** Metaphosphorsäure *f*, Cyclopolyphosphorsäure *f*
***ortho*-phosphoric acid <H_3PO_4>** Orthophosphorsäure *f*, *o*-Phosphorsäure *f*
salt of phosphoric acid Phosphat *n*
syrupy phosphoric acid sirupöse Phosphorsäure *f* *{H_3PO_4}*
phosphorimetry Phosphorimetrie *f* *{Anal}*
phosphorite 1. Phosphorit *m* *{Min}*; 2. <RR'PO_3> Phosphorit *n* *{z.B. $C_6H_{10}P_2O_3$ Cyclohexanphosphorit}*
phosphorize/to mit Phosphor *m* verbinden, phosphorisieren
phosphorized copper Phosphorkupfer *n*
phosphorogenic Phosphoreszenz *f* erzeugend
phosphorography Phosphorographie *f*
phosphorolysis Phosphorolyse *f* *{Biochem}*
phosphoronitridic acid Nitrilophosphorsäure *f*
phosphoroso <OP-> Phosphoroso-
phosphorous 1. Phosphor- *{meistens Phosphor(III)-}*; 2. phosphoreszierend; 3. phosphorig[sauer]
phosphorous acid <HP(O)(OH)$_2$> phosphorige Säure *f* *{obs}*, Phosphorigsäure *f* *{obs}*, Phosphonsäure *f*, Phosphor(III)-säure *f*
phosphorous anhydride Phosphorigsäureanhydrid *n* *{obs}*, Phosphonsäureanhydrid *n*, Phosphortrioxid *n*, Phosphor(III)-oxid *n*
phosphorous bromide Phosphor(III)-bromid *n*, Phosphortribromid *n*
phosphorous chloride Phosphor(III)-chlorid *n*, Phosphortrichlorid *n*
phosphorous hydride Phosphin *n*, Monophosphan *n*, Phosphorwasserstoff *m*
phosphorous iodide Phosphor(III)-iodid *n*, Phosphortriiodid *n*
phosphorous oxide Phosphortrioxid *n*, Phosphor(III)-oxid *n*, Phosphonsäureanhydrid *n*
phosphorous sulfide <P_2S_3> Diphosphortrisulfid *n*, Phosphor(III)-sulfid *n*, Phosphorsesquisulfid *n*
phosphorous trihalide <PX_3> Phosphortrihalogen *n*
phosphors Phosphore *mpl* *{obs}*, Leuchtschirmsubstanzen *fpl*, Luminophore *mpl*, Leuchtstoffe *mpl*
phosphoruranylite Phosphoruranylit *m*
phosphorus 1. Phosphor-; 2. Phosphor *m* *{P, Element Nr. 15}*
phosphorus bromides Phosphorbromide *npl* *{PBr_3, P_2Br_4, PBr_5}*
phosphorus chlorides Phosphorchloride *npl* *{PCl_3, P_2Cl_4, PCl_5}*
phosphorus compound Phosphorverbindung *f*
phosphorus-containing phosphorhaltig
phosphorus content Phosphorgehalt *m*
phosphorus crystal Phosphorkristall *m*
phosphorus dibromide trichloride <PBr_2Cl_3> Phosphor(V)-dibromidtrichlorid *n*
phosphorus dibromide trifluoride <PBr_2F_3> Phosphor(V)-dibromidtrifluorid *n*
phosphorus-donor bridging ligand Phosphor-Donator-Brückenligand *m*
phosphorus halogen compound Phosphor-Halogen-Verbindung *f*
phosphorus heptasulfide <P_4S_7> Phosphorheptasulfid *n*, Tetraphosphorheptasulfid *n*, Phosphor(III, IV)-sulfid *n*
phosphorus hydride Phosphorwasserstoff *m*, Phosphin *n*, Monophosphan *n*
phosphorus inflammation Phosphorentzündung *f*
phosphorus intake Phosphoraufnahme *f*
phosphorus loading Phosphorbelastung *f* *{Ökol}*
phosphorus match Phosphorzündholz *n*
phosphorus metabolism Phosphorstoffwechsel *m*
phosphorus nitride 1. <P_3N_5> Triphosphorpentanitrid *n*; 2. <PN> Phosphornitrid *n*, Phosphorstickstoff *m*

phosphorus oxides Phosphoroxide *npl {P_2O, P_4O_6, P_4O_8, P_4O_{10}}*
phosphorus oxychloride <$OPCl_3$> Phosphoroxychlorid *n*, Phosphor(V)-oxidchlorid *n*, Phosphoryl(V)-chlorid *n*
phosphorus paste Phosphormasse *f*, Phosphorpaste *f*
phosphorus pentabromide <PBr_5> Phosphorpentabromid *n*, Pentabromphosphor *m {obs}*, Phosphor(V)-bromid *n*
phosphorus pentachloride <PCl_5; $[PCl_4]^+[PCl_6]^-$> Phosphorpentachlorid *n*, Phosphor(V)-chlorid *n*
phosphorus pentafluoride <PF_5> Phosphorpentafluorid *n*, Posphor(V)-fluorid *n*
phosphorus pentahalide <PX_5> Phosphorpentahalogenid *n*, Phosphor(V)-halogenid *n*
phosphorus pentaiodide <PI_5> Phorphor(V)-iodid *n*, Phosphorpentaiodid *n*
phosphorus pentaoxide <P_4O_{10}> Phosphorpentoxid *n*, Phosphorsäureanhydrid *n*, Phosphor(V)-oxid *n*
phosphorus pentaselenide <P_2Se_5> Phosphor(V)-selenid *n*, Phosphorpentaselenid *n*
phosphorus pentasulfide <P_4S_{10}> Phosphorpentasulfid *n*, Phosphor(V)-sulfid *n*
phosphorus pentoxide *s.* phosphorus pentaoxide
phosphorus perbromide *s.* phosphorus pentabromide
phosphorus perchloride *s.* phosphorus pentachloride
phosphorus persulfide *s.* phosphorus pentasulfide
phosphorus poisoning Phosphorvergiftung *f*
phosphorus powder Phosphorpulver *n {Backpulver; Lebensmittel}*
phosphorus sesquisulfide <P_4S_3> Phosphorsesquisulfid *n*, Tetraphosphortrisulfid *n*, Phosphorsubsulfid *n {obs}*
phosphorus spoon Phosphorlöffel *m*
phosphorus steel Phosphorstahl *m*
phosphorus sulfides Phosphorsulfide *npl {P_4S_3, P_4S_7, P_4S_{10} usw.}*
phosphorus sulfobromide <$SPBr_3$> Phosphorsulfobromid *n*, Phosphor(V)-thiobromid *n*
phosphorus sulfochloride <$SPCl_3$> Phosphor(V)-thiochlorid *n*, Phosphorsulfochlorid *n*
phosphorus tetraoxide <P_4O_8> Phosphortetroxid *n*
phosphorus tribromide Phosphor(III)-bromid *n*, Phosphortribromid *n*, Tribromphosphor *m {obs}*
phosphorus trichloride <PCl_3> Phosphor(III)-chlorid *n*, Phosphortrichlorid *n*
phosphorus trifluoride <PF_3> Phosphor(III)-fluorid *n*, Phosphortrifluorid *n*
phosphorus triiodide <PI_3> Phosphor(III)-iodid *n*, Phosphortriiodid *n*
phosphorus trioxide <P_4O_6> Phosphortrioxid *n*, Phosphorigsäureanhydrid *n {obs}*, Phosphonsäureanhydrid *n*, Phosphor(III)-oxid *n*
phosphorus trisulfide <P_2S_3; P_4S_6> Diphosphortrisulfid *n*, Phosphorsesquisulfid *n*, Tetraphosphorhexasulfid *n*
phosphorus vapo[u]r Phosphordampf *m*
amorphous phosphorus roter amorpher Phosphor *m {rhomboedrisch}*
black phosphorus schwarzer Phosphor *m*, β-Phosphor *m {metallische Phase}*
containing phosphorus phosphorhaltig
determination of phosphorus Phosphorbestimmung *f*
elimination of phosphorus Phosphorabscheidung *f*
free from phosphorus phosphorfrei
red phosphorus roter amorpher Phosphor *m*, Schenckscher Phosphor *m*
separation of phosphorus Phosphorabscheidung *f*
violet phosphorus violetter Phosphor *m*, Hittorfscher Phosphor *m*
white phosphorus weißer Phosphor *m*, gewöhnlicher Phosphor *m*
yellow phosphorus gelber Phosphor *m*, [verunreinigter] weißer Phosphor *m*
phosphorus(III)oxide *s.* phosphorus trioxide
phosphorus(III) sulphide *s.* phosphorus trisulfide
phosphorus(V)oxide *s.* phosphorus pentaoxide
phosphorus(V) sulfide *s.* phosphorus pentasulfide
phosphoryl≡ <PO> Phosphoryl-
phosphoryl bromide <$OPBr_3$> Phosphoryl(V)-bromid *n*, Phosphor(V)-oxidbromid *n*, Phosphoroxybromid *n {obs}*
phosphoryl chloride Phosphoryl(V)-chlorid *n*, Phosphor(V)-oxidchlorid *n*, Phosphoroxychlorid *n*
phosphoryl fluoride <OPF_3> Phosphoryl(V)-fluorid *n*, Phosphor(V)-oxidfluorid *n*, Phosphoroxyflurid *n*
phosphoryl nitride <OPN> Phosphoryl(V)-nitrid *n*
phosphoryl triamine <$OP(NH_2)_3$> Phosphoryl(V)-triamin *n*
phosphorylase *{EC 2.4.1.1}* Phosphorylase *f {Biochem}*
phosphorylase kinase *{EC 2.7.1.38}* Phosphorylasekinase *f*
phosphorylase phosphatase *{EC 3.1.3.17}* Phosphorylasephosphatase *f*
phosphorylation Phosphorylierung *f {Biochem}*

oxidative phosphorylation oxidative Phosphorylierung *f*
phosphoserine Phosphoserin *n*
phosphosiderite Phosphosiderit *m {Min}*
phosphosphingoside Phosphosphingosid *n*
phosphotartaric acid Phosphorweinsäure *f*
phosphotransacetylase *{EC 2.3.1.8}* Phosphoacylase *f*, Phosphotransacetylase *f*, Phosphatacetyltransferase *f {IUB}*
phosphotungstate $<M'_3[P(W_3O_{10})_4]>$ Phosphorwolframat *n*, Tetrakistriwolframatophosphat *n*, Dodecawolframatophosphat *n*
phosphotungstic acid $<H_3[P(W_3O_{10})_4]>$ Phosphorwolframsäure *f*, Wolframatophosphorsäure *f*, Tetrakistriwolframatophosphorsäure *f*, Dodecawolframatophosphorsäure *f*
phosphovitin Phosphovitin *n*, Phosvitin *n {Phosphoprotein}*
phosphuranylite Phosphuranylit *m {Min}*
phot Phot *n {nicht gesetzliche Einheit der spezifischen Lichtausstrahlung, 1ph = 1lm/m² = 1000 lx}*
photo 1. Photo-, Licht-; 2. Photographie *f*, Lichtbild *n*, Photo *n*, Photoabzug *m*
photoabsorption band Photoabsorptionsband *n*
photoacitve lichttechnisch aktiv, photosensitiv; lichtempfindlich
photoacoustic photoakustisch
photoacoustic decomposition photoakustischer Aufschluß *m {Anal}*
photoacoustic detection photoakustische Erfassung *f {Anal}*; photoakustischer Nachweis *m {z.B. eines Elements}*
photoacoustic spectroscopy Photoschall-Spektroskopie *f*, photoakustische Spektroskopie *f*, PA-Spektroskopie *f*
photoactinic photoaktinisch [strahlend]
photoactivated cleavage photoaktivierte Spaltung *f*
photoactivation Photoaktivierung *f {Aktivierung durch Licht}*
photoassisted oxidation photogestützte Oxidation *f*, lichtverstärkte Oxidation *f*
photoautotroph photoautotropher Organismus *m*
photobacteria Leuchtbakerien *npl*
photobicyclization route Photobicyclisierung *f {für Bicycloalkane}*
photobiological photobiologisch
photobiological transformation of xenobiotics photobiologische Umwandlung *f* organismenfremder Substanzen *fpl*
photobiology Photobiologie *f*
photobiotechnology Photobiotechnologie *f*
photocatalysis Photokatalyse *f*
photocatalytic photokatalytisch
photocathode Kathode *f* einer Photozelle *f*, Photokathode *f*, Rasterkathode *f {Elektronik}*
photocell Photozelle *f*, photoelektrische Zelle *f*, lichtelektrische Zelle *f*
photochemical 1. photochemisch, lichtchemisch; 2. Photochemikalie *f*
photochemical activation photochemische Aktivierung *f*
photochemical chlorination photochemische Chlorierung *f*, Photochlorierung *f*
photochemical cleavage photochemische Spaltung *f*
photochemical cycloaddition photochemische Cycloaddition *f*
photochemical decomposition (degradation, destruction) Photolyse *f*, photochemischer Abbau *m*, Abbau *m* durch Lichteinwirkung
photochemical dissociation photochemische Dissoziation *f*, photochemische Spaltung *f*, Photodissoziation *f*
photochemical equilibrium photochemisches Gleichgewicht *n*, Strahlungsgleichgewicht *n*
photochemical equivalent photochemisches Äquivalent *n {Quantenausbeute}*
photochemical induction Draper-Effekt *m*, photochemische Induktion *f*
photochemical isomerization Photo-Isomerisierung *f*
photochemical oxidant photochemisches Oxidationsmittel *n*
photochemical process photochemisches Verfahren *n*
photochemical reaction photochemische Reaktion *f*
photochemical rearrangement photochemische Umlagerung *f*
photochemical smog photochemischer Smog *m*
photochemicals Photochemikalien *fpl*
photochemistry Photochemie *f*
photochemotherapy Photochemotherapie *f*
photochlorination Lichtchlorierung *f*, Photochlorierung *f*, photochemische Chlorierung *f*
photochrom[at]ic photochromatisch, lichtempfindlich, phototrop, photochrom
photoconduction Photoleitung *f*, photoelektrische Leitung *f*
photoconductive lichtelektrisch, photoelektrisch
photoconductive cell Photowiderstand *m*, Photowiderstandszelle *f*, Photoresistor *m*, lichtelektrischer Widerstand *m*, photoelektrischer Widerstand *m*, Photoleitfähigkeitszelle *f*
photoconductive effect innerer Photoeffekt *m*, Photoleitungseffekt *m*, Halbleiterphotoeffekt *m*
photoconductive sensitivity Photoleitempfindlichkeit *f*
photoconductivity lichtelektrische Leitfähigkeit *f*, photoelektrische Leitfähigkeit *f*, Photoleitfähigkeit *f*
photoconductivity cell *s.* photoconductive cell
photoconductor Photoleiter *m*

photocopier Photokopiergerät *n*
photocopy Photokopie *f*, Lichtpause *f*
photocopy paper *s*. photocopying paper
photocopying apparatus Photokopiergerät *n*
photocopying paper Photokopierpapier *n*, Lichtpauspapier *n*, Ablichtungspapier *n*
photocurrent Photostrom *m*, photoelektrischer Strom *m*, lichtelektrischer Strom *m*, Photoelektronenstrom *m*
photocyclization Photocyclisierung *f*, photochemische Cyclisierung *f*
photodecarboxylation Photodecarboxylierung *f*
photodecomposition Photozersetzung *f*, photochemischer Abbau *m*, photolytische Zerstörung *f*, Photodegradation *f*
photodegradable photochemisch abbaubar, lichtzersetzlich
photodegradable packing lichtzersetzliche Verpackung *f*
photodegradation Photoabbau *m*, photochemischer Abbau *m*, Lichtabbau *m*, Photodegradation *f*
photodemercuration Photodemercurierung *f*
photodensitometer Photodichtemesser *m*
photodestruction *s*. photodegradation
photodetachment photochemische Ablösung *f*, photochemische Deionisierung *f* *{X^- wird zu $X + e^-$}*
photodeuteron Photodeuteron *n* *{Nukl}*
photodielectric lichtdielektrisch, photodielektrisch
photodisintegration Kernphotoeffekt *m*, Photoumwandlung *f* *{Nukl}*
photodissociation Photodissoziation *f*, optische Dissoziation *f*, photochemische Dissoziation *f*
photodynamic photodynamisch
photoelastic spannungsoptisch, photoelastisch, piezooptisch
photoelastic effect piezooptischer Effekt *m*, photoelastischer Effekt *m*, spannungsoptischer Effekt *m*
photoelastic measurement polarisationsoptische Messung *f*
photoelastic varnish Lack *m* für optische Spannungsmessung *f*
photoelasticity 1. Photoelastizität *f* *{Opt}*; 2. Spannungsoptik *f*, Elastooptik *f* *{Opt}*
photoelectrete Photoelektret *n*
photoelectric lichtelektrisch, photoelektrisch
photoelectric absorption analysis photoelektrische Absorptionsanalyse *f*
photoelectric absorption coefficient Photoabsorptionskoeffizient *m*
photoelectric cathode Photokathode *f*
photoelectric cell Photozelle *f*, lichtelektrische Zelle *f*, photoelektrische Zelle *f*
photoelectric colorimetry lichtelektrische Kolorimetrie *f*, objektive Kolorimetrie *f*, objektive kolorimetrische Methode *f*
photoelectric counter Lichtzählrohr *n*
photoelectric current Photo[elektronen]strom *m*, photoelektrischer Strom *m*, lichtelektrischer Strom *m*
photoelectric densitometer photoelektrisches Densitometer *n*
photoelectric effect Photoeffekt *m*, photoelektrischer Effekt *m*
photoelectric emission Photoemission *f*, äußerer Photoeffekt *m*, lichtelektrische Elektronenemission *f*, äußerer lichtelektrischer Effekt *m*
photoelectric fluorometer photoelektrisches Fluoreszenzmeßgerät *n* *{Anal}*
photoelectric guard Lichtschranke *f*
photoelectric photometer 1. lichtelektrisches Photometer *n*, objektives Photometer *n*; 2. Schnellphotometer *n*
photoelectric threshold lichtelektrischer Grenzwert *m*, lichtelektrischer Schwellenwert *m*
photoelectric tube *s*. photoelectric cell
photoelectric voltage photoelektrische Spannung *f*
internal photoelektric effect innerer Photoeffekt *m*
photoelectrical photoelektrisch, lichtelektrisch
photoelectricity Photoelektrizität *f*, Lichtelektrizität *f*
photoelectrochemistry Photoelektrochemie *f*
photoelectrolysis Photoelektrolyse *f*
photoelectromagnetic photoelektromagnetisch, photogalvanomagnetisch
photoelectromotive force photoelektromotorische Kraft *f*, Photo-EMK *f*
photoelectron Photoelektron *n*, Leuchtelektron *n*, Lichtelektron *n*
photoelectron spectroscopy Photoelektronen-Spektroskopie *f*
photoelectron multiplier Photoelektronenvervielfacher *m*
photoemission Photoemission *f*, lichtelektrische Emission *f*
photoemissive cell Emissionsphotozelle *f*, Photozelle *f* mit äußerem lichtelektrischem Effekt *m*
photoemissive effect äußerer lichtelektrischer Effekt *m*, äußerer Photoeffekt *m*, Photoemissionseffekt *m*
photoemissive gas-filled cell Glimmzelle *f*
photoemissive tube photometer Photozellen-Photometer *n* *{Anal}*
photoengraving Chemigraphie *f*
photoengraving zinc Ätzplattenzink *n* *{mit Spuren von Fe, Cd, Mn, Mg}*
photoenhanced oxidation lichtverstärkte Oxidation *f*, photochemisch gestützte Oxidation *f*
photoetching Photoätzen *n*, Photoätzung *f*

photoferroelectric effect photoelektrischer Effekt *m*
photofission Photospaltung *f*, gammainduzierte Kernreaktion *f {Nukl}*
photoflash composition Blitzlichtmischung *f*
photofluorography Photofluorographie *f*, Schirmbildphotographie *f*, Radiophotographie *f {Röntgenaufnahmetechnik}*
photofluorometer Photofluorometer *n {Instr}*
photofragment spectroscopy *s.* photofragmentation spectroscopy
photofragmentation Photozersetzung *f*, Photoaufspaltung *f*, Photozerlegung *f*
photofragmentation spectroscopy Photofragmentierungs-Spektroskopie *f*
photogalvanography Photogalvanographie *f*
photogelatin Lichtdruckgelatine *f*
photogelatin ink Lichtdruckfarbe *f*
photogelatin printing plate Phototypie *f*, Kollotypie *f*, Artotypie *f*, Heliotypie *f*
photogen Photogen *n {Biol}*
photogen lamp Photogenlampe *f*
photogenerated radical Photoradikal *n*
photogenic lichtemittierend, lichtausstrahlend, lichtaussendend, lichterzeugend; photogen *{bildwirksam}*
photoglow tube Glimmzelle *f*, Photoglimmröhre *f*
photografting reactions lichtinduzierte Pfropfreaktion *f {Polymer}*
photogrammetry Photogrammetrie *f*, Meßbildverfahren *n*, Phototopographie *f {Ökol}*
photograph/to photographieren
photograph 1. Photographie *f*, Lichtbild *n*, Photo *n*, Aufnahme *f*; 2. Meßbild *n*, Photogramm *n*
photographic photographisch
photographic base paper Photorohpapier *n*, photographisches Rohpapier *n*
photographic blackening photographische Schwärzung *f*
photographic chemicals *s.* photochemicals
photographic detection photographischer Nachweis *m*, photographische Bestimmung *f*
photographic developer [photographischer] Entwickler *m*
photographic dye Photofarbstoff *m*, photographischer Farbstoff *m*
photographic estimation photographischer Nachweis *m*, photografische Bestimmung *f*
photographic film photographischer Film *m*
photographic film speed Empfindlichkeit *f* des photographischen Films *m*
photographic fixing Fixieren *n {Photo}*
photographic grade photographische Korngröße *f*
photographic image *s.* photographic record
photographic negative photographisches Negativ *n*, Photonegativ *n*, Negativ *n {Photo}*
photographic paper Photopapier *n*, photographisches Papier *n*
photographic photometry photographische Photometrie *f {Spek; Komparator-Densitometrie-Kombination}*
photographic picture Lichtbild *n*, Photographie *f*, Aufnahme *f {Photo}*
photographic pigment Photofarbstoff *m*
photographic plate Photoplatte *f*, photographische Platte *f*
photographic plate photometer Schwärzungsphotometer *n*
photographic positive photographisches Positiv *n*, Positivbild *n {Photo}*
photographic printing Lichtdruck *m*
photographic reducer Bildaufheller *m*, Bildbleicher *m*, Bildabschwächer *m {Photo}*
photographic record photographische Aufzeichnung *f*, photographische Registrierung *f*, Photogramm *n*
photographic recording polarograph Polarograph *m* mit photographischer Registierung *f*
photographic reference standard photographischer Bezugsstandard *m*, photographische Vergleichsnormale *f*
photographic room surveillance photographische Raumüberwachung *f*
photographic sensitizer Sensibilisator *m {Photo}*
photographic sheet colo[u]r paper *{BS 3822}* Farbphotopapierblatt *n*
photographic tracing Lichtpause *f*, Photokopie *f*
photographic transmission density photographische Dichte *f*, Densität *f*
photography 1. Photographie *f*, Lichtbildnerei *f*, Lichtbildkunst *f*; 2. Photographie *f*, Aufnahme *f {Photo}*, Photo *n*, Lichtbild *n*
photogravure Photogravüre *f*, Lichtkupferdruck *m*, Heliogravüre *f*, Heliographie *f {Drukken}*
photohalide Photohalogenid *n*
photohomolysis Photohomolyse *f {symmetrische Bindungsspaltung}*
photohydration photochemische Hydratisierung *f*, Photohydration *f*
photoinduced reductive dissociation photoinduzierte reduktive Dissoziation *f*, lichtinduzierte Reduktionsspaltung *f*
photoinitiated photoinitiiert, lichtinduziert
photoinitiated polymerization Photopolymerisation *f*, lichtinitiierte Polymerisation *f*
photoinitiation photochemische Initiierung *f*, Photoimitierung *f*
photoinitiator Photoinitiator *m*
photoionization Photoionisation *f*, atomarer Photoeffekt *m*, Photoionisierung *f*

photoionization efficiency Photoionisierungsausbeute *f*
photoisomer Photoisomer[es] *n*
photoisomeric change Photoisomerisierung *f*
photoisomerization Photoisomerisierung *f*
photolithographic photolithographisch
photolithography Photolithographie *f*, Lichtsteindruck *m*, Photoätztechnik *f*
photoluminescence Photolumineszenz *f*
photolysis Photolyse *f*, Photozersetzung *f*, Zersetzung *f* durch Licht *n*
photolytic photolytisch
photolytic degradation photolytischer Abbau *m*, photolytische Zersetzung *f*
photolytic ozonation photolytische Ozon[is]ierung *f*
photomacrograph Makroaufnahme *f*, Makrophotographie *f*, Makrophoto *n*, makrographische Aufnahme *f*
photomagnetic photomagnetisch
photomagnetic effect photomagnetischer Effekt *m*
photomagnetism Photomagnetismus *m*, Lichtmagnetismus *m*
photomagnetoelectric effect photomagnetoelektrischer Effekt *m*
photomechanical photomechanisch *{Reproduktionsverfahren}*
photomechanical colo[u]r printing Lichtfarbendruck *m*
photomechanical printing Lichtdruck *m*
photomechanochemistry photomechanische Chemie *f {photochemische Umwandlung chemischer in mechanische Energie bei Polymeren}*
photomeson Photomeson *n {Nukl}*
photometer Photometer *n*, Licht[stärke]messer *m*, Belichtungsmesser *m*, Beleuchtungsmesser *m*, Luxmeter *n*
photometer lamp Photometerlampe *f*
photometric photometrisch; Photometer-
photometric determination photometrische Bestimmung *f*, Ausphotometrieren *n {Chrom}*
photometric evaluation Photometrierung *f*, photometrische Messung *f*, photometrische Auswertung *f*
photometric method photometrisches Verfahren *n*
photometric titration photometrische Titration *f*, photometrisches Titrieren *n*
photometrical photometrisch; Photometer-
photometrically photometrisch
measure photometrically/to photometrieren
photometry 1. Photometrie *f*, Lichtstärkemessung *f*, Helligkeitsmessung *f*; 2. Strahlungsmessung *f*; 3. Trübungstitration *f*, turbidimetrische Titration *f {Anal}*
photomicrograph lichtmikroskopische Aufnahme *f*, Mikroaufnahme *f*, Mikrophoto *n*, Mikrophotographie *f*
photomicrography Mikrophotographie *f*
photomultiplier [cell] Photo[elektronen]vervielfacher *m*, Photomultiplier *m*, Sekundärelektronenvervielfacher *m*, SEV
photomultiplier counter Szintillationszähler *m*
photomultiplier tube *s.* photomultiplier [cell]
photon Photon *n*, Lichtquant *n {Nukl}*
photon absorption Photonenabsorption *f*
photon flux Photonenflußdichte *f {in Photonen/($m^2 \cdot s$)}*
photon gas Photonengas *n {Quantenstatistik}*
photoneutron Photoneutron *n {Nukl}*
photonitrosation Photonitrosierung *f*
photonuclear Kernphoto-
photonuclear effect Kernphotoeffekt *m*
photonuclear reaction Kernphotoreaktion *f*, Photoumwandlung *f {Nukl}*
photonucleon Photonucleon *n*
photooxidation Photooxidation *f*, photochemische Oxidation *f*
photooxidative photooxidativ
photooxidative degradation photooxidativer Abbau *m {Kunst}*
photooximation Photooximierung *f*
photooxygenation Photooxygenierung *f*
photophilous lichtliebend *{Bakterien}*, sonneliebend, heliophil, photophil
photophobic lichtmeidend *{Bakterien}*; negativphototropisch *{Pflanzen}*
photophor **<Ca_2P_2; Ca_3P_2>** Calciumphosphid *n*, Phosphorkalk *m {obs}*
photophoresis Photophorese *f*
photophosphorylation Photophosphorylierung *f {Biochem}*
photopigment Photopigment *n {Biochem}*
photopolymer Photopolymer[es] *n*
photopolymerization Photopolymerisation *f*, Photovernetzung *f*, lichtinduzierte Polymerisation *f*
photoprint photographischer Abzug *m*, Photokopie *f*
photoprinting Photodruck *m*
photoproton Photoproton *n {Nukl}*
photoreaction Photoreaktion *f*, photochemische Reaktion *f*, photochemische Umsetzung *f*, Lichtreaktion *f*
photoreactivation Photoreaktivierung *f {Biochem}*
photoreactive chlorophyll photochemisch aktiviertes Chlorophyll *n*
photoreactor Photoreaktor *m*
photorearrangement photochemische Umlagerung *f*
photoreception Photorezeption *n*, Lichtwahrnehmung *f*

photoreceptor Photorezeptor *m*, Lichtsinneszelle *f*
photoredox transformation pohotochemische Redoxtransformation *f*
photoreduction Photoreduktion *f*
photoresist 1. Abdeckung *f {Schutzschicht bei Leiterplatten}*; 2. Photokopierlack *m*, Photolack *m {lichtempfindlicher Lack}*, Photoresist *n*, Photoabdeckung *f {Photolackverfahren}*
photoresist dye Fotoresistfarbstoff *m*
photoresist resin Photoresistlack *m*
photoresistance lichtelektrischer Widerstand *m*, Photowiderstand *m*
photoresistive cell Widerstandsphotozelle *f*
photorespiration Photoatmung *f*, Lichtatmung *f*, Photorespiration *f {Biochem}*
photosantonic acid Photosantonsäure *f*
photosantonin Photosantonin *n*, Chromosantonin *n*
photosedimentometer Photosedimentometer *m*
photosensitive lichtempfindlich; photosensibel, photosensitiv *{z.B. Glas}*
photosensitive coating Photolack *m*
photosensitive device photosensitives Bauelement *n*, photosensibles Bauelement *n*
photosensitive glass photochromes Glas *n*, phototropes Glas *n*
photosensitive recorder paper Photo-Registrierpapier *n*
photosensitive surface Photoschicht *f*, photosensibler Film *m*
photosensitivity Photoempfindlichkeit *f*, Photosensibilität *f*; Lichtempfindlichkeit *f*
photosensitize/to lichtempfindlich machen, die Lichtempfindlichkeit *f* steigern, sensibilisieren; photosensibilisieren
photosensitized degradation photosensibilisierter Abbau *m*
photosensitizer Photosensibilisator *m*, Sensibilisator *m {Photo}*
photosphere 1. Photosphäre *f {Astr}*; 2. Streukugel *f*, Diffusor-Kalotte *f {Photo}*
photostability Lichtbeständigkeit *f*, Lichtunempfindlichkeit *f*
photostabilization Lichtunempfindlichmachen *n*
photostabilizer Lichtstabilisator *m*, photostabilisierendes Mittel *n {Gummi}*
photostable lichtbeständig, lichtunempfindlich
photosubstitution reaction Photosubstitution *f*, photochemische Austauschreaktion *f*
photosynthesis Photosynthese *f*
photosynthetic photosynthetisch
photosynthetic reaction center photosynthetisches Reaktionszentrum *n*
photosystem I Photosystem I *n {Photosynthese}*
photosystem II Photosystem II *n {Photosythese}*
phototaxis Phototaxis *f*, Phototropismus *m*
photothermoelasticity Photothermoelastizität *f {wärmeinduzierte Spannungsoptik}*
phototimer photoelektrischer Zeitschalter *m*, photoelektrische Schaltuhr *f*
phototoxic drug lichtaktiviertes Medikament *n*
phototoxic insecticide lichtaktiviertes Insektizid *n {Agri}*
phototransformation of xenobiotic compounds lichtinduzierte Umwandlung *f* von organismenfremden Verbindungen *fpl {z.B. Chlorphenole}*
phototrophic bacteria lichtnutzende Bakterien *npl {z.B. Purpurbakterien, grüne Schwefelbakterien}*
phototropic phototrop[isch]
phototropism Phototropismus *m*, Phototaxis *f {Bot}*
phototropy 1. Phototropie *f*, Photochromie *f {Chem}*; 2. Phototropismus *m*, Phototaxis *f {Biol}*
phototube *s.* photoelectric cell
phototypography Phototypographie *f*
phototypy Phototypie *f*, Lichtdruck *m*
photoviscoelasticity Photoviskoelastizität *f*
photovoltaic photovoltaisch
photovoltaic cell Sperrschichtphotozelle *f*, Sperrschichtzelle *f*, Sperrschicht[photo]element *n*, Photoelement *n*
photovoltaic effect Sperrschichtphotoeffekt *m*
photozincographic photozinkographisch
photozincography Photozinkographie *f*, Zinkätzung *f*
phrenosin <$C_{48}H_{93}NO_9$> Phrenosin *n*, Cerebron *n {Cerbronsäurederivat}*
phrenosinic acid <$CH_3(CH_2)_{21}CH(OH)COOH$> Phrenosinsäure *f*
phrynin Phrynin *n {Hauttoxin}*
phthalacene Phthalacen *n*
phthalaldehyde <$C_6H_4(CHO)_2$> Phthalaldehyd *m {ortho-, para-, tera-Form}*
phthalaldehydic acid <$OHCC_6H_4COOH$> Phthalaldehydsäure *f {3 Isomere}*
phthalamic acid <$HOOCC_6H_4CONH_2$> Phthalamidsäure *f*, Phthalsäuremonamid *n*
phthalamide <$C_6H_4(CONH_2)_2$> Phthaldiamid *n*, Phthalsäurediamid *n*
α-phthalamidoglutarimide Thalidomid *n {HN}*, Contergan *n {HN}*
phthalan Phthalan *n*
phthalandione Phthalsäureanhydrid *n*, Benzen-1,2-dicarbonsäureanhydrid *n {IUPAC}*
phthalanil <$C_{14}H_9NO_2$> Phthalanil *n*, *N*-Phenylphthalimid *n*
phthalanilic acid Phthalanilsäure *f*
phthalanilide Phthalanilid *n*
phthalate <$C_6H_4(COOR)_2$; $C_6H_4(COOM')_2$> Phthalat *n {Salz oder Ester der Phthalsäure}*
phthalate plasticizer Phthalatweichmacher *m*

phthalate resin Phthalatharz *n {Alkydharz}*

phthalazine <$C_8H_6N_2$> Phthalazin *n*, 2,3-Benzodiazin *n*

phthalazinone <$C_8H_6N_2O$> Phthalazinon *n*

phthaleins Phthaleine *npl*

phthalic phthalsauer; Phthalsäure-

phthalic acid <$C_6H_4(COOH)_2$> Phthalsäure *f*, Alizarinsäure *f {obs}*, Benzen-*o*-dicarbonsäure *f*, Benzen-1,2-dicarbonsäure *f {IUPAC}*

***m*-phthalic acid** Isophthalsäure *f*, Benzol-1,3-dicarbonsäure *f*

***p*-phthalic acid** Terephthalsäure *f*, Benzol-1,4-dicarbonsäure *f*

phthalic acid ester Phthalsäureester *m*

phthalic aldehyde Phthalaldehyd *m*

phthalic amide *s.* phthalamide

phthalic anhydride <$C_8H_4O_3$> Phthalsäureanhydrid *n*, Benzen-1,2-dicarbonsäureanhydrid *n*, Phthalandion *n*

phthalic anhydride method *{ISO 4327}* Phthalsäureanhydrid-Verfahren *n {Hydroxyl-Index}*

phthalic ester Phthalsäureester *m*, Phthalsäuredimethylester *m*

phthalic nitrile *s.* phthalonitrile

phthalic resin Phthalsäureharz *n*, Phthalatharz *n {Alkydharz}*

phthalide <$C_8H_6O_2$> Phthalid *n*, Isobenzofuranon *n*, Phthalan-1-on *n*

phthalidene acetic acid Phthalidenessigsäure *f*

phthalimide <$C_8H_5NO_2$> Phthalimid *n*, *o*-Phthalsäureimid *n*, Isoindol-1,3-dion *n*

phthalimidine <C_8H_8NO> Phthalimidin *n*, Isoindolin-1-on *n*

phthalimidoacetic acid Phthalimidoessigsäure *f*

phthalocyanine <$C_{32}H_{18}N_8M'$> Phthalocyanin *n*, Tetrabenzo-tetraaza-porphin *n*

phthalocyanine blue Phthalocyaninblau *n*

phthalocyanine green Phthalocyaningrün *n*

phthalocyanine dye Phthalocyaninfarbstoff *m*, Heliogenfarbstoff *m*, Monastralfarbstoff *m*

phthalonic acid <$HOOCC_6H_4COCOOH2 \cdot H_2O$> Phthalonsäure *f*, *o*-Carboxyphenylglyoxalsäure *f*

phthalonimide Phthalonimid *n*

phthalonitrile <$C_6H_4(CN)_2$> Phthalodinitril *n*, Phthalsäuredinitril *n*, 1,2-Dicyanbenzol *n*

***m*-phthalonitrile** Isophthalonitril *n*, 1,3-Dicyanbenzol *n*

***p*-phthalonitrile** Terephthalonitril *n*, 1,4-Dicyanbenzol *n*

phthalophenone Phthalophenon *n*

phthaloxime Phthaloxim *n*

phthaloyl <$-OCC_6H_4CO-$> Phthaloyl- *{IUPAC}*, Phthalyl-

phthaloyl alcohol <$HOCH_2C_6H_4CH_2OH$> Xylol-1,2-diol *n*

phthaloyl chloride <$C_6H_4(COCl)_2$> Phthaloylchlorid *n*

phthaloyl diazide <$C_6H_4(CON_3)_2$> Phthalyldiazid *n*, Phthaloyldiazid *n*

phthaloyl peroxide Phthalylperoxid *n*

phthaloylglycine Phthalyglycin *n*

phthaloylhydrazin <$C_8H_6N_2O_2$> Phthalylhydrazin *n*

phthaloylsulfacetamide Phthaloylsulfacetamid *n*

phthaloylsulfathiazole Phthaloylsulfathiazol *n*

phthalyl *s.* phthaloyl

phthiocol Phthiokol *n*, 2-Hydroxy-3-methyl-1,4-naphthochinon *n*

phthioic acid <$C_{26}H_{52}O_2$> Ceratinsäure *f*, Phthionsäure *f*

phthoric acid *{obs}* *s.* hydrofluoric acid

phycitol Phycit *m*, Erythritol *n*, Butantetrol *n {obs}*

phycobilins Phycobiline *npl*

phycochrome Phycochrom *n*

phycocyanin Phycocyanin *n {Phycobiliprotein}*

phycocyanobilin <$C_{31}H_{38}N_4O_2$> Phycocyanobilin *n {Chromophor}*

phycocyanogen Phycocyan *n*

phycoerythrin Phycoerythrin *n {rotes Phycobilin}*

phycoerythrobilin <$C_{31}H_{38}N_4O_2$> Phycoerythrobilin *n*

phycomycetes Phykomyceten *mpl*, Algenpilze *mpl*

phycophaein Phykophäin *n*

phyllite Phyllit *m*, Urtonschiefer *m {Geol}*

phyllochlorite Phyllochlorit *m {Min}*

phyllocyanin Blattblau *n*

phylloerythrin Phylloerythrin *n*

phyllohemin Phyllohämin *n*

phylloporphyrin <$C_{32}H_{36}N_4O_2$> Phylloporphyrin *n*

phyllopyrrole <$C_9H_{15}N$> Phyllopyrrol *n*, 4-Ethyl-2,3,5-trimethylpyrrol *n*

phylloquinone Phyllochinon *n*, Vitamin K_1 *n {Triv}*, Koagulationsvitamin *n {Triv}*, Phytonadion *n {IUPAC}*, Phytomenadion *n*

physalin B <$C_{28}H_{30}O_9$> Physalin *n*

physcic acid *s.* physcion

physcion <$C_{16}H_{12}O_5$> Physciasäure *f*, Physcion *n*, 1,8-Dihydroxy-3-methoxy-6-methylanthrachinon *n*

physeteric acid Physeter[in]säure *f*, Tetradec-5-ensäure *f*

physetoleic acid Physetolsäure *f*, Hexadec-7-ensäure *f*

physical 1. physisch, stofflich, körperlich; 2. physikalisch; naturwissenschaftlich

physical adsorption Physisorption *f*, physikalische Adsorption *f*, van-der-Waalssche Adsorption *f*

physical agents physikalische Faktoren *mpl {Schutz}*
physical analysis physikalische Analyse *f*, physikalische Untersuchung *f*
physical atmosphere physikalische Atmosphäre *f {1013,25 hPa}*
physical appearance Habitus *m {Biol}*
physical beneficiation physikalische Mineralaufbereitung *f*
physical characteristics Stoffwerte *mpl {DIN 3320}*; äußere Merkmale *npl*
physical-chemical physikalisch-chemisch, physikochemisch
physical chemist Physikochemiker *m*
physical chemistry physikalische Chemie *f*, Physikochemie *f*
physical condition Aggregatzustand *m*
physical constant physikalische Konstante *f*; Naturkonstante *f*
physical drying physikalische Trocknung *f*
physical form *s.* physical condition
physical form as supplied Lieferform *f*
physical inventory realer Bestand *m {z.B. an radioaktivem Brennstoff}*
physical measuring system physikalisches Maßsystem *n*
physical photometry physikalische Photometrie *f*
physical properties physikalische Eigenschaften *fpl*
physical protection Objektschutz *m*
physical scale of atomic weights Atomgewichte *npl*, relative Atommassen *fpl {1 amu = 1/12 ^{12}C}*
physical security Objektschutz *m*
physical separation räumliche Trennung *f*
physical solution physikalische Lösung *f*, inerte Lösung *f*
physical solvent physikalisches Lösemittel *n*
physical stability mechanische Festigkeit *f {z.B. Gelmatrix}*
physical state Aggregatzustand *m*
physical strength *{ISO TR 7517}* mechanische Festigkeit *f {z.B. Kohle}*
physician [praktischer] Arzt *m*
physicist Physiker *m*
physicochemical physikalisch-chemisch, physikochemisch
physicochemical surface properties physikalisch-chemische Klebflächenaktivität *f {infolge Oberflächenvorbehandlung}*
physicochemistry Physikochemie *f*, physikalische Chemie *f*
physics Physik *f*
physics of strata Lagerstättenphysik *f*
chemical physics Chemiephysik *f {obs}*, physikalische Chemie *f*
solid-state physics Festkörperphysik *f*
physiochemical biochemisch
physiochromatin Physiochromatin *n*
physiography Physiogeographie *f*, physische Geographie *f*
physiologic[al] physiologisch
physiological action physiologische Wirkung *f*
physiological chemistry physiologische Chemie *f*, Stoffwechselchemie *f*
physiological ecology physiologische Ökologie *f*
physiological salt solution 1. physiologische Kochsalzlösung *f*, isotone Kochsalzlösung *f {0,9 %}*; physiologische Salzlösung *f {0,25 g $CaCl_2$}*
physiologically inert physiologisch indifferent
physiology Physiologie *f*
animal physiology Tierphysiologie *f*
applied physiology angewandte Physiologie *f*
comparative physiology vergleichende Physiologie *f*
experimental physiology experimentelle Physiologie *f*
plant physiology Pflanzenphysiologie *f*
physisorbed species physikalisch absorbierte Atomarten *fpl*, physikalisch absorbierte Molekülarten *fpl*
physisorption Physisorption *f*, physikalische Adsorption *f*, van-der-Waalssche Adsorption *f*
physostigmine **<$C_{15}H_{21}N_3O_2$>** Physostigmin *n*, Eserin *n*
physostigmine salicylate *{USP, BP, EP}* Eserinsalicylat *n*, Physostigminsalicylat *n*
physostigmine sulfate **<$(C_{15}H_2O_2N_3)_2$-H_2SO_4>** Physostigminsulfat *n*, Eserinsulfat *n*
physostigmol Physostigmol *n {Alkaloid}*
phytadiene Phytadien *n*
phytane **<$C_{20}H_{42}$>** 2,6,10,14-Tetramethylhexadecan *n*, Phytan *n*
phytanol Phytanol *n*
3-phytase *{EC 3.1.3.8}* 3-Phytase *f*
6-phytase *{EC 3.1.3.26}* Phytat-6-phosphatase *f*, 6-Phytase *f {IUB}*
phytate Inosithexaphosphat *n*
phytene Phyten *n*
phytenic acid Phytensäure *f*
phyterythrin Phyterythrin *n {roter Blattfarbstoff}*
phytic acid **<$C_6H_6(OPO(OH)_2)_6$>** Phytinsäure *f*
phytin Phytin *n {Ca-Mg-Salz der Phytinsäure}*
phytoalexin Phytoalexin *n {pflanzlicher Abwehrstoff}*
phytochemical pflanzenchemisch, phytochemisch
phytochemical defense pflanzenchemische Abwehr *f*
phytochemistry Pflanzenchemie *f*, Phytochemie *f*
phytochrome Phytochrom *n*

phytohormone Phytohormon *n*, Pflanzenhormon *n*, biogener Wachstumsregulator *m*
phytol <$C_{20}H_{39}OH$> Phytol *n*, 3,7,11,15-Tetramethylhexadec-2-en-ol *n* *{Diterpenalkohol}*
phytolacca toxin Phytolaccatoxin *n*
phytology Pflanzenkunde *f*, Phytologie *f*
phytonadione <$C_{31}H_{46}O_2$> Phyllochinon *n* *{obs}*, Vitamin K_1 *n* *{Triv}*, Phytomenadion *n*, Phytonadion *n* *{IUPAC}*
phytoparasite Pflanzenparasit *m*, Phytoparasit *m*
phytophagous phytophag, pflanzenfressend
phytophysiology Pflanzenphysiologie *f*
phytoplasm Phytoplasma *n*
phytoprotein Pflanzeneiweiß *n*, Phytoprotein *n*
phytosterin *s.* phytosterol
phytosterol 1. <$C_{26}H_{44}O{\cdot}H_2O$> Phytosterin *n*, Phytosterol *n*; 2. pflanzliches Sterol *n*
phytosterolin <$C_{34}H_{56}O_6$> Phytosterolin *n* *{Glucosid}*
phytosteryl acetate test *{IDF 32}* Phytosterol[acetat]prüfung *f* *{Tier/Pflanzenfett-Unterscheidung}*
phytotoxic phytotoxisch
phytotoxin Pflanzengift *n*, pflanzliches Toxin *n*, Phytotoxin *n*
phytylmenaquinone *s.* phytonadione
pi-meson Pi-Meson *n*, Pion *n* *{Nukl}*
piaselenole <$C_6H_4N_2Se$> Piaselenol *n*, 2,1,3-Benzoselenadiazol *n*
piauzite Piauzit *m* *{bernsteinartiges Harz}*
piazine Piazin *n*, *p*-Diazin *n*
piazothiole <$C_6H_4N_2S$> Piazothiol *n*, 2,1,3-Benzothiadiazol *n*
PIB *{polyisobutylene}* Polyisobutylen *n*
picamar Pikamar *n*, Teerbitter *n*
picein <$C_{14}H_{18}O_7$> Picein *n*, Pizein *n* *{Glucosid}*
picene <$C_{22}H_{14}$> Dibenzphenanthren *n*, Picen *n* *{pentacyclischer Kohlenwasserstoff}*
picene perhydride <$C_{22}H_{36}$> Docosahydropicen *n*
picene quinone Picenchinon *n*
pichurim oil Pichurimtalgsäure *f*
picite Picit *m*, Pizit *m*, Delvauxit *m* *{Min}*
pick/to 1. pflücken *{z.B. Obst}*; ablesen, abbeeren *{z.B. Früchte}*; 2. verlesen, [aus]klauben, [aus]lesen, [aus]wählen, aussortieren *{z.B. Erz von Hand}*; 3. noppen *{Noppen entfernen}*; 4. zupfen; rupfen *{z.B. Papier bei der Verarbeitung}*; auseinanderreißen, auseinanderrupfen; 5. picken; aufhacken, aufhauen *{mit einer Spitzhacke}*
pick-up/to 1. aufheben; 2. aufnehmen *{z.B. eine Flüssigkeit}*; 3. abnehmen
pick 1. Pickel *m*, Spitzhacke *f* *{Werkzeug}*; Schrämpicke *f*, Schrämmeißel *m* *{Bergbau}*; 2. verschmutzter Buchstabe *m* *{Drucken}*; 3. Schußeintrag *m*, Schuß *m*, Durchschuß *m*, Einschuß *m*, Fachdurchlauf *m* *{Weben}*; 4. Schußgarn *n*, Einschlagfaden *m*, Schußfaden *m* *{Weben}*
pickup velocity Abtastgeschwindigkeit *f*
picked ore Scheideerz *n*
pickeringite Pickeringit *m* *{Min}*
picking 1. Verlesen *n*, [Aus-]Lesen *n*, Sortieren *n*, [Aus-]Klauben *n* *{z.B. Erz von Hand}*; 2. Hochziehen *n*, Aufziehen *n* *{Anstrich}*; 3. Rupfen *n* *{Pap}*; 4. Noppen *n* *{Entfernen von Noppen}*; 5 Abschnellen *n*, Eintrag *m*, Schützenschlag *m* *{Weben}*
picking belt Klaubband *n*, Leseband *n*, Verleseband *n* *{Erz}*; Verleseband *n* *{Agri}*
picking ore Klauberz *n*
picking plant Sortieranlage *f*
picking table Klaubetisch *m*, Lesetisch *m* *{Erz}*
pickle/to 1. [ab]beizen *{Met, Saatgut}*, dekapieren, entzundern, ätzen *{Met}*; 2. einsalzen *{Lebensmittel}*; [ein]säuern, marinieren *{z.B. Fisch}*; pökeln, naßpökeln *{Lebensmittel}*; 3. pickeln *{Gerb}*; 4. gelbbrennen *{Galv}*
pickle 1. Beize *f*, Beizflüssigkeit *f*, Beizmittellösung *f* *{Met, Saatgut}*; 2. Pickel *m*, Pickelbrühe *f* *{Gerb}*; 3. Aufguß *m* *{Lebensmittelkonserve}*; Essiglake *f*, Marinade *f* *{Lebensmittel}*; Pökellake *f*, Salzlake *f* *{Lebensmittel}*
pickle bath Pickelbrühe *f* *{Gerb}*
pickle brittleness Beizsprödigkeit *f* *{Met}*
pickle for rendering a dull surface Mattbeize *f*
pickle lag Anlaufzeit *f* der Wasserstoffentwicklung *f* *{Met}*
pickle liquor Beizbad *n*, Beizlösung *f*
pickle time Pickelzeit *f* *{Gerb}*; Beizzeit *f* in Chromschwefelsäure *f* *{metallische Fügeteile}*
pickled cucumbers saure Gurken *fpl*, Salzgurken *fpl* *{Lebensmittel}*
pickled sheet Mattblech *n*
pickler Beizanalge *f* *{Chem, Agri, Met, Bergbau}*; Gelbbrenner *m* *{Met}*
pickling 1. Abbeizen *n*, Beizbehandlung *f* *{Agri, Met}*, Mattbeizen *n*, Dekapieren *n*, Gelbbrennen *n*, Ätzen *n* *{Met}*; 2. Pickeln *n* *{Gerb}*; 3. Pökeln *n*, Naßpökelung *f* *{Lebensmittel}*; Säuern *n*, Einsäuern *n* *{Lebensmittel}*; Marinieren *n* *{Fisch}*
pickling acid Beizsäure *f*, Brennsäure *f* *{Met}*; Beizablauge *f* *{Met}*
pickling agent Abbeizmittel *n*, Beizmittel *n*
pickling basket Beizkorb *m* *{Galv}*
pickling bath Ätzbad *n*, Beizbad *n*, Dekapierbad *n*, Vorbrenne *f*, Gelbbrenne *f* *{Met}*
pickling bath containing an inhibitor Sparbeize *f*
pickling brine Pökel *m*
pickling compound Beizzusatz *m*

pickling crate Beizkorb *m {Galv}*

pickling inhibitor Beizinhibitor *m*, Sparbeize *f*, [Spar-]Beizzusatz *m*

pickling liquor Beizlauge *f*

pickling plant Beizanlage *f*, Abbrenneinrichtung *f {Met}*

pickling pond Kristallisationsbecken *n*

pickling process 1. Pickeln *n*, Pickelverfahren *n {Gerb}*; 2. Beizen *n*, Ätzen *n {Met}*

pickling solution 1. Dekapierflüssigkeit *f*, Ätzlösung *f*, Beizmittellösung *f {Met, Agri}*; 2. Pickel *m {Gerb}*; 3. Pökellake *f*, Pökelsalzlösung *f {Lebensmittel}*; Marinade *f*, Essiglake *f*, Würztunke *f {Lebensmittel}*; Aufguß *m {Lebensmittelkonserven}*

pickling test Beizversuch *m*

pickling the metal Blankmachen *n* des Metalls *n*

pickling time Pökeldauer *f {Lebensmittel}*; Beizdauer *f {Met, Agri}*

pickling vat Abbrennkessel *m*, Beizkasten *m*, Beizbehälter *m {Met}*; Pökelkufe *f {Lebensmittel}*

pickling water Beizwasser *n*

cuprous pickling bath Cuprodekapierbad *n*

removing the pickling acid Poltern *n {Met}*

pickoff 1. Folienabriß *m*, Filmabriß *m*; 2. Abgriff *m {Automation}*; 3. Fühler *m {Automation}*; Meßfühler *m*, Meßwertgeber *m {Elek}*

pickup 1. Herausreißen *n {Nukl}*; 2. Pick-up-Trommel *f {Sammelvorrichtung}*; 3. Ansprechen *n {z.B. Relais}*; 4. Meßfühler *m*, Meßwertgeber *m*

pico- Pico- *{SI-Vorsatz für* 10^{-12}*}*

picoammeter Picoamperemeter *n*

picoampere Picoampere *n {=* 10^{-12} *A}*

picofarad Picofarad *n*, pF *{=* 10^{-12} *F}*

picogram Picogramm *n*

picoline <$C_5H_4NCH_3$> Picolin *n*, Methylpyridin *n {α-, β- und γ-Isomere}*

picoline ferroprotoporphyrin Picolineisenprotoporphyrin *n*

picolinic acid <C_5H_4NCOOH> Picolinsäure *f*, Pyridin-2-carbonsäure *f*

picolyl <$C_5H_4NCH_2$-> Picolyl-

picosecond Picosekunde *f {=* 10^{-12} *s}*

picotite Picotit *m*, Chrom-Spinell *m*, Chromit-Spinell *m {Min}*

picowatt Picowatt *n {*10^{-12} *W}*

picramic acid <$HOC_6H_2(NH_2)(NO_2)_2$> Pikraminsäure *f*, 2-Amino-4,6-dinitrophenol *n {IUPAC}*

picramide <$H_2NC_6H_2(NO_3)_2$> Pikramid *n*, 2,4,6-Trinitroanilin *n {IUPAC}*

picraminic acid *s.* picramic acid

picranilide Pikranilid *n*

picranisic acid *s.* picric acid

picrate Pikrat *n {Salz oder Ester der Pikrinsäure}*

picric acid <$HOC_6H_2(NO_2)_3$> Pikrinsäure *f*, 2,4,6-Trinitrophenol *n {IUPAC}*

picric acid complex Pikrinsäurekomplex *m*

crude picric acid Rohpikrinsäure *f*

picrin Pikrin *n {aus Digitalis purpurea}*

picrite Pikrit *m {Geol}*

picrocine Pikrocin *n*

picrocinic acid Pikrocinsäure *f*

picrocininic acid Pikrocininsäure *f*

picrocrocin 1. <$C_{16}H_{26}O_7$> Saffranbitter *n*,- Pikrocrocin *n*; 2. <$C_{10}H_{14}O$> Pikrocrocin *n {Keton}*

picroic acid Pikrosäure *f*

picroilmenite Pikro-Titanit *m {obs}*, Pikro-Ilmenit *m {Min}*

picrolichenin Flechtenbitter *n*

picrolite Pikrolith *m {obs}*, Antigorit *m {Min}*

picrolonic acid <$C_{10}H_8N_4O_5$> Pikrolonsäure *f*

picromerite Pikromerit *m*, Schönit *m {Min}*

picromycin Pikromycin *n*

picronitric acid *s.* picric acid

picropharmacolite Pikro-Pharmakolith *m {Min}*

picropodophyllin Pikropodophyllin *n*

picroroccellin <$C_{20}H_{22}N_2O_2$> Pikroroccellin *n*

picrosmine steatite Pikrosminsteatit *m {Min}*

picrotin Pikrotin *n*

picrotinic acid Pikrotinsäure *f*

picrotitanite *s.* picroilmenite

picrotoxin <$C_{30}H_{34}O_{13}$> Cocculin *n*, Pikrotoxin *n*

picryl <-$C_6H_2(NO_3)_3$> Pikryl-

picryl azide <$N_3C_6(NO_3)_3$> Pikrylazid *n*

picryl chloride Pikrylchlorid *n*, 1-Chlor-2,4,6-trinitrobenzol *n*

picrylamine Pikramid *n*, 2,4,6-Trinitroanilin *n {IUPAC}*

pictol *{TM}* Metol *n {HN, Methyl-p-aminophenolsulfat}*

picture 1. Bild *n*, Abbildung *f*; 2. Aufnahme *f {Photo}*; Bild *n*, Vollbild *n {TV}*; 3. Maske *f {EDV}*

picture protection device Bildermelder *m*

picture screen Bildfeld *n*, Bildschirm *m*

picture surveillance system Bilderüberwachungssystem *f*

picture tube Bildröhre *f*, Fernsehröhre *f*

picylene Picylen *n*

piece/to [an]stücken, ausbessern; zusammenstücke[l]n

piece 1. Stück *n*; 2. Testeinheit *f {Tech}*; 3. Stoffabschnitt *m*, Warenlänge *f*, Stofflänge *f*; 4. Laboratoriumsprobe *f {DIN 53525}*

piece-dyed stückgefärbt, im Stück gefärbt

piece dyeing Stückfärben *n*, Stückfärbung *f {Text}*

piece goods Stückware *f {Text}*; Schnittware *f {Text}*
piece for use Gebrauchsstück *n*
piece knockout *{US}* Auswerfer *m*, Auswurfvorrichtung *f {Kunst, Gummi}*
piece number Stückzahl *f*
piece-number control Stückzahlsteuerung *f*
piece rate wages Akkordlohn *m*, Stücklohn *m*
piece work Akkordarbeit *f {Ökon}*
consisting of two pieces zweiteilig
curved piece Bogenstück *n*
break up into pieces/to grobbrechen
formed piece Formling *m*
take to pieces/to auseinandernehmen, demontieren, zerlegen *{Mechanik}*
piemontite Piemontit *m*, Mangan-Epidot *m {Min}*
pierce/to durchdringen, durchstechen, durchstoßen, durchbohren, [durch]lochen, perforieren; durchbrechen; sondieren *{Geol}*
pierce open/to aufstechen
piercer 1. Bohrer *m*; Durchschlag *m*, Lochdorn *m*, Locheisen *n*; 2. Lochwalzwerk *n*, Schrägwalzwerk *n {Met}*
piercing 1. stechend, scharf; schrill, grell, durchdringend *{Ton}*; 2. Lochen *n*, Lochbildung *f {Rohrherstellung}*; 3. Lochungsabfall *m*; 4. Innengrat *m {Tech}*
piezochemistry 1. Piezochemie *f*, Hochdruckchemie *f*; 2. Kristallchemie *f*
piezocrystal Kristallschwinger *m*, piezoelektrischer Kristall *m*, Piezokristall *m*
piezoelectric piezoelektrisch, druckelektrisch, kristallelektrisch
piezoelectric ceramic piezoelektrische Keramik *f*
piezoelectric converter piezoelektrischer Wandler *m*
piezoelectric crystal *s.* piezocrystal
piezoelectric effect Piezoeffekt *m*, piezoelektrischer Effekt *m*, Piezoelektrizität *f*
piezoelectric filter piezoelektrisches Filter *n*, Quarzfilter *n*
piezoelectric quartz [crystal] piezoelektrischer Quarz *m*, Schwingquarz *m*
piezoelectric pressure transducer piezoelektrischer Druckaufnehmer *m*
piezoelectricity Piezoelektrizität *f*, Druckelektrizität *f*, Kristallelektrizität *f*
piezometer Piezometer *n {zur Messung der Kompressibilität oder des Druckes von Flüssigkeiten}*
piezometry Piezometrie *f*
piezooptical effect spannungsoptischer Effekt *m*
piezopolymer piezoelektrisches Polymer[es] *n*
piezoresistive piezoresistiv *{Thermo}*
piezotropy Piezotropie *f*
pig 1. Block *m*, Massel *f*, Roheisen *n {Gieß}*; 2. Spinne *f {Dest}*; 3. Tripus *m*, Stütze *f* für Glasmacherpfeife *f*; 4. [mechanischer] Rohrreiniger *m*, Rohrmolch *m*; 5. Penning-Vakuummeter *n*, Philips-Vakuummeter *n*
pig-and-ore process Roheisen-Erz-Verfahren *n*
pig-and-scrap process Schrott-Roheisen-Verfahren *n*, Siemens-Martin-Prozeß *m {Met}*
pig bed Gießbett *n*, Masselbett *n {Met}*
pig boiling Puddeln *n*, Schlackenfrischen *n {Met}*
pig copper Blockkupfer *n*
pig iron Roheisen *n {in Masseln}*, Masseleisen *n*
pig iron casting Grauguß *m*
pig iron charge Roheisencharge *f*, Roheisengichtsatz *m*
pig lead Blockblei *n*, Bleigans *f*, Muldenblei *n*, Ofenblei *n*
pig metal Floß *n {Met}*
pig mo[u]ld Floßenbett *n*
pig nickel Blocknickel *n*
pig [of iron] Massel *f*
pigeon-hole 1. Fach *n {Regal}*; 2. Seitenmaschinenfenster *n {Glas}*
pigment/to 1. pigmentieren, [ein]färben; sich färben; 2. füllen, Füllstoffe zusetzen *{Gummi}*
pigment 1. Körperfarbe *f*, Pigment *n*; 2. Pigmentfarbstoff *m*, unlösliches Farbmittel *n*, Farbkörper *m*; 3. Füllstoff *m {Gum}*
pigment bacterium Pigmentbakterie *f*
pigment binder Pigmentbindemittel *n*
pigment binding power Pigmentbindevermögen *n*
pigment brown Pigmentbraun *n*
pigment cake körniges Pigment *n*
pigment chrome yellow Pigmentchromgelb *n*
pigment compatibility Pigmentverträglichkeit *f*
pigment concentrate Farbkonzentrat *n*
pigment content Farbanteil *m*, Pigmentierungshöhe *f*
pigment disperser Pigmentverteiler *m*
pigment dispersion Farbverteilung *f*, Pigmentverteilung *f*
pigment distributor Pigmentverteiler *m*
pigment dye *s.* pigment 1.
pigment enrichment Pigmentanreicherung *f*
pigment fast red Pigmentechtrot *n*
pigment flushing Pigment-Ausschwimmen *n*, Ausschwimmen *n* von Pigmenten *npl*
pigment grade Deckfarbenqualität *f*
pigment grinding Pigmentvermahlen *n*, Pigmentanreibung *f*
pigment loading 1. Pigmentzusatz *m*; 2. Zusatz *m* von Füllstoffen *mpl*, Zuschlag *m* von Füllstoffen *mpl*, Füllstoffdosierung *f*, Füllung *f {Gummi}*

pigment master batch Pigment-Kunststoffkonzentrat *n*
pigment mixing unit Einfärbegerät *n*
pigment particle Pigmentkorn *n*, Pigmentteilchen *n*
pigment paste Farb[pigment]paste *f*, Pigmentanreibung *f*, Pigmentpaste *f*
pigment printing Pigmentdruck *m*
pigment scarlet Pigmentscharlach *n*
pigment slurry Pigmentaufschlämmung *f*
pigment stabilizer Pigmentstabilisator *m*
pigment strength Farbkraft *f*
pigment vehicle Pigmenthaftmittel *n*
pigment volume concentration Pigmentvolumenkonzentration *f*, PVK
pigment wetting power Pigmentaufnahmevermögen *n*
paint with high pigment loading hochpigmentierter Lack *m*
pigmentability Einfärbbarkeit *f*
pigmentation 1. Pigmentierung *f*, Einfärbung *f*; 2. Füllung *f {Gummi}*
pigmented 1. pigmentiert, eingefärbt; 2. gefüllt, füllstoffhaltig, mit Füllstoffen *mpl*
pigmented cell Pigmentzelle *f*
pigmenting bath Pigmentierbad *n*
pigmenting capacity Pigmentaufnahmevermögen *n*
pigtail Zuführer *m*; [kurze] Anschlußlitze *f {Elek}*
pilarite Pilarit *m {Min}*
pilbarite Pilbarit *m {Min}*
pile/to aufschichten, [auf]stapeln, einstapeln, häufen, beladen; mit Pfählen *mpl* versehen
pile and weld/to gerben *{Stahl}*
pile up/to akkumulieren, aufhäufen, aufschichten, aufstapeln; sich häufen
pile 1. Stapel *m*, Stoß *m {z.B. Papier-}*; 2. Pfahl *m*; Getriebepfahl *m*, Abtreibepfahl *m {Bergbau}*; 3. Haufen[speicher] *m {Tech}*; 4. Kernreaktor *m*, Pile *m*; 5. Meiler *m {Holzverkohlung}*; 6. Batterie *f*, galvanische Säule *f*; galvanisches Element *n {Elek}*; 7. Strich *m {des Gewebes}*, Flor *m*, Haar *n {Text}*; Faser *f {Text}*; 8. [Riesen-]Kasten *m*; Gebäudekomplex *m*, großes Gebäude *n*; 9. Hämorrhoiden *pl {Med}*; 10. Schweißpaket *n {Met}*
pile coking Meilerverkokung *f*
pile fabric Florgewebe *n*, Tuchgewebe *n*
bare pile Reaktor *m* ohne Reflektor
pilé liquor Pilékläre *f {Zucker}*
pilé sugar Pilézucker *m*
pilé sugar crusher Pilébrechwerk *n*
pilferproof 1. mit Garantieverschluß; 2. diebstahlsicher *{Verschluß}*
pilferproof cap Schraubverschluß *m* mit Originalitätssicherung *f*
pilferproof capping Pilferproof-Verschließen *n {Pharm}*
piling 1. Aufstapelung *f*, Stapeln *n*, Einstapeln *n*; 2. Bohlenzaun *m*; Pfahlrost[bau] *m*; 3. Rammen *n*, Einrammen *n*; 4. Haldenschüttung *f*; 5. Paketieren *n {Met}*; 6. Getriebearbeit *f*, Abtreibeverfahren *n {Bergbau}*; 7. Aufbauen *n {Druckfarbeanhäufen}*
pilinite Pilinit *m {obs}*, Bavenit *m {Met}*
pilite Pilit *m {Min}*
pill 1. Pille *f*, Tablette *f {Pharm}*; 2. Pillneigung *f*, Pillbildung *f*, Pillingbildung *f {Faserkügelchen, Knötchen u.ä. auf Textilien}*; 3. Vorformling *m {Kunst}*
pill box Pillenschachtel *f*
pill machine *{GB}* Pillenmaschine *f*, Tablettenmaschine *f {Kunst}*
pillar 1. Pfeiler *m*, Stütze, Träger *m*; 2. Säule *f*; 3. Schaltsäule *f {Elek}*; Führungssäule *f {Tech}*; 4. Ständer *m {z.B. einer Waage}*
pillar press Säulenpresse *f*
pilling 1. Tablettieren *n {Pharm}*; 2. Bällchenbildung *f {Webwaren}*
pilocarpic acid Pilocarpinsäure *f*
pilocarpidine <$C_5H_4NC(CH_3)(N(CH_3)_2)COOH$> Pilocarpidin *n*
pilocarpine <$C_{11}H_{16}N_2O_2$> Pilocarpin *n*
pilocarpine hydrochloride Pilocarpinhydrochlorid *n*
pilocarpine nitrate Pilocarpinnitrat *n*
pilocarpine sulfate Pilocarpinsulfat *n*
pilopic acid Pilopsäure *f*
pilosine <$C_{16}H_{18}N_2O_3$> Pilosin *n*
pilosinine <$C_9H_{12}N_2O_2$> Pilosinin *n*
pilot 1. Versuchs-, Probe-; 2. Hilfsleiter *m {Elek}*; 3. Führungszapfen *m*, Führungsstift *m {Tech}*; 4. Pilot *m*; 5. Lotse *m*
pilot burner Sparbrenner *m*; Zündbrenner *m*
pilot cell Prüfzelle *f {Batterie}*, Kontrollsammler *m*, Prüfakkumulator *m {Elek}*
pilot circuit Kontrollstromkreis *m*, Pilotstromkreis *m*, Steuerstromkreis *m*
pilot-control unit Leitgerät *n*
pilot-controlled mit Hilfssteuerung; vorgesteuert
pilot flame Sparflämmchen *n*, Sparflamme *f*, Zündflamme *f*, Stichflamme *f*
pilot flow traverse Pilotmessung *f*
pilot frequency Steuerfrequenz *f*, Leitfrequenz *f {Elek}*; Pilotfrequenz *f*
pilot ignitor *s.* pilot flame
pilot lamp 1. Kontrolleuchte *f*, Überwachungslampe *f*, Kontrollämpchen *n*; 2. Anzeigeleuchte *f*, Meldeleuchte *f*; Kennlampe *f*, Meldelampe *f*; 3. Pilotlicht *n {Mikroskop}*
pilot light 1. *s.* pilot flame; 2. *s.* pilot lamp
pilot model Versuchsmodell *n*
pilot nozzle Staudüse *f*

pilot-operated mit Hilfssteuerung; vorgesteuert
pilot-operated valve hilfsgesteuertes Ventil *n*
pilot plant Versuchsbetrieb *m*, Musterbetrieb *m*; Pilotanlage *f*, Halbbetriebsanlage *f*, halbtechnische Versuchsanlage *f*, Technikum *n*, Modellanlage *f*
pilot plant production Vorserienfertigung *f*, Produktion *f* in halbtechnischem Maßstab *m*
pilot plant run Nullserie *f*, Vorserie *f*
pilot plant-scale 1. kleintechnisch; 2. Technikummaßstab *m*, halbtechnischer Versuchsmaßstab *m*, Großversuchsmaßstab *m*
pilot plant-scale machine Pilotmaschine *f*
pilot plant trial Technikumversuch *m*
pilot pressure Vorfülldruck *m*, Vorsteuerdruck *m*
pilot relay Steuerrelais *n*
pilot-scale 1. in halbtechnischem Maßstab; 2. Versuchsmaßstab *m*; 3. Versuchsanlagengröße *f*
pilot valve Schaltventil *n*, Steuerventil *n*; Servoventil *n*; Vorsteuerventil *n*, Führungsventil *n*; Vorfüllventil *n*; Hilfssteuerventil *n*
pimanthrene <$C_{16}H_{24}$> Pimanthren *n*, 1,7-Dimethylphenanthren *n*
pimarabietic acid Pimarabietinsäure *f*
pimaric acid <$C_{20}H_{30}O_2$> Pimarsäure *f*
pimelic acid <$HOOC(CH_2)_5COOH$> Pimelinsäure *f*, Heptandisäure *f* *{IUPAC}*, Pentan-1,5-dicarbonsäure *f*
pimelic aldehyde Pimelinaldehyd *m*
pimelinketone <$C_6H_{10}O$> Cyclohexanon *n* *{IUPAC}*, Pimelinketon *n*, Anon *n*
pimelite Pimelit[h] *m*, Nickel-Saponit *m* *{Min}*
pimento 1. Piment *m*, Pimentbaum *m* *{Pimenta officinalis}*; 2. Jamaikapfeffer *m*, Allerleigewürz *n*, Nelkenpfeffer *m*
pimpernel Kleine Bibernelle *f* *{Pimpinella saxifraga L.}*
pimpernel root Bibernellwurzel *f*
pimpinella saponin Pimpinellasaponin *n*
pimpinellin <$C_{13}H_{20}O_5$> Pimpinellin *n*
pimple 1. Finne *f*, Pustel *f*, Pickel *m* *{Med}*; 2. Pickel *m* *{Oberflächenfehler}*
pin/to feststecken, anstecken, stecken *{mit Nadeln}*; verstiften *{Tech}*
pin 1. Keil *m*, Bolzen *m* *{Tech}*; 2. Nadel *f*, Stift *m*; 3. Steckerstift *m*, Kontaktstift *m*, Pin *m*, Anschlußpin *m* *{Elek}*; 4. Stift *m*, Zapfen *m* *{Tech}*; Dübel *m*, Tragzapfen *m* *{Tech}*; 5. Dorn *m* *{Dornbiegeversuch}*; 6. [dreikantige] Brennstütze *f*, Pinne *f* *{Keramik}*; 7. kleines Faß *n* *{Brau}*; 8. Drehachse *f*
pin bearing Nadellager *n*
pin beater mill Schlagstiftmühle *f*
pin drill Zapfenbohrer *m*
pin electrode Stiftelektrode *f*
pin gate Punktanguß *m*, Punktanschnitt[kanal] *m*, punktförmiger Anschnittkanal *m*
pin mill Stiftmühle *f*
pin-point burner Nadelbrenner *m*
pin-point corrosion Lochfraß *m* *{Korr}*
pin-point gate Nadelpunktanguß *m*, Punktanguß *m* *{Gieß}*
pin roller fibrillator Nadelwalzenfibrillator *m*
pinabietic acid Pinabietinsäure *f*
pinabietin Pinabietin *n*
pinaciolite Pinakiolith *m*, Mangan-Ludwigit *m* *{Min}*
pinacoid Pinakoid *n*, Zweiflächner *m* *{Krist}*
pinacol <$[(CH_3)_2C(OH)-]_2$> Pinakol *n*, Pinakon *n*, Tetramethylenglycol *n*, 2,3-Dimethylbutan-2,3-diol *n*
pinacol conversion *s.* pinacolone rearrangement
pinacoline <$(H_3C)_3CCOCH_3$> Pinakolin *n* *{obs}*, Pinakolon *n*, 3,3-Dimethylbutan-2-on *n*, *{IUPAC}*, *tert*-Butylmethylketon *n*
pinacolone *s.* pinacolin
pinacolone rearrangement Pinakol-Pinakolon-Umlagerung *f*
pinacolyl alcohol <$(CH_3)_3CCH(OH)CH_3$> 3,3-Dimethylbutan-2-ol *n*
pinacone *s.* pinacol
pinacyanol <$C_{25}H_{25}N_2I$> Pinacyanol *n*
pinane <$C_{10}H_{18}$> 2,2,6-Trimethylcyclo[3.1.1]heptan *n*, Pinan *n* *{Grundkörper der bicyclischen Monoterpene}*
pinanol Pinanol *n*
pinastric acid Pinastrinsäure *f*
pinaverdol <$C_{22}H_{21}NI$> Pinaverdol *n*
pincers 1. Zange *f*, Federzange *f*, Kneifzange *f*; Pinzette *f*; 2. Ausgußschere *f*, Schnauzschere *f* *{Glas}*
pinch/to klemmen, einklemmen, quetschen; drücken; hebeln; noppen *{Text}*
pinch off/to abquetschen, abpressen, abklemmen
pinch 1. Quetschung *f*; 2. Kniff *m*; 3. Einschnürung *f* *{Tech}*; 4. Verdrückung *f* *{Bergbau}*; 5. Quetschfuß *m* *{Röhre}*; 6. Faden *m* *{Ionenstrom}*, Pinch *m* *{Plasmaschlauch}*; 7. Prise *f* *{1-2 g}*
pinch clamp 1. Quetschhahn *m*, Quetschklemme *f*, Schlauchklemme *f* *{z.B. eine Schraubklemme}*, federnde Metallschlinge *f*; 2. Halteklemme *f*
pinch cock *s.* pinch clamp
pinch effect Pinch-Effekt *m*, Einschnürungseffekt *m*, Quetscheffekt *m* *{Phys, Nukl}*
pinch-off 1. Schweißkanten *fpl*, Schneidekanten *fpl*, Quetschkanten *fpl*; Abquetschstelle *f* *{Tech}*; 2. Abschnürung *f* *{Elektronik}*
pinch-off area Quetschzone *f*
pinch-off temperature Abquetschtemperatur *f*

pinch-off weld Quetschnaht *f*, Abquetschstelle *f*, Abquetschmarkierung *f*, Schweißstelle *f*
pinch roll Druckwalze *f*; Förderwalze *f*, Einführungswalze *f {Gummi}*
pinch roller Treibrolle *f {Pap, Text}*
pinch valve Quetschventil *n*, Schlauchventil *n*
pinchbeck Goldkupfer *n*, Talmi *n*, Pinchbeck *m {Tombak mit 83-94 % Cu und 6-17 % Zn}*
pinched base Quetschfuß *m {Röhre}*; Quetschung *f {Tech}*
pinched joint Klemmverbindung *f*, Einklemmen *n*
pinchers 1. Blockzange *f*, Kneifzange *f*; 2. Ausgußschere *f*, Schnauzschere *f {Glas}*
pine 1. Föhre *f*, [Gemeine] Kiefer *f {Pinus silvestris L.}*; 2. Kiefernholz *n*, Föhrenholz *n*
pine bark Kiefernrinde *f {Pinus silvestris L.}*
pine-needle extract Kiefernnadelextrakt *m*
pine-needle oil Kiefernnadelöl *n*; Edeltannennadelöl *n*
pine oil 1. Kiefernnadelöl *n*; 2. Kiefernzapfenöl *n*; 3. Pine Oil, Holzterpentinöl *n*, Wurzelterpentinöl *n*; 4. Kienöl *n {von Pinus-Arten}*
pine pitch Kienteerpech *n*
pine resin Kiefernharz *n*; Kienharz *n*; Kolophonium *n*, Balsamharz *n*, Terpentinharz *n {Harz aus Rohterpentin}*
pine soot Kiefernruß *m*, Kienruß *m*
pine tar Kienteer *m*, Kiefern[holz]teer *m*
pine-tar oil Kienöl *n*, Russisches Terpentinöl *n*
pineapple Ananas *m {Ananas sativus}*
pineapple essence Ananasether *m*, Ananasessenz *f*
pineapple fiber Ananasfaser *f*
pineapple juice Ananasfruchtsaft *m*
pineapple-type mixing nozzle Mischdüse *f* mit kiefernzapfenförmig ausgebildeter Innenkontur *f*
pinecone oil Kiefernzapfenöl *n*
pinene <$C_{10}H_{18}$> Pinen *n {bicyclisches Monoterpen}*
α-pinene 2,6,6-Trimethylbicyclo[3.1.1]hept-2-en *n*, Australen *n*, Lauren *n*
β-pinene Nopinen *n*, Pseudopinen *n*
pinene hydrochloride <$C_{10}H_{16}HCl$> Pinenchlorhydrat *n {Pharm}*, Bornylchlorid *n*
pinewood Kiefernholz *n*, Föhrenholz *n*
pinewood cellulose Kiefernholzzellstoff *m*
pinewood oil Kienholzöl *n*
pinewood reaction Kienspanreaktion *f*, Kiefernspanreaktion *f {Anal}*
piney tallow Pinientalg *m*
pinguid fettig
pinguite Pinguit *m {Min}*
pinhole 1. Nadelstichprobe *f {feines Loch}*, Pinhole *n*, Nadelloch *n*, Fadenlunker *m {Keramik, Gieß}*; 2. Fraßgang *m*, Bohrgang *m {Käfer im Holz}*; 3. Krater *m {Anstrichfilm}*; 4. Nadelöhr *n*; 5. Lochfraß *m {Korr}*
pinhole detector Funkinduktor *m*, Lochsuchgerät *n*
pinhole diaphragm Lochblende *f {Photo}*
pinholes 1. Nadelstichigkeit *f {Keramik}*; 2. kleine Löcher *npl*, nadelfeine Löcher *npl*, Nadelstiche *mpl {Pap, Text}*
pinholing 1. Nadelstichigkeit *f*, Nadelstichbildung *f {Keramikglasur, Farbanstrich}*; 2. Kraterbildung *f {Farb}*; 3. Lochfraßkorrosion *f*; 4. Porenbildung *f*, Stiftlöcherbildung *f {Schutzschicht}*
pinic acid <$C_9H_{14}O_4$> Pininsäure *f*
pinidine Pinidin *n*
pinifolic acid Pinifolsäure *f*
pinion 1. Kammwalze *f {Met}*; 2. Ritzel *n*, Zahnritzel *n {Tech}*; 3. Schwungfeder *f*, Schwinge *f {Biol}*
pinion shaft Ritzelwelle *f*
pinion steel Triebstahl *m*
pinite 1. Pinit *m {Min}*; 2. <$C_6H_{12}O_5$> Hexahydropentahydroxybenzol *n*, Fichtenzucker *m {Triv}*
pinitol Pinitol *n*, Inosit-3-monomethylether *m*
D-pinitol dehydrogenase *{EC 1.1.1.142}* D-Pinitoldehydrogenase *f*
pink 1. rosa[farben], pink, rosenrot; blaßrot, scharlachrot; 2. Rosa *n*
pink gilding Rosavergoldung *f*
pink salt <$(NH_4)_2SnCl_6$> Pinksalz *n*, Diammoniumchlorostannat(IV) *n*, Ammoniumhexachlorostannat(IV) *n*
pink water Rosawasser *n {Abwasser bei der TNT-Produktion}*
pinking salt Rosiersalz *n*
pinkroot Wurmkraut *n {Bot}*
pinned gelenkig verbunden, gelenkig angeschlossen, angelenkt, verstiftet *{Tech}*
pinned disk mill Stiftmühle *f*
pinned rotor rotierender Fluid-Mischer-Stiftkranz *m*
pinned stator stationärer Fluid-Mischer-Stiftkranz *m*
pinnoite Pinnoit *m {Min}*
pinocamphane Pinocamphan *n*
pinocampholenic acid Pinocampholensäure *f*
pinocamphone Pinocamphon *n*
pinocamphoric acid Pinocamphersäure *f*
pinocarveol Pinocarveol *n*
pinocarvone Pinocarvon *n*
pinol <$C_{10}H_{16}O$> Pinol *n*, Sobreron *n*
pinol hydrate Sobrerol *n*
pinolene Pinolen *n*, Pinolin *n*, Harzessenz *f*
pinolite Pinolit *m {obs}*, Magnesit *m {Min}*
pinolol Pinolol *n*
pinolone Pinolon *n*

β-pinone <$C_9H_{16}O$> 7,7-Dimethylbicyclo[3.1.1]heptan-2-on *n*
pinonic acid <$C_{10}H_{16}O_3$> Pinonsäure *f*
pinononic acid Pinononsäure *f*
pinophanic acid Pinophansäure *f*
pint Pint *n {US liquid pint: 0,473177 L; British pint: 0,56825 L; dry pint: 0,5506 L}*
pintadoite Pintadoit *m {Min}*
pion Pi-Meson *n*, Pion *n {Nukl}*
pioneer Bahnbrecher *m*, Pionier *m*, Vorkämpfer *m*
pioneering experiment Fundamentalversuch *m*
pioscope Pioskop *n*, kolorimetrischer Milchfettmesser *m*
pipe/to 1. Rohre *npl* [ver]legen; mit Röhren versehen; 2. Lunker *mpl* bilden *{Gieß}*; 3. in Rohrleitungen *fpl* leiten, durch Rohrleitungen *fpl* leiten; 4. verbinden *{durch Rohre}*; 5. paspeln, paspelieren *{Text}*; 6. piepsen
pipe 1. Rohr *n*, Röhre *f*, Rohrleitung *f*, Leitungsrohr *n*; 2. Lunker *m {Gieß}*; 3. Pfeife *f*; 4. Pipe *f*, Pfeife *f {Geol}*; 5. Röhre *f {Med}*; 6. Weinfaß *n*, Ölfaß *n*; 7. Pipe *f {Weinmaß, = 477 L}*
pipe arrangement Rohranordnung *f*
pipe attachment thermometer Rohranliegethermometer *n*
pipe bell *{US}* Muffenkelch *m*, Rohrmuffe *f*
pipe bend Rohrbogen *m*, Rohrkrümmer *m*, Rohrknie *n*
pipe bore Rohrinnendurchmesser *m*, Kaliber *n*
pipe bracket Rohrschelle *f*
pipe branch Rohrabzweigung *f*
pipe break Rohrleitungsbruch *m*, Rohrbruch *m*
pipe brush Rohrreinigungsbürste *f*
pipe bundle Rohrbündel *n*
pipe burst *s.* pipe break
pipe choking Rohrverstopfung *f*
pipe circumference Rohrumfang *m*
pipe clamp Rohrschelle *f*, Rohrabstandsschelle *f*
pipe clay bildsamer Ton *m*, Kaolin *m*, Pfeifenton *m {Geol}*
pipe-clay triangle Tondreieck *n {Chem}*
pipe clip Rohrschelle *f*, Rohrschappel *n*
pipe coil Rohrschlange *f*, Rohrspirale *f*
pipe compensator Rohrausgleicher *m*
pipe condenser Röhrenkondensator *m*
pipe connection Rohransatz *m*, Rohranschluß *m*, Rohrverbindung *f*
pipe connector Rohrverbindung *f*
pipe cooler Röhrenkühler *m*
pipe coupling Rohrkupplung *f*, Verbindungs[form]stück *n* für Röhren *fpl*; Gewindemuffe *f*, Rohrmuffe *f*
pipe coupling by screwing Rohrverschraubung *f*
pipe cross Kreuzstück *n {ein Formstück}*
pipe diameter Rohrdurchmesser *m*
pipe die [head] Rohr[spritz]kopf *m*, Rohrdüsenkopf *m*, Rohr[extrusions]werkzeug *n*; Rohrgewindeschneidebacke *f*
pipe ejector mixer Rohrrührer *m*
pipe elbow Rohrkrümmer *m*, Winkelrohrstück *n*, Rohrkniestück *n*
pipe elimination Lunkerverhütung *f {Gieß}*
pipe eliminator Lunkerverhütungsmittel *n {Gieß}*
pipe eradicator *s.* pipe eliminator
pipe expansion joint Rohrausdehnungsstück *n*
pipe extruder Röhrenpresse *f*, Rohrextruder *m {Kunst}*
pipe extrusion compound Rohrwerkstoff *m*, Rohrgranulat *n*, Rohrware *f*
pipe-extrusion head Rohr[spritz]kopf *m*
pipe filter Röhrenfilter *n*
pipe fitting Rohrfitting *n*, Rohrformstück *n*
pipe fittings Rohrarmaturen *fpl*
pipe flange Rohrflansch *m*, Rohrleitungsflansch *m*
pipe flow Rohrströmung *f*
pipe formulation Rohrrezeptur *f*
pipe glaze Pfeifenfirnis *m*
pipe hanger Rohrhalter *m*, Rohraufhänger *m*, Rohraufhängevorrichtung *f*; Rohraufhängung *f {Bauteile}*
pipe hook Rohr[befestigungs]haken *m*
pipe housing pump Rohrgehäusepumpe *f*
pipe identification Rohrkennzeichnung *f*
pipe-in-pipe system Rohr-in-Rohr-System *n*, mit Plastliner *m* ausgekleidetes Metallrohr *n*
pipe joint Leitungsverbindung *f*, Rohrverbindung *f*, Rohransatz *m*, Rohranschluß *m*; Rohrverbinder *m*, Rohrleitungsverbindungsstück *n*, Rohrstutzen *m*
pipe junction Rohransatz *m*, Rohrweiche *f*
pipe lining Rohrauskleidung *f*
pipe network Rohrleitungsnetz *n*
pipe penetration Rohrdurchführung *f*
pipe rupture Rohrleitungsbruch *m*, Rohrbruch *m*
pipe-rupture safeguard Rohrbruchsicherung *f*
pipe section Rohrabschnitt *m*, Rohrzuschnitt *m*, abgelängtes Plastrohr *n*
pipe sleeve Überschiebmuffe *f*
pipe socket Röhrenmuffe *f*, Rohrmuffe *f*
pipe solder Röhrenlot *n*
pipe still Röhrenofen *m*, Röhrenerhitzer *m*, Rohrverdampfer *m*, Röhrchendestillationsofen *m {Dest, Erdöl}*
pipe strand Rohrstrang *m*
pipe support Rohrbefestigung *f*, Rohrhaken *m*, Rohrhalter *m*, Rohrträger *m*
pipe system Rohrnetz *n*
pipe thread Rohrgewinde *n*

pipe-to-flange joint Rohr-Flansch-Verbindung *f*
pipe-to-pipe joint Rohr-Rohr-Verbindung *f*
pipe-type precipitator röhrenförmiges Elektrofilter *n*
pipe union Muffenverbindung *f*
pipe with swivel elbows Gelenkrohr *n*
armed pipe Panzerrohr *n*
formation of pipes Trichterbildung *f*
seamless pipe nahtlose Röhre

pipecoleine Pipecolein *n*

pipecoline <$C_5H_{10}NCH_3$> Pipecolin *n*, Methylpiperidin *n*

pipecol[in]ic acid <$C_5H_9NHCOOH$> Pipecolinsäure *f*, Piperidin-2-carbonsäure *f*, Hexahydropicolinsäure *f*

pipecolyl Pipecolyl-

pipeless lunkerfrei, lunkerlos *{Gieß}*

pipeline Rohrleitung *f*, [Rohr-]Fernleitung *f*, Überlandrohrleitung *f*, Pipeline *f*, Leitung *f*, Druckleitung *f*
pipeline blanking disc Steckscheibe *f*
pipeline filter Ölleitungsfilter *n*
pipeline fittings Rohrleitungsarmaturen *fpl*
pipeline mixer Durchflußmischer *m*
pipeline section Rohrleitungsquerschnitt *m*
pipeline system Leitungsnetz *n*, Rohrleitungssystem *n*
large diameter pipeline Großrohrleitung *f*

piperazine <$C_4H_{10}N_2$> Piperazin *n*, Diethylendiamin *n*, Hexahydropyrazin *n*
piperazine adipate <$C_{10}H_{20}N_2O_4$> Piperazinadipat *n {Pharm}*
piperazine dihydrochloride <$C_4H_{10}N_2 \cdot 2HCl$> Piperazindihydrochlorid *n {Pharm}*
piperazine hexahydrate Piperazinhydrat *n*
piperazine oestrone sulfate Piperazinoestronsulfat *n*

piperettic acid Piperettinsäure *f*

piperettine Piperettin *n*

piperic acid Piperinsäure *f*

piperidine <$C_5H_{10}NH$> Piperidin *n*, Hexahydropyridin *n*, Pentamethylenimin *n*
piperidine blue Piperidinblau *n*

piperidine-3,4-dicarboxylicacid Loiponsäure *f*

piperidine-*N*-carboxylicacid Pipecolinsäure *f*, Piperidin-2-carbonsäure *f*

piperidinium ion <$C_5H_{10}NH_2^+$> Piperidiniumkation *n*

2-piperidinoethanol Piperidinethanol *n*

piperidone Piperidon *n*

piperidylhydrazine Piperidylhydrazin *n*

piperidylurethane <$C_5H_{10}NCOOC_2H_5$> Piperidylurethan *n*

piperil Piperil *n*

piperilic acid Piperilsäure *f*

piperimidine Piperimidin *n*

piperin <$C_5H_{10}NCO(CH)_4C_6H_3O_2CH_2$> Piperin *n*, Piperinsäurepiperidid *n {Hauptalkaloid des Pfeffers}*

piperinic acid *s.* piperic acid

piperitone <$C_{10}H_9O$> Piperiton *n*

piperocaine hydrochloride Piperocainhydrochlorid *n*

piperolidine <$C_8H_{15}N$> Piperolidin *n*, Octahydropyrrocolin *n*, δ-Conicein *n*

piperonal Piperonal *n*, Heliotropin *n*, 3,4-Methylendioxybenzaldehyd *m*

piperonyl alcohol <$C_8H_8O_3$> Piperonylalkohol *m*
piperonyl aldehyde s. piperonal
piperonyl butoxide Piperonylbutoxid *n {Synergist}*
piperonyl chloride Piperonylchlorid *n*

piperonylic acid <$C_8H_6O_4$> Piperonylsäure *f*

piperoxane Piperoxan *n*
piperoxane hydrochloride Piperoxanhydrochlorid *n*

piperyl Piperyl-

piperylene <$CH_2{=}CHCH{=}CHCH_2$> Piperylen *n*, Penta-1,3-dien *n {IUPAC}*

piperylpiperidine Piperin *n*, Piperinsäurepiperidid *n*

piperylurethane Piperylurethan *n*

pipestem Pfeifenrohr *n*

pipestone Pfeifenstein *m {Min}*

pipet/to *s.* pipette/to

pipet *s.* pipette

pipette/to aussaugen; pipettieren
pipette out/to herauspipettieren

pipette Pipette *f*, Stechheber *m*, Sauger *m*
pipette bottle Pipettenflasche *f*
pipette control Pipettierhilfe *f {Lab}*
pipette degassing by lifting Vakuumheberentgasung *f*
pipette holder Pipettenhalter *m*, Pipettenständer *m*
pipette stand *s. pipette holder*
pipette washer Pipetten-Spülgerät *n*
auxiliary pipette Hilfspipette *f*
delivery pipette Auslaufpipette *f*
measure with a pipette/to pipettieren
remove with a pipette/to herauspipettieren
transfer with a pipette/to pipettieren

pipetting apparatus Pipettiergerät *n*

pipework Rohrleitungen *fpl*

piping 1. Rohrleitungssystem *n*, Rohrnetz *n*; 2. Verrohren *n*, Rohrverlegung *f*, Rohrlegung *f*; Verbinden *n* durch eine Rohrleitung *f*; 3. Führen *n* in Rohrleitungen *fpl*, Leiten *n* durch Rohre *npl*; 4. Rohrmaterial *n*; 5. Lunker[aus]bildung *f*, Lunkern *n*, Lunkerung *f {im Gußblock}*; 6. Paspel *f*, Schnurbesatz *m*, Litzenbesatz *m {Text}*
piping break *s.* pipe break

piping diagram *s.* piping drawing *{US}*
piping drawing *{US}* Rohrleitungsplan *m*, Rohrnetzplan *m*, Rohrverlegungsplan *m*
piping in an ingot Lunker *m* im Guß *m*
piping in powder beds Rohrbildung *f*, Kanalbildung *f*
piping plan *s.* piping drawing *{US}*
piping rupture *s.* pipe break
piping system Rohrleitungsnetz *n*, Rohrleitungssystem *n*
pipitzahoic acid **<$C_{15}H_{20}O_3$>** Pipitzahoinsäure *f*, Perezon *n*
Pirani ga[u]ge Pirani-Vakuummeter *n*, Pirani-Manometer *n*, Wärmeleitvakuummeter *n*
pirotally arranged drehbar angeordnet
pirssonite Pirssonit *m {Min}*
pisang wax Pisangwachs *n*, Bananenwachs *n* *{aus verschiedenen Musa-Arten}*
pisanite Pisanit *m {Min}*
piscidic acid **<$C_{11}H_{12}O_7$>** Piscid[in]säure *f*, 4-Hydroxybenzylweinsäure *f*
piscidin **<$C_{29}H_{24}O_8$>** Piscidin *n*
pisiform erbsenförmig; bohnenförmig
pisiform iron ore Erbsenerz *n {Min}*
pisolite Pisolith *m*, Erbsenstein *m {Geol}*
pisolitic pisolithartig, erbsensteinhaltig
pisolitiferous pisolithhaltig, erbsensteinhaltig
pistachio 1. Pistazie *f*, Pistazienbaum *m {Pistacia vera}*; 2. Kern *m* der Pistazienfrucht *f*; 3. Pistaziengrün *n*
pistachio green pistaziengrün; Pistaziengrün *n*
pistachio nut Pistazie *f*, Kern *m* der Pistacienfrucht *{von Pistacia vera}*
pistachio oil Pistazienöl *n*
pistacite Pistazit *m*, Epidot *m {Min}*
pistil Griffel *m {Bot}*
pistol Pistole *f {Tech}*
pistol pipe Pistolenröhre *f*
piston Kolben *m*, Stempel *m*, Schieber *m*
piston capacity Hubraum *m*
piston compressor Hubkolbenverdichter *m*, Hubkolbenkompressor *m*
piston compressor with electromagnetically activated piston Elektroschwingverdichter *m*
piston diaphragm Kolbenmembran *f*
piston displacement Hubraum *m {Zylinder}*, Hubvolumen *n*
piston manometer Kolben[druck]manometer *n*
piston pressure Kolbendruck *m*
piston pressure diagram Kolbenkraftdiagramm *n*
piston pump 1. Kolbenpumpe *f {eine Verdrängerpumpe}*; 2. Hubkolbenvakuumpumpe *f*
piston ring Kolbenring *m*
piston stroke Kolbenhub *m*, Kolbenweg *m*
piston-stroke volume Kolbenhubraum *m*
piston valve Kolbenschieber *m*, Kolbenventil *n*
piston-type dosing machine Kolbendosiermaschine *f*
piston-type pipette Kolbenpipette *f*, Saugkolbenpipette *f {Lab}*
pit 1. Grube *f*, Grübchen *n*, Pore *f*, Loch *n {z.B. ein Preßfehler, Korrosionsgrübchen, Gieß- oder Formteilgrube}*; 2. Krater *m*, Formteilkrater *m*; Beschichtungskrater *m*; 3. Bergwerk *n*, Schacht *m*, Grube *f {Bergbau}*; 4. Tüpfel *m {Bot}*; 5. Narbe *f {Med}*; Narbe *f {Tech}*; 6. *{US}* Stein *m*, Kern *m {Obst}*; Müllgrube *f*, Müllbunker *m*
pit bin Tiefbunker *m*
pit burning Grubenverkohlung *f*
pit coal Steinkohle *f*, Grubenkohle *f*, Schwarzkohle *f*; bituminöse Kohle *f {ohne Anthrazit}*
pit corrosion Lochfraß *m*, Lochkorrosion *f*
pit fire Grubenbrand *m {Bergbau}*
pit furnace Schachtofen *m*
pit gravel Grubenkies *m*
pit lime Grubenkalk *m*
pit sand Grubensand *m*
pit tannage Grubengerbung *f*
pit-wet grubenfeucht
refuse pit Müllbunker *m*, Müllgrube *f*
pita Pitahanf *m*, Pita *f {Bastfaser aus Agave-Arten}*
pita fiber Pitafaser *f*
pita hemp Pitahanf *m*
pitch/to 1. [be]pechen, auspechen, [ver]pichen; 2. anstellen *{z.B. Hefe}*; 3. anlegen, errichten, aufstellen *{z.B. Leiter}*; 4. stimmen *{Musikinstrument}*; 5. verblenden *{Staumauer}*; 6. nikken, um die Querachse *f* neigen
pitch 1. Entfernung *f*, Zwischenraum *m*, Abstand *m {z.B. zwischen Achsen, Schriftzeichen}*; 2. [subjektive] Tonhöhe *f*, Tonwert *m*; 3. Schraubengang *m*, Ganghöhe *f*, Steigung *f {Gewinde}*; Teilung *f {z.B. von Ketten, Zahnrädern}*; Ganghöhe *f*, Identitätsperiode *f {einer Helix}*; 4. Pech *n*; [schädliches] Harz *n {Pap}*; 5. Pitchen *n*, Teeren *n*; 6. Neigung *f {z.B. des Daches}*; 7. Fallen *n*, Einfallen *n {Neigungswinkel, z.B. einer Erzader}*
pitch ball Pechkugel *f*
pitch black pechschwarz; Pechschwarz *n*
pitch cake Pechkuchen *m*
pitch coal Pechkohle *f*, Glanzbraunkohle *f*
pitch coke Pechkoks *m*
pitch emulsion Pechemulsion *f {DIN 55946}*, Teeremulsion *f {obs}*
pitch garnet Pechgranat *m {Min}*
pitch in casks Faßpech *n*
pitch kiln Pechofen *m*
pitch-like pechartig
pitch of screw Steigung *f*, Ganghöhe *f {Gewinde}*; Gewindeteilung *f*
pitch of spindle Spindelsteigung *f*

pitch oil Pechöl *n*
pitch oven Pechofen *m*
pitch peat Pechtorf *m*, Specktorf *m*
pitch-pine Besenkiefer *f*, Pitchpine *f*, Harzkiefer *f {Bot}*
pitch-pocket Harzgalle *f*, Pechlarse *f {der Lärche, DIN 68256}*
pitch remover Pechaustreiber *m {Brau}*
pitch suspension Pechsuspension *f {DIN 55946}*, Pechemulsion *f {obs}*
hard pitch Glaspech *n*, Steinpech *n*, Hartpech *n*
liquid pitch Harzpech *n*
soft pitch Weichpech *n*
pitchblende Pechblende *f*, Uraninit *m*, Uranpecherz *n {meistens Uran(IV)-oxid, Min}*
pitchcoat/to verpichen
pitched blade Mischelement *n* mit winklig angestelltem Rührflügel *m*, verdrehter Rührflügel *m*
pitched roof Steildach *n*, Schrägdach *n*, Gefälledach *n*
pitched thread Pechdraht *m*
pitcher 1. Granitplatte *f*, Granit-Pflasterstein *m*; 2. Krug *m*, Henkelkrug *m*; 3. *{US}* Kännchen *n*
pitching 1. geneigt, mit Gefälle *n*; 2. Nicken *n*, Längsneigung *f*, Nickbewegung *f {um die Querachse}*; 3. Pechen *n*, Pichen *n {z.B. von Fäsern; Brau}*; 4. Anstellen *n {Hefe}*; 5. grobes Steinpflaster *n*
pitching machine Pichapparat *m {Beschichten}*
pitching rate Hefegabe *f*
pitching temperature Anstelltemperatur *f*
pitching tub Anstellbottich *m*, Sammelbottich *m {Brau}*
pitching vessel s. pitching tub
pitching yeast Anstellhefe *f*
pitchline/to verpichen
pitchstone Pechstein *m*, Resinit *m {altes Glas, Geol}*
pitchy pechartig; pechig, voller Pech *n*, harzhaltig *{Zellstoff}*
pitchy iron ore Kolophoneisenerz *n {Min}*
pith 1. Mark *n {des Holzes}*, Markröhre *f*; 2. Albedo *f {ungefärbte innere Schicht der Zitrusfrüchte-Schale}*
pith-like markartig *{Bot}*
pitman 1. Schubstange *f {eines Wilfley-Herdes}*; Zugstange *f {z.B. eines Backenbrechers}*, Schwengelzugstange *f {Erdölförderung}*; Mähkurbelstange *f*, Koppel *f*; 2. Bergarbeiter *m*, Grubenarbeiter *m*, Bergmann *m*
Pitot head Stausonde *f*, Pitot-Sonde *f*
Pitot tube Pitot-Röhre *f*, Pitotsche Röhre *f*, Staurohr *n*
pittacol Pittacol *n*
pitticite Eisenpecherz *n*, Pittizit *m*, Arsen-Eisensinter *m {Min}*
pitting 1. Abplatzen *n*, Ausbröckeln *n {Tech}*; 2. Lochfraß *m*, grübchenartige Rostanfressung *f*, punktförmige Rostanfressung *f*, Kavitation *f*, Grübchenkorrosion *f*, Lochfraßkorrosion *f*; 3. Kraterbildung *f*, Porenbildung *f*, Grübchenbildung *f*; 4. Kolkung *f*, Kolkverschleiß *m {Tech}*; 5. Schachtabteufen *n {Bergbau}*; 6. Entkernung *f {Steinfrüchte}*
pitting corrosion Lochfraßkorrosion *f*, Lochkorrosion *f*
pituitary gland Hirnanhangdrüse *f*, Hypophyse *f*
pituitary hormone Hypophysenhormon *n*
pivalaldehyde <$(CH_3)_3CHO$> Pivalinaldehyd *m*, Trimethylacetaldehyd *m*, 2,2-Dimethylpropanal *n {IUPAC}*
pivalic acid <$(CH_3)_3CCOOH$> Pivalinsäure *f*, Trimethylessigsäure *f*, 2,2-Dimethylpropansäure *f {IUPAC}*
pivaloin Pivaloin *n*
pivalone Pivalon *n*
pituitary pituitär; Hypophysen-
pivot 1. mit Zapfen *m* versehen, mit Angel *f* versehen; 2. Angelpunkt *m*, Drehpunkt *m*; 3. Drehzapfen *m*, Drehbolzen *m*, Pinne *f*, Dorn *m*; Angel *f*, Angelkolben *m*, Türangel *f*; 4. Drehgelenk *n*, Scharnier *n*; 5. Pivot *m n {Math}*
pivot bearing Zapfenlager *n*
pivot element Pivotelement *n {Math}*
pivot joint Drehgelenk *n*
pivot nozzle Zapfendüse *f*
pivoted drehbar *{an einem Zapfen}*, gelenkig angeordnet, schwenkbar
pivoted electrode holder schwenkbarer Elektrodenhalter *m*
pivoting 1. drehbar *{an einem Zapfen}*, gelenkig angeordnet; 2. Zapfenlagerung *f*
pivoting bearing Kipplager *n*, Gelenklager *n*
PIXE *{proton-induced X-ray emission}* protoneninduzierte Röntgenemission *f*
pizein Pizein *n*
placard Plakt *n*, Anschlag *m*
colo[u]r for printing placards Plakatfarbe *f*
place/to 1. legen, verlegen *{z.B. Rohre}*; absetzen, ablegen; setzen *{z.B. Brenngut}*, stellen; 2. vergeben, erteilen *{z.B. Auftrag}*; 3. ausbringen *{z.B. Düngemittel}*; 4. beladen; 5. eintragen, einbringen *{Lab}*; einbringen, einbauen; 6. anlegen *{Geld}*; 7. einschätzen, abschätzen
place Platz *m*, Stelle *f*, Ort *m*
place isomerism Stellungsisomerie *f*
place of work Arbeitsplatz *m*
place value Stellenwert *m {Math}*
placebo Placebo *n {Suggestionsmittel}*
placer 1. Seife *f {Diamanten-, Gold-}*, Seifenerz *m*; 2. Placer-Mine *f*, Seifenlagerstätte *f {Geol}*
placer gold Alluvialgold *n*, Waschgold *n*, Flußgold *n*, Seifengold *n {Bergbau}*

placing the crucible Einsetzen *n* des Tiegels
plagihedral schiefflächig *{Krist}*
plagiocitrite Plagiocitrit *m*
plagioclase Plagioklas *m {Min}*; Kalknatronfeldspäte *mpl {Min}*
plagioclastic plagioklastisch
plagionite Plagionit *m {Min}*
plague 1. Pest *f*; Seuche *f {Med}*; 2. Plage *f*
plain 1. flach, eben, plan; glatt *{z.B. Oberfäche, Gewinde}*; glatt *{Keramik, Glas ohne Dekor}*; 2. zusatzfrei; rein, unlegiert *{Met}*; 3. normal, gewöhnlich; 4. einfach, schlicht; unlin[i]iert *{Pap}*; einfarbig, uni *{Text}*; ungemustert *{Text}*; 5. Ebene *f*, Flachland *n*
plain alcohol unverdünnter Alkohol *m*
plain bandage mull Verbandsmull *m {Med}*
plain bearing Gleitlager *n*; Radiallager *n*
plain bearing oil Gleitlageröl *n*
plain carbon steel unlegierter Stahl *m*, reiner Kohlenstoffstahl *m*
plain cloth Leinengewebe *n*
plain extractor body einfacher Extraktionskörper *m*
plain language display Klartextanzeige *f*
plain pipet[te] Vollpinpette *f {Anal}*
plain sifting machine Flachsieb *n*, Plansichter *m*
plain thrust bearing Gleitaxiallager *n*
plain tube glattes Rohr *n*, Glattrohr *n*
plain washer Beilagscheibe *f*, Unterlegscheibe *f*, Unterlagsscheibe *f*
plain weave glatte Bindung *f*, Leinenbindung *f*, Leinwandbindung *f*, Tuchbindung *f {Text}*
plain woven fabric Leinenbindung *f* mit gleichstarker Kette und gleichstarkem Schuß *{Textilglasgewebe}*
plaining oven Blankschmelzofen *m*, Feinschmelzofen *m {Glas}*
plait/to flechten, falten
plait 1. Flechte *f*; 2. Plissee *n*, Plisseefalte *f {Text}*
plait point Falt[ungs]punkt *m*, kritischer Punkt *m*, Mischungspunkt *m*
plait point curve Faltpunktkurve *f*
plaiting 1. Falten *n*, Flechten *n*; 2. Abtafeln *n*, Breitfalten *n*, Ablegen *n {Text}*
plan/to beabsichtigen, planen; einen Plan *m* ausarbeiten
plan 1. Plan *m {z.B. wirtschftlicher, Stadt-, Ablauf-}*; 2. Plan *m*, Entwurf *m*; Programm *n*; 3. Schema *n*; Grundriß *m*, Draufsicht *f*, erste Projektion *f {Zeichnung}*
plan of layout Lageplan *m*
plan profile Grundrißprofil *n*
plan view Grundriß *m*, Aufriß *m*, Draufsicht *f {Zeichnung}*
planar eben, ebenflächig, plan; planar *{Mat}*
planar coordinates ebene Koordinaten *fpl*
planarchromatography Planarchromatographie *f*
plancheite Plancheit *m {Min}*
planchet Probierschälchen *n {Nukl}*; Zain *m {Met}*
Planck's constant Plancksches Wirkungsquantum *n*, Plancksche Konstante *f* *{6,62620·10^{-34} J·s}*
Planck's elementary quantum of action *s.* Planck's constant
Planck's law of radiation *s.* Planck's radiation formula
Planck's length Plancksche Länge *f* *{= 1,616·10^{-35} m}*
Planck's mass Plancksche Masse *f* *{= 0,02177 mg}*
Planck's oscillator Planckscher Oscillator *m*
Planck's radiation formula Plancksche Strahlungsformel *f*
Planck's unit *s.* Planck's constant
Planckian colo[u]r Plankische Farbe *f*
Planckian radiator Plankscher Strahler *m*
plane/to 1. planieren, nivellieren, ebnen, [ein]ebnen; 2. glätten, schlichten *{z.B. Metall, Holz, Leder}*; abrichten, abschlichten *{Holz}*; 3. hobeln *{DIN 8589}*; hobeln, schälen *{Bergbau}*
plane 1. eben, ebenflächig, plan; flach, ungewellt; 2. Ebene *f*, [ebene] Fläche *f {Math}*; Grundfläche *f*; 3. Hobel *m*; 4. Flugzeug *n*; 5. Tragfläche *f*, aerodynamische Fläche *f*; 6. Platane *f {Platanus L.}*; Amerikanische Platane *f*, Abendländische Platane *f {Platanus occidentalis L.}*
plane angle ebener Winkel *m*, Flächenwinkel *m*
plane charge Flachladung *f {Expl}*
plane Couette flow ebene Couette-Strömung *f {DIN 1342}*, einfache Scherströmung *f*
plane diagonal Flächendiagonale *f*
plane flange Planflansch *m*, Flachflansch *m*
plane geometry Planimetrie *f*, ebene Geometrie *f*
plane grating Plangitter *n*, ebenes Gitter *n {Beugungsgitter}*
plane grating spectrograph Plangitterspektrograph *m*
plane [ground] joint Planschliffverbindung *f {Lab}*
plane lattice Flächengitter *n {Krist}*
plane mirror Planspiegel *m*, ebener Spiegel *m*
plane of a space lattice Gitternetzebene *f*
plane of incidence Einfallsebene *f*
plane of mirror symmetry Symmetrieebene *f*, Spiegelebene *f {Krist, Math}*
plane of polarization Polarisationsebene *f*
plane of polarized light Ebene *f* des polarisierten Lichtes

plane of reflection 1. *s.* plane of mirror symmetry; 2. Reflexionsebene *f {Opt}*
plane of rupture Bruchebene *f*; Gleitfläche *f {hinter einer Stützmauer}*
plane of shear Scherfläche *f*
plane of stress Beanspruchungsebene *f*
plane of symmetry *s.* plane of mirror symmetry
plane parallel planparallel
plane Poiseuille flow planparallele Poiseuille-Strömung *f*
plane-polarized geradlinig polarisiert, linear polarisiert
plane strain ebener Verformungszustand *m*
plane strain fracture toughness Bruchzähgkeit *f {Met}*
plane stress Flächenspannung *f {ebener Spannungszustand}*
plane symmetry Flächensymmetrie *f*, Plansymmetrie *f*
chiral plane chirale Ebene *f*, Chiralitätsebene *f {Stereochem}*
horizontal plane waagerechte Fläche *f*
principal plane Hauptebene *f {Opt}*
tangential plane Tangentialebene *f*

planer 1. Hobel *m*; Hobelmaschine *f*, Langhobelmaschine *f*; Abrichthobelmaschine *f {Forst}*; Abrichthobel *m {Forst}*; Kohlenhobel *m*; 2. Flachbagger *m*

planerite Planerit *m {Min}*

planet Planet *m {Astr}*
planet-wheel mixer *s.* planetary mixer

planetary irdisch; planetarisch; Planeten-
planetary agitator Planetenrührer *m*, Planetenrührwerk *n*
planetary atmosphere Planetenatmosphäre *f*, planetarische Gashülle *f {Astr}*
planetary change-can mixer Planetenrührwerk *n* mit auswechselbarem Rührbehälter *m*
planetary electron Hüllenelektron *n*, kernfernes Elektron *n*
planetary gear Planetengetriebe *n*, Umlauf[räder]getriebe *n {DIN 3998}*, Epizykloidengetriebe *n*
planetary gear extruder Walzenextruder *m*, Planetenwalzenextruder *m*
planetary mixer Planetenmischer *m*, Planetenmischkneter *m*, Planetenrührwerk *n*
planetary-motion agitator *s.* planetary mixer
planetary nebulae planetarischer Nebel *m*, Ringnebel *m {Astr}*
planetary orbit Planetenbahn *f {Astr}*
planetary paddle mixer *s.* planetary mixer
planetary roll[er] extruder Planetenwalzenextruder *m*, Horrock-Extruder *m*
planetary screw Planetschnecke *f*, Planetenspindel *f*, Planet *m*
planetary screw extruder Walzenextruder *m*, Planetenwalzenextruder *m*
planetary stirrer *s.* planetary mixer
planetary stirring machine *s.* planetary mixer

planimeter/to planimetrieren

planimeter Flächenmesser *m*, Planimeter *n*

planimetry Planimetrie *f*, Flächenmessung *f*, ebene Geometrie *f*

planing Abhobeln *n*, Hobeln *n*
planing cut Planschnitt *m*

planish/to 1. [hochglanz]polieren; 2. planieren, nivellieren, einebnen, ebenen, eben machen; 3. schlichten, glätten

planispiral flachgewunden

plank Bohle *f {DIN 4073}*, Planke *f*, Doppeldiele *f {Tech}*; Brett *n {allgemein}*

plankton Plankton *n {Ökol}*

planned maintenance laufende Wartung *f*

planning Planen *n*, Planung *f*; Projektierung *f*
planning stage Projektphase *f*; Fertigungsplanung *f*

planoconcave plankonkav

planoconvex planconvex

planocylindrical planzylindrisch

planoferrite Planoferrit *m {Min}*

plansifter Plansichter *m {Lebensmittel}*

plant 1. vegetabilisch, pflanzlich, Pflanzen-; Betriebs-; 2. Pflanze *f*, Gewächs *n {Bot}*; 3. Betrieb *m*, Fabrik *f*, Werk *n*, Fertigungsstätte *f*, Fabrikationsstätte *f*, Produktionsstätte *f*; Anlage *f*, Betriebsanlage *f*, Werksanlage *f*, Fertigungsanlage *f*
plant acids pflanzliche Säuren *fpl*
plant cell wall polymer Pflanzenzellwandpolymer *n*
plant chemistry Pflanzenchemie *f*
plant decommissioning Stillegung *f* der Anlage *f*
plant defense agents Pflanzenschutzmittel *npl*
plant design and layout Anlagenkonzept *n*
plant design capacity Auslegungsleistung *f*
plant disease Pflanzenkrankheit *f*
plant engineer Betriebsingenieur *m*
plant extract Pflanzenextrakt *m*, Pflanzenauszug *m*
plant gelatin Pflanzengallerte *f*
plant growth regulator Pflanzenwachstumsregler *m*, Pflanzenwuchsregulator *m*, Pflanzenwuchstoff *m*
plant growth retarder Pflanzenwuchsregulator *m*, Wuchsstoffherbizid *n {Hemmstoff}*
plant growth substance *s.* plant growth regulator
plant hormone Pflanzenhormon *n*, Phytohormon *n*
plant juice Pflanzensaft *m*
plant layout Werksanlage *f*
plant location study Standortfrage *f*

plant manager Betriebsleiter *m*
plant oil Pflanzenöl *n*
plant output Auslegeleistung *f*
plant parameter Anlagenparameter *m*
plant pest Pflanzenschädling *m*
plant physiology Pflanzenphysiologie *f*
plant preservation chemical Pflanzenschutzmittel *n*
plant product pflanzliches Produkt *n*
plant protection Pflanzenschutz *m*
plant protection agent Pflanzenschutzmittel *n*
plant protective [product] *s.* plant protection agent
plant run-up Hochfahren *n* der Anlage *f*
plant safety Anlagensicherheit *f*
plant safety assessment Anlagensicherheitsberechnung *f*
plant scale Betriebsmaßstab *m*, technischer Maßstab *m*
plant scrap Produktionsabfälle *mpl*
plant set-up Anlagenaufbau *m*
plant shutdown Anlagenabschaltung *f*
plant test Werkprüfung *f*
plant unit Großanlage *f*
cultivated plant Kulturpflanze *f {Bot}*
large-scale plant Fabrikationsanlage *f*
plantain 1. Wegerich *m {Plantanginaceae}*; 2. Pisangbaum *m*, Paradiesfeige *f {Musa sapientum paradisiaca}*
plantation Plantage *f*, Anpflanzung *f*
plantation white Kolonialzucker *m*, Weißzucker *m*
Planté plate Großoberflächenplatte *f {Elek}*
planteobiose Planteobiose *f*
planteose Planteose *f*
plaque 1. Tafel *f {Tech}*; Lochplatte *f {Keramik}*; 2. Plaque *f {Med, Dent}*; 3. Schnalle *f*
plasma 1. Plasma *n*, Blutplasma *n*, Blutflüssigkeit *f {Med}*; Protoplasma *n*, Plasma *n {Biol}*; 2. Plasma *n {Phys}*; 3. Plasma *n m {Min}*
plasma arc Plasmabogen *m*, Plasmalichtbogen *m*
plasma arc torch Lichtbogenplasmabrenner *m*
plasma balance Plasmagleichgewicht *n*
plasma burner Plasmabrenner *m*
plasma chemistry Plasmachemie *f*
plasma confinement Plasmaeinschluß *m {Kernfusion}*
plasma desorption mass spectrometry Plasmadesorptions-Massenspektrometrie *f*
plasma excitation source Plasmabrenner *m*
plasma flame Plasmaflamme *f*
plasma gas Plasmagas *n*
plasma gun 1. Plasmakanone *f {Plasmabeschleuniger}*; 2. Plasmapistole *f {indirekter Plasmabrenner}*
plasma interaction Plasmawechselwirkung *f*
plasma ion source Plasmaionenquelle *f*
plasma jet Plasmastrahl *m*
plasma-jet excitation Plasmastrahlanregung *f {Spek}*
plasma-jet spraying s. plasma spraying
plasma layer Plasmaschicht *f*
plasma lipoproteins Plasmalipoproteine *npl {HDL, LDL, IDL und VLDL}*
plasma membrane Plasmamembran *f*, Ektoplasma *n {Biol}*, Plasmalemma *n {Biol}*, Zellmembran *f*
plasma physics Plasmaphysik *f*
plasma polymerization Plasmapolymerisation *f*
plasma protein Plasmaprotein *n*
plasma purity Plasmareinheit *f*
plasma rotating-electrode process Plasmaschmelzverfahren *n* mit rotierender Elektrode *f*
plasma spraying Plasmaspritzen *n*, Plasmaspritzverfahren *n*
plasma torch process Plasmastrahlschneiden *n*, Plasmastrahlschmelzen *n*, Plasmastrahlschweißen *n*
plasma transferrins Transferrine *npl {Fe-bindende ß-Globuline}*
plasma welding Plasmaschweißen *n*
plasmachromatin Plasmachromatin *n*
plasmacyte Plasmazelle *f*
plasmapause Plasmapause *f {Geophysik}*
plasmasphere Plasmasphäre *f {2-6 Erdradien}*
plasmid Plasmid *n {im Bakterienplasma vorkommende DNS}*
plasmin *{EC 3.4.21.7}* Fibrinolysin *n*, Plasmin *n*
plasmolysis Plasmolyse *f*, Zellschrumpfung *f*
plasmolytic plasmolytisch
plasmon Plasmon *n {Plasmaphysik}*
plasmosome Plasmosom *n*
plaster/to 1. gipsen, vergipsen; in Gips legen *{Med}*; belegen, bestreichen, verputzen; 2. verpflastern, bepflastern
plaster 1. Pflaster *n*, Wundpflaster *n {Med}*; 2. Estrich *m*; 3. Gipsmörtel *m*; Putzmörtel *m*; 4. Putz *m*; 5. Plaster *m {pyrogen entwässerter Rohgips}*; 6. Gips *m {$CaSO_4 \cdot 0,5H_2O$}*; Modellgips *m {Dent}*
plaster and venderings Putz *m {DIN 18550}*
plaster cast Gipsabdruck *m*, Gipsabguß *m*
plaster coat Maurerschutzlack *m*
plaster electrode Gipselektrode *f*
plaster floor Gipsestrich *m*, Gipsfußboden *m*
plaster kiln Gipsbrennofen *m*
plaster mortar Gipskalk *m*, Gipsmörtel *m*
plaster mo[u]ld Gipsform *f {Keramik, Gieß}*
plaster of Paris [gebrannter] Gips *m*, Halbhydratplaster *m {Stuck-, Putz-, Modellgips}*, Gipshalbhydrat *n {$CaSO_4.0,5\ H_2O$}*; [kristalliner] Gips *m {Calciumsulfat-2-Wasser}*

plaster of Paris mo[u]ld Gipsform *f {Keramik, Gieß}*
plaster stone Gips[stein] *m {Min}*
hard-burnt plaster Anhydrit *m*
hardening of plaster Gipserhärtung *f*
light-weight plaster Porengips *m*
orthopaedic plaster orthopädischer Gips *m*
fill with plaster/to ausgipsen
plasterboard Gipsplatte *f*
plastic 1. plastisch, verformbar, formbar, modellierbar, bildsam; plastisch *{nicht flächenhaft}*; plastisch, bleibend *{Verformung}*; verarbeitbar; 2. aus Kunststoff *m*; Kunststoff-, Plastik-, Plast-; 3. Plastik *n*, [organischer] Kunststoff *m*, Chemiewerkstoff *m*, Plast *m*; *s.a.* plastics
plastic additive [agent] Plastzusatzstoff *m*, Zusatzstoff *m* für Plaste *mpl*, Plasthilfsstoff *m*, Plastadditiv *n*, Kunststoffadditiv *n*
plastic adhesive Klebstoff *m* für Kunststoffe *mpl*
plastic alloy Knetlegierung *f*, kautschukmodifizierter Kunststoff *m*
plastic apron Kunststoffschürze *f*
plastic base protective layer Plastschutzschicht *f*, Kunststoffschutzschicht *f*
plastic bearing Kunststofflager *n*
plastic bonded explosive kunststoffgebundene Sprengstoffmischung *f*
plastic bonding Plastkleben *n*, Kunststoffkleben *n*
plastic bonding adhesive *s. plastic adhesive*
plastic bronze Blei-Lagerbronze *f {72-84 % Cu, 5-10 % Sn, 8-20 % Pb}*
plastic cake Plastkuchen *m*, kuchenförmiger Vorformling *m {für Schallplatten}*
plastic case Kunststoffbehälter *m*
plastic clay feuerfester plastischer Ton *m*, Pfeifenton *m*; feiner Ton *m {Keramik}*
plastic-coated kunststoffbeschichtet
plastic-coated paper kunststoffbeschichtetes Papier *n*
plastic-coated textiles kunststoffbeschichtete Textilien *pl*
plastic coating Kunststoffbeschichtung *f*
plastic cold working Kaltverformung *f*
plastic composite film Plastverbundfolie *f*
plastic composition Plastmasse *f*, Plastansatz *m*, Kunststoffmischung *f*
plastic compound *s.* plastic mass
plastic compounding Plastformmasseaufbereitung *f*
plastic container Kunststoffbehälter *m*
plastic cover Kunststoffüberzug *m*
plastic cutting spanende Plastbearbeitung *f*
plastic deformation plastische Deformation *f*, plastische Verformung *f*, [bleibende] Verformung *f*, bleibende Deformation *f*, Verformungsrest *m*
plastic dispersion Kunststoffdispersion *f*
plastic elongation bleibende Dehnung *f*, irreversible Dehnung *f*
plastic equilibrium plastisches Gleichgewicht *n*
plastic filler Kunststoffspachtel *m*
plastic film Kunststoffolie *f*, Plastikfolie *f {0,038-0,150 mm}*
plastic fireclay fetter Schamotteton *m*
plastic flow plastisches Fließen *n*, plastischer Fluß *m*
plastic foam Schaum[kunst]stoff *m*, Plastschaumstoff *m*, geschäumter Plast *m*; Schaumstoffkörper *m*
plastic foil Plastikfolie *f*, Kunststoffolie *f*
plastic granulation Plastgranulierung *f*
plastic helmet Kunststoffhelm *m*
plastic hinge Fließgelenk *n*
plastic laboratory ware Plastiklaborgeräte *npl*
plastic limit Plastizitätsgrenze *f*, Ausrollgrenze *f {Agri}*
plastic-lined mit Kunststoff *m* ausgekleidet
plastic lining Kunststoffauskleidung *f*, Plastauskleidung *f*
plastic mass 1. plastische Masse *f*; 2. [organischer] Kunststoff *m*, Plastik *n*, Plast *m*
plastic material 1. plastische Masse *f {im allgemeinen}*; 2. [organischer] Kunststoff *m*, Plastik *n*
plastic matrix Plastmatrix *f*, Plastgrundwerkstoff *m*, Plastkomponente *f* in verstärkten Werkstoffen *mpl*
plastic metal Plastikmetall *n*, Kunststoffmetall *n*
plastic-metal adhesive bond Plast-Metall-Klebverbindung *f*
plastic mo[u]lding compound Kunststofformmasse *f*, Kunststoffpreßmasse *f*
plastic moment Fließmoment *m*
plastic mortar Plastmörtel *m*, Kunststoffmörtel *m*
plastic packaging Kunststoffverpackung *f*
plastic paint plastische Farbe *f*, plastischer Anstrichstoff *m*, Plastikanstrichstoff *m*
plastic Petri dish Petrischale *f* aus Kunststoff *m*
plastic pipe Kunststoffrohr *n*, Plastikrohr *n*
plastic piping Kunststoffrohrleitung *f*
plastic-proofed kunststoffimprägniert
plastic range plastischer Bereich *m*, plastisches Gebiet *n*, Plastizitätsbereich *m*
plastic raw material Plastrohstoff *m*, Kunststoffrohstoff *m*
plastic refractory clay Klebsand *m*
plastic retention index Kunststoff-Retentionsindex *m*
plastic ribbed pipe Plastikwellrohr *n*

plastic roofing sheet Kunststoff-Dachbahn *f* *{DIN 16726}*
plastic scrap Plastikabfall *m*, Kunststoffausschuß *m*, Kunststoffabfall *m*
plastic semiproduct Plasthalbzeug *n*
plastic-sheathed kunststoffummantelt, mit Kunststoffhülle *f*
plastic sheet Kunststoffolie *f*, Kunststoffplatte *f*
plastic sheet for waterproofing Kunststoff-Dichtungsbahn *f*
plastic slide valve Kunststoffschieber *m*
plastic sliding plastisches Gleiten *n*
plastic solder Kunststofflot *n*, Plastiklot *n*, leitender Kleber *m*
plastic stopper Kunststoffstopfen *m*
plastic test tube Kunststoff-Reagenzröhrchen *n*
plastic-to-plastic adhesive Klebstoff *m* für Kunststoffe *mpl*
plastic tube Plastrohr *n*, Kunststoffrohr *n*, biegsames Plastrohr *n*
plastic workability Formveränderungsvermögen *n*
plastic working plastische Verformung *f*
plastic yield tester Fließgrenzeprüfgerät *n*
foamed plastic Poroplast *n*, Porenstoff *m*
glass-fiber reinforced plastic glasfaserverstärkter Kunststoff *m*
fully plastic vollplastisch
laminated plastic Schicht[preß]stoff *m*
liquid plastic mass Fluidoplast *m*

plasticate/to plastifizieren, plastizieren, weichmachen, erweichen, knetbar machen, aufweichen, mastizieren, thermisch abbauen *{Kunst, Gummi}*

plasticating Plastifizier-
plasticating screw Plastifizierschnecke *f*, Plastifizierspindel *f*
plasticating unit *s.* plasticator

plastication Plastifiziervorgang *m*, Plastizieren *n*, Plastifizierungsverfahren *n*, Plastifizierung *f*; Mastifikation *f* *{Gummi}*, thermischer Abbau *m*
plastication temperature Plasti[fi]ziertemperatur *f*

plasticator Mastikator *m* *{Gummi}*, Plastikator *m*, Plastifiziermaschine *f*, Plastifikator *m*, Plastifiziereinheit *f*, Plastifiziereinrichtung *f*, Plastifizieraggregat *n*, Aufschmelzeinheit *f*

plasticine Knetgummi *m n*, Knetmasse *f*

plasticity Formbarkeit *f*, Verformbarkeit *f*, Plastizität *f*, Bildsamkeit *f*, Formänderungsvermögen *n*

plasticization Weichmachung *f*, Plastifiziervorgang *m*, Plastifizierungsverfahren *n*, Plastifizierung *f*

plasticize/to 1. plastifizieren, weichmachen *{Polymer}*, peptisieren *{Gummi}*; 2. plastizieren, knetbar machen, weichmachen, erweichen, mastizieren *{Gummi}*, thermisch abbauen
plasticize on the surface/to angelatinieren, vorplastifizieren

plasticized weichmacherhaltig; weichgemacht, weichgestellt; Weich-
plasticized compound weichgemachte Formmasse *f*, weichgestellte Formmasse *f*, Weichmasse *f*, Weichmischung *f*, Weichgranulat *n*, Weichcompound *m n*
plasticized plastic weichgemachter Plast *m*, Weichplast *m*
plasticized polyvinyl chloride weichmacherhaltiges Polyvinylchlorid *n* *{DIN 16730}*, Weich-Polyvinylchlorid *n*, Weich-PVC, PVC-W
plasticized PVC *s.* plasticized polyvinyl chloride

plasticizer Plastifizierungsmittel *n* *{Keramik}*; Weichmancher *m*, Weichmachungsmittel *n*, Plasti[fi]kator *m*, weichmachender Zusatz *m*, plastischmachender Zusatz *m* *{Kunst}*; [chemisches] Abbaumittel *n*, Peptisier[ungs]mittel *n* *{Gummi}*
plasticizer with solvent properties gelatinierender Weichmacher *m*
plasticizer absorption Weichmacherabsorption *f*, Weichmacheraufnahme *f*
plasticizer action Weichmacherwirkung *f*
plasticizer blend Weichmachermischung *f*
plasticizer concentration Weichmacherkonzentration *f*
plasticizer content Weichmachergehalt *m*, Weichmacheranteil *m*
plasticizer effect Weichmacherwirkung *f*
plasticizer efficiency Weichmacherwirksamkeit *f*
plasticizer evaporation Weichmacherverdampfung *f*
plasticizer-extender Extenderweichmacher *m*
plasticizer extraction Weichmacherextraktion *f*
plasticizer loss Weichmacherverlust *m*
plasticizer migration Weichmachermigration *f*, Weichmacherwanderung *f*
plasticizer migration resistance Weichmacherwanderungsbeständigkeit *f*
plasticizer-resistant weichmacherfest
plasticizer unit Plastiziereinheit *f*, Einspritzaggregat *n*, Plastizieraggregat *n* *{Spritzgießen}*
plasticizer vapo[u]rs Weichmacherdämpfe *mpl*
plasticizer volatility Weichmacherflüchtigkeit *f*

plasticizing 1. weichmachend, plastifizierend; 2. Plastifizierung *f*, Plasitfikation *f*, Weichmachen *n*, Peptisieren *n* *{Kunst, Gummi}*; 3. Plastizieren *n*, Mastikation *f* *{Gummi}*, thermischer

Abbau *m {Kunst, Gummi}*; 4. Verflüssigen *n*, Schmelzen *n {z.B. Beton*

plasticizing agent Plastifizierungsmittel *n {Keramik}*; Plasti[fi]kator *m*, Weichmacher *m*, Weichmachungsmittel *n*, Plastifikationsmittel *n*, weichmachender Zusatz *m*, plastischmachender Zusatz *m {Kunst}*; [chemisches] Abbaumittel *n*, Peptisier[ungs]mittel *n {Gummi}*

plasticizing aid Plastifizierhilfe *f*

plasticizing capacity Plastifizierleistung *f*, Plastifizierkapazität *f*, Plastifiziermenge *f*, Weichmachervermögen *n*, Plastifiziervolumen *n*; Schmelzleistung *f*, Schmelzkapazität *f*, Verflüssigungsleistung *f*

plasticizing effect Weichmacherwirkung *f*, weichmachende Wirkung *f*

plasticizing efficiency Weichmacherwirksamkeit *f*

plasticizing performance Plastifizierverhalten *n*, Plastifizierstrom *m*, Plastifizierleistung *f*, Plastifiziervermögen *n*

plasticizing process Plastifizierungsverfahren *n*, Plastifiziervorgang *m*

plasticizing rate Weichmachungsgrad *m*

plasticizing screw Plastifizierschnecke *f*, Plastifizierspindel *f*

plasticizing time Dosierzeit *f*, Plastifizierzeit *f*

plasticizing unit *s.* plasticator

plasticizing zone Plastizierzone *f*, Schmelzzone *f*, Umwandlungszone *f {Extruder}*

plasticorder Plastigraph *m*, Plastograph *m {Gerät zur Plastizitätsbestimmung}*

plastics 1. [organische] Kunststoffe *mpl*, Plaste *mpl*, Plastics *pl*; 2. Plastics *pl {z.B. für Schnellreparaturen von Öfen}*

plastics ashing test Plastveraschungsprüfung *f*

plastics capable of being hardened härtbare Kunststoffe *mpl*

plastics coated fabrics kunststoffbeschichtete Ware *f*, textile Fläche *f* mit Kunststoffüberzug *m {Text}*

plastics compounder Kunststoffaufbereitungsmaschine *f*

plastics engineering Kunststofftechnik *f*, Plasttechnik *f*

plastics extruder Kunststoffschneckenpresse *f*

plastics industry Kunststoffbranche *f*

plastics material Kunststoffwerkstoff *m*

plastics mo[u]lding Kunststoffteil *n*

plastics pellets Kunststoffgranulat *n*

plastics processing Kunststoffverarbeitung *f*, Plastverarbeitung *f*

plastics technology Kunststofftechnologie *f*

plastics translucent sheet durchsichtige Kunststoffolie *f*, transluzente Kunststoffolie *f*; durchsichtige Kunststoffhülle *f*, transluzente Kunststoffhülle *f*

plastics welding Plastschweißen *n*

made of plastics aus Kunststoff *m* hergestellt

pressure setting plastics druckhärtbare Kunststoffe *mpl*

thermosetting plastics hitzehärtbare Kunststoffe *mpl*, wärmeaushärtbare Kunststoffe *mpl*; Duroplaste *mpl*

plastification Plastifizierung *f*, Plastizieren *n*, Weichmachung *f {Kunst}*; Mastikation *f*, thermischer Abbau *m {Gummi}*

plastificator Plastifikator *m*, kontinuierlich arbeitende Geliermaschine *f*

plastify/to plastifizieren, plastizieren, weichmachen, erweichen, knetbar machen, aufweichen *{Polymer}*; mastizieren, thermisch abbauen *{Gummi}*

plastigel Plastigel *n {kittartige PVC-Paste}*

plastilina *{US}* Plastilin *n*, Plastilina *f*, Knetmasse *f {Modelliermasse}*

plastimeter *s.* plastometer

plastisol Plastisol *n {flüssige Kunststoffzubereitung/-dispersion in Weichmachern}*

plastisol coat[ing] Plastisolschicht *f*

plastisol mo[u]lding Verarbeitung *f* von Plastisol *n*

plasto-elastic deformation elasto-plastische Deformation *f*

plastocyanin Plastocyanin *n*

plastograph Plastograph *m {Gerät zur Plastizitätsbestimmung}*

plastography Plastographie *f*

plastomer Plastomer[es] *n*

plastometer Plastometer *n*, Konsistenzmesser *m {Bestimmung viskoelastischer Eigenschaften}*

plate/to 1. plattieren *{walzen}*; 2. belegen, panzern, aufbringen *{Metallschicht}*; elektrochemisch abscheiden, galvanisch abscheiden; sich abscheiden lassen; 3. überziehen, plattieren, beschichten; galvanisieren, elektrochemisch beschichten, galvanisch beschichten; dublieren, im [Hoch-]Vakuum *m* metallisieren; 3. kalandern, glätten, satinieren *{Pap}*; 4. breiten *{schmieden}*; 5. Platten *fpl* machen *{Drucken}*

plate out/to sich ablagern

plate 1. Platte *f*, Tafel *f*; Akkumulatorplatte *f {Elek}*; Modellplatte *f {Gieß}*; [photographische] Platte *f*; Stereotypie-Platte *f {Druck}*; Druckplatte *f {Druck}*; Filtrat[sammel]platte *f*, Filterplatte *f {Chem}*; Zahnplatte *f*, Gebißplatte *f {Dent}*; Speicherplatte *f {Elektronik}*; 2. dünne elektrochemisch hergestellte Schicht *f*, dünne galvanisch hergestellte Schicht *f*; 3. Tisch *m {Mikroskop}*; 4. Blech *n {Met}*; 5. Teller *m*; 6. Scheibe *f*, Platte *f*; 7. Boden *m {Dest}*, Rektifizierboden *m*, Austauschboden *m {Dest}*; 8. Grundwerk *n*, Messerwerk *n*, Messerblock *m {Holländer, Pap}*; 9. Platte *f*, Pfanne *f {Waage}*, Planlager *n {Feinwaage}*

plate air heater Plattenwärmetauscher *m*, Plattenwärmeaustauscher *m*; Heizplatte *f*, Plattenheizkörper *m*
plate-alike pigment blättchenförmiges Pigment *n*
plate amalgamation Plattenamalgamation *f*
plate-and-frame press Rahmenfilterpresse *f*
plate anode Kantenanode *f*, Plattenanode *f*
plate baffle Plattendampfsperre *f*
plate bar Platine *f {Vorblech}*
plate battery Anodenbatterie *f*
plate belt Plattenförderband *n*, Plattenbandförderer *m*
plate capacitance Anodenkapazität *f*
plate capacitor Plattenkondensator *m*
plate cathode Flächenkathode *f*
plate cassette Plattenkassette *f {Photo}*
plate cell Tellerzelle *f*
plate column Bodenkolonne *f*, Bodensäule *f*
plate conveyer Plattenband *n*, Plattenbandförderer *m*
plate cooler Plattenkühler *m*, Flächenkühlkörper *m*
plate culture Plattenkultur *f*
plate current Anodenstrom *m*
plate dissipation Anodenverlustleistung *f*
plate distance Bodenabstand *m {Dest}*
plate dryer Tellertrockner *m*
plate efficiency 1. Bodenwirkungsgrad *m {Dest}*; 2. Anodenwirkungsgrad *m {Elektronik}*
plate electrode Plattenelektrode *f*
plate evaporator Plattenverdampfer *m*
plate exchanger Plattenaustauscher *m*
plate feed Telleraufgabe *f*
plate feeder Füllvorrichtung *f* mit Plattenförderband *n*, Telleraufgabeapparat *m*
plate filter Plattenfilter *n*
plate-filter press Plattenfilterpresse *f*
plate freezer Plattengefrieranlage *f*, Plattengefrierapparat *m*
plate glass Spiegelglas *n*
plate-glazed paper Lithographenpapier *n*, Kunstdruckpapier *n {satiniert}*
plate heat exchanger Plattenwärmetauscher *m*, Plattenwärmeaustauscher *m {obs}*
plate heating furnace Blechglühofen *m*
plate holder Kassette *f*, Plattenhalter *m*, Plattenkassette *f {Photo}*
plate magnet magnetische Platte *f*, Plattenmagnet *m*
plate mark Feingehaltsstempel *m*
plate out 1. Belagbildung *f*; 2. Plastverarbeitungs-Hilfsstoffbelag *m*; 3. Plate-out *n m {Spaltproduktablagerungen im Primärkreislauf}*
plate-out experiments Ablagerungsversuche *mpl {Strahlenschutz}*
plate radiator Flächenheizkörper *m*, Plattenheizkörper *m*
plate resistance Anodenwiderstand *m*
plate separator Tellerseparator *m*, Tellerabscheider *m*
plate spring Blattfeder *f*, Tellerfeder *f*
plate support Plattenhalter *m*
plate tinning furnace Blechverzinnungsofen *m*
plate tower Bodenkolonne *f*, Bodensäule *f*
plate-type electrostatic separator Freifallscheider *m*
plate-type heat exchanger Plattenwärmeaustauscher *m {obs}*, Plattenwärmetauscher *m*
plate-type precipitator Plattenelektrofilter *n*
plate valve Plattenventil *n*, Tellerventil *n*
black plate unverzinntes Blech *n*, Schwarzblech *n*
double-reduced plate doppelt reduziertes Blech *n*
dual coated plate differenzverzinntes Blech *n*
heavy plate Grobblech *n*
number of plates Bodenzahl *f {Dest}*
perforated plate gelochtes Blech *n*

plateau 1. Plateau *n {Tech}*; 2. Plateau *n*, Hochebene *f {Geol}*

plated box Panzerkarton *m*
plated frame plate Rahmenplatte *f*

platelet 1. Plättchen *n {Blut}*; 2. flache Schicht *f {z.B. innerhalb eines Diamanten}*
platelet-like blättchenförmig, blättrig
platelet structure Blättchenstruktur *f*

platen 1. Heizplatte *f {Kunst, Gummi}*; 2. Tisch *m*; Pressentisch *m*, obere und untere Platte *f {Etagenpresse}*; Tisch *m {Hobelmaschine}*; 3. Aufspannfläche *f {z.B. des Stößels, Pressetisches}*; 4. Werkstückvorlage *f*, Gegenhalter *m {Anpassung an Werkstückformen}*; 5. Platte *f*; Platte *f {z.B. der Presse}*, Maschinenaufspannplatte *f*; Werkzeugaufspannplatte *f*, Werkzeuggrundplatte *f*, Werkzeugträgerplatte *f*, Trägerplatte *f*; Preßplatte *f {z.B. der Furnierpresse}*; 6. Walze *f*, Schreibwalze *f {z.B. einer Schreibmaschine}*
platen area Werkzeugaufspannfläche *f*, Formaufspannfläche *f {Gieß}*; Aufspannfläche *f*, Montageplatte *f {Tech}*
platen filter Plattenfilter *n*
platen heater Plattenheizung *f*, Plattenheizkörper *m*, Heizplatte *f*
platen press Plattenpresse *f*, Packpresse *f*, Etagenpresse *f {z.B. Etagenvulkanisierpresse}*; Tiegeldruckpresse *f {Druck}*; Walze *f*
platen pressure Plattendruck *m*
platen size Plattengröße *f*, Plattenformat *n*, Tafelgröße *f*, Tafelformat *n*
platen temperature Plattentemperatur *f*

platform 1. Plattform *f*, Laderampe *f*; 2. Plattform *f*, Laufbühne *f*, Tribüne *f*, Bühne *f*, Podest *n*; 3. *{GB}* Bahnsteig *m*
platform balance Plattformwaage *f*, Waage *f*

mit ebener Lastfläche *f*, Brückenwaage *f*, Neigungswaage *f*

platform scale *s.* platform balance

platform weigher Bodenwaage *f*

platformate Platformat *n*, Platformingprodukt *n*, Platformerprodukt *n {Erdöl}*

platforming Platforming *n*, Platformen *n*, Platin-Reforming *n*, Reformieren *n* an Platin-Katalysatoren *mpl*, Reformieren *n* an Platinkontakten *mpl {Erdöl}*

platforming plant Platformieranlage *f*, Platforming-Anlage *f*

platinammonium chloride <$(NH_4)_2PtCl_6$> Diammoniumhexachloroplatinat(IV) *n {IUPAC}*, Platinammoniumchlorid *n {Triv}*

platinate/to platinieren, mit Platin *n* beschichten

platina 1. *{obs}* Platin *n*; 2. Rohplatin *n {mit Rh, Ru, Ir, Au, Ag}*; 3. Platina *n {75 % Zn, 25 % Cu}*

platinate Platinat *n {ein Komplexsalz}*

platination Platinieren *n*

plating 1. Belag *m*, Beplattung *f*, Metallauflage *f*; elektrochemisch hergestellte Schutzschicht *f*, galvanisch hergestellte Schutzschicht *f*; 2. Beschichten *n*, Beschichtung *f*; elektrochemisches Beschichten *n*, galvanisches Beschichten *n*, Elektroplattieren *n*, Galvanoplastik *f*, Galvanisieren *n {Chem, Elek}*; metallisches Verstärken *n {Auftragen von Metall auf elektronische Leiterbilder}*; 3. Aufbringen *n* [von Metallen], Metallisieren *n*; Plattieren *n {Tech}*

plating barrel Galvanisiertrommel *f*

plating bath 1. Elektrolyt *m*, Galvanisierungselektrolyt *m*, Elektrolytflüssigkeit *f*, Galvanoplastikbad *n*; Plattierungsbad *n {Text}*; 2. Galvanisierbehälter *m*, Elektrolytbehälter *m*

plating liquid Vorstreichmittel *n* für Vakuumbedampfung *f {von Plastwerkstoffen}*

plating out galvanisches Abscheiden *n*, elektrochemisches Abscheiden *n*

plating plant Galvanisierungsanlage *f*, Plattierungsanlage *f*

plating rack Einhängegestell *n*, Galvanisiergestell *n*, Warengestell *n {Galv}*

plating with gold leaf Blattvergoldung *f*

platinibromide <M'_2PtBr_6> Hexabromoplatinat(IV) *n*

platinic Platin-, Platin(IV)-

platinic acid <H_2PtO_3> Trioxoplatinsäure *f {IUPAC}*, Platinsäure *f*

platinic ammonium chloride *s.* ammonium hexachloroplatinate(IV)

platinic chloride 1. <$PtCl_4$> Platintetrachlorid *n*, Platin(IV)-chlorid *n*; 2. <H_2PtCl_6> Hexachloroplatinsäure *f*, Dihydrogenhexachloroplatinat *n*

platinic compound Platiniverbindung *f {obs}*, Platin(IV)-Verbindung *f*

platinic hydroxide <$Pt(OH)_4$> Platintetrahydroxid *n*, Platin(IV)-hydroxid *n*

platinic iodide <PtI_4> Platintetraiodid *n*, Platin(IV)-iodid *n*

platinic oxide Platin(IV)-oxid *n*, Platindioxid *n*

platinic salt Platinisalz *n*, Platin(IV)-Salz *n*

platinic sulfate <$Pt(SO_4)_2$> Platin(IV)-sulfat *n*, Platindisulfat *n*

salt of platinic acid Platinat *n*

platinichloride <M'_2PtCl_6> Hexachloroplatinat(IV) *n*

platinicyanic acid <$H_2Pt(CN)_6$> Platinicyanwasserstoffsäure *f {obs}*, Hexacyanoplatinsäure *f*, Dihydrogenhexacyanoplatinat(IV) *n*

platiniferous platinhaltig

platiniridium Platin-Iridium *n {Min}*

platinite <M'_2PtX_4> Platinit *n*, Platinat(II) *n*

platinization Platinierung *f*, Platinieren *n*

platinize/to platinieren, mit Platin *n* überziehen

platinized platiniert

platinized asbestos Platinasbest *m*

platinized charcoal Platinkohle *f*

platinizing bath Platinbad *n*

platinochloride <M'_2PtCl_4> Tetrachloroplatinat(II) *n*

platinocyanic acid <$H_2Pt(CN)_4$> Platincyanwasserstoff *m*, Platinocyanwasserstoffsäure *f {obs}*, Dihydrogentetracyanoplatinat(II) *n*

platinoid 1. platinartig; 2. Platinoid *n*

platinotype Platindruck *m*

platinotype paper Platinpapier *n {Photo}*

platinotype process Platindruck *m*

platinous Platin-, Platino- *{obs}*, Platin(II)-

platinous acid <H_2PtCl_4> Tetrachloroplatinsäure *f*, Dihydrogentetrachloroplatinat(II) *n*

platinous bromide <$PtBr_2$> Platindibromid *n*, Platin(II)-bromid *n*

platinous chloride <$PtCl_2$> Platindichlorid *n*, Platin(II)-chlorid *n*

platinous compound Platin(II)-Verbindung *f*, Platinoverbindung *f {obs}*

platinous cyanide <$Pt(CN)_2$> Platin(II)-cyanid *n*, Platindicyanid *n*

platinous hydroxide <$Pt(OH)_2$> Platin(II)-hydroxid *n*, Platindihydroxid *n*

platinous iodide <PtI_2> Platin(II)-iodid *n*, Platindiiodid *n*

platinous oxide <PtO> Platin(II)-oxid *n*, Platinoxydul *n {obs}*, Platinmonoxid *n*

platinous sulfide <PtS> Platin(II)-sulfid *n* Platinmonosulfid *n*

platinum *{Pt, element no. 78}* Platinum *n {IUPAC}*, Platin *n*

platinum alloy Platinlegierung *f*

platinum barium cyanide <$BaPt(CN)_4{\cdot}4H_2O$> Bariumtetracyanoplati-

nat(II)[-Tetrahydrat] *n*, Platinbariumcyanid *n*, Bariumcyanoplatinit *n {obs}*
platinum basin Platinschale *f*
platinum black Platinmohr *m*, Platinschwarz *n {Katalysator}*
platinum boat Platinschiffchen *n*
platinum boiler Platinkessel *m*
platinum bronze Platinbronze *f*
platinum catalyst Platinkatalysator *m*
platinum-catalyzed platinkatalysiert
platinum chloride 1. <$PtCl_2$> Platindichlorid *n*, Platin(II)-chlorid *n*; 2. <$PtCl_4$> Platintetrachlorid *n*, Platin(IV)-chlorid *n*; 3. <H_2PtCl_6> Hexachloroplatinsäure *f*, Dihydrogenhexachloroplatinat(IV) *n*
platinum coating Platinüberzug *m*
platinum-cobalt scale Platin-Cobalt-Skale *f {Anal}*
platinum coil Platinspirale *f*
platinum combustion sheath Platinbrennstoffhülle *f {Nukl}*
platinum compound Platinverbindung *f*
platinum cone Platinkegel *m*, Platinkonus *m*
platinum contact Platinkontakt *m*
platinum content Platingehalt *m*
platinum crucible Platintiegel *m*
platinum dibromide <$PtBr_2$> Platin(II)-bromid *n*, Platindibromid *n*
platinum dichloride <$PtCl_2$> Platin(II)-chlorid *n*, Platindichlorid *n*
platinum dicyanide <$Pt(CN)_2$> Platin(II)-cyanid *n*, Platindicyanid *n*
platinum diiodide <PtI_2> Platin(II)-iodid *n*, Platindiiodid *n*
platinum dioxide <PtO_2> Platindioxid *n*, Platin(IV)-oxid *n*
platinum dish Platinschale *f*
platinum disulfide <PtS_2> Platindisulfid *n*, Platin(IV)-sulfid *n*
platinum electrode Platinelektrode *f*
platinum filter Platinfilter *n*
platinum foil Platinblech *n*
platinum group Platinreihe *f {Platinmetalle in der VIII. Nebengruppe des Periodensystems}*
platinum hydrosol Platinhydrosol *n*
platinum ingot Platinbarren *m*
platinum iridium Platin-Iridium *n {10 % Ir}*
platinum-iridium alloys Platin-Iridium-Legierungen *fpl {1-30 % Ir}*
platinum knife Platinmesser *n*
platinum metals Platinmetalle *npl {Ru, Os, Rh, Ir, Pd, Pt}*
platinum monosulfide <PtS> Platin(II)-sulfid *n*, Platinmonosulfid *n*
platinum monoxide <PtO> Platin(II)-oxid *n*, Platinmonoxid *n*, Platinoxydul *n {obs}*
platinum muffle Platinmuffel *f*
platinum nickel cell Platin-Nickel-Element *n {Elek}*
platinum ore Platinerz *n*
platinum oxide 1. <PtO> Platin(II)-oxid *n*, Platinmonoxid *n*; 2. <PtO_2> Platindioxid *n*, Platin(IV)-oxid *n*; 3. <PtO_3> Platintrioxid *n*
platinum pentafluoride <$(PtF_5)_4$> Platinpentafluorid *n*
platinum pin Platinnadel *f*
platinum-plated platiniert
platinum-plating Platinierung *f*
platinum point Platinkontakt *m*, Platinspitze *f*
platinum potassium salt Platinkaliumsalz *n {K_2PtCl_4; K_2PtCl_6}*
platinum refining Platinscheidung *f*
platinum reforming *s.* platforming
platinum residue Platinrückstand *m*
platinum resistance thermometer Callendar-Thermometer *n*, Platin-Widerstandsthermometer *n {ITS-90; 259,35 - 630,74°C}*
platinum retort Platinretorte *f*
platinum-rhodium alloys Platin-Rhodium-Legierungen *fpl {<40 % Rh}*
platinum-rhodium couple Platin-Rhodium-Thermoelement *n*
platinum-rhodium wire Platin-Rhodium-Draht *m*
platinum sesquisulfide <Pt_2S_3> Platin(III)-sulfid *n*
platinum sheet Platinblech *n*
platinum silicide Platinsilicid *n*
platinum sol[ution] [kolloidale] Platinlösung *f*, Platinsole *f {Katalysator}*
platinum spatula Platinspatel *m*
platinum spiral Platinspirale *f*
platinum sponge Platinschwamm *m {Katalysator}*
platinum spoon Platinlöffel *m*
platinum still Platinretorte *f*
platinum substitute Platinersatz *m*
platinum sulfide 1. <PtS> Platin(II)-sulfid *n*, Platinmonosulfid *n*; 2. <Pt_2S_3> Platin(III)-sulfid *n*; 3. <PtS_2> Platin(IV)-sulfid *n*, Platindisulfid *n*
platinum tetrachloride <$PtCl_4$> Platin(IV)-chlorid *n*, Platintetrachlorid *n*
platinum tetrafluoride oxide <$PtOF_4$> Platintetrafluoridoxid *n*
platinum toning Platintonung *f {Photo}*
platinum trioxide <PtO_3> Platin(VI)-oxid *n*, Platintrioxid *n*
platinum vessel Platingefäß *n*
platinum ware Platingerät *n*
platinum wire Platindraht *m*
platinum wire loop Platindrahtöse *f {Lab}*
platinum zinc element Platin-Zink-Element *n {Elek}*
bright platinum Glanzplatin *n*

brilliant platinum Glanzplatin *n*
burnished platinum Glanzplatin *n*
crude platinum Rohplatin *n*
spongy platinum Platinmohr *m*, Platinschwamm *m*
coat with platinum/to platinieren
plattnerite Braunbleioxid *n {Triv}*, Schwerbleierz *n {obs}*, Plattnerit *m {Min}*
platy plattenförmig, plattig, bankförmig, tafelförmig, tafelig *{Krist, Geol}*
platynecic acid Platynecinsäure *f*
platynecine Platynecin *n*
platynite 1. Platinit *m {HN, Fe-Ni-Legierung}*; 2. Platynit *m*, Platinit *m* {$Pb_4Bi_7Se_7S_4$, *Min*}
plausibility check Plausibilitätskontrolle *f*
pleasant angenehm *{z.B. Geruch}*; erfreulich
pleat/to falten, plissieren
pleat Falte *f*, Falz *f*
pleated plissiert, gefaltet
pleated filter Faltenfilter *n*
pleated sheet [structure] Faltblattstruktur *f*, *β*-Struktur *f {Polypeptidketten}*
pleating machine Plissiermaschine *f {Text}*
pleiadiene Pleiadien *n*
Pleistocene [period] Pleistozän *n {Geol}*
plenargyrite Plenargyrit *m* {*Min*, $AgBiS_2$}
plenary völlig; Voll-; Plenar-
plenary lecture Plenarvortrag *m*
plenum 1. Sammelraum *m {Nukl}*; 2. Luftberuhigungskammer *f {Tech}*
plenum chamber 1. Luftkammer *f*, Trockenkammer *f*; 2. Behandlungskammer *f*, Spritzkammer *f*, Vorformkammer *f*, Massekammer *f {Kunst}*; 3. Absaugkasten *m {Kunst}*
pleochroic *s.* pleochromatic
pleochroism *s.* pleochromatism
pleochromatic pleochroitisch *{Krist}*
pleochromatism Pleochroismus *m {Krist}*
pleonast Pleonast *m*, Ceylonit *m {Min}*
pleonectite Pleonektit *m {Min}*
plessite 1. Gersdorffit *m {Min}*; 2. Fülleisen *n {Meteorit}*, Plessit *m*
Plessy's green Chromphosphatgrün *n*
plexigel paste Plexigelpaste *f*
Plexiglass *{TM}* Plexiglas *n {HN}*, Perspex *n {Polymethylmethacrylat}*
Plexiglass safety screen Polymethylmethacrylat-Schutzscheibe *f*, Sicherheitsschutzscheibe *f* aus Polymethylmethacrylat *n*, Acrylglas-Schutzscheibe *f*, Acrylglas-Sicherheitsscheibe *f*
pliability 1. Biegsamkeit *f*, Geschmeidigkeit *f* 2. Beeinflußbarkeit *f*
pliable biegsam, gelenkig, geschmeidig; beeinflußbar
pliancy *s.* pliability
pliant *s.* pliable
plied yarn gefachte Glasseide *f*; Mehrfachzwirn *m*, mehrfädiges Garn *n*, mehrsträhniges Garn *n*, doubliertes Garn *n*, Mehrfachgarn *n*, gefachtes Garn *n*; mehrstufiger Zwirn *m*
pliers Zange *f*, Drahtzange *f*, Falzzange *f*, Kneifzange *f*, Beißzange *f*
Pliocene [period] Pliozän *n*
plio[form] wax Plioform *n {Pap}*
plodder Auspreßkneter *m*, Peloteuse *f*, Strangpresse *f {Seife}*
plot/to 1. auftragen *{auf einer Achse}*; aufzeichnen *{in Abhängigkeit von}*; graphisch darstellen; durch Koordinaten *fpl* festlegen; 2. plotten, zeichnen *{mit dem Plotter}*; 3. Ergebnisse *npl* graphisch auswerten
plot a value against another/to einen Wert *m* in Abhängigkeit *f* von einem anderen darstellen
plot against/to auftragen [gegen] *{Grafik}*
plot 1. Diagramm *n*, graphische Darstellung *f*, Meßkurve *f*; 2. *{US}* [Lage-]Plan *m*, Riß *m*, [Bau-]Plan *m*; 3. Stück *n {Land}*; Baugrundstück *n*, Flurstück *n*, Parzelle *f*; 4. Plot *m {EDV, Radar}*
plot layout model Entwurfsmodell *n*
plot plan Lageplan *m*
plotter 1. Plotter *m*, Diagrammschreiber *m*, Kurvenschreiber *m*, Zeichengerät *n*, Zeichenautomat *m {EDV}*
plotting 1. Plotten *n*, Zeichnen *n {EDV}*; 2. Plotting *n {zeichnerische Auswertung}*
plotting paper Millimeterpapier *n*, Koordinatenpapier *n*, Diagrammpapier *n*
log-log plotting doppeltlogarithmische Darstellung *f*
logarithmic plotting logarithmische Darstellung *f*
semilogarithmic plotting halblogarithmische Darstellung *f*
plough-blade mixer Druvatherm-Reaktor *m*
plough-share mixer *{GB}* Pflugscharmischer *m*
plow-blade blender *{US}* Gegenstrom-Tellermischer *m*, Lancaster-Mischer *m* ohne Läufer *m*
plug/to 1. abschließen; verstopfen *{Rohr}*, verlegen, versetzen, zusetzen, verschließen; zustöpseln; verspunden *{Faß}*; 2. [ein]stöpseln, [hinein]stecken *{Elek}*; 3. plombieren *{Zähne}*
plug in/to einstecken, einstöpseln *{Elek}*
plug up/to verstopfen, zustopfen
plug 1. Verschlußstück *n {allgemein}*; Stopfen *m {z.B Ablaßstopfen}*, Pfropfen *m*, Stöpsel *m*; Bolzen *m*; Zapfen *m*, Spund *m {Faß}*; Küken *n*, Hahnküken *n*; 2. Stempel *m*, Preßstempel *m {Glas}*; 3. Auslaß *m*; 4. Dübel *m*; 5. Stekker *m {Elek}*; 6. Matrizenteil *n {Tech}*; 7. Patrize *f {Kunst}*; 8. Pfropfen *m*, Tampon *m {Med}*; 9. Kappe *f {Absperrorgan}*; 10. Kern *m*, Kegel *m*, Konus *m*, [Kegel-]Rotor *m {Kegelstoffmühle}*
plug and socket connection Steckverbindung *f*

plug box Steckdose *f*, Steckkontakt *m {Elek}*
plug connection Steckverbindung *f*
plug connector Steckkontakt *m*
plug continuous flow mixer Durchflußmischer *m {diskontinuierliche Materialzugabe}*
plug flow Massenfluß *m {Entladen aus Behältern}*; Pfropfenströmung *f*, Pfropfenfließen *n*, Kolbenblasenströmung *f*, Kolbenströmung *f*
plug-flow reactor Kolbenstromreaktor *m*, Pfropfenströmungsreaktor *m*, [stömungstechnisch] idealer Rohrreaktor *m*, ideales Strömungsrohr *n*
plug fuse Stöpselsicherung *f*, Steckpatronensicherung *f {Elek}*
plug-in 1. [ein]steckbar; 2. [steckbarer] Einschub *m*, Geräte-Einschub *m*, Steckeinheit *f*, Kassette *f {Elektronik}*
plug-in card Steckkarte *f {EDV}*
plug-in connection Steckanschluß *m*
plug-in coupling Steckkupplung *f*
plug-in socket Steckfassung *f*
plug-in unit Einschubeinheit *f {Baukastengeräte}*, Einschubbaueinheit *f*, Einsteckeinheit *f {Elek}*
plug of a cock Küken *n*, Hahnküken *n {Chem}*
plug of three-way cock Dreiweghahn *m*
plug screw Absperrschraube *f*
plug-type attack pfropfenartiger Angriff *m {Korr}*
plug valve Hahn *m*, Hahnventil *n*, Hahnschieber *m {Rohrleitungen}*, Absperrhahn *m*, Auslaufventil *n {z.B. Wasserhahn}*
fusible plug Bleisicherung *f*
pluggage 1. Gegenstrombremsung *f {Elek}*; 2. Dübeln *n*; 3. Zusetzen *n*, Verstopfen *n*, Versetzen *n*, Versatz *m*, Verschließen *n*; 4. Schließen *n* des Stichlochs *{Met}*; 5. Ausbesserung *f {Holz}*
plugging *s.* pluggage
plumb/to 1. abloten *{mit einem Lot}*; 2. löten, verlöten *{mit Blei}*
plumb 1. lotrecht, senkrecht; völlig; 2. Lotblei *n*, Senkblei *n*, Hängelot *n*, Richtblei *n*
plumb rule Senkwaage *f*
plumbagin <$C_{11}H_8O_3$> Plumbagin *n*, Methyljuglon *n*
plumbago 1. Graphitstaub *m {Gieß}*; 2. Graphit *m*, Reißblei *n {Min}*
plumbago crucible Graphittiegel *m*
plumbane 1. <PbH_4> Bleitetrahydrid *n*, Plumban *n*; 2. <PbR_4, $PbHR_3$ usw.> Organylplumban *n*
plumbate 1. <M'_2PbO_3> Metaplumbat(IV) *n*; 2. <M'_4PbO_4> Orthoplumbat(IV) *n*; 3. <M'_2PbO_2> Plumbat(II) *n*, Plumbit *n*; 4. <$MHPO_2$> Hydrogenplumbat(II) *n*
plumbeous 1. bleiartig; bleiern, aus Blei *n*; Blei-; 2. bleifarbig, bleifarben
plumber's solder Lötzinn *n*, Blei-Zinn-Weichlot *n*
plumbic bleihaltig; Blei-, Blei(IV)-
plumbic compound Blei(IV)-Verbindung *f*
plumbic oxide Blei(IV)-oxid *n*, Bleidioxid *n*, Plumbioxid *n {obs}*
plumbic salt Blei(IV)-Salz *n*, Plumbisalz *n {obs}*
plumbiferous bleiführend, bleihaltig
plumbing 1. Rohrleitung *f*; 2. Installation *f {z.B. sanitäre}*; 3. Klempnerarbeiten *fpl*, Rohrlegearbeiten *fpl*
plumbism Bleivergiftung *f*, Saturnismus *m*
plumbite Plumbat(II) *n {IUPAC}*, Plumbit *n*
plumbocalcite Plumbo-Calcit *m {Min}*
plumboferrite Plumboferrit *m*, Ferroplumbit *m {Min}*
plumbogummite Plumbo-Gummit *m*, Plumbo-Resinit *m {Min}*
plumboniobite Plumbo-Niobit *m*, Plumbo-Columbit *m {Min}*
plumbosolvency Bleilöslichkeit *f*
plumbous bleihaltig; Blei-, Blei(II)-
plumbous compound Blei(II)-Verbindung *f*, Plumboverbindung *f {obs}*
plumbous-plumbic oxide <Pb_3O_4> Blei(II, IV)-oxid *n*, Bleimonoxid *n*, [Blei-]Mennige *f*
plumbous salt Blei(II)-Salz *n*, Plumbosalz *n {obs}*
plume 1. Rauchfahne *f {Ökol}*; 2. Stiel *m {Atompilz}*
plume of smoke Rauchwolke *f*
plumieria bark Plumierarinde *f*
plummet 1. Lotfaden *m*, Lotschnur *f*; 2. Lotblei *n*, Senkblei *n*, Hängelot *n*, Richtblei *n {Gewichtstück des Lotes}*; 3. Schwebekörper *m {z.B. im Durchflußmesser}*
plumose federartig, fedrig
plumosite Plumosit *m {Min}*
plunge/to [ein]tauchen; stoßen
plunge 1. [Ein-]Tauchen *n*; 2. Stoß *m*; 3. Sturz *m*
plunge battery Tauchbatterie *f*
plunger 1. Tauchkolben *m*, Plungerkolben *m*, Kolben *m*, Stempel *m*, Stößel *m {Tech}*; Druckkolben *m*, Tauchglocke *f {Gieß}*; 2. Stempel *m*, Preßstempel *m {Glas}*; 3. Kolben *m*, Stempel *m*, Kurzschlußkolben *m {Elek}*; Tauchspule *f {Elek}*; 4. Plunger *m {z.B. an hydraulischen Pumpen}*; 5. Meßbolzen *m {Meßuhr}*; 6. *{US}* Saugglocke *f*, Gummisauger *m*
plunger-injection mo[u]lding machine Kolbeninjektions-Spritzgießmaschine *f*, Kolben-[spritzgieß]maschine *f*
plunger injection unit Kolbenspritzeinheit *f*
plunger magnet Saugmagnet *m*, Topfmagnet *m*
plunger mo[u]lding Preßspritzen *n {Kunst}*

plunger-piston pump Tauchkolbenpumpe *f*
plunger plasticizing Kolbenplastifizierung *f*
plunger pump Plungerpumpe *f*, Tauchkolbenpumpe *f*
plunger retainer plate Patrizen[einsatz]platte *f*, Stempel[einsatz]platte *f*, Einsatzfutter *n*
plunger stroke Kolbenhub *m*
plunger test Dornprüfung *f*
plunger-type pressure ga[u]ge Drehkolbenmanometer *n*
plunging 1. Eintauchen *n*; 2. Stoßen *n*
plunging siphon Stechheber *m*
plural 1. mehrfach; Mehrfach-; 2. Mehrzahl *f*
plural scattering Mehrfachstreuung *f*
plurality Mehrzahl *f*, Vielzahl *f*, große Anzahl *f*; mehrfaches Vorhandensein *n*
plus 1. plus; Plus-; 2. Pluszeichen *n*; 3. rechtsdrehend *{Stereochem}*
plus minus scale Plus-Minus-Skale *f*
plus minus tolerance Plus-Minus-Toleranz *f*
plus pole Pluspol *m*
plus sign Pluszeichen *n*, positives Vorzeichen *n*; Additionszeichen *n*
plush Plüsch *m* *{Text}*
plush copper Chalkotrichit *m* *{Cu_2O, Min}*
Pluto Pluto *m* *{Astr}*
pluton Pluton *m* *{magmatischer Körper innerhalb der Erdrinde}*
plutonium *{Pu, element no.94}* Plutonium *n*
plutonium breeder Plutoniumbrutreaktor *m* *{Nukl}*
plutonium fluoride <PuF_6> Plutoniumhexafluorid *n*, Plutonium(VI)-fluorid *n*
plutonium oxide <PuO_2> Plutoniumdioxid *n*, Plutonium(IV)-oxid *n*
plutonium pile Plutoniumreaktor *m* *{Nukl}*
plutonium reactor Plutoniumreaktor *m* *{Nukl}*
plutonyl ion <PuO_2^{2+}> Plutonylion *n*
ply 1. Lage *f*, Schicht *f* *{Gewebelage, Furnierlage usw.}*; Zwischenlage *f*; 2. Einlage *f* *{Schlauch}*; 3. Faden[an]zahl *f* *{Garn}*
ply adhesion Lagenhaftung *f*
ply separation Lagentrennung *f*, Schichtspaltung *f*; Lagenlösung *f* *{Gummi}*
plymetal 1. Verbundmetall *n*; 2. Verbundplatte *f* *{Füllplatte aus Holz, Außenplatten aus Metall}*, Metallholz *n*, Panzerholz *n* *{HN}*
plywood Sperrholz *n*, Furnierholz *n*, Schichtholz *n*; Sternholz *n*
plywood adhesive Sperrholzkleber *m*, Sperrholzleim *m*
plywood glue *s.* plywood adhesive
mo[u]lded plywood Formpreßholz *n*
PMA *{Pharmaceutical Manufacturing Association, US}* Verband *m* der Pharmahersteller *mpl*
PMMA Poly(methylmethacrylat) *n*
pneumatic 1. luftgefüllt; pneumatisch, luftbetrieben, druckluftbetätigt; Druckluft-; 2. Pneumatikreifen *m*, Luftreifen *m*
pneumatic chute 1. pneumatische Förderrinne *f*; 2. Rohrpost *f* für radioaktive Präparate *{Med}*
pneumatic classification Luftaufbereitung *f*, Windsichten *n*, Sichten *n*
pneumatic classifier Luftstromsichter *m*, Windsichter *m*
pneumatic conveyance pneumatische Förderung *f* *{z.B. von Plastschüttgütern}*
pneumatic conveying pneumatische Förderung *f*, Druckluftförderung *f*
pneumatic conveying dryer Stromtrockner *m*, pneumatischer Trockner *m*
pneumatic conveyor Druckluftförderer *m*, Druckluftfördergerät *n*, Pneumatik-Förderer *m*, Preßluftförderanlage *f* *{obs}*
pneumatic dryer Preßlufttrockenanlage *f* *{obs}*, pneumatischer Trockner *m*, Stromtrockner *m* *{Trockenanlage mit pneumatischer Förderung}*
pneumatic elevator Höhenförderer *m*
pneumatic flotation machine Preßluftflotationsmaschine *f* *{obs}*, Druckluftflotationsmaschine *f*
pneumatic ga[u]ge pneumatisches Meßgerät *n*
pneumatic handling pneumatische Beförderung *f*, Drucklufttransport *m*
pneumatic hopper loader Saugfördergerät *n*, pneumatischer Förderer *m*, pneumatisches Beschickungsgerät *n*
pneumatic lift pneumatischer Aufzug *m*
pneumatic loader pneumatische Ladeeinrichtung *f*
pneumatic logic element pneumatisches Logikelement *n*
pneumatic nebulizer pneumatischer Zerstäuber *m*
pneumatic press pneumatische Presse *f*
pneumatic pressure Luftdruck *m*
pneumatic protection Luftpolster *n*
pneumatic stirrer Druckluftrührer *m*
pneumatic tube conveyor pneumatischer Förderer *m* *{Steigförderer}*, Druckluftförderer *m*; Rohrpostanlage *f*
pneumatic tube system Rohrpost *f*
pneumatic valve Pneumatikventil *n*, Druckluftventil *n*
pneumatically controlled valve Pneumatikventil *n*, Druckluftventil *n*
pneumatically driven press pneumatische Presse *f*
pneumatically operated druckluftbetrieben
pneumatics Pneumatik *f*, Aeromechanik *f*
pneumatolysis Pneumatolyse *f* *{Geol}*
pneumatolytic pneumatolytisch *{Geol}*

pneumatolytic transformation pneumatolytische [Gesteins-]Umwandlung *f {Geol}*
po[a]cher 1. Bleichholländer *m {Pap}*; 2. Mischholländer *m {Pap}*; 3. Waschholländer *m {Pap}*
po[a]ching engine *s. po[a]cher*
pock 1. Feinlunker *m {Met}*; 2. Pocke *f*, Pustel *f*
pock wood Guajakolz *n*, Pock[en]holz *n {Gattung der Jochblattgewächse}*
Pockels effect Pockels-Effekt *m*
pocket 1. in Taschenformat *n*; Taschen-; 2. Loch *n*, Vertiefung *f*, Öffnung *f*; 3. Tasche *f*; Sack *m {z.B. Hopfen, Wolle}*; 4. Preßtasche *f*, Preßkasten *m*, Schacht *m {Pap}*; 5. Tasche *f*, Hohlraum *m*; 6. Nest *n*, Putze *f {Geol}*
pocket belt conveyor Gurttaschenförderer *m*
pocket book Taschenbuch *n*
pocket calculator Taschenrechner *m*
pocket collecting electrode Fangraum-Niederschlagselektrode *f*
pocket dosemeter Taschendosimeter *n*, Taschendosismeßgerät *n*
pocket dosimeter *s.* pocket dosemeter
pocket edition Taschenbuchausgabe *f*
pocket feeder Schaufelspeiser *m*, Trommelspeiser *m*
pocket of compressed air Lufteinschluß *m*
pocket package Taschenpackung *f {Pharm}*
pocket size Taschenformat *n*
pod 1. Samenhülse *f*, Schote *f {Bot}*; 2. Kokon *m*, Seidenkokon *m {Text}*; 3. Kapsel *f {Tech}*; 4. Installationszelle *f {Bau}*
Podbielniak [centrifugal] contactor Podbielniak-Extraktor *m*, Podbielniak-Zentrifugalextraktor *m*, Podbielniak-Zentrifuge *f {Gegenstromextraktionsapparat}*
podolite Podolit *m {Min}*
podophyllic acid <$C_{22}H_{24}O_9$> Podophyll[in]säure *f*
podophyllin [resin] Podophyllin[harz] *n*
podophyllotoxin <$C_{22}H_{22}O_8$> Podophyllotoxin *n*
podophyllum Podophyllum *n*, Alraune *f {Pharm}*
poecilitic buntsandsteinartig, poikilitisch *{Geol}*
Poggendorf cell Poggendorf-Element *n {galvanisches Element zur EMK-Messung, Zn(Hg)/C in $K_2Cr_2O_7/H_2SO_4$}*
point/to 1. [an]spitzen, zuspitzen, verschärfen, mit einer Spitze *f* versehen; 2. ausspitzen *{Bohrer}*; 3. ausfugen, verfugen *{mit Auskratzen}*; 4. richten [auf], weisen [auf]
point 1. punktförmig; 2. Spitze *f*; 3. Punkt *m {Zeichen}*; 4. Komma *n*; Strich *m*; 5. Kuppe *f {Tech}*; 6. herbe Frische *f {z.B. beim Tee}*; 7. typographischer Punkt *m {= 0,3514598 mm}*; 8. tausendstel Zoll *m {obs, Maß der Pappendikke}*; 9. *{GB}* Steckdose *f*; 10. Zeitpunkt *m*, Augenblick *m*; 11. Punkt *m*, Ort *m*, Stelle *f*; 12. Punkt *m {obs, Edelsteingewicht = 2 mg}*
point charge Punktladung *f {Elek, Nukl}*
point contact Punktberührung *f*, Spitzenkontakt *m*
point defect Punktfehlordnung *f*, Punktdefekt *m*, punktförmige Fehlstelle *f*, atomare Fehlstelle *f*, punktförmiger Gitterfehler *m*, Punktstörung *f {Krist}*
point dipole Punktdipol *m*
point discharge Spitzenentladung *f {Elek}*
point efficiency Punktwirkungsgrad *m {Rektifikation}*
point electrode Spitzenelektrode *f*
point focus 1. punktuell abbildend; Punktal-; 2. Punktfokus *m*, punktförmiger Fokus *m*
point ga[u]ge Spitzenlehre *f*
point image punktförmige Abbildung *f*, punktuelle Abbildung *f*, punktförmiges Bild *n*
point lattice Punktgitter *n {Krist}*
point lattice in plane ebenes Punktgitter *n*
point lattice in space räumliches Punktgitter *f*
point of attachment Befestigungsstelle *f {Tech}*; Verknüpfungsstelle *f*
point of attack Angriffspunkt *m*, Angriffsort *m*
point of contact Auflagepunkt *m*, Berühr[ungs]punkt *m*
point of departure Ausgangspunkt *m*
point of discontinuity Unstetigkeitsstelle *f*, Unstetigkeitspunkt *m*, Sprungstelle *f*
point of ignition Flammpunkt *m {in °C}*
point of impact Auftreffpunkt *m*, Auftreffstelle *f*; Aufschlagpunkt *m*
point of impingement *s.* point of impact
point of incipient cracking Rißeinsatzpunkt *m*
point of inflection 1. Wendepunkt *m*, Inflexionspunkt *m {Math}*; 2. Umschlagspunkt *m {Titration}*
point of inflexion *s.* point of inflection
point of intersection Kreuzungspunkt *m*, Schnittpunkt *m*, Knotenpunkt *m*
point of introduction Einführungsstelle *f*
point of projection Ablösepunkt *m*
point of regression Rückkehrpunkt *m*
point of support Auflagepunkt *m*
point of usage Verbrauchsstelle *f*
point of view Standpunkt *m*, Gesichtspunkt *m*, Anschauung *f*
point position Punktlage *f*
point recorder Punktschreiber *m*
point-shaped punktförmig, punktartig
point source Punktquelle *f*, punktförmige Quelle *f {Phys}*
point source of light punktförmige Lichtquelle *f*, Punktlampe *f*, Lampe *f* für punktförmiges Licht *n*, Leuchte *f* für punktförmiges Licht *n*
point surface transformation Punktflächentransformation *f*

point-to-plane [electrode arrangement] FG-Form *f*, Fläche *f* mit Gegenelektrode *f*
point transformation Punkttransformation *f*
point-type smoke detectors Punktrauchmelder *m*
point-type source punktförmige Quelle *f*
boiling point Siedepunkt *m*, Kochpunkt *m* *{in °C}*
condensation point Kondensationspunkt *m*
critical point kritischer Punkt *m*, kritische Temperatur *f* *{in °C}*
freezing point Erstarrungspunkt *m*, Gefrierpunkt *m* *{in °C}*
isoelectric point isoelektrischer Punkt *m*
melting point Schmelzpunkt *m* *{in °C}*
quadruple point Quadrupelpunkt *m* *{Thermo}*
triple point Tripelpunkt *m* *{Thermo}*
pointed spitzig, zugespitzt; zackig; spitz; Spitz-
pointed electrode spitze Elektrode *f*, angespitzte Elektrode *f*, Spitzenelektrode *f*
pointer 1. Zeiger *m*, Zunge *f*, Nadel *f* *{Meßgerät}*; 2. Zeiger *m* *{EDV}*; Pointer *m* *{EDV}*; 3. Ausspitzmaschine *f* *{Bohrer}*
pointer contact thermometer Zeigerkontaktthermometer *n*
pointer galvanometer Drehspulgalvanometer *n*
pointer instrument Zeigerinstrument *n*
pointer manometer Zeigervakuummeter *n*
pointer reading Zeigerablesung *f*
pointer setting Zeigerstellung *f*
pointer-type instrument Zeigerapparat *m*
pointing 1. Anspitzen *n*, Spitzen *n*, Zuspitzen *n*, Schärfen *n* *{Tech}*; 2. Ausspitzen *n* *{Bohrer}*; 3. Ausfugen *n*, Verfugen *n* *{mit Auskratzen}*; 4. Fugenfüller *m*, Fugenmörtel *m*
poise Poise *n* *{obs; Einheit der dynamischen Viskosität, 1p = 0,1 Pa·s}*
poiseulle Pascalsekunde *f* *{Viskosität}*
Poiseuille flow [Hagen-]Poiseuille-Strömung *f*, laminare Rohrströmung *f*
Poiseuille's law Poiseuillesches Gesetz *n*, Hagen-Poiseuille-Gesetz *n*, Hagen-Poiseuille-Gleichung *f* *{laminare Rohrströmung}*
Poiseuille's formula *s.* Poiseuille's law
poison/to vergiften; infizieren
poison 1. Gift *n*, Giftstoff *m* *{Pharm}*; 2. Reaktorgift *n*, Neutronengift *n* *{Nukl}*
poison bait Giftköder *m* *{Agri}*
poison gas Gaskampfstoff *m*, Giftgas *n*, Kampfgas *n*
poison gas generator Giftgasentwickler *m*
poison gland Giftdrüse *f*
poison grain Giftkorn *n*
poison oak Giftsumach *m* *{Toxicodendron vernix L.}*
poison war-gas Kampfgas *n*
extraction of poison Entgiftung *f*
paralysing poison lähmendes Gift *n*
slow poison schleichendes Gift *n*
poisoned wheat Giftweizen *m*
poisoning Vergiften *n*, Vergiftung *f*, Intoxikation *f*
poisoning by gas Gasvergiftung *f*
poisoning of the catalyst Vergiftung *f* des Katalysators *m*, Katalysatordesaktivierung *f*
symptom of poisoning Vergiftungserscheinung *f* *{Med}*
poisonous giftig, toxisch
poisonous action Giftwirkung *f*
poisonous effect Giftwirkung *f*
poisonous matter Giftstoff *m*
Poisson constant Poissonsche Konstante *f* *{Thermo}*
Poisson ratio Poisson-Zahl *f* *{DIN 1342}*, Querkontraktionszahl *f*, Poissonsche Konstante *f*, Querdehnungszahl *f*
Poisson's equation Poissonsche Gleichung *f*
poke/to suchen *{EDV}*; stochern, schüren *{Tech}*; stoßen; stecken
polar 1. gepolt *{z.B. Kondensator}*; normal, polständig, erdachsig *{Kartographie}*; polar; Polar-; 2. Polare *f* *{Math}*
polar angle Polarwinkel *m*
polar attraction Polaranziehung *f*
polar axis 1. Polarachse *f* *{Koordinaten; Math}*; 2. polare Achse *f* *{Symmetrieachse; Krist}*; 3. Erdachse *f*, Polarachse *f*; 4. Himmelsachse *f*, Weltachse *f*; 5. Stundenachse *f* *{astronomische Instrumente}*
polar bond polare Bindung *f*, kovalente Bindung *f*, Ionenbindung *f*, Ionenbeziehung *f*, heteropolare Bindung *f*, ionogene Bindung *f*, elektrovalente Bindung *f*
polar coordinate Polarkoordinate *f* *{Math}*
polar covalent bond *s.* polar bond
polar diagram Polardiagramm *n*
polar light Polarlicht *n*, Nordlicht *n*
polar liquid polare Flüssigkeit *f*
polar molecule polares Molekül *n*
polar moment of inertia polares Trägheitsmoment *n*
polar plane Polarebene *f* *{Math}*
polar planimeter Polarplanimeter *n*
polar plastic polarer Kunststoff *m*, polarer Plastwerkstoff *m*
polar solvent polares Lösemittel *n*
polar symmetry Polsymmetrie *f* *{Krist}*
polar tension Polspannung *f*
polar winding Polwickelverfahren *n*, Schrägwickelverfahren *n* *{Glasrovings}*
polarimeter Polarimeter *n* *{Opt}*
polarimeter tube Polarimeterrohr *n* *{Lab}*
polarimetric polarimetrisch

polarimetric saccharimeter polarimetrisches Saccharimeter *n {Bestimmung des Zuckergehalts}*
polarimetry Polarimetrie *f*
polariscope Polariskop *n*, Polarisationsapparat *m {Opt}*; Polarisationsgerät *n*, Spannungsprüfer *m {Opt}*
polarity Polarität *f*, Polung *f*
polarity indicator Stromrichtungsanzeiger *m*, Polprüfer *m*
polarity paper Pol[reagenz]papier *n {Lab}*
polarity reversal Umpolen *n*, Polumschaltung *f*, Polwechsel *m*, Polumkehr *f*
reverse the polarity/to umpolarisieren; umpolen
polarizability Polarisierbarkeit *f {in* $C{\cdot}m^2/V$*}*
polarizability tensor Polarisierbarkeitstensor *m*
polarizable polarisierbar
polarization 1. Polarisierung *f*, Polarisation *f*; 2. elektrische Polarisation *f {in* C/m^2*}*; dielektrische Polarisation *f {in* C/m^2*}*; 3. magnetische Polarisation *f {in T}*; 4. Elektrodenpolarisation *f {Batterie}*, Polarisation *f {Elektrode}*; 5. Spinpolarisation *f {Nukl}*, Spinorientierung *f*
polarization apparatus Polarisationsapparat *m*
polarization capacity Polarisationskapazität *f*, Polarisationsvermögen *n*
polarization colo[u]r Polarisationsfarbe *f*
polarization constant Polarisierbarkeit *f {in* C^2m^2/V*}*, Polarisationskonstante *f {in* C^2m^2/V*}*; Polarisierbarkeitsvolumen *n {in* cm^3*}*
polarization current Polarisationsstrom *m*
polarization curve 1. Polarisationskurve *f {I-V-Kurve eines Elektrolyten}*; 2. Polarogramm *n {Anal}*
polarization detection Polarisationsnachweis *m*
polarization electrode Polarisationselektrode *f*
polarization ellipsoid Polarisationsellipsoid *n*, Polarisierbarkeitsellipsoid *n*
polarization energy Polarisationsenergie *f*
polarization filter Filterpolarisator *m*, Polarisationsfilter *n {Photo}*; Polarisationsweiche *f {Telekom}*
polarization photometer Polarisationsphotometer *n*
polarization plane Polarisationsebene *f {Opt}*
polarization potential 1. Polarisationspotential *n {Elektromagnetismus}*; 2. Polarisationsspannung *f {Elektrolyt}*
polarization process Polarisieren *n {z.B. unpolarer Klebflächen}*
polarization resistance Polarisationswiderstand *m*
polarization spectroscopy Polarisations-Laserspektroskopie *f*, Polarisations-Sättigungsspektroskopie *f*
polarization state Polarisationszustand *m {Licht}*
polarization unit vector Einheitsvektor *m* für Polarisation *f*
polarization voltage Polarisationsspannung *f*
angle of polarization Polarisationswinkel *m*
cell polarization Batteriepolarisation *f {Elek}*
circular polarization zirkulare Polarisation *f*
elliptical polarization elliptische Polarisation *f*
left-handed polarization Linkspolarisation *f*
phenomenon of polarization Polarisationserscheinung *f*
plane of polarization Polarizationsebene *f*
right-handed polarization Rechtspolarisation *f*
polarize/to polarisieren
polarized ceramics polarisierte Keramikmassen *fpl*
polarized ion source polarisierte Ionenquelle *f*
polarized ionic bond polarisierte Ionenbindung *f*
polarized light polarisiertes Licht *n*
polarized neutrons polarisierte Neutronen *npl*, orientierte Neutronen *npl*
polarized Raman spectroscopy polarisierte Raman-Spektroskopie *f*
polarized scattering polarisierte Streuung *f*
polarizer 1. Polarisator *m {Vorrichtung zur Polarisation, z.B. Polarisationsprisma}*; 2. polarisierende Substanz *f*
polarizing angle Brewster-Winkel *m {Opt}*, Polarisationswinkel *m*
polarizing film Polaroidfolie *f* als Polarisator *m*
polarizing grating Polarisationsgitter *n*
polarizing instrument Polarisationsinstrument *n*
polarizing microscope Polarisationsmikroskop *n*
polarizing prism Polarisationsprisma *n*
polarogram Polarogramm *n {Anal}*
polarograph Polarograph *m*
polarographic polarographisch
polarographic analysis *s.* polarography
polarographic maximum polarographischer Maximalwert *m*
polarographic method polarographische Analyse *f*, polarographische Bestimmung *f*, Polarographie *f*
polarographic wave polarographische Stufe *f*, polarographische Welle *f {Anal}*
polarography Polarographie *f*, polarographische Analyse *f*, polarographische Bestimmung *f*
polaroid analyzer Polaroidfolie *f* als Analysator *m*
polaroid camera *{TM}* Polaroidkamera *f {Photo}*, Sofortbildkamera *f*
polaroid foil Polaroidfolie *f*

polaroid polarizer *s.* polaroid analyzer
polaroid screen Polarisationsfilter *n*
polaron Polaron *n {Quasiteilchen: Elektron mit Phononen (Krist) oder mit Wassermolekülen im Elektrolyten}*
pole/to 1. polen *{Elek}*; polen *{schmelzflüssige Metalle reinigen}*; 2. staken; stängeln
pole 1. Pol *m*; 2. Stange *f*, Stab *m {dünnes Langholz}*; Pfahl *m*, Pfosten *m*; 3. Leitungsmast *m*; 4. Polstelle *f {Math}*; 5. Polargegend *f*; 6. Gegensatz *m*
pole center Polmitte *f*
pole changer Polwechsler *m*
pole changing 1. polumschaltbar *{z.B. Motor}*; 2. Polwechsel *m*, Polumschaltung *f*, Umpolung *f {Elek}*
pole finding paper Pol[reagenz]papier *n {Lab}*
pole formation Polbildung *f*
pole induction Polinduktion *f*
pole paper Pol[reagens]papier *n {Lab}*
pole-piece Polschuh *m*
pole reversal Polumkehr *f*
pole-reversing polumschaltbar
pole saturation Polsättigung *f*
pole shoe Polschuh *m*
pole strength Polstärke *f*, magnetische Polstärke *f {in Wb bzw. A·m}*
pole terminal Polklemme *f {Elek}*
consequent pole Folgepol *m*
inducing pole induzierender Pol *m*
like poles gleichnamige Pole *mpl*
negative pole Minuspol *m*, negativer Pol *m*
opposite poles ungleichnamige Pole *mpl*
positive pole Pluspol *m*, positiver Pol *m*
production of poles Polerzeugung *f*
reversion of the poles Umpolung *f*
similar poles gleichnamige Pole *mpl*
polecat fat Iltisfett *n*
Polenske value Polenske-Zahl *f*, PO-Z, PZ *{mL 0,1 N Alkali/5g Fettsäuren in Seifen}*
polianite Polianit *m*, idiomorpher Pyrolusit *m {MnO_2, Min}*
poling Polen *n {z.B. Cu}*; Zähpolen *n {Entfernen von O_2, Met}*
polio *s.* poliomyelitis
polio inoculation Polioimpfung *f {Med}*
polio serum Polioserum *n*
polio vaccine Polioimpfstoff *m*, Poliovakzine *f*
poliomyelitis Kinderlähmung *f*, Poliomyelitis *f {Med}*
poliomyelitis vaccine Polioimpfstoff *m*
polish/to 1. polieren, blank reiben, glänzend machen, filzen *{mechanisch polieren}*; putzen; 2. polieren, glätten; [ab]schleifen, [ab]schmirgeln *{Tech}*; 3. gerben *{Met}*; 4. polierfiltrieren, blankfiltrieren; 5. schönen *{Abwässer}*
polish with acid/to ätzpolieren
polish with emery/to abschmirgeln
polish 1. Politur *f*, Glanzmittel *n*, Poliermittel *n*, Poliersand *m {Tech}*; 2. Glätte *f*, Glanz *m*
brilliant polish Hochglanzpolitur *f*
resistance to polish Schleifhärte *f {Tech}*
polishable polierbar, polierfähig; glättfähig *{Text}*
polished cotton Glanzbaumwolle *f*
polished granular section Körnerschliff *m {DIN 22020}*
polished lump section Stückschliff *m {DIN 22020}*
polished plate glass Spiegelglas *n*
polished section Schliffbild *n*
polished specimen Schliffprobe *f*, Schliffstück *n {Met, Min}*
polished thin section polierter Dünnschliff *m*
polished to a mirror finish spiegelhochglanzpoliert
polisher Polierer *m*, Poliergerät *n*, Poliervorrichtung *f {Scheibe, Teller usw.}*; Glätter *m*, Glättzahn *m*
polishing 1. Polieren *n*, Hochglanzgebung *f*; Schleifen *n*, Glanzschleifen *n*; Schmirgeln *n*, Scheuern *n*; Glätten *n*; 2. Chevillieren *n {Kunstseide}*, Hochglanzgebung *f*; 3. Feinfiltration *f*, Klärfiltration *f*, Blankfiltration *f*; 4. [ionogene] Feinstreinigung *f {Ionenaustausch}*; 5. Schönung *f {Abwässer}*
polishing agent Poliermasse *f*, Poliermittel *n*
polishing barrel Poliertrommel *f*
polishing bob Schwabbelscheibe *f*, Schwabbel *f*
polishing brush Polierbürste *f*
polishing cloth Polierfilz *m*, Poliertuch *n*
polishing composition Poliermasse *f*, Poliermittel *n*
polishing compound Poliermittel *n*, Poliermasse *f*
polishing disc Polierscheibe *f*, Polierteller *m*
polishing dust Polierstaub *m*
polishing lap Schwabbelscheibe *f*
polishing lathe Poliermaschine *f*, Polierbock *m*
polishing liquid Glänzflüssigkeit *f {Dent}*; Polierflüssigkeit *f*
polishing material Poliermittel *n*, Schleifmittel *n*, Polierpaste *f {Dent}*
polishing mop Poliermop *m*, Flanellpolierscheiben *fpl*
polishing oil Polieröl *n*, Polituröl *n*
polishing paste Polierpaste *f*
polishing pickle Glanzbrenne *f*
polishing plate Polierblech *n*
polishing powder Polierpulver *n*; Putzmittel *n*, Putzpulver *n*
polishing room Polierraum *m*
polishing rouge Polierrot *n*, Englischrot *n*, Pariserrot *n {Eisen(III)-oxid}*

polishing slate Polierschiefer *m*, Tripel *m* *{Min}*
polishing spirit Politurspiritus *m*
polishing steel balls Polierstahlkugeln *fpl*
polishing steel pins Polierstahlkörper *mpl*
polishing stone Polierstein *m*
polishing varnish Polierpaste *f* *{Kunst}*; Polierlack *m*, Politurlack *m*
polishing wax Bohnerwachs *n*, Polierwachs *n*
polishing wheel Polierscheibe *f*, Schwabbelscheibe *f*, Schwabbel *f*
polishing wool Putzwolle *f*
pollen Blütenstaub *m*, Pollen *m* *{Bot}*
pollucite Pollux *m* *{obs}*, Pollucit *m* *{Min}*
pollutant Schmutzstoff *m*, Verschmutzung *f*, Verunreinigung *f*; Schadstoff *m*, Umweltschadstoff *m* *{Ökol}*
pollute/to verunreinigen, verschmutzen, mit Schmutzstoffen *mpl* belasten; beschmutzen; verseuchen
polluter Verursacher *m* von Umweltschäden *mpl*, Umweltverschmutzer *m*, Emittent *m* *{Ökol}*
polluter-pays-principle Verursacherprinzip *n* *{Ökol, Ökon}*
pollution Verschmutzung *f*, Verunreinigung *f*; Unreinheit *f*; Pollution *f*, Umweltverschmutzung *f*, Emission *f* *{Ökol}*
pollution control Umweltschutz *m*
pollution-control equipment Umweltschutzanlage *f*
pollution-control measures Umweltschutzmaßnahmen *fpl*
pollution-control regulations Umweltschutzverordnungen *fpl*
pollution index Schadstoffbelastungsindex *m*, Schmutzstoffbelastungsindex *m*
pollution of the enviroment Umweltverschmutzung *f*
pollution test Umweltverschmutzungstest *m*, Emissionstest *m* *{z.B. für Automobile}*
atmsopheric pollution Verunreinigung *f* der Luft *f*
source of pollution Verunreinigungsherd *m*
pollux *s.* pollucite
polonium *{Po, element no. 84}* Radiotellur *n* *{obs}*, Dvi-Tellur *n* *{obs}*, Polonium *n* *{IUPAC}*
polonium-210 <^{210}Po> Radium F *n* *{obs}*, Polonium-210 *n*
polonium-beryllium neutron source Polonium-Beryllium-Neutronenquelle *f*
polonium dioxide <PoO_2> Poloniumdioxid *n*, Polonium(IV)-oxid *n*
polonium tetrahalides <PoX_4> Polonium(IV)-halogenide *npl*
polonium trioxide <PoO_3> Poloniumtrioxid *n*, Polonium(VI)-oxid *n*
polorated film durch Feinperforation *f* hergestellte atmungsaktive Plastfolie *f*
polyacenaphthylene Polyacenaphthylen *n*
polyacetal Polyacetal *n*, Polyoxymethylen *n*, POM
polyacetylenes 1. <$(C_2H_2)_n$> Polyacetylen *n*; 2. Polyacetylenverbindungen *fpl* *{z.B. Ringe mit 10-13 C-Atomen; Biochem}*
polyacid 1. mehrsäurig; 2. Polysäure *f*, mehrbasige Säure *f*, mehrbasische Säure *f*
polyacryl ether Polyacrylether *m*
polyacryl sulfone Polyacrylsulfon *n*
polyacrylamide Polyacrylamid *n*, PAA
polyacrylamide gel electrophoresis Polyacrylamid-Gelelektrophorese *f*, PAGE
polyacrylate Polyacrylat *n*, Polyacrylsäureester *m*, Polyacrylharz *n*, Polyacryl *n*, PAA
polyacrylate rubber Acrylatkautschuk *m*, Acryl-Butadienkautschuk *m*
polyacrylic fiber Polyacrylfaser *f*
polyacrylic acid Polyacrylsäure *f*
polyacrylic resin Polyacrylharz *n*
polyacrylonitrile <$(-CH(CN)CH_2-)_n$> Polyacrylnitril *n*, Poly(1-cyanethylen) *n*, PAN
polyacrylonitrile fiber Polyacrylnitrilfaser *f*, PAN-Faser *f*
polyad 1. mehrwertig, vielwertig, polyad *{Valenz >2}*; 2. mehrwertiges Element *n*, mehrwertige Atomgruppe *f* *{Valenz >2}*
polyaddition Polyaddition *f*, additive Polykondensation *f*
polyaddition product Polyadditionsprodukt *n*, Polyaddukt *n* *{Kunst}*
polyaddition reaction Polyadditionsreaktion *f*
polyaddition resin Polyadditionsharz *n*
polyadduct *s.* polyaddition product
polyadelphite Polyadelphit *m* *{obs}*, Andradit *m* *{Min}*
polyadenylation Polyadenylierung *f* *{Biochem}*
polyaffinity theory Polyaffinitätstheorie *f*
polyalanine Polyalanin *n*
polyalcohol Polyalkohol *m*, Polyol *n*, mehrwertiger Alkohol *n*
polyalkane Polyalkan *n*
polyalkyl acrylate Polyalkylacrylat *n*
polyalkyl methacrylate Polymethacrylsäurealkylester *m*
polyalkyl vinyl ether Polyalkylvinylether *m*
polyalkylene glycol Polyalkylenglycol *m*, Polyetherpolyol *n*, Polyalkylenoxid *n*, Polyether *m*
polyalkylene terephthalate Polyalkylenterephthalat *n*
polyallomer Polyallomer *n* *{stereoreguläres, kristallines Polymer}*
polyalthic acid Polyalthsäure *f*
polyamide Polyamid *n*, PA *{DIN 7728}*
polyamide curing agent polyamidischer Härter *m* *{Epoxidharze}*

polyamide fiber *{US}* Polyamidfaser *f*; Polyamidfaserstoff *m*
polyamide imide Polyamidimid *n*
polyamide powder Polyamidpulver *n {Beschichten}*
polyamide resin Polyamidharz *n*
polyamide sulfonamide Polyamidsulfonamid *n*
polyamine Polyamin *n*
polyamine hardener Polyaminhärter *m*
polyamine-methylene resin Polyaminmethylenharz *n*
polyaminoamide Polyaminoamid *n*
polyaminoamide hardener Polyaminoamidhärter *m*
polyaminotriazole Polyaminotriazol *n*
polyaramide Polyaramid *n {Polyamid mit aromatischen Anteilen}*
polyargyrite Polyargyrit *m {Min}*
polyarsenite Polyarsenit *m {obs}*, Sarkinit *m {Min}*
polyaryl acetylene Polyarylacetylen *n*
polyaryl ether Polyarylether *m*
polyaryl sulfone Polyarylsulfon *n*
polyarylated phenols Polyarylphenole *npl*
polyarylic ester Polyarylester *m*
polyatomic 1. mehratomig, vielatomig, polyatomar; 2. mehratomige Verbindung *f*, vielatomige Verbindung *f*, polyatomare Verbindung *f*
polyazo dyestuff Polyazofarbstoff *m*
polybasic 1. mehrbasig, mehrwertig, mehrprotonig *{Säure}*; 2. mehrsäurig, mehrbasig, mehrwertig *{Base oder basisches Salz}*
polybasicity Mehrbasigkeit *f*
polybasite **<$(Ag, Cu)_9SbS_6$>** Eugenglanz *m {obs}*, Polybasit *m {Min}*
polybenzimidazole **<$(C_7H_6N_2)_n$>** Polybenzimidazol, Polybenzimidazen *n*, PBI
polyblend Polymer[isat]gemisch *n*, Polymerlegierung *f*, Polymermischung *f*, Kunststoff-Legierung *f*, Polyblend *n {mechanische Mischung verschiedener Polymere}*; Polyblend *n {Gemisch aus PVC mit kautschukelastischen Polymeren}*
polybond resistance Spaltwiderstand *m {Papier, DIN 54516}*
polybutadiene Polybutadien *n*, Butadienkautschuk *m*, PB
polybutadiene-acrylic acid copolymer Polybutadienacrylsäurecopolymer[es] *n*
polybutene Polybuten *n*, Polybutylen *n*
polybutyl titanate Polybutyltitanat *n*, Polytitansäurebutylester *m*
polybutylene Polybuten *n*, Polybutylen *n*
polybutylene terephthalate Polybut[yl]enterephthalat *n*, PBTP
polycaproamide Polycaproamid *n*
polycaprolactam Polycaprolactam *n*
polycarbodiimide Polycarbodiimid *n*
polycarbonate **<$(-OC_6H_4C(CH_3)_2C_6H_4O-CO-)_n$>** Polycarbonat *n*, PC
polycarbosilane Polycarbosilan *n*
polycarboxylate Polycarboxylat *n*
polycarboxylic acid Polycarbonsäure *f*
polycarboxylic acid anhydride Polycarbonsäureanhydrid *n*
polycentric molecular orbital polyzentrisches Molekularorbital *n*, Mehrzentrenmolekülorbital *n {Valenz}*
polychlorobutadiene Polychlorbutadien *n*
polychlorinated biphenyls polychlorierte Biphenyle *npl*
polychloroprene Polychloropren *n*, Neopren *n*
polychloroprene adhesive Polychloroprenklebstoff *m*
polychloroprene elastomer Polychloroprenelastomer *n*
polychloroprene rubber Polychloroprenkautschuk *m*
polychlorotrifluoroethylene **<$(-CFClCF_2-)_n$>** Polychlortrifluorethylen *n*, PCTFE
polychroism Polychroismus *m*, Pleochroismus *m*, Mehrfarbigkeit *f {Opt, Krist}*
polychroite Polychroit *m {obs}*, Cordierit *m {Min}*
polychromatic polychrom, mehrfarbig, vielfarbig, bunt; polychrom; polychromatisch *{Strahlung}*
polychromatic finish Beschichtung *f* mit Metalleffekt *m*
polychromatic process Kohledruck *m*
polychromator Vielstrahlspektrometer *n*, Vielkanalspektrometer *n* Polychromator *m*
polychrome polychrom, vielfarbig, mehrfarbig, bunt
polychromic acid Polychromsäure *f*
polychromy Polychromie *f*
polycinnamic acid Polyzimtsäure *f*
polycistronic messenger RNA polycistronische mRNA *f {Gen}*
polycistronic operon polycistronisches Operon *n*, Histidin-Operon *n {Gen}*
polyclonal antibody polyklonaler Antikörper *m {Immun}*
polyclonal mixed cryoglobulin polyklonal gemischtes Kryoglobulin *n {Biochem}*
polycondensate Polykondensat *n*, durch Polykondensation *f* hergestellter Plast *m*, Polykondensationsprodukt *n*
polycondensation Polykondensation *f*
polycondensation product Polykondensat *n*, Polykondensationsprodukt *n*
polycondensation resin Polykondensationsharz *n*
polycrase Polykras *m {oxidisches uraniumhaltiges Seltenerdmetall, Min}*
polycrasite *s.* polycrase

polycrystal Vielkristall *m*, Polykristall *m*, Vielling *m*
polycrystalline polykristallin
polycyclic polycyclisch *{> 3}*
polycyclic aromatic hydrocarbon polycyclischer aromatischer Kohlenwasserstoff *m*, PAK
polycyclic hydrocarbon polycyclischer Kohlenwasserstoff *m*
polycylindrical mehrzylindrig
polydentate mehrzähnig, vielzähnig, mehrzählig *{Komplexchemie}*
polydeoxyadenylate Polydesoxyadenosin *n*, poly(A)
polydeoxyribonucleotide synthetase (ATP) *{EC 6.5.1.1}* Polydesoxyribonucleotid-Synthetase (ATP) *f*
polydeoxyribonucleotide synthetase (NAD^+) *{EC 6.5.1.2}* Polydesoxyribonucleotid-Synthetase (NAD^+) *f*
polydialkyl siloxane chain Polydialkylsiloxankette *f*
polydiallyl phthalate Polydiallylphthalat *n*
polydihydroperfluorobutyl acrylate Poly-1,1-dihydroperfluorbutylacrylat *n*
polydimensional allseitig; mehrdimensional
polydimethyl siloxane Polydimethylsiloxan *n*, PDMS
polydisperse polydispers, heterodispers *{System mit verschieden großen Teilchen}*
polydispersity Polydispersität *f*
polydispersity index Polydispersitätsindex *m* *{Polymer}*
polydymite Polydymit *m*, Nickel-Linneit *m* *{Min}*
polyelectrode Mehrfachelektrode *f*
polyelectrolyte Polyelektrolyt *m*
polyene Polyen *n {mehrere C=C-Bindungen}*
polyene cyclization Polyencyclisierung *f*
polyene macrolide Polyen-Makrolid *n*
polyenergetic polyenergetisch
polyepoxide Polyepoxid *n*
polyester Polyester *m*, PES
polyester adhesive UP-Harzkleber *m*
polyester amide Polyesteramid *n*
polyester BMC Feuchtpolyester *m*
polyester bulk mo[u]lding compound Feuchtpolyester *m*
polyester concrete Polyesterbeton *m*
polyester DMC Feuchtpolyester *m*
polyester dough mo[u]lding compound Feuchtpolyester *m*
polyester fabric Polyestergewebe *n*
polyester fiber *{US}* Polyesterfaser *f*; Polyesterfaserstoff *m*
polyester-fiber reinforced plastic polyesterfaserverstärkter Kunststoff *m*
polyester filament yarn Polyesterfilamentgarn *n*
polyester film Polyesterfolie *f*, Polyesterfilm *m*
polyester glycol Polyesterglycol *n*
polyester imide Polyesterimid *n*
polyester mix Polyesteransatz *m*
polyester mo[u]lding compound Polyesterharz-Preßmasse *f*, Polyesterpreßmasse *f*
polyester powder Polyesterpulver *n*
polyester prepreg Polyesterharzmatte *f*
polyester putty Glasfaserkitt *m*
polyester resin [ungesättigtes] Polyesterharz *n*, Polyester *m*, UP-Harz *n {UP: unsaturated polyester}*
polyester resin mix UP-Reaktionsharzmasse *f*
polyester rubber Polyester-Kautschuk *m*
polyester sheet mo[u]lding compound Polyesterharzmatte *f*
polyester surface coating resin Lackpolyester *m*
polyester unit Polyesterbaustein *m*
polyester urethane Polyesterurethan *n {Urethanelastomer auf Polyesterbasis}*
polyesterification Polyveresterung *f*, Polyesterbildung *f*
polyether <$(-CH_2CHRO-)_n$> Polyether *m*, Polyalkylenoxid *n*, Polyalkylenglycol *n*
polyether amide Polyetheramid *n*
polyether ester Polyetherester *m*
polyether foam Polyetherschaum *m*
polyether glycol Polyetherglycol *n*
polyether imide Polyetherimid *n*
polyether-imide resin Polyetherimidharz *n*
polyether polyol Polyetherpolyol *n*
polyether sulfone resin Polyethersulfonharz *n*, PES
polyether urethane Polyetherurethan *n*
polyether urethane elastomer Polyurethan-Elastomer[es] *n*
chlorinated polyether chlorierter Polyether *m*
cyclic polyether *s.* crown ether
polyethoxylated alcohols *{ISO 6842}* Polyethoxylalkohole *mpl*
polyethoxylated derivatives *{ISO 4326}* Polyethoxylderivate *npl*
polyethyl acrylate Polyethylacrylat *n*
polyethylene <$(-CH_2CH_2-)_n$> Polyethylen *n*, Poly(methylen) *n*, PE
polyethylene chain Polyethylenkette *f*
polyethylene film Polyethylenfilm *m*, Polyethylenfolie *f*
polyethylene foam Polyethylenschaumstoff *m*, Zellpolyethylen *n*
poly(ethylene glycol) Polyethylenglycol *n*, Poly(oxyethylen) *n*, Poly(ethylenoxid) *n*, Makrogol *n {HN}*, PEG, Oxydwachs A *n {obs}*
polyethylene glycol raw material Polyolkomponente *f* für Polyurethanherstellung *f*, mehrwertige Alkoholkomponente *f*

polyethylene imine <$(-CH_2CH_2NH-)_n$> Polyethylenimin *n*
polyethylene-lined drum polyethylenausgekleidetes Faß *n*
polyethylene liner PE-Innensack *m*
polyethylene masterbatch PE-Farbkonzentrat *n*
polyethylene mo[u]lding compound Polyethylen-Formmasse *f*, PE-Formmasse *f*
poly(ethylene oxide) *s.* poly(ethylene glycol)
polyethylene polyamine Polyethylenpolyamin *n*
polyethylene powder Polyethylenpulver *n*
polyethylene terephthalate <$(C_{10}H_8O_4)_n$> Polyethylenterephthalat *n*, PET
polyethylene wax Polyethylenwachs *n*
high-molecular weight polyethylene glycol hochmolekulares Polyethylen *n*, Polyethylen *n* mit hoher Molekülmasse *f*, PEG 4000
low-molecular weight polyethylene glycol niedermolekulares Polyethylen *n*, Polyethylen *n* mit geringer Molekülmasse *f*, PEG 200
polyfoil vielblätterig
polyformaldehyde Polyformaldehyd *m*, Polyoxymethylen *n*, POM, Polyacetal *n*
polyfunctional polyfunktionell, mehrfunktionell; Mehrzweck-, Vielzweck-
polyfunctional molecule Molekül *n* mit mehreren Funktionen *fpl*
polygalacturonase *{EC 3.2.1.15}* Pektinase *f*, Polygalacturonase *f*
polygalacturonic acid Polygalacturonsäure *f*
polygalic acid <$C_{27}H_{42}O_2(COOH)_2$> Polygalin *n*, Polygalsäure *f*
polygalin *s.* polygalic acid
polygenetic dye[stuff] polygenetischer Farbstoff *m*
polyglucuronic acid Polyglucuronsäure *f*
polyglycerol Polyglycerin *n* *{Glycerinethergemisch, 2-30 Einheiten}*
polyglycol Polyglycol *n*, Polyethylenoxid *n*, Polyethylenglycol *n*
polyglycol distearate Polyglycoldistearat *n*, Polyethylenglycoldistearat *n*
polyglycol fatty acid ester Polyglycolfettsäureester *m*
polyglycol terephthalate Polyglycolterephthalsäureester *m*
polyglycolide Polyglykolid *n*
polygon Polygon *n*, Vieleck *n*, n-Eck *n* *{Math}*
polygonal vieleckig, polygonal, mehreckig, mehrkantig; Polygon-
polygonization Polygonisierung *f*, Polygonisation *f* *{Met, Krist}*
polyhalide Polyhalogenid *n*
polyhalite Polyhalit *m* *{Min}*
polyhalogenated mehrfach halogeniert, höher halogeniert
polyhedral polyedrisch, vielflächig
polyhedron Polyeder *n*, Vielflächner *m*, Vielflach *n*
polyheteroatomic polyheteroatomig
polyhexamethylene adipamide Polyhexamethylenadipamid *n*, Polyhexamethylenadipinsäureamid *n*, Nylon 66 *n* *{HN}*
polyhexamethylene sebacamide Polyhexamethylensebacinsäureamid *n*, Nylon 610 *{HN}*
polyhydantoin Polyhydantoin *n*
polyhydrazide Polyhydrazid *n*
polyhydric mehrere Hydroxylgruppen enthaltend *{z.B. Alkohol}*
polyhydric alcohol mehrwertiger Alkohol *m*, Polyalkohol *m*, Polyol *n*
polyhydrocarbon polymerer Kohlenwasserstoff *m*
polyhydroxy alcohol *s.* polyhydric alcohol
polyhydroxy aldehyde Polyhydroxy[l]aldehyd *m*
polyhydroxy benzoate Polyhydroxybenzoat *n*
polyhydroxy compound Polyhydroxyverbindung *f*
polyhydroxy ketone Polyhydroxyketon *n*
polyimidazopyrolone Polyimidazopyrolon *n*, Pyrron *n*
polyimide Polyimid *n*, PI
polyimide oligomer Polyimidoligomer[es] *n*
polyimide-clad metal foil polyimidbeschichtete Metallfolie *f* *{flexible gedruckte Schaltungen}*
polyinsertion Polyinsertion *f* *{Dazwischentreten von Monomeren am Ketten-/Starter-Übergang}*
polyiodide <MI_x> Polyiodid *n*
polyisobut[yl]ene <$(-CH_2C(CH_3)_2-)_n$> Polyisobutylen *n*, Polyisobuten *n*, Poly(1,1-dimethylethylen) *n*, PIB *{DIN 16731}*
polyisocyanate Polyisocyanat *n*, Polyurethan *n*
polyisocyanurate Polyisocyanurat *n*, PIC
polyisocyanurate-based plastic Polyisocyanurat-Kunststoff *m*
polyisocyanurate foam Polyisocyanuratschaumstoff *m*, PIC-Schaumstoff *m*
polyisocyanurate rigid foam Polyurethan-Polyisocyanurat-Hartschaumstoff *m*, isocyanurathaltiger Polyurethan-Hartschaumstoff *m*, isocyanurater Polyurethan-Hartschaumstoff *m*
polyisoprene <$(C_5H_8)_n$> Polyisopren *n*
polyketone Polyketon *n*
poly-*bis*-maleinimide Polybismaleinimid *n*
polymer 1. polymer; 2. Polymer *n*, Polymeres *n*, Polymerisat *n*
polymer-additive mixture Polymer-Additiv-Mischung *f*, Polymer[isat]mischung *f*
polymer alloy legiertes Polymer *n*, Polymerlegierung *f*, Kunststoff-Legierung *f*
polymer backbone Polymergerüst *n*

polymer blend Polymer[isat]gemisch *n*, Polyblend *n*, Polymerlegierung *f*, Polymermischung *f* *{Gemisch mehrerer Thermoplaste}*
polymer chain Polymerkette *f*
polymer coil Polymerknäuel *m*
polymer concentration Polymerkonzentration *f*
polymer concrete Kunstharzbeton *m*, Polymerbeton *m*
polymer degradation Kunststoffabbau *m*
polymer dispersion Kunststoffdispersion *f*, Polymerdispersion *f*
polymer flow constant Fließkonstante *f* des Polymeren *n*
polymer gasoline Polymer[isations]benzin *n*
polymer material Polymerwerkstoff *m*
polymer matrix Polymermatrix *f*, Kunststoffmatrix *f*
polymer melt Kunststoffschmelze *f*, Polymer[isat]schmelze *f*
polymer-modified polymermodifiziert
polymer-modified bitumen polymermodifiziertes Bitumen *n {DIN 55946}*
polymer-modified special coal tar pitch polymermodifiziertes Steinkohlenteer-Spezialpech *n {DIN 55946}*
polymer-modified textile material polymerabgewandelte Textilien *pl*
polymer molecule Kunststoffmolekül *n*, Polymermolekül *n*
polymer mortar Polymermörtel *m*
polymer network Polymernetzwerk *n*
polymer paint Kunststoffanstrich *m*, Polymerfarbe *f*
polymer particle Kunststoffteilchen *n*, Polymerteilchen *n*
polymer phase Polymerphase *f*
polymer radical Polymerradikal *n*
polymer residues Kunststoffrückstände *mpl*
polymer semiconductor polymerer Halbleiter *m*, leitfähiges Polymer[es] *n*
polymer solution Kunststofflösung *f*, Polymer[isat]lösung *f*
polymer structure Polymerstruktur *f*
polymer-thickened multigrade oil polymerverstärktes Mehrbereichsöl *n {Trib}*
atactic polymer ataktisches Polymer[es] *n*
block polymer Blockpolymer[es] *n*
copolymer Copolymer[es] *n*, Copolymerisat *n*, Mischpolymer[es] *n*, Mischpolymerisat *n*
electroconductive polymer leitfähiges Polymer[es] *n*, polymerer Leiter *m*
graft polymer Pfropfpolymer[es] *n*
inorganic polymer anorganisches Polymer[es] *n*
isotactic polymer isotaktisches Polymer[es] *n*
linear polymer lineares Polymer[es] *n*, lineares Polymerisat *n*
low temperature polymer Tieftemperaturpolymerisat *n*
mixed polymer Mischpolymer *n*
oriented polymer orientiertes Polymer[es] *n*
stereospecific polymer stereoreguläres Polymer[es] *n*, stereospezifisches Polymer[es] *n*
tactic polymer taktisches Polymer[es] *n*, Homopolymer[es] *n*
polymerase Polymerase *f {Biochem}*
polymeric polymer; Polymer-
polymeric adhesive Klebstoff *m* auf Polymerbasis *f*
polymeric alloy *s.* polymer alloy
polymeric conductor leitfähiger Kunststoff *m*, polymerer Leiter *m*
polymeric drug polymere Droge *f*
polymeric material Polymerwerkstoff *m*, polymerer Werkstoff *m*
polymeric plasticizer Polymerweichmacher *m*
polymeric resin polymeres Harz *n*
polymeride Polymer[es] *n*, Polymerisat *n*
polymerism Polymerie *f*
polymerizable polymerisierbar, polymerisationsfähig
polymerizable resinous compound polymerisierbarer harzartiger Bestandteil *m*
polymerizate Polymerisat *n*, Polymerisationsprodukt *n*
polymerization Polymerisation *f*, Polymerisieren *n*
polymerization aid Polymerisationshilfsmittel *n*
polymerization catalyst Polymerisationskatalysator *m*
polymerization conversion Polymerisationsumsatz *m*
polymerization emulsion Polymerisationsemulsion *f*
polymerization in solution Lösungspolymerisation *f*
polymerization inhibitor Polymerisationsinhibitor *m*, Polymerisationshemmstoff *m*, Passivator *m {Polymer}*
polymerization initiator Polymerisationsstarter *m*, Polymerisations-Initiator *m*, Aktivator *m {Polymer}*
polymerization process Polymerisationsverfahren *n*, Polymerisationsverlauf *m*
polymerization rate Polymerisationsgeschwindigkeit *f*
polymerization reactor Polymerisationsanlage *f*
polymerization regulator Polymerisationsregler *m*
polymerization-retarding polymerisationsverzögernd
polymerization temperature Polymerisationstemperatur *f*

polymerization termination Polymerisationsabbruch *m*
bead polymerization Perlpolymerisation *f*
degree of polymerization 1. Polymerisationsgrad *m*; 2. Cellulose-Kettenlänge *f*, Durchschnittspolymerisationsgrad *m* *{Cellulose}*
grain polymerization Perlpolymerisation *f*
polymerize/to polymerisieren
polymerized polymerisiert
polymerized formaldehyde Poly(methylenoxid) *n*, Poly(oxymethylen) *n*, POM, Polyacetal *n*
polymerized oils polymerisierte Öle *npl*
highly polymerized hochpolymer
polymerizing conditions Polymerisationsbedingungen *fpl*
polymerizing machine Kondensationsmaschine *f* *{Text}*
polymerizing stove Polymerisierofen *m* *{Text}*
polymethacrylate Polymethacrylat *n*, Polymethacrylsäureester *m*
polymethine Polymethin *n*
poly(methyl methacrylate) Polymethacrylat *n*, Polymethacrylsäureester *m*, Poly(methylmethacrylat) *n*, PMMA
polymethyl styrene Polymethylstyrol *n*
poly(methyl vinyl ether) Poly(vinylmethylether) *m*
polymethylbenzenes Polymethylbenzole *npl* *{Duren, Pseudocumen usw.}*
polymethylene Polymethylen *n* *{1. Polyethylene; 2. Cycloparaffine}*
polymethylene bridge Polymethylenbrücke *f*
polymethylene diamine **$<H_2N(CH_2)_nNH_2>$** Polymethylendiamin *n*
polymethylene halide $<X(CH_2)_nX>$ Polymethylenhalogenid *n*
polymethylene tetrasulfide Polymethylentetrasulfid *n*, Thiokol *n* *{HN}*
polymethylene urea Polymethylenharnstoff *m*
polymignite Polymignit *m*, Zirkon-Euxenit *m* *{Min}*
polymolecular polymolekular
polymolybdic acid Polymoldybdänsäure *f*
polymorph[ic] polymorph, heteromorph, vielgestaltig
polymorphism Polymorphie *f*, Polymorphismus *m*, Vielgestaltigkeit *f*
polymorphous *s.* polymorph[ic]
polymorphy Polymorphismus *m*, Polymorphie *f*, Vielgestaltigkeit *f*
polymyxin Polymyxin *n* *{Antibiotikum}*
polyneuridinic acid Polyneuridinsäure *f*
polynitro alkyl Polynitroalkyl *n*
polynitro complex Polynitrokomplex *m*
polynomial 1. vielgliedrig; 2. Polynom *n* *{Math}*
polynomial theorem Polynomansatz *m*
polynuclear mehrkernig, vielkernig, polynuklear; Mehrkern-, Vielkern-
polynuclear hydrocarbon *s.* polycyclic hydrocarbon
polynucleotide Polynucleotid *n*
polynucleotide adenyltransferase *{EC 2.7.7.19}* Polynucleotidadenyltransferase *f*
polynucleotide chain Polynucleotidkette *f*
polynucleotide phosphatase *{EC 3.1.3.32/33}* Polynucleotidphosphatase *f*
polynucleotide-5'-hydroxyl-kinase *{EC 2.7.1.78}* Polynucleotid-5'-hydroxylkinase *f*
polyol Polyol *n*, Polyalkohol *m*, mehrwertiger Alkohol *m*
polyol-cured polyolgehärtet
polyol ester Polyolester *m*
polyol hardener Polyolhärter *m*
polyol raw material Polyolkomponente *f* für Polyurethanherstellung *f*, mehrwertige Alkoholkomponente *f*
polyolefin Polyolefin *n*, PO *{Polymer}*
polyolefin-modified high-impact polystyrene polyolefinmodifiziertes hochschlagzähes Polystyrol *n*
polyolefin mo[u]lding compound Polyolefin-Formmasse *f*
polyolefin rubber Polyolefinkautschuk *m*
polyolefin sheath Polyolefinmantel *m*, Umhüllung *f* aus Polyolefin *n*, PO-Hülle *f*
polyolefin twine Polyolefinschnur *f*
polyoma virus Polyomavirus *n*
polyorganosiloxane Polyorganosiloxan *n*, Organopolysiloxan *n*, Silicon *n*
polyose Polyose *f*, Polysaccharose *f*, Polysaccharid *n*, Vielfachzucker *m*
polyoxadiazole **$<C_2N_2O>$** Polyoxadiazol *n*
polyoxyethylene Polyoxyethylen *n*
polyoxyethylene sorbitan mono-oleate Polyoxyethylen-Sorbitanmonooleat *n*, Polysorbat 80 *n* *{HN}*
polyoxymethylene Polyoxymethylen *n*, Polyacetal *n*, Polyformaldehyd *m*, POM
polyoxypropylene diamine Polyoxypropylendiamin *n*, POPDA
polyoxypropylene glycol Polyoxypropylenglycol *n*
polyoxypropylene glycol ethylene oxide Polyoxypropylenglycolethylenoxid *n*
polypeptidase Polypeptidase *f* *{Biochem}*
polypeptide Polypeptid *n*
polypeptide chain Polypeptidkette *f*
polyperfluorotriazine Polyperfluortriazin *n*
polyphase mehrphasig *{meist deiphasig}*; Mehrphasen- *{Elek}*
polyphase alternating current Mehrphasen-[wechsel]strom *m*, Drehstrom *m*

polyphenol oxidase *{EC 1.10.3.2}* Polyphenoloxidase *f*, Urishioloxidase *f*, Laccase *f {IUB}* *{Biochem}*
polyphenyl ester Polyphenylester *m*
polyphenyl ether Polyphenylether *m*
polyphenylacetylene Polyphenylacetylen *n*
polyphenylene oxide Polyphenylenoxid *n*, PPO
polyphenylene sulfide Polyphenylensulfid *n*, PPS
polyphenylquinoxaline Polyphenylchinoxalin *n*
polyphosphatase *{EC 3.6.1.10}* Metaphosphatase *f*, Polyphosphatase *f*, Endopolyphosphatase *f* *{IUB}*, Polyphosphat[depolymer]ase *f {Biochem}*
polyphosphate Polyphosphat *n*
polyphosphate kinase *{EC 2.7.4.1}* Polyphosphatkinase *f*
polyphosphides **<M'_2P_n>** Polyphosphide *npl*
polyphosphonitrilic chloride Polyphosphornitrilchlorid *n*
polyphosphoric acid **<$H_{n+2}P_nO_{3n+1}$>** Polyphosphorsäure *f {meist $H_6P_4O_{13}$}*
polyphosphotungstate Polyphosphowolframat *n*
polyporenic acid Polyporensäure *f*
polyporic acid Polyporsäure *f*, 2,5-Diphenyl-3,6-dihydroxybenzochinon *n*
Polyprint Polyprint *m {3-m-Gitterpolychromator}*
polypropylene **<$(-CH_2CH(CH_3)-)_n$>** Poly(propylen) *n*, PP
polypropylene glycol **<$CH_3CHOH(CH_2OCHCH_3)_nCH_2OH$>** Polypropylenglycol *n*, PPG
polypropylene granules Polypropylengranulat *n*
polypropylene oxide **<$(C_3H_6O)_n$>** Polypropylenoxid *n*
polypropylene sulfide Polypropylensulfid *n*
polypropylene wax Polypropylenwachs *n*
polyprotein Polyprotein *n {Biochem}*
polyprotic acid mehrbasige Säure *f*
polypyrrolidone Nylon 4 *n*
polyribonucleotide nucleotidyltransferase *{EC 2.7.7.8}* Polyribonucleotid-Nucleotidyltransferase *f*
polyribose nucleotide Polyribonukleotid *n*
polyribosom Polyribosom *n*
polysaccharase Polysaccharase *f {Biochem}*
polysaccharide Polysaccharid *n*, Glycan *n*, Polyose *f*, Polysaccharose *f*, Vielfachzucker *m* *{>9 Monosaccharide}*
polysaccharide depolymerase *{EC 3.2.1.87}* Kapsel-Polysaccharidgalactohydrolase *f*
polysaccharide synthesis Polysaccharidsynthese *f*
sulfated polysaccharide sulfatisiertes Polysaccharid *n*
polysaccharose *s.* polysaccharide
polysalicylide Polysalicylid *n*
polysilicic acid Polykieselsäure *f*
polysiloxane **<$(R_2SiO)_n$>** Polysiloxan *n*, polymeres Siloxan *n*
polysome Polyribosom *n*, Polysom *n*
polysorbate Polyoxyethylensorbitanester *m*
polystyrene **<$(C_6H_5CH=CH_2)_n$>** Polystyrol *n*, Polystyren *n {IUPAC}*, PS, Polyvinylbenzen *n*, Poly(1-phenylethylen) *n*
polystyrene foam Polystyrolschaum[stoff] *m*
polystyrene granules Polystyrolgranulat *n*
polystyrene homopolymer Polystyrol-Homopolymer[es] *n*
polystyrene modified by rubber kautschukmodifiziertes Polystyrol *n*
polystyrene mo[u]lding compound Polystyrolformmasse *f*
polystyrene resin Polystrolharz *n*
polysulfide Polysulfid *n {z.B. M'_2S_n oder ArS_nAr}*
polysulfide-based sealant Klebstoff *m* auf Polysulfidbasis *f*, Polysulfidklebstoff *m*, Thiokol *n* *{HN}*
polysulfide elastomer Polysulfidelastomer[es] *n*
polysulfide polymer Polysulfidpolymer[es] *n*
polysulfide resin Polysulfidharz *n*
polysulfide rubber Polysulfidkautschuk *m*, Thioplast *m*
polysulfone Polysulfon *n*, Polyphenylensulfon *n*, PSO
polysymmetry Polysymmetrie *f*
polysynthetic twinning polysynthetische Zwillingsbildung *f*, polysynthetische Verzwilligung *f* *{Krist}*
polytainer Polyethylenbehälter *m*, Behälter *m* aus Polyethylen *n*
polytechnical polytechnisch, technisch
polytechnical school Polytechnikum *n*
polytelite Polytelit *m {obs}*, Freibergit *m {Min}*
polyterephthalate Polyterephthalat *n*, Polyterephthalsäureester *m*
polyterpene **<$(C_{10}H_{16})_n$>** Polyterpen *n*
polyterpene resin Polyterpenharz *n*
poly(tetrafluoroethylene) **<$[C(F)_2-)C(F)_2]_n$ >** Polytetrafluorethylen *n*, PTFE, Polytetrafluorethen *n {z.B. Teflon}*
polytetramethylene glycol Polytetramethylenglycol *n*
polytetramethyleneterephthalate Polytetramethylenterephthalat *n*, PTMT
polythene *{GB}* Polyethylen *n*
polythiazole Polythiazol *n*
polythiadiazole **<$(-C_6H_4C_2N_2S-)_n$>** Polythiadiazol *n*
polythiazyl **<$(SN)_n$>** Polythiazyl *n*
polythioether Polythioether *m*
polythioglycol Polythioglycol *n*
polythionate **<$M'_2S_nO_6$>** Polythionat *n*

polythionic acid <$H_2S_nO_6$> Polythionsäure *f* *{n = 3-20}*
polythiourea Polythioharnstoff *m*
polytriazole Polytriazol *n*
polytrifluorochloroethylene Polytrifluorchlorethylen *n*, Polychlortrifluorethylen *n*
polytrifluoroethylene Polytrifluorethylen *n*
polytrioxane Polytrioxan *n*
polytrophic polytroph, mit höchstem Nährstoffangebot *n {Ökol}*
polytropic polytrop *{Thermo}*
polytropic curve Polytrope *f {Thermo}*
polytypic polytyp *{Krist}*
polytypism Polytypie *f {Krist}*
polyunsaturated mehrfach ungesättigt
polyurea Polyharnstoff *m*
polyurethane <(-OOCNR-)$_n$> Polyurethan *n*, PUR
polyurethane adhesive Polyurethanklebstoff *m*
polyurethane backing Kaschieren *n* mit Polyurethan *n*
polyurethane block foam Polyurethan-Blockschaumstoff *m*
polyurethane-cast elastomer Polyurethan-Gießelastomer[es] *n*, PUR-Gießelastomer[es] *n*
polyurethane-coated fabric polyurethan-beschichtetes Gewebe *n*
polyurethane elastomer Polyurethanelastomer[es] *n*
polyurethane foam Polyurethan-schaum[stoff] *m*
polyurethane integral foam Polyurethan-Strukturschaumstoff *m*, Polyurethan-Integralschaum *m*
polyurethane lacquer Polyurethanlack *m*, PUR-Lack *m*
polyurethane lining *s.* polyurethane backing
polyurethane-polymethyl methacrylate copolymer Polyurethan-Polymethylmethacrylat-Copolymer[es] *n*, Polyurethan-Polymethylmethacrylat-Mischpolymerisat *n*
polyurethane powder Polyurethanpulver *n*
polyurethane prepolymer Polyurethanvorprodukt *n*
polyurethane-reaction injection mo[u]lding Polyurethan-Reaktionsspritzgießverfahren *n*, Polyurethan-Reaktionsspritzgießen *n*
polyurethane reaction resin [forming] material Polyurethan-Reaktionsharzformmasse *f*, Polyurethan-Reaktionsharzformstoff *m*, PUR-Reaktionsharzformstoff *m*, PUR-Reaktionsharzformmasse *f*
polyurethane resin Polyurethanharz *n*
polyurethane resin lacquer Polyurethanharzlack *m*, PUR-Lack *m*
polyurethane RIM-process *s.* polyurethane-reaction injection mo[u]lding
polyurethane rubber Polyurethankautschuk *m*, Urethankautschuk *m*
polyurethane structural foam Polyurethan-Strukturschaumstoff *m*
polyuronic acid Polyuronsäure *f*
polyuronide Polyuronid *n*
polyuridylic acid Polyuridylsäure *f*
Polyvac Polyvac *m {Flußspat-Vakuum-Prismen-polychromator}*
polyvalence Mehrwertigkeit *f*, Polyvalenz *f*
polyvalent mehrwertig, polyvalent
polyvalent alcohol mehrwertiger Alkohol *m*, Polyol *n*, Polyalkohol *m*
polyvalent antiserum polyvalentes Antiserum *n {Immun}*
polyvinyl <(-CH=CH$_2$)$_n$> Polyvinyl-
polyvinyl acetal Polyvinylacetal *n*, PVA
polyvinyl acetal phenolic resin adhesive Polyvinylacetal-Phenolharz-Klebstoff *m*
polyvinyl acetal resin Polyvinylacetalharz *n*
poly(vinyl acetate) <[-CH$_2$CH(OOC(CH$_3$)-]$_n$> Polyvinylacetat *n*, PVAC, pVAc, PVA
polyvinyl acetate adhesive Polyvinylacetathaftmittel *n*, Polyvinylacetatklebemittel *n*
polyvinyl acetate emulsion adhesive [adhäsive] Polyvinylacetatemulsion *f*
polyvinyl acetate resin Polyvinylacetatharz *n*
poly(vinyl alcohol) <[-CH$_2$CH(OH)-]$_n$> Polyvinylalkohol *m*, PVAL *{IUPAC}*, PVOH
polyvinyl alkyl ether Polyvinylalkylether *m*
poly(vinyl butyral) Polyvinylbutyral *n*, PVB, Polyvinylacetal *n*
poly(vinyl carbazole) Polyvinylcarbazol *n*, Polyvinylcarbazen *n*
poly(vinyl chloride) <(-CH$_2$CHCl-)$_n$> Polyvinylchlorid *n*, PVC
polyvinyl chloride acetate copolymer Polyvinylchloridacetat-Copolymer[es] *n*, PVCA, Polyvinylchloridacetat-Mischpolymerisat *n*
polyvinyl chloride foam Polyvinylchlorid-Schaumstoff *m*
poly(vinyl cyanide) Polyvinylcyanid *n*
poly(vinyl cyclohexane) Polyvinylcyclohexan *n*
poly(vinyl dichloride) Polyvinyldichlorid *n*
poly(vinyl ester) <[-CH$_2$CH(OOCR-)]$_n$> Polyvinylester *m*
poly(vinyl ether) <[CH$_2$CH(OR)]$_n$> Polyvinylether *m*
poly(vinyl ethyl ether) Polyvinylethylether *m*
poly(vinyl fluoride) <(-CH$_2$C(H)F-)$_n$> Polyvinylfluorid *n*, PVF
poly(vinyl formal) Polyvinylformal *n*, PVFM, Polyvinyl-Formaldehydacetal *n*
poly(vinyl isobutyl ether) <(-CHOCH$_2$CH(CH$_3$)$_2$CH$_2$-)$_n$> Polyvinylisobutylether *m*, PVI
poly(vinyl methyl ether) <[-CH$_2$CH-(OCH$_3$)-]$_n$> Polyvinylmethylether *m*, PVM

poly(vinyl methyl ketone) Polyvinylmethylketon *m*
poly(vinyl nitrate) <$(C_2H_3NO_3)_n$> Polyvinylnitrat *n {Expl}*
poly(vinyl oleyl ether) Polyvinyloleylether *m*
poly(vinyl pyrrolidone) Polyvinylpyrrolidon *n*, PVP
postchlorinated polyvinyl chloride nachchloriertes Polyvinylchlorid *n*
polyvinylbenzyltrimethyl ammonium chloride Polyvinylbenzyl-Trimethylammoniumchlorid *n*
poly(vinylidene chloride) <$(\text{-}CH_2CCl_2\text{-})_n$> Polyvinylidenchlorid *n*, PVDC
poly(vinylidene cyanide) Polyvinylidencyanid *n*
poly(vinylidene fluoride) Polyvinylidenfluorid *n*, PVDF
poly-(2-vinylpyridine) <$(\text{-}CH(C_5H_4N)CH_2\text{-})_n$> Polyvinylpyridin *n*
poly(vinylpyrrolidone) <$(C_6H_9NO)_n$> Polyvinylpyrrolidon *n*
polyynes <$(C\text{-}C{\equiv}C\text{-}C{\equiv})x$> Polyine *npl*, Polyacetylene *npl*
POM Polyacetal *n*, Poly(oxymethylen) *n*, Polyformaldehyd *m*
pomade Pomade *f*, Fettsalbe *f {Kosmetik}*
Pompeian blue Pompejanischblau *n*
Pompeian red Pompejanischrot *n {Anstrichfarbe aus feinpulvrigem Fe_2O_3}*
Ponceau red Ponceaurot *n*
poncelet Poncelet *n {obs, Leistungseinheit, 1p = 980,665 W}*
pond 1. Teich *m*, Weiher *m {Ökol}*; 2. Pond *n {obs, Krafteinheit, 1p = 0,00980665 N}*
ponder/to abwägen, erwägen, überlegen, bedenken; nachdenken
ponderability Wägbarkeit *f*
ponderable wägbar, ponderabel *{z.B. wägbare Mengen von radioaktiven Isotopen}*
ponderal Gewichts-
ponderation Wägen *n*, Wiegen *n*
ponderous schwer, gewichtig
Pony mixer Pony-Mischer *m*, Planeten-Zylinder-Mischer *m {mit auswechselbaren Kannen}*
ponymasher Vormaischer *m {Brau}*
pool 1. Becken *n*; Lagerbecken *n {Nukl}*; Mulde *f*; 2. Speichergestein *n {erdölführend oder erdgashaltig}*; 3. Pool *m {Biochem, Genetik, EDV}*; 4. Schmelze *f {im Ofen; Met}*; Sumpf *m {im Ofen, in der Pfanne; Met}*; 5. Teich *m*, Lache *f*
pool boiling Sieden *n* bei freier Konvektion *f*; freies Sieden *n* im Behälter *m*
pool cathode flüssige Kathode *f*, feste Napfkathode *f*
pool melt Schmelzbad *n*
pool volatilization Verflüchtigen *n* bei freier Konvektion *f*
poor arm; mager *{z.B. Beton, Erz}*; unergiebig *{z.B. Boden}*; mangelhaft, schlecht, ungenügend
poor adhesion Haftungsmängel *mpl*, schlechte Haftung *f*
poor combustion schlechte Verbrennung *f*
poor concrete Magerbeton *m*
poor-flow schwerfließend, hartfließend
poor gas Schwachgas *n*
poor in hydrogen wasserstoffarm
poor in oxygen sauerstoffarm
poor lime Magerkalk *m*
poor lode tauber Gang *m {Geol}*
poorly soluble wenig löslich, schwer löslich, schwerlöslich
pop 1. Knall *m {Detonation}*; 2. Knäpperbohrloch *n {Bergbau}*
pop strength Berstfestigkeit *f {Pap}*
pop valve Überdruck[schnellschuß]ventil *n*
popette *{GB}* Abdeckstein *m {Glas}*
poplar Pappel *f {Populus L.}*
poplar bud oil Pappelblütenöl *n*
poplin Popelin *m*, Popeline *f m {Text}*
POPOP Phenyloxazolyl-Phenyloxazolylphenyl *n {1,4-bis[2-(5-phenyloxazolyl)]benzol}*
poppet valve Tellerventil *n*
popping 1. Abplatzen *n {z.B. Putz}*; 2. Knäppern *n*, Knäpperschießen *n {Bergbau}*; 3. Knallen *n*
popping pressure Öffnungsdruck *m*
poppy Mohn *m {Papver L., Pharm}*
poppy seed Mohnsamen *m {Papaver L.}*
poppy [seed] oil Mohnöl *n*, Mohnsamenöl *n {fettes Öl der Mohnsamen}*
popular name umgangssprachliche Bezeichnung *f*
populate/to besetzen *{z.B. ein Energieband mit Elektronen}*
population 1. Population *f {Astr, Ökol}*; 2. Grundgesamtheit *f*, [statistische] Gesamtheit *f*, Bestand *m*, Population *f {Statistik}*; 3. Besetzung *f {z.B. eines Energiebandes}*
population area Wohngebiet *n {Ökol}*
population inversion Besetzungsumkehr *f {Atom}*
populene Populen *n*
populin Populin *n*, Benzoylsalicin *n*
porcelain Porzellan *n*
porcelain barrel mill Porzellankugelmühle *f*
porcelain basin Porzellan[abdampf]schale *f*
porcelain beaker Porzellanbecher *m*
porcelain blue Porzellanblau *n*, Fayenceblau *n*, Englischblau *n*
porcelain boat Porzellanschiffchen *n {Lab}*
porcelain capacitor Porzellankondensator *m*
porcelain cell Porzellanküvette *f {Lab}*
porcelain cement Porzellankitt *m*
porcelain clay Porzellanerde *f*, Kaolin *n*, Porzellanton *m {rein-weißer Ton}*, China Clay *m n*

porcelain colo[u]r Porzellan-Schmelzfarbe *f*
porcelain container Porzellanbehälter *m*
porcelain crucible Porzellantiegel *m {Lab}*
porcelain cup Porzellanschale *f {Lab}*
porcelain dish Porzellanschälchen *n {Lab}*
porcelain-earth *s.* porcelain clay
porcelain enamel Weißemail *n*, Emaille *f*, Email *n {schützender/dekorativer Fluß auf Metall}*
porcelain evaporating basin Porzellan[abdampf]schale *f {Lab}*
porcelain evaporating dish Porzellanabdampfschale *f {Lab}*
porcelain filter Porzellanfilter *n*
porcelain for chemical-technical purposes technisches Porzellan *n*, technische Keramik *f*
porcelain funnel Porzellantrichter *m*, Saugfilter *n*
porcelain glaze Porzellanglasur *f*
porcelain insulator Porzellanisolator *m {Elek}*
porcelain jasper Porzellanjaspis *m*, Porzellanspat *m {Min}*
porcelain kiln Porzellanbrennofen *m*
porcelain mortar Porzellanmörser *m {Lab}*
porcelain paint grinder Porzellanfarbmühle *f*
porcelain pan Porzellankasserolle *f {Lab}*
porcelain paste Porzellanmasse *f*
porcelain piping Porzellanrohrleitung *f*
porcelain ring Porzellanring *m*
porcelain spar Porzellanspat *m*, Porzellanjaspis *m {Min}*
porcelain tank Porzellanbehälter *m*
porcelain trough Porzellanwanne *f*
porcelain tube Porzellanröhre *f*, Porzellanrohr *n*
porcelain ware Porzellangerät *n*, Porzellanwaren *fpl*
fusible porcelain Kryolithporzellan *n*
hard porcelain Feldspatporzellan *n*, Steinporzellan *n*, Hartporzellan *n {mit hohem Feldspatanteil}*
opaque porcelain feines Steingut *n*
soft porcelain Weichporzellan *n*, Fritt[en]porzellan *n*
porcelainous porzellanartig, porzellanähnlich; aus Porzellan, porzellanen
porcelaneous *s.* porcelainous
porcellanite Porzellanit *m {Min}*
pore Pore *f*
pore conductivity Porenleitfähigkeit *f*
pore detector Lochsuchgerät *n*, Porensuchgerät *n*
pore filler Porenfüller *m*, Spachtelmasse *f*
pore fluid Porenflüssigkeit *f*; Poren[saug]wasser *n*, Porenzwickelwasser *n {Geol}*
pore size Porengröße *f*, Porenweite *f*
pore size distribution Kapillarengrößenverteilung *f {Klebflächen}*, Porengrößenverteilung *f*
pore space Porenraum *m {Hohlraum}*, Porenvolumen *n*
pore testing agent Porenprüfmittel *n*
pore testing device Porenprüfgerät *n*
pore volume *s.* pore space
pore water Poren[saug]wasser *n*, Porenzwickelwaser *n {Geol}*
size of pore Porengröße *f*, Porenweite *f*
poriferous porös, porig, mit Poren *fpl* versehen
pork Schweinefleisch *n*
pork fat Schweinefett *n*
pork meat Schweinefleisch *n*
poroidine Poroidin *n*
poromeric materials Poromerics *pl*, Poromere *npl*, poromerische Werkstoffe *mpl {z.B. Fließleder; "atmende" Lederaustauschstoffe}*
poromerics *s.* poromeric materials
porometer Porometer *n*
porosimeter Porosimeter *n*, Porositätsmesser *m*
porosimetry Porosimetrie *f*, Porositätsmessung *f*, Durchlässigkeitsmessung *f*
porosity Blasigkeit *f*, Porosität *f*, Porigkeit *f*; Porositätsgrad *m*, Porengehalt *m {in Vol- %}*; relatives Porenvolumen *n*, relativer Porenraum *m*; Maschenweite *f*, Porenraum *m*, Porenweite *f {Chem}*; Porosität *f*, Lunkerung *f {Met, Gieß}*; Durchlässigkeit *f {Geol}*
porosity determination equipment Porenprüfgerät *n*
porosity grading Porositätsstufe *f*
porosity tester Porositätsprüfgerät *n*
apparent porosity scheinbare Porosität *f {offenporiges Volumen/Gesamtvolumen}*
degree of porosity Porositätsgrad *m*, Undichtheitsgrad *m*
of fine porosity kleinluckig *{Tech}*
true porosity wahre Porosität *f*, Gesamtporosität *f {offenes + geschlossenes Porenvolumen}*
porous porös, porig, mit Poren *fpl* versehen; durchlässig, löcherig, porös, undicht, nicht geschlossen *{eine Schutzschicht}*; schwammig; schaumig
porous anode poröse Anode *f*
porous barrier poröse Trennwand *f {Diffusion}*
porous carbon aerator Entlüfter *m* mit poröser Kohle *f*
porous case poröses Gehäuse *n {Galv}*
porous cell Tonzelle *f*, Tonzylinder *m*, Tondiaphragma *n*; poröses Gefäß *n*
porous cells offene Zellen *fpl {Schaumstoff}*
porous concrete Schaumbeton *m*, Porenbeton *m*, Gasbeton *m*
porous cup poröses Gefäß *n*; Tonzelle *f*, Tonzylinder *m*, Tondiaphragma *n*
porous-cup electrode Sickerelektrode *f*
porous cup electrode of high porosity Tropfelektrode *f*

porous diaphragm poröse Scheidewand *f*, semipermeable Wand *f*, Diaphragma *n*
porous earthenware Tongut *n*, poröse Tonware *f*
porous filter plate poröse Filterplatte *f*
porous glaze poröse Glasur *f*, eierschalige Beschaffenheit *f {Porzellan}*
porous glue line poröser Klebfilm *m*
porous iron Eisenschwamm *m*
porous jacket *s.* porous case
porous plate Tonteller *m*
porous point Lunkerstelle *f*
porous pot *s.* porous cell
porous powder poröses Pulver *n {Expl}*
porous sample poröse Probe *f {Spek}*
porous soap Schwammseife *f*
porous spot Lunkerstelle *f*
porous-type getter Porengetter *m*
coarsely porous grobporig
porousness Porosität *f {mit Poren versehen}*; Undichtheit *f*, Durchlässigkeit *f*; Schwammigkeit *f*
porpezite Porpezit *m*, Palladiumgold *n {Min}*
porphin[e] <$C_{20}H_{14}N_4$> Porphin *n {methinverbrücktes cyclisches Tetrapyrrol}*; Porphin *n {methinverbrückter Pyrrolfarbstoff}*
porphine ring *s.* porphine structure
porphine structure Porphingerüst *n*, Porphinskelett *n*, Porphinring *m*
porphobilinogen <$C_8H_{12}N_2(COOH)_2$> Porphobilinogen *n {Biochem}*
porphobilinogen synthase *{EC 4.2.1.24}* Porphobilinogensynthase *f*
porphyrazine Porphyrazin *n*
porphyrexide Porphyrexid *n*
porphyric acid Euxanthon *n*
porphyric basalt Basaltporphyr *m {Geol}*
porphyrilic acid <$C_{16}H_{10}O_7$> Porphyrilsäure *f*
porphyrilin Porphyrilin *n*
porphyrin 1. Porphyrin *n {Porphinderivat}*; 2. <$C_{21}H_{25}N_3O_2$> Porphyrin *n {Alkaloid aus Alstonia constricta}*
porphyrin biosynthesis Porphyrinbiosynthese *f*
porphyrin metabolism Porphyrinstoffwechsel *m*
porphyrin ring Porphyrinring *m*
porphyrite Porphyrit *m {Geol}*
porphyritic porphyrartig
porphyritic schist Porphyrschiefer *m {Geol}*
porphyritic trap Trapporphyr *m {Geol}*
porphyroid Porphyroid *n {Geol}*
porphyropsin Porphyropsin *n {Fischaugenpigment}*
porphyroxine Porphyroxin *n*
porphyry Porphyr *m {Geol}*
argillaceous porphyry Tonporphyr *m {Geol}*
black porphyr schwarzer Porphyr *m {Geol}*
secondary porphyr Flözporphyr *m {Geol}*
tufaceous porphyr Fleckenporphyr *m {Geol}*
porpoise oil Delphinöl *n*
port 1. Öffnung *f*, Stutzen *m*, Mund *m*, Mündung *f*, Anschluß *m*; Austrittsöffnung *f*; Durchgangsöffnung *f*, Durchlaß *m*, Bohrung *f*; 2. Anschlußbuchse *f {EDV, Elek}*; Port *m*, Schnittstelle *f {EDV}*; 3. Brenner *m {Glas}*; 4. Hafen *m {Schiffe}*
portable tragbar, portabel; transportabel, ortsbeweglich, ortsveränderlich, beweglich; übertragbar, systemunabhängig, portabel *{EDV}*
portable field kit tragbarer Untersuchungssatz *n*
portable fire-extinguisher tragbarer Feuerlöscher *m*
portable mixer Anklemmrührer *m*, Anklemmrührwerk *n*
portable mo[u]ld *{GB}* Handform *f {Kunst}*
portable steeloscope tragbares Metallspektroskop *n*
portal 1. Portal *n*, Pforte *f*; 2. Einlauf *m*; 3. Stolleneingang *m*, Tunneleingang *m*, Tunnelausgang *m*
portative force 1. Tragkraft *f {eines Magneten}*; 2. Reifentragkraft *f*
portion 1. Teil *m*, Anteil *m*; 2. Portion *f*, [abgemessene] Menge *f*, Quantum *n*; 3. Ausschliff *m*, Segment *n*, Teil *n {bei Mehrstärkengläsern; Opt}*
in portions portionsweise
Portland blast-furnace cement Portlandhochofenzement *m*, Schlackenzement *m {< 65 % Hochofenschlacke}*
Portland cement Portlandzement *m {Ton/Kreide-Basis}*
Portland [cement] clinker Portlandklinker *m*, Portlandzementklinker *m*
Portland limestone Portlandkalk *m*, Portland[kalk]stein *m*
portlandite Portlandit *m {$Ca(OH)_2$, Min}*
position 1. Lage *f*, Ort *m*, Stand *m*; Standort *m*; 2. Lage *f*, Stellung *f*, Position *f {Chem}*; 3. Stelle *f {Math}*
position isomerism Stellungsisomerie *f*, Substitutionsisomerie *f*, Positionsisomerie *f*
position of equilibrium Gleichgewichtslage *f*
position of particles while passing Teilchendurchgangslage *f*
position vector Ortsvektor *m*
change of position Lageänderung *f*, Ortswechsel *m*
horizontal position liegende Stellung *f*
inclined position geneigte Lage *f*
initial position Anfangslage *f*
normal position Normalstellung *f*
positional lagemäßig; Positions-, Stellungs-
positional alleles Positionsallele *npl*
positional indicator Stellungsanzeige *f*

positional isomer Stellungsisomer[es] *n*, Positionsisomer[es] *n*, Substitutionsisomer[es] *n*
positioning Positionierung *f* *{Text, EDV, Tech}*
positioning motor Stellmotor *m*
positive 1. positiv *{Math, Phys}*; optisch einachsig positiv *{Krist}*; formschlüssig *{Verbindung}*; in Hebung *f* begriffen *{Geol}*; definitiv, bestimmt; 2. Positiv *n* *{Photo}*; 3. Positiv *n*, positive Matrize *f* *{Galvanotechnik}*
positive birefringence positive Doppelbrechung *f* *{Opt}*
positive charge positive Ladung *f*
positive column positive Säule *f* *{Glimmentladung}*
positive crystal positiver Kristall *m* *{Doppelbrechung}*
positive die Patrize *f*, Positivform *f* *{Galv}*
positive displacement circulating pump Umlaufverdrängerpumpe *f*, Umlaufverdrängungspumpe *f*
positive displacement compressor Verdrängungsverdichter *m*, Kolbenverdichter *m* *{Verdrängungsprinzip}*
positive displacement diaphragm meter Volumenzähler *m* mit beweglichen Trennnwänden *fpl*
positive displacement meter Ovalradzähler *m*, Verdrängungszähler *m* *{Volumenzähler}*
positive displacement pump Verdrängerpumpe *f*, Verdrängungspumpe *f*
positive displacement rotary compressor Drehkolbenverdichter *m*
positive displacement vacuum pump Verdrängervakuumpumpe *f*
positive electrode Anode *f*, positive Elektrode *f*
positive electron Positron *n*, positives Elektron *n*
positive group positiv geladene Atomgruppe *f*
positive ion positives Ion *n*, Kation *n*
positive lens Konvexlinse *f* *{Opt}*
positive mo[u]ld Füll[raum]werkzeug *n*, Tauchkantenwerkzeug *n*, Positivform *f*, Füllform *f*, Füllraumform *f*
positive plate positive Platte *f* *{Galv}*
positive pressure Überdruck *m* *{Feuerung}*
positive template Positivschablone *f*
positive terminal positiver Pol *m*, Pluspol *m*
positive thermoforming Positiv-Umformung *f*, Warmformen *n* über Patrize *f*, Patrizen-Umformen *n*
positor Kaltleiter *m*
positron Positron *n*, positives Elektron *n* *{ein Antiteilchen des Elektrons}*
positron decay Positronenzerfall *m* *{Nukl}*
positron disintegration Positronenzerfall *m* *{Nukl}*
positron emission Positronenemission *f*, Positronenausstrahlung *f*
positron-emission spectroscopy Positronenemissions-Spektroskopie *f*
positron-emission tomography Positronenemissions-Tomographie *f*, PET
positron emitter Positronstrahler *m*
positron track Positronenbahn *f*
positronium Positronium *n* *{gebundenes, H-analoges e^+e^--System}*
positronium annihilation chemistry Positroniumzerstrahlungs-Chemie *f*
positronium chemistry Positroniumchemie *f*
positronium-velocity spectroscopy Positroniumemissions-Geschwindigkeitsspektroskopie *f*
ortho-positronium Orthopositronium *n* *{parallele Spins}*
para-positronium Parapositronium *n* *{antiparallele Spins}*
possibility Möglichkeit *f*
possibility of adjusting Verstellmöglichkeit *f*
possibility of emitting fluorescence Fluoreszenzvermögen *n*
possibility of excitation Anregungsfähigkeit *f*, Anregungsvermögen *n*
possibility of ionization Ionisierungsvermögen *n*, Ionisationsvermögen *n*
possibility of resolution Trennvermögen *n*, Trennungsvermögen *n* *{Opt}*
possibility of rotation Drehvermögen *n*, Drehungsvermögen *n*
possibility of scattering Streuvermögen *n*, Streuungsvermögen *n*
possible 1. möglich; 2. Höchstzahl *f*, Höchstleistung *f*
possible uses Einsatzmöglichkeiten *fpl*
post 1. Stütze *f*, Strebe *f*, Baustütze *f*, Abstützung *f*; Pfahl *m*, Pfosten *m*; Ständer *m*; 2. Brennstütze *f* *{Keramik}*; 3. Pol *m*, Polkopf *m*, Polbolzen *m* *{Batterie}*; 4. Posten *m* *{Glas}*; 5. Stempel *m* *{Bergbau}*
postacceleration Nachbeschleunigung *f* *{Phys}*
postamplification Nachverstärkung *f*
postchlorinated nachchloriert
postchlorinated polyvinyl chloride nachchloriertes Polyvinylchlorid *n*, CPVC
postchlorination Nachchlorung *f*, Nachchloren *n* *{Wasser}*; Nachchlorieren *n*, Nachchlorierung *f*
postcolumn derivatization Derivatisierung *f* nach der Trennsäule *f*, Nachsäulenderivatisierung *f*
postcolumn pyrolysis apparatus Pyrolyseapparat *m* mit Hinterkolonne *f*
postcombustion Nachflammen *n* *{Expl}*; Nachverbrennung *f*
postcombustion plant Nachverbrennungsanlage *f*
postcondensation Nachkondensation *f*
postcooling section Nachkühlstrecke *f*

postcrystallization Nachkristallisation *f*
postcure 1. Nachhärtung *f*, Nachhärten *n*, Nachvernetzung *f* *{Kunst}*; 2. Nachvulkanisation *f*, Nachheizung *f*, Temperung *f*; Vulkanisation *f* nach dem Trocknen *n* von Latex *m*
postcuring *s.* postcure
postdetonation Spätzündung *f*, Versager *m*, abgerissener Schuß *m*
postexpansion Nachblähen *n* *{Schaum}*
postexposure Nachbelichtung *f* *{Photo}*
postfermentation Nachgärung *f*
postformed laminate nachträglich verformter Schichtstoff *m*
postforming Nachformen *n*, nachträgliche Formung *f*, Nachverformung *f*
postforming sheet formbare Folie *f*, formbare Tafel *f*
postgraduate training Weiterbildung *f* für Ingenieure *mpl*, akademische Weiterbildung *f* *{nach Diplom, Promotion usw.}*
postignition Nachzündung *f*
postirradiation examination Nach[bestrahlungs]untersuchung *f*
postluminescence Restlumineszenz *f*
postpolymerization Nachpolymerisation *f*
postponed aufgeschoben, verschoben, vertagt
postreticulated polymer nachvernetztes Polymer[es] *n*
postshrinkage Nachschwund *m*, Nachschwindung *f*
postsynaptic neurotoxin postsynaptisches Neurotoxin *n*
postage Porto *n*
poster Plakat *n*, Poster *m n*
postulate/to postulieren, voraussetzen; [er]fordern
postulate[e] Postulat *n*, unbezweifelte Voraussetzung *f* *{Math}*
posture Haltung *f*; Stellung *f*, Lage *f*
pot 1. Topf *m*, Kochtopf *m*, Kessel *m*, Kochkessel *m*; 2. Kanne *f*; 3. Hafen *m* *{Glas}*, Glas[schmelz]hafen *m*; 4. Potentiometer *n*; 5. Blase *f* *{Dest}*; 6. Spritztopf *m*, Füllzylinder *m*, Füllraum *m* *{Kunst}*; 7. Farbkessel *m* *{Spritztechnik}*; 8. Autoklav *m*, Autoklav[heiz]presse *f* *{Gummi}*; 9. Kulturgefäß *n* *{Agri}*
pot annealing Kastenglühen *n*, Topfglühen *n* *{Met}*
pot arch Vorheizofen *m*, Hafentemperofen *m* *{Glas}*
pot furnace Gefäßofen *m*, Tiegelofen *m*, Tiegelschmelzofen *m* *{Met, Tech}*; Hafenofen *m* *{Glas}*
pot furnace eye Ofenloch *n* *{Glas}*
pot life Gebrauchsdauer *f*, Topfzeit *f*, Verarbeitungsperiode *f*, Verarbeitungsspielraum *m*, Verarbeitungszeit *f* *{Mehrkomponentenlack}*
pot metal Schmelzfarbglas *n*
pot plunger *{US}* Spritzgußkolben *m*, Spritzkolben *m* *{Kunst}*
pot press Kachelpresse *f*, Ringpresse *f*, Schachtelpresse *f*, Trogpresse *f*, Kastenpresse *f*, Ölpresse *f*
pot spout Hafenausguß *m*, Zulaufrinne *f* *{Glas}*
pot steel process Tiegelstahldarstellung *f*
pot still Blasendestillierapparat *m*, Brennkolben *m*, Schalendestillierapparat *m*, Destillierblase *f*
pot time Topfzeit, Gebrauchsdauer *f*, Verarbeitungsperiode *f*, Verarbeitungsspielraum *m*, Verarbeitungszeit *f* *{Mehrkomponentenlack}*
potable 1. trinkbar; 2. Getränk *n*
potable water Trinkwasser *n*
potable water network Trinkwassernetz *n*
potash 1. Pottasche *f*, Kaliumcarbonat *n*; 2. Ätzkali *n*, Kaliumhydroxid *n* *{KOH}*; 3. Kaliumoxid *n*, Kali *n*; 4. Kali[salz] *n*; 5. Holzasche *f*, Rohpotasche *f*
potash alum <$Al_2(SO_4)_3 \cdot K_2SO_4 \cdot 24H_2O$> Kalialaun *m*, Kalium[aluminium]alaun *m*, Kaliumaluminiumsulfat-12-Wasser *n*; Kalinit *m* *{Min}*
potash bulb Alkalimeter *n*, Kaliapparat *m*, Laugenmesser *m*, Kalikugel *f* *{Absorptionsgefäß}*
potash calcining Pottaschebrennen *n*
potash factory Pottaschesiederei *f*
potash feldspar gemeiner Feldspat *m*, Orthose *f*, Kalifeldspat *m*, Orthoklas *m* *{Min}*
potash fertilizer Kalidünger *m*, Kalidüngesalz *n*
potash-free kalifrei
potash fusion Kalischmelze *f*
potash glass Kaliglas *n*
potash iron alum Kalieisenalaun *m*
potash lead glass Kalibleiglas *n*
potash melt Kalischmelze *f*
potash mica Kaliglimmer *m*, Muscovit-Glimmer *m* *{Min}*
potash mine Kalibergwerk *n*
potash niter Kalisalpeter *m*
potash-rongalite method Pottasche-Rongalitverfahren *n*
potash salt Kalisalz *n*
potash sifter Laugenaschensieber *m*
potash [soft] soap Kalischmierseife *f*, Kali[um]seife *f*, weiche Seife *f*
potash solution Pottaschelösung *f*
potash vat Pottascheküpe *f*
potash water Pottaschewasser *n*
potash waterglass Kali[um]wasserglas *n*
potash works Kaliwerk *n*
bed of potash salt Kalisalzlager *n*
caustic potash Kaliumhydroxid *n*, Ätzkali *n*
pure potash Perlasche *f*

sulfurated potash Kaliumsulfid/Kaliumthiosulfat-Mischung *f*
potassic kaliumhaltig, kalihaltig; Kali-
potassiferous kaliumhaltig, kalihaltig; Kali-
potassium *{K, element no. 19}* Kalium *n*
potassium abietate <$C_{19}H_{28}COOK$> Kaliumabietat *n*
potassium acetate <CH_3COOK> Kaliumacetat *n*, essigsaures Kalium *n {Triv}*
potassium acid antimonate <KH_2SbO_4> Kaliumantimoniat *n {obs}*, Kaliumdihydrogenantimonat(V) *n*
potassium acid arsenate <KH_2AsO_4> Kaliumdihydrogentetroxoarsenat(V) *n*, Macquer's Salz *n*
potassium acid carbonate doppeltkohlensaures Kalium *n {obs}*, Kaliumbicarbonat *n {obs}*, Kaliumhydrogencarbonat *n*
potassium acid saccharate <$HOOC(CHOH)_4$-$COOK$> Kaliumhydrogensaccharat *n*
potassium acid sulfate <$KHSO_4$> Kaliumhydrogensulfat *n*
potassium acid sulfite <$KHSO_3$> Monokaliumsulfit *n*, Kaliumbisulfit *n*
potassium acid tartrate <$KHC_4H_4O_6$> saures, weinsaures Kalium *n {obs}*, Kaliumbitartrat *n {obs}*, Kaliumhydrogentartrat *n*
potassium alginate <$(C_6H_7O_6K)_n$> Kaliumpolymannuronat *n*, Kaliumalginat *n*
potassium alum Kali[um]alaun *m*, Kalium[aluminium]alaun *m*, Kaliumaluminiumsulfat-12-Wasser *n*, Alaun *m*
potassium aluminate <$K_2Al_2O_4 \cdot 3H_2O$> Kalitonerde *f*, Kaliumaluminat *n*
potassium alumin[i]um fluoride <K_3AlF_6> Kaliumaluminiumfluorid *n*, Trikaliumhexafluoroaluminat(III) *n*
potassium alumin[i]um silicate Feldspat *m {Min}*
potassium alumin[i]um sulfate Alaun *m*, Kali[um]alaun *m*, Kalium[aluminium]alaun *m*, Kaliumaluminiumsulfat-12-Wasser *n*
potassium amide <KNH_2> Kaliumamid *n*
potassium ammine pentachloroplatinate <$K_2[Pt(NH_3)Cl_5]$> Kaliumpentachloroamminplatinat(IV) *n*
potassium ammonium antimonic bitartrate Antiluetin *n*
potassium ammonium nitrate Kaliammonsalpeter *m*
potassium ammonium tartrate Kaliumammoniumtartrat *n*
potassium amylxanthogenate <$CH_3(CH_2)_4$-$OCSSK$> amylxanthogensaures Kalium *n*
potassium antimonate <$KSbO_3$> Kaliumantimonat *n*
potassium antimonyl tartrate <$K(SbO)$-$C_4H_4O_6 \cdot H_2O$> Antimonylkaliumtartrat *n*, Kaliumantimonotartrat *n*, Kaliumantimonyltartrat *n*, Brechweinstein *m*
potassium arsenate <K_3AsO_4> Kaliumarsenat *n*, Trikaliumtetroxoarsenat(V) *n*
potassium arsenite <$KAsO_2$; $KH(AsO_2)_2 \cdot H_2O$> Kaliumarsenit *n*
potassium aurate <$KAuO_2 \cdot 3H_2O$> Kaliumaurat(III) *n*
potassium aurichloride <$KAuCl_4$> Kaliumgold(III)-chlorid *n*, Kaliumtetrachloroaurat(III) *n*
potassium aurobromide Aurokaliumbromid *n*, Kaliumgold(I)-bromid *n*, Kaliumdibromoaurat(I) *n*
potassium aurocyanide <$K_4Au(CN)_6$> Aurokaliumcyanid *n*, Goldkaliumcyanür *n {obs}*, Tetrakaliumhexacyanoaurat(II) *n*
potassium azide <KN_3> Kaliumazid *n*
potassium-base grease Kalifett *n*
potassium bicarbonate *s.* potassium hydrogencarbonate
potassium bichromate *s.* potassium dichromate
potassium binoxalate *s.* potassium hydrogenoxalate
potassium biphosphate *s.* potassium dihydrogenphosphate
potassium bisulfate *s.* potassium hydrogensulfate
potassium bisulfite *s.* potassium hydrogensulfite
potassium bitartrate *s.* potassium hydrogentartrate
potassium borate glass Kaliumboratglas *n*
potassium borofluoride <KBF_4> Kaliumborfluorid *n*, Kaliumfluoroborat *n*, Kaliumtetrafluoroborat *n*
potassium borohydride <KBH_4> Kaliumtetrahydroborat *n*
potassium borotartrate Boraxweinstein *m*, Kaliumborotartrat *n*
potassium bromate <$KBrO_3$> Kaliumbromat *n*, bromsaures Kalium *n {obs}*
potassium bromide <KBr> Kaliumbromid *n*, Bromkalium *n {obs}*
potassium carbazolate Carbazolkalium *n*
potassium carbonate <K_2CO_3> Kaliumcarbonat *n*, Pottasche *f*
potassium chlorate <$KClO_3$> Kaliumchlorat *n*, chlorsaures Kalium *n {obs}*
potassium chloraurate <$KAuCl_4$> Kaliumtetrachloroaurat(III) *n*
potassium chloride <KCl> Kaliumchlorid *n*, Chlorkalium *n {obs}*
potassium chlorite <$KClO_2$> Kaliumchlorit *n*
potassium chlorochromate <$KClCrO_3$> Kaliumchlorochromat *n*, Peligotsches Salz *n*
potassium chloroplatinate <K_2PtCl_6> Kali-

umchloroplatinat *n*, Kaliumhexachloroplatinat(IV) *n*

potassium chromate <K_2CrO_4> Kaliumchromat *n*, chromsaures Kalium *n {obs}*, gelbes (neutrales) chromsaures Kali *n*

potassium chrome alum *s.* potassium chromium sulfate

potassium chromium sulfate <$KCr(SO_4)_2{\cdot}12H_2O$> Kaliumchromium(III)-sulfat-12-Wasser *n*, Chromkaliumsulfat *n*, Kaliumchromalaun *m*, Chromalaun *m*

potassium citrate <$K_3C_6H_5O_7{\cdot}H_2O$> Kaliumcitrat[-Hydrat] *n*

potassium cobaltnitrite <$K_3[Co(NO_2)_6]$> Kaliumhexanitrocobaltat(III) *n*, Kaliumcobaltnitrit *n*, Kobaltgelb *n*, Aureolin *n*, Indischgelb *n*, Fischers Salz *n*

potassium cobaltocyanide <$K_4Co(CN)_6$> Tetrakaliumhexacyanocobaltat(II) *n*

potassium compound Kaliumverbindung *f*

potassium copper cyanide *s.* potassium cuprocyanide

potassium cuprocyanide <$KCu(CN)_2$> Kaliumkupfer(I)-cyanid *n*

potassium cyanate <$KOCN$> Kaliumcyanat *n*

potassium cyanide <KCN> Kaliumcyanid *n*, Cyankalium *n {obs}*, Cyankali *n {Triv}*, blausaures Kalium *n {obs}*

potassium cyanide liquor Cyankaliumlauge *f {obs}*, Kaliumcyanidlauge *f*

potassium cyanocobaltate(III) <$K_3Co(CN)_6$> Cobalticyankalium *n*, Kaliumhexacyanocobaltat(III) *n*

potassium cyanocuprate(I) <$KCu(CN)_2$> Kaliumkupfer(I)-cyanid *n*, Kaliumdicyanocuprat(I) *n*

potassium cyanoferrate(II) *s.* potassium hexacyanoferrate(II)

potassium cyanoferrate(III) *s.* potassium hexacyanoferrate(III)

potassium cyanoplatinite <$K_2Pt(CN)_4$> Kaliumplatin(II)-cyanid *n*, Kaliumtetracyanoplatinat(II) *n*

potassium dichloroaurate(I) <$KAuCl_2$> Kaliumdichloroaurat(I) *n*

potassium dichromate <$K_2Cr_2O_7$> Kaliumbichromat *n {obs}*, Kaliumdichromat(VI) *n*, Chromkali *n {Triv}*, chromsaures Kali *n {Triv}*, Kaliumpyrochromat *n*, doppeltchromsaures Kalium *n {obs}*

potassium dicyanoargentate(I) <$KAg(CN)_2$> Kaliumdicyanoargentat(I) *n*

potassium dicyanoaurate(I) <$KAu(CN)_2$> Kaliumdicyanoaurat(I) *n*

potassium dicyanocuprate(I) <$KCu(CN)_2$> Kaliumdicyanocuprat(I) *n*

potassium dihydrogenphosphate <KH_2PO_4> Monokaliumphosphat *n*, phosphorsaures Kalium *n*, primäres Kaliumphosphat *n*, Kaliumdihydrogenphosphat *n*

potassium dioxide <K_2O_2> Kaliumperoxid *n*, Dikaliumdioxid *n*

potassium diphosphate *s.* potassium dihydrogenphosphate

potassium dithionate <$K_2S_2O_6$> Kaliumdithionat *n*, Kaliumhyposulfat *n*

potassium double salt Kaliumdoppelsalz *n*

potassium ethylxanthogenate <$(C_2H_5OCS_2)K$> Kaliumethylxanthogenat *n*

potassium ferrate <K_2FeO_4> Kaliumferrat(VI) *n*

potassium ferric oxalate <$K_3Fe(C_2O_4)_3{\cdot}3H_2O$> Kaliumferrioxalat *n*, Kaliumtrioxalatoferrat(III)[-Trihydrat] *n*

potassium ferric sulfate <$KFe(SO_4)_2{\cdot}12H_2O$> Kaliumeisenalaun *m*, Kaliumferrisulfat *n {obs}*, Kaliumeisen(III)-sulfat-12-Wasser *n*

potassium ferricyanide <$K_3Fe(CN)_6$> Kaliumhexacyanoferrat(III) *n {IUPAC}*, Kaliumferricyanid *n {obs}*, rotes Blutlaugensalz *n {Triv}*, Rotkali *n {obs}*, Ferricyankalium *n {obs}*, Kaliumcyanoferrat(III) *n*

potassium ferrocyanide <$K_4Fe(CN)_6{\cdot}3H_2O$> Kaliumferrocyanid *n {obs}*, gelbes Blutlaugensalz *n {Triv}*, Gelbkali *n {obs}*, Ferrocyankalium *n {obs}*, Kaliumhexacyanoferrat(II) *n {IUPAC}*, Kaliumeisencyanür *n {obs}*, Kaliumeisen(II)-cyanid *n*

potassium fluoride <$KF, KF{\cdot}2H_2O$> Kaliumfluorid *n*, Fluorkalium *n {obs}*

potassium fluoroborate <KBF_4> Kaliumfluoroborat *n*, Kaliumtetrafluoroborat *n*

potassium fluorosilicate <K_2SiF_6> Kaliumsilicofluorid *n*, Kieselfluorkalium *n*, Kaliumhexafluorosilicat *n {IUPAC}*

potassium formate <$HCOOK$> Kaliumformiat *n*

potassium gluconate <$KC_6H_{11}O_7$> Kaliumgluconat *n*

potassium glycerophosphate <$K_2C_3H_7O_3PO_3$> Kaliumglycerophosphat *n*

potassium gold chloride <$KAuCl_4{\cdot}2H_2O$> Kaliumtetrachloroaurat(III)-Dihydrat *n*

potassium gold cyanide <$KAu(CN)_2$> Kaliumdicyanoaurat(I) *n*

potassium guaiacolsulfonate <$C_6H_3OCH_3OHSO_3K$> guajakol-*o*-sulfosaures Kalium *n*, Kaliumsulfoguajocol *n*, Thiocol *n*

potassium halide Kaliumhalogenid *n*

potassium hexachloropalladate(IV) <K_2PdCl_6> Kaliumhexachloropalladat(IV) *n*

potassium hexachloroplatinate(IV) <K_2PtCl_6> Kaliumhexachloroplatinat(IV) *n*

potassium hexacyanochromate(III) <$K_3Cr(CN)_6$> Kaliumhexacyanochromat(III) *n*

potassium hexacyanocobaltate(III) <$K_3Co(CN)_6$> Kaliumhexacyanocobaltat(III) *n*
potassium hexacyanoferrate(II) Kaliumhexacyanoferrat(II) *n {IUPAC}*, gelbes Blutlaugensalz *n {Triv}*, Kaliumferrocyanid *n {obs}*
potassium hexacyanoferrate(III) Kaliumferricyanid *n {obs}*, Ferricyankalium *n {obs}*, Kaliumeisen(III)-cyanid *n*, rotes Blutlaugensalz *n {Triv}*, Kaliumhexacyanoferrat(III) *n {IUPAC}*
potassium hexafluorophosphate <KPF_6> Kaliumhexafluorophosphat *n*
potassium hexanitrocobaltate(III) Kaliumhexanitrocobaltat(III) *n*, Fischers Salz *n*
potassium hydrate *s.* potassium hydroxide
potassium hydride <KH> Kaliumhydrid *n*, Kaliumwasserstoff *m*
potassium hydrogencarbonate <$KHCO_3$> Kaliumbicarbonat *n {obs}*, Kaliumhydrogencarbonat *n*, doppeltkohlensaures Kalium *n {obs}*
potassium hydrogenfluoride <KHF_2> Kaliumhydrogenfluorid *n*
potassium hydrogenoxalate <KHC_2O_2> Kaliumhydrogenoxalat *n*, Monokaliumoxalat *n*, Kaliumbioxalat *n {obs}*, Sauerkleesalz *n {Triv}*
potassium hydrogenphosphate <K_2HPO_4> Dikaliumhydrogenphosphat *n*, sekundäres Kaliumphosphat *n*
potassium hydrogenphthalate <$HOOCC_6H_4$-$COOK$> Kaliumhydrogenphthalat *n*
potassium hydrogenphthalate crystal KHP-Kristall *m*, Kaliumhydrogenphthalat-Kristall *m*
potassium hydrogensulfate <$KHSO_4$> Kaliumbisulfat *n {obs}*, schwefelsaures Kalium *n*, Kaliumhydrosulfat *n*, Kaliumhydrogensulfat *n {IUPAC}*
potassium hydrogensulfide <KHS> Kaliumhydrogensulfid *n*
potassium hydrogensulfite <$KHSO_3$> Kaliumbisulfit *n {obs}*, Kaliumhydrogensulfit *n*
potassium hydrogentartrate <$KOOCCHOH$-$CHOHCO_2H$> Kaliumhydrogentartrat *n*, [wein]saures Kalium *n {Triv}*, Kaliumbitartrat *n {obs}*
potassium hydroxide <KOH> Kaliumhydroxid *n*, Ätzkali *n*
potassium hydroxide solution Kalilauge *f*
potassium hypochlorite <$KOCl$> Kaliumhypochlorit *n {IUPAC}*, unterchlorigsaures Kalium *n {Triv}*
potassium hypochlorite solution Eau de Javelle, Kaliumhypochloritlösung *f*
potassium hyposulfate *s.* potassium dithionate
potassium hyposulfite *s.* potassium thiosulfate
potassium iodate <KIO_3> Kaliumiodat *n*
potassium iodide <KI> Kaliumiodid *n*, Jodkalium *n {obs}*
potassium iodide ointment Kaliumiodidsalbe *f {Pharm}*
potassium iodide starch Kaliumiodidstärke *f*
potassium iodide starch paper Iod[kali]-stärkepapier *n*, Kaliumiodstärkepapier *n*
potassium iridiumchloride <K_2IrCl_6> Kaliumiridichlorid *n {obs}*, Kaliumhexachloroiridat(IV) *n*
potassium iron(II) sulfate Ferrokaliumsulfat *n {obs}*, Eisen(II)-kaliumsulfat *n*
potassium iron(III) sulfate Ferrikaliumsulfat *n {obs}*, Eisen(III)-kaliumsulfat *n*
potassium isobutylxanthogenate <$(CH_3)_2CHCH_2OC{=}O(SK)$> Kaliumisobutylxanthogenat *n*
potassium isopropylxanthogenate <$CH_3CCHOC{=}S(SK)$> Kaliumisopropylxanthogenat *n*
potassium laurate <$C_{11}H_{23}COOK$> Kaliumlaurat *n*
potassium linoleate <$C_{17}H_{31}COOK$> Kaliumlinoleat *n*
potassium magnesium sulfate <$K_2SO_4 \cdot 2MgSO_4$> Kaliummagnesiumsulfat *n*, Kalimagnesia *f*
potassium manganate <K_2MnO_4> Kaliummanganat(IV) *n*
potassium manganic sulfate <$KMn(SO_4)_2 \cdot 12H_2O$> Manganalaun *m*, Kaliummangan(III)-sulfat-12-Wasser *n {IUPAC}*
potassium mercuric cyanide <$K_2Hg(CN)_4$> Kaliumquecksilber(II)-cyanid *n*, Kaliumtetracyanomercurat(II) *n {IUPAC}*
potassium mercuric iodide Kaliumquecksilber(II)-iodid *n*, Kaliumquecksilberdiiodid *n*
potassium mercurocyanide <$KHg(CN)_2$> Kaliumquecksilber(I)-cyanid *n*, Kaliumdicyanomercurat(I) *n*
potassium metabisulfite <$K_2S_2O_5$> Kaliummetabisulfit *n {obs}*, Kaliumpyrosulfit *n*, Kaliumdisulfit *n {Photo}*
potassium metal Kaliummetall *n*
potassium metaphosphate <KPO_3> Kaliummetaphosphat *n*
potassium metasilicate <K_2SiO_3> Kaliummetasilicat *n*, Kaliumtrioxosilicat *n*
potassium methylamide Kaliummethylamid *n*
potassium molybdate <K_2MoO_4> Kaliumtetroxomolybdat(VI) *n*, Kaliummolybdat *n*
potassium monophosphate <K_2HPO_4> Dikaliumhydrogenphosphat *n*, sekundäres Kaliumphosphat *n*
potassium monosulfide <K_2S> Kaliummonosulfid *n*, Kaliumsulfid *n*
potassium monoxide <K_2O> Kaliummonoxid *n*
potassium myronate <$C_{10}H_{18}NO_{10}S_2K$> Sinigrin *n*

potassium naphthenate Kaliumnaphthenat *n*
potassium naphthylacetate Kaliumnaphthylacetat *n*
potassium nickel cyanide <$K_2Ni(CN)_4$> Kaliumtetracyanoniccolat(II) *n*
potassium niobate <$KNbO_3$> Kaliumniobat *n*
potassium nitrate <KNO_3> Kaliumnitrat *n*, Kalisalpeter *m*, Salpeter *m*
potassium nitrate superphosphate Kalisalpetersuperphosphat *n* *{Agri}*
potassium nitride <K_3N> Kaliumnitrid *n*
potassium nitrite <KNO_2> Kaliumnitrit *n*
potassium oleate <$C_{18}H_{33}O_2K$> Kaliumoleat *n*
potassium osmate <$K_2OsO_4 \cdot 2H_2O$> Kaliumtetroxoosmat(VI)-Dihydrat *n*, osmiumsaures Kalium *n* *{obs}*, Kaliumosmat(VI) *n*
potassium oxalate <$K_2C_2O_4 \cdot H_2O$> Kaliumoxalat *n*
potassium oxide <K_2O> Kaliumoxid *n*, Kaliummonoxid *n*
potassium oxymuriate *{obs}* *s.* potassium chlorate
potassium palmitate <$K(C_{15}H_{31}CO_2)$> Kaliumpalmitat *n*
potassium pentachloromanganate <K_2MnCl_5> Kaliumpentachloromanganat(III) *n*
potassium pentasulfide <K_2S_5> Kaliumpentasulfid *n*
potassium percarbonate <$K_2C_2O_6 \cdot H_2O$> Kaliumpercarbonat *n*
potassium perchlorate <$KClO_4$> Kaliumperchlorat *n*, überchlorsaures Kalium *n* *{Triv}*
potassium periodate <KIO_4> Kaliumperiodat *n*
potassium permanganate <$KMnO_4$> Kaliumpermanganat *n*, Kaliummanganat(VII) *n*
potassium peroxide <K_2O_2> Kaliumperoxid *n*
potassium peroxoborate <KBO_3> Kaliumperoxoborat *n*
potassium peroxochromate <K_3CrO_4> Kaliumtetraperoxochromat(V) *n*, Kaliumperoxochromat *n*
potassium per[oxy]sulfate <$K_2S_2O_8$> Kaliumpersulfat *n*, Kaliumperoxodisulfat *n*
potassium phenolate <C_6H_5OK> Phenolkalium *n*
potassium phenolsulfonate Kaliumphenolsulfonat *n*
potassium phosphates Kaliumphosphate *npl*
potassium phosphide <K_2P_5> Kaliumpentaphosphid *n*
potassium phosphinate <KH_2PO_2> Kaliumphosphinat *n* *{IUPAC}*, Kaliumhypophosphit *n*
potassium phosphite <K_3PO_3> Kaliumphosphit *n*
potassium phosphonate <K_2HPO_3> Kaliumphosphonat *n*
potassium platinichloride <K_2PtCl_6> Kaliumplatin(IV)-chlorid *n*, Kaliumhexachloroplatinat(IV) *n*
potassium platinochloride <K_2PtCl_4> Kaliumplatin(II)-chlorid *n*, Kaliumtetrachloroplatinat(II) *n* *{IUPAC}*
potassium platinocyanide <$K_2Pt(CN)_4$> Kaliumplatin(II)-cyanid *n*, Kaliumtetracyanoplatinat(II) *n* *{IUPAC}*
potassium polysulfide <K_2S_n> Kaliumpolysulfid *n*
potassium porphin chelate Kaliumporphinchelat *n*
potassium prussiate Blutlaugensalz *n*
potassium pyroantimonate <$K_2H_2Sb_2O_7 \cdot 6H_2O$> Kaliumpyroantimonat *n*
potassium pyrophosphate <$K_4P_2O_7 \cdot 3H_2O$> Kaliumpyrophosphat *n*, Kaliumdiphosphat *n*
potassium pyrosulfate <$K_2S_2O_7$> Kaliumpyrosulfat *n*, Kaliumdisulfat *n*, Dikaliumsulfat *n*
potassium pyrosulfite <$K_2S_2O_5$> Kaliumpyrosulfit *n*, Kaliumdisulfit *n*
potassium quadroxalate Kaliumquadroxalat *n*, Kaliumtetroxalat *n*, Kaliumtrihydrogenoxalat *n*
potassium ricinoleate <$KOOC(CH_2)_7CH{=}CH\text{-}CH_2CHOHC_6H_{13}$> Kaliumricinoleat *n*
potassium salt Kaliumsalz *n*, Kalisalz *n*
potassium salt for fertilizing Kalidüngesalz *n*
potassium selenate Kaliumselenat *n*
potassium selenite Kaliumselenit *n*
potassium selenocyanate <$KSeCN$> Kaliumselenocyanat *n*
potassium silicate 1. Kaliumsilicat *n*; 2. Kali[um]wasserglas *n*, Wasserglas *n* *{Chem, Tech}*
potassium silicate solution Kaliumsilicatlösung *f*
potassium silicofluoride <K_2SiF_6> Kaliumsilicofluorid *n*, Kaliumhexafluorosilicat *n*, Kieselfluorkalium *n* *{Triv}*
potassium soap Kali[um]seife *f*
potassium sodium carbonate Kaliumnatriumcarbonat *n*
potassium sodium feldspar Kalinatronfeldspat *m* *{Min}*
potassium sodium tartrate <$KNaC_4H_4O_6$> Kaliumnatriumtartrat *n*, Natronweinstein *m*; Seignettesalz *n* *{mit $3H_2O$}*, Rochellesalz *n* *{mit $4H_2O$}*
potassium stannate <$K_2SnO_3 \cdot 3H_2O$> Kaliumstannat *n*, Kaliumtrioxostannat(IV) *n*
potassium stearate <$KCH_3(CH_2)_{16}COO$> Kaliumstearat *n*
potassium sulfate <K_2SO_4> Kaliumsulfat *n*
potassium sulfide <K_2S> Kaliumsulfid *n*, Kaliummonosulfid *n*, Schwefelkalium *n* *{obs}*
potassium sulfite <$K_2SO_3 \cdot 2H_2O$> Kaliumsulfit[-Dihydrat] *n*

potassium sulfite acid Kaliumbisulfit *n*, Kaliumhydrogensulfit *n*
potassium sulfocarbonate <K_2CS_3> Kaliumtrithiocarbonat *n*, Kaliumsulfocarbonat *n*, Kaliumthiocarbonat *n*
potassium superoxide <K_2O_2> Kaliumperoxid *n*, Dikaliumdioxid *n*
potassium tantalate Kaliumtantalat *n*
potassium tartrate <$K_2C_4H_4O_6$> Kaliumtartrat *n*
potassium tellurite <K_2TeO_3> Kaliumtrioxotellurat(IV) *n*
potassium tetrabromoplatinate(II) <K_2PtBr_4> Kaliumtetrabromoplatinat(II) *n*
potassium tetrachloride iodide <$KICl_4$> Kaliumtetrachloroiodat(III) *n*
potassium tetrachloroaurate(III) <$KAuCl_4 \cdot 2H_2O$> Kaliumtetrachloroaurat(III) *n*
potassium tetrachloropalladate(II) <K_2PdCl_4> Kaliumtetrachloropalladat(II) *n*
potassium tetrachloroplatinate(II) <K_2PtCl_4> Kaliumtetrachloroplatinat(II) *n*
potassium tetracyanoaurate(III) <$KAu(CN)_4 \cdot H_2O$> Kaliumtetracyanoaurat(III) *n*
potassium tetracyanoplatinate(II) <$K_2Pt(CN)_4 \cdot 3H_2O$> Kaliumtetracyanoplatinat(II) *n*
potassium tetrafluoroborate <KBF_4> Kaliumtetrafluoroborat *n*
potassium tetraiodocadmate <K_2CdI_4> Kaliumtetraiodocadmat *n* *{Anal}*
potassium tetraoxalate <$(COOH)_3$-$COOK \cdot 2H_2O$> Kaliumtetroxalat *n*, Kaliumtrihydrogenoxalat *n*
potassium tetraphenylborate Kaliumtetraphenylborat *n*
potassium thiocarbonate <K_2CS_3> Kaliumtrithiocarbonat *n*, Kaliumsulfocarbonat *n*
potassium thiocyanate <$KSCN$> Kaliumthiocyanat *n*, Kaliumrhodanid *n*
potassium thiosulfate <$K_2S_2O_3$> Kaliumhyposulfit *n* *{obs}*, Kaliumthiosulfat *n*
potassium titanate <K_2TiO_3> Kaliumtitanat *n*
potassium tripolyphosphate <$K_5P_3O_{10}$> Kaliumtripolyphosphat *n*
potassium trisulfide <K_2S_3> Kaliumtrisulfid *n*
potassium tungstate <$K_2WO_4 \cdot 2H_2O$> Kaliumorthowolframat-Dihydrat *n*, Kaliumwolframat *n*
potassium undecylenate <$H_2C{=}CH(CH_2)_8CO$-OK> Kaliumdecylenat *n*
potassium vapo[u]r Kaliumdampf *m*
potassium xanthogenate Kaliumxanthogenat *n*, Kaliumethyldithiocarbonat *n* *{IUPAC}*
potassium zinc iodide <K_2ZnI_4> Kaliumzinkiodid *n*, Kaliumtetraiodozinkat(II) *n*
potassium zincate <K_2ZnO_2> Kaliumzinkat *n*, Kaliumzinkoxid *n*
acid potassium carbonate Kaliumbicarbonat *n* *{obs}*, Kaliumhydrogencarbonat *n*
acid potassium fluoride <KHF_2> Kaliumhydrogenfluorid *n*
acid potassium oxalate Kaliumbioxalat *n* *{obs}*, Kaliumhydrogenoxalat *n*
acid potassium sulfate Kaliumbisulfat *n*, Kaliumhydrogensulfat *n*
acid potassium tartrate <$KHC_4H_4O_6$> Kaliumhydrogentartrat *n*, Kaliumbitartrat *n*
dibasic potassium phosphate <K_2HPO_4> sekundäres Kaliumphosphat *n*, Dikaliumhydrogenphosphat *n*
monobasic potassium phosphate <KH_2PO_4> primäres Kaliumphosphat *n*, Kaliumdihydrogenphosphat *n*, Monokaliumphosphat *n*
monobasic potassium phosphite <KH_2PO_3> Kaliumdihydrogenphosphit *n*
native potassium alumin[i]um Kalifeldspat *m*, Kalinit *m* *{Min}*
red potassium chromate <$K_2Cr_2O_7$> Kaliumdichromat(VI) *n*
red potassium prussiate *s.* potassium hexacyanoferrate(III)
tribasic potassium phosphate <K_3PO_4> tertiäres Kaliumphosphat *n*, Trikaliumphosphat *n*, Kaliumorthophosphat *n*
yellow potassium prussiate *s.* potassium hexacyanoferrate(II)

potato Kartoffel *f* *{solanum tuberosum}*
potato brandy Kartoffelbranntwein *m*
potato flour Kartoffelmehl *n*
potato spirit Kartoffelbranntwein *m*, Kartoffelspiritus *m*, Kartoffelsprit *m*
potato starch Kartoffelstärke *f*
potato sugar Kartoffelzucker *m*
dextrinized potato flour Kartoffelwalzmehl *n*

potcher Bleichholländer *m*, Mischholländer *m*, Waschholländer *m* *{Pap}*

potency 1. Potenz *f*, Wirksamkeit *f*, Wirkkraft *f*, Wirkungsstärke *f*; 2. Verdünnung *f*, Potenz *f* *{Homöopathie}*

potent 1. mächtig, kräftig; 2. stark [wirkend], wirksam *{Pharm}*
potent chemical wirksame Chemikalie *f*, wirksamer Stoff *m*

potential 1. potentiell, *s.a.* potentially; Potential-; 2. Potential *n* *{Phys}*
potential barrier Potentialwall *m*, Potentialberg *m*, Potentialrand *m*, Potentialschwelle *f*, Potentialbarriere *f*
potential difference Potentialdifferenz *f*, Potentialunterschied *m*, Spannungsunterschied *m* *{Elek}*
potential difference between electrodes Elektrodenspannung *f*
potential distribution Potentialverteilung *f*

potential drop Potentialgefälle *n*, Spannungsabfall *m*, Spannungsgefälle *n*
potential efficiency Nutzungsgrad *m*
potential energy potentielle Energie *f*, Lageenergie *f*, Zustandsenergie *f*
potential energy hyper surface Potentialhyperfläche *f*
potential energy surface Potential[energie]-fläche *f*, Niveaufläche *f*, Äquipotentialfläche *f* *{Molekularstruktur}*
potential equation Potentialgleichung *f*
potential field Potentialfeld *n*
potential flow Potentialströmung *f*
potential-forming potentialbildend
potential-free potentialfrei
potential gradient Potentialgefälle *n*, Potentialgradient *m*, Spannungsgefälle *n*, Spannungsverteilung *f* *{in V/m}*
potential hazard Gefahrenpotential *n*
potential hill Potentialwall *m*, Potentialberg *m*, Potentialrand *m*, Potentialschwelle *f*, Potentialbarriere *f*
potential hole Potentialmulde *f*, Potentialkasten *m*, Potentialtopf *m*
potential jump Potentialsprung *m*
potential position Potentiallage *f*
potential rise Potentialanstieg *m*
potential surface Potential[energie]fläche *f*, Niveaufläche *f*, Äquipotentialfläche *f*
potential threshold Potentialschwelle *f*, Potentialbarriere *f*, Potentialberg *m*, Potentialwall *m*
potential trough Potentialtopf *m*, Potentialkasten *m*, Potentialmulde *f*
potential value Potentialwert *m*
potential vortex Potentialwirbel *m*
potential well *s.a.* potential trough
additional potential Zusatzpotential *n*
change in potential Potentialsprung *m*
chemical potential chemisches Potential *n*
compensation of potential Potentialausgleich *m*
disruptive potential Funkenpotential *n*
drop of potential Potentialabfall *m*
electric potential elektromotorische Kraft *f*
excess potential Überpotential *n*
half-wave potential Halbwellenpotential *n* *{Polarographie}*
magnetic potential magnetomotorische Kraft *f*
streaming potential Strömungspotential *n*
zeta potential elektrokinetisches Potential *n*
potentiality 1. Möglichkeit *f* *{z.B. technische Entwicklungsmöglichkeit}*, Potentialität *f*; 2. innere Kraft *f*
potentially potentiell, möglich
potentially explosive explosionsgefährlich
potentiometer 1. Kompensator *m* *{Elek}*; 2. Potentiometer *n* *{Elek}*
potentiometric potentiometrisch
potentiometric controller Kompensationsregler *m*
potentiometric line recorder Kompensationslinienschreiber *m*
potentiometric method potentiometrisches Verfahren *n*, Potentiometermethode *f*
potentiometric point recorder Kompensationspunktschreiber
potentiometric titration potentiometrische Titration *f*, elektrometrische Titration *f* *{Anal}*
potentiometry Potentiometrie *f*
potheater Autoklav *m*, Dampfkochtopf *m*, Druckkessel *m*
potion Arzneitrank *m* *{Pharm}*; Gifttrank *m*
potlife Topfzeit *f* *{verarbeitungsfähige Zeit für Mehrkomponentenlacke}*
potsherd Scherbe *f*
potstone Lavezstein *m*, Topfstein *m* *{Min}*
potter Töpfer *m*, Hafner *m*
potter's clay Töpferton *m*, Töpfererde *f*
potter's ore Glasurerz *n*, Töpfererz *n*
pottery 1. Tongut *n*, Keramik *f*, Keramikwaren *fpl*, Steingut *n*, Steinzeug *n*, Tonwaren *fpl*; 2. Töpferei *f*, Töpferhandwerk *n*; Feinkeramik *f*; 3. Töpferei *f*, Töpferwerkstatt *f*
pottery shards Tonscherbe *f*
potting 1. Einbetten *n* *{Kunst}*; 2. Potten *n*, Potting *n*, Topffärben *n* *{Text}*; 3. Vergießen *n* *{Kunst}*; 4. Töpferhandwerk *n*, Töpferei *f*
potting medium Einbettmasse *f*
poudrette Fäkaldünger *m*, Mistpulver *n*
poultry meat Geflügelfleisch *n*
pounce 1. feines Pulver *n* *{z.B. Bimssteinpulver}*; 2. Stoß *m*
pound/to 1. hämmern, schlagen [auf]; stampfen, feststampfen; zerstampfen, zerreiben; 2. ausschlagen *{z.B. Zeiger}*
pound 1. Pfund *n* *{Massen- und Gewichtseinheit: GB = 0,45359237 kg, US = 0,4535924277 kg}*; 2. heftiger Schlag *m*; 3. Lärm *m*; 4. Pound *n*, englisches Pfund *n*
pound per square inch Pfund *n* pro Quadratzoll *m* *{=6,89467 kN/m²}*
apothecaries' pound Medizinalpfund *n* *{=0,373242 kg}*
poundal Poundal *n* *{Krafteinheit, =0,138255 N}*
pounded glass Glasglanz *m*
pounded leaves *{ISO 6576}* zerstoßene Blätter *npl* *{Pharm}*
pounder Stößel *m*, Pistill *n*, Stampfer *m*
pour/to 1. schütten; 2. gießen, vergießen, abgießen *{Keramik, Gieß, Glas}*; 3. fließen, strömen, rinnen
pour back/to zurückgießen
pour down/to ausgießen, ausschütten
pour in/to eingießen, einschütten, einströmen
pour into another container/to umschütten, umfüllen

pour off/to abgießen; dekantieren *{Lab}*; abfüllen *{Brau}*
pour on/to aufschütten
pour out/to ausgießen, ausschütten; herausströmen, ausströmen
pour together/to zusammengießen, zusammenschütten
pour depressant *s.* pour point depressant
pour point Fließpunkt *m*, Stockpunkt *m* in Form *f* des Pourpoints *m*, Pourpoint *m* *{DIN 51597}*
pour point depressant Stockpunkt[s]erniedriger *m*, Stockpunktverbesserer *m*, Pourpoint-Depressor *m*, Pourpoint-Erniedriger *m* *{Mineralöl}*
pour point depressing additive Stockpunkts-Additiv *n*, Stockpunktverbesserer *m* *{Mineralöl}*
pour point depressor *s.* pour point depressant
pour point indicator Stockpunktanzeiger *m*
pour point relapse Stockpunkts-Rückfall *m*, Fließpunkt-Umkehrung *f* *{Trib}*
pour sintering Schüttsintern *n*
pourability 1. Gießbarkeit *f*, Vergießbarkeit *f*, Gießfähigkeit *f* *{Met}*; Fließfähigkeit *f*; 2. Schüttbarkeit *f*
pourability tester Meßgerät *n* zur Rieselfähigkeits-Bestimmung *f*
pourable fließfähig; gießbar, vergießbar, gießfähig *{Met}*; schüttbar
pourable sealing Vergußmasse *f*
Pourbaix diagram Pourbaix-Diagramm *n*, Potential-pH-Diagramm *n*
poured angle of repose Schüttwinkel *m*; Ausgießböschungswinkel *m*
capable of being poured gießfähig, gießbar *{Met}*; schüttbar
pourer Ausgießer *m*, Schnabel *m*
pouring 1. Guß *m*, Gießen *n* *{Vorgang; Keramik, Gieß, Glas}*; Gießherstellung *f* *{z.B. von Schäumformen}*; 2. Schütten *n*
pouring compound Gußmasse *f*, Vergußmasse *f*
pouring device Gießvorrichtung *f*
pouring hole Eingußloch *n*, Eingußöffnung *f*
pouring in Eingießen *n*, Einguß *m* *{Tätigkeit}*
pouring-in hole Eingußöffnung *f*, Eingußloch *n*
pouring lip Gießschnauze *f*, Ausgußschnauze *f*
pouring off Abguß *m*, Abgießen *n* *{Tätigkeit}*
pouring spout Ausgußschnauze *f*, Gießschnauze *f*, Ausgußrinne *f*, Gießrinne *f*
pouring temperature Vergießtemperatur *f*, Gießtemperatur *f*
pouring test Auslaufprobe *f*
powder/to 1. pulverisieren, [zer]pulvern; auf Staubfeinheit *f* mahlen; 2. [ein]pudern, einstäuben, bestäuben
powder Pulver *n*, Mehl *n*; Puder *m*; Staub *m*
powder adhesive pulverförmiger Klebstoff *m*, Klebstoffpulver *n*
powder anode Pulverglühanode *f*
powder barrel Pulverfaß *n*
powder base Pudergrundlage *f*
powder blender Pulvermischer *m*
powder blue S[ch]malte *f*, Blaufarbenglas *n* *{Cobalt(II)-kaliumsilicat}*
powder coating 1. Pulverbeschichtung *f*, Pulverbeschichten *n*, Pulverlackierung *f* *{Tätigkeit}*; 2. Pulverlack *m*, Beschichtungspulver *n* *{DIN 55 990}*
powder consolidation Pulververfestigung *f* *{Met}*
powder density Schüttdichte *f* *{DIN 51705}*, Aufschüttdichte *f*; Rohdichte *f*, scheinbare Dichte *f*; Schüttmasse *f*; Rüttelgewicht *f*, Schüttgewicht *n*
powder diffraction analysis Debye-Scherrer-Verfahren *n*, Pulverbeugungsverfahren *n*
powder explosive *s.* powder [form] explosive
powder fire extinguisher Pulverlöscher *m*, Trockenlöscher *m*
powder [form] explosive pulverförmiger Sprengstoff *m*
powder funnel Pulvertrichter *m*
powder keg Pulverfaß *n*
powder lacquer Pulverlack *m*
powder layer Pulverschicht *f*
powder mechanics Schüttgutmechanik *f*, Pulvermechanik *f*
powder metal Metallpulver *n*, metallisches Pulver *n*, gepulvertes Metall *n*
powder-metallurgical pulvermetallurgisch
powder metallurgy Pulvermetallurgie *f*, Sintermetallurgie *f*; Metallkeramik *f*
powder mortar Pulvermörser *m*
powder mo[u]lding Pulversintern *n*, Sinterformen *n*; Pulversinterverfahren *n*
powder pattern Pulverdiagramm *n* *{Krist}*
powder point coating Pulverpunktbeschichtung *f* *{Text}*
powder press cake Pulverpreßkuchen *m* *{Gieß}*
powder process Einstaubverfahren *n*
powder-shifting method Schüttverfahren *n*, Schüttmethode *f* *{spektrochemische Pulvermethode}*
powder sintering Pulversintern *n*, Sinterformen *n*
powder sintering mo[u]lding Pulverpreßsintern *n*
powder sintering process Pulversintern *n*, Pulversinterverfahren *n*
powder spray-coating Pulversprühbeschichtung *f*
powder sprinkler Pulverzerstäuber *m*
powder test Pulverprobe *f*; Gießprobe *f* *{Glas}*
powder varnish Pulverlack *m*
coarse powder Grieß *m*
coarsely ground powder grob gemahlenes Pulver *n*

explosive powder brisantes Pulver *n*
fine-grained powder feinkörniges Pulver *n*
finely ground powder fein gemahlenes Pulver *n*
small-grained powder feinkörniges Pulver *n*
powdered 1. pulverförmig, pulverisiert, zerpulvert, pulv[e]rig; gemahlen; 2. bepudert, bestäubt; 3. Pulver-
powdered alum Alaunmehl *n*
powdered coal Staubkohle *f*, Kohlenstaub *m*, Kohlepulver *n*, pulverisierte Kohle *f*, gepulverte Kohle *f*; Steinkohlenstaub *m*
powdered explosion Pulverexplosion *f*
powdered graphite Graphitpulver *n*
powdered graphite-kerosene mixture Öl-Graphit-Dichtmasse *f*
powdered [icing] dextrose Zuckerguß *m*
powdered lead Bleigrieß *m*
powdered lime Staubkalk *m*, Kalkmehl *n*, Kalkstaub *m*, gemahlenes Calciumoxid *n*
powdered manure Düngepulver *n*
powdered milk Milchpulver *n*, Trockenmilch *f*
powdered mineral Gesteinsmehl *n*
powdered paint Pulverfarbe *f*
powdered paprika Paprikapulver *n* *{Capsicum annum L.}*
powdered phenolic resin Phenolpulverharz *n*
powdered pigment Farbpulver *n*
powdered resin Pulverharz *n*
powdered sample Analysenpulver *n*, Probenpulver *n*
powdered stone Gesteinsmehl *n*
powdered sugar Puderzucker *m*, Staubzukker *m* *{Lebensmittel}*
powdering 1. Bestreuen *n*; Bestäuben *n*, Bepudern *n*; 2. Pulverung *f*, Pulvern *n*, Feinmahlen *n*, Pulverisieren *n*; 3. Kreiden *n*, Abkreiden *n*, Auskreiden *n* *{Farb}*
powdery 1. pulv[e]rig, pulverartig, pulverförmig, pulverisiert, zerpulvert; 2. zerreiblich, zerreibbar; 3. staubig; bepulvert, bestäubt
powdery condition pulverförmiger Zustand *m*
powellite Powellit *m*, Calciummolybdat *n* *{Min}*
power 1. [mechanische] Kraft *f*; Antriebskraft *f*; 2. Stärke *f* *{z.B. einer Linse}*, Vergrößerungskraft *f* *{Opt}*; 3. Vermögen *n*, Macht *f*, Fähigkeit *f*; Leistungsvermögen *n*, Leistungsfähigkeit *f*; 3. Leistung *f* *{Phys}*; 4. Energie *f* *{Elek}*; 5. Potenz *f*, Exponent *m* *{Math}*; 6. Mächtigkeit *f* *{Math}*; 7. Trennschärfe *f* *{Statistik}*; 8. Spannkraft *f*, Haltevermögen *n*, Dehnungswiderstand *m* *{Text}*; 9. Netzanschluß *m*
power absorption Leistungsaufnahme *f*
power-actuated relief valve fremdbetätigtes Sicherheitsventil *n*
power amplification Leistungsverstärkung *f*
power amplifier Leistungsverstärker *m*, Kraftverstärker *m*, Endverstärker *m*, Hauptverstärker *m*
power-and-free conveyor Schleppkreisförderer *m*
power-and-free overhead conveyor Stauförderer *m*
power balance Energiebilanz *f*, Energiehaushalt *m*
power cable Starkstromkabel *n* *{DIN VDE 0289}*, Netzkabel *n*, Netzleitung *f*
power circuit 1. Starkstromleitung *f* *{Elek}*; 2. Starkstromkreis *m*, Kraftstromkreis *m* *{Elek}*; Hauptstromkreis *m*, Betriebsstromkreis *m* *{Elek}*; 3. Leistungskreis *m* *{Automation}*; 4. Potenzierer *m* *{Elektronik}*
power coefficient Leistungszahl *f*
power component Wattkomponente *f*, Wirkanteil *m*, Wirkkomponente *f* *{Elek}*
power connection Netzanschluß *m*, Stromanschluß *m* *{Elek}*
power constant Leistungskonstante *f*
power consumer Stromverbraucher *m*
power consumption Leistungsaufnahme *f*, Leistungsbedarf *m*, Energieverbrauch *m*, Stromverbrauch *m* *{in W}*
power control Leistungsregler *m*, Netzschalter *m*; Leistungssteuerung *f*, Leistungsregelung *f*
power converter 1. Leistungsumwandler *m*; 2. Starkstromrichter *m* *{Elek}*; 3. Kraftumwandler *m* *{Elek}*
power current Starkstrom *m*, Kraftstrom *m*
power curve Leistungskurve *f*, Potenzkurve *f*
power cut Energieunterbrechung *f*
power densitiy 1. Energiedichte *f* *{in* W/m^2*}*; 2. Leistungsdichte *f* *{Nukl, in* W/m^3*}*
power diagram Leistungsdreieck *n*
power dissipation Verlustleistung *f*, Leistungsverlust *m*
power distribution Leistungsverteilung *f*; Stromverteilung *f*, Energieverteilung *f*, Kraftverteilung *f*
power distribution curve Testgütekurve *f*
power distribution function Potenzverteilung *f*
power drain Leistungsabgabe *f*, Energieverbrauch *m*
power drive Kraftantrieb *m*
power-driven maschinell angetrieben, mechanisch betätigt
power electronics Leistungselektronik *f*
power engineering Starkstromtechnik *f*, Leistungselektrik *f*, Energietechnik *f*
power factor Leistungsfaktor *m*, Verlustwinkel *m*; Kraftfaktor *m* *{Elek}*
power-factor indicator Phasenmesser *m*
power-factor meter Leistungsfaktor-Meßgerät *n*

power fail[ure] Spannungsausfall *m*, Stromausfall *m*, Netzausfall *m {Elek}*
power feed cable Stromzuführungskabel *n*
power fuel Treibstoff *m*, Kraftstoff *m*
power function 1. Gütefunktion *f*, Machtfunktion *f {Statistik}*; 2. Potenzfunktion *f {Math}*
power gas Kraftgas *n*; Treibgas *n {Vak}*; Generatorgas *n*, Gengas *n*, Sauggas *n {Treibstoff}*
power gas [generating] plant Kraftgas[erzeugungs]anlage *f*
power generation Energieerzeugung *f*, Energiegewinnung *f*, Krafterzeugung *f*
power house Maschinenhaus *n*
power input Antriebsleistung *f*, Eingangsleistung *f*, aufgenommene Leistung *f*, zugeführte Leistung *f*, Leistungsaufnahme *f*, Leitungsaufwand *m {in W}*
power-kerosine Traktorenkraftstoff *m*, Motorenpetroleum *n*
power law Potenzansatz *m*, Potenz[fließ]gesetz *n*, Exponentialgesetz *n*
power law behavio[u]r Potenzgesetzverhalten *n*
power law characteristics Potenzgesetzverhalten *n*
power law fluid Potenzgesetz-Flüssigkeit *f*, Potenzgesetzstoff *m*
power-law fluid model Oswald-de-Waelesches Fließgesetz *n {DIN 1342}*
power law index Potenzgesetzexponent *m*
power line Stromleitung *f {Elek}*
power load Strombelastung *f*
power loss Energieverlust *m*, Leistungsverlust *m*, Wattverlust *m {Elek}*; Verlustleistung *f {DIN 45030}*
power measurement Leistungsmessung *f*
power module Netzeinschub *m*
power number [of a mixer] Widerstandskoeffizient *m* [eines Rührers]
power of diffraction Beugungsvermögen *n*
power of radiation source Stärke *f* der Strahlungsquelle *f*
power on Netzbetrieb *m {Gerät angeschaltet}*
power-operated kraftbetrieben
power output abgegebene Leistung *f*, Leistungsabgabe *f*, Ausgangsleistung *f*, Energieausbeute *f {in W}*
power pack Netz[anschluß]gerät *n*, Netz[anschluß]teil *n*; Antriebsaggregat *n*; Hydraulikaggregat *n {Spritzgießen}*
power piping Hochdruckleitung *f*
power plant 1. Triebwerk *n*; Triebwerkanlage *f*; 2. Kraftanlage *f*, Kraftzentrale *f {Elek}*; 3. Antriebsmaschine *f*, Antriebsaggregat *n {Tech}*; 4. *{US}* Kraftwerk *n*
power production Energieerzeugung *f*, Stromerzeugung *f*
power range Leistungsbereich *m {Tech}*
power rating 1. Leistungsangabe *f*, Anschlußwerte *mpl {Elek}*; 2. Leistungsbereich *m*, Leistungsklasse *f {Tech, Nukl}*; 3. Leistungsbelastbarkeit *f {Elek}*; 4. Nennleistung *f {Tech}*
power reactor Leistungsreaktor *m*
power rectifier Netzgleichrichter *m*; Leistungsgleichrichter *m*
power requirement[s] Kraftbedarf *m*, Kraftaufwand *m*; Leistungsbedarf *m*, Energiebedarf *m*, Antriebsleistung *f*
power reserve Leistungsreserve *f*; Kraftreserve *f*; Gangreserve *f {z.B. einer Zeitschaltuhr}*
power resistor 1. Leistungswiderstand *m {Bauteil}*; 2. Starkstromwiderstand *m {ohmscher Widerstand}*
power saving 1. leistungssparend, stromsparend, kraftsparend; 2. Kraftersparnis *f*, Energieeinsparung *f*
power sensitivity Leistungsempfindlichkeit *f*
power series Potenzreihe *f {Math}*
power series expansion Potenzreihenentwicklung *f*
power source Stromquelle *f*, Energiequelle *f*
power station Elektrizitätswerk *n*, E-Werk *n*, Kraftwerk *n*
power supply 1. Energieversorgung *f*, Energielieferung *f*; Stromversorgung *f*; 2. Netzanschluß *m*, Netzteil *n*, Netzgerät *n*; 3. Stromquelle *f {Stromart in Bedienungsanleitungen}*; 4. *{US}* Strom[versorgungs]netz *n*, Leitungsnetz *n*
power supply cable Zuführungskabel *n {Elek}*
power supply unit Netzteil *n*, Netzgerät *n*, Stromversorgungsteil *n*
power surge Leistungsstoß *m*
power switch Leistungsschalter *m*, Netzschalter *m*
power tool Elektrowerkzeug *n*
power transmission Energieübertragung *f*, Kraftübertragung *f*, Leistungsübertragung *f*
power transmission fluid Kraftübertragungsfluid *n*
power transmission oil Kraftübertragungsöl *n*
power unit 1. Netz[anschluß]gerät *n*, Netzeinsatz *m*, Netz[anschluß]teil *n*; 2. Energieerzeugungseinheit *f*, Stromversorgungseinheit *f*; 3. Triebwerk *n*
power used aufgenommene Leistung *f {in W}*
power utility Elektrizitätsversorgungsunternehmen *n*, E-Werk *n*, Stromversorgungsbetrieb *m*
power utilization Energieausnutzung *f*
apparent power scheinbare Leistung *f*
loss of power Energieverlust *m*

powered motorisch angetrieben, durch Motor *m* angetrieben, kraftbetrieben; Motor-

powerforming Powerforming *n {Festbett-Reformieren von Schwerbenzin}*

powerful mächtig; kräftig, kraftvoll, stark; leistungsstark, leistungsfähig
powerized storage line Stauförderer *m*
pozz[u]olana Pozz[u]olanerde *f*, Puzzolanerde *f*, Puzzolan *n*, Pozzuolan *n*
pozz[u]olana cement Pozzolanzement *m*, Traßzement *m*
pozz[u]olana mortar Porzellanmörtel *m*
pozz[u]olanic pozzuolanartig
pozz[u]olanic cement Traßzement *m* *{DIN 1164}*
PP Polypropylen *n*
ppb *{parts per billion}* Teile *npl* auf eine Milliarde *f*, ppb *{z.B. mg/t}*
ppm *{parts per million}* Teile *npl* auf eine Million *n*, ppm *{z.B. mg/kg}*
ppm levels in ppm-Spurenmengen *fpl*
ppq *{parts per quadrillion}* Teile *npl* auf eine Billiarde *f*, ppq *{z.B. ng/t}*
ppt *{parts per trillion}* Teile *npl* auf eine Billion *f*, ppt *{z.B. ng/kg}*
PPO *{polyphenylene oxide}* Polyphenylenoxid *n*
practicability [technische] Anwendbarkeit *f*, [praktische] Durchführbarkeit *f*; Brauchbarkeit *f* *{z.B. einer Methode}*
practicable ausführbar *{z.B. Anweisung}*, durchführbar; gangbar
practicableness *s.* practicability
practical 1. praktisch, nützlich; 2. anwendbar, verwendbar; durchführbar; 3. praxisnah; Praxis-
practical background praktische Erfahrung *f*
practical conditions Praxisbedingungen *fpl*
practical course Praktikum *n*
practical experience Betriebserfahrung *f*, Praxiserfahrung *f*
practical importance Praxisrelevanz *f*
practical test Praxistest *m*, Praxisversuch *m*
practical training course praktischer Lehrgang *m*
practical units Einheiten *fpl* des MKSA-Systems *n*, praktische elektromagnetische Einheiten *fpl*
practice/to *{US}* 1. ausüben, betreiben; 2. praktizieren, regelmäßig tun
practice 1. Praxis *f* *{pl. Praxen}*; 2. Praxis *f* *{Med}*; 3. Technik *f*
relating to practice praxisbezogen
practise/to *{GB}* 1. ausüben, betreiben; 2. praktizieren, regelmäßig tun
pramoxine hydrochloride Pramoxinhydrochlorid *n*
Prandtl mixing length Prandtl'scher Mischungsweg *m*
Prandtl number Prandtl-Zahl *f*
praseodymia <Pr_2O_3> Praseodymiumoxid *n*
praseodymium *{Pr, element no. 59}* Praseodym *n*, Praseodymium *n* *{IUPAC}*
praseodymium carbide Praseodymcarbid *n*
praseodymium chloride <$PrCl_3$> Praseodymiumtrichlorid *n*, Praseodym(III)-chlorid *n*
praseodymium dioxide Praseodymiumdioxid *n*, Praseodymium(IV)-oxid *n*
praseodymium phosphate <$PrPO_4$> Praseodymiumphosphat *n*
praseodymium selenate Praseodymiumselenat *n*
praseodymium sesquioxide <Pr_2O_3> Praseodymiumtrioxid *n*, Praseodymium(III)-oxid *n*
praseodymium sulfate <$Pr_2(SO_4)_3{\cdot}8H_2O$> Praseodymiumsulfat[-Octahydrat] *n*
praseodymium sulfide <Pr_2S_3> Praseodymiumsulfid *n*
praseolite Praseolith *m* *{Min}*
preaccelerated vorbeschleunigt
preaccelerated resin Harz *n* mit Beschleunigerzusatz, vorbeschleunigtes Harz *n*
preadmittance of steam Vorbedampfung *f*
preamplifier Vorverstärker *m* *{Elek}*
prebiotic chemistry präbiotische Chemie *f*, Chemie *f* der Lebensurformen *fpl*
prebiotic photosynthesis präbiotische Photosynthese *f*
prebody/to voreindicken *{Lack}*
prebraze cleaning Löt-Reinigung *f*
prebreaker Vorbrecher *m* *{Zerkleinern}*
precalculate/to vorausberechnen, vorkalkulieren
precalculation Vorausberechnung *f*, Vorkalkulation *f*
precast/to vorfertigen *{z.B. Betonfertigteile}*
precast agarose gel vorgefertigtes Agarosegel *n*, Agarose-Fertiggel *n* *{Elektrophorese}*
precast concrete 1. Fertigbeton *m*, vorgefertigter Beton *m*; 2. Betonfertigteil *n*
precast concrete unit Betonfertigteil *n*
precaution Sicherheitsmaßnahme *f*, Vorkehrung *f*, Vorsichtsmaßnahme *f*, Vorsichtsmaßregel *f*
precaution against inhalation of dust Staubschutz-Vorsichtsmaßnahme *f*
preceding vorangehend *{z.B. eine Aktivität}*
preceding process Vorprozeß *m*
precession Präzession *f* *{Tech, Math, Phys}*
prechlorination Vorchlorierung *f*, Vorbleiche *f* *{Pap}*; Vorchloren *n*, Vorchlorung *f* *{Wasser}*
precious edel, kostbar, wertvoll; Edel-
precious metal Edelmetall *n*
precious-metal free alloy edelmetallfreie Legierung *f* *{Dent}*
precious-metal recovery Edelmetallrückgewinnung *f*
precious-metal refining Edelmetallreinigung *f*
precious-metal smelting Reichschmelzen *n*
precious opal Edelopal *m* *{Min}*
precious stone Edelstein *m*
precious wood Edelholz *n*

precipitability Ausfällbarkeit *f*, Fällbarkeit *f*, Niederschlagbarkeit *f {Chem}*; Abscheidbarkeit *f*
precipitable ausfällbar, fällbar, niederschlagbar *{Chem}*; abscheidbar
precipitant Ausfäll[ungs]mittel *n*, Fäll[ungs]mittel *n*, Fällungs[re]agens *n*, Niederschlagmittel *n {Chem}*; Abscheidemittel *n*
precipitate/to [aus]fällen, präzipitieren, niederschlagen *{Chem}*; kondensieren; ausfallen; abscheiden, absitzen lassen; ausscheiden
precipitate by addition of acid/to aussäuern
precipitate [chemischer] Niederschlag *m*, Ausfällung *f*, Bodenkörper *m*, Bodensatz *m*, Fällungsprodukt *n*, Präzipitat *n*; Abscheideprodukt *n*, abgeschiedenes Gut *n*
active precipitate aktiver Niederschlag *m*
black precipitate Quecksilber(I)-oxid *n*
curdy precipitate käsiger Niederschlag *m*
fine-granular precipitate feinkörniger Niederschlag *m*
flocculent precipitate flockiger Niederschlag *m*
group precipitate Gruppenfällung *f {Anal}*
red precipitate Quecksilber(II)-oxid *n {monoklin}*
white precipitate weißes Präzipitat *n* *{NH_2HgCl}*
yellow precipitate Quecksilber(II)-oxid *n {tetragonal}*
precipitated barium sulphate <$BaSO_4$> Blanc fixe *n*, gefälltes Bariumsulfat *n {Permanentweiß}*
precipitated chalk <$CaCO_3$> Schlämmkreide *f*, gefälltes Calciumcarbonat *n*, gefällte Kreide *f*
precipitated copper Zementkupfer *n*, Niederschlagskupfer *n*, Kupferzement *m*
precipitated drier gefälltes Trockenmittel *n*
precipitated oxide of aluminium <$Al(OH)_3$> Aluminiumhydroxid *n*, Tonerdehydrat *n*
precipitated silica *{ISO 5794}* Kieselhydrogel *n*, Kieselgallerte *f*
precipitated sulfur Schwefelmilch *f*
precipitating Ausfällen *n*, Fällen *n*, Präzipitieren *n*, Niederschalgen *n {Chem}*; Kondensieren *n*; Abscheiden *n*; Ausscheiden *n*
precipitating agent Fäll[ungs]mittel *n*, Ausfäll[ungs]mittel *n*, Fällungsreagens *n*, Niederschlagmittel *n {Chem}*; Abscheidemittel *n*
precipitating bath Fällbad *n*
precipitating liquid Fällflüssigkeit *f*
precipitating process Niederschlagsverfahren *n*
precipitating reagent Fäll[ungs]mittel *n*, Fällungsreagens *n*, Ausfäll[ungs]mittel *n*, Niederschlagsmittel *n*; Abscheidemittel *n*
precipitating vat Fällbottich *m*, Präzipitierbottich *m*, Absetzbottich *m*
precipitating vessel Fällkessel *m*, Präzipitiergefäß *n*, Klärgefäß *n*
precipitation 1. Fällen *n*, Fällung *f*, Präzipitieren *n*, Niederschlagen *n*, Ausfällen *n {durch Fällungsmittelzugabe}*; 2. Abscheiden *n*, Ausscheiden *n {z.B. Elektroabscheiden}*; 3. Kondensieren *n*; 4. Ausfallen *n*, Absitzen *n*, Niederschlagen *n*; 5. Niederschlagsmenge *f*, Niederschlag *m {Regen}*; 6. Ausscheidung *f {Phasendiagramm}*
precipitation analysis Fällungsanalyse *f*
precipitation apparatus Fällapparat *m*, Fäller *m*
precipitation basin Fällbecken *n*, Fällungsbekken *n*
precipitation brittleness Alterungsprödigkeit *f {Met}*
precipitation conditions Fällungsparameter *mpl*
precipitation electrode Niederschlagselektrode *f*
precipitation hardening 1. ausscheidungshärtend; 2. Aushärtung *f*, Ausscheidungshärtung *f*, Seigerungshärtung *f*; Dispersionshärten *n {Met}*
precipitation-hardening plant strukturelle Härtungsanlage *f {Met}*
precipitation method Fällmethode *f*
precipitation polymerization Fällungspolymerisation *f*
precipitation process Fällungsverfahren *n*, Fällungsvorgang *m*; Niederschlagsarbeit *f*, Niederschlagsverfahren *n {Met}*
precipitation reaction Fällungsreaktion *f*
precipitation tank Fällgefäß *n*, Niederschlagstrog *m*, Fällkasten *m*, Absetzbecken *n*, Absetzbehälter *m*, Klärtank *m*
precipitation temperature Fällungstemperatur *f*
precipitation titration Fällungstitration *f {Amperometrie}*
precipitation treatment Ausscheidungswärmebehandlung *f {Met}*
precipitation vessel Niederschlagsgefäß *n*; Dekantierglas *n {Lab}*
atmospheric precipitation atmosphärischer Niederschlag *m*
co-precipitation Mitfällung *f*, gemeinsame Fällung *f*
electrostatic precipitation elektrostatische Abscheidung *f*, Elektrostaubfiltration *f*
fractionated precipitation fraktionierte Fällung *f*
heat of precipitation Präzipitationswärme *f*
law of precipitation Fällungsregel *f*
precipitator 1. Niederschlagsapparat *m*, Ausfällapparat *m*, Fäller *m*; 2. Fäll[ungs]mittel *n*, Ausfällmittel *n*, Fällungs[re]agens *n*; 3. Elektrofilter *n*, E-Filter *n {Entstauber}*
precipitator efficiency 1. Filterwirkungs-

grad *m*, Abscheidungsgrad *m*; 2. Entstauberwirkungsgrad *m*

precipitator electrode Niederschlagselektrode *f*

precipitin Präzipitin *n*, Präcipitin *n* *{Pharm}*

precipitous abschüssig, schroff, steil abfallend, jäh abfallend

precise präzis[e]; genau

precise adjustment Feineinstellung *f*, Feinregulierung *f*

precise repeatability Repetitionsgenauigkeit *f*, Reproduziergenauigkeit *f*

precise reproducibility *s.* precise repeatability

precisely repeatable reproduziergenau

precisely reproducible reproduziergenau

precision 1. feinmechanisch, feinwerktechnisch; Fein-; 2. Genauigkeit *f*; Präzision *f*

precision adjusting valve Feinstellventil *n*

precision adjustment Feinstellung *f*

precision balance Feinwaage *f*, Analysenwaage *f*, Präzisionswaage *f* *{Lab}*

precision buret[te] Feinbürette *f* *{Anal}*

precision casting Präzisionsguß *m*, Feinguß *m* *{Gieß}*

precision determination Feinmessung *f*

precision divisions Teilungen *fpl*, Skalierungen *fpl*

precision engineering Feinmechanik *f*, Feinwerktechnik *f*

precision express scales Präzisionsschnellwaage *f*

precision finished casting Präzisionsfertigguß *m*

precision glass stirrer shaft KPG-Rührwelle *f*

precision glass tube Präzisionsglasrohr *n*

precision-ground feingeschliffen

precision injection mo[u]lding 1. Präzisionsspritzgieß-; 2. Präzisionsspritzgießverarbeitung *f*, Präzisionsspritzguß *m*, Spritzgießen *n* von Präzisionsteilen, Präzisionsspritzgießverfahren *n*; 3. Präzisionsspritzgußteil *n*, Qualitätsspritzguß *m*

precision instrument Präzisionsinstrument *n*, feinmechanisches Instrument *n*, Feinmeßgerät *n*

precision manometer Feinmanometer *n*

precision measurement Feinmessung *f*, Präzisionsmessung *f*

precision measuring *s.* precision measurement

precision measuring instrument Präzisionsmeßinstrument *n*, Präzisionsmeßgerät *n*

precision mechanics Feinmechanik *f*, Präzisionsmechanik *f*

precision metering unit Präzisionsdosiereinheit *f*

precision mo[u]ld Präzisionsform *f*, Präzisionswerkzeug *n*

precision needle valve Nadelfeinregulierventil *n*

precision pipet[te] Präzisionspipette *f*

precision resistor Meßwiderstand *m*, Widerstandsnormal *n*, Präzisionswiderstand *m*

precision scales Feinteilungen *fpl*, Präzisionsskalierungen *fpl*

precision value Präzisionswert *m*

precision voltage regulator Präzisionsregelschalter *m*, Präzisionsspannungsregler *m*

preclarification Vorklären *n*, Vorklärung *f*, Vorreinigen *n* *{Wasser}*

preclarify/to vorklären, vorreinigen *{Wasser}*

preclassifying Vorsortieren *n*

precoat 1. Anschwemmschicht *f*, Precoat-Schicht *f*, Filtervorbelag *m*, Grundausschwemmung *f* *{Chem}*; 2. Umhüllung *f* *{Gieß}*

precoat filter Anschwemmfilter *n*, Filtervorbelag *m*, Precoat-Filter *n* *{Chem}*

precoat filtration Anschwemmfiltration *f*

precoat layer Filterhilfsschicht *f*, Anschwemmschicht *f*, Precoat-Schicht *f*

precoated drum filtration Anschwemmtrommelfiltration *f*

precoated filter *s.* precoat filter

precolumn Vorsäule *f* *{Chrom}*

precolumn derivatization Vorsäulenderivatisierung *f* *{Chrom}*

precolumn pyrolysis apparatus Pyrolyseapparat *m* mit Vorderkolonne *f* *{Chrom}*

precombustion Vorverbrennung *f*

precombustion chamber Vor[brenn]kammer *f*

precommissioning Vorbereitung *f* der Inbetriebsetzung *f*

precommissioning check Probelauf *m*

precompounded vorimprägniert, vorbeharzt *{z.B. Textilglas oder Trägerbahnen}*

precompress/to vorverdichten

precompressed fluoroplastic vorverdichteter Fluoroplast *m* *{Sintern}*

precompression Vorverdichtung *f*

preconcentration Vorkonzentrierung *f*, Vorkonzentration *f*

precondensate Vorkondensat *n*, Vorkondensationsprodukt *n* *{Kunst}*

precondensation Vorkondensation *f* *{Kunst}*

precondensed vorkondensiert

precondition Vorbedingung *f*, Voraussetzung *f*

preconsolidate/to vorverfestigen; vorverdichten, vorkonsolidieren

preconsolidated hot isostatic pressing vorgefestigtes heißisostatisches Pressen *n*

preconsolidation Vorverfestigung *f* *{Tech}*; Vorverdichtung *f*, Vorkonsolidierung *f*

precontrol Vorregelung *f* *{Automation}*

precook/to vorkochen *{Lebensmittel}*

precooked food Fertiggericht *n*

precooked meal Fertiggericht *n*

precool/to vorkühlen

precooler Vorkühler *m*

precooling Vorkühlen *n*, Vorkühlung *f*

precrack Anriß *m*

precracked test piece angekerbter Prüfkörper *m*

precracking test bruchmechanische Untersuchung *f* *{an gekerbten Prüfstäben}*

precrush/to vorbrechen

precrusher Vorbrecher *m*

precrushing Vorzerkleinerung *f*, Vorbrechen *n*

precure/to 1. anvulkanisieren; 2. vorhärten *{Kunst}*

precure 1. Anvulkanistion *f*; 2. Vorhärtung *f* *{Kunst}*; vorzeitig einsetzende Härtung *f* *{Gieß-, Kleb- und Laminierharze}*; 3. Vorkondensation *f* *{Text}*

precuring *s.* precure

precursor 1. Vorläufer *m*, Vorgänger *m*, Präkursor *m*; 2. Vorstufe *f*; 3. Vorprodukt *n* *{Text}*; 4. Mutterkern *m*, Mutternuklid *n* *{Nukl}*

precursor chemical Ausgangsstoff *m*

precursor fission product Vorläuferspaltprodukt *n*

precursor polysaccharide Polysaccharidvorläufer *m*

predefecation Vorscheidung *f*, Vorkalkung *f* *{Zucker}*

predefecation plant Vorsaturationsanlage *f* *{Zucker}*

predetermine/to vorausberechnen; vor[aus]bestimmen, prädeterminieren, vorher festlegen

predetermined breaking point Sollbruchstelle *f*

predetermined size Sollmaß *n*

predetermining counter voreinstellbarer Zähler *m*, Vorwahlzähler *m*

predewatering Vorentwässerung *f*

predict/to voraussagen, vorhersagen, vorhersehen

prediction Voraussage *f*, Vorhersage *f*

predischarge Vorentladung *f*

predispersed vordispergiert

predispersion Vordispergierung *f*

predissociation Prädissoziation *f*

predissociation spectrum Prädissoziationsspektrum *n*

prednisolone <$C_{21}H_{28}O_5$> Prednisolon *n* *{Pharm}*

prednisone <$C_{21}H_{26}O_5$> Prednison *n* *{Pharm}*

predominant überwiegend

predominant particle size häufigste Korngröße *f*

predry/to vortrocknen

predryer Vortrockner *m*; Vortrockenzylinder *m* *{Pap}*

predrying Vortrocknen *n*, Vortrocknung *f*

predrying unit Vortrockengerät *n*, Vortrockner *m*; Vortrockenzylinder *m* *{Pap}*

preemergence herbicide Vorauflaufherbizid *n*

preevacuate vorevakuieren, grobpumpen

preevaporation Vorverdampfung *f*

preevaporator Vorverdampfer *m*

preexpand/to vorschäumen *{Kunst}*

preexpanded vorgeschäumt, vorexpandiert

preexpanded bead vorgeschäumtes Polystyrolgranulat *n* *{Schaumstoff}*, Vorschaumperlen *fpl*

preexpanded bead steam mo[u]lding Dampfschäumen *n* von Polystyrol *n*, EPS-Schäumen *n*

preexpanding *s.* preexpansion

preexpansion Vorblähen *n*, Vorschäumvorgang *m*, Vorblasen *n*

preexponential factor Koeffizient *m* des Exponentialgliedes *n* *{Math}*

preexposure Vorbelichtung *f* *{Photo}*

prefab vorgefertigt; Fertig-

prefabricate/to vorfertigen, vor[be]arbeiten

prefabricated vorgefertigt; Fertig-

prefabricated unit Fertigteil *n*

prefabrication 1. Vorfertigung *f*; 2. Montagebau *m*

prefer/to 1. vorziehen; 2. befördern; 3. einreichen

preferable vorzuziehen[d]

preference Präferenz *f*, Priorität *f*; Bevorzugung *f*, Vorzug *m*, Vorrang *m*

preferential bevorzugt; Vorzugs-

preferential orientation bevorzugte Orientierung *f*, Vorzugsorientierung *f*, Vorzugsrichtung *f*

preferential value Vorzugswert *m* *{Maße}*

preferred colo[u]r Vorzugsfarbe *f*, bevorzugte Farbe *f*

preferred orientation Vorzugsorientierung *f*, bevorzugte Orientierung *f*, Vorzugsrichtung *f* *{z.B. Kristalle}*

prefill valve Vorfüllventil *n* *{Kunst, Gummi}*

prefilling press Pulverpresse *f*

prefilter Vorfilter *n*

prefiring Vorfeuerung *f*; Vorbrennen *n* *{Keramik}*

prefix/to 1. vorfixieren *{Kosmetik}*; 2. als Präfix *n* voranstellen *{Nomenklatur}*

prefix 1. Präfix *n* *{Chem, Math, EDV}*; 2.Vorsatz *m* *{z.B. bei Teilen und Vielfachen von SI-Einheiten}*; 3. Vorimpuls *m*

prefix denoting Präfix[grund]bedeutung *f*

preflame ignition Vorreaktion *f* *{Brenngemisch}*

prefoamed vorgeschäumt, vorexpandiert *{Kunst}*

prefoamer Vorschäumer *m*, Vorexpandierer *m*, Vorexpansionseinrichtung *f* *{Schaumstoff}*

prefoaming Vorschäumen *n* *{Kunst}*

prefoaming unit *s.* prefoamer

preform/to vorformen, vorbilden, vorprofilieren, vorfertigen

preform 1. Vorformling *m*, Vorpreßling *m* *{Kunst}*; vorgeformter Rohling *m*, vorkonfektionierter Rohling *m* *{Gummi}*; 2. Vorform *f*

{Glas}; Glashalbzeug *n {Lichtwellenleiter}*; 3. Lötpastille *f*, Löttablette *f {Elektronik}*
preform process Vorformverfahren *n*, Vorformen *n {z.B. von Duroplastlaminaten}*
preform screen Vorformsieb *n*, Saugform *f {glasfaserverstärkte Kunststoffe}*
preformed 1. vorgeformt; 2. als Vorprodukt *n* gebildet
preformed electrode shape *{US}* Elektrodenform *f*
preformed precipitate vorgefällter Niederschlag *m*, vorgeformter Niederschlag *m*
preforming 1. Vorformen *n*, Vorformung *f*, Vorpressen *n*; 2. Vorformeinheit *f*
prefractionator Vorabscheider *m*
pregassed beads vorbegastes Granulat *n*, treibmittelhaltiges Granulat *n {Kunst}*
pregassed granules *s.* pregassed beads
pregelation Vorgelieren *n*
pregelation temperature Vorgeliertemperatur *f*
pregelled vorgeliert
pregelling tunnel Vorgelierkanal *m*
pregerminate/to vorkeimen *{Bot, Biochem}*
pregnancy determination *s.* pregnancy test
pregnancy test Schwangerschaftstest *m*
pregnane <$C_{21}H_{36}$> Pregnan *n*
pregnanediol <$C_{21}H_{34}(OH)_2$> Pregnandiol *n*
pregnanedione <$C_{21}H_{32}O_2$> Pregnandion *n*
pregnanolone <$C_{21}H_{34}O$> Pregnanolon *n*
pregnene <$C_{21}H_{34}$> Pregnen *n*
pregnenedion Progesteron *n*
pregneninolone Ethisteron *n*
pregnenolone <$C_{21}H_{32}O_2$> Pregnenolon *n*
pregrattite Pregrattit *m {Min}*
prehardened vorgehärtet
preheat/to vorheizen; vortemperieren, anwärmen, vorwärmen, vorerhitzen
preheat furnace air vorgewärmte Ofenluft *f*
preheat zone Vorwärmzone *f*, Anwärmzone *f*, Vorheizzone *f*
preheater Vorwärmer *m*, Anwärmer *m*, Vorerhitzer *m*, Vorwärmgerät *n*
preheater by dielectric losses Hochfrequenzvorwärmer *m*
preheater by infrared radiation Infrarotvorwärmer *m*
preheating Vorheizen *n*; Vorerhitzung *f*, Vorwärmung *f*, Anwärmung *f*, Vortemeperieren *n*
preheating cabinet Vorwärmschrank *m*
preheating period Vorwärmzeit *f {Zeitabschnitt}*; Anheizzeit *f {Elektronik}*
preheating time *s.* preheating period
preheating zone Vorwärm[ungs]zone *f*, Vorheizzone *f*, Anwärmzone *f*
prehemataminic acid Prähämataminsäure *f*
prehnite Prehnit *m {Min}*
prehnitene <$C_6H_2(CH_3)_4$> Prehnitol *n {obs}*, 1,2,3,4-Tetramethylbenzol *n*
prehnitenol Prehnitenol *n*
prehnitic acid <$C_6H_2(COOH)_4$> Prehnitsäure *f*, 1,2,3,5-Benzoltetracarbonsäure *f*
prehnitilic acid <$(CH_3)_3C_6H_4COOH$> 2,3,4-Trimethylbenzolsäure *f*, Prehnitilsäure *f*
prehnitol Prehnitol *n {obs}*, 1,2,3,4-Tetramethylbenzen *n*
prehomogenize/to vorhomogenisieren
preignition Frühzündung *f*, vorzeitige Zündung *f*,Vorentflammung *f {Verbrennungsmotor}*; vorzeitige Selbstentzündung *f {Expl}*
preimmunization frühzeitige Immunisierung *f*
preimpregnated vorimprägniert; vorbeharzt *{Kunst}*; vorgeweicht *{Pap}*
preionization Autoionisation *f*
preirradiation Vorbestrahlung *f {Kunst}*
preirradiation characterization Kaltcharakterisierung *f*
preliminary vorbereitend, einleitend, vohergehend, päliminar; vorläufig; Vor-, Präliminar-
preliminary alarm Voralarm *m*
preliminary bath Vorbad *n {Photo}*
preliminary check Vorprüfung *f*, Voruntersuchung *f*
preliminary cleaning Vorreinigung *f*
preliminary conditions Vorbedingungen *fpl*, Versuchsverhältnisse *npl*
preliminary desiccation Vorentwässerung *f*
preliminary design Vorentwurf *m*
preliminary disintegration Vorzerkleinerung *f*
preliminary drying Vortrocknung *f*
preliminary engineering Projektierung *f*
preliminary examination Voruntersuchung *f*, Vorprüfung *f*
preliminary experiment Vorversuch *m*
preliminary fermentation Angärung *f*
preliminary filtering Vorfiltern *n*, Vorfiltration *f*, Vorreinigung *f*
preliminary granulation Vorzerkleinern *n*
preliminary granulator Vorzerkleinerungsmühle *f*, Vorzerkleinerer *m*
preliminary hazard review Gefahren-Voruntersuchung *f*
preliminary heating Vorwärmung *f*, Temperierung *f*, Anwärmung *f*
preliminary investigation *s.* preliminary examination
preliminary leaching Vorlaugung *f*
preliminary measures vorbereitende Maßnahmen *fpl*
preliminary mechanical treatment mechanische Vorbehandlung *f*
preliminary operation vorläufiger Betrieb *m*
preliminary period Vorperiode *f {Periodensystem}*
preliminary pickle Vorbrenne *f*
preliminary pressure Vordruck *m*
preliminary project Vorentwurf *m*

preliminary purification Vorreinigung *f*
preliminary purifier Vorreiniger *m*
preliminary reaction Vorreaktion *f*
preliminary reduction Vorreduktion *f*
preliminary refiner Vorhomogenisierwalze *f* *{Gummi}*
preliminary sedimentation tank Vorbecken *n*, Vorklärbecken *n*
preliminary sintering Vorsinterung *f*
preliminary size reduction Vorzerkleinern *n*
preliminary stage Vorstufe *f*
preliminary tannage Vorgerbung *f*
preliminary test 1. Vorprobe *f {Testsubstanz}*; 2. Vortest *m*, Vorprüfung *f*, orientierende Prüfung *f*; 3. Vorversuch *m*
preliminary testing 1. Vortesten *n*; 2. Vortest *m*, Voruntersuchung *f*
preliminary treatment Vorbehandlung *f* *{Tech}*; 2. [grobmechanische] Vorreinigung *f* *{Abwässer}*
preliminary washing drum Vorwaschtrommel *f*, Rauhwaschtrommel *f*
preliminary work Vorarbeit *f*
preload 1. Vorbelastung *f*; 2. Vorspannung *f* *{Tech}*
premanufacture notification provision Meldepflicht *f* von Produktionsaufnahme *f*
premasher Vormaischer *m {Brau}*
premature vorzeitig, vorschnell, voreilig; verfrüht; Früh-
premature discharge vorzeitige Entladung *f*
premature firing Frühzündung *f*, vorzeitige Zündung *f*, Vorentflammung *f {Verbrennungsmotor}*; vorzeitige Selbstentzündung *f {Expl}*
premature vulcanization Vorvernetzung *f*
premier alloy Premier-Legierung *f {61 % Ni, 25 % Fe, 11 % Cr, 3 % Mn}*
premier jus Premier jus *m {feiner Speisetalg}*
premilling Vormahlen *n*; Replastifizieren *n {Siliconkautschukmischungen}*
premise Prämisse *f*, Vordersatz *m {Logik}*
premises Betriebsgelände *n*; Haus *n* mit Grundstück *n*; Räumlichkeiten *fpl*, Lokal *n*
premium Prämie *f*; Aufschlag *m*, Zuschlag *m*
premium fuel Superbenzin *n*, Premium-Benzin *n*, Superkraftstoff *m*
premium [grade] gasoline *{US}* Superbenzin *n*, Premium-Benzin *n*, Superkraftstoff *m*
premium [motor] oil Premium-Öl *n {legiertes Motoröl}*
premix/to vormischen
premix 1. Vormischung *f*; 2. Premix-Masse *f* *{vorgemischte harzgetränkte Glasfasern}*
premix application Untermischverfahren *n* *{für Klebstoffverarbeitung}*
premix burner Injektorbrenner *m*, Vormischbrenner *m*, Kreuzstrombrenner *m*
premix melt Vormischungsschmelze *f*
premix mo[u]lding Premix-Pressen *n*, Pressen *n* mit Premix-Formmassen *fpl*
premixer Vormischgerät *n*, Vormischer *m*
premixing 1. Vormischen *n*; 2. Vormischung *f*
premixing unit *s.* premixer
prenyl <$(CH_3)_2C{=}CHCH_2$-> Prenyl-, 3-Methylbut-2-enyl-
prenyl chloride <$(CH_3)_2C{=}CHCH_2Cl$> Prenylchlorid *n*
prenyl pyrophosphatase *{EC 3.1.7.1}* Prenylpyrophosphatase *f*
preoperational testing Vorversuch *m*
prepackaged vorgepackt; Prepact-
prepackaged foods abgepackte Lebensmittel *npl*, vorgepackte Lebensmittel *npl*
prepacked *s.* prepackaged
preparation 1. Darstellung *f*, Herstellung *f* *{Chem}*; Ansetzen *n*, Bereiten *n*, Zubereitung *f* *{nach Vorschrift}*; 2. Vorbereiten *n*, Aufbereiten *n*, Aufbereitung *f*; Vorbehandlung *f*, Präparieren *n*; 3. Haltbarmachen *n*, Präparieren *n*; 4. Ansatz *m*, Präparat *n*; Arzneimittel *n*, Arzneizubereitung *f*, pharmazeutisches Erzeugnis *n*, Mittel *n {Pharm}*
preparation and compounding Plasthalbzeug-Konfektionierung *f*
preparation dish Präparatenglas *n {Lab}*
preparation for work Arbeitsvorbereitung *f*
preparation glass Präparatenglas *n {Lab}*
preparation in pure condition Reindarstellung *f*
preparation in wax Wachspräparation *f*
preparation of laminate Laminatherstellung *f*
preparation of substrate Untergrundvorbehandlung *f*
preparation of surfaces to be bonded Klebflächenvorbehandlung *f*
preparation of test specimen Prüfkörperherstellung *f*
preparation plant Aufbereitungsanlage *f*
preparation room Vorbereitungsraum *m*
preparation tube Präparationsröhrchen *n*
manner of preparation Aufbereitungsart *f*
method of preparation Herstellungsmethode *f*
process of preparation Darstellungsverfahren *n*, Herstellungsverfahren *n*
preparative präparativ
preparative chemical Vorbehandlungsmittel *n*
preparative chemistry präpartive Chemie *f*, Präparatenchemie *f*
preparative method Darstellungsmethode *f*, Herstellungsmethode *f*
preparatory vorbereitend; Vor-
preparatory treatment Vorbehandlung *f*
preparatory work Vorarbeit *f*
prepare/to 1. [vor]bereiten; aufbereiten *{Erz}*; vorbehandeln, präparieren; 2. darstellen, herstellen, bereitstellen *{Chem}*; ansetzen *{z.B. eine*

Lösung}; anfertigen, anrichten, [zu]bereiten *{nach Vorschrift}*; 3. haltbar machen, präparieren
prepared pitch präpariertes Pech *n* *{DIN 55946}*, präparierter Teer *m* *{obs}*
prepared sample Endprobe *f*, Fertigprobe *f*
prepared tube section Rohrformstück *n*, Formstück *n*
preparedness Bereitschaft *f*
preparing salt Grundiersalz *n*, Präpariersalz *n* *{Natriumhexahydroxostannat(IV)}*
preparing vessel Ansatzbottich *m*
prephenate dehydratase *{EC 4.2.1.51}* Prephenatdehydratase *f*
prephenate dehydrogenase *{EC 1.3.1.12}* Prephenatdehydrogenase *f*
prephenic acid <$C_{10}H_9O_6$> Prephensäure *f*
preplastication Vorplastizieren *n*, Vorplasti[fi]zierung *f*
preplasticator Vorplastiziereinrichtung *f*, Vorplastiziereinheit *f*, Vorplasti[fi]zieraggregat *n*
preplasticizer Vorplastiziereinrichtung *f*, Vorplasti[fi]zieraggregat *n*, Vorplastiziereinheit *f*
preplasticizing *s.* preplastication
preplasticizing mo[u]lding compound vorplastizierte Formmasse *f*
prepolarization Vorpolarisierung *f*
prepolish/to vorpolieren
prepolymer Vorpolymer[es] *n*, Vorpolymerisat *n*, Prepolymer[es] *n*, Präpolymer[es] *n*
prepolymer process Prepolymer-Verfahren *n*, Voradduktverfahren *n* *{Polyurethanschaumstoff}*
preponderant überwiegend, vorwiegend
prepreg Prepreg *n*, vorimprägniertes Textilglas *n*, vorimprägniertes Glasfasermaterial *n*, harzvorimprägniertes Halbzeug *n*, Harzmatte *f* für Heißpressen *n*, Harzgewebe *n* für Heißpressen *n*
prepreg laminating Laminatpressen *n* mit Prepregs, Laminatpressen *n* mit vorimprägnierter Glasformmasse
prepreg mo[u]lding Heißpressen *n* mit Prepregs, Heißpressen *n* mit Harzmatten *fpl*, Heißpressen *n* mit Harzgeweben *npl*, Heißpressen *n* mit vorimprägniertem Glasfasermaterial *n*
prepreg process Vorimprägnierverfahren *n*
prepress lamination vorgepreßte Schichtung *f*
preprint 1. Vorabdruck *m* *{z.B. eines wissenschaftlichen Artikels}*; 2. Vordruck *m* *{Formular}*
preproduction Vorfertigung *f* *{nach Fertigungsfreigabe}*
preproduction trial Nullserie *f*
preprogrammed vorprogrammiert
preproject study Vorstudie *f*
preprophase Präprophase *f*
preprophase-inhibitor Präprophase-Inhibitor *m*
prepump/to vorpumpen
prepurified vorgereinigt
prepurify/to vorreinigen
prereaction Vorreaktion *f*
prereduce/to vorreduzieren
prereduction Vorreduktion *f*
prerequisite Voraussetzung *f*, Vorbedingung *f*
preroast/to vorrösten *{Met}*
preroasting Vorrösten *n* *{Met}*
preroasting furnace Vorröstofen *m*
prescription 1. Rezept *n* *{Med}*; 2. Vorschrift *f*, Anweisung *f*
prescription drug rezeptpflichtiges Medikament *n*, verschreibungspflichtiges Arzneimittel *n*; ethisches Präparat *n*
by prescription only rezeptpflichtig
preselect/to vorwählen
preselectable vorwählbar
preselection Vorselektion *f*, Vorwahl *f*
preselector Vorwähler *m*; Vorzerleger *m*
preselector switch Vorwahlschalter *m*
presence 1. Anwesenheit *f*, Beisein *n*; 2. Gegenwart *f*; 3. Vorhandensein *n*; Vorkommen *n*; 4. Erscheinung *f*, Äußeres *n*
present/to 1. darstellen, präsentieren, vorbringen; 2. einreichen, vorlegen; 3. zeigen, vorführen, bieten; 4. verteilen; vorstellen, einführen
present 1. anwesend, vorhanden; gegenwärtig, derzeitig; einstweilen; 2. Dokument *n*; 3. Geschenk *n*
presentation 1. Vorlage *f*; 2. Darstellung *f*; 3. Vorführung *f*
presentation of results Ergebnisdarstellung *f*
preseparate/to vorabscheiden; vortrennen *{z.B. Farben}*
preseparation Vorabscheidung *f*; Vortrennung *f* *{DIN 51527}*
preservation 1. Konservieren *n*, Schutz *m* *{Tech}*; 2. Konservierung *f*, Haltbarmachung *f* *{Lebensmittel}*; Frischhaltung *f* *{Lebensmittel}*; 3. Erhaltung *f*, Aufrechterhaltung *f*; Aufbewahrung *f*
preservation of food Lebensmittelkonservierung *f*
preservation method Konservierungsmethode *f*
preservative 1. konservierend, schützend, erhaltend *{Tech}*; konservierend, fäulnisverhütend *{Lebensmittel, Holz}*; 2. Konservierungsmittel *n*, Schutzmittel *n* *{Tech}*; Konservierungsstoff *m*, Lagerkonservierungsmittel *n*, Fäulnisverhütungsmittel *n* *{Lebensmittel, Holz}*; Entwicklerschutzmittel *n*, Entwicklerkonservierungsmittel *n* *{Photo}*; Stabilisierungsmittel *n*, Konservierungsmittel *n* *{Gummi}*; Vorbeugungsmittel *n*, keimtötendes Mittel *n* *{Med}*
histological preservative Gewebepräparationsmittel *n*
wood preservative Holzkonservierungsmittel *n*, Fäulnisverhütungsmittel *n* für Holz *n*

preserve/to 1. konservieren, schützen, erhalten, [auf]bewahren *{Tech}*; 2. konservieren, haltbar machen, einmachen *{Lebensmittel}*; frischhalten *{Lebensmittel}*; 3. erhalten, aufrechterhalten; hegen
preserve food/to Nahrungsmittel *npl* haltbar machen
preserve *s.* preserves
preserved food Eingemachtes *n*, Eingekochtes *n* *{Lebensmittel}*
preserved fruit Obstkonserve *f*
preserved in sugar eingezuckert
fully preserved food Vollkonserve *f*
preserves 1. Arbeitsschutzmittel *n* *{z.B. Schutzbrille}*; 2. Halbkonserve *f*, Präserve *f*; Eingemachtes *n*, Eingekochtes *n* *{Lebensmittel}*
preserving agent Konservierungsmittel *n*, Schutzmittel *n* *{Tech}*; Konservierungsstoff *m*, Lagerkonservierungsmittel *n*, Fäulnisverhütungsmittel *n* *{Lebensmittel, Holz}*; Entwicklerschutzmittel *n*, Entwicklerkonservierungsmittel *n* *{Photo}*; Stabilisierungsmittel *n*, Konservierungsmittel *n* *{Gummi}*; keimtötendes Mittel *n*, Vorbeugungsmittel *n* *{Med}*
preserving jar Einweckglas *n*, Einkochglas *n* *{Lebensmittel}*
preserving package Frischhaltepackung *f*
preset/to vorher festlegen, vorgeben; voreinstellen *{Instr}*; vorstabilisieren, vorfixieren *{Text}*
preset 1. voreingestellt *{Instr}*; vorher festgelegt, vorgegeben; ruhend, Ruhe- *{Elektronik}*; vorstabilisiert, vorfixiert *{Text}*; 2. Positionierung *f* *{Tech}*
preset capacitor einstellbarer Kondensator *m*
preset processing conditions Sollverarbeitungsbedingungen *fpl*
preset value vorgesehener Wert *m*, vorgegebener Wert *m*, eingestellter Wert *m*
preshape/to vorbilden, vorformen
preshave lotion Pre-shave-Lotion *f*, vorbehandelndes Rasierwasser *n* *{Kosmetik}*
preshrinkage Vorschrumpf *m*
presinter/to vorsintern
presizing 1. Vorklassieren *n*, Vorklassierung *f*; 2. Vorleimen *n* *{Pap}*
presorting Vorsortieren *n*, Vorsortierung *f*
presparking Vorfunken *n* *{Photo}*; Einbrennen *n*
presparking time Vorbelichtungszeit *f*, Vorfunkzeit *f* *{Photo}*
press/to 1. pressen, [nieder]drücken *{z.B. Knopf}*; 2. zusammenpressen; abpressen; auspressen; 3. verpressen *{Met}*; 4. pressen, grainieren *{Pap}*; 5. pressen, [maschinell] bügeln *{Text}*; 5. keltern *{Lebensmittel}*
press against/to anpressen
press down a lever/to einen Hebel *m* niederdrücken
press in/to einpressen
press into/to hineinpressen
press off/to abpressen
press on/to andrücken
press out/to auspressen; abpressen
press through/to durchdrücken, durchpressen
press together/to zusammendrücken
press 1. Presse *f*, Quetsche *f*; Kelter *f* *{Fruchtpresse}*; 2. Druck *m*, Druckvorgang *m*, Drucklegung *f*, Drucken *n*; 3. Druckmaschine *f*, Druckpresse *f*; Abziehpresse *f*, Korrekturpresse *f*; Andruckpresse *f*; 4. Offizin *f* *{Druckerei}*; 5. Presse *f* *{z.B. Zeitschriften, Zeitungen}*; 6. Quetschfuß *m*
press button Druckknopf *m*, Drucktaste *f*, Taste *f*
press cake Preßkuchen *m*
press cloth Filtriertuch *n*, Preßtuch *n*
press cooler Druckkühler *m*
press cork Preßkorken *m*
press cure Preßvulkanisation *f*, Pressenheizen *n*, Vulkanisation *f* in der Preßform *f*
press filter Preßfilter *n*
press fit Preßsitz *m*, Preßpassung *f* *{Tech}*
press mo[u]ld Preßform *f*; Preßwerkzeug *n* *{Kunst}*
press-mo[u]lded laminate Preßlaminat *n*
press mo[u]lded using liquid resin naßgepreßt
press mo[u]lding Preßverfahren *n*, Verpressen *n*
press-on cap Aufdrückdeckel *m* *{Dose}*
press-on pressure Anpreßdruck *m* *{Düse}*
press paper Hartpapier *n* *{Isolator; Elek}*
press polish Hochglanz *m*; Preßglanz *m* *{Kunst}*
press polishing Preßplattenpolieren *n*, Polieren *n* zwischen Preßplatten *fpl* *{Schichtstoff}*
press-side granulator Beistellgranulator *m*
press sintering furnace Drucksinterofen *m*
press time 1. Preßzeit *f*; 2. Drucklegung *f*, Zeitpunkt *m* der Drucklegung *f* *{Druck}*
press tool Preßwerkzeug *n* *{Kunst}*; Stanzereiwerkzeug *n* *{zum Blechumformen}*
press vat Kelterbütte *f*
press vulcanization Preßvulkanisation *f*, Pressenheizung *f*, Vulkanisation *f* in der Preßform *f*
press welding Preßschweißen *n*
press with heated platens Heizplattenpresse *f*
pressboard Preßspan *m* *{Feinpappe}*, Psp
pressed amber Peßbernstein *m*
pressed article Preßling *m*, Preßteil *n*
pressed brick Preßziegel *m*, gepreßter Ziegel *m*
pressed cathode gepreßte Kathode *f*
pressed charcoal Preßkohle *f*
pressed glass Preßglas *n*
pressed hard glass Preßhartglas *n*
pressed juice Preßsaft *m*
pressed mica Preßglimmer *m*, Mikanit *n*

pressed part *s.* pressed article
pressed pulp Preßrückstand *m {Zucker}*
pressed sheet Preßplatte *f*; gepreßte Folie *f*
pressed wood products Holzspanpreßerzeugnisse *npl*
pressed wool felt Hartfilz *m*, Hartpreßfilz *m*
pressing 1. pressend; Peß-; 2. Pressen *n*, Pressung *f*, Abpressen *n*; Auspressen *n*; Verpressen *{Met}*; Pressen *n*, Grainieren *n {Pap}*; [maschinell] Bügeln *n*, Pressen *n {Text}*; Stanzen *n {Tech}*; 3. Preßteil *n {Met}*
pressing jaw Quetschfußzange *f*
pressing machine Formpresse *f {Keramik}*
pressing mo[u]ld Preßform *f*, Blockform *f*, Stockform *f*, einteilige Form *f*
pressing out Auspressen *n*
pressing paper grobes Filterpapier *n*, Trockenpapier *n*, Saugpapier *n {Lab}*
pressing plate Preßfläche *f*, Preßplatte *f*
pressing power Preßkraft *f*
pressing stage Preßphase *f*
pressing time Preßzeit *f*, Standzeit *f {Kunst}*
presspahn Preßspan *m {Feinpappe}*, Psp
pressure 1. Druck *m {in Pa}*, Druckkraft *f*, Pressung *f*; 2. Spannung *f {Elek}*; 3. Luftdruck *m*
pressure above atmospheric Überdruck *m {DIN 1314}*, Manometerdruck *m*
pressure accumulator Drucksammler *m*, Druckspeicher *m*, Druckakkumulator *m*
pressure adapter Druckregler *m*, Druckregulierungsventil *n*
pressure adjusting device Druckeinstellorgan *n*
pressure adjusting valve Druckeinstellventil *n*
pressure alarm indicator Überdruckalarmvorrichtung *f*
pressure altitude Barometerhöhe *f*, Druckhöhe *f {Luftdruck}*
pressure atomizing Druckzerstäubung *f {Feststoff}*; Druckversprühung *f {Flüssigkeiten}*
pressure bag Drucksack *m {Laminatherstellung}*, Gummisack *m* unter Druck *m {Kunst}*
pressure balancing Druckausgleich *m*
pressure ball bearing Kugeldrucklager *n*
pressure bell Druckglocke *f*
pressure boiler Druckkessel *m*
pressure bottle Druckflasche *f {Lab}*
pressure broadening Druckverbreiterung *f {Spek}*
pressure build-up Druckaufbau *m*, Druckanstieg *m*
pressure burst Druckstoß *m*
pressure cartridge Druckgaspatrone *f*
pressure casting Druckguß *m*, Preßguß *m*, Gießen *n* unter Druck *m*
pressure chamber Druckkammer *f*, Druckraum *m*
pressure change Druckänderung *f*
pressure coefficient Druckkoeffizient *m {Thermo; $(dp/dT)_v$}*; Verdichterwirkungsgrad *m*
pressure-compensating druckausgleichend; Druckausgleichs-
pressure compensation Druckausgleich *m*
pressure conduit Druckleitung *f*
pressure container Druckbehälter *m*, Druckkessel *m*; Kochsäuredruckspeicher *m*, Rezipient *m {Pap}*
pressure containment pipe Rohrleitung *f* mit Druckmantel *m*, Druckschalenleitung *f {Nukl}*
pressure control Druckwächter *m*, Druckführung *f*
pressure control device Druckregelgerät *n*
pressure control valve Druckregler *m*, Druckregulier[ungs]ventil *n*, Druck[regel]ventil *n*
pressure controller Druckregler *m*
pressure converter Druckumwandler *m*
pressure cooker Druckpfanne *f {Brau}*; Schnellkochtopf *m*, Dampfdruckkochtopf *m {DIN 66065}*
pressure correction Druckkorrektur *f {Thermo}*
pressure course Druckverlauf *m*
pressure curing Härtedruck *m {Klebstoffe}*
pressure curve Drucklinie *f*, Druckkennlinie *f*, Druck[verlauf]kurve *f*
pressure cylinder 1. Druckwalze *f {Druck}*; 2. Druckzylinder *m {Kunst}*; 3. Druckkörper *m {Filter}*; 4. Druck[gas]flasche *f*, Bombe *f*
pressure decay *s.* pressure decrease
pressure decrease Druckabfall *m*, Druck[ver]minderung *f*
pressure-density relation Druck-Dichte-Beziehung *f*
pressure dependence Druckabhängigkeit *f*
pressure-dependent druckabhängig
pressure diecasting 1. Druckgießen *n*, Druckguß *m {Gießen unter Druck}*; 2. Druckgußstück *n*, Druckgußteil *n*
pressure difference Druckdifferenz *f*, Druckgefälle *n*, Druckunterschied *m*, Differenzdruck *m*
pressure difference meter Druckunterschiedsmesser *m*
pressure differential 1. Druckdifferential *n*; 2. Druckunterschied *m*, Druckgefälle *n*, Druckdifferenz *f*
pressure diffusion Druckdiffusion *f*, Druckdiffusionsverfahren *n*
pressure digester Druckkocher *m {Pap}*
pressure distillate Druckdestillat *n*, rohes Krackbenzin *n*
pressure distillation Druckdestillation *f*
pressure division Druckleitung *f {Vak}*
pressure drop Druckabfall *m*, Druckverlust *m*, Druck[ver]minderung *f*
pressure drop test Druckabfallmethode *f {Vak}*
pressure drum filter Drucktrommelfilter *n*

pressure duct Druckkanal *m*
pressure dyeing machine in autoclave Druckfärbeapparat *m {Text}*
pressure effect Druckeffekt *m {Spek}*
pressure electrolysis Druckelektrolyse *f*
pressure element Druckdose *f*, Druckmeßzelle *f*
pressure energy Druckenergie *f {Kompressor}*
pressure-enthalpy chart Enthalpie-Druck-Diagramm *n {Thermo}*
pressure equalizing chamber Druckausgleichkessel *m*
pressure equalizing valve Druckausgleichventil *n*
pressure equilibrium Druckgleichgewicht *n*
pressure-exposed druckhaft, druckbeaufschlagt
pressure factor Druckkennzahl *f {= Druckhöhe/kinetische Energie der Umfangsgeschwindigkeit}*
pressure figure Druckfigur *f {Krist}*
pressure filling Druckfüllung *f {Aerosoldose}*
pressure filter Druckfilter *m n*, Überdruckfilter *m n*, Drucknutsche *f*
pressure filtration Druckfiltration *f*, Druckfiltrieren *n*; Druckfiltern *n {Gase}*
pressure flask Druckflasche *f*, Druckkolben *m*
pressure flow Druckfluß *m*, Druckströmung *f*, Staueströmung *f*
pressure flow-drag flow ratio Drosselquotient *m*, Drosselkennzahl *f*
pressure fluctuation Druckschwankung *f*
pressure fluid Druckflüssigkeit *f*, Preßflüssigkeit *f*
pressure forming Formstanzen *n*, Ziehformen *n*
pressure gas Druckgas *n*
pressure ga[u]ge Druckanzeigegerät *n*, Druckmeßgeber *m*, Druckmeßeinrichtung *f*, Druckaufnehmer *m*, Druckmesser *m {Gerät}*, Manometer *n*; Bourdon-Manometer *n {Bourdon-Röhre als Meßglied}*
pressure ga[u]ge pipe Manometerrohr *n*
pressure ga[u]ge spring Manometerfeder *f*
pressure ga[u]ge with Bourdon tube Bourdon-Manometer *n {Bourdon-Röhre als Meßglied}*, Bourdon-Federmanometer *n*
pressure gelation Druckgelierverfahren *n*, Druckgelieren *n*
pressure gelling *s.* pressure gelation
pressure governor Gasdruckregler *m*, Gasdruckregulier[ungs]ventil *n*, Druck[regel]ventil *n*
pressure gradient Druckgefälle *n*, Druckgradient *m*
pressure head [statische] Druckhöhe *f*, Gefällehöhe *f*, Druckspannung *f*; Förderhöhe *f*
pressure hose Druckschlauch *m*
pressure increase Druckzunahme *f*, Druckentwicklung *f*, Drucksteigerung *f*, Druckanstieg *m*
pressure indicator Druckanzeiger *m {DIN 24271}*, Druckanzeigegerät *n*
pressure ionization Druckionisation *f {Astrophysik}*
pressure joint Druckstutzen *m*
pressure leaf filter Druckblattfilter *n*, Zentrifugalreinigungsfilter *n*
pressure level Druckstufe *f*
pressure limit Drucklimit *n*, Druckgrenzwert *m*; Verdichtungsenddruck *m*
pressure limit selector Druckgrenzwertmelder *m*
pressure limitation Druckbegrenzung *f*
pressure limiting valve Druckbegrenzungsventil *n*
pressure line Druckleitung *f {DIN 24271}*
pressure loss Druckabfall *m*, Druckverlust *m*; Spannungsverlust *m*
pressure-lubricated zwangsgeschmiert
pressure lubrication Druckschmierung *f*, Preßschmierung *f*
pressure main line Wasser[versorgungs]leitung *f*
pressure-marking restistance Schreibfestigkeit *f {Lack}*
pressure measurement Druckmessung *f*
pressure measuring Druckmessen *n*, Druckmessung *f*
pressure measuring point Druckmeßstelle *f*
pressure modulus Druckelastizitätsmodul *m*, Druckmodul *m*
pressure monitor Druckwächter *m*
pressure naphtha Krackrohbenzin *n*, Krack-naphtha *f n*, Krackkerosin *n*
pressure nozzle Druckdüse *f*, Düse *f*
pressure oil wash Druckölwäsche *f*
pressure oiling Druckölschmierung *f*
pressure pack Druckbehälter *m*, Aerosolverpackung *f*
pressure pad Druckbegrenzung *f*, Distanzstück *n*; Druckaufnahmefläche *f*, Druckgegenpolster *n*, Druckscheibe *f*, Druckunterlage *f*, Preßkissen *n {Kunst}*; Filmandruckplatte *f {Photo}*
pressure part Druckteil *n*
pressure pattern Druckverlauf *m*
pressure peak Druckspitze *f*
pressure per unit area Flächenpressung *f*, spezifischer Flächendruck *m {in Pa}*
pressure pick-up Druckaufnehmer *m*, Druckmeßdose *f*
pressure pill Drucktablette *f*, kleine Druckmeßdose *f*
pressure pipe[line] Druck[rohr]leitung *f*, Druckrohr *m*
pressure piping Druckleitung *f*
pressure plasticization Druckplastifizierung *f*

pressure plate Druckplatte *f*; Andruckplatte *f* *{Photo}*
pressure polymerization Druckpolymerisation *f*
pressure probe Schnüffelsonde *f*, Schnüffler *m*, Leckschnüffler *m {Vak}*
pressure profile Druckprofil *n*, Druckverlauf *m*, Druckführung *f*
pressure program Druckprogramm *n*
pressure-proof druckdicht, druckfest
pressure pulverizer Gebläseschlägermühle *f*
pressure pump Druckpumpe *f*
pressure range Druckbereich *m*
pressure ratio Druckverhältnis *n {z.B. bei Verdichtern, Lüftern}*; Verdichtungsverhältnis *n*, Kompressionsverhältnis *n {Pumpe}*
pressure reading 1. Druckablesung *f*; 2. Druckanzeige *f*, Druckanzeigewert *m*
pressure recorder Druckaufnehmer *m*, Druckschreiber *m*
pressure recording device *s.* pressure recorder
pressure reducing 1. druckmindernd; 2. Druckverminderung *f*, Druckreduzierung *f*
pressure reducing valve Druckminder[ungs]ventil *n*, Druckreduzierventil *n*, Entspannungsventil *n*, Reduzierventil *n*
pressure reduction Druckreduzierung *f*, Druck[ver]minderung *f*
pressure reduction valve *s.* pressure reducing valve
pressure regulator Druckregler *m*, Druckregulator *m*, Druckregelgerät *n {DIN 4811}*, Druckwaage *f*; Druckregelventil *n*
pressure release Druckauslösung *f*, Druckentlastung *f*, Druckentspannung *f*
pressure release valve *s.* pressure relief valve
pressure relief Druckausgleich *m*, Druckentlastung *f*
pressure relief valve Druckbegrenzungsventil *n {DIN 23271}*, Druckentlastungsventil *n*, Druckminderventil *n*, Druckreduzierventil *n*, Überdruckventil *n {Schutz}*, Sicherheitsventil *n*
pressure reservoir Druckkessel *m*
pressure resistance Druckfestigkeit *f*
pressure-responsive druckabhängig
pressure rise Druckanstieg *m*, Drucksteigerung *f*, Druckzunahme *f*
pressure rise test Druckanstiegsmethode *f* *{Lecksuche; Vak}*
pressure-sensitive druckempfindlich, auf Druck *m* ansprechend; selbstklebend
pressure-sensitive adhesive Haftkleber *m*, Kontaktkleber *m*, Kontaktklebstoff *m*, druckreaktiver Kleber *m*; Selbstkleber *m*
pressure-sensitive [adhesive] tape Halftklebeband *n*
pressure-sensitive tack Selbstklebrigkeit *f* von Haftklebstoffen *mpl*
pressure sensitivity Druckempfindlichkeit *f*
pressure sensor Druckaufnehmer *m*, Drucksonde *f*, Drucksensor *m*, Druckmeßfühler *m*
pressure servo-valve Druck-Servoventil *n*
pressure-set ink Absorptionsdruckfarbe *f*
pressure setting 1. Druckhärtung *f {Kunst}*; 2. Druckeinstellung *f*
pressure shear strength Druckscherfestigkeit *f {Klebverbindungen}*
pressure shear test Druckscherversuch *m*
pressure shift Druckverschiebung *f {Spek}*
pressure side 1. druckseitig; 2. Druckseite *f*
pressure sintering Drucksintern *n*, Preßsintern *n*, Sinterformen *n*
pressure spray process Druckspritzverfahren *n*
pressure spring Druckfeder *f*
pressure stage Druckstufe *f {z.B. bei Verdichtern}*
pressure-stage packing Druckstufendichtung *f*
pressure state Druckregler *m*, Druckwandler *m*
pressure strain Druckbeanspruchung *f*
pressure storage Druckspeicherung *f {z.B. Erdgas}*
pressure suppression Druckabfall *m*, Druckminderung *f*, Druckabbau *m*
pressure surge Druckstoß *m*
pressure switch Druckschalter *m* *{DIN ISO 1219}*
pressure tank Druckbehälter *m*, Druckspeicher *m*, Druckkessel *m*, Drucktank *m {Tech}*; Hochdruckreaktor *m*, Autoklav *m {Chem}*
pressure-tapping line Druckentnahmeleitung *f {DIN 3320}*
pressure test Druckprobe *f*, Druckprüfung *f* *{Lecksuche}*; Härteprobe *f*
pressure test for pipes Rohrinnendruckversuch *m {Lecksuche}*
pressure testing Innendruckprüfung *f {Lecksuche}*
pressure-tight druckdicht
pressure-tight joint druckdichte Verbindung *f*
pressure time Preßzeit *f {Zeit unter Druck}*
pressure-time curve Druck-Zeit-Kurve *f*
pressure transducer Druckgeber *m*, Druck[meß]dose *f*, Druck[meß]umformer *m*, Druckwandler *m {Meßwandler für Druckgrößen}*
pressure transfer Druckübertragung *f*
pressure transmission Druckübertragung *f*
pressure transmitter Drucktransmitter *m*, Druckgeber *m*, Druckmeßfühler *m*, Druckmeßumformer *m*
pressure-tube ractor Druckröhrenreaktor *m*, Druckrohrreaktor *m {Nukl}*
pressure tubing Druckschlauch *m*, Druckschlauchmaterial *n*; Vakuumschlauch *m*
pressure unit Druckeinheit *f*, Druckkammer *f*
pressure valve Druckventil *n {DIN 24271}*

pressure varitaions Druckschwankungen *fpl*, Druckschwingungen *fpl*
pressure variator Druckwandler *m*
pressure vessel Druckgefäß *n*, Druckbehälter *m*, Druckkessel *m {Tech}*; Hochdruckreaktor *m*, Autoklav *m {Chem}*
pressure-vessel test Behälter-Druckprobe *f*
pressure-vessel reactor Druckgefäßreaktor *m {Nukl}*
pressure vessel with agitator Rührwerksdruckkessel *m*
pressure-volume diagram Druck-Volumen-Diagramm *n*, p,V-Diagramm *n {Thermo}*
pressure wave Druckwelle *f*
pressure welding Druckschweißen *n*, Druckschweißung *f*
pressure window Druckfenster *n*
atmospheric pressure Luftdruck *m*
axial pressure Axialdruck *m*
change of pressure Druckänderung *f*
constant pressure gleichbleibender Druck *m*
continuous pressure Dauerdruck *m*
critical pressure kritischer Druck *m {Thermo}*
negative pressure Unterdruck *m*
normal pressure Normaldruck *m {101325 Pa}*
osmotic pressure osmotischer Druck *m*
partial pressure Partialdruck *m*
radiation pressure Strahlungsdruck *m*
total pressure Gesamtdruck *m*
ultrahigh pressure Ultrahochdruck *m {>10 GPa}*
pressureless drucklos
pressureless rotational casting druckloses Rotationsschäumen *n*
pressurization Druckhaltung *f*
pressurize/to unter Druck *m* setzen; druckfest machen; abdrücken, abpressen
pressurized unter Druck *m* stehend, druckhaft, druckbeaufschlagt, mit innerem Überdruck *m*; mit Druckbelüftung *f*; unter [inneren] Druck *m* gesetzt; Druck-
pressurized air cell Druckluftzelle *f*
pressurized casing druckfeste Umhüllung *f {Nukl}*
pressurized entrained gasification Flugstaubverfahren *n* unter Druck *m*
pressurized fluid Druckflüssigkeit *f*
pressurized fluidized-bed combustion Druckwirbelschichtverbrennung *f*
pressurized furnace Druckfeuerung *f*, Überdruckfeuerung *f*
pressurized gas Druckgas *n*
pressurized gas lubrication Druckgasschmierung *f*
pressurized gasification of coal dust Kohlestaubdruckvergasung *f*
pressurized heavy water reactor Schwerwasserdruckreaktor *m {Nukl}*
pressurized mixer Druckmischer *m*
pressurized oil lubrication Druckölung *f*
pressurized pack[ing] Druck[ver]packung *f*, Aerosolpackung *f*
pressurized plant Druckanlage *f*, Hochdruckanlage *f*
pressurized product unter Druck *m* stehendes Produkt *n {z.B. Haarspray}*
pressurized vessel Druckgefäß *n*, Druckbehälter *m*
pressurized water Druckwasser *n*
pressurized water reactor Druckwasserreaktor *m {Nukl}*
pressurizer relief tank Druckhalter-Abblasebehälter *m*
pressurizing valve Vorspannventil *n*
prestabilization Vorstabilisierung *f*
prestabilized vorstabilisiert
prestress/to vorspannen
prestressed concrete vorgespannter Beton *m*, Spannbeton *m*
prestressed concrete pressure vessel Spannbetonbehälter *m*
prestressed reinforced concrete pipes vorgespannte Stahlbetonrohre *npl*
prestressed spring vorgespannte Feder *f*
prestressing Vorspannung *f*
prestretch Vorstrecken *n {bei Streckformen}*
prestretched vorgestreckt *{Kunst}*
presumable wahrscheinlich
presumable oil occurrence Erdölhöffigkeit *f*
presumtion Vermutung *f*, Annahme *f*; Wahrscheinlichkeit *f*; Anmaßung *f*
pretan/to vorgerben
pretanning tank Vorgerbebottich *m*
pretension Vorspannung *f*, Vorspannkraft *f {Zugfestigkeitsprüfung}*
pretest investigation Vorprüfung *f*
prethicken/to voreindicken
prethickening Voreindickung *f*
pretreat/to vorbehandeln
pretreating Vorbehandlung *f*; Voraufbereitung *f {Trinkwasser}*, Vorreinigung *f {Abwasser}*
pretreatment Vorbehandlung *f*; Vorreinigung *f {Abwasser}*, Voraufbereitung *f {Trinkwasser}*
pretreatment bath Vorbehandlungsbad *n {Elektrolyse}*
pretreatment time Vorbehandlungszeit *f*
prevail/to vorherrschen; sich durchsetzen; die Oberhand *f* gewinnen
prevailing vorherrschend
prevalent vorherrschend
prevent/to verhindern, verhüten; vorbeugen, zuvorkommen *{einer Sache}*; sichern, schützen
prevention 1. Verhinderung *f*, Verhütung *f*; 2. Vorbeugung *f*; 3. Schutz *m*, Sicherung *f*; 4. Prophylaxe *f {Med}*
prevention of accidents Unfallverhütung *f*

prevention of damages Schadensverhütung *f*
prevention of foaming Entschäumung *f*
regulations for prevention of accidents Unfallverhütungsvorschriften *fpl*
preventive 1. vorbeugend, prophylaktisch; 2. Prophylaktikum *n*, Abwehrmittel *n*, Verhütungsmittel *n* *{Med}*
preventive against corrosion Korrosionsschutzmittel *n*
preventive explosion protection vorbeugender Explosionsschutz *m*
preventive fire protection [measures] vorbeugender Brandschutz *m*
preventive maintenance vorbeugende Instandhaltung *f*, Vorbeugewartung *f*
preventive measure Vorbeugungsmaßnahme *f*
previous vorangehend, vorherig, früher; Vor-
previous examination Vorprüfung *f*
previous history Vorgeschichte *f*, Fließgeschichte *f* *{z.B. eines Probetückes oder Gußteils}*
prevulcanization 1. Anvulkanisation *f*, Anvulkanisieren *n*, Anspringen *n*, Anbrennen *n* *{Gummi}*; 2. Vorheizung *f*, Vorvulkanisation *f*
prevulcanization inhibitor Anvulkanisationshemmer *m*
prevulcanize/to 1. anvulkanisieren, anspringen, anbrennen *{Gummi}*; 2. vorvulkanisieren, vorheizen
prewhirl 1. Mitdrall *m*; 2. Dralldrossel *f* *{Pumpe}*
price 1. Preis *m*; 2. Wert *m*
price ex works Fabrikpreis *m*
price increase Preiserhöhung *f*, Preisanhebung *f*, Preissteigerung *f*
price list Preisliste *f*
price per unit volume Volumenpreis *m*
price per unit weight Gewichtspreis *m*
price reduction Preisnachlaß *m*, Preisreduzierung *f*, Verbilligung *f*
price tag Preisschild *n*
priceite Priceit *m* *{Min}*
prick/to durchstechen, anstechen; aufstechen
prill 1. Metallkönig *m*, Regulus *m* *{Met}*; 2. durch Sprühkristallisation *f* erzeugte Granalie *f*, durch Prillen *n* *{im Sprühturm}* erzeugte Granalie *f*
prilling Sprühkristallisation *f*
primaquine <$C_{15}H_{21}N_3O$> Primachin *n*
primaquine phosphate *{USP, BP}* Primachinphosphat *n* *{Antimalariamittel}*
primary 1. früheste; ursprünglich; 2. wesentlich, hauptsächlich; 3. primär, Primär-; 4. Elementar-; 5. Primärprodukt *n* *{Chem}*
primary acid einwertige Säure *f*
primary absorbed water Hydratwasser *n* *{Krist}*
primary air Primärluft *f*, Erstluft *f*, Frischluft *f* *{Feuerung}*
primary alcohol <RCH_2OH> primärer Alkohol *m* *{Chem}*
primary amine <RCH_2NH_2> primäres Amin *n*
primary battery Primärbatterie *f* *{Elek}*
primary bond primäre Bindung *f*, Hauptvalenzbindung *f*
primary breaker *s.* primary crusher
primary carbon atom primäres Kohlenstoffatom *n* *{Valenz}*
primary cell Batterie *f*, Primärelement *n*,- Primärzelle *f* *{nicht regenerierbar}*
primary circuit Primärkreis *m*, Primärstromkreis *m* *{Elek}*
primary clarification Vorklärung *f* *{Wasser}*
primary clarification tank Vorbecken *n*, Vorklärbecken *n* *{Abwasser}*
primary cleaning Grobreinigung *f*
primary coil Primärspule *f* *{Elek}*; Primärwicklung *f*, Eingangswicklung *f* *{Elek}*
primary colo[u]r Primärfarbe *f*, Grundfarbe *f* *{Farbentheorie}*; Urfarbe *f*
primary cooler Vorkühler *m*
primary crusher Grobbrecher *m*, Vorbrecher *m*, Grobzerkleinerungsmaschine *f* *{<5 cm}*
primary crystallization Primärkristallisation *f*
primary current Primärstrom *m* *{Elek}*
primary damage Elementarschaden *m*
primary drying Haupttrocknung *f*
primary effect Primärvorgang *m*
primary electron Primärelektron *n*, primäres Elektron *n*
primary element 1. Meßfühler *m* ; 2. Kernnährstoff *m* *{Physiol}*
primary energy Primärenergie *f* *{Ökol}*
primary etching Primärätzung *f*
primary excitation Primäranregung *f*
primary explosive Initialsprengstoff *m*, Zündstoff *m*, Zündsprengstoff *m*
primary filter Vorfilter *n*
primary fission yield Fragmentausbeute *f*
primary fraction Grundfraktion *f*
primary fracture Primärbruch *m*
primary fuel cell Primärbrennstoffzelle *f*
primary furnace Vorfrischofen *m*
primary gluing Sperrholzleimung *f*, Preßholzleimung *f*
primary hydrogen atom primäres Wasserstoffatom *n* *{am primären C-Atom gebunden}*
primary industry Grunstoffindustrie *f*
primary ionization primäre Ionisation *f*
primary loop Primärkreislauf *m*
primary material Ausgangsmaterial *n*, Ausgangsstoff *m*
primary matter Urstoff *m*, Ursubstanz *f*
primary metal Hüttenmetall *n*, frischerschmolzenes Metall *n*

primary neutron Primärneutron *n*, primäres Neutron *n*
primary nutrient Kernnährstoff *m*
primary particle 1. Primärkorn *n*; 2. Primärteilchen *n {Ionisation}*
primary period Primärformation *f {Geol}*
primary phase Anfangsphase *f*; Primärphase *f {Met}*
primary phase region Primärphasenbereich *m {Thermo}*
primary plasticizer Primärweichmacher *m*
primary potential Vorspannung *f {Elek}*
primary process Primärvorgang *m*, Elementarprozeß *m*, Elementarvorgang *m*
primary product Primärprodukt *n*, Ausgangserzeugnis *n*
primary protection Primärschutz *m*
primary pulse Primärimpuls *m*
primary purification Vorfrischen *n {Met}*
primary radiation Primärstrahlung *f {kosmische Strahlung}*
primary radical Primärradikal *n*
primary reaction Primärreaktion *f*
primary recovery Primärförderung *f {Erdöl}*
primary reference fuel Primärbezugskraftstoff *m*, Referenzkraftstoff *m {Isooctan, n-Heptan; Cetan, α-Methylnaphthol}*
primary rocks Urgestein *n*
primary spectrum Primärspektrum *n*
primary standard Urmaß *n*, Urnormal *n*
primary structure Primärgefüge *n {Geol}*; Primärstruktur *f {Biochem}*; tragende Bauteile *npl*
primary system Primärkreislauf *m*
primary treatment Vorbehandlung *f*
primary valency Hauptvalenz *f*
primary voltage Primärspannung *f*, primärseitige Spannung *f*; Oberspannung *f {Transformator}*
primary vacuum Vorvakuum *n*
primary X-rays primäre Röntgenstrahlen *mpl*
prime/to 1. füllen; auffüllen, vorfüllen, anfüllen *{Pumpe}*; 2. anlassen, ansaugen *{Pumpe}*; anspringen *{Motor}*; zünden, als Zünder *m* dienen *{Initialsprengstoff}*; 3. grundieren, Farbengrund *m* geben *{Anstrich}*; 4. spucken *{Kessel, Dest}*; 5. akzentuieren, apostrophieren *{Nomenklatur}*; 6. instruieren
prime 1. erste; oberste; erstklassig; 2. Primzahl *f {Math}*; 3. Strich *m {Math, Phys}*; Strich *m*, Akzent *m*, Apostroph *m {Nomenklatur}*; 4. Anfangszeit *f*
prime coat Grund[ier]anstrich *m*, Grundierung *f*, Untergrundanstrich *m*, Grundschicht *f*
prime-coated grundiert
prime coating Vorstreichen *n*, Grundieren *n*
prime costs Anlagekosten *pl*, Anschaffungskosten *pl*; Selbstkosten pl, Gestehungskosten *pl*
prime laquer Grundlack *m*
prime mark Apostroph *m*, hochgesetzter Strich *m*, Hochkomma *n {EDV}*
prime matter Urmaterie *f*
prime mover Antriebsmaschine *f*, Kraftmaschine *f*; Antriebskraft *f*
prime number Primzahl *f {Math}*
primed sensibilisiert *{Immun}*
primer 1. Primer *m*, Starter *m*, Startermolekül *n {Biochem}*; Primer *m {Chem}*; 2. Zünder *m*, Zündvorrichtung *f*; Zündhütchen *n*, Sprengkapsel *f*, Initialexplosivstoff *m*, Initialzündmittel *n*; 3. Grundiermittel *n*, Grund[ier]anstrichmittel *n*, Grundanstrichfarbe *f*, Grundanstrichstoff *m*; Grundierung *f*, Voranstrich *m*, Grundieranstrich *m*; 4. Anlaßkraftstoff *m {Tech}*
primer charge Zündladung *f*
primer-coated grundiert, primärlackiert
primer coating Grundlackierung *f*, Haftbrükke *f*, Primärschicht *f*, Haftgrundierung *f*
primer DNA DNA-Primer *m {einsträngig}*
primer RNA RNA-Primer *m*
primer sealer Grundanstrich *m* mit porenfüllenden Eigenschaften *fpl*
primer valve Anlaßventil *n*
primeverose <$C_{11}H_{20}O_{10}$> Primverose *f {Disaccharid}*
primidone <$C_{12}H_{14}N_2O_2$> Primidon *n*
priming 1. Mitreißen *n*, Spucken *n {Dest}*; 2. *s.* priming coat; 3. Initialzündung *f*
priming action Startvorgang *m {Gen}*
priming apparatus Zündapparat *m*
priming cartridge Zündpatrone *f*, Schlagpatrone *f*
priming coat Grund[ier]anstrich *m*, Grundierung *f*, Untergrundanstrich *m*, Grundschicht *f*
priming colo[u]r Grundierfarbe *f*, Grund[anstrich]farbe *f*
priming composition Initialzündmittel *n*, Zündsatz *m*
priming explosive Initialexplosivstoff *m*, Initialsprengstoff *m*
priming oil paint Ölgrundierung *f*
priming paint Grundbeschichtungsstoff *m {DIN 55900}*, Grundierfarbe *f*, Vorstreichfarbe *f*, Grund[anstrich]farbe *f*
priming plug Füllschraube *f*
priming powder Grundierungspulver *n*
priming pump Ansaugpumpe *f*
priming reaction Beladungsreaktion *f*
priming valve Ansaugventil *n*
priming varnish Grundierfirnis *m*
primitive 1. ursprünglich; primitiv; Ur-; Grund-; 2. Grundelement *n {EDV}*; 3. allgemeine Lösung *f {Differentialgleichungen}*; 4. unbestimmtes Integral *n {Math}*
primitive form 1. Urform *f*; 2. Kernform *f {Gieß}*

primitive lattice einfaches Kristallgitter *n*
primitive mass Pulverrohmasse *f {Expl}*
primordial 1. ursprünglich, uranfänglich; primordial *{Nuklid}*; 2. maßgebend, entscheidend, wesentlich, ausschlaggebend, äußerst wichtig
primordial broth Urbrühe *f*, Ursuppe *f {Biol}*
primordial soup Ursuppe *f*, Urbrühe *f {Biol}*
primrose Primel *f {Primula officinalis (L.) Hill.}*
primrose chromes blaßgelbe Pigmente *npl*
primrose shade Hellgelb *n*
primuline 1. Primulin *n {Anthrachinonderivat}*; 2. Primulin *n {Inhaltsstoff der Primula-Wurzel}*
primuline base Primulinbase *f*
primuline disulfonic acid Primulindisulfonsäure *f*
primuline dye Primulinfarbstoff *m*
primuline red Primulinrot *n*
principal 1. hauptsächlich; Haupt-; 2. Kapital *n*, Darlehenssumme *f {Ökon}*; 3. Leiter *m*, Auftraggeber *m*
principal agent Hauptagens *n*
principal angle of incidence Haupteinfallswinkel *m*
principal axis Hauptachse *f*, Hauptsymmetrieachse *f {Krist}*; optische Achse *f*
principal axis of inertia Hauptträgheitsachse *f*
principal axis of revolution Rotationshauptachse *f*
principal axis of strain Hauptspannungsachse *f {Krist}*
principal axis of stress Hauptbelastungsachse *f {Krist}*
principal binding medium Hauptbindemittel *n*
principal characteristic data Hauptkennwerte *mpl*, Hauptkenndaten *pl*
principal characteristics Hauptmerkmale *npl*
principal circuit Hauptstromkreis *m*
principal conduit Hauptleitung *f*, Stammleitung *f*
principal constituent Hauptbestandteil *m*, Hauptkomponente *f*, Grundbestandteil *m*
principal focal distance Hauptbrennweite *f*
principal group Hauptgruppe *f {Periodensystem}*
principal incidence 1. Hauptinzidenz *f {Med}*; 2. Haupteinfall *m {Strahlen}*
principal moments Hauptträgheitsmomente *npl*
principal normal Hauptnormale *f {Kurve}*
principal of measurement Meßprinzip *n*
principal plane Hauptebene *f {Opt}*
principal plane of stress Hauptspannungsebene *f {Krist}*
principal point Hauptpunkt *m {Kardinalpunkt}*
principal point refraction Hauptpunktbrechwert *m*
principal quantum number Hauptquantenzahl *f*
principal ray Hauptstrahl *m {Opt}*
principal series Hauptserie *f {Spek}*
principal spectrum Hauptspektrum *n*
principal strain Hauptdehnung *f*, Hauptdeformation *f*
principal stress Hauptbeanspruchung *f*, Hauptspannung *f {Mech}*
principal stress theory Hauptspannungstheorie *f*
principal valence Hauptvalenz *f {Chem}*
angle of principal incidence Haupteinfallswinkel *m*
principle 1. grundsätzlich; 2. Grundsatz *m*; 3. Grundgesetz *n*, Prinzip *n*, Lehrsatz *m*, Satz *m*, Gesetz *n*, Regel *f*; 4. Grundbestandteil *m*, Prinzip *n {Chem}*; 5. Wirkprinzip *n*, Wirkungsprinzip *n {Pharm}*
principle of action Wirkprinzip *n*, Wirkungsweise *f*
principle of conservation of energy Energieerhaltungssatz *m*, Gesetz *n* von der Erhaltung *f* der Energie *f*, erster Hauptsatz *m* der Thermodynamik *f*
principle of invariance Invarianzprinzip *n {Math}*
principle of least action Prinzip *n* der kleinsten Wirkung *{1. Hamiltonsches Prinzip; 2. Maupertuissches Prinzip}*
principle of least constraint Prinzip *n* des kleinsten Zwanges *{1. Gaußsches Prinzip; 2. Le Chateliersches Prinzip}*
principle of measurement Meßprinzip *n*
principle of operation Funktionsprinzip *n*, Arbeitsprinzip *n*
principle of relativity Relativitätsprinzip *n {Phys}*
principle of reversibility Reversibilitätsprinzip *n*, Umkehrbarkeitsprinzip *n*
principle of superposition Superpositionsprinzip *n*, Prinzip *n* der unabhängigen Überlagerung *f*
principle of the equipartition of energy Gleichverteilungssatz *m* der kinetischen Energie *f*, Äquipartitionstheorem *n*, Äquipartitionsgesetz *n*, Gleichverteilungsgesetz *n* der Energie *f {Thermo}*
print/to 1. drucken; bedrucken; 2. kopieren, abziehen, einen Abzug *m* machen *{Photo}*; 3. lichtpausen
print off/to abklatschen
print out/to ausdrucken, protokollieren *{EDV}*
print over/to überdrucken
print upon/to bedrucken
print 1. Abdruck *m {eines Zeichens}*, Spur *f*, Eindruck *m*; 2. Kopie *f*, Abzug *m*, Ablichtung *f {Photo, Druck}*; Lichtpause *f*; 3. Auflage *f*,

Druckauflage *f {Auflagenhöhe}*; 4. Druck *m {Druckergebnis, Druckqualität}*; 5. Baumwolldruck *m {Text}*
print-out Ausdruck *m*, Protokoll *n*, Protokollierung *f*, Auflistung *f*, Printout *n {EDV}*; Auskopieren *n {Photo}*
print-out process Auskopierprozeß *m {Photo}*
white print Weißpause *f*
printability Bedruckbarkeit *f {Werkstoffe, Papier usw.}*; Kopierfähigkeit *f*, Pausfähigkeit *f*
printable bedruckbar; kpierfähig, pausfähig
printed board *s.* printed circuit board
printed circuit gedruckte Schaltung *f {DIN 40801}*; Schicht-Schaltung *f*
printed circuit board Leiterplatte *f {DIN 40804}*, Platine *f*, Verdrahtungsplatte *f {Elektronik}*
printed form Vordruck *m*, Formblatt *n*, Formular *n*
printed image Druckbild *n*, Druckfilm *m*
printed paper Druckschrift *f*
printed wiring gedruckte Verdrahtung *f*, gedruckte Schaltung *f {Elek}*
printed wiring board *s.* printed circuit board
printer 1. Drucker *m*, Meßwertdrucker *m*, Meßdatendrucker *m*; Koordiantenschreiber *m*; 2. Kopiergerät *n*, Kopiermaschine *f*, Printer *m {Massenkopien}*; 3. Druckstoff *m*, bedruckter Stoff *m*
printer terminal Schreibstation *f*, Druckerterminal *n {z.B. Ausgangsgrößenschreiber, Meßdatendrucker}*
printer's acetate basisches Aluminiumacetat *n*, Lenicet *n*
printer's ink *s.* printing ink
printer's liquor Eisen(II)-acetatlösung *f*
printer's varnish Buchdruckerfirnis *m*, Drucklack *m*
printing 1. Abdruck *m {eines Zeichens}*, Eindruck *m*, Spur *f*; 2. Drucktechnik *f*, graphische Technologie *f*; 3. Drucken *n*, Druck *m*, Drucklegung *f*, Druckvorgang *m {Druck}*; Bedrucken *{z.B. Stoffdruck}*; 4. Kopieren *n*, Abziehen *n*
printing apparatus Druckapparat *m {Text}*
printing balance Druckwerk *n*
printing black Druckschwarz *n*
printing blanket Drucktuch *n*, Farbtuch *n {Text}*
printing chiné Chinierung *f*
printing cloth Drucktuch *n*, Farbtuch *n {Text}*
printing col[u]r Druckfarbe *f*
printing element Druckelement *n*, Schreibkopf *m*
printing in black Schwarzdruck *m*
printing industry Druckindustrie *f*, graphisches Gewerbe *n*, Polygraphie *f*
printing ink 1. Buchdruckerfarbe *f*, Druckfarbe *f*, graphische Farbe *f*; Druckerschwärze *f*; 2. Stempellack *m {Keramik}*
printing ink binder Druckfarbenbindemittel *n*
printing machine Druckmaschine *f*, Druckpresse *f*
printing machine by intaglio engraving Tiefdruckmaschine *f*
printing method Druckverfahren *n*
printing oil Drucköl *n*
printing-out paper Kopierpapier *n*; Auskopierpapier *n*, Tageslichtpapier *n {Photo}*
printing paper 1. Druckpapier *n {Druck}*; 2. Kopierpapier *n*
printing paste Druckpaste *f*, Druckteig *m*
printing plate Druckplatte *f*
printing press Druckpresse *f*, Druckmaschine *f*
printing process Druckverfahren *n*
printing style Schreibweise *f*
continuous stationary form printing Endlosdruck *m*
finish printing/to ausdrucken
glossy printing ink Glanzdruckfarbe *f*
prion Prion *n*, Langsamvirus *n m {obs}*, Proteininfektion *f*
prior früher, vorausgehend; Vor-; Prior-
prior art bekannter Stand *m* der Technik *f {Patent}*
prior processing Vorbehandlung *f*
prior treatment Vorbehandlung *f*
priority Priorität *f*, Dringlichkeit *f*; Vorrang *m*, Vorrecht *n*
priority claim Prioritätsbeanspruchung *f {Patent}*
priority right Prioritätsrecht *n {Patent}*
prism Prisma *n*, Säule *f {Krist}*; Prisma *n {Math}*
prism dispersion Prismendispersion *f*
prism-shaped prismenförmig
prism spectrograph Prismenspektrograph *m*
direct-vision prism geradsichtiges Prisma *n*
image-inverting prism bildumkehrendes Prisma *n*
reversing prism Wendeprisma *n*
right-angled prism Umkehrprisma *n*
prismatic prismatisch, prismenförmig; Prismen-; Beugungs-, Regenbogen-
prismatic andalusite Stanzait *m {Min}*
prismatic arsenate of copper Pharmakochalcit *m {Min}*
prismatic cleavage flächenparallele Spaltung *f {Krist}*
prismatic spectrum Prismenspektrum *n*, Brechungsspektrum *n*
prismatine Prismatin *n {Min}*
prismatoid Prismatoid *n {Trapezoidalkörper}*
prismoid Prismoid *n {Math}*
pristane <$C_{19}H_{40}$> Pristan *n*, 2,6,10,14-Tetramethylpentadecan *n*
privilege Privileg *n*, Vergünstigung *f*, Vorrecht *n*

privy vault Abwasserfaulraum *m*, Faulgrube *f*, Faulraum *m* {*für Abwässer*}
pro analysis analysenrein, p.a.
proaccelerin Proaccelerin *n*, Faktor V *m*, Labilfaktor *m* {*Blut*}
probability Wahrscheinlichkeit *f*
probability curve Häufigkeitskurve *f*, Wahrscheinlichkeitskurve *f* {*Statistik*}
probability density Wahrscheinlichkeitsdichte *f*, Verteilungsdichte *f*, Dichtefunktion *f* {*Math, Statistik*}; Aufenthaltswahrscheinlichkeitsdichte *f* {*Nukl*}
probability distribution Wahrscheinlichkeitsverteilung *f*
probability factor Wahrscheinlichkeitsfaktor *m*, sterischer Faktor *m*
probability integral Wahrscheinlichkeitsintegral *n*
probability law Wahrscheinlichkeitsgesetz *n*
probability of collision Stoßwahrscheinlichkeit *f*
probability of error Fehlerwahrscheinlichkeit *f*
probability of hits Trefferwahrscheinlichkeit *f*
probability of occurrence Eintrittswahrscheinlichkeit *f*
probability of response Ansprechwahrscheinlichkeit *f* {*Zählrohr*}
probability paper Wahrscheinlichkeitspapier *n*, Wahrscheinlichkeitsnetz *n* {*orthogonales Koordinatennetz*}
calculus of probability Wahrscheinlichkeitsrechnung *f*
probable wahrscheinlich
probable error wahrscheinlicher Fehler *m*
probably wahrscheinlich
probarbital sodium Probarbitalnatrium *n* {*Pharm*}
probationer Praktikant *m*
probe/to 1. sondieren; 2. abtasten; 3. prüfen, untersuchen; abschnüffeln {*Lecksuche*}
probe 1. Sonde *f*; Probenehmer *m*; 2. Fühler *m*; Sensor *m* {*Meßfühler*}, Aufnehmer *m*, Meßgrößenfühler *m*, Signalumformer *m*; 3. Koppelstift *m* {*bei Wellenleitern*}; 4. Tastkopf *m* {*Oszilloskop*}; 5. Probe *f*; 6. Untersuchung *f*, Test *m*
probe area Sondenausdehnung *f*
probe characteristic Sondencharakteristik *f*
probe gas Testgas *n*, Prüfgas *n*
probing head Tastkopf *m*
problem Problem *n*; Aufgabe *f*
problem area Problemkreis *m*
poblematic problematisch; zweifelhaft, ungewiß
procainamide hydrochloride <$C_{13}H_{21}N_2O \cdot HCl$> Procainamidhydrochlorid *n*
procaine <$(NH_2)C_6H_4COOC_2H_4N(C_2H_5)_2$> Procain *n*
procaine hydrochloride Procainhydrochlorid *n*, Novocain *n* {*HN*}, Ethocain *n* {*HN*}
procaine penicillin G <$C_{29}H_{38}N_4O_6S \cdot H_2O$> Procainpenicillin G *n*
procarboxypeptidase Procarboxypeptidase *f*
procedural prozedural, verfahrensmäßig
procedural test Verfahrensprüfung *f*
procedure Arbeitsweise *f*, Arbeitsgang *m*, Methode *f*, Verfahren *n*, Behandlungsverfahren *n*, Technik *f*, Prozedur *f*
proceed/to 1. fortschreiten, weitergehen, fortfahren; vonstatten gehen, verlaufen; 2. verfahren, vorgehen; 3. hervorgehen, kommen [von]
proceedings Konferenzbericht *m*, Tagungsbericht *m*, Tagungsreferate *npl*
procellose <$C_{18}H_{32}O_{16}$> Procellose *f*, Cellotriose *f* {*Trisaccharid*}
process/to 1. verarbeiten; 2. bearbeiten, behandeln; veredeln; haltbar machen {*Lebensmittel*}; 3. herstellen
process 1. Verfahren *n*, Arbeitsmethode *f*, Technik *f* {*praktisches Verfahren*}; 2. Prozeß *m*; Reaktionsfolge *f* {*Chem*}; 3. Reaktion *f* {*Chem*}; 4. Vorgang *m*, Ablauf *m*, Verlauf *m*; 5. Steuerstrecke *f*, Regelstrecke *f*, Strecke *f* {*Automation*}
process analysis Pozeßanalyse *f*
process analyzer Prozeßanalysengerät *n*, Verfahrenssondiergerät *n*
process annealing Zwischenglühen *n*, Zwischenglühung *f* {*Met*}
process automation Prozeßautomatisierung *f*
process computer Prozeßrechner *m*
process control 1. Prozeßsteuerung *f*; Fertigungssteuerung *f*, Verfahrenssteuerung *f*; 2. Prozeßführung *f*, Prozeßleitung *f*; 3. Betriebskontrolle *f*, Prozeßregelung *f*, Verfahrensregelung *f*
process control computer Prozeßrechner *m*, Prozeßsteuercomputer *m*
process control equiment Prozeßleiteinrichtung *f* {*Prozeßleittechnik*}
process control system Prozeßablaufsteuerung *f*
process control unit Arbeitsablaufsteuerung *f*, Prozeßführungsinstrument *n*; Prozeßkontrolle *f*
process data Betriebskennzahlen *fpl*, Betriebsdaten *pl*, Prozeßdaten *pl*, Prozeß[meß]werte *mpl*
process data control unit Prozeßdatenüberwachung *f*
process design Verfahrensplanung *f*
process development Verfahrensentwicklung *f*
process-development unit Pilotanlage *f*, Pozeßversuchsanlage *f*
process diagram schematisches Fließbild *n*
process drift Abweichung *f* von vorgeschriebenen Verarbeitungsparametern
process engineering Verfahrenstechnik *f*, Prozeßtechnik *f*

process engraving Chemiegraphie *f*
process flow Fertigungsfluß *m*, Arbeitsablauf *m*; Prozeßführung *f*, Prozeßablauf *m*
process heat Prozeßwärme *f*
process heat reactor Prozeßwärmereaktor *m* *{Nukl}*
process instrumentation Betriebsinstrumentierung *f*, Geräteausstattung *f* des Prozesses *m*
process liquids Betriebsstoff *m*, Arbeitsmedium *n*
process material 1. Hilfsstoff *m*; 2. Reproduktionsmaterial *n*, Repromaterial *n* *{Photo}*
process monitor Prozeßüberwachung *f* *{Gerät}*
process monitoring [unit] Prozeßüberwachung *f*, Prozeßkontrolle *f*
process oil Verfahrensöl *n*, Prozeßöl *n*; Weichmacheröl *n* *{Gummi}*
process optimization Prozeßoptimierung *f*
process parameter Prozeßgröße *f*, Prozeßparameter *m*, Prozeßvariable *f*
process phase Verfahrensstufe *f*
process pump Prozeßpumpe *f*, Haltepumpe *f* *{für den Betriebsdruck}*; Chemiepumpe *f*; Säurepumpe *f*
process segement Porzeßabschnitt *m*
process sequence Arbeitsablauf *m*; Prozeßablauf *m*
process stages Prozeßschritte *mpl*, Pozeßstufen *fpl*, Verfahrensschritte *mpl*, Verfahrensstufen *fpl*
process steam Betriebsdampf *m*
process technology Verfahrenstechnik *f*
process typewriter Prozeßschreiber *m*
process variable Prozeßgröße *f*, Prozeßvariable *f*, Prozeßzustandsgröße *f*
process waste Produktionsabfall *m*
process waste water Prozeßabwasser *n*, Produktionswasser *n*, Fabrikationswasser *n*
process water Brauchwasser *n*, Prozeßwasser *n*, Produktionswasser *n* *{Wasser im Fabrikationsbetrieb}*
process zinc Klischezink *n* *{Drucken}*
adiabatic process adiabatischer Prozeß *m*
biological process biologischer Prozeß *m*
chemical process chemischer Prozeß *m*, chemischer Vorgang *m*
continuous process Fließbetrieb *m*, kontinuierlicher Prozeß *m*
isochorous process isochorer Prozeß *m* *{Thermo}*
isothermal process isothermer Vorgang *m* *{Thermo}*
unit process Grundverfahren *n*, Verfahrensschritt *m*, Einheitsverfahren *n*, Grundoperation *n*

processability Verarbeitbarkeit *f*, Verarbeitungsfähigkeit *f*, Bearbeitbarkeit *f*

processed cereal-based foods verarbeitete Getreideprodukte *npl*, industriell bearbeitete Getreideprodukte *npl* *{Lebensmittel}*
processed cheese Schmelzkäse *m*
processed cheese spread Streichkäse *m*
processed fruits verarbeitetes Obst *n*, industriell bearbeitetes Obst *n* *{Lebensmittel}*
processed gen verstümmeltes Gen *n*
processed nuclear RNA gereifte Kern-RNA *f* *{Gen}*
processed photographic film entwickelter Film *m* *{Photo}*
processed product verarbeitetes Produkt *n*, aufbereitetes Produkt *n*

processibility Verarbeitbarkeit *f*, Verarbeitungsfähigkeit *f*, Bearbeitbarkeit *f*

processing 1. verfahrenstechnisch; 2. Behandlung *f*, Veredeln *n*; Bearbeiten *n*, Bearbeitung *f*, Aufbereiten *n*; Verarbeitung *f*; fabrikationsmäßige Herstellung *f*; 3. Arbeitsweise *f*, Betrieb *m*, Fahrweise *f*, Betriebsmethode *f*; 3. Reifung *f*, Processing *n* *{Biochem}*; 4. Filmverarbeitung *f*; Bearbeitung *f* im Kopierwerk *n* *{Photo}*; 5. *{US}* Verfahrenstechnik *f*
processing aid Verarbeitungshilfsstoff *m*, Verarbeitungshilfsmittel *n*, technischer Hilfsstoff *m*; Präparationsmittel *n* *{Textilhilfsmittel}*
processing characteristics Verarbeitungseigenschaften *fpl*; verarbeitungstechnische Kennwerte *mpl*
processing conditions Verarbeitungsbedingungen *fpl*
processing cycle Verarbeitungszyklus *m*
processing error Verarbeitungsfehler *m*
processing fluid Arbeitsmedium *n*; Betriebsflüssigkeit *f*, Betriebsstoff *m*
processing gas Wälzgas *n*, Prozeßgas *n*, Betriebsgas *n*; Verdichtermedium *n* *{Kompressor}*
processing gas compressor Prozeßgaskompressor *m*
processing in plasticized form Weichverarbeitung *f* *{PVC}*
processing in unplasticized form Hartverarbeitung *f* *{PVC}*
processing industry [weiter]verarbeitende Industrie *f*, Verarbeitungsindustrie *f*
processing instructions Verarbeitungsrichtlinien *fpl*
processing lubricity Verarbeitungsgleitvermögen *n* *{Faser}*
processing method Verarbeitungsverfahren *n*, Verarbeitungsmethode *f*
processing of wear Verschleißvorgang *m*
processing oil Verarbeitungsöl *n*; Plastikator *m*, Weichmacheröl *n* *{Gummi}*
processing parameter Verarbeitungsgröße *f*, Verarbeitungsparameter *m*, Verfahrensparameter *m*

processing plant Aufbereitungsanlage *f*, Bearbeitungsanlage *f*; Behandlunganlage *f*; Verarbeitungsanlage *f*
processing process Verarbeitungsverfahren *n*
processing program Verarbeitungsprogramm *n {EDV}*
processing properties Verarbeitungseigenschaften *fpl*
processing pump Prozeßpumpe *f*, Haltepumpe *f {für den Betriebsdruck}*
processing reaction verfahrenstechnische Reaktion *f {Chem}*
processing sequence verfahrenstechnischer Ablauf *m*
processing stages *s.* processing step
processing step Verfahrensschritt *m*, Verfahrensstufe *f*, Prozeßstufe *f*, Prozeßschritt *m*; Verarbeitungsphase *f*, Verarbeitungsstufe *f*, Verarbeitungsschritt *m*
processing temperature Verarbeitungstemperatur *f*
processing unit 1. Verarbeitungseinheit *f*, Verarbeitungsaggregat *n*, verfahrenstechnische Einheit *f*; 2. Zentraleinheit *f*, CPU *{EDV}*
processing with plasticizer Weichverarbeitung *f*
processing without plasticizer Hartverarbeitung *f*
further processing Weiterverarbeitung *f*
method of processing Verarbeitungsmethode *f*
processive enzyme progressiv arbeitendes Enzym *n*
processor Prozessor *m {EDV}*
prochiral center prochirales Zentrum *n {Stereochem}*
prochiral monomer molecule prochiraler Polymerbaustein *m*
prochirality *{IUPAC}* Prochiralität *f*, Prostereoisomerie *f*
prochlorite Fächerstein *m {Triv}*, Prochlorit *m {Min}*
prochlorperazine dimaleate <$C_{20}H_{24}N_3ClS \cdot 2C_4H_4O_4$> Prochlorperazindimaleat *n {Pharm}*
procoaggulant Prokoagulant *m*, Blutgerinnungsfaktoren V/VIII *mpl*
proctodone Proctodon *n {Insektenhormon}*
procure/to beschaffen, besorgen; verschaffen
procyclidene hydrochloride <$C_{19}H_{29}OH \cdot HCl$> Procyclidenhydrochlorid *n*, Kemadrin *n {HN}*
produce/to 1. herstellen, erzeugen, produzieren, fertigen, fabrizieren; 2. herausbringen *{z.B. ein Buch}*; 3. hervorbringen, hervorrufen, verursachen; 4. entwickeln
produce in quantity/to serienmäßig herstellen
produce steam/to Dampf *f* erzeugen
produce 1. Ausstoß *m {Produktion}*, Arbeitsergebnis *n*; 2. Erzeugnisse *npl*, Produkte *npl {Agri}*; Ertrag *m {Agri}*
producer 1. Hersteller *m*, Produzent *m*, Erzeuger *m*; 2. Generator *m*, Entwickler *m {Tech}*; 3. Fördersonde *f*, Förderbohrung *f*, Produktionsbohrung *f*; 4. Produktbildner *m*, Stoffproduzent *m*, Metabolitbildner *m {Biotechnologie}*
producer coal Generatorkohle *f*
producer gas Gerneratorgas *n*, Kraftgas *n*, Sauggas *n*
producer operation Generatorbetrieb *m*
producing a lot of wear verschleißintensiv
product 1. Produkt *n*, Erzeugnis *n*, Fabrikat *n*; Gut *n*; Bildungsprodukt *n*, Fermentationsprodukt *n {Biotechnologie}*; 2. Durchschnitt *m*, Durchschnittsmenge *f {Math}*; Produkt *n {Math}*
product brochure Produktinformationsheft *n*
product capacity Mengenleistung *f*
product component Teilprodukt *n*
product data sheet Typenmerkblatt *n*
product form Erzeugnisform *f {DIN 48}*
product gas Spaltgas *n*, Produktgas *n*
product line Produktbereich *m*
product liability Produkthaftung *f*
product of combustion Verbrennungsprodukt *n*
product of grinding Mahlgut *n*
product range Produktsortiment *n*, Produkt[ions]palette *f*, Produktprogramm *n*, Lieferprogramm *n*, Verkaufsprogramm *n*
product size Produktgröße *f*
product specification Produktnorm *f*
product uniformity Produktkonstanz *f*
product variations Produktschwankungen *fpl*
crude product Rohprodukt *n*
final product Finalprodukt *n*, Endprodukt *n*
finished product Fertigprodukt *n*, Fertigerzeugnis *n*; Finalprodukt *n*, Endprodukt *n*
precipitated product Ausscheidungsprodukt *n*
raw product Rohprodukt *n*
reaction product Reaktionsprodukt *n*
semi-finished product Halbfertigprodukt *n*, Halbzeug *n*
split product Spaltprodukt *n*, Abbauprodukt *n*
substitution product Derivat *n*, Abkömmling *m*
production 1. Herstellung *f*, Erzeugung *f*, Produktion *f*, Fertigung *f*; 2. Züchtung *f*, Zucht *f*, Aufzucht *f {Agri}*; 3. Bildung *f*; 4. Förderung *f {Erdöl}*; Gewinnung *f*, Förderphase *f {Erdöl}*; 5. Gewinnung *f*, Freisetzung *f*; 6. Ausstoß *m*, Arbeitsergebnis *n*
production capacity Produktionskapazität *f*
production control Produktionskontrolle *f*, Produktionsüberwachung *f*, Betriebskontrolle *f*, Fabrikationskontrolle *f*
production costs Gestehungskosten *pl*, Herstellungskosten *pl*, Fertigungskosten *pl*, Produktionskosten *pl*
production cycle Fertigungszyklus *m*, Produktionsablauf *m*, Produktionszyklus *m*

production-data acquisition unit Produktionsdatenerfassung *f*
production-data collecting unit Produktionsdatenerfassungsgerät *n*
production data terminal Betriebsdatenerfassungsstation *f*, BDE-Terminal *n*
production engineer Betriebsingenieur *m*
production engineering Fertigungstechnik *f* *{DIN 8580}*; Fertigungsplanung *f*, Fertigungsvorbereitung *f*
production facilities Produktionsanlagen *fpl*, Fabrikationsstätten *fpl*, Fertigungsstätten *fpl*
production flowline Produktionsfluß *m*
production increase Produktionszuwachs *m*
production level Produktionsumfang *m*, Jahresausstoß *m*
production line Fertigungsstraße *f*, Fertigungslinie *f*, Produktionsstraße *f*
production lot Los *n*, Fertigungslos *n*, Einzellos *n*
production manager Fabrikationsleiter *m*
production monitoring Fertigungsüberwachung *f*
production of single units Einzel[an]fertigung *f*
production parameters Rezepturen *fpl*
production permit Produktionserlaubnis *f*
production plan *s.* production program
production planning [department] Fertigungsplanung *f*, Produktionsplanung *f*; Arbeitsvorbereitung *f*
production plant Produktionsanlage *f*, Betrieb *m*, großtechnische Anlage *f*; Gewinnungsanlage *f* *{z.B. Erdölförderung}*
production potential Produktionspotential *n*, Produktionsmöglichkeit *f*
production program Fertigungsprogramm *n*, Produktionsprogramm *n*, Erzeugnisprogramm *n*
production rate Herstellungsgeschwindigkeit *f*, Produktionsgeschwindigkeit *f*, Fertigungsgeschwindigkeit *f*; Ausstoß *m* pro Zeit *f* *{Ökon}*
production reactor Produktionsreaktor *m* *{Nukl}*
production research Betriebsforschung *f*
production run 1. Ausstoß *m*, Arbeitsergebnis *n*; 2. Fertigungslauf *m* *{Tech}*; Produktivlauf *m* *{Programm}*; 3. Auflagendruck *m*, Fortdruck *m* *{Druck}*
production scale Produktionsmaßstab *m*
production-scale trial Großversuch *m*
production schedule Herstellungsprogramm *n*, Fertigungsprogramm *n*, Produktionsprogramm *n*, Fabrikationsprogramm *n*, Erzeugnisprogramm *n*
production scheme Produktionsschema *n*, Fertigungsstruktur *f*
production speed *s.* production rate
production supervision Betriebsüberwachung *f*
production technology Fertigungstechnik *f*, Technologie *f*
production unit Produktionsanlage *f*, Produktionseinheit *f*, Fertigungseinheit *f*
production variable Fertigungsparameter *m*
continuous production Fließarbeit *f*
large-scale production Großproduktion *f*, serienmäßige Herstellung *f*
method of production Herstellungsweise *f*
productive ergiebig, ertragreich; produktiv, Produktiv-
productive capacity Produktionskapazität *f*, Leistungsfähigkeit *f* *{Tech}*; Ertragsfähigkeit *f*, Produktionskraft *f* *{Agri}*
productiveness Leistungsfähigkeit *f* *{Tech}*;- Ergiebigkeit *f*; Fruchtbarkeit *f* *{Agri}*
productivity Produktivität *f*, Ergiebigkeit *f*,- Leistung *f* *{einer Einheit}*
proenzyme Proenzym *n*, Proferment *n* *{obs}*, Enzymvorläufer *m*, Enzymvorstufe *f*, Zymogen *n* *{Biochem}*
profession 1. Beruf *m*; 2. Gewerbe *n*
professional berufsmäßig, Berufs-; fachmännisch, fachlich ausgebildet, gelernt
professional education Fachausbildung *f*
professional liability insurance Berufshaftpflicht *f*
professional radiation exposure berufliche Strahlenbelastung *f*, berufsbedingte Strahlenbelastung *f*
professional training Berufsausbildung *f*
profibrinolysin Plasminogen *n*
proficiency test Zulassungsprobe *f*
profilated fire brick Formstein *m*
profile/to kurz darstellen, skizzieren; im Profil *n* darstellen; profilieren, fassonieren
profile 1. Profil *n*, Schnitt *m*, Durchschnitt *m*, Querschnitt *m* *{Tech}*; Bodenprofil *n* *{Geol}*; Seitenansicht *f*, Seitenriß *m* *{Profil}*; 2. Bauform *f*, Profil *n*, Kontur *f*, Umriß *m*
profile fiber Profilfaser *f*
profile gasket Profildichtung *f*
profile of a grating Gitterprofil *n*
profile of a line Linienprofil *n* *{Spek}*
profile paper Koordinatenpapier *n*; Millimeterpapier *n*
profile scrap Ausschußprofile *npl*
profiled joint Dichtungsprofil *n*
profiled tube Profilrohr *n*
profilometer Profiltastschnittgerät *n* *{Oberflächenmeßgerät}*; Profilmesser *m* *{Straßenoberflächenmeßgerät}*
profit 1. Gewinn *m*, Ertrag *m*; 2. Nutzen *m*
profit and loss account Gewinn- und Verlustrechnung *f*
profitability Rentabilität *f*, Wirtschaftlichkeit *f*
profitabiltiy calculation Wirtschaftlichkeitsberechung *f*

profitable einträglich, gewinnbringend, rentabel; nützlich, nutzbringend
profitableness *s.* profitability
proflavine <$C_{13}H_{11}N_3O_4S$> Proflavin *n*, 3,6-Diaminoacridin *n*
profound[ly] gründlich; tiefgründig; tief
progesterone <$C_{21}H_{30}O_2$> Progesteron *n*, Corpus-luteum-Hormon *n*, Gelbkörperhormon *n*, Progestin *n*, 4-Pregnen-3,20-dion *n*
progesterone monooxygenase *{EC 1.14.99.4}* Progesteronmonooxygenase *f*
progesterone 5α-reductase *{EC 1.3.1.30}* Progesterone-5α-reduktase *f*
progestin *s.* progesterone
program/to programmieren
program Programm *n*
program-controlled programmgesteuert
program register Steuerbefehlsspeicher *m*, Programmregister *n {EDV}*
program-regulator Programmregler *m*
program selection key Programmwahltaste *f*, Programmwahlschalter *m*
program step Programmschritt *m*
program storage Programmspeicherung *f*
program store Programmspeicherung *f*;- Programmspeicher *m*
programmability Programmierbarkeit *f*
programmable programmierbar
programme Programm *n {Zusammensetzungen s. program}*
programmed heating programmierte Temperaturregelung *f*
programmed materials testing programmierte Werkstoffprüfung *f*
programmer 1. Programmgeber *m*; 2. Programmierer *m*, Programmbearbeiter *m*
programming Programm-; Programmierung *f*, Programmieren *n*
programming device Programmiereinrichtung *f*
programming instrument Programmiergerät *n*
programming language Programmiersprache *f*
programming module Programm[ier]baustein *m {DIN 44300}*, Program[mier]modul *m*
programming system Programmiersystem *n*
programming unit Programmiereinheit *f*, Programmiergerät *n*
programming valve Programmventil *n {Vak}*
progress 1. Lauf *m*, Ablauf *m*; 2. Fortschritt *m*, Entwicklung *f*
progress of analysis Analysengang *m*, Analysenablauf *m*
progress of project Projektablauf *m*
progress report Bericht *m* über den Stand *m* der Arbeiten *fpl*, Fortschrittsbericht *m*
progression 1. Progression *f*, fortschreitende Reihe *f {Math}*; 2. Fortschreiten *n*, Fortbewegung *f*; 3. Polygonierung *f*, Polygonieren *n {Vermessung}*
progressive fortschreitend, voranschreitend, fortlaufend; progressiv, zunehmend; fortschrittlich
progressive burning powder Progressivpulver *n {Expl}*
progressively schrittweise
proguanyl hydrochloride <$C_{11}H_{16}N_5Cl{\cdot}HCl$> Proguanylhydrochlorid *n*, Paludrin *n {HN}*
proinsulin Proinsulin *n*
project/to 1. projektieren; ersinnen, planen; 2. vorspringen, hervortreten, hervorragen, überragen; [aus]schleudern, [aus]werfen; 3. zeigen, vorführen; projizieren
project Plan *m*, Projekt *n*
project design work Projektierung *f*
project group Arbeitsgruppe *f*
project study Planstudie *f*
projectile 1. treibend; 2. Wurf *m*; Geschoß *n*, Wurfgeschoß *n*, Projektil *n*
projectile impact sensitivity Beschußempfindlichkeit *f*
projecting apparatus Projetionsapparat *m*
projection 1. Bildwiedergabe *f*, Projektion *f {Photo}*; 2. Projektion *f {Geometrie}*; Riß *m*, Normalriß *m*, Normalprojektion *f {Math}*; 3. Vorsprung *m*; 4. Werfen *n*; Ausschleudern *n*, Auswurf *m {Geol}*; 5. Projektieren *n*; Entwurf *m*
projection cone Sprühkegel *m*
projection formula Projektionsformel *f {Stereochem}*
projection plane 1. Projektionsebene *f*, Bildebene *f*, Zeichenebene *f*, Rißebene *f*, Darstellungsebene *f*; 2. Zeichentafel *f*, Rißtafel *f*
projection screen Bildschirm *m*; Projektionsschirm *m*
Fischer projection formula Fischer-Projektionsformel *f*
Haworth projection Haworth-Ringformelprojektion *f {Zucker}*
plane of projection *s.* projection plane
Rosanoff projection Rosanoff-Notation *f*, Rosanoff-Schreibweise *f {Zucker}*
projector 1. Projektor *m*, Projektionsapparat *m*, Projektionsgerät *n*, Bildwerfer *m*; 2. Scheinwerfer *m*; 3. Projektionsgerade *f*, Projektionsstrahl *m {Math}*
prolactin Prolaktin *n*, Mammahormon *n*, laktogenes Hormon *n*, luteotropes Hormon *n*
prolamines Prolamine *npl {Getreide-Eiweiß}*
prolate gestreckt, zigarrenförmig
prolate ellipsoid gestrecktes Ellipsoid *n*
prolate spheroid *s.* prolate ellipsoid
prolectite Prolektit *m {obs}*, Norbergit *m {Min}*
proliferate/to wuchern *{z.B. Zellen}*, rasch anwachsen
proliferation 1. Proliferation *f*, Wucherung *f*,

[üppiges] Wachstum *n {Med}*; 2. Fortpflanzung *f*; 3. Verbreitung *f*, Weiterverbreitung *f {z.B. von Kernwaffen}*; 4. Volumenzunahme *f*, Volumenvergrößerung *f {Plastmischungen}*

prolinase *{EC 3.4.13.8}* Iminodipeptidase *f*, Prolyldipeptidase *f {IUB}*, Prolinase *f*

proline <$C_5H_8NO_2$> Prolin *n*, Pro, Pyrrolidin-2-carbonsäure *f*

proline carboxypeptidase *{EC 3.4.16.1}* Prolincarboxypeptidase *f*

proline dipeptidase *{EC 3.4.13.9}* Prolidase *f*, Iminodipeptidase *f*, Prolindipeptidase *f {IUB}*

proline racemase *{EC 5.1.1.4}* Prolinracemase *f*

prolipoprotein Prolipoprotein *n*

prolong/to verlängern, ausdehnen

prolongation Verlängerung *f*, Ausdehnung *f*, Dehnung *f*

prolonged immersion Dauerlagerung *f*, Langzeitlagerung *f {z.B. in Flüssigkeiten}*

prolyl dipeptidase *{EC 3.4.13.8}* Prolyldipeptidase *f {IUB}*, Prolinase *f*

promazine <$C_{17}H_{20}N_2S$> Promazin *n*

promazine hydrochloride Promazinhydrochlorid *n*, Sparin *n {HN}*

promethazine <$C_{17}H_{20}N_2S$> Promethazin *n*

promethazine hydrochloride Promethazinhydrochlorid *n*, Phenergan *n {HN}*

promethium *{Pm, element no. 61}* Illinium *n {obs}*, Florentium *n {obs}*, Promethium *n*

promethium cell Promethium-Kernbatterie *f {Elek}*

promethium chloride <$PmCl_3$> Promethiumtrichlorid *n*

promethium oxide <Pm_2O_3> Promethium(III)-oxid *n*

promethium nitrate <$Pm(NO_3)_3$> Promethium(III)-nitrat *n*

promethium phosphate <$PmPO_4$> Promethium(III)-phosphat *n*

promising hoffnungsvoll, vielversprechend; aussichtsreich

promote/to befördern; fördern, begünstigen; werben [für]

promoter 1. Aktivator *m*, Verstärker *m*, Promotor *m {Gen}*, Beschleuniger *m {Chem}*; Belebungsmittel *n*, Aktivierungsmittel *n*; 2. Sammler *m*, Kollektor *m {Aufbereitung}*

promotion 1. Promovierung *f*, Promotion *f {Phys}*; Beschleunigung *f*, Förderung *f {Chem, Phys}*; 2. Beförderung *f {z.B. in höhere akademische Stellung}*; 3. Promotion *f*, Absatzförderung *f*; Werbung *f*; 4. Anregung *f* des Synthesebeginns *m {Biochem}*

promotion energy Promotionsenergie *f {Phys}*

promotive fördernd, förderlich

promotor Promotor *m {Operon}*

pronase Pronase *f {Mucoprotein-Enzym}*

prone anfällig

proneness Neigung *f*, Anfälligkeit *f*

prong 1. Zinke *f*, Zinker *m*, Gabelzinken *m*; 2. Kontaktstift *m*, Steckstift *m {Elek}*; 3. Zakke *f*, Arm *m {Emulsionsstern-Nukl}*

pronounced ausgeprägt, deutlich, ausgesprochen, entschieden

prontosil Prontosil *n {Pharm}*

proof/to undurchläsig machen, wasserdicht machen, imprägnieren

proof 1. widerstandsfähig, beständig, stabil; undurchlässig, undruchdringlich, dicht *{z.B. wasserdicht}*; normalstark, probehaltig *{alkoholische Flüssigkeit}*; 2. Beweis *m*, Nachweis *m*; 3. Probe *f*; Probeabzug *m*, Kontrollabzug *m*, Andruck *m {Druck}*; 4. Proof *m {Maß für Alkoholgehalt}*; 5. Prüfung *f*

proof copy Belegexemplar *n*

proof gallon Proofgallone *f {US: 1,8927 L bei 15°C; GB: 2,5926 L bei 15°C}*

proof pressure Prüfdruck *m*

proof pressure test Dichtheitsprüfung *f* unter Druck *m*

proof sample Nachweisprobe *f*

proof spirit Normalweingeist *m {49,24 Gew.- % = 57,07 Vol.- % bei 20C}*

proof stress 1. Prüfspannung *f*, Prüfbeanspruchung *f {Tech}*; 2. Dehngrenze *f {Metall, DIN 488}*; *{GB}* Ersatzstreckgrenze *f*

method of proof Beweisführung *f*

proofing 1. Dichtmachen *n*, Undurchlässigmachen *n*; Imprägnierung *f*, Imprägnieren *n*, Ausrüstung *f {Text}*; Gummieren *n*; 2. Imprägnierungsmittel *n*; Dichtungsmittel *n*; 3. gummierter Stoff *m*, gummiertes Gewebe *n*

proofness Dichtigkeit *f*, Dichtheit *f*

propadiene <$CH_2=C=CH_2$> Propadien *n {IUPAC}*, Allen *n {IUPAC}*

propaganda gift Werbegeschenk *n*

propagate/to 1. verbreiten, vermehren, fortpflanzen; 2. [sich] vermehren *{Biol}*; 3. sich ausbreiten, sich fortpflanzen; weitertragen

propagation 1. Propagation *f {Fortpflanzungsreaktionen; Chem}*; Kettenwachstum *n*, Kettenfortpflanzung *f {Chem}*; 2. Ausbreitung *f*, Fortpflanzen *n*, Fortpflanzung *f*, Verbreitung *f {Phys, Biol}*; Weitertragen *n*; 3. Vermehrung *f*, Propagierung *f {Mikroorganismen}*

propagation constant Fortpflanzungskonstante *f*, Übertragungskonstante *f {in Np/m}*; Fortpflanzungsmaß *n*, Übertragungsmaß *n {in Np/m}*

propagation of error Fehlerfortpflanzung *f*

propagation of the pressure waves Ausbreitung *f* der Druck- und Entlastungswellen *fpl*

propagation parameter Ausbreitungsparameter *m*

propagation velocity Fortpflanzungsgeschwindigkeit *f*, Ausbreitungsgeschwindigkeit *f {Phys}*
law of propagation of error Fehlerfortpflanzungsgesetz *n*
propalanine Aminobutansäure *f*
propaldehyde *s.* propanal
propamidine Propamidin *n*, 4,4'-Trimethylendioxybenzamidin *n*
propanal **<CH_3CH_2CHO>** Propanal *n*, Propionaldhyd *m*
propanamide **<$C_2H_5CONH_2$>** Propanamid *n* *{IUPAC}*, Propionamid *n*
propane **<C_3H_8>** Propan *n*
propane-air burner Propan-Luft-Brenner *m*
propane cylinder Propanflasche *f*, Propanzylinder *m*
propane deasphaltation Propanentasphaltierung *f*, Propanextraktion *f* von Asphalt *m*, Entasphaltieren *n* mit Propan
propane deasphalting *s.* propane deasphaltation
propane decarbonizing tower Propanentkohlungsturm *m*
propane dewaxing Propanentparaffinierung *f*, Entparaffinierung *f* mit Propan *n*
propane gas Propangas *n*
propane hydrate Propanhydrat *n*
propanecarboxylic acid *s.* butanoic acid
propanediamide *s. malonamide*
propanediamine **<$H_2NCH_2CH_2CH_2NH_2$>** Trimethylendiamin *n*, Propan-1,3-diamin *n*
propanedioic acid Malonsäure *f*, Propandisäure *f {IUPAC}*
1,2-propanediol **<$CH_3CH(OH)CH_2OH$>** Propylenglycol *n*, Propan-1,2-diol *n*
1,2-propanedione *s.* pyruvaldehyde
1,3-propanedithiol **<$HS(CH_2)_3SH$>** 1,3-Propandithiol *n*
propanenitrile **<CH_3CH_2CN>** Propionitril *n*, Ethylcyanid *n*
1,2,3,-propanetricarboxylic acid Tricarballylsäure *f*, Propan-1,2,3-carbonsäure *f {IUPAC}*
propanetriol **<$HOCH_2CH(OH)CH_2OH$>** Glycerol *n*, Glycerin *n*, Propan-1,2,3-triol *n* *{IUPAC}*
propanoic acid *s.* propionic acid
propanol **<$CH_3CH(OH)CH_3$>** Isopropanol *n*, Isopropylalkohol *m*, Propan-2-ol *n*
1-propanol **<$CH_3CH_2CH_2OH$>** Propylalkohol *m*, Propan-1-ol *n*
2-propanone **<CH_3COCH_3>** Propan-2-on *n* *{IUPAC}*, Aceton *n*, Dimethylketon *n*, 2-Ketopropan *n*
propantheline bromide **<$C_{20}H_{30}NO_3Br$>** Propanthelinbromid *n*
propargyl Propargyl-, 2-Propynyl-
propargyl alcohol **<$HC{\equiv}CCH_2OH$>** Propargylalkohol *m*, Prop-2-in-1-ol *n {IUPAC}*
propargyl aldehyde **<$HC{\equiv}CCHO$>** Propargylaladehyd *m*
propargyl bromide **<$HC{\equiv}CHCH_2Br$>** 3-Brompropin *n*, Propargylbromid *n*
propargyl chloride **<$HC{\equiv}CHCH_2Cl$>** Propargylchlorid *n*, 3-Chlorpropin *n*
propargylic acid **<$HC{\equiv}CHCOOH$>** Propargylsäure *f*, Propiolsäure *f*, Propinsäure *f {IUPAC}*, Acetylencarbonsäure *f*
Propathene *{TM}* Polypropylen *n*
propellant Treibgas *n*, Treibmittel *n {Aerosolpackung}*; Treibstoff *m*, Treibmittel *n {z.B. für Raketentriebwerke}*; Schießstoff *m*, Schießmittel *n*, Schießpulver *n*, Treibmittel *n {für Geschosse}*
propellant casting Gießen *n* von Treibsätzen *mpl {Expl}*
propellant charge Treibladung *f*
propellent *s.* propellant
propeller Propeller *m*, Luftschraube *f*; Laufrad *n {Radialpumpe}*; Schiffspropeller *m*, Schiffsschraube *f*
propeller agitated cleaner Reinigungsgerät *n* mit Schraubenrührwerk *n*
propeller agitator Propellerrührer *m*, Schraubenrührer *m*, Propellermischer *m*, Propellerrührwerk *n*
propeller mixer *s.* propeller agitator
propeller pump *s.* propeller[-type] pump
propeller stirrer *s.* propeller agitator
propeller-type flowrate meter Mengenzähler *m* mit Schraube *f*, Flügelrad-Mengenmesser *m*
propeller-type pump Zentrifugalpumpe *f*, Rotationspumpe *f*, Schraubenpumpe *f*, Axialpumpe *f*
2-propenal Acrolein *n*, Prop-2-enal *n*, Allylaldehyd *m*, Acrylaldehyd *m*
propene **<$CH_3CH{=}CH_2$>** Propen *n*, Propylen *n*
1,3-propene Cyclopropen *n*
propene oxide Propylenoxid *n*, Epoxypropan *n*
propene ozonide Propenozonid *n*
propene sulfide Propylensulfid *n*
propene-1,2,3-tricarboxylic acid **<$HOOCCH_2C(COOH){=}CHCOOH$>** Aconitsäure *f*, Propen-1,2,3-tricarbonsäure *f {IUPAC}*
propenoic acid **<$H_2C{=}CHCOOH$>** Propensäure *f*, Acrylsäure *f*, Vinylcarbonsäure *f*, Ethencarbonsäure *f*
2-propen-1-ol Prop-2-en-1-ol *n {IUPAC}*, Allylalkohol *m*
propensity Neigung *f*, Hang *m {z.B. zur Brüchigkeit}*
propensity to react Reaktionsfreudigkeit *f*
propensity to segragate at surface Neigung *f* zur Oberflächenabscheidung *f*
propenyl **<$CH_3CH{=}CH$->** Propenyl-
propenyl alcohol Propenylalkohol *m*, Allylalkohol *m*

propenylene <$-CH_2CH=CH-$> Propenylen-

propenylidene <$CH_3CH=C=$> Propenyliden *n*

***p*-propenylphenol** Anol *n*

propenyl-2,4,5-trimethoxybenzene Asaron *n*, 2,4,5-Trimethoxy-1-propylbenzol *n*

propeptone Hemialbumose *f*

proper eigen, Eigen-; eingentlich, echt; richtig, passend

  proper fraction echter Bruch *m {Math}*

  proper mass Eigenmasse *f*

propergol Propergol *n*

properties Verhalten *n {des Materials}*, kennzeichnende Eigenschaften *fpl*, Eigenschaftsmerkmale *npl*, Kenndaten *pl*

  change of properties Eigenschaftsveränderungen *fpl*

property 1. Eigenschaft *f {Chem, Phys}*; 2. Fähigkeit *f*, Vermögen *n*; Beschaffenheit *f*, Natur *f*; 3. Eigentum *n {Ökon}*

  property of material Stoffeigenschaft *f*

  property of matter Stoffeigenschaft *f*

  additive property additive Eigenschaft *f {Thermo}*

  chemical property chemische Eigenschaft *f*

  concentration-depended property konzentrationsabhängige Eigenschaft *f*

  extensive property extensive Eigenschaft *f*, massenabhängige Größe *f {Thermo}*

  intensive property Intensitätsgröße *f*, intensive Eigenschaft *f {Thermo}*

  metalloid property halbmetallische Eigenschaft *f*

  molar property molare Eigenschaft *f*, substanzmengenabhängige Größe *f {Thermo}*

  molecular property Moleküleigenschaft *f*, molekulare Größe *f {Thermo}*

  physical property physikalische Eigenschaft *f*

  thermal property thermische Eigenschaft *f*; kalorische Eigenschaft *f*

prophetin <$C_{20}H_{36}O_7$> Prophetin *n {Glukosid aus Ecballium officinale}*

prophylactic 1. prophylaktisch, vorbeugend; 2. Abwehrmittel *n*, Prophylaktikum *n {Med}*

  prophylactic dose Schutzdosis *f {Med}*

prophylaxis Prophylaxe *f*, vorbeugende Behandlung *f {Med}*

propine *s.* propyne

propinol Propargylalkohol *m*, Prop-2-in-1-ol *n*

propinquity Nachbarschaft *f*, Nähe *f*

***β*-propiolactone** <$C_3H_4O_2$> Propiolacton *n*

propiolic acid <$CH\equiv CCOOH$> Propiolsäure *f*, Propinsäure *f {IUPAC}*, Acetylencarbonsäure *f*

propion <CH_3CH_2CO-> Propion-; Propionylradikal *n*

propionaldazine Propionaldazin *n*

propionaldehyde <CH_3CH_2CHO> Propionaldehyd *m*, Propanal *n*

propionamide <$CH_3CH_2CONH_2$> Propionamid *n*, Propanamid *n*

  propionamide nitrile Cyanacetamid *n*

propionamidine Propionamidin *n*

propionate <C_2H_5COOR; C_2H_5COOR> Propionat *n {Salz oder Ester der Propionsäure}*

propionic acid <CH_3CH_2COOH> Propionsäure *f*, Propansäure *f {IUPAC}*

  propionic anhydride <$(CH_3CH_2CO)_2O$> Propionsäureanhydrid *n*, Propionyloxid *n*

propionitrile <C_2H_5CN> Propionitril *n*, Propannitril *n*, Ethylcyanid *n {IUPAC}*

propionyl <C_2H_5CO-> Propionyl-

  propionyl chloride <C_2H_5COCl> Propionylchlorid *n*

  propionyl-CoA carboxylase *{EC 4.1.1.41}* Propinyl-CoA-carboxylase *f*

  propionyl peroxide <$C_2H_5C(O)OOC(O)C_2H_5$> Propionylperoxid *n*

propiophenone <$C_2H_5COC_6H_5$> Propiophenon *n*, Ethylphenylketon *n*, Propionylbenzol *n*, 1-Phenylpropan-1-on *n*

propolis Bienenharz *n*, Kittharz *n*, Klebwachs *n*, Pichwachs *n*, Propolis *f*

  propolis resin Propolisharz *n*

proponal Proponal *n*, Diisopropylbarbitursäure *f*

proportion 1. Proportion *f*, Verhältnis *n*; Anteil *m*; 2. Proportion *f*, Verhältnisgleichung *f {Math}*

  proportion by volume Raumverhältnis *n*, Volumenverhältnis *n*

  proportion of coarse material Grobgutanteil *m*

  proportion of fines Feingutanteil *m*

  proportion of ingredients Mischungsverhältnis *n*, Mengungsverhältnis *n*

  proportion of size Größenverhältnis *n*

  proportion of voids Porenanteil *m*

  proportion pump Dosierpumpe *f*

proportional 1. verhältnismäßig, proportional; Proportional-; 2. Proportionale *f {Math}*

  proportional-action control Proportionalregelung *f*, Regelung *f* mit P-Verhalten *{Automation}*

  proportional band Proportionalbereich *m*, P-Bereich *m*, Regelbereich *m*

  proportional control Proportionalregelung *f*, Regelung *f* mit P-Verhalten *{Automation}*

  proportional control valve Proportionalstellventil *n*

  proportional counter Proportionalzähler *m {Nukl}*

  proportional counter tube Proportionalzählrohr *n*

  proportional elastic limit Proportionalitätsgrenze *f* der Elastizität *f*

  proportional flow counter Durchflußzähler *m*, Durchflußzählrohr *n*, Durchlaufzähler *m*

  proportional limit Proportionalitätsgrenze *f*

proportional number 1. Äquivalentmasse *f*, Äquivalentgewicht *n*; 2. Verhältniszahl *f {Statistik}*

proportional power proportional geregelte Stromversorgung *f*

proportional safety valve Proportional-Sicherheitsventil *n {DIN 3320}*

proportional solenoid Proportionalmagnet *m*

proportional valve Proportionalventil *n*

directly proportional direkt proportional

inversely proportional umgekehrt proportional

proportionality Proportionalität *f*

proportionality constant Proportionalitätskonstante *f*

proportionality factor Proportionalitätsfaktor *m*, Verhältniszahl *f*

proportionality range Proportionalitätsbereich *m*

proportionate angemessen; anteilig, proportional, verhältismäßig

proportioner Dosierer *m*, Dosiervorrichtung *f*, Dosiergerät *n*

proportioning 1. Dimensionieren *n*, Größenbestimmung *f*, Bemessung *f {Tech}*; Proportionierung *f {Tech}*; 2. Dosieren *n*, Zudosierung *f*, Zumessung *f {Tech}*

proportioning and handling device Dosier- und Fördergerät *n*

proportioning balance Zuteilwaage *f*

proportioning device Dosiergerät *n*, Dosiereinrichtung *f*, Zuteileinrichtung *f*

proportioning piston Dosierkolben *m*, Zudosierkolben *m*, Mischkolben *m*

proportioning pump Dosier[ungs]pumpe *f*, Mischpumpe *f*, Zumeßpumpe *f*

proportioning rotary piston device Drehkolbendosiergerät *n {rieselfähige Massen}*

proportioning screw Dosierschnecke *f*

proportioning system Dosiersystem *n*

proportioning valve Dosierventil *n*, Mischschieber *m*

proportioning wheel Dosierrad *n*

proposal *{US}* Angebot *n*; Vorschlag *m*

proposition 1. Vorschlag *m*, Plan *m*; Vorhaben *n*; 2. Aussage *f*, logische Aussage *f {Behauptung}*; Feststellung *f*; 3. Lehrsatz *m*; 4. Geschäft *n*; Angelegenheit *f*

propoxy <$CH_3CH_2CH_2O$-> Propoxy-

propoxylation Propoxylierung *f*, Einführung *f* der Propoxygruppe *f*

proprietary gesetzlich geschützt; Eigentums-; Marken-

proprietary compound patentrechtlich geschützter Stoff *m*

proprietary information Informationen *fpl* mit vorbehaltenen Rechten *npl*, schutzfähige Kenntnisse *fpl*

proprietary process geschütztes Verfahren *n*

proprietor Eigentümer *m*, Inhaber *m {Patent}*

propulsion Antrieb *m*, Antriebskraft *f {Tech}*; Propulsion *f {Schiffe}*

propulsive [an]treibend

propyl <$CH_3CH_2CH_2$-> Propyl-

propyl acetate <$CH_3COOC_3H_7$> Propylacetat *n*, Essigsäurepropylester *m*

propyl alcohol <$CH_3CH_2CH_2OH$> *n*-Propylalkohol *m*, *n*-Propanol *n*, Ethylcarbinol *n*

propyl bromide <$CH_3CH_2CH_2Br$> Propylbromid *n*, 1-Brompropan *n*

propyl butyrate <$C_3H_7CO_2C_3H_7$> Propylbutyrat *n*, buttersaures Propyl *n {obs}*

propyl chloride <$CH_3CH_2CH_2Cl$> Propylchlorid *n*, 1-Chlorpropan *n {IUPAC}*

propyl chlorosulfonate Propylchlorsulfonat *n*

propyl cyanide Butyronitril *n*, 1-Cyanpropan *n*

propyl ether <$C_3H_7OC_3H_7$> Propylether *m*, Dipropylether *m*

propyl formate <$HCOOC_3H_7$> Propylformiat *n*

propyl glycol Propylenglycol *n*, Propan-1,2-diol *n*

propyl iodide <$CH_3CH_2CH_2I$> Propyliodid *n*, 1-Iodpropan *n {IUPAC}*

propyl ketone <$(CH_3CH_2CH_2$-$)CO$> Heptan-3-on *n*, Dipropylketon *n*

propyl mercaptan <$CH_3CH_2CH_2SH$> Propylmercaptan *n*, Propylthiol *n*

propyl nitrobenzoate Nitrobenzoesäurepropylester *m*

propyl radical <$CH_3CH_2CH_2$-> Propylradikal *n*

propyl thiol <$CH_3CH_2CH_2SH$> Propylthiol *n*, Propylmercaptan *n*

***sec*-propyl alcohol <$CH_3CHOHCH_3$>** sekundärer Propylalkohol *m*, Isopropylalkohol *m*, Dimethylcarbinol *n*, Propan-2-ol *n*

***n*-propyl nitrate <$C_3H_7NO_3$>** Propylnitrat *n*

***n*-propyl propionate** Propylpropionat *n*

propylacetylene <$C_3H_7C{\equiv}CH$> Propylacetylen *n*

propylal Propylal *n*

propylamine <$CH_3CH_2CH_2NH_2$> Propanamin *n*, Propylamin *n*

propylbenzene <$C_3H_7C_6H_5$> Propylbenzol *n*, Phenylpropan *n {IUPAC}*

propylene 1.<C_3H_6> Propylen *n*, Propen *n*; 2. <-$CH(CH_3)CH_2$-> Propylen-; 3. <-$CH_2CH{=}CH$-> Propenylen-

propylene aldehyde *s.* crotonaldehyde

propylene carbonate <$C_4H_6O_3$> Propylencarbonat *n*

propylene bromide <$BrCH(CH_3)CH_2Br$> Propylenbromid *n*, 1,2-Dibrompropan *n*

propylene chloride <$CH_3CH(Cl)CH_2Cl$> Propylenchlorid *n*, 1,2-Dichlorpropan *n*

propylene chlorohydrin

<$CH_2ClCH(OH)CH_3$> Propylenchlorhydrin *n*, 1-Chlorpropan-2-ol *n*
propylene dichloride Propylenchlorid *n*, 1,2-Dichlorpropan *n*
1,2-propylene glycol <$CH_3CH(OH)CH_2OH$> Propylenglycol *n*, Propan-1,2-diol *n*; 1,2-Dihydroxypropan *n*, Methylglycol *n*
propylene glycol dinitrate <$C_3H_6N_2O_6$> Propylenglycoldinitrat *n {Expl}*
propylene glycol monoricinoleate Propylenglycolmonoricinoleat *n*
propylene glycol phenyl ether Propylenglycolphenylether *m*
propylene imine <C_3H_6N> Propylenimin *n*, 2-Methylaziridin *n*
propylene oxide <$CH_3(CHCH_2)O$> Propylenoxid *n*, Methyloxiran *n*
propylene sulfide Propylensulfid *n*
propylenediamine Propylendiamin *n*, Propan-1,2-diamin *n*, 1,2-Diaminopropan *n*
propylenimine *s.* propylene imine
propylformic acid <$CH_3CH_2CH_2COOH$> *n*-Buttersäure *f*, Butansäure *f*
propylhexedrine <$C_{10}H_{21}N$> Propylhexedrin *n*
propylidene <$CH_3CH_2CH=$> Propyliden-
propylidene bromide <$CH_3CH_2CHBr_2$> Propylidenbromid *n*, 1,1-Dibrompropan *n {IUPAC}*
propylidene chloride <$CH_3CH_2CHCl_2$> Propylidenchlorid *n*, 1,1-Dichlorpropan *{IUPAC}*
propyliodone <$C_{10}H_{21}NO_3I$> Propyliodon *n*
***n*-propylmagnesium bromide** <C_3H_7MgBr> *n*-Propylmagnesiumbromid *n*
propyloxine Propyloxin *n*
propylparaben <$C_{10}H_{12}O_3$> Propylparaben *n*, Propyl-*p*-hydroxybenzoat *n {Konservierungsmittel}*
2-propylpiperidine Coniin *n*
propylpyrogallol dimethyl ether Pikamer *n*, Teerbitter *n*
propylsilicone Propylsilicon *n*
6-propyl-2-thiouracile <$C_7H_{10}N_2OS$> Propylthiouracil *n*
propynal <$HC\equiv CCHO$> Propinal *n*, Propiolaldehyd *m*
propyne <$CH_3C\equiv CH$> Allylen *n*, Methylacetylen *n*, Methylethin *n*, Propin *n*
propynoic acid <$HC\equiv CHCOOH$> Propargylsäure *f*, Propiolsäure *f*, Propinsäure *f {IUPAC}*
2-propyn-1-ol <$HC\equiv CCH_2OH$> Prop-2-in-1-ol *n*, Propargylalkohol *m*
2-propyn-1-thiol <$HC\equiv CCH_2SH$> Prop-2-in-1-thiol *n*
prorennin Prorennin *n*, Rennin *n {IUPAC}*
prosapogenin <$C_{36}H_{56}O_{10}$> Prosapogenin *n*
prosecute/to fortsetzen; verfolgen
prosecution 1. Fortsetzung *f*; 2. Prüfverfahren *n*, Verfolgung *f {Jur}*; Anklage *f*
prospect/to schürfen, prospektieren, graben *{Erz}*, bohren *{Öl}*; aufspüren, suchen
prospect 1. Aussicht *f*, Hoffnung *f*; 2. unerkundetes Grubenfeld *n {Bergbau}*; höffiges Gebiet *n*, Schürfgebiet *n*, Hoffnungsgebiet *n {Bergbau}*
prospective zukünftig, künftig; voraussichtlich; weitsichtig, prospektiv
prospective drilling Aufschlußbohrung *f*
prospectus Prospekt *n*, Werbe[druck]schrift *f*
prostaglandin Prostaglandin *n*
prostaglandin synthase *{EC 1.14.99.1}* Prostaglandinsynthase *f*
prostate gland Prostatdrüse *f {Med}*
prosthetic group prosthetische Gruppe *f*
protactinium *{Pa, element no. 91}* Protaktinium *n*, Brevium *n {obs}*, Eka-Tellur *n {obs}*
protactinium-ionium age method Protaktinium-Altersbestimmungsmethode *f {Geol}*
protamin Protamin *n {Fisch-Eiweißart}*
protaminase *{EC 3.4.17.2}* Protaminase *f*, Carboxypeptidase B *f {IUB}*
protamine <$C_{16}H_{32}N_9O_2$> Protamin *n*
protamine kinase *{EC 2.7.1.70.}* Protaminkinase *f*
proteacin Proteacin *n*, Leucodrin *n*
protease Protease *f*, proteolytisches Enzym *n*, proteinspaltendes Enzym *n*
protease inhibitor Proteaseinhibitor *m*
protect/to schützen, bewahren; sichern, absichern; abschirmen
protected against corrosion korrosionsgeschütz
protected against corrosive attack korrosionsgeschützt
protected against wear verschleißgeschützt
protected area Schutfläche *f*, Schutzbereich *m*
protected by law gesetzlich geschützt
protecting schützend; Schutz-
protecting against corrosion korrosionsschützend
protecting cap Schutzhaube *f*, Schutzkappe *f {z.B. für Aerosolflaschen}*
protecting cover Schutzhaube *f*
protecting device Schutzvorrichtung *f*
protecting envelope Schutzhülle *f*
protecting glass Schutzglas *n*
protecting glasses Schutzbrille *f*
protecting goggles Schutzbrille *f*
protecting layer 1. Schutzschicht *f*; 2. Schutzanstrich *m*
protecting mask Schutzmaske *f*
protecting plate Schutzplatte *f*
protecting spectacles Schutzbrille *f*
protecting sphere of a molecule Deckungssphäre *f* eines Moleküls *n*
protecting tube Schutzrohr *n*, Schutzhülse *f*, Verkleidungsrohr *n*

protecting varnish Deckfirnis *m*, Schutzfirnis *m*

protection 1. Schutz *m*; 2. Absicherung *f*, Abschirmung *f*; 3. Sperre *f* *{EDV}*

protection against acid Säureschutz *m*

protection against corrosion Korrosionsschutz *m*

protection against heat Wärmeschutz *m*

protection against implosion Implosionsschutz *m*

protection against moisture Feuchtigkeitsschutz *m*

protection against radiation Strahlenschutz *m*

protection against wear Verschleißschutz *m*

protection by patent rights Patentschutz *m*

protection category Schutzgrad *m*; Schutzart *f*

protection category IEC Schutzart *f* nach IEC

protection circuit Schutzschaltung *f*

protection clothes Schutzanzug *m*, Schutzkleidung *f*; Arbeitsschutzkleidung *f*

protection of copyrights Musterschutz *m*

protection of designs Musterschutz *m*, Geschmacksschutz *m*

protection device Schutzvorrichtung *f*, Umwehrung *f*

protection from stray fields Abschirmung *f* *{Elek, Nukl, Radiol}*

protection measures Schutzmaßnahmen *fpl*

protection of data privacy Datenschutz *m*

protection of registered trademarks Markenschutz *m*

protection of the environment Umweltschutz *m*, Umwelthygiene *f*, Umweltpflege *f*

protection of timber Holzschutz *m* *{DIN 68 800}*

protection system Schutzeinrichtung *f*, Schutzsystem *n*

protective 1. schützend; Schutz-; 2. Schutzmittel *n*, Schutzstoff *m*; protektives Mittel *n*, vorbeugend wirkendes Mittel *n*

protective anode Schutzanode *f*, Opferanode *f* *{Korr}*

protective apparatus for respiration Atemschutzgerät *n* *{Med}*

protective apron Schutzschürze *f*, Schutzkittel *m*; Bleischürze *f* *{Radiologie}*

protective atmosphere Schutzgas *n*, Schutz[gas]atmosphäre *f*

protective atmosphere cell Schutzgasküvette *f*

protective atmosphere furnace Ofen *m* mit Schutzgasatmosphäre *f*

protective breathing equipment Atemschutzausrüstung *f*

protective cap Schutzhaube *f*; Arbeitsschutzhaube *f*, Kopfschutzhaube *f*, Industriehaube *f* *{Schutz}*

protective casing Schutzhülse *f*; Zwischenrohrfahrt *f*, Schutzrohrfahrt *f* *{Erdöl}*

protective clothing Arbeitsschutzkleidung *f*, Schutzanzug *m*, Schutz[be]kleidung *f* *{DIN 4847}*

protective coat *s.* protective coating 1.

protective coating 1. Schutzschicht *f*, Schutzbeschichtung *f*, schützender Überzug *m*, Schutzbelag *m* *{z.B. aus Metall, Kunststoff}*; Schutzanstrich *m*; 2. Schutzschichtstoff *m*, Beschichtungsstoff *m*, Beschichtungsmaterial *n*; Anstrichstoff *m* *{Korr}*; 3. Schutzhülle *f* *{Kabel}*

protective colloid Schutzkolloid *n*, protektives Kolloid *n*

protective conductor Schutzleiter *m*

protective contact socket Schutzsteckdose *f* *{Elek}*

protective covering Schutzhülle *f*, Schutzüberzug *m* *{vorgefertigt}*, Schutzmantel *m*

protective device Schutzeinrichtung *f*, Schutzvorrichtung *f*

protective effect Schutzwirkung *f*, Schutzeffekt *m*

protective equipment Schutzausrüstung *f*, Schutzeinrichtung *f*

protective film Schutzfilm *m*, Schutzhaut *f*, dünne Schutzschicht *f*

protective foil Schutzfolie *f*

protective gas Schutzgas *n* *{DIN 32526}*

protective gas atmosphere Schutzgasatmosphäre *f*

protective gloves Schutzhandschuhe *mpl*

protective goggles Schutzbrille *f*

protective grating Schutzgitter *n*

protective grid Schutzgitter *n*

protective headgear Kopfschutz *m*

protective helmet Schutzhelm *m*

protective isolation Schutzisolierung *f*

protective jacket Schutzmantel *m* *{Kabel}*

protective laquer Schutzlack *m*

protective layer Schutzschicht *f*

protective lead glas Schutzbleiglass *n* *{Nukl}*

protective mask Schutzmaske *f*

protective materials Schutzüberzüge *mpl*, Deckmaterialien *npl*

protective measures Schutzmaßnahmen *fpl*

protective metal metallischer Schutzüberzug *m*

protective outfit for workmen Schutzbekleidung *f* *{Gesamtheit}*

protective overall Schutzanzug *m* *{Schutzbekleidung}*

protective paint Schutzanstrich *m*

protective paint for buildings Bauten-Schutzanstrich *m*

protective paint for wood Holzschutzanstrich *m*

protective rampart Schutzwall *m*

protective screen Schutzschild *m*, Schutzsieb *n*

protective sieve Schutzsieb *n*, Schutzschild *m*

protective shoes Schutzschuhe *mpl*

protective sleeve Schutzhülse *f*
protective strainer Schutzsieb *n*
protective suiting Schutzanzug *m {Schutzbekleidung}*
protective surface coating Oberflächenschutz *m*, Korrosionsschutz *m*
protective switch Schutzschalter *m*
protective tissue Deckgeflecht *n*, Schutzgewebe *n*
protective tube Schutzrohr *n*, Verkleidungsrohr *n*, Sicherheitsrohr *n {z.B. auf Vorratsflaschen}*
protective tubing Isolierschlauch *m*
protective varnish Schutzlack *m*
protective wall Schutzwand *f*
protective window Schutzfenster *n*
proteid *{obs}* Proteid *n {obs}*, Protein *n*
proteidin Proteidin *n {Immun, Bakt}*
protein Protein *n*, Eiweiß *n*, Eiweißstoff *m*, Eiweißkörper *m {Biochem; >100 Aminosäuren}*
protein adhesive Eiweißleim *m*
protein analysis Proteinanalyse *f*
protein backbone Proteingerüst *n*
protein breakdown *s.* protein catabolism
protein catabolism Proteinkatabolismus *m*, Eiweißabbau *m*, Proteinabbau *m*, Eiweißspaltung *f*
protein chemistry Eiweißchemie *f*, Proteinchemie *f*
protein cleavage *s.* protein catabolism
protein coagulation Eiweißgerinnung *f*
protein coat Proteinhülle *f {Virus}*
protein complex Proteinkomplex *m*
protein composition Proteinzusammensetzung *f*
protein compound Proteinverbindung *f*
protein conformation Proteinkonformation *f*
protein content Eiweißgehalt *m*
protein deficiency Eiweißmangel *m*
protein degradation *s.* protein catabolism
protein degradation product Eiweißabbauprodukt *n*
protein denaturation Proteindenaturierung *f*, Eiweißdenaturierung *f*, Proteindenaturation *f*
protein diet Eiweißdiät *f*
protein fiber Eiweißfaser *f*, Proteinfaser *f {Text}*; Proteinfaserstoff *m*, Eiweiß[chemie]faserstoff *m {Text}*
protein folding Proteinfaltung *f*
protein fractionation Proteinfraktionierung *f*
protein hormone Proteinhormon *n*
protein hydrolysis Proteinhydrolyse *f*
protein hydrolyzate Proteinhydrolysat *n*
protein kinase *{EC 2.7.1.37}* Proteinkinase *f*
protein level Eiweißspiegel *m*, Proteinspiegel *m*
protein ligand Eiweißligand *m {Komplex}*
protein-like eiweißartig, proteinartig, eiweißähnlich
protein material Eiweißkörper *m*, Eiweißstoff *m*, Eiweiß *n*, Protein *n*
protein metabolism Eiweißhaushalt *m*, Eiweißstoffwechsel *m*, Proteinstoffwechsel *m*
protein minimum Eiweißminimum *n {Physiol}*
protein moiety Protein[an]teil *m*, Proteinkomponente *f*
protein molecule Eiweißmolekül *n*
protein nitrogen Eiweißstickstoff *m*
protein plastic Proteinkunststoff *m*, Proteinplast *m {Kunststoff auf Eiweißbasis}*
protein precipitation Proteinfällung *f*
protein purification Proteinreinigung *f*
protein renaturation Proteinrenaturierung *f*
protein repressor Repressorprotein *n*
protein requirement Eiweißbedarf *m {Physiol}*
protein retention time Proteinretentionszeit *f*, Haltezeit *f* des Eiweißstoffs *m {Chem}*
protein separation Proteintrennung *f*
protein sequence analysis Proteinsequenzanalyse *f*
protein sol Proteinsol *n {Koll}*
protein structure Proteinstruktur *f {Stereochem}*
protein subunit Proteinuntereinheit *f*
protein synthesis Proteinsynthese *f*, Eiweißsynthese *f*
protein turbidity Eiweißtrübung *f*
protein turnover Proteinumsatz *m {Physiol}*
coagulated protein koaguliertes Protein *n*
compound protein konjugiertes Protein *n*
conjugated protein konjugiertes Protein *n*
constitutive protein konstitutives Protein *n*
containing protein eiweißhaltig, proteinhaltig
crystalline protein kristallines Protein *n*
denatured protein denaturiertes Protein *n*
derived protein abgeleitetes Protein *n*, teilabgebautes Protein *n*
fibrous protein fadenförmiges Protein *n*, gestrecktes Proteinmolekül *n*
gamma protein Gamma-Protein *n {50 % Stärke/50 % Eiweiß}*
simple protein einfaches Eiweiß *n*
synthetic protein Polypeptid *n*
textured vegetable protein strukturiertes Pflanzenprotein *n {Lebensmittel}*
proteinaceous proteinhaltig, eiweißhaltig; proteinartig, eiweißähnlich; Eiweiß-, Protein-
proteinaceous enzyme Proteinenzym *n*
proteinaceous toxin Eiweißtoxin *n*
proteinase K *{EC 3.4.21.14}* Proteinase K *f*, Subtilisin *n*
proteinate Proteinat *n*
proteoglycans Proteoglycane *npl {komplexe Polysaccharide}*

proteohormone Proteohormon *n {Biochem}*
proteolysin Proteolysin *n*
proteolysis Eiweißabbau *m*, Eiweißspaltung *f*, Proteolyse *f {Biochem}*
product of proteolysis Eiweißspaltprodukt *n*
proteolyte Proteolyt *m*
proteolytic proteolytisch, eiweißspaltend, proteinspaltend
proteolytic cleavage proteolytische Spaltung *f*
proteolytic enzyme eiweißspaltendes Enzym *n*, proteolytisches Enzym *n*
proteoses Proteosen *fpl {abgeleitete Proteine}*
protest [against]/to beanstanden
prothrombin [factor] Prothrombin *n {Biochem}*
prothrombokinase Prothrombokinase *f*
protium Protium *n*, leichter Wasserstoff *m*, normaler Wasserstoff *m*, ^{1}H *{1,00783 Masseeinheiten}*
protoanemonin Protoanemonin *n*
protobastite Proto-Bastit *m {Min}*
protoberberine Protoberberin *n*
protobitumen Protobitumen *n {z.B. Agarit, Agarose}*
protocatechol 1. *s.* catechol; 2. *s.* pyrocatechol
protocatechualdehyde <$C_6H_3(OH)_2CHO$> 3,4-Dihydroxybenzaldehyd *m {IUPAC}*, Protocatechualdehyd *m*, Dihydroxybenzolcarbonat *n*
protocatechuic acid <$HOOCC_6H_3(OH)_2$> Protocatechusäure *f*, Dioxycarbolsäure *f {obs}*, 3,4-Dihydroxybenzoesäure *f*
protocetraric acid Protocetrarsäure *f*
protoclase Protoklas *m*
protocotoin <$C_{16}H_{14}O_6$> Protocotoin *n*
protoechinulinic acid Protoechinulinsäure *f*
protogenic protonenliefernd, protonenabspaltend, protonenabgebend
protoglucal Protoglucal *n*
protoh[a]em Protohäm *n*, Eisenporphyrin(IX) *n*, Eisen(II)-protoporphyrin *n*
protolysis Protolyse *f*
proton Proton *n*, Wasserstoffkern *m*
proton acceleration Protonenbeschleunigung *f*
proton accelerator Protonenbeschleuniger *m {Nukl}*
proton acceptor Protonenakzeptor *m*, Emprotid *n*, Brönsted-Base *f {Chem}*
proton acid *s.* proton donor
proton affinity Protonenaffinität *f*
proton bombardment Protonenbeschießung *f*
proton bullet Protonengeschoß *n*
proton capture Protoneneinfang *m {Nukl}*
proton donor Protonendonator *m*, Dysprotid *n*, Brönsted-Säure *f {Chem}*
proton exchange Protonenaustausch *m*
proton-induced X-ray emission protoneninduzierte Röntgenemission *f {Anal}*
proton-induced X-ray emission analysis protoneninduzierte Röntgenstrahlanalyse *f*, PIXE-Analyse *f*
proton jump Protonensprung *m*
proton magnetometer Protonenmagnetometer *n*
proton mass Protonenmasse *f* *{1,67264·10^{-27} kg}*
proton microscope Protonenmikroskop *n*
proton moment Protonenmoment *n*, magnetisches Dipolmoment *n* des Protons *n* *{1,41062·10^{-23} erg/Gauß}*
proton number Protonenzahl *f*, Ordnungszahl *f {Periodensystem}*
proton path Protonenbahn *f*
proton precession frequency Protonenpräzessionsfrequenz *f*
proton range Protonenreichweite *f*
proton reaction 1. Protonenreaktion *f {Nukl}*, protoneninduzierte Kernreaktion *f*; 2. Prototropie *f*, Protonenwanderung *f {Valenz}*
proton-recoil counter Protonenrückstoßzähler *m {für schnelle Neutronen}*
proton repulsion Protonenabstoß *m*
proton resonance Protonenresonanz *f*
proton scattering microscope Protonenrückstreu-Mikroskop *n {Krist}*
proton spectrometer Protonenspektrometer *n*
proton spectrum Protonenspektrum *n*, Protonenresonanzspektrum *n*
proton spin Protonenspin *m*
proton stability constant reziproke Dissoziationskonstante *f {z.B. für schwache Basen}*
proton synchrotron Protonensynchrotron *n {Nukl}*
proton track Protonenbahn *f*, Protonenspur *f*
proton transfer Protonenübertragung *f*
protonated protoniert, nach Protonenaufnahme *f*
protonation Protonierung *f*, Protonisierung *f*
protonation-deprotonation Proton[is]ierung-Deproton[is]ierung *f*
protonic acid *s.* proton donor
protonolysis Protonolyse *f*
protopapaverine Protopapaverin *n*
protophilic protophil *{Lösemittel}*; protonophil, Protonen *npl* aufnehmend, H^+ aufnehmend
protophyllin Protophyllin *n*, Chlorophyllhydrid *n*
protopine Protopin *n*, Fumarin *n*, Macleyin *n*
protoplasm[a] Protoplasma *n {Biol}*
protoplasmic protoplasmisch
protoporphyrin <$C_{34}H_{34}N_4O_4$> Protoporphyrin *n*
protoporphyrinogen oxidase *{EC 1.3.3.4}* Protoporphyrinogenoxidase *f*
protoquercitol Protoquercit *m*
prototrophic prototroph *{1. Wildstamm-Stoffwechsel von Mikroben; 2. anorganischen C nutzend, Physiol}*

prototropism *s.* prototropy

prototropy Prototropie *f {Chem}*; Pseudoacidität *f*, Wasserstoffatom-Tautomerie *f {Stereochem}*, innermolekulare Wasserstoffwanderung *f*

prototype 1. Prototyp *m*, Original *n*, Urform *f*, Urtyp *m*; 2. Prototyp *m*, Erstausführung *f*, Muster *n {Tech}*; 3. Urbild *n*, Original *n {Math}*

prototype equipment Mustergeräte *npl*, Prototypgeräte *npl*

prototype unit Musteranlage *f*

protoveratrine <$C_{32}H_{51}NO_{11}$> Protoveratrin *n*

protovermiculite Protovermiculit *m {Min}*

protoxide Oxydul *n {obs}*, Protoxid *n*, *{Oxid der niedrigsten Oxidationsstufe}*

protozoon *{pl. protozoa}* Protozoon *n {pl. Protozoen}*, Einzeller *m*

protract/to hinausziehen, verzögern, verlängern, protrahieren *{z.B. die Wirkung von Arzneimitteln}*

protractor Schmiege *f*, Transporteur *m {Winkelmesser}*

protropin Wachstumshormon *n {Med}*

protrude/to hervorragen, hervorstehen, herausragen, hervortreten, vorspringen, überragen

protrusion 1. Vorsprung *m*; 2. Rauhigkeitsspitze *f {Oberflächenfehler}*; 3. Hervorstoßen *n*; Hervortreten *n*

protuberance 1. Ausstülpung *f*, Auswuchs *m*, erhabene Stelle *f*, vorstehende Stelle *f*; Rauhigkeitsspitze *f*, Rauheitsspitze *f {Oberflächenfehler}*; 2. Hervortreten *n*, Hervorquellen *n*

solar protuberance Sonnenprotuberanz *f*

protuberant erhaben, herausragend, hervorstehend, hervortretend

proustite <Ag_3AsS_3> lichtes Rotgültigerz *n*, Arsenrotgültigerz *n {Triv}*, Proustit *m {Min}*

prove/to 1. beweisen, nachweisen, begründen, belegen, erweisen; 2. sich bewähren, sich herausstellen; 3. prüfen, testen; die Probe *f* machen [auf] *{Math}*

provender Viehfutter *n*, Futter[mittel] *n*

provide/to ausstatten, versehen, versorgen *{mit etwas}*; beschaffen, besorgen

provided vorausgesetzt

provided with ausgerüstet mit

proving ground Versuchsfeld *n*, Versuchsgelände *n*, Testgelände *n*; Prüfpolygon *n*

provirus Provirus *n*; doppelsträngige DNA-Sequenz *f* im Eukaryontenchromosom *n*

provision 1. Vorkehrung *f*, Maßnahme *f*, Vorsorge *f*; 2. Bestimmung *f*, Vorschrift *f*; 3. Vorrat *m*; Rückstellung *f*

provisional provisorisch, behelfsmäßig, vorläufig

provisional application vorläufige Anmeldung *f {Patent}*

provisional estimate Voranschlag *m*

provisional regulations Übergangsbestimmungen *fpl {Jur}*

provisional solution Übergangslösung *f*

provisional specification 1. Vornorm *f*; 2. vorläufige Patentbeschreibung *f*

provisions Lebensmittelvorräte *mpl*

provitamin Provitamin *n*, Vitaminvorläufer *m {Biol, Chem}*

proximate annähernd, nahe; benachbart; unmittelbar

proximate analysis Grobanalyse *f*, Schnellanalyse *f*, Rapidanalyse *f*; Kurzanalyse *f*, Immediatanalyse *f {für Wasser, Asche und flüchtige Bestandteile in Kohle}*; Pauschalanalyse *f {Lebensmittel}*

proximity 1. Näherungs-; 2. Nähe *f*

proximity rule Proximitätsregel *f*

proximity switch Näherungsschalter *m*, kapazitiver Schalter *m*

prulaurasin <$C_{14}H_{17}NO_6$> Prulaurasin *n*

prunasin <$C_{14}H_{17}NO_6$> Prunasin *n {(+)-Mandelnitrit-Glucosid}*

prunella salt Prunellensalz *n*

prunetol Prunetol *n*, Genistein *n*

prunin Prunin *n*

prunol Malol *n*, Urson *n*, Ursolsäure *f*

Prussian blue Berliner Blau *n*, Preußischblau *n*, Eisenblau *n*, Pariser Blau *n*, Ferriferrocyanid *n {obs}*, Turnbulls Blau *n {$Fe_4[Fe(CH)_6]_3$}*

Prussian brown Preußischbraun *n*

Prussian red Caput mortuum *n*, Colcothar *m*, Englischrot *n*, Eisenrot *n*

Prussian white Berliner Weiß *n*

prussiate 1. Prussiat *n*, Pentacyanoferrat *n*, Prussid *n*; 2. Cyanid *n {M'CN}*; 3. Hexacyanoferrat *n*

prussiate of potash Blutlaugensalz *n*

red prussiate of potash Kaliumeisen(III)-cyanid *n*, rotes Blutlaugensalz *n*

yellow prussiate of potash gelbes Blutlaugensalz *n*, Kaliumeisen(II)-cyanid *n*

prussic acid <HCN> Blausäure *f*, Cyanwasserstoffsäure *f*, Cyanwasserstoff *m*, Hydrogencyanid *n*

prussite <$(CN)_2$> Dicyan *n*

PS *{polystrene}* Polystyrol *n*, PS

psammite Psammit *m*, klastisches Gestein *n {0,063-2 mm}*

psaturose <Ag_5SbS_4> Psaturose *m {obs}*, Stephanit *m {Min}*

pseudo-Newtonian flow pseudo-Newtonsches Fließen *n*

pseudoacetic acid *s.* propionic acid

pseudoacid Pseudosäure *f*

pseudoaconitine <$C_{36}H_{51}NO_{12}$> Pseudoaconitin *n*

pseudoadenosine Pseudoadenosin *n*

pseudoalkali Pseudoalkali *n*

pseudoalloy Pseudolegierung *f*
pseudoallyl *s.* isopropenyl
pseudoamethyst Pseudo-Amethyst *m*, violetter Flußspat *m {Min}*
pseudoapatite Pseudo-Apatit *m {Min}*
pseudoaromatics Pseudoaromaten *pl {Valenz}*
pseudoaspidin Pseudoaspidin *n*
pseudoasymmetric[al] pseudoasymmetrisch *{Stereochem, Valenz}*
pseudoaxial quasiaxial
pseudobrookite Pseudo-Brookit *m {Min}*
pseudobutylene *s.* 2-butene
pseudobutylene glycol **<$CH_3CH(OH)CH(OH)CH_3$>** 2,3-Butylenglycol *n*, 2,3-Dihydroxybutan *n*, Butan-2,3-diol *n*
pseudocannel [coal] Pseudocannelkohle *f*
pseudocarburizing Blindaufkohlung *f*, Pseudocementieren *n {Met; ohne Aufkohlungsmittel}*
pseudocartilage Stützgewebe *n {Histol}*
pseudocatalysis Pseudokatalyse *f*
pseudocatalytic pseudokatalytisch
pseudocatalyzer Pseudokatalysator *m*
pseudocellulose Hemicellulose *f*
pseudocholinesterase Pseudocholinesterase *f*
pseudocholesterol Pseudocholesterin *n*
pseudochrysolite Pseudochrysolith *m {Moldavit/Osidian-Gemenge}*
pseudocolo[u]r fluorescent image Falschfarben-Fluoreszenzbild *n*
pseudoconhydrine Pseudoconhydrin *n*
pseudocritical properties pseudokritische Eigenschaften *fpl {Thermo}*
pseudocrystal Pseudokristall *m*
pseudocrystalline pseudokristallin
pseudocrystallite Pseudokristall *m*
pseudocumene Pseudocumol *n*, Pseudocumen *n*, 1,2,4-Trimethylbenzol *n*, *asym*-Trimethylbenzol *n {IUPAC}*
pseudocumenesulfonic acid Pseudocumolsulfonsäure *f*
pseudocumenol *s.* pseudocumene
pseudocumidine Pseudocumidin *n*, 2,4,5-Trimethylanilin *n*, 1-Amino-2,4,5-trimethylbenzol *n {IUPAC}*
pseudocumyl <$(CH_3)_3C_6H_2$-> Pseudocumyl-, Trimethylphenyl- *{IUPAC}*
pseudocyanate *s.* fulminate
pseudocyanic acid *s.* fulminic acid
pseudocyanine Pseudocyanin *n*
pseudodiazoacetic acid Pseudodiazoessigsäure *f*
pseudodichroism pseudopolychromatisch
pseudoemerald Pseudo-Smaragd *m {Min}*
pseudoephedrine hydrochloride <$C_{10}H_{15}NO·HCl$> Pseudoephedrinhydrochlorid *n*
pseudogalena falscher Bleiglanz *m*, Sphalerit *m {Min}*
pseudogarnet Pseudo-Granat *m {Min}*
pseudogaylussite Pseudo-Gaylussit *m {Min}*
pseudoglucal Pseudoglucal *n*
pseudohalogen Pseudohalogen *n {z.B. CN, CNS, N_3}*
pseudohexagonal pseudohexagonal *{Krist}*
pseudoionone <$C_{13}H_{20}O$> Pseudojonon *n*
pseudoisomerism Pseudoisomerie *f*
pseudoleucine Pseudoleucin *n*
pseudolibethenite Pseudo-Libethenit *m {Min}*
pseudolimonene Pseudolimonen *n*
pseudomalachite Pseudo-Malachit *m*, Phosphor-Kupfererz *n*, Dihydrit *m*, Ehlit *m {Min}*
pseudomerism Pseudomerie *f*
pseudometallic luster unvollkommener Metallglanz *m*
pseudomolecular ion pseudomolekulares Ion *n {Anheftung eines Ions an Neutralmoleküle}*
pseudomonas Pseudomonasbakterien *npl*
pseudomonomolecular pseudomonomolekular *{Reaktionskinetik}*
pseudomonotropic pseudomonotrop
pseudomonotropy Pseudomonotropie *f {Allotropie unterhalb des Schmelzpunktes}*
pseudomorph Afterkristall *m*, pseudomorpher Kristall *m*
chemical pseudomorph chemisch-pseudomorpher Kristall *m*
physical pseudomorph physikalisch-pseudomorpher Kristall *m*
pseudomorphic pseudomorph *{Krist}*
pseudomorphosis Pseudomorphose *f {Krist}*
pseudomorphous pseudomorph
pseudonitriding Pseudonitrieren *n*, Blindnitrieren *n {Met}*
pseudooligosaccharide Pseudooligosaccharid *n {Saccharid-Cyclit-Oligomeres}*
pseudopelletierine <$C_9H_{15}NO·H_2O$> Pseudopelletierin *n*
pseudophite Pseudophit *m {Min}*
pseudopinene Pseudopinen *n*
pseudoplastic pseudoplastisch, quasiplastisch
pseudoplastic flow strukturviskoses Fließen *n*, pseudoplastisches Fließen *n*, Fließerweichung *f*
pseudoplasticity Pseudoplastizität *f {Strukturviskosität ohne Fließgrenze; DIN 1342}*; Thixotropie *f*
pseudopolysaccharide Pseudopolysaccharid *n {Cydit-haltig}*
pseudopurpurin Pseudopurpurin *n*
pseudoracemic pseudorazemisch
pseudoreduced properties pseudoreduzierte Zustandsgrößen *fpl {Thermo}*
pseudorotation Pseudorotation *f {Molekularstruktur}*
pseudosaccharin Pseudosaccharin *n*
pseudoscalar pseudoskalar *{Math}*
pseudosolution Pseudolösung *f {Sol oder Suspension}*
pseudosphere Pseudosphäre *f {Math}*

pseudostrychnine Pseudostrychnin *n*
pseudosugar Pseudozucker *m*
pseudosymmetry Pseudosymmetrie *f {Min}*
pseudotannin Pseudogerbstoff *m*
pseudotensor Pseudotensor *m*, Tensorschicht *f {Phys}*
pseudoternary pseudoternär
pseudotetragonal pseudotetragonal *{Krist}*
pseudotropine Pseudotropin *n*
pseudounimolecular pseudomonomolekular *{Reaktionskinetik}*
pseudourea Pseudoharnstoff *m*
pseudouric acid <$C_9H_{10}N_2O_6$> Pseudoharnsäure *f*
pseudouridin kinase *{EC 2.7.1.83}* Pseudouridinkinase *f*
pseudouridylate synthase *{EC 4.2.1.70}* Pseudouridylatsynthase *f*
pseudouridin Pseudouridin *n*, 5-Ribosyluracil *n*
pseudouridylic acid Pseudouridylsäure *f*
pseudoxanthine Pseudoxanthin *n*
psi *{pound-force per square inch; obs}* Pfund *n* je Quadratzoll
psicaine Psicain *n*
psicose <$HOCH_2CO(CHOH)_3CH_2OH$> Psicose *f*, Allulose *f*, D-Ribo-2-oxohexose *f*
psig *{pounds-force per square inch gauge; obs}* Pfund *m* je Quadratzoll *n* Überdruck *m {obs, Druckeinheit}*
psilomelan[it]e Psilomelan *m*, Hartmanganerz *n*, Schwarzer Glaskopf *m*, Schwarzmanganerz *n {Triv}*, Manganomelan *m {MnO_2, Min}*
psittacinite Psittacinit *m {obs}*, Mottramit *m {Min}*
psoralen Psoralen *n*, Furocumarin *n*
psoralic acid Psoralsäure *f*
psoromic acid Psoromsäure *f*
psychoactive compound psychotrope Substanz *f*, Psychochemikalie *f {Pharm}*
psychochemistry Psychochemie *f*
psychopharmacologic[al] agent Psychopharmakon *n*, psychotropes Pharmakon *n*
psychosine sulfotransferase *{EC 2.8.2.13}* Psychosinsulfotransferase *f*
psychotrine <$C_{28}H_{36}N_2O_4$> Psychotrin *n*
psychotropic effect psychotrope Wirkung *f {Pharm}*
psychromatic ratio psychromatisches Verhältnis *n {Thermo}*
psychrometer Psychrometer *n*, Luftfeuchtigkeitsmesser *m*
psychrometric psychrometrisch; Feuchtigkeits-
psychrometry Psychrometrie *f*, Feuchtigkeitsmessung *f*
psychrophilic microorganisms psychrophile Mikroorganismen *mpl {4-10°C}*
psychrotropic microorganisms psychrotrope Mikroorganismen *mpl*

psylla acid Psyllasäure *f*
psylla alcohol <$C_{33}H_{67}OH$> Psyllostearylalkohol *m*, Psyllaalkohol *m*, Tritriacontanol *n*
psyllic acid <$C_{32}H_{65}COOH$> Psyllostearylsäure *f*, Tritriacontansäure *f {IUPAC}*
pteridine <$C_6H_4N_4$> Pteridin *n {unsubstituierter Grundkörper der Pterine}*
pterin <$C_6H_5N_5O$> Pterin *n*, 2-Amino-4-oxo-3,4-dihydropteridin *n*
pterin deaminase *{EC 3.5.4.11}* Pterindeaminase *f*
pterocarpine Pterocarpin *n*
pteroic acid Pteroinsäure *f {Biochem}*
pterolite Pterolith *m {Min}*
pteropterin Pteropterin *n*
pterostilbene Pterostilben *n*
pteroylglutamic acid <$C_{19}H_{19}N_7O_6$> Folsäure *f*, Pteroylglutaminsäure *f*, Vitamin M *n*, Vitamin B_c *n*
PTFE *{polytetrafluorethylene}* Polytetrafluorethylen *n*
ptilolite Ptilolith *m*, Mordenit *m {Min}*
ptomaine Ptomain *n*, Leichengift *n*, Fäulnisalkaloid *n*, Leichenalkaloid *n*
PTO *{Patent and Trademark Office}* Amt *n* für Patente *npl* und Warenzeichen *npl {US}*
ptyalase *{EC 3.2.1.1}* Ptyalin *n*, α-Amylase *f {IUB}*, Diastase *f*
ptyalin *s.* ptyalase
ptychotis oil Ptychotisöl *n*
puberulic acid <$(OH)_3(C_7H_2O)COOH$> Puberulsäure *f*
puberulonic acid Puberulonsäure *f*
public öffentlich; staatlich, Staats-
public analyst Gerichtschemiker *m*
public announcement Bekanntgabe *f*
public body Behörde *f*, Körperschaft *f* des öffentlichen Rechts *n*
public fire alarm call point Hauptmelder *m*
public mains öffentliche Versorgungsleitung *f {Strom, Wasser, Gas}*; Haupt[leitungs]rohr *n*
public supply öffentliche Versorgung *f {mit Strom, Wasser, Gas}*
public utility öffentliches Versorgungsunternehmen *n*, öffentlicher Versorgungsbetrieb *m*, öffentliche Versorgung *f*
publication 1. Bekanntmachung *f*, Bekanntgabe *f*, Veröffentlichung *f*; 2. Publikation *f*; 3. Veröffentlichen *n*
publicity Werbung *f*, Reklame *f*
publicity department Werbeabteilung *f*
publish/to 1. bekanntgeben; 2. veröffentlichen, herausgeben, publizieren *{als Autor oder Verleger}*; verlegen *{als Verleger}*
puce dunkel[rot]braun
pucherite <BVO_4> Pucherit *m {Min}*
pucker/to fälteln, kräuseln; sich falten

puckered faltig, gekräuselt *{Text}*; runzelig; gewinkelt *{Molekülstruktur}*
puckering Faltenwerfen *n*; Fältelung *f* *{Geol}*
pudding stone Puddingstein *m* *{grobes Flint-Konglomerat; Geol}*
puddle/to 1. im Flammofen *m* frischen, puddeln *{Met}*; 2. abdichten, ausschmieren *{z.B. mit Lehm}*, mit Tonmischung *f* bestreichen; 3. mischen
puddle by hand/to handpuddeln *{Met}*
puddle 1. Lache *f*, Pfütze *f*; 2. Tonmischung *f*, Lehmmischung *f*
puddle ball Puddelluppe *f*, Rohluppe *f*
puddle cinder Puddelschlacke *f*
puddled steel Puddelstahl *m*
puddled iron Luppeneisen *n*, Puddeleisen *n*; Paketierstahl *m*
puddling Puddeln *n*, Flammofenfrischen *n* *{Met}*
puddling basin Puddelherd *m*
puddling for crystalline iron Kornpuddeln *n* *{Met}*
puddling furnace Puddelofen *m*, Eisenfrischflammofen *m*
puddling hearth Puddelherd *m*
puddling process Puddelprozeß *m*, Puddelverfahren *n*, Frischarbeit *f*
puddling slag Puddelschlacke *f*
puering Beizen *n*, Beizung *f* *{Gerb}*
puering bath Beizbad *n* *{Gerb}*
puering vat Schwödbottich *m*, Beizkufe *f*, Beizbrühgefäß *n* *{Leder}*
puff/to 1. blasen; pusten; 2. puffen *{Mais, Reis und Hülsenfrüchte}*; aufblähen; 3. schnaufen; 4. loben, aufdringlich anpreisen
puff off/to verpuffen
puff Blasluft *f* *{Glas}*
puff-drying Explosionstrocknung *f*, Verdampfungstrocknung *f* im Vakuum
puffball Bovist *m* *{Bergbau, Bot}*
puffed up aufgeblasen, aufgedunsen
puffer 1. Zündpille *f*; 2. *{US}* Picofarad *n*
puffing 1. Vorblasen *n* *{Glas}*; 2. Blähen *n*, Aufblähen *n*; 3. Puffbildung *f* *{Biochem}*; 4. Verpuffung *f*
puffing due to dust Staubexplosion *f*
pug/to 1. mischen, kneten, stampfen, schneiden *{von Ton oder Lehm}*; 2. ausschmieren, abdichten *{mit Lehm oder Ton}*
pug 1. Lehmkneten *n*, Lehmstampfen *n*, Tonkneten *n*, Tonschneiden *n*; 2. mechanisch durchgekneteter großer Tonklumpen *m* *{Keramik}*
pug mill Knetwerk *n*, Knetmaschine *f*, Mischmühle *f*; Tonkneter *m*, Tonmühle *f*, Tonschneider *m*, Lehmknetmaschine *f* *{Keramik}*
pukateine <$C_{17}H_{17}NO_3$> Pukatein *n*
pulegol <$C_{10}H_{18}O$> Menthen-3-ol *n*, Pulegol *n*
pulegone <$C_{10}H_{16}O$> Pulegon *n*
Pulfrich refractometer Pulfrich-Refraktometer *n*
pull/to 1. zerren, ziehen, reißen *{Mech}*; entrohren, Rohre *npl* ziehen; 2. ziehen *{z.B. einer Reaktion}*; 3. ausspeichern *{EDV}*; 4. abziehen, drucken *{Druck}*
pull back/to zurückziehen
pull off/to abziehen
pull out/to ausreißen
pull 1. Wärmeriß *m*; 2. Ziehen *n*, Zug *m* *{Mech}*; 3. [einfaches] Hebezeug *n* *{Tech}*; 4. Zugstück *n* *{z.B. am Reißverschluß}*; 5. Zug *m* *{Feuerstätte}*; 6. Anziehung *f* *{durch elektrostatische Kräfte}*; 7. Korrekturabzug *m*, Abklatsch *m*, Andruck *m* *{Druck}*
pull electrode Zugelektrode *f*
pull test Zugprobe *f*, Reckprobe *f*, Zugprüfung *f*
pulley 1. Scheibe *f*, Riemenscheibe *f*; 2. Trommel *f* *{eines Förderers}*; Laufrolle *f*; 3. Rillenscheibe *f* *{Tech}*; 4. Rolle *f* *{Text}*
pulley block Flaschenzug *m*
pulley wheel Rolle *f*
pulling 1. Zug *m*, Ziehen *n* *{Mech}*; Vorziehen *n*, Grobdrahtziehen *n*, Grobzug *m* *{Met}*; 2. Ziehen *n*, Widerstand *m* *{eines schlecht verlaufenden Anstrichmittels}*
pulling down Abbruch *m*, Abtragung *f*, Zerstörung *f*, Niederreißung *f*, Demolierung *f*
pulling force Zugkraft *f*
pullulan Pullulan *n* *{Poly-α-1,6-maltotriose}*
pullulanase *{EC 3.2.1.41}* Pullulanase *f*
pulp/to 1. aufschwemmen *{Mineralaufbereitung}*; 2. zu Halbstoff *m* aufschließen, chemisch aufschließen *{Pap}*; 3. in Brei verwandeln, zerstampfen; zu Brei *m* werden
pulp 1. Brei *m*, breiige Masse *f*, Pulpe *f*, Pülpe *f*, Pulp *m*; 2. Pülpe *f*, Fruchtfleisch *n*, Fruchtmark *n*, Mark *n*, Pulpa *f*, Obstpülpe *f* *{Lebensmittel}*; 3. Trübe *f*, Suspension *f* *{Mineralaufbereitung}*; 4. Papierbrei *m*, Faser[stoff]brei *m*, Fasermasse *f*, Zellstoff *m* *{Pap}*; Faserhalbstoff *m*, Halbzeug *n* *{Pap}*
pulp bale Zellstoffballen *m*
pulp beating Zellstoffmahlung *f*
pulp bleaching Zellstoffbleiche *f*
pulp board Zellstoffblätter *npl*, [einlagige] Zellstoffpappe *f*, Holzschliffpappe *f*, Holzschliffblätter *npl*, Halbstoff *m* in Bogenform *f* *{Pap}*
pulp colo[u]ring Büttenfärbung *f*
pulp conveyor Stofförderanlage *f* *{Pap}*
pulp digester Zellstoffkocher *m*
pulp drying 1. Zellstofftrocknung *f* *{Pap}*; 2. Schnitzeltrocknung *f* *{Zucker}*
pulp drying machine Zellstofftrockenmaschine *f*, Zellstoffentwässerungsmaschine *f*, Holzschliffentwässerungsmaschine *f*

pulp engine Holländer *m*, Mahlholänder *m*, Messerholländer *m*, Ganzzeugholländer *m {Pap}*
pulp felt Zellstoffilz *m*, Entwässerungsfilz *m*
pulp fiber Zellstoffaser *f*
pulp filter Massefilter *n*, Schalenfilter *n {Brau}*
pulp flume Schnitzelschwemme *f {Zucker}*
pulp-handling centrifugal pump Stoffkreiselpumpe *f*
pulp meter Zeugregler *m {Pap}*
pulp mo[u]ld Saugform *f {Pap}*
pulp press water Schnitzelpreßwasser *n {Zukker}*
pulp processing Zellstoffveredelung *f {Pap}*
pulp production Zellstoffherstellung *f*
pulp saver Faserstoffänger *m*, Stoffänger *m*, Stoffrückgewinnungsanlage *f*, Faserrückgewinnungsanlage *f {Pap}*
pulp-sized massegeleimt, stoffgeleimt
pulp sizing Büttenleimung *f*, Leimung *f* im Stoff *m*, Masseleimung *f {Pap}*
pulp slime Zellstoffschleim *m*
pulp slurry Faser[stoff]suspension *f*, Fasermasse *f*, Stoffsuspension *f {Pap}*
pulp stock 1. Faser[stoff]brei *m*, Fasermasse *f*, Stoffbrei *m*, Stoffmasse *f*; 2. Faser[stoff]suspension *f*, Stoffsuspension *f*
pulp strainer plate Ganzzeugfilterplatte *f {Pap}*
pulp strength Zellstoffestigkeit *f*
pulp suspension Faser[stoff]suspension *f*, Stoffsuspension *f*, Stoffwasser *n {Pap}*
pulp vat Lumpenbütte *f {Pap}*
pulp wadding Zellstoffwatte *f*
pulp washer 1. Filtermassewaschmaschine *f {Brau}*; 2. Zellstoffwäscher *m {Pap}*
pulp water 1. Sieb[ab]wasser *n {Pap}*; 2. Diffusionsabwasser *n {Zucker}*
pulp water pump Schnitzelwasserpumpe *f {Zucker}*
pulp wood Papierholz *n*, Faserholz *n*, Schleifholz *n*, Zellstoffholz *n*, Chemieholz *n*
pulp yarn Papierstoffgarn *n*
bleached pulp gebleichter Zellstoff *m*
brown mechanical pulp Braunschliff *m*
pulpability Aufschließbarkeit *f {Pap}*
pulper 1. Einstampfmaschine *f*, Pulper *m*, Stoff[auf]löser *m {Pap}*; 2. Pulper *m {Lebensmittel}*
pulper lift Schnitzelbagger *m {Zucker}*
pulping 1. Aufschließen *n*, [chemischer] Aufschluß *m*, Zellstoffaufschluß *m*, Holzschliffherstellung *f {Pap}*; 2. Breiigwerden *n {Erzkonzentrate}*
pulping machine 1. Einstampfmaschine *f {Pap}*; 2. Passiermaschine *f {Lebensmittel}*
pulping process Papieraufbereitungsprozeß *m*, Aufschlußverfahren *n {Pap}*
preparation of waste for pulping Abfallstoffaufbereitung *f {Pap}*
pulpwood Papierholz *n*, Zellstoffholz *n*, Faserholz *n*
pulpy breiig, breiartig, matschig; fleischig *{Früchte}*
pulpy nectar fruchtfleischhaltiger Nektar *m*
pulque Agavenbranntwein *m*
pulsatance Kreisfrequenz *f {Elek}*
pulsate/to pulsieren
pulsatile pressure Druckpulsation *f*
pulsating pulsierend, stoßweise; Pulsier-
pulsating-bed dryer Wirbelstoßtrockner *m*
pulsating bunker Rüttelbunker *m*
pulsating chute Schüttelrinne *f*
pulsating column Pulsierkolonne *f*
pulsating combustion pulsierende Verbrennung *f*
pulsating current pulsierender Strom *m {Elek}*
pulsating fatigue limit Schwellfestigkeit *f*, Dauerfestigkeit *f* unter schwellender Beanspruchung *f*
pulsating fatigue strength *s.* pulsating fatigue limit
pulsating panel Rüttelplatte *f*
pulsating pressure test Pulsationsdruckversuch *m*
pulsation Pulsieren *n*, Pulsation *f*, langsames Schwingen *n*, pulsierende Bewegung *f*; Intermittieren *n*; taktmäßiger Wechsel *m*
pulsation damp[en]er Pulsationsdämpfer *m*, Druckschwingungsdämpfer *m*; Stoßdämpfer *m {Gas}*
pulsation-diffusion method Pulsationsdiffusionsmethode *f {Molekularmassebestimmung}*
pulsation muffler Pulsationsdämpfer *m {Pumpe}*
pulsation snubber *s.* pulsation damp[en]er
pulsation tension strength Zugschwellfestigkeit *f*
pulsation tension test Zugschwellversuch *m*
pulsation test Schwellversuch *m*
pulsator jig Schüttelsiebmaschine *f*; Schwingsetzmaschine *f*
pulse 1. Impuls *m*; Einzelwelle *f*; Stromstoß *m*; 2. Hülsenfrucht *f*; 3. Puls *m {Med}*
pulse amplifier Impulsverstärker *m*, Pulsverstärker *m*
pulse analyzer Impulsanalysator *m {Höhe, Dauer, Wiederholrate usw.}*
pulse characteristic Impulscharakteristik *f*
pulse clipper Impulsbegrenzer *m*
pulse column Pulsationskolonne *f*, pulsierte Kolonne *f*
pulse counter Impulszähler *m*
pulse-counting valve Auslösezählrohr *n*, Auslösezähler *m*

pulse duration Impulsbreite *f*, Impulsdauer *f*, Impulslänge *f*, Pulsbreite *f*
pulse frequency Impulsfolgefrequenz *f*
pulse hardening Impuls-Oberflächenhärtung *f* *{Met, z.B. ms mit 27 MHz}*
pulse-height analyzer Impulshöhen-Analysator *m*
pulse-height discriminator Impulshöhendiskriminator *m*
pulse-height spectrum Impulsgrößenspektrum *n*
pulse-input point Impulseingang *m*
pulse ionization chamber Auslösezähler *m* *{Nukl}*
pulse output unit Impulsausgang *m*
pulse polarography Pulse-Polarographie *f* *{Anal}*
pulse radiolysis Impulsradiolyse *f* *{Spek, Kinetik}*
pulse rate Impulsrate *f*
pulse rate meter Impulsfrequenzmesser *m*
pulse rise Impulsanstieg *m*
pulse-rise time Impulseinstellzeit *f*
pulse shape Impulscharakteristik *f*, Impulsform *f*
pulse spark source Impulsfunkenerzeuger *m*
pulse stripper Impulsabtrenner *m*, Impulsbegrenzer *m*
pulse-transit time method Impuls-Laufzeit-Verfahren *n*
pulse triggering Impulsauslösung *f*, Impulsanregung *f*, Impulstriggerung *f*
pulse voltammetry Pulse-Voltametrie *f* *{Anal}*
pulse-width Impulsbreite *f*, Impulsdauer *f*, Impulslänge *f*, Pulsdauer *f*

pulsed bed Pulsationsbett *n*
pulsed column Pulsationskolonne *f*
pulsed discharge Stoßentladung *f*
pulsed light pulsierendes Licht *n*
pulsed nuclear magnetic resonance-gradient method gepulste NMR-Gradient-Methode *f*, gepulste NMR-Gradient-Spektroskopie *f*, gepulste magnetische Kernresonsanz-Gradient-Methode *f* *{Spektroskpie}*
pulsed photoacoustic microcalorimetry photoakustische Stoßmikrokalorimetrie *f*
pulsed radiation pulsierende Strahlung *f*
pulsed sieve plate extraction column Extraktionskolonne *f* mit Pulsationsboden *m*
pulsed voltage Stromimpuls *m*

pulseless puls[ations]frei

pulsing Impulsgabe *f*; Pulsation *f*, Pulsieren *n*, pulsierende Bewegung *f*

pulsometer [pump] Dampfdruckpumpe *f*, Pulsometer *n* *{kolbenlose Pumpe}*

pultrusion Pultrusionsverfahren *n*, kontinuierliches Ziehen *n* *{Stäbe/Profile aus faserverstärktem Duroplast}*

pulver[iz]able pulverisierbar

pulverization Pulverisierung *f*, Pulvern *n*, Zerpulverung *f*, Zerpulvern *n*; Feinstmahlen *n*, Mahlen *n* auf Staubfeinheit *f*; Mahlen *n*, Vermahlen *n* *{harter bis mittelharter Stoffe}*; Zerstäubung *f* *{Flüssigkeiten}*

pulverize/to pulverisieren, pulvern, zerpulvern; zermahlen, zerstoßen, zerreiben *{harter bis mittelharter Stoffe}*; feinmahlen; zerstäuben *{Flüssigkeiten}*

pulverized pulverisiert, staubförmig, pulv[e]rig, zerpulvert, pulverförmig
pulverized brown coal Braunkohlen[brenn]staub *m*
pulverized cellulose Pulvercellulose *f*
pulverized chalk feingemahlene Kreide *f*
pulverized coal Brennstaub *m*, Kohlenstaub *m*, Staubkohle *f*, pulverisierte Kohle *f*, gepulverte Kohle *f*
pulverized coal firing Kohlenstaubfeuerung *f*
pulverized fuel Brenn[stoff]staub *m*, staubförmiger Brennstoff *m*
pulverized-fuel ash Flugasche *f*
pulverized-fuel firing Staubfeuerung *f* *{Kohlenstaub}*, Kohlenstaubfeuerung *f*
pulverized lignite Braunkohlenstaub *m*
pulverized material pulverisiertes Material *n*, gepulvertes Material *n* *{Staubexplosion}*
pulverized ore Pochmehl *n*

pulverizer Zerkleinerungsmaschine *f*, Mühle *f* *{für harte bis mittelharte Stoffe}*; Fein[st]mühle *f*, Fein[st]mahlanlage *f*, Staubmühle *f*, Pulverisiermühle *f*; Zerstäuber *m* *{Flüssigkeiten}*
pulverizer output Mahlleistung *f*

pulverizing Pulverisieren *n*, Zerpulvern *n*; Mahlen *n*, Vermahlen *n* *{harter bis mittelharter Stoffe}*; Fein[st]mahlen *n*, Mahlen *n* auf Staubfeinheit
pulverizing equipment Mahlanlage *f*, Mahlvorrichtung *f* *{für harte bis mittelharte Stoffe}*; Fein[st]mühle *f*, Staubmühle *f*, Pulver[isier]-mühle *f*
pulverizing machine Pulverisiermaschine *f*
pulverizing mill *s*. pulverizing equipment
pulverizing process Mahlvorgang *m*; Pulverisierung *f*
pulverizing unit Feinmahlaggregat *n*

pulverulent 1. pulverförmig, staubartig, pulv[e]rig; feinpulvrig; 2. staubig, staubbedeckt; 3. brüchig, zerkrümelnd, [leicht] zerbröckelnd, bröckelig
pulverulent material mulmiges Material *n*, erdiges Material *n*
pulverulent plastic pulverförmiger Plast *m*, pulverförmige Formmasse *f*

pulvinic acid <$C_{18}H_{12}O_5$> Pulvinsäure *f*

pumice/to bimsen, abbimsen, mit Bimsstein abreiben, mit Bimsstein abschleifen

pumice Bims *m*, Bimsstein *m*, Naturbims *m*
pumice cloth Bimssteintuch *n*
pumice concrete Bimsbeton *m*, Bimskiesbeton *m*
pumice gravel Bimskies *m*
pumice powder Bimssteinmehl *n*, Bimssteinpulver *n*, Bimsstaub *m*
pumice sand Bimssand *m*
pumice slag Hüttenbims *m*
pumice soap Bimssteinseife *f*
pumice stone *s.* pumice
pumice stone paper Bimssteinpapier *n* *{Schleifpapier}*
pumice stone tuff Bimstuff *m*, Bimskonglomerat *n*
rub with pumice/to mit Bimsstein abreiben
pumiceous bimssteinähnlich, bimssteinartig; Bimsstein-
pump/to pumpen, saugen, ansaugen; spritzen, einspritzen *{Lebensmittel}*
pump down/to auspumpen, abpumpen, evakuieren
pump dry/to leerpumpen
pump in/to einpumpen
pump out/to evakuieren, auspumpen, abpumpen
pump over/to umpumpen
pump up/to aufpumpen
pump 1. Pumpe *f*; Hydraulikpumpe *f*, hydraulische Pumpe *f*; Spülpumpe *f* *{Rotarybohranlage}*; 2. Pumpenrad *n* *{Druckmittelgetriebe}*; Primärrad *n* *{Flüssigkeitskupplung}*
pump casing Pumpengehäuse *n*, Pumpenkörper *m*
pump chamber Pumpenzylinder *m*
pump circulation Umpumpbetrieb *m*
pump delivery Pumpenfördermenge *f*, Pumpenförderung *f*
pump-delivery pressure Pumpenenddruck *m*
pump-discharge pressure Pumpenenddruck *m*
pump-down curve Pumpcharakteristik *f*, Auspumpkurve *f*
pump-down time Pumpzeit *f*, Evakuierungszeit *f*, Auspumpzeit *f*
pump fluid Treibmittel *n* *{Pumpe}*, Pumpentreibmittel *n*
pump-fluid filling Treibmittelfüllung *f* *{Pumpe}*
pump for extreme pressures Höchstdruckpumpe *f*
pump for pulverized materials Staubpumpe *f*
pump head Förderhöhe *f* der Pumpe
pump housing *s.* pump case
pump impeller Pumpenflügel *m*
pump inlet Ansaugöffnung *f*
pump inlet branch Saugstutzen *m*
pump lift Pumphöhe *f*
pump line Pumpensaugleistung *f*
pump-mixer settler Misch-Trennbehälter *m* mit Umlaufpumpen, Mischabsetzer *m* mit Umlaufpumpen
pump motor Pumpen[antriebs]motor *m*
pump oil Pumpentreibmittel *n*, Pumpenöl *n*
pump-out tubulation Pumpstengel *m*, Vakuumstutzen *m*
pump-outlet side Pumpendruckstutzen *m*
pump output Pumpen[förder]leistung *f*
pump piston Pumpenkolben *m*
pump pit Pumpensumpf *m*
pump plunger Pumpenkolben *m*
pump port Einlaßöffnung *f*
pump rods Pumpengestänge *n*
pump shaft Pumpenwelle *f*
pump speed Pumpgeschwindigkeit *f*, Förderleistung *f*, Saugvermögen *n*
pump suction branch Pumpensaugstutzen *m*
pump sump Pumpensumpf *m*
pump throat area Diffusionsspaltfläche *f*
pump unit Pumpenaggregat *n*
pump valve Pump[en]ventil *n*, Pumpenklappe *f*
pump vent valve Belüftungsventil *n* der Vorpumpe *f*, Pumpenbelüftungsventil *n*
pump well Pumpenschacht *m*
involute pump Evolventenpumpe *f*
positive displacement pump Verdrängerpumpe *f*
rotary pump Kreiskolbenpumpe *f*
rotating piston pump Kreiskolbenpumpe *f*
type of pump Pumpenbauart *f*
vapo[u]r pump Treibmittelpumpe *f*
pumpability Pumpfähigkeit *f*, Pumpbarkeit *f* *{DIN 51427}*
pumpability test Pumpfähigkeitstest *m* *{Öl}*
pumpable pumpfähig, förderfähig durch Pumpe *f*, förderfähig mit der Pumpe *f*
pumped-up volume Abfüllmenge *f*
pumped vacuum system dynamisches Vakuumsystem *n*, dynamische Vakuumanlage *f*
pumping 1. Pumpenantrieb *m*; 2. Pumpen *n*; 3. Einspritzen *n* *{Lebensmittel}*
pumping action Pumpwirkung *f*, Ansaugwirkung *f*, Saugwirkung *f*
pumping capacity Saugvermögen *n*, Pumpgeschwindigkeit *f*, Förderleistung *f*
pumping head Pumphöhe *f*
pumping hole Entlüftungsloch *n*
pumping method Pumpverfahren *n*
pumping speed *s.* pumping capacity
pumping stem Pumpstengel *m*, Vakuumstutzen *m*
pumping time constant Pumpzeitkonstante *f* *{= Verhältnis Volumen/Saugvermögen}*
pumping unit [betriebsfertiger] Pumpstand *m*
pumpkin seed oil Kürbiskernöl *n* *{Cucurbita pep L.}*

punch/to [aus]stanzen; [an]körnen; durchbohren, [durch]lochen, durchlöchern, lochstanzen; durchschlagen, austreiben
punch holes/to löchern
punch 1. Locheisen *n*, Lochstempel *m*, Durchschlag *m {Lochwerkzeug}*; 2. Ausschlageisen *n*, Austreiber *m*; 3. Körner *m*; 4. Werkzeugstempel *m*, Werkzeugpatrize *f*, Stempel *m {Präge-, Stanz-, Biege-, Abschneid-, Loch-, Zieh-, Schneid- usw.}*; 5. Rammknecht *m*
punch and die Stanzwerkzeug *n* mit Patrize *f* und Matrize *f*
punch card Lochkarte *f {EDV}*
punched card Lochkarte *f {EDV}*
punched out [aus]gestanzt
punched papercard Lochkarte *f {EDV}*
punched paper tape Lochstreifen *m {EDV}*
punched plate Lochblech *n*
punched-plate screen Siebblech *n*
punched-plate sieve Lochblechsieb *n*
punched tape Lochstreifen *m {EDV}*
punching 1. Stanzen *n*; Lochstanzen *n {Met, Kunst}*; Lochen *n {EDV}*; 2. Lochen *n {Abfall beim Lochen}*
punching lubricant Stanzschmierstoff *m*
punching oil Stanzöl *n*
punching pelleter Stößel-Tablettiermaschine *f*
punching quality Stanzfähigkeit *f*
punching test Durchstoß-Test *m*
punchings Stanzabfälle *mpl*
punctiform punktförmig
punctual 1. pünktlich; 2. punktförmig
punctuation Interpunktion *f*, Zeichensetzung *f*; Unterbrechung *f*
punctuation mark Interpunktionszeichen *n*
punctuation symbol Interpunktionssymbol *n*
puncture/to durchbohren, durchlöchern, durchstechen; punktieren *{Med}*; durchschlagen *{Elek}*
puncture 1. Durchschlagen *n*; Durchstechen *n*; 2. Loch *n*, Einstich *m*, Durchstich *m*; 3. Durchschlag *m {Elek}*; 4. Punktion *f {Med}*
puncture cutout Durchschlagssicherung *f {Elek}*
puncture ga[u]ging chain Einstichmeßkette *f*
puncture-proof 1. durchschlagsicher *{Elek}*; 2. durchschlagfest *{Mech}*; pannensicher *{Reifen}*
puncture resistance Durchstoßfestigkeit *f*, Sticheinreißfestigkeit *f {z.B. von Pappe}*
puncture strength Durchschlagfestigkeit *f*, dielektrische Festigkeit *f*, elektrische Festigkeit *f {in V/m}*
puncture voltage Durchschlagspannung *f {Elek}*
pungent beißend, ätzend, stechend *{Geruch}*; sauer, herb, streng, scharf, brennend, beißend *{Lebensmittel}*
punicine 1. Punicin *n*; 2. Pelletierin *n*
punk Zündschwamm *m*, Zunderholz *n*
punking behavoiur Entzündbarkeit *f*, Entzündlichkeit *f*
puppet Walzpuppe *f*, aufgerolltes Walzfell *n {Kunst}*
puppet valve Schlotterventil *n*, Schnarchventil *n*, Schnüffelventil *n*
purchase/to [ein]kaufen; erwerben, erstehen; 2. hochwinden
purchase 1. [einfaches] Hebezeug *n*; 2. Einkauf *m*; Erwerbung *f*
purchase price Kaufpreis *m*, Einkaufpreis *m*
terms of purchase Bezugsbedingungen *fpl*
pure rein, klar, sauber; echt; gediegen *{Met}*; lauter
pure alcohol absoluter Alkohol *m*
pure benzene Reinbenzol *n {DIN 51798}*
pure blue Reinblau *n*
pure carbon Reinkohle *f*, reine Kohlensubstanz *f*, wasser- und aschefreie Kohlensubstanz *f {Kohle}*
pure clay <Al_2O_3> Tonerde *f*, feiner Ton *m*, Aluminiumoxid *n*
pure coal 1. Reinkohle *f*, reine Kohlensubstanz *f*, wasser- und aschefreie Kohlensubstanz *f {Kohle}*; 2. reine Kohle *f*, Reinkohle *f {Summe der Dichtefraktionen unterhalb der unteren Bezugsdichte; DIN 22018}*
pure element Reinelement *n*, reines Element *n*, isotopenreines Element *n*, mononuklidisches Element *n*
pure gas Reingas *n*
pure gold Feingold *n*
pure metal Reinmetall *n*, reines Metall *n*
pure metal cathode Reinmetallkathode *f*
pure polymer Reinpolymerisat *n*
pure product Reinprodukt *n*, Reinerzeugnis *n*
pure product column Reinkolonne *f*
pure-resin test piece Reinharzstab *m*
pure shale Reinberge *mpl {Summe der Dichtefraktionen oberhalb der oberen Bezugsdichte; DIN 22018}*
pure substance Reinstoff *m*
purely elastic deformation reinelastische Deformation *f*, reinelastisches Verformungsverhalten *n*
purely elastic strain *s.* purely elastic deformation
pureness Reinheit *f*; Echtheit *f*; Feinheit *f*
purest reinst
purgative Abführmittel *n*, Purgans *n*, Purgativum *n*, Laxiermittel *n {Pharm}*
purgative herb Purgierkraut *n*
purgative salt Purgiersalz *n*
purge/to 1. reinigen; säubern; auswaschen, ausschlämmen, klären, purgieren; 2. löschen, annulieren *{Comp}*

purge 1. Entleerung *f*; 2. Reinigen *n*; Säubern *n*; 3. Abführen *n {Med}*
purge air Spülluft *f*
purge circuit Spülkreislauf *m*
purge cock Ablaßhahn *m*, Entleerungshahn *m*
purge flow Spülstrom *m*
purge gas Spülgas *n*
purge-gas flow Spülgasstrom *m*
purge loop Spülkreislauf *m*
purge stream Spülstrom *m*
purge valve Ablaßventil *n*
purger Entleerungsventil *n*
purging air Spülluft *f*
purging buckthorn Färberbeere *f {Bot}*
purging cock Ausblasehahn *m*, Ablaßhahn *m*, Reinigungshahn *m*
purging nitrogen Stickstoff *m* zum Ausdrükken *n*
purging of moisture Feuchtigkeitsentfernung *f*
puric base Purinbase *f*
purification 1. Reinigung *f*, Klärung *f*, Läuterung *f {von Flüssigkeiten}*, Purifikation *f {Chem, Phys}*; Raffination *f {Öl, Metall}*, Reinigen *n {von chemischen Elementen}*; 2. Reindarstellung *f*
purification by carbonation Saturationsscheidung *f {Zucker}*
purification devices Reinigungsvorrichtung *f {Gas}*
purification method Reinigungsverfahren *n*
purification of gases Reinigung *f* von Gasen *npl*
purification of enzymes Reinigung *f* von Enzymen *npl*
purification of liquids Reinigung *f* von Flüssigkeiten *fpl*
purification of organic compounds Reinigung *f* von organischen Verbindungen *fpl*
purification plant Reinigungsanlage *f*; Abwasserreinigungsanlage *f*, Wasserkläranlage *f*, Klärwerk *n*
purification process Reinigungsprozeß *m*
purified rein; gereinigt, geklärt *{Flüssigkeit}*; raffiniert *{z.B. Öl, Metall}*
purified-gas store Reingaslager *n*
purifier 1. Reinigungsmittel *n*, Reiniger *m*; 2. Reinigungsapparat *m*, Reinigungsgerät *n*
purify/to 1. reinigen, klären, läutern *{Flüssigkeiten}*; 2. frischen *{Met}*; 3. raffinieren, reinigen; 4. purifizieren, säubern; 5. reindarstellen *{chemischer Elemente}*
purify by smelting/to ausschmelzen
purify in a preliminary way/to vorreinigen
purifying agent Reinigungsmittel *n*, Läuterungsmittel *n*
purifying apparatus Reinigungsapparat *m*
purifying basin Reinigungsbassin *n*
purifying bulb Absorptionsrohr *n {Lab}*
purifying jar Absorptionszylinder *m*, Waschflasche *f {Lab}*
purifying mass Reinigungsmasse *f*, Gasreinigungsmasse *f*, Reinigermasse *f*
purifying material Reinigermasse *f*, Reinigungsmasse *f*, Gasreinigungsmasse *f*
purifying plant Reinigungsanlage *f*
purifying process Reinigungsprozeß *m*; Windfrischverfahren *n {Met}*
purifying pump fraktionierende Pumpe *f*
purifying salve Reinigungssalbe *f*
purifying tank Reinigungsbottich *m*
purifying vessel Läuterungsgefäß *n*, Läuterungskessel *m*
purin *s.* purine
purine <$C_5H_4N_4$> Purin *n*, Imidazo[4,5-d]pyrimidin *n*
purine alkaloids Purinbasen *fpl*
purine bases Purinbasen *fpl*
purine biosynthesis Purinbiosynthese *f*
purine bodies Purinbasen *fpl*
purine derivative Purinderivat *n*
purine nucleotide Purinnucleotid *n*
purine-nucleotide phosphorylase *{EC 2.4.2.1}* Purinnucleotidphosphorylase *f*, Purinphosphoribosyltransferase *f {Biochem}*
purine ring Purinring *m*
purinedione *s.* xanthine
purinetrione *s.* uric acid
purinoic acid Purinoesäure *f*
purinone Hypoxanthin *n*
purity Reinheit *f*; Echtheit *f*; Feinheit *f*
purity degree Reinheitsgrad *m {Fügeteiloberflächen, Chemikalien usw.}*
purity test Reinheitsprüfung *f*, Reinheitsprobe *f*
spectral purity spektrale Reinheit *f*
test for purity Reinheitsprobe *f*, Reinheitsprüfung *f*
puromycin Puromycin *n*
purone <$C_5H_8N_4O_2$> Puron *n*, 2,8-Dioxo-1,4,5,6-tetrahydropurin *n*
purple 1. purpurn, purpurfarben, blaurot; Purpur-; 2. Purpur *m {Farbton}*; 3. Purpurfarbe *f {Farbstoff}*
purple carmine Purpurcarmin *n*, Murexid *n*
purple-colo[u]red purpurfarben, purpurrot, blaurot, purpurn
purple colo[u]ring Purpurfärbung *f*
purple copper *s.* bornite
purple lake Purpurlack *m*
purple of Cassius Cassiusscher Goldpurpur *m*
purple ore Purpurerz *n {gelaugte Rückstände bei Cu-haltigen Kiesabbränden}*
purple-red 1. purpurrot; 2. Purpurrot *n*
purple violet Purpurviolett *n*
purple wood Amarantholz *n*, Purpurholz *n*
antique purple Dibromindigo *n*

tyrian purple Murex *n*, 6,6'-Dibromindigotin *n*
visual purple Sehpurpur *m*
purplish purpurn, purpurfarbig, purpurfarben, purpurrot
purplish schist Purpurschiefer *m {Min}*
purpose 1. Absicht *f*; 2. Verwendungszweck *m*, Zweck *m*; Ziel *n*
purposeful zweckdienlich, zweckmäßig; bedeutungsvoll
purpurate Purpurat *n*
purpurate indicator Purpuratindikator *m*
purpurea glycoside Purpureaglycosid *n*
purpureo cobaltic chloride <$[Co(NH_3)_5Cl]Cl_3$> Chloropentamminco-balt(III)-chlorid *n*
purpuric acid <$C_8H_5N_5O_6$> Purpursäure *f*
purpurine <$C_{14}H_8O_2$> Purpurin *n*, 1,2,4-Trihydroxy-9,10-anthrachinon *n*, Anthrapurpurin *n*, Oxyalizarin 6 *n*
purpurite Purpurit *m {Min}*
purpurogallin <$C_{11}H_8O_5$> Purpurogallin *n*
purpurogenone Purpurogenon *n*
purpuroxanthene Purpuroxanthen *n*, Xanthopurpurin *n*
purring Geprassel *n*
purse silk Kordonettseide *f {Text}*
pursue/to verfolgen; fortsetzen, [weiter] betreiben
pus Eiter *m {Med}*
puschkinite Puschkinit *m {obs}*, Epidot *m {Min}*
push/to 1. schieben, stoßen; 2. drängen, drükken; 3. betreiben; 4. einspeichern, einspeisen *{EDV}*
push back/to zurückstoßen
push down [a button]/to [einen Knopf] niederdrücken
push forward/to vorwärtsstoßen
push through/to durchstoßen
push Stoß *m*, Schub *m*; Stoßen *n*
push button 1. Druckknopf *m*, Drucktaste *f*, Taste *f*; 2. Tastschalter *m*, Taster *m*, Tastendruckschalter *m*, Drucktaster *m*
push-button control Druckknopfbetätigung *f*, Druckknopfsteuerung *f*, Drucktastensteuerung *f*, Drucktastenbedienung *f*
push-button switch 1. Druckknopfschalter *m*, Knopfschalter *m*; 2. Tastschalter *m*, Taster *m*, Tastendruckschalter *m*
push-off Abstoß *m*, Abstoßen *n*
push-out package Durchdrückpackung *f*
push-pull symmetrisch; Gegentakt-, Zug-, Druck-
push-pull circuit Gegentaktschaltung *f*
push-pull connection Gegentaktschaltung *f*
push-through pack Durchdrückpackung *f* *{Pharm}*
push-type centrifuge Schubzentrifuge *f*
pushback hydraulischer Auswerfer *m*
pusher Drücker *m*, Puffer *m*; Schiebevorrichtung *f*, Abschiebevorrichtung *f*
pusher[-type] furnace Durchstoßofen *m*, Stoßofen *m*
pushing force Schubkraft *f*
pushing trough Schub[förder]rinne *f*
pustulan (1,6)ß-D-Glucan *n*
put/to stellen, setzen, legen; stecken; gießen
put down/to ablegen
put in/to einstecken, einfügen, einsetzen; einschalten
put into operation/to in Betrieb *m* setzen, in Betrieb *m* nehmen, in Bewegung *f* setzen
put underneath/to unterlegen
putrefaction Fäulnis *f*, Faulen *n*, Fäule *f*, Verfall *m*, Verwesung *f {Zersetzung durch Mikroorganismen bei O_2-Mangel}*; Putrefaktion *f {Med}*
putrefaction germ Fäulniskeim *m*
putrefaction process Fäulnisprozeß *m*
product of putrefaction Fäulnisprodukt *n*
putrefactive fäulniserregend; Fäulnis-
putrefactive agent Fäulniserreger *m*
putrefactive alkaloid Fäulnisalkaloid *n*, Ptomain *n*
putrefactive fermentation Fäulnisgärung *f*
putrefactive odor Fäulnisgeruch *m*
putrefy/to [ver]faulen, verwesen, vermodern
putrescence *s.* putrefacation
putrescent faulend
putrescibility Verfaulbarkeit *f*
putrescible verfaulbar
putrescine <$H_2N(CH_2)_4NH_2$> 1,4-Aminobutan *n*, Butan-1,4-amin *n*, Putrescin *n*, Tetramethylendiamin *n*
putrescine acetyltransferase *{EC 2.3.1.57}* Putrescinacetyltransferase *f*
putrescine methyltransferase *{EC 2.1.1.53}* Putrescinmethyltransferase *f*
putrescine oxidase *{EC 1.4.3.10}* Putrescinoxidase *f*
putrid faul, verfault, verwest, verrottet; faulig *{Geruch}*; moderig, angefault
putrid fermentation Gärfaulverfahren *n*
putrid odor Fäulnisgeruch *m*
putrid spot Faulfleck *m*
having putrid spots faulfleckig
become putrid/to faulen
putridity Fäulnis *f*, Fäule *f*, Verwesung *f*, Verrottung *f*; Moder *m*
putridness Fäulnis *f*, Fäule *f*, Verwesung *f*, Verrottung *f*
putting back into operation Wiederinbetriebnahme *f*
putting into operation Ingebrauchnahme *f*, Inbetriebnahme *f*, Inbetriebsetzung *f*
putty/to [ein]kitten, verkitten
putty Kitt *m*, Klebkitt *m*, Spachtelkitt *m*; Fensterkitt *m*, Glaserkitt *m {Dichtungsmasse}*

putty chaser Kollergang *m*
putty knife Kittmesser *n*, Spachtel *m f*, Ziehklinge *f*
putty-like kittartig
putty powder Zinnasche *f*, Polierpulver *n* *{SnO_2}*, Zinndioxid *n {Poliermittel}*
puzzolana [earth] Puzzolanerde *f*, Pozz[u]olanerde *f*, Puzzolan *n*, Pozzuolan *n*
PVAC *{poly(vinyl acetate)}* Poly(vinylacetat) *n*, PVAC
PVAL *{poly(vinyl alcohol)}* Poly(vinylalkohol) *m*, PVAL
PVC *{poly(vinylchloride)}* Polyvinylchlorid *n*, PVC
PVC apron PVC-Schürze *f*
PVC coating PVC-Beschichten *n*; PVC-Beschichtung *f*
PVC dry blend PVC-Trockenmischung *f*
PVC foam Schaum-PVC *n*
PVC leathercloth [fabric] Gewebekunstleder *n*, Kunstleder *n*
PVC-P *{plasticized poly(vinyl chloride)}* Weich-PVC, Weich-Polyvinylchlorid *n*, PVC-W
PVC particle PVC-Pulverkorn *n*, PVC-Teilchen *n*
PVC paste PVC-Paste *f*, PVC-Plastisol *n*
PVC paste resin Pasten-PVC *n*, PVC-Pastentyp *m*, Pastenware *f*
PVC plastisol PVC-Plastisol *n*
PVDC *{poly(vinyl dichloride)}* Poly(vinylidenchlorid) *n*, Poly(vinyldichlorid) *n*, PVDC
PVDF *{poly(vinyl difluoride)}* Poly(vinylidenfluorid) *n*, Poly(vinyldifluorid) *n*, PVDF
PVI *{poly(vinyl isobutyl ether)}* Poly(vinylisobutylether) *m*, PVI
PVM *{poly(vinyl methyl ether)}* Poly(vinylmethylether) *m*, PVM
PVP *{poly(vinyl pyrrolidine)}* Poly(vinylpyrrolidin) *n*, PVP
PVT diagram *s.* p-v-t diagram
p-v-t diagram *{pressure-specific volume-temperature diagram}* p-v-T-Diagramm *n*, druckspezifisches Volumen-Temperatur-Verhaltensdiagramm *n* von Thermoplasten *{zur Ermittlung des Schwindungsverhaltens}*
pycnite Schorlit *m {obs}*, Pyknit *m {Min}*
pycnochlorite Pyknochlorit *m {Min}*
pycnometer Pyknometer *n {Dichtemessung}*
pycnometric pyknometrisch; Pyknometer-
pycnosis Pyknose *f {Zellkern}*
pycnotrop Pyknotrop *m {Min}*
pydine <$C_7H_{13}NO$> Pydin *n {Piperidin-Pyran-Ring}*
pyknometer *s.* pycnometer
pyocyanin <$C_{13}H_{10}N_2O$> Pyocyanin *n*
pyoktanine Pyoktanin *n*, Dahlienviolett *n*, Methylviolett *n*, Methylanilinviolett *n*
pyoktanin blue *s.* methyl violet
pyoktanin yellow *s.* auramine
pyolipic acid Pyolipinsäure *f*
pyracin Pyracin *n {Lacton}*
pyraconitine <$C_{32}H_{41}NO_9$> Pyraconitin *n*
pyracridone Pyracridon *n*
pyracyclene Pyracyclen *n*
pyramid Pyramide *f*
pyramid [Vickers] hardness Vickers Härte *f*, Pyramidenhärte *f*, HV
truncated pyramid abgestumpfte Pyramide *f*
pyramidal pyramidenförmig, pyramidal; Pyramiden-
pyramidal carbonate of lime Pyramidenspat *m {Min}*
pyramidal octahedron Pyramidenoktaeder *n*
pyramidal system tetragonales System *n* *{Krist}*
pyramidone <$C_{13}H_{17}N_3O$> Pyramidon *n*, Aminophenazon *n*, Phenyldimethylaminopyrazolon *n*
pyramine orange Pyraminorange R *n*
pyramine orange 2 R Pyraminorange 2 R *n*
pyramine orange 3 G Pyraminorange 3 G *n*
pyran <C_5H_6O> Pyran *n*
pyranene Pyranen *n*
pyranometer Pyranometer *n {Globalstrahlenmesser}*, Solarimeter *n*
pyranose Pyranose *f*
pyranose oxidase *{EC 1.1.3.10}* Pyranoseoxidase *f*
pyranoside Pyranosid *n*
pyranthrene <$C_{30}H_{16}$> Pyranthren *n*
pyranthridine Pyranthridin *n*
pyranthridone Pyranthridon *n*
pyranthrone Pyranthron *n*
pyrantin Pyrantin *n*, Phenosuccin *n*
pyranyl <C_5H_5O-> Pyranyl-
pyrargyrite <$3Ag_2S \cdot Sb_2S_3$> Pyrargyrit *m*, dunkles Rotgültigerz *n {obs}*, Antimonsilberblende *f* *{Min}*
pyrathiazine hydrochloride Pyrathiazinhydrochlorid *n {Pharm}*
pyrazinamide <$C_5H_5N_3O$> Pyrazinamid *n*, Pyrazincarboxamid *n*
pyrazine <$C_4H_4N_2$> Pyrazin *n*, 1,4-Diazin *n*, Piazin *n*, Paradiazin *n*
pyrazinoic acid Pyrazinsäure *f*
pyrazole <$C_3H_4N_2$> Pyrazol *n*, 1,2-Diazol *n*
pyrazole blue Pyrazolblau *n*
pyrazolic acid Pyrazolsäure *f*
pyrazolidine <$C_3H_8N_2$> Pyrazolidin *n*, Tetrahydropyrazol *n*
pyrazolidone Pyrazolidon *n*
2-pyrazoline <$C_3H_6N_2$> Pyrazolin *n*, Dihydropyrazol *n*
pyrazolone <$C_3H_4N_2O$> Pyrazolon *n*, Oxopyrazolin *n {3 Isomere}*
pyrazolone dye Pyrazolonfarbstoff *m*

pyrazolylalanine synthase *{EC 4.2.1.50}* Pyrazolylalaninsynthase *f*
pyrene 1. <$C_{16}H_{10}$> Pyren *n*, Benzo[*def*]phenanthren *n*; 2. <CCl_4> Pyren *n {HN, Feuerlöschmittel}*
pyrenequinone Pyrenchinon *n*
pyrethric acid <$CH_3OOCC_8H_{11}COOH$> Pyrethrinsäure *f*
pyrethrin Pyrethrin *n*
pyrethrol <$C_{21}H_{34}O$> Pyrethrol *n*, Pyretol *n*
pyrethrum Pyrethrum *n {1. Insektizid; 2. Wurzel von Anacyclus pyrethrum}*
Pyrex 1. Hartglas *n*, Pyrex-Glas *n {HN}*; 2. <CCl_4> Pyrex *n {HN; Feuerlöschmittel}*
pyridazine <$C_4H_4N_2$> Pyridazin *n*, 1,2-Diazin *n*
pyridazinone <$C_4H_6N_2O$> Pyridazinon *n*
pyridil Pyridil *n*
pyridilic acid Pyridilsäure *f*
pyridine <C_5H_5N> Pyridin *n*
  pyridine bases <$C_nH_{2n-5}N$> Pyridinbasen *fpl*
  pyridine derivative Pyridinderivat *n*
  pyridine mesoporphyrin Pyridinmesoporphyrin *n*
  pyridine nucleus Pyridinkern *m*, Pyridinring *m*
  pyridine oxide Pyridin-*N*-oxid *n*, Pyridin-1-oxid *n*
  pyridine red Pyridinrot *n*
  pyridine ring Pyridinkern *m*, Pyridinring *m*
pyridine-2-carboxylic acid Picolinsäure *f*
  pyridine-3-carboxylic acid *s.* nicotinic acid
  pyridine-4-carboxylic acid *s.* isonicotinic acid
pyridine-2,3-dicarboxylic acid *s.* quinolinic acid
pyridine-3-sulfonic acid <$C_5H_4NSO_3H$> Pyridin-3-sulfonsäure *f*
pyridine-2,4,5-tricarboxylic acid Berberonsäure *f*
pyridinium <$C_5H_5N^+$> Pyridinium *n*
  pyridinium bromide perbromide <$C_5H_6NBr \cdot Br_2$> Pyridiniumbromidperbromid *n*, PBPB
  pyridinium hydroxide Pyridiniumhydroxid *n*
  pyridinium perchlorate <$C_5H_5NHClO_4$> Pyridiniumperchlorat *n*
pyridofluorene Pyridofluoren *n*
pyridone <C_5H_5NO> Pyridinon *n*, Ketopyridin *n*, Oxopyridin *n*, Pyridon *n {IUPAC}*
pyridophthalane Pyridophthalan *n*
pyridophthalide Pyridophthalid *n*
pyridostigmine bromide <$C_9H_{13}NO_2Br$> Pyridostigminbromid *n*
pyridostilbene Pyridostilben *n*
pyridoxal <$C_8H_9NO_3$> Pyridoxal *n*, Vitamin B_6 *n {Triv}*
  pyridoxal dehydrogenase *{EC 1.1.1.107}* Pyridoxaldehydrogenase *f*
  pyridoxal kinase *{EC 2.7.1.35}* Pyridoxalkinase *f*
  pyridoxal phosphate Pyridoxalphosphat *n*
5-pyridoxate dioxygenase *{EC 1.14.12.5}* 5-Pyridoxatdioxygenase *f*
pyridoxine <$C_8H_{10}NO_3$> Pyridoxin *n*, Vitamin B_6 *n {Triv}*, Adermin *n*
4-pyridoxolactonase *{EC 3.1.1.27}* 4-Pyridoxolactonase *f*
pyridyl <-C_5H_4N> Pyridyl-
pyridylamine Aminopyridin *n {α- und ß-Form}*
pyridylazonaphthol Pyridylazonaphthol *n*
3-pyridylcarbinol <$C_5H_4NCH_2OH$> Pyridin-3-methanol *n*
pyriform birnenförmig, piriform
pyrilamine maleate <$C_{17}H_{23}N_3O \cdot C_4H_4O_4$> Pyrilaminmaleat *n*
pyrilium salt Pyriliumsalz *n*
pyrimethanime <$C_{12}H_{13}N_4Cl$> Pyrimethamin *n {Antimalariamittel}*
pyrimidine <$C_4H_4N_2$> Pyrimidin *n*, 1,3-Diazin *n*, Miazin *n*
  pyrimidine bases Pyrimidinbasen *fpl*
  pyrimidine-nucleoside phosphorylase *{EC 2.4.2.2}* Pyrimidinnucleosid-Phosphorylase *f*
  pyrimidine ring Pyrimidinring *m*
pyrimidine-5'-nucleotidenucleosidase *{EC 3.2.2.10}* Pyrimidin-5'-nucleotid-Nucleosidase *f*
pyrimidinyl <$C_4H_3N_2$-> Pyrimidinyl-
pyrindan Pyrindan *n*
pyrindol Pyrindol *n*
pyrite <FeS_2> Pyrit *m*, Eisenkies *m*, Schwefelkies *m {Min}*
  pyrite burner Pyritbrenner *m*, Kiesbrenner *m*
  pyrite cinder Kiesabbrand *m*, Pyritabbrand *m*
  pyrite containing silver Gelf *m {Min}*
  pyrite furnace *s.* pyrite kiln
  pyrite kiln Kiesbrenner *m*, Kiesofen *m*, Pyritofen *m*
  calcined pyrite Kiesabbrand *m*
  capillary pyrite Haarkies *m*, Millerit *m {Min}*
  copper pyrite <$CuFeS_2$> Kupferkies *m*, Chalkopyrit *m {Min}*
  cubic pyrite hexaedrischer Eisenkies *m {Min}*
  radiated pyrite Markasit *m {Min}*
  roasted pyrite Kiesabbrand *m*
  white [iron] pyrite Graueisenerz *n*, Markasit *m {Min}*
pyrites 1. Kies *m {sulfidisches Erz}*; 2. *s.* pyrite
pyrithiamine Pyrithiamin *n*
  pyrithiamine deaminase *{EC 3.5.4.20}* Pyrithiamindesaminase *f*
pyritic pyritartig, pyritisch, kiesartig, kiesig
  pyritic process Pyritverfahren *n*, Pyritschmelzen *n*, pyritisches Schmelzen *n*
  partial pyritic process Halbpyritschmelzen *n {Met}*
pyritiferous kieshaltig, pyrithaltig
pyritohedron Pentagondodekaeder *n {Krist}*

pyro Pyrogallol *n*, Pyrogallusssäure *f*, 1,2,3-Trihydroxybenzol *n*
pyroabietic acid Pyroabietinsäure *f*
pyroacetic acid Rohessigsäure *f {aus Holz}*
pyroacetic ether Aceton *n*, Dimethylketon *n*, Propan-2-on *n {IUPAC}*
pyroacid Brenzsäure *f*, Pyrosäure *f {Disäure, Trisäure usw.}*
pyroantimonate **<$M'_4Sb_2O_7$>** Pyroantimonat(V) *n*, Diantimonat(V) *n*
pyroantimonic acid **<$H_4Sb_2O_7$>** Pyroantimonsäure *f*, Pyroantimon(V)-säure *f*
pyroarsenate **<$M'_2As_2O_7$>** Pyroarsenat(V) *n*, Diarsenat(V) *n*
pyroarsenic acid **<$H_2As_2O_7$>** Pyroarsensäure *f*, Pyroarsen(V)-säure *f*
pyroaurite Pyroaurit *m {Min}*
pyrobelonite Pyrobelonit *m {Min}*
pyrobitumen Pyrobitumen *n {Ölschiefer}*
pyroboric acid 1. <$H_4B_2O_5$> Diborsäure *f {IUPAC}*; 2. <$H_2B_4O_7$> Tetraborsäure *f*, Pyroborsäure *f*
pyrobutamine phosphate Pyrobutaminphosphat *n*
pyrocarbon Pyrokohlenstoff *m*, Pyrographit *m*
pyrocarbon coating Pyrokohlenstoffbeschichtung *f*
pyrocatechin *s.* pyrocatechol
pyrocatechindimethyl ester Veratrol *n*
pyrocatechinmonomethyl ester Guaiacol *n*
pyrocatechol **<$C_6H_4(OH)_2$>** Brenzcatechin *n*, Pyrocatechin *n*, Dihydroxybenzol *n*, Benzen-1,2-diol *n {IUPAC}*, 1,2-Dihydroxybenzen *n*
pyrocatechol dimethyl ether Brenzcatechindimethylether *m*
pyrocatechol phthalein Brenzcatechinphthalein *n*
pyrocellulose hochnitrierte Cellulose *f*, Cellulosenitrat *n*
pyrochemistry Pyrochemie *f*
pyrochlore Pyrochlor *m {Min}*
pyrochlorite Pyrochlor *m {Min}*
pyrochroite Pyrochroit *m {Min}*
pyrochromate **<$M'_2Cr_2O_7$>** Dichromat *n*, Pyrochromat *n*
pyrocinchonic acid Pyrocinchonsäure *f*
pyrocoll **<$C_{10}H_6N_2O_6$>** Pyrokoll *n*, Pyrrolcarbonsäureanhydrid *n*
pyrocomane Pyrocoman *n*, 1,4-Pyron *n*
pyrodextrin Pyrodextrin *n*
pyrodin Pyrodin *n*, Hydracetin *n*
pyroelectric pyroelektrisch
pyroelectricity Pyroelektrizität *f*
pyrogallic pyrogallussauer
pyrogallic acid Pyrogallol *n*, Pyrogallussäure *f*, 1,2,3-Trihydroxybenzol *n*
pyrogallol **<$C_6H_3(OH)_3$>** Pyrogallol *n*, Pyrogallussäure *f*, 1,2,3-Trihydroxybenzol *n*, Brenzgallussäure *f*
pyrogallol monoacetate Eugallol *n*
pyrogallol phthalein Gallein *n*, Pyrogallolphthalein *n*
pyrogallol triacetate Pyrogalloltriacetat *n*
pyrogene Pyrogen *n {Immun}*
Pyrogene dye *{TM}* Pyrogenfarbstoff *m*
pyrogene indigo Pyrogenindigo *n*, Schwefelblaumarke *f*
pyrogenetic *s.* pyrogenic
pyrogenic pyrogen, pyrogenetisch; wärmeinduziert
pyrogenic test Pyrogentest *m {Pharm}*
pyrogenicity Pyrogenizität *f {Immun}*
pyroglutamic acid Pyroglutaminsäure *f*
pyroglutamyl aminopeptidase *{EC 3.4.11.8}* Pyroglutamylaminopeptidase *f*
pyrography Pyrographie *f*, Brandmalerei *f*
pyrogravure Brandmalerei *f*
pyroligneous holzsauer
pyroligneous acid Holzessig *m*, Pyroligninsäure *f*
pyroligneous spirit Holzspiritus *m*, Methanol *n*
pyrolignite Pyrolignit *n*
pyroluminescence Pyrolumineszenz *f*
pyrolusite Pyrolusit *m*, Polianit *m*, Graubraunstein *m {Min}*
pyrolysate Pyrolyseprodukt *n*
pyrolysis Brenzreaktion *f*, Pyrolyse *f*
pyrolysis capillary gas chromatography Pyrolyse-Kapillar-Gaschromatographie *f*
pyrolysis gasoline Pyrolysekraftstoff *m*, Pyrolysebenzin *n*
pyrolysis molecular weight chromatography Pyrolyse-Molmasse-Chromatographie *f {zur Kunststoffanalyse}*
pyrolysis products Pyrolyseprodukte *npl*
pyrolysis tube Pyrolyserohr *n*
pyrolytic pyrolytisch
pyrolytic carbon Pyrokohlenstoff *m*
pyrolytic carbon coating Pyrokohlenstoffbeschichtung *f*
pyrolytic degradation pyrolytischer Abbau *m*
pyrolytic graphite tube pyrolytisches Graphitrohr *n {Nukl}*
pyrolytic layer pyrolytische Kohlenstoffschicht *f*
pyrolytic plating pyrolytische Beschichtung *f*
pyrolyzate Pyrolyseprodukt *n*
pyrolyze/to pyrolysieren
pyromagnetic pyromagnetisch
pyromeconic acid Pyromekonsäure *f*
pyromellitic acid **<$C_6H_2(COOH)_4 \cdot H_2O$>** Pyromellit[h]säure *f*, Benzol-1,2,4,5-tetracarbonsäure *f*

pyromellitic dianhydride <$C_6H_2(C_2O_3)_2$> Pyromellit[h]säuredianhydrid *n*, PMDA
pyrometallurgy Pyrometallurgie *f*, Schmelzflußmetallurgie *f*
pyrometer Pyrometer *n*, Glutmesser *m*, Hitze[grad]messer *m*, Strahlungsthermometer *n {berührungslose Messung hoher Temperaturen}*
pyrometer compensating circuit Pyrometerausgleichsleitung *f*
pyrometric pyrometrisch
pyrometric calculation wärmetechnische Berechnung *f*
pyrometric cone Brennkegel *m*, Seeger-Kegel *m*, Schmelzkegel *m*, Pyrometerkegel *m*
pyrometric cone equivalent Kegelfallpunkt *m*, Erweichungsschmelzpunkt *m*, Pyrometerkegel-Fallpunkt *m*
pyrometric cylinder Schmelzzylinder *m {Instr}*
pyrometry Pyrometrie *f*, berührungslose Hitzemessung *f*; Hochtemperaturmessung *f {>500°C}*
pyromorphite Blaubleierz *n*, Braunbleierz *n*, Pyromorphit *m*, Pseudo-Compylit *m {Min}*
green pyromorphite Grünblei[erz] *n {Min}*
variegated pyromorphite Buntbleierz *n {Min}*
pyromorphous pyromorph
pyromucate Pyromucat *n*
pyromucic pyroschleimsauer
pyromucic acid <C_4H_3OCOOH> Brenzschleimsäure *f*, Furan-2-carbonsäure *f*, Pyromuconsäure *f*, Pyroschleimsäure *f*
pyromucic aldehyde *s.* furfural
ester of pyromycic acid <C_4H_3OCOOR> Brenzschleimsäureester *m*
salt of pyromucic acid Pyromucat *n*
pyronaphtha Pyronaphtha *n*
pyrone 1. <$C_5H_4O_2$> Pyron *n {ketonartige heterocyclische Verbindungen}*; 2. Pyron *n {flächenbezogene Leistungseinheit = 697,8 W/m^2}*
1,2-pyrone α-Pyron *n*, 2-Pyron *n*
1,4-pyrone Pyrokoman *n*, γ-Pyron *n*, 4-Pyron *n*, 4-*H*-Pyran-4-on *n*
2,6-pyronedicarbonoxylic acid <$C_7H_4O_6$> Chelidonsäure *f*
pyronine Pyronin *n*
pyronine dye Pyroninfarbstoff *m*
pyronone Pyronon *n*
pyrope Pyrop *m*, roter Granat *m*, Magnesium-Tongranat *m {Min}*
pyrophanite Pyrophanit *m {Min}*
pyrophanousness Durchsichtigkeit *f* im Feuer *f*
pyropheophorbide Pyrophäophorbid *n*
pyrophoric luftentzündlich, selbstentzündlich *{an der Luft bei Zimmertemperatur}*, pyrophor[isch]
pyrophoric alloys Zündlegierungen *fpl*, Zündmetalle *npl*, pyrophore Legierungen *fpl*
pyrophoric iron pyrophores Eisen *n*, reduziertes Eisen *n*
pyrophoric powder pyrophores Pulver *n*, Luftzünder *m*
pyrophorous luftentzündlich, selbstentzündlich *{an der Luft bei Zimmertemperatur}*, pyrophor[isch]
pyrophorus Pyrophor *n*, Luftzünder *m*
pyrophosphate Pyrophosphat *n*, Diphosphat *n* *{$M'_4P_2O_7$; $M'_2H_2P_2O_7$}*
pyrophosphate-fructose-6-phosphate 1-phosphotransferase *{EC 2.7.1.90}* Pyrophosphatfructose-6-phosphat-1-Phosphotransferase *f*
pyrophosphate-glycerol phosphotransferase *{EC 2.7.1.79}* Pyrophosphatglycerin-Phosphotransferase *f*
pyrophosphate-serine phosphotransferase *{EC 2.7.1.80}* Pyrophosphatserin-Phosphotransferase *f*
pyrophosphite <$M_4P_2O_5$> Pyrophosphit *n*, Diphosphit *n {obs}*, Diphosphonit *n {IUPAC}*
pyrophosphoric acid <$H_4P_2O_7$> Pyrophosphorsäure *f*, Diphosphorsäure *f*
pyrophosphorous acid <$H_4P_2O_5$> pyrophosphorige Säure *f*, diphosphorige Säure *f {obs}*, diphosphonige Säure *f*
pyrophotography Pyrophotographie *f*, Einbrennen *n* photographischer Bilder *npl*
pyrophyllite Pyrophyllit *m {Min}*
pyrophysalite Pyrophysalit *m {Min}*
pyropissite Pyropissit *m {Min}*
pyroquinine Pyrochinin *n*
pyroracemic acid <$CH_3COCOOH$> Brenztraubensäure *f*, Pyruvinsäure *f*, 2-Oxopropionsäure *f*, Acetylcarbonsäure *f*
pyroracemic alcohol <CH_3COCH_2OH> Acetol *n*, Acetylcarbinol *n*
pyroracemic aldehyde <$H_3CCOCHO$> Pyruvaldehyd *m*, Methylglyoxal *n*, Brenztraubensäurealdehyd *m*
pyrorthite Pyrorthit *m {Min}*
pyrosclerite Pyrosklerit *m {Min}*
pyroscope Pyroskop *n {Keramik-Wärmemesser}*
pyrosmalite Pyrosmalit *m {Min}*
pyrosol Pyrosol *n*, schmelzflüssiges Sol *n*
pyrostain Gelbschleier *m*
pyrostilbite Pyrostilbit *m {obs}*, Kermesit *m {Min}*
pyrostilpnite Pyrostilpnit *m*, Feuerblende *f {Min}*
pyrosulfate <$M_2S_2O_7$> Pyrosulfat *n*, Disulfat *n*
pyrosulfite <$M_2S_2O_5$> Pyrosulfit *n*, Disulfit *n*
pyrosulfuric acid <$H_2S_2O_7$> Dischwefelsäure *f*, Pyroschwefelsäure *f*
pyrosulfurous pyroschweflig, dischweflig
pyrosulfurous acid <$H_2S_2O_5$> Pyroschwefligsäure *f*, dischweflige Säure *f*

pyrosulfuryl dichloride <$S_2O_5Cl_2$> Pyrosulfurylchlorid *n*, Disulfurylchlorid *n*, Dischwefelpentoxiddichlorid *n*

pyrotantatale <$M'_4Ta_2O_7$> Ditantalat(V) *n*

pyrotartaric acid <$CH_3CH(COOH)CHH_2CO$-OH> Brenzweinsäure *f*, Pyroweinsäure *f*, Methylbernsteinsäure *f*, 2-Methylbutandisäure *f* *{IUPAC}*

pyrotartrate Pyrotartrat *n*

pyrotechnic pyrotechnisch; Feuerwerks-

pyrotechnical pyrotechnisch; Feuerwerks-

pyrotechnical composition Feuerwerkssatz *m*

pyrotechnical fuse Feuerwerkszündschnur *f*

pyrotechnics Pyrotechnik *f*

pyrotellurate <$M'_2Te_2O_7$> Ditellurat(VI) *n*

pyroterebic acid <$(CH_3)_2C{=}CHCH_2COOH$> Brenzterebinsäure *f*, 4-Methylpent-3-ensäure *f*

pyrotritartaric acid Uvinsäure *f*, Pyrotritarsäure *f*

pyrouric acid *s.* cyanuric acid

pyrovanadic acid <$H_4V_2O_7$> Heptoxodivanadiumsäure *f*

pyrovinic acid *s.* pyrotartaric acid

pyroxene Pyroxen *m {Min}*

pyroxenic pyroxenhaltig

pyroxeniferous pyroxenhaltig

pyroxilin *s.* pyroxylin

pyroxonium salt Pyroxoniumsalz *n*

pyroxylic spirit *s.* methanol

pyroxylin Kollodiumwolle *f*, Kolloxylin *n*, Trinitrocellulose *f {obs}*, Cellulosetrinitrat *n*, Pyroxylin *n {niedrignitrierte Cellulose}*

pyroxylin filament Pyroxylinfaden *m {Expl}*

pyroxylin varnish Pyroxylinlack *m*

pyrovate synthase *{EC 1.2.7.1}* Pyrovatsynthase *f*

pyrrhoarsenite Pyrrhoarsenit *m {Min}*

pyrrhosiderite Pyrrhosiderit *m {obs}*, Göthit *m {Min}*

pyrrhotine *s.* pyrrhotite

pyrrhotite Magnetopyrit *m {obs}*, Magnetkies *m*, Pyrrhotin *m {Min}*

pyrrocoline Pyrrocolin *n*, Indolizin *n*

pyrrodiazole Pyrrodiazol *n*

pyrrole <C_4H_5N> Pyrrol *n*, Azol *n*, Amidol *n*

pyrrole blue Pyrrolblau *n*

pyrrolidine <C_4H_9N> Pyrrolidin *n*, Tetrahydropyrrol *n*, Tetramethylenimin *n*

pyrrolidine dione *s.* succinimide

pyrrolidinecarboxylic acid Prolin *n*, Pyrrolidin-2-carbonsäure *f*, Tetrahydropyrrol-2-carbonsäure *f*

pyrrolidone <C_4H_7NO> 2-Pyrrolidon *n*, Pyrrolidin-2-on *n*, 4-Butanlactam *n*

pyrroline <C_4H_7N> Pyrrolin *n*

pyrroline carboxylic acid Pyrrolincarbonsäure *f*

pyrrolizidine Pyrrolizidin *n*

pyrrolone Pyrrolon *n*

pyrrolyl <C_4H_4N-> Pyrrolyl-

pyrrolylene <$CH_2{=}CHCH{=}CH_2$> Buta-1,3-dien *n*

pyrromethene Pyrromethen *n*

pyrroporphyrin Pyrroporphyrin *n*

pyrroyl <C_4H_4NCO-> Pyrroyl-

pyrryl *s.* pyrrolyl

pyrthiophanthrone Pyrthiophanthron *n*

pyruvaldehyde <CH_3COCHO> Methylglyoxal *n*, Pyruvinaldehyd *m*, Ketacetaldehyd *m*, 2-Oxopropanal *n*

pyruvate Pyruvat *n {Salz oder Ester der Brenztraubensäure}*

pyruvate carboxylase *{EC 6.4.1.1.}* Pyruvatcarboxylase *f*

pyruvate decarboxylase *{EC 4.1.1.1}* Pyruvatdecarboxylase *f*

pyruvate dehydrogenase *{EC 1.2.2.2}* Pyruvatdehydrogenase *f*

pyruvate dehydrogenase complex Pyruvatdehydrogenasekomplex *m {Biochem}*

pyruvate kinase *{EC 2.7.1.40}* Pyruvatkinase *f*

pyruvate oxidase *{EC 1.2.3.3}* Pyruvatoxydase *f*

pyruvate synthase *{EC 1.2.7.1.}* Pyruvatsynthase *f*

pyruvic acid <$CH_3COCOOH$> Pyrotraubensäure *f*, Brenztraubensäure *f*, Acetylameisensäure *f*, α-Ketopropionsäure *f*, Pyruvinsäure *f*, 2-Oxopropansäure *f {IUPAC}*

pyruvic alcohol <CH_3COCH_2OH> Acetol *n*, Acetylcarbinol *n*, Hydroxypropan-2-on *n*

pyruvic aldehyde *s.* pyruvaldehyde

pyruvonitrile <CH_3COCN> Acetylcyanid *n*, 2-Oxopropannitril *n {IUPAC}*

pyruvyl Pyruvyl-

pyruvylalanine Pyruvylalanin *n*

pyruvylglycine Pyruvylglycin *n*

pyrvinium chloride Pyrviniumchlorid *n*

pyrylium <$C_5H_5O^+$> Pyryliumkation *n {Oxoniumion}*

Q

Q* *s.* Q-factor

Q branch Q-Zweig *m*, Nullzweig *m {Spek}*

Q electron Q-Elektron *n*

Q-enzyme *{EC 2.4.1.18}* Q-Enzym *n*, 1,4-α-Glucan-Verzweigungsenzym *n*

Q-factor Güte *f*, Gütefaktor *m {DIN 1344}*, Rersonanzschärfe *f {Elek}*

Q gas Helium-Butan-Gemisch *n {98,7 % He}*

Q* nucleoside Q* Nucleosid *n*

Q shell Q-Schale *f*

Q-spoiled laser Riesenimpulslaser *m*

Q-switched laser gütemodulierter Laser *m*, Q-Switch-Laser *m {Impulslaser mit gesteuerter Rückkopplung}*
Q-value Q-Wert *m {Kernreaktion}*
Qß replicase Qß-Replikase *f {virale RNA-abhängige RNA-Polymerase}*
quad 1. Vierer *m*, Viererkabel *n {Elek}*; 2. Quadrat *n {Blindmaterialstück beim Drucken}*; 3. Quad *n {Energieeinheit: 10^{15} Btu = 293 TWh}*
quadrangle 1. Viereck *n {Math}*; 2. Rechteckhaus *n*, Rechteckgebäude *n*; 3. Landkartenviereck *n {US: 15x15 oder 30x30 feet}*
quadrangular viereckig, vierseitig
quadrant 1. Quadrant *m {Math}*; Viertelkreis *m*, Viertelkreisfläche *f*, Viertelkreisscheibe *f {Math}*; 2. Quadrant *m*, Viertelkreisbogenskale *f*, Winkelmeßgerät *n {für Vermessungen}*; 3. Segmentstück *n {kurvenlose Steuerung}*; Räderschere *f*, Wechselräderschere *f {Tech}*; 4. Quadrant *m {Seegebiet zur Konzessionsvergabe}*; 5. Henry *n {Elek}*
quadrant balance Flächengewichtswaage *f*
quadrant electrometer Quadrantenelektrometer *n*
quadrant iron Quadranteisen *n*, Säuleneisen *n*
quadrant pipe Rohrkrümmer *m*, Rohrbogen *m*, Rohrknie *n {90°}*
quadratic quadratisch; Quadrat-
quadratic equation quadratische Gleichung *f*, Gleichung *f* zweiten Grades *m {Math}*
quadratic mean quadratischer Mittelwert *m*, quadratisches Mittel *n*, Quadratmittel *n {Math}*
quadratic Stark effect quadratischer Stark-Effekt *m {Spek}*
quadratic system tetragonales System *n {Krist}*
quadratic Zeeman effect quadratischer Zeeman-Effekt *m {Spek}*
quadratically quadratisch; Quadrat-
decrease quadratically/to quadratisch abnehmen
quadrature 1. Quadratur *f {Math}*; 2. Phasenquadratur *f {90°-Phasenverschiebung}*; 3. Blindstrom- *{Elek}*; wattlos *{Elek}*; 4. Quadratur *f*, Geviertschein *m {Astr}*
quadrature phase-encoded NMR Fourier imaging 90°-phasenmodulierte NMR-Fourier-Abbildung *f {Spek}*
quadravalent vierwertig, tetravalent
quadribasic 1. vierbasig, vierprotonig *{Säure}*; 2. vierwertig, vierprotonig, viersäurig *{Basen oder basische Salze}*
quadricyclane <C_7H_7> Tetracyclo[3.2.0.0.0]-heptan *n*, Quadricyclan *n*
quadricyclene Quadricyclen *n*
quadridentate vierzähnig, vierzählig *{Ligand}*
quadrilateral 1. vierseitig, viereckig; 2. Viereck *n {Math}*
quadrillion 1. Quadrillion *f {10^{24}}*; 2. *{US}* Billiarde *f {10^{15}}*
quadrimolecular viermolekular, tetramolekular
quadrinominal distribution quadrinominale Verteilung *f {Statistik}*
quadrivalency Vierwertigkeit *f*, Tetravalenz *f*
quadrivalent 1. vierwertig, tetravalent *{Valenz}*; 2. Quadrivalent *n {meiotische Zusammenlegung von 4 homologen Chromiumionen}*
quadrol Quadrol *n*
quadroxalate Hydrogenoxalat *n*
quadroxide *s.* tetraoxide
quadruple 1. vierfach, vierzählig, vierfältig; 2. Quadrupel *n {geordnetes Viertupel}*; 3. Viererkabel *n*, Adervierer *m {Elek}*
quadruple bond Vierfachbindung *f {Valenz}*
quadruple point Quadrupelpunkt *m {Thermo}*
quadruple screw Vierfachschnecke *f {Kunst}*
quadruplet 1. Vierergruppe *f {Elek}*; 2. Quadruplett *n*, Quartett *n {Spek, Multiplett}*; 3. Quadruplett *n {Opt}*
quadrupole 1. Quadrupol-; 2. Quadrupol *m*; Vierpol *m*
quadrupole field Quadrupolfeld *n*
quadrupole forces Quadrupolkräfte *fpl*
quadrupole [high-frequency] mass spectrometer Quadrupol[-Hochfrequenz]massenspektrometer *n*, Quadrupolmassenfilter *n {nichtmagnetische Trennungsmethode}*
quadrupole ionization ga[u]ge Quadrupolionisationsvakuummeter *n*
quadrupole moment Quadrupolmoment *n*
quadrupole radiation Quadrupolstrahlung *f {E2 und H2 Strahlung}*
quadrupole resonance Quadrupolresonanz *f*; Kernquadrupolresonanz *f*
quadrupole spectrometer Quadrupolspektrometer *n*
quake/to beben, zittern
qualification 1. Bewertung *f*, Qualifikation *f*; 2. Qualifikation *f {z.B. des Personals}*; Fähigkeit *f*; 3. Einschränkung *f*
qualification test Zulassungsprüfung *f*, Eignungsprüfung *f*
qualified qualifiziert, befähigt; tauglich, geeignet; eingeschränkt
qualify/to befähigen; ausbilden, qualifizieren; taugen, sich eignen; einschränken; näher bestimmen; bezeichnen [als]
qualimeter Qualimeter *n*, Härtemesser *m* für Röntgenstrahlen *fpl*
qualitative qualitativ, wertmäßig, der Güte *f* nach
qualitative analysis qualitative Analyse *f*
qualitative evaluation qualitative Auswertung *f*
qualitative properties Güteeigenschaften *fpl*

qualitative reaction qualitative Reaktion *f* *{Anal}*

qualitatively qualitativ, wertmäßig, der Güte *f* nach

quality 1. Güteklasse *f*, Handelsklasse *f*, Sorte *f*, Qualität *f*; Wahl *f*, Qualität *f*, Güte *f*; 2. Beschaffenheit *f*, Natur *f*, Eigenschaft *f*, Qualität *f*; 3. Mischung *f* *{Gummi}*; 4. Härte *f* *{Röntgenstrahlen}*

quality assurance Qualitätssicherung *f*, Gütesicherung *f* *{DIN 8563}*

quality coefficient Güteziffer *f*, Gütekoeffizient *m*, Gütezahl *f* *{Wahl}*

quality constant Qualitätsmaß *n*

quality control Güteüberwachung *f* *{DIN 18200}*, Qualitätsprüfung *f*, Qualitätskontrolle *f*, Qualitätsüberwachung *f*

quality criteria Gütemerkmale *npl*, Gütekriterien *npl*, Qualitätskriterien *npl*

quality demands Gütevorschrift *f* Qualitätsanforderungen *fpl*

quality factor Leistungsziffer *f*, Gütefaktor *m*, Gütegrad *m*, Gütezahl *f*; Bewertungsfaktor *m*, Qualitätsfaktor *m* *{Radiologie}*; Wertigkeitsverhältnis *n* *{Schweiß- oder Klebverbindungen}*

quality index Güteziffer *f*

quality inspection Güteüberwachung *f*, Qualitätsüberwachung *f*

quality level Qualitätsgrenze *f*

quality mark Gütezeichen *n*, Qualitätsbezeichnung *f*

quality of finish Oberflächengüte *f*, Oberflächenbeschaffenheit *f*

quality of mixing Mischungsgüte *f*

quality preservation Qualitätserhaltung *f*

quality reduction Güteminderung *f*, Qualitätsminderung *f*

quality requirement *s.* quality demands

quality retention Qualitätserhaltung *f*

quality seal Gütezeichen *n*

quality standard Gütenorm *f*

quality test Gütetest *m*, Qualitätsprüfung *f*

quality variations Qualitätsschwankungen *fpl*

acceptable quality level annehmbare Qualitätsgrenze *f*

degree of quality Gütegrad *m*

deviation in quality Qualitätsabweichung *f*

difference in quality Qualitätsunterschied *m*

quant *{pl. quanta}* Quant *n* *{pl. Quanten}*

quantal quantisch

quantasome Quantasom *n* *{photosynthetisch aktive Partikel in Chloroplastgrana}*

quantic 1. quantenhaft; 2. homogenes Polynom *n*, ganzrationale homogene Funktion *f* *{Math}*

quantifiable quantitativ bestimmbar

quantification Quantitätsbestimmung *f*, Mengenbestimmung *f*, quantitative Bestimmung *f*, Quantifizierung *f*, mengenmäßiger Nachweis *m* *{Anal}*; Quantifikation *f* *{Math}*

quantify/to die Menge *f* bestimmen, den Mengenanteil *m* bestimmen, quantitativ bestimmen, quantifizieren

quantile Quantil *n* *{Statistik}*

quantimeter Quantimeter *n*

quantise/to quanteln

quantitate/to *s.* quantify/to

quantitative quantitativ, mengenmäßig

quantitative analysis quantitative Analyse *f*, quantitative Betsimmung *f*

quantitative check[ing] Mengenkontrolle *f*

quantitative comparison Mengenvergleich *m*

quantitative composition Mengenverhältnis *n*

quantitative determination Mengenbestimmung *f*, Quantitätsbestimmung *f*

quantitative estimation Dosierung *f*

quantitative evaluation quantitative Auswertung *f*

quantitative proportion Mengenverhältnis *n*

quantitative reaction vollständig ablaufende Reaktion *f*; quantitativ [nutzbare] Reaktion *f* *{Anal}*

quantitative ratio Mengenverhältnis *n*

quantity 1. Menge *f* *{Stoffmenge}*, Anzahl *f*, Quantum *n*; 2. Größe *f*; 3. Quantität *f*

quantity applied Auftragsmenge *f* *{z.B. von Klebstoffen, Anstrichstoffen}*

quantity conveyed Fördermenge *f*

quantity delivered Liefermenge *f*

quantity flow-sheet Mengenstrombild *n*

quantity galvanometer Quantitäsgalvanometer *n*

quantity governor Mengenregler *m* *{z.B. Gas}*

quantity meter Mengenmesser *m*

quantity of caustic Alkalimenge *f* *{Pap}*

quantity of electricity Elektrizitätsmenge *f*, elektrische Ladung *f* *{in C}*

quantity of fuel gasified vergaste Brennstoffmenge *f*

quantity of gas Gasmenge *f*

quantity of heat Wärmemenge *f*

quantity of light Lichtmenge *f*, Lichtenergie *f* *{= Lichtstrom x Zeit}*

quantity of moisture Feuchtigkeitsmenge *f*, Feuchtigkeitsgehalt *m*

quantity of motion Bewegungsgröße *f*, Bewegungsmoment *n*

quantity of state Zustandsgröße *f*

quantity production Massenproduktion *f*, Massenfertigung *f*, serienmäßige Herstellung *f*

quantity ratio Mengenverhältnis *n*

quantity stop Anschlagraste *f*

quantity to be measured Meßgröße *f*

actual quantity Istmenge *f*

auxiliary quantity Hilfsgröße *f*

directed quantity gerichtete Größe *f*, Vektor *m* *{Math}*
negligible qunatity zu vernachlässigende Größe *f*
oriented quantity *s.* directed quantity
physical quantity physikalische Größe *f*
supplied quantity Liefermenge *f*
theoretical quantity Sollmenge *f*
quantization 1. Quantelung *f*, Quantisierung *f*, Quantisieren *n {Nukl}*; 2. Digitalisieren *n*, digitale Darstellung *f {EDV}*
quantization of direction Richtungsquantelung *f*, Raumquantelung *f*, räumliche Quantisierung *f*
quantization of momentum Impulsquantelung *f*
quantize/to quanteln, quantisieren; digitalisieren *{EDV}*
quantized gequantelt, quantisiert; digitalisiert
quantized spin wave Magnon *n*
quantometer Quantometer *n {quantitative Spektralanalyse von Werkstoffen}*
quantopact Quantopact *m {Konkavgitter-Direktspektrometer}*
quantovac Quantovac *m {Vakuum-Gitter-Direktspektrometer}*
quantum 1. Quant *n {Phys, Chem}*; 2. Menge *f*, Quantum *n*, Anzahl *f*
quantum biochemistry Quantenbiochemie *f*
quantum biology Quantenbiologie *f*
quantum chemistry Quantenchemie *f*, quantentheoretische Chemie *f*
quantum condition Quantenbedingung *f*
quantum counter Quantenzähler *m*
quantum effect Quanteneffekt *m*
quantum efficiency Quantenausbeute *f*, Quantenwirkungsgrad *m {Phys}*
quantum electrodynamics Quantenelektrodynamik *f*, QED
quantum group Quantengruppe *f {Spek}*
quantum hypothesis Quantenhypothese *f*
quantum jump Quantensprung *m*, Quantenübergang *m*
quantum leakage Quantenverlust *m*
quantum limit Grenzwellenlänge *f {Röntgenstrahlen}*
quantum liquid Quantenflüssigkeit *f {z.B. flüssiges ^3He}*
quantum-mechanical quantenmechanisch
quantum mechanics Quantenmechanik *f*
quantum number Quantenzahl *f {Nukl}*
quantum of action Wirkungsquantum *n*, Plancksche Konstante *f*
quantum of energy Energiequant *n*
quantum of light Photon *n*, Lichtquant *n*, Strahlungsquant *n*
quantum of X-rays Röntgenquant *n*
quantum orbit Quantenbahn *f*
quantum path Quantenbahn *f*
quantum physics Quantenphysik *f*
quantum resonance Quantenresonanz *f*
quantum scattering Quantenstreuung *f*
quantum state Quantenzustand *m*, quantenmechanischer Zustand *m*
quantum statistics Quantenstatistik *f*
quantum theory Quantentheorie *f*
quantum transition Quantensprung *m*, Quantenübergang *m*
quantum unit *s.* Planck constant
quantum unity Masseneinheit *f*
quantum weight Quantengewicht *n*
quantum yield Quantenausbeute *f*, Quantenwirkungsgrad *m*
azimuthal quantum number azimutale Quantenzahl *f*
inner quantum number innere Quantenzahl *f*
magnetic quantum number magnetische Quantenzahl *f*
orbital angular momentum quantum number *s.* azimuthal quantum number
principal quantum number Hauptquantenzahl *f*
spin quantum number Spinquantenzahl *f*
total quantum number Gesamtquantenzahl *f*
quark Quark *n {Elementarteilchen}*
quarkonium Quarkonium *n {Meson aus schwerem Quark und Antiteilchen}*
quarl Brennerstein *m*
quarl block feuerfester Brennerstein *m*
quarl pot Bütte *f {Glas}*
quarry 1. Bruch *m*, Steinbruch *m {Bergbau}*; 2. Grubenbau *m* zur Berggewinnung *f {Bergbau}*; 3. Quelle *f*
quarry dust Bohrmehl *n*, Gesteinsstaub *m*
quarry stone Bruchstein *m {unbehauen}*
quart Quart *n {US liquid: 0,946353 L; US dry: 1,1012 L; Imperial: 1,13652 L}*
quartation Quartation *f*, Quartierung *f* *{Ag/Au-Trennung durch heiße Salpetersäure}*
quarter/to vierteilen, vierteln, in vier Teile teilen; quartieren, vierteln *{Anal}*
quarter 1. Viertel *n {vierter Teil}*; 2. Mondviertel *n*, Mondphase *f*; 3. Himmelsrichtung *f*; 4. Quartier *n*, Hinterteil *n {Leder}*; 5. Vierkantholz *n*, Vierkantbalken *m*, Viertelholz *n*; 6. Quarter *n {1. US: 226,796185 kg; 2. Troymaß: 9,33104304 kg; 3. GB: 12,70058636 kg; 4. GB: 0,290950 m^3}*; 7. Viertelstrich *m* *{= 2°49'}*
quarter bend rechtwinkeliger Krümmer *m*, 90°-Krümmer *m*, 90°-Bogen *m {Rohr}*
quarter of a circle Quadrant *m*, Viertelkreisbogen *m*
quarter-period Viertelperiode *f*
quarter swing valve Drosselventil *n*, Drosselklappe *f*

quarter-wave filter Filterpolarisator *m*, Viertelwellenpolarisator *m*, Polarisationsfilter *n* *{Opt}*
quarter-wave plate Viertel-Wellenlängen-Plättchen *n*, Lambda-Viertel-Plättchen *n* *{Opt}*
quarter wavelength Viertelwellenlänge *f*
quartering 1. Vierteilen *n*, Vierteln *n*, Vierteilungsverfahren *n* *{bei einer Probe}*; 2. Quartierschnitt *m*, Viertelschnitt *m* *{Holz}*; 3. Vierkantholz *n*, Vierkantbalken *m*
quartering heap Quartierhaufen *m* *{Anal}*
quarterturn belt Halbkreuzriemen *m*
quartet[te] Quartett *n* *{Multiplett}*, Quadruplett *n*; Vierergruppe *f*; Tetrade *f* *{Gen}*
quartile Quartil *n* *{Statistik}*, Viertelwert *m*
bottom quartile unteres Quartil *n* *{untere 25 Prozent}*
lower quartile *s.* bottom quartile
top quartile oberes Quartil *n* *{obere 25 Prozent}*
upper quartile *s.* top quartile
quartz <SiO_2> Quarz *m*, Kiesel *m*
quartz agate Trümmerachat *m* *{Min}*
quartz apparatus Quarzgerät *n*, Quarzausrüstung *f*, Quarzapparatur *f* *{Lab}*
quartz brick Quarz-Schamotte-Stein *m* *{Met}*
quartz carbon mixture Quarz-Kohle-Gemisch *n*
quartz clock Quarzuhr *f*
quartz condenser Quarzkondensor *m*, Quarzkondensorlinse *f*
quartz condensing lens *s.* quartz condenser
quartz crystal Quarzkristall *m* *{Tech}*; Kristallquarz *m*, Bergkristall *m* *{Min}*
quartz-crystal clock *s.* quartz clock
quartz-crystal oscillator Schwingquarz *m*, Quarzschwinger *m*, Quarz[kristall]oszillator *m* *{DIN 45174}*
quartz-crystal resonator Quarzresonator *m*
quartz-crystal thin film monitor Schwingquarz-Schichtdickenmeßgerät *n* *{Aufdampfschichten}*, Schwingquarzwaage *f*
quartz cuvette Quarzküvette *f*
quartz diffusion pump Quarzdiffusionspumpe *f*
quartz diorite Quarzdiorit *m* *{Min}*
quartz electrode Quarzelektrode *f*
quartz fiber Quarzfaser *f*, Quarzfaden *m*, Kieselglasfaser *f*
quartz-fiber dosimeter Quarzfadendosimeter *n*
quartz-fiber ga[u]ge Reibungsvakuummeter *n* mit Quarzfadenpendel *n*
quartz-fiber manometer Quarzfadenmanometer *n*, Quarzfadendruckmesser *m*
quartz filament Quarzfaden *m*
quartz-filter funnel Quarzfilternutsche *f*
quartz force transducer Quarzkristall- Kraftaufnehmer *m*
quartz glass Quarzglas *n*, Hartglas *n*, [klares] Kieselglas *n*; Lechatelierit *m* *{Min}*
quartz grains Quarzkörner *npl*
quartz gravel Quarzkiesel *m*
quartz-halogen lamp Quarzhalogenlampe *f*
quartz-hygrometer *s.* quartz-oscillator microhygrometer
quartz immersion heater Quarz-Tauchheizer *m*
quartz-iodine lamp Quarzhalogenlampe *f* *{UV-Quelle}*
quartz jacket Quarzmantel *m*
quartz lamp Analysenlampe *f*, Quarzlampe *f*, Quecksilber-Quarzlampe *f* *{Anal}*
quartz lattice Rhyodacit *m* *{Geol}*
quartz lens Quarzlinse *f*
quartz-like quarzartig, quarzähnlich
quartz-mercury vapo[u]r lamp Quarz-Quecksilberlampe *f*, Quarz-Quecksilberleuchte *f*
quartz monochromator Quarzmonochromator *m*
quartz-mounted platinum filter Quarz-Platinfilter *n*
quartz oscillator Quarzoszillator *m* *{DIN 45174}*, Quarzschwinger *m*, Schwingquarz *m*
quartz-oscillator microhygrometer Schwingquarz-Spurenfeuchtemesser *m*
quartz pisolite Quarzpisolith *m* *{Min}*
quartz plate Quarzplatte *f* *{Spek}*
quartz porphyry Quarzporphyr *m* *{Geol}*
quartz powder Quarzmehl *n*
quartz pressure ga[u]ge Quarzdruckmesser *m*
quartz pressure transducer Quarzkristall-Druckaufnehmer *m*
quartz prism Quarzprisma *n*
quartz resonator *s.* quartz-crystal resonator
quartz rock Quarzit *m* *{Geol}*
quartz sand Quarzsand *m* *{Geol}*
quartz sinter Kieselsinter *m*, Quarzsinter *m*
quartz slate Quarzitschiefer *m* *{Geol}*
quartz spectrograph Quarzspektrograph *m*, Ultraviolettspektrograph *m* *{Instr}*
quartz thermometer Quarzthermometer *n*, Schwingquarz-Thermometer *n*
quartz thread Quarzfaden *m*
quartz transducer Quarzkristallaufnehmer *m*, Quarzkristall-Meßwertaufnehmer *m*
quartz tube Quarzröhre *f*
quartz vacuum microbalance Quarz-Vakuummikrowaage *f*
quartz vein Quarzgang *m*, Quarzader *f* *{Geol}*
quartz vessel Quarzgefäß *n* *{Lab}*
quartz ware Quarzgut *n*
quartz wedge Quarzkeil *m* *{Opt}*
quartz window Quarzfenster *n*, Quarzschutzfenster *n*

quartz wool Quarzwatte *f*, Quarzwolle *f*
auriferous quartz Goldquarz *m {Min}*
bituminous quartz Stinkquarz *m*, bitumöser Quarz *m {Min}*
blue quartz Blauquarz *m*, Saphirquarz *m {Min}*
fetid quartz Stinkquarz *m*, bitumöser Quarz *m {Min}*
fibrous quartz Faserquarz *m*, Faserstein *m*, Strahlenquarz *m {Min}*
fused quartz geschmolzener Quarz *m*
opaque quartz Quarzgut *n*
quartzic quarzhaltig, quarzführend; Quarz-
quartziferous quarzhaltig, quarzführend; Quarz-
quartzine Quarzin *n*, Lutecin *m*, faseriger Chalcedon *m {Min}*
quartzite Quarzit *m*, Grauwackenquarz *m*, Körnerquarz *m {Geol}*, Quarzfels *m*
quartzoid Quarz-
quartzoid bulb heat-sensitive element Quarzkolben-Temperatursensor *m*
quartzose quarzartig, quarzähnlich, quarzig; quarzhaltig, quarzführend; aus Quarz *n* [bestehend]; Quarz-
quartzose sand Quarzsand *m {Geol}*
quartzose schist Quarzitschiefer *m {Geol}*
quartzous *s.* quartzose
quartzy *s.* quartzose
quartzy agate Quarzachat *m {Min}*
quartzy sandstone Quarzsandstein *m*
quasar Quasar *m {Astr}*
quash/to unterdrücken; aufheben *{z.B. ein Verbot}*
quasi fast, halb, annähernd, quasi; Quasi-
quasi-arc welding Schweißen *n* mit Asbestmantel-Elektroden *fpl*
quasi-atom Quasiatom *n {Phys, Nukl}*
quasi-brittle fracture quasispröder Bruch *m {Kunst}*
quasi-chemical quasichemisch *{nicht-konstante Proportionen aufweisend}*
quasi-cleavage Quasi-Trennung *f {Bruch mit Mikroporen verschmelzen}*
quasi-crystallin quasikristallin[isch]
quasi-cristallinity Quasikristallinität *f*
quasi-crystal Quasikristall *m*
quasi-elastic quasielastisch
quasi-equilibrium Quasigleichgewicht *n*
quasi-homogeneous reaction model quasihomogenes Reaktionsmodell *n*
quasi-linear quasilinear
quasi-linearization Quasilinearisieren *n*
quasi-molecule Quasimolekül *n*
quasi-momentum Quasiimpuls *m*
quasi-neutrality Quasineutralität *f {Plasmaphysik}*
quasi-particle Quasiteilchen *n {z.B. Phonon, Polaron, Exziton}*
quasi-racemate Quasiracemat *n*
quasi-stable quasistabil
quasi-static quasistatisch
quasi-static loading quasistatische Belastung *f*
quasi-static process quasistatischer Prozeß *n*, fastreversibler Prozeß *n*, quasistatischer Vorgang *m*
quasi-stationary quasistationär
quasi-stationary state quasistationärer Zustand *m {Thermo}*
quasi-viscous quasiviskos
quasi-viscous flow Fließerweichung *f*
quassia 1. Bitteresche *f*, Quassia *f*, Qaussiaholzbaum *m {Quassia amara L.}*; 2. Quassienholz *n*, Quassiaholz *n*; 3. Quassiabrühe *f {Pharm}*
quassia wood Bitterholz *n*, Quassiaholz *n*
extract of quassia wood Quassiaextrakt *m*
quassic acid <$C_{30}H_{38}O_{10}$> Quassiasäure *f*
quassin <$C_{22}H_{28}O_6$> Quassin *n*, Quassiabitter *n* *{pflanzlicher nichtglycosidischer Bitterstoff aus Quassia amara oder Picrasma excelsa}*
quaternary 1. quaternär, quartär *{Chem}*; Vierstoff-; 2. vierstellig, quaternär *{Math}*; 3. Quartär *n {Geol, 2-3 Millionen Jahre}*
quaternary acridinium salt quartäres Acridiniumsalz *n*
quaternary alloy quartäre Legierung *f*, Vierkomponentenlegierung *f*
quaternary ammonium compound <$[R_4N]^+X^-$> quartäre Ammoniumverbindung *f*
quaternary carbon atom quartäres Kohlenstoffatom *n {Valenz, an 4 C-Atome gebunden}*
quaternary mixture Vierstoffgemisch *n*
quaternary period Quartär *n*, Holozän *n {Geol}*
quaternary protein structure Quartärstruktur *f {Biochem}*
quaternary steel Quaternärstahl *m*
quaternary system Vierstoffsystem *n*, Vierkomponentensystem *n*, quaternäres System *n*
quaternization Quaternisierung *f {z.B. von Aminen}*
quaterphenyl Quaterphenyl *n*
***p*-quaterphenyl** <$(C_6H_5C_6H_4\text{-})_2$> *p*-Quaterphenyl *n*
quaterpolymer Quaterpolymer[es] *n*
quaterrylene Quaterrylen *n*
quatrimycin Quatrimycin *n*
qudrivalence Vierwertigkeit *f*, Tetravalenz *f*
quebrachamine Quebrachamin *n {Alkaloid}*
quebrachine <$C_{21}H_{26}N_2O_3$> Quebrachin *n*, Yohimbin *n*, (+)-Yohimban *n*
quebrachite *s.* quebrachitol
quebrachitol <$C_7H_{14}O_6$> Quebrachitol *n*, Quebrachit *m*
quebracho 1. Quebrachobaum *m*, Axtbrecherbaum *m {Aspidosperma quebracho-blanco Schlechtend.}*; Quebrachoholzbaum *m {Schinopsis quebracho-colorado (Schlechtend.)}*; 2. Que-

bracho *n*, Quebrachoholz *n*; 3. Quebrachorinde *f* *{Pharm}*

quebracho bark Quebrachorinde *f {Pharm}*

quebracho extract Quebrachoextrakt *m*, Quebrachogerbstoff *m {Schinopsis quebracho-colorado (Schlechtend.) Bakl. et T. Mey.; Pharm}*

quebracho-tannic acid Quebrachogerbsäure *f*

quebracho wood Quebrachoholz *n*, Quebracho *n*

Queen's ware gelbes Steingut *n {Keramik}*

Queen's wood Brasilienholz *n*, Pernambukholz *n {Caesalpina echinata}*

quench/to 1. [aus]löschen *{Lichbogen}*; löschen *{Fluoreszenz}*; dämpfen; 2. löschen, quenchen *{Reaktionen}*; 3. [rasch] abkühlen, abschrecken *{Met}*; abschreckhärten *{Met}*; [ab]löschen *{Koks}*

quench-age/to aushärten

quench 1. Abschreck-, Kühl-, Lösch-; 2. Löscheinrichtung *f {z.B. zur Lichtbogenlöschung}*; 3. Quench *n {plötzlicher Übergang bei Supraleitfähigkeit}*

quench-age embrittlement Abschreck-Alterungsversprödung *f*

quench ag[e]ing Abschreckalterung *f {Met}*

quench ag[e]ing bath Abschreckalterungsbad *n {Met}*

quench annealing Vergütung *f*, Tempern *n* *{Met}*

quench bath Kühlbad *n*

quench circuit Löschkreis *m*, Löschschaltung *f {Nukl, Instr}*

quench cooler Einspritzkühler *m*

quench cracking Härterißbildung *f {Met}*

quench hardening Abschreckhärtung *f*, Abschreckhärten *n {Met}*

quench pulse Löschimpuls *m*

quench sensitivity Abschreckempfindlichkeit *f {Met}*

quench tank Abkühlbehälter *m*, Kühltrog *m*, Kühlwanne *f*; Abschrecktank *m*, Abschreckbehälter *m*; Überlauftank *m {Nukl}*

quench tube reactor Hordenofen *m*

quenchable [aus]löschbar

quenchant Abschreckmittel *n*, Härtemittel *n*, Löschmittel *n {Met}*

quenched gelöscht; abgeschreckt, schockgekühlt

quenched and tempered steel vergüteter Stahl *m*

quenched charcoal Löschkohle *f*

quenched lime Löschkalk *m*, gelöschter Kalk *m*

quenched sample abgeschreckte Probe *f*

quenched spark Löschfunke *m {Nukl}*

quenched spark gap Löschfunkenstrecke *f*

quenched-specimen bend test Abschreckbiegeversuch *m*

quencher 1. Löscher *m*, Quencher *m {Plastzusatzstoff zum Erreichen selbstlöschender Eigenschaften}*; 2. Abschreckmittel *n*; Ablöschmittel *n*; 3. Löschsubstanz *f*, Quencher *m {Photochemie}*

quenching 1. Abschrecken *n*, Ablöschen *n* *{Met}*; 2. Löschen *n*, Löschung *f {Elek, Nukl, Tech}*; Auslöschung *f*; Dämpfung *f*; 3. Quenchen *n {Chem}*; 4. Spritzen *n* aus Schlitzdüsen *fpl*, Flachspritzen *n*

quenching agent 1. Löscher *m*, Quencher *m* *{Plastzusatzstoff zum Erreichen selbstlöschender Eigenschaften}*; 2. Abschreckmittel *n*; Löschmittel *n*

quenching and tempering Vergütung *f*, Vergüten *n {Met}*

quenching and tempering furnace Vergütungsofen *m*

quenching bath Abschreckbad *n*, Härtebad *n* *{Met}*

quenching circuit Löschkreis *m*, Löschschaltung *f*

quenching crack Härteriß *m*

quenching gas Löschgas *n*

quenching medium Abschreckmittel *n*, Abschreckmedium *n {Met}*; Ablöschmittel *n*

quenching method Abschreckmethode *f*

quenching of fluorescence Fluoreszenzauslöschung *f*

quenching of luminescence Lumineszenzauslöschung *f*

quenching of orbital angular momentum Spinauslöschung *f*

quenching oil Abschrecköl *n*, Härteöl *n*, Quenchöl *n {Met}*

quenching properties Löscheigenschaften *fpl*

quenching reactor Quenchenreaktor *m*

quenching speed Abschreckgeschwindigkeit *f*

quenching stress Härtungsspannung *f*

quenching tank Abschreckbottich *m*

quenching temperature Abschrecktemperatur *f*

quenching time Abschreckzeit *f*

quenching tower Löschturm *m*, Kokslöschturm *m*

quenching vapo[u]r Löschdampf *m {Met}*

quenstedtite Quenstedtit *m {Min}*

quercetagetin Quercetagetin *n*

quercetin Meletin *n*, Flavin *n*, Quercetinsäure *f*, Quercetin *n {der wichtigste Flavonfarbstoff}*

quercetin-2,6-dioxygenase *{EC 1.13.11.24}* Quercetin-2,6-dioxygenase *f*

quercetinic acid *s.* quercetin

quercetone Querceton *n*

quercimeritrine Quercimeritrin *n*

quercin **<$C_6H_{12}O_6$>** Quercin *n*

quercinic acid **<$C_{33}H_{50}O_4$>** Quercinsäure *f*

quercitannic acid <$C_{28}H_{28}O_{14}$> Eichengerbsäure *f*, Gallusgerbsäure *f*, Tannin *n*
quercite *s.* quercitol
quercitol <$C_6H_{12}O_5$> Quercitol *n*, Eichelzukker *m*, Cyclohexanpentol *n {IUPAC}*
quercitrin <$C_{21}H_{22}O_{12}\cdot 2H_2O$> Quercitrinsäure *f*, Quercitrin *n*, Quercimetin *n*
quercitrinase *{EC 3.2.1.66}* Quercitrinase *f {3-Rhamnohydrolase}*
quercitron 1. Färbereiche *f*, Quercitron *n {Quercus velutina Lam.}*; 2. Quercitronrinde *f*, Färbereichenrinde *f*
quercitron bark Färberrinde *f*, Quercitronrinde *f*
quercitron lake Quercitronlack *m*
quest/to suchen
question/to [aus]fragen; [be]zweifeln, in Frage *f* stellen
questionable bedenklich; fraglich, fragwürdig; zweifelhaft
questionnary Fragebogen *m*
quetenite Quetenit *m {Min}*
quick rasch, schnell, geschwind; behende, geweckt; erregbar, hitzig; lebendig; quick *{Konsistenz}*; treibend *{z.B. Schwimmsand}*
quick acting schnell laufend, flink *{z.B. Schmelzeinsatz}*; schnellwirkend, raschwirkend
quick-acting ager Schnelldämpfer *f {Text}*
quick-acting balance Schnellwaage *f*
quick-acting clamp Schnellverschluß *m*
quick-acting fuse flinke Schmelzsicherung *f*
quick-acting hand valve Schnellschlußhandventil *n*
quick-acting valve Schnellschlußventil *n*
quick-action coupling mechanism Schnellspannvorrichtung *f*, Schnellspannsystem *n*
quick-action coupling system Schnellspannvorrichtung *f*, Schnellspannsystem *n*
quick-action screen changer Sieb-Schnellwechseleinrichtung *f*
quick-action stop valve Schnellschlußventil *n*
quick aging Schnellalterung *f*, Kurzalterung *f {Kunst}*
quick analysis Schnellanalyse *f*, Kurzanalyse *f*
quick ash Flugasche *f*
quick-break switch *{IEC 131}* Moment[aus]schalter *m {Elek}*
quick-break fuse Hochleistungssicherung *f {Elek}*
quick-change filter unit Schnellwechselfilter *n*
quick clamp Schnellklemme *f*
quick clay nachgiebiger Ton *m {Geol}*
quick-closing schnellschließend; Schnellschluß-
quick-closing damper Schnellschlußklappe *f*
quick-closing lock Schnellverschluß *m*
quick-closing [safety] valve Schnellschlußventil *n*
quick cooling Schnellkühlung *f*
quick-curing schnellhärtend *{Polymer}*
quick-curing mo[u]lding compound Schnellpreßmasse *f*
quick decarbonisation Schnellentcarbonisierung *f*
quick dip Silberbeize *f*, Schnellbeize *f*
quick discharging Schnellentleerung *f*
quick-drying schnelltrocknend; Schnelltrokken-
quick-drying coating schnelltrocknender Anstrich *m*
quick fermentation Schnellgärung *f*
quick flange Kleinflansch *m*
quick-flowing schnellfließend
quick freezing Schnellgefrieren *n*, schnelles Einfrieren *n*; Schockgefrieren *n {Lebensmittel}*
quick-freezing plant Schnellgefrieranlage *f*
quick-frozen schockgefrostet
quick-frozen foods schockgefrostete Lebensmittel *npl*
quick fuse Knallzündschnur *f*, detonierende Zündschnur *f*
quick-make switch Schnappschalter *m*, Momentschalter *m*
quick malleable iron sofort schmiedbares Eisen *n {2,2 % C, 1,5 % Si, 0,3-0,6 % Mn, 0,75- 1 % Cu}*
quick match Zündband *n*, Zündschnur *f*
quick method Schnellverfahren *n*
quick-motion test zeitraffende Werkstoffprüfung *f*
quick-opening schnellöffnend
quick-opening valve Schnellöffnungsventil *n*
quick procedure Schnellverfahren *n*
quick-reaction measuring apparatus Schnellmeßgerät *n*
quick-release latch Schnellverschluß *m*
quick-run filter Schnellfilter *n*
quick set[ting] schnellhärtend, raschbindend, schnell[ab]bindend; Schnellabbinden *n*, Schnellerstarren *n {gewollte Eigenschaft}*
quick-setting mortar schnellbindender Mörtel *m*
quick-steam unit Kleindampfkessel *m*, Schnelldampferzeuger *m*
quick-stick schnellhaftend, schnellklebend
quick test 1. Vorprobe f; Schnellversuch *m*; 2. Quecksilbertest *m {Erdöl}*; 3. nichtentwässerter Versuch *m*, undränierter Versuch *m*, U-Versuch *m {Bodenmechanik}*
quick testing Schnellprüfung *f*
quick vacuum coupling Schnellverschluß *m {Vak}*
quick-vinegar process Schnellessigherstellung *f*
quick-water gilding Feuervergoldung *f*
quicken/to beleben, beschleunigen

quicking Verquickung *f*, Quickbeize *f {Tätigkeit}*

quicking bath Quecksilberbad *n*, Verquikkungsbad *n {Beschichten}*

quicklime <CaO> gebrannter Kalk *m*, ungelöschter Kalk *m*, Branntkalk *m*, Ätzkalk *m*, Löschkalk *m*; Lederkalk *m {Gerb}*

quicksand Schwimmsand *m*, Treibsand *m*, Quicksand *m {ein Flottsand}*; Mahlsand *m {Schiffe}*

layer of quicksand Schwimmsandschicht *f*

quicksilver Quecksilber *n {Zusammensetzungen s. mercury}*

quicksilver ore Quecksilbererz *n {Min}*

quicksilver vermillion *s.* mercuric sulfide

horn quicksilver <Hg_2Cl_2> Kalomel *n*, Hornquecksilber *n {Min}*

native quicksilver Quecksilberstein *m {Min}*

quicksilvering bath Amalgamzinnbad *n*

quiescent ruhig, still; untätig, ruhend, schlummernd *{z.B. Vulkan}*; Ruhe-

quiescent conditions Ruhe[zu]stand *m*, Ruheverhältnisse *npl*

quiescent current Ruhestrom *m*

quiescent voltage Ruhespannung *f*

quiet/to beruhigen; abstehen lassen

quiet down/to sich beruhigen

quiet 1. ruhig *{Farbton}*; 2. leise, still, lärmarm *{z.B. ein Triebwerk}*; ruhig, geräuschlos; 3. versteckt; geheim

quiet in operation lärmarm, geräuscharm

quiet-running mit geräuscharmem Lauf *m*, laufruhig

quietness in operation Laufruhe *f*

quietol Quietol *n*

quillai *s.* quillaia

quillaia Seifenbaum *m {Quillaja Mol.}*

quillaia bark Quillajarinde *f*, Seifenbaumrinde *f*

quillaia saponin Quillaja-Saponin *n*

quillaic acid <$C_{30}H_{46}O_5$> Quillasäure *f*

quilting 1. Stepperei *f*, Wattierstepperei *f {Text}*; [steppdeckenartiges] Kaschieren *n*, steppdeckenartiges Polstern *n {Plastfolien mit Füllmaterial}*; 2. durchnähte Arbeit *f {Text}*; 3. Füllmaterial *n* für Wärmeisolierung *f*

quina Fieberrinde *f {Bot}*

quinacetin <$C_{27}H_{31}N_3O_2$> Chinacetin *n {Alkaloid}*

quinacetophenone <$C_{22}H_{26}N_3OCl$> Chinacetophenon *n*

quinacillin Quinacillin *n*

quinacridine <$C_{20}H_{12}N_2$> Chinacridin *n*

quinacridone Chinacridon *n {Farb}*

quinacrine <$C_{23}H_{30}N_3OCl$> Chinacrin *n*, Mepacrin *n*, Atebrin *n*

quinaldic acid Chinaldinsäure *f*, Chinolin-2-carbonsäure *f*

quinaldinate Chinaldinat *n*

quinaldine <$C_9H_6NCH_3$> Chinaldin *n*, 2-Methylchinolin *n*

quinaldine blue Chinaldinblau *n*

quinaldinic acid Chinaldinsäure *f*, Chinolin-2-carbonsäure *f*

quinalizarin[e] <$C_{14}H_8O_6$> Chinalizarin *n*, Alizarinbordeaux *n*, 1,2,5,8-Tetrahydroxy-9,10-anthrachinon *n*

quinamicine Chinamicin *n*

quinamine <$C_{19}H_{24}N_2O_2$> Chinamin *n*

quinane <$C_{20}H_{24}N_2$> Chinan *n*, Desoxychinin *n*

quinanisol Chinanisol *n*

quinanthridine Chinathridin *n*

quinaphthol <$C_{20}H_{24}N_2O_2(HOC_{10}H_6SO_3H)_2$> Chinin-$\beta$-naphthol-$\alpha$-sulfonat *n*

quinate dehydrogenase *{EC 1.1.1.24}* Chinatdehydrogenase *f*

quinazine Chinoxalin *n*

quinazoline <$C_8H_6N_2$> Chinazolin *n*, 1,3-Benzodiazin *n*, Benzopyrimidin *n*, Phenmiazin *n*

quinazolone <$C_8H_6N_2O$> Chinazolon *n*, Dihydrooxochinazolin *n*

quince [Echte] Quitte *f {Cydonia oblonga Mill.}*

quince juice Quittensaft *m*

quince mucilage Quittenschleim *m*

quince oil Quittenöl *n*

quindo Quindo *n*

quindoline Chindolin *n*

quinene <$C_{20}H_{22}N_2O$> Chinen *n*

quinestrol Quinestrol *n*

quinethazon Quinethazon *n*

quinethyline Chinethylin *n*

quinetum Chinetum *n {Chinarindenmixtur}*

quinhydrone <$C_6H_4O_2C_6H_4(OH)_2$> Chinhydron *n*

quinhydrone electrode Chinhydronelektrode *f {eine Redoxelektrode}*

quinhydrone half-cell Chinhydronhalbzelle *f*

quinic acid <$C_6H_7(OH)_4COOH$> Chinasäure *f*, 1,3,4,5-Tetrahydroxycyclohexancarbonsäure *f*

quinicine <$C_{20}H_{24}N_2O_2$> Chinicin *n*

quinidamine Chinidamin *n*

quinidane Chinidan *n*

quinidine <$C_{20}H_{24}N_2O_2$> Chinidin *n*, Conchinin *n*, β-Chinin *n*

quinidine gluconate Chiningluconat *n*

quinidine sulfate Chininsulfat *n*, Chinidinsulfat *n*

quinindene Chininden *n*

quinindole Chinindol *n*

quinindoline Chinindolin *n*

quinine <$C_{20}H_{24}N_2O_2 \cdot 3H_2O$> Chinin *n*, Chininum *n {Pharm, Chem}*

quinine acetate Chininacetat *n*

quinine alkaloid Chininalkaloid *n*

quinine anisate Chininanisat *n*

quinine antimonate Chininantimonat *n*

quinine aspirin Chininaspirin *n*
quinine base Chininbase *f*, Chinabase *f*
quinine bisulfate Chininhydrogensulfat *n*
quinine carbacrylic resin Chinincarbacrylsäureharz *n*
quinine chromate Chininchromat *n*
quinine citrate Chinincitrat *n*
quinine diethylcarbonate Euchinin *n {Pharm}*
quinine ethylcarbonate Chininethylcarbonat *n*, Euchinin *n*
quinine ferricyanide Chininferricyanid *n*
quinine hydrobromide Chininbromhydrat *n {Pharm}*, Chininhydrobromid *n*
quinine hydrochloride Chininhydrochlorid *n*
quinine hydrogen sulfate Chininhydrogensulfat *n*
quinine hydroiodide Chininhydroiodid *n*
quinine lactate Chininlactat *n*
quinine nitrate Chininnitrat *n*
quinine phosphate Chininphosphat *n*
quinine salicylate Chininsalicylat *n*, Salochinin *n*
quinine succinate Chininsuccinat *n*
quinine sulfate *{USP, EP, BP}* Chininsulfat *n*
quinine sulfate periodide Herapathit *m*
quinine tannate Chinintannat *n*
quinine valerate Chininvalerianat *n*
quinine wine Chinawein *m*, Chininwein *m*
acid quinine sulfate Chininhydrogensulfat *n*
β-quinine *s.* quinidine
quininone <$C_{20}H_{22}N_2O_2$> Chininon *n*
quinsisatin <$C_9H_5NO_3$> (1*H*)-Chinolin-2,3,4-trion *n*
quinisatine Chinisatin *n*
quinisatinic acid Chinisatinsäure *f*
quinism Chininvergiftung *f*
quinisocaine Chinisocain *n*
quinite *s.* quinitol
quinitol Chinit *m*, Cyclohexan-1,4-diol *n {IUPAC}*
quinizarin <$C_{14}H_8O_4$> Chinizarin *n*, Chinazerin *n*, 1,4-Dihydroxy-9,10-anthrachinon *n*
quinizarin green Chinizaringrün *n*
quinizin *s.* antipyrine
quinodimethane Chinodimethan *n*
quinogen <$RCOCOCH_2CR(OH)COCH_3$> Chinogen *n*
quinoidine Chinoidin *n {Chinarinde-Alkaloidrückstände}*
quinol *s.* hydroquinone
quinoline <C_9H_7N> Chinolin *n*, 2,3-Benzopyridin *n*, 1-Benzazin *n {Pharm, Chem}*
quinoline acid <C_9H_6NCOOH> Chinolincarbonsäure *f*
quinoline aldehyde <C_9H_6NCHO> Chinolinaldehyd *m*
quinoline alkaloid Chinolinalkaloid *n*, Chinaalkaloid *n {Alkaloid mit Chinolring}*
quinoline base Chinolinbase *f*
quinoline blue Chinolinblau *n*, Cyanin *n*, Cyaninfarbstoff *m {Photo}*
quinoline carboxylic acid <C_9H_6NCOOH> Chinolincarbonsäure *f*
quinoline derivative Chinolinderivat *n*
quinoline dye Chinolinfarbstoff *m*
quinoline hydrochloride Chinolinhydrochlorid *n*
quinoline quinone Chinolinchinon *n*
quinoline red <$C_{26}H_{19}N_2Cl$> Chinolinrot *n*, 1,1'-Benziliden-2,2'-chinocyaninchlorid *n*
quinoline salicylate Chinolinsalicylat *n*
quinoline strychenone Chinolinstrychenon *n*
quinoline sulfate Chinolinsulfat *n*
quinoline yellow Chinolingelb *n*
quinoline-2,3-dicarboxylic acid Akridinsäure *f*
quinolinic acid <$C_5H_3N(COOH)_2$> Chinolinsäure *f*, Pyridin-2,3-dicarbonsäure *f {IUPAC}*
quinolinium compounds Chinoliniumverbindungen *fpl*
quinolinol Chinolinol *n*
8-quinolinol <C_9H_7NO> 8-Chinolinol *n*, 8-Hydroxychinolin *n*, Oxin *n*
quinolizidine Octahydropyridokolin *n*, Norlupinan *n*, 1-Azabicyclo[4,4,0]decan *n*, Chinolizidin *n*
quinolizidone Chinolizidon *n*
quinolizine <C_9H_9N> Chinolizin *n*
quinolizone Chinolizon *n*
quinologist Chinologe *m*
quinology Chinologie *f*
quinolone Chinolon *n*
2(1*H*)-quinolone <C_9H_7NO> 2(1*H*)-Chinolon *n*, Carbostyril *n*
quinolyl <$-C_9H_6N$> Chino[l]yl-
quinomethane Chinomethan *n*
quinomethionate <$C_{10}H_6N_2OS_2$> Chinomethionat *n {Fungizid}*
quinone <$C_6H_4O_2$> Chinon *n*, 1,4-Benzochinon *n*, Cyclohexa-1,4-dienon *n*
quinone diimine Chinondiimin *n*
***p*-quinone dioxime <$HONC_6H_4NOH$>** Chinondioxim *n*
quinone monoxime <$HONC_6H_4O$> Chinonmonoxim *n*
quinone reductase *{EC 1.6.99.2}* Phyllochinonreduktase *f*, Menadionreduktase *f*, Chinonreduktase *f*, NAD(P)H-Dehydrogenase(Chinon) *f {IUB}*
halogenated quinone Halogenchinon *n*
quinone-*N*-chlorimide Chinon-*N*-chlorimid *n*
quinonimine Chinonimin *n*
quinonoid segments chinonoider Molekülabschnitt *n*, chinoider Gerüstteil *m*, parachinoides Molekülsegment *n {Valenz}*
quinophthalone Chinophthalon *n*

quinopyrine Chinopyrin *n*
quinoquinoline 1,10-Naphthodiazin *n*
quinosol Chinosol *n {K-Oxychinolinsulfat}*
quinotannic acid <$C_{14}H_{16}O_{5}$> Chinagerbsäure *f*
quinoticine Chinoticin *n*
quinotidine Chinotidin *n*
quinotine Chinotin *n*
quinotinone Chinotinon *n*
quinotoxine Chinotoxin *n*
quinotropine Chinotropin *n*
quinova bitter Chinovabitter *n*
quinovene Chinoven *n*
quinovic acid <$C_{30}H_{46}O_{5}$> Chinovasäure *f*
quinovin <$C_{30}H_{48}O_{8}$> Chinovin *n*, Chinovabitter *n*
quinovose Chinovose *f {Glucosid}*
quinoxaline <$C_{8}H_{6}O_{2}$> Phenpiazin *n*, 1,4-Benzodiazin *n*, Chinazin *n*, Chinoxalin *n*, Benzopyrazin *n*
quinoxaline plastic Chinoxalin-Plast *m*
quinoxaline-phenyl-quinoxaline copolymer Chinoxalin-Phenylchinoxalin-Mischpolymerisat *n*, Chinoxalin-Phenylchinoxalin-Kopolymerisat *n*
quinoxanthene Chinoxanthen *n*
quinoyl <-$C_{9}H_{6}N$> Chino[l]yl-
quinquemolecular fünfmolekular
quinquevalence Fünfwertigkeit *f*, Pentavalenz *f {Chem}*
quinquevalent fünfwertig, pentavalent
***p*-quinquiphenyl** <$C_{6}H_{5}(C_{6}H_{4})_{3}C_{6}H_{5}$> *p*-Quinquiphenyl *n*
quinquivalent fünfwertig, pentavalent
quinrhodin Chinrhodin *n*
quinsol <$C_{9}H_{9}NOSO_{3}K$> Chinsol *n {Fungizid}*
quintal Quintal *n {1. 100 lb = 45,359237 kg; 2. 100 kg}*
quintessence Auszug *m*, Quintessenz *f*
quintillion 1. Quintillion *f* $\{10^{30}\}$; 2. *{US}* Trillion *f* $\{10^{18}\}$
quintozene *s.* pentachloronitrobenzene
quintuple fünffach
quintuple point Quintupelpunkt *m {Thermo}*
quintuplet Quintuplett *n*, Fünfer-Satz *m*
quinuclidine <$C_{7}H_{13}N$> Chinuclidin *n*
quire Buch *n {Pap, Bogenanzahl: 24 (obs), 25 (jetzt)}*
quisqueite Quisqueit *m {Min}*
quitenidine <$C_{19}H_{22}N_{2}O_{4}$> Quitenidin *n*
quiver/to zittern, beben
quoin/to klemmen; mit einem Keil *m* befestigen, heben
quoin 1. Keil *m {Tech}*; 2. Schließzeug *n {Drukken}*; 3. scharfe Kante *f*; Hausecke *f*, Mauerekke *f*
quota 1. Quote *f*, Anteil *m*; 2. Quote *f {Zahl der Beteiligten}*; 3. Kontingent *n {z.B. Handelskontingent}*
quotation 1. Preisangebot *n*, verlangtes Angebot *n*; Preisangabe *f*, Notierung *f*; 2. Kostenvoranschlag *m*; 3. Zitat *n*; Zitieren *n*
quotation marks Anführungszeichen *npl*, Gänsefüßchen *npl {EDV}*
quote/to 1. anführen, zitieren; nennen *{als Beispiel}*; 2. angeben, berechnen *{Preis}*; 3. in Anführungszeichen *npl* setzen
quotient 1. Quotient *m {Math}*; 2. Teilzahl *f*
quotient of purity Reinheitsquotient *m {Zukker}*

R

R 113 Trichlortrifluorethan *n*, Freon 113 *n*, F113
R and B method Ring- und Kugel-Methode *f {Werkstoffprüfung}*
rabbet/to falzen
rabbet Falz *f*, Ausfalzung *f*
rabbit 1. Kaninchen *n {Zool}*; *{US}* Hase *m {Zool}*; 2. Einstufenrückführung *f*, Rohrpostbüchse *f {Nukl}*; Einstufenrückstromverfahren *n {Nukl}*
rabbit hole Rohrpostkanal *m {Nukl}*
rabbit tube system Rohrpost *f {Nukl}*
rabble/to krählen *{Met, Bergbau}*; Schmelze *f* umrühren *{Met}*
rabble 1. Krähl[werks]arm *m*, Rührhaken *m*, Rührarm *m*, Schürstange *f {Etagenofen}*, mechanische Kratze *f {Met}*; 2. Krähler *m*, Rührzahn *m*
rabble arm Krähl[werks]arm *m*, Rührarm *m*, Schürstange *f {Etagenofen}*
rabbler Feuerhaken *m*, Schüreisen *n*, Rührarm *m*, Krähl[werks]arm *m*, Krähler *m {Etagenofen}*
rabbling machine Krählwerk *n*
rabelaisin Rabelaisin *n {Glucosid}*
rabies vaccine Tollwutvakzine *f*, Tollwutimpfstoff *m*
race 1. Rasse *f {Bot, Zool}*; 2. Kugelschale *f {Kugelgelenk}*; Laufring *m {Wälzlagerkörper}*; 3. Kanal *m {z.B. Abzugskanal, Zufuhrkanal}*; Schußrinne *f {Überlauf}*; 4. Gezeitenströmung *f*; Stromschnelle *f*; 5. Ladenbahn *f*, Schützenbahn *f {Weben}*
race pulverizer Kugelmühle *f*
racemase Racemase *f*
racemate 1. Racemat *n {Stereochem}*; 2. Racemat *n*, DL-Tartrat *n {Salz oder Ester der Traubensäure}*
racemation Racemisierung *f*
racemethorphan Racemethorphan *n*
racemic racemisch
racemic acid <$C_{2}H_{4}O_{2}(COOH)_{2}\cdot H_{2}O$> racemische Weinsäure *f*, DL-Weinsäure *f*, Traubensäure *f*

racemic compound racemische Verbindung *f*, Racemat-Verbindung *f {Stereochem}*
racemic mixture Racemform *f*, racemische Mischung *f*
racemic modification Racemform *f*, racemische Modifikation *f*
racemism Racemie *f*, racemischer Zustand *m*
racemization Racemisierung *f {optische Inaktivierung einer Substanz}*
racemization by Walden inversion Racemisierung *f* durch Waldensche Umkehr *f*
racemization vessel Razemisiergefäß *n*
auto-razemization spontane Racemisierung *f*
thermal racemization thermische Racemisierung *f*
racemize/to racemisieren *{Stereochem}*
racemoramide Racemoramid *n*
racemorphan Racemorphan *n*
racephedrine hydrochloride Racephedrinhydrochlorid *n {Pharm}*
racing fuel Rennkraftstoff *m*
rack/to 1. abfüllen, abziehen *{z.B. Wein}*; 2. auf einem Gestell *n* befestigen
rack 1. Regal *n*; Gestell *n*, Ständer *m*, Rahmen *m*; Rack *n {Tech}*; Baugruppenträger *m {Elektronik}*; 2. Zahnstange *f {Tech}*; 3. Rechen *m {Rückhaltevorrichtung}*; 4. Kippherd *m {Aufbereitung}*; 5. Transporteinsatz *m*, Rack *n {Materialtransport in Entwicklungsmaschinen; Photo}*
rack-and-pinion [gear] Stangentriebwerk *n*, Zahnstangengetriebe *n*; Zahnstangensatz *m*
rack-and-pinion drive Zahnstangenantrieb *m*
rack-mounting digital voltmeter Einbau-Digitalvoltmeter *n*
rack shelf Fachbodenregal *n*
rack stacker Regalförderzeug *n*
racker *s.* racking machine
racking cock Abfüllhahn *m {Brau}*
racking hose Abfüllschlauch *m*
racking machine Faßabfüllmaschine *f*, Faß[ab]füller *m {Brau}*
racking pipe Füllrohr *n {Brau}*
racking plant Abfüllanlage *f {für Fässer}*
racking pump Abfüllpumpe *f {Brau}*
rad 1. Rad *n {Strahlendosis, 1 rad = 0,01 Gy}*; 2. Radiant *m*, Bogenmaßwinkel *m {SI-Einheit des ebenen Winkels; 1 rad = 57,29578° = 57°17'44,8062''}*
radar-absorbing material radarabsorbierendes Material *n*, radarstrahlenverschluckendes Material *n {100 MHz - 100 GHz}*
radar paint radarabsorbierender Anstrich *m*
radial 1. radial; Radial-; Strahlen-; 2. Radial *n*; 3. Sternmotor *m*; 4. Gürtelreifen *m {Reifen mit Radialstruktur}*
radial acceleration Radialbeschleunigung *f*, radiale Beschleunigung *f*
radial bag filter Rundfilter *m*
radial bearing Radiallager *n*, Querlager *n*
radial chromatography Zirkularchromatographie *f*, Ringchromatographie *f*; Rundfilterchromatographie *f {auf Papier}*
radial crack Radialriß *m*
radial distribution function radiale Verteilungsfunktion *f*
radial expansion Radialausdehnung *f*
radial flow Radialstrom *m*, Radialströmung *f*, radialer Strom *m*, radiale Strömung *f*
radial-flow agitator Rührwerk *n* mit Radialströmung
radial-flow compressor Kreiselverdichter *m*, Radialverdichter *m*
radial-flow fan Radialgebläse *n*
radial-flow impeller Radialrad *n*, Turbinenmischer *m*
radial-flow pump Radialpumpe *f*
radial-flow scrubber Radialstromwäscher *m*
radial-flow tray Radialstromboden *m {Dest}*
radial force Radialkraft *f*, Umlenkkraft *f*
radial mode Radialschwingung *f*
radial motion Radialbewegung *f*
radial-piston pump Radialkolbenpumpe *f*
radial-plunger pump Radialkolbenpumpe *f*
radial screw clearance radiales Spiel *n*, Schneckenscherspalt *m*, Stauspalt *m*, Spalthöhe *f {Kunst}*
radial stress Radialspannung *f*
radial system of runners Verteilerkreuz *n*, Verteilerstern *m*, Verteilerspinne *f*, Sternverteiler *m*, Anschnittstern *m*, Angußspinne *f*, Angußstern *m {Kunst}*
radial velocity Radialgeschwindigkeit *f*, radiale Geschwindigkeit *f*
radian Radiant *m*, Bogenmaßwinkel *m {57,29578°}*
radiance 1. [strahlender] Glanz *m*; Lichtglanz *m*, Lichtschein *m*; 2. Strahlung *f*; 3. Strahldichte *f {in W/sr·m^2}*
radiant 1. strahlend; Strahlungs-; 2. Radiant *m*, Radiationspunkt *m {Astr}*; 3. Strahlungsquelle *f {Gerät oder Material}*
radiant continuum kontinuierliche Strahlung *f*, kontinuierliche Lichtaussendung *f*, kontinuierliche Emission *f*
radiant cooling Strahlungskühlung *f*
radiant emittance *s.* radiant excitance
radiant energie Strahlungsenergie *f {in W·s}*, Strahlungsmenge *f*
radiant-energy thermometer Strahlungspyrometer *n*
radiant excitance spezifische Ausstrahlung *f {in W/m^2}*
radiant flux Strahlungsfluß *m*, Strahlungsmenge *f*, Strahlungsleistung *f {in J; DIN 5031}*

radiant-flux density Strahlungsflußdichte *f*, Strahlungsintensität *f* {*in W/m²*}
radiant gas burner Strahlungsgasbrenner *m*
radiant heat Strahlungswärme *f*
radiant heater Strahlungsheizer *m*, Strahlungsheizkörper *m*, Heizstrahler *m*, Strahlungsofen *m*
radiant heating Strahlungsheizung *f* {*z.B. Infrarotheizung*}; Strahlungstrocknung *f*
radiant-heating surface Strahlungsheizfläche *f*
radiant intensity Strahlungsintensität *f*
radiant power Strahlungsfluß *m*, Strahlungsleistung *f* {*in W*}
radiant-tube furnace Strahlrohrofen *m*
radiant-type boiler Flammrohrkessel *m*, Strahlungskessel *m*
radiate/to ausstrahlen, abstrahlen, strahlen, emittieren, ausschleudern, aussenden {*z.B. Strahlen, Teilchen*}; durchstrahlen; bestrahlen
radiated strahlenförmig, strahlig {*Krist*}
radiated barite Strahlbaryt *m* {*Min*}
radiated pyrite Markasit *m* {*Min*}
radiated spar Federspat *m* {*Min*}
radiated zeolith prismatischer Zeolith *m* {*Min*}
radiating efficiency Strahlenausbeute *f*
radiating gill Kühlrippe *f*
radiating heat strahlende Wärme *f*
radiating power Strahlungsvermögen *n*
radiating surface Ausstrahlungsfläche *f*, Abstrahlfläche *f*, Strahleroberfläche *f*, strahlende Fläche *f*
radiation 1. Strahlung *f*; 2. Ausstrahlung *f*, Abstrahlung *f*, Radiation *f*, Emission *f* {*Phys*}; Bestrahlung *f*
radiation absorbed dose Rad *n* {*obs, 1 rd = 0,01 J/kg*}
radiation absorption Strahlungsabsorption *f*
radiation activity Strahlenaktivität *f*
radiation analyzer Strahlenanalysator *m*
radiation attenuation Strahlungsschwächung *f*
radiation beam Lichtbündel *n*, Lichtstrahlenbündel *n*, Lichtbüschel *n*, Lichtstrahlenbüschel *n*
radiation biochemistry biologische Strahlenchemie *f*, Strahlungbiochemie *f*
radiation biology Strahlenbiologie *f*
radiation bombardment Strahlungseinwirkung *f*
radiation capacity Strahlungsvermögen *n*, Ausstrahlungsvermögen *n*
radiation catalysis Strahlungskatalyse *f*
radiation chart Strahlungsdiagramm *n*
radiation-chemically chlorinated polyvinylchloride strahlenchemisch chloriertes Polyvinylchlorid *n*
radiation chemistry Strahlenchemie *f*, Strahlungschemie *f*
radiation coefficient Strahlungsbeiwert *m*, Strahlungskoeffizient *m*
radiation constant Strahlungskonstante *f*
radiation cooling Strahlungskühlung *f*
radiation counter Strahlenzähler *m*, Strahlungszähler *m*, Zähler *m*, Zählrohr *n* {*Nukl*}
radiation counter tube Strahlenzählrohr *n*, Strahlenzähler *m*, Strahlungszähler *n* {*Nukl*}
radiation crosslinkage Strahlenvernetzung *f*, Strahlungsvernetzung *f* {*Kunst*}
radiation-crosslinked strahlenvernetzt
radiation cross-linking Strahlungsvernetzung *f*, Strahlenvernetzung *f* {*Kunst*}
radiation cure Vulkanisation *f* durch energetische Strahlung *f*, Vernetzung *f* durch energiereiche Strahlen, Strahlungshärtung *f*
radiation cured coating strahlungsvernetzte Beschichtung *f*
radiation curing *s.* radiation cure
radiation damage Strahlenschaden *m*, Strahlungsschaden *m*; Strahlenschädigung *f*, Eigenschaftsschädigung *f* durch Strahleneinwirkung {*Kunst*}
radiation decomposition Strahlenzersetzung *f*, Radiolyse *f*
radiation density Strahlungsdichte *f*, Strahlendichte *f*
radiation detection instrument Strahlennachweisgerät *n*, Strahlungsmeßgerät *n*, Strahlungsdetektor *m*, Strahlendetektor *m*
radiation detector Strahlennachweisgerät *n*, Strahlungsmeßgerät *n*, Strahlungsdetektor *m*, Strahlendetektor *m*
radiation dosage Strahlenbelastung *f*, Strahlendosis *f*, Strahlungsdosierung *f*, Bestrahlungsdosis *f*
radiation dose Strahlendosis *f* {*in Gy*}
radiation dose rate Strahlungsleistung *f*, Dosisleistung *f* {*in Gy/s bzw. W/kg*}
radiation dryer Strahlungstrockner *m*, Strahlungstrockeneinrichtung *f*, Strahlentrockner *m*
radiation effect Strahlungseffekt *m*, Strahlenwirkung *f*
radiation effluent Strahlenemission *f*
radiation elimination Strahlenauslöschung *f*
radiation emittance thermisches Emissionsvermögen *n*
radiation energy Strahlungsenergie *f*, Strahlungsmenge *f*
radiation exchange factor Strahlungsaustauschzahl *f*
radiation exposure Strahlungsbelastung *f*, Strahlenbelastung *f*
radiation fluxmeter Strahlungsdosimeter *n*
radiation from the anode Anodenstrahlen *mpl*
radiation furance Strahlungsofen *m* {*Met*}
radiation grafting strahlenchemische Pfropfung *f* {*Thermoplastoberflächen*}
radiation guard Strahlenschutz *m*, Strahlungsabschirmung *f*

radiation hazard Strahlengefahr *f*, Strahlengefährdung *f*, Strahlenrisiko *n*
radiation heat Strahlungswärme *f*
radiation heat loss Strahlungs[wärme]verlust *m*
radiation heat transfer Wärmestrahlung *f*, Wärmeübergang *m* durch Strahlung
radiation heat-up Strahlenaufheizung *f*
radiation heater Strahlungsheizkörper *m*, Heizstrahler *m*, Strahlheizofen *m*, Strahlungsofen *m*
radiation heating Strahlungserwärmung *f*, Strahlungsheizung *f {z.B. Infrarotheizung}*; Flächenheizung *f*, Flächenstrahlungsheizung *f {eine Form der Zentralheizung}*
radiation impact Strahlenbelastung *f*, Strahlungsbelastung *f*
radiation-induced strahleninduziert, strahlungsinduziert, strahlungsangeregt *{Nukl, Biol}*
radiation-incuded creep effect strahlungsinduzierter Kriecheffekt *m*
radiation-induced cross-linking Strahlungsvernetzung *f*, Strahlenvernetzung *f*, Strahlenvernetzen *n {von Kunststoffen}*
radiation-induced oxidation Strahlungsoxidation *f*
radiation-induced polymerization Strahlungspolymerisation *f*, strahleninduzierte Polymerisation *f*, strahleninitiierte Polymerisation *f*
radiation-induced shrinkage strahlungsinduziertes Schrumpfen *n*
radiation injury [biologischer] Strahlenschaden *m*, Strahlenschädigung *f*, Verletzung *f* durch Bestrahlung *{Med}*
radiation-initiated strahleninitiiert, strahlungsangeregt, strahleninduziert
radiation intensitometer Strahlenstärkemesser *m*
radiation intensity Strahlenintensität *f*, Strahlungsintensität *f*, Bestrahlungsintensität *f {in W/sr}*
radiation ionization Strahlungsionisation *f*
radiation laws Strahlungsgesetze *npl*
radiation leakage *{ISO 2855}* Leckstrahlung *f {Verpackung}*
radiation length Strahlungsreichweite *f*, Kaskadeneinheit *f {Energieabklingen auf 1/e}*
radiation level Strahlendosis *f*, Strahlungspegel *m*
radiation loss Strahlungsverlust *m*, Abstrahlungsverlust *m*, Ausstrahlverlust *m*
radiation maze Strahlenschleuse *f {Nukl}*
radiation measurement Strahlungsmessung *f*, Strahlenmessung *f*
radiation measuring desk Strahlungsmeßplatz *m*
radiation measuring equipment Strahlungsmeßgeräte *npl*, Strahlennachweisapparatur *f*
radiation [measuring] instrument Strahlungsmeßinstrument *n*
radiation meter Strahlungsmeßgerät *n*
radiation moisture meter Strahlungs-Feuchtemesser *m*
radiation monitor Strahlenmonitor *m*, Strahlenüberwachungsgerät *n*, Strahlenwarngerät *n*; radioaktive Strahlung registrierende Luftüberwachungsanlage *f*
radiation monitoring Strahlungsüberwachung *f*, Strahlungskontrolle *f {Nukl}*
radiation monitoring device *s.* radiation monitor
radiation mutation Bestrahlungsmutation *f*
radiation of heat Wärmeabstrahlung *f*, Wärmeausstrahlung *f*
radiation of light Lichtausstrahlung *f*
radiation path Strahlengang *m*, Strahlenweg *m*, Strahlenverlauf *m {Opt}*
radiation permeability Strahlungsdurchlässigkeit *f*
radiation physics Strahlenphysik *f*
radiation polymerization Strahlungspolymerisation *f*, strahleninduzierte Polymerisation *f*, strahleninitiierte Polymersiation *f*
radiation potential Strahlungspotential *n*; Ionisierungsarbeit *f*, Ionisierungspotential *n*
radiation preservation Strahlenkonservierung *f*, Konservierung *f* durch Bestrahlung *f {Lebensmittel}*
radiation pressure Strahlungsdruck *m {Phys}*
radiation product Bestrahlungsprodukt *n*
radiation-proof strahlensicher, strahlungssicher
radiation-proof protective clothing Strahlenschutzbekleidung *f*
radiation protection Strahlenschutz *m*, Strahlungsschutz *m*, Strahlungsabschirmung *f*
radiation protection directive Strahlenschutzverordnung *f*
radiation protection guide maximal zulässige Strahlendosis *f*, maximal zugelassene Strahlenbelastung *f*
radiation protection monitoring Strahlenschutzüberwachung *f*
radiation protection officer Strahlenschutzverantwortlicher *m*
radiation protection ordinance Strahlenschutzverordnung *f*
radiation pyrometer Strahlungspyrometer *n*, Wärmestrahlungspyrometer *n {berührungsfreie Temperaturmessung}*; Teilstrahlungspyrometer *n*, Leuchtdichtepyrometer *n*
radiation resistance Strahlungsbeständigkeit *f*, Strahlenbeständigkeit *f*, Strahlenresistenz *f*
radiation-resistant strahlungsbeständig, strahlenbeständig, strahlenresistent

radiation safety Strahlenschutz *m*, Strahlungsschutz *m*
radiation safety measures Strahlenschutzmaßnahmen *fpl*
radiation screen Strahlungsabschirmung *f*, Strahlenabschirmung *f*
radiation sensitivity Bestrahlungsempfindlichkeit *f*
radiation shield Strahlungsschutz *m*, Strahlungsabschirmung *f*, Strahlungsschirm *m*, Strahlungsschutzschirm *m*
radiation shielding strahlungsabschirmend; Strahlenabschirmung *f*
radiation source Strahlenquelle *f*, Strahlungsquelle *f*; Strahler *m {Röntgenprüfung}*
radiation stabilizer Strahlenschutzmittel *n*
radiation standard Strahlungsnormal *n*
radiation sterilization Bestrahlungssterilisierung *f*
radiation surplus Strahlungsüberschuß *m*
radiation temperature Strahlungstemperatur *f*; Gesamtstrahlungstemperatur *f {schwarzer Körper}*
radiation theory of chemical reaction Strahlungstheorie *f* der chemischen Reaktionen *fpl*
radiation therapy 1. Bestrahlungstherapie *f {Med}*; 2. Strahlentherapie *f*, Strahlenheilkunde *f*, Radiotherapie *f*
radiation thermometer Schwarzkugelthermometer *n*; Strahlungspyrometer *n*
radiation thickness ga[u]ge Strahlungs-Dikkenmeßgerät *n*
radiation transition Strahlungsübergang *m*
radiation transmission Strahlungsdurchgang *m*
radiation trap Strahlenschleuse *f {Nukl}*
radiation vulcanization Vulkanisation *f* durch energiereiche Strahlung, Vernetzung *f* durch energiereiche Strahlung
radiation width Strahlungsbreite *f*
background radiation Hintergrundstrahlung *f*
characteristic radiation Eigenstrahlung *f*
coherent radiation kohärente Strahlung *f*
corpuscular radiation Teilchenstrahlung *f*, Korpuskularstrahlen *fpl*
cosmic radiation kosmische Strahlung *f*,- Höhenstrahlung *f*
damaged by radiation strahlengeschädigt
danger of radiation Strahlungsgefährdung *f*
electromagnetic radiation elektromagnetische Strahlung *f*
exposed to radiation harzards strahlengefährdet
polarized radiation polarisierte Strahlung *f*
total radiation fluxmeter Gesamtstrahlungsdosimeter *n*

radiationless strahlungsfrei, strahlungslos
radiationless transition strahlungsloser Übergang *m {Spek}*

radiative strahlend; Strahlungs-
radiative capture Strahlungseinfang *m {Nukl}*
radiative recombination strahlende Rekombination *f*
radiative transition Strahlungsübergang *m*, strahlender Übergang *m*

radiator 1. Strahler *m*, Strahlungsquelle *f*, Strahlenquelle *f*; 2. Heizkörper *m*, Radiator *m*, Raumheizkörper *m*; 3. Kühler *m {Auto}*
radiator lacquer *s. radiator paint*
radiator paint Heizkörperfarbe *f*, Heizkörperlack *m*
radiator tank Kühlwasserausgleichsbehälter *m*, Kühlwasserkasten *m*, Wasserkasten *m*
cellular-type radiator Lamellenkühler *m*

radical 1. radikal, durchgreifend; grunglegend; Radikal-; Grund-; Wurzel- *{Math}*; 2. [freies] Radikal *n*; Gruppe *f*, Rest *m {Chem}*; 3. [chemischer] Grundstoff *m*; 4. Wurzelzeichen *n {Math}*; 5. Radikal *n {Math}*
radical absorber Radikalfänger *m {z.B. Reaktionsharze}*
radical attack Radikalangriff *m*
radical availability Radikalangebot *n*
radical chain reaction Radikalkettenreaktion *f {Chem}*
radical concentration Radikalkonzentration *f*
radical-donating radikalspendend
radical donor Radikalspender *m*
radical entry Radikaleinbau *m*, Radikaleintritt *m {Polymer}*
radical exit Radikalaustritt *m*, Radikalablösung *f {Polymer}*
radical expression Wurzelausdruck *m {Math}*
radical formation Radikalbildung *f*
radical former Radikalbildner *m*
radical in the solid state Festkörperradikal *n*
radical index Wurzelexponent *m {Math}*
radical interception Radikaleinfang *m*
radical interceptor Radikalfänger *m*
radical ion Radikalion *n*
radical migration Radikalwanderung *f*
radical polymerization Radikal[ketten]polymerisation *f*
radical sign Wurzelzeichen *n {Math}*
radical substitution Substitution *f* von Radikalen *npl*
radical transfer Radikalübertragung *f*
radical vinegar Eisessig *m*
radical yield Radikalausbeute *f*
acid radical Säureradikal *n*
acyl radical <$(RCO\cdot)_n$> Acylradikal *n*
aliphatic radical aliphatisches Radikal *n*
alkyl radical Alkylradikal *n*
aromatic radical aromatisches Radikal *n*

aryl radical Arylradikal *n*, aromatisches Radikal *n*
bi-radical Biradikal *n*
free radical freies Radikal *n*
long-lived radical langlebiges Radikal *n*
migration of radicals Radikalwanderung *f*
organic radical organisches Radikal *n*
persistent radical beständiges Radikal *n*, stabiles Radikal *n*
short-lived radical kurzlebiges Radikal *n*
radicinin Radicinin *n*
radicofunctional nomenclature radikofunktionelle Nomenklatur *f {Radikalname und funktionelle Gruppe, z.B. Alkylhalogenid}*
radio 1. Strahl[en]-; Rundfunk-, Funk-; 2. Rundfunk *m*, Funk *m*, Radio *n*; 3. Radioapparat *m*, Rundfunkempfänger *m*, Radio *n*; 4. Funkspruch *m*
radioactinium Radioaktinium *n {Triv}*, RaAc, RdAc, Thorium-227 *n*
radioactivation analysis Aktivierungsanalyse *f {Nukl, Anal}*
radioactive radioaktiv
radioactive age determination radioaktive Altersbestimmung *f*
radioactive carbon dating Radiokohlenstoffmethode *f {Geol}*, Radiocarbonmethode *f*, C-14-Altersbestimmung *f*, Radiocarbon-Altersbestimmung *f*
radioactive chain Zerfallsfolge *f*, Zerfallskette *f*
radioactive contamination radioaktive Verseuchung *f*, radioaktive Kontamination *f*
radioactive dating radioaktive Altersbestimmung *f*, Altersbestimmung *f* durch Nuklide, absolute Altersbestimmung *f*
radioactive decay radioaktiver Zerfall *m*, Kernzerfall *m*, Atomzerfall *m*, radioaktive Umwandlung *f*
radioactive decay constant Zerfallskonstante *f*
radioactive decontamination radioaktive Entseuchung *f*
radioactive degradation *s.* radioactive decay
radioactive deposit radioaktiver Niederschlag *m*
radioactive dirt water radioaktives Schmutzwasser *n*
radioactive disintegration radioaktiver Zerfall *m*, Kernzerfall *m*, Atomzerfall *m*, radioaktive Umwandlung *f*
radioactive displacement law radioaktiver Verschiebungssatz *m*, radioaktives Verschiebungsgesetz *n*
radioactive effluent radioaktiver Abfall *m*,-radioaktive Abfälle *mpl {flüssige oder gasförmige}*, radioaktives Abwasser *n*
radioactive element Radioelement *n*, radioaktives Element *n*
radioactive emanation Emanation *f*, radioaktives Gas *n*
radioactive equilibrium radioaktives Gleichgewicht *n {einer Zerfallsreihe}*
radioactive fallout radioaktiver Niederschlag *m {fest}*, Fallout *m*
radioactive family radioaktive Familie *f*,-radioaktive Zerfallsreihe *f*, Zerfallsreihe *f*
radioactive half-life radioaktive Halbwertszeit *f*
radioactive ionization ga[u]ge Kernstrahlungs-Ionisationsvakuummeter *n*, Ionisationsvakuummeter *n* mit radioaktivem Präparat
radioactive isotope Radioisotop *n*, radioaktives Isotop *n*, instabiles Isotop *n*
radioactive material *{GB}* radioaktiver Stoff *m*
radioactive nuclide Radionuklid *n*, radioaktives Nuklid *n*
radioactive ore detector Prospektionszähler *m*
radioactive paint radioaktive Farbe *f*
radioactive phosphorescent material radioaktive Leuchtmasse *f*
radioactive pollution of the air radioaktive Luftverschmutzung *f*, Luftverpestung *f* durch Radioaktivität *f*
radioactive purity radioaktive Reinheit *f*, Radionuklidreinheit *f*
radioactive series radioaktive Zerfallsreihe *f*, radioaktive Familie *f*
radioactive standard radioaktives Standardpräparat *n*, radioaktiver Standard *m*
radioactive substance radioaktiver Stoff *m*
radioactive thickness ga[u]ge radioaktives Dickenmeßgerät *n*
radioactive tracer radioaktiver Indikator *m*, Radioindikator *m*, Radiotracer *m*, Leitisotop *n*, markiertes Isotop *n*
radioactive tracer leak detection Lecksuche *f* mit radioaktivem Indikator
radioactive transformation radioaktive Umwandlung *f*, radioaktiver Übergang *m*
radioactive waste radioaktiver Abfall *m*, radioaktive Abfallstoffe *mpl*, Atommüll *m*
Radioactive Waste and Radioactive Substance Act 1980 *{GB}* Gesetz *n* über radioaktiven Abfall und radioaktive Stoffe
radioactive waste handling Entsorgung *f*
radioactive waste products radioaktiver Abfall *m*
radioactive waste storage Abfallager *n* für radioaktive Stoffe; Lagerung *f* radioaktiver-Abfallstoffe, Atommüllagerung *f*
highly radioactive hochradioaktiv, stark strahlend
render radioactive/to radioaktiv machen
radioactively contaminated atomverseucht, radioaktiv verseucht

radioactively labelled radioaktiv markiert, radioindiziert
radioactively tagged *{US}* radioaktiv markiert, radioindiziert
radioactivity Radioaktivität *f {Nukl}*
radioactivity detection Radioaktivitätsnachweis *m*
radioactivity concentration guide maximal zulässige Strahlendosis *f*
radioactivity decay Abklingen *n*, Abklingung *f*, Aktivitätsabfall *m {Nukl}*
radioactivity of the air Luftradioaktivität *f*
artificial radioactivity künstliche Radioaktivität *f*
induced radioactivity künstliche Radioaktivität *f*, induzierte Radioaktivität *f*
radioassay Strahlungsanalyse *f*, Radiotest *m*, Radioassay *m {Anal}*
radioautography Autoradiographie *f*, Strahlungsphotographie *f*
radiobiological radiobiologisch, strahlenbiologisch
radiobiology Radiobiologie *f*, Strahlenbiologie *f*
radiocarbon Radiokohlenstoff *m*, Kohlenstoff 14 *m*, ^{14}C, *{radioaktiver Kohlenstoff}*
radiocarbon dating Radiokohlenstoffdatierung *f*, Radiocarbon-Altersbestimmung *f*, Radiocarbonmethode *f*, C-14-Methode *f {Altersbestimmung organischer Reste}*
radiocesium Cesium-137 *n*
radiochemical laboratory radiochemisches Laboratorium *n*
radiochemical purity radiochemische Reinheit *f*
radiochemist Radiochemiker *m*
radiochemistry Radiochemie *f*
radiochromatography Radiochromatographie *f*
radiochrometer Radiochrometer *n*
radiochronology Radiochronologie *f {Geol}*
radiocobalt Cobalt-60 *n*; radioaktives Cobalt *n*
radiocontrol/to fernsteuern
radiocontrol drahtlose Fernsteuerung *f*, Funk[fern]steuerung *f*
radiocoulometry Radiocoulomertrie *f*
radioecology Radioökologie *f*
radioelement radioaktives Element *n*, Radioelement *n*
radiofrequency Hochfrequenz *f*, HF, Funkfrequenz *f*; Radiofrequenz *f*, RF *{10 kHz - 100 GHz}*
radiofrequency heating Hochfrequenzerwärmung *f*, HF-Erwärmung *f*, Erhitzung *f* durch Hochfrequenz
radiofrequency ignition Hochfrequenzzündung *f*
radiofrequency preheating Hochfrequenz-Vorheizen *n {Kunst, 10 - 100 GHz}*
radiofrequency spectrometer Radiofrequenzspektrometer *n*
radiofrequency spectroscopy Hochfrequenzspektroskopie *f {1 kHz - 100 GHz}*
radiofrequency sputtering Hochfrequenzzerstäubung *f*
radiogenic 1. radiogen, durch radioaktiven Zerfall *m* entstanden; 2. für Rundfunkübertragungen *fpl* geeignet
radiogram 1. Radiogramm *n*, Röntgenaufnahme *f*, Röntgenbild *n*, Röntgenogramm *n*; 2. Radiotelegramm *n*, Funktelegramm *n*; 3. Funkspruch *m*, Funkmeldung *f*, Funknachricht *f*
radiograph/to durchstrahlen, durchleuchten, röntgen
radiograph Radiogramm *n*, Röntgenaufnahme *f*, Röntgenbild *n*, Röntgenogramm *n*
radiographic radiographisch, Radiographie-; röntgenographisch, Röntgen-
radiographic equivalence factor radiographischer Gleichwert *m {in 1/m}*
radiographic examination röntgenographische Prüfung *f*, Röntgenprüfung *f*
radiographic film Röntgenfilm *m {Photo}*
radiographic microstructure testing Röntgenfeinstrukturprüfung *f*
radiographic sensitivity Strahlenempfindlichkeit *f {Photo, in %}*
radiographic testing Röntgendurchstrahlungsprüfung *f*
radiography Radiographie *f {Werkstoffprüfung}*; Röntgenphotographie *f*, Röntgenographie *f {Med}*
radiohalogenation Strahlungshalogenierung *f*
radioimmunoassay Radioimmuntest *m*, Radioimmunassay *m n*, Radioimmunoassay *m n*
radioiodine Radioiod *n*, radioaktives Iod *n {Med}*; Iod-131 *n*
radioisotope Radioisotop *n*, radioaktives Isotop *n*, instabiles Isotop *n*
radioisotope technique Leitisotopenmethode *f*
radiolite Radiolith *m {Min}*
radiologic *s.* radiological
radiological radiologisch; Strahlen- ; Röntgen-
radiological flaw detection Röntgengrobstrukturuntersuchung *f {zerstörungsfreie Werkstoffprüfung}*
radiological dose radiologische Dosis *f*, Strahlendosis *f*
radiological hazard radiologische Gefährdung *f*
radiological result[s] Röntgenbefund *m*
radiological safety officer Strahlenschutzbeauftragter *m*
radiological survey Strahlenüberwachung *f*
radiolead 1. Radium G *n {Triv}*, Blei-206 *n*; 2. Radioblei *n {natürliches Pb-Radioisotopengemisch in Mineralien}*

radiologist Radiologe *m*, Facharzt *m* für Radiologie *{Med}*; Röntgenologe *m*
radiology Radiologie *f*, Strahlenkunde *f {Med}*; Röntgenologie *f*, Röntgenkunde *f*
radiolucency Röntgenstrahlendurchlässigkeit *f*
radiolucent röntgenstrahlendurchlässig, röntgenstrahlendurchscheinend, diaktin
radioluminescence Radiolumineszenz *f*
radiolysis strahlenchemische Zersetzung *f*, Radiolyse *f*
radiolysis of solvents Radiolyse-Zerlegung *f* von Lösemitteln
radiolytic radiolytisch
radiolytic decomposition radiolytische Zersetzung *f*, Strahlenzersetzung *f*, Radiolyse *f*
radiometer Radiometer *n*, [hochempfindlicher] Strahlenmesser *m {Phys, Akustik}*; radiometrische Sonde *f {Geol}*
radiometer ga[u]ge Radiometer-Vakuummeter *n*, Knudsen-Vakuummeter *n*, Knudsensches Radiometer-Vakuummeter *n*
radiometric radiometrisch; Radiometer-
radiometric analysis radiometrische Analyse *f*, Radioreagensverfahren *n*, Radioreagensmethode *f*
radiometric titration radiometrische Titration *f*
radiomimetic [substance] Radiomimetikum *n {Med}*
radionuclide Radionuklid *n*, radioaktives Nuklid *n*
radiocapacity Strahlenundurchlässigkeit *f*, Undurchlässigkeit *f* für Röntgenstrahlen *mpl*
radiopaque strahlenundurchlässig, radiopaque; undurchlässig für Röntgenstrahlen *mpl*, röntgenstrahlenundurchlässig
radioparent strahlendurchlässig
radiopharmaceutical 1. radiopharmazeutisch; 2. radioaktives Präparat *n*, Radiopharmazeutikum *n*, Radiopharmakon *n {Pharm}*
radiophosphorus Phosphor-32 *n*; Radiophosphor *m*
radiophotographic chemicals Röntgenchemikalien *fpl*
radiophotograph[y] Radiophotographie *f*
radiophotoluminescence Radiophotolumineszenz *f*
radiopolarography Radiopolarographie *f*
radioprotective Strahlenschutz-
radioprotective chemicals radiologische Schutzstoffe *mpl*
radioresistance Strahlenresistenz *f*, Strahlenbeständigkeit *f*, Strahlungsfestigkeit *f*
radioscope Strahlungssucher *m*
radiosensitive strahlenempfindlich, strahlungsempfindlich, radiosensitiv
radiosensitivity Strahlenempfindlichkeit *f*, Strahlungsempfindlichkeit *f*
radiosodium Natrium-24 *n*; radioaktives Natrium *n*
radiostimulation Strahlenstimulation *f {Agri}*
radiostrontium Strontium-90 *n*; radioaktives Strontium *n*
radiosulfur Schwefel-35 *m*; radioaktiver Schwefel *m*
radiotellurium *{obs}* *s.* polonium
radiotherapist Radiologe *m*, Röntgenologe *m*
radiotherapy Strahlenheilkunde *f*, Strahlentherapie *f*, Radiotherapie *f*
radiothorium Radiothorium *n*; Thorium-228 *n*
radiotolerance Strahlungsfestigkeit *f*
radiotoxicity Radiotoxizität *f*
radiotracer Radioindikator *m*, radioaktives Leitisotop *n*, Radiotracer *m*, radioaktiver Indikator *m*
radiotracer method Radioindikatormethode *f*, Radiotracer-Technik *f*, Leitisotopenverfahren *n*
radium *{Ra, element no. 88}* Radium *n*
radium A Radium A *n {Triv}*, Polonium-218 *n*
radium B Radium B *n {Triv}*, Blei-214 *n*
radium bromide <$RaBr_2$> Radiumbromid *n*
radium C Radium C *n {Triv}*, Bismuth-214 *n*
radium C' Radium C' *n {Triv}*, Polonium-214 *n*
radium carbonate <$RaCO_3$> Radiumcarbonat *n*
radium chloride <$RaCl_2$> Radiumchlorid *n*
radium-contaminated radiumverseucht
radium D Radium D *n {Triv}*, Blei-210 *n*
radium E Radium E *n {Triv}*, Bismuth-210 *n*
radium emanation Radiumemanation *f {obs}*, Radon-222 *n*, Niton *n {obs}*
radium F Radium F *n {Triv}*, Polonium-210 *n*
radium G Radium G *n {Triv}*, Blei-206 *n*, Radioblei *n {obs}*
radium iodide Radiumiodid *n*
radium radiation Radiumstrahlung *f*
radium rays Radiumstrahlen *mpl*
radium source Radiumquelle *f*
radium specimen Radiumpräparat *n*
radium sulfate <$RaSO_4$> Radiumsulfat *n*
radium therapy Radiumtherapie *f*, Radiumbehandlung *f*
radium units Radiumeinheiten *fpl {mg Ra, Ci, Maché-Einheiten usw.}*
containing radium radiumhaltig
[spontaneous] disintegration of radium [spontaner] Radiumzerfall *m*
radius 1. Radius *m*, Halbmesser *m {Math}*; 2. Umkreis *m {Bereich}*; 3. Speiche *f {Med}*
radius ga[u]ge Halbmesserlehre *f*, Radiuslehre *f*, Rundungslehre *f*
radius of bend Krümmungshalbmesser *m*, Krümmungsradius *m*
radius of convergence Konvergenzradius *m {Math}*

radius of curvature Krümmungshalbmesser *m*, Krümmungsradius *m*, Rundungshalbmesser *m*
radius of gyration Trägheitshalbmesser *m*, Trägheitsradius *m*
radius of operation Reichweite *f*
radius ratio Ionenradienverhältnis *n {Krist}*
radius vector Radiusvektor *m*, Fahrstrahl *m*; Ortsvektor *m {Math}*
effective radius Wirkungshalbmesser *m*, effektiver Halbmesser *m*
rolling radius wirksamer dynamischer Halbmesser *m*
radix *{pl. radices, radixes}* 1. Wurzel *f {Bot}*; 2. Radix *f*, Basis *f {EDV, Math}*
radon *{Rn, element no. 86}* Niton *n {obs}*, Radon *n*
radon 222 Radiumemanation *f {Triv}*, Radon-222 *n*, Niton *n {obs}*
radon container Radonbehälter *m {Nukl}*
radon seed Radonhohlnadel *f*
rafaelite Rafaelit *m {Min}*
raffia Raffiabast *m*, Raffiafaser *f {Text}*
raffinase Raffinase *f*, Melibiase *f*
raffinate 1. Raffinat *n*, Solvat *n {unlösliche Anteile der Solvatextraktion}*; 2. Raffinat *n {veredeltes Mineralölprodukt}*
raffinate layer Raffinatschicht *f*
raffinose <$C_{18}H_{32}O_{16} \cdot 5H_2O$> Raffinose *f*, Melezitose *f*, Mellitriose *f {nichtreduzierendes Trisaccharid}*
rag 1. Fetzen *m*, Lumpen *m*, Lappen *m*, Hader *m*; 2. grobkörniger Sandstein *m*, Kalksandstein *m {Geol}*; 3. Flattersatz *m {Druck}*
rag bleaching Lumpenbleiche *f {Pap}*
rag boiler Hadernkocher *m*, Lumpenkocher *m {Pap}*
rag chopper Hadernschneider *m*, Hadern-Zerreißwolf *m*, Lumpenschneider *m {Pap}*
rag cutter *s.* rag chopper
rag devil *s.* rag chopper
rag engine Halbzeugholländer *m*, Halbstoffholländer *m {Pap}*
rag fermentation tank Faulbütte *f {Pap}*
rag paper Lumpenpapier *n*, Hadern[halbstoff]papier *n*
rag pulling oil Reißöl *n*
rag pulp Lumpenbrei *m*, Hadernhalbzeug *n*, Hadernhalbstoff *m {Pap}*
ragged uneben; spitz[ig] *{z.B. Stein}*; zackig, schartig; rauh; verwildert; zerlumpt; zerfetzt; zerzaust; mangelhaft
rags calender Fetzen[mischungs]kalander *m*, Raggummikalander *m {Gummi}*
ragstone Kieselsandstein *m*, grobkörniger Sanstein *m*
ragweed oil Ambrosiaöl *n*
rail 1. Querholz *n*, Querstück *n {Rahmenkonstruktion}*; 2. Federleiste *f*, Kontaktleiste *f {Elek}*; 3. Schiene *f*, Laufschiene *f*, Führungsschiene *f*, Gleitbahn *f {Werkzeugmaschinen, Förderanlagen}*; 4. Startbahn *f*, Abschußrinne *f {Raumfahrt}*
rail steel Schienenstahl *m*
rail tank car Eisenbahnkesselwagen *m*, Kesselwagen *m*
rail tanker [car] *s.* rail tank car
rail transport Eisenbahntransport *m*
railroad Eisenbahn *f*; Lokalbahn *f*, Kleinbahn *f*
railroad bill of loading Eisenbahnfrachtbrief *m*
railway 1. Eisenbahn *f*; Lokalbahn *f*, Kleinbahn *f*; 2. *{GB}* Eisenbahngleis *n*, Bahngleis *n*
railway tank car Eisenbahnkesselwagen *m*, Kesselwagen *m*
raimondite Raimondit *m*, Jarosit *m {Min}*
rain 1. Regen *m*; 2. Tropfwasser *n {Bergbau}*
rain drop Regentropfen *m {< 0,5 mm}*
rain ga[u]ge Regenmesser *m*
rainbow agate Regenbogenachat *m {Min}*
rainbow quartz Regenbogenquarz *m {Min}*
rainfall Niederschlag *m*, Regenmenge *f*; Regen *m*, Regenguß *m*
rainwater Regenwasser *n*
raise/to 1. heben, hochheben, anheben, erheben, aufheben, liften; 2. steigern, erhöhen *{z.B. Temperatur, Produktion}*; heraufsetzen, erhöhen *{Preise}*; 3. anbauen *{Pflanzen}*; züchten *{Tiere}*; 4. aufrichten, aufstellen, hochwinden; 5. ausfahren; 6. aufbrechen *{Bergbau}*; 7. rauhen, aufrauhen *{Tuch}*; velouri[si]eren *{Text}*; 8. [auf]gehen lassen *{Teig}*
raise steam/to Dampf *f* erzeugen
raised floor Hohlboden *m*, Montageboden *m*, Kriechboden *m {doppelter Boden}*
raisin Rosine *f {vitis vinifera}*
raisin-seed oil Weintraubenkernöl *n*, Traubenkernöl *n*
raising 1. Heben *n*, Hochheben *n*, Anheben *n*, Liften *n*; 2. Hochziehen *n*, Aufziehen *n {Anstrich}*; 3. Velouri[si]eren *n {Text}*; 4. Aufhauen *n {Bergbau}*; 5. Züchten *n*, Zucht *f*, Aufzucht *f {Agri}*; 6. Hohlprägen *n*; 7. Biegen *n* um gekrümmte Kanten *{Tech}*
raising bath Entfettungsbad *n* für Sämischleder
raising machine Rauhmaschine *f {Text}*
raising of the boiling point Siedepunkterhöhung *f {Thermo}*
raising of water Wasserförderung *f*
raising oil Rauhöl *n {Text}*
raising platform Hebebühne *f*
rake/to 1. zusammenrechen, zusammenharken; 2. krählen *{Met, Tech}*; 3. geneigt sein, sich neigen

rake 1. Harke *f*, Rechen *m*, Kratze *f {Agri}*; 2. Rühreisen *n*, Schürer *m*, Schüreisen *n*, Feuerhaken *m*, Stochervorrichtung *f {Tech}*; Rührschaufel *f*, Rührarm *m {Tech}*; 3. Neigungswinkel *m*; Spanwinkel *m {Tech }*; Schränkung *f {Sägezähne}*; 4. Kratzer *m {Beschädigung von Glas}*; 5. Aufhackmaschine *f {Brau}*
rake classifier Rechenklassierer *m {Freifallklassierer}*
rake mixer Rechenmischer *m*
raker 1. Strebe *f*; 2. Latexbecherwischer *m*
raker blade centrifuge Raumschaufelzentrifuge *f*
raking and grains removing machine Treberaufhackmaschine *f {Brau}*
raking arm Krähle *f*, Krählarm *n {Eindicker}*
raking mechanism Krählwerk *n {Etagentrockner}*
ralstonite Ralstonit *m {Min}*
ram/to einen Druck *m* ausüben; rammen; stampfen, feststampfen, feststoßen
ram down/to einstampfen
ram in/to einrammen
ram 1. Bär *m*, Rammbär *m*, Fallbär *m*, Rammklotz *m*; 2. Kolben *m*, Stempel *m*, Preßstempel *m {Tech}*; Druckstange *f*; 3. Werkzeugstößel *m*, Schieber *m*, Werkzeugschieber *m {Tech}*; 4. Stau *m {Mech}*
ram extruder Kolbenstrangpresse *f*, hydraulische Strangpresse *f*, Kolbenextruder *m*
ram extrusion Sinterextrusion *f*, Ram-Extrusion *f {Fluorcarbone}*
ram flow Kolbenströmung *f {zweidimensionale Zylinderströmung}*
ram injection mo[u]lding technique Ram-Spritzgießverfahren *n*, Stößel-Spritzgießverfahren *n*, Teledynamic-Spritzgießverfahren *n*
ram press Kolbenpresse *f*
ram pressure 1. Kolbendruck *m*, Stempeldruck *m*, Stößeldruck *m*; 2. Staudruck *m*
ram stroke Kolbenhub *m*, Stößelhub *m*
ram-type vulcanizer Vulkanisierpresse *f* mit Kolben *{Gummi}*
Raman cell Raman-Küvette *f*
Raman effect Raman-Effekt *m*
Raman lamp Raman-Brenner *m*, Raman-Lampe *f*
Raman line Raman-Linie *f {Spek}*
Raman scattering Raman-Streuung *f*
Raman shift Raman-Verschiebung *f {Spek}*
Raman spectroelectrochemistry Raman-Spektroelektrochemie *f*
Raman spectrum Raman-Spektrum *n*
Raman surface spectroscopy Raman-Oberflächenspektroskopie *f*
rami *s.* ramie
ramie Ramie *f*, Chinagras *n*, Ramiefaser *f {Boehmeria nivea L. oder B. tenacissima Gaudich}*
ramie fiber Ramiefaser *f*; Ramiefaserstoff *m*
ramie yarn Ramiegarn *n*
ramification 1. Abzweigung *f*, Verzweigung *f*, Verästelung *f*; Ramifikation *f {Biol}*; 2. Zweiggesellschaft *f*
ramified verzweigt
ramify/to verzweigen; Äste *mpl* bilden, Zweige *mpl* bilden
ramirite Ramirit *m {obs}*, Descloizit *m {Min}*
rammed concrete gestampfter Beton *m*, Stampfbeton *m*
rammelsbergite Arsen-Nickeleisen *n {obs}*, Rammelsbergit *m {Min}*
rammer 1. Rammer *m {Erdrammer}*, Stampfer *m*; 2. Stößel *m*
flat rammer Flachstampfer *m*
ramming mass Stampfmasse *f*, Stampfgemisch *n*, Stampfmischung *f*
ramming volume Stampfvolumen *n*
ramp 1. geneigte Fläche *f*, schiefe Ebene *f*; Auffahrt *f*, Aufstieg *m*, Steigung *f*, Rampe *f {Tech}*; 2. Schrägstrecke *f*, tonnlägiger Tagesshacht *f {Bergbau}*; 3. linerar ansteigende Variable *f*, veränderliche Variable *f {Elek}*; 4. Anstieg *m {eines Impulses}*
ramp increase of reactivity rampenförmige Reaktivitätserhöhung *f*
Ramsauer effect Ramsauer-Effekt *m*
Ramsay-Young rule Ramsay-Youngsche Regel *f*, Ramsay-Youngsches Gesetz *n {Thermo}*
Ramsbottom [coking] test Ramsbottom-Test *m {Verkokungstest für Schmieröle}*
ramson Bären-Lauch *m {Allium ursinum L.}*
rancid ranzig
tendency to become rancid Ranzigwerden *n*
rancidification Ranzigwerden *n*
rancidity Ranzigkeit *f*, Ranzidität *f*; ranziger Geruch *m*, ranziger Geschmack *m*
rancidity index *{BS 684}* Ranziditätswert *m {Fett}*
rancidness Ranzigkeit *f*, Ranzidität *f*
randanite Randanit *m {Min}*
randite Randit *m {Calcit-ß-Uranophan-Gemenge mit Tujamunit}*
random zufällig, zufallsbedingt, Zufall-; ungeordnet, willkürlich, wirr; regellos, wahllos, wahlfrei; ziellos; statistisch *{Chem}*
random access direkter Zugriff *m*, wahlfreier Zugriff *m {EDV}*
random blend Zufallsmischung *f*
random cause Zufall *m*
random chain scission process zufälliger Kettenbruch *m {Polymer}*
random check Stichprobe *f*
random coil statistisches Knäu[e]l *n*, Zufallsknäuel *n {Proteinchemie}*

random coil chain zufällige Kettenverknäuelung *f {Polymer}*
random coincidence zufällige Koinzidenz *f*, Zufallskoinzidenz *f {Nukl}*
random copolymer statistisches Copolymer[es] *n*
random distribution statistische Verteilung *f*, regellose Verteilung *f*, zufällige Verteilung *f*
random error Zufallsfehler *m*, zufälliger Fehler *m {DIN 1319}*, zufallsbedingter Fehler *m*
random mixture Zufallsmischung *f*
random motion Zufallsbewegung *f*, zufällige Bewegung *f*
random noise 1. statistisches Rauschen *n*, Zufallsrauschen *n*, zufällig verteiltes Rauschen *n {Akustik}*; 2. Rauschstörung *f*
random orientation Zufallsanordnung *f*, Zufallsorientierung *f*, regellose Orientierung *f*, nichtbevorzugte Orientierung *f*
random packing regellose Füllung *f {Dest}*
random pattern ungeordnete Anordnung *f {Faserstruktur in Formteilen/Glasseidenmatten}*
random reflectance mittlerer Reflexionsgrad *m {DIN 22005}*
random sample [mathematische] Stichprobe *f*, Zufallsstichprobe *f*
random sampling Stichproben[ent]nahme *f*; zufallsgestreutes Stichprobenverfahren *n*
random series Zufallsfolge *f*, zufällige Folge *f*
random test Stichprobenprüfung *f*, Stichprobe *f*
random variable Zufallsgröße *f*, Zufallsvariable *f*, zufällige Variable *f*, regellose Variable *f*
randomization Randomisation *f*, Randomisierung *f*, Erzeugung *f* von Regellosigkeit
randomly distributed zufällig verteilt, statistisch verteilt
randomly distributed glass fibers wirre Glasfaserverteilung *f*
Raney alloy Raney-Metall *n*, Raney-Legierung *f {30 % Ni, 70 % Al}*
Raney nickel Raney-Nickel *n*, Raney-Katalysator *m*
range 1. Bereich *m*; Meßbereich *m*; Wertebereich *m*, Skalenbereich *m {Instr}*; Einsatzbereich *m*; Wertebereich *m*, Nachbereich *m*, Zielmenge *f {Math}*; Streuungsbereich *m {Statistik}*; Hörbarkeitsbereich *m*, Hörbereich *m*; 2. Bereich *m*, Gebiet *n*; 3. Abstand *m*; Entfernung *f*; Reichweite *f*; 4. Umfang *m*, Spanne *f*; Spannweite *f*; Spielraum *m*; 5. Reihe *f*; Bauserie *f*, Baureihe *f*; 6. Kollektion *f {Waren}*; 7. Kette *f*
range change-over switch Bereichsumschalter *m {Elek}*
range changing Bereichswechsel *m*, Umschalten *n {z.B. des Meßbereiches}*
range energy Reichweitenenergie *f*
range finder Entfernungsmesser *m*, Entfernungsmeßgerät *n {Photo}*; Telemeter *n*, Meßsucher *m {Photo}*
range measurement Reichweitenmessung *f*
range of accessories Zubehörprogramm *n*
range of adhesives Klebstoffsortiment *n*
range of adjustment Verstellbereich *m*,- Einstellbereich *m*
range of applications Anwendungsbreite *f*,- Anwendungsbereich *m*, Anwendungsspektrum *n*
range of blackening Schwärzungsbereich *m {Photo}*
range of concentration Konzentrationsbereich *m*
range of control Regelbereich *m*
range of control pressure Steuerdruckbereich *m*
range of convergence of power series Konvergenzintervall *m* von Potenzreihen
range of equipment Ausrüstungsumfang *m*
range of grades Typenprogramm *n*, Typenübersicht *f*, Typensortiment *n*, Typenpalette *f*
range of influence Wirkungsbereich *m*
range of interference Störbereich *m*, Störgebiet *n*
range of machines Anlagenspektrum *n*, Anlagenprogramm *n*, Maschinenreihe *f*, Maschinenprogramm *n*
range of plasticizers Weichmachersortiment *n*
range of products Angebotspalette *f*, Fabrikationsprogramm *n*, Produktpalette *f*, Produktprogramm *n*, Produktionspalette *f*, Produktsortiment *n*, Verkaufssortiment *n*, Verkaufsprogramm *n*, Fertigungsprogramm *n*, Herstellungsprogramm *n*
range of properties Eigenschaftsspektrum *n*
range of proportionality Proportionalitätsbereich *m*
range of spectrum Spektralbereich *m*
range of stability Konstanzbereich *m*
range of standard units Standardgeräteserie *f*
range of uses Einsatzbreite *f*, Einsatzspektrum *n*
range selector Bereichswähler *m*
range switching Meßbereichsumschaltung *f*
critical range kritischer Bereich *m*
maximum range maximale Reichweite *f*
ranite Ranit *m {Min}*
rank/to einreihen *{in eine Reihe}*; einordnen *{in eine Klasse}*; einschätzen; rechnen [zu]; zählen [zu], gehören [zu]
rank 1. üppig, dichtwuchernd *{Bot}*; überwuchert [von]; ranzig, stinkend, widerlich; 2. Reihe *f {nebeneinander angeordnet}*; 3. Rang *m*, Rangstufe *f*; 4. Rang *m {einer Matrix}*; Datenebene *f*, Rangfolge *f*; 5. Klasse *f*, Stand *m*

rank of caol Inkohlungsrang *m {Rang verschiedener Kohlearten}*, Inkohlungsgrad *m {DIN 22005}*
Rankine cycle Rankine-Kreisprozeß *m {Thermo}*
Rankine efficiency Rankinescher Wirkungsgrad *m {Thermo}*
Rankine scale *s.* Rankine temperature scale
Rankine temperature scale Rankine-Skale *f*, absolute Temperaturskale *f {°R = 9/5 K}*
rankness 1. Üppigkeit *f*; 2. Ranzigkeit *f*
Ranque effect Ranque-Effekt *m*
ranunculin Ranunculin *n {Alkaloid}*
raolin Raolin *n*
Raoult's law Raoultsches Gesetz *n {Thermo}*
rap/to klopfen, beklopfen; abklopfen, losklopfen *{Gieß}*
rapanone Rapanon *n*
rape 1. Raps *m*, Ölraps *m {Brassica napus L.}*; 2. Trester *pl*
rape oil Rapsöl *n*, Kolzaöl *n*, Kohlsaatöl *n {Brassica napus L.}*; Rüb[sen]öl *n {Brassica rapa L.}*
rape-seed cake Rübölkuchen *m*
rape-seed oil *s.* rape oil
raphanin **<$C_{17}H_{26}N_3O_4S_5$>** Raphanin *n*
raphides kleine Nadelkristalle *mpl {z.B. Ca-Oxalat in Pflanzen}*
raphilite Raphilith *m {obs}*, Aktinolith *m {Min}*
rapid schnellwirkend, unverzüglich, rapide; steil; reißend; rasch, schnell; Schnell-
rapid accelerator schnellwirkender Beschleuniger *m {Gummi}*
rapid-acting press Schnellpresse *f*
rapid-action valve Schnellschlußventil *n*
rapid analysis Schnellanalyse *f*, Schnelltest *m*
rapid analysis reagent Schnelltest-Reagens *n*
rapid charge Schnellaufladung *f {Elek}*
rapid circulation evaporator Schnellumlaufverdampfer *m*
rapid-closing safety valve Schnellschlußventil *n*
rapid cooler Schnellkühler *m {Zucker}*
rapid cooling Schnellkühlung *f*, Intensivkühlung *f {Vorgang}*
rapid-cooling crystallizer Schnellkühlmaische *f {Zucker}*
rapid-cooling system Schnellkühlung *f*, Intensivkühlung *f*
rapid coupling Schnellschlußkupplung *f*
rapid-curing asphalt *{US}* *s.* rapid curing cutback [bitumen]
rapid-curing cutback [bitumen] Kaltbitumen *n {= Straßenbaubitumen + Lösemittel; DIN 55946}*
rapid-dipping liquid Schnellbeize *f*
rapid discharge Schnellentladung *f {Elek}*
rapid extraction Schnellextraktion *f*
rapid fast dye[stuff] Rapidechtfarbe *f*, Rapidazolfarbstoff *m*
rapid filter Schnellfilter *n*
rapid fixing Schnellfixierung *f {Photo}*
rapid-fixing bath Schnellfixierbad *n {Photo}*
rapid-fixing salt Schnellfixiersalz *n {Photo}*
rapid freezing Schnellgefrieren *n*; Schockgefrieren *n {Lebensmittel}*
rapid flow evaporator Schnellverdampfer *m*
rapid-hardening schnellbindend, schnellabbindend, schnellhärtend
rapid-hardening cement schnellaushärtender Zement *m*, schnellabbindender Zement *m*, Tonerdezement *m*
rapid-hardening Portland cement schnellhärtender Portlandzement *m*, schnellbindender Portlandzement *m*
rapid kinetics Schnellkinetik *f {Molekularbiologie}*
rapid method Schnellverfahren *n*; Abkürzungsverfahren *n*
rapid machining steel Schnelldrehstahl *m*
rapid photometer Schnellphotometer *n*
rapid processing Schnellbehandlung *f*, Schnellverarbeitung *f {z.B. eines Films}*
rapid quenching Schnellabschrecken *n {Met}*, superschnelles Abkühlen *n {10^6 K/s}*
rapid-response analysis Schnellanalyse *f*
rapid-response method Schnellmethode *f*
rapid sand filter Schnellsandfilter *n*
rapid scanning Schnelldurchlauf *m*, Schnellabtastung *f*
rapid shut-down Sicherheitsabschaltung *f*
rapid solidification Schreckverfestigung *f*, Verfahren *n* der schnellen Erstarrung *{Legierung}*
rapid spectrochemical analysis spektrochemische Schnellanalyse *f*
rapid visco[si]meter Schnellviskosimeter *n*
rapidity Schnelligkeit *f*
rapidity of evaporation Verdampfungsschnelligkeit *f*
rapinic acid Rapinsäure *f*
rapper Klopfer *m*
rapping Abklopfen *n*, Losklopfen *n {Gieß}*
rapping gear Rüttler *m*, Rüttelvorrichtung *f*
rare edel *{Chem}*; rar, selten; ungewöhnlich; dünn *{z.B. Luft}*; ausgezeichnet; halbgar, nicht durchgebraten *{Lebensmittel}*
rare-earth alloy Seltenerdmetall-Legierung *f*
rare earth elements Seltenerdmetalle *npl*, Metalle *npl* der Seltenerden *{Sc, Y und Lanthanoide (La bis Lu); IUPAC}*
rare earth metals *s.* rare earth elements
rare earths 1. seltene Erden *fpl*, Seltenerden *fpl {meist Oxide}*; 2. *s.* rare earth elements
rare gas rectifier Edelgasgleichrichter *m {Elek}*

rare gas shell Edelgasschale *f {Periodensystem}*
rare gases *s.* noble gases
rarefaction 1. Verdünnung *f*, Verdünnen *n {von Gasen}*; 2. Dünnheit *f*; verdünnter Zustand *m*; 3. Porosität *f*
rarefaction of air Luftverdünnung *f*
rarefaction of gases Verdünnen *n* von Gasen
rarefiability Verdünnbarkeit *f {von Gasen}*
rarefiable verdünnbar *{Gas}*
rarefied air verdünnte Luft *f {< 1013 hPa}*
rarefied gas verdünntes Gas *n {< 1013 hPa}*
rarefy/to 1. verdünnen *{Gas}*; dünn machen, dünn werden; verfeinern; 2. porös werden
rarify/to *s.* rarefy/to
rarity 1. Seltenheit *f*; etwas Seltenes *n*; 2. Dünne *f*, Dünnheit *f {der Atmosphäre}*
raschel-knit fabric Raschelgewirke *n*, Raschelware *f {Text}*
Raschig process Raschig-Verfahren *n {1. katalytische Herstellung von Phenol aus Benzol; 2. Herstellung von Hydrazin}*
Raschig ring Raschig-Ring *m {Füllkörper einer Rektifiziersäule}*
rash 1. vorschnell; unbedacht; 2. Ausschlag *m {Med}*; hochverunreinigte Kohle *f*
rash paraffin Paraffinkrätze *f*
rasp/to raspeln, glattfeilen; kratzen, schaben
rasp off/to abraspeln
rasp 1. Grobfeile *f*, Raspel *f*, Rauhkratze *f*, Reibeisen *n {Werkzeug}*; 2. Raspeln *n*
raspberry Himbeere *f {Frucht}*; Himbeerstrauch *m {Rubus idaeus L.}*
raspberry essence Himbeeressenz *f*
raspberry syrup Himbeersirup *m*
rasping machine Reibmaschine *f {Lebensmittel}*
raspings Raspelspäne *mpl*
raspite **<α-$PbWO_4$>** Raspit *m {Min}*
raster Raster *m n*
raster [scan] microscope Rastermikroskop *n*
rastolyte Rastolyt *m {Min}*
rat killer Rattenbekämpfungsmittel *n*, Rattengift *n*
rat poison *s.* rat killer
ratchet Sperrvorrichtung *f*; Sperrhaken *m*, Sperrklinke *f*; Sperrad *n*; Knarre *f*, Ratsche *f {Tech}*
ratchet drill Bohrknarre *f*, Bohrratsche *f*
ratchet gear Schaltwerk *n*, Klinkwerk *n*
ratchet tooth Sperrzahn *m*
ratchet wheel Sperrad *n*, Klinkenrad *m*
rate/to beurteilen, bewerten, einschätzen; dimensionieren, die Größe *f* bestimmen; auslegen *{Tech}*; bemessen, den Wert *m* festlegen; eingeschätzt werden, gelten; besteuern
rate 1. Verhältnis *n*, Maßstab *m*; Proportion *f*; 2. Grad *m*; 3. Größe *f*, Menge *f*; Menge *f* je Zeiteinheit; Anzahl *f* je Zeiteinheit; 4. Rate *f*,-Geschwindigkeit *f*, Geschwindigkeitsstufe *f*;-Reaktionsgeschwindigkeit *f*; 5. Nennentladestrom *m {Elek}*; 6. Satz *m*, Tarif *m*, Kurs *m {Devisen}*; 7. Gebührenbetrag *m*; 8. Feinheit *f {Gewinde}*
rate action differenzierend wirkender Einfluß *m*, Vorhalt *m*, Vorhaltwirkung *f {Steuerung/Regelung}*
rate change Geschwindigkeitswechsel *m*
rate constant Geschwindigkeitskonstante *f*, Reaktionsgeschwindigkeitskonstante *f*, Reaktionskonstante *f {Kinetik}*
rate-controlling geschwindigkeitsbestimmend
rate determined geschwindigkeitsbestimmt
rate-determining geschwindigkeitsbestimmend
rate-determining step geschwindigkeitsbestimmender Schritt *m*
rate equation Geschwindigkeitsgleichung *f {Kinetik}*
rate law Zeitgesetz *n*, Geschwindigkeitsgesetz *n {einer Reaktion}*
rate meter Impulsfrequenz-Meßgerät *n*; Mittelwertmesser *m*; Ratemeter *n*
rate of absorbency Absorptionsgeschwindigkeit *f*, Aufnahmegeschwindigkeit *f*; Aufsauggeschwindigkeit *f {Papier}*
rate of angular movement Winkelgeschwindigkeit *f {in °/s}*
rate of ascent Steiggeschwindigkeit *f*
rate of carbon elimination Frischgeschwindigkeit *f*
rate of change Änderungsgeschwindigkeit *f*; Zeitableitung *f*
rate of circulation Umwälzgeschwindigkeit *f*
rate of combustion Verbrennungsgeschwindigkeit *f*, Brenngeschwindigkeit *f*
rate of compression Stauchungsgeschwindigkeit *f*
rate of condensation Kondensationsgeschwindigkeit *f*
rate of conversion Umsatzrate *f*, Umsetzungsgeschwindigkeit *f*, Umwandlungsgeschwindigkeit *f*
rate of cooling [down] Abkühlgeschwindigkeit *f*
rate of corrosion Korrosionsgeschwindigkeit *f*
rate of crack growth Rißwachstumsrate *f*
rate of crack propagation Rißwachstumsrate *f*
rate of creep Kriechgeschwindigkeit *f*
rate of crystal growth Kristallwachstumsgeschwindigkeit *f*
rate of crystallization Kristallisationsgeschwindigkeit *f*
rate of decay Zerfallsgeschwindigkeit *f*; Abklingrate *f*
rate of decomposition Zersetzungsrate *f*, Zerfallsgeschwindigkeit *f {in $mol/s{\cdot}m^3$}*

rate of deformation Verformungsgeschwindigkeit *f* *{DIN 1342}*, Deformationsgeschwindigkeit *f*
rate of descent Sinkgeschwindigkeit *f*
rate of detonation Detonationsgeschwindigkeit *f*
rate of dialysis Dialysiergeschwindigkeit *f*
rate of diffusion Diffusionsgeschwindigkeit *f*, Permeationsrate *f*
rate of elongation Dehn[ungs]geschwindigkeit *f*
rate of evaporation Verdampfungsgeschwindigkeit *f*
rate of exchange Austauschgeschwindigkeit *f*
rate of expansion Ausdehnungsgeschwindigkeit *f*, Expansionsgeschwindigkeit *f*, Dehnungsgeschwindigkeit *f*
rate of extension Dehnungsgeschwindigkeit *f*, Streckungsgeschwindigkeit *f*
rate of extrusion Extrusionsgeschwindigkeit *f*, Spritzgeschwindigkeit *f*
rate of fall Fallgeschwindigkeit *f*; Sinkgeschwindigkeit *f*
rate of feed Vorschubgeschwindigkeit *f*, Zuführgeschwindigkeit *f*
rate of filtration Filtrationsgeschwindigkeit *f*, Filtriergeschwindigkeit *f* *{Flüssigkeiten}*; Filtergeschwindigkeit *f* *{Gase}*
rate of flame propagation Zündgeschwindigkeit *f*
rate of flame spread Flammenausbreitungs-Geschwindigkeit *f*
rate of flocculation Ausflockungsgeschwindigkeit *f*
rate of flow 1. Abflußmenge *f*, Durchflußmenge *f*, Mengenstrom *m*, Ausflußrate *f*, Durchfluß *m*, Durchsatz *m*, Förderstrom *m* *{in m^3/s oder kg/s}*; 2. Fließgeschwindigkeit *f*, Strömungsgeschwindigkeit *f*, Durchflußgeschwindigkeit *f* *{in m/s}*
rate-of-flow indicator Durchflußmengenanzeigegerät *n*, Strömungsmengenanzeigegerät *n*
rate of formation Bildungsgeschwindigkeit *f*
rate of growth Wachstumsrate *f*, Zuwachsrate *f*, Wachstumsgeschwindigkeit *f*
rate of heat transfer Wärmedurchgangszahl *f*, Wärmedurchgangskoeffizient *m*, Wärmeübergangskoeffizient *m* *{in $W/m^2 \cdot K$}*
rate of heating Aufheiz[ungs]geschwindigkeit *f*, Erwärmungsgeschwindigkeit *f*, Erhitzungsgeschwindigkeit *f* *{in K/s}*
rate of immersion Sinkgeschwindigkeit *f*
rate of incidence Flächenstoßhäufigkeit *f*, Stoßzahlverhältnis *n*, mittlere Wandstoßzahl *f* pro Zeit- und Flächeneinheit *f*, mittlere spezifische Wandstoßrate *f*
rate of increase Steigerungsrate *f*, Wachstumsgeschwindigkeit *f*, Zunahmegeschwindigkeit *f*
rate of ingress Eindringrate *f*, Einström[ungs]geschwindigkeit *f*
rate of injection Einspritzgeschwindigkeit *f*, Spritzgeschwindigkeit *f*, Einspritzstrom *m*, Einspritz-Volumenstrom *m*, Einspritzrate *f* *{in m^3/s}*
rate of intake Eintrittsgeschwindigkeit *f*, Einlaßrate *f*
rate of investment Investitionsrate *f*
rate of loading Belastungsgeschwindigkeit *f*
rate of measurement Bestimmungsgeschwindigkeit *f*, Meßgeschwindigkeit *f*
rate of oxidation Oxidationsgeschwindigkeit *f*
rate of plasticizer loss Weichmacher-Verlustrate *f*
rate of polymerization Polymerisationsgeschwindigkeit *f*
rate of precipitation Ausscheidungsgeschwindigkeit *f*
rate of reaction Reaktionsgeschwindigkeit *f*, Umsatzgeschwindigkeit *f*
rate of refrigerating Abkühlungsgeschwindigkeit *f*
rate of rise Anstiegsgeschwindigkeit *f* *{z.B. Druckanstiegsgeschwindigkeit}*; Flankensteilheit *f* *{Impuls}*
rate-of-rise detector Differentialmelder *m*
rate-of-rise method Druckanstiegsmethode *f* *{Lecksuche}*
rate-of-rise temperature detector Differentialwärmemelder *m*, Wärmedifferentialmelder *m*, Thermodifferentialmelder *m*
rate of rotation Kreisfrequenz *f*, Winkelgeschwindigkeit *f*
rate of sedimentation Absetzgeschwindigkeit *f*, Sinkgeschwindigkeit *f*, Sedimentationsgeschwindigkeit *f*
rate of settling Absetzgrad *m*, Sinkgeschwindigkeit *f* *{Koll}*
rate of shear Schergeschwindigkeit *f*, Scherrate *f* *{Phys}*
rate of slide *s.* rate of slip
rate of slip Rutschgeschwindigkeit *f*, Gleitgeschwindigkeit *f*
rate of solidification Erstarrungsgeschwindigkeit *f*
rate of solution Lösungsgeschwindigkeit *f*, Auflösungsgeschwindigkeit *f*
rate of spherulite growth Sphärolithwachstums-Geschwindigkeit *f*
rate of strain Verformungsgeschwindigkeit *f* *{DIN 1342}*, Deformationsgeschwindigkeit *f*
rate of strain hardening Streckhärtungsmodul *m*, Stauchhärtungsmodul *m*, Kalthärtungsrate *f*
rate of stress Beanspruchungsgeschwindigkeit *f*
rate of supply Nachlieferungsgeschwindigkeit *f*

rate of temperature change Temperaturänderungsgeschwindigkeit *f*
rate of throughput Durchsatzgeschwindigkeit *f*
rate of turnover Umsatzrate *f* *{Metabolismus}*
rate of vaporization Verdampfungsgeschwindigkeit *f*, Verdunstungsgeschwindigkeit *f*
rate of vapo[u]r deposition Aufdampfgeschwindigkeit *f*
rate of vulcanization Vulkanisationsgeschwindigkeit *f*, Heizgeschwindigkeit *f* *{Gummi}*
rate of wear Abnutzungsgrad *m*, Verschleißgrad *m*, Verschleißgeschwindigkeit *f*
rate of withdrawal Entnahmeverhältnis *n* *{Dest}*
rate time Vorhaltzeit *f*, Differentialzeit *f*, D-Zeit *f* *{Automation}*
equivalent rate of reaction Äquivalentreaktionsgeschwindigkeit *f*

rated 1. theoretisch, berechnet, rechnerisch ermittelt; Rechen-, Soll-; 2. dem Nennwert entsprechend; Nenn-
rated break point Sollbruchstelle *f*
rated capacity 1. Nennleistung *f*, Nominalleistung *f*, Nennkapazität *f* *{Tech}*; 2. Nenninhalt *m*
rated cross-section[al area] Nennquerschnitt *m*
rated current Nennstrom *m*
rated fatigue limit Gestaltfestigkeit *f*, Dauerhaltbarkeit *f*
rated frequency Nennfrequenz *f* *{Elektr}*
rated load Nennbelastung *f*, Nennlast *f*; Tragzahl *f* *{Lager}*
rated output Nennleistung *f*, Nominalleistung *f*
rated [pipe]line capacity Nennförderleistung *f*
rated power Nennleistung *f*, Nominalleistung *f*
rated pressure Nenndruck *m*
rated size Nenngröße *f*
rated speed Nenndrehzahl *f*, Nennsaugvermögen *n* *{Pumpe}*
rated throughput Nennsaugleistung *f*
rated transport capacity Nennförderleistung *f*
rated voltage Nennspannung *f*

rathite Rathit-I *m*, Wiltshireit *m*; Rathit-II *m*, Liveingit *m*

ratify/to bestätigen

rating 1. Schätzung *f*, Abschätzung *f*; Beurteilung *f*, Bewertung *f* *{von Eigenschaften}*; Einstufung *f* *{in Klassen}*; 2. Meßbereichsendwert *m*, Endwert *m* *{eines Meßgeräts}*; 3. Bemessungsdaten *pl*; 4. Betriebsdaten *pl*; Kenndaten *pl* *{Elek}*; 5. Leistung *f*, Stärke *f*; Nominalleistung *f*, Nennkapazität *f*, Nennleistung *f* *{Elek}*; 6. Dimensionierung *f*, Größenbestimmung *f*, Bemessung *f* *{Tech}*; 7. Rechengröße *f*, Parameter *m* *{Math}*; 8. Arbeitsintensität *f*

ratio 1. Verhältnis *n* *{z.B. Mengenverhältnis, Übersetzungsverhältnis}*; Verhältniswert *m*, Quotient *m* *{Math}*; 2. Anteil *m*
ratio bar Dosierstange *f*, Dosierbalken *m*
ratio control [loop] Verhältnisregelung *f* *{Mehrgrößenregelung}*
ratio-meter Quotientenmesser *m* *{Instr}*
ratio of actual to possible output of fines Feinkornausbringen *n*, Unterkornausbringen *n* im Feingut
ratio of chemical-to-wood Chemikalienverhältnis *n*, Alkaliverhältnis *n*
ratio of concentrations Konzentrationsverhältnis *n*
ratio of image size to object size Abbildungsverhältnis *n*
ratio of intercepts Achsenverhältnis *n* *{Krist}*
ratio of specific heats Verhältnis *n* der spezifischen Wärmen *{Thermo}*
ratio of tension to thrust Zugdruckverhältnis *n*
ratio recorder Quotientenschreiber *m*
inverse ratio umgekehrtes Verhältnis *n*

rational rational *{Math}*; rationell; vernünftig, verständig, Vernunft-
rational intercept rationaler Achsenabschnitt *m* *{Krist}*

rationality Rationalität *f*
rationality law of crystal parameters Rationalitätsgesetz *n* der Kristallparameter

rationalization Rationalisierung *f* *{Ökon}*

ratsbane *s.* rat killer

rattler *{US}* Putztrommel *f*, Scheuertrommel *f* *{Gieß}*

raubasine Raubasin *n*

raugustine Raugustin *n*

rauhimbine Rauhimbin *n*

raumitorine Raumitorin *n*

raunescic acid Raunescinsäure *f*

raunescine Raunescin *n*

raunormic acid Raunormsäure *f*

raunormine Raunormin *n*

raupine Raupin *n*

rauwolfia alkaloids Rauwolfiaalkaloide *npl*

rauwolfine <$C_{19}H_{26}N_2O_2$> Rauwolfin *n*

rauwolscane Rauwolscan *n*

rauwolscine Rauwolscin *n*

rauwolscone Rauwolscon *n*

rauwolsinic acid Rauwolsinsäure *f*

ravenilin Ravenilin *n*

raw 1. roh, unbearbeitet, unbehandelt; ungefärbt *{Text}*; ungewalkt *{Text}*; ungekocht, roh, unzubereitet *{Lebensmittel}*; ungebrannt *{Keramik}*; grün, ungegerbt, roh *{Leder}*; Roh-; 2. wund, schmerzhaft; 3. feucht, unwirtlich *{Wetter}*; 4. unverdünnt *{Alkohol}*; 5. ungeübt
raw beet sugar Rübenrohzucker *m*
raw cane sugar Rohrrohzucker *m*

raw coal Roh[förder]kohle *f*, Roh[wasch]kohle *f* *{DIN 22005}*
raw cotton Rohbaumwolle *f*
raw data Originaldaten *pl*, Ursprungsdaten *pl*, unaufbereitete Daten *pl*
raw fabric Rohgewebe *n* *{Text}*
raw gas Rohgas *n*
raw gasoline Rohbenzin *n*
raw glass Rohglas *n*
raw hide Rohhaut *f*, ungegerbte Haut *f*
raw iron Frischereiroheisen *n*
raw lead Rohblei *n*, Werkblei *n*, Blockblei *n* *{Met}*
raw lignite Rohbraunkohle *f*, Förderbraunkohle *f*
raw linseed oil Rohleinöl *n* *{DIN 55945}*
raw material Rohstoff *m*, Rohmaterial *n*, Ausgangsmaterial *n*, Ausgangs[werk]stoff *m*, Grundstoff *m*
raw material availability Rohstoffverfügbarkeit *f*
raw material costs Rohmaterialkosten *pl*, Rohstoffkosten *pl*
raw material feed unit Rohstoffzuführgerät *n*
raw material recovery plant Rohstoffrückgewinnungsanlage *f*
raw material savings Rohmaterialersparnis *f*
raw material shortage Rohstoffverknappung *f*
raw material source Rohstoffquelle *f*
raw material supplier Rohstofflieferant *m*
raw milk Rohmilch *f*
raw mixtur Rohmischung *f*
raw natural rubber Naturkautschuk *m* *{DIN 53527}*, Rohkautschuk *m*
raw ore Roherz *n*
raw potash Schweißasche *f*
raw product Roherzeugnis *n*, Rohprodukt *n*
raw rubber *{ISO 248}* Kautschuk *m* *{DIN 53526}*
raw sheet iron Rohblech *n*
raw sienna rohe Sienna *f*
raw silk Ekrüseide *f*, Rohseide *f*, Bastseide *f*, Hartseide *f*
raw silk thread Rohseidenfaden *m* *{Text}*
raw slag Rohschlacke *f*
raw smelting Roharbeit *f*, Rohschmelzen *n* *{Met}*
raw steel Rohstahl *m*
raw sugar Rohzucker *m*
raw sugar liquor Raffineriekläre *f*
raw water Rohwasser *n* *{Wasser ohne Aufbereitung}*
raw water chlorination bath Vorchlorungsbad *n*
raw wool Rohwolle *f*, Schweißwolle *f*, Schmutzwolle *f*
second raw sugar Rohzuckernachprodukt *n*
ray/to strahlen, ausstrahlen, bestrahlen
ray 1. Strahl *m* *{Opt, Phys}*; 2. Strahl *m*, Halbgerade *f* *{Math}*; 3. Rochen *m* *{Zool}*
ray beam Strahlenbündel *n*
ray disintegration Strahlenzerfall *m*
ray interferometer Strahleninterferometer *n*
ray of light Lichtstrahl *m*
ray-proof strahlengeschützt, strahlensicher
ray proofing Strahlenschutz *m*
ray quantum Strahlenquant *n*
alpha rays Alphastrahlen *mpl*
beam of rays Strahlenbündel *n*
beta rays Betastrahlen *mpl*
bundle of rays Strahlenbündel *n*
cathode rays Kathodenstrahlen *mpl*
complex ray zusammengesetzter Strahl *m*
cosmic rays kosmische Strahlen *mpl*
course of rays Strahlengang *m* *{Opt}*
extraordinary ray außerordentlicher Strahl *m*
gamma rays Gammastrahlen *mpl*
incident ray einfallender Strahl *m*
infrared rays infrarote Strahlen *mpl*
molecular ray Molekularstrahl *m*
ordinary ray ordentlicher Strahl *m*
path of rays Strahlengang *m* *{Opt}*
positive rays Anodenstrahlung *f*
reflected ray reflektierter Strahl *m*
secondary rays Sekundärstrahlen *mpl*
ultraviolet rays ultraviolette Strahlen *fpl*
Rayleigh interferometer Rayleigh-Interferometer *n*
Rayleigh scattering Rayleigh-Streuung *f* *{Licht}*
Raymond mill Raymond-Mühle *f*, Raymond-Pendel[rollen]mühle *f*
Raymond ring roll[er] mill *s.* Raymond mill
rayon Viskosefilamentfaser *f*, Kunstseide *f*, Reyon *n*, Celluloseregeneratseide *f*
rayon filament Kunstseidenfaden *m*
re wieder, zurück, noch einmal; re-, Re-
Re Reynolds-Zahl *f*, Reynoldssche Zahl *f*
reabsorb/to 1. resorbieren; 2. wieder absorbieren, wieder aufsaugen, wieder aufnehmen, wieder einsaugen
reabsorbable resorbierbar
reabsorption Resorption *f*
reach/to erreichen; sich erstrecken, reichen; holen; greifen [nach], [aus]strecken [nach]
reach 1. Reichweite *f*, Ausladung *f* *{z.B. eines Krans, Roboters}*; 2. Bereich *m*; 3. Greifen *n*, Ausholen *n*; 4. Haltung *f*, Wasserhaltung *f*
reach truck Schiebemaststapler *m*, Hubstapler *m* mit ausfahrbaren Gabeln
react/to 1. reagieren, zur Reaktion *f* bringen, aufeinander einwirken lassen; 2. ansprechen [auf], reagieren [auf]; rückwirken; entgegenwirken; 3. empfindlich sein [gegenüber]
allow to react/to einwirken lassen *{Lab}*
cause to react/to umsetzen *{Chem}*

reactance Blindwiderstand *m*, Reaktanz *f {in Ohm}*, Imaginärteil *m* der Impedanz
reactance bridge Blindwiderstands-Meßbrücke *f*
reactance coefficient Reaktanzfaktor *m*
reactance coil Selbstinduktionsspule *f*, Drosselspule *f*
reactance current Blindstrom *m*
reactance due to capacity Kapazitätsreaktanz *f*
reactance matrix Blindwiderstandsmatrix *f*
reactance meter Impedanzmesser *m*
positive reactance induktive Reaktanz *f*
reactant 1. Ausgangsstoff *m* einer Reaktion *f*, Reaktionspartner *m*, Reaktionsteilnehmer *m*, Reaktant *m*, reagierende Komponente *f*, reagierender Stoff *m*; 2. Substrat *n {Enzymchemie}*
reactant ratio Oxydator-Treibstoff-Verhältnis *n {als Massenstrom in Raketen}*
reacting Reagieren *n*
reacting capacity Reaktionsfähigkeit *f*
reacting center Reaktionszentrum *n {im Molekül}*
reacting component *s.* reactant
capable of reacting reaktionsfähig
reaction 1. Reaktion *f*, Umsetzung *f*, Umwandlung *f {Nukl, Chem}*; Einwirkung *f {Chem}*; 2. Reaktion *f {Physiol, Ökol}*; 3. Rückwirkung *f*, Wechselwirkung *f*, Reaktion *f*; positive Rückkopplung *f {Automation}*
reaction adhesive Reaktionsklebstoff *m {DIN 53 278}*
reaction avalanche Reaktionslawine *f*
reaction basin Reaktionsbecken *n*
reaction boundary *s.* reaction curve
reaction brazing Reaktionslöten *n*
reaction casting Reaktionsgießen *n*, Reaktionsgießverfahren *n {Kunst}*
reaction cement Reaktionskitt *m*
reaction chain Reaktionskette *f*
reaction chamber Reaktionskammer *f*, Reaktionsraum *m*; Reaktionsturm *m*
reaction cluster Reaktionsknäuel *n*
reaction column Reaktionssäule *f*, Reaktionsturm *m*
reaction constant Reaktionskonstante *f {Thermo}*; Geschwindigkeitskonstante *f {Kinetik}*
reaction control Reaktionslenkung *f*
reaction coordinate Reaktionskoordinate *f*
reaction coupling Rückkopplungsschaltung *f*
reaction course Reaktionsverlauf *m*
reaction curve Reaktionskurve *f*, Reaktionsgrenze *f {Thermo}*
reaction effect Reaktionswirkung *f*
reaction energy Reaktionsenergie *f {Nukl}*, Q-Wert *m {Nukl}*
reaction engine Rückstoßmotor *m*
reaction enthalpy number Reaktionsenthalpiezahl *f {Thermo}*
reaction entropy Reaktionsentropie *f*
reaction equation Reaktionsgleichung *f*, Umsatzgleichung *f*
reaction flask Reaktionskolben *m*, Zersetzungskolben *m*
reaction flux lotbildendes Flußmittel *n*, Reaktionslot *n*
reaction foam casting Reaktionsschäumen *n*, Reaktionsschäumverfahren *n*
reaction foam mo[u]lding [process] Reaktionsschäumen *n*, Reaktions-Schaumgießverfahren *n*
reaction foaming Reaktionsschaumstoffgießen *n*, Reaktionsschaumstoffgießverfahren *n*
reaction gas Reaktionsgas *n {z.B. in Industrieöfen}*
reaction ground coat process Reaktionsgrundverfahren *n {Polymer}*
reaction hearth Arbeitsherd *m*
reaction heat Reaktionswärme *f*
reaction in flames Flammenreaktion *f*
reaction in solution Lösungsreaktion *f*
reaction inhibition Reaktionshemmung *f*, negative Katalyse *f*
reaction injection mo[u]lding Reaktions[spritz]gießen *n*, Reaktionsguß *m*, Reaktionsgießverarbeitung *f*, RSG-Verfahren *n*, Reaktionsschaumstoff-Spritzgießverfahren *n*
reaction intermediate Reaktionszwischenprodukt *n*
reaction isochore Reaktionsisochore *f {Thermo}*
reaction isotherm Reaktionsisotherme *f*
reaction kinetics Reaktionskinetik *f*, chemische Kinetik *f*
reaction layer Reaktionsschicht *f {DIN 50 282}*
reaction line *s.* reaction curve
reaction liquid Reaktionsflüssigkeit *f*
reaction mass Reaktionsmasse *f*; Reaktionsmischung *f {exothermes Löten}*
reaction mechanism Reaktionsmechanismus *m*
reaction mixture Reaktionsgemisch *n*, Reaktionsmasse *f*
reaction mo[u]lding Reaktionsgießen *n*, Reaktionsgießverfahren *n*
reaction mo[u]lding technique Reaktionsschäumen *n*, Reaktionsschäumverfahren *n*
reaction of first order Reaktion *f* erster Ordnung *f*
reaction of formation Bildungsreaktion *f*
reaction of second order Reaktion *f* zweiter Ordnung *f*
reaction of third order Reaktion *f* dritter Ordnung *f*
reaction of zero[th] order Reaktion *f* nullter Ordnung *f*
reaction pressure Reaktionsdruck *m*

reaction primer Reaktionsgrundierung *f*, Reaktionsprimer *m*, Wash-Primer *m* *{Haftgrundmittel für Metalloberflächen}*
reaction product Reaktionsprodukt *n*
reaction promotor Reaktionsbeschleuniger *m*
reaction rate Reaktionsgeschwindigkeit *f*, Umsetzungsgeschwindigkeit *f*
reaction rate constant Reaktionskonstante *f*
reaction region Reaktionsbereich *m*
reaction resin Reaktionsharz *n*, Zweikomponentenharz *n*
reaction scheme Reaktionsschema *n*
reaction sequence Reaktionsablauf *m*, Reaktionsfolge *f*
reaction-sintering plant Sinteranlage *f* mit gleichzeitig stattfindender Reaktion
reaction space Reaktionsraum *m*
reaction stage Reaktionsstufe *f*
reaction technology Reaktionstechnik *f*
reaction time Einwirkungszeit *f*; Reaktionsdauer *f*, Reaktionszeit *f* *{Physiol, Tech}*; Ansprechdauer *f*, Anlaufwert *m* *{Automation}*; Reaktionszeit *f* *{Chem}*
reaction tower Reaktionsturm *m*; Säureturm *m* *{Pap}*; Laugenturm *m*, Alkaliturm *m* *{Chloraufschluß}*; Chlor[ierungs]turm *m* *{Zellstoffbleiche}*
reaction type Reaktionstyp *m*
reaction value Anlaufwert *m* *{Regelung/Steuerung}*
reaction velocity Reaktionsgeschwindigkeit *f*, Umsetzungsgeschwindigkeit *f*
reaction velocity-time rule Raktionsgeschwindigkeit-Temperatur-Regel *f*, RTG-Regel *f*
reaction vessel Reaktionsgefäß *n*, Reaktionskessel *m*, Reaktionsbehälter *m*
reaction volume Reaktionsvolumen *n*
reaction zone Wirkungszone *f*, Reaktionszone *f*
acid reaction saure Reaktion *f*
addition reaction Anlagerungsreaktion *f*, Additionsreaktion *f*
alkaline reaction alkalische Reaktion *f*, basische Reaktion *f*
allergic reaction allergische Reaktion *f* *{Med}*
analytic reaction analytische Reaktion *f*
balanced reaction unvollständige Reaktion *f*
bimolecular reaction bimolekulare Reaktion *f*
complete reaction vollständige Reaktion *f*
counter reaction Gegenreaktion *f*
coupled reaction gekoppelte Reaktion *f*
displacement reaction Verdrängungsreaktion *f*
endothermic reaction endotherme Reaktion *f* *{Thermo}*
exothermic reaction exotherme Reaktion *f* *{Thermo}*
incomplete reaction unvollständige Reaktion *f*
irreversible reaction irreversible Reaktion *f*, unumkehrbare Reaktion *f* *{Thermo}*
monomolecular reaction monomolekulare Reaktion *f*
nuclear reaction Kernreaktion *f*
primary reaction Primärreaktion *f*, Hauptreaktion *f*
qualitative reaction qualitative Reaktion *f*, Nachweisreaktion *f* *{Anal}*
quantitative reaction quantitative Reaktion *f*, Bestimmungsreaktion *f*
reversible reaction umkehrbare Reaktion *f*,- reversible Reaktion *f*
side reaction Nebenreaktion *f*
unimolecular reaction monomolekulare Reaktion *f*
reactivate/to reaktivieren, wiederbeleben, regenerieren
reactivation Reaktivierung *f*, Wiederbelebung *f*, Regenerierung *f*
reactive reaktionsfähig, reaktionsfreudig, reaktionsbereit, reaktiv, Reaktions- *{Chem}*; unedel *{Metall}*; gegenwirkend, rückwirkend; wattlos, Blind- *{Elek}*
reactive adhesive Reaktionskleber *m*
reactive anode Opferanode *f* *{Korr}*
reactive bond reaktionsfähige Bindung *f* *{Valenz}*, reaktionsbereite Bindung *f* *{Valenz}*
reactive chemicals reaktionsfähige Stoffe *mpl*
reactive current Blindstrom *m*, Blindkomponente *f* *{Wechselstrom}*
reactive diluent reaktionsfähiges Verdünnungsmittel *n*, reaktionsfähiger Verdünner *m*, reaktionsfähiges Lösemittel *n*
reactive dye[stuff] Reaktionsfarbstoff *m*
reactive evaporation reaktives Verdampfen *n*
reactive getter reaktiver Getter *m*
reactive ground coat technique Kontaktgrundverfahren *n*
reactive group reaktionsfähige Gruppe *f*, Reaktivgruppe *f*
reactive intermediate reaktionsfähige Zwischenstufe *f*
reactive power Blindleistung *f* *{Elek}*
reactive sputtering reaktive Zerstäubung *f* *{Kathodenzerstäubung mit Verbindungsbildung}*
reactive thinner reaktiver Verdünner *m* *{Stoff zur Erniedrigung der Harzviskosität}*
reactive time Reaktionszeit *f*, Startzeit-Abbindezeit-Summe *f* *{Schaumstoff}*
reactive voltage Blindspannung *f* *{Elek}*
reactive volt-ampere Blindwatt *n* *{obs}*, Blindleistung *f* *{in W}*
reactivity Reaktivität *f*, Reaktionsfähigkeit *f*, Reaktionsvermögen *n*, Reaktionsfreudigkeit *f*, Reaktionsbereitschaft *f* *{Chem}*; Reaktivität *f* *{Nukl}*
reactivity release Reaktivitätsfreigabe *f* *{Nukl}*
reactivity test Reaktivitätstest *m* *{Expl}*
reactor 1. Reaktor *m* *{Anlage für großtechni-*

sche Reaktionen}, Reaktionsapparat *m*, Stoffumsetzer *m*; Reaktionsofen *m*; Reaktionskammer *f*, Reaktionsraum *m {Chem}*; 2. Kernreaktor *m*, Reaktor *m {Nukl}*, Pile *n*; 3. Belebungsbecken *n*, Belebtschlammbecken *n*, Lüftungsbecken *n {Abwasser}*; 4. Drosselspule *f*, Selbstinduktionsspule *f {Elek}*
reactor breeding material Reaktorbrutmaterial *n*, nuklearer Brutstoff *m*
reactor-clarifier [for water treatment] Schlammkontaktanlage *f*, Flockungsklärbekken *n*, [kombinierter] Flockungsklärapparat *m {Abwasser}*
reactor coolant Reaktorkühlmittel *n {Nukl}*
reactor core aktive Zone *f*, Spaltzone *f*, Reaktorkern *m {Nukl}*
reactor engineering Reaktortechnologie *f*
reactor for process heat application Reaktor *m* für Prozeßwärmezwecke
reactor fuel Kernbrennstoff *m*, Spaltstoff *m*, nuklearer Brennstoff *m {Nukl}*
reactor fuel cycle Kernbrennstoffkreislauf *m*
reactor grade 1. kerntechnisch rein; 2. Reaktorqualität *f {Nukl}*
reactor physics Reaktorphysik *f*
reactor poison Reaktorgift *n*, Neutronengift *n*
reactor radiation field Reaktorstrahlungsfeld *n*
reactor safety Reaktorsicherheit *f*
Reactor Safety Commission *{US}* Reaktorsicherheitskommission *f*
reactor shielding Reaktorabschirmung *f*
reactor technology Reaktortechnik *f*, Kernreaktortechnik *f*; Reaktortechnologie *f*
reactor tube Reaktionsrohr *n*
reactor waste Reaktorabfälle *mpl*, Spaltstoffabfälle *mpl*
reactor well Reaktorraum *m*, Reaktorbecken *n {Nukl}*
adiabatic reactor adiabatischer Reaktor *m*
beryllium-moderated reactor berylliummoderierter Reaktor *m*
boiling water reactor Siedewasserreaktor *m*
carbon dioxide-cooled reactor kohlendioxidgekühlter Reaktor *m*
fast breeder reactor schneller Brutreaktor *m*, schneller Brüter *m {Nukl}*
heavy water reactor Schwerwasserreaktor *m*
high-temperature gas-cooled reactor gasgekühlter Hochtemperaturreaktor *m*
light water reactor Leichtwasserreaktor *m {Nukl}*
pressurized-water reactor Druckwasserreaktor *m*
read/to lesen; anzeigen *{Instrument}*
read off/to ablesen, lesen
read out/to ablesen, lesen
readability Leserlichkeit *f*; Lesbarkeit *f*, Ablesbarkeit *f {Instrument}*
readable ablesbar, lesbar; leserlich, verständlich *{z.B. Signal}*
reader 1. Datensichtgerät *n*, Leser *m*, Lesegerät *n {für Datenträger}*; 2. Anzeigegerät *n {für Meßwerte}*; 3. Abtaster *m*, Abfühlkopf *m*
readied gebrauchsfertig
readily leicht; bereitwillig
readily ignitable zündwillig
readily oxidizable leicht oxidierbar
readily soluble leichtlöslich, gut löslich, leicht löslich
readily volatile leichtflüchtig
readiness Bereitschaft *f*, Bereitwilligkeit *f*; Schnelligkeit *f*
reading 1. Ablesung *f*, Ablesen *n*, Lesung *f*, Lesen *n {z.B. eines Skalenwertes}*; 2. Skalenwert *m*, Anzeige *f*, Stand *m {der abgelesen wird}*
reading accuracy Ablesegenauigkeit *f*
reading by mirror Spiegelablesung *f*
reading device Ablesevorrichtung *f*; Visier *n*
reading error Ablesefehler *m*
reading glass Lupe *f*
reading head Lesekopf *m*
reading lens Lupe *f*
reading line Ablesestrich *m {Lab}*
reading microscope Ablesemikroskop *n*, Meßmikroskop *n*
reading-off position Ablesestellung *f*
reading precision Ablesegenauigkeit *f*
readings Meßdaten *pl*
readjust/to nachregeln, nachstellen; wiedereinrichten
readjusting device Nachstellvorrichtung *f*; Rückstelleinrichtung *f*
readjustment Nachjustierung *f*, Nachstellung *f*; Neueinstellung *f*
readout 1. Ablesen *n*, Ablesung *f*, Lesung *f*, Lesen *n {z.B. eines Skalenwertes}*; 2. Sichtanzeige *f*, Anzeige *f*; 3. Auslesen *n {von Informationen}*; Ausgabe *f {EDV}*; 4. Darstellung *f* von Meßwerten *{Instr}*
readout and display unit Ablese- und Anzeigegerät *n*
readout system Ableseeinrichtung *f {Skalenwerte}*; Registriereinrichtung *f {Meßwerte}*
readout timer Schaltuhr *f* mit Zeitdrucker
ready fertig, bereit; geneigt; bereitwillig; leicht
ready access leichter Zugang *m*
ready for action einsatzbereit
ready for injection einspritzfertig *{Pharm}*
ready for insertion einbaufertig
ready for installation einbaufertig
ready for operation betriebsbereit, betriebsklar
ready for retrieval abrufbereit
ready for use gebrauchsfertig, betriebsfertig

ready-made gebrauchsfertig, Fertig-; konfektioniert, Konfektions- *{Text}*
ready-made program fremdbezogenes Programm *n*, käufliches Programm *n*
ready-made software fremde Software *f*
ready-made syringe Fertigspritze *f*
ready-mixed Fertig- *{eine Mischung}*
ready-mixed concrete Fertigbeton *n*, Lieferbeton *n*, Frischbeton *m*, Transportbeton *m*
ready-mixed paint gebrauchsfertige Anstrichfarbe *f*, streichfähige Anstrichfarbe *f*, gebrauchsfähiger Anstrichstoff *m*
ready-to-cook kochfertig
ready-to-drink trinkfertig
ready-to-eat dish Fertiggericht *n*
ready-to-operate funktionsbereit
ready-to-use verarbeitungsfertig; gebrauchsfertig

reagent Reagens *n {pl. Reagenzien}*, chemisches Nachweismittel *n*, Prüfstoff *m*, Prüfungsmittel *n {Anal}*, Reagenz *n {pl. Reagenzien}*, Reaktionspartner *m {eines Substrates}*
reagent bottle Reagenzienflasche *f {Chem}*
reagent chemicals chemische Reagenzien *npl*
reagent feeding Reagenzdosierung *f*
reagent grade analysenrein, zur Analyse *f*, p.a.
reagent room Reagenzienraum *m*
reagent solution Reagenslösung *f*

real 1. echt, wirklich, faktisch, real, tatsächlich; 2. reelle Zahl *f {Math}*
real area of contact tatsächliche Berührungsfläche *f*
real axis reelle Achse *f {Math}*
real bronze echte Bronze *f*; Goldbronze *f*
real crystal Realkristall *m*, realer Kristall *m*
real gas reales Gas *n*, Realgas *n*
real image reelles Bild *n*, auffangbares Bild *n {Opt}*
real number reelle Zahl *f {Math}*
real part Realteil *m {Math}*
real solution echte Lösung *f*
real surface wirkliche Oberfläche *f {Klebteile}*
real time Istzeit *f*, Echtzeit *f*, Realzeit *f {EDV}*

realgar <$(AsS)_4$> Realgar *m*, Arsenrot *n*, Rauschrot *n*, rote Arsenblende *f {Min}*

realign/to wieder ausrichten, wiederausrichten; neuausrichten

realignment Wiederausrichtung *f*; Neuausrichten *n*

reality Realität *f*, Wirklichkeit *f*; Echtheit *f*

realizable realisierbar

realization 1. Verwirklichung *f*, Realisation *f*, Realisierung *f*; 2. Verkauf *m*, Realisierung *f*; 3. Einsehen *n*, Verstehen *n*

realize/to 1. verwirklichen, realisieren; 2. verkaufen, zu Geld *n* machen, realisieren; einbringen, erzielen *{z.B. einen Preis}*; 3. einsehen, verstehen *{Psychologie}*

realm Bereich *m {z.B. Erfahrungsbereich}*;-Gebiet *n*

ream/to ausbohren, ausfräsen, erweitern; auftreiben *{Glasrohre}*

ream 1. Ries *n {Papierzählmaß: regulär 500 oder 480; 516 beim Drucken}*; 2. Schliere *f*, Inhomogenität *f {Glas}*; Winde *f*, Streifen *m {Glas}*

reamer 1. Reibahle *f {Tech}*; 2. Aufdornwerkzeug *n {Tech}*; Auftreiber *m {Glas}*; 3. Nachschneider *m*, Bohrlochräumer *m*, Erweiterungsbohrer *m {Erdöl}*

reanneal/to nachglühen *{Met}*

reannealing 1. Nachglühen *n {Met}*; 2. Reassoziation *f {Gen}*

rear 1. rückwärtig; Hinter-, Rück-, Heck-; 2. Hinterseite *f*, Rückseite *f*; 3. Heck *n {Auto}*
rear face of flight hintere Flanke *f*, passive Schneckenflanke *f*, Gewindeflanke *f*
rear-phase chromatography Chromatographie *f* mit Phasenumkehr *f*, Chromatographie *f* mit umgekehrter Phase *f*
rear view Rückansicht *f*
rear wall Rückwand *f*

rearrange/to 1. umgruppieren, umlagern; sich umlagern, sichumguppieren *{Chem}*; 2. umorganisieren, neuorganisieren; umstellen, umordnen, neuordnen

rearrangement 1. Umgruppierung *f*, Umlagerung *f {Chem}*; 2. Neuordnung *f*, Umordnung *f*, Umstellen *n*; Umschichten *n*; Umorganisierung *f*, Neuorganisieren *n*
rearrangement of internal stresses Eigenspannungsumlagerung *f {Werkstoff}*
rearrangement polymerization Umlagerungspolymerisation *f*
rearrangement reaction Umlagerungsreaktion *f*
rearrangement via a carbonium ion Umlagerung *f* über ein Carbonium-Ion
atomic rearrangement atomare Umlagerung *f*
intramoleculare rearrangement intramolekulare Umlagerung *f*
nuclear rearrangement Umgruppierung *f* im Kern *m*, Kernaustauschreaktion *f {Nukl}*

reason 1. Grund *m*, Ursache *f*; 2. Anlaß *m*; 3. Vernunft *f*

reasonable vernünftig; angemessen, reell
reasonable cost Preiswürdigkeit *f*

reasoning 1. Vernunfts-; 2. Denken *n*, Folgern *n*; Denkvermögen *n*; 3. Beweisführung *f*; Schlußfolgern *n {EDV}*

reassay Neubestimmung *f*, nochmalige Bestimmung *f*

reassemble/to wiederzusammensetzen, neuzusammenfügen, wiederzusammenbauen

reassembly Wiederzusammenbau *m*, Wiederzusammenfügen *n {nach Demontage}*

reassessment Neubewertung *f*, neue Einschätzung *f*
reassociation kinetics Reassoziationskinetik *f* *{Biochem}*
Réaumur [temperature] scale Réaumur-Temperaturskale *f {obs, 1R = 1,25°C}*
rebate Rabatt *m*; Nachlaß *m*, Abzug *m {Ökon}*
reboiler 1. Reboiler *m*, Nachverdampfer *m {Wiederverdampfer; Dest}*; Destillationsblase *f*, Destillationsgefäß *n*, Verdampfer *m*, Blase *f* *{Verdampfen oder schubweise Destillieren}*; 2. Aufkochofen *m*, Rückverdampfer *m*, Reboiler *m {Erdöl}*; 3. Aufkochgefäß *n*, Aufkocher *m*, Aufwärmer *m {Tech}*
reboiling 1. Nachsieden *n {Kühlmittel}*; 2. nachträgliche Gasentwicklung *f*, sekundäre Blasenbildung *f {Glas}*
rebound/to zurückprallen, abprallen, abspringen, zurückspringen, rückfedern
rebound 1. Zurückprallen *n*, Zurückspringen *n*, Abprall *m*, Rückprall *m*, Rückstoß *m*; 2. [elastische] Erholung *f*, Rückverformung *f*, Rückfederung *f {Gummi}*; 3. Rückprallelastizität *f*, Stoßelastizität *f {Gummi}*
rebound crusher Prallmühle *f*, Prallbrecher *m*
rebound elasticity Rückprallelastizität *f*, Stoßelastizität *f*, elastischer Wirkungsgrad *m* bei Stoß- und Druckbeanspruchung *{Gummi}*
rebound electrons Prallelektronen *npl*
rebound hardness Rückprallhärte *f*, Rücksprunghärte *f {Met}*
rebounding particles Spritzkorn *n*
rebuild/to umbauen, umkonstruieren; wiederaufbauen
rebuilding Umbau *m*; Wiederaufbau *m*
recalculation Umrechnung *f*; Nachrechnung *f*
recalibrate/to nacheichen *{obs}*, neukalibrieren, nachkalibrieren
recalibration Nachkalibrierung *f*, Nacheichung *f {obs}*
recalsecence Rekaleszenz *f {Met, Krist}*
recanescic acid Recanescinsäure *f*
recanescic alcohol Recanescinalkohol *m*
recanescine Recanescin *n*
recapture Wiedereinfang *m*
recarburization Wiederaufkohlung *f*, Wiederaufkohlen *n*, Rückkohlung *f {Met}*
recarburization plant Aufkohlungsanlage *f*, Rückkohlungsanlage *f {Met}*
recarburize/to aufkohlen, wiederaufkohlen, rückkohlen *{Met}*
recarburizer kohlender Zusatz *m*, Aufkohlungsmittel *n {Met}*
recarburizing agent *s.* recarburzier
recast/to umgießen, umschmelzen *{Gieß}*
recasting Wiedereinschmelzen *n*, Umschmelzen *n*
recasting-furnace Umschmelzofen *m*
recede/to zurückweichen; [ab]sinken, fallen
receding contact angle Rückzugsrandwinkel *f*, Kontaktwinkel *m* beim Zurückweichen *{von Flüssigkeiten}*
receipt 1. Empfang *m*, Erhalt *m {Betrag, Sendung usw.}*; Übernahme *f*; 2. Empfangsbestätigung *f*, Quittung *f*; Beleg *m*; 3. Empfangsstelle *f*; 4. Kochrezept *n*
receive/to bekommen, erhalten; empfangen; aufnehmen; hehlen
receiver 1. Sammelbehälter *m*, Sammelgefäß *n*, Auffänger *m*, Auffangbehälter *m*, Rezipient *m* *{Chem}*; Vorlage *f*, Destillatsammler *m*, Destilliervorlage *f {Chem}*; Auffangrinne *f {Glas}*; 2. Empfänger *m*, Abnehmer *m*; 3. Ablagefach *n* *{EDV}*; 4. Zwischenbehälter *m {z.B. für Druckausgleich, Zwischenkühlung}*; Zwischenkammer *f {Tech}*; 5. Vorherd *m*, Eisensammelraum *m* *{Kupolofen}*; 6. Empfangsgerät *n*, Empfänger *m* *{Radio, TV}*; 7. Telefonhörer *m*, Fernhörer *m*
receiver adapter Destilliervorstoß *m {Dest}*
receiver adapter with vacuum connection Vakuumvorstoß *m {Dest}*
receiver bottle Auffangflasche *f*, Auffangkolben *m*
receiver tube Vorstoß *m {Lab}*
receiving aerial Empfangsantenne *f*
receiving electrode Sammelelektrode *f*, Niederschlagselektrode *f*
receiving flask Auffangkolben *m*; Vorlage *f* *{Dest}*
receiving hopper Auffangtrichter *m {Schüttgut}*
receiving store Eingangslager *n*
receiving tank 1. Sammelbehälter *m*, [großes] Sammelgefäß *n*; 2. Wasserbehälter *m*; 3. Stoffgrube *f*, Kochergrube *f*, Kocherbütte *f*, Blastank *m*, Ausblasbehälter *m {Pap}*
receiving tube Auffangröhre *f*
receiving vessel *s.* receiving tube
receiving water Vorfluter *m {Wasser}*
receptacle 1. Aufnahmegefäß *n*, Auffangbehälter *m*, Sammelgefäß *n*, Rezipient *m {Chem}*; 2. Raum *m*; 3. *{US}* Steckdose *f {Elek}*
receptivity Aufnahmefähigkeit *f*, Aufnahmevermögen *n*, Rezeptivität *f*; Fassungsvermögen *n* *{eines Behälters}*; Saugfähigkeit *f {Pap}*
receptivity for dyes Färbefähigkeit *f*
receptor 1. Rezeptor *m {Biochem, Physiol}*; 2. Akzeptor *m*, Empfänger *m {Gen}*; 3. Sinnesorgan *n*
receptor protein Rezeptorprotein *n*
recess/to eine Vertiefung *f* machen; vertiefen, aushöhlen, ausbuchten, ausnehmen, aussparen *{Tech}*; einkehlen, auskehlen *{Tech}*; einstechen *{Tech}*; einlassen, vertieft unterbringen; zurücksetzen

recess Vertiefung *f*, Aushöhlung *f*, Ausbuchtung *f*, Aussparung *f* *{Tech}*; Einstich *m* *{Tech}*; Einkehlung *f*, Auskehlung *f* *{Tech}*; Schlitz *m* *{Schraubenkopf}*
recessed ausgespart *{im Material}*; eingelassen *{in das Material}*; versenkt; ausgefalzt, ausgespart; zurückgesetzt
recessed plate [filter] press Kammerfilterpresse *f*
recessed square Innenvierkant *m*
recession 1. Vertiefung *f*; 2. Rückgang *m*; 3. Zurücktreten *n*, Rückzug *m*
recession-type acetylene generator Acetylenentwickler *m* mit Wasserverdrängung
recessive 1. rezessiv *{Gen}*; 2. zurückweichend
recessiveness Rezessivität *f* *{Gen}*
recharge/to nachfüllen; durch Versickerung *f* anreichern *{Grundwasserneubildung}*; nachladen, wiederaufladen *{Akkumulator}*; wieder beschikken, neu beschicken *{z.B. Reaktor, Hochofen}*; regenerieren *{z.B. Ionenaustauscher}*
recharge 1. Nachfüllung *f*; Anreicherung *f* durch Versickerung, Grundwasserneubildung *f*; 2. Regenerierung *f*, Regeneration *f* *{Ionenaustauscher}*; 3. Nachladen *n* *{z.B. Akkumulator}*; 4. Wiederbeschickung *f* *{z.B. Reaktor, Hochofen}*
recharge basin Anreicherungsbecken *n*, Versickerungsbecken *n* *{Wasser}*
rechargeable wiederaufladbar *{Batterie}*
recipe Rezept *n*; Rezeptur *f*; Gebrauchsanweisung *f*
recipe of mix Mischungsrezeptur *f*
recipient 1. Rezipient *m* *{Chem}*; 2. Vorfluter *m* *{Wasser}*; 3. Rezeptor *m*; Empfänger *m*, empfangender Teilnehmer *m*
recipient bacterium Rezeptor-Bakterium *n*
recipient vessel Vorlage *f*
reciprocal 1. gegenseitig, wechselseitig; Wechsel-; 2. reziprok, umgekehrt; Kehr- *{Math}*; 3. reziproker Wert *m*, Kehrwert *m* *{Math}*
reciprocal action Wechselwirkung *f*
reciprocal conversion Wechselumsetzung *f*
reciprocal diagram Kräftediagramm *n*
reciprocal effect Wechselwirkung *f*
reciprocal hyperbolic function Areafunktion *f* *{Math}*
reciprocal inductance Reziprokwert *m* der Induktivität *f*
reciprocal inhibition wechselseitige Hemmung *f* *{Physiol}*
reciprocal integration Kehrwertintegration *f* *{Math}*
reciprocal lattice reziprokes Gitter *n* *{Spek, Krist}*
reciprocal of shear modulus Schubkoeffizient *m*, Schubgröße *f*
reciprocal ohm Siemens *n* *{S}*
reciprocal proportion umgekehrte Proportion *f*, reziproke Proportion *f*
reciprocal pusher centrifuge Schubzentrifuge *f*
reciprocal ratio umgekehrtes Verhältnis *n*, Reziprozität *f*
reciprocal relation umgekehrtes Verhältnis *n*, Wechselverhältnis *n*, Wechselbeziehung *f*
reciprocal salt pair reziprokes Salzpaar *n*
reciprocal value Kehrwert *m*, reziproker Wert *m*, umgekehrter Wert *m*, Reziprokwert *m* *{Math}*
reciprocal value of modulus of elasticity Dehnzahl *f*, Dehnungszahl *f*
reciprocal value of the coefficient of rigidity Schubzahl *f* *{in m^2/N}*
reciprocal vector reziproker Vektor *m* *{Krist}*
reciprocal wavelength Wellenzahl *f* *{Spek, in 1/cm}*
reciprocate/to hin- und hergehen, [sich] hin- und herbewegen *{Kolben}*, pendeln, reversieren; erwidern
reciprocating pendelnd, hin- und hergehend, [sich] hin- und herbewegend; abwechselnd wirkend; Kolben-
reciprocating and rotary pumps Verdrängungspumpen *fpl*
reciprocating compressor Hubkolbenverdichter *m*, Kolbenkompressor *m*, Kolbenverdichter *m*
reciprocating conveyor centrifuge Schubschleuder *f*, Schubzentrifuge *f*
reciprocating dryer Schubwendetrockner *m*
reciprocating engine Kolben[kraft]maschine *f*; Kolbenmotor *m*; Kolbentriebwerk *n*
reciprocating feeder Schüttelaufgabevorrichtung *f*
reciprocating impeller [agitator] hin- und hergehende Rührstange *f*, Vibrationsrührer *m*, Vibromischer *m*, Vibrationsmischer *m*
reciprocating injection mo[u]lding machine Schubschneckenspritzgießmaschine *f*
reciprocating motion Hin- und Herbewegung *f*, Pendelbewegung *f*, Hubbewegung *f* *{Vor- und Rückgang}*, Wechselbewegung *f*
reciprocating movement *s.* reciprocating motion
reciprocating piston pump Hubkolbenpumpe *f*, Kolbenpumpe *f* mit hin- und hergehendem Kolben
reciprocating plate [extraction] column Siebbodenkolonne *f* für flüssig-flüssig Extraktion, Kolonne *f* mit schwingenden Böden
reciprocating proportioning pump Dosierkolbenpumpe *f*
reciprocating pump Hubkolbenpumpe *f*, Kolbenpumpe *f* mit hin- und hergehendem Kolben *{Tech}*; Oszillations[vakuum]pumpe *f* *{Vak}*

reciprocating rake classifier hin- und hergehender Rechenklassierer *m*
reciprocating screen Schüttelsieb *n*, Rütteltisch *m*, Planrätter *m*
reciprocating screw reversierende Schnecke *f*, hin- und hergehende Schnecke *f*, Schubschnecke *f*; oszillierende Schnecke *f {Kunst}*
reciprocating-screw injection Schneckenkolbeninjektion *f*, Schneckenkolbeneinspritzung *f*
reciprocating-screw plasticizing unit Schnekkenschub-Plastifizieraggregat *n*
reciprocating shaker Schüttelapparat *m {Lab}*
reciprocating sieve hin- und hergehendes Sieb *n*, Schüttelsieb *n*, Rütteltisch *m*, Planrätter *m*
reciprocating table *s*. reciprocating screen
reciprocating vacuum seal Schiebedurchführung *f*
reciprocating wet vacuum pump Naßluftpumpe *f*
reciprocity 1. Reziprozität *f {Math}*; Dualität *f*, Reziprozität *f {projektive Geometrie}*; 2. Gegenseitigkeit *f*, Wechselseitigkeit *f*
reciprocity theorem Reziprozitätstheorem *n*, Reziprozitätsgesetz *n*
recirculate/to 1. im Kreislauf *m* führen, im Kreislauf *m* fahren, rundführen, umpumpen; 2. in den Kreislauf *m* zurückführen, dem Kreislauf wieder zuführen, rezirkulieren
recirculated air cooler Umluftkühler *m*
recirculating air classifier Umluftsichter *m*
recirculating cooling Umlaufkühlung *f*
recirculating pump kontinuierliche Umlaufpumpe *f*, Umwälzpumpe *f*
recirculating ratio Umlaufverhältnis *n*
recirculation 1. Rückleitung *f*, Rückführung *f*, Zurückführung *f {in denselben Prozeß}*; 2. Umlauf *m*, Zirkulation *f*
recirculation capacity Umwälzleistung *f*
recirculation cooler Rückkühler *m*
recirculation fan Umwälzgebläse *n*
recirculation flow rate Umwälzmenge *f*
recirculation heating system Kreislaufheizanlage *f*
recirculation loop Umwälzschleife *f {des Kühlmittels}*, Kühlmittelumwälzschleife *f {Nukl}*
recirculation pump Umwälzpumpe *f*, Umlaufpumpe *f*, Rücksaugpumpe *f*, Rückführpumpe *f*
reckon/to errechnen, berechnen, kalkulieren; betrachten
reckoning 1. Rechnung *f*; 2. Rechnen *n*, Berechnung *f*
reclaim/to regenerieren, wiederaufbereiten, rückgewinnen *{Tech}*; zurückerhalten; zurückgewinnen, wiedergewinnen, kulturfähig machen *{Land}*; reformieren
reclaim 1. Regenerat *n*; regenerierter Kautschuk *m*, Regenerativgummi *m {Gummi}*; 2. Regenerierung *f*, Rückgewinnung *f*
reclaim compound Regeneratmischung *f*
reclaim mix *s*. reclaim compound
reclaim plant Regenerieranlage *f*, Wiederaufbereitungsanlage *f*
reclaim rubber dispersion Regeneratdispersion *f {Gummi}*
reclaimed ground neugewonnenes Land *n*, Schwemmland *n*
reclaimed oil regeneriertes Altöl *n*, rückgewonnenes Öl *n {aus Altöl}*
reclaimed rubber Regenerat *n*, regenerierter Kautschuk *m*, Regenerativgummi *m*
reclaimed silver from X-ray films Silberrückgewinnung *f* aus Röntgenfilmen
reclaimed wool Reißwolle *f*
reclaimer 1. Regeneratthersteller *m*; 2. Faserstoffänger *m*, Stoffänger *m {Pap}*; 3. Rückladebagger *m*
reclaiming 1. Regenerieren *n*, Regenerierung *f {verunreinigter Stoffe}*, Rückgewinnung *f*, Wiedergewinnung *f*, Wiederaufbereitung *f*, Aufbereitung *f*; 2. Abbau *m {von Kohlehalden}*, Aufarbeitung *f*, Abhaldung *f*; 3. Neulandgewinnung *f*, Landgewinnung *f*
reclaiming agent Regeneriermittel *n*
reclaiming oils Ölsorten *fpl* für Regenerataufbereitung
reclassified oil gefilterter Ölnebel *m*
reclosable pharmaceutical container wiederverschließbare Arzneimittelverpackung *f*
recognition Erkennung *f*, Wiedererkennen *n*; Anerkennung *f*, Zulassung *f*
recognition site Erkennungsstelle *f {Biochem}*
recognizable erkennbar; anerkennbar
recognize/to erkennen, identifizieren; anerkennen, zulassen
recoil/to abprallen, zurückprallen, [zu]rückstoßen
recoil 1. Rückprall *m*, Rückschlag *m*; Abprallen *n*, Zurückspringen *n*; 2. Rückstoß *m {Nukl}*; 3. Rückwirkung *f*; 4. Prellklotz *m {Tech}*
recoil atom Rückstoßatom *n {Nukl}*
recoil chemistry intramolekulare Strahlenchemie *f*, Chemie *f* der heißen Atome, Chemie *f* der Rückstoßatome
recoil counter Rückstoßzähler *m*
recoil detection Rückstoßnachweis *m*
recoil electron Rückstoßelektron *n*, Compton-Elektron *n*
recoil energy Rückstoßenergie *f*
recoil fragment Rückstoßbruchstück *n*
recoil ion spectroscopy Rückstoßionen-Spektroskopie *f*
recoil ionization Rückstoßionisierung *f*
recoil liquid Bremsflüssigkeit *f*
recoil method Rückstoßmethode *f*

recoil motion Rückstoßbewegung *f*
recoil nucleus Rückstoßkern *m*, Rückstoßatom *n {Nukl}*
recoil particle Rückstoßteilchen *n*
recoil proton Rückstoßproton *n*
recoil radiation Rückstoßstrahlung *f*
recoil spectrum Rückstoßspektrum *n*
recoil spring Rückstoßfeder *f*, Vorholfeder *f*
power of recoil Rückstoßkraft *f*
recoiler Aufwickelhaspel *f*
recoilless rückstoßfrei
recombinant DNA molecule rekombiniertes DNA-Molekül *n*
recombination Rekombination *f*, Wiedervereinigung *f*, Wiederzusammenfügen *n*
recombination center Rekombinationszentrum *n {Krist}*
recombination coefficient Rekombinationskoeffizient *m {Halbleiter}*
recombination continuum Rekombinationskontinuum *n*
recombination electroluminescence Injektions-Elektrolumineszenz *f*
recombination energy Rekombinationsenergie *f*
recombination radiation Rekombinationsstrahlung *f*
recombination rate Rekombinationsgeschwindigkeit *f*, Rekombinationsrate *f*, Wiedervereinigungsrate *f {Halbleiter}*
radiationless recombination strahlungslose Rekombination *f*
radiative recombination Strahlungsrekombination *f*
recombine/to rekombinieren, wieder vereinigen, neu vereinigen, wiedervereinigen; sich wiedervereinigen, sich rekombinieren
recombiner system Rekombinationsanlage *f*
recommend/to befürworten, empfehlen; anvertrauen
recommendation Referenz *f*, Empfehlung *f*; Vorzug *m*
recompacting Nachpressen *n {Sinterverfahren}*
recompacting apparatus Nachpreßgerät *n*
recompression Wiederverdichten *n {Druck erhöhen}*
recomputation Umrechnung *f*
recon Recon *n {Gen}*
reconcentration Aufkonzentration *f*, Aufsättigung *f*, Wiederanreicherung *f*, Nachaufbereitung *f*
recondition/to wieder instandsetzen, reparieren; überholen, wiederaufarbeiten *{gebrauchter Geräte oder Maschienen}*; rekonditionieren, reinigen, aufbereiten *{Altöl}*
reconditioning 1. Aufbereitung *f*, Reinigung *f*, Rekonditionierung *f {z.B. Altöl}*; 2. Überholung *f*, Rekonditioning *n*, Wiederaufarbeitung *f {z.B. von gebrauchten Geräten oder Maschinen}*; Wiederinstandsetzung *f*, Reparatur *f*
reconstitute/to neu bilden; wiederherstellen; zur ursprünglichen Konzentration *f* lösen, zur ursprünglichen Konzentration *f* verdünnen *{Chem}*
reconstituted crude Kunstöl *n*
reconstruct/to umbauen; sanieren; rekonstruieren; wiederaufbauen, neuaufbauen, wiederherstellen; neu konstruieren
reconstruction 1. Rekonstruktion *f*; Wiederaufbau *m*, Neuaufbau *m*, Wiederherstellung *f*; 2. Sanierung *f {Tech}*; Umbau *m*
reconversion Rückbildung *f*, Zurückbildung *f*; Rückumwandlung *f*, Zurückverwandlung *f*; Rückmischung *f*
reconvert/to zurückverwandeln, rückumwandeln; rückbilden, zurückbilden
recooler Nachkühler *m*
recooling Rückkühlung *n*, wiederholte Abkühlung *f*
record/to registrieren *{z.B. von Meßwerten}*; [auf]schreiben; eintragen, buchen; aufnehmen, aufzeichnen
record 1. Aufzeichnung *f*, Aufnahme *f*; 2. Bericht *m*; Protokoll *n*; 3. gespeicherte Daten *pl {Informationen}*, Datensatz *m {EDV}*; 4. Bestleistung *f*, Rekord *m*; 5. Dokument *n*, Urkunde *f*; 6. Register *n*; 7. Ruf *m*; 8. Schallplatte *f*
record of mo[u]ld data Werkzeugdatenkatalog *m*
record of results Versuchsprotokoll *n*
recorded curve Registrierkurve *f*, Schreibkurve *f*
recorder 1. Registriergerät *n*, Aufzeichnungsgerät *n*, Diagrammschreiber *m {Instr}*; Schreiber *m*, Schreibwerk *n*, schreibendes Meßgerät *n {Instr}*; 2. Aufzeichungsgerät *n*, Aufnahmegerät *n*; Recorder *m {Magnettongerät}*
recorder chart Diagrammstreifen *m*, Registrierstreifen *m*, Schreiberpapier *n*, Schreiberstreifen *m*
recorder controller schreibender Regler *m*, Registrierregler *m*
recorder ink Schreibertinte *f*, Schreiberfarbe *f*, Registriertinte *f*
recorder paper Registrierpapier *n*, Registrierstreifen *m*, Schreiberstreifen *m*, Diagrammpapier *n*
recording 1. selbstschreibend, registrierend; Registrier-; 2. Aufzeichnung *f*, Registrierung *f*; 3. Aufnahme *f*, Aufzeichnung *f*, Bespielen *n {Tonträger, EDV}*
recording a curve Aufnahme *f* einer Kurve, Registrierung *f* einer Kurve
recording and reporting system Protokoll- und Berichtssystem *n*
recording apparatus Registriergerät *n*,-

Aufzeichnungsgerät *n*, Diagrammschreiber *m*, Schreiber *m {Instr}*
recording balance registrierende Waage *f*, aufzeichnende Waage *f {Anal}*
recording barometer Barograph *m*
recording chart Registrierband *n*, Registrierstreifen *m*, Diagrammstreifen *m*, Schreiberstreifen *m*
recording cylinder *s.* recording drum
recording drum Registriertrommel *f*, Schreibtrommel *f*
recording facility Registriervorrichtung *f*
recording hygrometer Hygrograph *m*
recording instrument Aufzeichnungsgerät *n*, Registriergerät *n*, registrierendes Meßgerät *n*, Schreiber *m {Instr}*
recording manometer Druckschreiber *m*, Registriermanometer *n*
recording mechanism Registriervorrichtung *f*, Zählwerk *n*
recording microphotometer Registriermikrophotometer *n*
recording of pressure Druckaufzeichnung *f*
recording of temperature Temperaturaufzeichnung *f*
recording paper Registrierpapier *n*, Registrierstreifen *m*, Diagrammpapier *n*, Schreibstreifen *m*, Schreiberpapier *n*
recording pen Registrierfeder *f*, Schreibfeder *f*, Schreibröhrchen *n*
recording pressure ga[u]ge Druckschreiber *m*, Registriermanometer *n*
recording process Anzeigeverfahren *n*
recording scales Registrierwaage *f*
recording speed Registriergeschwindigkeit *f*
recording strip instrument Schreibstreifeninstrument *n*
recording system Schreibwerk *n*, Schreibsystem *n*
recording thermometer Registrierthermometer *n*, Temperaturschreiber *m*
recording time Registrierzeit *f*
records 1. Schriftgut *n*; Protokoll *n*; 2. Archiv *n*
recover/to 1. wiedergewinnen, [zu]rückgewinnen, rückführen; [wieder]aufbereiten, regenerieren *{z.B. Kunststoff, Gummi}*; 2. zurückerhalten *{z.B. Land}*; wiedererlangen, wiederfinden; 3. rückfedern, [sich] erholen, zurückspringen *{Met, Gummi}*; 4. sich erholen, gesund werden; 5. gewinnen, ausbringen, abbauen *{Bergbau}*; 6. sich nachbilden *{z.B. Isotope}*; 7. abfangen, ausleiten
recoverable strain rückbildbare Verformung *f*, rückbildbare Deformation *f*
recovered acid Abfallsäure *f*
recovered oil zurückgewonnenes Öl *n {aus Altöl}*; Rückstandsaufarbeitsöl *n {Kohlehydrierung}*
recovered waste paper Altpapierstoff *m*, wiederaufbereitetes Altpapier *n*, regeneriertes Altpapier *n*
recovered wool Lumpenwolle *f*, Reißwolle *f*; Regeneratwolle *f*
recovery 1. Rückgewinnung *f*, Wiedergewinnung *f*, Zurückgewinnung *f*, Rückführung *f*; Aufbereitung *f*, Regenerierung *f*; 2. Gewinnung *f*, Abbau *m*, Ausbringung *f {Erz}*; Förderung *f {Öl}*; 3. Aufarbeitung *f*; 4. Nachbildung *f {z.B. von Isotopen}*; 5. [elastische] Erholung *f*, Rückverformung *f*, Zurückspringen *n*, Rückformung *f*; 6. Ausnutzungsgrad *m {von Düngemitteln}*; 7. Abscheidegrad *m {Feststoffe, z.B. beim Filtern, Zentrifugieren}*
recovery creep Kriecherholung *f {Kunst}*
recovery installation Rückgewinnungsanlage *f*
recovery of chemicals Chemikalienrückführung *f*, Chemikalienrückgewinnung *f*
recovery of heat Wärmerückgewinnung *f*
recovery of plastic waste Wiederverwertung *f* von Plastabfall
recovery of shape Rückverformung *f*, Rückstellung *f*
recovery of solvent Lösemittelrückgewinnung *f*
recovery period Erholungszeitspanne *f*
recovery plant Rückgewinnungsanlage *f*, Wiedergewinnungsanlage *f*; Wiederaufbereitungsanlage *f*
recovery power Regenerationsvermögen *n*
recovery process 1. Erholungserscheinung *f*; 2. Rückgewinnungsprozeß *m*
recovery properties *{BS 4294}* Erholungsfähigkeit *f {Text}*
recovery rate Erholungsgeschwindigkeit *f*
recovery tank Rückgewinnungsbehälter *m*
recovery time 1. Erholungszeit *f*, Wiederansprechzeit *f*, Totzeit *f {z.B. eines Geiger-Müller-Zählrohrs}*; 2. Regelzeit *f {Automation}*; 3. Schonzeit *f {Stromrichter}*; 4. Entionisierungszeit *f {Gasentladungsröhre}*; 5. Erholungszeit *f*, Rückstellzeit *f {verzögert-elastische Deformation}*
recrystallization Umkristallisieren *n {Tätigkeit}*; Umkristallisation *f*, Rekristallisation *f*, Umkristallisierung *f {Vorgang}*
recrystallization annealing Rekristallisationsglühen *n*, rekristallisierendes Glühen *n*
recrystallization-retarding element rekristallisationshemmender Zusatz *m*
recrystallization temperature Rekristallisationstemperatur *f*
recrystallization twins Rekristallisationszwillinge *mpl {Krist}*
recrystallize/to rekristallisieren, umkristallisieren; wieder auskristallisieren

recrystallized structure rekristallisiertes Gefüge *n*
recrystallized threshold Kristallisationsschwelle *f*
recrystallizing Umkristallisieren *n*
rectangle Rechteck *n*, Orthogon *n {Math}*
rectangular rechteckig, orthogonal *{Math}*; rechtwinklig, rektangulär *{Math}*
rectangular anode rechteckige Anode *f*
rectangular can Rechteckdose *f*, Vierkantdose *f*
rectangular cathode Rechteckkathode *f {PVD-Beschichtung}*
rectangular coordinates rechtwinklige Koordinaten *fpl*, Cartesische Koordinaten *fpl*
rectangular hyperbola gleichseitige Hyperbel *f*
rectangular kiln rechteckiger Röstofen *m*
rectangular runner Rechteckkanal *m*
rectangular prism Winkelprisma *n*, rechtwinkliges Prisma *n {Opt}*
rectangular pulse Rechteckimpuls *m*
rectangular strip Rechteckstreifen *m*
rectangular test piece Flachstab *m*
rectangular test specimen Flachstab *m*
rectangular triangle rechtwinkliges Dreieck *n*
rectangular tube Vierkantrohr *n*
rectangular wave Rechteckwelle *f*, Rechteckwellenzug *m*
rectangular-wave AC voltage Rechteckwechselspannung *f {Elek}*
rectifiable rektifizierbar *{Tech}*
rectification 1. Rektifikation *f*, Rektifizierung *f*, Gegenstromdestillation *f*; 2. Justieren *n*, Justage *f*, [richtige] Einstellung *f {eines Instruments}*; 3. Gleichrichtung *f {Elek}*; 4. Entzerrung *f {Opt}*; 5. Rektifikation *f {einer Kurve; Math}*
rectification apparatus Rektifizierapparat *m*, Rektifiziervorrichtung *f {Dest}*
rectification at normal pressures Normaldruckrektifikation *f*
rectification column Rektifiziersäule *f*, Rektifikationskolonne *f*, Rektifikator *m {Dest}*
rectification plant Rektifizieranlage *f*, Rektifikationsanlage *f {Dest}*
rectification section Rektifikationszone *f*, Rektifizierteil *m*, Verstärkungsteil *m*, Rektifizierstrecke *f*
azeotropic rectification azeotrope Rektifikation *f*
vacuum rectification Vakuumrektifikation *f*
rectified 1. gleichgerichtet *{Elek}*; 2. rektifiziert *{Dest}*; 3. richtig eingestellt *{Instrument}*; berichtigt; 4. entzerrt *{Opt}*; 5. gestreckt, rektifiziert *{Math}*
rectified alternating current gleichgerichteter Wechselstrom *m*, pulsierender Gleichstrom *m*, ungeglätteter Gleichstrom *m*
rectified spirit Feinsprit *m*, Primasprit *m {84 Gew.- % Alkohol}*
rectified tar oil Fichtenteeröl *n*
rectified voltage gleichgerichtete Spannung *f {Elek}*
rectifier 1. Rektifiziersäule *f*, Rektifikationskolonne *f*, Rektifikator *m {Dest}*; 2. Gleichrichter *m {Elek}*; 3. Entzerrer *m*, Entzerrungsgerät *n {Opt}*; 4. Verstärkersäule *f*, Rektifizierer *m {Nukl}*
rectifier cell Sperrschichtzelle *f*, Gleichrichterelement *n*
rectifier element *s.* rectifier cell
rectifier photocell Halbleiterphotozelle *f*, Sperrschichtphotozelle *f*
rectifier ripple Gleichrichterwelligkeit *f {Elek}*
rectifier valve Ventilröhre *f*, Gleichrichterröhre *f*
full-wave rectifier Vollweggleichrichter *m {Elek}*
gas-filled rectifier gasgefüllter Gleichrichter *m*
half-wave rectifier Halbwellengleichrichter *m {Elek}*
semi-conductor rectifier Halbleitergleichrichter *m*
rectify 1. justieren, richtig einstellen *{Instrument}*; berichtigen, korrigieren; 2. rektifizieren *{Dest}*; 3. läutern *{Chem}*; 4. gleichrichten, demodulieren *{Elek}*; 5. entzerren *{Opt}*; 6. die Länge ermitteln, rektifizieren *{Math}*
rectifying apparatus Rektifizierapparat *m*, Rektifikationsapparat *m*, Rektifiziervorrichtung *f {Dest}*
rectifying coil Ausgleichsspule *f*
rectifying column Fraktionierturm *m*, Rektifikationskolonne *f*, Rektifiziersäule *f*, Rektifikator *m {Dest}*
rectifying crystal Gleichrichterkristall *m*
rectifying section Rektifizierteil *m*, Rektifikationszone *f*, Rektifizierstrecke *f*, Verstärkungsteil *m*, Verstärkersäule *f*
rectilinear geradlinig
rectilinear manipulator Koordinatenmanipulator *m*
rectilinear motion geradlinige Bewegung *f*, Translation *f*
rectilinear path geradlinige Bahn *f*
rectilinear scanning geradliniges Abtasten *n*
reculture/to abimpfen
recuperate/to wiederherstellen, rückgewinnen, wiedergewinnen *{Tech}*; erholen *{Tech}*; sich erholen, gesund werden; gesundmachen; wiedergutmachen
recuperation 1. Rückgewinnung *f*, Wieder-

gewinnung *f*, Wiederherstellung *f*; 2. Erholung *f* *{Tech}*; 3. Gesundung *f*, Genesung *f*
recuperative air heater Rekuperativluftheizelement *n*, Heizelement *n* mit regenerativ geheizter Luft
recuperative air preheater Rekuperativluftvorwärmer *m*, Rekuperator *m* *{Met}*
recuperative furnace Rekuperativofen *m*
recuperative preheater Rekuperativ[luft]vorwärmer *f*, rekuperativer Vorwärmer *m*, Rekuperator *m* *{Met}*
recuperator Rekuperator *m*, Rekuperativluftvorwärmer *m*, rekuperativer Vorwärmer *m* *{Met}*
recur/to wiederkehren; zurückkehren
recurrence Wiederkehr *f*, Wiederauftreten *n*, Rückkehr *f* *{Wiederholung}*
recurrent rekurrent, wiederholt auftretend, sich wiederholend, wiederkehrend; Wiederholungs-
recurrent decimal periodischer Bruch *m*, periodische Dezimalzahl *f*
recurrent filling wiederkehrendes Auffüllen *n*
recursion Rekursion *f* *{Math}*
recursion formula Rekursionsformel *f*
recyclable by-product wiedergewinnbares Nebenprodukt *n*, rückgewinnbares Nebenprodukt *n*
recycle/to 1. im Kreislauf *m* führen, im Kreislauf *m* fahren, rundführen, umpumpen; 2. dem Kreislauf *m* wieder zuführen, dem Kreislauf *m* wieder zusetzen, in den Kreislauf zurückführen, rezirkulieren; 3. wiederverwerten, wiederverwenden *{Abfallprodukte}*; wiederverarbeiten *{Kunst}*
recycle 1. Kreislauf *m*; Kreislaufführung *f*; 2. rückgeführtes Material *n*
recycle gas Umwälzgas *n*, Umlaufgas *n*, Kreislaufgas *n*, Zirkulationsgas *n*
recycle gas compressor Gasumwälzverdichter *m*
recycle mixing Rückflußmischen *n*
recycle oil Rücklauföl *n*, Rückkreisöl *n*, Rückführöl *n*
recycle pump Umlaufpumpe *f*, Umwälzpumpe *f*
recycle ratio Rückflußverhältnis *n*
recycle reactor Kreislaufreaktor *m*; Schlaufenreaktor *m*
recycle stock *s.* recycle oil
recycled material rückgeführtes Material *n*
recycling 1. Abproduktverwertung *f*, Abfallverwertung *f*, Altmaterialverwertung *f*, Wiederverwendung *f*, Zurückführung *f* *{z.B. von Produktionsabfällen}*, Recycling *n* *{Rückführung von Abprodukten in den Produktionsprozeß}*; 2. Kreislaufführung *f* *{Tech, Phys}*; 3. Gaskreislaufverfahren *n* *{Erdöl}*
recyclon process Recyclon-Verfahren *n* *{Altöl}*
red 1. rot; 2. Rot *n* *{Farbempfindung, 622-770 nm}*; 3. roter Farbstoff *m*, rotfärbender Farbstoff *m*, Rot *n*
red acid 1,5-Dihydroxynaphthol-3,7-disulfonsäure *f*
red alga Rotalge *f*, Purpuralge *f* *{Rhodophyta}*
red antimony <Sb_2S_2O> Antimonblende *f* *{obs}*, Antimon-Zinnober *m*, Rotspießglanz *m* *{obs}*, Kermesit *m* *{Min}*
red arsenic 1. Tetrarsentetrasulfid *n*; 2. Realgar *m* *{obs}*, Rote Arsenblende *f* *{Min}*; 3. Rotes Arsenik *n* *{Gemisch aus Arsensulfiden; Gerb}*
red arsenic sulfide <$(AsS)_4$> Tetrarsentetrasulfid *n*
red bark rote Chinarinde *f*, Fieberrinde *f*, Cortex Chinae succirubrae *{Pharm}*
red blood cell Erythrozyt *m*
red blood corpuscule rotes Blutkörperchen *n*
red bole Roter Bolus *m*, Rötel *m*, Rotocker *m*, Rotstein *m*, Eisenrot *n*, Eisenmennige *f* *{Min}*
red brass Rotguß *m*, Rotmetall *n*, Tombak *m*, Rotmessing *n* *{85 % Cu, 15 % Zn; 85 % Cu, 5 % Zn, 5 % Sn, 5 % Pb}*
red bronze Rotguß *m*
red chalk Rötel *m*, Blutstein *m*, Roteisenerz *n* *{Eisen(III)-oxid, Min}*
red charcoal Rotkohle *f* *{Holzkohle, 300°C}*
red clay roter Lehm *m*
red cobalt Kobaltblüte *f*, Erythrin *m* *{Min}*
red colo[u]r Rot *n* *{Farbempfindung, 622-770 nm}*
red colo[u]ration Rotfärbung *f*
red-colo[u]red rotfarbig
red copper ore *s.* cuprite
red copper oxide rotes Kupferoxid *n*, Kupfer(I)-oxid *n*
red dyestuffs Rotfarbstoffe *mpl*
red earth Roterde *f*, lateritischer Boden *m*, Lateritboden *m*, Latosol *m*, Oxisol *m*
red enamel Rotlack *m*
red ferric oxide <Fe_2O_3> Ferrioxyd *n* *{obs}*, Eisenoxyd *n* *{obs}*, Eisen(III)-oxid *n* *{IUPAC}*
red filter Rotfilter *n*
red-free light Rotfreilicht *n*
red fuming nitric acid rote rauchende Salpetersäure *f* *{$HNO_3 + N_2O_4$}*
red gilding Rotvergoldung *f*
red gold Rotgold *n*
red gum Eukalyptusgummi *m*
red hardness Rotglühhärte *f*, Rotgluthärte *f*, Rotwarmhärte *f* *{Met}*
red heat Rotglut *f*
red heat test Rotbruchprobe *f*
red-hot rotwarm, rotglühend
red-hot bed Glutbett *n* *{Müllverbrennungsanlage}*
red-hot iron Glüheisen *n*
red iron ochre Eisenmennige *f*
red iron ore *s.* hematite
red iron oxide Kolkothar *m*, Caput mortuum *m*, rotes Eisen(III)-oxid *n*, Eisenoxidrot *n*

red lead cement Mennigekitt *m*
red lead ore *s.* crocoite
red lead [oxide] <$Pb_2[PbO_4]$> Bleioxyduloxid *n {obs}*, rotes Bleioxid *n*, Bleioxidrot *n*, Blei(II,IV)-oxid *n*, Blei(II)-orthoplumbat *n*, Bleimennige *f {Lackgrundierung}*
red lead paint Mennigefarbe *f*
red lead putty Mennigekitt *m*
red light Rotlicht *n*, Rot *n*, rotes Licht *n {Photo}*
red liquor 1. Rotbeize *f*, Alaunbeize *f*, Tonerdebeize *f {Aluminiumacetat in Essigsäure; Text}*; 2. Sulfitablauge *f*, Urlauge *f {Pap}*
red litharge Goldglätte *f*
red lye Rotlauge *f*
red manganese *s.* rhodonite
red mercuric iodide <HgI_2> rotes Quecksilber(II)-iodid *n*
red mercuric oxide <HgO> rotes Quecksilber(II)-oxid *n*, rotes Präzipitat *n*
red mercuric sulfide <HgS> rotes Quecksilbersulfid *n*, rotes Quecksilber(II)-sulfid *n {IUPAC}*, Zinnober *m*
red metal 1. Kupferstein *m {45-48 % Cu}*; 2. *s.* red brass
red mine stone *s.* hematite
red mordant Rotbeize *f*, Alaunbeize *f*, Tonerdebeize *f {Aluminiumacetat in Essigsäure; Text}*
red mud Rotschlamm *m {Geol; Bauxitherstellung}*
red nitric acid *s.* red fuming nitric acid
red ocher Rotocker *m*, Roter Bolus *m*, Rötel *m*, Rotstein *m*, Eisenrot *n*, Eisenmennige *f {Min}*
red oil Red Oil *n {rötliches Schmieröldestillat}*; technische Ölsäure *f*
red orpiment <$(AsS)_4$> Realgar *m {obs}*, Rote Arsenblende *f {Min}*
red oxide *s.* iron(III) oxide
red pepper Schotenpfeffer *m {Capsicum}*
red phosphorus roter Phosphor *m*
red potassium chromate <$K_2Cr_2O_7$> Kaliumdichromat(VI) *n*
red potassium prussiate <$K_3Fe(CN)_6$> rotes Blutlaugensalz *n*, Kaliumhexacyanoferrat(III) *n*
red precipitate <HgO> rotes Quecksilber(II)-oxid *n*, rotes Präzipitat *n*
red print Rotpause *f*
red prussiate of soda <$Na_3Fe(CN)_6$> Natriumhexacyanoferrat(III) *n*
red purple Rotviolett *n*
red rot Rotfäule *f {Holz}*
red rust Rostfleckenbefall *m {Cephaleuros virescens}*
red shift Rotverschiebung *f {Spek}*; Verschiebung *f* nach Rot *{Doppler-Effekt}*; kosmologische Rotverschiebung *f*
red-short rotbrüchig, warmbrüchig *{Met}*
red shortness Rotbruch *m*, Rotbrüchigkeit *f*
red silver ore <Ag_3SbS_3> Rotsilbererz *n {Triv}*, dunkles Rotgültigerz *n {obs}*, Pyrargyrit *m {Min}*
red sludge Rotschlamm *m*
red-spotted rotfleckig
red stain Rotbeize *f*, Rotätze *f {Glas}*
red-stained rotfleckig
red toner Rottoner *m*
red violet Kardinalrot *n*
bright red hellrot
coat of red lead Mennigeanstrich *m {Korr}*
colo[u]r made of red chalk Rötelfarbe *f*
deep red hochrot
fiery red feuerrot
glowing red glutrot
heat to red heat/to rotglühen, auf Rotglut *f* erhitzen
loss at red heat Glühverlust *m*
pale red fahlrot
stable at red heat glühbeständig

redden/to röten, rot machen; erröten, rot werden
reddingite Reddingit *m {Min}*
reddish rötlich
reddish brown rötlich braun, rotbraun
reddish yellow orangerot
redefinition Neudefinition *f*
redeposit/to sich wieder absetzen, sich wieder ablagern, sich wieder niederschlagen
redeposition Wiederablagerung *f*; Rückverschmutzung *f*, Rückanschmutzen *n*, Schmutzredeposition *f {Text}*
redetermination Nachbestimmung *f*, nochmalige Bestimmung *f*; Neubestimmung *f*
redevelopment Nachentwicklung *f {Photo}*
rediazotize/to nachdiazotieren, weiter diazotieren, erneut diazotieren
redisperse/to wiederdispergieren
redispersible powder Dispersionspulver *n*
redispersion Wiederdispergierung *f*
redissolve/to wiederauflösen, wiederlösen, rücklösen
redistil/to wiederholt destillieren, nochmals destillieren, erneut destillieren, umdestillieren, redestillieren
redistillation Redestillation *f*, wiederholte Destillation *f*, nochmalige Destillation *f*, Zweitdestillation *f*, Redestillation *f*
redistilled zinc Feinzink *n {>99,9 %}*
redistribute/to wiederverteilen, neuverteilen
redistribution Wiederverteilung *f*, Neuverteilung *f*, Redistribution *f*
redistribution experiments Kommutierungsversuche *mpl*
redistribution reaction Neuverteilungsreaktion *f*; Doppelzersetzungsreaktion *f*
redistributor Neuverteiler *m*, Wiedervertei-

ler *m*, Boden *m* zur Neuverteilung *{Füllkörperkolonne}*
Redler [conveyor] Redler *m*, Redler-Band *n*, Redler[-Ketten]förderer *m*, Trogkettenförderer *m*
redness Rothitze *f*, Rotglut *f {530-980°C}*; Röte *f*
Redonda phosphate Aluminiumphosphat *n*
redox Reduktions-Oxidations-, Redox-
redox cell Redoxelement *n {Elek}*
redox electrode Redoxelektrode *f*, Reduktions-Oxidations-Elektrode *f*
redox equilibrium Redoxgleichgewicht *n*
redox indicator Redoxindikator *m*
redox ion exchanger [resin] Redoxionenaustauscher *m*
redox luminescence Reduktions-Oxidations-Lumineszenz *f*, Redoxleuchten *n*
redox measurement Redoxmessung *f*
redox meter Redoxmeßgerät *n*
redox polymerization Redoxpolymerisation *f*
redox potential Oxidations-Reduktions-Potential *n*, Redoxpotential *n*
redox potentiometry Redoxpotentiometrie *f*
redox process Redoxverfahren *n*
redox reaction Oxidations-Reduktions-Reaktion *f*, Redoxreaktion *f*, Reduktions-Oxidations-Reaktion *f*, Redoxvorgang *m*
redox system Redoxsystem *n*, Reduktions-Oxidations-System *n*, Oxidations-Reduktions-System *n*
redox titration Redoxtitration *f*, Reduktions-Oxidations-Titration *f*, Oxidations-Reduktions-Titration *f*
redoxokinetic effect redoxokinetischer Elektrodeneffekt *m*
redoxomorphic stage redoxomorphes Stadium *n {Geol}*
redruthite Chalkosin *m {Min}*
redry/to wieder trocknen, nachtrocknen, nochmals trocknen
redrying machine Fermentationsmaschine *f {Tabak}*
reduce/to 1. reduzieren, vermindern, verringern, herabsetzen, senken, schwächen; 2. zerkleinern; 3. sich vermindern, sich verringern, sich verkleinern, [ab]sinken, abnehmen, zurückgehen, nachlassen, [ab]fallen; 4. reduzieren *{Chem}*; reduziert werden, sich reduzieren lassen *{Chem}*; 5. abschwächen *{Photo}*; verkleinern *{Photo}*; 6. [an]frischen *{Met}*; 7. ermäßigen, erniedrigen, nachlassen *{Preis}*; 8. kürzen *{Math}*; 9. einengen; 10. einziehen *{Rohr}*; 11. verschneiden *{z.B. Harz, Farbe}*
reduce in value/to entwerten
reduce optical aperture/to abblenden *{Opt}*
reduce to ash/to verarschen *{Lab}*
reduce to fibers/to zerfasern, defibrieren, in Einzelfasern zerlegen
reduce to small pieces/to zerkleinern, zerstükkeln
reduced Compton wavelength reduzierte Compton-Wellenlänge *f {1/2π}*
reduced crude Toprückstand *m*, getopptes Rohöl *n {Erdöl}*
reduced equation of state reduzierte Zustandsgleichung *f {Thermo}*
reduced factor of stress concentration Kerbwirk[ungs]zahl *f*, Kerbeinflußzahl *f*, Kerbziffer *f*, Kerbfaktor *m*
reduced iron reduziertes feinverteiltes Eisen *n*
reduced mass reduzierte Masse *f*, effektive Masse *f {Phys}*
reduced mixing time verringerte Mischdauer *f*
reduced output Minderleistung *f*
reduced pigment Verschnittfarbe *f*
reduced pressure verminderter Druck *m*; reduzierter Druck *m {Thermo}*
reduced pressure distillation Vakuumdestillation *f*
reduced resin verschnittenes Harz *n*
reduced scale verkleinerter Maßstab *m*
reduced size reduzierte Größe *f {Polymer}*
reduced stress Vergleichsspannung *f*, reduzierte Spannung *f*
reduced temperature reduzierte Temperatur *f {Thermo}*
reduced viscosity reduzierte Viskosität *f*
reduced viscosity number Viskositätszahl *f {= Viskositätsänderung/Konzentration der Lösung in g/mL}*, Staudingerfunktion *f {DIN 1342}*
reduced volume reduziertes Volumen *n {Thermo}*
reducer 1. Abschwächer *m {Photo}*; 2. Verkleinerungseinrichtung *f {Photo}*; 3. Reduktionsmittel *n*, reduzierendes Mittel *n*, Reduktor *m*, Desoxidationsmittel *n {Chem}*; 4. Reduzierstück *n*, Verjüngungsrohrstutzen *m*, Übergangs[form]stück *n {Tech}*; 5. abbauender Mikroorganismus *m*, zersetzender Mikroorganismus *m*, zerstörender Mikroorganismus *m*; 6. Untersetzungsgetriebe *n*
reducer bath Abschwächbad *n {Photo}*
reducibility Reduzierbarkeit *f*
reducible reduzierbar; zerlegbar, reduzibel *{Math}*
easily reducible leicht reduzierbar
reducing adapter *s.* reducing fitting
reducing agent Reduktionsmittel *n*, reduzierendes Agens *n*, Reduktor *m*, Desoxidationsmittel *n*
reducing atmosphere reduzierende Atmosphäre *f*
reducing bush Reduktionsmuffe *f*, Reduzierhülse *f*
reducing carbon Reduktionskohle *f*
reducing cone Reduktionskegel *m {Flamme}*

reducing coupling Reduzierstück *n*, Übergangs[form]stück *n*, Reduzierhülse *f*, Übergangsrohr *n*; Reduzierkupplung *f {Rohrleitungen}*
reducing cross Reduzier-Kreuzstück *n*, R-Kreuzstück *n*, Kreuzstück *n* mit Reduzierflanschen
reducing fitting Reduzierstück *n*, Übergangsstück *n*
reducing flame Reduktionsflamme *f*, reduzierende Flamme *f*
reducing flange Reduzierflansch *m*, Stauflansch *m*
reducing furnace Reduktionsofen *m*
reducing gas Reduktionsgas *n*
reducing gear Untersetzungsgetriebe *n*
reducing medium Abschwächer *m {Photo}*
reducing piece Reduzierstück *n*, Reduzierhülse *f*, Übergangs[form]stück *n*, Überstück *n {Formstück}*
reducing pipe Reduzierstück *n*, Übergangsrohr *n*
reducing power Reduktionsvermögen *n*, Reduzierfähigkeit *f*
reducing pressure valve Druckreduzierventil *n*, Druckregelventil *n*, Druckminderer *m*, Reduzierventil *n*
reducing process Frischarbeit *f {Met}*; Reduktionsvorgang *m*, Reduktionsarbeit *f*
reducing slag Reduktionsschlacke *f*
reducing sugar reduzierender Zucker *m*
reducing tee[-piece] Reduzier-T-Stück *n*
reducing valve *s.* reducing pressure valve
reducing zone Reduktionszone *f*
reductant Reduktionsmittel *n*, reduzierende Substanz *f*, Reduktor *m*, Desoxidationsmittel *n*, reduzierendes Agens *n {Met}*
reductase Reduktase *f {Biochem}*
reductible reduzierbar
reductic acid Reduktinsäure *f*
reduction 1. Reduktion *f {Teilprozeß der Redoxreaktion}*; 2. Reduktion *f*, Verringerung *f*, Verminderung *f*, Herabsetzung *f*, Senkung *f*; 3. Zerkleinerung *f*; 4. [Ab-]Sinken *n*, Abnahme *f*, Nachlaß *m*, Rückgang *m*, Abfall *m*, Fallen *n*; Dämpfung *f*; 5. Abschwächung *f {Photo}*; 6. Verkleinerung *f {Photo}*; 7. Einschnürung *f*, Einziehung *f {Rohre}*; 8. Abbau *m {Personalbestände usw.}*; 9. Anfrischung *f {Met}*; 10. Aufhellung *{Lack}*; 11. Untersetzung *f {Getriebe}*; 12. Auswertung *f*, Analyse *f*, Verarbeitung *f {Daten}*
reduction bath Reduktionsbad *n*
reduction by liquation Seigerung *f*, Seigervorgang *m*, Seigerprozeß *m*
reduction cell Reduktionszelle *f {Elektrolyse}*
reduction clearing reduktive Nachbehandlung *f {Text}*
reduction clearing bath Farbstoffbeseitigungsbad *n {Text}*
reduction equivalent Reduktionsäquivalent *n*
reduction flame Reduktionsflamme *f {Feuer}*
reduction furnace Reduktionsofen *m*, Reduzierofen *m {Met}*
reduction gas Reduktionsgas *n*
reduction gear[ing] Reduktionsgetriebe *n*, Untersetzungsgetriebe *n*
reduction graduation Reduktionsteilung *f {Phys}*
reduction in area Einschnürung *f*, Querschnittabnahme *f*, Querschnittsverringerung *f*
reduction in power Leistungsverringerung *f*
reduction in pressure Druckminderung *f*
reduction into ashes Veraschung *f*
reduction into gas Vergasung *f*
reduction of area *s.* reduction in area
reduction of cross-section Querschnittsverengung *f*, Querschnittsschwächung *f*
reduction-oxidation cell Reduktions-Oxidations-Kette *f*, Redoxkette *f*
reduction potential Reduktionspotential *n*
reduction process Reduktionsvorgang *m*; Reduktionsverfahren *n*
reduction ratio Abbaugrad *m {Zerkleinerung}*, Zerkleinerungsgrad *m*, Verkleinerungsverhältnis *n*; Verkleinerungsfaktor *m {Photo}*
reduction roasting furnace Reduktionsröstofen *m*, reduzierender Röstofen *m*
reduction scale Verkleinerungsmaßstab *m*
reduction scheme Reduktionsschema *n*
reduction slag Reduktionsschlacke *f*
reduction smelting Reduktionsschmelzen *n*
reduction stage Reduktionsstufe *f*
reduction temperature Reduktionstemperatur *f*
reduction tube Reduzierstück *n*, Übergangs[form]stück *n*, Übergangsrohr *n*, Überstück *n {Formstück}*
reduction valve Reduzierventil *n* Druckminderer *m*, Druckregelventil *n*
reduction zone Reduktionsgebiet *n*, Reduktionszone *f*
reductive 1. reduzierend, reduktiv *{Chem}*; 2. *s.* reductive agent
reductive agent Reduktionsmittel *n*, reduzierendes Agens *n*, reduzierende Substanz *f*, Desoxidationsmittel *n*, Reduktor *m {Chem}*
reductive alkylation reduktive Alkylierung *f*
reductive amination reduktive Aminierung *f*
reductive elimination reduktive Eliminierung *f*
reductive infection Reduktiv-Infektion *f*
reductodehydrocholic acid Reduktodehydrocholsäure *f*
reductone <RC(OH)=C(OH)COR> Redukton *n*, Endiol *n*
reductor 1. Reduktor *m*, Reduktionsapparat *m {Lab}*; 2. reduzierendes Metall *n {z.B. Amalgame}*

redundant statisch unbestimmt *{Mech}*; mehrfach ausgeführt, mehrfach vorhanden, redundant; überreichlich, übervoll; überflüssig
redundant design Mehrfachauslegung *f*, redundante Auslegung *f* *{Tech}*
redwood Rotholz *n* *{Färberholz}*; rotes Holz *n* *{mahagoniartiges tropisches Holz von Zedrachgewächsen}*; Kiefernschnittholz *n*, Föhrenschnittholz *n* *{aus Pinus sylvestris L.}*; Küstensequoie *f*, Eibennadliger Mammutbaum *m* *{Sequoia sempervirens (D. Don) Endl.}*
Redwood number Redwood-Viskosität *f*
Redwood viscometer Redwood-Viscosimeter *n*
redye/to auffärben, nachfärben, umfärben
reed 1. Schilf *n*, Schilfrohr *n* *{Bot}*; 2. Riffel *m*, Kannelierung *f* *{Glas}*; 3. Blatt *n*, Riet *n*, Webekamm *m*; 4. Federzunge *f* *{Reed-Relais}*
reed green schilfgrün
reed valve Zungenventil *n*
reel/to [auf]spulen, aufrollen, [auf]wickeln; haspeln, winden *{Text}*; schlingen
reel off/to abhaspeln, abspulen, abwickeln, abwinden, abrollen
reel up/to aufwickeln
reel 1. Haspel *f*, Weife *f*, Haspeltrommel *f* *{Weben}*; 2. Rolle *f* *{z.B. Papierrolle}*; Spule *f* *{z.B. Film, Tonband}*; 3. Winde *f*; 4. [Auf-]Rollapparat *m*, Rollmaschine *f*, Roller *m* *{Pap}*; Haspelmaschine *f* *{Text}*
reel dyeing beck Haspelkufe *f* *{Text}*
reeled film Folienwickel *m*
reeling machine Haspelmaschine *f* *{Text}*; Rollapparat *m*, Roller *m*, Aufrollmaschine *f* *{Pap}*
reemission Sekundäremission *f*, Reemission *f*, Wiederausstrahlung *f*
reesterification Umestern *n*, Umesterung *f*
reevaporate/to wiederverdampfen, rückverdampfen, erneut verdampfen
reevaporator 1. Nachverdampfer *m*, Rückverdampfer *m*, Reboiler *m* *{Erdöl}*; 2. Destillierblase *f*, Verdampfungsofen *m*
reexamination Nachprüfung *f*, nochmalige Überprüfung *f*, erneute Untersuchung *f*
reexamine/to nachprüfen, nochmals überprüfen, erneut untersuchen, erneut prüfen
refer/to zurückführen [auf]; zuschreiben; hinweisen, verweisen; sich beziehen [auf]; erwähnen, anspielen [auf]
reference 1. Vergleichsprobe *f* *{Tech}*; 2. Bezug *m*, Beziehung *f*; 3. Bezugnahme *f*, Referenz *f*; 4. Hinweis *m*; Hinweiszeichen *n*; 5. Literaturangabe *f*, Quellenangabe *f*; 6. Verweis *m*, Verweisung *f*; 7. Nachschlagen *n*
reference axis Bezugsachse *f*; Bezugslinie *f*
reference basis Bezugshöhe *f*
reference body Vergleichskörper *m*
reference cell 1. Vergleichsküvette *f* *{Spek}*; 2. Kontrollsammler *m*, Prüfakkumulator *m* *{Elek}*
reference circuit Bezugsstromkreis *m*
reference current Bezugsstrom *m*, Referenzstrom *m*
reference curve Bezugskurve *f*, Sollkurve *f*
reference electrode Bezugselektrode *f*, Vergleichselektrode *f*, Referenzelektrode *f*, Normalelektrode *f*
reference element 1. Bezugselement *n*; 2. Bezugselektrode *f*, Vergleichselektrode *f*, Referenzelektrode *f*, Normalelektrode *f* *{Elek}*
reference fluid Vergleichsflüssigkeit *f*
reference frequency Bezugsfrequenz *f*, Vergleichsfrequenz *f*
reference fuel Bezugskraftstoff *m*, Substandard-Kraftstoff *m*, Eichkraftstoff *m*; Bezugstreibstoff *m*, Eichtreibstoff *m*
reference gas Vergleichsgas *n*
reference-gas mixture Vergleichsgasgemisch *n*, Standard-Gasgemisch *n*
reference ga[u]ge Prüflehre *f*, Vergleichslehre *f*, Kontrollehre *f* *{Instr}*
reference input 1. Einstellwert *m*, Sollwert *m*; Führungsgröße *f* *{Automation}*; 2. Führungsgrößeneingang *m*, Sollwerteingang *m*
reference instrument Eichinstrument *n*
reference leak Eichleck *n*, Testleck *n*, Vergleichsleck *n*, Leck *n* bekannter Größe *f*, Bezugsleck *n*
reference level 1. Vergleichspegel *m*, Bezugspegel *m*; 2. Bezugshöhe *f*, Vergleichshöhe *f* *{Füllstand}*
reference library Handbücherei *f*
reference line Nullinie *f* *{eine gedachte Bezugslinie}*, Referenzlinie *f*; Vergleichslinie *f*; Ausgangslinie *f* *{Spek}*
reference-line method Bezugslinienverfahren *n*, Bezugslinienmethode *f*
reference magnitude Bezugsgröße *f*
reference mark Bezugsmarke *f*, Bezugspunkt *m*; Einstellmarke *f*; Hinweiszeichen *n*, Fußnotenzeichen *n* *{Drucken}*
reference material Referenzmaterial *n*, Bezugsmaterial *n*
reference operator Sollwertgeber *m*, Sollwertsteller *m*
reference period Bezugszeitraum *m*, Vergleichsperiode *f*, Basisperiode *f*
reference plane Bezugsebene *f*, Bezugsfläche *f*
reference point Eichmarke *f*, Bezugspunkt *m*, Vergleichspunkt *m*
reference pressure Bezugsdruck *m*, Vergleichsdruck *m*
reference-pressure curve Solldruckkurve *f*
reference-pressure range Referenzdruckbereich *m*

reference quantity Bezugsgröße *f*, Referenzgröße *f*
reference sample Vergleichsprobe *f*, Kontrollprobe *f*; Vergleichsmuster *n*
reference solution Vergleichslösung *f {Chem}*
reference standard Bezugsnormal *n*, Vergleichsnormal *n*
reference stimulus Eichreiz *m*
reference system Bezugssystem *n*, Koordinatensystem *n {Math}*
reference table Nachschlagetabelle *f*
reference temperature Bezugstemperatur *f*
reference-temperature transmitter Referenztemperaturgeber *m*
reference vacuum Vergleichsvakuum *n*
reference value 1. Bezugswert *m*, Vergleichswert *m*, Referenzwert *m*; 2. Sollwert *m*, Führungsgröße *f {Automation}*
reference voltage Referenzspannung *f*, Vergleichsspannung *f*, Eichspannung *f*, Bezugsspannung *f*
reference-voltage transmitter Referenzspannungsgeber *m*
reference-voltage level Bezugsspannung *f*, Bezugspotential *n {Elek}*
reference work Nachschlagewerk *n*
standard of reference Vergleichsmaßstab *m*
with reference to bezüglich, mit Bezug *m* auf
refill/to wieder füllen, neu füllen, auffüllen, nachfüllen; nachgießen
refill Nachfüllpackung *f*, Nachfüllung *f*, Ersatzfüllung *f*; Ersatzmine *f*; Ersatzbatterie *f*
refillable wiederfüllbar; Nachfüll-, Ersatz-
refillable valve Nachfüllventil *n*
refilling Nachfüllung *f*, Nachfüllen *n*, Auffüllen *n*
refilling device Nachfüllvorrichtung *f*, Nachfüllgerät *n*
refine/to 1. reinigen, scheiden, seigern *{Met}*; verfeinern, veredeln *{z.B. Metall, Papier}*; raffinieren *{z.B. Erdöl, Zucker}*; läutern; frischen *{Met}*; 2. verarbeiten, raffinieren *{Erdöl}*; 3. verfeinern; 4. aufschlagen; mahlen; feinmahlen, fertigmahlen
refine again/to nachseigern *{Met}*
refine thoroughly/to garfrischen *{Met}*
refined blank, geläutert
refined copper Feinkupfer *n*, Garkupfer *n*, Raffinatkupfer *n*, gargepoltes Kupfer *n*, hammergares Kupfer *n {99,4 % Cu}*
refined gold Brandgold *n*, Feingold *n*, Zementgold *n*
refined gold cathode Feingoldkathode *f*
refined iron Qualitätseisen *n*, Feineisen *n*, Frischeisen *n*, Holzkohleneisen *n*
refined kerosine geruchsverfeinertes Kerosin *n*
refined lard gereinigtes Tierfett *n*, gebleichtes Tierfett *n*
refined lead Feinblei *n {DIN 1719}*, Armblei *n*, Raffinatblei *n*, Weichblei *n*
refined linseed oil Lackleinöl *n {Farb}*
refined liquor Raffinadekläre *f {Zucker}*
refined nickel Reinnickel *n*, Feinnickel *n*, Hüttennickel *n*
refined pig Weißeisen *n*
refined platinum Feinplatin *n*
refined product Raffinat *n*
refined residual fraction Brightstock *m*, Brightstock-Öl *n {Rückstandszylinderöl}*
refined salt Edelsalz *n*
refined silver Brandsilber *n*, Feinsilber *n*
refined steel Edelstahl *m*, Herdfrischstahl *m*, Gärbstahl *m*
refined sugar Feinzucker *m*, Zuckerraffinade *f*, Raffinade *f*, Raffinadezucker *m*
refined zinc Feinzink *n*
refinement 1. Verfeinerung *f {Tech}*; 2. Raffinieren *n*, Vered[e]lung *f {im allgemeinen}*; Reinigung *f*, Scheiden *n*, Sintern *n {Met}*; Läuterung *f*; Raffination *f*, Raffinationsbehandlung *f {z.B. Zucker, Erdöl}*; 3. Raffinierung *f*, Verarbeitung *f {Erdöl}*; 4. Aufschlagen *n*; Mahlen *n*; Feinmahlen *n {Pap}*
refiner 1. Refiner *m {Feinstpartikel-Herstellung}*; 2. Frischer *m {Met}*; 3. Refiner *m*, Refiner-Walzwerk *n {Gummi}*; 4. Kegel[stoff]mühle *f*, Jordan-Mühle *f {Pap}*; Refiner *m*, Stoffaufschläger *m*, Ganzstoffmahlmaschine *f {Pap}*; 5. Läuterteil *n*, Läuterwanne *f {Glas}*
refiner mill Homogenisierwalze *f*, Refiner-Walzwerk *n*, Refiner *m {Gummi}*
refinery Raffinerie *f*, Veredelungswerk *n {im allgemeinen}*; Metallschmelzwerkstatt *f*, Hütte *f*, Umschmelzwerkstatt *f {Met}*; Raffinerie *f*, Mineralölraffinerie *f {Erdöl}*; Raffinationsanlage *f {Zucker}*
refinery distillation Raffination *f*
refinery furnace Raffinationsofen *m*
refinery gas Raffineriegas *n*, Raffiniergas *n {Destillier-, Crack- und Reformierungsnebenprodukte}*
refinery losses Verarbeitungsverluste *mpl {Erdöl}*
refinery molasses Raffineriemelasse *f*
refinery pig iron Herdfrischroheisen *n*
refinery process Herdfrischarbeit *f*, Herdfrischprozeß *m*, Herdfrischen *n {Met}*
refinery residue Raffinationsrückstand *m*
refinery slag Feinschlacke *f*, Gargekrätz *n*, Garkrätze *f*
refinery waste Raffinationsabfall *m*
refining 1. Raffination *f*, Vered[e]lung *f*, Verfeinerung *f {im allgemeinen}*; Reinigung *f*, Scheiden *n*, Sintern *n {Met}*; Läutern *n {Glas, Met}*; Frischen *n {Met}*; Raffinieren *n {Erdöl, Zukker}*; 2. Aufschlagen *n*, Mahlen *n*; Feinmah-

len *n*, Fertigmahlen *n {Pap}*; 3. Wiederaufarbeiten *n {Altöl}*
refining agent Läuterungsmittel *n*
refining and drying cylinder Homogenisier- und Trockenwalze *f*
refining assay Garprobe *f*
refining bath Fällbad *n*
refining boiler Läuterungsgefäß *n*, Läuterungskessel *m*
refining cinders Eisenfeinschlacke *f*
refining copper Klärkessel *m*, Läuterkessel *m {Zucker}*
refining cupel Abtreibkapelle *f {Met}*
refining fire Läuterfeuer *n*, Reinigungsfeuer *n*
refining foam Garschaum *m*
refining forge slag Frischfeuerschlacke *f*
refining furnace Anfrischofen *m*, Feinofen *m*, Frischofen *m*, Garofen *m*, Raffinierofen *m*, Treibofen *m*
refining glass Scheideglas *n*
refining hearth Feinherd *m*, Garherd *m*, Kapelle *f*
refining heat Feinerungstemperatur *f {Stahl, 655 °C}*
refining kettle Entsäuerungskessel *m {Fett}*
refining kiln Läuterofen *m*
refining losses Raffinationsverluste *fpl*
refining lye Garlauge *f {Düngemittel}*
refining melt Abtreibschmelze *f {Met}*
refining method Läutermethode *f*
refining of copper Kupferraffination *f*, Kupferraffinieren *n*
refining of silver Silberraffination *f*, Feinbrennen *n {Met}*
refining plant Raffinationsanlage *f*, Raffinieranlage *f*, Veredelungsanlage *f*
refining process Veredelungsverfahren *n*, Vered[e]lungsvorgang *m*, Raffinationsverfahren *n*; Feinprozeß *m*, Läuterungsprozeß *m*, Scheideverfahren *n {Met}*
refining puddling Feinpuddeln *n {Met}*
refining slag Garschlacke *f*
refining smelting Raffinationsschmelzen *n*
refining test Garprobe *f*
refining treatment 1. Raffinationsbehandlung *f*, Vered[e]lung *f*, Verfeinerung *f {im allgemeinen}*; Scheiden *n*, Sintern *n*, Reinigung *f {Met}*; Läutern *n {Glas, Met}*; Raffinieren *n {Zucker, Erdöl}*; 2. Verarbeitung *f*, Raffination *f {Erdöl}*; 3. Aufschlagen *n*; Mahlen *n*; Feinmahlen *n*, Fertigmahlen *n {Pap}*
electrolytical refining elektrolytische Reinigung *f*
first refining Rohfrischen *n {Met}*
refit/to wiederherstellen, wiederherrichten, neu ausstatten
reflect/to reflektieren, widerspiegeln, zurückstrahlen, zurückwerfen, spiegeln
reflectance 1. Remission *f {Lichttechnik, Farbmetrik}*; 2. Reflexionsvermögen *n*, Rückstrahlvermögen *n*, Reflexionsgrad *m*, Reflexionsfaktor *m {in %, DIN 5496}*
reflectance factor Reflexionsfaktor *m {= reflektierter Strahlungsfluß/einfallender Strahlungsfluß}*, Reflexionsgrad *m*, Reflexionsvermögen *n*
reflectance goniometer *{US}* Reflexionsgoniometer *n {Krist}*
reflectant power Reflexionskraft *f*, Rückstrahlungsvermögen *n*, Reflexionsvermögen *n*, Reflexionsfähigkeit *f*
reflectant property *s.* reflectant power
reflectance spectroscopy Reflexions-Spektroskopie *f*, Rückstrahl-Spektroskopie *f*
reflected reflektiert, zurückgestrahlt, gespiegelt *{Phys}*; in sich zurückgeworfen *{Licht}*; zyklisch vertauscht *{EDV}*
reflected-light microscope Auflichtmikroskop *n*
reflecting field Bremsfeld *n {Vak}*
reflecting film Reflexfolie *f*
reflecting galvanometer Spiegelgalvanometer *n*
reflecting goniometer Reflexionsgoniometer *n {Krist}*
reflecting layer Reflexionsschicht *f*, reflektierende Schicht *f*; Spiegelbelag *m*, Reflexbelag *m*
reflecting luster Spiegelglanz *m*
reflecting medium reflektierendes Medium *n*
reflecting microscope Reflexionsmikroskop *n*
reflecting monochromator Spiegelmonochromator *m*
reflecting objective Spiegelobjektiv *n*
reflecting power Reflexionsvermögen *n*, Reflexionskraft *f*, Rückstrahlvermögen *n*, R-Wert *m*
reflecting prism Reflexionsprisma *n {Opt}*; Spiegelprisma *n {Opt}*
reflecting projector Episkop *n*
reflecting sector Sektorspiegel *m*, Spiegelsektor *m*
reflecting surface Reflexionsebene *f*
reflecting surface of a prism reflektierende Prismenfläche *f {Spek}*
reflection 1. Reflexion *f*, Reflektion *f {Opt, Nukl}*; 2. Reflektierung *f*, Rückstrahlung *f {Phys}*; 3. Widerschein *m*, Rückspiegelung *f*, Spiegelung *f {Opt}*; Spiegelbild *n*; 4. Reflex *m {Physiol}*
reflection angle Reflexionswinkel *m*
reflection coefficient 1. Reflexionskoeffizient *m {Licht}*; Reflexionsgrad *m {= reflektierter Lichtstrom/auffallender Lichtstrom}*; 2. Reflexionsfaktor *m*, Reflexionsgrad *m {= reflektierter Strahlungsfluß/einfallender Strahlungsfluß}*
reflection densitometer Aufsichtsschwärzungsmesser *m {Photo}*

reflection diffraction Reflexionsbeugung *f*
reflection electron diffraction Elektronenbeugung *f* in Reflexion
reflection factor *s.* reflection coefficient
reflection goniometer Reflexionsgoniometer *n*
reflection grating Reflexionsgitter *n {Spek}*
reflection high energy electron diffraction Reflexionsbeugung *f* schneller Elektronen, Beugung *f* schneller Elektronen in Reflexion, RHEED
reflection loss Reflexionsverlust *m {Opt}*; Rückflußdämpfung *f*
reflection mill Prallmühle *f*
reflection of light Reflexion *f* des Lichtes *n*
reflection plane Spiegelebene *f*
reflection polarizer Reflexionspolarisator *m*
reflection reduction Reflexionsverminderung *f*
reflection spectroscopy Reflexionsspektroskopie *f*, Remissionsspektroskopie *f*
reflection spectrum Reflexionsspektrum *n*
reflection X-ray microscopy Röntgenreflektions-Mikroskopie *f*
angle of reflection Reflexionswinkel *m*
reflectivity Rückstrahlvermögen *n*, Reflexionsvermögen *n*, R-Wert *m*; Reflexionsfähigkeit *f*, Reflexionsfaktor *m*, Reflexionsgrad *m {= reflektierter Strahlungsfluß/einfallender Strahlungsfluß}*
reflectometer Reflexionsmesser *m*, Reflektometer *n*, Reflexionsmeßgerät *n*, Glanz-Meßgerät *n*
reflector 1. Reflektor *m*; 2. Rückstrahler *m*; 3. Sammelspiegel *m {Opt}*; 4. Spiegelfernrohr *n*, Spiegelteleskop *n*
reflector aperture Spiegelöffnung *f*
reflex 1. Reflex *m {Physiol}*; 2. Spiegelbild *n*; Spiegelung *f {Licht}*
reflex angle überstumpfter Winkel *m {180°-360°}*
reflex galvanometer Reflexionsgalvanometer *n*, Spiegelgalvanometer *n*
reflexion *s.* reflection
reflux/to 1. zurückfließen, zurückströmen; 2. refluxen, refluxieren, unter Rückfluß[kühlung] *f* erhitzen, am Rückflußkühler *m* kochen *{Chem}*
reflux 1. Zurückfließen *n*, Zurückströmen *n*; 2. Rückfluß *m*, Rückstrom *m*, Rücklauf *m*, Reflux *m {Dest}*; 3. Rückflußkühler *m {Lab}*; Rücklaufkondensator *m {Tech}*
reflux boiling Rückflußkochen *n*
reflux boiling vessel Rückflußkochkessel *m*
reflux condenser Rücklaufkondensator *m {Rektifikationsapparatur}*; Rückflußkühler *m*, Rücklaufkühler *m {Lab}*
reflux cooler Rückflußkühler *m*, Rücklaufkühler *m {Lab}*
reflux divider Rücklaufverteiler *m*, Rückflußverteiler *m {Dest}*
reflux locking mechanism Rücklaufsperre *f*
reflux pump Rücklaufpumpe *f*
reflux ratio Rücklaufverhältnis *n {z.B. in einer Rektifikationskolonne}*
reflux valve Absperrventil *n*, Rückschlagventil *n {DIN 24271}*, Kontrollventil *n*
reform/to wiederbilden; umformen, umbilden; neu ordnen; reformieren *{Chem}*
reformate Reformat *n*, reformiertes Produkt *n {Chem}*
reformation erneute Bildung *f*; Umgestaltung *f*, Reformation *f*
Reformatsky reaction Reformatsky-Reaktion *f*, Reformatsky-Synthese *f {ß-Hydroxoester}*
reformed reformiert *{Chem}*
reformed gas Spaltgas *n*
reformed gasoline Reform[ier]benzin *n*, reformiertes Benzin *n*
reformer Reformer *m*, Reform[ier]anlage *f*,- Reformierungsanlage *f*
reformer tube Spaltrohr *n {Erdöl}*
reforming Reform[ier]en *n*, Reformierung *f*, Reforming *n {Änderung der Molekülstruktur und -größe von Benzinkohlenwasserstoffen}*
reforming of methane with steam Methanspaltung *f* mit Wasserdampf
reforming plant Reformierungsanlage *f*, Reform[ier]anlage *f*, Reformer *m*
reforming tube Spaltrohr *n {Erdöl}*
refract/to brechen *{Strahlen}*; sich brechen *{Opt}*
refractability Feuerfestigkeit *f*, Feuerbeständigkeit *f*
refracted ray Brechungsstrahl *m*
refracting brechend, strahlenbrechend *{Phys}*; lichtbrechend
refracting angle *s.* refraction angle
refraction Brechung *f*, Refraktion *f {Phys}*
refraction angle Brechungswinkel *m*, Refraktionswinkel *m {Phys}*
refraction index Brech[ungs]zahl *f*, Brechungsexponent *m*, Brechungsindex *m*
refraction power Brechungsvermögen *n*, Refraktionsvermögen *n*
angle of refraction Brechungswinkel *m*, Refraktionswinkel *m {Phys}*
atomic refraction atomare Refraktion *f*
axis of refraction Brechungsachse *f*
bonding refraction Bindungsrefraktion *f*
coefficient of refraction Refraktionskoeffizient *m*
diffuse refraktion diffuse Brechung *f*
ionic refraction Ionenrefraktion *f*
molar refraction molare Refraktion *f*, molares Brechungsvermögen *n {in m^3/mol}*
specific refraction spezifische Refraktion *f {$(n-1)/d$ in m^3/kg}*

refractive brechend, strahlenbrechend *{Phys}*; lichtbrechend; Brechungs-
refractive aberration Brechungsabweichung *f*
refractive constant 1. Refraktionskonstante *f* *{Summe der einzelnen spezifischen Refraktionen}*; 2. Brechungszahl *f*, Brechungsindex *m*, Brechzahl *f*
refractive index Brech[ungs]zahl *f*, Brechungsexponent *m*, Brechungsindex *m*, Refraktionsindex *m*
refractive index increment Zunahme *f* des Brechungsindex, Brechungsindex-Erhöhung *f*
refractive medium brechendes Medium *n*
refractive modulus *{IEC 42}* Refraktionsmodul *m* *{modifizierter Brechungsindex - 1}*
refractive power Brechungsvermögen *n*, Refraktionsvermögen *n*, Brechkraft *f*
complex refractive index komplexer Brechungsindex *m* *{reeller Brechungsindex und Absorptionskoeffizient}*
leap of refractive index Brechungsindexsprung *m*
modified refractive index modifizierter Brechungsindex *m*
principal refractive index Hauptbrechungszahl *f*
real part of the refractive index Brechungsindexrealteil *m*, reeller Brechungsindex *m*
refractivity *{IEC 42}* 1. Brechungsvermögen *n*, Refraktionsvermögen *n*; 2. spezifische Refraktion *f*, spezifisches Lichtbrechungsvermögen *n* *{in m^3/kg, Chem}*
refractivity intercept Refraktionsinterzept *n* *{Anal}*
molar refractivity molares Brechungsvermögen *n*
refractometer Brechzahlmesser *m*, Refraktometer *n* *{Opt}*
differential refractometer Differentialrefraktometer *n*
dipping refractometer *s.* immersion refractometer
immersion refractometer Eintauchrefraktometer *n*
refractometric refraktometrisch; Refraktometer-
refractometric vacuum meter Vakuummeter *n* mit optischer Refraktionsmessung
refractometry Brechungsindexbestimmung *f*, Refraktometrie *f* *{Chem, Opt}*
refractor 1. Refraktor *m* *{lichtbrechendes Medium}*; 2. Linsenfernrohr *n*, Refraktor *m* *{Astr}*
refractories feuerfeste Materialien *npl*, Hochtemperaturwerkstoffe *mpl*
refractoriness Feuerbeständigkeit *f*, Feuerfestigkeit *f*
refractory feuerbeständig, feuerfest, refraktär; hitzebeständig; schwer schmelzbar, höchstschmelzend *{Met}*
refractory alloy hochschmelzende Legierung *f*
refractory brick feuerfester Stein *m*, Feuerstein *m*; Schamottestein *m*, Schamotteziegel *m*
refractory cement feuerfester Zement *m* *{1410-1520°C}*
refractory clay feuerfester Ton *m* *{< 1600°C}*
refractory coating Zunderschutzschicht *f* *{DIN 32530}*, feuerfeste Schutzschicht *f*
refractory concrete feuerfester Beton *m*
refractory earth feuerfester Ton *m*
refractory hard metal hochschmelzendes Hartmetall *n*
refractory lining feuerfestes Futter *n*, feuerfeste Auskleidung *f*
refractory material feuerfester Stoff *m*, feuerfestes Material *n*
refractory metal schwerschmelzendes Metall *n*, höchstschmelzendes Metall *n* *{< 2000 °C}*
refractory oxide feuerfestes Oxid *n*, feuerbeständiges Oxid *n*
refractory porcelain Feuerporzellan *n*
refractory sand Glühsand *m*
refractory spraying Aufspritzen *n* von Schamottmasse
highly refractory hochfeuerfest
refrangibility Brechbarkeit *f*; Brechungskraft *f*, Brechungsvermögen *n*
refreezing Wiedereinfrieren *n*, erneut Einfrieren *n*, wiederholt Einfrieren *n*; Wiedererstarren *n*
refresh/to 1. auffrischen, erfrischen; 2. aktualisieren; wieder auffrischen *{z.B. Daten}*; 3. wiederholen
refreshing and cleaning tissues Frischhaltetücher *npl*
refrigerant Kühlmittel *n*, Kühlflüssigkeit *f*; Kälteträger *m*, Kältemittel *n* *{Arbeitsstoff der Kältemaschine}*
refrigerant 11... *s.* R 11, R 12, R 13 etc.
refrigerate/to kühlen, abkühlen, tiefkühlen; sich abkühlen
refrigerated cabinet Tiefkühlschrank *m*, Kühlschrank *m*
refrigerated centrifuge Kühlzentrifuge *f*
refrigerated container Gefrier-Container *m*
refrigerated ship Kühlschiff *n*
refrigerated surface Kühlfläche *f*
refrigerated tank truck Kühltankwagen *m*
refrigerated trap Kühlfalle *f*
refrigerated truck Kühlwagen *m*
refrigerated wagon Kühlwaggon *m*
refrigerating agent *s.* refrigerant
refrigerating brine Kühlsole *f*
refrigerating aggregate Kühlaggregat *n*
refrigerating capacity Kälteleistung *f*
refrigerating coil Kühlschlange *f*, Kühlschlauch *m*
refrigerating engineering Kältetechnik *f*
refrigerating exchanger Kälteaustauscher *m*

refrigerating effect Kälteleistung *f*
refrigerating machine Kältemaschine *f*
refrigerating medium *s.* refrigerant
refrigerating pipe Kühlrohr *n*
refrigerating plant Kühlanlage *f*, Kälte[erzeugungs]anlage *f*, Kältemaschinenanlage *f*
refrigerating salt Kühlsalz *n*
refrigerating unit Kälteaggregat *n*, Kühlanlage *f*

refrigeration Kälteerzeugung *f*; Kühlen *n*, Kühlung *f* *{mit Kältemaschinen}*
refrigeration cabinet Kühlkasten *m*
refrigeration cycle Kältekreislauf *m* *{Thermo}*
refrigeration duty Kältebedarf *m*
refrigeration fluid Kühlflüssigkeit *f*
refrigeration load Kältebedarf *m*
refrigeration performance Kälteleistung *f*, Kühlvermögen *n*
refrigeration plant Kühlanlage *f*, Gefrieranlage *f*
refrigeration spray Kältespray *m* *{Med}*
refrigeration surface Abkühlungsfläche *f*
refrigeration ton Kühltonne *f* *{Wärmeinhalt von 1 t Eis aufgenommen in 24 h}*

refrigerative kälteerzeugend

refrigerator Kältemaschine *f*; Kühlschrank *m*, Haushaltskühlschrank *m*, Eisschrank *m* *{obs}*
refrigerator liner Kühlschrankinnengehäuse *n*, Kühlschrankinnenverkleidung *f*
refrigerator oil Kältemaschinenöl *n*, Kältekompressoröl *n*, Eismaschinenöl *n*
refrigerator truck Kühlwagen *m*, Kühlauto *n*, Kühlautomobil *n*

refuel/to tanken, Kraftstoff aufnehmen, betanken, [auf]tanken, nachtanken; neu beschicken, nachladen, Brennelemente *npl* wechseln, Brennstoff *m* umladen *{Nukl}*

refuelling 1. Brennstofferneuerung *f*, Neubeschickung *f* *{Nukl}*, Brennstoffumladung *f* *{Nukl}*; 2. Kraftstoffaufnahme *f*, Tanken *n*

refuse/to ablehnen, abweisen; ausschlagen, verweigern; sich weigern

refuse 1. Abfall *m*, Müll *m*; 2. Abraum *m* *{Bergbau}*; 3. Gekrätz *n* *{Met}*; 4. Berge *pl*, Abgänge *mpl* *{Mineralaufbereitung}*; 5. Ausschuß *m* *{Tech}*
refuse bag Müllsack *m*
refuse collecting plant Abfallsammelanlage *f*
refuse container Müllcontainer *m*
refuse destruction Abfallvernichtung *f*, Müllbeseitigung *f*
refuse destruction plant Abfallvernichtungsanlage *f*
refuse destructor Abfallvernichtungsanlage *f*
refuse disposal Abfallvernichtung *f*, Müllbeseitigung *f*
refuse disposal plant Abfallvernichtungsanlage *f*
refuse dressing plant Abfallaufbereitung *f*
refuse fat Fettabfälle *mpl*
refuse fuel Abfallbrennstoff *m* *{Nukl}*
refuse incineration Müllverbrennung *f*, Müllveraschung *f*
refuse incineration plant Müllverbrennungsanlage *f*, Müllverbrennungseinrichtung *f*
refuse pit Müllbunker *m*, Müllgrube *f*
refuse sorting plant Müllaufbereitungsanlage *f*, Müllsortieranlage *f*
refuse tank Abfallbehälter *m*

refusion Umschmelzen *n* *{Gieß}*

regain/to zurückgewinnen, wiederfinden, wiedererlangen

regain 1. Fadendehnung *f* *{im Gewebe}*; 2. Feuchtigkeitsaufnahme *f* *{Text}*

regard/to 1. betrachten [als]; 2. berücksichtigen, beachten; 3. betreffen, berühren; 4. beobachten

regelation Regelation *f*, Wiedergefrieren *n*; Zusammenfrieren *n*

regenerant 1. Regenerier[ungs]mittel *n*, Regenerationsmittel *n*, Regenerierchemikalie *f* *{Ionenaustausch}*; 2. Wiederbelebungsmittel *n* *{Adsorption}*

regenerate/to 1. regenerieren *{Biol}*; fortpflanzen *{Biol}*; 2. regenerieren, wiedergewinnen, wiederaufbereiten; 3. regenerieren, wiederbeleben *{Ionenaustauscher, Katalysator, Fixierbad usw.}*; 4. auffrischen *{Text}*; 5. rückschreiben, regenerieren *{EDV}*; 6. wiederaufbereiten, aufarbeiten *{Nukl}*

regenerated cellulose regenerierte Cellulose *f*, Regeneratcellulose *f* *{Hydratcellulose}*
regenerated fiber regenerierte Faser *f*, Regeneratfaser *f* *{Text}*
regenerated leach liquor regenerierte Lauge *f*
regenerated material Regenerat *n*
regenerated oil Zweitraffinat *n*
regenerated rubber Regeneratgummi *m*

regenerating means 1. Wiederbelebungsmittel *n* *{Adsorption}*; 2. Regenerierchemikalie *f*, Regenerationsmittel *n*, Regenerier[ungs]mittel *n* *{Ionenaustausch}*

regeneration 1. Regenerierung *f*, Erneuerung *f* *{Physiol}*; Fortpflanzung *f* *{Biol}*; 2. Regenerieren *n*, Rückgewinnen *n*, Wiederaufbereitung *f*, Aufarbeitung *f* *{z.B. Altöl}*; Zweitraffination *f* *{Erdöl}*; Aufbereitung *f* *{gebrauchter Teile}*; Wiederaufbereitung *f*, Aufarbeitung *f* *{Nukl}*; 3. Auffrischen *n* *{Chem, Bergbau}*; 4. Wiederbelebung *f*, Regeneration *f* *{Ionenaustauscher, Katalysator, Sorben usw.}*; 5. Rückschreibung *f*, Regeneration *f* *{EDV}*; Auffrischen *n* *{EDV}*
regeneration autoclave Regenerierungskessel *m*, Entvulkanisierungsgefäß *n*, Digestor *m*
regeneration boiler *s.* regeneration autoclave

regeneration of used oils Regenerieren *n* von Altöl
regeneration plant Regenerieranlage *f*
regeneration temperature Kristallerholungstemperatur *f*
regeneration velocity Neubildungsgeschwindigkeit *f*
regenerative regenerativ; Regenerativ-
regenerative air heater Regenerativ-Lufterhitzer *m*, Austausch-Lufterhitzer *m*
regenerative annealing Umkörnen *n {Met}*
regenerative cell Regenerativelement *n*
regenerative chamber Regenerativkammer *f*, Regenerierraum *m*
regenerative circuit Rückkopplungskreis *m*
regenerative cooling Rekuperativkühlung *f*, Regenerativkühlung *f*
regenerative cycle 1. Nebenstromheizung *f*, Zapfheizung *f*; Regenerativkreislauf *m {Thermo}*
regenerative firing Regenerativheizung *f*
regenerative furnace Regenerativofen *m*, Regenrativgasofen *m {Tech, Met}*
regenerative heating Regenerativfeuerung *f*
regenerative power Regenerationsfähigkeit *f*
regenerative preheating Regenerativvorwärmung *f*
regenerative principle Regenerativprinzip *n*
regenerative process Regenerationsvorgang *m*, Regenerativprozeß *m*
regenerative pump Seitenkanalpumpe *f*
regenerative reactor Produktionsreaktor *m*
regenerative stove Regenerativtrockenofen *m*
regenerative tank Regenerativwanne *f {Glas}*
regenerator 1. Regenerator *m*, Wärmeregenerator *m*, Wärmespeicher *m*, Wärmeaustauscher *m*, Winderhitzer *m {Abhitzeverwerter}*: 2. Regenerierofen *m*, Katalysatorregenerator *m*, Kiln *m {katalytisches Kracken}*
regime *s.* regimen
regimen 1. Regime *n*, System *n*; 2. Betriebsbedingungen *fpl*, Betriebszustand *m*; 3. Bereich *m*; 4. bestimmte Lebensweise *f {Med}*; 5. Diät *f {Med}*; 6. Therapie *f {Med}*
regiocontrolled synthesis regioselektive Synthese *f*
region Bereich *m*, Gebiet *n*, Region *f*, Gegend *f*; Stelle *f*, Raum *m*, Zone *f*
region in a phase diagram Bereich *m* im Phasendiagramm
region of phase limit Grenze *f* der Phasenbereiche
regioselective regioselektiv, regiospezifisch
regioselective catalysts regioselektiver Katalysator *m {Stereochem}*
regioselectivity Regioselektivität *f {Chem}*
register/to 1. anzeigen, angeben *{z.B. Meßwerte}*; registrieren, aufzeichnen; protokollieren; 2. eintragen, gesetzlich schützen *{z.B. Warenzeichen}*; anerkennen; registrieren lassen; sich einschreiben *{z.B. an einer Universität}*; 3. Register halten *{Druck}*
register 1. Register *n*, Verzeichnis *n*; Liste *f*; 2. Registriergerät *n {Instr}*; 3. Zählwerk *n*; 4. Schieber *m*, Rauchschieber *m*, Regelschieber *m*, Schieberplatte *f {Tech}*; 5. Druckregister *n {Photo, Druck}*; 6. Registerhalten *n {gleichmäßiges Bedrucken}*; Passer *m*, Paßgenauigkeit *f {Photo, Druck}*; 7. Tabelle *f*
register ton Registertonne *f {100 ft^3 = 2,8316 m^3}*
mechanical register mechanisches Zählwerk *n*
registered design Gebrauchsmuster *n*
registered trademark eingetragenes Warenzeichen *n*, registriertes Warenzeichen *n*
registering instrument Registrierinstrument *n*
registration 1. Registrierung *f*, Eintragung *f*, Erfassung *f*; Notierung *f*; 2. Aufnahme *f {von Meßwerten}*; 3. Zulassung *f*; 4. Einpassen *n*, Zupassen *n {Druck}*; 5. Lagegenauigkeit *f {bei gedruckten Schaltungen}*; Gangversatz *m*, Lagenversatz *m {Kabel}*; 6. Aufnahmequalität *f {z.B. einer Laufbildkamera}*
regranulate Regranulat *n {Wiederaufbereitungsgranulat}*
regranulating Aufbereitung *f {von Plastabfällen}*, Regranulation *f*, Regranulieren *n*
regression 1. Zurückgehen *n*, Abnahme *f*, Rückgang *m*, Verringerung *f*; 2. Regression *f {Math}*; 3. [marine] Regression *f*, negative Strandverschiebung *f {Geol}*
regression analysis Regressionsanalyse *f*
regression line Regressionsgerade *f*, Regressionslinie *f*
edge of regression Gratlinie *f {Math}*
point of regresion Umkehrpunkt *m*
regrind/to 1. wieder mahlen, wieder aufbereiten, nachmahlen, nachzerkleinern; nachschleifen, nachschärfen; 2. scharf schleifen *{Werkzeug}*
regrinding Wiederaufbereitung *f {feste Abfälle}*
reground material wiederaufbereitetes Material *n*, Regenerat *n*, aufgearbeiteter Abfall *m*
regroup/to umgruppieren, umlagern, neu gruppieren
regrouping Umgruppierung *f*, Umlagerung *f*, Neugruppierung *f*
regulable regelbar, regulierbar
regulable gear unit Regelgetriebe *n*
regular stetig, konstant, gleichmäßig *{z.B. Sieden}*; regelmäßig, regulär, geregelt; normal, üblich, regelrecht *{z.B. Multiplett}*
regular aluminium oxide übliches Aluminiumoxid *n*
regular boiling konstantes Sieden *n*, Siedekonstanz *f*

regular grade gasoline *{US}* Normal[-Otto]-kraftstoff *m*, Normalbenzin *n*
regular grade petrol *{GB}* *s.* regular grade gasoline *{US}*
regular system kubisches System *n {Krist}*
regular transformation reguläre Transformation *f {Math}*
regularity Gleichmäßigkeit *f*, Gleichförmigkeit *f*, Regelmäßigkeit *f*, Regularität *f*
regulate/to regeln, [ein]stellen, [ein]regulieren; lenken, steuern; vorschreiben, bestimmen, verordnen; konstanthalten, stabilisieren *{Automation}*; ordnen
regulating apparatus Reguliervorrichtung *f*
regulating box Regulierkasten *m {Pap}*
regulating cock Regulierhahn *m*
regulating damper Regulierklappe *f {drehend}*
regulating device Reguliervorrichtung *f*, Stellvorrichtung *f*
regulating flap Stellklappe *f*, Drosselklappe *f*
regulating flow fittings Regelarmaturen *fpl*
regulating gate Einstellklappe *f*
regulating limits *s.* regulating range
regulating potentiometer Stellpotentiometer *n*
regulating range Verstellbereich *m*; Regelbereich *m*, Regulierbereich *m*
regulating resistance Regelwiderstand *m {Größe}*
regulating resistor Regelwiderstand *m {Bauteil}*
regulating rod Regulierstange *f*; Feinsteuerstab *m {Nukl}*
regulating screw Regulierschraube *f*, Stellschraube *f*, Einstellschraube *f*
regulating slide Regulierschieber *m*
regulating slide valve Regelschieber *m*
regulating step Regelstufe *f*
regulating substance *s.* regulator 3.
regulating switch Regelschalter *m {Elek}*
regulating tap Abstellhahn *m*; Regulierhahn *m {Automation}*
regulating unit Stellorgan *n*, Stellglied *n {Automation}*; Abgleichelement *n*, Justiervorrichtung *f*
regulating valve Regelventil *n*; Stellventil *n*
regulating variable Regelgröße *f*
regulating voltage Regulierspannung *f*
automatically regulating selbstregelnd
regulation 1. Vorschrift *f*, Bestimmung *f*, Verordnung *f*; Anordnung *f*; 2. Regelung *f*; Steuerung *f*; 3. Einstellung *f*, Regulierung *f*, Verstellung *f*; 4. Ausgleich *m {Regelkreis}*; 5. Regelbereich *m*; 6. Konstanz *f {einer Regelgröße}*; 7. Regulation *f {Biol}*
regulation desk Steuerpult *n*
regulation on clean air Verordnung *f* über Luftreinheit, TA-Luft *f*
regulation process Regelungsvorgang *m*
regulation systems Regelanlagen *fpl*
regulation with fixed set Festwertregelung *f {Automation}*
according to regulation vorschriftsmäßig
automatic regulation Selbststeuerung *f*
supplementary regulation Zusatzbestimmung *f*
regulator 1. Regelvorrichtung *f*, Regelgerät *n*, Regler *m {Automation}*; Regler *m {z.B. Druckminderer, Spannungsstabilisator}*; 2. Steuerschalter *m*; 3. Regler *m*, Reglersubstanz *f {Ablaufsteuerung chemischer Vorgänge}*; 4. Regulator *m {Pendeluhr}*
regulator adjusting screw Einstellschraube *f*
regulator box Reglerkasten *m*
regulator mixture Pufferlösung *f*
regulator protein Aporepressor *m*, Regulatorprotein *n {Biochem}*
regulator-set screw Einstellschraube *f*
regulator system Puffersystem *n*
regulatory agency Überwachungsbehörde *f*, Überwachungseinrichtung *f {Ökol}*
regulatory enzyme Regulatorenzym *n*, regulierbares Enzym *n {Biochem}*
regulatory protein Regulationsprotein *n {Biochem}*
reguline regulin[isch], einwandfrei, metallisch rein *{z.B. galvanischer Überzug}*
regulus 1. Regulus *m*, Metallkönig *m {Met, Lab}*; 2. Regelschar *f {Geraden, die eine Regelfläche erzeugen, Math}*
regulus of antimony gediegenes Antimon *n*
regulus of silver Silberkorn *n*, Probierkorn *n*
reheat/to 1. erneut erwärmen, wiedererwärmen, wiedererhitzen; 2. nachlassen, tempern *{Met}*; 3. rückerwärmen, von innen heraus durchwärmen *{Glas}*; 4. nachverbrennen *{z.B. von CO}*; 5. zwischenüberhitzen *{Dampf}*
reheat 1. Wiedererwärmung *f*, erneute Erwärmung *f*; 2. Zwischenüberhitzung *f {Dampf}*, Dampfzwischenüberhitzen *n*; 3. Rückerwärmung *f*, Temperaturausgleich *m*, Durchwärmen *n {des Külbels von innen heraus; Glas}*; 4. Nachverbrennung *f {z.B. von CO}*; 5. Tempern *n {Met}*
reheat change Nachschwindung *f*
reheat steam Zwischendampf *m*, zwischenübererhitzter Dampf *m*
reheater 1. Überhitzer *m*, Zwischenüberhitzer *m {Dampf}*; 2. *{GB}* Nachbrenner *m {Rakete}*
reheating furnace Wärm[e]ofen *m {DIN 24201}*; Anlaßofen *m*, Nachwärmofen *m*, Glühofen *m*, Wiedererhitzungsofen *m*
reheating furnace slag Schweißofenschlacke *f*
reheating section Wiederaufwärmstrecke *f*
rehmannic acid Rehmannsäure *f*
rehydration Rehydration *f*, Wiederbefeuch-

tung *f*, erneute Wasseraufnahme *f*; erneute Einweichung *f* *{Gerb}*
reichardtite Reichardtit *m* *{Min}*
Reichert-Meissl number Reichert-Meissl-Zahl *f*, Reichert-Meisslsche Zahl *f*, RMZ *{Kennzahl der Fette/Öle; mL 0,1 N Alkali/5 g Fett}*
Reid vapour pressure Reid-Dampfdruck *m*, Dampfdruck *m* nach Reid *{Benzinprobe bei 37,8 °C}*
Reinecke's acid <$[Cr(NH_3)_2(SCN)_4]H$> Diamminotetrathiochromsäure *f*
Reinecke's salt <$[Cr(NH_3)_2(SCN)_4]$-$NH_4 \cdot H_2O$> Ammoniumdiamminotetrathiochromat(III) *n*
reinerting Reinertisierung *f*
reinforce/to verstärken, aussteifen, absteifen, abstützen; bewehren, armieren *{Beton}*; kräftigen, bekräftigen
reinforced concrete bewehrter Beton *m*, armierter Beton *m*, Stahlbeton *m*, Eisenbeton *m*
reinforced expanded plastic verstärkter Plastschaumstoff *m*
reinforced plastic verstärkter Plast *m*, verstärkter Kunststoff *m*
reinforced reaction injection mo[u]lding Reaktionsspritzgießen *n* verstärkter Polyurethanschaumstoffe
reinforced structural foam verstärkter Strukturschaumstoff *m*, verstärkter Integralschaumstoff *m*
reinforced thermoplastic [composition] verstärkter Thermoplast *m*
reinforced with continuous glass strands langglas-verstärkt
reinforcement 1. Verstärkung *f*, Versteifung *f*, Aussteifung *f*; Armierung *f*, Bewehrung *f*; Einlage *f* *{z.B. in Fördergurten}*; 2. Leistungsverstärkung *f* *{Elek}*; 3. Verstärker *m*, Verstärkungsmittel *n*, Verstärkungsmaterial *n*
reinforcement iron Moniereisen *n*
reinforcement resin composites Verstärkung *f* von Harzverbundstoffen
reinforcing agent Verstärkungsstoff *m*, Verstärkungsmaterial *n*, Verstärker *m*
reinforcing effect Verstärkungswirkung *f* *{Füllstoffe oder Verstärkungsmaterialien}*
reinforcing fabric Armierungsgewebe *n*, Verstärkungsgewebe *n*
reinforcing filler verstärkender Füllstoff *m*, verstärkend wirkender Füllstoff *m*, aktiver Füllstoff *m*, Verstärkerfüllstoff *m*
reinforcing iron Betoneisen *n*
reinforcing material Verstärkungsmaterial *n*, Verstärker *m*
reinforcing mesh Metallnetzeinlage *f*
reinforcing steel Betonstahl *m* *{DIN 488}*
reinite Reinit *m* *{Min}*
reissue Neuauflage *f*, Nachdruck *m*, Neudruck *m*
reissue patent Abänderungspatent *n*
reject/to ablehnen, abstoßen, abweisen, verwerfen, zurückweisen *{z.B. eine Hypothese}*; ausscheiden; nicht durchlassen, sperren *{z.B. eine Frequenz}*
reject Ausschuß *m*, Abfall *m*, Zurückgewiesene *n* *{Tech}*; Waschberge *mpl* *{Mineralaufbereitung}*
reject mo[u]ldings Abfallteile *npl*, Ausfallproduktion *f*, Ausschuß *m*, Ausschußstücke *npl*, Ausschußteile *npl*, Produktionsrückstände *mpl*
rejection 1. Rückweisung *f*, Zurückweisung *f*, Verwerfung *f*, Ablehnung *f* *{Nichtannahme, z.B. Ausschußware, Hypothese}*; 2. Ausscheidung *f*; Abführung *f* *{z.B. Wärme}*; 3. Ausschußartikel *m*, Ausschuß *m*, Abfallware *f*; 4. Abstoßung *f* *{Immun}*
rejection of outlying points Weglassen *n* von entfernt liegenden Punkten *{Statistik}*
rejector wheel classifier Abweiseradsichter *m*
rejects Abfallware *f*, Ausschuß *m*; Abgänge *mpl* *{Bergbau}*
rejigging Umsteckverfahren *n* *{Galvanik}*
relate to/to 1. [sich] beziehen auf; in Beziehung *f* setzen; in Beziehung *f* stehen [mit]; 2. erzählen
related [to] bezogen auf; verbunden [mit], verwandt [mit]
relation 1. Beziehung *f*, Verhältnis *n*, Verbindung *f*, Zusammenhang *m*; Relation *f* *{Math}*; 2. Verwandtschaft *f*
relation of solubility Löslichkeitsverhältnis *n*
mutual relation Wechselbeziehung *f*
relational relational; Relations-
relational coiling Relationsspirale *f* *{Biochem}*
relationship 1. Beziehung *f*, Verhältnis *n*; Zusammenhang *m*; 2. Wechselbeziehung *f*; 3. Verwandtschaft *f*
relative entsprechend, relativ, verhältnismäßig; bedingt; sich beziehend [auf]
relative absorption *{IUPAC}* relative Absorption *f* *{in mol/m^2}*
relative abundance Häufigkeitsverhältnis *n*, relative Häufigkeit *f*
relative accuracy Relativgenauigkeit *f*, relative Genauigkeit *f*
relative air humidity relative Luftfeuchtigkeit *f*
relative aperture Öffnungsverhältnis *n*, relative Öffnung *f*, Öffnungszahl *f* *{Opt, Photo}*
relative atomic mass relative Atommasse *f*, Atomgewicht *n* *{obs}*
relative biological effectiveness relative biologische Wirksamkeit *f*
relative centrifugal force Beschleunigungsverhältnis *n*, Zentrifugenzahl *f*, Schleuderzahl *f*, Trennfaktor *m*, Schleudereffekt *m*
relative chalk rating Kalkwert *m*

relative configuration relative Konfiguration *f* *{Stereochem}*
relative density Dichteverhältnis *n* *{DIN 51870}*, relative Dichte *f*, Wichte *f* *{obs}*
relative displacement Relativverschiebung *f*
relative elongation Relativdehnung *f*
relative error relativer Fehler *m*, Relativfehler *m* *{z.B. eines Meßinstruments}*
relative frequency relative Häufigkeit *f* *{Statistik}*
relative fugacity relative Fugazität *f* *{Thermo}*
relative humidity relative Feuchte *f*, relative Feuchtigkeit *f* *{in %}*
relative index of refraction relativer Brechungsindex *m*
relative mass Massenanteil *m*
relative mass stopping power *{ISO}* relative Massenschwächung *f*, relatives Bremsvermögen *n*, Bezugsbremsvermögen *n*
relative molecular mass relative Molekülmasse *f*, Molekulargewicht *n* *{obs}*
relative motion Relativbewegung *f*
relative permeability 1. relative Permeabilität *f* *{Geol}*, Durchlässigkeitsbeiwert *m*; 2. Permeabilitätszahl *f*, relative Permeabilität *f* *{Magnetismus}*
relative permittivity relative Dielektrizitätszahl *f*, Permittivitätszahl *f* *{des feldtragenden Stoffes}*, relative Permittivität *f*
relative pressure Relativdruck *m*, relativer Druck *m*
relative quantity of fines Feingutanteil *m*
relative refraction coefficient Brechungsquotient *m*, Brechungsverhältnis *n*
relative retardation Gangunterschied *m*
relative shrinkage allowance Schrumpfübermaß *n*
relative spectral energy distribution Strahlungsfunktion *f*, relative spektrale Strahldichteverteilung *f*
relative tear strength relative Reißfestigkeit *f*
relative to bezogen auf
relative velocity Relativgeschwindigkeit *f*, relative Geschwindigkeit *f*
relative viscosity Viskositätsverhältnis *n*, relative Viskosität *f* *{DIN 1342}*
relative viscosity loss relativer Viskositätsabfall *m* *{Trib}*
relative volatility relative Flüchtigkeit *f*
relativistic relativistisch; Relativitäts-
relativity Relativität *f* *{Phys}*
relativity principle Relativitätsprinzip *n*
law of relativity Relativitätsgesetz *n*
relax/to relaxieren; entspannen, erschlaffen; ausspannen, lockern; nachlassen, schwächen, abklingen; sich entspannen, sich lockern
relaxant Relaxans *n* *{Pharm}*
relaxation 1. Relaxation *f*, Relaxationsprozeß *m* *{Wiedereinstellung eines neuen Gleichgewichtszustandes}*; 2. Entspannung *f*, Erschlaffung *f* *{Tech}*; Lockerung *f*; Abschwächung *f*, Abklingen *n*; 3. Erholung *f*
relaxation behavio[u]r Relaxationsverhalten *n*
relaxation complex Relaxationskomplex *m* *{an Überhelix gebundene Proteingruppen}*
relaxation curve Relaxationskurve *f*
relaxation distance Abbremsungslänge *f* *{Atom}*
relaxation length Abbremsungslänge *f* *{Atom}*
relaxation machine Relaxiermaschine *f*
relaxation method Relaxationsverfahren *n*
relaxation protein Relaxationsprotein *n*
relaxation properties Entspannungsverhalten *n*
relaxation rate Relaxationsgeschwindigkeit *f*
relaxation shrinkage spannungsloses Krumpfen *n* *{Text}*
relaxation spectrometry Relaxationsspektrometrie *f*
relaxation temperature Entspannungstemperatur *f*
relaxation test Relaxationsversuch *m*, Entspannungsversuch *m* bei erhöhter Temperatur
relaxation time Relaxationszeit *f*, Relaxationsperiode *f*, Abklingzeit *f* *{Einstellzeit, z.B. der Spannung bei konstanter Deformation}*
relaxation transition Relaxationsübergang *m*
relaxation zone Beruhigungszone *f*
relaxed molecule entspanntes Molekül *n* *{Fehlen der Überhelix}*
relaxin Relaxin *n* *{Hormon}*
relay 1. Relais *n*, elektrisches Relais *n*; 2. Zweipunktglied *n* *{Automation}*; 3. Verstärker *m*, Booster *m*; Servomechanismus *m* *{Tech}*
relay connection Relaisschaltung *f*
relay output Relaisausgang *m*
relay storage Zwischenlagerung *f*
relay valve 1. Steuerventil *n* *{Automation}*; 2. Relaisventil *n*, Servoventil *n* *{Tech}*
release/to 1. abgeben *{z.B. Energie}*; abblasen *{Dampf}*; freisetzen, entwickeln *{z.B. Gase, Wärme, chemische Verbindungen}*; 2. freigeben *{z.B. einer Leitung}*; 3. auslösen *{Tech, Photo}*; 4. entspannen, entlasten *{Druck, Spannung}*; 5. abfallen *{Relais}*; 6. aufschließen *{Minerale}*; 7. ablösen, [ab]trennen, loslösen, herausnehmen *{aus Formen}*
release 1. Abgabe *f* *{z.B. von Energie}*; Ausstoß *m*; Freisetzung *f*, Entwicklung *f* *{z.B. von Gasen, Wärme, chemischen Verbindungen}*; 2. Freigabe *f* *{z.B. eines Programms, einer Leitung}*; 3. Auslösung *f* *{Tech}*; 4. Auslöser *m* *{Tech, Photo}*; 5. Entlastung *f*, Entspannung *f* *{Aufheben, z.B. der Spannung, des Drucks}*; Abfall *m*, Abfallen *n* *{Relais}*; 6. Ablösbarkeit *f* *{Druck}*; Trennvermögen *n* *{Tech}*; 7. Tren-

nen *n*, Abtrennen *n*, Loslösen *n*, Herausnehmen *n {aus Formen}*; 8. Kocherabgas *n*, Übertriebgas *n {Pap}*; Übertriebsäure *f*, Übertrieb *m*; 9. Aufschließen *{Minerale}*
release agent Trennmittel *n*, Gleitmittel *n {Tech}*; Form[en]einstreichmittel *n*, Formentrennmittel *n*, Entformungsmittel *n*, Ablösemittel *n {Gieß}*; Werkzeugtrennmittel *n {Kunst}*
release button Auslöseknopf *m*
release catch *s.* release lever
release current Auslösestrom *m*; Abfallstrom *m {Relais}*
release curve Freisetzungskurve *f*
release factor Freisetzungsfaktor *m {Gen}*
release film Trennmittelfolie *f*
release lever Auslösehebel *m {Tech, Photo}*; Ausrückhebel *m*
release mechanism Auslösevorrichtung *f*
release note Lieferfreigabeschein *m*
release of elektronics Elektronenauslösung *f*, Elektronenablösung *f*, Elektronenloslösung *f*
release of energy Energiefreisetzung *f {Thermo}*
release of fission products Spaltproduktfreisetzung *f*
release of liquid Flüssigkeitsabgabe *f*
release paper Mitläuferpapier *n*, Trennpapier *n*, Schutzpapier *n*
release path [of fission products] Emissionspfad *m {Nukl}*, Freisetzungswege *mpl* von Spaltprodukten
release point Emissionsstelle *f*
release properties Entformbarkeit *f*
release rate 1. Emissionsrate *f*, Quellstärke *f {Strahlung}*; Freisetzungsgeschwindigkeit *f {Pharm}*
release rate for fission products Freisetzungsrate *f* für Spaltprodukte
release sheet Trennmittelfolie *f*
release time Abfallzeit *f*, Auslösezeit *f {Relais}*
release to the environment Freisetzung *f* in die Umgebung *f*, Abgabe *f* in die Umgebung *{Ökol}*
manual release Handauslösung *f*
released fission product freigesetztes Spaltprodukt *n {Nukl}*
releasing mechanism Auslösemechanismus *m*
releasing of electrons Elektronenaustritt *m*, Elektronenfreigabe *f*
reliability 1. Zuverlässigkeit *f {z.B. von Konstruktionsteilen}*, Betriebssicherheit *f*, Reliabilität *f {Tech}*; 2. Aussagefähigkeit *f*, Genauigkeit *f {Statistik}*; 3. Verläßlichkeit *f {z.B. von Meßergebnissen}*
reliability analysis Zuverlässigkeitsanalyse *f*
reliability engineering Sicherheitstechnik *f*
reliability in service Betriebszuverlässigkeit *f*
reliable zuverlässig, betriebssicher
reliable in operation betriebssicher
relief 1. reliefartig, geprägt; Relief-; 2. Relief *n {Geol}*; 3. Vertiefung *f*, Aussparung *f*, Aushöhlung *f {Tech}*; 4. Hinterschliff *m*, Hinterbearbeitung *f {Tech}*; 5. Abgasen *n {Pap}*; 6. Abgas *n*, Übertriebgas *n*, Kocherabgas *n {Pap}*; 7. Ablaßvorrichtung *f {z.B. für Luft}*
relief cock Zischhahn *m*, Ablaßhahn *m*
relief creep limit Entspannungskriechgrenze *f*
relief device Entspannungseinrichtung *f*
relief engraving Hochätzung *f*, Reliefgravierung *f*
relief gas Übertreibgas *n*
relief pressure valve Überdruckventil *n*, Druckbegrenzungsventil *n*, Entspannungsventil *n*, Entlastungsventil *n*, Sicherheitsventil *n*
relief printing Reliefdruck *m*, Hochdruck *m*
relief sewer discharge channel Entlastungskanal *m {Abwasser}*
relief spring Entlastungsfeder *f*
relief tank Abblasebehälter *m*
relief valve 1. Entlastungsventil *n*, Überdruckventil *n*, Druckbegrenzungsventil *n*, Sicherheitsventil *n*; 2. Abgasventil *n {Pap}*
relieve/to erleichtern, entspannen, entlasten *{Mech}*; vermindern; entlüften, abgasen *{Pap}*
relining apparatus *{US}* Glasurbrandgerät *n*
relining material Unterfüllungsmaterial *n {Dent}*
reload/to wieder beschicken *{z.B. Hochofen}*; nachladen, frischladen *{Nukl}*; erneut laden *{EDV}*; umladen; zurückladen
reloading 1. Wiederbelastung *f*; 2. Frischladung *f*, Nachladung *f*, Brennstoffnachfüllung *f {Nukl}*
relocate/to versetzen, verlagern, umlagern, neu anordnen; verstellen *{z.B. Hebel}*; verschieben
relocation 1. Verlagerung *f*, Versetzung *f*, Umlagerung *f*, Neuanordnung *f*; Versetzung *f*; 2. Verstellung *f {Tech}*; 3. Verschiebung *f*, Relokalisierung *f {EDV}*; 4. Neuzuordnung *f*
reluctance Reluktanz *f*, magnetischer Widerstand *m {in 1/H}*
reluctivity Reluktivität *f*, spezifischer magnetischer Widerstand *m {in m/H}*
rem *{roentgen equivalent men}* Rem *n {obs, 1 rem = 0,01 Sv}*
remain/to [ver]bleiben, zurückbleiben, übrigbleiben; verharren, verweilen
remainder Rest *m*, Rückstand *m*, Überrest *m*, Restbestand *m*
remaining restlich, verbleibend; Rest-
remaining service life Restlebensdauer *f*
remanence 1. [magnetische] Remanenz *f {Phys}*; 2. Remanenz *f {Geol}*
remanent remanent *{Magnet}*, bleibend
remanium Remanium *n {Dent}*

remark/to bemerken *{Bemerkung machen}*, anmerken, kommentieren
remark Bemerkung *f*, Kommentar *m*, Anmerkung *f*; Beachtung *f*
remarkable auffallend, beachtenswert, bemerkenswert; außergewöhnlich
remedial 1. heilend; Heil-; 2. Abhilfe-
  remedial measures Abhilfemaßnahmen *fpl*, Entlastungsmaßnahmen *fpl*
remedy/to abhelfen; in Ordnung *f* bringen; heilen
remedy 1. Arznei *f*, Gegenmittel *n*, Heilmittel *n*, Medikament *n*, Medizin *f {Pharm}*; 2. Abhilfe *f*, Abhilfsmaßnahme *f*; Mittel *n {Rechtsmittel}*
  remedy for burns Brandmittel *n {Pharm}*
  remedy for external application äußerlich anzuwendendes Mittel *n {Pharm}*
  remedy pattern Musterbriefchen *n {Pharm}*
remelt/to umschmelzen, wieder einschmelzen, nochmals schmelzen; umgießen *{Met}*; auflösen *{Zucker}*
remelt hardening Umschmelzhärten *n*
  remelt metal Umschmelzmetall *n*
  remelt sugar Einwurfzucker *m*
remelted alloy Umschmelzlegierung *f*
remelting Umschmelzen *n*, Wiedereinschmelzen *n*; Umschmelzverfahren *n {Met}*
  remelting furnace Umschmelzofen *m*
  remelting hardness Umschmelzhärte *f*
  remelting process Umschmelzverfahren *n*
remilling Remilling *n {Einarbeiten von Kautschukabfällen}*
  remilling and washing machine Zerkleinerungs- und Waschmaschine *f {Kautschuk}*
remineralization Mineralieneinbau *m {Physiol}*
remnant Rest *m*, Überrest *m*, Überbleibsel *n*, Relikt *n*; Restpfeiler *m {Bergbau}*; Kupon *m*, Stoffrest *m*, Stoffabschnitt *m {Text}*
remodel/to umgestalten, umarbeiten, umbauen, rekonstruieren
remolinite Remolinit *m {obs}*, Atacamit *m {Min}*
remote entfernt, fern; fernliegend; gering; Fern-, Tele-
  remote action Fernwirkung *f*
  remote area monitoring system Fernüberwachungssystem *n*
  remote cathode Fernkathode *f*
  remote control 1. Fernbedienung *f*, Fernbetätigung *f*, Fernlenkung *f*; 2. Fernregelung *f*; 3. Fernsteuerung *f*; 4. Fernbedienungselement *n*
  remote control equipment 1. Fernsteuer[ungs]einrichtung *f*, Fernsteueranlage *f*; 2. Fernregeleinrichtung *f*; 3. Fernbedienungseinrichtung *f*
  remote control panel 1. Fernbedienungstafel *f*, Fernbetätigungstafel *f*; 2. Fernsteuertafel *f*, 3. Fernregelungstafel *f*
  remote control switch Fernschalter *m*
  remote-controlled fernbedient, fernbetätigt, ferngelenkt; ferngesteuert
  remote drive Fernantrieb *m*
  remote effect Fernwirkung *f*
  remote handling Fernbedienung *f*
  remote handling device Telemanipulator *m*
  remote handling equipment Fernbedienungsgeräte *npl*, Fernbedienungsapparat *m*
  remote indicating device fernanzeigendes Gerät *n*, Fernanzeiger *m*
  remote indicator *s.* remote indicating device
  remote level indicator Niveauferngeber *m*
  remote manipulating equipment *s.* remote handling equipment
  remote measurement Fernmessung *f*
  remote operation Fernbedienung *f*, Fernbetätigung *f*
  remote operation equipment *s.* remote handling equipment
  remote-reading instrument Fernablesegerät *n*, Meßgerät *n* mit Fernablesung
  remote-reading thermometer Thermometer *n* mit Fernablesung
  remote viewing Fernbeobachtung *f*
remotely controlled ferngesteuert; ferngelenkt, fernbetätigt
  remotely operated autoclave fernbetätigter Autoklav *m*
removable entfernbar, absetzbar, abnehmbar, auswechselbar, zerlegbar, demontierbar, ausbaubar, herausnehmbar; ablösbar
removal 1. Entfernung *f*, Entfernen *n*, Beseitigung *f*, Eliminierung *f*; Entnahme *f*; Wegnahme *f*; Entziehung *f*, Entzug *m {z.B. von Wasser}*; Ablassen *n {z.B. Dampf}*, Abführen *n*; Verdrängung *f*; Abtrennung *f*; Abscheidung *f*; 2. Abräumung *f*; 3. Abtragen *n {Fertigungsverfahren}*; Abtrag *m {Verschleiß}*; 4. Ausbau *m {Tech}*; 5. Ableitung *f {Elek}*; 6. Entlastung *f*
  removal diffusion method Removal-Diffusionsmethode *f*
  removal efficiency Reinigungsleistung *f*, Eliminationsleistung *f {Hydro}*
  removal of carbon Kohlenstoffentziehung *f*
  removal of charge Ladungsableitung *f*
  removal of clinker Rostschlagen *n*
  removal of colo[u]rs Abziehen *n* der Farbe, Ablösen der Farbe *f*, Entfärben *n {Text}*
  removal of copper Entkupfern *n*, Entkupferung *f*
  removal of dust Entstaubung *f*
  removal of electron Entzug *m* von Elektronen
  removal of iron Enteisenen *n*, Enteisenung *f {Mineralwasser}*
  removal of lignin Ligninauslösung *f*, Ligninentfernung *f*
  removal of material Werkstoffabtrag *m {Abnutzung}*

removal of oxygen Sauerstoffentzug *m*, Entziehung *f* von Sauerstoff
removal of paint Abbeizung *f*
removal of residual moisture Restentfeuchtung *f*
removal of residual monomer Restmonomerentfernung *f {Polymer}*
removal of stains Fleckenentfernung *f*
removal of stress from the test piece Prüfkörperentlastung *f*, Entspannung *f* des Prüfkörpers
removal of the air Entlüftung *f*
removal of waste Abfallentfernung *f*
removal of water Entwässerung *f*, Wasserentziehung *f*
remove/to 1. entfernen, eliminieren, beseitigen; entnehmen, wegnehmen, fortnehmen, wegschaffen; entziehen *{z.B. Wasser}*; ablassen *{z.B. Dampf}*; abtrennen; abscheiden; austragen *{Gut}*; 2. abtragen *{Oberfläche}*; 3. abräumen; 4. ausbauen, abmontieren, abnehmen, herausnehmen; ablösen; 5. abtrennen *{Elek}*; ableiten *{Elek}*; 6. entlasten; 7. beseitigen, beheben, ausmerzen
remove by caustics/to abätzen
remove by distillation/to abdestillieren
remove clinker/to entschlacken
remove copper/to entkupfern
remove grease/to degrassieren, entfetten
remove lead/to entbleien
remove lime [from]/to abkalken
remove mud/to abschlämmen
remove silver [from]/to entsilbern
remove slag/to entschlacken
remove slime/to entschleimen
remove the air/to entlüften
remove the water/to entwässern, Wasser *n* entziehen, Wasser *n* abspalten
remover Entferner *m*, Entfernungsmittel *n*
rename/to umbenennen, neu bennen
renardite Renardit *m {Min}*
renaturation Renaturierung *f {Aufhebung der Denaturierung, Biochem}*
rend/to [ein]reißen, spalten, zerreißen; wegreißen
render/to auslassen *{Fett}*, ausschmelzen; einbringen *{z.B. Stampfmasse}*; machen *{z.B. sauer machen}*; geben, übergeben; vorlegen; leisten *{z.B. Hilfe}*; übersetzen *{Tech}*
render alkaline/to alkalisch machen
render compact/to verdichten
render harmless/to unschädlich machen
render impure/to verunreinigen
render ineffective/to lahmlegen
render inert/to inertisieren
render passive/to passivieren
render pliable/to assouplieren
render safe/to entschärfen
render soluble/to aufschließen, löslich machen
rendered butter Butterschmalz *n*, Butterfett *n*, Schmelzbutter *f*
rendered pork fat ausgelassenes Schweinefett *n*, Schweineschmalz *n {Lebensmittel}*
rendering inert Inertisierung *f*
rendering insoluble Unlöslichmachen *n*
rendering operative Inbetriebsetzung *f*
rendering tank Ölklärungsgefäß *n {Fett}*
rendering vessel Fettausschmelzgefäß *n {Fett}*
renew/to erneuern, auswechseln *{z.B. Verschleißteile}*; neu beginnen; auffrischen; regenerieren
renewable regenerierbar *{z.B. Energiequelle}*; erneuerbar, auswechselbar *{z.B. Verschleißteil}*
renewable raw materials nachwachsende Rohstoffe *mpl*
renewable resources erneuerbare Hilfsquellen *fpl*, regenerierbare Hilfsquellen *fpl*
renewal Erneuerung *f*, Wechsel *m {Tech}*; Wiederaufbereitung *f*; Auffrischen *n {Chem}*; Regenerieren *n*, Erneuern *n*
renewal of acid Säureauffrischung *f*
renewal of air Luftwechsel *m*
reniform nierenförmig, nierig, reniform
renin *{EC 3.4.99.19}* Renin *n {Nierenenzym}*
rennase *s.* rennin
rennet 1. Lab *n*; 2. Labferment *n*, Rennin *n*
rennet bag Labmagen *m*
rennet casein Labkasein *n*
rennin *{EC 3.4.23.4}* Rennin *n*, Labferment *n*, Chymosin *n*
renormalization Renormierung *f*, Renormalisierung *f {Quantenphysik}*
renovasculine Renovasculin *n*
renovate/to renovieren; erneuern, wiederauffrischen; reinigen, aufbereiten *{Abwasser}*
renovation 1. Renovierung *f*; 2. Erneuerung *f*, Auffrischung *f*; Aufbereitung *f {Abfall, Abwasser}*
renoxydine Renoxydin *n*
rensselaerite Rensselaerit *m {Min}*
rent 1. Riß *m*, Spalte *f {Geol}*; 2. Sprung *m*; 3. Riß *m {Text}*
reorganization Neugestaltung *f*, Reorganisation *f*; Sanierung *f*
reorganize/to umdisponieren, umorganisieren, neugestalten; sanieren
reorientation Umorientierung *f*
reoxidation Rückoxidation *f*, Reoxidation *f*, Zurückoxidieren *n*, Wiederoxidieren *n {nach Entfernen der Oxidschicht}*
reoxidize/to reoxidieren, [zu]rückoxidieren, wiederoxidieren
rep *{roentgen equivalent physical}* Rep *n {obs, Energiedosiseinheit 1 rep = 0,0093 Gy}*
repainting Nachstreichen *n*
repair/to reparieren, ausbessern, instandsetzen, wiederherstellen *{Tech}*; wiedergutmachen

repair Reparatur *f*, Instandsetzung *f*, Ausbesserung *f* *{Tech}*; Repair *n*, Reparatur *f* *{Biol}*
repair costs Reparaturaufwand *m*, Reparaturkosten *pl*
repair mortar Reparaturmörtel *m*
repair work Instandsetzung *f*, Instandsetzungsarbeiten *fpl*; Ausbesserungswerk *n*
repandine Repandin *n*
repandulinic acid Repandulinsäure *f*
reparable reparabel, reparierbar, instandsetzungsfähig
repassivation Repassivierung *f* *{Korr}*
repayment Tilgung *f*, Rückzahlung *f*
repeat/to 1. wiederholen, reproduzieren; 2. nachbestellen
repeat 1. Wiederholungs-; 2. Wiederholung *f*; 3. Wiederholungszeichen *n*
repeat test Wiederholungsmessung *f*, Wiederholungsprüfung *f*
repeat test series Wiederholungsmeßreihen *fpl*
repeatability Reproduzierbarkeit *f* *{z.B. von Meßergebnissen}*, Wiederholbarkeit *f*, Repetierbarkeit *f*
repeated alternating stress Dauerschwingbeanspruchung *f*
repeated direct stress test Dauerzugversuch *m*
repeated flexural fatigue *{US}* Dauerbiegeermüdung *f*
repeated flexural strength *{US}* Dauerbiegefestigkeit *f*
repeated flexural stress Dauerbiegespannung *f*, Dauerbiegebeanspruchung *f*
repeated flexural test Dauerknickversuch *m*
repeated impact energy Dauerschlagarbeit *f*
repeated impact tension test Dauerschlagzugversuch *m*
repeated load Dauerlast *f* *{beim Dauerschwingversuch}*
repeated stress Wechselbeanspruchung *f*
repeated tensile stress Zugschwellast *f*, Zugschwellbelastung *f*
repeated tension test Dauerzugversuch *m*
repeater 1. Verstärker *m*, Übertrager *m*; 2. Regenerativverstärker *m*, Verstärker *m* *{Signale}*; Relaisstation *f*; 3. Schauzeichen *n*, Quittungszeichen *n*; 4. periodischer Dezimalbruch *m* *{Math}*
repeating unit 1. Grundmolekül *n*, Struktureinheit *f*, Staudinger-Einheit *f*, Grundeinheit *f* *{Polymer}*; 2. repetitive Einheit *f* *{Gen}*
repel/to 1. abstoßen, zurückstoßen, entgegenwirken, abweisen *{Phys, Mech}*; 2. vertreiben, abschrecken *{z.B. Insekten}*
repellent 1. zurückstoßend, abstoßend, abweisend *{Phys, Mech}*; zurücktreibend, widerlich, abschreckend *{z.B. Insekten}*; 2. Abstoßungsmittel *n*, Schutzmittel *n* *{mit abstoßender Wirkung}*, Abschreckmittel *n*, Insektenabwehrmittel *n*, Repellent *n*, insektenvertreibendes Mittel *n* *{Agri, Ökol}*
repeller 1. Prallplatte *f*; 2. *{US}* Reflektor *m*, Reflexionselektrode *f*
repelling power Abstoßungskraft *f*
repercussion Rückprall *m*, Rückstoß *m* *{Tech}*; Zurückwerfen *n*, Zurückstoßen *n*
repetition Wiederholung *f*
repetition rate 1. Wiederholungsfrequenz *f*; 2. Folgegeschwindigkeit *f*, Impulsfolgegeschwindigkeit *f*
repetitious DNA repetitive Desoxyribonucleinsäure *f*
repetitive 1. reproduzierbar; 2. periodisch, regelmäßig wiederkehrend; sich wiederholend, wiederholt auftretend, wiederkehrend; Wiederholungs-
replace/to 1. ersetzen, austauschen, auswechseln, erneuern *{Teile}*; substituieren, ersetzen, austauschen *{Chem}*; 2. vertreten
replace part Austauschstück *n*
replaceable 1. ersetzbar, auwechselbar *{Teile}*; austauschbar, substituierbar, ersetzbar *{Chem}*; 2. vertretbar
replaceable cartrigde auswechselbare Patrone *f*
replacement 1. Ersatz-; 2. Austausch *m*, Auswechslung *f*, Erneuerung *f*, Ersetzung *f* *{Teile}*; Neulieferung *f*, Ersatzlieferung *f* *{der gleichen Ware}*; Umtausch *m*; 3. Ersatz *m*, Substitution *f*, Austausch *m* *{Chem}*
replacement filter cartridge Ersatzfilterpatrone *f*
replacement item Ersatzteil *n*
replacement material Ersatzwerkstoff *m*
replacement name Ersetzungsname *m*, Austauschname *m*, Verdrängungsname *m*, Matrizenname *m*
replacement nomenclature Austauschnomenklatur *f*, Verdrängungsnomenklatur *f*
replacement part Ersatzteil *n*
replacement reaction Verdrängungsreaktion *f*
replacement value Wiederbeschaffungswert *m*
replacing the screen Siebwechsel *m*
replenish/to 1. ergänzen, vervollständigen; 2. nachfüllen, auffüllen, wieder[auf]füllen, ergänzen; nachgießen
replenishing basin Anreicherungsbecken *n*, Versickerungsbecken *n*
replenishing cup Einfülltopf *m*
replenishing utensil Defekturarbeitsgerät *n* *{Pharm}*
replenishment Ergänzung *f*, Wiederfüllung *f*, Nachfüllung *f*, Auffüllung *f*
replica 1. Abdruck *m*, Oberflächenabdruck *m*, Replik *f* *{Elektronenmikroskop}*; 2. Kopie *f*
replica grating Gitterkopie *f*

replica polymerization Replikapolymerisation *f {als Katalysator wirkendes Polymeres}*
replica technique Folienabdruckverfahren *n {Mikroskop}*
replicase RNA-Replicase *f*
replicate/to nachbilden; replizieren *{z.B. Nucleinsäuren}*
replicate Wiederholungsversuch *m {Wiederholung gleicher Versuche}*
replication 1. Re[du]plikation *f*, Autoreduplikation *f {Gen}*; 2. Wiederholungsversuch *m*; 3. Replikation *f*, Gegenimplikation *f {Logik}*
repolymerization Repolymerisation *f*
report/to berichten; sich melden [bei]; Berichter[statter] *m* sein
report 1. Bericht *m*, Mitteilung *f*, Meldung *f*; Report *m {Tätigkeitsbericht}*, Prüfbericht *m*; Referat *n*; 2. Knall *m {Detonation}*; 3. Liste *f {EDV}*; Report *m {EDV}*
analytical report Analysenbericht *m*
go off with a report/to knallen
reporting limits meldepflichtige Mengen *fpl {z.B. für bestimmte Chemikalien}*
Reppe process Reppe-Verfahren *n {Acetylenumsetzung}*
Reppe synthesis Reppe-Synthese *f*, Reppe-Chemie *f {Acetylenchemie}*
reprecipitate/to wieder[aus]fällen, erneut fällen; umfällen *{Chem}*
reprecipitation Umfällung *f*; erneutes Ausfallen *n*, Wiederausfällung *f*, Wiederausflockung *f {Chem}*
reprecipitation tank Nachfällungsgefäß *n*
represent/to darstellen *{Math, EDV}*; erklären, klarmachen; behaupten; vorgeben; bedeuten; entsprechen; vertreten
represent graphically/to graphisch darstellen
representation 1. Darstellung *f*, Abbildung *f {Math, EDV}*; 2. Vertretung *f {Ökon}*
representation by a graph graphische Darstellung *f*
representative 1. darstellend; typisch; repräsentativ; 2. Repräsentant *m*, Darsteller *m {Mengenlehre}*; Vertreter *m {Math}*; 2. typisches Beispiel *n*
representative sample repräsentative Stichprobe *f*, Durchschnittsmuster *n*
repress/to 1. unterdrücken *{z.B. eine Reaktion}*; zurückdrängen, reprimieren *{Biochem}*; 2. nachpressen *{Sintern}*
repressible enzyme reprimierbares Enzym *n*
repressing apparatus Nachpreßgerät *n*
repression Repression *f*, Zurückdrängung *f {Biochem}*; Unterdrückung *f {z.B. einer Reaktion}*
coordinative repression koordinative Repression *f*
genetic repression genetische Repression *f*
catabolic repression katabolische Repression *f*
repressor Repressor *m {Biochem, Gen}*
repressor-inducer complex Repressor-Induktor-Komplex *m {Biochem}*
reprint 1. Nachdruck *m*, Neudruck *m {unveränderte Auflage}*; 2. Sonderdruck *m*, Sonderabdruck *m*, Separatdruck *m*; 3. Umdruck *m {Text}*
reprinting ink Umdruckfarbe *f {Text}*
reprocess/to aufbereiten *{Abfälle}*; nachverarbeiten, wiederverarbeiten, wiederverwenden *{z.B. Kunststoffabfälle}*; aufarbeiten, wiederaufbereiten *{Kernbrennstoff}*
reprocessed cotton Reißbaumwolle *f*
reprocessed material Reißspinnstoff *m {Text}*
reprocessing facility Wiederaufbereitungsanlage *f*
reprocessing line Aufbereitungsanlage *f*, Aufbereitungsstraße *f*
reprocessing plant Wiederaufbereitungsanlage *f*
reprocessing unit Aufbereitungsaggregat *n*, Aufbereitungseinheit *f*
reproduce/to 1. reproduzieren, kopieren, vervielfältigen, doppeln; abklatschen *{Druck}*; 2. reproduzieren, wiederholen; 3. wiedergeben; abspielen; nachbilden, nachmachen; 4. fortpflanzen, wiedererzeugen, wiederhervorbringen *{Biol}*; verjüngen *{Forst}*
reproducibility 1. Reproduzierbarkeit *f*, Wiederholbarkeit *f*; 2. Vergleichsstreubereich *m {Anal, Statistik}*; 3. Vergleichbarkeit *f {einzelner Ergebnisse}*; 4. Reproduktionsfähigkeit *f*, Reprofähigkeit *f {Druck}*; 5. Fortpflanzungsfähigkeit *f {Biol}*
reproducible 1. reproduzierbar, wiederholbar *{Anal}*; 2. reproduktionsfähig, reprofähig *{Druck}*; 3. fortpflanzungsfähig
reproducing method Reproduktionsmethode *f*, Reproduktionsverfahren *n*
reproduction 1. Reproduktion *f*, Vervielfältigung *f {Druck}*; Kopie *f*; 2. Wiederholung *f*, Reproduktion *f*, Doppelung *f*; 3. Wiedergabe *f*, Nachbildung *f*; Abspielen *n*; Nachbau *m*; 4. Fortpflanzung *f*, Vermehrung *f*, Wiedererzeugung *f {Biol}*
process of reproduction Reproduktionsverfahren *n*
reprographic paper Reprographiepapier *n*
reprographics *{US}* Reprographie *f*
reptation [motion] Schlängelbewegung *f {Polymermolekül}*, Reptationsbewegung *f {Polymermolekül}*
repulping 1. Wiederaufschlämmen *n*, Aufrühren *n {Paraffingatsch}*; Repulpen *n {Erdöl}*; 2. Aufschließen *n*, Wiederaufbereiten *n {Altpapier}*
repulse/to 1. abstoßen *{Phys}*; zurückschalgen, zurückstoßen *{Mech}*; 2. abweisen, zurückweisen; widerlegen

repulsion 1. Abstoßung *f {Phys}*; 2. Rückstoß *m*, Repulsion *f {Mech}*; 3. Widerwille *f*
repulsion energy Abstoßungsenergie *f*, Repulsionsenergie *f {bei Elektronenhüllen}*
repulsion force Rückstoßkraft *f*
repulsion power Rückstoßkraft *f*
electrostatic repulsion elektrostatische Abstoßung *f*
mutual repulsion gegenseitige Abstoßung *f*
repulsive 1. abstoßend *{Phys}*; zurückstoßend, zurücktreibend; Abstoßungs-; 2. widerlich, abstoßend *{z.B. Geruch}*
repulsive energy Abstoßungsenergie *f*
repulsive force Abstoßungskraft *f*, abstoßende Kraft *f*
repulsive potential Abstoßungspotential *n*
repurifier Nachreiniger *m*
reputation Ruf *m*, Ansehen *n*
request 1. Antrag *m {z.B. auf Patenterteilung}*; Ersuchen *n*, Bitte *f*; 2. Anforderung *f {EDV}*
require/to beanspruchen, brauchen, benötigen; erfordern, bedürfen; verlangen, anfordern; auffordern
required erforderlich, notwendig; gefordert, verlangt, gesucht
required amount of plasticizer Weichmacherbedarf *m*
required plasticizing rate Plastifizierstrombedarf *m*
required pot life Verarbeitungsbedarf *m*
required pressure Drucksollwert *m*, Solldruck *m*
required quantity gesuchte Größe *f*
required temperature Solltemperatur *f*, Temperatursollwert *m*
required value Sollgröße *f*, Sollwert *m*
required weight Sollgewicht *n*
requirement 1. Anforderung *f*; 2. Bedarf *m*, Bedürfnis *n*, Erfordernis *n*; 3. Forderung *f*
requisite 1. notwendig, erforderlich, gesucht; 2. Erfordernis *n*; Bedarfsartikel *m*, Bedarfsgegenstand *m*
rerefining Regenerieren *n*, Regenerierung *f {verunreinigter Stoffe}*, Rückgewinnung *f*, Regeneration *f*, Wiederaufbereitung *f*; Zweitraffination *f*
rerun 1. Wiederholung *f {einer Prozedur}*; Wiederholungslauf *m {einer Maschine}*, wiederholter Maschinenlauf *m*; 2. Wiederanlauf *m {nach Programmfestpunkt}*
rerun routine Wiederholprogramm *n {EDV}*
resacetophenone <$CH_3COC_6H_3(OH)_2$> 2,4-Dihydroxyacetophenon *n*, Resacetophenon *n*
resaldol Resaldol *n*
resale value Wiederverkaufswert *m*
resalt/to nachsalzen *{Leder}*
resaurin Resaurin *n*
resazurin <$C_{12}H_7NO_4$> Resazurin *n*
resazurin [reduction] test Resazurinprobe *f {Schnellreduktionsprobe für Milch}*
rescinnamine <$C_{35}H_{42}N_2O_2$> Rescinnamin *n*
rescue equipment Rettungsausrüstung *f*, Rettungsgeräte *npl*, Rettungseinrichtung *f*
reseal/to nachdichten
research Forschung *f*, Forschungsarbeit *f*
research and development Forschung *f* und Entwicklung *f*
research association Forschungsgesellschaft *f*, Forschungsgemeinschaft *f*
research board wissenschaftlicher Rat *m*
research center Forschungszentrum *n*, Versuchsanstalt *f*
research contract Forschungsauftrag *m*
research costs Forschungsaufwand *m*
research department Forschungsabteilung *f*; Entwicklungsabteilung *f*
research efforts Forschungsarbeiten *fpl*
research facilities Forschungseinrichtungen *fpl*
research institute Forschungsanstalt *f*, Forschungsinstitut *n*
research laboratory Forschungslaboratorium *n*, Untersuchungslabor *n*
research mentor Betreuer *m* bei Forschungsarbeiten
research method Forschungsmethode *f*; Research-Methode *f*, Research-Verfahren *n {Octanzahlbestimmung}*
research octane number Oktanzahl *f* nach der Research-Methode, Research-Octanzahl *f*, ROZ *{Klopffestigkeitsmaß nach F_1-Verfahren ermittelt}*
research, operating and emergency permits Forschungs-, Betriebs- und Notfallgenehmigung *f*
research pile Forschungsreaktor *m*
research program[me] Forschungsprogramm *n*
research project Forschungsprojekt *n*
research purpose Forschungszweck *m*
research reactor Forschungsreaktor *m*, Reaktor *m* für Forschungszwecke *{Nukl}*
research results Forschungsergebnisse *npl*, Arbeitsergebnisse *npl* [der Forschung]
research sponsorship Forschungsförderung *f*
research station Forschungsanstalt *f*
research work Forschungsarbeit *f*, Forschungsarbeiten *fpl*
research worker Forscher *m*
basic research Grundlagenforschung *f*
line of research Forschungsrichtung *f*
result of research Forschungsergebnis *n*
researcher Forscher *m*, Wissenschaftler *m*
reseating dead time Totzeit *f* beim Schließen *{Sicherheitsventil, DIN 3320}*
reseating pressure Schließdruck *m {DIN 3320}*
reseating pressure difference Schließdruckdifferenz *f {DIN 3320}*

reseating time Schließzeit *f {Ventil, DIN 3320}*
reseda oil Resedaöl *n*
resemblance Ähnlichkeit *f*
resemble/to ähneln, gleichen
reserpan Reserpan *n*
reserpic acid Reserp[in]säure *f*
reserpic alcohol Reserpinalkohol *m*
reserpiline Reserpilin *n*
reserpine <$C_{33}H_{40}N_2O_9$> Reserpin *n {Rauwolfiaalkaloid; Pharm}*
reserpinediol Reserpindiol *n*
reserpone Reserpon *n*
reservation 1. Reservierung *f {Zuverlässigkeitstheorie}*; 2. Reservierung *f*, Reservieren *n {Text}*; 3. Vorbehalt *m*; 4. Zurückhalten *n*
reserve/to 1. aufheben, aufsparen, zurückbehalten; 2. reservieren *{Text}*
reserve 1. Reserve *f*, Vorrat *m*; Rücklage *f*; Reserveleistung *f*, Reserve *f {Elek}*; 2. Reservemittel *n*, Reservierungsmittel *n {Text}*; 3. Einschränkung *f*; Vorbehalt *m*
reserve carbohydrate Reservekohlenhydrat *n*, Speicherkohlenhydrat *n*
reserve piece Ersatzstück *n*
reserve tank Reservebehälter *m*, Reservetank *m*
reservoir Reservoir *n*, Sammelbecken *n*, Sammelgefäß *n*, Speicher *m {z.B. an Blasformmaschinen}*; [offener] Flüssigkeitsbehälter *m*; Tank *m*, Vorratsgefäß *n*
reservoir chamber Behälterkammer *f*
reservoir engineering Lagerstättenphysik *f*
reservoir-type freezing trap Behälterkühlfalle *f*, Kühlfinger *m*
elevated reservoir Hochbehälter *m*
reset/to 1. [zu]rücksetzen, [zu]rückstellen *{auf den Anfangswert}*, in Grundstellung *f* bringen; 2. einstellen; [zu]rückstellen, wiedereinstellen, nachstellen; 3. wiedereinrichten; 4. neu abziehen, nachschleifen *{Schneide}*
reset 1. Rückgang *m {Elek}*; Rückstellung *f*, Rücksetzung *f*, Zurückstellen *n {auf den Anfangswert}*; 2. Einstellen *n*; Wiedereinstellen *n*, Nachstellen *n*; 3. Wiedereinrichtung *f*; 4. Grundstellung *f*, Nullstellung *f {EDV}*; 5. Neusetzen *n {Drucken}*
reset action Rückführwirkung *f*; Integralverhalten *n*, integrierendes Verhalten *n*, Nachstellverhalten *n {Automation}*
reset alarm Alarmrückstellung *f*
reset amount Rückführgröße *f*
reset button Rückmeldeknopf *m*; Löschtaste *f*, Rückstellknopf *m*
reset rate Rückführgeschwindigkeit *f*; Nachstellgeschwindigkeit *f {I-Regler}*
reset switch Rückmeldeschalter *m*; Rückstellschalter *m*, Rücksetzschalter *m*
reset time Nachstellzeit *f*, Integralzeit *f {Regler}*
resetting of zero Nullabgleich *m*, Rückstellung *f* auf den Nullpunkt
residence time Aufenthaltszeit *f*, Haltezeit *f*, Rückhaltezeit *f*, Verweilzeit *f*, Standzeit *f*, Durchlaufzeit *f*,
resident intern, resident *{EDV}*
residual 1. remanent *{Phys}*; residual, übrig, [zurück]bleibend, restlich; Rest-; 2. Rest *m*; Restfehler *m*, verbleibender Fehler *m {Math}*; Restöl *n*, Residuum *n*, Rückstand *m {Öl}*
residual acid Säurerückstand *m*
residual activity Restaktivität *f*
residual affinity Restaffinität *f*, Residualaffinität *f*, Partialvalenz *f {Chem}*
residual asphalt Erdölbitumen *n*
residual austenite Austenitrest *m {Met}*
residual carbonate hardness Restcarbonathärte *f {Wasser}*
residual charge Restladung *f {Elek}*
residual conductance Restleitwert *m*
residual cylinder oil Rückstandszylinderöl *n*
residual dextrin Restdextrin *n*, Grenzdextrin *n*
residual elongation Dehnungsrest *m*, bleibende Verformung *f*, bleibende Dehnung *f*, Zugverformungsrest *m {Formveränderungsrest bei Dehnungsbeanspruchung}*
residual elongation at break Restbruchdehnung *f*
residual field Restfeld *n {Magnetismus}*, Remanenzfeldstärke *f*
residual flux density remanente Induktion *f*, Restmagnetfelddichte *f*, remanente Magnetisierung *f*
residual force Restkraft *f*
residual free gas Gleichgewichtsgas *n* in der Erdölblase *f*
residual fuel oil Rückstandsheizöl *n*
residual gas Rückstandsgas *n*, Restgas *n*, Gasrest *m*, restliches Gas *n*
residual gas analyzer Restgasanalysator *m*
residual gas composition Restgaszusammensetzung *f {Vak}*
residual gas pressure Restgasdruck *m*
residual hardness Resthärte *f {Wasser}*
residual heat 1. Restwärme *f*; 2. Nachwärme *f*, Abschaltwärme *f {Nukl}*
residual image Nachleuchtbild *n*
residual inductance Restinduktivität *f*
residual induction *s.* residual flux density
residual intensity Restintensität *f {Spek}*
residual lignin Restlignin *n*, Ligninreste *mpl {Pap}*
residual line Restlinie *f {in der Spektralanalyse}*
residual liquid Restflüssigkeit *f*

residual liquid content Restflüssigkeitsgehalt *m*
residual liquor 1. Restflüssigkeit *f*; 2. Verwitterungsmagma *n {Geol}*
residual magnetism remanenter Magnetismus *m*, Restmagnetismus *m*, Remanenz *f*, Restmagnetismus *m*
residual matter Residuum *n*, Rückstand *m*
residual melt Restschmelze *f*
residual mineral content Restsalzgehalt *m*
residual moisture Restfeuchte *f*, Restfeuchtigkeit *f*
residual monomer Restmonomer *n*
residual neutron Restneutron *n*
residual nitrogen Reststickstoff *m*, Nichteiweißstickstoff *m*, Nichtproteinstickstoff *m*
residual nuclear radiation Reststrahlung *f*
residual odo[u]r Restkonzentration *f* an Geruchsstoffen *{in einer Lösung}*
residual oil Restöl *n*, Rückstandsöl *n*, Residuum *n*, Rückstand *m*
residual oxygen Restsauerstoff *m*
residual oxygen measuring equipment Restsauerstoff-Meßgerät *n*
residual paramagnetism Restparamagnetismus *m*
residual pendulum hardness Restpendelhärte *f*
residual pressure Restdruck *m*
residual quantity Rest *m {Math}*
residual radiation Reststrahlung *f {Nukl, Opt}*
residual rays Reststrahlen *mpl {Nukl, Opt}*
residual resistance Restwiderstand *m*
residual slime of electrolysis Elektrolyserückstände *mpl*
residual solvent Lösemittelrest *m*
residual solvent content Lösemittelrestgehalt *m*, restlicher Lösemittelgehalt *m*, Restlösemittelanteil *m*
residual stability Reststabilität *f*
residual state of stress Restspannungszustand *m*
residual stress Restspannung *f*; Eigenspannung *f*, innere Spannung *f*
residual styrene Styrolreste *mpl*
residual styrene content Reststyrolanteil *m*, Reststyrolgehalt *m*, Styrolrestgehalt *m*
residual sugar Restzucker *m*, Restsüße *f*, Zukkerrest *m*
residual tack Restklebrigkeit *f*, Nachkleben *n {bleibende Klebrigkeit des Anstrichs}*
residual tear strength Restreißfestigkeit *f*
residual tensile strength Restzugfestigkeit *f*
residual titration Rücktitration *f*, Rücktitrieren *n*, Zurücktitrieren *n*
residual ultimate strength Restreißkraft *f*
residual valence Restvalenz *f*
residual vapo[u]r pressure Restdampfdruck *m*
residual vinyl chloride [monomer] content Vinylchlorid-Restmonomergehalt *m*
residual volume Restvolumen *n*, Eigenvolumen *f {Molekül}*
residual water Restwasser *n*
residuary restlich, übrig, zurückbleibend, rückständig; Rest-
residuary acid Abfallsäure *f*
residuary nitrogen determination Reststickstoffbestimmung *f {Physiol}*
residuary product Abfallprodukt *n {verwertbar}*, Abfallstoff *m*, Abfall *m {aus der Produktion}*
residue 1. Rückstand *m*, Rest *m*; Residuum *n*, Rückstandsöl *n {Öl}*; Raffinationsrückstand *m*; Bodenrückstand *m {z.B. im Öltank}*; Bodensatz *m {Niederschlag}*; Blasenrückstand *m {Dest}*; Trester *pl {Rückstände von Obst-, Gemüsesäften und Wein}*; Treber *m {Brau}*; 2. Filterkuchen *m*; 3. Molekülrest *m*, Rest *m*, Gruppe *f {Chem}*
residue after bringing to red head Glührückstand *m*
residue after evaporation Eindampfrückstand *m*
residue analysis Rückstandsanalyse *f*
residue from distillation Destillationsrückstand *m*
residue gas Armgas *n*; Restgas *n*, Rückstandsgas *n*, restliches Gas *n*
residue of combustion Verbrennungsrückstand *m*
residue of evaporation Verdampfungsrückstand *m*, Abdampfrückstand *m*
residue on a filter Filterrückstand *m*, Filtrationsrückstand *m*
residue on evaporation *s.* residue of evaporation
residue on ignition *{BS 3031}* Glührückstand *m*
residue on sieve Siebrückstand *m*
residue processing plant Anlage *f* zur Aufarbeitung von Badrückständen *{Photo}*
aliphatic residue aliphatischer Rest *m*
free from residue rückstandsfrei
high-boiling residue hochsiedender Rückstand *m*
residues Sumpfprodukt *n*
resilience 1. elastischer Wirkungsgrad *m {Tech}*; 2. Rückfederung *f*, Zurückspringen *n*, Rückprall *m*, Zurückschnellen *n*; 3. Elastizität *f*, Federkraft *f*, Spannkraft *f*; Rückprallelastizität *f*, Stoßelastizität *f*; 4. Verformungsarbeit *f {Tech}*
resilience meter Resiliometer *n {Rückprallelastizitätsmessung}*
resilience tester Rückprallprüfgerät *n*
resilience to chipping Widerstandsfähigkeit *f* gegen Abplatzen

resilience to flaking Widerstandsfähigkeit *f* gegen Abblättern, Widerstandsfähigkeit *f* gegen Abplatzen
resilient federnd, elastisch; trittfest, elastisch *{Text}*
resilient seal federnde Abdichtung *f*
resin/to beharzen, mit Harz *n* tränken, mit Harz *n* behandeln *{Tech}*
resin 1. Harz *n {künstliches oder natürliches}*; 2. Formmasse *f*
resin acid Harzsäure *f*, Resinosäure *f*
resin adhesive Harzkleber *m*, Klebharz *n*
resin alcohol Harzalkohol *m*, Resinol *n*
resin amine Harzamin *n*
resin-based dental filling material *{ISO 4049}* Kunstharz-Füllmasse *f {Dent}*
resin bead Harzkorn *n {Ionenaustauscher}*
resin binder Harzträger *m*
resin blender Kunstharzmischer *m*
resin board beharzte Pappe *f*
resin bonded kunstharzgetränkt, [kunst]harzgebunden, mit Kunstharzbindung *f*, mit Harzbindung *f*
resin-bonded paper Hartpapier *n*
resin-bonded plywood kunstharzverleimtes Sperrholz *n*, Kunstharzsperrholz *n*
resin-bonded wood fiber product kunstharzgebundenes Holzfaserhalbzeug *n*, kunstharzgebundene Holzfaseraufschlüsse *mpl*
resin cannel Harzgang *m*, Harzkanal *m {Holz}*
resin casting plant Gießharzanlage *f*
resin catcher Harzfänger *m*
resin cement Harzkitt *m*
resin cerate Basilicumsalbe *f {Pharm}*
resin colo[u]r Harzfarbe *f*
resin content Harzgehalt *m*, Harzanteil *m*
resin cure Harzvulkanisation *f*, Harzvernetzung *f {Gummi}*
resin-curing agent mixture Harz-Härter-Gemisch *n*
resin deposit Harzgalle *f*, Harztasche *f {Holz}*
resin distilling plant Harzdestillationsanlage *f*
resin duct Harznest *n {Holz}*
resin emulsion Holzemulsion *f*, Harzlösung *f*, Leimmilch *f*, Harzmilch *f*
resin essence Harzessenz *f*
resin ester Resinat *n*, Harzseife *f*; Lackester *m*, Harzester *m {Chem, Farb}*
resin exhaustion Harzerschöpfung *f*
resin fill Harzfülle *f*
resin finish 1. Kunstharzveredlung *f*, Hochveredlung *f*, Kunstharzausrüstung *f*; *{US}* Kunststoffpolitur *f {Glas}*; Harzappretur *f {Gerb}*; 2. Kunstharzüberzugslack *m*
resin for [glue and] adhesive Klebharz *n*, Klebgrundstoff *m*
resin for lacquers and varnishes Lackharz *n*
resin formation Harzbildung *f*
resin gall Harzgalle *f*, Harztasche *f {Holz}*
resin gas Harzgas *n*
resin-glass fabric laminate Glasgewebe-Harz-Laminat *n*, Glasgewebe-Harz-Schichtstoff *m*
resin glue Harzleim *m*
resin hardener Harzhärter *m*
resin hold-up tank Harzsammelbehälter *m*
resin-impregnated harzgetränkt, harzimprägniert
resin-impregnated paper Hartpapier *n*
resin-injection mo[u]lding Einspritzverfahren *n {Kunst}*
resin-like harzähnlich, harzartig
resin melting Harzschmelzen *n*
resin melting pan Harzkessel *m*
resin milk Harzlösung *f*, Harzmilch *f*, Harzemulsion *f*, Leimmilch *f {Pap}*
resin mixture Harzmischung *f*
resin of copper *s.* copper(I) chloride
resin oil Harzöl *n*, Harznaphtha *f n*, Retinol *n*
resin oil varnish Harzölfirnis *m*
resin ointment Königssalbe *f*
resin paper harzgeleimtes Papier *n*
resin pocket 1. Harznest *n*, Harztasche *f*, Harzeinschluß *m {Preßfehler, Kunst}*; 2. Harztasche *f*, Harzgalle *f {Holz}*; Pechlarse *f {Lärche}*
resin product Harzprodukt *n*
resin rod Harzstange *f*
resin rubber Harzgummi *m n*
resin size Harzleim *m*
resin-sized harzgeleimt *{Pap}*
resin smearing machine Beharzungsmaschine *f*
resin soap Harzseife *f*, Resinat *n {Salz der Harzsäure}*
resin solution Harzlösung *f {Anstrichstoff}*
resin solvent Harzlösemittel *n*
resin streak 1. Harzzone *f {Holz DIN 68256}*; 2. Harzader *f {Kunst}*
resin tank 1. Harzvorratsbehälter *m*; 2. Tränkwanne *f*, Auftragswanne *f*, Imprägnierwanne *f*; 3. Ionenaustauschbehälter *m*, Austauscherbehälter *m*, Beladungskolonne *f*
resin-tonning material Harzgerbstoff *m*
resin torch Harzfackel *f*
resin varnish Harzfirnis *m*, Harzlack *m*; Tränkharz *n*
alkyd resin Alkydharz *n*
artificial resin künstliches Harz *n*, Kunstharz *n*
chelating resin komplexierendes Harz *n*
crude resin Halbharz *n*
disc of resin Harzkuchen *m*
extraction of resin Entharzung *f*
ion-exchange resin Ionenaustauscherharz *n*
single-stage resin Resol *n*
synthetic resin *s.* artifical resin
synthetic resin adhesive Kunstharzklebstoff *m*
true resin echtes Naturharz *n*

resinalite Harzstein *m*
resinate/to harzen, mit Harz *n* tränken, mit Harz *n* imprägnieren *{Tech}*
resinate wine/to Wein *m* mit Harz *n* würzen
resinate Resinat *n {Salz oder Ester der Harzsäure}*; Harzester *m*, Resinat *n*
resineon Resineon *n {etherisches Öl}*
resinic acid Harzsäure *f*, Resinosäure *f*
resinic body Harzkörper *m*
resiniferous harzhaltig
resinification Verharzung *f*
resiniform harzförmig, harzartig
resinify/to verharzen, harzig machen
resinoelectric negativ elektrisch
resinography Resinographie *f*, Lehre *f* von den Harzen *npl*
resinoid 1. harzartiger Bestandteil *m*; 2. Resinoid *n {alkoholischer Extrakt aus Harzen/Drogen; Kosmetik}*; 3. Gummiharz *n*, Gummiresina *f {harzartiger Bestandteil}*; 4. Duroplast *m*, hitzehärtbarer Kunststoff *m*, wärmehärtbarer Kunststoff *m*
resinoid bond Kunstharzbindung *f {Schleifkörper}*
resinoid plastic harzartiger Kunststoff *m*, harzförmiger Kunststoff *m*, Plast *m* in Harzform
resinol 1. Resinol *n {Kohlenteerfraktion}*; 2. Resol *n*
resinotannol Resinotannol *n*
resinous 1. harz[halt]ig, harzreich; harzig, kienig *{Holz}*; 2. harzartig; Harz-
resinous binder Harzträger *m*
resinous cement Harzkitt *m*
resinous coal Harzkohle *f*, harzreiche Kohle *f*
resinous coating Harzüberzug *m*
resinous composition Harzmischung *f*
resinous compound Harzmasse *f*
resinous juice Harzsaft *m*
resinous luster Harzglanz *m*, pechartiger Glanz *m {Min}*
resinous matter *s.* resinous substance
resinous pine Kien *m*
resinous putty Harzkitt *m*
resinous substance Harzkörper *m*, Harzstoff *m*, Harzmasse *f*, harzige Masse *f*
resinous tanning agent Harzgerbstoff *m*
resinous tar Harzteer *m*
highly resinous harzreich
resintering nochmaliges Sintern *n*, zweites Sintern *n*, Nachsintern *n*
resintering furnace Nachsinteranlage *f {Met}*
resiny harzreich, harzhaltig, harzig; kienig; Harz-
resist/to widerstehen, standhalten, widerstandsfähig sein, aushalten; reservieren *{Text}*
resist 1. Abdeckmittel *n*, Abdeckmaterial *n*, Schutzmasse *f*; Resist *m*, Kopierlack *m {Photolithographie}*; 2. Abdeckung *f*, Abdeckschicht *f*, [isolierende] Schutzabdeckung *f {z.B. für Leiterplatten}*, Isolation *f {Elektronik, Galvanik}*; 3. Reservierungsmittel *n*, Reservemittel *n*, Reserve *f*, Reservage *f {Text}*
resist coating Abdeckschicht *f*, [isolierende] Schutzabdeckung *f*, Schutzschicht *f*
resistance 1. Widerstand *m*, Beständigkeit *f*, Festigkeit *f*, Stabilität *f {Tech}*; 2. Resistenz *f {Biol, Chem, Ökol}*; 3. Wirkwiderstand *m*, Resistanz *f {Elek}*; Gleichstromwiderstand *m*, Ohmwert *m*, Widerstandswert *m*; 3. Dämpfungskoeffizient *m*, Dämpfungskonstante *f {Mech}*, mechanischer Widerstand *m {in N·s/m}*; 4. Strömungswiderstand *m*; 5. akustischer Widerstand *m {in* $N{\cdot}s/m^3$*}*
resistance alloy Widerstandslegierung *f {Elek, Met}*
resistance amplifier Widerstandsverstärker *m*
resistance anomaly Widerstandsanomalie *f*
resistance body Widerstandskörper *m*
resistance box Widerstandskasten *m*, Stöpselrheostat *m {Elek}*
resistance bridge Widerstandsmeßbrücke *f*, Widerstandsbrücke *f {Elek}*
resistance-capacitance circuit RC-Kreis *m {Elek}*, Widerstands-Kapazitäts-Stromkreis *m {ohne Induktivität}*
resistance capacity Widerstandskapazität *f*
resistance coefficient 1. Widerstandsbeiwert *m {Strömung}*; 2. Widerstandszahl *f {Dest}*
resistance coefficient 1 Widerstandsbeiwert 1 *m {dimensionslose Gruppe}*
resistance coefficient 2 Darcy-Zahl 1 *f*
resistance coil Widerstandswicklung *f*, Widerstandsspule *f*
resistance component Widerstandskomponente *f*
resistance coupling ohmsche Kopplung *f*, galvanische Kopplung *f*, Widerstandskopplung *f {Elek}*
resistance decade bridge Widerstandsdekade *f {Elek}*
resistance element Meßwiderstand *m*
resistance film thickness monitor Widerstandsschichtdickenmeßgerät *n*
resistance furnace [elektrischer] Widerstandsofen *m*, widerstandsbeheizter Ofen *m*, Ofen *m* mit Widerstands[be]heizung
resistance glass Hartglas *n*
resistance grid Widerstandsgitter *n*, Widerstandselement *n {Elek}*
resistance-heated widerstandsbeheizt
resistance-heated industrial furnace *s.* resistance furnace
resistance heating [elektrische] Widerstandserhitzung *f*, [elektrische] Widerstands[be]heizung *f*
resistance increase Widerstandszunahme *f*
resistance law Widerstandsgesetz *n*

resistance load per unit length Widerstandsbelag *m {in Ohm/m}*
resistance loss Ohmscher Verlust *m*, Joulescher Wärmeverlust *m*, Stromwärmeverlust *m*
resistance mat Heizmatte *f*
resistance measurement Widerstandsmessung *f*
resistance meter Widerstandsmeßgerät *n*, Ohmmeter *n*
resistance monitor Schichtwiderstandsmeßgerät *n*
resistance of aging Alterungsbeständigkeit *f*
resistance of fire Feuerwiderstand *m*
resistance of insulation Isolationswiderstand *m*
resistance of paper due to sizing Leimfestigkeit *f* von Papier
resistance oven *s.* resistance furnace
resistance per unit length *{BS 3466}* Widerstandsbelag *m {in Ohm/m}*
resistance plate Widerstandsplatte *f*
resistance pyrometer Widerstandspyrometer *n*, Widerstandsthermometer *n*
resistance ratio Widerstandsverhältnis *n*
resistance reduction furnace Widerstands-Reduktionsofen *m*
resistance strain ga[u]ge Widerstands-Dehnungsmesser *m*, Widerstands-Dehnungsmeßstreifen *m*
resistance testing Festigkeitsprüfung *f*
resistance thermometer Widerstandsthermometer *n*
resistance thermometry Temperaturmessung *f* mit Widerstandsthermometer *{Phys}*
resistance to abrasion Abriebfestigkeit *f*, Verschleißfestigkeit *f*, Scheuerfestigkeit *f*
resistance to acid[s] Säurefestigkeit *f*, Säurebeständigkeit *f*, Säureresistenz *f*, Säurewiderstandsfähigkeit *f*
resistance to ag[e]ing Alterungsbeständigkeit *f*
resistance to air penetration *{BS 4315}* Luftundurchlässigkeit *f*
resistance to alkali Laugenbeständigkeit *f*, Laugenresistenz *f*, Laugenfestigkeit *f*
resistance to artificial weathering Beständigkeit *f* gegen künstliche Bewitterung
resistance to atmospheric corrosion Witterungsbeständigkeit *f*
resistance to boiling Kochbeständigkeit *f*, Kochfestigkeit *f*
resistance to breaking Reißfestigkeit *f*
resistance to brittleness Sprödfestigkeit *f*
resistance to chalking Widerstandsfestigkeit *f* gegen Kreiden *{Anstrichtechnik}*
resistance to chemical attack chemische Beständigkeit *f*, chemische Stabilität *f*, chemische Unangreifbarkeit *f*, chemische Festigkeit *f*, chemische Resistenz *f*, Beständigkeit *f* gegen chemische Einwirkungen
resistance to chipping Kantenfestigkeit *f {Tabletten}*
resistance to cigaret-burns zigarettenglutfest
resistance to cold Kältefestigkeit *f*, Kältebeständigkeit *f*, Tieftemperaturbeständigkeit *f*
resistance to compression Druckfestigkeit *f*
resistance to corrosion Korrosionsbeständigkeit *f*, Korrosionsfestigkeit *f*; Korrosionswiderstand *m*, [quantitative] Korrosionsbeständigkeit *f*
resistance to corrosion at elevated temperature Hochtemperatur-Korrosionsbeständigkeit *f {Met}*
resistance to creasing Knitterarmut *f*, Knitterwiderstand *m*
resistance to creep[age] Kriechfestigkeit *f*, Dauerstandsfestigkeit *f*
resistance to crystallisation Widerstand *m* gegen Kristallisation, Kristallisationwiderstand *m*
resistance to driving rain Schlagregensicherheit *f*
resistance to fatigue Ermüdungsbeständigkeit *f*, Zeitfestigkeit *f*
resistance to fire Feuerbeständigkeit *f*, Flammwiderstand *m*
resistance to flex cracking Biegerißwiderstand *m*, Biegerißfestigkeit *f*, Widerstand *m* gegen Biegerißbildung
resistance to flying stones Steinschlagfestigkeit *f*
resistance to fracture Bruchfestigkeit *f*
resistance to frost frostfest, frostsicher, frostbeständig
resistance to fuels Kraftstoffbeständigkeit *f*
resistance to fumes Rauchgasbeständigkeit *f*, Rauchgasresistenz, Widerstand *m* gegen Rauchgase
resistance to galling Verschweißwiderstand *m {DIN 50282}*, Fraßunempfindlichkeit *f*
resistance to glow heat Glutbeständigkeit *f*, Glutfestigkeit *f*
resistance to grease Fettdichtheit *f*, Fettundurchlässigkeit *f*
resistance to heat and humidity Beständigkeit *f* gegen Feuchte und Wärme
resistance to high and low temperatures Temperaturbeständikeit *f*
resistance to high-energy radiation Beständigkeit *f* gegen energiereiche Strahlung
resistance to high temperature Hochtemperaturbeständigkeit *f*, Beständigkeit *f* gegenüber hohen Temperaturen
resistance to hot sodium hydroxide solution *{BS 1344}* Beständigkeit *f* gegen heiße Natronlauge
resistance to hydrolysis Hydrolysebeständigkeit *f*

resistance to impact Schlagfestigkeit *f*
resistance to internal pressure Innendruckfestigkeit *f*
resistance to lateral bending Knickfestigkeit *f*
resistance to light Lichtbeständigkeit *f*, Lichtechtheit *f*
resistance to liquids Beständigkeit *f* gegen Flüssigkeiten
resistance to marks kratzfest
resistance to moisture Feuchtigkeitsbeständigkeit *f*
resistance to motion Bewegungswiderstand *m*
resistance to oil Ölfestigkeit *f*, Ölbeständigkeit *f*
resistance to organic liquids Beständigkeit *f* gegen organische Flüssigkeiten
resistance to oxidation Oxidationsstabilität *f*, Oxidationsbeständigkeit *f*, Beständigkeit *f* gegen oxidative Einflüsse
resistance to ozone Ozonbeständigkeit *f*,-Ozonfestigkeit *f*, Ozonresistenz *f*, Ozonwiderstand *m*
resistance to peeling *{BS 5131}* Abziehwiderstand *m*
resistance to penetration by water Wasserundurchlässigkeit *f*, Wasserdichtheit *f*
resistance to plucking Rupffestigkeit *f* *{Pap}*
resistance to pressure Druckfestigkeit *f*, Druckstabilität *f*
resistance to rubbing Reibefestigkeit *f* *{Text}*
resistance to salt solutions Salzlösungsbeständigkeit *f*
resistance to scratching Ritzhärte *f*, Ritzfestigkeit *f*, Widerstandsfähigkeit *f* gegen Ritzen
resistance to scuffing Verschweißwiderstand *m* *{DIN 50282}*, Freßunempfindlichkeit *f*
resistance to sea water Seewasserfestigkeit *f*
resistance to seizure *s.* resistance to scuffing
resistance to shaft scoring Riefenbildungswiderstand *m* *{DIN 50282}*
resistance to shatter Sturzfestigkeit *f* *{Koks}*; Splitterfestigkeit *f*, Splittersicherheit *f* *{Glas}*
resistance to smouldering *{BS 5803}* Glimmfestigkeit *f*, Widerstandsfähigkeit *f* gegen Verschmoren
resistance to softening Anlaßbeständigkeit *f* *{Stahl}*
resistance to solvents Lösemittelbeständigkeit *f*, Lösemittelechtheit *f* *{DIN 54023}*
resistance to spittle Speichelechtheit *f* *{DIN 53160}*
resistance to sterilizing temperature[s] Sterilisierfestigkeit *f*
resistance to strains unempfindlich gegen Flecken, fleckenunempfindlich
resistance to swelling Quellbeständigkeit *f*
resistance to tearing Reißfestigkeit *f*, Rißbeständigkeit *f*, Zerreißfestigkeit *f*; Weiterreißfestigkeit *f*, Durchreißfestigkeit *f*, Fortreißfestigkeit *f*
resistance to temperature shock Temperaturwechselbeständigkeit *f*
resistance to thermal shock[s] Temperaturwechselbeständigkeit *f*, Abschreckfestigkeit *f*
resistance to thermal spalling Temperaturwechselfestigkeit *f* *{Keramik}*
resistance to torsional stress Torsionsbelastbarkeit *f*
resistance to tracking Kriechfestigkeit *f*
resistance to tropical conditions Tropenbeständigkeit *f*, Tropenfestigkeit *f*
resistance to ultraviolet UV-beständig
resistance to vibration Schwingungsfestigkeit *f*, Schwingungssteifigkeit *f*
resistance to warping Verwerfungsfestigkeit *f* *{Met}*
resistance to water Beständigkeit *f* gegen Wasser, Wasserfestigkeit *f*
resistance to water absorption *{BS 3449}* Wasserabweisung *f*, Widerstand *m* gegen Wasseraufnahme *{Text}*
resistance to water penetration *{BS 4315}* Wasserdichtheit *f*
resistance to wear Verschleißfestigkeit *f*, Abnutzungsbeständigkeit *f*, Verschleißwiderstand *m*
resistance to welding Verschweißwiderstand *m* *{DIN 50282}*, Fraßunempfindlichkeit *f*
resistance to wet heat *{BS 3962}* Beständigkeit *f* gegen feuchte Wärme
resistance to yellowing Gilbungsresistenz *f*
resistance to yield Fließwiderstand *m*
resistance welding Widerstandsschweißung *f*, Widerstandsschweißen *n*
resistance wire Heizdraht *m*, Heizleiter *m*, Widerstandsdraht *m* *{Elek}*
apparent resistance scheinbarer Widerstand *m*
buckling resistance Knickfestigkeit *f*
coefficient of resistance Festigkeitskoeffizient *m*
dielectric resistance dielektrischer Widerstand *m*
external resistance äußerer Widerstand *m* *{Elek}*
internal resistance innerer Widerstand *m* *{Elek}*
law of resistance Widerstandsgesetz *n*
specific resistance *s.* resistivity
thermal resistance Wärmewiderstand *m* *{in $m^2 \cdot K/W$}*

resistant fest, stabil, beständig, widerstandsfähig *{Tech}*; resistent *{Biol, Chem}*
resistant to abrasion abriebfest, verschleißfest, verschleißbeständig
resistant to ag[e]ing alterungsbeständig
resistant to alkali[es] laugenbeständig, laugenfest, alkalibeständig

resistant to bending biegefest
resistant to boiling kochfest
resistant to chemicals chemikalienbeständig, chemikalienfest, chemikalienresistent
resistant to corrosion korrosionsfest, korrosionsbeständig
resistant to cracking rißfest
resistant to deformation through impact schlagunverformbar, formbeständig gegen Schlag *m*
resistant to dry sliding friction trockengleitverschleißarm
resistant to fracture bruchfest
resistant to frost frostsicher
resistant to high and low temperatures temperaturbeständig
resistant to oil ölfest, ölbeständig
resistant to oxygen oxidationsbeständig, beständig gegen oxidative Einflüsse *mpl*
resistant to root penetration wurzelfest
resistant to solvents lösemittelfest, lösemittelbeständig, lösemittelresistent
resistant to sterilizing temperature[s] sterilisationsbeständig
resistant to stress cracking spannungsrißbeständig
resistant to tropical conditions tropenfest, tropenbeständig
resistant to water wasserfest, wasserresistent
resistant to weathering witterungsbeständig, wetterbeständig, wetterfest
resistant to yellowing gilbungsstabil, vergilbungsbeständig

resisting force Widerstandskraft *f*

resistive widerstandsbehaftet, mit Widerstand; Widerstands-
resistive circuit Widerstandsschaltung *f*
resistive component ohmscher Anteil *m {Widerstand}*
resistive load ohmsche Belastung *f*

resistivity 1. spezifischer [elektrischer] Widerstand *m*, Resistivität *f {Elek, in Ohm·m}*; 2. Widerstandsfähigkeit *f*, Beständigkeit *f*

resistor Widerstand *m {Bauelement}*; Widerstandskörper *m*, Widerstandsgerät *n*, Heizwiderstand *m*
resistor furnace *{US}* [indirekter] Widerstandsofen *m*
voltage-dependent resistor VDR-Widerstand *m*, spannungsabhängiger Widerstand *m*

resite Resit *n*, Phenolharz *n* im C-Zustand, C-Harz *n*, Harz *n* im C-Stadium

resitol [resin] Resitol *n*, Phenolharz *n*, Harz *n* im Resitolzustand, Harz *n* im B-Zustand, Harz *n* im B-Stadium

resizing 1. Nachklassierung *f {Aufbereitung}*; 2. Nachappretieren, Nachappretur *f*, Neuappretur *f {Text}*

resmelt/to umschmelzen

resmelt Umschmelzen *n {Met}*

resocyanin <$C_{10}H_8O_3$> Resocyanin *n*, 7-Hydroxy-4-methylcumarin *n*

resodiacetophenone Resodiacetophenon *n*

resoflavin <$C_{14}H_3O_4(OH)_3$> Resoflavin *n*

resogalangin Resogalangin *n*

resol [resin] Resol *n*, Resolharz *n*, Harz *n* im Resolzustand, Harz *n* im A-Zustand

resolidification temperature Wiederverfestigungstemperatur *f*

resolidify/to wiederverfestigen, wiedererstarren

resolin yellow Resolingelb *n*

resolution 1. Auflösung *f*, Auflösungsvermögen *n {Opt, Nukl, Anal}*; 2. Zerlegung *f {Kräfteparallelogramm}*; 3. Trennung *f*, Spaltung *f*, Aufspaltung *f {von Racematen}*; 4. Auflösung *f {Math}*; 5. Bildauflösung *f*, Wiedergabeschärfe *f {Photo, TV}*
resolution enhancement Auflösungsverbesserung *f*
resolution of lines Linientrennung *f*, Trennung *f* der Linien *{Spek}*
resolution of optical forms Antipodentrennung *f*
resolution of spectrum lines Trennen *n* von Spektrallinien
resolution power Auflösungsvermögen *n*
resolution sensitivity *{US}* Ansprechwert *m {Automation}*
resolution sensitiveness *{GB}* Ansprechwert *m {Automation}*

resolvability 1. Auflösbarkeit *f {Opt, Nukl, Anal}*; 2. Trennbarkeit *f*, Spaltbarkeit *f {Racemate}*; 3. Zerlegbarkeit *f {Kräfte}*; 4. Lösbarkeit *f {Math}*

resolvable 1. auflösbar *{Opt, Nukl, Anal}*; 2. spaltbar, trennbar *{Racemate}*; 3. zerlegbar *{Kräfte}*; 4. lösbar *{Math}*

resolvase Resolvase *f {Gen}*

resolve/to 1. auflösen *{Anal, Opt, Nukl}*; 2. spalten, aufspalten, trennen *{Racemate}*; 3. zerlegen *{Kräfte}*; 4. lösen *{Math}*

resolving power 1. Auflösungsvermögen *n*, Auflösung *f {Opt, Nukl, Anal}*; 2. Trennung *f*, Trennvermögen *n*, Spaltung *f {durch Auflösung; Chem}*; 3. Bildauflösungsvermögen *n*, Trennschärfe *f {Photo, TV}*
resolving time 1. Auflösezeit *f*; 2. Auflösungszeit *f {z.B. eines Zählrohrs}*

resonance 1. Resonanz *f {Phys}*; 2. Mesomerie *f*, Resonanz *f*, Strukturresonanz *f {Chem}*; 3. Nachschall *m*, Widerhall *m {Akustik}*; 4. Anklang *m*, Resonanz *f*
resonance absorption Resonanzabsorption *f {Nukl}*
resonance amplifier Resonanzverstärker *m*, selektiver Verstärker *m*

resonance capture Resonanzeinfang *m* *{Nukl}*

resonance circuit Resonanzkreis *m*, Schwingkreis *m*

resonance compound mesomere Verbindung *f*

resonance condition Resonanzbedingung *f*

resonance effect 1. Resonanzeffekt *m* *{Phys}*; 2. Mesomerieeffekt *m*, mesomerer Substituenteneffekt *m*, M-Effekt *m* *{Valenz}*

resonance energy Delokalisationsenergie *f*, Mesomerieenergie *f*, Resonanzenergie *f*, Delokalisierungsenergie *f* *{Valenz}*

resonance excitation Resonanzanregung *f*

resonance fluorescence Resonanzfluoreszenz *f*, Resonanzstrahlung *f*

resonance formula Resonanzformel *f*, mesomere Grenzformel *f* *{Valenz}*

resonance frequency Resonanzfrequenz *f*

resonance hybrid Resonanzhybrid *n* *{Valenz}*

resonance integral Resonanzintegral *n*

resonance interaction Resonanzwechselwirkung *f*

resonance ionization spectroscopy Resonanz-ionisations-Spektroskopie *f*

resonance level Resonanzniveau *n*, Kernresonanzniveau *n* *{Nukl}*

resonance line Resonanzlinie *f* *{Spek}*

resonance luminescence *s.* resonance radiation

resonance neutron Resonanzneutron *n* *{Nucl}*

resonance overlap Resonanzüberlagerung *f*

resonance peak 1. Resonanzpeak *m*, Resonanzspitze *f*, Resonanzmaximum *n*; 2. Resonanzsignal *n* *{Spek}*

resonance photon Resonanzphoton *n*

resonance potential Anregungsspannung *f*

resonance radiation Resonanzstrahlung *f*, Resonanzfluoreszenz *f* *{Phys}*; Resonanzstrahlung *f* *{Nukl}*

resonance range Resonanzbereich *m*, Resonanzgebiet *n*; Ansprechbereich *m*

resonance resistance Resonanzwiderstand *m*

resonance scattering Resonanzstreuung *f*

resonance spectroscopy Resonanzspektroskopie *f*

resonance spectrum Resonanzspektrum *n*

resonance-stabilized resonanzstabilisiert, mesomeriestabilisiert *{Valenz}*

resonance state Resonanzzustand *m*, mesomerer Zustand *m* *{Valenz}*

resonance term Resonanzglied *n*

resonance transfer Resonanzübertragung *f*

resonance vibration Resonanzschwingung *f*

resonance voltage Resonanzspannung *{Spek}*

resonance width Resonanzbreite *f*

steric inhibition of resonance sterische Resonanzhinderung *f* *{Valenz}*

resonant in Resonanz *f*, resonant *{Phys}*; widerhallend, tönend *{Akustik}*; resonanzaktiv *{Spek}*

resonant cavity Resonanzkammer *f*, Resonanzhohlraum *m*, Resonanzkörper *m* *{Akustik}*

resonant circuit Resonanzkreis *m*, Schwingkreis *m*

resonant frequency Resonanzfrequenz *f*

resonate/to mitschwingen, in Resonanz *f* sein, mit Resonanzfrequenz *f* schwingen, Resonanzschwingungen *fpl* ausführen

resonating quartz Quarzoszillator *m*

resonating double bond mesomeriefähige Doppelbindung *f*

resonating structure mesomere Grenzstruktur *f*, Resonanzstruktur *f* *{Valenz}*

resonator Resonator *m* *{Phys}*

resorb/to resorbieren, aufnehmen, einsaugen, aufsaugen; resorbiert werden

resorbin Resorbin *n*

resorcin *s.* resorcinol

resorcinol <$C_6H_4(OH)_2$> Resorcinol *n*, Resorcin *n*, Resorzin *n*, Benzen-1,3-diol *n* *{IUPAC}*, Metadioxybenzol *n* *{obs}*, 1,3-Dihydroxybenzol *n*

resorcinol acetate <$HOC_6H_4OCOCH_3$> Resorcinmonoacetat *n*, Resorcinmonoessigsäureester *m*

resorcinol adhesive Resorcinklebstoff *m*

resorcinol blue Resorcinblau *n*, La[c]kmoid *n*

resorcinol brown Resorcinbraun *n*, Spezialorange *n*

resorcinol base adhesive Resorcinklebstoff *m*, Klebstoff *m* auf Resorcinbasis

resorcinol diglycidyl ether 1,3-Diglycidyloxybenzol *n*, Resorcindiglycidylether *m*

resorcinol dimethyl ether <$C_6H_4(OCH_3)_2$> Resorcindimethylether *m*, 1,3-Dimethoxybenzol *n*, Dimethylresorcinol *n*

resorcinol formaldehyde adhesive Resorcinklebstoff *m*, Klebstoff *m* auf Resorcinbasis

resorcinol formaldehyde resin Resorcinharz *n*, Resorcin-Formaldehydharz *n*

resorcinol glue Resorzinklebstoff *m*, Klebstoff *m* auf Resorzinbasis

resorcinol monoacetate <$HOC_6H_4OCOCH_3$> Resorcinmonoacetat *n*, Euresol *n*

resorcinol monobenzoate <$C_6H_5CO-OC_6H_4OH$> Resorcinmonobenzoat *n*

resorcinol monomethyl ether <$C_2H_5OC_6H_4OH$> Resorcinmonomethylether *m*, *m*-Ethoxyphenyl *n*

resorcinol test Resorcinprobe *f*

resorcinol yellow Resorcingelb *n*, Tropäolin O *n*, Tropäolin R *n*

resorcinolphthalein Resorcinphthalein *n*, Fluorescein *n*

resorcitol <$C_6H_{10}(OH)_2$> Resorcit *m*, Cyclohexan-1,3-diol *n*

resorcyl aldehyde <$(HO)_2C_6H_3CHO$> Resorcylaldehyd *m*

resorcylic acid <$(HO)_2C_6H_3COOH$> *ß*-Resorcylsäure *f*, 2,4-Dihydroxybenzoesäure *f*, 4-Carboxyresorcin *n*
resorption Resorption *f*, Aufnahme *f*, Einsaugung *f*, Aufsaugung *f*
resorufin <$C_{12}H_7NO_3$> Resorufin *n*, 7-Hydroxy-2-phenoxazon *n*
resound/to widerhallen, schallen
resource *s*. resources
Resource Conservation and Recovery Act *{US}* Gesetz *n* über die Erhaltung und Wiedergewinnung natürlicher Hilfsquellen
resources Ressourcen *fpl {Naturstoffe, Produktionsvorräte, Arbeitskräfte, Kapazitäten}*; Betriebsmittel *npl*
respect/to achten; berücksichtigen, beachten
respect 1. Achtung *f*, Respekt *m*; 2. Rücksicht *f*, Beachtung *f*; 3. Beziehung *f*, Hinsicht *f*
respirable einatembar, atembar, respirabel
respiration Atmen *n*, Atmung *f*, Respiration *f*; Atemzug *m*
respiration bag Beatmungsbeutel *m {Med}*
respiration filter Atemfilter *n*, Atemschutz *m*; Beatmungsfilter *n {Med}*
respiration inhibitor Atmungsinhibitor *m*, Atmungshemmer *m*
cellular respiration Zellatmung *f {Biol}*
respirator Atemschutzgerät *n*, Atemschutzmaske *f {z.B. Gasmaske, Staubmaske}*; Respirator *m*, Atmungsgerät *n {Med}*
respiratory respiratorisch; Atem-, Atmungs-
respiratory air Atemluft *f*
respiratory apparatus with oxygen supply Sauerstoff-Rettungsapparat *m*
respiratory center Atmungszentrum *n*
respiratory chain Atmungskette *f {Biochem}*
respiratory enzyme Atmungsferment *n*
respiratory mass spectrometer Respirationsmassenspektrometer *n*
respiratory pigment Atmungspigment *n*, respiratorisches Pigment *n*
respiratory poison Atemgift *n*
respiratory protection Atemschutz *m*
respiratory protein Atmungsprotein *n*
respiratory protective equipment Atemschutzausrüstung *f*, Atemschutzgeräte *npl*
respiratory quotient respiratorischer Quotient *m {CO_2-Ausatmung/O_2-Einatmung}*
resplendent strahlend, schimmernd
respond/to ansprechen, reagieren *{auf äußere Einflüsse}*; antworten, entgegnen; empfindlich sein [für]
responding range Ansprechbereich *m*; Empfindlichkeitsbereich *m {Instr}*
response 1. Antwort *f*; 2. Reaktion *f*, Verhalten *n {Physiol, Ökol}*; Wechselwirkung *f*, Rückwirkung *f*, Reaktion *f {Mech}*; 3. Ansprechverhalten *n*, Ansprechen *n*, Anziehen *n {Relais}*; 4. Charakteristik *f {z.B. eines Verstärkers}*; 5. Output *m*, Response *f*, Ausgabe *f {Phys}*; 6. Anzeigewert *m*, Meßwert *m*; 7. Anzeigen *n {Meßinstrument}*; Ausschalg *m {Zeiger}*; 8. Übertragungsverhalten *n*
response characteristics Ansprecheigenschaften *fpl*, Übertragungseigenschaften *fpl*
response delay Ansprechverzögerung *f*
response lag Anzeigeverzögerung *f*
response sensitivity Ansprechempfindlichkeit *f*
response spectrum Antwortspektrum *n*
response time 1. Ansprechzeit *f*, Ansprechdauer *f {z.B. von Meßgeräten}*; Einstellzeit *f*, Einstelldauer *f*, Einschwingdauer *f*; 2. Antwortzeit *f*, Reaktionszeit *f*; 3. Anregelzeit *f*
response value Ansprechwert *m*, Zielgröße *f*
responsibility Haftbarkeit *f*, Verantwortung *f*, Verantwortlichkeit *f*
responsible haftbar, verantwortlich,
be responsible/to haften
responsiveness Ansprechempfindlichkeit *f*
rest/to ruhen
rest 1. [absolue] Ruhe *f*, Stillstand *m {Mech}*; Pause *f*; 2. Rest *m*, Restbestand *m*, Überrest *m*; Reserve *f*; 3. Ruhewert *m*; 4. logisch 0 *{positive Logik}*; logisch 1 *{negative Logik}*
rest energy Ruheenergie *f {Phys}*
rest mass Ruhemasse *f {Phys}*
rest position Ruhelage *f*, Ruhestellung *f*
rest potential Ruhepotential *n {Elektrolyse}*
rest time Verweilzeit *f*, Pausenzeit *f*
restain/to aufbeizen *{Möbel}*
restart 1. Wiederanlauf *m*, Neuanlauf *m {EDV}*; 2. Wiederinbetriebnahme *f*; 3. Wiederzündung *f {Rakete}*
restarting Wiederingangsetzung *f*
restharrow root Hauhechelwurzel *f {Bot}*
restoration Restaurierung *f*, Wiederinstandsetzung *f*, Wiederherstellung *f {eines Zustandes}*; Wiedereinschaltung *f*, Wiederinbetriebnahme *f*
restorative 1. kräftigend; 2. Stärkungsmittel *n*, Belebungsmittel *n {Med}*
restore/to 1. erneuern, restaurieren, wiederherstellen, in den Ausgangszustand *m* bringen; überholen, wieder instandsetzen *{in den Sollzustand}*; 2. rücksetzen, rückstellen, zurückstellen; 3. wiederherstellen, wiedereinschalten; wiedereinsetzen; 4. umspeichern *{EDV}*; erneut speichern, rückspeichern, wiedereinschreiben *{EDV}*
restoring moment Rückstellmoment *n*, rückdrehendes Moment *n*, Rückführmoment *n*
restrain/to einschränken *{z.B. Bewegung}*, festhalten, zurückhalten; hindern; einsperren
restrainer 1. Sparbeize *f*, Beizzusatz *m*; 2. Verzögerer *m {Photo, Farb}*
restrainer bath Verzögerungsbad *n {Photo}*
restraint 1. Beschränkung *f*, Behinderung *f*,

Hemmnis *n*; 2. Einschränkung *f*, Randbedingung *f*
restraint location Einspannstelle *f*
restrict/to beschränken, einschränken; drosseln *{z.B. Querschnitt}*
restricted flow zone Dammzone *f*, Drosselstelle *f*, Drosselfeld *n*, Stauzone *f*
restriction 1. Beschränkung *f*, Einschränkung *f*, Restriktion *f*, einschränkende Bedingung *f*,- Randbedingung *f*; 2. Einschnürung *f*, Verengung *f*, Drosselung *f*, Drossel[stelle] *f*, Strömungswiderstand *m*
restriction endonucleases Restriktions-Endonucleasen *fpl*
restriction enzym Restriktionsenzym *n {Biochem}*
restrictive measure Einschränkungsmaßnahme *f*
restrictive temperature restriktive Temperatur *f {Gen}*
restrictor Drossel *f*; Drosselscheibe *f {für Rohrströmungen}*; Luftdrossel *f*, Zuluftdrossel *f {Pneumatik}*; Durchflußregler *m*, Nadelventil *n {Chrom}*
restrictor bar Fließbalken *m*
restrictor ring Stauring *m*
restrictor valve Drosselventil *n*
restructure/to umstrukturieren, die Struktur *f* verändern
resublimate/to resublimieren, wiederholt sublimieren *{reinigen}*
resublimation vessel Resublimationsgefäß *n*
resulfurization Rückschwefelung *f {Met}*
result/to resultieren, ergeben; hinauslaufen, enden, ausgehen; ausfallen
result 1. Ergebnis *n*, Resultat *n*, Fazit *n {Math}*; 2. Befund *m*; 3. Nachwirkung *f*, Folge *f*
result of an analysis Analysenbefund *m*, Analysenergebnis *n*
result of experiment Prüfungsergebnis *n*
resultant 1. ergebend, resultierend *{z.B. Kraft}*; Gesamt-; 2. Resultierende *f*, Resultante *f {Phys, Math}*; 3. Endprodukt *n*, Finalprodukt *n {Chem}*
resultant conductance Gesamtleitfähigkeit *f*, Gesamtleitvermögen *n*
resultant orbital angular momentum Gesamtorbitaldrehimpuls *m*
resultant product Folgeprodukt *n*
resultant spin angular momentum Gesamtspindrehimpuls *m*
resume/to 1. wiederaufnehmen, zusammenfassen, resümieren; 2. wiederanlaufen *{EDV}*
resumption Wiederaufnahme *f*
resuscitation Wiederbelebung *f*, Wiedererwekken *n*, Wiedererstehung *f {Med}*
resuscitation equipment Beatmungsgerät *n*, Wiederbelebungsgerät *n {Med}*
resveratrol Resveratrol *n*
ret/to rösten, rotten, rötten *{weiche Stengelteile des Flachses faulen lassen}*
ret Rösten *n*, Rotten *n*, Rotte *f*, Röste *f*; Flachsrotte *f*, Flachsröste *f*
retail 1. Einzelhandels-; 2. Einzelhandel *m*, Einzelverkauf *m*
retail pack Kleinhandelspackung *f*
retail price Ladenpreis *m*
retail-size container Einzelverkaufsbehälter *m*
retain/to 1. behalten, beibehalten; 2. einbehalten, zurückbehalten, festhalten, sperren *{Tech}*; stauen *{Wasser}*; speichern *{Wärme}*
retained flexural strength Restbiegefestigkeit *f*
retained pendulum hardness Restpendelhärte *f*
retained tear strength Restreißfestigkeit *f*
retained tensile strength Restzugfestigkeit *f*, Restreißkraft *f*
retainer 1. Haltebügel *m*, Halteplatte *f {Tech}*; Stellring *m {z.B. auf Rohren, Achsen, Wellen}*; 2. undurchlässiges Gestein *n {Geol}*; 3. Scheider *m {Elek}*
retainer plate Matrizenplatte *f*, Gesenkplatte *f*, Füllplatte *f*, Einsatzfutter *n {Kunst, Gummi}*
retainer ring Haltering *m*, Spannmutter *f*, Spannring *m*, Paßring *m*, Einatzring *m {Tech}*
retaining core Stützkern *m*
retaining gasket ring Dichtungstragring *m*
retaining nut Befestigungsmutter *f*
retaining pin Haltestift *m {Kunst}*
retaining plate Flacheisenverankerung *f*
retaining ring Sprengring *m*, Federring *m {Tech}*; Meßblende *f*, Stauring *m {Kunst}*; Stellring *m {auf Wellen, Rohren, Bolzen}*; Haltering *m*, Sicherungsring *m*
retaining spring Haltefeder *f*
retaining wall Rückhaltewand *f*
retan/to nachgerben, füllen *{Leder naß zurichten}*
retannage tank Nachgerbegefäß *n*
retard/to verlangsamen, verzögern, retardieren *{Chem}*; abbremsen *{z.B. Elektronen}*, hemmen
retardant Verzögerer *m*
retardant vehicle Depotmittel *n*
retardation 1. Verlangsamung *f*, Abbremsung *f*; 2. Verzögerung *f*, Retardation *f {zeitliches Deformationsverhalten bei konstanter Spannung}*; 3. Gangunterschied *m*, Gangdifferenz *f {Unterschied der optischen Weglängen}*
retardation angle Verzögerungswinkel *m*
retardation column Verzögerungssäule *f*, Verzögerungskolonne *f {Chrom}*
retardation factor Retentionsfaktor *m*, Verzögerungsfaktor *m*, Rückhaltefaktor *m {Chrom}*
retardation of boiling Siedeverzug *m*
retardation of electrons Elektronenbremsung *f*
retardation of stimulation Reizhemmung *f*
retardation period Retardationszeit *f*

retardation potential Verzögerungspotential *n*
retardation spectrum Bremsspektrum *n {Röntgenstrahlen}*
retardation time spectrometer Bremszeitspektrometer *n*
retarded combustion Nachverbrennung *f*
retarded ignition Nachzündung *f*, Spätzündung *f*
retarder 1. Retarder *m*, Verzögerer *m*, Verzögerungsmittel *n*, Hemmstoff *m*, Inhibitor *m*, Bremsmittel *n {Chem}*; Retardans *n*, synthetischer Hemmstoff *m {Biochem}*; Vulkanisationsverzögerer *m*, Antiscorcher *m*; Abbindeverzögerer *m {z.B. für Zement}*; 2. negativer Katalysator *m*, Passivator *m*, Antikatalysator *m {Chem}*; 3. Retarder *m {Tech}*
retarding agent 1. Bremsmittel *n*; 2. Abbindeverzögerer *m*
retarding disk conveyor Stau[scheiben]förderer *m*
retarding electrode Bremselektrode *f*
retarding field Bremsfeld *n {Elektronik}*
retarding-field electrode Bremsfeldelektrode *f*
retarding power Bremsvermögen *n*
retene <$C_{18}H_{18}$> Reten *n*, 1-Methyl-7-isopropylphenanthren *n*
retene perhydride Retenperhydrid *n*
retene quinone Retenchinon *n*
retention 1. Beibehalten *n*; Beibehaltung *f*, Erhaltung *f {einer Konfiguration bei Substitutionsreaktionen}*; 2. Festhalten *n*, Zurückhalten *n*; Retention *f {einer Substanz}*
retention basin Aufbewahrungsbecken *n {Nukl}*; Rückhaltebecken *n {Wasser}*
retention capability Rückhaltevermögen *n*
retention capacity Rückhaltevermögen *n*
retention characteristics Rückhalteeigenschaften *fpl*
retention column Retentionssäule *f*
retention index Retentionsindex *m*, Kováts-Index *m {Chrom}*
retention mixer Speichertankmischer *m*
retention of configuration Retention *f* der Konfiguration *{Stereochem}*
retention of samples Archivierung *f* von Proben
retention properties Rückhalteeigenschaften *fpl*
retention screen Siebgeflecht *n*
retention time Retentionszeit *f*, Haltezeit *f*, Rückhaltezeit *f*, Verweilzeit *f*, Durchlaufzeit *f {Chrom}*; Standzeit *f*
retention volume Rückhaltevolumen *n*, Retentionsvolumen *n {Chrom}*
intensity of retention Haftstärke *f*
retentive festhaltend, behaltend; undurchlässig *{z.B. Boden}*; gut
retentivity 1. Remanenz *f {Restmagnetisierung}*; 2. Zurückhaltefähigkeit *f*, Scheidefähigkeit *f {DIN 53138}*
retentivity of hardness Härtebeständigkeit *f*
retest wiederholte Prüfung *f*, Wiederholungsprüfung *f*, Wiederholungsversuch *m*
retesting Nachprüfen *n*, Wiederholungsprüfen *n*, Wiederholungstesten *n*
rethrin Rethrin *n*
rethrolone Rethrolon *n {5-Ringteil des Pyrethringerüstes}*
reticle 1. Fadenkreuz *n {Opt}*; Fadenkreuzplatte *f*, Strichkreuzplatte *f*, Reticle *n {Vermessungen}*; 2. Reticle *n*, Retikel *n {Zwischenmaske bei Photomasken}*
reticle plastic film mit Fadennetz verstärkte Plastfolie *f*
reticular netzartig, netzförmig; Retikular-, Netz-
reticular structur Netzstruktur *f*
reticulate[d] netzförmig, netzartig, retikuliert, vernetzt
reticule Fadenkreuz *n {Opt}*; Fadenkreuzplatte *f*, Strichkreuzplatte *f {Vermessungen}*
reticulin Reticulin *n {Protein}*
retina Netzhaut *f {Med}*
retinal 1. Netzhaut-; Seh-; 2. *s.* retinene
retinal dehydrogenase *{EC 1.2.1.36}* Retinaldehydrogenase *f*
retinal isomerase *{EC 5.2.1.3}* Retinalisomerase *f {IUB}*, Retinenisomerase *f*
retinasphalt Retinasphalt *m*
retinene <$C_{20}H_{28}O$> Retinin *n*, Retinen *n*, Retinal *n*, Vitamin-A-Aldehyd *m*
retinol 1. <$C_{20}H_{29}OH$> Retinol *n*, Vitamin A_1 *n*, Axerophthol *n*; 2. <$C_{32}H_{16}$> Resinol *n*, Codol *n*
retinol dehydrogenase *{EC 1.1.1.105}* Retinoldehydrogenase *f*
retort 1. Retorte *f*, Destillierkolben *m {Lab}*; Reaktor *m*, Retorte *f {Ölschieferaufarbeitung}*; 2. Muffel *f {Keramik, Met}*
retort carbon *s.* retort graphite
retort clamp Retortenklemme *f*
retort coal Retortenkohle *f*, Gaskohle *f*
retort coking Retortenverkokung *f*
retort contact process Retortenkontaktverfahren *n*
retort for dry distillation Schwelretorte *f*
retort furnace Retortenofen *m*, Destillierofen *m*, Kammerofen *m*
retort graphite Retortengraphit *m*
retort process Retortenverfahren *n {Direktreduktion von Eisenerz}*; Muffelverfahren *n {Keramik, Met}*
retort stand Stativ *n*, Bunsenstativ *n*, Retortengestell *n*, Retortenhalter *m {Lab}*
retort-type furnace Tiegelfeuerung *f*
bulb of a retort Retortenbauch *m*
mouth of a retort Retortenmündung *f*

retouch/to retuschieren *{Photo}*; ausbessern, auffrischen *{Farb}*
retouch *s.* retouching
retouching Retusche *f*; Retuschieren *n*
retouching ink Retuschiermittel *n*, Retuschierfarbe *f*
retouching varnish Retuschierlack *m*
retract/to zurückziehen, zurückfahren, einfahren, einziehen *{z.B. ein Fahrwerk}*; abnehmen, abheben; abschwenken, abklappen
retractable einschiebbar, einfahrbar, zurückschiebbar, zurückziehbar, einziehbar; abnehmbar; abklappbar, abschwenkbar; Klapp-, Rückhol-, Rückstell-, Rückzug-
retractable-fork reach truck Schubgabelstapler *m*
retractile *s.* retractable
retracting mechanism Einziehvorrichtung *f*
retracting process Abziehvorgang *m*, Ausziehvorgang *m {von Extrudat}*
retraction 1. Einfahren *n*, Einziehen *n {z.B. eines Fahrwerks}*; 2. Schrumpfen *n*, Schrumpfung *f {Med}*; 3. Zurücknahme *f*
retransformation Rückverwandlung *f*
retrieval 1. Rückgewinnung *f*, Wiedergewinnung *f {gespeicherter Informationen}*; 2. Wiederauffinden *n*, Zurückholen *n {von Informationen}*; 3. Abrufen *n*, Abfragen *n {Datenbank}*
retrieve/to 1. wiedergewinnen, rückgewinnen, heraussuchen *{gespeicherte Informationen}*; 2. zurückholen, wieder[auf]finden *{Daten}*; 3. abrufen, abfragen *{Datenbank}*; 4. Liste *f* [mit Informationen] erstellen; 5. wiederherstellen, wiedergutmachen
retro-Diels-Alder reaction Retro-Diels-Adler-Reaktion *f {Spaltung der Diels-Adler-Addukte in Ausgangskomponenten}*
retroaction Rückwirkung *f*, Wechselwirkung *f*, Reaktion *f {Mech}*
retroactive rückwirkend
retroactivity Rückstellvermögen *n*
retrofitting Nachrüsten *n*, Umrüsten *n*, Modernisieren *n*, nachträgliche Ausstattung *f*
retrogradation Konsistenzerhöhung *f {von Klebstoffen bei der Lagerung}*
retrograde rückgängig, rückläufig, retrograd; zurückgehend
retrograde motion Rückwärtsbewegung *f*
retronecanol Retronecanol *n*
retronecanone Retronecanon *n*
retronecic acid <$C_{10}H_{16}O_6$> Retronecinsäure *f*
retronecine <$C_8H_{13}NO_2$> Retronecin *n*
retropinacolin rearrangement Retropinakolinumlagerung *f*
retrosynthesis Retrosynthese *f*
retting Rösten *n*, Röste *f*, Rötten *n*, [Ver-]Rotten *n {Flachs faulen lassen}*
retting pit Rottegrube *f*, Einweichgrube *f*
retting plant Flachsrösterei *f*, Rösterei *f {Text}*
retting tank Röstbottich *m {Text}*
return/to 1. wiederkehren, zurückkehren; 2. zurückführen, zurückleiten, wieder zuführen; zurückfüllen; zurückfließen; 3. rückstellen *{z.B. Zähler}*; 4. erbringen *{Gewinn}*; 5. nachdrehen
return 1. Hin- und Zurück-; Rück-; 2. Rückkehr *f*, Wiederkehr *f*; Rücksprung *m*, Rückgang *m {z.B. eines Zeigers}*; Rücklauf *m {z.B. von Material, einer Werkzeugmaschine}*; 3. Return *n {EDV}*; 4. Rückleitung *f*, Rücklaufrohr *n*, Rücklaufsammelleitung *f {für Material}*; 5. Rückführung *f*, Rückleitung *f {Elek}*; Rückführung *f {Regelung}*; 6. Rückgabe *f*; Remittende *f {Druck}*; 7. Abfall *m*; 8. Gewinn *m*, Ertrag *m {Ökon}*
return bend Umkehrbogen *m*, Doppelkrümmer *m*, Doppelkniestück *n*
return condenser Rückflußkühler *m*
return conveyor Rückförderungsanlage *f*
return current Rückstrom *m*
return feeder Rückgangsleiter *m*
return filter Rücklauffilter *n*
return flow Rückfluß *m*, Rückstrom *m*
return-flow arrangement Rückführschaltung *f*
return-flow atomization Rücklaufzerstäubung *f*
return-flow blocking device Rückstromsperre *f*, Rückschlagventil *n*
return line Rückleitung *f*, Rückführ[ungs]leitung *f*
return oil Rücklauföl *n*
return passage Überströmkanal *m*
return path Rücklauf *m*, Rückgang *m*
return pin Rückstoßstift *m*, Rückdruckstift *m {Kunst}*
return pipe Rücklaufrohr *n*
return piping Rückleitung *f*
return pulley Umlenkrolle *f*, Umkehrrolle *f*
return pump Rückförderpumpe *f*, Rücksaugpumpe *f*
return screen Rücklaufsieb *n*
return sludge Rücklaufschlamm *m {Belebungsverfahren}*
return spring Ausdrückbolzenfeder *f*, Rückdruckfeder *f {für Auswerfer}*, Rückstellfeder *f*, Rückzugfeder *f*, Rückholfeder *f*
return stroke Rückbewegung *f*, Rücklauf *m*, Rückhub *m {Kolben}*
return temperature Rücklauftemperatur *f*
returnable wiederverwendbar; Mehrweg-, Leih-
returnable container Mehrwegbehälter *m*
returnable package wiederverwendbare Verpackung *f*, Mehrwegverpackung *f*, Leihverpakkung *f*
returning air Rückluft *f*
returning water Rücklaufwasser *n*
reusable wiederverwertbar, wiederverarbeitbar

{z.B. Abfallprodukte}; wiederverwendbar, wiederbenutzbar *{z.B. Verpackungen}*; Mehrweg-
reuse/to wiederverwenden, wiederverarbeiten, wiederverwerten *{z.B. Abfallprodukte}*; wiederbenutzen, wiederverwenden, mehrmals verwenden *{z.B. Verpackungen}*
reuse Wiederverwendung *f*, Wiederverwertung *f*, Wiederverarbeitung *f {z.B. von Abfallstoffen}*; Wiederbenutzung *f*, Wiedergebrauch *m {z.B. von Verpackung}*
reused cotton Reißbaumwolle *f {aus Lumpen}*
reutilization Wiederbenutzung *f*, Wiederverwendung *f*
reveal/to enthüllen, bloßlegen, offenbaren
reverberate/to zurückwerfen, reverberieren *{Tech}*; widerhallen, nachhallen *{Akustik}*; zurückstrahlen
reverberating furnace Flammofen *m*, Herdflammofen *m {Met}*
reverberation 1. Nachklang *m*, Nachhallen *n*, Nachhall *m*, Widerhall *m {Akustik}*; 2. Zurückwerfen *n*, Reverberieren *n {Tech}*; 3. Rückstrahlung *f*
reverberatory furnace Flammofen *m*, Herdflammofen *m*, Reverbierofen *m*, Schmelzflammofen *m*, Streichofen *m {Met}*
gas-fired reverberatory furnace Gasflammofen *m*
reversal 1. Umkehr *f*, Umkehrung *f*, Wende *f*; 2. Umkehrung *f*, Richtungsumkehr *f*; 3. Inversion *f {Chem, Krist, Geol}*; 4. Umstellung *f*, Wechsel *m*, Umsteuerung *f {z.B. eines Motors, Flamme}*; 5. Umpolung *f {Elek}*; 6. Vertauschung *f*
reversal of direction Richtungsumkehr *f*
reversal spectrum Inversionsspektrum *n*
reversal temperature Umkehrtemperatur *f {Spek}*
reverse/to 1. wenden, umkehren, umdrehen; 2. umkehren, die Richtung *f* ändern; 3. wechseln, umstellen, umsteuern *{z.B. eine Maschine}*; 4. vertauschen; 5. umpolen *{Elek}*
reverse 1. rückwärtig; umgekehrt, verkehrt, revers; entgegengesetzt; rückläufig; Rückwärts-; Umkehr-; 2. Gegenteil *n*; 3. Rückseite *f*, Kehrseite *f*, Abseite *f*; 4. Verlust *m*
reverse bending Rückbiegung *f*
reverse bending test Hin- und Her-Biegeversuch *m {nach DIN 50153}*
reverse bonded-phase chromatography Umkehrphasenchromatographie *f*
reverse Brayton cycle umgekehrter Brayton-Kreisprozeß *m {Thermo}*
reverse Carnot cycle umgekehrter Carnot-Kreisprozeß *m {Thermo}*
reverse-current cleaning anodische Reinigung *f*
reverse-current cleaning bath anodisches Reinigungsbad *n*
reverse curve Gegenkrümmung *f*; Doppelkurve *f*, S-Kurve *f*
reverse cylinder Umkehrwalze *f {Gummi}*
reverse deionization wechselweise Entionisierung *f {Ionenaustauscher}*
reverse flow 1. Rückströmung *f*, Rückfluß *m*, Umkehrströmung *f*; 2. Reverse Flow *n {Abreinigungsverfahren von Filtergeweben}*
reverse gear 1. Wendegetriebe *n*, Umkehrgetriebe *n {Tech}*; 2. Rückwärtsgang *m*
reverse impact test Beschichtungshaftprüfung *f* durch ruckartiges Abreißen eines Klebbandes
reverse melt flow Schmelzerückfluß *m*
reverse micelle inverse Micelle *f*, Umkehrmicelle *f {Koll}*
reverse motion Gegenlauf *m {einer Maschine}*; Rückwärtsgang *m*
reverse mo[u]ld Mantelform *f {Gieß}*
reverse osmosis Hyperfiltration *f*, umgekehrte Osmose *f*, reverse Osmose *f*, Umkehrosmose *f*
reverse osmosis fractionation Umkehrosmose-Trennung *f*
reverse plain dutch weave Panzertressengewebe *n {Text}*
reverse polymerization Depolymerisation *f*, Entpolymerisierung *f*, Depolymerisierung *f*
reverse reaction Gegenreaktion *f*, Rückreaktion *f*, Umkehrreaktion *f*
reverse reactive ground coat technique Umkehrkontaktgrundverfahren *n*
reverse roll coating Umkehrbeschichtung *f*, Umkehrwalzenbeschichtung *f*
reverse rotation Rückwärtslauf *m*
reverse shrinkage Rückschrumpf *m*
reverse side Kehrseite *f*, Rückseite *f*, Abseite *f*, linke Seite *f {des Stoffes}*
reverse transcriptase reverse Transkriptase *f*
reverse transcription reverse Transkription *f {Gen}*
reverse transformation Rückverwandlung *f*
reversed bending Wechselbiegung *f*
reversed current Gegenstrom *m*
reversed-geometry high-resolution mass spectrometer hochauflösendes Massenspektrometer *n* mit umgekehrter Anordnung
reversed line Absorptionslinie *f*, Umkehrlinie *f {Spek}*
reversed phase chromatography Umkehrphasenchromatographie *f*, Chromatographie *f* mit umgekehrten Phasen, Chromatographie *f* mit vertauschten Phasen
reversed-phase liquid chromatography Flüssigkeitschromatographie *f* mit umgekehrten Phasen, Flüssigkeitschromatographie mit vertauschten Phasen

reversed-phase partition chromatography *s.* reversed-phase chromatography
reverser 1. Wendeschalter *m {Elek}*; 2. Umkehrer *m {EDV}*
reversibility Reversibilität *f*, Umkehrbarkeit *f {in beide Richtungen}*; Umdrehbarkeit *f {Wendung}*; Umsteuerbarkeit *f*, Umstellbarkeit *f*
reversibility of poles Polumkehrbarkeit *f*
reversible 1. umkehrbar, reversibel, in beide Richtungen *fpl* verlaufend, in beiden Richtungen *fpl* ablaufend; 2. umdrehbar; 3. umschaltbar; 4. umsteuerbar, umstellbar
reversible adsorption reversible Adsorption *f*, physikalische Adsorption *f*
reversible blade verstellbare Schaufel *f {Pumpe}*
reversible cell Kehrelement *n {obs}*, umkehrbares Element *n*, reversibles Element *n*, Sekundärelement *n*, Sekundärzelle *f*
reversible colloid reversibles Kolloid *n*, resolubles Kolloid *n*
reversible cycle umkehrbarer Kreisprozeß *m {Thermo}*
reversible electrode reversible Elektrode *f*, umkehrbare Elektrode *f*
reversible gel reversibles Gel *n*, wiederauflösbares Gel *n*
reversible process reversibler Prozeß *m*, umkehrbarer Prozeß *m*, reversibler Vorgang *m*, umkehrbarer Vorgang *m*
reversible reaction umkehrbare Reaktion *f*, reversible Reaktion *f*
reversible sol reversibles Sol *n*, resolubles Sol *n {Koll}*
reversing exchanger Rekuperator *m*, selbstreinigender Wärmeaustauscher *m {Met}*
reversing gear Umkehrgetriebe *n*, Umsteuerungsvorrichtung *f*, Wendegetriebe *n*
reversing mirror Umkehrspiegel *m*
reversing nozzle Umlenkungsdüse *f*
reversing pole Wendepol *m*
reversing prism Umkehrprisma *n*, Revisionsprisma *n {Opt}*
reversing switch Umkehrschalter *m*, Wendeschalter *m*, Wechselschalter *m*, Polwechselschalter *m*, Richtungs[um]wender *m*
reversing valve Umschaltventil *n*, Umschaltklappe *f*, Umstellventil *n*, Reversierventil *n*
reversion 1. Umwandlung *f*; 2. Umschlagen *n {einer Emulsion}*; Reversion *f {von Lebensmitteln}*; Zurückgehen *n*, Rückwandlung *f {z.B. löslicher Phosphate in unlösliche}*; 3. Umkehr *f*, Umkehrung *f*, Wende *f*; 4. Umpolung *f {Elek}*; 5. Umsteuerung *f*
reversion gas chromatography Reversions-Gaschromatographie *f*
reversion-stabilized reversionsstabilisiert
revert/to 1. sich umwandeln; 2. umschlagen *{einer Emulsion}*; der Reversion *f* unterliegen, Reversion *f* erleiden *{Lebensmittel}*; zurückverwandeln, zurückgehen *{z.B. lösliche Phosphate in unlösliche}*
revert to original shape/to zur ursprünglichen Form *f* zurückkehren
revertose <$C_{12}H_{22}O_{11}$> Revertose *f*
review/to 1. rezensieren; 2. nachprüfen
review 1. Rezension *f*, [kritische] Besprechung *f*; 2. Rückblick *m*, Übersicht *f*, Review *f*; Zusammenfassung *f*; 3. Nachprüfung *f*; 4. schneller Rücklauf *m*
review paper Übersichtsvortrag *m*
reviewer Rezensent *m*
revise/to revidieren; Revision *f* lesen; durchsehen
revised design Neukonstruktion *f*
revision 1. Überprüfung *f*; 2. Revision *f*; 3. Korrektur *f*; revidierte Fassung *f*
revive/to auffrischen *{Farbe}*, avivieren, schönen *{Text}*; reaktivieren, wiederbeleben *{z.B. Katalysator}*; regenerieren, erneuern, wiederherstellen
revive the litharge/to Bleiglätte *f* frischen
revivification Regeneration *f*, Reaktivierung *f*, Wiederbelebung *f {z.B. Aktivkohle}*; Regenerierung *f*, Wiederherstellung *f*
revolution 1. Umdrehung *f*; Drehung *f*, Kreisbewegung *f*, Rotation *f*, rotierende Bewegung *f*; 2. Gang *m {Tech}*; 3. Umlauf *m {eines Planeten}*; 4. Revolution *f {Geol}*
revolution counter Tourenzähler *m*, Drehzahlmesser *m*, Umdrehungszähler *m*, Umdrehungszählgerät *n*
revolution indicator Umdrehungsanzeiger *m*
revolution per minute Umdrehung *f* pro Minute, Drehzahl *f* pro Minute, U/min *{Winkelgeschwindigkeit}*
revolution per second Umdrehung *f* pro Sekunde, Drehzahl *f* pro Sekunde, U/s *{Winkelgeschwindigkeit}*
revolution surface Drehfläche *f*, Rotationsfläche *f*
revolution telltale Umdrehungsanzeiger *m*
revolution velocity Umdrehungsgeschwindigkeit *f*
number of revolutions Umdrehungszahl *f*, Drehzahl *f*, Tourenzahl *f {obs}*
period of revolution Umlaufzeit *f*
surface of revolution Rotationsfläche *f*
with a low number of revolutions niedertourig
revolutionary umstürzend, umwälzend, revolutionär
revolve/to umlaufen, rotieren, kreisen; sich drehen
revolving mitlaufend; kreisend; drehend, rotierend, umlaufend; Dreh-

revolving bath Karusselbad *n {Galvanik}*
revolving crystal Drehkristall *m*
revolving cylindrical furnace Drehrohrofen *m*
revolving disk Mahlscheibe *f*
revolving-disk feeder Tellerspeiser *m*
revolving-drum dense-medium vessel Trommel[sink]scheider *m*
revolving filter Trommelfilter *n*, Zellenfilter *n*, Drehfilter *n*
revolving furnace Drehofen *m*
revolving grate Drehrost *m*
revolving helical blade Propellermischflügel *m*, Propellermischschaufel *f*
revolving light Rundumkennleuchte *f*, Drehfeuer *n*
revolving puddling Drehpuddeln *n*
revolving-puddling furnace Drehpuddelofen *m*
revolving reverberatory furnace Drehflammofen *m*
revolving screen [rotierendes] Trommelsieb *n*, Wälzsieb *n*, Rundsieb *n*, Siebtrommel *f*, Sichtertrommel *f*, Sortiertrommel *f*
revolving tubular furnace Drehrohrofen *m*
revulsive Ableitungsmittel *n*
rewash/to 1. nachwaschen, wieder waschen, nochmals waschen; 2. nachwässern *{Photo}*
rewind/to 1. umwickeln, umrollen *{Pap}*; 2. aufwickeln, aufspulen, zurückspulen; 3. umspulen, umwickeln *{Windungszahl ändern}*
rewinder *s.* rewinding machine
rewinding machine Aufwickelmaschine *f*, Umrollmaschine *f*, Aufrollapparat *m*; Rollenschneider *m*, Längsschneidemaschine *f*, Längsschneider *m {Pap}*
rework/to 1. wiederverwenden, aufarbeiten *{Abfallmaterial}*; 2. nacharbeiten, umarbeiten
rexanthation Umxanthogenierung *f*
Rexforming Rexforming *n {Kombination von Platformieren und Extrahieren}*
reyn Reyn *n {obs, dynamische Viskosität 1 r = 14,8816 Poise}*
Reynolds number Reynolds-Zahl *f*, Reynoldssche Zahl *f {Strömungskennzahl}*
rezbanyite Hammarit *m*, Rezbanyit *m {Min}*
rf (RF) *{radio-frequency}* Hochfrequenz *f*, HF *{10 kHz - 100 GHz}*, Radiofrequenz *f*
rf coil Hochfrequenzspule *f*
rf discharge Hochfrequenzentladung *f*
rf heating Induktionsheizung *f*, induktive Wärmebehandlung *f*
Rf-value RF-Wert *m {Papier- und Dünnschichtchromatographie}*
Rh [factor] Rhesusfaktor *m*, Rh-Faktor *m {Immun}*
Rh-testing Rhesusfaktorbestimmung *f*
RH *{relative humidity}* relative Feuchte *f*, relative Feuchtigkeit *f {in %}*
RH value RH-Wert *m {Redoxpotential}*
rhabarberone Rhabarberon *n*
rhabdite Rhabdit *m*, Schreibersit *m*, Ferro-Rhabdit *m {Min}*
rhabdolith Rhabdolith *m*, Wernerit *m {Min}*
rhabdophane Rhabdophan *m*, Scovillit *m*, Skovillit *m {Min}*
rhaeticite Rhätizit *m {Min}*
rhagite Rhagit *m*, Atelestit *m {Min}*
rhamnal Rhamnal *n*
rhamnazin Rhamnazin *n*
rhamnegin <$C_{12}H_{10}O_5$> Rhamnegin *n*
rhamnetin <$C_{16}H_{12}O_7$> 7-Methylquercetin *n*, *β*-Rhamnocitrin *n*, Rhamnetin *n*
rhamnicoside <$C_{26}H_{30}O_{15}\cdot 4H_2O$> Rhamnicosid *n*
rhamnine Rhamnin *n*
rhamninose <$C_{18}H_{32}O_{14}$> Rhamninose *f {Trisaccharid}*
rhamnite *s.* rhemnitol
rhamnitol <$CH_3(CHOH)_4CH_2OH$> Rhamnit *m*
***β*-rhamnocitrin** *s.* rhamnetin
rhamnofluorin Rhamnofluorin *n*
rhamnogalactoside Rhamnogalactosid *n*
rhamnoheptose Rhamnoheptose *f*
rhamnohexose Rhamnohexose *f*
rhamnol <$C_{20}H_{36}O$> Rhamnol *n*
rhamnonic acid Rhamnonsäure *f*
rhamnose Rhamnose *f*
L-rhamnose <$C_6H_{12}O_5$> Isodulcit *n*, L-Rhamnose *f*, L-Mannomethylose *f*, 6-Desoxy-L-mannose *f*
L-rhamnose dehydrogenase *{EC 1.1.1.173}* L-Rhamnosedehydrogenase *f*
L-rhamnose isomerase *{EC 5.3.1.14}* L-Rhamnoseisomerase *f*
rhamnoside <$C_{21}H_{20}O_4$> Rhamnosid *n*
rhamnosterin Rhamnosterin *n*
rhamnoxanthin Rhamnoxanthin *n*
rhamnulokinase *{EC 2.7.1.5}* Rhamnulokinase *f*
rhamnulose Rhamnulose *f*
rhapontin <$C_{21}H_{24}O_9$> Rhapontin *n*, Rhaponticin *n*, Ponticin *n*
rhatanin <$C_{10}H_{13}NO_3$> Rhatanin *n*, *N*-Methyltyrosin *n*, Geoffroyin *n*
rhatany Ratanhia *f {Krameria triandra L.}*
rhatany root Ratanhiawurzel *f {Med}*
rhatany tincture Ratanhiatinktur *f {Med}*
rhe Rhe *n {obs, Einheit des Fließvermögens 1 rhe = 10 $Pa^{-1}s^{-1}$}*
rheadin <$C_{21}H_{21}NO_6$> Rheadin
RHEED *{reflection high energy electron diffraction}* Reflexionsbeugung *f* schneller Elektronen
rheic acid <$C_{15}H_{10}O_4$> Chrysophanol *n*, Chrysophansäure *f*, 3-Methylchrysazin *n*
rhein <$C_{15}H_8O_6$> Rheinsäure *f*, Parietsäure *f*, Rharbarbergelb *n*, Chrysazin-3-carbonsäure *f*, 4,5-Dihydroxyanthrachinon-3-carbonsäure *f*, Rhein *n*

rhein amide Rheinamid *n*
rhein chloride Rheinchlorid *n*
rheinic acid *s.* rhein
rhenate <M'_2ReO_4> Rhenat(VI) *n*, Tetroxorhenat *n*
rhenic acid <H_2RhO_4> Perrheniumsäure *f*, Rhenium(VI)-säure *f*
rhenic [acid] anhydride Rhenium(VI)-oxid *n*
rhenite <M'_2ReO_3> Rhenat(IV) *n*, Trioxorhenat *n*, Rhenit *n*
rhenium *{Re, element no. 75}* Rhenium *n*, Dvimangan *n {obs}*, Bohemium *n {obs}*
rhenium black Rheniummohr *n*, Rheniumschwarz *n*
rhenium dioxide <ReO_2> Rheniumdioxid *n*, Rhenium(IV)-oxid *n*
rhenium fluoride <ReF_6> Rhenium(VI)-fluorid *n*, Rheniumhexafluorid *n*
rhenium heptoxide <Re_2O_7> Rheniumheptoxid *n*, Dirheniumheptoxid *n*, Rhenium(VII)-oxid *n*
rhenium hexachloride <$ReCl_6$> Rhenium(VI)-chlorid *n*, Rheniumhexachlorid *n*
rhenium peroxide <Re_2O_8> Rheniumperoxid *n*
rhenium sesquioxide <Re_2O_3> Rheniumsesquioxid *n*, Rheniumhemitrioxid *n*, Rhenium(III)-oxid *n*, Dirheniumtrioxid *n*
rhenium trioxide <ReO_3> Rheniumsäureanhydrid *n*, Rheniumtrioxid *n*, Rhenium(VI)-oxid *n*
rheochrysin <$C_{22}H_{22}O_{10}$> Rheochrysin *n*
rheodynamic rheodynamisch *{Schmierung}*
rheodynamic stability rheodynamische Stabilität *f*
rheologic *s.* rheological
rheological rheologisch *{Phys}*
rheological additive Fließzusatzstoff *m*, Fließverbesserer *m*
rheological behaviour rheologisches Verhalten *n*, Fließverhalten *n*
rheological breakdown rheologischer Zusammenbruch *m {Plastschmelze}*
rheological constitutive equation rheologische Zustandsgleichung *f {Plastschmelze}*
rheological cross effect rheologischer Quereffekt *m {DIN 1342}*
rheological equation of state rheologische Zustandsgleichung *f {Plastschmelze}*
rheological hysteresis curve rheologische Hysteresiskurve *f {DIN 1342}*
rheological law rheologisches Stoffgesetz *n {DIN 1342}*
rheological model rheologisches Modell *n*
rheological process rheologischer Prozeß *m*
rheological property Fließeigenschaft *f*, rheologischer Wert *m*, Viskositäts- und Fließwert *m*, rheologische Eigenschaft *f*
rheology Fließkunde *f*, Rheologie *f {Phys}*
rheology modifier Viskositätsveränderer *m*
rheometer Konsistenzmesser *m*, Fließprüfgerät *n*, Plastometer *n {Tech}*; Rheometer *n {Med}*
rheopectic rheopektisch, rheopex
rheopexy Rheopexie *f*, Fließverfestigung *f*, Antithixotropie *f*, thixogene Koagulation *f {Koll}*
rheostat 1. Rheostat *m*, Regelwiderstand *m*, veränderbarer Widerstand *m*, einstellbarer Widerstand *m*, Widerstandsregler *m*, Stellwiderstand *m*; 2. Meßwiderstand *m*
rheostat control Widerstandsregelung *f*
rheotaxial growth rheotaxiales Kristallwachstum *n*
rheotron Elektronenbeschleuniger *m*, Rheotron *n*
rheotropic brittleness rheotrope Versprödung *f {Met}*
rhesus factor Rhesusfaktor *m*, Rh-Faktor *m {Blut}*
rheumatic 1. rheumatisch *{Med}*; 2. Rheumatiker *m*
rheumatism Rheumatismus *m*, Rheuma *n {Med}*
rhigolene Rhigolen *n {Butan/Pentan-Mischung}*
rhinanthin Rhinanthin *n {Glucosid}*
rhizobitoxin Rhizobitoxin *n {Insektizid}*
rhizocarpic acid <$C_{28}H_{23}NO_6$> Rhizocarpsäure *f*
rhizoid Rhizoid *n {Bot}*
rhizome Rhizom *n*, Erdsproß *m*, Wurzelstock *m {Bot}*
rhizonic acid <$C_9H_{12}O_4$> Formylpterinsäure *f*, Rhizonsäure *f*
rhizoninic acid Rhizoninsäure *f*
rhizopterine <$C_{15}H_{12}N_6O_4$> Rhizopterin *n*
rhodacene <$C_{20}H_{20}$> Rhodacen *n*
rhodalline Allylthioharnstoff *m*, Thiosinamin *n*
rhodamic acid *s.* rhodanine
rhodamine Rhodamin *n*, Rhodaminfarbstoff *m*
rhodamine 6G <$C_{26}H_{26}ClN_2O_3$> Rhodamin 6G *n*
rhodamine B <$C_{28}H_{31}ClN_2O_3$> Rhodamin B *n*
rhodamine G <$C_{26}H_{27}ClN_2O_3$> Rhodamin G *n*
rhodamine S <$C_{20}H_{23}ClN_2O_3$> Rhodamin S *n*
rhodamine toner Rhodamintoner *m {Rhodamin-Phosphowolfram/-molybdänsäure}*
rhodanate <M'SCN> Rhodanid *n*, Thiocyanat *n {IUPAC}*
rhodanic acid 1. <HSCN> Rhodanwasserstoffsäure *f*, Thiocyansäure *f*; 2. *s.* rhodanine
rhodanic acid value Rhodanzahl *f {Ölanalyse}*
rhodanide <M'SCN> Rhodanid *n*, Thiocyanat *n {IUPAC}*
rhodanine <$C_3H_3NOS_2$> Rhodanin *n*, 2-Thioxo-4-thiazolidon *n*
rhodanizing Rhodinieren *n*, Rhodiumplattierung *f {mit einer Rhodiumschicht versehen}*
rhodanizing bath Rhodiumbad *n {Galvanik}*
rhodanometry 1. Thiocyanometrie *f {Anal}*;

2. Rhodanometrie *f {Cyanometrie in der Ölanalyse}*
rhodeasapogenin Rhodeasapogenin *n*
rhodeite *s.* rhodeol
rhodeohexonic acid Rhodeohexonsäure *f*
rhodeol Rhodeit *m*, D-1-Desoxygalactit *m*
rhodeonic acid Rhodeonsäure *f*
rhodeorhetin <$C_{31}H_{50}O_{16}$> Convolvulin *n*
rhodeose Rhodeose *f*
L-rhodeose L-Rhodeose *f*, L-Fucose *f*, 6-Desoxygalactose *f*
rhodesite Rhodesit *m {Min}*
rhodexin Rhodexin *n*
rhodinal <$C_{10}H_{18}O$> α-Citronellal *n*, Rhodinal *n*, 3,7-Dimethyloct-7-en-1-ol *n*
rhodinic acid Rhodinsäure *f*, Dihydrogeraniumsäure *f*, 3,7-Dimethyl-oct-6-ensäure *f*
rhodinol 1. Rhodinol *n*, Citronellol *n {Gemisch}*; 2. <$C_{10}H_{20}O$> *(s)*-3,7-Dimethyloct-7-en-1-ol *n*, α-Citronellol *n*
rhodinyl acetate Rhodinylacetat *n*
rhodite Rhodit *m*, Rhodiumgold *n {Min, 34-43 Rh}*
rhodium *{Rh, element no. 45}* Rhodium *n*
rhodium bath Rhodiumbad *n*
rhodium black Rhodiummohr *m*, Rhodiumschwarz *n*
rhodium carbonyl chloride <$[Rh(CO)_2Cl]_2$> Rhodiumcarbonylchlorid *n*, Tetracarbonyldichlorodirhodium *n*, Dichlorotetracarbonyldirhodium *n*, Chlorodicarbonylrhodium(I)-Dimer[es] *n*
rhodium chloride <$RhCl_3 \cdot 4H_2O$> Rhodium(III)-chlorid *n*, Rhodiumtrichlorid *n*
rhodium compound Rhodiumverbindung *f*
rhodium content Rhodiumgehalt *m*
rhodium gold *s.* rhodite
rhodium hydrosulfide <$Rh(SH)_3$> Rhodium(III)-hydrogensulfid *n*
rhodium hydroxid <$Rh(OH)_3$> Rhodium(III)-hydroxid *n*, Rhodiumtrihydroxid *n*
rhodium monoxide <RhO> Rhodium(II)-oxid *n*, Rhodiummonoxid *n*
rhodium nitrate <$Rh(NO_3)_3$> Rhodium(III)-nitrat *n*, Rhodiumtrinitrat *n*
rhodium oxides Rhodiumoxide *npl {RhO, Rh_2O_3, RhO_2}*
rhodium-plated rhodiniert
rhodium plating bath Rhodiumbad *n {Galvanik}*
rhodium salt Rhodiumsalz *n*
rhodium sesquioxide <Rh_2O_3> Rhodiumsesquioxid *n*, Dirhodiumtrioxid *n*, Rhodium(III)-oxid *n*
rhodium sulfate <$Rh_2(SO_4)_3 \cdot 12H_2O$> Rhodium(III)-sulfat[-Dodecahydrat] *n*
rhodium trichloride <$RhCl_3$> Rhodium(III)-chlorid *n*, Rhodiumtrichlorid *n*
rhodium trifluoride <RhF_3> Rhodium(III)-fluorid *n*, Rhodiumtrifluorid *n*
rhodium trioxide <RhO_3> Rhodiumtrioxid *n*, Rhodium(VI)-oxid *n*
rhodizite Rhodizit *m {Min}*
rhodizonate dianion <$C_6O_6^{2-}$> Rhodizonsäureanion *n*
rhodizonic acid <$C_6H_2O_6$> Rhodizonsäure *f*
rhodochrosite Rhodochrosit *m*, Himbeerspat *m {obs}*, Manganspat *m*, Rosenspat *m {obs}*, Dialgit *m {Mangan(II)-carbonat, Min}*
rhodocladonic acid Rhodocladonsäure *f*
rhododendrin <$C_{16}H_{24}O_7$> Betulosid *n*, Rhododendrin *n*
rhododendrol <$C_{10}H_{12}O_2$> Rhododendrol *n*
rhodol Metol *n*, Rhodol *n*, Methyl-*p*-aminophenol *n {Photo}*
rhodolite Rhodolith *m {Min}*
rhodommatin Rhodommatin *n*
rhodonite Rhodonit *m {Min}*
rhodophite Rhodophit *m*
rhodophyllite Rhodophyllit *m {obs}*, Kämmererit *m {Min}*
rhodopin <$C_{40}H_{58}O$> Rhodopin *n*
rhodoporphyrine Rhodoporphyrin *n {Geol}*
rhodopsin Rhodopsin *n*, Sehpurpur *m*
rhodosamine Rhodosamin *n*
rhodoxanthin <$C_{40}H_{50}O_2$> Thujorhodin *n*, Rhodoxanthin *n*
rhodusite Rhodusit *m {Min}*
rhoeadine <$C_{21}H_{21}NO_6$> Rhöadin *n*
rhoeagenine <$C_{20}H_{19}NO_6$> Rhöagenin *n*
rhoenite Rhönit *m {Min}*
rhomb 1. rhombisch; 2. Rhombus *m {gleichseitiges Parallelogramm}*, Raute *f*; 3. Rhomboeder *n {Krist}*
rhomb spar rhombischer Dolomit *m*, Rautenspat *m {Min}*
rhombarsenite Rhombarsenit *m {obs}*, Claudetit *m {Min}*
rhombic rhombisch, rautenförmig, rhombenförmig
rhombic dodecahedron Rhombendodekaeder *n*, Granatoeder *n {Krist}*
rhombic lattice orthorhombisches Gitter *n {Krist}*
rhombic mica Rhombenglimmer *m {Min}*
rhombic-pyramidal rhombisch-pyramidal *{Krist}*
rhombic sulfur rhombischer Schwefel *m*, α-Schwefel *m*
rhombifoline Rhombifolin *n*
rhombinine <$C_{15}H_{20}N_2O$> Anagyrin *n*, Rhombinin *n*, Monolupin *n*
rhomboclase Rhomboklas *m {Min}*
rhombohedral rhomboedrisch *{Krist}*
rhombohedric cleavage plane Spaltrhomboederfläche *f*

rhombohedron Rhomboeder *n*, Rautenflächner *m {Krist}*
rhombohemidral rhomboedrisch, rhombisch-hemiedrisch *{Krist}*
rhombohemimorphous rhombisch-hemimorph *{Krist}*
rhomboholohedral rhombisch-holoedrisch *{Krist}*
rhomboid 1. rhombisch, rautenförmig; rhomboidisch; 2. Rhomboid *n {Krist}*; 3. Rhomboid *n*, Parallelogramm *n {Math}*
rhomboid filling stones Rhomboidfüllsteine *mpl*, rautenförmige Füllsteine *mpl*
rhomboidal rautenförmig, rhombisch; rhomboidisch
rhombopyramidal rhombisch-pyramidal *{Krist}*
rhombus Rhombus *m*, Raute *f*
rhometer Widerstandsmeßgerät *n {Elek}*
rhubarb Rhabarber *m {Bot}*
rhubarb syrup Rhabarbersirup *m*
rhubarb tincture Rhabarbertinktur *f*
rhubarb yellow *s.* rhein
rhus varnish Rhuslack *m*
rhyacolite Rhyakolith *m {obs}*, Sanidin *n {Min}*
rhyolite Rhyolith *m*, Liparit *m {Geol}*
rib 1. zweibettig *{z.B. Strickmaschine}*; 2. Rippe *f {z.B. Versteifungsrippe, Plastformteilrippe, Gewölberippe}*; 3. Steg *m {eines T-Trägers}*; 4. Dorn *m*, Riffel *m*, Nocken *m {Brechwalze}*; 5. Grat *m*, Rippe *f {Text}*; 6. anstehende Kohle *f*; Begleitflöz *m {Bergbau}*
ribreinforced sandwich panel Stegdoppelplatte *f*
ribamine Ribamin *n*
ribazole Ribazol *n*
α-ribazole <$C_{14}H_{18}N_2O_4$> α-Ribazol *n {Teil des Vitamin B_{12}}*
ribbed geriffelt, gerippt, gerillt; Rippen-, Riffel-
ribbed anode Riffelanode *f*
ribbed cooler Rippenkühler *m*
ribbed funnel Riffeltrichter *m*, Rippentrichter *m*
ribbed glass Rippenglas *n*, Riffelglas *n*, geriffeltes Glas *n*, geripptes Glas *n*
ribbed pipe Rippenrohr *n {Längsrippen}*
ribbed tube *s.* ribbed pipe
ribbon 1. Band *n {z.B. Farbband, Glasband, Gesteinsband}*; 2. Streifen *m*; 3. Bahn *f {Extrudat}*
ribbon agate Bandachat *m {Min}*
ribbon-blade agitator Bandrührwerk *n*, Bandrührer *m*
ribbon blender Bandmischer *m*, Bandschneckenmischer *m*, Gegenstrommischer *m*, Simplex-Mischer *m*
ribbon die Banddüse *f*
ribbon-flame burner Bandbrenner *m*, Langschlitzbrenner *m*
ribbon jasper Bandjaspis *m {Min}*
ribbon lacquer Bandlack *m*
ribbon mixer *s.* ribbon blender
ribbon spinning Schmelzbandspinnen *n*, Schmelzbandspinnverfahren *n*
ribitol <$C_5H_{12}O_5$> Ribit *m*, Adonit *m*
ribodesose Ribodesose *f*
D-2-ribodesose D-2-Ribodesose *f*, Thyminose *f*, D-2-Desoxyarabinose *f*, D-2-Desoxyribose *f {IUPAC}*
riboflavin <$C_{18}H_{20}N_3O_6$> Riboflavin *n*, Lactoflavin *n*, Vitamin B_2 *n {Triv}*
riboflavin kinase *{EC 2.7.1.26}* Riboflavinkinase *f {IUB}*, Flavokinase *f*
riboflavin phosphotransferase *{EC 2.7.1.42}* Riboflavinphosphotransferase *f*
riboflavin synthase *{EC 2.5.1.9}* Riboflavinsynthase *f*
riboflavinase *{EC 3.5.99.1}* Thiaminase II *f*, Riboflavinase *f {IUB}*
riboflavine *s.* riboflavin
riboflavine-5'-adenosine diphosphate Flavin-Adenin-Dinucleotid *n*, Riboflavin-5'-(trihydrogendiphosphat) *n*, FAD
riboflavine-5'-phosphate Riboflavin-5'-phosphat *n*, Flavinmononucleotid *n*, Isoalloxazinmononucleotid *n*
ribohexulose Ribohexulose *f*
D-ribohexulose <$C_6H_{12}O_6$> D-Psicose *f*, D-Allulose *f*, D-Ribohexulose *f*, Pseudofructose *f*, D-*ribo*-2-Ketohexose *f*, D-Erythrohexulose *f*, 5-Ketoallose *f*
riboketose Riboketose *f*
ribokinase *{EC 2.7.1.15}* Ribokinase *f*
ribonic acid <$HOCH_2(CHOH)_3COOH$> Ribonsäure *f*
ribonucleases Ribonucleasen *fpl*
ribonucleic acid Ribonucleinsäure *f*, RNS
ribosomal ribonucleic acid ribosomale Ribonucleinsäure *f*
viral ribonucleic acid virale Ribonucleinsäure *f*
ribonucleoprotein Ribonucleoprotein *n {Biochem}*
ribonucleoside monophosphate Ribonucleosidmonophosphat *n*
ribonucleoside 5'-triphosphate Ribonucleosid-5'-triphosphat *n*, rNTP
ribonucleotide Ribonucleotid *n*
ribosamine Ribosamin *n*
ribose <$HOCH_2(CHOH)_2CH_2CHO$> Ribose *f*
D-ribose dehydrogenase ($NADP^+$) *{EC 1.1.1.115}* D-Ribosedehydrogenase ($NADP^+$) *f*
ribose isomerase *{EC 5.3.1.6}* Riboseisomerase *f*
ribose ketohexose *s.* psicose
riboside Ribosid *n*
ribosomal ribosomal
ribosomal protein ribosomales Protein *n*

ribosomal RNA ribosomale RNA *f*, rRNA
ribosome Ribosom *n* *{Biochem}*
ribosome reconstitution Ribosomenrekonstitution *f*
D-ribosyl uracil *s.* uridine
ribosylnicotinamide kinase *{EC 2.7.1.22}* Ribosylnicotinamidkinase *f*
ribozyme Ribozym *n* *{RNA-Segment}*
ribulokinase *{EC 2.7.1.16}* Ribulokinase *f*
ribulose Ribulose *f*
D-ribulose <$C_5H_{19}O_5$> D-Ribulose *f*, D-Adonose *f*, D-*erythro*-2-Ketopentose *f*, D-*erythro*-Pentulose *f*
ribulose-1,5-diphosphate <$C_5H_8O_5(PO_3H_2)_2$> Ribulose-1,5-diphosphat *n*
RIC *{Royal Institute of Chemistry}* Königliches Chemisches Institut *n* *{GB}*
rice Reis *m* *{Bot}*
rice-bran oil *s.* rice oil
rice flour Reismehl *n*
rice-hulling mill Reismühle *f*, Reisschälmühle *f*
rice mill *s.* rice-hulling mill
rice oil Reisöl *n* *{das fette Öl der Reiskleie}*
rice paper Reispapier *n*, Chinesisches Reispapier *n* *{Aralia papyrifera}*
rice spirit Reisbranntwein *m*
rice starch Reisstärke *f*
rich reich [an]; satt, kräfig, tief *{Farbton}*; fett *{z.B. Kraftstoffgemisch, Boden}*; fruchtbar, ertragreich *{Boden}*; gut, reich *{Ernte}*; voll
rich clay fetter Ton *m*
rich coal Fettkohle *f*, Backkohle *f*
rich gas hochwertiges Gas *n*, reiches Gas *n*, Reichgas *n*; Starkgas *n*
rich in ash aschenreich, mit hohem Aschengehalt *m*
rich in carbon kohlenstoffreich
rich in colo[u]r farbenreich
rich in oxygen sauerstoffreich
rich oil Schweröl *n*; reiches Waschöl *n*, beladenes Waschöl *n*
rich ore Edelerz *n*
rich shade kräftige Farbtönung *f* *{bei Formteilen und Beschichtungen}*
rich slag Frischschlacke *f*, Reichschlacke *f*
rich solvent angereichertes Lösemittel *n*
richellite Richellit *m* *{Min}*
richterite Richterit *m*, Imerinit *m* *{Min}*
ricin Ricin *n* *{giftiger Eiweißstoff}*
ricinate Ricinoleat *n*
ricinelaidic acid <$C_{18}H_{34}O_3$> Ricinelaidinsäure *f*, Ricinuselaidinsäure *f*, *(S)-(E)*-12-Hydroxyoctadec-9-ensäure *f*
ricinenic acid Ricinensäure *f*
ricinic acid *s.* ricinoleic acid
ricinine <$C_8H_8N_2O_2$> Ricinin *n*, Ricidin *n* *{Alkaloid des Rizinussamens}*
ricinine nitrilase *{EC 3.5.5.2}* Ricinin-Nitrilase *f*
ricinoleate Ricinoleat *n*
ricinoleic acid <$CH_3(CH_2)_5CHOHCH_2CH=CH(CH_2)_7CO_2H$> Ricinusölsäure *f*, Ricinolsäure *f*, Oxyolsäure *f*, (R)-(Z)-12-Hydroxyoctadec-9-ensäure *f*
ricinolein <$C_{57}H_{104}O_9$> Ricinolein *n*, Triricinolein *n*, Glyceryltriricinoleat *n*
ricinoleyl alcohol <$C_{18}H_{36}O_2$> Ricinoleylalkohol *m*
ricinostearolic acid <$C_{18}H_{34}O_3$> Ricinstearolsäure *f*, 11-Hydroxyheptadec-8-en-1-carbonsäure *f*
ricinus Ricinus *m*, Ricinus communis *{Bot}*
ricinus oil Ricinusöl *n*, Castoröl *n*, Wunderbaumöl *n*
rickardite Sanfordit *m* *{obs}*, Rickardit *m* *{Min}*
rid/to befreien [von]
get rid of/to beseitigen
riddle/to 1. sieben, absieben, sichten; rättern *{Bergbau}*; 2. durchlöchern; 3. raten
riddle 1. Durchwurf *m* *{grobes Sieb}*, Rätter *m*, Schüttelsieb *n*, Grobsieb *n*; 2. Rätsel *n*
riddlings fester Brennstoff *m*, der durch den Rost durchgefallen ist
riddlings hopper Rostdurchfalltrichter *m*, Rosttrichter *m*, Durchfalltrichter *m*
Rideal-Walker coefficient *{BS 541}* Rideal-Walker-Wert *m*, Phenolkoeffizient *m* *{Sterilisation}*
rider 1. Reiter *m*, Reiterwägstück *n*, Laufgewicht[stück] *n* *{Waage}*; 2. Aufsitzmäher *m* *{Agri}*; 3. Begleitflöz *n* *{Bergbau}*
rider adjustment Reiterversetzung *f*
rider cask Sattelfaß *n* *{Brau}*
ridge 1. Riefe *f*, Rille *f* *{Tech}*; Furche *f* *{Agri}*; 2. Gebirgskette *f*, Hügelkette *f*, Gebirgskamm *m*, Gebirgsrücken *m* *{Geol}*; 3. Grat *m*, Rippe *f* *{Text}*; 4. Schweißüberhöhung *f*, Schweißkuppe *f*, Schweißwölbung *f*; 5. Keil *m* *{hohen Luftdrucks}*, Hochkeil *m* *{Meterologie}*
ridge-line analysis Kammlinienanalyse *f* *{Statistik}*
riebeckite Riebeckit *m*, Osannit *m* *{Min}*
riffle Rille *f*, Riffel *f*, Leiste *f*
riffle concentrator Erzanreicherungsanlage *f* mit Durchlaßrinne
riffler Riffelteiler *m*, Erzklassierer *m*, Sandfang *m* *{Erzanreicherung}*
rifle bullet impact test Beschußprobe *f*
rift Riß *m*; Spalte *f*
rig/to 1. aufbauen, aufstellen, montieren; rüsten, aufrüsten; takeln *{Schiff}*; 2. manipulieren
rig up/to schnell herrichten; zusammenbauen, montieren; ausstatten
rig 1. Geräte *npl*, Anlagen *fpl*, Einrichtun-

gen *fpl*, Fazilität *f {Tech}*; 2. Rig *m*, Bohranlage *f {unabhängige Bohrinsel}*

right 1. rechte, rechts; richtig *{Math}*; richtig, recht, zutreffend; ordentlich, gut, geeignet; 2. Recht *n*, Befugnis *f*

right angle rechter Winkel *m*

right-angle bend Rohrbogen *m*

right-angle valve Eckventil *n*

right-angled rechtwinklig

right-hand 1. rechtsschneidend; rechtsgängig *{z.B. Gewinde}*; Rechts-; 2. Rechtsschlag *m {Seil}*

right-hand rule Rechte-Hand-Regel *f {Elek}*

right-hand thread Rechtsgewinde *n*

right-handed rechtsgängig *{z.B. Gewinde}*; Rechts-

right-handed rotation Rechtsdrehung *f*

right helix Rechtsspirale *f*

right of cancellation Rücktrittsrecht *n*, Aufhebungsrecht *n*, Kündigungsrecht *n*

right parallelepiped Quader *m {Math}*

right-polarized rechtsdrehend polarisiert *{Opt}*

right triangle rechtwinkliges Dreieck *n {Math}*

be right/to stimmen, richtig sein

set right/to berichtigen

rigid steif; [biege]steif, starr; verwindungssteif *{Mech}*; unbeweglich *{z.B. Gelenk}*; hart *{Material}*; stabil; rigide *{Gewebe}*; streng; rigid *{Physiol}*

rigid body starrer Körper *m*

rigid-body displacement Starrkörperverschiebung *f*

rigid cellular material Hartschaumstoff *m*, Plasthartschaumstoff *m*

rigid composite Hartverbund *m*

rigid film Hartfolie *f*

rigid foam 1. Hartschaum[stoff] *m*, Plasthartschaumstoff *m*; 2. fester Schaum *m*

rigid-foam core Hartschaumkern *m*

rigid-foam insulating material Hartschaumisolierstoff *m*

rigid plastic 1. starr-plastisch; 2. harter Plast *m*, harter Kunststoff *m*

rigid-plastic sheet Plastharttafel *f*, Plasthartplatte *f*, Hartplasttafel *f*, Hartplastplatte *f*

rigid polyethylene Polyethylen-hart *n*, Hartpolyethylen *n*

rigid polyurethane foam Polyurethan-Hartschaumstoff *m*, Hart-Urethanschaum *m*

rigid polyvinyl chloride Polyvinylchlorid-hart *n*, Hart-PVC *n*, weichmacherfreies Polyvinylchlorid *n*, unplastifiziertes Polyvinylchlorid *n*

rigid PVC film Hart-PVC-Folie *f*, PVC-Hartfolie *f*

rigid PVC structural foam PVC-Hart-Strukturschaumstoff *m*, PVC-H-Strukturschaumstoff *m*

rigid segment starres Polymersegment *n*, starrer Molekülabschnitt *m {Polymer}*

rigid sheet Hartfolie *f*

rigidity 1. Starrheit *f*, Starre *f*, Righeit *f {elastische Widerstandsfestigkeit gegenüber Formänderungen}*; Steife *f*, Steifheit *f*, Steifigkeit *f {z.B. Biegesteifigkeit}*; 2. Festigkeit *f*, Stabilität *f*; Unbeweglichkeit *f*, Biegfestigkeit *f*; 3. Härte *f*

rigidity modulus Schubmodul *m {DIN 1304}*, Scher[ungs]modul *m*, Gleitmodul *m*, Torsionsmodul *m*

rigor *{US}* 1. Exaktheit *f*, Strenge *f*; 2. Härte *f*; 3. Starre *f*; 4. Schüttelfrost *m {Med}*

rigorous streng, peinlich genau, exakt *{z.B. Beweisführung}*; rigoros

rigour *{GB}* *s.* rigor *{US}*

RIM *{reaction injection mo[u]lding}* Reaktionsgießverarbeitung *f*, Reaktionsguß *m*, Reaktions[spritz]gießen *n*

rim/to einfassen; rändern

rim 1. Rand-; 2. Rand *m*, Einfassung *f*, Bord *m*, Kante *f*; 3. Felge *f {Reifen}*; 4. Kranz *m {z.B. der Riemenscheibe}*

rim angle of surface tension Randwinkel *m* der Oberflächenspannung

rim decarbonization Randentkohlung *f {Met}*

rim fermentation Randgärung *f*

rimmed steel unberuhigter Stahl *m*, unberuhigt vergossener Stahl *m*

ring 1. Ring *m {Chem}*; 2. Ring *m*, Kranz *m*, Schiffchen *n {Glas}*; 3. Ring *m {Math}*; 4. Hof *m {Opt}*; 5. Ring *m {Tech}*; Öse *f*; Reif *m*, Reifen *m*; 6. Ruf *m*, Anruf *m*

ring acylation Ringacylierung *f*

ring agate Ringachat *m {Min}*

ring analysis Ringanalyse *f {Öl}*

ring-and-ball test Ring-und-Kugelprüfung *f*, Ring-Kugel-Prüfung *f*

ring-and-ball mill Kugelringmühle *f*

ring assembly Ringsequenz *f {Valenz, Stereochem}*

ring balance [meter] Ringwaage *f*

ring-bend[ing] test Ringfaltversuch *m {Met}*

ring-branching position Ringverzweigungsstelle *f*

ring burner Ringbrenner *m*, Rundbrenner *m*, Gasheizkranz *m*, Kronenbrenner *m*

ring carbon atom Ringkohlenstoffatom *n*

ring cathode Ringkathode *f*, ringförmige Kathode *f*, Ringstrahl[nah]kathode *f*

ring cathode electron bombardment source Ringkathoden-Elektronenstoßquelle *f*

ring-chain tautomerism Ring-Ketten-Tautomerie *f*, cyclisch offene Tautomerie *f*

ring channel Ringkanal *m*

ring chromatid Ringchromatide *f*

ring chromosome Ringchromosom *n*

ring cleavage Ring[auf]spaltung *f*, Ringöffnung *f*, Ringsprengung *f*
ring-closing ringschließend, ringbildend
ring closure Ringschluß *m*, Ringbildung *f*, Cyclisierung *f*
ring-cluster structure Ring-Ketten-Struktur *f*
ring compound Ringverbindung *f*, ringförmige Verbindung *f*, cyclische Verbindung *f {Stereochem}*
ring connection Ringverbindung *f*, ringförmige Verbindung *f*
ring contraction Ringverengung *f*
ring die Ringdüse *f*, Ringschlitzdüse *f*
ring enlargement Ringerweiterung *f {Stereochem}*
ring-expanding test Ringaufdornversuch *m*, Ringaufweitversuch *m {Met}*
ring-expansion reaction Ringerweiterungsreaktion *f*
ring-expansion test *s.* ring-expanding test
ring extension Ringerweiterung *f {Stereochem}*
ring fission Ringaufspaltung *f*, Ringöffnung *f*, Ringsprengung *f*, Ringspaltung *f {Valenz}*
ring-folding test Ringfaltversuch *m*
ring formation Ringbildung *f*, Ringschluß *m*, Cyclisierung *f*, Exokondensation *f {Stereochem}*
ring gage *s.* ring ga[u]ge
ring gasket Ringdichtung *f*
ring gate ringförmiger Bandanschnitt *m*, Ringanschnitt *m*, ringförmiger Anguß *m {Gieß}*
ring ga[u]ge Kaliberring *m*, Ringlehre *f*, Meßring *m*, Lehrring *m {Tech}*
ring-hologenated kernhalogeniert
ring header Verteilerring *m*
ring heater Ringheizelement *n*, ringförmiges Heizelement *n*
ring isomerism Ringisomerie *f*
ring kiln Ringofen *m {Keramik}*
ring line Ring[rohr]leitung *f*
ring liquid strainer Ringflüssigkeitssieb *n*
ring magnet Ringmagnet *m*
ring main Ring[rohr]leitung *f*
ring manifold Verteilerring *m*
ring method Ringabreiß-Verfahren *n*, Ringmethode *f {Keramik}*
ring methylation Ringmethylierung *f {z.B. von Hafnocendihalogeniden}*
ring nozzle Ringdüse *f*, ringförmge Düse *f*
ring of carbon atoms Kohlenstoffring *m*, carbocyclische Verbindung *f*
ring opening Ringöffnung *f*, Ringspaltung *f*, Ringsprengung *f {Chem}*
ring-opening polyaddition reaction ringöffnende Polyadditionsreaktion *f*
ring-opening polymerization Ringöffnungspolymerisation *f*
ring packing 1. Füllung *f* mit Raschig-Ringen *{Dest}*; 2. Ringdichtung *f*
ring pipeline Rohrringleitung *f*
ring plane Ringebene *f {Stereochem}*
ring reaction Ringnachweisreaktion *f*
ring-roll[er] mill Ringrollenenmühle *f*, Ringmühle *f* mit Roller, Federrollenmühle *f*; Walzenringmühle *f*, Ringwalzenmühle *f*
ring-roll[er] press Ringwalzenpresse *f*
ring rupture Ring[auf]spaltung *f*, Ringöffnung *f*, Ringsprengung *f {Stereochem}*
ring scission Ring[auf]spaltung *f*, Ringöffnung *f*, Ringsprengung *f*
ring shape Ringform *f {Stereochem}*
ring-shaped ringförmig; Ring-
ring-shaped cathode *s.* ring cathode
ring size Ringgröße *f*
ring strain Ringspannung *f*
ring structure Ringstruktur *f {Chem}*
ring system Ringsystem *n*
ring tensile test Ringzugversuch *m {Rohre}*
ring test 1. Ringtest *m*, Ringmethode *f {Keramik}*; 2. Ringest *m {gemeinsamer Test mehrerer Labore unter vorgeschriebenen Bedingungen}*
ring-type distributor Ringverteiler *m*
alicyclic ring alicyclischer Ring *m*
aromatic ring aromatischer Ring *m {Chem}*
benzene ring Benzolring *m*
eight-membered ring Achtring *m*
five-membered ring Fünfring *m {Chem}*
four-membered ring Viererring *m*, viergliedriger Ring *m*
fused ring kondensierter Ring *m*, anellierter Ring *m*
heterocyclic ring heterocyclischer Ring *m*
homocyclic ring isocyclischer Ring *m*
strainless ring spannungsfreier Ring *m {Valenz}*
Ringelmann chart Ringelmann-Skale *f*, Ringelmann-Staubmeßkarte *f {Rauchdichteskale}*
Ringelmann number Ringelmann-Zahl *f {Rauchdichte}*
Ringer's solution Ringersche Lösung *f*, Ringer-Lösung *f {blutserum-isotone Salzlösung}*
rings Ringfüllkörper *mpl*
rinkite Rinkit *m {Min}*
Rinman[n]'s green Rinman[n]s Grün *n*, Kobaltgrün *n {Triv}*
rinneite Rinneit *m {Min}*
rinse/to [ab]spülen, abwaschen, ausspülen, durchspülen *{mit Flüssigkeit}*; entseifen; nachspülen; waschen, auswaschen *{Ionenaustausch}*; wässern *{Photo}*
rinse off/to wegspülen
rinse water supply inlet Spülwasserzufluß *m*
rinser Ausspritzapparat *m*, Ausspritzmaschine *f {Brau, Lebensmittel}*
rinsing 1. Spülen *n*, Abspülen *n*, Ausspülen *n*, Durchspülen *n {mit Flüssigkeit}*; Nachspülung *f*;

2. Auswaschen *n {Ionenaustausch}*; 3. Wässern *n {Photo}*; 4. Spülflüssigkeit *f*
rinsing agent Spülmittel *n*
rinsing electrode Spülelektrode *f*
rinsing liquid Spülflüssigkeit *f*
rinsing water Spülwasser *n*, Waschwasser *n*
rionite Rionit *m {Min}*
rip/to reißen; trennen *{Stoff}*; längsschneiden *{z.B. Papier}*; nachreißen *{Bergbau}*; aufreißen, tieflockern *{Agri}*
rip open /to aufschlitzen; aufreißen
ripe reif, ausgereift; mürbe
become ripe/to reifen
ripen/to altern *{z.B. Wein}*; reifen, reif werden, ausreifen; sauer werden *{Milch}*; reifen lassen, säuern *{Milch}*
ripeness Reife *f*
degree of ripeness Reifegrad *m*
ripening 1. Reifen *n*, Reifwerden *n*, Ausreifen *n*, Reifung *f {z.B. Nahrungsmittel, Klebstoffe}*; Säuern *n {Milch}*; 2. Reifen *n*, Reifung *f {Photo}*
ripening bath Reifungsbad *n {Photo}*
ripening tank Reifungsgefäß *n*; Säuerungsgefäß *n*, Rahmreifer *m {Lebensmittel}*
ripidolite Rhipidolith *m*, Fächerstein *m {Min}*
ripping 1. Aufreißen *n*, Tieflockerung *f {des Bodens}*; 2. Längsschneiden *n*, Längsschnitt *m*; 3. Reißen *n*; Trennen *n {Stoff}*; 4. Nachreißen *n {Bergbau}*
ripple/to [sich] kräuseln, riffeln; perlen; plätschern
ripple 1. Flachsriffel *m*, Riffelkamm *m {Text}*; 2. [effektive] Welligkeit *f {Wechselspannungs-, Wechselstromgehalt}*; Brummspannung *f*, Restbrumm *m*, Brumm *m {Elek}*; 3. Kapillarwelle *f*, Kräuselwelle *f*, Riffel *m {Phys}*; 4. Kräuselung *f*, Gekräusel *n {Wasseroberfläche}*; Riffelung *f*, kleine Wellungen *fpl {z.B. am Extrudat}*
ripple finish 1. Kräusellackierung *f*; 2. Runzellack *m*, Kräusellack *m {Effektlack}*
ripple-round anode Zahnanode *f*
ripple tray Riffelplatte *f*; Wellsiebboden *m {Kolonne}*
ripple varnish Kräusellack *m*, Runzellack *m {Effektlack}*
ripple voltage Brummspannung *f*, Welligkeitsspannung *f {pulsierende Spannung}*
rippled wellig, gekräuselt, geriffelt
rippled surface wellige Oberfläche *f*, gekräuselte Oberfläche *f*
rise/to 1. ansteigen *{Gelände}*; 2. aufsteigen, sich erheben; aufgehen *{z.B. Sonne, Schaumstoff}*; 3. zunehmen, ansteigen, anwachsen; 4. aufgehen *{Lebensmittel}*
rise 1. Erhöhung *f*, Steigerung *f*; 2. Zunahme *f*, Anstieg *m*, Ansteigen *n*, Anwachsen *n*; 3. Anstieg *m*, Höhe *f*, Steigung *f*; Föderhöhe; 4. Aufstieg *m*; Aufgang *m {Sonne}*; 5. Schwelle *f {Geol}*; 6. Ursprung *m*
rise and fall shutter Hubtür *f {Schutz}*
rise in pressure Druckanstieg *m*
rise in temperature Temperaturanstieg *m*
rise in viscosity Viskositätsanstieg *m*, Viskositätserhöhung *f*
rise of boiling point Siedepunktserhöhung *f*
rise time 1. Durchschaltzeit *f {Elek}*; Anlaufzeit *f*, Anklingzeit *f*; 2. Steigzeit *f {beim Reaktionsspritzgießen}*
rise time constant Anstiegzeitkonstante *f*
capillary rise kapillare Steighöhe *f*
riser 1. Steiger *m*; Speiser *m {Gieß}*; 2. abführendes Verbindungsrohr *n*, Steigrohr *n*, Steigleitung *f {Tech}*; 3. Verwerfer *m {Geol}*; 4. Dampfkamin *m*, Dampfhals *m*, Dämpfestutzen *m {Dest}*
riser cracking Airliftkracken *n*
riser rod Objekthalter *m*
riser tube 1. abführendes Verbindungsrohr *n*, Steigrohr *n*, Steigleitung *f {Tech}*; 2. Dampfkamin *m*, Dämpfestutzen *m*, Dampfhals *m {Dest}*; 3. Speiser *m*; Steiger *m {Gieß}*
risic acid *s.* rissic acid
rising ability Steigvermögen *n {z.B. Schaumstoff}*
rising casting steigendes Gießen *n*
rising film evaporator Kletterfilmverdampfer *m*, Steigfilmverdampfer *m*, Kestner-Verdampfer *m*, Kestner *m*, Kestner-Kletterfilmverdampfer *m {Chem}*
rising flow Aufwärtsströmung *f*
rising pipe Steigrohr *n*, Steigleitung *f*
rising stream Aufstrom *m*
rising velocity Steiggeschwindigkeit *f*, Aufsteigegeschwindigkeit *f*, Aufstiegsgeschwindigkeit *f {z.B. von Gasblasen}*; Aufschwimmgeschwindigkeit *f {Abwasserflotation}*
risk Risiko *n*, Gefahr *f*; Wagnis *n*
risk analysis Risikoanalyse *f {Schutz}*
risk assessment Risikoabschätzung *f*, Risikoermittlung *f {Schutz}*
risk of contamination Verunreinigungsgefahr *f*, Verunreinigungsrisiko *n*, Kontaminationsgefahr *f*; Infektionsgefahr *f {Med}*
risk of corrosion Korrosionsgefahr *f*
risk of damage Beschädigungsgefahr *f*
risk of fracture Bruchgefahr *f*
risk of overheating Überhitzungsgefahr *f*
risk of premature vulcanization Scorchgefahr *f*
risk of scorching Scorchgefahr *f*
risky gewagt, riskant, bedenklich
rissic acid <$(CH_3O)_2C_6H_2(COOH)OCH_2COOH$> Risinsäure *f*
ristin Ristin *n*
ristocetin Ristocetin *n {Antibiotikum}*

Rittinger's law Rittingersches Gesetz *n {Zerkleinern}*
rittingerite Rittingerit *m*, Xanthoconit *m*, Xanthokon *m {Min}*
Ritz's formula Ritz-Formel *f {Spek}*
Ritz's combination principle Ritzsches Kombinationsprinzip *n*
rival/to rivalisieren, konkurrieren, wetteifern; gleichkommen
rival Konkurrent *m*; Rivale *m*; Mitbewerber *m*
rival product Konkurrenzfabrikat *n*
rivalry Rivalität *f*; Konkurrenz *f*; Wetteifern *n*, Wettbewerb *m*
rivanol Rivanol *n*
rivelling Schrumpfen *n*, Kräuseln *n*, Zusammenziehen *n*, Runzelbildung *f*, Faltenbildung *f {ein Anstrichschaden}*
river gravel Flußkies *m*
river sand Flußsand *m*
river silt Flußschlamm *m*
river water Flußwasser *n*
rivet/to nieten, annieten, aufnieten; vernieten, zusammennieten
rivet Niet *m*, Niete *f*
rivet iron Nieteisen *n*
riveted joint Nietverbindung *f*, Nietung *f*, genietete Verbindung *f*
rivotite Rivotit *m {Min}*
RNA *{ribonucleic acid}* Ribonucleinsäure *f*, RNS, RNA
RNA biosynthesis RNA-Biosynthese *f*
RNA endonucleases RNA-Endonucleasen *fpl*
RNA ligase RNA-Ligase *f*
RNA messenger Messenger-RNA *f*
RNA methylases RNA-Methylasen *fpl*
RNA polymerase RNA-Polymerase *f*
RNA replicase RNA-Replikase *f*
RNA splicing RNS-Splicing *n*, Spleißen *n* von RNA
RNA transcription Transkription *f* von RNA
RNP *{ribonucleoprotein}* Ribonucleoprotein *n*, RNP
road 1. Straße , Fahrstaße *f*, Weg *m*; 2. Strecke *f {Bergbau}*; 3. Gleis *n*, Gleiskörper *m*
road bitumen Straßenbitumen *n {DIN 1995}*
road-building material Straßenbaumaterial *n*
road-marking paint *s.* road paint
road octane number Straßenoctanzahl *f*, SOZ *{Maß für die Klopffestigkeit}*
road oil Straßenöl *n*, Roadöl *n {Oberflächenbefestigung und Wasserabdichtung}*
road paint Straßenmarkierungslack *m*, Straßenmarkierungsfarbe *f*, Markierungsfarbe *f* für den Straßenverkehr
road performance Straßenverhalten *n {Kraftstoff}*, Straßenoctanzahl *f*
road salt Auftausalz *n*, Streusalz *n*
road surface Straßenbelag *m*
road tank car Straßentankwagen *m*, Tankwagen *m*
road tank trailer Sattelschlepper-Tanker *m*
road tanker Silofahrzeug *n*, Straßensilofahrzeug *n*, Straßentankwagen *m*, Tankwagen *m*, Behälterfahrzeug *n*
road tar Straßenpech *n {DIN 55 946}*, Straßenteer *m {obs}*
Road Traffic Regulations *{GB}* Gefahrgutverordnung *f* für den Straßenverkehr *{1986}*
road transport Straßentransport *m*, Straßengüterverkehr *m*, Transport *m* per Achse
roast/to braten *{Lebensmittel}*; rösten *{Met, Lebensmittel}*; brennen, [ab]sengen; abschwelen *{Tech}*; ausglühen *{Tech}*
roast again/to nachrösten
roast slightly/to anrösten
roast thoroughly/to abrösten
roast 1. gebraten; Röst-; 2. Braten *m {Lebensmittel}*; 3. Röstgut *n {Tech}*
roast gas Röstgas *n*
roast-reaction process Röstreaktionsarbeit *f*, Röst-Reaktionsprozeß *m*
roast-reduction process Röstreduktionsarbeit *f*
roast-sintering oven Sinterröstofen *m {Met}*
roasted malt Röstmalz *n*
roasted ore Abbrand *m*
roaster Röster *m*, Röstofen *m*
roaster gas Röstgas *n*
roasting Röstung *f*, Rösten *n*, Brennen *n*; Glühen *n*
roasting apparatus Röstapparat *m*
roasting bed Röstbett *n*
roasting chamber Röstkammer *f*
roasting charge Röstgut *n*, Röstposten *m*
roasting dish Glühschale *f*, Röstscherben *m*
roasting drum Rösttrommel *f*
roasting furnace Brennofen *m*, Röstofen *m*, Kalzinierofen *m*
roasting gas Röstgas *n*
roasting hearth Röstherd *m*
roasting in chlorine chlorierende Röstung *f*, Rösten *n* im Chlorstrom
roasting installation Röstanlage *f*
roasting kiln *s.* roasting furnace
roasting practice Röstbetrieb *m*
roasting process Röstprozeß *m*, Röstarbeit *f*, Röstverfahren *n*
roasting product Rösterzeugnis *n*
roasting residue Röstrückstand *m*
roasting temperature Rösttemperatur *f*
chlorinating roasting chlorierendes Rösten *n*
final roasting Fertigröstung *f*
flux for roasting Röstzuschlag *m*
oxidation roasting oxidierendes Rösten *n*
partial roasting Teilröstung *f*
period of roasting Brennzeit *f*
product of roasting Röstprodukt *n*

residue from roasting Röstrückstand *m*
robin Robin *n {giftiges Nucleoprotein}*
robinin Robinin *n {Glycosid aus Robinia pseudoacacia L.}*
robinobiose Robinobiose *f*
robinose <$C_{18}H_{32}O_{14}$> Robinose *f*
Robinson ester Robinson-Embden-Ester *m*, Glucose-6-phosphat *n*
robot Roboter *m*, Handhabungsautomat *m*, Manipulator *m*, Handhabungsgerät *n*
robot extractor automatische Entnahmevorrichtung *f*
robot for mo[u]ld automatische Entnahmevorrichtung *f*
roburite Roburit *m {Expl, 87 % NH_4NO_3, 11 % Dinitrotoluol, 2 % Chloronaphthol}*
robust robust, unempfindlich, widerstandsfähig; kräftig, stark; kräftig, körperreich *{z.B. Wein}*
roccellic acid <$C_{17}H_{32}O_4$> Roccellsäure *f*, 3-Carboxy-2-methylpentadecansäure *f*
roccelline Roccellin *n*, Orseillerot *n*
Rochelle salt <$KNaC_4H_4O_6{\cdot}4H_2O$> Rochellesalz *n*, Seignettesalz *n*, Kaliumnatriumtartrat *n*, Natronweinstein *m {Triv}*
rock Gestein *n*, Fels[en] *m {Geol}*
rock agate Felsenachat *m {Min}*
rock alum Bergalaun *m {Min}*
rock analysis Gesteinsanalyse *f*
rock asphalt Asphaltgestein *n*
rock butter Steinbutter *f {Min}*
rock candy Kandiszucker *m*, Zuckerkant *m*, Zuckerkandis *m*, Kandelzucker *m*
rock cork Bergkork *m {Min}*
rock crystal Bergkristall *m*, Quarzkristall *m {Min}*
rock explosive Gesteinssprengstoff *m*
rock flint Bergkiesel *m*, Feuerstein *m*, Flint *m {Min}*
rock-like felsartig
rock lime Bergkalk *m*, Bergkreide *f {Min}*
rock meal *s.* rock milk
rock milk Steinmehl *n*, Bergmehl *n {$CaCO_3$}*
rock oil *{GB}* Erdöl *n*, Steinöl *n {obs}*
rock salt Steinsalz *n*
rock-salt mine Salzbergwerk *n*
rock-salt prism Steinsalzprisma *n {Spek}*
rock soap Bergseife *f*, Steatit *m*, Speckstein *m {Min}*
rock tallow Hatchettin *n*
rock wool Mineralwolle *f*, Schlackenwolle *f*, Steinwolle *f*, Gesteinswolle *f*
kind of rock Felsart *f*
ore-bearing rock erzführendes Gestein *n*
rocker 1. Wippe *f {an Beschichtungsmaschinen}*; 2. Schwingtrog *m {Erzaufbereitung}*; 3. Wackelboden *m*, durchgesackter Boden *m*, abgesackter Boden *m {einer Glasflasche}*; 4. Schaukelrahmen *m*, Wipprahmen *m {Gerb}*; 5. Kurvenscheibe *f*
rocker arm Kipphebel *m*; Schwenkarm *m*; Schwinge *f*, Schwingschleife *f {Stoßmaschine}*
rocker conveyor Schüttelrutsche *f {Erz}*
rocket Rakete *f*
rocket fuel Raketentreibstoff *m*
rocket fuel oxidizer Sauerstoffträgerkomponente *f* des Raketentreibstoffs *{z.B. NH_4ClO_4}*
rocket propellant Raketentreibstoff *m*
rocket research Raketenforschung *f*
dry-fuelled rocket Rakete *f* mit festem Brennstoff
liquid-fuelled rocket Rakete *f* mit flüssigem Brennstoff, Flüssigtreibstoffrakete *f*
liquid propellant rocket Rakete *f* mit flüssigem Brennstoff, Flüssigtreibstoffrakete *f*
solid-propellant rocket Rakete *f* mit festem Treibstoff, Feststoffrakete *f*
rocking appliance Schüttelapparat *m*
rocking arc furnace Lichtbogenschaukelofen *m*, schaukelnder Lichtbogenofen *m*
rocking channel Schüttelrinne *f*
rocking grate Schwingrost *m {Abwasser}*
rocking lever Schwinghebel *m*
rocking mill Arrastra *f*, Pochmühle *f*
rocking motion Hin- und Her-Bewegung *f {z.B. Kippen, Schaukeln, Schütteln}*
rocking resistor furnace Widerstandsschaukelofen *m*, schaukelnder Widerstandsofen *m*
rocking trough Schwingrinne *f*
Rockwell hardness Rockwell-Härte *f*, HR
Rockwell hardness number Rockwell-Härtezahl *f*
Rockwell hardness test Rockwell-Härteprüfung *f*, Härteprüfung *f* nach Rockwell
rockwood Bergholz *n*, Holzasbest *m {Min}*
rocky 1. wacklig; 2. steinig, felsig; Felsen-
rod 1. Stab *m*, Stange *f*; Stäbchen *n*; Stiel *m*; 2. Hefteisen *n*, Nabeleisen *n*, Bindeeisen *n {Glas}*; 3. Walzdraht *m {Met}*; 4. Rute *f*; 5. Stab *m {obs, Längeneinheit 1 rod = 5,02921 m}*
rod ball mill Stabrohrmühle *f*
rod-bending test Dornbiegeprobe *f*
rod cell Stäbchenzelle *f {Histol}*
rod-connecting clamp Stangenverbindungsklemme *f*
rod control Stangensteuerung *f*
rod copper Stangenkupfer *n*, Barrenkupfer *n*
rod-curtain electrode Schlitzkastenelektrode *f*
rod electrode Stabelektrode *f*, stabförmige Elektrode *f*
rod expansion thermometer Stabausdehnungsthermometer *n*
rod grinder Stabmühle *f {mit Stäben als Mahlkörper}*, Schleudermühle *f*, Schlagkorbmühle *f*
rod heater Heizpatrone *f*

rod insulator Stabisolator *m*
rod iron Rundeisen *n*, Rundstahl *m*
rod-like stäbchenförmig
rod magnet Zylindermagnet *m*
rod mill *s.* rod grinder
rod-shaped stäbchenförmig
rodent 1. nagend; 2. Nagetier *n {Zool}*
rodenticide Rodentizid *n*, Nagetiervertilgungsmittel *n*, Nagetiergift *n {Ködergift}*
rodinal <$H_2NC_6H_4OH$> *p*-Aminophenol *n*, Rodinal *n {HN}*
Roelen reaction Roelen-Reaktion *f*, Hydroformylierung *f*, Oxosynthese *f*
roentgen Röntgen *n {obs, Einheit der Ionendosis, 1 R = 0,258 mC/kg Luft}*
roentgen equivalent Röntgenäquivalent *n*
roentgen equivalent men Rem *n*, Rem-Einheit *f*, biologisches Röntgenäquivalent *n {Energiedosis·Qualitätsfaktor, 1 rem = 0,01 Gy}*
roentgen equivalent physical Rep *n*, Rep-Einheit *f*, physikalisches Röntgenäquivalent *n {1 rep = 11,3 nJ/1,293 mg Luft}*
roentgen film Röntgenfilm *m*
roentgen spectrum Röntgenspektrum *n*
roentgen unit *s.* roentgen
roentgenogram Röntgenaufnahme *f*, Röntgenbild *n*
roentgenography Röntgenographie *f*, Röntgenphotographie *f*, Röntgenradiographie *f*
roentgenology Röntgenologie *f*, Röntgen[strahlen]kunde *f*
roentgenoluminescence Röntgenstrahlen-Lumineszenz *f*
roentgenometer Röntgenstrahlenmesser *m*
roentgenoscope Röntgenoskop *n*, Röntgenapparat *m*
roentgenoscopy Röntgenoskopie *f*, Röntgenuntersuchung *f*, Röntgendurchleuchtung *f*
roentgenotherapy Röntgenbestrahlung *f {Med}*
roepperite Roepperit *m {Min}*
roestone Rogenstein *m {Geol}*
Roga test Roga-Test *m {Bestimmung der Backfähigkeit von Kohle}*
Rolinx process Rolinx-Verfahren *n*, Spritzprägen *n*, Spritzprägeverfahren *n*
roll/to 1. rollen; [sich] wälzen; 2. walzen *{Met}*; kalandern *{Pap}*; 3. strecken *{Tech}*; 4. plätten; 5. rundbiegen *{Tech}*; 6. blättern *{am Bildschirm}*; abrollen *{Math, EDV}*
roll down/to abwalzen
roll in/to einwalzen
roll off/to abrollen, wegrollen; abwalzen
roll out/to auswalzen
roll 1. Walze *f*, Rolle *f*, Zylinder *m {Tech, Mech}*; 2. Rolle *f {z.B. Papierrolle}*; 3. Stoffballen *m {Text}*; 3. Falte *f*, Faltung *f {in einem Flöz}*; 4. Liste *f*, Verzeichnis *n*; 5. Haspel *f*; Krängung *f*
roll bearing Walzenlager *n*, Walzenlagerung *f*
roll bleaching Aufdockbleiche *f*
roll boiling Naßdekatur *f*, Heißwasserdekatur *f {Text}*
roll-boiling tank Dekatiergefäß *n {Text}*
roll-bonded walzplattiert, walzschweißplattiert
roll-bonded clad Walzplattierung *f*
roll-bonded composite plate walzplattiertes Blech *n*
roll brush Walzenbürste *f*
roll calender *{US}* Walzenkalander *m {Pap}*
roll coating 1. Walzenauftragen *n*, Walzenauftragverfahren *n {Kunst}*; Walzenbeschichtung *f {Kunst}*; 2. Bandbedampfung *f {Vak}*; 3. Walzenstreichverfahren *n {Pap}*
roll-coating varnish Walzenlack *m*
roll crusher Walzenbrecher *m {Aufbereitung}*
roll down Zurückrollen *n {z.B. des Bildschirms}*
roll drying plant Walzentrocknungsanlage *f*
roll emulsion Walzemulsion *f {Trib}*
roll filter Bandfilter *n*
roll filter unit Filterbandgerät *n*
roll jaw cusher Backen-Kreiselbrecher *m*
roll kiss coating Beschichten *n* mittels Tauchwalze
roll laminating Walzenkaschieren *n*, Kaschieren *n* mittels Walzen
roll mill 1. Walzen[reib]stuhl *m {für das Anteigen und Homogenisieren von Anstrichstoffen}*; 2. Walzwerk *n {Met}*; 3. Walzenmühle *f {mit Walzen als Mahlkörper}*
roll mixer with hydraulic adjustment Mischwalze *f* mit hydraulischer Einstellung
roll of fabric Materialrolle *f*
roll of uncured rubber Puppe *f {Gummi}*
roll oil Walzöl *n {Trib}*
roll scale Walz[en]zunder *m*, Walzsinter *m {Met}*
roll separator Walzenscheider *m*
roll-shaped rollenförmig
roll sheet iron Rollenblech *n*
roll sulfur Stangenschwefel *m*
roll surface Walzenoberfläche *f*
roll-type filter Rollmattenfilter *n*
rollable walzbar *{Tech}*
rolled alloy Walzenlegierung *f*
rolled anode Walzenanode *f*
rolled copper plate Walzenkupferplatte *f*
rolled-down kaltgewalzt
rolled gold Dublee *n*, Doublé *n*, Dubleegold *n*
rolled iron Walzeisen *n*
rolled laminated tube gewickeltes Schichtstoffrohr *n*, Wickelrohr *n*
rolled-on cap aufgerollter Deckel *m {Dose}*
rolled plate Walzblech *n*

rolled sample gewalzte Probe *f*
rolled shape Walzprofil *n*
rolled sheet Walzblech *n {Met}*; Walzfolie *f*, Walzfell *n*, Walzhaut *f {Kunst}*
rolled sheet metal gewalztes Blech *n*, Walzblech *n*
rolled tube gewickeltes Rohr *n*
roller 1. Rolle *f*, Walze *f*, Zylinder *m*; Gleitrolle *f*, Laufrolle *f*; rollende Welle; 2. Rollenwerkzeug *n*, Malerrolle *f*
roller application Rollen *n*; Walzenauftrag *m*, Aufwalzen *n {Folien}*
roller bearing Rollenlager *n*, Walzenlager *n*, Zylinderrollenlager *n {Rollen als Wälzkörper}*
roller bearing grease Rollenlagerfett *n*
roller bearing oil Walzlageröl *n*
roller calender Rollenkalander *m {Pap}*
roller-coated walzlackiert
roller coater Walzlackiermaschine *f*
roller coating Aufbringen *n {mit Walze}*, Auftragen *n {mit Walze}*; Walzenauftrag *m*, Rollen *n*, Walzen *n {von Anstrichstoffen}*
roller-coating enamel Emaillelack *m* für Walzenauftrag
roller-coating plant Walzbeschichtungsanlage *f*
roller composition Walzenmasse *f {Druck}*
roller conveyor Rollenförderer *m*, Rollenbahn *f*, Rollengang *m*
roller conveyor turntable Drehrollenbahn *f*, Drehrollenförderer *m*
roller crusher Walzenbrecher *m {Mineralaufbereitung}*
roller die Plattendüse *f {Extruder}*
roller die extruder Doppelwalzenextruder *m*
roller dryer 1. Walzentrockner *m*, Filmtrockner *m {Verdampfungstrocknung von Lebensmitteln}*; 2. Trommeltrockner *m*, Trockentrommel *f*
roller-flight conveyor Rollenkettenförderer *m*
roller gear bed Rollgang *m*
roller guide Rollschlitten *m*
roller head Plattendüse *f {Exruder}*
roller mill 1. Walzenmühle *f*, Walzenstuhl *f*, Walzenmischer *m {mit Walzen als Mahlkörper}*; 2. Wälzmühle *f*, Rollmühle *f*, Ringmühle *f*
roller printing Walzendruck *m*, Rouleauxdruck *m {Text}*
roller printing paper Walzendruckpapier *n*
roller pulverizer *{ASTM}* Walzenfeinmühle *f*, Walzenpulverisierer *m*
roller ring mill Walzenringmühle *f*
roller shutter Rolltor *n*; Rolladen *m*
roller table 1. Walztisch *m*; 2. Rollgang *m*, Rollenbahn *f*
roller-type chain Rollenkette *f*
roller-type door Gliederschiebetür *f*
roller vat Rollenkasten *m*, Rollenkufe *f*
rollers 1. Walzwerk *n*; 2. Farbwalzen *fpl*
rolling 1. Rollen *n {Bewegung}*; Rollen *n {Schiff}*; 2. Walzen *n*; 3. Rundbiegen *n*; 3. Einfalzen *n {Glas}*; 4. Bilddurchlauf *m*, dynamisches Verschieben *n*, Scrolling *n {EDV}*
rolling ability Walzbarkeit *f*
rolling bearing Wälzlager *n*
rolling crusher Walzenbrecher *m*
rolling diaphragm Rollmembran *f*
rolling direction Walzrichtung *f*
rolling-door sterilizer Sterilisator *m* mit Rolladen
rolling dryer Walzentrockner *m*
rolling friction Rollreibung *f*, rollende Reibung *f*
rolling hide Walzfell *n*, Walzhaut *f*
rolling mill Walzwerk *n*
rolling oil Walzöl *n {Kaltwalzen von Metallen}*
rolling oil emulsion Walzenölemulsion *f*
rolling press Rollenpresse *f*, Walzenpresse *f*
rolling ring crusher Mantelbrecher *m*
rolling scale Walzhaut *f*, Walzfell *n*
rolling sheet Walzblech *n*, Walztafel *f {Met}*; Walzfolie *f*, Walzfell *n {Kunst, Gummi}*
rolling stock 1. Walzgut *n {zum Walzen}*; 2. rollendes Material *n*, Betriebsmittel *npl*, Fahrzeugpark *m*
Roman 1. römisch; 2. runde Schrift *f*, lateinische Schrift *f*, Lateinschrift *f*, Antiqua *f*
Roman candle Römerkerze *f*
Roman cement Romankalk *m {hochhydraulischer Kalk}*, Romanzement *m {obs}*, Wassermörtel *m*
Roman lime *s.* Roman cement
Roman numeral römische Ziffer *f*
Roman vitriol *s.* copper sulfate
romeite Romeit *m*, Titan-Antimon-Pyrochlor *m {Min}*
romerite Römerit *m {Min}*
RON *{research octane number}* Octanzahl *f* nach der Research-Methode, Research-Octanzahl *f*, ROZ
rongalite <$CH_2ONaHSO_2 \cdot H_2O$> Rongalit *n {TN}*
rood Rood *n {obs, 1 rood = 925 m^2}*
roof/to bedachen, überdachen
roof 1. Dach *n*; 2. Dachstuhl *m*; 3. Dachfläche *f*, Dach *n {über dem Abraum}*; 4. Firste *f {Bergbau}*; 5. Verdeck *n {Auto}*
roof glazing Glasdach *n*
roof gutter Dachrinne *f*
roof insulation Dachdämmung *f*, Dachisolierung *f*
roof prism Dachkantprisma *n*, Dachprisma *n {Begrenzung totalreflektierender Resonatoren}*
roof-shaped electrode dachförmige Elektrode *f*
roofing 1. Bedachung *f*; 2. Bedachungsstoff *m*, Deckstoff *m*, Deckmaterial *n*; Dachbelag *m*, Dachhaut *f*, Bedachung *f {Baustoff}*

roofing board Dachpappe *f*
roofing felt Dachpappe *f*
roofing-felt-cement Klebemasse *f* für Dachpappe
roofing material Bedachungsstoff *m*, Deckmaterial *n*
roofing paper Dachpappe *f*
roofing sheet Dachbahn *f*, Dachfolie *f*
roofing slate Tafelschiefer *m*
room 1. Raum *m*, Zimmer *n*; 2. Platz *m*, Raum *m*; 3. Kammer *f {Abbauraum}*; 4. Weitung *f {Großraum im Teilsohlenbau}*; 5. Gelegenheit *f*
room-air monitor Raumluft-Kontrollgerät *n*
room for experiments Versuchsraum *m*
room humidifier Luftbefeuchter *m*
room temperature Raumtemperatur *f*, Zimmertemperatur *f*
room-temperature ag[e]ing Raumtemperaturlagerung *f*, Lagerung *f* bei Zimmertemperatur
room-temperature curing Normalklimahärtung *f*, Normaltemperatur-Aushärtung *f*, Raumtemperaturhärtung *f*, Härten *n* bei Raumtemperatur
room-temperature setting adhesive sich bei Raumtemperatur *{21-30°C}* verfestigender Klebstoff *m*
room-temperature vulcanization Kaltvulkanisation *f*, Vulkanisation *f* bei Raumtemperatur, Raumtemperaturvernetzung *f*
room-temperature vulcanizing kaltvulkanisierend, bei Raumtemperatur *f* vulkanisierend
root 1. Wurzel *f {Math, Tech, Geol, Med, Bot}*; 2. Fuß *m*, Wurzel *f {Turbinenschaufel}*; 3. Grund *m {Gewindegrund}*; 4. Wurzel *f*, Nullstelle *f {Math}*
root branching Wurzelverzweigung *f*
root crops Wurzelgemüse *n*, Hackfrüchte *fpl*
root excretions Wurzelabsonderungen *fpl*, Wurzelausscheidungen *fpl*
root exudates *s.* root excretions
root filling material Wurzelkanal-Füllungsmaterial *n {Dent}*
root mean square 1. quadratischer Mittelwert *m*, quadratisches Mittel *n*, Effektivwert *m {physikalische Wechselgröße}*; 2. quadratisches Mittel *n*, Quadratmittel *n {Math}*
root-mean-square current Effektivstrom *m*
root-mean-square error mittlerer quadratischer Fehler *m*
root-mean-square forward current Vorwärtsstromeffektivwert *m*
root-mean-square inverse voltage effektiver Mittelwert *m* der Spannung *f*
root-mean-square velocity mittleres Geschwindigkeitsquadrat *n*
root-mean-square voltage Effektivspannung *f*
root rubber Wurzelkautschuk *m*
root tannin Wurzelgerbstoff *m*
cube root dritte Wurzel *f*, Kubikwurzel *f*
extraction of a root Radizieren *n*, Wurzel[aus]ziehen *n {Math}*
index of a root Wurzelexponent *m {Math}*
square root Quadratwurzel *f*
extract a root/to eine Wurzel *f* ziehen, radizieren *{Math}*
Roots [blower] pump Roots-Gebläse *n*, Roots-Pumpe *f*, Wälzkolben[vakuum]pumpe *f*, Roots-Lader *m {Drehkolbenverdichter}*
rootstock Rhizom *n*, Wurzelstock *m*, Erdsproß *m {Bot}*
rope 1. Seil *n*, Tau *n*; Strick *m*; Schnur *f*; 2. Strang *m*, Gewebestrang *m*, Warenstrang *m {Text}*
rope belt Kordelriemen *m*
rope discharge Strangaustrag *m*
rope-down device for evacuation Evakuierungs-Abseilgerät *n {Schutz}*
rope-down unit Abseilgerät *n {Schutz}*
rope drive Seilantrieb *m*, Seiltrieb *m*
rope grease Drahtseilfett *n*, Seilschmiere *f*, Seilschmierfett *n*
rope ladder Strickleiter *f*
rope sheave Seilrolle *f*, Seilscheibe *f*, Seilrad *n*
ropiness 1. Streifigkeit *f*, Streifen *mpl {Farb}*; Streifenbildung *f {Farb}*; 2. Zähflüssigkeit *f*, Dickflüssigkeit *f*, Viskosität *f*
ropy klebrig, zäh; fadenziehend, zähflüsig, dickflüssig; seimig *{Lebensmittel}*; kahmig *{Wein}*;
ropy fermentation schleimige Gärung *f*, Schleimgärung *f*
be ropy/to Fäden ziehen
rosamine Rosamin *n*
rosaniline <$C_{20}H_{21}N_3O$> Rosanilin *n*
rosaniline chlorhydrate *s.* rosaniline hydrochloride
rosaniline hydrochloride <$C_{20}H_{20}N_3Cl$> Rosanilin[hydrochlorid] *n*, Fuchsin *n*, Magenta *n*, Rosanilinchlorhydrat *n {obs}*
rosaniline sulfate <$(C_{20}H_{19}N_3)_2 \cdot SO_4H_2$> Rosanilinsulfat *n*
rosasite Rosasit *m {Min}*
roscherite Roscherit *m {Min}*
roscoelite Roscoelit *m*, Vanadinglimmer *m {Min}*
rose 1. rosa, rosarot, rosafarben, rosé; 2. Brause *f*, Brausekopf *m {z.B. Gießkannenaufsatz}*; 3. Seihe *f*, Seiher *m*; 4. Rose *f {Bot}*
rose bengal[e] <$C_{20}H_4Cl_4I_4O_5$> Diodeosin *n*
rose copper Rosenkupfer *n*, Scheibenkupfer *n*
rose flower oil *s.* rose oil
rose honey Rosenhonig *m*
rose oil Rosenöl *n {meist aus Rosa damascena Mill.}*
rose petals Rosenblätter *npl*

rose quartz Rosenquartz *m*, Böhmischer Rubin *m*, Mont Blanc Rubin *m* *{Min}*
rose spar Rosenspat *m* *{obs}*, Rhodochrosit *m* *{Min}*
rose vinegar Rosenessig *m* *{Pharm}*
rose vitriol *s.* cobalt(II) sulfate
rose water Rosenwasser *n* *{Destillationswasser des Rosenöls}*
fragrance of roses Rosenduft *m*
Rose burner Kronenbrenner *m*, Rose-Brenner *m*
Rose crucible Rose-Tiegel *m*, Schmelztiegel *m* nach Rose
Rose's metal Roses Metall *n*, Rosesches Metall *n* *{50 % Bi, 25 % Sn, 25 % Pb}*
rosewood Rosenholz *n* *{Dalbergia sp.}*
rosewood oil Rosenholzöl *n*, Cayenne-Linaloeöl *n* *{aus Ocotea caudata Mez.}*
roselin Anilinrot *n*
roselite Roselith *m* *{Min}*
rosellane Rosit *m* *{obs}*, Rosellan *m* *{Min}*
Rosenmund reaction Rosenmund-Reduktion *f*, Rosenmund-Säurechloridreduktion *f*
rosemary Rosmarin *m* *{Rosmarinus officinalis L.}*
rosemary leaves Rosmarinblätter *npl*
rosemary oil Rosmarinöl *n* *{aus Rosmarinus officinalis L.}*
rosemary ointment Rosmarinsalbe *f*
rosenolic acid Rosenolsäure *f*
rosette copper Rosettenkupfer *n*, Scheibenkupfer *n*
rosin Kolophonium *n*, Colophonium *n*, Terpentinharz *n*, Geigenharz *n* *{aus Pinus-Arten}*
rosin acid Harzsäure *f*
rosin cerate Harzcerat *n*, Harzsalbe *f*, Königssalbe *f*
rosin ester Harzester *m*
rosin oil Harzöl *n*, Terpentinharzöl *n* *{aus trokkener Destillation von Colophonium}*
rosin size Harzleim *m* *{Pap}*
rosin pitch Harzpech *n*
rosin soap Harzseife *f*
rosin spirit Harzessenz *f*, Harzspiritus *m*, Terpentinspiritus *m*, Harzgeist *m*, Pinolin *n*
rosin tin rötlicher Cassiterit *m* *{Min}*
rosindole Rosindol *n*
rosindone <$C_{22}H_{14}N_2O$> Rosindon *n*, Rosindulon *n*
rosinduline <$C_{22}H_{15}N_3$> Rosindulin *n*
rosindulone *s.* rosindone
rosiny harzig
rosite *s.* rosellane
rosmarinus *s.* rosemary leaves
rosolic acid <$C_{18}H_{16}O_3$> Rosolsäure *f*
Rossby diagram Rossby-Diagramm *n* *{Thermo, Mischungsverhältnis-Temperatur-Graph}*
rosslerite <$MgHAsO_4 \cdot 7H_2O$> Rößlerit *m* *{Min}*
rosthornite <$C_{24}H_{40}O$> Rosthornit *m* *{Retinit-Harz}*
rosy rosafarben, rosa, rosarot
rot/to [ver]faulen, verrotten, [ver]modern, verwesen, verwittern; rösten, rotten, rötten *{Flachs faulen lassen}*
rot through/to durchfaulen
rot 1. Fäule *f*, Fäulnis *f*, Verrottung *f*; Holzfäule *f*; Korrosionsfäule *f* *{Met}*; Leberfäule *f* *{Med}*; 2. Rotation *f* *{eines Vektors}*, Rotor *m* *{Math, Phys}*
rot of walls Mauerfraß *m*
rot-preventing fäulnisverhindernd
rot-proof verrottungsbeständig, fäulnisfest, verrottungsfest, unverrottbar
rot resistance Verrottungsbeständigkeit *f*,- Verrottungsfestigkeit *f*, Fäulnisbeständigkeit *f*, Fäulnisfestigkeit *f*
rot-resistant verrottungsbeständig, fäulnisfest, fäulnisbeständig, fäulniswidrig
rot proofness Fäulnisbeständigkeit *f*, Fäulnisfestigkeit *f*, Verrottungsbeständigkeit *f*, Verrottungsfestigkeit *f*
rot-steeping bath Alkalibad *n* zur Beseitigung des Appreturmittels *{Text}*
rotagrate *{US}* magnetischer Drehrost *m*
rotamerism geometrische Isomerie *f*
rotameter 1. Rotamesser *m*, Rotameter *n*, Schwebekörperdurchflußmesser *m* *{Strömungsmengenmesser}*; 2. Meßrädchen *n* *{Kartographie}*
rotary 1. drehbar; kreisend, umlaufend; rotierend, drehend *{um die eigene Achse}*; Rotations-, Dreh-; 2. Reaktionsdrehofen *m*, Drehofen *m*; 3. Rotations[druck]maschine *f*, Rotationspresse *f* *{Druck}*
rotary air heater Drehluftvorwärmer *m*
rotary alternating axis Drehspiegelachse *f*
rotary annular extractor Extraktionssäule *f* mit rotierendem Zylinder *m*
rotary atomization Rotationszerstäubung *f*
rotary atomizer Drehzerstäuber *m*, Rotationszerstäuber *m*, rotierender Zerstäuber *m*; Rotationsversprüher *m*, rotierender Versprüher *m*
rotary autoclave Rotationsautoklav *m*, Drehautoklav *m*
rotary beam-splitting mirror rotierender Halbspiegel *m*
rotary bin Drehbunker *m*
rotary bin valve Zellenradschleuse *f*
rotary blade piston compressor Zellenradkompressor *m*
rotary blow mo[u]lding unit Karussell-Blasaggregat *n* *{Kunst}*
rotary blower Drehkolbengebläse *n*, Roots-Gebläse *n* *{Drehkolbenverdichter}*, Umlaufkolbengebläse *n*, Kreiselgebläse *n*, Zentrifugalgebläse *n*

rotary blower pump Roots-Pumpe *f*, Wälzkolben[vakuum]pumpe *f*, Rotationsvakuumpumpe *f*
rotary bunker Drehbunker *m*
rotary burner 1. Dreh[zerstäuber]brenner *m*, Rotations[zerstäuber]brenner *m*; 2. rotierender Verbrennungsofen *m*, Dreh[rohr]ofen *m*
rotary casting Schleuderguß *m*
rotary-cathode cell Element *n* mit Drehkathode
rotary cement kiln Zementdrehofen *m*
rotary column Rotationskolonne *f*, Destillierapparat *m* mit rotierender Verdampferfläche
rotary compressor Rotationskompressor *m*, Rotationsverdichter *m*, Umlaufkolbenverdichter *m*, Drehkolbenverdichter *m*
rotary condenser Drehkondensator *m*
rotary cross flow blower pump Radialgebläse *n*
rotary crucible Drehtiegel *m*
rotary crusher Rundbrecher *m {Sammelbegriff für Kegel- und Walzenbrecher}*, Kreiselbrecher *m*, Kegelbrecher *m {Tech}*; Umlaufbrecher *m {Brau}*
rotary-cup atomizer Sprühkorb *m*, Düsenkorb *m*, Zentrifugalkorb *m*
rotary-cup oil burner Dreh[zerstäuber]brenner *m*, Drehölbrenner *m*, Rotations[zerstäuber]brenner *m*, Rotationsölbrenner *m*
rotary cutter 1. Rotatorschneidmaschine *f*, Schneidgranulator *m*, Hackapparat *m*; Querschneider *m* mit rotierendem Messer, Rotationsquerschneider *m {Pap}*; 2. Rotationsmesser *n*
rotary cutting 1. Schälen *n {z.B. Furniere}*; 2. Querschneiden *n* mit rotierenden Messern *{Pap}*
rotary cutting disk Trennscheibe *f*
rotary damper drehbare Klappe *f*, Drehklappe *f*
rotary disk *{US}* Drehteller *m*, umlaufender Trockenteller *m*; Drehscheibe *f*, rotierende Scheibe *f*
rotary-disk column Drehscheibenkolonne *f*, Kolonne *f* mit rotierenden Scheiben *{Dest}*
rotary-disc contactor Säule *f* mit rotierenden Scheiben, Drehscheibenkolonne *f*, Drehscheibenextraktor *m*
rotary-disk sprayer Drehscheibenspritze *f* *{Beschichten}*
rotary dispersion Rotationsdispersion *f*, Rotationsstreuung *f {Chem, Phys}*
rotary displacement compressor Kreiskolbenverdichter *m*, Kreiskolbenkompressor *m*, Rotationskolbenkompressor *m*
rotary displacement meter *{BS 4161}* Drehkolbengasmesser *m*, Drehkolbengaszähler *m*
rotary distillation column drehende Destillationssäule *f*
rotary drilling Rotary-Verfahren *n*, Rotarybohren *n*, Drehbohren *n*
rotary drum Drehtrommel *f*, Schleudertrommel *f*
rotary-drum filter Trommeldrehfilter *n*, Trommelfilter *n*
rotary dryer Rotationstrockner *m*; Drehtrommeltrockner *m*, Trockentrommel *f*, Trockenzentrifuge *f*
rotary dyeing machine Trommel-Färbemaschine *f {Text}*
rotary evaporator Rotationsverdampfer *m*
rotary extractor Karussellextrakteur *m*, Karussel-Extraktionsanlage *f*
rotary extruder Drehextruder *m*
rotary feed unit Rotationsdosiereinrichtung *f*
rotary feeder Drehdosierer *m*, Walzenzuteiler *m*, Tellerzuteiler *m*; Zellenradschleuse *f*, Zellenradzuteiler *m*, Zuteilschleuse *f*; Formmasse-Dosierschleuse *f {Gieß}*
rotary film evaporator Rotationsdünnschichtverdampfer *m*, Rotationsverdampfer *m*, Rota-Filmverdampfer *m*
rotary filter Drehfilter *n*, Rotationsfilter *n*; Trommelfilter *n*, Trommelzellenfilter *n*
rotary furnace Drehofen *m*, rotierender Ofen *m*, Reaktionsdrehofen *m*; Trommelofen *m*
rotary gate Drehschieber *m*
rotary-gate valve pump Drehschieberpumpe *f*
rotary grate Drehrost *m*
rotary-grate gas producer Drehrostgaserzeuger *m* , Drehrost[gas]generator *m*
rotary grate generator *s.* rotary-grate gas producer
rotary grate magnet *{GB}* magnetischer Drehrost *m*
rotary grate producer *s.* rotary-grate gas producer
rotary-hearth furnace Drehherdofen *m*, Tellerofen *m*
rotary-hearth kiln Drehherdofen *m*, Tellerofen *m*
rotary hopper Drehbunker *m*
rotary-hopper vacuum dewaterer Entwässerungsgerät *n* mit Drehtrichter
rotary impulse Drehimpuls *m*
rotary interrupter rotierender Unterbrecher *m*
rotary inversion axis Drehinversionsachse *f*
rotary jig Drehtrommel *f*; Drehvorrichtung *f*
rotary kiln Drehofen *m*, rotierender Ofen *m*, Reaktionsdrehofen *m*; Drehrohrofen *m {Keramik}*
rotary kiln dryer Drehrohrofen *m*
rotary knife cutter Rotorschneidemaschine *f*, Schneidegranulator *m*, Hackapparat *m*; Querschneider *m* mit rotierendem Messer, rotierender Querschneider *m*, Rotationsquerschneider *m* *{Pap}*

rotary mechanical pump with multiple vanes Vielschieberpumpe *f*
rotary mercerizer Umlaufmercerisiermaschine *f {Text}*
rotary mercury pump rotierende Quecksilberpumpe *f*, Rotationsquecksilberluftpumpe *f*
rotary mixer Kreiselmischer *m*, Mischtrommel *f*, Rollfaß *n*, Trommelmischer *m*
rotary momentum Drehimpuls *m*
rotary motion Drehbewegung *f*, Kreisbewegung *f*, rotierende Bewegung *f*, drehende Bewegung *f*
rotary movement *s.* rotary motion
rotary multi-vane compressor Vielzellenverdichter *m*, Drehschieberverdichter *m*
rotary oil air pump Rotationsölluftpumpe *f*
rotary oil-sealed pump ölgedichtete Rotationspumpe *f*
rotary pelleter Rundläufer *m* für Herstellung von Formmassetabletten, rotierende Tablettierpresse *f*
rotary pelleting machine Tablettenspritzmaschine *f* mit Drehmesser
rotary piston Drehkolben *m*, Rotationskolben *m*
rotary-piston blower Drehkolbengebläse *n*
rotary-piston compressor Kreiskolbenverdichter *m*, Kreiskolbenkompressor *m*, Rotationskolbenkompressor *m*
rotary-piston engine Kreiskolbenmotor *m*
rotary-piston flowrate meter Drehkolben-Mengenzähler *m*
rotary-piston gas meter Drehkolbengaszähler *m*, Drehkolbengasmesser *m*
rotary-piston manometer Druckkolbenmanometer *n*
rotary-piston meter Ringkolbenzähler *m*, Drehkolbenzähler *m*
rotary-piston pump Sperrschieberpumpe *f*, Drehkolbenpumpe *f*, Drehschieber[vakuum]-pumpe *f*
rotary plate Drehteller *m*
rotary plate feeder Drehplattenspeiser *m*, Telleraufgabeapparat *m*
rotary-plunger-type pump Drehkolbenpumpe *f*, Sperrschieberpumpe *f*, Drehschieber[vakuum]pumpe *f*
rotary polarization Drehpolarisation *f*
rotary positive displacement compressor Schraubenradverdichter *m*
rotary positive displacement pump Rotationsverdrängerpumpe *f*
rotary pot Drehhafen *m {Glas}*
rotary potentiometer Drehpotentiometer *n*
rotary press 1. Rundläuferpresse *f*, Karussellpresse *f*, Revolverpresse *f {Kunst, Gummi}*; 2. Drehtischpresse *f {Sintern}*; 3. Rotationspresse, Rotationsdruckmaschine *f {Druck}*
rotary-press ink Rotationsdruckfarbe *f*
rotary pressure filter Druckdrehfilter *n*
rotary puddling furnace Wendeofen *m*
rotary pump Drehkolbenpumpe *f*, Kreiskolbenpumpe *f*, Umlauf[kolben]pumpe *f*, Rotationspumpe *f*; Rotationsvakuumpumpe *f {Vak}*
rotary pump oil Vorpumpenöl *n*
rotary regenerative heater Drehregenerator *m*
rotary reverberatory furnace Drehflammofen *m*
rotary rim Drehkranz *m*
rotary roaster Trommelofen *m*
rotary screen Drehsieb *n*, Siebtrommel *f*, Trommelrechen *m*, Trommelsieb *n*; Siebanlage *f {Brauchwasser}*
rotary-screen printing Rotationssiebdruck *m*, Rotationsfilmdruck *m*
rotary-screening sieve rotierende Siebmaschine *f*
rotary seal Drehdurchführung *f*; Zellenradschleuse *f*
rotary-shaft feedthrough Drehdurchführung *f*
rotary-shaft seal Drehachsenverschluß *m*, Radialdichtring *m {mit Dichtlippe}*
rotary shaker Umlaufschüttelmaschine *f {Lab}*
rotary shelf *{GB}* Drehscheibe *f*, rotierende Scheibe *f*; Drehteller *m*, umlaufender Trockenteller *m*
rotary-shelf drier *{GB}* Tellertockner *m*, Tellertrommeltrockner *m*
rotary-slide valve Drehschieber *m*
rotary-slide valve vacuum pump Drehschieber-Vakuumpumpe *f*
rotary smelter Umlaufschmelzofen *m*
rotary-spark gap umlaufende Funkenstrecke *f*, rotierende Funkenstrecke *f*
rotary squeezer Luppenmühle *f*
rotary still Rotationskolonne *f*, Destillierapparat *m* mit rotierender Verdampferfläche
rotary stop Revolverblende *f*
rotary strainer Umlaufstoffänger *m {Pap}*
rotary switch 1. Drehschalter *m*, Walzenschalter *m*; 2. Stufenschalter *m*
rotary table 1. Drehteller *m*, Drehtisch *m*; Revolverteller *m {Kunst}*; Rotarybohrtisch *m {Erdöl}*; 2. Rundtisch *m {Werkzeugträger}*
rotary-table design Drehtischbauweise *f*
rotary-table furnace Drehtischofen *m*
rotary-table injection mo[u]lding machine Spritzgießrundtischanlage *f*, Drehtisch-Spritzgußmaschine *f*, Revolverspritzgießmaschine *f*
rotary-table machine Drehtischmaschine *f*, Revolvermaschine *f*, Rundläufermaschine *f*, Rundläuferanlage *f*, Rundtischanlage *f*, Rundläufer *m*, Rundtischmaschine *f {Kunst}*
rotary-table press Drehtischpresse *f {Gummi}*
rotary tabletting press Tischpresse *f*
rotary tank Drehwanne *f {Glas}*

rotary thermostat Umlaufthermostat *m*
rotary transverse cutter Rotationsquerschneider *m*, Querschneider *m* mit rotierenden Messern
rotary-tube furnace Drehrohrofen *m*
rotary-type blow mo[u]lding unit Karussell-Blasaggregat *n*
rotary vacuum drying drum rotierende Vakuumtrockentrommel *f*
rotary vacuum filter Vakuumdrehfilter *n*, Vakuumrotationsfilter *n*; Vakuumtrommelfilter *n*
rotary vacuum pump Rotationsvakuumpumpe *f*, Umlaufvakuumpumpe *f*
rotary vacuum seal Vakuumdrehdichtung *f*
rotary valve Drehventil *n*, Mischschieber *m*, Drehschieber *m*
rotary-vane atomizer Dreschaufelspritze *f*, rotierender Versprüher *m* mit Beschleunigungsschaufeln
rotary-vane compressor Drehschieberkompressor *m*
rotary-vane feeder Drehschaufelspeiser *m*; Zell[en]rad *n*, Zellenradaufgeber *m*, Zellenradschleuse *f*, Zellenradzuteiler *m*
rotary-vane pump Drehschieberpumpe *f*
rotary-vane sprayer Drehschaufelspritze *f*, rotierender Versprüher *m* mit Beschleunigungsschaufeln
rotary velocity Umlaufgeschwindigkeit *f*
rotary viscometer Rotationsviskosimeter *n*

rotatable drehbar
rotatable clamp Drehmuffe *f*
rotatable flange Drehflansch *m*

rotate/to rotieren, kreisen, sich drehen, umlaufen, eine Umlaufbewegung *f* ausführen; drehen, Umlaufbewegung *f* erteilen; sich abwechseln
rotate around/to umkreisen

rotating drehend, rotierend, umlaufend; Dreh-, Rotations-
rotating anode Drehanode *f*, rotierende Anode *f* *{Elek, Radiol}*
rotating atomizer rotierender Zerstäuber *m*, Rotationszerstäuber *m*; rotierender Versprüher *m*, Rotationsversprüher *m*, rotierende Düse *f*
rotating axis of the X-ray goniometer Drehachse *f* des Röntgengoniometers
rotating bending fatigue test *{BS 3518}* Umlaufbiegeversuch *m*
rotating biological contactor Scheibentropfkörper *m*, Tauchtropfkörper *m* *{Wasser}*
rotating calcining oven Drehkalzinierofen *m*
rotating carbon disk method Kohlerädchenmethode *f* *{Spek}*
rotating carrier Drehscheibe *f*
rotating clockwise rechtsdrehend, rechtsgängig
rotating core column Kolonne *f* mit rotierendem Zylinder
rotating crystal Drehkristall *m*, rotierender Kristall *m*, gedrehter Kristall *m*
rotating crystal method Drehkristall-Verfahren *n* *{Strukturanalyse}*
rotating-cylinder method rotationsviskosimetrisches Verfahren *n*, Rotationsviskosimeter-Verfahren *n*
rotating-cylinder ga[u]ge Molekularvakuummeter *n*
rotating-cylinder viscosimeter Rotationsviskosimeter *n*
rotating disk rotierende Scheibe *f*, Drehscheibe *f*, umlaufende Scheibe *f*; rotierende Platte *f*
rotating-disk contactor 1. Rotationsscheiben-Extraktionskolonne *f*, Kolonne *f* mit rotierenden Scheiben, Drehscheibenextraktor *m*, Drehscheibenextrakteur *m*, Zentrifugalextraktor *m*; Drehscheibenkolonne *f*; 2. Tauchtropfkörper *m*, Scheibentauchtropfkörper *m* *{Wasser}*
rotating-disk ga[u]ge Molekularvakuummeter *n*
rotating-disk monochromator Drehscheibenmonochromator *m*
rotating displacement pump rotierende Verdrängerpumpe *f* *{DIN 24271}*
rotating drum Drehtrommel *f*
rotating electrode Drehelektrode *f*, rotierende Elektrode *f*
rotating field Drehfeld *n* *{Elek, Phys}*
rotating flange Drehflansch *m*
rotating fluidized bed rotierendes Wirbelbett *n*
rotating furnace Drehofen *m*; Drehrohrofen *m* *{Keramik}*
rotating in opposite directions gegenläufig, gegeneinanderlaufend
rotating in the same direction gleichsinnig, gleichläufig, gleichlaufend
rotating joint Drehgelenk *n*
rotating mirror Drehspiegel *m*
rotating mirror in a schlieren apparatus Drehspiegel *m* in Schlierenanordnung, Schlieren-Drehspiegel *m*
rotating mix-condenser rotierender Mischkondensator *m*
rotating motion Drehbewegung *f*, rotierende Bewegung *f*, drehende Bewegung *f*; Schwenkbewegung *f*
rotating piston Drehkolben *m*
rotating piston compressor Rollkolbenverdichter *m*
rotating piston pump Drehkolbenpumpe *f*
rotating plate condenser Drehkondensator *m*
rotating platinum electrode rotierende Platinelektrode *f* *{Anal}*
rotating plug Drehstopfen *m*, Drehdeckel *m*
rotating plunger vacuum pump Drehschiebervakuumpumpe *f*, Drehkolbenpumpe *f*, Sperrschieberpumpe *f*

rotating reflecting sector rotierender Sektorspiegel *m*
rotating scratch brush Umlaufkratzbürste *f*
rotating sector rotierender Sektor *m*
rotating shield Drehstopfen *m*, Drehdeckel *m*
rotating shutter-type separator rotierender Jalousiesichter *m*
rotating sphere viscosimeter Rotationskugelviskosimeter *n*
rotating spindle Drehachse *f*
rotating strip column Drehbandkolonne *f* *{Dest}*
rotating valve Umlaufventil *n*; Drehschieber *m*
rotating vane Blendenrad *n*
rotating vessel Drehgefäß *n*
rotating viscometer vacuum ga[u]ge Rotationsvakuummeßgerät *n*
rotating water blast Rotationswasserstrahlpumpe *f*
rotating wetted wall evaporator Rotationsdünnschichtverdampfer *m*

rotation 1. Rotation *f*, Drehung *f* *{um die eigene Achse}*, Rotationsbewegung *f*, Drehbewegung *f*; Kreisbewegung *f*, kreisförmige Bewegung *f*, Umlaufen *n*; 2. Umdrehung *f*; 3. Kreislauf *m*; 4. Drehbarkeit *f*; 5. Quirl *m* *{Maß der Wirbelgröße}*; 6. Lauf *m* *{einer Maschine}*; 7. Drehprozeß *m* *{bei Drehwinkeln; Math}*; 8. Umlegung *f* *{darstellende Geometrie}*
rotation axis Rotationsachse *f*, Drehachse *f* *{Krist}*
rotation band Rotationsbande *f*
rotation cooling Umlaufkühlung *f*
rotation ellipsoid Umdrehungsellipsoid *n*
rotation hyperboloid Umdrehungshyperboloid *n*
rotation-inversion axis Rotations-Inversionsachse f*{Krist}*
rotation line Rotationslinie *f*
rotation mo[u]lding Rotationsschmelzen *n*, Rotationsgießen *n*, Rotationssintern *n* *{von pulverförmigem Material}*; Rotationsformen *n*, Rotationspressen *n* *{Kunst}*
rotation of a vector Rotor *m* *{Math}*, Rotation *f* *{eines Vektors, Math}*
rotation of crops Fruchtfolge *f* *{in der Fruchtwechselwirtschaft}*, Rotation *f* *{Agri}*
rotation paraboloid Umdrehungsparaboloid *n*
rotation plastometer Rotationsplastometer *n*
rotation polarization Rotationspolarisation *f*
rotation-reflection axis Rotations-Reflexionsachse *f* *{Krist}*
rotation spectrum Rotationsspektrum *n*
rotation speed *s.* rotational speed
rotation time Umlaufzeit *f*
rotation twin Rotationszwilling *m* *{Krist}*
rotation vibrational spectrum Rotationsschwingungsspektrum *n*
rotation viscometer Rotationsviskosimeter *n*
angle of rotation Rotationswinkel *m*
axis of rotation Drehachse *f*, Rotationsachse *f*
characteristic rotation Eigendrehbewegung *f*
magnetic rotation Magnetorotation *f* *{Opt}*
molecular rotation molekulare Rotation *f* *{Opt}*
specific rotation spezifische Rotation *f*, spezifische Drehung *f* *{in rad/m}*

rotational Rotations-, Drehungs-
rotational axis Rotationsachse *f*, Drehachse *f*, Umdrehungsachse *f*
rotational band spectrum Rotationsbandenspektrum *n*
rotational broadening Rotationsverbreiterung *f*
rotational casting Rotationsgießen *n* *{Kunst}*
rotational constant Rotationskonstante *f* *{Spek}*
rotational dispersion Rotationsdispersion *f*
rotational dispersion curve Rotationsdispersionskurve *f* *{Opt}*
rotational energy Rotationsenergie *f*
rotational entropy Rotationsentropie *f* *{Therm}*
rotational flattening Rotationsabplattung *f*, Rotationsabflachung *f*
rotational foaming Rotationsschäumen *n*
rotational freedom Rotationsfreiheit *f*
rotational freezing Rollschichtgefrieren *n*, Rotationsgefrieren *n*
rotational frequency Umlauffrequenz *f*, Drehzahl *f*, Umdrehungsfrequenz *f*, Rotationsfrequenz *f*, Drehfrequenz *f* *{in 1/s}*
rotational heat Rotationswärme *f*
rotational impdance mechanische Drehimpedanz *f*
rotational isomer Rotationsisomer[es] *n*
rotational isomerism Rotationsisomerie *f*, Konformationsisomerie *f*, Konstellationsisomerie *f*, Drehisomerie *f*
rotational isotopic effect Rotationsisotopieeffekt *m*
rotational level Rotationsniveau *n* *{Spek}*
rotational mo[u]lding Rotationsformen *n*, Rotationspressen *n* *{Kunst}*; Rotationsgießen *n*, Rotationsgießverfahren *n*, Rotationsschmelzen *n*, Rotationssintern *n* *{von pulverförmigem Material}*
rotational momentum Drehimpuls *m*, Drehmoment *n*, Drall *m*, Impulsmoment *n* *{in N·m·s}*
rotational quantum number Drehimpulsquantenzahl *f*, Rotationsquantenzahl *f*
rotational reactance mechanische Drehreaktanz *f*
rotational resistance mechanischer Rotationswiderstand *m*
rotational sintering Rotationssintern *n*

rotational spectrum Rotationsspektrum *n*

rotational speed Drehgeschwindigkeit *f*, Umlaufgeschwindigkeit *f*, Drehzahl *f*, Umdrehungsfrequenz *f*, Drehfrquenz *f*, Tourenzahl *f* *{obs}*

rotational sterilisation Rotationssterilisation *f*

rotational sum rule Drehmoment-Summenregel *f* *{Spek}*

rotational symmetry Drehsymmetrie *f*, Rotationssymmetrie *f*, Radialsymmetrie *f*

rotational temperature Rotationstemperatur *f*

rotational term Rotationsterm *m* *{Spek}*

rotational transformation Ordnungs-Teilordnungs-Umwandlung *f* *{Krist}*

rotational transition Rotationsübergang *m*

rotational velocity *s.* rotational frequency

rotational vibration band Rotationsschwingungsbande *f*

rotational viscometer Rotationsviskosimeter *n*

rotational wave Wirbelwelle *f*

characteristic rotational momentum Eigendrehimpuls *m*

rotator 1. rotierender Apparat *m*, schwenkbare Vorrichtung *f* *{z.B.zum Schweißen}*; 2. Wender *m* *{Mech}*; 3. Rotator *m* *{Spek}*; 4. fester Drehkörper *m*; 5. Drillachse *f* *{Quantentheorie}*

rotatory rotierend, drehend *{um die eigene Achse}*; kreisend, umlaufend; Rotations-, Dreh-

rotatory dispersion *s.* rotary dispersion

rotatory motion Rotationsbewegung *f*, Drehbewegung *f*

rotatory power Drehungsvermögen *n*, Drehvermögen *n*; spezifisches Drehvermögen *n*

rotatory pump Rotationspumpe *f*, Umlaufkolbenpumpe *f*, Kreiselpumpe *f*

rotatory reflection Drehspiegelung *f* *{Krist}*

rotaversion Cis-Trans-Umwandlung *f*, Trans-Cis-Umwandlung *f*

rotaxan Rotaxan *n*, topologisches Isomer[es] *n* *{Stereochem}*

rotenic acid <$C_{12}H_{12}O_4$> Rotensäure *f*

rotenolol Rotenolol *n*

rotenolone Rotenolon *n*

rotenone <$CH_3(CH_2)CCH(CH_2)OC_{16}H_8O_3(OCH_3)_2$> Rotenon *n* *{Insektizid}*, Derrin *n*, Tubatoxin *n* *{HN}*; Derriswurzelextrakt *m*

rotenonone Rotenonon *n*

roteol Roteol *n*

Rotex crusher *{eccentric roll crusher}* Rotex-Brecher *m*

rothoffite Rothoffit *m* *{Min}*

rotoforming Rotoformverfahren *n*, Rotationsformverfahren *n*

rotogravure Druckfarbe *f* für Rotationstiefdruck *m*, Rotationstiefdruckfarbe *f*

rotomo[u]lder Rotationsgießmaschine *f*

rotomo[u]lding Rotationsformen *n*, Rotationspressen *n* *{Kunst}*; Rotationsgießen *n*, Rotationsschmelzen *n*, Rotationssintern *n* *{von pulverförmigem Material}*

rotor 1. Rotor *m* *{z.B. des Umlaufkolbenverdichters, des Drehkondensators}*; Rotor *m*, Läufer *m*, Polrad *n* *{Elek}*; Rotor *m*, Kegel[rotor] *m*, Konus *m* *{Kegelstoffmühle}*; Rotor *m* *{beim Rotorspinnen}*; Rotor *m*, Drehflügel *m*, Hubschraube *f* *{Flugzeug}*; 2. Laufrad *n* *{einer Turbine}*; 3. Trommelkonverter *m* *{Met}*; 4. Scheibe *f* *{des Wirkverbrauchzählers}*

rotor cage impeller Trommelkreiselrührer *m*, Trommelkreisrührwerk *n*, Zyklonrührer *m*, Ekato-Korbkreiselrührer *m* *{Chem}*

rotor end plate Verschleißscheibe *f* *{Innenmischer}*

rotor shaft Rotorwelle *f*, Schaufelwelle *f*

rotor speed Rotordrehzahl *f*

rotor-type dust collector Rotationsabscheider *m*

rotorless curemeter rotorloses Vulkameter *n* *{Gummi, DIN 53529}*

rotrode method Kohlerädchenmethode *f* *{Spek}*

rotten anbrüchig, morsch, schwammig *{Holz}*; faul, verdorben

rotten odor Fäulnisgeruch *m*

rotten-stone Tripel *m*, geschichtete Diatomeenerde *f*, Tripelerde *f*, Kieselgur *f*, Diatomit *m* *{Min}*

get rotten/to verderben

rotteness Fäule *f*, Fäulnis *f*, Moder *m*; Morschheit *f* *{Holz}*

rotting 1. faulend, verrrottend; 2. chemische Verwitterung *f* *{Geol}*; 3. Rösten *n*, Röste *f* *{Flachs}*

rotting plant Flachsrösterei *f*, Rösterei *f* *{Text}*

rotting tank Röstbottich *m* *{Text}*; Faulbütte *f* *{Pap}*

rotting vat Faulbütte *f* *{Pap}*

rottisite Röttisit *m* *{Min}*

rottlerin <$C_{38}H_{28}O_8$> Mallotoxin *n*, Rottlerin *n*

rotundine <$C_{21}H_{25}NO_4$> L-Tetrahydropalmatin *n*, Gindarin *n*, Caseanin *n*, Rotundin *n*

rough 1. roh, roher Zustand; Roh-; 2. rauh; uneben; narbig *{Leder}*; ungeschliffen *{Diamand}*; 3. derb, grob *{Werkstoff}*; 4. schonungslos, rücksichtslos *{z.B. Frachtgutbehandlung}*; 5. schwer, schwierig; 6. herb *{Wein}*; 7. ungewalkt *{Stoff}*; 8. ungefähr, angenähert; Grob- *{Statistik, Math}*

rough average angenäherter Durchschnitt *m* *{Statistik}*

rough approximation grobe Näherung *f*

rough calculation Überschlagsrechnung *f*

rough-cast 1. Berapp *m*, Kiesrauhputz *m*, Rieselputz *m* *{Bau}*; 2. Rohguß *m* *{Gieß}*

rough-cast glass Rohglas *n*

rough-casted berappt *{rohverputzt}*

rough casting Gießrohling *m*, Rohgußstück *n*, Rohabguß *m*
rough-crushing Vorbrechen *n*
rough-cut 1. vorzerkleinert; 2. geschruppt *{Tech}*
rough drawing Rohentwurf *m*
rough grinding mill Schrotmühle *f*
rough ore from the mine Grubenerz *n*
rough plaster Berapp *m*, Kiesrauhputz *m*,- Rieselputz *m {Bau}*
rough-polished vorgeschliffen, grobpoliert, rauhpoliert *{Glas}*
rough roll Stachelwalze *f*, Zackenwalze *f*
rough spelter Rohzink *n*
rough steel Schmelzstahl *m*
rough surface stumpfe Oberfläche *f*
rough vacuum Grobvakuum *n*
rough vacuum pump Grobvakuumpumpe *f*
rough wood Rohholz *n*, Rohling *m {Holz}*
roughage 1. Rohfasern *fpl*, Ballaststoffe *mpl {Lebensmittel}*; 2. Rauhfutter *n {Agri}*
roughen/to rauh machen, rauhen, anrauhen, aufrauhen
roughening Anrauhen *n*, Aufrauhen *n*
roughening of glass Runzelbildung *f* bei Glas, Rauhwerden *n* bei Glas *{Mattieren}*
roughing 1. Herstellung *f* eines Vorvakuums *n*, Grobevakuieren *n*, Vorpumpen *n {eines Rezipienten}*; 2. Vorwalzen *n {Met}*; 3.Vorschmieden *n*, Vorschlichten *n {Met}*
roughing basin Grobklärbecken *n*
roughing filter Vorfilter *n*, Grobfilter *n*; Tropfkörper *m {Abwasservorbehandlung}*
roughing flotation Grobflotation *f*
roughing line Grobvakuumleitung *f*, Leitung *f* zur Grobevakuierung *{eines Rezipienten}*
roughing pump Grobvakuumpumpe *f*
roughing time Vorpumpzeit *f*, Grobpumpzeit *f {Vak}*
roughing valve Grobpumpventil *n*, Grobvakuumventil *n*, Umgehungsventil *n {in der Umgehungsleitung}*, Umleitventil *n*, Umlaufventil *n*
roughly shredded vorzerkleinert
roughness 1. Derbheit *f*; 2. Unebenheit *f*; Rauhigkeit *f*, Rauheit *f*; Rauhtiefe *f {Tech}*; 3. Strombettrelief *n*; 4. Mattheit *f {Glas}*
roughness coefficient Rauh[igk]eitsbeiwert *m*
roughness factor Rauhigkeitsfaktor *m*
roughness height Rauhtiefe *f {DIN 4762}*
roughness spectrum Rauhigkeitsspektrum *n*
round/to 1. runden, abrunden; sich [ab]runden; 2. herumgehen
round off/to abkanten; abrunden *{Zahl}*; unrund werden
round up/to 1. aufrunden *{Zahl}*; 2. zusammentreiben
round 1. rund; kreisförmig; dick; ganz *{Zahl}*; abgerundet, rund; klar, deutlich; volltönend *{Akustik}*; 2. Schuß *m*, Salve *f*; Abschlag *m*, Zündschlag *m*, Satz *m {Expl}*; 3. Runde *f*; 4. rundes Stück *n*; [runde] Sprosse *f*
round anode Rundanode *f*
round-belt pulley Schnurscheibe *f*, Rundschnurriemenscheibe *f*
round bottom[ed] flask Rundkolben *m {Lab}*
round bracket runde Klammer *f {Math}*
round brush Rundbürste *f*
round cathode Rundkathode *f*
round chart recorder Kreisblattschreiber *m*, Kreisdiagrammschreiber *m*
round file Rundfeile *f*, Hohlfeile *f {Werkzeug}*
round filter Rundfilter *n*
round hole screen Rundlochsieb *n*
round iron Rundeisen *n*, Stabeisen *n*, Stangeneisen *n*
round kiln Rundofen *m*, Bienenkorbtrockenofen *m {Keramik}*
round profile die *s.* round section die
round robin 1. reihum, rundum; 2. Rundflug *m*
round robin test Ringversuch *m*
round section die Extrusionsrunddüse *f*, Rund[strang]düse *f*, Rundstrangdüsenkopf *m*; Kreisprofildüse *f*
round-section pipe Rundrohr *n*
round-section rod Rund[voll]stab *m*
rounding 1. Runden *n*, Rundung *f*; 2. Rundbiegen *n {Tech}*; 3. Runden *n {Math}*; 4. Crouponieren *n {Leder}*
rounding-off error Abrundungsfehler *m {Math}*
rouse/to 1. rühren, Gärung *f* beleben *{Brau}*; 2. erregen, aufstacheln; 3. aufjagen *{Tier}*
rouser Aufziehkrücke *f {Brau}*; Rührwerk *n*, Rührapparat *m {Brau}*
rousing apparatus Aufziehapparat *m {Brau}*; Rührwerk *n*, Rührapparat *m {Brau}*
Roussin's black salt <$K[Fe_4(NO)_7S_4]$> schwarzes Roussinsches Salz *n*
Roussin's red salt <$K_2[Fe_2(NO)_4S]$> rotes Roussinsches Salz *n*
route 1. Weg *m*, Route *f {z.B. Transportweg, Nachrichtenweg, Syntheseweg}*; Bahn *f*; 2. Strecke *f*, Kurs *m*
routine 1. allgemein gebräuchlich, routinemäßig; planmäßig; 2. Routine *f {EDV}*; 3. [alltägliche] Arbeit *f*; Fertigung *f {Tech}*
routine analysis Reihenanalyse *f*, Serienanalyse *f*, Routineanalyse *f*
routine check Routinekontrolle f
routine determination Routinemessung *f*, Routinebestimmung *f*
routine test 1. Einzelprüfung *f*, Stückprüfung *f*; 2. laufende Überwachung *f*, Routineüberwachung *f*
routine testing Reihenuntersuchung *f*, Routineuntersuchung *f*

routing 1. Leitweg *m {EDV}*; 2. Wegermittlung *f*, Wegwahl *f*; 3. Bahnführung *f*; Streckenführung *f*; 4. Fertigungsplanung *f*, Fertigungsvorbereitung *f*
roving 1. Roving *m n {Strang aus ungedrehter Glasseide}*, Glasseidenstrang *m*, Glasroving *m*; Roving *m n*, Glasfaserroving *m*, Glasseidenroving *m*, Textilglasroving *m*, Vorgarn *n*; 2. Vorspinnen *n*
roving cloth Glasrovinggewebe *n*, Gewebe *n* aus Glasseidensträngen
roving fabric *s.* roving cloth
roving laminate Rovinglaminat *n*
roving strand Rovingstrang *m*, Glasseidenstrang *m*, Glasroving *m*
row 1. Reihe *f*; 2. Zeile *f {z.B. einer Matrix}*
row matrix Zeilenmatrix *f {Math}*; Zeilenvektor *m*, einzeilige Matrix *f {Math}*
row of tuyères Düsenreihe *f*
rowland Rowland *n {obs, Längeneinheit = 99,987 pm}*
Rowland circle Rowland-Kreis *m {Spek}*
Rowland ghosts Rowland-Geister *mpl {Gitterspektrograph}*
Rowland grating Rowland-Gitter *n*, Hohlgitter *n*, Konkavgitter *n {Spek}*
royal blue Königsblau *n*, Englischblau *n*
royal jelly Weiselzellenfuttersaft *m*, Gelée royale *n*
royal pheromone Bienenkönigin-Geruchsstoff *m*
Royal Society for the Prevention of Accidents *{GB}* Königliche Gesellschaft *f* für Unfallverhütung
royal yellow Königsgelb *n*, Auripigment *n*, Rauschgelb *n*, Chinagelb *n*, Arsen(III)-sulfid *n*
royalty 1. Lizenz *f*, Lizenzgebühr *f*; 2. Tantieme *f*; Förderabgabe *f*, Förderzins *m {Bergbau}*; 3. Autorenhonorar *n*
free of royalty lizenzfrei
on a royalty basis lizenzweise
rpm *{revolution per minute}* Umdrehung *f* pro Minute, U/min
RR acid <$C_{10}H_4NH_2(OH)(SO_3H)_2$> 2-Amino-8-naphthol-3,6-disulfonsäure *f*
RTV *{room-temperature vulcanizing}* kaltvulkanisierend, kalthärtend, bei Raumtemperatur *f* vulkanisierend
rub/to reiben, scheuern; wischen
rub down/to abschleifen, [ab]schmirgeln, abreiben
rub in/to einreiben
rub off/to abreiben; abfärben; abscheuern *{durch Abnutzung}*
rub with ointment/to einsalben
rub 1. Kratzer *m*; 2. Scheuerstelle *f {Text}*; 3. Reiben *n*
rub-fast scheuerecht *{Farbe}*, reibecht *{Farbe}*, scheuerbeständig, scheuerfest
rub fastness Reibechtheit *f {Farbe}*, Scheuerechtheit *f {Farbe}*, Scheuerbeständigkeit *f*, Scheuerfestigkeit *f*
rub resistance *s.* rub fastness
rubazonic acid Rubazonsäure *f*
rubber 1. Kautschuk *m {das rohe Produkt}*; 2. Gummi *m n {vulkanisiertes Material}*; 3. Radiergummi *m*; 4. Reiber *m*
rubber accelerator Vulkanisationsbeschleuniger *m*
rubber adapter Gummiverbindung *f*
rubber additives Gummizusatzstoffe *mpl*, Gummiadditive *npl*
rubber adhesive Kautschukkleber *m*, Kautschukklebstoff *m*, Klebstoff *m* auf Kautschukbasis
rubber ag[e]ing Gummialterung *f*
rubber apron Gummischürze *f*
rubber bag Gummisack *m {Kunst}*
rubber bag mo[u]lding Gummisack[form]verfahren *n*, Pressen *n* mit Gummisack *m {Kunst}*
rubber ball Gummiball *m*
rubber band 1. Gummiband *n*, Gummizug *m*; 2. Kautschukfell *n*
rubber-based adhesive Kautschukklebstoff *m*, Klebstoff *m* auf Kautschukbasis, Kautschukkleber *m*
rubber belt 1. Gummi[treib]riemen *m*, Gummigurt *m {mit Textil- oder Stahlseileinlage}*; 2. Gummiband *n {endlos}*
rubber blanket Gummituch *n {Offsetdruck}*
rubber boots Gummistiefel *mpl {Schutz}*
rubber buffer Gummipuffer *m*
rubber bung Gummistopfen *m*, Gummistöpsel *m*
rubber cake Kautschukkuchen *m*
rubber cap Gummikappe *f*, Gummipfropfen *m*
rubber carbon [gel] Rußgel *n*
rubber cement Kautschukkitt *m*, Kautschuklösung *f*, Zement *m {Lösung von Kautschuk in Kohlenwasserstoffen}*; Gummilösung *f*
rubber chemicals Gummichemikalien *fpl*; Kautschukchemikalien *fpl*
rubber cladding Gummimantel *m*
rubber closure for lyophilized products Gefriertrocknungsstopfen *n {DIN 58359}*
rubber-coated gummiert, mit Gummi *m* versehen
rubber-coated fabric gummiertes Gewebe *n*, gummierter Stoff *m*
rubber coating Gummierung *f*, Gummibelag *m*
rubber colo[u]r Kautschukfarbe *f*, Kautschukfarbstoff *m*
rubber component Kautschukkomponente *f*
rubber compound Kautschukmischung *f*, Gummimischung *f*

rubber compounding ingredient Kautschukmischungsbestandteil *m*, Mischungsbestandteil *m*
rubber condom Gummikondom *m n {empfängnis- und infektionssverhütende Gummihülle für den Penis}*
rubber connector Gummiverbindungsstück *n*
rubber-containing kautschukhaltig
rubber content Kautschukanteil *m*
rubber cork Gummistopfen *m*
rubber-covered gummiert, mit Gummiauflage *f*; kautschuküberzogen
rubber crumb Altgummimehl *n*
rubber cushion Gummikissen *n*
rubber-cushioned gummigefedert
rubber diaphragm Gummimembran *f*
rubber dibromide <$(C_5H_8Br_2)_n$> Kautschukdibromid *n*
rubber-elastic kautschukelastisch, gummielastisch, entropieelastisch
rubber-elastic network polymer kautschukelastisches Netzwerkpolymer[es] *n*
rubber elasticity Kautschukelastizität *f*, Gummielastizität *f*, Entropieelastizität *f*
rubber expansion bag Orsat-Blase *f*
rubber extraction Kautschukgewinnung *f*
rubber fabric Gummiware *f*
rubber filler mixture Kautschuk-Füllstoffmischung *f*
rubber finger-cot Gummifingerling *m*
rubber flooring Gummifußbodenbelag *m*
rubber gasket Gummidichtung *f*, Gummidichtungsring *m*, Gummimanschette *f*
rubber-glass transition Zäh-Spröd-Übergang *m*
rubber gloves Gummihandschuhe *mpl*
rubber goods Gummiwaren *fpl*, Gummiartikel *mpl*, Gummifabrikate *npl*
rubber graft *s.* rubber-modified polymer
rubber hardness meter *{BS 2719}* Gummihärtemesser *m*
rubber hose Gummischlauch *m*
rubber hydrochloride <$(C_{10}H_{18}Cl_2)_n$> Kautschukhydrochlorid *n*, Hydrochlorkautschuk *m*
rubber hydrofluoride Kautschukhydrofluorid *n*, Hydrofluorkautschuk *m*
rubber injection mo[u]lding machine Gummi-Spritzgießmaschine *f*
rubber-insulated gummiisoliert, gummiert; Gummi-
rubber-insulated cable Gummikabel *n*
rubber-insulated handle gummierter Griff *m*, gummiisolierter Griff *m*, Gummigriff *m*
rubber insulation Gummiisolierung *f*
rubber joint Gummidichtung *f*
rubber kneader Gummikneter *m*
rubber latex Kautschuklatex *m*, Kautschukmilch *f*, Kautschukmilchsaft *m {Milchsaft kautschukliefernder Pflanzen}*
rubber layer Gummibelag *m*
rubber-like gummiähnlich, gummiartig; kautschukartig, kautschukähnlich
rubber-like behavio[u]r gummielastisches Verhalten *n*
rubber-like elastic deformation verzögert elastische Deformation *f*
rubber-like elasticity Entropieelastizität *f*, Kautschukelastizität *f*, Gummielastizität *f*
rubber-like material gummiartiger Stoff *m*, gummiartiges Material *n*
rubber-like polymer kautschukartiges Polymer[es] *n*, gummielastisches Polymer[es] *n*
rubber-lined 1. gummiert, mit Gummi versehen; 2. Gummiverkleidung *f*
rubber-lined pipe gummiertes Rohr *n*
rubber lining Gummierung *f*, Gummifutter *n*, Gummiauskleidung *f*
rubber mass Kautschukteig *m*
rubber-metal bond Gummi-Metall-Verbindung *f*
rubber milk *s.* rubber latex
rubber mixer Kautschukmischwalze *f*
rubber-modified kautschukmodifiziert, kautschukhaltig
rubber-modified polymer kautschukmodifiziertes Polymer[es] *n*, kautschukhaltiges Polymer[es] *n*
rubber mounting Gummiunterlage *f*
rubber oil Kautschuköl *n*
rubber packing Gummidichtung *f*, Gummipakkung *f*
rubber packing-ring Gummidichtung *f*, Gummidichtungsring *m*
rubber pad Gummikissen *n*, Preßkissen *n*, Reibkissen *n*
rubber paint Kautschukfarbe *f*
rubber particle Kautschukteilchen *n*
rubber paving Gummipflaster *n*
rubber plate Gummiplatte *f*; Gummistereo *n*, Gummiklischee *n {Flexodruck}*
rubber plug Gummipfropfen *m*
rubber poison Kautschukgift *n*
rubber policeman Gummiwischer *m {Lab}*
rubber powder Gummipulver *n*
rubber pressure tube Druckschlauch *m {aus Gummi}*
rubber processing Gummiverarbeitung *f*
rubber products Gummiwaren *fpl*, Gummiartikel *mpl*, Gummierzeugnisse *npl {DIN 7716}*
rubber resin Gummiharz *n*
rubber ring Gummiring *m*, Gummimanschette *f*
rubber scrap 1. Gummiabfall *m*, Abfallgummi *m*, Vulkanisatabfälle *mpl*; 2. Kautschukabfall *m*, unvulkanisierte Fabrikationsabfälle *mpl*
rubber seal Gummidichtung *f*, Gummimanschette *f*

rubber-seed oil Kautschuksamenöl *n*
rubber shoes Gummischuhe *mpl*
rubber sleeve Gummimanschette *f*, Gummimuffe *f {z.B. für Filtriertiegel}*
rubber solution Gummilösung *f*; Kautschuklösung *f*, Klebzement *m*, Zement *m {Lösung von Kautschuk in Kohlenwasserstoffen}*
rubber solution mixer Lösungskneter *m*, Lösungsmastikator *m {Gummi}*
rubber solvent Gummilösemittel *n*; Kautschuklösemittel *n*
rubber sponge Schaumgummi *m*, Schwammgummi *m {ein Zellgummi}*
rubber stock Kautschukmischung *f*
rubber stopper Gummistöpsel *m*, Gummistopfen *m*
rubber stud Gummistollen *m*, Gummiklötzchen *n*
rubber substitute Faktis *m*, Ölkautschuk *m*, Kautschukersatz *m {zum Strecken und zur Qualitätsbeeinflussung}*
rubber suction ball Gummisauger *m*
rubber testing equipment Gummiprüfgerät *n*
rubber thread Gummifaden *m*
rubber-to-metal bonding Gummi-Metall-Bindung *f*
rubber-toughened plastic kautschukmodifizierter Kunststoff *m*
rubber tree Kautschukbaum *m*, Federharzbaum *m*, Parakautschukbaum *m {Hevea brasiliensis (H.B.K.) Muell. Arg.}*
rubber tube Gummischlauch *m*
rubber tube connection Schlauchansatz *m*, Schlauchverbindung *f*
rubber tubing 1. Gummischlauchleitung *f*; 2. Gummischlauchmaterial *n*
rubber-type elastic material gummielastischer Werkstoff *m*
rubber varnish Kautschukfirnis *m*, Kautschuklack *m*, Gummilack *m*
rubber washer Gummischeibe *f*
rubber waste 1. Kautschukabfall *m*, unvulkanisierte Fabrikationsabfälle *mpl*; 2. Abfallgummi *n*, Gummiabfall *m*, Vulkanisatabfälle *mpl*
butyl rubber Butylkautschuk *m*
cellular rubber Moosgumi *m*
chlorinated rubber Chlorkautschuk *m*
cold rubber Tieftemperaturkautschuk *m*
containing rubber gummihaltig
crude rubber Rohkautschuk *m*, Kautschuk *m*
cyclized rubber cyclisierter Kautschuk *m*
expanded rubber *s.* cellular rubber
hard rubber Hartkautschuk *m*, Ebonit *n*
inorganic rubber <$(NPCl_2)_n$> Polychlorphosphazin *n*, anorganischer Kautschuk *m*
silicone rubber Siliconkautschuk *m*
rubberize/to gummieren *{mit Gummi beschichten oder imprägnieren}*
rubberized canvas Gummi[leinen]tuch *n*
rubberizing Gummieren *n*
rubbery gummiartig, gummiähnlich; gummielastisch, entropieelastisch, kautschukelastisch
rubbery-elastic entropieelastisch, gummielastisch, kautschukelastisch
rubbery state gummiartiger Zustand *m*
rubbing 1. Scheuern *n*, Reibung *f*, Abrieb *m*, Frottieren *n {Tech}*; 2. Würgeln *n*, Nitscheln *n {Spinnen}*
rubbing action Reibungswirkung *f*
rubbing corrosion Reibkorrosion *f*, Reibrost *m*
rubbing fastness Reibechtheit *f*, Scheuerbeständigkeit *f*
rubbing in Einreibung *f {Pharm}*
rubbing leather Frottierleder *n*, Würgelleder *n*
rubbing off Abreibung *f*
rubbing paste Schmirgelpaste *f*
rubbing primer Schleifgrund *m*
rubbing surface Reibfläche *f*
rubbing varnish Schleiflack *m*
fast to rubbing reibecht, scheuerbeständig
rubbish Abfall *m*, Müll *m*; Abraum *m {Bergbau}*; Schutt *m {Gesteinstrümmer}*
rubbish dump Abfallhaufen *m*, Schutthaufen *m*
rubble Geröll *n*, Schutt *m*, Gesteinsgrus *m {Geol}*; Bruchsteinschutt *m*
rubeane <$H_2NC(S)C(S)NH_2$> Rubeanwasserstoff *m*, Rubeanwasserstoffsäure *f*, Rubeanhydrid *n*, Ethandithioamid *n*, Dithiooxalsäurediamid *n*, Dithiooxamid *n*
rubeanic acid *s.* rubeane
rubellite Rubellit *m*, roter Turmalin *m*, Apyrit *m*, Daourit *m {Min}*
rubene 1. *s.* naphthacene; 2. <$C_{18}H_8R_4$> Ruben *n*
ruberite Ruberit *m {obs}*, Cuprit *m {Min}*
ruberythric acid <$C_{25}H_{26}O_{13}\cdot H_2O$> Ruberythrinsäure *f*
rubiadin <$C_{15}H_{10}O_4$> Rubiadin *n*
rubianic acid *s.* ruberythric acid
rubicelle Rubicell *m*, Hyazinth-Spinell *m {Min}*
rubicene <$C_{26}H_{14}$> Rubicen *n*
rubichloric acid <$C_{18}H_{12}O_{11}$> Asperulosid *n*, Rubichlorsäure *f*
rubichrome Rubichrom *n*
rubidine Rubidin *n*
Rubidium *{Rb, element no. 37}* Rubidium *n*
rubidium alum Rubidium[aluminium]alaun *m*, Rubidiumaluminiumsulfat-12-Wasser *n*, Aluminiumrubidiumsulfat[-Dodecahydrat] *n*
rubidium aluminum sulfate <$RbAl(SO_4)_2\cdot 12H_2O$> Rubidium[aluminium]alaun *m*, Rubidiumaluminiumsulfat-12-Wasser *n*, Aluminiumrubidiumsulfat[-Dodecahydrat] *n*
rubidium acetate <$RbOOCCH_3$> Rubidiumacetat *n*

rubidium bromide <RbBr> Rubidiumbromid *n*
rubidium carbonate $<Rb_2CO_3>$ Rubidiumcarbonat *n*
rubidium chloride <RbCl> Rubidiumchlorid *n*
rubidium chloroplatinate $<Rb_2PtCl_6>$ Rubidiumplatinchlorid *n*, Rubidiumhexachloroplatinat(IV) *n*
rubidium chromate $<Rb_2CrO_4>$ Rubidiumdichromat *n*
rubidium compound Rubidiumverbindung *f*
rubidium dichromate $<Rb_2Cr_2O_7>$ Rubidiumdichromat *n*
rubidium dioxide Rubidiumhyperoxid *n*
rubidium fluoride <RbF> Rubidiumfluorid *n*
rubidium halometallates $<RbX{\cdot}MX_n>$ Rubidiumhalogenmetallate *npl {z.B.* Rb_2PtCl6, Rb_2GeCl_6, Rb_2PdCl_5*}*
rubidium hydride Rubidiumhydrid *n*
rubidium iodate $<RbIO_3>$ Rubidiumiodat *n*
rubidium iodide <RbI> Rubidiumiodid *n*
rubidium peroxide $<Rb_2O_2>$ Rubidiumperoxid *n*, Dirubidiumdioxid *n*
rubidium-strontium dating Rubidium-Strontium-Altersbestimmung *f {Geol, Rb-87/Sr-87}}*
rubidium sulfate $<Rb_2SO_4>$ Rubidiumsulfat *n*
rubidium sulfide $<Rb_2S{\cdot}4H_2O>$ Rubidiumsulfid[-Tetrahydrat] *n*
rubidium-vapo[u]r frequency standard Rubidiumdampf-Frequenznormal *n*
rubidium-vapo[u]r magnetometer Rubidiumdampfmagnetometer *n*
rubixanthin $<C_{40}H_{56}OH>$ Rubixanthin *n*
rubredoxin Rubredoxin *n {Fe-S-Protein}*
rubredoxin-NAD$^+$ reductase *{EC 1.18.1.1}* Rubredoxin-NAD$^+$-Reduktase *f*
rubrene $<C_{42}H_{28}>$ Rubren *n*, 5,6,11,12-Tetraphenylnaphthacen *n*
rubreserine Rubreserin *n*
rubroskyrin Rubroskyrin *n*
ruby 1. Rubin *m {rote Varietät von Korund}*; 2. rubinfarben, rubinfarbig, rubinrot; Rubinrot *n*
ruby arsenic *s.* realgar
ruby blende Rubinblende *f {Min}*
ruby-colo[u]red rubinfarben, rubinrot, rubinfarbig
ruby copper *s.* cuprite
ruby crystal Rubinkristall *m {Spek}*
ruby glass Rubinglas *n*, Rubingoldglas *n*
ruby laser Rubinlaser *m*
ruby mica Rubinglimmer *m*, Lepidokrokit *m {Min}*
ruby silver [ore] [dunkles] Rotgültigerz *n*, Pyrargyrit *m*, Proustit *m {Min}*
ruby spinel Rubinspinell *m*, Funkenstein *m {Min}*
ruby sulfur *s.* realgar
ruddle Rötel *m*, Rotocker *m*, roter Bolus *m*, Nürnberger Rot *n*, Rötelerde *f {wasserfreies Eisen(III)-oxid, Min}*
rude rauh, schroff; derb, grob; robust; heftig, unsanft
rue oil Rautenöl *n {Ruta graveolens}*
ruficoccin Ruficoccin *n*
rufigallic acid $<C_{14}H_8O_8{\cdot}2H_2O>$ 1,2,3,5,6,7-Hexahydroxy-9,10-anthrachinon, Rufigallussäure *f*, Rufigallol *n*
rufin Rufin *n*
rufiopin $<C_{14}H_8O_6>$ 1,2,5,6-Tetrahydroxyanthrachinon *n*, Rufiopin *n*
rufol $<C_{14}H_{20}O_2>$ 1,5-Dihydroxyanthracen *n*, Anthracen-1,5-diol *n*, Rufol *n*
rug underlay Teppichunterlage *f*
rugged 1. rauh, uneben; 2. robust, unempfindlich, widerstandsfähig *{gegen Beschädigung durch Stoß}*
rugged-tip glass electrode stoßfeste Glaselektrode *f*
ruggedness Robustheit *f*, Widerstandsfähigkeit *f*, Unempfindlichkeit *f {gegen Stöße}*
ruin/to zerstören, ruinieren, zugrunde richten; verderben; zerfallen, verfallen
ruin 1. Verderb *m*; 2. Zerstörung *f*; 3. Ruin *m*, Zusammenbruch *m*, Zerfall *m*, Verfall *m*; 4. Ruine *f*; Trümmer *pl*
rule/to 1. beherrschen; 2. entscheiden; 3. linieren *{Papier}*; 4. einritzen *{Gitterfurchen; Opt}*
rule 1. Lineal *n*, Maß *n*; Zollstock *m*; 2. Maßstab *m {Skale}*; 3. Regel *f*; Norm *f {Tech}*, Vorschrift *f*, Verordnung *f*; 4. Gedankenstrich *m {Druck}*; 5. Formel *f {Math}*
rule of alligations Mischungsrechnung *f*, Mischrechnung *f {Math}*
rule of mixtures Mischungsregel
rule of mutual exclusion Regel *f* der gegenseitigen Ausschließung, Alternativverbot *n {Spek}*
rule of signs Zeichenregel *f {Math}*
rule of three Dreisatz *m*, Dreisatzrechnung *f {Math}*
rule of thumb Faustregel *f*
according rule gesetzmäßig
empirical rule empirische Regel *f*
general rule allgemeine Regel *f*
phase-rule Phasenregel *f {Thermo}*
ruled grating Strichgitter *n {Opt}*
ruled paper liniertes Papier *n*, Linienpapier *n*; Musterpapier *n*
ruler 1. Lineal *n*; Abrichtlinieal *n*, Richtscheit *n*; Maßstab *m*, Meßstab *m*; 2. Kopfzeile *f*
rules to regulate incinerations at sea Verordnung *f* zur Verbrennung auf hoher See
ruling 1. Linienraster *n {Kartographie}*; 2. Gitterteilung *f {Opt}*; 3. Linierung *f*, Liniierung *f {Druck}*; 4. Schraffur *f*, Schraffieren *n*
ruling density Strichdichte *f {Striche/mm}*

ruling spacing Strichabstand *m*, Abstand *m* der Gitterstriche
ruling width Strichbreite *f*, Breite *f* der Gitterstriche
rum Rum *m*; *{US}* alkoholisches Getränk *n*
rumble 1. Gußputztrommel *f*, Rommeltrommel *f*, Rommelfaß *n*; 2. Rumpelgeräusch *n {Akustik}*
rumbler *{GB}* Putztrommel *f*, Scheuertrommel *f*
rumbling Rommeln *n*, Trommeln *n*, Trommelputzen *n {Putzen in Trommeln}*
Rumford's photometer Rumford-Photometer *n*, Schattenphotometer *n*
rumicin <$C_{15}H_{10}O_4$> Rumicin *n*
rumpfite Rumpfit *m {Min}*
rumpled knitterig, zerknittert *{Text}*; zerknüllt *{Pap}*
run/to 1. laufen, fließen, stömen; rinnen; 2. auslaufen *{z.B. Farbe}*; sich ausbreiten; laufen, undicht sein, leck sein *{Gefäß}*; 3. laufen, [davon]rennen; laufen, fallen *{Masche}*; funktionieren, gehen, laufen, in Betrieb *m* sein, arbeiten, im Gang sein *{Maschine}*; 4. leiten *{Betrieb}*; betreiben *{Anlagen}*, fahren *{Maschinen, Programm}*; antreiben; 5. auffahren, herstellen *{Strecken; Bergbau}*; 6. einstürzen, herabstürzen, zu Bruch *m* gehen *{Bergbau}*; 7. herausbringen *{ein Buch, Zeitungen}*; 8. durchführen, ausführen *{z.B. Versuch}*; 9. schmelzen, sich verflüssigen *{z.B. Met}*; tauen *{Eis}*; 10. destillieren; 11. umpumpen
run a blank test/to einen Blindversuch *m* durchführen
run a blind test/to einen Blindversuch *m* durchführen
run counter/to entgegenlaufen
run down/to 1. ablaufen, [frei] auslaufen; herunterlaufen; 2. umfahren, umstoßen; einrennen; 3. einholen; erreichen; auffinden
run idle/to leerlaufen
run in/to 1. einlaufen *{Flüssigkeit}*; einströmen *{Gas}*; 2. einfahren *{Nukl}*; einlassen, einbauen *{z.B. Bohrgestänge}*
run off/to 1. ablaufen lassen, ablassen; abfließen, ablaufen, ausfließen; ausscheiden; 2. abgießen; 3. abziehen *{Drucken}*; 4. einstürzen, herabstürzen, zu Bruch *m* gehen *{Bergbau}*; 5. erledigen, entscheiden
run through/to 1. durchlaufen *{Flüssigkeit}*; 2. durchfahren; 3. durchstreichen *{durch ein Sieb}*
run-up/to anlaufen; anlaufen lassen
run 1. Lauf *m*, Gang *m {einer Maschien}*; 2. Arbeitsgang *m*; Ablauf *m*, Durchlauf *m {eines Programms}*; 3. Auslaufen *n {einer Flüssigkeit}*; Ausströmen *n {Gas}*; 4. Fertigungslos *n*, Einzellos *n {Fertigungsmengenbestimmung}*; 5. Strang *m {ein endloser Riemen}*; 6. Elastizität *f*, Nachgiebigkeit *f {Leder}*; 7. Fraktion *f {Dest}*; Destillationslauf *m*, Charge *f*; 8. Versuch *m*; 9. Serie *f*, Reihe *f {z.B. von Messungen, Versuchen}*; 10. Führung *f*, Verlauf *m {Kabel}*; 11. Gasen *n*, Gasung *f*, Kaltblasen *n {bei der Wassergasgewinnung}*; 12. Förderstrecke *f {Bergbau}*; 13. Einbruch *m {z.B. von Wasser; Bergbau}*; 14. Auflage *f {Druck}*; 15. Charge *f*, Partie *f {Text}*; 16. Passage *f*, Durchgang *m {z.B. in der Textilfärberei}*; 17. Flor *m*, Haar *n*, Strich *m {des Gewebes}*; 18. Schweißlage *f {Raupe}*, Lage *f {Schweißen}*; 19. *{US}* Laufmasche *f {bei Strümpfen}*
run down 1. erschöpft, leer, entladen *{Batterie}*; 2. Herunterfahren *n*, Rundown *n*, Einfahren *n*, Absenken *n {Nukl}*; 3. Ablauffigur *f*, Fließspur *f*
run-down tank [großer] Sammelbehälter *m*, [großes] Sammelgefäß *m*, Auffanggefäß *n*, Vorlage *f {Dest}*
run-in 1. Einlaufspur *f*; 2. Einfahren *n*, Absenken *n {eines Steuerstabes in die Spaltzone}*
run of fibres Faserverlauf *m {Text}*
run-of-mine coal Zechenkohle *f*, Förderkohle *f*, Rohkohle *f*
run-of-mine ore Fördererz *n*, Roherz *n*
run-of-mine ore bin Roherzbunker *m*
run-of-retort coke Rohkoks *m*
run-off 1. Ablauf *m*, Abfluß *m {Tätigkeit}*; Würzeablauf *m {Brau}*; 2. Abfluß *m*, Abflußmenge *f*; 3. Fortdruck *m {Drucken}*
run-off gutter Ablaufrinne *f {bei Ottomotoren}*
run oil Ablauföl *n*
run-proof [lauf]maschenfest *{Text}*
run steel Flußstahl *m*
run-up Anlauf *m*
runaway 1. Durchgehen *n {Reaktion, Nukl}*; 2. Weglaufen *n*, Driften *n {Automation}*; 3. Absacken *n*; 4. Instabilwerden *n {Tech, Elektronik}*; 5. schnelles Fließen *n*; 6. Ausreißer[wert] *m {Statistik}*
runaway chain reaction Kettenreaktion *f*, außer Kontrolle geratene Reaktion *f {Nukl}*
runback Rücklauf *m*
runner 1. Abstichrinne *f*, Ausgußrinne *f {Met}*; 2. Angußverteiler *m*, Angußkanal *m*, Hauptkanal *m*, Einspritzkanal *m {Kunst}*; 3. Zulauf *m*, Eingußkanal *m {Gieß}*; Gießlauf *m {Gieß}*; 4. Laufrad *n*, Gleisrad *n {Kran}*; Sekundärrad *n {Flüssigkeitskupplung}*; Laufrolle *n {Tech}*; Läuferstein *m*, Koller[gang]stein *m*; 5. Mitläufer *m {Text}*; 6. fehlender Kettfaden *m {Weben}*; 7. Laufkatze *f {Hängebahn}*
runner cloth Mitläuferbad *n*, Mitläuferfolie *f {z.B. bei Stückfärberei, Drucken, Kalander}*; Unterware *f {bei Doppelgeweben}*
runner through *{US}* Abstichrinne *f*, Förderrinne *f*, Rutsche *f*

runnerless injection mo[u]lding angußloses Spritzgießen (Spritzgießverfahren) *n*, Spritzgießen (Spritzgießverfahren) *n* mit Punktanschnitt, Direktanspritzen *n*
runnerless mo[u]lding Vorkammerdurchspritzverfahren *n*
running 1. in Betrieb *m*, arbeitend *{Maschine}*; laufend, Lauf-; fließend; treibend *{Aufbereitung}*; nacheinander; 2. Lauf *m*, Gang *m {einer Maschine}*; 3. Fraktion *f {Dest}*; 4. Abfluß *m*, Ablauf *m*
running costs Betriebskosten *pl*
running glaze Laufglasur *f*
running in 1. Einlaufen *n*, Einfahren *n {einer Maschine}*; Einlaufen *n*, Einlauf *m {z.B. eines Lagers}*; 2. Einströmen *n*
running-in oil Einlauföl *n*, Einfahröl *n*
running of the dye Verlaufen *n* der Farbe
running-off 1. Ablauf *m*, Abfluß *m {Tätigkeit}*; 2. Abrinnen *n*, Ablaufen *n {z.B. der Glasur}*
running-out fire *{GB}* Frischereiofen *m {Met}*
running time 1. Betriebszeit *f*; 2. Laufzeit *f {z.B. eines Filters}*
running-time counter Betriebsstundenzähler *m*
running-time meter Betriebsstundenzähler *m*
running-time recorder Betriebsstundenschreiber *m*
running valve Durchlaufventil *n*
running without load Leerlauf *m*
rupture/to zerreißen, zersprengen, [auf]sprengen, spalten, trennen, brechen
rupture 1. Reiß-, Spalt-, Bruch-, Berst-; 2. Bruch *m {durch Überbeanspruchung}*; Trennbruch *m {Met}*; 3. Trennung *f*, Sprengung *f*, Aufsprengung *f*, Spaltung *f*, Zerplatzen *n*, Bruch *m*; 4. Riß *m*
rupture cross section[al area] Bruchquerschnitt *m*, Berstquerschnitt *m*
rupture diaphragm Berstfolie *f*
rupture disk Berstscheibe *f*, Brechplatte *f*, Bruchplatte *f*, Reißscheibe *f*
rupture element Berstelement *n*
rupture elongation Zeitbruchdehnung *f*
rupture limit Bruchgrenze *f*
rupture line Mohrsche Bruchlinie *f*, Mohrsche Hüllkurve *f {Mech}*
rupture plane Bruchebene *f*
rupture pressure Berstdruck *m {Rohr}*
rupture protection Berstschutz *m*
rupture strength Bruchfestigkeit *f*, Berstfestigkeit *f*, Trennfestigkeit *f*, Reißfestigkeit *f*
rupture stress Bruchgrenze *f*, Bruchspannung *f*, Zerreißspannung *f*
rupture subsequent to deformation Verformungsbruch *m*
elongation at rupture Bruchdehnbarkeit *f*, Bruchdehnung *f*
lasting rupture Dauerbruch *m*
modulus of rupture Bruchmodul *m*, Zerreißmodul *m*
moment of rupture Bruchmoment *n*
rush of current Stromstoß *m*
Russell-Saunders coupling Russell-Saunders-Kopplung *f*, normale Kopplung *f*, LS-Kopplung *f*, Spin-Bahn-Kopplung *f {Spek}*
russet 1. rötlichbraun, rotbraun; 2. pflanzengegerbtes Leder *n*
Russian leather Juchtenleder *n*
rust/to 1. rosten *{Chem, Met}*; rostig werden, verrosten, einrosten; 2. vom Rost *m* befallen werden *{Bot}*
rust through/to durchrosten
rust 1. Rost *m {Chem, Met}*; 2. Rost *m {Rostkrankheit des Getreides}*
rust and scale Zunder *m*
rust cement Eisenkitt *m*, Rostkitt *m*
rust-colo[u]red rostfarben, rostbraun, rostrot
rust converting agent Rostumwandler *m*, Roststabilisator *m*
rust creep Unterrostung *f*
rust formation Rostbildung *f*, Verrosten *n*, Rostansatz *m*
rust-free rostfrei, frei von Rost *m*
rust-inhibiting rostinhibierend, rostschützend, rostverhindernd, rostverhütend
rust-inhibiting characteristics Rostschutzeigenschaften *fpl*
rust inhibition Rostverhütung *f*, Rostschutz *m*
rust-inhibitive rostschützend, rostverhindernd, rostinhibierend; Rostschutz-
rust-inhibitive paint Rostschutz[anstrich]farbe *f*
rust inhibitor Rostschutzmittel *n*, Rostinhibitor *m*
rust mark Rostfleck *m*
rust-preventative rostverhindernd, rostschützend, rostverhütend, rostinhibierend
rust-preventing rostverhütend, rostinhibierend, rostschützend, rostverhindernd; Rostschutz-
rust-preventing agent Rostschutzmittel *n*, Rostinhibitor *m*
rust-preventing grease Korrosionsschutzfett *n*, Rostschutzfett *n*
rust-preventing oil Korrosionsschutzöl *n*, Rostschutzöl *n {bei Stahl und Eisen}*
rust-preventing paint Rostschutz[anstrich]farbe *f*
rust-preventing wrappings Rostschutzbandagen *fpl*
rust prevention Rostschutz *m*, Rostverhütung *f*
rust-prevention agent Rostschutzadditiv *n*, Antirostadditiv *n {Trib}*
rust preventive Rostschutzmittel *n*, Rostinhibitor *m*

rust-preventive paint Rostschutzanstrich *m*, Rostschutzfarbe *f*
rust-proof nichtrostend, rostbeständig, rostfrei, rostsicher
rust proof coating Rostschutzanstrich *m*
rust proof paint Rostschutz[anstrich]farbe *f*
rust proof property Korrosionsbeständigkeit *f*
rust-proofing Rostschutzbehandlung *f*, Rostschutz *m*
rust proofing grease Rostschutzfett *n*
rust-proofing paint Rostschutz[anstrich]-farbe *f*
rust-proofing process Rostschutzverfahren *n*
rust-protecting paint Rostschutz[anstrich]-farbe *f*
rust protection Korrosionsschutz *m*, Rostschutz *m*, Rostverhütung *f*
rust removal Entrostung *f*, Rostentfernung *f*, Entrosten *n*
rust remover Entrostungsmittel *n*, Rostentfernungsmittel *n*, Rostentferner *m*
rust removing 1. rostentfernend; 2. Rostentfernung *f*, Entrostung *f*
rust-removing agent Rostentfernungsmittel *n*, Entrostungsmittel *n*, Rostentferner *m*
rust-resistant rostbeständig, nichtrostend, rostsicher
rust-resisting paint Rostschutzanstrich *m*, Rostschutzfarbe *f*, rostschützende Anstrichfarbe *f*
rust stain Roststelle *f {Eisen}*; Rostfleck *m*, alter Tintenfleck *m {Eisengallustinte}*, Eisenfleck *m {Pap}*
begin to rust/to anrosten
deposit of rust Rostansatz *m*
formation of rust Rostansatz *m*
free from rust rostfrei
layer of rust Rostschicht *f*
tendency to rust Korrosionsneigung *f*

rusting 1. Verrosten *n*, Rosten *n*, Rostbildung *f*, Rostansatz *m*; 2. Rostbefall *m {Bot}*; 3. Rosten *n {Geol}*

rustle/to knistern *{z.B. Seide}*; rascheln; rauschen

rustless rostfrei, rostsicher, rostbeständig, nichtrostend *{Met}*
rustless iron rostfreies Eisen *n*

rustling Knistern *n {z.B. Seide}*; Rascheln *n*; Rauschen *n*

rusty rostig, verrostet
rusty brown rostbraun
get rusty/to rosten

rutecarpine <$C_{18}H_{13}N_3O$> Rutecarpin *n*

ruthenate <M'_2RuO_4> Ruthenat *n*

ruthenic Ruthenium- *{meist Ru(III)-}*
ruthenic acid <H_2RuO_4> Rutheniumsäure *f*
ruthenic oxide Ruthenium(IV)-oxid *n*
salt of ruthenium acid Ruthenat *n*

ruthenious Ruthenium - *{meist Ru(II)-}*

ruthenium *{Ru, element no. 44}* Ruthenium *n*
ruthenium carbonyl 1. <$Ru(CO)_5$> Rutheniumpentacarbonyl *n*; 2. <$Ru_3(CO)_{12}$> Trirutheniumdodecacarbonyl *n*
ruthenium chloride 1. <$RuCl_3$> Rutheniumtrichlorid *n*, Ruthenium(III)-chlorid *n*; 2. <$(Ru(Cl_2)_n$> Ruthenium(II)-chlorid *n*, Rutheniumdichlorid *n*
ruthenium compound Rutheniumverbindung *f*
ruthenium dioxide <RuO_2> Rutheniumdioxid *n*, Ruthenium(IV)-oxid *n*
ruthenium red <$Ru_2(OH)_2Cl_4 \cdot 7NH_3 \cdot 3H_2O$> Rutheniumrot *n*, Dihydroxoheptammindirutheniumtetrachlorid[-Trihydrat] *n*
ruthenium sulfide <RuS_2> Rutheniumsulfid *n*
ruthenium tetroxide <RuO_4> Rutheniumtetroxid *n*, Ruthenium(VIII)-oxid *n*
ruthenium trichloride <$RuCl_3$> Rutheniumtrichlorid *n*, Ruthenium(III)-chlorid *n*
ruthenium trifluoride <RuF_3> Rutheniumtrifluorid *n*, Ruthenium(III)-fluorid *n*
native ruthenium sulfide Laurit *m {Min}*

ruthenocene <$Ru(C_5H_5)_2$ Dicyclopentadienylruthenium *n*, Ruthenocen *n*

rutherford Rutherford *n {obs; 1. Radioaktivitätsmaß, 1rd = 1MBq; 2. Substanzmenge mit 1 MBq Aktivität}*

Rutherford backscattering spectrometry Rutherford-Rückstreuungsspektrometrie *f*

rutherfordine <$(UO)_2CO_3$> Rutherfordin *m*, Diderichit *m {Min}*

rutherfordite Rutherfordit *m {Min, Phosphatgemisch des Ce, Nd, Pr, La}*

rutherfordium *{Rf, Ku, Unq; element no. 104}* Eka-Hafnium *n {obs}*, Kurtschatovium *n*, Rutherfordium *n*, Unnilquadium *n {IUPAC}*

rutile <TiO_2> Rutil *n {Min}*
rutile pigment Rutilpigment *n*

rutin 1. <$C_{27}H_{30}O_{16} \cdot 3H_2O$> Rutin *n*, Quercetin-3-rutosid *n*, Phytomelin *n*, Ilixathin *n*, Myrticolorin *n {Hydroxyflavon-Glucorhamnosid}*; 2. Barosmin *n*

rutinic acid <$C_{25}H_{28}O_{15}$> Rutinsäure *f*

rutinose <$C_{12}H_{22}O_{10}$> 6-*o*-α-L-Rhamnosyl-D-glucose *f*, Rutinose *f*

rutoside *s.* rutin

rutylene Rutylen *n*

RVP *{Reid vapour pressure}* Dampfdruck *m* nach Reid

RVT rule *{reaction velocity-time rule}* Reaktionsgechwindigkeit-Temperatur-Regel *f*, RGT-Regel *f*

Rx only rezeptpflichtig

rydberg Rydberg *n {obs; Energieeinheit 1 ry = 13,60583 eV}*

Rydberg constant Rydberg-Konstante *f*, Rydberg-Zahl *f {Spek, = 109,73731 cm^{-1}}*
Rydberg series Rydberg-Folge *f {Spek}*

rye Roggen *m {Secale cereale}*
rye bread Roggenbrot *n*
rye ergot Roggenmutterkorn *n*
rye flour Roggenmehl *n*, Schwarzmehl *n*
rye middlings Roggenkleie *f*
rye starch Roggenstärke *f*

S

S acid S-Säure *f*, 1-Aminonaphth-8-ol-4-sulfonsäure *f {IUPAC}*
2S acid 2S-Säure *f*, 1-Aminonaphth-8-ol-2,4-disulfonsäure *f*
S yellow Naphtholgelb *n*
sabadilla Sabadille *f {Veratrum sabadilla oder Schoenocaulon officinale}*
sabadilla seed Sabadillsamen *m*
sabadine <$C_{29}H_{51}NO_8$> Sabadin *n*
sabadinine Sabadinin *n*
saber flask Säbelkolben *m {Chem}*
sabinaketone Sabinaketon *n*
sabinane <$CH_3C_6H_8CH(CH_3)_2$> Thujan *n {IUPAC}*, Sabinan *n*
sabinene <$C_{10}H_{16}$> 4(10)-Thujen *n {IUPAC}*, Tanaceten *n*, Sabinen *n*
sabinenic acid Sabinensäure *f*
sabinic acid <$HO(CH_2)_{11}COOH$> Sabininsäure *f*, 12-Hydroxydodecansäure *f*
sabinol <$C_{10}H_{16}O$> 4(10)-Thujen-3-ol *n*, Sabinol *n*
sabotage Sabotage *f*
sabromin Sabromin *n*
sac Sack *m*, Beutel *m {Bot, Zool, Med}*
saccharase Saccharase *f*, Invertase *f {eine Hydrolase}*, Invertin *n*
saccharate 1. Saccharat *n {Salz oder Ester der Zuckersäure}*; 2. Saccharid-Metalloxidverbindung *f {z.B $CaO \cdot C_{12}H_{22}O_{11} \cdot H_2O$}*
saccharetin Saccharetin *n*
saccharic acid <$COOH(CHOH)_4COOH$> Saccharinsäure *f*, Zuckersäure *f*, Tetrahydroxyadipinsäure *f*, 2,3,4,5-Tetrahydroxyhexandisäure *f*
saccharide Saccharid *n*, Kohle[n]hydrat *n*
sacchariferous zuckerhaltig; zuckerliefernd, zuckererzeugend *{Pflanze}*
saccharification Verzuckerung *f*, Zuckerbildung *f*, Saccharifikation *f*
saccharification vessel Saccharifikationsgefäß *n*, Verzuckerungsgefäß *n {Brau}*
saccharify/to 1. verzuckern, zu Zucker *m* werden, in Zucker *m* verwandeln, saccharifizieren; 2. zuckern, süßen
saccharimeter Saccharimeter *n*, Zucker[gehalts]messer *m {Polarimeter}*
saccharimetry Saccharimetrie *f*, Zucker[gehalts]messung *f*
saccharin <$C_7H_5NO_3$> Sa[c]charin *n*, Zuckerin *n {obs}*, *o*-Benzoesäuresulfimid *n*, Benzoylsufonimid *n {synthetischer Süßstoff}*
containing saccharin saccharinhaltig
sodium salt of saccharin Kristallose *f*
saccharine 1. zuckerartig, zuckersüß, zuck[e]rig; zuckerhaltig; Zucker-; 2. *s.* saccharin
saccharine fermentation Zuckergärung *f*
saccharine juice Zuckersaft *m*
saccharine tincture Zuckertinktur *f*
saccharinic acid <$C_6H_{12}O_6$> Saccharinsäure *f*, Zuckersäure *f*, Tetrahydroxyhexandisäure *f*
saccharinol *s.* saccharin
saccharite Saccharit *m {Min}*
saccharinity Zuckerartigkeit *f*; Zuckerhaltigkeit *f*
saccharize/to 1. in Zucker *m* verwandeln, verzuckern, saccharifizieren; 2. zuckern, süßen
saccharobiose <$C_{12}H_{22}O_{11}$> β-D-Fructofuranosyl-α-D-glucopyranosid *n*, Saccharobiose *f*, Sucrose *f*, Sa[c]charose *f*, Rübenzucker *m*, Rohrzucker *m*
saccharoidal zuckerartig; Zucker-
saccharolactic acid Muzinsäure *f*, Schleimsäure *f*, Galactozuckersäure *f*, Tetrahydroxyadipinsäure *f*, 2,3,4,5-Tetrahydroxyhexandisäure *f {IUPAC}*
saccharometabolism Zuckerstoffwechsel *m*
saccharometer Saccharometer *n {Senkspindel zur Zuckerbestimmung}*
saccharomycete Hefepilz *m*, Saccharomyzet *m*
saccharonic acid <$HOOCC(CH_3)OH(CHOH)_2COOH$> Saccharonsäure *f*
saccharose <$C_{12}H_{22}O_{11}$> β-D-Fructofuranosyl-α-D-glucopyranosid *n*, Sa[c]charose *f*, Sucrose *f*, Saccharobiose *f*, Rohrzucker *m*, Rübenzucker *m*
saccharose phosphorylase Saccharosephosphorylase *f {Biochem}*
saccharum Zucker *m*
Sachse process Sachse-Prozeß *m*, Sachse-Verfahren *n {Ethin-Erzeugung durch autotherme Spaltung von CH_4/Flüssiggas/Leichtbenzin}*
sack/to sacken, einsacken, in Säcke *mpl* füllen, absacken
sack Sack *m*
sack bonding device Sackverschweißgerät *n*
sack conveyor Sackförderer *m*
sack filler *s.* sack filling machine
sack filling installation Absackanlage *f*, Sackabfüllungsanlage *f*
sack filling machine Sackfüllmaschine *f*, Absackmaschine *f*, Einsackmaschine *f*, Einsacker *m*
sack filter *{US}* Beutelfilter *n*, Taschenfilter *n*, Sackfilter *n*, Schlauchfilter *n*
sack filtration plant Taschenfilteranlage *f*
put into a sack/to einsacken

sacking Sackleinen *n*, Sackleinwand *f*, Baggings *pl*
sacking machine *s.* sack filling machine
sacred bark Sagradarinde *f*
sacrificial anode Opferanode *f*, Aktivanode *f*, galvanische Anode *f*, Schutzanode *f {Korr}*
sacrificial protection kathodischer Schutz *m* mit Aktivanoden *{Korr}*
sadden/to [sich] dunkel färben, nachdunkeln, abtrüben *{Farbe}*
saddle 1. Brennkapselstütze *f*, Dreikant *m n {Brennhilfsmittel; Keramik}*; 2. sattelförmige Schale *f*; Mischersattel *m*, Sattel[füll]körper *m*, Sattel *m {Füllkörper}*; 3. U-Schelle *f {Elek}*; 4. Querschlitten *m*; Sattelschlitten *m {Fräsmaschine}*; 5. Sattelpunkt *m*, Stufenpunkt *m {Math}*; 6. Antikline *f*, Antiklinale *f {Geol}*
saddle bearing Schwengellager *n*
saddle packing Sattel[füll]körper *m*, Sattel *m {Füllkörper}*
saddle-point azeotrope Sattelpunkt-Azeotrop *n {ternäres Gemisch}*
saddle scale Sattelwaage *f*
saddle-shaped coil Sattelschlange *f*
SAE *{Society of Automotive Engineers}* Gesellschaft *f* der Automobil-Ingenieure *{US; Normungsinstanz}*
SAE EP lubricant tester SAE-Ölprüfmaschine *f*
SAE number SAE-Zahl *f {Erdölprodukte}*
SAE steels SAE-Stähle *mpl*
SAE viscosity grade SAE-Viskositätsklasse *f {Maschinenöl}*
safe 1. sicher; verläßlich; unfallsicher, ungefährlich, gefahrlos; zulässig *{den Sicherheitsvorschriften entsprechend}*; 2. Schrank *m*; Safe *m*, Kassenschrank *m*, Panzerschrank *m*
safe against overloading überlastsicher
Safe Drinking Water Act *{US}* Trinkwassergesetz *n*
safe gap Zellenradschleuse *f {Expl}*
safe to operate betriebssicher
safe to handle handhabungssicher
safe to operate inspection Betriebssicherheitsprüfung *f*
safe working stress zulässige Beanspruchung *f*, Sigmawert *m*, zulässige Wandbeanspruchung *f {von Rohrleitungen}*
safeguard/to sichern, sicherstellen; schützen
safeguard 1. Schutz *m*, Sicherung *f*, Wächter *m*; 2. Schutzeinrichtung *f*, Schutzvorrichtung *f*, technische Sicherheitseinrichtung *f*; 3. Sicherheitsmaßnahme *f*, Sicherungsmaßnahme *f*
safeguard expert Sicherheitsexperte *m*, Sicherheitstechniker *m*
safeguard inspection Sicherheitskontrolle *f*
safeguard [measures] Sicherheitsmaßnahmen *fpl*, Sicherungsmaßnahmen *fpl*
safeguard requirements Sicherheitserfordernisse *npl*
safeguard technology Sicherheitstechnologie *f*
safelight Dunkelleuchte *f*, Dunkelkammerbeleuchtung *f {Photo}*
safelight screen Dunkelkammerschutzfilter *n*
safety 1. sicherheitgerecht; Sicherheits-, Schutz-; 2. Sicherheit *f*
safety against explosion accidents Explosionssicherheit *f*
safety appliance Sicherheitsvorrichtung *f*, Schutzvorrichtung *f*, Schutzeinrichtung *f*
safety boots Schutzschuhe *mpl*, Sicherheitsschuhe *mpl*, Unfallverhütungsschuhe *mpl*
safety bottle Sicherheitsflasche *f*
safety cap 1. Sicherheitskappe *f*; 2. Schutzhelm *m*
safety capsule Sicherungskappe *f {DIN 58368}*
safety certificate Begehungserlaubnis *f*, Arbeitserlaubnis *f*
safety circuit Sicherheits[strom]kreis *m*, Schutzschaltung *f*
safety code Sicherheitsvorschriften *fpl*, Sicherheitsbestimmungen *fpl*
safety code colo[u]r Sicherheitskennfarbe *f*
safety consciousness Sicherheitsbewußtsein *n*
safety container Sicherheitsbehälter *m {Nukl}*
safety containment Schutzraum *m*
safety control center Sicherheitszentrale *f*
safety cover Schutzverdeck *n*
safety cupboard Sicherheitschrank *m*
safety cutout Schmelzsicherung *f*
safety data Sicherheitskennzahlen *fpl*
safety data sheet Sicherheitsmerkblatt *n*
safety device Schutzeinrichtung *f*, Schutzvorrichtung *f*, Sicherheitseinrichtung *f*, Sicherheitsvorrichtung *f*
safety device against fall Absturzsicherungsapparat *m*, Absturzsicherung *f*
safety diaphragm Sicherheitsmembran *f*, Berstscheibe *f*, Brechplatte *f*, Reißscheibe *f*
safety distance Sicherheitsabstand *m*; Schutzabstand *m*
safety edge Schutzkante *f {z.B. an Türen}*
safety evaluation report Sicherheitsprüfbericht *m*
safety explosive Sicherheitssprengstoff *m {allgemein}*; Wettersprengstoff *m {Bergbau}*
safety factor Sicherheitsbeiwert *m*, Sicherheitsfaktor *m*, Sicherheitskoeffizient *m*, Sicherheitszahl *f*
safety film Sicherheitskinofilm *m*
safety filter Polizeifilter *n {Ionendurchbruch}*
safety footwear Sicherheitsschuhe *mpl*, Sicherheitsschuhwerk *n*, Schutzschuhwerk *n*, Sicherheitsfußbekleidung *f*

safety funnel Sicherheitstrichter *m*, Schutztrichter *m {Lab}*
safety fuse 1. Sicherung *f*, Abschmelzsicherung *f {Elek}*; 2. Patentzündschnur *f*, Sicherheitszünder *m*, Sicherheitszündschnur *f {z.B. schlagwettersicher}*
safety gas Schutzgas *n*
safety glass Sicherheitsglas *n*, Schutzglas *n*, Verbund[sicherheits]glas *n*
safety glass interlayer Haftschicht *f* des Sicherheitsglases, Sicherheitsglaszwischenschicht *f*, Zwischenlage *f* im Sicherheitsglas
safety glasses Sicherheitsbrille *f*, Schutzbrille *f*
safety goggles *s.* safety glasses
safety grade Sicherheitsklasse *f {Expl}*
safety guard Schutzgitter *n*, Schiebeschutz *m*
safety guidelines Sicherheitsrichtlinien *fpl*
safety-handling data sheets Sicherheitsdatenblätter *npl*
safety-handling information Sicherheitsinformationen *fpl*, Sicherheitsangaben *fpl*
safety-hazard signal Sicherheitsgefahrenmeldung *f*
safety head gefederte Ventilplatte *f {Vak}*
safety helmet Sicherheitshelm *m*, Schutzhelm *m {Tech}*; Sturzhelm *m {Auto}*
safety hoist Sicherheitshebevorrichtung *f*
safety hood Schutzabdeckung *f*, Schutzhaube *f*
safety hook Sicherheitshaken *m*
safety in use Arbeitssicherheit *f*
safety-inspection authorities Überwachungsbehörde *f*
safety instructions Sicherheitsauflagen *fpl*, Sicherheitshinweise *mpl*, Sicherheitsanweisungen *fpl*
safety interlock Sicherheitsblockierung *f*
safety interlock system Schutzverriegelungssystem *n*, Sicherheitsverriegelungssystem *n*, Sicherheitsverriegelung *f*
safety isolating valve Sicherheitsabsperrarmatur *f*
safety ladder Sicherheitsleiter *f*
safety lamp Wetterlampe *f {Schlagwetteranzeiger}*, Grubenlampe *f*, Sicherheitslampe *f {Bergbau}*
safety-lamp gasoline *s.* safety-lamp mineral spirit
safety-lamp mineral spirit Wetterlampenbenzin *n {DIN 51634}*
safety level Sicherheitsgrenze *f*
safety lock 1. Sicherheitsverschluß *m*, Sicherheitsschloß *n*; 2. Sicherheitsschleuse *f*
safety margin Sicherheitsgrenze *f*, Sicherheitsreserve *f*, Sicherheitsspielraum *m*, Sicherheitstoleranz *f*
safety mask Gesichtsschutz *m*, Gesichtsmaske *f*
safety match 1. Sicherheitszündholz *n*; 2. Sicherheitszündschnur *f*
safety measures Schutzmaßnahmen *fpl*, Vorsichtsmaßnahmen *fpl*, Sicherheitsmaßnahmen *fpl*, Sicherheitsvorkehrungen *fpl*; Arbeitsschutz *m*
safety monitoring Sicherheitsüberwachung *f*
safety pipe Sicherheitsrohr *n*
safety precautions Sicherheitsmaßnahmen *fpl*, Sicherheitsvorkehrungen *fpl*, Vorsichtsmaßregeln *fpl*, Schutzmaßnahmen *fpl*, Vorsichtsmaßnahmen *fpl*,
safety pressure trip Sicherheitsdruckauslösung *f*
safety provisions *s.* safety measures
safety regulations Sicherheitsvorschriften *fpl*, Sicherheitsbestimmungen *fpl*, Unfallverhütungsvorschriften *fpl*, Arbeitsschutzordnung *f*
safety regulator Sicherheitsregler *m*
safety relief [valve] Sicherheitsventil *n*
safety requirements Sicherheits[an]forderungen *fpl*, Sicherheitsbedürfnisse *npl*
safety risk Sicherheitsrisiko *n*
safety rules *s.* safety regulations
safety screw Sicherungsschraube *f*
safety shield Schutzverkleidung *f*
safety shut-down Sicherheitsabschaltung *f*
safety shut-off valve Sicherheitsabsperrventil *n {DIN 3320}*
safety switch Sicherheitsschalter *m*, Kontrollschalter *m*, Schutzschalter *m*; Notschalter *m*, Notbremse *f {z.B. in Fahrstühlen}*
safety system Schutzsystem *n*, sicherheitstechnische Anlagen *fpl*
safety tube Sicherheitsröhre *f*, Sicherheitsrohr *n*
safety valve Ablaßventil *n*, Sicherheitsventil *n {DIN 3320}*, Überdruckventil *n*, Rückschlagventil *n*
safety valve weight Sicherheitsventilbelastung *f*
safety valve with spile clack Sicherheitssteuerventil *n*
safety zone Sicherheitsabstand *m*, Sicherheitszone *f*
factor of safety Sicherheitsmaßnahme *f*
high lift safety valve Hochhubsicherheitsventil *n*
saffian Saffianleder *n*, Saffian *m*
safflor red *s.* safflower red
safflorite <$CoAs_2$> Arsen-Kobalteisen *n {obs}*, Safflorit *m {Min}*
safflower 1. Saf[f]lor *m*, Zaffer *m {Naturfarbstoff}*; 2. Saflor *m*, Färberdistel *f {Carthamus tinctorius L.}*
safflower red Saflorrot *n*, Carthamin *n*
safflower [seed] oil Safloröl *n*, Carthamusöl *n {aus Samen von Carthamus tinctorius L.}*
saffron 1. Safran *m {Crocus sativus L.}*; 2. safrangelb; Safrangelb *n {Farbe}*

saffron colo[u]r Safrangelb *n*
saffron-colo[u]red safranfarben, safrangelb
saffron glucoside Crocetin *n*
saffron-like safranähnlich
saffron oil Safranöl *n*
saffron substitute Safransurrogat *n*, Dinitrokresol *n*
containing saffron safranhaltig
saffrony safrangelb, safranähnlich
safranal <$C_{10}H_{14}O$> Safranal *n*, 2,6,6-Trimethylcyclohexan-1,3-dial *n*
safranin[e] 1. Safranin *n {Azinfarbstoff}*; 2. <$C_{18}H_{14}N_4Cl$> Phenosafranin *n*
safranine brilliant G <$C_{20}H_{19}ClN_4$> Brillantsafranin G *n*
safraninol <$C_{18}H_{13}N_3O$> Safraninol *n*
safranol Safranol *n*
safrole <$C_{10}H_{10}O_2$> Safrol *n*, 1,2-Methylendioxy-4-(prop-2-enyl)benzen *n {IUPAC}*, 4-Allyl-1,2-(methylendioxy)benzen *n*, Shikimol *n*
safrosin <$C_{22}H_8O_5Br(NO_2)_2$> Safrosin *n*
sagapenum Sagapengummi *n {Ferula persica}*
sage Salbei *m {Salvia officinalis L.}*
sage oil Salbeiöl *n {aus Salvia officinalis L.}*
sagenite Sagenit *m {Min}*
saggar Brennkapsel *f*, Kapsel *f {für Brenngut}*, Schamottekapsel *f {Keramik}*
saggar clay Kapselton *m {Keramik}*
sagger *s.* saggar
sagging 1. Durchhängen *n*, Durchbiegen *n*, Durchsenkung *f*; 2. Bodensenkung *f {Geol}*; 3. Gardinenbildung *f*, Läuferbildung *f {Farb}*; Vorhangbildung *f {Farb}*; 4. Abrutschen *n {Email, Glas}*
sago 1. Sago *m {Sagostärke in Granulatform}*; 2. Palmenstärke *f*, Sagostärke *f*, Palm[en]sago *m {Stärke von Metroxylon-Arten}*
sail canvas Segeltuch *n*, Segelleinwand *f*, Schiertuch *n {Text}*
sakebiose Sakebiose *f*
sal 1. Sa[u]lbaum *m*, Sal *m {Shorea robusta Gaertn. f.}*; 2. Salz *n {Pharm}*
sal ammoniac <NH_4Cl> Salmiak *m*, Ammoniumchlorid *n*, Chlorammonium *n {obs}*
sal ammoniac cell Leclanché-Element *n*, Kohle-Zink-Element *n*, Zink-Mangandioxid-Element *n*
sal ammoniac for soldering Lötasche *f*
sal prunella Prunellensalz *n {Pökelsalpeter}*
sal soda <$Na_2CO_3 \cdot 10H_2O$> Soda *f*, Natriumcarbonat-Decahydrat *n*, Waschsoda *f*
flowers of sal ammoniac Salmiakblumen *fpl*
solution of sal ammoniac Ammoniumchloridlösung *f*
salability Verkäuflichkeit *f*
salable [leicht] verkäuflich
salacetamide Salacetamid *n*
salacetol <$HOC_6H_4COOCH_2COCH_3$> Salicylacetol *n*, Acetosalicylsäureester *m*, Salantol *n*, Salacetol *n*
salad oil Salatöl *n*, Tafelöl *n*, Speiseöl *n*
salamander Eisensau *f*, Ofenbär *m*, Ofensau *f*, Schlackenbär *m {Verstopfung in Hochöfen}*
salamide Salicylamid *n*
salantol *s.* salacetol *n*
salary Gehalt *n*, Besoldung *f*
salazinic acid Salazinsäure *f*
salazosulfamide Salazosulfamid *n*
sale Verkauf *m*, Vertrieb *m*
salep Salep *m {Orchis masula, O. latifolia}*
sales Absatz *m*, Umsatz *m*
sales and marketing Vertrieb *m*
sales conditions Verkaufsbedingungen *fpl*
sales department Verkaufsabteilung *f*
sales figures Absatzzahlen *fpl*, Umsatzzahlen *fpl*
sales number Verkaufsnummer *f*
sales organization Vertriebsorganisation *f*
sales proceeds Umsatzerlös *m*
salesman Verkäufer *m*, Reisender *m*
salicil Salicil *n*
salicin <$OHCH_2C_6H_4OC_6H_{11}O_5$> Salizin *n*, Salicin *n*, Saligenin *n {Glycosid des Salicylalkohols}*
salicyl <*o*-$HOC_6H_4CH_2$-> Salicyl-
salicyl alcohol <$HOC_6H_4CH_2OH$> Salicylalkohol *m*, Saligenin *n*, 2-Hydroxybenzylalkohol *m*
salicyl yellow Salicylgelb *n*
salicylacetic acid Salicylessigsäure *f*
salicylaldehyde <OHC_6H_4CHO> Salicylaldehyd *m*, 2-Hydroxybenzaldehyd *m*, *o*-Oxybenzaldehyd *m {obs}*, salizylige Säure *f {obs}*, spirige Säure *f {obs}*
salicylaldoxim <$HOC_6H_4CH{=}NOH$> Salicylaldoxim *n*
salicylamide <$HOC_6H_4CONH_2$> Salicyl[säure]amid *n*, *o*-Hydroxybenzamid *n*, *o*-Hydroxybenzencarbonsäure *f*
salicylanilide Salicyl[säure]anilid *n*, *N*-Phenylsalicylamid
salicylal 1. *s.* salicylaldehyde; 2. <1,2-C_6H_4-(OH)CH=> Salicyliden-
salicylate/to mit Salicylsäure *f* behandeln
salicylate <HOC_6H_4COOM'; HOC_6H_4COOR> Salicylat *n {Salz oder Ester der Salicylsäure}*
salicylated talc Salicylstreupulver *n*
salicylated tallow Salicyltalg *m*
salicylic acid <HOC_6H_4COOH> Salicylsäure *f*, 2-Hydroxybenzoesäure *f*, *o*-Oxybenzoesäure *f {obs}*, Spirsäure *f {obs}*, Spyroylsäure *f*
salicylic acid ester Salicylsäureester *m*
salicylic aldehyde *s.* salicylaldehyde
salicylic amide *s.* salicylamide
salicylic cotton Salicylwatte *f*

salicylic preparation Salicylpräparat *n*
salicylic soap Salicylsäureseife *f*
ester of salicylic acid <HOC_6H_4COOR> Salicylat *n*, Salicylsäureester *m*
salt of salicylic acid <HOC_6H_4COOM'> Salicylat *n*
salicylide <$C_{28}H_{16}O_8$> Salicylid *n*, Tetrasalicylid *n*
salicylonitrile <HOC_6H_4CN> *o*-Hydroxybenzylnitril *n*, Salicylnitril *n*
salicylosalicylic acid Diplosal *n*, Disalicylsäure *f*
salicylquinine Salochinin *n*
salient 1. hervortretend, herausragend, überstehend; hervorstechend; 2. Ausbuchtung *f*, Zunge *f*, Ausläufer *m*
salient points Besonderheiten *fpl*
salifebrin Salicylanilid *n*
saliferous salzhaltig, salzführend *{Geol}*
saliferous clay Salzton *m*
salifiable salzbildungsfähig, salzbildend
salification Salzbildung *f*
salification bath Salzbildungsbad *n*
salify/to ein Salz *n* bilden
salifying bath Salzbildungsbad *n*
saligenin 1. *s.* salicin; 2. *s.* salicyl alcohol
salimeter Salz[gehalt]messer *m*, Salzwaage *f*, Solwaage *f*, Halometer *n*, Salinometer *n {Senkspindel für Salzlösungen}*
salinaphthol Salinaphthol *n*, Naphthalol *n*
salinazid Salinazid *n*
saline 1. salzig, salzhaltig; salzartig; salinisch *{Med}*; Salz-; 2. physiologische Kochsalzlösung *f {Pharm}*; 3. salinisches Abführmittel *n {Pharm}*; 4. Sole *f*, Sazlake *f*, Salzlösung *f*; 5. Salzsiederei *f*, Saline *f*, Salzwerk *n*; 6. Salzlagerstätte *f*, Salzlager *n*; 7. Salzquelle *f*; 8. Salzsee *m*
saline deposits Abraumsalze *npl*
saline flux Salzfluß *m*
saline infusion Kochsalzinfusion *f {Med}*
saline manure Düngesalz *n*
saline particle Salzteilchen *n*
saline soil Salzboden *m {pH < 8,5}*
saline solution Salzlösung *f*; Kochsalzlösung *f*
saline water Salinenwasser *n*, salzhaltiges Wasser *n*, Salzwasser *n*, Sole *f*
salineness Salzhaltigkeit *f*, Salzigkeit *f*, Salzgehalt *m*, Salinität *f {des Wassers}*
saliniform salzartig
salinigrin <$C_{13}H_{16}O_7$> Salinigrin *n*
salinimeter *{GB}* *s.* salimeter
salinity Salzgehalt *m*, Salzhaltigkeit *f*, Salzigkeit *f*, Salinität *f {des Wassers}*
salinity diagram Salzgehaltdiagramm *n*
salinization Versalzung *f {des Bodens}*
salinometer *{GB}* Salz[gehalt]messer *m*, Halometer *n*, Salinometer *n {elektrische Leitfähigkeit von Salzlösungen}*
salinometry Salz[gehalt]messung *f*, Salinometrie *f*
saliretin <$C_{14}H_{14}O_3$> Saliretin *n*
salit <$HOC_6H_4COOC_{10}H_{17}$> Salit *n*, Bornylsalicylat *n {IUPAC}*, Salicylsäureborneolester *m*
saliva Speichel *m*
sallow 1. blaß; fahl[gelb], gelblich; 2. Salweide *f {Bot}*
salmiac <NH_4Cl> Ammoniumchlorid *n*, Salmiak *m*
salmine <$C_{30}H_{57}N_{14}O_6$> Salmin *n*
salmite Salmit *m {obs}*, Ottrelith *m {Min}*
salmon 1. lachsfarben, lachsrot; 2. Lachs *m {Zool}*
salmon-colo[u]red lachsfarben, lachsrot
salmon oil Lachsöl *n*, Lachstran *m*, Lachsfett *n*
salmonellosis Salmonellenerkrankung *f*, Salmonellose *f {Med}*
salocoll Phenokollsalicylat *n*
salol Salol *n*, Phenylsalicylat *n*, Salicylsäurephenylester *m*
salometer *{US}* *s.* salimeter
saloquinine <$HOC_6H_4COOC_{20}H_{23}N_2O_2$> Salochinin *n*
salosalicylide Disalicylid *n*, Salosalicylid *n*
salseparin Smilacin *n*
salsolidine Salsolidin *n*
salsoline <$C_{11}H_{15}NO_2$> Salsolin *n*
salt/to salzen, einsalzen
salt lightly/to ansalzen
salt out/to aussalzen
salt Salz *n {Chem}*; Kochsalz *n*, Salz *n {Lebensmittel}*
salt addition Salzzusatz *m*
salt ash Salzasche *f*
salt atomization Salzzerstäubung *f*
salt bath Salzbad *n*, Salzschmelze *f {Met}*
salt bath case-hardening Salzbadeinsatzhärtung *f*, Salzbadeinsatzhärten *n {Met}*
salt-bath descaling Salzbad-Entzunderung *f {Met}*
salt-bath furnace Salzbadofen *m {Met}*
salt-bath nitriding Salzbadnitrierhärten *n*, Salzbadnitrierverfahren *n {Met}*
salt-bath pot Salzbadtiegel *m {Met}*
salt-bearing salzhaltig, salzig
salt bed Salzlager *n*, Salzstock *m {Geol}*
salt bridge Salzbrücke *f*, Elektrolytbrücke *f*, [elektrolytischer] Stromschlüssel *m*; Zwischenflüssigkeit *f*
salt brine Salzlake *f*, Salzlauge *f*, Salzlösung *f*, Sole *f*, Lake *f*
salt cake technisches Natriumsulfat *n*, Rohsulfat *n*, Natriumsulfatkuchen *m*, Salzkuchen *m*
salt clay Salzton *m*, Hallerde *f*
salt-containing salzhaltig, salzig

salt content Salzgehalt *m*, Salzhaltigkeit *f*,-Salinität *f {des Wassers}*
salt cover Abdecksalz *n*
salt crust Salzhaut *f*, Salzkruste *f*, Salzrinde *f*
salt deposit 1. Salzniederschlag *m*, Salzablagerung *f*; 2. Salzlager *n*
salt dome Salzdom *m*, Salzstock *m*, Salzhorst *m {Geol}*
salt dome for final storage Salzstock *m* für Endlagerung *{Nukl}*
salt dressing Salzbeize *f*
salt drying oven Salztrockenofen *m*
salt earth Salzerde *f*
salt effect Salzeffekt *m*
salt efflorescence Salzblumen *fpl*, Salzausblühung *f*
salt entrainment Salzmitreißen *n {Dest}*
salt equilibrium Salzhaushalt *m {Physiol}*
salt error Salzfehler *m {Anal}*
salt film Salzhaut *f*
salt flux Salzfluß *m {Gieß}*
salt formation Salzbildung *f*
salt-forming salzbildend
salt-forming substance Salzbildner *m*
salt former Salzbildner *m*
salt-free salzfrei
salt glaze Salzglasur *f {Keramik}*
salt grainer Salzkocher *m*, Salzeindicker *m*
salt ingress Salzeinbruch *m*
salt-laden air salzhaltige Luft *f*
salt-laden water salzhaltiges Wasser *n*
salt layer Salzlager *n*, Salzschicht *f*
salt liberation Salzbildung *f*
salt-like salzähnlich, salzartig
salt making Salzbereitung *f*
salt meat Pökelfleisch *n*
salt melt Salzschmelze *f*
salt mine Salzbergwerk *n*
salt-mist chest Salznebeltruhe *f {Lab}*
salt of fatty acid <ROOM'> fettsaures Salz *n*
salt of heavy metal Schwermetallsalz *n*
salt of lemon Kaliumhydrogenoxalat *n*
salt of phosphorus <NH_4NaHPO_4> Ammoniumnatriumhydrogenphosphat *n*
salt of sorrel Kleesalz *n*, Sauerkleesalz *n*, Bitterkleesalz *n {Kaliumtetraoxalat oder Gemisch mit Kaliumhydrogenoxalat}*
salt of tartar Kaliumhydrogentartrat *n*
salt pair Salzpaar *n*
salt penetration Salzeinbruch *m*
salt pit Salzgrube *f*, Salzbergwerk *n*
salt pond Salzteich *m*, Salzsumpf *m*
salt production Salzgewinnung *f*
salt refuse Abfallsalz *n*
salt requirement Salzbedarf *m {Physiol}*
salt residue Salzrückstand *m*
salt sample Salzprobe *f*
salt screen Calciumwolframatschirm *m {Spek}*
salt separation Salzspaltung *f*
salt solution Salzlösung *f {Chem}*; Kochwasserlösung *f {Lebensmittel}*
salt-spray cabinet Salzsprühkammer *f*
salt-spray jet Salzsprühdüse *f*
salt-spray resistance Beständigkeit *f* beim Salzsprühversuch
salt-spray test Salzsprühtest *m*, Salzsprühversuch *m*, Aerosolversuch *m*, Salznebelversuch *m {Korr}*
salt spring Mineralsalzquelle *f*, Salzquelle *f*
salt stock Salzstock *m*
salt sweepings Kehrsalz *n*
salt tank Salzbehälter *m*
salt test Salzprobe *f*
salt-tolerant plant Halophyt *m*, Salzpflanze *f*
salt vein Salzader *f*
salt water 1. Salzwasser *n*, salzhaltiges Wasser *n*, Sole *f*; 2. Galle *f {Glas, Leder}*
salt-water bath Salzwasserbad *n*
salt-water elevator Solheber *m*
salt-water refrigeration Salzwasserkühlung *f*
salt-waterproof seewasserbeständig
salt well Salzquelle *f*, Solquelle *f*
salt works Saline *f*, Salzsiederei *f*, Salzwerk *n*
add more salt/to nachsalzen
alkaline salt alkalisches Salz *n*
baker's salt Ammoniumcarbonat *n*
bitter salt *s.* magnesium sulfate
common salt Tafelsalz *n*, Speisesalz, Kochsalz *n*
crystalline salt kristallisiertes Salz *n*
internal salt inneres Salz *n*
internal salt formation innere Salzbildung *f*
iodized salt iodhaltiges Kochsalz *n*
layer of salt Salzschicht *f*
physiological salt solution physiologische Kochsalzlösung *f*
Plimmer's salt Natriumantimontartrat *n*
reciprocal salt pairs reziproke Salzpaare *npl*
rich in salt salzreich
Rochelle salt Kaliumnatriumtartrat *n*
rock salt Natriumthioantimonat *n*
undissociated salt undissoziiertes Salz *n*
salted [ein]gepökelt *{z.B. Fleisch}*, gesalzen
salted fish eingesalzener Fisch *m*
saltern Saline *f*, Salzgarten *m*; Salzsiederei *f*, Salzwerk *n*, Saline *f*
saltiness Salzigkeit *f*, Salzgehalt *m*, Salinität *f {des Wassers}*; Salzigkeit *f {Geschmacksempfindung}*
salting 1. Salzen *n*, Einsalzen *n*; 2. Versalzung *f {Boden}*; 3. Einsalzen *n*, Salzbehandlung *f {Leder}*; 4. Salzverfahren *n {Staubbinden im Bergbau}*; 5. Salzablagerung *f*; 6. Regenerierung *f* mit Natriumchloridlösung *f*, Regenerierung *f* mit Kochsalzlösung *f {Ionenaustausch}*
salting bath Salzkontrastreglerbad *n*

salting-out Aussalzen *n*, Aussalzung *f {Seife}*
salting-out agent Aussalzungsstoff *m*
salting-out effect Aussalzeffekt *m*
salting-out plant Aussalzanlage *f {Seife}*
salting-out vessel Aussalzgefäß *n*
saltpeter 1. Kalisalpeter *m*, Kaliumnitrat *n {KNO_3}*, Salpeter *m {Chem, Min}*; 2. Chilesalpeter *m*, Natriumnitrat *n {$NaNO_3$}*, Natronsalpeter *m {Min}*
saltpeter earth Salpetererde *f {$Ca(NO_3)_2$-haltig}*
saltpeter flowers Salpeterblumen *fpl*
saltpeter solution Salpeterlösung *f*
saltpeter sweepings Fegesalpeter *m*, Kehrsalpeter *m*
saltpeter test Salpeterprobe *f*
saltpeter works Salpetersiederei *f*
containing saltpeter salpeterhaltig
crude saltpeter Rohsalpeter *m*
cubic saltpeter Würfelsalpeter *m*
native salpeter earth Gayerde *f {Min}*
salpetre *{GB}* *s.* salpeter
salty salzig, salzartig
salty taste Salzgeschmack *m*
salumin Salumin *n {Al-Salicylat}*
salvage/to 1. verwerten, wiederverwenden *{Recycling}*; rückgewinnen, wiedergewinnen *{aus Altmaterial, Abfällen}*; 2. bergen *{Biochem}*; 3. wiedergewinnen, fangen *{Erdöl}*; retten, bergen *{z.B. Schiffe}*
salvage 1. Altproduktverwertung *f*, Wiederverwendung *f*, Rückstandsverwertung *f {Stoffgewinnung aus Abprodukten}*; Wiedernutzbarmachung *f*, Wiedergewinnung *f*; 2. Altmaterial *n*, verwendbares Abprodukt *n*, verwertbares Abprodukt *n*; 3. Bergung *f {Biochem}*; 4. Rettung *f*, Bergung *f {z.B. Schiffe}*; 5. Fangen *n {Erdöl}*
Salvarsan Arsphenamin *n*, Salvarsan *n*, Dihydroxydiaminoarsenobenzol-Dihydrochlorid *n {Pharm}*
salve Salbe *f*
salve for chilblains Frostsalbe *f {Pharm}*
salve spatula Salbenspatel *m*
salvia Salbei *m {Salvia officinalis L.}*
salvy salbenartig
samandarine <$C_{19}H_{31}NO_2$> Samandarin *n*
samaric Samarium-, Samarium(III)-
samaric chloride <$SmCl_3$> Samarium(III)-chlorid *n*, Samariumtrichlorid *n*
samaric compound Samarium(III)-Verbindung *f*
samarium *{Sm, element no. 62}* Samarium *n*
samarium carbide Samariumcarbid *n*
samarium chloride <$SmCl_3{\cdot}6H_2O$> Samariumtrichlorid[-Hexahydrat] *n*
samarium oxide <Sm_2O_3> Samarium(III)-oxid *n*
samarium sulfate Samariumsulfat *n*
samarium trichloride Samarium(III)-chlorid *n*, Samariumtrichlorid *n*
samarous Samarium-, Samarium(II)-
samarous compound Samarium(II)-Verbindung *f*
samarskite Samarskit *m {Min}*
Sambesi black Sambesischwarz *n*
sambunigrin <$C_{14}H_{17}NO_6$> Sambunigrin *n*
samin <$C_{13}H_{14}O_5$> Samin *n*
samirestite Samirésit *m*, Uran-Pyrochlor *m {Min}*
sample/to ausprobieren, erproben; Probe[n] nehmen, Prob[en] entnehmen; prüfen, bemustern; abtasten *{z.B. Signal}*; abfragen *{Meßstellen}*
sample 1. Warenprobe *f*; Muster *n*, Probe *f*, Exemplar *n*, Probestück *n*; Ausfallmuster *n {Pap}*; 2. Prüfobjet *n*, Prüfstück *n*, Prüfling *m {Tech}*; Probe *f {Mikroskopie}*; Substanzprobe *f {Anal}*; Prüfgut *n {die gesamte verfügbare Probe}*; 3. Stichprobe *f*, Testprobe *f*; 4. Abtastwert *m*
sample application 1. Anwendungsbeispiel *n*; 2. Probenzuführung *f*, Porbenaufgabe *f*, Probendosierung *f*
sample at random Stichprobe *f*, Testprobe *f*
sample bottle Probenflasche *f*, Entnahmeflasche *f*
sample box Probenschachtel *f*
sample carrier Probenhalter *m*, Probenträger *m*
sample cell 1. Probenküvette *f {Spek}*; 2. Kontrollsammler *m*, Prüfakkumulator *m {Elek}*
sample changer Probenwechsler *m*, Probenwechselvorichtung *f*, Präparatwechsler *m*
sample changing device *s.* sample changer
sample changing Probenwechsel *m*, Auswechseln *n* der Probe *f*
sample collection 1. Probenahme *f*, Proben[ent]nahme *f*; 2. Musterkollektion *f*
sample collection container Probenauffanggefäß *n*, Probengefäß *n*
sample container Probengefäß *n*, Probenbehälter *m*
sample coupon Probenplättchen *n*
sample divider Probenteiler *m*
sample electrode Probenelektrode *f*
sample for analysis Analysenprobe *f*
sample for comparsion Vergleichsprobe *f*
sample for inspection Anschauungsmuster *n*
sample glass Schauglas *n*, Musterglas *n*
sample holder Probenhalter *m*, Probenhalterung *f*, Probenbefestigung *f*
sample jar Probenbecher *m*
sample mass Probenmasse *f*
sample material Probegut *n*
sample matrix Probengrundmaterial *n*, Probenträgerstoff *m*, Probenmatrix *f {Spek}*
sample mo[u]ld Probenkokille *f*, Kokille *f* zum Gießen *n* der Proben *fpl*

sample point 1. Probenentnahmestelle *f*; 2. Abtastpunkt *m*
sample powder Analysenpulver *n*, Probenpulver *n*
sample preparation Probenvorbereitung *f*, Vorbereitung *f* der Probe, Probenvorbehandlung *f*, Vorbehandlung *f* der Probe, Präparation *f* der Probe *f*
sample reducer Musterzerkleinerer *m*
sample reduction Probenverkleinerung *f*, Probenteilung *f*
sample removal Probeentnahme *f*
sample splitter Probenteiler *m*
sample shape Probenform *f*, Form *f* der Probe *f*
sample sink Probensammelbecken *n*
sample size Probenumfang *m*, Probengröße *f*, Umfang *m* der Stichprobe *{Statistik}*
sample solution Analysenlösung *f*, Probenlösung *f*
sample spectrum Probenspektrum *n*, Spektrum *n* der Analysenprobe
sample splitter Probenteiler *m*
sample splitting Probenteilung *f*
sample supply-line Probenzufuhr *f*
sample taking Probenahme *f*, Probenehmen *n*, Musternehmen *n*
sample testing Materialprüfung *f*, Materialuntersuchung *f*, Materialtest *m*, Materialtestung *f*
sample thief Probenheber *m*, Sampler *m* *{automatische Probenzuführung}*
sample-traverse attachment Probenvorschubeinrichtung *f*
sample withdrawal Probe[ent]nahme *f*
take sample/to Probe *f* entnehmen
sampler 1. Probenehmer *m* *{Person}*; 2. Probenehmer *m*, Probenahmegerät *n*, Entnahmeeinrichtung *f*; Sampler *m* *{automatische Probenzuführung}*, 3. Abtaster *m*, Abtastglied *n* *{Automation}*; 4. unstetiger Meßdatenerfasser *m*
sampling 1. Entnahme *f* von Analysenproben, Probe[ent]nahme *f*; Stichprobenentnahme *f*, Probeziehen *n*, Ziehen *n* *{einer Probe}*; 2. Proben[auf]gabe *f*, Dosierung *f*; 3. repräsentative Statistik *f*, Repräsentativstatistik *f* *{Stichprobenverfahren}*; Auswahl *f* *{Statistik}*; 4. Abtastung *f*, Abtasten *n*; 5. Abfragen *n*
sampling chamber Meßkammer *f*
sampling chamber resistance Meßwiderstand *m*
sampling cock Probe[nehmer]hahn *m*, Probierhahn *m*
sampling device Probe[ent]nahmevorrichtung *f*, Probenahmegerät *n*, Entnahmeeinrichtung *f*
sampling equipment Probenehmer *m*, Probenahmegerät *n*
sampling error Probe[ent]nahmefehler *m*; Stichprobenfehler *m*
sampling fraction Stichprobenumfang *m* *{Statistik}*
sampling length Bezugslänge *f*
sampling material Probegut *n*
sampling opening Probe[ent]nahmeöffnung *f*
sampling pipet[te] Stechpipette *f*
sampling point Probenahmestelle *f*, Entnahmestelle *f*
sampling probe Entnahmesonde *f*, Schnüffelsonde *f*, Schnüffler *m*, Leckschnüffler *m*
sampling probe test Schnüfflermethode *f*, Schnüffeltest *m*, Schnüffelmethode *f*
sampling size Stichprobenumfang *m* *{Statistik}*
sampling system 1. Probeentnahmeanlage *f*, Probenahmesystem *n* *{Analysenproben aus dem Prozeßstrom}*; 2. Abtastsystem *n*, Tastsystem *n*
sampling tap Probe[nehmer]hahn *m*, Probierhahn *m*
sampling technique Probenahmetechnik *f*, Technik *f* der Probenahme
sampling tube Stechheber *m*, Rohrsonde *f*, Ausstechzylinder *m*, Entnahmestutzen *m*
sampling valve Probenentnahmeventil *n*
sampling weight Probenmasse *f*, Probengewicht *n*
samsonite Samsonit *m* *{Min}*
SAN *{styrene-acrylonitrile copolymer}* Styrol-Acrylnitril-Copolymerisat *n*
sand/to mit Sand *m* bestreuen; sanden *{eine Form}*; mit Sand *m* polieren, mit Sand *m* schleifen, mit Sand *m* schmirgeln, mit Sand *m* scheuern; steckenbleiben *{Bohrwerkzeug}*
sand-blast/to sandstrahlen
sand down/to schmirgeln, anschleifen, anschmirgeln
sand 1. sandfarben, sandfarbig; 2. Sand *m* *{Geol, 0,06-2mm}*; Formsand *m* *{Gieß}*
sand bath Sandbad *n* *{Festsubstanz-Heizbad}*
sand-bearing sandführend
sand casting 1. Sandguß *m*; 2. Sandgußstück *n*
sand cement Sandzement *m*
sand cleaning Altsandaufbereitung *f* *{Gieß}*
sand-colo[u]red sandfarben, sandfarbig
sand containing little clay magerer Sand *m*
sand filter Sandfilter *n*, Kiesfilter *n*
sand filtration Sandfiltration *f*
sand grain Sandkorn *n*
sand grinding stone Sandschleifstein *m*
sand-lime brick Kalksandstein *m* *{Baumaterial, DIN 106}*
sand mill Sandmühle *f*, Kollergang *m*
sand mo[u]ld Sandform *f* *{Gieß}*
sand packing Sandverdichtung *f*
sand seal Sandverschluß *m* *{Keramik}*
sand shell mo[u]lding Formmaskenverfahren *n* *{Gieß}*
sand sluice Labyrinthsandfilter *n*
sand stratum Sandschicht *f* *{Geol}*

sand test Sandtest *m {Expl}*
sand trap Sandfang *m*, Sandfänger *m*
argillaceous sand Tonsand *m*
auriferous sand Goldsand *m*
black sand Ilmenit *m {Min}*
coarse sand Grand *m*
fat sand fetter Formsand *m*
gravelly sand Kiessand *m*
layer of sand Sandschicht *f*
loamy sand fetter Formsand *m*
micaceous sand Glimmersand *m*
oil sand Teersand *m*
sandalwood Sandelholz *n*, Santalholz *n {Holz des Sandelholzbaumes}*
sandalwood oil Sandelholzöl *n*, Sandelöl *n {von Santalum spicatum L. oder S. album L.}*
sandarac *s.* sandarach
sandarach Sandarak *m*, Sandarac *m {meistens aus Tetraclinis articulata (Vahl) Mast.}*
sandarach gum Sandarakgummi *m*
sandarach resin Sandarakharz *n*
sandblast 1. Sandstrahl *m*; 2. Sandstrahlgebläse *f*
sandblast cleaning Sandstrahlreinigung *f*
sandblast protective equipment Sandstrahlschutzgerät *n*
sandblasted sandgestrahlt
sandblasting Sandstrahlen *n*, Sandstrahlverfahren *n*, Sandstrahlreinigung *f*
sandglass Sanduhr *f*
sanding 1. Sanden *n*, Besandung *f {Keramik}*; 2. Schleifen *n*, Trockenschleifen *n {Anstriche, Spachtelschichten}*; 3. Sandstrahlen *n*
sanding disk Feinschleifscheibe *f*
sanding sealer Autospachtel *f*, Schnellschliffgrund *m*, Schleifgrund *m {Einlaßgrundiermittel für offenporige Holzlackierung}*
sandiver Glasgalle *f*, Glasschaum *m*
sandlike sandartig
Sandmeyer [diazo] reaction Sandmeyer-Reaktion *f*, Sandmeyersche Reaktion *f {Ersatz der Diazogruppe durch andere Reste}*
sandpaper/to abschmirgeln, abschleifen
sandpaper Sandpapier *n*, Schmirgelpapier *n*, Schleifpapier *n*, Polierpapier *n*
sandstone Sandstein *m {Geol}*
sandstone in blocks Quadersandstein *m*
sandstone stratum Sandsteinlager *n {Geol}*
argillaceous sandstone Tonsandstein *m*
kaoliniferous sandstone Kaolinsandstein *m*
siliceous sandstone Kieselsandstein *m*
variegated sandstone bunter Sandstein *m*
sandwich 1. Schicht-, Sandwich-; 2. Sandwich *n*, Schichtwerkstoff *m*; Kernverbund *m {DIN 53290}*
sandwich compounds Sandwichverbindung *f*
sandwich construction Sandwichbauweise *f*, Stützstoffbauweise *f*, Verbund[platten]bauweise *f*, Schichtstoffbauweise *f*, Wabenbauweise *f*
sandwich effect Einlagerungseffekt *m*
sandwich injection mo[u]lding Sandwich-Spritzgießen *n*, Verbundspritzgießtechnik *f*, ICI-Verfahren *n*
sandwich mo[u]lding 1. Sandwich-Spritzgußteil *n*; 2. Sandwich-Schäumen *n {im geschlossenen Werkzeug}*, Sandwich-Spritzgießverfahren *n*, Sandwichschäumverfahren, Verbundspritztechnik *f*
sandwich mo[u]lding process Sandwich-Spritzgießverfahren *n*, Sandwichschäumverfahren *n*, Verbundspritztechnik *f*
sandwich panel Sandwichtafel *f*, Sandwichplatte *f*, Verbundtafel *f*, Verbundplatte *f*, Stützstoffplatte *f*, Verbundbautafel *f* [in Stützstoffbauweise]
sandy 1. sandartig; sandig, sandführend; Sand-; 2. sandfarben, sandfarbig
sandy clay Lehm *m*, Ziegelton *m*, magerer Ton *m*
sandy marl Sandmergel *m*
sandy shale Sandschiefer *m {Min}*
sandy soil Sandboden *m*
sanfor finish Sanforausrüstung *f {Text}*
sanforizing Sanforisieren *n {Text}*
sanforizing process Sanfor-Verfahren *n {kontrollierte kompressive Krumpfung}*
sanguinarine Sanguinarin *n*
sanidine Sanidin *m*, Eisspat *m {Min}*
sanitary hygienisch; sanitär; gesundheitlich, Gesundheits-
sanitary china Sanitärporzellan *n*
sanitary engineering Gesundheitstechnik *f*,-Sanitärtechnik *f*
sanitary equipment sanitäre Einrichtungen *fpl*, Sanitärartikel *mpl*, sanitäre Ausstattung *f*
sanitary inspector Gesundheitsaufseher *m*
sanitary landfill *{US}* geordnete Deponie *f*, kontrollierte Müllablagerung *f*
sanitary landfill plot *{US}* Grundstück *n* für geordnete Ablage, Grundstück *n* für kontrollierte Müllablagerung
sanitary paper Toilettenpapier *n*, Klosettpapier *n*
sanitary science Hygiene *f*
sanitary ware Sanitärkeramik *f*, Sanitätsgeschirr *n*, Sanitärsteingut *n*
sanitation 1. Gesundheitspflege *f*; 2. sanitäre Einrichtungen *fpl*, sanitäre Anlagen *fpl*; 3. Sanierung *f*, Assanierung *f {Verbesserung der hygienischen Lebensverhältnisse}*; 4. Löschen *n* von Daten *{EDV}*
sanitation cleaners Sanitärreiniger *mpl*
sanitizer Desinfektionsmittel *n*
santal Santal *n*, 3',4',5-Trihydroxy-7-methoxyisoflavon *n*

santal oil Sandelholzöl *n*, Sandelöl *n {Santalum album L. oder S. spicatum L.}*
santalat Santalat *n*
santalbic acid Santalbinsäure *f*
santalene <$C_{15}H_{24}$> Santalen *n*
santalenic acid <$C_{15}H_{24}O_5$> Santalensäure *f*
santalin A <$C_{13}H_{26}O_{10}$> Santalin A *n*, Sandelrot *n*
santalol <$C_{15}H_{24}O$> Santalol *n*
santalwood oil Sandel[holz]öl *n {Santalum album L. oder S. spicatum L.}*
santalyl acetate Santalylacetat *n*
santalyl chloride <$C_{15}H_{23}Cl$> Santalylchlorid *n*
santene Santen *n*, 2,3-Dimethyl-2-norbornen *n*
santene hydrate Santenhydrat *n*
santenic acid Santensäure *f*
santenol <$C_9H_{16}O$> Santenol *n*
santenonalcohol Santenonalkohol *m*
santenone Santenon *n*
santol <$C_8H_6O_3$> Santol *n*
santolactone Santonin *n*, Santoninlacton *n {Chem, Pharm}*
santonic acid Santonsäure *f*
santonica Wurmkraut *n {Artemisia cina.}*
santonin <$C_{15}H_{18}O_3$> Santonin *n*, Santoninlacton *n*
santoninic acid <$C_{15}H_{20}O_4$> Santoninsäure *f*
santorin earth Santorinerde *f*
santowax R Santowax R *n {Terphenylgemisch}*
sap Saft *m*, Zellsaft *m {Bot}*
sap content Saftgehalt *m*
sap rot Verstocken *n*, Splintfäule *f {Holz, DIN 68256}*
sap wood Splintholz *n*, Splint *m*
rich in sap saftreich *{Bot}*
sapan-wood Sap[p]anholz *n {ostindisches Rotholz von Caesalpinia sappan L.}*
sapogenine <$C_{14}H_{22}O_2$> Sapogenin *n*
saponaceous seifenhaltig, seifig; Seifen-
saponaceous clay Seifenton *m*
saponarin <$C_{24}H_{14}O_{12}$> Saponarin *n*
saponifiability Verseifbarkeit *f*
saponifiable verseifbar
saponifiable matter Verseifbares *n*, verseifbare Stoffe *mpl*
saponification Verseifung *f {Chem}*
saponification equivalent Verseifungsäquivalent *n*
saponification flask Verseifungskolben *m {Lab}*
saponification number Verseifungszahl *f {Kennzahl der fetten Öle, Fette und Mineralöle; in mg KOH/g Fett}*
saponification of esters Esterverseifung *f*
saponification of fat[s] Fettverseifung *f*
saponification rate Verseifungsrate *f*, Verseifungsgeschwindigkeit *f*
saponification resistance Verseifungsbeständigkeit *f*
saponification resistant verseifungsbeständig
saponification tank Verseifungsgefäß *n*
saponification test Verseifungsprobe *f*
saponification value *s.* saponification number
saponified verseift
saponified lignite wax Kalimontanwachs *n*
saponify/to verseifen
saponifying agent Verseifungsmittel *n*
saponins Saponine *npl {stickstofffreie Pflanzenglycoside}*
saponite Saponit *m*, Seifenstein *m {Min}*
saposalicylic ointment Saposalicylsalbe *f*
sapotalene <$C_{13}H_{14}$> Sapotalin *n*, 1,2,7-Trimethylnaphthalin *n*
sapovaseline Sapovaseline *f*
sapphire Saphir *m {Aluminiumoxid, Min}*
sapphire quartz Saphirquartz *m*, Blauquarz *m {Min}*
sapphire-to-metal seal Metall-Saphir-Verbindung *f {Vak}*
sapphire whiskers Aluminiumoxid-Einkristallfasern *fpl*
artificial green sapphire Amaryl *m {Min}*
white cloudy sapphire Milchsaphir *m {Min}*
sapphirine 1. saphirähnlich, saphirartig, saphirblau; aus Saphir; Saphir-; 2. Saphirin *m {ein Neso-Subsilicat, Min}*
sappy saftig; kraftvoll, energisch
sapropel Faulschlamm *m*, Sapropel *n {Geol}*
sapropelic *s.* sapropelitic
sapropelitic sapropelitisch
sapropelitic coal Sapropel[it]kohle *f*, sapropelitische Kohle *f*, Faulschlammkohle *f*
saprophyte Saprophyt *m* , Fäulnisbewohner *m*
sapwood Splint *m*, Splintholz *n*
saran Saran *n {Synthesefasern mit mindestens 80 % Polyvinylidenchlorid}*
sarcine Sarkin *n*, Hypoxanthin *n*
sarcocol Sarkokol *n*
sarcocollin Sarkokollin *n {Penaea sarcocolla}*
sarcolactic acid Fleischmilchsäure *f*, Rechtsmilchsäure *f*, L(+)-Milchsäure *f*, (S)-Milchsäure *f {Biochem}*
sarcolite Sarkolith *m {Min}*
sarcolysine Sarkolysin *n*
sarcoma *{pl. sarcomas, sarcomata}* Sarkom *n {Med}*
sarcopside Sarkopsid *n {Min}*
sarcosine <CH_3NHCH_2COOH> Sarcosin *n*, *N*-Methylglycin *n*, *N*-Methylglykokoll *n*, Methylaminoessigsäure *f*
sarcosine acid Sarcosinsäure *f*
sarcosine anhydride Sarcosinanhydrid *n*
sarcosine nitrile Sarcosinnitril *n*
sardonyx Sardonyx *m {Min}*
Sargent cycle Sargent-Kreisprozeß *m {Thermo}*

sarin Sarin *n {Nervengas}*
sarkine Hypoxanthin *n*, Sarkin *n*
sarkinite Sarkinit *m {Min}*
sarkomycin Sarkomycin *n*
sarmentogenin <$C_{23}H_{34}O_5$> Sarmentogenin *n*
sarmentose Sarmentose *f*
sarracinic acid Sarracinsäure *f*
sarsaparilla Sarsaparille *f*, Sarsaparill[a]-wurzel *f {Smilax regilii Kill. et C.V. Morton, Pharm}*
sarsasaponin Sarsasaponin *n*
sartorite Sartorit *m {Min}*
sassafras Sassafrasholz *n*, Fenchelholz *n {Sassafras albidum (Nutt.) Nees}*
sassafras oil Sassafrasöl *n*, Fenchelholzöl *n*
sassoline Sassolin *m*, Borsäure *f {Min}*
sassolite *s.* sassoline
satellite 1. Satellit *m {Tech}*; 3. [natürlicher] Satellit *m*, Trabant *m*, Mond *m {Astr}*
satellite line Begleitlinie *f {Spek}*
satellite pulse Nebenimpuls *m*
satin 1. seidenmatt; Atlas-; 2. Satin *m*, Baumwollsatin *m {Text}*; Kettatlas *m*, Kettsatin *m {Text}*
satin-frosting plant Satinieranlage *f {Glas}*
satin paper Atlaspapier *n*
satin spar Atlasspat *m*, Atlasstein *m*, Satinspat *m {Min}*
satin weave Atlasbindung *f*, Satinbindung *f {Textilglasgewebe}*
satin white Satinweiß *n*, Gips *m {Anstrichmittel}*; Satinweiß *n*, Glanzweiß *n {Gips/Tonerde/CaO-Gemisch, Pap}*
satiny atlasglänzend, seidig
satisfaction Befriedigung *f*; Zufriedenheit *f*; Genugtuung *f*
satisfactory befriedigend, zufriedenstellend; ausreichend; ohne Beanstandung *f*
satisfy/to befriedigen, genügen; zufriedenstellen; erfüllen *{z.B. Bedingungen}*; überzeugen
satisfy an equation/to eine Gleichung *f* erfüllen
sativic acid Sativinsäure *f*
saturability Sättigungsvermögen *n*
saturant Imprägniermittel *n*, Sättigungsmittel *n*
saturate/to sättigen, absättigen *{Chem}*; durchsetzen, [durch]tränken, saturieren *{Chem}*
saturated gesättigt, abgesättigt *{Valenz}*
saturated activity Sättigungsaktivität *f*
saturated aliphatic acid Paraffinsäure *f*
saturated calomel electrode gesättigte Kalomelhalbzelle *f*, gesättigte Kalomelelektrode *f*
saturated compound gesättigte Verbindung *f*
saturated hydrocarbons gesättigte Kohlenwasserstoffe *mpl*
saturated in the cold state kalt gesättigt
saturated polyester gesättigter Polyester *m*, thermoplastischer Polyester *m*, linearer Polyester *m*
saturated solution gesättigte Lösung *f*
saturated steam gesättigter Dampf *m*, gesättigter Wasserdampf *m*, Naßdampf *m*, Sattdampf *m*
saturated steam cylinder oil Sattdampfzylinderöl *n*
saturated vapo[u]r *s.* saturated steam
saturated vapo[u]r pressure Sattdampfdruck *m*, Sättigungsdampfdruck *m*
saturated with water wassergesättigt
saturated with water vapo[u]r wasserdampfgesättigt
highly saturated hochgesättigt
saturating agent Sättigungsmittel *n*
saturating forces Sättigungskräfte *fpl*
saturation 1. Sättigung *f {Lösung}*; Sättigung *f*, Absättigung *f {Valenz}*; 2. Sättigung *f {Elektronik, Nukl}*; 3. Sättigung *f {Grad der Buntheit einer Farbe; Opt, Photo}*; 4. Durchdringung *f*, Durchsetzung *f*, Durchtränkung *f*, Imprägnierung *f*; 5. Karbonatation *f*, Saturation *f*, Saturieren *n {Zucker}*
saturation capacity Sättigungskapazität *f*
saturation concentration Sättigungskonzentration *f*
saturation current Sättigungsstrom *m*, Grenzstrom *m {Elek}*
saturation curve Sättigungskurve *f*
saturation factor Sättigungskoeffizient *m*
saturation isomerism Sättigungsisomerie *f*
saturation level 1. Sättigungniveau *n*, Sättigungswert *m*; 2. Sättigungszustand *m {Informationsspeicherung}*
saturation limit Sättigungsgrenze *f*
saturation line Sättigungslinie *f*
saturation magnetization Sättigungsmagnetisierung *f*
saturation of air Luftsättigung *f*
saturation pan Entkalkungsgefäß *n*, Scheidepfanne *f*
saturation point Sättigungspunkt *m*
saturation pressure Sättigungsdruck *m*
saturation spectroscopy Sättigungsspektroskopie *f {Laser}*
saturation tank Saturateur *m {Zucker}*
saturation temperature Sättigungstemperatur *f*, Taupunkt *m*
saturation tower Entkalkungskolonne *f*, Sättigungskolonne *f*, Saturationssäule *f*
saturation value Sättigungswert *m*
saturation vapo[u]r pressure Sättigungsdampfdruck *m*, Wasserdampfsättigungsdruck *m*
degree of saturation Sättigungsgrad *m*
limit of saturation Sättigungsgrenze *f*
state of saturation Sättigungszustand *m*
saturator Sättiger *m*, Sättigungsapparat *m*, Saturateur *m*, Saturationsvorrichtung *f*

sauce/to beizen
sauce tobacco/to Tabak *m* beizen
saucer 1. Teller-; 2. gerade Topfschleifscheibe *f*
saucer wheel schalenförmige Polierscheibe *f*
saucer-shaped electrode *s.* cup electrode
saucing Beizen *n* *{z.B. Tabak}*
sausage Wurst *f*, Würstchen *n* *{Lebensmittel}*
sausage poisoning Wurstvergiftung *f*
sausage skin Wursthaut *f*
saussurite Saussurit *m* *{Min}*
save/to sparen, einsparen, ersparen; [er]retten; sichern, sicherstellen *{z.B. Daten}*; bergen *{z.B. Schiffe}*
save-all [plant] Stoffrückgewinnungsanlage *f*, Faserrückgewinnungsanlage *f*, Faserstofffänger *m*, Stoffänger *m* *{Pap}*
save-oil Ölsammler *m*, Öltrog *m*
stuff from the save-all Fangstoff *m*
savin Sadebaum *m* *{Juniperus sabina L.}*
savin oil Sadebaumöl *n* *{Juniperus sabina L.}*
saving 1. [ein]sparend; 2. Einsparung *f*, Ersparnis *f*; 2. Sicherung *f*, Sicherstellung *f* *{z.B. von Daten}*; 3. Bergung *f* *{z.B. eines Schiffes}*
saving in fuel Brennstoffersparnis *f*
saving in material Materialersparnis *f*, Materialeinsparung *f*
saving of time Zeitersparnis *f*, Zeiteinsparung *f*
savinin Savinin *n*
savory 1. pikant, gewürzt, wohlschmeckend; 2. Bohnenkraut *n* *{Bot}*
saw Säge *f*
saw-horse representation Sägebock-Formel *f* *{Stereochem}*
saw-tooth grating grooves sägezahnartiges Furchenprofil *n*, sägezahnförmiges Profil *n* der Gitterfurchen
saw-tooth roll crusher [Säge-]Zahnwalzenbrecher *m*
saw vencer Sägefurnier *n*
sawdust Sägemehl *n*; Sägespäne *mpl*
sawdust dryer Sägemehltrockner *m*
sawdust floor Boden *m* mit Sägemehlschicht
sawn timber Schnittholz *n* *{DIN 68252}*
sawwort Färberscharte *f* *{Bot}*
saxitoxin <$C_{10}H_{17}N_7O_4 \cdot 2HCl$> Saxitoxin *n* *{Schellfischtoxin}*
Saxon blue Neublau *n*, Sächsischblau *n*
Saybolt chromometer Colorimeter *n* nach Saybolt *{petrochemische Produkte}*
Saybolt colo[u]r Saybolt-Farbzahl *f*, Saybolt-Farbe *f* *{petrochemische Produkte}*
Saybolt seconds Universal Saybolt-Universalsekunde *f* *{obs, Einheit der kinematischen Viskosität}*
Saybolt Universal viscosity Saybolt-Viskosität *f*
SBK catalytic reforming Sinclair-Baker-Kellogg-Reformierprozeß *m*, SBK-Refomierprozeß *m* *{Erdöl}*
SBP gasoline *{special boiling-point gasoline}* Siedegrenzenbenzin *n*, Spezialbenzin *n*
SBR *{styrene-butadiene rubber}* Styrol-Butadien-Kautschuk *m*, Styrol-Butadienpfropfpolymerisat *n*
scabbard Hülle *f*, Scheide *f*, Mantel *m*
scacchite <$MnCl_2$> Scacchit *m* *{Min}*
scaffold 1. Arbeitsgerüst *n* *{Tech}*; Gerüst *n*, Hängegerüst *n*, Außengerüst *n*, Baugerüst *n*; 2. Ansatz *m* *{unerwünschtes Agglomeratgebilde im Hochofen}*
scaffolding 1. Gerüstbau *m*; 2. Arbeitsgerüst *n* *{Tech}*; Baugerüst *n*, Gerüst *n*, Außengerüst *n*, Hängegerüst *n*; 3. Hängen *n* *{der Beschickung im Hochofen}*
scaffolding of the charge Hängen *n* der Gicht *{Hochofen}*
scalar 1. skalar *{z.B. Feld}*; 2. Skalar *m* *{Math}*
scalar field Skalarfeld *n*
scalar product Skalarprodukt *n* *{Vektoren}*
scald/to heiß machen *{spülen}*; zum Kochen *n* bringen, aufkochen; abkochen *{z.B. Milch}*; brühen, überbrühen, blanchieren *{Lebensmittel}*; verbrühen, abbrühen *{Gerb}*; brennen, nachwärmen *{z.B. Hartkäse}*
scald out/to ausbrühen
scald Brand *m*, Verbrühung *f*
scalding kettle Abbrühkessel *m*
scalding vessel Abbrühgefäß *n*
scale/to 1. [sich] schuppen, schälen; entkrusten *{von Kesselstein befreien}*; entzundern *{Met}*; abblättern, abbröckeln; 2. verkrusten *{abdeckenden Kesselstein bilden}*; verkrusten *{Kesselstein ansetzen}*; verzundern *{Met}*; 3. wiegen; 4. maßstäblich festlegen; Maßstab *m* ändern, teilen *{Skale}*; skalieren, maßstäblich verändern, nach einer Skale *f* klassieren
scale down/to maßstäblich verkleinern
scale off/ abblättern, abbröckeln, abklopfen von Kesselstein *f*, ablösen, abschälen, abschuppen; abzundern *{Met}*
scale up/to maßstäblich vergrößern
scale 1. Skala *f*, Stufenfolge *f*; Skale *f*, Gradeinteilung *f*, Maßeinteilung *f* *{Instr}*; 2. Maßstab *m*; 3. dünne Schicht *f*, Belag *m*, Ablagerung *f*, Niederschlag *m*; Inkrustation *f*; Zunder *m*, Sinter *m* *{Met}*; Kesselstein *m*; Wasserstein *m* *{in Rohren}*; Zahnstein *m* *{Med}*; Gußhaut *f* *{Met}*; 4. Schuppe *f* *{Biol}*; 5. Waagschale *f*; Waage *f*
scale beam Waagebalken *m*
scale breaker Zunderbrechwalze *f*
scale deposit Kesselstein *m*
scale dividing Skalenteilung *f*, Einteilung *f* der Skale
scale division 1. Teilstrich *m* *{der Skale}*,

Skalenteilstrich *m*; 2. Skalenteil *m*, Teilstrichabstand *m*, Skalenintervall *n*, Skalenteilung *f*
scale effect Ablagerungserscheinung *f*
scale etching Zunderbeizen *n*
scale factor Maßstabsfaktor *m*
scale formation Krustenbildung *f*; Schalenbildung *f*, Zunderbildung *f {Met}*; Kesselsteinbildung *f*; Wassersteinbildung *f {in Rohren}*; Zahnsteinbildung *f {Med}*
scale housing Waagengehäuse *n*
scale inhibition Zunderverhütung *f {Met}*; Kesselsteinverhütung *f*; Zahnsteinverhütung *f {Med}*
scale interval Skalenintervall *n*, Teilstrichabstand *m*
scale line Teilstrich *m*
scale microscope Skalenmikroskop *n*
scale model maßstabsgetreues Modell *n*, maßstäbliches Modell *n*, Attrappe *f*
scale of costs Gebührentabelle *f*
scale of turbulence Turbulenzgrad *m*
scale on a drum Meßtrommelskale *f*, Skale *f* der Meßtrommel
scale pan Waagschale *f*
scale range Meßbereich *m*, Regelbereich *m*
scale reading Skalenablesung *f*
scale remover Kesselsteinbeseitigungsmittel *n*
scale resistance Zunderbeständigkeit *f*
scale solvent Kesselsteinlösemittel *n*, Kesselsteinlöser *m*
scale trap Schmutzfänger *m*
scale-up Maßstabsvergrößerung *f*, maßstäbliche Vergrößerung *f*, Scale-up *n {eines Verfahrens, einer Anlage}*
scale-up factor Vergrößerungsfaktor *m*
scale with suppressed zero Skale *f* mit unterdrücktem Nullpunkt
scale zero position Nullstellung *f* der Meßskale
at an enlarged scale in vergrößertem Maßstab
at a reduced scale in verkleinertem Maßstab
deposit of scale Kesselsteinablagerung *f*
prevention of scale formation Kesselsteinverhütung *f*
scalenohedral skalenoedrisch *{Krist}*
scalenohedron Skalenoeder *n {Krist}*
scaler Zähler *m*, Zählgerät *n {Untersetzer}*; Impulszähler *m*, Impulszählgerät *n*, Frequenzuntersetzer *m*, Festwertmultiplikator *m*
scales Waage *f*
scales of iron Hammerschlag *m*, Zunder *m*
adjusting scales Ausgleichswaage *f*
scaling 1. Abblättern *n*, Abschuppen *n*, Abplatzen *n*, Abspringen *n*; 2. Entfernen *n* von Kesselstein *m*; Entzundern *n {Met}*; 3. Schuppenbildung *f {Med, Farb}*; 4. Verkrusten *n*, Inkrustation *f*, Krustenbildung *f*; Wassersteinbildung *f {in Rohren}*; Kesselsteinbildung *f*; Zundern *n*, Verzunderung *f {Met}*; 5. maßstabsgerechte-Änderung *f*; 6. Skalieren *n*; 7. Messung *f* nach einer Skale *f*, Einstellung *f* nach einer Skale *f*; 8. Skalenbereichsänderung *f {Untersetzung}*
scaling circuit Zähler *m*, Zählgerät *n {Untersetzer}*; Impulszähler *m*, Impulszählgerät *n*, Frequenzuntersetzer *m*, Festwertmultiplikator *m*
scaling down maßstäbliche Verkleinerung *f*, Maßstabsverkleinerung *f*, Scale-down *n {einer Anlage, eines Verfahrens}*
scaling furnace Beizofen *m*
scaling loss Abbrand *m*
scaling stove Verzunderungsofen *m*
scaling surface Schieferungsfläche *f {Geol}*
scaling up maßstäbliche Vergrößerung *f*, Maßstabsvergrößerung *f*, maßstabsgerechte Vergrößerung *f*, Scale-up *n {einer Anlage, eines Verfahrens}*
high temperature scaling Verzunderung *f*
resistance to scaling Zunderbeständigkeit *f*
scalp/to skalpieren, schälen *{z.B. Stahl}*; vorabtrennen, entfernen, vorsieben, grobsieben *{grober Partikel}*
scalpel Skalpell *n*; Impfmesser *n {Med}*
scalper 1. Grobsieb *n*, Vorsieb *n {Stückgutscheidung}*; 2. Grobbrecher *m*, Steinbrecher *m*
scalping 1. Skalping *n*, Oberflächenhautentfernung *f*, Schälen *n {von Rundstählen zu Blankstahl}*; 2. Fräsen *n*, Befräsen *n {Drahtbarren}*; 3. Absieben *n {von Grobkorn}*, Vorsieben *n {großer Stücke}*, Grobsiebung *f*
scalping hydrocyclone Skalpierhydrozyklon *m*, Hydrozyklon *m* zum Vorabtrennen *n* grober Partikel
scalping machine Furnierschälmaschine *f*
scaly abblätternd; schuppenartig, blätt[e]rig; schuppig, [ab]geschuppt, sich schuppend; Schuppen-
scaly hematite Eisenmann *m {Min}*
scammonin <$C_{34}H_{56}O_{16}$> Skammonin *n*
scammony [resin] Skammoniaharz *n*, Skammoniumharz *n {Ipomoea orizabensis Ledanois}*
scan/to 1. abtasten, durchmustern, rastern; überstreichen, bestreichen *{Radar}*; 2. absuchen, erforschen, prüfen; 3. abfragen *{Informationen}*; [kurz] duchsehen
scan 1. Abtastung *f*, Rastern *n*; Überstreichen *n {Radar}*; 2. Abfragen *n {Informationen}*; 3. Ablenkung *f {z.B. Oszilloskop}*
scan area Abtastfläche *f*, Abtastbgebiet *n*; Abtastbereich *m*
scandia <Sc_2O_3> Scandiumoxid *n*
scandium *{Sc, element no. 21}* Scandium *n*, Eka-Bor *n {obs}*
scandium chloride <$ScCl_3$> Scandium[tri]chlorid *n*
scandium fluoride <ScF_3> Scandium[tri]fluorid *n*
scandium oxide <Sc_2O_3> Scandiumoxid *n*

scandium sulfate <$Sc_2(SO_4)_3$> Scandiumsulfat *n*

scanner 1. Abtaster *m*, Abtastgerät *n*, Abtastvorrichtung *f*; Bildabtaster *m {Datenverarbeitung}*; Meßstellenabtaster *m*, Meßstellenumschalter *m*; Abtaster *m {Helligkeitswerte}*; 2. Scanner *m {Druck}*

scanning 1. Abtasten *n*, Abtastung *f*; 2. Bestreichen *n*, Überstreichen *n {Radar}*; 3. Bildzusammensetzung *f*, Bildzerlegung *f*; Scanning *n {Phys}*; 4. Abfragen *n {Informationen}*

scanning beam Abtaststrahl *m*, Taststrahl *m*

scanning device Abtastgerät *n*, Abtaster *m*, Abtastvorrichtung *f*; Bildabtaster *m {Datenverarbeitung}*; Meßstellenabtaster *m*; Abtaster *m {Helligkeit}*

scanning direction Abtastrichtung *f*

scanning electron diffraction Abtastelektronenbeugung *f*

scanning electron micrograph rasterelektronenmikroskopische Aufnahme *f*, REM-Aufnahme *f*

scanning electron microscope Rasterelektronenmikroskop *n*, Abtastelektronenmikroskop *n*

scanning electron microscopy Rasterelektronenmikroskopie *f*

scanning field Abtastfeld *n*

scanning frequency Abtastfrequenz *f*, Abfragefrequenz *f*; Bild[folge]frequenz *f*

scanning heating furnace Induktionsofen *m* mit fortschreitendem Werkstück

scanning light spot abtastender Lichtfleck *m*

scanning microscope Rastermikroskop *n*, Abtastmikroskop *n*, Meßmikroskop *n*

scanning spectrometer of Ebert type Ebertsches Abtastspektrometer *n*, Abtastspektrometer *n* nach Ebert

scanning speed Abtastgeschwindigkeit *f*

scanning transmission electron microscope Raster-Elektronentransmissionsmikroskop *n*

scanning velocity Abtastgeschwindigkeit *f*

scantling 1. Kantholz *n {mit quadratischem Querschnitt}*; Sparren *m {Bau}*; 2. große Bausteine *mpl*, große Werksteine *mpl*

scanty knapp, dürftig

scapolite Skapolith *m {Min}*

scar/to vernarben; ritzen, schrammen

scar 1. Narbe *f {Oberflächenfehler}*; 2. Schramme *f*, Kratzer *m*

scarce knapp, kärglich; selten

scarcity Verknappung *f*, Knappheit *f*; Seltenheit *f*

scarf joint 1. Falzverbindung *f*; Überblattung *f*, Schrägverband *m*, Verbindungsstoß *m {schräger oder gerader}*; geschäftete Klebverbindung *f*, Schäftungsklebung *f*; 2. Überlappungsnaht *f*, Überlappungsschweißung *f*, schräge Überlappnaht *f {Schweißen}*

scarf-ring [torsion] test Verdrehversuch *m {Hohlzylinder/Rundprofile mit 6 Stumpfklebungen zur Klebstoffsteifigkeitsbestimmung}*

scarfing Brennflämmen *n*, Flämmputzen *n {von Gußstücken}*; Putzen *n {mechanisch oder mit Flamme; Gieß}*

scarfing burner Abbrenner *m*

scarlet 1. scharlachfarben, scharlachrot; 2. Scharlach *m*, Scharlachrot *n*, scharlachroter Farbstoff *m*

scarlet OOO <$C_{20}H_{12}N_2Na_2O_7S_2$> Crocein 3BX *n*, Coccin 2B *n*

scarlet chrome Molybdatrot *n*, Mineralfeuerrot *n*

scarlet dyeing Scharlachfärben *n*

scarlet fever Scharlach *m {Med}*

scarlet lake Scharlachlack *m*

deep scarlet Kardinalrot *n*

scarred narbig; verkratzt, verschrammt

scarring Narbenbildung *f {Oberflächenfehler}*

scatole <C_9H_9N> Skatol *n*, *ß*-Methylindol *n*

scatter/to [zer]streuen *{z.B. Meßwerte}*; verstreuen, ausbreiten

scatter 1. Streuung *f*, Varianz *f*, mittlere quadratische Abweichung *f {Statistik}*; 2. Streubreite *f {Statistik}*

scatter band Streubreite *f {Statistik}*

scatter diagram Streudiagramm *n*, Korrelationsdiagramm *n {Statistik}*

scatter electron Streuelektron *n*

scatter range Streubereich *m {Statistik}*

scattered Streu-

scattered electrons Streuelektronen *npl*

scattered intensity Streuintensität *f*

scattered light Streulicht *n {Photo, Opt}*

scattered-light measurement Streulichtmessung *f*

scattered-light smoke detector Streulicht-Rauchmelder *m*

scattered radiation Streustrahlung *f*; Störstrahlung *f*

scattered-radiation intensity Streuintensität *f*

scattered rays Streustrahlen *mpl*

scattered-rays baffle Streustrahlenschlitzblende *f {Spek}*

back scattered zurückgestreut

scattering 1. Zerstreuen *n*; 2. Streuung *f {Phys}*; Streuung *f {Statistik}*; 3. Zerstäuben *n*, Dispergieren *n {Flüssigkeiten}*

scattering amplitude Streuamplitude *f*

scattering angle Streu[ungs]winkel *m*

scattering center Streuzentrum *n*

scattering coefficient Streukoeffizient *m*

scattering collision Streustoß *m*

scattering cone Streukegel *m*

scattering continuum Streukontinuum *n*

scattering cross section Streu[ungs]querschnitt *m*

scattering factor Streufaktor *m*

scattering loss Streuverlust *m*
scattering matrix Streumatrix *f*, S-Matrix *f*, Streuoperator *m* *{Nukl}*
scattering of light Lichtstreuung *f*, Streuung *f* des Lichtes
scattering power Streuvermögen *n*, Zerstreuungsvermögen *n*
scattering process Streuprozeß *m*
scavenge/to 1. reinigen, säubern, spülen *{waschen}*; ausschwemmen; durchspülen, ausspülen *{z.B. mit Gas}*; ausfällen *{Nukl}*; ausflocken, läutern *{von Roherz auf mechanischem Weg}*; 2. desoxidieren *{Schmelzen durch Chemikalienzusatz}*
scavenger 1. Radikalfänger *m* *{Chem}*; 2. Spülmittel *n*, Reinigungsmittel *n*; 3. Desoxidationsmittel *n* *{Met}*
scavenging 1. Spülung *f*, Spülen *n* *{Tech}*; 2. Abfangen *n* *{Entfernen eines Reaktionspartners}*; 3. Desoxidation *f* *{Met}*; 4. Läuterung *f*, Ausflokkung *f* *{Mineralaufbereitung}*; Reinigungsfällung *f* *{Nukl}*; 5. Abführsystem *n*
scavenging air Spülluft *f*
scavenging gas Spülgas *n*
scavenging pump Spülpumpe *f*
scavenging valve Spülventil *n*
scent/to 1. aromatisieren; parfümieren; 2. riechen; wittern
scent 1. Geruch *m*; [würziger] Duft *m*; 2. Riechstoff *m*, Parfüm *n*; 3. Witterung *f*; Geruchssinn *m*
scented wohlriechend, duftend
scenting Aromatisierung *f*
scentless duftlos, geruchlos, geruchsfrei, nichtriechend
Schaeffer's acid <$HOC_{10}H_6SO_3H$> Schäffersche [*β*-]Säure *f*, Schäffer-Säure *f*, Naphth-2-ol-6-sulfonsäure *f*
Schaeffer's salt <$HOC_{10}H_6SO_3Na$> Schäffersches Salz *n*, Schäfer-Salz *n*, Natrium-Naphth-2-ol-6-sulfonat *f*
schapbachite Schapbachit *m* *{Min}*
schappe [silk] Schapp[e]seide *f* *{aus Seidenabfällen, Wildseide und nicht abhaspelbaren Kokonteilen}*
Schardinger enzyme Schardinger-Enzym *n*, Xanthinoxydase *f*, Xanthindehydrase *f* *{Biochem}*
schedule 1. [zeitliches] Programm *n*, Zeitplan *m*, Ablaufplan *m*; 2. Liste *f*, Tabelle *f*, Aufstellung *f*, Verzeichnis *n*
scheduled 1. planmäßig; 2. anerkannt *{amtlich geprüft}*
scheduled price Tarifpreis *m*
scheduling 1. Arbeitsplanung *f*, Ablaufplanung *f*; Scheduling *n* *{EDV}*; 2. Terminplanung *f*, Zeit[ablauf]planung *f*
Scheele's green <$CuHAsO_4$> Scheelesches Grün *n*, Scheeles Grün *n*
scheelite <$CaWO_4$> Scheelit *m*, Scheelerz *n*, Scheelspat *m*, Schwerstein *m* *{Min}*
schefferite Schefferit *m* *{Min}*
schematic 1. schematisch; 2. schematische Darstellung *f*, Schema *n*, Schemazeichnung *f*; 3. Schaltschema *n*, Prinzipschaltbild *n*, Stromlaufplan *m* *{Elek}*
schematic [circuit] diagram 1. Prinzipschaltbild *n*, Schaltschema *n* *{Elek}*, Stromlaufplan *m*; 2. Prinzipskizze *f*, Schemaskizze *f* *{Elek}*
schematic drawing Prinzipskizze *f*, Schema *n*, Schemaskizze *f*
schematic representation schematische Darstellung *f*
schematically in schematischer Darstellung *f*, schematisch
scheme/to planen; entwerfen, projektieren
scheme 1. Plan *m*, Programm *n*; Projekt *n*; 2. Schema *n*, Anordnung *f*; Konfiguration *f* *{EDV, Stereochem}*; 3. System *n*; 4. Aufeinanderabstimmung *f*
Schiff's bases <RN=CHR'> Schiffsche Basen *fpl*, Azomethine *npl*
Schiff's reagent Thioessigsäure *f*
Schiff's solution Schiffsche Lösung *f* *{fuchsinschwefelige Säure zum Aldehydnachweis}*
schiller spar Schillerspat *m*, Bastit *m* *{Min}*
Schilling density Schilling-Dichte *f* *{Erdöl}*
schist Schiefer *m* *{Geol}*
argillaceous schist Tonschiefer *m* *{Min}*
schistous schieferartig, schief[e]rig; schieferhaltig
schistous amphibolite Hornblendeschiefer *m*
schistous basalt Basaltschiefer *m*
schistous diorite Grünsteinschiefer *m*
schistous sandstone Sandschiefer *m*
schizomycetes Schizomyceten *mpl*, Spaltpilze *mpl*
schizomycetic fermentation Spaltpilzgärung *f*
schizophyceae Spaltalgen *fpl*
schlich Schlamm *m*, Schlick *m*
schlieren Schlieren *fpl* *{Opt}*
schlieren analysis Schlierenanalyse *f*
schlieren apparatus Schlierengerät *n*
schlieren diaphragm Schlierenblende *f*
schlieren method Schlierenverfahren *n*, Schlierenmethode *f*
schlieren optics Schlierenoptik *f*
schlieren photo[graph] Schlierenaufnahme *f*
Schlippe's salt <$Na_3SbS_4\cdot9H_2O$> Schlippesches Salz *n*, Natriumtetrathioantimonat(V)[-Nonahydrat] *n* *{Photo}*
schneebergite Schneebergit *m* *{obs}*, Roméit *m* *{Min}*
Schoellkopf's acid 1. <$HOC_{10}H_5(SO_3H)_2$> Schöllkopfsche Säure *f*, Naphth-1-ol-4,8-disulfonsäure *f*; 2. <$H_2NC_{10}H_6SO_3H$> Schöllkopf-Säure *f*, Naphth-1-ylamin-8-sulfonsäure *f*; 3. *{US}* Naphth-1-ylamin-4,8-disulfonsäure *f*

schoenite Schönit *m*, Pikromerit *m* *{Min}*
schoepite Schöpit *m*
school Schule *f* *{höhere Bildungsanstalt}*; Hochschule *f*
  school chalk Tafelkreide *f*
Schoop's metal spraying process Schoopsches Metallspritzverfahren *n*
schorl Schörl *m*, schwarzer Turmalin *m* *{Min}*
schorlaceous schörlähnlich
schorlite Schorlit *m* *{Min}*
schorlomite Schorlomit *m* *{Min}*
Schotten-Baumann reaction Schotten-Baumannsche Reaktion *f*, Schotten-Baumann-Reaktion *f* *{von Säurechloriden mit Alkoholen oder Aminen}*
Schottky effect Schottky-Effekt *m*
schreibersite Schreibersit *m*, Phosphornickeleisen *n*, Ferro-Rhabdit *m* *{Min}*
schroeckingerite Schroeckingerit *m*, Dakeit *m* *{Min}*
Schroedinger oscillation equation Schrödingersche Schwingungsgleichung *f*, Schrödinger-Gleichung *f*
Schumann plate Schumann-Platte *f* *{UV-Photographie, 120-220 nm}*
  Schumann region Schumann-Bereich *m*, Schumann-Gebiet *n* *{Spek, 120-220 nm}*
schungite Schungit *m* *{Min}*
schwazite Schwazit *m*, Hermesit *m* *{Min}*
Schweinfurt green Schweinfurter Grün *n*, Uraniagrün *n*, Neuwieder Grün *n* *{Kupfer(II)-acetatarsenat(III)}*
science 1. Wissenschaft *f*; Naturwissenschaft *f*; 2. Können *n*, Kenntnisse *fpl*
  science of mineral deposits Lagerstättenkunde *f*
  science of mining Bergwerkskunde *f*
  science of nutrition Ernährungskunde *f*, Ernährungswissenschaft *f*
  Science Research Council *{GB}* Forschungsrat *m*
scientific wissenschaftlich; naturwissenschaftlich; synthetisch *{z.B. Edelstein}*
  scientific assistant wissenschaftlicher Mitarbeiter *m*
  scientific glassware Laborgeräte *npl* aus Glas *n*
  scientific literature Fachliteratur *f*
  scientific paper Fachaufsatz *m*, wissenschaftliche Veröffentlichung *f*
  scientific research Naturforschung *f*
  scientific research ship wissenschaftliches Forschungsschiff *n*
  scientific staff members wissenschaftliche Angestellte *mpl*
scientist Wissenschaftler *m*; Naturwissenschaftler *m*, Naturforscher *m*
scillain 1. Scillain *n*; 2. Scillipikrin *n*
scillaren A <$C_{24}H_{54}O_{13}$> Scillaren A *n* *{Glycosid}*
scillarenin <$C_{24}H_{32}O_{4}$> Scillarenin *n*
scillaridin <$C_{24}H_{30}O_{3}$> Scillaridin *n*
scillaridinic acid Scillaridinsäure *f*
scilliglaucoside Scilliglaucosid *n*
scillin Scillin *n*
scillipicrin Scillipikrin *n*
scilliroside Scillirosid *n* *{Scillaglycosid}*
scillitin Scillitin *n* *{Pharm}*
scillitoxin Scillitoxin *n*
scintigram Szintigramm *n*
scintillant Szintillationssubstanz *f*
scintillate/to szintillieren, aufblitzen, aufleuchten, Funken *mpl* sprühen; funkeln, flimmern
scintillating funkelnd, funkensprühend, schillernd, aufblitzend; funkelnd
scintillation Szintillation *f*, Aufblitzen *n*, Aufleuchten *n*; Flimmern *n*, Funkeln *n*
  scintillation bottle Szintillationsflasche *f* *{Pharm}*
  scintillation counter Szintillationszähler *m*, Strahlungsintensitätsmesser *m*, Szintillator *m* *{Strahlungsdetektor}*
  scintillation crystal Szintillationskristall *m*
  scintillation liquid Szintillationsflüssigkeit *f*
  scintillation plastic Kunststoffszintillator *m*
  scintillation response Szintillationsansprechvermögen *n*
  scintillation spectrometer Szintillationsspektrometer *n*
  scintillation spectrometry Szintillationsspektrometrie *f*
scintillator Szintillator *m*
scintilloscope Szintilloskop *n*
scission Spaltung *f*, Spalten *n* *{Valenz, Biol}*; Ringöffnung *f* *{Chem}*
  scission of the polymer chain Aufspalten *n* der Polymerkette
scissors Schere *f*, Handschere *f*
sclaren Sclaren *n*
scleretinite Skleretinit *m* *{Min}*
sclerometer Sklerometer *n*, Härtemesser *m*, Ritzhärteprüfer *m* *{Instr}*
  sclerometer test Ritzhärteprüfung *f*
sclerometric hardness Ritzhärte *f*
scleroprotein Skleroprotein *n*, Gerüsteiweißstoff *m*, Strukturprotein *n*, Faserprotein *n*
scleroscope Skleroskop *n*, Härtemesser *m*, Rücksprunghärteprüfer *m*, Fallhärteprüfer *m* *{Instr}*
  scleroscope hardness Kugelfallhärte *f*, Rückprallhärte *f*, Skleroskophärte *f*
  scleroscope [hardness] test Fallhärteprüfung *f*, Rücksprunghärtetest *m*, Kugelfallprobe *f*
scleroscopic hardness Rücksprunghärte *f*, Rückprallhärte *f*
sclerot[in]ic acid Sklerotinsäure *f*, Ergotsäure *f*
sclerotinol Sclerotinol *n*

scolecite Skolezit *m {Min}*
scolopsite Skolopsit *m {Min}*
scombrin Scombrin *n {Protamin}*
scoop/to schöpfen; schaufeln, auschaufeln; graben
scoop off/to abschöpfen
scoop out/to ausschöpfen; aussparen, aushöhlen
scoop up/to aufhäufen
scoop 1. Schöpfgefäß *n {Schöpfkelle, Schöpflöffel, Löffel}*; 2. Grabgefäß *n {Löffel, Schaufel, Becher, Eimer}*; 3. Schaufel *f*, Schippe *f*; 4. Greifer *m*; 5. Rührflügel *m*; 6. Behälter *m*, Großbehälter *m*, Container *m*, Frachtbehälter *m*; 7. Oberlicht *n {Photo}*
scoop feeder Schaufeldosierer *m*
scoop sample Schöpfprobe *f*
scoop wheel Schaufelrad *n*, Schöpfrad *n*, Wurfrad *n*
scooping thermometer Schöpfthermometer *n*
scoparin **<$C_{22}H_{22}O_{11}$>** Scoparin *n*
scoparium Besenkraut *n*, Scoparium *n {Bot}*
scoparone Scoparon *n*
scope 1. Bereich *m*, Umfang *m*; Anwendungsbereich *m*, Gültigkeitsbereich *m*, Wirkungsbereich *m*; 2. Reichweite *f*, Spielraum *m*; 3. Fassungsvermögen *n*; 4. Oszilloskop *n*
scope of work Arbeitsumfang *m*, Leistungsumfang *m*
scopine **<$C_8H_{13}NO_2$>** Scopin *n*, 2,3-Epoxytropan *n*
scopolamine **<$C_{17}H_{21}NO_4$>** Scopolamin *n*, Atroscin *n*, Hyoscin *n {Pharm}*
scopolamine hydrobromide Scopolaminhydrobromid *n*
scopolamine methylbromide Scopolaminmethylbromid *n*
scopolamine methylnitrate Scopolaminmethylnitrat *n*
scopoleine **<$C_{17}H_{21}NO_4$>** Scopolein *n*
scopoletin **<$C_{10}H_8O_4$>** Scopoletin *n*, Gelseminsäure *f*, 6-Methoxy-7-hydroxycumarin *n*, *β*-Methylesculetin *n*
scopoline **<$C_8H_{13}NO_2$>** Scopolin *n*, Oscin *n*
scopometer Skopometer *n {Trübungsmesser}*
scorch/to 1. versengen, verbrennen; ausdörren *{z.B. Obst}*; durchschmoren *{Kabel}*; verätzen, verbrennen *{durch Chemikalien}*; [ab]sengen, abflammen, gasieren *{Text}*; 2. anbrennen, anspringen, anvulkanisieren, scorchen *{Gummi}*
scorch 1. Brandfleck *m*, Sengfleck *m*; Verätzung *f*, Verbrennung *f {durch Chemikalien}*; 2. Anvulkanisation *f*, Anspringen *n*, Anbrennen *n*, Scorch *n {Gummi}*
scorch-resistance Scorchsicherheit *f*, Scorchbeständigkeit *f*, Scorchresistenz *f*
scorch-resistant scorchsicher, scorchbeständig, scorchresistent
scorch safety Brennsicherheit *f*, Brandsicherheit *f*
scorch temperature Scorchtemperatur *f*
scorch time Anvulkanisationsdauer *f*, Scorchzeit *f {Sicherheitszeit vor Einsetzen des Scorchens}*
scorched brandig *{Geschmack}*
scorching 1. Beginn *m* einer Härtung *f*, Anspringen *n* einer Vernetzung *f*, Anvulkanisation *f*, Vorvernetzung *f {Gummi}*; 2. Schmoren *n {Elek}*; 3. [Ab-]Sengen *n*, Gasieren *n*, Abflammen *n {Text}*; 4. Verätzen *n*, Verbrennung *f {durch Chemikalien}*
scorching plant Anbrennanlage *f*, Anvulkanisieranlage *f {Gummi}*
score/to 1. [ein]kerben, [ein]ritzen; furchen, mit Rillen *fpl* versehen; schrammen; aufrauhen; 2. markieren; 3. Punkte *mpl* zählen; Punkte *mpl* erzielen
score 1. Kerbe *f*, Kerb *m*, Einschnitt *m*; 2. Kratzer *m {Tech}*; 3. Strich *m*; Markierungslinie *f*; 4. Punktbewertung *f*, Punktezahl *f {erreichtes Ergebnis}*
depth of score Rauhtiefe *f*
scoria [vulkanische] Schlacke *f {Geol}*; Erzschaum *m*, Metallschlacke *f*
scoriaceous schlackenartig, schlackig; schlakkenreich
scorification Läuterverfahren *n {Gold, Silber}*, Schlackenbildung *f*, Verschlackung *f*
scorification furnace Läuterofen *m*
scorification test Ansiedeprobe *f*
scorifier Ansiedescherben *m*, Röstscherben *m*, Schlackenscherben *m*, Schlackentiegel *m*, Läutertiegel *m {Met}*
scoriform schlackenförmig
scorify/to [ver]schlacken *{Met}*
scorifying Verschlacken *n*, Schlackenbildung *f*, Läuterverfahren *n {Met}*
scoring 1. Einschnitt *m*, Kerbbildung *f*, Riefenbildung *f*, Ritzen *n*; 2. Kratzen *n*; Aufrauhen *n*; 3. Festfressen *n*; 4. Aufnahme *f*, Aufzeichnung *f*; Synchronisation *f*
scoring resistance Freßfestigkeit *f {Met}*
scorodite Skorodit *m*, Arsensinter *m*, Knoblauchstein *m {Min}*
scotch hearth Bleierzschmelzofen *m*; Schmelzherd *m*
scotch kiln Ofen *n* mit in Schlicker eingeschlossenen feuerfesten Steinen
scotch tape Klebeband *n {z.B. Tesafilm}*
scour/to 1. reinigen, säubern; blank putzen, scheuern, [ab]reiben, abschruppen, blank reiben; entschweißen, entfetten *{Wolle}*; auswaschen, [aus]spülen, durchspülen, abspülen; waschen, vorwaschen *{Text}*; abbeizen; entzundern *{Met}*; entbasten, degummieren, abkochen, entschälen *{Rohseide}*; 2. ausfressen *{Met}*;

3. unterspülen, unterwaschen, auskolken, ausstrudeln *{Geol}*
scour off/to abscheuern, abreiben, abschruppen; ausspülen, auswaschen
scourer 1. Getreidereinigungsmaschine *f*, Poliermaschine *f {Lebensmittel}*; 2. Scheuergerät *n {Abriebprüfung}*; 3. Waschmaschine *f {Text}*; 4. Fleckenentfernungsmittel *n*, Detachiermittel *n*, Fleckenentferner *m {Text}*
scouring 1. Reinigung *f*, Reinigen *n*; Scheuern *n*, Schruppen *n*; Auswaschen *n*, [Aus-]Spülen *n*, Durchspülen *n*, Abspülen *n*; Abbeizen *n*; Entfetten *n*, Entschweißen *n {Wolle}*; Entzundern *n {Met}*; Waschen *n*, Vorwaschen *n {Text}*; Entbasten *n*, Degummieren *n*, Abkochen *n*, Entschälen *n {Rohseide}*; 2. Unterspülung *f*, Auskolkung *f*, Ausstrudeln *n*, Erosion *f {Geol}*; 3. Ausfressung *f {Ofenfutter}*
scouring agent Reinigungsmittel *n {allgemein}*; Entbastungsmittel *n*, Abkochmittel *n {für Rohseide}*; Scheuermittel *n*, Putzmittel *n*; Waschmittel *n*, Spülmittel *n*; Abbeizmittel *n*; Beize *f {Met}*; Entschweißungsmittel *n {Wolle}*
scouring barrel Scheuertrommel *f*
scouring block Walzenscheuerblock *m*
scouring bowl Scheuerglocke *f*
scouring cloth Putzlappen *m*, Scheuerlappen *m*
scouring liquor Waschlauge *f*, Waschflotte *f {Text}*; Spülflüssigkeit *f*
scouring machine Entzunderungsmaschine *f {Met}*; Waschmaschine *f {Text}*; Entfettungsmaschine *f*, Entschweißungsmaschine *f {Wolle}*
scouring material *s.* scouring agent
scouring of wool Reinigen *n* der Wolle *f*
scouring pad Scheuerstopfen *m*
scouring plant Scheueranlage *f {Beschichtung}*; Beuchanlage *f {Text}*
scouring powder Scheuerpulver *n*
scouring sand Fegesand *m*
scouring soap Fleckenseife *f*
scouring sponge Scheuerschwamm *m*
scouring stick Fleckstift *m*
scouring stone Fleckstein *m*
scram Notabschaltung *f*, Scram *m {Nukl}*
scram valve Schnellablaßventil *n {Nukl}*
scrap/to verschrotten; abwracken *{Schiff}*
scrap Abfall *m*; Ausschuß *m*, Produktionsabfall *m*; Altmetall *n*, Schrott *m {Met}*; Scrap *m {minderwertige Kautschuksorten}*; Verschnitt *m {Abfall bei Schneideoperationen}*; Bruch *m {zerbrochene Ware}*
scrap coke Koksabfall *m*, Abfallkoks *m*
scrap copper Altkupfer *n*, Bruchkupfer *n*
scrap grinding Abfallzerkleinerung *f*
scrap iron Eisenschrott *m*, Abfalleisen *n*, Alteisen *n*
scrap lead Bruchblei *n*, Altblei *n*, Bleiabfälle *mpl*
scrap leather Lederabschabsel *npl*
scrap material Produktionsrückstände *mpl*, Produktionsabfälle *mpl*
scrap melting Schrottverhüttung *f*
scrap metal Schrott *m*, Altmetall *n*, Bruchmetall *n*, Metallabfall *m*, Umschmelzmetall *n*
scrap preparation Schrottaufbereitung *f*
scrap rate Ausschußzahlen *fpl*, Ausschußquote *f*
scrap recovery Abfallverwertung *f*, Verwertung *f* von Produktionsabfällen *mpl*, Schrottverwertung *f {Met}*
scrap recycling Wiederverwertung *f* von Produktionsabfällen *mpl*, Wiederverwendung *f* von Produktionsabfällen, Recycling *n* von Schrott *m*, Recycling *n* von Bruchmetall *n*, Rückstandsverwertung *f*
scrap regrinder Abfallmühle *f*, Abfallzerkleinerer *m*
scrap removal unit Abfallentfernvorrichtung *f*
scrap repelletizing line Regranulieranlage *f*
scrap reprocessing Abfallaufbereitung *f*, Aufarbeitung *f* von Abfällen *mpl {zwecks Wiederverwendung}*
scrap reprocessing plant Abfallaufbereitungsanlage *f*
scrap rubber Abfallgummi *m*, Altgummi *m*, Gummiabfälle *mpl*, Vulkanisatabfälle *mpl*; [unvulkanisierte] Fabrikationsabfälle *mpl*
scrap silver Bruchsilber *n*, Altsilber *n*, Silberabfall *m*
scrap sorting Schrottsortierung *f*, Schrottklassierung *f*
scrap sorting by spectroscopy Sortieren *n* von Schrott mit dem Metallspektroskop, Klassieren *n* von Schrott *m* mit dem Metallspektroskop
addition of scrap Schrottzugabe *f*
smelting of scrap metal Einschmelzen *n* von Schrott
utilization of scrap Altmaterialverwertung *f*
scrape/to abziehen *{Gerb}*; kratzen, schaben; graben; [auf]schürfen, schrammen *{Bergbau}*; scharren
scrape off/to abkratzen, abschaben, abspachteln
scrape out/to auskratzen, ausschaben
scrape 1. Schaben *n*, Kratzen *n*; Graben *n*; Schurf *m {Bergbau}*; Scharren *n*; 2. Kratzer *m*; Schramme *f*
scrape chiller Kratzkühler *m*
scraped off abgestrichen *{Met}*; abgekratzt, abgeschabt
scraped-shell cooler Kratzkühler *m*
scraped-surface heat exchanger Kratzwärmetauscher *m*
scraped-wall heat exchanger Kratz-Doppelrohrwärmeaustauscher *m*
scraper 1. Schaber *m*; Ausräumer *m*; Schaber *m*,

Kratzer *m {Mischmaschine}*; Schabeisen *n*, Schrapper *m {Keramik}*; Abstreifer *m*; Abstreicher *m {Steigförderer}*; Kratzeisen *n*, Schabeisen *n {Tech}*; 2. Schrapper *m*, Schürf[kübel]maschine *f*; 3. Schrapp[er]förderer *m*, Schrapperförderanlage *f*, Kratzbandförderer *m {Tech}*
scraper assembly Krählwerk *n*
scraper bar Streichstange *f {Beschichtung}*
scraper blade *s.* scraper knife
scraper conveyor Kratzbandförderer *m*, Kratz[er]förderer *m*
scraper cooler Schabkühler *m*
scraper knife Schabemesser *n*, Schaber *m*, Abschabemesser *n*, Abstreifer *m*, Abstreifmeißel *m*, Abstreif[er]messer *n*; Streichstange *f*
scraper loader Schrapper *m*, Schrapp[er]lader *m {Bergbau}*
scraper rod *s.* scraper bar
scraper rope Schrapperseil *n*
scraping Kratzen *n*, Schaben *n*; Graben *n*; Schurf *m {Bergbau}*; Scharren *n*
scraping arm Kratzerarm *m*
scraping device Schabevorrichtung *f*
scraping iron Abschab[e]eisen *n*, Kratzeisen *n*
scraping knife Abstreif[er]messer *n*, Abstreifer *m*, Abstreifmeißel *m*, Schabemesser *n*, Schaber *m*
scraping tool Abschrotmesser *n*
scrapings Abfall *m*; Abgekratztes *n*, Geschabsel *n*, Schabsel *npl*; Späne *mpl*
scrapings of liquation Seigerkrätze *f*
scrapping 1. Schrottzugabe *f*, Schrottzusatz *m {Met}*; 2. Verschrottung *f {Met}*
scraps Abfall *m*; Ausschuß *m*, Produktionsabfall *m*; Schrott *m*, Altmetall *n {Met}*; Scrap *m {minderwertige Kautschuksorten}*; Verschnitt *m {Abfall bei Schneideoperationen}*; Bruch *m {zerbrochene Ware}*
scratch/to [ein]ritzen, kratzen, schaben, schrammen
scratch off/to abkratzen
scratch out/to auskratzen
scratch Kratzer *m*, Ritz *m*, Schramme *f*; Abschürfung *f*, abgeschürfte Stelle *f*
scratch brush Drahtbürste *f*, Metallbürste *f*, Kratzbürste *f*
scratch brushing Kratzen *n*
scratch brushing machine Kratzmaschine *f*
scratch coat Unterputz *m {Schicht}*, Rauhputzschicht *f*, Grobputzschicht *f*, Rohbewurf *m*, Unterputzlage *f {Bau}*
scratch cooler Kratzkühler *m*
scratch hardness Ritzhärte *f*, Ritzfestigkeit *f*, Kratzfestigkeit *f {Oberfläche}*
scratch-hardness number Ritzhärtezahl *f*
scratch-hardness test Ritzhärteprüfung *f*
scratch method Ritzverfahren *n*
scratch plasticity Ritzplastizität *f*
scratch resistance Ritzhärte *f*, Kratzfestigkeit *f*, Ritzfestigkeit *f*, Nagelfestigkeit *f*, Beständigkeit *f* gegen oberflächliche Beschädigungen, Oberflächenkratzfestigkeit *f*
scratch-resistant ritzfest, kratzbeständig, kratzfest, nagelfest
scratch-resistant film kratzbeständiger Überzug *m*, kratzfeste Beschichtung *f*; nagelfeste Beschichtung *f*
scratch test Ritzversuch *m*, Ritzprüfung *f {Anstrichstoffe}*
scratch tester Kratzprüfgerät *n*, Ritzhärteprüfer *m*
scratch testing machine Ritzfestigkeitsprüfer *m*, Kratzfestigkeitsprüfer *m*
scratched verkratzt, zerkratzt
scratching Kratzerbildung *f {auf der Oberfläche}*; Aufrauhen *n*
resistance to scratching Ritzfestigkeit *f*, Ritzhärte *f*, Kratzfestigkeit *f {Oberfläche}*
susceptibility to scratching Ritzbarkeit *f*
susceptible to scratching ritzbar
scratchproof kratzbeständig, kratzfest, ritzfest, nagelfest
screed Estrich *m*, Aufbeton *m*
screen/to 1. abtrennen, abscheiden, abfiltern; [durch]sieben, absieben, rättern, siebklassieren; 2. durchmustern, screenen, eine Vorauswahl *f* treffen; 3. [ab]schirmen *{Elek, Nukl, Radiol}*; 4. abblenden *{Licht}*; 5. filmen
screen out/to absieben, aussieben
screen 1. Filtersieb *n*, Filtergewebe *n*; Sieb *n*, Klassiersieb *n*, Durchwurfsieb *n*, Grobsieb *n*, Rätter *m*; Siebrost *m*, Feuerrost *m*, Druchwurf *m {Tech}*; Siebvorrichtung *f*, Siebapparat *m*, Siebmaschine *f*; 2. Schirm *m*, Bildschirm *m*, Anzeigebildschirm *m {EDV}*; Bildwand *f*, Projetionswand *f*; Röntgenschirm *m*; 3. Abschirmung *f*, Abschirmvorrichtung *f {Elek, Nukl, Radiol}*; 4. Raster *m*, Autotypieraster *m {Photo, Druck}*; Metallgewebe *n {Siebdruckmaschine}*; 5. Filter *n*, Blende *n {Opt}*
screen analysis Siebanalyse *f*
screen area Filterfläche *f*
screen bag Siebbeutel *m*
screen beater mill Siebprallmühle *f*, Siebschlagmühle *f*
screen belt dryer Laufbandtrockner *m*, Siebbandtrockner *m*
screen bottom Siebbelag *m*
screen cassette Siebkassette *f*
screen centrifugal-filter separator Scheidesieb *n* mit Zentrifugalfilter
screen centrifuge decanter Siebdekanter *m*
screen changer Siebwechselkassette *f*, Siebwechsler *m*, Siebwechseleinrichtung *f*, Siebwechselgerät *n*, Siebscheibenwechsler *m*

screen changer body Siebwechslerkörper *m*
screen classification Siebklassieren *n*, Sieben *n*
screen classifier Kanalradsichter *m*, Siebplansichter *m*
screen cleaner 1. Rostrechen *m*, Rostreiniger *m*; 2. Bildschirmreiniger *m {EDV}*
screen cloth Siebgewebe *n*, Siebtuch *n*, Gesiebe *n*
screen discharge mill Siebaustragsmühle *f*
screen dryer Siebtrockner *m*
screen efficiency Siebgütegrad *m*, Siebwirkungsgrad *m*
screen fabric Siebgewebe *n*, Siebtuch *n*, Gesiebe *n*
screen-faced ball mill Siebkugelmühle *f*
screen grid Schirmgitter *n*, Schutzgitter *n {Elek}*
screen guard Sicherheitsgitter *n*
screen head Siebkopf *m*
screen head extruder Siebkopfspritzmaschine *f*, Siebpresse *f*, Strainer *m*
screen lining Siebbelag *m*
screen mat Siebgutmatte *f*
screen microscope Rastermikroskop *n*
screen opening Blendenöffnung *f*
screen overflow Siebüberlauf *m*, Siebübergang *m {bei kontinuierlicher Arbeitsweise}*; Siebrückstand *m {bei diskoninuierlicher Arbeitsweise}*
screen pack Siebpaket *n*, Filterplatte *f*, Siebplatte *f*, Siebgewebepackung *f {z.B. Metallgaze}*, Siebkorb *m*, Filtergewebepaket *n*, Siebeinsatz *m {vor Extruderlochscheibe}*
screen plate Siebplatte *f*, Sortierplatte *f*, Sortierblech *n*
screen printing Siebdruck *m {Leiterplattenherstellung}*, Serigraphie *f*, Schablonendruck *m*, Seidenrasterdruck *m*, Filmdruck *m*
screen printing fabric Siebdruckgewebe *n*
screen printing ink Siebdruckfarbe *f*
screen printing process Siebdruckverfahren *n*, Siebdruck *m*; Netzdruck *m*
screen printing stencil Siebdruckschablone *f*
screen shredder Rechengutzerkleinerer *m*, Rechenwolf *m {Pap}*
screen sizing Siebklassierung *f*, Sieben *n*
screen spray Drucksiebreiniger *m*
screen support Siebträger *m*
screen surface Siebfläche *f*, Sieboberfläche *f*
screen system Rastersystem *n*
screen-type centrifuge Siebmantelzentrifuge *f*
screen underflow Siebdurchgang *m {DIN 22005}*
screen varnish Schablonenlack *m*
rotary screen Rundsieb *n*
screenability Absiebbarkeit *f*, Siebbarkeit *f*
screenable absiebbar, siebbar
screened abgeschirmt *{Nukl, Radiol, Elek}*; geschützt *{Licht}*
screened ore Scheideerz *n*
screener Siebvorrichtung *f*, Siebapparat *m*; Knotenfänger *m {Pap}*
screening 1. Sieben *n*, Absieben *f*, Durchsieben *n*, Siebklassieren *n*; 2. Siebtuch *n*, Siebgewebe *n*, Gesiebe *n*; 3. Abschirmung *f {Elek, Nukl, Radiol}*; 4. Suchforschung *f*; Durchmusterung *f*, Screening *n*, Vorauswahl *f {Tech}*; 5. Durchleuchten *n*, Röntgenoskopie *f {Röntgenuntersuchung}*; Reihenuntersuchung *f*, Vorsorgeuntersuchungen *fpl {Med}*; 6. Rastern *n {Druck}*; 7. Screening *n {Halbleiterherstellungsverfahren}*; 8. Vorführen *n {Film}*, Projektion *f*; 9. Filterung *f*, Filtrieren *n*, Filtration *f*
screening action 1. Schirmwirkung *f*; 2. Siebwirkung *f*
screening agent Lichtschutzmittel *n*
screening analysis Siebanalyse *f*
screening ball mill Siebkugelmühle *f*
screening circuit Siebweg *m*
screening constant Abschirmungszahl *f*, Abschirmungskonstante *f {Nukl}*
screening device Scheideanlage *f*, Scheidevorrichtung *f*
screening drum Siebtrommel *f*, Trommelrechen *m*, Trommelsieb *n*, Klassiertrommel *f*
screening effect Abschirmeffekt *m*, Abschirmungseffekt *m*, Abschirmwirkung *f*
screening fraction Siebfraktion *f*
screening lacquer Abschirmlack *m*
screening machine Siebmaschine *f*, Siebvorrichtung *f*, Siebapparat *m*
screening magnet Scheidemagnet *m*
screening material Siebgut *n*
screening mill Siebkugelmühle *f*
screening number Abschirmungszahl *f*, Abschirmungskonstante *f {Nukl}*
screening plant Siebanlage *f*, Absiebanlage *f {für festes Gut}*
screening surface Sieb[ober]fläche *f*; Siebboden *m {DIN 4188}*
screening table Plansichter *m*, Siebtisch *m*
screening wire Siebdraht *m*
loss due to screening Aufbereitungsverlust *m*
screenings 1. Ausgesiebtes *n*, Gesiebte[s] *n*, Siebrückstand *m*; Feingut *n*, Unterkron *n*, Siebdurchgang *m {bei der Siebanalyse}*; 2. Rechengut *n*; 3. Schrenzpapier *n {Hüllpapier aus minderwertigem Altpapier}*; Spuckstoff *m*, Grobstoff *m*, "Sauerkraut" *n {Holzschliffsortierung}*
screw/to [ver]schrauben, festschrauben; verzerren; pressen, quetschen; drehen
screw in/to einschrauben
screw off/to abschrauben
screw on/to anschrauben, aufschrauben

screw together/to zusammenschrauben, verschrauben
screw up/to zuschrauben
screw 1. Schraube *f {ohne Mutter}*; Schnecke *f*, Förderschnecke *f*; 2. Drehung *f*
screw advance Schneckenvorschub *m*, Schneckenvorlauf *m*
screw advance speed Schneckenvorlaufgeschwindigkeit *f*
screw assembly Schneckeneinheit *f*, Schneckensatz *m*, Schneckenausrüstung *f*, Schneckenbaukasten *m*
screw axis Schneckenachse *f*, Wellenachse *f*; Schraubenachse *f {Krist}*
screw back pressure Schneckenrückdruck *m*, Schneckenrückdruckkraft *f*, Schneckenstaudruck *m*, Schneckengegendruck *m*
screw bushing Schneckenbuchsen *fpl*
screw cap 1. Schraubkappe *f*, Schraubdeckel *m*, Überwurfmutter *f*; 2. Gewindesockel *m*, Schraubsockel *m {z.B. einer Glühlampe}*
screw capsule Schraubkappe *f {DIN 58368}*, Verschlußkappe *f {mit Gewinde}*
screw center height Extrudierhöhe *f*, Extruderhöhe *f*, Extrusionshöhe *f*
screw characteristic Schneckenkennlinie *f*; Schneckenkennzahl *f*
screw clamp Klemmschraube *f*, Schraubenklemme *f*, Schraubzwinge *f*, Quetschhahn *m {Lab}*
screw clearance Scherspalt *m*, Schneckenspiel *n*, Schneckenscherspalt *m*
screw closure Schraubverschluß *m*
screw compounder Knetscheiben-Schneckenpresse *f*
screw compressor Schraubenverdichter *m*, Schraubenkompressor *m*
screw configuration Schneckenkonfiguration *f*, Schneckenbauform *f*, Schneckengestaltung *f*, Schneckengeometrie *f*
screw connection Schraubverbindung *f*
screw conveyer Förderschnecke *f*, Schneckenförderer *m*, Schneckenfördergerät *n*
screw-conveyor dryer Spiralbandtrockner *m*
screw-conveyor drum dryer Schneckentrommeltrockner *m*
screw-conveyor extractor Schneckenextrakteur *m*, Extrahiergerät *n* mit Schneckenantrieb
screw-conveyor feeder Schneckenaufgeber *m*, Schneckenzufuhrgerät *n*
screw coupling Schraubenanschluß *m*, Verschraubung *f*
screw crystallizer tank Schneckenkristallisator *m*
screw depth Schneckentiefe *f*
screw design Schneckenentwurf *m {Entwicklung}*; Schneckenkonstruktion *f*, Schneckenauslegung *f*, Schneckenausführung *f {Bauform}*
screw devolatilizer Schneckenverdampfer *m*
screw diameter Schneckendurchmesser *m*
screw discharge Schneckenaustrag *m*
screw dislocation Schraubenversetzung *f {Krist}*
screw displacement Schraubenbewegung *f*, Schraubung *f*
screw displacement pump Schraubenspindelpumpe *f*
screw drive Schneckenantrieb *m*
screw drive power Schneckenantriebsleistung *f*
screw drive shaft Schneckenantriebswelle *f*
screw dryer Schneckentrockner *m*, Muldentrockner *m*
screw extruder Schneckenspritzmaschine *f*, Schnecken[strang]presse *f*, Schneckenextruder *m {Kunst}*
screw extrusion Schneckenextrusion *f*, Schnekkenpressen *n {Kunst}*
screw feeder Schneckendosierer *m*, Schneckenaufgabegerät *n*, Scheckenzuteilvorrichtung *f*, Schneckendosiereinheit *f*, Schneckendosiergerät *n*, Schneckenspeiser *m*
screw fitting Verschraubung *f*
screw flight Schneckengang *m*, Schneckenelement *n*, Schneckenwendel *f*
screw flights Schneckengewinde *n*
screw flights and kneader disks Schnecken- und Knetelemente *npl*
screw-flights evaporator Schneckenverdampfer *m*
screw-flights heat exchanger Schneckenwärmetauscher *m*
screw ga[u]ge Schraublehre *f*, Schraubmikrometer *n {Instr}*
screw head Schraubenkopf *m*
screw hook Hakenschraube *f*, Schraub[en]haken *m*
screw-in jacket Einschraubhülse *f*
screw-in nozzle Einschraubdüse *f*
screw-in resistance thermometer Einschraub-Widerstandsthermometer *n*
screw injection cylinder Schneckenspritzzylinder *m*
screw injection mo[u]lding Schneckenspritzgießen *n*, Schneckenspritzgießverfahren *n {Kunst}*
screw intermeshing Schneckeneingriff *m*
screw jack Schraubenwinde *f*, Schraubenspindel *f*
screw kneading machine Schneckenknetmaschine *f*
screw length Schnecken[bau]länge *f*, Arbeitslänge *f*, Extruderlänge *f*
screw mixer Schneckenmischer *m*, Schneckenrührer *m*, Schneckenkneter *m*

screw neck bottle Gewindeflasche *f* *{DIN 58378}*
screw-on socket Überschraubmuffe *f*
screw output Schneckenleistung *f*
screw performance Schneckeneigenschaften *fpl*, Schneckenleistung *f*
screw pinch cock Schraubenquetschhahn *m*
screw pipe joint Rohrverschraubung *f*
screw pitch Gewindesteigung *f*, Gewindehöhe *f*
screw pitch ga[u]ge Gewindeschablone *f*, Gewindelehre *f*
screw plasticization *s.* screw plasticizing
screw plasticizing Schneckenplastifizierung *f*, Schneckenspritzgießen *n*, Schneckenspritzgießverfahren *n*
screw plastification *s.* screw plasticizing
screw plug Gewindestopfen *m*, Verschlußschraube *f*
screw-plunger injection Schneckenkolbeninjektion *f*, Schneckenkolbeneinspritzung *f*
screw preplasticization Schneckenvorplastifizierung *f*
screw preplasticizing Schneckenvorplastifizierung *f*
screw press Schraubenpresse *f*, Spindelpresse *f*, Schneckenpresse *f {Extruder}*
screw profile Schneckenprofil *n*
screw pump Schneckenpumpe *f*, Schraubenpumpe *f*; Schraubenspindelpumpe *f {geringe Leistung}*; Schraubenschaufler *m {große Leistung}*
screw ram Schneckenkolben *m*
screw reactor Schneckenreaktor *m*
screw root Schneckenkern *m*
screw root surface Ganggrund *m*, Schneckenkanalgrund *m*, Schneckenkanaloberfläche *f*, Schneckengrund *m*
screw rotation Schneckendrehbewegung *f*, Schneckendrehung *f*, Schneckenrotation *f*
screw shank Schnecken[wellen]schaft *m*
screw sleeve Schraubmuffe *f*, Muffe *f*, Überschieber *m*
screw spanner Schraubenschlüssel *m*
screw speed Schneckendrehzahl *f*, Schneckenumdrehungszahl *f*, Schnecken[umlauf]geschwindigkeit *f*, Schnecken[wellen]drehzahl *f {Kunst}*
screw spindle Gewindespindel *f*
screw steel Schraubenstahl *m*
screw stroke Schneckenhub *m*, Schneckenweg *m*
screw surface Schneckenoberfläche *f*
screw tap Gewindebohrer *m*
screw terminal Gewindeklemme *f*
screw thread Schraubengewinde *n*, Schneckengewinde *n*, Schneckengang *m*
screw thread basing on the inch system Zollgewinde *n*
screw thread for cover glasses Glasgewinde *n* für Schutzgläser *{DIN 40450}*
screw tip Schneckenende *n*, Schneckenspitze *f*
screw tool Gewindestahl *m*
screw torque Schneckendrehmoment *n*
screw turn Schneckenumgang *m*
screw-type extrusion machine Schnekken[strang]presse *f*, Schneckenextruder *f {Kunst}*
screw-type injection mo[u]lding machine Schneckenspritzgußmaschine *f {Kunst}*
screw-type plasticizing Schneckenplastifizierung *f*, Schneckenspritzgießen *n*, Schneckenspritzgießverfahren *n*
screw-type plunger Schneckenkolben *m*
screw with decreasing pitch Schnecke *f* mit abnehmender Steigung
screw with half-turn compression Kurzkompressionsschnecke *f*
screw zone Schneckenzone *f*
adjustable screw Stellschraube *f*
button-head screw Halbrundkopfschraube *f*
double-flighted screw doppelgängige Schnecke *f*
endless screw Schraube *f* ohne Ende *n*, Endlosschraube *f*
left-hand screw linksgängige Schraube *f*
right-hand screw rechtsgängige Schraube *f*
round-headed screw Halbrundschraube *f*
steel for screw tap Gewindebohrstahl *m*
screwdriver Schraubenzieher *m {obs}*, Schraubendreher *m {DIN 898}*
screwed bayonet joint Bajonett-Schraubverschluß *m*
screwed connection Gewindeanschluß *m*, Rohrverschraubung *f*
screwed joint Schraubverbindung *f*
screwed pipe joint Rohrschraubverbindung *f*, Schraubmuffenverbindung *f*
screwed socket Gewindemuffe *f*
scribing tool Reißnadel *f*
scrim laminierte Textilie *f* aus Faservlies, Mull *m*, Gitterstoff *m {zum Buchbinden}*
script 1. Schreibschrift *f*; 2. Skript *n*
scroll 1. Roll-; 2. Schnecke *f*, Spirale *f*; 3. Scrolling *n*, Bilddurchlauf *m*, dynamisches Verschieben *n {EDV}*
scroll conveyor Schneckenförderer *m*
scroll-conveyor centrifuge Schnecken-Siebzentrifuge *f*
scroop Krachen *n*, Knirschen *n*, Seidenkrach *m*, Seidenschrei *m*
scrooping Avivage *f {Seide}*
scrub/to waschen *{Gas}*; reinigen *{mit einer Bürste}*, schrubben, scheuern
scrub Gestrüpp *n*, Buschwerk *n {Bot}*
scrub resistance Scheuerfestigkeit *f*, Scheuerresistenz *f*, Scheuerbeständigkeit *f {DIN 53778}*
scrubbable scheuerfest
scrubber 1. Gaswäscher *m*, Wäscher *m {mit Gas}*; Gaswaschturm *m*, Turmwäscher *m*,

Berieselungsturm *m*, Skrubber *m*; Naß[staub]abscheider *m*, Naßentstauber *m*; 2. Ackerschleppe *f*, Ackerschleifer *m*
scrubber tower Skrubber *m*, Gaswaschturm *m*, Turmwäscher *m*, Berieselungsturm *m*, Wäscher *m {mit Gas}*
scrubbing 1. Gaswaschen *n*, Waschen *n*, Gaswäsche *f*, Berieselung *f {Rieselturm}*; Naßentstaubung *f*; 2. Reinigen *n {mit einer Bürste}*, Scheuern *n*, Schruppen *n*
scrubbing process Waschvorgang *m {Gas}*
scrubbing tower *s.* scrubber tower
scrubbing with oil under pressure Druckölwäsche *f*
resistant to scrubbing abwaschbar
scruple Scruple *n {obs, Apothekergewicht = 1,295978 g}*
scuff/to fressen *{örtlich begrenzt verschweißen}*; [ab]reiben *{Oberflächenverschleiß}*; verkratzen, zerkratzen, scheuern, schrammen; schlurfen
scuff resistance Abriebfestigkeit *f*, Abriebbeständigkeit *f*, Reibfestigkeit *f*, Scheuerfestigkeit *f {Tech}*; Schreibfestigkeit *f {Pap}*; Trittfestigkeit *f*, Schlurffestigkeit *f {Fußboden}*
scuffing 1. Fressen *n*, Freßerscheinung *f {örtlich begrenztes Verschweißen}*; 2. Abrieb *m {Oberflächenverschleiß}*; 3. Anfressung *f*, Freßstelle *f {Tech}*; 4. Verkratzung *f*, Zerkratzung *f*; 5. Scheuerfleck *m*
scullery Spültisch *m*; Spülküche *f*
sculptor's plaster Stuckgips *m*
scum/to abschäumen, abschlacken, abkrammen, abkrätzen, abschöpfen, abziehen *{z.B. Schlacke}*
scum 1. Abschaum *m*, Schaum *m*; Schlacke *f {Met}*; Schaum *m {Glas}*; Scheideschlamm *m {Zucker}*; 2. Treibgut *n*, Schwimmschlamm *m*, Schwimmschicht *f {auf Wasser}*; Abstrich *m {Met}*; 3. Schimmel *m*, Kahm *m*, Kahmhaut *f {Text, Lebensmittel}*
scum basket Schaumkorb *m*
scum breaker Schwimmdeckenzerstörer *m*
scum cock Schaumhahn *m*
scum collector *s.* scum skimmer
scum lead Abstrichblei *n*, Hartblei *n*
scum pan Schlammpfännchen *n*
scum pipe Schaumröhre *f*
scum riser Schaumkopf *m*, Schaumtrichter *m*
scum skimmer Schwimmdeckenabstreifer *m*, Schwimmschlammabstreifer *m*, Schaumabstreifer *m*
scummer 1. Abstreifer *m {für Schlacke}*; 2. Schaumlöffel *m*, Schaumkelle *f*
scumming 1. Ausblühung *f {beim Brennen von Keramik}*; 2. Tonen *n {Druck}*
scump Koagulat *n* aus Latexschaum *m*
scurvy 1. gemein, abscheulich; 2. Skorbut *m*
scutching machine Hechelmaschine *f {Text}*
scutching mill Schwingmühle *f {Text}*
scutellarin <$C_{10}H_8O_3$> Scutellarin *n*
scyllitol <$C_6H_6(OH)_6$> Scyllit *m*, 1,3,5/2,4,6-Inosit *n*, Scyllo-Inosit *n*
scylloquercitol Scylloquercit *m*
sea 1. See-, Meer[es]-; 2. See *m*, Meer *n*
sea bed Meeresboden *m {Geol}*; Meeresgrund *m {Meeresboden und -untergrund}*
sea bed disposal Endlagerung *f* auf dem Meeresboden *m {Ökol}*
sea bed mineral Mineral *n* vom Meeresboden *m {Geol}*
sea cell durch Seewasser *n* betätigtes Element *n {Elek}*
sea foam Meerschaum *m*, Sepiolith *m {Min}*
sea food Meerestiere *npl {Lebensmittel}*
sea food products Lebensmittel *npl* aus Meerestieren
sea level [physikalischer] Meeresspiegel *m*, [physikalisches] Meeresniveau *n*
sea mile Seemeile *f {obs, = 1853,184 m}*
sea mud *s.* sea ooze
sea ooze Meerschlamm *m*
sea peat Meertorf *m*
sea salt Meersalz *n*, Seesalz *n {NaCl}*
sea salt refinery plant Meersalzraffinieranlage *f*
sea sand Meersand *m*, Seesand *m*
seawater Meerwaser *n*, Salzwasser *n*, Seewasser *n*
seawater desalination Seewasserentsalzung *f*, Meerwasserentsalzung *f*
seawater desalination plant Meereswasserentsalzungsanlage *f*
seawater distillation apparatus Seewasserdestillierapparat *m*, Meerwasserdestillierapparat *m*
seawater spray test Seewassersprühtest *m {DIN 50021}*
seaweed Meeresalge *f*, Seetang *m*, Tang *m {pl. Tange}*
seaweed fiber Algenfaser *f*
seal/to 1. [ver]schließen, [hermetisch] abschließen; dichten, abdichten; verstopfen *{Öl}*; zuschmelzen, verschmelzen, versiegeln; [ver]schweißen *{Kunst}*; 2. [ab]sperren *{Farbschicht}*; 3. nachverdichten *{anodische Oxidation}*
seal hermetically/to hermetisch verschließen, luftdicht verschließen
seal off/to abdichten, dichten; abschmelzen; abkapseln
seal with lead/to plombieren
seal 1. Abdichtung *f*, Dichtung *f*; Verschluß *m*, [hermetischer] Abschluß *m*; Plombe *f*; Siegel *m*, Einschmelzung *f*, Verschmelzung; 2. Dichtungselement *n*; 3. Einschmelzstelle *f*; 4. Schutzanstrich *m*; 5. Robbe *f {Zool}*
seal area Dichtfläche *f*, Dichtungsfläche *f*

seal assembly Dichtungssatz *m*
seal conductance Leitwert *m* einer Verbindung *{Vak}*
seal fluid Dichtflüssigkeit *f*
seal gas Sperrgas *n*
seal gate valve Dichtschieber *m*
seal-in wire Einschmelzdraht *m*, Dichtungsdraht *m*
seal-off capillary Abschmelzkapillare *f {Vak}*
seal-off valve Verschlußventil *n*, Absperrventil *n*
seal oil Robbentran *m*, Robbenöl *n*, Seehundtran *m*
seal water Sperrwasser *n*
air-tight seal luftdichter Verschluß *m*
hermetic seal luftdichter Verschluß *m*
labyrinth seal Labyrinthdichtung *f*
slip ring seal Gleitringdichtung *f*

sealant Dicht[ungs]material *n*, Dicht[ungs]stoff *m*, Dicht[ungs]masse *f*, Dichtmittel *n*, Abdichtmittel *n*; Siegelmittel *n*, Versiegelungsmittel *n*

sealed verschlossen, [hermetisch] abgeschlossen; versiegelt, zugeschmolzen; gasdicht
sealed compressor Kapselverdichter *m*
sealed conductance Leitwert *m* des geschlossenen Ventils *{Vak}*
sealed-in fuel element eingehülstes Brennstoffelement *n {Nukl}*
sealed-off vacuum system abgeschlossenes Vakuumsystem *n*
sealed radioactive source *{BS 5288}* geschlossenes radioaktives Präparat *n*
sealed source geschlossenes radioaktives Präparat *n*
sealed tube Einschlußrohr *n*, Einschmelzrohr *n*, Schießrohr *n*, Bombenrohr *n {Chem}*
sealed tube furnace Kanonenofen *m*

sealer 1. Dichtungsmittel *n*, Dichtungsstoff *m*; Versiegelungsmittel *n*; 2. Einlaßgrund *m*, Porenfüller *m*, Porenschließer *m*, Isoliergrund *m {Farb}*

sealing 1. abdichtend, dichtend; Siegel-; Dicht-; 2. Verschließen *n*, Abschließen *n*; Dichten *n*, Abdichten *n*; Verkitten *n*; Versiegeln *n*; Schweißen *n {Kunst}*; 2. Nachverdichtung *f*, Sealing *n*, Verdichten *n {anodisch erzeugte Oberflächen}*; 3. Einlaßmittel *n {Farb}*
sealing adhesive Dichtungsmittel *n* mit hoher Klebkraft *f*
sealing alloy Einschmelzlegierung *f*
sealing bar Siegelbacke *f*
sealing body Abschlußkörper *m*
sealing cement Dichtungswachs *n*, Dichtungskitt *m*
sealing chamber Vergußkammer *f*
sealing coat[ing] Abdichtschicht *f*, Abdichtbelag *m {Kunst}*; Versiegelungsbeschichtung *f*, Dichtungsanstrich *m*
sealing collar Dichtungsmanschette *f*
sealing composition *s.* sealing compound
sealing compound Füllmasse *f*, Dichtungsmasse *f*, Dichtungsmaterial *n {z.B. Verbindungskitt, Vergußmasse}*
sealing disk Dicht[ungs]scheibe *f*, Abdichtscheibe *f*
sealing edge Dichtkante *f {Ventil}*
sealing element Dichtungseinlage *f*, Abdichtelement *n*
sealing face Dicht[ungs]fläche *f*
sealing film Dichtungsfolie *f*, Dichtungsfilm *m*; Abdeckfolie *f*
sealing flange Flanschendichtung *f*, Verschlußflansch *m*, Abschlußflansch *m*
sealing fluid Dicht[ungs]flüssigkeit *f*, Sperrflüsigkeit *f*
sealing force Dichtkraft *f {Vak}*
sealing glass Einschmelzglas *n*, Lötglas *n*
sealing grease Dichtungsfett *n {Vak}*
sealing instrument Siegelgerät *n*, Siegelwerkzeug *n*
sealing joint Abdichtfläche *f*, Abdichtfuge *f*, Dicht[ungs]fläche *f*, Dichtungsfuge *f*
sealing lac Siegellack *m*, Packlack *m {obs}*, Postlack *m*
sealing lacquer Dichtungslack *m*
sealing ledge Abdichtleiste, Dichtungsleiste *f*
sealing liquid Sperrflüssigkeit *f*, Dichtflüssigkeit *f*
sealing machine Verschließanlage *f*; Siegelmaschine *f*, Verschließmaschine *f {Pharm}*
sealing material Dicht[ungs]werkstoff *m*, Dicht[ungs]material *n*, Dicht[ungs]mittel *n*
sealing of vessels with clay Kitten *n*, Verkitten *n*
sealing paint Porenschließer *m*, Porenversiegler *m*, Dichtungsanstrich *m*, Sperrgrund *m*, Absperrmittel *n {Farb}*; Dichtungslack *m {Vak}*, Vakuumlack *m*
sealing plant for ampoules Ampullen-Zuschmelzanlage *f {Pharm}*
sealing plug Dichtstopfen *m*
sealing point Anschmelzstelle *f*
sealing pressure Dichtungsdruck *m*
sealing primer Einlaßgrund *m*, Sperrgrund *m*, Absperrmittel *n*, Porenversiegler *m {Farb}*
sealing ring Dicht[ungs]ring *m*, Packungsring *m*, Abdichtring *m*
sealing screw Dichtungsschraube *f*
sealing sleeve Dichtungsmuffe *f*, Dichtungsmanschette *f*
sealing solution Porenschließlösung *f {poröse Oberflächen}*
sealing steel shell Stahlblechdichthaut *f {Auskleidung}*

sealing surface Dicht[ungs]fläche *f*, Dichtfuge *f*, Abdichtfläche *f*, Abdichtfuge *f*
sealing tape [gummiertes] Dichtungsband *n*, Dichtungsstreifen *m*, Klebestreifen *m*
sealing temperature Siegeltemperatur *f*
sealing tube Einschmelzrohr *n*, Schießrohr *n*, Bombenrohr *n* *{Chem}*
sealing washer Dichtring *m*, Dicht[ungs]-scheibe *f*, Abdichtscheibe *f*
sealing water Sperrwasser *n*
sealing wax Dichtungswachs *n*; Vakuumwachs *n*; Siegellack *m*
sealing web Dichtungsbahn *f*, Abdichtungsbahn *f* *{Kunst}*
sealing wire Einschmelzdraht *m*, Dichtungsdraht *m*
seam/to bördeln, abkanten, falzen *{Dosen}*; furchen; umsäumen, säumen *{Text}*; umketteln *{Text}*
seam 1. Naht *f* *{Tech}*; Nahtverbindung *f*, Schweißnaht *f*; Gußnaht *f*, Gußgrat *m*; Formnaht *f*, Körpernaht *f* *{Glas}*; Falz *f* *{Dosen}*; 2. Überwalzung *f*, Narbe *f* *{Oberflächenfehler}*; 3. Fuge *f* *{Tech}*; unverschweißter Lunker *m*, Oberflächenriß *m* *{Met}*; 4. Flöz *n*, Lager *n* *{Geol}*; 5. Naht *f*, Saum *m* *{Text}*; 6. Furche *f*
seam sealant Fugendicht[ungs]masse *f*, Fugenabdichtungsmittel *n*
seam welding 1. Nahtschweißen *n*, Rollennahtschweißen *n*; 2. Überlappschweißen *n* *{Kunst}*
seamed-on aufgefalzt
seamless nahtlos, fugenlos
seamless steel container nahtloser Stahlcontainer *m*, nahtloser Frachtbehälter *m* aus Stahl, nahtloser Großbehälter *m* aus Stahl
seamless tube nahtloses Rohr *n*
search/to suchen, absuchen, durchsuchen; untersuchen; nachforschen, recherchieren; durchdringen
search 1. Suche *f*; Suche *f*, Suchvorgang *m* *{z.B. zur Optimierung}*, Suchlauf *m*; 2. Durchsuchung *f*; 3. Recherche *f*
season/to 1. altern; ablagern, [aus]trocknen, auswittern *{Holz}*; 2. abschmecken, würzen *{Lebensmittel}*; 3. appretieren *{Gerb, Text}*
season thoroughly/to durchwürzen
season timber/to Holz *n* lagern
season 1. Saison *f*; Reifezeit *f* *{Agri}*; 2. Jahreszeit *f*; 3. Weile *f*; 4. Appretur *f* *{Gerb, Text}*
season cracking Aufreißen *n* *{Spannungen im Metall}*
season cracking corrosion Spannungsrißkorrosion *f* *{Met}*
season shade Modeton *m*, Saisonfarbe *f*
seasoning 1. Alterung *f*, Altern *n*; Ablagern *n*, Trocknung *f*, Austrocknen *n*, Auswitterung *f* *{Holz}*; 2. Appretieren *n* *{Text, Gerb}*; 3. Würzmittel *n*, Gewürz *n*, Würze *f*; Würzen *n* *{Lebensmittel}*
seasoning check Trockenriß *m* *{Holz, DIN 68256}*
seasoning kiln Trockenofen *m* *{Holz}*
seasoning plant 1. Glänzanlage *f* *{Leder}*; 2. Reifungsanlage *f* *{Kunst}*
seat 1. Sitz *m* *{z.B. am Ventil}*; 2. Auflagefläche *f* *{Tech}*; Befestigungsfläche *f*, Sitzfläche *f* *{Tech}*; 3. Hafenbank *f* *{Glas}*
seat leak tightness Sitzdichtheit *f*
seating sitzend; Sitz-, -sitz
seating face Sitzfläche *f* *{Ventil}*
seating ring Sitzring *m*
seating surface Auflagefläche *f*
seating valve Sitzventil *n*
valve seating Ventilsitz *m*
sebacamide Sebazinsäureamid *n*
sebacate Sebacat *n*, Sebacinsäureester *m*
sebaceous talgartig, talgig; talghaltig; Talg-
sebaceous gland Talgdrüse *f*
sebacic acid **<$HOOC(CH_2)_8COOH$>** Sebacinsäure *f*, Decandisäure *f* *{IUPAC}*, Octan-1,8-dicarbonsäure *f* *{IUPAC}*
sebacic acid ester Sebacinsäureester *m*
sebacic anhydride Sebacinsäureanhydrid *n*
sebaconitrile **<$NC(CH_2)_8CN$>** Sebaconitril *n*
sebacoyl dichloride *s.* decanedioyl dichloride
sebum Talg *m*
secaclavine Secaclavin *n*
secaline Secalin *n*, Trimethylamin *n*
secant 1. schneidend *{Math}*; 2. Sekante *f* *{Math}*; 3. Sekansfunktion *f*, Sekans *m* *{Math}*
secant modulus Sekantenmodul *m* *{Kunst, Met}*
seclude/to ausschließen, isolieren *{Tech}*; abschließen
seclusion Isolierung *f*, Ausschluß *m* *{Tech}*; Abgeschlossenheit *f*
seco nucleoside *s.* acyclic nucleoside
secobarbital Secobarbital *n*
secobarbital sodium Secobarbitalnatrium *n*
second 1. zweite; 2. Sekunde *f* *{1. SI-Basiseinheit der Zeit; 2. gesetzliche, SI-fremde Einheit des ebenen Winkels}*; 3. Augenblick *m*, kurzes Zeitintervall *n*
second baking Nachbrand *m*
second bath Reduktionsbad *n*
second boiler Klärkessel *m*, Läuterkessel *m* *{Zucker}*
second boiling Nachsud *m*
second charge Nachladung *f* *{Batterie}*
second cure Nachhärten *n*, Nachhärtung *f*
second melt Zweitschmelze *f*
second metal Zusatzmetall *n*
second-order reaction Reaktion *f* zweiter Ordnung *{Chem}*

second-order theory Strömungstheorie *f* zweiter Ordnung *f*
second-order transition Phasenübergang *m* zweiter Ordnung *f*, Phasenumwandlung *f* zweiter Ordnung *f*, Umwandlung *f* zweiter Ordnung
second-phase intermetallic precipitation strengthened Zweitphasen-Intermetallausscheidungsfestigkeit *f*
second power zweite Potenz *f*
second product Nachprodukt *n*
second quantum number azimutale Quantenzahl *f*, Bahnquantenzahl *f*
second ripening bath chemisches Reifungsbad *n*, Nachreifungsbad *n {Photo}*
second runnings Nachlauf *m*
second stage of nebulization Nachzerstäubung *f*
second wort Nachwürze *f*, Nachguß *m {Brau}*
secondary sekundär, untergeordnet, zweitrangig; Sekundär-, Neben-
secondary accelerator Zweitbeschleuniger *m*, Sekundärbeschleuniger *m*, Zusatzbeschleuniger *m {Gummi}*
secondary action Nebenwirkung *f*
secondary air Beiluft *f*, Zusatzluft *f*, Zweitluft *f*, Sekundärluft *f*, Falschluft *f*
secondary alcohol <RR'CHOH> sekundärer Alkohol *m {Chem}*
secondary alloy Altmetallegierung *f {Legierung zweiter Schmelze}*
secondary amide <RR'CHCONH$_2$> sekundäres Amid *n*
secondary amine <RR'NH> sekundäres Amin *n*
secondary battery Akkumulator *m*, Akkumulatorenbatterie *f*, Sammelbatterie *f {galvanisches Sekundärelement}*
secondary blasting Knäppern *n*, Knäpperschießen *n*, Stückeschießen *n {Bergbau}*
secondary bond Nebenvalenzbindung *f {Chem}*
secondary burst Sekundärdurchbruch *m*
secondary carbon atom sekundäres Kohlenstoffatom *n {Valenz}*
secondary cell Sekundärelement *n*, Sekundärzelle *f {wiederaufladbares galvanisches Element}*
secondary circuit Sekundärkreis *m {Elek}*
secondary colo[u]r Sekundärfarbe *f*, Nebenfarbe *f*, zusammengesetzte Farbe *f*, Mischfarbe *f*, Mittelfarbe *f*
secondary combustion Sekundärverbrennung *f*, Nachbrennen *n*
secondary component Nebenbestandteil *m*; Kupplungskomponente *f {passive Komponente}*, Zweitkomponente *f {Farb}*
secondary constituent Nebenbestandteil *m*
secondary cooling Sekundärkühlung *f*, Nachkühlung *f*
secondary cooling system Sekundärkühlungsaggregat *n*, Nachkühlungsanlage *f*
secondary cross-linked nachvernetzt
secondary crystallization Nachkristallisation *f*
secondary current Sekundärstrom *m*
secondary digestion tank Nachfaulbecken *n*, Nachfaulbehälter *m*, zweiter Faulbehälter *m {Abwasser}*
secondary discharge Nachentladung *f*, Nebenentladung *f*
secondary drying Nachtrocknung *f*, Endtrocknung *f*
secondary effect Nebeneffekt *m*, Sekundäreffekt *m*, Nebenwirkung *f*
secondary electrode 1. Bipolarelektrode *f*, bipolare Elektrode *f*; 2. Hilfselektrode *f {Galvanik}*
secondary electron Sekundärelektron *n*
secondary emission Sekundäremission *f*
secondary emission cathode Sekundäremissionskathode *f*
secondary emission current Sekundäremissionsstrom *m*
secondary emission factor Sekundäremissionsfaktor *m*
secondary enrichment tank Sekundäranreicherungsgefäß *n {Erz}*
secondary explosive Sekundärsprengstoff *m*
secondary fermentation Nachgärung *f*, Lagerung *f {Brau}*
secondary flow Sekundärströmung *f*, Nebenströmung *f*
secondary gluing Montageleimung *f*
secondary grinding Nachzerkleinern *n*, Nachzerkleinerung *f*
secondary infection Sekundärinfektion *f*
secondary ion Sekundärion *n*
secondary ion mass spectrometry Sekundärionen-Massenspektrometrie *f*, SIMS
secondary ion mass spectroscopy Sekundärionen-Massenspektroskopie *f*, SIMS
secondary linkage Sekundärbindung *f*, Nebenvalenz *f*
secondary loop Sekundärkreislauf *m*
secondary material Sekundärrohstoff *m*,- Abprodukt *n*
secondary metabolite Sekundärmetabolit *m*, sekundärer Metabolit *m*, sekundäres Stoffwechselprodukt *n {Biochem}*
secondary metal Umschmelzmetall *n*
secondary neutral mass spectroscopy Sekundärneutralteilchen-Massenspektroskopie *f*
secondary particle Sekundärkorn *n*, Sekundärteilchen *n*
secondary pipe sekundärer Lunker *m*, Sekundärlunker *m {Gußblock}*
secondary plasticizer Sekundärweichmacher *m*, Zweitweichmacher *m*

secondary product Folgeprodukt *n*, Nebenprodukt *n*
secondary quantum number Nebenquantenzahl *f*, Drehimpulsquantenzahl *f*, Bahndrehimpuls-Quantenzahl *f* *{Phys}*
secondary radical Sekundärradikal *n*
secondary raffinate Zweitraffinat *n* *{Erdöl}*
secondary raw material Sekundärrohstoff *m*, Rücklaufrohstoff *m*
secondary reaction Nebenreaktion *f*, Nebenprozeß *m*, Sekundärreaktion *f* *{Simultanreaktion}*; Folgereaktion *f*, Sekundärreaktion *f*, Nachreaktion *f* *{z.B. Reaktionsharze}*
secondary recovery Sekundärförderung *f*, sekundäre Gewinnung *f*, sekundäre Ausbeutung *f* *{Erdöl}*
secondary register Sekundär-Register *n*, Nebenregister *n*
secondary sedimentation tank Nachklärgefäß *n*
secondary settling tank Nachklärbecken *n* *{Abwasser}*
secondary still Nachdestillationsapparat *m*
secondary stress Sekundärspannung *f*
secondary structure Sekundärstruktur *f* *{Biochem, Chem}*; Mosaikblöckchen *n* *{Krist}*; Sekundärgefüge *f* *{Geol}*
secondary system Sekundärkreislauf *m*
secondary tank 1. Hilfsbehälter *m*; 2. Nachklärbecken *n* *{Abwasser}*
secondary treatment 1. Nachbehandlung *f* *{Tech}*; 2. zweite Reinigungsstufe *f*, biologische Reinigungsstufe *f* *{Abwasser}*
secondary valence Nebenvalenz *f*, Nebenwertigkeit *f*
secondary valence bond Nebenvalenzbindung *f* *{Chem}*
secondary valence forces Nebenvalenzkräfte *fpl*
secondary valency *s.* secondary valence
secondary voltage Sekundärspannung *f* *{Elek}*
secondary winding Sekundärwicklung *f*, Ausgangswicklung *f* *{Elek}*
seconds 1. Sekunden *fpl*; 2. Ware *f* zweiter Wahl *{Qualität}*
secrete/to abscheiden, absondern, ausscheiden, sezernieren *{Biol}*; verbergen
secretin Sekretin *n* *{Hormon}*
secretion 1. Sekretion *f*, Absonderung *f* *{Biol, Med}*; 2. Sekret *n* *{Biol, Med}*
secretor Sekretionsorgan *n*
section 1. Schnitt *m*; Schnittpräparat *n*, Schnitt *m* *{Mikroskopie}*; 2. Teilstück *n*, Teil *m*, Abschnitt *m* *{z.B. einer Strecke}*; Zone *f*, Bereich *m*; 3. Form *f*, Schnitt *m*, Profil *n* *{Tech}*; 4. Schliff *m* *{Geol}*; 5. Satz *m* *{Elek}*; Badgruppe *f* *{Galvanotechnik}*; 6. Sektion *f*, Gattung *f* *{Biol}*; 7. Bogen *m* *{Druck}*; 8. Sektion *f* *{Med}*
section iron Fassoneisen *n*, Formeisen *n*, Profilstahl *m*
section-lined schraffiert
section modulus Widerstandsmoment *n*
section steel Formstahl *m*, Profilstahl *m*
section thickness Wanddicke *f*
section through rank Inkohlungsprofil *n*
horizontal section Flachschnitt *m*, Horizontalschnitt *m*
sectional mehrteilig, geteilt; zusammensetzbar; Schnitt-; Teil-, Abschnitts-; Lokal-, Einzel-; Schnitt-, Profil- *{Darstellungsweise}*
sectional area Schnittfläche *f*
sectional drawing Querschnittszeichnung *f*, Schnittdarstellung *f*, Schnittbild *n*
sectional elevation Längsschnitt *m*
sectional measuring system Teil-Körper-Meßsystem *n* *{Radiologie}*
sectional model Schnittmodell *n*
sectional plane Schnittebene *f*
sectional side elevation Seitenriß *m* im Schnitt
sectional steel Profilstahl *m*, Formstahl *m*
sectional view Schnittansicht *f*, Schnittdarstellung *f*, Schnittbild *n*
sectioning 1. Zerlegen *n*, Zerschneiden *n*; 2. Schnittanfertigung *f*, Herstellung *f* von Schnittpräparaten *{Mikroskopie}*
sector 1. Sektor *m*, Abschnitt *m* *{EDV}*; 2. Kreissektor *m*, Kreisausschnitt *m*, Sektor *m* *{Math}*; 3. Bereich *m*, Gebiet *n*
sector cathode Sektorkathode *f*
sector-field spectrometer Spektrometer *n* mit magnetischem Sektorfeld *n*
sector instrument Sektorgerät *n*
sector of a circle Kreissektor *m*, Sektor *m*, Kreisausschnitt *m* *{Math}*
sector of the economy Wirtschaftszweig *m*
secular sekulär, sekular, Sekulär-; weltlich; jahrhundertealt, hundertjährig
secular equation Säkulargleichung *f* *{Matrix}*
secular equilibrium Dauergleichgewicht *n* *{Grenzfall des radioaktiven Gleichgewichts}*
secure/to 1. sichern; befestigen, festmachen; 2. [sich] sichern; versichern
securing Befestigung *f*; Sicherung *f*
securing screw Sicherungsschraube *f*
security 1. Sicherheit[s]-; 2. Garantie *f*, Gewähr *f*, Gewährleistung *f*; Bürgschaft *f*; 2. Sicherung *f* *{Tech}*; 3. Sicherheit *f*
security board Sicherheitsschild *n*
security classification Geheimhaltungseinstufung *f*; Geheimhaltungsgrad *m*
security glazing Sicherheitsverglasung *f*
Security Service Ordnungsdienst *m*
security shower Sicherheitsdusche *f*
security system Sicherheitsanlage *f*, Wertschutzanlage *f*
measure of security Sicherheitsmaßnahme *f*

Sedan black Sedanschwarz *n*
sedanolic acid $<C_{12}H_{20}O_3>$ Sedanolsäure *f*
sedanolid $<C_{12}H_{18}O_2>$ Sedanolid *n*
sedative 1. sedativ, beruhigend *{Med}*; 2. Beruhigungsmittel *n*, Nervenberuhigungsmittel *n*, Sedativ[um] *n {Pharm}*
sedative agent Beruhigungsmittel *n*, Nervenberuhigungsmitel *n*, Sedativ[um] *n {Pharm}*
sedative poison lähmendes Gift *n*
sedative salt Sedativsalz *n*
sediment/to sedimentieren, sich niederschlagen, sich ablagern, sich abscheiden, sich ausscheiden, sich [ab]setzen, ausfallen, absinken *{Feststoffe}*; abscheiden, absitzen lassen *{Feststoffe aus Flüssigkeiten}*; einen Bodenkörper *m* bilden, Niederschlag *m* bilden *{Flüssigkeiten}*
sediment 1. Sediment *n*, abgesetzter Feststoff *m*, Niederschlag *m*, Bodensatz *m*, Satz *m*, Ausscheidung *f*, Ablagerung *f*; Hefe *f {Bodensatz}*, Geläger *n*, Trub *m {Wein, Bier}*; 2. Absatzgestein *n*, Sedimentgestein *n*, Schichtgestein *n*
sediment bag Trubsack *m {Brau}*
sediment bowl Abscheideflasche *f*
sediment cone Sedimentiergefäß *n*
sediment from carbonation Saturationsschlamm *m*
sediment press Gelägerpresse *f*
sediment vessel Abscheideflasche *f*
without sediment rückstandsfrei
sedimentary sedimentär; Sediment[ations]-
sedimentary rock Sedimentgestein *n*, Ablagerungsgestein *n*, Schichtgestein *n {Geol}*
sedimentate/to sedimentieren, ausfällen, abscheiden, niederschlagen
sedimentation 1. Sedimentation *f*, Ablagerung *f*, Sedimentbildung *f {Geol}*; 2. Absitzen *n*, Ausfallen *n*, Sinken *n*, Absinken *n*, Sedimentation *f {von Feststoffen}*; Abscheiden *n*, Absitzenlassen *n {Feststoffe in Flüssigkeiten}*; mechanische Klärung *f*; Bodenkörperbildung *f*, Bildung *f* eines Niederschlags *{in Flüssigkeiten}*; 3. Schlämmverfahren *n {Abwasser}*
sedimentation aid Flockungsmittel *n*, Sedimentierhilfsmittel *n*
sedimentation analysis Sedimentationsanalyse *f*
sedimentation apparatus Schlämmapparat *m {Anal, Lab}*
sedimentation balance Sedimentationswaage *f*
sedimentation basin Absetzbecken *n*, Klärbekken *n {Abwasser}*
sedimentation chamber Absetzraum *m*, Klärraum *m {Abwasser}*
sedimentation coefficient Sedimentationskoeffizient *m*
sedimentation constant Sedimentationskonstante *f {Molekülmassenbestimmung}*
sedimentation depth Sedimentationshöhe *f*, Fallhöhe *f*
sedimentation equilibrium Sedimentationsgleichgewicht *n*
sedimentation height Sedimentationshöhe *f*, Fallhöhe *f*
sedimentation inhibitor Absetzverhinderungsmittel *n*
sedimentation instrument Sedimentations-Meßgerät *n*
sedimentation method Sedimentationsmethode *f*
sedimentation path Sedimentationsbahn *f*
sedimentation plant Absetzanlage *f*
sedimentation potential Sedimentationspotential *n {Chem}*
sedimentation rate Sedimentationsgeschwindigkeit *f*, Absetzgeschwindigkeit *f*, Sinkgeschwindigkeit *f*
sedimentation retarder Sedimentationsverzögerer *m*, Antiabsetzmittel *n*
sedimentation tank Absetzbehälter *m*, Klärbehälter *m*
sedimentation tub Absitzbütte *f {Brau}*
sedimentation tube Sedimentationsrohr *n*
sedimentation velocity *s.* sedimentation rate
sedimentation vessel Sedimentationsgefäß *n*
sedimentology Ablagerungskunde *f*, Sedimentpetrographie *f {Geol}*
sedimentometer Sedimentometer *n*
sedoheptitol Sedoheptit *m*
sedoheptose Sedoheptose *f*
sedoheptulose Sedoheptulose *f*
sedoheptulosone Sedoheptuloson *n*
seebachite Seebachit *m {Min}*
Seebeck coefficient Seebeck-Koeffizient *m*
Seebeck effect Seebeck-Effekt *m*, thermoelektrischer Effekt *m*
Seebeck voltage Thermospannung *f*
seed 1. Samen *m*; 2. Saat *f*, Aussaat *f {Saatgut}*; 3. Impfkristall *n*, Keimkristall *m {Chem}*; 4. Gispe *f*, Gisbe *f*, Gäse *f*, Gasbläschen *n {Fehler; Glas}*
seed crystal Impfkristall *m*, Kristallkeim *m*, Kristallisationskeim *m*, Kristallisationskern *m*, Impfling *m {Krist}*
seed disinfection Samenbeizung *f*
seed dressing 1. Beizmittel *n* für Samen, Saatbeizmittel *n*; 2. Saatgutbeize *f*, Getreidebeize *f*, [chemische] Saatgutbehandlung *f*
seed growing Saatzucht *f {Agri}*
seed husk Samenschale *f {Agri}*
seed leaf Keimblatt *n {Bot}*
seed material Saatmaterial *n*
seed oil Saatöl *n*, Samenöl *n*
seediness 1. Körnigkeit *f {z.B. von Beschichtungen}*; 2. Stippenbildung *f {Farb}*
seeding 1. Impfung *f {Krist}*; 2. Klumpen

bildung *f {Anstrich}*; 3. Körnchenbildung *f {Beschichtung}*; 4. Saat *f*, Aussat *f {Saatgut}*
seeding suspension Kristallkeimsuspension *f*
seeding technique Kristallisationsverfahren *n* mit Keimbildner *m*, Keimungsverfahren *n* mit Keimbildner *{z.B. bei teilkristallinen Thermoplasten}*
seedling Keimling *m {Forst}*; Sämling *m {Agri}*
seek/to suchen, aufsuchen; nachforschen; versuchen; sich bemühen [um]
seep/to sickern, durchsickern, versickern, einsikkern, aussickern
seepage 1. Versickern *n*, Einsickern *n*, Durchsikkern *n*, Aussickern *n*; 2. Versickerung *f {z.B. Wasser in Gesteinen}*; 3. Austreten *n*, Ausschwitzen *n*; 4. Ölausbiß *m*, Ölsumpf *m {Erdöl}*
seepage loss Versickerungsverlust *m*, Versickerung *f {Wasser}*
seepage pit Sickergrube *f*, Sickerschacht *m*, Versickerungsschacht *m*, Sickerbrunnen *m*
seeping gas Gaseinbruch *m*
seethe/to sieden, kochen, brodeln, sprudeln, aufwallen; [ab]brühen
seething vessel Abbrühgefäß *n {Text}*
Seger cone Seger-Kegel *m*, Schmelzkegel *m*, Brennkegel *m*
segment 1. Teil *m*, Abschnitt *m*, Segment *n {z.B. eines Kreises, eines Programms}*; Ausschliff *m*, Segment *n {Opt}*; 2. Stromwenderlamelle *f*, Kommutatorlamelle *f*, Kommutatorsteg *m {Elek}*
segment bend Segmentbogen *m*, Segmentrohrbogen *m*
segment heat exchanger Lamellenwärmetauscher *m*
segment of a circle Kreissegment *n*, Kreisabschnitt *m*
segment of a sphere Kugelabschnitt *m*, Kugelsegment *n*
segment of particle path Teilstrecke *f* einer Teilchenbahn *f*
segment-segment contact segmentweises Schmelzen *n {Polymer}*
segmental unterteilt; segmentiert, aus Segmenten *npl* bestehend; Segment-
segmental alloploid Segmentalloploid *n*, segmentalloploider Organismus *m {Gen}*
segmental diffusion segmentweise Diffusion *f {Polymer}*
segmental melting segmentweises Schmelzen *n {Polymer}*
segmental scale Hilfsskale *f*
segmentation Segmentierung *f*
segregant Spalter *m*
segregate/to [ab]scheiden, absondern, entmischen, trennen, isolieren, aussondern; seigern *{Met}*; sich absondern, sich entmischen
segregated oils abgespaltene Öle *npl*
segregating Scheiden *n*, Abscheidung *f*, Absonderung *f*, Trennen *n*, Isolieren *n*; Seigern *n {Met}*
segregation 1. Entmischung *f*, Abtrennung *f*, Aussonderung *f*, Abscheidung *f*, Segregation *f*; 2. Seigern *n*, Seigerung *f {Met}*
segregation factor Segregationsgrad *m*
segregation in an ingot Blockseigerung *f {Met}*
segregation of the electrolyte Entmischung *f* des Elektrolyten
segregation vat Ausschwitzgefäß *n*, Seigerungsgefäß *n {Met}*
line of segregation Seigerungszone *f {im Metallblock}*
segregator Trennapparat *m*, Entmischer *m*
Seidel transformation Seidel-Transformation *f*, Transformation *f* nach Seidel, W-Transformation *f {W = log (Ao/A -1)}*
Seignette salt Seignettesalz *n*, Rochellesalz *n {Kaliumnatriumtartrat}*
seismic seismisch
seismic detector Körperschallmelder *m*
seismic exploration method angewandte Seismik *f*
seismic explosive seismischer Sprengstoff *m*
seismic wave Erdbebenwelle *f*, seismische Welle *f*
seismograph Seismograph *m*, Erdbebenmesser *m*, Erdbebenregistrierinstrument *n*
seismology Seismologie *f*, Seismik *f*, Erdbebenkunde *f*
seismometer Erdbebenmesser *m*, Seismometer *n*
seismometric[al] seismometrisch
seismometry Seismometrie *f*
seismoscope Seismoskop *n*, Erdbebenanzeiger *m*
seize/to packen, ergreifen, erfassen; aufnehmen, annehmen *{z.B. Beize}*; beschlagnahmen, pfänden; belegen *{z.B. ein Signal}*; festsitzen *{bewegliches Werkzeugteil}*
seize the mordant/to die Beize *f* annehmen
seize up/to festfressen *{Lager}*, stehenbleiben
seizing 1. Festfressen *n {beweglicher Werkzeugteile}*; 2. Fressen *n*, Freßerscheinung *f {örtliches Verschweißen von Oberflächenpartien}*
seizing up Fressen *n*, Freßerscheinung *f {örtliches Verschweißen von Oberflächenpartien}*
seizure *s.* seizing
selacholeic acid Selacholeinsäure *f*, Nervonsäure *f*, *cis*-Tetracos-15-ensäure *f*, *(Z)*-Tetracos-15-ensäure *f*
selachyl alcohol <$(HO)_2C_3H_5C_{18}H_{35}$> Selachylalkohol *m*, Glycerol-1-oleylether *m*
selagine Selagin *n*
selaginol Selaginol *n*
selbite Selbit *m*, Grausilber *n {Min}*
select/to auswählen, auslesen, aussuchen, selektieren, wählen; ausmustern *{sortieren}*; wählen

anwählen *{EDV}*; aufrufen *{eine Adresse}*; freigeben *{EDV}*

selected area diffraction Feinbereichsbeugung *f*

selecting magnet Wahlmagnet *m*

selection 1. Auswahl *f*, Wahl *f*, Selektion *f*, Auslese *f*; 2. Ausmusterung *f* *{Sortierung}*

selection criterion *{pl. criteria}* Auswahlkriterium *n* *{pl. Auswahlkriterien}*

selection grid Sortiergitter *n*

selection of chosen wavelengths Aussieben *n* bestimmter Wellenlängen *fpl*, Aussiebung *f* bestimmter Wellenlängen *fpl*, Aussondern *n* bestimmter Wellenlängen *fpl*, Aussonderung *f* bestimmter Wellenlängen *fpl*

selection of lines Linienauswahl *f*, Linienwahl *f*

selection of material[s] Werkstoffauswahl *f*

selection principle Auswahlprinzip *n*

selection rule Auswahlregel *f*, Auswahlvorschrift *f*

selective selektiv [wirkend], zielgerichtet auswählend

selective adsorbent selektives Adsorptionsmittel *n*

selective agglomeration gezielte Klumpenbildung *f* *{Kohlereinigung}*

selective catalytic reduction selektive Katalyse-Reduktion *f*, SCR *{Rauchgas}*

selective catalytic reduction process SCR-Prozeß *m* *{Rauchgasreinigung}*

selective corrosion Lokalkorrosion *f*, selektive Korrosion *f*

selective cracking gezieltes Kracken *n* *{Erdöl}*

selective crushing mill Selektivbrecher *m*

selective dissemination of information selektive Informationsausgabe *f*, gezielte Informationsbereitstellung *f*

selective emitter Selektivstrahler *m*

selective factor Selektionsfaktor *m*

selective flocculation selektive Ausflockung *f*

selective flotation selektive Flotation *f*, differenzielle Flotation *f* *{Min}*

selective freezing vessel Gefäß *n* für selektive Erstarrung *{Met}*

selective frequency amplifier frequenzselektiver Verstärker *m*

selective getter selektiver Getter *m*

selective grinding selektives Mahlen *n*

selective hardening Teilhärtung *f*

selective liberation selektiver Aufschluß *m*

selective permeability selektive Durchlässigkeit *f*

selective procedure Auswahlverfahren *n*

selective solvent Selektivlösemittel *n*, selektives Lösemittel *n*, selektiv wirkendes Lösemittel *n*

selectivity 1. selektive Wirkung *f*, Selektivwirkung *f*; 2. Selektivität *f*, Trennschärfe *f*; 3. Spezifität *f* *{Katalysator}*

selecto Selekto *n* *{Phenol-Cresol-Gemisch}*

selector 1. Wahl-; 2. Wähler *m*, Auswähler *m*, Selektor *m* *{eine elektromechanische Koppeleinrichtung}*; 3. Schalter *m*, Wahlschalter *m* *{Elek}*

selector disk Wählerscheibe *f*

selector key Wahltaster *m*

selector switch Wahlschalter *m*, Wähler *m*, Umschalter *m*

selector valve Anwahlventil *n*

selenate <M'_2SeO_4> Selenat *n*

selenazine Selenazin *n*

selenazole Selenazol *n*

selenic acid <H_2SeO_4> Selensäure *f*

selenic acid hydrate <$H_2SeO_4 \cdot nH_2O$> Selensäurehydrat *n*

selenic anhydride <SeO_3> Selen(VI)-oxid *n*, Selensäureanhydrid *n*, Selentrioxid *n*

selenic compass Selenkompaß *m*

hydrated selenic acid Selensäurehydrat *n* *{s. selenic acid hydrate}*

selenide <M'_2Se; R_2Se> Selenid *n*

seleniferous selenhaltig

selenin acid Seleninsäure *f*

selenindigo Selenindigo *n*

seleninyl bromide <$OSeBr_2$> Seleninylbromid *n*

seleninyl chloride <$OSeCl_2$> Seleninylchlorid *n*

selenious selenig; Selen-, Selen(II)-, Selen(IV)-

selenious acid <H_2SeO_3> Selenigsäure *f*

selenious anhydride <SeO_2> Selendioxid *n*, Selenigsäureanhydrid *n*, Selen(IV)-oxid *n*

ester of selenious acid <$OSe(OR)_2$> Selenit *n*, Selenigsäureester *m*

salt of selenious acid <M'_2SeO_3> Selenat(IV) *n*, Selenigsäuresalz, Selenit *n*

selenite 1. Selenit *m*, Blättergips *m*, Gipsspat *m* *{Min}*; Marienglas *n*, Jungfernglas *n* *{Min}*; 2. Selenit *n* *{Salz der selenigen Säure}*

selenitic cement Gipszement *m*, Putzkalk *m*

selenitic lime *s.* selenitic cement

selenitiferous selenithaltig

selenium *{Se, element no. 34}* Selen *n*, Selenium *n*

selenium barrier-layer photocell Selensperrschicht-Photoelement *n*, Selensperrschicht-Photozelle *f*, Selensperrschichtzelle *f*

selenium bismuth glance Selenwismutglanz *m*, Guanajuatit *m* *{Min}*

selenium cell *s.* selenium barrier-layer photocell

selenium chloride Selenchlorid *n* *{Se_2Cl_2, $SeCl_2$, $SeCl_4$}*

selenium cyanide <$Se(CN)_2$> Selencyanid *n*

selenium diethyl <$Se(C_2H_5)_2$> Selendiethyl *n*, Diethylselen *n*

selenium diethyldithiocarbamate <Se[SC(S)N-(C_2H_5)$_2$]$_4$> Selendiethyldithiocarbamat *n*
selenium dioxide <SeO_2> Selendioxid *n*, Selenigsäureanhydrid *n*, Selen(IV)-oxid *n*
selenium disulfide <SeS_2> Selensulfid *n*
selenium film Selenschicht *f*
selenium glass Selenfilter *n*, Selenglas *n* *{Photo}*
selenium hexafluoride <SeF_6> Selenhexafluorid *n*, Selen(VI)-fluorid *n*
selenium lattice Selengitter *n*
selenium layer Selenschicht *f*
selenium oxide Selenoxid *n*
selenium rectifier Selengleichrichter *m* *{Elek}*
selenium red Selenrot *n*
selenium slime Selenschlamm *m*
selenium sol Selensol *n*
selenium sulfide Selensulfid *n*, Schwefelselen *n*
selenium tetrabromide <$SeBr_4$> Selentetrabromid *n*, Selen(IV)-bromid *n*
selenium tetrachloride <$SeCl_4$> Selentetrachlorid *n*, Selen(IV)-chlorid *n*
selenium tetrafluoride <SeF_4> Selentetrafluorid *n*, Selen(IV)-fluorid *n*
selenium toning bath Selentonungsbad *n* *{Photo}*
selenium trioxide <SeO_3> Selentrioxid *n*, Selen(VI)-oxid *n*, Selensäureanhydrid *n*
selenobenzoic acid Selenobenzoesäure *f*
selenocyanic acid <HSeCN> Selencyansäure *f*
selenocyanogen <$(SeCN)_2$> Selenocyan *n*
selenofuran Selenofuran *n*, Selenophen *n*
selenonaphthene Selenonaphthen *n*, Benzoselenofuran *n*
selenophene Selenofuran *n*, Selenophen *n*
selenophenol <C_6H_5SeH> Selenophenol *n*
selenopyronine Selenopyronin *n*, Selenoxanthen *n*
selenosalicylic acid Selenosalicylsäure *f*
selenous selenig; Selen-, Selen(II)-, Selen(IV)-
selenous acid *s.* selenious acid
selenoxanthene Selenopyronin *n*, Selenoxanthen *n*
selensulfur Selenschwefel *m* *{Min}*
selenurea Selenharnstoff *m*
self selbst-, eigen-; Selbst-, Eigen-
self-absorption Selbstabsorption *f*, Eigenabsorption *f*
self-absorption of lines Linienselbstumkehr *f*, Linienselbstabsorption *f*, Selbstabsorption *f*, Selbstumkehr *f*
self-accelerated electron gun Elektronenstrahler *m* mit Eigenbeschleunigung
self-accelerating selbstbeschleunigend
self-acting automatisch, selbsttätig
self-adherent selbstklebend
self-adherent film selbstklebende Folie *f*, Selbstklebefolie *f*, Selbstklebfilm *m*
self-adhering selbstklebend
self-adhesion Selbstadhäsion *f*, Selbsthaftung *f*
self-adhesive selbstklebend
self-adhesive film selbstkelbende Folie *f*, Selbstklebefolie *f*, Selbstklebefilm *m*
self-adhesive label selbstklebendes Etikett *n*
self-adhesive letter Klebefolienbuchstabe *m*, selbstklebender Buchstabe *m*
self-adhesive tape Selbstklebeband *n*, Klebeband *n*, Klebestreifen *m*, Haftstoffklebeband *n*, Selbstklebestreifen *m*
self-adjusting selbsteinstellend, selbstnachstellend, selbstregulierend
self-aligning double row ball bearing Pendelkugellager *n*
self-aligning roller bearing Pendelrollenlager *n*
self-baking electrode Dauerelektrode *f*, selbstbackende Elektrode *f*, selbst[ein]brennende Elektrode *f*, Sinterelektrode *f*
self-balancing selbstabgleichend
self-balancing potentiometer Abgleichpotentiometer *n*, Kompensationspotentiometer *n*
self-cent[e]ring selbstzentrierend
self-charging centrifuge Zentrifuge *f* mit selbsttätiger Zufuhr
self-check Selbstüberprüfung *f*, Eigenkontrolle *f*, Selbstkontrolle *f*
self-cleaning 1. selbstreinigend; 2. Selbstreinigung *f*
self-cleaning effect Selbstreinigung *f*
self-cleaning filter selbstreinigendes Filter *n*
self-cleansing Selbstreinigung *f* *{z.B. der Gewässer}*
self-closing selbstschließend
self-colo[u]red naturfarben, eigenfarbig; unifarbig, durchgefärbt; reinfarbig *{ungemischte Farbe; Spek}*
self-colo[u]r Eigenfarbe *f*, Naturfarbe *f*; Unifarbe *f*; reine Farbe *f*, ungemischte Farbe *f* *{Spektralfarbe}*
self-computing chart Nomogramm *n*
self-configuring selbstkonfigurierend
self-consuming selbstverzehrend
self-consuming electrode selbstverzehrende Elektrode *f*
self-contained in sich geschlossen, in sich abgeschlossen; autonom *{Einheit}*
self-contained breathing apparatus Behältergerät *n*, Preßluftatmer *m* *{Bergbau}*
self-contained drive Einzelantrieb *m*
self-contained paper Einschichtpapier *n*
self-contained unit in sich geschlossene Einheit *f*, in sich geschlossene Anlage *f*
self-controlled selbstständig
self-crosslinking selbstvernetzend

self-curing selbsthärtend, eigenhärtend *{Kunst}*; selbstvulkanisierend *{Gummi}*
self-damping Eigendämpfung *f {Mech}*
self-decomposition Selbstzersetzung *f*
self-diagnosis Selbstdiagnose *f*, Eigendiagnose *f*
self-diffusion Eigendiffusion *f*, Selbstdiffusion *f*
self-digestion Autodigestion *f*
self-discharge Selbstentladung *f*
self-discharging centrifuge Zentrifuge *f* mit selbsttätiger Entladung
self-draining selbstentwässernd
self-electrode Eigenemissionselektrode *f {Spek}*
self-evacuation of the tube Selbstevakuierung *f* der Röntgenröhre
self-evaporation Eigenverdampfung *f*
self-evident selbstverständlich
self-exchange Selbstaustausch *m*
self-excitation Eigenerregung *f*, Selbsterregung *f*
self-excited eigenerregt, selbsterregt
self-extinguishing selbstlöschend, selbstverlöschend, selbstauslöschend
self-extinguishing plastic selbstverlöschender Plast *m*
self-feeding selbstdosierend
self-feeding furnace Schüttfeuerung *f*
self-fluxing selbstgängig, selbstgehend *{Erz}*
self-fractionating device Selbstfraktionisierungseinrichtung *f*
self-fractionating pump fraktionierende Pumpe *f*
self-hardening plant Lufthärtungsanlage *f*, Luftstählungsanlage *f {Met}*
self-heal break Rißselbstheilung *f {bei Medieneinfluß}*
self-healing 1. selbstheilend; 2. Selbstheilung *f*
self-heating Selbsterhitzung *f*, Eigenerwärmung *f*, Selbsterwärmung *f {z.B. durch Fließvorgänge bei Belastung}*
self-heating oxide cathode Aufheizpastenkathode *f*
self-igniter Selbstzünder *m*
self-igniting selbstzündend
self-igniting interrupted arc selbstzündender Abreißbogen *m*
self ignition Selbstzündung *f*, Selbstentzündung *f*
self-ignition temperature Selbstentzündungstemperatur *f*
self-inductance Selbstinduktion *f*, Selbstinduktivität *f*, Selbstinduktionskoeffizient *m {Elek}*
self-inductance coil Selbstinduktionsspule *f*
self-induction Eigeninduktion *f*, Selbstinduktion *f {Elek}*
self-induction voltage Selbstinduktionsspannung *f*
self-inductive selbstinduktiv
self-insulating selbstisolierend
self-intoxication Autointoxikation *f*
self-inversion Selbstumkehr *f*
self-levelling selbstverlaufend *{Ausgleichsmasse}*
self-levelling mortar Verlaufsmörtel *m*
self-levelling screed Fließbelag *m*, Verlaufsbelag *m*
self-locking 1. selbstsperrend, selbstsichernd, selbstverriegelnd; 2. Selbstsperrung *f*
self-locking mechanism Selbstverriegelung *f*
self-locking nut selbstsichernde Mutter *f*
self-lubricating selbstschmierend
self-lubricating bearing selbstschmierendes Lager *n*
self-lubricating material selbstschmierender Werkstoff *m*
self-lubricating properties Selbstschmierfähigkeit *f*
self-lubrication Selbstschmierung *f*
self-luminous selbstleuchtend
self-luminous materials selbstleuchtendes Material *n*
self-magnetic eigenmagnetisch
self-maintained discharge selbständige Endladung *f*
self-maintaining sich selbstunterhaltend *{z.B. Kettenreaktion}*, selbsterhaltend
self-modulation Eigendämpfung *f*, Eigenmodulation *f*
self-oxidation Autoxidation *f*, Selbstoxidation *f*
self-polishing wax selbstglänzendes Wachs *n*
self-polymerization Autopolymerisation *f*
self-priming selbstansaugend *{Pumpe}*
self-propelled loader Ladegerät *n* mit Eigenfahrantrieb
self-purging effect Selbstreinigungseffekt *m*
self-purification Selbstreinigung *f*
self-purifying 1. selbstreinigend; 2. Selbstreinigung *f*
self-purifying and fractionating oil diffusion pump selbstreinigende Fraktionieröldiffusionspumpe *f {Vak}*
self-purifying pump teilfraktionierende Pumpe *f {Vak}*
self-quenching 1. selbstlöschend; 2. Selbstlöschung *f {Nukl, Kunst}*
self-reactance Eigenreaktanz *f*
self-recording automatisch registrierend, selbstregistrierend, selbstaufzeichnend
self-registering selbstregistrierend
self-registering thermometer Registrierthermometer *n*
self-regulating selbstregelnd, selbstregulierend, selbsteinstellend, automatisch

self-regulating process *{US}* Regelstrecke *f* mit Ausgleich *m*
self-regulation automatische Regelung *f*, Selbstregelung *f*, Selbstregulierung *f*, Selbstausgleich *m*; Selbststeuerung *f*
self-repulsion Selbstabstoßung *f*
self-reversal Selbstumkehr *f {Spek}*
self-reversal of [spectral] lines Linienselbstumkehr *f*, Linienselbstabsorption *f*, Selbstabsorption *f*, Selbstumkehr *f {Spek}*
self-reversed line Umkehrlinie *f*
self-scattering Eigenstreuung *f*
self-sealing 1. selbst[ab]dichtend; 2. Kaltsiegelung *f*, Selbstklebung *f*
self-sealing injection nozzle Einspritzdüse *f* mit selbsttätiger Sperre *{Kunst, Gummi}*
self-shielding 1. selbstabschirmend; 2. Selbstabschirmung *f*
self-stabilization Eigenstabilisierung *f*
self-sticking coefficient Selbsthaftkoeffizient *m*
self-structure Eigenstruktur *f*
self-sufficient autark
self-superheating Selbstüberhitzung *f*
self-sustaining selbsterhaltend, sich selbst unterhaltend
self-sustaining discharge selbständige Entladung *f*
self-tannage Alleingerbung *f*
self-tannin Alleingerbstoff *m*
self-test Selbsttest *m*
self-vulcanizing selbstvulkanisierend *{Gummi}*
selinane Selinan *n*
selinene Selinen *n*
sell/to verkaufen, absetzen
sellaite Sellait *m*, Belonesit *m {Min}*
selling 1. Verkaufs-; 2. Absatz *m*
selling price Verkaufspreis *m*
selter[s water] Selterswasser *n*
seltzer [water] Selterswasser *n*
selvage 1. Kante *f*, Webkante *f {Text}*; 2. Salband *n*, Saum *m {Geol, Bergbau}*; 3. Rand *m {beim Ausschneiden}*
selvage tension Kantenspannung *f*
selvedge Kante *f*, Webkante *f*, Gewebekante *f*, Gewebeleiste *f {Text}*
semen Samen *m {Bot}*
semi halb-; Semi-, Halb-
semi-out door plant Halbfreianlage *f*
semiacetal Halbacetal *n*
semiactive halbaktiv
semianthracite Halbanthrazit *m*, Semianthrazit *m*, Magerkohle *f {DIN 22005}*
semiapertural angle Halböffnungswinkel *m*
semiautomatic halbautomatisch, halbmechanisch
semiautomatic cycle halbautomatischer Zyklus *m*; halbautomatischer Kreislauf *m*
semiautomatic electroplating halbautomatische Galvanisierung *f*
semiaxis Halbachse *f {Math}*
semibatch halbkontinuierlich, semikontinuierlich *{z.B. Verfahren}*
semibenzene Semibenzol *n*
semibituminous semibituminös, halbbituminös, halbfett *{Kohle}*
semiblown halbgeblasen, angeblasen
semiblown bitumen halbgeblasenes Bitumen *n*
semibreadth Halbwert[s]breite *f {Spek}*
semicarbazide **<$H_2NCONHNH_2$>** Semicarbazid *n*, Carbamidsäurehydrazid *n*
semicarbazide hydrochloride Semicarbazidhydrochlorid *n*
3-semicarbazidobenzamide Kryogenin *n*
semicarbazones **<RR'C=NHNHCONH$_2$>** Semicarbazone *npl {Reaktionsprodukte von Aldehyden oder Ketonen mit Semicarbazid}*
semichemical halbchemisch
semichemical pulp halbchemischer Zellstoff *m*, Halbzellstoff *m {Pap}*
semichiasma Semichiasma *n*
semichrome tannage Semichromgerbung *f*
semicircle Halbkreis *m {Math}*
semicircular halbkreisförmig, halbrund
semicoke Grudekoks *m*, Halbkoks *m*, Schwelkoks *m*
semicoking Halbkokung *f*, Halbverkokung *f*
semicolloid Halbkolloid *n*, Semikolloid *n*
semicolloidal product semikolloider Stoff *m*
semiconducting halbleitend; Halbleiter-
semiconduction property Halbleitereigenschaft *f*
semiconductor Halbleiter *m {Elek}*
semiconductor cathode Halbleiterkathode *f*
semiconductor cell Halbleiterzelle *f*
semiconductor charged particle detector *{IEC 333}* Halbleiter-Teilchennachweisgerät *n*
semiconductor device Halbleiterbauelement *n*
semiconductor layer Halbleiterschicht *f*
semiconductor memory Halbleiterspeicher *m*
semiconductor module Halbleiterbaustein *m*
semiconductor radiation detector Halbleiter-Strahlungsindikator *m*
semiconductor surface Halbleiteroberfläche *f*
semiconductor switch Halbleiterschalter *m*
semicontinuous halbkontinuierlich, semikontinuierlich
semicontinuous kiln halbkontinuierlicher Trockenofen *m*
semiconvergent Halbkonvergente *f*
semicrystal Halbkristall *m {Krist}*
semicrystalline halbkristallin, teilkristallin
semicrystalline polymer halbkristallines Polymer[es] *n*, teilkristallines Polymer[es] *n*
semicrystalline thermoplastic teilkristalliner Thermoplast *m*

semicured halbvulkanisiert, vorvulkanisiert, vorgeheizt *{Gummi}*
semicycle Halbperiode *f*
semicylindrical halbzylindrisch
semidilute solution halbverdünnte Lösung *f*
semidine <$RC_6H_4NHC_6H_4NH_2$> Semidin *n*
semidine rearrangement Semidin-Umlagerung *f*
semidry halbtrocken, halbnaß
semidrying oil langsam trocknendes Öl *n*, teiltrocknendes Öl *n*
semidull halbmatt
semidynamic filter press semidynamische Filterpresse *f*
semiempirical halbempirish, semiempirisch
semifinished halbfertig
semifinished good *s.* semifinished product
semifinished material Halbzeug *n*
semifinished product Halberzeugnis *n*, Halbfabrikat *n*, Halbzeug *n*, Halbfertigware *f*, Halbware *f*
semiflexible halbflexibel
semiflexible polymer teilflexibles Polymer[es] *n*
semifluid breiartig, zähflüssig, dickflüssig, semifluid, ha'bflüssig
semifluid friction halbflüssige Reibung *f*, Mischreibung *f*
semifractionating pump teilfraktionierende Pumpe *f*
semifused halb geschmolzen
semigas Halbgas *n*
semigas furnace Halbgasfeuerung *f*
semigelatin dynamite Semigelatindynamit *n* *{Expl}*
semigloss 1. halbmatt *{Photo}*; 2. Halbglanz *m* *{Anstrich}*
semigloss paint Halbmattlack *m*
semigloss paint finish halbglänzende Deckfarbe *f*
semihydrate Semihydrat *n*, Halbhydrat *n*
semiindustrial halbtechnisch
semikaryotype Semikaryotyp *m*
semikilled halbberuhigt *{Stahl}*
semilethal semiletal
semiliquid halbflüssig, dickflüssig, zähflüssig
semiliquid lubricating oil dickflüssiges Schmieröl *n*, teilflüssiges Schmieröl *n*
semiliquidity Halbflüssigkeit *f*, Zähflüssigkeit *f*, Dickflüssigkeit *f*
semiliquids Halbflüssigkeiten *fpl*
semilog[arithmic] einfachlogarithmisch, halblogarithmisch
semilogarithmic paper halblogarithmisches Papier *n*, einfachlogarithmisches Papier *n*, Exponentialpapier *n*
semiluxuries Genußmittel *npl*
semimanufactured good *s.* semifinished product
semimechanical halbmechanisch, halbautomatisch
semimetal Halbmetall *n*
semimetallic halbmetallisch
semimicro Kjeldahl method Halbmikromethode *f* nach Kjeldahl
semimicroanalysis Halbmikroanalyse *f*, Semimikroanalyse *f*
semimicroapparatus Halbmikroapparat *m*
semimicrobalance Halbmikro[analysen]waage *f*
semimicroprocedures *{milligram scale}* Halbmikroverfahren *npl*
semimicroscale Halbmikromaßstab *m*
semimuffle-type furnace Halbmuffelofen *m*, halbgemuffelter Ofen *m*
seminal work Ausgangsarbeit *f*, grundlegende (fruchtbare) Arbeit *f*
seminitrile Halbnitril *n*
seminormal halbnormal
seminose Seminose *f*, D-Mannose *f*
semiochemical semiochemisch *{signaltragender Stoff}*
semiochemicals Geruchsstoffe *mpl* *{Duftstoffe, Pheromone}*
semiochemistry Chemie *f* der Geruchsstoffe *mpl* *{Duftstoffe, Botenstoffe}*
semiopal Halbopal *m*, Holzopal *m* *{Min}*
semioscillation Halbperiode *f* *{Phys}*
semioxamazide Semioxamazid *n*
semiperiod Halbperiode *f*
semipermeability Semipermeabilität *f*
semipermeable halbdurchlässig, semipermeabel, einseitig durchlässig *{Membran}*
semipermeable membrane halbdurchlässige Membrane *f*, semipermeable Membrane *f*, halbdurchlässige Wand *f*, semipermeable Scheidewand *f*, semipermeable Trennwand *f*
semipermeable wall halbdurchlässige Wand *f*
semiplastic deformation condition teilplastischer Verformungszustand *m*
semipolar halbpolar, semipolar *{z.B. Bindung}*
semiporcelain Halbporzellan *n*
semipositive mo[u]ld kombiniertes Abquetsch- und Füllpreßwerkzeug *n*, kombinierte Abquetsch- und Füllform *f*, halb-positive Form *f* *{Preßwerkzeug mit vertieft liegendem Abquetschrand}*
semiprecious stone Halbedelstein *m*
semiproduction basis Halbfließbandfertigung *f*
semiproduct *s.* semifinished product
semiquantitative halbquantitativ, semiquantitativ
semiquantitative emission spectroscopy halbquantitative Emissionsspektroskopie *f*
semiquantitative microspectrum analysis Übersichts-Mikrospektralanalyse *f*, halbquantitative Mikrospektralanalyse *f*
semiracemic halbracemisch

semireduction Halbreduktion *f {Chem, Met}*
semirefined wax halbraffiniertes Praffin *n*
semirigid halbstarr, halbsteif, halbhart, mittelhart
semirigid container halbstarrer Behälter *m*
semirigid foam halbharter Schaum[stoff] *m*
semirigid plastic halbharter Kunststoff *m*, zähharter Plast *m*
semirotary pump Allweilerpumpe *f*, Flügelpumpe *f*
semisintered halbgesintert
semiskilled angelernt *{mindestens dreimonatige Anlernzeit}*
semislicing halbschnittig *{Zucker}*
semisolid halbfest, semifest
semisolid consistency halbfeste Konsistenz *f {Trib}*
semisolid drug halbfeste Arzneiform *f*
semisolids fließfähige Festkörper *mpl*
semispherical halbkugelig
semisteel Halbstahl *m*, Gußeisen *n* mit Stahlschrottzusatz *m*
semisynthetic halbsynthetisch
semitransparency Halbdurchsichtigkeit *f*
semitransparent halbdurchlässig, halbdurchscheinend, halbdurchsichtig *{z.B. Spiegel}*
semiunivalent semiunivalent
semivulcanized halbvulkanisiert, vorvulkanisiert *{Gummi}*
semiwater gas Halbwassergas *n*, Mischgas *n*
semiwet halbnaß
semolina Grieß *m*
semseyite Semseyit *m {Min}*
SEN *{steam emulsion number}* Emulgierbarkeitszahl *f*
senaite Senait *m {Min}*
senarmontite <Sb_2O_3> Senarmontit *m {Min}*
send/to senden; schicken, abschicken, absenden
send out/to aussenden, ausstrahlen; versenden; hervorbringen
send through/to durchschicken
sender 1. Adressant *m*, Absender *m {z.B. von Informationen}*; 2. Sender *m {Elek}*
Seneca oil Rohöl *n {aus ostamer. Staaten}*
senecic acid Senecinsäure *f*
senecifolidine <$C_{18}H_{25}NO_7$> Senecifolidin *n*
senecifoline <$C_{18}H_{27}NO_8$> Senecifolin *n*
senecine Senecin *n*
senecio alkaloid Senecioalkaloid *n*, Pyrrolizidinalkaloid *n*
senecioic acid Seneciosäure *f*, 3,3-Dimethylacrylsäure *f*, 3-Methylbut-2-ensäure *f*
senecionine Senecionin *n*
seneciphyllic acid Seneciphyll[in]säure *f*
seneciphylline Seneciphyllin *n*
senega 1. Senegastrauch *m {Polygala senega L.}*; 2. Senegawurzel *f {Wurzel von Polygala senega L., Pharm}*
senega extract Senegaextrakt *m {Pharm}*
senega root Senegawurzel *f {Pharm}*
senega syrup Senegasirup *m {Pharm}*
liquid extract of senega Senegafluidextrakt *m*
Senegal gum Arabisches Gummi *n*, Akaziengummi *n*, Senegalgummi *n*
senegin 1. <$C_{32}H_{52}O_{17}$> Senegin *n*; 2. $C_{20}H_{32}O_7$> Senegin[hydrolysat] *n*
senior 1. ranghöher, vorrangig *{Nomenklatur}*; 2. älter, dienstälter *{z.B. Angestellter}*; 3. Ober-
senior official leitender Angestellter *m*, leitender Beamter *m*
senna 1. Sennespflanze *f {Cassia}*; 2. Sennesblätter *npl {Pharm}*
senna leaves Sennesblätter *npl {z.B. C. angustifolia Vahl und C. senna L.}*
sennidine Sennidin *n*
sennitol Sennit *m*
sennoside Sennosid *n*
sensation 1. Empfindung *f {Sinneswahrnehmung}*; 2. Wahrnehmung *f {Sinneseindruck}*; 3. Erregung *f*, Gefühlserregung *f*; 4. Sensation *f*
sense 1. Sinn *m {Physiol}*; 2. Richtung *f*, Bewegungsrichtung *f*, Sinn *m*; 3. Verstand *m*; 4. Gefühl *n*; 5. Bedeutung *f*, Sinn *m*
sense of smell Geruchsinn *m*
sensibility 1. Sensibilität *f*, Empfindlichkeit *f {Tech}*; 2. Empfindungsvermögen *n*, Empfindsamkeit *f {Physiol}*; 3. *s.* sensitivity
sensible wahrnehmbar; spürbar; vernünftig
sensible heat fühlbare Wärme *f*
sensing 1. fühlend; 2. Abtasten *n*, Abfühlen *n*, Lesen *n*, Reizaufnahme *f*
sensing device Meßwertgeber *m*, Meßwandler *m*
sensing element Fühlglied *n*, Aufnehmer *m*, Meßfühler *m {Sensor}*, Meßglied *n*
sensing head Meßkopf *m*, Tastkopf *m*
sensing probe Meßsonde *f*, Sonde *f*
sensing volume Meßvolumen *n*
sensitive empfindlich, sensitiv; störanfällig *{z.B. Meßgerät}*; fein, Fein- *{z.B. Feineinstellung}*; feinfühlig *{Physiol}*
sensitive element Meßfühler *m*
sensitive facilities sensitive Anlagen *fpl {Schutz}*
sensitive green Sensitivgrün *n*
sensitive heat in waste gas Abhitze *f*
sensitive time Ansprechzeit *f {Instr}*
sensitive to accidents störanfällig
sensitive to acids säureempfindlich
sensitive to air luftempfindlich
sensitive to deformation verformungsempfindlich, verformungsanfällig
sensitive to frost frostempfindlich
sensitive to heat hitzempfindlich
sensitive to light lichtempfindlich
sensitive to water wasserempfindlich

extremely sensitive höchstempfindlich
highly sensitive hochempfindlich
sensitiveness Empfindlichkeit *f*, Sensibilität *f* *{Eigenschaft}*
sensitiveness to acids Säureempfindlichkeit *f*
sensitivity 1. Empfindlichkeit *f*, Sensibilität *f* *{Anal, Photo}*; 2. Ansprechempfindlichkeit *f*, Ansprechwahrscheinlichkeit *f*; 3. Empfindlichkeit *f* *{Eigenschaft}*, Feinfühligkeit *f*; Empfindungsvermögen *n* *{Physiol}*; 4. Kraftstoffempfindlichkeit *f* *{Differenz zwischen Research- und Motor-Octanzahl}*
sensitivity adjustment Empfindlichkeitseinstellung *f*
sensitivity calibrator Eichleck *n*, Testleck *n*, Vergleichsleck *n*, Leck *n* bekannter Größe, Bezugsleck *n*
sensitivity control Regelung *f* der Empfindlichkeit, Empfindlichkeitsregelung *f*
sensitivity limit Empfindlichkeitsgrenze *f*
sensitivity measure Empfindlichkeitsmaß *n*
sensitivity of a photographic emulsion Empfindlichkeit *f* der photographischen Emulsion
sensitivity of gasoline Kraftstoffempfindlichkeit *f* *{Differenz zwischen Research- und Motor-Octanzahl}*
sensitivity of detection Nachweisempfindlichkeit *f*
sensitivity range Empfindlichkeitsbereich *m*
sensitivity setting Empfindlichkeitseinstellung *f*, Empfindlichkeitsstufe *f*
sensitivity shift Empfindlichkeitsänderung *f*
sensitivity threshold Empfindlichkeitsgrenze *f*, Empfindlichkeitsschwelle *f*
sensitivity to atmospheric humidity Luftfeuchteempfindlichkeit *f*
sensitivity to impact Stoßempfindlichkeit *f*, Schlagempfindlichkeit *f*
sensitivity to light Lichtempfindlichkeit *f*
sensitivity to moisture Feuchteempfindlichkeit *f*
sensitivity to radiation Strahlenempfindlichkeit *f*
sensitivity to water Wasserempfindlichkeit *f*
colo[u]r sensitivity spektrale Empfindlichkeit *f*
degree of sensitivity Empfindlichkeitsgrad *m*
monochromatic sensitivity monochromatische Empfindlichkeit *f*
sensitization Sensibilisierung *f* *{Chem, Met, Kunst}*; Lichtempfindlichmachen *n*, Sensibilisieren *n* *{Photo}*
sensitization bath Sensibilisierungsbad *n* *{Photo}*
sensitize/to sensibilisieren *{Chem, Met, Kunst}*; [licht]empfindlich machen, sensibilisieren *{Photo}*
sensitized sensibilisiert *{Chem, Met, Kunst}*; lichtempfindlich *{Photo}*
sensitizer *s.* sensitizing agent
sensitizing agent Sensibilisierungsmittel *n*, Sensibilisator *m* *{Chem, Met, Photo}*
sensitizing dye Sensibilisierungsfarbstoff *m*
sensitizing maximum Sensibilisierungsmaximum *n*
sensitocolorimeter Sensitokolorimeter *n*
sensitometer Empfindlichkeitsmesser *m*, Sensitometer *n* *{Opt}*
sensitometry Empfindlichkeitsmessung *f*, Sensitometrie *f* *{Opt}*
sensor Sensor *m* *{Meßfühler}*, Aufnehmer *m*, Meßgrößenfühler *m*, Meßwertgeber *m*, Signalumformer *m*; Fühlelement *n*, Fühler *m*, Meßfühler *m* *{Meß- oder Registriervorrichtung}*; Sensor *m* *{Industrieroboter}*
sensory sensorisch, sensoriell *{Sinnesempfindungen betreffend}*; Sensor-, Sinnes-
sensory testing Sinnesprüfung *f*
sentinel 1. Marke *f*, Hinweissymbol *n* *{EDV}*; 2. Wache *f*
sentinel pyrometer Schmelzzylinder *m* *{Instr}*
separability Scheidbarkeit *f*, Trennbarkeit *f*
separable [ab]scheidbar, [ab]trennbar; lösbar *{z.B. Verbindung}*; spaltbar; zerlegbar; separabel *{Math}*
separable joints lösbare Verbindungen *fpl*
separate/to trennen, abtrennen *{mechanisch oder chemisch}*; scheiden *{Met}*; abscheiden, absondern, [ab]trennen, separieren, ausscheiden *{Komponenten}*; entmischen, voneinander trennen *{Gemische, Phasen}*; aussondern *{z.B. Produkte schlechter Qualität}*; absprengen; abspalten; loslösen
separate by adding salt/to aussalzen
separate by filtering/to abfiltern
separate by liquation/to abseigern
separate into components/to entmischen
separate out/to sich abtrennen, brechen *{Emulsion}*
separate einzeln; getrennt, abgetrennt, gesondert, separat; freistehend
separate additives Einzeladditive *npl*
separate application Getrenntauftragen *n*, Vorstreichverfahren *n* *{Klebstoffkomponenten}*
separate control circuit Einzelregelkreis *m*
separate control unit Einzelregler *m*
separate determinations Einzelmessungen *fpl*
separate drive Einzelantrieb *m*
separate feed unit Fremddosierung *f*
separate field Fremdfeld *n*
separate functions Einzelfunktionen *fpl*
separate heating Fremdbeheizung *f*
separate melt streams Partialströme *mpl*, Teilströme *mpl*, Masseteilströme *mpl*, Schmelzeteilströme *mpl*
separate metering unit Fremddosierung *f*
separate mo[u]ld Einzelform *f*

separate module Einzelbaustein *m*
separate solution [heat] treatment separate Lösungsglühung *f {Al}*
separated milk entrahmte Milch *f*, Magermilch *f*
separated product Abscheidungsprodukt *n {Chem}*
separately auseinander, getrennt
separately controlled fremdgesteuert
separating Trennen *n*, Abtrennen *n {mechanisch oder chemisch}*; Scheiden *n {Met}*; Abscheiden *n*, Absondern *n*, Ausscheiden *n*, Separieren *n {Komponenten}*; Abspalten *n*; Entmischen *n*, Voneinandertrennen *n {Phasen, Gemische}*; Sortieren *n*, Aussondern *n {Qualitätsprüfung}*; Loslösen *n*; Absprengen *n*; Zerteilen *n*
separating agent 1. Trennmittel *n*, Ausscheidungsmittel *n*, Scheidemittel *n*; 2. Zusatzstoff *m*, Mitnehmer *m*, Schleppmittel *n {Rektifikation}*
separating aid Abscheidehilfsmittel *n*
separating and shaking apparatus Scheide- und Schüttelvorrichtung *f*
separating apparatus Scheidevorrichtung *f*
separating buret[te] Scheidebürette *f {Lab}*
separating calorimeter Trennkalorimeter *n*
separating capacity Trennschärfe *f*
separating chamber Trennkammer *f*, Trennküvette *f*
separating column Trennsäule *f {Chrom}*
separating drum Scheidetrommel *f*
separating factor Trennfaktor *m*
separating flask Scheidekolben *m*
separating funnel Scheidetrichter *m*, Trenntrichter *m*, Schütteltrichter *m {Lab}*
separating into components Entmischen *n*
separating layer Trennungsschicht *f*
separating line Trennlinie *f*
separating liquid Scheideflüssigkeit *f*, Trennflüssigkeit *f*
separating nozzle Trenndüse *f*, Laval-Düse *f*
separating plant Sortieranlage *f*, Sichtungsanlage *f {Erz}*
separating process Scheideverfahren *n*, Scheidevorgang *m {Met}*
separating screen Trennwand *f*
separating sieve Pulversieb *n*, Scheidesieb *n*
separating thin grinding Trenndünnschlifftechnik *f {Med, Anal}*
separating tower Trennsäule *f {Chrom}*
separating tube Trennrohr *n*
separating unit Trenngruppe *f*
separating valve Trennventil *n*
separating vessel Abscheidegefäß *n*, Scheidegefäß *n*
separating wall Scheidewand *f*
separation 1. Separation *f*, Trennen *n*, Abtrennung *f*; Auftrennen *n {in Komponenten}*; Abscheiden *n*, Trennen *n*, Abtrennung *f {von Komponenten}*; Absondern *n*, Abscheiden *n*, Aussondern *n {von Komponenten}*; Scheiden *n {Met}*; Entmischung *f {Trennung, z.B. von Gemischen, Phasen}*; 2. Abspaltung *f {Chem}*; 3. Ausscheiden *n {Chem, Phys}* 4. Abreißen *n*, Ablösen *n {z.B. der Strömung}*; 5. Trennung *f*, Loslösung *f {z.B. von Raketenstufen}*; Auseinanderfahren *n {z.B. von Pressen}*; 6. Abstand *m {z.B. im Kristallgitter}*; 7. Sortierung *f*, Sichtung *f {Mineralaufbereitung}*
separation agent Trennmittel *n*
separation aid Abscheidehilfsmittel *n*
separation behavio[u]r Abscheideverhalten *n*
separation chamber Trennkammer *f {Chrom}*
separation column Trennsäule *f {Chrom}*
separation cut Trennschnitt *m*
separation effect Trenneffekt *m*, Trennwirkung *f*; Abscheidewirkung *f*; Entmischungseffekt *m {von Phasen oder Gemischen}*
separation efficiency Trennwirksamkeit *f*, Trennerfolg *m*; Trennleistung *f*
separation energy Bindungsenergie *f {Chem}*; Separationsenergie *f*, Trennungsenergie *f {Nukl}*
separation factor Trennfaktor *m*, Separationsfaktor *m {Anal}*
separation liquid Trennflüssigkeit *f*
separation method Trennmethode *f*, Trenn[ungs]verfahren *n*, Trenntechnik *f*
separation-nozzle process Trenndüsenverfahren *n*
separation-nozzle uranium enrichment process Trenndüsen-Urananreicherungsverfahren *n*
separation of fine dust Feinstaubabtrennung *f*
separation of hydrogen atoms Abspalten *n* von Wasserstoffatomen
separation of water Wasserabspaltung *f*; Wasserentmischung *f*
separation of wax Paraffinausscheiden *n {Erdöl}*
separation plant Sichtungsanlage *f*, Sortieranlage *f*
separation point Scheidepunkt *m*; Abreißpukt *m*, Ablösungspunkt *m {Phys}*
separation potential Trenn[ungs]potential *n*
separation process 1. Trennungsvorgang *m*; Entmischungsvorgang *m*; 2. Trenn[ungs]verfahren *n*, Trenntechnik *f*, Trennmethode *f*
separation product Ausscheidungsprodukt *n*
separation sharpness Trennschärfe *f*
separation surface Trennfläche *f*
separation tube Trennrohr *n {Nukl}*
dense-media separation Schwertrübetrennung *f*
heat of separation Trennungswärme *f*
heavy-media separation Schwertrübetrennung *f*
ideal separation factor theoretischer Trennfaktor *m*

separator 1. Separator *m*, Abscheidevorrichtung *f*, Abscheider *m*, Scheider *m*; Zentrifuge *f*, Trennzentrifuge *f*, Trennschleuder *f*; Urformteil-Sortierer *m*; 2. Entstauber *m*, Abscheider *m*; 3. Trenntank *m {Erdöl}*, Gas-Öl-Separator *m*, Gastrennanalge *f {Erdöl}*; 4. Scheider *m*, Plattenscheider *m*, Trennelement *n {Elek}*; 5. Käfig *m {Wälzlager}*; 6. Abstandhalter *m*, Abstandstück *n*, Trennelement *n {Tech}*; 7. Trennzeichen *n*, Trennsymbol *n {EDV}*
separator for emulsions Emulsionsspaltanlage *f*
separator for gas Gasabscheider *m*
separator head Verteilerkopf *m {Extrusion}*
separator membrane Scheidemembrane *f*
separator rotor Trennwalze *f*
separator trap Scheidegefäß *n*
separator tube Trennrohr *n {Nukl}*
separator vane Akkumulatorseparator *m*
separator vessel Trenngefäß *n*
submerged belt separator Tauchbandscheider *m*
separatory funnel Scheidetrichter *m*, Trenntrichter *m*, Schütteltrichter *m*
sepia 1. Sepia *f*, Sepiabraun *n {brauner Farbstoff von Tintenfischsekreten}*; 2. Tintenfisch *m {Zool}*
sepia brown Sepiabraun *n*, Sepia *f {brauner Farbstoff von Tintenfischsekreten}*
sepiolite Sepiolith *m*, Meerschaum *m*, Xylit *m {Min}*
sepsine <$C_5H_{14}N_2O_2$> Sepsin *n*
sepsis Sepsis *f*, Blutvergiftung *f {Med}*
septadentate ligand siebenzähniger Ligand *m*
septavalent siebenwertig
septic septisch, keimhaltig *{Med}*; fäulniserregend, faulend
septic tank Abwasserfaulraum *m*, Faulgrube *f*, Faulbecken *n*
septivalent siebenwertig
septum 1. Septum *n*, Scheidewand *f*, Membran *f*; 2. Stützgewebe *n {Anschwemmfilter}*
sequel 1. Folge[erscheinung] *f*; 2. Fortsetzung *f*
sequence 1. Ablauf *m*, Reihenfolge *f*, Schaltfolge *f {Elek}*; 2. Sequenz *f*, Abfolge *f*, Aufeinanderfolge *f {z.B. von Reaktionen bei Kettenreaktionen}*; 3. Zahlenfolge *f*, Sequenz *f {Math}*; Summe *f {Math}*
sequence analysis Sequenzanalyse *f {Biochem}*
sequence cascade Ablaufkette *f {Automation}*
sequence control Folgeregelung *f*; Ablaufsteuerung *f*, Schrittfolgesteuerung *f*, sequentielle Steuerung *f*
sequence control unit Ablaufsteuerung *f*
sequence distribution Sequenzverteilung *f*, Monomerverteilung *f {in Copolymerketten}*
sequence etching plant Folgeätzungsbad *n*
sequence homology Sequenzhomologie *f*
sequence of charging Chargierfolge *f*
sequence of measurements Meßreihe *f*
sequence of numbers Zahlenfolge *f*
sequence of operation Arbeitsablauf *m*, Arbeitsfolge *f*
sequence of operations Funktionsablauf *m*
sequence structure of backbone Sequenzaufbau *m* des Polymergerüstes
sequence timer Folgezeitschalter *m*
sequential seriell; sequentiell, aufeinanderfolgend; Sequenz-
sequential distribution Sequenzverteilung *f*, Monomerverteilung *f {Copolymer}*
sequential exposure Abfunkaufnahme *f*
sequential polymer Sequenzpolymer *n*,- Sequenztyp *m {Polymer}*
sequential test Folgeprüfung *f*
sequester/to maskieren *{Chem}*
sequestering Maskierung *f {Chem}*
sequestration Sequestration *f*, Maskierung *f*, Komplexbildung *f {Chem}*
sequoyitol Sequoyit *m*
serendibite Serendibit *m {Min}*
serial 1. aufeinanderfolgend, sequentiell; laufend; seriell, serienmäßig; Serien-; Fortsetzungs-; 2. Fortsetzungswerk *n*, Lieferungswerk *n {Druck}*
serial machine Serienmaschine *f*
serial number 1. Werksnummer *f*, Fertigungsnummer *f*, Fabriaktionsnummer *f*; 2. Seriennummer *f*; 3. fortlaufende Nummer *f*
serial-parallel converter Serien-Parallel-Umsetzer *m*, Serien-Parallel-Wandler *m*
serial sectioning microtome Serienschnittmikrotom *n*
serial weighings Wägeserie *f*
serially hintereinander
serially connected in Reihe *f* geschaltet
sericin <$C_{15}H_{25}N_3O_3$> Sericin *n*, Seidenschleim *m*, Seidenbast *m {Eiweißkörper der Naturseide}*
sericin coating Sericinschicht *f {Seide}*
sericin layer Sericinschicht *f {Seide}*
sericite Sericit *m {Min}*
sericite schist Sericitschiefer *m {Min}*
sericose Celluloseacetat *n*, Acetylcellulose *f*
series 1. in Reihe *f* geschaltet, hintereinandergeschaltet *{Elek}*; serienmäßig, seriell; Serien-; 2. Serie *f*, Reihe *f*, Folge *f*, Gruppe *f*; 3. Typenreihe *f*, Baureihe *f*; 4. Abteilung *f {Geol}*; 5. Sippe *f {z.B. von Steinen gleicher Zusammensetzung und Abkunft}*
series arc lamp Hauptschlußbogenlampe *f*
series arrangement 1. Reihenanordnung *f*; 2. Reihenschaltung *f*, Serienschaltung *f*, Hintereinanderschaltung *f {Elek}*
series block furnace Reihenblockofen *m*
series characteristic Seriencharakteristik *f*

series connection Reihenschaltung *f*, Serienschaltung *f*, Hintereinanderschaltung *f* *{Elek}*
series decay *s.* series disintegration
series disintegration Kettenumwandlung *f*, Kettenzerfall *m*
series furnace Serienofen *m*
series limit Seriengrenze *f* *{Spek}*
series motor Hauptschlußmotor *m*, Reihenschlußmotor *m*
series of measure[ments] Meßreihe *f*, Meßserie *f*
series of observations Meßreihe *f*, Meßserie *f*
series of prisms Prismensatz *m*
series production Reihenfertigung *f*, Serienproduktion *f*
series resistance Vor[schalt]widerstand *m*, vorgeschalteter Widerstand *m*, Serienwiderstand *m*, Reihenwiderstand *m* *{Größe}*
series rheostat Serienwiderstand *m* *{Gerät}*
series single stage mehrstufig
series spectrum Serienspektrum *n*
series switch Serienschalter *m*
series wound motor Hauptschlußmotor *m*, Reihenschlußmotor *m*
arithmetic series arithmetische Reihe *f* *{Math}*
homologous series homologe Reihe *f* *{Chem}*
in series serienmäßig *{Produktion}*; der Reihe *f* nach
infinite series unendliche Reihe *f* *{Math}*
connect in series/to in Reihe *f* geschaltet, hintereinandergeschaltet, in Reihenschaltung *f*
serigraphy Siebdruck *m*, Filmdruck *m*, Schablonendruck *m*, Serigraphie *f*
serigraphy plant Netzdruckanlage *f*, Siebdruckanlage *f*
serine <$CH_2OHCHNH_2CO_2H$> Serin *n*, 2-Amino-3-hydroxypropionsäure *f* *{Biochem}*
serine acetyltransferase *{EC 2.3.1.30}* Serinacetyltransferase *f*
serine deaminase *{EC 4.2.1.13}* Serindesaminase *f*, L-Serindehydratase *f*
serine dehydratase *{EC 4.2.1.13}* Serindehydratase *f*
seroculture Serokultur *f*
serodiagnosis Serodiagnose *f* *{Med}*
serolactaminic acid Serolactaminsäure *f*
serologic serologisch
serology Serologie *f*
seromycin Seromycin *n*
seronegative seronegativ *{Med}*
seropositive seropositiv *{Med}*
serotonin <$C_{10}H_{11}NO$> Serotonin *n*, 5-Hydroxytryptamin *n*, Enteramin *n*
serpentine 1. Serpentin *m*, Schlangenstein *m* *{Min}*; 2. Serpentine *f*
serpentine asbestos Serpentinasbest *m*, Chrysotilasbest *m* *{Min}*
serpentine pipe Rohrschlange *f*, Schlangenrohr *n*, Spiralrohr *n*
fibrous serpentine Serpentinasbest *m*, Chrysotilasbest *m* *{Min}*
serpentinic acid Serpentinsäure *f*
serpentinite Serpentinit *m*, Serpentingestein *n*, Serpentinschiefer *m*, Serpentin *m* *{Min}*
serrate/to auszahnen, einkerben, kerbverzahnen
serrate *s.* serrated
serrated gezackt, sägeartig, gezahnt, zackig; geriefelt, ausgekerbt; kerbgezahnt, kerbverzahnt *{Tech}*
serration 1. Zacken *m*; 2. Kerbverzahnung *f*, Kerbzahnung *f* *{Tech}*; 3. Auszackung *f*; Riefelung *f* *{Tech}*
SERS *{surface-enhanced Raman spectroscpoy}* oberflächenverstärkte Laser-Raman-Spektroskopie *f*
serum 1. Serum *n*, Heilserum *n* *{Med}*; 2. Serum *n*, Blutserum *n* *{Physiol}*; 3. Molke *f*; 4. Dispersionsmittel *n* *{für Latex}*
serum albumin Serumalbumin *n*, Plasmaalbumin *n*, Blut[serum]albumin *n* *{Biochem}*
serum cap Serumkappe *f* *{Bakt}*
serum chilling apparatus Serumerstarrungsapparat *m* *{Med}*
serum diagnosis Serodiagnose *f* *{Med}*
serum globulin Serumglobulin *n*
serum lipoprotein Serumlipoproteid *n*, Serumlipoprotein *n*
serum protein 1. Serumeiweiß *n*, Serumprotein *n*; 2. Molkeeiweiß *n*
serum storage bottle Serumflasche *f* *{Lab, Pharm}*
anticytotoxic serum anti[retikulär]zytotoxisches Serum *n*
artifical serum preparation Blutersatz *m*
immune serum Immunserum *n*
serve/to 1. dienen; bedienen; 2. versorgen; 3. sich verwenden lassen; genügen; 4. umwickeln, bewickeln, umspinnen, umhüllen *{z.B. Kabel}*
service/to 1. warten, unterhalten, pflegen, instandhalten *{Tech}*; 2. bedienen; 3. versorgen; 4. abarbeiten *{EDV}*
service 1. Dienst *m*, Service *m*, Dienstleistung *f*; Wartung *f*; 2. Bedienung *f* *{Tech}*; 3. Betrieb *m*, Einsatz *m*, Verwendung *f*, Nutzung *f*
service agreement Wartungsvertrag *m*, Kundendienstvertrag *m*
service area Wirkungsgebiet *n*; Versorgungsbereich *m*, Nutzungsgebiet *n*
service carts Laborwagen *m*, Rollgestell *n*
service conditions Beanspruchungsbedingungen *fpl*, Beanspruchungsverhältnisse *npl*, Gebrauchsbedingungen *fpl*
service convenience Bedienungskomfort *m*

service durability Gebrauchsfestigkeit *f*, Haltbarkeit *f* im Gebrauchszustand *m*
service engineer Wartungstechniker *m*
service evaluation test Gebrauchswertprüfung *f*
service instruction Gebrauchsanleitung *f*
service instrument Betriebsmeßinstrument *n*
service life Betriebslebensdauer *f*, Nutzungsdauer *f*, Gebrauchswertdauer *f {Gerät}*
service lift Kleingüteraufzug
service pipe Zuleitungsrohr *n*, Anschlußrohr *n*; Verbraucheranschlußrohr *n*
service platform Bedienungsbühne *f*
service pressure Betriebsdruck *m*
service program Dienstprogramm *n*, Serviceprogramm *n*, Wartungsprogramm *n {EDV}*
service requirement Betriebserfordernis *f*
service reservoir Reinwasserbehälter *m*, Trinkwasserbehälter *m*
service routine Betriebsprogramm *n*, Bedienroutine *f*, Dienstprogramm *n {EDV}*
service stimulation test Prüfung *f* durch Betriebslastensimulation
service stress Betriebsbeanspruchung *f*
service temperature Gebrauchstemperatur *f*
service valve Bedienungsventil *n*
service water Gebrauchswasser *n*, Brauchwasser *n*, Nutzwasser *n*, Industriewasser *n*
service weight Betriebsgewicht *n*
serviceability 1. Funktionsfähigkeit *f*, Funktionstüchtigkeit *f*, Gebrauchstüchtigkeit *f*, Gebrauchstauglichkeit *f*; Gebrauchswert *m*; 2. Wartungsfreundlichkeit *f*, Instandhaltbarkeit *f*, Wartbarkeit *f*
serviceable 1. betriebsfähig, funktionstüchtig, gebrauchsfähig; 2. [be]nutzbar, verwendbar, brauchbar; nützlich, hilfreich; 3. wartungsfähig, wartbar
serviceable life Nutzungsdauer *f*
services 1. Leistungen *fpl*; 2. Gebäudebetriebsanlagen *fpl*; 3. Hausanschlüsse *mpl*
services offered [by a company] Leistungsangebot *n* [einer Firma]
servicing 1. Instandhaltung *f*, Wartung *f*; Wartungsdienst *m*; 2. Bedienung *f*; 3. Versorgung *f*
servicing instructions Wartungsanweisungen *fpl*
servicing possibility Wartungsmöglichkeit *f*
servicing time Wartungszeit *f*
serving 1. Bedienen *n*; Abfertigung *f {Bedienungssystem}*; 2. Servieren *n*; Versorgen *n*; 3. Bandumspinnung *f*, Bewicklung *f* mit Band *{Kabel}*; [äußere] Schutzhülle *f*, Außenschutz *m {Kabel}*
servo 1. Servo-, Regel-, Hilfs-; 2. Servomechanismus *m*, Servogerät *n*, Stellantrieb *m*, Stellglied *n {Automation}*
servoamplifier Servoverstärker *m*, Hilfsverstärker *m {Elek}*
servocomponent Servokomponente *f*
servocontrol Folgeregelung *f*, Nachlaufregelung *f*, Servoregelung *f*; Servosteuerung *f*, Vorsteuerung *f*, Nachlaufsteuerung *f*
servocontrolled vorgesteuert, mit Servosteuerung *f*
servodrive Servoantrieb *m*, Servogerät *n*, Hilfsantrieb *m*, Stellglied *n*; Stellantrieb *m*, Servomechanismus *m*
servofollower Folgeregler *m {Automation}*
servohydraulic servohydraulisch
servohydraulic testing machine Hydropuls-Prüfmaschine *f*, servohydraulische Prüfmaschine *f*
servoloop Folgeregelkreis *m*, Nachlaufregelkreis *m*
servomechanism Servomechanismus *m*, Hilfsvorrichtung *f*, Servoeinrichtung *f*, Stellantrieb *m*; Regelkreis *m*
servomotor Servomotor *m*, Stellmotor *m*, Kraftgetriebe *n*
servopotentiometer Servopotentiometer *n*, Folge[regelungs]potentiometer *n*
servosystem Servo[regel]system *n*, Folgeregelungssystem *n*
servovalve Servoventil *n*, Vorsteuerventil *n*, Stellventil *n*
sesame oil Sesamöl *n {Sesamum indicum L.}*
sesame oil soap Sesamölseife *f*
sesame-seed oil Sesamöl *n {von Sesamum indicum L.}*
brominated sesame oil Bromipin *n*
sesamin <$C_{20}H_{18}O_6$> Sesamin *n*
sesamol Sesamol *n*
sesamolin <$C_{20}H_{18}O_7$> Sesamolin *n*
sesqui sesqui-; Sesqui- *{Vorsilbe für das Anderthalb- bzw. Eineinhalbfache oder das Verhältnis 2 : 3; Valenz}*
sesquibasic anderthalbbasisch
sesquibenihene Sesquibenihen *n*
sesquicarbonate <$M'HCO_3{\cdot}M'_2CO_3$> Sesquicarbonat *n*
sesquichloride Sesquichlorid *n*
sesquidiploidy Sesquidiploidie *f*
sesquioxide Sesquioxid *n*
sesquisalt Sesquisalz *n*
sesquiterpene <$C_{15}H_{24}$> Sesquiterpen *n*
sessile dislocation festliegende Versetzung *f*
set/to 1. setzen, festmachen, feststellen; aufstellen, montieren, aufbauen *{eine Apparatur}*; einrichten *{Maschine}*; 2. vorgeben *{z.B. einen Sollwert}*; einstellen *{z.B. Regler}*; justieren *{z.B. Meßgerät}*; stellen *{z.B. Zähler}*; 3. erstarren, starr werden, fest werden, hart werden; aushärten, abbinden, sich verfestigen; gerinnen, dick werden *{Milch}*; sich absetzen; sich ab-

scheiden; 4. [ein]setzen, einstellen *{z.B. Ware in den Brennofen}*; 5. aufspannen *{Werkzeug}*; 6. fixieren *{Text}*; 7. setzen, absetzen *{Drucken}*; 8. setzen *{Bergbau}*; 9. einfassen, fassen *{Edelsteine}*; 10. anstellen *{zur Gärung}*
set at zero/to auf Null *f* einstellen
set down/to abstellen, absetzen, ablegen; abladen; niederschreiben, aufschreiben
set free/to freisetzen; entfesseln, freigeben, freimachen
set going/to betätigen *{von Hand}*
set in/to einsetzen, beginnen, anlaufen; sich anbahnen, eintreten; einströmen; einpflanzen
set to work/to ingangsetzen
set up/to 1. aufstellen, aufsetzen; errichten, aufbauen, montieren *{Apparatur}*; einrichten; 2. versorgen; 3. verfestigen *{durch physikalische oder chemische Vorgänge}* abbinden, erhärten; zusammenbacken, verbacken; 4. anvulkanisieren, anbacken *{Gummi}*; 5. verursachen *{Med}*

set 1. vorgegeben, Soll-; Setz-; 2. Satz *m*, Set *n*, Garnitur *f*; Serie *f*, Gruppe *f*, Satz *m {z.B. von Werkzeugen}*; Kollektion *f*; 3. Block *m*, Anlage *f*, Einheit *f*; Gerät *n*, Aggregat *n*; 4. Menge *f {Math}*; 5. Formänderungsrest *m*, Verformungsrest *m*, bleibende Veformung *f*, bleibende Deformation *f*; 6. Erstarrung *f*, Festwerden *n*, Hartwerden *n*; Erhärtung *f*, Aushärtung *f*, Verfestigung *f*, Abbinden *n*; Gerinnen *n*, Dickwerden *n {Milch}*; 7. Dicke *f {Breite der Drucktype}*; 8. Gewebedichte *f*, Fadendichte *f*, Einstellung *f {Text}*; 9. Strömungsrichtung *f {Wasser}*
set back 1. Rückschlag *m {Tech}*; 2. Rückstellen *n*, Tiefstellen *n {Regulierung der Überschußreaktivität}*
set forming Umformen *n* mit Rückkühlung *f*, Umformverfahren *n* mit Rückkühlung
set of functions Funktionensystem *n*
set of problems Problemkreis *m*
set of sieves Siebsatz *m*
set of tools Werkzeugsatz *m*
set of weights Gewichtssatz *m*, Wägesatz *m*
set point 1. Sollwert *m*, Vorgabewert *m*, Führungswert *m*; 2. Fixpunkt *m*
set-point adjusment Sollwerteinstellung *f*
set-point adjuster Sollwertgeber *m*, Sollwerteinsteller *m*
set-point curve Soll[wert]kurve *f*
set-point deviations Sollwertabweichungen *fpl*
set-point display Sollwertanzeige *f*
set-point input Sollwerteingabe *f*, Sollwertvorgabe *f*
set-point memory Sollwertspeicher *m*
set-point setting Sollwertvorgabe *f*
set-point transmitter Sollwertgeber *m*
set pressure Ansprechdruck *m {DIN 3320}*, Drucksollwert *m {vorgegebener Druck}*
set screw Klemmschraube *f*, Stellschraube *f*, Madenschraube *f*
set shaping Umformen *n* mit Rückkühlung *f*, Umformverfahren *n* mit Rückkühlung *f*
set-up Aufbau *m*, Anordnung *f*, Aufstellung *f*, Konfiguration *f*; Aufbausatz *m*, Apparatur *f*; Versuchsaufbau *m*
set-up cure Vorvulkanisation *f*, Anbrennen *n*, Anspringen *n*, Anvulkanisieren *n {Gummi}*
set-up operation Rüstvorgang *m*
set-up time Rüstzeit *f*, Vorbereitungszeit *f* für die Erstinbetriebnahme
complete set of functions vollständiges Funktionensystem *n*
orthogonal set of functions orthogonales Funktionensystem *n*
orthonormal set of functions orthonormiertes Funktionensystem *n*
permanent set bleibende Formänderung *f*, permanente Veränderung *f*

setacyl blue Setacylblau *n*

setter 1. Einsatzbehälter *m*, Sparkapsel *f {Keramik}*; 2. Einsteller *m*, Einstellelement *n {Automation}*; 3. Einrichter *m {Tech}*

setting 1. Aufstellen *n*, Aufbau *m*, Montage *f {Apparatur}*; Mauerung *f {z.B. eines Ofens}*; 2. Einstellung *f*, Abstimmung *f*; 3. Einstellwert *m*; 4. Fassung *f*; 5. Hartwerden *n*, Festwerden *n*, Erstarren *n*; Erhärtung *f*, Aushärtung *f*, Verfestigung *f*, Abbinden *n {Zement}*; Gerinnen *n*, Dickwerden *n {Milch}*; 6. Absetzen *n*, Abscheiden *n*; 7. Einsetzen *n*, Setzen *n {z.B. Ware in den Brennofen}*; Charge *f*, Besatz *m*; 8. Anstellen *{zur Gärung}*; 9. Fixieren *n {z.B. Gewebe, Farbstoffe}*; 10. Satz *m*; Block *m*, Gruppe *f*, Einheit *f {z.B. Retortengruppe}*
setting accuracy Einstellgenauigkeit *f*
setting agent Härter *m {Kunst}*
setting cement Abbindekitt *m*
setting characteristics Abbindeverhalten *n*
setting cure Vorvulkanisation *f {Gummi}*
setting device Einstellvorrichtung *f*, Einstellelement *n*
setting error Einstellfehler *m*
setting in motion Inbetriebsetzung *f*
setting knob Justiervorrichtung *f*, Einstellknopf *m*
setting mark Einstellmarke *f*, Markierung *f*
setting mechanism Einstelleinrichtung *f*, Einstellmechanismus *m*
setting-out bench machine Streckmaschine *f {Leder}*
setting period Härtungszeit *f*
setting phase Erstarrungsphase *f*
setting point 1.Erstarrungspunkt *m {Phys}*; Stockpunkt *m*; Gerinnungspunkt *m {Milch}*; 2. Temperpunkt *m {Glas}*; 3. Einstellpunkt *m*, Einstellwert *m {Meßinstrument}*

setting point of fatty acids Titer *m* von Fettsäuren
setting point tester Stockpunktprüfgerät *n* *{Öl}*
setting quality Abbindefähigkeit *f*
setting range Einstellbereich *m*, Verstellbereich *m*; Sollwertbereich *m*
setting record Einstellprotokoll *n*
setting retarder Abbindeverzögerer *m*
setting speed Abbindegeschwindigkeit *f*, Erstarrungsgeschwindigkeit *f*
setting temperature Härtetemperatur *f*, Verfestigungstemperatur *f*, Abbindetemperatur *f* *{Bindemittel}*; Erstarrungstemperatur *f*
setting time 1. Abbindezeit *f*, Abbindedauer *f*, Aushärtedauer *f* *{Bindemittel}*; 2. Abkühldauer *f*, Abkühlzeit *f*, Erstarrungszeit *f*, Erstarrungsdauer *f* *{Phys}*; 3. Einrichtezeit *f*; 4. Einstellzeit *f*, Einschwingzeit *f*, Ausgleichszeit *f*; 5. Ausregelzeit *f*, Beruhigungszeit *f*, Korrektionszeit *f* *{z.B. Zeigerbewegung}*; 6. Abklingzeit *f*; 7. Polarisationszeit *f*, Ummagnetisierungszeit *f*
setting up 1. Eindicken *n*, Stocken *n* *{Farbe}*; 2. Zusammenbacken *n*, Verbacken *n*; Erhärten *n*; 3. Anbrennen *n*, Anspringen *n*, Anvulkanisieren *n* *{Gummi}*; 4. Montage *f*, Aufbau *m* *{einer Apparatur}*
setting-up instructions Einrichtblätter *npl*
cold setting Kalthärtung *f*

settle/to 1. sich setzen, sich abscheiden, sich absetzen, sich ablagern, sich niederschlagen, ausfallen, [ab]sinken, sedimentieren *{Feststoffe}*; 2. abscheiden, absetzen lassen *{Feststoffe aus Flüssigkeiten}*; einen Bodenkörper *m* bilden, einen Niederschlag bilden *{Flüssigkeit}*; 2. dekantieren; 3. ausregeln, absetzen, klären *{Mischung}*; 4. sich beruhigen, abklingen; 5. abbauen *{Zustand}*; begleichen, beilegen, entscheiden *{z.B. einen Streit}*; 6. auslagern *{Bier}*; 7. regeln, festlegen
settle out/to sedimentieren, sich ablagern, sich ausscheiden, sich niederschlagen, sich absetzen, ausfallen, [ab]sinken *{z.B. als Harz, Schlamm usw. in Öl}*

settled state Beharrungszustand *m*
settled volume Schlammabsetzvolumen *n* *{Abwasser}*
settled volume-piled density Rüttelvolumen-Schüttgewicht *n*

settlement 1. Abkommen *n*, Abmachung *f*, Regelung *f*; 2. Absinken *n*, Ausfallen *n*, Absetzen *n*, Sedimentation *f*; 3. Klärung *f{Flüssigkeiten}*; 4. Absacken *n*, Sacken *n*, Zusammensacken *n*, Einsinken *n*, Senkung *f*; 5. Setzung *f*, Setzungsverhalten *n*

settler 1. Abscheider *m*, Absetzgefäß *n*, Absetzbehälter *m*, Absetztank *m* *{Solventextraktion}*; 2. Klärbecken *n*, Absetzbecken *n* *{Abwasser}*; 3. Sedimentationsbehälter *m*, Absetzbehälter *m*, Absetzer *m*

settling 1. Abklingen *n*, Beruhigung *f* *{Einschwingungsvorgang}*; 2. Bodenkörper *m*, Niederschlag *m*, Bodensatz *m*, Ausscheidung *f*, Ablagerung *f*, Sediment *n*, Trub *m*; 3. Abscheiden *n*, Absitzenlassen *n* *{von Feststoffen aus Flüssigkeiten}*; Bildung *f* eines Niederschlages *n*, Bildung *f* eines Bodenkörpers *m* *{von Flüssigkeiten}*; Absitzen *n*, Ausfallen *n*, [Ab-]Sinken *n*, Sedimentation *f* *{von Feststoffen}*
settling aid Absetzhilfsmittel *n*
settling apparatus Absetzapparat *m*, Klärapparat *m*
settling basin Absetzbecken *n*, Klärbecken *n*
settling cask Klärfaß *n*
settling chamber Absetzkammer *f*, Abscheidekammer *f*, Staubkammer *f*; Kammerabscheider *m*; Absetzgefäß *n*, Beruhigungskammer *f*
settling cone 1. Trichterstoffänger *m* *{Pap}*; 2. Absetzkonus *m*, Sedimentiergefäß *n*
settling distance Absetzweg *m*, Sinkweg *m* *{eines Teilchens}*, Sedimentationsstrecke *f*
settling filter Anschwemmfilter *n*
settling lagoon Absetzteich *m*, Auflandungsteich *m*, Schlammteich *m*
settling out Sedimentation *f*, Absetzen *n*
settling path *s.* settling distance
settling pit Absitzgrube *f*, Absetzbecken *n*,
settling plant Absetzanlage *f*, Sedimentationsanlage *f*
settling pond Absetzbecken *n*, Absetzteich *m* *{Abwasser}*
settling rate Sinkgeschwindigkeit *f*, Absinkgeschwindigkeit *f*; Absetzgeschwindigkeit *f*, Sedimentationsgeschwindigkeit *f*
settling rate analysis Sinkgeschwindigkeitsanalyse *f*
settling sump Klärsumpf *m*
settling tank Absetzbecken *n*, Absetztank *m*, Absetzbehälter *m*, Klärbecken *n* *{Abwasser}*; Abscheider *m*, Absetztank *m* *{Solventextraktion}*; Sedimentationsbehälter *m*, Absetzer *m*; Setzbottich *m*
settling time 1. Absetzzeit *f*, Absetzdauer *f*, Sedimentationszeit *f*, Sedimentationsdauer *f*; 2. Einschwingzeit *f*; 3. Ausregelzeit *f* *{Automation}*; 4. Erholungszeit *f*, Wiederansprechzeit *f*; 5. Beruhigungszeit *f*
settling tube Fallrohr *n* *{Sedimentation}*; Absitzbütte *f* *{Brau}*
settling vat Absetzbottich *m*, Absetzbecken *n*, Klärbottich *m*, Setzbottich *m*
settling velocity *s.* settling rate
settling vessel Absetzbehälter *m*, Absetzgefäß *n*, Sedimentiergefäß *n*; Nachgärungskasten *m* *{Brau}*

settling volume Absitzvolumen *n*, Sedimentiervolumen *n*
secondary settling tank Nachklärbecken *n*
final settling tank Nachklärbecken *n*
settlings Satz *m*, Sinkstoff *m*, Sinkgut *n*
seven-membered siebengliedrig
seven-membered ring Sieben[er]ring *m*, siebengliedriger Ring *m {Chem}*
sevenfold siebenfach
sever/to [ab]scheiden; absondern, [ab]trennen; lösen; brechen; [zer]reißen
sewage Abwasser *n {industrielles, häusliches, städtisches}*, Schmutzwasser *n*
sewage clarification Abwässerklärung *f*
sewage-disposal plant Abwasserreinigungsanlage *f*, Abwasserbehandlungsanlage *f*, Kläranlage *f*
sewage farm 1. Rieselfeld *n*; 2. häusliches Abwasser verwertender landwirtschaftlicher Betrieb *m*
sewage flow Abwasserzufluß *m*, Schmutzwasseranfall *m*; Abwasserstrom *m*
sewage pipe Kanal[isolations]rohr *n*
sewage pipes *s.* sewage system
sewage pit Sickergrube *f*
sewage plant Kläranlage *f*, Abwasserreinigungsanlage *f*
sewage pump Abwasserpumpe *f*
sewage sludge Abwasserschlamm *m*, Klärschlamm *m*
sewage-sludge incineration Abwasserschlamm-Verbrennung *f*
sewage system Kanalisation *f*, Kanal[isations]system *n*, Abwasser[ableitungs]netz *n*
sewage treatment Abwasserbehandlung *f*, Abwasserreinigung *f*
sewage water Abwasser *n {industrielles, städtisches, häusliches}*, Schmutzwasser *n*
sewage-water pump Abwasserpumpe *f*
sewage-water treatment Abwasserreinigung *f*
salvage of sewage Abwasserverwertung *f*
supervision of sewage Abwasserkontrolle *f*
sewer Abwasserkanal *m*, Ablaufkanal *m*, Abzugskanal *m*, Kanalisationsrohr *n*
sewer gas Schleusengas *n*, Faul[schlamm]gas *n*, Klärgas *n*
sewer-gas plant Klärgasanlage *f*
sewer pipe Abwasserrohr *n*, Abwasserleitung *f*
sewer pipeline Kanalrohrleitung *f*
sewerage 1. Abwasserbeseitigung *f {Abwasserableitung und -beseitigung}*; Abwasserableitung *f*, Entwässerung *f*; 2. Abwasser *n {industrielles, häusliches, städtisches}*, Schmutzwasser *n*; 3. Kanalisation *f*, Kanal[isations]system *n*, Entwässerungsnetz *n*, Abwasser[ableitungs]netz *n*
sewerage-disposal plant Abwasserreinigungsanlage *f*, Kläranlage *f*, Klärwerk *n*
sewerage system *s.* sewage system
sewing machine oil Nähmaschinenöl *n*
sex 1. Geschlechts-; 2. Geschlecht *n*
sex chromatin Geschlechtschromatin *n*, Sex-Chromatin *n*
sex chromosome Geschlechtschromosom *n*
sex hormone Geschlechtshormon *n*, Sexualhormon *n*, Keimdrüsenhormon *n*
sex pheromone Sexuallockstoff *m*
female sex hormone weibliches Geschlechtshormon *n*
male sex hormone männliches Geschlechtshormon *n*
sexangular sechseckig
sexivalent sechswertig, hexavalent
sextol Sextol *n*
sextol phthalate Sextolphthalat *n*
sextol stearate Sextolstearat *n*
seybertine *{obs}* Seybertit *m*, Clintonit *m {Min}*
shade/to 1. beschatten, beschirmen; 2. vignettieren, abschatten, verlaufen lassen *{Opt}*; 3. abstufen, nuancieren, schattieren, abtönen *{Farb}*; 4. tönen; schönen *{Farben wieder leuchtend machen}*
shade 1. Farbton *m*, Ton *m*, Farbtönung *f*; Stich *m*, Färbung *f*, Nuancierung *f*, Schattierung *f*; 2. Schatten *m*; 3. Schirm *m*, Lampenschirm *m*, Leuchtschirm *m*; 4. Lichtschutz *m {z.B. Sonnenfilter}*
shade card Spinnfarbenkarte *f*, Farb[ton]karte *f*
change in shade Farbtonänderung *f*, Farbtonverschiebung *f*
depth of shade Farbtiefe *f*
shaded beschattet, beschirmt; schraffiert, schattiert *{z.B. in einem Diagramm}*; nuanciert, abgestuft *{Farb}*; getönt
shaded area schraffierte Fläche *f {Diagramm}*
shading 1. Farbabstufung *f*, Farbenschattierung *f*, Abtönung *f*, Nuancierung *f {der Farbtöne}*; Farbtönung *f {Text}*; 2. Abblenden *n*, Abblendung *f*; 3. Schraffur *f*, Schraffierung *f {Flächen}*; Schattierung *f*, Schummerung *f {z.B. Landkarten}*; 4. Strichbildung *f {Fehler bei Velour-Teppichen}*
shading paint Blendschutzanstrich *m*, Sonnenschutzfarbe *f*, Sonnenschutzlack *m*
shadow/to abschatten, abschirmen; verdunkeln
shadow 1. Schatten *m {Licht}*; 2. Dunkel *n*; 3. Speiserwelle *f*, Feederwelle *f {Glas}*
shadow casting Beschatten *n*, Beschattung *f*, Schrägbedampfung *f {Vak}*
shadow cloth Schattiergewebe *n*
shadow mask Abdeckmaske *f*, Schattenmaske *f*
shadow-projection microscopy Schattenmikroskopie *f*
shadowing 1. Abschattung *f*, Abschirmung *f*; 2. Schatteneffekt *m*; 3. Beschatten *n*, Bedampfung *f {Vak}*; 4. Schattieren *n {Leder}*

shadowing technique Abschattungsverfahren *n*, Schrägbedampfung *f {Vak}*
shaft 1. Welle *f {Tech}*; 2. Schacht *m {Bergbau}*; Schacht *m {des Hochofens}*; 3. Schaft *m*; 4. Achse *f*, Stange *f*, Spindel *f*; 5. Stiel *m*
shaft and solution mining Untertageabbau *m* und -laugung *f {z.B. von KCl}*
shaft bearing Wellenlager *n*
shaft brick Schachtstein *m*
shaft coupling Wellenkupplung *f*, Wellenschalter *m*
shaft end Wellenstummel *m*, Wellenende *n*
shaft furnace Schachtofen *m {Met}*
shaft furnace for hardening Schachthärteofen *m*
shaft furnace for reheating Schachtglühofen *m*
shaft gland system Wellendichtungssystem *n*
shaft journal Wellenzapfen *m*
shaft kiln Schachtofen *m {Sintern/Calcinieren}*
shaft leather Fahlleder *n*
shaft lining 1. Schachtofenauskleidung *f*, Schacht[ofen]ausmauerung *f*; 2. Schachtausbau *m {Bergbau}*
shaft of furnace Ofenschacht *m*
shaft packing Wellenabdichtung *f*, Wellendichtung *f*
shaft seal[ing gasket] Wellendichtung *f*, Wellenabdichtung *f*
shaft sealing ring Radialdichtring *m* für Welle, Wellendichtring *m*
articulated shaft Gliederwelle *f*
flexible shaft Federwelle *f*
shagreen 1. Chagrinleder *n*, Chagrin *n {Haifischleder}*; 2. genarbtes Leder *n*, körniges Leder *n*, Narbenleder *n*, Chagrinleder *n {mit gepreßten Narben}*
shake/to schütteln, durchschütteln; rütteln; erschüttern; zittern
shake out/to ausschütteln *{z.B. mit Extraktionsmittel}*
shake up/to aufrütteln
shake 1. Riß *m {Holzfehler, DIN 68256}*; 2. Kaverne *f {im Kalkgestein}*; 3. Erschütterung *f*; Verwackelung *f {Photo}*; 4. Schütteln *n*; Ausschütteln *n*
shake test Schütteltest *m*
shake-up flask Schüttelflasche *f*
shaken rissig *{z.B. Holz}*
shaker 1. Schüttelvorrichtung *f*, Schüttelmaschine *f*, Schüttelapparat *m*; Strohschüttler *{Mähdrescher}*; 2. Rüttelgerät *n*, Rüttler *m {Plastprüfung}*; 3. Lumpenklopfer *m*, Vorbereitungswolf *m*, Shaker *m {Text}*
shaker conveyor Schüttelrutsche *f*
shaker screen Schüttelsieb *n*
shaker sifter Schüttelsieb *n*
shaker table Schütteltisch *m*
shaking 1. Schütteln *n*, Durchschütteln *n*; 2. Rütteln *n*; 3. Erschütterung *f*
shaking apparatus Schüttelapparat *m*, Schüttelvorrichtung *f*
shaking autoclave Schüttelautoklav *m*
shaking by hand Schütteln *n* von Hand
shaking channel Schüttelrinne *f*
shaking chute Schüttelrutsche *f*
shaking conveyor Schüttelförderer *m*
shaking crystallizer Kristallisierwiege *f*
shaking cylinder Mischzylinder *m*, Schüttelzylinder *m {Lab}*
shaking effect Schüttelwirkung *f*
shaking feeder Pendelzufuhreinrichtung *f*
shaking incubator Schüttelinkubator *m {Pharm}*
shaking kiln Rütteldarre *f {Brau}*
shaking machine Schüttelmaschine *f*, Schüttelapparat *m*
shaking mechanism Schüttelvorrichtung *f*, Rüttelvorrichtung *f*
shaking mixer Schüttelmischer *m*
shaking motion Rüttelbewegung *f*; Schüttelbewegung *f*
shaking movement *s.* shaking motion
shaking out Ausschütteln *n*
shaking screen Schüttelsieb *n*, Wurfsieb *n*, Schwingsieb *n*; Rüttelsieb *n*, Vibrationssieb *n*
shaking shoot Schüttelrutsche *f*, Schüttelrinne *f*
shaking sieve Schüttelsieb *n*, Schwingsieb *n*, Wurfsieb *n*; Rüttelsieb *n*, Vibrationssieb *n*
shaking speed Schüttelgeschwindigkeit *f*; Rüttelfrequenz *f*
shaking table Rätter *m*, Rütteltisch *m {Bergbau}*; Schüttelherd *m {Erz}*
shaking trough Schüttelrinne *f*
shale 1. Schiefer *m*, Schieferton *m {Geol}*; 2. Berge *mpl*, Abgänge *mpl {Erz}*
shale oil Schieferöl *n*
shale rock Schiefergestein *n*
shale tar Schieferteer *m*
shallow flach, seicht, untief, mit geringer Tiefe *f*; muldenförmig
shallow cooler Kühlschiff *n {Brau}*
shallow pit Korrosionsmulde *f*
shallow pitting Muldenkorrosion *f*
shallowness Untiefe *f*
shammy leather Chamoisleder *n*, Sämischleder *n*
shamoy [leather] *s.* shammy leather
shampoo Haarwaschmittel *n*, Shampoo[n] *n*, Schampun *n*
shampoos and conditioners Haarwaschmittel *npl* und -festiger *mpl*
shank 1. Schaft *m*, Griffstück *n {Tech}*; 2. Klaue *f {Leder}*; 3. Tiegelschere *f*, Tragschere *f*, Trageisen *n {Met, Glas}*; Gabel-

pfanne *f*, Tragpfanne *f {Met}*; 4. Typenkörper *m*, Schaft *m {Drucken}*; 5. Stiel *m {Bot}*; 6. Schenkel *m*; Unterschenkel *m {Med}*
shantung Schantung *m*, Schantungseide *f {Text}*
shapability Formbarkeit *f*
shape/to formen, Form *f* geben, gestalten, bilden, fassonieren, modellieren, ausformen, verformen, umformen *{Tech}*; profilieren; marbeln, wälzen *{Glas auf ebener Platte}*
shape 1. Gestalt *f*, Form *f*; Profil *n*; 2. Form *f*, Modell *n*; Formteil *n*
shape casting Formguß *m*
shape cutting spanabhebende Formgebung *f*
shape factor 1. Formfaktor *m*, Gestaltfaktor *m {Gummi}*; 2. Formfaktor *m {einer Wechselgröße}*
shape of a line Linienform *f*, Linienausbildung *f*, Linienkontur *f*
shape of an electrode Elektrodenform *f*
shape of flame Flammenform *f*
shape of fracture Bruchform *f*
shape of profile Profilform *f*
shape of test samples Prüfkörperform *f*
shape of tread Profilform *f*
shape-retaining formstabil
shape retention Formänderungsfestigkeit *f*, Formbeständigkeit *f*
change of shape Formänderung *f*
stability of shape Formbeständigkeit *f*
shapeable formbar
shaped article Formstück *n*
shaped casting Gußformteil *n*, Gußteil *n*
shaped graphite brick Graphitformstück *n*
shaped tube section Rohrformstück *n*, Formstück *n*
shapeless formlos, gestaltlos, amorph
shapelessness Formlosigkeit *f*, Gestaltlosigkeit *f*
shaping 1. Formgebung *f*, Formung *f*, Gestaltung *f*, Verformung *f*, Umformung *f*; 2. Profilierung *f*; 3. Dressieren *n {Text}*; 4. umformende Fertigung *f*, spanlose Verarbeitung *f*, spanlose Bearbeitung *f*
shaping block Holzlöffel *m {Glas}*
shaping method Formungsmethode *f*
share 1. Teil-; 2. Teil *m*, Anteil *m*, Beitrag *m*; Aktie *f*; 3. Pflugschar *m {Agri}*
share capital Aktienkapital *n*
sharing 1. Teilen *n*, Teilung *f*, Aufteilen *n*; 2. Beteiligung *f*; Teilnahme *f*
shark-liver oil Haifisch[leber]tran *m*, Hai[fisch]öl *n*
sharp 1. scharf; 2. stechend, ätzend, beißend *{Geruch}*; 3. schneidend *{Wind}*; 4. schrill *{Ton}*; 5. spitz[ig]; 6. griffig; 7. scharfkantig; 8. herb, streng, sauer, scharf *{Geschmack}*
sharp bend 90°-Bogen *m*, 90°-Krümmer *m*, Kniestück *n*; Knick *m*
sharp duct *s.* sharp bend
sharp-edged scharfkonturig; scharf begrenzt, scharfkantig; scharf zugespitzt
sharp-edged orifice Meßblende *f*, Staurand *m*, scharfkantige Öffnung *f {der Drosselscheibe}*
sharp fire Scharffeuer *n {Keramik, Glas}*
sharp fire paint Scharffeuerfarbe *f {Keramik}*
sharp freezer Tiefgefrieranlage *f*
sharp paint schnelltrocknende Farbe *f*
sharpen/to 1. schärfen, schleifen, wetzen *{Tech}*; nachschleifen; 2. spitzen, zuspitzen; 3. anschärfen, [vor]schärfen *{Leder, Text}*
sharpened lime angeschärfter Äscher *m*, Kalkschwefelnatriumäscher *m {Gerb}*
sharpener 1. Anschärf[ungs]mittel *n {Gerb}*; 2. Bleistiftspitzer *m*
sharpening plant Sauerstoffbeseitigungsanlage *f {Text}*
sharply defined scharf begrenzt
sharpness 1. Schärfe *f*; 2. Anschliffart *f {z.B. einer Kanüle}*; 3. Griffigkeit *f {Schleifscheibe}*
shatter/to zerschlagen, zerschmettern, zertrümmern; [zer]splittern, zerspringen; zerbrechen
shatter Zertrümmerung *f*; Zerbrechen *n*, Zerspringen *n*, Zersplittern *n*
shatter index Sturzfestigkeit *f {von Schüttgut, z.B. Koks}*
shatter oscillation Zerreißfrequenz *f*
shatter resistance 1. Sturzfestigkeit *f {von Schüttgut, z.B. Koks}*; 2. Bruchfestigkeit *f*; Splitterfestigkeit *f*, Splittersicherheit *f {Glas}*
shatter strength 1. Sturzfestigkeit *f {von Schüttgut, z.B. Koks}*; 2. Bruchfestigkeit *f*; Splitterfestigkeit *f*, Splittersicherheit *f {Glas}*
shatter test Stürzprobe *f*, Sturzversuch *m*, Sturzprüfung *f*
shattering Fragmentation *f*
shattering power Brisanz *f* Sprengkraft *f {Expl}*
shatterproof splittersicher, splitterfest, splitterfrei; unzerbrechlich, bruchfest, bruchsicher
shatterproofness Unzerbrechlichkeit *f*, Bruchsicherheit *f*; Splitterfestigkeit *f*
shattery brüchig
shattuckite Shattuckit *m {Min}*
shaving 1. Schaben *n {Tech}*; Nachschaben *n*, Nachschneiden *n*, Fertigschneiden *n {Tech}*; 2. Falzen *n {Leder}*; 3. Rasieren *n*
shaving board Hobelspanplatte *f*
shaving lather Rasierschaum *m*
shaving lotion Rasierwasser *n*
shaving machine Abziehmaschine *f*, Dolliermaschine *f {Leder}*
shavings 1. Späne *mpl*; Drehspäne *mpl {Met}*; Hobelspäne *mpl {Holz}*; 2. Schabsel *npl*; 3. Abschnitte *mpl*, Schnitzel *mpl {z.B. Papierschnitzel}*
shea Butterbaum *m*, Schibaum *m*, Sheabaum *m {Vitellaria paradoxa Gaertn.}*

shea butter Schibutter *f*, Sheabutter *f*, Galambutter *f*, Karitebutter *f*
sheaf 1. Bündel *n*, Büschel *n* *{Phys, Math}*; 2. Haufen *m*, Stapel *m*; 3. Bündel *n*; Garbe *f* *{Agri}*
shear/to 1. [ab]schneiden, [ab]scheren *{Mech, Phys}*; scherzerkleinern; abnabeln *{Glas}*; 2. verschieben, einer Scherung *f* aussetzen, einer Schubwirkung *f* aussetzen
shear off/to abscheren; abschneiden
shear 1. Scher-; 2. Scherung *f*, Schub *m*, Gleitung *f* *{Mech}*; Scherbeanspruchung *f* *{Phys, Mech}*; 3. Scherung *f*, Verschiebung *f* *{Geol}*; 4. Abscherung *f*, Scherschneiden *n* *{z.B. Blech}*; Abnabeln *n* *{Glas}*; 5. [große] Schere *f*; 6. Scherung *f* *{lineare Abbildungen}*
shear action Schervorgang *m*, Scherwirkung *f*
shear area Abscherfläche *f*
shear coefficient Schubzahl *f*
shear craze Scher-Craze *f*
shear creep recovery Scherkriecherholung *f*
shear deformation Scherdeformation *f*, Scherverformung *f*
shear dilatancy dilatantes Scherverhalten *n*, Scherverzähung *f*, Dilatanz *f*, Fließverfestigung *f*
shear edge Abquetschfläche *f*, Abquetschrand *m*; Schnittkante *f* *{Met}*
shear effect Scherwirkung *f*
shear elasticity Scherelastizität *f*
shear energy Scherenergie *f*
shear flow Scherströmung *f* *{DIN 53018}*
shear force Scherkraft *f*, Schubkraft *f*
shear fracture Scher[ungs]bruch *m*, Schiebungsbruch *m*, Verschiebungsbruch *m* *{Tech, Mech}*
shear gasket Scherdichtung *f*
shear gradient Schergradient *m*, Schergefälle *n*
shear-intensive scherintensiv
shear modulus Scher[ungs]modul *m*, Gleitmodul *m*, Schubmodul *m*, Torsionsmodul *m* *{Mech}*
shear pin Scherbolzen *m*, Scherstift *m*, Abscherstift *m*
shear plane Scherfläche *f*; Scherebene *f*
shear plasticization Scherplastifizierung *f*
shear rate Scherrate *f*, Schergeschwindigkeit *f*; Deformationsgeschwindigkeit *f*
shear rigidity Schubsteifigkeit *f*
shear section Scherzone *f*, Scherteil *m*
shear-sensitive scherempfindlich
shear sensitivity Scherempfindlichkeit *f*
shear stability Scherstabilität *f* *{DIN 51381, Schmieröl}*, Scherfestigkeit *f*, Schubfestigkeit *f*
shear steel Gärbstahl *m*, Garbstahl *m*, Paketstahl *m*, Raffinierstahl *m*
shear strain Scherung *f*, Scherverformung *f*, Scherdeformation *f*, Schub *m*, Gleitung *f*, Schiebung *f*
shear strength Scherfestigkeit *f*, Schubfestigkeit *f*, Abscherfestigkeit *f*
shear stress Scherbeanspruchung *f*, Schubbeanspruchung *f*; Scherspannung *f*, Schubspannung *f*, Schiebung *f*
shear stress at failure Abscherspannung *f*
shear surface Scherfläche *f* *{Klebverbindungen}*
shear test Scherversuch *m*, Abscherversuch *m*
shear tester Scherversuchsgerät *n*
shear thickening Scherverzähung *f*, dilatantes Scherverhalten *n*, Dilatanz *f*, Fließverfestigung *f*
shear thinning Scherentzähung *f*, Strukturviskosität *f*, strukturviskoses Verhalten *n*, strukturviskoses Fließverhalten *n*
shear velocity *s.* shear rate
shear viscosity [dynamische] Scherviskosität *f*, dynamische Viskosität *f* *{DIN 1342}*
shear wave Schubwelle *f*, Scher[ungs]welle *f*, S-Welle *f* *{transversale Raumwelle}*
elasticity in shear Schubelastizität *f*
resistance to shear Schubwiderstand *m*
sheariness 1. Fettigkeit *f*; 2. Glanzstelle *f*, glänzende Spur *f* *{im matten Farbfilm}*
shearing 1. Abscherung *f*, Scheren *n* *{Mech, Phys}*; Scherschneiden *n* *{z.B. Blech}*; 2. Scherung *f* *{Math}*; 3. Schur *f*, Scheren *n* *{Text}*; 4. Shearing *n* *{Teppichmuster mit Schereffekt}*; 5. Doppelung *f*, Verdoppelung *f* *{Interferometrie}*
shearing disc mixer Scherscheibenmischer *m*
shearing disk viscosimeter Scherscheibenviskosimeter *n*, Plastometer *n* mit Scherbeanspruchung *f*
shearing force Scherkraft *f*, Schubkraft *f*
shearing instability Scherungsinstabilität *f*
shearing limit Schergrenze *f*
shearing-mixing screw Scher-Mischschnecke *f*
shearing rate *s.* shear rate
shearing resilience Scherspannung *f*
shearing strain *s.* shear strain
shearing strength Scherfestigkeit *f*, Abscherfestigkeit *f*, Schubfestigkeit *f*
shearing stress *s.* shear stress
shearing stress course Scherspannungsverlauf *m*, Schubspannungsverlauf *m* *{Klebverbindung}*
shearing stress line Schublinie *f*
shearing test Scherversuch *m*, Abscherversuch *m*
modulus of shearing Schermodul *m*, Schubelatizitätsmodul *m*
sheath/to *s.* sheathe/to
sheath 1. Hülle *f*, Umhüllung *f*, Verkleidung *f*; Mantel *m* *{Kabel}*; 2. Futteral *n* *{formangepaßtes Behältnis}*; Kapsel *f*; 3. Brennstoffhülle *f* *{Nukl}*; 4. Raumladungswolke *f*;

5. Fasermantel *m*, Faserhaut *f* *{Text}*; Umhüllungsgarn *n* *{Text}*; 6. Hülse *f*, Hüllrohr *n*
sheath electron Hüllenelektron *n* *{Atom}*
sheath of a flame Mantel *m* der Flamme, Mantelstück *n* der Flamme, Umhüllung *f* der Flamme
sheathe/to umspritzen, ummanteln, umhüllen, verkleiden; verschalen, einschalen, ausschalen
sheathed explosive ummantelter Sprengstoff *m*
sheathed pyrometer Pyrometerstab *m*, Pyrometerrohr *n*, Pyrometer *n* mit Schutzhaube *f*
sheathed thermometer Thermometer *n* mit Schutzrohr
sheathing 1. Verkleidung *f*, Umhüllung *f*, Ummantelung *f*; 2. Hüllrohr *n*, Hülse *f*; 3. Einschalung *f*, Ausschalung *f*, Verschalung *f*; 4. Verzug *m* *{Bergbau}*
sheathing compound Mantelmischung *f* *{Gummi}*; Kabelummantelungsmasse *f*, Kabelmasse *f*
sheathing of cables Kabelummantelung *f*
sheathline/to ausfüttern
sheave Rolle *f* *{z.B. Laufrolle}*; Scheibe *f* *{z.B. Treibscheibe, Riemenscheibe}*
shed/to vergießen, verschütten; abwerfen, verlieren *{z.B. Haare}*; verbreiten
shed 1. Halle *f*; Saal *m*; 2. Schuppen *m*, Stand *m*; 3. Webfach *n* *{Text}*
sheen 1. Glanz *m*, Schein *m*, Schimmer *m*; Widerschein *m*; 2. Politur *f*
high sheen Hochglanz *m*
sheepskin leather Schafleder *n*
sheet 1. Blatt *n* *{Pap}*; Bogen *m* *{Pap, Druck}*; 2. Blech *n* *{Met}*; Feinblech *n* *{< 3 mm}*; 3. [dünne] Schicht *f*, Lage *f*; 4. Folie *f* *{Kunst}*; 5. Fläche *f*; Papierbahn *f*; 6. Formular *n*; 7. Vorlage *f*; Schema *n*
sheet aluminum Aluminiumblech *n*
sheet bag Folienbeutel *m*
sheet blister Folienblister *m*
sheet blowing Folienblasen *n*
sheet calender Bogenglättwerk *n*, Bogenkalander *m* *{Pap}*
sheet calendering 1. Bogensatinage *f*, Glätten *n* von Bogenpapier *n*, Satinieren *n* von Bogenpapier; 2. Ausziehen *n* von Platten, Auswalzen *n* von Platten, Plattenziehen *n* *{am Kalander}*
sheet capacitance Flächenkapazität *f*
sheet copper Kupferblech *n*, Blattkupfer *n*, Kupferblatt *n*
sheet cork Korkscheibe *f*
sheet extruder Folienmaschine *f* *{Kunst}*
sheet extrusion Folienstrangpressen *n*, Folienextrusion *f* *{Kunst}*; Breitschlitzplattenextrusion *f*, Plattenextrusion *f* *{Fließpressen von Blechstreifen}*
sheet-extrusion equipment Tafelextrusionsanlage *f*, Plattenextrusionslinie *f*, Plattenstraße *f*
sheet filter Schichtenfilter *n*, Schichtplattenfilter *n*
sheet for deep drawing Tiefziehfolie *f*
sheet for lining Auskleidefolie *f*
sheet forming Folienform[verfahr]en *n*, Folienformung *f* *{Kunst}*; Blattbildung *f* *{Pap}*; Plattenformung *f* *{Met}*
sheet furnace Blechwärmeofen *m*
sheet gelatin Gelatinefolie *f*, Blattgelatine *f*
sheet ingot Walzbarren *m* *{Met}*
sheet iron Eisenblech *n*, Blechtafel *f*
sheet iron anode Eisenblechanode *f*
sheet iron shell Blechmantel *m*
sheet lead Bleiblech *n*, Walzblei *n*, Bleibahn *f*
sheet-like plattenartig
sheet material Flächengebilde *n* *{DIN 53122}*
sheet metal Blech *n* *{allgemein als Werkstoff}*; Blechtafel *f* *{Feinblech}*
sheet metal container Blechbehälter *m*
sheet metal lining Verkleidung *f* aus Blech
sheet metal printing Blechdruck *m*
sheet metal strip Blechstreifen *m*
sheet metal tube Blechrohr *n*
sheet metal varnish Blechlack *m*
sheet mica Glimmerfolie *f*, Plattenglimmer *m*
sheet mo[u]lding compound Harzmatte *f*, vorimprägniertes Textilglas *n* *{mit härtbaren Kunststoffen}*, Prepeg *n* *{vorimprägniertes Glasfasermaterial}*
sheet polishing unit Plattenglättanlage *f*
sheet rubber Blattgummi *m*, Plattenkautschuk *m*, Sheetkautschuk *m* *{geräuchertes Rohkautschukfell}*
sheet steel Stahlblech *n* *{allgemein als Werkstoff}*; Blattstahl *m* *{Feinblech}*
sheet steel enamels Stahlblechemaille *f*
sheet thermoforming line Plattenformmaschine *f*
sheet tin Zinnblech *n*
sheet-to-sheet bond Blechklebverbindung *f*
sheet web Plattenbahn *f*
sheet width Tafelbreite *f*
sheet zinc Zinkblech *n*
drum-type sheet filter Trommelschichtenfilter *n*
profiled sheet iron Formblech *n*
thick sheet iron Grobblech *n*
tinned sheet iron Weißblech *n*
rolled sheet metal Walzblech *n*
sheeted-out compound Fell *n*, Walzfell *n*
sheeting 1. Bahnenmaterial *n*, Bahnen *fpl*; Folie *f*, Folienbahn *f*, Folienmaterial *n* *{Kunst}*; Blech *n*, Blechtafel *f* *{Met}*; 2. Ausziehen *n* zu Fellen, Auswalzen *n* zu Fellen *{Gummi}*; Plattenziehen *n* *{Met}*; 3. Bogenschneiden *n*, Querschneiden *n* *{Pap}*; 4. Bogentrennung *f* *{Druck}*; 5. Ausschalung *f*, Verschalung *f*, Einschalung *f*
sheeting calender Folien[zieh]kalander *m*

{Kunst}; Bogenkalander *m* *{Pap}*; Kalander *m* zum Ziehen von Platten *{Met}*
sheeting die Breitschlitzdüse *f*
sheeting-die extruder Plattenextruder *m*, Breitspritzanlage *f*, Extruder *m* mit Breitschlitzdüse, Folienextruder *m* *{Extruder für flächige Halbzeuge}*
sheeting dryer Bahnentrockner *m* *{Pap, Text}*
sheeting machine Folienwalzwerk *n* *{Kunst}*; Sheet-Mangel *f* *{Gummi}*; Blechwalzwerk *n* *{Met}*
sheeting mill *s.* sheeting machine
sheeting-out Ausziehen *n* zu Fellen, Auswalzen *n* zu Fellen *{Gummi}*; Plattenziehen *n*, Auswalzen *n* von Platten *{Met}*; Bogenziehen *n* *{Pap}*
sheeting-out roller Ausziehwalze *f*
sheets plattenförmiges Halbzeug *n*, Plattenmaterial *n*, Plattenware *f* *{Tech}*; Blattware *f* *{Photo}*
shelf 1. Regal *n*, Gestell *n*; Bord *n*, Ablage *f*; 2. Fach *n*, Abteil *n* *{eines Regals}*; 3. Einschubrahmen *m* *{Elektronik}*
shelf area Stellfläche *f*
shelf-drum temperature Plattentrommeltemperatur *f*
shelf dryer [feststehender] Hordentrockner *m*, Plattentrockner *m*, Trockenschrank *m* *{mit festsitzenden Heizblechen}*
shelf for paletts Palettenregal *n*
shelf freezer Hordengefrieranlage *f*
shelf life 1. Gebrauchsfähigkeitsdauer *f*, Lagerbeständigkeit *f*, Lagerzeit *f* *{als Zeitspanne}*; Lebensdauer *f* *{Expl}*; 2. Lagerfähigkeit *f*, Lagerstabilität *f* *{als Eigenschaft}*
having a long shelf life lagerstabil
Shell fluid bed catalytic cracking Shell-Fließbettkracken *n* *{Erdöl}*
Shell parallel plate oil interceptor Shell-Parallelplattenölabscheider *m*
Shell Trickle process Shell-Trickle-Prozeß *m*, Shell-Trickle-Verfahren *n* *{Heizölentschwefeln}*
shell/to 1. enthülsen, schälen; 2. bombardieren, beschießen
shell off/to abblättern
shell 1. Schale *f*, Hülse *f*, äußere Haut *f* *{Bot, Zool, Tech}*; Umhüllung *f*, Hülle *f*, Schale *f*, Mantel *m* *{Tech}*; 2. Gehäuse *n*; 3. Gießmaske *f*; 4. Wanne *f* für geschmolzenen Elektrolyt; 5. Geschoß *n* *{Granate}*; Schuß *m* *{zylindrischer Teil, z.B. einer Trommel}*
shell-and-tube condenser Rohrbündelkondensator *m*
shell-and-tube cooler Röhrenkühler *m*
shell-and-tube [heat] exchanger Röhrenwärmetauscher *m*, Rohrbündelwärmetauscher *m*, Glattrohrbündel-Wärmetauscher *m* *{ein geschlossener Wärmeaustauscher}*
shell around atomic nucleus Atomschale *f*, Atomhülle *f*
shell core Hohlkern *m*, Maskenkern *m* *{Gieß}*
shell distribution Schalenverteilung *f*
shell flour Kokosschalenmehl *n* *{Kunst}*
shell-flour filler Füller *m* aus zermahlenen Schalen, Füllstoff *m* aus zermahlenen Schalen
shell form Hohlform *f* *{Gieß}*
shell-freezing Rollschichtgefrieren *n*
shell gold Malergold *n*, Muschelgold *n*
shell limestone *s.* shell marl
shell marble Muschelmarmor *m*, Drusenmarmor *m* *{Geol}*
shell marl Muschelerde *f*, Muschelmergel *m*, Muschelkalk[stein] *m*
shell model Schalenmodell *n* *{Atommodell}*
shell mo[u]ld Maskenform *f*, Formmaskenwerkzeug *n*, Croning-Formmaske *f*
shell mo[u]lding Formmaskenguß *m*, Maskenformen *n*, Maskenformverfahren *n* *{Gieß}*
shell reamer Hohlreibahle *f*
shell structure Schalenaufbau *m*, Schalenstruktur *f* *{Atom, Nukl}*
shell thermocouple Mantelthermoelement *n*
shell-type construction Schalenbauweise *f*
shell-type magnet Mantelmagnet *m*
shell-type motor Mantelmotor *m*, Panzermotor *m*
closed shell vollbesetzte Schale *{Periodensystem}*
inner shell innere Schale *f* *{Periodensystem}*
outer shell äußere Schale *f* *{Periodensystem}*
shellac/to mit Schellack *m* streichen, mit Schellack *m* überziehen, schellackieren
shellac Schellack *m* *{tierisches Naturharz}*
shellac substitute Achatschellack *m*
shellac varnish Schellackfirnis *m*, Schellacklack *m*
bleached shellac gebleichter Schellack *m*
white shellac gebleichter Schellack *m*
sheller Schälvorrichtung *f*, Schälmaschine *f*; Enthülser *m*; Auskörner *m*, Rebler *m* *{Agri}*
shellolic acid <$C_{15}H_{20}O_6$> Schellolsäure *f*
shelly muschelig, schalig *{Geol}*
shelter/to schützen, Schutz *m* geben
shelter 1. Schutzbau *m*, Bunker *m*; Schuppen *m* *{Agri}*; 2. Schutzraum *m*; 3. Schutzdach *n*, Überdach *n*
shelves Gestell *n*, Regalgestell *n*
sherardize/to sherardisieren, trocken verzinken, in Pulver *n* verzinken *{Diffusionsverzinken}*
sherardizing plant Sherardisieranlage *f* *{Beschichtung}*
sherardizing process Sherardisier-Verfahren *n* *{Diffusionsverzinken}*
sheridanite Sheridanit *m* *{Min}*
shibuol <$C_{14}H_{20}O_9$> Shibuol *n*

shield/to abschirmen *{Elek, Nukl}*; schützen; abschatten; ausblenden *{EDV}*
shield 1. Schild *m {Elek, Nukl}*; Abschirmung *f {Nukl, Elek}*; 2. Schutz *m*; Panzerung *f*
shield cooler Schildkühler *m*
shield cooling heat exchanger Schildkühler *m*
shielded cable abgeschirmtes Kabel *n*
shielded enclosure Schutzkammer *f*
shielded thermocouple Thermoelement *n* mit Strahlungsschutz
shielding 1. Abschirmung *f {Elek, Nukl, Radiol}*; 2. Abschatten *n*, Verdecken *n*; 3. Schutzbedeckung *f*, Schutzhülle *f*; 4. Ausblenden *n {EDV}*
shielding chamber Abschirmkammer *f*
shielding constant Abschirmkonstante *f*
shielding diaphragm Schirm *m*
shielding gas Schutzgas *n {Schweißen, DIN 32 526}*
shielding window Strahlenschutzfenster *n*
shift/to 1. sich verschieben; verschieben, die Lage ändern; verstellen *{Hebel}*; [um]schalten; 2. sich verlagern, sich verschieben *{z.B. Gleichgewicht, Atomgruppen}*; 3. [ab]wandern *{z.B. Potential}*; 4. wechseln
shift 1. Verschiebung *f*, Veränderung *f*, Wechsel *m*; Versetzung *f*; 2. Verstellung *f*, Umstellung *f {Tech}*; 3. chemische Verschiebung *f*, Shift *m*; Platzwechsel *m*, Wanderung *f {z.B. von Atomgruppen}*; 4. Grat *m {Gußfehler}*; 5. Verlagerung *f {Gleichgewicht}*; 6. Schicht *f {Arbeitsschicht}*
shift factor Verschiebungsfaktor *m*
shift lever Schalthebel *m*, Umstellhebel *m*
shift log Schichtprotokoll *n*
shift of a band Bandenverschiebung *f {Spek}*
shift of alkyl groups Umlagerung *f* von Alkylgruppen *{Chem}*
shift of spectral lines Spektrallinienverschiebung *f*
shift operation Schichtbetrieb *m*
shift-sample Probe *f* einer Probenserie zur Kontrolle des Verlaufes eines Prozesses *{z.B. Schmelzprozesses}*
horizontal shift Horizontalverschiebung *f*
output per shift Schichtleistung *f*
shifter Schiebeschaltung *f*, Ausrücker *m {Tech}*
shifting 1. Verschieben *n*, Verlagerung *f {z.B. Gleichgewicht, Atomgruppen}*; 2. Schaltung *f {Tech}*
shifting device Ausrückvorrichtung *f*
shikimic acid <$(HO)_3C_6H_2COOH$> Shikimisäure *f {Biochem}*
shikimol Safrol *n*
shikonin <$C_{16}H_{16}O_5$> Shikonin *n*
shim 1. Abstandhalter *m*; Distanzscheibe *f*, Beilegscheibe *f*, Paßring *m*, Ausgleichsring *m*, Einlage *f {Tech}*; 2. Stift *m {Pap}*; 3. Shimstück *n*, Korrektionsstück *n {Nukl}*
shim rod Anpassungsstab *m*, Trimmstab *m*
shimmer/to schimmern, flimmern
shimmer Abglanz *m*, Schimmer *m*
shimming 1. Trimmen *n {Nukl}*; 2. Feldkorrektion *f {durch Shims}*, Feldfeinkorretion *f*
shine/to scheinen, leuchten; glänzen; polieren, auf Hochglanz bringen
shine through/to durchscheinen, durchstrahlen
shine 1. Schein *m*, Lichtschein *m*, Sonnenschein *m*; 2. Politur *f*, Glanz *m*, Hochglanz *m*; 3. Glanzstelle *f {Text}*
shingle/to zängen *{Tech}*
shingle 1. Schindel *f*, Holzschindel *f {Bau}*; 2. Küstengries *m*, Meerkies *m {Geol}*; 3. Kieselgeröll *n*, Steingeröll *n {Geol}*
shingling 1. Zängearbeit *f {Tech}*; 2. Schuppenbau *m*, Schuppung *f*, Schuppenstruktur *f {Gesteinspakete; Geol}*
shining leuchtend, glänzend
shining soot Glanzruß *m*
shiny glänzend, leuchtend; mit Glanzstellen *fpl {Text}*
ship/to verladen; verschiffen, versenden, verschicken; *{US}* befördern, transportieren
ship 1. Schiff *n {Wasserfahrzeug}*; 2. *{US}* Flugzeug *n*; Raumschiff *n*
ship-borne desalination plant Bordentsalzungsanlage *f*
ship's bottom paint Unterwasserfarbe *f*
shipbuilding material Schiffbaumaterial *n*
shiploader Schiffsbelader *m*
shipment 1. Lieferung *f*, Sendung *f {von Waren}*; Schiffsladung *f*; 2. Transport *m*, Verschiffung *f*, Versendung *f*
shipper *{US}* Spediteur *m*
shipping 1. Schiffs-; 2. Versand *m {per Schiff}*, Verschiffung *f*; 3. Schiffsbestand *m*; Handelsflotte *f*
shipping cask Transportbehälter *m {Nukl}*
shipping container Lieferbehälter *m*, Frachtbehälter *m*, Container *m*, Transportbehälter *m*
shiver 1. Splitter *m*; Span *m*; 2. Zittern *n*
shock 1. Stoß *m*, Hieb *m*, Schlag *m {Phys}*; Prall *m*, Zusammenprall *m*; 2. Erschütterung *f*; 3. Schlag *m {Elek}*; 4. Schock *m {Med}*; Trauma *n {Med}*
shock-absorbent stoßabsorbierend, stoßdämmend; erschütterungsfrei
shock-absorber oil Stoßdämpferöl *n*
shock and vibratory load Stoß- und Schwingungsbelastung *f*
shock bending test Schlagbiegeprobe *f*
shock chill roll Schockkühlwalze *f*
shock crushing test Stauchprobe *f*
shock elasticity Stoßelastizität *f*
shock excitation Stoßanregung *f*, Stoßerregung *f*, Anregung *f* durch Stoß
shock front 1. Stoßfront *f*, Stoßwellenfront *f*

{Phys}; 2. Druckwellenfront *f*, Explosionswellenfront *f* *{Tech}*

shock-heat treatment Stoßglühung *f* *{Met}*; Stoßwellenaufheitzung *f*, Stoßwellenerhitzung *f* *{Nukl}*

shock load[ing] Stoßbelastung *f*, Schlagbeanspruchung *f* *{Phys}*

shock number Stoßziffer *f*, Stoßzahl *f*

shock pendulum Schlagpendel *n*, Pendelschalgwerk *n*

shock period Stoßdauer *f*

shock polaric diagram Stoßpolarendiagramm *n*

shock resistance Stoßfestigkeit *f*, Schlagfestigkeit *f*; Erschütterungsfestigkeit *f*; Schockfestigkeit *f*, Schockzähigkeit *f*

shock-resistant stoßfest, schlagfest; erschütterungsfest; schockfest, schockresistent

shock seed Anregekristalle *mpl*

shock-sensitive schlagempfindlich, stoßempfindlich; erschütterungsempfindlich; schockempfindlich

shock-sensitive salt stoßempfindliches Salz *n*

shock sensitivity Schlagempfindlichkeit *f*, Stoßempfindlichkeit *f*

shock separator Stoßabscheider *m*

shock setting Schockfixierung *f*

shock strength Stoßstärke *f*

shock stress Beanspruchung *f* auf Schlagfestigkeit, Schlagbeanspruchung *f*

shock test 1. Schlagprobe *f*, Schlagversuch *m*, Fallprobe *f*, Wurfprobe *f*; 2. Schockprüfung *f*

shock testing apparatus Stoßprüfgerät *n* *{Gummi}*

shock tube Stoßwellenrohr *n*

shock wave 1. Stoßwelle *f*, Schockwelle *f* *{Phys}*; 2. Druckwelle *f*, Explosionswelle *f* *{Tech}*

shock-wave luminescence Verdichtungsstoßleuchten *n*

shock-wave reactor Druckwellenreaktor *m*, Schock[wellen]reaktor *m*, Stoßreaktor *m* *{Gastechnik}*

resistance to shock Schlagfestigkeit *f*, Stoßfestigkeit *f*

susceptibility to shock Stoßempfindlichkeit *f*, Schlagempfindlichkeit *f*

shockless stoßfrei

shockproof stoßfest, stoßgesichert, schlagfest; erschütterungsfest; schockfest, schockresistent

shockproofness Stoßfestigkeit *f*, Schlagfestigkeit *f*; Erschütterungsfestigkeit *f*; Schockfestigkeit *f*, Schockzähigkeit *f*

shoddy 1. Reißwolle *f*, Shoddy *n*, Shoddywolle *f* *{Text}*; 2. Shoddygewebe *n* *{Text}*

shoe 1. Schuh *m*; 2. Stromabnehmerschuh *m*, Stromabnehmergleitschuh *m* *{Elek}*; 3. Backe *f* *{Bremse}*; 4. Anwärmgefäß *n* für Pfeifen *{Glas}*

shoe blacking Schuhschwärze *f*, Schuhkrem *f*, Schuhcreme *f*

shoe hot melt adhesive Schuh-Schmelzklebstoff *m*, Schmelzklebstoff *m* für Schuhklebungen

shoe polish Schuhkrem *f*, Schuhwichse *f*, Schuhpflegemittel *n*

shoemakers thread Pechdraht *m*

shogaol <$C_{17}H_{24}O_3$> Shogaol *n*

shonanic acid Shonansäure *f*, Dihydrothujasäure *f*

shoot/to 1. schießen; einschießen *{Weben}*; zünden *{Expl}*; 2. stoßen, werfen, hervorschnellen; 3. abladen; 4. aufbrechen, sprießen *{Pflanzen}*; 5. auf-/zustoßen *{z.B. Riegel}*; 6. hinausragen; 7. filmen, drehen, photographieren

shoot out/to herausschleudern; vorspringen

shoot 1. Keim *m*, Sproß *m*, Schößling *m* *{Bot}*; 2. Rutsche *f* *{Tech}*; 3. Stromschnelle *f*; 4. Schuß *m*; Erzschuß *m* *{Bergbau}*; Schußeintrag *m*, Durchschuß *m*, Einschuß *m* *{Weben}*

shoot wire Schußdraht *m* *{Sieb;Pap}*

shop 1. Laden *m*, Geschäft *n*; 2. Betrieb *m*; 3. Werkstatt *f*; Halle *f*, Werkhalle *f* *{Techn}*

shop-assembled vormontiert

shop drawing Werkstattzeichnung *f*, Werkszeichnung *f*, Fertigungszeichnung *f*

shop soil Werkstattschmutz *m* *{z.B. Öl}*

shop test Werkstattprüfung *f*

shopfitting Ladenbau *m*

shore up/to stützen, absteifen; spreizen

shore 1. Küste *f*, Küstenstreifen *m* *{Meer}*; Strand *m*; 2. Ufer *n* *{See, Fluß}*; 3. Stütze *f*, Stützbalken *m*

shore filtration Uferfiltration *f* *{Flußwasser}*

Shore durometer Shore-Härteprüfer *m*, Shore-Härtemesser *m*

Shore hardness Shore-Härte *f* *{Gummi}*

Shore scleroscope Shore-Skleroskop *n*, Shore-Rückprallhärteprüfer *m* *{Härteprüfgerät}*

Shore's dynamic indentation test Shore-Fallprobe *f*

short 1. kurz; klein; niedrig; 2. brüchig, spröde *{Met}*; mürbe, bröckelig *{Gebäck}*; gebräch, spröde, wenig standfest *{Bergbau}*; 3. knapp, unzureichend; 4. kurz *{Zeit}*; 5. *{US}* Kurzschluß *m*

short-armed kurzarmig

short-bed reactor Kurzschichtreaktor *m*

short-chain kurzkettig

short-chain branching Kurzkettenverzweigung *f*

short-circuit Kurzschluß *m* *{Elek}*

short-circuit capacity *{IEC 363}* Kurzschlußkapazität *f* *{Schalter}*

short-circuit carbon Kurzschlußkohle *f*

short-circuit current Kurzschlußstrom *m*

short-circuit furnace Kurzschlußofen *m*

short-circuit impedance Kurzschlußimpedanz *f* *{Elek}*

short-circuit potential Kurzschlußpotential *n*
short-circuit resistance Kurzschlußwiderstand *m {Elek}*
short-circuit voltage Kurzschlußspannung *f*
short-circuited kurzgeschlossen, im Kurzschluß *m* betrieben
short-duration corrosion test *s.* short-term corrosion test
short evaporator coil Steilrohrverdampfer *m*
short-fall Minderleistung *f*; Mindererertrag *m*
short-fibered kurzfaserig
short-fiber reinforced thermoplastic kurzfaserverstärkter Thermoplast *m*
short-flaming coal kurzflammige Kohle *f*
short focus kurzbrennweitig
short glass kurzes Glas *n {mit engem Verarbeitungstemperaturbereich}*
short glass fiber Kurzglasfaser *f {Kunst}*
short glass fiber-filled thermosetting material glasfaserverstärkter Duroplast *m* vom Kurzfasertyp, kurzglasfaserverstärkter Duroplast *m*
short glass fiber-reinforced thermoplastic glasfaserverstärkter Thermoplast *m* vom Kurzfasertyp, mit Kurzglasfasern verstärkter Thermoplast *m*
short liquor dyeing machine Kurzflottenfärbemaschine *f*
short-lived kurzlebig; Kurzzeit-
short mo[u]lding unvollständig gespritztes Formteil *n*, nichtausgespritztes Formteil *n*, unvollständiges Formteil *n*, unvollständiges Umformteil *n*, nichtausgeformtes Formteil, nichtausgeformtes Urformteil *n*
short-necked kurzhalsig
short-necked round-bottom flask Kurzhalsrundkolben *m {Chem}*
short-oil kurzölig, mager
short-oil alkyd [resin] mageres Alkydharz *n*, kurzöliges Alkyd[harz] *n*, Kurzölalkydharz *n*
short-oil varnish magerer Öllack *m*, Lack *m* mit niedrigem Ölgehalt
short paragraph kleine Textanzeige *f {Werbung}*
short-path distillation Kurzwegdestillation *f*
short-path still Kurzwegdestillationsanlage *f*, Kurzwegdestillierapparat *m*
short-path wiped wall distillation unit Kurzwegdestillationsgerät *n* mit mechanischer Wandreinigung
short-period kurzzeitig, kurzfristig
short-range 1. kurzfristig; 2. nah, kurze Reichweite; Nah-
short-range disorder Nahunordnung *f {Krist}*
short-range focusing Naheinstellung *f {Opt}*
short-range limit Kurzreichweitengrenze *f*
short-range order Nahordnung *f {Krist, Lösung}*
short-range order theory Nahordnungstheorie *f {Krist}*
short residue kurzer Destillationsrückstand *m*, Vakuumrückstand *m*, Rückstand *m* einer Vakuumkolonne
short rotary furnace Kurztrommelofen *m*
short runs kleine Produktionszahlen *fpl*, kleine Serien *fpl*, kleine Reihen *fpl*, Kleinserien *fpl*; Kleinauflagen *fpl {Druck}*
short-stroke 1. kurzhubig; 2. Kurzhub *m*
short-stroke press Presse *f* mit geringem Hub, Presse *f* mit niedrigem Hub
short supply ungünstige Lieferlage *f*
short-term kurzfristig, kurzzeitig; Kurz-
short-term behavio[u]r Kurzzeitverhalten *n*
short-term breaking stress Kurzzeitbruchlast *f*
short-term corrosion test Kurzzeitkorrosionsversuch *m*
short-term creep Kurzzeitkriechen *n*
short-term dielectric strength Kurzzeitdurchschlagfestigkeit *f*
short-term elongation Kurzzeitlängung *f*
short-term exposure limit kurzzeitige Belastungsgrenze *f {in ppm}*
short-term immersion Kurzzeitlagerung *f {in Flüssigkeit}*
short-term load Kurzzeitbeanspruchung *f*
short-term properties Kurzzeiteigenschaften *fpl*
short-term stress Kurzzeitbeanspruchung *f*
short-term tensile stress Kurzzeitzugbeanspruchung *f*
short-term test Kurzzeit-Prüfung *f*, Kurzzeitversuch *m*, Kurzversuch *m*, Schnelltest *m*
short-term test results Kurzzeitwerte *mpl*
short test Kurzzeitprüfung *f*, Kurzzeitversuch *m*, Schnelltest *m*
short-time kurzzeitig; Kurzzeit-, Schnell-, Kurz-
short-time deformation behavio[u]r deformationsmechanisches Kurzzeitverhalten *n*, Kurzzeitdeformationsverhalten *n*
short-time measurement of residual gases Kurzzeit-Restgasmessung *f*
short-time tensile test Kurzzeitzugversuch *m*
short-time test Kurzzeitprüfung *f*, Kurzzeitversuch *m*, Schnelltest *m*
short-way distiller Kurzwegdestillator *m*
short weight Untergewicht *n*, Mindergewicht *n*
dead short-circuit vollständiger Kurzschluß *m*
shortage Knappheit *f*, Mangel *m*; Fehlbestand *m*, Fehlmenge *f*; Verknappung *f*
shortcoming Unzulänglichkeit *f*, Mangel *m*, Fehler *m*
shorten/to kürzen, verkürzen; abkürzen
shorten by forging/to stauchen
shortened verkürzt

shortening 1. Verkürzung *f*, Schrumpfung *f* *{Längenabnahme}*; Stauchung *f* *{Tech}*; 2. *{US}* Shortening *n*, Speisehartfett *n*, Backfett *n* *{schmalzartiges Produkt aus verschiedenen Nahrungsfetten}*
shorterizing plant autogene Flammenthärtungsanlage *f*
shorting kurzschließend, kontaktgebend
shorting plug Kurzschlußstecker *m*
shortness 1. Knappheit *f*; 2. Brüchigkeit *f*, Sprödigkeit *f* *{Met}*
shorts 1. Nebenprodukte *npl* *{Tech}*; 2. Futtermehl *n*; feine Weizenkleie *f*
shortwave 1. kurzwellig; Kurzwellen-; 2. Kurzwelle *f*
shortwave part of the spectrum kurzwelliger Teil *m* des Spektrums, kurzwelliges Spektrum *n*
shot 1. durchschossen, durchwebt, durchwirkt *{Text}*; 2. Stoß *m*, Schlag *m*; 3. Schuß *m*; Spritzung *f*, Schuß *m* *{Spritzgießen}*; Schuß *m* *{Druckguß}*; 4. Schnappschuß *m*, Momentaufnahme *f* *{Photo}*; Sprengung *f*, Explosion *f*, Schuß *m*; 5. Schußeintrag *m*, Durchschuß *m*, Einschuß *m* *{Weben}*; 6. verperltes Produkt *n*, Granulat *n*; 7. Perlen *fpl* *{Fehler in Glasfaserprodukten}*; 8. Injektion *f* *{Med}*; 9. Filmaufnahme *f*, Filmszene *f*; Aufnahme *f*, Einstellung *f* *{Film}*
shot bag mo[u]lding Schrotpressen *n*, Schrotpreßverfahren *n* *{Pressen mit stahlkugelgefülltem Sack als Patrize}*
shot blasting Freistrahlen *n*, Abstrahlen *n* *{mit Stahlsand}*, Strahlsandstrahlen *n* *{Gieß}*
shot-blasting machine Abstrahlmaschine *f*, Schleuderstrahlmaschine *f*; Granaliengebläse *n*
shot capacity Spritzkapazität *f*, maximale Schußmasse *f*, Schußleistung *f*, Spritzvolumen *n* *{Spritzgießen}*
shot cycle Schußfolge *f* *{Spritzgießen}*
shot-lubrication system Eindruckschmierung *f*
shot mo[u]ld Kapsel *f* mit Stückkugelguß
shot mo[u]lding Schrotpressen *n*
shot noise Schrotrauschen *n*, Schroteffekt *m* *{Anal}*; Röhrenrauschen *n*, Rauschen *n* *{Elektronik}*
shot peening Kugelstrahlen *n* *{Tech, Gieß}*
shot peening apparatus Granaliengebläse *n*, Strahlhämmergerät *n*
shot volume Dosiervolumen *n*, Schußvolumen *n*, Einspritzvolumen *n*, Spritzvolumen *n* *{Gieß}*
shot weight Einspritzgewicht *n*, Schußmasse *f*, Schußgewicht *n*, Füllgewicht *n*, Spritz[teil]gewicht *n* *{Gieß}*
shotblast/to sandstrahlen
shoulder 1. Schulter *f* *{Tech, Elektronik, Photo}*; 2. Brandenschulter *f* *{Spek}*; 3. Ansatz *m*, Absatz *m*, Rücksprung *m* *{z.B. einer Welle}*; 4. Vorsprung *m*, vorspringender Rand *m*; 5. Fläme *f*, Schulter *f* *{Leder}*; 6. Achsel *f*, Achselfläche *f* *{Drucken}*
shoulder flash Schulterbutzen *m*
shoulder pinch-off Schulterquetschkante *f*
shoulder strap *s.* shouldered rod
shouldered rod Prüfstab *m* mit Schulter, Schulterprüfstab *m*
shove/to schieben, stoßen
shove in/to einschieben
shovel 1. Schaufel *f*, Schippe *f*; 2. *{US}* Löffel *m* *{Bagger}*
shovel excavator Löffelbagger *m*
stir with a shovel/to umschaufeln
show/to 1. [an]zeigen *{z.B. Meßinstrument}*; 2. erweisen, nachweisen; 3. laufen *{z.B. eine Ausstellung}*; 4. aufweisen
show through/to durchscheinen, durchschlagen *{Farben}*
show 1. Schau *f*, Ausstellung *f*; 2. Fündigkeit *f*, Vorhandensein *n* *{z.B. von Erdöl}*
show room Ausstellungsraum *m*
show vessel Standgefäß *n*
shower/to rieseln; rieseln lassen; schütten
shower 1. Schauer *m* *{Nukl}*; 2. Guß *m*, Schauer *m* *{Meteor}*; 3. Dusche *f*, Brause *f*
shower bath Brausebatterie *f*
shower cooler Rieselkühler *m*
shower of electrons Elektronenschwarm *m*, Elektronenschauer *m*
shred/to zerkleinern; zerreißen, zerfetzen; zerfasern; zerschnitzeln; zerschneiden; schroten
shred Bruchstück *n*; Fetzen *m*
shredder Zerkleinerer *m*, Zerkleinerungsmaschine *f*; Reißwolf *m*, Zerfaserer *m* *{Pap, Text}*; Shredder *m* *{Hammermühle; Zucker}*; Shredder-Anlage *f*, Schrottaufbereitungsanlage *f*
shrink/to schwinden, sich zusammenziehen, schrumpfen; eingehen, einlaufen, krimpen, krumpfen *{Text}*; dekatieren *{Text}*
shrink on/to aufschrumpfen *{z.B. auf Rohrleitungen}*
shrink coating Aufschrumpfen *n* von Überzügen *{aus Kunststoff}*
shrink film Schrumpffolie *f*
shrink fit 1. Schrumpfpassung *f*, Querpassung *f*, Dehnpassung *f* *{Tech}*; 2. Schrumpfsitz *m*; Schrumpfpreßsitz *m* *{Tech}*
shrink fit collar Schrumpfring *m*
shrink-on coating Aufschrumpfen *n* von Überzügen *{Kunst}*
shrink-on hood Schrumpfhaube *f* *{Verpackung}*
shrink-on joint Schrumpfverbindung *f* *{an Plastrohrleitungen}*
shrink-on pipe joint Einsteckklebeverbindung *f*

shrink-on sleeve Schrumpfmuffe *f*, aufgeschrumpfter Überschieber *m*
shrink packaging Schrumpfpackung *f*, Schrumpfverpackung *f*, Folieneinschweißung *f*
shrink resistance Schrumpfbeständigkeit *f*, Schrumpffestigkeit *f*; Krumpffestigkeit *f*, Einlaufechtheit *f*, Krumpfbeständigkeit *f* *{Text}*
shrink-resistant schrumpffest, schrumpfbeständig; krumpffest, nichtkrumpfend, nichteinlaufend, einlaufecht *{Text}*
shrink wrap Schrumpfpackung *f*, Schrumpfverpackung *f*, Folieneinschweißung *f*
shrink wrap film Folienhaube *f*
shrink wrapped pack Schrumpfverpackung *f*
shrink wrapper Schrumpfpackung *f*
shrink wrapping Schrumpfverpackung *f*, Schrumpfpackung *f*, Folieneinschweißung *f*
shrink wrapping film Schrumpffolie *f*

shrinkable einlaufend, schrumpffähig *{Tech}*; aufschrumpfbar *{Tech}*; krumpffähig, eingehend, einlaufend *{Text}*
shrinkable film einlaufende Folie *f*, schrumpffähige Folie *f*

shrinkage 1. Schrumpfung *f*, Schwindung *f*, Schwund *m* *{Phys}*; 2. Einschrumpfen *n*, Einlaufen *n*, Zusammenschrumpfen *n* *{Längenabnahme}*; 3. Einlaufen *n*, Eingehen *n*, Krumpfen *n* *{Text}*; 4. Lunkern *n*, Lunkerung *f* *{Gieß}*
shrinkage across flow Schrumpfung *f* senkrecht zur Fließrichtung
shrinkage allowance Schwindzugabe *f*, Schwindzuschlag *m* *{Tech, Gieß}*
shrinkage anisotropy Schwindungsanisotropie *f*
shrinkage behavio[u]r Schwindungsverhalten *n*
shrinkage block Abkühlvorrichtung *f*, Schrumpfblock *n*, Schrumpfvorrichtung *f* *{Kunst}*
shrinkage cavity Lunker *m*, Schwindungslunker *m*, Lunkerhohlraum *m* *{Gußfehler}*; Außenlunker *m* *{Met}*
shrinkage clearance Schrumpfmaß *n*
shrinkage compensation Schrumpfungskompensation *f*
shrinkage crack Schrumpfriß *m*, Schwundriß *m*, Schwind[ungs]riß *m*
shrinkage difference Schwindungsunterschied *m*, Schwindungsdifferenz *f*
shrinkage film Schrumpffolie *f*
shrinkage ga[u]ge Schwindlehre *f*, Schwindkaliber *n* *{Instr}*
shrinkage jig Schrumpfvorrichtung *f*, Abkühl[ungs]vorrichtung *f*
shrinkage measuring instrument Krumpfungsmeßgerät *m*, Gerät *n* zum Messen des Schrumpfungsgrades *{Text}*
shrinkage of cloth Eingehen *n* des Gewebes, Krumpfen *n* des Gewebes *{Text}*
shrinkage on drying Trocknungsschrumpf *m*
shrinkage on solidification Erstarrungsschrumpf *m*
shrinkage properties Schwindungseigenschaften *fpl*
shrinkage record Schwindungskatalog *m*
shrinkage-reducing schrumpfmindernd
shrinkage sheeting Schrumpffolie *f*
shrinkage spot Schwundstelle *f*
shrinkage stress Schrumpfspannung *f*, Schwindungsspannung *f*
shrinkage temperature Schrumpftemperatur *f*
shrinkage test Kochprobe *f* *{Gerb}*
shrinkage test piece Schwindungsstab *m*
shrinkage value Schrumpf[ungs]wert *m*
shrinkage water Schwindwasser *n*
shrinkage with flow Schrumpfung *f* in Fließrichtung
amount of shrinkage Schwindmaß *n*
resistance to shrinkage Einlauffestigkeit *f*, Krumpffestigkeit *f* *{Text}*

shrinkhole Lunker *m*, Lunkerhohlraum *m*, Lunkerstelle *f* *{Gieß}*
free of shrinkholes lunkerfrei, lunkerlos

shrinkproofing Schrumpffreimachen *n*, Krumpffestmachen *n*, Einlauffestmachen *n* *{Text}*
shrinkproofing plant Anlage *f* zum Krumpfechtmachen *{Text}*
shrinkproofing tank Gefäß *n* zum Krumpfechtmachen *{Text}*

shrinking 1. Schrumpfen *n*, Schrumpfung *f*, Einlaufen *n*, Zusammenschrumpfen *n* *{negative Maßänderung}*; 2. Krumpfen *n*, Eingehen *n*, Einlaufen *n* *{Text}*; 3. Kontraktion *f*, Volumenminderung *f*, Volumenkontraktion *f*; 4. Schwinden *n*; 5. Lunkerbildung *f* *{Gieß}*; 6. Schwundmaß *n*, Schwund *m*
shrinking device Krumpfeinrichtung *f*, Gewebekrumpfeinrichtung *f* *{Text}*
shrinking lacquer Schrumpflack *m*
shrinking stress Schrumpfkraft *f* *{Kunst, DIN 53369}*

shrivel/to [ein]schrumpfen, runzeln, verschrumpeln, zusammenschrumpfen; vertrocknen

shrivel varnish Kräusellack *m*

shroud 1. Mantel *m*, Ummantelung *f*, Haube *f*; Umhüllung *f* *{Tech}*; 2. Verstärkungsrand *m*, Verstärkungskranz *m* *{Tech}*; 3. Want *n* *{Schiffstau}*
shroud tube Trennrohr *n*

shrouded impeller Rührstange *f* mit verstärkten Paddeln

shuffle/to hin- und herschieben; mehrfachverteilen, mischen, durcheinanderwühlen; schlurfen, scharren

shunt/to 1. einen Nebenschluß *m* bilden, im Nebenschluß *m* schalten, shunten, nebenschließen

{Elek}; ableiten *{Blitz}*; überbrücken; 2. beiseite räumen, beiseite schieben; verschieben, rangieren *{Bahn}*

shunt off/to abzweigen *{Elek}*

shunt 1. Nebenschluß *m* *{Elek}*; 2. Neben[schluß]widerstand *m*, Parallelwiderstand *m*, Shunt *m* *{Elek}*

shunt admittance komplexer Querleitwert *m*

shunt box Vorschaltkasten *m* *{Elek}*

shunt circuit Nebenschlußstromkreis *m*, Parallel[strom]kreis *m*, parallelgeschalteter Stromkreis *m*; Spannungskreis *m*, Meßkreis *m*

shunt connection Nebenschlußschaltung *f*

shunt current Nebenschlußstsrom *m*, Zweigstrom *m* *{Elek}*

shunt inductance Querinduktivität *f*

shunt magnet Nebenschlußmagnet *m*

shunt motor Nebenschlußmotor *m*

shunt pipe Zweigleitung *f*

shunt resistance Abzweigwiderstand *m*, Neben[schluß]widerstand *m*, Shunt *m*, Parallelwiderstand *m*

shunt stream process Teilstromverfahren *n*

shunt wire Abzweigdraht *m*

shunt-wound Nebenschlußwindung *f*

shunt-wound motor Nebenschlußmotor *m*

inductive shunt induktiver Nebenschluß *m*, magnetischer Nebenschluß *m*

magnetic shunt magnetischer Nebenschluß *m*

put in shunt/to nebenschließen, shunten, einen Nebenschluß *m* bilden

shunted parallelgeschaltet, nebengeschaltet *{Elek}*; überbrückt *{Elek}*

shunted current Abzweigstrom *m*

shunting 1. Stellwerk-, Rangier-; 2. Rangieren *n*; 3. Nebeneinanderschaltung *f*, Parallelschaltung *f* *{Elek}*; 4. Querströmung *f* *{zwischen Spalten}*

shunting oil Stellwerköl *n*

shut/to [ver]schließen, zumachen, [zu]sperren, absperren; verriegeln, blockieren; einklemmen; sich schließen lassen

shut down/to abschalten, stillegen *{Anlage}*; abstellen, abfahren, stillsetzen *{z.B. Kernreaktor}*; außer Betrieb *m* nehmen, stillegen, schließen *{Betrieb}*

shut off/to absperren *{z.B. Rohrleitung}*; abdrosseln; schließen *{Ventil}*; abschalten, abstellen *{Machine}*; unterbrechen *{Stromkreis}*

shut 1. geschlossen; 2. Kaltschweißstelle *f*, Überlappung *f* *{Gußfehler}*; 3. verbrochenes Hangendes *n*, hereingebrochenes Hangendes *n* *{Bergbau}*

shut-down 1. Außerbetriebsetzung *f*, Betriebsstillegung *f*, Betriebsstörung *f*, Betriebsunterbrechung *f*; 2. Stillstand *m*; 3. Abfahren *n* *{Nukl}*

shut-down period Stehzeit *f*, Totzeit *f*, Stillstandzeit *f*, Nebenzeit *f*, Abstellzeit *f*, Leerlaufzeit *f*

shut-down rod Abschaltstab *m* *{Nukl}*

shut-off Verriegelung *f*, Sperre *f*, Verschluß *m*

shut-off cock Absperrhahn *m*

shut-off device Absperrvorrichtung *f*

shut-off mechanism Absperrmechanismus *m*, Verschlußmechanismus *m*

shut-off needle Verschlußnadel *f*

shut-off nozzle Absperrdüse *f*, Verschlußdüse *f*, Abschlußdüse *f*, Düsenverschluß *m*

shut-off slide [valve] Absperrschieber *m*

shut-off time Stillstandzeit *f*

shut-off valve Verschlußventil *n*, Sperrventil *n*, Absperrventil *n*, Trennventil *n*

shutter 1. Verschluß *m* *{Opt, Photo}*; Verschlußblende *f*, Abdeckblende *f*, Unterbrecherblende *f* *{Photo}*; 2. Spund *m* *{Gieß}*

shutter release Verschlußauslösung *f* *{Photo}*

shuttering Verschalung *f*; Schalung *f*, Schalungsform *f*

shutting down Außerbetriebsetzung *f*

shutting off the blast Abstellen *n* des Gebläses

shuttle/to hin- und herbewegen, pendeln

shuttle 1. Schiffchen, Weberschiffchen *n*, Webschütze *m*, Schützen *m* *{Text}*; 2. Rohrpostkapsel *f*, Rohrpostbüchse *f* *{Nukl}*

shuttle kiln Kapselbrennofen *m*

shuttle platform Verschiebebühne *f*

shuttle-type feeder Schüttelrinnenspeiser *m*

SI Metric System of Measurement SI-Einheitensystem *n*

SI units SI-Einheiten *fpl*

sialic acid Sial[in]säure *f* *{acylierte Neuraminsäuren}*

sialyltransferase *{EC 2.4.99.1}* Sialyltransferase *f*

siaresinolic acid <$C_{30}H_{48}O_4$> Siaresinolsäure *f*

siberite Siberit *m* *{obs}*, Rubellit *m* *{Min}*

siccative 1. sikkativ; 2. Trockenstoff *m*, Sikkativ *n*, Trockner *m*

siccative oil Trockenöl *n*

siccative varnish Trockenfirnis *m*

sick krank *{Med}*; reparaturbedürftig *{Tech}*

sickle Sichel *f*

sickle cell Sichelzelle *f*

sickle-cell hemoglobin Sichelzellenhämoglobin *n*, Hämoglobin S *n*

sickle form Sichelform *f*

sicklerite Sicklerit *m* *{Min}*

sickness Erkrankung *f*, Krankheit *f*; Übelkeit *f* *{Med}*

side 1. Neben-, Seiten-; 2. Seite *f*

side airlift agitator Seitenmischluftrührer *m*

side arm 1. Seitenarm *m*, Nebenarm *m*; 2. Vorvakuumstutzen *m*

side-arm flask Seitenhalsflasche *f*

side bearing Längslager *n*

side bracket bearing Flanschlager *n*
side by side nebeneinander
side chain Seitenkette *f {Stereochem}*
side-chain isomerism Seitenkettenisomerie *f*
side-chain substitution Seitenkettensubstitution *f*
side-channel compressor Ringgebläse *n*
side-channel pump Seitenkanalpumpe *f*
side cut 1. Seitenschnitt *m*, Seiten[strom]produkt *n*, Seitenfraktion *f {Erdöl}*; 2. Seitenmaterial *n*, Seitenbretter *npl {Holz}*
side effect Nebenwirkung *f {Pharm}*; Seiteneffekt *m*, Nebeneffekt *m {Tech}*
side ejector mechanism Seitenauswerfer *m*
side elevation Längsriß *m*, Seitenansicht *f {Zeichnung}*
side exposed to view Sichtseite *f*
side-fed seitlich eingespeist, seitlich angespeist, radial angeströmt, quer angeströmt, seitlich angeströmt
side-fed blown film die stegloser Folienblaskopf *m*, seitlich eingespeister Folienblaskopf *m*, Umlenkblaskopf *m*, Pinolenblaskopf *m*
side-fed die Krümmerkopf *m*, Pinolen[schlauch]kopf *m*, Pinolenwerkzeug *n*, Pinolenspritzkopf *m*
side-fed parison die seitlich angeströmter Pinolenkopf *m*
side-feed seitliches Anspritzen *n*, seitliches Einspeisen *n*
side-fired furnace Kreuzfeuerofen *m*, Querflammenofen *m*, Wannenofen *m* mit Querfeuerung, Wannanofen *m* mit querziehender Flamme *{Glas}*
side flue Seitenzug *m*
side flow Nebenstrom *m*
side gate seitlicher Anschnitt *m {Gieß}*
side-gated seitlich angeschnitten, seitlich angespritzt
side group Seitengruppe *f*, Nebengruppe *f*
side-gussetted blown film Seitenfaltenschlauchfolie *f*
side-inverted seitenverkehrt
side issue Randerscheinung *f*
side line Nebenbetrieb *m*
side loader Seitengabelstapler *m*, Quergabelstapler *m*; Seitenlader *m*
side-loading forklift Quergabelstapler *m*, Seitengabelstapler *m*
side neck Seitenhals *m*
side-outlet [pipe] clamp Anbohrschelle *f*
side oxidation reaction oxidative Nebenreaktion *f*
side panel Seitenverkleidung *f*
side plate Seitenwand *f*
side-plate press Presse *f* mit plattenförmigen Seitenwänden
side pocket Schlackenfang *m*, Schlackenkammer *f*
side projection Profil *n*, Seitenansicht *f*
side protection Seitenschutz *m*
side reaction 1. Nebenreaktion *f {simultan verlaufende Reaktion}*; 2. Nebenwirkung *f {Pharm}*
side-seam Längsnaht *f {Dose}*
side shield Seitenschutz *m*, Seitenschild *m*
side-stream Abstrom *m*, Seitenstrom *m*; Zuspeisestrom *m*, Nebenstrom *m*
side-stream heat exchanger Nebenkühler *m*
side surface Seitenfläche *f*
side valve seitengesteuertes Ventil *n*
side view Seitenansicht *f*
side window Seitenscheibe *f*, Seitenfenster *n*
interlocked side-seam gefalzte Längsnaht *f {Dose}*
sidereal siderisch *{Astr}*
sidereal day siderischer Tag *m*, Fixsterntag *m {Astr; 84164,09 s}*
sidereal year Sternjahr *n*, siderisches Jahr *n {Astr; 365,2564 d}*
siderin yellow Sideringelb *n {Eisen(III)-chromat}*
siderite 1. Siderit *m*, Spateisenstein *m*, Weißeisenerz *n*, Eisenspat *m {Eisen(II)-carbonat, Min}*; 2. Siderit *m*, Meteoreisen *n*, Eisenmeteorit *m*
decomposed siderite Blauerz *n {Min}*
siderocalcite eisenhaltiger Dolomit *m*, Sidero-Calcit *m {Min}*
sideroscope Sideroskop *n*
siderosis Siderose *f*, Siderosilikose *f*, Eisenlunge *f*, Metallstaublunge *f {Med}*
siderurgical cement Eisenportlandzement *m*
sidewall Seitenwand *f*
sideways seitwärts, seitlich
siding 1. Überholungsgleis *n*; Gleisanschluß *m*, Nebengleis *n*; 2. *{US}* Fassadenverkleidung *f*, Außenverkleidung *f*
siding table Abstelltisch *m {Lab}*
sidio-quartz glass utensil Sidioquarzglasgerät *n*
Sidot's blende Sidot-Blende *f {ZnSi:Cu}*
siegbahn Siegbahn *n*, X-Einheit *f {obs, 0,100202 pm}*
siege 1. Ofengesäß *n {Glas}*; 2. Bank *f*, Hafenbank *f {Glas}*; 3. Sohle *f {Hafenofen; Glas}*
siegenite Siegenit *m {Min}*
siemens Siemens *n*, reziprokes Ohm *n {Elek}*
Siemens butterfly valve Siemenssche Wechselklappe *f*, Siemens-Wechselklappe *f*
Siemens regenerative open-hearth furnace Siemens-Regenerativfeuerung *f*
Siemens-Martin furnace Siemens-Martin-Ofen *m*
Siemens-Martin process Siemens-Martin-Prozeß *m*, Siemens-Martin-Verfahren *n*, SM-Verfahren *n*, Herdfrischverfahren *n*

Siemens-Martin steel Martinstahl *m*
sienna Siennaerde *f {Eisenoxidhydrat}*
sieve/to sieben; sichten; siebklassieren *{Erz}*
sieve Sieb *n*; Durchwurfsieb *n*, Durchwurf *m*, Rätter *m*
sieve analysis Siebanalyse *f*
sieve aperture Sieböffnung *f*
sieve area Siebfläche *f*
sieve bend Bogensieb *n*
sieve bottom Siebboden *m*
sieve centrifuge Siebzentrifuge *f*
sieve cloth Siebgewebe *n*, Siebtuch *n*, Gesiebe *n*
sieve drum Siebtrommel *f*
sieve dryer Siebtrockner *m*
sieve filter Siebfilter *n*
sieve frame Siebrahmen *m*, Siebbüchse *f*
sieve grate Siebrost *m*
sieve holes Sieblochung *f*
sieve mesh Siebmasche *f*
sieve [mesh] number Maschenahl *f*, Siebnummer *f*
sieve pan Siebpfanne *f*
sieve plant Absiebanlage *f*, Siebanlage *f*
sieve plate 1. Siebboden *m*, Siebplatte *f {arbeitende Siebfläche}*; 2. Siebboden *m*, gelochter Austauschboden *m {einer Rektifizierkolonne}*
sieve-plate column Siebbodenkolonne *f {Dest}*
sieve residue Siebrückstand *m*
sieve-shaker Siebschüttelvorrichtung *f*, Siebrüttelmaschine *f*, Schüttelsiebmaschine *f*, Siebsatzschüttelmaschine *f*
sieve size Siebgröße *f*
sieve sorbent Molekularsieb *n*
sieve tray 1. Siebboden *m*, Siebplatte *f {arbeitende Siebfläche}*; 2. Siebboden *m*, gelochter Austauschboden *m {Rektifizierkolonne}*
sieve-type centrifuge Siebschleuder *f*
coarse sieve Rohsieb *n*
cylindrical sieve Trommelsieb *n*
molecular sieve Molekularsieb *n*
pulse-type sieve-plate column pulsierende Siebbodenkolonne *f*
rotary sieve Siebtrommel *f*
set of sieves Siebsatz *m*
wide meshed sieve Grobsieb *n*, grobes Sieb *n*
sievert Sievert *n {Einheit der Äquivalenzdosis 1 Sv = 1 J/1kg}*
sieving Sieben *n*, Durchsieben *n*, Absieben *n*; Siebklassieren *n {Erz}*; Sichten *n*
sieving filter Siebfilter *n*
sieving machine Siebmaschine *f*
sieving process Siebvorgang *m*
sieving residue Siebrückstand *m*
sieving screen Siebrost *m*
sieving time Siebzeit *f*
sievings Feingut *n {bei der Siebanalyse}*, Siebdurchgang *m*, Unterkorn *n*, Unterlauf *m*
sift/to sieben; durchsieben, absieben, siebklassieren *{Erz}*; durchbeuteln
sift off/to absieben
sift out/to aussieben
sifter Siebmaschine *f*, Siebapparat *m*, Siebvorrichtung *f*; Sichter *m*
sifter electrode Siebelektrode *f*
sifting Sieben *n*; Durchsieben *n*, Siebklassieren *n*, Absieben *n {Erz}*; Durchbeuteln *n*
sifting device Siebvorrichtung *f*; Sichter *m*
sifting hopper Rostdurchfalltrichter *m*
sifting tube Sichtrohr *n*
siftings Ausgesiebtes *npl*
sight/to sichten; anvisieren; zielen; mit Sichtvermerk versehen
sight 1. Sehkraft *f*; 2. Sehen *n {Opt, Physiol}*; 3. Sicht *f*; 4. Sehschlitz *m*, Sehspalt *m*; 5. Visier *n*
sight glass Einblickfenster *n*, Schauglas *n*, Sichtscheibe *f*, Sichtglas *n*, Sichtfenster *n*, Schauöffnung *f*
sight hole Schauöffnung *f*, Schauloch *n*, Schauluke *f*
sight port *s.* sight glass
sight window *s.* sight glass
sighting apparatus Visierapparat *m*
sighting mark Index *m {bei Maßstäben}*
sighting mark error Indexfehler *m*
sigma blade Sigmaschaufel *f*, Z-förmiger Knetarm *m*
sigma bond Sigma-Bindung *f*, Sigma-Elektronenpaarbindung *f {Chem}*
sigma complex Sigma-Komplex *m {Chem}*
sigma-minus hyperonic atom Sigma-Hyperonatom *n*
sigma-phase Sigma-Phase *f {Cr-Stahl}*
sigma-phase embrittlement Sigmaphasen-Versprödung *f {Stahl}*
sigma pile Sigmareaktor *m {Nukl}*
sigma-shaped kneader mixer Universal-Misch- und Knetmaschine *f*, Sigma-Kneter *m*, Baker-Perkins-Kneter *m {Mischer mit Z-Schaufel}*
sigma-type rotor Sigmarotor *m*
sigma value Sigmawert *m*
sigma welding Metall-Inertgas-Schweißen *n*
sigmatropic sigmatrop
sign/to unterschreiben, unterzeichnen, signieren; mit Vorzeichen versehen; ein Zeichen geben
sign 1. Zeichen *n*; 2. Anzeichen *n*; 3. Kennzeichen *n*, Merkmal *n*; 4. Symbol *n*; 5. Vorzeichen *n {Math}*
sign board Schild *n*, Firmenschild *n*
sign convention Vorzeichenfestsetzung *f*, Vorzeichenregel *f*
sign determination Vorzeichenbestimmung *f*
sign of charge determination Ladungsvorzeichenbestimmung *f*

sign of charring Verbrennungserscheinung *f*
sign of corrosion Korrosionserscheinung *f*
sign of decomposition Zersetzungserscheinung *f*
sign of gelling Gelierungserscheinung *f*
sign of orientation Orientierungserscheinung *f*
sign of wear Verschleißerscheinung *f*
change of sign Vorzeichenwechsel *m {Math}*
determination of sign Vorzeichenbestimmung *f {Math}*
explanation of signs Zeichenerklärung *f*
negative sign negatives Vorzeichen *n*
positive sign positives Vorzeichen *n*
reversal of sign Vorzeichenumkehrung *f*
rule of sign Vorzeichenregel *f*

signal 1. Signal *n*; 2. Zeichen *n*, Impuls *m*; 3. Zeichenträger *m*
signal alarm Signaleinrichtung *f*
signal averaging Signalmittelung *f*, Ausmitteln *n* von Signalen, Mitteln *n* von Signalen, Mittelwertbildung *f {bei Signalen}*
signal averaging spectrophotometry Signalmittelungs-Spektrophotometrie *f*
signal converter Signalwandler *m*, Signalumformer *m*, Signalumsetzer *m*
signal current Signalstrom *m*
signal current amplifier Meßstromverstärker *m*
signal flare Lichtsignal *n*
signal flow Signalfluß *m*, Informationsfluß *m*
signal flowchart Signalflußplan *m*, Signalflußbild *n*, Signalflußdiagramm *n*
signal former Signalformer *m*
signal generator Signalgeber *m*, Signalgenerator *m*
signal input Signaleingang *m*, Signaleingabe *f*
signal integration Signalsummierung *f*, Signalintegration *f {Spek}*
signal lamp 1. Kontrollampe *f*, Signallampe *f*, Kontrollämpchen *n*, Kontrolleuchte *f {Elek}*; 2. Leuchtmelder *m*, Leuchtzeichen *n {z.B. auf dem Schaltpult}*
signal linker Signalverknüpfer *m*
signal matching Signalanpassung *f*
signal oil Leuchtpetroleum *n {für Signallampen}*, Laternenöl *n*
signal output Signalausgang *m*, Signalausgabe *f*
signal paint Markierungsfarbe *f*
signal processing Signalverarbeitung *f*
signal running time Signallaufzeit *f*
signal status display Signalzustandsanzeige *f*
signal-to-noise ratio Signal-Rauschverhältnis *n*, Störfaktor *m*
signal transducer Signalwandler *m*, Signalformer *m*
signal transmission Signalgabe *f*, Signalübermittlung *f*, Signalübertragung *f*
signal transmitter Signalgeber *m*

signalling Signalisierung *f*, Signalisation *f*, Zeichengabe *f*, Signalgabe *f*
signalling cartridge Signalpatrone *f*

signature 1. Signatur *f {Symbol}*; 2. Unterschrift *f*; 3. Buchbinderbogen *m*, Falzbogen *m {mit Bogensignatur}*; 4. Signatur *f {eine Quantenzahl}*

significance 1. Bedeutung *f*; 2. Signifikanz *f*, Wertigkeit *f*, Stellenwert *m*, Gewicht *n*; 3. Stellenwertigkeit *f {Math}*
level of significance Signifikanzzahl *f {Statistik}*

significant markant, wesentlich, bedeutend, bedeutsam, bedeutungsvoll; signifikant *{Statistik}*; stellenwertig *{Math}*
significant value Kennwert *m*

signification Bedeutung *f*, Sinn *m*, Bezeichnung *f*

signify/to bedeuten, bezeichnen; von Bedeutung *f* sein

signing paint Signierlack *m*

silage 1. Silieren *n*, Silierung *f*, Silierungsverfahren *n*, Gärfutterbereitung *f {Agri}*; 2. Sauerfutter *n*, Silage *f*, Silofutter *n*, Gärfutter *n {Agri}*
silage [fodder] Silofutter *n*

silane 1. <SiH_4> Monosilan *n {IUPAC}*, Silicomethan *n*, Silan *n*, Siliciumwasserstoff *m*; 2. <Si_nH_{2n+2}> Siliciumalkylverbindung *f*

silanediol <$R_2Si(OH)_2$> Silandiol *n*

silanetriol <$RSi(OH)_3$> Silantriol *n*

silanization Silanisierung *f*

silanized silanisiert
silanized silica flour silanisiertes Quarzmehl *n {Spezialfüllstoff für Kunstharze}*
silanized strand silanisierter Glasfaserstrang *m*, mit Silan-Haftmittel versehener Glasfaserstrang *m*

silanol <R_3SiOH> Silanol *n*
silanol-functional silanolfunktionell

silastic Silicongummi *m {Siliconkautschukvulkanisat}*

silencer Schalldämpfer *m*, Geräuschdämpfer *m*

silencing 1. geräuschdämpfend, schalldämpfend; 2. Schalldämpfung *f*

silent geräuscharm, lärmarm *{z.B. Maschine, Pumpe}*; geräuschlos, ruhig, still; stumm
silent discharge 1. Koronaentladung *f {Elek}*; 2. Dunkel-Entladung *f {selbstständige Gasentladung bis 0,001 mA/cm^2}*; Glimmentladung *f {selbstständige Gasentladung bis 0,1 A/cm^2}*

silex 1. Silex *m {Min}*; 2. Kiesel *m*, hitzebeständiges Glas *n {belgischer Quarzit}*
silex white Kieselweiß *n*

silfbergite Silfbergit *m {Min}*

silhouette Schattenriß *m*, Silhouette *f*
silhouette procedure Schattenbildverfahren *n*

silica 1. Siliciumdioxid *n*, Silicium(IV)-oxid *n*; 2. Silicamasse *f*, Silicamaterial *n*
silica aerogel Kieselaerogel *n*
silica brick Silika-Stein *m*, Dinasstein *m*
silica content of limestone Kieselsäuregehalt *m* des Kalksteins
silica crystal Kieselkristall *m*
silica earth Kieselerde *f*
silica flask Quarzkolben *m {Lab}*
silica flour Quarzmehl *n {Füllstoff}*
silica gel Kieselgel *n*, Kieselsäuregel *n*, Silicagel *n*
silica-gel adsorber Silicagel-Absorber *m*
silica-gel leak detector Silicagel-Lecksuchgerät *n*
silica liner Quarzauskleidung *f*
silica refractory Quarzschamottestein *m {ein SiO_2-reiches Schamotteerzeugnis}*
silica removal Entkieselung *f*, Entsilicierung *f*
silica removal tank Entkieselungsgefäß *n*, Sandfänger *m*
silica sand Quarzsand *m*, Silicasand *m*
silica skeleton Kieselsäuregerüst *n*
silica triangle Quarzdreieck *n*
silica tubing Quarzrohr *n*
containing silica kieselhaltig
fused silica Quarzglas *n*
silicane *s.* silane
silicate 1. silicatisch; 2. <M'_4SiO_4; M'_2SiO_3> Silicat *n {IUPAC}*, Silikat *n {obs}*
silicate cement Silicatzement *m {Dent}*
silicate colo[u]r Silicatfarbe *f*, Wasserglasfarbe *f*
silicate filler Silicatfüllstoff *m*
silicate of aluminium Aluminiumsilicat *n*
silicate paint Silicatfarbe *f*, Wasserglasfarbe *f*
silicate scaling Silicatkesselstein *m*
silicate slag Silicatschlacke *f {Met}*
silicate with chain structure Kettensilicat *n*
silicate with framework structure Gerüstsilicat *n*
silicated copper Kieselkupfer *n*, Kieselmalachit *m {Min}*
silicating agent Siliciermittel *n {Beschichten}*
silication Silicatbildung *f*
degree of silication Silicierungsgrad *m*
siliceous 1. kiesel[erde]haltig, kieselsäurehaltig, kieselig, siliciumdioxidhaltig; Kiesel[säure]-; 2. silicatisch; Silicat-
siliceous blende Kieselblende *f {Min}*
siliceous chalk Siliciumkreide *f*
siliceous earth Kieselerde *f {obs}*, Kieselgur *f*, Tripel *m*
siliceous feldspar Kieselspat *m {Min}*
siliceous flux Kieselfluß *m*
siliceous limestone Kieselkalk[stein] *m*
siliceous rock Kieselgestein *n*
siliceous schist Kieselschiefer *m {Min}*
siliceous sinter Kieselsinter *m*, Quarzsinter *m*, Opalsinter *m*, Geyserit *m {Absatz von Geysiren}*
silicic 1. kieselsäurehaltig; 2. siliciumhaltig
silicic acid <H_4SiO_4> Kieselsäure *f {Sauerstoffsäuren des Siliciums}*; Monokieselsäure *f*, Orthokieselsäure *f*, Tetroxokieselsäure *f*
silicic-acid gel Kiesel[säure]gel *n*, Silicagel *n*
silicic anhydride Kieselsäureanhydrid *n*, Silicium(IV)-oxid *n*, Siliciumdioxid *n*
salt of silicic acid Silicat *n {M'_4SiO_4; M'_2SiO_3}*
silicicolin Silicicolin *n*
silicide Silicid *n {Si-Metall-Verbindung}*
siliciferous kieselerdehaltig, kieselsäurehaltig, kieselig; siliciumhaltig
silicification Sili[ci]fizierung *f*, Silicifikation *f*, Verkieselung *f*
degree of silicification Sili[ci]fizierungsgrad *m*
silicify/to verkieseln, sili[ci]fizieren
siliciolite Siliciolith *m {Min}*
siliciophite Siliciophit *m {Min}*
silicious 1. kiesel[erde]haltig, kieselsäurehaltig, kieselig, siliciumdioxidhaltig; Kiesel[säure]-; 2. silicatisch; Silicat-
silicium *{obs}* *s.* silicon
silicoacetic acid <CH_3SiOOH> Silicoessigsäure *f*
silicoaluminophosphate molecular sieve Silicoaluminiumphosphat-Molekularsieb *n*
silicobromoform <$SiHBr_3$> Silicobromoform *n*, Tribromsilan *n*
silicocalcareous kieselkalkhaltig
silicochloroform <$SiHCl_3$> Siliciumchloroform *n*, Trichlorsilan *n*
silicoethane <Si_2H_6> Disilan *n*, Siliciumethan *n*, Silicoethan *n*
silicofluoric acid <H_2SiF_6> Fluorokieselsäure *f*, Hexafluorkieselsäure *f*, Siliciumfluorwasserstoffsäure *f*
salt of silicofluoric acid <M'_2SiF_6> Silicofluorid *n*, Hexafluorsilicat *n*
silicofluoride <M'_2SiF_6> Silicofluorid *n*, Hexafluorsilicat *n*
silicoformic acid <$HSiOOH$> Silicoameisensäure *f*
silicoiodoform <$SiHI_3$> Siliciumiodoform *n*, Triiodmonosilan *n*, Silicojodoform *n {obs}*
silicol <R_3SiOH> Silicol *n*, Hydroxysilan *n*
silicomanganese Silicomangan *n {65-70 % Mn, 16-25 % Si, 1-2 % C}*
silicomanganese steel Mangansiliciumstahl *m*
silicomethane <SiH_4> Siliciummethan *n {obs}*, Silicomethan *n*, Silican *n*, Monosilan *n*
silicon *{Si, element no. 14}* Silicium *n {IUPAC}*, Silizium *n*
silicon alkyls 1. <Si_nH_{2n+2}> Silane *npl*,

Siliciumwasserstoffe *mpl*; 2. <SiR_4; $SiHR_3$; SiH_2R_2; SiH_3R> Silane *npl*, Silanalkylverbindungen *fpl*
silicon boride Siliciumborid *n*
silicon bromide Siliciumbromid *n*
silicon bronze Siliciumbronze *f {Cu-Sn-Legierung mit 1-4 % Si}*
silicon carbide <SiC> Siliciumcarbid *m*, Kohlenstoffsilicium *n {obs}*; Carborundum *n {HN}*
silicon chip Silicium-Einkristall-Plättchen *n*, Siliciumchip *m*
silicon chloride Siliciumchlorid *n*
silicon chloride bromide Siliciumchlorbromid *n*
silicon compound Siliciumverbindung *f*
silicon-containing polymer makromolekulare siliciumorganische Verbindung *f*, Polysiloxan *n*, Silicon *n*
silicon content Siliciumgehalt *m*
silicon copper Siliciumkupfer *n {60-70 % Cu, 30-40 % Si}*
silicon dioxide <SiO_2> Kieselsäureanhydrid *n*, Siliciumdioxid *n {Füllstoff}*
silicon ethyl <$Si(C_2H_5)_4$> Tetraethylsilicium *n*
silicon fluoride Siliciumfluorid *n {SiF_4, Si_2F_6}*
silicon fluorine compound Siliciumfluorverbindung *f*
silicon functionality Siliciumfunktionalität *f*
silicon halides Siliciumhalogenide *npl*
silicon hydride *s.* silane
silicon iodide Siliciumiodid *n {SiI_4, Si_2I_6}*
silicon iron Ferrosilicium *n {2-15 % Si}*
silicon manganese steel Siliciummanganstahl *m*
silicon monoxide <SiO> Siliciummonoxid *n*
silicon nitride <Si_3N_4> Siliciumnitrid *n*, Stickstoffsilicid *n*
silicon-oxygen backbone Silicium-Sauerstoff-Skelett *n*
silicon-oxygen linkage Silicium-Sauerstoffbindung *f*
silicon rectifier Silicium-Gleichrichter *m*
silicon steel Siliciumstahl *m*
silicon tetraacide vierwertiges Silicium *n {Silicium(IV)-}*
silicon tetrabromide <$SiBr_4$> Siliciumtetrabromid *n*, Silicium(IV)-bromid *n*, Tetrabromsilan *n*
silicon tetrachloride <$SiCl_4$> Siliciumtetrachlorid *n*, Tetrachlorsilan *n*, Silicium(IV)-chlorid *n*
silicon tetrafluoride <SiF_4> Siliciumtetrafluorid *n*, Silicium(IV)-fluorid *n*, Tetrafluorsilan *n*
silicon tetrahydride <SiH_4> Siliciumwasserstoff *n*, Monosilan *n*, Silicomethan *n*
silicon tetraiodide <SiI_4> Siliciumtetraiodid *n*, Silicium(IV)-iodid *n*, Tetraiodsilan *n*
silicon tetraphenyl <$(C_6H_5)_4Si$> Tetraphenylsilicium *n*, Tetraphenylsilan *n*
silicone Silicon *n {IUPAC}*, Silikon *n*, Polysiloxan *n {makromolekulare siliciumorganische Verbindung}*
silicone adhesive Silikonklebstoff *m*
silicone based building sealant *{BS 5889}* Silicondichtungsmasse *f*
silicone-bonded glass cloth siliconbeschichtetes Glasgewebe *n*
silicone casting resin Silicongießharz *n*
silicone-ceramic mo[u]lding compound Silicon-Keramik-Formmasse *f*
silicone content Siliconanteil *m*, Silicongehalt *m*
silicone dressing plant Silicieranlage *{Met}*
silicone elastomer Siliconelastomer[es] *n*, elastomeres Silicon *n*
silicone-elastomer coated fabric siliconelastomerbeschichteter Stoff *m*
silicone fluid Siliconöl *n*, Siliconfluid *n*, Siliconflüssigkeit *f*
silicone-free siliconfrei
silicone grease Siliconfett *n*, Siliconschmierfett *n*, Siliconschmierstoff *m*
silicone heat-transfer fluid Siliconwärmeträgermedium *n*
silicone-modified siliconmodifiziert
silicone oil Siliconöl *n*
silicone paste Siliconpaste *f*
silicone plastic Siliconplast *m*
silicone potting compound Silikonvergußmasse *f*
silicone release agent Silicontrennmittel *n*
silicone release resin Silicontrennharz *n*
silicone resin <$(R_2SiO)n$> Silicon[kunst]harz *m*, Organopolysiloxanharz *n*
silicone resin lacquer Silicon[kunst]harzlack *m*
silicone resin mo[u]lding compound Silicon[kunst]harzpreßmasse *f*
silicone rubber Silicongummi *m*, Siliconkautschuk *m {Siliconkautschukvulkanisat}*
silicone rubber compound Siliconkautschukmischung *f*
silicone-treated siliconisiert, siliconbehandelt, mit Silicon *n* behandelt
silicone varnish Siliconlack *m*, Siliconharz-Einbrennlack *m*
siliconic <$(HO)OSi$-> Silicono-
siliconic acid <$RSiOOH$> Siliconsäure *f*
siliconize/to 1. siliconisieren, mit Silicon behandeln; 2. aufsilicieren *{Met}*; [in]silicieren *{mit Si zementieren; Met}*
siliconizing 1. Siliconbehandlung *f*, Siliconisierung *f*, Siliconisieren *n*; 2. Aufsilicieren *n {Met}*; Insilicieren *n {Zementation mit Si; Met}*
siliconizing plant Silicieranlage *f {Met}*

silicooxalic acid <$HOOSi\text{-}SiOOH$> Siliciumoxalsäure *f*, Silicooxalsäure *f*

silicophosphate cement Silicophosphatzement *m {Dent}*

silicopropane <Si_3H_8> Trisilan *n*, Silicopropan *n*

silicosis Silikose *f*, Quarzstaublunge *f {Med}*

silicotungstic acid <$H_4[SiW_{12}O_{40}]$> Tetrahydrogendodecawolframosilicat *n {IUPAC}*, Kieselwolframsäure *f*

silicyl <$\text{-}SiH_3$> silicyl-

silite Silit *n {SiC-Widerstandsmaterial}*

silk 1. Seide *f*; 2. Seidenstoff *m*, Seidengewebe *n {Text}*; Seidenfaden *m {Text}*; 3. Seidenglanz *m {Min}*

silk bleaching vesel Seidenbleichgefäß *n {Text}*

silk cotton Kapok *n*

silk degumming vessel Seidendegummiergefäß *n*, Seidenentbastungsgefäß *n*, Seidenentschälungsgefäß *n*

silk-finish seidenglänzend

silk gelatin Sericin *n*, Seidenbast *m*, Seidenleim *m*

silk glue Sericin *n*, Seidenbast *m*, Seidenleim *m*

silk gum *s.* silk glue

silk loading vessel Seidenbeschwerungsgefäß *n*

silk paper Seidenpapier *n*

silk scouring vessel Seidendegummiergefäß *n*, Seidenentbastungsgefäß *n*, Seidenentschälungsgefäß *n*

silk screen printing Siebdruck *m*, Filmdruck *m*, Serigraphie *f*, Schablonendruck *m*

silk weighting vessel Seidenbeschwerungsgefäß *n*

artificial silk Kunstseide *f*, Reyon *m*

degummed silk Cuiteseide *f*

half boiled silk Soupleseide *f*

natural silk echte Seide *f*, Naturseide *f*, Maulbeerseide *f*

oiled silk Ölseide *f*

pure silk Reinseide *f*

raw silk Rohseide *f {Text}*

vegetable silk 1. Kapok *n*; 2. pflanzliche Seide *f {Calotropis gigantea}*

weighted silk beschwerte Seide *f*

silking seidenartiges Ansehen *n*, [feine] Runzelbildung *f*, feine Rillenbildung *f*

silkworm Seidenraupe *f*, Seidenwurm *m {Bombyx mori}*

silky seidenartig, seidig, seidenähnlich; seidenweich; seidenglänzend, mit Seidenglanz

silky asbestos Amiant[h] *m {Min}*

sill 1. Schwelle *f*, Bodenschwelle *f*; 2. Sohle *f {Bergbau}*; 3. Lagergang *m*, Sill *m {Geol}*; 4. Ladekante *f {Auto}*

sillimanite Sillimanit *m*, Faserstein *m*, Fibrolith *m {Aluminiumalumoorthosilicat, Min}*

silo 1. Silo *m n*, Bunker *m*, Zellenspeicher *m*, Schachtspeicher *m*, Vorratsbehälter *m {für Feststoffe}*; 2. Gärfutterbehälter *m*, Gärsilo *m n*, Siloturm *m {Agri}*; 3. Schrotrumpf *m {Brau}*

silo installation Siloanlage *f*

siloxane <$(\text{-}SiRR'O\text{-})_n$> Siloxan *n*, Oxosilan *n*

siloxane epoxide Silanepoxid *n*, silanisiertes Epoxid *n*

siloxane group <$\text{-}Si(R)_2O\text{-}$> Siloxangruppe *f*

siloxane linkage Siloxanbindung *f*

siloxane-silphenylene copolymer Siloxan-Silphenylen-Copolymer[es] *n*

siloxane unit Siloxanbaustein *m*, Siloxaneinheit *f*

siloxen <$[Si_6O_3H_6]_n$> Siloxen *n*

siloxicon Siloxicon *n*, Carbosiliciumoxid *n*

silphenylene group <$\text{-}Si(CH_3)_2C_6H_4\text{-}Si(CH_3)_2\text{-}$> Silphenylengruppe *f*

silt/to verschlammen; aufschwemmen

silt 1. Schlick *m*, Schlamm *m*; 2. Schluff *m*, Silt *m*, Feinsand *m {Geol}*

silt box Schlammfang *m*, Schlammkasten *m*

silt-laden water schlammiges Wasser *n*, trübes Wasser *n*

silting Verschlammung *f*, Versandung *f*, Verschlickung *f*; Verlandung *f*, Auflandung *f {z.B. eines Flußbetts}*

silty schlammig

silty water schlammiges Wasser *n*, trübes Wasser *n*

silundum Silundum *n*, Siliciumcarbid *n*

silver/to versilbern, mit Silber überziehen

silver-plate/to versilbern, mit Silber überziehen

silver *{Ag, element no. 47}* Silber *n*

silver acetate <$AgOOCCH_3$> Silberacetat *n*

silver acetylide <Ag_2C_2> Silberacetylid *n*, Silbercarbid *n*, Silberacetylenid *n*, Azetylensilber *n {obs}*

silver albuminate Silberalbuminat *n*

silver alloy Silberlegierung *f {Met}*

silver amalgam <$AgHg_2$> Silberamalgam *n*, Amalgamsilber *n*

silver amide <$AgNH_2$> Silberamid *n*

silver antimonide <Ag_3Sb> Silberantimonid *n*

silver antimony glance <$AgSbS_2$> Hypargyrit *m*, Silberantimonglanz *m {obs}*, Miargyrit *m {Min}*

silver antimony sulfide Silberantimonsulfid *n*

silver arsenate <Ag_3AsO_4> Silberarsenat *n*

silver arsphenamine Silberarsphenamin *n*

silver asbestos Silberasbest *m {Min}*

silver assay Silberprobe *f*

silver azide <AgN_3> Silberazid *n*, Knallsilber *n {Expl}*

silver balance Silberwaage *f*

silver battery <Ag_4RbI_5> Silberbatterie *f*, Silberzelle *f {Elek}*

silver bichromate $<Ag_2Cr_2O_7>$ Silberdichromat *n*
silver bismuth sulfide $<AgBiS_2>$ Silberbismutsulfid *n*
silver brazing alloy Silberhartlot *n*
silver brick Silbersau *f*, Barrensilber *n {Met}*
silver bromate $<AgBrO_3>$ Silberbromat(V) *n*
silver bromide $<AgBr>$ Silberbromid *n {Chem}*, Bromsilber *n {Photo}*
silver bromide collodion Bromsilberkollodium *n*
silver bromide gelatin Bromsilbergelatine *f {Photo}*
silver bromide gelatin paper Bromsilbergelatinepapier *n*
silver bromide paper Bromsilberpapier *n {Photo}*
silver bronze Silberbronze *f {Ag-Cu-Legierung}*
silver-cadmium storage battery Silber-Cadmium-Sekundärelement *n {Elek}*
silver carbide $<Ag_2C_2>$ Silbercarbid *n*, Silberacetylid *n*, Silberacetylenid *n {Expl}*
silver carbonate $<Ag_2CO_3>$ Silbercarbonat *n*
silver caseinate Argonin *n*
silver chlorate $<AgClO_3>$ Silberchlorat(V) *n*
silver chloride $<AgCl>$ Silberchlorid *n {Chem}*, Chlorsilber *n {Photo}*
silver chloride bath Silberchloridbad *n*
silver chloride battery *s.* silver chloride cell
silver chloride cell Silberchloridelement *n*, Silberchloridzelle *f {Elek}*
silver chloride gelatin Silberchloridgelatine *f*
silver chloride gelatin paper Silberchloridgelatinepapier *n {Photo}*
silver chlorite $<AgClO_2>$ Silberchlorit *n*, Silber(I)-chlorat(III) *n*
silver chromate $<Ag_2CrO_4>$ Silberchromat *n*
silver citrate $<AgC_6H_5O_7>$ Silbercitrat *n*, Itrol *n*
silver cladding 1. Silberplattierung *f*, Silberauflage *f*; 2. Silberplattieren *n*
silver-coated mirror Silberspiegel *m*
silver coin Silbermünze *f*
silver-colo[u]red silberfarben, silbern
silver content Silbergehalt *m*
silver copper glance Silberkupferglanz *m {obs}*, Stromeyerit *m {Min}*
silver crucible Silbertiegel *m {Lab}*
silver cyanate $<AgOCN>$ Silbercyanat *n*
silver cyanide $<AgCN>$ Silbercyanid *n*, Cyansilber *n {obs}*
silver cyanide bath Silbercyanidbad *n*
silver dichromate $<Ag_2Cr_2O_7>$ Silberdichromat *n*
silver dip Silberbad *n*
silver dithionate $<Ag_2S_2O_6>$ Silberdithionat *n*
silver electrode Silberelektrode *f*
silver enamel Silberlack *m*
silver enanthate Silberönanthat *n*
silver filings Silberfeilspäne *mpl*
silver fir Edeltanne *f*, Weißtanne *f {Abies alba Mill.}*
silver fir oil Weißtannenöl *n*
silver fluoride $<AgF>$ Silberfluorid *n*, Silber(I)-fluorid *n*, Fluorsilber *n {obs}*
silver foil Silberfolie *f {Beschichtung}*
silver formate Silberformiat *n*
silver foundry Silberhütte *f*
silver fulminate $<AgCNO>$ knallsaures Silber *n {obs}*, Knallsilber *n*, Silberfulminat *n {Expl}*
silver-gelatin type film Silbergelatinefilm *m*
silver glance $<Ag_2S>$ Silberglanz *m*, Argentit *m {Min}*
silver grey silbergrau
silver halide Silberhalogenid *n {Chem}*, Halogensilber *n {Photo}*
silver hexacyanoferrate(II) $<Ag_4[Fe(CN)_6]>$ Silberhexacyanoferrat(II) *n*
silver hexacyanoferrate(III) $<Ag_3[Fe(CN)_6]>$ Silberhexacyanoferrat(III) *n*
silver hydroxide Silberhydroxid *n*
silver hypochlorite $<AgOCl>$ Silberhypochlorit *n*, Silber(I)-chlorat(I) *n {IUPAC}*
silver ingot Barrensilber *n*, Silbersau *f {Met}*
silver iodate $<AgIO_3>$ Silber(I)-iodat(V) *n*
silver iodide $<AgI>$ Silberiodid *n {IUPAC}*, Jodsilber *n {obs}*
silver lactate $<Ag(CH_3CHOHCOO)>$ Silberlactat *n*, milchsaures Silber *n*, Actol *n*
silver leaf Blattsilber *n {reines geschlagenes Silber}*
silver malate Silbermalat *n*
silver mine Silbermine *f {Bergbau}*
silver nitrate $<AgNO_3>$ Silbernitrat *n*, Ätzsilber *n*, Höllenstein *m*, Stickstoffsilber *n {obs}*
silver nitrate bath Höllensteinbad *n*
silver nitrate solution Silbernitratlösung *f*, Höllensteinlösung *f*
silver nitride $<Ag_3N>$ Silbernitrid *n {Expl}*
silver nitrite $<AgNO_2>$ Silbernitrit *n*, Silber(I)-nitrit(III) *n*
silver ore Silbererz *n {Min}*
silver orthophosphate $<Ag_3PO_4>$ Silberorthophosphat *n*
silver oxalate $<Ag_2C_2O_4>$ Silberoxalat *n*
silver oxide $<Ag_2O>$ Silberoxid *n*, Silber(I)-oxid *n*
silver oxide cell Silberoxidelement *n*, Silberoxid-Zelle *f {Elek}*
silver-oxygen leak Silber-Sauerstoff-Leck *n {Vak}*
silver paper 1. Silberpapier *n {Stanniol, Aluminiumfolie oder mit diesen Metallfolien*

beschichtetes Papier}; 2. Silberpackpaier *n*, Silberschutz]papier *n*

silver perchlorate <$AgClO_4$> Silberperchlorat *n*, Silber(I)-chlorat(VII) *n*

silver period Silberperiode *f {Ru, Rh, Pd, Ag, Cd, In}*

silver permanganate <$AgMnO_4$> Silberpermanganat *n*, Silber(I)-manganat(VII) *n*

silver peroxide Silberperoxid *n* {Ag_2O_2, Ag_2O_4}

silver phosphate Silberphosphat *n* {Ag_3PO_4; $Ag_4P_2O_7$}

silver picrate Silberpikrat *n*

silver-plated versilbert, mit Silber überzogen

silver plating 1. Silberauflage *f*, Silberplattierung *f*; 2. Silberplattieren *n*, galvanische Versilberung *f*, [elektrochemisches] Versilbern *n* *{Met}*; 3. Versilbern *n {Vak}*

silver plating bath Silberbad *n*, Versilberungselektrolyt *m*

silver plating device Versilberungsgerät *n* *{Dent}*

silver point Silberpunkt *m {Erstarrungspunkt von Silber nach IPTS-68: 1235,08 K}*

silver potassium cyanide <$KAg(CN)_2$> Silberkaliumcyanid *n*, Kaliumdicyanoargentat(I) *n*

silver powder Silberpuder *n*, weiße Bronze *f*

silver precipitant Silberfällungsmittel *n*

silver precipitate Silberniederschlag *m*

silver propionate Silberpropionat *n*

silver protalbin Protalbinsilber *n*, Largin *n*

silver protein Proteinsilber *n*, Albumosesilber *n {Pharm}*

silver pyrophosphate <$Ag_4P_2O_7$> Silberpyrophosphat *n*

silver refinery Silberscheideanstalt *f*

silver refining hearth Silberbrennherd *m*

silver refining Silberraffination *f*, Silberscheidung *f*

silver salt Natriumanthrachinon-2-sulfonat *n*

silver sand Silbersand *m*

silver screen Silberschirm *m {ein Aufhellschirm}*

silver selenide <Ag_2Se> Selensilber *n*, Silberselenid *n*

silver separation Silberscheidung *f*

silver-silver chloride electrode Silber/Chlorsilber-Elektrode *f {obs}*, Silber/Silberchlorid-Elektrode *f {Bezugselektrode}*

silver single crystal Silbereinkristall *m*

silver soap Silberseife *f*

silver sodium chloride <$NaAgCl_2$> Natriumsilberchlorid *n*

silver sodium thiosulfate <$Ag_2S_2O_3 \cdot 2Na_2S_2O_3 \cdot 2H_2O$> Natriumsilberthiosulfat[-Dihydrat] *n*

silver solder Silber[schlag]lot *n {Met}*

silver steel Silberstahl *m {Tech, Met}*; Präzisions-Rundstahl *m {Tech, Met}*

silver stibide <Ag_3Sb> Silberantimonid *n*

silver strip test Silberstreifenprüfung *f {Öl}*

silver sulfate <Ag_2SO_4> Silbersulfat *n*

silver sulfide <Ag_2S> Silbersulfid *n*, Schwefelsilber *n*, Weicherz *n {Min}*

silver tailings Silberschlamm *m*

silver telluride <Ag_2Te> Tellursilber *n*

silver thiocyanate <$AgSCN$> Silberthiocyanat *n*

silver thiosulfate <$Ag_2S_2O_3$> Silberthiosulfat *n*

silver thread Fadensilber *n*

silver tinsel Lametta *f n*, Rauschsilber *n*

silver voltameter Silbercoulometer *n*

silver wire Silberdraht *m*

silver work Silberarbeit *f*

silver works Silberhütte *f*

silver zinc storage battery Silber-Zink-Akkumulator *m {eine Sekundärzelle}*

black silver glance Melanglanz *m {obs}*, Stephanit *m {Min}*

black silver ore Schwarzerz *n {Min}*

bright silver Glanzsilber *n*

bright silver plating Glanzversilberung *f*

brittle silver glance Sprödglaserz *n {obs}*, Stephanit *m {Min}*

brittle silver ore Melanglanz *m {obs}*, Sprödglaserz *n {obs}*, Stephanit *m {Min}*

capillary silver Haarsilber *n {Min}*

coinage silver Münzsilber *n*

coined silver gemünztes Silber *n*

colloidal silver kolloidales Silber *n*, Credesches Silber *n*

crude silver Rohsilber *n*

deposit of silver Silberniederschlag *m*

deposited silver Fällsilber *n*

earthy silver glance Silberschwärze *f {Min}*

German silver Neusilber *n*, Nickelsilber *n*, Alpaka *n*

hard silver plating Hartversilberung *f*

heavy silver plating Starkversilberung *f*

imitation silver foil Rauschsilber *n*

incrustation of silver chloride Silberchloridkruste *f*, Chlorsilberkruste *f {obs}*

native silver bismuth sulfide Matildit *m {Min}*

native silver chloride Hornerz *n {obs}*, Chlorargyrit *m*, Hornsilber *n {Min}*

native silver iodide Jodyrit *m*, Jodit *m*, Jodargyrit *m {Min}*

poor silver ore Armstein *m {Min}*

red silver ore Dunkelrotgüldigerz *n*, Pyrargyrit *m {Min}*

rich silver ore Formerz *n {Min}*

solid silver plating Solidversilberung *f*

Sterling silver Sterlingsilber *n {92,5 % Ag, 7,5 % Cu}*

white silver ore Weißgüldigerz *n {Min}*

silvering 1. Versilbern *n*, Versilberung *f {Glas}*; 2. Verspiegelung *f {Glas, Opt}*; 3. Silberung *f {Abwasserentkeimung}*

silvering bath Versilberungselektrolyt *m*, Silberbad *n*

silvering by contact Kontaktversilberung *f*

silvering by rubbing on Anreibeversilberung *f*

hot light silvering bath Silberweißbad *n*, Silberweißsud *m*

hot silvering bath Silbersud *m*

silvery silberartig, silberglänzend, silb[e]rig, silbern

silvestrene $<C_{10}H_{16}>$ Silvestren *n*

silyl $<H_3Si->$ Silicyl-, Silyl-; Silylgruppe *f*

silyl ether $<H_3SiOSiH_3>$ Silylether *m*

silylamine $<H_3SiNH_2>$ Silylamin *n*

silylarsine Silylarsin *n*

silylation Silylierung *f*

silylene $<H_2Si=>$ Silylen *n*, Silylengrupe *f*

simaruba Simaruba *f {Pharm}*

simazine $<C_5H_{12}ClN_5>$ Simazin *n {Triazinherbizid}*

similar ähnlich; gleichartig, artgleich *{z.B. Material}*; gleichförmig; gleichnamig

similarity 1. Ähnlichkeit *f*, Analogon *n {Phys, Math}*; 2. Gleichartigkeit *f {z.B. von Material}*; 3. Gleichnamigkeit *f*

similarity law Ähnlichkeitsgesetz *n*

similarity principle Ähnlichkeitsprinzip *n*

similarity rule Ähnlichkeitsregel *f*

similarity theorem Ähnlichkeitssatz *m*

similarity theory Ähnlichkeitstheorie *f {Phys}*

similarity transformation Ähnlichkeitstransformation *f*, Ähnlichkeitsabbildung *f*, äquiforme Abbildung *f {Math}*

law of similarity Ähnlichkeitsgesetz *n*

principle of similarity Ähnlichkeitstheorie *f*

similitude Ähnlichkeit *f*

principle of similitude Ähnlichkeitsprinzip *n*

ratio of similitude Ähnlichkeitsverhältnis *n*

similor Halbgold *n*, Similor *n*

simmer/to leicht sieden, gerade kochen; langsam kochen, köcheln; brodeln; schlagen *{Ventilsitz}*

simonellite Simonellit *m {Min}*

Simons process Simonsches Verfahren *n*, Simon-Verfahren *n*

simple einfach; schlicht

simple distillation plant einfache Destillieranlage *f*

simple electrode Einfachelektrode *f*

simple glide Einfachgleitung *f*

simple-gear extruder Strangpresse *f* ohne regelbaren Antrieb

simplification 1. Vereinfachung *f {z.B. ein Schaltnetzwerk}*; 2. Rationalisierung *f*, Minimieren *n*, Kürzen *n*; 3. Erleichterung *f*

simplify/to 1. vereinfachen *{z.B. ein Schaltnetzwerk}*; 2. rationalisieren, kürzen, minimieren; 3. erleichtern

simply einfach

simply constructed in einfacher Bauart *f*

SIMS 1. *{secondary ion mass spectroscopy}* Sekundärionen-Massenspektroskopie *f*; 2. *{secondary ion mass spectrometry}* Sekundärionen-Massenspektrometrie *f*

simulate/to nachmachen, nachahmen, nachbilden, simulieren; vortäuschen

simulated distillation simulierte Destillation *f {Anal}*

simulation Nachahmung *f*, Nachbildung *f*, Simulation *f*; Vortäuschung *f*

simulator 1. Simulator *m {Tech}*; 2. Simulierer *m*, Simulatorprogramm *n*, Simulator *m {EDV}*

simultaneous gleichzeitig, simultan

simultaneous operation Simultanbetrieb *m*

simultaneous precipitation gleichzeitiges Ausfällen *n*, Mitfällung *f*

simultaneous stretching [process] Simultanreckverfahren *n*, Simultanstrecken *n*

sinalbin Sinalbin *n {Glucosid aus Sinapis alba ssp. alba}*

sinamine $<C_4H_6N_2>$ Sinamin *n*, Allylcyanamid *n*

sinapic acid $<C_{11}H_{12}O_5>$ Sinapinsäure *f*, Hydroxydimethoxyzimtsäure *f*

sinapine $<C_{16}H_{24}NO_5^+>$ Sinapin *n*

sinapisine Sinapisin *n*

sinapolin Sinapolin *n*, Diallylharnstoff *m*

sinapyl alcohol Sinapinalkohol *m {ein Zimtalkohol}*

Sinclair hydrogen treating Sinclair-Wasserstoffentschwefler *m*

sine Sinus *m {Math}*

sine condition Sinusbedingung *f*

sine current Sinusstrom *m*, sinusförmiger Strom *m*

sine curve Sinuskurve *f*, Sinuslinie *f*, Sinusoide *f*

sine function Sinusfunktion *f {Math}*

sine galvanometer Sinusbussole *f {Tech}*

sine-shaped sinusförmig

sine transformation Sinustransformation *f*

sine wave Sinuswelle *f*

sinew Sehne *f {Med}*

singe/to sengen, absengen, gasieren, abflammen *{Text}*; versengen

singeing Sengen *n*, Gasieren *n*, Abflammen *n*, Absengen *n {Text}*

singeing apparatus Flambiergerät *m*, Gasiergerät *n*, Senggerät *n*, Absengapparat *m {Text}*

singeing machine by cylinders Zylindersengmaschine *f {Text}*

single out/to heraussuchen, aussondern

single 1. einzeln; einfach; einmalig; 2. Einzel-; Einfach-; Ein-
single-acting einfachwirkend *{z.B. Motor, Maschine}*
single-acting press einfachwirkende Presse *f*, einseitig wirkende Presse *f*
single analysis Einzelanalyse *f*
single-base powder einbasiges Pulver *n*, einbasiges Treibladungspulver *n*, Nitrocellulosepulver *n {Expl}*
single-bath process Einbadverfahren *n*
single-beam oscilloscope Einstrahl-Elektronenstrahl-Oszilloskop *n*
single-beam spectrometer Einstrahl-Spektrometer *n*
single-beam spectrophotometer Einkanal-Spektralphotometer *n*, Einkanal-Spektrophotometer *n*
single-blade einschauflig
single block pump Einblockpumpe *f*
single boiler Einfachkessel *m*
single bond Einfachbindung *{Valenz}*
single-bond polyheterocyclics einbindige Polyheterocyclen *mpl*
single-cavity injection mo[u]ld Einfachspritzgießwerkzeug *n*
single-cavity mo[u]ld Einfachform *f*, Einfachwerkzeug *n*, Ein-Kavitätenwerkzeug *n*
single cell Monozelle *f*, Einzelzelle *f*
single-cell anode Anodeneinzelzelle *f*
single-cell spectrophotometer Einzellen-Spektralphotometer *n*, Einzellen-Spektrophotometer *n*
single-celled einzellig
single-channel direct reading spectrometer Einfeld-Direktspektrometer *n*
single-channel spectrophotometer Einkanal-Spektralphotometer *n*, Einkanal-Spektrophotometer *n*
single-circuit cooling system Einkreis-Kühlsystem *n*
single-circuit system Einkreissystem *n*
single coating Einschichtüberzug *m*
single coil Einfachwendel *f*
single collision Einzelstoß *m*
single-colo[u]r printing machine Einfarbendruckmaschine *f {Text}*
single-colo[u]red einfarbig
single column Einzelkolonnenanordnung *f {Chrom}*
single-compound explosive Einkomponentensprengstoff *m*, einbasiger Sprengstoff *m*
single control shower mixer Mischbatterie *f*
single crystal Einkristall *m*
single-crystal pulling apparatus Einkristallziehmaschine *f*
single-crystal sputtering Einkristallzerstäubung *f*
single-crystal surface Einkristalloberfläche *f*
single-cylinder einzylindrig
single-daylight mo[u]ld Doppelplattenwerkzeug *n*, Einetagenwerkzeug *n*, Zweiplattenwerkzeug *n*
single-daylight press Einetagenpresse *f*
single-defect criterion Einfehlerkriterium *n {Schutz}*
single-die extruder head Einfach[extrusions]kopf *m*, Einfachwerkzeug *n*
single dislocation Einzelversetzung *f {Krist}*
single dividing method Einzelteilverfahren *n*
single drive Einzelantrieb *m*
single-drum dryer Röhrentrockner *m*, Trommeltrockner *m*, Einwalzentrockner *m*
single-effect evaporator Einkörperverdampfer *m*, Einstufenverdampfer *m*
single electrode Einzelelektrode *f*
single-electrode potential Einzelelektrodenpotential *n*, Einzelpotential *n*
single-electrode system Halbzelle *f*, Halbelement *n {Elek}*
single-flamed einflammig
single-floor kiln Einhordendarre *f {Brau}*
single-grade oil Einbereichsöl *n*
single grain source Feinbedampfer *m {Vak}*
single-grid tube *{US}* Eingitterröhre *f*
single-grid valve *{GB}* Eingitterröhre *f*
single-handed eigenhändig; einhändig
single heater Einzelheizer *m*
single-helical gear Schrägverzahnung *f*
single-hole ga[u]ge Einzellochschablone *f*
single-hole nozzle Einlochdüse *f*
single-impression mo[u]ld Einfachform *f*, Einfachwerkzeug *n*
single-jaw crusher Einbackenbrecher *m*
single-jet burner Einlochgasbrenner *m*
single-layer einschichtig, einlagig
single-layer die Einschichtdüse *f*, Einschichtwerkzeug *n*
single-layer expanded polystyrene container Einschicht-PS-Schaumhohlkörper *m*
single-layer extrusion Einschichtextrusion *f*
single-layer film Einschichtfolie *f*
single-layer filter Einschichtfilter *n*
single-layered einschichtig, einlagig
single-leaf electrometer Einblattelektrometer *n*
single-lens einlinsig; Einlinsen- *{Opt}*
single-level formula Einniveauformel *f*
single lifting table Einzelaushubtisch *m*
single-line process Einstrangverfahren *n*
single-lobe pump Sperrschieberpumpe *f*, Trennflügelpumpe *f*
single manifold die einfache Breitschlitzdüse *f*
single measurement Einzelmessung *f*
single nozzle Einzeldüse *f*
single-nozzle burner Einzelbrenner *m*
single package Einzelpackung *f*

single-parameter control circuit Einzelparameter-Regelkreis *m*
single-parison die Einfach-Schlauchkopf *m*
single part Einzelteil *n*
single-part production Einzelfertigung *f*
single particle Einzelteilchen *n*
single-particle level Einteilchenniveau *n*
single-particle model Einteilchenmodell *n*
single-particle shell model Einteilchenschalenmodell *n*
single-particle transition Einteilchenübergang *m*
single-particle wave function Einteilchenwellenfunktion *f*
single pass Einzeldurchgang *m*, Einrichtungsdurchgang *m*
single-pass boiler Einzugkessel *m*
single-pass tunnel oven Tunnelofen *m* mit Einrichtungsdurchlauf
single-pen recorder Einfach-Linienschreiber *m*
single-pen chart recorder Einfach-Bandschreiber *m*
single-phase einphasig, monophasisch; Einphasen-
single-phase current Einphasenstrom *m*
single-phase current plant Einphasenstromanlage *f*
single-phase flow Einphasenströmung *f*
single-phase furnace Einphasenofen *m*
single-phase system Einphasensystem *n*, Einstoffsystem *n* *{Thermo}*
single-phase wiring Einphasenleitung *f*
single-piece work Einzelanfertigung *f*
single-piston pump Einkolbenpumpe *f*
single plane dutch weave glattes Tressengewebe *n* *{Text}*
single-point recorder Punktschreiber *m*, Einpunktschreiber *m*
single-point threading tool Gewindeformdrehstahl *m*
single-polar einpolig, unipolar
single-pole einpolig, unipolar
single-pole tube Einpolröhre *f*
single potential Einzel[elektroden]potential *n*, Einzelspannung *f*
single process Einzelvorgang *m*
single-purpose Einzweck-, Sonder-, Spezial- *{Tech}*
single reciprocating screw Einfach-Schubschnecke *f*
single-refracting einfachbrechend
single refraction Einfachbrechung *f* *{Opt}*
single regulation Einzelregelung *f*
single-rod glass electrode Einstabglaselektrode *f*
single-rod seal Einzelstabeinschmelzung *f*
single-roll crusher Einwalzenbrecher *m*
single-roll dryer Einwalzentrockner *m*
single-roll extruder Einwalzenextruder *m*
single-rotor screw pump Spindelpumpe *f*
single-row 1. einreihig; 2. einzeilig; Einzeilen- *{Matrix}*
single-scattering Einzelstreuung *f*
single-screw 1. einwellig; 2. Einzelschnecke *f*, Einschnecke *f*, Einfachschnecke *f*, Einspindelschnecke *f*, Einwellenschnecke *f*
single-screw arrangement Einschneckenanordnung *f*
single-screw barrel Einschneckenzylinder *m*
single-screw compounder Einschneckenmaschine *f*, Einwellenmaschine *f*, Einschnecken-Plastifizieraggregat *n*, einwelliger Schneckenkneter *m*, Einschneckenkneter *m*
single-screw extruder Einschneckenextruder *m*, Einschneckenstrangpresse *f*, einfache Strangpresse *f*
single-screw extrusion Einschneckenextrusion *f*
single-screw injection mo[u]lding machine Einschnecken-Spritzgießmaschine *f*
single-screw injector Einschneckenpresse *f*
single-screw machine Einschneckenmaschine *f*, Einwellenmaschine *f*
single-shaft einwellig
single-shaft hammer crusher Einwellenhammerbrecher *m*
single-shell einschalig
single-shell autoclave Einzelwandautoklav *m*
single-shell roof Warmdach *n*
single spark Einzelfunke *m*
single spread Einseitenkleberauftrag *m*
single-stage einstufig; Einstufen-
single-stage blow mo[u]lding process Einstufen-Blasverfahren *n*
single-stage comminution einstufige Zerkleinerung *f*
single-stage compressor Einstufenverdichter *m*, einstufiger Kompressor *m*
single-stage extrusion stretch blow mo[u]lding Einstufen-Extrusionsstreckblasen *n*
single-stage grinding einstufige Mahlung *f*
single-stage impactor einstufiger Impaktor *m*
single-stage process Einstufenverfahren *n*
single-stage recycle Einstufenrückführung *f*, Einstufenrückstromverfahren *n*
single-stage resin Harz *n* im A-Zustand, Harz *n* im Resolzustand, Resol *n*
single-start eingängig *{Gewinde}*
single-station machine Einstationenmaschine *f*, Einstationenanlage *f*
single step 1. einstufig; 2. Einzel[reaktions]schritt *m*
single-step method Einzelschrittverfahren *n*
single-threaded eingängig *{Gewinde}*
single-toggle crusher Einschwingenbrecher *m*, Kurbelschwingenbrecher *m*

single-toggle jaw crusher Einschwingen-Backenbrecher *m*, Backenbrecher *m* mit einem Kniehebel
single transformer Einzeltransformator *m*
single-turn helix einfache Wendel *f*
single-twin coating unit Einfach-Doppelüberzugsgerät *n*
single-use articles Labor-Einmalartikel *mpl*, Einwegartikel *mpl* fürs Labor *n*
single-use cuvette Einmalküvette *f*, Einwegküvette *f {Lab}*
single-use dish Einwegschale *f {Lab}*
single-use [injection] syringe Einmal-Injektionsspritze *f*, Einwegspritze *f*
single-use protective clothing Einweg-Schutzkleidung *f*
single-valued einwertig, eindeutig *{Math}*
single valve Einzelschieber *m*
single-wire glassed header Durchführung *f* mit einem eingeglasten Draht
single-zone reactor Einzonenreaktor *m*
singlet 1. Einzelteilchen *n*, Singulett *n {Nukl}*; 2. Singulett *n {nicht aufspaltbare Spektrallinie}*; 3. einlinsiges Objektiv *n*, einfaches Objektiv *n*, Einlinsenobjektiv *n*
singlet linkage Einelektron[en]bindung *f*, Singulettbindung *f {Chem}*
singlet state Singulettzustand *m {Spek}*
singlet system Singulettsystem *n {Spek}*
singlings 1. Nachlauf *m {Dest}*; 2. Rauhbrand *m*, Lutter *m {Lebensmittel}*
singly einfach
singly charged einfach geladen
singular singulär
singular matrix singuläre Matrix *f {Math}*
sinigrin Sinigrin *n*, Kaliummyronat *n*
sinistrin **<$C_6H_{10}O_5$>** Sinistrin *n*
sink/to 1. sinken, untergehen; versinken; versenken; sinken lassen; 2. auffahren *{einen Grubenbau}*; 3. niederbringen *{eine Bohrung}*; abteufen *{einen Schacht}*; 4. abfallen, nachgeben *{Boden}*; 5. vertiefen, aussparen, ausfräsen; 6. reduzieren *{Tech}*; 7. ableiten *{Strom}*; 8. fest anlegen *{Geld}*
sink away/to absinken
sink below/to sinken unter; absinken
sink down/to absacken
sink 1. Ausguß *m*, Abflußbecken *n*, Abwaschbecken *n*, Spültisch *m {Tech}*; Ausgußbecken *n {Sanitärtechnik}*; 2. Senkgrube *f*, Absetzgrube *f*; 3. Gießrinne *f {Gieß}*; 4. Endsee *m {Geol}*; 5. Vertiefung *f*
sink and float process Schwimm-Sink-Verfahren *n*, Sinkscheideverfahren *n*, Schwerflüssigkeitsverfahren *n*
sink and float separation Schwimm-Sink-Aufbereitung *f*, Schwerflüssigkeitsaufbereitung *f*
sink basin Ausgußbecken *n {Sanitärtechnik}*; Abflußbecken *n*, Abwaschbecken *n*, Spültisch *m {Tech}*
sink-float density Schwebedichte *f*
sink hole 1. Senkloch *n*, Senkgrube *f {Abwasser}*; 2. Flußschwinde *f*, Katavothre *f*; Doline *f {Geol}*; 3. Außenlunker *m {Met}*
sink hood Geruchverschluß *m*
sink mark Einfallstelle *f*, Einsackstelle *f*,-Mulde *f {ein Preßfehler}*
sink plug Ausgußstopfen *m*
sink spot Einfallstelle *f*, Einsackstelle *f*, Mulde *f {Preßfehler}*
sink trap Geruchverschluß *m*
sinkaline Cholin *n*
sinker 1. Senkkörper *m*, Sinker *m {Brau}*; 2. Abschlagplatine *f {Text}*
sinking 1. Sinken *n*, Untergehen *n*; Versinken *n*, Einsinken *n*; Versenken *n*; 2. Abteufen *n*, Teufen *n {Bergbau}*; 3. Niederbringen *n {z.B. einer Bohrung, eines Schachtes}*; 4. Reduzierung *f*; 5. Wegschlagen *n {Grundierung}*; 6. Einschlagen *n {Abwandern des Anstichmittels an Stellen unterschiedlicher Saugfähigkeit des Untergrundes}*; 7. Ableitung *f {Elek}*
sinks Sinkgut *n {DIN 22018}*
sinomenine **<$C_{19}H_{23}NO_4$>** Sinomenin *n {Alkaloid}*
sinter/to fritten *{ungeformte Rohmasse}*; sintern *{geformte Rohmasse}*; zusammenbacken
sinter fuse/to aufsintern
sinter 1. Sinter *m {Metallschlacke}*; 2. Sintererzeugnis *n*, Sintergut *n*; Sinterstoff *m {gesinterter Werkstoff}*; 3. Sinter *m {mineralische Ausscheidung an Quellaustritten}*
sinter cooler Sinterkühler *m*
sinter corundum Sinterkorund *m {ein polykristalliner Werkstoff}*
sinter plate extruder Schmelztellerextruder *m*
sinter roasting Sinterröstung *f*, Sinterrösten *n*
sinter strip grease Sinterband-Schmierfett *n*
sinterability Sinterfähigkeit *f*, Sintervermögen *n*
sintered aluminia Alsinit *n*, gesintertes Aluminiumoxid *n*
sintered bronze Sinterbronze *f*
sintered cake Sinterkuchen *m*
sintered carbide gesinteres Carbid *n*, Sintercarbid *n*, Sinterhartmetall *n*, Hartmetallcarbid *n {z.B. Widiametall}*
sintered disc filter funnel Glasfilternutsche *f*
sintered filter Sinterfilter *n*
sintered fuel gesinterter Brennstoff *m*
sintered glass Sinterglas *n*, gefrittetes Glas *n*
sintered glass crucible Sinterglastiegel *m {Lab}*
sintered glass frit Glasfritte *f*
sintered glass funnel Sinterglastrichter *m {Lab}*

sintered glass plate Preßglasteller *m*

sintered magnesia Sintermagnesia *f*

sintered magnesite Schmelzmagnesit *m*, Sintermagnesit *m*

sintered material Sinterwerkstoff *m*

sintered metal Sintermetall *n*

sintered metal process Aufsintern *n* eines Metalls auf Keramik, Metallisierung *f* von Keramik

sintered-metal ultrafine filter Sintermetallfeinstfilter *n*

sintered part Sinterkörper *m*, Sintererzeugnis *n*, Sinter[form]teil *n*

sintered powder metal Sintermetall *n*, Sintereisen *n*

sintered sample gesinterte Probe *f*

sintered steel Sinterstahl *m*

sintering 1. Sintern *n*, Sinterung *f {Keramik, Met}*; Sintern *n {geformter Rohmasse}*; Fritten *n {ungeformter Rohmasse}*; 2. Sinterteil *n*, Sinterformteil *n*

sintering bath Wirbelbad *n*, Wirbelsinterbad *n*, Sinterbad *n*, Winkler-Bad *n*

sintering coal Sinterkohle *f*

sintering furnace Sinterofen *m*

sintering heat Sinterungshitze *f*

sintering oven Sinterofen *m {Met}*

sintering point Erweichungspunkt *m*, Sinterungspunkt *m*

sintering process Sintervorgang *m*, Sinterröstverfahren *n*

sintering temperature Sinter[ungs]temperatur *f*

sinuous gewunden, schlängelnd, windend; turbulent *{Strömung}*

sinusoid Sinuskurve *f*, Sinuslinie *f*, Sinusoide *f*

sinusoidal sinusförmig

sinusoidal curve Sinuskurve *f*, Sunuslinie *f*, Sinusoide *f*

siomine Siomin *n*, Hexamethylentetramin-Tetraiodid *n*

siphon/to siphonieren, absaugen; hebern

siphon off/to abhebern

siphon out/to aushebern

siphon 1. Siphon *m*, Siphonrohr *n*, Siphonflasche *f*; 2. Saugstrahlpumpe *f {Tech}*; 3. Heber *m*, Saugheber *m {Flüssigkeitsheber}*; 4. Geruch[s]verschluß *m*, Siphon *m {Sanitärtechnik}*

siphon barometer Heberbarometer *n*

siphon conduit Heberleitung *f*

siphon effect Kraftschluß *m {Hydraulik}*

siphon lubrictor Dochtschmierer *m*

siphon piping Heberleitung *f*

siphon pump Heberpumpe *f*

siphon spillway Siphonüberlauf *m*

siphon trap Geruchverschluß *m*, Siphon *m*, Traps *m {Sanitärtechnik}*

siphon tube Stechheber *m*

siphon vessel Hebergefäß *n*

siphonage 1. Absaugen *n*; 2. Abhebern *n*, Aushebern *n*; 3. Kraftschluß *m {Hydraulik}*

siphoning Siphonieren *n*, Absaugen *n*; Hebern *n*

siphoning effect Siphonwirkung *f*; Heberwirkung *f*

siren Sirene *f*

siren valve Sirenenventil *n*

sirup Sirup *m {Pharm, Lebensmittel}*

sirup pump *{US}* Siruppumpe *f {Zucker}*

sisal 1. Sisal *m {Agave sisalana Perrine}*; 2. Sisalfaser *f*, Agavenfaser *f*, Sisal[hanf] *m*

sisal brush Sisalbürste *f*

sisal hemp Sisalhanf *m*, Sisalfaser *f*, Agavenfaser *f {Agave sisalana Perrine}*

sisal hemp wax Sisalwachs *m*

sisalagenin Sisalagenin *n*

sismondine Sismondin *m {Min}*

sister chromatid Schwesterchromatide *f {Chromosomenspalthälfte}*

sister chromatid exchange Schwesterchromatidaustausch *m {Gen}*

site 1. Platz *m*, [örtliche] Lage *f*; Standort *m {einer Industrie}*; Errichtungsort *m*, Aufstellungsort *m*; 2. Baustelle *f*, Bauplatz *m*; 3. Mutationsort *m {Gen}*; aktive Stelle *f {Katalyse, Hormon}*

site of damage Schadstelle *f*

site plan Lageplan *m {eines Standortes}*

sitology Diätkunde *f*, Ernährungswissenschaft *f*

sitostane <$C_{29}H_{52}$> Stigmastan *n*, Sitostan *n*

sitostanol <$C_{29}H_{52}O$> Stigmastanol *n*, Sitostanol *n*

sitostanone Sitostanon *n*

sitostene Sitosten *n*

sitosterol <$C_{29}H_{50}O$> Sitosterol *n*, Sitosterin *n {Phytosterol aus Getreidekeimen}*

situated befindlich, gelegen; situiert

situation 1. Situation *f*, Lage *f*, Zustand *m*; 2. Stellung *f*

six 1. sechs; Sechs[fach]-; 2. Sechs *f*

six-cavity mo[u]ld Sechsfachwerkzeug *n*

six-membered sechsgliedrig

six-membered ring Sechs[er]ring *m*, sechsgliedriger Ring *m {Chem}*

six-phase sechsphasig; Sechsphasen-

six-phase star connection Sechsphasensternschaltung *f {Elek}*

six-phase system Sechsphasensystem *n {Elek; Thermo}*

six-sided sechsseitig

six-step filter Sechsstufenfilter *n*

six-way cable Sechsfachkabel *n*

sixolite Tetramethylcyclohexanolpentanitrat *n*

sixonite Tetramethylcyclohexanontetranitrat *n*

size/to 1. versiegeln *{Oberflächen}*; schlichten, appretieren *{Text}*; beleimen, leimen *{mit Kleister}*; 2. die Größe *f* messen; klassieren, sortieren *{nach Größe}*; sieben, trennen nach Korn[größen]klassen *fpl*, zerlegen nach

Korn[größen]klassen *fpl*, einteilen nach Korn[größen]klassen *fpl*; 3. dimensionieren, bemessen, auslegen, die Größe *f* bestimmen *{z.B. von Anlagen}*; 4. kalibrieren

size 1. Größe *f*, Abmessung *f*, Dimension *f*; Format *n*; 2. räumliche Ausdehnung *f*, Weite *f*; 3. Maß *n {Einheit}*; 4. Maßzahl *f {durch Messen gefundene Größe}*; Größe *f*, Nummer *f*; 5. Umfang *m*, Menge *f*; 6. Leim *m*, Kleister *m {Tech, Pap}*; 7. Versiegelwerkstoff *m {für Oberflächen}*; Schlichte *f*, Schlichtemittel *n {Text}*; 8. Feinheit *f {Sintertechnik}*; 9. Bereich *m {der Einheiten}*

size analysis Größenanalyse *f*

size analysis by sieving Siebanalyse *f {DIN 22019}*

size category Größenklasse *f*

size class Größenklasse *f*

size-dependent größenabhängig

size deposits Schlichteablagerungen *fpl*

size distribution Größenverteilung *f {z.B. von Körnern}*; Weitenverteilung *f {z.B. von Poren}*

size englargement Kornvergrößerung *f*

size factor Größenfaktor *m*

size kettle Schlichtkessel *m {Text}*

size measurement Größenmessung *f*

size of cross sectional area Querschnittgröße *f*

size of meshes Maschenweite *f*

size of print Bildformat *n*

size of sieve Siebgröße *f*

size press 1. Leimpresse *f {Pap}*; 2. Zweiwalzenauftragswerk *n {für pigmenthaltige Streichmassen}*

size range Größenordnung *f*, Größenbereich *m*, Größenklasse *f*; Körnungsbereich *m {DIN 22019}*, Korngrößenbereich *m*

size reduction Zerkleinerung *f*, Zerteilung *f {von festen Stoffen}*; Granulierung *f {Kunst}*

size reduction by cutting Schneidzerkleinern *n*, Zerfasern *n*

size reduction unit Zerkleinerungsmühle *f*, Zerkleinerungsmaschine *f*, Zerkleinerungsanlage *f*, Zerkleinerungsaggregat *n*, Zerkleinerer *m*

size segregation Größenentmischung *f*, Entmischung *f* nach der Größe

increase in size Größenzunahme *f*

intermediate size Zwischengröße *f*

sized fiber geschlichtete Faser *f {Laminatherstellung}*

sizer Sichter *m*, Klassiersieb *n {Erz}*

sizing 1. Größenbestimmung *f*, Dimensionierung *f*, Bemessung *f*, Auslegung *f {z.B. von Anlagen}*; Kalibrieren *n*; 2. Sortierung *f {nach der Göße}*; Klassieren *n*, Korngrößentrennung *f {Erz}*; Sieben *n*, Durchsieben *n*, Siebklassieren *n {Mineralaufbereitung}*; 3. Versiegelung *f {Oberflächenbehandlung}*; Leimen *n*, Beleimung *f {Pap}*; Schlichten *n {Text}*; 4. Schlichte *f*, Schlichtemittel *n {Text}*; 5. Leimungsgrad *m*, Leimfestigkeitsgrad *m {Wasserfestigkeitsprüfung}*

sizing agent 1. Schlichte[zusatz]mittel *n {Text}*; 2. Schlichte *f*, Schlichtemittel *n {Text}*; 3. Leim *m {Pap}*

sizing bath 1. Schlichtebad *n*, Schlichteflotte *f {Text}*; 2. Leimbad *n {Pap}*

sizing by sifting Klassieren *n*

sizing cage Kalibrierkorb *m*, Korb *m*

sizing calender Gummierkalander *m*

sizing die Kalibrierdüse *f {Extrudieren}*

sizing machine Schlichtmaschine *f*, Schlichtanlage *f {Text}*

sizing material Appreturmasse *f*, Schlichtemittel *n* , Schlichte *f {Text}*

sizing plant 1. Erzscheideanlage *f*; 2. Appreturanlage *f {Text}*; 3. Leimkammer *f {Pap}*

sizing press Leimpresse *f*, Leimwerk *n {Pap}*

sizing roll Kalibrierwalze *f*

sizing sleeve Kalibrierdüse *f {Extrudieren}*

sizing test Leimgradprüfung *f*

sizing trough *s.* sizing vat

sizing unit Kalibrator *m*, Kalibriereinrichtung *f*

sizing vat Leimtrog *m*, Leimbütte *f*, Leimwanne *f {Pap}*

fast to sizing schlichtecht *{Text}*

sizzle/to zischen, brutzeln *{Lebensmittel}*; knattern, knistern *{Akustik}*

skatole <C_9H_9N> Skatol *n*, 3-Methyl-1*H*-indol *n*

skatoxyl <-C_9H_8NO> Skatoxyl *n*

skein 1. Strähne *f*, Strang *m*, Garnstrang *m {Text}*

skein method Skein-Verfahren *n {Text}*

skeiner Spulapparat *m {Garn}*

skeleton 1. Gerüst *n*, Gerippe *n*, Skelett *n {Tech}*; 2. Skelett *n {Chem}*; 3. Rahmen *m*; 4. Knochengerüst *n*, Skelett *n {Med}*

skeleton diagram Prinzipschaltung *f*, Prinzipskizze *f*; Blockschema *n*, Fließbild *n*, Fließschema *n {Verfahrenstechnik}*

skeleton regulation Rahmenvorschrift *f*

skelgas *s.* pentane

sketch/to skizzieren, [flüchtig] entwerfen, [flüchtig] zeichnen, eine Skizze *f* machen

sketch Skizze *f*, Entwurf *m*, Rohentwurf *m*, [flüchtige] Zeichnung *f*, Umriß *m*

skew 1. schräg, schief, windschief; 2. Schiefe *f {Statistik}*; 3. Schräglauf *m*, Bandschräglauf *m {EDV}*; 4. Laufzeitunterschied *m {Signale}*; 5. Bitversatz *m {EDV}*

skew rays Schrägstrahlen *mpl*, windschiefe Strahlen *mpl {Opt}*

skew-symmetric[al] schiefsymmetrisch

skewed schief, schräg

skewed distribution schiefe Verteilung *f {Statistik}*

skewed frequency distribution schiefe Häufigkeitsverteilung *f {Statistik}*
skewness 1. Schiefe *{z.B. der Verteilung}*; 2. Schrägverzug *m*, Schrägschuß *m {Webfehler}*
skid 1. Rutschen *n*, Ausgleiten *n*, Seitwärtsgleiten *n*; 2. Kufe *f*, Gleitkufe *f*, Rutschleiste *f*; 3. Schlepper *m {Walzen}*, Querschlepper *m {Met}*; 4. Skid *m {Verdichter}*; 5. Ladebock *m*; 6. Markierung *f {Fehler an Spritzlingen}*
skid drying Oberflächenverfestigung *f* von Beschichtungen
skidproof gleitsicher, rutschfest
skilled gewandt, geschickt, erfahren; fachlich geschult, gelernt *{Arbeiter}*
skilled trades Lehrberufe *mpl*
skilled worker gelernter Arbeiter *m*, Facharbeiter *m*
skillet 1. Gußtiegel *m*, Schmelztiegel *m*; 2. *{US}* Bratpfanne *f {Lebensmittel}*
skim/to 1. abstreifen *{z.B. Schaum}*; abschöpfen *{z.B. Verunreinigungen}*, abstreichen, abkrätzen, abziehen *{Schlacke}*, abkrampen *{Met}*; abfeimen, abfehmen, abschäumen *{Glas}*; [ab]toppen, skimmen *{Erdöl}*; entrahmen, abrahmen *{Milch}*; ableiten *{z.B. schmutziges Oberflächenwasser}*; 2. skimmen, belegen *{Gewebe mit dünnen Gummiplatten}*; 3. [ab]schälen; 4. eben machen, einebnen, planieren, nivellieren
skim off/to abstreifen *{Schaum}*; abschöpfen *{z.B. Verunreinigungen}*, abstreichen, abkrätzen, abziehen *{Schlacke}*, abkrampen *{Met}*; abfeimen, abfehmen, abschäumen *{Glas}*; abtoppen, skimmen *{Erdöl}*; entrahmen, abrahmen *{Milch}*; ableiten *{z.B. schmutziges Oberflächenwasser}*
skim the milk/to die Milch *f* entrahmen
skim 1. Skim *m*, Serum *n {Gummi}*; 2. Schaum *m*, Gekrätz *n*, Krätze *f {NE-Metallschmelzen}*; 3. Bläschenstreifen *m {Gaseinschlüsse im Glas}*
skim coat Skimmschicht *f*
skim milk Magermilch *f*, entrahmte Milch *f*
skimmed milk Magermilch *f*, entrahmte Milch *f*
skimmed off abgerahmt *{Milch}*
skimmed sweetened condensed milk gesüßte Magerkondensmilch *f*, gezuckerte Magerkondensmilch *f*
skimmer 1. Abstreicher *m*, Abstreifer *m*; Abstreicheisen *n*, Krammstock *m {Met}*; Schaumkelle *f*, Schaumlöffel *m*, Abschäumer *m {Tech}*; Abfehmer *m*, Abschäumer *m {Glas}*; Rahmlöffel *m*, Rahmkelle *f {Milch}*; Skimmer *m {Erdöl}*; 2. Schlackenüberlauf *m*, Fuchs *m {Met}*; 3. Schäler *m {z.B. Schälmesser, Schälrohr, Schälteller}*; 4. Planierbagger *m*
skimming Abstrich *m {Met}*
skimming agent Abschäummittel *n*
skimming basin Schaumbecken *n*
skimming device Abschäumer *m*, Abschöpfgerät *n*
skimming ladle Abschäumlöffel *m*, Abstreichlöffel *m*, Schaumkelle *f*
skimming sieve Abschäumsieb *n*
skimming spillage Abschöpfgerät *n*, Abschäumer *m*
skimming spoon Schaumlöffel *m*, Abschäumlöffel *m*
skimmings 1. Abgeschäumtes *n*, Abschaum *m*, Abstreifergut *n*, Abgeschöpftes *n*; Krätze *f*, Gekrätz *n*, Garschaum *m {NE-Metalle}*; Schlacke *f {Met}*; Schwimmstoffe *mpl*, Schwimmschlamm *m*; 2. Skimmings *pl {aus abeschöpften Latexschaum hergestelltes Material}*; 3. armes Zwischengut *n {Erz}*
skin/to 1. abhäuten, enthäuten *{Leder}*; 2. schälen; sich schälen; 3. abisolieren, abmanteln *{Kabel}*
skin 1. Haut *f*; Außenhaut *f*, Außenoberfläche *f {Tech}*; Oberflächenschicht *f*, Randschicht *f*, Randzone *f*; Häutchen *n*; 2. Hülle *f {Tech}*; 3. Mantel *m {z.B. eines Kernmantelfadens}*; 4. Balg *m*, Fell *n {Tier}*; Haut *f*; 5. Schale *f*
skin blistering Hautbläschenbildung *f {Glasfehler}*
skin carcinoma Hautkrebs *m {Med}*
skin-care formulation Hautpflegemittel *n*
skin-care product Hautpflegemittel *n*
skin cleanser Hautreiniger *m*
skin contact Hautkontakt *m*
skin cream Hautcreme *f*
skin decontamination ointment Hautentgiftungssalbe *f*
skin disease Hautkrankheit *f {Med}*
skin dose Hautdosis *f {Radiologie}*
skin effect 1. Skineffekt *m*, Hauteffekt *m*, Oberflächeneffekt *m {Elek}*; 2. Skineffekt *m {Zone verrringerter Permeabilität am Bohrloch}*
skin erythema dose Erythemschwellendosis *f*, Hauterythemdosis *f*
skin exposure Hautbelastung *f {Radiologie}*
skin fat Hautfett *n {natürliches}*
skin friction Oberflächenreibung *f*, äußere Reibung *f {Phys}*
skin-friction coefficient Druckverlustziffer *f {von Rohren}*, Rohrströmungsziffer *f*
skin glue Lederleim *m*, Hautleim *m*
skin grafting Hauttransplantation *f {Med}*
skin inhibitor Hautverhütungsmittel *n {Beschichtungen}*
skin irritant 1. hautreizend; 2. Hautreizmittel *n*, hautreizender Stoff *m*, Hautreizstoff *m*
skin irritation Hautreizung *f {Med}*
skin nutrient Hautnährcreme *f*
skin oil Hautöl *n*
skin pack[age] Konturpackung *f*, Sichtpackung *f*, Skin[ver]packung *f*, Hautverpackung *f*

skin parings Fellabfälle *mpl*, Hautabfälle *mpl*
skin plate PVC-beschichtetes Blech *n*, Hautblech *n*
skin poison Hautgift *n*
skin-protecting agent Hautschutzmittel *n*
skin-protecting preparation Hautschutzpräparat *n*
skin protection Hautschutz *m*
skin specialist Dermatologe *m*
skin thermometer Hautthermometer *n*
outside of the skin Blumenseite *f {Gerb}*
skinning 1. Hautbildung *f {Anstrichmittel}*; 2. Abisolieren *n*, Abmanteln *n {Kabel}*; 3. Abfeimen *n {Glas}*
skinning properties *{BS 3712}* Hautbildungsneigung *f {Dichtmasse}*
skinning resistance Hautbildungsresistenz *f*
skip/to übergehen, auslassen; überspringen, überlesen *{EDV}*
skip 1. Übersprung *m*, Vorschubbewegung *f*, Leerstelle *f {EDV}*; 2. Fehlstelle *f*, freigelassene Stelle *f {Anstrichfehler}*; 3. Gefäß *n*; Skip *m*, Fördergefäß *n*, Förderkorb *m {Bergbau}*; Abteufkübel *m {Bergbau}*; Kippkübel *m {Met}*
skip hoist Kipp[gefäß]aufzug *m*, Kübelaufzug *m*, Kippkübelaufzug *m*
skip hoist with tipping bucket Schrägaufzug *m* mit Kippgefäß
skip phenomenon Sprungerscheinung *f*
skirt 1. Randgebiet *n*; 2. Einfassung *f*, Randabschluß *m*, Rand *m*; Kante *f*; 3. Mantel *m*, Ummantelung *f*, Haube *f {Tech}*
skirting board Fuß[boden]leiste *f*, Sockelleiste *f*, Scheuerleiste *f*, Wischleiste *f*
skive/to [auf]spalten *{Leder}*; schärfen *{Leder}*
skull Pfannenbär *m*, Pfannenrest *m {Gieß}*; Mündungsbär *m {Konverter}*; Ofensau *f*, Eisensau *f*, Schlackenbär *m {Verstopfung in Hochöfen}*
skull furnace Schalenschmelzofen *m*
skull melting Schalenschmelzen *n*
skutterudite Skutterudit *m*, Arsenkobaltkies *m {obs}*, Speiskobalt *m*, Smaltin *m {Min}*
sky Himmel *m*
sky blue 1. azurblau, himmelblau; 2. Himmelblau *n {Farbe}*
skylight 1. Oberlicht *n*, Dach-Oberlicht *n*; 2. Himmelslicht *n {Geophysik}*; 3. Glasdach *n*; Dachfenster *n*; 4. Spiegelglas *n* schlechter Qualität *f*, Fensterglas *n* schlechter Qualität *f*
skyrin Skyrin *n*
slab 1. Kautschukplatte *f*, Kautschukkuchen *m {Gummi}*; Slab *m {Rohkautschukhandelssorte}*; 2. Bramme *f*, Walzblock *m {Met}*; 3. Fliese *f*; Platte *f*, Tafel *f*
slab bloom Bramme *f*, Walzblock *m {Met}*
slab extruder Slab-Extruder *m*, Fellspritzmaschine *f {Gummi}*
slab ingot Rohbramme *f {Met}*
slab stock tafelförmiger Rohstoff *m {Kunst}*
slab-stock foam Blockschaumstoff *m*, Blockware *f*, Schaumstoffblock *m*, Schaumstoffblockmaterial *n*
slab-stock foaming Blockschäumung *f*
slack/to 1. löschen *{Kalk}*; 2. langsam sein, schlaff sein, schlaff werden
slack 1. schlaff, locker, lose; durchhängend; schlackrig, nicht angezogen; entspannt; 2. Kohlengrus *m*, Afterkohle *f*, Kohlenklein *n*, Kohlenmulm *m*; 3. Schlupf *m {Tech}*; Durchhang *m*; 4. Stillstand *m*
slack coal Kohlengrus *m*, Afterkohle *f*, Kohlenklein *n*, Kohlenmulm *m*
slack lime toter Äscher *m*, fauler Äscher *m {Leder}*
slack melt copal Tieftemperaturkopal *n*
slack silk Plattseide *f*
slack wax Gatsch *m*, Rohparaffin *n*, Paraffingatsch *m*
slacken/to lockern, entspannen, locker werden, schlaff werden; sich lockern; nachlassen; verzögern, verlangsamen
slackening 1. Verzögerung *f*; 2. Entspannung *f {z.B. eines gestrafften Seils}*
slacking 1. Abschlacken *n {Zerfall der Kohle bei abwechselndem Befeuchten und Trocknen}*; 2. Löschen *n {Kalk}*
slag/to verschlacken, Schlacke *f* bilden; entschlacken, abschlacken, Schlacke ziehen
slag 1. Schlacke *f {Met}*; 2. Herdglas *n {Glas}*
slag addition Schlackenzuschlag *m*
slag analysis Schlackenanalyse *f*
slag ball Schlackenkugel *f*
slag block Schlackenblock *m*
slag brick Schlackenstein *m*, Schlackenziegel *m*
slag cake Schlackenkuchen *m*
slag cement Hüttenzement *m*, Schlackenzement *m*
slag concrete Schlackenbeton *m*
slag crust Schlackenkruste *f*
slag discharge Abschlacken *n*, Schlackenabzug *m*; Schlackenauslauf *m*, Schlackenabfluß *m*
slag dump Schlackenhalde *f*
slag entrapment Schlackeneinschluß *m {Gieß}*
slag-forming schlackenbildend
slag-forming constituent Schlackenbildner *m*
slag-forming period Schlackenbildungsperiode *f*, Feinperiode *f*
slag granulation Schlackengranulation *f*
slag inclusion Schlackeneinschluß *m {Gieß}*
slag iron Schlackeneisen *n*
slag lead Krätzblei *n*, Schlackenblei *n*
slag muffle boiler Schmelzmuffelfeuerung *f*
slag Portland cement Eisenportlandzement *m*
slag press Schlackenpresse *f*

slag process Sinterprozeß *m*, Sintervorgang *m*
slag puddling Schlackenpuddeln *n*, Fettpuddeln *n*
slag ratio Schlackenzahl *f {CaO/SiO}*, Basizitätsgrad *m {Met}*
slag removal Schlackenabzug *m*; Entschlakkung *f*, Abschlackung *f {Met}*
slag sand Schlackensand *m {Gieß}*
slag separation Schlackenabsonderung *f*
slag smelting Schlackenarbeit *f*
slag stone Schlackenstein *m*
slag thread Schlackenfaden *m*
slag washing [process] Schwalarbeit *f*
slag wool Hüttenwolle *f*, Mineralwolle *f*, Schlackenwolle *f*, Schlackenfaser *f*
acid slag saure Schlacke *f*
basic slag Thomasschlacke *f*
capacity for forming slag Verschlackungsfähigkeit *f*
coarse metal slag Rohsteinschlacke *f*
containing slag schlackenhaltig
slagged out abgeschlackt
slagging 1. Verschlackung *f*, Schlackenbildung *f {Met}*; 2. Abschlackung *f*, Entschlackung *f*
slagging spout Abschlackrinne *f*
danger of slagging Verschlackungsgefahr *f*
slaggy 1. schlackenhaltig, schlackenreich, schlackig; 2. schlackenähnlich, schlackenartig
slakable [ab]löschbar *{Kalk}*
slake/to 1. auslöschen, löschen *{Feuer}*; 2. [ab]löschen *{Kalk}*; 3. zerbröckeln, zerfallen *{z.B. Kohle}*
slake lime/to Kalk *m* löschen
slaked lime <$Ca(OH)_2$> gelöschter Kalk *m*, Löschkalk *m*, Calciumhydroxid *n*; abgelöschter Kalk *m*, Äscher *m*, Gerberkalk *m*
slaking 1. Löschen *n {Kalk}*; 2. Auslöschen *n*, Löschen *n {Feuer}*; 3. Zerfallen *n*, Zerbrökkeln *n {z.B. Kohle}*
slant/to abschrägen, ausschrägen; abböschen; [sich] neigen
slant 1. schräg; schief; 2. Schräge *f*, Neigung *f*; 3. Abhang *m*; 4. Diagonalstrecke *f {Bergbau}*; Schrägstrecke *f*, tonnlägiger Tageschacht *m {Bergbau}*; 5. Ansicht *f*, Einstellung *f*; Schrägstrich *m {EDV}*
slanting schräg; schief
slanting position Schräglage *f*
slanting seat valve Schrägsitzventil *n*
slash/to 1. [auf]schlitzen; 2. schlichten *{Text}*
slash 1. Schlitz *m*; Schnitt *m*; 2. Schrägstrich *m*; 3. Hieb *m*; 4. *{US}* Abraum *m*
slasher machine Schlichtmaschine *f*, Schlichter *m {Text}*
slat 1. [schmale] Latte *f*, Leiste *f {DIN 68252}*; Schiene *f*; 2. getrocknetes Schaffell *n {Leder}*
slat conveyor Plattenbandförderer *m*, Lattenförderer *m*, Kistenförderer *m*, Lattenförderband *n*; Schuppentransporteur *m*
slate 1. Schiefer *m*, Tonschiefer *m {Geol}*; 2. Schiefertafel *f*, Schieferplatte *f*
slate clay Schieferton *m*
slate coal Blätterkohle *f*, Blattkohle *f*, Schiefersteinkohle *f*
slate flour Schiefermehl *n {z.B. als Füllstoff}*
slate-like schieferähnlich, schieferartig, schief[e]rig
slate powder Schiefermehl *n {z.B als Füllstoff}*
slate slab Schieferplatte *f*
slate spar Schieferspat *m*, blättriger Calcit *m {Min}*
argillaceous slate Tonschiefer *m {Geol}*
calcareous slate Kalkschiefer *m {Geol}*
green slate Grünschiefer *m*
hard calcareous slate Schiefermarmor *m {Min}*
pale gray slate Fahlstein *m {Min}*
powdered slate Schiefermehl *n*
primitive slate Urschiefer *m {Geol}*
slaty schieferartig, schieferähnlich, schief[e]rig; schieferhaltig
slaty clay Blätterton *m*
slaty coal Schieferkohle *f*, Splitterkohle *f*
slaty fracture Schieferbruch *m {Met}*
slaty lead Schieferblei *n {Min}*
slaty marl Mergelschiefer *m {Geol}*
slaty talc Talkschiefer *m {Min}*
sledger Grobbrecher *m*, Vorbrecher *m*, Grobzerkleinerungsmaschine *f*
sleeker 1. Glättmaschine *f*; 2. Glätteisen *n*, Glättwerkzeug *n {Gieß}*; Polierwerkzeug *n*, Polierkopf *m {Gieß}*
sleepiness Weichheit *f*, Teigigkeit *f*
sleeping draught Schlafmittel *n {Pharm}*
sleeping pill Schlaftablette *f {Pharm}*
sleeve 1. Buchse *f*, Hülse *f*, Büchse *f {Tech}*; Manschette *f*; 2. Muffe *f*, Gewindestück *n*, Rohrleitungsverbindungsstück *n*, Rohrmuffe *f*; Rohrüberschieber *m*; 3. Anschlußmuffe *f {Elek}*
sleeve bearing Gleitlager *n*
sleeve coupling Muffenkupplung *f*
sleeve dipole Manschettendipol *m*
sleeve gasket Dichtungsmanschette *f*
sleeve joint Muffenverbindung *f*
sleeve nut Schraubmuffe *f*
sleeve valve Muffenventil *n*, Ventilschieber *m*
slender schlank, schmal; knapp
slender cooling channels Fingerkühlung *f*
slewing 1. schwenkbar; 2. Schwenkung *f*, Drehung *f*, Schwenkbewegung *f*
slice/to schneiden *{in Scheiben}*, aufschneiden; abschälen *{vom Block zur Schälfolienherstellung}*; [ab]messern *{Holz}*
slice 1. Scheibe *f*; 2. Schnitte *f*, Scheibe *f {Lebensmittel}*; 3. Austrittspalt *m*, Ausflußspalt *m*,

Ausflußschlitz *m {Pap}*; 4. Staulatte *f*, Stauvorrichtung *f {Pap}*; 5. Mikroplättchen *n*
sliced film Schälfolie *f {vom Block}*
slicer Schneidmaschine *f*, Schnitzelmaschine *f*
slick 1. glatt; glitschig, schlüpfrig; 2. Öllache *f*, Ölteppich *m {auf dem Meer}*; Slick *m {monomolekularer Film auf Meeresoberflächen}*
slick of waste metal Krätzschlich *m {Gieß}*
slicker 1. Schabeisen *n*, Stoßeisen *n*, Schlikker *m {Leder}*; 2. Glätteisen *n*, Glättwerkzeug *n {Gieß}*
slide/to 1. gleiten; gleiten lassen; 2. schieben, verschieben; sich verschieben; 3. rutschen; schleudern; schlittern
slide off/to abrutschen
slide 1. Objektglas *n*, Objektträger *m {Mikroskopie}*; 2. Diapositiv *n*, Dia *n {Photo}*; 3. Schieber *m*, Läufer *m*, Schlitten *m {Tech}*; 4. Schlupf *m {Tech}*; 5. Gleiten *n*, Rutschen *n*; 6. Rutsche *f*, Gleitbahn *f*, schräge Förderrinne *f*; 7. Gleitelement *n*; Reiter *m*, Reiterwägstück *n {Lab}*; 8. Streichbarkeit *f*, Streichfähigkeit *f {Anstrichstoff}*; 9. Erdrutsch *m*; Gekriech *n {Geol}*
slide area Gleitfläche *f*
slide-back voltmeter Kompensationsvoltmeter *n*, vergleichendes Voltmeter *n*
slide bar Gleitschiene *f*, Laufschiene *f {Tech}*; Führungsstange *f*, Leitstange *f {Tech}*
slide bearing Gleitlager *n*
slide block Gleitklotz *m*
slide carriage Schieber *m*
slide contact Gleitkontakt *m*, Schiebekontakt *m*
slide face Gleitfläche *f*
slide gate Schieberventil *n*
slide ga[u]ge Schieblehre *f*
slide holder Objektträger *m*
slide-in einschiebbar
slide-in module Einschub *m*
slide-in temperature control module Temperatur-Regeleinschub *m*
slide-in tray Einschiebehorde *f*
slide mo[u]ld Schlittenform *f*, Schieberwerkzeug *n {Kunst}*
slide plate Schieberplatte *f*
slide property Gleitfähigkeit *f*, Gleiteigenschaft *f*
slide rail Führungsschiene *f*, Gleitschiene *f*, Gleitrolle *f*
slide resistance Schiebewiderstand *m*
slide ring seal Gleitringdichtung *f*, Schleifringdichtung *f*
slide rule Rechenschieber *m*, Rechenstab *m {Math}*
slide stress Gleitbeanspruchung *f*
slide surface Gleitfläche *f*
slide valve Schieber *m {Ventil}*, Schieberventil *n*, Gleitventil *n*, Absperrschieber, Torventil *n {Tech}*
slide valve by-pass Schieberumführung *f*
slide valve diagram Schieberdiagramm *n*
slide valve gear Schiebersteuerung *f*
slide-valve reciprocating vacuum pump Schieberpumpe *f*
slide valve spindle Schieberstange *f*
balanced slide valve Entlastungsschieber *m*
flat slide valve Flachschieber *m*
slideway oil Gleitbahnöl *n*, Bettbahnöl *n*
slider 1. Gleitkörper *m*; 2. Schieber *m*, Schließer *m {z.B. des Reißverschlusses}*; 3. Schiebekontakt *m {Elek}*
sliding 1. rutschig; verschiebbar *{Gewicht}*; gleitend; Gleit-; Schiebe-; 2. Gleiten *n*, Gleitung *f*; 3. Schieben *n*, Verschieben *n*; 4. Rutschen *n*; 5. Schlupfung *f*
sliding aid Gleitmittel *n*
sliding bearing Gleitlager *n*
sliding bed mo[u]ld Schlittenform *f*, Schieberwerkzeug *n {Kunst}*
sliding blade Drehschieber *m*
sliding caliper Schublehre *f*
sliding carriage Füllschlitten *m {Keramik}*
sliding carriage mo[u]ld Schlittenform *f*, Schieberwerkzeug *n {Kunst}*
sliding charge density wave gleitende Ladungsdichtewelle *f*
sliding consolidation Gleitverfestigung *f*
sliding contact Gleitkontakt *m*, Schleifkontakt *m*
sliding cut-off Fallschieber *m*
sliding diaphragm Schiebeblende *f*
sliding discharge Gleitentladung *f*
sliding discharge door Entleerungsklappe *f*, Entleerungsschieber *m*, Entladungstür *f*
sliding distance Gleitweg *m*
sliding door Schiebetür *f*, Schiebetor *n*
sliding flow Gleitung *f*, Gleitströmung *f*, viskose Strömung *f*; Schlupfströmung *f*
sliding fracture Gleitbruch *m*
sliding friction Bewegungsreibung *f*, Gleitreibung *f*
sliding grate Schieberost *m*
sliding grating Schiebegitter *n*
sliding guard door Schiebetür *f {Schutz}*, Schiebe[schutz]gitter *n*
sliding interface Gleitfläche *f*
sliding line Gleitlinie *f*
sliding magnet Gleitmagnet *m*
sliding material Gleitwerkstoff *m*
sliding means Gleitmittel *n*
sliding microtome Schlittenmikrotom *n*
sliding movement Gleitbewegung *f*; Schiebebewegung *f {Mech}*
sliding oil Gleitöl *n*
sliding-plate metering device Gleitplattendosiervorrichtung *f*
sliding pressure Gleitspannung *f*

sliding property Gleitfähigkeit *f*, Gleiteigenschaft *f*
sliding punch Schiebestempel *m*, Verschiebestempel *m {Kunst}*
sliding rail Laufschiene *f*
sliding resistance Gleitsicherheit *f*
sliding resistor Schiebewiderstand *m*, Gleitdrahtwiderstand *m*
sliding roof Schiebedach *n*
sliding safety guard Schiebe[schutz]gitter *n*
sliding shelf Schieberegal *n*
sliding shut-off nozzle Schieberverschluß[spritz]düse *f*, Schiebedüse *f*
sliding sleeve Ausrückmuffe *f*
sliding socket joint Gleitmuffe *f*, Steckmuffe *f*
sliding spark discharge Kriechentladung *f*, Gleitentladung *f*
sliding split mo[u]ld Schieberform *f*, Schieber[platten]werkzeug *n*
sliding surface Gleitoberfläche *f*
sliding vane Drehschieber *m*
sliding-vane pump Flügelzellenpumpe *f {Sperrschieberpumpe}*
sliding-vane rotary compressor Vielzellenverdichter *m*
sliding-vane rotary pump Drehschieber[vakuum]pumpe *f*, Drehkolbenpumpe *f {Vak}*
sliding velocity Gleitgeschwindigkeit *f*; Rutschgeschwindigkeit *f*
sliding weight Schiebgewicht *n*, Laufgewicht[stück] *n*, Reiter *m*, Reiterwägstück *n*
sliding-weight balance Laufgewichtswaage *f*
balance with sliding weight Laufgewichtswaage *f*
coefficient of sliding friction Gleitreibungskoeffizient *m*
wear caused by sliding friction Gleitverschleiß *m*
sliding window Schiebefenster *n*

slight schlank; schmächtig; leicht; schwach;

slightly etwas, leicht *{z.B. gekrümmt}*; schwach, gering
slightly active schwachaktiv
slightly pigmented schwachpigmentiert
slightly sensitive geringempfindlich, schwachempfindlich

slime/to 1. mit Schleim *m* überziehen, mit Schlamm *m* überziehen; 2. abschleimen, entschleimen

slime 1. schleimig; schlammig; 2. Schleim *m {Bot, Zool}*; 3. Schlamm *m*, Schlick *m*; Feingut *n {Erzaufbereitung}*; Saturationsschlamm *m*, Scheideschlamm *m {Zucker}*; Pochtrübe *f {Tech}*
slime-forming schleimbildend *{Bakt}*
slime layer Schlammschicht *f*
slime pit Schlammgrube *f*
slime plate Schlammteller *m*
slime separator Schlammabscheider *m*
slime table Schlammherd *m*
coat with slime/to *s.* slime/to 1.

slimes 1. Feingut *n {Erzaufbereitung}*; 2. Laugerückstand *m*
slimes classifier Schlammherd *m*, Schlammrinne *f*, Schlickrinne *f*

slimy schlammig, schleimartig, schleimig; schlammhaltig, voller Schlamm *m*

sling 1. Befestigungsbügel *m*, Schlinge *f*; 2. Schleuder *f*; 3. Schleudern *n {Gießformherstellung}*
sling psychrometer Schleuderpsychrometer *n {Instr}*
sling thermometer Schleuderthermometer *n*

slinger Schleudermühle *f {Keramik}*
slinger mo[u]lding Schleuderformen *n*, Schleuderformverfahren *n*

slinging wire Einhängedraht *m {Galvanotechnik}*

slip/to 1. gleiten; rutschen, ausrutschen; 2. schleudern; 3. nachsetzen *{eine Elektrode}*; 4. [ent]schlüpfen; 5. frei laufen lassen; fallen lassen *{z.B. Masche}*
slip off/to abgleiten, abrutschen

slip 1. Gleiten *n*, Ausgleiten *n*, Rutschen *n*; Schleudern *n*; 2. Gleitfähigkeit *f*, Gleiteigenschaft *f*; 3. Schlupf *m {Tech}*; Schlupf *m*, Schlüpfung *f {Elek}*; 4. Gießmasse *f*, Schlicker *m*, Schlempe *f {Keramik}*; 5. Paraklase *f*, Abschiebung *f {Geol}*; Verschiebung *f {Geol}*; 6. Streichbarkeit *f*, Streichfähigkeit *f {Anstrichstoff}*; 7. Streifen *m*; 8. Setzling *m {Bot}*; 8. Fehler *m*, Versehen *n*
slip additive Gleitmittel *n*, Slipmittel *n {Kunst}*
slip agent Gleitmittel *n*, Slipmittel *n {Kunst}*
slip band Gleitband *n*, Gleitlinienstreifen *m {Met}*
slip band distribution Gleitbandverteilung *f {Met}*
slip band spacing Gleitbandabstand *m {Met}*
slip behavio[u]r Gleitverhalten *n*
slip cap Schiebedeckel *m*, Schiebekappe *f*
slip cover Überstülphaube *f*
slip direction Gleitrichtung *f {Krist}*
slip flow Gleitströmung *f*, viskose Strömung *f*; Schlupfströmung *f*
slip joint Gleitfuge *f*, Gleitverbindung *f*
slip kiln Abdampfofen *m*
slip line Gleitlinie *f*
slip line field Gleitlinienfeld *n*
slip line length Gleitlinienlänge *f*
slip line pattern Gleitlinienbild *n*
slip motion Gleitbewegung *f*
slip-on ring Aufsteckring *m*
slip plane Gleitebene *f*, Gleitfläche *f*
slip plane blocking Gleitebenenblockierung *f*
slip point Fließschmelzpunkt *m*

slip resistance Gleitsicherheit *f*; Rutschfestigkeit *f*, Rutschsicherheit *f*; Schiebefestigkeit *f*
slip ring Schleifring *m {Elek}*
slip-ring seal Schleifringdichtung *f*
slip stream Abstrom *m*, Seitenstrom *m*
slip velocity Gleitgeschwindigkeit *f*
slip zone Gleitzone
angle of slip Gleitwinkel *m {Mech}*
net of slip lines Gleitliniennetz *n*

slippage 1. Gleiten *n*; 2. Verschieben *n*, Rutschen *n*; Relativbewegung *f {der Fügeteile während der Klebstoffverfestigung}*; 3. Schleudern *n*; 4. Schlupf *m*; 5. Translation *f {Krist}*
slippage along the wall Wandgleitung *f*
slippage resistance Gleitwiderstand *m*

slipperiness 1. Glätte *f*, Schlüpfrigkeit *f*; 2. Gleitvermögen *n*; 3. Rutschvermögen *n {Pap}*

slippery glatt, glitschig, schlüpfrig, schmierig, rutschig

slipping 1. Gleiten *n*, Gleitung *f*; 2. Rutschen *n*; Abrutschen *n {z.B. des Emails von Glas}*; 3. Nachsetzen *n {Elek}*; 4. Schlupfung *f*; 5. Stärkekleister *m*
slipping seal Gleitringdichtung *f*
slipping surface Gleitfläche *f*

slipstick *{US}* Rechenstab *m*, Rechenschieber *m {Math}*
slipstick effect Gleit-Haft-Effekt *m {Trib}*

slit/to [auf]schlitzen, aufschneiden; schneiden, längsschneiden; längstrennen, reißen
slit slightly/to anritzen

slit 1. Schlitz *m*, Öffnung *f*, Spalt *m*; 2. Einfachspalt *m {Opt}*; 3. Düsenspalt *m {Extrudieren}*
slit cathode Schlitzkathode *f*
slit diaphragm Schlitzblende *f*, Spaltblende *f*
slit-die extrusion Breitschlitzextrusion *f*, Breitschlitz[düsen]verfahren *n*
slit-die film extrusion Breitschlitzfolienverfahren *n*, Breitschlitzfolienextrusion *f*
slit-die rheometer Schlitzdüsenrheometer *n*
slit end Spaltbegrenzung *f*, Begrenzung *f* des Spaltes
slit fitting Spaltvorsatz *m {Instr}*
slit height Spalthöhe *f {Opt}*
slit illumination Spaltausleuchtung *f*, Spaltbeleuchtung *f*, Beleuchtung *f* des Spaltes *{Spek, Opt}*
slit image Spaltbild *n*, Bild *n* des Spaltes *m*, Abbildung *f* des Spaltes
slit length Spaltlänge *f*
slit orifice Schlitzdüse *f*
slit scanning Schlitzabtastung *f*
slit-shaped jet Schlitzdüse *f*
slit sieve Schlitzsieb *n*
slit width Spaltbreite *f*, Spaltweite *f*
slit-width adjustment Spaltbreitenverstellung *f*, Verstellung *f* der Spaltbreite

slitter 1. Längsschneider *m*, Rollenschneider *m*, Umroller *m {Pap}*; 2. Streifenschneider *m*, Längsschneider *m {Text}*; 3. Bandrollenschneidmaschine *f*; 4. Schlitzvorrichtung *f*; 5. Tellermesser *n*, Kreismesser *n {Pap}*

slitting 1. Längsteilen *n*, Längstrennung *f {Tech}*; 2. Längsschneiden *n {Pap}*; 3. Langschnitt[kreis]sägen *n*
slitting wheel Trennscheibe *f*

sliver 1. Vorgarn *n*, Lunte *f {Glas}*; 2. Faserband *n*, Krempelband *n {Text}*; Kardenband *n {Text}*; 3. Splitter *m*, Span *m {Met, Holz}*; Stift *m {Pap}*
sliver can *{ISO 93/3}* Spinnkanne *f*, Kammzug *m*
sliver screen Astfänger *m {Pap}*

sloe 1. Schwarzdorn *m*, Schlehdorn *m {Prunus spinosa L.}*; 2. Schlehe *f {Frucht von Prunus spinosa L.}*
sloe tree Schlehdorn *m*, Schwarzdorn *f {Prunus spinosa L.}*

slogan Schlagwort *n*; Werbespruch *m*

slop 1. Schmutzwasser *n*; 2. Gießmasse *f*, Gießschlicker *m*, Schlicker *m {Keramik}*; 3. Schlempe *f*, Brennereirückstand *m*; 4. Slopöl *n {Raffinationsrückstand}*
slop oil Slopöl *n {Raffinationsrückstand}*

slope/to [sich] neigen; abfallen, ansteigen; abschrägen, ausschrägen; abböschen; neigen, senken

slope 1. Gefälle *n*, Neigung *f*; 2. schiefe Ebene *f*, Neigungsebene *f*, Schräge *f*; Abhang *m*, Böschung *f*; 3. Steigung *f*, Anstieg *m {z.B. einer Kurve}*; 4. Steilheit *f {eines Filters}*
slope angle 1. Neigungswinkel *m*, Böschungswinkel *n*; 2. Anstellwinkel *m {Trib}*
slope-deflection method Drehwinkelmethode *f*
slope inclination Schräge *f*, Schiefe *f*, Schiefstellung *f*; Neigung *f*, Gefälle *n*; Inklination *f*

sloping 1. schräg, geneigt, schief, abschüssig; abfallend; 2. Schräge *f*, Schiefe *f*, Schiefstellung *f*; Neigung *f*, Gefälle *n*; Inklination *f*
sloping gas flowmeter Schrägrohr-Gasströmungsmesser *m {Instr}*
sloping position Schräglage *f*
sloping screen Schrägsieb *n*, Wurfsieb *n*

slot/to [auf]schlitzen, [auf]spalten; schlitzen, schlitzlochen *{Tech}*; nuten; kerben

slot 1. Schlitz *m*, Spalt *m*; Dampfdurchtrittsschlitz *m {Dest}*; Ausflußspalt *m*, Austrittsspalt *m*, Ausflußschlitz *m {Pap}*; 2. Einschuböffnung *f {EDV}*; Steckplatz *m {für Zusatzplatinen}*; 3. Slot *m*, Fach *n*, Feld *n {Argumentstelle; Künstliche Intelligenz}*; 4. Speicherplatz *m*, Speicherzelle *f {EDV}*; 5. Nut *f*; Kerbe *f {Tech}*
slot atomizer Schlitzzerstäuber *m*
slot burner Schnittbrenner *m*
slot depth Schlitztiefe *f*

slot diaphragm Schlitzblende *f*
slot die Schlitzdüse *f*, Breitschlitzdüse *f*, Breitspritzkopf *m*, Breitschlitzwerkzeug *n*, Schlitzform *f {Kunst}*
slot die extrusion Extrudieren *n* flächiger Halbzeuge
slot discharge Schlitzaustrag *m*
slot heating Schlitzheizung *f*
slot sieve Spaltsieb *n*
slot sprayer Schlitzzerstäuber *m*
slot width Schlitzbreite *f*
elongated slot Längsschlitz *m*
slotted hole Langloch *n*
slotted hole sieve Schlitzlochsieb *n*, Langlochsieb *n*
slotted outlet schlitzförmiger Auslaß *m*
slotted plate Schlitzlochblech *n*, Siebblech *n*
slotted shutter Schlitzverschluß *m*
slotting Stoßen *n {Zerspanung nach DIN 8589}*
slotting saw Stoßsäge *f*
slough/to nachfallen *{Bohrloch}*; abwerfen; sich häuten, schälen
slow 1. im Schleichgang *m*, langsam; schwerfällig; träge *{Reaktion}*; zurückbleibend; verzögert; 2. schmierig *{Papierfaserstoff}*
slow-acting langsamwirkend; schleichend wirken *{Toxikologie}*; langsam ansprechend
slow-acting infectious agent schleichend wirkende Infektionssubstanz *f*
slow-burning pipet[te] Verbrennungspipette *f {Anal}*
slow-curing 1. langsam klebend *{Klebstoff}*; langsam vulkanisierend, langsam heizend *{Gummi}*; 2. langsame Vulkanisation *f {Gummi}*
slow-curing adhesive langsam härtender Klebstoff *m*
slow decomposition Verwesung *f*
slow-dyeing langsam ziehend
slow freezing langsames Gefrieren *n*
slow match Lunte *f*
slow-motion picture Zeitlupenaufnahme *f {Photo}*
slow neutron fission Spaltung *f* mit langsamen Neutronen *npl*
slow particle langsames Teilchen *n*
slow [sand] filter Langsamfilter *n*, Langsam-Sand-Tiefenfilter *n*
slow-setting cement Langsambinder *m*
slow-speed langsamlaufend, niedertourig
slow-speed machine Langsamläufer *m*, Maschine *f* mit kleiner Geschwindigkeit
slowing down 1. Verlangsamung *f*, Abbremsung *f*; 2. Verzögerung *f*; 3. Moderierung *f {Nukl}*
slowness 1. Langsamkeit *f*, Trägheit *f*; 2. Schmierigkeit *f {Papierfaserstoff}*; 3. Entwässerungsneigung *f {Pap}*
slub 1. Glasfaserverdickung *f*, verdickte Stelle *f {bei Glasfasern}*; 2. Fadenverdickung *f*, Garnverdickung *f*, Dickstelle *f {Faden}*; Noppe *f {erwünschter Effekt bei Noppengarnen}*
slubs Flusen *fpl {Fadenendchen}*
sludge 1. Schlamm *m*; Abwasserschlamm *m*, Klärschlamm *m*; Faulschlamm *m {Abwasserreinigung}*; Bohrschlamm *m*, Bohrschmant *m*; Schlamm *m {Erzaufbereitung}*; 2. Sludge *m {Bodensatz}*; Trub *m {Wein, Bier}*, Geläger *n {Wein}*, Hefe *f {Bodensatz}*; 3. Matsch *m*; 4. Treibeis *n*
sludge acid Abfallsäure *f {Öl}*
sludge bag Schlammbeutel *m*
sludge-blanket filter schwebendes Filter *n*
sludge-blanket reactor Schlammkontaktflokkungsbecken *n*, Schnellflockungsbecken *n*
sludge box Schlammkasten *m {Erz}*
sludge cake Schlammkuchen *m*
sludge centrifuge 1. Schlammschleuder *f*; 2. Filterkuchen *m*, Filterrückstand *m*; Zentrifugenkuchen *m*
sludge concentration 1. Schlammeindikkung *f*, Schlammanreicherung *f*; 2. Schlammkonzentration *f*, Schlammeindickungsgrad *m*
sludge concentrator Schlammeindicker *m*, Schlammeindickbehälter *m*
sludge dewatering Schlammentwässerung *f*, Feststoffentwässerung *f*
sludge dewatering tank Schlammentwässerungsgefäß *n*
sludge digestion Schlamm[aus]faulung *f*
sludge digestion compartment Faulraum *m*, Schlammfaulraum *m*
sludge digestion tank Faulbehälter *m*, Schlammfaulbehälter *m*
sludge discharge Schlammaustrag *m*
sludge discharge point Schlammablaßstelle *f*
sludge distributor Schlammverteilerscheibe *f*
sludge draining Schlammentwässerung *f*
sludge filter press Trubfilterpresse *f*, Trubpresse *f {Brau}*
sludge formation Schlammbildung *f*, Schlammentwicklung *f*; Schlammproduktion *f {durch Mikroorganismen}*
sludge formation test Sludgetest *m {Ermittlung der Alterungsneigung}*
sludge gate Schlammschieber *m*, Schlammschleuse *f*
sludge incineration Schlammverbrennung *f*, Schlammveraschung *f*
sludge incineration plant Schlammofen *m*, Schlammverbrenner *m*
sludge lagoon Absetzteich *m*, Auflandungsteich *m*, Schlammteich *m*
sludge level indicator Schlammniveauindikator *m*
sludge outlet Schlammablaß *m*
sludge pan Anmachgefäß *n {Keramik}*

sludge pit Schlammgrube *f*
sludge preventer Entschlämmer *m {Trib}*
sludge pump Schlammpumpe *f*
sludge removal Entschlammung *f*, Schlammentnahme *f*, Schlamm[aus]räumung *f*
sludge sample Spülprobe *f {DIN 22005}*
sludge scraper Schlammkratzer *m*
sludge settling pond Schlammabsetzbecken *n*
sludge tank Schlammbehälter *m*, Schlammbekken *n*, Schlammtank *m*
sludge thickener Schlammeindickbehälter *m*, Schlammeindicker *m*
sludge trough Schlammrinne *f*
sludge valve Schlammventil *n*
preparation of the sludge Schlammaufbereitung *f*
sludger Schlammabscheider *m*; Schlammpumpe *f*
sludgy schlammig; matschig
slug 1. Metallstück *n*; Rohling *m*, Block *m*, Rohteil *n*, Formling *m*, Knüppel[abschnitt] *m*; 2. Gießrest *m {Druckguß}*; 3. Anfahrblock *m {Industrieofen}*; 4. Perlen *fpl {Fehler in Glasfaserprodukten}*; 5. Brennstoffblock *m*, Brennstoffstock *m {Nukl}*; 6. Garnverdickung *f*, Fadenverdickung *f*, Dickstelle *f {eines Fadens}*; 7. Setzmaschinenzeile *f {Drucken}*; gegossene Zeile *f {Drucken}*; 8. Slug *n {GB, obs, britische Masseeinheit = 14,5939 kg}*
slug flow Brecherströmung *f*
slugging Stoßen *n {Pfropfenbildung in Wirbelschichten}*
slugging fluidized bed stoßendes Wirbelbad *n {inhomogenes Bad beim Wirbelsintern}*, stoßendes Wirbelbett *n*
sluggish [reaktions]träge, schleppend *{Chem}*; träge, zäh *{z.B. Ansprechen eines Motors}*; strengflüssig *{Material}*
sluggishness Langsamkeit *f*, Trägheit *f*
slugwise proportioning periodische Dosierung *f*
sluice 1. Absperrglied *n*; Schleuse *f {Wasserlauf}*; Schütz *m {Schleuse}*; 2. Gerinne *n*; Waschrinne *f*, Gefluder *n {Erzaufbereitung}*
sluice chamber Schleusenkammer *f*
sluice concentrator Erzanreicherungsanlage *f* mit Durchlaßrinne
sluice-type reflux ratio head Destillieraufsatz *m* für Rückfluß mit Schleuse *{Dest, Lab}*
sluice valve Absperrschieber *m*, Abzugsschieber *m*
slump 1. Rutschung *f {Geol}*; 2. Preissturz *m*, Preiseinbruch *m*; Baisse *f*
slurry Schlamm *m*, Aufschlämmung *f*, [dünner] Brei *m*; Trübe *f*, Aufschlämmung *f*, feiner Schlamm *m {Erzaufbereitung, Chem}*; Gießmasse *f*, Schlicker *m {Keramik}*; Waschmittelansatz *m*, Waschmittelbrei *m*; Sprengschlamm *m*, Gelsprengstoff *m {Bergbau}*; Rohschlamm *m {Zementherstellung}*; Schlammtrübe *f*, Abwasserschlammsuspension *f {Abwasseraufbereitung}*; Schlammwasser *n {beim Schlammkontaktverfahren}*
slurry discharge centrifuge dickstoffabscheidende Zentrifuge *f*
slurry preforming Saugling-Vorformverfahren *n*
slurry pump Dickstoffpumpe *f*, Schlammpumpe *f*; Breipumpe *f*, Kohlepumpe *f {Bergbau}*
slurry reactor Reaktor *m* mit nasser Suspension, Reaktor *m* mit Schlammumwälzung, Suspensionsreaktor *m {Nukl}*
slurry substance breiige Masse *f*
slurry tank Trübebehälter *m*
slurry thickener Schlammwassereindicker *m*
slurry vat *s.* slurry tank
slurrying Aufschlämmen *n*
slush 1. Schlamm *m*, Schlicker *m*; Schneeschlamm *m*; 2. Matsch *m*; 3. Schmiere *f*; Konservierungsfett *n*, Korrosionsschutzfett *n*
slush casting Hohlkörpergießen *n*, Gießen *n* von Hohlkörpern *{aus flüssigem, pastenförmigem, pulverförmigem Material}*, Pastengießen *n*, Sturzgießen *n*
slush mo[u]ld Pastengießform *f {Kunst}*
slush mo[u]lding Schalengieß[verfahr]en *n*, Sturzgießverfahren *n*, Pastengießen *n*, Hohlkörpergießen *n*, Gießen *n* von Hohlkörpern *{aus flüssigem, pastenförmigem, pulverförmigem Material}*
slushing grease Korrosionsschutzfett *n*, Konservierungsfett *n*
slushing oil Korrosionsschutzöl *n*
small klein
small ampoule Amphiole *f {Pharm}*
small-angle grain boundary Kleinwinkelkorngrenze *f {Krist}*
small-angle scattering Kleinwinkelstreuung *f*
small-area kleinflächig
small-bore pipe Kleinrohr *n*
small calorie Grammkalorie *f*
small coal Feinkohle *f*, Grießkohle *f*, Grubenklein *n {< 12 mm; DIN 22005}*
small combustion pipe Glühröhrchen *n*
small flange connection Kleinflanschverbindung *f*
small graded coal Mittelkohle *f {10-30 mm; DIN 22005}*
small-grained kleinkörnig
small intestine Dünndarm *m*
small lift Kleingüteraufzug *m*
small-load hardness testing Kleinlasthärteprüfung *f*
small-notched kleinzackig
small numbers kleine Stückzahlen *fpl*
small pieces feinstückig
small-scale kleintechnisch; kleinformatig

small-scale factory Kleinbetrieb *m*

small-scale production Kleinserienfertigung *f*

small-scale unit Kleingerät *n*

small-sized kleinstückig; niedrigpaarig *{Kabel}*

small standard specimen Normkleinstab *m*

small standard test piece Normkleinstab *m*

small-toothed kleinzackig

small tube Röhrchen *n {Pharm}*

smallest detectable leak rate kleinste nachweisbare Leckrate *f*

smallpox Pocken *fpl*, Blattern *fpl {Med}*

smallpox virus Pockenvirus *m*, Pockenerreger *m*

smalls Feinkohle *f {< 12 m, nach DIN 22005}*, Grießkohle *f*, Grubenklein *n*

smalogenin Smalogenin *n*

smalt 1. Smalte *f*, Schmalte *f*, Blaufarbenglas *n*; 2. Kaiserblau *n*, Kobaltblau *n*, Königsblau *n {Cobalt(II)-kaliumsilicat}*

smalt green Kobaltgrün *n*

coarsest smalt Blausand *m*

smaltine Smaltin *m*, Smaltit *m*, Skutterudit *m*, [weißer] Speiskobalt *m {Min}*

smaltite *s.* smaltine

smaragdine smaragdfarben

smaragdite Smaragdit *m {Min}*

smash/to [zer]brechen; zertrümmern, zerschmettern, zerschlagen; zerschellen *{z.B. Schiff}*

smashing 1. Zertrümmerung *f*; 2. Abpressen *n*, Niederhalten *n {Buchblock}*

smear/to 1. schmieren, schmierig sein; 2. einschmieren, beschmieren, bestreichen, einreiben, überstreichen; schmieren [auf], aufschmieren; 3. verschmieren *{z.B. Schrift}*; [sich] verwischen; 4. plastisch werden *{z.B. Metall bei der Bearbeitung}*

smear 1. Ausstrich *m*, Abstrich *m {Med, Mikroskopie}*; 2. Verschmierung *f {Tech, Druck}*; Fettfleck *m*, Schmutzfleck *m*; 3. Schmiere *f*, klebrige Substanz *f*; 4. Salzglasur *f {Keramik}*; 5. Haarriß *m*, Oberflächenriß *m {Glas}*

smearing 1. Schmierung *f*; 2. Beschmierung *f*, Einreibung *f*, Bestreichung *f*; 3. Schmiereffekt *m*, Schmierwirkung *f*; 4. Verschmierung *f {z.B. von Schrift}*; 5. Verwaschenheit *f*, Verschwommenheit *f*, Unschärfe *f {Photo}*

smectic smektisch *{Krist, Koll}*

smectite Fetton *m*, Seifenerde *f*, Seifenton *m*, Bentonit *m {Med}*

smegma Smegma *n {Med}*

smell/to riechen

smell 1. Geruch *m*; 2. Geruchssinn *m*

absence of the sense of smell Anosmie *f {Med}*

bad smell Gestank *m*

free from smell geruchfrei, geruchlos

pungent smell stechender Geruch *m*

sense of smell Geruchssinn *m*

smelt/to schmelzen, einschmelzen *{z.B. Schrott}*; erschmelzen *{Metalle aus Erz}*; verhütten *{Met}*

smelter 1. Schmelzhütte *f*, Schmelzerei *f*, Schmelze *f*, Hütte *f {Industriebetrieb}*; 2. Schmelzofen *m {Erz}*; 3. Schmelzer *m {Arbeiter}*

smelter coke Schmelzkoks *m*

smelter gas Hüttengas *n*

smelter smoke Hüttenrauch *m*

smelting 1. Verhüttung *f*, Verhütten *n {Erz}*; Erschmelzen *n*, Ausschmelzen *n {Metall aus Erz}*; 2. Einschmelzen *n {z.B. Schrott}*; 3. Schmelzen *n*, Schmelzung *f*; 4. Verschmelzen *n {Erz}*

smelting charge Gicht *f {Met}*

smelting coke Hüttenkoks *m*, Schmelzkoks *m*

smelting finery Frischhütte *f*

smelting flux Schmelzfluß *m*

smelting flux electrolysis Schmelzflußelektrolyse *f*

smelting furnace Schmelzofen *m*, Reduktionsofen *m {Met}*

smelting hearth Schmelzherd *m*

smelting house Schmelzerei *f*, Schmelzhütte *f*, Schmelze *f {Industriebetrieb}*

smelting practice Schmelzführung *f*

smelting process Schmelzarbeit *f*, Verhüttungsvorgang *m*

smelting schedule Schmelzführung *f*

smelting works Schmelzhütte *f*, Hüttenwerk *n*

coarse metal smelting Rohsteinschmelzen *n*

method of smelting Schmelzverfahren *n {Met}*

process of smelting Schmelzverlauf *m*

product ready for smelting verhüttbares Gut *n*

smilacin 1. <$C_{26}H_{42}O_3$> Smilacin *n*; 2. <$C_{18}H_{30}O_6$> Salseparin *n*, Pariglin *n*

smith's coal Schmiedekohle *f*, Gaskohle *f*

smithite Arseno-Miagyrit *m*, Smithit *m {Min}*

smithsonite Smithsonit *m*, Zinkspat *m*, Carbonat-Galmei *m {Zinkcarbonat, Min}*

siliceous smithsonite Kieselgalmei *m {Min}*

smog Smog *m*, Stadtnebel *m {Ökol}*

layer of smog Dunstglocke *f*

smoke/to 1. rauchen; qualmen, dampfen; 2. ausräuchern *{Räume}*; 3. räuchern *{Lebensmittel, Gummi}*; 4. rußen, schwärzen

smoke out/to ausräuchern

smoke Rauch *m*; Dampf *m*

smoke abatement Rauchbekämpfung *f*

smoke agent Nebelmittel *n*, Nebelstoff *m*

smoke alarm Rauchmelder *m*

smoke ball Nebelbombe *f*, Rauchbombe *f*

smoke black Schwärze *f*, Kienruß *m*

smoke box gas Rauchkammergas *n*

smoke cartridge Rauchpatrone *f*

smoke-colo[u]red rauchfarben

smoke combustion Rauchverzehrung *f*

smoke composition *{BS 577}* Nebelmittel *n*, Nebelstoff *m*

smoke concentration Rauchkonzentration *f*
smoke condensate *{ISO 4388}* Rauchkondensat *n* *{Tabak}*
smoke condenser Flugstaubkondensator *m*, Rußkammer *f*
smoke consumer Rauchverzehrer *m*
smoke-consuming rauchverzehrend
smoke-consuming device Rauchverbrennungseinrichtung *f*
smoke consumption Rauchverzehrung *f*
smoke-control system Rauchabzugsanlage *f*
smoke-cured *s.* smoke-dried
smoke density Rauch[gas]dichte *f*, Rauchstärke *f*, Rauchgaswert *m*
smoke-density alarm Rauchdichtemelder *m*
smoke-density measuring equipment Rauchdichte-Meßgerät *n*
smoke-density meter Rauchdichtemesser *m*
smoke detector Rauchmelder *m*, Rauchspürgerät *n*
smoke development Rauchentwicklung *f*
smoke disperser Qualmabzugsrohr *n*
smoke-dried geräuchert, rauchgar *{Lebensmittel}*
smoke filter Rauchgasfilter *n*
smoke flue Feuerzug *m*, Fuchs *m*, Rauchkanal *m*
smoke funnel Rauchabzug *m*
smoke gas Rauchgas *n*
smoke gas preheater Ekonomiser *m*, Rauchgasvorwärmer *m*, Sparanlage *f*, Speisewasservorwärmer *m*
smoke ga[u]ge Kapnoskop *n*
smoke generator Raucherzeuger *m*
smoke mask Rauchschutzmaske *f*
smoke measuring detector Rauchmeßmelder *m*
smoke measuring device Rauchmeßgerät *n*
smoke monitor Rauchmeldeanlage *f*, Rauchmeldegerät *n*
smoke nuisance Rauchbelästigung *f*
smoke plume Rauchfahne *f*
smoke point 1. Rauchpunkt *m* *{Lebensmittel}*; 2. Rußpunkt *m* *{Chem, Erdöl}*
smoke-point tester Qualmpunktbestimmungsgerät *n*
smoke prevention Rauchverhütung *f*
smoke scale Rauchskale *f*
smoke screen Rauchschleier *m*, Rauchvorhang *m*
smoke-screen acid Nebelsäure *f*
smoke shell Rauchgranate *f*
smoke slide valve Rauchschieber *m*, Regelschieber *m*, Schieberplatte *f*
smoke stack Schornstein *m*, Schlot *m*
smoke streamer Rauchfahne *f*
smoke-suppressant rauchunterdrückend
smoke suppression Rauchunterdrückung *f*
smoke test apparatus Rauchkanalprüfgerät *n*
smoke-tight rauchdicht
smoke tube boiler Rauchrohrkessel *m*
absence of smoke Rauchlosigkeit *f*
determination of smoke point Rauchpunktbestimmung *f* *{Lebensmittel}*
development of smoke Rauchbildung *f*
diminution of smoke Rauchverdünnung *f*
formation of smoke Rauchbildung *f*
generation of smoke Rauchbildung *f*
giving little smoke rauchschwach
thick smoke Qualm *m*

smoked fish geräucherter Fisch *m* *{Lebensmittel}*

smokeless rauchlos, rauchfrei; rußfrei *{z.B. Brennstoff}*
smokeless fuel rauchloser Brennstoff *m*, rauchfreier Brennstoff *m*, rußfreier Brennstoff *m* *{DIN 22005}*
smokeless powder rauchloses Pulver *n*

smokeproof rauchdicht

smokestone Rauchquarz *m* *{Min}*

smoking 1. rauchend; dampfend, qualmend; rußend; 2. Rauchen *n*; 3. Räuchern *n* *{Lebensmittel}*

smoky rauchig; qualmig; rußend *{z.B. Flamme}*
smoky black rauchschwarz
smoky quartz Rauchquartz *m* *{Min}*
smoky topaz Rauchtopas *m* *{Min}*

smolder/to *s.* smoulder/to

smoldering *s.* smouldering

smooth/to 1. glätten, polieren; hobeln; planieren; schleifen; schlichten; 2. mildern; beseitigen, ausräumen
smooth down/to sich beruhigen; sich glätten

smooth eben, glatt *{Oberfläche}*; stoßfrei, stufenlos, glatt; glatt, gleichmäßig *{z.B. Reaktionsverlauf}*; stetig *{Math}*; ruhig, geräuschlos *{z.B. Lauf einer Maschine}*; ruhig *{Luft}*; leicht, sanft, mild; geschmeidig *{Fett}*
smooth-bore glattwandig *{Rohr}*
smooth fracture glatter Bruch *m*
smooth roll crusher Glattwalzenbrecher *m*, Walzenbrecher *m* mit glatten Walzen
smooth roll[er] Glattwalze *f*

smoother Glätter *m*, Glättpresse *f* *{Pap}*; Glättwerkzeug *n*, Glätteisen *n* *{Gieß}*; Glättungsglied *n* *{Elek}*

smoothing 1. Glätten *n*, Glättung *f* *{Elek, Math}*; 2. Beruhigung *f* *{z.B. einer Schwingung}*
smoothing choke Abflachungsdrossel *f*, Glättungsdrossel *f*, Beruhigungsdrossel *f* *{Elek}*
smoothing equipment Glätteinrichtung *f*, Glättvorrichtung *f*
smoothing file Glättfeile *f*
smoothing iron Glätteisen *n*
smoothing plane Abrichthobel *m*, Schlichthobel *m*

smoothing press Glättpresse *f*, Offsetpresse *f* *{Pap}*
smoothing roll[er] Glättwalze *f*
smoothing tool Schlichtstahl *m*
smoothness 1. Glätte *f*; 2. Gleichmäßigkeit *f*; 3. Gleitfähigkeit *f*, Glätte *f* *{z.B. Kosmetika}*
smoothness of operation Laufruhe *f*
smother/to ersticken; unterdrücken; überschütten; ganz zudecken
smother Rauch *m*; Rauchwolke *f*, Staubwolke *f*
smothered arc furnace direkter Lichtbogenofen *m*
smothering vessel Abbrühgefäß *n* *{Text}*
smothering effect Stickwirkung *f*, Stickeffekt *m* *{Löschen}*
smoulder/to schwelen, glimmen *{bei Sauerstoffmangel}*; qualmen
smoulderability Weiterbrennvermögen *n*
smouldering Glimmen *n*, Schwelung *f*, Schwelen *n* *{bei Sauerstoffmangel}*; Qualmen *n*
smouldering combustion Glimmbrand *m*
smouldering fire Schwelbrand *m*, Qualmfeuer *n*
smouldering nest Glimmnest *n*
smouldering point Schwelpunkt *m*
smouldering zone Schwelzone *f*
resistance to smouldering Glutsicherheit *f*
smudge 1. Schmutzstelle *f*, Schmutzfleck *m* *{Text}*; 2. Schmierstelle *f* *{an Spritzlingen}*; 3. qualmendes Feuer *n*, Reisigfeuer *n*
smut/to beschmutzen; berußen, brandig machen
smut 1. Brand *m*, Brandkrankheit *f* *{Agri}*; Getreidebrand *m*, Kornbrand *m*, Kornfäule *f* *{Bot}*; Maisbrand *m* *{Bot}*; 2. Brandpilz *m* *{Erreger der Brandkrankheit}*; 3. erdige Kohle *f*; minderwertige Kohle *f*; 4. Fleck *m*, Schmutzfleck *m*; Rußfleck *m*
smut mill Getreidereinigungsmaschine *f*
snagging Handschleifen *n*, Freihandschleifen *n* *{Tech}*
snagging wheel Fertigputzscheibe *f*
snake 1. Schlange *f* *{Zool}*; 2. Längsriß *m*, Längsbruch *m* *{Glas}*; 3. Einziehdraht *m* *{Elek}*
snake poison Schlangengift *n*
snakeroot Schlangenwurzel *f* *{Bot}*
snakestone Schlangenstein *m* *{Min}*
snap/to 1. schnappen [nach]; schnappen lassen; 2. [knallend] reißen; 3. knipsen, Schnappschüsse machen, photographieren
snap 1. plötzlich, unerwartet; 2. Schnappen *n*; 3. Knacken *n*, Reißen *n*; 4. Schellhammer *m*, Nietendöpper *m* *{Tech}*; 5. Warmluft-/Kälteeinbruch *m*, Hizte-/Kältewelle *f*; 6. Nerv *m* *{Gummi}*
snap closure Schnellverschluß *m*
snap flask Abschlagformkasten *m*, Abziehkasten *m* *{Gieß}*
snap freezing schnelles Gefrieren *n* *{durch Besprühen mit flüssigem Stickstoff}*
snap hammer Schellhammer *m*
snap hook Karabinerhaken *m*
snap-in joint Schnappverbindung *f*
snap-on assembly Steckmontage *f*
snap-on end can Lötdeckeldose *f*
snap test Kurzprüfung *f*
snap valve Kolbenventil *n*
snapshot Momentaufnahme *f*, Schnappschuß *m* *{Photo}*
snarl/to verwirren *{Garn}*
sneeze gas Reizgas *n*, Nasen-Rachen-Reizstoff *m*
sneeze-provoking niesenerregend
sneezewort Nieskraut *n* *{Bot}*
SNG *{substitute natural gas}* Synthesenaturgas *n*, Ersatzerdgas *n*, synthetisches Erdgas *n*, Tauschgas *n*
sniff/to 1. schnüffeln, schnuppern; abschnüffeln *{Lecksuche}*; 2. schniefen; durch die Nase einatmen
sniffer [probe] Schnüffelsonde *f*, Schnüffler *m*, Leckschnüffler *m*
sniffler Gasspürgerät *n*
sniffler valve *s.* snifting valve
snifting valve Schnarchventil *n*, Schlotterventil *n*, Schnüffelventil *n*
snips Blechschere *f*, Faustschere *f* *{Handschere zum Blechschneiden}*
snoothing Schlichten *n*
snore piece Saugstück *n*, Senkkorb *m*, Siebkopf *m*
snort/to schnauben
snout Mundstück *n* *{Tech}*
snow 1. Schnee *m*; 2. Hintergrundrauschen *n* *{Radar}*; Bildrauschen *n*, Schnee *m*
snow water Schneewasser *n*
snow-white schneeweiß
melted snow Schneewasser *n*
SNTA *{sodium nitrilotriacetate}* Natriumnitrilotriacetat *n*
snubber 1. Druckschwingungsdämpfer *m*, Pulsationsdämpfer *m*; 2. Stoßdämpfer *m* *{Mech}*
SOA *{spectrometric oil analysis}* spektrometrische Ölanalyse *f*
soak/to 1. [durch]tränken, einweichen, einziehen; wässern, weichen *{Gerb}*; [ein]sumpfen *{Keramik}*; 2. sich vollsaugen *{z.B. mit Wasser}*; 3. versickern, einsickern; durchdringen, durchtränken; [hindurch]sickern; 4. ausgleichglühen *{Met}*; 5. garbrennen *{Keramik}*
soak in/to einsickern, einziehen *{Flüssigkeit}*
soak in lime water/to einkalken
soak into/to eindringen *{Flüssigkeiten}*
soak up/to aufsaugen
soak Durchnässen *n*, Durchtränken *n*, Einweichen *n*

soak clean [bath] Reinigungsbad *n {Galvanotechnik}*
soakaway Sickergrube *f*, Sickerbrunnen *m*, Sikkerschacht *m*, Versickerungsschacht *m*
soaking 1. Einweichen *n*; Weiche *f*, Weichen *n*, Wässern *n {Gerb}*; 2. Eintauchen *n*, Tunken *n*; 3. Tränkung *f*, Tränken *n*; Einquellen *n*; Sumpfen *n {Keramik}*; 4. Warmhalten *n*, Durchwärmen *n*, gleichmäßige Erwärmung *f {Glas, Met}*
soaking agent Einweichmittel *n*
soaking furnace Tiefofen *m*, Wärme[ausgleich]grube *f {Met}*
soaking in Innentränkung *f*
soaking period Ausgleichszeit *f*, Wärmeausgleichzeit *f*
soaking pit 1. Sumpfgrube *f*, Sumpfbecken *n {Keramik}*; 2. Tiefofen *m*, Wärme[ausgleich]grube *f {Met}*; 3. Abstehofen *m*, Abkühlungsofen *m {für offene Häfen}*
soaking pit crane Tiefofenkran *m*
soaking tank Tränkgefäß *n {Leder}*
soaking tub Einweichbottich *m*
soaking water tank Einweichwasserküpe *f {Gerb}*
soap/to seifen, einseifen; abseifen *{z.B. bei der Leckprüfung}*
soap Seife *f*
soap bark Seifenrinde *f*, Panamarinde *f*, Quillajarinde *f {Quillaja saponaria Mol.}*
soap base Seifenbasis *f {Chem}*
soap-based grease Schmierstoff *m* auf Seifenbasis, Seifenschmierfett *n*
soap boiler's lye Seifensiederlauge *f*
soap bubble Seifenblase *f*
soap bubble leak detection Abpreßmethode *f {Lecksuche mit Seifenwasser}*
soap-bubble method Seifenblasenmethode *f {Vak}*
soap builders Seifenbildner *m*
soap charge Seifensud *m*
soap chemicals Seifenchemikalien *fpl*
soap-consuming power Seifeaufnahmevermögen *n*
soap consumption Seifenverbrauch *m*
soap content alkalischer Bestandteil *m*, Seifengehalt *m*
soap dispenser Seifenspender *m*
soap emulsion Seifenemulsion *f*
soap factory Seifenfabrik *f*
soap film Seifenhaut *f*
soap flake Seifenflocke *f*
soap-free grease Nichtseifen-Schmierfett *n*
soap improver Seifenveredelungsmittel *n*
soap kettle *{US}* Siedekessel *m*, Siedepfanne *f*
soap lather Seifenschaum *m*
soap mill Piliermaschine *f*
soap of resin Harzseife *f*
soap pan *{GB}* Siedekessel *m*, Siedepfanne *f*
soap powder Seifenpulver *n*
soap rock Wascherde *f*
soap solution Seifenlauge *f*, [wäßrige] Seifenlösung *f*, Seifenwasser *n*
soap substitute Seifenersatz *m*
soap suds Seifenlauge *f*, Seifenwasser *n*
soap water Seifenwasser *n*
soap weed Seifenkraut *n {Saponaria officinalis L.}*
soap works Seifenfabrik *f*, Seifensiederei *f*
hard soap Kernseife *f*
invert soap Invertseife *f*
potash soap Schmierseife *f*
sodium soap Kernseife *f*
soft soap Schmierseife *f*
soaping aftertreatment Seifennachbehandlung *f*, Nachseifen *n {Text}*
soapstone Seifenstein *m*, Speckstein *m*, Steatit *m {eine Talk-Varietät, Min}*
soapstone machine Talkumiermaschine *f*
powdered soapstone Talkumpuder *n*
pulverized soapstone Talkum *n*
soapy seifig, seifenartig; Seifen-
soar/to [auf]steigen, hochfliegen
sobralite Sobralit *m*
sobrerol Sobrerol *n*, Pinolhydrat *n*
socket 1. Hülse *f {Glasschliff}*; Schliffpfanne *f*, Schliffschale *f {Kugelschliffverbindung}*; 2. Muffe *f*, Rohrmuffe *f*, Verbindungsmuffe *f*, Abzweigmuffe *f {Rohre}*; Muffenkelch *m {aufgeweitetes Rohrende}*; 3. Flansch *m*, [plattenförmiger] Rohransatz *m*; 4. Sockel *m*, Fassung *f {Elek}*; 5. Steckdose *f {Elek}*; 6. Buchse *f {Hohlzylinder}*, Zapfenlager *n*; 7. Tülle *f*, Steckhülse *f*; 8. Höhle *f*, Augenhöhle *f*
socket head cap screw Innensechskantschraube *f*
socket joint Muffenverbindung *f*, Rohrmuffenverbindung *f*
socket key Aufsteckschlüssel *m*
socket outlet Steckdose *f*, Dose *f {Elek}*
socket pipe Muffenrohr *n*
socket screw Innensechskantschraube *f*
socket valve Muffenventil *n*, Ventilschieber *m*
socket wrench Steckschlüssel *m*
socketed pipe Muffenrohr *n*
SOCMA *{US}* Synthetic Organic Chemical Manufacturers Association
sod oil Sämischgerber-Degras *n*, Weißgerber-Degras *n*
soda 1. Soda *f*, Natron *n*, Natrit *m {Na_2CO_3-10-Wasser}*; 2. Natriumcarbonat *n*, Soda *f {Chem}*; 3. Natriumhydrogencarbonat *n {Chem}*
soda-acid extinguisher *{BS 138}* Carbonatlöscher *m*
soda alum Natriumalaun *m*, Natronalaun *m*, Soda-Alaun *m {Natriumaluminiumsulfat-12-Wasser}*

soda asbestos Natriumasbeströhrchen *n*
soda ash <Na_2CO_3> Natriumcarbonatanhydrid *n*, wasserfreies Natriumcarbonat *n*, calcinierte Soda *f*, kristallwasserfreie Soda *f*, Soda cal. *f {Chem}*; Sodaschmelze *f*, Soda-Asche *f*, Rohsoda *f {Erzaufbereitung}*
soda bath Sodabad *n*
soda bleaching lye Natronbleichlauge *f*
soda cellulose Natroncellulose *f*, Natronzellstoff *m*, Alkalicellulose *f*
soda content Sodagehalt *m*
soda crystallized <$Na_2CO_3 \cdot 10H_2O$> kristallisiertes Natriumcarbonat *n*, Natriumcarbonat krist. *n*, kristallisierte Soda *f*, Kristallsoda *f*, Waschsoda *f*, Natriumcarbonat-Decahydrat *n {IUPAC}*
soda crystals Kristallsoda *f*, Waschkristalle *mpl*, wasserhaltige Soda *f {$Na_2CO_3 \cdot 10H_2O$}*
soda extract[ion] Sodaauszug *m*
soda factory Sodafabrik *f*
soda feldspat Natronfeldspat *m*, Albit *m {Min}*
soda furnace Sodaofen *m*
soda glass Sodaglas *n*, Natronglas *n*, Natronkalkglas *n*
soda lake Natronsee *m {Geol}*
soda lime Natronkalk *m {Ätznatron-Ätzkalk-Gemisch}*
soda-lime glass Natronkalkglas *n*, Normalglas *n*, Solinglas *n*, Alkaliglas *n*, A-Glas *n {für Verstärkungsmaterialien}*
soda lye Natronlauge *f*, Sodalauge *f*
soda mica Paragonit *m {Min}*
soda niter Natronsalpeter *m*, Natriumnitrat *n*, Nitronatrit *n {Min}*
soda pop Brauselimonade *f*
soda powder 1. Sodapulver *n*; 2. B-Pulver *n {Expl, graphitierter Chilesalpeter}*
soda pulp Natroncellulose *f*, Natronzellstoff *m*, Sodazellstoff *m*
soda recovery Sodarückgewinnung *f*, Alkalirückgewinnung *f {Pap}*
soda residue Sodarückstand *m*
soda soap Natronseife *f*, Natriumseife *f*
soda solution Natronlauge *f*, Sodalösung *f*
soda vat Pottaschküpe *f*, Sodaküpe *f*
soda water 1. Sodawasser *n*, Selterswasser *n*, Mineralwasser *n*, Sprudel *m*; 2. Brauselimonade *f*
soda waterglass Natronwasserglas *n*, Natriumwasserglas *n*
soda works Sodafabrik *f*
baking soda Natriumhydrogencarbonat *n*
caustic soda Natronlauge *f*
containing soda sodahaltig
crud soda Rohsoda *f*
crystallized soda Kristallsoda *f*
finely pulverized soda Feinsoda *f*
preparation of soda Sodadarstellung *f*
washing soda Waschsoda *f*
sodalite Sodalith *m {Min}*
sodamide <$NaNH_2$> Natriumamid *n*
sodatol Sodatol *n {Expl 50/50 $NaNO_3$ + TNT}*
soddyite Soddyit *m {Min}*
Soderberg electrode Söderberg-Elektrode *f*
sodium *{Na, element no. 11}* Natrium *n*
sodium abietate <$Na(C_{19}H_{29}COO)$> Natriumabietat *n*
sodium acetate <$NaOOCH_3$> Natriumacetat *n*, essigsaures Natrium *n*, Natrium aceticum *n {Pharm}*
sodium acetyl arsanilate Natriumacetylarsanilat *n*
sodium acetylide <Na_2C> Natriumacetylid *n*, Natriumcarbid *n*
sodium acid carbonate <$NaHCO_3$> saures Natriumcarbonat *n*, Natriumbicarbonat *n {obs}*, Natriumhydrogencarbonat *n {IUPAC}*
sodium acid sulfate <$NaHSO_4$> saures Natriumsulfat *n*, Natriumbisulfat *n {obs}*, Natriumhydrogensulfat *n {IUPAC}*
sodium acid sulfite <$NaHSO_3$> Natriumbisulfit *n {obs}*, saures schwefligsaures Natrium *n*, doppelt schwefligsaures Natrium *n*, Bisulfit *n*, Leukogen *n*, Natriuhydrogensulfit *n {IUPAC}*
sodium alcoholate Natriumalkoholat *n*
sodium alginate Natriumalginat *n*, Natriumpolymannuronat *n*
sodium alizarin sulfonate <$C_{14}H_7NaO_7S$> Natriumalizarinsulfonat *n*, Alizarinpulver W *n*, Natriumsulfonsäure *f* des Alizarins
sodium alkane sulfonate <RSO_3Na> Natriumalkansulfonat *n*
sodium alkylate Natriumalkylat *n*
sodium alum Natriumalaun *m*, Natronalaun *m*, Soda-Alaun *m*
sodium aluminate <$Al_2O_3 \cdot Na_2O$> Natriumaluminat *n*
sodium aluminium fluoride Aluminiumnatriumfluorid *n*
sodium aluminium hydride <$NaAlH_4$> Natriumaluminiumhydrid *n*, Natriumtetrahydridoaluminat *n*
sodium aluminium silicofluoride <$Na_5Al(SiF_6)_4$> Natriumaluminiumsilicofluorid *n*
sodium amalgam Natriumamalgam *n*
sodium amalgam-oxygen cell Natriumamalgam-Sauerstoff-Brennstoffzelle *f*
sodium amide <$NaNH_2$> Natriumamid *n*
sodium aminoarsonate Natriumarsanilat *n*
sodium ammonium acid phosphate <$NaNH_4HPO_4 \cdot 4H_2O$> Ammoniumnatriumhydrogenphosphat[-Tetrahydrat] *n*
sodium ammonium nitrate Natronammonsalpeter *m*
sodium ammonium phosphate <$Na_2NH_4PO_4$>

Natriumammoniumphosphat *n*, Dinatriumammoniumphosphat *n* {*IUPAC*}
sodium ammonium sulfate <$NaNH_4SO_4$> Natriumammoniumsulfat *n*
sodium amytal Natriumamytal *n*
sodium-aniline sulfonate <$C_6H_4(NH_2)SO_3N{\cdot}2H_2O$> Natriumsulfanilat *n*
sodium antimonate <$NaSbO_3$> Natriumantimonat *n*
sodium arsanilite Natriumarsanilat *n*
sodium arsenate 1. <$Na_3AsO_4{\cdot}12H_2O$> Natriumarsenat(V) *n*; 2. <$Na_2HAsO_4{\cdot}7H_2O$> Dinatriumarsenat(V) *n*; 3. <$NaH_2AsO_4{\cdot}4H_2O$> Mononatriumarsenat(V) *n*
sodium arsenide <Na_3As> Natriumarsenid *n*
sodium arsenite <$NaAsO_2$> Natriumarsenit *n*, arsenigsaures Natrium *n*, Natriumarsenat(III) *n*
sodium ascorbate <$C_6H_7NaO_6$> Natriumascorbat *n*
sodium azide <NaN_3> Natriumazid *n*
sodium barbiturate <$C_4H_3N_2O_3Na$> Natriumbarbiturat *n*
sodium-base grease Natronfett *n*
sodium benzene sulfonate Natriumbenzolsulfonat *n*, Natriumbenzensulfonat *n*
sodium benzoate <$Na(C_6H_5)CO_2$> benzoesaures Natrium *n*, Natriumbenzoat *n*, Natrium benzoicum *n* {*Pharm*}
sodium biborate Natriumtetraborat *n*, Borax *n*
sodium bicarbonate <$NaHCO_3$> Natriumbicarbonat *n* {*obs*}, Natriumhydrogencarbonat *n* {*IUPAC*}, primäres Natriumcarbonat *n*, saures Natriumcarbonat *n*, doppelt kohlensaures Natron *n* {*obs*}
sodium bichromate <$Na_2Cr_2O_7{\cdot}2H_2O$> Natriumbichromat *n* {*obs*}, Natriumdichromat *n* {*IUPAC*}, doppeltchromsaures Natrium *n*, rotes chromsaure Natrium *n*, Natriumpyrochromat *n*
sodium bifluoride <$NaHF_2$> Natriumbifluorid *n* {*obs*}, Natriumhydrogenfluorid *n*
sodium biphosphate <NaH_2PO_4> Natriumbiphosphat *n* {*obs*}, Mononatriumphosphat *n*, Natriumdihydrogenphosphat *n*
sodium bismuthate <$NaBiO_3$> Natriumbismutat *n*, Natriumtrioxobismutat(V) *n*
sodium bisulfate <$NaHSO_4$> saures Natriumsulfat *n*, Natriumbisulfat *n* {*obs*}, Mononatriumsulfat *n*, Natriumhydrogensulfat *n* {*IUPAC*}
sodium bisulfite <$NaHSO_3$> Natriumbisulfit *n* {*obs*}, Mononatriumsulfit *n*, Natriumhydrogensulfit *n* {*IUPAC*}, doppeltschwefligsaures Natrium *n*, Natriumhydrogensulfat(IV) *n*
sodium bitartrate Natriumbitartrat *n* {*obs*}, Natriumhydrogentartrat *n*
sodium borate <$Na_2B_4O_7{\cdot}10H_2O$> Natriumtetraborat *n*, Borax *n*, Natriumpyroborat *n*
sodium borate perhydrate Natriumboratperhydrat *n*
sodium boroformate <$NaH_2BO_3{\cdot}2HCOOH{\cdot}2H_2O$> Natriumboroformiat[-Dihydrat] *n*
sodium borohydride <$NaBH_4$> Natriumborhydrid *n* {*obs*}, Natriumtetrahydridoborat *n* {*IUPAC*}
sodium bromate <$NaBrO_3$> Natriumbromat(V) *n*
sodium bromide <$NaBr$> Natriumbromid *n*, Bromnatrium *n* {*obs*}
sodium cacodylate <$(CH_3)_2AsOONa{\cdot}3H_2O$> Natriumcacodylat *n*, Natriumdimethylarsenat *n*
sodium caprylate Natriumcaprylat *n*
sodium carbolate <$NaOC_6H_5$> Natriumphenolat *n*, Phenolnatrium *n*
sodium carbonate <Na_2CO_3> Natriumcarbonat *n*, kohlensaures Natrium *n* {*obs*}, Natrium carbonicum *n* {*Pharm*}, Soda *f*, Natron *n*
sodium carbonate peroxide <$2Na_2CO_3{\cdot}3H_2O_2$> Natriumcarbonat-Wasserstoffperoxid *n*
sodium carboxymethylcellulose Natriumcarboxymethylcellulose *f*
sodium caseinate Natriumcaseinat *n*; Nutrose *f*
sodium cellulose Natroncellulose *f*, Natronzellstoff *m*
sodium chlorate <$NaClO_3$> Natriumchlorat(V) *n*
sodium chloride <$NaCl$> Natriumchlorid *n*, Kochsalz *n* {*Triv*}, Chlornatrium *n* {*obs*}
sodium chloride content Kochsalzgehalt *m*
sodium chloride lattice Steinsalzgitter *n*, Natriumchloridgitter *n* {*Krist*}
sodium chloride solution Kochsalzlösung *f*, Natriumchloridlösung *f*
sodium chlorite <$NaClO_2$> Natriumchlorit *n*, Natriumchlorat(III) *n*
sodium chloroacetate <$ClCH_2COONa$> Natriumchloracetat *n*
sodium chloroplatinate <$Na_2PtCl_6{\cdot}4H_2O$> Natriumhexachloroplatinat(IV)[-Tetrahydrat] *n*
sodium chloroplatinite <Na_2PtCl_4> Natriumtetrachloroplatinat(II) *n*
sodium-*o*-chlorotoluene-*p*-sulfonate Natriumchlortoluolsulfonat *n*
sodium cholate Natriumcholat *n*
sodium choleinate Natriumcholeinat *n*
sodium chromate <$Na_2CrO_4{\cdot}10H_2O$> Natriumchromat[-Dekahydrat] *n*, chromsaures Natrium *n*
sodium chromate tetrahydrate Natriumchromat[-Tetrahydrat] *n*
sodium cinnamate <$C_9H_7O_2Na$> Natriumcinnamat *n*, Hetol *n*
sodium citrate <$(Na_3C_6H_5O_7)_2{\cdot}2H_2O$> Natriumcitrat *n*, citronensaures Natrium *n*
sodium complex soap grease Natriumkomplexseifen-Schmierfett *n* {*Trib*}
sodium compound Natriumverbindung *f*

sodium-cooled breeder natriumgekühlter Brüter *m {Nukl}*

sodium-cooled fast rector natriumgekühlter schneller Reaktor *m {Nukl}*

sodium copper cyanide <$NaCu(CN)_2$> Natriumdicyanocuprat(I) *n*

sodium cresylate Kresolnatron *n*

sodium cyanamide <Na_2NCN> Natriumcyanamid *n*

sodium cyanate <$NaOCN$> Natriumcyanat *n*

sodium cyanide <$NaCN$> Natriumcyanid *n*, Cyannatrium *n {obs}*

sodium cyclamate <$C_6H_{11}NHSO_3Na$> Natriumcyclohexylsulfamat *n*, Natriumcyclamat *n {Na-Salz der Cyclohexansulfaminsäure}*

sodium dehydroacetate <$C_8H_7NaO_4 \cdot H_2O$> Natriumdehydroacetat *n*

sodium dehydrocholate Natriumdehydrocholat *n*

sodium diacetate Natriumdiacetat *n*

sodium diatrizoate <$C_6I_3(COONa)(NHCOCH_3)_2$> Natriumdiatrizoat *n*

sodium dichloroisocyanurate Natriumdichlorisocyanurat *n*

sodium-2,4-dichlorophenoxyacetate Natrium-2,4-dichlorphenoxyacetat *n*

sodium dichromate <$Na_2Cr_2O_7 \cdot 2H_2O$> doppeltchromsaures Natrium *n*, Natriumdichromat *n {IUPAC}*, Natriumdichromat(VI) *n*

sodium diethylbarbiturate Natriumdiethylbarbiturat *n*

sodium diethyldithiocarbamate <$(C_2H_5)_2NC{=}S(SNa)$> diethyldithiocarbamidsaures Natrium *n*, Natrium-*N,N*-diethyldithiocarbamat *n*

sodium dihydrogenphosphate <NaH_2PO_4> Natriumdihydrogenphosphat *n*, Mononatriumphosphat *n*

sodium dihydrogenphosphide <$NaPH_2$> Natriumdihydrogenphosphid *n*

sodium diiodosalicylate Natriumdiiodsalicylat *n*

sodium dimethyldithiocarbamate <$(CH_3)_2NCS_2Na$> Natriumdimethyldithiocarbamat *n*

sodium dinitro-*o*-cresylate <$CH_3C_6H_2(NO_2)_2ONa$> Natriumdinitro-*o*-cresylat *n*

sodium dioxide <NaO_2> Natriumperoxid *n*

sodium discharge lamp Natriumdampflampe *f*

sodium dithionate <$Na_2S_2O_6$> Natriumdithionat *n*, Natriumdisulfat(V) *n*

sodium dithionite <$Na_2S_2O_4$> Natriumdithionit *n*, Natriumhydro[di]sulfit *n {obs}*, Natriumdisulfat(III) *n*

sodium diuranate <$Na_2U_2O_7 \cdot 6H_2O$> Natriumdiuranat *n*; Urangelb *n*

sodium dodecylbenzene sulfonate <$C_{12}H_{25}C_6H_4SO_3Na$> Natriumdodecylbenzolsulfonat *n*

sodium electrolysis Natriumelektrolyse *f*

sodium ethanolate *s.* sodium ethoxide

sodium ethoxide <$NaOC_2H_5$> Natriumethoxid *n*, Natriumethanolat *n*, Natriumalkoholat *n {obs}*

sodium ethoxyacetylide Natriumethoxyacetylid *n*

sodium ethyl sulfate Natriumethylsulfat *n*

sodium ethylate *s.* sodium ethoxide

sodium ferric saccharate Natriumferrisaccharat *n*

sodium ferricyanide <$Na_3Fe(CN)_6 \cdot H_2O$> Natriumferricyanid *n {obs}*, Ferricyannatrium *n {obs}*, Trinatriumhexacyanoferrat(III) *n {IUPAC}*, Natriumhexacyanoferrat(III) *n*

sodium ferrocyanide <$Na_4Fe(CN)_6 \cdot 10H_2O$> Tetranatriumhexacyanoferrat(II) *n {IUPAC}*, Natriumhexacyanoferrat(II) *n*, Natriumferrocyanid *n {obs}*, Natriumeisencyanür *n {obs}*, Ferrocyannatrium *n {obs}*, Gelbnatron *n*, gelbes Natronblutlaugensalz *n*

sodium flame Natriumflamme *f*

sodium fluoaluminate <Na_3AlF_6> Natriumhexafluoroaluminat *n*

sodium fluorescein *{US}* Uranin *n*

sodium fluoride <NaF> Natriumfluorid *n*, Fluornatrium *n {obs}*

sodium fluoroacetate <FCH_2COONa> Natriumfluoracetat *n*

sodium fluoroaluminat <Na_3AlF_6> Natriumhexafluoroaluminat *n*

sodium fluoroborate <$NaBF_4$> Natriumtetrafluoroborat *n*

sodium fluo[ro]silicate <Na_2SiF_6> Natriumfluosilicat *n {obs}*, Natriumsilicofluorid *n {obs}*, Dinatriumhexafluorosilicat *n {IUPAC}*, Natriumhexafluorosilicat(IV) *n*

sodium formaldehyde sulfoxylate <$NaHSO_2CH_2O$> Formaldehydnatriumsulfoxylat *n*, Natriumformaldehydsulfoxylat *n*

sodium formate <$HCOONa$> Natriumformiat *n*, ameisensaures Natrium *n*

sodium gentisate Natriumgentisat *n*

sodium glucoheptionate <$HOCH_2(CHOH)COONa$> Natriumglucoheptionat *n*

sodium gluconate <$NaC_6H_{11}O_7$> Natriumgluconat *n*

sodium glutamate <$NaOOCC(NH_2)CH(CH_2)_2COOH$> Natriumglutamat *n*, Mononatriumglutamat *n*

sodium gold cyanide <$NaAu(CN)_2$> Natriumdicyanoaurat(I) *n*, Goldnatriumcyanid *n*, Natriumgoldcyanid *n*

sodium glycerophosphate Natriumglycerophosphat *n*

sodium graphite reactor Natrium-Graphit-Reaktor *m {Nukl}*

sodium gynocardate Natriumgynocardat *n*
sodium halide Natriumhalogenid *n*
sodium hexafluorosilicate <Na_2SiF_6> Natriumhexafluorosilicat(IV) *n*, Dinatriumhexafluorosilicat *n*, Natriumsilicofluorid *n {obs}*, Natriumfluosilicat *n {obs}*
sodium hexahydroxostannate <$Na_2Sn(OH)_6$> Natriumhexahydroxostannat(IV) *n*, Präpariersalz *n*
sodium hexametaphosphate Natriumhexametaphosphat *n*, Graham-Salz *n*
sodium hexanitrocobaltate(III) <$Na_3Co(NO_2)_6$> Natriumhexanitrocobaltat(III) *n*
sodium hexylene glycol monoborate <$C_6H_{12}O_3BNa$> Natriumhexylenglycolmonoborat *n*
sodium hippurate Natriumhippurat *n*
sodium hydnocarpate Natriumgynocardat *n*
sodium hydrate <$NaOH$> Ätznatron *n*, Natron *n*, Natriumhydroxid *n {IUPAC}*
sodium hydrazide <$NaHNNH_2$> Natriumhydrazid *n*
sodium hydride <NaH> Natriumhydrid *n*, Natriumwasserstoff *m*
sodium hydrogen carbonate <$NaHCO_3$> Natriumbicarbonat *n {obs}*, doppelt kohlensaures Natron *n {obs}*, Mononatriumcarbonat *n*, Natriumhydrogencarbonat *n {IUPAC}*, primäres (saures) Natriumcarbonat *n*
sodium hydrogen fluoride <$NaHF_2$> Natriumhydrogenfluorid *n*
sodium hydrogen sulfate <$NaHSO_4$> Natriumbisulfat *n {obs}*, Mononatriumsulfat *n*, Natriumhydrogensulfat *n*
sodium hydrogen sulfide Natriumhydrogensulfid *n {Chem}*, Natriumsulfhydrat *n {Gerb}*
sodium hydrogen sulfite <$NaHSO_3$> Natriumbisulfit *n {obs}*, Mononatriumsulfit *n*, Natriumhydro[gen]sulfit *n*
sodium hydrogen tartrate <$NaHC_4H_4O_6 \cdot H_2O$> Natriumbitartrat *n {obs}*, Natriumhydrogentartrat *n*
sodium hydrosulfide <$NaHS$> Natriumsulfhydrat *f*, Natriumhydrogensulfid *n*, primäres Natriumsulfid *n*
sodium hydrosulfite 1. <$Na_2S_2O_4$> Natriumhydro[di]sulfit *n*, Natriumdithionit *n*, Natriumdisulfat(III) *n*; 2. sodium hydrogen sulfite
sodium hydroxide <$NaOH$> Natriumhydroxid *n {IUPAC}*, Ätznatron *n*, Natron *n*
sodium hydroxide solution Natriumhydroxidlösung *f*, Natronlauge *f*, Ätznatronlösung *f*
sodium-12-hydroxystearate grease Natrium-12-hydroxystearat-Fett *n {Trib}*
sodium hypochlorite <$NaOCl$> Natriumhypochlorit *n*, unterchlorigsaures Natrium *n*, Natriumchlorat(I) *n*
sodium hypochlorite solution Eau de Labarraque *n*, Labarraquesche Flüssigkeit *f*, [wäßrige] Natriumhypochloritlösung *f*, Bleichwasser *n*
sodium hypophosphite <NaH_2PO_2> Natriumhypophosphit *n*
sodium hyposulfite <$Na_2S_2O_3 \cdot 5H_2O$> Natriumhyposulfit *n {obs}*, Natriumthiosulfat *n*, Antichlor *n*, unterschwefligsaures Natrium *n*
sodium indigotin disulfonate Indigokarmin *n*
sodium iodate <$NaIO_3$> Natriumiodat(V) *n*
sodium iodide <NaI> Natriumiodid *n*
sodium iodide crystal NaI-Kristall *m*, Natriumiodid-Kristall *m*
sodium ion Natriumion *n*
sodium iron alum Natroneisenalaun *m*
sodium iron pyrophosphate <$Na_8Fe_4(P_2O_7)_5 \cdot xH_2O$> Natriumeisenpyrophosphat *n*
sodium iron sulfate Natroneisenalaun *m*
sodium isopropyl xanth[ogen]ate <$(CH_3)_2CHOC(S)SNa$> Natriumisopropylxanth[ogen]at *n*
sodium lactate <$CH_3CHOHCOONa$> Natriumlactat *n*
sodium lauryl sulfate <$NaC_{12}H_{25}SO_4$> Natriumlaurylsulfat *n*, Natriumdodecylsulfat *n {IUPAC}*
sodium lead alloys Natriumbleilegierungen *fpl*
sodium lignosulfonate Natriumlignosulfonat *n*
sodium line Natriumlinie *f {Doppellinie bei 589,59 bzw. 588,99 nm}*
sodium lye Natronlauge *f*, Ätznatronlauge *f*, Natronhydratlösung *f {obs}*, Natriumhydroxidlösung *f*
sodium lygosinate Lygosinnatrium *n*
sodium malonate Natriummalonat *n*
sodium metaarsenate <$NaAsO_3$> Natriumtrioxoarsenat(V) *n*
sodium metaarsenite <$NaAsO_2$> Natriummetaarsenit *n*, Natriumarsenat(III) *n*
sodium metabisulfite <$Na_2S_2O_5$> Natriumbisulfit *n {obs}*, Natriumdisulfit *n*
sodium metabolism Natriumstoffwechsel *m*
sodium metaborate <$NaBO_2 \cdot 2H_2O$> Natriummetaborat *n*
sodium metal metallisches Natrium *n*, Natriummetall *n*
sodium metanilate <$NaSO_3C_6H_4NH_2$> Natriummetanilat *n*
sodium metaperiodate <$NaIO_4$> Natriumtetroxoiodat(VII) *n*
sodium metaphosphate <$(NaPO_3)_6$> Natriummetaphosphat *n*, Natriumhexametaphosphat *n*, Calgon *n*
sodium metasilicate <Na_2SiO_3> Natriummetasilicat *n*
sodium metavanadate <$NaVO_3 \cdot 4H_2O$> Natriummetavandat *n*

sodium methoxide <$NaOCH_3$> Natriummethoxid *n*, Natriummethylat *n*, Natriumalkohol *m*
sodium methyl sulfate Natriummethylsulfat *n*
sodium methylate *s.* sodium methoxide
sodium-*N*-methyl-*N*-oleoyl taurate <$C_{21}H_{40}O_4NSNa$> Natriummethyloleoyltaurat *n*, Oleylmethyltaurid *n*
sodium microcline Natronmikroklin *m {Min}*
sodium molybdate <$Na_2MoO_4 \cdot 2H_2O$> Natriummolybdat(VI) *n*, molybdänsaures Natrium *n*
sodium-12-molybdophosphate <$Na_3PO_4 \cdot 12MoO_3$> Natriumphosphomolybdat *n*
sodium monoxide <Na_2O> Natriummonoxid *n*
sodium naphthalenesulfate <$C_{10}H_7SO_3Na$> Natriumnaphthalinsulfonat *n*
sodium naphthenate Natriumnaphthenat *n*
sodium naphthionate Natriumnaphthionat *n*, Natrium-1-naphthylaminsulfonat *n*
sodium naphtholate Naphtholnatrium *n*
sodium niobate <$Na_2Nb_2O_6 \cdot 7H_2O$> Natriumniobat *n*
sodium nitrate <$NaNO_3$> Natriumnitrat *n*, Natronsalpeter *m*, Chilesalpeter *m*, salpetersaures Natrium *n*
sodium nitride <Na_3N> Natriumnitrid *n*
sodium nitrite <$NaNO_2$> Natriumnitrit *n*
sodium nitrobenzene sulfonate Natriumnitrobenzolsulfonat *n*
sodium nitrobenzoate Natriumnitrobenzoat *n*
sodium nitroferricyanide <$Na_2Fe(CN)_5NO \cdot 2H_2O$> Natriumnitroferricyanid *n {obs}*, Natriumnitroprussiat *n*, Nitroprussidnatrium *n*, Dinatriumpentacyanonitrosylferrat(III) *n*
sodium nitroprussiate *s.* sodium nitroferricyanide
sodium nitroprusside *s.* sodium nitroferricyanide
sodium nosophen Nosophennatrium *n*
sodium nucleinate Natriumnucleinat *n*, nucleinsaures Natrium *n*
sodium octoate Natriumcaprylat *n*
sodium oleate <$C_{17}H_{33}COONa$> Natriumoleat *n*, ölsaures Natrium *n*, Eunatrol *n*
sodium orthoclase Natronorthoklas *m {Min}*
sodium oxalate <$Na_2C_2O_4$> Natriumoxalat *n*
sodium oxide <Na_2O> Natriumoxid *n*, Natriummonoxid *n*
sodium pantothenate Natriumpantothenat *n*
sodium pentaborate <$Na_2B_{10}O_{16}10H_2O$> Natriumpentaborat[-Decahydrat] *n*
sodium pentachlorophenate <C_6Cl_5ONa> Natriumpentachlorphenat *n*
sodium perborate Natriumperborat *n {1. <$NaBO_2 \cdot H_2O_2 \cdot 3H_2O$>Natriummetaborat-Wasserstoffperoxid-Trihydrat; 2. <$Na_2B_4O_7 \cdot H_2O_2 \cdot 9H_2O$>Natriumtetraborat-Wasserstoffperoxid-Nonahydrat, Borax; 3. <$NaBO_3$>}*
sodium percarbonate <$NaCO_4$> Natriumpercarbonat *n*, Natriumperoxocarbonat *n*
sodium perchlorate <$NaClO_4 \cdot H_2O$> Natriumperchlorat *n*, Natriumchlorat(VII) *n*, Natriumtetroxochlorat(VII) *n*
sodium periodate <$NaIO_4$> Natriumtetroxoiodat(VII) *n*, Natriumperiodat *n*
sodium permanganate <$NaMnO_4 \cdot 3H_2O$> Natriummanganat(VII) *n*, Natriumpermanganat *n*, Z-Stoff *m*
sodium peroxide <Na_2O_2> Natriumperoxid *n*, Natriumsuperoxyd *n {obs}*
sodium peroxide calorimeter Natriumperoxid-Kalorimeter *n*
sodium peroxyborate Perborax *m*, Natriumperborat *n*
sodium peroxydisulfate <$Na_2S_2O_8$> Natriumperoxodisulfat *n*
sodium perpyrophosphate <$Na_4P_2O_8$> Natriumperpyrophosphat *n*
sodium persulfate <$Na_2S_2O_8$> Natriumperoxodisulfat *n*
sodium phenate <C_6H_5ONa> Natriumphenolat *n*, Phenolnatrium *n*
sodium phenolate *s.* sodium phenate
sodium phenolsulfonate <$HOC_6H_4SO_3Na \cdot 2H_2O$> Natriumphenolsulfonat *n*
sodium phenoxide *s.* sodium phenate
sodium phenyl ethyl barbiturate Natriumphenylethylbarbiturat *n*
sodium phenylacetate <$C_6H_5CH_2COONa$> Natriumphenylacetylid *n*
sodium-*o*-phenylphenate <$C_6H_5C_6H_4ONa \cdot 4H_2O$> Natrium-*ortho*-phenylphenat *n*
sodium phenylphosphinate <$C_6H_5PH(O)ONa$> Natriumphenylphosphinat *n*
sodium phosphate Natriumphosphat *n*
sodium phosphide <Na_3P> Natriumphosphid *n*, Phosphornatrium *n*
sodium phosphinate <NaH_2PO_2> Natriumhypophosphit *n*, Natriumphosphinat *n*
sodium phosphite <Na_3PO_3> Natriumphosphit *n*
sodium phosphomolybdate <$Na_3PO_4 \cdot 12MoO_3$> Natriumphosphomolybdat *n*
sodium phosphotungstate <$2Na_2OP_2O_5 \cdot 12WO_3 \cdot 18H_2O$> Natriumphosphowolframat *n*, Natriumdodecawolframatophosphat *n*
sodium phosphowolframate *s.* sodium phosphotungstate
sodium picramate Natriumpicramat *n*
sodium platinum chloride <Na_2PtCl_4> Natriumtetrachloroplatinat(II) *n*

sodium pliers Natriumzange *f*

sodium plumbate <$Na_2PbO_3\cdot 3H_2O$> Natriumplumbat *n*

sodium plumbite <Na_2PbO_2> Natriumplumbit *n*, Natriumplumbat(II) *n*

sodium polyphosphate <$Na_{n+2}P_nO_{3n+1}$> Natriumpolyphosphat *n*

sodium polysulfide <Na_2S_x> Natriumpolysulfid *n*

sodium porphine chelate Natriumporphinchelat *n*

sodium potassium carbonate <$NaKCO_3\cdot 6H_2O$> Natriumkaliumcarbonat *n*, Kaliumnatriumcarbonat *n*

sodium potassium tartrate Kaliumnatriumtartrat *n*, Natriumkaliumtartrat *n*, Seignettesalz *n*

sodium press Natriumpresse *f*

sodium propionate <CH_3CH_2COONa> Natriumpropionat *n*

sodium pump Natriumpumpe *f {Biochem}*

sodium pyrophosphate <$Na_4P_2O_7$> Tetranatriumpyrophosphat *n*, Natriumdiphosphat(V) *n*

sodium pyrosulfate <$Na_2S_2O_7$> Natriumdisulfat *n*

sodium pyrosulfite <$Na_2S_2O_5$> Natriumdisulfit *n*, Natriumpyrosulfit *n*, Natriummetabisulfit *n {obs}*, Natriumdisulfat(IV) *n*

sodium pyrovanadate <$Na_4V_2O_7\cdot 18H_2O$> Natriumpyrovanadat *n*

sodium pyruvate <$NaOOCCOCH_3$> Natriumpyruvat *n*

sodium resinate Natriumresinat *n*, Natriumabietat *n*

sodium ricinoleate <$HOC_{17}H_{32}COONa$> Natriumricinoleat *n*

sodium saccharin[ate] <$C_7H_4NNaSO_3\cdot H_2O$> Natriumsaccharinat *n*, Natriumbenzosulfimid *n*

sodium salicylate <HOC_6H_4COONa> Natriumsalicylat *n*

sodium salt Natriumsalz *n*

sodium santoninate Santoninnatrium *n*

sodium sarcosinate Natriumsarcosinat *n*

sodium selenate <$Na_2SeO_4\cdot 10H_2O$> Natriumselenat(VI) *n*

sodium selenite <$Na_2SeO_3\cdot 5H_2O$> Natriumselenit *n*, Natriumselenat(IV)

sodium sesquicarbonate <$Na_2CO_3\cdot NaHCO_3\cdot 2H_2O$> Natriumsesquicarbonat *n {obs}*, Trinatriumhydrogendicarbonat *n*

sodium sesquisilicate <$Na_6Si_2O_7$> Natriumsesquisilicat *n*

sodium silicate <Na_2SiO_3> Natriumsilicat *n*, Natronwasserglas *n*, Wasserglas *n*

sodium silicofluoride <Na_2SiF_6> Natriumsilicofluorid *n {obs}*, Natriumhexafluorosilicat(IV) *n*, Dinatriumhexafluorosilicat *n {IUPAC}*

sodium sodioacetate <$NaCH_2COONa$> Natriumsodioacetat *n*

sodium spoon Natriumlöffel *m {Lab}*

sodium stannate <$Na_2Sn(OH)_6$> Natriumhexahydroxostannat(IV) *n*, Grundiersalz *n*, Präpariersalz *n*

sodium stearate <$CH_3(CH_2)_{16}COONa$> Natriumstearat *n*

sodium styrenesulfonate <$H_2C{=}CHC_6H_4SO_3Na$> Natriumstyrolsulfonat *n*

sodium subsulfite *s.* sodium thiosulfate

sodium succinate <$(CH_2COONa)_2$> Dinatriumsuccinat *n*, Natriumsuccinat *n*

sodium sulfanilate <$C_6H_4(NH_2)SO_3Na\cdot 2H_2O$> Natriumsulfanilat *n*

sodium sulfantimonate Schlippesches Salz *n*, Natriumthioantimonat *n*

sodium sulfate <Na_2SO_4> Natriumsulfat *n*

sodium sulfate decahydrate <$Na_2SO_4\cdot 10H_2O$> Glaubersalz *n*

sodium sulfhydrate <$NaHS$> Natriumsulfhydrat *n*, Natriumhydrogensulfid *n*, primäres Natriumsulfid *n*

sodium sulfide <Na_2S> Natriumsulfid *n*, schwefelsaures Natrium *n*

sodium sulfite <Na_2SO_3> Natriumsulfit *n*, schwefligsaures Natrium *n*, Natriumsulfat(IV) *n*

sodium sulfobenzaldehyde <$C_6H_4(CHO)SO_3Na$> Benzaldehyd-*o*-Natriumsulfonsäure *f*

sodium sulforicinate Natriumsulforicinat *n*

sodium sulforicinoleate Natriumsulforicinoleat *n*

sodium sulfosalicylate <$C_6H_3COOH(OH)SO_3Na\cdot 2H_2O$> Natriumsulfosalicylat *n*

sodium sulfuret <$Na_2S\cdot 9H_2O$> Natriumsulfid *n*, Schwefelnatrium *n {obs}*

sodium superoxide <Na_2O_2> Natriumperoxid *n*

sodium suramin Natriumsuramin *n*

sodium tartrate <$(NaOOCCHOH-)_2$> Natriumtartrat *n*, Natronweinstein *m*

sodium tellurate <$Na_2TeO_4\cdot 5H_2O$> Natriumtellurat(VI) *n*

sodium tetraborate Natriumtetraborat *n*

sodium tetrachlorophenate <$NaOC_6HCl_4$> Natriumtetrachlorphenat *n*

sodium tetradecyl sulfate <$C_{14}H_{29}SO_4Na$> Natriumtetradecylsulfat *n*

sodium tetrafluoroborate <$NaBF_4$> Natriumtetrafluorborat *n*

sodium tetrahydroaluminate <$NaAlH_4$> Natriumtetrahydroaluminat *n*

sodium tetrahydroborate <$NaBH_4$> Natriumborohydrid *n {obs}*, Natriumtetrahydridoborat *n*

sodium tetrametaphosphate Natriumtetrametaphosphat *n*

sodium tetraphenylporphine Natriumtetraphenylporphin *n*
sodium tetrapolyphosphate Natriumtetrapolyphosphat *n*
sodium tetrasulfide <Na_2S_4> Natriumtetrasulfid *n*
sodium thiocyanate <$NaSCN$> Natriumthiocyanat *n*, Natriumrhodanid *n {obs}*
sodium thioglycolate <$HSCH_2COONa$> Natriumthioglycolat *n*
sodium thiosulfate <$Na_2S_2O_3{\cdot}5H_2O$> Natriumhyposulfit *n {obs}*, Natriumthiosulfat *n*, Antichlor *n*, unterschwefligsaures Natrium *n*; Fixiernatron *n {Photo}*
sodium thiosulfate bath Fixiernatronbad *n*, Hypobad *n {Photo}*
sodium toluenesulfonate <$CH_3C_6H_4SO_3Na$> Natriumtoluolsulfonat *n*
sodium tongs Natriumzange *f*
sodium trichloroacetate <CCl_3COONa> Natriumtrichloracetat *n*
sodium tri[poly]phosphate <$Na_5P_3O_{10}$> Natriumtripolyphosphat *n*, Pentanatriumtriphosphat *n*
sodium tungstate <Na_2WO_4> Natriumwolframat *n*
sodium-12-tungstophosphate <$Na_4O_2{\cdot}P_2O_5{\cdot}W_{12}O_{36}{\cdot}18H_2O$> Natrium-12-wolframatophosphat *n*
sodium undecylenate <$H_2C{=}CH(CH_2)_8COONa$> Natriumundecylenat *n*
sodium uranate <Na_2UO_4> Natriummonouranat *n*
sodium valerate Natriumvalerianat *n*
sodium vanadate <Na_3VO_4> Natriumvanadat(V) *n*
sodium-*o*-vanadate <$Na_3VO_4{\cdot}12H_2O$> Natrium-ortho-vanadat *n*
sodium vapo[u]r Natriumdampf *m*
sodium vapo[u]r high-pressure lamp Natriumdampf-Hochdrucklampe *f*
sodium-vapo[u]r lamp Natrium[dampf]-lampe *f*
sodium wire Natriumdraht *m*
sodium wolframate <Na_2WO_4> Natriumwolframat *n*
sodium xylenesulfonate <$(CH_3)_2C_6H_3SO_3Na{\cdot}H_2O$> Natriumxylolsulfonat *n*
sodium zincate <Na_2ZnO_2> Natriumzinkat *n*
sodium zirconium glycolate <$NaH_3ZrO(CH_2OCOCOO)_3$> Natriumzirconiumglykolat *n*
sodium zirconium lactate <$NaH_3ZrO(CH_2OCOO)_3$> Natriumzirconiumlactat *n*
acid sodium carbonate <$NaHCO_3$> Natriumbicarbonat *n {obs}*, Mononatriumcarbonat *n*, Natriumhydrogencarbonat *n*
acid sodium pyrophosphate <$Na_2H_2P_2O_7$> Dinatriumhydrogenphosphat *n*, Natriumpyrophosphorsäure *f*
acid sodium sulfate Natriumbisulfat *n {obs}*, Mononatriumsulfat *n*, primäres Natriumsulfat *n*, saures Natriumsulfat *n*, Natriumhydrogensulfat *n*
acid sodium sulfite Natriumbisulfit *n {obs}*, Mononatriumsulfit *n*, Natriumhydrogensulfit *n*, primäres Natriumsulfit *n*, saures Natriumsulfit *n*, Natriumhydrogensulfat(IV) *n*
acid sodium tartrate Natriumbitartrat *n*, Natriumhydrogentartrat *n*
containing sodium natriumhaltig
containing sodium chloride kochsalzhaltig
crude sodium carbonate Rohsoda *f*
crystalline sodium sulfate Glaubersalz *n*
di-sodium arsenate <$Na_2HAsO_4{\cdot}7H_2O$> Mononatiumarsenat(V) *n*
dibasic sodium phosphate <$Na_2HPO_4{\cdot}12H_2O$> sekundäres Natriumphosphat *n*, Dinatriumhydrogenphosphat *n*, zweibasisches Natriumphosphat *n*
hydrated sodium iodide <$NaI{\cdot}2H_2O$> hydratisiertes Natriumiodid *n*
mono-sodium arsenate <$NaH_2AsO_4{\cdot}4H_2O$> Mononatriumarsenat(V) *n*
monobasic sodium phosphate <$NaH_2PO_4{\cdot}2H_2O$> primäres Natriumphosphat *n*, Mononatriumphosphat *n*, Natriumdihydrogenphosphat *n*, saures Natriumphosphat *n*, Natriumbiphosphat *n {obs}*
native monohydrated sodium carbonate Thermonatrit *m {Min}*
native sodium aluminium fluoride Kryolith *m {Min}*
primary sodium phosphate *s.* monobasic sodium phosphate
secondary sodium phosphate *s.* dibasic sodium phosphate
tertiary sodium phosphate *s.* tribasic sodium phosphate
tribasic sodium phosphate <$Na_3PO_4{\cdot}12H_2O$> tertiäres Natriumphosphat *n*, Trinatriumphosphat *n*, dreibasisches Natriumphosphat *n*

sodyl <NaO-> Sodyl-

soft weich; leichtschmelzbar, weich *{Glas}*; gasgefüllt, weich *{Röhre}*; kontrastarm, weich *{Photo}*; glatt; locker; spröde, gebräch, leicht hereinbrechend *{Bergau}*; matschig, schmierig *{Pap}*; sanft; nichtalkoholisch, alkoholfrei *{Lebensmittel}*; biologisch abbaubar *{Waschmittel}*
soft annealing Weichglühen *n {Met}*
soft center[ed] steel Weichkernstahl *m*
soft carbon steel kohlenstoffarmer weicher Stahl *m*
soft coal Weichkohle *f*, bituminöse Kohle *f*
soft drink alkoholfreies Getränk *n*
soft fiber Weichfaser *f {z.B. Ramie}*; Bastfaser *f {z.B. Hanf}*

soft fiberboard poröse Holzfaserplatte *f* *{DIN 68753}*
soft flow gute Fließfähigkeit *f*
soft glass Weichglas *n*, weiches Glas *n*, leicht schmelzbares Glas *n*; weiches Glas *n {mechanisch}*
soft grain powder Weichkornpulver *n {Expl}*
soft grinding Weichzerkleinerung *f*
soft iron Weicheisen *n*, Reineisen *n*
soft lead Weichblei *n*, Frischblei *n*, Raffinatblei *n*
soft magnetic material magnetisch weicher Werkstoff *m*
soft packing Weichpackung *f*, Weichdichtung *f {Tech}*
soft paraffin [wax] Weichparaffin *n*, weiches Paraffin *n*
soft porcelain Weichporzellan *n*, Frittenporzellan *n*
soft radiation weiche Strahlung *f {Radiologie}*
soft resin Weichharz *n*
soft rot Moderfäulepilz *m*
soft rubber Weichgummi *m n*
soft soap Schmierseife *f*, weiche Seife *f*, Kaliumseife *f*
soft soda glass Geräteglas *n {Lab}*
soft solder Schnelllot *n*, Weichlot *n*, Zinnlot *n {50 % Pb}*
soft solder flux Flußmittel *n* für Weichlot
soft-soldered mit Weichlot *n* gelötet
soft soldering Weichlöten *n*
soft spot weiche Profilstelle *f*, nicht ausgehärtete Profilstelle *f*, Weichfleck *m {auf der Oberfläche des Härtegutes durch ungleichmäßge Abkühlung}*
soft steel Weichstahl *m*, Flußstahl *m*
soft water weiches Wasser *n*, Weichwasser *n {ohne Mg-/Ca-Salze}*
soft wax Weichparaffin *n*
soft X-ray photoelectric current Röntgenstrom *m*, durch weiche Röntgenstrahlung erzeugter Photostrom *m*
half soft halbweich
medium soft mittelweich

softboard Dämmplatte *f {Wärmeaustausch}*; Isolierplatte *f*; Isolierpappe *f*

soften/to 1. aufweichen, erweichen, weich werden; weich machen, geschmeidig machen, biegsam machen, plastisch machen, knetbar machen, plastifizieren, erweichen; 2. enthärten *{Wasser}*; 3. anlassen *{Met}*; 4. abschwächen, mildern; adoucieren *{Farben}*

softener 1. erweichendes Mittel *n*, Erweichungsmittel *n*, Weichmacher *m {Chem}*; Enthärter *m*, Enthärtungsmittel *n {Wasser}*; Weichspülmittel *n*, Weichspüler *m {Text}*; 2. Enthärtungsanlage *f*, Enthärter *m*; Quetschmaschine *f {Jutespinnerei}*

softening 1. Weichmachen *n {im allgemeinen}*; Erweichung *f*, Erweichen *n*, Weichwerden *n*, Aufweichen *n*; Plastifizieren *n*, Weichmachen *n {Kunst}*; 2. Enthärten *n*, Wasserenthärtung *f*; 3. Dämpfung *f*; 4. Schmälzen *n*, Spicken *n {Vorbehandlung von Fasern}*; 5. Avivage *f {Text}*; 6. Entfestigen *n {Met}*
softening agent 1. Weichmacher *m*, erweichendes Mittel *n*, Erweichungsmittel *n*; Aufweichungsmittel *n*; 2. Enthärter *m*, Enthärtungsmittel *n {Wasser}*
softening apparatus Wasserenthärtungsapparat *n*
softening by exchanger Austauschenthärtung *f*
softening by steeping Einweichen *n*
softening furnace Vorraffinierofen *m*, Seigerofen *m {Met}*
softening of water Wasserenthärtung *f*
softening plant Weichmacheanlage *f {Leder}*; Enthärtungsanlage *f*, Enthärter *m {Wasser}*
softening point Erweichungspunkt *m*, Erweichungstemperatur *f*, Plastifizierungstemperatur *f*, Fließschmelztemperatur *f*
softening point testing apparatus Erweichungspunktbestimmungsgerät *n {z.B. für Bitumen}*
softening process Chevillieren *n*
softening range Erweichungsbereich *m*, Erweichungszone *f*, Erweichungsintervall *n*
softening temperature Erweichungstemperatur *f*, Erweichungspunkt *m*
chemical softening of water chemische Wasserenthärtung *f*
complete softening of water Vollentsalzung *f* von Wasser *n*, Vollenthärtung *f* von Wasser *n*
intermediate softening Zwischenglühung *f {Met}*

softness Weichheit *f*, Weichheitsgrad *m*; Schmierigkeit *f {Pap}*
softness index Weichheitszahl *f*
softness number Weichheitszahl *f*
softness value Weichheitszahl *f*

software Software *f*, Systemunterlagen *fpl*; Programme *npl*
software house Software-Haus *n*, Programmentwicklungsfirma *f*
software menu Softwaremenü *n*
software options Softwaremenü *n*
software package Software-Paket *n*, Anwendersoftware *f*, Systemunterlagen *fpl*; Betriebssystem *n*

sogdianose Sogdianose *f*

soil/to beschmutzen, beflecken, besudeln, verunreinigen; schmutzig werden

soil 1. Boden *m*, Grund *m*, Erdreich *n*, Erde *f*; 2. Schmutz *m*, Verschmutzung *f {Schmutzablagerung}*; Schmutzfleck *m*, Schmutzstelle *f*; 3. Verschmutzen *n*, Beschmutzen *n*, Verunreinigen *n*

soil acidification Bodenversäuerung *f {Ökol}*
soil analysis Bodenanalyse *f*, Bodenuntersuchung *f*
soil chemistry Bodenchemie *f*
soil corrosion Bodenkorrosion *f*, Erdbodenkorrosion *f*
soil coverage Überdeckung *f*, Überschüttung
soil examination Bodenuntersuchung *f*
soil filter Bodenfilter *n*
soil investigation Bodenuntersuchung *f*
soil nutrient Bodennährstoff *m*
soil organic matter organische Masse *f* des Bodens
soil pipe Abfallrohr *n*, [senkrechtes] Abflußrohr *n*, Falleitung *f {Abwasser}*
soil reaction Bodenreaktion *f*
soil repellent schmutzabweisend, schmutzabstoßend
soil-repellent finish schmutzabweisender Überzug *m*
soil stabilization Bodenvermörtelung *f*
soil technology Bodentechnologie *f*
soil thermometer Erdbodenthermometer *n*
soil utilization Bodennutzung *f*
chalky soil kalkiger Boden *m*
limy soil kalkiger Boden *m*
nature of the soil Bodenbeschaffenheit *f*
type of soil Bodenart *f*
soilage Verschmutzung *f {Kleidung}*; Verunreinigung *f {Verschmutzung}*
soiled verunreinigt; beschmutzt, befleckt, verschmutzt *{Text}*; Schmutz-
sojourn probability Aufenthaltswahrscheinlichkeit *f*
sojourn time Verweilzeit *f*
sol Sol *n*, kolloide Lösung *f*
flocculated sol ausgeflocktes Sol *n*
thixotropic sol thixotropes Sol *n*
solabiose Solabiose *f*
soladulcidine Soladulcidin *n*
solanaine *{EC 3.4.99.1}* Solanain *n*
solandrine Solandrin *n*
solanellic acid <$C_{23}H_{34}O_{12}$> Solanellsäure *f*
solanesol Solanesol *n {Isoprenoidalkohol}*
solanidine <$C_{27}H_{42}NOH$> Solanidin *n*
solanin[e] Solanin *n {Steroidalkaloid}*
solanocapsine Solanocapsin *n*
solanorubin Solanorubin *n*
solar solar, sonnenbetrieben; Solar-, Sonnen-
solar battery Sonnenbatterie *f*
solar cell Sonnenzelle *f*, Solarzelle *f*
solar chromosphere Chromosphäre *f*
solar constant Solarkonstante *f {1,4 kW/m2}*
solar day Sonnentag *m*, Solartag *m*
solar energy Sonnenenergie *f*
solar heat Sonnenwärme *f*
solar irradiation Sonnenbestrahlung *f*
solar oil Solaröl *n*
solar photosphere Sonnenphotosphäre *f*
solar radiation Sonnenbestrahlung *f*, Sonnenstrahlung *f*, Sonneneinstrahlung *f*
solar salt Seesalz *n*, Meersalz *n {durch solare Eindunstung gewonnen}*
solar spectrum Sonnenspektrum *n*
solar system Sonnensystem *n*
solarization Solarisation *f {Photo, Glas}*
solarstearin Solarstearin *n*
solasulfone Solasulfon *n*
solation Gel-Sol-Übergang *m*, Gel-Sol-Umwandlung *f*
solatriose Solatriose *f*
sold verkauft; gebührenpflichtig
solder/to löten; sich löten lassen
solder on/to anlöten, auflöten
solder Lot *n*, Lötmetall *n*, Lötmittel *n*
solder bath Lötbad *n*
solder embrittlement Lotbrüchigkeit *f*
solder glass Glaslot *n*, Lötglas *n*
solder joint Lötdichtung *f*, Lötverbindung *f*
solder plating Lötplattieren *n*
solder seal Lötdichtung *f*, Lötverbindung *f*
solder splashes Lotspritzer *mpl*
solder stop lacquer Lötstoplack *m*
hard solder Hartlot *n*
low tin solder Lot *n* mit niedrigem Zinngehalt
quick solder Schnellot *n*
soft solder Schnellot *n*, Weichlot *n*
zinc solder Zinklot *n*
solderability Löteignung *f*, Lötbarkeit *f*
solderable lötbar
soldered [an]gelötet
soldered joint Lötung *f*, Lötfuge *f*, Lötstelle *f*, Lötverbindung *f*
soldered junction Lötstelle *f*, Lötverbindung *f*
capable of being soldered lötbar
soldering 1. Löten *n*, Lötung *f*; Weichlöten *n {Tech}*; 2. Lötstelle *f*; 3. Ankleben *n {beim Druckguß}*
soldering acid Lötsäure *f*
soldering bit Lötkolben *m*
soldering block Lötblock *m*
soldering board Lötbrett *n*
soldering compound Lötpulver *n*
soldering copper Lötkolben *m*
soldering fluid Lötwasser *n*
soldering flux Lötflußmittel *n*
soldering frame Lötgestell *n*
soldering furnace Lötofen *m*
soldering iron Lötkolben *m*
soldering lamp Lötlampe *f*, Lötrohrlampe *f*
soldering material Lot *n*, Lötmittel *n*
soldering metal Lötmetall *n*, Lot *n*
soldering pan Lötpfanne *f*
soldering paste Lötfett *n*, Lötpaste *f*
soldering pewter Lötzinn *n*
soldering rosin Lötkolophonium *n*

soldering salt Lötsalz *n*
soldering seam Lötfuge *f*, Lötnaht *f*, Lötstelle *f*
soldering stone Salmiakstein *m*, Lötstein *m*
soldering tweezers Lötzange *f*
soldering zinc Lötzink *n*
sole 1. einzig; Allein-; 2. Sohle *f*; 3. Liegendfläche *f {Geol}*
sole distributor Alleinvertreter *m*; Alleinverkäufer *m*
sole leather Pfundleder *n*
sole plasticizer Alleinweichmacher *m*
sole plate Fußplatte *f*, Sohlplatte *f*
sole producer Alleinhersteller *m*
sole sample Einzelprobe *f*
solenoid Magnetspule *f*, Solenoid *n*, Zylinderspule *f {Elek}*; Magnet *m*
solenoid operated valve magnetbetätigtes Ventil *n*, mit Elektromagnet betätigtes Ventil *n*, Magnetventil *n*
solenoid switch Magnetschalter *m*
solenoid valve driver Magnetventiltreiber *m*
solfatarite Solfatarit *m {Min}*
solid 1. fest, starr, hart *{Phys}*; erstarrt; dicht, kompakt; massiv; nichtzellular; endlos, ungeteilt; voll; einfarbig, monochrom; körperlich, räumlich *{Math}*; kernig, derb, nervig *{Griff; Text}*; solid, haltbar; gediegen; gesund; 2. fester Körper *m*, Festkörper *m*, Feststoff *m*; 3. Trockenmasse *f*, Trockensubstanz *f {Anal}*; 4. Festkörper *m*, feste Phase *f*, Kristallisat *n*
solid angle Raumwinkel *m*, räumlicher Winkel *m {Math}*
solid bed Festbett *n {Katalysator}*
solid body Festkörper *m*, starrer Körper *m*, fester Stoff *m*, fester Körper *m*
solid boiler scale fester Kesselstein *m*
solid-borne sound Körperschall *m*
solid-borne sound insulating material Körperschall-Isoliermatterial *n*
solid bowl[-type] centrifuge Vollmantelzentrifuge *f*, Vollmantelschleuder *f*
solid carbon Homogenkohle *f*
solid carbon dioxide Trockeneis *n*, festes Kohlendioxid *n*, Kohlendioxidschnee *m {Triv}*
solid casting Vollguß *m*
solid condition fester Aggregatzustand *m*
solid content Fest[stoff]gehalt *m*, Feststoffanteil *m*; Gehalt *m* an Trockensubstanz, Trockengehalt *m {Pap, Abwasser}*
solid core Feststoffkern *m*
solid curve ausgezogene Kurve *f*
solid diffusion Festkörperdiffusion *f {Met}*
solid-electrolyte battery Festelektrolytbatterie *f*
solid-electrolyte fuel cell Festelektrolyt-Brennstoffzelle *f*
solid explosive fester Sprengstoff *m*, festes Sprengmittel *n*
solid extinguishing agent festes Löschmittel *n*, Trockenlöschmittel *n*
solid female mo[u]ld feste Formteilmatrize *f*
solid flakes Schuppen *fpl*
solid flow Blockströmung *f*
solid friction Festkörperreibung *f*, trockene Reibung *f*
solid fuel 1. fester Brennstoff *m*, fester Kraftstoff *m*, Festbrennstoff *m*, Festkraftstoff *m*; 2. Feststoff *m {für chemische Triebwerke}*
solid-gas separation Fest-Gas-Trennung *f*
solid jacket centrifuge Vollmantelzentrifuge *f*
solid laser Festkörperlaser *m*, Feststofflaser *m*
solid-liquid equilibrium Fest-Flüssig-Gleichgewicht *n {Thermo}*
solid-liquid rocket Feststoff-Flüssigkeits-Rakete *f*
solid-liquid separation Fest-Flüssig-Trennung *f*
solid line 1. ausgezogene Linie *f*, durchgezogene Linie *f*; 2. Massivschale *f {z.B. eines Lagers}*
solid lubricant 1. fester Schmierstoff *f*, Festschmierstoff *m*, Trockenschmiermittel *n*; 2. Festkörperschmierstoff *m {z.B. für Plastgleitlager}*
solid material 1. Feststoff *m*, Festkörper *m*, fester Körper *m*; 2. Trockenmasse *f*, Trockensubstanz *f {Anal}*
solid matter 1. Feststoff *m*, fester Stoff *m*, Festsubstanz *f {Phys}*; 2. kompresser Satz *m {Drucken}*
solid measure Raummaß *n*
solid mineral fuel fester mineralischer Brennstoff *m*
solid ore deposit Erzstock *m*
solid particle Feststoffpartikel *n*, Feststoffteilchen *n*
solid phase Bodenkörper *m {Chem}*; feste Phase *f*, Festphase *f*, Feststoffbereich *m*
solid-phase condensation Festphasenkondensation *f*
solid-phase extraction Feststoffextraktion *f*, Extraktion *f* von Feststoffen; Extraktion *f* festflüssig
solid-phase forming Schlagpressen *n*
solid-phase pyrolysis Festphasenpyrolyse *f*
solid-phase technique Festphasentechnik *f*, Festphasen-Verfahren *n {Polypeptidsynthese}*
solid-piston pump Scheibenkolbenpumpe *f*
solid propellant 1. fester Kraftstoff *m*, Festkraftstoff *m*; 2. fester Treibstoff *m*, Feststoff *m {für chemische Triebwerke}*
solid-propellant rocket Feststoffrakete *f*
solid pulsed laser Festkörper-Impulslaser *m*
solid resin Festharz *n*
solid resin blend Festharzkombination *f*
solid rock Festgestein *n {DIN 22005}*
solid rocket motor propellant fester Raketen-

treibstoff *m*, Feststoff *m {für chemische Triebwerke}*
solid rod Vollstab *m*
solid rubber Festkautschuk *m*, Vollgummi *n m*
solid sample feste Probe *f*
solid sampler Feststoffprobengeber *m {Chrom}*
solid silicone resin Siliconfestharz *n*
solid smokeless fuel rauchloses Pulver *n*
solid-solid mixer Feststoff-Feststoff-Mischvorrichtung *f*
solid solubility Festkörperlöslichkeit *f*, Löslichkeit *f* im festen Zustand *{Met}*
solid solution feste Lösung *f*, Mischkristall *m*; Einlagerungsmischkristall *m*
solid-solution hardened mischkristallgehärtet
solid-solution hardening Mischkristallverfestigung *f*
solid-solution strengthened mischkristallverfestigt
solid state 1. berührungslos, kontaktlos; 2. Festzustand *m*, fester Zustand *m*, fester Aggregatzustand *m*, Festkörperzustand *m*
solid-state chemistry Festkörperchemie *f*
solid-state fission track detector Festkörperspurdetektor *m {Nukl}*
solid-state gas sensor Festkörper-Gassensor *m*
solid-state of aggregation feste Aggregation *f*
solid state of matter fester Aggregatzustand *m*
solid-state physics Festkörperphysik *f*
solid-state polymerization Festphasenpolymerisation *f*
solid-state radiolysis of amino acids Gammaradiolyse *f* fester Aminosäuren
solid-state reaction Festkörperreaktion *f*
solid steel beruhigter Stahl *m*
solid-stem thermometer Stabthermometer *n*
solid support Trägermaterial *n {Chrom}*
solid wall centrifuge Vollwandzentrifuge *f*, Vollmantelschleuder *f {mit geschlossener Wand}*
solid waste 1. Festabfall *m*, feste Abprodukte *npl*, Müll *m*; 2. Abwasserschlamm *m*
solid waste store Feststofflager *n*
solid wood Massivholz *n*, Vollholz *n*, Ganzholz *n*
solidification Erstarren *n*, Erstarrung *f*, Festwerden *n*, Verfestigung *f*, Solidifiktion *f*
solidification curve Erstarrungskurve *f*
solidification of the bath Einfrieren *n* des Bades
solidification of the block Blockeinfrierung *f*
solidification point Stockpunkt *m {Öl}*; Erstarrungspunkt *m*, Erstarrungstemperatur *f*
solidification point recorder Erstarrungspunktschreiber *m*
solidification process Erstarrungsvorgang *m {z.B. der Schmelze beim Spritzgießen}*
solidification range Erstarrungsbereich *m*, Erstarrungsintervall *n*
solidification rate Erstarrungsgeschwindigkeit *f*
solidification structure Erstarrungsgefüge *n*
solidification temperature Erstarrungstemperatur *f*, Erstarrungspunkt *m {Phys}*; Stockpunkt *m {Öl}*
solidification time Erstarrungszeit *f*, Topfzeit *f*
solidified erstarrt, fest, verfestigt
solidified carbon dioxide gas Trockeneis *n*, festes Kohlendioxid *n*, Kohlendioxidschnee *m*
solidified lava erstarrte Lava *f*
solidify/to erstarren, [sich] verfestigen, fest werden, hart werden, starr werden, verhärten, erhärten; fest werden lassen, hart werden lassen, starr werden lassen
solidifying agent Verfestigungsmittel *n*, Festiger *m {Schaumstoffherstellung}*
solidifying point Stockpunkt *m {Öl}*; Erstarrungspunkt *m*, Erstarrungstemperatur *f*
solidity 1. Dichte *f*; 2. Festigkeit *f*; 3. Stärke *f*; 4. Haltbarkeit *f*, Stabilität *f*; 5. Übereinstimung *f* des Farbtons *{Text}*
solids 1. Feststoffe *mpl*; 2. Trockensubstanz *f*, Trockenstoffgehalt *m*, Trockenmasse *f {Anal}*
solids accumulation Feststoffansammlung *f*
solids bridge Feststoffbrücke *f*
solids concentration Feststoffkonzentration *f*; Schlammkonzentration *f {Schlammkontaktverfahren}*
solids content 1. Festkörperanteil *m*, Festkörpergehalt *m*, Feststoffanteil *m*, Fest[stoff]gehalt *m*; feste Fremdstoffe *mpl {z.B. im Erdöl}*; 2. Trockensubstanz *f*, Trockengehalt *m {Pap, Abwasser}*
solids conveyance Feststoffbettförderung *f {in Extrudereinzugzone}*
solids section of the extruder Feststoffbereich *m* des Extruders
extraction of solids Festkörperextraktion *f*
total solids Gesamtgehalt *m* an Feststoffen
solidus 1. Soliduslinie *f*, Soliduskurve *f {Zustandsdiagramm}*; 2. Schrägstrich *m {Drucken}*
solidus curve Soliduskurve *f*, Soliduslinie *f {Zustandsdiagramm}*
solidus line *s.* solidus curve
solidus temperature Soliduspunkt *m {unterer Schmelzpunkt}*
soligen Soligen *n {Blei-, Cobalt- und Mangansalze der Naphthensäure}*
soling Tragschicht *f*
soling material Sohlenmaterial *m*
soliquid Feststoff-in-Flüssigkeit-Dispersion *f {Koll}*, kolloidale Lösung *f* fest/flüssig
solitary vereinzelt; Einzel-
soliton Soliton *n {Phys}*
solketal Solketal *n*
solochrome dyestuff Solochromfarbstoff *m*
soloric acid Solorsäure *f*

solubility 1. Löslichkeit *f {Chem}*; 2. Lösbarkeit *f {Math}*
solubility characteristics Löseverhalten *n*, Löslichkeitsverhalten *n*, Löslichkeitseigenschaften *fpl*
solubility coefficient Löslichkeitskoeffizient *m*, Löslichkeitskonstante *f*
solubility curve Löslichkeitskurve *f*
solubility diagram Löslichkeitsdiagramm *n*
solubility difference Löslichkeitsunterschied *m*
solubility in ethanol Ethanollöslichkeit *f*
solubility in water Löslichkeit *f* in Wasser, Wasserlöslichkeit *f*
solubility of minerals in steam Dampflöslichkeit *f* von Salzen
solubility parameter Löslichkeitsparameter *m*
solubility product Löslichkeitsprodukt *n*
solubility range Löslichkeitsbereich *m*
solubility test Löslichkeitsprüfung *f*
determination of solubility Löslichkeitsbestimmung *f*
having poor solubility schlecht löslich
influence on solubility Löslichkeitsbeeinflussung *f*
limit of solubility Löslichkeitsgrenze *f*
limited solubility beschränkte Löslichkeit *f*
low solubility Schwerlöslichkeit *f*
molar solubility molare Löslichkeit *f*
solubilization Solubilisierung *f*, Solubilisation *f*, Aufschluß *m*, Löslichmachung *f {eines Stoffes in einem Lösungsmittel, in dem er normalerweise nicht löslich ist}*
solubilization process Lösungsprozeß *m*
solubilize/to anlösen, aufschließen, löslich machen *{Chem}*
solubilizer Aufschlußmittel *n*, Hilfslösemittel *n*, Lösungsvermittler *m {Chem}*
soluble 1. löslich, solubel *{Chem}*; dispergierbar, emulgiebar *{Öl}*; 2. lösbar *{Math}*
soluble colo[u]rant löslicher Farbstoff *m*
soluble cutting oil Kühlmittelöl *n*, wasserlösliches Schneidöl *n*, emulgierbares Schneidöl *n*
soluble gun cotton Kollodiumwolle *f*, Kolloxylin *n*, Pyroxylin *n {Chem}*
soluble in acids säurelöslich
soluble matter Lösliche[s] *n*
soluble nylon resin lösliches Nylonharz *n*
soluble oil 1. lösliches Öl *n {Chem}*; 2. wasserlösliches Schneidöl *n*, emulgierbares Schneidöl *n*, Kühlmittelöl *n*, Kühlemulsion *f*
soluble oil paste Bohrfett *n*
soluble salt lösliches Salz *n*
soluble starch lösliche Stärke *f*, modifizierte Stärke *f*
easily soluble leichtlöslich *{Chem}*
readily soluble leichtlöslich *{Chem}*
total soluble matter Gesamtlösliche[s] *n*
solubleness 1. Löslichkeit *f {Chem}*; 2. Lösbarkeit *f {Math}*
solurol Solurol *n*
solute 1. gelöster Stoff *m*, aufgelöster Stoff *m*, Gelöste[s] *n*; 2. Beimengung *f*, Verunreinigung *f {gelöster Stoff}*
solution 1. Auflösung *f*, Lösung *f {Chem}*; Solutio[n] *f {Pharm}*; 2. Lösung *f {Math}*; Erfüllung *f {Aussageformeln}*
solution adhesive Kleblack *m*, Lösemittelklebstoff *m*, Lösungsmittelkleber *m*, flüssiger Klebstoff *m*
solution aid Lösungsvermittler *m*
solution analysis Lösungsanalyse *f*
solution annealing Lösungsglühen *n*, Vergütungsglühen *n {Met}*
solution calorimetry Lösungskalorimetrie *f*
solution enthalpy Lösungsenthalpie *f*, Lösungswärme *f {Thermo}*
solution equilibrium Lösungsgleichgewicht *n*
solution feed Lösungszufuhr *f*, Zufuhr *f* der Analysenlösung
solution for dialysis Dialyselösung *f {Med}*
solution-grown in Nährlösung *f* kultiviert
solution-grown crystal Lösungskristall *m*
solution heat treatment Lösungsglühen *n*, Vergütungsglühen *n {Met}*
solution microcalorimetry Lösungsmikrokalorimetrie *f*
solution mining Aussolen *n* von Salzstöcken, Lösungsabbau *m*, Untertagelaugung *f*
solution of a metal metallhaltige Lösung *f*
solution of electrolytes Elektrolytlösung *f*
solution polymer Lösungspolymerisat *n*, Lösungspolymer[es] *n*
solution polymerization Lösungsmittelpolymeristion *f*, Lösungspolymerisation *f*, Polymerisation *f* in der Lösung
solution polymerized lösungspolymerisiert
solution potential Lösungspotential *n*
solution pressure Lösungsdruck *m*, Lösungstension *f*
solution spinning Lösungsspinnen *n*, Schmelzspinnen *n*
solution stripping bath chemisches Entplattierungsbad *n*
solution tension *s.* solution pressure
solution theory Lösungstheorie *f*
solution to be analysed Probelösung *f*, Untersuchungslösung *f*, zu untersuchende Lösung *f*
solution treating Lösungsbehandlung *f {Met}*
solution treatment Lösungsglühung *f*, Vergütungsglühen *n {Met}*
solution-type reactor Lösungsreaktor *m {Nukl}*
solution viscosity Lösungsviskosität *f*
alcoholic solution alkoholische Lösung *f*
aqueous solution wäßrige Lösung *f*

centinormal solution hundertstel-normale Lösung *f*
concentrated solution konzentrierte Lösung *f*
decinormal solution zehntelnormale Lösung *f*
dilute solution verdünnte Lösung *f*
ionic solution ionische Lösung *f*, Ionenlösung *f*
isobaric solutions Lösungen *fpl* mit gleichem Dampfdruck
isotonic solution isotone Lösung *f* *{Physiol, 0,9 Prozent NaCl}*
molal solution molale Lösung *f*
molar solution molare Lösung *f*
molecular solution molekulare Lösung *f*
normal solution Normallösung *f*, normale Lösung *f*
physiological solution *s.* isotonic solution
solid solution feste Lösung *f*

solutizer Lösungsvermittler *m*, Lösungshilfsmittel *n*, Lösungsverbesserer *m*, Löslichkeitsverbesserer *m*, Lösungsbeschleuniger *m*, Solutizer *m*
solutizer process Solutizer-Verfahren *n*, Solutizer-Prozeß *m* *{Entschwefelung von Erdöldestillaten}*

solutrope solutropische Mischung *f* *{ternäre Flüssigkeiten}*

solvable auflösbar, lösbar *{Math}*; erfüllbar *{eine Aussageform}*

solvatation Solvatisierung *f*, Solvatation *f*

solvate/to anlösen, solvatisieren

solvate Solvat *n*

solvated solvatisiert

solvating 1. solvatisierend; 2. Solvatation *f*, Solvatisierung *f*
solvating envelope Solvathülle *f*
solvating power Solvatationsfähigkeit *f*, Solvatisierungsvermögen *n*, Solvatationskraft *f*
solvating temperature Solvatationspunkt *m*, Solvatisierungstemperatur *f*

solvation *s.* solvatation
solvation energy Solvatationsenergie *f*
solvation vessel Solvatisierungsgefäß *n*

solvatochromic probe solvatochrome Sonde *f*

solvatochromism Solvatochromie *f* *{Veränderung der Lichtabsorption einer Substanz in Abhängigkeit vom Lösemittel}*

Solvay ammonia soda process Ammoniak-Soda-Prozeß *m*, Solvay-Verfahren *n*
Solvay chlor-alkali process Chlor-Alkali-Prozeß *m*
Solvay process *s.* Solvay ammonia soda process

solve/to lösen, auflösen *{Math}*

solvency Lösungsvermögen *n*, Lösefähigkeit *f*, Lösevermögen *n*, Lösekraft *f* *{eines Lösemittels}*
solvency power Lösevermögen *n*, Lösungsvermögen *n*, Auflösekraft *f* *{Lösemittel}*

solvent 1. [auf]lösend; 2. Solvens *n*, Lösungsmittel *n* *{obs}*, Lösemittel *n*, Löser *m* *{Chem, Farb}*; Fließmittel *n*, Laufmittelgemisch *n* *{Chrom}*; Hilfslösungsmittel *n* *{Dest}*; Kleblöser *m* *{Anlöseklebung}*
solvent activation Lösemittelaktivierung *f*
solvent-based adhesive Kleblack *m*, Lösemittelkleber *m*, Lösungsmittelkleber *m*, Lösungsmittelklebstoff *m*
solvent-based paint Lösemittellack *m*, Lösungsmittellack *m*
solvent-based waste Lösemittelabfälle *mpl*
solvent blushing Trübung *f*
solvent-carried asphalt lösemittelhaltiger Asphalt *m*
solvent cement Kleblack *m*, Lösemittelkleber *m*, Lösemittelklebstoff *m*
solvent cleaning Reinigung *f* mit Lösemitteln, Reinigung *f* im Lösemittelbad
solvent cleaning bath Reinigungsbad *n* mit Lösemittel
solvent collector Lösemittelsammler *m*
solvent-containing lösemittelhaltig
solvent content Lösemittelgehalt *m*, Lösungsmittelanteil *m* *{obs}*
solvent deasphalting Lösemittelentasphaltieren *n*
solvent-degreased lösungsmittelentfettet, lösemittelentfettet
solvent degreasing Lösemittelentfettung *f* *{Beschichtung}*
solvent dependence Lösemittelabhängigkeit *f*
solvent dewaxing Lösemittelentparaffinierung *f*, Solvententparaffinierung *f*, Entparaffinierung *f* mit Lösemitteln, Entwachsung *f* mit Lösemitteln
solvent drying Lösemitteltrocknung *f*, Solventtrocknung *f*
solvent dyeing Färben *n* in Gegenwart von Lösemitteln
solvent dyeing bath Farbstofflösungsbad *n* *{Text}*
solvent effect Lösemitteleffekt *m*, Lösungsmitteleinfluß *m*, Einfluß *m* des Lösemittels *n*
solvent-emulsion degreasing Emulsionsentfettung *f*
solvent evaporation Lösemittelabgabe *f*, Lösemittelverdunstung *f*, Lösungsmittelabdunstung *f* *{obs}*
solvent extraction Flüssig-Flüssig-Extraktion *f*, Lösemittelextraktion *f*, Solventextraktion *f*, Flüssigkeitsextraktion *f* *{Extraktion in flüssigen Systemen}*
solvent extraction plant Lösemittelextraktionsanlage *f*
solvent extraction process Solventextraktionsprozeß *m*
solvent for extraction Extraktionsmittel *n*
solvent-free lösemittelfrei, lösungsmittelfrei

solvent-free adhesive lösungsmittelfreier Klebstoff *m*
solvent-free impregnating lacquer lösungsmittelfreier Tränklack *m*
solvent-free impregnating technique lösungsmittelfreies Imprägnieren *n*
solvent-free lamination Kaschieren *n* ohne Lösemittel
solvent-free melting adhesive lösemittelfreier Klebstoff *m*, lösungsmittelfreier Kleber *m*
solvent-free melting cement lösemittelfreier Schmelzkleber *m*
solvent kerosene Lösungspetroleum *n* *{DIN 51636}*
solvent laminating Lösemittelkaschieren *n*, Kaschieren *n* mittels Lösemitteln, Kaschieren *n* mittels Lösungsmittelgemischen
solvent loss Lösemittelverlust *m*
solvent mixture Lösemittelgemisch *n*, Lösungsmittelgemisch *n {obs}*
solvent mo[u]lding Tauchformen *n*, Tauchen *n* in Lösungen *{Überzugbildung}*
solvent naphta Solventnaphta *n {HN}*, Lösungsbenzol *n*
solvent phase Lösemittelphase *f*
solvent plant Lösemittelanlage *f*
solvent popping Lösungsmittelbläschen *npl* *{in verfestigten Schichten}*
solvent power Lösungsvermögen *n*, Lösevermögen *n*, Lösefähigkeit *f*, Lösungskraft *f {Chem}*
solvent recovery Lösemittelrückgewinnung *f*, Rückgewinnung *f* des Lösemittels, Lösungsmittelwiedergewinnung *f*
solvent-recovery plant Lösemittelrückgewinnungsanlage *f*, Lösemittelwiedergewinnungsanlage *f*, Rückgewinnungsanlage *f* für Lösemittel
solvent-recovery unit 1. Lösemittelrückgewinnung *f {als Anlageteil}*; 2. Lösungsmittelrückgewinnungsanlage *f*, Rückgewinnungsanlage *f* für Lösemittel
solvent refining Lösemittel-Raffination *f*, Solventraffination *f*
solvent resistance Lösemittelbeständigkeit *f*, Lösungsmittelresistenz *f*, Widerstandsfähigkeit *f* gegen Lösemittel, Beständigkeit *f* gegen Lösemittel
solvent resistant lösemittelfest, lösemittelbeständig
solvent-resistant lubricant lösemittelfester Schmierstoff *m*
solvent retention Lösemittelretention *f*
solvent retreated extract Zweitextrakt *m n*
solvent scouring Lösemittelwäsche *f*, Extraktionswäsche *f*, Trockenwaschverfahren *n {Text}*
solvent scouring vessel Entfettungsküpe *f* mit Lösemittel *{Text}*
solvent stress crazing Lösemittelspannungsrißkorrosion *f {Kunst}*
solvent stripper Solvat-Abstreifkolonne *f*
solvent surplus Lösemittelüberschuß *m*
solvent tolerance Lösemittelaufnahmefähigkeit *f*, Lösungsmittelaufnahmefähigkeit *f {obs}*
solvent-type adhesive flüssiger Klebstoff *m*
solvent vapo[u]r Lösemitteldampf *m*, Lösungsmitteldampf *m {obs}*
solvent-vapo[u]r pressure lowering Lösemittel-Dampfdruckerniedrigung *f*
solvent water Lösungswasser *n*
solvent weld Quellschweißnaht *f*
solvent welding Quellschweißen *n*, Löse[mittel]schweißen *n*, chemisches Schweißen *n*, Schweißen *n* durch Anquellen, Kleben *n* durch Anlösen
dissociating solvent dissoziierendes Lösemittel *n*
fast to solvents lösemittelbeständig
fastness to solvents Lösemittelechtheit *f*
ionizing solvent ionisierendes Lösemittel *n*, polares Lösemittel *n*
nonaqueous solvent nichtwäßriges Lösemittel *n*, wasserfreies Lösemittel *n*
nonpolar solvent unpolares Lösmittel *n*
polar solvent polares Lösemittel *n*, ionisierendes Lösemittel *n*
residual solvent Lösemittelrückstand *m*
solventless lösemittelfrei, lösungsmittelfrei *{obs}*
solventless polymerizable lösemittelfrei polymerisierbar
solvolysis Solvolyse *f*, Lyolysis *f*
somalin Somalin *n*
somatic somatisch; körperlich
somatic mutation somatische Mutation *f {Gen}*
somatostatin Somatostatin *n {Peptidhormon}*
somatotropic hormone somatotropes Hormon *n*, Somatotropin *n*, Wachstumshormon *n*
somatotropin Somatotropin *n*, somatotropes Hormon *n*, Wachstumshormon *n*
sombrerite Sombrerit *m {Min}*
somnirol <$C_{32}H_{44}O_7$> Somnirol *n*
somnitol <$C_{33}H_{46}O_7$> Somnitol *n*
sonic 1. akustisch; Ton-; 2. mit Schallgeschwindigkeit; Schall-
sonic agitator Ultraschallrührer *m*
sonic atomizer Schallzerstäuber *m*
sonic chemical analyzer Schallanalysengerät *n {Anal}*
sonic converter Schallwandler *m*
sonic pressure Schalldruck *m*
sonicate/to beschallen
sonication Beschallung *f*
sonochemical emulsion sonochemische Emulsion *f*
sonochemical synthesis sonochemische Synthese *f*, Ultraschallsynthese *f*

sonochemistry Sonochemie *f*, Ultraschallchemie *f*
sonoluminescence Sonolumineszenz *f*
soot/to rußen; verrußen, berußen *{mit Ruß füllen oder bedecken}*; rußig werden, verrußen; verschmutzen, verschmieren *{z.B. elektrische Kontakte}*
soot Ruß *m*
soot black Ruß *m*
soot catcher Rußfänger *m*
soot chamber Rußkammer *f*
soot collector Rußvorlage *f*
soot dispersancy Rußaufnahmevermögen *n* *{Öl}*
soot flake Rußflocke *f*
soot formation Rußbildung *f*
soot from combustion Verbrennungsruß *m* *{DIN 51365}*
soot pit Rußsammelkasten *m*
soot receiver Rußvorlage *f*
covering with soot Berußen *n*
coat with soot/to anrußen
deposit of soot Rußansatz *m*
formation of soot Rußbildung *f*
lustrous form of soot Glanzruß *m*
produce soot/to rußen
producing soot rußend
soothing remedy Linderungsmittel *n* *{Pharm}*
sooting 1. Rußbildung *f*; 2. Verrußen *n* *{mit Ruß füllen oder abdecken}*; 3. Versottung *f* *{Schornstein}*
sootless nichtrußend
sooty 1. rußend; 2. rußig, berußt; geschwärzt
sooty coal Rußkohle *f*
sooty colo[u]r rauchschwarz
of sooty colo[u]r rußfarben
sophisticated hochentwickelt, hochdifferenziert, kompliziert *{Maschine}*; phantasievoll *{Dessin}*; ausgeklügelt
sophocarpidine Sophocarpidin *n*
sophoranol Sophoranol *n*
sophoricol Sophoricol *n*
sophorine Sophorin *n* *{Alkaloid}*
sophoritol Sophorit *m*
sophorose **$<C_{12}H_{22}O_{11}>$** Sophorose *f*
soporific 1. einschläfernd, narkotisch; 2. Schlafmittel *n*, Hypnotikum *n* *{Pharm}*
sorb/to sorbieren
sorbate 1. Sorbat *n* *{Salz der Sorbinsäure}*; 2. Adsorbat *n*, Sorptiv *n*, sorbierter Stoff *m*, aufgenommener Stoff *m* *{Chem, Phys}*
sorbent Sorbens *n*, Sorptionsmittel *n*
sorber Absorptionsgefäß *n*
sorbic acid **$<CH_3CH{=}CHCH{=}CHCOOH>$** Sorbinsäure *f*, Hexa-2,4-diensäure *f* *{IUPAC}*, 2-Propenylacrylsäure *f*
ester of sorbic acid Sorbat *n*, Sorbinsäureester *m*
salt of sorbic acid Sorbat *n*
sorbieritol Sorbierit *m*
sorbin Sorbin *n*, Sorbinose *f*, Sorbose *f*
sorbine red Sorbinrot *n*, Azogrenadin S *n*
sorbinose Sorbin *n*, Sorbinose *f*, Sorbose *f*
sorbite 1. D-Sorbit *m* *{ein sechswertiger Zuckeralkohol}*; 2. Sorbit *m* *{ein feinstreifiges Gefüge der unteren Perlitstufe; Metallographie}*
sorbitol **$<CH_2OH(CHOH)_4CH_2OHH_2O>$** Sorbit *n*, Sorbitol*n*, D-Glucit *n*, L-Gulit *m*
sorbosazone Sorbosazon *n*
sorbose **$<C_6H_{12}O_6>$** Sorbose *f*, Sorbin *n*, Sorbinose *f*
sorbose dehydrogenase *{EC 1.1.99.12}* Sorbosedehydrogenase *f*
L-sorbose oxidase *{EC 1.1.3.11}* L-Sorboseoxidase *f*
sorburonic acid Sorburonsäure *f*
sorbyl alcohol Sorbylalkohol *m*, Hexa-2,4-dien-1-ol *n*, 1-Hydroxyhexa-2,4-dien *n*
Sorel cement Magnesiabinder *m*, Magnesiamörtel *m*, Sorelmörtel *m*, Sorelzement *m*, Magnesitbinder *m* *{kein Zement gemäß DIN 1164}*
Soret effect Soret-Effekt *m* *{Thermodiffusion in Lösung}*
sorghum Sorgho *m*, Mohrenhirse *f*, Sorghum *n* *{Sorghum Moench}*; Kaffernkorn *n* *{Sorghum cafforum (Retz.) P. Beauv.}*
sorghum oil Sorghumöl *n*
sorption Sorption *f* *{Chem, Phys}*
sorption agent Sorbens *n*, Sorptionsmittel *n*
sorption hygrometer Sorptionshygrometer *n*
sorption loop Sorptionsschleife *f*
sorption process Sorptionsprozeß *m*
sorption pump Sorptionspumpe *f*
sorrel salt Kleesalz *n*, Bitterkleesalz *n*, Sauerkleesalz *n* *{reines Kaliumtetraoxalat oder Gemisch mit Kaliumhydrogenoxalat}*
sort/to sortieren, ordnen; auslesen, klauben, [ver]lesen, sortieren *{von Hand}*
sort out/to aussortieren
sort 1. Sorte *f*; 2. Art *f*; 3. Marke *f*
sorter 1. Ausleser *m*, Sortierer *m* *{z.B. für Erz}*; 2. Sortiermaschine *f*, Sortierer *m*, Sorter *m* *{EDV}*; 3. Endkontrolleur *m* *{Tech}*
sorting 1. Sortieren *n*, Ordnen *n*, Sortierung *f*; 2. Verlesen *n*, Auslesen *n*, Klauben *n*, Sortieren *n* *{von Hand}*; Sortierung *f* *{Anreicherung}*
sorting band Leseband *n* *{Erz}*
sorting belt Ausleseband *n*, Klaubeband *n*
sorting conveyor Sortierförderer *m*
sorting device Scheidevorrichtung *f*
sorting machine Auslesemaschine *f*, Sortiermaschine *f*
sorting magnet Scheidemagnet *m*
sorting of ores Erzscheidung *f*
sorting plant Sortieranlage *f*
sorting scale Sortierwaage *f*

sorting table Sortiertisch *m*, Klaubetisch *m*, Lesetisch *m {Erz}*
mechanical sorting mechanische Sortierung *f*
sosoloid Dispersion *f* von festen Teilchen
sound/to 1. loten, auspeilen; sondieren; 2. tönen, klingen, einen Ton *m* geben; 3. abhören *{Med, Tech}*
sound 1. gesund; intakt; korrekt, zuverlässig, einwandfrei; fehlerfrei, gesund *{Gußstück}*; gründlich; 2. Geräusch *n*; 3. Schall *m*, Klang *m*, Ton *m*, Laut *m {Akustik}*; Sound *m {Klangwirkung}*; 4. Sonde *f {Med}*; 5. Sund *m*, Meerenge *f*
sound-absorbent schallschluckend
sound-absorbent properties Schallschluckeigenschaften *fpl*
sound-absorbing schalldämpfend, schallschluckend, schalldämmend
sound-absorbing paint Antidröhnlack *m*, schalldämpfende Anstrichfarbe *f*, Schallschlucklack *m*
sound-absorbing plastic schalldämmender Plast *m*
sound-absorbing spark chamber geräuschabsorbierendes Funkengehäuse *n*, geräuschdämpfendes Funkengehäuse *n {Spek}*
sound absorption Schallabsorption *f*, Schallschluckung *f*
sound absorption coefficient Schallabsorptionsgrad, Schallschluckgrad *m {in %}*
sound attenuation Schalldämpfung *f*
sound barrier Schallverkleidung *f*
sound-damping schalldämpfend, schalldämmend
sound-damping agent schalldämpfendes Mittel *n*, Antidröhnungsmittel *n*
sound-damping property schalldämmende Eigenschaft *m*, schalldämpfende Eigenschaft *f*
sound-deadening schalldämmend, schalldämpfend, schallschluckend
sound-deadening composition *s.* sound-deadening paint
sound-deadening paint schalldämpfende Anstrichfarbe *f*, Schallschlucklack *m*, Antidröhnlack *m*
sound emission analysis Schallemissionsanalyse *f {zerstörungsfreie Prüfung}*
sound emission value Lärmemissionswert *m*
sound emitter Impulsschallgerät *n {Materialprüfung}*
sound frequency Tonfrequenz *f*
sound-insulating schallisolierend, schalldämmend
sound-insulating material Schalldämmstoff *m*
sound-insulating panel Schalldämmplatte *f*
sound-insulating property schalldämmende Eigenschaft *f*, schalldämpfende Eigenschaft *f*
sound insulation Schallschutz *m*, Schallisolierung *f*, Schalldämmung *f*, Lärmdämmung *f*
sound-insulation board Schalldämmplatte *f*, Schallisolierplatte *f*
sound intensity Lautstärke *f*, Schallintensität *f {in W/m^2 or Bel}*
sound intensity meter Lautstärkemesser *m*
sound level Schallpegel *m*
sound level meter Schallpegelmeßgerät *n*, Schallpegelmesser *m*
sound level recorder Schallpegelschreiber *m*
sound material gesundes Material *n*
sound measurement Lautstärkemessung *f*
sound measuring appliance Geräuschmeßeinrichtung *f*, Lärmmeßgerät *n*, Lautstärkemesser *m*
sound perception Lautempfindung *f*, Schallwahrnehmung *f*
sound permeability Schalldurchlässigkeit *f*
sound power Schalleistung *f {in W}*
sound pressure Schalldruck *m*
sound pressure intensity Schalldruckstärke *f*
sound pressure level Schalldruckstärke *f*, Schalldruckpegel *m {in Bel}*
sound propagation Schallausbreitung *f*, Schallfortpflanzung *f*
sound receiver Schallaufnehmer *m*, Schallempfänger *m {Werkstoffprüfung}*
sound recording Schallaufzeichnung *f*, Tonaufnahme *f*
sound reduction Schallschutz *m*, Schallisolierung *f*, Schalldämmung *f*, Lärmdämmung *f*
sound reduction index Schalldämmaß *n*
sound spectrum Schallspektrum *n*, Tonspektrum *n*
sound transducer Schallwandler *m*
sound transmission Schalldurchlässigkeit *f*
sound transmission loss Schalldämmaß *n*
sound transparency Schalldurchlässigkeit *f*
sound velocity Schallgeschwindigkeit *f {in m/s}*
sound volume Lautstärke *f*
sound wave Schallwelle *f*
intensity of sound Schallstärke *f*
level of sound Lautstärkepegel *m*
propagation of sound Schallfortpflanzung *f*
refraction of sound Schallbrechung *f*
source of sound Schallquelle *f*, Schallgeber *m*
velocity of sound Schallgeschwindigkeit *f*
soundness 1. Gesundheit *f*; 2. Korrektheit *f {z.B. in der Logik}*; 3. Stabilität *f*; 4. Stärke *f*; 5. Zuverlässigkeit *f*; 6. Solidität *f*, Bonität *f*
soundproof geräuschundurchlässig, geräuschsicher, schalldicht, schallgeschützt, schallisoliert, schallgedämpft, lärmgedämpft
soundproof chute Schalldämmschurre *f*
soundproof electrode stand schalldichtes Funkenstativ *n*
soundproof hood Schallschutzhaube *f*
soundproofing 1. schalldämpfend; 2. Schalldämpfung *f*, Schallschutz *m*

soundproofing elements Schallschutzelemente *npl*
souple silk Soupleseide *f*, Weichseide *f*, Souple *m {halbentbastete Seide}*
soupling vessel Teildegummierungsgefäß *n*, Teilentbastungsgefäß *n {Text}*
sour/to 1. ansäuern, sauer machen, säuern *{Lebensmittel}*; sauer werden, stichig werden *{Lebesnmittel}*; gerinnen *{Milch}*; 2. versauern *{Boden}*; 3. absäuern *{z.B. Wasserglaskitt}*; 4. pickeln *{Gerb}*; 5. mauken, faulen, lagern *{Keramik}*
sour 1. sauer, kalkarm *{Boden}*; 2. sauer, herb, scharf, streng *{Geschmack}*; gegoren *{Lebensmittel}*; ranzig *{Fett}*; 3. doktorpositiv, mit positivem Doktortest *m*, sauer *{Erdöl}*; 4. Sauerteig *m*
sour bath Sauerbad *n*
sour bleaching Sauerbleiche *f*, Naßbleiche *f*
sour cherries [wilde] Sauerkirsche *f {Bot}*
sour dough Sauerteig *m {Lebensmittel}*
sour gas 1. Sauergas *n*, saures Gas *n*; 2. saures Erdgas *n*, schwefelhaltiges Erdgas *n*; 3. saures Benzin *n {thiolhaltig}*
sour gasoline saures Benzin *n*, mercaptanhaltiges Benzin *n*, Benzin *n* mit Mercaptanzusatz
sour oil 1. Saueröl *n*, gesäuertes Öl *n*, saures Öl *n*; 2. saures Erdölprodukt *n*, saures Erdöldestillat *n*, doktorpositives Öl *n*, Öl *n* mit positivem Doktortest
sour wine Säuerling *m {Lebensmittel}*
source 1. Quelle *f*; Energiequelle *f*, Stromquelle *f*; 2. Herkunft *f*; Hersteller *m*; 3. Ausgangsstoff *m*; 4. Source *f {Elektronik}*
source density Quelldichte *f*
source housing Lampengehäuse *n*, Elektrodengehäuse *n*, Brennergehäuse *n*
source material Ausgangsstoff *m*, Ausgangsmaterial *n*, Quellmaterial *n*
source of constant voltage Konstantspannungsquelle *f*
source of current Stromquelle *f*
source of energy Energiequelle *f*
source of error Fehlerquelle *f*
source of fire Feuerherd *m*, Brandherd *m*
source of heat Wärmequelle *f*
source of ignition Entzündungsquelle *f*, Zündquelle *f*
source of information Informationsquelle *f*
source of light Lichtquelle *f*
source of losses Verlustquelle *f*
source of pollution Belastungsquelle *f*
source of power Energiequelle *f*, Kraftquelle *f*
source of radiation Strahlenquelle *f*
source range Quellbereich *m*, Anfahrbereich *m*, Impulsbereich *m {Nukl}*
source reference Quellenverweis *m*
source side quellennah *{Radiographie}*
source strength Quellstärke *f*
sources of energy Energieträger *mpl*
sources of hazards Gefahrenquellen *fpl*
soured wort saure Würze *f*
souring 1. Ansäuern *n*, Säuerung *f {Lebensmittel}*; Sauerwerden *n*, Stichigwerden *n {Wein}; Sauerwerden n {Milch}*; 2. Aussäuerung *f {Chem}*; 3. Pickeln *n {Gerb}*; 4. Mauken *n*, Faulen *n*, Lagern *n {Keramik}*
souring bath Sauerbad *n {Bleichung}*
souring tank Homogenisiergefäß *n {Keramik}*
sourish säuerlich, angesäuert
sourish sweet süßsauer
sourness Säure *f {Geschmacksbestandteil}*
souse/to säuern *{Lebensmittel}*
souse Sauerbad *n {Tech}*; Pökellake *f*, Pökelsalzlösung *f {Lebensmittel}*; Marinade *f*, Aufguß *m {Lebensmittel}*
sow 1. Massel *f {Met}*; 2. Masselgraben *m {Met}*; 3. Masselgrabeneisen *n*; 4. Ofensau *f*, Schlackenbär *m*, Sau *f {Verstopfung in Hochöfen}*
Soxhlet apparatus Soxhlet *m*, Soxhlet-Apparat *m*, Soxhletscher Extraktionsapparat *m*, Soxhlet-Extraktor *m*
Soxhlet extractor *s.* Soxhlet apparatus
soy *s.* soya
soya 1. Sojabohne *f {Glycine max (L.) Merr.}*; 2. Sojabohne *f {Frucht von Glycine max (L.) Merr.}*
soya bean *s.* soybean
soybean Sojabohne *f {Frucht von Glycine max (L.) Merr.}*
soybean oil Saja[bohnen]öl *n*
soybean oil fatty acid Sojaölfettsäure *f*
soybean oil meal Sojaextraktionsschrot *n*
soziodol *s.* sozoiodol
sozoiodol Sozojodol *n*
sozoiodolic acid <$C_6H_4I_2O_4S$> Sozojodolsäure *f*
sozolic acid Sozolsäure *f*, Aseptol *n*
S.P. *{strain point}* Spannungspunkt *m*, 15-Stunden-Entspannungstemperatur *f*, unterer Kühlpunkt *m*, untere Entspannungstemperatur *f*
space 1. Raum *m*, Weltraum *m*; 2. Zeitraum *m*; Weile *f*; 3. Zwischenraum *m*, Platz *m*, Leerstelle *f {EDV}*; 4. Zwischenraum *m*, Intervall *n*, Abstand *m {z.B. zwischen Elektroden}*; 5. Entfernung *f*; 6. Ausschluß *m {Drucken}*
space between the particles Teilchenzwischenräume *mpl*
space-centered raumzentriert *{Krist}*
space charge Raumladung *f*
space-charge capacity Raumladungskapazität *f*
space-charge cloud Raumladungswolke *f*
space-charge density Raumladungsdichte *f*
space-charge distribution elektrische Raumladungsverteilung *f*
space-charge effect Raumladungseffekt *m*

space-charge limited raumladungsbegrenzt
space cooling Raumkühlung *f*
space coordinate Raumkoordinate *f*
space current Elektronenstrom *m*, Glühelektronenstrom *m*, Glühstrom *m*
space curve Raumkurve *f {Math}*
space dehumidifier Raumentfeuchter *m*, Raumtrockner *m*
space diagonal Raumdiagonale *f*
space diagram Raumbild *n*, Raumgebilde *n*
space filled with rarefied air luftverdünnter Raum *m*
space filling Raumerfüllung *f {Stereochem}*
space-filling atom model dreidimensionales Atommodell *n*
space-filling model Kalottenmodell *n {Molekülmodell}*
space focusing Raumfokussierung *f*
space formula Raumformel *f*, Stereoformel *f*, Konfigurationsformel *f*
space grid charge Gitterraumladung *f*
space groups Raumgruppen *fpl*, Raumsymmetriegruppen *fpl {Krist}*
space groups symbols Raumgruppensymbolik *f*
space isomerism Raumisomerie *f*, Stereoisomerie *f*, räumliche Isomerie *f*, stereochemische Isomerie *f*
space lattice 1. Raumgitter *n*, Translationsgitter *n*, Elementargitter *n {Krist}*; 2. Raumfachwerk *n*, starres Fachwerk *n*, räumliches Fachwerk *n {Bau}*
space lattice plane Raumgitterebene *f {Krist}*
space lattice structure Raumgitterstruktur *f {Krist}*
space model Raummodell *n*
space reflection Raumspiegelung *f {Krist}*
space required Platzbedarf *m*, Flächenbedarf *m*, Raumbedarf *m*
space requirment Raumbedarf[splan] *m*
space research Raumforschung *f*, Weltraumforschung *f*
space rocket Weltraumrakete *f*
space-saving platzsparend, raumsparend
space shuttle fuel Raumfähren-Treibstoff *m*
space simulation chamber Weltraumsimulationskammer *f*, Weltraumsimulator *m*
space-time Raumzeit *f {Phys}*
space-time structure Raumzeitstruktur *f*
space-time yield Raum-Zeit-Ausbeute *f*
space transformation Raumtransformation *f*
space travel Raumfahrt *f*, Weltraumfahrt *f*
space velocity Raumgeschwindigkeit *f*
space wave Raumwelle *f*
accumulation of space charges Raumladungswolke *f*
concentration of space charges Raumladungswolke *f*
economy in space Raumersparnis *f*
lack of space Platzmangel *m*
restricted space Platzmangel *m*
saving in space Raumersparnis *f*
unit of space Raumeinheit *f*
spacecraft Raumfahrzeug *n*
spacer 1. Abstandsstück *n*, Distanzstück *n*, Distanzhalter *m*, Abstand[s]halter *m*, Zwischenstück *n*, Trennelement *n*; 2. Spacer *m {Biotechnologie; Reagens zur Strukturaufklärung}*; 3. Seitenkette *f*, Kohlenwasserstoffarm *m {Chrom}*; 4. Zwischentaste *f {Schreibmaschine}*
spacer bushing Distanzbuchse *f*
spacer disk Distanzscheibe *f*
spacer plate Abstandplatte *f*, Distanzstück *n*, Unterlegplatte *f*, Unterlegstück *n*
spacer ring Distanzring *m*, Abstandsring *m*, Zwischenring *m*, Beilegering *m {DIN 6375}*
spaceship Raumfahrzeug *n*, Raumschiff *n*, Weltraumschiff *n*
spacing 1. Einteilen *n {in Abstände}*; 2. Zwischenraum *m*, Intervall *n*, Abstand *m*; 3. Trennstrecke *f*, Entfernung *f*; 4. Sperren *n*, Sperrung *f*, Ausschließen *n {Drucken}*
spacing clamp Abstandsschelle *f*
spacing clip Abstandsschelle *f*
spacing piece Distanzstück *n*, Abstandsstück *n*
spacing ring Distanzring *m*, Ausgleichscheibe *f*
spade 1. Steckscheibe *f {Tech}*; 2. Spaten *m*, Grabscheit *n*
spaghetti 1. extrudierte Rundstränge *mpl*; 2. [dünner] Isolierschlauch *m*, Bougierohr *n {Elek}*; 3. Spaghetti *pl {Lebensmittel}*
spall/to abspalten; zertrümmern, zerstückeln, zersplittern *{Nukl}*; ausbröckeln *{durch Verschleiß}*; abblättern, abplatzen, absplittern
spallation [reaction] Kernzersplitterung *f*, Kernzertrümmerung *f*, Spallation *f*, Mehrfachzertrümmerung *f {eine Kernreaktion}*
spalling 1. Abblättern *n*, Abplatzen *n*, Absplittern *n*; 2. Ausbröckeln *n {Verschleiß}*; Spalling *n {Abplatzen infolge von Wärmespannungen; Keramik, Met, Tech}*; 3. Abspaltung *f*; Zertrümmerung *f*, Zersplitterung *f {Nukl}*
span 1. Spanne *f*, Zeitspanne *f*; 2. Spannweite *f {Tech}*; Stützweite *f*, Spannweite *f*, Spannfeld *n*, Mastabstand *m {Freileitung}*; 3. Meßbereich *m*
span adjustment Meßschritteinstellung *f*
span head Kegelkopf *m*
spangle Flitter *m*, Schüppchen *n {Min}*
spangolite Spangolith *m {Min}*
Spanisch white <$BiO(NO_3)H_2O$> Spanischweiß *n*, Perlweiß *n*, Bismutweiß *n {Bismutoxidnitrat}*; Schlämmkreide *f*
Spanish red Spanischrot *n*
Spanish red oxide Eisenoxidrot *n {Caput mortuum}*
spanner *{GB}* Schraubenschlüssel *m*, Schrauber *m*

spanner bolt Schlüsselschraube *f*
spanner size Schlüsselweite *f*
spar 1. Rundholz *n*; Spier *m n*, Spiere *f {Schiff}*; Holm *m {Flugzeug}*; 2. Spat *m {Min}*; 3. Sparren *m*
spar varnish Bootslack *m*, Decklack *m*, Spatlack *m*
gypseous spar blättriger Gips *m*, Gipsblume *f*
sparassol Sparassol *n*, Methyleverninat *n*
spare 1. übrig; mager, karg; Ersatz-, Reserve-; Verbrauch-; 2. Ersatzteil *n*
spare battery Reservebatterie *f*
spare engine Hilfsmaschine *f*
spare heater plate Ersatzheizplatte *f*
spare machine Aushilfsmaschine *f*
spare part Ersatzteil *n*, Reserveteil *n*
spare piece Ersatzstück *n*
spare tank Reservebehälter *m*
sparge/to 1. anschwänzen, überschwänzen *{Brau}*; 2. [be]sprengen, versprengen
sparge pipe 1. Zerstäuber *m*; 2. perforiertes Spülrohr *n {Erz}*
sparge water 1. Zerstäubungswasser *n*; 2. Überschwänzwasser *n*, Anschwänzwasser *n {Brau}*
sparger 1. Anschwänzapparat *m*, Anschwänzer *m {Brau}*; 2. Spritzrad *n*, Sprühvorrichtung *f {Biotechnologie}*; Sprenger *m {Wasser}*; Zerstäuber *m*; Feuerlöschbrause *f*; 3. Verteilereinrichtung *f*, Luftverteiler *m*
sparger ring Verteilerkranz *m*, Sprühkranz *m*
sparging Anschwänzen *n*, Überschwänzen *n {Brau}*
sparingly begrenzt, beschränkt
sparingly soluble begrenzt löslich, beschränkt löslich, schwerlöslich
spark/to funken, Funken *mpl* sprühen; zünden; durchschlagen *{Elek}*
spark Funke[n] *m*, Feuerfunke *m*; Elektrofunke[n] *m*, Zündfunke *m*
spark arrestor Funkenfänger *m*, Funkenableiter *m {Zündfunken}*; Funkenlöscher *m*, Funkenlöschscheibe *f {Feuerfunken}*
spark blow-out Funkenlöscher *m*
spark breakdown Durchbruchsentladung *f*, Durchschlagsentladung *f*
spark burn area Abfunkfläche *f {Spek}*
spark chamber Funkenkammer *f {Gasspurkammer}*
spark circuit Funkenkreis *m*, Entladungskreis *m*
spark coil Induktionsspule *f*, Funkeninduktor *m*, Funkeninduktorium *n*
spark-coil detector Hochfrequenzvakuumprüfer *m*
spark-coil leak detector Hochfrequenzlecksucher *m*
spark condensor Störschutzkondensator *m*
spark conductor Funkenleiter *m*
spark current Durchschlagstrom *m*
spark detector Funkenmelder *m*
spark discharge 1. Funkenentladung *f*; 2. Funkenübergang *m*, Funkenüberschlag *m*
spark discharge continuum Funkenkontinuum *n*
spark-eroded funkenerodiert
spark erosion Funkenerosion *f*, Funkenabtragung *f*, Elektrofunkenerosionsverfahren *n {Werkzeugbearbeitung}*
spark erosion fluid Funkenerosionsöl *n*
spark excitation Funkenanregung *f*
spark extinguisher Funkenlöscher *m*, Funkenlöschscheibe *f {Feuerfunken}*
spark gap [elektrische] Funkenstrecke *f*, Elektrodenabstand *m*
spark generator Funkenerzeuger *m*, Funkengenerator *m*
spark ignition Funkenentzündung *f*, Fremdzündung *f*
spark-ignition engine Ottomotor *m*
spark in flame Flammenfunken *m*
spark killer Funkenlöscher *m*
spark length Funkenlänge *f*
spark-like 1. funkenähnlich; 2. Funkencharakter *m*, Funkenähnlichkeit *f*
spark line Funkenlinie *f*, Ionenlinie *f*
spark on closing Schließungsfunke *m*
spark on opening Öffnungsfunke *m*
spark-over Überschlag *m {Elek}*
spark-over voltage Überschlagsspannung *f {Elek}*
spark path Funkenbahn *f*, Funkenstrecke *f {Spek}*
spark plug Zündkerze *f*
spark potential Funkenpotential *n*
spark-quenching apparatus Funkenlöschvorrichtung *f*
spark sequence Funkenfolge *f {Spek}*
spark source Funkenerzeuger *m*, Funkengenerator *m*
spark spectrum Funkenspektrum *n*
spark stand Funkenstativ *n {Spek}*
spark-suppressing funkenverhindernd
spark test Abfunkversuch *m*, Funkenanalyse *f*, Schleiffunkenprüfung *f {Stahlsortierung}*
spark testing Funkenprobe *f*, Funkenprüfung *f*, Funkentest *m {z.B. der Kabelummantelung}*
spark tracking Kriechwegbildung *f {Gleitfunken}*
spark voltage Funkenspannung *f {Spek}*
spark with electrodes dipping in a fluid Eintauchfunke *m*, Tauchfunke *m {Spek}*
emitting sparks funkensprühend
emitting of sparks Funkensprühen *n*
formation of sparks Funkenbildung *f*

sparked spot Abfunkstelle *f {Spek}*
sparked surface Funkenfläche *f*
sparker Induktionsspule *f*, Tesla-Spule *f*, Funkeninduktor *m*
sparking 1. funkenbildend; 2. Funken *n*, Funkenbildung *f*, Funkenwurf *m*, Funkensprühen *n*; 3. Durchschlagen *n {Elek}*; 4. Initialzündung *f*, Zündung *f*, Aktivierung *f {Biochem}*
sparking ion source Funkenionenquelle *f*
sparking-off curve Abfunkkurve *f {Spek}*
sparking-off effect Abfunkeffekt *m {Spek}*
sparking-off process Abfunkvorgang *m {Spek}*
sparking plug Funkengeber *m*, Zündkerze *f*
sparking potential 1. Zündspannung *f*, kritische Spannung *f {Elektronik, Phys}*; 2. Funkenpotential *n {Elek}*
sparking time Abfunkdauer *f*, Abfunkzeit *f {Spek}*
sparking voltage Zündspannung *f {Elektronik, Phys}*; Funkenspannung *f {Elek}*
sparkle/to 1. funken, Funken *mpl* sprühen; funkeln, flimmern, glitzern; 2. sprudeln, prickeln, perlen, moussieren, schäumen
sparkle Brillanz *f*
sparkless funkenfrei, funkenlos
sparklet Fünkchen *n*
sparkling 1. glitzernd, funkelnd, flimmernd; moussierend, schäumend; 2. Aufbrausen *n*, Moussieren *n*, Sprudeln *n*, Schäumen *n*
sparkling wine Schaumwein *m*, Sekt *m*
sparry spatig, spatartig, blätterig *{Min}*
sparry gypsum Gipsspat *m*, Fraueneis *n*, Katzenglas *n {Min}*
sparry limestone Schieferkalkstein *m {Min}*
sparse dünn, zerstreut, spärlich, schwach
sparteine <$C_{15}H_{26}N_2$> Spartein *n*, Lupinidin *n*
sparteine sulfate <$C_{15}H_{26}N_2 \cdot SO_4H_2 \cdot 5H_2O$> Sparteinsulfat *n*
spasm Krampf *m*, Spasmus *m {Med}*
spasmodic krampfartig
spasmolytic 1. krampflösend; 2. Spasmolytikum *n*, krampfösendes Mittel *n {Pharm}*
spathic spatig, spatartig, blätterig *{Min}*
spathic chlorite Chloritspat *m {obs}*, Ottrelith *m {Min}*
spathic iron [ore] Eisenspat *m*, Siderit *m {Eisen(II)-carbonat, Min}*
spathic ore Spaterz *n {Min}*
spathulatine Spathulatin *n*, ß-Isosparteinhydrochlorid *n*
spatial räumlich; Raum-, Stereo-
spatial charge Raumladung *f*
spatial distribution räumliche Verteilung *f {z.B. von Elektronen}*
spatial formula Raumformel *f*
spatial isomerism *s.* space isomerism
spatial requirement Raumbedarf *m*
spatial velocity Raumgeschwindigkeit *f*
spatially cross-linked structure räumlich vernetzte Struktur *f*
spatter/to 1. spritzen *{Flüssigkeitsteilchen herausschleudern}*; 2. spratzen *{plötzliches Entweichen gelöster Gase aus Metallschmelzen}*; 3. bespritzen; sprenkeln *{Farb}*; tropfen; 4. verspritzen, spritzen *{Met}*
spattering 1. Spratzen *n {plötzliches Entweichen gelöster Gase aus Metallschmelzen}*; 2. Spritzen *n {Flüssigkeitsteilchen herausschleudern}*; 3. Verspritzen *n*, Spritzen *n {Met}*; 4. Sprenkeln, Tüpfeln *n {eine Farbauftragsart}*
spattering arc Sprühbogen *m*
spattle Spachtel *m f*, Spatel *m*
spatula Spachtel *m f*, Spatel *m*
spatula-shaped spatelförmig
spatulation Entnahme *f* mit einem Spatel *{Lab}*
speaker 1. Lautsprecher *m {Elek}*; 2. Redner *m*, Vortragender *m*, Sprecher *m*
spear Speer *m*
spear pyrites Speerkies *m {Min}*
spear shape Speerform *f*
spear-shaped speerförmig
spearmint Krauseminze *f {Mentha spicata L.}*
spearmint oil Spearmintöl *n*, Krauseminzöl *n {Mentha spicata L.}*
special 1. besondere; speziell; Sonder-, Spezial; Fach-; 2. Sonderanfertigung *f {Tech}*; 3. Sonderausgabe *f {z.B. einer Zeitschrift}*; 4. Sonderausstattung *f*, Sonderzubehör *n {Tech}*
special alloy Speziallegierung *f*
special bench for greases mechanisch-dynamische Prüfung *f* von Wälzlagerfetten
special boiling point gasoline Siedegrenzbenzin *n*, Spezialbenzin *n*
special boiling point spirit *s.* special boiling point gasoline
special branch Fachgebiet *n*
special branch of science Fachwissenschaft *f*
special brochure Sonderbroschur *f*, Sonderausgabe *f {z.B. einer Zeitschrift}*
special coal tar pitch Steinkohlenteer-Spezialpech *n {DIN 55946}*
special coal tar pitch mixtures Steinkohlenteer-Spezialpech *n* mit Mineralstoffen *{DIN 55946}*
special committee Fachkommission *f*
special construction Sonderanfertigung *f*, Sonderkonstruktion *f*
special design Sonderausführung *f*, Spezialausführung *f*
special equipment Sonderausrüstung *f*, Spezialausrüstung *f*
special features Besonderheiten *fpl*
special formulation Sondereinstellung *f*, Spezialeinstellung *f*
special grease for mine trucks Förderwagenspritzfett *n*

special iron Qualitätseisen *n*
special knowledge Fachkenntnis *f*
special leaflet Merkblatt *n*
special oil Spezialöl *n*
special orange Spezialorange *n*, Resorcinbraun *n*
special plastic Spezialkunststoff *m*
special production Sonderanfertigung *f*
special purpose für Spezialzwecke; Sonder-, Spezial-
special-purpose container Sonderbehälter *m*
special-purpose design Einzweckausführung *f*, Sonderausführung *f*
special-purpose extruder Sonderextruder *m*, Einzweckextruder *m*
special-purpose fixture Sonderzweckvorrichtung *f*
special-purpose grade Sonderqualität *f*
special-purpose machine Sondermaschine *f*, Einzweckmaschine *f*
special-purpose mo[u]lding compound Spezialformmasse *f*
special-purpose plastic Spezialkunststoff *m*
special-purpose plasticizer Spezialweichmacher *m*
special-purpose resin Spezialharz *n*
special-purpose rubber Spezialkautschuk *m*, Sonderkautschuk *m*
special reagent Spezialreagens *n*, spezifisches Reagens *n {Chem}*
special rules Sondervorschriften *fpl*
special size Sondergröße *f*
special spanner Fassonschlüssel *m*
special steel 1. Edelstahl *m*, Qualitätsstahl *m {DIN 50602}*; 2. Sonderstahl *m*, Spezialstahl *m {z.B. hitzebeständiger Stahl}*
special stone Spezialhartgips *m {Dent}*
special subject Fachgebiet *m*
special type Spezialausführung *f*
specialist 1. fachlich; Fach-; 2. Spezialist *m*, Fachmann *m*, Sachkundiger *m*, Sachverständiger *m*
speciality Spezialität *f*, Besonderheit *f*
speciality plastic Spezialkunststoff *m*
speciality plasticizer Spezialweichmacher *m*
speciality resin Spezialharz *n*
speciality rubber Sonderkautschuk *m*, Spezialkautschuk *m*
specialize/to spezialisieren
specially pure element Reinstelement *n*, Element *n* höchster Reinheit *f*
specially pure material Reinststoff *m*, Reinstsubstanz *f*
specialty 1. Fachgebiet *n*; 2. Spezialartikel *m*
specialty adhesives Sonderklebstoffe *mpl*, Spezialkleber *m*
specialty ceramics Sonderkeramik *f*
specialty chemicals Sonderchemikalien *fpl {in geringem Umfang hergestellte Chemikalien; Feinchemikalien}*
specialty gas Gasspezialität *f*, Sondergas *n*
specialty rubber Spezialgummi *m*
specialty surfactants Spezialtenside *npl*, Sonderwaschmittel *npl*
speciation Speciation *f*
species Art *f*, Spezies *f {Bot}*
species difference Artunterschied *m*
species-specific artspezifisch
species specificity Artspezifität *f*
of the same species artgleich
specific speziell; typisch; spezifisch; arteigen; Spezies-, Arten-
specific adhesion stoffspezifische Haftung *f*, spezifische Haftkraft *f*
specific adsorption spezifische Adsorption *f*
specific activity 1. spezifische Aktivität *f {in Bq/kg oder Bq/m^3}*; 2. spezifische Enzymaktivität *f {in mol/kg·s}*
specific burn-up spezifischer Abbrand *m {Nukl}*
specific capacity spezifische Kapazität *f*
specific charge spezifische Ladung *f {in C/kg}*
specific conductance spezifischer elektrischer Leitwert *m {Elek}*
specific conductivity spezifische elektrische Leitfähigkeit *f*, spezifisches elektrisches Leitvermögen *n*
specific density Dichtezahl *f {obs}*, relative Dichte *f*
specific energy spezifische Energie *f*, spezifische Arbeit *f {in J/kg}*
specific enthalpy spezifische Enthalpie *f {in J/kg}*
specific entropy spezifische Entropie *f {in J/kg·K}*
specific extinction *{ISO 3656}* spezifische Extinktion *f*
specific gamma-ray constant spezifische Gammastrahlenkonstante *f*
specific gravity Dichtezahl *f {obs}*, relative Dichte *f*
specific gravity bottle Pyknometer *n*, Wägefläschchen *n* für Dichtemessungen
specific gravity flask *s.* specific gravity bottle
specific gravity spindle Senkspindel *f*
specific heat spezifische Wärme *f*, Stoffwärme *f*
specific heat at constant pressure spezifische Wärme *f* bei konstantem Druck
specific heat at constant volum spezifische Wärme *f* bei konstantem Volumen
specific heat capacity spezifische Wärmekapazität *f {in F/kg·K}*
specific heat consumption spezifischer Wärmeverbrauch *m*
specific heat ratio Adiabatenexponent *n*

specific impulse spezifischer Schub *m*, spezifischer Impuls *m* *{einer Antriebsanlage in N·s/kg}*
specific inductive capacity Dielektrizitätskonstante *f*, Dielektrizitätszahl *f*, relative Permittivität *f*
specific ionization spezifische Ionisation *f*, differentielle Ionisation *f*, Ionisierungsstärke *f* *{Nukl}*
specific [moulding] pressure spezifischer Preßdruck *m*
specific nuclear fuel power spezifische Spaltstoffleistung *f*, spezifische Brennstoffleistung *f*
specific power spezifische Wärmeleistung *f* *{von Brennstoff}*
specific pressure *s.* specific energy
specific pressure drop spezifischer Druckverlust *m* *{Dest}*
specific quantity spezifische Größe *f*, massenbezogene Größe *f*
specific refraction spezifische Refraktion *f* *{$R=(n^2)/(n^2+1)d$}*
specific refractive index *s.* specific refraction
specific resistance spezifischer elektrischer Widerstand *m* *{in Ohm·m}*
specific rotation spezifische Drehung *f*, spezifisches Dreh[ungs]vermögen *n* *{Anal, Stereochem}*
specific rotatory power *s.* specific rotation
specific speed 1. spezifische Drehzahl *f*; Schnellaufzahl *f* *{Strömungsmaschinen}*; 2. spezifisches Saugvermögen *n* *{Vak}*
specific surface spezifische Oberfläche *f* *{in m^3/kg oder m^3/m^3}*; wirksame Oberfläche *f*
specific surface energy spezifische Oberflächenenergie *f*
specific thermal resistance Wärmedurchlaßwiderstand *m* *{in m^2 K/W}*
specific to the material werkstoffspezifisch
specific viscosity spezifische Viskosität *f*
specific volume spezifisches Volumen *n*, inverse Dichte *f* *{in m^3/kg}*
specific weight 1. spezifisches Gewicht *n* *{obs}*, relative Dichte *f*; 2. Leistungsgewicht *n* *{eines Motors in kg/kW}*
specification 1. Spezifikation *f*, Lastenheft *n*, Pflichtenheft *n* *{Tech}*; 2. Erläuterung *f*, Beschreibung *f* *{Bau-, Einzel-, Patentbeschreibung}*; 3. Anforderung *f* *{z.B. an die Qualität}*; 4. Richtlinie *f*, Vorschrift *f*, Bestimmung *f* *{z.B. Einsatzrichtlinie, Verarbeitungsvorschrift, Prüfungsvorschrift}*
specification factor Bestimmungsgröße *f* *{Tech}*
specification for analysis Analysenvorschrift *f*, Analysenbedingung *f*
specification for preparation Herstellungsvorschrift *f*
specified vorgegeben *{z.B. Versuchsbedingungen}*
specified performance Garantieleistung *f*
specified quality Gütevorschrift *f*
specify/to spezifizieren, vorgeben, [genau] angeben, einzeln anführen, detailliert anführen; festlegen, vorschreiben; präzisieren
specimen 1. Probe-; 2. Muster *n*, Probe *f*, Probestück *n*; Warenprobe *f*; Prüfling *m*, Probekörper *m*, Prüfkörper *m* *{Tech}*; Handstück *n* *{eine kleine Erzprobe}*; 3. Objekt *n*, Präparat *n* *{Mikroskopie}*
specimen bottle Probeflasche *f*
specimen holder Objektträger *m*, Objekthalter *m* *{Mikroskopie}*; Probenhalter *m*
specimen page Musterseite *f*, Probeseite *f* *{Druck}*
specimen print Probeabzug *m* *{Druck}*
specimen region Objektsbereich *m*
specimen room Präparateraum *m*
specimen section Teilkörper *m* *{Probe}*
speck 1. Fleck[en] *m*, Unreinheit *f*; 2. Körnchen *n* *{Unreinheit}*; Stippe *f* *{Text}*
speckle Fleck[en] *m*
speckled scheckig, gefleckt, getüpfelt, gesprenkelt
speckled wood Maserholz *n*
spectacle 1. Brillen-; 2. Anblick *m*
spectacle frame Brillengestell *n*
spectacle furnace Brillenofen *m*
spectacles Brille *f*
spectral spektral, spektrumbezogen; Spektral-
spectral analysis Spektralanalyse *f*, spektrale Analyse *f*
spectral band Spektralbande *f* *{Phys}*
spectral characteristic Spektralcharakteristik *f*, spektrale Charakteristik *f*, spektrale Verteilungscharakteristik *f* *{Lumineszenz}*
spectral colo[u]r Spektralfarbe *f*
spectral component Spektralanteil *m*
spectral composition spektrale Zusammensetzung *f*
spectral decomposition spektrale Zerlegung *f*
spectral directional reflectance spektrale Remission *f*
spectral drift control Spektraldriftsteuerung *f* *{Nukl}*
spectral emission coefficient spektraler Emissionskoeffizient *m*
spectral emissivity spektraler Emissionskoeffizient *m*
spectral intensity spektrale Intensität *f*
spectral line Spektrallinie *f*
spectral line shape Form *f* der Spektrallinie
spectral order Spektralordnung *f*, spektrale Ordnung *f*
spectral pass band spektraler Durchlaßbereich *m*

spectral purity spektrale Reinheit *f {Opt}*
spectral pyrometer Spektralpyrometer *n*
spectral range Spektralbereich *m*
spectral region Spektralbereich *m*
spectral sensitivity Spektralempfindlichkeit *f*, spektrale Empfindlichkeit *f {Opt, Photo}*
spectral series Spektralserie *f*, Spektrallinienserie *f*
spectral shift Spektralverschiebung *f*
spectral transmission spektrale Durchlässigkeit *f*, spektrale Transmission *f {Opt, Photo}*
spectral transmission range spektraler Durchlaßbereich *m*
folding of spectral lines Spektrallinienfaltung *f*
shift of spectral lines Spektrallinienverschiebung *f*
spectroanalytical spektralanalytisch
spectroanalytical pre-test spektralanalytische Schnellprüfung *f*
spectroangular cross section spektraler raumwinkelbezogener Wirkungsquerschnitt *m {Nukl}*, spektraler Winkelquerschnitt *m*
spectrochemistry Spektrochemie *f*
spectrofluorometer Spektralfluorometer *n*
spectrogram Spektrogramm *n {Phys}*
spectrograph Spektrograph *m {Instr}*
spectrograph slit Spektrographenspalt *m*
spectrographic spektrographisch
spectrographic equipment spektrographische Einrichtung *f*
spectrographic outfit *s.* spectrographic equipment
spectroheliogram Spektroheliogramm *n*
spectroheliograph Spektroheliograph *n*
spectrometer Spektrometer *n*
spectrometric spektrometrisch, spektralanalytisch
spectrometric oil analysis spektrometrische Ölanalyse *f*, SOA
spectrometry Spektrometrie *f*
spectrophotometer Spektralphotometer *n*
spectrophotometer of high resolving power hochauflösendes Spektralphotometer *n*, Spektralphotometer *n* mit hohem Auflösungsvermögen
spectrophotometric spektralphotometrisch, spektrophotometrisch
spectrophotometric titration spektrophotometrische Titration *f*
spectropolarimeter Spektropolarimeter *n*
spectroscope Spektroskop *n*
spectroscopic spektroskopisch, spektralanalytisch
spectroscopic carbon Spektralkohle *f*
spectroscopic displacement law spektroskopisches Verschiebungsgesetz *n*
spectroscopic instrument Spektralapparat *m*, Spektralgerät *n*
spectroscopic observation spektroskopische Beobachtung *f*
spectroscopic plate Spektralplatte *f*, Spektrenplatte *f*
spectroscopically pure spektralrein, spektroskopisch rein
spectroscopy Spektroskopie *f*
spectrum *{pl. spectra}* Spektrum *n {pl. Spektren}*
spectrum analysis Spektralanalyse *f*; Spektrumanalyse *f*
spectrum background Spektrenuntergrund *m*, Spektrenhintergrund *m*
spectrum burner Brenner *m* für Spektralanalyse *f {Lab}*
spectrum charts Spektralatlas *m*, Spektrenatlas *m*
spectrum comparator Spektren[projektions]komparator *m*
spectrum line Spektrallinie *f*
spectrum line broadening Spektrallinienverbreiterung *f*, Verbreiterung *f* der Spektrallinien
spectrum line tables Spektraltabellen *fpl*, Spektrentabellen *fpl*, Spektraltafeln *fpl*, Spektrentafeln *fpl*
spectrum map Spektralatlas *m*, Spektrenatlas *m*
spectrum of a highfrequency discharge Hochfrequenzspektrum *n*
spectrum projection comparator Spektrenprojektionskomparator *m*, Komparator *m*
spectrum projector Spektrenprojektor *m*
spectrum source lamp Spektrallampe *f*
chromatic spectrum Farbenspektrum *n*
continuous spectrum kontinuierliches Spektrum *n*
dark-line spectrum Umkehrspektrum *n*, Dunkellinienspektrum *n*
discontinuous spectrum diskontinuierliches Spektrum *n*
secondary spectrum Sekundärspektrum *n*
specular spiegelnd; spiegelglänzend
specular gloss Spiegelglanz *m*
specular gypsum Blättergips *m*
specular hematite *s.* specular iron [ore]
specular iron [ore] Eisenglanz *m*, Spiegelerz *n*, Specularit *m {Min}*
specular layer Spiegelbelag *m*, Reflexbelag *m*
specular reflectance Remission *f {Lichttechnik, Farbmetrik}*
specular reflection gerichtete Reflexion *f*, regelmäßige Reflexion *f*, spiegelnde Reflexion *f*
specular reflection value Spiegelreflexionskoeffizient *m*
specular scattering spiegelnde Streuung *f*
specular stone Marienglas *n {Min}*
specular pig iron Spiegeleisen *n*
specularite *s.* specular iron [ore]

speculum metal 1. Spiegelmetall *n*, Glanzmetall *n* {*Cu-Sn-Legierung*}; 2. Metallspiegel *m*
speed up/to beschleunigen
speed 1. Geschwindigkeit *f*, Schnelligkeit *f*, Tempo *n*; Drehzahl *f*, Umdrehungszahl *f* {*Tech*}; Gang *m* {*Auto*}; 2. Empfindlichkeit *f*, Lichtempfindlichkeit *f* {*Photo*}; 3. Lichtstärke *f* {*Opt, Photo*}; 4. Öffnungsverhältnis *n*, Öffnungszahl *f*, Öffnung *f* {*Opt, Photo*}
speed change-over point Geschwindigkeitsumschaltpunkt *m*
speed changing device Geschwindigkeitsumschaltung *f*, Geschwindigkeitsumschalter *m*
speed control 1. Drehzahlregelung *f*; Geschwindigkeitsregelung *f*; 2. Drehzahlsteuerung *f*; Geschwindigkeitssteuerung *f*
speed-control device Drehzahlregler *m*, Geschwindigkeitsregler *m*
speed-control system Fahrgeschwindigkeitsüberwachung *f*; Umdrehungszahlüberwachung *f*
speed-controlled geschwindigkeitsgesteuert; drehzahlgesteuert
speed counter Tourenzähler *m*, Drehzahlmesser *m*
speed drive Antrieb *m*
speed governor Geschwindigkeitsbegrenzer *m*, Geschwindigkeitsregler *m*; [mechanischer] Drehzahlregler *m*
speed increase Drehzahlerhöhung *f*; Geschwindigkeitserhöhung *f*
speed indicator 1. Drehzahlanzeige *f*, Drehzahlanzeiger *m*; 2. Geschwindigkeitsmesser *m*, Geschwindigkeitsanzeige *f*, Tachometer *n m*, Tourenzähler *m*
speed limit Geschwindigkeitsbegrenzung *f*; Drehzahlbegrenzung *f*
speed of a pump Saugvermögen *n*, Pumpgeschwindigkeit *f*
speed of advance Vorschubgeschwindigkeit *f*, Vorlaufgeschwindigkeit *f*
speed of combustion Abbrandgeschwindigkeit *f*, Verbrennungsgeschwindigkeit *f*
speed of evacuation Auspumpgeschwindigkeit *f* {*Vak*}
speed of exhaust[ion] Auspumpgeschwindigkeit *f*
speed of fall Fallgeschwindigkeit *f*
speed of flow 1. Fließgeschwindigkeit *f* {*Met*}; 2. Volumendurchsatz *m*, Volumenstrom *m*
speed of impact Aufprallgeschwindigkeit *f*, Auftreffgeschwindigkeit *f*, Schlaggeschwindigkeit, Stoßgeschwindigkeit *f*
speed of penetration Eindringgeschwindigkeit *f*
speed of reaction Reaktionsgeschwindigkeit *f* {*Chem*}
speed of response 1. Ansprechgeschwindigkeit *f* {*Anal*}; 2. Reaktionsgeschwindigkeit *f*, Ansprechgeschwindigkeit *f* {*z.B. eines Regelkreises*}
speed of revolution Umdrehungsgeschwindigkeit *f* {*in* s^{-1}}
speed of rotation Umdrehungsgeschwindigkeit *f* {*in* s^{-1}}
speed of torque Umdrehungsgeschwindigkeit *f*
speed of transmission Übertragungsgeschwindigkeit *f*
speed of water absorption Wasseraufnahmegeschwindigkeit *f*
speed-pressure curve Darstellung *f* des Saugvermögens als Funktion des Druckes
speed profile Drehzahlprogrammablauf *m*
speed program Drehzahlprogramm *n*; Geschwindigkeitsprogramm *n*
speed range Drehzahlbereich *m*; Geschwindigkeitsbereich *m*
speed recording Schnellregistrierung *f*
speed reducer Reduktionsgetriebe *n*, Untersetzungsgetriebe *n*
speed reduction Drehzahlerniedrigung *f*, Untersetzung *f*
speed reduction gear *s.* speed reducer
speed regulating device *s.* speed regulator
speed regulation Drehzahlregelung *f*; Geschwindigkeitsregelung *f*
speed regulator Drehzahlregler *m*; Geschwindigkeitsregler *m*
speed reserve Drehzahlreserve *f*; Geschwindigkeitsreserve *f*
speed sequence Geschwindigkeitsfolge *f*
speed-setting Drehzahleinstellung *f*
speed-setting device Regler *m*, Drehzahlregler *m*
speed setting mechanism Drehzahleinstellung *f*
speed stages Drehzahlstufen *fpl*
speed transducer Geschwindigkeitsmeßwandler *m*, Geschwindigkeitsaufnehmer *m*; Drehzahlwandler *m*
speed transmitter Geschwindigkeitsgeber *m*; Drehzahlgeber *m*
speed variation Drehzahländerung *f*, Drehzahlschwankung *f*; Geschwindigkeitsänderung *f* {*Automation*}
adjustable speed drive regelbarer Antrieb *m*
at high speed mit hoher Geschwindigkeit
constant speed gleichförmige Geschwindigkeit *f*
critical speed kritische Geschwindigkeit *f*
even speed Gleichgang *m*
exceeding the speed limit Geschwindigkeitsüberschreitung *f*
limit of speed Geschwindigkeitsgrenze *f*
loss of speed Geschwindigkeitsverlust *m*
speeding up Beschleunigung *f*

speedometer Geschwindigkeitsmesser *m*, Tachometer *n m*, Tourenzähler *m*

spelter 1. Zink *n*, Rohzink *n*, Hüttenzink *n*; 2. Hartlot *n*, Schlaglot *n*

hard spelter Rückstandszink *n {Galvanik; 10 % Fe}*

refined spelter Raffinatzink *n*

spencerite Spencerit *m*, Lusitanit *m {Min}*

spend/to aufwenden; verbrauchen, aufbrauchen; ausgeben; verbringen, zubringen *{Zeit}*

spent verbraucht, erschöpft, [aus]gebraucht *{z.B. Lösung}*

spent acid Abfallsäure *f*, Abgangssäure *f {Chem}*

spent fuel ausgebrannter Brennstoff *m*, abgebrannter Brennstoff *m*, abgereicherter Brennstoff *m {Nukl}*

spent fuel [element] disposal centre nukleares Entsorgungszentrum *n*

spent fuel management scheme Entsorgungssystem *n {Nukl}*

spent fuel reprocessing plant Wiederaufbereitungsanlage *f* von ausgebranntem Spaltmaterial *{Nukl}*

spent grains Malztreber *pl {Brau}*

spent ion exchange[r] resin slurry Ionendurchbruch *m {in Austauschern}*

spent liquor 1. Abfallauge *f*, Ablauge *f {Pap}*; 2. Kolonnenablauf *m {Gaswerk}*

spent lye Ablauge *f {Chem}*

spent malt Malztreber *pl {Brau}*

spent oxide verbrauchtes Eisenoxid *n*, verbrauchte Gasreinigungsmassen *fpl*

spent wash 1. Ablauge *f*; 2. Schlempe *f {Brennerei}*

spent yeast Brannthefe *f*

sperm Samen *m*, Sperma *n*; Samenflüssigkeit *f*

sperm cell Samenzelle *f*

sperm-oil Spermöl *n*, Wal[rat]öl *n*, Spermazetöl *n*

spermaceti [wax] Spermazet *n*, Walrat *m*, Cetaceum *n {tierisches Wachs}*

spermacid Spermatide *f*

spermatic cell Samenzelle *f*

spermatic nucleus Samenkern *m {Zool}*

spermatocidal samentötend, spermienabtötend, spermizid *{Pharm}*

spermatocide Spermizid *n*, spermienabtötendes Mittel *n {Pharm}*

spermatocyte Spermatozyt *m*

spermatozoid Spermatozoid *m*

spermatozoon *{pl. spermatozoa}* Spermatozoon *n {pl. Sermatozoen}*

spermicidal 1. samentötend, spermienabtötend, spermizid *{Pharm}*

spermicidal foams samentötender Schaum *m*, Spermienabtötender Schaum *m*

spermicidal jelly samentötendes Gelee *n*, Spermienabtötendes Gelee *n*

spermicide Spermizid *n*, spermienabtötendes Mittel *n {Pharm}*

spermidine $<H_2N(CH_2)_3NH(CH_2)_4NH_2>$ Spermidin *n*

spermidine dehydrogenase *{EC 1.5.99.6}* Spermidindehydrogenase *f*

spermin[e] $<C_{10}H_{26}N_4>$ Spermin *n*

spermostrychnine Spermostrychnin *n*

Sperry process Sperry-Verfahren *n*

spessartine Mangan-Tongranat *m*, Spessartin *m {Min}*

spessartite *s.* spessartine

spew 1. Austrieb *m {Fehler, Gummi}*; Preßgrat *m*, Austrieb *m {Met, Kunst, Chem}*; 2. Ausschlag *m {Leder}*; 3. Spucken *n {Gasausbrüche bei erstarrenden Schmelzen}*

sphaerosiderite Sphäro-Siderit *m {Min}*

sphalerite Sphalerit *m*, Zinkblende *f {Min}*

fibrous sphalerite Schalenblende *f {Min}*

sphene Sphen *m*, Titanit *m {Min}*

sphenoid 1. keilähnlich; 2. Sphenoid *n {Krist}*

sphere 1. Kugel *f*, Ball *m*; 2. Bereich *m*, Sphäre *f*, Gebiet *n*; 3. Himmelskörper *m*

sphere-like coil kugeliges Knäuel *n {Polymer}*

sphere of action Wirkungssphäre *f*, Wirkungskreis *m*

sphere of activity Wirkungskreis *m*; Arbeitsgebiet *n {z.B. eines Unternehmens}*

sphere of equal settling rate sinkgeschwindigkeitsgleiche Kugel *f*

sphere of equal volume volumengleiche Kugel *f*

sphere of reflection Reflexionskugel *f*

sphere packing Kugelpackung *f {Krist}*

sphere spark-gap Kugelfunkenstrecke *f {Spek}*

closest sphere packing dichteste Kugelpakkung *f*

diameter of a sphere Kugeldurchmesser *m*

solid sphere Vollkugel *f*

surface of a sphere Kugeloberfläche *f*

spherical 1. kugelähnlich, kugelförmig, kugelig; sphärisch; Kugel-; 2. achsensymmetrisch *{Opt}*

spherical bacteria Kugelbakterien *npl*

spherical boiler Kugelkocher *m {Pap}*

spherical cap Kalotte *f*, Kugelkalotte *f*, Kugelhaube *f*, Kugelkappe *f {Chem}*

spherical ceramic fuel kugelförmiger keramischer Brennstoff *m*

spherical closure member Kugel *f {Ventil}*, Kugelventil *n*

spherical condenser Kugelkühler *m*

spherical cooker Kugelkocher *m {Pap}*

spherical coordinates Kugelkoordinaten *fpl*

spherical coupling Kugelkupplung *f*

spherical electrode Kugelelektrode *f*

spherical element Kugelelement *n*
spherical flask Glaskugel *f*, Glasgefäß *n* in Kugelform *f*
spherical function Kugelfunktion *f*
spherical glass receiver Glaskolben *m*, Ballon *m*
spherical harmonic analysis Kugelfunktionsentwicklung *f*
spherical indentation Kugeleindruck *m*
spherical joint Kugelkupplung *f*, Kugelschliffverbindung *f*
spherical lubrication head Kugelschmierkopf *m*
spherical mirror sphärischer Spiegel *m*, Kugelspiegel *m {Opt}*
spherical mo[u]ld Kugelform *f*
spherical molecule Kugelmolekül *n*
spherical particle kugelförmiges Teilchen *n*
spherical protein Kugelprotein *n*, Sphäroprotein *n*
spherical radiator Kugelstrahler *m*
spherical receiver Kugelvorlage *f*
spherical seal valve Kugelschliffventil *n*
spherical section Kugelschnitt *m*
spherical sector Kugelausschnitt *m*, Kugelsektor *m*
spherical segment Kugelsegment *n*
spherical shape Kugelgestalt *f*
spherical shell Kugelschale *f*, kugelförmige Schale *f {Phys}*
spherical surface Kugeloberfläche *f*
spherical symmetry Kugelsymmetrie *f*
spherical tank Kugeltank *m*
spherical tip kugelförmige Abfunkfläche *f {Elektrode}*
spherical triangle Kugeldreieck *n*, sphärisches Dreieck *n {Math}*
spherical-type cold trap Kugelkühlfalle *f*
spherical valve Kugelventil *n*
spherical washer Kugelscheibe *f {DIN 6319}*
spherically dished bottom tiefgewölbter Boden *m*
spherically dished head tiefgewölbter Boden *m*
spherically faced closure washer Kugelscheibe *f*
sphericity Sphärizität *f*, Kugelförmigkeit *f*, Kugelgestalt *f*, sphärische Gestalt *f*
spherocobaltite Kobaltit *m*, Kobaltspat *m {Min}*
spheroid 1. sphäroidal, rundlich; Kugel-; 2. Rotationsellipsoid *n*, Sphäroid *n*
spheroidal kugelförmig, kugelähnlich; sphäroidal, rundlich; Kugel-
spheroidal graphite Kugelgraphit *m*, Sphärographit *m {Met}*
spheroidal graphite cast iron Gußeisen *n* mit Kugelgraphit, Sphäroguß *m*, Kugelgraphitguß *m {Met}*
spheroidal precipitation kugelförmige Ausscheidung *f {Met}*
spheroidization Weichglühen *n*, Weichglühung *f*, sphäroisierendes Glühen *n*, Glühen *n* auf kugeligen Zementit
spheroidized steel kugelig geglühter Stahl *m*
spheroidizing Weichglühen *n*, sphäroisierendes Glühen *n*, Glühen *n* auf kugeligen Zementit
spherolite Sphärolith *m {Geol}*
spherome Sphärom *n*
spherometer Sphärometer *n {Opt}*
spherosiderite Sphäro-Siderit *m*, Toneisenstein *m {Min}*
spherulite Sphärolith *m {Geol}*
spherulite structure Sphärolithgefüge *n*
sphingolipid Sphingolipid *n {Biochem}*
sphingomyelin <$C_{46}H_{96}O_6N_2P$> Sphingomyelin *n*
sphingomyelin phosphodiesterase *{EC 3.1.4.12}* Sphingomyelin-Phosphodiesterase *f*
sphingosine <$CH_3(CH_2)_{12}CH=CHCH(OH)CH(NH_2CH_2OH$> Sphingosin *n*
sphingosine acyltransferase *{EC 2.3.1.24}* Sphingosinacyltransferase *f*
sphondin Sphondin *n*
sphragidite Sphragidit *m {Min}*
spice/to würzen
spice 1. Gewürz *n*; 2. Gewürzstoff *m*, Würze *f*
spice wood oil Benzoelorbeeröl *n*
odor of spices Würzgeruch *m*
spiced wine Gewürzwein *m*
spicular nadelförmig
spicy gewürzartig; würzig, gewürzt, aromatisch
spicy flavor würziger Geruch *m*, Würzgeruch *m*
spicy odo[u]r Würzgeruch *m*, würziger Geruch *m*
deprive of spicy flavor/to entwürzen
spider 1. Armkreuz *n*, Tragkreuz *n {Gummi}*; Drehkreuz *n*, Drehhalter *m*, drehbarer Halter *m {Tech}*; 2. kreuz- oder sternförmige Werkzeugdrückplatte *f*, Werkzeugaufnahmegestell *n {Schleudergießverfahren}*; 3. Armstern *m*, Rotorstern *m*, Läuferstern *m {Elek}*; 4. Spinne *f*, sternförmiger Bruch *m*, spinnennetzförmiger Riß *m {Keramik, Glas}*; 5. Spinne *f {Zool}*; 6. Schwefel *m {Kautschukklebstoff}*
spider cell Sternzelle *f*, Spinnenzelle *f {Histol}*
spider leg Dornsteghalter *m*, Dornsteghalterung *f*, Radialsteghalter *m*, Dornhaltersteg *m*, Dornträgersteg *m*
spider-like sprue Angußspinne *f*, Spinne *f {Kunst}*
spider-type parison die Stegdornhalter[blas]kopf *m*, Stegdornhalterwerkzeug *n*
spider with staggered legs Versetztstegdornhalter *m*, Dornhalter *m* mit versetzten Stegen

spiegel[eisen] Spiegeleisen *n {manganhaltige Roheisen}*

spigot 1. Zapfen *m*, Zentrierzapfen *m*, Führungszapfen *m*; 2. Zapfen *m*, Pflock *m*, Spund *m {Faßverschluß}*; 3. Hahnventil *n*, Hahnküken *n {Absperrorgan}*; 4. spitzes Rohrende *n*, zugeschärftes Rohrende *n*, Einsteckrohr *n {Tech}*; Einpaß *m {vorspringender Teil eines Bauelements}*

spigot and socket Nut *f* und Feder *f*

spigot-and-socket joint Zapfenverbindung *f*, Muffenverbindung *f {Rohrleitung}*

spike/to untermischen, versehen [mit], versetzen [mit] *{z.B. Proben, Spuren}*; durchbohren

spike 1. Spitze *f*, Zacke *f {Maximum}*; Impulsspitze *f {Elektronik}*; Spannungsspitze *f {Elek}*; Überschwingspitze *f*, Zacke *f {Elek}*; Spike *m {steiler, kurzer Schreiberausschlag}*; 2. Rauhigkeitsspitze *f {Oberflächenfehler}*; 3. Nagel *m*; 4. Störzone *f*, Spike *m {Strahlenschaden}*; 5. Zusatz *m*, Tracer *m*, Spike *m {Isotopenverdünnungsanlayse}*

spike lavender Spiklavendel *m*, Großer Speik *m {Lavandula latifolia (L. fil.) Medik.}*

spike [lavender] oil Spiköl *n*, *{das etherische Öl der Blüten von Lavandula latifolia (L. fil.) Medik.}*, Spiklavendelöl *n*, Nardenöl *n {Pharm}*

spike roll Zahnrolle *f {Text}*

spike-toothed disc Stiftzahnscheibe *f*, Zahnscheibe *f*

spike-toothed disc mill Zahnscheibenmühle *f*

spiking 1. Spicken *n*; 2. Spiking *n {elektronische Einschwingvorgänge}*; Bildung *f* einer Zacke *{Elektronik}*

spilanthol <$C_{14}H_{23}NO$> Spilanthol *n*

spill/to vergießen, verschütten, verspritzen; überlaufen lassen; abfließen; abwerfen

spill 1. Freisetzung *f* von radioaktivem Material *{Unfall}*; 2. Ausufern *n {Wasser}*; 3. Informationsverlust *m {z.B. bei einer Speicherröhre}*

spill valve Überstromventil *n*, Umführungsventil *n*

spillage 1. Spillage *f {Gewichtverlust beim Transport}*; 2. Füllverlust *m*, Spritzverlust *m {beim Füllen}*, Verschüttetes *n*, überlaufende Menge *f {beim Füllen}*

spills Füllverlust *m*, Spritzverlust *m {beim Füllen}*, überlaufende Menge *f*, Verschüttetes *n {beim Füllen}*

spilosite Fleckschiefer *m {Geol}*

spin/to 1. in schnelle Drehung versetzen; [sich] schnell drehen, rotieren, umlaufen *{mit hoher Drehzahl}*; trudeln; 2. spinnen *{z.B. Garn, Wolle}*; verspinnen *{Spinnlösungen}*; erspinnen *{Chemiefaserstoffe}*; 3. [ab]schleudern *{Wäsche}*

spin down/to zentrifugieren

spin 1. Wirbeln *n*, Drehung *f*; Drall *m*; 2. Spin *m*, Eigendrehimpuls *m*, innerer Drehimpuls *m {Elememtarteilchen, Atome und Kerne}*

spin alignment Spinausrichtung *f*

spin angular moment Spindrehimpuls *m*

spin bath Spinnbad *n {Chemiefaser}*

spin-bonded fabric Spinnvlies *n {Textilglas}*

spin conservation Spinerhaltung *f*

spin coupling Spinkopplung *f*

spin density Spindichte *f*

spin direction Spinrichtung *f*

spin distribution Spinverteilung *f*

spin doublet Spindublett *n {Atom, Spek}*

spin doubling Spinverdopplung *f*, Spinaufspaltung *f*

spin dyeing Spinnfärbung *f*, Düsenfärbung *f*, Erspinnfärbung *f*

spin echo Spinecho *n*

spin echo method Spinechoverfahren *n*, Spinechomethode *f {NMR-Spektroskopie}*

spin effect Dralleffekt *m*, Spineinfluß *m*

spin energy Spinenergie *f*

spin-exchange interaction Spinaustauschwechselwirkung *f*

spin flip Spinumklappung *f*, Umklappen *n* des Spins

spin-flip scattering Spinstreuung *f*

spin freezing Schleuderschichtgefrieren *n {Gefriertrocknungsverfahren}*

spin function Spinfunktion *f*

spin glass Spinglas *n {Glas}*

spin hardening plant Drehungshärtungsanlage *f {Met}*

spin isomer Spinisomer[es] *n {Nukl}*

spin label Spinmarkierung *f*

spin-lattice relaxation Spin-Gitter-Relaxation *f {paramagnetische Relaxation}*

spin magnetism Spinmagnetismus *m*

spin matrix Spinmatrize *f*

spin moment[um] Spinmoment *n*

spin momentum density Spinmomentdichte *f*

spin multiplet Spinmultiplett *n {Atom}*

spin multiplicity Spinmultiplizität *f*

spin number Spinquantenzahl *f {Phys}*

spin operator Spinoperator *m*

spin orbit Spinbahn *f*

spin-orbit coupling Spin-Bahn-Kopplung *f*, Spin-Bahn-Wechselwirkung *f*

spin-orbit interaction Spin-Bahn-Wechselwirkung *f*, Spin-Bahn-Kopplung *f*

spin-orbit splitting Spinbahnaufspaltung *f*

spin-over interaction Spin-Spin-Wechselwirkung *f*, Spin-Spin-Kopplung *f*

spin polarization Spinpolarisation *f*

spin-polarized atomic hydrogen spinpolarisierter atomarer Wasserstoff *m*

spin population Spinpopulation *f*

spin quantam number Spinquantenzahl *f*

spin resolution Spinaufspaltung *f*

spin-spin interaction Spin-Spin-Wechselwirkung *f*, Spin-Spin-Kopplung *f*

spin variation Drehimpulsveränderung *f*
spin wave Spinwelle *f {z.B. Magnon}*
spin wave method Spinwellenmethode *f*
spin welding Reib[ungs]schweißen *n*, Rotations[reib]schweißen *n*
spin welding apparatus Drehsiegelapparat *m {Kunst}*
dependence on spin Spinabhängigkeit *f*
spinacene *s.* squalene
spinasterol <$C_{29}H_{48}O$> Spinasterin *n*
spindle 1. Achse *f*; Welle *f {Tech}*; 2. Spindel *f*, Spille *f {Tech}*; 3. Senkwaage *f*, Aräometer *n*, Spindel *f {Flüssigkeitswaage}*
spindle bearing Spindellagerung *f*, Zapfenlager *n*
spindle oil Spindelöl *n*, Leichtöl *n {für schnelllaufende, leicht belastete Maschinenteile}*
spindle press Spindelpresse *f*
spindle pump Spindelpumpe *f*
spindle valve Spindelventil *n*, T-Ventil *n*
spine 1. Rückgrat *m*, Wirbelsäule *f {Med}*; 2. Buchrücken *m*; 3. Dorn *m*; 4. Grat *m*
spinel 1. <$MgAl_2O_4$> Magnesiospinell *m*, Magnalumoxid *n*, Spinell *m {Min}*; 2. <$M''M'''_2O_4$> Spinell *m*
spinel ruby Saphirrubin *m*, Rubin-Spinell *m {Min}*
spinel twin Spinellzwilling *m {Krist}*
spinnability Spinnfähigkeit *f*, Verspinnbarkeit *f*
spinneret Spinndüse *f*, Spinnbrause *f*, Mehrlochdüse *f {Kunstfaserherstellung}*
spinneret extrusion Extrusionsspinnprozeß *m*
spinning 1. Spinnen *n {z.B. Garn}*; Verspinnen *n {von Spinnlösung}*; Erspinnen *n {Chemiefaser}*; 2. Bespinnen *n {z.B. Kabel}*; 3. schnelle Rotation *f*; 4. Schleudern *n*, Abschleudern *n*; 5. Metalldrücken *n {Tech}*
spinning band column Drehbandkolonne *f {Chem}*
spinning bath Spinnbad *n {Chemiefasern}*
spinning blend Spinnmischung *f*
spinning disk schnellrotierende Scheibe *f {Sprühscheibe}*, Zentrifugalscheibe *f*, Zentrifugalteller *m*
spinning-disk atomizer Fliehkraftzerstäuber *m*, Zerstäuberscheibe *f*, Scheibenversprüher *m*
spinning dipper rotierender Tauchkörper *m*
spinning dope Spinnflüssigkeit *f*, Spinnlösung *f*, Erspinnlösung *f {Chemiefasern}*
spinning electron Drehelektron *n*, rotierendes Elektron *n {mit Eigendrehimpuls}*
spinning extruder Spinnextruder *m*
spinning extrusion Spinnextrusion *f*
spinning funnel Fälltrichter *m*, Spinntrichter *m {Text}*
spinning head Spinnkopf *m {Chemiefasern}*
spinning machine Spinnmaschine *f {Text}*
spinning mill Spinnerei *f {Textilbetrieb}*
spinning nozzle Spinndüse *f {rotierende Versprüherdüse}*, Spinnbrause *f*, Mehrlochdüse *f {Chemiefaser}*
spinning-off plant Zentrifugieranlage *f {Zukker}*
spinning paste Spinnpaste *f*
spinning pump Spinnpumpe *f*, Dosierpumpe *f*, Titerpumpe *f*
spinning riffler rotierender Riffelteiler *m*
spinning ring Spinnring *m*
spinning roller Spinnzylinder *m*
spinning solution Spinnlösung *f*, Erspinnlösung *f {Chemiefasern}*
spinning system Spinnverfahren *n*
spinning vessel Spinnflüssigkeitsbehälter *m*
direct spinning Direktspinnverfahren *n*
spinochrome Spinochrom *n {Echinochromart}*
spinor calculus Spinorkalkül *n*
spinor field Spinorfeld *n*
spinthariscope Spinthariskop *n*, Spintheriskop *n {Phys}*
spinulosin <$C_8H_8O_5$> Spinulosin *n {Antibiotikum}*
spiraeic acid *s.* salicylic acid
spiral 1. spiralförmig, spiralig, gewunden; schraubenförmig; Spiral-; 2. Spirale *f {Math}*; 3. Schlange *f*, Rohrschlange *f*; Schlangenkühler *m*; 4. Wendel *f {Elek, Tech}*
spiral agitator Bandrührer *m*
spiral air classification Spiralwindsichtung *f*
spiral applicator Spiralauftragwalze *f*, Spiralrakel *f*
spiral casing centrifugal pump Spiralgehäuse-Kreiselpumpe *f*
spiral channel Wendelkanal *m*
spiral classifier Spiralklassierer *m*, Schraubenklassierer *m*, Wirbelsichter *m*, Spiralsichter *m*, Spiralwindsichter *m*
spiral coil Spiralrohrschlange *f*
spiral coil vaporizer Schlangenrohrverdampfer *m*
spiral condenser Schlangenkühler *m*
spiral conveyor Schneckenförderer *m*, Spiralförderer *m*
spiral dryer Drallrohrtrockner *m*
spiral fin-tube heating coil Bandrippenrohrheizregister *n*
spiral flow Wendelströmung *f*
spiral-flow distributor spiralförmiger Strömungsverteiler *m*
spiral-flow length Spirallänge *f*
spiral-flow tank Umwälzungsbehälter *m*, Umwälz[ung]sbecken *n*, Durchlaufbelebungsbecken *n*
spiral-flow test Spiraltest m*{Kunst}*
spiral-flow testing apparatus Prüfgerät *n* für Helikoidalströmung

spiral gear Zylinderschraubenradpaar *n*, Zylinderschraubenradgetriebe *n*; Schraubenradgetriebe *n*, Schraubgetriebe *n*
spiral-gear oil pump Schraubenradölpumpe *f*, Schrägzahnungsölpumpe *f*
spiral gears Schnecke *f {Tech}*
spiral grooves Wendelnuten *fpl*
spiral guide Zwangsführungsspirale *f*
spiral heat exchanger Spiralwärmetauscher *m*
spiral jet Dralldüse *f*
spiral mandrel Spiraldorn *m*
spiral mixer Wendelrührer *m*
spiral nebula Spiralnebel *m*, Spiralsystem *n {Astr}*
spiral nozzle Dralldüse *f*
spiral orbit spiralförmige Bahn *f*, Spiralbahn *f*
spiral-orbit spectrometer Spiralbahnspektrometer *n*
spiral-rake classifier Umwälzungsrechenklassierer *m*
spiral radiator Schlangenkühler *m*
spiral ribbon mixer Rührschnecke *f*
spiral separator Wendelscheider *m*
spiral spindle Drallspindel *f*
spiral spring Spiralfeder *f*, Schraubenfeder *f*, Wickelfeder *f {Tech}*
spiral steamer Spiraldämpfer *m {Text}*
spiral stirrer Rührschnecke *f*
spiral stopper Spiralstopfen *m*
spiral test Spiraltest *m {zur Ermittlung der Fließfähigkeit von Plastformmassen}*
spiral test flow number mit dem Spiraltest ermittelte Fließfähigkeitszahl *f*
spiral tube Schlangenrohr *n*, Spiralrohr *n*
spiral-tube heat exchanger Spiralrohrwärmetauscher *m*
spiral-tube pneumatic dryer Drallrohrtrockner *m*
spiral wheel Schneckenrad *n*
spirally fluted spiralverzahnt
spirally grooved spiralförmig genutet, spiralgenutet
spirally wound spiralförmig, gewunden, spiralig
spiran Spiran *n*, Spiranverbindung *f*, Spiroverbindung *f*, spirocyclische Verbindung *f*
spirillum *{pl. spirilla}* Schraubenbakterium *n*
spirit 1. Spiritus *m*, Sprit *m {gewerblich hergestelltes Ethanol}*; Branntwein *m*; arzneiliche Spirituose *f*, Spiritus *m {Pharm}*; 2. Destillat *n {Chem}*; 3. Benzin *n*, Testbenzin *n*; 4. Beize *f {Metallsalzlösung}*
spirit blue Spritblau *n*, [spritlösliches] Anilinblau *n*
spirit burner Alkoholbrenner *m*, Spiritusbrenner *m*
spirit ga[u]ge Alkoholmesser *m*, Alkoholwaage *f*, Weingeistmesser *m {Triv}*
spirit lacquer Spritlack *m*, Spirituslack *m*, Spiritusfirnis *m*
spirit lamp Spirituslampe *f*
spirit level Libelle *f*, Nivellierwaage *f*, Wasserwaage *f*
spirit of alum *s.* sulfuric acid
spirit of ammonia[c] salt Salmiakgeist *m*, Ammoniakwasser *n*, Ätzammoniak *m*
spirit of balm Melissengeist *m*
spirit of copper *s.* acetic acid
spirit of hartshorn Hirschhorngeist *m*, Salmiakgeist *m*, Ätzammoniak *m*
spirit of salt *s.* hydrochloric acid
spirit of the age Zeitgeist *m*
spirit of wine Weingeist *m*, Ethylalkohol *m*
spirit of wood Holzspiritus *m*, Methanol *n*
spirit-soluble spritlöslich
spirit varnish Spirituslack *m*, Spritlack *m*
crude spirit Rohspiritus *m*
methylated spirit methylierter Brennstoff *m*
mixed spirit Mischspiritus *m*
raw spirit Rohspiritus *m*
rectified spirit rektifizierter Spiritus *m {90 % C_2H_5OH}*
sugared spirit Zuckerbranntwein *m*
white spirit Mineralterpentinöl *n*, Terpentinersatz *m*, Testbenzin *n*, White Spirit *m*
spirits alkoholisches Getränk *n*, Spirituosen *fpl*
spirituous alkoholisch, geistig, spirituos; alkoholhaltig, sprithaltig; Spiritus-, Sprit-, Alkohol-
spiro Spiro-
spiro atom Spiroatom *n*
spiro compound Spiroverbindung *f*, spirocyclische Verbindung *f*, Spiran *n*
spiro junction Spiroverknüpfung *f*
spiro union Spiroverknüpfung *f*
spiroacetal Spiroacetal *n*
spirocide Spirocid *n*
spirocyclan Spirocyclan *n*, Spiroverbindung *f*, Spiro[*m*,*n*]alkan *n*
spirocyclic spirocyclisch
spiro[4,5]decane <$C_{10}H_{18}$> Spiro[4,5]decan *n*
spiroheptane Spiroheptan *n*
spirohexane Spirohexan *n*
spiropentane Spiropentan *n*
spit/to [aus]spucken; spritzen *{Flüssigkeitsteilchen herausschleudern}*; spratzen *{Entweichen gelöster Gase bei der Erstarrung von Metallschmelzen}*
spitting 1. Spratzen *n {Entweichen gelöster Gase bei der Erstarrung von Metallschmelzen}*; 2. Ausspritzer *m {Fehler im Dekorbrennofen; Keramik}*
spitting arc Sprühbogen *m*
spittle Speichel *m*, Spucke *f*
splash/to bespritzen *{z.B. mit Schmutz, Wasser}*; spritzen, verspritzen *{von Flüssigkeiten}*; besprenkeln; klatschen, platschen

splash 1. Spritzer *m*; 2. Spritzfleck *m*; Farbklecks *m*, Farbfleck *m*; spritzerförmige Markierung *f* *{Fehler an Spritzlingen}*
splash arm Spritzarm *m*; Autoklavenrührarm *m*
splash baffle 1. Spritzbaffle *n*, Spritzblech *n* *{Tech}*; 2. Ablenkplatte *f* *{Elektronik}*
splash condenser Berieselungskondensator *m*, Einspritzkondensator *m*
splash goggles Spritzschutzbrille *f*
splash head Tropfenfänger *m* *{Dest}*
splash-head adapter Tropfenfängeraufsatz *m*, Tropfenfängerstück *n* *{Dest, Lab}*
splash lubrication Tauchschmierung *f*, Spritzschmierung *f*
splash plate *s.* splash baffle
splash-type cooling tower Rieselkühlturm *m*
double bulb sloping splash head Doppeltropfenfänger *m*
splashing 1. Herumspritzen *n*, Verspritzen *n* *{von Flüssigkeiten}*; Besprenkeln *n*; 2. Platschen *n*, Klatschen *n*
splashproof 1. spritzwassergeschützt, schwallwassergeschützt; 2. schlagwettersicher
splashproof design spritzwassergeschützte Ausführung *f* *{z.B. eines Motors}*
splay/to ausschrägen; spreizen
splay Ausschrägung *f*; Spreizung *f*
spleen Milz *f* *{Med}*
spleen exonuclease *{EC 3.1.16.1}* Milzexonuclease *f*
splendid glanzvoll, prächtig; herrlich; hervorragend
splenocyte Milzzelle *f*
splice/to falzen; spleißen, splissen *{Seile, Kabel usw.}*; verbinden; zusammenkleben; verdoppeln, verstärken *{Text}*
splice 1. Falzung *f*; 2. Spleiß *m* *{Kabel}*; 3. Klebstelle *f*
splicer Klebepresse *f*; 2. Furnier-Verleimmaschine *f*, Furnier-Zusammensetzmaschine *f* *{Holz}*
splicer adhesive Fugenleim *m*
splicing 1. Verdoppelung *f*, Verstärkung *f* *{Text}*; 2. Spleißen *n* *{von Leiterenden}*; 3. Splicing *n* *{Biochem}*
splicing tape Klebfolie *f* mit Gewebeträger
tapeless splicing of veneers Furnierfugenverleimung *f*
spline 1. Nutung *f*, Keilnut *f* *{Tech}*; 2. Feder *f* *{für Keilnut}*, Keil *m*, Splint *m*; 3. Keilwellenverbindung *f*; 4. Kurvenlineal *n*, Kurvenzeichner *m* *{Instr}*; 5. Spline *n* *{Math}*
splint 1. Schiene *f* *{Med}*; Versteifung *f* *{Tech}*; 2. Splitter *m*, Span *m* *{Tech}*; 3. gespaltenes Material *n*
splint coal Splintkohle *f*, Splitterkohle *f*
splinter/to zersplittern *{Holz}*
splinter Span *m*, Splitter *m* *{Holz}*; abgesprungenes Stück *n*, Bruchstück *n* *{Tech}*
splinter-proof nichtsplitternd, splittersicher
splinter tweezer Splitterpinzette *f* *{Med}*
splintering off Absplittern *n*
split/to 1. spalten, schlitzen, aufspalten, aufschlitzen; sich spalten; 2. bersten, platzen; platzen lassen *{z.B. eine Naht}*; 3. aufteilen *{z.B. Bildschirm}*; teilen, splitten *{z.B. Mengenfluß, Gasstrom}*
split off/to abspalten
split out/to trennen
split up/to aufspalten, aufschlitzen; zerlegen
split 1. gesprungen, rissig; mehrteilig; geteilt, zweiteilig, zweigeteilt; gespalten; Spalt-; Geteilt-; 2. Schlitz *m*, Spalt *m*; Spaltfuge *f*, Spaltung *f*; 3. Riß *m*; 4. Backenteilung *f* *{Werkzeug}*; 5. Abzweig *m* *{Chrom}*; 6. Split *m* *{Text}*
split cavity mehrteilige Matrize *f*, mehrteiliges Gesenk *n*
split cavity blocks Gesenkteile *npl*
split cavity mo[u]ld mehrteilige Form *f*; zweiteilige Form *f*, geteilte Form *f*; Mehrfachwerkzeug *n*, zusammengesetztes Preßwerkzeug *n* *{Kunst}*
split-feed technique Split-feed-Technik *f*, *{Compoundieren mit örtlich getrennter Zugabe der Mischungskomponenten}*
split fiber Spaltfaser *f*, Splitfaser *f*, Foliefaser *f*
split fiber yarn fibrillierter Folienfaden *m*, Spaltfasergarn *n*
split fitter Anschlußwürfel *m*
split flow [ungleich] geteilter Mengenfluß *m*; [ungleich] geteilter Gasstrom *m* *{Chrom}*; geteilter Kühlmittelfluß *m* *{Reaktor}*
split-flow tray mehrflutiger Boden *m* *{Dest}*
split follower mehrteiliger Einsatz *m*, Backeneinsatz *m* *{Kunst}*
split-follower mo[u]ld Werkzeug *n* mit geteilten Backen, Backenform *f*, Schieberwerkzeug *n*, mehrteiliges Werkzeug *n*
split hide leather Spaltleder *n*
split knitting Splitknitting *n*, Folienbandgewebe *n*, Gewebe *n* aus Folienbändern
split log Halbholz *n*
split-magnetron ionization ga[u]ge Schlitzmagnetron-Ionisationsvakuummeter *n*
split phase Spaltphase *f*, Hilfsphase *f* *{Elek}*
split pin Splint *m*, Vorstecker *m* *{Tech}*
split product Spaltprodukt *n*, Spaltstück *n*
split wall tile Spaltplatte *f*
split washer Federring *m*
split weaving 1. Spaltwebverfahren *n* für Folienbänder, Spaltwirkverfahren *n* *{Verarbeitung von Folienbändern zu Maschenware}*; 2. webbares Folienband *n*
splits 1. Gesenkteile *npl*; 2. [einfaches] Arbeitsgerüst *n* *{Farb}*; 3. Plättchen *npl* *{Formteile}*
splitter 1. Plattenspalter *m*, Ballenspalter *m*, Kautschukspalter *m* *{Gummi}*; 2. Teiler *m*,

Strömungsteiler *m {z.B. Gasstromteiler}*; 3. Rücklaufverteiler *m {Dest}*, Splitter *m {einfacher Fraktionierturm}*; 4. Scheide *f {Wasser}*; 5. Verteiler *m {Elek}*; Anschlußwürfel *m {Elek}*

splitting 1. Aufspaltung *f {z.B. von Spektrallinien}*; 2. Spaltung *f {Geol, Bergbau}*; 3. Teilen *n*, Teilung *f*; 4. Spaltung *f*, Aufspaltung *f*, Splitting *n*, Splitten *n*, Splittung *f*

splitting of fatty acids Spaltung *f* von Fettsäuren

splitting off Abspalten *n*, Abspaltung *f*

splitting tendency Spleißneigung *f*

splitting up Aufspaltung *f*; Zerlegung *f*

splutter/to spritzen, sprühen; hervorsprudeln; zischen

spodium Spodium *n*, Knochenkohle *f*, tierische Kohle *f*

spodumene Triphan *m {obs}*, Spodumen *m*

spoil/to 1. beschädigen; verderben, unbrauchbar machen *{Material}*; 2. verderben, schlecht werden, faulen *{Lebensmittel}*; 3. ruinieren

spoil Erdaushub *m*; [Baugruben-]Aushub *m*; Abraum *m*, Abraumgut *n {Bergbau}*

spoilage 1. Fäulnis-, Zersetzungs-; 2. Verderb *m*, Verderben *n*, Schlechtwerden *n {Lebensmittel}*; 2. verdorbenes Material *n*; Makulatur *f {Fehldrucke, Fehlbogen; Druck}*

spoilage bacteria bakterielle Zersetzung *f*

spoiled casting Fehlguß *n*, Ausschuß *m {Gieß}*

spoke Speiche *f*

spoke-type diffuser Speichendiffusor *m*

spoke wire Speichendraht *m*

sponge 1. Schwamm *m {Keramik, Zool}*; 2. Schwamm *m*, Schaumstoff *m*; 3. *{US}* Reinigungsmasse *f*, Reinigermasse *f*, Gasreinigungsmasse *f {Chem}*

sponge charcoal Schwammkohle *f*

sponge electrode Schwammelektrode *f*

sponge filter Schwammfilter *n*

sponge grease Schwammfett *n*

sponge lead Bleischwamm *m*

sponge plating bath Schwammelektrodenbad *n*

sponge rubber Schaumgummi *m*, Schwammgummi *m*, Zellgummi *m*

sponge section Schäumzone *f*

spongesterol Spongesterin *n*

spongin Spongin *n {Skleroprotein}*

sponginess Schwammigkeit *f*, Porosität *f*

sponging agent Treibmittel *n*, Blähmittel *n {Gummi, Kunst}*

spongosine Spongosin *n*

spongothymidine Spongothymidin *n*

spongy 1. schwammig, schwammartig, porös, blasig; 2. matschig; schwammig, verfault *{Holz}*; 3. locker *{Hangendes}*; 4. zäh, träge *{Ansprechen eines Motors}*; 5. Schwamm-

spongy appearance schwammiges Aussehen *n {Met}*

spongy copper Schwammkupfer *n*

spongy iron Eisenschwamm *m*, Schwammeisen *n*

spongy nickel Nickelschwamm *m*

spongy peat Schwammtorf *m*

spongy platinum Platinschwamm *m*

spongy wood Schwammholz *n*

sponsored gesponsert, gefördert *{finanziell}*

sponsored research Auftragsforschung *f*

spontaneous unwillkürlich; spontan, von selbst [entstanden, ablaufend]; freiwillig; Selbst-, Spontan-

spontaneous combustion Selbst[ent]zündung *f*, Spontanzündung *f*

spontaneous decay spontaner Zerfall *m*

spontaneous discharge Selbstentladung *f {Batterie}*

spontaneous emission spontane Emission *f*, Spontanemission *f {Phys}*

spontaneous evolution of heat Selbsterwärmung *f*

spontaneous generation Abiogenese *f*, Urzeugung *f {Biol}*

spontaneous heating Selbsterwärmung *f*, Selbsterhitzung *f*

spontaneous ignition Selbstzündung *f*, Selbstentzündung *f*, Spontanzündung *f*

spontaneous ignition temperature Selbstentzündungstemperatur *f*, Selbstzündtemperatur *f*, Selbstzündpunkt *m*

spontaneous self-alignment spontane Selbstausrichtung *f*, spontane Orientierung *f*

spontaneously inflammable selbstentzündlich

spool/to spulen, [auf]wickeln, winden, schlingen

spool Spule *f*, Rolle *f*, Haspel *f*

spool valve Trommelventil *n*, Steuerventil *n*, Steuerschieber *m*

spooling 1. Spulen *n*; Spulbetrieb *m*, Spooling *n {EDV}*; 2. Wickelung *f*

spooling oil Spulöl *n*

spoon Löffel *m*

spoon agitator Löffelrührer *m*

spoon ga[u]ge Röhrenfedervakuummeter *n*

sporadic vereinzelt, sporadisch, verstreut; unregelmäßig

spore Spore *f*, Keimzelle *f {Bot}*

spore formation Sporenbildung *f*

spore of a bacillus Bazillenspore *f*

sporicidal sporentötend, sporizid *{Text}*

spot/to 1. beflecken, beschmutzen, fleckig machen; Flecke bekommen, fleckig werden; 2. betupfen, tüpfeln, sprenkeln, punktieren; 3. kennzeichnen, besonders herausstellen; 4. erkennen, ausfindig machen; 5. ausflecken, helle Stellen *fpl* abdecken *{Photo}*

spot-weld/to punktschweißen

spot 1. Punkt *m*; 2. Fleck[en] *m*, Unreinheit *f*, Klecks *m*, Tupfen *m*; Schmutzfleck *m*, Schmutz-

stelle *f {Text}*; 3. Lichtfleck *m*, Lichtpunkt *m*, Leuchtpunkt *m {Elektronik}*; Lichtmarke *f*; 4. Ort *m*, Stelle *f*; 5. Anschlußfläche *f {Tech}*
spot analysis Tüpfelanalyse *f*, Tüpfelprobe *f*, Tüpfelmethode *f {Anal}*
spot check Einzelprobe *f*, Stichprobe *f*, sporadische Überprüfung *f*; [zeitlich] punktuelle Kontrolle *f*
spot galvanometer Lichtmarkengalvanometer *n {Elek}*
spot glueing Punktleimverfahren *n*, Punktklebverfahren *n*, Punktkleben *n*
spot-grinding paste Tuschierpaste *f*
spot method *s.* spot analysis
spot plate Tüpfelplatte *f {Lab, Anal}*
spot press Schnellheizpresse *f*
spot remover Fleck[en]entfernungsmittel *n*, Fleckenreiniger *m*, Fleckenentferner *m*, Detachiermittel *n*
spot scanning Lichtpunktabtastung *f*
spot size Brennfleckgröße *f*; Leuchtfleckgröße *f {Oszilloskop}*
spot test *s.* spot analysis
spot test apparatus Tropfenreaktionsgerät *n*, Tüpfelanalysegerät *n {Lab}*
spot testing *s.* spot analysis
spot-welded punktgeschweißt
spot welding Punktschweißen *n*, Punktschweißung *f*, Punktschweißverfahren *n*
dull spot matte Stelle *f*
spotlight Scheinwerfer *m*; Punktlicht *n {Photo}*; Punktstrahllampe *f {Elek}*
spotted fleckig, gesprenkelt, gefleckt, getüpfelt, scheckig; geflammt *{Keramik}*; punktiert, gepunktet *{Text}*
spotting 1. Fleckigwerden *n*, Fleckenbildung *f {Farb}*; 2. Beflecken *n*, Beschmutzen *n*; Betupfen *n*, Abtupfen *n*; 3. Detachieren *n {Text}*
spotting aid Tuschierlehre *f*
spout/to heraussprudeln, herausspritzen, hervorschießen; prusten; spritzen
spout 1. Tülle *f*, Schnauze *f*, Ausguß *m {z.B. eines Laborgeräts}*; 2. Abflußrohr *n*, Ausflußrohr *n*, Speirohr *n*, Füllrohr *n*, Zulaufrohr *n*; Auslauf *m*, Mündung *f*; 3. Speiserbecken *n*, Speiserkopf *m {Glas}*; Überlaufstein *m {Glas}*; 4. Ausgußrinne f, Abstichrinne *f {Met}*; 5. Förderrinne *f*, Rutsche *f*, Schurre *f {z.B. Entladungsschurre}*; 6. Strahl *m {z.B. Wasser-, Dampfstrahl}*
spouted bed stoßendes Fließbett *n*
spouting Herausspritzen *n*, Heraussprudeln *n*, Hervorschießen *n*
sprat oil Sprottenöl *n*
spray/to [ver]spritzen *{Flüssigkeiten}*; zerstäuben, [ver]sprühen, verstäuben, verdüsen *{in feine Tröpfchen}*; bespritzen *{mit Flüssigkeiten}*; besprühen, übersprühen *{mit Spritzmitteln}*; sprayen, einsprayen; düsen, aufdüsen, verdüsen; berieseln *{Agri}*; [be]sprengen *{bewässern}*; abbrausen, abspülen mit einer Brause *f {Aufbereitung}*; spritzen *{Anstrich}*
spray-lacquer/to spritzlackieren
spray on/to aufspritzen
spray 1. Sprühnebel *m*, Sprühregen *m*; 2. Sprühmittel *n*, Sprühflüssigkeit *f*, Nebelmittel *n*, Sprühwasser *n*, Zerstäubungsmittel *n*; Spritzflüssigkeit *f*, Spritzmittel *n*; Spray *m n {Kosmetik}*; 3. Sprühstrahl *m*; 4. Brause *f*, Brausekopf *m*; 5. Flußwasser *n*
spray bank Düsengitter *n*
spray bottle Spritzflasche *f*
spray burner Düsenbrenner *m*
spray can Sprühdose *f*
spray carburetor Zerstäubungsvergaser *m*
spray chamber Sprühkammer *f*; Spritzkammer *f*
spray closure Spritzverschluß *m*
spray coating 1. Spritzen *n {von Oberflächen}*; Sprühbeschichten *n*; Spritzstreichen *n {mit Spritzpistolen}*; 2. Spritzdüsenauftragverfahren *n*; 3. Spritzschicht *f*
spray column Sprühkolonne *f*, Sprühsäule *f {Dest}*
spray condenser Einspritzkondensator *m*
spray cooler 1. Berieselungskühler *m*, Rieselkühler *m*; 2. Einspritzkühler *m*
spray cooling Sprühkühlung *f {mit einer feinzerstäubten Flüssigkeit}*
spray degassing Sprühentgasung *f*, Durchlauftropfenentgasung *f*
spray degreasing Spritzentfettung *f {Beschichten}*
spray discharge Sprühentladung *f*
spray dried sprühgetrocknet
spray-dried rubber Sprühkautschuk *m*
spray dryer Zerstäubungstrockner *m*, Sprühturm *m*, Trockenturm *m {Zerstäubungstrocknung}*, Sprühtrockner *m*
spray drum Drehtrommel *f* mit innenliegender Sprühdüse *{zum Klebstoffauftrag}*
spray drying Sprühtrocknen *n*, Sprühtrocknung *f*, Zerstäubungstrocknung *f*
spray-drying tower *s.* spray dryer
spray-drying with hot air Heißsprühverfahren *n*
spray-dyeing tank Zerstäubungsfarbküpe *f {Text}*
spray electrode Sprühelektrode *f*
spray foam Sprühschaumstoff *m*, durch Spritzen hergestellter Schaumstoff *m*, durch Sprühen hergestellter Schaumstoff *m*
spray freezer Sprühgefrieranlage *f*
spray gun Spritzpistole *f*, Spritzapparat *m {z.B. Faserharzspritzpistole}*; Zerstäuberpistole *f {z.B. Farbenzerstäuber}*; Sprühpistole *f*

spray injection apparatus Wasserdeckeeinrichtung *f {Zucker}*
spray-jet Sprühdüse *f*; Spritzdüse *f*
spray lacquer Spritzlack *m*
spray lacquering Spritzlackierung *f*
spray lay-up Faser[harz]spritzen *n*
spray lay-up laminate Spritzlaminat *n*, Faserspritzlaminat *n*
spray lubrication Sprühschmierung *f*
spray manifold Düsengitter *n*
spray metallizing Spritzmetallisierung *f*
spray mo[u]lding Faser[harz]spritzen *n*
spray nozzle Sprühdüse *f*, Spritzdüse *f*, Zerstäuberdüse *f {z.B. für Lackauftrag}*
spray oil Sprühöl *n*
spray-on finish Spritzlack *m*
spray painting Spritzlackierung *f*, Spritzverfahren *n*, Spritztechnik *f {Met, Farb}*
spray quenching Sprühhärtung *f*, Sprühvergütung *f*, Sprühabschrecken *n {Met}*
spray ring Sprühring *m*
spray rinse [bath] *{GB}* Spritzspülbad *n*
spray scrubber Sprühwascher *m {Gasreinigung}*
spray swill [bath] *{US}* Spritzspülbad *n*
spray tower 1. Sprühturm *m*, Trockenturm *m {für Zerstäubungstrocknung}*; 2. Rieseltrum *m*, Rieselkolonne *f {Dest}*; 3. Sprühwascher *m*, Sprühturm *m {Gasreinigung}*; 4. Spritzturm *{Kristallisation}*
spray-type cooling Einspritzkühlung *f*
spray-type humidifier Sprühanfeuchtapparat *m*, Sprühbefeuchter *m*
spray-type separator Sprühabscheider *m*
spray-up laminate Faserspritzlaminat *n*
spray-up method Faserspritzverfahren *n*, Faser[harz]spritzen *n*
spray-up technique *s.* spray-up method
spray valve Einspritzventil *n*
spray varnishing Spritzlackieren *n*
spray washer Sprühwäscher *m*, Sprühturm *m {zur Gasreinigung}*
spray water Spritzwasser *n*
hollow and full cone spray nozzle Hohl- und Vollkegeldrallkammerdüse *f*
sprayability Spritzbarkeit *f*, Spritzfähigkeit *f*, Verspritzbarkeit *f*; Sprühfähigkeit *f {Überzugherstellung}*
sprayable spritzbar, verspritzbar; sprühbar, versprühbar
sprayable adhesive sprühbarer Klebstoff *m*
sprayed metal coating Spritzmetallbekleidung *f*
sprayer 1. Zerstäuber *m*, Nebelapparat *m*, Atomiseur *m*, Sprühapparat *m*; 2. Berieselungsapparat *m*; 3. Sprühgerät *n*; Spritzapparat *m*, Spritzgerät *n {z.B. für Pflanzenschutzmittel}*; 4. Besprühungsvorrichtung *f*
tubular sprayer Rohrzerstäuber *m*
spraying 1. Spritzen *n {von Flüssigkeiten}*; Sprühen *n*, Versprühen *n {feiner Tröpfchen}*; Zerstäuben *n*, Atomisieren *n*, Druckverdüsung *f {von Flüssigkeiten}*; 2. Spritzverfahren *n {Tech}*; Metallspritzverfahren *n*, Spritzmetallisieren *n*, Flammspritzen *n {Met}*; Spritzlackieren *n*, Spritztechnik *f*, Spritzen *n {Met, Farb}*; 3. Sprühbeschichten *n*, Spritzdüsenauftragverfahren *n*, Flammspritzen *n {Kunst}*; Spritzversiegelung *f {gedruckte Schaltungen}*; Aufspritzen *n {Überzüge}*
spraying agent Besprühungsreagens *n*
spraying apparatus 1. Nebelapparat *m*, Zerstäuber *m*, Sprühapparat *m*; 2. Berieselungsapparat *m*; 3. Sprühgerät *n*; Spritzapparat *m*, Spritzgerät *n {z.B. für Pflanzenschutzmittel}*; 4. Besprühungsvorrichtung *f*
spraying cleaner Zerstäubungsreiniger *m*
spraying consistency Spritzviskosität *f*
spraying device Berieselungsvorrichtung *f*; Spritzapparat *m*, Spritzmaschine *f*; Sprüheinrichtung *f*
spraying lacquer Spritzlack *m*
spraying mixture Spritzmasse *f*
spraying nozzle Spritzdüse *f*
spraying paint Anstrichstoff *m* zum Spritzen, Spritzlack *m*
spraying-on of refractory Aufspritzen *n* von Schamottmasse
spraying plant Sprühanlage *f*; Spritzanlage *f*; Berieselungsanlage *f*
spraying pressure Spritzdruck *m*
spraying process Sprühverfahren *n {z.B. Sprühbeschichten}*
spraying technique Spritzverfahren *n*, Spritztechnik *f {z.B. Spritzmetallisieren}*
spraying unit Spritzaggregat *n*, Spritzeinrichtung *f*
spraying varnish Spritzlack *m*
spread/to 1. streichbeschichten, [be]streichen *{auf der Streichmaschine}*; auftragen *{z.B. Klebstoff}*; aufstreichen *{Aufstrich}*; 2. [sich] verbreiten, verschleppen *{Infektion}*; 3. [sich] ausbreiten, sich ausdehnen, [sich] dehnen; 4. verlaufen *{Farbe}*; verteilen, ausbreiten; spreiten, auseinanderlaufen *{Chem}*; 5. abklatschen *{Filterkuchen}*
spread apart/to auseinanderspreizen
spread on/to aufstreichen
spread out/to ausbreiten
double spread/to beidseitig auftragen
spread 1. Ausbreitung *f*, Verbreitung *f*; 2. Streuung *f*, Dispersion *f*, mittlere quadratische Abweichung *f {Statistik}*; 3. Spannweite *f*, Variationsbreite *f*, Schwankungsbreite *f {Statistik}*; Variationsintervall *n {Statistik}*; Streubereich *m {Statistik}*; 4. Klebstoffauftrag *m*, Kleberauftrag *m*; Aufstrich *m {Lebensmittel}*; 5. Doppelseite *f*

{Druck}; doppelseitige Abbildung, doppelseitige Zeichnung *f {Druck}*

spread adhesive Klebschicht *f {aufgetragener Klebstoff}*

spread coater Streichmaschine *f {Beschichtung}*

spread coating Streichbeschichten *n*, Streichverfahren *n*

spread-coating compound Streichmasse *f*

spread-coating machine Streichmaschine *f*

spread-coating paste Streichpaste *f*

spread-coating plant Streichanlage *f*

spread-coating process Streichverfahren *n*, Streichbeschichten *n*

spread of fire Brandausbreitung *f*; Brennlänge *f {Kunst}*

spread of flame Glutfestigkeit *f*

spread of flames Flammenübergriff *m*

spread-sheet Kalkulationstabelle *f*, Spreadsheet *n {Arbeitsblatt eines Tabellenkalkulationsprogramms}*

spreadability Streichbarkeit *f*, Streichfähigkeit *f {Lebensmittel}*; Verlauffähigkeit *f {Lack}*

spreadable streichbar, streichfähig *{Lebensmittel}*

spreader 1. Streichmaschine *f {z.B. zur Gummierung von Textilien}*; 2. Ausbreiter *m*, Breithalter *m {Text}*; Spreizer *m*, Spreize *f {Text}*; 3. Glättwalze *f*; 4. Verteiler *m*; Angußverteiler *m {Kunst}*; Gemengeverteiler *m {Glas}*; Betonverteiler *m*; 5. Streuer *m*, Streumaschine *f {z.B. Düngerstreuer}*; 6. Absetzer *m {Gurtförderer}*; 7. Verdrängungskörper *m*, Torpedo *n {Spritzgießmaschinen}*; 8. Netzmittel *n*; 9. Lastaufnahmemittel *n*; Spreader *m {Lastaufnahmemittel für Container}*

spreader coating Streichmaschinenlackieren *n*, Streichmaschinenauftrag *m* von Anstrichstoffen

spreader roll 1. Auftragwalze *f {z.B. für Klebstoffe}*; 2. Breithalter *m*, Breitstreckwalze *f {Text}*

spreading 1. Ausbreiten *n {z.B. Gas, Rauch, Staub, Infektionen}*; 2. Streichbeschichten *n*, Bestreichen *n {auf der Streichmaschine}*; Auftragen *n {z.B. Klebstoff}*; Aufstreichen *n*, Aufstrich *m {Lebensmittel}*; 3. Verteilen *n*, Ausbreiten *n*; Verstreichen *n*; Verlaufen *n {Farbe}*; Spreitung *f*, Ausfließen *n*, Auseinanderlaufen *n {Chem}*; 4. Spreizbewegung *f*

spreading coefficient Spreitungskoeffizient *m*, Ausbreitungskoefizient *m*, Streuungsbeiwert *m {Oberfläche}*; Benetzungskoeffizient *m*

spreading factor 1. Auffächerungsfaktor *m {Öl in Wasser}*; 2. Ausbreitungsfaktor *m*, Diffusionsfaktor *m {Pharm, Biochem}*

spreading knife Streichmesser *n*

spreading machine Streichmaschine *f {z.B. Rakel- , Bürsten-, Rollen-, Walzenstreichmaschine}*

spreading of powder adhesive Aufstreuen *n* von pulverförmigem Klebstoff

spreading paste Streichpaste *f*

spreading power Auftragsergiebigkeit *f*, Ausgiebigkeit *f {Kleb- und Anstrichstoffe}*

spreading range Streubereich *m*

spreading rate *s.* spreading power

spreading roller Auftragwalze *f*

spreading tendency Breitlaufneigung *f {Öl}*

spreading velocity Streichgeschwindigkeit *f*

Sprengel pump Sprengel-Pumpe *f {Vak}*

sprig 1. Formerstift *m*, Sandstift *m {Gieß}*; 2. Zweigchen *n*, Schößling *m {Bot}*

spring/to 1. springen; 2. federn, mit Federn versehen, abfedern; 3. springen, aufplatzen *{Holz}*; 4. sich wölben; 5. aufschießen *{Bot}*

spring back/to zurückfedern

spring off/to abspringen

spring 1. Feder *f {Tech}*; 2. Elastizität *f*; 3. Sprung *m*; Verwerfung *f*, Riß *m {Holz}*; Leck *n*; 4. Quelle *f {Geol}*

spring-absorber model Feder-Dämpfer-Modell *n*

spring-accelerated federbeschleunigt

spring action Federwirkung *f*

spring-actuated federbetätigt

spring balance Federwaage *f*

spring brine Quellsole *f*

spring catch Schnappverschluß *m*

spring clamp Federklemme *f*, Federklammer *f*, Federbügel *m {Tech}*; Quetschhahn *m {Lab}*

spring clip *s.* spring clamp

spring constant Federkonstante *f*, Federrate *f {Mech}*

spring contact Federkontakt *m*, federnder Kontakt *m {Elek}*

spring force Federkraft *f*

spring galvanometer Federgalvanometer *n*

spring grease Federnfett *n*

spring latch Federklinke *f*

spring lever Federheber *m*

spring load Federbelastung *f*

spring-loaded federbelastet, mit Federbelastung *f*, mit Federdruck *m*; gefedert, federgelagert

spring-loaded bolt Federschraube *f*

spring-loaded clips Federklammer *f*, Ferderbügel *m*

spring-loaded governor Federregler *m*

spring-loaded pressure relief valve federbelastetes Sicherheitsventil *n*, Federsicherheitsventil *n*

spring-loaded safety valve federbelastetes Sicherheitsventil *n*, Federsicherheitsventil *n*

spring-loaded shuttle valve Einfachwechselventil *n*

spring-loaded valve Federventil *n*; federbelastetes Auspuffventil *n* {*Auto*}
spring manometer Federdruckmesser *m*, Federmanometer *n*
spring-mounted gefedert, auf Federn *fpl* befestigt, federgelagert
spring-operated thermometer Federthermometer *n*
spring pressure Federdruck *m*
spring pressure ga[u]ge Federmanometer *n*, Federdruckmesser *m*
spring regulator Federregulator *m*
spring retainer Federteller *m*, Federring *m*
spring roller bearing Federrollenlager *n*
spring roller mill Federrollenmühle *f*
spring safety hook Karabinerhaken *m*
spring salt Quellsalz *n*, Solsalz *n*
spring steel Federstahl *m*, Chromsiliziumstahl *m*
spring suspension federnde Aufhängung *f*, Federaufhängung *f* {*z.B. beim Meßwerk*}
spring tension Federspannung *f*
spring valve Federventil *n*
spring washer Federscheibe *f*, Federring *m*, Federteller *m*
spring water Quellwasser *n*, Brunnenwasser *n*
acidulous spring water Sauerbrunnen *m*
compensating spring Ausgleichfeder *f*
triangular spring Dreieckfeder *f*
springer Scheinbombage *f* {*Dose*}
springiness 1. Federung *f* {*Eigenschaft*}; Federelastizität *f*, Schnellkraft *f*, Sprungkraft *f*; 2. Arbeitsvermögen *n* {*von Garn*}
springy federnd, elastisch
sprinkle/to 1. spritzen; sprühen; benetzen, bespritzen {*naß machen*}; [be]sprengen, berieseln, bespritzen; 2. [be]streuen; 3. sprenkeln
sprinkler 1. Regner *m*, Sprenger *m*, Rieseler *m*, Berieselungsapparat *m* {*Agri*}; 2. Spritzapparat *m*; 3. Sprinkler *m* {*eine Löschanlage*}; 4. Brause *f*, Brausekopf *m*; 5. Wurffeuerung *f*
sprinkler can Streudose *f*
sprinkler head Sprinklerdüse *f*
sprinkler network Sprinklernetz *n*
sprinkler nozzle Sprinklerdüse *f*
sprinkler plant Sprinkleranlage *f*, Sprinkler *m* {*Löschanlage*}
sprinkler system *s.* sprinkler plant
automatic fire sprinkler automatische Wasserspritze *f*
sprinkling Spritzen *n*; Besprühen *n*; Benetzen *n*, Bespritzen *n*; Beregnung *f*, Berieselung *f*, Besprengung *f* {*Agri*}
sprinkling apparatus Benetzvorrichtung *f*
sprinkling stoker Wurffeuerung *f*
sprocket 1. Kettenradzahn *m*; 2. Kettenrad *n*, Kettenritzel *n* {*Tech*}
sprocket chain drive Zahnkettenantrieb *m*
sprocket gear Kettenrad *n*
sprocket wheel Kettenrad *n*, Kettenzahnrad *n*; Zahntrommel *f*
sprout/to 1. keimen {*Bot*}; 2. sprießen {*Bot*}; [auf]sprießen lassen; 3. spratzen {*Met*}
sprout 1. Keim *m*, Keimling *m* {*Bot*}; 2. Sproß *m*, Sprößling *m*; Knospe f{*Bot*}
sprout chamber Darrsau *f*, Sau *f*, Wärmekammer *f* {*Brau*}
spruce 1. Fichte *f* {*Bot*}; 2. Fichtenholz *n*
spruce charcoal Fichtenholzkohle *f*
spruce resin Fichtenharz *n*, Fichtenpech *n*
sprue 1. Einfüllöffnung *f*; 2. Anguß *m*, Formteilanguß *m*, Formteilanschnitt *m* {*Spritzgußverfahren*}; 3. Einguß *m*, Eingußzapfen *m* {*Druckguß*}; 4. Anschnitt *m*, Anschnittkegel *m*; 5. Stangenanschnitt *m*, Stangenanguß *m* {*Spritzgießen*}
sprue and runners Verteilerspinne *f*, Verteilerstern *m*, Verteilerkreuz *n*, Angußstern *m*, Angußspinne *f*, Anschnittstern *m*
sprue bush Angußbuchse *f*, Anschnittbuchse *f* {*von Spritzgießwerkzeugen*}
sprue bushing Angußbuchse *f*, Spritzmulde *f*
sprue cone Anguß *m* {*Kunst*}
sprue gate Stangenanguß *m*, Kegelanguß *m*, Kegelanschnitt *m*, Stangenanschnitt *m*
sprue insert Angußeinsatz *m*
sprue location Angußlage *f*
sprue mark Angußstelle *f*, Anschnittstelle *f* {*an Formteilen*}
sprue pouring head Eingußkanal *m*
sprue slug Angußkessel *m*, Angußstück *n*
sprue waste[s] Angußabfall *m*, Angußverlust *m*
sprueless angußfrei, angußlos
sprueless injection mo[u]lding angußloses Spritzen *n*, Vorkammerdurchspritzen *n*, Vorkammerdurchspritzverfahren *n*, Durchspritzverfahren *n*
spue 1. Austrieb *m*, Formaustrieb *m*, Grat *m*, Preßgrat *m* {*Kunst, Gummi, Met*}; 2. Ausschlag *m* {*Leder*}
spume 1. Schaum *m*, Gischt *m*; 2. Schlacke *f*
spun 1. Spinnen *n*; 2. [schnelles] Drehen *n*; Schleudern *n*, Zentrifugieren *n*
spun-bonded fabric Spinnvlies *n* {*Textilglas*}
spun fabrics Gewebe *n* {*Text*}
spun filament 1. Spinnfaden *m*; 2. gereckter Einzelfaden *m*
spun glass gesponnenes Glas *n*, Glasgespinst *n*, Glasfaserstoff *m*; übersponnenes Glas *n*
spun gold Goldgespinst *n*
spun rayon Kunstseide *f*
spun roving in Schlaufen *fpl* gelegter Spinnfaden *m*, Spinnroving *m* {*Textilglasgewebe*}
spur 1. Hahnenfuß *m* {*Keramik*}; 2. Dorn *m*, Sporn *m*, Zacken *m*; 3. Buhne *f* {*Dammkörper*}; 4. Antrieb *m*; 5. Spur *f* {*Math*}
spur gear Geradstirnrad *n*, Stirnrad *n*

spur gear on parallel axes Stirnradgetriebe *n*
spur gear speed reduction mechanism Stirnrad-Untersetzungsgetriebe *n*
spur gear wheel Geradverzahnung *f*
spur gearing Stirnradgetriebe *n*
spur tooth[ing] Geradverzahnung *f*
spur wheel *s.* spur gear
spurger Gasverteiler *m*
spurious falsch, unecht; fehlerhaft; störend; ungewollt, unerwünscht; Falsch-; Fehl-
spurious coupling Streukopplung *f*
spurious indication Fehlanzeige *f*
spurious pulse Störimpuls *m*, falscher Impuls *m*, unechter Impuls *m*
spurrite Spurrit *m {Min}*
spurt/to ausspritzen, herausspritzen *{Flüssigkeit}*
spurt 1. starker Strahl *m*; 2. Ausbruch *m*
spurt pipe Spritzrohr *n {Text}*
sputter/to 1. spratzen *{Met}*; 2. zerstäuben; sputtern *{im Vakuum zer- oder aufstäuben}*
sputter-ion pump Ionenzerstäuberpumpe *f*
sputtering 1. Zerstäuben *n {von Metall}*; 2. Beschichtung *f* durch Vakuumzerstäubung, Sputtern *n {Vak}*; Vakuumbestäuben *n*, Ionen-Plasmazerstäuben *n {Zerstäuben von Festkörpern durch Ionenbeschuß}*, Kathodenzerstäuben *n*; 3. Spratzen *n {Entweichen gelöster Gase bei der Erstarrung von Metallschmelzen}*
sputtering bell jar Zerstäuberglocke *f*
sputtering equipment Zerstäubungseinrichtung *f*, Zerstäubungsapparat *m*
sputtering rate Zerstäubungsrate *f*, Abstäuberate *f*
sputtering time Zerstäubungszeit *f*
sputtering unit Zerstäubereinheit *f*
sputtering voltage Zerstäubungsspannung *f*
sputtering yield Zerstäubungsergiebigkeit *f*
spy glass 1. Schauloch *n*; 2. Lupe *f*
squalane <$C_{30}H_{62}$> Squalan *n*
squalene <$C_{30}H_{50}$> Squalen *n*, Spinacen *n*, 2,6,10,14,18,22-Hexamethyltetracosanhexan *n {aliphatisches Triterpen}*
squalene monooxygenase (2,3-epoidizing) *{EC 1.14.99.7}* Squalenepoxidase *f*, Squalenmonooxygenase (2,3-epoxidbildend) *f*
squamous schuppig
square/to zur zweiten Potenz *f* erheben, quadrieren *{Math}*; rechtwinklig machen; quadratisch zurichten; in Rechteckwellen *fpl* umwandeln, in Rechteckwellen *fpl* umformen; Rechteckimpulse *mpl* formen
square 1. eckig, kantig; quadratisch; rechtwinklig, rektangulär; flach *{z.B. Gewinde}*; Quadrat-; 2. Qadrat *n*; 3. zweite Potenz *f*, Quadratzahl *f {Math}*; 4. Platz *m {einer Stadt}*; [quadratischer] Häuserblock *m*; 5. Vierkantstahl *m*, Quadratstahl *m {Met}*; 6. Anschlagwinkel *m*, Winkel *m {90°-Zeichenwinkel}*; 7. *{US}* Vierkant *m n {Tech}*
square adjustment Quadratausgleich *m*
square bar Vierkanteisen *n {Tech}*
square brick Fliese *f*, Steinplatte *f*
square centimeter Quadratzentimeter *n {Flächeneinheit, 1 cm^2 = 0,0001 m^2}*
square-cut adhesion test Gitterschnittprüfung *f {Klebstoff}*
square decimeter Quadratdezimeter *n {Flächeneinheit, 1 dm^2 = 0,01 m^2}*
square degree Quadratgrad *n {Raumwinkeleinheit, 1 $(°)^2$ = 0,003046174 sr}*
square electrode shape quadratische Form *f* der Elektroden
square file Vierkantfeile *f*
square fluctuation Schwankungsquadrat *n*
square foot Quadratfuß *n {obs; 1 ft^2 = 929 cm^2}*
square grade Quadratgon *n {Raumwinkeleinheit, 1 gon^2 = 0,002467401 sr}*
square head Vierkantkopf *m {Schraube}*
square-head[ed] bolt Vierkantschraube *f*
square hole Quadratloch *n*
square inch Quadratzoll *m {obs; 5,57 - 6,96 cm^2}*
square iron Vierkanteisen *n {Tech}*
square jaw clutch Zapfenkupplung *f*
square kilometer Quadratkilometer *m n {Flächeneinheit, 1 km^2 = 1000000 m^2}*
square matrix quadratische Matrix *f {Math}*
square measure Flächenmaß *n*
square meter Quadratmeter *m n {SI-Einheit des Flächeninhalts}*
square millimeter Quadratmillimeter *m n {Flächeneinheit, 1 mm^2 = 0,000001 m^2}*
square nut Vierkantmutter *f {Tech}*
square pulse Rechteckimpuls *m*
square root Quadratwurzel *f {Math}*
square-section pin Vierkantstift *m*
square-section rod Vierkantstab *m*
square-section solid rod Vierkant-Vollstab *m*
square-section test piece Vierkantstab *m*
square signal rechteckförmiges Signal *n*
square spanner Vierkantschlüssel *m {Tech}*
square thread Flachgewinde *n*
square-threaded flachgängig *{Gewinde}*
square-topped pulse Rechteckimpuls *m*
square washer Vierkantscheibe *f*, Vierkantring *m*
square wave Rechteckwelle *f*
square-wave AC voltage Rechteckwechselspannung *f {Elek}*
square wave voltage Rechteckspannung *f*
square wave voltammetry Rechteckvoltammetrie *f*
square wire Vierkantdraht *m*

square wrench *{US}* Vierkantschlüssel *m* *{Tech}*
square yard Quadratyard *n* *{obs}*
method of least squares Methode *f* der kleinsten Quadrate
sum of squares Quadratsumme *f*
squaric acid <$C_4H_2O_4$> Quadratsäure *f*, 3,4-Dihydroxy-3-cyclobuten-1,2-dion *n*
squash/to zerdrücken *{zu Brei}*, zerquetschen
squawroot Krebswurzel *f* *{Conopholis americana}*
squeak/to quietschen, knarren; quieken; piepsen
squealer akustischer Leckanzeiger *m*
squeegee 1. Quetschwalze *f*, Gummiquetscher *m*; 2. Rakel *n* *{Siebdruck}*; 3. Rollenquetscher *m* *{Photo}*
squeeze/to 1. pressen, quetschen, drücken; 2. abklatschen *{Tech}*; 3. zusammenpressen, zusammenquetschen; auspressen, ausdrücken *{z.B. Obst}*; abquetschen, abpressen *{durch Pressen entfernen}*; 4. einquetschen; einzwängen *{z.B. Atome in Gitterlücken}*; 5. verknappen, knapp werden, sich erschöpfen *{natürliche Vorkommen}*
squeeze off/to abquetschen, abpressen, abklemmen; abstreifen *{z.B. überschüssiges Harz}*
squeeze out/to auspressen, ausquetschen, ausdrücken
squeeze through/to durchquetschen
squeeze 1. Pressen *n*, Quetschen *n*, Drücken *n*; 2. Zusammenpressen *n*, Zusammenquetschen *n*, Zusammendrücken *n*; Auspressen *n*, Ausdrükken *n* *{z.B. Früchte}*; Abpressen *n*, Abquetschen *n* *{Entfernen durch Pressen}*; 3. Einzwängung *f* *{z.B. Atome in Gitterlücken}*; Einpressen *n* *{z.B. Zement in ein Bohrloch}*; 4. Erschöpfung *f*, Verknappung *f* *{natürlicher Vorkommen}*; 5. Auskeilen *n* *{Geol}*; 6. Druckausgleichsunfall *m*, Barotrauma *n* *{Med}*; 7. Rakel *n* *{Siebdruck}*
squeeze bottle Sprühflasche *f*, Spritzflasche *f*, Quetschflasche *f* *{aus Weichplast}*
squeeze roll[er] 1. Quetschwalze *f*, Preßwalze *f*; 2. Walze *f* der Zugpresse *{Pap}*
squeezer 1. Preßmaschine *f*, Preßformmaschine *f* *{Halbzeuge}*; 2. Quetsche *f*, Presse *f*; Saftpresse *f*, Fruchtpresse *f*, Entsafter *m*; 3. Quetscher *m*, Quetschwalze *f* *{Gummi}*; 4. Quetschwerk *n* *{Text}*
squeezing 1. Pressung *f*; 2. Abstreichen *n*, Abquetschen *n*, Abpressen *n* *{von flüssigem Harz}*; 3. Nachdruck *m* *{beim Druckguß}*
squeezing cock Quetschhahn *m*
squeezing effect Abquetscheffekt *m*, Quetschwirkung *f*
squeezing machine 1. Quetschmaschine *f*; 2. Preß[form]maschine *f* *{Gieß}*; 3. Richtmaschine *f* *{Halbzeuge}*
squeezing press Packpresse *f*
squeler akustischer Leckanzeiger *m*
squib 1. Anzünder *m*; 2. Feuersprüher *m* *{Feuerwerksköper}*
squill Meerzwiebel *f* *{Urginea maritima}*
squirt/to [dünn] spritzen; hervorsprudeln, hervorspritzen
squirt in/to einspritzen
squirt out/to ausspritzen
squirting [dünn] Spritzen *n*; Hervorspritzen *n*
squirting pipe Abspritzrohr *n*
stab/to [durch]stechen; [duch]bohren
stab hole Einstichloch *n*
stabbing thermometer Einsteckthermometer *n*
stabilite Stabilit *n*
stability 1. Stabilität *f*, Festigkeit *f* *{Mech}*; Standsicherheit *f*, Standfestigkeit *f*; 2. Beständigkeit *f*, Widerstandsfähigkeit *f*, Dauerhaftigkeit *f* *{chemisch, thermisch}*; 3. Haltbarkeit *f* *{Lebensmittel}*; 4. Maßhaltigkeit *f* *{Text}*
stability characteristics Beständigkeitseigenschaften *fpl*
stability check Stabilitätsprüfung *f*, Stabilitätskontrolle *f*
stability condition Stabilitätsbedingung *f*, Stabilitätszustand *m*
stability constant Stabilitätskonstante *f*, Komplexbildungskonstante *f* *{Chem}*
stability during processing Verarbeitungsstabilität *f*
stability in use Gebrauchsstabilität *f*
stability of flow Strömungsstabilität *f*
stability ratio Festigkeitszahl *f*
stability rule Stabilitätsregel *f*
stability under temperature change Temperaturwechselbeständigkeit *f*
degree of stability Stabilitätsgrad *m*
dimensional stability Formbeständigkeit *f*
limit of stability Stabilitätsgrenze *f*, Festigkeitsgrenze *f*
stabilization 1. Stabilisierung *f*, Stabilisation *f*; 2. Beständigmachen *n*, Haltbarmachung *f*; 3. Verdichten *n*, Kompaktieren *n*, Komprimieren *n*; 4. Konstanthalten *n*
stabilization resistance Stabilisierungswiderstand *m*
stabilize/to stabilisieren *{Chem}*; verfestigen, festigen *{Mech}*; haltbar machen, beständig machen; konstant halten; verdichten, kompaktieren, komprimieren
stabilized stabilisatorhaltig; stabilisiert
stabilized direct current stabilisierte Gleichspannung *f*
stabilized frequency konstante Frequenz *f*
stabilized power supply stabilisierte Speisung *f*, Konstantstromquelle *f*
stabilizer 1. Stabilisator *m*, Konstanthalter *m*, Stabilisierungseinrichtung *f* *{Tech}*; 2. Stabilisator *m*, Stabilisier[ung]smittel *n* *{Chem}*; 3. Anti-

katalysator *m*, negativer Katalysator *m* {*Chem*}; 4. Stabilizer *m*, Stabilisierkolonne *f*, Stabilisationskolonne *f* {*Erdöl*}

stabilizer blend Stabilisatorkombination *f*, Stabilisatormischung *f*

stabilizer efficiency Stabilisatorwirksamkeit *f*

stabilizer-lubricant blend Stabilisator-Gleitmittel-Kombination *f*

stabilizing anneal stabilisierendes Glühen *n*, Stabil[isierungs]glühen *n* {*Met*}

stabilizing annealing furnace Ofen *m* für spannungsfreies Glühen {*Met*}

stabilizing bath Stabilisierungsbad *n* {*Photo*}

stabilizing column Stabilisationssäule *f*, Stabilisierkolonne *f*

stabilizing effect Stabilisierwirkung *f*

stabilizing medium Stützstoff *m*

stable stabil, beständig, fest, haltbar; widerstandsfähig, dauerhaft {*chemisch, thermisch*}; standfest; im Gleichgewicht *n*; maßhaltig {*Text*}

stable annealing Stabilglühung *f*, Stabilisierungsglühen *n* {*Met*}

stable entity stabile Baueinheit *f*, stabiles Molekülteil *n*

stable fiber Stapelfaser *f*

stable in air luftbeständig

stable in water wasserbeständig

stable-isotope chemistry Chemie *f* der stabilen Isotopen

stable orbit stabile Bahn *f*, stationäre Bahn *f*, Sollbahn *f*

stable running of a spark Festbrennen *n* des Funkens, Festfressen *n* des Funkens {*Spek*}

stable to acid hydrolysis beständig gegenüber saurer Hydrolyse *f*

stable toward acids säurebeständig

stachydrine <$C_7H_{13}NO_2$> Stachydrin *n* {*ein Pyrrolidinalkaloid*}

stachyose <$C_{24}H_{42}O_{21}$> Stachyose *f*

stack/to [auf]stapeln, auf Stapel *m* absetzen, aufeinandersetzen; in dem Stapelspeicher *m* einspeichern, in dem Stapelspeicher *m* abspeichern, in den Stapelspeicher eingeben {*EDV*}; auf[einander]schichten, aufhäufen; häufeln {*Pflanzen*}; aufhalden {*Kohle*}; verkippen, verstürzen {*Abraum*}

stack 1. Schornstein *m*, Kamin *m*, Esse *f*; Schacht *m* {*Hochofen*}; 2. Haufen *m*; Stoß *m*; 3. Stapel *m* {*Tech, Nukl*}; 4. Keller *m*, Stapel *m*, Adressenstapel *m*, Stapelspeicher *m*, Kellerspeicher *m* {*EDV*}

stack-a-box Stapelbehälter *m*

stack gas Schornsteinabluft *f*

stack mo[u]ld Etagenwerkzeug *n*

stack mo[u]lding Übereinanderpressen *n*

stack of sieves Siebsatz *n*, aufeinandergestapelte Siebe *npl*

stackability Stapelbarkeit *f*, Stapelfähigkeit *f*

stacked packing Packung *f*, geordnete Füllung *f*, geordnete Kolonnenfüllung *f* {*Dest*}

stacker 1. Stapler *m*, Stapelmaschine *f*, Stapelgerät *n*; 2. Ablegeeinrichtung *f* {*z.B. Ablegefach*}; 3. Kühlofenbeschichter *m*, Eintragmaschine *f* {*Kühlofen*}; 4. Absetzer *m* {*Gurtförderer*}

stacking 1. Stapeln *n*, Aufstapelung *f*, Aufstapeln *n*, Einstapeln *n*; Stapelung *f* {*Krist*}; 2. Kellern *n* {*EDV*}

stacking container Stapelbehälter *m*

stacking device Stapeleinrichtung *f*, Stapelvorrichtung *f*

stacking fault Stapelfehler *m* {*Krist, EDV*}

stacking fault energy Stapelfehlerenergie *f*

stacking fault formation Stapelfehlerbildung *f*

stacking lift Stapellift *m*

stacking rack Stapelgestell *n*

stacking table Ablagetisch *m*

stacking unit Ablage *f*, Ablegeeinrichtung *f*, Stapelanlage *f*, Stapeleinrichtung *f*

staff 1. Belegschaft *f*, Personal *n*; 2. Stab *m*, Stütze *f*; 3. Stange *f*, Latte *f*

staff cell Stabzelle *f*, Stäbchenzelle *f* {*Histol*}

staff paging system Personenrufanlage *f*, Personensuchanlage *f* {*Schutz*}

staff problems Personalschwierigkeiten *fpl*

staffelite Staffelit *m* {*Min*}

stage 1. Stadium *n*, Phase *f*, Stufe *f*, Schritt *m*; Abschnitt *m*, Etappe *f*; 2. Stufe *f*, Verstärkerstufe *f*; Trennstufe *f*; 3. Kaskade *f* {*Elek*}; 4. Gerüst *n*; Arbeitsbühne *f*, Arbeitsplattform *f*, Bedienungsbühne *f*; 5. Objektträger *m* {*Mikroskop*}; Mikroskoptisch *m*, Objekttisch *m*; 6. Wasserstand *m*

stage compressor Stufenkompressor *m*

stage micrometer Kreuztischmikrometer *n*, Objektmikrometer *n*

stage of decomposition Abbaustufe *f* {*Chem*}

stage of development Entwicklungsstadium *n*

stage of extension Ausbaustufe *f*

stage of the slide Objekttisch *m*, Mikroskoptisch *m*

stage vulcanizing plant Stufenvulkanisationsanlage *f*

in stages stufenweise

lowering stage Senkbühne *f*

stagewise absatzweise

stagewise contactor Kontaktapparat *m* je Stufe

stagewise operation Satzbetrieb *m*

stagger/to staffeln; versetzt anordnen, gegeneinander versetzen; taumeln; wankend machen

staggered gestaffelt [angeordnet]; versetzt [angeordnet]; nicht fluchtend

staggered riveting Versatznietung *f*, Zickzacknietung *f*

stagnant stagnierend, stehend, stillstehend; stockend

stagnant volume Totvolumen *n*

stagnant water 1. Totwasser *n*, Standwasser *n* *{Geol, Bergbau}*; 2. stehende Gewässer *npl*
stagnate/to faulen *{Wasser}*; stagnieren, stehen; stocken
stagnation Stagnation *f*; Stau *m*, Stockung *f*
stagnation point Totpunkt *m*, Staupunkt *m*
stagnation pressure Staudruck *m*, dynamischer Druck *m* *{Gesamtdruck bzw. Ruhedruck}*
stagnation temperature Haltetemperatur *f*
stagnation zone Ruhezone *f*, Stagnationsstelle *f*, Stagnationszone *f*
stain/to 1. fleckig werden; beschmutzen, beflekken, fleckig machen *{Text}*; 2. verfärben; abfärben, Farbe abgeben *{Farbstoff}*; 3. beizen, anfärben, grundieren *{z.B. Holz, Glas}*; 4. kontrastieren *{Biol}*
stain off/to abfärben
stain slightly/to antönen, anfärben
stain superficially/to anfärben
stain 1. Fleck[en] *m*; Schmutzstelle *f*, Schutzfleck *m* *{Text}*; 2. Farbe *f*, Farbstoff *m*; Färbemittel *n* *{z.B. für die Mikroskopie}*; 3. Beizflüssigkeit *f*, Beizmittel *n*; Beizfarbe *f*, Beize *f* *{Glas}*; Beize *f*, Holzbeize *f* *{Holz}*; 4. Makel *m*; Holzverfärbung *f* *{z.B. durch Chemikalien, Mikroorganismen}*
stain removal Detachur *f*, Detachieren *n*, Fleck[en]entfernung *f* *{Text}*
stain remover Fleckenentferner *m*, Fleck[en]-entfernungsmittel *n*, Detachiermittel *n* *{Text}*
stain resistance Fleckenbeständigkeit *f*, Flekkenunempfindlichkeit *f*
stain-resistant schmutzabweisend, fleckengeschützt, fleckenbeständig, fleckabstoßend *{Text}*
stain-resistant agent fleckenbeständiges Mittel *n*
stain spots Ausblühungen *fpl*
clay for stain removal Fleckstein *m*
stainability Färbbarkeit *f*
stainable färbbar
stained farbig; fleckig, befleckt, voller Flecken, gefleckt
stainer 1. Beize *f*, Beizmittel *n*; 2. Abtönpaste *f* *{hochpigmentierte Volltonfarbe}*
staining 1. Beizen *n*, Anfärben *n* *{Holz, Glas}*; 2. Färbung *f*, Anfärbung *f* *{Mikroskopie}*; 3. Abtönen *n*, Nuancieren *n*, Abstufung *f* der Farbtöne *{Text, Glas, Farb}*; 4. Farbabgabe *f*, Färbung *f*, Abfärben *n* *{Text}*; 5. Fleckigwerden *n*; Beflekken *n*, Beschmutzen *n* *{Text}*; 6. Blindwerden *n* *{Glas}*
staining formulation Farbmarkierungssatz *m* *{Expl}*
staining machine Fondiermaschine *f*, Grundiermaschine *f* *{Pap}*
staining power Färbvermögen *n*
staining test Farbprüfung *f*
fast to staining abklatschecht
stainless fleckenlos, fleckenfrei; korrosionsbeständig, korrosionsfrei, nichtrostend, rostbeständig, rostsicher, rostfrei *{Stahl}*
stainless filter screen Edelstahlmaschengewebe *n*
stainless property Korrosionsbeständigkeit *f*, Rostbeständigkeit *f*
stainless steel Edelstahl *m*, nichtrostender Stahl *m*, rostfreier Stahl *m*
stainless steel barrel Edelstahlfaß *n*
stainless steel filter screen Edelstahlmaschengewebe *n*
stainless steel wire mesh Edelstahlmaschengewebe *n*
stair 1. Treppenstufe *f*; 2. Treppe *f*
stair covering Treppenbelag *m*
stair edging profile Treppenkantenprofil *n*
stair step dicer Bandgranulator *m* mit Stufenschnitt, Stufenschnitt-Granulator *m*, Cumberland-Granulator *m*
staircase 1. Treppe *f*, Stiege *f*; 2. Treppenhaus *n*, Treppenraum *m*
staircase voltammetry Stufenvoltammetrie *f*
stake/to 1. stollen *{Leder}*; 2. durch Kerben fügen *{Bleche}*; 3. abstecken, trassieren; 4. stützen; 5. einsetzen, riskieren
stake off/to abgrenzen
stake 1. Pfosten *m*, Ständer *m*, Stiel *m*; 2. Pfahl *m*; 3. Formerstift *m*
staking 1. Stollen *n* *{Leder}*; 2. Fügen *n* durch Kerben *{Bleche}*; Verkerben *n*
staking machine Stollmaschine *f* *{Leder}*
stalactite hängender Tropfstein *m*, Stalaktit *m*
stalactitic stalaktitisch, tropfsteinartig
stalactitic formation Tropfsteinbildung *f*
stalagmite Stalagmit *m*, wachsender Tropfstein *m*
stalagmitical stalagmitartig
stalagmometer Oberflächenspannungsmesser *m*, Stalagmometer *n*
stalagmometry Stalagmometrie *f*
stale schal, abgestanden, fad[e], ohne Geschmack *m*, geschmacklos; altbacken *{Brot, Gebäck}*; verbraucht, muffig *{Luft}*; verjährt
stall 1. Stadel *m* *{Tech}*; Stand *m*; 2. Stall *m*, Überbeanspruchung *f* *{eines Systems}*; 3. Strömungsabriß *m* *{bei Verdichtern}*; Stehenbleiben *n* *{einer Maschine infolge Überlastung}*
stall roasting Stadelröstung *f*
stalling festgefahren, stehengeblieben *{Maschine}*; überbeansprucht
stamen Stamen *n*, Staubgefäß *n* *{Bot}*
Stammer colorimeter Stammer-Kolorimeter *n*
stamp/to 1. [ein]stampfen, zerstampfen; zerkleinern, pochen *{Erz}*; 2. stanzen *{Met}*; 3. prägen, markieren, kennzeichnen *{mit einem Schlagzeichen}*; 4. stempeln, aufdrucken; 5. pressen;

ausformen *{Lebensmittel}*; 6. feststampfen *{Tech}*

stamp out/to ausstanzen

stamp 1. Stampfer *m*, Pochstempel *m*; 2. Stampfplatte *f*; 3. Stempel *m*; Lochstempel *m {Tech}*; Prägestempel *m {Tech}*; 4. Stanze *f*

stamp battery Pochbatterie *f*, Pochsatz *m*, Pochanlage *f*, Pochwerk *n*, Stampfwerk *n*

stamp mill Stampfmühle *f*, Pochmühle *f*, Pochwerk *n*, Stampfwerk *n*, Pochanlage *f*

stamp milling Verpochen *n*

stamp mortar Pochtrog *m*, Stampftrog *m*

stamp pulp Pochtrübe *f*

stamp rock Pochgestein *n*

stamped part Stanzteil *n*

stamper 1. Stampfmaschine *f*; 2. Stampfer *m*, Pochstempel *m*; Stößel *m*; 3. Stampfwerk *n {Pap}*

stamping 1. Ausstanzen *n*, Stanzen *n {Met}*; 2. Einprägen *n {z.B. Zeichen}*; Hohlprägen *n {Kunst}*; 3. Stampfen *n*, Zerstampfen *n*; Zerkleinern *n*, Pochen *n {Erz}*; 4. Stempeln *n*; 5. Kennzeichnung *f*; 6. Prägeteil *n*, Stanzteil *n*, Stanzling *m {Tech}*

stamping device Stanzvorrichtung *f*

stamping die Prägestanze *f*

stamping enamel Stanzlack *m*

stamping foil Prägefolie *f*

stamping force Preßdruck *m*

stamping form Stampfform *f*

stamping ink Stempelfarbe *f*, Stempelkissenfarbe *f*

stamping iron Pochstempel *m*

stamping lacquer Prägelack *m*; Stempellack *m {Keramik}*

stamping machine 1. Lochmaschine *f*, Stanzmaschine *f*; 2. Stempelmaschine *f {z.B. für Seife}*

stamping mill Stampfwerk *n {Pap}*; Pochwerk *n {Erz}*

stamping ore Pocherz *n*

stamping-out machine Stanzmaschine *f*

stamping press Prägepresse *f*, Prägewerk *n*

stamping tool Stanzwerkzeug *n*

stamping volumeter Stampfvolumeter *n*

waste from stamping Stanzabfälle *mpl {Met}*

stampings Stanzabfälle *mpl {Met}*

stanch/to zum Stillstand *m* bringen, stillen *{Med}*

stanchion Pfosten *m*, Stütze *f*, Ständer *m*; *{GB}* Stahlstütze *f*

stand/to stehen; stehen bleiben; stillstehen, unbewegt sein; standhalten, widerstehen, widerstandsfähig sein

stand apart/to abstehen

stand aside/to abstehen

stand by/to beistehen

stand opposite/to gegenüberstehen

stand out/to hervorragen

stand still/to stillstehen; stocken

allow to stand/to stehen lassen

let stand/to stehen lassen

stand 1. Gerüst *n*, Walzgerüst *n*; 2. Gestell *n*; Stativ *n {Lab}*; Tubusträger *m*, Stativ *n {Mikroskop}*; 3. Bock *m {Auswuchten}*; 4. Ablage *f {Speicher}*; 5. Stand *m*, Stillstand *m*; Widerstand *m*; 6. Stand *m {z.B. Messestand}*; 7. Standplatz *m*; 8. Bestand *m*; 9. Ständer *m*, Stütze *f*; 10. Ablage *f*, Ablagetisch *m*, Abstelltisch *m*; 11.Tribüne *f*

stand base Stativfuß *m*

stand-by 1. Reserve-; 2. Wartestellung *f*; Bereitschaftsdienst *m*; 3. Reserve *f*, Bereitschaft *f*; 4. Reserverechner *m*

stand-by battery Reservebatterie *f*

stand-by boiler Ersatzkessel *m*

stand-by channels Leer-Rohrnetz *n*, Schutzkanal *m*

stand-by electricity generator Notstromaggregat *n*

stand-by engine Hilfsmaschine *f*, Reservemaschine *f*

stand-by equipment Reserveapparat *m*

stand-by machine Austauschmaschine *f*

stand-by plant Bereitschaftsanlage *f*

stand-by position Bereitschaftsstellung *f*, Abrufstellung *f*

stand-by pump Reservepumpe *f*

stand-by system Notaggregat *n*

stand-by tank Reservebehälter *m*

stand-by unit Notaggregat *n*, Reserveeinheit *f*

stand-by vent valve Reserveentlüftungsventil *n*

stand oil Standöl *n*, Dicköl *n*

stand oil boiling plant Standölkochanlage *f*

stand pipe Standrohr *n*; Steigrohr *n*; [stehendes] Überlaufrohr *n*

stand rod Stativstange *f*

standard 1. standardisiert, normalisiert; normgerecht, genormt; serienmäßig, standardmäßig *{Ausrüstung}*; marktüblich, gängig; Norm-; Standard-; Referenz-; 2. Standard *m*, Norm *f*; 3. Normal *n*, Eichnormal *n*, Prüfnormal *n*; Richtmaß *n*, Eichmaß *n*; 4. Standardsubstanz *f {Chem}*; 5. Feingehalt *m*, Feinheit *f*, Korn *n {Met}*; 6. Gehalt *m* einer Flüssigkeit

standard acid standardisierte Säure *f*, eingestellte Säure *f*, Standardsäure *f*, Maßlösung *f* einer Säure *f*, Titriersäure *f*; Normalsäure *f*, normale Säure *f*, *n*-Säure *f*

standard addition Standardzusatz *m*

standard adjustment Standardeinstellung *f*

standard atmosphere Normalklima *n {DIN 50014}*, Normklima *n {zum Testen}*, normaler Atmosphärendruck *m*, Normalatmosphäre *f*, physikalische Atmosphäre *f {SI-fremde Einheit des Drucks, 1 atm = 101 325 Pa}*

standard bar Kontrollstab *m*
standard cadmium cell Cadmium-Normalelement *n*
standard calibration Eichung *f*
standard calibration curve Haupteichkurve *f*
standard calomel electrode Normalkalomelhalbzelle *f*, Standardkalomelelektrode *f*
standard candle power Normalkerze *f*, internationale Kerze *f {Einheit der Lichtstärke}*
standard capacitor Normalkondensator *m*, Kapazitätsnormal *n*
standard capacity Normalleitung *f*, Standardkapazität *f*
standard cell Normalelement *n*, Standardzelle *f*, Weston-Standardelement *n {Elek}*
standard colo[u]r Standardfarbe *f*, Normfarbe *f*
standard colo[u]r range Standardfarben-Palette *f*
standard component Normteil *n*
standard-condition volumeter Normvolumenzähler *m*
standard conditions [of temperature and pressure] Norm[al]zustand *m*, Norm[al]bedingungen *fpl*, Standardbedingungen *fpl*, Normaldruck *m* und Normaltemperatur *f {1. 0 °C / 1013 hPa; 2. AGA: 15,55 °C / 762 mm Hg; 3. CGI: 20 °C / 1013 hPa}*; Normalklima *n*
standard couple Fixierungspaar *n*
standard cross section Normalprofil *n*
standard design Normalausführung *f*, Standardausführung *f*
standard deviation Standardabweichung *f*, mittlere quadratische Abweichung *f {Statistik}*
standard dimension Normalformat *n*
standard dumbbell-shaped test piece Norm-Schulterprobe *f {Werkstoff}*
standard dumbbell-shaped test specimen Norm-Schulterprobe *f {Werkstoff}*
standard electrode Standard[bezugs]elektrode *f*, Normalelektrode *f*
standard electrode potential Normalpotential *n* einer Elektrode, Standardelektrodenpotential *n*, Standard-Bezugs-EMK *f*, elektrochemisches Standardpotential *n {einer Standardelektrode}*
standard element Normalelement *n*, Standardzelle *f*, Weston-Standardelement *n {Elek}*
standard enthalpy Standardenthalpie *f*
standard entropy Standardentropie *f*
standard equipment Normalausrüstung *f*, Standardausrüstung *f*
standard error mittlerer quadratischer Fehler *m {des Mittelwertes}*, Standardfehler *m {des Mittelwertes}*, Standardabweichung *f {des Mittelwertes}*
standard error of estimate Reststreuung *f {Statistik}*
standard feed chute Serienaufgabeschurre *f*
standard filter Normalfilter *n*
standard foot Standardfuß *m {Holzkubikmaß = 4,672 m^3}*
standard form 1. Normalform *f*, Standardform *f*; 2. Potenzschreibweise *f*
standard format Normalformat *n*
standard formulation Standardrezeptur *f*, Standardeinstellung *f*
standard frame Einheitsstammform *f*, Normform *f*, Stammform *f {Kunst}*
standard free energy freie Standardenthalpie *f {Thermo}*
standard frequency Eichfrequenz *f*, Normalfrequenz *f*
standard gas Normalgas *n*
standard ga[u]ge Prüfmaß *n*
standard glass Normalglas *n*
standard gold Probiergold *n*, Standardgold *n {Münzgold; 90 % Au, 10 % Cu}*
standard grade Standardqualität *f*, Standardtype *f*
standard grid voltage normale Netzspannung *f*
standard ground glass joint Standardschliffverbindung *f*, Normschliff *m*, Standardschliff *m {Lab}*
standard hydrogen electrode Standardwasserstoffelektrode *f*, Normalwasserstoffelektrode *f*
standard injection mo[u]lding compound Standardspritzgußmasse *f*
standard instrument Eichinstrument *n*, Eichgerät *n {Laborinstrument höchster Genauigkeit}*
standard leak Eichleck *n*, Testleck *n*, Vergleichsleck *n*, Leck *n* bekannter Größe, Bezugsleck *n {Vak}*
standard leak rate normale Leckrate *f*, normale Ausflußrate *f*
standard length Fixlänge *f*, Standardlänge *f*
standard light source Standardlichtquelle *f {Opt}*
standard line 1. Serienprogramm *n*; 2. Bezugslinie *f*, Standardlinie *f*, Kontrollinie *f {Spek}*
standard liquid Vergleichsflüssigkeit *f*
standard load Normalbelastung *f*
standard measure Eichmaß *n*, Richtmaß *n*, Einheitsmaß *n {Tech}*, Normalmaß *n*, Urmaß *n*
standard meter 1. Präzisionsmeßinstrument *n*, Präzisionsmeßgerät *n*; 2. Urmeter *n*
standard method Einheitsmethode *f*, Standardmethode *f*, Standardverfahren *n*, standardisierte Methode *f*, standardisiertes Verfahren *n*
standard methods Normen *fpl*
standard mixture Eichmischung *f*, Standardmischung *f*
standard model Standardausführung *f*
standard moisture Normalfeuchtigkeit *f*

standard normal distribution Standardnormalverteilung *f {Statistik}*
standard of a solution Titer *m* einer Lösung
standard of alloy Münzgehalt *m*
standard of measure Richtmaß *n*, Eichmaß *n*
standard packaging Standardverpackung *f*
standard packing Einheitspackung *f*, Originalpackung *f*
standard part Serienteil *n*
standard plane Hauptsymmetrieebene *f*, Kristallfläche *f* mit Miller-Indices *{Krist}*
standard plasticizer Standardweichmacher *m*
standard polystyrene Normalpolystyrol *n*, Standardpolystyrol *n*
standard potential Normalpotential *n*
standard powder Eichpulver *n*, Standardpulver *n*
standard pressure Standarddruck *m*, Norm[al]druck *m*, Normalluftdruck *m* *{101325 Pa}*
standard process Einheitsverfahren *n*, Standardverfahren *n*
standard property Standardeigenschaft *f*
standard quality gangbare Sorte *f*
standard radiator Normalstrahler *m*, Vergleichsstrahler *m*
standard range 1. Nomal[meß]bereich *m*, Standard[meß]bereich *m*; 2. Normprogramm *n*, Serienprogramm *n*, Standardsortiment *n*
standard recommendation Standardempfehlung *f*
standard resistance Normalwiderstand *m*, Vergleichswiderstand *m*, Widerstandsnormal *n*
standard resistor Meßwiderstand *m*
standard room temperature normale Zimmertemperatur *f {20 - 25 °C}*
standard safety valve Normal-Sicherheitsventil *n {DIN 3320}*
standard sample of an element Bezugselement *n*, Standardelement *n*, innerer Standard *m*, Leitelement *n*
standard setting Standardeinstellung *f*
standard silver Probesilber *n*
standard size Einheitsformat, Normalformat *n*, Norm[al]größe *f*; Normmaß *n*
standard solution Standardlösung *f*, standardisierte Lösung *f*, eingestellte Lösung *f*, Maßlösung *f*, Titerlösung *f*; Vergleichslösung *f*; Normallösung *f*, normale Lösung *f*, *n*-Lösung *f*
standard specification Norm *f*, Normvorschrift *f*, Standardvorschrift *f*
standard state Standardzustand *m {Phys}*
standard-state entropy Standardentropie *f*
standard strength Normalstärke *f*
standard substance Standard[bezugs]substanz *f*, standardisierte Substanz *f*
standard system Einheitssystem *n*
standard table Normaltabelle *f*, Standardtabelle *f*
standard tar viscometer Straßenteerviskosimeter *n*, Straßenteerkonsistometer *n*
standard temperature Norm[al]temperatur *f*, Standardtemperatur *f*
standard temperature and pressure Norm[al]bedingungen *fpl*, Norm[al]druck *m* und Norm[al]temperatur *f {1. 0 °C / 1013 hPa; 2. AGA: 15,55 °C / 762 mm Hg; 3. CGI: 20 °C / 1013 hPa}*
standard tensile test piece Normzugstab *m*
standard test Standardprüfung *f*, Standardversuch *m*
standard test piece Normprobekörper *m*, Normstab *m*
standard test specimen Normprobekörper *m*, Normstab *m*
standard thickness Normdicke *f*
standard thread Einheitsgewinde *n*, Normalgewinde *n*
standard thread ga[u]ge Normalgewindelehre *f*
standard tin Probezinn *n*, Standardzinn *n*
standard titrimetric substance Urtitersubstanz *f*, Titersubstanz *f {Anal}*
standard type Normalausführung *f*, Standardmodell *n*
standard unit Standardeinheit *f*, Normbaugruppe *f*, Normbaustein *m*, Normteil *n*, Seriengerät *n*
standard vehicle Serienfahrzeug *n*
standard weight Eichgewicht *n*, Normalgewicht *n*, Probegewicht *n*
standard Weston [normal] cadmium cell Cadmium-Normalelement *n*, Weston-Normalelement *n*, Weston-Element *n*
according to standard specification normgerecht
standardizable eichfähig
standardization 1. Standardisierung *f*, Vereinheitlichung *f*, Normung *f*, Normenaufstellung *f*; 2. Eichung *f*, Normalisierung *f*; 3. Titrierung *f*
standardization graph Eichkurve *f*, Kalibrierkurve *f*
standardization of the circuit Meßkreiseichung *f*
standardize/to 1. normalisieren, eichen, kalibrieren, einstellen; 2. standardisieren, vereinheitlichen, normieren, normen; 3. titrieren
standardized genormt, normiert, standardisiert; normalisiert, geeicht; Norm-
standardizing program Eichprogramm *n*
standards Normen *fpl*; Richtwerte *f*
conforming to standards normgerecht
standing 1. stationär; 2. nichtbewegt, ortsfest, ortsgebunden, feststehend; 3. stehend, aufrecht; 4. echt *{Farbe}*; 5. Steh-

standpipe Standrohr; Steigrohr *n*; [stehendes] Überlaufrohr *n*

standpoint Anschauungsweise *f*, Standpunkt *m*

standstill Stillstand *m*, Stand *m*

standstill corrosion Stillstandskorrosion *f*

stannane <SnH_4> Zinnwasserstoff *m*, Stannan *n*, Zinn(IV)-hydrid *n*, Zinntetrahydrid *n*

stannary 1. Zinnbergwerk *n*; 2. Zinnsteinseife *f*

stannate Stannat *n*, zinnsaures Salz *n {Salz der in freiem Zustand nicht bekannten Oxosäuren des Zinns}*

stannic Zinn-, Zinn(IV)-

stannic acid <H_2SnO_3> Zinnsäure *f*

stannic anhydride Zinnsäureanhydrid *n*, Zinndioxid *n*, Zinn(IV)-oxid *n*, Zinnasche *f*

stannic bromide <$SnBr_4$> Zinntetrabromid *n*, Stannibromid *n {obs}*, Zinn(IV)-bromid *n*

stannic chloride <$SnCl_4 \cdot 5H_2O$> Zinntetrachlorid-5-Wasser *n*, Stannichlorid *n {obs}*, Zinnbutter *f*, Zinn(IV)-chlorid *n*

stannic chromate <$Sn(CrO_4)_2$> Zinn(IV)-chromat *n*, Stannichromat *n {obs}*

stannic compound Zinn(IV)-Verbindung *f*

stannic ethide <$Sn(C_2H_5)_4$> Tetraethylzinn *n*, Zinntetraethyl *n*

stannic fluoride <SnF_4> Zinntetrafluorid *n*, Zinn(IV)-fluorid *n*, Stannifluorid *n {obs}*

stannic hydroxide Zinn(IV)-hydroxid *n*, Stannihydroxid *n {obs}*

stannic iodide <SnI_4> Zinntetraiodid *n*, Stannijodid *n {obs}*, Zinn(IV)-iodid *n*

stannic methide <$Sn(CH_3)_4$> Tetramethylzinn *n*, Zinntetramethyl *n*

stannic oxide <SnO_2> Zinndioxid *n*, Zinn(IV)-oxid *n*, Stannioxid *n {obs}*, Zinnsäureanhydrid *n*, Zinnasche *f {Chem}*; Cassiterit *m*, Zinnstein *m {Min}*

stannic phenide <$Sn(C_6H_5)_4$> Zinntetraphenyl *n*, Tetraphenylzinn *n*

stannic salt Stannisalz *n {obs}*, Zinn(IV)-Salz *n*

stannic sulfide <SnS_2> Stannisulfid *n {obs}*, Zinndisulfid *n*, Zinn(IV)-sulfid *n*

stannic thiocyanate <$Sn(CNS)_4$> Rhodanzinn *n {obs}*, Zinn(IV)-thiocyanat *n*

anhydrous stannic chloride <$SnCl_4$> [wasserfreis] Zinntetrachlorid *n*, [wasserfreies] Stannichlorid *n {obs}*, Spiritus fumans Libarii

salt of stannic acid Stannat *n*

stanniferous zinnführend, zinnhaltig

stannine Stannin *m*, Stannit *m*, Zinnkies *m {Kupfereisenzinnsulfid, Min}*

stannite 1. Zinnkies *m*, Stannin *m*, Stannit *m {Min}*; 2. <M'_2SnO_2> Stannat(II) *n*

stannous Zinn-, Zinn(II)-

stannous acetate <$Sn(CH_3COO)_2$> Stannoacetat *n*, Zinn(II)-acetat *n*

stannous bromide <$SnBr_2$> Zinndibromid *n*, Zinn(II)-bromid *n*

stannous chloride <$SnCl_2$, $SnCl_2 \cdot 2H_2O$> Zinndichlorid *n {IUPAC}*, Zinn(II)-chlorid *n {IUPAC}*, reines Zinnsalz *n*, Stannochlorid *n {obs}*, Zinnchlorür *n {obs}*

stannous chromate <$SnCrO_4$> Stannochromat *n {obs}*, Zinn(II-)chromat *n*

stannous compound Zinn(II)-Verbindung *f*

stannous ethylhexoate <$Sn(C_8H_{15}O_2)_2$> Stannoethylhexoat *n {obs}*, Zinn(II)-ethylhexoat *n*

stannous fluoride <SnF_2> Stannofluorid *n {obs}*, Zinndifluorid *n*, Zinn(II)-fluorid *n*

stannous hydroxide <$Sn(OH)_2$> Zinn(II)-hydroxid *n*, Stannohydroxid *n {obs}*

stannous iodide <SnI_2> Stannojodid *n {obs}*, Zinn(II)-iodid *n*

stannous oleate <$Sn(C_{18}H_{33}O_2)_2$> Stannooleat *n {obs}*, Zinn(II)-oleat *n*

stannous oxalate Stannooxalat *n {obs}*, Zinn(II)-oxalat *n*

stannous oxide <SnO> Zinnoxydul *n {obs}*,, Zinn(II)-oxid *n {IUPAC}*, Zinnmonoxid *n*

stannous salt Stannosalz *n {obs}*, Zinn(II)-Salz *n*

stannous sulfate <$SnSO_4$> Zinn(II)-sulfat *n*, Zinnmonosulfat *n*, Zinnoxydulsulfat *n {obs}*, Stannosulfat *n {obs}*

stannous sulfide Zinn(II)-sulfid *n*, Zinnmonosulfid *n*, Stannosulfid *n {obs}*

stannous tartrate Zinn(II)-tartrat *n*, Stannotartrat *n {obs}*

staphisagrine <$C_{43}H_{60}N_2O_2$> Staphisagrin *n*

staphisagroine <$C_{20}H_{24}NO_4$> Staphisagroin *n*

staphisaine *s.* staphisagrine

staphylococcal Staphylokokken-

staphylococcal infection Staphylokokkeninfektion *f*

staphylococcal serin proteinase *{EC 3.4.21.9}* Staphylokokken-Serinproteinase *f*

staphylotoxin Staphylotoxin *n*

staple/to 1. sortieren *{z.B. Wolle nach Qualität}*; Elementarfäden auf Stapel *m* schneiden, Elementarfäden auf bestimmte Länge *f* schneiden; 2. zusammenheften; mit Krampen befestigen

staple 1. Klammer *f {allgemein}*; Heftklammer *f*, Klammer *f*; 2. Krampe *f*; Drahtkrampe *f {Tech}*; 3. Stapel *m*, Stapellänge *f {Text}*

staple conveyer Stapelförderer *m*

staple fiber Spinnfaser *f*, Faser *f*; Stapelfaser *f*, Spinnfasergarn *n*; Stapelfasergarn *n {für Laminate}*

staple food Grundnahrungsmittel *n*, Hauptnahrungsmittel *n*

staple glass fiber Glasstapelfaser *f*

staple length Stapellänge *f*, Stapel *m*, Faserlänge *f*

star 1. Stern *m* *{Astr}*; 2. Emulsionsstern *m*, Stern *m* *{Kernspuremulsion}*; 3. Bahnspur *f* *{Photo}*

star cell Sternzelle *f* *{Histol}*

star circuit *s.* star connection

star-connected sterngeschaltet *{Elek}*

star-connected circuit *s.* star connection

star connection Sternschaltung *f*, Y-Schaltung *f* *{Elek}*

star dyeing Sternfärberei *f* *{Text}*

star feeder Zellenradschleuse *f*

star-like sternförmig

star polyhedron Sternflächner *m*

star sapphire Sternsaphir *m* *{Min}*

star-shaped sternförmig

star-shaped arrangement Sternanordnung *f*

star shell Leuchtbombe *f*

star-type distributor Sternverteiler *m*

star-type spiral distributor Stern-Wendelverteiler *m*

star voltage Sternspannung *f* *{Elek}*

star wheel 1. Rastenscheibe *f*; 2. Zellenradaufgeber *m*, Zell[en]rad *n*; 3. Sternblende *f* *{Spek}*

starch/to stärken, steifen *{mit Stärke}*

starch **<$(C_6H_{10}O_5)_n$>** Stärke *f* *{Chem}*, Amylum *n* *{Pharm}*

starch adhesive Stärkeleim *m*, Klebstoff *m* auf Stärkebasis *f*, Leim *m* auf Stärkebasis, Stärkekleister *m*

starch blue Stärkeblau *n*; Königsblau *n* *{Co-K-Silicat}*

starch breakdown Stärkeabbau *m*

starch content Stärkegehalt *m*

starch degradation Stärkeabbau *m*, Stärkezerlegung *f*

starch-derived polyols Polyole *npl* auf Stärkebasis *f*

starch dialdehyde Stärkedialdehyd *m*

starch equivalent Stärke-Einheit *f*, Stärkewert *m* *{Tierfütterung}*

starch factory Stärkefabrik *f*

starch flour Stärkemehl *n*, Satzmehl *n*

starch gel Stärkegel *n*

starch gel electrophoresis Stärkegel-Elektrophorese *f*

starch gloss Stärkeglanz *m*

starch glue *{US}* Klebstoff *m* auf Stärkebasis *f*, Leim *m* auf Stärkebasis *f*, Stärkekleister *m*, Stärkeleim *m*

starch grain Stärkekorn *n*

starch granule Stärkekorn *n*

starch gum Stärkegummi *n m*, Dextrin *n*

starch iodide Iodstärke *f*

starch iodide paper Iod[id]stärkepapier *n* *{Indikatorpapier}*

starch iodide test Iodstärkeprobe *f*

starch nitrate Nitrostärke *f* *{obs}*, Stärkenitrat *n*, Stärkesalpetersäureester *m*

starch paper *s.* starch iodide paper

starch paste Stärkeleim *m*, Stärkekleister *m*, Klebstoff *m* auf Stärkebasis *f*, Leim *m* auf Stärkebasis *f*

starch phosphate Stärkephosphat *n*, Stärkephosphorsäureester *m*

starch-polystyrene blend Stärke-Polystyrol-Mischung *f*

starch powder Stärkemehl *n*, Stärkepulver *n*

starch roller Farbstoffabstreichrolle *f* *{Text}*

starch soluble **<$C_{36}H_{62}O_{31}\cdot H_2O$>** lösliche Stärke *f* *{Hexasaccharid}*

starch solution Stärke[milch]lösung *f*

starch sugar Stärkezucker *m*, Stärkesirup *m*

starch syrup Stärkesirup *m*, Stärkezucker *m*

starch test Stärkereaktion *f*

starch water Stärkewasser *n*

containing starch stärkehaltig

excess of starch Stärkeüberschuß *m*

powdered starch Stärkemehl *n*, Stärkepulver *n*

variety of starch Stärkeart *f*

starching machine Stärkmaschine *f* *{Text}*

starching vessel Stärkegefäß *n*

starchy 1. stärkehaltig, stärkeführend; Stärke-; 2. gestärkt, gesteift

starchy foam stärkehaltiger Schaum *m*

Stark effect Stark-Effekt *m*

Stark method Stark-Verfahren *n* *{H_2O-Bestimmung}*

start/to 1. in Betrieb *m* nehmen, in Betrieb *m* setzen, in Gang *m* setzen, anfahren *{z.B. eine Anlage}*; starten, anlassen, anlaufen [lassen] *{z.B. Maschine, Motor}*; anheizen *{Öfen}*; andrehen, anstellen *{Tech}*; 2. aufnehmen *{Arbeit}*, anfangen, beginnen; einleiten, ingangsetzen, initiieren, anregen *{eine Reaktion}*; ansetzen; 3. in Angriff *m* nehmen

start-up/to in Betrieb nehmen, in Betrieb *m* setzen, in Gang *m* setzen, anfahren *{z.B. eine Anlage}*; starten, anlassen, anlaufen [lassen] *{z.B. Maschine, Motor}*; anheizen *{Öfen}*

start 1. Start *m*; Beginn *m*, Anfang *m*, Einsetzen *n* *{z.B. einer Reaktion}*; Anlauf *m* *{einer Maschine}*; Inbetriebnahme *f*, Ingangsetzen *n*, Anfahren *n* *{einer Anlage}*; Anheizen *n* *{Öfen}*; 2. Vosprung *m*; 3. Startfleck *m* *{Chrom}*

start and stop button Betätigungsknopf *m*

start button Startknopf *m*, Starttaste *f*

start of production Produktionsbeginn *m*

start-up Inangriffnahme *f* *{eines Vorhabens}*; Inbetriebnahme *f*, Inbetriebsetzung *f*, Anfahren *n* *{z.B. einer Anlage}*; Anlassen *n* *{z.B. Motor}*; Anheizen *n* *{Öfen}*

start-up behavio[u]r Anfahrverhalten *n*

start-up diagram Abfahrdiagramm *n*

start-up graph Abfahrdiagramm *n*

start-up motor Anwurfmotor *m*
start-up operation Anfahrvorgang *m*
start-up position Anfahrstellung *f*
start-up procedure Anfahrvorgang *m*
start-up waste Anfahrausschuß *m* *{Kunst}*
starter 1. Säurewecker *m* *{Milchproduktion}*; 2. Starterdünger *m* *{Agri}*; 3. Starterfutter *n* *{Tierhaltung}*; 4. Anlasser *m*, Starter *m* *{Elek, Auto}*; 5. Zündelektrode *f* *{Elektronik}*; 6. Glimmzünder *{Leuchtstofflampe}*
starter strip Einziehband *n*
starting 1. Inangriffnahme *f* *{z.B. Vorhaben}*; 2. Inbetriebnahme *f*, Ingangsetzung *f*, Anfahren *n* *{einer Anlage}*; Anlassen *n*, Starten *n*, Anlaufen *n* *{z.B. Maschine, Motors}*; Anheizung *f* *{Öfen}*; Anstellen *n* *{z.B. ein Gerät}*; 3. Anfangen *n*, Beginnen *n*; Einleiten *n*, Initiieren *n*, Anregen *n*, Starten *n* *{z.B. eine Reaktion}*; Ansetzen *n* *{z.B. ein Bad}*
starting without bath Ansatzbad *n*
starting bath Ausgangsbad *n* *{Text}*
starting characteristics Anlaufkenndaten *pl*
starting compound Ausgangsverbindung *f*
starting conditions Ausgangsbedingungen *fpl*, Anfangszustand *m*
starting formulation Rahmenrezeptur *f*, Richtrezeptur *f*, Schemarezeptur *f*
starting lever Anfahrhebel *m*, Anlaßhebel *m*, Einschalthebel *m*
starting material Ausgangsmaterial *n*, Ausgangsstoff *m*, Ausgangssubstanz *f*, Rohstoff *m*; Ausgangssubstrat *n* *{Biotechnologie}*
starting monomer Ausgangsmonomer[es] *n*
starting period Anlaufzeit *f*
starting point Anfangspunkt *m*, Ansatzpunkt *m*, Startpunkt *m*, Ausgangsbasis *f*; Ausgangspunkt *m* *{z.B. einer Kurve}*
starting position Startstellung *f*, Ausgangsstellung *f*; Anfangslage *f*
starting product Ausgangserzeugnis *n*, Ausgangsprodukt *n*, Vorprodukt *n*
starting sheet Unterlage *f*, Startblech *n*; Mutterblech *n* *{Elektrochemie}*;
starting-sheet blank Mutterblechkathodenblech *n*
starting switch Anlasser *m*, Anlaßschalter *m* *{Elek}*; Glimmzünder *m* *{Leuchtstofflampe}*
starting temperature Ausgangstemperatur *f*, Vorlauftemperatur *f*
starting time Anlaufzeit *f*
starting-up Ingangsetzen *n*, Inbetriebnehmen *n*, Anfahren *n*, Anlauf *m* *{einer Anlage}*; Anlassen *n*, Starten *n* *{z.B. Motor, Maschine}*; Anheizen *n* *{Öfen}*; Anschalten *n*, Anstellen *n* *{Gerät}*
starting-up period Anfahrzeit *f*
starting-up phase Anfahrphase *f*
starting-up problems Anfahrschwierigkeiten *fpl*
starting valve Anlaßventil *n*, Startventil *n*
starting vessel Anstellbottich *m*, Sammelbottich *m* *{Brau}*
starting voltage Anlaßspannung *f*, Einsatzspannung *f*; Zündspannung *f* *{Gasentladung}*
starting volume Anfangsvolumen *n*, Ausgangsvolumen *n*
starvation 1. Starvation *f*; Nährstoffmangel *m* *{Agri}*; 2. Hungerzustand *m* *{Brau}*
starvation flotation Hungerflotation *f*
starve feeding Unterdosierung *f*
starve-feed/to unterfüttern
stassfurtite Staßfurtit *m* *{Min}*
stat 1. Stat- *{Vorsatz für die Einheiten im elektrostatischen cgs-System; obs}*; 2. Stat *n* *{Radioaktivitätseinheit, Rn: 1 statC/s in Luft; obs}*
state/to angeben; aussagen; darlegen; feststellen; behaupten, konstatieren
state 1. stationär; Staats-; 2. Zustand *m*, Status *m*, Lage *f*, Stand *m*; 3. Zustand *m*, Beschaffenheit *f* *{qualitätsmäßige Angabe}*; Stadium *n*; 4. Stellung *f*
state equation Zustandsgleichung *f* *{Thermo}*
State Licencing Authority Landesgenehmigungsbehörde *f* *{BRD}*
state of affairs Sachlage *f*, Sachverhalt *m*
state of agglomeration Agglomerationszustand *m*, Agglomerationsgrad *m*
state of aggregation 1. Aggregatzustand *m*, Zustandsform *f* der Materie *{Chem}*; 2. Anordnung *f*
state of coordination Koordinationsart *f*
state of deformation Verformungszustand *m*
state of equilibrium Gleichgewichtszustand *m*, Gleichgewichtslage *f*
state of inertia Beharrungszustand *m*
state of internal stress Eigenspannungszustand *m*
state of ionization Ionisierungszustand *m*
state of matter Aggregatzustand *m*
state of orientation Orientierungszustand *m*
state of reactants Zustand *m* der Reaktionspartner *mpl*
state of readiness Betriebsbereitschaft *f*
state of rest Ruhezustand *m*
state of resultants Zustand *m* der Reaktionsprodukte *npl*
state of saturation Sättigungszustand *m*
state of strain Spannungszustand *m*
state of stress Beanspruchungszustand *m*, Belastungszustand *m*
state of tension Spannungszustand *m*
state of the art Stand *m* der Technik
state of the electrode surface Beschaffenheit *f* der Elektrodenoberfläche, Konsistenz *f* der Elektrodenoberfläche

state-owned utility staatliches Versorgungsunternehmen *n*
state value Zustandsgröße *f*
state variable Zustandsgröße *f*
active state aktiver Zustand *m*
amorphous state amorpher Zustand *m*
colloidal state kolloidaler Zustand *m*
crystalline state kristalliner Zustand *m*
degenerate state entarteter Zustand *m*
density of state Zustandsdichte *f*
diagram of state Zustandsdiagramm *n*
equation of state Zustandsgleichung *f {Thermo}*
excited state angeregter Zustand *m*
gaseous state gasförmiger Zustand *m*
molten state geschmolzener Zustand *m*
solid state fester Zustand *m*
steady state dynamischer Gleichgewichtszustand *m*

statement 1. Erklärung *f*, Anweisung *f {EDV}*; 2. Aussage *f*, Feststellung *f*, Angabe *f*; Darlegung *f*; Bericht *m*; 3. Behauptung *f*; 4. Ansatz *m {Math}*; 5. Forderung *f*

states of aggregation Zustandgebiet *n*

static statisch, ruhend; stationär; Ruhe-
static [ball] indentation test Kugeldruckhärteuntersuchung *f*
static charge statische Aufladung *f {Elek}*
static column ruhende Säule *f*
static deep-bed filter statisches Tiefenfilter *n*
static electricity statische Elektrizität *f*
static electrode potential statisches Elektrodenpotential *n*
static elimination Entelektrisierung *f*
static eliminator Antistatikum *n*, antistatisches Mittel *n*, Aufladungsverhinderer *m*; Entelektrisierungsgerät *n*
static endurance limit Dauerstandsgrenze *f*
static energy Ruheenergie *f*
static fatigue statische Ermüdung *f {Material}*
static fatigue failure statischer Ermüdungsbruch *m*, statischer Dauerbruch *m {durch konstante Krafteinwirkung}*
static fluid ruhende Flüssigkeit *f*
static friction Haftreibung *f*, Ruhereibung *f*, statische Reibung *f*, ruhende Reibung *f {Reibung der Ruhe}*
static hardness test Kugeldruckprobe *f*
static head 1. statische Druckhöhe *f*, statisches Druckgefälle *n*; 2. geodätische Förderhöhe *f {Pumpe}*
static load[ing] statische Belastung *f*, ruhende Belastung *f*, Ruhebelastung *f*
static long-term load statische Langzeitbeanspruchung *f*
static mixer statischer Mischer *m*
static mixing element Statikmischelement *n*
static position Ruhestellung *f*
static pressure statischer Druck *m*, Ruhedruck *m*, Statikdruck *m*
static seal Dichtung *f {für nicht gegeneinander bewegte Teile}*
static strength statische Festigkeit *f*
static stress statische Beanspruchung *f*, ruhende Beanspruchung *f*, ruhende Belastung *f*
static test statische Prüfung *f*, statischer Versuch *m {Mech}*; statischer Test *m {Toxizitätstest}*
static testing machine statische Prüfmaschine *f*
static tube Staurohr *n*; Strömungssonde *f {zur Messung des statischen Drucks}*
static vacuum system statisches Vakuumsystem *n*
coefficient of static friction Haftreibungskoeffizient *m*

statical statisch, ruhend; Ruhe-
statical elongation statische Dehnung *f {DIN 53360}*

statics Statik *f*

station 1. Station *f*, Platz *m*, Stelle *f {z.B. der Datenablage, Werkzeugaufnahme}*; 2. Station *f*, Werk *n {z.B. Kraftwerk}*; 3. Position *f*, Stellung *f*; Standort *m*; 4. Funkstelle *f {Sender oder Empfänger}*, Funkstation *f*

stationary stationär, ortsfest, ortsgebunden, standortgebunden; fest[stehend], nichtbewegt, ruhend, stillstehend, unbeweglich; beständig, gleichbleibend; eingeschwungen, ruhend
stationary bed Festbett *n*
stationary equipment ortsfeste Betriebsmittel *npl*
stationary exhaust system stationärer Pumpautomat *m*, Pumpstraße *f* mit stationären Pumpeinrichtungen
stationary fire extinguishing plant stationäre Löschanlage *f*
stationary fire installation ortsfeste Feuerlöschanlage *f*
stationary flow stationäre Strömung *f*, stationäres Fließen *n*
stationary foam extinguishing installation ortsfeste Schaumlöschanlage *f*
stationary furnace ortsfester Ofen *m {Met}*
stationary knife Festmesser *n*, Gegenmesser *n*, Statormesser *n*
stationary mo[u]ld half feststehende Werkzeughälfte *f*, feststehender Formteil *m*, Düsenseite *f*, Einspritzseite *f {Kunst}*
stationary part of the mo[u]ld feststehender Formteil *m*, feststehende Werkzeughälfte *f*, Düsenseite *f*, Einspritzseite *f {Kunst}*
stationary phase 1. stationäre Phase *f*, unbewegliche Phase *f*, Trennfüllung *f {Chrom}*; 2. stationäre Phase *f {Mikroorganismenwachstum}*
stationary solids ruhende Feststoffe *mpl*

stationary state 1. stationärer Zustand *m*, stabiler Zustand *m*, Beharrungszustand *m {Chem, Phys}*; 2. Fließgleichgewicht *n*, [quasi]stationärer Zustand *m {Kinetik}*
stationary tank [for liquefied gases] Standtank *m* [für flüssige Gase]
stationary teeth feststehende Knetzähne *mpl*
stationary value stationärer Wert *m*
stationary velocity stationäre Geschwindigkeit *f*
statistic certainty statistische Sicherheit *f*
statistical statistisch
statistical diameter statistischer Durchmesser *m*
statistical error statistischer Fehler *m*
statistical scatter statistische Streuung *f*
statistical test statistisches Prüfverfahren *n*
statistical tolerance interval statistisches Toleranzintervall *n*
statistical variation statistische Schwankung *f*
statistical weight statistisches Gewicht *n*
statistically statistisch
statistician Statistiker *m*
statistics Statistik *f*
stator 1. Ständer *m*, Stator *m {Elek}*; 2. Leitvorrichtung *f*, Leitrad *n*, Leitapparat *m {Tech}*
status Zustand *m*, Status *m {s.a. state}*
status display Zustandsanzeige *f*
status message Zustandsmeldung *f*
status nascendi Entstehungszustand *m*
status record Zustandsprotokoll *n*
status report Zustandsbericht *m*
status signal Zustandsmeldung *f*
statutory gesetzlich, behördlich; satzungsmäßig
statutory licensing procedure Genehmigungsverfahren *n*
Staudinger equation Staudinger-Gleichung *f*
Staudinger index Staudinger-Index *m*, Grenzviskositätszahl *f*
staurolite Staurolith *m {Geol}*
stay/to bleiben; verweilen; durchhalten; hemmen; abstützen; versteifen; verstreben, abspreizen
stay up/to stützen
stay 1. Strebe *f*, Stütze *f {Tech}*; 2. Steife *f*; 3. Verankerung *f {Tech}*; 4. Eckenverbindung *f {bei festen Schachteln; Pap}*
stay-down time Stay-down-Zeit *f*, Haltezeit *f*
stay period Verweilzeit *f*
stay plate Unterlagsplatte *f*
steadiness Konstanz *f*, Stetigkeit *f*, Gleichmäßigkeit *f*; Unveränderlichkeit *f*
steady fest, stabil; stationär *{z.B. Zustand, Strömung}*; gleichmäßig, andauernd, beständig, stetig; gleichbleibend, gleichförmig, konstant
steady flow stationäre Strömung *f*, stationäres Fließen *n*
steady position Ruhelage *f*
steady source of radiation konstante Strahlenquelle *f*, konstante Strahlungsquelle *f*
steady state 1. stationärer Zustand *m*, stabiler Zustand *m*, Stationärzustand *m {Phys}*; 2. Fließgleichgewicht *n*, [quasi]stationärer Zustand *m {Kinetik}*; 3. eingeschwungener Zustand *m {eines Signals}*, Beharrungszustand *m*, Dauerzustand *m {Automation}*
steady-state stationär; Stationär-
steady-state balance 1. stationärer Zustand *m*, stabiler Zustand *m*, Stationärzustand *m {Phys}*; 2. Fließgleichgewicht *n*, [quasi]stationärer Zustand *m {Kinetik}*; 3. eingeschwungener Zustand *m {eines Signals}*, Beharrungszustand *m*, Dauerzustand *m {Automation}*
steady-state characteristic stationäre Kennlinie *f*
steady-state conditions Gleichgewichtsbedingungen *fpl*, Stationaritätsbedingungen *fpl*, Bedingungen *fpl* für das stationäre Gleichgewicht
steady-state conduction stationäre Wärmeleitung *f {Thermo}*
steady-state creep sekundäres Kriechen *n*
steady-state flow stationäre Strömung *f*, stationäres Fließen *n*
steady-state gain Übertragungsfaktor *m {Dauerbetrieb}*
steady-state operation stationärer Betriebszustand *m*
steady voltage Gleichspannung *f {Elek}*
steam/to dämpfen, mit Dampf *m* behandeln, mit Wasserdampf *m* behandeln; gasen *{Kohle}*; dekatieren *{Text}*; dünsten; dampfen; beschlagen, sich trüben *{Glas}*; ausdämpfen, mit Wasserdampf *m* desorbieren
steam down/to eindampfen
steam off/to abdampfen
steam out/to ausdampfen
steam strip/to wasserdampfdestillieren
steam Dampf *m {Phys}*; Wasserdampf *m*
steam accumulator Dampfspeicher *m*
steam air pump Dampfluftpumpe *f*
steam and air mixture Luft-Dampf-Gemisch *n*
steam apparatus Dampfapparat *m*
steam applicator Befeuchtungsdämpfer *m {Text}*
steam atomizer Dampfzerstäuber *m*
steam autoclave Dampfautoklav *m*, Dampfgefäß *n*
steam bath Dampfbad *n {Text}*
steam blower Dampfgebläse *n*
steam boiler Dampfkessel *m*, Kessel *m {Tech}*; Dampferzeuger *m {für Schäumanlagen}*; Wasserdampferzeuger *m*, Wasserdampfentwickler *m*
steam-boiler feed water Dampfkesselspeisewasser *n*
steam bubble Dampfblase *f*

steam chamber Dampfkammer *f*, Dampfraum *m*, Dampfbehälter *m*, Dampfreservoir *n*
steam channel 1. Dampfkanal *m {Kunst}*; 2. Heizkanal *m*
steam coal Dampfkesselkohle *f*, Kesselkohle *f*, Flammkohle *f*
steam cock Dampfhahn *m*
steam coil Dampf[heiz]schlange *f*, Heizschlange *f*
steam collector Dampfsammler *m*
steam condenser Kondensator *m*, Kühler *m {für Dämpfe}*
steam-condenser pipe Dampfniederschlagsrohr *n*
steam condition Dampfzustand *m*
steam consumption Dampfbedarf *m*, Dampfverbrauch *m*
steam content Dampfgehalt *m*
steam-cooled reactor dampfgekühlter Reaktor *m*, Reaktor *m* mit überhitztem Dampf
steam cooler Dampfkühler *m*
steam copper Dampfpfanne *f {Brau}*
steam cracker Röhrenspaltofen *m*, Spaltrohranlage *f*
steam cracking [process] Dampfkracken *n*, Dampfcracken *n*, Dampfspalten *n {von gasförmigen Kohlenwasserstoffen mittels Katalysatoren}*; Dampfcrackverfahren *n*, Dampfspaltung *f*
steam curing 1. Dampfbehandlung *f*, Dampf[er]härtung *f {Betonerzeugnisse}*; 2. Dampfvulkanisation *f*, Vulkanisation *f* in Dampf *{Gummi}*
steam-curing chamber Dampfbehandlungsraum *m {Keramik}*
steam-curing plant Dampfvulkanisationsanlage *f {Gummi}*
steam cyclone Dampftrockner *m*
steam cylinder oil Dampfzylinderöl *n*
steam degreasing Dampfentfettung *f {Beschichtungen}*
steam density Dampfdichte *f*
steam developer Dampfentwickler *m*
steam diaphragm pump Dampfpumpe *f*
steam discharge Dampfabführung *f*, Dampfableitung *f*
steam disinfection apparatus Dampf-Desinfektionsapparat *m {DIN 58949}*
steam dissociation Dampfdissoziation *f*
steam distillation Dampfdestillation *f*, Destillation *f* mit Wasserdampf, Wasserdampfdestillation *f*
steam-destillation plant Dampfdestillationsanlage *f*, Wasserdampfdestillationsanlage *f*
steam distributor Dampfverteiler *m*
steam dome Dampfhaube *f*, Dampfdom *m*
steam-dome press Autoklavenpresse *f* mit Dampfhaube
steam-dried dampfgetrocknet
steam dryer Dampftrockner *m*, Dampftrockenapparat *m*
steam-drying device Dampfentwässerungsapparat *m*
steam eductor Dampfstrahlluftsauger *m {Vak}*
steam-ejector [pump] absaugende Dampfstrahlpumpe *f*, Dampfstrahlsauger *m*; Wasserdampfstrahlsauger *m*
steam-ejector vacuum pump Dampfstrahlvakuumpumpe *f*
steam emulsion number Dampfemulsionszahl *f*, Dampfemulsionswert *m {Maß für Emulgierbarkeit}*
steam engine Dampfmaschine *f {Tech}*
steam exhaust Dampfauspuff *m*
steam-exhaust port Dampfaustrittsöffnung *f*
steam exhaustor Dampfsauger *m*
steam expansion Dampfausdehnung *f*, Dampfentspannung *f*
steam extraction Dampfentnahme *f*
steam filter Dampffilter *n*
steam finishing section Benetzungsabteilung *f {Pap}*
steam fittings Dampfarmaturen *fpl*
steam flow Dampfdurchtritt *m*, Dampfstrom *m*
steam-flow opening Dampfdurchtritt *m*
steam flowmeter Dampfstrommesser *m*
steam gasification of coal Wasserdampf-Kohlevergasung *f*, Wasserdampfvergasung *f* von Kohle
steam gate valve Dampfabsperrschieber *m*
steam ga[u]ge Dampfdruckmesser *m*, Dampfuhr *f*
steam generating Dampferzeugung *f*
steam-generating dampferzeugend
steam-generating heat Dampfbildungswärme *f*
steam-generating plant *s.* steam generator
steam-generating unit *s.* steam generator
steam generation Dampentwicklung *f*, Dampfbildung *f*, Dampferzeugung *f*
steam generator Dampferzeuger *m*, Dampfentwickler *m*, Dampfentwicklungsapparat *m*, Dampfkessel *m*
steam generator for superclean steam Reinstdampferzeuger *m {Pharm}*
steam-hardened dampfgehärtet
steam-hardened constructional material dampfgehärteter Baustoff *m*
steam-heated dampfbeheizt, mit Dampf beheizt; Dampf-
steam-heated cylinder Dampftrommel *f*, Trokkentrommel *f {Pap}*
steam heating Dampf[be]heizung *f*
steam heating apparatus Dampf[be]heizungsvorrichtung *f*
steam heating pipe Dampfheizrohr *n*
steam hose Dampfschlauch *m*

steam impurities Dampfverunreinigungen *fpl*
steam injection Dampfstimulation *f*
steam-injection process Dampfstoßverfahren *n*
steam injector Dampfinjektor *m*, Dampfstrahlapparat *m {Dampfstrahlpumpe}*
steam inlet Dampfeintritt *m*
steam inlet pipe Dampfzuleitungsrohr *n*
steam inlet port Dampfeinströmungskanal *m*
steam jacket Dampfhülle *f*, Dampfmantel *m*
steam-jacket heating Dampfmantelheizung *f*
steam-jacket vulcanizing pan Vulkanisierkessel *m* mit Dampfmantel *{Gummi}*
steam jet Dampfstrahl *m*
steam-jet apparatus Dampfstrahlapparat *m*
steam-jet aspirator Dampfstrahlsauger *m*
steam-jet atomizer Dampfstrahlzerstäuber *m*
steam-jet blower Dampfstrahlgebläse *n*
steam-jet cleaning Dampfstrahlreinigung *f*
steam-jet ejector absaugende Dampfstrahlpumpe *f*, Dampfstrahlsauger *m*, Dampfstrahlejektor *m*
steam-jet grinding Dampfstrahlmahlung *f*
steam-jet mill Dampfstrahlmühle *f*
steam-jet pump [absaugende] Dampfstrahlpumpe *f*, Dampfstrahlsauger
steam-jet refrigeration machine Dampfstrahlkältemaschine *f*
steam-jet sand blast Dampfsandstrahlgebläse *n*
steam-jet sprayer Dampfstrahlzerstäuber *m*
steam kiln Dampfdarre *f {Brau}*
steam line 1. Dampfleitung *f*, Dampfleitungsrohr *n*; 2. obere Linie *f* im Indikatordiagramm der Dampfmaschine
steam lubrication Dampfschmierung *f*
steam meter Dampf[mengen]messer *m*
steam moisture Dampfnässe *f*, Dampffeuchte *f*
steam nozzle Dampfdüse *f*, Dampfstrahldüse *f*
steam outlet Dampfausströmung *f*, Dampfaustritt *m*
steam pan Dampfheizkessel *m*; Dampfvulkanisierkessel *m {Gummi}*
steam pipe Dampf[leitungs]rohr *n*; Dampfheizungsrohr *n*
steam piping Dampfleitung *f*
steam piston Dampfkolben *m*
steam plant 1. Dampf[kraft]anlage *f*, Heizwerk *n*; 2. Dampfmaschinenanlage *f*, Dampfkesselanlage *f*
steam point Verdampfungspunkt *m*, Dampfpunkt *m {Gleichgewichtstemperatur Wasser/Dampf bei 101 325 Pa}*
steam port Dampfweg *m*, Dampfkanal *m*
steam pot Dampftopf *m*
steam pressure Dampfdruck *m*
steam pressure ga[u]ge Dampfdruckmesser *m*, Manometer *n*
steam pressure pump Dampfdruckpumpe *f*
steam pressure register Registriermanometer *n*
steam printing Dampfdruckerei *f*
steam pump Dampfpumpe *f*
steam purity Dampfreinheit *f*
steam purple Dampfpurpur *m*
steam quality Dampfbeschaffenheit *f*, Dampfgehalt *m {am Austritt}*
steam radiator Dampfheizkörper *m*
steam raiser Dampferzeuger *m*
steam raising Dampferzeugung *f*, Dampfentwicklung *f*
steam raising unit Dampferzeuger *m*
steam rate spezifischer Dampfverbrauch *m*
steam reducing valve Dampfreduzierventil *n*
steam reformer Röhrenspaltofen *m*, Spaltrohranlage *f*
steam regulating valve Dampfzulaßventil *n*
steam regulator Dampfregler *m*
steam requirement Dampfbedarf *m*
steam roasting furnace Dampfröstofen *m*
steam roll Dampftrockenwalze *f*
steam safety valve Dampfsicherheitsventil *n*
steam screen Dampfsieb *n*
steam seal Dampfabdichtung *f*, Dampfstopfbüchse *f*
steam separation Dampftrennung *f*
steam separator Dampfabscheider *m*, Dampfwasserabscheider *m*
steam sterilizer Dampfsterilisierapparat *m*, Dampftopf *m {Bakterien}*
steam stop valve Dampfabsperrventil *n*
steam stripping Wasserdampfdestillation *f*
steam superheater Dampfüberhitzer *m*
steam superheating Dampfüberhitzung *f*
steam supply Dampfzuführung *f*, Dampfzuleitung *f*, Dampfeinlaß *m*, Dampfversorgung *f*
steam supply pipe Dampfzuführungsrohr *n*, Dampfzuleitungsrohr *n*
steam surge drum Kompensationsdampfgerät *n {Nukl}*
steam table Dampftabelle *f*, Wasserdampftabelle *f*
steam temperature Dampftemperatur *f*
steam tempering Dampfaufbereitung *f*, Heißaufbereitung *f {Keramik}*
steam throughput Dampfdurchsatz *m*
steam-tight dampfdicht, wasserdampfdicht
steam tin Waschzinn *n*
steam trap Kondens[at]wasserableiter *m*, Kondenstopf *m*, Kondensationswasserabscheider *m*, Niederschlagswasserabscheider *m*, Dampfentwässerer *m*
steam treatment Bedampfen *n {schäumbares Polystyrolgranulat}*
steam tube Dampfrohr *n*, Dampfleitungsrohr *n*; Dampfheizungsrohr *n*
steam turbine Dampfturbine *f*

steam-turbine oil Dampfturbinenöl *n*
steam valve Dampfventil *n*
steam vulcanization Dampfvulkanisation *f*, Vulkanisation *f* in Dampf *{Gummi}*
steam vulcanizing plant Dampfvulkanisieranlage *f {Gummi}*
steam washer Dampfwäschezentrifuge *f {Zukker}*
steam-water mixture Dampf-Wasser-Gemisch *n*
dry steam Trockendampf *m*
energy of steam Dampfenergie *f*
formation of steam Dampfbildung *f*
production of steam Dampferzeugung *f*
saturated steam gesättigter Dampf *m*
superheated steam überhitzter Dampf *m*
wet steam Naßdampf *m*
steamed mechanical wood pulp Dampfholzschliff *m*
steamer Dämpfer *m*, Dämpfapparat *m {Text}*
steaming 1. Dampfeinspritzung *f*, Dampfeinblasen *n*; 2. Dämpfen *n*, Dampfbehandlung *f*; 3. Dampfreinigen *n*; 4. Gasen *n*, Gasung *f*, Kaltblasen *n {Wassergaserzeugung}*; 5. Dämpferpassage *f {Text}*; 6. Dampfdestillation *f*; 7. Dampfen *n*
steaming apparatus Dämpfapparat *m*
steaming device Dämpfeinrichtung *f*
steaming plant Dampfbehandlungsanlage *f {Text}*
steaming press Dämpfpresse *f*
steaming tower Dampfbehandlungsturm *m {Text}*
steamy dampfig, dampfend; dunstig
stearaldehyde <$C_{17}H_{35}CHO$> Stearaldehyd *m*, Stearinaldehyd *m*, Octadecanal *n {IUPAC}*
stearamide <$CH_3(CH_2)_{16}CONH_2$> Stearamid *n*, Octadecansäureamid *n {IUPAC}*
stearate <$C_{17}H_{35}COOM'$; $C_{17}H_{35}COOR$> Stearat *n {Salz oder Ester der Stearinsäure}*
stearic acid <$CH_3(CH_2)_{16}CO_2H$> Sterinsäure *f*, Talgsäure *f {obs}*, Octadecansäure *f {IUPAC}*
stearic acid nitrile <$CH_3(CH_2)_{16}CN$> Octadecannitril *n {IUPAC}*, Stearinsäurenitril *n*
ester of stearic acid <$C_{17}H_{35}COOR$> Stearinsäureester *m*, Stearat *n*
salt of stearic acid <$C_{17}H_{35}COOM'$> Stearat *n*
stearin <$C_3H_5(C_{17}H_{35}COO)_3$> Stearin *n*, Tristearin *n*, Glyceryltristearat *n*
stearin cake Stearinkuchen *m*
stearin candle Stearinkerze *f*
stearin mo[u]ld Stearinform *f*
stearin pitch Stearinpech *n*
stearin soap Stearinseife *f*
stearodibutyrin Stearodibutyrin *n*
stearodichlorhydrin Stearodichlorhydrin *n*
stearodipalmitin Stearodipalmitin *n*
stearolic acid <$CH_3(CH_2)_7CC(CH_2)_7COOH$> Stearolsäure *f*, Octadec-9-insäure *f {IUPAC}*
stearone *{TM}* <$(C_{17}H_{35})_2CO$> Stearon *n*, Diheptadecylketon *n*, Pentatriacontan-18-on *n {IUPAC}*
stearonitrile <$C_{17}H_{35}CN$> Octadecannitril *n {IUPAC}*, Stearonitril *n*
stearoptene Stearopten *n*, Oleopten *n*
stearoxylic acid Stearoxylsäure *f*, 9,10-Dioxooctadecansäure *f {IUPAC}*
stearoyl <$C_{17}H_{35}CO$-> Stearoyl-
stearyl <$C_{18}H_{37}$-> Stearyl-
stearyl alcohol <$C_{18}H_{37}OH$> Stearylalkohol *m*, Octadecan-1-ol *n {IUPAC}*
stearyl mercaptan <$C_{18}H_{37}SH$> Stearylmercaptan *n*
stearyl methacrylate Stearylmethacrylat *n*
stearylalanine Stearylalanin *n*
stearylamine <$C_{18}H_{37}NH_2$> Stearylamin *n*, Octadecanamin *n {IUPAC}*
stearylglycine Stearylglycin *n*
steatite Steatit *m*, Seifenstein *m*, Speckstein *m*, Piotit *m {Min}*
steatitic specksteinartig; Steatit-
steel/to [ver]stählen; verhärten
steel 1. stählern; Stahl-; 2. Stahl *m*
steel alloy Stahllegierung *f*
steel anode Stahlanode *f*
steel ball Stahlkugel *f*; Stahlluppe *f {Met}*
steel-ball peening plant Kugelstrahlanlage *f*
steel belt conveyer Stahlförderband *n*
steel-blasted mit Stahlschrot *n* gestrahlt
steel blue Stahlblau *n*
steel-blue stahlblau
steel bottle Stahlflasche *f*
steel bronze Stahlbronze *f {92 % Cu, 8 % Sn}*
steel calibrator Stahlkalibrierung *f {Gerät}*
steel casing Blechverschalung *f*
steel casting 1. Stahl[form]guß *m*, Stahlgießen *n*; 2. Stahlgußstück *n*, Stahlgußteil *n*
steel cementing furnace Zementstahlofen *m*
steel chimney [hoher] Blechschornstein *m*
steel concrete Stahlbeton *m*
steel construction Stahlbau *m*, Stahlkonstruktion *f*
steel converting furnace Zementierofen *m*
steel cylinder Stahlflasche *f*, Stahlbombe *f*, Stahlzylinder *m*
steel diaphragm Stahlmembran[e] *f*
steel foundry Stahlgießerei *f {Met}*
steel furnace Stahlofen *m*
steel gas cylinder Gasflasche *f*
steel-grey stahlgrau
steel helmet Stahlhelm *m*
steel hoop Stahlreif[en] *m*
steel ingot Stahlblock *m*, Rohstahlblock *m*
steel-like stahlähnlich

steel liners Stahlauskleidungen *fpl*
steel lining Stahlauskleidung *f*
steel magnet Stahlmagnet *m*
steel manufacture Stahlerzeugung *f*
steel mo[u]ld Stahlform *f*, Stahlkokille *f* *{Gieß}*
steel mortar Stahlmörser *m*
steel pig Stahleisen *n*
steel plate Stahlblech *n {> 5 mm Dicke}*; Stahlplatte *f*
steel-plating Stahlplattierung *f*, Verstählung *f*
steel process Stahlbereitungsprozeß *m*
steel production Stahlerzeugung *f*, Stahlgewinnung *f*
steel puddling Stahlpuddeln *n*
steel rail Stahlschiene *f*
steel rule Stahlschablone *f*; Stahllineal *n*
steel sample Stahlprobe *f*
steel scrap Stahlschrott *m*
steel shavings Stahlwolle *f*
steel sheet Stahlblech *n {Fein- bis Mittelblech}*
steel sheet liner Stahlblechauskleidung *f*
steel strip Bandstahl *m*, Stahlband *n*, Stahlstreifen *m*
steel tool Drehstahl *m*
steel turning Stahldrehspäne *mpl*
steel wire Stahldraht *m*
steel-wire brush Stahldrahtbürste *f*, Stahlkratzbürste *f*
steel-wire rope Drahtseil *n {aus Stahldrähten}*
steel wool Stahlwolle *f*, Stahlwatte *f*, Schleifwolle *f*, Schmirgelwolle *f {ein Schleifmittel}*
annealed steel vergüteter Stahl
basic steel Thomasstahl *m*
burnt steel übergarer Stahl *m*
casehardened soft steel Compoundstahl *m*
cementation of steel Zementstahlbereitung *f*
conversion into steel Stählung *f*
dead soft steel niedriggekohlter Stahl *m*
steeling 1. Verstählen *n*, Verstählung *f {Beschichtung mit Stahl}*; 2. Anstählen *n*; 3. Totmahlen *n {Pap}*
steeling bath Stählungsbad *n*, Verstählungsbad *n {Beschichtung}*
steelmaking Stahlherstellung *f*, Stahlerzeugung *f*, Stahlproduktion *f*, Stahlbereitung *f*
steelometer Steelometer *n*, Stahlspektrometer *n*
steeloscope Steeloskop *n*, Stahlspektroskop *n*
steelworks Stahlwerk *n*, Stahlhütte *f {Met}*
basic steelworks Thomasstahlwerk *n*
steely 1. stählern; stahlhart *{Tech}*; 2. stahlig *{Wein}*; glasig *{Brau}*
steely-blue stahlbau
steelyard Laufgewichtswaage *f*, Läuferwaage *f*, Schnellwaage *f*
steelyards Dezimalwaage *f*
steep/to [ein]weichen, eintauchen, quellen; wässern, einwässern *{in Wasser eintauchen}*; imprägnieren; anbrühen; tränken, duchtränken, durchnässen
steep in alum/to alaunen
steep in lye/to [ein]laugen
steep steil, abschüssig; steileinfallend; Steil-
steeping 1. Einweichen *n*, Einquellen *n*, Eintauchen *n*; Einwässern *n {in Wasser eintauchen}*; 2. Weichprozeß *m*, Quellprozeß *m {Brau}*; 3. Imprägnieren *n*; Tränken *n*, Tränkung *f*
steeping agent Tränkmasse *f*; Imprägniermittel *n*
steeping bath 1. Abkochbad *n {Klebteilentfettung}*; 2. Beizbad *n*
steeping in lye Einlaugen *n*
steeping in water Einwässerung *f*, Einwässern *n*
steeping liquor Einweichflüssigkeit *f*; Tränkflüssigkeit *f*; Beizflüssigkeit *f*
steeping method Rottmethode *f*
steeping plant Mercerieranlage *f*, Mercerisieranlage *f {Text}*
steeping tank Quellbottich *m*, Gerstenweiche *f*, Quellstock *m*, Weichbottich *m {Brau}*
steeping trough Einquellbottich *m*, Quellbottich *m*, Vormaischbottich *m*, Weichbottich *m {Brau}*
steeping tub *s.* steeping trough
steeping vat 1. Mercer[is]iergefäß *n {Text}*; 2. Quellbottich *m*, Weichbottich *m {Brau}*
steeply rising steilansteigend
steepness Steilheit *f*
steering Steuern *n*, Steuerung *f*, Lenken *n*, Lenkung *f*
steering arm Steuerhebel *m*
steering wheel Lenkrad *n*
Stefan-Boltzmann constant Stefan-Boltzmann-Konstante *f*, Stefan-Boltzmann-Strahlungskonstante *f {56,7032 mW/$(m^2 \cdot K^4)$}*
Stefan-Boltzmann equation Stefan-Boltzmann-Gesetz *n*
Steffen process Steffen-Verfahren *n*, Steffensches Verfahren *n {Zucker}*
steinmannite Steinmannit *m {Min}*
stellar stellar; Stern-, Sternen-
stellar atmosphere Sternatmosphäre *f*
stellar spectrum Sternspektrum *n*
stellate sternförmig
stellerite Stellerit *m {Min}*
stelznerite Stelznerit *m {obs}*, Antlerit *m {Min}*
stem 1. Stamm *m {Baum}*; Stengel *m*, Stiel *m {Bot}*; 2. Stiel *m {eines Trichters}*; 3. Stutzen *m*, Ansatzrohr *n*; 4. Meßkapillare *f*, Meßkapillarrohr *n {Thermometer}*; Meßfaden *m {Thermometer}*; 5. Hals *m*; Schaft *m*, Spindel *f {z.B. eines Ventils}*; 6. Stange *f*; Schwerstange *f {Erdölbohren}*; 7. Quetschfuß *m {Tech}*; 8. Typenkörper *m {Drucken}*

stem correction Fadenkorrektur *f {Thermometer}*
stem guide Spindelführung *f*
stem-pressing machine Fußquetschmaschine *f*
stem seal Spindeldichtung *f*
stench Gestank *m*
stencil 1. Schablone *f {z.B. Schriftschablone}*; 2. Matritze *f*, Vervielfältigungs-Matritze *f*
stencilling Schablonendruck *m*
stenter Spannrahmen *m*, Trockenrahmen *m {Text}*
stenter for straightening Egalisiermaschine *f {Text}*
step/to 1. schreiten; gehen; treten; 2. staffeln; 3. [schrittweise] weiterschalten; 4. abstufen, terrassieren
step 1. Schritt-; 2. Schritt *m*, Stufe *f*, Sprung *m*; 3. Teilschritt *m*, Stufe *f {z.B. einer Reaktion}*; 4. Stufe *f*, Absatz *m {z.B. der Treppe}*; Sprosse *f {Leiter}*; 5. Knick *m*
step bearing Spurlager *n*
step-by-step schrittweise; stufenweise; diskontinuierlich; Schritt-
step control Schrittregelung *f*, Stufenregelung *f*
step controller Schrittregler *m*, Stufenregler *m*
step cure Stufenheizung *f {Gummi}*
step diaphragm Treppenblende *f*, Stufenblende *f {Spek}*
step-down spannungserniedrigend
step-down transformator Abwärtstransformator *m*, Abspanntransformator *m*
step filter Stufenfilter *n*
step flange Stufenflansch *m*
step function Schrittfunktion *f*, Stufenfunktion *f*, Sprungfunktion *f {Elektronik, Math}*; Treppenfunktion *f {Math}*
step grate Treppenrost *m*, Stufenrost *m*
step grating Stufengitter *n*
step height Stufenhöhe *f*
step input Sprungeingang *m*, Sprungeingabe *f*, sprungförmiges Eingangssignal *n*
step-ladder Trittleiter *f*, Stufen[steh]leiter *f*, Treppenleiter *f {Doppelleiter}*
step-ladder polymer Halb-Leiterpolymer[es] *n {Chem}*
step length Stufenlänge *f*
step lens Stufenlinse *f {Opt}*
step process Stufenprozeß *m*
step pulley Stufenscheibe *f*
step seal Stufendichtung *f*
step-shaped terassenartig
step size Schrittgröße *f*
step switch Schrittschalter *m*, Stufenschalter *m*
step-up steigernd; erhöhend *{z.B. Spannung}*
step-up cure Stufenheizung *f {Gummi}*
step-up curing plant Stufenvulkanisationsanlage *f {Gummi}*
step-up gear set Übersetzung *f*
step-up motor Stufenmotor *m*
stephanine Stephanin *n*
stephanite Stephanit *m*, Röscherz *n*, Sprödglaserz *n*, Schwarzsilberglanz *m {Antimon(III)-silbersulfid, Min}*
stepless stufenlos
stepless variable stufenlos einstellbar, stufenlos regelbar
stepped abgesetzt, abgestuft, stufenförmig
stepped armour plating Stufenpanzerung *f*
stepped curve Treppenkurve *f*
stepped disc centrifuge Stufenzentrifuge *f*
stepped filter Mehrstufenfilter *n*, Filter *n* mit mehreren Schwächungsstufen
stepped grate Stufenrost *m*, Treppenrost *m*
stepped roll Staffelwalze *f*, Stufenwalze *f*
stepped tray Stufenboden *m {Dest}*
stepper [motor] Schrittschaltwerk *n*; Stepper *m*, Schrittmotor *m*
stepping 1. Schritt-; 2. Staffelung *f*, Versetzung *f*; 3. Abstufung *f*, Terassierung *f*
stepping motor Schrittmotor *m*, Stepper *m*
stepwise absatzweise, stufenweise, schrittweise
stepwise elution Stufeneluierung *f*, Stufenelution *f*
stepwise mechanism Stufenmechanismus *m*
stepwise transition Stufenübergang *m*
sterane 1. *{HN}* Steran *n*; 2. Androstan *n*
steranthrene Steranthren *n*
stercobilin <$C_{33}H_{46}N_4O_6$> Stercobilin *n*
stercorite <$NaNH_4HPO_4$> Stercorit *m {Min}*
sterculic acid Sterculsäure *f*
stereo 1. stereoskopisch; 2. stereophonisch, stereophon; 3. Stereo-, Raum-, Körper-
stereo-magnifier Stereolupe *f*
stereoblock polymer Stereoblockpolymer[es] *n*
stereochemical stereochemisch
stereochemistry Stereochmie *f*
stereogram Stereogramm *n*, raumbildliche Darstellung *f*
stereographic stereographisch
stereoisomer Stereoisomer[es] *n*, Stereomer[es] *n*, Raumisomer[es] *n*
stereoisomerase Stereoisomerase *f {Biochem}*
stereoisomeric stereoisomer
stereoisomerism Stereoisomerie *f*, Raumisomerie *f*, räumliche Isomerie *f*
stereology Stereologie *f*
stereometer Stereometer *n*, Volum[en]ometer *n*
stereometric stereometrisch
stereometry Stereometrie *f*, Raumgeometrie *f {Math}*
stereomicroscope Stereomikroskop *n*
stereoregular stereoregulär, stereoreguliert, stereoangeordnet
stereoregular polymer stereoreguläres Polymer[es] *n*

stereoregular polymerization stereoregulierte Polymerisation *f*
stereorubber Stereokautschuk *m*
stereoscope Stereoskop *n*
stereoscopic stereoskopisch
stereoscopic picture Raumbild *n*
stereoselection Stereoselektion *f {Polymer}*
stereoselectivity Stereoselektivität *f*
stereospecific stereospezifisch
stereospecific catalyst stereospezifischer Katalysator *m*, stereospezifisch wirksamer Katalysator *m*
stereospecific polymer stereospezifisches Polymer[es] *n*
stereospecificity Stereospezifität *f*
steric sterisch, räumlich; Raum-
steric exclusion liquid chromatography sterische Flüssig-Ausschlußchromatographie *f*
steric factor sterischer Faktor *m*, Wahrscheinlichkeitsfaktor *m*
steric hindrance sterische Behinderung *f*, räumliche Behinderung *f*
sterically sterisch, räumlich; Raum-
sterically feasible sterisch möglich *{Stereochem}*
sterically hindered sterisch gehindert
sterile steril, keimfrei; unfruchtbar *{Biol}*; unergiebig, unhaltig, taub, tot *{Bergbau}*
sterile air sterile Luft *f*
sterile filtration Sterilfiltration *f*, Entkeimungsfiltration *f*
sterile medical device for single use steril gelieferter Einmalartikel *m {DIN 58953}*
sterile production Sterilproduktion *f*, aseptische Produktion *f {Pharm}*
sterile protective clothing keimfreie Schutzkleidung *f*
sterile room technology Sterilraumtechnik *f*
sterility 1. Unfruchtbarkeit *f {Biol}*; 2. Sterilität *f*, Keimfreiheit *f*
sterilizability Sterilisierbarkeit *f*
sterilizable sterilisierbar
sterilization 1. Sterilisation *f*, Sterilisierung *f*, Entkeimung *f*, Keimfreimachung *f*; 2. Unfruchtbarmachung *f {Biol}*
sterilization plant Entkeimungsanlage *f*
sterilization tower Sterilisierturm *m*, Kontaktturm *m {Bakterien}*
sterilize/to sterilisieren, desinfizieren, entkeimen, keimfrei machen; unfruchtbar machen *{Biol}*
sterilized steril
sterilized clearview material Klarsichtsterilverpackung *f {DIN 58953}*
sterilized milk sterilisierte Milch *f*, Sterilmilch *f*
sterilizer Sterilisator *m*, Sterilisationsapparat *m*, Entkeimungsapparat *m*
sterilizer cap Sterilisatorkappe *f*
sterilizing sterilisierend, keimtötend; Sterilisier-
sterilizing agent Sterilisationsmittel *n*
sterilizing apparatus 1. *s.* sterilizer; 2. Einweckapparat *m*, Sterilisierapparat *m {Lebensmittel}*
sterilizing filter Entkeimungsfilter *n {Wasser}*
sterling silver Sterlingsilber *n {92,5 % Ag, 7,5 % Cu}*
stern 1. streng; hart; 2. Heck *n {Schiff}*
stern tube luboil Stevenrohröl *n {Schiff}*
sternbergite Sternbergit *m*, Eisensilberglanz *m {Min}*
sternite Sternit *m*
sternutative 1. Niesen erregend; 2. Niesmittel *n*, Sternutatorium *n {Pharm}*; Nasen-Rachen-Reizstoff *m {Militärchemie}*
sternutator Niesmittel *n*, Sternutatorium *n {Pharm}*; Nasen-Rachen-Reizstoff *m {Militärchemie}*
steroid Steroid *n*
steroid hormone Steroidhormon *n*
steroid-lactonase *{EC 3.1.1.37}* Steroidlactonase *f*
steroid skeleton Steroidgerüst *n*
sterol Sterin *n*, Sterol *n*
sterol-sulfatase *{EC 3.1.6.2}* Stereosulfatase *f*
sterosan Sterosan *n*
sterro metal Eichmetall *n*, Sterrometall *n {56,5 % Cu, 40 % Zn, 1,5 % Fe, 1 % Sn}*
stew/to schmoren *{Lebensmittel}*; dünsten, dämpfen
stewartite Stewartit *m {Min}*
stewing Schmoren *n {z.B. Fleisch}*; Dünsten *n*, Dämpfen *n*
extract by stewing/to ausschmoren
stibamine glucoside Stibaminglucosid *n*
stibane 1. <SbH_3> Antimonwasserstoff *m*, Antimon(III)-hydrid *n*, Monostiban *n*; 2. <$HSbR_2$, H_2SbR, SbR_3> Stiban *n*, Alkylstiban *n*, Arylstiban *n*, Stibin *n*
stib[i]ate Antimonat *n*, Stibiat *n*
stibide *s.* antimonide
stibic Antimon-, Antimon(V)- *{Zusammensetzungen s. unter antimonic}*
stibiconite Stibiconit *m*, Antimonocker *n*, Hydro-Roméit *m*, Hydro-Cervantit *m {Min}*
stibine <SbH_3> Stibin *n*, Antimon(III)-hydrid *n*, Antimonwasserstoff *m*, Monostiban *n*
stibinoaniline Stibinoanilin *n*
stibinobenzene Stibinobenzol *n*
stibiotantalite Stibio-Tantalit *m {Min}*
stibious *s.* antimonous
stibium *{Lat}* Antimon *n*, Stibium *n*
stibnite Stibnit *m*, Antimonglanz *m*, Antimonit *m*, Grauspießglanz *m {Antimon(III)-sulfid, Min}*
stibonic acid <R_2SbO_2H> Stibonsäure *f*

stibonium <SbH^{4+}> Stibonium-
stibophen Stibophen *n*, Neoantimosan *n* *{Pharm}*
stibosamine Stibosamin *n*
stichtite Stichtit *m* *{Min}*
stick/to 1. stechen *{z.B. mit einer Nadel}*; durchstechen, durchstoßen, durchbohren; stekken; 2. kleben *{z.B. Kontakte}*; haften, anhaften, adhärieren *{Phys}*; [fest]kleben; hängenbleiben, steckenbleiben, festsitzen, klemmen
stick in/to einstecken
stick on/to ankleben; anstecken, befestigen
stick together/to aneinanderhaften, zusammenkleben; zusammenbacken
stick 1. Stock *m*, Stecken *m*, Stab *m*; Stange *f*; Stift *m*; 2. Stück *n*
stick anode Rundanode *f*, stabförmige Anode *f*
stick cement Stangenkitt *m*
stick ga[u]ge Fühlstab *m*
stick-in thermocouple Einstich-Thermoelement *n*
stick lac Rohlack *m*, Stocklack *m*
stick of corrosion inhibitor Korrosionsschutzstab *m*
stick potash Stangenkali *n*
stick-slip Reibschwingungen *fpl*, Ruckgleiten *n* *{Trib}*
stick-slip effect Haft-Gleit-Effekt *m* *{ruckendes Gleiten, z.B. bei sehr langsamer Bewegung}*
stick sulfur Stangenschwefel *m*
sticker 1. Aufkleber *m*, Klebzettel *m*, Klebeetikett *n*; Klebefolie *f* *{Strahlenschutz}*; 2. Haftmittel *n*, Klebstoff *m*, Klebemittel *n*
stickiness Klebrigkeit *f*, Kleben *n*
sticking [an]haftend; [leicht] klebend *{z.B. Anstrichmittel}*
sticking charge Haftladung *f* *{Expl}*
sticking closure Haftverschluß *m* *{Med}*
sticking coefficient Haftkoeffizient *m*, Haftzahl *f*
sticking factor Haftzahl *f*
sticking force Klebekraft *f*
sticking friction Haftreibung *f*, Ruhereibung *f*, statische Reibung *f*
sticking plaster Heftpflaster *n*, Klebpflaster *n* *{Med}*
sticking potential Haftpotential *n* *{Elek}*
sticking thermometer Haftthermometer *n*
sticking time Verweilzeit *f*
sticking vacuum Klebevakuum *n*
sticking wax Klebewachs *n*
sticky klebrig, klebend, haftfähig, leimig, pappig, teigig; stickig, schwül
sticky charge Haftladung *f* *{Expl}*
sticky effect Verklebungseffekt *m*
stiff fest; steif, starr, konsistent; stark *{z.B. Getränk}*; schwierig; hoch *{z.B. Preis}*
stiff against torsion drehsteif
stiff brush Kratzbürste *f*
stiff flow schlechter Fluß *m*
stiffen/to versteifen, absteifen, aussteifen , verstärken, verfestigen; verstrammen *{Gummi}*; steif werden
stiffened versteift, verstärkt; verstrammt *{Gummi}*
stiffener Versteifungsmittel *n*; Versteifungsstreifen *m*, Versteifungseinlage *f*; Steifeinlage *f* *{Text}*
stiffening 1. Versteifen *n*, Versteifung *f*, Aussteifung *f*; Verstärkung *f*, Bewehrung *f* *{Tech}*; Verstrammen *n* *{Gummi}*; 2. Appretur *f*; Griffappretur *f* *{Text}*; 3. Versteifungseinlage *f*, Aussteifungseinlage *f*
stiffening effect Versteifungswirkung *f*
stiffening in consistency Verstrammung *f* *{Gummi}*; Versteifen *n*
stiffness Steifheit *f*, Steife *f*, Steifigkeit *f*; Strammheit *f* *{Gummi}*
stiffness behavio[u]r Steifigkeitsverhalten *n* *{z.B. von Plastkonstruktionsteilen}*
stiffness in bend[ing] Biegefestigkeit *f* *{DIN 53350}*; Biegesteifigkeit *f* *{53362}*, Biegesteifheit *f*
stiffness in flexure *s.* stiffness in bend[ing]
stiffness in shear Schubsteifigkeit *f*
stiffness in torsion Torsionssteifigkeit *f*, Verdrehungssteifigkeit *f* *{DIN 53447}*
stigmastane <$C_{29}H_{52}$> Stigmastan *n*
stigmastanol <$C_{29}H_{52}O$> Stigmastanol *n*
stigmasterol <$C_{29}H_{48}O$> Stigmasterin *n*, Stigmasterol *n*
stigmatic stigmatisch, punktförmig, punktzentrisch *{Opt}*
stigmatic image stigmatische Abbildung *f*
stigmator Stigmator *m* *{Opt}*
stilb Stilb *n*, sb *{obs, Einheit der Leuchtdichte, 1 sb = 10000 cd/m²}*
stilbamidine isethionate Stilbamidinisethionat *n*
stilbazole Stilbazol *n*
stilbazoline Stilbazolin *n*
stilbene <$(C_6H_5C=)_2$> Stilben *n*, 1,2-Diphenylethen *n*, Toluylen *n*, Bibenzyliden *n* *{obs}*
stilbene yellow Stilbengelb *n*
stilbestrol *s.* stilboestrol
stilbite Stilbit *m* *{obs}*, Strahlzeolith *m*, Desmin *m* *{Min}*
stilboestrol <$(HOC_6H_4C(C_2H_5)=)_2$> Stilböstrol *n*, Diethylstilböstrol *n* *{Pharm}*
still 1. still; regungslos, unbewegt, ruhend; 2. Destillationsapparat *m*, Destillationsgefäß *n*, Destillierapparat *m*, Destillierkolben *m* *{Chem}*; Destillationsanlage *f*, Destillieranlage *f* *{Chem}*; 3. Stille *f*
still body Destillierkolben *m*, Destillationskolben *m*, Destillationsblase *f* *{Chem}*

still cap Deckel *m*, Brennhelm *m {Dest}*
still head Destillieraufsatz *m {Lab}*, Kolonnenkopf *m*
still house Schnapsbrennerei *f*, Destillationshaus *n*, Destillierhaus *n*
still pot Destillierkessel *m*
still temperature Kopftemperatur *f {Dest}*
stillingia oil Stillingiaöl *n*, Stillingiatalgöl *n*, Talgbaumsamenöl *n {Sapium sebiferum (L.) Roxb.}*
stillingic acid Stillingsäure *f*, Deca-2,4-diensäure *f*
stillion Abfüllblock *m {Brau}*
stillopsidine Stillopsidin *n*
stilpnomelane Melanglimmer *m*, Minguetit *m*, Stilpnomelan *m {Min}*
stilpnosiderit Stilpnosiderit *m {Min}*
stimulant Stimulans *n*, Anregungsmittel *n*, Belebungsmittel *n*, Reizmittel *n*
stimulate/to stimulieren, anregen, anreizen; beschleunigen, fördern *{z.B. Korrosion}*; induzieren, anregen *{Phys}*
stimulating effect Reizwirkung *f*
stimulating substance Reizstoff *m*
stimulation Anregung *f*, Stimulation *f*, Reizung *f*
stimulus Stimulans *n*, Reiz *m*
sting/to stechen *{Insekten}*; aufstacheln
stinkstone Stinkkalk *m*, Stinkstein *m {Min}*
stipitatic acid <$C_8H_6O_5$> Stipitatsäure *f*
stipple/to punktieren, punktrastern; stupfen *{Farb}*
stipple paint plastische Farbe *f*, Kornrasterfarbe *f*
stipple roller Tüpfrolle *f {Text}*
stippling Punktschraffierung *f*, Punktschraffieren *n*, Kornraster *n {Druck}*
stippling paint Tupffarbe *f*, Kornrasterfarbe *f*
stipulate/to ausbedingen, festsetzen
stipulation Abmachung *f*, Bedingung *f*
stir/to rühren; schütteln *{Flüssigkeiten}*
stir in/to einrühren
stir together/to zusammenrühren
stir up/to umrühren
stir Bewegung *f*; Regung *f*
stir-in resin dispergierbares Vinylharz *n*
stirred autoclave Schüttelautoklav *m*, Rühr[werks]autoklav *m*
stirred ball mill Rührwerkskugelmühle *f*
stirred pressure vessel Rührdruckgefäß *n*
stirred tank [reactor] Rührtankreaktor *m*, Rührkesselreaktor *m*, Rührreaktor *m*, Mischreaktor *m*
stirred tank reactor cascade Rührkesselreaktorkaskade *f*, Rührreaktorkaskade *f*, Rührkesselkaskade *f*
stirred vessel cascade *s.* stirred tank reactor cascade
stirrer 1. Rührer *m*, Rührapparat *m*, Rührwerk *n*, Rührvorrichtung *f*; Löser *m {Keramik}*; 2. Rührgerät *n*, Rührelement *n {z.B. Rührarm, Rührstab}*
stirrer drive Rührwerksantrieb *m*
stirrer mill Rührwerksmühle *f*
stirrer motor Rührmotor *m*, Antriebsmotor *m* für Rührer
stirrer stand Rührstativ *n*
electromagnetic stirrer elektromagnetischer Rührer *m*
mechanical stirrer mechanischer Rührer *m*
stirring 1. Rühren *n*; 2. Schütteln *n {Flüssigkeiten}*
stirring apparatus Rührapparat *m*, Rührwerk *n*, Rührvorrichtung *f*, Rührer *m*
stirring arm Rührarm *m*
stirring coil Rührspule *f*
stirring device Rührvorrichtung *f*, Rührwerk *n*, Rührapparat *m*, Rührer *m*
stirring machine Rührmaschine *f*
stirring mill Agitator *m*, Mischer *m*, Rührwerk *n*, Rührer *m*
stirring motor Rührermotor *m*, Rühr[werks]motor *m*
stirring of molten mass Schmelzbadbewegung *f*
stirring rate Rührgeschwindigkeit *f*
stirring rod Rührstab *m*
stirring tub Rührbütte *f*, Rührfaß *n*
stirring unit Rührwerk *n*
stirring vane column Kolonne *f* mit Mischflügeln
stirring vat Rührbütte *f*, Rührfaß *n*
stirring vessel Rührwerksbehälter *m*
stirrup 1. Bügel *m*; 2. Bewehrungsbügel *m {Betonieren}*; 3. Waagschalenaufhängung *f*, Schalengehänge *n*; 4. Nachlaßvorrichtung *f {Bergbau}*
stitch/to nähen; steppen *{Text}* }; heften *{Tech}*
stitch 1. Stich *m*, Nadelstich *m*; 2. Masche *f {Text}*
stitch holding property Nadelausreißfestigkeit *f*
stitch tear resistance Stichausreißfestigkeit *f*
stitching 1. Nähen *n*, Näharbeit *f {Text}*; 2. Steppen *{Text}*; 3. Heften *n {z.B. Buchbinden}*
stizolobin Stizolobin *n {Globulin}*
stochastic stochastisch, regellos, zufällig; nichteindeutig
stock/to beistellen, bereitstellen; bevorraten, ausrüsten; führen *{Waren}*; stapeln *{Vorräte}*, auf Lager *n* halten
stock 1. Ausgangsmaterial *n*, Grundwerkstoff *m*, Verarbeitungsgut *n {zu verarbeitendes Material}*; Einsatzmaterial *n {z.B. bei der Erdölraffination}*; 2. Ansatz *m {Chem}*; 3. Kautschukmischung *f*, Rohmischung *f {Gummi}*; 4. Gicht *f {Met}*; 5. Papierrohstoff *m*, Faserrohstoff *m*,

Papierfaserstoff *m {Pap}*; Stoffmasse *f*, Faser[stoff]brei *m {Pap}*; Halbzeug *n*, Faserhalbstoff *m {Pap}*; Ganzzeug *n*, [fertiger] Papierstoff *m*, Ganzstoff *m {Pap}*; 6. Vorrat *m {an Material}*, Lagervorrat *m*, Lagerbestand *m*; Inventar *n*; 7. Rasse *f {Biol}*; Stamm *m*, Geschlecht *n {Biol}*; 8. Stock *m {Geol}*; 9. Druckgrund *m*, Druckträger *m*, Bedrucktstoff *m {Farb}*; 10. [unterer] Stamm *m {Bot}*

stock blender Mischer *m*, Mischvorrichtung *f {Gummi}*

stock bottle Vorratsflasche *f*

stock capital Grundkapital *n*, Stammkapital *n*

stock container Lagerbehälter *m*

stock distributing gear Schüttvorrichtung *f*

stock farming Viehzucht *f*

stock guide Abstreifbacke *f {Mischmaschine}*

stock line 1. Sammelrinne *f*; Stoffleitung *f {Pap}*; 2. Beschickungsoberfläche *f*, Beschikkungsoberkante *f {Schachtofen}*

stock-line ga[u]ge Gichtanzeiger *m {Met}*

stock liquor Stammflotte *f*, Stammansatz *m {Text}*

stock pan Mischwanne *f {Kautschuk}*

stock pile 1. Lagerplatz *m*; 2. Vorrat *m*, Reservebestand *m*; Halde *f*, Vorratshalde *f {Bergbau}*

stock pyrometer Einstichpyrometer *n {Extrusion}*

stock receipt Wareneingang *m*

stock solution Stammlösung *f {z.B. für Titrationen}*; Vorratslösung *f {Chem}*

stock strainer Siebkopfspritzmaschine *f*, Siebpresse *f {Gummi}*

stock-taking Inventur *f*, Bestandsaufnahme *f*, Lageraufnahme *f*, Inventarisation *f*

stock temperature 1. Lagertemperatur *f*; 2. Verarbeitungstemperatur *f {allgemein}*; Schmelztemperatur *f*, Massetemperatur *f {Kunst}*

stock vat Stammküpe *f {Text}*

stock vessel Standgefäß *n*

fully compounded stock Fertigmischung *f*

Stock system Stocksche Nomenklatur *f*

stocking Lagerhaltung *f*

stocking out Aufhaldung *f*

stocking point Lagerungsstelle *f {Güter}*

stocking-type filter Schlauchfilter *n*

stockpile/to aufstapeln, aufhalden; speichern, aufbewahren, lagern, dauerlagern

stockpiling Reservehaltung *f*, Vorratshaltung *f {wichtiger Rohstoffe}*; Bevorraten *n*, Bevorratung *f*

Stoddard solvent Stoddard-Solvent *m {Erdölfraktion für Reinigungs-/Lösezwecke}*

stoichiometric stöchiometrisch *{Chem}*

stoichiometric calculation chemische Stöchiometrie *f*

stoichiometric number stöchiometrische Zahl *f*

stoichiometrical stöchiometrisch

stoichiometry Stöchiometrie *f {Chem}*

stoke/to heizen; schüren, anfachen; beschicken

stoke Stoke *n {kinematische Viskositätseinheit, 1 St = 0,0001 m^2/s}*

stoker 1. Beschickungseinrichtung *f*, Beschikker *m {einer Feuerung}*; 2. Heizer *m {Person}*

Stokes law 1. Stokes-Gesetz *n*, Stokessches Reibungsgesetz *n*; 2. Stokessches Fluoreszenzgesetz *n*, Stokessche Regel *f*

Stokes rule Stokessche Regel *f*, Stokessches Fluoreszenzgesetz *n*

Stokes theorem Stokesscher Satz *m*, Stokesscher Integralsatz *m*

stokesite Stokesit *m {Min}*

stoking 1. Heizen *n*; 2. Schüren *n*, Anfachen *n {Feuer}*; 3. Aufschüttung *f*; Rostbeschickung *f*, Rostfeuerung *f*

technique of stoking Feuerungstechnik *f*

stolzite Stolzit *m*, Wolframbleierz *n {obs}*, Scheelbleierz *n {Min}*

stomach 1. Magen *m*; 2. Unterleib *m {Med}*; 3. Verlangen *n*; Neigung *f*

stomach acid Magensäure *f*

stomach acidity Magensäuregehalt *m*

stomach enzyme Pepsin *n*

stomach juice Magensaft *m*

stomachic Stomachikum *n {appetitanregendes und verdauungsförderndes Mittel}*

stomachic bitter Magenbitter *m*

stomachic drops Magentropfen *mpl {Pharm}*

stone 1. steinern, aus Stein *m*; Stein-; 2. Stein *m*; 3. Kern *m*, Stein *m {Obst}*; 4. Hartgips *m {Dent}*; 5. Stone *n {GB, Masseneinheit, = 6,35029318 kg}*

stone ashes Steinasche *f*

stone breaker Steinbrecher *m*, Erzquetsche *f*

stone burnisher Achatglättmaschine *f*, Achatsteinglätteinrichtung *f*, Steinglätte *f {Pap}*

stone china feines Steingut *n*

stone crusher Steinbrecher *m*

stone flax Bergflachs *m {Min}*

stone former Steinbildner *m*

stone-gray steingrau

stone-like steinartig

stone marl Steinmergel *m*

stone mill Schlagmühle *f*, Steinmühle *f*, Brechmaschine *f*

stone pitch Steinpech *n*

stone powder Gesteinsmehl *n {Füllstoff}*

stone red Eisenoxidrot *n*

stone ring Steinring *m {Geol}*

hard as stone steinhart

porous stone Filterstein *m*

stoneware Steingut *n*, Steinzeug *n {Keramik}*

stoneware vessel Steinzeuggefäß *n*

feldspatic stoneware Halbporzellan *n*

stones Gestein *n*

brittle stones faules Gestein *n*
stony steinig; steinartig; steinern, aus Stein *m*
stool 1. Bodenstein *m {Hochofen}*; 2. Stuhl *m {Med}*; 3. Schemel *m*, Stuhl *m*
stop/to stoppen, anhalten; abstellen, abschalten *{Elek}*; stillegen *{Anlage}*, stillsetzen, außer Betrieb setzen; eine Tätigkeit einstellen, innehalten; anschlagen *{z.B. Zeiger}*; arretieren, sperren, blockieren; aufhalten; stocken
stop down/to abblenden *{Photo, Opt}*; ausblenden *{einen Spektralbereich}*
stop out/to ausblenden *{Spek}*; begrenzen; maskieren, abdecken *{Formätzen}*
stop 1. Anschlag *m {z.B. eines Zeigers}*, Halt *m*, Haltepunkt *m*; Ende *n*; 2. Anschlagstück *n*, Distanzstück *n*; 3. Arretierung *f*, Verrastung *f*, Verriegelung *f*, Sperrung *f*, Blockierung *f {Tech}*; 4. Wegbegrenzung *f*, Stellwegbegrenzung *f {Automation}*; 5. Halten *n*, Anhalten *n*; 6. Pause *f*, Aufenthalt *m*, Unterbrechung *f*; Stillstand *m*, Stillsetzung *f {z.B. einer Anlage}*; 7. Blende *f*, Diaphragma *n {Opt, Photo}*
stop bars Anschlagleisten *fpl*
stop bath Stoppbad *n*, Unterbrecherbad *n*, Unterbrechungsbad *n {Photo}*
stop button Anschlagbutzen *m*, Arretierungsknopf *m*; Stopptaste *f*
stop cock Absperrhahn *m*, Sperrhahn *m*, Abstellhahn *m*; Hahn *m*
stop cock control Hahnregulierung *f*
stop cock grease Hahnfett *n*
stop cock manifold Hahnbrücke *f*
stop collar Anschlag *m*
stop collar of cap Kappenanschlag *m*
stop dog Anschlagbolzen *m*
stop lever Abstellhebel *m*, Rasthebel *m*
stop mechanism Abstellvorrichtung *f*
stop-off laquer Isolierlack *m*, Abdecklack *m*
stop-over [kurzer] Aufenthalt *m*, Unterbrechung *f*
stop ring Stellring *m*
stop tap Absperrhahn *m*
stop switch Abstellschalter *m*
stop valve 1. Absperrventil *n*, Sperrventil *n*, Abstellventil *n*, Stauventil *n*, Abschaltventil *n*; 2. Absperrhahn *m*, Sperrhahn *m*, Abstellhahn *m*
stop watch Stoppuhr *f*
ground-in stop cock eingeschliffener Hahn *m*
regulation by stop cock Hahnsteuerung *f*
stoppage 1. Anhalten *n*; Stillegung *f {z.B. einer Anlage}*; Abschaltung *f*, Ausschalten *n {Elek}*; Einstellung *f {z.B. von Zahlungen}*; 2. Verstopfung *f*, Stockung *f*; Blockierung *f*; Stillstand *m*; 3. Stillstandzeit *f*
stoppage of the flow Abstoppen *n* der Strömung
stopper/to verschließen; zukorken, zustöpseln
stopper 1. Anschlag *m*, Anschlagstück *n*, Distanzstück *n {Tech}*; 2. Stopfen *m*, Stöpsel *m*, Pfropfen *m*; Spund *m*, Zapfen *m {Faß}*; Verschlußstück *n*, Verschlußelement *n {Tech}*; 3. Entkopplungsglied *n {Elektronik}*; 4. Inhibitor *m*, Polymerisationsabstoppmittel *n {Chem}*; 5. Vorsatzkuchen *m*, Schmelzkuchen *m {Glas}*; 6. Ausgleichmasssse *f*, Spachtelmasse *f*, Spachtel *m*
stopper lifting device Stopfenhebevorrichtung *f*
stopper nozzle Stopfenausguß *m*
stopper rod Stopfenstange *f*, Ventilstange *f*
stopper screw Absperrschraube *f*
solid stopper Vollstopfen *m*
stopping 1. Anhalten *n*; Abstellen *n*, Ausschalten *n*; Stillegen *n*, Stillsetzen *n*; 2. Sperrung *f*, Blockung *f*, Arretierung *f*; 3. Kitt *m*; Füllspachtel *m*
stopping device Anhaltevorrichtung *f*, Arretierung *f*
stopping electron Bremselektron *n*
stopping equivalent Bremsäquivalent *n {Nukl}*
stopping medium Spachtelmasse *f*, Ausgleichsmasse *f*
stopping number Bremszahl *f*
stopping of the machine Maschinenstillstand *m*, Maschinenstopp *m*
stopping-off Abdecken *n*, [lokales] Abschirmen *n {von Oberflächenteilen}*
stopping point Halt[e]punkt *m*, Halt *n*
stopping potential Anhaltpotential *n*, Bremspotential *n*
stopping power Bremsvermögen *n*, lineare Energieübertragung *f*
stopping range Reichweite *f {Nukl}*
storable lagerbeständig, lager[ungs]fähig, lagerbar
storage 1. Aufbewahrung *f*; Lagerung *f*, Einlagerung *f*, Aufbewahrung *f*; Speicherung *f {von Gasen, Energie, Daten}*; 2. Bevorraten *n*; 3. Lagerraum *m*; Speicher *m {EDV}*; 4. Lagerhaltung *f*; 5. Lagergeld *n*, Lagermiete *f*, Lagergebühr *f*; 6. Kaltzwischenlagerung *f*, Raumtemperaturvorlagerung *f {Met}*; 7. Speicherinhalt *m*, gespeicherte Information *f*, gespeicherte Daten *pl*; zu speichernde Daten *pl*
storage assembly Speicherbaugruppe *f {EDV}*
storage basement Lagerkeller *m*
storage basin Reservoir *n*, Tank *m*; Speicherbecken *n*, Stapelbecken *n {Wasser}*
storage battery Akkumulatorenbatterie *f*, Akkumulator *m*, Sammelbatterie *f*
storage-battery voltage Akkumulatorspannung *f*
storage bin Lagerbehälter *m*, Vorratsbehälter *m*, Vorratsbunker *m*, Vorratssilo *m n*; Schrotrumpf *m {Brau}*; Vorratsgebinde *n {Kunstharze, Formmasssen}*

storage bottle Aufbewahrungsflasche *f*
storage box Vorratsdose *f*
storage capacitor Speicherkondensator *m*
storage capacity 1. Lagerkapazität *f*; 2. Speicherkapazität *f*, Speichervermögen *n* *{EDV}*; 3. Puffermöglichkeit *f*, Lagermöglichkeit *f* *{zwischen den einzelnen Arbeitsgängen einer Fertigungsstraße}*
storage cell 1. Akkumulatorzelle *f* *{Elektrochemie}*; 2. Speicherelement *n*, Speicherplatz *m* *{EDV}*
storage cellar Lagerkeller *m*
storage circuit Umlauflager *n*
storage conditions Lagerungsbedingungen *fpl*
storage flask Vorratsgefäß *n*
storage heater Wärmespeicherofen *m*
storage in blocks Blocklagerung *f*
storage life Haltbarkeitsdauer *f* *{Lebensmittel}*; Lagerbeständigkeit *f*, Lagerfähigkeit *f*, Lager[ungs]eigenschaften *fpl*
storage medium Datenträger *m*
storage modulus Speichermodul *m*
storage oscilloscope Speicheroszilloskop *n*
storage place Ablage *f*
storage plant Speicheranlage *f*
storage pool Lagerbecken *n* *{Entsorgung}*
storage rack Lagerregal *n*
storage shelf Abstellbrett *n*
storage space Lagerplatz *m*, Lagerraum *m*
storage stability Lagerstabilität *f*, Lagerfähigkeit *f*, Lager[ungs]beständigkeit *f*
storage tank Lagerbehälter *m*, Lagertank *m*, Vorratstank *m*, Vorratsbehälter *m*, Speicherbehälter *m*; Vorratsbütte *f* *{Pap}*; Stapelbank *f* *{Wasser}*
storage temperature Lager[ungs]temperatur *f*, Aufbewahrungstemperatur *f*
storage test Lagerversuch *m*
storage tube Speicherröhre *f* *{Elek}*
storage vat Lagerbottich *m* *{Brau}*
storage vault Lagerbunker *m*
storage vessel Speicherbehälter *m*, Lagergefäß *n*, Vorratsbehälter *m*, Vorratstank *m*, Aufbewahrungsbehälter *m*; Standgefäß *n* *{Pharm}*
accelerated storage test beschleunigter Lagerversuch *m*
cold storage Kaltlagerung *f*
duration of storage Aufbewahrungsdauer *f*
time of storage Aufbewahrungsdauer *f*

storax *{USP}* Storax *m*, Styrax *m* *{Balsamharz von Liquidambar orientalis Miller und L. styraciflua L.}*
storax oil Storaxöl *n*
storax ointment Storaxsalbe *f*
storax saponin Storaxsaponin *n*

store/to [ein]lagern, magazinieren, speichern; aufbewahren; speichern *{Energie, Daten, Informationen}*
store temporarily/to zwischenlagern, zwischenspeichern
store up/to aufstapeln; aufspeichern

store 1. Vorrat *m*, Lagervorrat *m*, Lagerbestand *m*; 2. Lager *n*, Lagerhalle *f*, Lagerraum *m*; Lagerhalle *f*, Magazin *n*, Depot *n*, Speicher *m*; 3. Speicher *m* *{EDV}*; 4. Speicherröhre *f* *{Elektronik}*
store cellar Lagerkeller *m*, Vorratskeller *m*
store house Lager[haus] *n*, Magazin *n*, Speicher *m*, Lagerhalle *f*, Vorratshaus *n*
store keeper Magazinverwalter *m*
store room Vorratsraum *m*, Lager *n*, Lagerraum *m*

stored energy innerer Energiegehalt *m*, gespeicherte Energie *f*
stored heat gespeicherte Wärmemenge *f*
stored malt Altmalz *n*
stored program gespeichertes Programm *n*
stored-program speicherprogrammierbar, speicherprogrammiert
stored-program control speicherprogrammierte Steuerung *f*, PC-Steuerung *f*

storey *{GB}* Stockwerk *n*, Etage *f*, Geschoß *n*

storing 1. Lagerung *f*, Einlagerung *f*; Aufbewahrung *f*; 2. Vorratshaltung *f*; 3. Speicherung *f*, Speichern *n*
storing basin Speicherbecken *n*
storing property Lagerfähigkeit *f*

stout massiv; handfest; stark, deftig *{Lebensmittel}*
stout beer [dunkles] Starkbier *n*
stout-walled starkwandig, dickwandig

stovable einbrennbar

stovaine Stovain *n*

Stovarsol *{TM}* Stovarsol *n*, 3-Acetylamino-4-oxyphenylarsinsäure *f*

stove/to 1. im Ofen *m* trocknen; einbrennen *{Lack}*; [aus]härten *{Gießharz}*; 2. erwärmen, erhitzen; 3. schwefeln *{SO_2-Bleiche}*

stove 1. Ofen *m* *{Tech}*; Brennofen *m* *{Keramik}*; Trockenofen *m*, Einbrennofen *m* *{Farb}*; 2. Herd *m* *{Küche}*; 3. Ofen *m*, Raumheizkörper *m*; 4. Trockenraum *m*, Darre *f*; 5. Schwefelkammer *f*, Schwefelkasten *m* *{für die Bleiche}*; 6. Treibhaus *n*, temperiertes Gewächshaus *n*
stove enamel Einbrennlack *m*, Ofenemaillelack *m*
stove enamelling Brennlackierung *f*, Ofenlackierung *f*, Einbrennlackierung *f*
stove filler Einbrennfüller *m* *{Spachtelmasse}*
stove-kiln Backsteinofen *m*
stove lacquer Einbrennlack *m*
stove polish Ofenglanz *m*, Herdputzmittel *n*
stove varnish Einbrennfirnis *m*

stoved finish Einbrennlackierung *f*

stoving 1. ofentrocknend; 2. Ofentrocknung *f*;

3. Einbrennen *n {Lack}*; 4. Schwefeln *n*, Schwefel[kammer]bleiche *f*
stoving alkyd Einbrennalkyd *n*
stoving bath reduzierendes Bleichbad *n {Text}*
stoving enamel Einbrennlack *m*, Einbrennemaillelack *m*; ofentrocknende Emaillelackfarbe *f*
stoving finish Einbrennlack *m*
stoving laquer Einbrennlack *m*, ofentrocknender Lack *m*; ofentrocknende Lackfarbe *f*
stoving oven Einbrennofen *m*
stoving plant Trockenanlage *f {Gieß}*
stoving residue Einbrennrückstand *m*
stoving temperature Einbrenntemperatur *f*
stoving-temperature range Einbrennbereich *m*
stoving test Einbrennversuch *m*
stoving time Einbrennzeit *f*, Einbrenndauer *f {Lack}*; Härtedauer *f {Gießharz}*
stoving varnish Einbrennlack *m*, ofentrocknender Lack *m*
stow/to [ver]stauen, packen *{Transport}*; versetzen *{Bergbau}*
stow away/to wegräumen
stowage Stauen *n*, Verstauen *n*; Trimmung *f {Ladung}*
stowing 1. Stauen *n*, Verstauen *n*; Trimmen *n {Ladung}*; 2. Versatz *m {Bergbau}*
STP *s*. standard conditions of temperature and pressure
straight 1. gerade, geradeaus, geradlining ausgerichtet, direkt; eben; glatt; rein *{ohne Zusatzstoffe}*; unlegiert *{Met}*; unverdünnt, rein *{alkoholische Getränke}*; 2. Gerade *f*
straight-arm mixer Balkenrührer *m*, einfacher Balkenmischer *m*, einfaches Balkenrührwerk *n*
straight calibration line Eichgerade *f {obs}*, Kalibriergerade *f*
straight centrifugal separation reine Fliehkraftabscheidung *f*
straight chain geradlinige Kette *f*, unverzweigte Kette *f*
straight-chain geradkettig, mit gerader Kette *f {Chem}*
straight-chain compound gerade Kettenverbindung *f*, unverzweigte kettenförmige Verbindung *f*
straight-chain molecule geradkettiges Molekül *n*, unverzweigtes Molekül *n*
straight chromium Eisenchrom-Gußlegierung *f*
straight Couette flow ebene Couette-Strömung *f*
straight extrusion head Längsspritzkopf *m*, Horizontalspritzkopf *m*, Geradeausspritzkopf *m*
straight fiber ungekräuselte Faser *f*, glatte Faser *f {Textilglasgewebe}*
straight-grained geradfaserig
straight head *s*. straight-line extrusion head
straight-in relationship lineare Abhängigkeit *f*, lineare Beziehung *f*
straight line Gerade *f {Kurve}*
straight-line extrusion head Längsspritzkopf *m*, Horizontalspritzkopf *m*, Geradeausspritzkopf *m*
straight-line focus anode Strichfokusantikathode *f*
straight-lined geradlinig
straight lobe compressor Roots-Gebläse *n*, Wälzkolbenverdichter *m*
straight melamine resin unmodifiziertes Melaminharz *n*
straight mineral lubricating oil *{BS 4475}* reines Mineralschmieröl *n*
straight mineral oil reines Mineralöl *n*, mineralisches Öl *n* ohne Zusatzstoffe
straight oil Blanköl *n*
straight part of the characteristic curve geradliniger Teil *m* der Schwärzungskurve
straight pipe Normalrohr *n*
straight run bitumen Destillationsbitumen *n {DIN 55946}*, SR-Bitumen *n*, Straight-run-Bitumen *n*, destilliertes Bitumen *n {obs}*
straight run gasoline Destillationsbenzin *n*, Rohbenzin *n*, Topbenzin *n*, SR-Benzin *n*, Straight-run-Benzin *n*
straight run products unverschnittene Destillate *npl*
straight-through blasting plant Durchlaufstrahlmaschine *f*
straight-through die Geradeaus[spritz]kopf *m*, Längsspritzkopf *m*, Geradeaus[extrusions]werkzeug *n*, Längsspritzwerkzeug *n*
straight-through process Durchfahrtechnik *f {Galvanik}*
straight-through reactor Durchlaufreaktor *m*
straight-through valve Durchgangsventil *n*
straight tube bundle Geradrohrbündel *n*
straight vacuum forming Vakuumtiefziehen *n*, Vakuumsaugverfahren *n {mit Matrize}*
straight-way cock Durchgangshahn *m*
straight-way valve Durchgangsventil *n*
straighten/to gerade machen, geradebiegen, richten, geraderichten *{Tech, Met}*; begradigen *{Wasserlauf}*
straighten by stretching/to recken
straightness Geradheit *f*
strain/to 1. [ab]klären; filtrieren, filtern; [ab]seihen, durchseihen, durchsickern, durchlaufen *{Flüssigkeiten}*; 2. sieben, strainern *{Gummi}*; 3. verformen, deformieren; dehnen *{Zugbeanspruchung}*; 4. beanspruchen; spannen; drükken, pressen; ziehen zerren; 5. anspannen, anstrengen; 6. verzerren *{Med}*
strain 1. Beanspruchung *f*, Belastung *f*, Spannung *f {die bleibende Verformung erzeugt}*;

2. Verformung *f*, Deformation *f*, Formänderung *f*; Dehnung *f {bei Zugbeanspruchung}*; Verspannung *f {Glas}*; 3. Strain *m*, Deformation *f {Geol}*; 4. Stamm *m*, Rasse *f {Mikroorganismen}*; Abstammung *f*, Geschlecht *n*; 5. Zerrung *f*, Verrenkung *f {Med}*
strain-age cracking Spannungs-Alterungs-Rissigkeit *f*
strain-age embrittlement Spannungs-Alterungs-Sprödigkeit *f*
strain ag[e]ing Reckalterung *f {Kaltverformung}*; Stauchalterung *f {einer Heißgasschweißnaht}*
strain at failure Bruchdehnung *f*
strain axis Hauptspannungsachse *f*
strain birefringence Spannungsdoppelbrechung *f*
strain coefficient in tension Schubzahl *f*, Dehnzahl *f*
strain disk Spannungsscheibe *f*, Prüfscheibe *f* für Spannungen, spannungsnormale Scheibe *f {Glas}*
strain distribution Spannungsverteilung *f*, Belastungsverteilung *f*
strain double refraction Spannungsdoppelbrechung *f*
strain ellipsoid Spannungsellipsoid *n*
strain energy Formänderungsenergie *f*, Deformationsenergie *f*, Verformungsenergie *f*, Verschiebungsarbeit *f*
strain energy hypothesis Gestaltänderungshypothese *f {Materialtest}*
strain energy per unit area spezifische Formänderungsarbeit *f*
strain factor Spannungsfaktor *m*, Belastungsfaktor *m*
strain figure Fließfigur *f*
strain ga[u]ge Dehnungsmeßstreifen *m*, Dehnungsmeßfühler *m {Meßwandler}*
strain hardening Kaltverfestigung *f*, Umformverfestigung *f*, Verfestigung *f* durch Verformung *{z.B. Strecken}*
strain indicating lacquer Prüfreißlack *m*
strain indicator Spannungsanzeiger *m*, Dehnungsmeßstreifen *m*, Dehnungsmeßfühler *m*
strain level Belastungsstärke *f*, Spannungsniveau *n*
strain measurement Dehnungsmessung *f*, Verformungsmessung *f*
strain path Verformungsweg *m*
strain photograph Spannungsaufnahme *f*, Spannungsphoto *n*
strain point Spannungspunkt *m*, 15-Stunden-Entspannungstemperatur *f*, untere Entspannungstemperatur *f*, untere Kühlungstemperatur *f*, unterer Kühlpunkt *m {Glas}*
strain rate Verformungsgeschwindigkeit *f*, Formänderungsgeschwindigkeit *f*, Umformungsgeschwindigkeit *f*
strain recovery Verformungsrückbildung *f*, Deformationsrückbildung *f*; Dehnungsgeschwindigkeit *f {bei Zugbeanspruchung}*
strain-relief treatment spannungsfreies Glühen *n*
strain-stress curve Zug-Druck-Kurve *f*
strain tensor Formveränderungstensor *m*, Verzerrungtensor *m {Mech}*; Dehnungstensor *m {Zugbeanspruchung}*
strain theory Spannungstheorie *f {Valenz}*
strain transducer Dehnungsaufnehmer *m*
bending strain Biegeformung *f*
elastic strain elastische Beanspruchung *f*
flexural strain Biegeformung *f*
homogeneous strain homogene Formänderung *f*
non-uniform strain ungleichmäßige Verformung *f {Mech}*

strained honey Schleuderhonig *m*
strained ring gespannter Ring *m {Valenz}*

strainer 1. Seiher *m*, [feines] Sieb *n*, Siebfilter *n {Tech}*; Durchschlag *m {Lebensmittel, Tech}*; Passiersieb *n {Lebensmittel}*; 2. Siebkopf-Spritzmaschine *f*, Strainer *m {Kunst, Gummi}*; 3. Siebeinsatz *m*, Siebeinlage *f*, Lochplatte *f*; Saugkopf *m*, Saugkorb *m {am Eintrittsstutzen von Pumpleitungen}*; 4. Splitterfang *m*, Knotenfänger *m {Pap}*; 5. Spannvorrichtung *f {Tech}*; 6. Läuter[bottich]boden *m*, Seihboden *m*, Senkboden *m {Brau}*
strainer gauze Siebgewebe *n*
strainer head Extrudersiebkopf *m*, Saugstück *n*, Senkkorb *m*, Siebkorb *m*
strainer plate Lochplatte *f*, Lochscheibe *f {zwischen Schneckenspitze und Extruderdüse}*
strainer press Seiherpresse *f*

straining 1. Sieben *n*, Seihen *n*, Durchseihen *n*; Filtrieren *n*; 2. Spannen *n {Leder}*; 3. Beanspruchen *n*; 4. Verformen *n*, Deformieren *n*; Rekken *n {Met}*
straining bag Filtriersack *m*
straining chamber Filterkammer *f*, Siebkammer *f*
straining cloth Seihtuch *n*, Filtriertuch *n*
straining dish Siebschale *f*
straining filtration Siebfiltration *f*
straining frame Spannrahmen *m {Leder}*
straining frame experiment Zugversuch *m*
straining head Sieb[spritz]kopf *m*, Strainerkopf *m {Kunst, Gummi}*
straining vat Läuterbottich *m*, Klärbottich *m {Brau}*

strainless spannungsfrei, verspannungsfrei

stramonium Stechapfel *m*, Stramonium vulgatum *{Datura stramonium L.}*
extract of stramonium Stechapfelextrakt *m*

strand 1. Strang *m*, Kettenstrang *m {Tech}*; 2. Strang *m {Gieß}*; 3. Strähne *f {Haar}*; Strähne *f*, Faserbündel *n*, Elementarfadenbündel *n {Text}*; Garnstrang *m*, Garnsträhne *f {Text}*; 4. Litze *f {Seil, Draht}*; 5. Trum *m n {Bandförderer}*
strand and strip pelletization Kaltgranulierverfahren *n*
strand cutter Stranggranulator *m {Kunst}*
strand die Fadendüse *f*; Strangdüse *f*, Strangwerkzeug *n*, Vollstrangdüse *f*
strand die head Strangdüsenkopf *m*
strand granulator Stranggranulator *m*
strand pelletization Stranggranulierung *f*
strand-pelletized kaltgranuliert
strand pelletizer Kaltgranuliermaschine *f*, Kaltgranulator *m*, Strangschneider *m*, Stranggranulator *m*, Strangabschläger *m*
stranded wire Drahtlitze *f*
stranded copper wire Kupferlitzendraht *m*, Kupferlitze *f*
strange particle seltsames Teilchen *n {Nukl}*
strangeness number Fremdheitsquantenzahl *f*, Strangeness *f*, Seltsamkeitszahl *f*
strap/to 1. rangieren *{mit Drahtbrücke; Elek, EDV}*; 2. festschnallen, festbinden; zusammenbinden, umbinden, abbinden *{mit Band}*; 3. umreifen *{z.B. ein Faß}*; 4. verlaschen, anlaschen
strap 1. Riemen *m*, Gurt *m*, Gurtband *n {Tech}*; 2. Lasche *f*; 2. Abgriffschelle *f {Elek}*
strap connection Laschenverbindung *f*
strap iron Bandeisen *n*
strapping 1. Koppelleitung *f*, Drahtbügelkopplung *f {Elek}*; 2. Verpackungsband *n*
strapping device Umreifungsgerät *n*
strass Straß *m*, Mainzer Fluß *m {Chem, Glas}*
stratification Stratifikation *f*, Schichtung *f*, Schicht[en]bildung *f*, Überschichtung *f {z.B. im Meer, in der Luft, bei Schmutzablagerung usw.}*
stratification seam Schichtfuge *f {Geol}*
stratified geschichtet, überschichtet; bankig, gebankt *{Geol}*; aufgefächert, in Schichten *fpl* auseinandergezogen *{z.B. Aufgabegut}*
stratified flow geschichtete Strömung *f*, Schichtströmung *f*
stratified sampling Gruppenauswahl *f {Statistik}*
stratified structure Schichtstruktur *f*
stratified suspension überschichtete Suspension *f*
stratify/to schichten, überschichten, [auf]schichten, Schichten *fpl* bilden; auffächern, in Schichten *fpl* auseinanderziehen *{z.B. Aufgabegut}*
stratigraphy Stratigraphie *f*, Schichtenkunde *f {Geol}*
stratopause Stratopause *f {50 - 60 km}*
stratosphere Stratosphäre *f {12 - 55 km}*
stratum 1. Schicht *f*; 2. Schicht *f*, Flöz *n {Bergbau}*; 3. Lage *f*; 4. Klasse *f*
upper stratum Oberschicht *f {Geol}*
stratus cloud Schichtwolke *f*
straw 1. Stroh-; 2. Stroh *n*; Strohhalm *m*
straw-board Stroh[zellstoff]pappe *f*
straw cellulose Strohcellulose *f*, [vollaufgeschlossener] Strohzellstoff *m*
straw-colo[u]red strohfarbig, strohfarben
straw cotton stark gestärkter Baumwollfaden *m*
straw fiber Strohfaser *f*
straw paper Strohpapier *n*
straw plait Strohgeflecht *n*
straw pulp Gelbstrohstoff *m*, [gelber] Strohstoff *m*, [vollaufgeschlossener] Strohzellstoff *m {Pap}*
strawberry Erdbeere *f {Bot}*
strawberry aldehyde Erdbeeraldehyd *m*
stray/to streuen *{Elek}*
stray verirrt, vagabundierend; vereinzelt; umher-; Streu-
stray capacitance Streukapazität *f*
stray coupling Streukopplung *f*, wilde Kopplung *f*, Nebenkopplung *f {Elek}*
stray current Fremdstrom *m*, Störstrom *m*, Streustrom *m*, Irrstrom *m*, vagabundierender Strom *m {Elek}*
stray electron Fremdelektron *n*, vagabundierendes Elektron *n*
stray-field [dielectric] heating Streufeld-Hochfrequenzerwärmung *f*, Hochfrequenzerwärmung *f* im elektrischen Streufeld
stray field screening Streufeldabschirmung *f*
stray flux Streufluß *m*
stray induction Streuinduktion *f*
stray light Falschlicht *n*, Streulicht *n {Opt}*
stray neutron Vagabundierneutron *n*, vagabundierendes Neutron *n {Nukl}*
stray radiation Streustrahlung *f*, Störstrahlung *f*, Seitenstrahlung *f*
stray rays Streustrahlen *mpl*
stray reactance Streureaktanz *f*
stray reflection Streuungsreflexion *f*
stray voltage Streuspannung *f*
streak 1. Streifen *m*; 2. Ader *f*, Holzmaserung *f*, Maser *f {Holz}*; 3. Schliere *f {Chem, Glas, Photo}*; 4. Streifen *m {ein Anstrichfehler}*; 5. Abstrich *m {Bakterien}*
streak formation Streifenbildung *f*, Schlierenbildung *f*
streak plate Abstrichplatte *f*, Strichplatte *f {Bakterien}*
streaked streifig; aderig, gemasert *{Holz}*; schlierig; durchwachsen
streakiness Gestreiftheit *f*
streaking 1. Spreiten *n {auf der Oberfläche einer Flüssigkeit}*; 2. Steifenbildung *f {Anstrich-*

fehler}; 3. Schlierenbildung *f {Glas, Photo}*; 4. Nachzieheffekt *m*, Nachziehen *n*

streaky gestreift; schlierig; aderig, gemasert *{Holz}*; durchwachsen

streaky surface schlierige Formteiloberfläche *f*, schlierige Beschichtungsoberfläche *f*

stream/to fließen, strömen; wehen

stream in/to einströmen

stream 1. Strom *m*, Strömung *f*; 2. Fluß *m*, Wasserlauf *m*; 3. Strahl *m {z.B. Luft-, Gas-, Wasserstrahl}*

stream classifier Stromklassierer *m*

stream-counting in der Strömung Zählen *n*

stream degassing Gießstrahlentgasung *f*, Durchlaufentgasung *f*

stream-drop[let] degassing Sprühentgasung *f*, Durchlauftropfenentgasung *f*

stream gold Flußgold *n*, Waschgold *n*, Seifengold *n*

stream hardening Strahlhärtung *f*

stream of fluid Fluidstrom *m*

stream tin Seifenzinn *n*, Zinnseife *f*

stream tube 1. Strömungsrohr *n {Reaktionsapparat}*; 2. Stromröhre *f {Phys}*

streamday Betriebstag *m {Trib}*

streamer 1. Strähne *f {Partikel in Flüssigkeiten}*; 2. Papierschlange *f*; 3. Leuchtfaden *m*, Streamer *m {Elek}*; 4. [breite] Schlagzeile *f*, Balkenüberschrift *f {Druck}*

streaming 1. Strähnenbildung *f*; 2. Strömung *f*

streaming double refraction Strömungsdoppelbrechung *f*

streaming potential Strömungspotential *n*

streaming properties Strömungseigenschaften *fpl*

streamline 1. rationell *{Organisation}*; stromlinienförmig, windschnittig; Stromlinien-; Durchgangs-; 2. Stromlinie *f {Phys}*; 3. Stromlinienform *f*

streamline continuous flow mixer kontinuierlich gespeister, dauernd beschickter Mischer *m*

streamline flow Bandströmung *f*, laminare Strömung *f*, gleichmäßige Strömung *f*

streamline form Stromlinienform *f*

streamline proportioning of components kontinuierliche Mischerspeisung *f*, kontinuierliche Mischerbeschickung *f*

streamline shape Stromlinienform *f*

streamlined stromlinienförmig, windschlüpfig, windschnittig; Stromlinien-; 2. rationell; 3. modern *{Formgebung}*

streamlined production Fließbandabfertigung *f*

street reducer Reduzierstück *n* mit einseitiger Muffe

strengite Strengit *m {Min}*

strength 1. Stärke *f*, Intensität *f {Licht, Farbe usw.}*; 2. Konzentration *f*, Dichte *f {Lösung}*, Lösungsstärke *f {Chem}*; 3. Härte *f*; Festigkeit *f*, Dauerhaftigkeit *f*, Haltbarkeit *f {Formänderungswiderstand}*; 4. Stärke *f*, Wirkungskraft *f*, Wirkungsgrad *m*; Wirkungsstärke *f {Pharm}*; 5. Dicke *f {eines Materials}*; 6. Arbeitsvermögen *n {Expl}*

strength at low temperature Kältefestigkeit *f*

strength behavio[u]r Festigkeitsverhalten *n*

strength characteristics Festigkeitseigenschaften *fpl*

strength coefficient Festigkeitszahl *f*

strength criterion Festigkeitskriterium *n*

strength limit Bruchgrenze *f*

strength of acids Stärke *f* von Säuren, Acidität *f*

strength of colo[u]r Farbintensität *f*, Farbtiefe *f*

strength of electrical field elektrische Feldstärke *f*

strength of extension Zugfestigkeit *f*, Widerstand *m* gegen Ausdehnung *f*

strength of flexure Biegefestigkeit *f*

strength of glass Glasdicke *f*

strength of material Materialfestigkeit *f*, Werkstoffestigkeit *f*

strength of shearing Scherfestigkeit *f*, Widerstand *m* gegen Abscheren *n*

strength of shell Flächendichte *f* des magnetischen Moments

strength of solution Konzentration *f* einer Lösung *f*; Dichte *f* einer Lösung *f*

strength of the substrate Untergrundfestigkeit *f*

strength of torsion Drehungsfestigkeit *f*

strength parameter Festigkeitskennwert *m*

strength test Festigkeitsprüfung *f*

strength tester Festigkeitsprüfer *m*

strength testing instrument Festigkeitsprüfgerät *n*

degree of strength Stärkegrad *m*

loss of strength Festigkeitsverlust *m*

strengthen/to 1. [ver]stärken *{Lösungen}*; 2. härten; 3. anschärfen *{Gerb}*; 4. verfestigen; aussteifen, bewehren *{Tech}*; kräftigen, stark machen, stärken, verstrammen *{Tech}*; 5. verstärken *{Elek}*

strengthened verstärkt

strengthener Verstärkungsrippe *f {Tech}*

strengthening 1. Verstärkung *f*, Verstärken *n {Lösungen}*; 2. Härtung *f*; 3. Verfestigung *f*; Versteifung *f*; Stärken *n*, Verstrammen *n {Tech}*; 4. Verstärkung *f*, Leistungsverstärkung *f {Elek}*

strepsilin Strepsilin *n*

streptamine Streptamin *n*

streptidine Streptidin *n*

streptobiosamine <$C_{13}H_{23}NO_9$> Streptobiosamin *n*

streptococcal proteinase *{EC 3.4.22.10}* Streptokokkenproteinase *f*
streptococcus *{pl. streptococci}* Streptokokkus *m {pl. Streptokokken}*
streptodornase Streptodornase *f*
streptoduocin Streptoduocin *n*
streptolin Streptolin *n {Antibiotikum}*
streptolysin Streptolysin *n {Toxin}*
streptomycine <$C_{21}H_{39}N_7O_{12}$> Streptomycin *n {Antibiotikum}*
streptomycin-3"-kinase *{EC 2.7.1.87}* Streptomycin-3"-kinase *f*
streptomycin-6-kinase *{EC 2.7.1.72}* Streptomycin-6-kinase *f*
streptomycin-6-phosphatase *{EC 3.1.3.39}* Streptomycin-6-phosphatase *f*
streptonigrin <$C_{25}H_{22}N_4O_8$>
streptose <$C_6H_{10}O_5$> Streptose *f*
streptothricin <$C_{19}H_{34}N_8O_7$> Streptothricin *n*
streptovitacin Streptovitacin *n*
stress/to 1. [mechanisch] beanspruchen, spannen; belasten; überlasten; 2. betonen, hervorheben
stress-anneal/to spannungsfrei machen *{durch Ausglühen}*
stress 1. [mechanische] Beanspruchung *f*, [mechanische] Spannung *f {Materialbeanspruchung}*; 2. Kraft *f*; Druck *m*, Belastung *f*, Last *f {Mech}*; 3. Zwang *m*; 4. Streß *m*, Belastung *f {Med}*
stress amplitude Belastungsamplitude *f*, Lastamplitude *f*; Schwingbreite *f* der [mechanischen] Spannung
stress analysis Spannungsanalyse *f*
stress and strain analysis Spannungs-/Dehnungsanalyse *f*
stress application Beanspruchung *f*
stress area Spannungsfläche *f*
stress axis Hauptspannungsachse *f*
stress birefringence Spannungsdoppelbrechung *f*
stress build-up Spannungsaufbau *m*
stress circle Spannungskreis *m*
stress coat Reißlack *m*, Dehnungslinienlack *m*
stress coat method Reißlackverfahren *n {Ermittlung von Spannungsverläufen}*
stress coating Dehnlinienverfahren *n*
stress component Spannungskomponente *f*
stress concentration Spannungskonzentration *f {Materialbeanspruchung}*; Druckansammlung *f {Belastung}*
stress concentration factor 1. Beiwert *m* für Spannungskonzentration; 2. Kerbfaktor *m*
stress conditions Beanspruchungsbedingungen *fpl*; Belastungsbedingungen *fpl*
stress corrosion Spannungskorrosion *f*, interkristalline Korrosion *f*; Spannungsrißkorrosion *f*
stress-corrosion cracking Spannungsrißkorrosion *f*
stress-corrosion fatigue Spannungskorrosionsermüdung *f*
stress-corrosion resistance Spannungskorrosionsbeständigkeit *f*, Spannungskorrosionswiderstand *m*, Spannungsrißkorrosionsbeständigkeit *f*
stress-crack Spannungsriß *m*
stress-crack corrosion Spannungsrißkorrosion *f*
stress-crack formation Spannungsrißbildung *f*
stress-crack ratio Spannungsrißgütefaktor *m*
stress-crack resistance Spannungsrißwiderstand *m*, Spannungsrißfestigkeit *f*
stress cracking Spannungsrißbildung *f*, Spannungs[riß]korrosion *f*
stress-cracking behavio[u]r Spannungskorrosionsverhalten *n*
stress-cracking resistance Spannungsriß[korrosions]beständigkeit *f*
stress crazing Spannungsriß *m*
stress cycle 1. Belastungszyklus *m*, Lastspiel *n*, Lastwechsel *m*, Lastzyklus *m {Dauerversuch}*; 2. Schwingungsperiode *f {des belasteten Probestabes}*
stress-cycle diagram Wöhler-Kurve *f*, Wöhler-Schaubild *n*
stress-cycle frequency Lastspielfrequenz *f*
stress cycles Spannungsspiel *n* bis zum Dauerbruch
stress direction Beanspruchungsrichtung *f*
stress distribution Beanspruchungsverteilung *f*, Spannungsverteilung *f*; Belastungsverteilung *f*
stress due to torsion Torsionsbeanspruchung *f*
stress duration Laststandzeit *f*, Beanspruchungsdauer *f*, Belastungsdauer *f*, Belastungszeit *f*
stress ellipsoid Spannungsellipsoid *n*
stress-elongation diagram Spannungs-Dehnungs-Diagramm *n*
stress equilibrium Spannungsgleichgewicht *n*
stress field 1. Spannungsfeld *n {Mech}*; 2. Streßfeld *n {Geol}*
stress-free spannungsfrei
stress function Spannungsfunktion *f*
stress graph Spannungsdiagramm *n*
stress intensity Beanspruchungsintensität *f*, Spannungsintensität *f*, Rißintensität *f {Mech}*
stress-intensity amplitude Spannungsintensitätsamplitude *f*
stress-intensity factor Spannungsintensitätsfaktor *m*
stress level Beanspruchungsgrad *m*, Beanspruchungshöhe *f*, Belastungshöhe *f*
stress loading Spannungsbelastung *f*
stress-number curve Wöhler-Kurve *f*, Wöhler-

Schaubild *n*, Dauerfestigkeitskurve *f*, Dauerfestigkeitsschaubild *n*
stress patterns Spannungscharakteristiken *fpl*
stress peak Belastungsspitze *f*, Spannungsspitze *f*
stress plane Spannungsebene *f {Mech}*
stress property Festigkeitseigenschaft *f*
stress range Spannungsbreich *m*
stress ratio Mittelspannungsanteil *m*
stress recovery Spannungsrückbildung *f*
stress-related spannungsbezogen
stress relaxation Spannungsrelaxation *f*, Spannungsabbau *m*, Spannungsminderung *f*
stress-relaxation rate Entspannungsgeschwindigkeit *f*
stress-relaxation resistance Entspannungswiderstand *m*
stress-relaxation speed Spannungsabbaugeschwindigkeit *f*
stress-relaxation time Entspannungszeit *f*
stress-relaxation yield limit Entspannungskriechgrenze *f*
stress relief 1. Spannungsarmglühen *n*, Spannungsfreiglühen *n*, entspannendes Glühen *n {Met}*; 2. Spannungsrelaxation *f*, Spannungsabbau *m*, Spannungsminderung *f*; 3. Entspannen *n*, Entspannung *f*, Spannungsentlastung *f {Abbau innerer Spannungen; Chem, Met}*
stress-relief annealing Spannungsarmglühen *n*, Spannungsfreiglühen *n*, entspannendes Glühen *n {Met}*
stress-relief annealing furnace Ofen *m* für spannungsfreies Glühen
stress relieving 1. Ausglühen *n*, Spannungsarmglühen *n*, Spannungsfreiglühen *n {Met}*; 2. Spannungsminderung *f*, Spannungsrelaxation *f*, Spannungsabbau *m*; 3. Entspannen *n*, Entspannung *f*, Spannungsabbau *m {Abbau innerer Spannungen; Chem, Met}*
stress-relieving anneal Entspannungsglühen *n {Met}*
stress-relieving treatment Entspannungsglühen *n {Met}*
stress removal Entlastung *f*
stress removal time Entlastungszeit *f*
stress reversal Wechselbeanspruchung *f*
stress-rupture tensile test Zerreißversuch *m*
stress-rupture test Zeitstandbruchversuch *m {Met}*
stress-strain behavio[u]r Spannungs-Dehnungs-Verhalten *n*, Spannungs-Verformungs-Verhalten *n*
stress-strain curve Fließkurve *f*, Spannung-Dehnung-Kurve *f*, Beanspruchung-Dehnung-Linie *f*, Zug-Dehnung-Kurve *f {Met}*
stress-strain diagramm Spannung-Dehnung-Diagramm *n*, Zug-Dehnung-Diagramm *n*, Kraft-Längenänderung-Diagramm *n*, Kraft-Verformung-Diagramm *n*, Zerreißdiagramm *n {Met}*
stress-strain relation Spannung-Dehnung-Beziehung *f*
stress tensor Spannungstensor *m*
stress-to-rupture strength Zeitstandfestigkeit *f*
stress-to-rupture test Zeitstandversuch *m*
stress value Spannungswert *m {Materialprüfung nach DIN 53504}*
stress-whitened zone Weißbruchzone *f*
stress-whitening Weißbruchbildung *f*, Weißbruch *m*
stress-whitening effect Weißbrucheffekt *m*
highest stress Höchstbeanspruchung *f*
intermittent stress stoßweise Beanspruchung *f*
internal stress Eigenspannung *f*, innere Spannung *f*
kind of stress Beanspruchungsart *f*
limiting range of stress Beanspruchungsgrenze *f*

stressed [mechanisch] beansprucht; belastet; überlastet

stressing rate Beanspruchungsgeschwindigkeit *f*; Belastungsgeschwindigkeit *f*
stressing under external pressure Außendruckbelastung *f*
stressing under tension zügige Beanspruchung *f*

stretch/to ausziehen *{in die Länge}*; strecken, recken, [aus]dehnen, verstrecken *{z.B. Folien, Fasern}*; sich [aus]dehnen, sich ziehen, sich strecken; sich strecken lassen, sich spannen lassen; aufspannen *{Graph}*; spannen, straff ziehen; [aus]weiten; schweifen *{Blechstreifen umformen}*; treiben *{mit Treibhammer}*

stretch 1. [elastische] Dehnung *f*; 2. Dehnen *n*, Strecken *n*, Streckung *f*, Verstreckung *f*, Rekken *n {z.B. Folien, Fasern}*; 3. Dehnbarkeit *f*; Stretch *m {Text}*; Zügigkeit *f {Gerb}*
stretch blow mo[u]lder Streckblas[form]maschine *f*
stretch blow mo[u]lding Streckblas[form]en *n*, Streckblasen *n*; Streckblasformverfahren *n*
stretch fabric Stretch-Gewebe *n {Text}*
stretch forming Streckformen *n*, Streckziehen *n*
stretch ratio Reckverhältnis *n*, Streckverhältnis *n*, Verstreckungsverhältnis *n*, Verstreckungsgrad *m*
stretch-shrinkage curve Streckung-Schrumpfung-Kurve *f*
stretch spinning Streckspinnen *n*, Spinnstrekken *n {Spinnen und Verstrecken der Filamente}*; Streckspinnverfahren *n {Text}*
stretch test Streckprobe *f*, Reckprobe *f*

stretch-wrapped pack Streckfolien-Verpackung *f*, Streckverpackung *f*
stretch wrapping Streckfolien-Verpackung *f*, Streckverpackung *f*
stretch wrapping film Dehnfolie *f*, Streckfolie *f*
modulus of stretch Reckmodul *m*

stretchability Dehnbarkeit *f*, Reckfähigkeit *f*, Verstreckbarkeit *f*, Streckbarkeit *f* *{z.B. von Folien, Fasern}*; Ziehfähigkeit *f* *{Plastumformen}*; Tiefziehbarkeit *f* *{Met}*

stretchable ausweitbar; ausziehbar *{linear}*; [aus]dehnbar *{linear}*; streckbar, verstreckbar, dehnbar *{z.B. Fasern, Folie}*; spannbar

stretched scale gestreckte Skale *f*

stretcher 1. Reckbank *f*; 2. Streckvorrichtung *f*; 3. Spanner *m*, Spannvorrichtung *f* *{Tech}*; 4. Breithalter *m*, Ausbreiter *m* *{Text}*; 5. Stretcher *m* *{Elektronik}*
stretcher leveller Streckvorrichtung *f*, Reckeinrichtung *f*
stretcher roller *{GB}* Breithalter *m*, Spannrolle *f* *{Gummi}*

stretching 1. Dehnung *f*, Recken *n*, Strecken *n*, Verstrecken *n* *{Kunst}*; Streckziehen *n*; 2. Spannen *n*, Straffen *n*; 3. Ausweitung *f*
stretching bolt Spannschloß *n*
stretching device Spannvorrichtung *f*; Streckvorrichtung *f*, Verstreckvorrichtung *f* *{z.B. für Folien, Fasern}*; Reckeinrichtung *f*
stretching flow Dehnströmung *f*
stretching force Streckkraft *f*
stretching frequency Streckfrequenz *f*, Valenzfrequenz *f* *{Atom}*
stretching property Dehnbarkeit *f*
stretching rate Reckgeschwindigkeit *f*
stretching roll Reckwalze *f*, Streckwalze *f*; Spannwalze *f* *{Pap}*
stretching strain Zugbeanspruchung *f*, Zugverformung *f*
stretching temperature Recktemperatur *f*
stretching unit Reckanlage *f*, Streckeinrichtung *f*, Streckwerk *n*
across stretching device Breitreckvorrichtung *f* *{Film}*
resistance to streching Streckfestigkeit *f*

strew/to streuen, bestreuen, verstreuen

stria Riefe *f*; Streifen *m*; Schliere *f* *{Fehler in Glas oder Kunststoff}*

striated gestreift; geriefelt
striated column geschichtete Säule *f*

striation 1. Streifung *f*, Streifenbildung *f*; 2. Schlierenbildung *f* *{Glas, Kunst}*; 3. Schichtung *f*, Streifung *f* *{Geol}*

Stribeck curve Stribeck-Kurve *f*, Stribeck-Linie *f*
Stribeck friction diagram Stribecksches Reibungsdiagramm *n*, Stribecksche Reibungskurve *f*

strickle Schabloniereinrichtung *f* *{Gieß}*
strickle board Kernschablone *f*

striction *{US}* Ruhereibung *f*, statische Reibung *f*

strigovite Strigovit *m* *{Min}*

strike/to 1. schlagen, anschlagen, anprallen, treffen; einschlagen *{z.B. Blitz}*; 2. zünden *{z.B. Lichtbogen}*; sich anzünden lassen, brennen; 3. schablonieren, schablonenformen *{Gieß}*; 4. stoßen [auf], finden, antreffen *{z.B. Erdöl}*; 5. ausrüsten, Gerüst *n* abbauen, Rüstung *f* abbauen; 6. streiken; 7. prägen, schlagen *{Münzen}*; 8. abschließen *{Geschäft}*
strike against/to anstoßen, auftreffen, finden *{z.B. Erdöl}*

strike 1. Streik *m*, Ausstand *m*, Arbeitseinstellung *f*; 2. Aufprall *m*, Prall *m*, Schlag *m* *{Tech}*; 3. Streichen *n*, Streichrichtung *f*; 4. Sud *m* *{Zukker}*; 5. Zwischenschicht *f* *{Elek}*; 6. Abstreichholz *n* *{Met}*; 7. Untergalvanisierung *f*, Vorgalvanisierung *f*
strike bath Vorbehandlungsbad *n*, Vorgalvanisierbad *n* *{stark vedünnte Elektrolytlösung zum Abscheiden dünner Zwischenschichten}*
strike lever Klöppelhebel *m*
strike solution Vorbehandlungsbad *n*, Vorgalvanisierbad *n* *{stark verdünnte Elektrolytlösung zum Abscheiden dünner Zwischenschichten}*
strike-through Durchschlag *m*, Durchschlagen *n* *{Farben}*

striking 1. Vorgalvanisieren *n*, Untergalvanisieren *n* *{dünner Zwischenschichten}*; 2. Zündung *f* *{Lichbogen}*; 3. Abstreichen *n*, Glattstreichen *n* *{Gieß}*; 4. Schablonieren *n*, Schablonenformen *n* *{Gieß}*; 5. Ausrüstung *f*, Abbau *m* einer Rüstung; 6. Streiken *n*, Ausstand *m*; 7. Anschlagen *n*, Anprallen *n*; Einschlagen *n* *{Blitz}*
striking back [of a flame] Rückschlag *m* [der Flamme], Zurückschlagen *n* [der Flamme]
striking bath Vorgalvanisierbad *n* *{hochverdünnte Elektrolytlösung für dünne Zwischenschichten}*
striking edge Schlagfinne *f*, Hammerfinne *f*, Hammerscheide *f* *{Pendelschlagwerk}*
striking energy Auftreffenergie *f*, Schlagarbeit *f*
striking of an arc Zündung *f* eines Lichtbogens
striking pendulum Schlagpendel *n*
striking surface Schlagfläche *f*
striking velocity Aufschlaggeschwindigkeit *f*
striking voltage Zündspannung *f* *{Elek}*

string 1. Bindfaden *m*, Schnur *f*, Strick *m*, Strippe *f*; Leine *f*; 2. Faden *m* *{fadenförmige Schliere im Glas}*; 3. Folge *f* *{von Symbolen, Verarbeitungsanweisungen}*, Reihe *f* *{Ziffern}*, Kette *f* *{Zeichen, Daten}*, Datengruppe *f* *{EDV}*; 4. Isolatorkette *f* *{Elek}*; 5. Erzschnur *f*

string-discharge filter Schnürenabnahmefilter *n*
string extruder Strangextruder *m*
string galvanometer Fadengalvanometer *n*, Saitengalvanometer *n*
string of amino acid units Aminosäurefolge *f*, Kette *f* von Aminosäureeinheiten *fpl*
string test 1. Fadenprobe *f {Zucker}*; 2. Spring-Test *m {Probelauf}*
stringer 1. Längsträger *m*, Längsbalken *m*, Stützbalken *m*; versteifendes Element *n {an Dünnblechkonstruktionen}*; 2. Verschlußstück *n*; 3. zeilenförmiger Einschluß *m*, zeilenartiger Einschluß *m*, Zeile *f {Gieß}*; 4. Äderchen *n {Gestein}*; 5. Brennelementbündel *n {Nukl}*
stringiness 1. Fadenziehen *n {Kleb- oder Anstrichstoffe}*; 2. Schleierbildung *f {Beschichtungsmasse}*
stringing 1. Fadenziehen *n*, Fadenbildung *f {Anstrichfehler}*; 2. Netzbildung *f {unerwünschtes Pigmentausschwimmen}*; Netzbildung *f*, Fadenziehen *n {Stoffdruck}*
stringy fadenziehend *{beim Stoffdruck; Kleb- oder Anstrichstoffe}*; fadenziehend, seimig *{Lebensmittel}*; faserig, sehnig, flechsig *{Fleisch}*; klebrig, zäh[flüssig]
strip/to abstreifen, abziehen, ablösen; strippen *{Atom, Nukl, Halbleiter}*; austreiben, desorbieren *{Chem}*; ausdämpfen, [ab]strippen, abtreiben, abstreifen *{Dest}*; abziehen *{einen galvanischen Überzug}*, entmetallisieren *{Chem}*; herunterlösen *{z.B. Pflanzenschutzmittelrückstände}*; entrinden *{Holz}*; bloßlegen; ausschalen, entschalen; abräumen, abtragen *{Deckgebirge}*; abmontieren, abbauen, auseinanderbauen, zerlegen *{Tech}*; abrüsten *{Tech}*; abbeizen; abziehen *{Text}*
strip 1. Streifen *m*, Band *n*; Entmetallisierungsband *n {Chem}*; Bandleitung *f*, Streifenleitung *f {Elektronik}*; 2. Leiste *f*, Stab *m {Holz}*; 3. Bandstahl *m {Met}*
strip anode Streifenanode *f*
strip-back peel test Streifenabschälversuch *m {Schälwiderstand von Folien-Massivteil-Klebungen}*
strip chart Diagrammstreifen *m*, Diagrammband *n*; Band *n {des Bandschreibers}*
strip-chart recorder Schreibstreifengerät *n*, Streifenschreiber *m*, Bandschreiber *m*
strip coating 1. Abziehlack *m*, abziehbarer Lack *m*; 2. Bandbedampfung *f*, Bandbeschichten *n*, Bandbeschichtung *f*
strip-coating line Bandbeschichtungsanlage *f*, Bandbedampfungsanlage *f*
strip cutter Bandschneidvorrichtung *f*, Streifenschneider *m {z.B. zum Ablängen von Plasthalbzeugen}*
strip cutting method Abtragmethode *f*
strip electrode Bandelektrode *f*, Schweißband *n*
strip evaporation plant Bandbedampfungsanlage *f*
strip extrusion head Bandspritzkopf *m*
strip feed Kalanderbeschickung *f* mit band- oder streifenförmigem Material
strip form Streifenform *f*
strip fuse Streifensicherung *f {Elek}*; Temperaturstreifen *m {Schutz}*
strip heater Heizband *n*, Bandheizkörper *m*
strip heating Bandheizung *f*
strip iron Bandeisen *n*, Bandblech *n*, Reifeisen *n*
strip-line 1. Bandstraße *f*; 2. Stripline *f*, Streifenleitung *f*, Bandleitung *f {Elektronik}*
strip magnet Bandmagnet *m*
strip material Bandmaterial *n*
strip mill Bandwalzwerk *n*, Bandstahl-Walzwerk *n {Breit-, Mittel- und Schmalband}*
strip mining Gewinnung *f* mit Bagger; Abbau *m* von bloßgelegtem Ausbiß; Tagebau *m*
strip mining for coal Kohleförderung *f* im Tagebau, Tagebau *m* von Kohlen
strip pack Streifenpackung *f*
strip package Streifenverpackung *f*
strip paper chromatograph Apparat *m* für Papierchromatographie
strip pelletizer Würfelschneider *m*, Bandgranulator *m*, Kaltgranuliermaschine *f*, Kaltgranulator *m*, Bandschneider *m*
strip pelletizing system Bandabschlagsystem *n*
strip recorder Linienschreiber *m*
strip specimen Streifenprobe *f*
strip steel Bandstahl *m*
strip-wound flexible hose *{BS 669}* metallbandgeschützter Schlauch *m*
stripe 1. Schliere *f {Text}*; 2. Bande *f {Webfehler}*; 3. Streifen *m*, Tresse *f*; 4. Spur *f {z.B. Tonspur}*
striped gestreift; Streifen-
stripiness Gestreiftheit *f*
strippable abziehbar, ablösbar, abstreifbar *{obere Schicht}*; tagebauwürdig, im Tagebau *m* zu gewinnen
strippable coating Folienlack *m*
strippable film paint *s.* strippable lacquer
strippable lacquer Abziehlack *m*, abziehbare Schutzfolie *f*
stripped atom Atomkern *m* ohne Elektronen, hochionisiertes Atom *n*, vollständig ionisiertes Atom *n*, Strippingatom *n*
stripped oil from bitumen blowing process Blasöl *n*
stripper 1. Abstreifer *m {Nukl}*; 2. Abtreibkolonne *f*, Abtriebssäule *f*, Stripper *m {Rektifizierkolonne für hochsiedende Stoffe}*; 3. Seiten-

turm *m*, Nebenkolonne *f*, Abstreiferkolonne *f*, Stripperkolonne *f {Erdöl}*; 4. Abscheider *m {Naturgas}*; 5. Stripper *m {Baumwollpflückmaschine}*; 6. Abisolierzange *f*; Abisolierautomat *m*, Abisoliermaschine *f {Elek}*; 7. Abstreifer *m {Lösen des Walzgutes}*; Stripper *m {Blockabstreifvorrichtung}*; 8. Abbeizmittel *n*; 9. Schälvorrichtung *f*

stripper tank Mutterblechbad *n*

stripping Ablösen *n*; Abstreifen *n {vom Stempel}*; Entmetallisieren *n*, Abziehen *n {galvanischer Überzüge}*; Strippingreaktion *f {Nukl}*; Stripping *n {Photo}*; Austreibung *f*, Desorption *f {Chem}*; Abstreifen *n*, Ausdämpfen *n*, Abstrippen *n {Dest}*; Abbeizen *n*; Ausschalen *n*, Entschalung *f*; Abisolieren *n*, Abmanteln *n {Elek}*; Schälen *n {z.B. Holz}*; Abgraben *n*, Abtragen *n*, Abräumen *n {z.B. Deckgebirge}*; Abspannen *n {Werkzeug}*; Abbauen *n*, Demontieren *n*, Zerlegen *n {Tech}*

stripping agent 1. Abzieh[hilfs]mittel *n*, Entfärbungs[hilfs]mittel *n*, Entfärber *m {Text}*; 2. Trennmittel *n {elektrisch leitender Überzug}*, Stripper *m {Schicht-Schaltungen}*

stripping auxiliary Abbeizzusatz *m*

stripping bath Abziehbad *n*, Entplattierungsbad *n {Galv}*

stripping capacity Leistung *f {Bagger}*

stripping column 1. Abtreibkolonne *f*, Abtriebssäule *f*, Stripper *m {Rektifizierkolonne für hochsiedende Stoffe}*; 2. Nebenturm *m*, Seitenturm *m*, Abstreiferkolonne *f*, Stripperkolonne *f {Erdöl}*; 3. Abstreifer *m {Nukl}*

stripping compound Trennsubstanz *f* für elektrisch leitenden Überzug *{Schicht-Schaltungen}*; Tauchmasse *f* für abziehbare Korrosionsschutzschicht, Tauchmasse *f* für mittelbaren Korrosionsschutz

stripping effect Abzieheffekt *m*

stripping force Abschiebekraft *f*, Abstreifkraft *f*

stripping fork Abstreifergabel *f*

stripping frame Abstreif[er]rahmen *m*

stripping lacquer Abziehlack *m*

stripping of the mo[u]ld Verreißen *n* der Form

stripping of tin Entzinnung *f*

stripping off Abstreifen *n*

stripping paper Abziehpapier *n*

stripping plate Abstreifplatte *f*

stripping-plate mo[u]lding machine Durchziehformmaschine *f*, Durchzugformmaschine *f*

stripping section Abtriebsteil *m*, Abtreibteil *m {Chem}*; Abstreiferzone *f*, Abstrippzone *f*, Ausdämpfsektion *f*, Ausdämpfungsteil *m {Erdöl}*

stripping unit Entformungsvorrichtung *f*, Entformungswerkzeug *n*

stripping vessel Farbstoffbeseitigungsgefäß *n {Text}*

stripping zone Abtriebsteil *n*, Abtreibteil *m {Chem}*; Ausdämpfungsteil *n*, Abstreiferzone *f {Erdöl}*

strips Walzfell *n*, Fell *n*

strive/to sich bemühen, streben; ringen

strobe 1. Auswahlsignal *n*; Markierimpuls *m*; 2. Stroboskop *n*; 3. Strobe *m {Elektronik}*

strobe light Blitzgerät *n*

stroboscope Stroboskop *n*

stroboscopic stroboskopisch

stroboscopic observation stroboskopische Beobachtung *f*

stroboside Strobosid *n*

stroke 1. Schlag *m*, Stoß *m*, Hieb *m {Phys}*; Anschlag *m {Taste}*; 2. Hub *m {Kolben}*; Takt *m {Verbrennungsmotor}*; 3. Hublänge *f {Verschiebeweg des Kolbens}*; 4. Hinlauf *m {Elektronik}*; 5. Segment *n {graphisches Element}*; 6. Strich *m {z.B. Skalenstrich, optische Zeichenerkennung; EDV}*; 7. Schlaganfall *m {Med}*

stroke adjuster Hubeinsteller *m*

stroke adjusting mechanism Hubeinstellung *f*

stroke control Wegsteuerung *f*

stroke counter Hubzähler *m*, Hubzählwerk *n*

stroke-dependent wegabhängig

stroke-independent wegunabhängig

stroke indicator Ausschwenkanzeige *f {Pumpe}*

stroke lift Hub *m*

stroke limit[ation] Hubbegrenzung *f*

stroke measurement Wegerfassung *f*

stroke measuring system Wegmeßsystem *n*

stroke ratio Hubverhältnis *n*

stroke retraction Rückhub *m*

stroke sensing mechanism Weggebersystem *n*

stroke setting Hubeinstellung *f*

stroke-speed of the piston Kolbenhubgeschwindigkeit *f*

stroke switch Hubbegrenzung *f*

stroke transducer Weg[meß]geber *m*, Wegaufnehmer *m*

stroke volume Hubraum *m*

down[ward] stroke Niederschlag *m*, Niedergang *m {Kolben}*

effect of stroke Schlagwirkung *f*

forward stroke Kolbenhingang *m*

height of stroke Hubhöhe *f*

length of stroke Hubhöhe *f*, Hublänge *f*

reversal of stroke Kolbenumkehr *f*

stroma Grundgewebe *n*, Stützgewebe *n {Histol}*

stromeyerite Stromeyerit *m*, Kupfer-Silberglanz *m {obs}*, Silber-Kupferglanz *m*, Cuprargyrit *m {Min}*

strong stark, kräftig; fest, haltbar *{Werkstoff}*; konzentriert *{Chem}*; beständig, widerstandsfähig

strong acid 1. starke Säure *f {nach dem Dissoziationsgrad}*; 2. konzentrierte Säure *f*; hochkonzentrierte Säure *f*, hochprozentige Säure *f*, Starksäure *f*

strong acid number Säurezahl *{Gehalt an starken/aggressiven Säuren; in mg KOH/g Substanz}*

strong base starke Base *f {nach dem Dissoziationsgrad}*

strong base number Basenzahl *{Gehalt an starken Basen}*

strong brandy Vorlauf *m*, Lutter *m*

strong clay feiner Ton *m*

strong current 1. Starkstrom *m*, Strom *m* hoher Stärke *f*; 2. starke Strömung *f {Hydrodynamik}*

strong electrolyte starker Elektrolyt *m*

strong focusing principle Prinzip *n* der starken Fokussierung *{Nukl}*

strong reducing agent energisches Reduktionsmittel *n*

strong solution konzentrierte Lösung *f*

strong solvent starkes Lösungsmittel *n*

strongly reduced stark verkleinert

strontia <**SrO**> Strontian *m*, Strontianerde *f {Min}*; Strontiumoxid *n {Chem}*

strontianite <**$SrCO_3$**> Strontianit *m {Min}*

strontium *{Sr, element no. 38}* Strontium *n*

strontium acetate <**$Sr(CH_3COO)_2 \cdot 0,5H_2O$**> Strontiumacetat *n*

strontium acetylide Strontiumacetylid *n*

strontium age Strontiumalter *n*, absolutes Alter *n {Geol}*

strontium bromate <**$Sr(BrO_3)_2 \cdot H_2O$**> Strontiumbromat *n*

strontium bromide <**$SrBr_2 \cdot 6H_2O$**> Strontiumbromid[-Hexahydrat] *n*

strontium carbide <**SrC_2**> Strontiumcarbid *n*

strontium carbonate <**$SrCO_3$**> Strontiumcarbonat *n*; Strontianit *m {Min}*

strontium chlorate <**$Sr(ClO_3)_2$, $Sr(ClO_3)_2 \cdot 8H_2O$**> Strontiumchlorat *n*

strontium chloride <**$SrCl_2$, $SrCl_2 \cdot 6H_2O$**> Strontiumchlorid *n*, salzsaures Strontium *n {obs}*, Chlorstrontium *n {obs}*

strontium chromate <**$SrCrO_4$**> Strontiumchromat *n*, Strontiumgelb *n*

strontium chromate pigment Strontiumpigment *n*, Strontiumgelb *n*

strontium content Strontiumgehalt *m*

strontium dioxide *s.* strontium peroxide

strontium hydrate *{obs}* *s.* strontium hydroxide

strontium hydride Strontiumwasserstoff *m*

strontium hydrogen sulfate <**$Sr(HSO_4)_2$**> Strontiumhydrogensulfat *n*

strontium hydrogen phosphate <**$SrHPO_4$**> Strontiumhydrogenphosphat *n*

strontium hydroxide <**$Sr(OH)_2$, $Sr(OH)_2 \cdot 8H_2O$**> Strontiumhydroxid *n*, Strontiumoxidhydrat *n {obs}*, Ätzstrontian *m*

strontium iodide <**SrI_2, $SrI_2 \cdot 6H_2O$**> Strontiumiodid *n*

strontium molybdate <**$SrMoO_4$**> Strontiummolybdat *n*, Strontiumtetroxomolybdat(VI) *n*

strontium nitrate <**$Sr(NO_3)_2$, $Sr(NO_3)_2 \cdot 4H_2O$**> Strontiumnitrat *n*

strontium oxide <**SrO**> Strontiumoxid *n*; Strontian *m*, Strontianerde *f {Min}*

strontium perborate Strontiumperborat *n*

strontium peroxide <**SrO_2, $SrO_2 \cdot 8H_2O$**> Strontiumperoxid *n*, Strontiumsuperoxyd *n {obs}*

strontium potassium chlorate <**$2KClO_3H$-$Sr(ClO_3)_2$**> Strontiumkaliumchlorat *n*, Kaliumstrontiumchlorat *n*

strontium saccharate <$C_{12}H_{22}O_{11} \cdot 2SrO$> Strontiumsa[c]charat *n*

strontium salicylate <**$Sr(C_6H_4OHCOO)_2$-$2H_2O$**> Strontiumsalicylat *n*

strontium sulfate <**$SrSO_4$**> Strontiumsulfat *n*; Coelestin *m {Min}*

strontium sulfide <**SrS**> Strontiumsulfid *n*

strontium tartrate <**$SrC_4H_4O_6 \cdot 4H_2O$**> Strontiumtartrat *n*

strontium titanate <**$SrTiO_3$**> Strontiumtitanat *n*

strontium tungstate Strontiumwolframat *n*

strontium unit Strontium-Einheit *f {Nukl, 1 s.u. = 0,037 Bq^{90}Sr/g Ca}*

strontium white Strontiumweiß *n {$SrSO_4$}*

strontium yellow Strontiumgelb *n {$SrCrO_4$}*

strontium zirconate <**$SrZrO_3$**> Strontiumzirconat *n*

native strontium carbonate Strontianit *m {Min}*

native strontium sulfate Coelestin *m {Min}*

strophanthic acid <**$C_{23}H_{30}O_8$**> Strophanthsäure *f*

strophanthidin <$C_{23}H_{32}O_6$> Strophanthidin *n*

strophanthidinic acid Strophanthidinsäure *f*

strophanthin <$C_{30}H_{47}O_{12}$> Strophanthin *n {Pharm}*

strophanthinic acid Strophanthinsäure *f*

strophanthobiose <$C_{13}H_{24}O_9$> Strophanthobiose *f {Disaccharid}*

strophanthoside Strophanthosid *n*

strophanthotriose Strophanthotriose *f*

strophanthum *s.* strophanthin

strophanthus Strophanthus *m {Bot}*

strophanthus seed oil Strophanthusöl *n {aus Strophanthuskombé}*

structural 1. strukturell; Struktur-, Gefüge-; 2. konstruktiv, baulich; Bau-, Konstruktions-; 3. tragend; Trag- *{z.B. Konstruktion}*

structural adhesive Baukleber *m*, Konstruktionsklebstoff *m*, Montageleim *m*

structural analysis Strukturanalyse *f {Chem}*

structural board Bauplatte *f*

structural casting Bauguß *m*

structural ceramics Baukeramik *f*
structural change Gefüge[ver]änderung *f*, Strukturänderung *f {Chem}*
structural chemistry Strukturchemie *f*
structural component Bauteil *n*
structural composition Gefügeaufbau *m*
structural constitution Gefügeaufbau *m*
structural damage Gefügeschädigung *f*
structural defect Gefügestörung *f*, Strukturfehler *m*
structural degradation Gefügeverschlechterung *f*
structural differences Strukturunterschiede *mpl*
structural disorder strukturelle Unordnung *f {z.B. Faseranordnung ohne Vorzugsrichtung}*
structural disposition of atoms Atomgitter *n*
structural element Strukturelement *n*, Struktureinheit *f*; Strukturelement *n {Relation}*
structural evolution Gefügeausbildung *f*
structural examination Gefügeuntersuchung *f*
structural fatigue Strukturermüdung *f*
structural fault Strukturfehler *m*
structural feature Strukturmerkmal *n*; Konstruktionsmerkmal *n*
structural fiber Faserpappe *f*
structural foam Strukturschaum *m*, Strukturschaumstoff *m*
structural foam mo[u]ld TSG-Werkzeug *n {TSG = Thermoplast-Schaum-Guß}*
structural foam mo[u]lding Strukturschaumstoff-Spritzgießen *n*, TGS-Spritzgießen *n*, Schaumspritzgießen *n*; TSG-Verfahren *n*, TSG-Verarbeitung *f*, Thermoplast-Schaumguß *m*
structural foam mo[u]lding process TGS-Verfahren *n*, TGS-Verarbeitung *f*, Thermoplast-Schaumguß *m*, Thermoplastschaumstoff-Spritzgießverfahren *n*
structural foam profiles strukturgeschäumte Profile *npl*
structural formula Strukturformel *f*, Wertigkeitsformel *f*, Konstitutionsformel *f {Chem}*
structural glas Bauglas *n*
structural group analysis Ringanalyse *f {Öl}*
structural hardening Aushärtung *f*, Sekundärhartung *f*
structural iron Baueisen *n*
structural isomerism Strukturisomerie *f*, Konstitutionsisomerie *f {Chem}*
structural lacquer Strukturlack *m*
structural line Gefügestreifen *m*
structural material Strukturmaterial *n*; Baumaterial *n*
structural member Konstruktionsteil *n*, tragendes Bauteil *n*, tragendes Bauelement *n*
structural order strukturelle Ordnung *f {Faseranordnung mit Vorzugsrichtung}*
structural parachor Bindungsparachor *m*
structural part Strukturelement *n*; Konstruktionselement *n*
structural phase transition Gefügeumwandlung *f*
structural protein Strukturprotein *n*, Gerüsteiweiß *n*, Faserprotein *n*, Skleroprotein *n*
structural rearrangement strukturelle Umordnung *f*; Gefügeänderung *f*
structural sealant Bautendichtungsmasse *f*, Konstruktionsdichtungsmasse *f*
structural steel Baustahl *m*, Formstahl *m*
structural strength Baufestigkeit *f*, innere Festigkeit *f*
structural timber Bauholz *n*, Bauschnittholz *n*
structural transformation Gefügeneubildung *f*, Gefügeumwandlung *f*, Strukturumwandlung *f*
structural type Strukturtyp *m {Krist}*
structural unit 1. Struktureinheit *f*, strukturelle Einheit *f {Chem}*; 2. Baugruppe *f*, Baueinheit *f*, Bauelement *n*, Bauteil *n*
structure 1. Struktur *f*, Bau *m*, Aufbau *m*, Konstitution *f {Chem}*; 2. Gefüge *n {Bau und Beschaffenheit}*; 3. Struktur *f {Geol}*; 4. Bau *m*, Bauwerk *n*; 5. Gliederung *f*, Aufbau *m*, Organisation *f*
structure-dependent strukturabhängig
structure element tragendes Bauelement *n*, tragendes Bauteil *n*, Konstruktionsteil *n*
structure factor Strukturfaktor *m {Krist}*
structure of a band Bandenstruktur *f*
structure of an atom *s.* atomic structure
structure-sensitive strukturempfindlich
structure test Gefügeuntersuchung *f*
angular structure gewinkelte Struktur *f*
aromatic structure aromatische Struktur *f*
cellular structure zellenartige Struktur *f*
change in structure Strukturwandel *m*, Strukturveränderung *f*
structured strukturiert
structured film Mehrlagenfolie *f*, Mehrschichtfolie *f*
structureless gefügelos, strukturlos, unstrukturiert
struggle/to kämpfen; [sich] wehren, sträuben; [sich] anstrengen
struverite Strüverit *m*, Tantalo-Rutil *m {Min}*
struvite <$Mg_2(NH_4)_2(PO_4)_2 \cdot 12H_2O$> Struvit *m*, Struveit *m*, Darmstein *m {Triv}*, Guanit *m {Min}*
strychnic acid Strychninsäure *f*
strychnidine <$C_{21}H_{24}N_2O$> Strychnidin *n*
strychnine <$C_{21}H_{22}N_2O_2$> Strychnin *n*
strychnine acetate Strychninacetat *n*
strychnine hydrochloride Strychninhydrochlorid *n*
strychnine nitrate Strychninnitrat *n*
strychnine sulfate Strychninsulfat *n*
strychnospermine Strychnospermin *n*

Stuart model Stuart-Modell *n*, Stuart-Kalotte *f*, Atomkalotte *f*
stub 1. Stummel *m*; Elektrodenrest *m*, Stummel *m {Elektrode}*; 2. Stumpf *m*, Stubben *m*, Baumstumpf *m*; 3. Rollen[papier]rest *m {Pap}*; 4. Kontrollabschnitt *m*, Belegabschnitt *m {ein Teilbeleg}*; 5. Nase *f*, Nippel *m {Vorsprung}*
stub stack [kurzer] Blechschornstein *m*
stubborn schwer schmelzbar
stucco 1. Außenputz *m*, Glattputz *m {Bau}*; 2. Stuck *m*, Stuckgips *m {Masse aus Gips, Kalk und Sand}*
stud 1. Stiftschraube *f*, Bolzen *m {Tech}*; 2. Markierungsnagel *m*; 3. Steg *m {einer Kette}*; Kontaktstück *n*; 4. Knauf *m*, Kopf *m*; 5. Stütze *f*, Strebe *f*, Abstützung *f*, Baustütze *f {Bau}*; 6. Säule *f*, Pfosten *m*, Ständer *m*
stud-bolt Bolzenschraube *f*, Bolzen *m*, Stiftschraube *f*
stud [bolt] trunnion Stiftschraube *f*
studded tube bestiftetes Rohr *n*
studding Bestiftung *f*
student 1. Lern-; 2. Student *m*, Studierender *m*; 3. Forscher *m*
student in diploma programmes Diplomand *m*
student in doctoral programmes Doktorand *m*
student in laboratory programmes Praktikant *m*
studtite Studtit *m {Min}*
study/to studieren; untersuchen, beobachten
study 1. Studium *n*; 2. Studie *f*, Beobachtung *f*, Untersuchung *f*
stuff 1. Material *n*, Rohstoff *m*; 2. Ganzzeug *n*, Ganzstoff *m*, Stoff *m*, [fertiger] Papierstoff *m*, Papierbrei *m {Pap}*; 3. Schleifmasse *f*, Holzmasse *f*, [mechanischer] Holzstoff *m*, [mechanischer] Holzschliff *m*; 4. Wollstoff *m*, Wollware *f {Text}*; 5. Innenputz *m {Bau}*
stuff catcher Stoffänger *m*, Zeugfänger *m*, Fangstoffanlage *f*, Stoffrückgewinnungsanlage *f {Pap}*
stuff chest Ganzzeugbütte *f*, Stoffbütte *f*, Arbeitsbütte *f {Pap}*
stuff grinder Holzschleifmaschine *f {Pap}*
stuff vat Faulbütte *f {Pap}*
stuffer 1. Stopfvorrichtung *f*, Stopfwerk *n*, Stopfaggregat *n*; 2. *{US}* hydraulische Strangpresse *f*, Kolbenstrangpresse *f {Kunst, Gummi}*
stuffing 1. Schmieren *n*, Fetten *n {Leder}*; 2. Fettschmiere *f*, Tafelschmiere *f {Gerb}*; 3. Oberflächenfärbung *f* im Kalander, Kalanderfärbung *f {Pap}*; 5. Ausstopfen *n*, Stopfen *n*, Einpressen *n*; 6. Füllung *f*, Füllmasse *f*, Füllmaterial *n*, Füllsel *n*; 7. Füllen *n {z.B. von Wurstwaren}*
stuffing box 1. Stopfbuchse *f {Bewegungsdichtung}*; 2. Stauchkammer *f {Text}*
stuffing bush Stopfbüchse *f*
stuffing device Stopfvorrichtung *f*
stuffing drum Fettlickerfaß *n*, Lederschmieregefäß *n*, Schmierfaß *n {Warmfetten}*
stuffing machine Füllmaschine *f*; Stopfmaschine *f*
stuffing ram Stopfkolben *m*
stuffing screw Einpreßschnecke *f*, Stopfschnecke *f*
stuffing unit Stopfwerk *n*, Stopfaggregat *n*
stump Strunk *m*, Stumpf *m*, Stubben *m {Baum}*
stunt/to verkümmern [lassen]
stupefying betäubend
stupp Stupp *f*, Quecksilberruß *m*
stuppeic acid Stuppeasäure *f*
sturdiness Festigkeit *f*, Robustheit *f*, Unempfindlichkeit *f*, Widerstandsfähigkeit *f*
sturdy stark, massiv; robust, stabil, fest, unempfindlich, widerstandsfähig; haltbar, strapazierfähig
sturin <$C_{36}H_{69}N_{10}O_7$> Sturin *n*
stutzite <$Ag_2Te_{1,2}$> Stützit *m {Min}*
style 1. Griffel *m {ein Schreibstift/Zeichenstift}*; 2. Stichel *m {spitzes Werkzeug, z.B. für Kupferstiche}*
stylopine Stylopin *n*
stylotype Stylotyp[it] *m*, Tetraedit *m {Min}*
stylus 1. Griffel *m*, Schreiber *m*, Schreibspitze *f*; 2. Schneidstichel *m {Schallplattenherstellung}*; 3. Nadel *f*, Abtastnadel *f {des Plattenspielers}*; 4. Taster *m {Meßgerät}*; *{US}* Taststift *m*, Fühlstift *m {Tech}*
styphnic acid <$(HO)_3C_6H(NO_2)_2$> Styphninsäure *f*, 2,4,6-Trinitroresorcin *n*, 1,2-Dihydroxy-2,4,6-trinitrobenzol *n*
styptic 1. styptisch, adstringierend, zusammenziehend; blutstillend, hämostyptisch; 2. Styptikum *n*, Adstringens *n*, adstringierendes Mittel *n*, zusammenziehendes Mittel *n*; blutstillendes Mittel *n*, Hämostyptikum *n {Pharm}*
styptic pencil Alaunstift *m*
styptic wool Eisenchloridwatte *f {Pharm}*
stypticine Stypticin *n*, Kotarninhydrochlorid *n*
stypticite Stypticit *m {obs}*, Fibroferrit *m {Min}*
styptol Styptol *n*
styracine <$C_9H_7O_2C_9H_7$> Zimtsäurezimtester *m*, Styracin *n*
styracite Styracit *m*
styracitol Styracit *m*
styracol Styracol *n*
styralyl acetate Styralylacetat *n*, α-Methylbenzylacetat *n*
styralyl alcohol Styralylalkohol *m*, α-Methylbenzylalkohol *m*
styrax Storax *m*, Styrax *m {Balsamharz des Amberbaums, Pharm}*
styrenated styrolisiert
styrenated alkyd Styrolalkydharz *n*
styrene <$C_6H_5HC=CH_2$> Styrol *n*, Styren *n*, Vinylbenzol *n*, Phenylethen *n*

styrene-acrylonitrile copolymer Styrol-Acrylnitril-Mischpolymerisat *n*, Styren-Acrylnitril-Copolymerisat *n*
styrene-acrylonitrile extrusion material *{BS 4936}* Styrol-Acrylnitril-Extrusionsmasse *f*
styrene-acrylonitrile mo[u]lding material *{BS 4936}* Styrol-Acrylnitril-Formmasse *f*
styrene bromide <$C_6H_5CH=CHBr$> Bromstyrol *n*, Styrylbromid *n*
styrene-butadiene copolymer Styrol-Butadien-Mischpolymerisat *n*, Butadien-Styren-Copolymerisat *n*, Styrol-Butadien-Pfropfpolymerisat *n*
styrene-butadiene rubber Styrol-Butadien-Kautschuk *m*
styrene-butadiene-rubber adhesive Styrol-Butadien-Kautschuk-Klebstoff *m*
styrene copolymer Styrolmischpolymerisat *n*, Styrencopolymerisat *n*
styrene-divinyl benzene copolymer Styrol-Divinylbenzol-Copolymer[es] *n*
styrene-free styrolfrei
styrene glycol <$C_8H_{10}O_2$> Styrolglycol *n*
styrene homopolymer Styrol-Homopolymerisat *n*
styrene-methylstyrene copolymer Styrol-Methylstyrol-Mischpolymerisat *n*, Styren-Methylstyren-Copolymerisat *n*
styrene monomer Monostyrol *n*
styrene nitrosite Styrolnitrosit *n*
styrene oxide <$C_6H_5C_2H_3O$> Styroloxid *n*
styrene plastic Styrolkunststoff *m*
styrene polymer Styrolpolymerisat *n*
styrene resin Styrolharz *n*, Styrenharz *n*
styrene vapo[u]rs Styroldämpfe *mpl*
crude styrene Rohstyrol *n*
styrol 1. *s.* styrene; 2. kolloidales Silber *n*
styrolene *s.* styrene
styrolene alcohol Cinnamylalkohol *m*
styrolene bromide Bromstyrol *n*, Styrylbromid *n*
styryl <$C_6H_5CH=CH$-> 2-Phenylethenyl-, Styryl-
styryl alcohol Cinnamylalkohol *m*
styryl amine <$C_6H_5CH=CHNH_2$> Styrylamin *n*
styryl ketone <$(C_6H_5CH=CH)_2CO$> Styrylketon *n*, Dibenzylidenaceton *n*
sub unten, unter, niedriger; Unter-, Sub-
subacetate basisches Acetat *n*
subacid schwach sauer *{Chem}*; säuerlich *{Lebensmittel}*; subazid *{Med}*
subacidity Säuerlichkeit *f*, Hypochlorhydrie *f*, Hypazidität *f {Med}*
subalkaline schwach alkalisch
subaphylline Subaphyllin *n*
subarea Teilgebiet *n*, Teilbereich *m*
subassembly Baugruppe *f*, Untergruppe *f {Bauteile}*
subatomic subatomar
subatomic particle Nuklearteilchen *n*, subatomares Teilchen *n {Nukl}*; Elementarteilchen *n*
subbase Grundplatte *f*, Unterlage *f*, Bodenplatte *f*, Sohlplatte *f*
subbituminous subbituminös
subbituminous coal subbituminöse Kohle *f*, Glanz[braun]kohle *f*, bituminöse Braunkohle *f*, steinkohleähnliche Braunkohle *f*
subcarbonate basisches Carbonat *n*
subchloride Subchlorid *n*, basisches Chlorid *n*
subcommitee Unterausschuß *m*
subcontractor Unterlieferant *m*, Subunternehmer *m*
subcooled unterkühlt
subcooled boiling unterkühltes Sieden *n*
subcooling Unterkühlung *f*
subcritical unterkritisch *{Nukl, Tech}*; subkritisch
subcritical condition unterkritischer Zustand *m {Thermo}*
subcritical crack growth unterkritische Rißausbreitung *f*
subcritical pressure unterkritischer Druck *m {Thermo}*
subcritical speed unterkritische Geschwindigkeit *f*
subculture Subkultur *f*, Abimpfung *f*, Tochterkultur *f*, Zweitkultur *f {Bakterien}*
subcutaneous subkutan, subcutan
subcutaneous cell tissue Unterzellgewebe *n {Med}*; Unterhautgewebe *n {Leder}*
subdeterminant Subdeterminante *f {Math}*
subdivide/to unterteilen, untergliedern
subdivided unterteilt, untergliedert
subdivision 1. Unterabteilung *f*, Subdivision *f {Bot}*; 2. Unterteilung *f*
subdue/to [ab]dämpfen *{Licht}*; unterwerfen
subdued gedämpft *{Licht, Farbe}*
subduing Abdämpfung *f {Licht}*
suberane Suberan *n*, Cycloheptan *n {IUPAC}*, Heptamethylen *n*
suberate Suberat *n*
suberene Cyclohepten *n*
subereous korkartig, korkähnlich; aus Kork; Kork-
suberic acid <$HOOC(CH_2)_6COOH$> Suberinsäure *f*, Korksäure *f*, Octandisäure *f {IUPAC}*, Hexan-1,6-dicarbonsäure *f {IUPAC}*
suberin Korkstoff *m*, Suberin *n {Bot}*
suberoin Suberoin *n*
suberol Cyclohepthanol *n*, Suberol *n*, Suberylalkohol *m*
suberone Cyclohepthanon *n {IUPAC}*, Suberon *n*
suberonic acid Suberonsäure *f*
suberose korkähnlich, korkartig; aus Kork, korkig; Kork-

suberous korkähnlich, korkartig; aus Kork, korkig; Kork-

suberyl alcohol Suberylalkohol *m*, Suberol *n*, Cycloheptanol *n*

suberyl arginine Suberylarginin *n*

subfreezing temperature Minustemperatur *f*

subgene Subgen *n*

subgroup 1. Nebengruppe *f* *{Periodensystem}*; 2. Untergruppe *f* *{z.B. Blutuntergruppe, in der Mathematik}*

subjacent darunterliegend

subject/to aussetzen; unterwerfen

subject 1. Sach-; 2. Gegenstand *m*; Fach *n*; 3. Bereich *m*, Objekt *n* *{einer Klassifikation}*; 4. Thema *n*; 5. Anlaß *m*

subject index Sachregister *n*

subject to high temperatures hitzebeansprucht

subject to hydrolysis hydrolyseanfällig

subject to wear verschleißbeansprucht

subjected [to] ausgesetzt; unterworfen

subjective[ly] subjektiv

subjects taught Lehrstoff *m*

sublamine <$HgSO_4 \cdot 2C_2H_4(NH_2)_2 \cdot 2H_2O$> Sublamin *n*, Quecksilber(II)-sulfat-Ethylendiamin *n*

sublattice Teilgitter *n*, Untergitter *n* *{eines Antiferroelektrikums}*

sublethal subletal *{Pharm}*

sublethal dose subletale Dosis *f*, nichttödliche Dosis *f*

sublevel 1. Unterniveau *n* *{Elektronen}*; 2. Unterstufe *f*; 3. Teilsohle *f* *{Erzbergbau}*

sublimability Sublimierbarkeit *f*

sublimable sublimierbar

sublimate/to sublimieren

sublimate 1. Sublimat *n*, Sublimationsprodukt *n* *{Chem, Phys}*; 2. <$HgCl_3$> Sublimat *n*, Quecksilber(II)-chlorid *n*

sublimate bath Sublimatbad *n*

corrosive sublimate Quecksilber(II)-chlorid *n*

sublimating vessel Sublimiergefäß *n*

sublimation Sublimieren *n*, Sublimation *f*, Verflüchtigung *f* *{fester Stoffe}*

sublimation apparatus Sublimationsapparat *m*

sublimation coefficient Sublimationskoeffizient *m*

sublimation cooling Sublimationskühlung *f*

sublimation curve Sublimations[druck]kurve *f*

sublimation drying Vakuum-Sublimationstrocknung *f*

sublimation drying plant Trockenanlage *f* mit Sublimation

sublimation enthalpy Sublimationsenthalpie *f*

sublimation from the frozen state Sublimationstrocknung *f*, Gefriertrocknung *f*, Lyophilisation *f* *{Gefrieren nach Vortrocknen}*

sublimation heat Sublimationswärme *f*

sublimation nucleus Sublimationskern *m*

sublimation plant Sublimationsanlage *f* *{Vak}*

sublimation point Sublimationspunkt *m*, Sublimationstemperatur *f*

sublimation pressure Sublimationsdruck *m*

sublimation pump Sublimationspumpe *f*, Verdampferpumpe *f*; Getterverdampferpumpe *f*

sublimation rate Sublimationsrate *f*

sublimation retort Sublimierretorte *f*

sublimation technique Sublimationstechnik *f*

sublimation temperature Sublimationstemperatur *f*, Sublimationspunkt *m*

entrainer sublimation Trägergassublimation *f*

carrier sublimation Trägergassublimation *f*

heat of sublimation Sublimationswärme *f*

sublimator Sublimator *m*, Sublimationsapparatur *f*

sublime/to sublimieren

sublimed sulfur Schwefelblüte *f*

sublimed white lead Sulfatbleiweiß *n* *{basisches Bleisulfat}*

sublimer *s.* sublimator

subliming Sublimieren *n*

subliming apparatus Sublimiergefäß *n*, Sublimierapparatur *f*

subliming furnace Sublimierofen *m*

subliming pot Sublimiertopf *m*

fastness to subliming Sublimierechtheit *f*

submaceral Submaceral *n* *{Kohle, DIN 22020}*

submarine 1. unterseeisch, submarin, untermeerisch; 2. Unterseeboot *n*, U-Boot *n*

submarine blasting gelatine Unterwassersprenggelatine *f*

submaster controller Folgeregler *m*, Sekundärregler *m*, geführter Regler *m* *{z.B. bei Kaskadenregelung}*

submerge/to tauchen, eintauchen; untertauchen, versenken; unter Wasser *n* setzen

submerged submers, untergetaucht; Tauch-

submerged arc furnace Tauchelektroden-Lichtbogenschmelzofen *m* *{Met}*

submerged arc welding Unterpulverschweißung *f*, UP-Schweißung *f*, Ellira-Schweißen *n*, Tauchlichtbogenschweißung *f*

submerged channel induction furnace Rinnenofen *m*

submerged coil condenser Tauchrohrkondensator *m*, Tauchrohrverflüssiger *m*

submerged combustion Tauchverbrennung *f*

submerged-combustion burner Tauchbrenner *m*, Unterwasserbrenner *m*

submerged condenser Einhängekühler *m*, Tauchkondensator *m*

submerged contact aerator Emscherfilter *n*, Tauchkörper *m*

submerged evaporator Tauchverdampfer *m*

submerged filter überstautes Filter *n*

submerged-flame process Tauchflammverfahren *n*

submerged gas cover versenkte Gasdecke *f*

submerged gate versenkter Anschnitt *m* *{Kunst}*
submerged-piston pump Tauchkolben-Pumpe *f*
submerged pump Unterwasserpumpe *f*
submerged-tube evaporator Tauchrohrverdampfer *m*
submergence 1. Eintauchtiefe *f*, Tauchtiefe *f*; Dampfdurchdringtiefe *f* *{Dest}*; 2. Eintauchen *n*, Untertauchen *n*; 3. Überschwemmung *f* *{Geol}*
submersible motor Tauchmotor *m*
submersible pump Behälterpumpe *f*, Tauchpumpe *f*, Unterwasserpumpe *f*
submersion 1. Untertauchen *n*, Eintauchen *n*, Submersion *f*; 2. Überschwemmung *f* *{Geol}*
submetallic metallartig; Halbmetall-
submetallic luster Halbmetallglanz *m*, metallartiger Glanz *m*
submicron Submikron *n* *{Teilchen von 0,0002 - 5 nm}*
submicroscopic submikroskopisch *{Teilchen im Lichtmikroskop}*
submicrosome Submikrosom *n*
submicrostructure Submikrostruktur *f*, Submikrogefüge *n*
submit/to unterwerfen, unterziehen; vorlegen; meinen, zu bedenken geben
subnitrate Subnitrat *n*, basisches Nitrat *n*
subnormal 1. unternormal; 2. Subnormale *f* *{Math}*
subordinate untergeordnet; Neben-
subordinate quantum number Nebenquantenzahl *f*
subordinate series Nebenserie *f* *{Spek}*
suboxide Suboxid *n* *{Chem}*
subpicogram environmental analysis Umweltanalyse *f* im Subpicogrammbereich
subpressure Unterdruck *n*
subpressure zone Unterdruckgebiet *n*
subprogram Unterprogramm *n*, Subroutine *f* *{EDV}*
subresin Halbharz *n*
subroutine Unterprogramm *n*, Subroutine *f* *{EDV}*
subsalt basisches Salz *n*
subsample Teilstichprobe *f*, Unterprobe *f*
subscribe/to subskribieren; zeichnen; abonnieren *{z.B. eine Zeitschrift}*
subscriber 1. Abonnent *m* *{z.B. einer Zeitschrift}*; 2. Fernsprechteilnehmer *m*; 3. Spender *m*
subscript tiefgestellter Index *m*, tiefgesetzter Index *m*, unterer Index *m* *{z.B. an Formelzeichen}*; tiefgestellter Text *m* *{Textverarbeitung}*
subscription 1. Abonnement *n*; 2. Abonnementsgebühr *f*; 3. Zeichnung *f*, Unterzeichnung *f*; 4. gezeichnete Summe *f*; Spende *f*
subscription fee Beitrag *m* *{Zahlung}*
subsequence Teilfolge *f* *{Math}*
subsequent anschließend, [nach]folgend
subsequent batch Nachfolgecharge *f*
subsequent charging Nachbeschickung *f*
subsequent cleaning Nachreinigung *f*
subsequent drying Nachtrocknung *f*, Endtrocknung *f*
subsequent effect Folgeerscheinung *f*
subsequent filter Nachfilter *n*
subsequent process Nachfolgeprozeß *m*
subsequent ripening Nachreifen *n*
subsequent treatment Weiterverarbeitung *f*
subshell Unterschale *f* *{Atom}*
subside/to 1. [ab]sinken, sich [ab]setzen, sich ausscheiden, sich abscheiden, sich ablagern, sich niederschlagen, ausfallen, sedimentieren; 2. nachlassen, abklingen, sich vermindern, sich beruhigen
subsidence 1. Absinken *n* *{z.B. Luftmassen}*; 2. Sinken *n*, Setzen *n*; 3. Senkung *f* *{z.B. Erdsenkung}*, Sackung *f*, Absacken *n*, Zusammensakken *n*, Einsinken *n*; 4. Einsturz *m*; 5. Einsenkung *f* *{Tech}*; 6. Niederschlag *m*, Bodenkörper *m*, Bodenniederschlag *m*, Sediment *n*, Satz *m*; 7. Abklingen *n*, Nachlassen *n*
subsidence basin Absetzbecken *n*
subsidiary 1. ergänzend, zusätzlich; Zusatz-, Neben-, Hilfs-; 2. Tochtergesellschaft *f*, Tochterfirma *f*
subsidiary battery Verstärkungsbatterie *f* *{Elek}*
subsidiary company Tochtergesellschaft *f*, Tochterfirma *f*
subsidiary flow Nebenströmung *f*
subsidize/to bezuschussen, subventionieren
subsieve particles Feingut *n* *{Teilchen, die kleiner sind als das feinste herstellbare Sieb}*
subsist/to existieren, [fort]bestehen; leben
subsoil 1. Unterboden *m*, Anreicherungshorizont *m*, Einwaschungshorizont *m*, Illuvialhorizont *m*, Ausfällungszone *f* *{Agri}*; 2. Untergrund *m*, Baugrund *m*
subsoil water Grundwasser *n*
subsoiler Untergrundlockerer *m*, Bodenmeißel *m* *{Agri}*
subsonic untertonfrequent; Unterschall-, Infraschall-; 2. unterschallschnell
subspace Unterraum *m*, Teilraum *m* *{Math}*
subspecies Untergruppe *f*, Unterart *f*, Subspezies *f* *{Biol}*
substage Beleuchtungsapparat *m* *{unter dem Mikroskoptisch}*, Mikroskopierleuchte *f*
substance 1. Substanz *f*, Materie *f*; Substanz *f*, Stoff *m* *{Chem}*; 2. Präparat *n*; 3. Flächenmasse *f* *{in g/m^2}*, Quadratmetermasse *f*, Masse *f* je Flächeneinheit, Flächengewicht *n* *{obs}* *{z.B. von Papier, Flachglas}*; 4. Dicke *f* *{Flachglas}*; 5. Trägerzusatz *m*, Zusatz *m* von Trägersubstanz, Zugabe *m* von Trägersubstanz

substance concentration Stoffkonzentration *f* *{in mol}*
substance P <$C_{63}H_{98}N_{18}O_{13}S$> Substanz P *f* *{Undecapeptid der Tachykiningruppe}*
substance under test Prüfsubstanz *f*, Versuchsmaterial *n*
added substance Zusatzmittel *n*, Zusatzstoff *m*
amount of substance Substanzmenge *f* *{in mol}*
anionic substance anionenaktive Substanz *f*
cationic substance kationenaktive Substanz *f*
change of substance Substanzveränderung *f*
substantial stofflich; fest; nahrhaft *{Lebensmittel}*; beträchtlich, wesentlich
substantially im Wesentlichen *n*, praktisch
substantiate/to begründen; Richtigkeit *f* erweisen, Echtheit *f* erweisen
substantive substantiv, direktziehend *{Farbstoff}*; Direkt- *{Farbstoff}*
substantive dye Direktfarbstoff *m*, substantiver Farbstoff *m*, direktziehender Farbstoff *m*, Substantivfarbstoff *m*
substantivity Substantivität *f* *{bei Farbstoffen oder Textilhilfsmitteln}*
substation 1. Unterstation *f*, Unterwerk *n* *{Elek}*; Umspannwerk *n* *{Elek}*; 2. Nebenstelle *f*; 3. Abonnentenstation *f* *{EDV}*; 4. Fernsprechanschluß *m*
substituent 1. Substituent *m* *{Chem}*; 2. Austausch[werk]stoff *m*, Alternativmaterial *n*, Substitutionswerkstoff *m*, Ersatzstoff *m*
substitute/to 1. substituieren, austauschen *{Chem}*; 2. als Ersatzstoff *m* dienen, ersetzen; 3. vertreten; 4. auswechseln, austauschen, ersetzen *{Tech}*
substitute 1. Ersatz-; 2. Ersatz[stoff] *m*, Ersatzmittel *n*, Austausch[werk]stoff *m*, Surrogat *n*; 3. Faktis *m* *{Gummi}*
substitute gas Austauschgas *n*
substitute material Ersatzstoff *m*, Austausch[werk]stoff *m*, Alternativmaterial *n*, Substitutionswerkstoff *m*
substitute natural gas Erdgasaustauschgas *n*, Tauschgas *n*, Erdgasersatz *m*, synthetisches Erdgas *n*, Synthesenaturgas *n*, SNG
substitute product Austauschprodukt *n*
substituted substituiert *{Chem}*
substituted group verdrängter Substituent *m*, ausgewechselter Substituent *m*
substitution 1. Substitution *f* *{Chem}*; 2. Austausch *m*, Ersatz *m*, Auswechslung *f*, Substituierung *f* *{Tech}*; 3. Ersetzung *f*, ersatzweise Verwendung *f* *{Werkstoff}*; 4. Einsetzung *f* *{Math}*
substitution isomerism Substitutionsisomerie *f*
substitution method Substitutionsverfahren *n*; Substitutionsmethode *f*, Einsetzmethode *f* *{Math}*
substitution possibilities Substitutionsmöglichkeiten *fpl*
substitution product Substitutionsprodukt *n*
substitution rate Austauschgrad *m*, Substitutionsgrad *m*
substitution reaction Substitutionsreaktion *f*, Verdrängungsreaktion *f* *{Chem}*
substitution tautomerism Substitutionstautomerie *f*
electrophilic substitution elektrophile Substitution *f*
nucleophilic substitution nukleophile Substitution *f*
react by substitution/to subtituierend wirken
substitutional alloy Substitutionslegierung *f*
substitutional solid solution Substitutionsmischkristall *m*
substitutive nomenclature Substitutionsnomenklatur *f*
substoichiometric unterstöchiometrisch
substrate 1. Substrat *n*, Nährsubstrat *n* *{enzymatisch abzubauende Substanz}*; Nährboden *m*; 2. Substrat *n* *{Chem}*; 3. Substrat *n*, Trägermaterial *n*, Trägersubstanz *f*, Träger *m* *{z.B. von Anstrichstoffen}*; 4. Schichtträger *m*, Adhärent *m* *{zu verklebender Stoff}*; 5. Beschichtungsgut *n* *{Vak}*; 6. Unterboden *m*, Anreicherungshorizont *f*, Einschwemmungshorizont *m* *{Agri}*; Unterschicht *f*, unterlagernde Schicht *f* *{Geol}*; 7. Untergrund *m*, Unterlage *f*, Basis[platte] *f* *{Tech}*
substrate-binding region Substratbindungsstelle *f* *{Enzym}*
substrate concentration Substratkonzentration *f* *{Enzymkinetik}*
substrate heater Substratheizer *m* *{Vak}*
substrate holder Substrathalter *m* *{Vak}*
substrate inhibition Substrat[überschuß]hemmung *f* *{Biochem}*
substrate magazin Schichtträgermagazin *n* *{Vak}*
substrate-mask changer Substrat-Maskenwechsler *m*
substrate saturation Substratsättigung *f* *{Biochem}*
substrate temperature control Schichtträgertemperatursteuerung *f*
substratum 1. Substrat *n*, Nährboden *m*; 2. Substrat *n* *{Chem}*; 3. Unterboden *m*, Anreicherungshorizont *m*, Einschwemmhorizont *m* *{Agri}*; 3. Untergrund *m*, Unterlage *f*, Basis[platte] *f* *{Tech}*; 4. Unterschicht *f*, unterlagernde Schicht *f* *{Geol}*; 5. Schichtträger *m*, Adhärent *m* *{zu verklebender Stoff}*; 6. Substrat *n*, Trägersubstanz *f*, Träger *m* *{z.B. von Farbstoffen}*; 7. Beschichtungsgut *n* *{Vak}*
substructure 1. Substruktur *f*, Unterstruktur *f* *{Krist, Math}*; 2. Unterbau *m* *{Tech}*
subsulfate basisches Sulfat *n*
subsurface 1. unterirdisch; Erd-, Tief[en]-, Un-

tergrund-; 2. oberflächennaher Bereich *m*, oberflächennahe Zone *f*

subsurface conditions Untergrundverhältnisse *npl*

subsurface inclusion Einschluß *m* unter der Oberfläche

subtangent Subtangente *f {Math}*

subtask Subtask *m*, Unteraufgabe *f*, sekundäre Aufgabe *f*; sekundäres Vorhaben *n*, Teilvorhaben *n {eines Projekts}*

subterranean unterirdisch, subterran; Untergrund-, Erd-, Tief[en]-

subterranean cable Erdkabel *n*

subterraneous fire Erdbrand *m*

subtilin Subtilin *n {Antibiotikum}*

subtilisin *{EC 3.4.21.14}* Subtilisin *n*

subtilize/to sich verflüchtigen

subtitle Untertitel *m*

subtle zart, dünn; fein, unfaßbar; scharf

subtract/to abziehen, subtrahieren *{Math}*

subtraction Subtraktion *f {Math}*

subtraction colo[u]r Subtraktionsfarbe *f*

subtraction solid solution Subtraktionsmischkristall *m*

subtractive subtraktiv

subtractive capillary gas chromatography subtraktive Kapillar-Gaschromatographie *f*

subtractive colo[u]r Subtraktionsfarbe *f*

subtractive name Subtraktionsname *f*, Subtraktivname *f*

subtractive process Subtraktivverfahren *n*, subtraktives Farbverfahren *n {Photo}*

subtractive reducer subtraktiv wirkender Abschwächer *m {Photo}*

subtractor 1. Subtraktivfilter *n {Photo}*; 2. Subtrahiereinrichtung *f*, Subtrahierwerk *n*, Subtrahierer *m {EDV}*; Subtrahierkreis *m {digitaler Schaltkreis}*

subtrahend Subtrahend *m {Math}*

subunit Untereinheit *f*

subvalent state unterwertiger Valenzzustand *m {z.B.* Na_4^{3+}, Ni^+*}*

success Erfolg *m*

partial success Teilerfolg *m*

successful erfolgreich; bewährt

successful bidder Auftragnehmer *m*

succession 1. Aufeinanderfolge *f*, Nacheinanderfolge *f*; 2. Folge *f*, Reihe *f*, Reihenfolge *f*; 3. Sukzession *f*, gesetzmäßige Folge *f {von Pflanzengesellschaften}*, Entwicklungsreihe *f*

successive aufeinanderfolgend, nacheinanderfolgend; schrittweise, sukzessiv

successive dilution sukzessive Verdünnung *f*

successive reaction Folgereaktion *f*, Sukzessivreaktion *f {Chem}*

successively schrittweise; hintereinander, nacheinander

succinaldehyde *s.* succindialdehyde

succinamic acid <$H_2NCOCH_2CH_2COOH$> Succinamidsäure *f*, Bernsteinsäuremonamid *n*, Butandisäuremonamid *n*, 3-Carbamoylpropionsäure *f*

succinamide <$(H_2NCOCH_2-)_2$> Succinamid *n*, Butandiamid *n {IUPAC}*

succinamoyl <$H_2NCOCH_2CH_2CO-$> Succinamoyl-

succinanilide Succinanilid *n*

succinate <$C_2H_4(COOM')_2$, $C_2H_4(COOR)_2$> Succinat *n {Salz oder Ester der Bernsteinsäure}*

succinate dehydrogenase *{EC 1.3.99.1}* Succinatdehydrogenase *f*

succinate-semialdehyde dehydrogenase *{EC 1.2.1.24}* Succinat-Semialdehyddehydrogenase *f*

succindialdehyde <$OHCCH_2CH_2CHO$> Succin[di]aldehyd *m*, Bernsteinsäuredialdehyd *m*, Butan-1,4-dial *n {IUPAC}*

succinhydrazide Succinhydrazid *n*

succinic acid <$(-CH_2COOH)_2$> Succinsäure *f*, Bernsteinsäure *f*, Butandisäure *f {IUPAC}*, Ethan-1,2-dicarbonsäure *f*

succinic acid dibenzyl ester Benzylsuccinat *n*

succinic acid-2,2-dimethylhydrazide Bernsteinsäure-2,2-dimethylhydrazid *n*

succinic acid ester Bernsteinsäureester *m*

succinic anhydride <$C_4H_4O_3$> Bernsteinsäureanhydrid *n*, Succinyloxid *n*, 2,5-Diketotetrahydrofuran *n*

succinic thiokinase *{EC 6.2.1.4./5}* Succinyl-CoA-synthetase *f {IUB}*, Succinatthiokinase *f*

succinimide <$C_4H_5NO_2$> Succinimid *n*, Bernsteinsäureimid *n*, Butandionimid *n*, 2,5-Diketopyrrolidin *n*

succinimidine Succinimidin *n*

succinimido <$C_4H_4O_2N-$> Succinimido-

succinimidoyl <$-C(=NH)CH_2CH_2C(=NH)-$> Succinimidoyl-

succinite 1. Bernstein *m*, Succinit *m {fossiles Harz}*; 2. bernsteinfarbiger Grossular *m*, Goldgranat *m {Min}*

succinoabietic acid Succinoabietinsäure *f*

succinoabietinolic acid Succinoabietinolsäure *f*

succinoabietol Succinoabietol *n*

succinodehydrogenase Succinodehydrogenase *f {Biochem}*

succinonitrile Bernsteinsäurenitril *n*, Succinonitril *n*, Ethylendicyanid *n*

succinonitrilic acid Bernsteinnitrilsäure *f*

succinoresene Succinoresen *n*

succinoresinol <$C_{12}H_{20}O$> Succinoresinol *n*

succinoyldiazide Succinoyldiazid *n*

succinoylsulfathiazole Succinoylsulfathiazol *n*

succinyl <$-COCH_2CH_2CO-$> Succinyl-, Bernsteinsäure-

succinyl chloride <$C_2H_4(COCl)_2$> Bernsteinsäuredichlorid *n*, Succinyldichlorid *n*

succinyl choline Succinylcholin *n*
succinyl choline bromide Succinylcholinbromid *n*
succinyl-CoA hydrolase *{EC 3.1.2.3}* Succinyl-CoA-Hydrolase *f*
succinyl-CoA synthetase *{EC 6.2.1.4/.5}* Succinyl-CoA-Synthetase *f {IUB}*, Succinatthiokinase *f*
succinyl fluorescein Succinylfluorescein *n*
succinyl oxide *s.* succinic anhydride
succinyl sulfathiazole <$C_{13}H_{13}N_3O_5C_2$> Succinylsulfathiazol *n*
succinylosuccinic acid Succinylbernsteinsäure *f*
succulent saftig, saftreich *{Bot}*
suck/to saugen; nutschen *{Lab}*; lutschen
suck-back/to zurücksaugen
suck in/to ansaugen, einsaugen
suck off/to absaugen; abnutschen *{Lab}*
suck out/to aussaugen
suck through/to durchsaugen
suck up/to aufsaugen; absorbieren
suck Saugen *n*
suck-off apparatus Absaugapparat *m*
sucked off abgenutscht *{Lab}*
sucker 1. Sauger *m*; 2. Verzögerungseinrichtung *f* mit Bremszylinder *{Elek}*
sucking Saugen *n*, Ansaugen *n*, Einsaugen *n*
sucking action Saugwirkung *f*
sucking and forcing pump Saug- und Druckpumpe *f*
sucking-off Absaugen *n*; Abnutschen *n {Lab}*
sucrase Invertase *f*, Invertin *n*, Saccharase *f*, Sucrase *f {Biochem}*
sucrate Saccharat *n*, Sucrat *n {Glucarat}*
sucrol <$H_2NCONHC_6H_4C_2H_5$> Sucrol *n*, Dulzin *n*, Valzin *n*, 4-Ethoxyphenylharnstoff *m*
sucrose <$C_{12}H_{22}O_{11}$> Sa[c]charose *f*, Sucrose *f*, Rohrzucker *m*, Rübenzucker *m*, Saccharobiose *f*, *β*-D-Fructofuranosyl-α-D-glycopyranosid *n*
sucrose [density] gradient Sucrosedichtegradient *m*
sucrose gradient centrifugation Sucrosegradientenzentrifugation *f*
sucrose α-D-glucohydrolase *{EC 3.2.1.48}* Sucrose-α-D-glucohydrolase *f*
sucrose monostearate Sucrosemonostearat *n*
sucrose octaacetate <$C_{28}H_{38}O_{19}$> Sucroseoctaacetat *n*
sucrose-phosphatase *{EC 3.1.3.24}* Sucrose-phosphatase *f*
sucrose-phosphate synthase *{EC 2.4.1.14}* Sucrosephosphatsynthase *f*
sucrose phosphorylase *{EC 2.4.1.7}* Sucrose-phosphorylase *f*
sucrose synthase *{EC 2.4.1.13}* Sucrosesynthase *f*
suction 1. Saug-; 2. Saugzug *m*, Sog *m*; 3. Saugen *n*, Saugung *f*, Ansaugung *f*, Ansaugen *n*; Einsaugung *f*, Einsaugen *n*; Absaugung *f*, Absaugen *n*; Rücksaugen *n*; 4. Unterdruck *m*
suction air Saugluft *f*, Saugwind *m*
suction air conveyor Saugluftförderanlage *f*
suction air dryer Saugluft-Trocknungsmaschine *f*
suction and pressure pump Saug- und Druckpumpe *f*
suction apparatus Ansaugvorrichtung *f*, Saugapparat *m*, Sauger *m*
suction basket Saugkorb *m*
suction blower Sauggebläse *n*
suction bottle Absaugflasche *f*, Saugflasche *f {Lab}*
suction box 1. Saugkasten *m*, Saugkammer *f*; 2. Sauger *m*, Saug[er]kasten *m {Pap}*
suction brush Saugbürste *f*
suction capacity 1. Ansaugleistung *f*, Saugleistung *f {Pumpe}*; 2. Schluckvermögen *n*, Schluckfähigkeit *f {Verdichter-Laufräder}*
suction capillary Ansaug[e]kapillare *f*
suction casting Vakuumgießen *n*
suction cell filter Saugzellenfilter *n*
suction chamber Saugkammer *f*, Schöpfraum *m*; Unterdruckkammer *f*
suction conduit Saugleitung *f*
suction cone Ansaugkegel *m*
suction conveyor Saugförderer *m*, Saugfördergerät *n*
suction crucible Saugtiegel *m*
suction cupola Saugkupolofen *m*, Saugkuppelofen *m*
suction deaerator Unterdruckentgaser *m*
suction device Saugvorrichtung *f*
suction draught Saugzug *m*
suction-drum dryer Lochtrommeltrockner *m*
suction effect Saugwirkung *f*; Sogwirkung *f*
suction extractor Absaugmaschine *f*
suction fan Sauglüfter *m*, Absaugventilator *m*, Saugzugventilator *m*, Ansauggebläse *n*, Saugzuggebläse *n*; Staubsaugeinrichtung *f*, Staubventilator *m*
suction filter 1. Nutschenfilter *n*, Ansaugfilter *n*, Saugfilter *n*, Nutsche *f {mit Unterdruck arbeitendes Filter}*; 2. Vakuumfilter *n*
suction filter apparatus Nutsch[en]apparat *m*
suction filter press Saugfilterpresse *f*
suction-filtered abgenutscht
suction filtration Saugfiltration *f*
suction flask Saugflasche *f*, Saugkolben *m {Lab}*
suction force Saugkraft *f*
suction funnel Absaugtrichter *m*, Nutsch[en]trichter *m {Lab}*
suction gas Sauggas *n*
suction-gas motor Sauggasmotor *m*
suction height Saughöhe *f*
suction hole Saugloch *n*

suction hood Absaughaube *f*
suction hose Saugschlauch *m*
suction inlet Ansaugöffnung *f*
suction jet Saugstrahl *m*
suction lift Saughöhe *f {Pumpe}*
suction line Ansaugleitung *f*, Saugleitung *f*
suction machine Absaug[e]maschine *f*
suction mo[u]ld Saugform *f*
suction nebulizer Ansaugzerstäuber *m*
suction nozzle Saugdüse *f*
suction opening Ansaugöffnung *f*
suction orifice Ansaugöffnung *f*
suction passage Saugkanal *m*
suction pipe Saugrohr *n*, Ansaugrohr *n*, Saugleitung *f*
suction-pipe socket Saugstutzen *m*
suction pipet[te] Saugpipette *f {Lab}*
suction plant Absaug[e]anlage *f*
suction port Ansaugöffnung *f*, Saugmund *m*; Ansaugstutzen *m*, Saugstutzen *m*
suction power Saugleistung *f*
suction pressure 1. Saugdruck *m*, Ansaugdruck *m*; 2. Saugkraft *f*, Sog *m*
suction process 1. Saugvorgang *m*, Ansaugprozeß *m*; 2. Saug-Blas-Verfahren *n*, SB-Verfahren *n {Glas}*
suction pump Saugpumpe *f*
suction pyrometer Absaugpyrometer *n {Pyrometer für schnellströmende Gase}*
suction rate 1. Ansauggeschwindigkeit *f*, Ansaugegeschwindigkeit *f*; 2. Saugfähigkeit *f {z.B. eines Ziegels}*
suction resistance Saugwiderstand *m*
suction side Saugseite *f*; Eintrittsseite *f {Axialgebläse}*
suction slit Saugschlitz *m*
suction speed Saugvermögen *n*, Pumpgeschwindigkeit *f*
suction strainer Nutsche *f*, Saugfilter *n*
suction stroke Ansaug[e]hub *m*, Saughub *m*
suction tube Ansaugrohr *n*, Saugrüssel *m*
suction-type hydrometer Saughydrometer *n*
suction-type pyrometer Absaugpyrometer *n*
suction valve 1. Ansaugventil *n*, Saugventil *n {Pumpe}*; 2. Saugventil *n*, Einlaßventil *n*
suction velocity Sauggeschwindigkeit *f*
suction ventilator Sauggebläse *n*, Saugventilator *m*, Exhaustor *m*
sudan Sudan *n {Farbstoffklasse}*
sudden plötzlich, schlagartig
sudden cooling Schockkühlung *f*
sudden increase in concentration Konzentrationssprung *m*
sudden pressure increase Druckstoß *m*
sudden stress schlagartige Beanspruchung *f*
sudorific schweißtreibend
suds Seifenschaum *m*, Seifenlauge *f*
sue/to [ver]klagen; werben [um]
sue for/to verklagen wegen
suede 1. Velourleder *n*, Wildleder *n*, Rauhleder *n*; Suèdeleder *n*, Dänischleder *n*; 2. Wildleder-Imitation *f {Text}*
suede finish 1. Schleifen *n {Zurichten von Velourleder}*; 2. Velourieren *n*, Velourisieren *n {von Maschenwaren für Wäschestoffe}*
sueded gerauht *{Leder}*; velourisiert *{Text}*
suet Nierenfett *n*, Talg *m*, Schmer *m n*, Unschlitt *n*
suffer/to [er]leiden; zulassen, dulden
suffice/to genügen, ausreichen
sufficient ausreichend, genügend, hinreichend *{Menge}*; genug
suffix 1. Suffix *n*, Nachsilbe *f*, Anhängsel *n*; 2. Index *m {tiefstehende Zahlen, Buchstaben oder Formelteile}*
suffocate/to ersticken
suffocating erstickend, stickend *{z.B. Wetter}*; Stick-
suffocation Erstickung *f*
sugar/to süßen, zuckern, mit Zucker *m* bestreuen *{Speisen}*; in Zucker *m* verwandeln, verzukkern, saccharifizieren; Korn *n* bilden *{Zucker}*
sugar-coat/to überzuckern, mit Zucker *m* bestreuen
sugar 1. Zucker *m*; 2. Schmutzfleck *m {Glas}*
sugar acid Zuckersäure *f {Chem}*
sugar analysis Zuckeranalyse *f*
sugar breaker Knotenbrecher *m*
sugar candy Kandiszucker *m*
sugar charcoal Zuckerkohle *f {poröse Kohle aus Karamel}*
sugar-coated tablet Dragée *n*
sugar colo[u]ring Zuckercouleur *f*, Zuckerfarbe *f*
sugar compound Zuckerverbindung *f*
sugar content Zuckergehalt *m*
sugar content of the blood Blutzuckergehalt *m*
sugar crusher Zucker[rohr]quetsche *f*
sugar determination apparatus Zuckerbestimmungsgerät *n*, Saccharimeter *n {Med}*
sugar factory Zuckerfabrik *f*, Rohzuckerfabrik *f*
sugar honey Zuckerhonig *m*
sugar hydrometer Saccharimeter *n*, Zuckergehaltsmesser *m {Brau, Instr}*
sugar industry Zuckerindustrie *f*
sugar-like zuckerähnlich, zuckerartig
sugar manufacture Zuckerfabrikation *f*
sugar maple Zuckerahorn *m {Acer saccharum Marsh}*
sugar mill Zuckerrohrmühle *f*
sugar of lead Bleizucker *m*, Bleidiacetat *n*, Blei(II)-acetat *n*
sugar phosphates Zuckerphosphate *npl {Biochem}*

sugar phosphatase *{EC 3.1.3.23}* Zuckerphosphatphosphohydrolase *f*, Zuckerphosphatase *f* *{IUB}*
sugar-1-phosphate adenyltransferase *{EC 2.7.7.36}* Zucker-1-phosphat-Adenyltransferase *f*
sugar-1-phosphate nucleotidyltransferase *{EC 2.7.7.37}* Zucker-1-phosphat-Nucleotidyltransferase *f*
sugar production Zuckerherstellung *f*
sugar refinery Zuckerraffinerie *f*, Weißzuckerfabrik *f*
sugar refining thermometer Zuckerkochthermometer *n*
sugar residue Zuckertrester *pl*
sugar solution Zuckerlösung *f*
sugar substitute Zuckerersatz *m*, Zuckerersatzstoff *m*, Zuckeraustauschstoff *m*
sugar syrup decolo[u]rizing plant Zuckersaftentfärbungsanlage *f*
acorn sugar Quercit *m*
containing sugar zuckerhaltig
crytallized sugar Kristallzucker *m*
dextrorotatory sugar rechtsdrehender Zukker *m* *{Opt}*
extraction of sugar Entzuckerung *f*
granulated sugar Kristallzucker *m*
levorotatory sugar linksdrehender Zucker *m*
reducing sugar reduzierender Zucker *m*
simple sugar Monosac[c]harid *n*, Einfachzukker *m* *{z.B. Pentose, Hexose, Heptose}*

sugarbeet Zuckerrübe *f* *{Beta vulgaris L. var. altissima Döll}*
sugarbeet chip Zuckerrübenschnitzel *n*
sugarbeet juice pump Rübensaftpumpe *f*
sugarbeet lift Rübenelevator *m*
sugarbeet pump Rübenpumpe *f*

sugarcane Zuckerrohr *n* *{Sacharum officinarum L.}*
sugarcane crusher Zuckerrohrbrecher *m*

sugary zuckerartig; zuckerhaltig, zuck[e]rig; zuckersüß

suggest/to anregen, vorschlagen; nahelegen; deuten, schließen lassen auf; erinnern an

suggested empfohlen
suggested formulation Rezepturvorschlag *m*, Richtrezeptur *f*

suint Wollschweiß *m*, Wollfett *n*, Wollschmiere *f* *{Text}*
suint ash Schweißasche *f*
suint content Schweißgehalt *m* *{Wolle}*
potash from suint Wollschweißasche *f*

suit/to anpassen; passen; [sich] eignen

suitability test Eignungsprüfung *f*

suitable passend, geeignet; angebracht, angemessen; zutreffend; zweckdienlich, zweckentsprechend
suitable for exploiting abbauwürdig *{Bergbau}*
suitable for working abbauwürdig *{Bergbau}*
suitable for food contact applications lebensmittelecht
suitable for storing in silos silierbar
suitable for thermoforming tiefziehfähig, thermoformbar
suitable for transferring to silos silierbar
suitable shaped formgerecht

sulfa drug Sulfonamidpräparat *n*, Arzneimittel *n* auf Sulfonamidbasis *{Pharm}*

sulfacetamide <$H_2NC_6H_4SO_2NHCOCH_3$> Sulfacetamid *n*, *N*-Acetylsulfanilamid *n* *{Pharm}*

sulfachrysoidine Sulfachrysoidin *n*

sulfadiazine <$NH_2C_6H_4SO_2NHC_4H_3N_2$> Sulfadiazin *n*, 2(*p*-Aminobenzolsulfonamido)-4-methylpyrimidin *n* *{Pharm}*

sulfadicramide Sulfadicramid *n*

sulfadimethoxine <$C_{12}H_{14}N_4O_4S$> Sulfadimethoxin *n*

sulfadimidine Sulfadimidin *n*, Sulfadimerazin *n* *{Pharm}*

sulfaethidole Sulfaethidol *n*

sulfaguanidine <$NH_2C_6H_4SO_2NC(NH_2)_2$> Sulfaguanidin *n*, Sulfanilguanidin *n*, *p*-Aminobenzolsulfonamidoguanidin *n* *{Pharm}*

sulfaldehyde <CH_3CSH> Ethanethial *n* *{IUPAC}*, Thioaldehyd *m*

sulfamerazin Sulfamerazin *n*, Sulfamethyldiazin *n*, 2-(*p*-Aminobenzolsulfonamido)-4-methylpyrimidin *n* *{Pharm}*

sulfamethazine Sulfamethazin *n*, Thiosulfil *n* *{Pharm}*

sulfamethiazole Sulfamethiazol *n*

sulfamethoxypyridazine Sulfamethoxypyridazin *n* *{Pharm}*

sulfamethyldiazine Sulfamerazin *n*, Sulfamethyldiazin *n* *{Pharm}*

sulfamic acid <NH_2SO_3H> Sulfaminsäure *f*, Amidosulfonsäure *f*, Amidoschwefelsäure *f*

sulfamide <$H_2NSO_2NH_2$> Sulfamid *n*, Schwefelsäurediamid *n*, Sulfuryldiamid *n*, Sulfonyldiamin *n* *{IUPAC}*

sulfamoyl <H_2NSO_2-> Sulfamoyl-

sulfane <H_2S_n> Sulfan *n*, Hydropolysulfid *n*

sulfanilamide <$C_6H_8O_2N_2S$> Sulfanilamid *n*, *p*-Aminobenzolsulfonamid *n*, *p*-Aminophenylsulfonamid *n* *{Pharm}*

sulfanilamido <*p*-$H_2NC_6H_4SO_2NH$-> Sulfanilamido-

sulfanilic acid <$H_2NC_6H_4SO_3H_3$> Sulfanilsäure *f*, *p*-Aminobenzolsulfonsäure *f*, *p*-Aminobenzensulfonsäure *f*, Anilin-*p*-sulfonsäure *f*

sulfanilide Sulfanilid *n*

sulfanilyl <*p*-$H_2NC_6H_4SO_2$-> Sulfanilyl

sulfanthrol Sulfanthrol *n*

sulfantimonate <M'_3SbS_4> Thioantimonat(V) *n*

sulfantimonite <M'_3SbS_3> Thioantimonat(III) *n*

sulfapyridine Sulfapyridin *n*, 2-(*p*-Aminobenzensulfonamido)-pyridin *n {Pharm}*
sulfapyrimidine Sulfapyrimidin *n*
sulfaquinoxaline Sulfachinoxalin *n*, 2-(*p*-Aminobenzensulfonamido)-chinoxalin *n*
sulfarsphenamine Sulfarsphenamin *n*
sulfatase Sulfatase *f {Biochem}*
sulfate/to sulfatieren, mit Schwefelsäure behandeln
sulfate <M'_2SO_4> Sulfat *n*
sulfate adenyltransferase *{EC 2.7.7.4}* Sulfatadenyltransferase *f*
sulfate cellulose Sulfatzellstoff *m {Pap}*
sulfate content Sulfatgehalt *m*
sulfate cook[ing] Sulfatkochung *f {Pap}*
sulfate cooking pan *{GB}* Sulfatkochkessel *m {Pap}*
sulfate cooking vessel *{US}* Sulfatkochkessel *m {Pap}*
sulfate digestion liquor Sulfat[koch]lauge *f {Pap}*
sulfate ester Schwefelsäureester *m*
sulfate ion <SO_4^{2-}> Sulfat-Ion *n*
sulfate kraft paper Natronkraftpapier *n*
sulfate liquor Sulfatlauge *f*, Sulfatablauge *f*, Sulfatkochlauge *f {Pap}*
sulfate process Sulfatverfahren *n*
sulfate pulp Sulfatcellulose *f*, Sulfatzellstoff *m*, Kraftzellstoff *m {Pap}*
sulfate-reducing bacteria sulfatreduzierende Bakterien *npl*
sulfate water Sulfatwasser *n*
acid sulfate <$M'HSO_4$> Hydrogensulfat *n*
basic sulfate Hydroxidsulfat *n*
bisulfate <$M'HSO_4$> Hydrogensulfat *n*
containing sulfate sulfathaltig
hyposulfate Dithionat *n*
peroxodisulfate <$M'_2S_2O_8$> Peroxodisulfat *n*
peroxomonosulfate <M'_2SO_5> Peroxomonosulfat *n*
sulfated ash Sulfatasche *f*
sulfated ash content Sulfataschegehalt *m*
sulfated residue test Sulfatascheprobe *f*
sulfathiazole <$C_9H_9N_3O_2S$> Sulfathiazol *n*, 2-(*p*-Aminobenzolsulfamid)-thiazol *n {Pharm}*
sulfating Sulfatisieren *n*, Sulfation *f*, Sulfatation *f*
sulfating agent Sulfatisierungsmittel *n*
sulfating roasting furnace *{US}* sulfatisierender Röstofen *m {Met}*
sulfation 1. Sulfat[at]ion *f*, Sulfatisieren *n*, Blei(II)-sulfatbildung *f {z.B. in Bleiakkumulatoren; Elek}*; 2. Sulfatierung *f*, Sulfatieren *n {Veresterung von Alkoholen mit H_2SO_4}*
sulfatize/to sulfatisiern *{Metallsulfide z.B. durch Rösten in Sulfate verwandeln}*
sulfatizing Sulfatisieren *n {Metallsulfide z.B. durch Rösten in Sulfate verwandeln}*
sulfazide <$RNHNHSO_2R$> Sulfazid *n*
sulfenamide <$RSNH_2$> Sulfenamid *n*
sulfenamide accelerator Sulfenamidbeschleuniger *m {Gummi}*
sulfenamoyl <H_2NS-> Sulfenamoyl-
sulfeno <HOS-> Sulfeno-
sulfhydrate <M'SH> Hydrosulfid *n*, Sulfohydrat *n*, Hydrogensulfid *n {IUPAC}*
sulfhydryl <RSH> Sulfhydryl-, Mercapto-
sulfidation [attack] Sulfidationsangriff *m {Korr}*
sulfidation reaction Sulfidationsreaktion *f*
sulfidation resistance Sulfatangriffs-Beständigkeit *f {Korr}*
sulfide/to sulfidieren *{Einführung von Schwefel in thiolartiger oder Sulfid-Bindung}*; xanthogenieren *{Text}*
sulfide 1. Sulfid *n {M'_2S}*; 2. Thioether *m {RSR'}*
sulfide dye[stuff] Schwefelfarbe *f*, Schwefelfarbstoff *f*, Sulfinfarbe *f*
sulfide ether alcohol Sulfidetheralkohol *m*
sulfide inclusion Sulfideinschluß *m {Met}*
sulfide ore sulfidisches Erz *n*, Sulfiderz *n*
sulfide scale Sulfidzunder *m*
sulfide stress crack corrosion Sulfid-Spannungsrißkorrosion *f {Met}*
sulfide stress crack[ing] Sulfid-Spannungsriß *m {Met}*
sulfide toning bath Schwefeltonbad *n {Photo}*
containing sulfide sulfidisch
sulfidic sulfidisch, schwefelhaltig
sulfido <-S-> Sulfido-
sulfimide 1. <$H_2S{=}NH$> Sulfimid *n*; 2. <$(SO_2NH)_3$> Schwefelsäureimid *n*; 3. <-SO_2NH-> Sulfimid-
***o*-sulfimide benzoic acid** *o*-Benzoesäuresulfimid *n*, Sa[c]charin *n*
sulfinamoyl <H_2NSO-> Sulfinamoyl-
sulfindigotic acid <$C_8H_5NOSO_3$> Indigoschwefelsäure *f*
sulfine <R_3SX> Sulfin *n*
sulfinic acid <RSO_2H> Sulfinsäure *f*
sulfino <HO_2S-> Sulfino-
sulfinoxide <R_3SOH> Sulfinoxid *n*
sulfinpyrazone Sulfinpyrazon *n*
sulfinyl <-SO-> *s.* thionyl
sulfitation Sulfitieren *n*, Schwefeln *n*, Schwefelung *f*; Sulfitation *f*, Schwefelsaturation *f {Zukker}*
sulfitation tank Schwefelungsgefäß *n {Zucker}*
sulfitation vessel *s.* sulfitation tank
sulfite/to sulfitieren, schwefeln *{mit schwefliger Säure oder Schwefeldioxid behandeln}*
sulfite 1. schwefligsauer; 2. <M'_2SO_3> Sulfit *n*, schwefligsaures Salz *n*
sulfite acid liquor Sulfit[koch]säure *f*, Kochsäure *f {Pap}*

sulfite black liquor tank Schwarzlaugegefäß *n* *{Pap}*
sulfite cellulose Sulfitcellulose *f*, Sulfitzellstoff *m* *{Pap}*
sulfite cooking liquor Sulfitkochlauge *f*, Kochlauge *f* *{Pap}*
sulfite cooking pan *{GB}* Sulfitkochkessel *m* *{Pap}*
sulfite cooking vessel *{US}* Sulfitkochlessel *m* *{Pap}*
sulfite dehydrogenase *{EC 1.8.2.1}* Sulfitdehydrogenase *f*
sulfite digestion Sulfitaufschluß *m*
sulfite digestor Sulfitzellulosekocher *m* *{Pap}*
sulfite liquor Sulfitlauge *f*, Sulfitablauge *f* *{Pap}*
sulfite lye Sulfitlauge *f* *{Pap}*
sulfite oxidase *{EC 1.8.3.1}* Sulfitoxidase *f*
sulfite process Sulfitprozeß *m*, Sulfitverfahren *n* *{Zellstoffgewinnung}*
sulfite pulp Sulfitcellulose *f*, Sulfitzellstoff *m* *{Pap}*
sulfite reductase *{EC 1.8.99.1}* Sulfitreduktase *f*
sulfite waste liquor Sulfitablauge *f* *{Pap}*
hydrogen sulfite **<$M'HSO_3$>** Hydrogensulfit *n*
sulfo **<$HOSO_2$->** Sulfo-
sulfoacetic acid **<$HSO_3CH_2COOH \cdot H_2O$>** Sulfoessigsäure *f*
sulfoamino **<HO_3SNH->** Sulfoamino-
sulfoantimonic acid Schwefelantimonsäure *f*
sulfobenzide **<$(C_6H_5)_2SO_2$>** Sulfobenzid *n*, Diphenylsulfon *n*
sulfobenzimide Sulfobenzimid *n*
sulfobenzoic acid Sulfobenzoesäure *f*
sulfobenzoic acid imide Saccharin *n*
sulfoborite Sulfoborit *m* *{Min}*
sulfobromophthalein sodium Sulfobromphthaleinnatrium *n*
sulfocarbanilide Thiocarbanilid *n*, *N,N'*-Diphenylthioharnstoff *m*, Sulfocarbanilid *n*
sulfocarbimide Isothiocyansäure *f*
sulfocarbolic acid Phenolsulfonsäure *f*
sulfocarbonate **<M'_2CS_3>** Thiocarbonat *n*
sulfochloride **<SO_2Cl_2>** Sulfochlorid *n*, Sulfonsäurechlorid *n*, Sulfonylchlorid *n* *{IUPAC}*
sulfochlorination Sulfochlorierung *f*
sulfocinnamic acid Sulfozimtsäure *f*
sulfocyanate **<$M'SCN$>** Rhodanid *n*, Thiocyanat *n*
sulfocyanic acid **<$HSCN$>** Rhodanwassertoff *m*, Sulfocyansäure *f*
sulfocyanide *s.* sulfocyanate
sulfoform **<$(C_6H_5)_3SbS$>** Sulfoform *n*, Triphenylstibinsulfid *n*
sulfoichtyolic acid Sulfoichtyolsäure *f*
sulfolane **<$C_4H_4SO_2$>** Sulfolan *n*, Thiolandioxid *n*, Tetrahydrothiopen-1,1-dioxid *n*, Tetramethylensulfon *n*
3-sulfolene **<$C_4H_6SO_2$>** 2,5-Dihydrothiophen-1,1-dioxid *n*, 3-Sulfolen *n*
sulfolysis Sulfolyse *f*
sulfonal **<$(H_3C)_2C(SO_2C_2H_5)_2$>** Sulfonal *n*, Diethylsulfondimethylmethan *n*, 2,2-Bis(ethylsulfonyl)propan *n*
sulfonamide Sulfonamid *n*, Sulfonsäureamid *n* *{Pharm}*
sulfonatable sulfonierbar
sulfonate/to sulfonieren, sulfurieren
sulfonate Sulfonat *n*, Sulfonsäureester *m*
sulfonated castor oil Türkischrotöl *n* *{sulfoniertes Rizinusöl}*
sulfonated fat alcohol Fettalkohlsulfont *n*
sulfonated oil sulfoniertes Öl *n*, sulfuriertes Öl *n*
sulfonation Sulfonierung *f*, Sulfonieren *n*, Sulfurierung *f*, Sulfurieren *n* *{Einführung der Sulfogruppe in organische Verbindungen}*
sulfonation flask Sulfurierkolben *m*, Sulfonierkolben *m*
sulfonation number Sulfonierungszahl *f*
sulfonato **<-SO_3->** Sulfonato-
sulfonator Sulfonierkessel *m*, Sulfoniergefäß *n*
sulfoncarboxylic acid Sulfoncarbonsäure *f*
sulfoncyanine black B Alphanolschwarz 3 BN *n*
sulfondicarboxylic acid Sulfondicarbonsäure *f*
***p*-sulfondichloramidobenzoic acid** **<$HOOH-C_6H_4SO_2NCl_2$>** *p*-Sulfondichloroamidobenzoesäure *f*
sulfone **<R_2SO_2>** Sulfon *n*
sulfonethylmethane Sulfonethylmethan *n*
sulfonic acid **<RSO_3H>** Sulfonsäure *f*
sulfonic acid ester Sulfonsäureester *m*
sulfonic [acid] group **<-SO_3H>** Sulfo[n]gruppe *f*, Sulfonsäuregruppe *f*
sulfonic soap Sulfonseife *f*
sulfonio **<-R_2S^+>** Sulfonio-
sulfonitric acid Sulfonitronsäure *f*, Schwefelsäure-Salpetersäure-Mischung *f*
sulfonium **<R_3S^+>** Sulfonium-
sulfonium compound **<R_3SX>** Sulfoniumverbindung *f*
sulfonium radical Sulfoniumradikal *n*
sulfonmethane Sulfonal *n*, Diethylsulfondimethylmethan *n*
sulfonyl **<-SO_2->** Sulfonyl-, Sulfuryl-
sulfonyldiacetic acid **<$SO_2(CH_2COOH)_2$>** Sulfonyldiessigsäure *f*
sulfonyldiamine **<$SO_2(NH_2)_2$>** Sulfamid *n*
sulfonyldianiline Sulfonyldianilin *n*
sulfonyldioxy **<-OSO_2O->** Sulfonyldioxy-
sulfonylurea herbicides Sulfonylharnstoffherbizide *npl*
sulfophenic acid Phenolsulfonsäure *f*
sulfophenol Sulfocarbolsäure *f*, Aseptol *n*

sulfophthalic acid Sulfophthalsäure *f*

sulfopurpuric acid Purpurschwefelsäure *f*

sulforaphen Sulforaphen *n*

sulforhodamine B Sulforhodamin B *n*

sulforhodamine J Säurerhodamin G *n*

sulfosalicylaldehyde Sulfosalicylaldehyd *m*

sulfosalicylic acid <$HOC_6H_3(COOH)SO_3H$> Sulfosalicylsäure *f*, Salicylsäure-5-sulfonsäure *f*

sulfosol Sulfosol *n* *{Kolloid in H_2SO_4}*

sulfourea <$SC(NH_2)_2$> Thioharnstoff *m*, Thiocarbamid *n*

sulfovinic acid <$C_2H_5HSO_4$> Ethylschwefelsäure *f*, Ethylhydrogenschwefelsäure *f*

sulfoxide <R_2SO> Sulfoxid *n*

sulfoxylate <M'_2SO_2> Sulfoxylat *n*, Sulfat(II) *n*

sulfoxylic acid <H_2SO_2> Sulfoxylsäure *f*, Hyposulfitsäure *f* *{obs}*, Schwefel(II)-säure *f*

sulfoxyphenylpyrazolidone Sulfinpyrazon *n*

sulfur/to schwefeln *{mit Schwefel, Schwefeldioxid oder Sulfiten behandeln}*; ausschwefeln, mit Schwefel *m* ausräuchern; einschwefeln

sulfur *{S, element no. 16}* Schwefel *m*, Sulfur *n*

sulfur bacteria Schwefelbakterien *npl*, Thiobakterien *npl*

sulfur-bearing rock Schwefelgestein *n*

sulfur bichloride *s.* sulfur dichloride

sulfur black Schwefelschwarz *n*, schwarzer Schwefelfarbstoff *m*

sulfur blooming Ausschwefelung *f*, Ausblühen *n* von Schwefel *{Gummi}*

sulfur bridge Schwefel[vernetzungs]brücke *f*, Schwefelvernetzungsstelle *f* *{Vulkanisation}*

sulfur bromide <S_2Br_2> Bromschwefel *m* *{obs}*, Schwefelbromid *n*, Dischwefeldibromid *n*, Schwefelmonobromid *n*

sulfur chamber Schwefelkammer *f*

sulfur chloride <S_2Cl_2> Chlorschwefel *m* *{obs}*, Schwefelchlorid *n*, Dischwefeldichlorid *n*, Schwefelmonochlorid *n*

sulfur chloride vulcanization bath Schwefelchloridvulkanisationsbad *n*

sulfur colo[u]r Schwefelfarbe *f*

sulfur-colo[u]red schwefelfarben

sulfur combustion furnace Schwefelverbrennungsofen *m*

sulfur compound Schwefelverbindung *f*

sulfur-containing geschwefelt; schwefelhaltig; Schwefel-

sulfur content Schwefelgehalt *m*

sulfur cycle Schwefelkreislauf *m* *{Ökol}*

sulfur determination Schwefelbestimmung *f* *{Anal}*

sulfur diazide <$S(N_3)_2$> Schwefeldiazid *n*

sulfur dichloride <SCl_2> Schwefeldichlorid *n*, Schwefel(II)-chlorid *n*

sulfur dibromide <SBr_2> Schwefeldibromid *n*, Schwefel(II)-bromid *n*

sulfur dioxide <SO_2> Schwefeldioxid *n*, Schwefel(IV)-oxid *n*, Schwefligsäureanhydrid *n*

sulfur dioxygenase *{EC 1.13.11.18}* Schwefeldioxygenase *f*

sulfur donor Schwefellieferant *m*, Schwefeldonator *m*

sulfur dross Schwefelschlacke *f*

sulfur dye Schwefelfarbstoff *m*

sulfur earth Schwefelerde *f*

sulfur extraction plant Schwefelextraktionsanlage *f*

sulfur fixation of coal fine agglomerates Schwefelbindung *f* in Kohlegries

sulfur flower Schwefelblüte *f*, Schwefelblume *f*, sublimierter Schwefel *m*

sulfur fluoride 1. <S_2F_2> Schwefelfluorid *n*, Schwefelmonofluorid *n*, Dischwefeldifluorid *n*; 2. <SF_6> Schwefelhexafluorid *n*

sulfur-free schwefelfrei

sulfur fume Schwefelrauch *m*

sulfur fumigation Ausschwefeln *n*

sulfur halide Halogenschwefel *m*, Schwefelhalogenid *n*

sulfur heptoxide <$(S_2O_7)_x$> Schwefelheptoxid *n*, Dischwefelheptoxid *n*, Schwefel(VII)-peroxid *n*

sulfur hexafluoride <SF_6> Schwefelhexafluorid *n*, Schwefel(VI)-fluorid *n*

sulfur hexaiodide <SI_6> Schwefelhexaiodid *n*, Schwefel(VI)-iodid *n*

sulfur impression Schwefelabdruck *m*

sulfur iodide <S_2I_2> Iodschwefel *m* *{obs}*, Dischwefeldiiodid *n*, Schwefelmonoiodid *n*

sulfur iodine *s.* sulfur iodide

sulfur kiln Schwefelkammer *f* *{Text}*

sulfur lamp Schwefellampe *f* *{Anal}*

sulfur loss Schwefelverlust *m*

sulfur melting pan Schwefelpfanne *f*

sulfur monobromide <S_2Br_2> Schefelmonobromid *n*, Dischwefeldibromid *n*, Dischwefelbromid *n*

sulfur monochloride <S_2Cl_2> Schwefelmonochlorid *n*, Dischwefeldichlorid *n*, Dischwefelchlorid *n*

sulfur monofluoride <S_2F_2> Schwefelmonofluorid *n*, Dischwefeldifluorid *n*

sulfur monoiodide <S_2I_2> Schwefelmonoiodid *n*, Dischwefeldiiodid *n*, Dischwefeliodid *n*

sulfur monoxid <SO> Schwefel(II)-oxid *n*

sulfur mustard gas Schwefelsenfgas *n*

sulfur nitride <S_4N_4> Schwefelnitrid *n*, Tetraschwefeltetranitrid *n*

sulfur odor Schwefelgeruch *m*

sulfur ointment Schwefelsalbe *f* *{Pharm}*

sulfur ore Schwefelerz *n* *{Min}*

sulfur oven Schwefelofen *m* *{Zucker}*

sulfur pit Schwefelgrube *f*

sulfur pockmarks Schwefelpocken *fpl*

sulfur point Schwefelpunkt *m {IPTS-75: 717,824 K}*

sulfur precipitate Schwefelniederschlag *m*

sulfur print Schwefelabdruck *m*, Baumann-Abdruck *m*, Baumannsche Schwefelprobe *f {zum Nachweis der Schwefelseigerung}*

sulfur production plant Schwefelgewinnungsanlage *f*

sulfur protochloride *s.* sulfur monochloride

sulfur purification Schwefelreinigung *f*

sulfur recovery Schwefelgewinnung *f*

sulfur recovery process Claus-Verfahren *n {Schwefelgewinnung}*

sulfur refinery Schwefelhütte *f*, Schwefelwerk *n*

sulfur refining furnace Schwefelläuterofen *m*

sulfur removal Entschwefelung *f*

sulfur remover Entschwefelungsmittel *n*

sulfur salt Schwefelsalz *n*

sulfur sesquioxide <S_2O_3> Dischwefeltrioxid *n*, Schwefelsesquioxid *n {obs}*

sulfur spring Schwefelquelle *f {Geol}*

sulfur staining Marmorierung *f*, Schwefelverfärbung *f {Dosen}*

sulfur subbromide *s.* sulfur monobromide

sulfur subchloride *s.* sulfur monobromide

sulfur subiodide *s.* sulfur monoiodide

sulfur test Schwefelprobe *f*

sulfur tetrachloride <SCl_4> Schwefeltetrachlorid *n*, Schwefel(IV)-chlorid *n*

sulfur tetrafluoride <SF_4> Schwefeltetrafluorid *n*, Schwefel(IV)-fluorid *n*

sulfur tetroxide <$(SO_4)_x$> Schwefeltetroxid *n*, Schwefel(VIII)-peroxid *n*

sulfur threads Fadenschwefel *m*

sulfur toning Schwefeltonung *f {Photo}*

sulfur toning bath Schwefeltonbad *n {Photo}*

sulfur treatment Schwefelung *f*

sulfur trioxide <SO_3> Schwefelsäureanhydrid *n*, Schwefeltrioxid *n*, Schwefel(VI)-oxid *n*

sulfur vapo[u]r Schwefeldampf *m*

sulfur vulcanization bath Schwefelvulkanisationsbad *n*

sulfur-vulcanized rubber schwefelvulkanisierter Kautschuk *m*

sulfur water Schwefelwasserstoffwasser *n*, Schwefelwasser *n*

sulfur yellow 1. schwefelgelb; 2. Schwefelgelb *n*, gelber Schwefelfarbstoff *m*

sulfur yellow dyestuffs Immedialgelb-Marken *fpl*, Schwefelgelb-Marken *fpl*

Baumann sulfur test Baumann-Abdruck *m*, Schwefelabdruck *m*, Baumannsche Schwefelprobe *f {zum Nachweis der Schwefelseigerung}*

capillary sulfur Haarschwefel *m {Min}*

colloidal sulfur kolloidaler Schwefel *m*

containing sulfur schwefelhaltig

crude sulfur Rohschwefel *m*

elastic sulfur elastischer Schwefel *m*; Fadenschwefel *m*

fibrous native sulfur Haarschwefel *m {Min}*

flowers of sulfur Schwefelblüte *f*

free from sulfur schwefelfrei

liver of sulfur Schwefelleber *f*

milk of sulfur Schwefelmilch *f*, kolloidaler Schwefel *m*

sulfurate/to mit Schwefel *m* behandeln, schwefeln *{im allgemeinen}*

sulfurated lime Kalkschwefelleber *f*, Calcium sulphuratum Hahnemanni *{Pharm}*

sulfuration Schwefeln *n*, Schwefelung *f {im allgemeinen}*

sulfurator Schwefelkammer *f {Brau}*

sulfureous 1. aus Schwefel *m* bestehend, schwef[e]lig; schwefelhaltig; 2. schwefelartig; schwefelfarben

sulfureous water Schwefelwasser *n*, Schwefelwasserstoffwasser *n*

sulfureousness Schwefelhaltigkeit *f*

sulfuret *s.* sulfide

sulfuretin Sulfuretin *n*

sulfuretted geschwefelt

sulfuretted hydrogen <H_2S> Schwefelwasserstoff *m*, Monosulfan *n {IUPAC}*

sulfuric schwefelsauer; Schwefel-, Schwefel(VI)- *{meist höherwertigem Schwefel entsprechend}*

sulfuric acid <H_2SO_4> Schwefelsäure *f*

sulfuric acid anodizing Anodisieren *n* in Schwefelsäure *{Oberflächenbehandlung}*

sulfuric acid carboy Schwefelsäureballon *m*

sulfuric acid charring Verkohlung *f* durch [konzentrierte] Schwefelsäure

sulfuric acid demijohn Schwefelsäureballon *m*

sulfuric acid plant Schwefelsäureanlage *f*

sulfuric acid process Schwefelsäureverfahren *n*

sulfuric acid refining Schwefelsäureraffination *f*, Trockenraffination *f {Erdöldestillate}*

sulfuric acid test Schwefelsäureprobe *f*; Schwefelsäurewaschprobe *f*, Schwefelsäurereaktion *f {Farb}*

sulfuric acid works Schwefelsäurefabrik *f*

sulfuric anhydride <SO_3> Schwefelsäureanhydrid *n*, Schwefeltrioxid *n*, Schwefel(VI)-oxid *n*

sulfuric ester <R_2SO_4> Ester *m* der Schwefelsäure, Schwefelsäureester *m*

sulfuric ether *{obs}* Diethylether *m*

concentrated sulfuric acid konzentrierte Schwefelsäure *f {94 %}*

free from sulfuric acid schwefelsäurefrei

fumes of sulfuric acid Schwefelsäuredämpfe *mpl*

fuming sulfuric acid rauchende Schwefelsäure *f*, Oleum *n {> 100 %}*

manufacture of sulfuric acid Schwefelsäurefabrikation *f*
nitrosulfuric acid Salpetersäure-Schwefelsäure-Gemisch *n {1:2}*
nitrososulfuric acid <$NO{\cdot}HSO_4$> Nitrosylhydrogensulfat *n*
salt of sulfuric acid Sulfat *n*
sulfuring Schwefeln *n*, Schwefelung *f {z.B. Lebensmittel mit flüssigem SO_2}*
sulfuring room Schwefelkammer *f*
sulfurization 1. Schwefelung *f*, Schwefeln *n {Chem}*; 2. Ausschwefelung *f {des Eisens während des Schmelzprozesses im Kupolofen}*; 3. Sulfidierung *f {Einführung von Schwefel in thiolartiger oder Sulfid-Bindung}*
sulfurize/to schwefeln, mit Schwefel behandeln *{im allgemeinen}*; mit Schwefel *m* verbinden
sulfurized geschwefelt, schwefelbehandelt
sulfurized oil geschwefeltes Öl *n*, schwefelbehandeltes Öl *n*, Faktoröl *n*
sulfurized terpenes geschwefeltes Terpen *n*
sulfurized vegetable oil geschwefeltes Fettöl *n*
sulfurizing Schwefeln *n*
sulfurol black Sulfurolschwarz *n*
sulfurous schwefelhaltig, schwefelig; Schwefel-, Schwefel(IV)- *{meist niederwertigem Schwefel entsprechend}*
sulfurous acid <H_2SO_3> schweflige Säure *f*, Schwefligsäure *f*
sulfurous [acid] anhydride <SO_2> Schwefeldioxid *n*, Schwefel(IV)-oxid *n*, Schwefligsäureanhydrid *n*
sulfurous ester <R_2SO_3> Schwefligsäureester *m*
salt of sulfurous acid <M'_2SO_3> Sulfit *n*
sulfuryl *s.* sulfonyl
sulfuryl chloride <SO_2Cl_2> Sulfurylchlorid *n*
sulfuryl oxychloride <HSO_3Cl> Sulfuryloxychlorid *n*, Chlorsulfonsäure *f*
sulphur *s.* sulfur
sulvanite 1. <Cu_3VS_4> Sulvanit *m {Min}*; 2. <$ClSO_3C_2H_5$> Ethylsulfurylchlorid *n*
sum/to summieren
sum up/to addieren
sum 1. Summe *f*, Fazit *n*, Endsumme *f*, Ergebnis *n*; 2. Betrag *m*; 3. Vereinigungsmenge *f*, Vereinigung *f {Math}*; 4. Gesamtheit *f {z.B. des Wissens, aller Erkenntnisse}*
sum of the digits Quersumme *f*
sum rule Summenregel *f {Spek}*
sum set aside for depreciation Abschreibungsvolumen *n*
sum total Fazit *n*, Endsumme *f*, Ergebnis *n {Math}*
sumac *s.* sumach
sumach Sumach *m*, Färbersumach *m {Gerbstoff lieferndes Holzgewächs, z.B. Rhus coriaria L.}*
sumach liquor Sumachtrübe *f*
sumach tanning Sumachgerbung *f*
sumaresinol <$C_{30}H_{48}O_4$> Sumaresinol *n*
sumaresinolic acid Sumaresinolsäure *f*
Sumatra camphor Sumatracampher *m*, Malayischer Campher *m*, Borneocampher *m*, α-Borneol *n {Dryanops aromatica Gaertn.}*
sumatrol <$C_{23}H_{22}O_7$> Sumatrol *n*
sumbul 1. Sumbul *m {Bot}*; 2. Moschuswurzel *f*, Sumbulwurzel *f {Bot}*
sumbul oil Moschus[würze]löl *n*, Sumbulöl *n {Ferula sumbul Hook.}*
summarize/to zusammenstellen; zusammenfassen
summary 1. zusammenfassend, kurz; summarisch; Schnell-; 2. Abriß *m*, [wissenschaftliche] Übersicht *f*; Überblick *m*, Kurzbericht *m*; 3. Zusammenfassung *f*, Zusammenstellung *f*, Kurzreferat *n*
summated current Integralstromstärke *f*
summation Summenbildung *f*, Summation *f*, Summierung *f*, Zusammenzählung *f*; Addition *f {Math}*
summation band Summierungsband *n {Spek}*
summation equation Summengleichung *f*
summation formula Summenformel *f*
summation of heat Wärmesumme *f*
summation sign Summationszeichen *n*, Summenzeichen *n {Math}*
law of constant summation of heat Satz *m* der konstanten Wärmesummen *fpl {Thermo}*
summer 1. Summierer *m*, Summator *m {Analogcomputer}*; 2. Sommer *m {Jahreszeit}*; 3. Rähm *m*, Rahmholz *n*
summer oil Sommeröl *n*
summing amplifier Summierverstärker *m {Meßtechnik}*
summit 1. Gipfel[punkt] *m*, Scheitel *m*, Höhepunkt *m*; 2. Kuppe *f {ein rundes oberes Ende, z.B. Nagel, Finger, Berggipfel}*; 3. Spitze *f {z.B. einer Pyramide}*
sump 1. Sumpf *m {z.B. Kolonnensumpf, Schachtsumpf}*; 2. Auffangbecken *n*, Sammelgrube *f*, Sammelbehälter *m*; Anstrichmittelwanne *f*, Anstrichmittelbecken *n {beim Fluten}*
sump cooling Sumpfkühlung *f*
sump hole Sickeranlage *f*
sump lubrication Sumpfschmierung *f*, Badschmierung *f*
sun 1. solar; Solar-, Sonnen-; 2. Sonne *f {Astr}*
sun-bleaching plant Sonnenbleichanlage *f {Text}*
sun continuum Sonnenkontinuum *n {Spek}*
sun drying Sonnentrocknung *f*, Trocknung *f* an der Sonne, Trocknung *f* durch Sonnenwärme
sun light Sonnenlicht *n*
sun protection factor Sonnenschutzfaktor *n {Kosmetik}*
sun spot Sonnenfleck *m {Astr}*

sunblock cream Sonnenschutzcreme *f* *{Kosmetik}*
sundries Verschiedenes *n*, verschiedene kleine Waren *fpl* *{Kurzwaren}*
sunflower [Gemeine] Sonnenblume *f* *{Helianthus annuus L.}*
sunflower seed oil Sonnenblumen[kern]öl *n*
sunk versenkt
sunk [screw] head versenkter Schraubenkopf *m*
sunproof sonnenlichtbeständig
sunproof wax Wachs *n* zur Verhinderung von Lichtrissen
sunscreen agent Sonnenschutzmittel *n*, Lichtschutzmittel *n* *{Kosmetik}*
sunshine Sonnenschein *m*; Sonnenlicht *n*
sunstone Sonnenstein *m*, Orthoklas *m* *{Min}*; 2. Aventurinfeldspat *m* *{Min}*
suntan Bräune *f*, Sonnenbräune *f*
suntan cream Hautbräunungscreme *f*, Sonnenbräunungscreme *f* *{Kosmetik}*
suntan lotion Bräunungsmittel *n* *{Kosmetik}*
suntan preps Bräunungsmittel *npl*
super 1. sehr, besonders, höchst; erstklassig; Ober-, Über-, Hyper-; Super-; 2. Super *n* *{Benzin mit hoher Octanzahl}*; 3. offenmaschige Heftgase *f* *{Buchbinderei}*
superabsorbent polymer superabsorbierendes Polymer[es] *n*
superacidity Übersäuerung *f*, Hyperacidität *f*, Peracidität *f* *{Magensaft}*
superacidulate/to übersäuern
superacidulation Übersäuerung *f*
superactivity Übertätigkeit *f*
superalloy Superalloy *n*, Superlegierung *f* *{hochlegierte, hochtemperaturfeste Mehrstofflegierung}*
superannuated überaltert
superannuation Verjährung *f*
supercage Großpore *f* *{Faujasit}*
supercalender Hochleistungskalander *m*, Superkalander *m*, Satinierkalander *m* *{Pap}*
supercalendering Superkalandrieren *n*, Satinieren *n*, Satinage *f*, Glätten *n* *{Pap}*
supercalendering roll Superkalanderwalze *f*, Satinierwalze *f* *{Pap}*
supercentrifuge Superzentrifuge *f*
supercharge/to vorverdichten, laden, aufladen *{Motor}*; überladen
supercharged engine Kompressionsmotor *m*
supercharger Vorverdichter *m*, Lader *m*, Aufladegebläse *n*; Turbokompressor *m*, Überverdichter *m*
supercharging Vorverdichtung *f*, Aufladung *f*
superchlorination Überchlorung *f* *{Wasser}*
superclean Reinst-
superclean coal Reinstkohle *f* *{DIN 22005}*
superconducting supraleitend, supraleitfähig
superconducting alloy supraleitende Legierung *f*
superconducting magnet supraleitender Magnet *m*, Supraleitermagnet *m*
supercunducting metal supraleitendes Metall *n*
superconduction Supraleitfähigkeit *f*, Supraleitung *f*
superconduction electron Supraleitelektron *n*
superconductive supraleitend, supraleitfähig
superconductivity Supraleitfähigkeit *f*, Supraleitung *f*
superconductor Supraleiter *m*
hard superconductor nicht-idealer Supraleiter *m*
non-ideal superconductor nicht-idealer Supraleiter *m*
supercooled unterkühlt
supercooling Unterkühlung *f*, Unterkühlen *n*
supercooling vessel Unterkühlungsgefäß *n*
supercritical überkritisch, superkritisch *{Thermo, Nukl}*
supercritical fluid überkritisches Fluid *n*
supercritical fluid chromatography überkritische Flüssigchromatographie *f*
supercritical fluid extraction superkritische Fluidextraktion *f*
supercritical pressure überkritischer Druck *m* *{Thermo}*
supercritical solvent überkritisches Lösemittel *n*
superduty castable refractory concrete hochfester vergießbarer Schamottebeton *m*
superelastic superelastisch
superficial 1. oberflächlich, superfiziell; Oberflächen-; 2. oberirdisch, über Tage; Oberflächen-
superficial current Oberflächenstrom *m*
superficial fault Oberflächenfehler *m*
superficial hardening Oberflächenhärtung *f*
superficial oxidation Oberflächenoxidation *f*
superficial structure Oberflächenstruktur *f*
superficial tanning Angerbung *f*
superficiality Oberflächigkeit *f*
superficies Fläche *f* *{Math}*; Oberfläche *f*
superfluid supraflüssig, superflüssig, suprafluid, superfluid
superfluous überflüssig
superfractionation Feinfraktionierung *f*
Superfund Amendments and Reauthorization Act *{US, 1968}* Gesetz *n* zur Unterrichtung von Gemeinden und Chemiebetrieben
Superfund law *{US}* Gesetz *n* über die nationale Altlastensanierung
superhard plaster Superhartgips *m* *{Dent}*
superheat/to überhitzen
superheat reactor Siedewasserreaktor *m* mit nuklearer Überhitzung, integrierter Siedewasserüberhitzerreaktor *m* *{Nukl}*

superheated bubble cap foaming Dampfglokkenausschäumverfahren *n* für vorgeschäumtes Polystyrol

superheated steam Heißdampf *m*, überhitzter Dampf *m*, ungesättigter Dampf *m*

superheated steam autoclave foaming Dampflagerungsverfahren *n* zum Ausschäumen von vorgeschäumtem Polystyrol

superheated steam cooler Heißdampfkühler *m*

superheated steam cylinder oil Heißdampfzylinderöl *n*

superheated steam jet foaming Dampfstoßausschäumverfahren *n*, Dampfstrahlausschäumverfahren *n {für vorgeschäumtes Polystyrol}*

superheated steam-prefoaming Heißdampfvorschäumen *n* von treibmittelhaltigem Polystyrolgranulat

superheater coil Dampfheizschlange *f*, Überhitzerschlange *f*

superheating Überheizen *n*, Überhitzung *f*

temperature of superheating Überhitzungstemperatur *f*

superheavy elements *{108-120}* überschwere Elemente *npl {Periodensystem}*

superimposable superponierbar

be superimposable/to sich zur Deckung bringen lassen *{Stereochem}*

superimpose/to [sich] überlagern *{z.B. Funktionen}*; überschichten; einblenden *{z.B. Zeitmarke}*

superimposed übereinanderliegend, überschichtet; überlagert; eingeblendet

superimposed back pressure Fremdgegendruck *m {DIN 3320}*

superimposed layer technique Überschichtungsmethode *f*

superimposed stresses überlagerte Spannungen *fpl*, Spannungsüberlagerung *f*

superimposition 1. Aufschaltung *f {Automation}*; 2. Überlagerung *f {z.B. von Funktionen}*; 3. Einblendung *f {EDV, Radar}*; 4. Überschichtung *f*; Folienpressen *n*

superintend/to beaufsichtigen; leiten

superintendent Leiter *m {z.B. Abteilungsleiter, Betriebsleiter, Betriebsoberingenieur, Bauleiter}*

superior 1. höher[wertig], vorzüglich, hochwertig; Qualitäts-; 2. höherliegend, höherstehend

superior alloy steel Edelstahl *m*

superiority Überlegenheit *f*; Vorzüglichkeit *f*, hochwertige Beschaffenheit *f {Qualität}*

superlattice Übergitter *n*, Überstruktur *f {bei Mischkristallen und Legierungen}*

superlattice structure Überstrukturgitter *n {z.B. von teilkristallinen Thermoplasten}*

superlattice transformation Überstrukturumwandlung *f {z.B. bei teilkristallinen Thermoplasten}*

supermolecular structure übermolekulare Struktur *f*

supermultiplet Supermultiplett *n {Spek}*

supernatant 1. überstehend, darüber stehend *{Flüssigkeit}*; obenauf schwimmend, auf der Oberfläche *f* schwimmend; 2. Überstand *m*, überstehende Flüssigkeit *f*, Flüssigkeitsüberstand *m {Chem}*; Schwimmdecke *f {z.B. in einem Gärungsbottich}*; 3. Schlammwasser *n*

supernatant solvent überstehende Lösung *f {Lab}*

supernate 1. Überschicht *f*; 2. Schlammwasser *n*

supernickel Supernickel *n {70 Prozent Cu, 30 Prozent Ni}*

supernormal übernormal, überdurchschnittlich; außergewöhnlich; übernormal *{Konzentration > 1 N}*

superoxide <$M'O_2$> Hyperoxid *n*, Superoxid *n {obs}*, Peroxid *n*

superoxide anion <O_2^-> Hyperoxid[an]ion *n*, Peroxidanion *n*

superoxide dismutase *{EC 1.15.1.1}* Superoxiddismutase *f {IUB}*, Erythrocuprein *n*, Cytocuprein *n*, Hämocuprein *n*

superoxide radical <$\cdot O_2$> Hyperoxidradikal *n*

superpalite <$ClCOOCCl_3$> Diphosgen *n*, Grünkreuz *n*, Superpalit *n {Giftgas}*

superphosphate Superphosphat *n {Phosphatdüngemittel}*

superphosphoric acid diphosphorhaltige Orthophosphorsäure *f {Düngemittel}*

superplastic superplastisch *{Met}*

superpolyamide Superpolyamid *n*

superpolyester Superpolyester *m*

superpolymer Superpolymer[es] *n {MG > 10000}*

superporphyrine Superporphyrin *n*

superpose/to übereinanderlagern, übereinander anordnen, überlagern *{z.B. von Signalen, Schaltungen}*

superposition Superposition *f*, Übereinanderlagerung *f*, Überlagerung *f {z.B. von Signalen}*

superposition principle Superpositionsprinzip *n*, Überlagerungsprinzip *n {Phys}*

superpotential Überspannung *f*

superpressure Überdruck *m*; Höchstdruck *m*

superproton Hyperon *n {Elementarteilchen}*

superpure reinst, von höchster Reinheit *f*; Reinst-

superpurity solvents Reinstlösemittel *npl {Chrom}*

supersaturate/to übersättigen *{Chem}*

supersaturated übersättigt *{z.B. Lösung}*

supersaturating Übersättigen *n {Chem}*

supersaturation Übersättigung *f*, Übersättigen *f {z.B. von Lösungen}*

superscript hochgestelltes Zeichen *n*, hochstehendes Zeichen *n {EDV, Druck}*; hochgestellter Index *m*, hochstehender Index *m {z.B. Buchsta-*

ben, Zahlen, Formelteile}; hochgestellter Text *m* *{Textverarbeitung}*
supersede/to ersetzen, verdrängen
supersensitive überempfindlich, hochempfindlich
supersensitivity Überempfindlichkeit *f*
supersession Verdrängung *f*, Ersetzung *f*; Abschaffung *f*
supersonic supersonisch; Überschall-
supersonic beam mass spectroscopy Ultraschallstrahl-Massenspektroskopie *f*
supersonic driving jet Überschalltreibstrahl *m*
supersonic equipment Ultraschallgeräte *npl*
supersonic flaw detector Ultraschallprüfgerät *n*
supersonic flow Überschallströmung *f*
supersonic frequency Ultraschallfrequenz *f*
supersonic molecular beam Überschallmolekularstrahl *m*
supersonic speed Ultraschallgeschwindigkeit *f*
supersonic vapo[u]r jet Überschalldampfstrahl *m*
supersonic wave Ultraschallwelle *f*
supersonics Überschall *m*
supersour gas wells übersaures Gas *n* *{>50 % H_2S}*
superstratum Überschicht *f*
superstructure 1. Überbau *m*; Oberbau *m*; 2. Hochbau *m*; 3. Überstruktur *f*, Übergitter *n* *{bei Mischkristallen und Legierungen}*; 4. Aufbau *m* *{z.B. bei Schiffen}*; Oberwagen *m* *{Kran}*
supersulfated cement Sulfatschüttzement *m*, Gipsschlackenzement *m*
supertension Überspannung *f* *{Elek}*
supertoxic ultragiftig
supertoxic agent Ultragift *n* *{z.B. Nervengas}*
supervise/to beaufsichtigen; überwachen, kontrollieren
supervision Kontrolle *f*, Überwachung *f*; Aufsicht *f*, Beaufsichtigung *f*
supervision of operation Betriebsüberwachung *f*
supervisor 1. Bediener *m*; Aufseher *m*, Inspektor *m*; 2. Supervisor *m* *{Steuerprogrammsystem}*
supervisory aufsichtsführend, überwachend; Aufsichts-, Überwachungs-
supervisory committee Überwachungsausschuß *m*
supervisory computer Supervisorrechner *m*, Überwachungscomputer *m*
supervisory control Fernsteuerung *f* *{Elek}*
supervisory control equipment Steuer- und Überwachungsausrüstung *f*
supervisory personnel Überwachungspersonal *n*
supplant/to verdrängen, ersetzen
supple 1. biegsam; beweglich *{Tech}*; 2. geschmeidig, fließend *{Text}*; 3. beeinflußbar
supplement/to ergänzen
supplement Anhang *m*, Beilage *f*; Ergänzung *f*, Nachtrag *m*; Zusatz *m*
supplemental amount Zusatzmenge *f*
supplementary ergänzend, zusätzlich; Ergänzungs-, Zusatz-
supplementary agent Zusatzmittel *n*, Hilfsmittel *n*
supplementary air Zusatzluft *f*
supplementary controls Zusatzsteuerungen *fpl*
supplementary feed cock Nebenspeisehahn *m*
supplementary rule Zusatzbestimmung *f*
supplementary unit 1. Ergänzungsaggregat *n*, Ergänzungseinheit *f*, Zusatzgerät *n*; 2. ergänzende Einheit *f* *{zu den SI-Einheiten}*
suppleness 1. Biegsamkeit *f*; Beweglichkeit *f* *{Tech}*; 2. Geschmeidigkeit *f* *{Text}*; 3. Beeinflußbarkeit *f*
supplied 1. geliefert; 2. beaufschlagt *{z.B. Relais durch Schwingungen}*
supplier Lieferant *m*, Zulieferer *m*, Lieferfirma *f*; Ausrüster *m*
supplier country Lieferland *n*
supply/to versorgen, beliefern, ausstatten; beschaffen, bereitstellen, liefern; speisen, zuführen, laden
supply 1. Lieferung *f*, Anlieferung *f*; 2. Beschaffung *f*, Bereitstellung *f*; 3. Versorgung *f*, Zuführung *f*, Zufuhr *f*, Speisung *f*; Stromversorgung *f*, Netz *n*; Anschluß *m* *{z.B. Wasser-, Gas-, Stromanschluß}*; 4. Vorrat *m*; 5. Angebot *n* *{Ökon}*
supply cable Anschlußkabel *n*
supply chute Zufuhrrinne *f*, Zulaufrinne *f*
supply circuit Versorgungsnetz *n*, Speisekreis *m*, Zuleitungsstromkreis *m* *{Elek}*
supply contract Liefervertrag *m*
supply duct Zuleitungsrohr *n*
supply main Zuführungsleitung *f*
supply network Leitungsnetz *n*, Versorgungsnetz *n*, Stromversorgungsnetz *n*
supply of energy Energiezufuhr *f*
supply of fresh air Frischluftzufuhr *f*
supply of process heat Prozeßwärme *f*
supply of process steam Prozeßdampf *m*
supply order Lieferauftrag *m*
supply pipe Zuleitung *f*, Zuleitungsrohr *n*, Zufuhrleitung *f*, Zuspeiseleitung *f*; Anschlußrohr *n*
supply system Versorgungssystem *n*, Energieversorgungssystem *n*
supply tank Vorratstank *m*; Arbeitsbütte *f*, Stoffbütte *f*, Maschinenbütte *f* *{Pap}*
supply tube Zuführungsrohr *n*, Zuleitungsrohr *n*, Zuleitung *f*
supply units Versorgungseinheiten *fpl*
supply vessel Vorratsgefäß *n*
supply voltage Netzspannung *f*, Speisespannung *f*, Versorgungsspannung *f*

supply voltage fluctuation Netzspannungsschwankung *f*, Spannungsschwankung *f*
condition of supply Lieferbedingung *f*
date of supply Lieferfrist *f*
source of supply Bezugsquelle *f*
terms of supply Lieferbedingungen *fpl*
support/to 1. unterhalten, unterstützen; 2. halten, Halt geben; tragen, abstützen; verbauen, ausbauen *{Bergbau}*; 3. befürworten
support 1. Stütz-; Hilfs-; 2. Abstützung *f*, Auflager *n*, Auflage *f*, Stütze *f*; 3. Träger *m*, Trägermaterial *n*, Trägersubstanz *f {Chem, Photo}*; 4. Träger *m {Math}*; 5. Gestell *n*, Ständer *m*, Säule *f {Tech}*; 6. Halterung *f*, Haltedraht *m {Elek}*
support plate 1. Trägerplatte *f*, Trägerunterlage *f {Chrom}*; 2. Stützplatte *f*, Zwischenplatte *f*, [Auf-]Spannplatte *f*, Rückplatte *f {Gieß}*
supported film Folie *f* mit Trägerwerkstoff
supported flange joint Klemmflansch *m*
supported screwed joint Klemmverschraubung *f*
supporting 1. Trag-, Träger-, Stütz-; 2. Tragen *n*
supporting base Trägerwerkstoff *m*, Träger *m*, Trägersubstanz *f*
supporting electrode Trägerelektrode *f*
supporting electrolyte Leitelektrolyt *m*, Leitsalz *n {Polarographie}*
supporting facility 1. Halterungsvorrichtung *f*; 2. Hilfsanlage *f {Tech}*
supporting flange Auflageflansch *m*
supporting frame Tragegestell *n*, Tragerahmen *m*, Unterbau *m*
supporting gas dryer Schwebegastrockner *m*
supporting material Trägermaterial *n*, Trägersubstanz *f*, Träger *m*
supporting roller Stützrolle *f*, Tragrolle *f {Pap}*
supporting tissue Stützgewebe *n {Histol}*
suppose/to annehmen, vermuten; meinen; unterstellen
supposing angenommen
suppository Zäpfchen *n {Pharm}*
suppress/to dämpfen *{z.B. Vibrationen}*; unterdrücken; stillen *{z.B. eine Blutung}*
suppressed zero unterdrückter Nullpunkt *m*
suppressed-zero instrument Instrument *n* mit unterdrücktem Nullpunkt
suppression Unterdrückung *f*; Dämpfung *f {z.B. Vibrationen}*; Stillen *n {z.B. eine Blutung}*; Suppression *f {Gen}*
suppression filter Sperrfilter *n*
suppressor 1. Sperr-; Lösch-; Entstör-; 2. Suppressor *m*, Suppressorgen *n*, Kompensor *m {Gen}*; 3. Entstörvorrichtung *f*, Entstörer *m*, Entstörgerät *n {Elek}*; 4. Schalldämpfer *m*
suppressor electrode Bremselektrode *f*
suppressor grid Bremsgitter *n*, Schutzgitter *n {Leistungsröhre}*
suppressor ion ga[u]ge Ionisationsvakuummeter *n* mit Bremselektrode
suppressor mutation Suppressormutation *f {Gen}*
supraconduction Supraleitung *f*
supraconductivity Supraleitfähigkeit *f*, Supraleitung *f*
supraconductor Supraleiter *m*
supramolecular supramolekular
supramolecular assembly Assoziat *n*
suprarenal cortex Nebennierenrinde *f {Med}*
suprarenin Adrenalin *n*, Suprarenin *n*, Epinephrin *n*
suprasterol Suprasterin *n*
suprathermal electrons *{0.01-30 keV}* suprathermale Elektronen *npl*
suramin **<$C_{51}H_{34}N_6O_{23}S_6$>** Suramin *n*
surcharge Überlast *f*; Überschüttung *f {Beton}*; Fehlersumme *f {Anal}*
surface/to die Oberfläche *f* behandeln *{allgemein}*; glätten, polieren; flachdrehen *{Tech}*; auftauchen
surface 1. oberflächlich; superfiziell *{Med}*; über Tage *{Bergbau}*; Oberflächen-; 2. Oberfläche *f*; 3. Fläche *f {Math}*
surface action Oberflächenwirkung *f*
surface-active oberflächenaktiv, oberflächenwirksam, kapillaraktiv, grenzflächenaktiv
surface-active agent oberflächenaktiver Stoff *m*, oberflächenwirksames Mittel *n*, grenzflächenaktiver Stoff *m*, Surfactant *m*, Tensid *n*
surface-active detergent *s.* surface-active agent
surface-active material *s.* surface-active agent
surface activity Oberflächenaktivität *f {z.B. bei Aktivkohle}*, Grenzflächenaktivität *f*, Kapillarflächenaktivität *f*
surface affinity Oberflächenaffinität *f*
surface aftertreatment Oberflächennachbehandlung *f*
surface alloying Oberflächenlegieren *n*
surface an[a]esthetic Oberflächenanästhetikum *n*
surface antigens Oberflächenantigen *n*
surface area Oberfläche *f {in m^2}*, Oberflächeninhalt *m*
surface area-weight ratio Oberfläche-Gewicht-Verhältnis *n*
surface atom Oberflächenatom *n*
surface attack Oberflächenangriff *m*
surface attemperator Oberflächenkühler *m*
surface blemish Oberflächenfehler *m*, Oberflächenstörung *f {z.B. an Plastformteilen}*
surface blowhole Außenlunker *m*
surface boiling örtliches Sieden *n*, Oberflächensieden *n*; Siedebeginn *m*
surface changes Oberflächenveränderung *f*

surface characteristics Oberflächenbeschaffenheit *f*, Oberflächengüte *f*, Oberflächenzustand *m*
surface charge Oberflächenladung *f*, Flächenladung *f*
surface-charge density Oberflächenladungsdichte *f {Phys}*; Grenzflächenladungsdichte *f {Elektrochem}*
surface chemistry Oberflächenchemie *f*
surface cleanliness Oberflächenreinheit *f*
surface coal mine Übertage-Bergwerk *n*
surface coating 1. Oberflächenbeschichtung *f*, Oberflächenüberzug *m*, Oberflächen[schutz]-schicht *f*; Anstrich *m*; 2. Beschichtungsmaterial *n*, Beschichtungs[werk]stoff *m*; Anstrichmittel *n*, Anstrichstoff *m*
surface-coating powder Beschichtungspulver *n*
surface-coating resin Deckanstrichharz *n*, Lackbindemittel *n*, Lackharz *n*, Lackrohstoff *m*
surface-coating system Beschichtungssystem *n*; Lacksystem *n*
surface coefficient of heat transfer Wärmeübergangszahl *f {in* $W/m^2 \cdot K$*}*
surface combustion Oberflächenverbrennung *f*
surface complex Oberflächenkomplex *m*
surface compound Oberflächenverbindung *f {Chem}*
surface concentration Oberflächenkonzentration *f*
surface condenser Oberflächenkondensator *m {z.B. Röhrenkondensator}*
surface condition Oberflächenbeschaffenheit *f*, Oberflächenzustand *m*, Oberflächengüte *f*
surface conductance Oberflächenleitwert *m*
surface conduction Oberflächenleitung *f*
surface conductivity Oberflächenleitfähigkeit *f*, Oberflächenleitvermögen *n*
surface-contact thermometer Kontaktthermometer *n*
surface contaminants Oberflächenverunreinigungen *fpl*
surface contamination Oberflächenverunreinigung *f*, Oberflächenverschmutzung *f*; Oberflächenverseuchung *f*, Oberflächenkontamination *f {z.B. des Bodens mit Radioaktivität}*
surface-converting furnace Einsatzhärtungsofen *m*, Oberflächenhärtungsofen *m {Met}*
surface cooler Oberflächenkühler *m*, Plattenkühler *m {Brau}*
surface cooling Oberflächenberieselung *f*, Oberflächenkühlung *f*
surface corrosion Oberflächenkorrosion *f*
surface coverage Oberflächenbedeckung *f*
surface crack Oberflächenriß *m*, Anriß *m*
surface culture Oberflächenkultur *f {Biotechnologie}*
surface damage Oberflächenschädigung *f*
surface decarburization Oberflächenentkohlung *f {Met}*
surface defect Oberflächendefekt *m*, Oberflächenstörung *f*, Oberflächenfehler *m {Tech}*; Außenlunker *m {Gieß}*; Flächendefekt *m*, flächenhafte Gitterfehlstelle *f {Krist}*
surface degradation Oberflächenzerstörung *f*, Oberflächenabbau *m*
surface density 1. Oberflächendichte *f*; 2. flächenbezogene Masse *f*, Massenbedeckung *f {in* kg/m^2*}*
surface density of charge Flächenladungsdichte *f*, Ladungsbedeckung *f*
surface deposit Oberflächenbelegung *f*, Oberflächenbelag *m*
surface development Oberflächenentwicklung *f {Photo}*
surface diffusion Oberflächendiffusion *f*
surface dirt Oberflächenverunreinigung *f*
surface discharge Oberflächenentladung *f*
surface distribution Oberflächenverteilung *f*
surface drying Oberflächentrocknung *f {z.B. von Anstrichstoffen}*
surface effect Oberflächeneffekt *m*, Oberflächeneinfluß *m*, Oberflächenerscheinung *f*, Oberflächenwirkung *f*
surface element Flächenelement *n*, Flächenteilchen *n*
surface embrittlement Oberflächenversprödung *f*
surface energy Oberflächenenergie *f {Phys}*
surface-enhanced RAMAN spectroscopy oberflächenverstärkte Laser-Raman-Spektroskopie *f*, SERS
surface enriched by carbon *{ISO 4498}* kohlenstoffreiche Oberfläche *f {Stahl}*
surface enrichment Oberflächenveredelung *f*
surface erosion Oberflächenerosion *f*
surface etching Oberflächenätzung *f*
surface evaporation Oberflächenverdampfung *f*; Oberflächenverdunstung *f*
surface fermentation Obergärung *f {Brau}*
surface film Oberflächenfilm *m*, Oberflächenhaut *f*; Preßhaut *f {Formteil}*
surface filter Flächenfilter *n*
surface filtration Oberflächenfiltration *f*
surface finish 1. Oberflächenausführung *f*, Oberflächenbeschaffenheit *f*, Oberflächengüte *f*, Aussehen *n*, Finish *n*; 2. Oberflächennachbehandlung *f*
surface finishing Oberflächenveredlung *f*, Oberflächenveredeln *n {z.B. Polieren}*
surface flash Entzündlichkeit *f*, Entflammbarkeit *f*, Entzündbarkeit *f*
surface flow Oberflächenströmung *f*
surface force Oberflächenkraft *f*
surface free energy freie Oberflächenenergie *f*
surface friction Oberflächenreibung *f*, äußere

Reibung *f*
surface gloss Oberflächenglanz *m*
surface glow Glimmhaut *f*
surface growth Oberflächenwachstum *n*
surface growth number Oberflächenkoloniezahl *f {DIN 54378; Schimmelpilzzahl pro 0,01 m^2 nach 3h bei 25 °C Brüten}*
surface-hardened oberflächengehärtet
surface hardening Oberflächenhärtung *f*, Oberflächenhärten *n*, Randhärten *n*, Randschichthärten *n*, Einhärten *n {Met}*
surface hardening furnace Oberflächenhärtungsofen *m {Met}*
surface hardness Oberflächenhärte *f*
surface haze Oberflächentrübung *f*, Glanzlosigkeit *f {einer Oberfläche}*, wolkige Oberfläche *f {Formteil}*
surface imperfection Oberflächenfehler *m*
surface impurity Oberflächenverunreinigung *f*
surface influence Oberflächeneinfluß *m*
surface integral Flächenintegral *n*, Gebietsintegral *n {Math}*; Oberflächenintegral *n {Math}*
surface interaction Oberflächenwechselwirkung *f*
surface ionization Oberflächenionisation *f*, Oberflächenionisierung *f*
surface irregularity Oberflächenfehler *m {z.B. Vertiefung in der Oberfläche}*
surface lattice Oberflächengitter *n*
surface layer 1. Deckschicht *f*, Filter[deck]schicht *f*; 2. Oberflächenschicht *f {z.B. auf Klebteilen}*; 3. Oberflächenzone *f*, Randschicht, Randzone *f*, Rand *m {Met}*
surface leakage Oberflächenableitung *f*, Kriechen *n {von Strömen}*; Kriechwegbildung *f*
surface load Flächenlast *f {Trib}*; Flächenbelastung *f {Filter}*
surface luminosity Flächenhelligkeit *f*
surface magnetization Oberflächenmagnetisierung *f*, freier Magnetismus *m*
surface marks Oberflächenmarkierungen *fpl*
surface mat Oberflächenmatte *f*; Schaumschicht *f*, schaumartige Schwimmschicht *f*, Schwimmschlamm *m*
surface migration Oberflächenwanderung *f {Krist}*
surface modification Oberflächenmodifikation *f*, Oberflächenmodifizierung *f*
surface-modified membrane oberflächenmodifizierte Membran[e] *f {Genetik}*
surface moisture Oberflächenfeuchtigkeit *f*, Oberflächenfeuchte *f*, äußere Feuchtigkeit *f*
surface morphology Oberflächengestalt *f*
surface-mounted 1. oberflächenmontiert *{Elektronik}*; 2. aufliegend; Aufschraub-
surface mounting 1. Oberflächenmontage *f {Tech}*; 2. Aufputzmontage *f*, Aufputzverlegung *f*, Verlegung *f* auf Putz *{Elek}*
surface of a crystal Kristalloberfläche *f*, Oberfläche *f* des Kristalls
surface of contact Berührungs[ober]fläche *f*, Kontaktfläche *f*
surface of friction Reibungsfläche *f*
surface of impingement Prallfläche *f*
surface of liquid Flüssigkeitsoberfläche *f*
surface of sliding Gleit[ober]fläche *f*
surface of the screen Siebfläche *f*
surface orientation Oberflächenorientierung *f*
surface oxidation Oberflächenoxidation *f*
surface pattern Oberflächenstruktur *f*
surface per unit volume volumenbezogene Oberfläche *f {in m^2/m^3}*
surface phenomenon Oberflächenerscheinung *f*, Grenzflächenphänomen *n*
surface physics Oberflächenphysik *f*, Physik *f* der Oberfläche[n], Physik *f* der Grenzflächen
surface pit Außenlunker *m*, Oberflächenlunker *m*
surface polish Oberflächenglanz *m*
surface polishing Oberflächenpolitur *f*
surface potential Oberflächenpotential *n*
surface power Heizflächenleistung *f*
surface power density Heizflächenleistungsdichte *f*
surface preparation Oberflächenvorbehandlung *f*
surface preservation Oberflächenkonservierung *f*
surface pressure Oberflächendruck *m {in kg/cm^2}*
surface pretreatment Oberflächenvorbehandlung *f*
surface profile 1. Flächenform *f {Tech}*; 2. Rauhigkeitsprofil *n* einer Oberfläche
surface profile chart Oberflächenprofilschrieb *m*, Oberflächenrauhigkeitsschrieb *m*
surface properties Oberflächeneigenschaften *fpl*, Oberflächenbeschaffenheit *f*
surface protection Oberflächenschutz *m*
surface pyrolysis Oberflächenzerstörung *f*, Oberflächenabbau *m*
surface quality Oberflächenbeschaffenheit *f*, Oberflächenausführung *f*, Aussehen *n*, Oberflächengüte *f*, Finish *n*
surface-reactive oberflächenaktiv, oberflächenwirksam
surface refinement Oberflächenveredelung *f*
surface refining Oberflächenveredelung *f*
surface regression Oberflächenzerstörung *f*, Oberflächenabbau *m*
surface renewal Oberflächenerneuerung *f*, Oberflächenneubildung *f*
surface replica[tion] Oberflächenabdruck *m*
surface resistance Oberflächenwiderstand *m {Elek}*

surface resistivity 1. spezifischer Oberflächenwiderstand *m*; 2. Oberflächenbeständigkeit *f*, Oberflächenwiderstandsfähigkeit *f*
surface roughness Oberflächenrauheit *f*, Oberflächenrauhigkeit *f*, Rauh[igk]eit *f* der Probenoberfläche *f*
surface scaling Oberflächenverzunderung *f*
surface-scratching test Ritzhärteprobe *f*
surface segregation Oberflächenseigerung *f*
surface shape Oberflächenform *f*
surface shape factor Oberflächenformfaktor *m*
surface sheet Oberflächenbogen *m*, Deckblatt *n*, Deckbogen *m {Dekoration}*
surface site Oberflächenplatz *m*
surface size Oberflächenleim *m {Pap}*
surface sizing Oberflächenleimung *f {Pap}*; Oberflächenversiegeln, Ausfüllen *n* von Oberflächenporen, Versiegeln *n* von Oberflächenporen
surface skin Oberflächenhaut *f*, Außenhaut *f*
surface slip Gleitfähigkeit *f*, Gleitfähigkeitsverhalten *n*
surface smoothness Oberflächenglätte *f*
surface-specific adhesion formspezifische Haftkraft *f*, formspezifische Adhäsion *f*
surface spectrometry Oberflächenspektrometrie *f {z.B. SIMS}*
surface stability Oberflächenfestigkeit *f*
surface stabilization Oberflächenverfestigung *f {durch Beschichtung}*
surface state Oberflächenzustand *m*
surface streaks Oberflächenschlieren *fpl*
surface strength Oberflächenfestigkeit *f*
surface structure Oberflächenstruktur *f*, Oberflächenbau *m*
surface tack Oberflächenklebrigkeit *f*
surface temperature Oberflächentemperatur *f*
surface tempering furnace Oberflächenenthärtungsofen *m {Met}*
surface tension Oberflächenspannung *f*, Grenzflächenspannung *f {in N/m}*
surface tension meter Oberflächenspannungsmesser *m*
surface-tension reducing agent Oberflächenspannungsminderer *m*
surface tension tubes Traube-Stalagmometer *pl {Oberflächenspannungsmesser}*
surface test Oberflächenmethode *f*
surface testing Oberflächenprüfung *f*
surface texture Oberflächenstruktur *f*, Oberfächentextur *f*, Oberflächencharakter *m {Tech}*; Oberflächenfeinstruktur *f {z.B. die Rauheit einer Oberfläche}*
surface texturing Oberflächengestaltung *f*
surface thermocouple Oberflächentemperaturfühler *m*
surface thermometer Oberflächenthermometer *n*
surface to be bonded Klebfläche *f*
surface to be joined Fügeflächen *f*
surface trace Oberflächenprofil *n {z.B. von Klebflächen}*, Rauhigkeitsprofil *n* einer Oberfläche
surface-treated oberflächenbehandelt; randschichtbehandelt *{Met}*
surface-treated film oberflächenvorbehandelte Folie *f*
surface treatment Oberflächenbearbeitung *f*, Oberflächenbehandlung *f*, Oberflächenveredelung *f*; Randschichtbehandlung *f {Met}*
surface-type attemperator Oberflächenkühler *m*
surface-type condenser Oberflächenkondensator *m*
surface unit 1. Flächeneinheit *f*; 2. Einheit *f* des Flächeninhaltes *{SI-Einheit: m^2}*
surface valley Oberflächenkapillare *f*, Vertiefung *f* in der Oberfläche *{Oberflächenfehler}*
surface-volume shape coefficient Oberflächen-Volumenfaktor *m*
surface water Oberflächenwasser *n {Geol}*; Tagwasser *n {Bergbau}*
surface-water free moisture grobe Feuchtigkeit *f {Kohle, DIN 51718}*
surface wave Oberflächenwelle *f {Geol, Phys}*
surface waviness Oberflächenwelligkeit *f*, Schlieren *fpl* auf der Oberfläche *{Oberflächenfehler}*
surface wear Oberflächenabtrag *m*
surface weathering Oberflächenverwitterung *f*, Verwitterung *f* der Oberfläche
surface welding Auftragsschweißen *n*
surface yeast Oberhefe *f {Brau}*
angle of surface Flächenwinkel *m*
center of gravity of a surface Flächenschwerpunkt *m*
character of the surface Oberflächenbeschaffenheit *f*
charging of the surface Oberflächenbeladung *f*
cleanliness of surface Oberflächenreinheit *f*
effective surface wirksame Oberfläche *f {z.B. für die Ausbildung von Haftkräften beim Kleben}*
non-woven surface mat Oberflächenvlies *n*, Glasfaservlies *n {Laminatherstellung}*, Oberflächenmatte *f*

surfacer 1. Ausgleichsmasse *f*, Spachtelmasse *f*, Spachtel *m*, Ausfüllkitt *m*; 2. Grundiermittel *n*; 3. Abrichthobelmaschine *f*, Hobelmaschine *f {Holz}*

surfacing 1. Oberflächenbehandlung *f*; 2. Auftragsschweißen *n {DIN 8555}*; 3. Schutzüberzug *m*; verschleißfeste Auflage *f {z.B. durch Schweißen, Spritzen}*; 4. Plandrehen *n {Tech}*; 5. Spachteln *n {Farb}*
surfacing mat Oberflächenvlies *n*, Glasfaservlies *n {Laminatherstellung}*, Oberflächenmatte *f*

surfactant oberflächenaktiver Stoff *m*, oberflächenwirksame Substanz *f*, grenzflächenaktives Mittel *n*, Tensid *n*, Surfactant *m*
surge/to 1. pulsieren; schwingen, schwanken; 2. pumpen *{Verdichter}*; 3. hochbranden *{Wasser}*
surge 1. Druckstoß *m*, Stoß *m {Phys, Wasser}*; 2. Impulsspannung *f*, Stromstoß *m*, Überspannungsstoß *m*, Stoßspannung *f {Elek}*; Überspannung *f {Elek}*; 3. Welle *f*, Stoßwelle *f*; Sturmwelle *f*, Windwelle *f*; 4. Einschaltstoß *m {Elek}*; 5. Pumpen *n {Verdichter}*
surge capacity Stoßspannungsfestigkeit *f*
surge chamber Mischkammer *f*, Windkessel *m {Gas}*
surge drum Zwischengefäß *n*
surge-free pulsationsfrei
surge frequency Pulsationsfrequenz *f*
surge generator Stoßgenerator *m*, Impulsgenerator *m*; Marx-Generator *m {Röntgenstrahlen}*
surge tank 1. Stoßtank *m*, Puffertank *m*, Volumenausgleichsbehälter *m {Nukl}*; 2. Auffangbunker *m*, Zwischenbunker *m*, Ausgleichsbunker *m {z.B. für Erz, Kohle}*; 3. Wasserschloß *n {Wasserwirtschaft}*
surge vessel Vorratsgefäß *n*
surge voltage Stoßspannung *f*, Impulsspannung *f*, Überspannungsstoß *m*
surge voltage strength Stoßspannungsfestigkeit *f {Elek}*
surgeon Chirurg *m*
surgeon's gloves Gummihandschuhe *mpl {Med}*
surgeon's mask Atemschutz *m {Med}*
surgery 1. Chirurgie *f*; 2. Operation *f {Med}*; 3. Operationsraum *m*
surgical chirurgisch; Wund-
surgical implant chirurgisches Implantat *n {Med}*
surgical ligatures chirurgisches Fadenmaterial *n*
surgical rubber gloves Chirurgen-Gummihandschuhe *mpl*
surgical spirit Franzbranntwein *m*, Wundbenzin *n {Pharm}*
surgical sutures chirurgisches Nahtmaterial *n {Fäden}*
surgical wire Wunddraht *m {Med}*
surging 1. pulsierend; 2. Pulsieren *n*; Schwanken *n*, Schwankung *f {z.B. Geschwindigkeitsschwankung}*; 3. Pumperscheinungen *fpl*; Pumpen *n {Verdichter}*
surinamine Surinamin *n*, Ratanhin *n*, Andirin *n*, *N*-Methyltyrosin *n*
surpalite Diphosgen *n*, Surpalit *n*
surplus 1. überschüssig; Extra-; 2. Überschuß *m*, Übermaß *n*; Mehrertrag *m*
surrender Abtretung *f*, Übergabe *f*; Aushändigung *f*
surrogate Ersatzpräparat *n {Pharm}*, Ersatzmaterial *n*, Austauschstoff *m*
surround/to umgeben, umschließen, einschließen, umringen; einfassen, umranden
surround 1. umgeben; 2. Eingrenzung *f*; Einfassung *f*, Umrandung *f*, Randabschluß *m*
surrounded umgeben
surrounding 1. umgebend; 2. Umgebung *f*, Umwelt *f*; Milieu *n*
surrounding atmosphere Umgebungsluft *f*, Umgebungsatmosphäre *f*
surrounding medium Umgebungsmedium *n*, umgebendes Medium *n {pl. Medien}*, Umgebungsmittel *n*, Umgebungsphase *f*
surrounding rock Nebengestein *n {DIN 22005}*
surveillance Überwachung *f*, Aufsicht *f*, Beobachtung *f {z.B. Strahlungsschutz}*
surveillance test Lebensdauertest *m*
survey/to inspizieren, prüfend beaufsichtigen, prüfen; genau betrachten, untersuchen; vermessen *{Land}*; einen Überblick geben
survey 1. Überblick *m*, Übersicht *f*; 2. Untersuchung *f*; Inspektion *f*; 3. Vermessung *f {Land}*; 4. Erhebung *f {Statistik}*
survey instrument Überwachungsgerät *n*
susannite Susannit *m {Min}*
susceptance [induktiver] Blindleitwert *m*, Suszeptanz *f {Elek}*
susceptibility 1. Anfälligkeit *f*, Empfänglichkeit *f*, Empfindlichkeit *f*, Reizbarkeit *f*, Suszeptibilität *f*; 2. elektrische Suszeptibilität *f*; 3. magnetische Suszeptibilität *f*
susceptibility to corrosion Korrosionsanfälligkeit *f*
susceptibility to cracking Rißanfälligkeit *f*
susceptibility to solvent attack Lösemittelempfindlichkeit *f*
susceptibility to stress cracking Spannungsrißanfälligkeit *f*
susceptibility to thermal cracking Warmrißempfindlichkeit *f {Stahl}*
susceptible empfindlich, empfänglich, anfällig, reizbar; beeinflußbar
susceptible to ag[e]ing alterungsempfindlich, alterungsanfällig
susceptible to corrosion korrosionsanfällig, korrosionsempfindlich
susceptible to decomposition unbeständig, zum Zerfall *m* neigend
susceptible to scorching scorchanfällig *{Gummi}*
susceptible to stimuli reizempfindlich
susceptible to stress cracking spannungsrißempfindlich
susceptible to wear verschleißanfällig
susceptometer Suszeptibilitätsmesser *m {Magnetismus}*

susceptor Sekundärzylinder *m {Vak}*
suspend/to 1. aufhängen, herabhängen lassen; [frei]hängen, schweben; 2. suspendieren, aufschwämmen, aufschlämmen *{Chem}*; 3. einstellen, aussetzen, verschieben *{zeitlich, z.B. Zahlungen}*; außer Kraft *f* setzen *{z.B. Vorschrift}*; stillegen
suspended 1. schwebend, [frei]hängend; Hänge-; 2. suspendiert, fein verteilt, aufgeschlämmt; 3. verschoben *{zeitlich}*, eigestellt, ausgesetzt *{z.B. Zahlungen}*
suspended body Schwebekörper *m*
suspended centrifuge Hängezentrifuge *f*, Hängekorbzentrifuge *f*
suspended matter Schweb[e]stoff *m*, suspendierter Stoff *m*, Trübungsstoff *m*
suspended particle Schwebeteilchen *n*
suspended particle dryer Zerstäubungstrockner *m*, Schwebegastrockner *m*
suspended solids 1. feste Schwebstoffe *mpl*, suspendierte Feststoffe *mpl*, suspendierte Feststoffteilchen *npl*; grobdisperse Wasserinhaltsstoffe *mpl*; 2. Abschlämmbares *n*
suspended-solids contact reactor Schlammkontaktflockungsbecken *n*, Schnellflockungsbecken *n*
suspending agent *s.* suspension agent
suspending liquid Trägerflüssigkeit *f*
suspension 1. Aufhängung *f {Tech}*; 2. Suspension *f*, Aufschlämmung *f*, Aufschwemmung *f*; 3. Aufschub *m {zeitlich}*; Aussetzung *f*, Einstellung *f {z.B. von Atomversuchen}*
suspension agent 1. Suspensionsmittel *n*, Suspendiermittel *n*, Suspensionsmedium *n*, Suspensionsstabilisator *m {Chem}*; 2. Antiabsetzmittel *n*, Absetzverhinderungsmittel *n*, Schwebemittel *n {für Anstrichstoffe}*; Stellmittel *n {für Email}*
suspension chain Tragkette *f*
suspension chain conveyor Tragkettenförderer *m*
suspension column Suspensionssäule *f*
suspension copolymer Suspensionscopolymerisat *n*
suspension device Aufhängevorrichtung *f*
suspension element Tragmittel *n*
suspension filter Einhängefilter *n*
suspension furnace Schwebeschmelzofen *m*
suspension graft copolymer Suspensionspfropfcopolymerisat *n*
suspension hook Aufhängebügel *m*, Einhängehaken *m*, Endhaken *m*
suspension lug Aufhängenase *f*
suspension machine Suspendiermaschine *f*
suspension method Schwebemethode *f {Dichtebestimmung}*
suspension oil Aufschlämmöl *n*
suspension pendulum centrifuge Hängependelzentrifuge *f*
suspension point Aufhängepunkt *m {Waagschale}*
suspension polymer[izate] Suspensionspolymerisat *n*, Suspensionspolymer[es] *n*
suspension polymerization Suspensionspolymerisation *f*, Perlpolymerisation *f*, Kornpolymerisation *f*
suspension polyvinylchloride Suspensionspolyvinylchlorid *n*, S-PVC
suspension power Schwebefähigkeit *f*
suspension wire Aufhängedraht *m*
aqueous suspension wäßrige Suspension *f*
bifilar suspension Zweidrahtaufhängung *f*
coarsely dispersed suspension grob disperse Suspension *f*
suspensoid Suspensionskolloid *n*, Suspensoid *n {Koll}*
sustain/to stützen, tragen, halten; aushalten *{z.B. Druck}*; aufrechterhalten *{z.B. ein Feld}*; unterhalten *{z.B. eine Reaktion, Feuer}*; erhalten, Kraft *f* geben; bestätigen, billigen; aushalten
sustained loading Langzeitbeanspruchung *f*
sustained-release action Depoteffekt *m {Pharm}*
sustained-release drug Depotpräparat *n {Pharm}*
Sutherland's constant Sutherland-Konstante *f {Viskosität}*
suxamethonium Suxamethonium *n*
suxamethonium bromide Succinylcholinbromid *n*
suxethonium *{BP}* Suxethonium *n*, Succinylcholin *n*
svanbergite Svanbergit *m {Min}*
Svedberg unit Svedberg-Einheit *f*, Svedberg *n {Einheit für die Sedimentationskonstante, = 0,1 ps}*
swab 1. Tupfer *m*, Tampon *m*, Wattebausch *m {Med}*; 2. Abstrich *m {Med}*; 3. Putzlappen *m*
swab eye Abstrichöse *f {Med}*
swab needle Abstrichnadel *f {Med}*
swage/to tiefziehen *{Kunst}*; kalthämmern, kaltschmieden *{Met}*; rundhämmern *{Met}*; stauchen *{in einer Hohlform}*; klinchen *{Aerosolverpackungen}*; einziehen *{Querschnitt von Hohlkörpern verkleinern}*
swaged forging Gesenkschmiedestück *n*
swaging 1. Gesenkschmieden *n {Met}*; Stauchen *n {in einer Hohlform}*; Rundhämmern *n {Met}*; 2. Ziehpressen *n*, Ziehpreßverfahren *n*, Tiefziehen *n {Kunst}*; 3. Einziehen *n {Querschnitt von Hohlkörpern verkleinern}*
swallow/to [ver]schlucken; herunterschlucken
swamp Sumpf *m*
swamp ore Sumpferz *n*, Rasen[eisen]erz *n {Min}*

swan Schwan *m {Zool}*
swan-neck 1. gekröpft; 2. S-Stück *n*, Schwanenhals *m*; Etagenbogen *m*, Doppelbogen *m {S-förmiges Entwässerungsrohr}*
swan-neck press einseitig offene Presse *f*, Maulpresse *f*, Schwanenhalspresse *f {Gummi}*
swan-neck tube Schwanenhalsrohr *n*
Sward hardness test Sward-Härteprüfung *f*, Schenkelhärteprüfung *f* nach Sward
swarf 1. Späne *mpl {Holz-, Metallspäne}*; Schleifstaub *m*, Schleifschlamm *m {Tech}*; 2. Materialreste *mpl*
swarm Schwarm *m*
swash plate mixer Wankscheibenmischer *m*, Taumelscheibenmischer *m*
sweat/to schwitzen; ausschwitzen *{z.B. Harz}*
sweat 1. Schweiß *m*; 2. Schwitzen *n*; 3. Kondenswasser *n*, Schwitzwasser *n*, Schweißwasser *n*, Kondensat *n*; 4. Spritzkugel *f {Gußfehler}*
sweat gland schweißabsondernde Drüse *f*, Schweißdrüse *f*
sweater Ausschwitzofen *m*, Schwitzofen *m*
sweating 1. Schwitzverfahren *n*, Anschwitzen *n*; Schwitzen *n*, Schwitzung *f {Entparaffinierung}*; 2. Ausschwitzen *n {z.B. von Anstrichbestandteilen}*; 3. Schwitze *f*, Schwitzen *n {Leder}*; 4. Feuerlöten *n*, Heißlöten *n {Tech}*; Reiblöten *n {Tech}*; 5. Schwitzwasser *n*; 6. Schwitzwasserbildung *f*
Swedish bar iron Osmundeisen *n*
Swedish black schwedisches Schwarz *n*
sweep/to 1. absuchen *{z.B. ein Spektrum}*; 2. überstreichen, durchlaufen *{einen Bereich}*; 3. fegen, kehren; ausspülen; 4. abtasten *{Elektronik}*; 5. schablonieren, schablonenformen *{Gieß}*; 6. streichen, sich erstrecken
sweep 1. Absuchen *n*; Überstreichen *n*, Durchlaufen *n*, Durchfahren *n {z.B. eines Spektrums, eines Bereichs}*, Sweep *m {Chem, Phys}*; 2. Ablenkung *f {z.B. Horizontalablenkung, Zeitablenkung; Elektronik}*; 3. Kipp[vorgang] *m {Elektronik}*; 4. Drehwinkel *m {bei Robotern}*; 5. Drehschablone *f*, Schablonierbrett *n {Gieß}*; 6. Schwung *m*; 7. Bereich *m*; 8. Kurve *f*, weiter Bogen *m*
sweep circuit 1. Spülkreislauf *m*; 2. Kippkreis *m*, Kippschaltung *f*, Abtastschaltung *f*, Kippgenerator *m {Elektronik}*; 3. Ablenkkreis *m*, Ablenkgenerator *m {Elektronik}*
sweep frequency Kippfrequenz *f {Elektronik}*
sweep gas Spülgas *n*
sweep generator 1. Kippgenerator *m*, Ablenkgenerator *m*, Sägezahngenerator *m {Elektronik}*; 2. Wobbelgenerator *m*; Wobbelsender *m {Elektronik}*; Wobbler *m*, Wobbelsender *m {Signalgenerator}*
sweep voltage Kippspannung *f*, Ablenkspannung *f*, Sägezahnspannung *f*
sweeping 1. Durchlauf *m {z.B. eines Bereichs}*; 2. Wobbeln *n {periodische Frequenzänderung}*; 3. Schablonieren *n*, Schablonenformen *n {Gieß}*; 4. Reinigen *n*, Spülen *n*; Kehren *n*
sweeping electrode Reinigungselektrode *f*, Ziehelektrode *f*
sweepings Kehricht *n*, Kehrabfall *m*
sweet 1. süß; frisch, ungesalzen *{z.B. Butter, Milch}*; 2. schwefelfrei, süß, gesüßt, doktornegativ *{Erdöl}*; 3. leicht verarbeitbar *{Glas}*; 4. duftend; angenehm, sanft
sweet chestnut Edelkastanie *f*, Eßkastanie *f {Castanea sativa Mill.}*
sweet cider Süßmost *m*
sweet oil 1. Speiseöl *n {z.B. Olivenöl}*; 2. süßes Erdöldestillat *n*, gesüßtes Erdöldestillat *n*, doktornegatives Öl *n*, Öl *n* mit negativem Doktortest
sweet orange oil Orangenschalenöl *n*, Apfelsinenschalenöl *n*
sweet potato Süßkartoffel *f*, Batate *f {Ipomoea Batatos L.}*
sweet spirits of nitre versüßter Salpetergeist *m*, Ethylnitrat *n*
sweet water 1. Süßwasser *n {salzarmes Wasser der Binengewässer, Niederschläge}*; 2. Absüßwasser *n {Zucker}*
sweet wort süße Würze *f*, ungehopfte Würze *f {Brau}*
sweeten/to 1. [ab]süßen, versüßen; süß werden; 2. süßen, entschwefeln *{Erdöl}*
sweeten slightly/to ansüßen
sweetened condensed milk gesüßte Kondensmilch *f*, gezuckerte Kondensmilch *f*
sweetening 1. Süßen *n {z.B. mit Zucker}*; 2. Süßen *n*, Süßung *f {Entschwefelung von Erdöldestillaten}*
sweetening agent 1. Süßstoff *m*, Süß[ungs]mittel *n {z.B. Zuckeraustauschstoff}*; 2. Süßungsmittel *n {Erdöl}*
sweetening-off tank Absüßgefäß *n*
sweetening plant Süßungsanlage *f {Entschwefelung von Erdöldestillaten}*
sweetening process *s.* sweetening 2.
sweetish süßlich
sweets 1. Konfekt *n*; 2. Füllmasseknoten *m {Zukker}*
sweetwood Cascarilla *f*, Kaskarillabaum *m {Croton eluteria}*
sweetwood bark Cascarillarinde *f*
swell/to schwellen, quellen; quellen lassen, anschwellen lassen; aufblähen, blähen *{Kohle}*; ausbauchen, aufblasen *{Tech}*; auftreiben *{z.B. Konservendose}*; treiben *{Kohle}*; hervorbrechen *{Quelle}*
swell up/to anschwellen, aufquellen
swell Anschwellen *n*; Volumenzunahme *f*

swell ratio Strangaufweitungsverhältnis *n*, Schwellverhältnis *n {Extrudat}*
swell-resistant quellfest, quellbeständig
swell-starch flour Quellmehl *n*
swelling 1. Quellen *n*, Quellung *f*, Aufquellen *n*, Anschwellen *n*, Schwellen *n {z.B. durch Wassereinwirkung}*; 2. Blähen *n*, Aufblähung *f*, Aufblähen *n {Kohle}*; 3. Treiben *n {Kohle}*; 4. Ausbauchung *f*; Wulst *m*; 5. Quellmaß *n {Holz, DIN 68252}*; 6. Bombage *f {Konservendose}*; 7. Geschwulst *n {Med}*
swelling agent Quell[ungs]mittel *n*
swelling auxiliary Quellhilfsmittel *n*
swelling behavio[u]r Quellverhalten *n*, Schwellverhalten *n {von Extrudat}*; Dilatationsverlauf *m {Kohle, DIN 51739}*
swelling by slow influx of solvent Quellen *n* durch allmähliche Lösemittelzugabe
swelling capacity Quellfähigkeit *f*, Quellvermögen, Schwellkraft *f*
swelling colloid Quellungskolloid *n*
swelling determination Quellungsmessung *f*
swelling expansion Schwelldehnung *f*
swelling heat Quellungswärme *f*
swelling in thickness Dickenquellung *f {Faserplatten}*
swelling index Schwellzahl *f {Extrudat}*; Blähzahl *f*, Blähindex *m*, Blähgrad *m {Kohle}*
swelling isotherm Quellungsisotherme *f*
swelling liquor Schwellbeize *f*
swelling number Blähzahl *f*, Blähindex *m*, Blähgrad *m {Kohle, DIN 51741}*
swelling of a mold Atmen *n* eines Werkzeuges, Aufgehen *n* des Werkzeuges
swelling power Quellvermögen *n*, Quellfähigkeit *f*; Blähvermögen *n {Kohle}*
swelling rate Schwellrate *f {Extrudat}*
swelling ratio Schwellverhältnis *n*, Strangaufweitungsverhältnis *n {Extrudat}*
swelling stage Quellstadium *n*, Quellphase *f*
swelling tendency Quellneigung *f*
swelling test Anschwellprobe *f*, Quellversuch *m*, Quell[ungs]prüfung *f*; Blähprobe *f {Kohle}*
percent swell Schwellzahl *f {Extrudat}*; Blähzahl *f*, Blähgrad *m*, Blähindex *m {Kohle}*
resistance to swell Quellbeständigkeit *f*
swept volume Hubvolumen *n*, Hubraum *m*, Schöpfvolumen *n*
swietenose Swietenose *f*
swill/to spülen *{waschen}*, duchspülen, ausspülen
swill down/to abspülen
swim/to schwimmen
swimmer Schwimmer *m*
swimming Schwimmen *n*
swimming particles strainer Schwebeteilchenfänger *m*
swimming pool coating Schwimmbeckenanstrich *m*
swimming pool reactor Wasserbeckenreaktor *m*, Schwimmbadreaktor *m*, Swimmingpool-Reaktor *m {Nukl}*
swing/to schwenken, drehen *{in eine andere Richtung/Stellung}*; kippen; pendeln, schwingen; schaukeln *{Tech}*
swing open/to aufklappen; ausschwingen
swing-out/to ausschwingen, voll schwingen
swing 1. schwenkbar; Schwenk-; Schwing-; 2. Schwankung *f {z.B. der Spannung}*; 3. Schwingung *f*, Schwingen *n*; Schaukeln *n*; 4. Ausschlag *m*; Ausschlagen *n {Zeiger}*; 5. Schwenkung *f*, Schwenkbewegung *f*, Drehung *f*; 6. Kantung *f*, Verkantung *f*
swing channel Schwingrinne *f*
swing check valve Klappenrückschlagventil *n*, Rückschlagklappe *f*
swing diffuser Pendelbelüfter *m*
swing door Schwenktür *f*
swing hammer crusher Brecher *m* mit rotierendem Schwinghammer
swing jaw Brechschwinge *f*
swing latch Spannriegel *m {DIN 6376}*
swing mill Schwingmühle *f*
swing mirror Drehspiegel *m*
swing mo[u]ld Schwingwerkzeug *n {Blasformen}*
swing-out ausschwenkbar
swing pan Kipppfanne *f*
swing pipe Schwenkrohr *n {z.B. für Tanks}*
swing screw Gelenkschraube *f*
swing sieve *{US}* Schüttelsieb *n*, Schwingsieb *n*
swinging 1. schwenkbar; 2. Schwenkung *f*, Schwenkbewegung *f*, Drehung *f {in eine andere Richtung/Stellung}*; 3. Schwingen *n*; 4. Schaukeln *n {Tech}*
swinging agitator Schwenkrührwerk *n*
swinging sieve Schüttelsieb *n*, Schwingsieb *n*
swinging spout Pendelschurre *f*
swirl/to wirbeln, strudeln
swirl Wirbel *m*, Verwirbelung *f*
swirl nozzle Wirbeldüse *f*
swirl vane Drallfahne *f*
swirling motion Durchwirbelung *f*, Wirbelbewegung *f*
switch/to 1. schalten *{Elek}*; 2. rangieren, auf ein anderes Gleis verschieben; 3. den binären Zustand *m* ändern *{EDV}*
switch in/to beischalten, zuschalten
switch off/to abschalten, ausschalten; abstellen
switch on/to einschalten, anschalten, andrehen
switch over/to umschalten
switch 1. Schalter *m*, Ausschalter *m*, Unterbrecher *m*, Umschalter *m {Elek}*; Schaltgerät *n*, Schaltvorrichtung *f {Elek}*; Schaltarmatur *f*

{Elek}; 2. Weiche *f*
switch box Schaltdose *f*, Schaltkasten *m*
switch cabinet Schaltschrank *m*
switch clock Schaltuhr *f*
switch desk Schaltpult *n*
switch device Schaltvorrichtung *f*
switch element 1. Schaltelement *n*, Schaltungselement *n*, Schaltkreiselement *n*; 2. Schaltzelle *f*, Schaltschrank *m*
switch knob Drehknopf *m*
switch lever Stellvorrichtung *f*
switch limit Schaltschwelle *f*
switch mechanism Schaltmechanismus *m*
switch off Ausschalten *n*, Abschalten *{Elek}*; Abstellen *n {z.B. Radio}*
switch-off button Abstelltaste *f*
switch-off relay Abstellrelais *n*
switch oil Schalteröl *n {Isolierflüssigkeit}*
switch panel Schalttafel *f*, Schaltbrett *n*
switch position Schaltstellung *f*, Schalterstellung *f*
switch-position monitor Schalterstellungsmelder *m*
switch sequence Schaltfolge *f*
switch setting Schalterstellung *f*
auxiliary switch Hilfsschalter *m*
cutout switch Ausschalter *m*
intermediate switch Zwischenschalter *m*
quick-action switch Schnappschalter *m*
remote switch Fernschaltapparat *m*
reversed switch Schalter *m* mit Umkehrwirkung
switchboard Schaltbrett *n*, Schalttafel *f* *{Elek}*; Schaltschrank *m*, Vermittlungsschrank *m*
switchboard diagram Schaltbild *n*, Schaltschema *n*
switchboard system Schaltanlage *f*
switchgear 1. Schaltgerät *n*, Schaltvorrichtung *f*, Schaltwerk *n {Elek}*; 2. Schaltanlagen *fpl* und/oder Schaltgeräte *npl {Energieverteilung}*
switchgear oil Schalteröl *n {Isolierflüssigkeit}*
switching 1. Schaltvorgang *m*, Schaltung *f*, Schalten *n*; Triggerung *f {Auslösung}*; 2. Umkehrung *f*
switching action Schalttätigkeit *f*, Schaltverhalten *n*, Schaltvorgang *m*
switching condition Schaltbedingung *f*, Schaltzustand *m*
switching contact Schaltkontakt *m*
switching controller schaltender Regler *m*, Ein/Aus-Regler *m*, Schaltregler *m*
switching off Ausschaltung *f*, Abschaltung *f*
switching on Einschalten *n*, Einschaltung *f*
switching point Umschaltpunkt *m*, Schaltpunkt *m*, Schaltstelle *f*
switching pressure Umschaltdruck *m*, Schaltdruck *m {Vak}*
switching range Schaltbereich *m*
switching valve 1. Schaltventil *n*; 2. *{GB}* Schaltröhre *f*, Elektronenschaltröhre *f*
swivel/to schwenken, drehen; sich drehen
swivel 1. Dreh-; 2. Schwenkung *f*, Drehung *f*, Schwenkbewegung *f*; 3. Drehteil *n*, Wirbel *m*; Zapfen *m*, Drehzapfen *m*; 4. Spülkopf *m {Erdölförderung}*
swivel chain conveyor Schwenkkettenförderer *m*
swivel closure Drehverschluß *m*
swivel joint Drehgelenk *n*, Universalgelenk *n*
swivel-mounted schwenkbar
swivel table Schwenktablett *n {Gummi}*
swivelling 1. [aus]schwenkbar; 2. Schwenkbewegung *f*, Schwenkung *f*, Drehung *f*
swivelling head schwenkbarer Spritzkopf *m* Schwenkkopf *m*
swollen [an]geschwollen; aufgequollen, aufgedunsen; aufgebläht
swop/to tauschen, vertauschen, austauschen
sycoceryl alcohol <$C_{18}H_{30}O$> Sycocerylalkohol *m*
sydnone Sydnon *n*
syenite Syenit *m {Tiefengestein}*
syenitic syenithaltig
sylvan <C_5H_6O> Sylvan *n*, 2-Methylfuran *n*
sylvanite <(Au, Ag)Te_2> Schrifterz *n {obs}*, Sylvanit *m {Min}*
sylvic acid Sylvinsäure *f*, Abietinsäure *f*
sylvine Sylvin *m*, Hartsalz *n {Min}*
sylvinite Sylvinit *m {Sylvin-Halit-Gemisch}*
sylvite *s.* sylvine
symbiont Symbiont *m {Biol}*
symbiosis Symbiose *f {Biol}*
symbiotic symbio[n]tisch
symbol Symbol *n*, Zeichen *n*, Sinnbild *n* *{z.B. Formelzeichen, Schaltzeichen}*
chemical symbol chemisches Zeichen *n*, chemisches Symbol *n*
explanation of symobols Zeichenerklärung *f*
key to symbols Zeichenerklärung *f*
symbolic symbolisch; Symbol-
symbolic key Symboltaste *f*
symmetric *s.* symmetrical
symmetrical symmetrisch
symmetrical distribution symmetrische Verteilung *f*
symmetrical slit Bilateralspalt *m*, symmetrischer Spalt *m*
symmetry Symmetrie *f*, Ebenmaß *n*, spiegelbildliches Gleichmaß *n*, spiegelbildliche Gleichmäßigkeit *f*; Spiegelgleichheit *f*
symmetry axis Symmetrieachse *f*
symmetry center Symmetriezentrum *n*
symmetry class Symmetrieklasse *f {Krist}*
symmetry coefficient Symmetriekoeffizient *m*
symmetry element Symmetrielement *n {Krist}*
symmetry factor Symmetriezahl *f*

symmetry operator Symmetrieoperator *m*
symmetry plane Symmetrieebene *f*, Spiegelebene *f {Krist}*
symmetry symbols Symmetriesymbolik *f*
axis of symmetry Drehspiegelachse *f*, Symmetrieachse *f*
center of symmetry Symmetriezentrum *n*
characteristic symmetry Eigensymmetrie *f*
degree of symmetry Symmetriegrad *m*
element of symmetry Symmetrieelement *n*
plane of symmetry Symmetrieebene *f*, Spiegelebene *f {Krist}*
Symons disk crusher Symons-Tellerbrecher *m*, Symons-Scheibenbrecher *m*
Symons short-head cone crusher Symons-Flachkegelbrecher *m*, Flachkegelbrecher *m {Mittelzerkleinerung von Hartgut}*
Symons standard cone crusher Symons-Kegelbrecher *m*
Symons type rotary crusher Symons-Rundbrecher *m*
sympathetic sympathetisch *{z.B. Tinte}*; harmonsich; sympathisch *{Med}*; Sympathie-
sympathetic detonation Detonationsübertragung *f {einer Explosion}*
sympatholytic 1. sympath[ik]olytisch *{Pharm}*; 2. Sympath[ik]olytikum *n {Pharm}*
symptom Symptom *n*, Anzeichen *n*, Kennzeichen *n*, Merkmal *n {z.B. Krankheitssymptom}*
***syn*-configuration** *syn*-Konfiguration *f {obs}*, *cis*-Konfiguration *f*, *(Z)*-Konfiguration *f {Stereochem}*
***syn*-position** *s. syn*-configuration
synaeresis Synärese *f {Chem}*
synaldoxime Synaldoxim *n {trans-Form}*
synanthrose <$C_6H_{10}O_5$> Lävulin *n*, Synanthrose *f*
synapsis Synapse *f {Neuronenkontakt}*
synaptase Emulsin *n*
synaptic synaptisch
Syncaine *{TM}* Syncain *n*, Procainhydrochlorid *n*
synchro 1. Synchron-; 2. Synchro *m*, Drehmelder *m*, Winkelcodierer *m {Automation}*; Selsyn *n*, Drehmelder *m {Elek}*
synchronism Synchronismus *m*, Gleichlauf *m*, Gleichzeitigkeit *f*, Synchronität *f*
synchronization Synchronisation *f*, Synchronisierung *f*; Einsynchronisation *f {EDV}*
synchronize/to synchronisieren, abstimmen, in Gleichlauf *m* bringen; gleichgehend machen *{{Uhr}*; gleichschalten; einsynchronisieren *{EDV}*
synchronoscope Synchronoskop *n*, Phasenvergleicher *m*
synchronous synchron, gleichlaufend; gleichzeitig; Synchron-
synchronous belt Zahnriemen *m*
synchronous belt drive Zahnriemenantrieb *m*
synchronous clock Synchronuhr *f*
synchronous induction motor synchronisierter Asynchronmotor *m*, Synchron-Induktionsmotor *m*
synchronous motor Synchronmotor *m*
synchrotron Synchrotron *n {Phys}*
syndet Syndet *n*, synthetisches Reinigungsmittel *n*, Detergens *n {Oberbegriff für gebrauchsfertige Wasch- und Reinigugnsmittel}*; synthetisches Waschmittel *n*, Detergens *n*
syndiazotate Syndiazotat *n*, *cis*-Diazotat *n*, *(Z)*-Diazotat *n*
syndicate Syndikat *n {Ökon}*
syndiotactic syndiotaktisch, syndiataktisch *{Stereochem}*
syndiotactic polymer syndiotaktisches Polymer[es] *n*
syndrome Syndrom *n {Med}*
synephrine Synephrin *n*
syneresis Synärese *f*, Ausschwitzen *n {Koll}*
synergism Synergismus *m*, synergetischer Effekt *m*, synergetische Wirkung *f {Ökol}*
synergist Synergist *m*, synergetisches Präparat *n {Chem, Biol, Pharm}*
synergistic synergistisch, wechselseitig fördernd
synergistic action Synergese-Effekt *m*, synergistische Wirkung *f*, synergistischer Effekt *m*, Synergismus *m*
synergistic additive synergistisches Zusatzmittel *n*
synergisitc effect *s.* synergistic action
synfuel Synthesetreibstoff *m*, Synthesekraftstoff *m {z.B. künstliches Erdgas, Vollsynthesemethanol}*
syngas Synthesegas *n {CO/H_2/N_2-Mischung aus Kohleumwandlung}*
syngenite $K_2Ca(SO_4)_2$> Syngenit *m {Min}*
synonymous gleichbedeutend, sinnverwandt
synopsis [zusammenfassende] Übersicht *f*
synoptic panel Synoptiktableau *n*
synoptical synoptisch, umfassend
synoptical table Übersichtstabelle *f*
syntactic syntaktisch *{Polymer}*
syntactic foams syntaktische Schaumstoffe *mpl*
syntan synthetisches Gerbmittel *n*, künstliches Gerbmittel *n*
synthesis 1. Synthese *f*; 2. Synthese *f*, Aufbau *m*, Vereinigung *f {Chem}*; Darstellungsverfahren *n {Chem}*
synthesis gas Synthesegas *n {CO/H_2/N_2-Mischung aus Kohleumwandlung}*
synthesis gas plant Synthesegasanlage *f*
asymmetric synthesis asymmetrische Synthese *f*
electro-synthesis Elektrosynthese *f*, elektrolytische Synthese *f*

stereoselective synthesis stereoselektive Synthese *f*
total synthesis Totalsynthese *f*
synthesize/to synthetisieren, synthetisch herstellen, durch Synthese herstellen, auf synthetischem Weg *m* darstellen
synthesizing Synthetisierung *f*, Snythetisieren *n*
synthetase Synthease *f*, Ligase *f* *{Biochem}*
synthetic 1. synthetisch *{auf Synthese beruhend}*; synthetisch *{künstlich hergestellt}*; Synthese-; 2. synthetisch gewonnene Substanz *f*, Syntheseprodukt *n*; 3. Kunststoff *m*, Polymerwerkstoff *m*, Plastik *n*, Plast *m*
synthetic coating Kunststoffüberzug *m*
synthetic detergent Detergens *n* *{gebrauchsfertige Wasch- und Reinigungsmittel}*, Syndet *n*, synthetisches Tensid *n*; synthetisches Reinigungsmittel *n*, synthetisches Waschmittel *n*
synthetic enamel Kunstharzlack *m*
synthetic fabric Chemiefasergewebe *n*
synthetic fatty acids synthetische Fettsäuren *fpl*
synthetic fertilizer *{US}* Kunstdünger *m*
synthetic fiber synthetische Chemiefaser *f*, synthetische Faser *f*, Synthesefaser *f* *{DIN 16734}*; Synthesefaserstoff *m*, synthetischer Faserstoff *m*
synthetic flooring synthetischer Fußbodenbelag *m*, Plastfußbodenbelag *m*
synthetic gasoline Synthesebenzin *n*
synthetic glue synthetischer Leim *m*, synthetischer Klebstoff *m*
synthetic graphite synthetischer Graphit *m*, Koksgraphit *m*
synthetic gut synthetischer Darm *m*
synthetic leather Chemieleder *n*, synthetisches Leder *n*, Kunstleder *n*
synthetic lubricant synthetischer Schmierstoff *m*, synthetisches Schmiermittel *n*
synthetic material synthetisches Material *n*; Kunststoff *m*
synthetic natural gas synthetisches Erdgas *n*, künstliches Erdgas *n*, SNG
synthetic oil Syntheseöl *n*, synthetisches Öl *n*
synthetic paint Kunstharzlack *m*
synthetic paint resin Lackkunstharz *n*
synthetic pathway Syntheseweg *m* *{Biochem}*
synthetic plastic synthetischer Kunststoff *m*, synthetisch hergestellter Plast *m*
synthetic process synthetisches Verfahren *n*
synthetic product synthetisches Produkt *n*, Syntheseprodukt *n*, synthetisch gewonnene Substanz *f*; Kunststoff *m*, Plastik *n*, Plast *m*
synthetic resin synthetisches Harz *n*, Kunstharz *n*
synthetic resin adhesive Kunstharzklebstoff *m*, Kunstharzkleber *m*, Klebstoff *m* auf Kunstharzbasis
synthetic resin-based paint Kunstharzlack *m*
synthetic resin cement Kunstharzkitt *m*
synthetic-resin ion exchanger Kunstharz-Ionenaustauscher *m*
synthetic resin insulator Kunstharzisolator *m*
synthetic resin lacquer Kunstharzlack *m*
synthetic resin laminate Kunstharzlaminat *n*
synthetic resin latex Kunstofflatex *m*
synthetic resin paste Kunstharzmasse *f*
synthetic resin plaster Kunstharzputz *m* *{DIN 18558}*
synthetic resin primer Kunstharzgrundierung *f*
synthetic resin varnish Kunstharzlack *m*
synthetic rubber synthetischer Kautschuk *m*, Synthesekautschuk *m*, Kunstkautschuk *m*
synthetic rubber coated kunstkautschukbeschichtet, synthesekautschukbeschichtet
synthetic shellac synthetischer Schellack *m*
synthetic silica Quarzgut *n*
synthetic silica flour Quarzgutmehl *n*
synthetic solution synthetische Lösung *f*
synthetic sponge material Kunstschwamm *m*
fully snthetic vollsynthetisch
synthetically synthetisch
prepare synthetically/to synthetisch herstellen
synthetize/to synthetisieren, synthetisch herstellen, durch Synthese herstellen, auf synthetischem Weg darstellen
synthol Synthol *n* *{Syntheseprodukt aus* $COCH_2$ *mit Fe-/Na-Carbonat-Katalysator}*
syntholub synthetisches Schmieröl *n*, synthetischer Schmierstoff *m*, synthetisches Schmiermittel *n*
syntonin Syntonin *n*, Parapepton *n*, Muskelfibrin *n*
syntroph syntroph
syphon 1. Siphon *m*, Siphonrohr *n*; 2. Heber *m*, Flüssigkeitsheber *m* *{Chem}*; 3. Kondensatsammler *m* *{Tech}*; 4. Geruchsverschluß *m*, Siphon *m* *{Sanitärtechnik}*
syphon degassing Umlaufentgasung *f*
syphon pipe Siphonrohr *n*, Siphon *m*
syphonic effect Heberwirkung *f*
syphonic method of emptying Siphonentleerung *f*
syringa aldehyde <$(CH_3O)_2C_6H_2(OH)CHOH$> Syringaaldehyd *m*, 4-Hydroxy-3,5-methoxybenzaldehyd *m*
syringe/to spritzen
syringe Spritze *f*, Injektionsspritze *f*
syringe for single use Einmalspritze *f* *{DIN 58358}*
syringe micropipet[te] Mikrospritzenpipette *f* *{Lab}*
syringenin <$C_{12}H_{14}O_4$> Syringenin *n*, 5-Methoxy-Oniferin *n*
syringic acid <$(CH_3O)_2C_6H_2(OH)COOH$>

Syringasäure *f*, 4-Hydroxy-3,5-methoxy-benzoesäure *f*

syringin $<C_{17}H_{24}O_9 \cdot H_2O>$ Lilacin *n*, Syringin *n*, Ligustrin *n*

syringyl alcohol $<(CH_{30})_2C_6H_2CH_2OH>$ Syringaalkohol *m*

syrosingopine $<C_{35}H_{42}N_2O_{11}>$ Syrosingopin *n*

syrup Sirup *m*, Dicksaft *m {Pharm, Lebensmittel}*

syrup pump Siruppumpe *f*

syrup resin Harzsirup *m*

syrupy sirupartig, sirupös, dickflüssig, klebrig,

syrupy consistency Dickflüssigkeit *f*

system 1. System *n*, Schema *n*; Einteilung *f {z.B. von Tieren, Pflanzen}*; 2. System *n*, Anlage *f {Gesamtheit von technischen Einrichtungen}*; 3. Methode *f*, Prinzip *n*; 4. Formation *f {Geol}*

system analysis Systemanalyse *f*

system approval authorities abnehmende Stelle *f*

system availability Systemverfügbarkeit *f*

system concept Anlagekonzept *n*, Systemkonzept *n*

system designation Systembezeichnung *f*

system fault Systemstörung *f*

system of diaphragms Blendensystem *n*, System *n* von Blenden

system of measurement Maßsystem *n*

system of one condensing lens and two auxiliary lenses to focus a source into a spectrograph Dreilinsenspaltbeleuchtungsoptik *f*, dreilinsiges Spaltbeleuchtungssystem *n*

system of reports Berichterstattung *f*

system of units Maßsystem *n*

system realization Systemimplementierung *f*

system safety Anlagensicherheit *f*

system software Systemsoftware *f*

absolute system of units absolutes Maßsystem *n*

antisymmetric system antisymmetrisches System *n*

binary system binäres System *n*, Zweikomponentensystem *n {Thermo}*

catoptric system katoptrisches System *n {Opt}*

closed system abgeschlossenes System *n*

dioptric system dioptrisches System *n {Opt}*

divariant system System *n* mit zwei Freiheitsgraden

heterogeneous system heterogenes System *n*

homogeneous system homogenes System *n*

monovariant system System *n* mit einem Freiheitsgrad *{Thermo}*

nonvariant system vollständig festgelegtes System *n {Thermo}*

periodic system Periodensystem *n*, periodisches System *n {obs}*

quaternary system quaternäres System *n*, Vierkomponentensystem *n*

tertiary system tertiäres System *n*, Dreikomponentensystem *n {Therm}*

systematic systematisch *{klassifizierend}*; methodisch, planmäßig, systematisch

systematic error systematischer Fehler *m*

systematical[ly] systematisch *{klassifizierend}*; methodisch, planmäßig, systematisch

systematization Systematisierung *f*

systematy systematische Klassifizierung *f*

systemic systemisch *{Chem, Ökol}*

Szilard-Chalmers effect Szilard-Chalmers-Effekt *m {Nukl}*

Szilard-Chalmers method Szilard-Chalmers-Verfahren *n*, Szilard-Chalmers-Methode *f {Abtrennung der Radionuklide von ihrer Ausgangssubstanz}*

T

T-piece T-Stück *n*, T-Verbindungsstutzen *m*

T-pipe T-Rohr *n*

T-section *s.* T-piece

T-shaped T-förmig

T-square Reißschiene *f*, Handreißschiene *f*

T-tube Dreischenkelrohr *n*, T-Rohr *n*, T-Stück *n*

tab 1. Streifen *m*; Aufreißband *n*, Aufreißstreifen *m*; 2. Reiter *m*, Fahne *f*, Tab *m {Kartei}*; 3. Drucktaste *f*, Tabulator *m {Schreibmaschine}*; 4. Öse *f*; Aufhänger *m*; 5. Vorkammer *f {Kunst}*

table 1. Tabelle *f*, Tafel *f {Übersicht in Spalten oder Listen}*; 2. Tafel *f {Diamantenschlifform}*; 3. Tisch *m {Tech}*; 4. Herd *m*, Setzherd *m {Erzaufbereitung}*; 5. Bahnlänge *f {Text}*

table balance Tischwaage *f*

table covering Tischbelag *m*

table diamond Tafelstein *m*

table fat Tafelfett *n*, Speisefett *n {z.B. Tafelmaragarine, Tafelöl}*

table feeder Tellerdosierer *m*

table filter Planfilter *n*, Tellerfilter *n*

table model Tischgerät *n*

table oil Tafelöl *n*, Speiseöl *n*

table of contents Inhaltsverzeichnis *n*, Inhaltsangabe *f*, Sachregister *n*

table of factors Faktorentabelle *f {Math}*

table of logarithms Logarithmentafel *f {Math}*

table press Preßtisch *m*

table salt Speisesalz *n*, Tafelsalz *n*

table-top 1. Tisch-; 2. Tischplatte *f*

table-top model Tischmodell *n*

table-top unit Tischgerät *n*

table-top version Tischversion *f*

tablespoon Eßlöffel *m {Volumenmaß von 15 ml}*

tablet 1. Pastille *f*, Tablette *f {Med}*; 2. Tafel *f*; 3. Tablett *n {z.B. zur EDV-Eingabe}*; 4. Block *m*, Schreibblock *m {Pap}*

tablet compressing machine Tablettenpresse *f*, Tablettiermaschine *f*

tablet disintegration tester Tablettenzerfallbarkeitsprüfer *m*

tablet for sustained release action Depot-Tablette *f {Pharm}*

tablet press Pastillenpresse *f*, Tablettenpresse *f*, Tablettiermaschine *f*

tablet production Tablettenherstellung *f*

tabletise/to tablettieren

tabletting machine Tablettiermaschine *f*, Tablettenpresse *f*

tabloid Tablette *f*

tabular tabellarisch; tafelförmig

tabular compilation Tabellenwerk *n*

tabular crystal Tafelkristall *m*

tabular spar Tafelspat *m {obs}*, Wollastonit *m {Min}*

tabularize/to tabellarisch zusammenstellen, tabellarisch ordnen, tabellarisieren

tabulate/to tabellarisch zusammenstellen, tabellarisch ordnen, tabellarisieren

tabulation Tabellarisierung *f*, Tabulierung *f*, Tabellierung *f*

tabun $<C_2H_5OP(=O)CNN(CH_3)_2>$ Tabun *n {Nervengas}*

TAC *{triallyl cyanurate}* Triallylcyanurat *n*

tacamahac 1. Tacamahac *n*, Tacamahak *n {wohlriechende Harze verschiedener Pflanzen}*; 2. Gommart-Harz *n {aus Bursera simaruba (L.) Sarg.}*; 3. Balsam *m* aus Populus balsamifera

tacciometer Klebrigkeitsmesser *m*, Klebkraftmesser *m*

tachhydrite Tachhydrit *m*, Tachyhydrit *m {Min}*

tachiol Tachiol *n {Silberfluorid}*

tachometer Geschwindigkeitsmeßgerät *n*, Drehzahlmesser *m*, Tachometer *m n*, Tourenzähler *m*

tachydrite *s.* tachhydrite

tachyhydrite *s.* tachhydrite

tachysterol $<C_{28}H_{44}O>$ Tachysterin *n*, Tachysterol *n*

tack/to riegeln, anriegeln, verriegeln *{Text}*; nageln; heften *{Tech, Text}*

tack 1. Klebrigkeit *f*; Zügigkeit *f {Farbe}*; 2. Zwecke *f*, Stift *m*, Drahtstift *m*

tack coat Klebschicht *f*, Klebstoffschicht *f*, klebbereite Schicht *f*, Leimschicht *f*

tack-free kleb[e]frei, nicht klebrig, nicht klebend

tack-free time klebfreie Zeit *f {Reaktionsspritzgießen von Polyurethanschaum}*

tack instrument Klebrigkeitsprüfgerät *n*, Haftfähigkeitsprüfgerät *n*

tack-maker Klebrigmacher *m {Elastomerklebstoff}*

tack-producing agent *s.* tackifying agent

tack range Trockenklebrigkeitsdauer *f {Kontaktklebstoff}*

tack weld Heft[schweiß]naht *f*

tack-welded geheftet

tack welding Heftschweißen *n*, Heften *n {Schweißen}*

tackifier Klebrigmacher *m {Stoff zur Erhöhung der Klebrigkeit}*

tackifying klebrigmachend

tackifying agent Klebrigmacher *m {Stoff zur Erhöhung der Klebrigkeit}*

tackiness Klebrigkeit *f*, Haftfähigkeit *f*; Zügigkeit *f {Farbe}*

tackiness additives *s.* tackifying agent

tacking 1. Heftschweißen *n*, Heften *n {Schweißen}*; 2. Riegeln *n*, Anriegeln *n*, Verriegeln *n {Text}*

tacking agent Fadenzieherzusatz *m {Trib}*

tacking rivet Heftniet *m*

tackle 1. Hebezug *m*, Flaschenzug *m {Tech}*; 2. Gerät *n*, Ausrüstung *f*; Bemesserung *f*, Messergarnierung *f {Pap}*; Geschirr *n {Weben}*

tackmeter Klebkraftmesser *m*, Klebrigkeitsmesser *m*

tacky klebrig, klebend; klebefreudig *{Gummi}*; zügig *{z.B. Druckfarbe}*

tacky dry trockenklebrig

taconite Taconiterz *n*, Taconit *m {Min}*

tacot $<C_{12}H_4N_8O_8>$ Tacot *n {Expl}*

tactic taktisch

tacticity Taktizität *f {Polymer}*

tactoid Taktoid *n {Koll}*

taenaifuge Bandwurmmittel *n {Pharm}*

tag/to 1. etikettieren, mit Etikett *n* versehen; markieren *{z.B. eine Substanz, Daten}*; 2. anspitzen

tag 1. Etikett *n*, Anhänger *m*, Bezeichnungsschild *n*; Preisschild *n*, Preiszettel *m*; 2. Kennung *f*, Markierung *f*, Identifizierungskennzeichnung *f {Nukl, Chem, EDV}*; Kennzeichen *n*; 3. Lötfahne *f*, Fahne *f*; 4. loses Ende *n*; 5. Spitze *f*

Tag closed-cup tester Tag-Flammpunktprüfer *m*, geschlossener Flammpunktprüfer *m* nach Tagliabue, geschlossener Tagliabue-Prüfer *m*

tagatose $<C_6H_{12}O_6>$ Tagatose *f {Ketohexose}*

tagaturonate reductase *{EC 1.1.1.58}* Tagaturonatreduktase *f*

tagged atom markiertes Atom *m*, Indikatoratom *n*

tagging 1. Etikettieren *n*, Etikettierung *f*; 2. Markieren *n {Chem, Nukl, EDV}*; 3. Anspitzen *n*

tagging compound Markierungsverbindung *f*

tagging experiment Markierungsexperiment *n*

tagilite Tagilit *m {Min}*

Tagliabue closed tester *s.* Tag closed-up tester

tail 1. Ende *n*, Endstück *n*; Schwanz *m {eines Monomeres}*; Schweif *m*, Schwanz *m {Chrom}*; 2. Abgänge *mpl*, Berge *mpl {Aufbereitung}*; 3. Nachlauf *m {Dest}*; 4. hintere Flanke *f*, abfallende Flanke *f {Impuls}*; 5. letzte Eintragung *f {EDV}*; 6. Rückseite *f*

tail bands Schwanzbanden *fpl {Spek}*

tail drum *s.* tail pulley

tail flap Schmutzfänger *m*

tail flash Bodenabfall *m*

tail gas Abgas *n*, Schornsteingas *n*; Endgas *n*, Restgas *n*, Rückstandsgas *n {Erdöl}*

tail of distribution curve Ende *n* der Verteilungskurve

tail-pipe Saugrohr *n {Vak}*; Endrohr *n {Auspuff}*; Strahlrohr *n {Turbinentriebwerk}*

tail pulley Umlenktrommel *f*, Hecktrommel *f*, Heckrolle *f*

tail-shaft Wellende *n*

tailing 1. Streifenbildung *f* Schweifbildung *f*, Schwanzbildung *f {Chrom}*; 2. Restbrühe *f*, ausgezehrte Farbe *f {Gerb}*; 3. Abgänge *mpl*, Berge *mpl {Aufbereitung}*; 4. Überlaufgut *n*, Überlauf *m {Klassierung}*; Grobkorn, Überkorn *n {Schüttgut}*; Siebgrobes *n {Siebklassieren}*; Sichtgrobes *n {Windsichten}*; 5. Nachlauf *m {Dest}*; 6. Grobstoff *m*, Spuckstoff *m {Pap}*

tailings 1. Berge *mpl*, Abgänge *mpl {Aufbereitung}*; 2. Überlaufprodukt *n*, Überlauf *m {Klassieren}*; Grobkorn *n*, Überkorn *n {Schüttgut}*; Siebgrobes *n {Siebklassieren}*; Sichtgrobes *n {Windsichten}*; 3. Rückstand *m*; Restöl *n*, Rückstandsöl *n {Erdöl}*; 4. Nachlauf *m {Dest}*; 5. Restbrühe *f*, ausgezehrte Farbe *f {Gerb}*; 6. Grobstoff *m*, Spuckstoff *m {Pap}*; 7. Gersteabfälle *mpl*, Spreu *f {Agri}*

tailor-made maßgeschneidert, nach Maß *n* angefertigt; Schneider-

tailor-made adhesive Klebstoff *m* nach Maß

tailor-made material Werkstoff *m* nach Maß

tails 1. Nachlauf *m {Dest}*; 2. Rest *m*, am schwersten flüchtige Bestandteile *mpl {Chem}*; 3. abgereicherte Fraktion *f*, Abfall *m {bei der Isotopenanreicherung}*; 4. Abgänge *mpl*, Aufbereitungsberge *mpl {Aufbereitung}*; Flotationsberge *mpl*

tails assay Abstreifkonzentration *f*, Restkonzentration *f {Gehalt des abgereicherten Urans}*

tails material Abfallmaterial *n {Nukl}*

take/to 1. nehmen; 2. fassen *{z.B. ein Flüssigkeitsmenge}*; 3. fassen, ergreifen; 4. aufnehmen, übernehmen; 5. ablesen *{Anzeige}*; 6. nehmen, entnehmen *{Probe}*

take a reading/to eine Messung *f* vornehmen

take a sample/to eine Probe *f* [ent]nehmen

take apart/to auseinandernehmen, zerlegen, abmontieren

take away/to abführen; entziehen; wegnehmen, wegbringen

take care!/to Achtung!

take fire/to sich entzünden

take into account/to berücksichtigen

take off/to abnehmen, entnehmen *{Dest, Tech}*; entfernen, wegnehmen; abziehen *{gefärbte Textilien}*; imitieren; abheben *{hochheben, starten}*

take out/to herausnehmen, entnehmen; entziehen *{z.B. Wasser}*; ausscheiden; beseitigen, entfernen, herausmachen *{z.B. Fleck}*; erwerben *{z.B. Lizenz, Patent}*; ausbringen *{Drucken}*

take out of service/to abschalten, außer Betrieb *m* nehmen

take over/to abnehmen, übernehmen *{z.B. Betrieb, Pflicht}*

take part/to teilnehmen

take place/to erfolgen, stattfinden, sich abspielen

take readings/to ablesen *{Anzeige}*; messen

take to pieces/to zerlegen, auseinanderbauen; ausbauen, abbauen, demontieren

take up/to in Angriff nehmen; annehmen; aufnehmen, einsaugen *{von Stoffen}*; einnehmen *{Raum, Zeit}*; aufwinden *{z.B. Faden, Band}*; nachstellen *{Lager}*; ausnehmen; abbauen, beseitigen *{z.B. den toten Gang}*

take 1. Menge *f*; 2. Einnahmen *fpl*; 3. Aufnahme *f {z.B. Film, Schallplatte}*

take-away Ausziehvorrichtung *f*

take-hold pressure Haltevakuum *n {Ansaugdruck = Vorvakuumdruck}*

take-off 1. Abzug *m*, Abnahme *f*, Entnahme *f {Dest, Tech}*; 2. Abheben *n {Hochheben}*; Start *m {Abheben}*

take-off speed Abzugsgeschwindigkeit *f*

take-off tension Abzugskraft *f*

take-up Aufnahme *f {von Stoffen}*

take-up equipment Abzugseinrichtung *f {Kunst}*

take-up mechanism 1. Abzugsvorrichtung *f*, Ausziehvorrichtung *f {Kunst}*; 2. Aufwickelvorrichtung *f*

take-up roll 1. Abnahmewalze *f*, Aufwickelwalze *f*; 2. Abzugswalze *f {Kunst}*

take-up roller Aufwickelrolle *f*

take-up spool Aufwickelspule *f*

taking into operation Inbetriebnahme *f*

taking of samples Probenahme *f*, Probeentnahme *f*

taking over Übernahme *f*, Empfang *m*

taking over trial Abnahmeprüfung *f*

Talbot's bands Talbot-Bänder *npl {Spek}*

talbutal $<C_{11}H_{16}N_2O_3>$ Talbutal *n {Pharm}*

talc Talk *m*, Talkum *n*, Speckstein *m*, Steatit *m {Min}*

talc-filled talkumverstärkt

talc schist Talkschiefer *m {Min}*
yellow talc Goldtalk *m*
talcose talkartig, talkig; Talk-
talcose quartz Talkquartz *m {Min}*
talcous talkartig, talkig; Talk-
talcous clay Talkton *m*
talcum *s.* talc
talcum powder Talkpuder *m*, Talkpulver *n*, Talkum *n {feiner weißer Talk}*
Taliani test Taliani-Test *m {Expl}*
talite <$HOCH_2(CHOH)_4CH_2OH$> Talit *m*
talitol <$HOCH_2(CHOH)_4CH_2OH$> Talit *m*
tall hoch, groß
tall oil Tallöl *n*
tall oil fatty acid Tallölfettsäure *f*
tall oil varnish Tallöllack *m*
tallness Größe *f*, Höhe *f*
talloleic acid Tallölsäure *f*
tallow Talg *m*, Unschlitt *n*
tallow fatty acids Talgfettsäuren *fpl*
tallow-like talgartig
tallow oil Talgöl *n*, Härteöl *n*
tallow seed oil Stillingiaöl *n*, Stillingiatalgöl *n*, Talgbaumsamenöl *n {Sapium sebiferum (L.) Roxb.}*
tallow soap Talgseife *f*, Unschlittseife *f*
containing tallow talghaltig
refined tallow Feintalg *m*
tallowish talgartig, talgig
tallowy talgartig, talgig
tally/to zählen; rechnen
tally with/to übereinstimmen [mit]
tally list Stückliste *f*
talmi [gold] Talmi *n*, Talmigold *n {goldplattiertes Messing mit 90 Prozent Cu/10 Prozent Zn für Schmuck}*
talolactone Talolacton *n*
talomethylose Talomethylose *f*
talomucic acid <$HOOC(CHOH)_4COOH$> Taloschleimsäure *f*
talonic acid Talonsäure *f*
talosamine Talosamin *n*
talose <$HOCH_2(CHOH)_4CHO$> Talose *f {Aldohexose}*
tamanite Tamanit *m {obs}*, Anapait *m {Min}*
tamarind Tamarinde *f {Tamarinus indica}*
tamarugite Tamarugit *m {Min}*
tamp/to besetzen *{Bohrloch, Sprengloch}*; verdämmen *{Bohrung}*; feststopfen, feststampfen, festrammen *{z.B. Gleise}*
tamp Stampfer *m {Keramik}*
tamped asphalt Stampfasphalt *m*
tamped volume Stampfvolumen *n {Schüttgut}*
tamped volume measuring appliance Stampfvolumenmesser *m*
tamped weight Stampfgewicht *n {Schüttgut}*
tamper 1. Staustoff *m*; 2. Tamper *m*, Neutronenreflektor *m {Kernwaffen}*
tamper-proof verfälschungssicher, mißbrauchsicher, gegen unsachgemäße Eingriffe *mpl* gesichert, gegen unbefugte Manipulation geschützt
tamper-proof closure Verschluß *m* mit Originalitätssicherung *{Pharm}*
tamper-resistant unverletzlich *{Anlage}*; verfälschungssicher, mißbrauchsicher
tampicin <$C_{34}H_{54}O_{14}$> Tampicin *n*
tamping 1. Stampfen *n*, Feststampfen *n*; 2. Besatz *m {Bohr-, Sprenglöcher}*; 3. Verdämmen *n {Bohrung}*
tamping compound Stampfmasse *f*
tamping material Stampfmasse *f*
tamping tool Ramme *f {Tech}*; Stampfer *m {Keramik}*
tampon 1. Tampon *m {Med}*; 2. Farbballen *m*, Tampon *m {Einschwärzen der Druckplatte}*
tampon electroplating Tampongalvanisieren *n*
tan/to 1. gerben, lohen, tannieren; 2. [sich] bräunen *{Kosmetik}*
tan a second time/to nachgerben
tan 1. gelbbraun, lohbraun, lohfarben, lederbraun; 2. Gerbmittel *n*, Gerbmaterial *n*, Gerberlohe *f*; 3. Gerbstoff *m*, gerbende Substanz *f {gerbender Anteil des Gerbmittels}*; 4. Gelbbraun *n*, Lederbraun *n*, Lohfarbe *f*; 5. Tangens *m {Math}*
tan bark Gerbrinde *f*, Lohrinde *f {besonders von jungen Fichten oder Eichen}*
tan co[u]lor Lohfarbe *f*
tan earth Loherde *f*
tan liquor Gerb[stoff]brühe *f*, Gerblohe *f*
tan ooze Gerb[stoff]brühe *f*, Gerblohe *f*
tan pickle Lohpulver *n*
tan vat Gerbtrog *m*, Lohfaß *n*, Lohgrube *f*
tan yard Lohgerberei *f*, Gerbanlage *f*
steep in tan/to lohen *{Leder}*
tanacetin <$C_{11}H_{16}O_4$> Tanacetin *n*
tanacetone <$C_{10}H_{16}O$> Tanaceton *n*
tanacetophorone Tanacetophoron *n*
tandem 1. hintereinander; Tandem-, Reihen-; 2. Kaskade *f {Elek}*; 3. Tandem *n*
tandem arrangement Hintereinanderschaltung *f*, Tandemanordnung *f*, Reihenanordnung *f*
tandem calender Doppelkalander *m*, Kalander *m* mit Tandemanordnung *{Gummi}*
tandem connection Hintereinanderschaltung *f*, Reihenschaltung *f*
tandem mass spectrometry Tandem-Massenspektroskopie *f {MS-MS-Verfahren}*
tandem pump Tandempumpe *f*
tang 1. [scharfer] Geschmack *m*; [scharfer] Geruch *m*; 2. angespitztes Ende *n {Tech}*; 3. Anguß *m*, Gußzapfen *m {Druck}*
tangent 1. [sich] berührend; 2. Tangens *m*, tan *{Winkelfunktion}*; 3. Tangente *f {Math}*
tangential tangential
tangential acceleration Tangentialbeschleunigung *f*

tangential casting Tangentialguß *m {Gieß}*
tangential chute Tangentialschurre *f*
tangential direction Tangentialrichtung *f*
tangential displacement tangentiale Verschiebung *f*
tangential firing Tangentialfeuerung *f*, Eckenfeuerung *f*
tangential flow Tangentialströmung *f*
tangential-flow agitator Rührwerk *n* mit Tangentialströmung
tangential force Tangentialkraft *f {Mech}*
tangential mill Tangentialmühle *f*
tangential plane Berührungsebene *f*, Tangentialebene *f*, Tangentenebene *f {Math}*
tangential section Tangentialschnitt *m*
tangential shift tangentiale Verschiebung *f*
tangential-spiral agitator Rührwerk *n* mit tangentialer Schraubenschaufel
tangential stress Tangentialspannung *f*
tangential velocity tangentiale Geschwindigkeit *f*, Tangentialgeschwindigkeit *f*
tanghinine <$C_{10}H_{16}N$> Tanghinin *n*
tank 1. Gefäß *n*, Behälter *m*; Kessel *m {z.B. zur Vulkanisation}*; Trog *m*, Wanne *f {z.B. Schmelzwanne für Glas}*; 2. Tank *m*, [geschlossener] Großbehälter *m {Flüssigkeit}*; Zisterne *f*; 3. Reservoir *n*, [offener] Behälter *m {Flüssigkeit}*; Becken *n {Wasser}*
tank bath Gefäßbad *n*, Standentwicklungstank *m {Photo}*
tank block Wannenstein *m {Glas}*
tank bottom Behältersohle *f*, Behälterboden *m*, Tankboden *m*
tank bottoms Tankrückstand *m*, Tankbodenrückstand *m*
tank calibration Tankvermessung *f*, Tankeichung *f*
tank car Tankfahrzeug *n*, Tanklastwagen *m*; *{US}* Kesselwagen *m*, Behälterwagen *m {Eisenbahn}*
tank crystallizer Kristallisationstrog *m {ein offener feststehender Kristallisator}*
tank cupola Kupolofen *m* mit erweitertem Herd
tank development Tankentwicklung *f {Photo}*
tank dialyzer Trogdialysator *m*
tank draining Tankentwässerung *f*
tank failures Behälterversagen *n*
tank farm Tanklager *n*, Tankanlage *f {Sammelstation für Öltanks}*
tank floor Behältersohle *f*, Behälterboden *m*, Tankboden *m*
tank furnace Glaswannenofen *m*, Wannenofen *m {Glas}*
tank gas Flaschengas *n*
tank inlet chamber Behältereinlaufkammer *f*
tank level indicator Behälterstandanzeiger *m*
tank lining Behälterauskleidung *f*, Gefäßauskleidung *f*, Kesselauskleidung *f*, Tankauskleidung *f*
tank lorry *{GB}* Straßentankwagen *n*, Straßentankfahrzeug *n*
tank mixer Tankmischer *m*
tank partition Behältertrennwand *f {Gummi}*
tank sheet iron Behälterblech *n*
tank trailer *{US}* Tankanhänger *m*, Anhängerfahrzeug *n* für Tankwagen
tank truck Tankfahrzeug *n*, Tanklastwagen *m*; Kesselwagen *m*, Behälterwagen *m {Eisenbahn}*
tank voltage Badspannung *f {Elek}*
tank wagon Tankwagen *m*, Behälterwagen *m*, Kesselwagen *m*, Eisenbahnkesselwagen *m*
tank wax Tankbodenwachs *n*
high level tank Hochbehälter *m*
high-pressure tank Hochdruckkessel *m*
tankage 1. Tankinhalt *m*, Fassungsvermögen *n* des Tankes *{in m^3}*; 2. Fleischmehl *n*; Kadavermehl *n*, Tierkörpermehl *n*
tanker Tank[last]wagen *m*, Tankfahrzeug *n*; Tankschiff *n*, Tanker *m*; Tankflugzeug *n*
tannable gerbbar
tannage Gerbung *f*, Gerben *n {Tätigkeit}*; Gerbverfahren *n*; Gerberei *f*
supersonic tannage Ultraschallgerbung *f*
tannal Tannal *n*
tannalbin Tannalbin *n*, Tanninalbuminat *n*
tannase *{EC 3.1.1.20}* Tanninacylhydrolase *f*, Tannase *f {IUB}*
tannate Tannat *n {Salz oder Ester des Tannins}*
tanned gegerbt, lohgar *{Leder}*
tanner's bark *s.* tan bark
tanner's liquor Gerb[stoff]brühe *f*, Gerblohe *f*
tanner's pit Äscher *m*, Äschergrube *f*, Kalkäscher *m {Leder}*
tanner's tallow Gerbertalg *m*
Tannert stick slip indicator Gleitindikator *m* nach Tannert
tannery 1. Gerbanlage *f*, Gerberei *f*, Lohgerberei *f*; 2. Gerbung *f*, Gerberei *f*
tannic gerbstoffartig
tannic acid 1. <$C_{14}H_{10}O_9$> Gallotannin *n*, Gerbsäure *f*, Gallusgerbsäure *f*, Gallotanninsäure *f*, Tannin *n*, *m*-Digallussäure *f*, *m*-Galloylgallussäure *f*; 2. <$C_{76}H_{52}O_{46}$> Pentadigalloylglucose *f*; 3. pflanzlicher Gerbstoff *m*
ester of tannic acid Gerbsäureester *m*, Tannat *n*
salt of tannic acid Tannat *n*
tanniferous gerbsäurehaltig, tanninhaltig; gerbstoffhaltig; gerbstoffliefernd
tannigen Tannigen *n*, Diacetyltannin *n*, Tannogen *n*
tannin *s.* tannic acid 1.
tannin albumate Tannalbin *n*, Tanninalbuminat *n*

tannin colo[u]ration Gerbstoffverfärbung *f* *{Holz, DIN 68256}*
tannin mordant Gerbstoffbeize *f*
tannin ointment Tanninsalbe *f* *{Pharm}*
integral tannin Austauschgerbstoff *m*
replacement tannin Austauschgerbstoff *m*
tanning 1. Gerben *n*, Gerbung *f*, Gerberei *f*, Gerbverfahren *n*; 2. Bräunung *f* *{Kosmetik}*; 3. Gerbung *f* *{Photo}*
tanning agent Gerbstoff *m*, gerbender Stoff *m*, gerbende Substanz *f*
tanning auxiliary Gerbereihilfsprodukte *npl*, Gerbhilfsmittel *n*
tanning bath Gerbbad *n*
tanning extract Gerb[stoff]auszug *m*, Gerb[stoff]extrakt *m*
tanning liquor Gerb[stoff]brühe *f*, Lohbrühe *f*
tanning materials Gerbmittel *npl*
tanning matter Gerbstoff *m*, gerbender Stoff *m*, gerbende Substanz *f* *{gerbender Anteil des Gerbmittels}*
tanning method Gerbmethode *f*, Gerbverfahren *n*
tanning pit Lohgrube *f*, Gerbgrube *f*
tanning plant 1. Gerbanlage *f*, Gerberei *f*; 2. gerbstoffhaltige Pflanze *f*, Gerbstoffpflanze *f*
tanning process Gerbprozeß *m*, Gerbvorgang *m*; Gerbverfahren *n*
determination of tanning matter Gerbstoffbestimmung *f*
quick tanning method Schnellgerbmethode *f*
rapid tanning Schnellgerbung *f*
finish tanning/to ausgerben
tannoform **<$(C_{14}H_9O_9)_2CH_2$>** Methylenditannin *n*, Tannoform *n*
tannogen Tannogen *n*
tannometer Gerbsäuremesser *m*
tannon Tannon *n*, Tannopin *n*
tannyl **<$-C_{14}H_9O_9$>** Tannyl-
tansy oil Rainfarnöl *n*, Wurmkrautöl *n*, Tanazeöl *n* *{Chrysanthemum vulgare (L.) Bernh.}*
tansy flower Rainfarnblüte *f*
tantalate **<$M'TaO_3$>** Tantalat *n*
tantalic Tantal-, Tantal(V)-
tantalic acid **<$HTaO_3$>** Tantalsäure *f*
tantalic anhydride Tantalpentoxid *n*, Tantal(V)-oxid *n*
tantalic compound Tantal(V)-Verbindung *f*
tantalic oxide Tantalpentoxid *n*, Tantal(V)-oxid *n*
salt of tantalic acid **<$M'TaO_3$>** Tantalat *n*
tantalite Columbeisen *n* *{Triv}*, Ildefonsit *m* *{obs}*, Harttantalerz *n* *{obs}*, Tantalit *m* *{Min}*
tantalous Tantal-, Tantal(III)-
tantalous compound Tantal(III)-Verbindung *f*
tantalum *{Ta, element no. 73}* Tantal *n*
tantalum bromide Tantalbromid *n* *{$TaBr_3$; $TaBr_5$}*
tantalum carbide **<TaC>** Tantalcarbid *n*
tantalum chloride Tantalchlorid *n* *{$TaCl_3$, $TaCl_5$}*
tantalum dioxide **<TaO_2>** Tantaldioxid *n*
tantalum disulfide **<TaS_2>** Tantaldisulfid *n* *{Trib}*
tantalum fluoride Tantalfluorid *n* *{TaF_3, TaF_5}*
tantalum nitride **<TaN>** Tantalnitrid *n*
tantalum ore Tantalerz *n* *{Min}*
tantalum oxide **<Ta_2O_5>** Tantal(V)-oxid *n*, Tantalpentoxid *n*, Tantalsäureanhydrid *n*
tantalum pentabromide **<$TaBr_5$>** Tantal(V)-bromid *n*, Tantalpentabromid *n*
tantalum pentachloride **<$TaCl_5$>** Tantalpentachlorid *n*, Tantal(V)-chlorid *n*
tantalum pentafluoride **<TaF_5>** Tantal(V)-fluorid *n*, Tantalpentafluorid *n*
tantalum pentoxide **<Ta_2O_5>** Tantalpentoxid *n*, Tantal(V)-oxid *n*
tantalum tetroxide **<Ta_2O_4>** Tantaltetroxid *n*
tanyard Lohgerberei *f*, Gerbanlage *f*
tap/to 1. abstechen *{Met}*; abziehen *{Schlacke}*; 2. abzapfen *{Flüssigkeit}*; zapfen *{Latex}*; 3. anzapfen *{Faß, Kautschukbäume}*; 4. abgreifen, abzapfen *{Elek}*; 5. Gewinde *n* schneiden; 6. vorbohren, vorausbohren *{Bergbau}*; 7. ablassen, auslaufen lassen *{Glas}*; ausschöpfen *{Hafen}*; 8. [an]tippen, [leicht] klopfen
tap 1. Hahn *m*; Wasserhahn *m*; Zapfhahn *m* *{Faß}*; Auslaufventil *n* *{Tech}*; 2. Anzapfung *f*, Abgriff *m* *{Elek}*; 3. Abzweigung *f* *{Leitungen}*; 4. Anstich *m*; 5. Abstichmenge *f* *{Met}*; 6. Gewindebohrer *m* *{Tech}*; 7. Zapfen *m*, Spund *m*
tap cinder Schlacke *f*, Garschlacke *f*, Puddelschlacke *f*, Rohschlacke *f*
tap degassing Abstichentgasung *f*
tap funnel Tropftrichter *m*
tap grease Hahnfett *n*, Hahnschmiere *f*
tap hole 1. Abstichloch *n*, Stichloch *n*, Abstichöffnung *f*, Ablaßöffnung *f* *{Met}*; 2. Eingußloch *n* *{Gieß}*; 3. Zapfloch *n* *{Faß}*; 4. Gewindeloch *n* *{Tech}*
tap manifold Hahnbrücke *f*
tap plug 1. Abzweigstecker *m* *{Elek}*; 2. Hahnküken *n*, Küken *n* *{Tech}*
tap water Leitungswasser *n*
tape/to mit Band *n* versehen, binden; mit Band *n* umwickeln, mit Band *n* bewickeln; auf Band *n* aufnehmen; verschließen mittels Klebbandes *n*
tape 1. Band *n*, Streifen *m*; 2. Bandage *f*, Binde *f*
tape measure Bandmaß *n*, Meßband *n*, Metermaß *n*
tape winder Bandaufspulmaschine *f* *{Folien}*
taped closure Klebestreifenverschluß *m*
taper/to [sich] verjüngen, spitz zulaufen, zuspitzen, konisch auslaufen; langsam abnehmen

taper 1. Konus *m {Maschinenteil}*; 2. Konizität *f*, Verjüngung *f*, Erweiterung *f {Tech}*; Kegel *m*, verjüngter Teil *m*; 3. Anzug *m {Gieß}*; 4. [dünne] Kerze *f*, Wachsfaden *m*
taper cone Verjüngung *f*
taper pin Kegelstift *m*
taper roller bearing Kegelrollenlager *n*
taper sealing Bandsiegeln *n*
tapered kegelförmig, konisch, spitz zulaufend, verjüngt
tapered overlap Schaftung *f*
tapered roller bearing Kegelrollenlager *n*
tapered slide valve Keilschieber *m*
tapered thread Trapezgewinde *n*
tapered wheel Kegelscheibe *f*
tapering Abschrägung *f*, Konizität *f*, Zuspitzung *f*
tapioca Cassawastärke *f*, Maniokstärke *f*, Tapioka *f {gereinigte Stärke aus Manihot esculenta Crantz}*
tapiolite Tapiolith *m {Min}*
tapped 1. mit Innengewinde *n* versehen *{z.B. Rohr}*; 2. mit Anzapfung *f* versehen *{Wicklung}*
tapped coil Abzweigspule *f*
tapping 1. Anzapfung *f*, Abgriff *m {Elek}*; Abzweigung *f {Leitung}*; 2. Abstich *m*, Abstechen *n {Met}*; Abziehen *n {Schlacke}*; 3. Abzapfung *f {Flüssigkeit}*; Zapfen *n {Latex}*; 4. Anzapfen *n {Faß, Kautschukbäume}*; 5. Ablassen *n {Glas}*; Ausschöpfen *n {Hafen}*; 6. Tippen *n*, [leichtes] Klopfen *n*
tapping clamp Anbohrschelle *f {Plastrohr}*
tapping clip Anbohrschelle *f {Plastrohr}*
tapping hole Abstichloch *n*, Stichöffnung *f {Met}*; Gußloch *n {Gieß}*
tapping iron Rengel *m*
tapping knife Zapfmesser *n {Gummi}*
tapping ladle Abstichpfanne *f*
tapping of iron Eisenabstich *m*
tapping of the slag Ablassen *n* der Schlacke, Schlackenabstich *m {Met}*
tapping point Anzapfstelle *f*
tapping probe Entnahmesonde *f*
tapping sample Abstichprobe *f*
tapping slag Abstichschlacke *f*
tapping switch Abzweigschalter *m*
tappings Puddelschlacke *f*
tar/to teeren
tar Teer *m*
tar acid Teersäure *f {Phenol/Kresol/Xylenol-Mischung}*
tar-acid separation funnel Scheidetrichter *m* für Teersäurebestimmung *{Lab}*
tar asphalt Teerasphalt *m*
tar base Teerbase *f {Pyridin, Chinolin usw.}*
tar-base epoxide Teer-Epoxid *n*
tar-base epoxide resin Teer-Epoxidharz *n*
tar bitumen Pechbitumen *n*, Bitumenpech *n* *{überwiegend Straßenbaubitumen nach DIN 55946}*, Teerbitumen *n {obs}*
tar-board Teerpappe *f {Dach- oder Abdichtungspappe}*
tar boiling plant Teerkocherei *f*
tar coating Teeranstrich *m*, Teerüberzug *m*
tar collector Teersammler *m*
tar constituent Teerbestandteil *m*
tar content Teergehalt *m*
tar dregs Teersatz *m*
tar enamel coating Goudronüberzug *m*, Teerschutzüberzug *m*
tar epoxy resin lacquer Teer-Epoxidharzlack *m*
tar extracted by low-temperature process Schwelteer *m*
tar extractor Teerabscheider *m*
tar formation Teerbildung *f*
tar fraction Teerfraktion *f*
tar fume Teerdampf *m*
tar furnace Teerfeuerung *f*
tar incrustation Teerkruste *f*
tar mist Teernebel *m*
tar oil Teeröl *n*
tar paper Teerpapier *n*, Bitumenpapier *n*, bituminiertes Papier *n*
tar pit Teergrube *f*
tar pitch Teerpech *n*
tar residues Teerreste *mpl*
tar sand Teersand *m {Straßenbau}*; Ölsand *m*, Teersand *m {erdölführender Sand}*
tar sediment Teersatz *m*
tar separation Teerabscheidung *f*
tar separator Teerabscheider *m*
tar value Verteerungszahl *f*, Teerzahl *f*, VT-Zahl *f*
tar vapo[u]r Teerdampf *m*, Teernebel *m*
tar water Teerwasser *n*
coal tar Kohlenteer *m*
coat of tar Teeranstrich *m*
low temperature tar Urteer *m*
original tar Urteer *m*
pine tar Holzteer *m*
rock tar Roherdöl *n*
wood tar Holzteer *m*
tarapacaite Tarapacait *m {Min}*
taraxacerin Taraxacerin *n*
taraxacin Taraxacin *n*, Löwenzahnbitter *n*
taraxacum Löwenzahn *m {Taraxacum officinale Web.}*; Löwenzahnwurzel *f {Bot, Pharm}*
taraxacum extract Löwenzahnextrakt *m {Pharm}*
taraxanthin <$C_{40}H_{56}O_4$> Taraxanthin *n*
taraxasterol <$C_{30}H_{50}O$> Anthesterol *n*, Taraxasterol *n {Triterpenalkohol}*
taraxerol <$C_{30}H_{50}O$> Skimmiol *n*, Taraxerol *n {Alkaloid}*
tarbuttite Tarbuttit *m {Min}*

tare/to tarieren
tare out/to austarieren
tare 1. Tara *f*, Leergewicht *n* *{Verpackung}*; 2. Eigenlast *f* *{Tech}*
tare balance Tarierwaage *f*; Apothekerwaage *f*
tare cup Tarierbecher *m*
tare shot Tarierschrot *m*
tare weight Taraga *f*, Verpackungsgewicht *n*, Leergewicht *n* *{Verpackung}*
target 1. Ziel *n*; 2. Zielscheibe *f*; Zielmarke *f*, Zielpunkt *m* *{z.B. bei Vermessungen}*; 3. Antikathode *f*, Anode *f*, Auftreffplatte *f* *{Röntgenröhre}*; Ionenkollektor *m*, Ionenauffänger *m*, Target *n* *{z.B. für ionisierende Strahlung}*; 4. Speicherplatte *f*, Speicherröhre *f*; 5. Testtafel *f*, Testobjekt *n* *{Opt}*; 6. Empfänger *m* *{Biochem}*
target area Aufprallfläche *f*
target atom Zielatom *n*
target bonding Targetbonden *n* *{gedruckte Schaltung}*
target current Targetstrom *m*
target organ Erfolgsorgan *n* *{Toxikologie}*
target quantity Zielgröße *f*
target theory Treffertheorie *f* *{Biol}*
targusic acid Lapachol *n*
tariff Tarif *m*, Gebühr *f* *{z.B. Zoll-, Steuer-, Frachttarif}*; Kostenordnung *f* *{amtliches Verzeichnis, z.B. von Preisen}*
tariff time switch Tarifschaltuhr *f*
taring Tarieren *n*
taring device Tariervorrichtung *f*
taring out Austarieren *n*
tariric acid <$CH_3(CH_2)_{10}C{\equiv}C(CH_2)_4COOH$> Taririnsäure *f*, Octadec-6-insäure *f*
tarnish/to anlaufen, blindwerden; mattieren *{Techn}*; sich beschlagen *{Glas}*; trüben *{Metalloberfläche}*
tarnish Anlaufen *n*, Blindwerden *n*; Trübung *f* *{Metalloberfläche}*; Beschlag *m* *{Glasfehler}*
tarnish proofness Anlaufbeständigkeit *f*
tarnishable mattierbar
tarnished angelaufen, blind; matt; beschlagen *{Glas}*; trüb
tarnishing 1. Anlaufen *n*, Blindwerden *n*, Glanzverlust *m*; 2. Mattbrennen *n*, Mattierung *f* *{Tech}*; 3. Beschlag *m* *{Glas}*
tarpaulin 1. Öl-; 2. Tarpaulin *n*, geteertes Leinwandgewebe *n*; 3. Persenning *f* *{wasserdichtes, schweres Segeltuch}*; Plane *f*, Abdeckplane *f*
tarpaulin material Planenstoff *m*
tarragon Estragon *m* *{Artemisia dracunculus L.}*
tarragon oil Estragonöl *n* *{etherisches Öl der Artemisia dracunculus L.}*
tarragon vinegar Estragonessig *m*
tarred geteert; Teer-
tarred board Teerpappe *f*, Dachpappe *f*
tarred oakum Teerwerg *n*
tarred tape Teerband *n*
tarring Teeren *n*, Einteeren *n*, Teerung *f*
tarry teerig, teerartig; geteert; Teer-
tarry oxidation products teerartige Oxidationsprodukte *npl*
tarry residue Teerrückstand *m*
tarry smelling nach Teer *m* riechend, brenzlich riechend
tarry soil teeriger Schmutz *m*
tart herb, streng, sauer, scharf *{Geschmack}*
tartar 1. Zahnstein *m*; 2. Weinstein *m*, Kaliumhydrogentartrat *n*
tartar content Weinsteingehalt *m*
tartar emetic <$K[C_4H_2O_6Sb(OH)_2]\cdot 0,5H_2O$> Brechweinstein *m*, Kaliumantimonyltartrat-0,5-Wasser *n*
cream of tartar Cremor Tartari *m* *{Pharm}*, Kaliumhydrogentartrat *n*, Kaliumbitartrat *n* *{obs}*
formation of tartar Weinsteinbildung *f*
oil of tartar gesättigte Kaliumcarbonatlösung *f*
salt of tartar <K_2CO_3> Kaliumcarbonat *n*
tartareous weinsteinartig
tartaric acid <$CO_2HCHOHCHOHCO_2H$> Weinsäure *f*, Dihydroxybernsteinsäure *f*, 2,3-Dihydroxybutandisäure *f* *{IUPAC}*
***d*-tartaric acid** *d*-Weinsäure *f*, rechtsdrehende Weinsäure *f*, Rechtsweinsäure *f*, *(2S, 3S)*-(+)-Weinsäure *f* *{IUPAC}*
***l*-tartaric acid** *l*-Weinsäure *f*, linksdrehende Weinsäure *f*, Linksweinsäure *f*, *(2R,3R)*-(-)-Weinsäure *f* *{IUPAC}*
tartaric racemic acid Traubensäure *f*, *(2RS, 3RS)*-Weinsäure *f* *{IUPAC}* *{Racemat der l- und d-Weinsäure}*
inactive tartaric acid *s.* tartaric racemic acid
levorotatory tartaric acid *s.* l-tartaric acid
racemic tartaric acid *s.* tartaric racemic acid
tartarize/to tartarisieren, mit Weinstein *m* behandeln
tartaroyl <$-CO(CHOH)_2CO-$> Tartaroyl-
tartness Säure *f*, Herbheit *f*, Strenge *f*, Schärfe *f* *{Geschmack}*
tartrate <$M'_2C_4H_4O_6$> Tartrat *n* *{Salze oder Ester der Weinsäure}*
tartrate dehydrase *{EC 4.2.1.32}* Tartratdehydrase *f*
tartrate dehydrogenase *{EC 1.1.1.93}* Tartratdehydrogenase *f*
***meso*-tartrate dehydrogenase** *{EC 1.3.1.7}* *meso*-Tartratdehydrogenase *f*
tartrate epimerase *{EC 5.1.2.5}* Tartratepimerase *f*
acid potassium tartrate *s.* potassium hydrogen tartrate
potassium bitartrate *s.* potassium hydrogen tartrate
potassium hydrogen tartrate <$KHC_4H_4O_6$>

Cremor Tartari *m*, Kaliumhydrogentartrat *n*, Kaliumbitartrat *n {obs}*
tartrazine $<C_{16}H_9N_4O_9S_2>$ Tartrazin *n*, Echtwollgelb *n*, Hydrazingelb O *n* , Echtlichtgelb *n*, Flavazin T *n*
tartronate-semialdehyde reductase *{EC 1.1.1.60}* Tartronatsemialdehydreduktase *f*
tartronate-semialdehyde synthase *{EC 4.1.1.47}* Tartronatsemialdehydcarboxylase *f*, Tartronatsemialdehydsynthase *f {IUB}*
tartronic acid $<COOHCHOHCOOH \cdot 0{,}5H_2O>$ Tartronsäure *f*, Hydroxymalonsäure *f*, Hydroxy propandisäure *f {IUPAC}*
tartronoyl $<\text{-}COCHOHCO\text{-}>$ Tartronyl-
tartronuric acid Tartronursäure *f*
tartronylurea Tartronylharnstoff *m*, 5-Hydroxybarbitursäure *f*
tasimeter elektrischer Druckschwankungsmesser *m*, Tasimeter *n*
task 1. Aufgabe *f*, Arbeitsaufgabe *f*, Task *n {in sich geschlossene Aufgabe}*; 2. Prozeß *m*, Rechenprozeß *m*, Programmabschnitt *m {EDV}*
tasmanite Tasmanit *m {Bernsteinharz}*
taste/to [ab]schmecken, probieren, auf Geschmack prüfen, kosten; schmecken, einen bestimmten Geschmack haben
taste rotten/to faul schmecken
taste 1. Geschmack *m {Lebensmittel}*; 2. Geschmack *m*, Geschmackssinn *m {Fähigkeit}*
taste cell Geschmackskörperchen *n*
taste improvement Geschmacksverbesserung *f {z.B. von Pharmazeutika}*
taste of the cask Faßgeschmack *m*
aromatic taste Würzgeschmack *m*
crude taste Rohgeschmack *m*
free from taste geschmackfrei
sense of taste Geschmack[s]sinn *m*, Geschmack *m {Fähigkeit}*
spicy taste Würzgeschmack *m*
with respect to taste geschmacklich
tasteless geschmacklos, geschmacksneutral, geschmackfrei, ohne Geschmack *m*
tastelessness Geschmacklosigkeit *f*
tasting Geschmacksprüfung *f*, Geschmacksanalyse *f*, sensorische Untersuchung *f {Lebensmittel}*
test by tasting/to abschmecken
tasty schmackhaft, wohlschmeckend *{Lebensmittel}*; süffig *{Getränk}*
taurine $<H_2NCH_2CH_2SO_3H>$ Taurin *n*, 2-Aminoethan-1-sulfonsäure *f {Biochem}*
taurine aminotransferase *{EC 2.6.1.55}* Taurinaminotransferase *f*
taurine dehydrogenase *{EC 1.4.99.2}* Taurindehydrogenase *f*
taurocholate Taurocholat *n*
taurocholeic acid Taurocholeinsäure *f*
taurocholic acid $<C_{26}H_{45}NSO_7>$ Cholyltaurin *n*, Taurocholsäure *f {Biochem}*
salt of taurocholic acid Taurocholat *n*
taurocyamine Taurocyamin *n*
taurocyamine kinase *{EC 2.7.3.4}* Taurocyaminkinase *f*
taurolithocholic acid Taurolithocholsäure *f*
tauryl $<H_2NCH_2CH_2SO_2\text{-}>$ Tauryl-
taurylic acid Taurylsäure *f*
taut straff, stramm, gespannt; Spann-
tautness Straffheit *f*, Gespanntheit *f*
tautocyanate *s.* isocyante
tautomeric tautomer
tautomeric derivative Tautomer[es] *n*
tautomeric equilibrium Tautomerengleichgewicht *n*, Tautomeriegleichgewicht *n*
tautomeric form tautomere Form *f {Valenz}*
tautomerism Tautomerie *f*
tautomerization Tautomerisierung *f*
tautomerization constant Tautomeriekonstante *f*, Tautomerenkonstante *f*
taw/to weißgerben, alaungerben
tawed alaungar, weißgegerbt
tawer Alaungerber *m*, Weißgerber *m*
tawery Alaungerberei *f*, Weißgerberei *f*
tawing Weißgerberei *f*, Weißgerbung *f*, Alaungerbung *f*
tawing tank Weißgerbküpe *f*
tawny gelbbraun, lederbraun, lohbraun, lohfarben
taxicatigenin Taxicatigenin *n*
taxicatin $<C_{13}H_{22}O_7 \cdot 2H_2O>$ Taxicatin *n*
taxine $<C_{37}H_{49}NO_{10}>$ Taxin *n*
taxis Taxis *f*, Taxie *f {z.B. Chemo-, Phototaxis; Biol}*
Taylor's series Taylorsche Reihe *f*, Taylor-Reihe *f {Math}*
TBP *s.* tributyl phosphate
TCA *s.* trichloroacetic acid
TCA cycle *s.* Krebs cycle
tcp *{topologically closed-packed}* topologisch dichtest gepackt *{Krist}*
TCP *{tricresyl phosphate}* Tricresylphosphat *n*
T.D.H. *{total delivery head}* Gesamtförderhöhe *f*
tea Tee *m*; Brühe *f*
Brazil tea Maté-Tee *m*
diuretic tea harntreibender Tee *m {Pharm}*
infusion of tea Teeaufguß *m*
teach/to lehren, unterrichten, unterweisen; beibringen
teaching assignment Lehrauftrag *m*
teak 1. Teakbaum *m {Tecona grandis L.}*; 2. Teak *n*, Teakholz *n*
teak wood Teakholz *n*, Teak *n {Tecona grandis L.}*
teallite $<PbSnS_2>$ Teallit *m {Min}*
tear/to [zer]reißen

tear asunder/to durchreißen, auseinanderreißen
tear down/to einreißen, niederreißen
tear loose/to losreißen
tear off/to abreißen
tear open/to aufreißen
tear out/to ausreißen
tear 1. Riß *m {Text}*; Kleberriß *m*, abgerissene Klebstelle *f {Glasfehler}*; 2. Reißen *n*, Zerreißen *n*; Einreißen *n*; 3. Abriß *m {z.B. von Diagrammstreifen}*; 4. Träne *f*, Lacktropfen *m {Tauchlackierung}*
tear gas Tränengas *n*, Reizgas *n*
tear-gas bomb Tränengasbombe *f*
tear-gas generator Tränengasgenerator *m*
tear-growth test Weiterreißversuch *m {DIN 53329}*
tear-initiation force Anreißkraft *f*
tear limit Zerreißgrenze *f*
tear-off cap Abreißkapsel *f*
tear-off package Abreißverpackung *f*
tear-off perforation Abreißperforation *f*
tear-proof zerreißfest
tear propagation Weiterreißen *n*
tear-propagation force Weiterreißkraft *f*
tear-propagation resistance Weiterreißfestigkeit *f*, Weiterreißwiderstand *m*
tear-propagation test Weiterreißversuch *m*, Weiterreißprüfung *f*
tear resistance 1. Reißfestigkeit *f*, Zerreißfestigkeit *f*, Zerreißwiderstand *m*, Einreißfestigkeit *f*, Ausreißfestigkeit *f*; 2. Weiterreißfestigkeit *f*, Weiterreißwiderstand *m*
tear-resistance test 1. Reißversuch *m*, Einreißversuch *m*, Zerreißprobe *f*; 2. Weiterreißversuch *m*
tear-resistant zerreißfest
tear-shaped tropfenförmig
tear speed Zerreißgeschwindigkeit *f*; Bruchgeschwindigkeit *f*
tear strength 1. Zerreißfestigkeit *f*, Zerreißwiderstand *m*, Reißfestigkeit *f*, Einreißfestigkeit *f*, Ausreißfestigkeit *f*; 2. Weiterreißfestigkeit *f*, Weiterreißwiderstand *m*
tear strip Aufreißstreifen *m {Verpackung}*
tear-strip can Reißbanddose *f*
tear tab Abreißlasche *f*
tear test 1. Reißversuch *m*, Einreißprobe *f*, Zerreißprobe *f*; 2. Weiterreißversuch *m {Polymer, DIN 53363}*
tear-testing apparatus Einreißfestigkeitsprüfer *m {Pap}*
tearing 1. Reißen *n*, Zerreißen *n*; Einreißen *n*; 3. Abriß *m*, Abreißen *n {z.B. von Diagrammstreifen}*
tearing foil Reißfolie *f*
tearing limit Zerreißgrenze *f*
tearing oil Reißöl *n {Text}*
tearing strength Reißfestigkeit *f*, Einreißfestigkeit *f*, Zerreißfestigkeit *f*
tearing-strength test Reißfestigkeitsprobe *f*
tearing test 1. Reißprobe *f*, Einreißprobe *f*, Zerreißversuch *m*; 2. Weiterreißversuch *m*, Weiterreißprüfung *f*
tease/to 1. [auf]rauhen, fasern *{Text}*; 2. reizen, quälen
teasel Naturkarde *f*, Weberkarde *f*, Kardendistel *f {Dipsacus sativus (L.) Honck.}*
teaspoonful Teelöffelmenge *f {US: 4,93 cm^3; GB: 4,74 cm^3}*
teat pipet[te] Mikropipette *f*, Nadelpipette *f*
tebezon Thiacetazon *n*
technetium *{Tc, element no. 43}* Technetium *n*, Technecium *n {obs}*, Masurium *n {obs}*, Nipponium *n {obs}*
technical 1. technisch; verfahrenstechnisch; 2. fachlich; Fach-
technical advantages verfahrenstechnische Vorteile *mpl*
technical adviser Fachberater *m*
technical analysis technische Analyse *f*
technical anhydrite technisches Anhydrit *m {$CaSO_4$, $CaSO_3$}*
technical anilin technisches Anilin *n*, Anilinöl *n*
technical application technische Verwendung *f*, technische Anwendung *f*
technical assistance verfahrenstechnische Hilfestellung *f*
technical atomosphere technische Atmosphäre *f {obs, 1 at = 98066,5 Pa}*
technical benzene technisches Benzol *n*, Handelsbenzol *n*
technical benzol *s.* technical benzene
technical cellulose acetate technisches Celluloseacetat *n*
technical chemistry technische Chemie *f*, industrielle Chemie *f*, chemische Technik *f*, Industriechemie *f*, Chemietechnik *f*
technical cleanser technisches Reinigungsmittel *n*
technical codes technische Vorschriften *fpl*
technical college Fachschule *f*
technical conditions technische Gegebenheiten *fpl*
technical conditions of supply technische Lieferbedingungen *fpl*
technical considerations verfahrenstechnische Überlegungen *fpl*
technical course Fachlehrgang *m*
technical demands verfahrenstechnische Forderungen *fpl*
technical design technische Projektierung *f*, verfahrenstechnische Auslegung *f*
technical designer Konstrukteur *m*

technical development[s] verfahrenstechnische Entwicklung *f*, technische Entwicklung *f*
technical dictionary Fachwörterbuch *n*
technical education Fachausbildung *f*
technical engineering Ingenieurtechnik *f*
technical expression Fachausdruck *m*
technical features verfahrenstechnische Merkmale *npl*
technical grade technische Qualität *f*, Massenproduktgüte *f*
technical high school Polytechnikum *n*
technical journal Fachzeitschrift *f*
technical layout verfahrenstechnische Auslegung *f*, verfahrenstechnischer Aufbau *m*, verfahrenstechnische Anordnung *f*
technical limitations verfahrenstechnische Grenzen *fpl*, verfahrenstechnische Nachteile *mpl*
technical literature Fachliteratur *f*
technical manual Gerätebeschreibung *f*, Bedienungsanleitung *f*
technical measures verfahrenstechnische Maßnahmen *fpl*
technical mo[u]lding technisches Urformteil *n*, Urformteil *n* für technische Zwecke
technical paper 1. Fachbeitrag *m*, Fachvortrag *m*, Fachaufsatz *m*; 2. Sonderpapier *n*, technisches Papier *n*
technical problems verfahrenstechnische Schwierigkeiten *fpl*
technical property technologische Eigenschaft *f*
technical purpose technische Verwendung *f*, technische Anwendung *f*
Technical regulations for combustible liquids Technische Regeln *fpl* für brennbare Flüssigkeiten, TRbF *{Deutschland}*
technical rules technische Vorschriften *fpl*
technical school Technikum *n*; Gewerbeschule *f*, technische Fachschule *f*
technical science Technik *f*
technical specifications technische Lieferbedingungen *fpl*
technical studies Fachstudium *n*
technical support technische Infrastruktur *f*
technical system of measures technisches Maßsystem *n*
technical term Fachausdruck *m*, Fachbenennung *f*, Fachbezeichnung *f*, Terminus technicus *{Lat}*
technical terminology Fachsprache *f*, Fachwortschatz *m*, Fachterminologie *f*
technical terms Fachsprache *f*
technical viability technische Entwicklungsmöglichkeit *f*
technical white oil technisches Weißöl *n*, Weißöl *n* für technische Zwecke
technical worker Facharbeiter *m*
technically 1. technisch; verfahrenstechnisch; 2. fachlich; Fach-
technically feasible verfahrenstechnisch machbar
technically important verfahrenstechnisch wesentlich
technically important parameters verfahrenstechnisch relevante Parameter *mpl*
technically impossible verfahrenstechnisch nicht möglich
technically interesting verfahrenstechnisch interessant
technically pure technisch rein
technically simple verfahrenstechnisch einfach
technician Techniker *m*
technicolo[u]r Technicolo[u]r *f*, Technifarbe *f* *{Nukl}*
technicolo[u]r process Technicolo[u]rverfahren *n* *{Photo}*
technique Technik *f* *{Verfahrenstechnik}*, Methode *f*, Verfahren *n*
technochemical technisch-chemisch
technologic[al] technisch, technologisch
technology Technologie *f*, Technik *f*
technology of materials Werkstofftechnik *f*
Teclu burner Teclu-Brenner *m* *{Lab}*
tecomin <$C_{15}H_{14}O_3$> Tecomin *n*, Lapachol *n*
tectonic tektonisch *{Geol}*
tectonic movement Gebirgsbewegung *f*
tectonics Tektonik *f* *{Baukonstruktionslehre, Geol}*
tectoquinone <$C_{15}H_{10}O_2$> 2-Methylanthrachinon *n*, Tectochinon *n*
tedge Speisetrichter *m*
tedious langwierig, zeitraubend
tee 1. T-Stück *n* *{Tech}*; 2. T-Stahl *m* *{Met}*
tee-fitting T-Verbindungsstutzen *m*, T-Stück *n* *{Fitting}*
tee-iron *s.* tee 2.
tee-piece T-Verbindungsstutzen *m*, T-Stück *n* *{ein Fitting}*
tee-square Reißschiene *f*, Handreißschiene *f*
teel oil Sesamöl *n*
teeming Abguß *m* *{Stahlblockguß}*
teeming nozzle Ausflußöffnung *f*
teeter/to schaukeln, schwanken
teething troubles 1. Kinderkrankheiten *fpl* *{Med}*; 2. Schwierigkeiten *fpl* beim Zahnen *{Med}*; 3. Anfangsschwierigkeiten *fpl*, Anlaufschwierigkeiten *fpl*
tefalisation Teflonisierung *f*, Tefalisierung *f*, Überzugsherstellung *f* mittels Fluorcarbonen
Teflon *{TM}* Teflon *n* *{Polytetrafluorethylen}*
Teflon-coating Teflonisierung *f*, Tefalisierung *f*, Überzugsherstellung *f* mittels Fluorcarbonen
Teichmann's crystals Teichmannsche Häminkristalle *mpl*

teichoic acid Teichonsäure *f {Biochem, Ribit-/ Glycerinphosphat-Glucosepolymer}*
teichoic acid synthase *{EC 2.4.1.55}* Teichonsäuresynthase *f*
telechelic polymer telecheles Polymer[es] *n {mit genau definierten endständigen Funktionalitäten}*
telecommunication 1. Telekommunikation *f*; 2. Nachrichtentechnik *f*, Kommunikationstechnik *f*, Fernmeldetechnik *f*, Schwachstromtechnik *f*; Fernmeldeverkehr *m*
telecontrol Fernsteuerung *f*, Fernbedienung *f*, Fernregelung *f*; Fernwirken *n*
telecounter Fernzählwerk *n*
telemeter 1. Entfernungsmesser *m*, Telemeter *n {Vermessungen}*; 2. Fernmeßgerät *n*, Fernmeßeinrichtung *f {Elek}*
telemetering 1. Fernmessen *n*; 2. Fernmeßtechnik *f*, Telemetrie *f*
telemonitoring 1. Fernüberwachung *f*; 2. Fernsehüberwachung *f*
telemotor Telemotor *m*
telepathine <$C_{13}H_{12}N_2O$> Telepathin *n*, Harmin *n*, Banisterin *n*, Leukoharmin *n*
telephone 1. telefonisch, fernmündlich; Fernsprech-; 2. Telefon *n*, Fernsprecher *m*
telephone and telegraph engineering Fernmeldetechnik *f*
telephone intercom system Wechselsprechanlage *f*
telephotography Fernphotographie *f*, Telephotographie *f*
telephotometry Telephotometrie *f*
teleprinter Fernschreiber *m*, Ferndrucker *m*
telerun fernbetrieben
telescope/to ineinanderschieben, zusammenschieben, ausfahren *{z.B. einen Ausleger}*
telescope Teleskop *n*, Fernrohr *n {Opt}*; Zählrohrteleskop *n*, Teleskop *n {Nukl}*
telescope carriage Teleskopwagen *m*
telescoped ineinandergeschachtelt
telescopic teleskopisch, ausziehbar, zusammenlegbar, zusammenschiebbar, ineinanderschiebbar; Teleskop-
telescopic flow laminares Fließen *n {Plastschmelze}*
telescopic tube Ausziehröhre *f*, Ausziehrohr *n*
telescoping 1. ineinandergreifend; 2. Telescoping *n {Geol, Bergbau}*
telethermometer Fernthermometer *n*
teletransmitter Ferngeber *m*
teletype *{US}* Fernschreiber *m*, Fernschreibmaschine *f*
television 1. Fernseh-; 2. Fernsehen *n*
television set Fernsehapparat *m*, Fernseher *m*, Fernseh[rundfunk]empfänger *m*; Fernsehgerät *n*
television tube Bildröhre *f*, Fernsehröhre *f*, Bildschirm *m*

telfairic acid Telfairiasäure *f {obs}*, Linolsäure *f*, *cis,cis*-Octadeca-9,12-diensäure *f {IUPAC}*
telltale Anzeiger *m*, Anzeigeinstrument *n*, Anzeigegerät *n*, anzeigendes Meßinstrument *n*
telltale lamp Kontrollampe *f*, Meldeleuchte *f*, Anzeigeleuchte *f*
telltale light *s.* telltale lamp
tellurate Tellurat *n {M'_2TeO_3, M'_6TeO_6 oder M'_2TeO_4}*
tellurhydrate Hydrotellurid *n*
telluretted hydrogen <H_2Te> Hydrogentellurid *n {IUPAC}*, Tellurwasserstoff *m*
telluric Tellur-, Tellur(VI)-
telluric acid <H_6TeO_6> Tellursäure *f*, Orthotellursäure *f*, Hexoxotellursäure *f*
telluric acid hydrate Tellursäurehydrat *n*
telluric anhydride <TeO_3> Tellurtrioxid *n*, Tellur(VI)-oxid *n*
telluric bismuth <Bi_2Te_3> Tellurobismutit *m*, Tetradymit *m {Min}*
telluric bromide <$TeBr_4$> Tellurtetrabromid *n*, Tellur(IV)-bromid *n*
telluric chloride <$TeCl_4$> Tellurtetrachlorid *n*, Tellur(IV)-chlorid *n*
telluric compound Tellur(VI)-Verbindung *f*
telluric lead *s.* nagyaite
telluric lines Fraunhofersche Linien *fpl {Spek}*
telluric ocher *s.* tellurite
salt of telluric acid <M'_6TeO_6; M'_2TeO_4> Tellurat *n*
telluride 1. <M'_2Te> Tellurid *n*; 2. <R_2Te> Alkyltellurid *n*; 3. Weissit *m*
telluriferous tellurführend, tellurhaltig
tellurite 1. <M'_2TeO_3> Tellurit *m*, Tellurat(IV) *n*; 2. <TeO_2> Tellurit *m*, Tellurocker *m {Min}*
tellurium *{Te, element no. 52}* Tellur *n*, Tellurium *n*
tellurium bromide Tellurbromid *n {$TeBr_2$, $TeBr_4$}*
tellurium content Tellurgehalt *m*
tellurium chloride Tellurchlorid *n {$TeCl_2$, $TeCl_4$}*
tellurium dibromide <$TeBr_2$> Tellurdibromid *n*, Tellur(II)-bromid *n*
tellurium dichloride <$TeCl_2$> Tellurdichlorid *n*, Tellur(II)-chlorid *n*
tellurium dioxide <TeO_2> Tellurdioxid *n*, Tellur(IV)-oxid *n*
tellurium disulfide <TeS_2> Tellurdisulfid *n*, Tellur(IV)-sulfid *n*
tellurium glance Nagyagit *m*, Blättererz *n*, Tellurglanz *m {Min}*
tellurium hexafluoride <TeF_6> Tellurhexafluorid *n*, Tellur(VI)-fluorid *n*
tellurium iodide <TeI_2> Tellurdiiodid *n*, Tellur(II)-iodid *n*
tellurium lead Tellurblei *n {0,05 % Te}*

tellurium monoxide Tellurmonoxid *n*, Tellur(II)-oxid *n*
tellurium ore Tellurerz *n* *{Min}*
tellurium salt Tellursalz *n*
tellurium tetrabromide <$TeBr_4$> Tellurtetrabromid *n*, Tellur(IV)-bromid *n*
tellurium tetrachloride <$TeCl_4$> Tellurtetrachlorid *n*, Tellur(IV)-chlorid *n*
tellurium tetrafluoride <TeF_4> Tellurtetrafluorid *n*, Tellur(IV)-fluorid *n*
tellurium tetraiodide <TeI_4> Tellurtetraiodid *n*, Tellur(IV)-iodid *n*
tellurium trioxide <TeO_3> Tellurtrioxid *n*, Tellur(VI)-oxid *n*
tellurocyanic acid <HTeCN> Tellurcyansäure *f*
telluronic acid <$RTeO_3H$> Telluronsäure *f*
tellurous tellurig; Tellur-, Tellur(IV)-
telluronium <H_3Te^+> Telluronium-
tellurous acid <H_2TeO_3> tellurige Säure *f*
tellurous acid anhydride <TeO_2> Tellurdioxid *n*, Tellur(IV)-oxid *n*
tellurous bromide *s.* tellurium dibromide
tellurous chloride *s.* tellurium dichloride
tellurous compound Tellur(IV)-Verbindung *f*
salt of tellurous acid <M'_2TeO_3> Tellurit *n*, Tellurat(IV) *n*
tellurphenol <C_6H_5TeH> Tellurphenol *n*
telomer Telomer[es] *n*, Telomerisat *n* *{niedermolekulares Polymer[es] mit definierten Endgruppen}*
telomeric telomer
telomerization Telomerisation *f* *{Polymer}*
telomerize/to telomerisieren
telomery Telomerie *f*
telosyndetic telosyndetisch
temiscamite Temiskamit *m* *{obs}*, Maucharit *m* *{Min}*
TEM Triethylmelamin *n*
temper/to 1. mäßigen, mildern, temperieren; 2. anmachen, mischen; verdünnen; 3. vergüten *{Tech}*; tempern *{Kunst}*; anlassen, aushärten *{Met}*; abschrecken, härten, verspannen *{Glas}*
temper Härte *f*, Härtegrad *m* *{Met}*; nomineller Kohlenstoffgehalt *m* *{Stahl}*; Zinnlegierungszusatz *m*
temper carbon Härtungskohle *f*, Temperkohle *f* *{DIN 1692}*
temper colo[u]r Anlaßfarbe *f*, Anlauffarbe *f*, Glühfarbe *f*
temper embrittlement Anlaßsprödigkeit *f* *{300-600 °C bei Stahl}*
temper etching Anlaßätzung *f*
temper hardening Anlaßhärtung *f*, Aushärtung *f* bei erhöhter Temperatur, Vergütung *f* bei erhöhter Temperatur *{Met}*
temper jacket Temperiermantel *m*
temper of steel Härte *f* des Stahls, Kohlenstoffgehalt *m* des Stahls
degree of temper Härtegrad *m*
temperable härtbar
temperate gemäßigt; mäßig, beherrscht
temperature Temperatur *f*
temperature adjustment 1. Temperatureinstellung *f*, Temperaturvorwahl *f*; 2. Temperaturausgleich *m*, Temperaturangleichung *f*
temperature alarm device Temperaturalarmvorrichtung *f*
temperature balance Temperaturausgleich *m*, Temperaturgleichgewicht *n*
temperature build-up 1. Temperatureinschwingen *n*; 2. Temperaturentwicklung *f*, Wärmeentwicklung *f* *{bei dynamischer Beanspruchung, Gummi}*
temperature bulb Wärmefühler *m*
temperature cabinet Temperierkammer *f*
temperature change Temperaturänderung *f*
temperature characteristic Temperaturverlauf *m*, Temperaturkurve *f*, Temperaturcharkteristik *f*
temperature coefficient Temperaturkoeffizient *m*, Temperaturbeiwert *m*
temperature coefficient of viscosity Temperaturkoeffizient *m* der Viskosität
temperature colo[u]r scale Farbtemperaturskale *f* *{Opt}*
temperature compensating device Temperaturausgleicher *m*
temperature compensation Temperaturausgleich *m* *{Elek}*
temperature conductivity Wärmeleitfähigkeit *f*
temperature control 1. Temperaturregelung *f*, Temperaturkontrolle *f*, Temperaturüberwachung *f*, Temperaturregulierung *f*; 2. Temperaturregler *m*, Temperaturwächter *m*
temperature control circuit Temperaturregelkreis *m*, Temperierkreis[lauf] *m*
temperature control instrument Temperaturregler *m*, Temperaturregelgerät *n*
temperature control label Temperaturkontrolletikett *n* *{Pharm}*
temperature control medium Temperiermittel *n*, Temperierflüssigkeit *f*, Temperiermedium *n*
temperature control system Temperaturregelsystem *n*, Temperiersystem *n*, Temperaturregelkreis *m*; Temperatursteuerung *f*
temperature control unit Temperatursteuereinheit *f*, Temperaturkontrolleinheit *f*, Temperaturüberwachung *f*, Temperiergerät *n*
temperature-controlled cell holder temperierbarer Küvettenhalter *m*
temperature controller Temperaturregler *m*, Temperaturwächter *m*, Thermowächter *m*, Temperaturregelgerät *n*
temperature correction Temperaturkorrektur *f*
temperature cycling Temperaturwechsel *m*

temperature cycling stress[es] Temperaturwechselbeanspruchung *f*
temperature decrease Temperaturabnahme *f*, Temperaturabfall *m*, Temperaturabsenkung *f*
temperature dependence Temperaturabhängigkeit *f*
temperature-dependent temperaturabhängig
temperature difference Temperaturdifferenz *f*, Temperaturunterschied *m*
temperature differential *s.* temperature difference
temperature diffusivity Temperaturleitzahl *f* *{in m^2/s}*
temperature display Temperaturanzeige *f*
temperature distortion Temperaturschräglage *f*, Temperaturungleichgewicht *n*
temperature distribution Temperaturverteilung *f*
temperature drop Temperaturabfall *m*, Temperaturabnahme *f*, Temperaturrückgang *m*, Temperatursturz *m*
temperature effect Temperatureinfluß *m*, Temperaturbeeinflussung *f*, Temperatureffekt *m*
temperature-entropy chart Temperatur-Entropie-Diagramm *n*, Wärmediagramm *n*, Ts-Diagramm *n*
temperature equilibrium Temperaturgleichgewicht *n*
temperature fluctuations Temperaturschwankungen *fpl*
temperature fuse thermische Sicherung *f*
temperature ga[u]ge Temperaturmeßgerät *n*
temperature gradient Temperaturgradient *m*, Temperaturgefälle *n*
temperature imbalance Temperaturschräglage *f*, Temperaturungleichgewicht *n*
temperature increase Temperaturerhöhung *f*, Temperaturzunahme *f*, Temperaturanstieg *m*
temperature-independent temperaturunabhängig
temperature-independent paramagnetism temperaturunabhängiger Paramagnetismus *m*
temperature-indicating crayon Temperaturfarbstift *m*, Wärmemeßfarbstift *m*, Temperaturmeßfarbstift *m*, Temperaturcolorstift *m*
temperature-indicating paint Temperaturmeßfarbe *f*, temperaturanzeigende Anstrichfarbe *f* *{Farb}*; Anlauffarbe *f* *{Met}*
temperature indicator Temperaturanzeigegerät *n*, Temperaturanzeiger *m*
temperature influence Temperaturbeeinflussung *f*
temperature interval Temperaturintervall *n*
temperature ionization Wärmeionisation *f*
temperature jump Temperatursprung *m*
temperature level Temperaturniveau *n*
temperature limit Temperaturgrenze *f*, Temperaturgrenzwert *m*
temperature measurement Temperaturerfassung *f*, Temperaturmessung *f*
temperature measuring Temperaturmessung *f*
temperature measuring device Temperaturmeßgerät *n*, Temperaturmeßvorrichtung *f*
temperature measuring instrument Temperaturmeßinstrument *n*
temperature measuring point Temperaturmeßstelle *f*
temperature measuring station Temperaturmeßstelle *f*
temperature monitor Temperaturüberwachung *f* *{Gerät}*, Temperaturwächter *m*
temperature of cure Vulkanisationstemperatur *f*, Heiztemperatur *f* *{Gummi}*
temperature of evolution of flammable gases *{ISO 871}* Zersetzungstemperatur *f* *{Kunst}*
temperature of explosion Explosionstemperatur *f*
temperature of operation Betriebstemperatur *f*, Arbeitstemperatur *f*
temperature of vulcanizing Vulkanisationstemperatur *f*
temperature-operated controller Temperaturwächter *m* *{Instr}*
temperature peak Temperaturspitze *f*
temperature performance Temperaturverhalten *n*
temperature-pressure coefficient Spannungskoeffizient *m* *{Thermo}*
temperature probe Temperaturfühler *m*, Temperatursonde *f*; Thermodraht *m*
temperature profile Temperaturverlauf *m*, Temperaturprofil *n*, Temperaturverteilung *f*
temperature program Temperaturprogramm *n*
temperature range Temperaturbereich *m*, Temperaturintervall *m*, Temperaturspanne *f* *{Phys}*
temperature rating Temperaturnennwert *m*, Nenntemperatur *f*
temperature recorder Registrierthermometer *n*, Temperaturschreiber *m*, Thermograph *m*, Temperaturregistrierapparat *m*
temperature reduction Temperatursenkung *f*
temperature registration device *s.* temperature recorder
temperature-regulating device Temperaturregler *m*
temperature-regulating system Temperaturregelsystem *n*, Temperiersystem *n*, Temperaturregelkreis *m*
temperature regulator Temperaturregler *m* *{Instr}*
temperature relais Thermorelais *n*
temperature resistance Temperaturbeständigkeit *f*
temperature ripple Temperaturwelligkeit *f* *{Krist}*

temperature rise Temperaturanstieg *m*, Temperatursteigerung *f*
temperature scale Temperaturskale *f*
temperature sensing strip Temperaturmeßstreifen *m*
temperature-sensitive temperaturempfindlich
temperature-sensitive element Temperaturfühler *m*, Temperaturmeßfühler *m*, temperaturempfindliches Element (Glied) *n*
temperature sensor Temperatur[meß]fühler *m*, Thermoelement[fühler] *m*, Temperatursensor *m*, Temperatur[meß]geber *m*, Thermoelement *n*
temperature sequence Temperaturverlauf *m*
temperature setting [mechanism] Temperatureinstellung *f*
temperature stability Temperaturbeständigkeit *f*, Hitzebeständigkeit *f*, Temperaturunempfindlichkeit *f*, Temperaturfestigkeit *f*
temperature strength *s.* temperature stability
temperature switch Temperaturschalter *m* *{DIN 24271}*
temperature tapping point Temperaturmeßstelle *f*
temperature testing equipment Temperaturprüfanlage *f*
temperature time Abbindezeit *f* während Temperatureinwirkung, Härtezeit *f* während Temperatureinwirkung *{Klebstoff}*
temperature-time cycle Temperatur-Zeit-Verlauf *m*
temperature-time limit Temperatureinwirkunszeitgrenze *f*
temperature tolerance range Temperaturtoleranzfeld *n*
temperature tracer Temperaturfühler *m*
temperature transducer Meßwandler *m* für Temperaturen
temperature traverse [measurement] Temperaturnetzmessung *f*
temperature uniformity Temperaturhomogenität *f*, Temperaturgleichmäßigkeit *f*, thermische Homogenität *f*
temperature variation Temperaturänderung *f*, Temperaturschwankung *f*
absolute temperature absolute Temperatur *f*, thermodynamische Temperatur *f* *{in K}*
ambient temperature Umgebungstemperatur *f*
average temperature mittlere Temperatur *f*
change of temperature Temperaturänderung *f*
characteristic temperature Eigentemperatur *f*
constancy of temperature Temperaturkonstanz *f*
critical temperature kritische Temperatur *f*
normal temperature 1. Raumtemperatur *f*; 2. Bezugstemperatur *f*, Standardtemperatur *f* *{0 °C}*; 3. Wasserstoffthermometer-Temperatur *f*
resistant to high temperatures hochtemperaturbeständig
room temperature Raumtemperatur *f* *{US: 20 °C; GB: 15,5 °C}*
standard temperature Bezugstemperatur *f* *{0 °C}*
thermodynamic temperature thermodynamische Temperatur *f*, absolute Temperatur *f* *{in K}*
transition temperature Übergangstemperatur *f*, Umwandlungstemperatur *f*
tempered hardboard Extrahartplatte *f* *{DIN 68753}*
tempered safety glass Sicherheitsglas *n*, Einschichtsicherheitsglas *n*
tempered steel *{BS 2803}* vergüteter Stahl *m*
tempering 1. Vergütung *f*, Vergüten *n* *{Tech}*; 2. Anlassen *n* *{Met}*; 3. Temperung *f*, Tempern *n* *{Kunst}*; 4. Wärmebehandeln *n*, Tempern *n* *{Met, Keramik}*; 5. Vorspannen *n*, Abschrecken *n*, Härten *n* *{Glas}*; 6. Milderung *f*, Zusatz *m* *{Text}*; 7. Anmachen *n*, Mischen *n* *{z.B. Mörtelmischen, Tonkneten}*
tempering agent Härtemittel *n*, Tempermittel *n* *{Kunst}*
tempering bath Anlaßbad *n*, Härtebad *n* *{Met}*
tempering brittleness Blaubrüchigkeit *f* *{Met}*
tempering colo[u]r Anlaßfarbe *f* *{Met}*
tempering container Temperierbehälter *m*
tempering flame furnace Härteflammofen *m*
tempering furnace Härteofen *m*, Adoucierofen *m*, Anlaßofen *m*
tempering hardness Anlaßhärte *f*
tempering liquid Ablöschflüssigkeit *f*, Härteflüssigkeit *f*
tempering mo[u]ld Temperform *f*
tempering oil Anlaßöl *n* *{Met}*
tempering oven langsamer Kühlofen *m* *{Glas}*
tempering pan Anmachgefäß *n* *{Keramik}*
tempering powder Härtepulver *n*
tempering quality Vergütbarkeit *f*
tempering salt Anlaßsalz *n*
tempering steel Vergütungsstahl *m*
tempering stove Härteofen *m*
tempering temperature Anlauftemperatur *f*, Nachglühtemperatur *f*, Anlaßtemperatur *f*
tempering water 1. Löschwasser *n* *{Met}*; 2. Anmachwasser *n*, Maukwasser *n* *{Keramik}*
template 1. Matrize *f* *{Biochem}*; 2. Templat *n*, reaktionsdirigierende Matrix *f* *{Chem}*; 3. Schablone *f*, Zeichenschablone *f* *{Tech}*; 4. Nachformschablone *f*, Formbrett *n* *{Keramik}*; Leitlineal *n* *{Tech}*
template pipe Paßrohr *n*
template reaction Matrizenreaktion *f*
templet *s.* template
tempo Tempo *n*, Geschwindigkeit *f*
temporal zeitlich; Temporal-
temporal distribution zeitliche Verteilung *f*

temporary kurzzeitig, zeitweilig, vorübergehend, vorläufig, temporär; provisorisch, behelfsmäßig
temporary binding agent flüchtiges Bindemittel *n*
temporary cement Zahnzement *m {Dent}*
temporary filling material provisorisches Verschlußmittel *n {Dent}*
temporary hardness vorübergehende Härte *f*, schwindende Härte *f*, temporäre Härte *f*, Carbonathärte *f {Wasser}*
temporary ions vorübergehend auftretendes Ion *n*
temporary joint lösbare Verbindung *f*
temporary pressure loss kurzzeitiger Druckverlust *m*
temporary regulations Übergangsbestimmungen *fpl*
temporary storage 1. kurzzeitige Lagerung *f*, zeitweilige Lagerung *f*, Zwischenlagerung *f* *{Tech}*; 2. Zwischenspeicher *m {EDV}*
ten percent point Zehnprozentpunkt *m*
tenacious zugfest *{Phys}*; festhaltend, festhaftend; zäh; bindig, kohäsiv, schwer *{Boden}*
tenacity 1. Zähigkeit *f*; 2. Zugfestigkeit *f*, Reißfestigkeit *f*, Zähfestigkeit *f {Materialeigenschaft}*; 3. Klebrigkeit *f*; 4. Bindigkeit *f {Boden}*
tendency Neigung *f*, Tendenz *f*; Richtung *f*
tendency for rusting Rostanfälligkeit *f*, Rostneigung *f {Korr}*
tendency to ageing Alterungsneigung *f* *{DIN 8528}*
tendency to become worn Verschleißneigung *f*
tendency to block Blockneigung *f*
tendency to brittle fracture Sprödbruchneigung *f {DIN 8528}*
tendency to char Verkohlungsneigung *f*
tendency to corner cracking Kantenrissigkeit *f {Met}*
tendency to crack Rißbildungsneigung *f*
tendency to creep Kriechneigung *f*
tendency to crystallize Kristallisationsneigung *f*, Kristallisationstendenz *f*
tendency to discolo[u]r Verfärbungsneigung *f*
tendency to form lumps Verklumpungsneigung *f*
tendency to gel Gelierneigung *f*
tendency to hardening Härteneigung *f* *{DIN 8528}*
tendency to hot cracking Warmrißneigung *f* *{DIN 8528}*
tendency to run Ablaufneigung *f {Anstrichmittel}*
tendency to settle [out] Sedimentationsneigung *f*, Absetzneigung *f*
tendency to shrink Schrumpfneigung *f*
tendency to split Spleißneigung *f*
tendency to stick Klebneigung *f*
tendency to warp Verzugsneigung *f*
tender 1. schwach, empfindlich, zart, weich, zerbrechlich; mürbe, zart *{Fleisch}*; rank *{von geringer Stabilität}*; 2. Angebot *n {z.B. Kosten-, Lieferungsangebot}*; Ausschreibung *f*; 3. Versorgungsponton *m {Erdölförderung}*; 4. Tender *m* *{Schiff, Bahn}*
tendon 1. Sehne *f {Med}*; 2. Spannglied *n {Tech}*
teniafuge Bandwurmmittel *n {Pharm}*
tennantite Arsen-Fahlerz *n*, Graukupfererz *n* *{obs}*, Tennantit *m {Min}*
tenorite Tenorit *m {Min}*
tense/to spannen
tense gespannt, straff
tensibility Spannbarkeit *f*, Dehnbarkeit *f*
tensible dehnbar, spannbar
tenside Tensid *n*, Surfactant *m*, grenzflächenaktiver Stoff *m*
tensile streckbar, dehnbar, ausziehbar; zugbelastbar *{Mech}*; Spannungs-; Zug-, Zerreiß-
tensile and compressive stress Zug- und Druckspannung *f*
tensile bar Zugstab *m*, Probestab *m {Zugversuch}*
tensile behavio[u]r Zugverhalten *n*, Verhalten *n* bei Zugbeanspruchung
tensile breaking force Zugbruchkraft *f {Zugfestigkeit}*
tensile breaking stress Zugbruchlast *f*
tensile craze Zugspannungsbrandriß *m {Gieß}*
tensile creep Kriechen *n* unter Zugbeanspruchung
tensile creep modulus Zugkriechmodul *m*
tensile creep strength Zeitstandzugfestigkeit *f*
tensile creep stress Zeitstand-Zugbeanspruchung *f*
tensile creep test Zeitstand-Zugversuch *m*
tensile deformation Zugspannungsverformung *f*
tensile dumb-bell Schulterprüfstab *m* für Zugversuche
tensile energy Zugarbeit *f*
tensile fatigue strength Zugermüdungsfestigkeit *f*, Zugschwingungsfestigkeit *f*
tensile fatigue test Zugermüdungsversuch *m*, Zugschwingungsversuch *m*
tensile force Zugkraft *f*
tensile force transducer Zugdose *f*, Zugkraftaufnehmer *m*
tensile impact strength Zugschlagzähigkeit *f*, Schlagzugzähigkeit *f*
tensile impact test Schlagzugversuch *m*
tensile load Zugbelastung *f*, Zugkraft *f*
tensile modulus Zugmodul *m*, Zugelastizitätsmodul *m*
tensile properties Zugfestigkeitseigenschaften *fpl*
tensile ring Zerreißring *m*

tensile shear strength Zugscherfestigkeit *f*, Scherzugfestigkeit *f*
tensile shear stress Zugscherbelastung *f*, Scherzugbelastung *f*
tensile shear test Zugscherprüfung *f*, Scherzugversuch *m {DIN 50124}*
tensile shock test Schlagzerreißversuch *m*
tensile specimen Zerreißprobe *f*, Zugprobekörper *m*, Zugprobe *f*, Zugstab *m {Probestab für den Zugversuch}*
tensile strain Beanspruchung *f* auf Zug, Zugbeanspruchung *f*, Zuglast *f*
tensile strength Zerreißfestigkeit *f*, Zugfestigkeit *f {in N/mm^2}*; Spaltzugfestigkeit *f {Mineralien}*
tensile strength at break Reißfestigkeit *f {Kunststoff, DIN 53504}*
tensile strength at low temperature Kältebruchfestigkeit *f*
tensile strength at yield Zugfestigkeit *f {Kunst, DIN 53504}*
tensile strength in bending Biegezugfestigkeit *f*
tensile strength test Zugfestigkeitsuntersuchung *f*, Zugversuch *m*, Zerreißprüfung *f*
tensile strength value Zugfestigkeitswert *m*, Zerreißfestigkeitswert *m*
tensile stress Zugspannung *f*, Beanspruchung *f* auf Zug *m*, Zugbeanspruchung *f*, Zugbelastung *f*, Zuglast *f*, Reckspannung *f*, Dehnspannung *f {DIN 13342}*
tensile stress at break Bruchspannung *f*
tensile stress at yield Fließspannung *f*, Streckspannung *f*, Zugspannung *f* bei Streckgrenze
tensile stress-elongation curve Zug-Dehnung-Diagramm *n*, Zugspannungs-Dehnungs-Kurve *f*
tensile stress field Zugspannungsfeld *n*
tensile stress relaxation testing *{BS 3500}* Zugspannungs-Erholungsprüfung *f*
tensile test Zugversuch *m*, Zerreißprobe *f*, Reckprobe *f*, Zugprobe *f*
tensile test piece Zugprobe *f*, Zugprobekörper *m*, Zugstab *m {Probestab für die Zugprobe}*; Zerreißprobe *f*
tensile test specimen *s.* tensile test piece
tensile testing machine Zerreiß[prüf]maschine *f*, Zugprüfmaschine *f {DIN 51221}*
tensile yield Streckgrenze *f*
hot tensile test Warmzerreißprobe *f*
resistance to tensile stress Zerreißfestigkeit *f*
ultimate tensile stress Zerreißbelastung *f*

tensility Zugfestigkeit *f*

tensimeter Tensimeter *n {Dampfdruckmesser}*

tensiometer Tensiometer *n*, Oberflächenspannungsmesser *m*; Zugmesser *m*, Dehnungsmesser *m*

tensiometry Tensiometrie *f*, Oberflächenspannungsmessung *f*

tension 1. [elektrische] Spannung *f*, elektrisches Potential *n {in V}*; 2. Spannung *f*, Zugspannung *f {Mech}*; Straffheit *f*
tension and compression test Zugdruckversuch *m*
tension bar Zugstab *m*
tension brittleness Spannsprödigkeit *f*
tension cleaving Zugspaltung *f*
tension-compression fatigue loading Zug-Druck-Wechselbelastung *f*
tension-compression fatigue testing machine Zug-Druck-Dauerprüfmaschine *f*
tension crack Spannungsriß *m*
tension depressor *s.* tenside
tension device Zugeinrichtung *f*
tension difference Spannungsunterschied *m {Tech}*
tension foils Haftfolien *fpl*, Haftplättchen *npl*
tension indicator Spannungsmesser *m*
tension meter Spannungsmesser *m*, Tensiometer *n {Instr}*
tension screw Spannbügel *m*
tension set Zugverformungsrest *m*, Dehnungsrest *m*, Formänderungsrest *m*, Dehnungsbeanspruchung *f*
tension shear strength Zugscherfestigkeit *f {Klebverbindungen}*
tension shear test Zugscherversuch *m*, Zugscherprüfung *f*
tension spring Spannungsfeder *f*, Zugfeder *f*
tension stress Zugspannung *f*
tension test Zugversuch *m*, Zugprüfung *f*, Zerreißprüfung *f*, Zugfestigkeitsprüfung *f*
tension test specimen Zugprüfstab *m*
tension tester Zerreißmaschine *f*
tension testing machine Zugfestigkeitsprüfmaschine *f*, Zugprüfmaschine *f*, Zugfestigkeitsprüfgerät *n*, Zerreißmaschine *f*
tension testing Zerreißprüfung *f*, Zugprüfung *f*, Zugfestigkeitsprüfung *f*
tension voltage Spannung *f*
static tension test Zugversuch *m* mit ruhender Last, Zugprüfung *f* mit statischer Beanspruchung
free of tension spannungsfrei
without tension spannungslos

tensioning 1. spannend; Spann-, Zug-; 2. kalte Vorspannung *f*
tensioning device Spannvorrichtung *f*, Nachspanneinrichtung *f*
tensioning roll Zugwalze *f*; Spannwalze *f {Pap}*

tensor Tensor *m {Math, Phys}*
tensor force Tensorkraft *f {Nukl, Phys}*
tensor quantity Tensorgröße *f*

tentative provisorisch; vorläufig; versuchsweise, probeweise; vorsichtig; Probe-
tentative experiment orientierender Versuch *m*, Tastversuch *m*

tentative method Versuchsmethode *f*
tentative rules vorläufige Regeln *fpl {IUPAC-Nomenklatur}*
tentative standard Normenvorschlag *m*, Vornorm *f*
tentative test orientierender Versuch *m*, Tastversuch *m*
tentatively provisorisch; vorläufig; versuchsweise, probeweise; vorsichtig; Probe-
tenter/to spannen *{z.B. Folienbahnen}*
tenter dryer Bahnentrockner *m*, Spannrahmentrockner *m*
tenter [frame] Kluppenrahmen *m*, Spannrahmen *m {Folien}*; Rahmenspannmaschine *f*, Spannmaschine *f {Text}*
tentering Spannen *n*
tenth [part] Zehntel *n*
tenth-normal solution zehntelnormale Lösung *f*, dezinormale Lösung *f {Anal}*
tenuazonic acid Tenuazonsäure *f*
tenuity Dünne *f*
tenure 1. Besitzen *n*, Besitz *m*; Innehaben *n {z.B. einen Lehrstuhl an einer Universität}*; 2. Dauer *f*
tephroite <Mn_2SiO_4> Tephroit *m {Min}*
tephrosic acid Tephrosinsäure *f*
tephrosin <$C_{23}H_{22}O_7$> Tephrosin *n*, Hydroxydequelin *n*
tepid lauwarm, lau, überschlagen, handwarm
tera Tera- *{SI-Vorsatz für 10^{12}}*
teraconic acid <$(CH_3)C=C(COOH)CH_2COOH$> Teraconsäure *f*
teracrylic acid <$C_7H_{12}O_2$> 2,3-Dimethylpent-3-ensäure *f {IUPAC}*
teraohmmeter Teraohmmeter *n*
teratogenic teratogen, Mißbildungen hervorrufend
teratogenicity Teratogenese *f {Entstehung von Mißbildungen}*
teratolite Teratolith *m {Min}*
terawatt Terawatt *n {10^{12} W}*
terbia <Tb_2O_3> Terbiumoxid *n*
terbium *{Tb, element no. 65}* Terbium *n*
terbium chloride hexahydrate <$TbCl_3 \cdot 6H_2O$> Terbiumchlorid-Hexahydrat *n*
terbium fluoride dihydrate <$TbF_3 \cdot 2H_2O$> Terbiumfluorid-Dihydrat *n*
terbium nitrate <$Tb(NO_3)_3 \cdot 6H_2O$> Terbiumnitrat[-Hexahydrat] *n*
terbium oxide <Tb_2O_3> Terbiumoxid *n*
terbium sulfate <$Tb_2(SO_4)_3$> Terbiumsulfat *n*
terbutol Terbutol *n {Insektizid}*
terebene Tereben *n*, Terebin *n {Lösemittel und Verdünner}*
terebine Terebin *n*, Tereben *n {Lösemittel und Verdünner}*
tereb[in]ic acid <$C_7H_{10}O_4$> Terpentinsäure *f*
terecamphene Terecamphen *n*
terephthal green Terephthalgrün *n*
terephthalaldehyde <$C_6H_4(CHO)_2$> Terephthalaldehyd *m*
terephthalate <$C_6H_4(COOM')_2$; $C_6H_4(COOR)_2$> Teraphthalat *n*
terephthalate plasticizer Terephthalatweichmacher *m {PVC}*
terephthalic acid <$HOOCC_6H_4COOH$> Terephthalsäure *f*, Benzol-1,4-dicarbonsäure *f*, Paraphthalsäure *f*
terephthalonic acid <$C_9H_6O_5$> Terephthalonsäure *f*
terephthalonitrile <$C_6H_4(CN)_2$> *p*-Dicyanbenzol *n*, Terephthalonitril *n*
terephthalophenone Terephthalophenon *n*
terephthalopinacone Terephthalopinakon *n*
terephthaloyl chloride <$C_6H_4(COCl)_2$> Terephthaloylchlorid *n*, Benzol-1,4-dicarbonylchlorid *n*
terephthalyl alcohol Terephthalalkohol *m*, Xylen-1,4-diol *n {IUPAC}*
teresantalic acid <$C_9H_{13}COOH$> Teresantalsäure *f*
teresantalol Teresantalol *n*
terlinguaite Terlinguait *m {Min}*
term 1. Terminus [technicus] *m*, Fachausdruck *m*; Begriff *m*; 2. Glied *n*, Term *m {Math}*; 3. Energieniveau *n*, Energieterm *m*, Energiezustand *m {Phys}*; 4. Frist *f*, Laufzeit *f*; 5. Termin *m*; 6. Bedingung *f*; 7. Gebühr *f*, Preis *m*
term diagram Termschema *n*, Niveauschema *n {Spek}*
term energy Termenergie *f*
term influence Termbeeinflussung *f*
term scheme *s.* term diagram
term splitting Termaufspaltung *f {Spek}*
term state Termzustand *m*
term symbol Termsymbol *n*, Termbezeichnung *f {Spek}*
term value Termlage *f*, Termwert *m*
anomalous term anomaler Term *m {Spek}*
broader term Sammelbegriff *m*
displaced term anomaler Term *{Spek}*
metastable term metastabiler Term *{Spek}*
termierite Termierit *m {Min}*
terminal 1. endständig, terminal; End-; 2. Anschluß *m {Elek}*; Klemme *f {Anschluß-, Verbindungs-}*; 3. Endenverschluß *m*, Endabschluß *m {Kabel}*; 4. Pol *m*, Polkopf *m {Batterie}*; 5. Terminal *n*, Datenendstelle *f*; Datensichtgerät *n {EDV}*
terminal atom endständiges Atom *n {Valenz}*
terminal board Klemm[en]brett *n {Elek}*
terminal box Klemmkasten *m {Elek}*
terminal carboxyl group Carboxyl-Endgruppe *f*
terminal clamp Anschlußklemme *f*
terminal compound Grenzverbindung *f*

terminal falling velocity *s.* terminal settling rate

terminal group Endgruppe *f*, endständige Gruppe *f*, terminale Atomgruppe *f {Valenz}*

terminal group analysis Endgruppenbestimmung *f {Anal}*

terminal head Kabelendverschluß *m {Elek}*

terminal hydroxyl group Hydroxyl-Endgruppe *f*

terminal point Endpunkt *m*, Endstelle *f*

terminal potential difference Klemmspannung *f*

terminal pressure Enddruck *m*

terminal screw Klemmschraube *f*, Anschlußschraube *f {Elek}*

terminal settling rate Endfallgeschwindigkeit *f*, stationäre Sinkgeschwindigkeit *f*, Gleichgewichts-Sinkgeschwindigkeit *f*

terminal socket Klemmsockel *m*

terminal strip Klemmleiste *f*, Anschlußklemmleiste *f {Elek}*

terminal surface tension Grenzflächenspannung *f*

terminal velocity Endgeschwindigkeit *f {Phys}*; Endfallgeschwindigkeit *f*, Schwebegeschwindigkeit *f*, Gleichgewichts-Sinkgeschwindigkeit *f*, stationäre Sinkgeschwindigkeit *f*

terminal voltage Klemmenspannung *f*, Klemmspannung *f*

terminal weight Endgewicht *n*

terminate/to 1. beenden, abbrechen *{Vorgang, Reaktion}*; ablaufen *{zeitlich}*; 2. begrenzen *{räumlich}*; 3. abschließen *{Elek}*; enden *{elektrische Leitungen}*

terminating reaction Abbruchreaktion *f*

termination 1. Abbruch *m*, Beendigung *f {Chem}*; 2. Termination *f {Biochem}*; 3. Abschluß *m {Elek}*; 4. Endenabschluß *m*, Endenverschluß *m {Kabel}*; 5. Beendigung *f*, Beenden *n {einen Vorgang}*; 6. Ende *n*

termination codon Terminationscodon *n*, Stoppcodon *n {Gen}*

termination of chain Kettenabbruch *m*, Beendigung *f* des Kettenwachstums

termination rate constant Abbruchreaktionskonstante *f {Polymer}*

termination reaction Abbruchreaktion *f {Chem}*

terminator 1. Datenzeichen *n*; 2. Terminator *m {Astr}*

terminator codon Terminationscodon *n*, Stoppcodon *n {Gen}*

terminolic acid Terminolsäure *f*

terminology Terminologie *f {Gesamtheit der Fachausdrücke eines Wissensgebietes}*

terminus 1. Endpunkt *m*; 2. Fachausdruck *m*; 3. Grenze *f {zeitlich}*, Stichtag *m*

termolecular trimolekular, termolekular

termone Termon *n*

terms of delivery Lieferbedingungen *fpl*

terms of payment Zahlungsbedingungen *fpl*

terms of sale Verkaufsbedingungen *fpl*

terms of supply Lieferbedingungen *fpl*

ternary ternär, dreifach, dreizählig; dreistoffig *{Chem}*; dreiwertig, trivalent *{Chem}*; dreistellig *{Math}*

ternary alloy Dreistofflegierung *f*, ternäre Legierung *f*

ternary compound Dreifachverbindung *f*, ternäre Verbindung *f {Chem}*

ternary mixed polyamide ternäres Copolyamid *n {Mischpolyamid aus drei polyamidbildenden Ausgangsverbindungen}*

ternary mixture Dreistoffgemisch *n*

ternary system Dreistoffsystem *n*, ternäres System *n*, Dreikomponentensystem *n*; Dreistoffgemisch *n*

terne/to verbleien *{Blechtafeln}*

terne plate Ternblech *n*, Mattblech *n {75-88 Prozent Pb, 12-25 Prozent Sn, 0-2 Prozent Sb}*

terpacid Terpacid *n*

terpane Terpan *n*, Methan *n {IUPAC}*

terpene 1. $<(C_5H_8)_n>$ Terpen *n*; 2. Terpenderivat *n {von $C_{10}H_{14}$, $C_{10}H_{18}$ und $C_{10}H_{20}$}*; 3. $<C_{10}H_{16}>$ Terpen *n*, Monoterpen *n*

terpene chemistry Terpenchemie *f*

terpene-free terpenfrei

terpene group Terpengruppe *f*

terpene hydrocarbon $<(C_5H_8)_n>$ Terpenkohlenwasserstoff *m*

terpene hydrochloride $<C_{10}H_{16}\cdot HCl>$ künstlicher Campher *m*, Dipentenhydrochlorid *n*, Pinenhydrochlorid *n*, Terpentincampher *m*

terpene resin Terpenharz *n*

terpeneless terpenfrei

terpenelike terpenähnlich

terpenic acid Terpensäure *f*

ternitrate Trinitrat *n*

teroxide Trioxid *n*

terpenol $<C_{10}H_{17}OH>$ Terpenol *n*

terpenolic acid Terpenolsäure *f*

terpenyl acetate $<CH_3COOC_{10}H_{17}>$ Terpenylacetat *n*, Terpinylacetat *n*

terpenylic acid $<C_8H_{12}O_4>$ Terpenylsäure *f*

terphenyl $<C_6H_5C_6H_4C_6H_5>$ Terphenyl *n*, Diphenylbenzen *n*

terpilene $<C_{10}H_{16}>$ Terpilen *n*

terpilene dihydrochlorid Eukalyptol *n*, Terpilendihydrochlorid *n*

terpin[e] $<C_{10}H_{20}O_2>$ Terpin *n*, 1,8-Terpin *n*

terpin[e] hydrate $<C_{10}H_{20}O_2yH_2O>$ Terpinhydrat *n*, Dipentenglycol *n*

terpinene $<C_{10}H_{16}>$ Terpinen *n*, Isopropylmethylcyclohexadien *n*

terpineol $<C_{10}H_{18}O>$ Terpineol *n*, Lilacin *n*, Terpilenol *n {α-, β- und γ-Form}*

terpinolene <$C_{10}H_{16}$> Terpinolen *n*, 4-Isopropyliden-1-methylcyclohexen *n*, 1,4(8)-Terpadien *n*

terpinyl acetate <$CH_3COOC_{10}H_{17}$> Terpinylacetat *n*, Terpenylacetat *n*

terpinylene *s.* terpilene

terpolymer Terpolymer[es] *n*, Terpolymerisat *n* *{Copolymer aus drei verschiedenen Monomeren}*

terpolymerization Terpolymerisation *f*, Dreikomponentenpolymerisation *f*

terra alba 1. Porzellanerde *f*, Kaolin *n*; 2. Terra alba *f* *{Gips als Papierfüller}*

terra-cotta 1. rötlichbraun; 2. Terrakotta *f*, Terrakotte *f* *{keramisches Erzeugnis aus gebranntem Ton}*

terra japonica gelbes Katechin *n*, Gambir *m*, Gambirkatechu *n* *{Gerbstoff aus Uncaria gambir}*

terra rossa Roterde *f* *{Geol}*

terra verte Veronesergrün *n*

terrazzo Terrazzo *m* *{fugenloser Zementestrich}*

terrazzo tile *{BS 4131}* Terrazzofliese *f*

terreic acid Terreinsäure *f*, 5,6-Epoxyl-3-hydroxytoluchinon *n*

terrein <$C_8H_{10}O_3$> Terrein *n*

terrestrial terrestrisch; Erd-; Land-

terrestric acid Terrestrinsäure *f*

terrine Napf *m*

terry [cloth] Frottee *n*, Frottierstoff *m*, Frottiergewbe *n* *{Text}*

tersulfate Trisulfat *n*

tersulfide Trisulfid *n*

tertiary tertiär; Tertiär-

tertiary air Drittluft *f*, Tertiärluft *f* *{Feuerung}*

tertiary alcohol <R_3COH> tertiärer Alkohol *m*

tertiary amine <R_3N> tertiäres Amin *n*

tertiary carbon atom <R_3C-> tertiäres Kohlenstoffatom *n* *{Valenz}*

tertiary creep tertiäres Kriechen *n*, beschleunigtes Kriechen *n* *{Werkstoffprüfung}*

tertiary period Tertiär *n* *{Geol}*

tertiary phosphate <M'_3PO_4> tertiäres Phosphat *n*, neutrales Orthophosphat *n*

tertiary structure Tertiärstruktur *f* *{Biochem}*

tesla Tesla *n* *{SI-Einheit der Magnetflußdichte, 1T = 1 Wb/m²}*

tervalent dreiwertig, trivalent

Terylene *{TM}* Terylen *n* *{Terephthalsäure-Ethylglycol-Polyester}*

Tesla coil Tesla-Spule *f* *{Induktionsspule}*

tesselated gewürfelt, kariert, mosaikartig; Mosaik-

tesseral tesseral *{Math}*; isometrisch *{Krist}*

test/to prüfen, testen, untersuchen, erproben; versuchen, probieren

test 1. Versuch *m*, Experiment *n*; Nachweis *m*; 2. Test *m*, Prüfung *f*, Untersuchung *f*, Erprobung *f*; Kontrolle *f*; 3. Probesubstanz *f*, Testsubstanz *f*, Versuchssubstanz *f* *{Chem}*

test acid Titriersäure *f*, Probesäure *f*

test agent Prüfmittel *n* *{DIN 51958}*

test animal Versuchstier *n*

test array 1. Versuchsreihe *f*; 2. Teststrecke *f*

test ashes Kapellenasche *f*, Klärstaub *m*

test assembly Versuchsanordnung *f*; Prüfanordnung *f*; Meßplatz *m*

test atmosphere Prüfklima *n*

test authorities Prüfbehörden *fpl*

test balance Prüfwaage *f*

test bar Probestab *m*, Versuchsstab *m*, Prüfstab *m*

test bath Prüfbad *n*

test beaker Becherglas *n*

test bed Testgelände *n*, Versuchsfeld *n*

test bench Prüfstand *m*, Prüftisch *m* *{Tech}*

test bench experiment Prüfstandversuch *m*

test block Testkörper *m*

test board Prüfschrank *m*, Meßschrank *m* *{Elek}*

test cabinet Meßschrank *m*, Prüfschrank *m* *{Elek}*

test certificate Prüfschein *m*, Prüfungszeugnis *n*, Prüfbescheinigung *f*, Prüfprotokoll *n*

test cock Kontrollhahn *m*, Probierhahn *m* *{z.B. Wasserstandshahn}*

test coil Testspule *f*

test conditions Versuchsbedingungen *fpl*; Prüfbedingungen *fpl*, Abnahmebedingungen *fpl*

test cone feuerfester Probierkegel *m* *{Keramik}*

test crucible Probiertiegel *m*, Prüftiegel *m*

test cup Prüftiegel *m* *{Flammpunkt}*

test data Meßwerte *mpl*, Prüfdaten *pl*, Testdaten *pl*, Prüfwerte *mpl*

test distribution curve Testverteilung *f* *{Statistik}*

test dome Meßdom *m* *{Vak}*

test duration Versuchsdauer *f*

test editor Datensichtgerät *n*

test engineer Abnahmeingenieur *m*

test equipment Versuchseinrichtung *f*, Versuchsapparatur *f*; Prüfanlage *f*, Prüfeinrichtung *f*

test error Versuchsfehler *m*

test evaluation Versuchsauswertung *f*; Versuchsbericht *m*

test field Versuchsfeld *n*

test findings Versuchsergebnis *n*, Testergebnis *n*, Prüfbefund *m*, Prüf[ungs]ergebnis *n*

test fire Testbrand *m*

test fluid Versuchsflüssigkeit *f*

test for acidity Säuregradbestimmung *f*

test for identification Identitätsprüfung *f*

test for potency Bestimmung *f* der Wirksamkeit *f*

test for sensitivity Empfindlichkeitsprüfung *f*

test for tightness Dichtheitsprobe *f*

test for water Wassernachweis *m*

test formulation Testformulierung *f*, Testrezeptur *f*, Versuchsrezeptur *f*
test furnace Probierofen *m*
test gas Testgas *n*, Prüfgas *n*, Meßgas *n*
test glass Reagensglas *n*, Reagenzglas *n*, Reagenzröhrchen *n*, Probeglas *n*, Prüfglas *n*
test head Meßkopf *m*
test instruction Prüfanleitung *f*, Testanleitung *f*
test instrument Versuchsinstrument *n*, Testinstrument *n*, Prüfgerät *n*
test jar Meßbecher *m {Anal}*
test kit Analysenkoffer *m*
test lamp Prüflampe *f*, Kontrollampe *f*
test leak Eichleck *n*, Testleck *n*, Vergleichsleck *n*, Bezugsleck *n {Leck bekannter Größe}*
test liquid Prüfflüssigkeit *f*
test load Probebelastung *f*; Versuchslast *f*, Prüflast *f {Bruttozuladung in kg, z.B. für Kräne}*
test loop Prüfkreis *m*, Prüfschleife *f*
test loop control Teilstromregelung *f*
test machine Prüfmaschine *f*
test material Untersuchungsmaterial *n*, Probengut *n*, Testmaterial *n*, Versuchsmaterial *n*
test measurements Erhebungsmessungen *fpl*
test method Prüfverfahren *n*, Testverfahren *n*, Untersuchungsmethode *f*
test method standard Prüfnorm *f*
test model Versuchsmodell *n*, Testmodell *n*
test of efficacy Prüfung *f* auf Wirksamkeit *{DIN 58946}*
test of long duration Langzeitprobe *f*, Langzeitversuch *m*
test of short duration Kurzzeitprobe *f*, Kurzzeitversuch *m*
test of significance Signifikanztest *m {Statistik}*
test opening Meßluke *f*
test operation Versuchsbetrieb *m*, Probebetrieb *m*
test organism Versuchsorganismus *m*, Testorganismus *m*
test paper Testpapier *n*, Indikatorpapier *n*, Reagenzpapier *n*
test parameter Versuchsparameter *m*
test period Prüfzeit *f*, Testzeitraum *m*, Prüfperiode *f*, Untersuchungszeitraum *m*; Versuchsdauer *f*, Versuchszeit *f*
test piece Probe *f*, Probestück *n*, Muster *n*; Probekörper *m*, Probestab *m*, Prüfkörper *m*, Prüfling *m {Materialprüfung}*
test piece dimensions Probenabmessungen *fpl*, Probendimensionen *fpl*
test piece support Probenträger *m*
test plot Versuchsfeld *n {Agri}*
test point Meßpunkt *m*, Testpunkt *m*, Prüfpunkt *m*, Prüfstelle *f*
test portion Prüfmenge *f {DIN 53525}*, Probe *f {obs}*
test practice Versuchsdurchführung *f*
test pressure Prüfdruck *m*, Probedruck *m*, Einstelldruck *m {DIN 3320}*
test procedure Prüfverfahren *n*, Testverfahren *n*, Meßverfahren *n {Untersuchungsmethode}*
test program[me] 1. Prüfprogramm *n*, Testprogramm *n*, Überwacher *m {EDV}*; 2. Versuchsprogramm *n*, Untersuchungsprogramm *n*
test protocol Versuchsprotokoll *n*
test reaction Nachweisreaktion *f*, Identifikationsreaktion *f*
test reactor Versuchsreaktor *m*
test record Versuchsprotokoll *n*
test regulation Prüfvorschrift *f*
test report Prüf[ungs]bericht *m*, Prüfbescheid *m*, Versuchsbericht *m*; Abnahmebericht *m {Sicherheit}*
test requirements Prüfbedingungen *fpl*
test resistor Vergleichswiderstand *m*, Normalwiderstand *m*
test result Prüf[ungs]ergebnis *n*, Testergebnis *n*, Meßwert *m*, Versuchsergebnis *n*, Versuchswert *m*
test-result printer Meßwertdrucker *m*
test rig Prüfstand *m*, Prüfanlage *f*, Prüfvorrichtung *f*; Versuchsaufbau *m*, Versuchseinrichtung *f*, Versuchsausrüstung *f*
test rod Probestab *m*, Versuchsstab *m*
test run Probebetrieb *m*, Probelauf *m*
test sample Prüfgegenstand *m*, Prüfkörper *m*, Probekörper *m*, [zu prüfende] Probe *f*; Prüfmuster *n*, Muster *n*
test screen Prüfsieb *n*
test section Teststrecke *f*, Probestrecke *f*; Prüfstrecke *f*, Meßstrecke *f {z.B. Windkanal}*
test series Versuchsreihe *f*, Versuchsserie *f*
test set Prüfanordnung *f*
test set-up Meßanordnung *f*, Prüfaufbau *m*, Prüfanordnung *f*; Versuchseinrichtung *f*, Versuchsanordnung *f*, Versuchsaufbau *m*
test sieve Prüfsieb *n*, Analysensieb *n {DIN 4188}*
test sieving Prüfsiebung *f*
test solution 1. Prüflösung *f {zum Prüfen verwendet}*; 2. Untersuchungslösung *f*, Probelösung *f*, Prüf[lings]lösung *f {zu untersuchende Lösung}*
test source Prüfstrahler *m*
test specification Prüfbestimmung *f*, Prüfvorschrift *f*, Prüfbedingung *f*
test specimen Prüfkörper *m*, Probestab *m*, Prüfstab *m*, Prüfling *m*, Versuchsprobe *f*
test stand Prüfstand *m*, Versuchsstand *m*
test standard Prüfnorm *f*
test station Warte *f*
test strip Probestreifen *m*, Prüfstreifen *m*
test substance Prüfsubstanz *f*, Probesubstanz *f*, Versuchsmaterial *n {Reagens}*

test surface Prüfoberfläche *f*

test temperature Prüftemperatur *f*, Untersuchungstemperatur *f*, Versuchstemperatur *f*

test time Prüfzeit *f*, Laufzeit *f*, Versuchsdauer *f*

test tube Reagenzglas *n*, Probierglas *n* *{Chem}*; Prüfröhrchen *n*, Probierröhrchen *n* *{Chem}*

test-tube brush Reagenzglasbürste *f*

test-tube holder Reagenzglashalter *m*

test-tube heater Reagenzglasbeheizung *f*, Reagenzglaserhitzer *m*

test-tube mixer Reagenzglas-Mischgerät *n*

test-tube rack Reagenzglasgestell *n*

test-tube research Reagenzglasversuch *m*

test-tube stand Reagenzglasgestell *n*

test-tube tongs Reagenzglaszange *f*

test value Meßwert *m*, Prüfwert *m*, Testwert *m*

test voltage Prüfspannung *f* *{Elek}*

test weight Probegewicht *n*

test with notched test piece Kerbschlagbiegeversuch *m*

duration of test Versuchsdauer *f*

series of tests Untersuchungsreihe *f*

small scale test Kleinversuch *m*

testable prüfbar

testane Testan *n*

tested bewährt, erprobt

tester 1. Prüfer *m*, Prüfender *m* *{Person}*; 2. Eichmeister *m*; 3. Prüfapparat *m*, Prüfgerät *n*, Tester *m*, Prüfvorrichtung *f*

testify/to beglaubigen, [amtlich] bestätigen; bezeugen; aussagen

testimony Zeugnis *n* *{Beweis}*

testing 1. Prüfen *n*; 2. Prüfung *f*, Untersuchung *f*, Test *m*, Erprobung *f*; 3. Prüfwesen *n*; 4. Probenahme *f*

testing apparatus Prüfgerät *n*, Prüfapparat *m*, Tester *m*, Bestimmungsapparat *m*

testing arrangement Versuchsanordnung *f*; Prüfvorrichtung *f*

testing bench Prüfstand *m*, Prüftisch *m*

testing engine Prüfmotor *m*

testing equipment Prüfapparatur *f*, Prüfeinrichtung *f*, Untersuchungsgerät *n*

testing in conditioned atmosphere Klimaprüfung *f*

testing installation Versuchseinrichtung *f*

testing instrument *s.* testing apparatus

testing laboratory Prüfanstalt *f*, Prüflabor[atorium] *n*

testing machine Prüfmaschine *f*

testing of materials Materialprüfung *f*, Werkstoffprüfung *f*

testing method Prüfverfahren *n*, Prüfungsart *f*

testing pendulum Prüfpendel *n*

testing plant Versuchsanlage *f*, Testanlage *f*

testing position Prüfstellung *f*

testing pressure Prüfdruck *m*

testing process Prüfverfahren *n*

testing pump Probierpumpe *f*

testing rules Prüfungsvorschriften *fpl*

testing scope Prüfumfang *m*

testing set Prüfvorrichtung *f*

testing sieve Prüfsieb *n*, Analysensieb *n* *{DIN 22019}*

testing stand Prüfstand *m*

Testing Standards Prüfblätter *npl*

testing technique Prüfmethode *f*, Prüfverfahren *n*, Testverfahren *n*, Untersuchungsmethode *f*

testing time 1. Bestimmungsgeschwindigkeit *f*, Meßgeschwindigkeit *f*; 2. Probezeit *f*

testing voltage Prüfspannung *f* *{Elek}*

nondestructive testing of materials zerstörungsfreie Werkstoffprüfung *f*

testosterone <$C_{19}H_{28}O_2$> Testosteron *n* *{Sexualhormon}*

testosterone cyclopentylpropionate <$C_{27}H_{40}O_3$> Testosteron-17*ß*-cypionat *n*, Testosteroncyclopentylpropionat *n*

testosterone 17*ß*-dehydrogenase *{EC 1.1.1.63 /.64}* Testosteron-17*ß*-dehydrogenase *f*

testosterone propionate <$C_{22}H_{32}O_3$> Testosteronpropionat *n*, Testoviron *{HN}*

tetan *s.* tetranitromethane

tetanine <$C_{13}H_{30}N_2O_4$> Tetanin *n* *{Ptomain}*

tetanotoxin <$C_5H_{11}N$> Tetanotoxin *n*

tetanthrene <$C_{14}H_{14}$> Tetanthren *n*, Tetrahydrophenanthren *n*

tetanthrenone Tetanthrenon *n*

tetanus Tetanus *m*, Starrkrampf *m*, Wundstarrkrampf *m* *{Med}*

tetanus antitoxin Tetanusantitoxin *n*

tetanus bacillus Tetanusbazillus *m*

tetanus inoculation Tetanusschutzimpfung *f*

tetanus toxoid Tetanustoxoid *n* *{Impfstoff}*

tetany Tetanie *f* *{Med}*

tetartohedron Tetartoeder *n* *{Krist}*

tetra tetra; Tetra-

tetraacetate <$R(CH_3COO)_4$; $M^{IV}(CH_3COO)_4$> Tetraacetat *n*

tetraacetyldextrose Tetraacetyldextrose *f*

tetraalkyl ammonium salts <$[R_4N]X$> Tetraalkylammoniumsalze *npl*

tetraalkylsilane Tetraalkylsilan *n*

tetraaluminium tricarbide <Al_4C_3> Tetraaluminiumtricarbid *n*

tetraammin copper sulfate <$Cu(NH_3)_4SO_4$> Tetraamminkupfer(II)-sulfat *n*

tetrabase Tetrabase *f*

tetrabasic 1. vierbasig, vierwertig, vierprotonig *{Säure}*; 2. viesäurig, vierbasig, vierwertig *{Base oder Salz}*

tetraborane 1. <B_4H_{10}> Tetraboran(10) *n*, Borbutan *n* *{arachno-Boran}*; 2. <B_4H_8> Tetraboran(8) *n* *{nido-Boran}*

tetraboric acid <$H_2B_4O_7$> Tetraborsäure *f*, Heptoxotetraborsäure *f {IUPAC}*

1,1,2,2-tetrabromoethane <$Br_2HC-CHBr_2$> Acetylentetrabromid *n*, 1,1,2,2-Tetrabromethan *n*

tetrabromoethylene <C_2Br_4> Tetrabromethylen *n*

tetrabromofluoresceine Eosin *n*

tetrabromomethane <CBr_4> Kohlenstoffbromid *n*

tetrabromostearic acid Tetrabromstearinsäure *f*

tetrabutyl titanate <$Sn(C_4H_9O)_4$> Tetrabutyltitanat *n*

tetrabutyl urea Tetrabutylharnstoff *m*

tetrabutyl zirconate <$Zr(C_4H_8O)_4$> Tetrabutylzirconat *n*

tetrabutylthiuram disulfide <$[(C_4H_9)_2NCS]_2S_2$> Tetrabutylthiuramdisulfid *n*

tetrabutylthiuram monosulfide <$[(C_4H_9)_2NCS]_2S$> Tetrabutylthiurammonosulfid *n*

tetrabutyltin <$(C_4H_9)_4Sn$> Tetrabutylzinn *n*

tetracaine Tetracain *n {Pharm}*

tetracaine hydrochloride <$C_{15}H_{24}N_2O_2 \cdot HCl$> Tetracainhydrochlorid *n {Pharm}*

tetracarbinol Tetracarbinol *n*

tetracarbonylnickel <$Ni(CO)_4$> Nickeltetracarbonyl *n*

tetracarboxybutane Butan-1,2,3,4-tetracarbonsäure *f*, Tetracarboxybutan *n*

tetracene *s*. tetrazene 2. and/or naphthacene

tetrachloro-DDT Tetrachlor-DDT *n {DDT = Dichlordiphenyltrichlorethan}*

tetrachlorobenzene <$C_6H_2Cl_4$> Tetrachlorbenzol *n*

tetrachloro-*p*-benzoquinone Chloranil *n*, Tetrachlor-*p*-benzochinon *n*

tetrachlorodifluoroethane <$Cl_2FC-CFCl_2$> Tetrachlordifluorethan *n*

1,1,2,2-tetrachloroethane <$Cl_2HC-CHCl_2$> 1,1,2,2-Tetrachlorethan *n*, Acetylentetrachlorid *n*, *sym*-Tetrachlorethan *n*

tetrachloroethylene <$Cl_2C=CCl_2$> Tetrachlorethylen *n*, Tetrachlorethen *n {IUPAC}*, Perchloreth[yl]en *n*

tetrachloromethane <CCl_4> Tetrachlormethan *n {IUPAC}*, Tetrachlorkohlenstoff *m*, Kohlenstofftetrachlorid *n*

tetrachlorophenol <C_6HCl_4OH> Tetrachlorphenol *n*

tetrachlorophthalic acid <$C_6Cl_4(COOH)_2$> Tetrachlorphthalsäure *f*

tetrachlorophthalic anhydride <$Cl_4C_6(CO)_2O$> Tetrachlorphthalsäureanhydrid *n*

tetrachloroquinol Chloranol *n*

tetrachloroquinone Chloranil *n*, Tetrachlorchinon *n*, Tetrachlor-*p*-benzochinon *n*

tetrachlorosilane <$SiCl_4$> Tetrachlorsilicium *n*, Silicium(IV)-chlorid *n*, Tetrachlorsilan *n*

tetracid viersäurig

tetracontane <$C_{40}H_{82}$> Tetracontan *n*

tetracoordinated vierfach koordiniert

tetracosane <$C_{24}H_{50}$> Tetracosan *n*

tetracovalent tetrakovalent

tetracyanoethylene <$(NC)_2C=C(CN)_2$> Tetracyanethylen *n*, Tetracyanethen *n*

tetracycline <$C_{22}H_{24}N_2O_8$> Tetracyclin *n {Breitbandantibiotikum}*

tetracyclone Tetracyclon *n*

tetrad 1. vierzählig *{Krist}*; 2. Tetrade *f*, Halbbyte *n {EDV, Math}*; 3. vierwertiges Element *n*; vierwertige Atomgruppe *f {Chem}*

tetradecanal <$C_{13}H_{27}CHO$> Tetradecanal *n*, Myristylaldehyd *m {Triv}*

tetradecane <$C_{14}H_{30}$> Tetradecan *n*

tetradecanoic acid <$C_{13}H_{27}COOH$> Myristinsäure *f*, Tetradecansäure *f {IUPAC}*

tetradecanol <$C_{13}H_{27}CH_2OH$> Myristylalkohol *m {Triv}*, Tetradecanol *n*

1-tetradecene <$CH_2=CH(CH_2)_{11}CH_3$> Tetradec-1-en *n*

tetradecyl mercaptan <$C_{13}H_{27}CH_2SH$> Tetradecylmercaptan *n*, Tetradecylthiol *n*, Myristylmercaptan *n*

tetradecylamine <$C_{14}H_{29}NH_2$> Tetradecylamin *n*

tetradentate vierzähnig, vierzählig *{Komplexchemie}*

tetradentate ligand vierzähniger Ligand *m*

tetrads analysis Tetradenanalyse *f*

tetradymite Tellur-Wismut *m*, Tellur-Wismutglanz *m*, Tetradymit *m*, Xaphyllit *m {Min}*

tetraethanolammonium hydroxide <$[(HOC_2H_4-)_4N]OH$> Tetraethanolammoniumhydroxid *n*

tetraethyl dithiopyrophosphate Tetraethyldithiopyrophosphat *n*, Sulfotepp *n {Insektizid}*

tetraethyl pyrophosphate Tetraethylpyrophosphat *n*, TEPP, Tetraethyldiphosphat *n {Insektid}*

tetraethyl silicate <$(C_2H_5)_4SiO_4$> Kieselsäuretetraethylester *m*, Tetraethylsilicat *n*

tetraethylammonium chloride <$(C_2H_5)_4NCl$> Tetraethylammoniumchlorid *n*

tetraethylene glycol <$HO(C_2H_4O)_3C_2H_4OH$> Tetraethylenglycol *n*

tetraethylene glycol dicaprylate Tetraethylenglycoldicaprylat *n*

tetraethylene glycol dimethacrylate Tetraethylenglycoldimethacrylat *n*

tetraethylene glycol distearate Tetraethylenglycoldistearat *n*

tetraethylene glycol monostearate Tetraethylenglycolmonostearat *n*

tetraethylenepentamine <$H_2N(CH_2CH_2NH)_3$-$CH_2CH_2NH_2$> Tetraethylenpentamin *n*

tetraethylhexyl titanate Tetraethylhexyltitanat *n*

tetraethyllead <$(C_2H_5)_4Pb$> Tetraethylblei *n*, Bleitetraethyl *n*

tetraethylthiuram disulfide <$[(C_2H_5)_2NCS]_2S_2$> Tetraethylthiuramdisulfid *n*

tetraethylthiuram sulfide <$[(C_2H_5)_2NCS]_2S$> Tetraethylthiuramsulfid *n*

tetraethyltin <$Sn(C_2H_5)_4$> Tetraethylzinn *n*, Zinntetraethyl *n*

tetrafluoroethylene <$CF_2{=}CF_2$> Tetrafluorethylen *n*, Tetrafluorethen *n*, Perfluorethen *n*

tetrafluorohydrazine <F_2NNF_2> Tetrafluorhydrazin *n*

tetrafluoromethane <CF_4> Tetrafluormethan *n*, Fluorkohlenstoff *m*

tetrafunctional tetrafunktionell, vier Funktionen *fpl* tragend, vierfach funktional

tetraglycol dichloride <$(ClCH_2CH_2O$-$CH_2CH_2)_2O$ > Tetraglycoldichlorid *n*

tetragonal tetragonal; Tetragonal-

tetrahalide Tetrahalogenid *n*

tetrahedral tetraedrisch, vierflächig; Tetraeder- *{Krist}*

tetrahedral angle Tetraederwinkel *m*

tetrahedral hybridization tetraerische Hybridisierung *f*, teraedrische Bastardisierung *f*

tetrahedral orbital Tetraederorbital *n*

tetrahedral symmetry Tetraedersymmetrie *f*

tetrahedrite Graukupfererz *n {obs}*, Kupferfahlerz *n {obs}*, Tetraedrit *m {Min}*

tetrahedrite containing mercury Quecksilberfahlerz *n*, Schwazit *m {Min}*

tetrahedron Tetraeder *n*, Vierflächner *m {Krist}*

tetrahexacontane <$C_{64}H_{130}$> Tetrahexakontan *n*

tetrahexahedron Tetrahexaeder *n*, Vierundzwanzigflächner *m*

tetrahydrate Tetrahydrat *n*

tetrahydric alcohols vierwertige Alkohole *mpl*, Tetrite *npl*

tetrahydroborate <$M'_n[BH_4]_n$> Boranat *n*, Metallborwasserstoff *m*, Tetrahydridoborat *n {IUPAC}*, Metallborhydrid *n*, Hydridoborat *n*

tetrahydrofolate dehydrogenase *{EC 1.5.1.3}* Tetrahydrofolatedehydrogenase *f*

tetrahydrofolic acid Tetrahydrofolsäure *f*

tetrahydroform <C_3H_7N> Trimethylenimin *n*

tetrahydrofuran <C_4H_8O> Tetrahydrofuran *n*, Butylenoxid *n*, Diethylenoxid *n*, Tetramethylenoxid *n*, Oxolan *n*

tetrahydrofuran-type adhesive Tetrahydrofuran-Klebstoff *m*, THF-Klebstoff *m*

tetrahydrofurfuryl alcohol <$C_4H_7OCH_2OH$> Tetrahydrofurfurylalkohol *m*

tetrahydrofurfuryl laurate <$C_4H_7OCH_2OOC$-$C_{11}H_{23}$> Tetrahydrofurfuryllaurat *n*

tetrahydrofurfuryl levulinate <$CH_3CO(CH_2)_2COOCH_2C_4H_7O$> Tetrahydrofurfuryllävulinat *n*

tetrahydrofurfuryl oleate Tetrahydrofurfuryloleat *n*

tetrahydrofurfuryl palmitate Tetrahydrofurfurylpalmitat *n*

tetrahydrofurfuryl phthalate Tetrahydrofurfurylphthalat *n*

tetrahydronaphthalene <$C_{10}H_{12}$> 1,2,3,4-Tetrahydronaphthalen *n*, Tetralin *n*

tetrahydrophenol <C_6H_9OH> Cyclohexenol *n*

tetrahydrophthalic anhydride Tetrahydrophthalsäureanhydrid *n*

tetrahydropteroylglutamate methyltransferase *{EC 2.1.1.13}* Tetrahydropteroylglutamat-Methyltransferase *f*

tetrahydropteroyltriglutamate methyltransferase *{EC 2.1.1.14}* Tetrahydropteroyltriglutamat-Methyltransferase *f*

tetrahydropyran-2-methanol <$C_6H_{12}O_2$> Tetrahydropyran-2-methanol *m*

tetrahydropyridine <C_5H_9N> Tetrahydropyridin *n*

tetrahydropyrrol[e] Pyrrolidin *n*, Tetrahydropyrrol *n*

tetrahydroquinoline <$C_8H_{11}N$> Tetrahydrochinolin *n*

tetrahydroserpentine Tetrahydroserpentin *n*

tetrahydrothiophen[e] <C_4H_8S> Tetrahydrothiophen *n*, THT, Thiolan *n*

tetrahydroxyethylethylenediamine <$(HOCH_2CH_2)_2NCH_2CH_2N(CH_2CH_2OH)_2$> Tetrahydroxyethylethylendiamin *n {N, N, N'', N'-Tetrakis-(2-hydroxyethyl)-ethylendiamin}*

tetrahydroxyflavone Luteolin *n*

tetrahydroxyflavonol Quercetin *n*

tetrahydroxypteridine cycloisomerase *{EC 5.5.1.3}* Tetrahydroxypteridincycloisomerase *f*

tetraiodoethylene <$I_2C{=}CI_2$> Tetraiodethylen *n*, Diiodoform *n*

tetraiodofluorescein <$C_{20}H_8O_5I_4$> Erythresin *n*, Tetraiodfluorescein *n*, Iodeosin *n*

tetraiodophenolphthalein <$C_{20}H_8I_4N_4Na$> Iodophen *n*, Nosophen *n*

tetraiodopyrrole Jodol *n*

tetraisopropyl titanate <$[(CH_3)_2CHO]_4Ti$> Tetraisoproyltitanat *n*

tetraisopropyl zirconate <$[(CH_3)_2CHO]_4Zr$> Tetraisopropylzirconat *n*

tetraisopropylthiuram disulfide <$(CH_3CH_3CH)_2NCS)_2S_2$> Tetraisopropylthiuramdisulfid *n*

tetrakishexahedron Tetrakishexaeder *n {Krist}*

Tetralin <$C_{10}H_{12}$> Tetralin *n*, 1,2,3,4-Tetrahydronaphthalen *n*

tetralite <$(NO_2)_3C_6H_2N(NO_2)CH_3$> Tetryl *n* *{Expl}*
tetralol <$C_{10}H_{12}O$> Tetralol *n*, 1,2,3,4-Tetrahydronaphth-2-ol *n*, *ac*-Tetrahydro-*ß*-naphthol *n*
1-tetralone <$C_{10}H_{10}O$> Tetralon *n*
tetralupine Tetralupin *n*
tetramer Tetramer[es] *n*
tetrameric tetramer
tetramethyl silicate <$(CH_3)_4SiO_4$> Kieselsäuretetramethylester *m*, Tetramethylsilicat *n*
tetramethylalloxantine Amalinsäure *f*
tetramethylammonium chloride <$(CH_3)_4NCl$> Tetramethylammoniumchlorid *n*
tetramethylammonium chlorodibromide <$(CH_3)_4NClBr_2$> Tetramethylammoniumchlordibromid *n*
tetramethylammonium hydroxide <$(CH_3)_4NOH$> Tetramethylammoniumhydroxid *n*
tetramethylammonium iodide <$(CH_3)_4NI$> Tetramethylammoniumiodid *n*
tetramethylammonium nitrate <$(CH_3)_4N-NO_3$> Tetramethylammoniumnitrat *n* *{Expl}*
tetramethylbenzene Tetramethylbenzol *n*
1,2,3,5-tetramethylbenzene <$C_6H_2(CH_3)_4$> Isodurol *n*, 1,2,3,5-Tetramethylbenzol *n*
1,2,4,5-tetramethylbenzene <$C_6H_2(CH_3)_4$> Durol *n*, 1,2,4,5-Tetramethylbenzol *n*
tetramethylbutanediamine <$CH_3CHN(CH_3)CH_2CH_2N(CH_3)_2$> Tetramethylbutandiamin *n*
tetramethylcyclohexanol pentanitrate <$C_{10}H_{15}N_5O_{15}$> Tetramethylcyclohexanolpentanitrat *n* *{Expl}*
tetramethylcyclohexanone tetranitrate <$C_{10}H_{14}N_4O_{13}$> Tetramethylcyclohexanontetranitrat *n* *{Expl}*
tetramethylcyclopentanol pentanitrate <$C_9H_{13}N_5O_{13}$> Tetramethylcyclopentanolpentanitrat *n* *{Expl}*
tetramethylcyclopentanone tetranitrate <$C_9H_{12}N_4O_{13}$> Tetramethylcyclopentanontetranitrat *n* *{Expl}*
tetramethyldiaminobenzhydrol Tetramethyldiaminobenzhydrol *n*, Michlers Hydrol *n*
tetramethyldiaminobenzophenone Tetramethyldiaminobenzophenon *n*, Michlers Keton *n*
4,4'-tetramethyldiaminodiphenylmethane Tetramethyldiaminodiphenylmethan *n*, Tetrabase *f* *{Triv}*
tetramethyldiaminodiphenylsulfone Tetramethyldiaminodiphenylsulfon *n*
tetramethylene *s.* cyclobutane
tetramethylene glycol <$HO(CH_2)_4OH$> Tetramethylenglycol *n*, Butan-1,4-diol *n* *{IUPAC}*
tetramethylene sulfide <C_4H_8S> Tetrahydrothiophen *n*, THT, Thiolan *n*
tetramethylenediamine <$H_2N(CH_2)_4NH_2$> 1,4-Diaminobutan *n*, Putrescin *n*, Tetramethylendiamin *n*
tetramethylethylene <$(CH_3)_2C=C(CH_3)_2$> Tetramethylethylen *n*
tetramethylethylenediamine <$(CH_3)_2NCH_2CH_2N(CH_3)_2$> Tetramethylethylendiamin *n*
tetramethylethyleneglycol Pinakol *n*, Tetramethylethylenglycol *n*
tetramethylglucose Tetramethylglucose *f*
1,2,4,5-tetramethyl-3-hydroxybenzene <$C_6H(CH_3)_4OH$> Durenol *n*, 1,2,4,5-Tetramethyl-3-hydroxybenzol *n*
tetramethyllead <$Pb(CH_3)_4$> Tetramethylblei *n*, Bleitetramethyl *n*, Tetramethylplumban *n*
tetramethylmethane <$C(CH_3)_4$> Tetramethylmethan *n*, 2,2-Dimethylpropan *n*, Neopentan *n*
tetramethylsilane <$(CH_3)_4Si$> Tetramethylsilan *n*
tetramethylthiuram disulfide <$[(CH_3)_2NCS]_2S_2$> Tetramethylthiuramdisulfid *n*
tetramethylthiuram monosulfide <$[(CH_3)_2NCS]_2S$> Tetramethylthiurammonosulfid *n*
tetramethyltin <$Sn(CH_3)_4$> Tetramethylzinn *n*, Zinntetramethyl *n*
tetramethylxylene diisocyanate Tetramethylxylendiisocyanat *n*
tetramic acid Tetramsäure *f*
tetramine <$R(NH_2)_4$> Tetramin *n*, Tetraamin *n*
tetrammine Tetraammin *n*, Tetraamminkomplex *m*
tetramolecular tetramolekular
tetramorphous tetramorph *{Chem}*
tetrane *s.* butane
tetranitride Tetranitrid *n*
2,3,4,6-tetranitroaniline <$C_6H_3N_5O_8$> 2,3,4,6-Tetranitroanilin *n* *{Expl}*
tetranitrocarbazole <$C_{12}H_5N_5O_8$> Tetranitrocarbazol *n* *{Expl}*
tetranitrochrysazin Tetranitrochrysazin *n*, Chrysamminsäure *f*
tetranitrodibenzotetrazopentalene Tacot *n* *{Expl}*
tetranitroglycolurile <$C_4H_2N_8O_{10}$> Sorguyl *n* *{Expl}*
tetranitrol Erythrittetranitrat *n* *{Expl}*
tetranitromethane <$C(NO_2)_4$> Tetranitromethan *n* *{Expl}*
tetranitromethylaniline Tetranitro-*N*-methylanilin *n*, Tetryl *n* *{Expl}*
tetranitronaphthalene <$C_{10}H_4N_4O_8$> Tetranitronaphthalin *n* *{Expl}*
tetranitrophenol Tetranitrophenol *n*, 1-Hydroxy-2,3,4,6-tetranitrobenzol *n*
tetranuclear vierkernig

tetranuclear complex vierkerniger Komplex *m*
tetraoxide Tetroxid *n*, Tetraoxid *n*
tetrapeptide Tetrapeptid *n*
tetraphene <$C_{18}H_{12}$> Tetraphen *n*, Benzanthren *n*, Naphthanthracene, 2,3-Benzphenanthren *n*, Benz*[a]*anthracen *n*, 1,2-Benzanthracen *n*
tetraphenoxysilane Tetraphenoxysilan *n*
tetraphenyl Tetraphenyl-
1,1,4,4-tetraphenylbutadien <$[(C_6H_5)_2C{=}CH{-}]_2$> 1,1,4,4-Tetraphenylbutadien *n*, TBP
1,1',2,2'-tetraphenylethane <$[(C_6H_5)_2CH{-}]_2$> 1,1',2,2'-Tetraphenylethan *n*
tetraphenylethylene <$(C_6H_5)_2C{=}C(C_6H_5)_2$> Tetraphenylethylen *n*
tetraphenylfurfurane Lepiden *n*
tetraphenylhydrazine <$(C_6H_5)_2N{-}N(C_6H_5)_2$> Tetraphenylhydrazin *n*
tetraphenyllead <$Pb(C_6H_5)_4$> Tetraphenylblei *n*, Bleitetraphenyl *n*, Tetraphenylplumban *n* *{IUPAC}*
tetraphenylmethane <$C(C_6H_5)_4$> Tetraphenylmethan *n*
tetraphenyl-*p*-pyrimidine Amaron *n*, Tetraphenyl-*p*-pyrimidin *n*
tetraphenylsilane <$Si(C_6H_5)_4$> Tetraphenylsilan *n*
tetraphenyltin <$Sn(C_6H_5)_4$> Tetraphenylzinn *n*, Zinntetraphenyl *n*
tetraphenylene <$C_{24}H_{16}$> Tetraphenylen *n*
tetrapropenylsuccinic anhydride Tetrapropenylbernsteinsäureanhydrid *n*
tetrapropylene <$C_{12}H_{24}$> Tetrapropylen *n*, Dodecen *n*, Propylentetramer[es] *n*
tetrapropylthiuram disulfide <$[(C_3H_7)_2NCS]_2S_2$> Tetrapropylthiuramdisulfid *n*
tetrasilane <Si_4H_{10}> Tetrasilan *n*
tetrasodium pyrophosphate <$Na_4P_2O_7{\cdot}10H_2O$, $Na_4P_2O_7$> Tetranatriumpyrophosphat *n*, Natriumpyrophosphat *n*, Natriumdiphosphat *n*, pyrophosphorsaures Natrium *n* *{obs}*
tetrasulfur tetranitride <S_4N_4> Tetraschwefeltetranitrid *n*
tetrasymmetric tetrasymmetrisch
tetrathionic acid <$H_2S_4O_6$> Thiotrischwefelsäure *f*, Tetrathionsäure *f*
  salt of tetrathionic acid <$M'_2S_4O_6$> Tetrathionat *n*
tetratomic vieratomig *{Chem}*
tetratriacontane <$C_{34}H_{70}$> Tetratriacontan *n*
tetravalence Vierwertigkeit *f*, Tetravalenz *f* *{Chem}*
tetravalent vierwertig, tetravalent *{Chem}*
tetrazene 1. <$C_2H_6H_{20}{\cdot}H_2O$> Tetrazen *n*, Tetracen *n*, 1-(5-Tetrazolyl)-4-guanyltetrazenhydrat *n* *{Expl}*; 2. <$HN{=}NH{-}NHNH_2$> Buzylen *n*, Diazohydrazin *n*, Tetrazen *n*
tetrazine <$C_2H_2N_4$> Tetrazin *n*
tetrazole <CH_2N_4> Tetrazol *n*
tetrazolylguanyltetrazene hydrate 1-(5-Tetrazolyl)-4-guanyltetrazenhydrat *n*, Tetrazen *n*, Tetracen *n* *{ein Initialsprengstoff}*
tetrazone <$R_2NN{=}NNR_2$> Tetrazon *n*
tetrazotic acid <$(CH_2)N_4$> Tetrazotsäure *f*
tetrels *{IUPAC}* 4B-Elemente *npl*, Tetrele *npl* *{C, Si, Ge, Sn, Pb}*
tetrinic acid <$C_5H_6O_3$> Tetrinsäure *f*
tetrode Tetrode *f*, Zweigitterröhre *f*
  tetrode ionization ga[u]ge Tetroden-Ionisationsvakuummeter *n*
  tetrode sputtering Tetrodenzerstäubung *f*
tetrodotoxin Tetrodotoxin *f* *{Fischgift}*
tetrol Furan *n*
tetrolic acid <$CH_3C{\equiv}CCOOH$> Tetrolsäure *f*, Butinsäure *f*
tetronal <$(H_5C_2)_2C(SO_2C_2H_5)_2$> Tetronal *n*, Diethylsulfondiethylmethan *n*
tetronic acid <$C_4H_4O_3$> Tetronsäure *f*
tetrose Tetrose *f* *{Monosaccharid mit 4 C-Atomen}*
tetroxane Tetroxan *n*
tetroxide <$M^{VIII}O_4$> Tetroxid *n*
tetryl <$C_7H_5N_5O_8$> Tetryl *n*, Tetranitro-*N*-methylanilin *n* *{Expl}*
tetrylammonium Tetrylammonium *n*
tetrytol Tetrytol *n* *{vergießbares Gemisch aus 70 % Tetryl und 30 % TNT}*
tetryzoline <$C_{13}H_{16}N_2$> Tetryzolin *n*, Tetrahydrozolin *n*
tetuin Tetuin *n*
teucrin <$C_{19}H_{20}O_5$> Teucrin *n*
Tex Tex *n* *{gesetzliche Einheit für die längenbezogene Masse von textilen Fasern und Garnen, 1 tex = 1g/km}*
texasite Texasit *m* *{obs}*, Zaratit *m* *{Min}*
text Text *m*
textbook Lehrbuch *n*
textile 1. textil; Textil-; Web-; 2. Gewebe *n*, Webstoff *m*
  textile apron Textilschürze *f*
  textile auxiliary Textilhilfsmittel *n*, Textilveredelungsmittel *n*
  textile auxiliary oils Schmälzöle *npl*, Spicköle *npl*
  textile coating Stofflack *m* *{Text}*
  textile dressing *s.* textile finish[ing]
  textile fiber Textilfaser *f*
  textile finish[ing] Textilvered[e]lung *f*, Textilausrüstung *f*
  textile finishing agent Textilvered[e]lungsmittel *n*, Textilausrüstungsmittel *n*
  textile floor covering textiler Bodenbelag *m*
  textile glass Textilglas *n*
  textile glass fabric Textilglasgewebe *n*, Glasgewebe *n*

textile glass fiber Textilglasfaser *f*, Glasfaser *f*

textile glass mat Textilglasmatte *f*, Glasmatte *f*

textile-glass reinforced plastic glasfaserverstärkter Kunststoff *m*

textile-like product textilähnliches Produkt *n*

textile machine öl Textilmaschinenöl *n*

textile oil Textilöl *n*, Appreturöl *n*

textile printing Zeugdruck *m*, Textildruck *m*, Stoffdruck *m*

textile pulp Edelzellstoff *m*, Textilfaserstoff *m*

textile-reinforced plastic textilverstärkter Kunststoff *m*

textile size Textilschlichte *f*

textile thread Textilfaser *f*

textiles Textilien *pl*, Textilerzeugnisse *npl*, Textilwaren *fpl*; Spinnstoffe *mpl*

textilite yarn Textilit *n*

textural measurement Beschaffenheitsuntersuchung *f*

texture 1. Gewebe *n*, Faserung *f*; 2. Gefüge *n*, Struktur *f*; 3. Textur *f*

texture change Gefügeänderung *f*, Strukturveränderung *f*

texture effect Struktureffekt *m*

fine texture Kleingefüge *n*

homogeneous texture gleichmäßiges Gefüge *n*

portion of the texture Gefügebestandteil *m*

textured texturiert, sturkturiert

textured finish Narbeneffektlack *m*

textured protein faseriges Pflanzenprotein *n* *{Lebensmittel}*

textured plaster Reibeputz *m*

texturized nachbehandelt

texturized mat nachbehandelte Matte *f*, nachgehärtete Matte *f* *{Kunst}*

TFE *s.* tetrafluoroethylene

TFM foam mo[u]lding process Gasgegendruck-Spritzgießverfahren *n* *{thermoplastische Schaumstoffe}*

thalenite Thalenit *m*, Högtveitit *m* *{Min}*

thalidomide <$C_{13}H_{10}N_2O_4$> Thalidomid *n* *{HN}*, Contergan *n* *{HN}*, *N*-Phthalylglutaminsäureimid *n* *{Pharm}*

thalleioquinoline Thalleiochinolin *n*

thallic Thallium-, Thallium(III)-

thallic chloride <$TlCl_3$> Thallium(III)-chlorid *n*, Thalliumtrichlorid *n*

thallic compound Thallium(III)-Verbindung *f*

thallic ion <Tl^{3+}> Thallium(III)-ion *n*

thallic oxide <Tl_2O_3> Thallium(III)-oxid *n*, Thallioxid *n* *{obs}*

thalline Thallin *n*

thalline suflate Thallinsulfat *n*

thallium *{Tl, element no. 81}* Thallium *n*

thallium acetate <CH_3COOTl> Thallium(I)-acetat *n*

thallium alum <$Tl_2SO_4 \cdot Al_2(SO_4)_3 \cdot 24H_2O$> Thallium[aluminium]alaun *m*, Thallium(I)-aluminiumsulfat-12-Wasser *n*

thallium amalgam Thalliumamalgan *n* *{8,5 Prozent Tl, 91,5 Prozemt Hg}*

thallium bromide Thalliumbromid *n* *{$TlBr$, $TlBr_3$}*

thallium carbonate <Tl_2CO_3> Thalliumcarbonat *n*, Thallium(I)-carbonat *n*

thallium chloride *{$TlCl$, $TlCl_3 \cdot H_2O$}* Thalliumchlorid *n*

thallium content Thalliumgehalt *m*

thallium ethanolate <$TlOC_2H_5$> Thalliumethanolat *n*

thallium formate <$HCOOTl$> Thalliumformiat *n*

thallium glass Thalliumglas *n* *{Opt}*

thallium hydroxide 1. <$TlOH$> Thallium(I)-hydroxid *n*; 2. <$Tl(OH)_3$, $TlO(OH)$> Thallium(III)-hydroxid *n*

thallium iodide Thalliumiodid *n* *{TlI, TlI_3}*

thallium malonate Thalliummalonat *n*

thallium monobromide Thallium(I)-bromid *n*, Thalliummonobromid *n*

thallium monochloride Thallium(I)-chlorid *n*, Thallochlorid *n* *{obs}*, Thalliummonochlorid *n*

thallium monoiodide Thallium(I)-iodid *n*, Thalliummonoiodid *n*

thallium monoxide <Tl_2O> Thalliummonoxid *n*, Thallium(I)-oxid *n*, Dithalliummonoxid *n*

thallium nitrate <$TlNO_3$> Thalliumnitrat *n*, Thallium(I)-nitrat *n*

thallium oxide 1. <Tl_2O_3> Thalliumsesquioxid *n*, Thallium(III)-oxid *n*, Thalliumtrioxid *n* *{Glas, Chem}*; 2. <TiO_2> Thallium(I)-oxid *n*

thallium ozon paper Thallium-Ozonpapier *n* *{O_3-Nachweis mit $TlOH$}*

thallium phosphate <Tl_3PO_4> Thallium(I)-phosphat *n*

thallium selenate Thalliumselenat *n*

thallium sesquioxide Thallium(III)-oxid *n*, Thalliumtrioxid *n*, Thalliumsesquioxid *n*

thallium sulfate <Tl_2SO_4> Thalliumsulfat *n*, Thallium(I)-sulfat *n*

thallium sulfide <Tl_2S> Thalliumsulfid *n*, Thallium(I)-sulfid *n*

thallium tribromide <$TlBr_3$> Thallium(III)-bromid *n*, Thalliumtribromid *n*

thallium trichloride Thallium(III)-chlorid *n*, Thalliumtrichlorid *n*

thallium triiodide Thallium(III)-iodid *n*, Thalliumtriiodid *n*

thallium trioxide <Tl_2O_3> Thalliumtrioxid *n*, Thallium(III)-oxid *n*, Thalliumsesquioxid *n*

thallous Thallium-, Thallium(I)-

thallous aluminum sulfate Thallium[aluminium]alaun *m*, Thalliumaluminiumsulfat-12-Wasser *n*

thallous chloride <$TeCl$>
thallous compound Thalloverbindung *f {obs}*, Thallium(I)-Verbindung *f*
thallous ion Thalloion *n {obs}*, Thallium(I)-ion *n*
thamnolic acid Thamnolsäure *f*
thanatol <$HOC_6H_4OC_2H_5$> Guäthol *n*, Ajacol *n*
thapsic acid Thapsiasäure *f*
thaumasite Thaumasit *m {Min}*
thaumatin Taumatin *n {Protein}*
thaw/to tauen
thaw-off/to auftauen, abtauen, entfrosten
thaw 1. Tau *m*; 2. Tauwetter *n*
thaw point Taupunkt *m*
thawing Tauen *n*; Auftauen *n*, Abtauen *n*
thawing agent Auftaumittel *n*
theanine <$C_7H_8N_4O_4NHC_2H_4OH$> Theophyllinethanolamin *n*, Theanin *n*
thebaine <$C_{17}H_{15}(OCH_3)_2NO$> Thebain, Dimethylmorphin *n*, Paramorphin *n {Pharm}*
thebaine tartrate Thebaintartrat *n*
thebenidine <$C_{15}H_9N$> Azapyrin *n*, Thebenidin *n*
THEED *{transmission high energy electron diffraction}* Beugung *f* schneller Elektronen in Durchstrahlung
theine Thein *n*, Coffein *n*, 1,3,7-Trimethylxanthin *n*
thelephoric acid <$C_{18}H_8O_8$> Thelephorsäure *f*
theme 1. Haupt-; 2. Thema *n*; 3. Arbeit *f*, Aufsatz *m*
thenaldehyde Thenaldehyd *m*
thenalidine <$C_{17}H_{22}N_2S$> Thenalidin *n*
Thénard's blue Thénards Blau *n*, Cobaltultramarin *n*, Kobaltblau *n {Triv}*
thenardite Thenardit *m {Na_2SO_4, Min}*
thenoic acid Thenoesäure *f*, Thiophencarbonsäure *f*
thenoylacetone Thenoylaceton *n*
thenylamine <$C_4H_3SCH_2NH_2$> Thenylamin *n*
thenyldiamine hydrochloride Thenyldiaminhydrochlorid *n {Pharm}*
theobroma oil Kakaobutter *f*, Kakaofett *n*
theobromine <$C_7H_8N_4O_2$> Theobromin *n*, 3,7-Dimethylxanthin *n {Purinalkaloid}*
theobromine calcium salicylate Theobromincalciumsalicylat *n*
theobromine sodium citrate Urocitral *n*
theobromine sodium formate Theophorin *n*
theobromine sodium iodide Eustenin *n*
theobromine sodium salicylate Diuretin *n*, Theobrominnatriumsalicylat *n*
Theocine Theophyllin *n*, Theocin *n {HN}*
theoline <C_7H_{16}> Theolin *n*
theophylline <$C_7H_8N_4O_2$> Theophyllin *n*, 1,3-Dimethylxanthin *n {ein Alkaloid}*
theophyllineethylenediamine Theophyllinethylendiamin *n*, Aminophyllin *n*
theophyllinemethylglucamine Theophyllinmethylglucamin *n*
theorem Lehrsatz *m*, Satz *m*, Theorem *n*
theorem of corresponding states Theorem *n* der übereinstimmenden Zustände *{Thermo}*
theorem of impulse Impulssatz *m {Math}*
theoretic[al] theoretisch
theoretical air requirement for combustion theoretischer Luftbedarf *m* für die Verbrennung
theoretical flowing capacity theoretischer Ausflußmassenstrom *m {DIN 3320, in kg/h}*
theoretical plate theoretischer Boden *m*, idealer Boden *m {Dest}*
theoretical speed Eigensaugvermögen *n {Vak}*
theory Lehre *f*, Theorie *f*
theory of adhesion Adhäsionstheorie *f*, Theorie *f* der Haftung
theory of combinations Kombinatorik *f {Math}*
theory of errors Fehlertheorie *f*, Fehlerrechnung *f {Math}*
theory of fractures Bruchvorgang *m*
theory of gases Gastheorie *f*
theory of lubrication Schmierungstheorie *f*
theory of relativity Relativitätstheorie *f*
theory of strain Spannungstheorie *f*
kinetic theory of gases kinetische Gastheorie *f*
theralite Theralith *m {Geol}*
therapeutic 1. therapeutisch, heilkundlich; heilkräftig; 2. Therapeutikum *n*
therapeutic agent Heilmittel *n {Med}*
therapeutic effect Heilwirkung *f*
therapeutic purpose Heilzweck *m*
therapeutic value Heilkraft *f*
therapeutics Therapeutik *f*, Therapie *f*
therapy Therapie *f*, Behandlung *f*
therm Therm *m {GB, Arbeitseinheit = 100 000 BTU = 105,5 MJ}*
thermal thermisch, kalorisch; Wärme-, Heiz-, Thermo-
thermal absorption Wärmeabsorption *f*, Wärmeaufnahme *f*
thermal activation thermische Aktivierung *f*, thermische Anregung *f*
thermal agitation Wärmebewegung *f*, Temperaturbewegung *f*, thermische Bewegung *f*
thermal agitation noise Wärmerauschen *n*, thermisches Rauschen *n*
thermal alarm indicator wärmebetätigte Alarmvorrichtung *f*
thermal alkylation thermische Alkylierung *f*
thermal analysis Thermoanalyse *f*, thermische Analyse *f*, Erhitzungsanalyse *f*
thermal arrest thermischer Haltepunkt *m*
thermal-arrest calorimeter Haltepunktkalorimeter *n {Schmelzwärme}*
thermal balance Wärmebilanz *f*

thermal barrier Wärmesperre *f*, Wärmemauer *f*, Hitzschwelle *f*
thermal black [thermischer] Spaltruß *m*, Thermalruß *m*, Kohleschwarz *n*
thermal calculation wärmetechnische Berechnung *f*
thermal capacitance Entropie-Temperatur-Verhältnis *n*
thermal capacity *s.* heat capacity
thermal charge *s.* enthalpy
thermal chemistry Thermochemie *f*; thermochemische Reaktionen *fpl*
thermal circuit breaker Thermoschalter *m*, Thermoauslöser *m*, thermischer Auslöser *m*
thermal coefficient of linear expansion thermischer Längenausdehnungskoeffizient *m*, Wärmedehnzahl *f*
thermal conductance 1. Wärmeleitwert *m {in W/K}*; 2. Wärmedurchgangskoeffizient *m*, Wärmedurchgangszahl *f {Phys}*
thermal conduction Wärmeleitung *f*, Wärmeübergang *m*
thermal conduction coefficient Wärmeleitzahl *f*
thermal-conduction manometer Wärmeleitungsmanometer *n*
thermal-conduction property Wärmeleiteigenschaft *f*
thermal conductivity Wärmeleitfähigkeit *f*, thermische Leitfähigkeit *f*, Wärmeleitvermögen *n {in W/m·K}*
thermal-conductivity cell Wärmeleitfähigkeitsdetektor *m*; Katharometer *n*
thermal-conductivity gas analyzer Wärmeleitungsgasanalysator *m*
thermal-conductivity ga[u]ge Wärmeleitungsmanometer *n*
thermal-conductivity instrument *{BS 3048}* Wärmeleitfähigkeitsmeßgerät *n*
thermal-conductivity meter Wärmeleitfähigkeitsmeßgerät *n*
thermal-conductivity vacuum ga[u]ge Wärmeleitungsvakuummeter *n*
thermal control 1. Temperaturregelung *f*; 2. Temperaturwächter *m*; 3. Einstellelement *n* für die Temperatur
thermal control member Temperaturregler *m*
thermal convection Wärmekonvektion *f*
thermal convection current Thermokonvektionsströmung *f*
thermal coulomb thermisches Coulomb *n {Entropieeinheit in J/K}*
thermal cracking thermisches Kracken *n*, radikalisches Spalten *n {Chem}*
thermal cubic expansion coefficient kubischer Wärmeausdehnungskoeffizient *m*
thermal current Wärmestrom *m*, Wärmefluß *m*
thermal cutting thermisches Schneiden *n* *{DIN 2310}*, thermisches Trennen *n {z.B. Lichtbogenschneiden}*
thermal cycle Wärmekreislauf *m*, thermischer Kreislauf *m*; Temperatur-Zeit-Folge *f*
thermal cycling Wärmewechsel *m*, zyklische Wärmebeanspruchung *f*, thermische Wechselbeanspruchung *f*, Temperaturwechselbeanspruchung *f*
thermal cycling strength Wärmewechselfestigkeit *f*
thermal cycling stress Wärmewechselbeanspruchung *f*, thermische Wechselbeanspruchung *f*
thermal cycling test Temperaturwechseltest *m*
thermal decomposition thermische Zersetzung *f*, Wärmezersetzung *f*; thermischer Abbau *m*, Thermolyse *f*, Strukturabbau *m* durch Wärme *{z.B. von Kunststoffen}*
thermal deformation Verformung *f* in der Wärme *{von Plastwerkstoffen}*
thermal degradation thermischer Abbau *m*, Wärmeabbau *m*; Wärmezersetzung *f*
thermal desorption thermische Desorption *f*
thermal diffusion Thermodiffusion *f*, thermische Transpiration *f*, thermische Effusion *f*, thermomolekulare Strömung *f {Vak}*; Soret-Effekt *m {Lösung}*
thermal diffusion coefficient Thermodiffusionskoeffizient *m {in m^2/s}*
thermal diffusion factor Thermodiffusionsfaktor *m*
thermal diffusion nozzle Trenndüse *f {Isotopen}*
thermal diffusion pipe Trennrohr *n {Isotopen}*
thermal diffusion plant Thermodiffusionsanlage *f*
thermal diffusion ratio Thermodiffusionsverhältnis *n*
thermal diffusion separation Trennung *f* durch Diffusionswärme
thermal diffusion separation plant thermische Diffusionsscheidungsanlage *f {Isotopen}*
thermal diffusivity Wärmeleitvermögen *n*, thermisches Diffusionsvermögen *n*, Wärmeausbreitungsvermögen *n*, Temperaturleitfähigkeit *f*, Temperaturleitzahl *f {in m^2/s}*
thermal dispersion Wärmestreuung *f*
thermal dissipation Wärmedissipation *f*
thermal dissociation thermische Dissoziation *f*, Thermodissoziation *f*, Thermolyse *f*
thermal effect Wärmewirkung *f*
thermal efficiency thermischer Wirkungsgrad *m*, Wärmewirkungsgrad *m*, Wärmeausbeute *f {in %, Thermo}*
thermal electromotive force thermoelektrische Kraft *f*, Seebeck-Koeffizient *m {in V/K}*
thermal electron energy thermische Elektronenenergie *f*
thermal embrittlement Wärmeversprödung *f*

thermal emissivity thermisches Emissionsvermögen *n*
thermal endurance [properties] Dauerwärmebeständigkeit *f*, Wärmebeständigkeit *f*, thermische Beständigkeit *f*, Hitzebeständigkeit *f*, Dauerwärmefestigkeit *f*, Langzeit-Wärmeverhalten *n* *{von Isolierwerkstoffen}*
thermal energy 1. Wärmeenergie *f*, thermische Energie *f*; 2. thermischer Energiebereich *m* *{Neutronen mit 0,025 eV}*
thermal [energy] yield Wärmeausbeute *f*
thermal equilibrium thermisches Gleichgewicht *n*, thermodynamisches Gleichgewicht *n*, Temperaturgleichgewicht *n*, Wärmegleichgewicht *n* *{Phys}*
thermal equivalent Wärmeäquivalent *n*
electrical thermal equivalent elektrisches Wärmeäquivalent *n* *{Thermo, 1J = 1Ws}*
mechanical thermal equivalent mechanisches Wärmeäquivalent *n* *{Thermo,* C_p-C_v = *8,29 J/ mol·K}*
thermal evaporation plant thermische Verdampfungsanlage *f*
thermal excitation thermische Anregung *f*
thermal expansion Wärme[aus]dehnung *f*, thermische Dehnung *f*
thermal expansion coefficient thermischer Ausdehnungskoeffizient *m*, Wärmeausdehnungskoeffizient *m*, Wärmeausdehnungszahl *f* *{dV/dT; dl/dT}*
thermal expansivity Wärmeausdehnungsvermögen *n*
thermal extension Wärme[aus]dehnung *f*, thermische Ausdehnung *f*
thermal farad kalorisches Farad *n* *{Wärmekapazitätseinheit, in J/K·kg}*
thermal fatigue Wärmeermüdung *f*
thermal flow Wärmefluß *m*, Wärmestrom *m*
thermal flowmeter thermischer Durchflußmesser *m*, Hitzedraht-Durchflußmesser *m*
thermal flux 1. thermischer Fluß *m* *{Neutronenfluß}*; 2. *s.* heat flux
thermal force Thermokraft *f*
thermal fuse Temperaturstreifen *m* *{Schutz}*
thermal ga[u]ge Wärmeleitungsvakuummeter *n*
thermal glass hitzebeständiges Glas *n*, temperaturwechselbeständiges Glas *n*; feuerfestes Glas *n*
thermal gravimetric analysis Thermogravimetrie *f* *{Anal}*
thermal head Wärmegefälle *n*
thermal high-vacuum ga[u]ge Thermohochvakuummanometer *n*
thermal history Wärme-Vorgeschichte *f*
thermal hysteresis Wärmehysterese *f*, thermische Hysterese *f*
thermal impedance Wärmewiderstand *m*
thermal impulse sealing Wärmeimpulsschweißen *n*, WI-Schweißen *n*
thermal inductance Wärmeleitvermögen *n*, thermische Induktanz *f*
thermal inertia Wärmeträgheit *f*
thermal insulance Wärmedurchgangswiderstand *m* *{in* m^2*·K/W}*
thermal insulating board Wäremisolierplatte *f*, Wärmeschutzplatte *f* *{z.B. an Plastverarbeitungsmaschinen}*
thermal insulating material Wärmedämmstoff *m*, Isoliermaterial *n*
thermal insulating properties Wärmedämmeigenschaften *fpl*
thermal insulation Wärmeisolation *f*, wärmetechnische Isolierung *f*, Wärmeisolierung *f*, Wärmedämmung *f* *{DIN 4140}*, Wärmeschutz *m*
thermal insulation board Wärmeschutzplatte *f*, Wärmeisolierplatte *f*
thermal insulation for cold Kältedämmung *f* *{DIN 4140}*
thermal insulation material Isoliermaterial *n*, Wärmedämmstoff *m*
thermal ion source thermische Ionenquelle *f*
thermal ionization Wärmeionisation *f*, thermische Ionisierung *f*
thermal ionization equilibrium thermisches Ionisierungsgleichgewicht *n*
thermal load[ing] thermische Beanspruchung *f*, thermische Belastung *f*, Wärmebelastung *f*, Wärmebeanspruchung *f*
thermal loss Wärmeverlust *m*, Wärmeaufwand *m*
thermal molecular motion durch Wärme angeregte Molekularbewegung *f*
thermal motion thermische Bewegung *f*, Wärmeschwingung *f*, Wärmebewegung *f* *{eines Molekülverbandes}*
thermal neutron thermisches Neutron *n*, langsames Neutron *n* *{≈ 0,025 eV}*
thermal noise Widerstandsrauschen *n*, thermisches Rauschen *n*, Wärmerauschen *n*
thermal noise thermometer Rauschthermometer *n*
thermal ohm kalorisches Ohm *n*, Wärmeohm *n*, Fourier *n* *{in* W/K^2*}*
thermal oil Wärmeträgeröl *n*
thermal output Wärmeleistung *f* *{Tech}*
thermal oxidation thermische Oxidation *f*, Thermooxidation *f*
thermal pollution Wärmebelastung *f* *{Ökol}*, thermische Umweltbelastung *f*
thermal polymerization Wärmepolymerisation *f*, thermische Polymerisation *f* *{Erdöl}*
thermal power Wärmekraft *f*, Wärmeleistung *f*, [nutzbare] Wärmeenergie *f*
thermal power plant Wärmekraftanlage *f*, kalorisches Kraftwerk *n*

thermal precipitator Thermalabscheider *m*, Thermalpräzipitator *m*
thermal printhead Thermodruckkopf *m*
thermal process thermisches Verfahren *n*; Heißdampfverfahren *n {Gummi}*, Thermalspaltprozeß *m {Ruß}*
thermal process engineering thermische Verfahrenstechnik *f*
thermal properties thermische Eigenschaften *fpl*, Wärmeverhalten *n*, Temperaturverhalten *n {Werkstoffe}*
thermal radiance Wärmeabstrahlungsdichte *f {in $W/sr \cdot m^2$}*
thermal radiation Wärmestrahlung *f*, Temperaturstrahlung *f*
thermal radiation protection glass Wärmestrahlungsschutzglas *n*
thermal reactor thermischer Reaktor *m* Wärmereaktionsbehälter *m {Chem}*; 2. thermischer Reaktor *m {Nukl}*
thermal refinement Vergütung *f {Stahl}*
thermal reforming thermisches Reform[ier]en *n*, thermischer Reformierungsprozeß *m*, Thermoreformieren *n {Erdöl}*
thermal reforming plant Thermoreformierungsanlage *f {Erdöl}*
thermal relay Thermorelais *n*, Temperaturschalter *m*
thermal release thermische Auslösung *f*
thermal resilience Thermorückfederung *f*, Deformationsrückstellung *f* unter Wärmeeinwirkung *{Kunst}*
thermal resistance 1. Wärmedämmwert *m*, Wärmedurchlaßwiderstand *m*, Wärme[leit]widerstand *m {in K/W}*; 2. Temperaturbeständigkeit *f*, thermische Beständigkeit *f*; wirksamer Wärmewiderstand *m {Halbleiter, in K/W}*
thermal resistivity 1. spezifischer Wärme[leit]widerstand *m {in m·K/W}*; 2. Temperaturwechselbeständigkeit *f*
thermal response Temperaturanstiegsrate *f*
thermal sealing Wärmekontaktschweißen *n*; Heißverschweißen *n*, Heißkleben *n*, Heißsiegeln *n {Kunst}*
thermal separating column thermische Trennsäule *f*
thermal setting Warmabbinden *n*
thermal shield Wärmedämmblech *n*, Wärmeschirm *m*, Wärmeschutzvorrichtung *f {Tech}*; thermische Abschirmung *f*, thermischer Schild *m {Nukl}*
thermal shielding Wärmeschutz *m*
thermal shock Thermoschock *m*, Wärmeschock *m*, Wärmestoß *m*
thermal shock resistance Wärmeschockbeständigkeit *f*, Hitzeschockbeständigkeit *f*, Temperaturwechselbeständigkeit *f*, Widerstand *m* gegen Temperaturwechsel *m*
thermal shock stress Thermoschockspannung *f*
thermal shock test Hitzeschockprobe *f*, Wärmeschockprüfung *f {eine Eigenschaftsprüfung mittels Wärmeschocks}*
thermal shrinkage thermische Schwindung *f*
thermal sleeve Wärmefalle *f*
thermal softening Entfestigungsglühen *n {Met}*
thermal spalling resistance Temperaturwechselbeständigkeit *f*
thermal spectrum Wärmespektrum *n*
thermal spraying thermisches Spritzen *n {DIN 8565}*
thermal spring Thermalquelle *f*, Therme *f*
thermal stability thermische Stabilität *f*, thermische Festigkeit *f*, thermische Beständigkeit *f*, Wärmebeständigkeit *f*, Thermostabilität *f*, Hitzefestigkeit *f*, Wärmestabilität *f {Werkstoffe}*
thermal stabilization Thermostabilisierung *f*
thermal state quantity thermische Zustandsgröße *f*
thermal stimulus Wärmereiz *m*
thermal stratification Temperaturschichtung *f*
thermal stress 1. thermische Beanspruchung *f*, Wärmebeanspruchung *f*; 2. thermische Spannung *f*, Wärmespannung *f*
thermal stress crack Wärmespannungsriß *m*
thermal stress relief Glühen *n {Met}*, Normalisieren *n {obs}*
thermal stress resistance Wärmespannungswiderstand *m*
thermal sulfur bath Thermalschwefelbad *n*
thermal switch Wärmeschalter *m*, Temperaturschalter *m*, Thermoschalter *m*
thermal testing Prüfung *f* der thermischen Werkstoffeigenschaften
thermal time delay switch *{IEC 388}* thermische Verzögerungseinrichtung *f*
thermal transducer Wärmegeber *m*, Wärmewandler *m {Instr}*
thermal transmission Wärmeübergang *m*, Wärmeübertragung *f*; Hitzedurchlässigkeit *f*
thermal transmission coefficient Wärmedurchgangszahl *f*, Wärmedurchlaßzahl *f*, Wärmedurchgangskoeffizient *m {in $W/m^2 \cdot K$}*
thermal transmittance Wärmedurchgangskoeffizient *m*, Wärmedurchgangszahl *f {in $W/m^2 \cdot K$}*
thermal transpiration thermische Transpiration *f*, thermische Effusion *f*, Thermodiffusion *f*, thermomolekulare Strömung *f {Vak}*
thermal transpiration ratio Verhältniszahl *f* der thermischen Transpiration
thermal transpiration vacuum pump Thermomolekularpumpe *f {Vak}*
thermal treatment Wärmebehandlung *f*, Vergütung *f*, thermische Aufbereitung *f*

thermal treatment plant Warmbehandlungsanlage *f*
thermal trip thermischer Auslöser *m*
thermal unit Einheit *f* der Wärmemenge, Einheit *f* der Wärmeenergie *{SI-Einheit = J}*
thermal utilization [factor] thermischer Nutzfaktor *m*, thermische Nutzung *f*, Faktor *m* der thermischen Nutzung *{von Neutronen}*
thermal value Wärmewert *m*, Heizwert *m*
thermal velocity thermische Geschwindigkeit *f*
thermal volt Kelvin *n*, kalorisches Volt *n {obs}*
thermal water Thermalwasser *n*
thermal water softening plant thermische Wasserenthärtungsanlage *f*
thermally conductive nozzle Wärmeleitdüse *f*
thermally insulated thermoisoliert, wärmegedämmt
thermally stable temperaturstabil, thermostabil
thermic thermisch, kalorisch; Thermo-, Wärme-, Heiz-
thermic cathode thermische Kathode *f*
thermic equilibrium thermisches Gleichgewicht *n*
thermic lance Sauerstofflanze *f*
thermic protection Wärmeschutz *m*
thermie Thermie *f*, Megakalorie *f {1 th = 4,1855 MJ}*
thermion Thermion *n*, Wärmeion *n {Phys}*
thermionic thermionisch, glühelektrisch; Thermionen-
thermionic amplifier Glühkathodenverstärker *m*
thermionic cathode Glühkathode *f*
thermionic cathode ionization ga[u]ge Ionisationsvakuummeter *n* mit geheizter Kathode
thermionic constant Glühemissionskonstante *f*
thermionic converter thermionischer Energieumwandler *m*
thermionic current Thermionenstrom *m*
thermionic discharge Glühelektronenentladung *f*
thermionic electric power generation thermionisch-elektrische Energieerzeugung *f*
thermionic electron source Glühelektronenquelle *f*
thermionic emission Glühelektronenemission *f*, thermische Elektronenemission *f*, Glühemission *f*
thermionic emissivity Elektronenemissionsvermögen *n*
thermionic fuel cell thermionische Brennstoffzelle *f*
thermionic tube *{US}* Glühkathodenröhre *f*, Elektronenröhre *f*
thermionic valve *{GB}* *s.* thermionic tube *{US}*
thermionic work function Austrittsarbeit *f*
thermistor Thermistor *m*, Heißleiter *m*
thermistor cryoscope method Thermistor-Kryoskop-Methode *f {Gefrierpunkterniedrigung}*
thermistor ga[u]ge Thermistor-Vakuummeter *n*, Wärmeleitungsvakuummeter *n {Vak}*
thermit[e] Thermit *n {Fe_3O_4/Al-Mischung}*
thermite process Thermitverfahren *n*, aluminothermisches Verfahren *n {Met}*, Goldschmidt-Verfahren *n {1. Thermoreduktionsschweißen; 2. Cr- und Mn-Darstellung}*
thermite welding aluminothermische Schweißung *f*, Thermitschweißung *f*
thermite welding of aluminum Alutherm-Verfahren *n*
thermite welding plant Thermitschweißanlage *f*
thermoammeter Thermoamperemeter *n*
thermoanalysis thermische Analyse *f*, Thermoanalyse *f*
thermoanalytical thermoanalytisch
thermobalance Thermowaage *f {z.B. beim Trocknen}*
thermoband tape elektrisches Widerstandsheizband *n {Thermobandschweißen}*
thermobarometer Thermobarometer *n*, Kochthermometer *n*, Siedethermometer *n*
thermobattery Thermobatterie *f*, Thermosäule *f*
thermocatalytic reaction thermokatalytische Reaktion *n {Geochemie}*
thermocell Thermoelement *n*
thermochemical thermochemisch
thermochemical cycling process thermochemischer Kreisprozeß *m*
thermochemistry Thermochemie *f*
thermochrome crayon Thermochromstift *m*, Temperaturindikationsstift *m*; Temperaturmeßkreide *f*
thermochrome paint Thermochromfarbe *f*
thermochrome rod *s.* thermochrome crayon
thermochromic thermochrom
thermochromic properties thermochromes Verhalten *n*
thermochromism Thermochromie *f {reversible Farbänderung bei Erwärmung}*
thermocolo[u]r 1. Thermofarbe *f*; 2. Temperaturmeßkreide *f*, Thermokreide *f*, Temperaturmeßpulver *n*
thermocompensator Thermokompensator *m*
thermocompression evaporator Thermokompressionsverdampfer *m*, Verdampfer *m* mit Brüdenverdichtung *f*
thermocouple Thermopaar *n*, Thermoelement *n*; Thermokreuz *n*
thermocouple instrument thermoelektrisches Meßinstrument *n*, Thermoumformerinstrument *n*
thermocouple needle sondenförmiges Thermoelement *n*
thermocouple tip Thermoelementlötstelle *f*

thermocouple vacuum ga[u]ge thermoelektrisches Vakuummeter *n*
thermocouple well Thermoelementbohrung *f*, Thermofühlerbohrung *f*
thermocouple wire Thermoelementdraht *m*, Thermoelementleiter *m*
thermocurrent thermoelektrischer Strom *m*, Thermostrom *m*
thermocycling test Temperaturwechseltest *m*
thermodiffusion *s.* thermal diffusion
thermodiffusion column Trennrohr *n*
thermoduric thermoresistent, hitzeresistent, hitzbeständig *{z.B. Mikroorganismen}*
thermoduric bacteria thermoresistente Bakterien *npl*
thermodynamic thermodynamisch
thermodynamic concentration Aktivität *f* *{Thermo}*, thermodynamisch wirksame Konzentration *f*
thermodynamic cycle thermodynamischer Kreisprozeß *m*, Wärmekreisprozeß *m*
thermodynamic efficiency thermodynamischer Wirkungsgrad *m {in Prozent}*
thermodynamic equation of state thermodynamische Zustandsgleichung *f*
thermodynamic equilibrium thermodynamisches Gleichgewicht *n*
thermodynamic function [of states] thermodynamische Funktion *f*, Gibbs-Funktion *f* *{IUPAC}*, Zustandsparameter *m*, Zustandsvariable, thermodynamische Zustandsgröße *f*
thermodynamic potential thermodynamisches Potential *n*
thermodynamic potential at constant pressure *s.* free enthalpy
thermodynamic potential at constant volume *s.* free energy
thermodynamic principles Hauptsätze *mpl* der Thermodynamik
thermodynamic scale of temperature thermodynamische Temperatur *f*, absolute Temperatur *f* *{DIN 5498}*; Kelvin-Skale *f*, Rankine-Skale
thermodynamic state quantities *s.* thermodynamic function [of states]
thermodynamic system thermodynamisches System *n*
thermodynamic temperature thermodynamische Temperatur *f {in K}*, absolute Temperatur *f* *{obs}*
thermodynamic temperature scale *s.* thermodynamic scale of temperature
thermodynamic variable *s.* thermodynamic function [of states]
thermodynamics Thermodynamik *f*
thermoelastic thermoelastisch
thermoelastic coefficient Thermoelatizitätskoeffizient *m*
thermoelasticity Thermoelastizität *f*
thermoelectric thermoelektrisch, wärmeelektrisch
thermoelectric assembly Anordnung *f* thermoelektrischer Elemente *{Peltier-Effekt}*
thermoelectric baffle Peltier-Falle *f*, Peltier-Baffle *n*
thermoelectric cell Thermoelement *n*, Thermopaar *n*; Thermokreuz *n*
thermoelectric converter thermoelektrischer Energiewandler *m*
thermoelectric cooling Peltier-Effekt-Kühlung *f*, thermoelektrische Kälteerzeugung *f*
thermoelectric couple *s.* thermocouple
thermoelectric current Thermostrom *m*, thermoelektrischer Strom *m*
thermoelectric effect Thermoeffekt *m*, thermoelektrischer Effekt *m*, Seebeck-Effekt *m*
thermoelectric [electromotive] force Thermokraft, Thermospannung *f*, thermoelektrische Kraft *f*, Thermo-EMK *f {in V}*
thermoelectric galvanometer Thermogalvanometer *n*
thermoelectric heating thermoelektrische Erwärmung *f*, Peltier-Effekt-Erwärmung *f*
thermoelectric power Thermokraft *f*, Seebeck-Koeffizient *m {absolute differentielle Thermospannung}*
thermoelectric power plant Heizkraftwerk *n*
thermoelectric refrigeration *s.* thermoelectric cooling
thermoelectric series thermoelektrische Spannungsreihe *f*
thermoelectric stress Thermospannung *f*, thermoelektrische Belastung *f*
thermoelectric thermometer thermoelektrisches Thermometer *n*
thermoelectric voltage Thermospannung *f*, thermoelektrische Spannung *f*
thermoelectrically cooled baffle Dampfsperre *f* mit Peltier-Kühlung
thermoelectricity Thermoelektrizität *f*
thermoelectromotive force thermoelektromotorische Kraft *f*, Thermo-EMK *f*
thermoelement 1. Thermoelement *n {Leiterkreis aus verschieden Leitern}*; 2. Temperaturfühler *m {Draht eines Thermoelements}*
thermoexcitory temperaturerhöhend, wärmeerzeugend
thermofixation Thermofixieren *n {Text}*
Thermofor catalytic cracking [process] Thermofor-Catalytic-Cracking[-Verfahren] *n*, TCC-Verfahren *n {Fließbettverfahren zur Krackbenzinerzeugung}*
Thermofor continuous percolation [process] Thermofor-Continuous-Percolation *f*, Thermofor-Continuous-Percolation-Verfahren *n*, TCP-Verfahren *n*
thermoforming 1. Warmformen *n*, Warmfor-

mung *f*, Thermoformung *f*; Thermoformverfahren *n* *{Kunst}*; 2. Tiefziehen *n*, Warmformen *n* *{Kunst}*
thermoforming ability Warmformeignung *f*, Umformeignung *f*
thermoforming sheet Tiefziehfolie *f*
thermoforming temperature Warmformtemperatur *f*, Umformungstemperatur *f*
thermogalvanic corrosion thermoelektrische Korrosion *f*, thermogalvanische Korrosion *f*
thermogenesis Thermogenese *f* *{Biol}*
thermogram Thermogramm *n*, Thermographiebild *n*
thermograph 1. Thermograph *m*, Registrierthermometer *n*, registrierendes Thermometer *n*, Temperaturschreiber *m*; 2. Wärmebild *n* *{Aufzeichnung des Thermographen}*
thermogravimetric thermogravimetrisch
thermogravimetric analysis thermogravimetrische Analyse *f*
thermogravimetry Thermogravimetrie *f* *{Masseveränderungsmessung bei gleichmäßiger Temperaturerhöhung}*
thermogravity balance Thermowaage *f*
thermohardening hitzehärtend
thermohydrometer Thermoaräometer *n*
thermoindicator Thermofühler *m*, Thermostift *m*
thermokinetic analysis kinetische Enthalpietitration *f*
thermolabel paper selbstklebendes Thermoreagenzpapier *n*, selbstklebendes Papierthermometer *n*
thermolabile thermolabil, wärmeunbeständig
thermolamp Wärmelampe *f*
thermoluminescence Thermolumineszenz *f*
thermoluminescent thermolumineszent
thermolysin Thermolysin *n* *{eine zinkhaltige Endopeptidase}*
thermolysis Thermolyse *f*, thermische Dissoziation *f*, Pyrolyse *f*
thermolytic thermolytisch
thermomagnetic thermomagnetisch
thermomagnetic effect thermomagnetischer Effekt *m*
thermomagnetism Wärmemagnetismus *m*
thermomechanical thermomechanisch
thermomechanical fatigue thermomechanische Ermüdung *f*
thermomechanical pretreatment thermomechanische Vorbehandlung *f*
thermomechanical pulp mechanisch-thermischer Papierstoff *m*
thermometer Thermometer *n*
thermometer bulb Thermometerkugel *f* *{Erweiterung des Kapillarröhrchens am Ende}*
thermometer column Thermometersäule *f*
thermometer pocket Thermometertauchhülse *f*, Thermometertasche *f*
thermometer reading Thermometerstand *m*
thermometer scale Thermometerskale *f*
thermometer sheath Thermometerschutzrohr *n*
thermometer tube Thermometerschutzrohr *n*
thermometer well Thermometerschutzrohr *n*
angle thermometer Winkelthermometer *n*
clinical thermometer Fieberthermometer *n* *{Med}*
elbow box thermometer Kastenwinkelthermometer *n*
general purpose thermometer Allgebrauchsthermometer *n*
recording thermometer aufzeichnendes Thermometer *n*, Temperaturschreiber *m*, Registrierthermometer *n*
remote control thermometer Fernthermometer *n*
thermometric thermometrisch; Thermometer-
thermometric analysis Thermoanalyse *f*
thermometric column Thermometerfaden *m*, Thermometersäule *f*
thermometric reading Thermometerstand *m*
thermometric scale Thermometerskale *f*
thermometric titration Enthalpiemetrie *f*, Enthalpie-Titration *f*
thermometry Temperaturmessung *f*, Thermometrie *f*
thermomycolin *{EC 3.4.21.14}* Thermomycolase *f*, Thermomycolin *n* *{IUB}*
thermonatrite <$Na_2CO_3 \cdot H_2O$> Thermonatrit *m* *{Min}*
thermoneutral reaction thermoneutrale Reaktion *f*
thermonuclear thermonuklear
thermonuclear fusion Kernverschmelzung *f*
thermonuclear reaction thermonukleare Reaktion *f*
thermooxidation Thermooxidation *f* *{Kunst}*
thermooxidative thermooxidativ
thermooxidative degradation thermooxidativer Abbau *m*
thermooxidative resistance Beständigkeit *f* gegen thermooxidativen Abbau *{Kunst}*
thermooxidative stability thermooxidative Stabilität *f*
thermopaper Temperaturmeßpapier *n*, Papierthermometer *n* *{temperaturempfindliches Papier}*
thermophile thermophil, wärmeliebend
thermophilic thermophil, wärmeliebend
thermophilic bacteria thermophile Bakterien *npl*
thermophilic digestion thermophile Faulung *f*
thermophilic organism thermophiler Organismus *m*
thermophoresis Thermophorese *f* *{Phys}*

thermophyllite Thermophyllit *m {Min}*
thermopile Thermosäule *f {Elek}*
thermopin Thermostift *m {kupferner Werkzeugstift mit Gas-Flüssigkeitsinnenkühlung}*
thermoplastic 1. thermoplastisch, warm verformbar; 2. Thermoplast *m*, thermoplastischer Kunststoff *m*
thermoplastic adhesive Schmelzklebstoff *m*, Thermokleber *m*, thermoplastischer Klebstof *m*, Heißkleber *m*
thermoplastic colo[u]rant Farbmittel *n* für Thermoplaste
thermoplastic elastomer thermoplastisches Elastomer[es] *n*
thermoplastic foam mo[u]lding 1. Thermoplastschaumstoffgießen *n*; Thermoplastschaumstoff-Gießverfahren *n*; 2. Thermoplast-Schaumteil *n*
thermoplastic lining thermoplastische Auskleidung *f*, Auskleidung *f* aus thermoplastischem Werkstoff
thermoplastic polymer thermoplastisches Polymer[es] *n*
thermoplastic range thermoplastischer Zustandsbereich *m*
thermoplastic resin Thermoplast *m*, thermoplastisches Harz *n*
thermoplastic rubber thermoplastischer Kautschuk *m*
thermoplastic semifinished material thermoplastisches Halbzeug *n*
thermoplastic urethane elastomer thermoplastisches Urethanelastomer[es] *n*
thermoplasticity Thermoplastizität *f*, Wärmeplastizität *f*, Warmverformbarkeit *f*
thermoplastics thermoplastische Werkstoffe *mpl*
thermoplastics injection Thermoplastspritzgießen *n*, Thermoplastspritzgießverfahren *n*
thermoplastics processing Thermoplastverarbeitung *f*
thermopotential Gibbs-Funktion *f*
thermoreceptor Thermorezeptor *m {Med}*
thermorecording paint Anlauffarbe *f*, temperaturanzeigende Anstrichfarbe *f*, Temperaturmeßfarbe *f*
thermoreduction *s.* thermite process
thermoregulation Temperaturregelung *f*
thermoregulator Thermoregulator *m*, Thermoregler *m*, Wärmeregler *m*, Wärmeregulator *m*, Temperaturregler *m {z.B. Thermostat}*
thermorelay Thermorelais *n {Elek}*
thermoresistant thermostabil
thermos [bottle] Thermosflasche *f {Dewar-Gefäß}*
thermoscope Thermoskop *n*
thermoset 1. duroplastisch, aushärtend *{Kunst}*; Duroplast-; 2. Duroplast *m*, Duromer[es] *n*, hitzehärtbarer Kunststoff *m*, wärmehärtbarer Kunststoff *m*
thermoset injection mo[u]lding Duroplast-Spritzgießen *n*
thermoset injection mo[u]lding process Duroplast-Spritzgießverfahren *n*
thermoset mo[u]lding compound Duroplastmasse *f*, Duroplast-Formmasse *f*
thermoset [plastic] Duroplast *m*, duroplastischer Werkstoff *m*, Duromer[es] *n*, hitzehärtbarer Kunststoff *m*, wärmehärtbarer Kunststoff *m*
thermoset processing Duroplastverarbeitung *f*
thermosetting 1. hitzehärtbar, wärmehärtbar, durch Wärme *f* härtbar; 2. Hitzehärten *n*, Thermofixieren *n*, Thermofixierung *f {Formfestigung von Chemiefasern durch Wärme}*
thermosetting adhesive hitzehärtbarer Klebstoff *m*, warmhärtender Klebstoff *m*, warmabbindender Klebstoff *m*, wärmehärtbarer Klebstoff *m*
thermosetting injection Duroplastspritzgießen *n*, Duroplastspritzgießverfahren *n*
thermosetting material Duroplast *m*, Duromer[es] *n*, hitzehärtbarer Kunststoff *m*, wärmehärtbarer Kunststoff *m*
thermosetting mo[u]lding compound warmhärtbare Formmasse *f*, hitzehärtbare Formmasse *f*
thermosetting mo[u]lding material *s.* thermosetting mo[u]lding compound
thermosetting plastic Duroplast *n*, Duromer[es] *n*, hitzehärtbarer Kunststoff *m*, wärmehärtbarer Kunststoff *m*
thermosetting plastics injection Duroplastspritzgießen *n*, Duroplastspritzgießverfahren *n*, Duroplastkolbenspritzgießverfahren *n*
thermosetting polyester resin *{BS 4154}* wärmeaushärtendes Polyesterharz *n*
thermosetting resin *s.* thermosetting plastic
thermosiphon Thermosiphon *m*
thermosiphon principle Thermosiphonprinzip *n*
thermosiphon reboiler Thermosiphonheizung *f {Kolonne}*
thermosphere Thermosphäre *f {> 70 km, Geophysik}*
thermostability Thermostabilität *f*, Hitzebeständigkeit *f {thermische Beständigkeit, z.B. von Enzymen, Vitaminen; 55-100 °C}*; Wärmeformbeständigkeit *f {Tech}*; Thermoresistenz *f {Biol}*
thermostable hitzebeständig, thermostabil, wärmebeständig *{thermisch beständig, z.B. Enzyme, Vitamine}*; wärmeformbeständig *{Tech}*; thermoresistent *{Biol}*
thermostable polymer thermostabiles Polymer[es] *n*, wärmebeständiges Polymer[es] *n*
thermostat 1. Temperaturregler *m*, Regler *m* für Wärme *f*, Thermostat *m*, Wärmeregler *m*; 2. Temperaturwächter *m*

thermostatic thermostatisch; Thermostat-
thermostatic control Thermoregler *m*
thermostatic expansion valve thermostatisches Expansionsventil *n*
thermostatting Thermostatierung *f*
thermoswitch Thermoschalter *m*, Temperaturschalter *m*, Bimetallschalter *m*
thermotropic thermotrop
thermotropic behavio[u]r thermotropes Verhalten *n {Polymer}*
thermotropic copolyester thermotroper Copolyester *m*
thermotropic liquid thermotrope Flüssigkeit *f*
thermotropic liquid crystal polymer thermotroper Polymerkristall *m*
thermotropic nematogenic polymer thermotropes nematogenes Polymer[es] *n*
thermotropic polyester thermotroper Polyester *m*
thermotropic properties thermotrope Eigenschaften *fpl*
thermowelding thermisches Schweißen *n {Kunst}*
thermowell Temperaturmeßstutzen *m*
thesis 1. These *f*, Behauptung *f*; 2. Dissertation *f*; Diplomarbeit *f*
doctoral thesis Doktorarbeit *f*
theta function Thetafunktion *f {Math}*
theta solvent Theta-Lösemittel *n*
theveresin <$C_{48}H_{70}O_{17}$> Theveresin *n*
thevetin A <$C_{42}H_{64}O_{19}$> Thevetin A *n*
THF *s.* tetrahydrofuran
thiacetazone <$C_{10}H_{12}N_4OS$> Thioacetazon *n*, Thiosemicarbazon *n*
thiacetic acid *s.* thioacetic acid
thiachromone Thiachromon *n*
thiacrown ether Thiakronenether *m*
thialdine <$C_6H_{13}NS_2$> Thialdin *n*
thiambutosine <$C_{19}H_{25}N_3OS$> Thiocarbanilid *n*, *N,N'*-Diphenylthioharnstoff *m*, Diphenylsulfoharnstoff *m {Pharm}*
thiamide *s.* thioamide
thiamin *s.* thiamine
thiamin hydrochloride Thiaminhydrochlorid *n*
thiamin kinase 1. *{EC 2.7.1.89}* Thiaminkinase *f*; 2. *{EC 2.7.6.2}* Thiaminpyrophosphokinase *f*
thiamin mononitrate Thiaminmononitrat *n*
thiamin-monophosphate kinase *{EC 2.7.1.89}* Thiaminmonophosphatkinase *f*
thiamin phosphate pyrophosphorylase *{EC 2.5.1.3}* Thiaminphosphatpyrophosphorylase *f*
thiamin pyridinylase *{EC 2.5.1.2}* Thiaminpyridinylase *f {IUB}*, Thiaminase *f*
thiamin pyrophosphate Thiaminpyrophosphat *n*, TPP, Thiamidiphosphat *n* TDP, Aneurinpyrophosphat *n*, APP, Cocarboxylase *f*
thiamin pyrophosphokinase *{EC 2.7.6.2}* Thiaminpyrophosphokinase *f {IUB}*, Thiaminkinase *f*
thiamin-triphosphatase *{EC 3.6.1.28}* Thiamintriphosphatase *f*
thiaminase *{EC 3.5.99.2}* Thiaminase *f {IUB}*, Thiaminase II *f*, Thiaminhydrolase *f*
thiaminase I *{EC 2.5.1.2}* Thiaminpyridinylase *f*
thiamindiphosphate kinase *{EC 2.7.4.15}* Thiamindiphosphatkinase *f*
thiamine <$C_{12}H_{17}ClN_4OS$> Thiamin *n*, Vitamin B_1 *n {Triv}*, Aneurin *n*
thiamorpholine Thiamorpholin *n*
thiamylal sodium Thiamylalnatrium *n*
thianaphthene <C_8H_6S> Thianaphthen *n*, Benzothiophen *n*, Benzothiofuran *n*
thianthrene <$C_{12}H_8S_2$> Thianthren *n*, Diphenylendisulfid *n*, Dibenzo-*p*-dithiin *n*
1,4-thiazane <C_4H_9NS> Thiazan *n*
thiazetone <$R_2C{=}NNHC({=}S)NH_2$> Thiosemicarbazon *n*, Thioacetazon *n*
thiazine <C_4H_5NS> Thiazin *n*
thiazine dye Thiazinfarbstoff *m*
thiazole <C_3H_3NS> Thiazol *n*, Thio-*[O]*-monazol *n*, Vitamin T *n {Triv}*
thiazole yellow Thiazolgelb *n*, Azidingelb 5G *n*, Clayton-Gelb *n*, Turmerin *n*
thiazolidine <C_3H_7NS> Thiazolidin *n*, Tetrahydrothiazol *n*
thiazoline <C_3H_5NS> Thiazolin *n*, Dihydrothiazol *n*
thiazolyl <C_3H_2NS-> Thiazolyl-
thiazosulfon <$C_9H_9N_3O_2S_2$> Thiazosulfon *n*
thick dick; viskos, dickflüssig, zähflüssig, halbflüssig; dicht; voll; trüb[e] *{Flüssigkeit}*; mächtig *{Geol}*
thick juice Dicksaft *m {Zucker}*
thick juice sulfitation Dicksaftschwefelung *f*
thick mash Dickmaische *f {Brau}*
thick oil Dicköl *n*, dickflüssiges Öl *n*, viskoses Öl *n*
thick sheet Grobfolie *f {formatgerecht}*
thick-walled dickwandig, starkwandig
thick-walled rubber tubing Druckschlauch *m*
thick-walled tube dickwandiges Rohr *n*
thicken/to 1. eindicken, eindampfen, verdicken, einkochen, dick machen, dick[flüssig] machen, viskos machen, zähflüssig machen *{Flüssigkeit}*; dick werden, zähflüssig werden, viskos werden, dickflüssig werden; entwässern; trüben; verdichten; 2. mächtiger werden, an Mächtigkeit *f* zunehmen
thickened fuel gelatinierter Treibstoff *m*
thickened grease verfestigtes Schmiermittel *n*
thickened oil eingedicktes Öl *n*, viskositätsverbessertes Öl *n*
thickener 1. Eindicker *m*, Eindickapparat *m*; Absetzgefäß *n {Elektrochem}*; Anreicherungs-

gerät *n {Erz, Met}*; 2. Eindicker *m*, Eindickmittel *n*, Verdickungsmittel *n*, Verdickungszusatz *m*, Quellmittel *n {viskositätserhöhendes Mittel}*

thickening 1. Eindickung *f*, Eindicken *n {Farb}*; 2. Verdicken *n {Flüssigkeit}*; Dickflüssigwerden *n*; 3. Dickenzunahme *f {Geol}*

thickening ability Eindick[ungs]vermögen *n {Trib}*

thickening agent Verdickungsmittel *n*, Eindikkungsmittel *n*, Eindicker *m*, Verdickungszusatz *m*, Quellmittel *n {viskositätserhöhendes Mittel}*

thickening by boiling Einkochen *n*

thickening by evaporation Eindampfen *n*

thickening cone konischer Eindicker *m*

thickening machine Eindicker *m*, Eindickmaschine *f*

thickening of oil Ölverdickung *f*

thickening of melt Eindicken *n* der Badschmelze

thickening power Eindickungsvermögen *n {Trib}*

thickening substance *s.* thickening agent

thickness 1. Dicke *f*; Dichte *f*; Dickflüssigkeit *f*, Zähflüssigkeit *f*, Viskosität *f*; Trübung *f*, Trübheit *f*; 2. Stärke *f*; Mächtigkeit *f {Geol}*

thickness ga[u]ge Dickenlehre *f*, Dickenmesser *m*, Dickenmeßgerät *n*

thickness ga[u]ging Dickenmessung *f*

thickness indicator Dickenmesser *m*, Dickenmeßfühler *m*, Dickenmeßeinrichtung *f*

thickness measurement Dickenmessung *f*

thickness meter *s.* thickness indicator

thickness of a layer Schichtdicke *f*

thickness of the nitrided layer Nitrierschichtdicke *f*

thickness of wear layer Nutzschichtdicke *f {Text, DIN 51964}*

thickness variations Dickenabweichungen *fpl*, Dickenschwankungen *fpl*

thief 1. Probennehmer *m*, Stechheber *m {Saugröhrchen}*; 2. Stromblende *f*, leitfähige Blende *f {Elek}*

Thiele melting point apparatus Thielescher Schmelzpunktapparat *m*

thienone <$(-C_4H_3S)_2CO$> Dithienylketon *n*

thienyl <$-C_4H_3S$> Thienyl-

thienyl chloride <C_4H_3SCl> Thienylchlorid *n*

thienylmethylamine Thienylmethylamin *n*

thietane <C_3H_6S> Thietan *n*

thigmotactic behavio[u]r stereotaktisches Verhalten *n {Bot}*

thiirane <C_2H_4S> Thiiran *n*, Episulfid *n*

thimble 1. Hülse *f {Extraktion}*; 2. Fingerhut *m {Keramik}*; 3. Rührer *m {Glasschmelze}*; 4. Fingerhutrohr *n*, [Fingerhut-]Führungsrohr *n {Nukl}*; 5. Zwinge *f*, Metallring *m*; 6. Typenkorb *m {Drucker}*; 7. Seilkausche *f*

thimble[-type cold] trap Behälterkühlfalle *f*, Kühlfinger *m*

thin/to 1. verdünnen *{Farb, Math}*; 2. ausdünnen *{Agri}*; 3. an Mächtigkeit verlieren, dünner werden *{Schichten, Geol}*

thin out/to verdünnen

thin 1. fein, dünn; 2. dünnflüssig; dünn *{wäßrig}*; 3. schwach; 4. mager, arm *{Boden}*; 5. kontrastarm, unterbelichtet *{Photo}*; 6. geringmächtig *{Geol}*; 7. knapp

thin bed process Dünnbettverfahren *n*

thin-bodied dünnflüssig

thin channel ultrafiltration Feinporen-Ultrafiltration *f*

thin film 1. Dünnschicht-, Dünnfilm-; 2. Dünnschicht *f*, Dünnfilm *m*

thin-film distillation Dünnschichtdestillation *f*

thin-film degassing Dünnschichtentgasung *f {Vak}*

thin-film degassing column Dünnschichtentgasungskolonne *f*

thin-film dryer Dünnschichttrockner *m*

thin-film evaporator Dünnschichtverdampfer *m*

thin-film heat exchanger Dünnschichtwärmeaustauscher *m*

thin-film light filter Dünnschichtlichtfilter *n*

thin-film lubrication Dünnfilmschmierung *f*; Grenzschmierung *f*, Teilschmierung *f*

thin-film molecular vapo[u]rization Kurzweg-Dünnschichtverdampfung *f*

thin-film physics Physik *f* dünner Schichten *fpl*

thin-film recitifier Dünnschichtrektifikator *m {Dest}*

thin-film short-path distillation Dünnschicht-Kurzwegdestillation *f*

thin-film sublimer Dünnfilmsublimator *m*

thin-film technology Dünnschichttechnik *f*

thin-film thermocouple Dünnschichtthermoelement *n*

thin-film vapo[u]rizer Dünnschichtverdampfer *m*

thin flame Stichflamme *f*

thin juice Dünnsaft *m*, Grünsaft *m {Zucker}*

thin layer dünne Schicht *f*, Dünnschicht *f*

thin-layer Dünnschicht-

thin-layer cell Dünnschichtzelle *f*

thin-layer chromatography Dünnschichtchromatographie *f*

thin-layer distillation Dünnschichtdestillation *f*

thin-layer electrophoresis Dünnschichtelektrophorese *f*

thin-layer evaporator Dünnschichtverdampfer *m*
thin-layer screening Dünnschichtsiebung *f*
thin-layer spreader Dünnschichtstreicher *m* *{Chrom}*
thin plate Feinblech *n*
thin section 1. Dünnschliff *m {Min}*; 2. Dünnschnitt *m {Mikroskopie}*
thin sheet Feinblech *n*
thin-sheeted dünntafelig
thin-wall leak Leck *n* in dünner Wand
thin-walled dünnwandig
thin-walled tube dünnwandiges Rohr *n*
two-dimensional thin-layer chromatography zweidimensionale Dünnschichtchromatographie *f*
thinly rolled sheet of fine silver dünngewalztes Feinsilberblech *n*
thinner 1. Verdünner *m*, Verdünnungsmittel *n* *{Chem, Farb}*; 2. Verschnittmittel *n {Lösemittel}*; 3. Ausdünner *m {Agri}*
thinner ratio Verdünnungsmittelmenge *f*
thinness Dünne *f*, Dünnheit *f*, Feinheit *f*, Zartheit *f*; Dünnflüssigkeit *f*
thinning 1. Verdünnen *n*, Verdünnung *f {Chem, Farb}*; 2. Ausfall *m {Haar}*; 3. Dünnwerden *n*, Verdünnung *f {Geol}*; 4. Ausdünnen *n {Agri}*; Durchforstung *f*; 5. Verdünnung *f*, Skelettierung *f {Druckbuchstabe}*
thinning out 1. Verdünnen *n*; 2. Auskeilen *n* *{Geol}*
thinning ratio Verdünnungsverhältnis *n*
thinolite Thinolith *m {Min}*
thio- Thio- *{Verbindungen mit -S- statt -O-}*
thioacetal <$=C(SR)SR'$; $=C(OR)SR'$> Thioacetal *n*
thioacetamide <CH_3CSNH_2> Thioacetamid *n*, Thioessigsäureamid *n*
thioacetamide corrosion test *{ISO 4538}* Thioacetamid-Korrosionsprüfung *f*, TAA-Korrosionstest *m*
thioacetanilide <$CH_3CSNHC_6H_5$> Thioacetanilid *n*
thioacetic acid <CH_3COSH> Thioessigsäure *f*, Thiacetsäure *f*
thioacetone <$RCSR'$> Thioaceton *n*
thioacid Thiosäure *f*
anhydride of a thioacid Thioanhydrid *n*
thioalcohol <RSH> Thiol *n {IUPAC}*, Mercaptan *n*, Schwefelalkohol *m*, Thioalkohol *m*
thioaldehyde <$RCHS$> Thioaldehyd *m*
thioamide <$RCSNH_2$> Thioamid *n*
thioanhydride Thioanhydrid *n*
thioaniline <$(H_2NC_6H_4-)_2S$> 4,4'-Diaminodiphenylsulfid *n*, Thioanilin *n*
thioanisol <$C_6H_5SCH_3$> Thioanisol *n*
thioantimonate <M'_3SbS_4> Thioantimonat(V) *n*
thioantimonic acid <H_3SbS_4> Schwefelantimon(V)-säure *f*, Thioantimon(V)-säure *f*
thioantimonite <M'_3SbS_3> Thioantimonit *n*, Thioantimonat(III) *n*
thioarsenate <M'_3AsS_4> Thioarsenat(V) *n*
thioarsenic acid <H_3AsS_4> Thioarsensäure *f*
thioarsenite <M'_3AsS_3> Thioarsenit *n*, Thioarsenat(III) *n*
thioarsenous acid <H_3AsS_3> thioarsenige Säure *f*
thiobacteria Thiobakterien *npl*
thiobarbituric acid <$C_6H_4N_2O_2S$> Thiobarbitursäure *f*, Malonylthioharnstoff *m*
thiobenzaldehyde <C_6H_5CHS> Thiobenzenaldehyd *m*
thiobenzamide <$C_6H_5CSNH_2$> Thiobenzamid *n*
thiobenzanilide <$C_6H_5CSNHC_6H_5$> Thiobenzanilid *n*
thiobenzoic acid <$C_6H_5COSH \cdot 0,5H_2O$> Thiobenzoesäure *f*
thiobenzophenon <$(C_6H_5)_2CS$> Thiobenzophenon *n*
thiocacodylic acid <$(CH_3)_2AsOSH$> Thiokakodylsäure *f*
thiocarbamic acid <$SC(NH_2)SH$> Thiocarbamidsäure *f*, Thiokohlensäuremonamid *n*, Amidothiokohlensäure *f*
thiocarbamide <$SC(NH_2)_2$> Thiocarbamid *n*, Thioharnstoff *m*
thiocarbanilide Thiocarbanilid *n*, *N,N'*-Diphenylthioharnstoff *m*, Diphenylsulfoharnstoff *m* *{Pharm}*
thiocarbazide <$(H_2NNH)_2CS$> Thiocarbonohydrazid *n*
thiocarbimide *s.* isothiocyanic acid
thiocarbin Thiocarbin *n {Photo}*
thiocarbinol <R_3CSH> Thiocarbinol *n*
thiocarbonic acid <H_2CS_3> Trithiocarbonsäure *f*, Thiokohlensäure *f*
thiocarbonohydrazide <$(H_2NNH)CS$> Thiocarbonohydrazid *n*
thiocarbonyl Thiocarbonyl *n {CS-Komplex}*
thiocarbonyl chloride <$CSCl_2$> Thiophosgen *n*, Thiocarbonyldichlorid *n*
thiocarbonyl tetrachloride <CCl_3SCl> Perchlormethylmercaptan *n*, Trichlormethansulfenylchlorid *n*
thiochroman Thiochroman *n*
thiochromene Thiochromen *n*, 1,2-Benzothiopyran *n*
thiochromone Thiochromon *n*, 1,4-Benzothiopyron *n*
thiocol Thiocol *n*
thiocol liquid polymer flüssiges Polysulfid-Polymer[es] *n*
thiocresol <$CH_3C_6H_4SH$> Thiokresol *n*
thioctic acid <$C_3H_5S_2(CH_2)_4COOH$> Thioctansäure *f*, Thioctsäure *f*, Liponsäure *f*, 1,2-Dithiolan-3-valeriansäure *f*

thiocyanate <NCSM'> Thiocyanat *n*, Rhodanid *n*, Sulfocyanat *n*
thiocyanate isomerase *{EC 5.99.1.1}* Thiocyanatisomerase *f*
thiocyanate method Rhodanometrie *f*, Thiocyanometrie *f {Anal}*
thiocyanatoauric(I) acid <$HAu(SCN)_2$> Aurorhodanwasserstoffsäure *f*, Gold(I)-rhodanwasserstoffsäure *f*
thiocyanatoauric(III) acid <$HAu(SCN)_4$> Aurirhodanwasserstoffsäure *f*, Gold(III)-rhodanwasserstoffsäure *f*
thiocyanic acid <HSCN> Thiocyansäure *f*, Rhodanwasserstoffsäure *f*
salt of thiocyanic acid <M'SCN> Rhodanid *n*, Thiocyanat *n*
thiocyanin Thiocyanin *n*
thiocyanogen <$(-SCN)_2$> Dirhodan *n*, Dithiocyan *n*
thiocyanogen number Rhodanzahl *f*, rhodanometrische Iodzahl *f {Kennzahl für Fett/Öl}*
thiodiazine <$C_3N_2SH_2$> Thiodiazin *n*
thiodiazole Thiodiazol *n*
thiodiazolidine <$C_2H_6N_2S$> Tetrahydrothiodiazol *n*, Thiodiazolidin *n*
thiodiazoline <$C_2H_4N_2S$> Dihydrothiodiazol *n*, Thiodiazolin *n*
thiodicarboxylic acid <$R(COSH)_2$> Thiodicarbonsäure *f*
thiodiglycol <$(CH_2CH_2OH)_2S$> Thiodiglycol *n*, *ß*-Bis(hydroxyethyl)sulfid *n*
thiodiglycolic acid <$S(CH_2COOH)_2$> 2,2'-Thiobisessigsäure *f*, Thiodiglycolsäure *f*
4,4'-thiodiphenol <$(HOC_6H_4)_2S$> 4,4'-Thiodiphenol *n*
thiodiphenylamine <$C_{12}H_9NS$> Thiodiphenylamin *n*, Phenothiazin *n*
thiodipropionic acid <$S(-CH_2CH_2COOH)_2$> Thiodipropionsäure *f*
thioethanolamine acetyltransferase *{EC 2.3.1.11}* Thioethanolaminacetyltransferase *f*
thioether <R_2S; Ar_2S; ArSR> Thioether *m*, organisches Sulfid *n*
thioethyl alcohol <C_2H_5SH> Ethylthioalkohol *m*, Ethanthiol *n*, Thioethanol *n*, Ethylmercaptan *n*, Ethylhydrosulfid *n*
thioflavine T Thioflavin T *n*
thioform Thioform *n*
thioformanilide <C_6H_5NHCSH> Thioformanilid *n*
thioformic acid <HCOSH> Thioameisensäure *f*
thiofuran <C_4H_4S> Thiophen *n*, Thiofuran *n*
thiogen black Thiogenschwarz *n {Schwefelfarbstoff}*
thiogen[ic] dye Thiogenfarbstoff *m*
thiogermanic acid <H_2GeS_3> Thiogermaniumsäure *f*
thioglucose Thioglucose *f*
thioglucosidase *{EC 3.2.3.1}* Thioglucosidase *f*
thioglycerol <$C_3H_8O_2S$> Thioglycerin *n*, Thioglycerol *n*
thioglycol <$HSCH_2CH_2OH$> Thioglycol *n*
thioglycolate radical Thioglycolsäurerest *m*
thioglycolic acid <$HSCH_2COOH$> Thioglycolsäure *f*, Mercaptoessigsäure *f*, Sulfhydrylessigsäure *f*
2-thiohydantoin <C_3H_4NOS> 2-Thiohydantoin *n*
thioindigo [red] <$C_{16}H_8O_2S_2$> Thioindigo *m n*, Thioindigorot *n*, Schwefelindigo *m n {Küpenfarbstoff}*
thioindoxyl Thioindoxyl *n*, 3-Hydroxythionaphthen *n*
thioketone <R_2CS> Thioketon *n*
thiokinase Thiokinase *f {Biochem}*
Thiokol Thiokol *n {Polysulfidkautschuk}*
thiol <R-SH> Thiol *n*, Mercaptan *n*, Thioalakohol *m*, Hydrosulfid *n*
thiol methyltransferase *{EC 2.1.19}* Thiolmethyltransferase *f*
thiol oxidase *{EC 1.8.3.2}* Thioloxidase *f*
thiolacetic acid 1. *s.* thioacetic acid; 2. *s.* thioglycolic acid
thiolactic acid <$CH_3CH(SH)COOH$> Thiomilchsäure *f*, 2-Mercaptopropansäure *f*
thiolane <C_4H_8S> Thiolan *n*, Tetrahydrothiophen *n*, THT
thiolase *{EC 2.3.1.9}* Acetyl-CoA-acetyltransferase *f {IUB}*, Thiolase *f {Biochem}*
thiolic acid <RCOSH> Thiolsäure *f*, S-Thionsäure *f*, Carbothionsäure *f*
thiolysis Thiolyse *f*
thiolytic thiolytisch
thiomalic acid <$HOOCCH(SH)CH_2COOH$> Mercaptobernsteinsäure *f*, Thioäpfelsäure *f*
thiomalonic acid <$HSOCCH_2COSH$> Thiomalonsäure *f*
thiomersalate <$NaOOCC_6H_4SHgC_2H_5$> Ethylmercurithiosalicylat *n*, Thiomersal *n {Pharm}*
thionaphthene <C_8H_6S> Thionaphthen *n*, Benzothiophen *n*
thionaphthol <$C_{10}H_7SH$> Thionaphthol *n*
thionate *s.* thiosulfate
thionessal Thionessal *n*
thionic acid <$H_2S_xO_6$> Thionsäure *f*
thionine <$C_{12}H_9N_3SCl$> Thionin *n*, Lauthsches Violett *n*
thionine dye Thioninfarbstoff *m*
thionocarbamic acid Thioncarbaminsäure *f*
thionocarbonic acid Thionkohlensäure *f*
thionol black Schwefelschwarz *n {Farbstoff}*
thionuric acid Thionursäure *f*
thionyl <OS=> Thionyl-, Sulfinyl-
thionyl bromide <$OSBr_2$> Schwefligsäurebromid *n*, Thionylbromid *n*

thionyl chloride <$OSCl_2$> Thionylchlorid *n*, Schwefligsäurechlorid *n*

thionyl fluoride <OSF_2> Thionylfluorid *n*, Schwefligsäurefluorid *n*

thiooxamide <$(\text{-}C(=S)NH_2)_2$> Thiooxamid *n*

thiooxindole Thiooxindol *n*

thiooxine Thiooxin *n*

thiopental sodium <$C_{11}H_{17}N_2O_2SNa$> Thiopentalnatrium *n*, Pentothal *n* *{Pharm}*

thiophane 1. <$C_nH_{2n}S$> Thiophan *n*; 2. <C_4H_8S> Tetrahydrothiophen *n*, Butansulfid *n*

thiophanthrene Thiophanthren *n*

thiophanthrone Thiophanthron *n*

thiophen[e] <C_4H_4S> Thiophen *n*, Thiofuran *n*

thiophene alcohol <$C_4H_3SCH_2OH$> Thiophenalkohol *m*

thiophenecarboxylic acid <C_4H_3SCOOH> Thiophencarbonsäure *f*

thiophenine <$C_4H_3SNH_2$> Thiophenin *n*, Aminothiophen *n*

thiophenol <C_6H_5SH> Thiophenol *n*, Benzenthiol *n*, Phenylmercaptan *n*

thiophosgene <$CSCl_2$> Thiophosgen *n*, Thiocarbonyldichlorid *n*

thiophosphate Thiophosphat *n* *{M'_3PO_3S, $M'_3PO_2S_2$ usw.}*

thiophosphoric acid <$SP(OH)_3$> Thiophosphorsäure *f*

thiophosphoryl bromide <$SPBr_3$> Thiophosphorylbromid *n*

thiophosphoryl chloride <$SPCl_3$> Thiophosphorylchlorid *n*

thiophosphoryl fluoride <SPF_3> Thiophosphorylfluorid *n*

thiophthalide <C_8H_6OS> Thiophthalid *n*

thiophthene <$C_6H_4S_2$> Thiophthen *n*

thioplast Thioplast *m*, Polysulfidplast *m*

γ-thiopyran <C_5H_6S> 4*H*-Thiopyran *n*, γ-Thiopyran *n*

thioquinanthrene Thiochinanthren *n*

thioredoxin reductase (NADPH) *{EC 1.6.4.5}* Thioredoxinreduktase (NADPH) *f*

thioridazine hydrochloride <$C_{21}H_{26}N_2S_2 \cdot HCl$> Thioridazinhydrochlorid *n*

thioresorcinol <$C_6H_4(SH)_2$> Thioresorcin *n*, Dimercaptobenzol *n*

thiosalicylic acid <HSC_6H_4COOH> Thiosalicylsäure *f*, 2-Mercaptobenzoesäure *f*

thiosemicarbazide <$S=C(NH_2)NHNH_2$> Thiosemicarbazid *n*, Thiocarbaminsäurehydrazid *n*, Aminothioharnstoff *m*, Hydrazincarbothioamid *n*

thiosemicarbazone <$SC(NR_2)NHNH_2$> Thiosemicarbazon *n*, Thioacetazon *n*

thioserine Thioserin *n*

thiosinamine <$C_4H_8N_2S$> Thiosinamin *n*, Allylthioharnstoff *m*, Allylsulfocarbamid *n*

thiostannate <M'_2SnS_3> Thiostannat *n*

thiostannic acid <H_2SnS_3> Thiozinn(IV)-säure *f*

salt of thiostannic acid Thiostannat *n*

thiosulfate <$M'_2S_2O_3$> Thiosulfat *n*, Disulfat(II) *n*

thiosulfate sulfurtransferase *{EC 2.8.1.1}* Thiosulfatsulfurtransferase *f* *{IUB}*, Thiosulfatcyanidtranssulfurase *f*

thiosulfuric acid <$H_2S_2O_3$> Thioschwefelsäure *f*, Monosulfanmonosulfonsäure *f*, Dischwefel(II)-säure *f*

thiosulfurous acid <$H_2S_2O_2$> thioschweflige Säure *f*, Dischwefel(I)-säure *f*

thiotetrabarbital Thiotetrabarbital *n*

thiothiamine Thiothiamin *n*

thiouracil <C_4H_4NOS> 2-Thiouracil *n*, 4-Hydroxy-2-mercaptopyrimidin *n*

thiouramil <$C_4H_4N_2O_2S$> Thiouramil *n*

thiourazole <$C_2H_3N_2OS$> Thiourazol *n*

thiourea <$S=C(NH_2)_2$> Thioharnstoff *m*, Thiocarbamid *n*

thiourea formaldehyde resin Thioharnstoff-Formaldehydharz *n*

thiourea resin Thioharnstoffharz *n*

thiourethane <$H_2NCOSC_2H_5$; $H_2NCSOC_2H_5$> Thiourethan *n*, Thiocarbamidsäureester *m*

thiouridine Thiouridin *n*

thioxane Thioxan *n*

thioxanthene <$C_{13}H_{10}S$> Thioxanthen *n*, Dibenzothiopyran *n*, Diphenylenmethansulfid *n*

thioxanthone <$C_{13}H_8OS$> Thioxanthon *n*, Thioxanthen-9-on *n*, 9-Oxothioxanthen *n*

thioxene <$C_4H_2S(CH_3)_2$> Thioxen *n*, Dimethylthiophen *n*

thioxine Thioxin *n*

thioxine black Thioxinschwarz *n*

thioxole Thioxol *n*

thiozone *{obs}* Schwefelozon *n* *{Triv, S_3-Molekül}*

third 1. dritte; 2. Drittel *n*

third law of thermodynamics dritter Hauptsatz *m* der Thermodynamik, Nernstscher Hauptsatz *m*

third-order reaction Reaktion *f* dritter Ordnung *f*, trimolekulare Reaktion *f*

third power dritte Potenz *f* *{Math}*

raise to the third power/to kubieren

third wire Nulleiter *m* *{Elek}*

thistle [top] funnel [tube] Glockentrichter *m*, Trichterrohr *n*, Trichterröhre *f* *{Lab}*

thiuram <R_2NCS> Thiuram *n* *{1. HN für Thiuram-Vulkanisationsbeschleuniger; 2. Fungizid}*

thiuram disulfide <$[(CH_3)_2NCS]_2S_2$> Thiuramdisulfid *n*, Tetramethyldiuramdisulfid *n* *{Fungizid}*

thiuram sulp <$[(CH_3)_2NCS]_2S$> Thiuram[mono]sulfid *n*

thiuret <$C_6H_7N_3S_2$> Thiuret *n*

thixotrope Thixotrop *n*, thixotropes Gel *n* *{Koll}*
thixotropic thixotrop
thixotropic agent Thixotropier[ungs]mittel *n*, thixotroper Stoff *m*, Thixotropie erzeugender Stoff *m*
thixotropic behavio[u]r thixotropes Verhalten *n*
thixotroping agent *s.* thixotropic agent
thixotropy Thixotropie *f* *{kolloid-mechanisches Verhalten}*
tholloside Thollosid *n*
thollosidic acid Thollosidsäure *f*
Thomas converter Thomas-Birne *f*, Thomas-Konverter *m*
Thomas-Gilchrist process *{GB}* Thomas-Verfahren *n*, Thomas-Konverterverfahren *n*, basisches Windfrischverfahren, basisches Bessemer-Verfahren *n* *{Stahlerzeugung}*
Thomas low-carbon steel Thomas-Flußeisen *n* *{Met}*
Thomas meal Thomas-Mehl *n*, Thomas-Schlacke *f*, Thomas-Phosphat *n* *{Met, Agri}*
Thomas pig iron *{GB}* Thomas-Roheisen *n*
Thomas process *s.* Thomas-Gilchrist process *{GB}*
Thomas slag *{GB}* Thomas-Schlacke *f*, Thomas-Mehl *n*, Thomas-Phosphat *n* *{Met, Agri}*
Thomas steel *{GB}* Thomas-Stahl *m*, Thomas-Konverterstahl *m*
thomsenolite Thomsenolith *m* *{Min}*
Thomson bridge Doppelbrücke *f* *{Elek}*, Kelvin-Brücke *f*
Thomson effect Thomson-Effekt *m* *{thermoelektrischer Effekt}*
thomsonite Thomsonit *m*, Vigit *m* *{Min}*
thong [schmaler] Lederriemen *m*
thonzylamine hydrochloride <$C_{16}H_{22}N_4O \cdot HCl$> Thonzylaminhydrochlorid *n* *{Pharm}*
thoracene <$Th(C_5H_5)_2$> Thoracen *n*, Bis(eta^5-cyclopentadienyl)thorium *n* *{IUPAC}*
thoria <ThO_2> Thoria *f*, Thorerde *f*, Thoriudimoxid *n*, Thorium(IV)-oxid *n*
thorianite <$(Th, U)O_2$> Thorianit *m* *{Min}*
thoriate/to thorieren
thoriated filament Glühfaden *m* mit Thorzusatz *{Elektronik}*
thoriated tungsten electrode thorhaltige Wolframelektrode *f* *{Schweißen}*
thorin Thorin *n*, Thoron[ol] *n* *{Anal}*
thorite <$ThSiO_4 \cdot 2H_2O$> Thorit *m* *{Min}*
thorium *{Th, element no. 90}* Thorium *n*, Thor *n* *{obs}*
thorium anhydride *s.* thorium dioxide
thorium breeder [reactor] Throiumbrüter *m*, Thorium-Brutreaktor *m* *{Nukl}*
thorium carbide <ThC_2> Thoriumcarbid *n*
thorium chloride <$ThCl_4$> Thoriumtetrachlorid *n*, Thorium(IV)-chlorid *n*
thorium compound Thoriumverbindung *f*
thorium content Thoriumgehalt *m*
thorium cycle Thoriumzyklus *m*
thorium decay series *s.* thorium series
thorium dioxide <ThO_2> Thorerde *f* *{Triv}*, Thoriumdioxid *n*, Thorium(IV)-oxid *n*
thorium disulfide <ThS_2> Thoriumdisulfid *n*
thorium emanation Thorium-Emanation *f*, Thoron *n*, Radium-220 *n*
thorium fluoride <ThF_4> Thorium(IV)-fluorid *n*, Thoriumtetrafluorid *n*
thorium hydride Thoriumhydrid *n*
thorium hydroxide <$Th(OH)_4$> Thorium(IV)-hydroxid *n*
thorium lead <ThD> Thoriumblei *n* *{Triv}*, Blei-208 *n*
thorium nitrate <$Th(NO_3)_4$> Thoriumnitrat *n*, Thornitrat *n*, Thorium(IV)-nitrat *n*
thorium oxalate <$Th(C_2O_4)_2 \cdot 6H_2O$> Thoriumoxalat *n*, Thorium(IV)-oxalat *n*
thorium oxide Thorium(IV)-oxid *n*, Thorerde *f* *{Triv}*, Thoriumdioxid *n*
thorium reactor Thorium-Reaktor *m*, Thorium-Brüter *m* *{Nukl}*
thorium series Thorium-Zerfallsreihe *f*, Thorium-Reihe *f*
thorium silicate <$ThSiO_4$> Thoriumsilicat *n*
thorium sulfate <$Th(SO_4)_2 \cdot 4H_2O$> Thoriumsulfat *n*
thorium sulfide <ThS_2> Thoriumsulfid *n*, Thoriumdisulfid *n*
thorium X Thorium X *n* *{obs}*, Radium-224 *n*
native hydrated thorium silicate Orangit *m* *{Min}*
thorn Dorn *m*, Stachel *m*
thorn apple Stechapfel *m* *{Bot, Stramonium}*
thorn-like dornartig
thoron 1. Thorium-Emanation *f* *{obs}*, Thoron *n* *{obs}*, Radium-220 *n*; 2. Thoron[ol] *n*, Thorin *n* *{Anal}*
thorough vollständig; vollkommen; absolut; gründlich
thoroughly gründlich, eingehend
Thorpe reaction Thorpe-Reaktion *f* *{Nitrilkondensation mit $LiNH_2$}*
thortveitite Thortveitit *m* *{Min}*
thousandth[part] Tausendstel *n*
thousendth mass unit Tausendstel atomare Masseneinheit *f* *{Nukl; Energieeinheit 1 TME = 0,149176 nJ}*
thread/to 1. fädeln, einfädeln *{z.B. einen Faden}*; einlegen *{z.B. Film}*; 2. Gewinde *n* schneiden, Gewinde *n* herstellen
thread 1. Faden *m*, Zwirn *m* *{Text}*; 2. Thermometersäule *f*; 3. Gewinde *n*, Schraubengewinde *f*; Gewindegang *m* *{Tech}*; 4. Strahl *m*,

[dünner] Streifen *m {z.B. Licht, Farbe}*; 5. Flußmitte *f {Füssigkeitsstrom}*; 6. dünne Ader *f {Bergbau}*; Thread *n*, Faden *m {Garnlänge 0,9144 m}*
thread count Fadenzahl *f {Text, Anzahl der Ketten- und Schußfäden pro 6,4516 cm^2}*
thread counter Fadenzähler *m*, Fadendichtezähler *m {Text}*
thread cutting Gewindeschneiden *n*, Gewindedrehen *n {äußeres Gewinde}*
thread depth Gangtiefe *f {Tech}*
thread diameter Gewindedurchmesser *m*
thread electrometer Fadenelektrometer *n*
thread fungus Fadenpilz *m {Bot}*
thread galvanometer Fadengalvanometer *n*
thread ga[u]ge Gewindelehre *f {Tech}*
thread locking compound Schraubensicherungslack *m*
thread reducer Reduzierstück *n {mit beiderseitigem Gewinde}*, Gewindereduzierstück *n*
thread sleeve Schraubmuffe *f*
thread suspension Fadenaufhängung *f*
double thread doppelgängiges Gewinde *n*, zweigängiges Gewinde *n*
form of thread Gewindeprofil *n*
inside thread Innengewinde *n*
threaded mit Gewinde; Gewinde-
threaded coupling Gewindestück *n*
threaded flange Gewindeflansch *m*
threaded nut Gewindemutter *f*
threaded shaft seal Gewindewellendichtung *f*
threaded sleeve Rohrverschraubung *f*
threaded spacer Distanzbolzen *m*
threaded union Gewindestutzen *m {DIN 8543}*
threading 1. Einfädeln *n {EDV, Text}*; Einlegen *n {Film}*; 2. Gewindeherstellung *f*, Gewindedrehen *n*, Gewindeschneiden *n*, Gewindefertigung *f*
threadlike fadenförmig; Faden-
threadlike molecule Fadenmolekül *n*, Linearmolekül *n {Chem}*
threadworm Fadenwurm *m {Zool}*
three drei; Drei-
three-body collision Dreierstoß *m*
three-body problem Dreikörperproblem *n*
three-center bond Dreizentrenbindung *f*, Dreielektronenbindung *f {Valenz}*
three-center hydrogen bonds Dreizentren-Wasserstoffbindung *f*
three-centered orbital Dreizentren-Orbital *n {Valenz}*
three-centre *s.* three-center
three-channel direct-reading spectrometer Dreifeld-Direktspektrometer *n*
three-channel nozzle Dreikanaldüse *f*
three-colo[u]r dreifarbig, trichromatisch, trikolor; Dreifarben-
three-colo[u]r photography Dreifarbenphotographie *f*
three-colo[u]r print Dreifarbendruck *m*
three-colo[u]r screen Dreifarbenraster *m*
three-colo[u]red dreifarbig
three-column centrifuge Dreisäulenzentrifuge *f*
three-component alloy Dreistofflegierung *f*
three-component mixture Dreikomponentenmischung *f*
three-component system Dreistoffsystem *n*, Dreikomponentensystem *n*, ternäres System *n*
three-core cable Dreileiterkabel *n*, dreiadriges Kabel *n {Elek}*
three-cornered dreikantig, dreiwinkelig
three-dimensional dreidimensional, räumlich; körperlich ausgedehnt; Raum-
three-dimensional curve Raumkurve *f*
three-dimensional lattice Raumgitter *n {Krist}*
three-dimensional movement räumliche Bewegung *f*
three-dimensional quality Dreidimensionalität *f*, Plastizität *f*
three-dimensional structure Raumstruktur *f*, Raumgebilde *n*
three-electrode sputter-ion pump Triodenionengetterpumpe *f*, Ionenzerstäuberpumpe *f* vom Triodentyp
three-electrode tube Triode *f*
three-element control Drei-Impulsregelung *f*, Dreikomponentenregelung *f*, Regelung *f* mit drei [gemessenen] Regelgrößen
three-faced dreiflächig
three-finger rule Dreifingerregel *f {Elek}*
three-flame dreiflammig
three-floor kiln Dreihordendarre *f {Brau}*
three-footed dreifüßig
three-legged dreischenkelig; dreibeinig
three-level laser Dreiniveaulaser *m*
three-membered dreigliedrig
three-membered ring Drei[er]ring *m*, dreigliedriger Ring *m {Chem}*
three-meter grating spectrograph Dreimeter-Gitterspektrograph *m*
three-neck[ed] dreihalsig; Dreihals-
three-neck[ed] flask Dreihalskolben *m {Chem}*
three-part dreiteilig
three-phase dreiphasig *{Elek, Thermo, Met}*
three-phase current Drehstrom *m*, Dreiphasenstrom *m*
three-phase field Dreiphasenfeld *n*, Drehfeld *n*
three-phase four-wire system Dreiphasenvierleitersystem *n*, Drehstromvierleitersystem *n*
three-phase motor Drehstrommotor *m*
three-phase plant Drehstromanlage *f*
three-phase six-wire system Dreiphasensechsleitersystem *n*, Drehstromsechsleitersystem *n {Elek}*

three-phase system Drehstromsystem *n*, Dreiphasensystem *n*
three-phase wire Drehstromleitung *f*
three-photon annihilation Dreiquantenvernichtung *f* *{Nukl}*
three-pin connection Dreipunktschaltung *f*
three-pin plug Dreistiftstecker *m* *{Elek}*
three-ply dreischichtig, dreilagig
three-point bending test Dreipunkt-Biegeversuch *m*
three-point contact Dreipunkt-Kontankt *m*
three-point mounting Dreipunktaufstellung *f*, Dreipunktmontage *f*
three-point support Dreipunktauflage *f*
three-position controller Dreipunktregler *m*
three-prism spectrograph Dreiprismenspektrograph *m*
three-quarter preserve Dreiviertelkonserve *f*
three-quarters hard mechanisch bearbeitet hart *{NE-Metall}*
three-sided dreiseitig
three-stage dreistufig
three-stage compressor Dreistufenkompressor *m*, dreistufiger Kompressor *m*
three-step filter Dreistufenfilter *n*
three-storied furnace Dreietagenofen *m*
three-valued dreiwertig *{Math}*
three-way cock Dreiweg[e]hahn *m* *{Lab}*
three-way connection Dreiwegverbindung *f*
three-way diverting valve Dreiwegverteilerventil *n*
three-way flow control Dreiweg[e]stromregelung *f*
three-way flow-control valve Dreiweg[e]-Mengenregelventil *n*
three-way pipe T-Stück *n*
three-way stop-cock Dreiweg[e]hahn *m*
three-way tap Dreiweg[e]hahn *m*
three-way valve Dreiweg[e]ventil *n*, Wechselventil *n*
three-wire system Dreileitersystem *n* *{Elek}*
threefold dreifach, ternär, dreizählig; dreiteilig
threefold collision Dreierstoß *m*
threitol Threit *m*
threo threo *{Stereochem, gleichseitige Konfiguration}*
threo form threo-Form *f* *{Stereochem}*
threo modification threo-Form *f* *{Stereochem}*
L-threonate dehydrogenase *{EC 1.1.1.129}* L-Threonatdehydrogenase *f*
threonic acid Threonsäure *f*
threonine <$H_3CCH(NH_2)COOH$> Threonin *n*, Thr, L-Threo-α-amino-*β*-hydroxybuttersäure *f*, 2-Amino-3-hydroxybutansäure *f*
threonine aldolase *{EC 4.1.2.5}* Threoninaldolase *f*
threonine deaminase *s.* threonine dehydratase
threonine dehydratase *{EC 4.2.1.16}* Threonindehydratase *f* *{IUB}*, Threonindeaminase *f*
threonine racemase *{EC 5.1.1.6}* Threoninracemase *f*
threonine synthase *{EC 4.2.99.2}* Threoninsynthase *f*
threonyl-tRNA synthetase *{EC 6.1.1.3}* Threonyl-tRNA-synthetase *f*
threosamine Threosamin *n*
threose <$OHCCH(OH)CH(OH)CH_2OH$> Threose *f*
threpsology Ernährungskunde *f* *{Physiol}*
threshold 1. Schwelle *f*; 2. Schwell[en]wert *m*, Grenzwert *m*, Ansprechwert *m*, Ansprechgrenze *f*; Vorlast *f* *{Regelung}*
threshold current Schwellenstrom *m*
threshold detector Schwellendetektor *m*, Grenzwertfühler *m*, Schwell[en]wertfühler *m*
threshold dose Schwellen[wert]dosis *f*, Toleranzdosis *f*, kritische Dosis *f* *{Strahlung}*
threshold energy Einsatzenergie *f*, Schwellenenergie *f* *{Chem, Nukl}*
threshold field curve Schwellenwertkurve *f*
threshold-level alarm Grenzwertsignalgeber *m*
threshold limit Schwell[en]wert *m*, Grenzwert *m*, Ansprechwert *m*, Ansprechgrenze *f*
threshold limit value MAK-Wert *m*, maximale Arbeitsplatzkonzentration *f* *{Schwellengrenzwert für Arbeiten mit toxischen Stoffen}*
threshold measurement Schwellenwertmessung *f*
threshold of reaction Reaktionsschwelle *f*, Schwellenwertreaktion *f*
threshold potential Schwellenpotential *n*, Schwellenspannung *f*
threshold pressure Druckschwellwert *m*
threshold region Schwellenbereich *m*
threshold sensitivity Schwellenempfindlichkeit *f*
threshold value Schwell[en]wert *m*, Grenzwert *m*, Ansprechwert *m*; Schwärzungsschwelle *f* *{Photo}*
threshold value switch Schwellwertschalter *m*
threshold wave Grenzwelle *f*
throat 1. Engstelle *f*, Einschnürung *f*, Verengung *f* *{z.B. einer Düse}*; 2. Hals *m* *{z.B. Trichterhals}*; 3. Kehle *f* *{Tech}*; 4. Gicht *f*, Begichtungsöffnung *f*, Beschickungsöffnung *f* *{Hochofen}*; 5. Mund *m* *{Konverter}*, Konvertermund *m*, Konverteröffnung *f*; 6. Auslaufstutzen *m*, Auslauftrichter *m*; Einlaufstück *n*; 7. Durchlaß *m* *{Glas}*; 8. Schweißnahtdicke *f*; 9. Rachen *m* *{Lehre}*
throat area Ansaugquerschnitt *m* *{Vak}*
throat bar Schneidbalken *m*
throat flame Gichtflamme *f*
throat of diffuser Diffusorhals *m* *{Venturi-Düse}*

throat of nozzle kleinste Düsenspaltfläche *f*, Düsenhals *m*
throat of vapo[u]r pump Pumpenhals *m*
thrombase *s.* thrombin
thrombin *{EC 3.4.21.5}* Thrombin *n*
thrombocyte Thrombozyt *m {Med}*
thrombokinase *{EC 3.4.21.6}* Koagulationsfaktor Xa *m {IUB}*, Thrombokinase *f*, Stuart-Faktor *m {Enzym}*
thromboplastin Thromboplastin *n {Biochem}*
thrombosis Thrombose *f {Med}*
thrombus Blutgerinnsel *n*, Blutpfropf *m {Med}*
throttle/to drosseln
throttle down/to [teilweise] abdrosseln; einschnüren
throttle 1. Drosselung *f*; 2. Drossel *f {z.B. Stauflansch, Drosselklappe}*
throttle bush Drosselbuchse *f*
throttle calorimeter Drosselkalorimeter *n*
throttle-check valve Drossel-Rückschlagventil *n*
throttle control Drosselreglung *f*
throttle diagram Drosseldiagramm *n*
throttle diaphragm Drosselscheibe *f*, Staurand *m*
throttle flange Drosselflansch *m*
throttle flap Drosselklappe *f*
throttle governor Drosselregulator *m*
throttle insert Drosseleinsatz *m*
throttle plug Drosselstopfen *m*
throttle quotient Drosselquotient *m {Extruder}*
throttle slide [valve] Drosselventil *n*, Drosselklappe *f*; Drosselschieber *m*
throttle valve Drosselklappe *f*, Drosselventil *n*
throttling Drosselung *f {z.B. des Durchflußes, der Leistung}*; Verengung *f*
throttling calorimeter Drosselkalorimeter *n*
throttling orifice Drosselblende *f*
throttling range Proportionalbereich *m*
throttling valve *s.* throttle valve
through hindurch; durchgehend; Durch-
through-carburizing furnace *{US}* Durchzementierungsofen *m {Met}*
through connection Durchkontaktierung *f*, Durchverbindung *f {Leiterplatten}*
through-curing Durchhärtung *f*
through-flow air classifier Durchluftsichter *m*
through-flow drying Durchströmtrocknung *f*
through-flow heater Durchlauferhitzer *m*
through-hardening Durchhärtung *f*
through-hardening bath *{US}* Durchhärtungsbad *n {Met}*
through-hole coating Bedampfung *f* durch Löcher
through impregnation Durchtränkung *{z.B. von Laminatgeweben oder -matten}*
through-shaped corrosive attack muldenförmige Angriffsstelle *f*
through-type furnace Durchlaufofen *m*
through-way valve Durchgangsventil *n*
throughput 1. Durchsatz *m*, Massedurchsatz *m*, Masseausstoß *m {in kg/s}*; 2. Durchsatzmenge *f*, Durchflußmenge *f*, Fördermenge *f*; 3. Leistung *f {z.B. Saugleistung, Förderleistung in m^3/s}*
throughput capacity Durchsatzleistung *f*
throughput direction Durchsatzrichtung *f*
throughput increase Durchsatzsteigerung *f*
throughput rate Durchsatzgeschwindigkeit *f*
throughput variation Durchsatzschwankung *f*
throw/to 1. werfen; 2. schütten; 3. schleudern; freidrehen, formen *{z.B. mit einer Töpferscheibe}*; 4. m[o]ulinieren, zwirnen *{Seide}*; 5. umlegen *{schalten}*
throw away/to 1. verwerfen *{Prezipitation}*; 2. vertun, verschwenden
throw down/to 1. niederschlagen, abscheiden, [aus]fällen; 2. umwerfen, hinwerfen; zerstören
throw off/to abschleudern, abspritzen *{Öl}*; abwerfen; loswerden, abschütteln
throw on/to anwerfen
throw out/to ausstoßen, auswerfen; herausschleudern; loskuppeln, ausrücken, lösen *{Tech}*
throw through/to durchwerfen
throw 1. Wurf *m*; 2. Ausschlag *m {Zeiger}*; 3. Umschaltvorgang *m*; 4. Wurfweite *f*; Projektionsabstand *m*, Bildwurfweite *f*
throw-away pipette Einmalpipette *f {Med}*
throw-out lever Ausrückerhebel *m*
throw-over switch Umschalter *m*
throwing power Streuvermögen *n*, Streukraft *f*, Tiefenwirkung *f*, Tiefenstreuung *f {Galvanik}*
thrust 1. Längstkraft *f*, horizontaler Druck *m*, seitlicher Druck *m*, axialer Druck *m*; 2. Stoß *m*; 3. Schub *m*, Schubkraft *f*
thrust ball bearing Längskugellager *n*, Druckkugellager *n*, Kugeldrucklager *n*
thrust bearing Drucklager *n*, Axiallager *n*, Spurlager *n*; Rückdrucklager *n {Extruder}*
thrust face of flight vordere Flanke *f*, aktive Flanke *f*, treibende Stegflanke *f*, Schneckenflanke *f {Extruder}*
thrust force Schubkraft *f*
thrust load Längsdruck *m*
thrust performance Schubleistung *f*
thrust screw Druckschraube *f*
thrust washer Druckscheibe *f*, Gleitlagerscheibe *f {zur Aufnahme von Axialkräften}*
thuja Abendländischer Lebensbaum *m {Thuja occodentalis L.}*
thuja oil Thujaöl *n*, Zedernblätteröl *n {meist von Thuja occidentalis L.}*
thujaketone Thujaketon *n*, 6-Methyl-5-methylenheptan-2-on *n*
thujaketonic acid Thujaketonsäure *f*
thujamenthol Thujamenthol *n*

thujane <$CH_3C_6H_8CH(CH_3)_2$> Thujan *n*, Sabinan *n*

thujene <$C_{10}H_{16}$> Thujen *n*, Sabinen *n*, Tanaceten *n*

thujenol <$C_{10}H_{16}O$> Thujol *n*, Absinthol *n* 4(10)Thujen-3-ol *n*

thujetic acid <$C_{28}H_{22}O_{13}$> Thujetinsäure *f*

thujetin <$C_{14}H_{14}O_8$> Thujetin *n*

thujigenin $C_{14}H_{12}O_7$> Thujigenin *n*

thujin <$C_{20}H_{22}O_{12}$> Thujin *n*

thujol *s.* thujenol

thujone <$C_{10}H_{16}O$> Thujon *n*, Thuyon *n*, Tanaceton *n*, 3-Oxosabinan *n*

thujorhodin Rhodoxanthin *n*

thujyl Thujyl-

thujyl alcohol <$C_{10}H_{18}O$> Thujylalkohol *m*, Thujenol *n*, 4(10)Thujen-3-ol *n*

thujyl amine <$C_{10}H_{17}NH_2$> Thujylamin *n*

thulite Thulit *m {Mn-haltiges Zoisit/Epidot-Gemenge, Min}*

thulia *s.* thulium oxide

thulium *{Tm, element no. 69}* Thulium *n*

thulium chloride <$TmCl_3 \cdot 7H_2O$> Thuliumchlorid[-Heptahydrat] *n*

thulium oxalate <$Tm_2(C_2O_4)_3 \cdot 6H_2O$> Thuliumoxalat *n*

thulium oxide <Tm_2O_3> Thuliumoxid *n*, Thulia *f {obs}*

thumb nut Flügelmutter *f {Tech}*

thumb rule Faustregel *f*

thumb screw Daumenschraube *f*; Flügelschraube *f*, Knebelschraube *f {Tech}*

thumbtack Reißzwecke *f*, Heftzwecke *f*, Reißnagel *m*

thuringite Thuringit *m {Min}*

thus gum Weihrauch *m*, Olibanum *n*

thylakoid Thylakoid *n {Biol}*

thyme [echter] Thymian *m {Thymus vulgaris L.}*

thyme camphor Thymiancampher *m*, Thymol *n*, Thymiansäure *f*

thyme-like thymianartig

thyme oil Quendelöl *n*, Thymianöl *n {Thymus vulgaris L. und T. zygis L.}*

liquid extract of thyme Thymianfluidextrakt *m*

mother of thyme Feldthymiankraut *n {Bot}*

wild thyme oil Feldthymianöl *n*

thymene <$C_{10}H_{16}$> Thymen *n {Terpen}*

thym[ian]ic acid Thymiansäure *f*, Thymiancampher *m*, Thymol *n*

thymidine <$C_{10}H_{14}N_2O_5$> Thymin-2-desoxyribosid *n*, Thymidin *n {Biochem}*

thymidine diphosphate Thymidindiphosphat *n*

thymidine kinase *{EC 2.7.1.21}* Thymidinkinase *f*

thymidine monophosphate Thymidinmonophosphat *n*

thymidine phosphorylase *{EC 2.4.2.4}* Thymidinphosphorylase *f*

thymidine triphosphate Thymidintriphosphat *n*

thymidylate 5'-phosphatase *{EC 3.1.3.35}* Thymidylat-5'-phosphatase *f {IUB}*, Thymidylat-5'-nucleotidase *f*, Thymidylat-5'-phosphohydrolase *f*

thymidylate synthase *{EC 2.1.1.45}* Thymidylatsynthase *f*

thymidylic acid Thymidylsäure *f {Biochem}*

thymine <$C_5H_4N_2O_2$> Thymin *n*, 5-Methyluracil *n*, 2,5-Dihydroxy-5-methylpyrimidin *n {Biochem}*

thymine dimer Thymindimer[es] *n*

thyminic acid Solurol *n*

thyminose <$C_5H_{10}O_4$> Thyminose *f*, D-2-Desoxyarabinose *f*, D-2-Desoxyribose *f*

thymol <$C_{10}H_{16}O$> Thymol *n*, 2-Isopropyl-5-methylphenol *n*, Thymiancampher *m*, Thymiansäure *f*

thymol blue Thymolblau *n*, Thymolsulfonphthalein *n {pH-Indikator}*

thymol indophenol Thymolindophenol *n*

thymol iodide Thymoliodid *n*, Iodthymol *n*, Aristol *n*, Iodosol *n*

thymolphthalein Thymolphthalein *n {pH-Indikator}*

thymolsulfon[e]phthalein Thymolblau *n*, Thymolsulfonphthalein *n {pH-Indikator}*

thymolurethane Thymolcarbamat *n*, Thymolat *n*

thymomenthol Thymomenthol *n*

thymonucleic acid Thymonucleinsäure *f*

***p*-thymoquinone** *p*-Thymochinon *n*

thymotal Thymotal *n*, Thymolcarbamat *n*

thymotic aldehyde Thymotinaldehyd *m*

thymot[in]ic acid <$C_{11}H_{14}O_3$> 6-Methyl-3-isopropylsalicylsäure *f*, *o*-Thymotinsäure *f*

thymus gland Thymusdrüse *f {Med}*

thynnin Thynnin *n {Protamin}*

thyratron Thyratron *n*, Stromtor *n {Elek}*

thyresol <$C_{15}H_{23}OCH_3$> Santalolmethylester *m*, Thyresol *n*

thyristor Thyristor *m {Elektronik}*

thyroacetic acid Thyroessigsäure *f*

thyrobutyric acid Thyrobuttersäure *f*

thyroformic acid Thyroameisensäure *f*

thyroglobulin Thyroglobulin *n*

thyroid activity Schilddrüsenfunktion *f*

thyroid carboxyl proteinase *{EC 3.4.23.11}* Thyroidcarboxylproteinase *f*

thyroid dose Schilddrüsendosis *f*

thyroid function Schilddrüsenfunktion *f*

thyroid gland Schilddrüse *f {Med}*

thyroid hormone Schilddrüsenhormon *n*

thyroid hormone aminotransferase *{EC 2.6.1.26}* Thyroidhormonaminotransferase *f*

thyroidine Thyroidin *n*, Iodothyrin *n {Pharm}*

thyroiodine Levothyroxin *n*

thyronamine Thyronamin *n*
thyronine **<$HOC_6H_4OC_6H_4CH_2CH(NH_2)CO$-$OH$>** Deiodothyroxin *n*, Thyronin *n {Biochem}*
thyronucleoprotein Thyronucleoproteid *n*
thyrothrophin Thyrotrophin *n {Hormon}*, thyrotropes Hormon *n*
thyropropionic acid Thyropropionsäure *f*
thyroprotein Thyroprotein *n*
thyroxine **<$C_{15}H_{11}I_4NO_4$>** Thyroxin *n*, Tetraiodthyronin *n*, Levothyroxin *n*
  thyroxine aminotransferase *{EC 2.6.1.25}* Thyroxinaminotransferase *f*
ticket 1. Karte *f*; 2. Zettel *m*, Schein *m*; Beleg *m*; 3. perforierte Karte *f*, Abrißkarte *f {EDV}*
  ticket printer Belegdrucker
tide Gezeiten *fpl*
  turn of the tide Flutwechsel *m*
tidy rein, sauber; aufgeräumt, ordentlich
tie/to 1. anbinden, festmachen; verbinden, koppeln *{Tech}*; 2. [zusammen]binden, schnüren *{Text}*; knoten, knüpfen *{Text}*; abbinden *{Garnstränge}*, strängen *{Text}*
tie 1. Verbindung *f {Tech}*; 2. Bindeglied *n*, Verbindungsstück *n*; 3. Band *n*; 4. *{US}* Schwelle *f {Eisenbahn}*
  tie line 1. Verbindungslinie *f {Phasendiagramm}*; 2. Zweigleitung *f*, Abzweig[ungs]leitung *f {Elek}*
  tie-lon *{US}* verschließbarer Polyamidbeutel *m {Dampfsterilisation}*
Tiemann-Reimer reaction Tiemann-Reimersche Reaktion *f*, Tiemann-Reimer-Reaktion *f*
tiemannite **<HgSe>** Tiemannit *m {Min}*
TIG welding *{tungsten inert-gas [arc] welding}* WIG-Schweißen *n*, Wolfram-Inertgas-Schweißen *n*
tight 1. dicht *{nicht leck}*; dicht schließend; undurchlässig, impermeabel, dicht; 2. fest, festsitzend; 3. straff, gespannt, prall *{voll}*; 4. knapp, eng; 5. fest, kompakt, dicht
  tight-closed hermetisch
  tight cure Ausvulkanisation *f*
  tight emulsion beständige Emulsion *f*
  tight fit Feinpassung *f*
  tight packing dichte Packung *f*
tighten/to 1. straffen, spannen; 2. andrehen, anziehen, festziehen *{Mutter}*; 3. befestigen; 4. [ab]dichten; 5. verknappen
tightness 1. Dichtheit *f*; Dichtigkeit *f*, Undurchlässigkeit *f*; 2. Festigkeit *f*, Kompaktheit *f*, Dichtheit *f*; 3. Straffheit *f*
  tightness control Dichtigkeitsprüfung *f*
tiglaldehyde **<$CH_3CH=C(CH_3)CHO$>** Guajol *n*, Tiglinaldehyd *m*, 2-Methylbut-2-enal *n*
tiglic acid **<$CH_3CH=C(CH_3)COOH$>** Tiglinsäure *f*, Methylcrotonsäure *f*, *trans*-2,3-Dimethylacrylsäure *f*, *trans*-2-Methylbut-2-ensäure *f {IUPAC}*
  tiglic alcohol **<$CH_3CH=C(CH_3)CH_2OH$>** Tiglinalkohol *m*, 2-Methylbut-2-enol *n*
  tiglic aldehyde *s.* tiglaldehyde
  ester of tiglic acid Tiglinsäureester *m*, Tiglinat *n*
  salt of tiglic acid Tiglinat *n*
tigloidine **<$C_{13}H_{21}NO_2$>** Tigloidin *n*
tigogenin **<$C_{27}H_{44}O_3$>** Tigogenin *n*
tilasite Tilasit *m {Min}*
tile 1. Fliese *f*, [Stein-]Platte *f*, Kachel *f*; 2. Dachziegel *m*; Hohlziegel *m*; 3. Formkörper *m {Füllkörper}*
  tile clay Ziegelton *m*
  tile ore Ziegelit *m {obs}*, Ziegelerz *n {Min}*
  unburnt tile Rohziegel *m*
tiliacorine **<$C_{36}H_{36}N_2O_5$>** Tiliacorin *n*
Tillman's reagent Tillmans-Reagens *n {für Ascorbinsäure; 2,6-Dichlorphenolindophenol}*
tilt/to 1. umstürzen, stürzen; 2. kippen, neigen, schrägstellen; verkanten, kanten; 3. hämmern; 4. gerben *{Stahl}*
  tilt over/to umkippen
tilt 1. Neigung *f*, Schräge *f*; 2. Schräglage *f*, Schrägstellung *f*; 3. Neigen *n*, Kippen *n*, Schrägstellen *n*
tiltable kippbar, neigbar, schrägstellbar
  tiltable crucible kippbarer Schmelztiegel *m*, Kipptiegel *m*
  tiltable vacuum bell jar kippbare Vakuumglocke *f*
tilted-cylinder dryer Taumeltrockner *m*
  tilted-cylinder mixer schrägstehender Trommelmischer *m*, Schrägtrommelmischer *m*
  tilted drum mixer *s.* tilted-cylinder mixer
  tilted steel Gerbstahl *m*
tilter 1. Kantvorrichtung *f*, Kanter *m {Met}*; 2. Kippvorrichtung *f*, Kipper *m*
  tilter appliance Kippgerät *n*, Kippvorrichtung *f*
tilting 1. schwenkbar; 2. Kippen *n*, Neigen *n*, Schrägstellen *n*
  tilting apparatus *s.* tilting device
  tilting burner Schwenkbrenner *m*
  tilting chute Kipprinne *f*, Kipprutsche *f*
  tilting device Kippvorrichtung *f*, Kippgerät *n*; Schwenkvorrichtung *f*
  tilting disk check valve Klappenventil *n*, Verschlußklappe *f*
  tilting door Kipptor *n*
  tilting electrode holder schwenkbarer Elektrodenhalter *m*
  tilting mixer Kippmischer *m*, Kipptrommelmischer *m*
  tilting open hearth furnace Kippofen *m*, Kippherdschmelzofen *m {Met}*; kippbarer Siemens-Martin-Ofen *m {Met}*
  tilting pad thrust bearing Axial-Kippsegmentlager *n*

tilting pan filter Karussellnutschenfilter *n*, Kippwannenfilter *n*
tilting shoe thrust bearing Kippsegment-Drucklager *n*
tilting stage Drehschwingungsrahmen *m*
tilting table Kipptisch *m*, Wipptisch *m*; Schwenktisch *m*
tilting table method Werkstoffbenetzungsfähigkeitsprüfung *f* mittels geneigter Ebene
tiltmeter Neigungsmesser *m*
timber 1. Balken *m*; 2. Holz *n*, Bauholz *n*, Nutzholz *n*; 3. Waldbestand *m*
timber drying plant Holztrockenanlage *f*
timber preservation Holzschutz *m*, Holzkonservierung *f*
timberflex wallpaper Echtholztapete *f* mit Plastfeuchteschutz
time/to 1. die Zeit abstoppen; 2. regeln
time 1. Zeit *f*, Zeitdauer *f*; Zeitpunkt *m*; Frist *f*; 2. Takt *m*
time-activity curve Zeit-Umsatz-Kurve *f* *{Kinetik}*
time average Zeitmittel *n*, Zeitmittelwert *m*, zeitlicher Mittelwert *m*
time base 1. Zeitbasis *f*, Zeitmaßstab *m*, Zeitablenkung *f*; 2. Zeitablenkgerät *n* *{Oszillograph}*; 3. Abtastperiode *f*
time constant Zeitkonstante *f*; Verzögerungszeitkonstante *f*; Relaxationszeit *f*
time-consuming zeitraubend, zeitaufwendig
time course zeitlicher Verlauf *m*, zeitlicher Ablauf *m* *{z.B. einer Reaktion}*
time cycle Zeitzyklus *m*
time-cycle operation Zeitverhalten *n*; Übertragungsverhalten *n* *{Regelung}*
time delay Zeitverzögerung *f*, Zeitverzug *m*, Verzögerung[szeit] *f*; Totzeit *f* *{Regelung}*
time-delay switch Zeitschalter *m*
time-dependent zeitabhängig, abhängig von der Zeit *f*
time-dependent deformation zeitabhängige Deformation *f*, zeitabhängige Verformung *f*
time exposure 1. Zeitaufnahme *f* *{Photo}*; 2. Zeitbelichtung *f* *{Photo}*
time factor Zeitfaktor *m*
time-for-fracture curve Zeitbruchlinie *f*
time function Zeitfunktion *f*
time-function element Zeitglied *n*
time fuse Zeitzünder *m*, Verzögerungszünder *m*
time interval Zeitabschnitt *m*, Zeitabstand *m*, Zeitintervall *m*, Zeitspanne *f*, Zeitraum *m*
time keeping 1. Zeitmessung *f*; 2. Zeitkontrolle *f*
time lag 1. Zeitverzögerung *f*, zeitliche Verzögerung *f*, zeitlicher Nachlauf *m*; 2. Totzeit *f*; Haltezeit *f*, Verweilzeit *f*, Aufenthaltszeit *f*; 3. Phasenverschiebung *f*
time-lag relay Verzögerungsrelais *n*; Zeitrelais *n*
time mark Zeitmarke *f* *{z.B. auf dem Bildschirm}*
time-mark emitter Zeitmarkengeber *m*
time-mark recorder Zeitmarkenschreiber *m*, Zeitmarkengeber *m*
time measurement Zeitmessung *f*, Zeitaufnahme *f*
time measurement instrument Zeitmeßgerät *n*
time needed for combustion Brennzeit *f*
time of escape Fluchtzeit *f* *{Schutz}*
time of evacuation Pumpzeit *f*, Evakuierungszeit *f*, Auspumpzeit *f*
time of exhaust *s.* time of evacuation
time of experimentation Versuchsdauer *f*
time of flight Laufzeit *f*, Flugzeit *f* *{eines Teilchens}*
time-of-flight filter for ions Geschwindigkeitsfilter *n* für Ionen
time-of-flight focusing for ions Geschwindigkeitsfokussierung *f* von Ionen, Fokussierung *f* nach der Geschwindigkeit
time-of-flight mass spectrograph Flugzeitmassenspektrograph *m*, Laufzeitmassenspektrograph *m* *{Nukl}*
time-of-flight mass spectrometer Flugzeitmassenspektrometer *n*, Laufzeitmassensprektrometer *n* *{Nukl}*
time-of-flight method Flugzeitmethode *f*, Laufzeitmethode *f* *{Identifizierung und Klassifizierung von Teilchen}*
time-of-flight spectrometer Flugzeitspektrometer *n*, Laufzeitspektrometer *n*
time-of-flight technique *s.* time-of-flight method
time of response Ansprechzeit *f*
time of set Abbindezeit *f* *{Zement}*
time of the year Jahreszeit *f*
time-out Zeitsperre *f*
time-pattern control *s.* time-program control
time pre-selection switch Zeitvorwahlschalter *m*
time-program control Zeitplanregelung, Zeitplansteuerung *f*, Programmregelung *f*
time quenching Zeithärtung *f*, gebrochenes Härten *n* *{Met}*
time recorder Zeitschreiber *m*
time-recording system Zeiterfassungssystem *n*
time relay Zeitrelais *n*; Verzögerungsrelais *n*
time-release drug Depotwirkstoff *m*
time resolution Zeitauflösungsvermögen *n*, zeitliche Auflösung *f*
time-resolved fluorimeter zeitaufgelöstes Fluorimeter *n*
time resolved laser spectroscopy zeitaufgelöste Laserspektroskopie *f*

time-resolved spectroscopy zeitaufgelöste Spektroskopie *f*
time-resolved spectrum Spektrum *n* mit zeitlicher Auflösung, zeitlich aufgelöstes Spektrum *n*, zeitaufgelöstes Spektrum *n*
time response Zeitverhalten *n*, Übergangsfunktion *f*, Zeitverlauf *m* *{Automation}*
time reversal Zeitumkehr *f*
time-reversal operator Zeitumkehroperator *m*
time-saving zeitoptimal, zeitsparend
time scale Zeitmaßstab *m*, Zeitskale *f*
time schedule Terminplan *m*, Zeitplan *m*
time sequence Zeitfolge *f*, zeitlicher Ablauf *m*, zeitliche Reihenfolge *f*
time series analysis Zeitreihenanalyse *f*
time shift Zeitverschiebung *f*
time spectroscopy zeitaufgelöste Spektroskopie *f*
time stamping machine Zeitmarkengeber *m*
time study Zeitstudie *f*
time switch Schaltuhr *f*, Zeitschalter *m*, Zeitschaltgerät *n*
time table Stundenplan *m*, Zeitplan *m*
time taken for adjustment (installation) Einstellzeit *f*, Einstelldauer *f*
time-temperature-precipitation diagram Zeit-Temperatur-Ausscheidungsschaubild *n*
time-temperature-transformation diagram Zeit-Temperatur-Umwandlungsschaubild *n*, ZTU-Diagramm *n*
time-to-amplitude converter Zeit-Amplituden-Konverter *m*
time under stress Laststandzeit *f*
time unit Zeiteinheit *f*
time value Zeitwert *m*
mean time value Zeitmittelwert *m*
time yield limit Zeitdehnspannung *f*, Zeitkriechgrenze *f*, Zeitstandkriechgrenze *f*
period of time Zeitdauer *f*, Zeitraum *m*
stop the time/to die Zeit abstoppen
timely zeitgemäß
timer 1. Zeitmesser *m*, Zeitmeßgerät *n*; Kurzzeituhr *f*, Kurzzeitmesser *m*, Stoppuhr *f*; 2. Zeitschalter *m*, Taktgeber *m* *{Elek}*; 3. Zeitprogrammgeber *m*; 4. Schaltuhr *f*, Zeitschaltuhr *f*, Zeitschaltgerät *n* *{Elek}*
timer clock Schaltuhr *f*, Zeitschaltuhr *f* *{EDV}*
timer control Zeitsteuerung *f*
timing 1. Zeitgabe *f*; 2. zeitliche Festlegung *f* *{Festlegung eines Zeitpunktes}*; 3. Synchronisierung *f*, Zeitkontrolle *f*, zeitliche Steuerung *f*, Zeitsteuerung *f*; 4. Einstellung *f* *{z.B. einer Einspritzpumpe}*; 5. Zeitmessung *f*; 6. Zeitverhalten *n*, Zeitablauf *m*
timing circuit Zeit[geber]schaltung *f*, Zeitsteuerungsschaltung *f*
timing device 1. Zeitmesser *m*, Zeitmeßgerät *n*; Kurzzeituhr *f*, Kurzzeitmesser *m*, Stoppuhr *f*; 3. Zeitschalter *m*, Taktgeber *m* *{Elek}*; 3. Zeitprogrammgeber *m*; 4. Schaltuhr *f*, Zeitschaltuhr *f*, Zeitschaltgerät *n* *{Elek}*; 5. Zeitmarkengeber *m*
Timken tester Timken-Tester *m*, Timken-Prüfgerät *n* *{Verschleißprüfung}*
tin/to 1. verzinnen *{z.B. Leiterbahnen}*; 2. in Dosen *fpl* einpacken; eindosen, in Dosen *fpl* konservieren
tin-plate/to verzinnen
tin 1. zinnern; Zinn-; 2. Zinn *n*, *{Sn, Element Nr. 50}*; 3. Weißblech *n*, Blech *n*; 4. Dose *f*, Konservendose *f*, Blechbüchse *f*; 5. Kanister *m*
tin acetate <$Sn(CH_3COO)_2$> Zinn(II)-acetat *n*
tin alkyl <SnR_4> Zinnalkyl *n*, Alkylzinn *n*
tin alloy Zinnlegierung *f* *{Met}*
tin ammonium chloride <$(NH_4)_2SnCl_6$> Ammoniumzinn(IV)-chlorid *n*, Pinksalz *n*, Zinnammoniumchlorid *n*, Zinnsalmiak *m*
tin anhydride Zinn(IV)-oxid *n*, Zinndioxid *n*
tin ash[es] Zinnasche *f*, Zinnkrätze *f*, Zinn(IV)-oxid *n*
tin bath 1. Zinnbad *n* *{Gefäß mit Schmelze oder Elektrolyt}*; 2. Zinnelektrolyt *m*, Verzinnungselektrolyt *m* *{Galvanik}*; 3. Zinnschmelze *f* *{Feuerverzinnen}*
tin-bearing zinnführend, zinnhaltig
tin bichloride Zinndichlorid *n*, Zinn(II)-chlorid *n*
tin bisulfide <ZnS_2> Zinndisulfid *n*
tin bottle Blechflasche *f*
tin box Blechkasten *m*, Blechschachtel *f*
tin bromide Zinnbromid *n* *{$SnBr_2$; $SnBr_4$}*
tin brinze Mosaikgold *n*, Zinn(IV)-sulfid *n*
tin calx Zinnkalk *m*
tin can Weißblechdose *f*, verzinnte Konservendose *f*, Blechbüchse *f*
tin case Blechkasten *m*, Blechschachtel *f*
tin cast Zinnguß *m*
tin chloride Zinnchlorid *n* *{$SnCl_2$; $SnCl_4$}*
tin chloride bath Chlorzinnbad *n*
tin chromate Zinnchromat *n* *{$SnCrO_4$; $Sn(CrO_4)_2$}*
tin-coated verzinnt *{Schutz}*
tin coating 1. Verzinnen *n*; 2. Zinnüberzug *m*, Zinn[schutz]schicht *f*
tin content Zinngehalt *m*
tin cry Zinn[ge]schrei *n*, Zinnknirschen *n*
tin crystals Zinngraupen *fpl* *{ß-Zinn}*
tin dibromide <$SnBr_2$> Zinndibromid *n*, Zinn(II)-bromid *n*
tin dichloride <$SnCl_2$> Zinndichlorid *n*, Zinn(II)-chlorid *n*
tin diethyl <$Sn(C_2H_5)_2$> Zinndiethyl *n*, Diethylzinn *n*
tin difluoride <SnF_2> Zinn(II)-fluorid *n*, Zinndifluorid *n*

tin diiodide <SnI_2> Zinn(II)-iodid *n*, Zinndiiodid *n*, Stannojodid *n {obs}*
tin dioxide <SnO_2> Zinndioxid *n*, Zinn(IV)-oxid *n*, Zinnsäureanhydrid *n*
tin disease Zinnversprödung *f*, Zinnpest *f*
tin disulfide <SnS_2> Zinndisulfid *n*, Zinn(IV)-sulfid *n*, Stannisulfid *n {obs}*
tin dross Zinngekrätz *n*
tin dust Zinnstaub *m*
tin filings Zinnfeilicht *n*, Zinnfeilspäne *mpl*
tin fluoride Zinnfluorid *n {SnF_2; SnF_4}*
tin foil Blattzinn *n*, Stanniol[papier] *n*, Zinnfolie *f*
tin-foil coat[ing] Stanniolbelag *m*, Zinnverspiegelung *f*
tin-foil lacquer Stanniollack *m*
tin funnel Blechtrichter *m*
tin-fusion gas analysis Gasanalyse *f* bei der Zinnschmelze, Heißextraktionsanalyse *f* mit Zinn als Badmetall
tin glass 1. zinnhaltiges Glas *n*; 2. *{obs}* Bismut *n*
tin glaze Zinnglasur *f {Keramik}*
tin grate Zinngitter *n*
tin green Zinngrün *n*
tin hexafluorosilicate <$SnSiF_6$> Zinnhexafluorosilicat *n*
tin hydride <SnH_4> Stannan *n*, Zinnwasserstoff *m*, Zinn(IV)-hydrid *n*
tin hydroxide <$Sn(OH)_4$> Zinn(IV)-hydroxid *n*
tin iodide Zinniodid *n {SnI_2; SnI_4}*
tin lacquer Silberlack *m*
tin-lead solder *{BS 3338}* Zinnbleilot *n*
tin lode Zinnader *f {Bergbau}*
tin metal metallisches Zinn *n*
tin monosulfide <SnS> Stannosulfid *n {obs}*, Zinn(II)-sulfid *n*, Zinnmonosulfid *n*
tin monoxide <SnO> Zinnmonoxid *n*, Stannooxid *n {obs}*, Zinn(II)-oxid *n*, Zinnprotoxid *n*
tin mordant Zinnbeize *f {Text}*
tin nickel Nickelzinn *n {65 % Sn, 35 % Ni}*
tin octoate Zinnoctoat *n*
tin ore Zinnerz *n {Min}*
tin ore refuse Zinnafter *m*
tin oxalate <$Sn(COO)_2$> Zinnoxalat *n*
tin oxide Zinnoxid *n {SnO; SnO_2}*
tin perchloride *s.* tin tetrachloride
tin peroxide *s.* tin dioxide
tin pest Zinnpest *f {Zerstörung von kompaktem Zinn durch Bildung von α-Zinn}*
tin phosphate Zinnphosphat *n*
tin pipe Zinnrohr *n*
tin plague *s.* tin pest
tin plate verzinntes Eisenblech *n*, Weißblech *n*, Zinnblech *n {DIN 1616}*
tin-plate enamel Blechlack *m*
tin-plate lacquer Blechlack *m*
tin-plate scrap Weißblechabfall *m*
tin-plate varnish Blechlack *m*
tin plating Verzinnen *n*, Verzinnung *f*
tin-plating in hot bath Weißsudverzinnung *f*
tin powder α-Zinn *n {graues Zinnpulver}*
tin protochloride *s.* tin dichloride
tin protoxide *s.* tin monoxide
tin pyrites Zinnkies *m*, Stannin *m*, Stannit *m {Min}*
tin refuse Zinngekrätz *n*, Zinnkrätze *f*
tin salt Zinnsalz *n*; Rosiersalz *n*, Zinnbutter *f {$SnCl_4 \cdot 5H_2O$}*
tin sample Zinnprobe *f*
tin scum Zinnabstrich *m*
tin slimes Zinnschlich *m*
tin soap Zinnseife *f*
tin solder Lötzinn *n*; Weichlot *n*, Weißlot *n*, Zinnlot *n*
tin sponge Zinnschwamm *m {Argentin}*
tin-stabilized zinnstabilisiert
tin stabilizer Zinnstabilisator *m*
tin sulfate <$SnSO_4$> Zinn(II)-sulfat *n*
tin sulfide Zinnsulfid *n {SnS_2; SnS}*
tin test Zinnprobe *f {Anal}*
tin tetrabromide <$SnBr_4$> Stannibromid *n {obs}*, Zinn(IV)-bromid *n*, Zinntetrabromid *n*
tin tetrachloride <$SnCl_4$> Zinntetrachlorid *n*, Stannichlorid *n {obs}*, Tetrachlorzinn *n*, Zinn(IV)-chlorid *n*
tin tetraethyl <$Sn(C_2H_5)_4$> Zinntetraethyl *n*, Tetraethylzinn *n*
tin tetrafluoride <SnF_4> Zinntetrafluorid *n*, Tetrafluorzinn *n {obs}*, Zinn(IV)-fluorid *n*
tin tetraiodide <SnI_4> Zinntetraiodid *n*, Stannijodid *n {obs}*, Tetraiodzinn *n*, Zinn(IV)-iodid *n*
tin tetramethyl <$Sn(CH_3)_4$> Zinntetramethyl *n*, Tetramethylzinn *n*
tin tetraphenyl <$Sn(C_6H_5)_4$> Zinntetraphenyl *n*, Tetraphenylzinn *n*
tin thiocyanate Rhodanzinn *n*, Zinnthiocyanat *n*
tin tree Zinnbaum *m*
tin vein Zinnader *f {Bergbau}*
tin vessel Zinngefäß *n*, verzinnnter Behälter *m*
tin wire Zinndraht *m*
alluvial tin ore Waschzinn *n*
containing tin zinnführend, zinnhaltig
crackling of tin Zinnknirschen *n*
crystallized tin plate Perlmutterblech *n*
fibrous tin ore Holzzinnerz *n {Min}*
fine tin Zinnschlich *m*
finest English tin Rosenzinn *n*
flowers of tin Zinnblumen *fpl*
granulated tin Tropfzinn *n*, Zinngranalien *fpl*
laminated tin Walzzinn *n*
native tin dioxide Bergzinnerz *n {Min}*
mossy tin metall Zinnwolle *f*
weighting with tin phosphate Zinnphosphatbeschwerung *f*

tin(II) compound Zinn(II)-Verbindung *f*
tin(IV) compound Zinn(IV)-Verbindung *f*
tincal Tinkal *m*, Borax *m {Natriumtetraborat-10-Wasser, Min}*
tinction Tinktion *f*, Färbung *f {Chem}*
tinctorial power Färbekraft *f*, Färbevermögen *n*, Anfärbevermögen *n*
tinctorial strength Färbekrat *f*, Farbstärke *f {Pigment}*
tinctorial value Farbkraft *f*
tincture alkoholischer Auszug *m*, Tinktur *f {Pharm}*
tincture centrifuge Tinkturzentrifuge *f {Pharm}*
tincture of benzoin Benzoetinktur *f*
tincture of iodine Iodtinktur *f {Pharm}*
tincture of opium Opiumtinktur *f {Pharm}*
tinder Zunder *m*, Feuerschwamm *m {obs}*, Holzzunder *m*
ashes of tinder Zunderasche *f*
tinge/to färben, tingieren
tinge [leichte] Färbung *f*, Farbtönung *f*, Schattierung *f*, Anflug *m*, Stich *m*
tingling sensation Juckreiz *m*, prickelndes Gefühl *n*
tinned verzinnt
tinning 1. Verzinnen *n*, Verzinnung *f*; 2. Eindosen *n*, Konservierung *f* in Dosen, Konservenfabrikation *f*
tinning bath Zinnbad *n*
tinning machine *{GB}* Dosenfüllmaschine *f*
tinning vat Weißblechkessel *m*
tinny zinnartig; zinnhaltig
tinsel 1. Flitter *m {Glas, Text}*; 2. Rauschgold *n*, Flittergold *n*, Knistergold *n {gewalztes Messingfeinblech}*; 3. Lahn *m*, Rausch *m*, Plätte *f {flach geplätteter Metalldraht; Text}*
tinsel wire Flitterdraht *m*
tinstone Bergzinnerz *n*, Cassiterit *m*, Zinnstein *m {SnO_2, Min}*
tint/to [ab]tönen, nuancieren, nachtönen *{Farb, Text}*; aufhellen; farbtönen *{Glas}*
tint 1. [leichte] Färbung *f*, Schattierung *f*, Anflug *m*, Stich *m {Text}*; 2. Farbnuance *f*, [heller] Farbton *m*, Farbtönung *f {Text}*; 3. [heller] Rasterton *m*, Tangierraster *m*, hellgetönte Färbung *f {Druck}*; 4. Kennfarbe *f*
tint tone Aufhellung *f*
tinted getönt *{z.B. Glasscheiben}*; Color-
tinted glass gefärbtes Glas *n*, Rauchglas *n*
tinted ophthalmic glass getöntes Brillenglas *n*
tinted paper Buntpapier *n*
tinting 1. Abtönen *n*, Abtönung *f*, Nuancierung *f*, Abstufung *f* der Farbtöne *{Farb, Text}*; 2. Farbtönung *f {Schutzglas}*
tinting bath Abtönbad *n {Text}*
tinting colo[u]r Abtönfarbe *f*
tinting material Abtönfarbe *f*
tinting power Abtönvermögen *n*, Farbstärke *f*
tinting strength Färb[e]kraft *f*, Färbevermögen *n*, Farbstärke *f*
tinting value Aufhellungswert *m*, Farbzahl *f*
tintometer Farbenmeßapparat *m*, Farbenmesser *m*, Tintometer *n {Instr}*
tip/to 1. ablagern, abkippern, verkippen *{auf Halden}*; 2. mit einer Spitze *f* versehen; 3. leicht berühren; 4. umfallen, umkippen, [um]stürzen
tip off/to abschmelzen, abdichten, dichten
tip 1. Spitze *f*, Ende *n*; 2. Zipfel *m {beim Tiefziehen}*; 3. Abraumhalde *f*, Abraumkippe *f {Bergbau}*; *{GB}* Deponie *f*, Müllabladeplatz *m*; 4. leichter Schlag *m*, Klaps *m*; 5. Wink *m*, Tip *m*
tip-off Abschmelzen *n*, Abklemmen *n {Pumpenstengel bei Elektronenröhren}*
tip waggon Kippwagen *m*, Kippgüterwagen *m*, kippfähiger Wagen *m {Eisenbahn}*
tipped bestückt *{Werkzeug}*
tipper 1. Kipper *m*, Kippfahrzeug *n*, Kipp-LKW *m*; 2. Wagenkippvorrichtung *f*, Kipper *m {Bergbau}*; Wipper *m {zum Entladen von Förderwagen}*
tipping 1. Kippen *n*, Stürzen *n*; 2. Ablagern *n*, Ablagerung *f {auf Halden}*; *{GB}* Müllablagerung *f*, Schuttablagerung *f*; 3. Abschmelzen *n*, Abklemmen *n {Pumpstengel bei Elektronenröhren}*
tipping bucket Kippbecher *m*, Kippkübel *m {Met}*
tipping device Kipper *m*, Kippvorrichtung *f*, Wagenkippvorrichtung *f*
tipping motion Kippbewegung *f*
tipping platform Plattformkipper *m* Sturzbühne *f*, Kippbühne *f*
tipping stage *s.* tipping platform
tipping trough Kippmulde *f*
tire/to 1. Reifen aufziehen; 2. ermüden, altern
tire out/to sich abarbeiten
tire *{US}* Reifen *m*, Luftreifen *m*, Pneumatik *f {Gummi}*; Radreifen *m*, Bandage *f*
tire capping material Reifenrunderneuerungsmaterial *n*, Reifenrunderneuerungswerkstoff *m*
tire mo[u]ld lubricant Einstreichmittel *n* für Reifenformen
tire reclaim Reifenregenerat *n*
tire sidewall compound Reifenseitenwandmischung *f*
green tire Reifenrohling *m*
non-skid tire profilierter Reifen *m*
tiring Altern *n*, Ermüdung *f*
tissue 1. Gewebe *n {Biol}*; 2. feines Gewebe *n*, Stoff *m*, Textilgewebe *n*; 3. Seidenpapier *n*
tissue culture Gewebekultur *f {Biol}*
tissue dose Gewebedosis *f {in Sv}*
tissue embedding medium Gewebe-Einbettungsmittel *n {Pharm}*
tissue extract Gewebeextrakt *m*

tissue fluid Gewebeflüssigkeit *f*
tissue freeze drying Gewebegefriertrocknung *f*
tissue grinder Gewebezerkleinerer *m {Lab}*
tissue medium Gewebenährmedium *n*
tissue paper Seidenpapier *n*, Tissue-Papier *n*
tissue plasminogen activator Gewebeplasminogenaktivator *m {blutgerinnselauflösendes Protein}*
tissue protein Gewebeeiweiß *n*
tissue regeneration Gewebeneubildung *f*
tissue respiration Gewebeatmung *f {Biol}*
tissue slice Gewebeschnitt *m {Biol}*
tissuethene sehr dünne Polyethylenfolie *f {für aroma- und fettdichte Verpackungen}*
titan yellow Thiazolgelb *n*, Clayton-Gelb *n*
titanate <M'_2TiO_3; M'_4TiO_4> Titanat *n*
titanellow *s.* titanium trioxide
titania <TiO_2> Titanerde *f*, Titandioxid *n*, Titan(IV)-oxid *n*
titanic acid 1. <H_2TiO_3> Titansäure *f*, Metatitansäure *f*; 2. <H_4TiO_4> Orthotitansäure *f*
titanic [acid] anhydride <TiO_2> Titansäureanhydrid *n*, Titandioxid *n*, Titan(IV)-oxid *n*
titanic compounds Titan(IV)-Verbindungen *fpl*
titanic hydroxide *s.* titanic acid
titanic iron ore <$FeTiO_3$> Titaneisenerz *n*, Titaneisenstein *m {Triv}*, Eisentitan *n*, Menaccanit *m*, Ilmenit *m {Min}*
titanic oxide <TiO_2> Titandioxid *n*, Titan(IV)-oxid *n*, Titansäureanhydrid *n*
titanic salt Titan(IV)-Salz *n*, Titanisalz *n {obs}*
titaniferous titanführend, titanhaltig
titaniferous ferromanganese Eisenmangantitan *n*
titaniferous iron *s.* titanic iron ore
titaniferous magnetic iron oxide *s.* titanic iron ore
titaniferous ore Titanerz *n {Min}*
titanite Titanit *m*, Sphen *m {Min}*
titanium *{Ti, element no. 22}* Titan *n*, Titanium *n*
titanium ammonium formate Titanammoniumformiat *n*
titanium ammonium oxalate <$(NH_4)_2TiO(C_2O_4)_2$> Titanammonoxalat *n*, Ammoniumtitaniumoxalat *n*
titanium booster Titanverdampfer *m {Vak}*
titanium boride <TiB_2> Titan[di]borid *n*
titanium bromide <$TiBr_4$> Titaniumtetrabromid *n*, Titan(IV)-bromid *n*
titanium carbide <TiC> Titancarbid *n*
titanium chelate <$(HORO)_2Ti(OR')_2$; $(H_2NRO)_2Ti(OR')_2$> Titaniumchelat *n*
titanium chloride Titanchlorid *n {$TiCl_2$, $TiCl_3$, $TiCl_4$}*
titanium content Titangehalt *m*
titanium diboride <TiB_2> Titaniumdiborid *n*
titanium dichloride <$TiCl_2$> Titandichlorid *n*, Titan(II)-chlorid *n*
titanium dioxide <TiO_2> Titandioxid *n*, Titan(IV)-oxid *n*, Titansäureanhydrid *n*, Titanweiß *n*
titanium dioxide filling material Titandioxidfüllstoff *m*
titanium disilicide <$TiSi_2$> Titaniumdisilicid *n*
titanium disulfide <TiS_2> Titan(IV)-sulfid *n*, Titandisulfid *n {Trib}*
titanium electrode Titanelektrode *f*
titanium ester <$Ti(OR)_4$> Titanester *m*
titanium evaporator Titanverdampfer *m {Vak}*
titanium evaporator pump Titanverdampferpumpe *f*
titanium formate Titanformiat *n*
titanium hydride Titanhydrid *n {TiH_2; TiH_4}*
titanium hydride sealing method Titanhydridverfahren *n {Vak}*
titanium hydroxide <$Ti(OH)_4$> Titan(IV)-hydroxid *n*, Orthotitansäure *f*
titanium ion[ization] pump Titanionenpumpe *f*
titanium metal Titanmetall *n*
titanium monoxide <TiO> Titaniummonoxid *n*, Titan(II)-oxid *n*
titanium nitride <TiN> Titaniumnitrid *n*
titanium ore Titanerz *n*
titanium oxide Titanoxid *n {TiO, Ti_2O_3, TiO_2, TiO_3}*
titanium peroxide <TiO_3> Titanperoxid *n*, Titaniumtrioxid *n*
titanium pigment Titanpigment *n*
titanium-potassium oxalate <$K_2TiO(C_2O_4)_2$> Titankaliumoxalat *n*, Kaliumtitaniumoxalat *n*
titanium salt Titansalz *n*
titanium sesquioxide <Ti_2O_3> Titansesquioxid *n*, Dititaniumtrioxid *n*, Titan(III)-oxid *n*
titanium sesquisulfate <$Ti_2(SO_4)_3$> Titan(III)-sulfat *n*, Titaniumsesquisulfat *n*
titanium sponge Titanschwamm *m*
titanium steel Titanstahl *m*
titanium sublimation pump Titansublimationspumpe *f*
titanium sulfate 1. <$Ti_2(SO_4)_3$> Titaniumsulfat *n*, Titan(III)-sulfat *n*; 2. <$Ti(SO_4)_2 \cdot 9H_2O$> Titan(IV)-sulfat[-Nonahydrat] *n*, Titaniumdisulfat *n*
titanium tetrabromide <$TiBr_4$> Titan(IV)-bromid *n*, Titaniumtetrabromid *n*
titanium tetrachloride <$TiCl_4$> Titan(IV)-chlorid *n {IUPAC}*, Titaniumtetrachlorid *n*, Tetrachlortitan *n {obs}*
titanium tetrafluorid <TiF_4> Titan(IV)-fluorid *n*, Titaniumtetrafluorid *n*
titanium thermit Titanthermit *n*
titanium trichloride <$TiCl_3$> Titan(III)-chlorid *n*, Titaniumtrichlorid *n*

titanium trifluoride <TiF_3> Titan(III)-fluorid *n*, Titaniumtrifluorid *n*

titanium trioxide <TiO_3> Titaniumperoxid *n*, Titanellow *n*, Pertitansäureanhydrid *n*

titanium vap[u]or pump Titanverdampferpumpe *f*

titanium white Titanweiß *n*, Titandioxid *n*, Titan(IV)-oxid *n {Füllstoff}*

containing titan titanhaltig

native titanium dioxide Oktaedrit *m*, Anatas *m*; Brookit *m*; Rutil *m {Min}*

titanocene 1. <$Ti(C_5H_5)_2$> Titanocen *n*, Bis(cyclopentadienyl)titan *n*; 2. <$[Ti(C_5H_5)_2]_2$ dimeres Ferrocen *n {my-(eta^5, eta^5-Fulvalen)di(my-hydrido)-bis(eta^5-cyclopentadienyltitan}*

titanolite Titanolith *m {Min}*

titanolivine Titanolivin *m {obs}*, Titan-Klinohumit *m {Min}*

titanomorphite Titanomorphit *m {obs}*, Leukoxen *m {Min}*

titanous Titan-, Titan(III)-

titanous hydroxide Titan(III)-hydroxid *n*

titanous salt Titan(III)-Salz *n*

titanous sulfate *s.* titanium sesquisulfate

titanous trichloride *s.* titanium trichloride

titanyl <TiO^{2+}> Titanyl *n*

titanyl acetylacetonate <$TiO[OC(CH_3)=CHCOCH_3]_2$> Titanylacetylacetonat *n*

titanyl nitrate <$TiO(NO_3)_2$> Titanylnitrat *n*, Titaniumoxidnitrat *n*

titanyl sulfate <$TiOSO_4$> Titanylsulfat *n*, Titaniumoxidsulfat *n*

titer *{US}* 1. Titer *m {Bezeichnung für die Reaktionsstärke einer Normallösung}*; 2. Titer *m*, Erstarrungspunkt *m {Fett, Öl}*; 3. Feinheit *f*, Titer *m {längenbezogene Masse einer textilen Faser}*; 4. Fadenzahl *f {Seidenfaser}*

title 1. Titel *m*, Benennung *f*; 2. Titelseite *f {Buch, Zeitschrift}*; 3. Anrecht *n*

title-leaves Titelseite *f {Buch, Zeitschrift}*

title page Titelblatt *n*

titrand zu titrierende Substanz *f*, zu titrierende Lösung *f {Anal}*

titrant Titrationsmittel *n*, Titrierflüssigkeit *f*, Titrationslösung *f*, Titriersubstanz *f*, Titrans *n {Anal}*

titratable titrierbar

titratable acidity *{ISO 750}* titrierbare Säure *f {Lebensmittel}*

titrate/to titrieren *{Anal}*

titrate back/to zurücktitrieren

titrating Titrieren *n*

titrating acid Titriersäure *f*

titrating analysis Maßanalyse *f*, Titrimetrie *f*, Volumetrie *f*

titrating apparatus Titrierapparat *m*, Titriervorrichtung *f*, Titriergerät *n*

titrating device *s.* titrating apparatus

titrating solution *s.* titrant

titration Titration *f*, Titrierung *f*, Titrieren *n*

titration apparatus Titrierapparat *m*, Titriervorrichtung *f*, Titriergerät *n*

titration assembly Titrierapparatur *f {Lab}*

titration cell Titrierzelle *f*, Titrationszelle *f*

titration curve Titrationskurve *f*

titration error Titrierfehler *m*

titration flask Titrierkolben *m {Lab}*

titration method Titrationsverfahren *n*, Titriermethode *f*

titration solution *s.* titrant

titration standard Titer *m* einer Lösung

titration table Titriertisch *m {Lab}*

titration to preset end points Titration *f* bis zum vorgegebenen Endpunkt

titration value Titrierzahl *f*

analysis by titration Titrieranalyse *f*, Maßanalyse *f*, Titrimetrie *f*, Volumetrie *f*

back titration Rücktitration *f {Anal}*

chelatometric titration komplexometrische Titration *f*

complexometric titration komplexometrische Titration *f*

electrometric titration elektrometrische Titration *f*, potentiometrische Titration *f*

final point of a titration Umschlagspunkt *m*

high-frequency titration Oszillometrie *f*

titre *s.* titer

titrimetric maßanalytisch, titrimetrisch, volumetrisch *{Chem}*

titrimetric standard Urtiter *m {Anal}*

titrimetry Maßanalyse *f*, Titrimetrie *f*, Volumetrie *f*, Titrieranalyse *f {Chem}*

TV *s.* threshold limit value

TML *s.* tetramethyllead

TNA *s.* trinitroanilin[e]

TNB *s.* trinitrobenzene

TNT *{trinitrotoluene}* 2,4,6-Trinitrotoluol *n*, Tritol *n*, Trotyl *n*

TNX *s.* trinitroxylene

toad flax Leinkraut *n {Bot}*

toad venom Krötengift *n*, Bufotoxin *n*

toast/to rösten, toasten

tobacco mosaic virus Tabakmosaikvirus *m n*

tobacco seed oil Tabaksamenöl *n*

tobacco tar Tabakteer *m*

tobacco wax Tabakwachs *m {n-Hentriacontan}*

Havanna tobacco Kubataback *m*

Tobias acid Tobiassäure *f*, 2-Naphthylamin-1-sulfonsäure *f*, 2-Aminonaphthalin-1-sulfonsäure *f*

tocamphyl <$C_{23}H_{37}NO_6$> Tocamphyl *n {Pharm}*

tocol <$C_{26}H_{44}O_2$> Tocol *n {Pharm}*

α-tocopherol <$C_{29}H_{50}O_2$> α-Tocopherol *n*, Vitamin E *n {Triv}*

tocopherylquinone Tocopherylchinon *n*

toe 1. Spitze *f {z.B. des Pfahls, des Fußes}*; 2. Fuß *m {z.B. eines Pulverhaufens}*; 3. Übergang *m {vom Schweißgut zum Grundmaterial}*; 4. Durchhang *m*, durchhängender Teil *m {der Schwärzungskurve}*, Gebiet *n* der Unterbelichtung *{Photo}*

toggle 1. Kniehebel *m {Gelenkmechanismus}*; 2. Kippschalter *m {Elek}*; Umschalter *m {zwischen zwei Zuständen}*; 3. Knebel *m*; 4. Flipflop *n*, bistabiles Kippglied *n*

toggle clamp Kniehebelverriegelung *f*

toggle crusher Kniehebelbrecher *m*, Blake-Backenbrecher *m*

toggle joint Kniegelenk *n*

toggle lever Einfachkniehebel *m*, Kniehebel *m*, Gelenkhebel *m*

toggle lever press Kniehebelpresse *f*, Kniegelenkpresse *f*

toggle lock mechanism *s.* toggle clamp

toggle switch Kippschalter *m*; Umschalter *m {zwischen zwei Zuständen}*

toggle-type lock Kniehebelverschluß *m*, Gelenkhebelverschluß *m*

toilet Toilette *f*

toilet article Toilettenartikel *m*

toilet bowl cleaner Klosettschüsselreiniger *m*, Toilettenreiniger *m*

toilet paper Toilettenpapier *f*, Klosettpapier *n*

toilet soap Toilettenseife *f*, Feinseife *f*

toiletries Toilettenartikel *mpl*; Flüssigkosmetika *npl*

tolan[e] <$C_6H_5C\equiv CC_6H_5$> Tolan *n*, Diphenylacetylen *n*, Diphenylethin *n*, Bibenzylidin *n {IUPAC}*

tolane red Tolanrot *n*

tolazoline <$C_{10}H_{12}N_2$> Tolazolin *n*

tolazoline hydrochloride Tolazolinhydrochlorid *n*

tolbutamide <$C_{12}H_{18}N_2O_3S$> Tolbutamid *n*, 1-Butyl-3-(*p*-tolylsulfonyl)harnstoff *m*

toledo blue Toledoblau *n*

tolerable tolerabel, tolerierbar, zulässig, duldbar

tolerable forepressure "zulässiger" Vorvakuumdruck *m {10 % größerer Ansaugdruck als normales Vorvakuum}*

tolerable radiation exposure vertretbare Strahlenbelastung *f*

tolerance 1. Toleranz *f*, zulässige Abweichung *f*; Maßabweichung *f*, Abmaß *n {z.B. bei Teilen}*; 2. Fehlergrenze *f*; 3. Toleranzwert *m*, Toleranzdosis *f*, tolerierbare Höchstmenge *f*, zulässige Restmenge *f*, zugelassene Höchstmenge *f {z.B. toxischer Stoffe}*; 4. Toleranzbereich *m*; 5. Verträglichkeit *f {Med}*

tolerance compliance Maßhaltigkeit *f*

tolerance dose Toleranzdosis *f*, Toleranzwert *m*; maximal zulässige Äquivalentdosis *f {Radiologie}*

tolerance dose rate Toleranzdosisleistung *f*

tolerance limit Toleranzgrenze *f*; Verträglichkeitsgrenze *f {Med}*

tolerance test Belastungsprobe *f*, Verträglichkeitsprobe *f {Med}*

***o*-tolidine** <$(\text{-}C_6H_3(NH_2)CH_3)_2$> *o*-Tolidin *n*, Dimethylbenzidin *n*, Diaminodimethylbiphenyl *n {m- und o-Form}*

tolite Tolit *n {Trinitrotoluol}*

toll 1. Gebühr *f {z.B. Zoll-, Straßen-, Telefongeld}*; 2. Verlustziffer *f*; 3. Läuten *n*, Geläut *n {Akustik}*

toll enrichment Lohnanreicherung *f {Isotopen}*

Tollens [aldehyde] reagent Tollens'Reagens *n {Ag_2O/NH_3-Lösung}*

tolonium chloride <$C_{15}H_{16}ClN_3S$> Toluidinblau O *n*, Blutenchlorid *n*, Dimethyltoluthionin *n {Basic Blue 17}*, Toloniumchlorid *n*

tolpronine <$C_{15}H_{21}NO_2$> Tolpronin *n {Pharm}*

tolu [balsam] Tolubalsam *m {Rinde von Myroxylon balsamum (L.) Harms var. balsamum}*

tolu [balsam] oil Tolubalsamöl *n*

tolu tincture Tolutinktur *f*

tolualdehyde 1. <$C_6H_5CH_2CHO$> α-Tolualdehyd *m*, Phenylacetaldehyd *m {IUPAC}*; 2. *s.* tolylaldehyde

toluamide 1. $C_6H_5CH_2CONH_2$> α-Phenylacetamid *n*; 2. <$CH_3C_6H_4CONH_2$> Carbamoyltoluol *n*, Toluamid *n {m-, o- und p-Form}*

toluanilide <$C_6H_5NHCOCH_2C_6H_5$> Toluanilid *n*, α-Phenylacetanilid *n*

toluene <$C_6H_5CH_3$> Toluol *n*, Methylbenzol *n*, Toluen *n*, Phenylmethan *n*

toluene musk Toluolmoschus *m*

toluene-2,4-diamine <$CH_3C_6H_3(NH_2)_2$> Toluoldiamin *n*, 2,4-Diaminotoluol *n*, *m*-Tolylendiamin *n*, *m*-Toluylendiamin *n*

toluene-2-diazonium hydroxide <$CH_3C_6H_4N_2OH$> Toluol-2-diazoniumhydroxid *n*

toluene-2-diazonium perchlorate <$CH_3C_6H_4N_2ClO_4$> Toluol-2-diazoniumperchlorat *n*

toluene-2,4-diisocyanate <$CH_3C_6H_4(NCO)_2$> Toluoldiisocyanat *n*, *m*-Tolylendiisocyanat *n*, 2,4-Toluylendiisocyanat *n*

toluenesulfanilide <$CH_3C_6H_4SO_2C_6H_4NH_2$> Toluolsulfonanilid *n*

toluenesulfinic acid <$CH_3C_6H_4SO_2H$> Toluolsulfinsäure *f*

toluenesulfochloride <$CH_3C_6H_4SO_2Cl$> Toluolsulfonylchlorid *n {m-, o- und p-Form}*

toluenesulfonamide <$CH_3C_6H_4SO_2NH_2$> Toluolsulfonamid *n {m-, o- und p-Form}*

toluenesulfonic acid <$CH_3C_6H_4SO_3H$> Toluolsulfonsäure *f {m-, o- und p-Form}*

toluenethiol <$CH_3C_6H_4SH$> Thiocresol *n*, Tolylmercaptan *n*, Toluolthiol *n*

toluhydroquinone <$CH_3C_6H_3(OH)_2$> Toluhydrochinon *n*
toluic acid <$CH_3C_6H_4COOH$> Toluylsäure *f*
α-toluic acid <$C_6H_5CH_2CO_2H$> α-Toluylsäure *f*, Phenylessigsäure *f*
toluic aldehyde <$CH_3C_6H_4CHO$> Tolylaldehyd *m*
toluic nitrile <$CH_3C_6H_4CN$> Cyantoluol *n*, Tolunitril *n*
toluidine <$H_2NC_6H_4CH_3$> Toluidin *n*, Amidotoluen *n*, Aminotoluol *n*
***m*-toluidine** *m*-Toluidin *m*, 3-Aminotoluol *n*
***o*-toluidine** *o*-Toluidin *n*, 2-Aminotoluol *n*
***p*-toluidine** *p*-Toluidin *n*, 4-Aminotoluol *n*
toluidine blue Toluidinblau *n*
toluidine orange Toluidinorange *n*
toluidine sulfonic acid Toluidinsulfonsäure *f*
tolunitrile <$CH_3C_6H_4CN$> Tolunitril *n*, Cyantoluol *n*
toluol Rohtoluol *n*, Handelstoluol *n*
toluphenone Toluphenon *n*
toluquinaldine Toluchinaldin *n*
toluquinhydrone Toluchinhydron *n*
toluquinol Toluchinol *n*
toluquinoline Toluchinolin *n*
toluquinone <$CH_3C_6H_3O_2$> *p*-Toluchinon *n*, 2-Methylchinon *n*
toluresitannol <$C_{16}H_{14}O_3OCH_3OH$> Toluresitannol *n*
tolusafranine Tolusafranin *n*
toluylene 1. Toluyliden *n*; 2. *s.* stilbene
toluylene blue Toluylenblau *n*
toluylene orange Pyraminorange RT *n*, Alkaliorange RT *n*
toluylene orange G Pyraminorange 2G *n*, Alkaliorange GT *n*
toluylene red <$C_{15}H_{16}N_4 \cdot HCl$> Toluylenrot *n*, Neutralrot *n*, Dimethyl-diamino-toluphenazinhydrochlor *n*
toluylene red base Toluylenrotbase *f*
toluylenediamine <$H_3CC_6H_3(NH_2)_2$> Toluylendiamin *n*, Diaminotoluol *n*
***m*-toluylenediamine** *m*-Toluylendiamin *n*, 2,4-Diaminotoluol *n*
***p*-toluylenediamine** *p*-Toluylendiamin *n*, 2,5-Diaminotoluol *n*
toluylenediamine sulfate Toluylendiaminsulfat *n*
toluylene-2,4-diisocyanate <$C_9H_6N_2O_2$> 2,4-Toluylendiisocyanat *n*, TDI *{Expl}*
tolyl <$CH_3C_6H_4$-> Tolyl-, Methylphenyl-
tolyl acetate Kresylacetat *n*
tolyl black Tolylschwarz *n*
tolyl carbonate Kresylcarbonat *n*
tolyl isocyanate <$CH_3C_6H_4N=C=O$> Tolylisocyanat *n*
tolyl methyl ketone <$CH_3C_6H_4COCH_3$> Tolylmethylketon *n*
tolyl phenyl ketone <$C_6H_5COC_6H_4CH_3$> Tolylphenylketon *n*, Phenyltolylketon *n*
tolyl phosphate Kresylphosphat *n*
tolylaldehyde <$CH_3C_6H_4CHO$> Tolylaldehyd *m*
tolyldiethanolamine <$CH_3C_6H_4N(C_2H_4OH)_2$> Tolyldiethanolamin *n*
tolylethanolamine <$CH_3C_6H_4NHC_2H_4OH$> Tolylethanolamin *n*
tolylhydrazine <$CH_3C_6H_4NHNH_2$> Tolylhydrazin *n*
tolylnaphthylamine <$C_{10}H_7NHC_6H_4CH_3$> Tolylnaphthylamin *n*
***p*-tolyl-α-naphthylamine** *p*-Tolyl-α-naphthylamin *n*
***p*-tolyl-*β*-naphthylamine** *p*-Tolyl-*β*-naphthylamin *n*
tolylsulfuric acid Kresylschwefelsäure *f*
tolyl-*p*-toluenesulfonate Kresyltoluolsulfonat *n*
tolypyrine Tolypyrin *n*
tomatidine <$C_{27}H_{45}NO_2$> Tomatidin *n*
tomatine <$C_{50}H_{83}NO_{21}$> Tomatin *n*
tombac Tombak *m*, Rotmetall *n*, Rotmessing *n*, Rotguß *m {67-90 % Cu, Rest Zn}*
tombac powder gelbe Bronze *f*
ton Tonne *f*
assay ton Probiertonne *f {29,166 g}*
energy ton TNT-Tonne *f {Energiemaß, = 4,18 GJ}*
freight ton Frachttonne *f {obs, Raummaß, = 40 ft*^{3}*}*
long ton Longton *f {GB: 1016,047 kg}*
metric ton Tonne *f*, Megagramm *n {SI-Einheit, 1000 kg}*
refrigeration ton *s.* standard ton
register ton Registertonne *f {obs, Raummaß, = 100 ft*^{3}*}*
short ton Shortton *f {907,18486 kg}*
standard ton Kühlleistungstonne *f {= 3516,85 W}*
tone/to tönen, färben, nuancieren; schönen, tonen *{Photo}*
tone 1. Farbton *m*, Farbtönung *f*, Stich *m*, Nuance *f*, Farbschattierung *f*; 2. Laut *m*, Ton *m {Akustik}*; 3. Klang *m*, Tonfall *m {Akustik}*; 4. Spannkraft *f*, Tonus *m {Med}*
toner Toner *m*, Farblack *m {organischer Pigmentfarbstoff hoher Farbkraft}*
tongs Zange *f {Werkzeug}*
pair of tongs Zange *f*
tongue 1. Zunge *f*; Landzunge *f {Geol}*; Brennerzunge *f {Glas}*; 2. Feder *f*, Spund *m {Brett}*; 3. äußeres Rohrende *n {Rohrverbindung}*
tonic 1. tonisch, tonisierend, kräftigend, stärkend; 2. Tonikum *n*, Kräftigungsmittel *n*, stärkendes Mittel *n*
toning Tönen *n*, Färben *n*, Farbtonung *f*, Tonen *n {Photo}*

toning and fixing bath Tonfixierband *n* *{Photo}*
toning and fixing salt Tonfixiersalz *n* *{Photo}*
toning bath Tonbad *n*
tonka bean Tonka-Bohne *f* *{Dipteryx-Arten}*
tonnage Tonnage *f*, Tonnengehalt *m* *{z.B. bei Schiffen}*; Förderleistung *f* in Tonnen *{Bergbau}*
tonne Tonne *f* *{Einheit der Masse und des Gewichts, 1000 kg}*
tons per year Tonne *f* pro Jahr *{t/a}*, Jahrestonne *f*, Jato, jato
too small unterdimensioniert
tool 1. Werkzeug *n*, Gerät *n* *{Tech}*; 2. Tool *n*, Software-Werkzeug *n* *{EDV}*; 3. Arbeitsgerät *n*; 4. Hilfsmittel *n*
tool kit Werkzeugkasten *m*, Werkzeugtasche *f*
tool steel Werkzeugstahl *m*, Diamantstahl *m*
tool steel carbon unlegierter Werkzeugstahl *m*
alloyed tool steel legierter Werkzeugstahl *m*
high-speed tool steel Schnelldrehstahl *m*
special-alloyed tool steel hochlegierter Werkzeugstahl *m*
unalloyed tool steel unlegierter Werkzeugstahl *m*
toolbox Werkzeugkiste *f*, Werkzeugkoffer *m*
tooling 1. Bearbeitung *f*, Bearbeiten *n* *{mit Werkzeug}*; 2. Ausstattung *f* *{mit Werkzeugen und Maschinen}*, Werkzeugausrüstung *f*; 3. Werkzeugsatz *m*, Bearbeitungswerkzeug *n*, Verarbeitungswerkzeug *n* *{für spezielle Aufgaben}*
tooling resin Werkzeugharz *n*
tools Gerätschaft *f*, Ausrüstung *f*
tooth 1. Zahn *m*; Zacken *m*, Zacke *f*; Zinke *f*, Zinken *m* *{z.B. Gabelzinken}*; 2. Messer *n*
tooth belt gear Zahnriemenrad *n*
tooth filling Zahnfüllung *f*, Zahnplombe *f* *{Dent}*
tooth powder Zahnpulver *n* *{Zahnpflege}*
toothed gezahnt; zackig; gezinkt; Zahn-
toothed attrition mill *{US}* Exzelsiormühle *f*
toothed belt Zahnriemen *m*
toothed blade gezahnte Rührschaufel *f*, gezahnter Rührflügel *m*
toothed-blade impeller Zahnflügelkreiselrührwerk *n*, Zahnschaufelkreiselrührwerk *n*
toothed disc Zahnscheibe *f*
toothed disk mill Zahnscheibenmühle *f*
toothed fluting Zahnriffelung *f*, gezahnte Riffelung *f*
toothed gearing Zahnradgetriebe *n*
toothed roll Stachelwalze *f*
toothed roll crusher Stachelwalzenbrecher *m*, Zahnwalzenbrecher *m*
toothed roller Stachelwalze *f*
toothing 1. Verzahnung *f*; 2. Zahnradherstellung *f*, Zahnradanfertigung *f* *{Tech}*
toothpaste Zahnpasta *f*, Zahnpaste *f*, Zahncreme *f*

top/to 1. [oben] bedecken; 2. bekappen, [oben] abschneiden, beschneiden; köpfen; 3. überfärben, nachfärben, schönen *{Text}*; übersetzen *{Leder}*; 4. herausdestillieren; toppen *{Erdöl}*; 5. überragen
top up/to auffüllen, nachfüllen *{z.B. Öl}*
top 1. höchste; Ober-; 2. Spitze *f*; Oberteil *n*, oberer Teil *m*, Ende *n*; 3. Aufsatz *m*; Deckel *m*; Dach *n*; 4. Kopfprodukt *n* *{Dest}*; Kopf *m* *{Kopf- und Bodenschmelzen}*; Gicht *f* *{Hochofen}*; 5. Gipfel *m*, Höhepunkt *m*; 6. Oberseite *f*, obere Fläche *f*; 7. Kammzug *m*, Spinnband *n* *{Text}*; 8. Höhe *f* *{Akustik}*; 9. Firste *f* *{Bergbau}*
top blowing 1. Oberwindfrischen *n*, Blasen *n* von oben *{Met}*; 2. Oberwind *m* *{Met}*; 3. Aufblasen *n* *{z.B. von Reaktionsmitteln im Konverterbetrieb}*
top casting Gießen *n* von oben, fallender Guß *m*
top-chrome bath Nachchromierungsbad *n* *{Text}*
top-coat paste Deckbeschichtungspaste *f*
top coat[ing] Oberschicht *f*, Deckschicht *f*, Abschlußschicht *f* *{oberste Schicht}*; Schlußlackierung *f*, oberster Anstrich *m*, Beschichtungsschlußanstrich *m*, letzter Anstrich *m*, Beschichtungsdeckschicht *f*, Anstrichdeckschicht *f*, Deckanstrich *m*
top discharge Obenaustrag *m*
top edge Oberkante *f*
top feed Obenaufgabe *f*, Materialaufgabe *f* von oben
top-feed filter Innenzellen-Filter *n*, Oben-Aufgabe-Filter *n*, Filter *n* mit Obenaufgabe
top fermentation Obergärung *f* *{Brau}*
top-fermentation yeast Oberhefe *f* *{Brau}*
top-fermenting obergärig
top fertilizer Kopfdünger *m*
top finish Deckappretur *f* *{Leder}*
top-fired kiln deckenbeheizter Ofen *m*; Oberfeuerröstofen *m* *{Keramik}*
top flame Oberflamme *f* *{Ofen}*; Gichtflamme *f* *{Hochofen}*
top gas Gichtgas *n* *{Met}*
top gasoline Topbenzin *n*, Rohbenzin *n*, Destillat[ions]benzin *n*
top-hat kiln Kapselbrennofen *m*, Haubenofen *m* *{Keramik}*
top layer Oberschicht *f*, obere Schicht *f* *{allgemein}*; Decklage *f* *{von mehrschichtigen Schweißnähten}*; Wabendeckschicht *f*, Deckschicht *f* *{z.B. von Stützstoff-, Sandwichelementen}*; Abraum *m* *{Bergbau}*
top layer of the filter bed obere Filterschicht *f*, Filterdeckschicht *f*
top light Oberlicht *n*
top limit 1. oberer Grenzwert *m*, Obergrenze *f*; 2. Größtmaß *n* *{Tech}*

top overcoat Deckschicht *f*
top part Oberteil *n*, oberer Teil *m*
top product Kopfprodukt *n*, Überkopfprodukt *n {Dest}*; Toppprodukt *n {Erdöl}*
top quality hochwertig
top ram press Oberdruckpresse *f*, Oberkolbenpresse *f {Kunst}*
top reflux Kopfrückfluß *m*
top removable Kappe *f*
top sieve oberstes Sieb *n*
top supported boiler eingehängter Kessel *m*
top suspended centrifuge Hängezentrifuge *f*, hängende Zentrifuge *f*
top view Ansicht *f* von oben, Draufsicht *f*
top yeast Oberhefe *f*, obergärige Hefe *f*
topaz Topas *m {Min}*
topaz crystal Topaskristall *m {Spek}*
false topaz Gelbquarz *m {Min}*
Oriental topaz Orientalischer Topas *m {Min}*
smoky topaz Rauchtopas *m {Min}*
topazolite Topazolith *m*, gelber Granat *m*, Goldgranat *m {Triv}*, grüngelber Andradit *m {Min}*
topical aktuell
topochemical topochemisch
topochemical reaction topochemische Reaktion *f*
topochemistry Topochemie *f*
topological topologisch
topologically closed-packed topologisch dichtest gepackt *{Krist}*
topped crude Topped Crude *n {Rückstand der ersten Erdöldestillation}*, getopptes Rohöl *n*, reduziertes Rohöl *n*, Topprückstand *m {Erdöl}*
topping 1. Toppen *n*, Normaldruckdestillation *f*, Toppdestillation *f*; 2. Vorlaufentnahme *f {Chem}*; 3. Überfärben *n*, Nachfärben *n*, Nachfärbung *f {Text}*; Übersetzen *n {Leder}*; 4. Oberschicht *f*, ober[st]e Schicht *f*, Deckschicht *f*; 5. Abgleichen *n {Tech}*; Abschlagen *n {Gieß}*; Köpfen *n*
topping column Primärdestillationssäule *f*, Toppsäule *f {Erdöl}*
tops Kopfprodukte *npl {Dest}*; Toppprodukte *npl {Erdöl}*
topsoil Oberboden *m*, A-Horizont *m {Boden}*; Muttererde *f*, Mutterboden *m*, Ackerkrume *f {Agri}*
toramin Toramin *n*
torbanite Torbanit *m {obs}*, Bituminit *m*, Bogheadkohle *f {Min}*
torbernite Torbernit *m*, Chalkolith *m*, Kupfer-Phosphoruvanit *m*, Uranophyllit *m*, Kupfer-Autunit *m {Min}*
torch 1. Brenner *m {Schweiß-, Schneidbrenner}*; 2. Lötlampe *f*, Lötrohr *n*; 3. Fackel *f*; 4. *{GB}* Taschenlampe *f*, Taschenleuchte *f*
torch brazing Hartlöten *n* mittels Flamme, Flamm[en]löten *n*
torch hardening Oberflächenhärtung *f*
torch hardening plant autogene Flammenhärtungsanlage *f {Met}*
torch soldering Weichlöten *n* mittels Flamme, Flamm[en]löten *n {weich}*
torching Entgasen *n* mittels Gasflamme *f {Vakuumanlage während des Pumpens}*, Ausheizen *n* mittels Gasflamme, Flammen *n {Vak}*
tormentil Hohes Fingerkraut *n {Potentilla erecta (L.) Hampe bzw. Tormentilla erecta L.}*
tormentil extract Tormentillextrakt *m*
tormentil tannin <$C_{26}H_{22}O_{11}$> Tormentillgerbsäure *f*
torn rissig
toroid Toroid *n*, ringförmiger Körper *m*; Torus *m*; Ringröhre *f*, Ringspule *f*
toroidal Ring-, Toroid-
toroidal coil Ringspule *f*, Toroidspule *f*
toroidal condenser Toroidkondensator *m*, Ringkondensator *m*
torpedo Torpedo *m*, Verdrängungskörper *m*, Pinole *f*, Schmelzverdrängungseinsatz *m*, Schmierkopf *m {Extruder, Spritzgießmaschine}*
torque 1. Moment *n*, Drehmoment *n*, Torsionsmoment *n {Mech, in N·m}*; 2. Drehbeanspruchung *f*; 3. Drehkraft *f*; 4. Drehung *f*, Drall *m*, Torsion *f*
torque elaticity Torsionselastizität *f*
torque resistance Verdrehfestigkeit *f*
torque rheometer Drehmoment-Rheometer *n*
torque sensor Drehmomentaufnehmer *m*, Drehmomentsensor *m*
angle of torque Torsionswinkel *m*
torquemeter Drehmomentmesser *m*, Torsiometer *n*, Torsionsmomentmesser *m {Instr}*
torr Torr *n {obs, Druckeinheit, 1 Torr = 133,322 Pa}*
torrefaction Darren *n*, Dörren *n {Lebensmittel}*; Rösten *n*, Röstung *f {Aufbereitung, Lebensmittel}*
torrefy/to dörren *{Lebensmittel}*; rösten *{Aufbereitung, Lebensmittel}*
Torricellian unit *s.* torr
Torricellian vacuum Torricellisches Vakuum *n*, Torricelli-Leere *f*, Torricellischer Raum *m*
torsibility Drehfestigkeit *f*
torsion 1. Torsion *f*, Drillung *f*, Verdrehung *f*, Verwindung *f*, Verdrillung *f {Mech}*; 2. Torsion *f*, Windung *f {Raumkurve; Math}*; 3. Drehkraft *f*, Torsionskraft *f {Phys}*
torsion angle Drehungswinkel *m*, Torsionswinkel *m*
torsion balance Drehwaage *f*, Torsionswaage *f*
torsion bar safety valve Drehstabsicherheitsventil *n*
torsion constant Torsionskonstante *f*

torsion electrometer Torsionselektrometer *n*
torsion failure Verdrehungsbruch *m*, Torsionsbruch *m*
torsion-fatigue testing Drehschwingprüfung *f*
torsion-free torsionsfrei, torsionslos; verwindungsfrei
torsion galvanometer Torsionsgalvanometer *n*
torsion hygrometer Torsionshygrometer *n*
torsion meter 1. Torsionsmesser *m*, Verdrehungsmesser *m*; 2. Torsiometer *n*, Torsionsmomentmesser *m*, Drehmomentmesser *m*
torsion-microbalance Torsionsmikrowaage *f*
torsion pendulum test Schwingungsversuch *m*, Torsions[schwing]versuch *m* *{DIN 53445}*, Torsionsschwingungsmessung *f* *{Werkstoffprüfung}*
torsion spring Drehfeder *f*, Torsionsfeder *f*
torsion stress Torsionsspannung *f*
torsion-string galvanometer Zweifaden-Torsionsgalvanometer *n*
torsion suspension Torsionsaufhängung *f*, Drehgestellfederung *f*
torsion test Torsionsversuch *m*, Verwindungsversuch *m*, Verdrehungsprobe *f*, Verdreh[ungs]versuch *m* *{Werkstoffprüfung}*
torsion torque Drehungsmoment *n*, Torsionsmoment *n* *{drehendes Kräftepaar}*
torsion visco[si]meter Torsionsviskosimeter *n* *{Instr}*
angle of torsion Torsionswinkel *m*, Verdrehungswinkel *m*
modulus of torsion Verdrehungsmodul *n*, Torsionsmodul *n* *{in Pa}*
moment of torsion Drehmoment *n*, Verdrehmoment *n*, Torsionsmoment *n* *{in N·m}*
resistance to torsion Torsionswiderstand *m*
torsional angle Verdrehungswinkel *m*, Torsionswinkel *m*
torsional creep test Torsionsstandversuch *m*
torsional elasticity Verdrehungselastizität *f*
torsional endurance Verdrehungsdauerfestigkeit *f*, Verdrehungswechselfestigkeit *f*
torsional force Torsionskraft *f*, Drehkraft *f*, Verdrehungskraft *f*
torsional frequency Torsionsschwingungsfrequenz *f*
torsional mode Drehschwingung *f*
torsional moment Drehmoment *n*, Torsionsmoment *n*, Verdrehungsmoment *n* *{in N·m/rad}*
torsional oscillation Drehschwingung *f*
torsional pendulum test Torsionsschwingungsversuch *m*
torsional rigidity Torsionssteifheit *f*
torsional shear Verdrehung *f*, Torsion *f*
torsional shear modulus Torsionsmodul *m* *{in Pa}*
torsional strain Verdrehung *f*, Torsion *f*, Drehbeanspruchung *f*, Torsionsbeanspruchung *f*, Verdrehungsbeanspruchung *f*
torsional strength Dreh[ungs]festigkeit *n*, Verdreh[ungs]festigkeit *f*, Verdrillfestigkeit *f*, Torsionsfestigkeit *f* *{in Pa}*
torsional stress Beanspruchung *f* auf Verdrehen, Beanspruchung *f* auf Verdrillen, Drehbeanspruchung *f*, Drallbeanspruchung *f*, Torsionsbeanspruchung *f*, Torsionsbelastung *f*
torsional stress fatigue test *{BS 3518}* Torsionsermüdungsprüfung *f*, Torsionsstandzeitversuch *m*
torsional tension Drehspannung *f* *{in Pa}*
torsional test Torsionsversuch *m*, Verdreh[ungs]versuch *m* *{Werkstoffprüfung}*
torsional tester Torsionsprüfmaschine *f*, Torsionsvorrichtung *f*
torsional vibration Drehschwingung *f*, Torsionsschwingung *f*
torsional vibration vacuum ga[u]ge Torsionsschwingungsvakuummeter *n*, Drehschwingungsvakuummeter *n*
torsional vibrator Torsionschwingzentrifuge *f*
torsional wave Torsionsschwingung *f*
yield point of torsional shear Verdrehungsgrenze *f*
tortoise shell Schildpatt *n*
tortuosity Verwindung *f*
tortuosity factor Verwindungsfaktor *m*
tortuous gewunden, geschlängelt, schlangenförmig
torus 1. Kreisringfläche *f*, Rotationsfläche *f*, zylindrischer Ring *m*, Kreisring *m*, Torus *m* *{Math}*; 2. Torus *m*, ringförmige Vakuumkammer *f* *{Phys}*; 3. Wulst *m*, Ringwulst *f*; 4. Toroidspule *f* *{Elek}*
toss Wurf *m*, Werfen *n*
toss energy Schleuderenergie *f*
tossing Rührverfahren *n* *{Schlämmen}*
tossing device Schlammfänger *m* *{Met}*
TOST *{turbine oil stability test}* Oxidationsbeständigkeitstest *m* für Dampfturbinenöl
tosyl **<*p*-$CH_3C_6H_4SO_2$->** Tosyl-, *p*-Toluolsulfonyl-
tosyl blocking group Tosylschutzgruppe *f*
tosyl chloride **<$CH_3C_6H_4SO_2Cl$>** Tosylchlorid *n*, *p*-Toluolsulfo[nsäure]chlorid *n*, *p*-Toluolsulfonylchlorid *n*
tosylate **<$CH_3C_6H_4SO_2OR$>** Tosylat *n*, Tosylester *m*, *p*-Toluolsulfonat *n*
tosylation Tosylierung *f* *{Veresterung von OH-Gruppen mittels p-$CH_3C_6H_4SO_2Cl$>*
total/to addieren, summieren, zusammenrechnen
total 1. total, gänzlich, restlos, völlig; Gesamt-; 2. Endsumme *f*, Gesamtsumme *f* *{Math}*
total absorbed dose integrale Dosis *f*, Integraldosis *f*, gesamte absorbierte Dosis *f* *{Radiologie}*

total absorption Gesamtabsorption *f*, Totalabsorption *f*
total absorption coefficient Gesamtabsorptionskoeffizient *m*
total acid Gesamtsäure *f*
total acid number Gesamtsäurezahl *f {Maß für den freien Säuregehalt in mg KOH/g Probesubstanz}*
total alkali Gesamtalkali *n*, Gesamtalkaligehalt *m {aktives Alkali und Na_2CO_3}*
total ammonia gesamter Ammoniakgehalt *m*
total amount of entropy Gesamtentropie *f*
total amount of plasticizer Gesamtweichmachermenge *f*
total angular momentum quantum number äquatoriale Quantenzahl *f*, magnetische Quantenzahl *f*
total base number Gesamtbasenzahl *f {Maß für den Alkaligehalt in mg KOH/g Probesubstanz als Äquivalent der Neutralisations-Säuremenge}*
total binding energy Gesamtbindungsenergie *f*
total-body exposure Ganzkörperbelastung *f {Strahlung}*
total breakdown Gesamtausfall *m*
total carbon Gesamtkohlenstoff *m {frei und gebunden im Stahl}*
total carburizing furnace *{GB}* Durchzementierungsofen *m {Met}*
total circulating capacity Gesamtumlaufmenge *f*
total concentration Gesamtkonzentration *f*
total conductance Gesamtleitvermögen *n*, Gesamtleitfähigkeit *f*
total connected load gesamtelektrischer Anschlußwert *m*, Gesamtanschlußwert *m {Elek}*
total-correction factor Gesamtkorrekturfaktor *m*
total cost Gesamtkosten *pl*
total cyanide gesamtes Cyanid *n {einfaches und komplexes CN^-, Galvanik}*
total-cycle time Zyklusgesamtzeit *f*, Gesamtzykluszeit *f*
total decarburization Auskohlung *f {Met}*
total-delivery head Gesamtförderhöhe *f*
total discharge Tiefentladung *f {Batterie}*
total-discharge head Gesamtförderhöhe *f*
total dissolved solids 1. Verdampfungsrückstand *m*, Eindampfrückstand *m*, Gesamtgehalt *m* an [echt] gelösten Stoffen *{Wasseranalyse}*; 2. Gesamtsalzgehalt *m*
total draw-off tray Totalabnahmeboden *m*
total drive power Gesamtantriebsleistung *f*
total electron binding energy totale Elektronenbindungsenergie *f*
total elongation Gesamtdehnung *f {DIN 53360}*
total emission coefficient *s.* total emissivity
total emissive power Gesamtemissionsvermögen *n*, Gesamtemissionsgrad *m*
total emissivity Gesamtemissionsvermögen *n*, Gesamtemissionsgrad *m*, Gesamtemissionskoeffizient *m {in $W/m^3 \cdot sr$}*
total energy Gesamtenergie *f*, Totalenergie *f*
total energy input Gesamtenergieaufnahme *f*
total energy used Gesamtenergieaufnahme *f*
total enthalpy Gesamtenthalpie *f*
total entropy Gesamtentropie *f*
total error Gesamtfehler *m*
total explosive strength Gesamtexplosionskraft *n*
total extension Gesamtbruchdehnung *f*
total extractable sulfur extrahierbarer Schwefel *m*
total fat Gesamtfett *n*
total fatty matter *{BS 684}* Gesamtfettgehalt *m*
total fluorescence spectrum volständiges Fluoreszenzspektrum *n*
total flux Gesamtfluß *m*
total fracture load Gesamtbruchlast *f*
total free alkali *{ISO 684}* gesamtes freies Alkali *n {Seife}*
total gasification rückstandslose Vergasung *f*, vollständige Vergasung *f*
total germinating number Gesamtkolonienzahl *f {DIN 54379}*
total hardening bath *{GB}* Durchhärtungsbad *n {Met}*
total hardness Gesamthärte *f {Wasser}*
total head 1. Staudruck *m*, Gesamtdruck *m*; 2. Druckhöhe *f {Strömung}*; 3. Gesamtförderhöhe *f {Pumpe}*
total head pressure Gesamtdruck *m {= statischer und dynamischer Druck}*
total heat Gesamtenthalpie *f*
total heat of solution ganze Lösungswärme *f*, ganze Lösungsenthalpie *f*, totale Lösungsenthalpie *f*
total heat removal Gesamtwärmeabgabe *f*
total-immersion test Dauertauchversuch *m*, Tauchprüfung *f {Korr}*
total-immersion thermometer Eintauchthermometer *n*
total installed load Gesamtanschlußwert *m {Elek}*
total ionic concentration gesamte ionale Konzentration *f*, Gesamtionenkonzentration *f*
total investments Gesamtinvestitionen *fpl*
total lead content Gesamtbleigehalt *m*
total leakage Leckrate *f*, Gesamtundichtheit *f*
total length Gesamtlänge *f*
total liabilities Fremdkapital *n*
total load Gesamtbelastung *f*
total loss Totalschaden *m*

total-loss lubrication system Verbrauchsschmieranlage *f*, Verlustschmieranlage *f*, Durchlaufschmieranlage *f {DIN 24271}*
total lubrication Vollschmierung *f*
total luminescence spectrum vollständiges Lumineszenzspektrum *n*
total luminous reflectance Gesamtreflexionsvermögen *n*
total mass stopping power Massenbremsvermögen *n {Nukl}*
total molarity Gesamtmolarität *f*
total molecular formula Bruttoformel *f*, Summenformel *f*
total moment of momentum Gesamtdrehimpuls *m*, Gesamtspin *m*, Gesamtdrall *m*
total neutral oil *{BS 684}* Gesamtneutralöl *n*
total nitrogen Gesamtstickstoff *m*
total number Gesamtzahl *f*, Gesamtmenge *f*
total polarization Gesamtpolarisation *f*
total output Gesamtleistung *f*
total phosphorescence spectroscopy Gesamtphosphoreszent-Spektroskopie *f*
total pigment content Gesamtpigmentierung *f*
total power Gesamtleistung *f*
total power consumption Gesamtleistungsbedarf *m*
total power output Gesamtleistung *f*
total pressure Gesamtdruck *m*, Totaldruck *m*
total-pressure ga[u]ge Totaldruckmesser *m*, Gesamtdruckmeßgerät *n*
total-pressure loss Gesamtdruckverlust *m*
total quantum number Hauptquantenzahl *f*
total radiation Gesamtstrahlung *f*
total radiation pyrometer Gesamtstrahlungspyrometer *n*
total reaction Gesamtreaktion *f*
total reflecting prism totalreflektierendes Prisma *n*
total reflection Totalreflexion *f*, Totalspiegelung *f {Opt}*
total reflectometer Totalreflektometer *n*
total residence time Gesamtverweilzeit *f*
total sensitivity Gesamtempfindlichkeit *f*
total shrinkage Gesamtschrumpfung *f*, Gesamtschwindung *f {Phys}*
total solids Gesamttrockenmasse *f*, Gesamttrockensubstanz *f*; Gesamtfestsubstanz *f {Gummi}*, Kautschuktrockensubstanz *f*
total soluble matter Gesamtlösliches *npl*
total speed Gesamtsaugvermögen *n {Pumpe}*
total step method Gesamtschrittverfahren *n {Math}*
total sulfur Gesamtschwefel *m*
total surface wirkliche Oberfläche *f*, Gesamt[ober]fläche *f*
total swelling Gesamtquellung *f*
total synthesis Totalsynthese *f {Chem}*
total transition probability Gesamtübergangswahrscheinlichkeit *f*
total transmittance Gesamtdurchlässigkeit *f*
total volume Gesamtvolumen *n*
total weight 1. Gesamtmasse *f*; 2. Gesamtgewicht *n*
total yield Gesamtausbeute *f*
totality 1. Gesamtheit *f*, Vollständigkeit *f*; 2. Totalfinsternis *f {Astr}*
touch/to befühlen, berühren, betasten, anfassen; in Berührung kommen; erreichen *{z.B. den Boden}*; drücken [auf], anschlagen *{Taste}*; retuschieren *{Photo}*
touch 1. Berührung *f*; Kontakt *m*, Fühlung *f*; 2. Anschlag *m {Tastatur}*; 3. Griff *m {Text}*; 4. Pinselstrich *m*; 5. Spur *f*, Anflug *m*
touch-sensitive keyboard Folientastatur *f*
touchpaper Zündpapier *n*
touchpowder Zündpulver *n*
touchstone Probierstein *m*, Streichstein *m*, Lydit *m {Min}*
touchwood Holzzunder *m {schwammiges, brüchiges Holz}*
tough grob; widerstandsfähig, beständig, zäh; hochbelastbar, hochbeanspruchbar; bruchfest; hammergar *{Met}*; tragecht, tragfest *{Text}*; Hochleistungs-
tough fracture zäher Bruch *m*
tough-pitch zähgepolt; Gar- *{Met}*
tough-pitch copper Garkupfer *n*, zähgepoltes Kupfer *n*, hammergares Kupfer *n*, Elektrolytzähkupfer *n*, Feinkupfer *n*, Raffinatkupfer *n {0,2 - 0,5 % O_2}*
tough-resilient plastic zähelastischer Plast *m*
toughen/to abhärten, verhärten; zäh machen; zäh werden
toughen by poling/to dichtpolen
toughen copper/to Kupfer *n* polen
toughened glass gehärtetes Glas *n*, Hartglas *n*
toughened heat-resisting glass vorgespanntes Glas *n {z.B. Einscheiben-Sicherheitsglas}*
toughened polystyrene schlagfestes Polystyrol *n*
toughness 1. Zähigkeit *f {Festigkeit}*, Tenazität *f {Met}*; 2. Widerstandsfähigkeit *f*, Beständigkeit *f*; 3. Härte *f*
toughness test Zähigkeitsprobe *f*
toughness transition temperature Zähigkeitsübergangstemperatur *f*
tourmaline Turmalin *m*, Iochroit *m {Min}*
tourmaline tongs Turmalinzange *f*
blue tourmaline Indigolith *m*, Indigostein *m {Min}*
tow 1. Towgarn *n*, Werggarn *n {Text}*; 2. Elementarfadenkabel *n*, Spinnkabel *n*, Kabel *n* aus Endlosfasern *{Text}*; 3. Werg *n*, Schwingwerg *n*, Hede *f {Abfallfasern von Flachs/Hanf}*
towel Handtuch *n*

towel clip Tuchklemme *f*, Handtuchhalter *m*
towel dispenser Handtuchspender *m*
tower 1. Turm *m*; 2. Kolonne *f*, Säule *f {Chem}*; 3. Tower *m*, Towergehäuse *n {EDV}*
tower boiler Turmkessel *m*
tower casing Turmauskleidung *f*
tower dryer Trockenturm *m*, Turmtrockner *m*, senkrechter Trockenofen *m*
tower liquor Turmlauge *f {Pap}*
tower packing Füllkörper *m*
tower scrubber Waschturm *m*, Turmwäscher *m*, Gaswaschturm *m*, Skrubber *m*; Berieselungsturm *m*
tower steamer Trockenturm *m*; Turmdämpfer *m*, Dampfbehandlungsturm *m {Text}*
town gas Stadtgas *n*, Versorgungsgas *n*, Leuchtgas *n*
toxalbumen Toxalbumin *n*
toxalbumin Toxalbumin *n*
toxaphene <$C_{10}H_{10}Cl_8$> Toxaphen *n*, Polychlorcamphen *n {Insektizid}*
toxic toxisch, giftig
toxic action Giftwirkung *f*, toxische Wirkung *f*
toxic agent giftige Substanz *f*, toxischer Stoff *m*, Giftstoff *m*
toxic concentration maximal zulässige Luftkonzentration *f*
toxic equivalent toxisches Äquivalent *n {tödliche Dosis/Körpergewicht}*
toxic fumes giftige Dämpfe *mpl*
toxic gas Giftgas *n*
toxic gas detector Giftgasdetektor *m*, Giftgasnachweisgerät *n*
toxic gas exposure Giftgasbelastung *f*, Giftgaseinwirkung *f*
toxic gas monitor Giftgasüberwacher *m*
toxic principle giftiger Bestandteil *m*, Giftkomponente *f*, toxisches Prinzip *n*
Toxic Substances Control Act *{USA}* Giftüberwachungsgesetz *n {1976}*
toxicant giftige Substanz *f*, toxischer Wirkstoff *m*, giftiger Stoff *m*, Giftstoff *m*, Toxikum *n*, Gift *n*
toxicant production Giftherstellung *f*
toxicity Giftigkeit *f*, Toxizität *f*
toxicogenic 1. Gift erzeugend; 2. durch Gift *n* entstanden, durch Vergiftung *f* entstanden, toxigen
toxicology Toxikologie *f*
toxics Giftstoffe *mpl*
toxiferine <$[C_{40}H_{46}N_4O_2]^{2+}$> Toxiferin *n*
toxigene Toxigen *n*, giftbildende Substanz *f*
toxin Toxin *n*, Gift *n {von lebenden Organismen produziert}*
toxin weapons toxische Waffen *fpl*, Giftwaffen *fpl*
toxinology Toxinkunde *f {Militärwesen}*
toxoflavin Toxoflavin *n {Antibiotikum}*
toxoid Toxoid *n {entgiftetes, noch immunaktives Toxin}*, Immunstoff *m {Med}*
toxophoric toxophor
toxophoric group toxophore Gruppe *f*, giftwirkungsauslösender Molekülteil *m*
toxoplasmin Toxoplasmin *n*
toxopyrimidine <$C_6H_9N_3O$> Pyramin *n*, Toxopyrimidin *n*
TPG *{triphenylguanidine}* Triphenylguanidin *n*
TPN *{triphosphopyridine nucleotide}* Triphosphopyridinnucleotid *n*, TPN, Nicotinamid-adenin-dinucleotidphosphat *n*, NADP, Coferment II *n*, Codehydr[ogen]ase II *n*
trace/to 1. abstecken *{z.B. eine Strecke, Fläche}*; 2. ausmachen; aufspüren, eine Spur verfolgen; untersuchen, ausfindig machen; nachweisen *{z.B. ein Spurenelement}*; 3. [auf]zeichnen, skizzieren; [sorgfältig] schreiben; 4. durchzeichnen, pausen; kopieren
trace back/to ableiten, zurückführen
trace 1. Spur *f*, Fährte *f*; 2. Spur *f*, sehr kleine Menge *f*, sehr geringe Menge *f {0,0001 - 1000 ppm}*; 3. Leuchtspur *f {z.B. Schirmschrift am Oszilloskop}*; Kurve *f*, Registrierkurve *f*, Schreibkurve *f*, Schreibspur *f {Plotter}*; 4. Spurgerade *f*, Spurlinie *f {Math}*
trace amount Spurenmenge *f*, Spurengehalt *m*, Spurenanteil *m*
trace analysis Spurenanalyse *f*, Spurenbestimmung *f {Analyse auf Elementspuren}*
trace anthropogenic compounds menschenbedingte Spurenverbindungen *fpl {Ökol}*
trace concentration Spurenkonzentration *f*, Konzentration *f* der Elementspuren
trace detection Spurennachweis *m*
trace element Spurenelement *n*, Spurenstoff *m {Chem}*; Markierungselement *n*, Indikatorelement *n {z.B. radioaktive Stoffe}*; Spurennährstoff *m*, Mikronährstoff *m {Agri}*
trace gas Spurengas *n {z.B. Ar, CO_2, CH_4; Ökol}*
trace impurity Verunreinigungsspur *f*, Spurenverunreinigung *f*, spurenweise Verunreinigung *f*
trace-level quantity Spurenmenge *f*
trace metal Spurenmetall *n*
in traces spurenweise
micro-trace Mikrospuren *fpl {0,1-0,0001 ppb}*
tracer 1. Tracer *m*, Indikator *m*, Indikatorsubstanz *f*, Markierungssubstanz *f {z.B. Isotopen}*; 2. fluoreszierender Stoff *m*, fluoreszierende Substanz *f*; 3. Leuchtspur *f*, Leuchtsatz *m {Geschoß}*; 4. Taststift *m*, Fühlstift *m {Tech}*; 5. Kopierer *m*; 6. Tracer *m*, Überwacher *m*, Protokollprogramm *n {EDV}*; 7. Oszilloskop *n*
tracer ammunition Leuchtspurmunition *f*
tracer atom Indikatoratom *n*, Traceratom *n*, markiertes Atom *n*

tracer bullet Leuchtgeschoß *n*, Rauchspurmunition *f*
tracer chemistry Indikatorenchemie *f*, Spurenchemie *f*, Tracerchemie *f*
tracer compound Indikatorverbindung *f*
tracer-controlled meßfühlergesteuert
tracer element Indikatorelement *n*, Spurenelement *n*, Markierungselement *n*
tracer experiment Tracerversuch *m*; Leitisotopversuch *m*
tracer gas Prüfgas *n*, Testgas *n*, Spürgas *n* *{z.B. für Dichtheitsprüfung}*
tracer head Fühlkopf *m*, Meßkopf *m*
tracer isotope Isotopenindikator *m*
tracer method Indikator[en]methode *f*, Tracermethode *f*, Indikatorverfahren *n*; Leitisotopenmethode *f*, Isotopenmethode *f*
tracer technique *s.* tracer method
radioactive tracer radioaktiver Indikator *m*, radioaktives Leitisotop *n*
tracered [radioaktiv] markiert
tracered plume markierte Abluftfahne *f* *{Strahlenschutz}*
trachyte Trachyt *m* *{ein Ergußgestein}*
trachyte porphyry Trachytporphyr *m* *{Geol}*
tracing 1. Pause *f*, Lichtpause *f*, Zeichnungskopie *f*, Pauszeichnung *f*; 2. Durchzeichnen *n*, Pausen *n*; Kopieren *n*; 3. Aufzeichnen *n* *{Meßinstrument}*; 4. Schreibspur *f* *{Registriergerät}*; 5. Ablaufverfolgung *f* *{EDV}*; 6. Verfolgung *f* *{z.B. von Rissen}*
tracing cloth Pausleinen *n*, Pausleinwand *f*
tracing electrode Schreibelektrode *f*
tracing film Pausfilm *m*
tracing fluid Nachweisflüssigkeit *f*, Indikatorflüssigkeit *f*
tracing paper Pauspapier *n*, Durchzeichenpapier *n*; Transparent[zeichen]papier *n*, Klarpapier *n*
tracing pen Schreibfeder *f* *{Meßinstrument}*
tracing recorder Nachlaufschreiber *m*
track/to spüren; abtasten; nachführen, verfolgen *{z.B. Spur, Bahn, Kurvenverlauf}*; ausfindig machen
track 1. Spur *f* *{z.B. bei Lochstreifen, Magnetbändern}*; 2. Gleis *n*, Schienenstrang *m*; 3. Bahn *f*, Spur *f* *{Chrom}*; 4. Kriechweg *m*, Kriechspur *f* *{Elek, Kunst}*; 5. Pfad *m*, Weg *m*; Fahrbahn *f*, Laufbahn *f*; 6. Raupe *f*, Raupenkette *f*, Gleiskette *f*
track curvature Bahnkrümmung *f*
track photometry Bahnspurenphotometrie *f*
track resistance Kriechstromfestigkeit *f* *{Kunst}*
tracking 1. Kriechwegbildung *f*, Kriechspurbildung *f* *{Kunst, Elek}*; 2. Verfolgung *f* *{z.B. Bahn, Ziel}*; 3. Nachführung *f* *{Automation}*; 4. Spureinstellung *f*; 5. Tracking *n* *{Industrieroboter}*
tracking resistance Kriechstromfestigkeit *f* *{Kunst}*
tractable behandelbar; [leicht] bearbeitbar
tractile streckbar, dehnbar, ausziehbar *{linear}*
tractility Streckbarkeit *f*, Dehnbarkeit *f* *{linear}*
traction 1. Zug *m*, Ziehen *n*; 2. Zugkraft *f*; 3. Bodenhaftung *f*
traction coefficient Traktionskoeffizient *m* *{Trib}*
traction fluid Reibgetriebeöl *n*
tractor 1. Schlepper *m*, Traktor *m*, Zugmaschine *f*; 2. Vorschubeinrichtung *f*; Traktor *m*, Vorschubraupe *f* *{Drucker}*
tractor fuel Traktorenkraftstoff *m*, Traktorentreibstoff *m*, Schlepperkraftstoff *m*
tractor lube oil Traktorenschmieröl *n*
tractrix Traktrix *f*, Schleppkurve *f* *{Math}*
trade 1. Gewerbe *n* *{Erwerbszweig}*; 2. Gewerbe *n*, Handel *m*, Geschäft *n*
trade association Berufsverband *m*, Fachverband *m*
trade designation Handelsbezeichnung *f*
trade effluent gewerbliche Abwässer *npl*
trade journals Fachpresse *f*
trade name Handelsname *m*, kommerzieller Name *m*, Handelsbezeichnung *f*
copyrighted trade name gesetzlich geschützter Handelsname *m*
trademark Schutzmarke *f* *{geschütztes Markenzeichen}*, [eingetragenes] Warenzeichen *n*, Fabrikmarke *f*, Fabrikzeichen *n*
protection of registered trademarks Markenschutz *m*
registered trademark eingetragene Schutzmarke *f*
trading association Handelsgesellschaft *f*
traffic 1. Verkehrs-; 2. Verkehr *m*; 3. Handel *m*
traffic paint Straßenmarkierungsfarbe *f*, Straßenmarkierungslack *m*
tragacanth 1. Tragant *m*, Tragant[h]pflanze *f* *{Astragalus L.}*; 2. Tragantgummi *m n*
tragacanth gum Tragant *m*, Tragantgummi *m n* *{Astragalus-Arten}*
tragacanth mucilage Tragantschleim *m*
tragacantine Tragacantin *n*
trail/to 1. schleppen; ziehen, fahren; 2. aufspüren, nachspüren; 3. ausbreiten; wuchern *{Bot}*; kriechen
trail 1. Fährte *f*, Spur *f*; 2. Weg *m*; 3. Schleifspur *f*, Gleitspur *f*, Kriechspur *f* *{Geol}*
trailer 1. Anhänger *m*, Anhängerfahrzeug *n*; Beiwagen *m* *{Bahn}*; Wohnwagen *m*, Wohnanhänger *m*; 2. Nachläufer *m* *{beim Erdbeben}*; 3. Bandende *n*, Endband *n*
trailing 1. Schwanzbildung *f*, Schweifbildung *f* *{Chrom}*; 2. Schlickermalerei *f* *{Keramik}*

trailing edge Hinterkante *f*, nachschleppende Kante *f*, nachlaufende Kante *f {Elek}*; 2. Hinterkante *f {EDV}*; 3. Hinterflanke *f*, Rückflanke *f {Impuls}*
trailing edge of flight passive Gewindeflanke *f*, hintere Flanke *f*, passive Flanke *f*, hintere Schneckenflanke *f*, passive Schneckenflanke *f*, hintere Stegflanke *f*, passive Stegflanke *f*
train/to 1. ausbilden, erziehen; beibringen; trainieren; 2. abrichten, schulen; 3. ziehen *{Pflanzen}*; 4. richten; zielen
train 1. Zug *m*; 2. Zug *m*, Kolonne *f*; Folge *f*, Reihe *f*; Kette *f*; 3. Strang *m {Tech}*
train of machines Maschinenpark *m*
train of thought Gedankengang *m*
train oil Walöl *n*, Waltran *m*, Tran *m*, Fischtran *m*
train oil soap Transeife *f*
trainee 1. Auszubildender *m*, Lehrling *m*; 2. Praktikant *m*
training 1. Kanalisierung *f {z.B. Flüsse}*; 2. Ausbildung *f*; 3. Schulung *f*, Unterricht *m*
training aids Schulungshilfen *fpl*
training course Lehrgang *m*
further training Fortbildung *f*
trajectory 1. Flugbahn *f*, Bewegungsbahn *f {z.B. Flug-, Wurf-, Fallkurve}*, Bahnkurve *f*, Bahn *f*; 2. Trajektorie *f {Math}*
trammel 1. Ellipsenzirkel *m*, Ellipsograph *m {Math}*; 2. Rundschneidgerät *n {Glas}*
tramp element Begleitelement *n*, Erzbegleiter *m {Met}*
tramp iron Fremdeisen *n*, Fremdeisenteile *npl*, eiserner Fremdkörper *m*
tramp iron separator Eisenabscheider *m*, Eisen[aus]scheider *m*, Schutzmagnet *m*
tramp metal Fremdmetall *n*
tramp oil abriebhaltiges Öl *n*, metallflitterhaltiges Altöl *n*
tranquilizer Psychosedativum *n*, Tranquil[l]izer *m*, Beruhigungsmittel *n {Pharm}*
trans transständig, in *trans*-Stellung *f*; trans-, Trans- *{Stereochem}*
trans arrangement *trans*-Anordnung *f {Stereochem}*
trans-cisoid form *trans-cisoid*-Form *f {Polyacetylen}*
trans form *trans*-Form *f*, *trans*-Isomer[es] *n {Stereochem}*
trans isomer trans-Isomer[es] *n*, trans-Form *f {Sterochem}*
trans position *trans*-Stellung *f {Stereochem}*
trans-sonic schallnah, transsonisch
trans-sonic flow Überschallströmung *f {z.B. in Pumpen}*
trans-sulfurase Transsulfurase *f {Biochem}*
transect/to 1. zerlegen, auseinandernehmen, untersuchen *{z.B. Programme, Geräte}*; 2. sezieren, zerschneiden, zerlegen *{Med}*
transacetylase Transacetylase *f {Biochem}*
transacetylation Transacetylierung *f {Biochem}*
transaction 1. Transaktion *f*, Abwicklung *f {z.B. Änderung von Dateien}*; 2. Geschäft *n*, Geschäftsabschluß *m*
transaldolase *{EC 2.2.1.2}* Transaldolase *f {Biochem}*
transaminase *{EC 2.6.1.1}* Transaminase A *f*, Aspartataminotransferase A *f {IUB}*, Glutamin-Aspartat-Transaminase *f*, Glutaminoxalessigsäure-Transaminase *f*
transaminate/to transaminieren
transamination Transaminierung *f {reversible Übertragung der Aminogruppe -NH_2 auf alpha-Ketosäuren; Biochem}*
transannular transannular
transannular strain ringübergreifende Spannung *f*, transannulare Spannung *f {aromatische Kohlenwasserstoffe}*
transboundary grenzüberschreitend, grenzübergreifend
transboundary environmental problem grenzüberschreitendes Umweltproblem *n*
transboundary impacts grenzübergreifende Auswirkungen *fpl*
transboundary pollution grenzüberschreitende Verschmutzung *f*, grenzüberschreitende Verunreinigung *f*
transcalent wärmedurchlässig
transcarboxylase *{EC 2.1.3.1}* Methylmalonyl-CoA-carboxyltransferase *f {IUB}*, Transcarboxylase *f*
transconductance Übergangsleitwert *m*, Durchgriff *m {Elektronenröhre}*
transcriber Übertragungsgerät *n*, Datenumsetzer *m*, Code-Umsetzer *m {EDV}*
transcriptase Transcriptase *f*, RNA-Polymerase *f*
transcription 1. Umschrift *f*, Transkription *f {Schriftumsetzung}*; 2. Umschreibung *f {z.B. für ein anderes Gerät}*; 3. Mitschreiben *n*; 4. Übertragung *f*, Bespielen *n {z.B. Tonband}*; 5. Transkription *f {genetischer Informationen}*
transcription error Übertragungsfehler *m*; Abschreibfehler *m*
transcription unit Transkriptionseinheit *f*
inhibition of transcription Transkriptionshemmung *f {Biochem}*
transcriptional Transkriptions- *{Gen}*
transcriptional antiterminator Transkriptionsantiterminator *m*
transcriptional enhancer Transkriptionsenhancer *m {Gen}*
transcriptional polarity Transkriptionsrichtung *f*
transcrystalline transkristallin

transcrystalline fracture transkristalliner Bruch *m {Met}*
transcurium elements Transcuriumelemente *npl {OZ > 96}*
transducer Meßumformer *m*, Meß[wert]wandler *m*, Transducer *m*, Wandler *m*
transducer cable Aufnehmerkabel *n*
transducer conditioner Meßwertverstärker *m*
transducer for pH values Meßwandler *m* für pH-Werte
transducer for redox values Meßwandler *m* für Redoxwerte
transducer sensitivity Aufnehmerempfindlichkeit *f*
transducer signal Aufnehmersignal *n*
transduction 1. Transduktion *f {Gen}*; 2. Übermittlung *f*, Fortleitung *f*
transductor magnetischer Verstärker *m*, Transduktor *m*
transect/to 1. zerlegen, auseinandernehmen, untersuchen *{z.B. Programme, Geräte}*; 2. sezieren, zerschneiden, zerlegen *{Med}*
transeinsteinium elements Transeinsteiniumelemente *npl {OZ > 100}*
transesterification Umesterung *f*
transfection Transfektion *f {Immun}*
transfer/to 1. übertragen, abgeben, transportieren *{z.B. Elektronen, Wärme}*; überführen, übertragen *{Substanzen}*; eintragen *{z.B. Sauerstoff}*; übergehen *{z.B. Wärme, Elektronen}*; 2. transportieren *{Güter}*; umschlagen, umladen *{Güter}*; 3. umschalten *{Automation}*; 4. transferieren, übertragen *{z.B. Daten}*; 5. umfüllen; 6. umwandeln; 7. überspielen, umspielen *{Akustik}*; 8. verlegen; 9. übereignen
transfer by pouring/to umschütten, umfüllen
transfer 1. Übertragung *f*, Abgabe *f*, Transport *m {z.B. von Elektronen, Wärme}*; Überführen *n*, Übertragen *n {Substanz}*; Eintrag *m {z.B. von Sauerstoff}*; Übergang *m {z.B. von Wärme, Substanzen, Elektronen}*; 2. Transport *m {Güter}*; Umschlag *m*, Umladung *f {Güter}*; 3. Umschaltung *f {Automation}*; 4. Abziehbild *n {Keramik}*; 5. Transfer *m {Nukl, EDV, Phys}*; 6. Übernahme *f {Zündung von Gasentladungsstrecken}*; 7. Umdruck *m {Text, Druck}*; 8. Überspielen *n*, Umspielen *n {Akustik}*; 9. Umfüllen *n*; 10. Überweisung *f*; 11. Verlegung *f*
transfer agent Überträger *m*, Übertragungsmittel *n {Polymer}*; Überträger[stoff] *m {Biochem}*
transfer area Berührungsfläche *f*, Kontaktfläche *f*
transfer by pumping Umpumpen *n*
transfer characteristic Übertragungskennlinie *f*, Übernahmekennlinie *f*
transfer circuit Verbindungsleitung *f*
transfer coefficient 1. Durchtrittsfaktor *m {Elektrochem}*; 2. Übergangskoeffizient *m*, Austauschkoeffizient *m {Stoffaustausch}*; 3. Übertragungskoeffizient *m*
transfer cull Eingußstutzen *m {Kunst}*
transfer equipment Verkettungseinrichtung *f*
transfer factor Übertragungsfaktor *m*
transfer function 1. Übertragungsfunktion *f*, Übergangsfunktion *f*; 2. Überführungsfunktion *f {Automation}*
transfer injection press Spritzpresse *f*, Transferpresse *f*, Presse *f* für Preßspritzen, Presse *f* für Spritzpressen
transfer line Überweisungsleitung *f*; Transferstraße *f*, Fertigungskette *f*, Fließstraße *f* mit automatischem Werkstücktransport
transfer membrane Transfermembran[e] *f*
transfer mo[u]ld Spritzpreßform *f*, Preßspritzform *f*, Preßspritzwerkzeug *n {Kunst}*
transfer mo[u]lding 1. Preßspritzen *n*, Spritzpressen *n*, Transferpressen *n {Kunst}*; Preßspritzverfahren *n*, Spritzpreßverfahren *n {Kunst}*; 2. Fließformen *n*, Transferformung *f {Gummi}*; 3. Spritzpreßteil *n {Kunst}*
transfer of heat Wärmeübertragung *f*
transfer paper Umdruckpapier *n*, Übertragungspapier *n*
transfer picture Abziehbild *n*
transfer pipet[te] Vollpipette *f {Anal}*
transfer point Übergangspunkt *m*, Übertragungspunkt *m*
transfer potential Übertragungspotential *n*
transfer press Schließpresse *f*; Umdruckpresse *f*, Aufziehpresse *f {Druck}*
transfer pump Umwälzpumpe *f*, Umfüllpumpe *f*, Abfüllpumpe *f*
transfer rate 1. Übertragungsrate *f*, Übertragungsgeschwindigkeit *f {EDV, in bit/s}*; 2. Austauschgeschwindigkeit *f*, Austauschrate *f {Stoffaustausch}*
transfer ratio Übertragungsverhältnis *n {Instr}*
transfer reaction 1. Übertragungsreaktion *f {Polymer}*; 2. Nukleonenübertragungsreaktion *f*
transfer ribonucleic acid Transfer-Ribonucleinsäure *f*, Transfer-RNS *f*, t-RNS
transfer roll Übertragungswalze *f {für flüssige Schichten}*
transfer to silos Silieren *n*
transfer tool Preßspritzwerkzeug *n*, Spritzpreßwerkzeug *n*, Spritzpreßform *f {Kunst}*
transfer unit Austauscheinheit *f*, Übergangseinheit *f {Füllkörperkolonne}*
height of transfer unit Bodenäquivalent *n*
overall gas-phase transfer unit gasseitige Übergangseinheit *f {Dest}*
transferase Transferase *f {Biochem}*
transference Übertragung *f*, Überführung *f*, Übergang *m {z.B. von Ionen}*

transference cell Hittorfsche Zelle *f {Elektrolyse}*
transference number Überführungszahl *f*, Ionenüberführungszahl *f {Elektrochem}*
transference of electrons Elektronenübertragung *f*, Elektronenübergang *m*
transference of heat Wärmefortpflanzung *f*
transferrin Transferrin *n {Eisentransporteiweiß}*
transform/to 1. umwandeln, umbilden, überführen *{Chem}*; 2. umgestalten, umformen, umbilden; verwandeln; 3. transformieren, umspannen *{Elek}*; 4. transformieren *{Math}*; abbilden *{Math}*, umformen *{Gleichung}*
transform 1. Transformierte *f {Math}*; 2. Umwandlung *f*, Überführung *f {Chem}*; 3. Transformation *f*, Umsetzung *f {Elek}*; 4. Transformation *f {Math}*; Umformung *f {Gleichung}*; 5. Bildfunktion *f {Math}*; 6. Umcodierung *f {EDV}*; 6. Transformation *f {Gen}*
transformable umwandelbar; übertragbar
transformants Transformanten *mpl {erblich modifizierte Zelle}*
transformation 1. Umwandlung *f*, Überführung *f*; Übergang *m*, Verwandlung *f*, Umwandlung *f*; Kernumwandlung *f*; 2. Umsetzung *f*, Umspannen *n*, Transformation *f {Elek}*; 3. Transformation *f {Gen}*; 4. Übergang *m {Phys}*; 5. Umformung *f*, Umbildung *f*; Umänderung *f*; 6. Abbildung *f {Math}*; 7. Inversion *f {Krist}*
transformation constant Zerfallskonstante *f {Nukl}*
transformation diagram Umwandlungsdiagramm *n*
transformation group Transformationsgruppe *f*
transformation matrix Transformationsmatrix *f {Math}*
transformation of coordinates Koordinatentransformation *f*
transformation point Umwandlungspunkt *m*, Umwandlungstemperatur *f*, Übergangspunkt *m*, Transformationspunkt *m*, Transformationstemperatur *f*
transformation process Umwandlungsprozeß *m*
transformation product Umwandlungsprodukt *n*
transformation range Umwandlungsbereich *m*, Tranformationsintervall *n*
transformation ratio Übersetzungsverhältnis *n*, Windungsverhältnis *n {Elek}*
transformation series 1. *s.* radioactive decay series; 2. Transformationsreihe *f {Gen}*
transformation temperature Umwandlungstemperatur *f*, Umwandlungspunkt *m*, Transformationstemperatur *f*, Übergangspunkt *m*
degree of transformation Umwandlungsverhältnis *n*
heat of transformation Umwandlungswärme *f*
transformed blackening transformierte Schwärzung *f*
transformer 1. Transformator *m*, Trafo *m*, Umformer *m*, Umspanner *m {Elek}*; 2. Übertrager *m*
transformer and switch oils Transformatoren- und Schaltöle *npl*
transformer compound Transformatorenmischung *f*
transformer oil Trafoöl *n*, Transformatorenöl *n*
transformer ratio Übersetzungsverhältnis *n*, Windungsverhältnis *n {Elek}*
transfuse/to umfüllen, umgießen; übertragen *{Med}*
transfusion 1. Übertragung *f {z.B. Blut}*, Transfusion *f {Med}*; 2. Transfusion *f {Diffusion von Gasen durch eine poröse Scheidewand}*; 3. Umgießung *f*, Umfüllen *n*
transfusion bottle *{ISO 3825}* Transfusionsflasche *f {Med}*
transgenic transgen
transgenic animal transgenes Tier *n*
transgenic plants transgene Pflanze *f*
transglutaminase *{EC 2.3.2.13}* Glutaminylpeptid-γ-glutamyltransferase *f {IUB}*, Transglutaminase *f*
transgranular transkristallin
transgranular brittle fracture *{ASM}* transkristalliner Sprödbruch *m*
transgranular cracking transkristalliner Riß *m*
transgress/to überschreiten; transgredieren *{Geol}*; übertreten, veletzen
transhydrogenase *{EC 1.6.1.1}* Pyridinnucleotidtranshydrogenase *f*, NAD(P)$^+$-Transhydrogenase *f*
transient 1. vorübergehend, momentan; transient, unbeständig, instabil, labil *{z.B. Radikale}*; instationär *{Zustand}*; Übergangs-; 2. Zwischenverbindung *f*, Zwischenprodukt *n*, Intermediat *n {Chem}*; 3. Übergangsprozeß *m*, Ausgleichsvorgang *m*, Einschwingvorgang *m {Elek}*; 4. Übergangserscheinung *f*
transient behavio[u]r Übergangsverhalten *n*
transient condition Übergangszustand *m*
transient creep Übergangskriechen *n*, primäres Kriechen *n {erstes Kriechstadium}*
transient event tree Ereignisablaufbaum *m {Störfall}*
transient failure kurzzeitiger Ausfall *m*
transient flow Übergangsfließen *n*, Übergangsströmung *f*, Strömung *f* in der Übergangsphase
transient flow region Übergangsströmungsbereich *m*
transient heat Übergangswärme *f*

transient operating conditions instationärer Betriebszustand *m*
transient phenomenon Einschwingvorgang *m*, Ausgleichsvorgang *m*, Übergangsprozeß *m* *{Elek}*
transient-resistance measuring instrument Übergangswiderstands-Meßgerät *n*
transient response Ansprechverzögerungszeit *f*, Übergangsverhalten *n*, Übertragungsverhalten *n*; *{US}* Übergangsfunktion *f* *{Automation}*
transient state Übergangszustand *m*, vorübergehender Zustand *m*
transient-state recorder Transientenrecorder *m*
transient time Einschwingzeit *f*
transient voltage Ausgleichspannung *f*
transient xenon poisoning instationäre Xenonvergiftung *f* *{Nukl}*
transillumination Durchleuchtung *f* *{Med, Opt}*
transistor Transistor *m*
transistorized transistorisiert
transit 1. Durchgangs-; 2. Durchgang *m*, Durchlauf *m* *{z.B. durch eine Anlage}*; 3. Durchfahrt *f*; Durchfuhr *f*, Transit *m* *{Waren}*; 4. Transport *m*
transit container Transportbehälter *m*
transit phase angle Lauf[zeit]winkel *m* *{Nukl}*
transit store Zwischenlager *n*
transit time 1. Durchgangszeit *f*, Durchlaufzeit *f*; 2. Laufzeit *f* *{Elektronik}*
transition 1. Übergang *m* *{Prozeß}*; 2. Übergehen *n*, Übergang *m*, Umwandlung *f*, Metamorphose *f* *{Zustandsveränderung}*; 3. Umschlag *m*, Umschlagen *n* *{Indikator}*; 4. Transition *f* *{Gen, Basen/Nucleotidpaar-Austausch}*
transition colo[u]r Übergangsfarbe *f*
transition element Übergangselement *n*, Übergangsmetall *n* *{Periodensystem: Sc-Cu, Y-Ag, Hf-Au}*
transition flange Übergangsflansch *m*
transition flow Knudsen-Strömung *f*, Übergangsströmung *f*
transition fusing glass Übergangsglas *n* *{Vak}*
transition limestone Grauwackenkalkstein *m*
transition metal *s.* transition element
transition phenomenon Übergangserscheinung *f*
transition piece Zwischenstück *n*, Einsatzstück *n*, Paßstück *n*
transition point 1. Übergangspunkt *m*, Umwandlungspunkt *m*, Umwandlungstemperatur *f* *{Chem}*; peritektischer Punkt *m* *{Met, Chem}*; 2. Sprungtemperatur *f* *{Supraleiter}*
transition probability Übergangswahrscheinlichkeit *f*
transition range Umwandlungsbereich *m*, Übergangsbereich *m*
transition reaction Übergangsreaktion *f*
transition region Übergangsbereich *m*, Übergangsgebiet *n*, Umwandlungsbereich *m*, Übergangszone *f*
transition restistance Übergangswiderstand *m*
transition section Übergangsbereich *m*, Übergangszone *f*, Übergangsgebiet *n*, Umwandlungsbereich *m*; Verdichtungszone *f*, Kompressionsbereich *m*; Homogenisierzone *f*; Aufschmelzbereich *m*, Plastifizierzone *f*, Aufschmelzzone *f*, Plastifizierbereich *m*
transition shrinkage Schrumpung *f* infolge Phasenübergangs
transition state Übergangszustand *m* *{Reaktionskinetik}*
transition temperature 1. Übergangstemperatur *f*, Umwandlungstemperatur *f*, Umwandlungspunkt *m*; Einfriertemperatur *f*, Einfrierpunkt *m* *{hochpolymerer Stoffe}*; 2. Sprungtemperatur *f*, Sprungpunkt *m* *{Supraleiter}*
transition time 1. Transitionszeit *f* *{Elektrochem}*; 2. Übergangszeit *f*, Einschwingzeit *f*, Einstellzeit *f*, Beruhigungszeit *f*, Anlaufzeit *f*; 3. Schaltzeit *f*
transition zone 1. Übergangsbereich *m*, Übergangszone *f*, Umwandlungszone *f*; 2. Steilabfall *m* *{Kerbschlagbiegeversuch}*
transition zone grain Zwischenstufengefüge *n* *{Met}*
forbidden transition verbotener Übergang *m*, Übergangsverbot *n*
forced of nonspontaneous transition erzwungener Übergang *m*
heat of transition Überführungswärme *f*, Übergangswärme *f*
nonspontaneous transition erzwungener Übergang *m*
transitional vorübergehend; grenzüberschreitend; Übergangs-
transitional flow Übergangsströmung *f*
transitional period Übergangszeit *f*
transitional property Übergangseigenschaft *f*
transitional region Übergangsbereich *m*
transitional state Übergangszustand *m*, Übergangsstadium *n*
transitory vorübergehend, transitorisch; Übergangs-
transketolase *{EC 2.2.1.1}* Transketolase *f* *{Biochem}*
translation 1. Umcodierung *f*; 2. Translation *f* *{Gen}*; 3. Übersetzung *f*, Umwandlung *f*, Umsetzung *f*, Konvertierung *f* *{z.B. von Daten}*; 4. Schiebung *f*, Translationsbewegung *f* *{Math, Phys}*; Parallelverschiebung *f*, Translation *f* *{Math, Krist}*; 5. Übertragung *f*
translation group Translationsgruppe *f* *{Krist}*
translation plane Translationsebene *f*, Translationsfläche *f* *{Krist}*

regulation of translation Translationsregulation *f* *{Gen}*

translational translatorisch, fortschreitend; Translations-

translational degree of freedom Translationsfreiheitsgrad *m*

translational diffusion Translationsdiffusion *f*

translational energy Translationsenergie *f*

translational motion Translationsbewegung *f*

translatory Translations-

translatory motion Parallelverschiebung *f*

translatory velocity Translationsgeschwindigkeit *f*

translocation Translokation *f* *{Gen}*

translucency Durchsichtigkeit *f*, Lichtdurchlässigkeit *f*, Transluzenz *f* *{unvollkommene Transparenz}*; Durchscheinbarkeit *f*, Durchscheinen *n* *{Porzellan}*

translucent transluzent, tranluzid, lichtdurchlässig, optisch dünn, durchsichtig *{unvollkommen transparent}*; durchscheinend *{Porzellan}*

translucent agate Eisachat *m* *{Min}*

translucent colo[u]r Durchsichtsfarbe *f*, lichtdurchlässige Farbe *f*

translucent disk photometer Fettfleckphotometer *n*, Bunsen-Photometer *n*

translucent fuse quartz Quarzgut *n*

translucent glass Milchglas *n*

translucent plastic durchscheinender Kunststoff *m*

translucent wood protecting lacquer lichtdurchlässige Holzschutzlasur *f*

translucid *{obs}* *s.* translucent

transmetallation Transmetallisierung *f* *{Reaktionsweise metallorganischer Verbindungen}*

transmethylation Transmethylierung *f* *{Übertragung der Methylgruppe}*

transmissibility Durchlässigkeit *f* *{Phys}*

transmissibility for radiation Strahlendurchlässigkeit *f*

transmissible übertragbar

transmission 1. Transmission *f*, Ausbreitung *f* *{z.B. Schadstoffe}*; Fortpflanzung *f* *{Phys}*; 2. Übersendung *f*, Übermittlung *f*; Versand *m*; 3. Übertragung *f* *{z.B. einer Sendung, einer Kraft}*; 4. Getriebe *n*, Schaltgetriebe *n*; Transmission *f*, Vorgelege *n*; 5. Durchgang *m* *{Strahlen}*; Lichtdurchlässigkeit *f*; 6. Übersetzung *f* *{Tech}*; 7. Durchschallung *f* *{Werkstoffprüfung}*

transmission belt[ing] Antriebsriemen *m*, Treibriemen *m*

transmission characteristic Übertragungscharakteristik *f*, Durchlaßkennlinie *f*; *{GB}* Übertragungsfunktion *f* *{Automation}*

transmission circuit Übertragungsstrecke *f*

transmission coefficient 1. Übertragungsfaktor *m*; 2. Transmissionskoeffizient *m*, Durchlässigkeitsfaktor *m*

transmission cross section Transmissionsquerschnitt *m*

transmission curve Durchlässigkeitskurve *f*, Durchlaßkurve *f* *{z.B. eines Filters}*

transmission electron diffraction Elektronenbeugung *f* in Transmission, Elektronenbeugung *f* im Durchstrahlungsverfahren

transmission factor 1. Durchlässigkeitsfaktor *m*, Durchlässigkeitskoeffizient *m*; 2. Übertragungsfaktor *m*, Übertragungsmaß *n*; 3. Transmissionsfaktor *m*, Lichtdurchlässigkeitsgrad *m*

transmission gear Übersetzungsgetriebe *n*, Vorgelege *n*, Zahnradübersetzung *f*, Schaltgetriebe *n*

transmission heat loss Transmissionswärmeverlust *m*

transmission high energy electron diffraction Beugung *f* schneller Elektronen in Durchstrahlung, THEED

transmission limit Durchlaßgrenze *f*, Durchlässigkeitsgrenze *f* *{Spek}*

transmission line 1. Übertragungsleitung *f*, Energieleitung *f* *{Elek}*; 2. Fernleitung *f*, Hochspannungsleitung *f*, Überlandleitung *f* *{Elek}*

transmission line method Meßleitungsverfahren *n*

transmission microscope Durchstrahlungsmikroskop *n*

transmission of a filter Filterdurchlässigkeit *f*

transmission of heat Wärmeübertragung *f*

transmission of radiation Strahlendurchgang *m*, Durchgang *m* der Strahlen

transmission oil Transmissionsöl *n*, Getriebeöl *n*

transmission probability Übergangswahrscheinlichkeit *f*, Clausing-Faktor *m*

transmission range Durchlaßbereich *m*

transmission rate 1. Durchlaßgrad *m*, Transmissionsgrad *m* *{Opt}*; 2. Übertragungsrate *f*, Übertragungsgeschwindigkeit *f*

transmission ratio Übersetzungsverhältnis *n*

transmission spectrum Durchstrahlungsspektrum *n*

transmission speed *s.* transmission rate

direct transmission direkte Übertragung *f*

transmit/to übertragen *{z.B. eine Kraft}*; vererben *{Biol}*; durchlassen *{Strahlen}*; übermitteln, übersenden, befördern; senden, aussenden, funken

transmittance 1. Durchlässigkeit *f* *{für Strahlen, Schall oder Wärme}*; 2. Durchlaßgrad *m*, Transmissionsgrad *m* *{Opt}*

transmittance of a filter Filterdurchlässigkeit *f*

transmitted light Durchlicht *n*

transmitted-light microscope Durchlichtmikroskop *n*
viewed by transmitted light in der Durchsicht *f*
transmitter 1. Sender *m*, Sendeapparat *m*, Sendevorrichtung *f*; 2. Meßwandler *m*, Meßumformer *m*, Transmitter *m*; 3. Geber *m*; 4. Überträgersubstanz *f {Physiol}*; 5. Schallkopf *m {Ultraschallprüfung}*
transmutation Transmutation *f*, Umwandlung *f*, Elementumwandlung *f*, Stoffumwandlung *f*
radioactive transmutation radioaktive Umwandlung *f*
transmute/to umwandeln, verwandeln; sich umwandeln
transoid transoid *{Stereochem}*
transoximinase *{EC 2.6.3.1}* Oximinotransferase *f {IUB}*, Transoximinase *f*
transparence 1. Durchsichtigkeit *f*, Transparenz *f*; 2. Durchlässigkeit *f {z.B. Strahlen-, Lichtdurchlässigkeit}*; 3. Durchschaubarkeit *f {eines Programms}*; 4. Folie *f*; Lasur *f {DIN 55990}*; 5. Diapositiv *n {Photo}*
transparency *s.* transparence
transparency material lichtdurchlässiges Material *n*, lichtdurchlässiger Werkstoff *m*
transparency testing apparatus Lichtdurchlässigkeitsmesser *m {Pap}*
transparent durchsichtig, diaphan, durchscheinend, klarsichtig, lasierend, lichtdurchlässig, optisch dünn, transparent; Klarsicht-
transparent container Klarsichtdose *f*
transparent cover Klarsichtdeckel *m*
transparent film Klarsichtfolie *f*, transparente Folie *f*, durchsichtige Folie *f*
transparent pack[ing] Klarsicht[ver]packung *f*, Schaupackung *f*, Sichtpackung *f*
transparent paint Lacklasurfarbe *f*
transparent paper Ölpapier *n*; Transparentpapier *n*
transparent parchment Pergamin *n*
transparent sheet Klarsichtfolie *f*; Zellglas *n*, Cellophan *n {HN}*
transparent sterilized package Klarsichtsterilisierverpackung *f {DIN 58953}*
transparent varnish Transparentlack *m*
transparent varnish colo[u]r Lacklasurfarbe *f*
transparent wound dressing Klarsichtwundverschluß *m*
transpeptidase Transpeptidase *f {Biochem}*
transphosphatases Transphosphatasen *fpl*, phosphorübertragende Enzyme *npl {EC 2.7}*
transphosphoribosidase 1. *{EC 2.4.2.7}* Pyrophosphorylase *f*, AMP, Adeninphosphoribosyltransferase *f {IUB}*; 2. *{EC 2.4.2.8}* Pyrophosphorylase *f*, IMP, Hypoxanthinphosphoribosyltransferase *f {IUB}*
transphosphorylases Transphosphorylasen *fpl*, phosphorylaseübertragende Enzyme *npl*
transphosphorylation Transphosphorylierung *f*
transpiration Transpiration *f*
transpiration cooling Verdunstungskühlung *f*, Transpirationskühlung *f*, Schwitzkühlung *f*
transpire/to ausdünsten, schwitzen, transpirieren
transplant/to verpflanzen
transplantation Transplantation *f*, Verpflanzung *f {Immun}*
transplantation of tissue Gewebeverpflanzung *f*
transplutonium element Transplutoniumelement *n {Periodensystem, OZ > 94}*
transport/to [weiter]befördern, transportieren, fördern
transport 1. Beförderung *f*, Transport *m*, Förderung *f*; 2. Transporteinrichtung *f*
transport belt Transportband *n*
transport box Transportkasten *m*
transport case Transportkasten *m*
transport cask Transportbehälter *m {Nukl}*
transport catalysis Übertragungskatalyse *f*
transport costs Transportkosten *pl*
transport cross section Transportquerschnitt *m*
transport cylinders Stahlflaschen *fpl* für Transport
transport direction Förderrichtung *f*
transport efficiency Transportwirkungsgrad *m*
transport gas Fördergas *n*
transport industry Transportwesen *n*
transport loss Transportverlust *m*
transport mean free path Transportweglänge *f*
transport number Überführungszahl *f {Elektrochem}*
transport number of ions Ionenüberführungszahl *f {Elektrochem}*
transport problems Transportprobleme *npl*
transport process Transportprozeß *m*, Transportvorgang *m*
transport properties Transporteigenschaften *fpl*
transport protein Transportprotein *n {Biochem}*
transport regulations Beförderungsvorschriften *fpl*
transport screw kompressionslose Förderschnecke *f*, kompressionslose Schnecke *f*
transport theory Transporttheorie *f {Nukl, Phys}*
transport vessel Transportgefäß *n*
active transport aktiver Transport *m {Physiol}*
coupled transport gekoppelter Transport *m {Physiol}*
faciliated transport erleichterter Transport *m*
transportable transportabel, transportierbar, förderbar, tragbar, versandfähig

transportation 1. Beförderung *f*, Transport *m*, Förderung *f*; 2. Verkehrssystem *n*, Transportsystem *n*; 3. *{US}* Beförderungsmittel *n*
means of transportation Transportmittel *npl*, Verkehrsmittel *npl*; *s.a.* transport
transported transportiert, gefördert, befördert
transporter 1. Beförderer *m*, Tranporter *m*, Transportarbeiter *m*; 2. Verlader *m*; 3. Transporter *m*
transporting Transportieren *n*, Transport *m*, Befördern *n*
transporting dewatered waste sludges Transport *m* von eingedickten zähflüssigen Stoffen
transporting installation Beförderungsvorrichtung *f*
transposable transponierbar
transposable genetic element transponierbares Element *n {Gen}*
transposase Transposase *f {Transposon-Enzym}*
transpose/to 1. umlagern, umsetzen, verschieben, umstellen; transponieren *{z.B. eine Matrix}*; 2. verdrillen, verschränken
transposition 1. Umsetzung *f*, Umlagerung *f {z.B. ein Atom innerhalb eines Moleküls}*, Umstellung *f*; Transponierung *f {einer Matrix}*; 2. Verdrillung *f*, Verschränkung *f*; 3. [äquivalente] Umformung *f*; 4. Transposition *f {Gen}*
transposon Transposon *n*, "springendes" Gen *n {Biotechnologie}*
transspecific transspezifisch, artübergreifend
transude/to durchschwitzen
transuranic Transuran-
transuranic elements Transurane *npl {Periodensystem, OZ > 92}*
transvasate Transvasat *n*, dekantierte Flüssigkeit *f*
transversal 1. quer[gerichtet], transversal; Quer- ; 2. Transversale *f*, Sekante *f {Math}*
transversal axis Querachse *f*
transversal effect Quereffekt *m {Krist}*
transversal extruder head Querspritzkopf *m {Kunst, Gummi}*
transversal strength Querfestigkeit *f*
transversality Transversalität *f*
transversality condition Transversalitätsbedingung *f {Math}*
transverse quer[laufend], quergerichtet, schräg, transversal; Quer-
transverse-arch kiln Ringofen *m* mit Querwänden *{Keramik}*
transverse axis Querachse *f*
transverse bending test Querbiegeversuch *m*
transverse blow-up ratio Querblasverhältnis *n*
transverse contraction Querkontraktion *f*, Querzusammenziehen *f*
transverse crack Querriß *m*
transverse direction Querrichtung *f*
transverse electron gun Querfeld-Elektronenstrahler *m*, Querfeld-Kathode *f*, Flachstrahlkanone *f*
transverse exchange Queraustausch *m*
transverse extension Querdehnung *f*
transverse finning Querberippung *f*
transverse flow Querstrom *m*, Transversalströmung *f*
transverse-flow classifier Querstromsichter *m*
transverse gun Querfeld-Elektronenstrahler *m*, Querfeld-Kathode *f*, Flachstrahlkanone *f*
transverse micro Querschliff *m*
transverse oscillation Transversalschwingung *f*
transverse section Querschnitt *m*
transverse shear Querscherung *f*
transverse shrinkage Querkontraktion *f*, Querschrumpf *m*, Querschwindung *f*
transverse strain Querbeanspruchung *f*
transverse-strain sensor Querdehnungsaufnehmer *m*
transverse strength Querbelastbarkeit *f*, Querfestigkeit *f*, Biegefestigkeit *f*, Bruchfestigkeit *f*; Scherfestigkeit *f*
transverse stress Querspannung *f*, Biegespannung *f*, Biegebeanspruchung *f*
transverse stretching Querverstreckung *f*
transverse tensile strength Querzugfestigkeit *f*
transverse tensile stress Querzugspannung *f*
transverse test Biegeprüfung *f {Werkstoffprüfung}*
transverse vibration Querschwingung *f*
transverse wave Transversalwelle *f*, Querwelle *f {Phys}*
transversely stretched querverstreckt
transversion Transversion *f {Basen/Nucleotidpaar-Austausch}*
trap/to auffangen, abfangen, festhalten; einschließen; zurückhalten *{z.B. Schmutzteilchen}*
trap 1. Falle *f*; 2. Einfangvorrichtung *f*; Kühlfalle *f {Vak}*; 3. Auffanggefäß *n*, Sammelgefäß *n*; Abscheider *m*, Falle *f*; 4. Geruchsverschluß *m*, Wasserverschluß *m*, Gasverschluß *m*, Siphon *m*; 5. Trap *m*, Fangstelle *f*, Haftstelle *f {Rekombinationszentrum in Halbleitern}*; 6. Trap *m*, Haftstelle *f {Programmunterbrechung, EDV}*
trap door Klappe *f*, Einstiegtür *f*, Ausstiegtür *f*
trap tuff Trapptuff *m {Geol}*
trapeze Trapez *n*
trapeziform trapezförmig
trapezium *{GB}* Paralleltrapez *n {Math}*; *{US}* Trapezoid *n*, unregelmäßiges Viereck *n*
trapezohedron Trapezoeder *n {Krist, Math}*
trapezoid *{GB}* Paralleltrapez *n*; *{US}* Trapezoid *n*, unregelmäßiges Viereck *n*
trapezoidal trapezförmig
trapped ga[u]ge Vakuummeterröhre *f* mit vorgeschalteter Kühlfalle

trapped slag Schlackeneinschluß *m*
trapping 1. Einfangen *n*; Ausfrieren *n {Vak}*; 2. Einschließen *n*; 3. nichtprogrammierter Sprung *f {EDV}*
trapping coefficient Einfangkoeffizient *m*, Haftwahrscheinlichkeit *f*
trapping condenser Fraktionssammler *m* mit Kühlschlange
trapping efficiency *s.* trapping coefficient
trapping of air Lufteinschluß *m*, eingeschlossene Luft *f*
trash 1. Ausschuß *m {Tech}*; Müll *m*, Abfall *m*; 2. Auswurf *m*; 3. Verunreinigung *f {Text}*
trash bag Müllsack *m*, Abfallsack *m*
trash catcher Schmutzfänger *m {Pap}*
trash-ice Eis *n* und Wasser *n*
trash incinerator Müllverbrennungsanlage *f*
trash rack Grobrechen *m {Rückhaltevorrichtung in Klär- und Wasserkraftanlagen}*
trass Traß *m {DIN 51043}*, Duckstein *m*, Tuffstein *m {Geol}*
trass concrete Traßbeton *n*
Traube stalagmometer Traube-Stalagmometer *n {Lab}*
Traube's rule Traubesche Regel *f {Oberflächenspannung homologer Reihen}*
traumatic acid <$C_{12}H_{20}O_4$> Traumatinsäure *f*, Dodec-2-endisäure *f {IUPAC}*, Dec-1-en-1,10-dicarbonsäure *f {IUPAC}*
traumaticin[e] Traumaticin *n*
traumatol <$CH_3C_6H_3IOH$> Iodkresol *n*, Iodkresin *n*
Trauzl test Trauzlscher Versuch *m*, Trauzl-Versuch *m {Bleiblockprobe}*
travalator Fahrsteig *m*
travel/to [sich] bewegen, laufen; wandern; [durch]reisen
travel through/to durchsetzen
travel 1. Weg-; 2. Lauf *m*, Bewegung *f*, Gang *m {z.B. einer Maschine}*; 3. Betätigungsweg *m {eines beweglichen Elements}*; Hub *m*, Weglänge *f {Kolben}*; Förderhöhe *f {Kran}*; 4. Wanderung *f*; Reise *f*
travel indicator Hubanzeige *f {Ventil}*, Ventilstellungsanzeige *f*
travel speed Laufgeschwindigkeit *f {z.B. eines Fördersystems}*
travel time Laufzeit *f*
traveller grease Ringläuferfett *n*
travelling 1. beweglich; fortbewegungsfähig; fahrbar; mitlaufend; 2. Wanderung *f*
travelling band Laufband *f*
travelling-band filter Bandfilter *n*, Wandernutsche *f*
travelling-belt screen Bandsieb *n*
travelling grate Wanderrost *m*, beweglicher Rost *m*
travelling of ions Ionenwanderung *f*
travelling-pan filter Bandzellenfilter *n*, Kapillarband-Filter *n*
travelling mixer fahrbarer Mischer *m*
travelling paddle fahrbares Rührwerk *n*
Traver process Traver-Verfahren *n {elektrische Oberflächenvorbehandlung}*, Korona-Vorbehandlungsverfahren *n*
traverse/to verschieben, laufen *{in Längsrichtung}*; durchqueren; durchfließen; durchkreuzen
traverse 1. quer; 2. Verschiebung *f*, Bewegung *f {in Längsrichtung}*; 3. Durchquerung *f*; 4. Traverse *f*, Querverbindung *f {Tech}*; 5. Polygonieren *n*, Polygonierung *f {Vermessungen}*
traverse-flow tube bundle querdurchströmtes Rohrbündel *n*
traverse section Querschliff *m {DIN 50163}*
traversing 1. Bewegung *f*, Verschiebung *f {in Längsrichtung}*; 2. Vorschub *m*, Zustellung *f*; 3. Polygonierung *f*, Polygonieren *n {Vermessungen}*
traversing chute Pendelschurre *f*
travertine Travertin *m {Geol}*
tray 1. Boden *m*, Austauschboden *m {Bodenkolonne}*; 2. Platte *f*, Teller *m*, Tablett *n*; Trockenblech *n*, Siebblech *n*, Horde *f {Trockner}*; 3. Gefäß *n*, Kasten *m*, Trog *m*; Batterietrog *m {Galvanik}*; 4. Schale *f*, Mulde *f*; Trockenschale *f {Trockner}*; 5. Gefäßeinsatz *m*; 6. Siebwasserbehälter *m {Pap}*
tray column Bodenkolonne *f*, Bodensäule *f {Dest}*
tray converter Hordenkontaktkessel *m*
tray conveyor Kastenbandförderer *m*, Kastenförderband *n*, Rinnenförderband *n*, Trogförderband *n*
tray dryer 1. Hordentrockner *m*, Plattentrockner *m {Chem}*; 2. Trockenschrank *m {mit herausnehmbaren Trockenblechen}*; 3. Trockenschale *f*
tray efficiency Bodenverstärkungsverhältnis *n*, Wirksamkeit *f* der Bodenkolonne *f*
tray evaporator Scheibenverdampfer *m*
tray of a column Kolonnenboden *m*
tray sublimer Hordensublimator *m*
tray-type tower Bodenkolonne *f*, Bodensäule *f {Dest}*, Destillationsturm *m* für stufenweises Arbeiten
equivalent theoretical number of trays äquivalente theoretische Bodenzahl *f*
number of actual trays Zahl *f* der einzubauenden Böden
number of theoretical trays Trennstufenzahl *f {Dest}*
wire mesh tray Rostboden *m {Dest}*
treacle 1. Sirup *m*, Zuckerdicksaft *m*, Zuckerhonig *m*; 2. Melasse *f*, Melassesirup *m {Lebensmittel}*; 3. Theriakum *n {Gegenmittel gegen Gifte}*
treacle stage Gelzustand *m {Reaktionsharz}*
containing treacle siruphaltig

treacly sirupartig, sirupös
treat/to 1. bearbeiten *{mechanisch}*; 2. aufbereiten, behandeln; 3. versetzen
treat subsequently/to nachbehandeln *{z.B. Erdölprodukte}*
treat with lime/to abkalken, einkalken
treatable behandlungsfähig, behandelbar; bearbeitbar
treated timber imprägniertes Holz *n*
treater 1. Treater *m {Erdöl}*; 2. Behandlungsgefäß *n*
treater roll Tränkwalze *f {Imprägnieranlagen}*
treating 1. Behandlung *f*, Aufbereitung *f {z.B. von Erdölprodukten}*; 2. Bearbeitung *f {mechanisch}*
treating machine Behandlungsmaschine *f {Text}*
treating plant Raffinationsanlage *f*, Raffinieranlage *f {Erdöl}*
treating roll Tränkwalze *f {Imprägnieranlagen}*
treatise [wissenschaftliche] Abhandlung *f*
treatment 1. Aufbereitung *f*, Behandlung *f*; Raffination *f {von Erdölprodukten}*; 2. [mechanische] Bearbeitung *f*; 3. Verarbeitung *f*; 4. Therapie *f*, Behandlung *f {Med}*
treatment and settling vessel Aufbereitungs- und Absetzbehälter *m*
treatment of impregnant Imprägniermittelaufbereitung *f*
treatment of waste water Abwasserbehandlung *f*, Abwasserreinigung *f*
further treatment Weiterbehandlung *f*
method of treatement Behandlungsverfahren *n*, Behandlungsweise *f*
preliminary treatment Vorbehandlung *f*
subsequent treatment Weiterbehandlung *f*, Weiterverarbeitung *f*
treble/to verdreifachen
treble 1. dreifach, dreimalig; Tripel-; 2. Höhe *f*
treble-floor kiln Dreihordendarre *f {Brau}*
treble superphosphate Doppelsuperphosphat *n {Agri}*
trebled verdreifacht
tree 1. Baum *m {Bot}*; 2. Baum *m {Datenstruktur; EDV}*; 3. Baumdiagramm, Stemma *n*; 4. Waldversetzung *f {Krist}*; 5. Gießtraube *f {Gieß}*
tree-like baumförmig; baumähnlich
tree nuts Walnüsse *fpl*
tree resin Baumharz *n*
treeing 1. Bäumchenbildung *f*, Verästelung *f {Kabel}*; 2. Dendritenbildung *f {Galvanik}*
α,α-Ttrehalase *{EC 3.2.1.28}* α,α-Trehalase *f*, α,α-Trehaloseglucohydrolase *f*
trehalose <$C_{12}H_{22}O_{11}\cdot 2H_2O$> Trehalose *f {D-Glucopyranosyl-D-glucopyranose}*
α,α-trehalose phosphorylase *{EC 2.4.1.64}* α,α-Trehalosephosphorylase f
tremble/to beben, zittern
trembling sieve Zittersieb *n*
tremendous ungeheuer; gewaltig
tremolite Tremolit *m*, Grammatit *m {Min}*
tremor Zittern *n*, [leichtes] Beben *n*; Bodenerschütterung *f*, schwaches Erdbeben *n {Geol}*
trench 1. Graben *m*, tiefe Rinne *f*; 2. Einschnitt *m*, Einkerbung *f*; 3. Grube *f*, Baugrube *f*
trend Tendenz *f*, Trend *m*, allgemeine Richtung *f*
trepanning Kernbohren *n*, Hohlbohren *n {Probeentnahme}*
trespass/to übertreten
trestle-type balance Bockwaage *f*
tretamine <$C_3N_3(NC_2H_4)_3$> Tretamin *n*, Triethylenmelamin *n {2,4,6-Triethylenimino-s-triazin}*
tretinoine Tretinoin *n*, *all-trans*-Vitamin-A-Säure *f {Triv}*
triacetate Triacetat *n {1. Celluloseacetat, > 92 % OH/CH₃COO-Austausch; 2. drei Acetatradikale enthaltend}*
triacetate lactonase *{EC 3.1.1.38}* Triacetatlactonase *f {IUB}*, Triacetolacton-lactonhydrolase *f*
triacetin <$C_3H_5(CO_2CH_3)_3$> Triacetin *n*, Glycerintriacetat *n*, Propan-1,2,3-triyltriacetat *n*
triacetonamine <$C_9H_{16}NO$> Triacetonamin *n {2,2,6,6-Tetramethyl-4-piperidon}*
triacetone diamine Triacetondiamin *n*
triacetyloleandomycin Triacetyloleandomycin *n {Antibiotikum}*
triacid 1. dreisäurig , dreibasig, dreiwertig *{Base}*; 2. dreifachsauer *{saures Salz}*; Trihydrogen-
triacontane <$C_{30}H_{62}$> Triacontan *n*
triacontanoic acid Triacontansäure *f*
***n*-triacontanoic acid <$C_{29}H_{59}COOH$>** *n*-Triacontansäure *f*, Melissin-Säure *f*
triacontanol <$C_{30}H_{61}OH$> Triacontanol *n*
triacontylene Triacontylen *n*
triacylglyceride Triacylglycerid *n*
triacylglycerol lipase *{EC 3.1.1.3}* Triacylglycerinlipase *f*
triad 1. dreiwertiges Element *n*; dreiwertige Atomgruppe *f*; 2. Triade *f*, Elementtriade *f {Dreiergruppe im Periodensystem}*; 3. Tripel *n*, Dreier *m*; 4. Trigyre *f {Krist}*; 5. dreizählig *{Krist}*; 6. dreiwertig
triakisoctahedron Triakisoktaeder *n {Krist}*
trial 1. Versuchs-, Probe- ; 2. [praktische] Erprobung *f*, Prüfung *f*, Probe *f*, Versuch *m*; Experiment *n*
trial and error method Versuch-und-Irrtum-Methode *f*, empirisch-praktisches Ermittlungsverfahren *n*, empirisches Näherungsverfahren *n*
trial and error solution empirische Lösung *f*, Lösung *f* durch Ausprobieren

trial calculation Proberechnung *f*
trial operating Probebetrieb *m*, Versuchsbetrieb *m*
trial quantity Versuchsmenge *f*
trial run Nullserie *f*, Probelauf *m*, Versuchslauf *m*
trial service Versuchsbetrieb *m*
trialkyl <RR'R"X> Trialkyl-
trialkyl aluminium <AlR_3> Aluminiumtrialkyl *n*, Trialkylaluminium *n*
trialkyl bismuth <BiR_3> Bismuttrialkyl *n*, Trialkylbismut *n*
trialkyl borane <BR_3> Trialkylbor *n*, Bortrialkyl *n*
trialkyl phosphate <$OP(OR)_3$> Trialkylphosphat *n*
trialkylsilane <$HSiR_3$> Trialkylsilan *n*
trialkyltin compound <$XSnR_3$> Trialkylzinnverbindung *f*
triallyl <$-CH_2CH=CH_2$> Triallyl-
triallyl cyanurate <$(CH_2=CHCH_2OC)_3N_3$> Triallylcyanurat *n*, TAC, 2,4,6-Tris(allyloxy)-*s*-triazin *n*
triallyl cyanurate polyester Triallylcyanuratpolyester *m*
triallyl phosphate <$(CH_2=CHCH_2OC)_3PO$> Triallylphosphat *n*
triaminoazobenzene Anilinbraun *n*, Bismarckbraun *n*, Vesuvin *n*
triaminobenzene <$C_6H_3(NH_2)_3$> Triaminobenzol *n*
triaminobenzoic acid <$(NH_2)_3C_6H_2COOH$> Triaminobenzoesäure *f*
triaminoguanidine nitrate <$H_2NN=C(NHNH_2)_2HNO_3$> Triaminoguanidinnitrat *n* *{Expl}*
2,4,6-triaminotoluene trihydrochloride <$C_6H_2(NH_2HCl)_3CH_3 \cdot H_2O$> 2,4,6-Triaminotoluoltrihydrochlorid *n*
1,3,5-triamino-2,4,6-trinitrobenzene <$C_6H_6N_6O_6$> 1,3,5-Triamino-2,4,6-trinitrobenzen *n*, 1,3,5-Triamino-2,4,6-trinitrobenzol *n* *{Expl}*
triaminotriphenylmethane <$CH(C_6H_4NH_2)_3$> Triaminotriphenylmethan *n*, Leukanilin *n*
triammonium phosphate <$(NH_4)_3PO_4$> Triammoniumphosphat(V) *n*, Ammonium[ortho]phosphat(V) *n*
triamyl borate <$(C_5H_{11}O)_3B$> Triamylborat *n*, Tripentylborat *n*
triamylamine <$(C_5H_{11})_3N$> Triamylamin *n*, Tripentylamin *n*
triamylphenyl phosphate <$(C_5H_{11}C_6H_4)_3PO$> Tri-*p*-*tert*-amylphenylphosphat *n*
triangle 1. Dreieck *n* *{Math}*; 2. Dreibein *n* *{Photo}*; 3. Dreieck *n*, Zeichenwinkel *m*, Winkel *m* *{Zeichengerät}*
triangle connection Dreieckschaltung *f* *{Elek}*
triangle of forces Kräftedreieck *n*
equilateral triangle gleichseitiges Dreieck *n*
isosceles triangle gleichschenkliges Dreieck *n*
rectangular triangle rechtwinkliges Dreieck *n*
scalene triangle ungleichseitiges Dreieck *n*
spherical triangle sphärisches Dreieck *n*
triangular dreieckig, trigonal; dreiwinkelig; dreiseitig, dreikantig
triangular anode dreieckige Anode *f*, Dreiecksanode *f*
triangular cross section Dreiecksquerschnitt *m*
triangular crucible dreieckiger Schmelztiegel *m*
triangular diagram Dreiecksdiagramm *n*, Dreieckskoordinatensystem *n*
triangular electrode dreieckige Elektrode *f*, Dreieckselektrode *f*
triangular file Dreikantfeile *f*
triangular inequality Dreiecksungleichung *f* *{Math}*
triangular matrix Dreiecksmatrize *f*, Dreiecksmatrix *f* *{Math}*
triangular mixer Dreikantrührer *m*
triangular pulse Dreieckimpuls *m* *{Elek}*
triaryl phosphate <Ar_3PO> Triarylphosphat *n*
triarylmethyl <Ar_3C-> Triarylmethyl-
triarylmethyl carbanion <Ar_3C^-> Triarylmethylcarbanion *n*
triarylmethyl carbonium ion Triarylmethylcarboniumion *n*
triarylmethyl radical <$Ar_3C\cdot$> Triarylmethyl-Radikal *n*
triatomic dreiatomig; Dreiatom-
triaxial dreiachsig, triaxial,
triazene <$H_2NN=NH$> Triazen *n* *{IUPAC}*, Diazoamin *n*
1,3,5-triazido-2,4,6-trinitrobenzene <$C_6N_{12}O_6$> 1,3,5-Triazido-2,4,6-trinitrobenzen *n*, 1,3,5-Triazido-2,4,6-trinitrobenzol *n* *{Expl}*
triazine <$C_3H_3N_3$> Triazin *n* *{1,2,3-; 1,2,4-; 1,3,5-Isomerie}*
triazinetriol *s.* cyanuric acid
triazo <N_3-> Azido-, Triazo-
triazobenzene <$C_6H_5N_3$> Triazobenzol *n*, Triazobenzen *n*, Phenylazid *n*
triazole <$C_2H_3N_3$> Triazol *n*, Pyrrodiazol *n*
1,2,3-triazole Osotriazol *n*, 1,2,3-Triazol *n*
triazolidine <$C_2H_7N_3$> Triazolidin *n*, Tetrahydrotriazol *n*
triazoline <$C_2H_5N_3$> Triazolin *n*, Dihydrotriazol *n*
triazolone <$C_2H_3N_3O$> Triazolon *n*, Ketotriazol *n*
triazolyl <$-C_2H_2N_3$> Triazolyl-
tribasic dreibasig, dreibasisch, dreiwertig, dreiprotonig *{Säure}*, dreisäurig *{Base}*

tribasic calcium phosphate Tricalciumphosphat(V) *n*, Calcium[ortho]phosphat(V) *n*

tribasic copper sulfate dreibasisches Kupfersulfat *n*

tribasic magnesium phosphate <$Mg_3(PO_4)_2$> Trimagnesiumphosphat(V) *n*, Magnesium[ortho]phosphat(V) *n*

tribasic potassium phosphate <K_3PO_4> Trikaliumphosphat(V) *n*, Kalium[ortho]phosphat(V) *n*

tribasic sodium phosphate <Na_3PO_4> Trinatriumphosphat(V) *n*, Natrium[ortho]phosphat(V) *n*

tribenzylamine <$(C_6H_5CH_2)_3N$> Tribenzylamin *n*

tribenzylarsine <$(C_6H_5CH_2)_3As$> Tribenzylarsin *n*

tribenzylethyltin <$(C_6H_5CH_2)_3SnC_2H_5$> Tribenzylethylzinn *n*

tribochemical tribochemisch

tribochemistry Tribochemie *f*

triboelectric series elektrostatische Spannungsreihe *f*, triboelektrische Spannungsreihe *f*

tribological tribologisch

tribology 1. Tribologie *f {wissenschaftliche Erforschung von Reibung, Schmierung und Verschleiß}*; 2. Tribotechnik *f {angewandte Tribologie}*

triboluminescence Tribolumineszenz *f*, Trennungsleuchten *n*, Trennungslicht *n*, Reibungslumineszenz *f*

triborheological triborheologisch

tribromide <MBr_3; RBr_3> Tribromid *n*

tribromoacetaldehyde <Br_3CCHO> Tribromacetaldehyd *m*, Bromal *n*, Tribromethanal *n*

tribromoacetic acid <Br_3CCOOH> Tribromessigsäure *f*

tribromoaniline <$Br_3C_6H_2NH_2$> Tribromanilin *n*

tribromobenzene <$C_6H_3Br_3$> Tribrombenzol *n*

tribromoethanal <Br_3CCHO> Tribromethanal *n*, Bromal *n*, Tribromacetaldehyd *m*

tribromoethanol <Br_3CCH_2OH> Tribromethanol *n*, Tribromethylakohol *m*

tribromoethyl alcohol <Br_3CCH_2OH> Tribromethylalkohol *m*, Tribromethanol *n*

tribromohydrin Tribromhydrin *n*

tribromomethane <CH_3Br> Tribrommethan *n {IUPAC}*, Bromoform *n*

tribromonitromethane <Br_3CNO_2> Tribromnitromethan *n*, Bromopikrin *n*

tribromophenol <$C_6H_2(OH)Br_3$> Tribromphenol *n*

tribromosilane <$HSiBr_3$> Tribromsilan *n*

tributoxyethyl phosphate <$[CH_3(CH_2)_3O(CH_2)_2O]_3PO$> Tributoxyethylphosphat *n*

tributyl aconitate Tributylaconitat *n*

tributyl borate <$(C_4H_9)_3BO_3$> Tributylborat *n*

tributyl citrate <$C_3H_5O(COOC_4H_9)_3$> Tributylcitrat *n*

tributyl phosphate <$(C_4H_9)_3PO_4$> Tributylphosphat *n*, Phosphorsäuretributylester *m*

tributyl phosphite <$(C_4H_9)_3PO_3$> Tributylphosphit *n*

tributyl tricarballylate <$(C_4H_9OCOCH_2)_2CHCOOC_4H_9$> Tributyltricarballylat *n*

tributylamine <$(C_4H_9)_3N$> Tributylamin *n*

tributylbismuth <$(C_4H_9)_3Bi$> Tributylbismut *n*, Bismuttributyl *n*

tributylborane <$(C_4H_9)_3B$> Tributylboran *n*

tributylphenyl phosphate <$[(CH_3)_3CC_6H_4O]_3PO$> Tri-*p*-*tert*-butylphenylphosphat *n*

tributylphosphine <$(C_4H_9)_3P$> Tributylphosphin *n*

tributyltin acetate <$(C_4H_9)_3SnOOCCH_3$> Tributylzinnacetat *n*

tributyltin chloride <$(C_4H_9)_3SnCl$> Tributylzinnchlorid *n*

tributyltin oxide Tributylzinnoxid *n*

tributyrin Tributyrin *n*, Glycerintributyrat *n*

tricadmium dinitride <Cd_3N_2> Tricadmiumdinitrid *n*

tricalcium dinitride <Ca_3N_2> Tricalciumdinitrid *n*

tricalcium diphosphide <Ca_3P_2> Tricalciumdiphosphid *n*

tricalcium phosphate <$Ca_3(PO_4)_2$> Tricalciumphosphat(V) *n*, Calcium[ortho]phosphat(V) *n*

tricalcium phosphate ceramics Tricalciumphosphat-Keramik *f {Med}*

tricaprin <$(C_9H_{19}COO)_3C_3H_5$> Tricaprin *n {obs}*, Glycerintridecanoat *n*

tricaproin <$(C_5H_{11}COO)_3C_3H_5$> Tricaproin *n {obs}*, Glycerintrihexanoat *n*

tricaprylin <$(C_7H_{15}COO)_3C_3H_5$> Tricaprylin *n {obs}*, Glycerintrioctanoat *n*

tricarballylic acid Tricarballylsäure *f*, Propan-1,2,3-tricarbonsäure *f {IUPAC}*

tricarbimid *s.* cyanuric acid

tricarboxylic acid Tricarbonsäure *f*, dreibasige Carbonsäure *f*

tricarboxylic acid cycle Tricarbonsäurezyklus *m*, Zitronensäurezyklus *m*

tricetin <$C_{15}H_{10}O_7$> 3‘,4‘,5,5‘,7‘-Pentahydroxyflavon *n*

trichalcite Trichalcit *m {Min}*

trichite Trichit *m {Geol}*

trichloride <MCl_3, RCl_3> Trichlorid *n*

trichloroacetaldehyde <CCl_3CHO> Chloral *n*, Trichlorethanal *n {IUPAC}*, Trichloracetaldehyd *m*

trichloroacetic acid Trichloressigsäure *f*, Trichlorethansäure *f {IUPAC}*

trichloroacetic aldehyde Trichloracetaldehyd *m*, Chloral *n*, Trichlorethanal *n {IUPAC}*

trichloroacetone <Cl_3CCOCH_3> Trichloraceton *n*, 1,1,1-Trichlorpropan-2-on *n*

trichloroacetyl chloride <CCl_3COCl> Trichloracetylchlorid *n*

trichlorobenzene <$C_6H_3Cl_3$> Trichlorbenzen *n*, Trichlorbenzol *n*

2,3,6-trichlorobenzoic acid <$Cl_3C_6H_2COOH$> 2,3,6-Trichlorbenzoesäure *f {Herbicid}*

trichloroborazole <$B_3Cl_3H_3N_3$> Trichlorborazol *n*

trichlorobutaldehyde Trichlorbutaldehyd *m*, Butylchloral *n*

trichlorobutyl alcohol Trichlorbutylalkohol *m*, Acetonchloroform *n*

trichlorobutylidene Trichlorbutyliden *n*

trichlorocarbanilide <$C_6H_3Cl_2NHCONHC_6H_4Cl$> 3,4,4'-Trichlorcarbanilid *n*

trichloroethanal <Cl_3CCHO> Chloral *n*, Trichlorethanal *n {IUPAC}*, Trichloracetaldehyd *m*

trichloroethane Trichlorethan *n*

1,1,1-trichloroethane <Cl_3CCH_3> 1,1,1-Trichlorethan *n*, Methylchloroform *n*

1,1,2-trichloroethane <Cl_2HCCH_2Cl> 1,1,2-Trichlorethan *n*, Vinyltrichlorid *n*

trichloroethanol <Cl_3CCH_2OH> Trichlorethanol *n*

trichloroethyl phosphate <$OP(OC_2H_4Cl)_3$> Trichlorethylphosphat *n*

trichloroethylene <$CHCl=CCl_2$> Trichlorethylen *n*, Trichlorethen *n*, Tri *n*

trichloroethylurethan Voluntal *n*

trichlorofluoromethane <CCl_3F> Trichlor-[mono]fluormethan *n*, Freon 11 *n*

trichlorohydrin <$ClCH_2CHClCH_2Cl$> Trichlorhydrin *n*, 1,2,3-Chlorpropan *n*

trichloroisocyanuric acid <$C_3N_3O_3Cl_3$> Trichlorisocyanursäure *f*, 1,3,5-Trichlor-*s*-triazin-2,4,6-trion *n*

trichloroisopropyl alcohol Isopral *n*

trichloromelamine Trichlormelamin *n*, *N,N',N'*-Trichlor-2,4,6-triamin-1,3,5-triazin *n*

trichloromethane <$CHCl_3$> Trichlormethan *n*, Chloroform *n*

trichloromethane sulfenyl chloride <CCl_3SCl> Trichlormethansulfenylchlorid *n*, Perchlormethylmercaptan *n*

trichloromethyl chloroformate <$ClCO-OCCl_3$> Trichlormethylchloroformiat *n*, Diphosgen *n*

2-trichloromethyl silane <Cl_3CSiH_3> Methyltrichlorosilan *n*

trichloromethylphenylcarbinyl acetate Trichlormethylphenylcarbinylacetat *n*

trichloromethylphosphonic acid <$Cl_3PO(OH)_2$> Trichlormethylphosphonsäure *f*

***n*-trichloromethylthiotetrahydrophthalimide** Kaptan *n*, Captan *n*

trichloromonofluoromethane <$CFCl_3$> Trichlormonofluormethan *n*, Freon 11 *n*

trichloronitromethane <Cl_3CNO_2> Chlorpicrin *n*, Trichlornitromethan *n*, Nitrochloroform *n*

trichloronitrosomethane <Cl_3CNO> Trichlornitrosomethan *n*

trichlorophenol <$(C_6H_2)OHCl_3$> Trichlorphenol *n*

2,4,5-trichlorophenoxyacetic acid <$Cl_3C_6H_2OCH_2COOH$> 2,4,5-Trichlorphenoxyessigsäure *f*

1,2,3-trichloropropane <$ClCH_2CHClCH_2Cl$> 1,2,3-Trichlorpropan *n*, Trichlorhydrin *n*

trichlorosilane <Cl_3SiH> Siliciumchloroform *n*, Trichlorsilan *n*

trichlorotrifluoroacetone <$Cl_2FCCOCClF_2$> 1,1,2-Trichlor-1,2,2-trifluoraceton *n*

trichlorotrifluoroethane <$C_2F_3Cl_3$> 1,1,2-Trichlor-1,2,2-trifluorethan *n*, Freon 113 *n*

trichobacterium Fadenbakterium *n*, Trichobakterium *n*

trichodesmic acid Trichodesminsäure *f*

trichothecin <$C_{19}H_{24}O_5$> Trichothecin *n {Antibiotikum}*

trichotomy Dreiteiligkeit *f*, Trichotomie *f {Math}*

trichroism Dreifarbigkeit *f*, Trichroismus *m {Opt, Krist}*

trichromatic dreifarbig, trichromatisch; Dreifarben-

trichromatic colorimeter Dreifarbenkolorimeter *n*

trichromatic filter Dreifarbenfilter *n*

trichromatism Dreifarbigkeit *f*

tricin <$C_6H_{13}NO_5$> Tricin *n*

trickle/to tröpfeln, tropfen; rieseln; rinnen; sickern

trickle down/to abtropfen

trickle into/to einsickern

trickle out/to aussintern

trickle through/to durchsickern

trickle Rinnsal *n*; Tröpfeln *n*

trickle-bed reactor Rieselreaktor *m*

trickle charger Kleinlader *m {Elek}*

trickle cooler Riesel[flächen]kühler *m*, Berieselungskühler *m*

trickle deaeration Rieselentgasung *f*

trickle dryer Rieseltrockner *m*

trickle flow Rieselströmung *f*

trickle hydrodesulfurization Riesel-Hydroentschwefelung *f {Erdölmitteldestillat, Co-Mo/Al_2O_3-Katalysator}*

trickled surface berieselte Fläche *f*

trickled-surface heat exchanger Rieselwärmeaustauscher *m*

trickling Berieselung *f*, Rieseln *n*

trickling capability Rieselfähigkeit *f*

trickling down Herablaufen *n*

trickling filter Abtropffilter *n*, Tropffilter *n*; Tropfkörper *m*, Tropfkörperanlage *f {biologische Abwasserreinigung}*
trickling tower Rieselturm *m*
trickling water Rieselwasser *n*
triclinate triklin *{Krist}*
triclinic triklin *{Krist}*
tricone mill Dreikegelmühle *f*
tricopper diphosphide <Cu_3P_2> Trikupferdiphosphid *n*
tricosane <$C_{23}H_{48}$> Trikosan *n*, Tricosan *n*
***n*-tricosanoic acid** <$CH_3(CH_2)_{21}COOH$> *n*-Tricosansäure *f*, *n*-Docosancarbonsäure *f*
tricosanol <$C_{23}H_{47}OH$> Trikosylalkohol *m*, Tricosylalkohol *m*
tricosanone <$(C_{11}H_{23})_2CO$> Lauron *n*, Tricosan-12-on *n*
tricosyl alcohol <$C_{23}H_{47}OH$> Trikosylalkohol *m*, Tricosylalkohol *m*
tricot Trikot *n*, Trikotstoff *m*, Trikotgewebe *n {Text}*
tricresol Trikresol *n*, Tricresol *n*
tricresyl phosphate <$PO_4(C_6H_4CH_3)_3$> Tricresylphosphat *n*, TCP, Trikresylphosphat *n*, Phosphorsäuretricresylester *m*
tricresyl phosphite <$P(OC_6H_4CH_3)_3$> Tricresylphosphit *n*
tricyanic acid Cyanursäure *f*, Tricyansäure *f*
tricyanogen chloride <$C_3N_3Cl_3$> Tricyanchlorid *n*
tricyanomethane <$HC(CN)_3$> Cyanoform *n*
tricyclamol <$C_{19}H_{29}NO$> Tricyclamol *n*
tricyclamol chloride Tricyclamolchlorid *n*, Procyclidinhydrochlorid *n*
tricyclazine Tricyclazin *n*
tricyclene Tricyclen *n*
tricyclenic acid Tricyclensäure *f*
tricyclic dreiringig, tricyclisch
tricycloacetone peroxide <$C_9H_{18}O_6$> Tricycloazetonperoxid *n {Expl}*
tricyclo[3.1.0.0^{2,6}]hex-3-ene Benzvalen *n*, Hükkel-Benzen *n*, Tricyclo[3.1.0.0^{2,6}]hex-3-en *n*
tricymylamine Tricymylamin *n*
tridecanal <$C_{12}H_{25}CHO$> Tridecylaldehyd *m*, Tridecanal *n*
tridecane <$C_{13}H_{28}$> Tridecan *n*
7-tridecanone <$(C_6H_{13})_2CO$> Önanthon *n*, Tridecan-7-on *n*
tridecyl alcohol <$C_{13}H_{27}OH$> Tridecylalkohol *m*, Tridecanol *n*
tridecyl phosphite <$(C_{13}H_{27}O)_3P$> Tridecylphosphit *n*
tridecylaldehyde <$C_{12}H_{25}CHO$> Tridecylaldehyd *m*, Tridecanal *n*
tridecylaluminium Tridecylaluminium *n*
tridecylene <$C_{13}H_{26}$> Tridecylen *n*, Tridecen *n*
tridecylic acid <$CH_3(CH_2)_{11}COOH$> Tridecansäure *f*, Tridecylsäure *f*
tridymite Tridymit *m {Min}*
tried bewährt, erprobt
trielaidin Trielaidin *n*
triels *{IUPAC}* Triele *npl*, 3B-Elemente *npl {B, Al, Ga, In, Tl}*
triethanolamine <$N(CH_2CH_2OH)_3$> Triethanolamin *n*, TEA, Tri(2-hydroxyethyl)amin *n*
triethanolamine lauryl sulfate Triethanolaminlaurylsulfat *n*
triethanolamine stearate <$C_{17}H_{35}COOHN(CH_2CH_2OH)_3$> Triethanolaminstearat *n*, Trihydroxyethylaminstearat *n*
1,1,3-triethoxyhexane <$(C_2H_5O)_2CHCH_2CH(OC_2H_5)C_3H_7$> 1,1,3-Triethoxyhexan *n*
triethoxymethoxypropane <$(CH_3O)(C_2H_5O)CHCH_2CH(C_2H_5)_2$> 1,1,3-Triethoxy-3-methoxypropan *n*
triethyl aconitate Triethylaconitat *n*
triethyl borate <$(C_2H_5)_3BO_3$> Triethylborat *n*
triethyl citrate <$(C_2H_5)_3C_6H_5O_7$> Triethylcitrat *n*, Citronensäuretriethylester *m*
triethyl phosphate <$(C_2H_5)_3PO_4$> Triethylphosphat(V) *n*, Phosphorsäuretriethylester *m*
triethyl phosphite <$(C_2H_5O)_3P$> Triethylphosphit *n*, Phosphorigsäuretriethylester *m*
triethyl phosphorothioate <$(C_2H_5O)_3PS$> 0,0,0-Triethylphosphothioat *n*
triethyl tricarballylate <$(C_2H_5OCOCH_2)_2CHCOOC_2H_5$> Triethyltricarballylat *n*
triethylaluminium <$(C_2H_5)_3Al$> Triethylaluminium *n*, Aluminiumtriethyl *n*
triethylamine <$(C_2H_5)_3N$> Triethylamin *n*
triethylantimony <$(C_2H_5)_3Sb$> Antimontriethyl *n*, Triethylstibin *n*, Triethylantimon *n*
triethylarsine <$(C_2H_5)_3As$> Arsentriethyl *n*, Triethylarsin *n*
triethylbenzene <$C_6H_3(CH_3)_3$> Triethylbenzol *n*
triethylbismuthine <$(C_2H_5)_3Bi$> Triethylbismuthin *n*, Bismuttriethyl *n*
triethylborane <$(C_2H_5)_3B$> Triethylboran *n*, Triethylborin *n {obs}*
triethylene glycol <$C_6H_{14}O_4$> Triehtylenglycol *n*, Triglycol *n*, 2,2'-Ethylendioxydiethanol *n {IUPAC}*, TEEG
triethylene glycol diacetate Triethylenglycoldiacetat *n*
triethylene glycol dicaprylate-caprate Triethylenglycoldicaprilat-caprat *n*
triethylene glycol didecanoate Triethylenglycoldidecanoat *n*
triethylene glycol diethylhexoate Triethylenglycoldiethylhexoat *n*
triethylene glycol dihydroabietate Triethylenglycoldihydroabietat *n*
triethylene glycol dimethyl ether <$CH_3(OCH_2CH_2)_3OCH_3$> Triethylenglycoldimethylether *m*, Triglyme *n*

triethylene glycol dinitrate <$C_6H_{12}N_2O_8$> Triethylenglycoldinitrat *n* *{Expl}*

triethylene glycol dipelargonate Triethylenglycoldipelargonat *n*

triethylene glycol dipropionate Triethylenglycoldipropionat *n*

triethylene glycol propionat Triethylenglycolpropionat *n*

triethylenediamine <$(CH_2)_6N_2$> 1,4-Diazobicyclo[2,2,2]octan *n*, Triethylendiamin *n*

triethylenemelamine Triethylenmelamin *n*

triethylenerhodamine Triethylenrhodamin *n*

triethylenetetramine <$H_2N(C_2H_4NH)_2C_2H_4NH_2$> Triethylentetramin *n*

triethylenethiophosphoramide <$C_6H_{12}N_3PS$> Triethylenthiophosphoramid *n*, Tris(1-aziridinyl)-phosphinsulfid *n*

triethylgallium <$(C_2H_5)_3Ga$> Triethylgallium *n*, Galliumtriethyl *n*

triethylorthoformate Triethylorthoformiat *n*, Orthoameisensäuretriethylester *m*

triethylphosphine <$(C_2H_5)_3P$> Triethylphosphin *n*

triethylsilane <$HSi(C_2H_5)_3$> Triethylsilan *n*

triethynylaluminium <$(HC{\equiv}C\text{-})_3Al$> Triethinylaluminium *n*

triethynylantimony <$(HC{\equiv}C\text{-})_3Sb$> Triethinylstibin *n*, Triethinylantimon *n*

triethynylarsine <$(HC{\equiv}X\text{-})_3As$> Triethinylarsin *n*

triethynylphosphinel <$(HCC\text{-})_3P$> Triethinylphosphin *n*

trieur Trieur *m* *{Brau}*

triferrin Triferrin *n*, Eisenparanucleinat *n*

trifluoride <MF_3; RF_3> Trifluorid *n*

trifluoroacetic acid <CF_3COOH> Trifluoressigsäure *f*

trifluorochloroethylene <$ClFC{=}CF_2$> Trifluorchlorethylen *n*, Chlortrifluorethylen *n*

trifluoromethane <HCF_3> Fluoroform *n*, Trifluormethan *n*

trifluoromethyl isocyanate <CF_3NCO> Trifluormethylisocyanat *n*

trifluoromonochloroethylene <$ClFC{=}CF_2$> Trifluormonochlorethylen *n*, Chlortrifluorethylen *n*

trifluoronitrosomethane <CF_3NO> Trifluornitrosomethan *n*

trifluoroperoxyacetic acid <$F_3CC(O)OOH$> Trifluorperoxyessigsäure *f*

trifluorosilyl metal compound <$M'SiF_3$, $M''(SiF_3)_2$ etc.> Trifluorsilyl-Metallverbindungen *fpl*

α-trifluorotoluene <$C_6H_5CF_3$> Phenylfluoroform *n*, Trifluormethylbenzol *n*, α-Trifluorotoluol *n*

triformol Triformol *n*, *sym*-Trioxan *n*

trifructosan <$C_{18}H_{13}O_{15}$> Trifructosan *n*, Secalose *f*, Trifructoseanhydrid *n*

trifunctional trifunktionell, dreifunktionell, trifunktional

trifunctional monomer dreifunktionales Monomer[es] *n* *{Polymer}*

trigermane <Ge_3H_8> Trigerman *n*, Germaniumoctahydrid *n*

trigger/to 1. auslösen, triggern, [durch Impulse] steuern *{Elektronik}*; 2. einleiten, triggern *{z.B eine Reaktion}*

trigger 1. Abzughebel *m*, Auslösehebel *m*, Abzughahn *m* *{Spritzpistole}*; 2. Trigger *m*, Auslöser *m* *{Elek, Tech, Photo}*; 3. Startreagens *n*, Primärreagens *n* *{Kettenreaktion}*

trigger circuit Kippschaltung *f*, Triggerschaltung *f*, Auslöseschaltung *f* *{Elek}*

trigger discharge ga[u]ge Trigger-Ionisationsvakuummeter *n*, getriggerte Entladungsmeßröhre *f*

trigger electrode Steuerelektrode *f*, Zündelektrode *f* *{Elektronik}*

trigger lag Auslöseverzug *m*

trigger magnet Auslösemagnet *m*

trigger mechanism Auslösevorrichtung *f*

trigger spark Zündfunke *m*

triggered intermittent arc fremdgezündeter Abreißbogen *m*

triggering 1. Triggern *n*, Auslösung *f*, Steuerung *f* [durch Impulse] *{Elektronik}*; 2. Triggerung *f*, Einleitung *f* *{Chem, Biochem}*

triggering impulse Auslöseimpuls *m*

triglyceride <$CH_2(OOCR)CH(OOCR')$-$CH_2(OOCR'')$> Triglycerid *n*, Triglycerol *n*, Triacylglycerin *n*, Neutralglycerid *n*

triglycidyl isocyanurate Triglycidylisocyanurat *n*

triglycol <$HO(C_2H_4O)_2C_2H_4OH$> Triglycol *n*, Triethylenglycol *n*, 2,2'-Ethylendioxydiethanol *n* *{IUPAC}*

triglycol dichloride Triglycoldichlorid *n*, Triethylenglycoldichlorid *n*

triglycol dinitrate Triglykoldinitrat *n* *{Expl}*

trigonal dreieckig, trigonal *{Krist}*

trigonalbipyramidal trigonalbipyramidal *{Krist}*

trigondodecahedron Trigondodekaeder *n* *{Krist}*

trigonelline <$C_7H_7NO_2$> Trigonellin *n*, Coffearin *n*, Gynesin *n*, *N*-Methylnicotinsäureamid *n*

trigonometric trigonometrisch

trigonometric function trigonometrische Funktion *f*, Winkelfunktion *f*

inverse trigonometric function Arcusfunktion *f* *{Math}*

trigonometrical trigonometrisch

trigonometry Trigonometrie *f* *{Math}*

trigraft comb-type terpolymers dreifachaufpfropfbares Terpolymer[es] *n*

trihalide <RX_3; MX_3> Trihalogenid *n*

trihapto-allyl ligand trihaptischer Allylligand *m*

trihedral dreiflächig, triedrisch; dreikant

trihedron Dreiflächner *m*, Trieder *n* *{Krist}*; 2. Dreikant *m*, körperliche Ecke *f*

trihexyl phosphite <$(C_6H_{13}O)_3P$> Trihexylphosphit *n*

trihexylphenidyl hydrochloride <$C_{20}H_{31}NO \cdot HCl$> Trihexylphenidylhydrochlorid *n*, Benzhexolhydrochlorid *n*

trihydric dreiwertig

trihydric alcohol dreiwertiger Alkohol *m*

trihydroxyanthraquinone <$C_{14}H_8O_5$> Trihydroxyanthrachinon *n*

1,2,3-trihydroxyanthraquinone Anthragallol *n*, 1,2,3-Trihydroxyanthrachinon *n*

1,2,4-trihydroxyanthraquinone Purpurin *n*, 1,2,4-Trihydroxyanthrachinon *n*

1,2,6-trihydroxyanthraquinone 1,2,6-Trihydroxyanthrachinon *n*, Flavopurpurin *n*

1,2,7-trihydroxyanthraquinone 1,2,7-Trihydroxyanthrachinon *n*, Anthrapurpurin *n*

trihydroxybenzene <$C_6H_3(OH)_3$> Trihydroxybenzol *n*, Trihydroxybenzen *n*

1,2,3-trihydroxybenzene Pyrogallol *n*, Pyrogallussäure *f*, 1,2,3-Trihydroxybenzol *n*

1,2,4-trihydroxybenzene Hydroxyhydrochinon *n*, 1,2,4-Trihydroxybenzol *n*

1,3,5-trihydroxybenzene Phloroglucin *n*, 1,3,5-Trihydroxybenzol *n*

trihydroxybenzoic acid <$(HO)_3C_6H_2COOH$> Trihydroxybenzoesäure *f*

2,3,4-trihydroxybenzoic acid Pyrogallussäure *f*, 2,3,4-Trihydroxybenzoesäure *f*

3,4,5-trihydroxybenzoic acid Gallussäure *f*, 3,4,5-Trihydroxybenzoesäure *f*

trihydroxycyanidine Tricyansäure *f*

tri(2-hydroxyethyl)amine <$N(CH_2CH_2OH)_3$> Triethanolamin *n*, Tri(2-hydroxyethyl)amin *n*

trihydroxyethylamine oleate Trihydroxyethylaminoleat *n*, Triethanolaminoleat *n*

trihydroxyethylamine stearate <$(HOCH_2CH_2)_3N \cdot HOOCC_{17}H_{33}$> Trihydroxyethylaminstearat *n*, Triethanolaminstearat *n*

4,5,7-trihydroxyflavanone Naringenin *n*

trihydroxypurine Trihydroxypurin *n*

trihydroxytriphenylmethyne Leukaurin *n*

triiodide <MI_3; RI_3> Triiodid *n*

triiodoacetic acid <I_3CCOOH> Triiodessigsäure *f*

2,3,5-triiodobenzoic acid <$C_6H_2I_3COOH$> 2,3,5-Triiodbenzoesäure *f*

triiodomethan <HCI_3> Triiodmethan *m*, Iodoform *n*, Formyltriiodid *n*

2,4,6-triiodophenol <$I_3C_6H_2OH$> 2,4,6-Triiodphenol *n*

triiodothyronine Triiodthyronin *n*, Liothyronin *n*, T_3 *{Biochem}*

triisobutylaluminium <$[(CH_3)_2CHCH_2]_3Al$> Triisobutylaluminium *n*, TIBAL

triisobutylene <$(C_4H_8)_3$> Triisobutylen *n* *{Isomerengemisch}*

triisooctyl phosphite <$(C_8H_{17}O)_3P$> Triisooctylphosphit *n*

triisopropanolamine <$N(C_3H_6OH)_3$> Triisopropanolamin *n*

triisopropyl phosphite <$[(CH_3)_2CH]_3PO_3$> Triisopropylphosphit *n*

triisopropylphenol <$[(CH_3)_2CH]_3C_6H_2OH$> Triisopropylphenol *n*

triisopropylphosphine <$[(CH_3)_2CH]_3P$> Triisopropylphosphin *n*

trilactin Trilactin *n*

trilateral dreiseitig

trilaurin <$C_3H_5(OOCC_{11}H_{23})_3$> Trilaurin *n*, Propan-1,2,3-triyltrilaurat *n*

trilauryl amine <$N(C_{12}H_{25})_3$> Tridodecylamin *n* *{IUPAC}*, Trilaurylamin *n*

trilead dinitride <Pb_3N_2> Blei(II)-nitrid *n*

trilinear trilinear

trilinear coordinate Dreieckskoordinate *f*

trilinolein <$C_3H_5(OOCC_{17}H_{30})_3$> Trilinolein *n*, Propan-1,2,3-triyllinolat *n*

trilite Trilit *n*, Trinitrotoluol *n*

trilling Drillingskristall *n*, Drilling *m* *{Krist}*

trillion *{US}* Billion *f* *{10^{12}}*; *{GB}* Trillion *f* *{10^{18}}*

Trilon *{TM}* Trilon *n* *{HN}*

Trilon A <$N(CH_2COONa)_3$> Natriumnitriloacetat *n*

Trilon B <$C_2H_4[N(CH_2COONa)_2]_2$> Natriumedat *n*, Natriumethylendiaminotetramethylcarbonat *n*

trim/to ausgleichen, trimmen, einstellen, justieren; ordnen; zurechtschneiden, zurichten *{Tech}*; besäumen, beschneiden; entgraten, abkanten, putzen *{Tech}*; versäubern *{eine Naht}*; stutzen; abästen, entästen *{Baum}*; trimmen *{z.B. Pfeiler}*

trim in/to einpassen

trim 1. Einstell-; 2. Beschnitt *m*; Randbeschnitt *m*, Randabfall *m* *{Kunst}*; Randstreifen *m* *{Schneidabfall von Papier}*; 3. Rand *m* *{Text}*; 4. Verzierung *f*; Deckleiste *f*

trimagnesium diphosphide <Mg_3P_2> Trimagnesiumdiphosphid *n*, Magnesiumphosphid *n*

trimargarin Trimargarin *n*

trimellitate Trimellitat *n*, Trimellithsäureester *m*

trimellitic acid Trimellithsäure *f*, 1,2,4-Benzentricarbonsäure *f* *{IUPAC}*

trimellitic acid ester Trimellithsäureester *m*, Trimellitat *n*

trimer Trimer[es] *n*, Trimerisat *n*

trimercury dinitride <Hg_3N_2> Quecksilber(II)-nitrid *n*, Triquecksilberdinitrid *n*
trimercury tetraphosphide <Hg_3P_4> Triquecksilbertetraphosphid *n*
trimeric[al] trimer
trimerite Trimerit *m {Min}*
trimerization Trimerisierung *f*, Trimerisation *f {Oligomerisation}*
trimerization reaction Trimerisierungsvorgang *m*, Trimerisation *f*
trimerized trimerisiert
trimery Trimerie *f*
trimesic acid <$C_6H_3(COOH)_3$> Trimesinsäure *f*, 1,3,5-Benzentricarbonsäure *f {IUPAC}*
trimesitinic acid *s.* trimesic acid
trimetaphosphatase *{EC 3.6.1.2}* Trimetaphosphatase *f*
trimetaphosphoric acid <$H_3P_3O_4$> Trimetaphosphorsäure *f*
trimethacrylate Trimethacrylat *n*
trimethadione <$C_6H_9NO_3$> Trimethadion *n*
trimethaphan Trimethaphan *n*
trimethaphan camphorsulfonate Trimethaphancamphersulfonat *n*, Trimethaphancamsylat *n*
trimethaphan mesylate <$C_{32}H_{40}N_2O_5S_2$> Trimethaphanmesylat *n*, Arfonad *n {Pharm}*
trimethindinium <$C_{19}H_{42}N_2O_8S_2$> Trimethindinium *n*
trimethoxybenzoic acid <$(CH_3O)_3C_6H_2CO$-OH> Trimethoxybenzoesäure *f*
2,4,5-trimethoxybenzoic acid Asaronsäure *f*, 2,4,5-Trimethoxybenzoesäure *f*
trimethoxyborane <$B(OCH_3)_3$> Methylborat *n*
trimethyl borate <$(CH_3O)_3B$> Trimethylborat *n*, Borsäuretrimethylester *m*, Trimethoxyborin *n*
trimethyl carbinol <$(CH_3)_3COH$> *tert*-Butylalkohol *m*, Pseudobutylalkohol *m*, 2-Methylpropan-2-ol *n {IUPAC}*
trimethyl orthoformate <$HC(OCH_3)_3$> Dimethylorthoformiat *n*
trimethyl phosphate <$(CH_3)_3PO_4$> Trimethylphosphat *n*
trimethyl phosphite Trimethylphosphit *n*
trimethylacetaldehyde <$(CH)_3CCHO$> 2,2-Dimethylpropanal *n*, Pivalinaldehyd *m*
trimethylacetic acid <$(CH_3)_3CCOOH$> Neopentansäure *f*, Pivalinsäure *f*, Trimethylessigsäure *f*, 2,2-Dimethylpropansäure *f*
trimethylacetophenone Trimethylacetophenon *n*
1,3,6-trimethylallantoin Kaffolin *n*
trimethylaluminium <$(CH_3)_3Al$> Aluminiumtrimethyl *n*, Trimethylaluminium *n*
trimethylamine <$(CH_3)_3N$> Trimethylamin *n*, Secalin *n*
trimethylamine nitrate <$(H_3C)_3N{\cdot}HNO_3$> Trimethylaminnitrat *n {Expl}*
trimethylamine dehydrogenase *{EC 1.5.99.7}* Trimethylamindehydrogenase *f*
trimethylamine oxide <$(CH_3)NO$> Trimethylaminoxid *n*, Kanirin *n*
trimethylamine-oxide aldolase *{EC 4.1.2.32}* Trimethylaminoxidaldolase *f*
trimethylammonium bromide <$(CH_3)_3NBr$> Trimethylammoniumbromid *n*
trimethylaniline <$(CH_3)_3C_6H_2NH_2$> Trimethylanilin *n*
2,4,5-trimethylaniline Pseudocumidin *n*
2,4,6-trimethylaniline Mesidin *n*
trimethylarsine <$(CH_3)_3As$> Trimethylarsin *n*
trimethylbenzene <$C_6H_3(CH_3)_3$> Trimethylbenzol *n*, Trimethylbenzen *n*
1,2,3-trimethylbenzene Hemellitol *n*, 1,2,3-Trimethylbenzol *n*
1,2,4-trimethylbenzene Pseudocumol *n*, 1,2,4-Trimethylbenzol *n*
1,3,5-trimethylbenzene Mesitylen *n*, 1,3,5-Trimethylbenzol *n*
2,4,5-trimethylbenzoic acid Durylsäure *f*, 2,4,5-Trimethylbenzoesäure *f*
trimethylbenzol *s.* trimethylbenzene
trimethylbismuth <$(CH_3)_3Bi$> Trimethylbismuthin *n*, Bismuttrimethyl *n*
trimethylborane <$(CH_3)_3B$> Trimethylboran *n*, Trimethylbor *n*
trimethylboron *s.* trimethylborane
2,2,3-trimethylbutane <$CH_3C(CH_3)_2C(CH_3)_2CH_3$> 2,2,3-Trimethylbutan *n*, Triptan *n {Triv}*
trimethylcellulose Trimethylcellulose *f*
trimethylchlorosilane <$(CH_3)_3SiCl$> Trimethylchlorsilan *n*
trimethylcyclohexane Trimethylcyclohexan *n*, Hexahydrocumol *n*
1,2,3-trimethyl-1-cyclopentene Laurolen *n*, 1,2,3-Trimethyl-1-cyclopenten *n*
trimethyldihydroquinoline polymer <$(C_{12}H_{15}N)_n$> Trimethyldihydrochinolinpolymer *n*, TDQP
1,3,7-trimethyl-2,6-dihydroxypurine Thein *n*, 1,3,7-Trimethyl-2,6-dihydroxypurin *n*
trimethylene <C_3H_6> Trimethylen *n*, Cyclopropan *n*
trimethylene bromide <$BrCH_2CH_2CH_2Br$> Trimethylenbromid *n*, 1,3-Dibrompropan *n*
trimethylene bromohydrin <$BrCH_2CH_2$-CH_2OH> Trimethylenbromhydrin *n*, 3-Brompropan-1-ol *n*
trimethylene chlorohydrin <$ClCH_2CH_2CH_2OH$> 3-Chlorpropan-1-ol *n*
trimethylene dicyanide <$NCCH_2CH_2$-CH_2CN> Trimethylendicyanid *n*, Glutaronitril *n*
trimethylene oxide Trimethylenoxid *n*, Oxetan *n*

trimethylenediamine <$H_2NCH_2CH_2CH_2NH_2$> Trimethylendiamin *n*, 1,3-Diaminopropan *n*

trimethyleneglycol <$HOCH_2CH_2CH_2OH$> Trimethylenglycol *n*, Propan-1,3-diol *n*

trimethyleneglycol dinitrate <$C_3H_6N_2O_6$> Trimethylenglycoldinitrat *n {Expl}*

trimethyleneimine Trimethylenimin *n*

trimethylenemethane Trimethylenmethan *n*

trimethylenetrinitramine Hexogen *n*

trimethylethylene <$CH_3CH{=}C(CH_3)_2$> *ß*-Isoamylen *n*, Pental *n*

trimethylgallium <$(CH_3)_3Ga$> Trimethylgallium *n*

trimethylglucose Trimethylglucose *f*

trimethylglycocoll Betain *n*, Trimethylglycokoll *n*, Trimethylglycin *n*

trimethylhexamethylenediamine Trimethylhexamethylendiamin *n*

2,2,5-trimethylhexane <$(CH_3)_3CCH_2CH_2CH(CH_3)_2$> 2,2,5-Trimethylhexan *n*

trimethylhydroquinone Trimethylhydrochinon *n*

trimethylmethane Trimethylmethan *n*, 2-Methylpropan *n {IUPAC}*, Isobutan *n*

trimethylnaphthalene Trimethylnaphthalin *n {IUPAC}*, Sapotalen *n*

trimethylnonanol Trimethylnonanol *n*, 2,6,8-Trimethylnonyl-4-alkohol

trimethylolethane Trimethylolethan *n*

trimethylolethane trinitrate <$C_5H_9O_9N_3$> Metrioltrinitrat *n {Expl}*

trimethylolpropane <$H_5C_2C(CH_2OH)_3$> Trimethylolpropan *n*

trimethylolpropane monooleate Trimethylolpropanmonooleat *n*

trimethylolpropane trimethacrylate Trimethylolpropantrimethacrylat *n*

2,2,4-trimethylpentane <C_8H_{18}> 2,2,4-Trimethylpentan *n*

trimethylpentene <C_8H_{16}> Trimethylpenten *n*, Diisobutylen *n*

trimethylpentylaluminium <$[(CH_3)_2CH(CH_2)_3]_3Al$> Tri-2-methylpentylaluminium *n*

2,4,6-trimethylphenol <$(CH_3)_3C_6H_2OH$> Mesitol *n*, 2,4,6-Trimethylphenol *n*

trimethylphenylphosphate <$(CH)_3PO_4$> Trimethylphenylphosphat *n*

trimethylphosphine <$(CH_3)_3P$> Trimethylphosphin *n*

trimethylsilane <$(CH_3)_3SiH$> Trimethylsilan *n*

trimethylstibine <$(CH_3)_3Sb$> Antimontrimethyl *n*, Trimethylstibin *n*

trimethylsuccinic acid Trimethylbernsteinsäure *f*

trimethylsulfonium-tetrahydrofolate methyltransferase *{EC 2.1.1.19}* Trimethylsulfonium-tetrahydrofolatmethyltransferase *f*

trimethylthallium <$(CH_3)_3Tl$> Trimethylthallium *n*

trimethyltin <$Sn_2(CH_3)_6$> Trimethylzinn *n*

1,3,7-trimethylxanthine Coffein *n*, Thein *n*, 1,3,7-Trimethylxanthin *n*

trimmability 1. Justierbarkeit *f*

trimmer 1. Trimmer *m*, Trimmkondensator *m*; 2. Trimmer *m*, Trimmwiderstand *m*; 3. Beschneidemaschine *f*, Besäummaschine *f*, Besäumschere *f {Kunst, Met}*; Planschneider *m {Pap}*; 4. Bestoßzeug *n*, Bestoßlade *f {Druck}*; 5. Trimmer *m {Schüttgutbandförderer}*

trimming 1. Zurichten *n {Tech}*; 2. Beschnitt *m*, Beschneiden *n*, Besäumen *n {Kunst}*; Planschneiden *n {Pap}*; Zurechtschneiden *n*, Beschneiden *n {z.B. Bäume}*; 3. Putzen *n*, Entgraten *n {z.B. Gußteile, fertige Keramikware}*; 4. Abgleich *m {z.B. mit dem Kondensator}*; 5. Versäuberung *f*, Einfassung *f {Text}*

trimming condenser Abgleichkondensator *m*, Trimmkondensator *m*, Trimmer *m*

trimming potentiometer Abgleichpotentiometer *n*, Einstellpotentiometer *n*, Trimmpot *m*

trimmings 1. Abfälle *mpl {beim Zurichten}*; Schneidabfall *m*; Randstreifen *m {Rollen- und Bogenpapier}*; 2. Posament *n*; Besatz *m*, Borte *f {Text}*

trimolecular trimolekular, termolekular

trimorphic trimorph, dreigestaltig

trimorphism Dreigestaltigkeit *f*, Trimorphie *f {Krist}*

trimorphous trimorph, dreigestaltig

trimyristine Trimyristin *n*, Glyceryltetradecanoat *n {IUPAC}*

trinitrin Nitroglycerin *n*, Trinitrin *n*

2,4,6-trinitroanilin[e] <$C_6H_4N_4O_6$> Picramid *n*, 2,4,6-Trinitroanilin *n {Expl}*

trinitroanisol <$C_7H_5N_3O_7$> Trinitroanisol *n*, 2,4,6-Trinitrophenylmethylether *m {Expl}*

trinitroanthraquinone Trinitroanthrachinon *n*

trinitrobenzene <$C_6H_3(NO_2)_3$> Trinitrobenzol *n*, Trinitrobenzen *n*

trinitrobenzoic acid <$C_7H_3N_3O_8$> Trinitrobenzoesäure *f {Expl}*

trinitrobenzol *s.* trinitrobenzene

trinitrobutyltoluene Trinitrobutyltoluol *n*

trinitrochlorobenzene <$C_6H_2N_3O_6Cl$> Trinitrochlorbenzol *n {Expl}*

trinitrocellulose Pyroxylin *n*

2,4,6-trinitro-1,3-dioxybenzene Styphninsäure *f*, 2,4,6-Trinitroresorcin *n*

trinitrofluorenone Trinitrofluorenon *n*

trinitroglycerol Nitroglycerin *n*, Glycerintrinitrat *n*

trinitrometacresol <$C_7H_5N_3O_7$> Trinitrometakresol *n {Expl}*

trinitromethan <$HC(NO_2)_3$> Trinitromethan *n*, Nitroform *n {Expl}*

trinitronaphthalene <$C_{10}H_5N_3O_6$> Trinitronaphthalin *n {Expl}*

2,4,6-trinitrophenetol Ethylpikrat *n*, 2,4,6-Trinitrophenetol *n {Expl}*

2,4,6-trinitrophenol <$C_6H_2(NO_2)_3OH$> 2,4,6-Trinitrophenol *n*, Pikrinsäure *f*

trinitrophenoxyethylnitrate <$C_8H_6N_4O_{10}$> Trinitrophenylglycolethernitrat *n {Expl}*

trinitrophenylacridine Trinitrophenylacridin *n*

2,4,6-trinitrophenylethylnitramine Ethylnitryl *n*, 2,4,6-Trinitrophenylethylnitramin *n*

2,4,6-trinitrophenylmethylether Trinitroanisol *n*, 2,4,6-Trinitrophenylmethylether *m {Expl}*

trinitro-2,4,6-phenylmethylnitramine Tetryl *n*, 2,4,6-Trinitrophenylmethylnitramin *n*, Tetranitro-*N*-methylanilin *n {Expl}*

2,4,6-trinitrophenylnitraminoethylnitrate <$C_8H_6N_6O_{11}$> 2,4,6- Trinitrophenylethanolnitraminnitrat *n {Expl}*

2,4,6-trinitroresorcinol <$C_6H_3N_3O_8$> 2,4,6-Trinitroresorcin *n*, Styphninsäure *f {Expl}*

trinitrosotrimethylene triamine Cyclotrimethylentrinitrosamin *n {Expl}*

trinitrostilbene Trinitrostilben *n*

2,4,6-trinitrotoluene <$H_3CC_6H_2(NO_2)_3$> 2,4,6-Trinitrotoluen *n*, 2,4,6-Trinitrotoluol *n*, TNT, Tritol *n*, Trotyl *n*

trinitrotrimethylenetriamine Hexogen *n*, Cyclotrimethylentrinitramin *n*, 1,3,5-Trinitro-1,3,5-triazacyclohexan *n*

trinitroxylene <$C_8H_7N_3O_6$> 2,4,6-Trinitro-*m*-xylol *n {Expl}*, TNX

trinol Trinitrotoluol *n*, Trinol *n*

trinomial 1. dreigliedrig *{Math}*; 2. Trinom *n {dreigliedriger Ausdruck}*

trinominal distribution trinominale Verteilung *f {Statistik}*

trinuclear dreikernig

trinuclear cluster dreikerniger Atomhaufen *m*, Dreikernecluster *m*

trinucleotide Trinucleotid *n*

trioctyl phosphate <$(C_8H_{17})_3PO_4$> Trioctylphosphat *n*

tri-*n*-octylaluminium <$(C_8H_{17})_3Al$> Trioctylaluminium *n*

trioctyltrimellitate Trioctyltrimellitat *n*

triode Dreielektrodenröhre *f*, Triode *f {Elek}*

triode ion pump Triodengetterpumpe *f*, Ionenzerstäuberpumpe *f* vom Triodentyp

triode sputtering Triodenzerstäubung *f*

triode type pumpe *s.* triode ion pump

triokinase *{EC 2.7.1.28}* Triokinase *f*

triol <$R(OH)_3$> Triol *n*, Tri-Alkohol *m*, dreiwertiger Alkohol *m*

triolein Triolein *n*, Glycerintrioleat *n*

trional <$H_5C_2(CH_3)C(SO_2C_2H_5)_2$> Ethylsulfonal *n {Triv}*, Sulfonethylmethan *n {Pharm}*, Trional *n*, Diethylsulfonmethylethylmethan *n*

triorganotin compounds <R_3SnX; $R'R_2SnX$, Ar_3SnX usw.> Triorganozinnverbindungen *fpl*

triose <$OHCC(OH)HCH_2OH$> Triose *f {Monosaccharid mit drei Kohlenstoffatomen}*

triose isomerase *{EC 5.3.1.1}* Triosemutase *f*, Trioseisomerase *f {IUB}*

triose mutase *s.* triose isomerase

triose phosphate Triosephosphat *n*

triose reductone Trioseredukton *n*

triosephosphate dehydrogenase 1. *{EC 1.2.1.9}* Glyceraldehydphosphat-Dehydrogenase ($NADP^+$) *f {IUB}*; 2. *{EC 1.2.1.12}* Glyceralphosphatdehydrogenase *f*; 3. *{EC 1.2.1.13}* Glyceraldehydphosphatdehydrogenase ($NADP^+$-phosphorylierend) *f*

triosephosphate isomerase <*{EC 5.3.1.1}* Triosephosphatisomerase *f {IUB}*, Triosephosphatmutase *f*

trioxan[e] 1,3,5-Trioxan *n*, Trioxymethylen *n*, Paraformaldehyd *m*, Metaformaldehyd *m*

trioxide <MO_3> Trioxid *n*

1,2,3-trioxybenzene 1,2,3-Trioxybenzol *n {obs}*, 1,2,3-Trihydroxybenzol *n*, Pyrogallussäure *f*

1,3,5-trioxybenzene 1,3,5-Trioxybenzol *n {obs}*, Phloroglucin *n*

trioxygen difluoride <O_3F_2> Trioxygendifluorid *n*

trioxymethylene Trioxymethylen *n*, Paraformaldehyd *m*, Metaformaldehyd *m*, 1,3,5-Trioxan *n*

trip/to ausklinken, ausrücken; herausspringen, überschnappen; ausschalten; auslösen; plötzlich loslassen, schnappen lassen

trip 1. Auslösen *n*; 2. Auslöser *m*, Auslösevorrichtung *f*; 3. Fahrt *f*, kurze Reise *f*; 4. Schnellschluß *m*, Schnellabschaltung *f {Tech}*; 5. Leistungseinbruch *m*, schnelle Leistungsabsenkung *f {Nukl}*

trip relay Auslöserelais *n*

trip switch Auslöseschalter *m*

tripalmitin <$C_3H_5(OOCC_{15}H_{31})_3$> Tripalmitin *n*, Glycerintripalmitin *n*, Glycerintripalmitinsäureester *m*

triparanol <$C_{27}H_{32}NO_2Cl$> Triparanol *n {Pharm}*

tripedal dreifüßig

tripelargonin Tripelargonin *n*

tripelenamine <$C_{16}H_{21}N_3$> Tripelenamin *n {Antiallergikum}*, Dehistin *n {HN}*

tripentaerythritol <$C_{15}H_{35}O_8$> Tripentaerythrit *n*

tripentylamine <$(C_5H_{11})_3N$> Triamylamin *n*, Tripentylamin *n {IUPAC}*

tripeptide aminopeptidase *{EC 3.4.11.4}* Tripeptidaminopeptidase *f*

triphane Triphan *m {obs}*, Spodumen *m {Min}*

triphase Dreiphasen-

triphase current Dreiphasenstrom *m*

triphenyl <$C_6H_5C_6H_4C_6H_5$> Triphenyl *n*

triphenyl phosphate <$OP(OC_6H_5)_3$> Triphenylphosphat *n*, Phosphorsäuretriphenylester *m* *{ein PVC-Weichmacher}*

triphenyl phosphite <$(C_6H_5O)_3P$> Triphenylphosphit *n*

triphenylaluminium <$(C_6H_5)_3Al$> Aluminiumtriphenyl *n*, Triphenylaluminium *n*

triphenylamine <$(C_6H_5)_3N$> Triphenylamin *n*

triphenylantimony <$(C_6H_5)_3Sb$> Triphenylstibin *n*, Antimontriphenyl *n*

triphenylbenzene <$(C_6H_5)_3C_6H_3$> Triphenylbenzol *n*

triphenylboron <$(C_6H_5)_3B$> Bortriphenyl *n*, Triphenylboran *n*

triphenylbromosilane <$(C_6H_5)_3SiH$> Triphenylbromsilan *n*

triphenylcarbinol <$(C_6H_5)_3COH$> Triphenylcarbinol *n*, Triphenylmethanol *n*

triphenylchloromethane <$(C_6H_5)_3CCl$> Tritychlorid *n*, Triphenylchlormethan *n*

triphenylene <$C_{18}H_{12}$> Triphenylen *n*, Benzo[l]phenanthren *n*

triphenylethylene <$C_6H_5CH{=}C(C_6H_5)_2$> α-Phenylstilben *n*, Triphenylethylen *n*

triphenylguanidine <$C_6H_5NC(C_6H_5NH)_2$> Triphenylguanidin *n*

2,4,5-triphenylimidazole Lophin *n*, 2,4,5-Triphenyl-1*H*-imidazol *n*

triphenylmethane <$(C_6H_5)_3CH$> Triphenylmethan *n*, Tritan *n*

triphenylmethane colo[u]r Triphenylmethanfarbe *f*

triphenylmethane dye Triphenylmethanfarbstoff *m*

triphenylmethanol <$(C_6H_5)_3COH$> Triphenylmethanol *n*

triphenylmethyl <$(C_6H_5)_3C$-> Triphenylmethyl *n*, Triphenyl *n*, Trityl *n*

triphenylmethyl peroxide <$(C_6H_5)_3CO_2$> Triphenylmethylperoxid *n*

triphenylmethyl radical <$(C_6H_5)_3C\cdot$> Triphenylmethylradikal *n*, Tritylradikal *n*

triphenylmethylchloride <$(C_6H_5)_3CCl$> Triphenylmethylchlorid *n*, Tritylchlorid *n*, Triphenylchlormethan *n*

triphenylphosphine <$(C_6H_5)_3P$> Triphenylphosphin *n*, Tris *n*

triphenylphosphonium bromide <$[(C_6H_5)_3PH]Br$> Triphenylphosphoniumbromid *n*

triphenylrosaniline Triphenylrosanilin *n*

triphenylsilane <$(C_6H_5)_3SiH$> Triphenylsilan *n*

triphenylsilanol <$(C_6H_5)_3SiOH$> Triphenylsilanol *n*

triphenylsilicon chloride <$(C_6H_5)_3SiCl$> Triphenylsiliciumchlorid *n*, Triphenylchlorsilan *n*

triphenylstibine <$(C_6H_5)_3Sb$> Triphenylstibin *n*, Antimontriphenyl *n*

triphenylstibine sulfide <$[(C_6H_5)_3Sb]_2S$> Triphenylantimonsulfid *n*, Sulfoform *n*

triphenyltin <$(C_6H_5)_3Sn$> Triphenylzinn *n*

triphenyltin chloride <$(C_6H_5)_3SnCl$> Triphenylzinnchlorid *n*

triphenyltin hydroperoxide <$(C_6H_5)_3SnO$-OH> Triphenylzinnhydroperoxid *n*

triphosphatase *{EC 3.6.1.25}* Triphosphatase *f* *{IUB}*, Triphosphat-phosphohydrolase *f*

triphosphoinositide phosphodiesterase *{EC 3.1.4.11}* Triphosphoinositid-Phosphodiesterase *f*

triphosphopyridine nucleotide <$C_{12}H_{28}N_7O_{17}P_3$> Triphosphopyridinnucleotid *n*, TPN, Nicotinamid-adenin-dinucleotidphosphat *n*, NADP, Cohydr[ogen]ase II *f*, Coferment *n*

triple 1. dreifach, dreizählig; Dreifach-, Tripel- *{Chem}*; 2. Tripel *n*, 3-Tupel *n* *{Math}*

triple bond Dreifachbindung *f*, dreifache Bidung *f*, Acetylenbindung *f* *{Chem}*

triple chloride <$M'_4M''M'''_3Cl_{12}$> Tripelchlorid *n*

triple coincidence Dreifachkoinzidenz *f*

triple collision Dreierstoß *m*

triple condenser Dreifachkühler *m*

triple-cycle coolant system Dreikreiskühlsystem *n*

triple-distilled dreifach destilliert

triple effect Drillingswirkung *f*

triple-flame dreiflammig

triple-flighted dreigängig *{Schraube}*

triple helix Tripelhelix *f*

triple linkage Dreifachbindung *f*, dreifache Bindung *f*, Acetylenbindung *{Chem}*

triple point Tripelpunkt *m*, Dreiphasenpunkt *m* *{Phys}*

triple point pressure Tripelpunktdruck *m*

triple recorder Dreifachschreiber *m*

triple roll crusher Dreiwalzenbrecher *m*

triple roller grinding mill Dreiwalzenreibemaschine *f*

triple salt Tripelsalz *n* *{Verbindung aus drei Kationen und einem Anion}*

triple-salt pigment Dreisalzpigment *n*

triple split Dreifachaufspaltung *f*

triple superphosphate Doppelsuperphosphat *n* *{Agri, H_3PO_4-Aufschluß von Rohphosphat}*

triple tube Dreifachröhre *f*

triplet 1. Triplett *n*, Triplettcode *m* *{Genetik}*; 2. Triplett *n*, Triplettzustand *m* *{Chem}*; 3. Drilling *m* *{Krist}*; 4. Triplett *n*, dreiteiliges Objektiv *n* *{Opt}*; 5. Triplett *n*, Triplettspektrallinie *f* *{Spek}*

triplet of particles Anordnung *f* von drei Teilchen, drei sich gleichartig verhaltende Teilchen *npl*
triplet series Triplettserie *f*
triplet spectrum Triplettspektrum *n*
triplet state Triplettzustand *m*
triplet system Triplettsystem *n*
triplex-coated particle Triplexpartikel *f {Nukl}*
triplex glass Triplex-Glas *n*, [dreischichtiges] Sicherheitsglas *n*
triplite Triplit *m {Min}*
triploidite Triploidit *m {Min}*
tripod 1. Dreifuß *m {Lab}*; 2. Stativ *n*, Dreibeinstativ *n*, Dreibein *n {Photo}*
tripod ligand Dreifußligand *m {Koordinationschemie}*
tripod stand 1. Dreifuß *m {Lab}*; 2. Dreifußstativ *n*, Dreibein *n {Photo}*
tripolar dreipolig
tripoli powder Tripelpulver *n*, Tripelerde *f {Schleifmittel}*
tripoli slate Tripelschiefer *m*, Tripelerde *f {Min}*
tripped herausgesprungen; ausgeschaltet; gestört; ausgelöst
tripping mechanism Ausklinkvorrichtung *f*; Auslösevorrichtung *f*, Auslöser *m*
trippkeite Trippkeit *m {Min}*
triprolidine <$C_{19}H_{22}N_2$> Triprolidin *n*
triprolidine hydrochloride Triprolidinhydrochlorid *n*
tripropionin Tripropionin *n*, Glyceryltripropionat *n*
tripropylamine <$(C_3H_7)_3N$> Tripropylamin *n*
tripropylene <$(C_3H_6)_3$> Propylentrimer[es] *n*, Tripropylen *n*
tripropylene glycol <$HO(C_3H_6O)_2C_3H_6OH$> Tripropylenglycol *n*
tripropylsilane <$(C_3H_7)_3SiH$> Tripropylsilan *n*
tripsometer Tripsometer *n*
triptane Triptan *n*, 2,2,3-Trimethylbutan *n*, Neohexan *n*
triptycene <$C_{20}H_{14}$> Triptycen *n*
tripyrrole Tripyrrol *n*
triricinolein Triricinolein *n*, Ricinolein *n*
tris Tris *n*, Trispuffer *m*, Tromethanol *n {Tris(hydroxymethyl)methylamin}*
trisaccharide <$C_{18}H_{32}O_{16}$> Trisaccharid *n*, Dreifachzucker *m {Triv}*
trisazo dye Trisazofarbstoff *m*
tris(diethylene glycol monoethyl ether)citrate <$C_{19}H_{42}O_{13}$> Tris(diethylenglycolmonoethylether)citrat *n*
trisect/to dreiteilen
tris-2-ethylhexyl phosphite Tris-2-ethylhexylphosphit *n*, Tris-2-ethylhexylphosphat(III) *n*, Trioctylphosphat(III) *n*
tris(hydroxymethyl)aminomethane <$(HOCH_2)_3CNH_2$> Tris(hydroxymethyl)aminomethan *n*, Trisaminpuffer *m*, THAM
tris(hydroxymethyl)methylamine Tris(hydroxymethyl)methylamin *n*, Tromethanol *n*, Trispuffer *m*, Tris *n*
tris(hydroxymethyl)nitromethane <$(HOCH_2)_3$-CNO_2> Tris(hydroxymethyl)nitromethan *n*
trisilane <$H_3SiSiH_2SiH_3$> Trisilan *n*
trisilver nitride <Ag_3N> Silber(I)-nitrid *n*
trisilylamine <$(SiH_3)_3N$> Trisilylamin *n*
trisimide Trisimid *n*
trisodium citrate Trinatriumcitrat *n*
trisodium EDTA <$C_{10}H_{13}N_2Na_3O_8 \cdot H_2O$> Natriumedetat *n*, Trinatriumethylendiamintetraacetat *n*
trisodium phosphate <Na_3PO_4> Trinatrium[ortho]phosphat(V) *n*, tertiäres Natriumphosphat(V) *n*
tristearin <$C_{57}H_{110}O_6$> Propan-1,2,3-triyltristearat *n*, Tristearin *n*, Stearin *n*
tristimulus method Dreibereichsverfahren *n {Farb}*
tristimulus value Normalfarbwert *m*, Farmaßzahl *f*, Normmaßzahl *f {Opt}*
tris(trimethylsilyl)silyl derivative <$[(CH_3)_3Si]_3$-SiX> Tris(trimethylsilyl)silyl-Verbindung *f*
trisulfane <H_2S_3> Trisulfan *n*
trisulfide <MS_3> Trisulfid *n*
tritane *s.* triphenylmethane
trite abgedroschen; platt
tritellurium tetranitride <Te_3N_4> Tellur(IV)-nitrid *n*
triterium *{obs}* *s.* tritium
triterpene <$C_{30}H_{48}$> Triterpen *n*
triterpenoid Triterpenoid *n*
trithioacetaldehyde <$(C_4H_4S_2)_3$> Sulfoparaldehyd *m*, Trithioacetaldehyd *m*
trithiocarbonic acid <$SC(NH_2)_2$> Trithiokohlensäure *f*
trithioformaldehyde Trithioformaldehyd *m*, Sulfoparaformaldehyd *m*
trithiol <$R(SH)_3$> Trithiol *n*
trithiolane Trithiolan *n*
trithione <$C_{11}H_{16}ClO_2PS_3$> Carbophenothion *n*, Trithion *n*
trithionic acid <$H_2S_3O_6$> Trithionsäure *f*
trithorium tetranitride <Th_3N_4> Thorium(IV)-nitrid *n*
tritiated tritiummarkiert, mit Tritium behandelt
tritium <T, $_1^3H$> Tritium *n*, überschwerer Wasserstoff *m*
tritium beta rays Tritiumbetastrahlen *mpl*
tritol Tritol *n*, Trinitrotuluol *n {Expl}*
tritolyl phosphate <$C_{21}H_{21}PO_4$> Tritolylphosphat *n*, Trikresylphosphat *n*
triton 1. Triton *n {Atomkern des Tritiums}*; 2. Trinitrotoluen *n*, TNT, Tritol *n*, Trotyl *n*

tritonal Tritonal *n {20-40 % Al, 80-20 % TNT}*
tritopine <$C_{20}H_{25}NO_4$> Laudanidin *n*, *l*-Laudanin *n*, Tritopin *n*
triturate/to pulverisieren, [zer]pulvern, verreiben, zermahlen, zermalmen, zerreiben, zerquetschen, zerstoßen
triturating apparatus Reibapparat *m*
trituration 1. Pulverisierung *f*, Pulvern *n*, Zerpulver *n*, Zerreiben *n*, Verreiben *n*, Zermahlen *n*, Zerstoßen *n*; 2. Verreibung *f*, Trituration *f {Pharm}*
trituration mill Reibmühle *f*, Pulvermühle *f*
triturator 1. Laboratoriumsmühle *f*, Mörser *m*, Zerreibmaschine *f {Chem, Pharm}*; 2. Rechengutzerkleinerer *m*, Rechenwolf *m {Pap}*
trityl Triphenylmethyl *n*, Trityl *n {1. beständiges freis Radikal ($(C_6H_5)_3C\cdot$; 2. $(C_6H_5)_3C$-Gruppe}*
trityl alcohol <$(C_6H_5)_3COH$> Tritylalkohol *m*
trityl chloride <$(C_6H_5)_3CCl$> Tritylchlorid *n*
triuranium octoxide <U_3O_8> Triuranoctoxid *n*, Uran(IV, VI)-oxid *n*, Uranyluranat *n*
triuret <$(H_2NCONH_2)_2CO$> Carbonyldiharnstoff *m*, 1,3-Dicarbamylharnstoff *m*, Diimidotricarbonsäurediamid *n*, Triuret *n*
trivalence Dreiwertigkeit *f*, Trivalenz *f {Chem}*
trivalent dreibindig, dreiwertig, trivalent, tervalent
trivalerin Trivalerin *n*, Phocaenin *n*
trivariant dreifachfrei
trivial geringfügig; unbedeutend, trivial
trivial name Trivialname *m {nichtsystematisch gebildeter Name}*
trivinylbismuth <$Bi(CH=CH_2)_3$> Trivinylbismuthin *n*, Bismuttrivinyl *n*
trixylenyl phosphate Trixylenylphosphat *n*, Tri(dimethylphenyl)phosphat *n*
troche Pastille *f*
trochoid Trochoide *f {verschlungene oder gestreckte Zykloide}*
trochoidal tochoidenförmig; Trochoidal-
trochoidal analyzer Trochoidalanalysator *m*
trochoidal pump Trochoidenpumpe *f*
Troeger's base Trögersche Base *f*
troegerite Trögerit *m*, Hydrogen-Uranospinit *m {Min}*
troilite Troilit *m*, Meteorkies *m {Min}*
trolleite Trolleit *m {Min}*
trolley 1. Kontaktrolle *f*, Laufrolle *f*, Stromabnehmerrolle *f*; 2. Pumpstraßenwagen *m*, fahrbarer Pumpstand *m {einer Pumpstraße}*; 3. Rollwagen *m*, Laufwagen *m {Tech}*; Laufkatze *f*, Laufwinde *f {Kran}*; Lore *f*, Förderkarren *m*, Feldbahnwagen *m {Bergbau}*
trolley exhaust stationäres Pumpen *n {Vak}*
trolley exhaust system *{US}* stationärer Pumpautomat *m*, Pumpstraße *f* mit stationären Pumpeinrichtungen *{Vak}*
trolley-mounted dry-powder dispenser fahrbarer Trockenlöscher *m*
trollixanthin Trollixanthin *n*
trombolytic agent thromboseauflösendes Mittel *n*
trommel [screen] Sichtetrommel *f*, Sortiertrommel *f*, Siebtrommel *f*, Rundsieb *n*, Trommelsieb *n*
Trommsdorf effect Trommsdorf-Effekt *m {Polymersynthese}*
trona <$Na_2CO_3\cdot NaHCO_3\cdot 2H_2O$> Trona m *f {Min}*
trona ore Tronaerz *n*
trona salt Tronasalz *n*
troostite Troostit *m*, Hartperlit *m {Min}*
tropacocaine <$C_8H_{14}NOCOC_6H_5$> Benzoylpseudotropin *n*, Tropacocain *n {Alkaloid}*
tropacocaine hydrochloride Tropacocainhydrochlorid *n*
tropaic acid *s.* tropic acid
tropan <$C_8H_{15}N$> Tropan *n*, *N*-Methylnortropan *n*
tropanols Tropanole *npl {Pharm}*
tropanone Tropanon *n*
tropein[e] Tropein *n*
tropeolin D *s.* methyl orange
tropeolin 00 <$NaSO_3C_6H_4NNC_6H_4NHC_6H_5$> Tropäolin 00 *n*, Orange IV *n*
trophic trophisch *{Physiol}*
trophotropism Trophotropismus *m*
tropic 1. tropisch; Tropen-; 2. [geographischer] Wendekreis *m*
tropic acid <$C_6H_5CH(CH_2OH)COOH$> Tropasäure *f*, 3-Hydroxy-2-phenylpropionsäure *f*
tropic aldehyde Tropaaldehyd *m*
tropical tropisch; Tropen-
tropical climate Tropenklima *n*
tropical conditions Tropen[klima]bedingungen *fpl*, Tropenklima *n*
resistant to tropical conditions tropenfest
stability to tropical conditions Tropenfestigkeit *f*
tropicalized tropengeschützt, tropenfest, tropentauglich, in Tropenausführung
tropicalized plastic tropenfester Plast *m*
tropidine <$C_8H_{13}N$> Tropidin *n*, *N*-Methylnortropoidin *n*
tropilidene <C_7H_8> Tropiliden *n*, Cyclohepta-1,3,5-trien *n*
tropilidin Tropilidin *n*
tropine <$C_8H_{15}NO$> Tropin *n*, Tropanol *n*, Tropan-*(3α)*-ol *n*, *N*-Methyltropolin *n*
tropinecarboxylic acid Tropincarbonsäure *f*, *l*-Ecgonin *n*
tropinediphenylmethyl ether Tropindiphenylmethylether *m*
tropinesterase *{EC 3.1.1.10}* Tropinesterase *f*
tropinic acid Tropinsäure *f*

tropinone <$C_8H_{13}NO$> Tropinon *n*
tropocollagen Tropokollagen *n* *{Fibrille}*
tropolone <C_7H_6O> Tropolon *n*, Hydroxypropyliumoxid *n*, 2-Hydroxycyclohepta-2,4,6-trien-1-on *n* *{IUPAC}* *{α-, ß- und γ-Form}*
tropomyosin Tropomyosin *n* *{Muskelprotein}*
tropone <C_7H_6O> Tropon *n*, Cyclohepta-2,4,6-trienon *n*, Tropyliumoxid *n*
troponin Troponin *n* *{Protein in der α-Helix}*
tropopause Tropopause *f* *{Tropo-/Stratosphärengrenze, 15 - 20 km}*
troposphere Troposphäre *f* *{untere Erdatmosphäre, 10 - 20 km}*
tropospheric troposphärisch
tropospheric chemistry Troposphärenchemie *f*, Chemie *f* der Troposphäre
tropoyl <$HOCH_2CH(C_6H_5)CO-$> Tropoyl-
tropylium ion <$C_7H_7^+$> Tropylium-Ion *n*, Cycloheptatrienyliumion *n* *{IUPAC}*
trotyl Trinitrotoluen *n*, TNT, Trinitrotoluol *n*, Trotyl *n*, Tritol *n*
trouble/to 1. beunruhigen; plagen, belästigen; 2. stören; 3. trüben
trouble 1. [technische] Störung *f*, technischer Fehler *m*; 2. Panne *f*, Schaden *m*; 3. Leiden *n* *{Med}*
trouble-free störungsfrei, störungssicher
trouble-free going *s.* trouble-free operation
trouble-free operation störungsfreier Betrieb *m*, störungsfreier Lauf *m*
trouble-free running *s.* trouble-free operation
trouble light Handleuchte *f*, Kontrolleuchte *f* *{Handleuchte}*
trouble-location problem Störsuchaufgabe *f*
trouble shooting 1. Fehlersuche *f* und -beseitigung *f*, Störungssuche *f* und -beseitigung *f*; 2. Schadenerfassung *f* und -beseitigung *f*
trouble-shooting chart Fehlersuchliste *f*
trouble spot Störungszentrum *n*
troubleproof störungsfrei, störungssicher
trough 1. Mulde *f*, Trog *m*, Wanne *f*; Bottich *m*; 2. Rinne *f* *{z.B. Auslaufrinne}*, Vertiefung *f*; 3. Spalt *m* *{z.B. in Hydrasemolekülen }*; 4. Tal *n*, Minimumbereich *m* *{Kurve}*; 5. [tektonische] Mulde *f*, Ablagerungsmulde *f* *{Erz}*
trough-belt conveyor *s.* trough conveyor
trough-charging crane Muldenchargierkran *m*, Muldensetzkran *m*, Muldenbeschickkran *m*
trough conveyor Kastenbandförderer *n*, Muldengurtbandförderer *m*, Troggurtförderer *m*, Rinnenförderband *n*, Trogförderband *n*, Trog[band]förderer *m*, Kratz[förder]band *n*
trough dryer Muldentrockner *m*
trough kneader Trogkneter *m*
trough lining Trogfutter *n*, Badfutter *n*
trough mixer Trogmischer *m*
trough of a wave Wellental *n*
trough steam dryer Muldendampftrockner *m*
trough-type mixer Trogmischer *m*
troughed muldenförmig
troughed belt conveyor *s.* troughed conveyor belt
troughed conveyor belt gemuldetes Förderband *n*, gemuldeter Gurt *m*
troughing Muldung *f*
troughing belt conveyor Muldengurtbandförderer *m*, Trogbandförderer *m*, Troggurtförderer *m*
trouser tear test Schenkel-Weiterreißversuch *m*
Trouton's ratio Troutonsches Verhältnis *n*, Trouton-Verhältnis *n* *{= Dehnviskosität/Scherviskosität; DIN 13342}*
Trouton's rule Troutonsche Regel *f* *{Thermo}*
trowel/to aufspachteln
trowel 1. Spatel *m*, Ziehklinge *f*, Spachtel *m*, Spachtelwerkzeug *n* *{z.B. zum Klebstoffauftrag}*; 2. Truffel *f*, Polierschaufel *f* *{Gieß}*; 3. Kelle *f* *{z.B. Maurerkelle}*
troxidone *{BP}* Trimethadion *n*
troy ounce Troy-Unze *f* *{31,1034768 g}*
troy pound Troy-Pfund *n* *{373,2417 g}*
troy weight Troy-System *n* *{System von Gewichts- und Masseeinheiten für Edelmetalle und Edelsteine}*
Tr.T. *{transformation temperature}* Transformationspunkt *m*, Tranformationstemperatur *f*, Umwandlungspunkt *m*, Umwandlungstemperatur *f*, Umformungspunkt *m*, Umformungstemperatur *f*
truck 1. Lasttransportfahrzeug *n*, Lastkraftwagen *m*, LKW, Truck *m*; 2. Stechkarre *f*, Sackkarre *f* *{schienenloser Wagen}*; 3. Fahrbühne *f*, Fahrgestell *n* *{Tech}*; Rollblock *m*, Rollschemel *m* *{Beförderung von Eisenbahnwagen}*; 4. Flachwagen *m*, offener Güterwagen *m*; Lore *f* *{Bergbau}*; 5. Handwagen *m*, [zweirädriger] Karren *m*
truck balance Waggonwaage *f*
truck chamber kiln Wagentrockenofen *m*, Herdwagenofen *m* *{Glas, Keramik}*
truck discharge plant Waggonentladungsanlage *f*
truck dryer Kanaltrockner *m*; Kammertrockner *m*, Hordentrockner *m*
true/to abrichten, justieren *{Tech}*; zentrieren *{auswuchten}*; begradigen, [aus]richten
true up/to ausrichten, auf genaues Maß bringen
true echt; rein; wahr, richtig, tatsächlich; genau *{Tech}*; eben; schlagfrei *{Rad}*
true-boiling-point analysis Siedepunktdestillation *n* *{Anal}*
true freezing point tatsächlicher Erstarrungspunkt *m*
true leno weave Dreherbindung *f* *{Text}*
true line-breadth wahre Linienbreite *f*

true liquid echte Flüssigkeit *f*
true middlings Verwachsenes *n {Summe der Dichtefraktionen zwischen unterer und oberer Bezugsdichte; DIN 22018}*
true porosity tatsächliche Porosität *f*, wahre Porosität *f*
true power output Wirkleistung *f*
true relative density *{ISO 1014}* tatsächliche relative Dichte *f*
true solutioning echt Auflösen *n {Met}*
true speed wirksames Saugvermögen *n*
true temperature wahre Temperatur *f*
trumpet Eingußtrichter *m*
trumpet guide Nitschelwerk *n {Glas}*
trumpet-shaped trompetenförmig
truncate/to abstumpfen *{Math}*; stutzen, beschneiden, abschneiden *{z.B. einen Impuls, Bäume}*; kürzen, verkürzen; abbrechen; runden *{Zahlen}*
truncation 1. Abstumpfung *f {Math}*; 2. Abtragung *f {Erosion}*; 3. Abbruch *m {Krist}*; 4. Rundung *f*, Abrundung *f {Zahlen}*; Abschneiden *n*, Abbruch *m {z.B. Stellen nach dem Dezimalpunkt}*; 5. Truncation *f*, Abschneideverfahren *n {EDV}*
trunk 1. Hauptleitung *f*, Vielfachleitung *f {EDV}*; 2. Verbindungsleitung *f {Kabel}*; 3. Fernleitung *f {Telephon}*; 4. Kanal *m*, Übertragungsweg *m*; 5. Stamm *m {z.B. Baumstamm}*; 6. Rumpf *m*, Körper *m*; 7. Säulenschaft *m {Bau}*
trunnion Zapfen *m*; Drehzapfen *m {Konverter}*
truss 1. Kette *f*; 2. Gestell *n*; Fachwerkträger *m*, Tragwerk *n*; 3. Bündel *n*, Gebinde *n*; 4. Bruchband *n {Med}*
trustee Bevollmächtigter *m*, Treuhänder *m*; Verwalter *m {Vermögen}*
truxelline Truxellin *n {Alkaloid}*
truxene Truxen *n*
truxillic acid <$C_{18}H_{16}O_4$> Truxillsäure *f*, 2,4-Diphenylcyclobutan-1,3-dicarbonsäure *f*
truxilline Truxillin *n*
truxinic acid <$C_{18}H_{16}O_4$> Truxinsäure *f*, 3,4-Diphenylcyclobutan-1,2-dicarbonsäure *f*
try/to 1. versuchen, experimentieren; [aus]probieren, erproben; prüfen; 2. hobeln, abhobeln; 3. auslassen, ausschmelzen *{Fett}*
try out/to 1. [gründlich] erproben; 2. auslassen, ausschmelzen *{Fett}*
trypaflavin[e] Trypaflavin *n*, Acriflavin *n*, Neutroflavin *n*
trypan blue Trypanblau *n*, Kongoblau *n*, Niagarablau *n*
trypan red <$C_{32}H_{24}N_6O_{15}S_5$> Trypanrot *n*
trypan violet Trypanviolett *n*
tryparsamide Tryparsamid *n {Na-N-Phenylglycinamid-4-arsonat}*
trypsin *{EC 3.4.21.4}* Trypsin *n*
trypsinogen Trypsinogen *n*, Protrypsin *n {inaktive Vorstufe des Trypsins}*
tryptamine <$C_9H_{11}N_2$> Tryptamin *n*, 3-(2'-Aminoethyl)indol *n {Biochem}*
tryptamine *N*-methyltransferase *{EC 2.1.1.49}* Tryptamin-*N*-methyltransferase *f*
tryptathionine Tryptathionin *n*
tryptazan <$C_{10}H_{11}N_3O_2$> Tryptazan *n*
tryptic activity tryptische Aktivität *f*
tryptone Trypton *n {echtes Pepton}*
tryptophan <$C_{10}H_{11}N_2O_2$> Tryptophan *n*, 2-Amino-3,3'-indolpropansäure *f*, Indolylalanin *n*, Indol-α-aminopropansäure *f*, Try *n*, Trp *n*
D-tryptophan acetyltransferase *{EC 2.3.1.34}* D-Tryptophanacetyltransferase *f*
tryptophan aminotransferase *{EC 2.6.1.27}* Tryptophanaminotransferase *f*
tryptophan decarboxylase *{EC 4.1.1.28}* Hydrotryptophan *n*, DOPA-Decarboxylase *f*, Tryptophandecarboxylase *f*, aromatische L-Aminosäuredecarboxylase *f {IUB}*
tryptophan 2-monooxygenase *{EC 1.13.12.3}* Tryptophan-2-monooxygenase *f*
tryptophan 5-monooxygenase *{EC 1.14.16.4}* Tryptophan-5-monooxygenase *f*
tryptophan synthase *{EC 4.2.1.20}* Tryptophansynthase *f {Biochem}*
tryptophanase *{EC 4.1.99.1}* Tryptophanase *f*
tryptophanol Tryptophanol *n*
tryptophol <$C_{10}H_{11}NO$> Tryptophol *n*, 3-Indolethanol *n*, *β*-Indolylethylalkohol *m*
tschermigite <$NH_4Al(SO_4)_2 \cdot 12H_2O$> Ammonalaun *m*, Tschermigit *m*, Ammoniakalaun *m {Min}*
Tschugajew's reagent Tschugajew-Reagens *n {Dimethylglyoxim}*
TTT diagram *{time-temperature-transformation diagram}* Zeit-Temperatur-Umwandlungsschaubild *n*, ZTU-Diagramm *n*
tuaminoheptane <$CH_3(CH_2)_4CH(NH_2)CH_3$> Tuaminoheptan *n*, 1-Methylhexylamin *n*, 2-Aminoheptan *n*, 2-Heptanamin *n*
tub 1. Bottich *m*, Trog *m*, Wanne *f*, Kufe *f*, Faß *n*; Bütte *f {Brau, Pap}*; 2. Eimer *m*, Kübel *m {Werkzeug}*; 3. Grubenwagen *m {Bergbau}*
tub fermentation Bottichgärung *f*
tub sizing Oberflächenleimung *f*, Büttenleimung *f {Pap}*
tubaic acid <$C_{12}H_{12}O_4$> Tubasäure *f*
tubanol <$C_{11}H_{12}O$> Tubanol *n*, 2-(1-Methylethyl)-4-benzofuranol *n*
tubatoxin Rotenon *n*
tubazid <$C_6H_7N_3O$> Tubazid *n*, Isoniazid *n*
tube 1. Rohr *n*, Leitungsrohr *n*; 2. Röhre *f*, Tube *f*; 3. Röhre *f*, Elektronenröhre *f*; 4. Schlauch *m*; 5. Tubus *m {Mikroskop}*; 6. Hülse *f*, Wickelkörper *m {Text}*; 7. Schlauchware *f*, Schlauchgestrick *n {Text}*

tube amplifier Röhrenverstärker *m*
tube bank Röhrensatz *m*; Rohrbündel *n*
tube basing cement Röhrensockelkitt *m*
tube bend Rohrkrümmung *f*
tube branch Rohrverzweigung *f*
tube breakage Rohrbruch *m*
tube brush Röhrenwischer *m*
tube bundle Rohrbündel *n* *{z.B. des Wärmetauschers}*
tube-bundle evaporator Rohrbündelverdampfer *m*
tube casting Röhrenguß *m*
tube clamp Schlauchklemme *f*
tube cleaner Rohrreiniger *m*
tube closure Rohrverschluß *m*
tube cluster Rohrbündel *n*
tube coil Schlangenrohr *n*, Rohrschlange *f*
tube-coil cylinder Rohrschlangenzylinder *m*
tube-coil type heat exchanger Schlangenrohrwärmetauscher *m*
tube connection Rohrverbindung *f*
tube converter Röhrenkontaktkessel *m*
tube coupling Muffe *f*, Rohrmuffe *f*
tube crack Rohrreißer *m*
tube drawing Rohrziehen *n* *{Met}*; Röhrenziehen *n* *{Glas}*
tube evaporator Röhrenverdampfer *m*
tube extruding press 1. Rohrpresse *f*; 2. Schlauch[spritz]maschine *f* *{Gummi}*
tube extrusion 1. Schlauchspritzverfahren *n*, Schlauchspritzen *n* *{Gummi}*; 2. Strangpressen *n* von Rohren, Hohl-Fließpressen *n*
tube failure Rohrschaden *m*; Rohrreißer *m*
tube fault Rohrschaden *m*
tube filling machine Tubenfüllmaschine *f*
tube fitting Rohrverschraubung *f* *{DIN 2353}*
tube furnace 1. Röhrenofen *m*, Rohrofen *m* *{Keramik, Met}*; 2. Röhrenofen *m*, Röhrenerhitzer *m*, Retortenofen *m* *{Dest}*; 3. Bombenofen *m*, Schießofen *m* *{Lab}*
tube grinder Rohrmühle *f*
tube joint Rohrverbindung *f*
tube lacquer Tubenlack *m*
tube leakage Rohrleckage *f*
tube-like röhrenartig
tube mill Rohrmühle *f*, Trommelmühle *f*
tube mounting Rohrhalterung *f*
tube nest Rohrbündel *n*
tube ozonizer Röhrenozonisator *m*
tube pasteurizer Röhrenpasteurisator *m*
tube plate 1. Rohrboden *m* *{z.B. Lochboden}*; 2. Rohrplatte *f* *{Tech}*
tube plug Rohrstöpsel *m*
tube reactor Röhrenofen *m*
tube rectifier Röhrengleichrichter *m*
tube reformer furnace Röhrenspaltofen *m*
tube sheet Rohrboden *m*, Rohrplatte *f*
tube still 1. Röhrenofen *m*, Röhrenerhitzer *m*, Rohrverdampfer *m* *{Dest}*; 2. Röhrenofenanlage *f*
tube valve 1. Schaluchventil *n*; 2. Rohrschraubstock *m* *{Tech}*
tube wear Rohrabzehrung *f*
tube with internal flow innendurchströmtes Rohr *n*
acid-proof tube Säureschlauch *m*
air-cooled tube luftgekühlte Röhre *f*
ascending tube Steigrohr *n*
capillary tube Kapillarrohr *n* *{< 1mm}*
cemented tube Rohr *n* mit Klebnaht
drying tube Trockenrohr *n* *{Lab}*

tubercular tuberkulös
tuberculin Tuberkulin *n*
tuberculostearic acid Tuberkulostearinsäure *f*
tubing 1. Rohrleitung *f*; 2. Rohrstrang *m*, Steigrohrstrang *m* *{Erdöl}*; 3. Schlauch *m*, Schlauchleitung *f* *{biegsames Rohr}*; 4. Rohrmaterial *n*; Schlauchmaterial *n*; 5. Spritzen *n* von Schläuchen *{Kunst, Gummi}*; 6. Verrohren *n*, Verrohrung *f*; 7. Schlauchgewebe *n* *{Text}*; 8. Isolierschlauch *m*
tubing clip Schlauchklemme *f*
tubing machine Schlauchmaschine *f*, Spritzmaschine *f*, Strangpresse *f*
tubing plan Rohrleitungsplan *m*
acid-proof tubing Säureschlauch *m*

tubocurarine chloride <$C_{37}H_{41}N_2O_6Cl$> Tubocurarinchlorid *n* *{Pharm}*
tubular hohl *{röhrenförmig}*; röhrenartig, röhrenförmig; Röhren-, Rohr-
tubular anode Hohlanode *f*
tubular bag Schlauchbeutel *m*
tubular boiler Röhrenkessel *m*, Heizrohrkessel *m*
tubular bowl centrifuge Röhrenzentrifuge *f*
tubular bowl separator Röhrenseparator *m*
tubular cell Rohrküvette *f*
tubular centrifuge Röhrenzentrifuge *f*
tubular coil Rohrschlange *f*
tubular condenser Röhrenkondensator *m*, Röhrenkühler *m*, Röhrenverdichter *m* *{Dest}*
tubular container Röhrenbehältnis *n*
tubular cooler Röhrenkühler *m* *{Dest}*
tubular die Ringdüse *f* *{Kunst}*
tubular dryer Rohrtrockner *m*
tubular film Blasfolie *f*, Schlauchfolie *f*
tubular film method Schlauchfolienverfahren *n*
tubular filter 1. Filterbeutel *m*, Filterschlauch *m*; 2. Kerzenfilter *n*
tubular flow reactor Rohrreaktor *m*, Strömungsrohrreaktor *m*, Röhren[strömungs]reaktor *m*, Tubularreaktor *m*
tubular fluorescent lamp Leuchtstoffröhre *f*, Leuchtröhre *f* *{Elek}*

tubular foam extrusion Schaumstoff-Folienblasverfahren *n*, Schaumstoff-Folienblasen *n*
tubular furnace 1. Röhrenofen *m*, Rohrofen *m* *{Keramik, Met}*; 2. Röhrenofen *m*, Röhrenerhitzer *m* *{Dest}*
tubular heating element Heizleiterrohr *n*
tubular insulation Rohrisolierung *f*
tubular jacket Rohrmantel *m*
tubular lamp Röhrenlampe *f*, Soffittenlampe *f*
tubular magnet Röhrenmagnet *m*
tubular membrane filtration Röhrenmembranfilterung *f*
tubular pressure filter Rohrdruckfilter *n*
tubular ram Ringkolben *m* *{Kunst}*
tubular ram injection mo[u]lding [process] Ringkolbeninjektionsverfahren *n*
tubular reactor Strömungsrohrreaktor *m*, Rohrreaktor *m*, Röhren[strömungs]reaktor *m*, Tubularreaktor *m*
tubular reforming furnace Röhrenspaltofen *m*
tubular seal Rohranschmelzung *f*, Endanglasung *f*
tubular spring-loaded pressure ga[u]ge Röhrenfedermanometer *n*
tubular vaporizer Röhrenverdampfer *m*
tubulated flask Flasche *f* mit Ansatzrohr, Kolben *m* mit Ansatzrohr *{Chem}*
tubulated retort Röhrenretorte *f* *{Lab}*
tubulation 1. Röhrenpumpstengel *m*; 2. Verbindungsleitung *f*; 3. Rohransatz *m*
tubulature bottle Niveauflasche *f* *{Lab}*
tubulure Ansatzrohr *n*, Rohransatz *m*, Rohrstutzen *m*
tufa [sedimentärer] Tuff *m* *{Geol}*
calcareous tufa Kalktuff *m* *{Geol}*
tufaceous tuffartig; Tuff-
tufaceous earth Tufferde *f*
tufaceous limestone Tuffkalk *m*
tuff [vulkanischer] Tuff *m* *{Geol}*, Tuffgestein *n*
tuft 1. Büschel *n*; Faserbüschel *n*, Faserbart *m* *{Spinnen}*; 2. Fadensonde *f*; 3. Hügel *m*, Erdhügel *m*
tula metal Tulametall *n*
tumble/to 1. taumeln; purzeln, fallen, stürzen, stolpern; 2. rommeln, trommeln *{Zunder entfernen}*
tumble dryer Taumeltrockner *m*, Tumbler *m* *{Text}*
tumble drying Taumelgefriertrocknung *f*
tumble mixer Taumelmischer *m*
tumbler 1. Freifallmischer *m*; 2. Drehtrommel *f* *{Tech}*; Bleichtrommel *f* *{Pap}*; Putztrommel *f* *{Gieß}*; 3. Tumbler *m*, Taumeltrockner *m*; Wäschetrockner *m*, Tumbler *m* *{Wasch-Trocken-Automat}*; 4. Wasserglas *n*, Becher *m*
tumbler centrifuge Taumelzentrifuge *f*
tumbler coating plant Trommelbeschichtungsanlage *f*
tumbler dryer *s.* tumble dryer
tumbler screen Taumelsieb *n*
tumbler screening machine Taumelsiebmaschine *f*, Taumelsiebgerät *n*
tumbler sieve Taumelsieb *n*
tumbler switch Kippschalter *m* *{Elek}*
tumbler tin-plating Rollfaßverzinnung *f*
tumbling 1. Taumeln *n*; 2. Rommeln *n*, Trommeln *n*, Trommelputzen *n* *{Zunder entfernen}*; 3. Trommellackierung *f*
tumbling action Taumelbewegung *f*
tumbling barrel Rollfaß *n*, Rommelfaß *n*, Scheuertrommel *f*, Putztrommel *f*
tumbling body Mahlkörper *m* *{Kugelmühle}*
tumbling drum Poliertrommel *f*, Lackiertrommel *f*
tumbling dryer Taumeltrockner *m*, Tumbler *m* *{Text}*
tumbling freeze drying Taumelgefriertrocknung *f*
tumbling machine Taumelwickelmschine *f* *{zum Wickeln von Laminaten}*
tumbling mill Trommelmühle *f*, Taumelmühle *f*
tumbling mixer Freifallmischer *m*, drehende Mischtrommel *f*, Trommelmischer *m*
tumbling movement Taumelbewegung *f*
tumbling sieve Taumelsieb *n*
tumbling trommel Poliertrommel *f*, Lackiertrommel *f*
autogenous tumbling mill Autogenmühle *f*
tumor Geschwulst *n*, Wucherung *f*, Tumor *m* *{Med}*
tumor cell Tumorzelle *f*
tumorigenicity tumorerzeugende Wirkung *f*
tumour *s.* tumor
tun Tonne *f*, Faß *n*, Bottich *m* *{Brau}*, Bütte *f*
tuna oil Thunfischöl *n*
tunable abstimmbar, durchstimmbar
tunable visible laser abstimmbarer Lichtlaser *m*
tuned spark generator Resonanzfunkengenerator *m*
tung oil Tungöl *n*, Abrasinöl *n*, China-Holzöl *n* *{Aleurites fordii Hemsl.}*
tung standoil Holzstandöl *n*
tungstate <M'_2WO_4> Wolframat *n*
tungsten *{W, element no. 74}* Wolfram *n*
tungsten arc lamp Wolframbogenlampe *f*
tungsten boride <WB_2> Wolframdiborid *n*
tungsten bronze Safranbronze *f*, Wolframbronze *f* *{Farb}*
tungsten carbide Wolframcarbid *n* *{WC_2, WC_3 und WC}*
tungsten carbide finisher HM-Finierer *m* *{Dent}*
tungsten cathode Wolframkathode *f* *{Spek}*
tungsten chloride Wolframchlorid *n* *{WCl_2, WCL_4, WCl_5, WCl_6}*

tungsten dioxide <WO_2> Wolframdioxid *n*, Wolfram(IV)-oxid *n*
tungsten diselenide <WSe_2> Wolframdiselenid *n*, Wolfram(IV)-selenid *n*
tungsten disk Wolframscheibe *f*, Wolframpastille *f*
tungsten disulfide <WS_2> Wolframdisulfid *n*, Wolfram(IV)-sulfid *n {Trib}*
tungsten electrode Wolframelektrode *f*
tungsten filament Wolframglühfaden *m*, Wolframheizfaden *m*, Wolframleuchtfaden *m*; Heizdraht *m*, Glühdraht *m {Heizdrahtschweißen}*
tungsten filament lamp Wolfram[glüh]fadenlampe *f*
tungsten fluoride <WF_6> Wolfram[hexa]fluorid *n*
tungsten halogen lamp Wolfram-Halogen-Lampe *f*
tungsten hexacarbonyl <$W(CO)_6$> Wolframhexacarbonyl *n*
tungsten hexachloride <WCl_6> Wolframhexachlorid *n*
tungsten hexafluoride <WF_6> Wolframhexafluorid *n*
tungsten inert-gas [arc] welding Wolfram-Inertgas-Schweißen *n*, WIG-Schweißen *n*
tungsten lamp Wolframlampe *f*
tungsten metal Wolframmetall *n*
tungsten ore Wolframerz *n {Min}*
tungsten oxychloride <$WOCl_4$> Wolfram(VI)-chloridoxid *n*, Wolframoxytetrachlorid *n*
tungsten pentabromide <WBr_5> Wolfram(V)-bromid *n*, Wolframpentabromid *n*
tungsten pentachloride <WCl_5> Wolfram(V)-chlorid *n*, Wolframpentachlorid *n*
tungsten rectifier Wolframgleichrichter *m {Elek}*
tungsten ribbon lamp Wolframband-Lampe *f*
tungsten silicide <WSi_2> Wolframsilicid *n*
tungsten steel Wolframstahl *m*
tungsten tetrachloride <WCl_4> Wolframtetrachlorid *n*, Wolfram(IV)-chlorid *n*
tungsten tip Wolframfinger *m*, Wolframspitze *f*
tungsten trioxide <WO_3> Wolframtrioxid *n*, Wolfram(VI)-oxid *n*
tungsten trisulfide <WS_3> Wolframtrisulfid *n*, Wolfram(VI)-sulfid *n*
tungsten white Wolframweiß *n*
tungsten wire Wolframfaden *m*
metallic tungsten Wolframmetall *n*
cemented tungsten carbide Wolframcarbid-Cobaltverbund *m {85 - 95 % WC, 5 - 15 % Co}*
tungstic Wolfram-, Wolfram(VI)-
tungstic acid <$WO_3 \cdot xH_2O$> Wolframsäure *f {obs}*, Wolfram(VI)-oxidhydrat *n*
tungstic anhydride <WO_3> Wolframsäureanhydrid *n*, Wolframtrioxid *n*, Wolfram(VI)-oxid *n*
tungstic ocher Wolframocker *m*, Tungstit *m {Min}*
tungstic oxide *s.* tungsten trioxide
salt of tungstic acid Wolframat *n*
tungstite Wolframocker *m*, Tungstit *m {Min}*
tungstoboric acid Borwolframsäure *f*, Wolframatoborsäure *f*
tungstophosphate Phosphowolframat *n*
tungstosilicate Wolframatosilicat *n*
tuning 1. Abstimmung *f*, Einstellen *n*, Abgleichen *n*; 2. Stimmen *n*, Abstimmen *n {Akustik}*
tuning apparatus Abstimmvorrichtung *f*
tuning capacitor Abstimmkondensator *m*
tuning circuit Abstimmkreis *m*
tuning coil Abstimmspule *f*
tuning dial Abstimmskale *f*, Einstellskale *f*
tuning error Abgleichfehler *m {Elek}*
tuning indication Abstimmanzeige *f*
tuning knob Abstimmknopf *m*
tuning scale Abstimmskale *f*, Einstellskale *f*
tunnel 1. Tunnel *m*; 2. Stollen *m*
tunnel action Tunnelvorgang *m {Vak}*
tunnel bearing Tunnellager *n*
tunnel cap Tunnelglocke *f {Dest}*
tunnel-cap tray Tunnelboden *m*
tunnel dryer Tunneltrockner *m*, Durchlauftrockner *m*, Kanaltrockner *m*, Schachttrockner *m*
tunnel drying machine *s.* tunnel dryer
tunnel drying oven Tunnelofen *m*, Kanalofen *m*
tunnel freezer Gefriertunnel *m*
tunnel furnace Tunnelofen *m*, Kanalofen *m*, Durchsatzofen *m*
tunnel kiln Tunnelofen *m*, Kanalofen *m*
tunnel oven Durchlaufofen *m*, Tunnelofen *m*
tunnel tray dryer Trockentunnel *m*
tuneling *s.* tunelling
tunnelling 1. Tunnelung *f {Durchdringen der Energiebariere}*; Durchtunnelung *f {Phys}*; 2. Tunnelbau *m*
tunnelling effect Tunneleffekt *m*
turanite Turanit *m*, Oliverz *n {Min}*
turanose <$C_{12}H_{22}O_{11}$> Turanose *f*, 3-O-α-D-Glucopyranosyl-D-fructose *f*
turbid trüb[e], getrübt *{Flüssigkeit}*; schlammig
become turbid/to sich trüben
turbidicator *s.* turbidity indicator
turbidimeter Trübungsmesser *m*, Turbidimeter *n*
turbidimetric turbidimetrisch
turbidimetric analysis Turbidimetrie *f*, Trübungsmessung *f*, Nephelometrie *f {indirekte Messung}*
turbidimetric analyzer nephelometrisches Analysiergerät *n {Instr}*
turbidity 1. Trübe *f*, Trübung *f*, Trübheit *f*; 2. Trüb[ungs]stoffe *mpl*, Schwebstoffe *mpl*, Schweb *m*
turbidity factor Trübungsfaktor *m*

turbidity indicator Trübungsmesser *m*, Turbidimeter *n*
turbidity meter Trübungsmesser *m*, Trübungsmeßgerät *n*
turbidity point Trübungstemperatur *f*, Trübungspunkt *m*
turbidity value Trübungszahl *f {Öl}*
turbidness Trübung *f*, Trübheit *f*
turbimetric Trübungsmessungs-
turbine 1. turbinengetrieben; 2. Turbine *f*
turbine agitator Schaufelradmischer *m*, Turborührwerk *n*, Turborührer *m*
turbine dryer Turbinentrockner *m*, Turbotrockner *m*, Büttner-Trockner *m*, Ringetagentrockner *m*
turbine flowmeter Turbinen-Durchflußmesser *m*, Turbinenzähler *m*
turbine fuel Turbokraftstoff *m*
turbine gas meter *{OIML R.I. 32}* Turbinen-Gasdurchflußmesser *m*
turbine impeller Turbinenmischer *m*, Turbomischer *m*, Schaufelradmischer *m*, Turborührwerk *n*, schnellaufendes Schaufelrührwerk *n*
turbine meter Flügelradzähler *m*, Flügelraddurchflußmengengerät *n*
turbine mixer Schaufelradmischer *m*, Turbinenmischer *m*, Turbinenrührer *m*, Turbomischer *m*
turbine oil Turbinenöl *n*
turbine-oil stability test Oxidationsbeständigkeitstest *m* für Turbinenöl
turbine water meter Einflügelradzähler *m*
turbo 1. Turbo-, Strömungs-; 2. Turbolader *m*, Abgasturbolader *m*
turbo-agitator *s.* turbomixer
turboblower Turbogebläse *n*, Kreiselgebläse *n*
turboburner Turbobrenner *m*
turbocompressor Turbokompressor *m*, Rotationskompressor *m*, Kreiselverdichter *m*, Turboverdichter *m*
turbodryer Turbotrockner *m*, Turbinentrockner *m*, Büttner-Trockner *m*, Ringetagentrockner *m*
turbofurnace Wirbelschichtfeuerung *f*, Wirbelkammerfeuerung *f*
turbomixer Turbomischer *m*, Turbinenmischer *m*, Turbinenrührer *m*, Schaufelradmischer *m*, Turborührwerk *n*
turbomolecular pump Turbomolekularpumpe *f*, Turboviskosimeter *n {Vak}*
turbopump Kreiselpumpe *f*, Turbopumpe *f*, Turbinenpumpe *f*
turbovacuum pump Turbovakuumpumpe *f {Vak}*
turbulence Turbulenz *f*, Durchwirbelung *f*, Unruhe *f*, Verwirbelung f*{Phys}*
turbulence chamber Wirbelkammer *f*
turbulence effect Turbulenzeinfluß *m*
turbulence mixer Wirbelmischer *m*
degree of turbulence Turbulenzgrad *m*
turbulent turbulent, verwirbelt, wirbelig; Wirbel-
turbulent flow turbulente Strömung *f*, Wirbelströmung *f {Phys}*
turbulent flow region turbulenter Strömungsbereich *m*
turbulent furnace Wirbelfeuerung *f*
turbulent heating Wirbelheizung *f*
turbulent layer Wirbelschicht *f*
turbulent-layer dryer Wirbelschichttrockner *m*
turbulent mixing Verwirbelung *f*
turbulent motion turbulente Bewegung *f*
turgescence Quellung *f*
turicine Turicin *n*
Turkey brown Türkischbraun *n*
Turkey red Türkischrot *n*, Alizarinaltrot *n {Farb}*
Turkey red oil Türkischrotöl *n {sulfoniertes Rizinusöl}*
Turkey umber türkische Umbra *f*
turmeric 1. Curcuma *f*, Kurkuma *f*, Gelbwurz *n {Curcuma longa L.}*; 2. Curcumawurzel *f*
turmeric paper Curcuma-Papier *n {Reagenzpapier}*
turmeric test Curcuma-Probe *f*, Curcuma-Test *m*
turmerone Turmeron *n {Sesquiterpen}*
turn/to drehen, wenden; abbiegen, einbiegen *{Auto}*; drehen *{Werkzeugmaschine}*; drechseln *{Tech}*; umkehren, umschlagen *{von Farbtönen}*
turn into/to umwandeln
turn off/to abschalten, abstellen; zudrehen *{Hahn}*
turn on/to anschalten, anstellen; andrehen, aufdrehen *{Hahn}*
turn over/to umdrehen, wälzen
turn yellow/to vergilben
turn 1. Wendung *f*, Drehung *f*; 2. Umdrehung *f*, Tour *f {Tech}*; Umlauf *m {Graph}*; 3. Windung *f {Elek}*; 4. Biegung *f*, Krümmung *f*; 5. Ausschlag *m {Waage}*; 6. Passage *f {Text}*; 7. Reihenfolge *f*, Turnus *m*
turn-down ratio Arbeitsbereich *m {Dest}*
turn of a screw Gang *m* einer Schraube
turnable compression manometer drehbares Kompressionsvakuummeter *n*
Turnbull's blue Turnbulls Blau *n*
turning 1. drehend, rotierend, umlaufend; Dreh-; 2. Drehbearbeitung *f*, Drehen *n {Tech}*; Drechseln *n {Holz, Tech}*; 3. Wenden *n {Brau}*; 4. Biegung *f {z.B. des Flußbetts, der Straße}*; 5. Drehung *f {Tech}*; 6. Drehspan *m*; 7. Bogenbildung *f*, Bogenkonstruktion *f {Bau}*
turning basin Wendebecken *n*
turning blade Wendeschaufel *f*

turning clockwise rechtsdrehend, im Uhrzeigersinn *m* drehend
turning distributor rotierender Verteiler *m*
turning force Drehkraft *f*
turning gear Schwenkgetriebe *n*
turning moment Drehmoment *n*
turning motion Drehbewegung *f*
turning movement Schwenkbewegung *f*
turning off Ausschaltung *f*
turning point Drehpunkt *m*, Umkehrpunkt *m*, Wendepunkt *m {z.B. von Schwingungen}*
turning table Drehtisch *m*
turnings Drehspäne *mpl*
turnkey schlüsselfertig *{Gebäude}*; betriebsbereit, betriebsklar, betriebsfertig
turnover 1. Umsatz *m {Ökon}*; 2. Umwandlung *f {Chem}*; Stoffumsatz *m*, Turnover *n {Biochem}*; 3. Umklappen *n {chemische Bindungen bei der Waldeschen Umkehrung}*; 4. Umgruppierung *f*, Umschichtung *f*; 4. Umwälzen *n {Chem, Ökol}*
turnover increase Umsatzausweitung *f*, Umsatzplus *n*, Umsatzzuwachs *m*
turnover number Wechselzahl *f*, molekulare Aktivität *f {Chem}*
turnover number of an enzyme Wechselzahl *f* eines Enzyms *{Moleküle pro Enzymmoleküle in 1 min}*
turnsole Lackmus *m n {Flechtenfarbstoff}*
turnsole paper Lackmuspapier *n {Reagenzpapier}*
turnsole blue Lackmusblau *n*
turntable 1. Drehscheibe *f {Keramik}*; 2. Drehtisch *m*; 3. Schwenktablett *n {Gummi}*; 4. Drehteller *m*, Plattenteller *m*
turpentine Terpentin *n {Balsam von Nadelhölzern}*
turpentine camphor Terpentincampher *m*
turpentine oil **<$C_{10}H_{16}$>** Terpentinöl *n*
turpentine ointment Terpentinsalbe *f {Pharm}*
turpentine pitch Terpentinpech *n*
turpentine resin Terpentinharz *n*
turpentine substitute Terpentin[öl]ersatz *m*, Terpentinölsurrogat *n*
turpentine varnish Terpentinfirnis *m*, Terpentinlack *m*
mordant based on turpentine Terpentinbeize *f*
spirits of turpentine Terpentinalkohol *m*
turquoise 1. türkisfarben, türkisfarbig, blaugrün; 2. Türkis *m*, Kallait *m {Min}*
turquoise blue Türkisblau *n*
turquoise green Türkisgrün *n*
turret dryer Trockenturm *m {Leder}*
tutocaine hydrochloride Tutocainhydrochlorid *n*
tutty Gichtschwamm *m*, Ofenbruch *m*, Ofengalmei *m*, Ofenschwamm *m*, Zinkschwamm *m*
tuyère Windform *f*, Winddüse *f*, Blasform *f {Hochofen}*
tuyère gate Düsenabsperrschieber *m*
tuyère slag Formschlacke *f*
tweezer Noppeisen *n {Text}*
tweezers 1. Pinzette *f*; 2. Zängchen *n*, Federzange *f*, Haarzange *f*
twelve dozen Gros *n {Pap, altes Zählmaß}*
twice doppelt, zweierlei; zweifach, zweimal
twice reflected zweimal reflektiert, zweifach reflektiert
twig tower Gradierwerk *n*
twill 1. Köper *m {Weben}*; 2. Twill *m*, Twillbindung *f {Text}*; 3. Twill *m {Stoff aus Baumwolle oder Seide in doppelter Köperbindung}*
twill[ed] weave Köperbindung *f*
twin 1. Doppel-, Zwillings-, Tandem-, Zwei-; 2. Zwilling *m*, Zwillingskristall *m*, Kristallzwilling *m*
twin arc Doppel[elektroden]bogen *m*
twin barrel Doppelzylinder *m*
twin-beam method Zweistrahlverfahren *n*
twin-beam single cell photometer Zweistrahl-Einzellenphotometer *n*
twin-beam spectrometer Zweistrahlspektrometer *n*
twin block Zwillingsblock *m*
twin cable Zweileiterkabel *n*, doppeladriges Kabel *n {Elek}*; paarig verseiltes Kabel *n*
twin centrifugal pump Doppelschleuderpumpe *f*
twin comparator Doppelkomparator *m*
twin compounding unit Aufbereitungs-Doppelanlage *f*
twin conductor Doppelleiter *m*
twin crystal Zwilling *m*, Kristallzwilling *m*, Zwillingskristall *m*
twin-cylinder mixer Zwillingstrommelmischer *m*
twin die head Doppelwerkzeug *n*, Zweifach[extrusions]kopf *m*, Doppel[spritz]kopf *m*, Zweifachwerkzeug *n*
twin drum dryer Zweiwalzentrockner *m {mit nach außen rotierenden Walzen}*
twin extruder head *s.* twin die head
twin feed screw Doppel-Dosierschnecke *f*, Doppel-Einlaufschnecke *f*
twin floppy disk drive Doppel-Floppy-Disk[etten]-Laufwerk *n*, Disketten-Doppellaufwerk *n*
twin formation Zwillingsbildung *f*
twin manifold Doppelverteilerkanal *m*
twin projector Doppelprojektor *m*, Spektrendoppelprojektor *m*
twin pump Zwillingspumpe *f*
twin reprocessing unit Aufbereitungs-Doppelanlage *f*

twin-rotor mixer Zweiwellenrührer *m*, Zweiwellenrührgerät *n*
twin-screen pack Doppelsiebkopf *m*
twin-screw Doppelschnecke *f*, Zwei[wellen]schnecke *f*, zweiwellige Schnecke *f*, Schneckenpaar *n*
twin-screw compounder Doppelschneckenkompounder *m*, Doppelschneckenmaschine *f*, Zweischneckenmaschine *f*, Zweiwellenmaschine *f*, Zweiwellenkneter *m*, zweiwellige Schneckenmaschine *f*, zweiwelliger Schneckenkneter *m*
twin-screw continuous kneader and compounder Scheibenkneter *m*, Zweiwellenkneter *m*, Erdmenger-Kneter *m*
twin-screw extruder Doppelschneckenextruder *m*, Zweischneckenextruder *m*, Zweiwellenextruder *m*, Zweischneckenstrangpresse *f*
twin-screw extrusion Doppelschneckenextrusion *f*
twin-screw pelletizer Zweiwellen-Granuliermaschine *f {Kunst}*
twin-screw plasticator Doppelschneckenkneter *m*
twin-screw pressure mixer Doppelschrauben-Druckmischer *m*
twin-screw principle Doppelschneckenprinzip *n*
twin screws Schneckenpaar *n*
twin-shell blender Zwillingstrommelmischer *m*, Doppeltrommelmischer *m*
twin-shell dry blender Doppeltrommeltrockenmischer *m*
twin-shell mixer Hosenmischer *m*
twin socket Doppelsteckdose *f {Elek}*
twin taper screw extruder Extruder *m* mit konischer Doppelschnecke
twin-threaded doppelstrangig
twin-threaded helix structure doppelstrangige Helixstruktur *f*
twin vacuum hopper Doppelvakuumtrichter *m*, Vakuum-Doppeltrichter *m*
twin-worm extruder Zweischneckenextruder *m*, Zweischneckenstrangpresse *f*, Doppelschneckenextruder *m*, Doppelschneckenpresse *f*
twin-worm mixer Doppelschneckenmischer *m*
twine Schnur *f*, Bindfaden *m*, Strick *m*; Zwirn *m*
twinning Zwillings[aus]bildung *f*, Zwillingsverwachsung *f {Krist}*
twirl/to quirlen, wirbeln; schnell drehen, zwirbeln
twist/to [ver]drehen, verwinden, verdrillen, verdrallen; [ver]zwirnen *{Text}*; wringen; verzerren *{Med}*
twist 1. Torsion *f*, Verdrehung *f*, Verdrallung *f*, Verdrillung *f {Tech}*; 2. Schlag *m*, Drall *m {Kabel}*; Schlagrichtung *f {Seil}*; 3. Verdrehung *f {z.B. beim Trocknen}*; 4. Grat *m {Gußfehler}*; 5. Drehung *f*, Zwirnung *f {Glasseidenzwirn}*; 6. Zwirn *m*; Zwist *m {Text}*; 7. Knäuel *n*
twist angle Verdrehungswinkel *m {Molekülstruktur}*
twist conformation Verdrehungskonformation *f {Stereochem}*
twist factor Drehungsfaktor *m*
angle of twist Torsionswinkel *m*, Verdrehungswinkel *m*
twistable [ver]drehbar
twisted filament gezwirnter Faden *m*
twisted filament yarn gezwirntes Filamentgarn *n {aus endlosen Chemiefasern}*
twisting 1. Drehen *n*, Torsion *f*, Verwindung *f*, Verdrehen *n*, Verdrillen *n*, Verdrallen *n*; 2. Verzwirnen *n {Text}*; 3. Windschiefe *f*, Flügligkeit *f {Schnittholzfehler}*
twisting force Drehkraft *f*, Torsionskraft *f*
twisting moment drehendes Kräftepaar *n*, Drehungsmoment *n*
twisting resistance Torsionswiderstand *m*
twisting test Torsionsversuch *m*
Twitchell fat decomposition Twitchell-Spaltung *f* von Fetten, Twitchellsche Fettspaltung *f*
Twitchell's reagent Twitchells Reagens *n*, Twitchell-Reaktiv *n*
two zwei
two-arm kneader zweiarmiger Kneter *m*
two-bath process Zweibadverfahren *n {chemische Reinigung}*
two-body collison Zweierstoß *m*
two-body problem Zweikörperproblem *n*
two-cell accumulator Doppelakkumulator *m*
two-center bond Zweizentrenbindung *f*, Zweielektronenbindung *f {Chem}*
two-center problem Zweizentrenproblem *n*
two-chamber ionization ga[u]ge Zweikammer-Ionisationsvakuummeter *n*
two-chamber mill Zweikammermühle *f*
two-colo[u]r zweifarbig; Zweifarben-
two-colour printing Zweifarbendruck *m*
two-colo[u]red zweifarbig; Zweifarben-
two-compartment Zweikammer-
two-compartment hopper Zweikammertrichter *m*
two-compartment mill Zweikammermühle *f*
two-component zweikomponentig
two-component adhesive Reaktionsklebstoff *m*, Zweikomponentenklebstoff *m*
two-component balance Zweikomponentenwaage *f*
two-component finish Reaktionslack *m*
two-component injection mo[u]lding Zweikomponenten-Spritzgießen *n*
two-component lacquer Zweikomponentenlack *m*, 2K-Lack *m*, Reaktionslack *m*
two-component mixture Zweikomponentenmischung *f*, Zweistoffgemisch *n*

two-component process Zweikomponentenverfahren *n*
two-component spray gun Zweikomponentenspritzpistole *f*
two-crystal spectrometer Doppelkristallspektrometer *n*
two-cycle Zweitaktverfahren *n*, Zweitaktprozeß *m*
two-cylinder dryer Zweiwalzentrockner *m*
two-cylinder engine Zweizylindermotor *m*
two-daylight press Zweietagenpresse *f*
two-dimensional zweidimensional
two-directional zweidirektional, bidirektional
two-directional focusing Richtungsdoppelfokussierung *f*
two-door interlock Schleuse *f*
two-electrode sputter-ion pump Ionenzerstäuberpumpe *f* vom Diodentyp
two-electron reduction Zweielektronenreduktion *f*
two-floor kiln Zweihordendarre *f {Brau}*
two-fluid cell Volta-Element *n*
two-fluid nozzle Zweistoffdüse *f {Strahlenschutz}*
two-ga[u]ge [calibrated conductance] method Leitwertmethode *f {zur Bestimmung des Saugvermögens}*
two-layer doppellagig; Zweischicht-
two-layer blow mo[u]lding Zweischichthohlkörper *m*
two-layer coextrusion Zweischicht-Koextrusion *f*
two-layer composite Zweischichtverbund *m*
two-layer film Bikomponentenfolie *f*, Zweischichtfolie *f*
two-layer flat film Zweischichtflachfolie *f*
two-layer sheet extrusion Zweischicht-Tafelherstellung *f*
two-necked zweihalsig
two-pack adhesive Zweikomponentenklebstoff *m*
two-pack composition Zweikomponentenlack *m*, Reaktionslack *m*
two-pack compound Zweikomponentenmasse *f*
two-pack liquid silicone rubber Zweikomponenten-Flüssigsilikonkautschuk *m*
two-pack paint Zweikomponentenanstrich *m*, Zweikomponentenanstrichmittel *n*
two-pack system Zweikomponentensystem *n*
two-part zweiteilig
two-part casting compound Zweikomponenten-Gießharzmischung *f*
two-part adhesive Zweikomponentenklebstoff *m*
two-part paste Zweikomponentenpaste *f {Kleber aus zwei polymeren Grundstoffen}*
two-phase zweiphasig; Zweiphasen-
two-phase [alternating] current Zweiphasenstrom *m*
two-phase capacitor Zweischichtenkondensator *m*
two-phase equilibrium Zweiphasengleichgewicht *n*
two-phase flow Zweiphasenströmung *f*
two-phase four wire system Zweiphasenvierleitersystem *n {Elek}*
two-phase mixture Zweiphasengemisch *n*
two-phase morphology Zweiphasenmorphologie *f*
two-phase printing process Zweiphasendruckverfahren *n*
two-phase section Zweiphasenstrecke *f*
two-phase structure Zweiphasenstruktur *f*
two-phase system Zweiphasensystem *n*
two-phase three wire system Zweiphasendreileitersystem *n {Elek}*
two-phase transformer Zweiphasentransformator *m*
two-phase wiring Zweiphasenleitung *f*
two-photon ionization in supersonic beams Zweiphotonenionisation *f* im Überschallstrahl *m*
two-point controller Zweipunktregler *m*
two-polar zweipolig
two-position controller Zweipunktregler *m*
two-pressure type boiler Zweidruckkessel *m*
two-prism spectrograph Zweiprismenspektrograph *m*, Doppelprismenspektrograph *m*
two-product separation Zweiprodukttrennung *f*
two-region reactor Zweizonenreaktor *m {Nukl}*
two-roll attrition mill Zweirollen-Scheibenmühle *f*
two-roll extruder Zweiwalzenextruder *m*
two-shot foaming technique Zweistufenschaumstoffherstellung *f {Polyurethan}*
two-sided beidseitig, zweiseitig
two-speed zweitourig; Zweilauf-
two-stage zweistufig
two-stage blow mo[u]lding [process] Zweistufenblasverfahren *n*
two-stage compressor Zweistufenkompressor *m*, zweistufiger Kompressor *m*, zweistufiger Verdichter *m*
two-stage evaporation zweistufige Verdampfung *f*
two-stage extruder Zweistufenextruder *m*
two-stage filter Doppelfilter *n*
two-stage governor Zweistufenregler *m*
two-stage injection blow mo[u]lding Zweistufenspritzblasen *n*
two-stage injection stretch blow mo[u]lding Zweistufen-Spritzblasstrecken *n*; Zweistufen-Spritzstreckblasverfahren *n*
two-stage process Zweistufenprozeß *m*, Zwei-

stufenverfahren *n*, zweistufiges Verfahren *n*, zweistufiger Vorgang *m*
two-stage stretching [process] Zweistufenreckprozeß *m*
two-stage twin screw extruder Zweistufen-Doppelschneckenextruder *m*
two-start doppelgängig, zweigängig
two-step zweistufig
two step calibration method Vorkurven-Verfahren *n*, Churchill-Verfahren *n {Spek}*
two-step control Zweipunktregelung *f*, Ein-Aus-Regelung *f*, Auf-Zu-Regelung *f*
two-step controller Zweipunktregler *m*, Ein-Aus-Regler *m*, Auf-Zu-Regler *m*, Grenzwertregler *m*
two-step filter Zweistufenfilter *n*
two-step reduction Zweistufenreduktion *f*
two-stroke engine fuel Zweitaktgemisch *n*
two-stroke engine oil Zweitaktmotorenöl *n*
two-thread worm Zweigangschnecke *f*
two-tone colo[u]r Doppeltonfarbe *f*
two-walled zweiwandig
two-way cock Zweiwegehahn *m*
two-way flow control unit Zweiwegestromregelung *f*
two-way globe globe-type control valve Zweiwegekugelsteuerventil *n*
two-way pump Zweiwegepumpe *f*
two-way radio Sende- und Empfangsgerät *n*
two-way stopcock Zweiwegehahn *m*
two-way switch Wechselschalter *m*, Umschalter *m {für zwei Stromkreise}*
two-way tap Zweiwegehahn *m*
two-way thread Zweiganggewinde *n*
two-way valve Zweiwegeventil *n*, Doppelventil *n*, Wechselventil *n*
two-wheeled truck Zweiradtransportwagen *m*
two-wire system Zweileitersystem *n*, Zweidrahtsystem *n*, Zweileiternetz *n {Elek}*
two-zone model Zweizonenmodell *n*
two-zone reactor Zweizonenreaktor *m*
twofold doppelt, zweifach, zweizählig
twyer *s.* tuyère
tychite Tychit *m {Min}*
tylophorine <$C_{24}H_{27}NO_4$> Tylophorin *n*
Tylose *{TM}* Methylcellulose *f*
tymp sheet steel Tümpelblech *n*
tymp stone Tümpelstein *m*
Tyndall cone Tyndall-Kegel *m {Koll, Opt}*
Tyndall effect Tyndall-Effekt *m*, Tyndall-Phänomen *n*, Tyndall-Streuung *f {Koll, Opt}*
type/to tippen, eintippen, schreiben *{mittels Tastatur}*
type 1. Typ *m*, Ausführung *f {Tech}*; Muster *n*, Modell *n {Tech}*; 2. Art *f*, Sorte *f*, Typ *m*; 3. Gattung *f*, Schalg *m {Biol}*; 4. Type *f*, Letter *f {Einzelbuchstabensatz}*; Type *f {Büromaschine}*; 5. Typus *m {Math}*
type design Bauart *f*
type designation Typenbezeichnung *f*
type metal Letternmetall *n*, Schriftmetall *n {77 % Pb, 22 % Sb; Spuren Sn, Bi, Ni oder Cu}*
type of blowing agent Treibmittelart *f*
type of [chemical] bond Bindungstyp *m*
type of combination Bindungsart *f*, Art *f* der Bindung *{Valenz}*
type of curing agent Vernetzerart *f {Vulkanisation}*
type of deoxidation Desoxidationsart *f*, Desoxidationstyp *m {DIN 1614}*
type of design Konstruktionsform *f*
type of die Düsenform *f*
type of drive Antriebsart *f*
type of emulsifier Emulgatorart *f*
type of extruder Extrudertyp *m*
type of filler Füllstoffart *f*, Füllstoffsorte *f*
type of fracture Bruchart *f*
type of gate Angußart *f*
type of heating Heizungsart *f*
type of loading Belastungsart *f*
type of melt Erschmelzungsart *f*
type of microstructure Gefügezustand *m*
type of nozzle Düsenbauart *f*, Düsenform *f*, Düsenart *f*
type of operation Betriebsart *f {z.B. automatisch, manuell}*
type of pigment Pigmentierungsart *f*
type of plasticizer Weichmacherart *f*, Weichmachertyp *m*
type of screw Schneckenart *f*, Schneckenbauart *f*
type of separator Scheiderbauart *f*
type of solvent Lösungsmitteltyp *m {obs}*, Lösemitteltyp *m*, Lösertyp *m {Chem}*
type of stress Beanspruchungsart *f*, Belastungsart *f*
type of structure Strukturtyp *m {Kunst}*
type plate Typenschild *n*
type sample Muster *n*
type specimen Musterexemplar *n*
type test Baumusterprüfung *f*, Typprüfung *f*
typesetting Setzen *n*, Satzherstellung *f {Druck}*
typewriter Schreibmaschine *f*
typewriter ribbon Farbband *n*
typhoid vaccine Typhusvakzine *f*
typhotoxin Typhotoxin *n {Ptomain}*
typhus Fleckfieber *n*, Typhus *m {Med}*
typical typisch; echt; kennzeichnend, bezeichnend, charakteristisch; üblich
typical compounds typische Verbindungen *fpl*, charakteristische Verbindungen *fpl*
typical elements typische Elemente *npl*, beispielhafte Elemente *npl {Periodensystem}*
typification Typisierung *f {nach Typen einteilen}*
typified typisiert, typisch *{für etwas}*

typolysis Typolyse *f*
tyramine <$HOC_6H_4CH_2CH_2NH_2$> Tyramin *n*, Hydroxyphenylethylamin *n*
tyramine oxidase 1. *{EC 1.4.3.9}* Thyraminoxidase *f*; 2. *{EC 1.4.3.4}* Monoaminoxidase *f*, Tyraminoxidase *f*, Tyraminase *f*, Adrenalinoxidase *f*, Aminoxidase (flavinhaltig) *f {IUB}*
tyre Reifen *m*, Pneumatik *f*, Luftreifen *m {Gummi}*; Radreifen *m*, Bandage *f {Zusammensetzungen s. tire}*
tyrite Tyrit *m {obs}*, Fergusonit *m {Min}*
tyrocidine Tyrocidin *n {Antibiotikum}*
tyrolite Tyrolit *m*, Kupferschwamm *m {Min}*
tyrosal Salipyrin *n*, Antipyrinsalicylat *n*
tyrosinase 1. *{EC 1.10.3.1}* *o*-Diphenolase *f*, Diphenoloxidase *f*, Catecholoxidase *f {IUB}*; 2. *{EC 1.14.18.1}* Phenolase *f*, Monophenoloxidase *f*, Cresolase *f*, Monophenylmonooxygenase *f {IUB}*
tyrosine <$HOC_6H_4CH_2CH(NH_2)COOH$> Tyrosin *n*, Tyr, Amino-*ß*-(*p*-hydroxyphenyl)-propansäure *f {Biochem}*
tyrosine carboxypeptidase *{EC 3.4.16.3}* Tyrosincarboxypeptidase *f*
tyrosine decarboxylase *{EC 4.1.1.25}* Tyrosindecarboxylase *f*
tyrosine phenol-lyase *{EC 4.1.99.2}* Tyrosinphenollyase *f*
tyrosinol Tyrosinol *n*
tyrosol <$HOC_6H_4CH_2CH_2OH$> Tyrosol *n*
tyrothricin Tyrothricin *n*
tyrotoxicon *s.* tyrotoxin
tyrotoxin <$C_6H_5N=NOH$> Diazobenzolhydroxid *n*
tysonite Fluocerit *m {obs}*, Tysonit *m {Min}*
tyvelose Tyvelose *f {Didesoxyzucker}*

U

U-bend 1. Umkehrbogen *m*, Doppelkniestück *n*, Doppelkrümer *m*, U-Bogen *m*; 2. Geruch[s]verschluß *m*, Siphon *m*, Traps *m {Sanitärtechnik}*
U-iron U-Eisen *n*
U-shaped U-förmig
U-shaped clamp U-Schellenverbindung *f*
U-shaped manometer U-Rohr-Manometer *n*
U-shaped tube U-Rohr *n*, U-Bogen *m*
U-tube U-Rohr *n*, U-Bogen *m*
U-tube manometer U-Rohr-Manometer *n*
U-tube pressure ga[u]ge Differentialmanometer *n*
U-tube viscosimeter U-Rohr-Viskositätsmesser *m*
U-type mercury manometer Quecksilber-U-Rohr-Manometer *n*
Ubbelohde melting point Tropfpunkt *m* nach Ubbelohde, Schmelzpunkt *m* nach Ubbelohde
Ubbelohde viscometer Ubbelohde-Viskosimeter *n*
ubiquinone Ubichinon *n*, Coenzym Q *n*
UCC foam mo[u]lding Niederdruckschaumstoffspritzgießen *n {mittels Mehrfachdüsensystems mit Direktbegasung}*
UDP *s.u.* uridine diphosphate
UDPG *s.* uridine diphosphoglucose
UHF Ultrahochfrequenz *f {300-3000 MHz} {ultra-high frequency}*
uhligite Uhligit *m {Min}*
UHMWPE *{ultra-high molecular weight polyethylene}* ultrahochmolekulares Polyethylen *n*
UHT *{ultra-high temperature}* Ultrahochtemperatur *f*
UHT milk ultrahocherhitzte Milch *f*, H-Milch *f*
uhv (UHV) *{ultra-high vacuum}* Ultrahochvakuum *n {10^{-10}mm Hg}*
UL approved *{US}* UL-geprüft *{Schutz; UL = Underwriters Laboratories Ltd.}*
ulcer Geschwür *n {Med}*
ulexine <$C_{11}H_{14}N_2O$> Ulexin *n*, Laburnin *n*, Sophorin *n*, Babtitoxin *n {Alkaloide aus Laburnum angyroides Medik., Sophora dementosa, Baptisia tinctoria und Ulex europaeus}*
ulexite Ulexit *m*, Boronatrocalcit *m {Min}*
ullage 1. Schwund *m*, Leckage *f*, Flüssigkeitsverlust *m*; 2. Restbier *n {Brau}*; 3. Leerraum *m {im Tank}*
ullmannite <NiSbS> Antimonnickelkies *m {obs}*, Nickelantimonglanz *m {obs}*, Nickelspießglanz *m {obs}*, Ullmannit *m {Min}*
ulmic acid <$C_{20}H_{14}O_6$> Ulminsäure *f*, Geinsäure *f*
ulmin <$C_{40}H_{16}O_{14}$> Ulmin *n {Chem, Geol}*
ulmin brown Ulminbraun *n*, Kohlebraun *n*, Kasseler Braun *n*
ulrichite Ulrichit *m {Geol}*; Ulrichit *m*, Uraninit *m {Min}*
ultimate grundlegend, elementar; entferntest, entlegenst; äußerst, [aller]letzt; End-, Letzt-, Höchst-, Grenz-
ultimate analysis Elementaranalyse *f*
ultimate bearing stress Höchstbelastung *f*
ultimate breaking strength Bruchfestigkeit *f*
ultimate density Enddichte *f*
ultimate elongation 1. Dehnungsgrenze *f*; spezifische Dehnung *f*; 2. Bruchdehnung *f {Gummi}*, Dehnung *f* nach dem Bruch, Verlängerung *f* nach dem Bruch
ultimate flexural stress Grenzbiegespannung *f*
ultimate ga[u]ge length Bruchmeßlänge *f*
ultimate limit switch Notendschalter *m*, Endausschalter *m*, Sicherheitsendschalter *m*

ultimate line letzte Linie *f*, Restlinie *f*, Grundlinie *f*, Nachweislinie *f*, beständige Linie *f* *{Spek}*
ultimate load Höchstlast *f*, Bruchlast *f*
ultimate nuclear waste disposal Endlagerung *f* von Atommüll, Endlagerung *f* von nuklearen Abfallstoffen
ultimate organic analysis organische Elementaranalyse *f*
ultimate pressure Enddruck *m* *{Vak}*, Endvakuum; spezifischer Flächendruck *m*
ultimate resilience Brucharbeitsvermögen *n*
ultimate shearing strain spezifische Scherspannung *f*, spezifische Schubspannung *f*
ultimate storage Endlagerung *f* *{radioaktive Abfallstoffe}*
ultimate storage drum Endlagerfaß *n*
ultimate storage facility Endlager *n* *{radioaktiver Abfall}*
ultimate strain Bruchstauchung *f*
ultimate strength Bruchfestigkeit *f*, Bruchgrenze *f*, Dehnungsgrenze *f*, Endstabilität *f*
ultimate stress Bruchbelastung *f*, Bruchspannung *f*
ultimate stress limit Bruchgrenze *f*
ultimate tensile strength Reißfestigkeit *f*, Zerreißfestigkeit *f*, Zugfestigkeit *f*
ultimate tensile stress Bruchspannung *f*, Reißkraft *f*
ultimate total pressure Endtotaldruck *m*
ultimate user Endverbraucher *m*
ultimate vacuum Enddruck *m* *{Vak}*, Endvakuum *n*
ultimate viscosity Gleichgewichtsviskosität *f* *{DIN 13342}*
ultimate waste disposal Abfallendlagerstätte *f* *{radioaktiver Abfall}*

ultra über, hinaus, jenseits [von]; ultra, extrem; Ultra-, Super-
ultra low temperature ultratiefe Temperatur *f*, extrem tiefe Temperatur *f*, Ultratieftemperatur *f*

ultracentrifuge Ultrazentrifuge *f*, Superzentrifuge *f* *{> 100000 g}*
analytical ultracentrifuge analytische Ultrazentrifuge *f*
preparative ultracentrifuge präparative Ultrazentrifuge *f*

ultraclean ultrasauber, extrem rein
ultraclean environment ultrasaubere Bedingungen *fpl*, Reinstraumbedingungen *fpl*

ultracold ultrakalt *{T < 0,001 K}*

ultracondenser Ultrakondensor *m* *{Opt}*

ultrafilter Ultrafilter *n*

ultrafiltration Ultrafiltration *f*, Ultrafiltrieren *n* *{Molekularfiltration}*
ultrafiltration membrane Ultrafiltrationsmembran[e] *f*, Umkehrosmosemembran[e] *f*
ultrafiltration system Ultrafiltrationssystem *n*

ultrafine 1. ultrafein, allerfeinst; 2. Allerfeinste *n*

Ultrafining Ultrafining *n* *{Erdöl}*

Ultraforming Ultraforming *n* *{Erdöl}*

ultragravity wave Ultraschwerewelle *f* *{0,1-1 s}*

ultrahigh frequency Ultrahochfrequenz *f*, UHF *{300-3000 MHz}*
ultrahigh molecular weight ultrahochmolekular
ultrahigh molecular-weight polyethylene ultrahochmolekulares Polyethylen *n*, UHMWPE
ultrahigh pressure plasticization Höchstdruckplastifizierung *f*
ultrahigh-purity helium atmosphere Reinstheliumatmosphäre *f*
ultrahigh-strength fiber hochfeste Faser *f*
ultrahigh-strength steel ultrafester Stahl *m*
ultrahigh temperature Ultrahochtemperatur *f*, ultrahohe Temperatur *f*, extrem hohe Temperatur *f*
ultrahigh vacuum Höchstvakuum *n*, Ultrahochvakum *n*, UHV *{10^{-10} mmHg}*
ultrahigh vacuum flange Ultrahochvakuumflansch *m*
ultrahigh vacuum oil diffusion pump Ultrahochvakuum-Öldiffusionspumpe *f*
ultrahigh vacuum system Ultrahochvakuumanlage *f*
ultrahigh vacuum valve Ultrahochvakuumventil *n*

ultraionization Ultraionisierung *f*

ultramarine 1. ultramarin[blau]; 2. Azurblau *n*, Lasurblau *n* *{Farbe}*; 3. Ultramarin *n* *{lichtechtes anorganisches Pigment aus schwefelhaltigen Natrium-Aluminium-Silicaten wechselnder Zusammensetzung}*
ultramarine blue Ultramarinblau *n* *{rötliches Blau}*
artificial ultramarine künstliches Ultramarin *n*
native ultramarine Lasurblau *n*, Azurblau *n*, Lapislazuli *m*, Lazurit *m*, Lasurstein *m* *{Min}*
natural ultramarine *s.* native ultramarine

ultramicrobalance Ultramikrowaage *f*, Feinstwaage *f* *{Gewichtsdifferenzen bis zu 10^{-10} g}*

ultramicrochemical ultramikrochemisch

ultramicron ultrafeines Teilchen *n* *{< 100 nm}*

ultramicroscope Ultramikroskop *n*

ultramicroscopic ultramikroskopisch

ultramicroscopy Ultramikroskopie *f*

ultramicrotomy Ultramikrotomie *f* *{Herstellung von Dünnschnitten}*

ultrapore Feinstpore *f*, Ultrapore *f*

ultrapure ultrarein, hochrein, extrem rein

ultraquinine <$C_{19}H_{22}N_2O_2$> Ultrachinin *n*, Cuprein *n*

ultrared 1. ultrarot, infrarot; 2. Infrarot *n*, IR *{Zusammensetzungen s. infrared}*

ultraselective detector hochselektiver Detektor *m {Chrom}*
ultrasensitive überempfindlich, höchstempfindlich, hochempfindlich, ultrasensitiv
ultrasensitive detector hochempfindlicher Detektor *m {Chrom}*
ultrasensitive mass spectrometry hochempfindliche Massenspektrometrie *f*
ultrasensitivity Überempfindlichkeit *f*
ultrashort Ultrakurz-
ultrashort waves Ultrakurzwellen *fpl*, UKW *{< 10 m}*
ultrasoft X-ray fluorescence spectroscopy extrem langwellige Fluoreszenzspektroskopie *f {> 100 nm}*
ultrasonic Ultraschall- *{> 20 kHz}*, Überschall- *{obs}*
ultrasonic adhesive strength Ultraschallhaftfestigkeit *f*
ultrasonic and tactile sensors Ultraschall- und Tastsensoren *mpl*
ultrasonic apparatus Ultraschallapparat *m*, Ultraschallgerät *n*
ultrasonic atomizer Ultraschallzerstäuber *m*, Ultraschallversprüher *m*, Ultraschallvernebler *m*
ultrasonic bonding Ultraschallverbinden *n {Klebstoffverfestigung mittels Ultraschalls}*
ultrasonic cell disrupter Ultraschallzellenauflöser *m*
ultrasonic cleaning Ultraschallreinigung *f*
ultrasonic converter elektrostriktiver Wandler *m*, magnetostriktiver Wandler *m {Ultraschallschweißmaschine}*
ultrasonic detector Ultraschallfühler *m*, Ultraschallmelder *m*
ultrasonic device Ultraschallgerät *n*
ultrasonic energy Ultraschallenergie *f*
ultrasonic erosion Ultraschallerosion *f*
ultrasonic examination Ultraschallprüfung *f*, Werkstoffprüfung *f* mit Ultraschall
ultrasonic flaw detection *s.* ultrasonic examination
ultrasonic flowmeter Ultraschalldurchflußmeßgerät *n*, Ultraschall-Durchflußmesser *m*
ultrasonic inspection method *s.* ultrasonic examination
ultrasonic level ga[u]ge Ultraschall-Füllstandsmesser *m*
ultrasonic material testing Ultraschall[werkstoff]prüfung *f*, Werkstoffprüfung *f* mit Ultraschall
ultrasonic microsieve analysis Ultraschall-Mikrosiebanalyse *f {DIN 22019}*
ultrasonic probe Ultraschallprüfkopf *m*, Ultraschallfühler *m*
ultrasonic sealing Ultraschallschweißen *n*, US-Schweißen *n*, Ultraschallfügen *n {Kunst}*
ultrasonic soldering Ultraschallöten *n*
ultrasonic spot welding Ultraschallpunktschweißen *n*
ultrasonic test Ultraschallprüfung *f*
ultrasonic testing Ultraschallprüfung *f*, Ultraschallwerkstoffprüfung *f*, Werkstoffprüfung *f* mit Ultraschall
ultrasonic transducer Ultraschalltransformator *m*, mechanischer Konverter *m {Ultraschallschweißmaschine}*
ultrasonic wave Überschallwelle *f*, Ultraschallwelle *f*
ultrasonic welding Ultraschallfügen *n*, Ultraschallschweißen *n {Kaltpreßschweißen}*
ultrasonics Ultraschall-Lehre *f*, Lehre *f* vom Ultraschall
ultrasound Ultraschall *m {> 20 kHz}*, Überschall *m {obs}*
ultrathermostat Ultrathermostat *m*
ultrathin ultradünn
ultrathin film ultradünner Film *m {> 250 nm}*
ultrathin section Ultradünnschnitt *m*
ultratrace kleinste nachweisbare Spur *f {Chem}*
ultratrace analysis Ultraspurenanalyse *f*
ultraviolet 1. ultraviolett; UV-, Ultraviolett-; 2. ultraviolette Strahlung *f*, Ultraviolettstrahlung *f {10-400 nm}*
ultraviolet A Ultraviolett A *n {320-400 nm}*
ultraviolet absorbant Ultraviolettabsorber *m*, ultraviolettes Absorptionsmittel *n*, UV-Absorber *m {Lichtschutzmittel}*
ultraviolet absorption Ultraviolettabsorption *f*, UV-Absorption *f*
ultraviolet B Ultraviolett B *n {280-320 nm}*
ultraviolet C Ultraviolett C *n {10-295 nm}*
ultraviolet curing Ultravioletthärtung *f*, UV-Strahlen-Härtung *f {Reaktionsharz}*
ultraviolet emitter Ultraviolettstrahler *m*, UV-Strahler *m*
ultraviolet filter Ultraviolettfilter *n*, UV-Filter *n*
ultraviolet flame detector Ultraviolett-Flammenmelder *m*
ultraviolet-hardening laquer UV-Lack *m*
ultraviolet inhibitor Ultraviolettinhibitor *m*
ultraviolet lamp Ultraviolettlampe *f*, Ultraviolettstrahler *m*, UV-Strahler *m*, Höhensonne *f*
ultraviolet light ultraviolettes Licht *n*, Ultraviolettlicht *n*, UV-Licht *n {10-400 nm}*
ultraviolet photoelectron spectroscopy UV-Photoelektronen-Spektroskopie *f*, UPS
ultraviolet radiation 1. ultraviolette Strahlung *f*, UV-Strahlung *f*; 2. Ultraviolettbestrahlung *f*
ultraviolet-ray emitter Ultraviolettstrahler *m*
ultraviolet rays Ultraviolettstrahlen *mpl*, UV-Strahlen *mpl*
ultraviolet screener Ultraviolett-Strahlungsfilter *n*

ultraviolet source Ultraviolettstrahler *m*, UV-Strahler *m*
ultraviolet spectroscopy Ultraviolettspektroskopie *f*, UV-Spektroskopie *f*
ultraviolet spectrum ultraviolettes Spektrum *n*, UV-Spektrum *n*
ultraviolet stabilizer Ultraviolettstabilisator *m*, UV-Stabilisator *m*
transparent to ultraviolet light ultraviolettdurchlässig
umbellatine <$C_{20}H_{18}NO_4^+$> Berberin *n*, Umbellatin *n*
umbellic acid Umbellsäure *f*, 2,4-Dihydroxyphenylprop-2-ensäure *f {IUPAC}*, *p*-Hydroxyeumarinsäure *f*
umbelliferae Doldenblütler *mpl {Bot}*
umbelliferone <$C_9H_6O_3$> Skimmetin *n*, Hydrangin *n*, 7-Hydroxycumarin *n*, Umbelliferon *n*
umbelliferose Umbelliferose *f*
umbellularic acid <$C_8H_{12}O_4$> Umbellularsäure *f*
umbellulone <$C_{10}H_{14}O$> Umbellulon *n*
umber Umber *m*, Umbra *f*, Erdbraun *n*, Umbererde *f {natürliches braunes Pigment}*
umbrella-type bubble cap Regenschirmglokke *f {Dest}*
umbrella-type bubble-cap tray Regenschirmglockenboden *m {Dest}*
unable außerstande, unfähig
unacted unangegriffen
unadulterated unverfälscht
unaffected unangegriffen, nicht beeinflußt, unempfindlich, beständig
unaffected by disturbing influences störgrößenunabhängig
unaffected by heat hitzeunempfindlich, wärmeunempfindlich
unaffected by moisture feuchtigkeitsunempfindlich, feuchteunempfindlich
unaffected by water wasserunempfindlich
unaged ungealtert
unalloyed unlegiert
unalloyed steel unlegierter Stahl *m*
unalterable unveränderlich
unaltered unverändert
unambiguity Eindeutigkeit *f*
unambiguous eindeutig, unzweideutig
unannealed ungetempert *{Met}*
unanticipated unvorhergesehen; unerwartet
unanticipated factor unvorhergesehener Einfluß[faktor] *m*
unattacked unangegriffen
unattended unbemannt, unüberwacht, unbeaufsichtigt, automatisch
unattenuated ungedämpft, ungeschwächt
unbalance 1. Ungleichgewicht *n*; 2. Unwucht *f*; 3. Unsymmetrie *f*; 4. Regelabweichung *f*, Fehlanpassung *f*
unbalanced 1. nicht im Gleichgewicht *n*, außer Gleichgewicht *n*, unausgeglichen; 2. unsymmetrisch; 3. unabgeglichen, nicht abgeglichen *{Elek}*; 4. unausgewuchtet
unballasted pumping speed Saugvermögen *n* ohne Gasballast *m*
unbleached ungebleicht, naturfarben; Roh-
unbleached chemical pulp *{ISO 5350}* ungebleichter Vollzellstoff *m*
unblended unverschnitten
unbranched unverzweigt *{linear}*, geradkettig *{Chem}*
unbreakable unzerbrechlich, bruchsicher, bruchfest
unbroken ununterbrochen
unburned 1. unverbrannt; ungebrannt *{z.B. Ziegel}*; 2. Unverbranntes *n*
unburnt 1. unverbrannt; ungebrannt *{z.B. Ziegel}*; 2. Unverbranntes *n*
unburnt gas unverbranntes Gas *n*
uncalcined ore Roherz *n*
uncatalyzed unkatalysiert
uncertain ungewiß; unbestimmt, unsicher; unzuverlässig
uncertainty 1. Ungewißheit *f*, Unsicherheit *f*; 2. Unbestimmtheit *f*, Unschärfe *f*; 3. Ungenauigkeit *f*; 4. Unzuverlässigkeit *f*
uncertainty condition Unschärfebedingung *f*
uncertainty factor Unsicherheitsfaktor *m*
uncertainty principle [Heisenbergsches] Unbestimmtheitsprinzip *n*, Unschärfebeziehung *f*, Unschärferelation *f*
uncertainty relation *s.* uncertainty principle
unchangeable unveränderlich
unchanged unverändert; unangegriffen, nicht angegriffen; nicht umgesetzt, nicht umgewandelt
uncharged ungeladen, ladungslos, [elektrisch] neutral
unchlorinated ungechlort
unchlorinated water ungechlortes Wasser *n*
unclad nichtplattiert; mantellos *{z.B. Faser}*
unclean unrein, unsauber
uncleanness Unreinheit *f*
uncoated nichtbeschichtet, unbeschichtet, blank; unbehandelt
uncoil/to abrollen, abspulen, abwickeln, abhaspeln; entknäueln *{Moleküle}*
uncollimated rays ungebündelte Strahlen *mpl*
uncolo[u]red ungefärbt, farlos
uncombined ungebunden, unverbunden, frei
uncombined carbon freier Kohlenstoff *m*, ungebundener Kohlenstoff *m {Met}*
uncompleted unvollkommen, unabgeschlossen
uncondensable unkondensierbar *{z.B. Gas}*
uncondensed unkondensiert
unconditional bedingungslos, unbedingt, zulässig
unconditioned ungetempert *{Met}*

unconfined uneingeschränkt, unbegrenzt, frei; ungespannt *{Grundwasser}*; uniaxial, einaxial *{z.B. Zug, Druck}*
unconfined compressive strength einaxiale Druckfestigkeit *f {DIN 22025}*
unconfined vapo[u]r cloud explosion freie Gaswolkenexplosion *f*
unconjugated double bound nichtkonjugierte Doppelbindung *f*
unconsolidated unverfestigt, nichtverfestigt, locker
unconsolidated rock Lockergestein *n {DIN 22005}*
uncontrollable 1. nicht steuerbar; 2. nicht regelbar; 3. unkontrollierbar, nicht beeinflußbar
uncontrolled ungezügelt, ungeleitet, unkontrolliert; ungeregelt; ungesteuert
uncontrolled spark discharge nichtgesteuerte Funkenentladung *f*, ungesteuerte Funkenentladung *f*
unconverted unumgesetzt, nicht umgesetzt, nicht umgewandelt
uncooked 1. ungekocht, unzubereitet, roh; Roh- *{Lebensmittel}*; 2. unaufgeschlossen *{Zellstoff}*
uncooked food rohe Nahrungsmittel *npl*
uncorrected nicht korrigiert, nicht verbessert, unverbessert, unverändert
uncorrected mercury light unverändertes Quecksilberlicht *n*
uncouple/to loslösen, auskuppeln, loskuppeln, abkuppeln; entkoppeln *{Biochem}*
uncoupled spin nicht kompensierter Spin *m*
uncoupler Entkoppler *m {Biochem}*
uncoupling Entkopplung *f*
uncrosslinked unvernetzt
uncrystallisable unkristallisierbar
uncrystallized unkristallisiert
unctuous ölig, fettig, seifig *{Gestein}*; gar *{Boden}*; schmierfähig; salbenartig
unctuousness 1. Öligkeit *f*, Fettigkeit *f*; Schmierigkeit *f*; 2. Gare *f {Boden}*
uncured nichtvernetzt, ungehärtet, unvulkanisiert *{Gummi}*
undamaged unbeschädigt; unversehrt
undamped oscillation ungedämpfte Schwingung *f*
undecadiene <$C_{11}H_{20}$> Undecadien *n*
undecadiine <$C_{11}H_{16}$> Undecadiin *n*
γ-undecalactone Undecalacton *n*, 4-Hydroxyundecansäure *f*, Pfirsichaldehyd *m {Triv}*
undecanal <$CH_3(CH_2)_9CHO$> Undecanal *n*, Undecylaldehyd *m*
undecane <$C_{11}H_{24}$> Undecan *n*, Hendecan *n*
undecanedioic acid <$HOOC(CH_2)_9COOH$> Undecandisäure, Nonan-1,9-dicarbonsäure *f*
undecanoic acid <$CH_3(CH_2)_9COOH$> Undecansäure *f*, Hendecansäure *f*, Undecylsäure *f*
undecanol <$CH_3(CH_2)_9CH_2OH$> Undecanol *n*, Undecylalkohol *m*
undecanone <$C_{11}H_{22}O$> Undecan-1-al *n*, Undecanon *n*
undecene <$C_{11}H_{22}$> Undecylen *n*, Undecen *n*
undecomposed unzersetzt
undecyl <$C_{11}H_{23}$-> Undecyl-
undecyl alcohol Undecan-1-ol *n {IUPAC}*, Undecylalkohol *m*
undecyl bromide Undecylbromid *n*
undecylene Undecylen *n*, Undecen *n*
undecylenic acid *{USP, EP, BP}* Undecylensäure *f*, Undec-10-ensäure *f*, Hendec-10-ensäure *f*
undecylenic alcohol Undecylenalkohol *m*
undecylenic aldehyde Undecylenaldehyd *m*
undecylenyl acetate Undecylenylacetat *n*
undecylic acid Undecylsäure *f*, Undecansäure *f {IUPAC}*, Hendecansäure *f*
undecylic aldehyde Undecylaldehyd *m*, Undecanal *n {IUPAC}*
undefinable unbestimmbar, undefinierbar, nicht definierbar
undefined undefiniert, nicht definiert
undegraded unabgebaut, nicht abgebaut *{Chem}*
under unter; unterhalb; nahe an; weniger als; in
under bending stress biegebeansprucht, biegebelastet
under compressive stress druckbeansprucht, druckbelastet
under flexural stress biegebelastet
under impact stress schlagbeansprucht
under peel stress schälbeansprucht
under pressure druckbeansprucht, druckbelastet; spannungsführend
under stress belastet
under tensile stress zugbeansprucht, zugbelastet
under the condition of the worst hypothetical accident größter anzunehmender Unfall *m*
underarm deodorant Achselgeruchsdämpfer *m*
underbody sealant Unterbodenschutzmasse *f {Auto}*
underbody sealant paste Unterbodenschutzpaste *f*
underburned charcoal Blindkohle *f*
undercloth 1. Mitläuferband *n*, Mitläuferfolie *f {Stückfärberei, Druckerei, Kalander}*; 2. Unterware *f {Doppelgewebe}*
undercoat 1. Voranstrich *m*, Zwischenanstrich *m*, Grundanstrich *m*, Grundbeschichtung *f*, Deckgrund *m*, Grundierung *f*; 2. Grundlackschicht *f {Farb}*; 3. Putzuntergrund *m {Bau}*
undercoater 1. Vorstreichfarbe *f*, Voranstrichstoff *m*, Zwischenanstrichstoff *m*, Grundierungsmittel *n*; 2. Vorlack *m*
undercool/to unterkühlen
undercooled unterkühlt

undercooling Unterkühlung *f*
undercure 1. unvollständige Härtung *f*, Unterhärtung *f* {*z.B. duroplastischer Formteile, von Anstrichstoffen*}; nichtgehärtete Stelle *f* {*in Preßteilen*}; 2. Untervulkanisation *f*, Untervernetzung *f* {*Gummi*}
undercured 1. unterhärtet, unvollständig gehärtet, ungenügend gehärtet, nicht ausgehärtet {*Kunst*}; 2. unvernetzt, untervulkanisiert {*Gummi*}
undercuring 1. unvollständige Härtung *f*, Unterhärtung *f* {*z.B. duroplastischer Formteile, von Anstrichstoffen*}; nichtgehärtete Stelle *f* {*in Preßteilen*}; 2. Untervernetzung *f*, Untervulkanisation *f* {*Gummi*}
underdeveloped zurückgeblieben, unterentwikkelt
underdimensioned unterbemessen
underdone halbgar, nicht gar
underdrive centrifuge Pendelzentrifuge
underdriven von unten angetrieben, mit Antrieb *m* von unten
underdriven centrifuge Hubbodenzentrifuge *f*, Stehzentrifuge *f*
underexcitation Untererregung *f*
underexcited untererregt
underexpose/to unterbelichten {*Photo*}
underexposed unterbelichtet {*Photo*}
underexposure Unterbelichtung *f* {*Photo*}
underfeed/to unterdosieren {*Tech*}; unterfüttern; unterernähren
underfeed 1. Unterdosierung *f*; 2. Unterernährung *f*
underfeeding 1. Unterdosieren *n*, Unterdosierung *f* {*z.B. von Formmasse in Preßwerkzeuge*}; 2. Unterfütterung *f*; Unternährung *f*
underflow 1. Unterlauf *m*, Unterlaufprodukt *n*; Rückstand *m* {*Flotation*}; Siebdurchgang *m*, Siebunterlauf *m* {*beim Siebklassieren*}; 2. Unterlauf *m*, Bereichsunterschreitung *f*, Kapazitätsunterschreitung *f* {*EDV*}; 3. Unterströmung *f*, Unterlauf *m*, geklärter Ablauf *m* {*Klarwasser*}; Tiefenstrom *m* {*Geol*}; 4. Sinkgut *n* {*Aufbereitung*}
underflow discharge Unterlaufaustrag *m*
underflow jet Unterlaufdüse *f*
underglaze colo[u]r Unterglasurfarbe *f* {*Keramik*}
undergo/to unterziehen, unterwerfen {*z.B. einer Prüfung*}; durchmachen; erleiden
undergraduate level Vordiplomniveau *n*
undergrate firing Unterfeuerung *f*
underground 1. erdverlegt {*z.B. Rohre*}; unterirdisch; untertägig {*Bergbau*}; geheim; Untergrund-, Unterflur-; Untertage- {*Bergbau*}; 2. Untergrundbahn *f*
underground cable Erdkabel *n*
underground coal mine unterirdisches Bergwerk *n*, Untertagebergwerk *n*
underground gasification Flözvergasung *f*, Untertagevergasung *f*, Vergasung *f* in der Lagerstätte {*z.B. Steinkohle, Ölschiefer*}
underground mining Untertagebau *m*, Bergbau *m* unter Tage, Grubenbetrieb *m*
underground storage Untergrundspeicherung *f*, Untertagespeicherung *f*, unteridische Speicherung *f*
underground storage tank unterirdischer Speicher *m*, Erdtank *m*
underground water Grundwasser *n*
underlay/to liegen unter; unterlegen; zugrunde liegen
underlying darunterliegend; liegend {*Geol, Bergbau*}; unterliegend
undermine/to unterhöhlen, unterspülen, unterwaschen, auskolken
underoxidized unteroxidiert
underpass Unterführung *f*
underpressure Unterdruck *m*
underrate/to unterschätzen
underside Unterseite *f*
undersize 1. Unterlauf *m*, Siebdurchfall *m*, Unterkorn *n*, Feingut *n* {*Siebanalyse*}; 2. Untermaß *n*, Untergröße *f* {*Tech*}
understand/to begreifen, verstehen
understanding Verständnis *n*, Verstehen *n*
undertake/to unternehmen; übernehmen, annehmen; auf sich nehmen; [sich] verpflichten
undertaking 1. Unternehmen *n*, Unternehmung *f*; 2. Verpflichtung *f*
undertone 1. dünne Farbschicht *f* {*auf hellem Untergrund*}, Unterton *m*; 2. Schattierung *f* {*Farb*}; 3. leiser Ton *m* {*Akustik*}
underwater unter Wasser; Unterwasser-
underwater adhesive Klebstoff *m* für feuchten Untergrund
underwater coating Unterwasseranstrich *m*
underwater paint Unterwasseranstrichfarbe *f*, Unterwasserfarbe *f* {*z.B. für Schiffe*}
underwater pump Tauchmotorpumpe *f*
underweight 1. untergewichtig, mindergewichtig; 2. Mindergewicht *n*, Untergewicht *n*, Fehlgewicht *n*
undesirable unerwünscht
undestroyed unzerstört
undeterminable unbestimmbar
undiffracted ungebeugt {*Opt*}
undiluted unverdünnt
undispersed light unzerlegtes Licht *n*
undissociated undissoziiert
undissolved ungelöst {*Chem*}
undistorted unverzerrt, verzerrungsfrei, unverformt
undistorted grid unverzerrtes Rasternetz *n*, unverformtes Gitter *n*
undisturbed ungestört, ruhig; unverzerrt {*z.B. Signal*}

undrawn ungestreckt, unverstreckt *{Chemiefaser}*
undrawn yarn unverstrecktes Garn *n* *{Plastmonofile}*
undressed roh, unbearbeitet; ungegerbt, grün *{Leder}*; Roh-
undressed casting Rohguß *m*
undried ungetrocknet
undue unzulässig, ungebührlich; übermäßig
undulate/to schwingen, wogen, wallen; undulieren, sich wellenförmig bewegen; wellenförmig sein
undulating wellenförmig, undulatorisch; gewellt, schlangenlinienartig
undulation 1. Schwingung *f*, Vibration *f*, Undulation *f* *{Wellenbewegung}*; 2. wellenförmige Bewegung *f*, Wellenbewegung *f*; 3. Ondulation *f*, Wellung *f* *{Gewebefäden}*
undulatory wellenartig; Wellen-
undulatory current Undulationsstrom *m*
undulatory line Wellenlinie *f*
undulatory motion Wellenbewegung *f*
undyed ungefärbt *{Text}*
uneconomic unwirtschaftlich
unequal ungleich, ungleichförmig, verschieden
unequal tee Verengerungs-T-Stück *n*
unessential unwesentlich; entbehrlich *{z.B. Nährstoff}*
unesterified unverestert *{Chem}*
uneven uneben; ungerade, ungeradzahlig *{Math}*; ungleichmäßig, unruhig *{z.B. Färbung}*; ungleich[mäßig] *{z.B. Verteilung, Trocknung}*
uneven dyeing Farbunruhe *f*
uneven temperature thermische Inhomogenitäten *fpl*
uneven transport Förder-Ungleichmäßigkeiten *fpl*
unevenness 1. Unebenheit *f*; 2. Ungleichheit *f*
unexhaustible unerschöpflich
unexpected unerwartet, unvorhergesehen; nichtprogrammiert *{EDV}*
unexplainable unerklärbar, unerklärlich
unexposed unbelichtet, nicht belichtet *{Photo}*
unfading farbecht
unfermentable unvergärbar, nicht vergärbar
unfermented unfermentiert
unfilled füllstofffrei, ohne Füllstoff *m*, ungefüllt, nicht gefüllt
unfilled epoxy resinous compounds *{IEC 455-3}* füllstofffreies Epoxidharz *n*
unfilled shell nichtabgeschlossene Schale *f*, offene Schale *f*, freie Schale *f* *{Atom}*
unfiltered ungefiltert
unflighted screw tip glatte Spitze *f*, glatte Schneckenspitze *f*
unfold/to [sich] entfalten; enthüllen
unfolded flach, ungefalzt *{Druck}*; entfaltet *{z.B. Makromoleküle}*
unfolded ribonuclease entfaltete Ribonuclease *f*
unfused ungeschmolzen; nicht [ab]gesichert *{Elek}*; unkondensiert *{Chem}*
ungelled ungeliert *{z.B. PVC-Paste}*
unglazed 1. unglasiert *{Keramik}*; 2. ungelättet *{Pap}*
unglazed porcelain poröses Porzellan *n*
ungrease/to entfetten
unhandy unhandlich
unhardened ungehärtet
unharmonious unharmonisch
uniaxial uniaxial, einachsig, einaxial, monoaxial *{Krist, Tech}*
uniaxial compression einachsiger Druck *m*
uniaxial crystal einachsiger Kristall *m* *{Opt}*
uniaxial stress einachsige Beanspruchung *f*, einachsiger Spannungszustand *m*
uniaxial stretching unit Monoaxial-Reckanlage *f*
uniaxiality [optische] Einachsigkeit *f* *{Krist}*
uniaxially oriented monoaxial verstreckt
unicellular einzellig; geschlossenzellig *{Schaumstoff}*
unidimensional eindimensional
unidirected gleichgerichtet
unidirectional in einer Richtung *f* verlaufend, unidirektional, einseitig gerichtet; gerichtet
unidirectional prepreg unidirektionales Prepreg *n*, unidirektionales vorimprägniertes Glasfasermaterial *n*, UD-Prepreg *n*
unidirectional weave unidirektionales Gewebe *n*, kettstarkes Gewebe *n*
unidirectionally solified einsinnig erstarrt
unification 1. Vereinheitlichung *f*, Unifikation *f*; 2. Vereinigung *f*
unified 1. einheitlich, vereinheitlicht; 2. vereinigt
unified atomic mass constant atomare Masseneinheit *f*, Dalton *n* *{$1/12\ m(C^{12}) = 1{,}66056 \cdot 10^{-27}$ kg}*
unified thread Einheitsgewinde *n*
unifilar suspension Eindrahtaufhängung *f*, Einfadenaufhängung *f* *{Elek}*
Unifining Unifining *n*, Unifining-Verfahren *n* *{hydrierende Raffination von Erdölprodukten}*
uniflow furnace Einwegofen *m*
uniform einförmig, gleichgleibend, gleichförmig, gleichmäßig, unveränderlich, stetig, konstant; linear *{Skale}*; uniform, einheitlich
uniform attack ebenmäßiger Angriff *m*, gleichmäßiger Angriff *m* *{Korr}*
uniform colo[u]r Farbhomogenität *f*
uniform flow gleichförmiges Fließen *n*
uniform loading gleichförmige Belastung *f*, gleichmäßige Belastung *f*

uniform motion gleichförmige Bewegung *f*
uniform precipitation gleichmäßiger Niederschlag *m*
uniform pressure gleichbleibender Druck *m*, konstanter Druck *m*
uniform system Einheitssystem *n*
uniform temperature Temperaturhomogenität *f*
uniformalization Vereinheitlichung *f*
uniformalize/to vereinheitlichen
uniformity 1. Einheitlichkeit *f*, Uniformität *f*, Gleichheit *f*; 2. Gleichförmigkeit *f*, Gleichmäßigkeit *f*, Steigkeit *f*, Konstanz *f*
uniformity of density Dichtehomogenität *f*
uniformity of rotation Umdrehungskonstanz *f*
uniformity of supply Versorgungskonstanz *f* *{z.B. mit Energie}*
uniformly gleichförmig, gleichmäßig; gleichverteilt; einheitlich
uniformly shaped gleichgeformt, von gleicher Form *f*
uniformly sized gleichgroß, von gleicher Größe *f*
unilateral einseitig
unimaginable undenkbar, unvorstellbar
unimodal eingipfelig, unimodal *{Statistik}*
unimolecular einmolekular, monomolekular *{Chem}*
unimportant unwesentlich, belanglos
uninflammable unentzündlich, unentflammbar, flammbeständig, flammwidrig, nicht entflammbar, nicht brennbar
uninterrupted lückenlos, ununterbrochen; Dauer-
uninuclear einkernig
union 1. Verbindung *f*, Vereinigung *f*; 2. Verbindung *f*, Bund *m*; Verband *m*, Verein *m*; 3. Verbindungsstück *n*, Muffe *f* *{z.B. für Rohre}*; 4. Verbindung *f*, gerade Verschraubung *f* *{z.B. von Rohren, Schläuchen}*; 5. Vereinigung *f*, Vereinigungsmenge *f* *{Math}*; 6. Fasergemisch *n* *{Text}*
Union Carbide accumulator process Schmelzeverschäumen *n* nach dem Union-Carbide-Prinzip
union fabric Mischgewebe *n*, Mischware *f* *{Text}*
unionized unionisiert, nichtionisiert
uniphase einphasig
uniplanar eben
uniplanar ring ebener Ring *m* *{Chem}*
unipolar einpolig, unipolar *{nur für eine Spannungsrichtung}*
unipolar arc einpoliger Bogen *m*
unipolarity Einpoligkeit *f*, Unipolarität *f*
unique einmalig, einzigartig, unikal; eindeutig *{Math}*; ungewöhnlich
uniqueness Eindeutigkeit *f* *{Math}*
unirradiated unbestrahlt
Unisol process Unisol-Prozeß *m* *{Erdöl}*
unit 1. Einheit *f*, Maßeinheit *f*, Bezugseinheit *f*; Struktureinheit *f* *{Chem, Krist}*; Liefereinheit *f*; 2. Anlage *f*, Apparateeinheit *f*, Apparategruppe *f*, Block *m* *{Tech}*; 3. Gerät *n*, Geräteeinheit *f*; 4. Baugteilgruppe *f*, Montagegruppe *f*, Montagesatz *m* *{Tech}*; Baueinheit *f*, Baustein *m* *{Tech}*; Bauelement *n*, Bauglied *n* *{Tech}*; 5. Element *n*; 6. Einer *m* *{Math}*
unit arc Einheitsbogen *m*
unit area Einheitsfläche *f*; Flächeneinheit *f*
unit-assembly principle Baukastenprinzip *n*
unit cell Elementarzelle *f*, Gittereinheit *f* *{Krist}*
unit charge 1. Einheitsladung *f*, Ladungseinheit *f*; 2. Elementarladung *f*, elektrisches Elementarquantum *n*
unit conductance Strahlungszahl *f* *{Thermo}*
unit construction 1. Elementbauweise *f*; 2. Normalausführung *f*
unit construction method *s.* unit construction system
unit construction system Baukastensystem *n*, Baukastenbauweise *f*, Baukastenprinzip *n*
unit crystal Einheitskristall *m*; Einzelkristall *m*
unit diagram Einheitsdiagramm *n*
unit elongation relative Dehnung *f* *{in %}*, Dehnung *f* je Längeneinheit *f*
unit feeder Zuführeinrichtung *f*
unit force Einheitskraft *f*
unit function Einheitsfunktion *f*
unit magnetic mass elektromagnetische Polstärkeeinheit *f*
unit magnetic pole magnetischer Einheitspol *m*
unit of account Rechnungseinheit *f*; Verrechnungseinheit *f*
unit of conductivity Einheit *f* des Leitvermögens
unit of measure[ment] Maßeinheit *f*, Einheit *f*
unit of notation Einheitsmaß *n*; Maßeinheit *f*
unit of structure 1. Baueinheit *f*, Baustein *m*; 2. Struktureinheit *f*, strukturelle Einheit *f*
unit of time Zeiteinheit *f*
unit operation 1. Grundoperation *f*, Einheitsoperation *f* *{Chem, Phys}*; 2. Grundverfahren *n*
unit place Einerstelle *f* *{Math}*
unit plane Hauptsymmetrieebene *f* *{Krist}*
unit power Einheitsleistung *f*, Leistungseinheit *f* *{Nukl}*
unit pressure Einheitsdruck *m*
unit price Einheitspreis *m*
unit process Einheitsverfahren *n*, [verfahrenstechnischer] Grundprozeß *m*, Grundverfahren *n*; [chemische] Grundreaktion *f*
unit step function Einheitssprungfunktion *f*, Übergangsfunktion *{Elektronik, Math}*

unit step function response Einheitssprungantwort *f*
unit strain spezifische Formänderung *f*
unit stress Einheitsbelastung *f*; spezifische innere Spannung *f*, spezifische innere Belastung *f*
unit system of construction Baukastensystem *n*, Maschinenbaukastensystem *n*, Baukastenprinzip *n*
unit vector Einheitsvektor *m*
unit volume Raumeinheit *f*, Volumeneinheit *f*; Einheitsvolumen *n*
unit weight 1. spezifisches Gewicht *n*, Wichte *f*; 2. Einheitsgewicht *n*, Leistungsgewicht *n*
absolute unit absolute Einheit *f*
unitary einheitlich; Einheits-
unitary bond homöopolare Bindung *f*, unpolare Bindung *f*, kovalente Bindung *f*, einpolare Bindung *f*, unitarische Bindung *f*, Kovalenz *f*, Atombindung *f*, Elektronenpaarbindung *f*
unite/to vereinigen, verbinden, koppeln *{Chem}*; sich verbinden *{Chem}*; fügen
unitized genormt; nach dem Baukastenprinzip *n* gebaut; selbsttragend *{Auto}*; Norm-
unitized column Bauteilkolonne *f*
unitized injection mo[u]lding Spritzgießen *n* mit Vorformlingen
unity 1. Eins *f {Zahl}*; 2. Einheit *f*; 3. Eins-Element *n*, Einheitselement *n {Logik}*; 4. Einheit *f*, Einheitlichkeit *f*
unity of measure Maßeinheit *f*, Einheit *f*
univalence 1. Einwertigkeit *f {Chem}*; 2. Eindeutigkeit *f {Math}*
univalent einwertig, einbindig, monovalent *{Chem}*; schlicht *{Funktion}*
univariant univariant, monovariant, einfachfrei, mit einem Freiheitsgrad *{Phys}*
univariant point univarianter Punkt *f*
univariant system univariables System *n*, System *n* mit einem Freiheitsgrad *m {Thermo}*
universal allseitig, universal, universell einsetzbar; universell *{Math}*; allgemeingültig; Universal-, Allzweck-
universal adhesive Universalkleber *m*, Universalklebstoff *m*, Alleskleber *m*
universal galvanometer Universalgalvanometer *n*
universal gas constant universelle Gaskonstante *f*, allgemeine Gaskonstante *f*, absolute Gaskonstante *f* $\{R = 8{,}3144\ J(K{\cdot}mol)^{-1}\}$
universal gas constant related to one molecule Boltzmann-Konstante *f*
universal ga[u]ge Universallehre *f*
universal grinding machine Universalschleifmaschine *f*
universal indicator paper Universalindikatorpapier *n*
universal joint Universalgelenk *n*, Kreuzgelenk *n*, Kreuzgelenkkupplung *f*, Gelenkverbindung *f*, Kardan-Gelenk *n*
universal manometer Universalmanometer *n*
universal microscope Universalmikroskop *n*
universal remedy Universalarznei *f {Pharm}*
universal screw spanner Universalschraubenschlüssel *m*
universal shaft Gelenkwelle *f {Tech}*
universal test apparatus Universalprüfmaschine *f*
universal tester *s.* universal test apparatus
universal testing machine *s.* universal test apparatus
universal three-axis stage Universaldrehtisch *m*
universal varnish Universallack *m*
universal wrench Engländer *m*, Universalschlüssel *m {Werkzeug}*
universe 1. Universum *n*, Weltall *n*, Kosmos *m*; 2. Grundgesamtheit *f*, [statistische] Gesamtheit *f*, Population *f {Statistik}*
universities and other institutions of higher education Universitäten *fpl* und Hochschulen *fpl*
university Universität *f*, Hochschule *f*
university of technology Technische Hochschule *f*, Technische Universität *f*
unkilled steel unberuhigter Stahl *m*
unknown 1. unbekannt; 2. Unbekannte *f {Größe}*; Unbekannte *n*
unknown loss Restverlust *m {Bilanz}*
unknown quantity Unbekannte *f*; Dunkelziffer *f {Schutz}*
unlatch/to ausklinken, aushaken, entriegeln
unleaded bleifrei, unverbleit *{Benzin}*
unleaded gasoline unverbleites Benzin *n*, bleifreies Benzin *n*, unverbleiter Ottokraftstoff *m {DIN 51607}*
unlike ungleichnamig *{Math}*; ungleich, verschieden[artig], unähnlich
unlime/to abkalken, entkalken *{Chem}*
unliming Entkalken *n*, Entkalkung *f*
unlimited grenzenlos, unbegrenzt, unbeschränkt, unendlich
unload/to abladen, ausladen, entladen; entleeren; entlasten; ausstoßen, austragen; löschen *{Schiff}*
unloaded unbeladen, nichtbeladen *{Fahrzeug}*; ohne Last *f*; füllstofffrei, ohne Füllstoff *m*, ungefüllt, nicht gefüllt
unloaded ebonite *{BS 3164}* füllstofffreier Hartgummi *m*
unloaded vulcanizate Reinkautschukvulkanisat *n*
unloading Ausstoß *m*, Austrag *m {z.B. Mahlgut}*; Entladen *n*, Entladung *f*, Abladung *f*, Ausladung *f*; Entleeren *n*, Entleerung *f*; Entlastung *f*;

Räumen *n*, Ausräumung *f* *{z.B. Schlammtrockenbeete}*
unloading control Überlaufkontrolle *f*
unloading station Entladestation *f*
unloading valve Entlastungsventil *n*
unlock/to aufschließen, aufsperren, öffnen, entriegeln, entblocken
unlocking Entriegelung *f*, Öffnung *f*
unlubricated ungeschmiert, nicht geschmiert, gleitmittelfrei
unmalleable spröde *{Met}*
unmanned unbemannt, unbesetzt; unbewacht; unbedient, bedienungsfrei
unmanned shift Geisterschicht *f*
unmarked nicht markiert
unmeltable unschmelzbar
unmixed unvermischt, ungemischt
unmixing Entmischen *n*, Entmischung *f*
unmodified nichtmodifiziert, unmodifiziert, unverändert
unmo[u]lded ungeformt
unnilbium <Unb> Unnilbium *n*, Nobelium *n*, Element 102 *n*, Eka-Ytterbium *n* *{obs}*
unnilennium <Une> Unnilennium *n*, Element 109 *n*, Eka-Iridium *n* *{obs}*
unnilhexium <Unh> Unnilhexium *n* *{IUPAC}*, Element 106 *n*, Eka-Wolfram *n* *{obs}*
unniloctium <Uno> Unniloctium *n*, Element 108 *n*, Eka-Osmium *n* *{obs}*
unnilpentium <Unp> Unnilpentium *n* *{IUPAC}*, Element 105 *n*, Bohrium *n*, Hahnium *n*, Nielsbohrium *n*, Eka-Tantal *n* *{obs}*
unnilquadium <Unq> Unnilquadium *n*, Element 104 *n*, Rutherfordium *n*, Eka-Hafnium *n* *{obs}*, Kurtschatowium *n* *{obs}*
unnilseptium <Uns> Unnilseptium *n*, Element 107 *n*, Eka-Rhenium *n* *{obs}*
unniltrium <Unt> Unniltrium *n*, Lawrencium *n*, Element 103 *n*
unnotched ungekerbt
unnotched impact test *{ISO 946}* Vollprüfstab *m*
unobstructed nichtzerstört, unbeeinträchtigt, intakt belassen
unobstructed path still Kurzwegdestillationsanlage *f*
unoccupied unbesetzt
unoriented nicht orientiert
unoxidizable nicht oxidierbar
unoxidized nichtoxidiert
unoxidized form nichtoxidierte Form *f*
unpaired ungepaart, unpaar[ig]
unpaired electron ungepaartes Elektron *n*, Einzelelektron *n*
unpigmented 1. pigmentfrei, nicht pigmentiert, ungefärbt, unpigmentiert; 2. ungefüllt, füllstofffrei
unpitched blade gerade stehende Rührschaufel *f*, gerade Mischschaufel *f*, gerader Rührflügel *m*
unplasticized nicht weichgemacht, unplastifiziert, weichmacherfrei, ohne Weichmacher *{DIN 8061}*
unplasticized compound Hartcompound *n m*, Hart-Granulat *n*
unplasticized PVC Hart-PVC *n*, PVC-hart *n*, unplastifiziertes PVC *n*, weichmacherfreies PVC *n*
unplasticized PVC compound Hart-PVC-Compound *n m*
unplasticized PVC mo[u]lding compound Hart-PVC-Formmasse *f*
unpleasant unangenehm *{Geruch}*
unpolarized unpolarisiert
unpolished rauh
unpolymerized nichtpolymerisiert
unpressurized drucklos
unprime/to entschärfen
unprinted unbedruckt, nicht bedruckt
unprocessed unbehandelt, unbearbeitet, nicht verarbeitet, roh
unproductive unergiebig, unproduktiv
unprovable unbeweisbar, nicht beweisbar
unpublished unveröffentlicht
unpurified ungereinigt
unquantized ungequantelt
unquenchable unlöschbar *{Met}*
unravel/to ausfasern, zerfasern, ausfransen, zerfransen *{Pap}*; abtragen, durchscheuern *{Text}*
unravelling machine Zerfaserer *m* *{Pap}*
unreacted nichtumgesetzt, unumgesetzt, unverbraucht, unreagiert, nicht in Reaktion *f* getreten
unreactive reaktionsunfähig, nichtreaktionsfähig *{Chem}*; reaktionslos, nichtreagierend *{Chem}*
unreactive metal surface nichtreagierende Oberfläche *f*
unreal unwirklich, unreal
unrecrystallized structure nicht rekristallisiertes Gefüge *n*
unrefined naturbelassen *{Lebensmittel}*; unraffiniert, roh *{Erdöl}*
unrefined black oils dunkle Schmieröle *npl*, Dunkelöle *npl*
unreinforced unverstärkt *{Kunst}*
unreinforced plastic unverstärkter Plast *m*
unreinforced thermoplastic unverstärkter Thermoplast *m*
unreliability Unzuverlässigkeit *f*
unreliable unzuverlässig, nicht zuverlässig
unresolved unaufgelöst
unroasted ungeröstet *{Erz}*
unrust/to entrosten, von Rost *m* befreien
unsafe unsicher, gefährlich
unsafety Unsicherheit *f*
unsalted ungesalzen

unsaponifiable unverseifbar, nicht verseifbar *{Chem}*
unsaponifiable matter Unverseifbares *n*, unverseifbarer Anteil *m*
unsatisfactory unbefriedigend
unsaturate ungesättigter Stoff *m*
unsaturated ungesättigt, unabgesättigt; nicht völlig abgesättigt *{Valenz}*
unsaturated acid ungesättigte Säure *f*
unsaturated alcohol ungesättigter Alkohol *m*
unsaturated compound ungesättigte Verbindung *f*
unsaturated group ungesättigte Gruppe *f*
unsaturated polyester ungesättigter Polyester *m*, UP
unsaturated polyester resin ungesättigtes Polyesterharz *n*, UP-Harz *n*
unsaturated standard cell ungesättigtes Normalelement *n*, ungesättigtes Weston-Element *n* *{Elek}*, Weston-Standardelement *n*
unsaturated state Ungesättigtheit *f*, Ungesättigtsein *n* *{Chem}*
unsaturated vapo[u]r ungesättigter Dampf *m*
unsaturateds ungesättigte Verbindungen *fpl*
unscientific unwissenschaftlich
unscorified unverschlackt
unscreened nichtabgeschirmt, unabgeschirmt
unscrew/to abschrauben, abdrehen, aufschrauben, ausschrauben, herausschrauben, losschrauben
unscrewing core Ausschraubkern *m*
unscrewing mo[u]ld Schraubwerkzeug *n*
unsealed unverschlossen, offen; unabgedichtet
unsealed floor and wall penetration unabgedichtete Wand- und Fußbodendurchführung *f*
unsealed radioactive source offene radioaktive Quelle *f*, unverschlossene radioaktive Quelle *f*
unseasoned ungewürzt; nicht abgelagert *{z.B. Wein}*; waldfrisch, grün *{Holz}*
unseeded solution ungeimpfte Lösung *f*
unselected markers unselektierte Markierungsgene *npl*
unserviceable unverwendbar
unshared electron einsames Elektron *n*, freies Elektron *n*, nichtbindendes Elektron *n*, Nichtbindungselektron *n*
unshared electron pair freies Elektronenpaar *n*, einsames Elektronenpaar *n*, nichtbindendes Elektronenpaar *n*
unsharp spectral line diffuse Spektrallinie *f*, unscharfe Spektrallinie *f*
unsharpness Unschärfe *f*
unshelled ungeschält; nicht enthülst *{Lebensmittel}*
unshielded nichtabgeschirmt, unabgeschirmt
unshrinkable nichtschrumpfend, schrumpffest, schrumpfbeständig; einlaufecht, nicht einlaufend *{Text}*
unsightly and hazardous spill unansehnliche und gefährliche Verschüttung *f*
unsized ungeleimt *{Pap}*; ungeschlichtet *{Text}*
unskilled ungelernt; Hilfs-
unskilled worker Hilfsarbeiter *m*
unslakable unlöschbar *{Kalk}*
unslaked ungelöscht *{Kalk}*
unsmeltable unverhüttbar *{Met}*
unsolder/to ablöten, auflöten, loslöten
unsoldered ungelötet
unsolvable unlösbar, nicht lösbar; un[auf]lösbar *{Math}*
unsolved ungelöst *{z.B. ein Problem}*
unsorted unverlesen
unsound nicht einwandfrei, angefault *{Holz, DIN 68256}*; lunkrig, mit Gußfehlern *mpl* behaftet *{Gieß}*
unspecified unbestimmt
unstable instabil, unstabil, unbeständig, zersetzlich *{Chem}*; unsicher; labil, nicht stabil *{Mech}*; unecht *{Farbstoff}*
unstable fission product instabiles Spaltprodukt *n*
unstable isotope unstabiles Isotop *n*, Radioisotop *n*, Radionuclid *n*, radioaktives Isotop *n*
unstable state instabiler Zustand *m*
unstained ungefärbt
unsteadiness Unruhe *f*, Unstetigkeit *f*
unsteady instationär, unstetig, schwankend, unbeständig, ungleichmäßig, veränderlich; unsicher
unsteady state balance instationäres Gleichgewicht *n*
unsteady state flow instationäre Strömung *f*, nichtstationäre Strömung *f*
unsuitable unbrauchbar, ungeeignet, unzweckmäßig
unsulfonated nichtsulfoniert
unsulfonated residue unsulfonierbarer Rückstand *m* *{DIN 51362}*
unsupported ungestützt, fliegend *{Einspannung}*; selbsttragend, trägerlos *{z.B. Folie}*
unsupported catalyst trägerfreier Katalysator *m*
unsupported film selbsttragende Folie *f*, trägerlose Folie *f*
unsupported film adhesive trägerlose Klebfolie *f*
unsupported sheet *s.* unsupported film
unsurpassed unübertrefflich
unsusceptibility Unempfindlichkeit *f*
unsymmetric asymmetrisch, unsymmetrisch
unsymmetric compound unsymmetrische Verbindung *f*, asymmetrische Verbindung *f*
unsymmetric ether <ROR'> gemischter Ether *m*, unsymmetrischer Ether *m*
unsymmetric ketone <RCOR'> gemischtes Keton *n*, unsymmetrisches Keton *n*

unsystematic name nichtsystematischer Name *m*, unsystematischer Name *m*, nichtrationeller Name *m*, trivialer Name *m*, Trivialname *m*, unsystematische Benennung *f*
untanned ungegerbt
untearable unzerreißbar
untight undicht
untin/to entzinnen
untouched unverändert
untreated un[vor]behandelt, unbearbeitet, roh; Roh-
untreated gas Rohgas *n*
untreated material unbehandeltes Material *n*
untwist/to aufdrehen, lösen; entzwirnen *{Text}*
unusable unbrauchbar
unused frei, unbenutzt; unverbraucht
unused chemicals unverbrauchte Chemikalien *fpl*
recovery of unused chemicals Rückgewinnung *f* von unverbrauchten Chemikalien
unusual oxidation state ungewöhnliche Oxidationsstufe *f*, seltene Oxidtionstufe *f*
unvulcanized unvulkanisiert
unwanted störend, unerwünscht; Stör-
unwanted byproduct unerwünschtes Nebenprodukt *n*
unweathered nichtbewittert, unbewittert
unweighable unwägbar
unweldable unschweißbar
unwind/to abrollen, abspulen, loswickeln, abwickeln, abwinden, abhaspeln; gestreckt programmieren
unwinding Abwickeln *n*, Loswickeln *n*, Abrollen *n*, Abspulen *n*, Abhaspeln *n*
unwired glass drahtfreies Glas *n*
unworkable nicht betriebsfähig; nicht bearbeitbar; unverhüttbar *{Met}*
unworked unverhauen, jungfräulich, unverritzt *{Bergbau}*
unworked penetration Ruhepenetration *f* *{Schmierfett}*
unwrap/to auspacken
unwrought unbearbeitet, roh *{Stein, Diamant}*; unverritzt, jungfräulich, unverhauen *{Bergbau}*
UP *{unsaturated polyester}* ungesättigter Polyester *m*
UP resin UP-Harz *n*, UP-Reaktionsharz *n*
up Auf-; Aufwärts-; Vorwärts-
up and down movements Auf- und Abbewegungen *fpl*
up-evaporation Aufwärtsverdampfung *f*
up flow filter Aufstromfilter *n*
up grade ability Ausbaufähigkeit *f*
upas Upas *n* *{Pfeilgift aus dem Milchsaft von Antiaris toxicaria (Pers.) Lesch.}*
upcurrent aufsteigender Luftstrom *m*, Aufwind *m*
updating 1. Aktualisierung *f* *{Daten}*; 2. Wartung *f*, Pflege *f* *{Datei}*
updraft *{GB}* 1. Steigstrom-; 2. Aufstrom *m*, Aufwind *m*
updraught *{US}* 1. Steigstrom-; 2. Aufstrom *m*, Aufwind *m*
updraught sintering machine Bandsintermaschine *f*
uperization Uperisation *f*, Ultrapasteurisierung *f*, Ultrahocherhitzung *f* *{Keimfreimachen durch Kurzzeithocherhitzen}*
upgrade/to verbessern *{Eigenschaften eines Werkstoffs}*, erhöhen *{Qualität}*; veredeln *{z.B. ein Produkt, Werkstoff}*; verfeinern; erweitern, ausbauen
upgrading 1. Erhöhen *n*, Wertsteigerung *f*, Verbesserung *f* *{Qualität}*; Verdeln *n*, Veredelung *f* *{z.B. eines Werkstoffs, eines Produkts}*; Verfeinerung *f*; Aufkonzentration *f*; 2. Erweiterung *f*, Ausbau *m*
upgrading of syngas Verbessern *n* von synthetischem Erdgas
upholstered furniture filling material Polstermöbel-Füllstoff *m*
upholstery material Polstermaterial *n*
upkeep Instandhaltung *f*, Wartung *f*, Erhaltung *f*, Aufrechterhaltung *f*, Unterhaltung *f*
upkeep cost Unterhaltskosten *pl*
Upland cotton Upland Baumwolle *f*, Hochlandbaumwolle *f*
upper 1. obere; Ober-; 2. Obermaterial *n* *{Schuh}*
upper and lower bound method Schrankenverfahren *n* *{Math}*
upper bainite oberer Bainit *m*, Oberbainit *m*, Gefüge *n* der oberen Zwischenstufe *f*
upper bound obere Schranke *f* *{Math}*; obere Werteschranke *f* *{Fehlerrechnung}*
upper boundary obere Grenze *f*
upper buddle Oberfaß *n* *{Met}*
upper calorific value oberer Heizwert *m*
upper case Großbuchstaben *mpl*, Versalien *fpl*
upper consolute temperature obere kritische Lösungstemperatur *f*, obere kritische Mischungstemperatur *f*, oberer kritischer Lösungspunkt *m*, oberer kritischer Mischungspunkt *m*
upper cylinder lubricant Obenschmiermittel *n*
upper explosion limit obere Explosionsgrenze *f*
upper heat Oberfeuer *n*, Oberhitze *f*
upper layer Deckschicht *f*
upper limit obere Grenze *f*, oberer Grenzwert *m*, Größtmaß *n*
upper material Schuhobermaterial *n*
upper part Oberteil *n*
upper side Oberseite *f*
upper-side run conveyor Oberturmförderer *m*
upper stratum Deckschicht *f*

upper temperature limit Temperatur-Obergrenze *f*

UPS *{ultraviolet photoelectron spectroscopy}* UV-Photoelektronen-Spektroskopie *f*

upset 1. Stauchen *n {Met}*; 2. Faserstauchung *f {Holz}*; 3. Störung *f {Met, Tech}*; 4. Abweichung *f {z.B. einer Regelgröße}*; 5. Sturz *m*; Kippen *n*, Umstürzen *n*

upset forging Stauchen *n {Met}*

upsetting Stauchen *n*, Stauchung *f*

upsetting effect Stauchwirkung *f*

upsetting machine Stauchmaschine *f*

upsetting test Stauchprobe *f*, Stauchversuch *m {z.B. an Rohren}*

upstream 1. stromaufwärts; vorgeschaltet; 2. Zulaufseite *f*; Einlaufstrecke *f {Ventil, Blende}*

upstream classifier Aufstromklassierer *m*

upstroke 1. Aufwärtshub *m {Tech}*; 2. Aufstrich *m {Drucken, Farb}*

upstroke press Unterkolbenpresse *f*, Aufwärtshubpresse *f*, Unterdruckpresse *f*

uptake 1. Aufnahme *f*, Aufnehmen *n {von Flüssigkeiten}*; 2. Steigkanal *m {Tech}*; 3. Zug *m*, Zugkanal *m {Tech}*; Schacht *m {Brenner}*

uptake tube Steigrohr *n*, abführendes Verbindungsrohr *n*

upward aufwärts; nach oben [gerichtet]; Aufwärts-

upward counter Vorwärtszähler *m*

upward current classifier Aufstromklassierer *m*, Gegenstromklassierer *m {Aufbereitung}*

upward-flow air classifier Steigsichter *m*

upward force aufwärtsgerichtete Kraft *f*

upward gas passage Aufwärtszug *m*, Steigzug *m*

upward motion Aufwärtsbewegung *f*

upward movement Aufwärtsbewegung *f*

upward stream Aufstrom *m*

upwards aufwärts[gerichtet]

upwards movement Aufwärtsbewegung *f*

upwards moving [sich] aufwärts bewegend

uracil Uracil *n*, Urazil *n*, (1*H*, 3*H*)-Pyrimidin-2,4-dion *n*, 2,4-Dioxotetrahydropyrimidin *n {Biochem}*

uracil 5-carboxylate decarboxylase *{EC 4.1.1.66}* Uracil-5-carboxylat-Decarboxylase *f*

uracil dehydrogenase *{EC 1.2.99.1}* Uracildehydrogenase *f*

uracil phosphoribosyltransferase *{EC 2.4.2.9}* Uracilphosphoribosyltransferase *f*

uracil-4-carboxylic acid Uracil-4-carbonsäure *f*, Orotsäure *f {Biochem}*

uraconite Uraconit *m {Min}*

uraline <$C_5H_8Cl_3NO_3$> Chloralurethan *n*, Carbochloral *n*

uralite Uralit *m {Min}*

uralkyd Uralkyd *m {mit Polyurethan modifiziertes Alkydharz}*

uramil <$C_4H_4N_3O_3$> Uramil *n*, Dialuramid *n*, 5-Aminobarbitursäure *f*, Murexan *n*

uramildiacetic acid Uramildiessigsäure *f*

uramine *s.* guanidine

uranate Uranat *n {Salze der Uransäuren: $M'_2U_2O_7$, M'_2UO_4, M'_4UO_5}*

urane 1. Uraneinheit *f {obs, Radioaktivitätsmaß}*; 2. Uranoxid *n*; 3. Urethan *n*

uranediol <$C_{21}H_{36}O_2$> Urandiol *n*

urania *s.* uranium dioxide

urania blue Uraniablau *n*

urania green Uraniagrün *n*

uranic Uran-, Uran(VI)-

uranic acid <H_2UO_4> Uran(VI)-säure *f*, Metauransäure *f*, Uranylhydroxid *n*

uranic anhydride Uransäureanhydrid *n*, Urantrioxid *n*, Uranium(VI)-oxid *n*

uranic chloride *s.* uranium tetrachloride

uranic compound Uran(VI)-Verbindung *f*

uranic fluoride <UF_6> Uranhexafluorid *n*, Uran(VI)-fluorid *n*

uranic ocher Uranocker *m*, Uranopilit *m {Min}*

uranic oxide <UO_3> Uransäureanhydrid *n*, Uran-(VI)-oxid *n*, Urantrioxid *n*

salt of uranic acid <M'_2UO_4> Uranat *n*

uranide Uranid *n {obs}*, Uranoid *n {Element der Actinoidenteilreihe}*

uraniferous uranhaltig

uranin[e] Uranin *n*, Fluoresceindinatrium *n*

uraninite Uraninit *m*, Uranpechblende *f*, Uranpecherz *n {Min}*

uranite Schweruranerz *n {obs}*, Uranit *m {Min}*

uranitiferous uranithaltig

uranium *{U, element no. 92}* Uran *n*, Uranium *n*

uranium acetate 1. <$UO_2(CH_3COO)_2$> Uranylacetat *n*; 2. <$Na_2UO_2(CH_3COO)_4$> Natriumuranylacetat *n*

uranium acetylide <UC_2> Uranacetylid *n*, Uraniumdicarbid *n*

uranium age Uranalter *n {Geol}*

uranium barium oxide Uranbariumoxid *n*

uranium bromide *s.* uranium tetrabromide

uranium carbide Urancarbid *n {UC, UC_2, U_2C_3}*

uranium chalcogenide Uranchalkogenid *n*

uranium chloride Uraniumchlorid *n {UCl_3, UCl_4, UCl_5, UCl_6}*

uranium compound Uranverbindung *f*

uranium concentrate Urankonzentrat *n*

uranium content Urangehalt *m*

uranium decay series Uranzerfallsreihe *f*, Uran-Radium-Reihe *f {U-238 zu Pb-206 = Radium G}*

uranium deposit Uranvorkommen *n*

uranium dicarbide <UC_2> Uraniumdicarbid *n*

uranium dioxide Uraniumdioxid *n*, Uran(IV)-oxid *n*
uranium enrichment Urananreicherung *f* *{U-238 relativ zu U-235}*
uranium fission Uranspaltung *f* *{Nukl}*
uranium fluoride Uraniumfluorid *n* {UF_4, UF_5, UF_6}
uranium glass Uranglas *n*
uranium glimmer Uranglimmer *m* *{Min}*
uranium graphite reactor Urangraphitreaktor *m* *{Nukl}*
uranium halide Uraniumhalogenid *n*
uranium hexachloride <UCl_6> Uraniumhexachlorid *n*, Uran(VI)-chlorid *n*
uranium hexafluoride <UF_6> Uraniumhexafluorid *n*, Uran(VI)-fluorid *n*
uranium hydride Uranhydrid *n* {UH_3, UH_4}
uranium(III) hydride Uran(III)-hydrid *n*, Uraniumtrihydrid *n*
uranium(IV) hydride Uran(IV)-hydrid *n*, Uraniumtetrahydrid *n*
uranium hydroxide <$U(OH)_4$> Uraniumtetrahydroxid *n*, Uran(IV)-hydroxid *n*
uranium intensifier Uranverstärker *m*
uranium isotope Uranisotop *n*
uranium lead Uranblei *n*, Blei-206 *n* *{teilweise mit Pb-207}*
uranium-lead dating Uran-Blei-Altersbestimmung *f* *{Geol; U-238 zu Pb-206 bzw. U-235 zu Pb-207}*
uranium metal Uranmetall *n*
uranium mica Uranglimmer *m* *{Min}*
uranium mineral Uranmineral *n*
uranium monocarbide <UC> Uraniummonocarbid *n*
uranium nucleus Urankern *m*
uranium ocher Uranopilit *m*, Uranocker *m*, Urangummit *m* *{Min}*
uranium ore Uranerz *n* *{Min}*
uranium oxide Uranoxid *n* {UO_2, U_3O_8, UO_3 *oder* UO_4}
uranium oxosalt Uranylsalz *n*, Dioxouran(VI)-salz *n*, Oxosalz *n* des Urans
uranium oxybromide *s.* uranyl bromide
uranium oxychloride *s.* urany chloride
uranium peroxide <UO_4> Uranperoxid *n*, Urantetroxid *n*
uranium pile Uranmeiler *m*, Uranbrenner *m*, Uranreaktor *m*
uranium prospecting Uransuche *f*
uranium salt Uransalz *n*
uranium series Uranreihe *f*, Uranzerfallsreihe *f*, Uran-Radium-Reihe *f*
uranium sesquisulfide <U_2S_3> Uran(III)-sulfid *n*, Diuraniumtrisulfid *n*
uranium sodium acetate <$UO_2(C_2H_3O_2)_2\text{-}2{\cdot}NaCH_3COO$> Urannatriumacetat *n*, Natriumuranylacetat *n*
uranium sulfate Uransulfat *n* {$U(SO_4)_2{\cdot}8H_2O$ *oder* $UO_2SO_4{\cdot}3H_2O$}
uranium tetrabromide <UBr_4> Uranium(IV)-bromid *n*, Urantetrabromid *n*
uranium tetrachloride <UCl_4> Uran(IV)-chlorid *n*, Uraniumtetrachlorid *n*
uranium tetrafluoride <UF_4> Uraniumtetrafluorid *n*, Uran(IV)-fluorid *n*
uranium tetroxide <UO_4> Uraniumtetroxid *n*, Uranperoxid *n*
uranium trioxide Urantrioxid *n*, Uransäureanhydrid *n*, Uran(VI)-oxid *n*
uranium X_1 Uran X_1 *n* *{obs}*, Thorium-234 *n*
uranium X_2 Uran X_2 *n* *{obs}*, Protactinium-234 *n*
uranium Y Uran Y *n* *{obs}*, Thorium-231 *n*
uranium yellow Urangelb *n*, Natriumdiuranat *n*
containing uranium uranhaltig
depleted uranium abgereichertes Uran *n* *{arm an U-235}*
enriched uranium angereichertes Uran *n* *{erhöhtes U-235/U-238-Verhältnis}*
uranocene <$U(C_8H_8)_2$> Uranocen *n* *{obs}*, Bis(cyclooctatetraenyl)uranium *n*
uranocircite Barium-Autinit *m*, Barium-Phosphoruranit *m*, Barium-Uranit *m*, Uranocircit *m* *{Min}*
uranolepidite Uranolepidit *m* *{obs}*, Vandenbrandeit *m* *{Min}*
uranoniobite Urano-Niobit *m* *{obs}*, Samarskit *m* *{Min}*
uranophane Lambertit *m* *{obs}*, Uranophan *m*, Uranotil *m* *{Min}*
uranopilite Uranopilit *m*, Uranocker *m* *{Min}*
uranospherite Uranosphärit *m* *{Min}*
uranospinite Uranospinit *m*, Calcium-Arsenuranit *m* *{Min}*
uranothallite Uranothallit *m*, Liebigit *m* *{Min}*
uranothorite Uranothorit *m*, Enalith *m*, Wisaksonit *m* *{Min}*
uranotil Lambertit *m* *{obs}*, Uranotil *m*, Uranophan *m* *{Min}*
uranous Uran-, Uran(IV)-
uranous compound Uran(IV)-Verbindung *f*, Uranoverbindung *f* *{obs}*
uranous chloride *s.* uranium tetrachloride
uranous hydroxide Uran(IV)-hydroxid *n*, Uranohydroxid *n* *{obs}*, Uraniumtetrahydroxid *n*
uranous oxide <UO_2> Urandioxid *n*, Uran(IV)-oxid *n*
uranous salt Uran(IV)-salz *n*, Uranosalz *n* *{obs}*
uranous-uranic oxide <U_3O_8> Uran(IV, VI)-oxid *n*, Triuranoctoxid *n*
uranyl <=UO_2; UO_2^{2+}> Uranyl-, Dioxouranium- *{IUPAC}*
uranyl acetate <$UO_2(CH_3COO)_2{\cdot}2H_2O$> Uranylacetat *n*, Dioxouraniumacetat[-Dihydrat] *n*

uranyl ammonium carbonate <$(NH_4)_2UO_2(CO_3)_3$> Uranylammoniumcarbonat *n*, Ammoniumuranylcarbonat *n*
uranyl bromide <UO_2Br_2> Uranylbromid *n*, Dioxouraniumbromid *n*
uranyl chloride <UO_2Cl_2> Uranylchlorid *n*, Dioxouraniumchlorid *n*
uranyl hydrogen phosphate <UO_2HPO_4> Uranylhydrogenphosphat *n*
uranyl nitrate <$UO_2(NO_3)_2 \cdot 6H_2O$> Uranylnitrat *n*, Dioxouraniumnitrat[-Hexahydrat] *n*
uranyl oxide *{obs}* *s.* uranium trioxide
uranyl phosphate Uranylphosphat *n*
uranyl radical Uranylradikal *n*
uranyl sulfate <$UO_2SO_4 \cdot 3,5H_2O$> Uranylsulfat n, Dioxouraniumsulfat n
uranyl uranate <$(UO_2)_2UO_4$> Triuranoctoxid *n*
acid uranyl phosphate <UO_2HPO_4> Uranylhydrogenphosphat *n*
urate Urat *n {Salz der Harnsäure}*
urate oxidase *{EC 1.7.3.3}* Uratoxidase *f*
acid urate Biurat *n*
hydrogen urate Biurat *n*
***p*-urazine** <$C_2H_4N_4O_2$> 4-Urazin *n*, Diharnstoff *m*
urazole <$C_2H_3N_3O_2$> Urazol *n*, Bicarbamid *n* *{Triv}*, Hydrazodicarbonimid *n*, 1,2,4-Triazolidin-3,5-dion *n*
urbanite Lindesit *m {obs}*, Urbanit *m {Min}*
urea <H_2NCONH_2> Harnstoff *m*, Carbamid *n*, Kohlensäurediamid *n*
urea adduct Harnstoffaddukt *n*, Harnstoffadditionsverbindung *f*, Harnstoffeinschlußverbindung *f*
urea bisulfite solution Harnstoff-Hydrogensulfit-Lösung *f {Wolle}*
urea anhydride *s.* carbamide
urea bridge Harnstoffbrücke *f {Chem}*
urea calcium nitrate Harnstoffkalksalpeter *m {Agri}*
urea carboxylase *{EC 6.3.4.6}* Harnstoffcarboxylase *f*
urea cycle [Arginin-]Harnstoffzyklus *m*, Ornithinzyklus *m*, Krebs-Henseleit-Zyklus *m*
urea derivative Harnstoffderivat *n*
urea dewaxing Harnstoffentparaffinierung *f*, Harnstofftrennung *f*, Harnstoff-Entparaffinierungsverfahren *n*
urea enzyme *s.* urease
urea-formaldehyde condensate Harnstoff-Formaldehydkondensat *n*
urea-formaldehyde [condensation] resin Harnstoff-Formaldehydharz *n*, Harnstoff-Formaldehydkondensat *n*, Harnstoffharz *n*
urea-formaldehyde foam Harnstoffharzschaum *m*
urea inclusion compound Harnstoffeinschlußverbindung *f*
urea-laminated sheet Harnstoffharzschichtstoff *m*
urea lattice Harnstoffgitter *n {Komplex}*
urea linkage Harnstoffbindung *f*
urea linkage content Harnstoffbindungsanteil *m*
urea molecular compound Harnstoffmolekülverbindung *f*, Harnstoffaddukt *n*
urea mo[u]lding compound Harnstoff-Preßmasse *f*, Harnstoffharzformmasse *f*
urea nitrate <$CO(NH_2)_2 \cdot NO_3H$> Harnstoffnitrat *n*
urea nitrogen Harnstoffstickstoff *{Physiol}*
urea oxalate <$OC(NH_2) \cdot C_2H_2O_4$> Harnstoffoxalat *n*
urea peroxide <$OC(NH_2)_2 \cdot H_2O_2$> Harnstoffperoxid *n*
urea quinate Urol *n*
urea resin *s.* urea-formaldehyde [condensation] resin
urea resin lacquer Harnstoffharzlack *m*
urea synthesis Harnstoffsynthese *f*
ureacarboxylic acid *s.* allophanic acid
ureaform Harnstoff-Formaldehyd *m {Agri, Dünger mit $CO(NH_2)_2$-Überschuß}*
urease *{EC 3.5.1.5}* Urease *f*
urechochrome Urechochrom *n*
ureide <$RNHCONH_2$> Ureid *n*
ureidoacetic acid <$H_2NCONHCH_2COOH$> Ureidoessigsäure *f*, Hydantoinsäure *f*, *N*-Carbamylglycin *n*
ureidoglycollate dehydrogenase *{EC 1.1.1.154}* Ureidoglycollatdehydrogenase *f*
ureidoglycollate lyase *{EC 4.3.2.3}* Ureidoglycollatlyase *f*
5-ureidohydantoin <$C_4H_6N_4O_3$> 5-Ureidohydantoin *n*, Allantoin *n*
ureidosuccinase *{EC 3.5.1.7}* Ureidosuccinase *f*
ureine Urein *n*
urethane <$NH_2COOC_2H_5$> Urethan *n*, Ethylurethan *n*, Carbamidsäureester *m {Pharm}*
urethane elastomer Urethanelastomer[es] *n*, Polyurethanelastomer[es] *n*
urethane group Urethangruppe *f*, Carbamidsäuregruppe *f*
urethane linkage Urethanbindung *f*
urethane linkage content Urethanbindungsanteil *m*
urethane oil ölmodifiziertes Polyurethan *n*, Öl-Polyol-Polyisocyanat-Modifikation *f*, Urethanöl *n*
urethane resin Urethanharz *n*
urethylan <$H_2NCOOCH_3$> Urethylan *n*, Methylurethan *n*, Methylcarbamat *n*
ureylene <$-NHCONH-$> Ureylen-, Carbonyldiimino-

urgency Dringlichkeit *f*
urgent dringend, dringlich, eilig; drängend
uric acid <$C_5H_4N_4O_3$> Harnsäure *f*, 2,6,8-Trihydroxypurin *n*, Purin-2,6,8-triol *n*, Triketopurin *n* *{Triv}*
uricase *{EC 1.7.3.3}* Uricase *f*, Uratoxidase *f* *{IUB}*
uridine <$C_4H_3N_2O_2 \cdot C_5H_9O_4$> Uridin *n*, 1-*ß*-D-Ribofuranosyluracil *n*, Urd, Uracil-D-ribosid *n*
uridine diphosphate Uridindiphosphat *n*, UDP
uridine diphosphate galactose Uridindiphosphatgalactose *f* *{Biochem}*
uridine diphosphate glucose Uridindiphosphatglucose *f*, Uridindiphosphoglucose *f*, UDP-Glucose *f*, aktive Glucose *f*
uridine kinase *{EC 2.7.1.48}* Uridinkinase *f*
uridine monophosphate Uridinmonophosphat *n*, UMP, Uridin[mono]phosphorsäure *f*
uridine nucleosidase *{EC 3.2.2.3}* Uridinnucleosidase *f* *{IUB}*, Uridinribohydrolase *f*
uridine phosphoric acid *s.* uridine monophosphate
uridine phosphorylase *{EC 2.4.2.3}* Uridinphosphorylase *f*
uridine triphosphate Uridintriphosphat *n*, UTP, Uridintriphosphorsäure *f*
uridyl transferase *{EC 2.7.7.12}* Uridyltransferase *f*, Hexose-1-phosphat-Uridyltransferase *f*, UDP-Glucosehexose-1-phosphat-Uridyltransferase *f* *{IUB}*
uridylic acid Uridylsäure *f*
uril <RNHCONHNHCONHR> Uril *n*
urinalysis Harnanalyse *f*, Harnuntersuchung *f*
urinary Harn-
urinary calculus Harnstein *m*
urinary constituent Harnbestandteil *m*
urine Harn *m*, Urin *m*
urine analysis Harnanalyse *f*, Harnuntersuchung *f*
urinometer Urinometer *n*, Harnwaage *f* *{Med}*
urinous harnartig, urinartig
urobenzoic acid *s.* hippuric acid
urobilin <$C_{32}H_{42}N_4O_6$> Hydrobilirubin *n*, Urobilin *n*
urobilinogen Urobilinogen *n*
urocanase *{EC 4.2.1.49}* Urocanase *f*, Urocanathydratase *f* *{IUB}*
urocanic acid <$C_6H_6N_2O_2$> 4-Imidazolacrylsäure *f*, Urocansäure *f*
urocanin <$C_{11}H_{19}N_4O$> Urocanin *n*
urocaninic acid <$C_6H_6N_2O_6 \cdot 2H_2O$> Urocaninsäure *f*, 3-(1*H*-Imidazol-4-yl)prop-2-ensäure *f*
urochrome <$C_{43}H_{51}NO_{26}$> Urochrom *n*
uroerythrin Uroerythrin *n*
urokinase *{EC 3.4.21.31}* Urokinase *f* *{Biochem}*
uronate dehydrogenase *{EC 1.2.1.35}* Uronatdehydrogenase *f*
uronic acid <$OHC(CHOH)_nCOOH$> Uronsäure *f* *{Aldehydcarbonsäuren der Zuckerreihe}*
uronolactonase *{EC 3.1.1.19}* Uronolactonase *f*
uroporphyrin Uroporphyrin *n* *{Biochem}*
uroporphyrinogen decarboxylase *{EC 4.1.1.37}* Uroprophyrinogen-III-carboxylase *f*, Uroporphyrinogendecarboxylase *f* *{IUB}*
uroporphyrinogen I synthase *{EC 4.3.1.8}* Uroporphyrinogen-I-synthase *f*
urothion Urothion *n*
urotropine <$C_6H_{12}N_4$> Urotropin *n* *{HN}*, Hexamethylentetramin *n*, Hexamin *n*, Methenamin *n*, 1,3,5,7-Tetraazaadamantan *n*
urotropine quinate Chinotropin *n*
urotropine tannin Tannopin *n*
ursane Ursan *n* *{Triterpen}*
ursodeoxycholic acid Ursodesoxycholinsäure *f*
ursol Ursol *n*, *p*-Phenylendiamin *n*, 1,4-Diaminobenzol *n*
ursolic acid <$C_{29}H_{46}(OH)COOH$> Ursolsäure *f*, Malol *n*, Urson *n*, Prunol *n*
urson *s.* ursolic acid
urusene <$C_{15}H_{28}$> Urusen *n*
urushic acid <$C_{23}H_{36}O_2$> Urushinsäure *f*
urushiol <$C_6H_3(OH)_2C_{15}H_{27}$> Urushiol *n* *{Med, Farb}*
urusite Urusit *m* *{obs}*, Sideronatrit *m* *{Min}*
usability Verwendbarkeit *f*, Verwendungsfähigkeit *f*, Eignung *f*; Verarbeitungsfähigkeit *f*; Betriebsbereitschaft *f*
usable gebrauchsfähig, bauchbar, verwendbar, benutzbar; verarbeitungsfähig; betriebsfähig; Nutz-
USAN *{United States Adopted Name}* offizielle Medikamentbezeichnung *f* *{APhA, AMA, USP}*
use/to anwenden, verwenden; gebrauchen, benutzen, nutzen, benützen; fahren *{EDV}*
use up/to aufbrauchen, verbrauchen; verzehren; aufarbeiten
use 1. Gebrauch *m*, Anwendung *f*, Verwendung *f*, Einsatz *m*; Ausnutzung *f*, Benutzung *f*, Nutzanwendung *f*, Nutzung *f*; 2. Verwendungsmöglichkeit *f*; Verwendungszweck *m*
use-level Anwendungskonzentration *f*
continuous use Dauereinsatz *m*
range of uses Anwendungsbereich *m*, Anwendungsgebiet *n*
repeated use Wiederverwendung *f*
used gebraucht; getragen *{Kleidung}*; Alt-, Gebraucht-; Einsatz-
used acids Altsäuren *fpl* *{Elektroplattieren}*
used air Abluft *f*
used catalyst Altkatalysator *m*
used material Altmaterial *n*
used oil Ablauföl *n*, Gebrauchtöl *n*, Altöl *n* *{DIN 51433}*
used oil disposal Altölbeseitigung *f*
used paper Altpapier *n*

used rubber Altgummi *m*
used waters Abwässer *npl*
useful brauchbar; nützlich, nutzbringend, zweckdienlich, zweckmäßig; Nutz-
useful capacity Nutzkapazität *f*
useful current Wirkstrom *m*
useful cycle length nutzbare Einsatzzeit *f {Katalysator}*
useful effect Nutzeffekt *m*
useful life Gebrauchswertdauer *f*, Nutzlebensdauer *f*, Lebensdauer *f*, Brauchbarkeitsdauer *f {Tech}*; Nutzbrenndauer *f {Glühlampe}*; Topfzeit *f {Farbstoffe}*; Laufzeit *f*
useful life span Verfallzeit *f {z.B. von Pharmazeutika}*
useful load Ladegewicht *n*, Nutzlast *f*
useful performance Nutzleistung *f*
useful refrigerating effect Nutzkälteleistung *f*
useful work Nutzarbeit *f*
be useful/to taugen
usefulness Brauchbarkeit *f*, Tauglichkeit *f*, Verwendbarkeit *f*, Verwendungsfähigkeit *f*; Nützlichkeit *f*, Nutzen *m*
useless unbrauchbar, unnütz; aussichtslos, sinnlos, nutzlos
user Benutzer *m*, Nutzer *m*, Anwender *m*, Betreiber *m*; Verbraucher *m*; Teilnehmer *m {EDV}*; Kunde *m*
user-friendly benutzerfreundlich, anwenderfreundlich
user software Benutzersoftware *f*, Anwendersoftware *f {EDV}*
using less energy energiegünstiger
usnaric acid <$C_{20}H_{22}O_{15}$> Usnarsäure *f*
usneti[ni]c acid Usnetinsäure *f {Usnea barbata}*
usni[ni]c acid <$C_{18}H_{16}O_7$> Usninsäure *f {eine Flechtensäure}*
usnolic acid Usnolsäure *f*
USP *{United States Pharmacopoeia}* amerikanisches Arzneibuch *n*
usual gewöhnlich, normal, üblich
utensil Gerät *n*, Werkzeug *n*; Geschirr *n*
uteroferrin Uteroferrin *n*
utilities 1. Energieversorgung *f*; 2. Energiebedarf *m*; Hilfsstoffbedarf *m*; 3. *{US}* Hausanschlüsse *mpl*; 4. Dienstprogramme *npl {EDV}*
utility 1. Gebrauchs-; 2. Nützlichkeit *f*, Nutzen *m*; Brauchbarkeit *f*; 3. Energieversorgungsbetrieb *m*, Energieversorgungsunternehmen *n*; 4. Dienstprogramm *n {EDV}*
utility analysis Nutzwertanalyse *f*
utility company Versorgungsbetrieb *m*, Versorgungsunternehmen *n {z.B. für Strom, Gas}*
utility model Gebrauchsmuster *n*
utilizable auswertbar, nutzbar, verwendbar
utilization Ausnutzung *f*, Auslastung *f*, Belastung *f*, Verwendung *f*, Benutzung *f*; Nutzbarmachung *f*, Nutzung *f*, Verwertung *f*
utilization coefficient Ausnutzungskoeffizient *m*, Ausnutzungsgrad *m*, Auslastungsfaktor *m*, Benutzungsfaktor *m*
utilization of energy Energieausnutzung *f*
utilization of heat Wärme[aus]nutzung *f*
utilization of sewage Abwasserverwertung *f*
utilization of waste Abfallverwertung *f*
utilization of waste heat Abhitzeverwertung *f*, Abwärmeverwertung *f*
utilize/to ausnutzen, verwerten, benutzen, verwenden
UTP *s.* uridine triphosphate
UV (U.V.) ultraviolett; UV-, Ultraviolett- *{Zusammensetzungen s. ultraviolet}*
UV-A radiation UV-A-Strahlung *f*, UV-A *{320-400 nm}*
UV-B radiation UV-B-Strahlung *f*, UV-B *{280-320 nm}*
UV-C radiation UV-C-Strahlung *f*, UV-C *{10-295 nm}*
uvanite Uvanit *m {Min}*
uvaol Uvaol *n*
uvarovite Uwarowit *m*, Chrom-Granat *m {Min}*
uvic acid 1. Traubensäure *f*, DL-Weinsäure *f*, razemische Weinsäure *f*, Paraweinsure *f*; 2. *s.* uvinic acid
uvinic acid Uvinsäure *f*, Pyrotritartarsäure *f*, 2,5-Dimethylfuran-3-carbonsäure *f*
uvitic acid <$C_6H_3(CH_3)(COOH)_2$> Uvitinsäure *f*, Methylphthalsäure *f*
uvitonic acid <$C_8H_7NO_4$> Uvitonsäure *f*, 6-Methylpyridin-2,4-dicarbonsäure *f*
uwarowite *s.* uvarovite
uzarin <$C_{38}H_{54}O_{14}$> Uzarin *n*

V

V-belt Keilriemen *m*, V-Riemen *m*
endless V-belt endloser Keilriemen *m*
open-end V-belt endlicher Keilriemen *m*
V-ring 1. V-Ring *m*, Winkelring *m {Packung}*; 2. Spannring *m*, Druckring *m*, Manschette *f*
V-ring gasket V-Dichtungsring *m*, Rundring *m* mit V-förmigem Querschnitt
V-shaped V-förmig
vacenceine red Naphthylaminbordeaux *n*
vacancy Fehlstelle *f*, Leerstelle *f*, Vakanz *f*, Gitterleerstelle *f*, Gitterlücke *f*, unbesetzter Gitterplatz *m*, Lücke *f*, Loch *n*, unbesetzter Platz *m {Krist}*; Elektronenlücke *f {Atom}*
vacancy diffusion Leerstellendiffusion *f*
vacancy formation Leerstellenbildung *f*
vacancy pair Leerstellenpaar *n*
vacancy migration Leerstellenwanderung *f*
vacant unbesetzt, vakant, leer, frei
vaccenic acid <$CH_3(CH_2)_5CH=CH(CH_2)_9$-

COOH> Vaccensäure *f*, *trans*-Octadec-11-ensäure *f*
vaccinate/to vakzinieren *{Biol}*; impfen *{Med}*
vaccinated [schutz]geimpft; vakziniert
vaccination Impfung *f*, Schutzimpfung *f {Met}*; Vakzination *f {Biol}*
vaccine Impfserum *n*, Impfstoff *m*, Vakzine *f {Pharm}*; Kuhpockenlymphe *f*
vacuole Vakuole *f {Biol}*
vacuometer Vakuummeßgerät *n*, Vakuummeter *n*
vacuostat Vakuumkonstanthalter *m*
vacuum Unterdruck *m {Luftunterdruck}*, Vakuum *n*, [nahezu] luftleerer Raum *m*, luftverdünnter Raum *m*, Luftleere *f*
vacuum agitator Vakuumrührwerk *n*, Vakuummischer *m*
vacuum-and-blow process Saugblaseverfahren *n {Glas}*
vacuum annealing Blankglühen *n* im Vakuum, Vakuumglühen *n*
vacuum-annealing furnace Vakuumglühofen *m*
vacuum arc Vakuumlichtbogen *m*
vacuum-arc deposition Vakuumbogenbedampfung *f*
vacuum-arc furnace Vakuumlichtbogenofen *m*
vacuum-arc melting Vakuumlichtbogenschmelzen *n*
vacuum atomization Vakuumzerstäubung *f*
vacuum attachment Vakuumanschluß *m*
vacuum bag Vakuumsack *m {Kunst}*
vacuum-bag method Vakuumfolienverfahren *n*, Vakuum-Gummisackverfahren *n {Kunst}*
vacuum-bag mo[u]lding *s.* vacuum-bag method
vacuum balance Vakuumwaage *f*
vacuum bell jar Vakuumglocke *f*
vacuum brazing Vakuumhartlöten *n*, Hartlöten *n* im Vakuum
vacuum break Vakuumunterbrechung *f*, Vakuumabschaltung *f*
vacuum breaker Vakuumbrecher *m*, Rückschlagventil *n* gegen Vakuum
vacuum buffler *s.* vacuum breaker
vacuum cabinet Vakuumschrank *m*
vacuum calcination Vakuumcalcination *f*
vacuum calibrating Vakuumkalibrieren *n*, Vakuumkalibrierung *f*, Vakuumtank-Kalibrierung *f*
vacuum calibrating unit Vakuumkalibrierung *f*, Vakuumtank-Kalibrierung *f*
vacuum calibration section Vakuumkalibrierstrecke *f*
vacuum carbon train Kohlenstoffgehaltsbestimmungsgerät *n* in Vakuum
vacuum casting Vakuumgießen *n*; Vakuumgießverfahren *n {Met}*
vacuum cell Vakuumzelle *f*
vacuum cement Vakuumkitt *m {Kunst}*
vacuum chamber Unterdruckkammer *f*, Vakuumkammer *f*
vacuum chromatography Vakuumchromatographie *f*
vacuum circulating evaporator Vakuumumlaufverdampfer *m*
vacuum cleaner Staubsauger *m*
vacuum coater Vakuumaufdampfanlage *f*, Vakuumbedampfungsanlage *f*, Vakuummetallisiergerät *n*
vacuum coating Vakuumbeschichten *n*, Vakuumbedampfung *f*, Aufdampfen *n* in Vakuum
vacuum coating apparatus *s.* vacuum coater
vacuum coating machine *s.* vacuum coater
vacuum coating equipment Vakuumaufdampfanlage *f*, Vakuumbedampfungsanlage *f*
vacuum coil Wendel *f* für Vakuumlampen
vacuum cold-wall furnace Vakuumkaltwandofen *m*
vacuum concentration Vakuumeindampfung *f*, Vakuumkonzentration *f*
vacuum concentrator Vakuumkonzentrationsanlage *f*
vacuum concrete Vakuumbeton *m*, vakuumbehandelter Beton *m*, Saugbeton *m*
vacuum condensation Vakuumkondensation *f*
vacuum condensing point Vakuumkondensationspunkt *m {Sublimation}*
vacuum connection Vakuumanschluß *m*, Sauganschluß *m* zum Vakuum
vacuum connection pipe Vakuumanschlußstutzen *m*
vacuum container Vakuumbehälter *m*
vacuum control panel Vakuumtableau *n*
vacuum conveyor Vakuumfördergerät *n*, Saugluftförderer *m*, Unterdruckförderer *m*
vacuum cooking appliance Vakuumkochapparat *m*, Vakuumkocher *m*
vacuum cooling Vakuumkühlung *f*
vacuum correction Vakuumkorrektur *f {Barometer}*
vacuum cryostat Vakuumkryostat *m*
vacuum crystallization Vakuumkristallisieren *n*, Vakuumkristallisation *f {Chem}*
vacuum crystallizer Vakuumkristallisator *m*
vacuum cup stopcock Vakuumhahn *m*, Hahn *m* mit offenem Küken
vacuum de-icer Saugluftenteiser *m*
vacuum deaerator Vakuumentgaser *m*, Unterdruckentgaser *m*
vacuum decarbonization Entkohlung *f* im Vakuum *{Met}*
vacuum decarburization *s.* vacuum decarbonization
vacuum degassing Vakuumentgasung *f*, Vakuumentgasen *n*
vacuum degassing furnace Vakuumentgasungsofen *m*

vacuum dehydration Vakuumtrocknung *f*, Vakuumentwässerung *f*
vacuum deposition Vakuum[metall]beschichtung *f*, Vakuumbedampfung *f*, Vakuumaufdampfung *f*, Beschichtung *f* im Vakuum, Abscheidung *f* im Vakuum
vacuum desiccator Vakuumexsikkator *m*, Vakuumtrockner *m {Lab}*
vacuum device abgeschlossenes Vakuumsystem *n*
vacuum die-casting Vakuumspritzguß *m*, Vakuumdruckguß *m*, Unterdruckkokillenguß *m*
vacuum diffusion Diffusion *f* im Vakuum
vacuum diffusion pump Vakuumdiffusionspumpe *f*
vacuum dilatometer Vakuumdilatometer *n*
vacuum dissolver Vakuum-Dissolver *m*
vacuum distillation Vakuumdestillation *f*, Destillation *f* im Vakuum, Unterdruckdestillation *f*
vacuum distillation apparatus Vakuumdestillationsgerät *n*, Vakuumdestillierapparat *m*
vacuum distillator Vakuumdestillationsanlage *f*
vacuum drip melting Vakuumabtropfschmelzen *n*
vacuum-drum dryer Vakuumwalzentrockner *m*
vacuum-drum[-type] filter Vakuumtrommelfilter *n*, Trommelsaugfilter *n*
vacuum dryer Vakuumtrockner *m*, Vakuumtrockenapparat *m*
vacuum drying Vakuumtrocknung *f*
vacuum drying cabinet Vakuumtrockenschrank *m*
vacuum drying chamber Vakuumtrockenschrank *m*
vacuum drying cupboard Vakuumtrockenschrank *m*
vacuum drying oven Vakuumtrockenofen *m*
vacuum drying plant Vakuumtrocknungsanlage *f*, Vakuumtrockenanlage *f*
vacuum duct Vakuumleitung *f*
vacuum eccentric tumbling dryer Vakuumtaumeltrockner *m*
vacuum electron beam melting furnace Vakuumelektronenstrahlschmelzanlage *f*
vacuum encapsulation Vergießen *n* unter Vakuum, Verkapseln *n* unter Vakuum
vacuum etching kathodisches Ätzen *n*, Glimmen *n*, Abglimmen *n*, Beglimmen *n*
vacuum evaporation Vakuumverdampfung *f*, Verdampfung *f* im Vakuum, Unterdruckverdampfung *f*
vacuum evaporator Vakuumverdampfer *m*, Unterdruckverdampfer *m*
vacuum exsiccator Vakuumexsikkator *m*, Vakuumtrockner *m {Lab}*
vacuum extraction Vakuumextraktion *f*
vacuum extraction process Heißextraktionsverfahren *n*
vacuum extrusion Vakuumstrangpressen *n*
vacuum factor Vakuumfaktor *m*
vacuum feed hopper Vakuumspeisetrichter *m*
vacuum fermentation Unterdruckgärung *f {Brau}*
vacuum filter Vakuumfilter *n*, Unterdruckfilter *n*, Nutsche *f*, Saugfilter *n*
vacuum filtration Vakuumfiltration *f*, Saugfiltration *f*, Unterdruckfiltration *f*, Nutschen *n*
vacuum firing Vakuumbrennen *n*, Wärmebehandlung *f* im Vakuumofen *{Keramik}*
vacuum firing oven Vakuumbrennofen *m*
vacuum flashing Entspannungsverdampfen *n*
vacuum flask 1. Vakuumkolben *m*; 2. Thermosflasche *f {HN}*
vacuum forming Vakuumformen *n*; Vakuum[ver]formung *f*, Vakuumtiefziehen *n*, Vakuumformverfahren *n {Saugverfahren}*
vacuum forming machine Vakuumformmaschine *f*, Vakuumtiefziehmaschine *f {Kunst}*
vacuum forming mo[u]ld Saugform *f*, Vakuumtiefziehform *f {Kunst}*
vacuum fractionating tower Vakuum-Fraktionierkolonne *f*
vacuum freeze dryer Vakuumgefriertrockner *m*, Vakuumtiefkühltrockner *m*
vacuum freeze-drying equipment Vakuumgefriertrocknungsanlage *f*
vacuum freezing Vakuumgefrieren *n*, Ausfrieren *n* im Vakuum
vacuum fumigation Vakuumbegasung *f*, Räuchern *n* im Vakuum *{Vorratsschutz}*
vacuum furnace Vakuumofen *m*
vacuum furnacing Vakuumbrennen *n*, Wärmebehandlung *f* im Vakuumofen
vacuum fusing furnace Vakuumschmelzofen *m {Met}*
vacuum fusion Vakuumschmelze *f {Met}*
vacuum fusion apparatus Heißextraktionsapparatur *f*
vacuum fusion gas analysis Heißextraktionsanalyse *f*
vacuum fusion gas extraction Heißextraktionsverfahren *n*
vacuum gas oil Vakuumgasöl *n*
vacuum gate valve Vakuumschieber *m*, Schieberventil *n*, Torventil *n*
vacuum ga[u]ge Unterdruckmanometer *n*, Unterdruckmesser *m*, Vakuummeter *n*, Vakuummesser *m {Druckmeßgerät}*
vacuum ga[u]ge head Vakuummeßröhre *f*, Vakuummeßkopf *m*
vacuum ga[u]ge tube *s.* vacuum ga[u]ge head
vacuum grating spectrograph Vakuumgitterspektrograph *m*
vacuum grease Vakuumfett *n*

vacuum heat treatment Vakuumbrennen *n* *{Keramik}*, Wärmebehandlung *f* im Vakuum *{Met}*
vacuum heat treatment furnace Vakuumglühofen *m*
vacuum heat treatment oven Vakuumofen *m* zur Wärmebehandlung *{Met}*
vacuum heating Vakuumheizung *f* *{Dampfheizung}*, Unterdruck-Dampfheizung *f*
vacuum heating plant Vakuumheizungsanlage *f*
vacuum hopper Entgasungstrichter *m*, Vakuumfülltrichter *m*, Vakuumspeisetrichter *m*
vacuum hot-plate Vakuum-Heiztisch *m*
vacuum-hot-press and quenching furnace Vakuum-Heißpreß- und Abschreckofen *m*
vacuum hot-pressing Heißpressen *n* im Vakuum
vacuum hot-wall furnace Vakuumheißwandofen *m*
vacuum-impregnated vakuumgetränkt, vakuumprägniert
vacuum impregnation Vakuumimprägnierung *f*, Vakuumtränkung *f* *{Elek}*
vacuum impregnation process Vakuumtränkverfahren *n*
vacuum impregnation apparatus Vakuumimprägniergerät *n*
vacuum indicator Vakuumprüfer *m*
vacuum induction casting Vakuuminduktionsgießen *n*
vacuum induction furnace Vakuuminduktionsofen *m*
vacuum induction melting Vakuuminduktionsschmelzen *n*
vacuum induction melting furnace Vakuuminduktionsschmelzofen *m*
vacuum ingot casting Vakuumblockguß *m*
vacuum injection mo[u]lding [process] Vakuumspritzguß *m*, Vakuumeinspritzverfahren *n*, Marco-Verfahren *n*
vacuum insulation Vakuumisolation *f*
vacuum interrupter Vakuumschalter *m*, Vakuumunterbrecher *m*
vacuum jacket Vakuummantel *m*
vacuum jet Strahlsauger *m*, Dampfstrahlsauger *m*
vacuum jet exhauster Vakuumstrahlsauger *m*
vacuum kneder Vakuumkneter *m*
vacuum laminating Vakuumkaschieren *n*, Kaschieren *n* [eines Formkörpers] unter Vakuum
vacuum leaf filter Tauchfilter *n*
vacuum leakproofness Vakuumdichtigkeit *f*
vacuum lifting beam Vakuumheber *m*
vacuum line Vakuumleitung *f*
vacuum lock Vakuumschleuse *f*
vacuum manometer Unterdruckmanometer *n*, Vakuummeter *n*, Vakuummeßgerät *n*
vacuum measurement Vakuummessung *f*
vacuum measuring Vakuummessung *f*, Vakuummessen *n*
vacuum measuring instrument Vakuummeßinstrument *n*
vacuum measuring technique Vakuummeßtechnik *f*
vacuum-melted metals vakuumgeschmolzene Metalle *npl*
vacuum melting Vakuumschmelzen *n*, Schmelzen *n* im Vakuum
vacuum melting furnace Vakuumschmelzofen *m*
vacuum melting plant Vakuumschmelzanlage *f*
vacuum metallizing Vakuummetallisierung *f*, Metallisierung *f* im Vakuum, Vakuumbedampfen *n* *{Metalldampf}*, Vakuumaufdampfen *n* *{Schutzschicht}*
vacuum metallizing apparatus Vakuummetallisiergerät *n*
vacuum metallizing plant Vakuummetallisierungsanlage *f*
vacuum metallurgy Vakuummetallurgie *f*
vacuum method Vakuumverfahren *n*
vacuum microbalance Vakuummikrowaage *f*
vacuum mixer Vakuummischer *m*
vacuum molding Vakuumformen *n*, Vakuumverformung *f*, Vakuumfomverfahren *n*
vacuum monochromator Vakuummonochromator *m*
vacuum moulding *s.* vacuum molding
vacuum oil Vakuumöl *n*
vacuum oil pump Ölvakuumpumpe *f*
vacuum oil refining plant Vakuumölraffinerie *f*
vacuum oven Vakuumofen *m*, Vakuumtrockenschrank *m*
vacuum-oxygen decarburization process Vakuum-Sauerstoff-Verfahren *n* *{Met}*
vacuum package Vakuumverpackung *f*
vacuum packaging Vakuumverpackung *f*
vacuum paddle dryer Vakuumschaufeltrockner *m*
vacuum paddle mixer Vakuumtrockner *m* mit Rührwerk
vacuum paint Dichtungslack *m*, Vakuumlack *m*
vacuum pan Vakuumpfanne *f*, Vakuumkochapparat *m* *{Zucker}*; Vakuumverdampfer *m* *{Siedesalzherstellung}*
vacuum-pan house Kochstation *f* *{Zucker, Lebensmittel}*
vacuum pan salt Siedesalz *n*
vacuum path X-ray diffractometer Vakuumröntgenstrahldiffraktometer *n*
vacuum physics Vakuumphysik *f*
vacuum pipe Vakuumleitung *f*
vacuum pipe joining Vakuumrohranschluß *f*, Vakuumrohrverbindung *f*

vacuum pipework Vakuumpumpleitung *f*
vacuum plant Saugluftanlage *f*, Vakuumanlage *f*
vacuum plumbing Vakuuminstallation *f*
vacuum port Vakuumstutzen *m*
vacuum potting Vergießen *n* unter Vakuum, Verkapseln *n* unter Vakuum
vacuum powder filling equipment Vakuumpulverabfüllbehälter *m*
vacuum powder insulation Vakuumpulverisolation *f*
vacuum pre-expansion Vorschäumen *n* im Vakuum *{Polystyrol}*
vacuum pressure plant Vakuumdruckanlage *f*
vacuum pressure sintering Vakuumdrucksintern *n*
vacuum process Vakuumverfahren *n*
vacuum processing technique Vakuumverfahrenstechnik *f*
vacuum propeller mixer Vakuum-Propellerrührwerk *n*, Vakuum-Propellermischer *m*
vacuum pug Vakuumkneter *m*
vacuum pump Unterdruckpumpe *f*, Vakuumpumpe *f*
vacuum pump oil Vakuumpumpenöl *n*
vacuum pumping Vakuumpumpen *n*, Erzeugung *f* von Vakuum
vacuum pumping system Vakuumpumpsatz *m*
vacuum purification Vakuumreinigung *f*
vacuum putty Vakuumkitt *m {Kunst}*
vacuum reaction Vakuumreaktion *f*
vacuum reactor Vakuumreaktor *m*
vacuum receiver Vakuumvorlage *f {Dest}*; Vakuumkessel *m*, Vakuumauffangbehälter *m*, Vakuumsammelgefäß *n {Chem}*
vacuum rectification Vakuumrektifikation *f*
vacuum rectification tower Vakuumrektifizierkolonne *f*
vacuum rectifier Vakuumgleichrichter *m {Elek}*
vacuum refrigerator Vakuumkühlschrank *m*
vacuum regulator Vakuumregler *m*
vacuum relay Vakuumrelais *n*
vacuum relief valve Vakuumentspannungsventil *n*
vacuum reservoir Zusatzvakuum *n*
vacuum residue Vakuumrückstand *m*, Rückstand *m* bei der Vakuumdestillation
vacuum resin casting plant Vakuumgießharzanlage *f*
vacuum resistance furnace widerstandsbeheizter Vakuumofen *m*, Vakuumwiderstandsofen *m*
vacuum retort furnace Vakuumretortenofen *m*
vacuum rotary dryer Vakuumtrommeltrockner *m*
vacuum rotary evaporator Vakuumrotationsverdampfer *m*
vacuum science Vakuumwissenschaft *f*
vacuum seal Vakuumverschluß *m*, Vakuumdichtung *f*
vacuum sealed device abgeschlossenes Vakuumsystem *n*
vacuum sealing disk Vakuumdichtscheibe *f*
vacuum sealing door vakuumdichte Tür *f {Klimakammer}*
vacuum-sealing unit Vakuumverschließeinrichtung *f*
vacuum shelf dryer Vakuumetagentrockner *m*, Vakuumtrockenschrank *m*
vacuum shell Vakuumgehäuse *n*
vacuum shut-off valve Vakuumabsperrventil *n*
vacuum side Saugseite *f*, Vakuumseite *f*
vacuum sintering Sintern *n* unter Vakuum
vacuum sintering oven Vakuumsinterofen *n {Met}*
vacuum-siphon degassing Vakuumgeberentgasung *f*
vacuum sizing Vakuumtank-Kalibrierung *f*
vacuum sizing unit Vakuumtank-Kalibrierung *f*
vacuum sluice valve Vakuumschieberventil *n*
vacuum spark Vakuumfunke *m*
vacuum spark gap Vakuumfunkenstrecke *f*
vacuum spectral region Vakuumultraviolett *n*, Schumann-Gebiet *n {< 200 nm}*
vacuum spectrograph Vakuumspektrograph *m*
vacuum spectroscopy Vakuumspektroskopie *f*
vacuum sputtering device Vakuumkathodenzerstäubungsgerät *n*
vacuum-stable vakuumbeständig
vacuum steam Vakuumdampf *m*
vacuum-steam ager Vakuumdämpfer *m {Text}*
vacuum-steam generator Vakuumdampferzeuger *m*
vacuum-steam heating Vakuumdampfheizung *f*
vacuum steel Vakuumstahl *m*
vacuum-steel degassing Vakuumstahlentgasung *f*
vacuum still Vakuumdestillierapparat *m*, Vakuumdestillationsgerät *n*
vacuum stopcock Vakuumhahn *m*, Hahn *m* mit offenem Küken
vacuum stream degassing Vakuumstrahlentgasung *f*
vacuum stream-degassing system Vakuumstrahlentgaser *m*
vacuum stream-droplet process Vakuumgießstrahlverfahren *n*
vacuum stripper Vakuumkratzenreiniger *m {Text}*
vacuum sublimation Vakuumsublimation *f*
vacuum sublimation apparatus Vakuumsublimierapparat *m*
vacuum suction holes Vakuumsauglöcher *npl*
vacuum suction plate Vakuumsaugteller *m*

vacuum supply Vakuumversorgung *f*
vacuum surge tank Vakuumpufferbehälter *m*
vacuum switch Vakuumschalter *m*
vacuum system Vakuumsystem *n*, Vakuumanlage *f*
vacuum system and evaporator Vakuum-Pump-und-Aufdampfanlage *f*
vacuum tank Vakuumbehälter *m*, Vakuumkessel *m*
vacuum tap Vakuumhahn *m*
vacuum technology Vakuumtechnik *f*
vacuum test Vakuumtest *m {Lecksuche}*
vacuum tester Vakuumprüfer *m*, Vakuum-Lecksuchgerät *n*
vacuum testing Vakuumprüfung *f*
vacuum testing method Absprühmethode *f {Vak}*
vacuum thermal insulation Vakuum-Wärme-Isolation *f*
vacuum thermobalance Vakuumthermowaage *f*
vacuum thermocouple Vakuumthermoelement *n*
vacuum thermogravimetry Vakuumthermogravimetrie *f*
vacuum-tight vakuumdicht
vacuum tightness Vakuumdichtigkeit *f*
vacuum trap Kühlfalle *f*, Vakuumfalle *f*, Vakuumschleuse *f*
vacuum treatment Vakuumbehandlung *f*, Behandlung *f* im Vakuum
vacuum tube *{GB}* 1. Vakuumröhre *f*, Elektronenröhre *f*; 2. Vakuumschlauch *m*
vacuum-tube voltmeter Röhrenvoltmeter *n*
vacuum tubing 1. Vakuumleitung *f*, 2. Vakuumschlauchmaterial *n*, Vakuumschlauch *m*
vacuum tubulation Vakuumstutzen *m*
vacuum ultraviolet Vakuum-UV *n*, Vakuumultraviolett *n*, Schumann-Gebiet *n {< 200 nm}*
vacuum ultraviolet source Vakuum-UV-Quelle *f*
vacuum unit Vakuumanlage *f*, Saugluftanlage *f*
vacuum UV *s.* vacuum ultraviolet
vacuum valve *{US}* 1. Vakuumventil *n*; 2. Vakuumröhre *f {Elektronik}*
vacuum vaporizing Vakuumaufdampfen *n {Beschichten}*
vacuum-vapo[u]r drying Dampfstromtrocknung *f*
vacuum vessel 1. Vakuumbehälter *m*, Vakuumgefäß *n*; 2. Vakuumraum *m {Vakuumtrockner}*
vacuum wash Saugwäsche *f*, Vakuumwäsche *f*
vacuum wax Dichtungswachs *n*, Vakuumwachs *n*
vacuum wettability Vakuumbenetzbarkeit *f*, Benetzbarkeit *f* im Vakuum
vacuum zone melting Vakuumzonenschmelzen *n*
vacuum zone purification Zonenreinigungsverfahren *n* im Vakuum
coarse vacuum Grobvakuum *n {100-760 mm Hg}*
high vacuum Hochvakuum *n {< 0,01 mm Hg}*
low vacuum schwaches Vakuum *n*, Zwischenvakuum *n {1-50 mm Hg}*
medium high vacuum Feinvakuum *n {0,001-1 mmHg}*
partial vacuum Unterdruck *m {< 760 mm Hg}*
ultrahigh vacuum Ultrahochvaakuum *n {< 0,000001 mm Hg}*
vadose vados, in der Erdkruste *f* zirkulierend
vagabond umherschweifend, vagabundierend; unstet; Streu-
vagabond cathode rays vagabundierende Kathodenstrahlen *mpl*
vagabond current Streustrom *m*
vakerin <$C_{14}H_{16}O_9$> Vakerin *n*, Bergenin *n*
val 1. Val *{Valin-Kurzzeichen}*; 2. Val *n*, Grammäquivalent *n*
valence 1. Valenz *f*, Wertigkeit *f {Chem, Math}*; 2. Stellenzahl *f {logische Operation}*; 3. Bindungsvermögen *n*, Bindungskraft *f*, bindende Kraft *f*
valence angle Valenzwinkel *m*, Bindungswinkel *m*
valence band Valenzband *n {Elektronik, Phys}*
valence bond Valenzbindung *f*, VB
valence bond approximation VB-Näherung *f*
valence bond method Valenzbindungsmethode *f*, Valenzstrukturmethode *f*, Heitler-London-Slater-Pauling-Methode *f*, Spinmethode *f*, Elektronenpaarmethode *f*
valence change Valenzwechsel *m*, Wertigkeitswechsel *m*, Wertigkeitsänderung *f*
valence dash Valenzstrich *m {Chem}*
valence dash formula Valenzstrichformel *f {Chem}*
valence electron kernfernes Elektron *n*, Valenzelektron *n*, Außenelektron *n*, optisches Elektron *n*
valence electron concentration Valenzelektronendichte *f*
valence electron pair Valenzelektronenpaar *n*
valence force Valenzkraft *f*
valence isomerization Valenzisomerisation *f*
valence number Valenzzahl *f*, Valenz *f*, [eleketrochemische] Wertigkeit *f*; Oxidationszahl *f*
valence orbital Valenzorbital *n*
valence saturation Valenzabsättigung *f*
valence shell Valenzschale *f*, Außenschale *f*, äußerste Elektronenschale *f {Atom}*
valence stage Wertigkeitsstufe *f*
valence state Wertigkeitsstufe *f*, Wertigkeitszustand *m*
valence tautomerism Valenztautomerie *f*
valence theory Valenzlehre *f*, Valenztheorie *f*, Wertigkeitstheorie *f*

auxiliary valence Kovalenz *f*
concept of valence Valenzbegriff *m*
coordinative valence koordinative Valenz *f*
directed valence Valenzrichtung *f*
localized valence lokalisierte Valenz *f*
maximum valence höchste Wertigkeit[sstufe] *f*
of higher valence höherwertig
saturated valence gesättigte Valenz *f*
stoichiometric valence stöchiometrische Wertigkeit *f*
total valence Gesamtwertigkeit *f*
unsaturated valence nicht abgesättigte Valenz *f*

valencianite Valencianit *m {Min}*
valency *s.* valence
valentinite Valentinit *m*, Weißspießglanzerz *n {obs}*, Antimonblüte *f {Min}*
valeral 1. <$(CH_2)_2CHCH_2COH$> Valeral *n*, Isovaleraldehyd *m*, 3-Methylbutanal *n {IUPAC}*; 2. *s. n*-valeraldehyde
***n*-valeraldehyde <$CH_3(CH_2)_3CHO$>** Valeraldehyd *m*, Pentanal *n {IUPAC}*, *n*-Amylaldehyd *m*, Pentylaldehyd *m*
valeramide <$CH_3(CH_2)_3CONH_2$> Valeramid *n*, Pentanamid *n*
valeranilide Valeranilid *n*
valerate <C_4H_9COOM'; C_4H_9COOR> Valerianat *n*, Valerat *n {Salz oder Ester der Valeriansäure}*
valerene Valeren *n*, Penten *n {IUPAC}*
valerian Baldrian *m*; Baldrianwurzel *f {Valeriana officinalis L.}*
valerian extract Baldrianextrakt *m*
valerian oil Baldrianöl *n*, Valerianöl *n*
valerian rhizome Baldrianwurzel *f {Pharm}*
valerian root Baldrianwurzel *f {Pharm}*
valerian tincture Baldriantinktur *f*

valerianaceous baldrianartig
valerianate *s.* valerate
valerianic acid *s.* valeric acid
valeric acid <$CH_3(CH_2)_3COOH$> *n*-Valeriansäure *f*, Baldriansäure *f*, Pentansäure *f {IUPAC}*, Isopropylessigsäure *f*
valeric aldehyde *s. n*-valeraldehyde**valeric anhydride <$[CH_3(CH_2)_3CO]_2O$>** Valeriansäureanhydrid *n*
ester of valeric acid <$CH_3(CH_2)_3COOR$> Valeriansäureester *m*, Valerat *n*
salt of valeric acid <$CH_3(CH_2)_3COOM'$> Valerianat *n*

valerol <$C_{18}H_{20}O_3$> Valerol *n*
γ-valerolactone <$C_5H_8O_2$> Valerolacton *n*, Valerolakton *n*
valerone Valeron *n*, Diisobutylketon *n {IUPAC}*
valeronitrile <$CH_3(CH_2)_3CN$> Valeronitril *n*, Butylcyanid *n {IUPAC}*
valerophenone Valerophenon *n*
valeryl <C_4H_9CO-> Valeryl- *{IUPAC}*, Oxopentyl-, Pentanoyl-
valeryl bromide <C_4H_9COBr> Valerylbromid *n*
valeryl chloride <C_4H_9COCl> Valerylchlorid *n*
valeryl nitrile <C_4H_9COCN> Valerylnitril *n*

valerylene <$CH_3C\equiv CCH_2CH_3$> Valerylen *n*, Pent-2-in *n {IUPAC}*, Ethylmethylacetylen *n*
valerylphenetidine Valeridin *n*
valid gültig, zulässig, valid; begründet; triftig
validity 1. Gültigkeit *f {z.B. von Daten, Gesetzen}*; Rechtsgültigkeit *f*; 2. Validität *f*, Treffsicherheit *f {z.B. einer Prognose}*
limit of validity Gültigkeitsgrenze *f*
range of validity Geltungsbereich *m*
region of validity Gültigkeitsbereich *m*

validol <$C_{15}H_{28}O_2$> Validol *n*, Valeriansäurementholester *m*, Menthylvalerat *n*
valine <$(H_3C)_2CHCH(NH_2)COOH$> Valin *n*, α-Aminoisovaleriansäure *f*, 2-Amino-3-methylbutansäure *f {IUPAC}*, α-Amino-β-methylbuttersäure *f {Triv}*
valine decarboxylase *{EC 4.1.1.14}* L-Valincarboxylase *f*, Valindecarboxylase *f {IUB}*
valine dehydrogenase *{EC 1.4.1.8}* Valindehydrogenase ($NADP^+$) *f*

valinomycin <$C_{54}H_{90}N_6O_{18}$> Valinomycin *n {Cyclododecadepsipeptid-Ionophorantibiotikum}*
valium *{TM}* Diazepam *n*
vallesine Vallesin *n*, Aspidospermin *n*
valley 1. Tal-; 2. Tal *n {Geol}*; 3. Minimumbereich *m {einer Kurve}*; 4. Talbereich *m*, Vertiefung *f {Mikroprofil einer Oberfläche}*
valonea Valonea *f*, Walone *f {gerbstoffreicher Fruchtbecher der Eiche}*
valonia *s.* valonea
valuable wertvoll; gehaltreich
valuation 1. Bewertung *f*; 2. Beurteilung *f*, Gutachten *n*, Begutachtung *f*; 3. Bewertung *f*, Abschätzung *f*, Wertbestimmung *f*, Taxierung *f*
valuation error Schätzungsfehler *m*

value/to bewerten, einen Wert *m* zuweisen; begutachten, beurteilen; [ab]schätzen, taxieren
value 1. Wert *m*; 2. Betrag *m {Math}*; 3. Kraft *f*, Wirkung *f {z.B. Helligkeit}*; Kennzahl *f*, Kennziffer *f*, Kennwert *m*; 4. nutzbarer Anteil *m {z.B. im Fördererz}*; 5. Preis *m*
value of the full scale Skalenendwert *m*
value storage device Meßwertspeicher *m*
absolute value Absolutwert *m*
accidental value Zufallswert *m*
actual value Istwert *m*, tatsächlicher Wert *m*
admissible value zulässiger Wert *m*
approximate value Annäherungswert *m*, angenäherter Wert *m*

valve 1. Ventil *n*, Absperrglied *n*, Absperrvorrichtung *f {Tech}*; Ventil *n {als Regelorgan,*

Automation}; 2. *{GB}* Röhre *f {Elektronik}*; Elektronenröhre *f*; 3. Klappe *f {Med, Tech}*; 4. Schieber *m {Absperrorgan an Rohrleitungen}*

valve acting at tube failure Rohrbruchventil *n*

valve actuating device Ventil-Auslösevorrichtung *f*, Ventil[stell]antrieb *m*

valve adjustment Ventileinstellung *f*

valve amplifier Elektronenröhrenverstärker *m*

valve area Ventilquerschnitt *m*

valve ball Ventilkugel *f {Kugelventil}*

valve block Ventilblock *m*

valve body Ventilgehäuse *f*, Ventilkörper *m*, Ventilkammer *f*

valve bonnet Ventilaufsatz *m*, Ventilhaube *f*, Ventiloberteil *n*

valve bore Durchgangsöffnung *f {Ventil}*

valve box *s.* valve body

valve cage Ventilkäfig *m*, Ventilkorb *m*

valve cap Ventilkappe *f*, Ventilverschraubung *f*

valve chamber Ventilgehäuse *n*

valve chest Ventilkasten *m*, Ventilkammer *f*, Ventilgehäuse *n*; Schieberkasten *m*

valve clearance Ventilspiel *n*

valve cone Ventilkegel *m*

valve control Ventilsteuerung *f*

valve core Ventileinsatz *m*

valve cover Ventildeckel *m {mit Spindelführung}*, Ventilhaube *f*, Ventilkappe *f*

valve effect Sperrwirkung *f*, Gleichrichterwirkung *f {Elek}*

valve face Ventildichtungsfläche *f*, Ventilplatte *f*, Ventilspiegel *m*

valve flap Ventilklappe *f*

valve fouling Ventilverklebung *f*

valve galvanometer Röhrengalvanometer *n*

valve governor Regler *m*, Reglerventil *n*

valve gumming Ventilverpichung *f*, Ventilverklebung *f*

valve handwheel Ventilhandrad *n*

valve hood Ventilhaube *f*, Ventildeckel *m {mit Spindelführung}*, Ventilkappe *f*

valve housing Ventilgehäuse *n*, Ventilkörper *m*, Ventilkammer *f*

valve leather Ventilleder *n*

valve lever Ventilhebel *m {Sicherheitsventil}*

valve lift 1. Ventilhub *m*, Ventilstoß *m {Tätigkeit}*; 2. Ventilhub *m*, Hubhöhe *f {Ventil}*

valve needle Ventilnadel *f*

valve outlet Ventilauslaß *m*

valve pin Düsennadel *f*

valve piston Saugkolben *m*, Ventilkolben *m*

valve positioner Stellantrieb *m*

valve regulation Ventilsteuerung *f*

valve relief Ventilentlastung *f*

valve seal Ventilfett *n*, Ventilverschluß *m*

valve seat[ing] Ventilsitz *m*, Ventilklappe *f*

valve setting Ventileinstellung *f*, Ventilspieleinstellung *f*

valve steel Ventilstahl *m*

valve tongue Schieberzunge *f*

valve train Kipphebel *m*, Ventilhebel *m*

valve travel Ventilspiel *n*

valve tray Ventilboden *m*, Klappenboden *m {Dest}*

valve voltmeter 1. Röhrenvoltmeter *n*; 2. Röhrengalvanometer *n*

auxiliary valve Hilfsventil *n*

counter-pressure valve Gegendruckventil *n*

double-seat valve doppelseitiges Ventil *n*

mechanically operated valve mechanisch gesteuertes Ventil *n*

valveless ventillos

valyl 1. <$CH_3(CH_2)_3CON(C_2H_5)_2$> Valeryldiethylamid *n*, Valyl *n*, *N*-Diethylvaleramid *n*; 2. <$(CH_3)_2CHCH(NH_2)CO$> Valyl-

Valyl-tRNA synthetase *{EC 6.1.1.9}* Valyl-tRNA-synthetase *f*

Van de Graaff generator Van-de-Graaff-Generator *m*, Bandgenerator *m*

van der Waals adsorption van-der-Waalssche Adsorption *f*, physikalische Adsorption *f*

van der Waals attractive forces van-der-Waalssche Anziehungskräfte *fpl*, Van-der-Waals-Anziehungskräfte *fpl*

van der Waals bond Van-der-Waals-Bindung *f*, zwischenmolekulare Bindung *f*, van-der-Waalssche Bindung *f*

van der Waals constant van-der-Waalssche Konstante *f*

van der Waals covolume van-der-Waalssches Kovolumen *n {Gas, Thermo}*

van der Waals crystal van-der-Waalsscher Kristall *m*

van der Waals equation [of state] van-der-Waalssche Zustandsgleichung *f*, Van-der-Waals-Gleichung *f*

van der Waals forces van-der-Waalssche Kräfte *fpl*, Van-der-Waals-Kräfte *fpl {Anziehungskräfte}*

van der Waals interactions van-der-Waalssche Wechselwirkungen *fpl*

van der Waals isotherm van-der-Waalsche Isotherme *f*

van der Waals linkage van-der-Waalssche Bindung *f*

van der Waals radius Van-der-Waals-Radius *m*, van-der-Waalsscher Radius *m*

Van Gulik method Van-Gulik-Methode *f {Fettbestimmung}*

van't Hoff equation *s.* van't Hoff isochore

van't Hoff factor van't Hoffscher Faktor *m {Osmose}*

van't Hoff formula van't Hoffsche Zuckerformel *f {Stereochem}*

van't Hoff isochore van't Hoffsche Isochore *f*, Reaktionsisochore *f*

van't Hoff isotherm van't Hoffsche Gleichung *f* der freien Energie *f* *{Thermo}*
van't Hoff's law van't Hoffsches Osmosegesetz *n* *{Thermo}*
van't Hoff's principle of mobile equilibrium Van't Hoffsches Prinzip *n*, Prinzip *n* von Van't Hoff
vanadate Vanadat *n* *{M'_3VO_4, $M'_6V_{10}O_{28}$, $M'VO_3$, $M'_4V_2O_7$}*
vanadic 1. vanadiumhaltig; 2. Vanadium-, Vanadium(V)-
vanadic acid <HVO_3> Vanadinsäure *f* *{obs}*, Vanadium(V)-säure *f*
vanadic anhydride <V_2O_5> Vanadinsäureanhydrid *n*, Vanadinpentoxid *n* *{obs}*, Vanadiumpentoxid *n* *{IUPAC}*
vanadic chloride <VCl_5> Vanadiumpentachlorid *n*, Vanadium(V)-chlorid *n*
vanadic fluoride <VF_5> Vanadiumpentafluorid *n*, Vanadium(V)-fluorid
vanadic oxide <V_2O_5> Vanadium(V)-oxid *n*, Divanadiumpentoxid *n*
vanadic sulfate *s.* vanadyl sulfate
salt of vanadic acid Vanadat *n*
vanadiferous vanadiumhaltig
vanadinite <$(PbCl)Pb_4(VO_4)_3$> Vanadin-Bleierz *n* *{obs}*, Vanadin-Bleispat *m* *{obs}*, Vanadinit *m* *{Min}*
vanadium *{V, element no. 23}* Vanadium *n*, Vanadin *n* *{obs}*, Vanad *n* *{obs}*
vanadium acetylacetonate Vanadiumacetylacetonat *n*
vanadium accelerator Vanadiumbeschleuniger *m*
vanadium bromide <VBr_3> Vanadiumtribromid *n*
vanadium carbide 1. <VC> Vanadiumcarbid *n*, Vanadincarbid *n* *{obs}*; 2. <V_4C_3> Tetravanadiumtricarbid *m*
vanadium chloride Vanadiumchlorid *n* *{VCl_2, VCl_3, VCl_4}*
vanadium content Vanadiumgehalt *m*
vanadium dichloride <VCl_2> Vanadium(II)-chlorid *n*, Vanadiumdichlorid *n*
vanadium difluoride <VF_2> Vanadiumdifluorid *n*, Vanadium(II)-fluorid *n*
vanadium diiodide <VI_2> Vanadium(II)-iodid *n*, Vanadiumdiiodid *n*
vanadium dioxide <VO_2> Vanadium(IV)-oxid *n*, Vanadiumtetroxid *n*, Vanadiumdioxid *n*
vanadium disulfide <V_2S_2> Vanadiumdisulfid *n*
vanadium driers Vanadiumtrockenmittel *npl*, Vanadintrockenmittel *npl*
vanadium ethylate <$V(C_2H_5O)_4$> Vanadiumethylat *n*, Vanadinethylat *n* *{obs}*
vanadium nitride <VN> Vanadiumnitrid *n*, Vanadinstickstoff *m* *{obs}*
vanadium oxytrichloride <$VOCl_3$> Vanadyltrichlorid *n*, Vanadium(V)-oxidchlorid *n*
vanadium pentafluoride <VF_5> Vanadiumpentafluorid *n*, Vanadinpentafluorid *n* *{obs}*, Vanadium(V)-fluorid *n*
vanadium pentoxide <V_2O_5> Vanadiumpentoxid *n*, Vanadinpentoxid *n* *{obs}*, Vanadinsäureanhydrid *n*
vanadium sesquioxide <V_2O_3> Vanadinsesquioxid *n* *{obs}*, Divanadiumtrioxid *n*, Vanadium(III)-oxid *n*
vanadium sesquisulfide <V_2S_3> Vanadinsesquisulfid *n* *{obs}*, Divanadiumtrisulfid *n*, Vanadium(III)-sulfid *n*
vanadium steel Vanadinstahl *m* *{obs}*, Vanadiumstahl *m* *{0,1-0,15 Prozent V}*
vanadium sulfate <$V_2(SO_4)_3 \cdot H_2SO_4 \cdot 12H_2O$> Vanadium(III)-sulfat *n*, Divanadiumtrisulfat *n*, Vanadylsulfat *n*
vanadium sulfide Vanadiumsulfid *n* *{V_2S_2, V_2S_3, V_2S_5}*
vanadium tetrachloride <VCl_4> Vanadiumtetrachlorid *n*, Vanadium(IV)-chlorid *n*, Vanadintetrachlorid *n* *{obs}*
vanadium tetrafluoride <VF_4> Vanadiumtetrafluorid *n*, Vanadium(IV)-fluorid *n*, Vanadintetrafluorid *n* *{obs}*
vanadium tetroxide <VO_2> Vanadiumtetroxid *n*, Vanadium(IV)-oxid *n*, Vanadiumdioxid *n*
vanadium trichloride <VCl_3> Vanadium(III)-chlorid *n*, Vanadiumtrichlorid *n*, Vanadintrichlorid *n* *{obs}*
vanadium trifluoride <VF_3> Vanadium(III)-fluorid *n*, Vanadiumtrifluorid *n*, Vanadintrifluorid *n* *{obs}*
vanadium trioxide <V_2O_3> Divanadiumtrioxid *n*, Vanadium(III)-oxid *n*
vanadium trisulfide <V_2S_3> Divanadiumtrisulfid *n*, Vanadiumsesquisulfid *n*, Vanadium(III)-sulfid *n*
containing vanadium vanadiumhaltig
vanadometric vanadometrisch *{Anal}*
vanadous Vanadium-, Vanadium(III)-
vanadyl 1. <VO^{3+}> Vanadyl-, Vanadiumoxid-, Oxovanvandium(V)- *{IUPAC}*; 2. <VO^{2+}> Oxovanadium(IV)- *{IUPAC}*; 3. <VO^{+}> Vanadyl-, Oxovanaduim(III)-
vanadyl chlorid Vanadylchlorid *n* *{V_2O_2Cl, $VOCl$, $VOCl_2$, $VOCl_3$}*
vanadyl dichloride <$VOCl_2$> Vanadium(IV)-oxidchlorid *n*, Vanadyldichlorid *n*
vanadyl monobromide <$VOBr$> Vanadylmonobromid *n*, Vanadium(III)-oxidbromid *n*
vanadyl monochloride <$VOCl$> Vanadylmonochlorid *n*, Vanadium(III)-oxidchlorid *n*
vanadyl salt Vanadylsalz *n*, Vanadiumoxidsalz *n*

vanadyl sulfate <$VOSO_4 \cdot 2H_2O$> Vanadylsulfat *n*, Vanadium(IV)-oxidsulfat *n*
vanadyl tribromide <$VOBr_3$> Vanadyltribromid *n*, Vanadium(V)-oxidbromid *n*
vanadyl trichloride <$VOCl_3$> Vanadyltrichlorid *n*, Vanadium(V)-oxidchlorid *n*
vanadyl triperchlorate <$VO(ClO_4)_3$> Vanadyltriperchlorat *n*, Vanadium(V)-triperchlorat *n*
vanadylic <VO^{3+}> Oxovanadium(V)- *{IUPAC}*
vanadylous <VO^{+}> Oxovanadium(III)- *{IUPAC}*
vancomycin hydrochloride <$C_{66}H_{75}Cl_2N_9O_{24}\cdot HCl$> Vancomycinhydrochlorid *n*
Vandyke brown Van-Dyke-Braun *n*, Van-Dyck-Braun *n* *{geschlämmte Sorte von Kasseler Braun}*
vane 1. Flügel *m*, Schaufel *f* *{Turbinenschaufel}*; 2. Flügelrad *n* *{Flügelradzähler}*; 3. Schieber *m*, Drehschieber *m* *{Drehschieberpumpe}*
vane anemometer Flügelradwindmesser *m*
vane[-cell] pump Flügelzellenpumpe *f*, Drehschieberpumpe *f*
vane feeder Drehschaufelspeiser *m*
vane-type draft gage *{US}* Flügelzugmesser *m*, Klappenzugmesser *m*
vane-type draught gauge *{GB}* Flügelzugmesser *m*, Klappenzugmesser *n*
vane-type flow meter Flügelrad-Durchflußmesser *m*
vane-type flowrate meter Mengenzähler *m* mit Flügelrad
vane-type meter Flügelradmesser *m*, Flügelradzähler *m*, Turbinenzähler *m*
vane-type pump *s.* vane[-cell] pump
vane-type rotary compressor Drehschieberverdichter *m*
vane-type rotary pump *s.* vane[-cell] pump
vane-type separator column Feinabscheidesäule *f*
vane water meter Einflügelradzähler *m*
vane wheel Flügelrad *n*, Schaufelrad *n*
vanilla Vanille *f*, Vanilla *f* *{Vanilla planifora}*
vanilla flavor Vanillearoma *n*
vanilla fragrance Vanillearoma *n*
vanilla pod Vanilleschote *f*
vanilla substitute Vanilleersatz *m*
vanillal 1. <$HOC_6H_3(OC_2H_5)CHO$> Vanillal *n*, Bourbonal *n*, Protocatechualdehyd-3-ethylether *m*; 2. <$3\text{-}CH_3O(4\text{-}OH)C_6H_3CH{=}$> Vanillyliden-
vanillic acid <$HOC_6H_3(OCH_3)COOH$> Vanillinsäure *f*, 4-Hydroxy-3-methoxybenzoesäure *f*
vanillic aldehyde <$HOC_6H_3(OCH_3)CHO$> Vanillin *n*, 4-Hydroxy-3-methoxybenzaldehyd *m*
vanillic alcohol <$HOC_6H_3(OCH_3)CH_2OH$> 4-Hydroxy-3-methoxybenzylalkohol *m*, Vanillylalkohol *m*
vanillin <$HOC_6H_4(CHO)OCH_3$> Vanillin *n*, 4-Hydroxy-3-methoxybenzaldehyd *m*, Methylprotocatechualdehyd *m*
vanillin sugar Vanillinzucker *m*
vanilloside Vanillosid *n*, Glucovanillin *n*
vanilloyl <$3\text{-}CH_3O(4\text{-}OH)C_6H_3CO\text{-}$> Vanilloyl- *{IUPAC}*
vanillyl <$3\text{-}CH_3O(4\text{-}OH)C_6H_3CH_2\text{-}$> Vanillyl- *{IUPAC}*, (4-Hydroxy-3-methoxyphenyl)methyl-
vanillyl alcohol *s.* vanillic alcohol
vanish/to [ver]schwinden, Null *f* werden; ausbleiben
vanishing point Fluchtpunkt *m* *{Opt}*
vanner Vanner *m* *{ein Aufbereitungsherd}*
vanthoffite <$Na_6Mg(SO_4)_4$> Vanthoffit *m* *{Min}*
vanyldisulfamide Vanyldisulfamid *n*
vapoil *{vapo[u]rizing oil}* Motorenpetroleum *n*
vapometer Dampfdruckmesser *m*
vapory dampfig, dunstig
vapor *{US; GB: vapour}* Dampf *m*; Dunst *m*, Schwaden *m*, Wrasen *m*
vapor adsorption Dampfadsorption *f*
vapor bath Dampfbad *n* *{Text}*
vapor beam Dampfstrahl *m*
vapor bonnet Brüdenraum *m*
vapor-booster pump Diffusionsejektorpumpe *f* *{mit Strahl- und Diffusionsstufen}*
vapor bubble Dampfblase *f*
vapor burner Brüdenbrenner *m*, Vergasungsbrenner *m*
vapor-compression cycle umgekehrter Carnot-Prozeß *m*, Kreisprozeß *m* der idealen Wärmepumpe *f* *{Thermo}*
vapor-compression refrigeration machine Kaltdampfmaschine *f*
vapor condenser Kühler *m* für Dämpfe, Brüdenkondensator *m*, Schwadendunstkondensator *m*, Wrasendunstkondensator *m*
vapor-cooled siedegekühlt
vapor cooler Schwadenkühler *m*
vapor cure Dunstvulkanisation *f*
vapor degrease Dampfentfettung *f*, Dampf[phasen]entfetten *n* *{Met}*
vapor degreasing Dampfentfetten *n*, Dampfphasenentfetten *n* *{Met}*; Entfetten *n* im Tridampf
vapor-degreasing method Dampfbadentfetten *n* *{Klebfügeteile}*
vapor-degreasing tank Entfettungsgefäß *n* mit verflüchtigtem Lösemittel
vapor density Dampfdichte *f*
vapor-deposited aufgedampft
vapor deposition Dampfauftrag *m* *{Metallüberzüge}*; Ausscheidung *f* aus der Gasphase *{z.B. Aufdampfen}*
vapor diagram Dampfdruckkurve *f*, Dampfdruckdiagramm *n*
vapor diffusion resistance Dampfdiffusionswiderstand *m*

vapor diffusion pump Diffusionspumpe *f*
vapor dividing fractioning head Kolonnenkopf *m* mit Dampfverteiler *{Dest}*
vapor-ejecting pump Dampfstrahlejektorpumpe *f*
vapor filter Brüdenfilter *n*
vapor impermeability Dampfdichtheit *f*, Dampfundurchlässigkeit *f*
vapor-jet diffusion pump Dampfstrahldiffusionspumpe *f*
vapor-jet pump Dampfstrahl[vakuum]pumpe *f*, Treibdampfpumpe *f*
vapor-liquid equilibrium Dampf-Flüssigkeit-Gleichgewicht *f*, Flüssigkeit-Dampf-Gleichgewicht *n {Thermo}*
vapor-liquid equilibrium still Destillationsapparat *m* mit Dampf-Flüssigkeit-Gleichgewicht
vapor-liquid separation Dampf-Flüssigkeit-Abscheidung *f*
vapor lock Blasensperre *f*, Dampf[blasen]sperre *f*, Dampfabschluß *m*, Dampfsack *m*
vapor permeability Dampfdurchlässigkeit *f*
vapor-permeability testing Dampfdurchlässigkeitsprüfung *f*
vapor phase Dampfphase *f*, dampfförmige Phase *f*, Gasphase *f*
vapor-phase axial deposition axiale Dampfphasenabscheidung *f {Opt, Glas}*
vapor-phase chlorination tank Dampfphasenchloriergefäß *n {Wasser}*
vapor-phase corrosion Dampfphasenkorrosion *f*
vapor-phase cracking Dampfphasenkracken *n*, Gasphasenkracken *n*, Kracken *n* in der Dampfphase, Kracken *n* in der Gasphase
vapor-phase degreasing Dampfentfettung *f*, Dampfphasenentfettung *f*
vapor-phase epitaxy Dampfphasenepitaxie *f*, epitaktisches Abscheiden *n* aus der Dampfphase *f*
vapor-phase hydrogenation Dampfphasenhydrierung *f*, Gasphasenhydrierung *f*
vapor-phase hydrogenolysis Gasphasenhydrogenolyse *f*, Hydrogenolyse *f* in Gasphase
vapor-phase infrared spectrophotometry Dampfphasen-Infrarot-Spektrophotometrie *f*
vapor-phase inhibitor Dampfphaseninhibitor *m*, Gasphaseninhibitor *m*, VPI-Stoff *m {Korr}*
vapor-phase inhibitor paper Korrosionsschutzpapier *n*
vapor-phase nitration Dampfphasennitrierung *f*, Gasphasennitrierung *f*
vapor-phase oxidation Dampfphasenoxidation *f*
vapor-phase process Dampfphaseverfahren *n*, Gasphaseverfahren *n*
vapor pressure Dampfdruck *m*
vapor-pressure curve Dampfdruckkurve *f*, Dampfdruckdiagramm *n*
vapor-pressure lowering Dampfdruckerniedrigung *f*
vapor-pressure osmometry Dampfdruck-Osmometrie *f*
vapor-pressure recorder Dampfdruckschreiber *m*
vapor-pressure thermometer Dampfdruckthermometer *n*, Dampfspannungsthermometer *n*, Tensionsthermometer *n*
vapor-proof dampfdicht
vapor pump Treibdampfpumpe *f*, Dampfstrahlpumpe *f*
vapor-pump oil Treibdampfpumpenöl *n*
vapor rate Dampfdurchsatz *m {Dest}*
vapor riser Dampfdurchtrittsöffnung *f*, Dampfkamin *m*, Gasdurchtrittshals *m {Dest}*
vapor scrubber Brüdenwäscher *m*
vapor-source turret Verdampferquellenrevolver *m {Vak}*
vapor state dampfförmiger Zustand *m*, Dampfzustand *m*
vapor-stream drying Dampfstromtrocknung *f*
vapor superheating Treibdampfüberhitzung *f*
vapor tension Dampfspannung *f*
vapor-tight dampfdicht
vapor throughput Dampfdurchsatz *m {Dest}*
vapor vacuum pump Dampfstrahlvakuumpumpe *f*
vapor velocity Dampfgeschwindigkeit *f*
clear from vapor/to entdampfen
cold vapor Kaltdampf *m*
moisture of vapor Dampffeuchtigkeit *f*
treat with vapor/to bedampfen

vaporimeter Vaporimeter *n {Instr}*

vaporizability Verdampfbarkeit *f*, Verdunstbarkeit *f*, Vergasbarkeit *f*

vaporizable verdampfbar, verdunstbar, vergasbar

vaporization 1. Verdampfen *n*, Verdampfung *f*; Verdampfungsprozeß *m*, Vergasung *f*, Dampfbildung *f*; 2. Verdunsten *n*, Verdunstung *f {unterhalb des normalen Siedepunktes}*; 3. Eindampfen *n*, Abdampfen *n {z.B. Lösemittel}*; 4. Dämpfung *f {Text}*
vaporization dish Verdampfschale *f*
vaporization heat Verdampfungswärme *f*
vaporization limit Verdampfungsgrenze *f*
vaporization plant Bedampfungsanlage *f*
vaporization rate Verdampfungsgeschwindigkeit *f*, Verdampfungsrate *f*; Verdunstungsgeschwindigkeit *f*
vaporization temperature Verdampfungstemperatur *f*
vaporization tendency Verdampfungsneigung *f*; Verdunstungsneigung *f*

vaporize/to verdampfen, vergasen; eindampfen, abdampfen; verdunsten *{unterhalb des normalen Siedepunktes}*; dämpfen *{Text}*

vaporizer 1. Verdampfer *m*, Verdampfungsapparat *m {z.B. Bestandteil einer Kältemaschine}*; 2. Eindampfkessel *m*, Verdampfer *m {Trennen von Stoffgemischen}*
vaporizing 1. Verdampfen *n*, Vergasen *n*; 2. Eindampfen *n*, Abdampfen *n*; 3. Abdunsten *n*; Verdunsten *n; 4. Dämpfung f {Text}*
vaporizing agent Bedampfungsreagens *n*
vaporizing materials Aufdampfmaterialien *npl {Beschichtung}*
vaporizing oil Motorenpetroleum *n*
vaporous dampfig, dunstig, dampfförmig
vaporous envelope Dunsthülle *f*
vaporousness Dunstigkeit *f*
vapour *{GB}* s. vapor *{US}*
var Var *n*, Blindwatt *n {Einheit der elektrischen Blindleistung, in W}*
var-hour meter Blindverbrauchszähler *m {Wechselstromzähler}*
variability 1. Variabilität *f*, Veränderlichkeit *f*; 2. Anzahl *f* der Freiheitsgrade *{Thermo}*; 3. Streuung *f {Statistik}*
variable 1. veränderlich, variabel, veränderbar, wandelbar, einstellbar; regelbar *{Rech}*; gleitend *{Tech}*; abwechselnd, schwankend, unbeständig; 2. Variable *f*, Veränderliche *f*, veränderliche Größe *f*, Einflußgröße *f {Tech}*; Unbestimmte *f*, Variable *f {Math}*
variable capacitor variabler Kondensator *m*, veränderbarer Kondensator *m*, einstellbarer Kondensator *m {z.B. Drehkondensator}*; Abstimmkondensator *m*
variable delivery pump Regelpumpe *f*, Pumpe *f* mit variabler Förderleistung
variable delivering pump Regelpumpe *f*, Pumpe *f* mit variabler Förderleistung *f*
variable-delivery vane-type pump Flügelzellenregelpumpe *f*
variable displacement pump verstellbare Verdrängerpumpe *f*
variable inductance Variometer *n*, einstellbare Induktivität *f*; abstimmbare Spule *f*
variable leak einstellbares Leck *n {Vak}*
variable leak valve Dosierventil *n*
variable loading wechselnde Belastung *f*
variable of state Zusstandsgröße *f*, Zustandsvariable *f*
variable path-length cell Küvette *f* mit meßbar veränderlicher Schichtdicke
variable pre-set capacitor veränderlich einstellbarer Kondensator *m*
variable resistance veränderlicher Widerstand *m*, variabler Widerstand *m*, veränderbarer Widerstand *m*
variable-speed drehzahlveränderlich, drehzahlvariabel, drehzahlgeregelt
variable-speed motor Regelmotor *m*, drehzahlgeregelter Motor *m*
variable thickness cell Küvette *f* mit meßbar veränderlicher Schichtdicke
variable transformer Regeltransformator *m*
variable trimmer capacitor *{IEC 418}* einstellbarer Trimmkondensator *m*
variable tuning capacitor *{IEC 418}* veränderbarer Abstimmkondensator *m*
variable-viscosity adhesive Klebstoff *m* mit variabler Viskosität
controlled variable bleibende Regelgröße *f*
dependent variable abhängige Veränderliche *f {Math}*
independent variable unabhängige Veränderliche *f {Math}*
infinitely variable regelbar
variance 1. Veränderung *f*; 2. Varianz *f*, Streuung *f*, Dispersion *f*, mittlere quadratische Abweichung *f {Statistik}*; 3. Anzahl *f* der Freiheitsgrade *{Thermo}*
analysis of variance Varianzanalyse *f*
variant 1. verschieden, abweichend; 2. Variante *f*; 3. Abart *f {Biol}*
variate 1. Zufallsvariable *f*, Zufallsgröße *f*, Zufallsveränderliche *f {Math, Statistik}*; 2. Ist-Maß *n {Automation}*
variation 1. Variation *f*, Veränderung *f*, Abweichung *f*, Schwankung *f*, Unterschied *m*; 2. Abart *f*, Variation *f {Biol}*
variation in colo[u]r Farbschwankung *f*
variation in concentration Konzentrationsunterschied *m*, Konzentrationsschwankungen *fpl*
variation in quality Qualitätsschwankung *f*
variation in size Maßabweichung *f*
variation of deflection Schwankung *f* des Ausschlags, Ausschlagsschwankung *f*
variation of temperature Temperaturschwankung *f*, Temperaturänderung *f*
variation of shape Gestaltabweichung *f*
variation of throughput Durchsatzschwankung *f*
variation range Schwankungsbreite *f*
allowable variation Toleranz *f*
range of variations Schwankungsbereich *m*
variation[al] principle Variationsprinzip *n*
varicolo[u]red verschiedenfarbig, vielfarbig
variegated scheckig, bunt
variegated sandstone Bundsandstein *m {Min}*
variety 1. Varietät *f*, Abart *f {Min, Biol, Bot}*; 2. Sorte *f {Agri}*; Typ *m {Tech}*; 3. Abwechslung *f*; 4. Mannigfaltigkeit *f*, Vielseitigkeit *f*, Verschiedenheit *f*, Vielfalt *f*; 5. Spielart *f*, Variante *f*
variolation Pockenimpfung *f*
variolite Variolith *m*, Blatterstein *m*, Pockenstein *m*, Perldiabas *m {Geol}*
variometer 1. Variokoppler *m*, Drehdrossel *f {Elek}*; 2. Variometer *n*, Induktionsvariator *m {Elek}*; 3. Variometer *n*

variscite Variszit *m {Min}*
varmeter Blindleistungsmeßgerät *n*, Varmeter *n*, reaktives Voltampermeter *n*
varnish/to lackieren, firnissen; glasieren *{Keramik}*
varnish Klarlack *m*, Firnis *m {nichtpigmentierte Anstrichmittel aus trockenen Ölen/Harzlösungen}*; Glasur *f {Keramik}*
varnish brush Lackierpinsel *m*
varnish coating Lackbeschichten *n*; Deckfirnis *m*, Lackierung *f*
varnish colo[u]r Firnisfarbe *f*, Lackfarbe *f*
varnish compatibility Lackverträglichkeit *f*
varnish crusher Harzmühle *f*
varnish ester Lackester *m*
varnish impregnating plant Tränklackimprägnieranlage *f*
varnish-like firnisartig, lackartig
varnish mill Harzmühle *f*
varnish paint Lackfarbe *f*
varnish removal Entlackung *f*, Entlacken *n*, Lackentfernen *n*
varnish removal agent *s.* varnish remover
varnish remover Lackabbeizmittel *n*, Lackentferner *m*, Entlackungsmittel *n*
varnish sediment Lacksatz *m*
varnish stain Lackbeize *f*
varnish stripping *s.* varnish removal
varnish substitute Firnisersatz *m*
varnish thinner Lackverdünner *m*
acid-proof varnish säurefester Lack *m*
brushing varnish Streichlack *m*
clear varnish Lasurlack *m*, Transparentlack *m*,
varnished lackiert; Lack-
varnished fabric Lackgewebe *n*, Lackleinen *n*; Lackband *n*, mit Harz getränkte Gewebebahn *f*, beharzte Gewebebahn *f {Schichtstoffherstellung}*
varnished glass cloth Lackglasgewebe *n*
varnished paper Lackpapier *n*, lackiertes Papier *n*; mit Harz getränkte Papierbahn *f*, beharzte Papierbahn *f {Schichtstoffherstellung}*
varnishing 1. Lackieren *n*; 2. Lackbildung *f*
varnishing machine Lackiermaschine *f*, Beharzungsmaschine *f*
varnishing oven Lackierofen *m*
varnishing resin Lackharz *n*
vary/to [sich] ändern, schwanken; wechseln; abweichen; variieren
varying unterschiedlich, schwankend; wechselnd; abweichend; variierend
vasculose Vasculose *f*, unreines Lignin *n*
Vaseline *{TM}* Vaseline *f*, Vaselin *n*, Petrolatum *n {salbenartiges Gemisch von Kohlenwasserstoffen}*
vasicine <$C_{11}H_{12}N_2O$> Vasicin *n*
vasicinone <$C_{11}H_{10}N_2O_2$> Vasicinon *n*
vasoconstrictor Vasokonstriktor *m*, Gefäßverengungsmittel *n {Pharm}*
vasodilator Vasodilator *m*, Vasodilatans *n*, Gefäßerweiterungsmittel *n {Pharm}*
vasoliment *s.* petrolatum
vasopressin <$C_{47}H_{65}N_{13}O_{12}$> Vasopressin *n*, Adiuretin *n {Neurohormon}*; Hypophysenextrakt *m*
vasopressor Kreislaufmittel *n {Pharm}*
vasotonine Vasotonin *n {Hormon}*
vat/to [ver]küpen *{Farb, Text}*; in der Küpe behandeln *{Text}*; mischen; in ein Faß *n* füllen; in einem Faß *n* aufbewahren; in einem Faß *n* behandeln
vat-dye/to küpen
vat Bottich *m*, Trog *m*, Wanne *f*, Kufe *f {großes Gefäß}*; Küpe *f {Farb, Text}*; Geschirr *n {Gerb}*; Bütte *f {Pap}*; Stofftrog *m*, Siebtrog *m {Pap}*; Faß *n {Lebensmittel}*; Kübel *m*, Eimer *m {Gefäß}*
vat acid Küpensäure *f {Farb}*
vat blue Küpenblau *n*
vat colo[u]ring Büttenfärbung *f*
vat dyeing Küpenfärben *n*, Küpenfärberei *f*
vat dye[stuff] Küpenfarbe *f*, Küpenfarbstoff *m*
vat paper Büttenpapier *n*, Handbütten *n*, Schöpfpapier *n*, Handpapier *n*
vat print Küpendruck *m*
vat retardant Küpenverzögerer *m*
vat sizing Büttenleimung *f {Pap}*, Oberflächenleimung *f {Pap}*
vatted abelagert
vault/to [sich] wölben, [sich] schwingen; überwölben
vaulted gwölbt
vaulted glass bowl Uhrglasschale *f*
Vauquelin's salt <$Pd(NH_3)_4Cl_2{\cdot}PdCl_2$> Vauquelinsches Salz *n*, Tetramminpalladiumchlorid *n*
vauqueline Strychnin *n*
vauquelinite Vauquelinit *m*, Laxmannit *m*, Phosphor-Chromit *m {Min}*
VCM *{vinyl chlorid monomer}* Vinylchloridmonomer[es] *n*
VDU *{visual display unit}* Bildschirmgerät *n*, Bildsichtgerät *n {EDV}*; Sichtanzeige *f*, Sichtanzeigegerät *n*, Terminal *n {EDV}*
veal Kalbfleisch *n {Lebensmittel}*
veatchine <$C_{22}H_{33}NO_2$> Veatchin *n {Alkaloid}*
vector Vektor *m {Math}*, Tensor *m* erster Stufe; Zeiger *m*; Vektor *m {Biol}*
vector addition Vektoraddition *f {Math, Phys}*
vector analysis Vektoranalyse *f {Math}*
vector diagram Vektordiagramm *n*, Zeigerdiagramm *n*
vector equation Vektorgleichung *f {Math}*
vector field Vektorfeld *n*, vektorielles Feld *n*
vector model of atomic structure Vektormodell *n* des Atoms
vector product äußeres Produkt *n*, Vektorprodukt *n*

vector quantity Vektorgröße *f*, vektorielle Größe *f {Phys}*
vector representation vektorielle Darstellung *f*
vector set Vektorensatz *m*
vector space Vektorraum *m*, linearer Raum *m {Math}*
characteristic vector Eigenvektor *m*
flux of vector Vektorfluß *m*
unit cell vector Basisvektor *m {Krist}*
vectorial vektoriell
vectorial field vektorielles Feld *n*, Vektorfeld *n*
vee belt V-Riemen, Keilriemen *m*
vee mixer Hosenmischer *m*, V-Mischer *m*
vee notch V-Kerbe *f*, Spitzkerbe *f {Tech}*; V-Meßblende *f*
vegetable 1. pflanzlich, vegetabilisch; Pflanzen-; 2. Pflanze *f*
vegetable acid Pflanzensäure *f*
vegetable adhesive Pflanzenleim *m*, pflanzlicher Klebstoff *m*, Klebstoff *m* auf pflanzlicher Basis, Leim *m* auf pflanzlicher Basis
vegetable albumin Pflanzenalbumin *n*
vegetable base Pflanzenbase *f*, Alkaloid *n*
vegetable black 1. Pflanzenkohle *f {Pharm}*; 2. Rußschwarz *n {Farbstoff}*; 3. Flammruß *m*, Lampenruß *m {Chem, Farb}*
vegetable butter Pflanzenbutter *f*, Pflanzenfett *n*
vegetable casein Pflanzencasein *n*, Legumin *n*
vegetable charcoal Pflanzenkohle *f*, Holzkohle *f*
vegetable colo[u]ring matter Pflanzenfarbstoff *m*
vegetable down Kapok *m*
vegetable dye[ing] matter Pflanzenfarbe *f*
vegetable earth Düngeerde *f*
vegetable extract Pflanzenauszug *m*
vegetable fat Pflanzenfett *n*, pflanzliches Fett *n*, Pflanzenöl *n*
vegetable fiber Pflanzenfaser *f*, pflanzliche Faser *f*
vegetable glue Pflanzenleim *m*, pflanzlicher Leim *m*, pflanzlicher Klebstoff *m*, Leim *m* auf pflanzlicher Basis *f*, Klebstoff *m* auf pflanzlicher Basis
vegetable gum Pflanzengummi *n*, Stärkegummi *n {Dextrin}*
vegetable ivory Elfenbeinnuß *f {Phytelephas macrocarpa}*
vegetable jelly Pektin *n*; Ulmin *n*, Gelierstoff *m*
vegetable manure Gründünger *m*
vegetable mo[u]ld Pflanzenerde *f*, Humus *m*
vegetable oil Pflanzenöl *n*, Pflanzenfett *n*, pflanzliches Öl *n*
vegetable parchment Echtpergamentpapier *n*, vegetabilisches Pergament *n*, echtes Pergamentpapier *n*
vegetable poison Pflanzengift *n*
vegetable protein Pflanzeneiweiß *n*, pflanzliches Eiweiß *n*, pflanzliches Protein *n*
vegetable resin Naturharz *n*
vegetable salt Kräutersalz *n*
vegetable silk Pflanzenseide *f*
vegetable-sized paper harzgeleimtes Papier *n*
vegetable soil Humusboden *m*, Humus *m*, Humuserde *f*
vegetable sulfur Bärlappmehl *n*, Bärlappsamen *m*
vegetable tallow Pflanzentalg *m*
vegetable tanning pflanzliche Gerbung *f*, vegetabilische Gerbung *f*, Vegetabilgerbung *f*
vegetable wax Pflanzenwachs *n*, vegetabilisches Wachs *n*, pflanzliches Wachs *n*
canned vegetables Dosengemüse *n*
tinned vegetables Dosengemüse *n*
vegetation 1. Vegetation *f*, Pflanzenwachstum *n*; 2. Vegetation *f*, Pflanzenwelt *f*
vegetation period Vegetationsperiode *f*, Vegetationszeit *f*
vegetative vegetativ; Vegetations-
vegetative period *s.* vegetation period
vehemence Heftigkeit *f*
vehement heftig
vehicle 1. Beförderungsmittel *n*, Fahrzeug *n*; 2. Bindemittel *n {Lösung/Dispersion}*; Bindemittellösung *f*; 3. Vehikel *n*, Vehiculum *n {wirkungsloser Stoff; Pharm}*
vehicle gear oil Fahrzeuggetriebeöl *n*
veil/to verhüllen, verschleiern
veiling 1. Schleierstoff *m {Text}*; 2. Fadenziehen *n {Anstrichschaden}*
vein 1. Ader *f*, Blutader *f*, Vene *f {Med}*; 2. Ader *f {Blattader}*, Rippe *f {Leitungsbahn, Bot}*; 3. Maser *f*, Ader *f {Holzmaserung}*; 4. [kleiner] Gang *m*, Gangtrum *m n {Geol}*; Flöz *n*, Erzader *f {Bergbau}*; 5. dünne Schliere *f {Glasfehler}*
vein ore Gangerz *n*
veined aderig, gemasert, marmoriert
veined wood Maserholz *n*
velocitron Laufzeitspektrograph *m*
velocity Geschwindigkeit *f {in m/s}*; Schnelligkeit *f {Phys}*
velocity component Geschwindigkeitskomponente *f*
velocity coefficient 1. Geschwindigkeitswert *m {Hydrodynamik}*; 2. *s.* velocity constant
velocity constant Geschwindigkeitskonstante *f*, Reaktions[geschwindigkeits]konstante *f*, spezifische Reaktionsgeschwindigkeit *f {Proportionalitätsfaktor der Kinetik}*
velocity curve Geschwindigkeitskurve *f*, Geschwindigkeitskennlinie *f*
velocity distribution Geschwindigkeitsverteilung *f {Gaskinetik}*

velocity field Geschwindigkeitsfeld *n* *{Separation}*
velocity focussing Geschwindigkeitsfokussierung *f* *{Spek}*
velocity gradient Geschwindigkeitsgefälle *n* *{DIN 1342}*, Geschwindigkeitsgradient *m*; Schergefälle *n* *{obs}*
velocity head dynamische Druckhöhe *f*, Geschwindigkeitshöhe *f* *{als Flüssigkeitssäule ausgedrückter Staudruck}*
velocity loss Strömungsverlust *m*
velocity of climb Steiggeschwindigkeit *f*
velocity of combustion Verbrennungsgeschwindigkeit *f*
velocity of diffusion Diffusionsgeschwindigkeit *f*
velocity of elevation Steiggeschwindigkeit *f*
velocity of explosion Explosionsgeschwindigkeit *f*
velocity of fall Fallgeschwindigkeit *f*
velocity of flow Fließgeschwindigkeit *f*, Strömungsgeschwindigkeit *f*, Durchflußgeschwindigkeit *f*; Abflußgeschwindigkeit *f*
velocity-of-flow meter Strömungsgeschwindigkeits-Meßgerät *n*
velocity of fluid [travel] *s.* velocity of flow
velocity of formation Bildungsgeschwindigkeit *f*
velocity of glide Gleitgeschwindigkeit *f*
velocity of ions Ionen[wanderungs]geschwindigkeit *f*
velocity of light Lichtgeschwindigkeit *f*
velocity of migration Wanderungsgeschwindigkeit *f*
velocity of propagation Ausbreitungsgeschwindigkeit *f*, Fortpflanzungsgeschwindigkeit *f*
velocity of racemization Razemisierungsgeschwindigkeit *f*
velocity of reaction Reaktionsgeschwindigkeit *f*
velocity of rearrangement Umlagerungsgeschwindigkeit *f*
velocity of sedimation Sedimentationsgeschwindigkeit *f*
velocity of slide Gleitgeschwindigkeit *f*
velocity of sound Schallgeschwindigkeit *f*
velocity of suspended matter Schwebegeschwindigkeit *f*
velocity pressure dynamische Druckhöhe *f*, Geschwindigkeitshöhe *f* *{als Flüssigkeitssäule ausgedrückter Staudruck}*
velocity profile Geschwindigkeitsprofil *n*
velocity resolution Geschwindigkeitsauflösung *f*
velocity spectrograph geschwindigkeitsfokussierender Massenspektrograph *m*
velocity spread Geschwindigkeitsverteilung *f*
angular velocity Winkelgeschwindigkeit *f* *{in rad/s}*
average velocity mittlere Geschwindigkeit *f*
excess velocity Übergeschwindigkeit *f*
final velocity Endgeschwindigkeit *f*
initial velocity Anfangsgeschwindigkeit *f*
terminal velocity Endgeschwindigkeit *f*
velour paper Velourpapier *n*, Plüschpapier *n*, Tuchpapier *n*, Samtpapier *n*
velouring Velourieren *n*
velvet Samt *m* *{Text}*
velvet-black samtschwarz
velvet copper ore Kupfersamterz *n* *{Min}*
velvet finish Samtappretur *f*, Velourausrüstung *f* *{Text}*; Velvet-Mattierung *f*, Satinierung *f* *{Glas}*
velvet leather Plüschleder *n*
velvet-like samtglänzend
velveting plant Velourisierungsanlage *f*
velvety samtartig, samtig, samtglänzend
vena contracta Strahlverengung *f*, Einschnürungsstelle *f*, Kontraktionsstelle *f*
veneer/to furnieren; übertünchen, beschönigen
veneer 1. Furnier *n* *{DIN 68330}*; 2. Auflagewerkstoff *m*, [vorgefertigtes] Überzugsmaterial *n* *{Tech}*
veneer glue Furnierleim *m*, Preßholzkleber *m*, Sperrholzkleber *m*
veneer strips Möbelfolien *fpl*
veneer wood Furnierholz *n*
veneering 1. Furnieren *n*, Furnierung *f*; 2. Furniere *npl*, Furnierblätter *npl*
veneering adhesive Furnierleim *m*
Venetian mosaic Terrazzo *m*, Zementmosaik *n*
Venetian red Venezianischrot *n* *{$Fe_2O_3/CaSO_4$}*
Venetian turpentine *s.* Venice turpentine
Venetian white Venezianischweiß *n* *{Bleiweiß/$BaSO_4$}*
Venice sumach Färberbaum *m*, Färbersumach *m* *{Bot}*
Venice turpentine Lärchenterpentin *n*, Lärchenharzöl *n*, Venezianeröl *n* *{Larix decidua Mill.}*
venom Gift *n* *{von Tieren}*, Tiergift *n*
venomous giftig
vent/to lüften, belüften, ventilieren; entlüften, Luft *f* herauslassen; entlüften *{Gieß, Kunst, Tech}*; entgasen *{Kunst}*; ein Loch machen
vent 1. Luftloch *n*, Lüftung *f*, Lüftungsöffnung *f*, Belüftungsloch *n*; Entlüftungsöffnung *f*, Abzugsöffnung *f*, Abzug *m*, Zugloch *n* *{für Abgase}*; Austritt *m*, Austrittsöffnung *f*; Ablaß *m*, Ablaßöffnung *f* *{Druckausgleich}*; Atmungsöffnung *f* *{Tankanlagen}*; Entlüftungskanal *m*, Entlüftungsbohrung *f* *{Gieß, Gummi}*; 2. Schlot *m* *{Vulkan}*; Förderkanal *m* *{Geol}*; 3. Oberflächenriß *m* *{Glas}*

vent air Fortluft *f {im Abluftkamin}*; Abluft *f {im Abzugsschacht}*
vent cock Entlüftungshahn *m*
vent groove Entlüftungsspalt *m*, Entlüftungsschlitz *m*, Entlüftungsnute *f*
vent hole Luftloch *n*, Lüftungsöffnung *f*, Entlüftungsöffnung *f*, Belüftungsöffnung *f*; Abzug *m*, Abzugsöffnung *f*, Zugloch *n {Abgase}*
vent line Entlüftungsleitung *f*
vent nozzle Entlüftungsstutzen *m*
vent of a mo[u]ld Entlüftungsloch *n*, Entlüftungsbohrung *f*, Entlüftungskanal *m {an Werkzeugen oder Formen}*
vent opening Entlüftungsöffnung *f*, Entlüftungsstutzen *m*; Druckausgleichsöffnung *f*; Atmungsöffnung *f {Tankanlagen}*
vent pipe Abzugsrohr *n*, Abblasrohr *n {für Abgase}*; Lüftungsrohr *n*, Belüftungsrohr *n*, Entlüftungsrohrleitung *f*
vent stack Abluftkamin *m*; Fortluftkamin *m*
vent valve Entlüftungsventil *n*
vent zone Dekompressionszone *f*, Entgasungsbereich *m*, Entgasungszone *f*, Entspannungszone *f*, Zylinderentgasungszone *f*, Vakuumzone *f*
vented exhaust Gasballast *m*
vented-exhaust pump Gasballastpumpe *f*
vented extruder Vakuumextruder *m*, Entgasungsextruder *m*, Entgasungsmaschine *f*
vented hopper Entgasungstrichter *m*
vented plasticization Entgasungsplastifizierung *f*
vented plasticizing Entgasungsplastifizierung *f*
ventilate/to [be]lüften, durchlüften, ventilieren; entlüften; bewettern *{Bergbau}*
ventilated fume cupboard Rauchabzug *m*
ventilating duct Luftkanal *m*, Luftschlitz *m*
ventilating fan Ventilator *m*, Lüfter *m*; Gebläse *n*; Verdichter *m*
ventilating shaft Lüftungsschacht *m*
ventilating system Lüftungsanlage *f*
ventilation 1. Ventilation *f*, Lüftung *f*, Belüftung *f*, Luftzufuhr *f*; 2. Bewetterung *f {Bergbau}*; 3. Entlüftung *f*, Rauchabzug *m*
ventilation equipment Entlüftungsanlage *f*
ventilation hood Entlüftungshaube *f*; Abzug *m {Lab}*
ventilation plant Belüftungsanlage *f*
ventilation shaft Lüftungskanal *m*
ventilation slit Lüftungsschlitz *m*
ventilation system Belüftungsanlage *f*
ventilator Lüfter *m*, Ventilator *m*, Gebläse *n {Verdichter mit sehr niedrigem Druckverhältnis}*
venting 1. Belüftung *f*, Lüften *n*, Lüftung *f {Anreicherung mit Sauerstoff}*; 2. Entlüftung *f*; 3. Formentlüftung *f {Gieß}*
venting channel Entlüftungskanal *m*
venting device Entlüftungsvorrichtung *f*
venting effect Entgasungswirkung *f*
venting screw Entlüftungsschraube *f*
venting slit Entlüftungsschlitz *m*, Entlüftungsspalt *m*
venting system Entgasungsvorrichtung *f*, Entgasungssystem *n*, Entlüftungssystem *n*
venting valve Belüftungsventil *n*, Flutventil *n*, Lufteinlaßventil *n*
venture Risiko *n*; Wagnis *n*; Spekulation *f*
Venturi Venturi-Düse *f*, Venturi-Rohr *n*
Venturi burner Venturi-Brenner *m*
Venturi fluidized bed Venturi-Wirbelschichtbett *f*
Venturi jet Venturi-Düse *f*
Venturi meter Venturimesser *m*
Venturi scrubber Venturi-Wäscher *m*
Venturi tube Venturi-Düse *f*, Venturi-Rohr *n*
venturine Glimmerquarz *m {Min}*
veratral <**3,4-**$(CH_3O)_2C_6H_3CO$**-**> Veratral *n*, Veratryliden-
veratraldehyde <$(CH_3O)_2C_6H_3CHO$> 3,4-Dimethyloxybenzaldehyd *m*
veratramine <$C_{27}H_{39}NO_2$> Veratramin *n*
veratric acid <$(CH_3O)_2C_6H_3COOH$> Veratrinsäure *f*, 3,4-Dimethoxybenzoesäure *f*, Veratrumsäure *f*
veratrine <$C_{32}H_{49}NO_9$> Veratrin *n*, Veratrinum *n*, Cevadin *n*
veratrine resin Veratrinharz *n*
veratrine sulfate Veratrinsulfat *n*
veratroidine Veratroidin *n*
veratrole <$C_6H_4(OCH_3)_2$> Veratrol *n*, 1,2-Dimethoxybenzol *n*, 1,2-Dimethoxybenzen *n {IUPAC}*, Brenzcatechindimethylether *m*
veratroyl <**3,4-**$(CH_3O)_2C_6H_3CO$**-**> Veratroyl-
veratroyl chloride Veratroylchlorid *n*
veratrum alkaloid Veratrumalkaloid *n*
veratryl <$(CH_3O)_2C_6H_2CH_2$**-**> Veratryl-, (3,4-Dimethoxyphenyl)methyl-
veratryl alcohol Veratrylalkohol *m*
veratryl chloride Veratrylchlorid *n*
verbena Verbene *f*, Eisenkraut *n {Verbena officinalis L.}*
verbena oil [echtes] Verbenaöl *{Kosmetik}*; Lemongrasöl *n*, Indisches Verbenaöl *n*, Indisches Grasöl *n {Kosmetik}*
verbenalin *s.* verbenaloside
verbenalinic acid Verbenalinsäure *f*
verbenaloside <$C_{17}H_{24}O_{10}$> Verbenalosid *n*, Verbenalin *n*, Cornin *n*
verbene *s.* verbena
Verdet constant Verdetsche Konstante *f {Opt, Faraday-Effekt}*
verdigris 1. grünspanfarben, grünspanfarbig, kupfergrün; Grünspan-; 2. Grünspan *m*
crystallized verdigris Grünspanblumen *fpl*
crystals of verdigris Grünspanblumen *fpl*
neutral verdigris Kupferacetat *n*

verditer Kupfercarbonat *n {als blaues oder grünes Pigment}*
blue verditer Bergblau *n {basisches Kupfercarbonat}*
green verditer Erdgrün *n {grünes Kupfercarbonat}*
verification 1. Bestätigung *f*, Verifizierung *f*, Verifikation *f*; 2. Echtheitsprüfung *f*, Authentifizierung *f {EDV}*; 3. Prüfung *f*, Untersuchung *f*; Nachprüfung *f*, Überprüfung *f*; 4. Beweis *m*, Beglaubigung *f*
verify/to bestätigen, verifizieren; die Echtheit *f* überprüfen *{EDV}*; beweisen, bestätigen *{Richtigkeit}*; kontrollieren, prüfen; nachprüfen, überprüfen
vermicidal 1. wurmtötend; 2. Wurmmittel *n {Pharm}*
vermicide Wurmmittel *n*, Vermizid *n*, wurmtötendes Mittel *n {Pharm}*
vermicular wurmartig
vermiculate wurmstichig
vermiculite Vermiculit *m {Min}*
vermifuge Wurmmittel *n*, Vermizid *n*, wurmtötendes Mittel *n {Pharm}*
vermil[l]ion 1. vermillon, leuchtend rotgelb, zinnoberrot, blutorange; 2. Zinnoberfarbe *f*, Zinnoberrot *n*, Vermillon[-Zinnober] *n {gefälltes HgS}*
vermin Schädling *m*, Ungeziefer *n*
vermin destruction Ungezieferbekämpfung *f*
vermin extirpation Ungezieferbekämpfung *f*
vermouth Wermut *m*, Wermutwein *m*
vernier Feinstelleinrichtung *f*, Nonius *m*, Nonius-Skale *f*, Vernier *m*, Vernier-Skale *f*
vernier calliper[s] Schieblehre *f*, Meßschieber *m*
vernier dial Fein[ein]stellskale *f*
vernier reading Feinablesung *f*, Noniusablesung *f*
vernier scale Feineinstellskale *f*, Nonius *m*, Nonius-Skale *f*, Vernier *m*, Vernier-Skale *f*
vernine <$C_{10}H_{13}N_5O_5$> Vernin *n*, Guanosin *n*, Guaninribosid *n*
vernolic acid Vernolsäure *f*
Verona green Veronesergrün *n*
veronal Veronal *n {HN}*, Ethylbarbital *n*
versatile unbeständig; vielseitig [verwendbar], für verschiedene Zwecke *mpl* brauchbar, anpassungsfähig
versatility 1. Unbeständigkeit *f*; 2. Vielseitigkeit *f*, Anpassungsfähigkeit *f*; Umstellungsmöglichkeit *f*
versatility of service vielseitige Verwendbarkeit *f*
version 1. Version *f*, Fassung *f*; 2. Ausführungsform *f*, Bauart *f*, Bauform *f*, Machart *f*, Version *f {Tech}*
versus in Abhängigkeit *f* von, gegen *{Math, Geometrie}*
vertex 1. Vertex *m*, Fluchtpunkt *m {Astr, Phys}*; 2. Scheitel[punkt] *m {z.B. eines Winkels}*; 3. Gipfel *m*, Spitze *f {z.B. eines Kegels, eines Dreiecks}*; 4. Ecke *f*, Eckpunkt *m {Math}*; 5. Knoten *m*, Knotenpunkt *m {Elek}*
vertical 1. vertikal, senkrecht, lotrecht; stehend *{Tech}*; saiger, seiger *{Bergbau}*; 2. Vertikale *f*, Senkrechte *f*
vertical adjusting [mechanism] Vertikalverstellung *f*
vertical angle Scheitelwinkel *m*
vertical axis Vertikalachse *f*, Stehachse *f*
vertical basket extractor Becherwerksextraktor *m*
vertical bearing Stehlager *n*
vertical boiler stehender Kessel *m*, Stehkessel *m*
vertical bucket elevator Senkrechtbecherwerk *n*
vertical condenser senkrechter Kühler *m*
vertical construction Vertikalbauweise *f*
vertical conveyor Senkrechtförderer *m*
vertical cooler Rieselkühler *m*
vertical deflection Vertikalablenkung *f*, vertikale Ablenkung *f*, Y-Ablenkung *f*
vertical die head Senkrechtspritzkopf *m*
vertical diffusion Vertikalausbreitung *f*
vertical distribution Höhenverteilung *f*
vertical evaporation Aufwärtsverdampfung *f*
vertical evaporator Vertikalrohrverdampfer *m*
vertical extractor stehender Extrakteur *m*
vertical extruder Senkrechtextruder *m*, Vertikalextruder *m*
vertical feeder Vertikalspeiseapparat *m*
vertical gas flowmeter aufrechter Gasströmungsmesser *m*
vertical immersion pump stehende Unterwasserpumpe *f*, Tauchpumpe *f*
vertical kiln 1. Schachtofen *m*; 2. Vertikaldarre *f {Brau}*
vertical-lift door Hubtor *n*
vertical line Vertikale *f*, Senkrechte *f {Math}*
vertical magnet Hebemagnet *m*
vertical pipe Fallrohr *n*, Standrohr *n*
vertical plunger Vertikalkolben *m*
vertical polarization Vertikalpolarisation *f*
vertical recovery bend Destillierbrücke *f*
vertical relationship Vertikalbeziehung *f {Periodensystem}*
vertical retort Vertikalretorte *f*, vertikale Retorte *f*, senkrechte Retorte *f {Met}*
vertical retort oven Vertikalretortenofen *m {Met}*
vertical screw mixer senkrechter Schneckenmischer *m*; Umlaufschneckenmischer *m {Silo}*

vertical section Aufriß *m {Geometrie}*; Profil *n*, Seigriß *m {Geol}*
vertical shell-and-tube condenser Turmverflüssiger *m*, Steilrohr-Berieselungsverflüssiger *m*
vertical shift Vertikalverschiebung *f*
vertical tank 1. Stehtank *m {Chem}*; 2. Gefäßbad *n*, Standentwicklungstank *m {Photo}*
vertical tube Steigrohr *n*
vertical tube boiler stehender Röhrenkessel *m*, Steilrohrkessel *m*
vertical tube coil hängende Rohrschlange *f*
vertical tube evaporator stehender Röhrenverdampfer *m*, Steilrohrverdampfer *m*, Vertikalrohrverdampfer *m*
vertically adjustable höhenverstellbar
vertically perforated brick Hochlochziegel *m {DIN 105}*
vervain Eisenkraut *n {Verbena officinalis L.}*
vervain oil Verbenaöl *n*
vesicant blasenziehend *{Med}*
vesicatory blasenziehend *{Med}*
vesicatory gas blasenziehender Kampfstoff *m*
vesicle Bläschen *n*, Blase *f*, Vesikula *f*, Vesikel *f {Med}*
vesicular bläschenförmig, blasig; kavernös *{Gestein}*
vesiculation Bläschenbildung *f {Med}*
vessel 1. Gefäß *n*, Behälter *m*; 2. Gefäß *n*, Trachee *f {Bot}*; 3. Wasserfahrzeug *n*, Schiff *n*
vessel closure Gefäßverschluß *m*
vessel under pressure Druckgefäß *n*
vesuvian[ite] Vesuvian *m*, Idokras *m {Min}*
vesuvin Vesuvin *n*, Manchesterbraun *n*, Lederbraun *n*, Bismarckbraun *n*
vet/to 1. intensiv prüfen, eingehend prüfen, kritisch untersuchen; 2. tierärztlich untersuchen, behandeln
veterinary 1. tierärztlich; 2. Tierarzt *m*, Veterinär *m*
veterinary medicine Veterinärmedizin *f*
veterinary science Veterinärmedizin *f*
vetivazulene Vetivazulen *n*, 4,8-Dimethyl-2-isopropylazulen *n {Pharm}*
vetiver oil Vetiveröl *n {aus Vetiveria zizanioides (L.) Nash}*
vetiverol Vetiverol *n {Kosmetik}*
vetiverone Vetiveron *n*
vetivert *s.* vetiver oil
vetivert acetate Vetiverylacetat *n {Kosmetik}*
vetivone <$C_{15}H_{22}O$> Vetivon *n*
VI *{viscosity index}* Viskositätsindex *m*
viability 1. Durchführbarkeit *f*, Brauchbarkeit *f*; Entwicklungsfähigkeit *f*; 2. Lebensfähigkeit *f*, Wachstumsfähigkeit *f*
viable 1. lebensfähig, wachstumsfähig; 2. durchführbar, brauchbar; praktikabel; entwicklungsfähig *{z.B. ein Projekt}*
vial 1. [birnenförmiges] Glasfläschchen *n*, Phiole *f*; 2. Ampulle *f*, Arzneifläschchen *n*, Medizinflasche *f*, Vial *n {Pharm}*
vial mouth Bördelrand *m*
viboquercitol Viboquercit *m*
vibrate/to vibrieren, beben, schwingen, oszillieren; in Schwingung *f* versetzen, schwingen lassen, vibrieren lassen, oszillieren lassen; schütteln, rütteln; zittern
vibrating 1. schwingend, vibrierend, oszillierend; Schwing-, Schwingungs-; 2. Vibrieren *n*
vibrating ball mill Schwingmühle *f*, schwingende Kugelmühle *f*
vibrating capacitor Schwingkondensator *m*
vibrating chute Vibrationsrinne *f*, Schwingrutsche *f*, schwingende Schüttrinnenzuführung *f*
vibrating conveyor *{GB}* Schwingförderer *m*
vibrating disk viscometer Schwingscheibenviskosimeter *n*
vibrating drain *{US}* Schwingförderer *m*
vibrating feeder Schwingdosierer *m*, Vibrationsaufgeber *m*, vibrierende Speisevorrichtung *f*
vibrating feeder chute Schüttelrutsche *f*, Schwingrutsche *f*, schwingende Schüttrinnenzuführung *f*
vibrating grid electrode Gittervibratorelektrode *f*
vibrating mill Schwingmühle *f*, schwingende Kugelmühle *f*
vibrating pebble mill *s.* vibrating ball mill
vibrating quartz crystal Schwingquarz *m*
vibrating read condenser electrometer Schwingkondensatorelektrometer *n*
vibrating screen Rüttelsieb *n*, Schüttelsieb *n*, Schwingsieb *n*, Vibrationssieb *n*
vibrating sieve *s.* vibrating screen
vibrating spiral elevator Wendelwuchtförderer *m*
vibrating stoker Schüttelrost *m*
vibrating stress *{ISO 194}* schwingende Beanspruchung *f*, Schwingbeanspruchung *f* durch Vibration *f*
vibrating table Rütteltisch *m*, Schüttelherd *m*, Schütteltisch *m*, Schwingherd *m*, Schwingrätter *m*, Vibriertisch *m*
vibrating trickle feed tray Schüttelrutsche *f*
vibrating trough Schwingrinne *f*
vibration Vibration *f*, [mechanische] Schwingung *f*, Oszillation *f*; Schütteln *n*, Rütteln *n*; Zittern *n*
vibration absorption Vibrationsdämpfung *f*, Schwingungsdämpfung *f*
vibration amplitude Schwingungsamplitude *f*
vibration dampener oil Schwingungsdämpferöl *n*
vibration damping Schwingungsdämpfung *f*
vibration damping properties Schwingungsdämpfungsvermögen *n*

vibration direction Schwingungsrichtung *f*
vibration electrometer Vibrationselektrometer *n*
vibration excitation Schwingungserregung *f*, Schwingungsanregung *f*
vibration-free mounting erschütterungsfreie Aufstellung *f*
vibration frequency Schwingungszahl *f*, Schwingungsfrequenz *f {mechanische Schwingung}*
vibration galvanometer Vibrationsgalvanometer *n {Elek}*
vibration indicator Schwingungsmesser *m*
vibration injection mo[u]lding Vibrationsspritzgießen *n*, Teledynamikspritzgießen *n*; Vibrationsspritzgießverfahren *n*, Teledynamikspritzgießverfahren *n*, Plastizierung *f* mit oszillierendem Stempel
vibration measuring apparatus Schwingungsmesser *m*, Schwingungsmeßeinrichtung *f*
vibration mill *s.* vibrating ball mill
vibration mixer Vibrationsrührer *m*
vibration node Schwingungsknoten *m*
vibration phase Schwingungsphase *f*
vibration-proof erschütterungsfest
vibration quantum Schwingungsquant *n*
vibration recorder Schwingungsschreiber *m*, schreibendes Schwingungsmeßgerät *n*
vibration-rotation spectrum Rotations-Schwingungsspektrum *n*
vibration sensor Schwingungsaufnehmer *m*
vibration sieve *s.* vibrating screen
vibration stress *s.* vibrating stress
vibration superposition Schwingungsüberlagerung *f*
vibration suppression Schwingungsisolierung *f*
vibration table Vibrationstisch *m*
vibration test Schwingungsprüfung *f*, Schwingungsversuch *m*
forced vibration erzwungene Schwingung *f*
free vibration freie Schwingung *f*
individual vibration Eigenschwingung *f*
principal vibration direction Hauptschwingungsrichtung *f*

vibrational schwingend, vibrierend, oszillierend; rüttelnd, schüttelnd; Schwing-, Schwingungs-, Vibrations-, Oszillations-
vibrational cascade Schwingungsabregungskaskade *f {Lumineszenz}*
vibrational circular dichroism schwingungsbedingter Zirkulardichroismus *m*
vibrational energy Vibrationsenergie *f*, Schwingungsenergie *f*, Oszillationsenergie *f*
vibrational level Schwingungsniveau *n {Molekül}*
vibrational quantum number Oszillationsquantenzahl *f*, Schwingungsquantenzahl *f*, Vibrationsquantenzahl *f*
vibrational relaxation Schwingungsrelaxation *f*
vibrational-rotational spectrum *s.* vibration-rotation spectrum
vibrational spectroscopy Schwingungsspektroskopie *f*
vibrational spectrum Schwingungsspektrum *n*
vibrational state Schwingungszustand *m*
vibrational stress Rüttelbeanspruchung *f*
vibrational transition Schwingungsübergang *m*

vibrationless erschütterungsfrei, schwingungsfrei

vibrator 1. Vibrator *m*, Schwingungserreger *m*, Schwinger *m {Tech}*; 2. Chopper *m*, Zerhakker *m {Elek}*; 3. Rüttler *m*, Rüttelapparat *m*, Vibrator *m*
vibrator electrode Vibratorelektrode *f*
vibrator motor Rüttelmotor *m*

vibratory oszillierend, vibrierend, schwingend; Schwingungs-, Schwing-, Oszillations-, Vibrations-; Vibrator-
vibratory centrifuge Schwingzentrifuge *f*, Schwingschleuder *f {Entfeuchten}*
vibratory compaction Rüttelverdichtung *f*
vibratory feed Schwingförderer *m {Zuteilvorrichtung}*
vibratory feed hopper Vibrationseinfülltrichter *m*
vibratory feeder Vibrationsdosierer *m*
vibratory feeding Vibratordosierung *f*
vibratory hopper Vibrierfüller *m*
vibratory mill Schwingmühle *f*, schwingende Kugelmühle *f*
vibratory mixer Vibrationsmischer *m*
vibratory motion Zitterbewegung *f*
vibratory screen Vibrationssieb *f*, Schwingsieb *n*
vibratory sieving Vibrationssiebung *f*, Schwingsiebung *f*

vibrograph Schwingungsaufzeichner *m*, Vibrograph *m*, schreibendes Schwingungsmeßgerät *n*

vibrometer Vibrometer *n {Elek}*
vibrometer method Vibrometer-Verfahren *n {Kunst, Bestimmung des dynamischen Elastizitätsmoduls}*

vibroscreen Schwingsieb *n*, Vibrationssieb *n*, Rüttelsieb *n*, Schüttelsieb *n*

vibrosieve *s.* vibroscreen

viburnum bark Viburnumrinde *f {Bot}*

Vicat indentor Vicat-Nadel *f*, Vicat-Apparat *m {Prüfgerät}*
Vicat softening point Formbeständigkeit *f* in der Wärme mit Vicat-Nadel, Vicat-Erweichungspunkt *m*, Vicat-Erweichungstemperatur *f*, Vicat-

Wärmeformbeständigkeit *f*, Vicat-Wert *m*, Vicat-Zahl *f*, Wärmeformbeständigkeit *f* nach Vicat

Vicat softening temperature *s.* Vicat softening point

vice Schraubstock *m*, Spanner *m*; Klemme *f* *{Tech}*

vicianine Vicianin *n* *{Glucosid der Wicke}*

vicianose <$C_{11}H_{20}O_{10}$> Vicianose *f* *{6-O-α-L-Arabinopyranosyl-D-glucose}*

vicilin Vicilin *n* *{Pflanzenglobulin}*

vicinal benachbart, nachbarständig, vizinal, angrenzend, anstoßend; Neben-, Rand-, Nachbar- *{Krist, Chem}*

vicinal coupling constant vizinale Kopplungskonstante *f*

vicinal effect Vizinaleffekt *m* *{Atom}*

vicinal face Vizinalfläche *f*, unechte Fläche *f* *{Krist}*

vicinal function Vizinalfunktion *f*

vicinal position Nachbarstellung *f*, 1,2,3-Stellung *f*, *vic*-Stellung *f* *{Stereochem}*

vicinal surface *s.* vicinal face

vicine <$C_{10}H_{16}N_4O_7$> Vicin *n*, Divicin-5-glucosid *n*

vicinity Nachbarschaft *f*, Umgebung *f*; Nähe *f*

vicious fehlerhaft, mangelhaft; bösartig, boshaft

Vickers Diamantpyramide *f* *{Eidringkörper der Härteprüfmaschine}*

Vickers [diamond pyramid] hardness Vikkers-Härte *f* *{DIN 50133}*

victane Viktan *n* *{Triv}*, Isobutylbenzol *n*

Victoria black B Victoriaschwarz B *n*

Victoria blue <$C_{33}H_{31}N_3 \cdot HCl$> Viktoriablau *n*

Victoria green Viktoriagrün *n*, Malachitgrün *n*, Benzoylgrün *n*, Bittermandelölgrün *n* *{Triphenylmethanfarbstoff}*

new Victoria black B Neuviktoriaschwarz B *n*

new Victoria blue Neuviktoriablau *n*

VIDAL black Vidal-Schwarz *n* *{Schwefelfarbstoff}*

video 1. Video-, Bild-; 2. Videoband *n*; 3. Videoaufnahme *f*; 4. *{US}* Fernsehen *n*, Television *f*

video disk Videoplatte *f*, Bildplatte *f*

video display Bildschirm *m*, Display *n*, Anzeigebildschirm *m*

video display terminal Bildschirmterminal *n*, Bildschirmdatenstation *f*

video display unit Datensichtgerät *n*

video magnetic tape Video[magnet]band *n*

video screen Anzeigebildschirm *m*, Sichtbildschirm *m*

video tape recorder Video-Aufzeichnungsgerät *n*, Videorecorder *m*, Bildaufzeichnungsgerät *n*

Vienna caustic Wiener Ätzkalk *m* *{KOH/CaO-Mischung}*

Vienna green Wienergrün *n*, Schweinfurter Grün *n* *{Kupferarsenitacetat}*

Vienna polishing chalk Wiener Kalk *m* *{pulversisierter, gebrannter Dolomit; Putzmittel}*

Vienna lime *s.* Vienna polishing chalk

view/to sehen, betrachten; besichtigen, prüfen

view 1. Anschauung *f*, Ansicht *f*; 2. Sicht *f*, Aussicht *f*; Blick *m*; 3. Riß *m*, Ansicht *f* *{technische Zeichnung}*; 4. View *n* *{EDV}*

view from above Draufsicht *f*

view from below Untersicht *f*

full view Gesamtansicht *f*

viewer Betrachtungsgerät *n*, Sichtgerät *n*; Lesegerät *n*

viewing aperture *s.* viewing port

viewing glass Einblickfenster *n*, Schauglas *n*, Beobachtungsfenster *n*

viewing microscope Beobachtungsmikroskop *n*

viewing port Einblickfenster *n*, Schauloch *n*, Schauöffnung *f*, Schauglas *n*, Beobachtungsfenster *n*

viewing screen Betrachtungsschirm *m*, Sichtschirm *m*, Bildschirm *m*; Negativschaukasten *m*

viewing window *s.* viewing port

vignette/to vignettieren, abschatten, verlaufen lassen *{Opt}*

vignetting Vignettierung *f*, Abdeckung *f* durch Vignette *{Opt}*

vignetting effect Vignettierungseffekt *m* *{Opt}*

vigorous heftig, kräftig, stark, energisch, stürmisch *{z.B. Reaktion}*

vigoureux printing Vigoureuxdruck *m*, Kammzugdruck *m*, Melangedruck *m* *{Text}*

Vigreux column Vigreux-Kolonne *f* *{Dest}*

vile smelling übelriechend

Villari effect Villari-Effekt *m* *{magnetomechanischer Effekt}*

villarsite Villarsit *m* *{Min}*

villiaumite Villiaumit *m* *{Min}*

vinaconic acid <$C_3H_4(COOH)_2$> Vinakonsäure *f*, Ethylenmalonsäure *f*, Cyclopropan-1,1-dicarbonsäure *f*

vinal Vinal *n*, Vinalfaser *f* *{Polyvinylalkoholfasern mit > 59 Prozent -CH_2CHOH-Einheiten}*

vinasse Schlempe *f* *{Gärung}*

vinblastine sulfate <$C_{46}H_{58}N_4O_9 \cdot H_2SO_4$> Blastinsulfat *n*, Vincoleukoblastinsulfat *n*

vine 1. Wein-; 2. Weinrebe *f*; 3. Kletterpflanze *f* *{Bot}*

vine black Frankfurter Schwarz *n*, Rebenschwarz *n*, Drusenschwarz *n*

vinegar Essig *m* *{Chem}*

vinegar acid <CH_3COOH> Essigsäure *f*

vinegar essence Essigessenz *f* *{12 Prozent CH_3COOH}*

vinegar generator Essigerzeuger *m*, Essig[säure]generator *m*, Essigbildner *m*

vinegar making Essigbereitung *f*

vinegar vapo[u]rs Essigsäuredämpfe *mpl*

vinegar water Essigwasser *n*

aromatic vinegar Kräuteressig *m*, Räucheressig *m*

flower of vinegar Essigschaum *m*

mother of vinegar Mutteressig *m*

vinegarlike essigartig

vine[s]thine *s.* divinyl ether

vinetine <$C_{35}H_{40}N_2O_6$> Vinetin *n {Berberis-Alkaloid}*, Oxyacanthin *n*

vinic acid <$C_2H_5OSO_3H$> Ethylschwefelsäure *f*

vinic ether *s.* diethyl ether

vinol Vinylalkohol *m*

vinometer Weinmesser *m*, Önometer *n*, Weinwaage *f {Aräometer zur Alkoholgehaltbestimmung im Wein}*

vinous fermentation Weingärung *f*

vinyl <$H_2C=CH-$> Vinyl- *{IUPAC}*, Ethenyl-

vinyl acetal <$H_2C=CHOC_2H_5$> Vinylacetal *n*

vinyl acetate <$CH_3COOCH=CH_2$> Vinylacetat *n*, Essigsäurevinylester *m*

vinyl acetate ozonide Vinylacetatozonid *n*

vinyl alcohol <$CH_2=CHOH$> Vinylalkohol *m*, Ethenol *n*

vinyl-asbestos tile Vinyl-Asbest-Platte *f {DIN 16950}*

vinyl benzoate <$H_2C=CHOOCC_6H_5$> Vinylbenzoat *n*

vinyl bromide <$H_2C=CHBr$> Ethylenbromid *n*, Vinylbromid *n*, Bromethen *n {IUPAC}*

vinyl-*n*-butyl ether <$C_4H_9OC=CH_2$> Vinylbutylether *m*

vinyl-butyral Vinylbutyral *n*

vinyl butyrate <$C_3H_7COOCH=CH_2$> Vinylbutyrat *n*

vinyl chloracetate Vinylchloracetat *n*

vinyl chloride <$CH_2=CHCl$> Vinylchlorid *n*, VC, Monochlorethylen *n*, Chlorethen *n {IUPAC}*

vinyl chloride dichlorethylene copolymer Vinylchlorid-Dichlorethylen-Copolymerisat *n*

vinyl chloride homopolymer Vinylchlorid-Homopolymer *n*

vinyl chloride monomer Vinylchloridmonomer[es] *n*, VCM

vinyl chloride polymer Vinylchloridpolymerisat *n*, Vinylchloridpolymer[es] *n*

vinyl chloride-vinyl acetate copolymer Vinylchlorid-Vinylacetat-Copolymerisat *n*, Polyvinylchloridacetat *n*, Vinylchlorid-Vinylacetat-Mischpolymerisat *n*, VCVA

vinyl compound Vinylverbindung *f*

vinyl crotonate Vinylcrotonat *n*

vinyl cyanide <$CH_2=CHCN$> Acrylnitril *n*, Acrylsäurenitril *n*, Vinylcyanid *n*, Propennitril *n {IUPAC}*

vinyl ester <$H_2C=CHOOCR$> Vinylester *m*

vinyl ester resin Vinylesterharz *n*

vinyl ester thermoset resin wärmeaushärtendes Vinylesterharz *n*

vinyl ether <$CH_2=CHOCH=CH_2$> Vinylether *m*, Divinylether *m {IUPAC}*, Divinyloxid *n*

vinyl-β-ethoxyethyl sulfide <$H_2C=CHSCH_2CH_2OC_2H_5$> Vinylethoxyethylsulfid *n*

vinyl ethyl ether <$H_2C=CHOC_2H_5$> Vinylethylether *n*, Ethylvinylether *m*, EVE

vinyl-2-ethyl hexoate <$H_2C=CHOOCH(C_2H_5)C_4H_9$> Vinylethylhexoat *n*

vinyl-2-ethylhexyl ether <$H_2C=CHOCH_2CH(C_2H_5)C_4H_9$> Vinylethylhexylether *m*

2-vinyl-5-ethylpyridine Vinylethylpyridin *n*

vinyl fluoride <$H_2C=CHF$> Vinylfluorid *n*, Fluorethylen *n*

vinyl formate <$H_2C=CHOOCH$> Vinylformiat *n*

vinyl group <$-CH=CH_2$> Vinylgruppe *f*, Vinylrest *m*, Ethylengruppe *f*

vinyl iodide <$H_2C=CHI$> Vinyliodid *n*, Iodethylen *n*

vinyl isobutyl ether <$H_2C=CHOCH_2CH(CH_3)_2$> Vinylisobutylether *m*, Isobutylvinylether *m*, IVE

vinyl ketone <$(H_2C=CH-)_2CO$> Penta-1,4-dien-3-on *n*, Divinylketon *n*

vinyl laurate Vinyllaurat *n*

vinyl methyl ether <$H_2C=CHOCH_3$> Vinylmethylether *m*, Methylvinylether *m*, Methoxyethylen *n*, MVE

vinyl methyl ketone <$H_2C=CHCOCH_3$> Methylvinylketon *n*, But-3-en-2-on *n*, Vinylmethylketon *n*

vinyl monomer Vinylmonomer[es] *n*

vinyl plastic Vinoplast *m*, Vinylkunststoff *m*, Polyvinylharz *n*

vinyl polymer Vinylpolymer[es] *n*

vinyl propionate <$H_2C=CHOOC_2H_5$> Vinylpropionat *n*

vinyl radical <$\cdot CH=CH_2$> Vinylradikal *n*

vinyl resin Vinylharz *n*, Polyvinylharz *n*

vinyl stabilizer Vinylstabilisator *m*

vinyl stearate <$H_2C=CHOOC_{17}H_{35}$> Vinylstearat *n*

vinyl trichloride <$CHCl_2CH_2Cl$> 1,1,2-Trichlorethan *n {IUPAC}*, Vinyltrichlorethan *n*

vinylacetic acid <$H_2C=CHCH_2COOH$> Vinylessigsäure *f*, But-3-ensäure *f*

vinylacetyl-CoA delta-isomerase *{EC 5.3.3.3}* Vinylacetyl-CoA-deltaisomerase *f*

vinylacetylene <$H_2C=CHC\equiv CH_2$> Vinylacetylen *n*, Monovinylacetylen *n*, Vinylethin *n {IUPAC}*, But-1-en-3-in *n*

vinylamin <$H_2C=CHNH_2$> Vinylamin *n*, Ethylenamin *n*

vinylation Vinylation *f*, Vinylierung *f*

vinylbenzene <$C_6H_5CH=CH_2$> Styren *n*, Styrol *n*, Vinylbenzen *n*

vinylcarbazole <$C_2H_8NHC=CH_2$> Vinylcarbazol *n*

vinylcyclohexene <C_8H_{12}> Cyclohexenylethylen *n*, Vinylcyclohexen *n*

vinylcyclohexene dioxide <$C_8H_{12}O_2$> Vinylcyclohexendioxid *n*

vinylcyclohexene monoxide <$C_8H_{12}O$> Vinylcyclohexenmonoxid *n*

vinylene <-CH=CH-> Vinylen- *{IUPAC}*, Ethen-1,2-diyl-

vinylethylene Buta-1,3-dien *n*, Vinylethylen *n*

vinylidene <$H_2C=C=$> Vinyliden- *{IUPAC}*, Ethenyliden-

vinylidene chloride <$CH_2=CCl_2$> Vinylidenchlorid *n*, 1,1-Dichlorethen *n {IUPAC}*, VC, 1,1-Dichlorethylen *n*

vinylidene fluoride Vinylidenfluorid *n*, 1,1-Difluorethen *n {IUPAC}*, 1,1-Difluorethylen *n*

vinylidene fluoride-tetrafluoroethylene copolymer Vinylidenfluorid-Tetrafluorethylen-Copolymerisat *n*

vinylidene cyanide <$H_2C=C(CN)_2$> Vinylidencyanid *n*, 1,1-Dicyanethen *n {IUPAC}*, 1,1-Dicyanethylen *n*

vinylidene plastic Vinylidenkunststoff *m*

vinylidene resins Vinylidenkunstharze *npl*

vinylmagnesium chloride <$H_2C=CHMgCl$> Vinylmagnesiumchlorid *n*

vinylpyridine <$C_5H_4NCH=CH_2$> Vinylpyridin *n*

vinylpyrrolidone <C_6H_9NO> Vinylpyrrolidon *n*

vinylsilane <$H_2C=CHSiH_3$> Vinylsilan *n*

vinyltoluene <$H_2C=CHC_6H_4CH_3$> Vinyltoluol *n*

vinyltrichlorosilane <$H_2C=CHSiCl_3$> Vinyltrichlorsilan *n*

Vinyon Vinyon *n*, Vinyonfaser *f {mit < 85 Prozent -CH_2CHCl-Einheiten}*

Vioform *{TM}* Vioform *n*, Iodchloroxychinolin *n*

violanthrone <$C_{34}H_{16}O_{16}$> Violanthron *n*, Dibenzanthron *n*

violaquercitrin Osyritrin *n*, Violaquercitrin *n {Glucosid}*

violaxanthin <$C_{40}H_{56}O_4$> Violaxanthin *n*

violence Brisanz *f*, Heftigkeit *f*; Gewalt *f*

violent interaction heftige Einwirkung *f*

violet 1. violett, veilchenbalu, blaurot; 2. Veilchen *n {Bot}*; 3. Violett *n {Farbe, 390-455 nm}*

violine Violin *n {Alkaloid}*

violuric acid <$C_4H_3N_3O_4 \cdot H_2O$> Alloxan-5-oxim *n*, Violursäure *f*, 5-Isonitrosobarbitursäure *f*, Isonitrosomalonylharnstoff *m*

violutin Violutin *n*

viomycin <$C_{25}H_{43}N_{13}O_{10}$> Viomycin *n*

viral viral *{Med, Bot}*

viral protein Virusprotein *n*, Viruseiweiß *n*

viral strain Virusstamm *m*

virescent grünlich

virgin gediegen *{Met}*; rein, unvermischt; roh, unbehandelt, unberührt; unverhauen, jungfräulich *{Bergbau}*

virgin compound Neugranulat *n {Kunst}*

virgin copper Kupferröte *f*

virgin feedstock Direktdestillat *n {Erdöl}*

virgin gasoline Rohbenzin *n*

virgin lead Jungfernblei *n*, Werkblei *n*

virgin material Neumaterial *n*, Neuware *f*, Originalmaterial *n*, jungfräuliches Material *n*; thermoplastisches Neumaterial *n*, thermoplastisches Frischmaterial *n*, erstmalig zu verarbeitender thermoplastischer Werkstoff *m*, frische Formmasse *f {Kunst}*

virgin metal Primärmetall *n*

virgin polymer Kunststoffneuware *f*

virgin state jungfräulicher Zustand *m*, Neuzustand *m*

virgin sulfur gediegener Schwefel *m*

virgin zinc Rohzink *n*

virginium *{obs}* *s.* francium

virial Virial *n {Phys}*

virial coefficient Virialkoeffizient *m*

virial equation Virialgleichung *f*, Virialsatz *m*

virial theorem Virialsatz *m*, Virialgleichung *f*

viridian Viridian *n*, Guignetgrün *n {Crom(III)-oxidhydrat}*

viridian green Veronesergrün *n*

viridine Viridin *n {Min}*

virology Virologie *f*

virotoxin Virotoxin *n {Amanita virosa}*

virtual virtuell, eigentlich

virtual electromotive force wirksame elektromotorische Kraft *f*, Nutz-EMK *f*, effektive elektromotorische Kraft *f*

virtual energy Energieinhalt *m*

virtual entropy virtuelle Entropie *f*, praktische Entropie *f {Thermo, ohne Kernspins}*

virtual image virtuelles Bild *n {Opt}*

virtual leak virtuelles Leck *n*, scheinbares Leck *n*

virtual orbital virtuelles Orbital *n {leerer/unbesetzter Grundzustand}*

virtual value Effektivwert *m*

virulence Virulenz *f {Med}*

virus *{pl. viruses}* Virus *m {pl. Viren; Med}*

virus culture Virenkultur *f*

virus disease Viruskrankheit *f*, Virose *f {Med}*

virus protein Virusprotein *n*, Viruseiweiß *n*

virus strain Virusstamm *m*

virus vaccine Virusimpfstoff *m*

visammin <$C_{14}H_{12}O_5$> Visammin *n*, Khellin *n*

visbreaking Viskositätsbrechen *n*, Visbreaken *n*

viscid klebrig; schleimig, viskos, zähflüssig, dickflüssig

very viscid hochviskos
viscidity Dickflüssigkeit *f*, Zähflüssigkeit *f*; Klebrigkeit *f*
viscin <$C_{20}H_{48}O_8$; $C_{20}H_{32}\cdot 8H_2O$> Viscin *n*
viscoelastic viskoelastisch
viscoelastic behavio[u]r viskoelastisches Verhalten *n*
viscoelastic body Modell *n* zur Simulierung des viskoelastischen Stoffverhaltens, viskoelastisches Verhaltensmodell *n*
viscoelastic deformation viskoelastische Verformung *f*, viskoelastische Deformation *f*
viscoelastic fluid viskoelastisches Medium *n*, viskoelastisches Fluid *n*
viscoelastic model *s.* viscoelastic body
viscoelasticity Viskoelastizität *f*
viscoelasticity meter Gerät *n* zur Messung der Viskoelastizität
viscometer Viskosimeter *n*, Viskositätsmesser *m*, Viskositätsmeßgerät *n*, Zähigkeitsmesser *m* *{obs}*
viscometer ga[u]ge Viskositätsvakuummeßgerät *n*
efflux viscometer Auslaufviskosimeter *n*
forced ball viscometer Kugelfallviskosimeter *n*
suspended-level Ubbelohde viscometer Ubbelohde-Viskosimeter *n* mit hängendem Kugelniveau
viscometric viskosimetrisch
viscometry Viskosimetrie *f* *{DIN 51562}*, Viskositätsmessung *f*, Viskositätsanalyse *f*
viscometry of creep Kriechviskosimetrie *f*
viscoplastic viskoplastisch
viscose Viscose *f*, Viskose *f* *{Chemiefaser auf Cellulosebasis}*
viscose dope Viskosespinnlösung *f*
viscose fiber Viskosefaser *f*, Viskosefaserstoff *m*
viscose filament Viskosefaden *m*
viscose process Viskoseverfahren *n*
viscose pulp Viskosezellstoff *m*
viscose pump Viskosepumpe *f*, Spinnpumpe *f* *{Viskoseverfahren}*
viscose rayon Viskoseseide *f*, Viskosereyon *n*, Chardonnetseide *f*, Viskose[spinn]faser *f*
viscose silk *s.* viscose rayon
viscose sponge Viskoseschwamm *m*
viscose staple fiber Viskose[spinn]faser *f*, Zellwolle *f*
raw viscose Rohviskose *f*
structurally-viscose strukturviskos
viscosimeter *s.* viscometer
viscosimetric *s.* viscometric
viscosimetry *s.* viscometry
viscosity Zähigkeit *f*, Viskosität *f*, Zähflüssigkeit *f*, innere Reibung *f*
viscosity additive Viskositätszusatz *m* *{Feuerlöschmittel}*
viscosity at zero rate of shear Nullviskosität *f* *{DIN 1342}*, Anfangsviskosität *f* *{obs}*
viscosity behavio[u]r Viskositätsverhalten *n*
viscosity blending chart Viskogramm *n*
viscosity breaking Viskositätsbrechen *n*, Visbreaken *n*
viscosity breaking column Viskositätsbrechsäule *f*
viscosity changes Viskositätsänderungen *fpl*
viscosity coefficient Viskositätskonstante *f*, dynamische Viskosität *f*, Konstante *f* der inneren Reibung
viscosity curve Viskositätskurve *f* *{DIN 13342; Viskosität-Temperatur-Graph}*
viscosity-dependent viskositätsabhängig
viscosity depressant Viskositätserniedriger *m*, Viskositätsverminderer *m*
viscosity differences Viskositätsunterschiede *mpl*
viscosity drop Viskositätserniedrigung *f*, Viskositätsabfall *m*
viscosity effect Viskositätseffekt *m*
viscosity equation Viskositätsansatz *m*
viscosity fluctuations Viskositätsinhomogenitäten *fpl*
viscosity-gravity constant Viskositäts-Dichte-Konstante *f*, VDK *{Erdöl}*
viscosity increase Viskositätsaufbau *m*, Viskositätserhöhung *f*, Viskositätsanstieg *m*, Viskositätssteigerung *f*, Viskositätszunahme *f*
viscosity index Viskositätsindex *m*, VI
viscosity-index improved oil VI-verbessertes Öl *n*
viscosity-index improver VI-Verbesserer *m*, Viskositäts[index]verbesserer *m*
viscosity limit Viskositätsgrenze *f*
viscosity manometer Reibungsvakuummeter *n*
viscosity modifier *s.* viscosity-index improver
viscosity number Viskositätszahl *f*, konzentrationsbezogene relative Viskositätsänderung *f*, Staudinger-Funktion *f* *{DIN 1342}*
viscosity of non-Newtonium fluids Strukturviskosität *f*
viscosity peak Viskositätsberg *m*
viscosity pipet[te] Kapillarviskosimeter *n*
viscosity pole height Polhöhe *f*, Viskositätspolhöhe *f*
viscosity pour point Viskositätsstockpunkt *m* *{Trib}*
viscosity-pressure coefficient Viskositäts-Druck-Koeffizient *m*
viscosity ratio Viskositätsverhältnis *n*, relative Viskosität *f* *{obs}*
viscosity-reducing viskositätserniedrigend, viskositätssenkend
viscosity reduction Viskositätserniedrigung *f*,

Viskositätsabfall *m*, Viskositätsabsenkung *f*, Viskositätsminderung *f*
viscosity regulator Viskositätsregler *m*
viscosity relationship Viskositätsbeziehung *f*
viscosity-shear rate function Viskositäts-Schergerfälle-Funktion *f {Trib}*
viscosity-shear-stress curve Viskositäts-Scherspannungs-Diagramm *n*
viscosity stabilizer Viskositätsstabilisator *m*
viscosity-temperature chart Viskositäts-Temperatur-Blatt *n*, Viskositäts-Temperatur-Diagramm *n*
viscosity temperature constant Viskositäts-Temperatur-Konstante *f* {$VTC=1-V_{99,8}/V_{37,8}$}
viscosity temperature dependency Viskositäts-Temperatur-Verhalten *n*
viscosity-type of ga[u]ge Reibungsvakuummeter *n*
viscosity vacuum ga[u]ge Reibungsvakuummeter *n*
absolute viscosity absolute Viskosität *f*, dynamische Viskosität *f {in Pa·s}*
anomalous viscosity anomale Viskosität *f*, Sigma-Verhalten *n*
apparent viscosity scheinbare Viskosität *f*
correction for viscosity Viskositätskorrektur *f*
dynamic viscosity dynamische Viskosität *f*, absolute Viskosität *f {in Pa·s}*
having a constant viscosity viskositätsstabil
intrinsic viscosity Grenzviskosität *f*
kinematic viscosity kinematische Viskosität *f* {in m^2/s}
pseudo-viscosity thixotropes Verhalten *n*
relative viscosity relative Viskosität *f {Polymer}*
specific viscosity spezifische Viskosität *f {Polymer; relative Viskosität - 1}*

viscous dickflüssig, schwerflüssig, viskos, zäh, zähflüssig; klebrig, sirupartig
viscous bright dip dickflüssiges Glänzbad *n*, hochviskoses Glänzbad *n {Galvanik}*
viscous component plastischer Deformationsanteil *m*, plastischer Verformungsanteil *m*
viscous elasticity Viskoelastizität *f*
viscous fermentation Schleimgärung *f*
viscous flow Schlupfströmung *f*, Gleitströmung *f*, Reibungsströmung *f*, viskose Strömung *f*, viskoses Fließen *n*, plastisches Fließen *n*
viscous force Zähigkeitskraft *f*, Reibungskraft *f {der inneren Reibung}*
viscous friction Flüssigkeitsreibung *f*, schwimmende Reibung *f*, zähe Reibung *f*
viscous leak viskoses Leck *n*
viscous liquid viskose Flüssigkeit *f*
viscous material dickflüssiger Stoff *m*
viscous material evaporator Dickstoffverdampfer *m*
viscous matter pump Dickstoffpumpe *f*
viscous pour point viskoser Stockpunkt *m {Trib}*
viscous property Zähigkeitseigenschaft *f*
viscous solution viskose Lösung *f*, zähflüssige Lösung *f*
highly viscous hochviskos

viscousness Zähflüssigkeit *f*, Zähigkeit *f*, Viskosität *f*

vise *{US}* Aufspannblock *m*, Schraubstock *m*, Zwinge *f*

visibility 1. Sichtbarkeit *f {Wahrnehmbarkeit}*; 2. Sichtweite *f {Meteor}*

visible sichtbar, wahrnehmbar *{mit dem Auge}*; offensichtlich
visible absorption spectrophotometrie Lichtabsorptions-Spektrophotometrie *f*
visible indication Sichtanzeige *f*
visible spectrophotometrie Lichtspektrophotometrie *f {380 - 780 nm}*
visible side Sichtseite *f*
visible spectral range sichtbarer Bereich *m* des Spektrums, VIS-Bereich *m {400 - 780 nm}*
visible spectrum sichtbares Spektrum *n*
visible surface Sichtfläche *f*
visible to the naked eye mit dem bloßen Auge *n* wahrnehmbar
render visible/to sichtbar machen

vision 1. Sehen *n*; Sehvorgang *m*, Bilderkennung *f*; 2. Sehvermögen *n*; Sehleistung *f*; 3. Anblick *m*; Erscheinung *f*
vision panel Schauöffnung *f*
field of vision Sehfeld *n*

visiting foreign scientist Gastwissenschaftler *m*

Visitor's Day Tag *m* der offenen Tür

visnagin <$C_{13}H_{10}O_4$> Visnacorin *n*, Visnagin *n*

visual visuell, optisch; sichtbar, real; Sicht-, Seh-
visual aid 1. Anschauungsmittel *n*, Anschauungsmaterial *n*; 2. Sehhilfe *f*, optische Hilfe *f*
visual-aid model Anschauungsmodell *n*
visual check Sichtkontrolle *f*
visual colorimeter visuelles Kolorimeter *n*
visual control Sichtkontrolle *f*
visual display 1. Sichtanzeige *f*, optische Anzeige *f*; 2. Sichtgerät *n*
visual display unit 1. Datensichtgerät *n*, Bildsichtgerät *n*, Bildschirmgerät *n*, optische Anzeigeeinheit *f*; 2. Sichtanzeigegerät *n*, Sichtanzeige *f*, Terminal *n*, VDU *{EDV}*
visual evaluation visuelle Auswertung *f*
visual examination Sichtprüfung, visuelle Beurteilung *f*, optische Kontrolle *f*, Sichtkontrolle *f*
visual field Sehfeld *n*, Blickfeld *n*, Gesichtsfeld *n*
visual indication optische Anzeige *f*, Sichtanzeige *f*
visual indicator Anzeigeglas *n*

visual inspection *s.* visual examination
visual pigment Sehpigment *n {Physiol}*
visual point Blickpunkt *m {Opt}*
visual purple Sehpurpur *m*, Rhodopsin *n*
visual signal optische Meldung *f*, optisches Signal *n*, sichtbares Zeichen *n*, optisches Zeichen *n*
visual testing *s.* visual examination
visual warning signal optische Störanzeige *f*
visual yellow Sehgelb *n {Rhodopsin/Retinen-Zwischenprodukt}*
visualisation Sichtbarmachen *n*, Sichtbarmachung *f*
visualize/to sichtbar machen
vital lebensnotwendig, lebenswichtig; vital, lebenskräftig; zum Leben *n* gehörend; Lebens-, Vital-
vital stain Vitalfärbung *f*
vitality Vitalität *f*; Lebenskraft *f*, Lebensfähigkeit *f*; Keimkraft *f {Biol}*
Vitallium Vitallium *n {HN, Legierung mit 64 % Co, 30 % Cr und 3 % Mo}*
vitamin Vitamin *n*
vitamin A Vitamin A *n {eine Gruppe fettlöslicher Vitamine}*
vitamin A acid Retinsäure *f*, Vitamin-A-Säure *f*
vitamin A unit Vitamin-A-Einheit *f {300 ng all-trans-Retinol}*
vitamin A$_1$ <$C_{20}H_{30}O$> Vitamin A$_1$ *n {Triv}*, Retinol *n {IUPAC}*, Axerophthol *n*, Vitamin-A-Alkohol *m*
vitamin A$_2$ <$C_{20}H_{28}O$> Vitamin A$_2$ *n {Triv}*, Retinal *n {IUPAC}*, Vitamin-A-Aldehyd *m*, Gadol *n*, 3,4-Didehydroretinol *n*
vitamin B$_1$ <$C_{12}H_{16}N_4O_5$> Vitamin B$_1$ *n*, Thiamin *n {IUPAC}*, Aneurin *n {obs}*, aneuritisches Vitamin *n*
vitamin B$_2$ <$C_{17}H_{20}N_4O_6$> Vitamin B$_2$ *n {Triv}*, Riboflavin *n {IUPAC}*, Lactoflavin *n {obs}*
vitamin B$_2$ phosphate *s.* riboflavin-5'-phosphate
vitamin B$_6$ <$C_8H_{11}NO_3$> Vitamin B$_6$ *n {Triv}*, Pyridoxin *n*, Pyridoxamin *n*, Adermin *n {Triv}*, Pyridoxol *n {IUPAC}*
vitamin B$_{12}$ <$C_{63}H_{90}CoN_{14}O_{14}P$> Vitamin B$_{12}$ *n {Triv}*, Cyanocobalamin *n {IUPAC}*, Hydroxocobalamin *n*
vitamin C <$C_6H_8O_6$> Vitamin C *n {obs}*, Ascorbinsäure *f {IUPAC}*, antiscorbutisches Vitamin *n {obs}*
vitamin D Vitamin D *n {Triv}*, Calciferol *n {eine Gruppe antirachitischer Vitamine}*
vitamin D unit Vitamin-D-Einheit *f {25 ng Cholecalciferol}*
vitamin D$_1$ Vitamin D$_1$ *{Triv; Gemisch von Vitamin D$_2$ und Sterolen}*
vitamin D$_2$ <$C_{28}H_{44}O$> Vitamin D$_2$ *n {IUPAC}*, Ergocalciferol *n {IUPAC}*, antirachitisches Vitamin *n {obs}*
vitamin D$_3$ <$C_{27}H_{44}O$> Vitamin D$_3$ *n {Triv}*, Cholecalciferol *n {IUPAC}*, antirachitisches Vitamin *n {obs}*
vitamin D$_4$ <$C_{28}H_{46}O$> Vitamin D$_4$ *n {Triv}*, Dihydrotachystyrol *n*, 22,23-Dihydroergocalciferol *n*
vitamin deficiency Vitaminmangel *m*
vitamin deficiency disease Vitaminmangelkrankheit *f*, Hypovitaminose *f*; Avitaminose *f {völliges Fehlen von Vitaminen}*
vitamin E <$C_{29}H_{50}O_2$> α-Tocopherol *n {IUPAC}*, Vitamin E *n {Triv}*, Antisterilitätsvitamin *n {obs}*
vitamin E unit Vitamin-E-Einheit *f {1 mg - Tocopherolacetat}*
vitamin enrichment Vitaminierung *f*
vitamin H Vitamin H *n {obs}*, Biotin *n {IUPAC}*
vitamin K Vitamin K *n {eine Gruppe fettlöslicher antihämorrhagischer Vitamine}*
vitamin K$_1$ <$C_{31}H_{46}O_2$> Vitamin K$_1$ *n {Triv}*, Phyllochinon *n {IUPAC}*, antihämorrhagisches Vitamin *n {obs}*, Phyto[me]nadion *n*, 3-Phytylmenadion *n*
vitamin K$_2$ Multiprenylmenachinone *npl*, Vitamin K$_2$ *n {Sammelname}*
vitamin precursor Provitamin *n*, Vitaminvorstufe *f*
vitamin unit Vitamineinheit *f*
fat-soluble vitamin fettlösliches Vitamin *n*
rich in vitamins vitaminreich
water-soluble vitamin wasserlösliches Vitamin *n*
vitaminize/to vitaminisieren, vitaminieren, mit Vitaminen *npl* anreichern *{Lebensmittel}*
vitaminology Vitaminkunde *f*
vitellin Vitellin *n {Phosphorproteid}*
vitelline dotterfarben; Dotter-, Eigelb-
vitexine <$C_{21}H_{20}O_{10}$> Saponaretin *n*, Vitexin *n*
vitiate/to verunreinigen; verderben; ungültig machen
vitiatine <$C_5H_{14}N_6$> Vitiatin *n*
vitiation Verseuchung *f*, Verunreinigung *f*; Verderb *m*, Verderben *n*
viticulture Weinbau *m*
vitrain Vitrit *m*, Glanzkohle *f {DIN 22005}*
vitreoelectric positiv elektrisch, glaselektrisch
vitreosity Glasartigkeit *f*, glasartige Beschaffenheit *f*
vitreous gläsern, aus Glas *n*; glasartig, glasig; Glas-
vitreous china Vitreous China *n {Halbporzellan}*
vitreous copper[ore] Redruthit *m {obs}*, α-Chalkosin *m {Min}*
vitreous electricity Glaselektrizität *f*

vitreous enamel Email *n*, Emaille *f*, Schmelzemail *n*, Glasemail *n*
vitreous enamel finish *{BS 3831}* Schmelzemailüberzug *m*, Schmelzemailbeschichtung *f*
vitreous humor Kristallfeuchtigkeit *f*
vitreous lustre Glasglanz *m {Min}*
vitreous phase Glasphase *f*, glasige Phase *f*
vitreous porcelain Glasporzellan *n*
vitreous sand Glassand *m*
vitreous silica Quarzgut *n*, durchsichtiges Kieselglas *n {unreines Quarzglas}*
vitreous silver Silberglaserz *n*, Akanthit *m*, Argentit *m {Min}*
vitreous state Glaszustand *m*, Glasphase *f*, glasiger Zustand *m*, glasartiger Zustand *m*
vitreousness glasartige Beschaffenheit *f*, Glasartigkeit *f*
vitrifiable colo[u]r Schmelzfarbe *f*, Emailfarbe *f*, Glasfarbe *f*
vitrifiable earth Glaserde *f*
vitrifiable pigments Schmelzfarben *fpl*, Glasfarben *fpl*, Emailfarben *fpl*
vitrification 1. Glasumwandlung *f*, Gamma-Umwandlung *f*, Umwandlung *f* zweiter Ordnung *{Chem}*; 2. Verglasung *f {Glasigwerden}*, Glasierung *f {Keramik}*, Klinkerung *f {von Ziegeln}*; 3. Frittung *f*, oberflächliche Anschmelzung *f {Geol}*; 4. Verglasung *f*, Glasverfestigung *f*, Vitrifikation *f*, Sinterung *f*
vitrified bond glasartige Bindung *f*
vitrified-clay pipe Steinzeugrohr *n*, Grobsteinzeugrohr *n*
vitrified grinding wheel verglaste Schleifscheibe *f*
vitriform glasartig
vitrify/to dicht brennen *{Ziegel}*, glasieren *{Keramik}*; glasig (dicht) sintern, verglasen, vitrifizieren
vitrinite Vitrinit *m {Steinkohlemaceral, DIN 22020}*
vitriol/to mit Schwefelsäure behandeln; mit Schwefelsäure *f* beizen *{Met}*
vitriol 1. Schwefelsäure *f*; 2. Vitriol *n {obs, lösliches M"SO₄}*
vitriol of copper <$CuSO_4 \cdot 5H_2O$> blaues Vitriol *n*
blue vitriol *s.* vitriol of copper
containing vitriol vitriolhaltig
green vitriol <$FeSO_4 \cdot 7H_2O$> grünes Vitriol *n*
oil of vitriol *s.* sulfuric acid
red vitriol <$CoSO_4 \cdot 7H_2O$> Cobalt(II)-sulfatheptahydrat *n*
rose vitriol *s.* red vitriol
solution of vitriol Vitriollösung *f*
white vitriol <$ZnSO_4 \cdot 7H_2O$> weißes Vitriol *n*, Zinksulfat *n*, Zinkvitriol *n*; Goslarit *m*
vitriolate/to vitriolisieren
vitriolation Vitriolbildung *f*
vitriolic vitriolartig, vitriolhaltig
vitriolic lye Vitriollauge *f*
vitriolic ore Vitriolerz *n {Min}*
vitriolize/to vitriolisieren
vivacity Lebhaftigkeit *f*
vivianite Vivianit *m*, Blaueisenerz *n {obs}*, Blaueisenerde *f*, Eisenblauerz *n {Min}*
vivid glänzend, strahlend, leuchtend; lebhaft
vivification Belebung *f*
vivify/to beleben
vocational Berufs-
vocational association Berufsverband *m*
Vogel-Ossag viscometer Vogel-Ossag-Viskosimeter *n*
voglite Voglit *m {Min}*
void/to leeren, entleeren; ausscheiden *{Med}*
void 1. leer; unausgefüllt; nichtig, ungültig; 2. Hohlraum *m*, Kammer *f*, Blase *f*; Vakuole *f {Zellplasma}*; Lunker *m {Hohlraum in Gußstükken}*; Pore *f {Fehler beim Sintern}*; 3. Fehlstelle *f {z.B. in einer Schutzschicht}*; 4. Leere *f*, Lücke *f*; Fehlstelle *f*, Zeichenfehlstelle *f {EDV}*; 5. Void *n {Met, Nukl}*
void content *s.* void fraction
void fraction 1. Leervolumenanteil *m*, Luftporenanteil *m*, relatives Porenvolumen *n*; 2. Porenvolumen *n*, Hohlraumanteil *m*, Lückengrad *m*
void-free hohlraumfrei *{z.B. vakuolen-, lunker-, blasen-, porenfrei}*; fehlstellenfrei
void-free preform blasenfeier Rohling *m {Glasfaser}*
void ratio *s.* void fraction
void space Hohlraum *m*, Lückenraum *m*
void volume Hohlraumvolumen *n*, Porenvolumen *n*; Zwischenkornvolumen *n*, Lükken[raum]volumen *n {Schüttgut}*
voidage relatives Porenvolumen *n*, relativer Porenraum *m*, Porosität *f*, Hohlraumanteil *m*
voidage distribution Hohlraumverteilung *f*
voidless lückenlos
volatile 1. [leicht] flüchtig, leichtverdampfend, etherisch *{rasch verdunstend}*; 2. energieabhängig, flüchtig *{verschwindend bei Netzausfall}*, volatil, nichtpermanent *{EDV}*
volatile alkali Ammoniak *n*
volatile by aqueous vapo[u]r wasserdampfflüchtig
volatile constituent flüchtiger Bestandteil *m*, flüchtige Komponente *f*
volatile content Geahlt *m* an Flüchtigem, Gehalt *m* an flüchtigen Bestandteilen, Gehalt *m* an flüchtigen Substanzen
volatile fatty acid number VFA-ZAhl *f {in mg KOH/g Latex}*
volatile fission product flüchtiges Spaltprodukt *n {Nukl}*
volatile in steam dampfflüchtig
volatile laurel oil Lorbeeröl *n*

volatile loss Verdampfungsverlust *m*
volatile matter flüchtiger Stoff *m*, flüchtige Substanz *f*, flüchtiger Bestandteil *m*, Verflüchtungsanteil *m*; Gehalt *m* an flüchtigen Bestandteilen, Gehalt *m* an flüchtigen Stoffen, Gehalt *m* an flüchtigen Substanzen, Gehalt *m* an Flüchtigem, Flüchtiges *n* *{Erhitzen auf 1200 K für 40 min}*
volatile oil flüchtiges Öl *n*, etherisches Öl *n*, nichtfettendes Öl *n*
volatile solvent flüchtiges Lösemittel *n*
volatile substance *s.* volatile matter
highly volatile hochflüchtig
not volatile schwerflüchtig
readily volatile leichtflüchtig
volatileness Flüchtigkeit *f*
volatiles *s.* volatile matter
volatility Flüchtigkeit *f*
volatility in steam Wasserdampfflüchtigkeit *f*
volatility product Flüchtigkeitsprodukt *n*, Fugazitätskonstante *f* *{Thermo}*
volatility specifications Flüchtigkeitsmerkmale *npl* *{z.B. Verdampfungsindex}*
volatility test apparatus Verdampfungsprüfer *m*
low volatility Schwerflüchtigkeit *f*
volatilization apparatus Verdunstungsapparat *m*, Verflüchtigungsapparat *m*
volatilization of the anode Anodenverdampfung *f*
volatilization [process] Verflüchtigung *f*, Verdampfungsvorgang *m*, Verdampfung *f*, Verdunstung *f* *{unterhalb des normalen Siedepunktes}*; Vergasung *f*
volatilization roasting Verdampfungsröstung *f*
volatilization temperature Verdampfungstemperatur *f*
volatilize/to [sich] verflüchtigen; verdampfen, abdampfen, verdunsten *{unter dem normalen Siedepunkt}*; vergasen
volatilized getter Verdampfungsgetter *m*
volborthite Volborthit *m*, Usbeskit *m* *{Min}*
volcanic vulkanisch; Vulkan-
volcanic ash[es] Lavaguß *m*, vulkanische Asche *f* *{Geol}*
volcanic gases vulkanische Gase *npl*
volcanic glass Glaslava *f*, vulkanisches Glas *n* *{vulkanische Schmelzprodukte}*
volcanic glass rock Obsidian *m* *{Min}*
volcanic rocks Auswurfgestein *n*, vulkanische Gesteine *npl*, Vulkanite *mpl*
volcanic schorl Vulkanschörl *m*
volcanic tuff Traß *m*, vulkanischer Tuff *m*
volcano Vulkan *m*
volcanology Vulkanologie *f*
volemite *s.* volemitol
volemitol **<$HOCH_2(CHOH)_5CH_2OH$>** Volemit *m*, α-Sedoheptitol *m* *{D-Glycero-D-mamo-Heptitol}*
Volhard [volumetric] method Endpunkt[s]bestimmung *f* nach Volhard *{Halogene mittels 0,1 N KCNS}*
volt Volt *n* *{abgeleitete SI-Einheit der elektrischen Spannung}*
volt-ampere Voltampere *n*, Scheinleistung *f* *{in W}*
volt-ampere characteristic Strom-Spannung-Charakteristik *f*, Strom-Spannung-Kennlinie *f*
volt second Voltsekunde *f*, Weber *n* *{abgeleitete SI-Einheit des magnetischeen Flusses}*
electron volt Elektronenvolt *n* *{atomare Energieeinheit, 1 eV = 0,16021892 aJ}*
international volt internationales Volt *n* *{obs, 1 mittleres V_I = 1,00034 V; 1 US-V_I = 1,00033 V}*
volta series *s.* electromotive series
voltage [elektrische] Spannung *f* *{in V}*
voltage breakdown Zusammenbruch *m* der Spannung, Spannungszusammenbruch *m*
voltage characteristic Spannungscharakteristik *f*
voltage collaps *s.* voltage breakdown
voltage compensation Spannungsausgleich *m*, Spannungskompensation *f* *{Elek}*
voltage compensator Spannungskompensator *m*
voltage converter Spannungswandler *m*
voltage curve Spannungskurve *f*
voltage decrease Spannungserniedrigung *f*
voltage-dependent Ca selective channel spannungsabhängiger Calciumkanal *m* *{Physiol}*
voltage difference Spannungsdifferenz *f*, Spannungsunterschied *m*, Potentialdifferenz *f*, Potentialunterschied *m*
voltage divider Spannungsteiler *m*
voltage drop Spannungsabfall *m*, Potentialabfall *m*, Spannungsgefälle *n*, Spannungsverlust *m*
voltage fluctuation Spannungsschwankung *f* *{als Folge von Spannungsänderungen}*
voltage-gated ion channel spannungsbetätigter Ionenkanal *m* *{Nervenzellen}*
voltage-gated calcium channel spannungskontrollierter Calciumkanal *m* *{Physiol}*
voltage gradient Spannungsgefälle *n* je Längeneinheit, Potentialgradient *m*, Potentialgefälle *n* je Längeneinheit, Spannungsgradient *m* *{in V/m}*
voltage increase Spannungserhöhung *f*, Potentialzunahme *f*
voltage indicator Spannungsprüfer *m*, Spannungsanzeigegerät *n* *{Elek}*
voltage jump Spannungssprung *m*
voltage level Spannungsniveau *n*, Spannungshöhe *f*; Spannungsebene *f* *{in V}*

voltage multiplier 1. Vorwiderstand *m*, Vorschaltwiderstand *m {Erweiterung des Spannungsmeßbereichs}*; 2. Spannungsvervielfacher *m*
voltage nodal point Spannungsknotenpunkt *m*
voltage on a surface Oberflächenspannung *f {Elek}*
voltage peak Spannungsspitze *f*, Potentialspitze *f*
voltage pulse Spannungsimpuls *m*
voltage regulation Spannungsregelung *f*
voltage regulator *s.* voltage stabilizer
voltage source Spannungsquelle *f*
voltage stabilizer Stabilisator *m*, Spannungsstabilisator *m*, Spannungskonstanthalter *m {Elek}*
voltage surge Spannungsstoß *m*
voltage surge filter Überspannungsfilter *n*
voltage test Spannungskontrolle *f*
voltage tester Spannungsprüfer *m*
voltage to neutral Sternspannung *f*, Phasenspannung *f* gegen Nulleiter, Strangspannung *f {Elek}*
voltage transformer Spannungswandler *m*, Spannungstransformator *m {Instr}*
voltage unit Spannungseinheit *f {Elek}*
voltage variation Spannungsschwankung *f*
voltage vector Spannungsvektor *m*
active voltage Wirkspannung *f {Elek}*
additional voltage Zusatzspannung *f*
alternating current voltage Wechselspannung *f {Elek}*
continuous current voltage Gleichspannung *f {Elek}*
depending on the voltage spannungsabhängig
excessive voltage Überspannung *f {Elek}*
excess of voltage Spannungsüberschuß *m*
sudden voltage difference Spannungssprung *m*
voltaic voltaisch; galvanisch
voltaic battery Volta-Batterie *f*
voltaic cell galvanisches Element *n*, Volta-Element *n*, galvanische Zelle *f*
voltaic element *s.* voltaic cell
voltaism Galvanismus *m*
voltaite Pettkoit *m*, Voltait *m {Min}*
voltameter Voltameter *n*, Coulometer *n {Elek}*
voltammeter Voltamperemeter *n*, VA-Meter *n*, Scheinleistungsmesser *m {Elek}*
voltammetric voltammetrisch
voltammogram voltammetrische Kurve *f {Anal}*
voltmeter [elektrischer] Spannungsmesser *m*, Voltmeter *n*
electrostatic voltmeter elektrostatisches Voltmeter *n*
thermionic voltmeter elektronisches Voltmeter *n*
voltol Voltol *n*
voltolization Voltolisieren *n {Trib}*
voltolization apparatus Voltolisierungsapparat *m {Fett}*
voltzine Voltzin *m {Min}*
volume 1. Band *m {Buch}*; 2. Fassungsraum *m*, Inhalt *m*; 3. Raum *m*, Rauminhalt *m*, Raumteil *m*, Volumen *n {pl. Volumina}*; 4. Menge *f*; 5. Datenträger *m {EDV}*; 6. Lautstärke *f*, Klangvolumen *n*
volume change Volumenänderung *f*
volume collision rate volumenbezogene Stoßrate *f*, Volumenstoßrate *f {in* $m^{-3}\cdot s^{-1}$*}*
volume concentration Volumenkonzentration *f {in* mol/m^3 *oder* kg/m^3*}*
volume content Volumenanteil *m*, Volumengehalt *m {in* m^3/kg*}*
volume contraction Volumenkontraktion *f*, Volumenverminderung *f*
volume control 1. Mengenregelung *f*, Volumendurchflußregelung *f*; 2. Mengenregler *m*; 3. Lautstärkenregler *m {Akustik}*
volume control surge tank Volumenausgleichsbehälter *m*, Puffertank *m*
volume control unit Volumenstromregler *m*, Volumensteuerung *f*
volume counter Mengenzählgerät *n*, Mengenzähler *m*
volume decrease Volumenabnahme *f*, Volumen[ver]minderung *f*
volume density Volumendichte *f*
volume density of charge Raumladungsdichte *f*, Ladungsdichte *f {in* C/m^3*}*
volume diameter Volumendurchmesser *m*
volume dilatometry Volumenausdehnungsmessung *f*
volume dose *s.* integral dose
volume effect Volumeneffekt *m*
volume energy Volumenenergie *f*
volume expansion Volumen[aus]dehnung *f*, Volumendilatation *f*
volume expansion coefficient [thermischer] Volumenausdehnungskoeffizient *m {in* K^{-1}*}*
volume flow Volumendurchfluß *m*, Volumenstrom *m*, Förderstrom *m*
volume flowrate 1. Volumenstrom *m*, Volumendurchsatz *m*, Volumendurchfluß *m {in* m^3/s*}*; 2. Schallfluß *m*, Volumengeschwindigkeit *f {Akustik}*
volume flowrate profile Volumenstromprofil *n*, Volumendurchsatzprofil *n*, Volumendurchflußprofil *n*
volume fraction Volumenbruch *m*, Volumenanteil *m*, Volumengehalt *m {in %}*
volume ga[u]ge Volumenmeßgerät *n*
volume governor Mengenregler *m*
volume increase Volumenvergrößerung *f*, Volumenzunahme *f*, Volumenerhöhung *f*
volume indicator Lautstärkemesser *m*, Volumenmesser *m*, Aussteuerungsmesser *m {Akustik}*
volume integral Volumenintegral *n*, Raumintegral *n {Math}*

volume ionization Volumenionisierung *f*
volume of business Geschäftsvolumen *n*
volume of gram molecule of a gas Volumen *n* eines Grammoleküls eines Gases
volume percent Volumenanteil *m*, Volumenprozent *n*
volume percent content Volum[en]prozentgehalt *m*
volume percentage Volumenprozentzahl *f*, Volum[en]prozent *n*, Vol.- %
volume-ratio calibration system volumetrisches Kalibriersystem *n {Vak}*
volume recorder Mengenschreiber *m {Instr}*
volume reduction Volumenverkleinerung *f*, Volumenverminderung *f*
volume resistance Volumenwiderstand *m*, Durchgangswiderstand *m {Elek}*
volume resistivity spezifischer Durchgangswiderstand *m*, spezifischer Volumenwiderstand *m*
volume shrinkage Volumenkontraktion *f*, Volumenschrumpfung *f*, Volumenschwindung *f*, räumliche Schwindung *f*
volume-space velocity Raum-Volumen-Geschwindigkeit *f*
volume split ratio Volumenteilungsverhältnis *n*
volume strain relative Volumenänderung *f*
volume susceptibility Volumensuszeptibilität *f*
volume throughput Volumendurchsatz *m*, volumetrischer Durchsatz *m*
volume transport rate räumliche Transportrate *f*
volume turnover Umsatzvolumen *n*
volume variation Volumenschwankung *f*
volume velocity *s.* volume flowrate 2.
volume viscosity Volumenviskosität *f {DIN 13342}*
atomic volume Atomvolumen *n*, atomares Volumen *n*
change of volume Volumenänderung *f*
co-volume Kovolumen *n {Thermo}*
critical volume kritisches Volumen *n*
decrease in volume Volumenverminderung *f*
excess volume Überschußvolumen *n*
having the same volume volumengleich
incompressible volume inkompressibles Volumen *n*
molar volume molares Volumen *n {Molekulargewicht/Dichte}*
specific volume spezifisches Volumen *n {in m^3/kg}*
standard volume Normalvolumen *n {1 mol Gas bei 0 °C/101325 Pa = 22,4138 L}*

volumenometer Volumenmesser *m*, Volumenometer *n*, Durchflußmesser *m {Feststoffe}*, Stereometer *n*

volumescope Volumenanzeiger *m*

volumeter Volumeter *n*, Durchflußmesser *m*, Volumenmesser *m {Gase, Flüssigkeiten}*

volumetric volumetrisch; trimetrisch, maßanalytisch *{Chem}*; Volumen-; Titrations-
volumetric ammonium thiocyanate method *{BS 3338}* volumetrisches Ammoniumthiocyanatverfahren *n {Ag-Bestimmung}*
volumetric analysis Maßanalyse *f*, volumetrische Analyse *f*, Titrimetrie *f*, Titrieranalyse *f*
volumetric apparatus Titrierapparat *m*
volumetric capacity Fassungsvermögen *n*, Rauminhalt *m*; volumetrische Förderleistung *f {Vak}*
volumetric chromate method *{ISO 2083}* volumetrisches Chromatverfahren *n {Pb-Bestimmung}*
volumetric decrease Volumenabnahme *f*, Volumenverminderung *f {dV/dp}*
volumetric displacement Hubvolumen *n*, Schöpfvolumen *n {Vak}*
volumetric displacement method Bürettenmethode *f {Vak}*
volumetric efficiency 1. volumetrischer Wirkungsgrad *m {Pumpe}*; 2. Füllungsgrad *m*
volumetric expansion Volumenexpansion *f*, Volumenausdehnung *f*
volumetric expansion coefficient Volumenausdehnungskoeffizient *m*
volumetric extrusion rate Volumendurchsatz *m*
volumetric factor Faktor *m {Maßanalyse}*
volumetric feeder Volumendosiervorrichtung *f*, Volumendosieraggregat *n*, dosierende Beschickungseinrichtung *f*
volumetric feeding Volumendosierung *f*
volumetric flask Meßkolben *m*, Maßkolben *m*, Meßflasche *f {Lab}*
volumetric flow[rate] volumetrischer Durchsatz *m*, Volumendurchsatz *m*, Volumenstrom *m*, Volumendurchfluß *m {in m^3/s}*
volumetric gas flow meter Gasvolumendurchflußmesser *m*, Gasvolumendurchflußzähler *m*, Gasvolumenzähler *m*
volumetric gas meter Gasvolumenmesser *m*, Gasvolumenzähler *m*
volumetric glassware *{ISO 384}* maßanalytische Laborgeräte *npl*, volumetrische Laborgeräte *npl*
volumetric measurement *{ISO 2714}* volumetrische Messung *f*, maßanalytische Messung *f*
volumetric percentage Volum[en]prozentgehalt *m*
volumetric pipet[te] Vollpipette *f {Anal}*
volumetric precipitation analysis Fällungsanalyse *f*, Fällungstitration *f*
volumetric proportions in mixtures Mischungsvolumen *n*
volumetric solution Titrierlösung *f*, maßanalytische Lösung *f*, Titer *m*

volumetric thermal analysis thermovolumetrische Analyse *f*, thermotitrimetrische Analyse *f*
volumetric thermoanalysis thermovolumetrische Analyse *f*, thermotitrimetrische Analyse *f*
volumetric water determination apparatus Wasserbestimmungsapparat *m {Lab}*
volumetric weight Raumgewicht *n*, Wichte *f*, spezifisches Gewicht *n {kg/m³}*
voluminous umfangreich, voluminös
voluntal <$C_3H_4Cl_3NO_2$> Voluntal *n*, Trichlorethylurethan *n*, 2,2,2-Trichlorethylcarbamat *n*
voluntary absichtlich; freiwillig; willkürlich *{Med}*; frei, privat unterhalten; Stiftungs-
volute 1. Schnecke *f*, Spirale *f*; Volute *f*; 2. Spiralgehäuse *n {Kreiselpumpe}*
volute compasses Spiralenzirkel *m*
volute spring Spiralfeder *f*, Wickelfeder *f*, Schraubenfeder *f*
vortex Strudel *m*, Wirbel *m*, Spirale *f*, Vortex *m*
vortex burner Wirbel[strom]brenner *m*
vortex classifier Drehströmungsentstauber *m*
vortex crystallizer Wirbelkristallisator *m*
vortex dryer Wirbeltrockner *m*
vortex filament Wirbelfaden *m {Phys}*
vortex finder Wirbelsucher *m*, Tauchrohr *n*
vortex flow Wirbelströmung *f*
vortex furnace Wirbel[schicht]feuerung *f*
vortex precession flowmeter Wirbeldurchflußmesser *m*
vortex separator Wirbeltrenner *m*
vortex-shedding frequency Wirbelablösefrequenz *f*
vortex-shedding meter Wirbelablösungsdurchflußmesser *m*
vortex-sifter Wirbelsichter *m*
vortex tube Wirbelrohr *f {Kältetechnik}*
vortex-type separator Wirbelsichter *m*
vortical flow Wirbelströmung *f*
vorticellae Glockentierchen *npl*
vorticity 1. Wirbelbewegung *f*, Wirbelströmung *f*; 2. Vorticity *f*
vorticity potential Wirbelwert *m*
vorticity tensor Drehgeschwindigkeitstensor *m*
vorticose collector Wirbelabscheider *m*
vouch for/to sich verbürgen für; bürgen für
vulcanite 1. Ebonit *n*, Hartgummi *n*, Hartkautschuk *m*; 2. Vulkanit *n*, vulkanisches Gestein *n*, Ergußgestein *n {oberflächenertstarrte Magma}*
vulcanizable vulkanisierbar
vulcanizate Vulkanisat *n*, vulkanisierter Kautschuk *m*
cold vulcanizate Kaltvulkanisat *n*
vulcanization Vulkanisation *f*, Vulkanisierung *f*, Vernetzung *f {Gummi}*
vulcanization accelerator Vulkanisationsbeschleuniger *m*
vulcanization autoclave Vulkanisierautoklav *m*
vulcanization coefficient Vulkanisationsgrad *m*, Vulkanisationskoeffizient *m*
vulcanization rate Vulkanisiergeschwindigkeit *f*, Heizgeschwindigkeit *f {Gummi}*
vulcanization temperature Vulkanisationstemperatur *f*, Heiztemperatur *f {Gummi}*
vulcanization time Vulkanisationszeit *f*, Heizzeit *f*, Gesamtheizzeit *f*, Ausvulkanisationszeit *f {Gummi}*
vulcanization tub Vulkanisationswanne *f*
vulcanize/to vulkanisieren *{Chem}*
vulcanize on/to aufvulkanisieren
vulcanized vulkanisiert
vulcanized fiber Vulkanfiber *f*, VF
vulcanized product Vulkanisat *n*, vulkanisiertes Produkt *n*
vulcanized rubber vulkanisierter Kautschuk *m*, Kautschukvulkanisat *n*, Gummi *m n*
cold vulcanized product Kaltvulkanisat *n*
vulcanizer Vulkanisator *m*, Vulkanisierapparat *m*, Vulkanisierkessel *m*
vulcanizing vulkanisierend; Vulkanisier-, Vulkanisations-
vulcanizing agent Vulkanisationsbeschleuniger *m*, Vulkanisationsmittel *n*, Vulkanisiermittel *n*, Vulkanisationskatalysator *m*, Vernetzer *m*
vulcanizing apparatus *s.* vulcanizer
vulcanizing boiler Vulkanisierkessel *m*, Vulkanisationskessel *m*
vulcanizing characteristics Vulkanisierverhalten *n*
vulcanizing conditions Vulkanisationsbedingungen *fpl*
vulcanizing kettle *s.* vulcanizer
vulcanizing mo[u]ld Vulkanisierform *f*
vulcanizing oven Vulkanisierofen *m*, Vulkanisationsofen *m*
vulcanizing press Vulkanisierpresse *f*
vulcanizing rate Vulkanisationsgeschwindigkeit *f*
vulcanizing reaction Vulkanisationsreaktion *f*
vulcanizing temperature *s.* vulcanization temperature
vulcanizing time *s.* vulcanization time
vulgar gewöhnlich; verbreitet; gemein, grob, vulgär
vulnerable 1. störungsanfällig, anfällig, verletzbar, verwundbar *{z.B. ein System}*; sicherheitsempfindlich *{Tech}*; 2. angreifbar *{z.B. durch Substituenten; Chem}*
vulnerable to sabotage sabotageanfällig, sabotageempfindlich
vulpinic acid <$C_{19}H_{14}O_5$> Vulpinsäure *f*, Chrysopikrin *n*, Pulvinsäuremethylester *m*
vulpinite Vulpinit *m {Min}*
vuzine <$C_{27}H_{40}N_2O_2$> Vuzin *n*, Isooctylhydrocuprein *n*

W

wacke Wacke *f {Geol}*
Wacker process Wacker-Verfahren *n {C_2H_4-Oxidation zu Aldehyd mittels $PdCl_2/CaCl_2$}*
Wackenroder's solution Wackenrodersche Flüssigkeit *f {Polythionsäuren-Gemisch}*
wad 1. Wad *n*, Hydro-Manganit *m*, Hydro-Pyrolusit *m*; 2. Pfropfen *m*, Stöpsel *m*; 3. Stoß *m*, Paket *n {Pap}*; 4. Innengrat *m {Tech}*
wad of cotton Wattebausch *m*
wadding 1. Zellstoffwatte *f*, Watte *f {Med}*; 2. Wattierung *f*, Schutzpolster *n*, Stoßschutz *m*; 3. Watteline *f {Text}*
high-bulk wadding Füllvlies *n*
high-soft wadding Füllvlies *n*
Wadsworth mounting Wadsworth-Aufstellung *f*, Wadsworth-Anordnung *f {Monochromator}*
wafer 1. Waffel *f*; Oblate *f {Lebensmittel}*; 2. Wafer *m*, Halbleiterscheibchen *n*, Slice *n {Elektronik}*; 3. Schaltebene *f {Elek}*
wage Lohn *m*
wage earner Lohnempfänger *m*
wage-intensive lohnintensiv
wage per piece Stücklohn *m*
wages and salaries Personalkosten *pl*, Personalaufwand *m*
wagnerite Pleuroklas *m {obs}*, Wagnerit *m {Min}*
Wagner-Meerwein rearrangement Wagner-Meerwein-Umlagerung *f {Chem}*
wagon *{US}* 1. [offener] Güterwagen *m {Eisenbahn}*; 2. Lastwagen *m*, Lieferwagen *m*, Transporter *m {Auto}*
wagon balance Gleiswaage *f*
wagon tipper Wagenkipper *m*, Waggonkipper *m*
waggon *{GB}* *s.* wagon *{US}*
wake 1. Nachlauf *m*, Nachstrom *m*, Rückstrom *m*, Totwasser *n {Phys}*; 2. Kielwasser *n*, Schraubenwasser *n {Schiff}*; Sog *m {Schiff}*; 3. Nachströmung *f*, Nachstrom *m*, Wirbelschleppe *f {Aero}*
Walden inversion Waldensche Umkehrung *f*, Waldensche Inversion *f*, Konfigurationswechsel *m {Stereochem}*
walking-beam furnace Hubbalkenofen *m*, Balkenherdofen *m*, Schrittmacherofen *m*
wall 1. Mauer *f*, Wand *f*; Wall *m*; 2. Wandung *f*, Wand *f*, Mantel *m {Gefäß}*; 3. Nebengestein *n {Geol}*; 4. Stoß *m {Bergbau}*
wall-adhering wandhaftend
wall adhesion Wandhaftung *f*
wall catalysis Wandkatalyse *f*
wall charge Wandladung *f*
wall charge density Wandladungsdichte *f*
wall-collision Wandstoß *m*, Stoß *m* mit der Gefäßwand *{Kettenreaktion}*
wall covering Wandbelag *m*, Wandbehang *m*, Wandbekleidung *f {DIN 16860}*
wall cupboard Hängeschrank *m*, Oberschrank *m {Lab}*
wall effect Wandeffekt *m*, Wandeinfluß *m {Rheologie}*
wall energy Wandenergie *f {Krist}*
wall friction Wandreibung *f*
wall interaction Wandeinfluß *m*
wall-mounted wandmontiert, wandhängend; Wand-
wall-mounted hose reel Wandschlauch *m*
wall paint Wandfarbe *f*
wall panelling Wandbekleidung *f*, Wandtäfelung *f*
wall pellitory Mauerkraut *n {Bot}*
wall plaster Verputz *m*
wall plug 1. Steckdose *f*, Steckkontakt *m {in einer Wandung}*; 2. Wandstecker *m*, Stecker *m {für Wandsteckdose}*
wall recombination Wandrekombination *f*
wall saltpeter Mauersalpeter *m*
wall-stabilized arc wandstabilisierter Bogen *m*
wall surfacer Wandspachtelmasse *f*
wall temperature Wandtemperatur *f*
wall thickness Wanddicke *f*, Mauerdicke *f*, Wandstärke *f*, Mauerstärke *f*
wall tile 1. Wandplatte *f {Wandbelag}*; Wandkachel *f*, Wandfliese *f*; 2. Verblendstein *m*, Verblender *m*
wall trimming Wanddurchbruch *m*
wall tube Durchführungsrohr *n*
wallpaper Tapete *f*
wallpaper adhesive Tapetenkleister *m*
walnut 1. Walnußbaum *m*, Wallnuß *f {Juglans regia L.}*; 2. Nußbaumholz *n*
walnut oil Nußöl *n*, Walnußöl *n*
walnut shell flour Walnußschalenmehl *n {zum Entgraten von Preßformteilen}*
walpurgit Walpurgin *m*, Waltherit *m {Min}*
waltherite Waltherit *m*, Walpurgin *m {Min}*
wapplerite Wapplerit *m {Min}*
war material industry Rüstungsindustrie *f*
wardite Wardit *m*, Soumansit *m {Min}*
ware 1. Ware *f*, Geschirr *n {Keramik}*; 2. Ware *f*
brown ware braunes Steingut *n*
warehouse/to lagern, einlagern, speichern, aufbewahren, magazinieren, stapeln, auflagern
warehouse Lagerhaus *n*, Lager *n*, Lagergebäude *n*, Speicher *m*, Lagerhalle *f*
flow warehouse Durchlauflager *n*
high-bay warehouse Hochregallager *n*
high-rack warehouse Hochregallager *n*
transit warehouse Durchlauflager *n*
warehousing 1. Lagerhaltung *f*; 2. Lagern *n*, Lagerung *f*, Aufbewahrung *f*, Einlagerung *f*

warfare gas Gaskampfstoff *m*, Kampfgas *n*, chemischer Kampfstoff *m*
warfarin Warfarin *n {ein Rodentizid}*
warfarin sodium Warfarinnatrium *n*
warm/to wärmen, erwärmen, anwärmen; vorwärmen; [be]heizen
warm gently/to mäßig erwärmen
warm on/to erwärmen, erhitzen, anwärmen
warm thoroughly/to durchwärmen
warm up/to aufwärmen
warm warm; frisch; Warm-
warm air Warmluft *f*
warm bleach[ing] Warmbleiche *f*, warme Bleiche *f*
warm-setting adhesive warmhärtender Klebstoff *m*, warmabbindender Klebstoff *m*
warm spreading warmes Auftragen *n {Klebstoff}*
warming 1. Wärmen *n*, Erwärmung *f*, Aufwärmung *f*; 2. Vorwärmen *n*; 3. Heizen *n*, Beheizen *n*, Beheizung *f*
warming chamber Wärmekammer *f {Lab}*
warming mill Vorwärmwalzwerk *n {Kunst, Gummi}*
warming plate Heizplatte *f {Lab}*
warming up Anwärmen *n*, Erwärmung *f*, Aufwärmung *f {Erhöhung der Temperatur}*
warming-up mill Vorwärmwalzwerk *n {Kunst, Gummi}*
warming-up period *s.* warming-up time
warming-up time Anheizzeit *f*, Anheizungsdauer *f*, Aufheizperiode *f*, Anwärmzeit *f*, Aufheizzeit *f {Tech}*; Aufwärmzeit *f {Löttechnik}*
warning 1. Warnung *f*, Mahnung *f*, Gefahrenmeldung *f*; 2. Zeichen *n*; 3. Achtung !
warning and safety equipment Warnanlage *f*
warning apparatus Melder *m*, Warnapparat *m*
warning clothing Warnkleidung *m {DIN 16954}*
warning device Warneinrichtung *f*, Warngerät *n*
warning indicator Warngerät *n*
warning light Warnlicht *n*, Alarmlampe *f*, Warnlampe *f*, Warnleuchte *f*
warning notice Warntafel *f*
warning signal 1. Warnsignal *n*, Alarmanzeige *f*; 2. Störmeldung *f*, Störmeldungsanzeige *f {Tech}*; 3. Vorsignal *n {Eisenbahn}*
warning time for evacuation Vorwarnungszeit *f* für Räumung *{Nukl}*
warp/to 1. schären, zetteln *{auf den Kettbaum wickeln, Text}*; 2. verwinden, verbiegen, krumm werden, sich verziehen, sich krümmen, sich verwerfen *{Holz}*
warp 1. Kette *f*, Webkette *f {Text}*; 2. Schlammablagerung *f*, Ausschwemmung *f*; 3. Verwerfung *f*, Verziehen *n*, Krümmung *f {Holz, DIN 68256}*
warp and weft Kette *f* und Schuß *m {Weben}*
warp dyeing Kettfärberei *f {Text}*
warp-knitted fabric Kett[wirk]ware *f*, Kettengewirk *n*, Kettstuhlgewebe *n {DIN 62062}*
warp knitting Kett[en]wirken *n*, Kett[en]wirktechnik *f*, Kett[stuhl]wirkerei *f {Text}*
warp resistance Verformungswiderstand *m*
warp thread Kette *f*, Kettfaden *m*, Webkette *f {Text}*
warp wire Kettdraht *m*
warpage Verzug *m*, Verziehen *n*, Krümmen *n*, Werfen *n {Holz}*; Wölbung *f*
warping 1. Schären *n*, Zetteln *n {Text}*; 2. Verwindung *f*, Verbiegung *f*, Verwerfen *n*, Verziehen *n*, Verzug *m*, Krümmen *n {Holz}*; Wölbung *f {gedruckte Schaltungen}*
warrant 1. Befugnis *f*; 2. Berechtigungsschein *m*; 3. Garantie *f*
warranty 1. Garantie *f*; 2. Gewährleistung *f*
warrenite Warrenit *m {Min}*
warwickite Warwickit *m {Min}*
wash/to 1. waschen, [ab]spülen; reinigen *{mit Flüssigkeit}*; 2. schlämmen *{Keramik}*; 3. [an]schwemmen; 4. wässern *{Photo}*; 5. läutern *{Aufbereitung}*
wash away/to fortspülen, wegspülen, wegwaschen
wash off/to abwaschen
wash out/to auswaschen, ausschlämmen, ausspülen
wash 1. Wäsche *f*, Waschen *n*, Spülen *n*, Waschung *f*; Reinigen *n {mit Flüssigkeit}*; 2. Wässern *n {Photo}*; 3. Erosion *f*, Auswaschung *f {durch Fließ-Wasser}*; 4. Nachstrom *m*, Nachströmung *f*, Wirbelschleppe *f {Aero}*; Nachlauf *m*, Rückstrom *m*, Totwasser *n {Phys}*; Kielwasser *n {Schiff}*; 5. Brühe *f*, Spritzbrühe *f {Agri}*; 6. Gärlösung *f*, Gärgut *n*, Maische *f*; 7. Schlichte *f {Formüberzugsmittel; Gieß}*; 8. Wäscherei *f*; Waschanlage *f*; 9. Waschflüssigkeit *f*, Reinigungsflüssigkeit *f*, Waschlauge *f*
wash bottle 1. Spritzflasche *f*; 2. Waschflasche *f*, Gaswaschflasche *f {Lab}*
wash column Waschkolonne *f*, Rieselturm *m*, Rieselkolonne *f*
wash-fast waschecht *{Text}*
wash floor Estrich *m*
wash leather Fensterleder *n*, Waschleder *n*
wash liquor Deckflüssigkeit *f*
wash oil Waschöl *n*
wash ore Wascherz *n*
wash out Ausspülung *f*, Unterwaschung *f*, Unterspülung *f*, Erosion *f {Geol}*; Washout *m {Ökol}*; Rainout *m {Ökol}*
wash polish Wischwachsemulsion *f*
wash primer Washprimer *m*, Reaktionsprimer *m*, Reaktionsgrundierung *f*, Beizgrundie-

rung *f*, Haftgrund *m*, Haftgrund[ier]mittel *n* *{Farb}*
wash solution Waschlösung *f*, Waschlauge *f*, Waschflüssigkeit *f*, Reinigungsflüssigkeit *f*
wash tank Waschbehälter *m*; Wässerungstank *m {Photo}*; Stoffgrube *f*, Stoffkasten *m*, Kocherbütte *f*, Blastank *m {Pap}*
wash tower Berieselungskühler *m {Benzolgewinnung}*
wash tray Waschboden *m*
wash trough Setzfaß *n {Erz}*
wash water Waschwasser *n*; Spülwasser *n*
washability 1. Waschbarkeit *f*; Abwaschbarkeit *f {z.B. Anstrichstoffe}*; 2. Wasserlöslichkeit *f*
washable 1. abwaschbar; waschbar, waschecht, waschfest; 2. wasserlöslich; 3. naß aufbereitbar *{Erz}*
washed coal sortierte Kohle *f {DIN 22005}*
washed gas gereinigtes Gas *n*
washer 1. Wascher *m*, Wäscher *m*, Naßabscheider *m*, Turmwäscher *m {Chem}*; 2. Waschvorrichtung *f*; Waschmaschine *f {Text}*; 3. Waschholländer *m {Pap}*; Halbzeugholländer *m {Pap}*; 4. Wässerungswanne *f {Photo}*; 5. Unterlegscheibe *f*, Beilegscheibe *f {Tech}*; Dichtung *f*, Dichtungsring *m {Tech}*
washing 1. Waschen *n*, Wäsche *f*, Spülen *n*; Reinigen *n {mit Flüssigkeit}*; 2. Läuterung *f*, naßmechanische Aufbereitung *f {Erz}*; 3. Wässern *n* *{Photo}*
washing acid Waschsäure *f*
washing agent Waschmittel *n*
washing aid Waschhilfsmittel *n*
washing apparatus 1. Waschapparat *m*; 2. Schlämmvorrichtung *f*
washing bath 1. Spülbad *n*, Wässerungsbad *n* *{Photo}*; 2. Waschflotte *f*, Waschlauge *f {Text}*
washing bottle 1. Spritzflasche *f {Lab}*; 2. Waschflasche *f*, Gaswaschflasche *f {Lab}*
washing classifier Stromklassierer *m*
washing column Berieselungsturm *m*, Waschturm *m {Chem}*
washing crystals Waschkristalle *mpl*
washing cylinder Waschtrommel *f*, Läutertrommel *f*; Drehsieb *n*
washing device Waschvorrichtung *f*, Waschapparat *m*
washing drum Waschtrommel *f*, Läutertrommel *f*
washing engine Waschholländer *m {Pap}*
washing funnel Schlämmtrichter *m*
washing hollander Waschholländer *m {Pap}*
washing liquid Waschflüssigkeit *f*, Waschlauge *f*, Reinigungsflüssigkeit *f*; Waschflotte *f* *{Text}*
washing liquor *s.* washing liquid
washing machine Waschmaschine *f {Text}*
washing oil Waschöl *n*
washing out Auswaschen *n*, Ausspülung *f*
washing plant Spülanlage *f*
washing powder Waschpulver *n*
washing process Waschverfahren *n*, Schlämmverfahren *n*, Waschvorgang *m*
washing rate Strömungsgeschwindigkeit *f* der Waschflüssigkeit *f*; Auswässerungsgrad *m* *{Photo}*
washing resistance Waschbeständigkeit *f*, Waschfestigkeit *f*
washing room Spülraum *m*
washing slag Darrgekrätz *n*
washing soap Waschseife *f*
washing soda Soda *f*, Natriumcarbonat *n*; *{GB}* Kristallsoda *f* *{$Na_2CO_3 \cdot 10H_2O$}*
washing stage Waschstufe *f*
washing table Abwaschtisch *m*
washing tank 1. Waschkasten *m*, Waschbottich *m*; 2. Wässerungstank *m {Photo}*
washing tower Waschturm *m*, Skrubber *m*, Rieselturm *m*, Rieselkolonne *f*
washing trommel Waschtrommel *f*, Läutertrommel *f*
washing tub Waschbütte *f*, Waschbottich *m*, Schlämmbottich *m*, Schlämmfaß *n*
washing tube Aussüßrohr *n*
washing vat Waschbottich *m*, Waschbütte *f*, Schlämmbottich *m*, Schlämmfaß *n*
washing water Waschwasser *n*; Spülwasser *n*
fastness to washing Waschfestigkeit *f*
preliminary washing Vorwäsche *f*, Vorwaschen *n*
spiral washing bottle Spiralwaschflasche *f*
washings Waschwasser *n {Chem}*; [verbrauchte] Waschflüssigkeit *f*
washingtonite Washingtonit *m {obs}*, Ilmenit *m* *{Min}*
washproof waschecht, waschfest, waschbeständig
waste/to verschwenden, vergeuden; verwüsten; aufzehren, schwächen
waste 1. Abfall *m*, Abfallmaterial *n*, Ab[fall]produkt *n*, Abgänge *mpl*; Müll *m*; 2. Verlust *m* *{Ökon}*; Schutt *m {Bau}*; Verschnitt *m {z.B. bei Stoff}*; Ausschuß *m*, Fabrikationsabfall *m* *{Tech}*; 3. Abraum *m {Bergbau}*; Versatzgut *n*, Bergeversatz *m {Bergbau}*; 4. Abwasser *n*, Schmutzwasser *n*; 5. Spuckstoff *m*, Grobstoff *m*, "Sauerkraut" *n {Pap}*; 6. Abbrand *m {Met}*; 7. Ausscheidungsprodukt *n {Biol}*
waste acid Abfallsäure *f*, Abgangssäure *f*; Dünnsäure *f*
waste air 1. Abluft *f*, Fortluft *f {Strahlenschutz}*; 2. Abwetter *n {Bergbau}*
waste air cleaning Abluftreinigung *f*
waste air plume Abluftfahne *f*
waste air scrubber Abluftwäscher *m*

waste alkali Abfall-Lauge *f*
waste burial Vergraben *n* von Abfällen
waste channel Abflußkanal *m*
waste chemicals Chemikalienabfälle *mpl*
waste coal Abfallkohle *f*
waste copper Kupferabfälle *mpl*
waste cotton Putzbaumwolle *f*; Baumwollabfall *m*, Abfallbaumwolle *f*
waste-deinking plant Entschwärzungsanlage *f* *{Pap}*
waste demineralizer spent resin tank Regenerier- und Harzschleuse *f*
waste disintegrator Müllzerkleinerer *m*
waste disposal 1. Abfallbeseitigung *f*, Abproduktbeseitigung *f*, Entsorgung *f*; 2. Abwasserbeseitigung *f*, Abwasserentsorgung *f*
waste disposal bag Entsorgungsbeutel *m*
waste disposal container Entsorgungsbehälter *m*
waste disposal kit Entsorgungsset *n*
waste disposal of nuclear fuels Abfallbehandlung *f*, Entsorgung *f* nuklearer Abfallprodukte
waste disposal repository *{US}* Abfallendlagerstätte *f*
waste disposal site [nukleares] Entsorgungszentrum *n*
waste drains pump Abwasserpumpe *f*
waste drum Abfallfaß *n*, Abfalltonne *f*
waste dump Halde *f* *{Bergbau}*
waste fat Abfallfett *n*
waste fuel Abfallbrennstoff *m*
waste gas Ab[zugs]gas *n*, Feuergas *n*, Rauchgas *n*; Hochofengas *n*, Gichtgas *n*
waste gas analysis Abgasanalyse *f*
waste gas fan Abgasgebläße *n*
waste-gas feed heater Abgasvorwärmer *m*, Economiser *m*
waste gas furnace Feuerung *f* mit Hochofengas
waste-gas purification plant Abgasreinigungsanlage *f*
waste gas utilization Abgasverwertung *f*
waste gas washer Abgaswäscher *m*
waste grease Abfallfett *n*
waste grinder Abfallzerkleinerungsmaschine *f*
waste heap ore Haldenerz *n*
waste heat Abhitze *f*, Abwärme *f*
waste heat boiler Abhitze[dampf]kessel *m*, Abwärmekessel *m*, Abgaskessel *m*, Verdampfungskühler *m*
waste heat dryer Abhitzetrockner *m* *{Keramik}*
waste heat engine Abwärmekraftmaschine *f*
waste heat flue Abhitzekanal *m*
waste heat kiln Abwärmeofen *m*
waste heat loss Abwärmeverlust *m*
waste-heat recovery Abwärmeverwertung *f*, Abhitzerückgewinnung *f*
waste heat recycling Abwärmenutzung *f*
waste heat utilization Abwärmenutzung *f*, Abwärmeverwertung *f*
waste incineration Müllverbrennung *f*
waste incinerator Müllverbrennungsanlage *f*
waste iron Abfalleisen *n*
waste jar Abfallkübel *m*
waste land recovery project Ödlandbegrünung *f* *{Ökol}*
waste lime Abfallkalk *m*
waste line Abflußleitung *f*, Ablaßleitung *f*, Ausgußleitung *f*, Abwasserleitung *f*
waste liquid Abfallflüssigkeit *f*
waste liquor Ablauge *f*; Restbrühe *f*
waste liquor combustion Ablaugeverbrennung *f*
waste liquor recovery Ablaugengewinnung *f*, Ablaugenregeneration *f*
waste lye Abfallauge *f*, Ablauge *f*
waste management Abfallbeseitigung *f*, Entsorgung *f*
waste material 1. Ab[fall]stoff *m*, Ab[fall]produkt *n*, Abfall *m*, Abgänge *mpl*; Müll *m*; 2. Altmaterial *n*, Sekundärrohstoff *m*; 3. Versatzgut *n*, Versatzmaterial *n* *{Bergbau}*
waste metal Metallabfall *m*, Metallgekrätz *n*
waste neutralization Abfallneutralisierung *f*
waste oil 1. Abfallöl *n*, Raffinationsrückstand *m*; 2. Aböl *n*, Altöl *n*
Waste Oil Law *{Germany 1968}* Altölgesetz *n*
waste ore Erztrübe *f*
waste paper Abfallpapier *n*, Altpapier *n*, Ausschußpapier *n*, Einstampfpapier *n*, Makulatur *f*, Papierausschuß *m*
waste pipe Ablaßrohr *n*, Ablaufrohr *n*, Ableitungsrohr *n*, Abflußrohr *n*, Abzugsrohr *n*; Abwasserrohr *n*
waste plastic Regenerierplast *m*, Plast *m* aus Regenerat
waste product Abfallerzeugnis *n*, Abfallprodukt *n*, Ausstoßprodukt *n* *{unverwertbares Produkt}*
waste quota Abfallquote *f*
waste removal Abfallbeseitigung *f*
waste rubber Abfallgummi *m*, Altgummi *m*, Vulkanisationsabfälle *mpl*; [unvulkanisierte] Fabrikationsabfälle *mpl*
waste sheet Makulaturbogen *m*, Makulaturpapier *n* *{als Packung}*
waste silk Flockseide *f*, Florettseide *f*, Schappeseide *f*, Seidenabfälle *mpl*
waste slag Haldenschlacke *f*
waste space schädlicher Raum *m* *{Pumpe}*
waste steam Abdampf *m* *{im allgemeinen}*; Schwaden *m*, Wrasen *m*
waste steam heating Abdampfheizung *f*
waste steam utilization Abdampfverwertung *f*, Brüdenverwertung *f*

waste stuff Bruchpapier *n*, Ausschußpapier *n*, Kollerstoff *m {Pap}*
waste tailing Abgänge *mpl*, Berge *mpl*
waste treatment 1. Abfallbehandlung *f*, Abproduktbehandlung *f*; 2. Abwasserbehandlung *f*, Abwasserreinigung *f*
waste utilisation Abfallverwertung *f*
waste valve Sumpfablaßventil *n*
waste vault Abfallbunker *m*
waste washings Abfallgut *n {Erz}*
waste water 1. Abwasser *n*, Schmutzwasser *n*; 2. Kondenswasser *n*, Kondensat *n*
waste water clarification Abwasserklärung *f*, mechanische Abwasserreinigung *f*
waste water container Schmutzwasserbehälter *m*
waste water disposal Abwasserbeseitigung *f*, Abwasserentsorgung *f*
waste water from factories Industrieabwasser *n*
waste water organisms Abwasserflora *f*
waste water purification Abwasserreinigung *f*
waste water treatment Abwasserreinigung *f*
waste wood Abfallholz *n*
waste wool Abfallwolle *f*, Putzwolle *f*, Shoddy *n*
crude waste water Rohabwasser *n*
utilization of waste water Abwasserverwertung *f*
wastes ingested by people aufgenommene Abfallstoffe *mpl {Strahlenschutz}*
watch/to aufpassen; bewachen, Wache halten; beobachten; zuschauen
watch 1. Uhr *f*; 2. Wache *f*
watch dog 1. Überwacher *m*, Überwachungszeitgeber *m {EDV}*; 2. Wächter *m {Elek}*
watch glass Uhrglas *n*, Uhrgläschen *n*, Uhrglasschale *f {Lab}*
watch out! Achtung!
water/to [be]wässern, befeuchten; [be]sprengen, berieseln, [be]gießen; tränken; mit Wasser versorgen; [ein]wässern, in Wasser eintauchen; wässern *{Photo}*; buntweben, moirieren *{Text}*
water 1. Wasser *n*, Wasserstoffoxid *n*; 2. Gewässer *n*; 3. Diamantwasser *n*, Wasser *n {völlige Farblosigkeit von Edelsteinen}*
water-absorbing wasseraufnehmend, wasseranziehend, wasserabsorbierend, hygroskopisch
water-absorbing capacity Wasserabsorptionsvermögen *n*, Wasseraufnahmevermögen *n*
water absorption Wasseraufnahme *f {DIN 52617}*, Wasserabsorption *f*
water-absorptive capacity Wasseraufnahmegerät *n*
water analysis Wasseranalyse *f*, Wasseruntersuchung *f*
water-attracting wasseranziehend, wasseraufnehmend, wasserabsorbierend, hygroskopisch
water bag 1. Heißwasserbeutel *m {Kunst}*; 2. Wasserheizschlauch *m {Gummi}*
water balance 1. Wasserhaushalt *m {Biol; Wasserwirtschaft}*; 2. Wasserbilanz *f {= Wassereinnahmen/Wasserausgaben}*
water-based jelly wasserhaltiges Gelee *n*
water-based paint 1. Wasserfarbe *f*, wasserlöslicher Anstrich *m*; 2. Wasserlack *m*
water bath Wasserbad *n {Chem}*
water-bath cooling [unit] Wasserbadkühlung *f*
water bath ring Wasserbadring *m*
water-bath vacuum calibrating unit Vakuum-Kühltank-Kalibrierung *f*
water bidistiller Wasserbidestillator *m*
water blister Wasserblase *f*
water blue 1. Wasserblau *n*, Chinablau *n {Text}*; 2. Bremerblau *n*, Braunschweiger Blau *n*, Neuwieder Blau *n*
water-blue wasserblau
water-borne schwimmend, von Wasser getragen; wasserübertragen; wasserverfrachtet *{Geol}*; Wasser-; Schiffs- *{Transport}*
water-borne formulation wäßrige Zubereitung *f*
water-borne organic compounds wassergetragene organische Verbindungen *fpl*
water bottle Wasserflasche *f*
water bubble Wasserblase *f*
water burst Wassedurchbruch *m*
water calender Wasserkalander *m*, Wassermangel *f {Text}*
water calorimeter Wasserkalorimeter *n*, Flüssigkeitskalorimeter *n*, Mischungskalorimeter *n*
water cell Diffusatzelle *f {Dialyse}*
water cement ratio Wasserzementfaktor *m*, Wasserzementwert *m*
water circulating unit Wasserumwälzeinheit *f*, Wasserumwälzung *f*
water circulation Wasserumwälzung *f*
water circulator Umlaufkühler *m {Lab}*
water clarifier Wasserkläranlage *f*
water classification hydraulische Klassierung *f*
water clean-up filter Wasserreinigungsfilter *n*
water coat Wasserhaut *f*
water collar Wasserkragen *m {Kunst}*
water colo[u]r Wasserfarbe *f {Aquarell- und Temperafarbe}*
water colo[u]r pigment Wasserfarbenpigment *n*
water column Wassersäule *f*
water column pressure Wassersäulendruck *m {in mWS}*
water conditioning Brauchwasseraufbereitung *f*, Wasseraufbereitung *f*
water conduit Wasserleitung *f*, Wasserversorgungsleitung *f*
water consumption Wasserverbrauch *m*

water container Wasserbehälter *m*, Wassergefäß *n*
water contamination Wasserverschmutzung *f*, Gewässerverunreinigung *f*, Wasserverseuchung *f*
water content Wassergehalt *m*
water content determination Wassergehaltsbestimmung *f*
water content of gases Wassergehalt *m* in Gasen
water content of mineral oils Wassergehalt *m* von Mineralölen
water-cooled wassergekühlt
water-cooled copper mo[u]ld wassergekühlte Kokille *f*
water-cooled heavy water reactor wassergekühlter Schwerwasserreaktor *m {Nukl}*
water-cooled spark stand wassergekühltes Funkenstativ *n {Spek}*
water cooler Wasserkühler *m*
water cooler circulator Wasserumlaufkühler *m*
water-cooling Wasserkühlung *f*, Kühlung *f* mit Wasser
water cooling jacket Wasserkühlmantel *m*
water cooling ring Wasserkontaktkühlung *f*
water cooling tower Kühlturm *m*
water cooling unit Wasserkühlung *f*
water curtain Wasservorhang *m*, Wasserschleier *m*
water cycle hydrologischer Kreislauf *m*, Wasserkreislauf *m {Ökol}*
water deficiency Wassermangel *m {Physiol}*
water defrosting Abtauen *n* durch Sprühwasser
water degassing Wasserentgasung *f*
water demand Wasserbedarf *m*
water demineralization Vollentsalzung *f {Wasser}*, Deionisation *f {Wasser}*, Wasserentsalzung *f*, Demineralisation *f {Wasser}*
water desalination plant Entsalzungsanlage *f*, Wasserentsalzungsanlage *f*
water determination apparatus Wasserbestimmungsapparat *m*
water development bath langsam arbeitendes Entwicklungsbad *n {Photo}*
water-dispersible wasserdispergierbar
water-dispersible resin wasserdispergierbares Harz *n*
water distillation Wasserdestillation *f*
water distilling apparatus Wasserdestillierapparat *m*
water drive 1. Wasserantrieb *m*; 2. Wassertrieb *m*, Wasserfluten *n {Erdöllagerstätten}*
water-driven hydropneumatic plant Druckwasseranlage *f*
water-driven injector transport Emulsionsförderung *f {Erdöl}*
water droplet Wassertröpfchen *n*
water economy Wasserwirtschaft *f*
water elimination Wasseraustritt *m*
water equilibrium Wasserhaushalt *m {Physiol}*
water equivalent Wasserwert *m {z.B. eines Kalorimeters}*; 2. Wasserwert *m {des Schnees}*, äquivalente Niederschlagshöhe *f*
water examination Wasseruntersuchung *f*, Wasseranalyse *f*
water examination apparatus Wasseruntersuchungsgerät *n*
water exhaust pump Wasserabsaugpumpe *f*
water extract wäßriger Auszug *m*
water-extracting medium wasserentziehendes Medium *n*
water-fed temperature control unit Wassertemperiergerät *n*
water fennel Wasserfenchel *m*, Roßfenchel *m {Bot}*
water film Wasserhaut *f*
water-film pipe precipitator Naßelektrofilter *n*
water filter Wasserfilter *n*
water flowmeter Wassermengenmesser *m*
water for fire-fighting Löschwasser *n*
water-free wasserfrei
water gas Wassergas *n*, Blaugas *n {H_2/CO}*
water-gas equilibrium Wassergasgleichgewicht *n*
water-gas generator Wassergaserzeuger *m*, Wassergasgenerator *m*; Wassergasanlage *f*
water-gas outlet Wassergasabzug *m*
water-gas plant *s*. water-gas generator
water-gas producer Wassergaserzeuger *m*
water-gas shift CO-Konvertierung *f*, Kohlenmonoxid-Konversion *f*
water-gas reaction Wassergasreaktion *f* {$C + H_2O = H_2 + CO$}
water-gas tar Wassergasteer *m*
water ga[u]ge Pegel *m*, Wasserstandsanzeiger *m*, Wasserstandsmesser *m*, Wasseruhr *f*
water-ga[u]ge pressure Wasserstandsdruck *m*
water glass 1. Wasserstandsglas *n {Wasserstandsanzeiger}*; 2. Wasserglas *n {wasserlösliche Alkalisilicate}*
water glass cement Wasserglaskitt *m*
water glass paint Wasserglasanstrichfarbe *f*
water glass soap Wasserglasseife *f*
water glass solution Wasserglaslösung *f*
water green Wassergrün *n*
water hammer Wasserstoß *m*, Druckstoß *m*, Wasserschlag *m*
water hammer arrester Druckstoßregler *m*, Wasserstoßregler *m*
water hardening Wasserhärtung *f*, Wasserhärten *n {Härtung in Wasser}*
water hardening bath Wasserhärtungsbad *n {Met}*
water hardness Wasserhärte *f*, Härte *f* des Wassers *{Carbonatgehalt}*
water-hardness meter Wasserhärtemesser *m*

water heater Warmwasserbereiter *m*, Boiler *m*
water hose Wasserschlauch *m*
water hydrant Wasserhydrant *m*
water imbibition 1. Einlegen *n* in Wasser, Quellung *f* in Wasser; 2. Wasseraufnahmewert *m*, Quellwert *m*
water impermeability Wasserdichtheit *f*
water impurity Wasserverunreinigung *f*, Verunreinigung *f* im Wasser, Schmutzstoff *m* im Wasser
water-in-oil emulsion Wasser-in-Öl-Emulsion *f {Pharm}*
water inleakage Wassereinbruch *m*
water inlet Wasseranschluß *m*, Wassereinlaß *m*, Wassereintritt *m*, Wasserzulauf *m*, Wasserzufuhr *f*, Wasserzufluß *m*
water inlet pipe Wasserzuflußrohr *n*
water inlet port Wasserzugabestutzen *m*
water insolubility Wasserunlöslichkeit *f*
water-insoluble wasserunlöslich
water intake Wasserentnahme *f*
water investigation Wasseruntersuchung *f*
water irrigation Wasserberieselung *f*
water jacket Kühlwassermantel *m*, Wassermantel *m*, Wasserkühlung *f*
water jacket cooler Wassermantelkühler *m*
water-jacketed wasserumhüllt
water-jacketed furnace Wassermantelofen *m*
water jet Wasserstrahl *m*
water-jet aspirator Wasserstrahlabsauger *m*, Wasserstrahlpumpe *f*
water-jet condenser Wasserstrahlkondensator *m*
water-jet [electric] heater Wasserstrahlelektrodenkessel *m*
water-jet pump Wasserstrahlpumpe *f*, Wasserstrahlsauger *m*
water lacquer Wasserlack *m*
water leach Wasserauskolkung *f*, Wasserauslösen *n*
water level 1. Wasserstand *m {im allgemeinen}*; 2. Wasserspiegel *m*, Wasser[ober]fläche *f {als Bezugsebene}*; Grundwasserspiegel *m*; 3. Nivellierwaage *f*, Wasserwaage *f {Tech}*
water-level ga[u]ge glass Wasserstandsglas *n*
water-level indicator Wasserstandsanzeiger *m*, Wasserstandsmesser *m*
water-level measurement Wasserstandsmessung *f*
water-level measuring device Wasserstandsmeßgerät *n*
water level regulator Wasserstandsregler *m*
water-like wasserähnlich
water lily Wasserschwertlilie *f {Bot}*
water lime Wasserkalk *m*, hydraulischer Kalk *m*
water line Wasserkanal *m*, Kühlwasserkanal *m {im Werkzeug}*
water lines Wasser[zeichen]linien *fpl {Pap}*
water-logged durchnäßt, wassergesättigt, wasserdurchtränkt, voll Wasser gesogen; wassersatt *{Baustoffprüfung}*
water-logged wood wassergesättigtes Holz *n*
water loop Wasserschleife *f {Sicherheitsventil}*
water main 1. Wasserleitung *f*; 2. Hauptleitung *f {Wasserverteilung}*
water mains Wassernetz *n*, Leitungswassernetz *n*
water metabolism Wasserstoffwechsel *m*, Wasserhaushalt *m {Physiol}*
water meter Wasseruhr *f*, Wassermesser *m*, Wasserzähler *m*
water-miscible wassermischbar, mit Wasser mischbar
water-moderated reactor Wasserreaktor *m*, Leichtwasserreaktor *m {Nukl}*
water molecule Wassermolekül *n*
water monitoring equipment Wasserüberwachungsgerät *n*
water of ammonia Ammoniaklösung *f*
water of capillarity Kapillarwasser *n*, Poren[saug]wasser *n*
water of constitution Konstitutionswasser *n*, konstituiv gebundenes Wasser *n*, chemisch gebundenes Wasser *n*
water of crystallisation Kristallwasser *n*, Hydrat[ion]wasser *n*, chemisch gebundenes Wasser *n*
water of hydration *s.* water of crystallization
water opal Wasseropal *m {Min}*
water outlet Wasserabfluß *m*, Wasserablaß *m*, Wasserauslaß *m*, Wasserauslauf *m*, Wasseraustritt *m*
water paint 1. Wasser[emulsions]farbe *f {wäßrige Mal- oder Anstrichfarbe}*; 2. Wasserlack *m*
water permeability Wasserdurchlässigkeit *f*
water phase Wasserphase *f*, wäßrige Phase *f*
water pipe Wasserrohr *n*
water piping Wasserleitung *f*
water pollution Wasserverunreinigung *f*, Wasserverschmutzung *f*, Gewässerverschmutzung *f*, Wasserverseuchung *f*
water power engine Wasserkraftmaschine *f*
water power plant Wasserkraftanlage *f*
water preheater Wasservorwärmer *m*
Water Preservation Act Wasserhaushaltsgesetz *n*, WHG *{Deutschland}*
water pressure Wasserdruck *m*
water pump Wasserpumpe *f*, Wasserstrahlpumpe *f*
water-pump grease Wasserpumpenfett *n*
water-pump lubricant *s.* water-pump grease
water purification Wasserreinigung *f*
water quality Wasserqualität *f*, Wasserbeschaffenheit *f*

water-quality monitoring Überwachung *f* der Gewässerreinheit
water quenching Wasserabschrecken *n*, Wasserabschreckung *f*, Wasserablöschung *f*
water reactor Wasserreaktor *m*, Leichtwasserreaktor *m {Nukl}*
water receiver Wasservorlage *f*
water recooling system Wasserrückkühlung *f*
water removal Entwässern *n*, Wasserentzug *m*
water repellant *s.* water repellent
water repellency Wasserabweisung *f*, Wasserabstoßung *f*, Hydrophobie *f*, Wasserabweisungsvermögen *n*, wasserabweisendes Verhalten *n*, wasserabstoßendes Verhalten *n*
water repellency tester Beregnungsprüfer *m {Text}*
water repellent 1. wasserabweisender Stoff *m*, wasserabstoßender Stoff *m*, hydrophober Stoff *m*, Hydrophobier[ungs]mittel *n*; Imprägniermittel *n {Text}*; 2. wasserabweisend, wasserabstoßend, hydrophob
water-repellent coating wasserabweisende Beschichtung *f*
water-repellent effect Abperleffekt *m*
water-repellent finish wasserabstoßender Überzug *m*, wasserabweisende Imprägnierung *f*, wasserabstoßende Imprägnierung *f*, wasserabstoßende Appretur *f*, hydrophobe Ausrüstung *f {Text}*
water-repellent property Wasserabweisfähigkeit *f {DIN 54515}*, Wasserabweisungsvermögen *n*, wasserabweisende Eigenschaft *f*, wasserabstoßende Eigenschaft *f*
water requirement Wasserbedarf *m*
water requirement in case of fire Löschwasserbedarf *m {Brandfall}*
water reserve Wasservorrat *m*
water reservoir Wasserbehälter *m*, Wasserbekken *n*, Wasserreservoir *n*
water residue Wasserrest *m*, Wasserrückstand *m*
water resistance 1. Naßfestigkeit *f*, Wasserbeständigkeit *f*, Wasserfestigkeit *f*, Feuchtebeständigkeit *f*; 2. Wasserwiderstand *m {Elek}*
water-resistant wasserbeständig, wasserfest, naßecht
water-resistant adhesive wasserbeständiger Klebstoff *m*, wasserfester Klebstoff *m*
water-resistant clothing 1. wasserfeste Bekleidung *f {Text}*; 2. wasserbeständige Verkleidung *f {Tech}*
water-resistant detonator Unterwasserzünder *m*
water-resisting property Wasserbeständigkeit *f*
Water Resources Act Wasserhaushaltsgesetz *n {Deutschland}*
water-ring [sealed fan] pump Wasserringpumpe *f*
water rolling tank Reinigungsdrehtrommel *f* mit Seifenwasser
water sapphire Wassersaphir *m {Min}*
water-screening plant Wassergroßreinigungsanlage *f*
water screw Wasserschnecke *f*
water seal Wasserabdichtung *f*, Wasserverschluß *m*, Wasserabschluß *m*, hydraulischer Verschluß *m*
water-seal agitator Rührwerk *n* mit Wasserverschluß
water separating characteristics Wasserabscheidevermögen *n {Öl}*
water separation Wasserabscheidung *f*
water separation ability Wasserabscheidevermögen *n {Öl}*
water separator Entwässerungsvorrichtung *f*, Wasserabscheider *m*
water settling Wasserabsetzen *n*
water shedding ability Wasserabscheidevermögen *n {Trib}*
water side Wasserseite *f*
water skin Wasserhaut *f*
water slurry wäßrige Suspension *f*
water soak test Wassertauchverfahren *m*
water softener 1. Wasserenthärtungsmittel *n*, Wasserenthärter *m*; 2. Wasserenthärtungsapparat *m*
water softening Wasserenthärten *n*, Wasserenthärtung *f*
water-softening apparatus Wasserenthärtungsapparat *m*
water-softening plant Wasserenthärtungsanlage *f*
water solubility Wasserlöslichkeit *f*, Löslichkeit *f* in Wasser
water-soluble wasserlöslich
water-soluble polymer wasserlösliches Polymer[es] *n*
water-soluble resin wasserlösliches Harz *n*
water-soluble sulfate wasserlösliches Sulfat *n*
water-soluble terminal group wasserlösliche Endgruppe *f {Chem}*
water splitting Wasserspaltung *f*
water spot Wasserfleck *m*
water spray Sprühwasser *n*, Wassernebel *m*, Wassersprühregen *m*
water spray collector Naßfilter *n*
water spray system Wasserberegnung *f*, Wasserberieselung *f*
water spraying Wasserberieselung *f*, Wasserberegnung *f*, Besprühen *n* mit Wasser, Übersprühen *n* mit Wasser, Abbrausen *n* mit Wasser
water-stabilized wasserstabilisiert
water-steam mixture Wasser-Dampf-Gemisch *n*

water still Wasserdestillierapparat *m*
water storage 1. Wasserspeicherung *f*; 2. Lagerung *f* unter Wasser
water storage basin Wasserspeicher *m*, Speicherbecken *n*
water stain Wasserbeize *f*
water supply 1. Wasserversorgung *f*, Wasserzuführung *f*, Wasserzulauf *m*, Wasserbereitstellung *f*; 2. Bewässerungsanlage *f*
water supply network Wasserversorgungsnetz *n*
water supply pipe Wasserrohr *n*, Wasserzuleitungsrohr *n*
water surface Wasseroberfläche *f*, Wasserspiegel *m*
water susceptibility Wassersuszeptibilität *f*, Wasserempfindlichkeit *f*
water-swellable polymer wasserquellfähiges Polymer *n*
water syringe Wasserspritze *f*
water tank Wassertank *m*, Wasserbehälter *m*, Wasserkessel *m*
water testing Wasserprüfung *f*
water thermometer Wasserthermometer *n*
water toughening bath Zähigkeitsverbesserungsbad *n {Met}*
water tower Wasserturm *m {Hochbehälter}*
water trap Wasserabscheider *m*
water treating plant Wasseraufbereitungsanlage *f*
water treatment Wasseraufbereitung *f*, Wasserbehandlung *f*
water treatment chemicals Wasseraufbereitungschemikalien *fpl*
water treatment plant Wasseraufbereitungsanlage *f*, Wasserwerk *n*, Kläranlage *f*
water treeing Bäumchenbildung *f*, Wasserbäumchenbildung *f {in Elektrokabeln}*
water trickle unit Rieseleinbauten *fpl*
water trough Wassertrog *m*, Wasserwanne *f*
water tube Wasserrohr *n*
water-tube boiler Wasserrohrkessel *m*, Siederohrkessel *m*, Siederohrdampferzeuger *m*, Großwasserraum-Kessel *m {Tech}*
water tubing Wasserschlauch *m*
water turbine oil Wasserturbinenöl *n*
water value Wasserwert *m*
water vapo[u]r Naßdampf *m*, Wasserdampf *m {Phys}*
water-vapo[u]r absorption 1. Wasserdampfaufnahme *f*; 2. Absorption *f* durch Wasserdampf *{atmosphärische Strahlung}*
water-vapo[u]r addition Wasserdampfzusatz *m*
water-vapo[u]r diffusion Wasserdampfdiffusion *f*
water-vapo[u]r permeability Wasserdampfdurchlässigkeit *f*, Wasserdampfpermeabilität *f*
water-vapo[u]r permeance Wasserdampfdurchlässigkeit *f*
water-vapo[u]r pressure Wasserdampfdruck *m*
water-vapo[u]r resistance Wasserdampfstabilität *f*
water-vapo[u]r tolerance pressure Wasserdampfverträglichkeit *f*
water-vapo[u]r transmission [rate] Wasserdampfdurchlässigkeitsgrad *m {in* $g/m^2{\cdot}d$*}*
water vessel Wassergefäß *n*
water-white wasserhell, wasserklar *{z.B. Öl}*
water-white liquid wasserklare Flüssigkeit *f*, wasserhelle Flüssigkeit *f*
aerated water gashaltiges Wasser *n*
amount of water Wassermenge *f*
bound water gebundenes Wasser *n*
carbonated water kohlensäurehaltiges Wasser *n*
carbonic water kohlensäurehaltiges Wasser *n*
chalybeate water eisenhaltiges Wasser *n*
chlorinated water chloriertes Wasser *n*
crystal water Kristallwasser *n*, Hydratwasser *n*
drinking water Trinkwasser *n*
enriched water gas angereichertes Wassergas *n*
heavy water <D_2O> schweres Wasser *n*, Deuteriumoxid *n*
light water <^1H_2O> leichtes Wasser *n*, Protiumoxid *n*
mineral water Mineralwasser *n*
non-washable water paint Leimfarbe *f*
oilbound water paint Wasser-Öl-Farbe *f*
potable water Trinkwasser *n*
sea water Meereswasser *n*, Seewasser *n* *{3,6 % Salz; 2,6 % NaCl}*
well water Quellwasser *n*, Grundwasser *n*
wateriness Wässerigkeit *f*, Wäßrigkeit *f*
watering 1. Bewässern *n*, Wässern *n*; Begießung *f*, Berieselung *f*; 2. Tränken *n*, Tränkung *f*; 3. Wässern *n*, Wässerung *f {Photo}*
watermark Wasserzeichen *n {Pap}*
watermark screen Wasserzeichenraster *n* *{Pap}*
impressed watermark geprägtes Wasserzeichen *n {Pap}*
waterproof/to 1. abdichten, wasserdicht machen; 2. imprägnieren, wasserfest machen
waterproof 1. wasserfest, wasserabweisend, wasserdicht, wasserbeständig, wasserundurchlässig; 2. wasserdicht abgeschlossen, gekapselt
waterproof grease wasserabweisendes Schmierfett *n*
waterproof sheeting endlose Dichtungsbahn *f*
waterproofing 1. Abdichtung *f {Bauwerk nach DIN 18195}*; 2. Imprägnieren *n*, Imprägnierung *f*
waterproofing agent Imprägnierungsmittel *n* *{Wasser}*, wasserfestmachendes Mittel *n*
waterproofness Wasserbeständigkeit *f*, Wasserfestigkeit *f*

watertight wasserdicht, wasserfest, wasserundurchlässig
watertightness Wasserdichtheit *f*, Wasserundurchlässigkeit *f*
watery wasserhaltig, wäßrig, wässerig; dünnflüssig *{z.B. Öl}*
Watkin's heat recorders Watkins Kennkörper *m*, Watkin-Kennkörper *m {Keramik}*
watt Watt *n {SI-Einheit der Leistung, 1 W = 1 J/s}*
watt component Wattkomponente *f*
watt consumption Wattverbrauch *m*, Leistungsaufnahme *f*
watt current Wirkstrom *m*
watt density Heizleistung *f*
watt-hour Wattstunde *f*
watt-hour meter Wirkverbrauchszähler *m*, Wattstundenzähler *m*
watt-second Wattsekunde *f {SI-Einheit der Energie/Arbeit, 1 W·s = 1 J}*
wattless wattlos; Blind- *{Elek}*
wattless current Blindstrom *m*, wattloser Strom *m*
wattmeter Leistungsmesser *m*, Wattmeter *n {Elek}*
wattage Wattleistung *f*, [elektrische] Leistung *f {in W}*; aufgenommene Leistung *f*, abgegebene Leistung *f*
wattle 1. Flechtwerk *n*, Hürde *f*; 2. Akazie *f {Bot}*; 3. Kinnlappen *m {Biol}*
wattle-based adhesive Akazienharz-Klebstoff *m*
wave Welle *f*
wave amplitude Wellenausschlag *m*, Wellenamplitude *f*
wave band Wellenband *n*, Wellenbereich *m*; Frequenzband *n*
wave character[istic] Wellennatur *f*, Welleneigenschaft *f*
wave constant Wellenkonstante *f*
wave crest 1. Wellenberg *m {Phys}*; 2. Wellenkamm *m {Wasserwelle}*
wave disturbance Wellenstörung *f*
wave energy Schwingungsernergie *f*
wave equation Wellengleichung *f*
wave frequency Wellenfrequenz *f*
wave function Wellenfunktion *f*
wave function formalism Wellenfunktionsformalismus *m*
wave guide Hohlleiter *m*, Wellenleiter *m*, Hohlwellenleiter *m {Elek}*
wave length *s.* wavelength
wave-like wellenförmig
wave line Wellenlinie *f*
wave loop Wellenbauch *m*
wave measurement Wellenmessung *f*
wave-mechanical wellenmechanisch
wave mechanics Wellenmechanik *f {Phys}*
wave motion Wellenbewegung *f*
wave number Wellenzahl *f*, reziproke Wellenlänge *f {in m^{-1}}*
wave packet Wellenpaket *n*, Wellengruppe *f*
wave path Wellenbahn *f {Atom}*
wave propagation Wellenausbreitung *f*, Wellenfortpflanzung *f*
wave range Wellenbereich *m*
wave vector Wellen[zahl]vektor *m*, Ausbreitungsvektor *m*
wave velocity Wellengeschwindigkeit *f*, Laufgeschwindigkeit *f*, Ausbreitungsgeschwindigkeit *f {Welle}*
absorption of waves Wellenabsorption *f*
electromagnetic wave elektromagnetische Welle *f*
elliptically polarized wave elliptisch polarisierte Welle *f*
peak of wave Wellenberg *m*
progressive wave wandernde Welle *f*
stationary wave stehende Welle *f*
waveform Wellenform *f*, Kurvenform *f*
wavefront Wellenfront *f*
wavelength Wellenlänge *f {Phys}*
wavelength adjustment Wellenlängenverstellung *f {Spek}*
wavelength determination Wellenlängenbestimmung *f*, Bestimmung *f* der Wellenlänge
wavelength drum Wellenlängentrommel *f {Spek}*
wavelength range Wellenbereich *m*, Wellenlängenbereich *m*, Wellen[längen]gebiet *n*
wavelength scale Wellenlängenskale *f {Instr}*
wavelength table Wellenlängentabelle *f*, Wellenlängentafel *f {Spek}*
dependence on wavelength Wellenlängenabhängigkeit *f*
region of wavelength Wellenlängenbereich *m*
wavellite Wavellit *m {Min}*
wavemeter Frequenzmesser *m*, Wellenmesser *m*, Wellenmeßgerät *n*
waver Reibwalze *f*, Verreibwalze *f*, Verteilerwalze *f {Pap}*
waviness 1. Oberflächenwelligkeit *f*, Welligkeit *f*, wellige Beschaffenheit *f {Gestaltabweichung 2. Ordnung}*; 2. Welligliegen *n {Pap}*
wavy wellig, gewellt, gekräuselt *{Oberfläche}*; wellenförmig, wellenartig
wax/to [ein]wachsen, mit Wachs einreiben, mit Wachs überziehen; bohnern *{Fußboden}*; wachsen, paraffinieren *{Druck}*
wax Wachs *n*
wax backing Paraffinkaschierung *f*, Wachskaschierung *f*
wax beans Wachsbohne *f {Bot}*
wax board Wachspappe *f*
wax cake Paraffinkuchen *m*
wax candle Wachskerze *f*

wax cement Klebewachs *n*, Wachskitt *m*
wax cloth Wachstuch *n*, Wachsleinen *n* *{Text}*
wax colo[u]r Wachsfarbe *f*
wax-colo[u]red wachsfarben
wax contents Wachsgehalt *m*
wax cracking Paraffinkracken *n*, Wachskracken *n*
wax crayon Fettstift *m*
wax emulsion Wachsemulsion *f*, Paraffinemulsion *f* *{Pap}*
wax finish Wachsappretur *f* *{Leder}*
wax insulated wire Wachsdraht *m*
wax light Wachskerze *f*
wax-like wachsähnlich, wachsartig
wax matrix Wachsmatrize *f*
wax model Wachsmodell *n*
wax mo[u]ld Wachsform *f* *{Gieß}*
wax ointment Wachssalbe *f*
wax opal Wachsopal *m* *{Min}*
wax painting Wachsmalerei *f*
wax paper Wachspapier *n*, Paraffinpapier *n*
wax pattern Wachsausschmelzmodell *n*, verlorenes Wachsmodell *n*
wax pencil Fettstift *m*
wax polish Wachspoliermittel *n*
wax size Wachsleim *m* *{Pap}*
wax stain Wachsbeize *f*, Ölwachsbeize *f*
wax sweating process Schwitzprozeß *m*
wax varnish Wachsfirnis *m*
wax vent Wachsschnur *f* *{Gieß}*
wax-yellow wachsgelb
bleached wax gebleichtes Wachs *n*
soft wax Weichparaffin *n*

waxing Einwachsen *n*, Wachsen *n* *{mit Wachs}*; Bohnern *n* *{Fußboden}*

waxy 1. wachsartig, wachsähnlich; 2. wachshaltig; 3. aus Wachs *n*, wächsern
waxy distillate paraffinöses Destillat *n*
waxy yolk Wachsschweiß *m*

way 1. weit; 2. Weg *m*, Straße *f*; Bahn *f*, Strecke *f*; 3. Luke *f*; Hahnöffnung *f*; 4. Verfahren *n*; 5. Richtung *f*; 6. Art *f* *{und Weise}*

weak verdünnt, schwach *{Chem}*; hell; undeutlich; schwach *{Elek, Math}*
weak acid schwache Säure *f*, gering dissoziierte Säure *f*; Halblösung *f*, Halbsäure *f*, Schwachsäure *f* *{Pap}*
weak base schwache Base *f*
weak current line Schwachstromleitung *f*
weak electrolyte schwacher Elektrolyt *m*
weak function Unterfunktion *f* *{Med}*
weak gas Schwachgas *n*
weak lye Laugenwasser *n*, Mittellauge *f*, magere Lauge *f*
weak mordant Vorbeize *f*
weak solution verdünnte Lösung *f*, schwache Lösung *f*
weak solvent schwaches Lösemittel *n*
weak spot Schwachstelle *f* *{Text, Tech}*

weaken/to [ab]schwächen, verdünnen *{Chem}*; schwächen *{z.B. eine Bindung}*; abmagern *{Gemisch}*; dämpfen

weakened points Sollbruchstellen *fpl*

weakness Schwachstelle *f*, Fehlstelle *f* *{Formteil}*

weapons-usable material waffenfähiger Kernbrennstoff *m*, waffenträchtiges Material *n* *{Nukl}*

wear/to abnutzen, verschleißen; erschöpfen *{z.B. Rohstoffquelle}*; abtragen *{Text}*
wear off/to sich verbrauchen
wear out/to verschleißen, abnutzen; durch Verschleiß ausfallen; erschöpfen

wear Abnutzung *f* *{schädliche Einwirkung}*; Verschleiß *m*, Abrieb *m*, Abtragung *f*; Zermürbung *f*
wear and tear Verschleiß *m*
wear and tear testing machine Lebensdauerprüfmaschine *f*
wear by friction Abnutzung *f* durch Reibung
wear by impact Stoßverschleiß *m*
wear caused by corrosion Abzehrung *f*
wear characteristics Verschleißverhalten *n*
wear factor Verschleißfaktor *m*, Abnutzungsfaktor *m*
wear hardening Kaltverfestigung *f*
wear hardness Abnutzungshärte *f*
wear index Verschleißzahl *f*
wear-intensive verschleißintensiv
wear life Laufzeit *f*, Laufdauer *f*
wear out 1. Abnutzen *n*, Verschleißen *n*; Ausfallen *n* durch Verschleiß; 2. Erschöpfen *n*
wear part Verschleißteil *n* *{Tech}*
wear process Verschleißvorgang *m*, Verschleißprozeß *m*
wear properties Verschleißverhalten *n* *{Tech}*; Trageigenschaften *fpl* *{Text}*
wear protection Abriebschutz *m*
wear rate Verschleißgeschwindigkeit *f*, Verschleißrate *f*
wear resistance Verschleißbeständigkeit *f*, Verschleißwiderstand *m* *{DIN 50282}*, Verschleißfestigkeit *f* *{Werkstoff}*; Scheuerfestigkeit *f* *{Text}*; Tragfestigkeit *f*, Tragechtheit *f* *{Text}*
wear-resistant verschleißfest, verschleißbeständig, verschleißwiderstandsfähig, abnutzungsbeständig, abriebbeständig; scheuerfest *{Text}*
wear-resistant [layer] coating Panzerschicht *f*, Panzerung *f*, Oberflächenpanzerung *f* *{Verschleißschicht}*
wear-resistant liner *s.* wear-resisting lining
wear-resistant material Verschleißwerkstoff *m*
wear resisting lining verschleißfeste Auskleidung *f*; Innenpanzerung *f*
wear strength Verschleißfestigkeit *f*, Verschleißbeständigkeit *f*
wear test Abnutzungsprobe *f*, Verschleißprüfung *f* *{Tech}*; Tragetest *m* *{Text}*

wear testing Verschleißprüfung *f {DIN 51963}*
wear testing machine Abnutzungsmaschine *f*, Verschleißmachine *f*
highly wear-resistant hochverschleißfest
resistance against wear and tear Verschleißhärte *f*
wearability 1. Abnutzbarkeit *f*, Abnutzungsbeständigkeit *f*; 2. Tragekomfort *m {Bekleidung}*
weariness Ermüdung *f*
wearing Verschleiß-, Abnutzungs-
wearing behavio[u]r Verschleißverhalten *n*; Tragekomfort *m {Bekleidung}*
wearing capacity Abnutzbarkeit *f*
wearing lining Verschleißfutter *n*
wearing part Verschleißteil *n {Tech}*
wearing property Verschleißeigenschaft *f {Tech}*; Trageigenschaft *f {Text}*
wearing quality Abnutzbarkeit *f*, Verschleißverhalten *n*
wearing surface Abnutzungsfläche *f {allgemein}*; Laufdecke *f*, Verschleißdecke *f {Tech}*
wearing test 1. Abnutzungsprüfung *f {Tech}*; 2. Tragetest *m {Text}*
wearisome langwierig
weather/to dem Wetter *n* aussetzen, freiluftbewittern; verwittern; auswittern *{Chem}*; auslagern, ablagern *{Met}*; bewettern, bewittern *{Anstrich}*
weather Wetter *n*, Witterung *f*
weather-ag[e]ing Alterung *f* durch Verwittern
weather exposure testing device Bewitterungsmaschine *f*
weather factor Witterungseinfluß *m*
weather protection Witterungsschutz *m*
weather-protective coating Wetterschutzanstrich *m*
weather-resistant [be]witterungsstabil, wetterbeständig, witterungsbeständig, witterungsfest
weather-resistant coating Wetterschutzanstrich *m*
weather-resisting wetterbeständig, witterungsfest, witterungsbeständig, [be]witterungsstabil
weatherable 1. witterungsbeständig, wetterbeständig, wetterfest; wetterecht *{Bekleidung}*; 2. verwitterbar *{Geol}*
weatherable sealants wetterfester Dichtungsstoff *m*, wetterbeständiges Dichtmittel *n*
weathered layer Verwitterungsschicht *f*
weathering 1. Bewitterung *f*, Freiluftbewitterung *f*, Außenbewetterung *f {dem Wetter aussetzen}*; 2. Verwittern *n*, Verwitterung *f {mechanisch, biologisch, chemisch oder biochemisch}*; 3. Auswitterung *f*; 4. Auslagerung *f*, Ablagern *n {Met}*; 5. Blindwerden *n*, Erblinden *n {Glas}*; 6. Bewittern *n*, Bewettern *n {Anstrich}*
weathering behavio[u]r Witterungsverhalten *n*
weathering characteristics Bewitterungseigenschaften *fpl*
weathering conditions Bewitterungsbedingungen *fpl*, Witterungsbedingungen *fpl*
weathering fastness Wetterechtheit *f*, Bewitterungsechtheit *f {z.B. von Färbungen}*
weathering influences Witterungseinflüsse *mpl*
weathering instrument Bewitterungsgerät *n*
weathering period Bewitterungszeitraum *m*, Bewitterungszeit *f*, Bewitterungsdauer *f*
weathering properties Bewitterungsverhalten *n*
weathering resistance Bewitterungsstabilität *f*, Bewitterungsbeständigkeit *f*, Freiluftbeständigkeit *f*, Wetterfestigkeit *f*, Wetterbeständigkeit *f*, Witterungsbeständigkeit *f*, Witterungsstabilität *f*, Klimafestigkeit *f*; Wetterechtheit *f {z.B. von Färbungen}*
weathering station Bewitterungsstation *f*
weathering steel witterungsbeständiger Stahl *m*
weathering test Bewitterungsprüfung *f*, Bewitterungsversuch *m*, Bewitterungstest *m*
weathering test tube Erdgaszentrifugenglas *n {Lab}*
weathering testing Bewitterungsversuch *m*
weathering testing shop Bewitterungsraum *m {Kunst}*
weathering trial Bewitterungsversuch *m*
weathering trough Auswitterungsküpe *f {Keramik}*
accelerated weathering Kurzbewitterung *f*
weatherometer Bewitterungseinrichtung *f*, Bewitterungsapparat *m*, Wetterechtheitsprüfgerät *n*, Verwitterungsmesser *m {Prüfgerät für Anstriche, Drucke, Färbungen}*
weatherproof witterungsbeständig, wetterbeständig, wetterfest, wettersicher, verwitterungsfest
weatherproofness Wetterfestigkeit *f*, Wetterbeständigkeit *f*, Witterungsbeständigkeit *f*
weave/to 1. weben, verweben; flechten; 2. [sch]wanken; 3. flattern, schlagen *{Tech}*
weave *s.* weave pattern
weave pattern Bindungsbild *n*, Webart *f*, Bindung *f {Text}*
weaving Weben *n*
web 1. Gewebe *n {Text}*; 2. Band *n*, Bahn *f {z.B. Waren-, Stoff-, Papierbahn}*; endlose Bahn *f {Kunst}*; 3. Gurt *m*; 4. Steg *m {z.B. an Profilstählen, Eisenbahnschienen}*; 5. Aussteifung *f*, Verstärkungsrippe *f*; 6. Netz *n {Spinnennetz}*; 7. Schwimmhaut *f {Zool}*
web dryer Bahnentrockner *m {Text, Pap}*
web-like material bahnenförmiges Material *n*
web scrap Folienbahnabfall *m*, Stanzgitterabfall *m*, Stanzgitter *n*
web-shaped material bahnenförmiges Material *n*

web-type material bahnenförmiges Material *n*
webbing 1. Gurtbandgewebe *n {Text}*; 2. Schwimmhaut *f*
weber Weber *n {SI-Einheit des magnetischen Flusses, 1 Wb = 1 V·s}*
webnerite Webnerit *m {obs}*, Andorit *m {Min}*
websterite Websterit *m {obs}*, Aluminit *m {Min}*
wedelic acid Wedelsäure *f*
wedelolactone Wedelolacton *n*
wedge/to festkeilen, verkeilen, festklemmen; stopfen, zwängen
wedge Keil *m*
wedge belt *s.* wedge-type V-belt
wedge bolt Stellkeil *m*, Keilschraube *f*
wedge diaphragm Keilblende *f*
wedge filter Keilfilter *n {Nukl}*; Graufilter *n {Opt}*
wedge gate valve Keilschieber *m*, Keilschieberventil *n*
wedge inlet Keileinguß *m*
wedge-like keilförmig
wedge photometer Graukeilphotometer *n*
wedge polarimeter Keilpolarimeter *n*
wedge pyrometer Keilpyrometer *n*
wedge-shaped keilförmig
wedge spectrograph Keilspektrograph *m*
wedge-type flat slide valve Keilflachschieber *m*
wedge-type V-belt Schmalkeilriemen *m*
wedge-wire screen Profildrahtsieb *n*
neutral wedge Neutralkeil *m*, Graukeil *m {Opt, Photo, Phys}*
Wedge roaster Wedge-Ofen *m*, Mehretagenröster *m* nach Wedge *{Met}*
Wedgwood [ware] Wedgwoodware *f*, Basaltsteingut *n*, Wedgewood-Steingut *n*
weed Unkraut *n {Bot}*
weed killer Unkrautbekämpfungsmittel *n*, Unkrautvertilgungsmittel *n*, Herbizid *n*
weedicide *s.* weed killer
weekly time switch Wochenschaltuhr *f*
weep hole 1. Tropfloch *n*, Feuchtigkeitsloch *n {Gieß}*; 2. Sickerschlitz *m {Wasser}*; 3. Entwässerungsloch *n*, Dränageöffnung *f*
weft 1. Einschlagfaden *m*, Schußfaden *m*, Schußgarn *n {Weben}*; 2. Schuß *m*, Einschuß *m {Weben}*
weft-knitted fabric Kulier[wirk]ware *f {Text}*
wehrlite Wehrlit *m*, Spiegelglanz *m {obs}*, Pilsenit *m {Min}*
weibullite Selenbleiwismutglanz *m {obs}*, Weibullit *m {Min}*
weigh/to 1. wägen *{eine Masse feststellen}*; wiegen, abwiegen *{einer Masse}*; 2. erwägen
weigh again/to nachwiegen, nachwägen
weigh in/to einwiegen
weigh out/to einwiegen
weigh wrong/to sich verwiegen
weigh cell Wägezelle *f*
weigh feeder Dosierwaage *f*
weigh feeding Waagedosierung *f*, Gewichtsdosierung *f*
weigh tank Dosierbehälter *m*
weighability Wägbarkeit *f*
weighable wägbar, ponderabel
weighable amount wägbare Menge *f*
weighbridge Brückenwaage *f*, Plattformwaage *f*; Abfüllwaage *f {Massengutwaage}*
weighed portion Einwaage *f*
weighed sample Einwaage *f*
weigher Waage *f*, Großwaage *f {für Massengut}*
weighing 1. Wäge-; 2. Wägen *n*, Wägung *f {eine Masse feststellen}*; Verwiegung *f {Abwiegen}*
weighing accuracy Wägegenauigkeit *f*
weighing and filling machine Abfüllwaage *f*
weighing and measuring machine Dosimeter *n*
weighing appliance Wägevorrichtung *f*
weighing basin Waagschale *f*
weighing boat Wägeschiffchen *n {Lab, Anal}*
weighing bottle Wägefläschchen *n*, Wägeglas *n {Lab, Anal}*
weighing buret[te] Wägebürette *f {Lab, Anal}*
weighing compartment Wägeraum *m*
weighing container Wägebehälter *m*
weighing device Wägevorrichtung *f*, Wägeeinrichtung *f*, Waage *f*
weighing dish Waagschale *f*
weighing equipment Verwiegeanlage *f*, Wägeeinrichtungen *fpl*
weighing error Wägefehler *m*, Wägungsfehler *m*
weighing-in spoon Einwägelöffel *m*
weighing machine Wägemaschine *f*, Straßenwaage *f*, Tafelwaage *f*, Brückenwaage *f*, Wippe *f*
weighing machine for belt conveyors Förderbandwaage *f*
weighing machine for suspended telpher lines Hängebahnwaage *f*
weighing mechanism Wägemechanismus *m*
weighing method Wägeverfahren *n*, Wägemethode *f {Gasanalyse}*
weighing pig Wägeschweinchen *n {Anal}*
weighing pipet[te] Wägepipette *f {Lab, Anal}*
weighing platform Wägeplattform *f*
weighing range Wägebereich *m*, Wiegebereich *m {einer Waage}*
weighing room Wägezimmer *n*
weighing system Wägeanlage *f*
weighing table Wägetisch *m*
weighing tank Wägegefäß *n*; Tankwaage *f*
weighing tube Wägeröhre *f*, Wägeröhrchen *n {Anal, Lab}*
alumin[i]um weighing boat Wägeschiffchen *n* aus Aluminium *{Lab, Anal}*
rapid weighing Schnellwägen *n*

weight/to belasten, beschweren
weight 1. Gewicht *n*, Gewichtsstück *n {Lastenausgleich}*; Wägestück *n {Körper von bestimmter Masse}*; 2. Masse *f {in N}*; 3. Gewichtskraft *f {in kp}*; 4. Stellenwert *m*, Gewicht *n {einer Zahl}*; 5. Wichtungsfaktor *m*, Gewichtsfaktor *m*, Gewicht *n {Statistik}*
weight alcoholometer Gewichtsalkoholometer *n*
Weight and Measure Regulation Eichordnung *f*
weight arm Lastarm *m*
weight average Massemittel *n*, Gewichtsmittel *n*
weight-average degree of polymerization massegemittelter Polymerisationsgrad *m*
weight-average molecular weight massegemittelte Molekülmasse *f {Polymer}*
weight barometer Quecksilber-Gewichtsbarometer *n*
weight batching Gewichtsdosierung *f*
weight belt feeder Bandwaage *f*
weight buret[te] Wägeburette *f {Anal}*
weight change Masse[n]änderung *f*, Gewichtsänderung *f {obs}*
weight concentration Gewichtskonzentration *f {obs}*, Massekonzentration *f {in kg/m^3}*
weight content Gewichtsanteil *m {obs}*, Masseanteil *m*
weight control Gewichtskontrolle *f*
weight density Masse[n]dichte *f {in kg/m^3}*
weight equivalence Äquivalentgewicht *n*
weight error Wägefehler *m*
weight feeder Masse[n]dosiervorrichtung *f*, Masse[n]dosier[zuführ]einrichtung *f*, Dosiervorrichtung *f* nach Masse
weight feeding Masse[n]dosierung *f*
weight feeding device *s.* weight feeder
weight frequency distribution Gewichtsverteilungsdichte *f*
weight gain Gewichtszunahme *f*, Gewichtserhöhung *f*, Masse[n]zunahme *f*
weight in air Handelsgewicht *n*
weight-in quantity Einwaage *f*
weight increase Gewichtszunahme *f*, Gewichtserhöhung *f*, Masse[n]zunahme *f*
weight indicator Gewichtsanzeige *f*
weight-loaded accumulator Gewichtsakkumulator *m {Kunst}*
weight loading Gewichtsbelastung *f*
weight loss Gewichtsabnahme *f*, Gewichtsverlust *m*, Masse[n]verlust *m*
weight of pulp Faser[stoff]masse *f {Pap}*
weight of sample Probegewicht *n*, Einwaage *f*
weight of unit volume Raumgewicht *n {obs}*, Wichte *f*; spezifisches Gewicht *n {in kg/m^3}*
weight-out store Anbruchslager *n*
weight oversize Rückstand *m {Siebklassieren}*
weight per litre Litergewicht *n*
weight per square meter Quadratmetergewicht *n {obs}*, Masse *f* pro Quadratmeter *{Pap}*
weight per unit area Flächengewicht *n {obs}*, flächenbezogene Masse *f {in kg/m^2}*
weight per unit length Längenmasse *f {obs}*, Metermasse *f {obs}*, längenbezogene Masse *f*, Massenbehang *m {in kg/m}*
weight percentage Gewichtsprozent *n*, Gewichtsanteile *mpl*, Gew- % *{obs}*, Masse[n]prozent *n*, Masse[n]anteile *mpl*
weight rate-of-flow meter Durchsatzmeßgerät *n {Schüttgut}*
weight ratio Gewichtsverhältnis *n*, Masse[n]verhältnis *n*
weight-related gewichtsbezogen
weight set Gewichtssatz *m*; Wägesatz *m*
weight taken for analysis Analyseneinwaage *f*
weight unit Gewichtseinheit *f*; Masse[n]einheit *f {in kg}*
weight variation Masse[n]streuung *f*, Gewichtsschwankung *f {obs}*
weight when dry Trockengewicht *n {Lebensmittel}*; Masse *f* im Trockenzustand *f {in kg}*
analysis by weight Gewichtsanalyse *f*
atomic weight Atomgewicht *n {obs}*, relative Atommasse *f*
change in weight Gewichtsänderung *f {obs}*, Masse[n]änderung *f*
combined weight Äquivalentgewicht *n*
constant weight Gewichtskonstanz *f*
decrease in weight Gewichtsabnahme *f {obs}*, Gewichtsverminderung *f {obs}*, Masse[n]abnahme *f*
determination of weight Gewichtsbestimmung *f*, Masse[n]bestimmung *f*
equivalent weight Äquivalenzgewicht *n*
isotopic weight Isotopengewicht *n {obs}*, Nuklidmasse *f*
molecular weight Molekulargewicht *n {obs}*, relative Molekularmasse *f*, relative Molekülmasse *f*
set of weights Gewichtssatz *m*, Wägesatz *m*
specific weight spezifisches Gewicht *n*, volumenbezogene Masse *f {in kg/m^3}*
weighted average gewogenes Mittel *n*, gewichtetes Mittel *n*, gewogener Mittelwert *m*, gewichteter Mittelwert *m {Math}*
weighted base massive Standunterlage *f*
weighted mean particle size gewogene mittlere Teilchengröße *f*
weighted silk beschwerte Seide *f*
weighting 1. Beschweren *n*, Beschwerung *f*, Belastung *f*; 2. Erschwerung *f*, Chargieren *n*, Beschwerung *f {Ausrüstung; Text}*; 3. Gewichtung *f*, Wichtung *f {Statistik}*; 4. Bewertung *f*
weighting agent 1. Erschwerungsmittel *n*,

Beschwerungsmittel *n {Ausrüstung, Text}*; 2. Verschnittmittel *n*, Streckmittel *n*
weighting factor Gewichtsfaktor *m*, Gewichtungsfaktor *m*; Einflußfunktion *f {Math}*
weighting function Gewichtsfunktion *{Math}*
weighting material Beschwerungsmittel *n*, Erschwerungsmittel *n {Text}*
weighting method Beschwerungsverfahren *n*
weighting vessel Beschwerungsküpe *f {Text}*
weighting with metallic salts Metallbeschwerung *f*
weights and measures Maße *npl* und Gewichte *npl*
Weights and Measures Regulations *{GB}* Eichordnung *f*
weighty gewichtig, schwer[wiegend]
weir 1. Wehr *n*; Stauwehr *n {Wasser}*; Meßwehr *n {Wasserabfluß}*; 2. Überlauf *m {Glas}*
Weißenberg effect Weißenberg-Effekt *m {Viskosität, DIN 1342}*
Weissenberg method Weißenberg[-Böhm]-Verfahren *n {Krist}*
Weissenberg rheogoniometer Weißenberg-Rheogoniometer *n*, Kegel-Platte-Rotationsrheometer *n* nach Weißenberg
weissite <Cu_2Te> Weissit *m {Min}*
weld/to schweißen, verschweißen
weld together/to zusammenschweißen
weld 1. Schweißung *f*; 2. Schweißstelle *f*; Schweißnaht *f*; 3. Schweißverbindung *f*
weld affected zone Schweißeinflußzone *f*
weld-bonding [kombiniertes] Schweiß-Kleben *n*
weld-deposited cladding Schweißplattierung *f*, Auftragschweißen *n* von Plattierungen
weld cracking Schweißrissigkeit *f {Rissigkeit in der Grenzzone Naht/Grundwerkstoff}*
weld decay [selektive] Schweißnahtkorrosion *f*, Lotbrüchigkeit *f*
weld deposit Schweißgut *n*
weld-deposited cladding Schweißplattierung *f*
weld filler [metal] Schweißzusatzwerkstoff *m*
weld iron Schweißeisen *n*
weld material Schweißmaterial *n*, Zusatzwerkstoff *m*
weld metal Schweißgut *n {DIN 8572}*
weld powder Schweißpulver *n*
weld steel Schweißstahl *m*
weld stress Schweißeigenspannung *f*
weldability Schweißbarkeit *f*, Verschweißbarkeit *f*
weldable schweißbar
weldable material schweißbarer Werkstoff *m*
weldable plastic schweißbarer Kunststoff *m*
weldable primer Punktschweißlack *m*, elektrisch leitender Lack *m*
weldable steel Schweißstahl *m*
welded geschweißt, verschweißt; Schweiß-
welding 1. Schweißen *n*, Schweißung *f*, Schweißarbeit *f*; 2. Schweißprozeß *m*; 3. Verschweißen *n {von Metallteilchen}*; 4. Fressen *n*, Freßerscheinung *f {Tech}*
welding additive Schweißzusatzwerkstoff *m*
welding base material Schweißgrundwerkstoff *m*, Schweißfügeteilwerkstoff *m*, zu schweißender Werkstoff *m*
welding burner Schweißbrenner *m*
welding coat steel schweißbarer Stahlguß *m*
welding characteristics Schweißbarkeit *f*, Schweißeigenschaften *fpl*
welding compound Schweißmittel *n*
welding electrode Schweißelektrode *f*
welding factor Schweißfaktor *m*
welding filler [metal] Schweißzusatz *m*, Schweißzusatzwerkstoff *m {DIN 1732}*
welding fire Schweißfeuer *n*
welding flame Schweißflamme *f*
welding flux Schweiß[fluß]mittel *n*
welding material Schweißzusatzwerkstoff *m*
welding metal Schweißmetall *n*
welding parent material Schweißgrundwerkstoff *m*, Schweißfügeteilwerkstoff *m*, zu schweißender Werkstoff *m*
welding primer stromleitende schweißbare Grundierung *f*
welding rod Schweißstab *m*, Aufschweißstab *m*, Schweißschnur *f*, Schweiß[zusatz]draht *m*, stabförmiger Schweißzusatzwerkstoff *m*
welding sand Schweißsand *m*
welding solvent Quellschweißmittel *n*
welding steel Schweißstahl *m*
welding suitability Schweißeignung *f*
welding temperature Schweißtemperatur *f*
welding torch Schweißbrenner *m*, Schweißgerät *n*
welding wire Schweißdraht *m*, drahtförmiger Zusatzstoff *m*
autogenous welding autogenes Schweißen *n*
cold welding Kaltschweißen *n*, Hammerschweißen *n*
electric welding elektrisches Schweißen *n*
friction welding Reibschweißen *n*
heated tool welding Heizkeilschweißen *n*
heated wedge welding Heizkeilschweißen *n*
ultrasonic welding Ultraschallschweißen *n*
weldless nahtlos
Weldon process Weldon-Verfahren *n*, Weldonsches Verfahren *n {Cl-Herstellung aus HCl}*
well 1. Brunnen *m*; 2. [verrohrtes] Bohrloch *n*, Bohrung *f*, Sonde *f {Erdöl}*; Schacht *m {Bergbau}*; 3. Schutzrohr *n*, Tauchrohr *n {z.B. eines Thermometers}*; Schutzarmatur *f {Tech}*; 4. Behälter *m*, Zisterne *f*; 5. Vorkammer *f*, Vorkammerraum *m {Tech}*; 6. Quelle *f*; 7. Mulde *f*, Vertiefung *f*; 8. Treppenhaus *n {Bau}*

well brine Quellsole *f*
well-cooked pulp weich[gekocht]er Zellstoff *m*, heruntergekochter Zellstoff *m* *{Pap}*
well-defined eindeutig, wohldefiniert, genau abgegrenzt
well-estabilished feststehend
well-formed wohlausgebildet
well-formulated lubricant passend zusammengestelltes Schmiermittel *n*, einsatzorientiertes Schmiermittel *n*
well-milled schmierig gemahlen *{Pap}*
well-ordered übersichtlich, wohlgeordnet
well salt Quellsalz *n*
well-seasoned abgelagert, trocken *{Holz}*
well-shaped wohlausgebildet
well-tested erprobt
well-type furnace Brunnenfeuerung *f*
well water Brunnenwasser *n*, Quellwasser *n*
wellhead 1. Bohrlochkopf *m* *{Erdöl}*; 2. Brunnenkopf *m* *{Wasser}*
wellsite Wellsit *m* *{Min}*
Welsbach burner Glühbrenner *m*, Auerbrenner *m*
Werner complex Werner-Komplex *m*, Wernerscher Komplex *m* *{Valenz, Stereochem}*
Werner-Pfleiderer mixer Werner-Pfleiderer-Kneter *m*, Werner-Pfleiderer-Innenmischer *m* *{Mischer mit Z-Schaufel}*
wernerite Wernerit *m*, Skapolith *m* *{Min}*
Wessely's anhydride Wesselys Anhydrid *n*
western blotting Western-Blotting *n* *{radioaktiv markiertes Protein-Elektropherogramm}*
Weston cell *s.* Weston normal cell
Weston normal cell Weston-Normalelement *n*, Weston-Standardelement *n*, Normalelement *n*, Weston-Element *n* *{Hg/Cd/CdSO₄; 1,018636 V bei 20 °C}*
Weston standard element *s.* Weston normal cell
Westphal balance Westphalsche Waage *f*, Mohr-Westphalsche Waage *f* *{Senkwaage zur Dichtebestimmung}*
wet/to [be]netzen, anfeuchten, befeuchten, nässen, naß machen; bewässern; einsumpfen *{Keramik}*
wet 1. feucht, naß; 2. Nässe *f*
wet abrasion resistance Naßscheuerfestigkeit *f*, Waschfestigkeit *f* *{Lack}*
wet adhesive Naßkleber *m*
wet ag[e]ing Naßalterung *f*, Alterung *f* unter Wassereinfluß
wet air Naßluft *f*
wet air oxidation 1. Naßoxidation *f* *{als natürlicher Vorgang}*; 2. Naßverbrennung *f*, Naß-Luft-Verbrennung *f* *{von Abprodukten}*
wet air pump Naßluftpumpe *f*
wet alarm valve Naßalarmventil *n*
wet analysis Naßanalyse *f*, Analyse *f* auf nassem Wege
wet-and-dry bulb thermometer Psychrometer *n*, Verdunstungsmesser *m*, Luftfeuchtemesser *m*
wet application Naßauftragung *f*, Naßauftrag *m*
wet ash Naßasche *f*
wet-ash removal Naßentaschung *f*
wet ashing Naßveraschung *f* *{Anal, mit HNO_3/H_2SO_4}*
wet assay Naßprobe *f*, nasse Probe *f* *{Met, Chem}*
wet battery Naßbatterie *f* *{Elek}*
wet binder flüssiges Bindemittel *n*
wet bleach Naßbleiche *f*
wet bonding Naßverklebung *f*
wet-bonding strength Naßfestigkeit *f* *{Klebverbindung}*
wet-bulb hygrometer *s.* wet-and-dry bulb thermometer
wet-bulb temperature Kühlgrenztemperatur *f*, Feuchtkugeltemperatur *f*, Temperatur *f* des feuchten Thermometers
wet-bulb thermometer feuchtes Thermometer *n*
wet catalysis process Naßkatalyseverfahren *n*
wet cell Füllelement *n*, Naßelement *n*, nasse Zelle *f* *{Chem, Elek}*
wet chemical analysis Naßanalyse *f*
wet chemical separation process naßchemisches Trennverfahren *n*
wet classifier Naßklassierer *m*, Hydroklassierer *m*
wet classifying nasse Klassierung *f*, Naßklassierung *f*
wet cleaning 1. Naßaufbereitung *f*, naßmechanische Aufbereitung *f* *{Erz}*; 2. Naßreinigung *f*, Waschen *n* *{in Wasser}*
wet collector Naßabscheider *m*, Wäscher *m*, Wascher *m*, Skrubber *m*
wet combustion Naßverbrennung *f* *{Abprodukt}*
wet compression Naßkompression *f*, nasse Kompression *f*
wet-contact process Naßkatalyseverfahren *n*
wet crushing Naßzerkleinerung *f*, Naßmahlung *f*
wet corrosion Naßkorrosion *f*, Korrosion *f* durch Feuchtigkeit *f*
wet dressing 1. Naßaufbereitung *f*; 2. Naßbeize *f*
wet edge time offene Zeit *f* *{Lack}*
wet enamelling Naßemaillierung *f*
wet end Naßpartie *f* *{Pap}*
wet end starch Rohstärke *f*, Grünstärke *f*
wet fastness Naßfestigkeit *f*, Naßechtheit *f* *{Text}*

wet-fastness testing apparatus Feuchtbeständigkeitsprüfgerät *n {Text}*
wet feed Naßgut *n*, Feuchtgut *n {zu trocknendes Naßgut}*
wet feed inlet Naßgutzuführung *f*
wet film Naßfilm *m {Anstrich}*
wet film thickness Naßfilmdicke *f*, Naßschichtdicke *f {Anstrich}*
wet film viscosity Naßfilmviskosität *f*
wet filter Naßfilter *n*
wet finishing Naßappretur *f {Text}*
wet fog Sprühnebel *m*, Nebelniederschlag *m*, nässender Nebel *m*
wet gas 1. Naßgas *n*, nasses Gas *n*; 2. nasses Erdgas *n*, feuchtes Erdgas *n*, kondensatreiches Gas *n*
wet granulator Feuchtgranulator *m*
wet grinding 1. Naßzerkleinerung *f*, Naß[ver]mahlung *f*, Feuchtmahlen *n*; 2. Naßschliff *m*
wet grinding mill Naßmühle *f*, Naßmahlgang *m*
wet heat shrinking Naßhitzeausschrumpfung *f*
wet-in-wet method Naß-in-Naß-Verfahren *n*
wet lamination Naßkaschieren *n*
wet litharge Fließglätte *f*
wet metallurgy Naßmetallurgie *f*, Hydrometallurgie *f*
wet milling Naß[ver]mahlen *n*, Naß[ver]mahlung *f*
wet milling machine Naßmahlmaschine *f*
wet mo[u]lding Naßpressen *n {Laminate}*
wet-out Imprägnierung *f*
wet-out spraying Naßspritzen *n*, Spritzen *n* von flüssigen Stoffen
wet oxidation 1. Naßoxidation *f {natürlicher Vorgang}*; 2. Naßverbrennung *f {Abprodukte}*
wet peat Naßtorf *m*
wet picking Naßsortierung *f*
wet pressing Naßpressen *n*, plastisches Pressen *n {Keramik}*
wet process 1. Naßverfahren *n*, nasses Verfahren *n*; 2. Naßaufbereitung *f*
wet-process phosphoric acid Naßphosphorsäure *f*, Phosphorsäure *f* aus Naßaufschluß
wet-process room Naßraum *m*
wet processing 1. Naßaufbereitung *f*; 2. Naßbehandlung *f*; Naßappretur *f {Text}*
wet product Feuchtgut *n*, Naßgut *n {Trocknen}*
wet puddling Naßpuddeln *n*
wet purification Naßreinigung *f*
wet refining Naßraffination *f {Erdöl}*
wet rot Kellerschwamm *m*, Naßfäule *f*
wet rub fastness Naßwischfestigkeit *f*, Naßreibechtheit *f*
wet salting Naßpökeln *n*, Naßpökelung *f {Lebensmittel}*
wet screening Naßsieben *n*
wet scrub resistance Naßabriebfestigkeit *f*
wet scuffing resistance Naßabriebfestigkeit *f*
wet separation Naßabscheidung *f*
wet sieving Naßsiebung *f*
wet solution mixer nasser Gummilösungsmischer *m*
wet spinning Naßspinnen *n*, Naßspinnverfahren *n*
wet stamp mill Naßpochwerk *n*
wet state Naßzustand *m*
wet steam Naßdampf *m*, nasser Dampf *m*, Sattdampf *m*
wet-steam cylinder oil Naßdampfzylinderöl *n*
wet steam fog-cooled reactor Reaktor *m* mit Naßdampfnebelkühlung
wet stock Naßgut *n*, Feuchtgut *n {zu trocknendes Naßgut}*
wet stoving bath reduzierendes Bleichbad *n {Text}*
wet strength Naßfestigkeit *f {z.B. von Klebverbindungen}*; Naßechtheit *f {Text}*
wet-strength agent Naßfestmittel *n*
wet-strength resin feuchtigkeitsbeständiges Harz *n*, Naßfestleim *m*, Kunstharz *n* zur Naßfestleimung
wet-strength value Naßfestigkeitswert *m*
wet tack Naßklebrigkeit *f*
wet-tack-adhesive Naßklebstoff *m*
wet tenacity Naßreißfestigkeit *f {Text}*
wet tensile strength Naßreißfestigkeit *f*, Naßzugfestigkeit *f*
wet treatment 1. Naßbehandlung *f*; 2. Naßbeize *f*, Naßbeizung *f*
wet tumbling barrel nasse Putztrommel *f*
wet-type dust collector Naßentstauber *m*
wet vacuum pump Flüssigkeitsvakuumpumpe *f*
wet vapour Naßdampf *m*
wet waxing Wachsmengeneinarbeiten *n {in Oberflächen}*
wet weight Feuchtgutmasse *f*, Masse *f* des feuchten Stoffes
fast to wet treatment naßecht
fastness to wet treatment Naßbehandlungsechtheit *f*
wetness 1. Feuchtigkeit *f*, Nässe *f*; 2. Schmierigkeit *f {Pap}*
degree of wetness Feuchtigkeitsgehalt *m*
wettability Benetzbarkeit *f*, Netzbarkeit *f*
wettability angle Randwinkel *m*, Benetzungswinkel *m*
wettability test Benetzungsprüfung *f*
wettable benetzbar, netzbar
wetted surface benetzte Oberfläche *f*
wetted-wall column Dünnschichtkolonne *f*, Fallfilmkolonne *f*, Naßwandkolonne *f*, Rieselfilmkolonne *f {Dest}*
wetted-wall tower Rieselfilm-Destillationsturm *m*

wetting 1. Anfeuchten *n*, Befeuchten *n*, Naßmachen *n*, Benässen *n {DIN 53387}*; 2. Benetzen *n*, Benetzung *f*, Netzen *n*
wetting agent Benetzungsmittel *n*, Netzmittel *n*, Benetzer *m*; Entspannungsmittel *n {Tech}*
wetting agent for mercerizing Merzerisiernetzmittel *n*, Mercerisierungsnetzmittel *n*
wetting agent solution Netzmittellösung *f*
wetting angle Benetzungswinkel *m*, Randwinkel *m*, Kontaktwinkel *m {0 °- °90}*
wetting apparatus Feuchtapparat *m*, Feuchter *m*, Befeuchter *m*, Feuchteinrichtung *f*
wetting characteristics Netzeigenschaften *fpl*
wetting drum Befeuchtungstrommel *f*
wetting force Benetzungfähigkeit *f*, Netzfähigkeit *f*
wetting out Durchtränken *n*
wetting powder Benetzungspulver *n*
wetting power Benetzungskraft *f*, Netzvermögen *n*, Netzkraft *f*, Benetzungvermögen *n*, Benetzungsfähigkeit *f*
wetting properties Benetzungseigenschaften *fpl*
fastness to wetting Naßechtheit *f*
heat of wetting Benetzungswärme *f*
whale Wal *m {Zool}*
whale oil Waltran *m*, Walöl *n*
wheat Weizen *m {Triticum}*
wheat bran Weizenkleie *n*, Weizennachmehl *n*
wheat flour Weizenmehl *n*
wheat germ oil Weizenkeimöl *n*
wheat malt Weizenmalz *n*
wheat starch Weizenstärke *f*
wheat straw Weizenstroh *n*
wheat [straw] pulp Weizenstrohzellstoff *m*
Wheatstone bridge Wheatstone-Brücke *f {Elek}*
wheel diaphragm Revolverblende *f*
wheel grease Wagenschmiere *f*
wheel ore Rädelerz *n*, Bournonit *m {Min}*
wheel rolling mill Räderwalzwerk *n*
wheelbarrow Schiebkarren *m*, Schubkarre *f*
wheelwork Räderwerk *n*, Getriebe *n*
whetstone Schleifstein *m*, Wetzstein *m*, Abziehstein *m*
whewellite Whewellit *m {Min}*
whey Käsewasser *n*, Molke *f*, Milchserum *n*
whey butter Molkenbutter *f*
whey cheese Magerkäse *m*
whey powder Trockenmolke *f*, Molkenpulver *n*
whey protein Molkenprotein *n*, Milchserumeiweiß *n*
whip/to schlagen *{Schaum}*; zusammenbinden, zusammenheften
whipper Quirl *m*
whirl/to wirbeln; [sich] drehen
whirl up/to aufwirbeln
whirl 1. Wirbel *m*, Verwirbelung *f*; 2. Strudel *m*, Wasserstrudel *m*, Wasserwirbel *m*
whirl burner Wirbelbrenner *m*
whirl gate Kreisel *m*, Schaumtrichter *m*; Wirbeleinguß *m {Gieß}*
whirl point Wirbelpunkt *m {Wirbelsintern}*
whirl sintering Wirbelsintern *n*
whirl sorting plant Wirbelsichter *m*
whirl stabilization Wirbelstabilisierung *f*
whirling hygrometer Schleuderpsychrometer *n*
whirling psychrometer Schleuderpsychrometer *n*
whirling stream Wirbelstrom *m*
whirling thermometer Schleuderthermometer *n*
whisk/to [schaumig, heftig] schlagen
whisker Whisker *m*, Faserkristall *m*, Nadelkristall *m*, Haarkristall *m*, fadenförmiger Einkristall *m*, Einkristallfaden *m*
whiskey Whisky *m {Irland, US}*
whisking machine Schaumschlagmschine *f*, Schlagmaschine *f {Gummi}*; Feinzeugholländer *m*, Ausklopfmaschine *f {Pap}*
whisky Whisky *m {Canada, Schottland}*
white 1. weiß; 2. Weiß *n*; 3. Eiweiß *n*
white acid Glasätzsäure *f {NH_4HF/HF-Mischung}*
white aluminium Weißaluminium *n*
white antimony Antimonblüte *f*, Valentinit *m {Min}*; Antimon(III)-oxid *n*, Antimontrioxid *n*
white arsenic Weißarsenik *n*, weißes Arsenik *n*, Arsentrioxid *n*, Arsen(III)-oxid *n*; Arsenblüte *f*, Arsenikblüte *f*, Arsenolith *m {Min}*
white blood corpuscule weißes Blutkörperchen *n*, Leukozyt *m*
white bole Porzellanerde *f*, Kaolin *n*, weißer Ton *m*, reiner Ton *m*, China Clay *n m*
white brass Weißmessing *n*
white break Weißbruch *m {PVC}*
white carbon [black] Quarzpulver *n*, Weißruß *m {Gummi}*
white cast iron weißerstarrtes Gußeisen *n*, weißes Gußeisen *n*, Weißguß *m*, Hartguß *m {Met}*
white caustic <NaOH> Ätznatron *n*, Natron *n*, Natriumhydroxid *n {IUPAC}*, Sodastein *m*
white cement weißer Zement *m*
white copper Neusilber *n*
white crystals Kristallzucker *m*, Sandzukker *m*, Streuzucker *m*
white discharge Weißätze *f*, Ätzweiß *n*, Weißätzung *f {Text}*
white finish Weißlack *m*, Klarlack *m*
white French polish weiße Schellackpolitur *f*, gebleichte Schellackpolitur *f*
white frost Rauhreif *m*
white glass Opalglas *n {ein Trübglas}*
white gold Weißgold *n {1. 90 % Au, 10 % Pd; 2. 59 % Ni, 41 % Au}*
white goods 1. Weißware *f*, Weißzeug *n*

{Text}; 2. *{US}* Weißgeräte *npl*, weiße Ware *f* *{z.B. Kühlschränke}*
white-heart melleable cast iron Weiß[kern]guß *m*, weißer Temperguß *m* *{Met}*
white-heat/to weißglühen
white heat Weißglühhitze *f*, Weißglut *f*; Weißglühen *n* *{> 1200 °C}*
white-hot weißglühend *{> 1200 °C}*
white iron pyrite *s.* marcasite
white lac gebleichter Schellack *m*
white lead 1. Bleiweiß *n*, Carbonatbleiweiß *n* *{Bleihydroxidcarbonat}*; 2. Weißbleierz *n* *{obs}*, Cerussit *m* *{Min}*
white lead paint Bleiweißfarbe *f*
white lead pigment Bleiweißpigment *n*
white lead putty Bleiweißkitt *m*
white level indictor Weißgehaltmesser *m*
white lime Weißkalk *m*
white liqour Weißlauge *f*, Frischlauge *f* *{Pap}*
white litharge gelbe Glätte *f*, Silberglätte *f*
white metal 1. Weißmetall *n*, Lagerweißmetall *n* *{Metall zum Ausgießen von Lagern}*; 2. Spurstein *m* *{Fe-freier Kupferstein mit > 75 % Cu}*
white nickel $<NiAs_2>$ Arsen-Nickeleisen *n* *{obs}*, Rammelsbergit *m* *{Min}*
white oil Weißöl *n*, Paraffinöl *n* *{hochraffinierte, wasserklare Mineralölfraktion}*
white petrolatum Alvolen *n*
white phosphorous grenade Phosphorgranate *f*
white pickling Nachbeize *f*
white pickling bath Nachbeizbad *n*
white pig iron Weißguß *m*, weißes Roheisen *n*
white pigment Weißpigment *n*
white pigment powder Weißpigment-Pulver *n*
white point temperature Weißpunkttemperatur *f*
white precipitate weißes Präzipitat *n* *{1. schmelzbares: $Hg(NH_3)_2Cl_2$; 2. unschmelzbares: $Hg(NH_2)Cl$}*
white precipitate ointment Quecksilberpräzipitatsalbe *f*
white product Weißprodukt *n*, weißes Produkt *n*, helles Produkt *n* *{Erdöl}*
white rot Weißfäule *f* *{Korrosionsfäule}*
white rotting fungus Weißfäulepilz *m* *{Phanerochaete chrysosporium}*
white [rubber] substitute weißer Faktis *m*
white silver ore Weißgültigerz *n* *{Min}*
white souring bath weißes Säurebad *n* *{Text}*
white spirit White Sp[i]rit *m*, Lackbenzin *n*, Testbenzin *n* *{DIN 51632}*, Schwerbenzin *n*, Mineralterpentinöl *n* *{Farb}*
white vitriol $<ZnSO_4{\cdot}7H_2O>$ Zinkvitriol *n*, Goslarit *m* *{Min}*
white water 1. Sieb[ab]wasser *n*, Kreidewasser *n* *{Abwasser der Papierfabrikation}*; 2. Kreislaufrückwasser *n*, Rück[lauf]wasser *n*

whiten/to bleichen, entfärben, weißen, weiß machen; weiß werden
whiteness 1. Weiße *f*, Weiß[heits]grad *m* *{Pap, Farb}*; 2. Weißanteil *m*, Weißgehalt *m* *{einer Farbe}*; 3. Weißklasse *f*
whiteness retention Weißtonerhaltung *f*, Weißbeständigkeit *f* *{Text}*
whitening 1. Weißen *n*, Weißfärben *n*, Bleichung *f*, Erhöhung *f* des Weißgehaltes; 2. Weißtrübung *f* *{Belag in PVC-Blasformkörpern}*; 3. Tünche *f* *{Kalkfarbe}*
siliceous whitening Kieselweiß *n*
whitestone Granulin *m* *{Min}*
whitewash/to kalken, [über]tünchen, weißen, weißeln
whitewash 1. geschlämmte Kreide *f*, Kalkmilch *f* *{Agri}*; 2. Kalkanstrich *m*, Tünche *f* *{Kalkfarbe}*; 3. Sulfatblase *f* *{Glasfehler}*
whitewash paint Kalkfarbe *f*
whitewashing 1. Tünchen *n*, Weißeln *n*; 2. unvollständige Verchromung *f*
whiting [fein] gemahlene Kreide *f*; Kalktünche *f*, Kreidegrung *m*, Schlämmkreide *f* *{Farb}*
whitish weißlich
whitneyite Whitneyit *m* *{Min}*
Whitworth [screw] thread *{GB}* Whitworth-Gewinde *n*
whiz/to 1. zischen, sausen; 2. *{US}* schleudern, zentrifugieren
whizzer 1. Schleuder *f*, Zentrifuge *f*; Zentrifugaltrockenmaschine *f*, Schleudertrockner *m*; 2. Streuwindsichter *m*, Turbosichter *m*, Umluftsichter *m*
whole 1. ganz; vollständig; unzerstoßen; heil; 2. Ganze *n*, Gesamtheit *f*
whole body dose Ganzkörperdosis *f*
whole kernel corn Vollkorngetreide *n*
whole leaves ganze Blätter *npl*, unzerstoßene Blätter *npl* *{Pharm}*
whole milk Vollmilch *f*
whole milk powder Vollmilchpulver *n*
whole tire reclaim Ganzreifenregenerat *n*
wholesale Großhandel *m*
wholesale manufacturing Massenherstellung *f*
wick Docht *m*
wick ignition Dochtzündung *f*
Wickbold combustion method Wickbold-Verbrennungsverfahren *n* *{zur Schwefegehalt-Bestimmung in Mineralölerzeugnissen}*
wicket 1. Pförtchen *n*, kleine Tür *f*; 2. gemauerte Ofentür *f*; 3. Abschließwand *f* *{Keramik}*; 4. Schalterfenster *n*
wicking Dochtwirkung *f* *{Kabel, Text}*
wicking action Saugwirkung *f*
widdrene $<C_{15}H_{24}>$ Thujopsen *n*, Widdren *n*
wide breit, weit; weitgehend, weitreichend
wide-angle X-ray pattern Weitwinkelaufnahme *f* *{Krist}*

wide-angle[d] weitwink[e]lig, breitwinklig; Weitwinkel-
wide-aperture objective lichtstarkes Objektiv *n*
wide-band amplifier Breitbandverstärker *m*
wide-band filter Breitbandfilter *n*
wide-bore capillary weite Kapillarsäule *f* *{Chrom}*
wide-bore capillary gas chromatography Weitkapillaren-Gaschromatographie *f*
wide-flanged breitflanschig
wide-mesh[ed] weitmaschig *{Sieb}*
wide-mouth[ed] weithalsig; Weithals-
wide-mouthed bottle Pulverglas *n*, weithalsige Flasche *f*, Weithalsflasche *f* *{Chem}*
wide-neck[ed] weithalsig; Weithals-
wide-necked bottle weithalsige Flasche *f*, Weithalsflasche *f* *{Chem}*
wide-necked flask Weithalskolben *m* *{Chem}*
wide-necked glass Weithalsglas *n*, Glasdose *f* *{Pharm}*
wide-necked pore Weithalspore *f*
wide-ranging breitgefächert
wide-spread breitgefächert, weitausgebreitet, weitverbreitet
wide-stemmed funnel Pulvertrichter *m*
widen/to weiten, ausweiten, erweitern, verbreitern
widening Verbreiterung *f*, Weiten *n*, Aufweiten *n*
width 1. Breite *f*, Weite *f*; 2. Bahn *f* *{z.B. Stoff-, Warenbahn}*; 3. Dicke *f* *{Breite der Drucktype}*
width control [mechanism] Breitenregelung *f*, Breitensteuerung *f*, Breitenregulierung *f*
width in the clear lichte Weite *f*
width of clearance Spaltweite *f*
width of field Bildfeldgröße *f*
width of hole Lochweite *f*
width of mesh Maschenweite *f*
width of spectral line Linienbreite *f*
inner width lichte Weite *f*
overall width Gesamtbreite *f*
Wiedemann-Franz's law Wiedemann-Franzsches Gesetz *n*
Wiedemann's additivity law Wiedemannsches Gesetz *n* der Suszeptibilitätsaddition
Wieland-Gumlich aldehyde <$C_{19}H_{22}N_2O_2$> Wieland-Gumlich-Aldehyd *m*, Karakurin VII *n* *{19,20-Didehydro-17,18-epoxycuran-17-ol}*
Wien constant Wiensche Konstante *f* *{= 2,898 mm·K}*
Wien shift Wiensche Verschiebung *f* *{Phys}*
Wien's displacement law Wiensches Verschiebungsgesetz *n*, Verschiebungssatz *m* nach Wien, Wiensche Formel *f*
Wien's radiation law 1. Wiensches Strahlungsgesetz *n*; 2. *s.* Wien's displacement law; 3. Wiensches Verteilungsgesetz *n*
Wigner growth Wachsen *n* durch Wigner-Effekt *{Graphit}*
Wigner nuclides Spiegelnuklide *npl* *{ug-gu-Isobarenpaar}*
Wijs [iodine] number Wijs-Iodzahl *f* *{Erdöl}*
Wijs reagent Wijs-Reagens *n* *{ICl/I_2 in Eisessig}*
Wijs solution *s.* Wijs reagent
wild wildwachsend, wild *{Pflanze}*; scheu *{Tier}*; stürmisch; wild
wild cherry wilde Kirsche *f* *{Prunus virginiancia}*
wild fermentation Spontangärung *f*
wild ginger Asarum *n*
wild indigo Färberwald *m* *{Baptisiat}*
wild mint wilde Minze *f* *{Mentha canadensis}*
wild oats Flughafer *m* *{Bot}*
wild steel unberuhigter Stahl *m*
wild thyme Quendel *m* *{Bot}*
wild woad Färbergras *n* *{Bot}*
wild yeast wilde Hefe *f*, Wildhefe *f*
wilkinite Bentonit[ton] *m* *{Füllstoff}*
willemite Willemit *m* *{Min}*
willow 1. Weide *f* *{Salix spp.}*; 2. Haderndrescher *m* *{Pap}*; 3. Klopfwolf *m* *{Pap, Text}*; 4. Zerreißmaschine *f*, Reißwolf *m* *{Text}*
willow bark Weidenborke *f*, Weidenrinde *f*
willyamite Willyamit *m*, Kobalt-Ullmannit *m* *{Min}*
Wilson cloud chamber Wilson-Kammer *f*, Wilsonsche-Nebelkammer *f*
Wilson seal Wilson-Dichtung *f* *{Vak}*
wiltshireite Wiltshireit *m* *{obs}*, Rathit *m* *{Min}*
winch Winde *f*; Haspel *f*, Hebehaspel *f*, Förderhaspel *f* *{Bergbau}*
winch [dyeing] beck Haspelkufe *f* *{Text}*
Winchester disk Festplatte *f*, Winchester-Plattenspeicher *m* *{EDV}*
wind/to 1. [sich] winden, schlängeln; 2. drehen, aufziehen; aufrollen, [auf]wickeln *{Pap}*; haspeln, spulen, winden *{z.B. Garn}*; 3. [sich] auflösen *{Geschäft}*
wind around/to umwickeln
wind off/to abwickeln, abrollen; abhaspeln, abspulen
wind on/to aufwickeln
wind up/to 1. aufwickeln, aufrollen *{Pap}*; aufhaspeln, aufspulen, aufwinden *{z.B. Garn}*; 2. hochziehen, [her]aufziehen, hochwinden; 3. abschließen *{Geschäft}*
wind 1. Wind *m*; 2. Blähungen *fpl* *{Med}*; 3. Umschlingung *f* *{Magnetband}*
wind box Windkasten *m* *{Stahlkonverter}*; Saugkasten *m*, Saugkammer *f* *{Sinterapparat}*
wind-drying Windtrocknung *f*
wind force Windstärke *f*

wind furnace Blasofen *m*, Windofen *m*, Zugofen *m*
wind ga[u]ge Anemometer *n*, Wind[geschwindigkeits]messer *m*
wind-sifted windgesichtet
wind sifter Windsichter *m*
wind-tunnel balance aerodynamische Waage *f*, Windkanalwaage *f*
wind-up 1. Wickelanlage *f*, Wickeleinheit *f*, Wickelmaschine *f*, Wickler *m*, Wickelwerk *n* *{Tech}*; Aufwickeleinrichtung *f*, Aufrollung *f*, Aufwicklung *f*, Aufwickelanlage *f*; Aufspulvorrichtug *f {z.B. für Garn}*; Winder *m {Photo}*; 2. Schluß *m*
wind-up drum Wickeltrommel *f*, Wickelrolle *f* *{Tech}*; Seiltrommel *f {Bergbau}*
wind-up roll Aufwickelwalze *f*
wind velocity indicator Windgeschwindigkeitsmesser *m*

winder 1. Wickelanlage *f*, Wickeleinheit *f*, Wikkelmaschine *f*, Wickelwerk *n*, Wickler *m {Tech}*; 2. Rollmaschine *f*, Aufrollapparat *m*, Roller *m* *{Pap}*; 3. Aufwickelvorrichtung *f*, Aufspulvorrichtung *f {Text}*; Spulmaschine *f {Text}*; 4. Winder *m {Photo}*; 5. Wendelstufe *f*, gewendelte Stufe *f {Bau}*

winding 1. Wicklung *f {Elek}*; 2. Windung *f*; 3. Wickeln *n*, Wickelverfahren *n*; 4. Spulen *n*, Spulerei *f {Text}*
winding device Wickelvorrichtung *f*, Wickler *m {Tech}*; Aufwickelvorrichtung *f {Pap}*; Aufspulvorrichtung *f {z.B. für Garn}*; Winder *m* *{Photo}*
winding engine Förderkran *m*
winding machine 1. Wickelmaschine *f*, Wickelwerk *n*, Wickelanlage *f {Tech}*; 2. Rollmaschine *f*, Aufrollapparat *m {Pap}*; 3. Spulmaschine *f* *{Text}*
winding mandrel Bobine *f*, Wickelkern *m*, Wickelkörper *m {Text}*
winding oil Spulöl *n {Text}*
winding star Wickelstern *m {Text}*
winding tension Wickelspannung *f*, Wickelzug *m*
winding-up device Wickelvorrichtung *f*, Wickler *m {Tech}*; Aufwickelvorrichtung *f {Pap}*; Aufspulvorrichtung *f {z.B. für Garn}*; Winder *m* *{Photo}*
winding-up equipment Wickelanlage *f*, Wikkelvorrichtung *f {Tech}*; Aufwickelapparatur *f* *{Pap}*; Aufspulvorrichtung *f*
winding-up reel Wickelspule *f*, Rolle *f* zum Aufwickeln
bifilar winding bifilare Wicklung *f*
direction of winding Wicklungssinn *m*
dual-strand winding bifilare Wicklung *f*
number of windings Windungszahl *f*

window glass Fensterglas *n {DIN 1249}*

wine Wein *m {Lebensmittel}*
wine body Körper *m* des Weines, Stoff *m* des Weines, Extrakt *m* des Weines
wine content Weingehalt *m*
wine fusel oil Weinfuselöl *n*
wine lees Bodensatz *m*, Geläger *n*
wine lees oil Weinhefeöl *n*, Weinbeeröl *n*, Weinbrandöl *n {Ethylnonanoat, Ethyloctanoat und Decanol}*
wine finig agent Weinschönungsmittel *n*
wine ga[u]ge Weinwaage *f*, Önometer *n*
wine press Kelter *f*, Kelterpresse *f*, Korbpresse *f*, Traubenpresse *f*
wine-red Weinrot *n {Farbe}*
wine spiced with cloves Nägeleinwein *m*
wine spirit <C_2H_5OH> Weingeist *m {Triv}*, Weinspiritus *m {Triv}*, Ethanol *m*, Ethylalkohol *m*
wine stone roher Weinstein *m*, Kaliumhydrogentartrat *n*
wine stones oil Weintraubenkernöl *n*, Traubenkernöl *n*
wine vinegar Weinessig *m*
wine yeast Weinhefe *f*
adulteration of wine Weinfälschung *f*
calcined wine less Drusenasche *f*
camphorated wine Campherwein *m*
containing wine weinhaltig
medicated wine Kräuterwein *m*, Würzwein *m*
red wine Rotwein *m*
sour wine Sauerwein *m {Essigsäuregärung}*
spiced wine Würzwein *m*
white wine Weißwein *m*

wing 1. Flügel *m*; 2. Tragfläche *f {Flugzeug}*; 3. *{GB}* Schutzblech *n {Auto}*
wing-beater mill Flügelschlagmühle *f*
wing burner Flachbrenner *m*, Schlitzbrenner *m*, Fischschwanzbrenner *m*
wing callipers Bogenzirkel *m*, Taster *m* mit Stellbogen
wing mixer Paddelmischer *m*, Schaufelmischer *m*
wing nut *{GB}* Flügelmutter *f*
wing pump Flügelpumpe *f*
wing screw *{GB}* Flügelschraube *f*
wing tube Flügelrohr *n*

winged beflügelt, mit Flügeln *mpl* [ausgestattet]; Flügel-
winged nut Flügelmutter *f*

Winkler buret[te] Winkler-Bürette *f*, Winkler-Gasbürette *f {zur Gasanalyse}*
Winkler-Koch cracking Winkler-Koch-Krackverfahren *n {Erdöl}*

winning Förderung *f*, Gewinnung *f*, Abbau *m* *{Bodenschätze}*

winnow/to ausstäuben, ausschwingen; sichten, trennen; worfeln

winnower Sichter *m*, Wurfsichter *m*; Windfege *f* *{Getreidereiniger}*
winter oil Winterschmieröl *n*
wintergreen [oil] Gaultheriaöl *n*, Wintergrünöl *n* *{Blätter von Gaultheria procumbens}*
artificial wintergreen oil *s.* synthetic wintergreen [oil]
natural wintergreen oil natürliches Wintergrünöl *n*, natürliches Gaultheriaöl *n*
synthetic wintergreen oil Methylsalicylat *n*, künstliches Gaultheriaöl *n*, Salicylsäuremethylester *m*
wintering vessel Stearinextraktionsgefäß *n*
wipe/to wischen, reiben; [sich] wischen lassen
wipe away/to abwischen, durch Wischen entfernen, wegwischen, abreiben, abstreifen
wipe off/to abwischen, durch Wischen entfernen, abputzen, abreiben, abstreichen
wipe out/to auslöschen, austilgen, auswischen
wipe test Wischtest *m*, Reibeprüfung *f*
wiped-film molecular still Fraktionierbürsten-Molekulardestillationsanlage *f*, Molekulardestillationsanlage *f* mit Verteilerbürsten
wiper 1. Abwischer *m*, Wischer *m*; 2. Abstreifer *m*, Schaber *m*; Ausräumer *m* *{Tech}*; 3. Bürste *f*; Kontaktbürste *f*, Abtastbürste *f* *{Elek}*; Verteilerbürste *f*, Fraktionierbürste *f* *{Dest}*; 4. Schleifer *m*, Schleifkontakt *m* *{Elek}*
wiper blade Abstreifer *m*, Schaber *m* *{Mischer}*
wiping pad Abwischbausch *m*
wiping paint Einlaßemaille *f*
wiping ring Abstreifring *m*
wiping solvent Abwischlösemittel *n*, Abwischlösungsmittel *n* *{Entfetten von Klebflächen/Substraten}*
wire/to verlegen *{Leitungen}*; verdrahten, festverdrahten, beschalten *{Elek}*; mit Draht *m* binden, mit Draht *m* befestigen; bördeln *{Tech}*; telegraphieren
wire 1. Draht *m*, Leitungsdraht *m*; Ader *f* *{leitender Teil des Kabels}*; 2. Kabel *n*, Stromleiter *m*, Leitung *f* *{Elek}*; 3. Sieb *n* *{Papiermaschine}*; 4. Draht *m* *{endlose Faser}*
wire basket Drahtkorb *m*
wire brush Drahtbürste *f*, Kratzbürste *f*
wire cloth 1. Drahtgewebe *n*, Drahtgeflecht *n*, Metallgewebe *n*; 2. Siebgewebe *n*, Metalldrahtsieb *n* *{Pap}*
wire cloth for screening and filtration jobs Drahtsiebtuch *n*
wire cloth mesh Drahtsiebmaschenweite *f*
wire coating Kabelüberzug *m*, Kabelmantel *m*
wire-coating compound Kabelmantelformmasse *f*, Kabelmasse *f*
wire-coating extrusion machine Spritzpresse *f* für Drahtbekleidung
wire cord tire Stahlcordreifen *m*
wire core Drahteinlage *f* *{Reifen}*
wire covering 1. Kabelmantel *m*, Drahtummantelung *f* *{Isolierung}*; 2. Umspritzen *n* von Drähten
wire covering compound Kabelmantelformmasse *f*, Kabelmasse *f*, Adermischung *f*
wire cutters Beißzange *f* *{für Draht}*, Drahtschneider *m*, Draht[schneide]zange *f*
wire diameter Drahtdurchmesser *m* *{DIN 4188}*
wire-drawing 1. Drahtziehen *n*; 2. Schliffriefen *fpl*; 3. Ruhedruckverlust *m*, statischer Druckabfall *m* *{nach Drosselstelle}*
wire enamel Drahtemaille *f*, Draht[emaille]lack *m*
wire end Siebpartie *f*, Siebabteilung *f* *{Pap}*
wire evaporation type getter-ion pump Ionengetterpumpe *f* mit Drahtverdampfung
wire explosion spraying Kondensatorentladungsspritzen *n* *{DIN 32530}*
wire fabric 1. *s.* wire gauze; 2. Siebgewebe *n* *{Pap}*
wire frame Siebtisch *m* *{Pap}*
wire ga[u]ge Drahtlehre *f*
wire gauze Drahtgaze *f*, Metallgaze *f*, Metallgewebe *n*, Drahtgewebe *n*, Drahtgeflecht *n*, Drahtnetz *n*
wire-gauze cathode Drahtnetzkathode *f*
wire-gauze electrode Drahtnetzelektrode *f*, Netzmanteldrahtelektrode *f*
wire-gauze filter Maschendrahtfilter *n*, Drahtgewebefilter *n*
wire-gauze screen *s.* wire-gauze filter
wire-gauze sieve Maschendrahtsieb *n*
wire gauze with asbestos center Asbestdrahtnetz *n*
wire glass Drahtglas *n*
wire grating Drahtgitter *n*
wire insulating ribbon Kabelband *n*
wire insulating tape Kabelband *n*
wire kiln floor Drahthorde *f* *{Brau}*
wire lacquer Drahtlack *m*
wire loop Drahtschleife *f*
wire mesh 1. Draht[netz]gewebe *n*; 2. Betonstahlmatte *f* *{Bau}*
wire-mesh screen Drahtsieb *n*, Metallgaze *f*; Drahtsiebboden *m* *{DIN 4188}*
wire-mesh tray Netzboden *m* *{Dest}*
wire nail Drahtstift *m*, Drahtnagel *m* *{Tech}*
wire netting Drahtnetz *n*, Drahtgeflecht *n*, Drahtgewebe *n*
wire network *s.* wire netting
wire pliers Drahtzange *f*
wire-reinforced belt Stahlseilgurtband *n*
wire reinforcement Drahteinlage *f*
wire rod Walzdraht *m*
wire-rope grease Drahtseilfett *n*

wire screen Drahtsieb *n*, Metallgaze *f*; Drahtsiebboden *m {DIN 4188}*

wire-screening fabric Siebgewebe *n*

wire seal Drahtdichtung *f {Vak}*

wire shears Drahtschere *f*

wire sheathing Drahtummantelung *f*, Drahtbewehrung *f*

wire shot Drahtkorn *n {Expl}*

wire sieve Drahtsieb *n*, Metallgaze *f*

wire testing Drahtprüfung *f*

wire tinning plant Drahtverzinnerei *f*

wire triangle Drahtdreieck *n {Lab}*

wire weave Drahtgeflecht *n*, Drahtgewebe *n*

wire-wound coating rod Spiralrakel *f*, Mayer-Rakel *f*

wire-wound doctor Drahtrakel *f*, drahtumwickelte Rakel *f {sich gegen die Bahnenlaufrichtung drehend}*

wire-wound resistance Drahtwiderstand *m*

wire wrap Wickelverdrahtung *f*, halbautomatische Verdrahtung *f {elektronischer Schaltungen}*

bare wire blanker Draht *m*

diameter of wire Drahtstärke *f*, Drahtdurchmesser *m*

enamelled wire Lackdraht *m*

flat wire Flachdraht *m*

ga[u]ge of wire Drahtnummer *f*

insulated wire isolierter Draht *m*

wired-in control festverdrahtete Steuerung *f*

wiring 1. Verdrahtung *f*, Bedrahtung *f*, Beschaltung *f {Elek}*; 2. Leitungsführung *f*, Verkabelung *f {Elek}*; 3. elektrische Installation *f*; 4. Abbinden *n {Vak}*

wiring diagram Verdrahtungsplan *m*, Verdrahtungsschaltbild *n*, Leitungsplan *m*, Bauschaltplan *m {Elek}*; Stromlaufplan *m {Elek}*

wiserite Wiserit *m {Min}*

with a high plasticizer content weichmacherreich

with a high Shore hardness hochshorig *{hohe Rücksprunghärte nach Shore}*

with a highly polished surface oberflächenpoliert

with a low emulsifier content emulgatorarm

with a low filler content füllstoffarm

with a low fish eye content stippenarm

with a low fusion point niedrigschmelzend

with a low gel point niedriggelierend

with a low monomer content monomerarm

with a low pigment content niedrigpigmentiert, schwachpigmentiert

with a low plasticizer content weichmacherarm

with a low resin content harzarm

with a polished surface oberflächenpoliert

with a woodgrain finish holzgemasert

with enhanced impact resistance erhöht schlagzäh

with high ash content aschenreich

with poor flow schwerfließend, hartfließend

with respect to in Beziehung *f* auf

with very good surface slip hochgleitfähig

withamite Withamit *m {Min}*

withdraw/to 1. entnehmen, abnehmen, absaugen, abführen, ableiten, abziehen *{z.B. Flüssigkeiten, Gase}*; 2. herausziehen, zurückholen, zurückziehen, entfernen; zurücknehmen; 3. ausziehen, ausheben *{Gieß}*; 4. ausfahren *{z.B. Kernbrennstab}*; 5. abziehen, absenken *{Strangguß}*

withdrawal 1. Entnahme *f*, Ableiten *n*, Abziehen *n*, Abführen *n*, Absaugen *n {z.B. von Gas, Flüssigkeiten}*; 2. Ausziehen *n*, Herausziehen *n*, Entfernung *f*; Zurücknahme *f*; 3. Absenken *n*, Abziehen *n {Strangguß}*; 4. Abziehen *n {der Schlacke}*; 5. Ausziehen *n*, Ausheben *n {Gieß}*

withdrawal capacity Förderkapazität *f {Erdöl}*

withdrawal of steam Dampfentnahme *f*

wither/to [ver]welken, absterben, verdorren [lassen]; dörren

witherite Witherit *m {Min}*

withhold/to einbehalten, vorenthalten, zurückhalten

withstand/to widerstehen, standhalten, widerstandsfähig sein; aushalten, überstehen, bestehen *{Prüfung}*

witness hole Schauloch *n*

witness sample Vergleichsprobe *f*

wittichenite Wittichenit *m*, Wismutkupfererz *n {Min}*

woad Waid *m*, Färberwaid *m {Isatis tinctoria}*

woad blue Waidblau *n*

wobble/to flattern; schwanken, wackeln

wobble 1. Wobbeln *n {periodische Frequenzänderung}*; 2. Taumelfehler *m {Tech}*; 3. Unruhe *f {Zeiger}*

wobble drive shaft Wackelschwanzdrehdurchführung *f*, Vakuumkurbel *f*

wobble frequency Wobbelfrequenz *f {Spek}*

wobbler Kupplungszapfen *m*

wobbulator Wobbelsender *m*, Wobbler *m {Signalgenerator}*

woehlerite Weleryt *m {obs}*, Wöhlerit *m {Min}*

Wöhler curve Wöhler-Linie *f*, Wöhler-Kurve *f*

Wöhler stress-cycle diagram Wöhler-Kurve *f*, Wöhler-Linie *f*

Wöhler test Wöhler-Test *m*, Dauerschwingversuch *m*

wolchite Antimonkupferglanz *m {obs}*, zersetzter Bournonit *m*, Wölchit *m {Min}*

wolfachite Wolfachit *m {Min}*

wolfram 1. <W, Element Nr.74> Wolfram *n {s. auch tungsten}*; 2. *s.* wolframite

wolfram blue Wolframblau *n*

wolfram bronze Safranbronze *f*

wolfram ore Wolframerz *n*

wolfram ocher Wolframocker *m*, Wolframin *m* *{obs}*, Tungstit *m* *{Min}*
wolframate Wolframat *n*
wolframic acid 1. <H_2WO_4> gelbe Wolframsäure *f*; 2. <$H_2WO_4 \cdot H_2O$> weiße Wolframsäure *f*; 3. <WO_3> Wolfram(VI)-oxid *n*
wolframite <$(Mn,Fe)WO_4$> Eisenscheelerz *n* *{obs}*, Wolframit *m* *{Min}*
wolfsbergite Wolfsbergit *m* *{Min}*
wollastonite Wollastonit *m*, Edelforse *m*, Tafelspat *m* *{obs}*, Gillebäckit *m* *{Min}*
wood 1. Holz *n*; 2. Wald *m*, Forst *m*
wood adhesive Klebstoff *m* für Holz, Holzleim *m* *{DIN 53255}*
wood agate Holzachat *m* *{Min}*
wood alcohol <CH_3OH> Holzgeist *m*, Methanol *n*, Methylalkohol *m*, Holzspiritus *m*
wood ash Holzasche *f*
wood ash lye Holzaschenlauge *f*
wood barrel Holzfaß *n*
wood-based composite Holzverbundwerkstoff *m*, Holzverbundstoff *m*
wood-based material Holzwerkstoff *m*
wood board Holzpappe *f*
wood box Holzkiste *f*
wood carbonization Holzverkohlung *f*, Holzentgasung *f*
wood cask Holzfaß *n*
wood cellulose Holzcellulose *f*, Holzzellstoff *m*, Holzzeug *n*
wood cement Holzkitt *m*
wood charcoal Holzkohle *f*
wood chemistry Holzchemie *f*
wood chip Holzspan *m*, Hackspan *m*, Holzschnitzel *m*
wood conservation Holzkonservierung *f*, Holzschutz *m* *{DIN 68800}*
wood-containing holz[schliff]haltig *{Pap}*
wood copper Olivenerz *n*, Olivenit *m* *{Min}*
wood creosote Kreosot *n*, Holzteerkreosot *n*
wood culture Waldwirtschaft *f*
wood distillation Holzdestillation *f*, Holzverkohlung *f* *{Pyrolyse bei Luftabschluß/Luftmangel}*
wood dust [feines] Holzmehl *n*, Holzstaub *m*
wood ether *s.* dimethyl ether
wood failure Holzbruch *m*
wood fiber Holzfaser *f*, verholzte Faser *f*
wood-fiber board Holzfaserplatte *f*
wood-fiber yarn Holzfasergarn *n*
wood finish Holzpolierlack *m*
wood-finishing products Holzpoliererzeugnisse *npl*
wood-fired furnace Holzfeuerung *f*
wood flour [feines] Holzmehl *n*, Holzstaub *m*; feines Sägemehl *n*
wood-free holzfrei *{holzschlifffrei}*, aus reiner Cellulose
wood gas Holzgas *n*
wood glue Holzleim *m*
wood hydrolysis Holzhydrolyse *f*, Holzverzukkerung *f*
wood impregnation Holzimprägnierung *f*
wood lacquer Holzlack *m*, Harzfirnis *m*, Holzschutzlasur *f*
wood meal *s.* wood flour
wood mordant Holzbeize *f*
wood naphta *s.* methanol
wood oil Holzöl *n*
wood oil alkyd [resin] Holzölalkydharz *n*
wood oil varnish Holzölfirnis *m*
wood opal Holzopal *m* *{Min}*
wood paper Holzpapier *n* *{stark holzhaltiges Papier}*
wood paste Holzmasse *f*
wood peat Holztorf *m*
wood photodiscoloration Holzverfärbung *f* durch Licht
wood pitch Holzpech *n*
wood plastic composite Holz-Kunststoff-Kombination *f*, Holz-Kunststoff-Verbundwerkstoff *m*
wood powder Holzmehl *n*, Holzpulver *n*
wood preservation Holzkonservierung *f*, Holzschutz *m* *{DIN 68800}*
wood preservative Holzschutzmittel *n*
wood primer Holzgrundierung *f*
wood processing Holzbearbeitung *f*, Holzveredelung *f*
wood pulp [mechanischer] Holzschliff *m*, [mechanischer] Holzstoff *m*, Holzmasse *f*, Holzzeug *n*, Pülpe *f*, Pulpe *f*; Holzzellstoff *m*
wood-pulp black Holzstoffschwarz *n*
wood-pulp factory Holzschleiferei *f*, Holzstoffabrik *f*
wood-pulp filter Zellstoffilter *n*
wood-pulp hydrolysis plant Holzverzuckerungsanlage *f*
wood-pulp paper Holzfaserpapier *n*
wood-pulp shreeding machine Holzstoffaserungsmaschine *f*
wood-pulp thickening drum Holzschliffeindicker *m*, Holzstoffeindicker *m* *{Pap}*
wood resin Baumharz *n*, Holzharz *n*
wood rock holziger Bergflachs *m* *{Min}*
wood rot Holzfäule *f*
wood-rotting holzzerstörend, holzschädigend
wood-rotting fungi Holzpilz *m*, holzzerstörende Pilze *mpl*, holzschädigende Pilze *mpl* *{z.B. Hausschwamm}*
wood saccharification Holzverzuckerung *f*
wood shavings Hobelspäne *npl*
wood soot Holzruß *m*
wood sorrel Sauerklee *m* *{Bot}*
wood spirit <CH_3OH> Holzspriritus *m*, Holzgeist *m*, Methylalkohol *m*, Methanol *n*
wood stain Holzbeize *f*

kristallziehverfahren *n {waagerechtes Tiegelverfahren}*
zone-marking paint Straßenmarkierungsfarbe *f*
zone melting Zonenschmelzen *n*, Zonenschmelzung *f*, Zonenseigerung *f*
zone melting furnace Zonenschmelzofen *m*
zone melting plant Zonenschmelzanlage *f*
zone melting process Zonenschmelzverfahren *n*, Zonenschmelze *f {Met}*
zone melting technique *s.* zone melting process
zone of combustion Verbrennungszone *f*
zone of fusion Schmelzzone *f*
zone of incandescence Glühzone *f*
zone of oxidation Oxidationszone *f*
zone plane Zonenebene *f {Krist}*
zone purification *s.* zone refining
zone refiner Zonenreinigungsapparatur *f*
zone refining Zonenreinigen *n*, Zonenreinigung *f {durch Zonenschmelzen}*
zone refrigeration process Zonengefrierverfahren *n*
zone segregation Zonenschmelzen *n*, Zonenseigerung *f*
rule of zones Zonenregel *f*
zoning 1. Zonenbildung *f*, Zoneneinteilung *f*, Unterteilung *f* in Zonen, Einstufung *f* in Zonen; 2. Zonenaufbau *m*, Zonarstruktur *f {Krist}*
zonochlorite Zonochlorit *m {obs}*, Pumpellyit *m {Min}*
zoochemistry Zoochemie *f*
zoolite Zoolith *m {tierische Biolithe}*
zoolithic zoolithisch
zoological zoologisch
zoology Tierkunde *f*, Zoologie *f*
zoomaric acid Zoomarinsäure *f*, *(Z)*-Hexadec-9-ensäure *f*
zooparasite Tierparasit *m*
zooplankton tierisches Plankton *n*, Zooplankton *n {Ökol}*
zorgite Zorgit *m*, Raphanosmit *m {Min}*
zunyite Zunyit *m {Min}*
zurlite Zurlit *m {Min}*
zwitterion Zwitterion *n*, Ampho-Ion *n*
zygadenine <$C_{27}H_{43}NO_7$> Zygadenin *n*
zygadite Zygadit *m {obs}*, Albit *m {Min}*
zygote Zygote *f*, befruchtete Eizelle *f*
zymase Zymase *f {aus zellfreien Hefepreßsäften isoliertes Enzymgemisch}*
zymochemistry Gärungschemie *f*
zymogen 1. Zymogen *n*, Proenzym *n*, Proferment *n {Biochem}*; 2. Gärungsstoff *m*, Gärungserreger *m {allgemein}*
zymogenic gärungsfördernd, gärungserregend, zymotisch, zymogen; Zymogen-
zymogenous *s.* zymogenic
zymohexase *{EC 4.1.2.13}* Zymohexase *f*, Aldolase *f*, Fructosebiphosphataldolase *f {IUB}*
zymology Zymologie *f*, Gärungskunde *f*
zymometer Gärungsmesser *m*, Zymometer *n*
zymonic acid Zymonsäure *f*
zymophore Zymophor *n*, prosthetischer Enzymteil *m*
zymosan Antikomplementärfaktor *m {Protein-Kohlehydratkomplexe aus Hefezellwänden}*
zymosis Gärung *f*, Vergärung *f*, Fermentierung *f*, Fermentation *f*
zymosterol <$C_{27}H_{44}O$> Zymosterin *n*
zymotechnic[al] gärungstechnisch, zymotechnisch
zymotechnics Gärungstechnik *f*, Zymotechnik *f*
zymotechnology Gärungstechnik *f*
zymurgy Gärungschemie *f*, Zymologie *f*; Brauereiwissenschaft *f*